工程建设标准年册（2008）

（下）

住房和城乡建设部标准定额研究所　编

中国建筑工业出版社
中国计划出版社

前　言

建设工程，百年大计。认真贯彻执行工程建设标准，对保证建设工程质量和安全，推动技术进步，规范建设市场，加快建设速度，节约与合理利用资源，保障人民生命财产安全，改善与提高人民群众生活和工作环境质量，全面发挥投资效益，促进我国经济建设事业健康发展，具有十分重要的作用。当前，全国上下对认真贯彻执行标准已形成共识，企业执行标准的自觉性进一步增强，极大地推动了工程建设标准化工作的发展。

为了全面地配合工程建设标准的贯彻实施，适应各种不同用户的需要，更好地为大家服务，我们将2008年全年建设部批准发布并出版发行的工程建设国家标准66项（其中含2006年批准发布、2008年出版发行的国家标准1项），行业标准32项，共计98项，汇编成年册出版。

2008年，我部对2000年及以前的标准进行了复审，有的确认继续有效，有的废止，有的予以修订，为使大家掌握最新情况，本年册附工程建设国家标准与住房和城乡建设部行业标准最新目录，以便广大用户查阅。

广大用户在使用中有何建议与意见，请与住房和城乡建设部标准定额研究所联系。

联系电话：（010）58934084

住房和城乡建设部标准定额研究所

2009年5月

目　　录

（上　册）

一、工程建设国家标准

1　建筑抗震设计规范 GB 50011—2001（2008 年版）…………………… 1—1—1
2　锅炉房设计规范 GB 50041—2008 ………………………………… 1—2—1
3　工业建筑防腐蚀设计规范 GB 50046—2008 ……………………… 1—3—1
4　3～110kV 高压配电装置设计规范 GB 50060—2008 …………… 1—4—1
5　电力装置的继电保护和自动装置设计规范 GB/T 50062—2008 … 1—5—1
6　电力装置的电测量仪表装置设计规范 GB/T 50063—2008 ……… 1—6—1
7　烟囱工程施工及验收规范 GB 50078—2008 ……………………… 1—7—1
8　地下工程防水技术规范 GB 50108—2008 ………………………… 1—8—1
9　工业设备及管道绝热工程施工规范 GB 50126—2008 …………… 1—9—1
10　给水排水构筑物工程施工及验收规范 GB 50141—2008 ……… 1—10—1
11　工业建筑可靠性鉴定标准 GB 50144—2008 …………………… 1—11—1
12　工程结构可靠性设计统一标准 GB 50153—2008 ……………… 1—12—1
13　石油化工企业设计防火规范 GB 50160—2008 ………………… 1—13—1
14　电子信息系统机房设计规范 GB 50174—2008 ………………… 1—14—1
15　建筑工程抗震设防分类标准 GB 50223—2008 ………………… 1—15—1
16　并联电容器装置设计规范 GB 50227—2008 …………………… 1—16—1
17　给水排水管道工程施工及验收规范 GB 50268—2008 ………… 1—17—1
18　飞机库设计防火规范 GB 50284—2008 ………………………… 1—18—1
19　水力发电工程地质勘察规范 GB 50287—2006 ………………… 1—19—1
20　水泥工厂设计规范 GB 50295—2008 …………………………… 1—20—1
21　城市轨道交通工程测量规范 GB 50308—2008 ………………… 1—21—1
22　工业金属管道设计规范 GB 50316—2000（2008 年版）……… 1—22—1
23　钢质石油储罐防腐蚀工程技术规范 GB 50393—2008 ………… 1—23—1
24　纺织工业企业环境保护设计规范 GB 50425—2008 …………… 1—24—1
25　高炉炼铁工艺设计规范 GB 50427—2008 ……………………… 1—25—1
26　带式输送机工程设计规范 GB 50431—2008 …………………… 1—26—1
27　开发建设项目水土保持技术规范 GB 50433—2008 …………… 1—27—1

28 开发建设项目水土流失防治标准 GB 50434—2008 ……………… 1—28—1
29 炼钢工艺设计规范 GB 50439—2008 ……………… 1—29—1
30 城市公共设施规划规范 GB 50442—2008 ……………… 1—30—1
31 建筑灭火器配置验收及检查规范 GB 50444—2008 ……………… 1—31—1
32 村庄整治技术规范 GB 50445—2008 ……………… 1—32—1
33 盾构法隧道施工与验收规范 GB 50446—2008 ……………… 1—33—1
34 实验动物设施建筑技术规范 GB 50447—2008 ……………… 1—34—1
35 水泥基灌浆材料应用技术规范 GB/T 50448—2008 ……………… 1—35—1
36 城市容貌标准 GB 50449—2008 ……………… 1—36—1
37 煤矿主要通风机站设计规范 GB 50450—2008 ……………… 1—37—1
38 煤矿井下排水泵站及排水管路设计规范 GB 50451—2008 …… 1—38—1
39 古建筑防工业振动技术规范 GB/T 50452—2008 ……………… 1—39—1
40 石油化工建（构）筑物抗震设防分类标准 GB 50453—2008 … 1—40—1
41 航空发动机试车台设计规范 GB 50454—2008 ……………… 1—41—1
42 地下水封石洞油库设计规范 GB 50455—2008 ……………… 1—42—1
43 医药工业洁净厂房设计规范 GB 50457—2008 ……………… 1—43—1
44 跨座式单轨交通设计规范 GB 50458—2008 ……………… 1—44—1
45 油气输送管道跨越工程施工规范 GB 50461—2008 ……………… 1—45—1
46 石油化工静设备安装工程施工质量验收规范
GB 50461—2008 ……………… 1—46—1
47 电子信息系统机房施工及验收规范 GB 50462—2008 ……………… 1—47—1
48 隔振设计规范 GB 50463—2008 ……………… 1—48—1
49 视频显示系统工程技术规范 GB 50464—2008 ……………… 1—49—1
50 煤炭工业矿区总体规划规范 GB 50465—2008 ……………… 1—50—1
51 煤炭工业供热通风与空气调节设计规范 GB/T 50466—2008 … 1—51—1
52 微电子生产设备安装工程施工及验收规范 GB 50467—2008 … 1—52—1
53 焊管工艺设计规范 GB 50468—2008 ……………… 1—53—1
54 橡胶工厂环境保护设计规范 GB 50469—2008 ……………… 1—54—1
55 油气输送管道线路工程抗震技术规范 GB 50470—2008 ……… 1—55—1

（下　册）

56 煤矿瓦斯抽采工程设计规范 GB 50471—2008 ……………… 1—56—1
57 电子工业洁净厂房设计规范 GB 50472—2008 ……………… 1—57—1
58 钢制储罐地基基础设计规范 GB 50473—2008 ……………… 1—58—1
59 隔热耐磨衬里技术规范 GB 50474—2008 ……………… 1—59—1

60 石油化工全厂性仓库及堆场设计规范 GB 50475—2008 ········ 1—60—1
61 混凝土结构耐久性设计规范 GB/T 50476—2008 ················ 1—61—1
62 地热电站岩土工程勘察规范 GB 50478—2008 ···················· 1—62—1
63 冶金工业岩土勘察原位测试规范 GB/T 50480—2008 ·········· 1—63—1
64 石油化工建设工程施工安全技术规范 GB 50484—2008 ········ 1—64—1
65 水利水电工程地质勘察规范 GB 50487—2008 ······················ 1—65—1
66 建设工程工程量清单计价规范 GB 50500—2008 ·················· 1—66—1

二、工程建设行业标准

67 早期推定混凝土强度试验方法标准 JGJ/T 15—2008 ················ 2—1—1
68 民用建筑电气设计规范 JGJ 16—2008 ···································· 2—2—1
69 蒸压加气混凝土建筑应用技术规程 JGJ/T 17—2008 ·············· 2—3—1
70 电影院建筑设计规范 JGJ 58—2008 ······································ 2—4—1
71 建筑桩基技术规范 JGJ 94—2008 ·· 2—5—1
72 塑料门窗工程技术规程 JGJ 103—2008 ································ 2—6—1
73 建筑工程饰面砖粘结强度检验标准 JGJ 110—2008 ················ 2—7—1
74 建筑照明术语标准 JGJ/T 119—2008 ···································· 2—8—1
75 擦窗机安装工程质量验收规程 JGJ 150—2008 ······················ 2—9—1
76 建筑门窗玻璃幕墙热工计算规程 JGJ/T 151—2008 ·············· 2—10—1
77 混凝土中钢筋检测技术规程 JGJ/T 152—2008 ····················· 2—11—1
78 镇（乡）村文化中心建筑设计规范 JGJ 156—2008 ················ 2—12—1
79 建筑轻质条板隔墙技术规程 JGJ/T 157—2008 ····················· 2—13—1
80 蓄冷空调工程技术规程 JGJ 158—2008 ································ 2—14—1
81 施工现场机械设备检查技术规程 JGJ 160—2008 ················· 2—15—1
82 镇（乡）村建筑抗震技术规程 JGJ 161—2008 ······················ 2—16—1
83 建筑施工模板安全技术规范 JGJ 162—2008 ························ 2—17—1
84 城市夜景照明设计规范 JGJ/T 163—2008 ···························· 2—18—1
85 建筑施工木脚手架安全技术规范 JGJ 164—2008 ·················· 2—19—1
86 建筑施工碗扣式钢管脚手架安全技术规范 JGJ 166—2008 ······ 2—20—1
87 城镇道路工程施工与质量验收规范 CJJ 1—2008 ··················· 2—21—1
88 城市桥梁工程施工与质量验收规范 CJJ 2—2008 ··················· 2—22—1
89 聚乙烯燃气管道工程技术规程 CJJ 63—2008 ························ 2—23—1
90 建设领域应用软件测评通用规范 CJJ/T 116—2008 ················ 2—24—1
91 城市公共交通工程术语标准 CJJ/T 119—2008 ······················ 2—25—1

92 城镇排水系统电气与自动化工程技术规程 CJJ 120—2008 …… 2—26—1
93 风景名胜区分类标准 CJJ/T 121—2008 …… 2—27—1
94 游泳池给水排水工程技术规程 CJJ 122—2008 …… 2—28—1
95 镇（乡）村给水工程技术规程 CJJ 123—2008 …… 2—29—1
96 镇（乡）村排水工程技术规程 CJJ 124—2008 …… 2—30—1
97 环境卫生图形符号标准 CJJ/T 125—2008 …… 2—31—1
98 城市道路清扫保洁质量与评价标准 CJJ/T 126—2008 …… 2—32—1

三、附录 工程建设国家标准与住房和城乡建设部行业标准目录

99 工程建设国家标准目录 …… 3—1—1
100 工程建设住房和城乡建设部行业标准目录 …… 3—2—1

中华人民共和国国家标准

煤矿瓦斯抽采工程设计规范

Code for design of the gas drainage engineering of coal mine

GB 50471—2008

主编部门：中 国 煤 炭 建 设 协 会
批准部门：中华人民共和国住房和城乡建设部
施行日期：2 0 0 9 年 6 月 1 日

中华人民共和国住房和城乡建设部
公　　告

第 192 号

关于发布国家标准《煤矿瓦斯抽采工程设计规范》的公告

现批准《煤矿瓦斯抽采工程设计规范》为国家标准，编号为 GB 50471—2008，自 2009 年 6 月 1 日起实施。其中，第 3.1.1、3.2.1、7.1.2（2）、7.1.4（1、2）、7.2.3、8.1.4 条（款）为强制性条文，必须严格执行。

本规范由我部标准定额研究所组织中国计划出版社出版发行。

中华人民共和国住房和城乡建设部

二〇〇八年十二月十五日

前　　言

本规范是根据建设部“关于印发《2005 年工程建设标准规范制订、修订计划（第二批）》的通知”（建标〔2005〕124 号）的要求，由中煤国际工程集团重庆设计研究院会同有关单位共同编制完成的。

本规范在编制过程中，编制组进行了调查研究，广泛征求意见，参考国内外有关资料，反复修改，最后经审查定稿。

本规范共 8 章，主要内容包括总则，术语，建立矿井瓦斯抽采系统的条件及抽采系统选择，瓦斯抽采设计参数，瓦斯抽采方法，抽采管路系统选择，计算及抽采设备选型，瓦斯抽采泵站，安全与监控等。

本规范中以黑体字标志的条文为强制性条文，必须严格执行。

本规范由住房和城乡建设部负责管理和对强制性条文的解释，由中国煤炭建设协会负责日常管理工作，由中煤国际工程集团重庆设计研究院负责具体技术内容的解释。本规范在执行过程中，请各单位结合工程实践，认真总结经验，注意积累资料，如发现需要修改或补充之处，请将意见及有关资料寄交中煤国际工程集团重庆设计研究院《煤矿瓦斯抽采工程设计规范》管理组（地址：重庆市渝中区长江二路 177－8 号，邮政编码：400016；传真：023－68811613），以供今后修订时参考。

本规范主编单位、参编单位和主要起草人：

主 编 单 位：中煤国际工程集团重庆设计研究院

参 编 单 位：煤矿瓦斯治理国家工程研究中心
煤炭科学研究总院重庆分院
煤炭科学研究总院抚顺分院

主要起草人：卢溢洪　卿恩东　袁　亮　张　刚
王学太　李旭霞　龙伍见　李　平
万祥富　胡仕俸　肖代兵　何大忠
刘　林　杜子健　罗海珠　王魁军

目　　次

1　总则 ………………………………………… 1—56—4
2　术语 ………………………………………… 1—56—4
3　建立矿井瓦斯抽采系统的条件及抽采系统选择 ……………………… 1—56—5
3.1　建立矿井瓦斯抽采系统的条件 … 1—56—5
3.2　抽采系统选择……………………… 1—56—5
4　瓦斯抽采设计参数 …………………… 1—56—5
5　瓦斯抽采方法 ………………………… 1—56—6
5.1　一般规定…………………………… 1—56—6
5.2　瓦斯抽采方法选择………………… 1—56—6
5.3　专用瓦斯抽采巷道………………… 1—56—6
5.4　钻场及钻孔布置…………………… 1—56—7
5.5　封孔………………………………… 1—56—7
5.6　地面钻孔…………………………… 1—56—7
6　抽采管路系统选择、计算及抽采设备选型 ……………………… 1—56—8
6.1　抽采管路系统选择的原则………… 1—56—8
6.2　抽采管路管径、壁厚计算及管材选择………………………… 1—56—8
6.3　管路阻力计算……………………… 1—56—8
6.4　管路布置及敷设…………………… 1—56—8
6.5　抽采附属装置及设施……………… 1—56—9
6.6　抽采设备选型……………………… 1—56—9
7　瓦斯抽采泵站 ………………………… 1—56—9
7.1　地面固定瓦斯抽采泵站…………… 1—56—9
7.2　井下固定瓦斯抽采泵站 ………… 1—56—10
7.3　井下移动瓦斯抽采泵站 ………… 1—56—10
8　安全与监控 …………………………… 1—56—10
8.1　安全设施及措施 ………………… 1—56—10
8.2　矿井瓦斯抽采监测监控系统 …… 1—56—11
附录A　煤层瓦斯抽采难易程度分类 ……………………… 1—56—11
本规范用词说明 ……………………… 1—56—11
附：条文说明…………………………… 1—56—12

1 总　　则

1.0.1 为适应科学技术的发展，保证我国煤矿瓦斯抽采事业健康发展，提高瓦斯抽采设计技术，制定本规范。

1.0.2 本规范适用于新建、改建、扩建及生产煤矿的瓦斯抽采工程设计。

1.0.3 凡国家政策、法规等规定要求进行瓦斯抽采的矿井均应建立瓦斯抽采系统，并应编制专项瓦斯抽采工程设计。

1.0.4 对于新建矿井，瓦斯抽采设计应依据批准的勘探地质报告并参考邻近生产矿井实际的瓦斯、地质资料进行；对于改建、扩建和生产矿井，应以实测的瓦斯基础参数作为设计依据。

1.0.5 设计的瓦斯抽采规模应保证矿井安全生产，并应使抽采量保持相对稳定。

1.0.6 煤（岩）层瓦斯抽采应当按“应抽尽采、先抽后采、煤气共采”的原则进行，抽采系统设计应采用“泵站用备结合，高低负压管路相区别”的原则进行，并应因地制宜地采用新技术、新工艺、新设备、新材料。

1.0.7 瓦斯抽采工程的建设应与矿井建设实现设计、施工、投入生产和使用三同时，并应保证有足够的预抽时间。

1.0.8 在进行煤矿瓦斯抽采设计时，除应对瓦斯抽采的必要性和可行性进行论证外，还应论证瓦斯利用的可行性，在年抽采量大于 $1Mm^3$ 时应提出加以利用的方案。

1.0.9 煤矿瓦斯抽采工程设计除应执行本规范外，尚应符合国家现行有关政策及法规的规定。

2 术　　语

2.0.1 地面固定瓦斯抽采系统　gas drainage system with ground-fixed pump station

采用地面固定抽采泵站的瓦斯抽采系统。

2.0.2 井下固定瓦斯抽采系统　gas drainage system with underground-fixed pump station

采用井下固定抽采泵站的瓦斯抽采系统。

2.0.3 井下移动瓦斯抽采系统　gas drainage system with underground movable pump station

采用井下可移动式抽采泵站的瓦斯抽采系统。

2.0.4 卸压瓦斯抽采　gas drainage with pressure relief

抽采受采动影响和经人为松动卸压煤（岩）层的瓦斯。

2.0.5 开采层瓦斯抽采　gas drainage from extracting seam

抽采开采煤层的瓦斯。

2.0.6 围岩瓦斯抽采　gas drainage from surrounding rock

抽采开采层围岩内的瓦斯。

2.0.7 地面钻孔瓦斯抽采　gas drainage on ground

在地面向井下煤（岩）层打钻孔抽采瓦斯。

2.0.8 综合瓦斯抽采　combined gas drainage

在一个抽采瓦斯工作面同时采用两种及以上方法进行抽采瓦斯。

2.0.9 强化抽采　forced gas drainage

针对一些透气性低、采用常规的预抽方式难以奏效的煤层而采取的特殊抽采方式。

2.0.10 矿井瓦斯储量　gas reserves

指矿井可采煤层的瓦斯储量、受采动影响后能够向开采空间排放的不可采煤层及围岩瓦斯储量之和。

2.0.11 瓦斯抽采量　gas drainage volume

指矿井抽出瓦斯气体中的纯瓦斯量。

2.0.12 可抽瓦斯量　drainable gas quantity

指瓦斯储量中在当前技术水平下能被抽出来的最大瓦斯量。

2.0.13 煤层透气性系数　gas permeability coefficient of coal seam

表征煤层对瓦斯流动的阻力、反映瓦斯沿煤层流动难易程度的系数。

2.0.14 钻孔瓦斯流量衰减系数　damping factor of gas flow-rate per hole

表示钻孔瓦斯流量随时间延长呈衰减变化的系数。

2.0.15 煤层预抽　gas drainage from virgin coal seam

在煤层未受到采动以前进行的瓦斯抽采。

2.0.16 邻近层卸压抽采　gas drainage from released near coal seam

回采工作面采动后因采空区垮落而造成邻近煤（岩）层瓦斯卸压解析，对该类瓦斯进行抽采的方法。

2.0.17 边采边抽　gas drainage while extraction

抽采采煤工作面前方卸压煤（岩）体的瓦斯或厚煤层开采时抽采未采分层卸压煤体的瓦斯。

2.0.18 边掘边抽　gas drainage with drivage

掘进巷道的同时，抽采巷道周围卸压煤体内的瓦斯。

2.0.19 穿层钻孔　crossing hole

在岩石巷道或煤层巷道内向相邻煤层施工的钻孔。

2.0.20 顺层钻孔　hole drilled along seam

在煤层巷道内，沿煤层布置的钻孔。

2.0.21 斜交钻孔　inclined cross hole

与采煤工作面开切眼方向呈一定夹角布置的顺层钻孔。

2.0.22 平行钻孔 paralel hole

与采煤工作面开切眼方向平行布置的顺层钻孔。

2.0.23 交叉钻孔 cross holes

平行钻孔与斜交钻孔交替布置的钻孔。

2.0.24 高位钻孔 highly-located hole

指在风巷向开采煤层顶板施工的抽采钻孔（进入裂隙带）。

2.0.25 高抽巷 highly-located drainage roadway

在开采层顶部处于采动影响形成的裂隙带内掘进的专用抽采瓦斯巷道。

2.0.26 水力压裂 hydraulic cracking

在钻孔内以高压水作为动力，在无自由面的情况下使煤体裂隙畅通的一种措施。

2.0.27 水力割缝 hydraulic cutting

在钻孔内运用高压水射流对钻孔两侧的煤体进行切割，形成一定深度的扁平缝槽的一种措施。

2.0.28 深孔预裂爆破 deep-hole pre-splitting blasting

在工作面采掘前施工一定深度的钻孔，并在钻孔内装填炸药，利用炸药爆破作为动力，使煤体裂隙增大，提高煤层透气性的一种措施。

2.0.29 高负压抽采系统 high negative-pressure drainage system

抽采瓦斯钻孔或高抽巷口处抽采负压大于等于10kPa的抽采系统。

2.0.30 低负压抽采系统 low negative-pressure drainage system

抽采瓦斯钻孔或高抽巷口处抽采负压小于10kPa的抽采系统。

3 建立矿井瓦斯抽采系统的条件及抽采系统选择

3.1 建立矿井瓦斯抽采系统的条件

3.1.1 凡符合下列情况之一时，必须建立瓦斯抽采系统：

1 高瓦斯矿井。

2 一个采煤工作面的瓦斯涌出量大于5m³/min或一个掘进工作面瓦斯涌出量大于3m³/min，且用通风方法解决瓦斯问题不合理的矿井。

3 矿井绝对瓦斯涌出量达到下列条件时：

1）大于或等于40m³/min；

2）年产量（1.0～1.5）Mt的矿井，大于30m³/min；

3）年产量（0.6～1.0）Mt的矿井，大于25m³/min；

4）年产量（0.4～0.6）Mt的矿井，大于20m³/min；

5）年产量小于或等于0.4Mt的矿井，大于15m³/min。

4 开采有煤与瓦斯突出危险煤层的矿井。

3.1.2 分期建设、分期投产的矿井，瓦斯抽采工程可一次设计、分期建设、分期投入使用。

3.2 抽采系统选择

3.2.1 凡符合下列情况之一时，应建立地面固定瓦斯抽采系统：

1 开采有煤与瓦斯突出危险煤层的矿井。

2 瓦斯抽采系统设计抽采量大于或等于2m³/min的矿井。

3.2.2 地面固定瓦斯抽采系统宜根据下列具体情况分别布置高负压或低负压瓦斯抽采系统：

1 采用采空区抽采等抽采方法的矿井宜采用低负压抽采系统。

2 采用本煤层预抽、边采边抽、边掘边抽、邻近层卸压抽采等抽采方法的矿井，宜采用高负压抽采系统。

3 本条第1、2款的抽采方法均采用的矿井，且矿井设计抽采量大于或等于10m³/min时，宜采用两套管路分别建立高、低负压抽采瓦斯系统。

3.2.3 当地面抽采泵产生的负压不能满足要求时，可在井下安设瓦斯抽采系统与地面瓦斯抽采系统串联工作，同时应对瓦斯抽采系统网络进行分析计算，并应做好井上、井下瓦斯抽采系统的匹配选择。

4 瓦斯抽采设计参数

4.0.1 矿井瓦斯储量可按下列公式计算：

$$W=W_1+W_2+W_3 \tag{4.0.1-1}$$

$$W_1=\sum_{i=1}^{n}A_{1i}X_{1i} \tag{4.0.1-2}$$

$$W_2=\sum_{i=1}^{n}A_{2i}X_{2i} \tag{4.0.1-3}$$

$$W_3=K(W_1+W_2) \tag{4.0.1-4}$$

式中 W——矿井瓦斯储量（Mm³）；

W_1——可采煤层的瓦斯储量（Mm³）；

W_2——受采动影响后能够向开采空间排放的各不可采煤层的瓦斯储量（Mm³）；

W_3——受采动影响后能够向开采空间排放的围岩瓦斯储量（Mm³），实测或按式（4.0.1-4）计算；

A_{1i}——矿井可采煤层 i 的资源量（Mt）；

X_{1i}——矿井可采煤层 i 的瓦斯含量（m³/t）；

A_{2i}——受采动影响后能够向开采空间排放的不可采煤层 i 的资源量（Mt）；

X_{2i}——受采动影响后能够向开采空间排放的不可采煤层 i 的瓦斯含量（m³/t）；

K——围岩瓦斯储量系数，可取0.05～0.20；

当围岩瓦斯很小时，可取 $W_3=0$；若含瓦斯量较多时，可按经验取值或实测确定。

4.0.2 可抽瓦斯量可按下列公式计算：

$$W_c=W\cdot K \quad (4.0.2\text{-}1)$$

$$K=K_1\cdot K_2\cdot K_3 \quad (4.0.2\text{-}2)$$

$$K_1=K_4\ (M_y-M_c)\ /M_y \quad (4.0.2\text{-}3)$$

式中 W_c——可抽瓦斯量（Mm^3）；

K——可抽系数；

K_1——瓦斯涌出程度系数；

K_2——负压抽采时的抽采作用系数，可取 1.2；

K_3——矿井瓦斯抽采率（%）。预抽煤层瓦斯时，可取25%～35%；抽采上下邻近层瓦斯时，可取 35%～45%；

K_4——煤层瓦斯排放率（%）；

M_y——煤层原始瓦斯含量（m^3/t）；

M_c——运到地面煤的残余瓦斯含量（m^3/t）。

4.0.3 设计瓦斯抽采率，可根据煤层瓦斯抽采难易程度、瓦斯涌出情况、采用的瓦斯抽采方法等因素综合确定，也可按邻近生产矿井或条件类似矿井数值选取；并应符合国家现行标准《煤矿瓦斯抽采基本指标》AQ 1026 的有关规定，同时应满足采、掘工作面的通风要求。

4.0.4 设计瓦斯抽采规模可根据目前的抽采技术水平预计的瓦斯抽采量和按矿井通风能力计算需要抽采的最低瓦斯量综合分析确定。

4.0.5 矿井瓦斯抽采量预计可根据预测的矿井瓦斯涌出量和确定的矿井瓦斯抽采率计算，也可根据选用的瓦斯抽采方法分别计算抽采量。

4.0.6 矿井设计瓦斯年抽采量可按下式计算：

$$Q_N=1440\times365\times Q/1000000 \quad (4.0.6)$$

式中 Q_N——矿井设计瓦斯年抽采量（Mm^3）；

Q——矿井设计瓦斯抽采规模（m^3/min）。

5 瓦斯抽采方法

5.1 一般规定

5.1.1 瓦斯抽采方法，应根据煤层赋存条件、瓦斯来源、巷道布置、时间配合、瓦斯基础参数、瓦斯利用要求等因素经技术经济比较确定，并应符合下列要求：

1 宜利用开采巷道抽采瓦斯，必要时可设布置钻场、钻孔的专用瓦斯抽采巷道。

2 应能适应煤层的赋存条件及开采技术条件。

3 应有利于提高瓦斯抽采率。

4 抽采效果应好，抽采的浓度宜满足利用要求。

5 宜采用综合瓦斯抽采方法。

6 瓦斯抽采工程系统宜简单，并宜有利于维护和安全生产，投资宜省，抽采成本宜低。

5.2 瓦斯抽采方法选择

5.2.1 开采层瓦斯抽采方法选择应符合下列规定：

1 容易抽采及可以抽采的煤层，宜采用本层预先抽采的抽采方法，可采用沿层或穿层布孔方式。

2 可以抽采及较难抽采的煤层，宜采用边采边抽的抽采方法。煤层抽采难易程度可按本规范附录 A 划分。

3 单一较难抽采的煤层，可选用密集顺层钻孔、密集网格穿层钻孔、交叉钻孔、水力割缝、水力压裂、松动爆破、深孔预裂爆破、高压水射流扩孔等方法强化抽采。

4 对煤与瓦斯突出危险严重的煤层，宜选择穿层网格布孔方式。

5 煤巷掘进时瓦斯涌出量较大的煤层，可采用边掘边抽或先抽后掘的抽采方法。

5.2.2 邻近层瓦斯抽采方法选择应符合下列规定：

1 可采用从开采层回风巷或专用排放瓦斯巷向邻近层打穿层钻孔进行抽采。

2 当邻近层或围岩瓦斯涌出量较大时，可采用顶（底）板抽采巷道进行抽采，也可在工作面回风侧沿开采层顶板布置水平长钻孔或高位钻孔抽采上邻近层瓦斯。

5.2.3 采空区瓦斯抽采方法选择应符合下列规定：

1 老采空区应采用全封闭式抽采方法。

2 现采空区可根据煤层赋存条件和巷道布置情况，采用顶（底）板钻孔法、有煤柱及无煤柱钻孔法、插（埋）管法等抽采方法，并应采取提高抽采瓦斯浓度的措施。

5.2.4 在开采的厚煤层、煤层群瓦斯涌出量较大时，可选用"高抽巷"的抽采方法，也可选择直径为 300～500mm 的顶板水平长钻孔进行抽采，不易自燃煤层也可选择尾抽巷进行抽采。

5.2.5 当围岩瓦斯涌出量大，以及溶洞、裂隙带储存有高压瓦斯并喷出时，应采取抽采围岩瓦斯的措施。

5.2.6 煤层埋藏较浅、瓦斯含量较高、地面施工钻孔条件较好的厚煤层或煤层群，可采用地面钻孔预抽开采层瓦斯、邻近层卸压瓦斯或采空区瓦斯的抽采方法。

5.2.7 对瓦斯涌出来源多、分布范围广、煤层透气性差、煤层赋存条件复杂的矿井，应采用多种抽采方法相结合的综合瓦斯抽采。

5.2.8 有煤与瓦斯突出危险的矿井开采保护层时，应同时抽采被保护层的瓦斯。

5.3 专用瓦斯抽采巷道

5.3.1 开采煤层群时的邻近层卸压瓦斯抽采，可设置专用瓦斯抽采巷道布置钻场和钻孔。

5.3.2 专用瓦斯抽采巷道的位置、数量应能满足选用的抽采方法的要求，并应保证抽采效果。

5.3.3 专用瓦斯抽采巷道应保证有足够的抽采时间和较大的抽采范围。

5.3.4 有人员进入进行工作活动的专用瓦斯抽采巷道的风速不得低于0.5m/s。

5.4 钻场及钻孔布置

5.4.1 钻场布置应符合下列规定：

1 不应受采动影响，并应避开地质构造带，同时应便于维护、利于封孔、保证抽采效果。

2 宜利用现有的开拓、准备和回采巷道。

3 顶板钻孔或顶板“高抽巷”应布置在顶板上覆岩层裂隙带内；走向高抽巷宜布置在工作面偏回风顺槽1/3工作面长度以内的卸压带内。

5.4.2 钻孔布置及进尺应符合下列规定：

1 钻孔开孔部分应圆且光滑。钻孔施工中不得出现三角孔、偏孔、台阶等变形孔。

2 抽采开采层未卸压瓦斯时，钻孔间距应按钻孔抽采半径确定，宜增大钻孔的见煤长度。

3 高位钻孔抽采时，应将钻孔打到采煤工作面顶板冒落后形成的裂隙带内，并应避开冒落带。

4 强化抽采布孔方式应能取得较好的抽采效果，并宜方便施工。

5 边采边抽钻孔的方向应与开采推进方向相迎（交叉钻孔除外），并应避免采动首先破坏孔口或钻场。

6 抽采采空区瓦斯的钻孔或插管应布置在采空区回风侧。

7 钻场内的钻孔个数应由试验得出，一般顺层钻孔宜采用3～5个孔；穿层钻孔宜采用6～9个孔。

8 穿层钻孔的终孔位置，应位于穿透煤层顶（底）板0.5m处。

9 吨煤钻孔工程量应根据抽采方式、钻孔抽采半径、预抽期、煤层厚度等综合确定。顺层钻孔预抽时，吨煤钻孔工程量可取0.04～0.1m/t。

10 钻孔直径宜采用42mm、50mm、64mm、73mm、89mm、110mm、130mm等规格。

5.5 封　孔

5.5.1 封孔方法的选择应根据抽采方法及孔口所处煤（岩）层位、岩性、构造等因素综合确定。

5.5.2 封孔材料的选择应符合下列规定：

1 穿层钻孔宜采用封孔器封孔。封孔器应满足密封性能好、操作简单、封孔速度快的要求。

2 顺层钻孔宜采用充填材料封孔。封孔材料可选用膨胀水泥、聚氨酯等新型材料。在钻孔所处围岩条件较好的情况下，亦可选用水泥砂浆或其他封孔材料。

3 不宜采用黄泥封孔。

5.5.3 封孔长度应符合下列规定：

1 孔口段围岩条件好、构造简单、孔口负压较低时，封孔长度不应低于3m。

2 孔口段围岩裂隙较发育或孔口负压较高时，封孔长度不应低于5m。

3 在煤壁开孔的钻孔，封孔长度不应低于7m。

5.5.4 采空区抽采时插管周围应封闭严密，宜减少外部空气漏入，有条件时可设置均压密闭。

5.5.5 当采用地面钻孔抽采瓦斯时，抽采结束后应全孔封实。

5.6 地 面 钻 孔

5.6.1 地面钻孔抽采方法选择应符合下列规定：

1 容易抽采的煤层，宜采用竖直钻孔或L形钻孔预先抽采瓦斯。

2 可以抽采及较难抽采的煤层，宜采用竖直钻孔或L形钻孔抽采邻近层卸压瓦斯或采空区瓦斯。

3 地面钻孔预抽瓦斯可选用压裂方法强化抽采。

5.6.2 钻孔布置应符合下列规定：

1 地面钻孔的布置应便于地面设施维护，并应利于封孔，同时应保证抽采效果。

2 卸压抽采时，沿开采层工作面走向地面钻孔间距宜采用300～350m；沿倾斜方向应位于开采层工作面中部；两相邻孔抽采瓦斯半径上、下交汇点应超过开采层工作面上、下顺槽5m。

5.6.3 卸压抽采地面钻孔结构可分为护孔管、生产管、筛管和标志孔，并应符合下列规定：

1 护孔管应符合下列规定：

1）表土层厚小于或等于200m时，可采用ϕ216钻孔、管径D245×10mm无缝钢管，外围水泥浆固孔，护孔管上端与地表平齐，下端超深表土进入基岩35m。

2）表土层厚大于200m时，可采用ϕ216钻孔、管径D244.5×11mm（带管箍）石油管，外围水泥浆固孔，护孔管上端与地表平齐，下端超深表土进入基岩35m。

2 生产管宜由地面进入抽采煤层或煤层群顶层煤顶板3～5m，管径可采用D180×10mm石油管，管外围宜用水泥浆固孔，上端应比护孔管高3m。

3 筛管应全段管钻小孔。上端应套入生产管内，套入长度应为开采煤层厚度加2m，下端应至开采煤层顶板4～5m，管外可不注水泥浆。

4 标志孔可采用ϕ91的裸孔，长度应由筛管下口至开采煤层底板。

5.6.4 地面钻孔的各钻孔口应安装压力表、流量计、瓦斯浓度测孔、闸阀（低压）、放空管、干式灭火器、避雷针、防爆器等装置，在孔口还应增加一段波纹金属软管。

5.6.5 地面钻孔至瓦斯抽采泵之间输气管路，应根据钻孔单井和同时抽采井的最大混合量计算支管和干管管径、验算管路阻力、选择瓦斯抽采泵。

6 抽采管路系统选择、计算及抽采设备选型

6.1 抽采管路系统选择的原则

6.1.1 抽采管路系统应根据矿井开拓部署、井下巷道布置、抽采地点分布、瓦斯利用要求，以及矿井的发展规划等因素确定，并宜避免或减少主干管路系统的改动。

6.1.2 管路的敷设宜减少曲线，并宜使管路的长度较短。

6.1.3 管路宜敷设在矿车不经常通过的巷道中。若必须敷设在运输巷道内时，应采取必要的安全措施。

6.1.4 当抽采设备或管路发生故障时，应使管路内溢出的瓦斯不流入采、掘工作面及机电硐室内。

6.1.5 抽采管路系统宜符合管道运输、安装和维护方便的要求。

6.2 抽采管路管径、壁厚计算及管材选择

6.2.1 抽采管路管径可根据主管、干管、分管、支管中不同的瓦斯流量，按下式分别计算：

$$d=0.1457\left(\frac{Q}{V}\right)^{\frac{1}{2}} \tag{6.2.1}$$

式中 d——管路内径（m）；

Q——管路内混合瓦斯流量（m^3/min）；各类管路的流量应按照其使用年限或服务区域内的最大值确定，并应有1.2～1.8的富余系数；

V——经济流速（m/s），可取5～12m/s。

6.2.2 管壁厚度计算应符合下列规定：

1 当采用负压抽采时，可不计算管材壁厚。

2 当采用正压输送时，管材壁厚应符合下列规定：

1）采用聚乙烯类管材时，壁厚应按公称压力选择。

2）采用金属管材时，壁厚可按下式计算：

$$\delta=\frac{P\cdot d}{2[\sigma]} \tag{6.2.2}$$

式中 δ——管路壁厚（mm）；

P——管路最大工作压力（MPa）；

d——管路内径（mm）；

$[\sigma]$——容许压力（MPa），可取屈服极限强度的60%；缺少此值时，铸铁管可取20MPa，焊接钢管可取60MPa，无缝钢管可取80MPa。

6.2.3 抽采管路管材应符合抗静电、耐腐蚀、阻燃、抗冲击、安装维护方便等要求。

6.3 管路阻力计算

6.3.1 管路阻力应由摩擦阻力和局部阻力组成。

6.3.2 管路摩擦阻力应根据每段管路管径、流量的不同分段计算，各段摩擦阻力可按下列公式计算：

$$H=69\times10^5\left(\frac{\Delta}{d}+192.2\frac{\nu_0 d}{Q_0}\right)^{0.25}\frac{L\rho Q_0^2}{d^5}\frac{P_0 T}{PT_0} \tag{6.3.2-1}$$

$$T=273+t \tag{6.3.2-2}$$

$$T_0=273+20 \tag{6.3.2-3}$$

式中 H——阻力损失（Pa）；

L——管路长度（m）；

Q_0——标准状态下的混合瓦斯流量（m^3/h）；

d——管路内径（mm）；

ν_0——标准状态下的混合瓦斯运动黏度（m^2/s）；

ρ——管道内混合瓦斯密度（kg/m^3）；

Δ——管路内壁的当量绝对粗糙度（mm）；

P_0——标准大气压力（101325 Pa）；

P——管道内气体的绝对压力（Pa）；

T——管路中的气体温度为t时的绝对温度（K）；

T_0——标准状态下的绝对温度（K）；

t——管路中的气体温度（℃）。

6.3.3 管路局部阻力可按管路摩擦阻力的10%～20%计算。

6.4 管路布置及敷设

6.4.1 抽采管路应具有良好的气密性、足够的机械强度，并应采取防冻、防腐蚀、防漏气、防砸坏、防静电和雷电等措施。

6.4.2 选用金属管材时，在安装前应涂抹防腐蚀剂。防腐蚀材料可采用经过热处理的沥青、油漆和红丹等。

6.4.3 在沿巷道底板敷设管路时，应采用高度0.3m以上的支撑墩，并应保证每节管子下面有两个支撑墩。

6.4.4 在敷设倾斜管路时，应采用管卡将管子固定在巷道支架上。在巷道倾角小于或等于30°时，管卡间距宜采用15～20m；在巷道倾角大于30°时，管卡间距宜采用10～15m。当沿立井敷设管路时，应将管道固定在罐道梁上或专用管架上。

6.4.5 管路宜平直敷设，并宜减少弯头等附属管件，同时宜避免急转弯；管路应保持一定的坡度，其坡度应根据巷道的坡度确定，不宜小于1‰。

6.4.6 当管路敷设在运输巷道内时，应将管路牢固地悬挂或架在专用支架上，在人行道侧管路架设高度不应小于1.8m，管件的外缘距巷道壁不宜小

于0.1m。

6.4.7 敷设的管路应能排除管路中的积水。

6.4.8 井下敷设管路，宜采用法兰盘或快速接头连接。法兰盘中间应夹有橡胶垫，且垫的厚度不宜小于5mm。

6.4.9 新敷设的管路应按规定进行漏气检验。

6.4.10 当采用专用管道井敷设管路时，专用管道井的直径应大于管道外形尺寸200mm。

6.4.11 管路不得与动力电缆敷设在巷道的同一侧。

6.4.12 地面管路布置及敷设应符合下列规定：

1 宜避免布置在车辆通行频繁的主干道旁。

2 不得将管路和其他管线敷设在同一条地沟内。

3 主、干管应与城市及矿区的发展规划和建筑布置相结合。

4 管道与地上、地下建（构）筑物及设施的间距，应符合现行国家标准《工业企业总平面设计规范》GB 50187的有关规定。

5 管道不得从地下穿过房屋或其他建（构）筑物，一般情况下也不得穿过其他管网，当必须穿过其他管网时，应按有关规定采取措施。

6.5 抽采附属装置及设施

6.5.1 主管、干管、钻场及其他必要地点应装设瓦斯量测定装置。

6.5.2 钻场、管路拐弯、低洼、温度突变处应设置放水器，管路宜每隔200～300m设置一个放水器，最大不应超过500m。

6.5.3 在管路的适当部位应设置除渣装置和测压装置。

6.5.4 管路分岔处应设置控制阀门，阀门规格应与安装地点的管径相匹配。

6.5.5 地面主管上的阀门应设置在观察井内，观察井应位于地表以下，并应采用不燃性材料砌成，且不应透水。

6.5.6 干式瓦斯抽采泵吸气侧管路中，应装设具有防回火、防回气和防爆炸作用的安全装置。

6.6 抽采设备选型

6.6.1 抽采设备选型应符合下列规定：

1 瓦斯抽采泵应选用湿式。

2 抽采设备应配备防爆电气设备及防爆电动机。

3 备用的抽采泵及附属设备应与抽采设备具有同等能力。

6.6.2 标准状态下抽采系统压力可按下列公式计算：

$$H=(H_r+H_c)\cdot K \quad (6.6.2\text{-}1)$$

$$H_r=h_{rm}+h_{rj}+h_k \quad (6.6.2\text{-}2)$$

$$H_c=h_{cm}+h_{cj}+h_z \quad (6.6.2\text{-}3)$$

式中 H——抽采系统压力（Pa）；

H_r——抽采设备入口侧（负压段）10～15年内管路最大阻力损失（Pa）；

H_c——抽采设备出口侧（正压段）管路阻力损失（Pa）；

K——抽采系统压力富余系数，可取1.2～1.8；

h_{rm}——入口侧（负压段）管路最大摩擦阻力（Pa）；

h_{rj}——入口侧（负压段）管路局部阻力（Pa）；

h_k——井下抽采钻孔的设计孔口负压（Pa）；

h_{cm}——出口侧（正压段）管路最大摩擦阻力（Pa）；

h_{cj}——出口侧（正压段）管路局部阻力（Pa）；

h_z——出口侧（正压段）的出口正压（Pa）；出口进入瓦斯储气罐，可取3500～5000Pa。

6.6.3 抽采泵工况压力可按下式计算：

$$P_g=P_d-H \quad (6.6.3)$$

式中 P_g——抽采泵工况压力（Pa）；

P_d——抽采泵站的大气压力（Pa）。

6.6.4 标准状态下抽采泵流量可按下式计算：

$$Q_b=\frac{Q}{X\eta}K \quad (6.6.4)$$

式中 Q_b——标准状态下抽采泵的计算流量（m^3/min）；

Q——10～15年内最大的设计瓦斯抽采量（m^3/min）；

X——抽采泵入口处预计的瓦斯浓度（%）；

η——泵的机械效率（%），可取80%；

K——抽采能力富余系数，可取1.2～1.8。

6.6.5 抽采泵工况流量可按下列公式计算：

$$Q_g=Q_b\frac{P_0T}{PT_0} \quad (6.6.5\text{-}1)$$

$$P=P_d-H_r \quad (6.6.5\text{-}2)$$

$$T=273+t \quad (6.6.5\text{-}3)$$

式中 Q_g——工况状态下的抽采泵流量（m^3/min）；

Q_b——标准状态下抽采泵的计算流量（m^3/min）；

P——抽采泵入口绝对压力（Pa）；

T——抽采泵入口瓦斯的绝对温度（K）；

t——抽采泵入口瓦斯的温度（℃）。

7 瓦斯抽采泵站

7.1 地面固定瓦斯抽采泵站

7.1.1 地面固定瓦斯抽采泵站的设置，应符合下列规定：

1 泵站应设置在不受洪涝威胁且工程地质条件可靠地带，并应避开滑坡、溶洞、断层、破碎带、塌陷区及高压线等。

2 泵站宜设置在回风井工业场地内，抽采泵站距井口和主要建筑物及居住区不得小于50m。

3 泵站宜设置在靠近公路和有水源的地点。

4 泵站宜留有扩建的余地。

7.1.2 泵站建筑应符合下列规定：

1 泵站建筑用地应符合国家现行《煤炭工业工程项目建设用地指标》的有关规定。

2 泵站建筑必须采用不燃性材料，耐火等级应为一级或二级。

3 泵站周围必须设置栅栏或围墙。

7.1.3 泵站应设置防雷电、防火灾、防洪涝、防冻等附属设施。

7.1.4 泵站的供电、电气和通讯应符合下列规定：

1 抽采泵站应由两个电源供电，并应有双回供电线路。

2 泵房内电气设备、照明、其他电气和检测仪表均应采用矿用防爆型。

3 泵房与不防爆设备和设施之间应采取隔离措施。

4 泵站应设置直通矿井调度室和矿井变配电所的电话。

7.1.5 泵站给排水及采暖与通风应符合下列规定：

1 泵站应有供水系统，泵房设备冷却水宜采用开路循环，站内应设置消防水池，且应与循环水池分建。

2 对硬度较大的冷却水应进行软化处理。

3 污水应设置地沟排放。

4 泵站采暖与通风应符合现行国家标准《煤炭工业矿井设计规范》GB 50215 的有关规定。

7.1.6 泵站消防及环保应符合下列规定：

1 泵站应有消防设施和器材，并应符合现行国家标准《建筑设计防火规范》GB 50016 的有关规定。

2 地面泵房和泵房周围20m范围内，严禁堆积易燃物和有明火。

3 废水、噪声和对空排放瓦斯不得超过工业卫生规定指标，超过时，应采取治理措施。

4 泵站场地应绿化。

7.2 井下固定瓦斯抽采泵站

7.2.1 井下固定瓦斯抽采泵站的位置应选择在稳定、坚硬的岩层中，并宜避开较大的断层、含水层、松软岩层、煤与瓦斯突出煤层，不应受采动影响，并应采用不燃性材料支护。

7.2.2 泵站与主要巷道及硐室的安全距离应满足下列要求：

1 泵站与井筒、井底车场、主要运输巷道、主要硐室，以及影响全矿井或多个采区通风的风门的法线距离不应低于60m。

2 泵站与行人巷道的法线距离不应低于35m。

3 泵站与地面或上、下巷道的法线距离不应低于30m。

7.2.3 泵站硐室应符合下列规定：

1 必须采用独立通风。

2 必须有两个供人员撤离的安全出口。

3 出口应设置向外开启的防火、防爆门。

4 泵站内除应设置消防管路系统，还应配备消防器材。

5 应设置完备的照明设施。

7.2.4 硐室的规格尺寸应符合泵站设备的运输、安装、工艺系统布置及检修的要求。

7.2.5 泵站的输出管路宜通过矿井回风系统与地面泵房管路系统或放空管路相连接。

7.2.6 当抽采出的瓦斯采用地面直接排空方式时，放空地点应根据矿井抽采系统的具体情况，结合地面的建筑设施确定。放空地点距井口和主要建筑物的距离不应小于50m，放空地点附近20m以内严禁堆积易燃物和有明火。在排空管附近应安设避雷装置和防爆炸、防回火等安全装置。

7.3 井下移动瓦斯抽采泵站

7.3.1 井下移动瓦斯抽采泵站应安设在抽采瓦斯地点附近的全风压通风新鲜风流中，安设位置应满足泵站运输、安装及检修的要求。

7.3.2 移动泵站抽出的瓦斯不并入矿井固定抽采系统的管道内时，在抽采管路出口应设置栅栏和悬挂警戒牌。栅栏设置的位置，上风侧应为管路出口外推5m，上、下风侧栅栏间距不得小于35m。栅栏内严禁人员通行及作业。

7.3.3 移动泵站抽出的瓦斯排放到地面时，应符合本规范第7.2.6条的规定。

7.3.4 移动泵站抽采的瓦斯在井下应引排到总回风巷、一翼回风巷或分区回风巷，并应保证稀释后风流中的瓦斯浓度符合现行《煤矿安全规程》的有关规定。

8 安全与监控

8.1 安全设施及措施

8.1.1 抽采容易自燃或自燃煤层采空区的瓦斯，应采取检测一氧化碳浓度和气体温度变化的措施。

8.1.2 瓦斯抽采泵站应符合现行国家标准《建筑物防雷设计规范》GB 50057 的有关规定，并应设置防雷电设施，通往井下的抽采管路应采取防雷电和隔离措施。

8.1.3 抽采管路应采取防腐蚀、防漏气、防砸坏、防带电等措施。

8.1.4 利用瓦斯时，抽采泵出气侧管路系统必须装设防回火、防回气、防爆炸的安全装置。

8.1.5 泵站放空管的高度应超过泵房房顶3m。

8.1.6 瓦斯管线与地面或地下建（构）筑物或其他管线的安全距离应大于表8.1.6的规定。

表8.1.6 瓦斯管线与相关设施的安全距离

名称	厂房（地基）	动力电缆	水管、水沟	热水管	铁路	电线杆
距离（m）	5.0	1.0	1.5	2.0	4.0	2.0

8.2 矿井瓦斯抽采监测监控系统

8.2.1 矿井井上、下抽采瓦斯管路系统应装设监测设备，监测内容应包括抽采管道中的瓦斯浓度、流量、负压、温度。当出现瓦斯浓度过低、负压波动较大时，监测设备应能报警。对有自燃发火煤层瓦斯抽采管路和采空区瓦斯抽采管路，监测设备应能监测一氧化碳的浓度，当一氧化碳浓度超限时，监测设备应能自动报警。

8.2.2 矿井瓦斯抽采泵站宜设置自动监控系统，应实时监控抽采瓦斯浓度、负压、流量、泵站设备运行状态参数、环境瓦斯浓度、循环供水、供电、设备开停状态等，同时对泵站设备运行异常、环境瓦斯浓度超限和供水系统发生故障时应报警和进行断电控制。抽采瓦斯监控系统应并入矿井安全监测监控系统。

附录A 煤层瓦斯抽采难易程度分类

表A 煤层瓦斯抽采难易程度

类　别	钻孔瓦斯流量衰减系数（d^{-1}）	煤层透气性系数〔m^2/（$MPa^2 \cdot d$）〕
容易抽采	<0.003	>10
可以抽采	0.003～0.05	10～0.1
较难抽采	>0.05	<0.1

注：当按钻孔瓦斯流量衰减系数和煤层透气性系数判断出现结果不一致时，以煤层透气性系数为准。

本规范用词说明

1 为便于在执行本规范条文时区别对待，对要求严格程度不同的用词说明如下：

1）表示很严格，非这样做不可的用词：
正面词采用“必须”，反面词采用“严禁”。

2）表示严格，在正常情况下均应这样做的用词：
正面词采用“应”，反面词采用“不应”或“不得”。

3）表示允许稍有选择，在条件许可时首先应这样做的用词：
正面词采用“宜”，反面词采用“不宜”；
表示有选择，在一定条件下可以这样做的用词，采用“可”。

2 本规范中指明应按其他有关标准、规范执行的写法为“应符合……的规定”或“应按……执行”。

中华人民共和国国家标准

煤矿瓦斯抽采工程设计规范

GB 50471—2008

条 文 说 明

前　言

《煤矿瓦斯抽采工程设计规范》GB 50471—2008，经住房和城乡建设部2008年12月15日以建设部第192号公告批准、发布。

为便于各单位和有关人员在使用本规范时能正确理解和执行本规范，特按章、节、条顺序编制了本规范的条文说明，供使用者参考。在使用中如发现本条文说明有不妥之处，请将意见函告中煤国际工程集团重庆设计研究院。

本规范主要审查人： 毕孔耜　陈建平　刘　毅　鲍巍超　杨晓峰　陈德跃　郑厚发　吴文彬　孟　融　李庚午　康忠佳　龙祖根　蒋晓飞　李明武　陆中原　杨纯东　范立新　郭钧生　阮国强　张爱科　冯志强

目　次

1　总则 ………………………………… 1—56—15
2　术语 ………………………………… 1—56—15
3　建立矿井瓦斯抽采系统的条件及抽采系统选择 ……………………… 1—56—15
3.1　建立矿井瓦斯抽采系统的条件 … 1—56—15
3.2　抽采系统选择 …………………… 1—56—15
4　瓦斯抽采设计参数………………… 1—56—15
5　瓦斯抽采方法 ……………………… 1—56—15
5.1　一般规定 ………………………… 1—56—15
5.2　瓦斯抽采方法选择 ……………… 1—56—16
5.5　封孔 ……………………………… 1—56—17
5.6　地面钻孔 ………………………… 1—56—17
6　抽采管路系统选择、计算及抽采设备选型 ………………………… 1—56—17
6.1　抽采管路系统选择的原则 ……… 1—56—17
6.2　抽采管路管径、壁厚计算及管材选择 ………………………… 1—56—17
6.3　管路阻力计算 …………………… 1—56—17
6.6　抽采设备选型 …………………… 1—56—18
7　瓦斯抽采泵站 ……………………… 1—56—18
7.1　地面固定瓦斯抽采泵站 ………… 1—56—18
7.2　井下固定瓦斯抽采泵站 ………… 1—56—18
8　安全与监控 ………………………… 1—56—18
8.1　安全设施及措施 ………………… 1—56—18
8.2　矿井瓦斯抽采监测监控系统 …… 1—56—18

1 总 则

1.0.4 为使瓦斯抽采系统可靠性高、符合实际情况，达到预期的安全效果，作为设计依据的基础资料应是可靠的，因此瓦斯抽采设计依据的资料和矿井设计依据的资料同等要求。

1.0.7 按照瓦斯治理“先抽后采”的方针，瓦斯抽采工程的施工要与矿井建设和生产准备工程同时施工和建成投产，并预留足够的预抽时间，以保证矿井安全。

1.0.8 瓦斯是一种使用方便、洁净、中热值的优质燃料，也可作为重要的化工原料，同时也是一种强烈的温室气体。对其加以利用既可节约能源，又可减少对大气环境的污染。在国家发展改革委、国土资源部、环保总局、国家安全监管总局等部委下发的《关于印发矿井瓦斯治理与利用实施意见的通知》（发改能源〔2005〕1119 号）中也要求坚持“以抽保用、以用促抽”的原则，大力发展瓦斯民用、发电、化工。因此本规范强调应考虑瓦斯利用的可行性。

目前对瓦斯的利用主要是发电、民用和作为化工原料。一般而言，在利用时应优先考虑民用，主要是因为居民燃气比燃煤热效率提高幅度大、节能效果显著，且对环境的改善较为明显，但需要稳定的气源和相对较大的气量，许多矿井难以达到。而瓦斯发电是一项多效益型利用项目，目前已有成熟的发电机组可供使用，一般 500kW 的小型机组年耗气量在 $1Mm^3$ 左右，且使用灵活，因此要求在抽采量大于 $1Mm^3$ 时应提出加以利用的方案。

1.0.9 目前我国煤炭安全生产形势严峻，近期国务院及各部委出台了多个法规、政策性文件，对瓦斯治理作出了一系列规定和要求，而且可能日趋严格，因此要求煤矿瓦斯抽采工程设计要符合国家现行的有关标准、规范、政策及法规的要求。

2 术 语

本规范给出了 30 个有关抽采瓦斯方面的专用术语，并从抽采瓦斯设计的角度赋予其特定的涵义。所给出的英文译名是参考国外某些标准拟定的。

3 建立矿井瓦斯抽采系统的条件及抽采系统选择

3.1 建立矿井瓦斯抽采系统的条件

3.1.1 根据《国务院关于预防煤矿生产安全事故的特别规定》（中华人民共和国国务院令第 446 号）中将高瓦斯矿井未建立瓦斯抽采系统作为重大安全生产隐患和行为，本规范制订时将高瓦斯矿井纳入必须建立瓦斯抽采系统的范围内。

3.2 抽采系统选择

3.2.1 本条说明如下：

1 地面固定瓦斯抽采系统与井下移动瓦斯抽采系统相比，投入相对较大，但整个系统负压高、抽采量更大、更为可靠。而在对煤与瓦斯突出矿井进行突出防治采用开采解放层时，被解放层的瓦斯将大量涌入解放层，不对被解放层的卸压瓦斯进行抽采将无法保证解放层的正常开采，且抽采量大，对抽采系统能力要求高。而采用预抽突出煤层瓦斯的措施，一般需采用高负压、密集钻孔等措施，井下移动抽采系统均不易满足要求，因此本规范要求煤与瓦斯突出危险煤层的矿井建立地面固定抽采系统。

2 本款规定与《煤矿瓦斯抽放规范》AQ 1027—2006 中的规定一致。

3.2.2 预抽、卸压等和采空区抽采方法对负压的要求差别较大，采用同一套管道既不好管理又不易达到效果，因此本规范推荐两类抽采方法均采用的矿井采用两套管路分别进行高、低负压抽采。但考虑到设备、资金投入较大，不做强行规定。

4 瓦斯抽采设计参数

4.0.1 本条规定与《煤矿瓦斯抽放规范》AQ 1027—2006中的规定一致。需要特别说明的是，各矿井的围岩瓦斯储量差异性极大，如重庆中梁山煤电气公司在底板岩层中掘进时即有瓦斯涌出，其围岩瓦斯可占瓦斯总储量的20%～30%。

4.0.2 推荐的矿井瓦斯抽采率（K_3），是根据目前我国多数矿井的实际抽采技术水平确定的。部分抽采技术力量和管理水平较高的集团（局）或煤矿已超过推荐值，如重庆松藻煤电公司大部分矿井的抽采率已经达到50%以上。因此，在确定矿井瓦斯抽采率时，可根据矿井的技术力量和管理水平以及煤层赋存条件、技术进步等因素综合考虑。煤层瓦斯排放率（K_4）可根据《矿井瓦斯涌出量预测方法》AQ 1018—2006中的规定选取。

5 瓦斯抽采方法

5.1 一 般 规 定

5.1.1 随着采煤方法的发展以及瓦斯涌出量的增加，抽采瓦斯方法也出现了相应的变化，虽然从形式上看抽采瓦斯并没出现新的方法，但从实质内容上看确有许多创新之处。如淮南局在开采 13# 煤层时，在 11# 煤层（距 13# 煤层平均间距 70m）底板 10～20m 处掘出一专用瓦斯抽采巷，向11#煤层打穿层钻孔抽采11#煤层的瓦斯。这种方法从原理上讲虽然仍为邻近层卸压抽采，但突破了以往仅在开采层巷道向邻近层打钻抽采的老模式。虽然增加了一些巷道掘进和维护费用，但减少了打钻的费用，最主要的还是取得了好的抽采瓦斯效果，安全生产有了保障，也获得了好的经济效益。

本煤层抽采瓦斯方法，其难点在于低透气性煤层瓦斯抽采。我国20世纪70年代曾经试验过水力割缝、水力压裂等方法，但由于工艺复杂、技术难度大，还必须有一些特殊设备等原因，难以大面积推广使用。20世纪80年代后又对预裂爆破增大煤层透气性的方法进行了试验研究。因为工艺复杂、技术难度大等原因，也没能大规模推广应用。20世纪末，我国和俄罗斯合作在焦作开展了交叉钻孔抽采本煤层瓦斯的试验，取得了较好的效果。焦作局的试验表明：在不增加钻孔工程量的条件下，交叉布孔预抽开采层瓦斯量增加56%～83%。分析认为，交叉布孔除了由于交叉增加煤体卸压范围、提高透气性外，还由于钻孔相互交叉影响，可避免因某一钻孔坍塌堵塞而影响正常抽采。另外斜向钻孔还可延长钻孔在采煤工作面前方卸压带内的瓦斯抽采时间。因而交叉钻孔可以较好地提高开采层的抽采瓦斯效果。

对于水平长钻孔抽采本煤层瓦斯，过去由于打钻装备及工艺问题，始终打不出理想的长钻孔。近几年由于钻机研究开发的突破，使得打本煤层长钻孔成为可能。西安分院研制开发的MK系列钻机，打出了超过700m的本煤层长钻孔。还有如中美合作开采的大宁矿井（山西晋城），将美国的长钻孔及拐弯钻孔等工艺技术推广应用到了我国，取得了好的抽采效果。

采空区抽采，过去一直没有克服抽采浓度低、抽采量小的瓶颈。近几年由于大型抽采泵的出现以及抽采工艺的进一步优化，使采空区抽采创造了前所未有的辉煌，如抚顺老虎台矿经过多年的实践摸索，采用了尾巷瓦斯道、两顺槽超前抽采瓦斯、顶板道超前抽采及上顺槽埋管抽采瓦斯等方式。其中采空区（尾巷瓦斯道抽采、顺槽埋管抽采）抽采量已占到抽采总量的70%以上，是目前老虎台矿抽采瓦斯的主要方式。

5.2 瓦斯抽采方法选择

5.2.1 开采层未卸压抽采的钻孔抽采量高低主要取决于煤层瓦斯压力和透气性两个因素。在透气性较低的情况下，提高未卸压煤层抽采率的途径除了增加揭露煤的暴露面、延长抽采时间和提高抽采负压外，还可采用开采层交叉钻孔抽采、浅孔抽采、地面钻井等技术，通过提高煤层透气性来达到提高抽采率的目的。

2003年平顶山煤业集团在平顶山矿区实施国家“九五”科技攻关项目“平顶山矿区煤层瓦斯预抽参数优化研究”中发现，在相同的钻孔密度和预抽时间下，交叉钻孔瓦斯抽采率最大，大直径钻孔次之，平行钻孔抽采率最小，交叉钻孔的预抽率较顺层平行布孔提高了63%～86%。从瓦斯抽采效果、工程量和钻孔施工难易程度三个方面综合考虑，交叉钻孔是平顶山矿区目前最合理的瓦斯预抽方式。数值模拟表明，交叉钻孔网中的平行钻孔和迎面斜向钻孔在空间上形成相互影响带，裂隙、节理相互连通，提高了煤层透气性。在平顶山矿区煤层条件下，交叉钻孔合理的布孔参数为：高程差Δh为6～8倍钻孔孔径；钻孔间距依煤层瓦斯含量不同而异，瓦斯含量为10～15m^3/t，钻孔间距以2.5～3m为宜，瓦斯含量15～20m^3/t，钻孔间距以2～2.5m为宜；钻孔长度依单向、双向布孔形式而异；钻孔夹角取15°～20°为宜。淮北矿业集团在生产实践中应用交叉钻孔也证明了其是一项行之有效的科技成果。各矿井在抽采设计中应根据矿井煤层赋存条件、抽采要求积极推广交叉钻孔技术。

5.2.2 邻近层瓦斯抽采是国内外应用最广泛的抽采类型，其抽采效果主要取决于首采层开采后邻近层透气性的提高程度。选择对上、下邻近煤层的瓦斯抽采方法，要有利于钻孔布置在邻近层卸压范围内。

5.2.3 采空区瓦斯抽采可分为全封闭式抽采和半封闭式抽采两类。全封闭式抽采又可分为密闭式抽采、钻孔式抽采和钻孔与密闭相结合的综合抽采等方式；半封闭式抽采是在采空区上部开掘一条专用瓦斯抽采巷道（如黑龙江鸡西矿业集团城子河矿井），在该巷道中布置钻场向下部采空区打钻，同时封闭采空区入口，以抽采下部各区段采空区中从邻近层涌入的瓦斯。抽采的采空区可以是一个采煤工作面（如重庆松藻煤电公司渝阳矿井），或一两个采区的局部范围（如重庆天府矿业公司磨心坡矿井），也可以是一个水平结束后的大范围抽采（如重庆中梁山煤电气有限公司）。

5.2.4 顶板巷道抽采瓦斯是国内应用较广泛也较有效的一种瓦斯抽采方式，作为采空区瓦斯抽采方法之一，抽采效果较为明显，但也有明显缺点，即工程量大，工程费用高，如采煤工作面上部裂隙带内有煤层，则沿煤层做抽采巷抽采成本及效果会更好。

5.2.5 煤层围岩裂隙和溶洞中存在的高压瓦斯会对岩巷掘进构成瓦斯喷出或突出危险。为了施工安全，可超前向岩巷两侧或掘进工作面前方的溶洞裂隙带打钻，进行瓦斯抽采〔如四川广旺能源发展（集团）有限责任公司唐家河矿井〕。

5.2.6 地面钻孔抽采瓦斯具有不影响、不干扰井下安全生产，减少井下工程量，钻孔口径大等特点，同时还能减少矿井建设费用（巷道和通风费用减少1/4左右）。与井下抽采相比，采用地面钻孔抽采的瓦斯浓度要高（井下抽采的瓦斯浓度为40%～50%，地面抽采的瓦斯浓度在90%以上)。但埋藏深度较大时，技术要求高、成孔难、投资大，因此一般认为600m以内可以采用。

20世纪80年代，美国试验应用常规油气井（即地面钻孔）抽采瓦斯技术取得了重大突破，瓦斯产量从1983年的8.07亿m^3增至1995年的275亿m^3，形成了瓦斯产业。我国瓦斯储层与美国相比普遍存在低压、低渗、低饱和的“三低”现象。但20世纪80年代末以来，国内外有关单位也先后在沁水盆地、河东盆地、两淮地区等矿区开展地面钻孔抽采瓦斯的试验工作。

5.2.7 综合抽采方法是抽采瓦斯技术的发展方向。我国阳泉、松藻、中梁山等矿区，自采用综合抽采技术以来，矿井的抽采率均有较大提高，其矿井平均年抽采率在45%以上。凡有条件的矿井都应推行综合抽采技术。

5.5 封　孔

5.5.3 在选择封孔长度时，应考虑围岩或煤体的硬度、破碎情况、封孔技术及抽采孔口负压等因素，一般通过试验和生产实践确定。

5.6 地面钻孔

5.6.1 淮南矿业集团进行抽采瓦斯试验的地面钻孔共有9口，抽采采动区卸压瓦斯单孔纯量平均在100万m^3以上，单孔最大纯量达到363万m^3，抽采10～12个月可以达到井下底抽巷密集穿层孔抽采卸压瓦斯的效果。

5.6.2 淮南矿业集团在谢桥矿1242(1)工作面做了井下底抽巷钻孔释放SF_6示踪气体接收试验，取得了13-1煤层卸压瓦斯抽采半径235m的可靠数据。

抽采采动区卸压瓦斯在选择地面钻孔间距时，要考虑工作面长度，两相邻孔抽采瓦斯半径应交圈，上、下交汇点应超过被保护面上、下顺槽5m，才能将被保护层工作面控制在充分卸压、瓦斯抽采有效半径范围之内。

5.6.3 淮南矿业集团在地面钻孔抽采瓦斯试验中发现，巨厚新地层条件下采动影响能够切断套管，基岩段涌水与进入筛管内的煤粉混合成煤泥沉淀在管底部会将下口堵塞，水位不断上升形成水封，造成地面钻孔抽采瓦斯达不到预期效果。根据实践经验，采用本条规定的钻孔结构，在新地层与基岩交接面岩石风化带处和三隔黏土层顶界面处各安装一组可调节管接头，提高了地面钻孔的强度和抗变形能力。

6 抽采管路系统选择、计算及抽采设备选型

6.1 抽采管路系统选择的原则

6.1.3 在运输巷道中敷设管路可将管路架设一定高度，并固定在巷道壁上，以确保安全。

6.2 抽采管路管径、壁厚计算及管材选择

6.2.1 主、干管路服务于整个矿井或水平或矿井一翼，如管径选择不合理，极易造成频繁的改动，既影响生产又不经济。因此规范在Q的取值上要求是管路使用年限或服务区域内的最大值，使主、干管路建成后不轻易改动，待到使用年限后再行选择管路。而分管或支管仅服务一个采区或工作面，服务时间较短，此时只需考虑服务的区域即可。同时考虑到管路和抽采泵应互相匹配，因此其富余系数等同于泵的富余系数。

6.3 管路阻力计算

6.3.2 本次规范采用《城镇燃气设计规范》GB 50028—93使用的低压（<0.01MPa）管道阻力损失计算公式，但抽采管路中的绝对压力是由里及外逐渐减小，设计计算时无法得知本段管路的绝对压力，因此在计算本段管路的绝对压力时，可采用前段管路末端的绝对压力进行计算，同时本规范中的后续公式已考虑到了这种偏差。

在计算管路摩擦阻力时，涉及标准状态下的混合瓦斯运动黏度和混合瓦斯对空气的相对密度等参数的取值，可依据管路中瓦斯的浓度采用加权平均法计算，标准状态下空气的运动黏度为$1.5\times10^{-5}m^2/s$，密度为$1.293kg/m^3$，标准状态下纯瓦斯的运动黏度为$1.87\times10^{-5}m^2/s$，密度为$0.715kg/m^3$。

6.3.3 用估算法计算局部阻力时，管路系统长，网络复杂或主管管径较小时，可按上限取值，反之则按下限取值。局部阻力除采用估算法计算外，还可通过下式计算：

$$h_1=\xi\cdot\frac{1}{2}\rho\cdot v^2 \tag{1}$$

式中 h_1——瓦斯管路的局部阻力（Pa）；

ξ——局部阻力系数，见表1；

ρ——管道内混合瓦斯密度（kg/m^3）；

v——瓦斯平均流速（m/s）。

表1 各种管件的局部阻力系数

管件	直通三通	分支三通	对管径相差一级突然收缩	弯头	直通阀	90°弯头	闸阀	球阀
ξ	0.30	1.50	0.35	1.10	2.00	0.30	0.50	9.00

实际计算时，可把各种管件局部阻力折算成相当于一定同径管路长度所产生的阻力，即阻力强度。

一支阀门相当于200D的阻力长度；

一支丁形件相当于100D的阻力长度；

一支滑阀相当于50D的阻力长度；

一支弯头相当于10D的阻力长度。

以上“D”为内径。

6.6 抽采设备选型

6.6.2 抽采系统压力计算主要是作为选择抽采泵的依据，由于抽采泵的服务年限一般在10年左右，之后需更换并重新选型，因此作为入口侧的阻力损失只考虑10～15年即可。

6.6.4 根据现场调查，一台抽采泵的使用年限一般在10年左右，之后就需重新进行设备选型，因此在Q的取值上要求为10～15年内最大的设计瓦斯抽采量，之后再进行重新选型。

7 瓦斯抽采泵站

7.1 地面固定瓦斯抽采泵站

7.1.2 瓦斯是一种具有燃爆性质的气体，为防止泵站发生火灾或泵站外发生火灾波及泵站，因此规定泵站建筑必须采用不燃性材料。由于瓦斯的爆炸下限浓度为5%，小于10%，根据《建筑设计防火规范》GB 50016—2006，泵站建筑的耐火等级应为一级或二级。

7.1.4 本条说明如下：

1 为保证井下抽采瓦斯的连续性，保证矿井的安全生产，瓦斯抽采泵站与矿井的主要通风机应具有同等重要的作用，因此应采用双电源供电。

2 井下抽采瓦斯的条件比较复杂，有的地点（如采空区）抽采的瓦斯浓度较低，加上钻孔和管路存在发生漏气的可能，进、出泵的管路内瓦斯浓度下降到爆炸上限（15%）的可能性是存在的，因此作出此款规定。

7.2 井下固定瓦斯抽采泵站

7.2.5 井下泵站到地面泵站的管路一旦出现破坏，其危险性较大，应加强维护、检修及检测，设在回风系统中，有利于降低危害程度。

8 安全与监控

8.1 安全设施及措施

8.1.4 为防止地面引爆的瓦斯沿管路向井下传播而破坏抽采系统和威胁矿井安全，因此作出此条规定。

8.2 矿井瓦斯抽采监测监控系统

8.2.2 矿井瓦斯抽采监测系统一般可在矿井已有的安全监测系统的基础上配备高瓦斯浓度传感器、压差传感器、气压传感器和采样泵后，即可对瓦斯抽采系统进行监测。

目前，国内已有专为瓦斯抽采泵站服务的自动监控系统产品，其功能较为全面，可独立运行，也可并入矿井监测主网，设计可根据业主要求进行配置。

中华人民共和国国家标准

电子工业洁净厂房设计规范

Code for design of electronic industry clean room

GB 50472—2008

主编部门：中华人民共和国工业和信息化部
批准部门：中华人民共和国住房和城乡建设部
施行日期：2 0 0 9 年 7 月 1 日

中华人民共和国住房和城乡建设部
公　告

第200号

关于发布国家标准《电子工业洁净厂房设计规范》的公告

现批准《电子工业洁净厂房设计规范》为国家标准，编号为GB 50472—2008，自2009年7月1日起实施。其中，第3.2.5、4.3.3（1）、5.4.2、5.5.6、6.2.1、6.2.6、6.2.7、6.2.8、6.2.9、6.3.1、7.1.6、7.5.1、7.5.3（1、2、4、5、6、7、8）、7.5.4、7.5.6、7.6.1、7.7.2、7.7.7（2、3）、8.3.1、8.3.2、8.5.1、8.5.2（1）、8.5.3（3）、9.2.3（3、4、5）、10.1.5、10.1.6、10.1.7（2、3）、10.1.8（1、3、4）、10.2.5、10.2.6、10.4.2、10.4.3（1、2、3）、10.4.5、11.2.1（1、2、3、5、6、7、8）、11.2.2、11.2.3、11.2.5、11.3.1、12.1.8、12.2.3（1）、12.2.4、12.3.2、12.3.4（1、3）、12.3.6、12.3.7、12.3.8、12.4.4、13.2.1（2、3）、13.3.4条（款）为强制性条文，必须严格执行。

本规范由我部标准定额研究所组织中国计划出版社出版发行。

中华人民共和国住房和城乡建设部

二〇〇八年十二月十五日

前　言

本规范是根据建设部"关于印发《2005年工程建设标准规范制订、修订计划（第二批）》的通知"（建标函〔2005〕124号）的要求，由中国电子工程设计院会同有关单位编制完成的。

本规范在编制过程中，编制组结合我国电子工业洁净厂房设计建造和运行的实际情况，进行了广泛的调查研究，收集整理相关的专题报告、测试资料，认真总结多年来电子工业洁净厂房设计建造和运行方面的经验，广泛征求了国内有关单位的意见，最后经审查定稿。

本规范共分15章和4个附录。主要内容有：总则、术语、电子产品生产环境设计要求、总体设计、工艺设计、洁净建筑设计、空气净化和空调通风设计、给水排水设计、纯水供应、气体供应、化学品供应、电气设计、防静电与接地设计、噪声控制、微振控制等。

本规范中以黑体字标志的条文为强制性条文，必须严格执行。

本规范由住房和城乡建设部负责管理和对强制性条文的解释，由中国电子工程设计院负责具体内容的解释。本规范在执行过程中，希望各有关单位结合工程实践，认真总结经验，若发现需要修改和补充之处，请将意见和有关资料寄至中国电子工程设计院《电子工业洁净厂房设计规范》管理组（地址：北京市海淀区万寿路27号，邮政编码：100840，传真：010－68217842，E-mail：xiaohongmei@ceedi.com.cn），以供今后修改时参考。

本规范主编单位、参编单位和主要起草人：

主 编 单 位： 中国电子工程设计院

参 编 单 位： 信息产业电子第十一设计研究院有限公司
上海电子工程设计研究院有限公司
深圳市电子院设计有限公司
中国电子系统工程第二建设有限公司
北京中瑞电子系统工程设计院

主要起草人： 陈霖新　秦学礼　晁　阳　张利群　王唯国　侯　忆　穆京祥　赵　海　高艳敏　王毅勃　肖红梅　李　杰　李锦生　路振福　章光护　邹英杰　钟景华　牛光宏　张晓敏　周志刚　陈　骝　焦明伟

目　次

1　总则 …………………………… 1—57—4
2　术语 …………………………… 1—57—4
3　电子产品生产环境设计要求 …… 1—57—5
3.1　一般规定 …………………… 1—57—5
3.2　生产环境设计要求 ………… 1—57—5
4　总体设计 ………………………… 1—57—5
4.1　位置选择和总平面布置 …… 1—57—5
4.2　洁净室型式 ………………… 1—57—6
4.3　洁净室布置和综合协调 …… 1—57—6
5　工艺设计 ………………………… 1—57—6
5.1　一般规定 …………………… 1—57—6
5.2　工艺布局 …………………… 1—57—6
5.3　人员净化 …………………… 1—57—7
5.4　物料净化 …………………… 1—57—7
5.5　设备及工器具 ……………… 1—57—7
6　洁净建筑设计 …………………… 1—57—8
6.1　一般规定 …………………… 1—57—8
6.2　防火和疏散 ………………… 1—57—8
6.3　室内装修 …………………… 1—57—9
7　空气净化和空调通风设计 ……… 1—57—9
7.1　一般规定 …………………… 1—57—9
7.2　气流流型和送风量 ………… 1—57—9
7.3　净化空调系统 ……………… 1—57—10
7.4　空气净化设备 ……………… 1—57—10
7.5　采暖、通风 ………………… 1—57—11
7.6　排烟 ………………………… 1—57—11
7.7　风管、附件 ………………… 1—57—11
8　给水排水设计 …………………… 1—57—12
8.1　一般规定 …………………… 1—57—12
8.2　给水 ………………………… 1—57—12
8.3　排水 ………………………… 1—57—12
8.4　雨水 ………………………… 1—57—12
8.5　消防给水和灭火设备 ……… 1—57—12
9　纯水供应 ………………………… 1—57—12
9.1　一般规定 …………………… 1—57—12
9.2　纯水系统 …………………… 1—57—13
9.3　管材、阀门和附件 ………… 1—57—13
10　气体供应 ……………………… 1—57—13
10.1　一般规定 ………………… 1—57—13
10.2　常用气体系统 …………… 1—57—13
10.3　干燥压缩空气系统 ……… 1—57—14
10.4　特种气体系统 …………… 1—57—14
11　化学品供应 …………………… 1—57—15
11.1　一般规定 ………………… 1—57—15
11.2　化学品储存、输送 ……… 1—57—15
11.3　管材、阀门 ……………… 1—57—15
12　电气设计 ……………………… 1—57—16
12.1　配电 ……………………… 1—57—16
12.2　照明 ……………………… 1—57—16
12.3　通信与安全保护装置 …… 1—57—16
12.4　自动控制 ………………… 1—57—17
12.5　接地 ……………………… 1—57—17
13　防静电与接地设计 …………… 1—57—17
13.1　一般规定 ………………… 1—57—17
13.2　防静电措施 ……………… 1—57—18
13.3　防静电接地 ……………… 1—57—18
14　噪声控制 ……………………… 1—57—18
14.1　一般规定 ………………… 1—57—18
14.2　噪声控制设计 …………… 1—57—18
15　微振控制 ……………………… 1—57—19
15.1　一般规定 ………………… 1—57—19
15.2　容许振动值 ……………… 1—57—19
15.3　微振动控制设计 ………… 1—57—19
附录A　各类电子产品生产对空气洁净度等级的要求 ………… 1—57—19
附录B　电子产品生产间/工序的火灾危险性分类举例 ………… 1—57—20
附录C　精密仪器、设备的容许振动值举例 ………… 1—57—21
附录D　洁净室（区）性能测试和认证 ………… 1—57—21
本规范用词说明 ………………… 1—57—24
附：条文说明 …………………… 1—57—25

1 总　　则

1.0.1 为在电子工业洁净厂房设计中，做到技术先进、经济适用、安全可靠、节约资源、降低能耗、确保质量，并符合劳动卫生和环境保护的要求，制定本规范。

1.0.2 本规范适用于新建、扩建和改建的电子工业洁净厂房设计。

1.0.3 电子工业洁净厂房的设计应满足需洁净环境的电子产品生产工艺要求，并应根据具体情况为今后产品生产发展或生产工艺改进的需要预留条件。

1.0.4 电子工业洁净厂房的设计应为施工安装、调试检测和安全运行、维护管理创造必要的条件。

1.0.5 电子工业洁净厂房设计除应执行本规范外，尚应符合国家现行有关标准的规定。

2 术　　语

2.0.1 洁净室　clean room

空气悬浮粒子浓度受控的房间。它的建造和使用应减少室内诱入、产生及滞留粒子。室内其他有关参数如温度、湿度、压力等按要求进行控制。

2.0.2 洁净区　clean zone

空气悬浮粒子浓度受控的限定空间。它的建造和使用应减少空间内诱入、产生及滞留粒子。空间内其他有关参数如温度、湿度、压力等按要求进行控制。可以是开放式或封闭式。

2.0.3 人员净化用室　room for cleaning human body

人员在进入洁净室（区）之前按一定程序进行净化的房间。

2.0.4 物料净化用室　room for cleaning material

物料在进入洁净室（区）之前按一定程序进行净化的房间。

2.0.5 粒径　partical size

由给定的粒子尺寸测定仪响应当量于被测粒子等效的球体直径。对离散粒子计数、光散射仪器采用当量光学直径。

2.0.6 悬浮粒子　airborne particles

用于空气洁净度分级的空气中悬浮粒子尺寸范围在 0.1～5μm 的固体和液体粒子。

2.0.7 含尘浓度　particle concentration

单位体积空气中悬浮粒子的颗数。

2.0.8 洁净度　cleanliness

以单位体积空气某粒径粒子的数量来区分的洁净程度。

2.0.9 空态　as-built

设施已经建成，所有动力接通并运行，但无生产设备、材料及人员。

2.0.10 静态　at-rest

设施已经建成，生产设备已经安装，并按业主及供应商同意的状态运行，但无生产人员。

2.0.11 动态　operational

设施以规定的状态运行，有规定的人员在场，并在商定的状况下进行工作。

2.0.12 气流流型　air pattern

室内空气的流动形态和分布。

2.0.13 单向流　unidirectional airflow

沿单一方向呈平行流线并且横断面上风速一致的气流。包括垂直单向流和水平单向流。

2.0.14 非单向流　non-unidirectional airflow

凡不符合单向流定义的气流。

2.0.15 混合流　mixed airflow

单向流和非单向流组合的气流。

2.0.16 洁净工作区　clean working area

指洁净室内离地面高度 0.8～1.5m（除工艺特殊要求外）的区域。

2.0.17 空气吹淋室　airshower

利用高速洁净气流吹落并清除进入洁净室人员或物料表面附着粒子的小室。

2.0.18 气闸室　airlock

设置在洁净室出入口，阻隔室外或相邻房间的污染气流和压差控制而设置的缓冲间。

2.0.19 传递窗　passbox

在洁净室隔墙上设置的传递物料和工器具的开口。两侧窗扇的开启应进行联锁控制。

2.0.20 洁净工作服　clean working garment

为把工作人员产生的粒子限制在最低程度所使用的发尘量少的洁净服装。

2.0.21 高效空气过滤器　（HEPA）high efficiency particulate air filter

在额定风量下，最易穿透粒径法的效率在 99.95%以上及气流初阻力在 220Pa 以下的空气过滤器。

2.0.22 超高效空气过滤器　（ULPA）ultra low penetration air filter

在额定风量下，最易穿透粒径法的效率在 99.9995%以上及气流初阻力在 250Pa 以下的空气过滤器。

2.0.23 微环境　minienvironment

将产品生产过程与操作人员、污染物进行严格分隔的隔离空间。

2.0.24 风机过滤器机组　fan filter unit（FFU）

由 HEPA 或 ULPA 与风机组合在一起，构成自身可提供动力的末端空气净化装置。

2.0.25 自净时间　cleanliness recovery characteristic

洁净室被污染后，净化空调系统开始运行至恢复到稳定的规定室内洁净度等级的时间。

2.0.26 技术夹层 technical mezzanine

洁净厂房中以水平构件分隔构成的空间，用于安装辅助设备和公用动力设施以及管线等。

2.0.27 技术夹道 technical tunnel

洁净厂房中以垂直构件分隔构成的廊道，用于安装辅助设备和公用动力设施以及管线等。

2.0.28 技术竖井 technical shaft

洁净厂房中主要以垂直构件分隔构成的井式管廊，用于安装辅助设备和公用动力设施以及管线等。

2.0.29 专用消防口 fire-firing access

消防人员为灭火而进入建筑物的专用入口，平时封闭，使用时由消防人员从室外打开。

2.0.30 纯水 pure water

杂质含量很少的水，其电解质杂质含量（常以电阻率表征）和非电解质杂质（如微粒、有机物、细菌和溶解气体等）含量均要求很少的水。

2.0.31 常用气体 bulk gas

电子产品生产过程中，广泛使用的氢气、氧气、氮气、氩气、氦气等气体。

2.0.32 特种气体 special gas

电子产品生产过程中，使用的硅烷、磷烷、乙硼烷、砷烷、四氯化硅、氯气等气体。这些气体具有可燃、有毒、腐蚀或窒息等特性。

2.0.33 化学品 chemical

指电子产品生产过程中使用的酸、碱、有机溶剂和氧化物等。

2.0.34 防静电环境 ESD controlled environment

具有防止静电危害的特定环境，在此环境中不易产生静电或静电产生后易于泄放或消除，静电噪声难以传播。

2.0.35 表面电阻 surface resistance

在材料的表面上两电极间所加直流电压与流过两极间的稳态电流之商。

3 电子产品生产环境设计要求

3.1 一般规定

3.1.1 电子工业洁净厂房生产环境的设计应根据生产工艺的要求控制微粒和对产品质量有害的杂质，同时还应提出温度、湿度、压差、噪声、振动、静电防护、照度等参数要求。

3.1.2 生产环境设计应根据产品品种及生产工艺要求，对电子产品生产过程需用的包括化学品、常用气体和特种气体、纯水等各种介质的质量进行控制。

3.1.3 洁净室（区）内产品生产过程所使用的工具、器具和物料储运装置，其制作的材质和清洁方式应按生产工艺要求选择。

3.1.4 洁净室（区）的空气洁净度等性能测试和认证应符合本规范附录D的要求。

3.2 生产环境设计要求

3.2.1 洁净室（区）的空气洁净度等级应按现行国家标准《洁净厂房设计规范》GB 50073 的有关规定执行。

洁净室（区）设计时，空气洁净度等级所处状态（空态、静态、动态）应与业主协商确定。

3.2.2 各种电子产品生产环境的空气洁净度等级应根据生产工艺要求确定；无要求时，可按本规范附录A确定。

3.2.3 洁净室（区）的温度和相对湿度应按表3.2.3确定。

表 3.2.3 洁净室（区）温度和相对湿度要求

房间类别	温度（℃）		相对湿度（%）	
	冬季	夏季	冬季	夏季
生产工艺有要求的洁净室	按具体生产工艺要求确定			
生产工艺无要求的洁净室	≤22	～24	30～50	40～70
人员净化及生活用室	～18	～28	—	—

3.2.4 各类电子产品生产所需纯水水质、气体及化学品的纯度和杂质含量等应根据生产工艺要求确定。

3.2.5 单向流和混合流洁净室（区）的噪声级（空态）不应大于65dB（A），非单向流洁净室（区）的噪声级（空态）不应大于60dB（A）。

3.2.6 洁净室（区）的微振动控制设计应满足精密设备、仪器的振动容许值要求。无要求时，可按本规范附录C或根据其工作特性确定。

4 总体设计

4.1 位置选择和总平面布置

4.1.1 洁净厂房位置的选择，应根据下列要求经技术经济比较后确定：

1 应布置在大气含尘和有害气体或化学污染物浓度较低、自然环境较好的区域；

2 应远离铁路、码头、飞机场、交通要道以及散发大量粉尘和有害气体或化学污染物的工厂、贮仓、堆场等有严重空气污染、振动或噪声干扰或强电磁场的区域。不能远离严重空气污染源时，则应位于全年最小频率风向下风侧；

3 在厂区内应布置在环境清洁、污染物少、人流和物流不穿越或少穿越的地段。

4.1.2 洁净厂房净化空调系统的新风口与城市交通干道之间的距离（相邻侧边沿）宜大于50m。当洁净厂房与交通干道之间设有城市绿化带时，可根据具体条件适当减少，但不得小于 25m。

4.1.3 对于有微振控制要求的洁净厂房的位置选择，应实际测定周围现有振源和模拟振源的影响，并应与容许振动值比较分析后确定。

4.1.4 厂区总平面布置时，应按洁净生产、非洁净生产、辅助生产、公用动力系统和办公、生活等功能区合理布局。

洁净厂房宜根据电子产品生产工艺特点和各种功能区的要求，按组合式、大体量的综合性厂房布置。

4.1.5 洁净厂房周围及其周边的道路面层，应选用整体性能好、发尘少的材料。

4.1.6 洁净厂房周围应进行绿化，但不宜种植对生产环境和产品质量有影响的植物。

4.1.7 洁净厂房宜设置环行消防车道，若有困难时可沿厂房的两长边侧设消防车道。消防车道的设置应符合现行国家标准《建筑设计防火规范》GB 50016 的有关规定。

4.2 洁净室型式

4.2.1 洁净室可根据电子产品生产工艺特点、空气洁净度等级和布置要求分为隧道式、开放式和微环境等，也可按气流流型分为单向流洁净室、非单向流洁净室和混合流洁净室。

4.2.2 电子工业洁净厂房垂直单向流洁净室的空间，应包括活动地板以下的下技术夹层、洁净生产层和吊顶以上的上技术夹层。

4.2.3 洁净室型式的选择应综合生产工艺要求、节约能源、减少投资和降低运行费用等因素确定，各种空气洁净度等级的电子工业洁净厂房宜采用混合流洁净室。对空气洁净度净度要求严格时，宜采用微环境等型式。

4.3 洁净室布置和综合协调

4.3.1 洁净厂房的平面布置应合理安排洁净生产区、辅助区和动力区，并应符合下列要求：

1 洁净室（区）人员净化、物料净化和各种辅助用房，应合理分区布置；

2 生产工艺或生产设备有特殊要求时，宜分隔为单独的房间；

3 生产过程中排放腐蚀性气体的生产设备或生产工序应分类、集中布置或与其他生产房间分隔；

4 发热量、发尘量大的生产工序或生产设备，宜与空气洁净度要求严格的房间分隔布置；

5 洁净室（区）的辅助设备、维修间等技术支持区，宜集中布置在洁净室（区）的相邻房间，技术支持区的空气洁净度等级应低于洁净室（区）的等级；

6 若需在洁净室（区）内设置洁净电梯时，应采取气闸间、洁净送风措施；

7 应符合有关防爆、防火、消防等要求。

4.3.2 洁净室（区）的空间布置应满足下列要求：

1 生产设备、物料运输系统应根据产品生产工艺要求布置，并应做到有效、灵活和操作方便；

2 各类管线的空间布置应满足生产工艺、安全间距和维修要求；

3 终端高效空气过滤器、照明灯具和各种公用动力设施的布置，应满足生产工艺、洁净度等级、安全生产和维修要求；

4 洁净生产层的高度应按生产设备、微环境装置和物料运输设备的外形尺寸确定。技术夹层高度应根据具体工程要求确定。

4.3.3 洁净室（区）内应少分隔，但下列情况应予分隔：

1 按火灾危险性分类，甲、乙类的房间与相邻的生产区段或房间之间，或有防火分隔要求时，应设隔墙；

2 在电子产品生产过程中，经常不同时使用的两个生产区段或房间之间；

3 生产过程中排放影响产品质量的有害气体或化学污染物的工序、设备，宜分隔设独立房间。

4.3.4 洁净厂房的布置应综合协调生产操作、设备安装和维修、公用动力管线、气流流型以及净化空调系统等各类技术设施的需要。

5 工艺设计

5.1 一般规定

5.1.1 洁净厂房的工艺设计、工艺布局应为电子产品发展以及产品生产工艺改造和扩大生产预留必要的条件。

5.1.2 洁净厂房工艺设计应确定各种生产条件，在满足电子产品生产要求的前提下，应做到安全性能好、建设投资少、能量消耗少、运行费用低、生产效率高。

5.1.3 洁净厂房工艺设计应根据产品生产工艺和空气洁净度等级要求设置人流路线、物料运输和仓储设施。

5.2 工艺布局

5.2.1 洁净厂房的工艺布置应按产品生产工艺流程、洁净室的气流流型、工艺设备的安装和维修、物料运输等要求确定。

在单向流洁净室内进行生产工艺设备、操作程序、人员流动路线和物料传输布置时，应采取避免发生气流干扰和交叉污染的措施。

5.2.2 工艺布局应避免人流和物流之间的混杂和交

叉，宜分别设置人员入口、物料入口和设备出入口，并应在各自的入口处设置相应的净化设施。

5.2.3 在满足生产工艺和微振控制、噪声控制等要求的前提下，空气洁净度严格的洁净室（区）宜靠近空调机房布置；空气洁净度等级相同的工序或工作室宜集中布置。

5.2.4 洁净室（区）内要求空气洁净度严格的工序（设备）应远离出入口和可能干扰气流的场所设置，并宜布置在上风侧；易产生污染的工艺设备应布置在靠近回风口位置或下风侧。

5.2.5 工艺布置时，应根据大型生产工艺设备的运输、安装、维修的要求设置运输通道、安装口或检修口。

5.2.6 洁净厂房内不同空气洁净度等级的洁净室（区）之间联系频繁时，应采取防止污染的措施。

5.3 人员净化

5.3.1 人员净化用室和设施应根据洁净室的规模、空气洁净度等级设置，并应设置生活用室。人员净化用室宜按图5.3.1的人员净化程序进行布置。

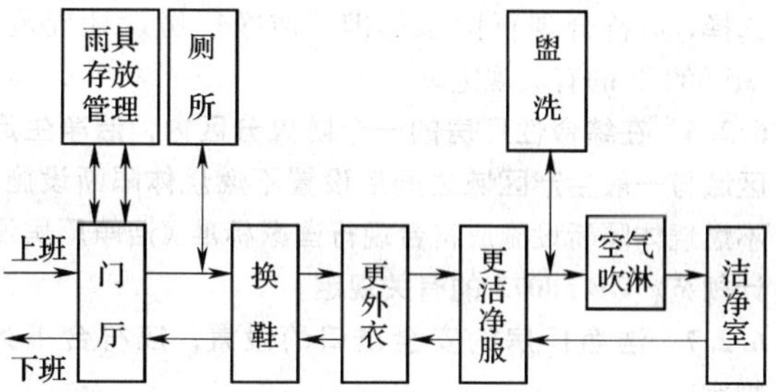

图5.3.1 人员净化程序

5.3.2 人员净化用室，应根据换鞋（净鞋）、更外衣、更洁净工作服等的需要设置。雨具存放、厕所、盥洗室、淋浴室、休息室等生活用房和空气吹淋室、气闸室、洁净工作服洗涤间及干燥间等其他用室，可根据需要设置。

5.3.3 洁净厂房内人员净化用室和生活用室的建筑面积，应根据洁净室的规模、空气洁净度等级和洁净室内工作人员数量等确定，宜按洁净室（区）内设计人数平均2～4m^2/人计算。

5.3.4 人员净化用室和生活用房的设置，应符合下列规定：

1 净鞋设施应设在洁净室入口处；

2 更换外衣和更换洁净工作服用室不应设置在同一房间内；

3 外衣存放柜应按洁净室（区）内设计人数配置；

4 应设置存放洁净工作服，且带有空气净化的存衣设施；

5 应设置感应式洗手和烘干设施；

6 厕所宜设在进入人员净化用室之前，需设在人员净化用室内时，应设置前室。

5.3.5 洁净厂房空气吹淋室的设计，应符合下列要求：

1 在洁净室（区）的入口处宜设空气吹淋室。当不设空气吹淋室时，应设气闸室；

2 吹淋室应设在更换洁净工作服后的相邻部位；

3 单人空气吹淋室，应按最大班人数每30人设一台。洁净室（区）工作人员超过5人时，空气吹淋室一侧应设单向旁通门；

4 空气吹淋室的进、出门不得同时开启，应采取连锁控制措施；

5 空气洁净度等级为5级或严于5级的垂直单向流洁净室（区），宜设气闸室。

5.3.6 人员净化用室和生活用室的空气洁净度等级，宜由外至内逐步洁净，室内可送入经过高效空气过滤的洁净空气。

洁净工作服更衣室的空气洁净度等级宜低于相邻洁净室（区）的空气洁净度等级；当设有洁净工作服洗涤室时，洗涤室的空气洁净度等级宜为8级。

5.4 物料净化

5.4.1 洁净室（区）内的设备和物料出入口，应独立设置，并应根据设备和物料的特征、性质、形状等设置净化用室及相应物净设施。

5.4.2 物料净化用室与洁净室（区）之间应设置气闸室或传递窗。

5.5 设备及工器具

5.5.1 洁净室（区）内应采用具有防尘、防污染的生产设备和辅助生产设备，并应符合下列要求：

1 表面应光洁、易清洁、不积尘、不挥发化学物质；

2 设备的传动部件等应密封性能好，并应防止润滑油、冷却剂等的泄漏；

3 对生产中发尘、排热量大或排出有毒、可燃气体的设备，应采取防扩散措施；

4 设备的金属外壳应设置接地设施。

5.5.2 当设备安装在跨越不同空气洁净度等级的洁净室（区）时，宜采取密封隔断措施。

5.5.3 洁净室（区）内的设备宜选用低噪声产品。当所选设备超过洁净室噪声容许值时，应采取隔声措施。

5.5.4 洁净室（区）应设置对电子产品生产过程所使用的工器具进行净化处理的设施。

5.5.5 洁净室（区）内，电子产品生产过程中各种零、部件存放和传送，宜采用专用容器。用于存放和传送的专用容器，应符合下列规定：

1 制作材料应光洁、不吸湿、不锈蚀、不散发污染物、防静电，并在空气中不应被氧化；

2 应密封性能好；

3 当存放物有严格的洁净度要求时，宜充填高纯度或干燥氮气；

4 构造、外形应满足生产工艺要求，并应方便操作和运送。

5.5.6 洁净室（区）内设置真空泵时，应符合下列规定：

1 使用油润滑的真空泵应设置除油装置，除油后尾气应排入排气系统；

2 对传输含有可燃气体的真空泵，可燃气体浓度超过爆炸下限的20%时，应设尾气处理装置，在排入排气系统前应去除或稀释可燃气体组分；

3 传输易燃、自燃化学品或高浓度氧气的真空泵，应采用不燃泵油，并应配置氮气吹扫。氮气吹扫控制阀应与生产工艺设备操作系统联锁。

6 洁净建筑设计

6.1 一般规定

6.1.1 洁净厂房的建筑平面和空间布局，应根据电子产品发展以及生产工艺改造和扩大生产规模的要求确定。

6.1.2 洁净厂房的主体结构宜采用大空间及大跨度柱网，不应采用内墙承重体系。

6.1.3 洁净厂房的立面设计应简洁、明快，并应适应洁净室（区）的布置要求。洁净厂房围护结构的材料选型应满足保温、隔热、防火、防潮、少产尘、易清洁等要求。

6.1.4 洁净厂房主体结构的耐久性应与电子产品生产线设备、生产环境控制设施协调，并应具有防火、控制温度变形和不均匀沉陷性能。厂房变形缝不宜穿越洁净区。

6.1.5 设有上技术夹层、下技术夹层的洁净厂房的建筑平面、空间布局和构造，应满足产品生产工艺、自动化运输和公用动力设施安装和维修的要求。

6.1.6 设有技术夹层、技术夹道的洁净厂房，技术夹层、技术夹道的建筑设计应满足各种风管和各种动力管线安装和维修的要求。穿越楼层的竖向管线需暗敷时，宜设置技术竖井。技术竖井的形式、尺寸和构造应满足风管、管线的安装、检修和防火要求。

6.1.7 对兼有一般生产区和洁净室（区）的综合性厂房，厂房的平面布局和构造处理，宜避免人流、物流运输及防火方面对洁净生产环境带来不利影响。

6.1.8 洁净厂房内的通道宽度应满足人员操作、物料运输、设备安装和检修的要求。

6.2 防火和疏散

6.2.1 洁净厂房的耐火等级不应低于二级。

6.2.2 洁净厂房内生产工作间的火灾危险性，应符合现行国家标准《建筑设计防火规范》GB 50016的有关规定。火灾危险性分类举例见本规范附录B。

6.2.3 洁净厂房内防火分区的划分，应符合现行国家标准《建筑设计防火规范》GB 50016 的有关规定。

丙类生产的电子工业洁净厂房的洁净室（区），在关键生产设备设有火灾报警和灭火装置以及回风气流中设有灵敏度严于0.01%obs/m 的高灵敏度早期火灾报警探测系统后，其每个防火分区的最大允许建筑面积可按生产工艺要求确定。

6.2.4 洁净室的上技术夹层、下技术夹层和洁净生产层，当按其构造特点和用途作为同一防火分区时，上下技术夹层的面积可不计入防火分区的建筑面积，但应分别采取相应的消防措施。

6.2.5 洁净室的顶棚和墙板、技术竖井井壁的材质选择，应符合现行国家标准《洁净厂房设计规范》GB 50073 的有关规定。

6.2.6 在综合性厂房的一个防火分区内，洁净生产区域与一般生产区域之间应设置不燃烧体隔断设施。不燃烧体隔断设施应符合现行国家标准《洁净厂房设计规范》GB 50073 的有关规定。

6.2.7 洁净厂房的安全出口的设置，应符合下列规定：

1 每一生产层、每个防火分区或每一洁净室的安全出口数目，应符合现行国家标准《洁净厂房设计规范》GB 50073 的有关规定；

2 安全出口应分散布置，并应设有明显的疏散标志；安全疏散距离应符合现行国家标准《建筑设计防火规范》GB 50016 的有关规定。安全疏散用门应向疏散方向开启，并应设观察玻璃窗；

3 丙类生产的电子工业洁净厂房，在关键生产设备自带火灾报警和灭火装置以及回风气流中设有灵敏度严于 0.01%obs/m 的高灵敏度早期火灾报警探测系统后，安全疏散距离可按工艺需要确定，但不得大于本条第 2 款规定的安全疏散距离的 1.5 倍。

注：对于玻璃基板尺寸大于 1500mm×1850mm 的 TFT-LCD 厂房，且洁净生产区人员密度小于 0.02 人/m^2，其疏散距离应按工艺需要确定，但不得大于 120m。

6.2.8 洁净厂房的洁净区各层外墙应设置专用消防口，并应符合下列规定：

1 洁净区各层专用消防口的设计，应符合现行国家标准《洁净厂房设计规范》GB 50073 的有关

规定；

2 洁净厂房外墙上的吊门、电控自动门以及装有栅栏的窗，均不应作为专用消防口。

6.2.9 洁净厂房内有爆炸危险的房间应靠建筑外墙布置，且不得与疏散安全口（楼梯间）贴邻。有爆炸危险的房间的防爆措施、泄爆面积等应符合现行国家标准《建筑设计防火规范》GB 50016 的有关规定。

6.3 室内装修

6.3.1 洁净厂房的建筑围护结构和室内装修，应选用气密性良好，且在温度和湿度变化时变形小的材料。洁净室装饰材料及其密封材料不得采用释放对电子产品品质有影响物质的材料。装修材料的燃烧性能应符合现行国家标准《建筑内部装修设计防火规范》GB 50222 的有关规定。装修材料的烟密度等级不应大于 50，材料的烟密度等级应符合现行国家标准《建筑材料燃烧或分解的烟密度试验方法》GB/T 8627 的有关规定。

6.3.2 洁净室内墙壁和顶棚的装修应符合下列要求：

1 应满足使用功能的要求，且表面应平整、光滑、不起尘、避免眩光、便于清洁，并应减少凹凸面；

2 当采用踢脚时，踢脚不宜突出墙面。

6.3.3 洁净室楼地面设计应符合下列要求：

1 应满足电子产品生产工艺和设备安装要求；

2 应平整、耐磨、易清洁、不易积聚静电、避免眩光、不开裂、耐撞击等；

3 地面宜配筋，并应做防潮构造。

6.3.4 洁净厂房技术夹层的墙壁和顶棚应满足使用功能要求，且表面应平整、光滑。位于地下的技术层或技术夹层应采取防水或防潮、防霉措施。

6.3.5 当洁净厂房设置外窗时，应采用双层固定窗，并应有良好的气密性，同时应采取防结露措施。

6.3.6 洁净室（区）门窗、墙壁、顶棚、地面、楼面的设计应符合下列要求：

1 应满足使用功能的要求，构造和施工缝隙应采取密闭措施；

2 顶棚以上的技术层或技术夹层宜设检修通道；

3 洁净室（区）不宜设窗台；

4 当地面采用活动地板时，活动地板材质和支撑方式应根据电子产品生产工艺要求选择。

6.3.7 用于电子产品生产的洁净室（区）的墙板和顶棚，宜采用轻质壁板构造。

7 空气净化和空调通风设计

7.1 一般规定

7.1.1 洁净厂房内各洁净室（区）的空气洁净度等级，应根据电子产品生产工艺特点和洁净室型式确定。

7.1.2 气流流型应根据各洁净室（区）空气洁净度等级和电子产品工艺特点的不同要求选用。

7.1.3 有下列情况之一者，净化空调系统宜分开设置：

1 运行班次或使用时间不同；

2 生产过程中散发的物质对其他工序、设备交叉污染，对产品质量或操作人员健康、安全有影响；

3 对温、湿度控制要求差别大；

4 洁净室（区）内工艺设备发热相差悬殊；

5 净化空调系统与一般空调系统；

6 系统风量过大的净化空调系统。

7.1.4 洁净室（区）内的温度、相对湿度应符合本规范第 3.2.3 条的规定。

7.1.5 洁净室（区）内的新鲜空气量应符合现行国家标准《洁净厂房设计规范》GB 50073 的有关规定。

7.1.6 洁净室（区）与周围的空间应保持一定的静压差，静压差应符合下列规定：

1 各洁净室（区）与周围空间的静压差应按生产工艺要求确定；

2 不同等级的洁净室（区）之间的静压差应大于等于 5Pa；

3 洁净室（区）与非洁净室（区）之间的静压差应大于 5Pa；

4 洁净室（区）与室外的静压差应大于 10Pa。

7.1.7 洁净室（区）维持静压差值所需的压差风量，宜采用缝隙法或换气次数法确定。

7.1.8 送风、回风和排风系统的启闭联锁、控制要求，应符合现行国家标准《洁净厂房设计规范》GB 50073 的有关规定。

7.1.9 非连续运行的洁净室，可根据生产工艺要求设置值班送风，并应进行净化处理。

7.1.10 洁净室（区）的清扫方式应根据洁净厂房的规模、空气洁净度等级等因素确定。洁净室（区）宜采用移动式高效真空吸尘器。对于空气洁净度等级为 1～5 级的洁净室宜设置集中式真空吸尘系统，洁净室内的吸尘系统管道应暗敷。

7.2 气流流型和送风量

7.2.1 气流流型的设计，应符合下列要求：

1 气流流型应满足产品生产工艺和空气洁净度等级的要求。空气洁净度等级为 1～5 级时，应采用单向流或混合流；空气洁净度等级为 6～9 级时，宜采用非单向流；

2 洁净室工作区的气流流速应满足生产工艺和工作人员健康的要求。

7.2.2 洁净室的送风量，应符合现行国家标准《洁净厂房设计规范》GB 50073 的有关规定。

7.2.3 洁净室（区）所需的满足空气洁净度等级的洁净送风量和气流流型，宜按表 7.2.3 计算。

表 7.2.3 洁净送风量（静态）和气流流型

空气洁净度等级	气流流型	平均风速 (m/s)	换气次数 (h^{-1})
1～5	单向流或混合流	0.20～0.45	—
6	非单向流	—	50～60
7	非单向流	—	15～25
8～9	非单向流	—	10～15

注：1 换气次数适用于层高小于 4.0m 的洁净室。

2 室内人员少、热源少时，宜采用下限值。

7.3 净化空调系统

7.3.1 洁净厂房中的净化空调系统可分为集中式净化空调系统和分散式净化空调系统。

净化空调系统的型式应根据洁净厂房的规模、空气洁净度等级和产品生产工艺特点确定。洁净室（区）面积较小或只有局部要求净化时，宜采用分散式净化空调系统。

7.3.2 洁净厂房的洁净室（区）送风方式可分为集中送风、隧道送风、风机过滤器机组送风等。应根据洁净室（区）使用功能和降低能量消耗的要求，经技术经济比较，采用运行经济、节约能源的送风方式。

7.3.3 净化空调系统新风的室外吸入口位置，应远离本建筑或其他建筑物排放有害物质或可燃物的排气口。

7.3.4 多套净化空调系统同时运行或较大型电子工业洁净厂房的净化空调系统的新风，应集中处理。

7.3.5 净化空调系统设计应合理利用回风，但下列情况不得回风：

1 在生产过程中向车间内散发的有害物质超过规定时；

2 采用局部处理不能满足卫生要求时；

3 对其他工序有危害或不能避免交叉污染时。

7.3.6 净化空调系统需设置电加热时，应选用不产尘的电加热器，且应布置在高效过滤器的上风侧，并应采取安全保护措施。

7.3.7 净化空调系统的电加湿器应采取安全保护措施。

7.3.8 根据气象条件，存在冷冻可能的地区，新风系统应采取防冻保护措施。

7.4 空气净化设备

7.4.1 空气过滤器的选用和布置应符合下列要求：

1 空气过滤器应根据空气洁净度等级选用；

2 空气过滤器的处理风量应小于或等于额定风量；

3 中效（高中效）空气过滤器宜集中设置在空调箱的正压段；

4 高效（亚高效）空气过滤器宜设置在净化空调系统的末端；超高效空气过滤器应设置在净化空调系统的末端；

5 同一净化空调系统内末端安装的高效（亚高效、超高效）空气过滤器的阻力、效率应相近；

6 同一净化空调系统内末端安装的高效（亚高效、超高效）空气过滤器的使用风量与额定风量之比值宜相近；

7 对化学污染物有控制要求的洁净室（区），在净化空调系统中应根据环境条件设置化学过滤器或其他去除装置；

8 高效（亚高效、超高效）空气过滤器应采用不燃或难燃材料制作。

7.4.2 风机过滤器机组的设置应符合下列要求：

1 应根据空气洁净度等级和送风量选用；

2 应按洁净室（区）内生产工艺对气流流型的要求布置；

3 终阻力时的叠加噪声及振动应满足生产工艺和本规范的规定；

4 送风量应能调节；

5 应便于安装、维修及过滤器更换。满布或布置率较高时，外壳强度应满足检修要求。

7.4.3 层流罩的设置应符合下列要求：

1 洁净室（区）内等于或严于 5 级的局部净化区域宜采用层流罩；

2 层流罩的形式和进风方式应根据生产工艺或设备需要选用；

3 终阻力时的叠加噪声及振动应满足生产工艺和本规范的规定；

4 安装方式不应影响生产操作。

7.4.4 微环境装置的设置应符合下列要求：

1 当生产工艺或设备对空气洁净度等级、外扰或温度、相对湿度有较高要求，且所控区域不大时，宜采用微环境装置；

2 微环境装置宜与生产工艺设备配套；

3 在不影响工艺操作的前提下，应具有可靠的密闭性，内外表面应平整、光滑；

4 围挡构造、材料的选用应方便生产操作。

7.4.5 干表冷器的设置应符合下列要求：

1 安装位置、外形尺寸应根据洁净厂房的平面和空间布置确定；

2 迎面风速、结构形式应根据洁净室（区）冷负荷、风机过滤器机组所提供的机外余压确定；

3 冷冻水进水温度，宜高于洁净室（区）内空气的露点温度；

4 应设置排水设施。

7.4.6 净化空调系统空气处理机组的选用和布置，应符合下列要求：

1 应有良好的气密性，漏风率不得大于1%；

2 整体结构应有足够的强度和刚度，内表面应平整、光滑，外表面不应结露；

3 布置应整齐，并应便于运行和维修；当多套空气处理机组为同一洁净室（区）服务时，宜选用相同规格的空气处理机组；

4 送风机宜采取变频调速措施。送风机可按净化空调系统的总风量和总阻力值进行选择。计算系统总阻力时，中效（高中效）、高效（亚高效、超高效）空气过滤器的阻力宜按其初阻力的1.5～2.0倍取值；

5 应设置排水装置。

7.5 采暖、通风

7.5.1 空气洁净度等级严于8级的洁净室（区）不应采用散热器采暖。

7.5.2 洁净厂房内产生粉尘和有害气体的工艺设备和辅助设备，应设置局部排风装置，排风罩宜为密闭式。局部排风系统单独设置的要求，应符合现行国家标准《洁净厂房设计规范》GB 50073的有关规定。

7.5.3 洁净室（区）的排风系统设计，应符合下列要求：

1 应防止室外气流倒灌；

2 含有易燃、易爆物质的局部排风系统应按其物理化学性质采取相应防火防爆措施；

3 局部排风系统排出的有害气体，当其有害物质浓度超过排放标准时，应采取有效处理措施。排气管高度和排放速率应满足国家现行有关排放标准的规定；

4 对含有水蒸气或凝结物质的排风系统，应设置坡度及排放口；

5 排风介质中含有剧毒物质时，应设置备用排风机和处理设备，并应设置应急电源；

6 排风介质中含易燃、易爆等危险物质或工艺可靠性要求较高时，应设置备用排风机，并应设置应急电源；

7 排除有爆炸危险的气体和粉尘的局部排风系统，其风量应按在正常运行和事故情况下，风管内爆炸危险气体和粉尘的浓度不大于爆炸下限的20%计；

8 排除有爆炸危险气体和粉尘的局部排风系统，应设置消除静电的接地装置。

7.5.4 对排风系统中含有毒性、爆炸危险性物质的排气管路，应保持相对于路由区域一定的负压值。

7.5.5 净鞋室、更外衣室、盥洗室和厕所等生产辅助房间，应采取通风措施。

7.5.6 洁净室（区）事故排风系统的设计，应符合下列规定：

1 事故排风区域的换气次数不应小于12次/h；

2 应设置自动和手动控制开关，手动控制开关应分别设置在洁净室（区）和洁净室（区）外便于操作的地点；

3 应设置应急电源。

7.6 排　　烟

7.6.1 洁净厂房中的疏散走廊，应设置机械排烟设施。

7.6.2 洁净厂房排烟设施的设置应符合现行国家标准《建筑设计防火规范》GB 50016的有关规定。当同一防火分区的丙类洁净室（区）人员密度小于0.02人/m²，且安全疏散距离小于80m时，洁净室（区）可不设机械排烟设施。

7.6.3 机械排烟系统宜与通风、净化空调系统分开设置；当合用时，应采取防火安全措施，并应符合现行国家标准《建筑设计防火规范》GB 50016的有关规定。

7.6.4 机械排烟系统的风量、排烟口位置、风机的设置，应符合现行国家标准《建筑设计防火规范》GB 50016的有关规定。

7.7 风管、附件

7.7.1 净化空调系统的新风吸入管应设置防倒灌装置；送、回风管宜设置调节阀。

7.7.2 净化空调系统风管的防火阀的设置，应符合现行国家标准《洁净厂房设计规范》GB 50073的有关规定。

含有可燃、有毒气体或化学品的排风管道，不得设置熔片式防火阀。

7.7.3 净化空调系统的风管、配件、过滤器以及密封材料等，应根据输送空气的洁净度要求确定，并不得采用释放对电子产品有影响物质的材料。

7.7.4 洁净室（区）内排风系统的风管、阀门、附件的制作材料和涂料，应根据排除气体的物理化学性质及其所处的空气环境条件确定，并不得与所输送介质发生化学反应或引起安全事故的发生。

7.7.5 净化空调系统的送、回风总管上，应采取消声措施，并应满足洁净室（区）内噪声控制的要求。洁净室（区）排风系统，应采取消声措施，并应满足室内外噪声标准的要求。

7.7.6 在集中设置的空气过滤器的前后，应设置测压孔或指针式压差计。在新风管、送风、回风总管段上，应设置风量测定孔。

7.7.7 风管附件及辅助材料的防火性能，应符合下列规定：

1 净化空调系统、排风系统的风管应采用不燃材料制作，但接触腐蚀性介质的风管和柔性接头可采用难燃防腐材料制作；

2 排烟系统的风管应采用不燃材料制作；

3　附件、保温材料和消声材料等均应采用不燃材料或难燃材料。

8　给水排水设计

8.1　一般规定

8.1.1　洁净厂房的给水排水干管应敷设在技术夹层或技术夹道内，并宜敷设在通行的技术夹层内。条件合适时，也可埋地敷设。洁净室（区）内管道宜暗装，与本房间无关的管道不应穿过。

8.1.2　穿过洁净室的水管道，应根据管内水温和所在房间的温度、湿度确定隔热防结露措施。当采取隔热防结露措施时，其外表面应光滑、平整。

8.1.3　给水排水管道穿过洁净室（区）墙壁、楼板和顶棚时应设置套管，管道和套管之间应采取密封措施。

8.2　给　　水

8.2.1　洁净厂房内的给水系统应根据各种用途（包括工艺冷却水）对水质、水温、水压、水量的要求确定，宜按生产、生活、消防分别设置独立的给水系统。

8.2.2　当设有危险化学品储存和分配室时，应根据化学品的物理化学性能和人身安全的要求，设置紧急淋浴器和洗眼器，其给水管道应环形敷设布置。

8.2.3　给水管道的管材及附件的选择，应符合下列要求：

1　给水系统的管材和附件的选用，应满足生产工艺和系统工作参数的要求；

2　埋地管道应耐腐蚀，并应具有承受相应地面荷载的能力；

3　生产设备循环冷却水给水和回水管道，应按生产工艺和水质要求，采用不锈钢管、钢塑管、塑料管等，不宜采用焊接钢管；

4　阀门及附件应采用与管材相同的材质。

8.3　排　　水

8.3.1　生产、生活排水系统应分别设置。生产排水系统应根据电子产品生产设备排出的废水性质、污染物浓度和水量等特点确定。有害废水应经废水处理达到国家或地方排放标准后排放。

8.3.2　洁净室（区）内与电子产品生产设备相连接的重力排水管道，应在排出口以下部位设置水封装置。排水系统应有完善的通气系统。

8.3.3　洁净室（区）内地漏等排水设施的设置，应符合现行国家标准《洁净厂房设计规范》GB 50073的有关规定。

8.3.4　洁净厂房内宜采用不易积存污物、易于清洗的卫生设备。

8.4　雨　　水

8.4.1　屋面雨水排水系统应确保能迅速、及时地将屋面雨水排至室外雨水管渠或室外。

8.4.2　屋面雨水排水管道的排水设计重现期不宜小于10年。

8.4.3　屋面雨水排水工程应设置溢流口、溢流堰、溢流管系等溢流设施。屋面雨水排水工程与溢流设施的总排水能力不应小于50年重现期的雨水量。

8.4.4　雨水斗的位置应确保雨水斗连接管和悬吊管不穿过洁净室（区）。

8.5　消防给水和灭火设备

8.5.1　洁净厂房必须设置消防给水系统。消防给水系统的设置应符合现行国家标准《建筑设计防火规范》GB 50016的有关规定。

8.5.2　洁净厂房消火栓的设置应符合下列规定：

1　洁净室（区）的生产层及上下技术夹层（不含不通行的技术夹层），应设置室内消火栓；

2　室内消火栓的用水量不应小于10L/s，同时使用水枪数不应少于2支，水枪充实水柱不应小于10m，每只水枪的出水量不应小于5L/s；

3　洁净厂房室外消火栓的用水量不应小于15L/s。

8.5.3　洁净室（区）设置的固定灭火设施，应符合下列规定：

1　设置的自动喷水灭火系统，应符合现行国家标准《自动喷水灭火系统设计规范》GB 50084的有关规定。喷水强度不应小于8L/min·m^2，作用面积不应小于160m^2；

2　设置的气体灭火系统，应符合现行国家标准《气体灭火系统设计规范》GB 50370和《二氧化碳灭火系统设计规范》GB 50193的有关规定；

3　存放可燃气体钢瓶的特气柜中应设置自动灭火设施。

8.5.4　洁净厂房内各场所应配置灭火器，并应符合现行国家标准《建筑灭火器配置设计规范》GB 50140的有关规定。

9　纯水供应

9.1　一般规定

9.1.1　电子产品生产用纯水系统的选择，应根据原水水质和产品生产工艺对水质的要求，并结合系统规模、材料及设备供应等情况，经技术经济比较确定。

9.1.2　纯水的输送干管应敷设在技术夹层或技术夹道内；洁净室（区）内的纯水支管宜暗装。

9.1.3 穿越洁净室（区）墙壁、楼板、顶棚的纯水管道应设套管，套管与管道之间应采取密封措施。

9.1.4 洁净室（区）内纯水管道的保温材料，不得产生污染物，外表面应平整、光滑、易于清洁。

9.2 纯水系统

9.2.1 纯水系统的设备配置除应满足所需水量和水质的要求外，还应满足运行灵活、安全可靠、便于操作管理、运行费用低等要求。

9.2.2 纯水的制备、储存和输送设备，应符合电子产品生产工艺的要求，并应符合下列规定：

1 纯水的制备、终端处理设备的选型和制造材料的选择，应满足供水水质、终端水质的要求；

2 纯水储罐、输送设备的选型和制造材料的选择，应确保水质污染少、密封性好，不得有渗气现象；

3 纯水制备、储存、输送设备应有效地防止水质降低。

9.2.3 纯水系统应采用循环供水方式，宜采用单管式循环供水系统或设有独立回水管的双管式循环供水系统，并应符合下列规定：

1 循环回流水量应大于设计供水量的30%；

2 干管流速应大于等于1.5m/s；

3 不循环支管的长度不应大于管径的6倍；

4 干管应设置清洗口；

5 管道系统必须密封，不得有渗气现象；

6 应配备在线水质检测仪表；

7 对纯水水质要求严格的电子产品生产工艺，应采用双管式循环供水系统。

9.2.4 纯水系统中与纯水直接接触的设备表面应光洁、平整、化学性质稳定、耐腐蚀、易清洗、易消毒。

9.2.5 用于纯水系统的水质检测设备、量具、仪表，其连接不应使纯水水质降低，其检测范围和精度应符合纯水生产和检验的要求。

9.2.6 纯水精处理或终端处理装置宜靠近用水生产设备设置。

9.3 管材、阀门和附件

9.3.1 纯水系统管道材质的选用，应符合下列要求：

1 应满足纯水水质指标的要求；

2 材料的化学稳定性应好；

3 管道内壁光洁度应好；

4 不得有渗气现象。

9.3.2 纯水管道的阀门和附件的选用应符合下列规定：

1 应选择与管道相同的材质；

2 应选用密封好、结构合理、无渗气现象的阀门；

3 对纯水的水质要求严格的产品生产工艺用纯水系统，应采用隔膜阀。

10 气体供应

10.1 一般规定

10.1.1 洁净厂房内应根据生产的需求使用各种不同类型的特种气体、常用气体、干燥压缩空气，其气体品质应满足生产工艺要求。

10.1.2 常用气体的供气方式和供气系统，应根据气体用量、气体品质和当地的供气状况等因素，经技术经济比较后确定。

10.1.3 洁净厂房常用气体、特种气体的制备、储存、分配系统，除应符合本规范外，还应符合现行国家标准《建筑设计防火规范》GB 50016、《氢气站设计规范》GB 50177和《氧气站设计规范》GB 50030等的有关规定。

10.1.4 洁净厂房内的气体管道的干管，应敷设在技术夹层或技术夹道内。当与水、电管线共架时，比空气重的气体管道宜设在水、电管线下部；比空气轻的气体管道宜设在水、电管线上部。

10.1.5 洁净室（区）内的可燃气体管道和有毒气体管道应明敷，穿过洁净室（区）的墙壁或楼板处的管段应设置套管，套管内的管道不得有焊缝，套管与管道之间应采取密封措施。

10.1.6 可燃气体管道和有毒气体管道不得穿过不使用此类气体的房间；当必须穿过时应设套管或双层管。

10.1.7 高纯气体管道设计应符合下列规定：

1 管径应按气体容许流量、压力或生产工艺设备确定，管外径不宜小于6mm，壁厚不宜小于1mm；

2 不得出现不易吹除的"盲管"等死空间；

3 管道系统应设置吹扫口和取样口。

10.1.8 洁净厂房的可燃气体管道系统应设置下列安全设施：

1 可燃气体管道设置阀门时应设置阀门箱，阀门箱应设置气体泄漏报警和事故排风装置，报警装置应与相应的事故排风机联锁；

2 接至用气设备的支管和放散管，宜设置阻火设施；

3 引至室外的放散管，应设置防雷保护设施；

4 应设置导除静电的接地设施。

10.1.9 气体过滤器应根据产品生产工艺对气体洁净度的要求进行选择和配置。终端气体过滤器应设置在靠近用气点处。

10.2 常用气体系统

10.2.1 常用气体供应系统宜在工厂内或邻近处设置

制气装置或采用外购液态气体、瓶装气体。

10.2.2 氢气、氧气管道的终端或最高点应设置放散管。氢气放散管口应设置阻火器。放散管引至室外，应高出本建筑的屋脊 1m，并应采取防雨、防杂物侵入的措施。

10.2.3 气体纯化装置的设置，应符合下列要求：

1 气体纯化装置应根据气源和产品生产工艺对气体纯度、容许杂质含量要求选择；

2 气体纯化装置宜设置在气体纯化间（站）内。当洁净厂房设有气体入口室时，气体纯化间宜与气体入口室合建；

3 各类气体纯化装置宜设置在同一气体纯化间（站）内。若有特殊要求时，也可根据具体要求分别设置在各自的气体纯化间内；

4 气体终端纯化装置宜设置在邻近用气点处。

10.2.4 进入洁净厂房的气体管道控制阀门、气体过滤器、调压装置、压力表、流量计、在线分析仪等，宜集中设置在气体入口室。

10.2.5 气体纯化间（站）或气体入口室内，设有氢气等可燃气体纯化装置或管道时，气体纯化间（站）或气体入口室的火灾危险性应按甲类确定，并应符合下列规定：

1 应靠外墙设置，并应设置防爆泄压设施；

2 氢气等可燃气体引入管道上应设置自动切断阀；

3 应具有良好的自然通风，并应设置事故排风装置；

4 应设置气体泄漏报警装置，并应与事故排风装置联锁；

5 应设置导除静电的接地设施。

10.2.6 洁净厂房内的氧气管道等，应采取下列安全技术措施：

1 管道及阀门、附件应经严格的脱脂处理；

2 应设置导除静电的接地设施；

3 氧气引入管道上应设置自动切断阀。

10.2.7 各种常用气体的气瓶库应集中设置在洁净厂房外。当日用气量不超过 1 瓶时，气瓶可设置在洁净室（区）内，但应采取不积尘和易于清洁的措施。

10.2.8 气体管道和阀门应根据产品生产工艺要求选择，宜符合下列规定：

1 气体纯度大于或等于 99.999999%时，应采用内壁电抛光的低碳不锈钢管，阀门应采用隔膜阀；

2 气体纯度大于或等于 99.999%、露点低于 -76℃时，宜采用内壁电抛光的低碳不锈钢管或内壁电抛光的不锈钢管，阀门宜采用隔膜阀或波纹管阀；

3 气体纯度大于或等于 99.99%、露点低于 -60℃时，宜采用内壁抛光的不锈钢管，除可燃气体管道宜采用波纹管阀外，其余气体管道宜采用球阀；

4 气体管道阀门、附件的材质宜与相连接的管道材质一致。

10.2.9 气体管道连接，应符合下列规定：

1 管道连接应采用焊接；

2 不锈钢管应采用氩弧焊，宜采用自动氩弧焊或等离子熔融对接焊；

3 管道与设备或阀门的连接，宜采用表面密封的接头或双卡套，接头或双卡套的密封材料宜采用金属垫或聚四氟乙烯垫；

4 管道与设备的连接应符合设备连接的要求。当采用软管连接时，宜采用金属软管。

10.3 干燥压缩空气系统

10.3.1 洁净厂房内的干燥压缩空气系统应根据各类产品生产工艺要求、供气量和供气品质等因素确定，并应符合下列规定：

1 供气规模应按产品生产所需供气量和计入必要损耗量确定，并应设有一定的备用供气量；

2 供气品质应根据生产工艺对含水量、含油量、微粒粒径及其浓度等要求确定；

3 供气系统可集中设置在洁净厂房内的供气站或洁净厂房外的综合动力站；

4 应选用能耗少、噪声低的设备，宜选用无油润滑空气压缩机；

5 含水量要求严格时，宜选用加热再生吸附干燥装置。

10.3.2 干燥压缩空气管道内输送露点低于 -76℃时，应采用内壁电抛光低碳不锈钢管或内壁电抛光不锈钢管；露点低于 -40℃时，宜采用不锈钢管或热镀锌无缝钢管。阀门宜采用波纹管阀或球阀。

10.3.3 管道连接应符合下列规定：

1 宜采用焊接，不锈钢管应采用氩弧焊；

2 含水量露点严于 -40℃时，用于管道连接的密封材料宜采用金属垫或聚四氟乙烯垫；

3 当采用软管连接时，宜采用金属软管。

10.4 特种气体系统

10.4.1 特种气体应采用外购钢瓶气体、液态气体供应，在电子工厂内应设置储存、分配系统。

10.4.2 洁净厂房内特种气体的储存分配间应采用耐火极限不低于 2.0h 不燃烧体的隔墙与洁净室（区）分隔，隔墙上的门窗应为甲级防火门窗。

10.4.3 洁净室（区）内可燃或有毒的特种气体分配系统的设置，应符合下列规定：

1 特种气体钢瓶（含硅烷或硅烷混合物）应设置在具有连续机械排风的特气柜中；

2 排风机、泄漏报警、自动切断阀均应设置应急电源；

3 一个特气分配系统供多台生产设备使用时，应设置多路阀门箱；

4 可燃性、氧化性特种气体管道的设置应符合本规范第10.1和10.2节的有关规定。

10.4.4 特种气体分配系统应设置吹扫盘，并应符合下列规定：

1 应设置应急切断装置；

2 应设置过流量控制装置；

3 应设置手动隔离阀；

4 吹扫气源不宜采用常用气体系统；

5 不相容特种气体的吹扫盘不得共用吹扫气瓶。

10.4.5 硅烷或硅烷混合物的气瓶应存放在洁净厂房建筑外的储存区内。储存区的设置应符合下列规定：

1 储存区应至少三面敞开，气瓶应固定在钢制框架上；

2 气瓶或气瓶组与周围的构筑物或围栏的间距应大于3.0m；

3 储存区顶棚的高度应大于3.5m。

11 化学品供应

11.1 一般规定

11.1.1 洁净厂房内化学品的储存、输送方式，应根据产品生产工艺和化学品的品质、数量、物理化学特性等确定。

11.1.2 洁净厂房内使用的各类化学品应按照各自的物理化学特性分类和储存，并应符合现行国家标准《常用危险化学品的分类及标志》GB 13690 的有关规定。

11.1.3 在洁净室（区）内使用危险化学品的生产设备或空间，应采取相应的安全保护措施。

11.2 化学品储存、输送

11.2.1 洁净厂房内各种化学品储存间（区）的设置，应符合下列规定：

1 化学品储存间（区）的储量不应超过该化学品24h的消耗量；

2 化学品应按物化特性分类储存；当物化性质不容许同库储存时，应采用实体墙分隔；

3 危险化学品应储存在单独的储存间或储存分配间内，与相邻房间应采用耐火极限大于1.5h的隔墙分隔；

4 危险化学品储存、分配间宜靠外墙布置；

5 各类化学品储存、分配间应设置机械排风。机械排风应采用应急电源；

6 易爆化学品储存、分配间，应采用不发生火花的防静电地面；

7 输送易燃、易爆化学品的管道，应设置导除静电的接地设施；

8 接至用户的输送易燃、易爆化学品的总管上，应设置自动和手动切断阀。

11.2.2 洁净厂房内采用容器传送危险化学品时，应符合下列规定：

1 严禁在出入口、疏散走廊储存和分配危险化学品。洁净厂房内运送易燃化学品的走廊应设置自动灭火系统；

2 运送危险化学品的推车运载量不得超过250L；单个容器的容量不应超过20L；

3 物理化学特性不相容的危险化学品不得采用同一推车运送。

11.2.3 当采用压力罐输送危险化学品时，应符合下列规定：

1 输送系统设备、管道应采用与所输送的化学品相容的材质；

2 压力罐应设置减压通风口，减压通风口的排气管应接至安全区域；

3 输送系统应只容许采用氮气增压；

4 在分配和使用处应设置手动切断阀；

5 应设置液位监控和自动关闭装置，并应设置溢流应对设施。

11.2.4 危险化学品的储存、分配间应设置排水系统，并应符合下列规定：

1 含可燃液体的排水，应排入相关的生产排水管道，不得排入易产生化学反应以及引起火灾或爆炸的排水管道；

2 物理化学特性不相容的化学品，应分别单独设置排水系统。

11.2.5 液态危险化学品的储存、分配间，应设置溢出保护设施，并应符合下列规定：

1 储存罐或罐组应设置保护堤，保护堤堤内容积应大于最大储罐的容积或20min消防用水量；保护堤的高度不应低于500mm；

2 化学品相互接触引起化学反应的可燃液体储罐或罐组之间，应设置隔堤，隔堤不得渗漏；管道穿过隔堤时应采用不燃材料密封。隔堤高度不应低于400mm；

3 应设置液体泄露报警装置；

4 应设置紧急淋浴和洗眼器。

11.3 管材、阀门

11.3.1 化学品供应系统管道材质的选用，应按所输送化学品的物理化学性质确定，并应选择化学稳定性能良好和相容性好的材料。

11.3.2 输送腐蚀性化学品的管道，可直接采用非金属管材，但应设置保护套管。

11.3.3 化学品输送管路系统，对多台生产设备供应化学品时，应设置分配阀箱。

11.3.4 输送有机溶剂的管道材质，宜采用低碳不锈钢管；输送酸、碱类管道材质，宜采用聚四氟乙烯。

用于管道系统的垫片，宜采用氟橡胶或聚四氟乙烯。

11.3.5 用于化学品管路的阀门材质应与管道材质一致。

12 电气设计

12.1 配　　电

12.1.1 洁净厂房的用电负荷等级和供电要求，应根据电子产品生产工艺及设备要求和现行国家标准《供配电系统设计规范》GB 50052 的有关规定确定。

12.1.2 洁净厂房低压配电电压等级应符合生产工艺设备用电要求。带电导体系统的型式宜采用单相二线制、三相三线制、三相四线制。系统接地型式宜采用 TN-S 或 TN-C-S 系统。

12.1.3 电子产品生产用主要工艺设备，应由专用变压器或专用低压馈电线路供电。对电源连续性有特殊要求的生产设备、动力设备，宜设置不间断电源或备用发电装置等。在洁净室（区）内宜设置独立的检修电源。

12.1.4 洁净厂房的净化空调系统（含制冷机），应由变电所专线供电。

12.1.5 洁净厂房的电源进线（不包括消防电源进线）应设置手动切断装置，手动切断装置宜设置在洁净室（区）外便于操作管理的场所。

12.1.6 洁净室（区）内的配电设备，应选择不易积尘、便于擦拭的小型、暗装设备，不宜设置落地安装的配电设备。配电设备宜设置在下技术夹层，并应在顶部设挡水设施。

12.1.7 洁净厂房的电气管线宜敷设在技术夹层或技术夹道内，宜采用低烟、无卤型电缆，穿线导管应采用不燃材料。洁净生产区的电气管线宜暗敷，电气管线管口及安装于墙上的各种电器设备与墙体接缝处应采取密封措施。

12.1.8 洁净厂房内，可燃气体或液体的储存、分配间的电气设计，应根据可燃气体或液体的特性确定，并应符合现行国家标准《爆炸和火灾危险环境电力装置设计规范》GB 50058 的有关规定。

12.2 照　　明

12.2.1 洁净室（区）的主要生产用房间一般照明的照度值宜为 300～500 lx；辅助工作室、人员净化和物料净化用室、气闸室、走廊等的照度值宜为 200～300 lx。

12.2.2 对照度有特殊要求的电子产品生产部位应设置局部照明，其照度值应根据生产操作的要求确定。

12.2.3 洁净厂房备用照明的设置应符合下列规定：

1 洁净室（区）内应设备用照明；

2 备用照明宜作为正常照明的一部分，且不应低于该场所一般照明照度值的 20%；

3 备用照明的电源宜由变电所专线供电。

12.2.4 洁净厂房内应设置供人员疏散用的应急照明，其照度不应低于 5.0 lx。在安全出入口、疏散通道或疏散通道转角处应设置疏散标志。在专用消防口应设置红色应急照明指示灯。

12.2.5 洁净室（区）内照明光源，宜采用高效荧光灯。对有感光度要求的生产场所，宜采用黄色光源。

12.2.6 洁净室（区）内一般照明灯具的选择与布置，应符合下列规定：

1 洁净室（区）内宜采用吸顶明装、不易积尘、便于清洁的洁净灯具；

2 空气洁净度等级严于或等于 5 级的洁净室（区），宜采用泪珠型灯具；

3 当采用嵌入式灯具时，其安装缝隙应采取密封措施；

4 洁净室（区）内灯具的布置，不应影响气流流型，并应与送风口协调布置。

12.3 通信与安全保护装置

12.3.1 洁净厂房内应设置通信设施，通信设施的设置应符合下列要求：

1 洁净室（区）内应设置内外联系的通信设施。每个工序宜设置有线语音插座；

2 洁净室（区）内设置的无线通信系统，不得对电子产品生产设备造成干扰；

3 数据通信装置应根据管理及电子产品生产工艺的需要设置；

4 通信线路宜采用综合布线系统，综合布线系统的配线间不应设在洁净室（区）内。

12.3.2 洁净厂房应设置火灾自动报警系统，其防护等级应符合现行国家标准《火灾自动报警系统设计规范》GB 50116 的有关规定。当防火分区面积超过现行国家标准《建筑设计防火规范》GB 50016 规定的最大建筑面积允许值时，保护等级应为一级。

12.3.3 洁净厂房的消防控制室不应设在洁净室（区）内。消防专用电话总机的设置应符合现行国家标准《火灾自动报警系统设计规范》GB 50116 的有关规定，并应在下列场所设置消防专用电话：

1 洁净室（区）的入口处；

2 应急处理中心；

3 中央控制室；

4 特种气体管理室。

12.3.4 洁净厂房内火灾探测器的设置应符合下列规定：

1 洁净生产区、技术夹层、机房、站房等均应设置火灾探测器，其中洁净生产区、技术夹层应设置智能型探测器；

2 当洁净厂房防火分区面积超过现行国家标准

《建筑设计防火规范》GB 50016 的规定时或顶部安装点式探测器不能满足现行规范设计要求时，在洁净室（区）内净化空调系统混入新风前的回风气流中应设置灵敏度严于 0.01% obs/m 的早期烟雾报警探测器；

3 硅烷储存、分配间（区），应设置红外线-紫外线火焰探测器；

4 洁净生产区、走道和技术夹层（不包括不通行的技术夹层）应设置手动报警按钮和声光报警装置。

12.3.5 洁净厂房应设置火灾自动报警及消防联动控制。控制设备的控制及显示功能应符合现行国家标准《火灾自动报警系统设计规范》GB 50116 的有关规定，洁净室（区）火灾报警应进行核实，当确认火灾后，在消防控制室应对下列各项进行手动控制：

1 关闭有关部位的电动防火阀，停止相应的净化空调系统的送风机、排风机和新风机，并接收其反馈信号；

2 启动排烟风机，并接收其反馈信号；

3 在消防控制室或低压配电室，手动切断有关部位的非消防电源。

12.3.6 洁净厂房内下列场所应设置气体泄漏报警装置：

1 易燃、易爆、有毒气体的储存分配间（区）；

2 易燃、易爆、有毒气体的气瓶柜和分配阀门箱内；

3 工艺设备的气体分配箱和排风管内。

12.3.7 洁净厂房内气体报警装置的联动控制，应符合下列规定：

1 应自动启动相应的事故排风装置；

2 应自动关闭相关部位的进气阀；

3 应自动关闭相关部位的电动防火门、防火卷帘门；

4 报警信号应发送至消防控制室和气体控制室。应自动启动泄漏现场的声光警报装置和应急广播。

12.3.8 洁净厂房内易燃、易爆、有毒气体泄漏报警值应为其爆炸下限值或允许浓度值的20%。

12.3.9 洁净厂房设置的事故应急广播系统应符合现行国家标准《火灾自动报警系统设计规范》GB 50116 的有关规定。洁净室（区）内应采用不影响空气洁净度等级的扬声器。

12.3.10 洁净厂房内的安全保护系统应设置应急电源。

12.3.11 洁净室（区）火灾报警、气体泄漏报警系统的控制、通讯和警报线路应采用阻燃型电缆，电缆敷设应符合现行国家标准《火灾自动报警系统设计规范》GB 50116 的有关规定。

12.3.12 洁净厂房内的各类安全保护系统均应可靠接地，系统接地应符合现行国家标准《火灾自动报警系统设计规范》GB 50116 的有关规定。

12.4 自动控制

12.4.1 洁净厂房的自动控制系统宜采用集散式网络结构，并应具有稳定、可靠、节能、开放和可扩展性。

12.4.2 洁净厂房应对净化空调、供热、供冷、纯水和气体供应等系统进行自动监控。

12.4.3 洁净室（区）内外的压差监测，宜采用压差变送器通过控制系统调节洁净室（区）的送风量或回风量。

12.4.4 净化空调系统采用电加热器时，电加热器与风机应联锁控制，并应设置无风、超温断电保护；当采用电加湿器时，应设置无水、无风断电保护。

12.4.5 在满足生产工艺要求的前提下，宜对风机、水泵等动力设备采取变频调速等节能控制措施。

12.5 接　地

12.5.1 功能性接地、保护性接地、电磁兼容性接地、建筑防雷接地宜采用共用接地系统。接地电阻值应按其中最小值确定，且不应大于 1Ω。

12.5.2 当电子设备的功能接地要求分开设置时，应设有防止雷电反击设施。分开设置的接地系统接地极应与共用接地系统接地极保持 20m 以上的间距。

12.5.3 洁净厂房防雷接地设计应符合现行国家标准《建筑物防雷设计规范》GB 50057 的有关规定。

13 防静电与接地设计

13.1 一般规定

13.1.1 洁净厂房应根据生产工艺要求设置防静电环境。防静电环境设计应满足抑制或减少静电的产生，以及将已产生的静电迅速、安全、有效地排除的要求。

13.1.2 防静电环境设计应按电子产品或生产工序（设备）进行分级。防静电环境内静电电位绝对值应小于电子产品的静电电位安全值。防静电环境设计应分为三级，防静电环境设计分级适用场所应符合表 13.1.2 的要求。

表 13.1.2 防静电环境设计分级适用场所

防静电级别	静电电位绝对值 V	适用场所
一级	≤100	1. 半导体器件、集成电路、平板显示器制造和测试的场所 2. 电子产品生产过程中操作 1 级静电敏感器件制造和测试的场所

续表 13.1.2

防静电级别	静电电位绝对值V	适用场所
二级	≤200	1. 静电敏感精密电子仪器的测试和维修场所 2. 静电敏感电子器件制造和测试的场所
三级	≤1000	除一级、二级场所以外的电子器件和整机的组装、调试场所

13.2 防静电措施

13.2.1 洁净厂房防静电环境中，防静电地面的面层结构和材料应符合下列要求：

1 防静电地面面层的选择，应满足电子产品生产工艺的要求；

2 防静电地面的表层应采用静电耗散性材料，静电耗散性材料表面电阻率应为 $2.5\times10^4\sim1\times10^9\Omega$；

3 防静电地面应设置导静电泄放设施和接地连接，其地面对地泄放电阻值应为 $1\times10^5\sim1\times10^8\Omega$。

13.2.2 洁净厂房防静电环境的吊顶、墙面和柱面的装饰设计，应符合下列要求：

1 一级防静电工作区的地面、墙面和柱面应采用导静电型。导静电型地面、墙面、柱面的表面电阻、对地电阻应为 $2.5\times10^4\sim1\times10^6\Omega$，摩擦起电电压不应大于 100V，静电半衰期不应大于0.1s；

2 二级防静电工作区的地面、墙面、柱面、顶棚、门和软帘应采用静电耗散型。静电耗散型地面、墙面、柱面和顶棚、门的表面电阻、对地电阻应为 $1\times10^6\sim1\times10^9\Omega$，摩擦起电电压不应大于 200V，静电半衰期不应大于 1s，但软帘的摩擦起电电压不应大于 300V；

3 三级防静电工作区的地面、墙面和柱面宜根据生产工艺要求采用静电耗散型材料或低起电材料，顶棚、门等宜采用低起电材料。选用静电耗散型材料的地面、墙面和柱面，应符合本条第 2 款的要求；选用低起电材料的地面、墙面、柱面、顶棚、门等的摩擦起电电压不应大于 1000V。

13.2.3 洁净厂房防静电环境的门窗设计，应符合下列要求：

1 应选用静电耗散材料制作门窗或采用耗散材料贴面；

2 金属门窗表面应涂刷静电耗散性涂层，并应接地；

3 室内隔断和观察窗安装大面积玻璃时，玻璃表面应粘贴静电耗散性透明薄膜或喷涂静电耗散性涂层。

13.2.4 洁净厂房防静电环境的装修设计应符合下列要求：

1 各类装修材料应具有表面静电耗散性能，不得使用未经表面改性处理的高分子绝缘的装饰材料；

2 各类装修的饰面应平整光滑。

13.2.5 洁净厂房防静电环境的净化空调系统送风口和风管，应选用导电材料制作，并应接地。

13.2.6 洁净厂房防静电环境的净化空调系统、各种配管使用部分绝缘性材质时，应在其表面安装金属网，并应将其接地。当使用导电性橡胶软管时，应在软管上安装与其紧密结合的金属导体，并应采用接地引线与其可靠连接接地。

13.2.7 洁净厂房防静电环境中，应根据生产工艺的需要设置静电消除器、防静电安全工作台。

13.3 防静电接地

13.3.1 洁净厂房内金属物体包括洁净室（区）的墙面、门窗、吊顶的金属骨架，应与接地系统做可靠连接；导静电地面、活动地板、工作台面、座椅等应做静电接地。

13.3.2 静电接地的连接线应有足够的机械强度和化学稳定性，其主干线截面不应小于 $95mm^2$，支线最小截面应为 $2.5mm^2$。

13.3.3 与人体接触的静电接地应串接限流电阻，限流电阻的阻值宜为 1MΩ。

13.3.4 对电子产品生产过程中产生静电危害的设备、流动液体、气体或粉体管道，应采取防静电接地措施，其中有爆炸和火灾危险的设备、管道应符合现行国家标准《爆炸和火灾危险环境电力装置设计规范》GB 50058 的有关规定。

14 噪声控制

14.1 一般规定

14.1.1 洁净厂房的噪声控制，应满足电子产品生产的要求，并应保持工作人员具有舒适、安全的环境。

14.1.2 洁净厂房的噪声控制设计应符合现行国家标准《工业企业噪声控制设计规范》GBJ 87 的有关规定。

14.1.3 洁净室（区）的噪声控制设计的噪声级（空态）应符合本规范第 3.2.5 条的规定。

14.1.4 洁净室（区）的噪声频谱限制值，应采用倍频程声压级，各频带声压级应符合现行国家标准《洁净厂房设计规范》GB 50073 的有关规定。

14.2 噪声控制设计

14.2.1 洁净厂房的平面、空间布置时，应根据噪声控制要求布置，宜集中布置发声设备。

14.2.2 洁净室（区）内的各种设备均应选用低噪声

产品。对于辐射噪声值超过规定的设备，应根据设备的特性、外形尺寸等因素，采取降低声源噪声的隔声设施。洁净室的围护结构应具有良好的隔声性能。

14.2.3 净化空调系统、公用动力设备和输送管道等洁净厂房的主要噪声源，应采取隔声、消声、隔振等噪声控制措施。空调机房、动力站房宜采取下列措施：

1 围护结构宜采取吸声和隔声处理；

2 对辐射噪声值超过规定的设备，应设置隔声屏、隔声罩或悬挂吸声体等；

3 机房、站房内控制室的围护结构，宜采用隔声性能良好的材料。

14.2.4 洁净室（区）内的各类排风系统（不包括事故排风系统）应设置消声器等降噪设施。

15 微振控制

15.1 一般规定

15.1.1 洁净厂房的微振控制设施的设计应分阶段进行，应包括设计、施工和投产等各阶段的微振动测试、厂房建筑结构微振控制设计、动力设备隔振设计和精密仪器设备隔振设计等。

15.1.2 设计有微振控制要求的洁净厂房时，应符合下列规定：

1 总平面布置时，应核实相邻厂房、建筑物或构筑物对精密设备、仪器的振动影响；

2 设有精密设备、仪器的洁净厂房，其建筑基础构造、结构选型、隔振缝的设置、洁净室装修等应按微振控制要求设计；

3 对设有精密设备、仪器的洁净室（区）有振动影响的动力设备及其管道，应采取主动隔振措施；

4 洁净室（区）内精密设备、仪器，经测试确认受到周围振动影响时，应采取被动隔振措施。

15.2 容许振动值

15.2.1 微振动控制设计应根据精密仪器、设备的特性，采取综合隔振措施，并应满足容许振动值的要求。

15.2.2 精密设备、仪器的容许振动值物理量的表述，应采用时间域或频率域的振动加速度、振动速度和振动位移等。

15.2.3 精密仪器、设备的容许振动值，应由制造商提供。无法确定时，可按本规范附录C或根据其工作特性确定。

15.3 微振动控制设计

15.3.1 洁净厂房的微振动控制设计，应按下列阶段进行微振动测试分析：

1 场地环境振动测试及分析；

2 洁净厂房建筑结构振动特性测试及分析；

3 精密设备、仪器安装地点环境振动测试及分析；

4 微振动控制的最终测试及分析。

15.3.2 有微振动控制要求的洁净室（区），其建筑结构的微振动控制设计，应符合下列规定：

1 建筑物基础宜置于动力性能良好的地基土上，且基础应有足够刚度；

2 应设置独立的建筑结构微振动控制体系，并应与厂房主体结构分隔；

3 主体结构应根据微振动控制的要求，适当加大梁、柱、墙、基础等截面尺寸。

15.3.3 有强烈振动的设备和管道，宜采取主动隔振措施，并应符合下列要求：

1 宜采用隔振台（座）；

2 应选用刚度适当的隔振器；

3 通往洁净室（区）的管道，宜采取隔振支（吊）架、柔性连接等隔振措施。

15.3.4 洁净室内精密设备、仪器的被动隔振措施的设计，应符合下列要求：

1 隔振台（座）应具有足够的刚度；

2 应采用低刚度隔振设施；

3 隔振系统各向阻尼比不应小于0.15；

4 隔振台（座）应采取倾斜校正措施；

5 隔振设施不应影响气流流型；

6 当采用空气弹簧隔振器时，其供气系统应进行净化处理，并应达到洁净室空气洁净度等级的要求。

附录A 各类电子产品生产对空气洁净度等级的要求

表A 各类电子产品生产对空气洁净度等级的要求

产品、工序		空气洁净度等级	控制粒径(μm)
半导体材料	拉单晶	6～8	0.5
	切、磨、抛	5～7	0.3～0.5
	清洗	4～6	0.3～0.5
	外延	4～6	0.3～0.5
芯片制造	氧化、扩散、清洗、刻蚀、薄膜、离子注入、CMP	2～5	0.1～0.5
	光刻	1～5	0.1～0.3
	检测	3～6	0.2～0.5
	设备区	6～8	0.3～0.5

续表 A

产品、工序		空气洁净度等级	控制粒径（μm）
封装	划片、键合	5～7	0.3～0.5
	封装	6～8	0.3～0.5
TFT-LCD	阵列板（薄膜、光刻、刻蚀、剥离）	2～5	0.2～0.3
	成盒（涂复、磨擦、液晶注入、切割、磨边）	3～6	0.2～0.3
	模块	4～6	0.3～0.5
	彩膜板	2～5	0.2～0.3
	STN-LCD	6～7（局部 5 级）	0.3～0.5
HDD	制造区	3～4	0.1～0.3
	其他区	6～7	0.3～0.5
PDP	核心区	6～7	0.3～0.5
	支持区	7～8	0.3～0.5
锂电池	干工艺	6～7	0.5
	其他区	7～8	0.5
彩色显像管	涂屏、电子枪装配、荧光粉	6～7	0.5
	锥石墨涂覆、荫罩装配	8	0.5
	表面处理	5～7	0.5
电子仪器、微型计算机装配		8	(0.5)
高密磁带制造		6～8（局部 5 级）	(0.5)
印制版的照相、制版、干膜		7～8	(0.5)
光导纤维	预制棒	6～7	0.3～0.5
	拉丝	5～7	0.3～0.5
	光盘制造	6～8	0.3～0.5
磁头生产	核心区	5	0.3
	清洗区	6	0.3
片式陶瓷电容、片式电阻等制造	丝印、流延	8	0.5
声表面波器件制造	光刻、显影	5	0.3～0.5
	镀膜、清洗、划片、封帽	6	0.5

附录 B 电子产品生产间/工序的火灾危险性分类举例

表 B 电子产品生产间/工序的火灾危险性分类举例

生产类别	举例
甲	磁带涂布烘干工段 有丁酮、丙酮、异丙醇等易燃化学品的储存、分配间 有可燃/有毒气体的储存、分配间
乙	印制线路板厂的贴膜曝光间、检验修版间 彩色荧光粉的蓝粉着色间
丙	半导体器件、集成电路工厂的外延间①、化学气相沉积间①、清洗间① 液晶显示器件工厂的 CVD 间①，显影、刻蚀间，模块装配间，彩膜生产间 计算机房记录数据的磁盘储存间 彩色荧光粉厂的生粉制造间 荫罩厂（制版）的曝光间、显影间、涂胶间 磁带装配工段 集成电路工厂的氧化、扩散间，光刻间，离子注入间，封装间
丁	电真空显示器件工厂的装配车间、涂屏车间、荫罩加工车间、屏锥加工车间② 半导体器件、集成电路工厂的拉单晶间，蒸发、溅射间，芯片贴片间 液晶显示器件工厂的溅射间、彩膜检验间 光纤预制棒工厂的 MCVD、OVD 沉积间，火抛光、芯棒烧缩及拉伸间、光纤拉丝区 彩色荧光粉厂的蓝粉、绿粉、红粉制造间
戊	半导体器件、集成电路工厂的切片间、磨片间、抛光间 光纤、光缆工厂的光纤筛选、检验区，光缆生产线③

注：① 表中房间在设备密闭性良好，并设有气体或可燃蒸气报警装置和灭火装置时，应按丙类设防；否则仍应按甲类设防。

② 屏锥加工车间中低熔点玻璃配制和低熔点玻璃涂复间面积超过本层或防火分区总面积 5%时，生产类别应为乙类设防 。

③ 光缆外皮采用发泡塑料时，该生产线应为丙类。

附录C 精密仪器、设备的容许振动值举例

表C 精密仪器、设备的容许振动值举例

序号	精密仪器设备名称	振动位移（μm）	振动速度（mm/s）
1	每毫米刻3600线以上的光栅刻线机	—	0.01
2	每毫米刻2400线以上的光栅刻线机	—	0.02
3	每毫米刻1800线的光栅刻线机、自控激光光波比长仪及光栅刻线检刻机、80万倍电子显微镜、精度0.03μm光波干涉孔径测量仪、14万倍扫描电镜、精度0.02μm柯氏干涉仪、精度0.01μ双管乌氏光管测角仪	—	0.03
4	每毫米刻1200线的光栅刻线机、6万倍显微镜、▽14光洁度干涉显微镜、▽13光洁度测量仪、光导纤维拉丝机、胶片和相纸挤压涂布机、声表面波器件制版机	1.5	0.05
5	每毫米刻600线的光栅刻线机、立式金相显微镜、AC_4型检流计、0.2μm分光镜（测角仪）、高精度机床装配台、超微粒干板涂布机	—	0.10
6	精度1μm的立式（卧式）光学比较仪、投影光学仪、测量计	—	0.20

附录D 洁净室（区）性能测试和认证

D.1 通　则

D.1.1 洁净室（区）应定期进行性能测试。以认证洁净室（区）始终符合本规范的要求。

D.1.2 洁净室（区）性能测试认证工作，应由专门检测认证单位承担，并应提交检测报告。

D.1.3 测试和认证工作之前，系统应达到稳定运行。测试仪表应在标定证书有效使用期内。

D.1.4 洁净室（区）的占用状态应有空态、静态、动态，其性能测试和认证宜为静态或动态。

D.2 洁净室（区）性能测试要求

D.2.1 确认洁净室（区）符合本规范要求，应进行下列基本测试：

1 空气洁净度等级测定；

2 静压差；

3 风速或风量。

D.2.2 空气洁净度等级、静压差、风速或风量的认证测试的最长时间间隔应符合表D.2.2-1和表D.2.2-2的规定。

表D.2.2-1 空气洁净度等级认证的测试要求

空气洁净度等级	最长时间间隔（月）	测试方法
1～5	6	见D.3.4
6～9	12	见D.3.4

表D.2.2-2 静压差和风速或风量认证的测试要求

测试项目	最长时间间隔（月）	测试方法
风速或风量	12	见D.3.1
静压差	12	见D.3.2

注：1 若洁净室（区）运行中已对粒子浓度、风速、静压差进行连续监测，且其测试值均符合本规范要求时，认证的测试时间间隔可延长。具体间隔时间，可与认证单位洽商。

2 空气洁净度等级认证，可在静态或动态检测，洽商确定。

3 风量测定，应采用风速计在风口或风管测定。

D.2.3 电子工业洁净室（区）的认证测试，除空气洁净度等级、静压差、风速或风量测试外，还应根据需要进行表D.2.3规定的洽商选择测试项目。

表D.2.3 洁净室（区）洽商选择的测试项目

测试项目	空气洁净度等级	建议最长的时间间隔（月）	测试方法
已安装过滤器泄漏	所有洁净度等级	24	见D.3.3
气流流型目测		24	见D.3.5
温度		12	见D.3.6
相对湿度		12	见D.3.6
照度		24	见D.3.8
噪声		＞12	见D.3.7
自净时间		＞24	见D.3.10
密闭性		＞24	见D.3.11

D.3 洁净室测试方法

D.3.1 风量或风速测试，应符合下列规定：

1 对于单向流洁净室，应采用截面平均风速和截面乘积的方法确定送风量，并应取离高效过滤器300mm垂直于气流的截面作为测试平面。应将测试平面分成相等的栅格，每个栅格尺寸应为600mm×600mm或末端空气过滤器尺寸，测点应在栅格中心或不应少于3点。每一点的测试时间不应少于10s。应记录平均值、最大值和最小值，并应以算术平均值作为平均风速。

2 对于非单向流洁净室，每一点的测试时间不应少于10s。

3 在每个末端空气过滤器或散流器处，应采用风口法、风管法、风罩法等测量送风风速确定送风量，每个测试位置的测点数不应少于3点。

D.3.2 静压差测试，应符合下列规定：

1 静压差的测定应在所有的门关闭时进行。

2 仪器宜采用各种型式的微压计，仪表灵敏度应小于1.0Pa。

3 洁净厂房有多个洁净室（区）时，应从最里面的房间与相邻房间的压差测试开始，并应按顺序向外进行检测。

D.3.3 已安装的空气过滤器泄漏测试，应符合下列规定：

1 仪器应使用采样量大于1 l/min的光学粒子计数器。

2 应在过滤器上风侧引入大于等于0.1μm（0.5μm）粒子，粒子浓度应大于$3.5\times10^{7}P/m^{3}$的大气尘或其他气溶胶；在过滤器下风侧应用粒子计数器的等动力采样头放在距离被检过滤器表面20～30mm处，并应以5～20mm/s速度移动。应检测包括过滤器的整个面和过滤器周边、过滤器框架及其密封处的扫描。

D.3.4 洁净度的检测，应符合下列规定：

1 应使用采样量大于1 l/min光学粒子计数器，应根据粒径鉴别能力、粒子浓度适用范围和计数效率等要求选用仪器。仪器应有有效的标定合格证书。

2 最少采样点应按下式计算：

$$N_{L}=A^{0.5} \quad (D.3.4\text{-}1)$$

式中 N_L——最少采样点；

A——洁净室或被控洁净区的面积（m^2）。

采样点应均匀分布于洁净室（区）的整个面积内，并应位于工作区的高度。

3 每一采样点的每次采样量应按下式确定：

$$V_{s}=\frac{20}{C_{n,m}}\times100 \quad (D.3.4\text{-}2)$$

式中 V_s——每个采样点的每次采样量，以l表示，当V_s很大时，可使用顺序采样法。每个采样点的最小采样时间为1min，采样量应至少为2l；

$C_{n,m}$——被测洁净室空气洁净度等级的被测粒径的限值（p/m^3）；

20——在规定被测粒径粒子的空气洁净度等级限值时，可测到的粒子颗数（颗）。

4 当洁净室（区）仅有一个采样点时，则在该点应至少采样3次。

D.3.5 气流流型的检测，应符合下列规定：

1 气流流型的检测，宜采用气流目测法。

2 气流目测法有示踪线法、示踪剂注入法，并应用图像处理技术记录和处理。示踪线法所用纤维或示踪剂的微粒都不应成为洁净室（区）的一种污染源。

3 示踪线法应为通过观察放置在测试杆末端或气流中细钢丝格栅上的丝线或单根尼龙纤维等，直接目测得到气流方向或因干扰引起的波动。

4 示踪剂注入法，可采用纯水喷雾或化学法生成的乙醇/正二醇等示踪剂粒子的特性，在高强度光源下进行观察或做成图像。

5 应采用图像处理技术进行气流目测，本法一般是与示踪法结合，将在摄像机或膜上的粒子图像等经技术处理得到气流特性。

6 气流目测的测点位置、仪器等，应根据洁净室（区）的具体条件洽商确定。

D.3.6 温度、相对湿度的检测，应符合下列规定：

1 温度、相对湿度的检测应在洁净室（区）内气流分布均匀状态测试，并应在净化空调系统试运转合格后安排进行。温度、相对湿度检测应在净化空调系统已经运转，并应至少稳定运行1.0h后进行。

2 相对湿度检测应将洁净工作区划分为等面积网格，每格最大面积应为100m²，应每格一个测点，但每个房间不应少于2个测点。

3 检测用探测器应设在洁净室（区）内的工作高度，且距洁净室（区）的吊顶、墙和地面不应少于300mm。并应考量洁净室（区）内可能存在的热源的影响。

4 检测时间应至少1.0h，并应至少6min进行1次（30s）读数、记录。

D.3.7 噪声检测，应符合下列规定：

1 洁净室（区）内的噪声检测应采用带倍频程分析的声级计。

2 洁净室（区）内的噪声检测点应根据电子产品生产工艺要求确定。噪声检测点宜距地面1.1～1.5m，距墙应大于3m；检测点的布置宜按洁净室（区）面积均分，宜每100m²设一检测点。

D.3.8 照度测试，应符合下列规定：

1 洁净室（区）内照度检测宜采用便携式自动记录照度计。

2 照度检测应在室内温度稳定、光源光输出稳定后进行。洁净室（区）照度检测不应包括生产设备等的局部照明和备用照明。

3 照度检测点应设在工作高度，宜距地面0.85m，应每$25m^2$设一个测点。

D.3.9 微振检测，应符合下列规定：

1 洁净室（区）内有微振控制要求的场所的检测，应采用符合精密设备、仪器容许振动值要求的微振测试分析系统进行分阶段测试。

2 微振检测点应根据洁净室（区）内需进行微振控制的精密设备、仪器的布置和微振控制设计的要求设置，一般检测点应设在微振控制相关的地面、楼面、基础面等。

3 微振控制的检测应由具有相应资质的单位进行。现场检测数据等应经过科学分析后，提供微振控制检测报告，应包括检测数据的分析、结论等。

D.3.10 自净时间检测，应符合下列规定：

1 自净时间的检测，宜用于非单向流洁净室。

2 自净时间的检测，宜采用大气尘或烟雾发生器等人工尘源为基准，并宜以粒子计数器进行检测，同时应符合下列要求：

1）以大气尘为基准时，则必须将洁净室停止运行相当时间，在室内含尘浓度已接近于大气浓度时，测出洁净室内靠近回风口处的含尘浓度（N_0）。然后开机，定时读数(一般可设置每间隔6s读数一次)，直到回风口处的含尘浓度回复到原来的稳定状态，记录下所需的时间（t）。

2）以人工尘源为基准时，应将烟雾发生器放置在离地面1.8m以上室中心，发烟1～2min后停止，等待1min，测出洁净室内靠近回风口处的含尘浓度（N_0）。然后开机，方法同上。

3 由初始浓度（N_0）、室内达到稳定的浓度（N）、实际换气次数（n），可得到计算自净时间（t_0），与实测自净时间（t）进行对比，如果$t \leqslant 1.2t_0$，为合格。

4 自净时间检测方法除上述方法外，还有微粒浓度变化率评估法等。自净时间检测方法应洽商确定。

D.3.11 密闭性检测，应符合下列规定：

1 密闭性检测或称抑制渗漏测试，是测定洁净室（区）有无受污染的空气从周围具有相同或不相同静压的较低洁净度等级的洁净室（区）或非洁净室（区）侵入。本检测一般用于ISO 1～5级洁净室（区）。

2 采用粒子计数器法检测洁净室（区）的密闭性，检测时应先测量紧靠被测围护结构表面外部的悬浮粒子浓度，一般此浓度应比洁净室（区）内浓度大10^4，并大于等于3.5×10^6个$/m^3$待测粒径的粒子。

3 洁净室（区）的施工接缝，包括对墙板、吊顶的接缝和管线、灯具等的接缝的渗漏检测，应在被测部位的50～100mm处扫描，其扫描速度为50mm/s。

洁净室敞开门处的渗漏检测，应在距离门0.3～3.0m处测定洁净室内的悬浮粒子浓度。

记录并报告比测得的外部相同粒径粒子浓度大于10^{-3}倍的读数和位置。

D.4 认 证

D.4.1 洁净厂房性能测试认证前，应由业主与认证单位签订协议书，协议书中应明确检测项目、测点位置及数量、测量要求和限值等，如测量空气悬浮粒子浓度采样点数、每次最少的空气采样量、采样时间、每个采样点的测量次数、测量时间间隔、被计数粒子的粒径，以及粒子数的限值等。

D.4.2 按协议书规定及本附录第D.2节的要求，以及本附录第D.3节的方法进行测试，若测试结果在规定的限值之内，说明该洁净室（区）符合规定要求。若测试结果超过规定的限值，说明该洁净室（区）不符合要求，应进行改进，在完成改进工作之后，应进行再认证。

D.4.3 每次性能测试或再认证测试应作记录，并提交性能合格或不合格的综合报告。测试报告应包括下列内容：

1 测试机构的名称、地址；

2 测试日期和测试者签名；

3 执行标准的编号及标准出版日期；

4 被测试洁净室（区）的地址、测试项目、测点的特定编号及坐标图；

5 被测洁净室（区）的空气洁净度等级、被测粒径、被测洁净室（区）所处的状态、气流流型和静压差、全部采样点坐标图上注明所测的粒子浓度；

6 测量用仪器的编号和标定证书；测试方法细则及测试中特殊情况；

7 测试结果包括所有测试项目的记录数据、分析结论等；

8 对异常测试值进行说明及数据处理；

9 注明上次的测试日期；

10 设施的测试档案可作为下次检测计划的依据。

D.4.4 测试机构应提交洁净室检验证书、再检验证书。

D.5 记 录

D.5.1 记录保存应符合质量控制程序的要求。

D.5.2 应按常规或定期的测试方法和仪表检测，将初始观察记录、计算、数据处理和最终报告，以及测试评价、报告人员签名和日期进行存档。

本规范用词说明

1 为便于在执行本规范条文时区别对待，对要求严格程度不同的用词说明如下：

1）表示很严格，非这样做不可的用词：

正面词采用“必须”，反面词采用“严禁”。

2）表示严格，在正常情况下均应这样做的用词：

正面词采用“应”，反面词采用“不应”或“不得”。

3）表示允许稍有选择，在条件许可时首先应这样做的用词：

正面词采用“宜”，反面词采用“不宜”；

表示有选择，在一定条件下可以这样做的用词，采用“可”。

2 本规范中指明应按其他有关标准、规范执行的写法为“应符合……的规定”或“应按……执行”。

中华人民共和国国家标准

电子工业洁净厂房设计规范

GB 50472—2008

条 文 说 明

目　次

1　总则 ………………………………… 1—57—27
3　电子产品生产环境设计要求 …… 1—57—27
3.1　一般规定 …………………………… 1—57—27
3.2　生产环境设计要求 ………………… 1—57—27
4　总体设计 ……………………………… 1—57—32
4.1　位置选择和总平面布置 ………… 1—57—32
4.2　洁净室型式 ……………………… 1—57—33
4.3　洁净室布置和综合协调 ………… 1—57—34
5　工艺设计 ……………………………… 1—57—34
5.1　一般规定 …………………………… 1—57—34
5.2　工艺布局 …………………………… 1—57—35
5.3　人员净化 …………………………… 1—57—35
5.4　物料净化 …………………………… 1—57—36
5.5　设备及工器具 ……………………… 1—57—36
6　洁净建筑设计 ………………………… 1—57—37
6.1　一般规定 …………………………… 1—57—37
6.2　防火和疏散 ………………………… 1—57—37
6.3　室内装修 …………………………… 1—57—40
7　空气净化和空调通风设计 ……… 1—57—40
7.1　一般规定 …………………………… 1—57—40
7.2　气流流型和送风量 ……………… 1—57—41
7.3　净化空调系统 …………………… 1—57—42
7.4　空气净化设备 …………………… 1—57—43
7.5　采暖、通风 ……………………… 1—57—44
7.6　排烟 ……………………………… 1—57—45
7.7　风管、附件 ……………………… 1—57—45
8　给水排水设计 ……………………… 1—57—45
8.1　一般规定 ………………………… 1—57—45
8.2　给水 ……………………………… 1—57—46
8.3　排水 ……………………………… 1—57—46
8.4　雨水 ……………………………… 1—57—47
8.5　消防给水和灭火设备 ………… 1—57—47
9　纯水供应 ………………………… 1—57—47
9.1　一般规定 ………………………… 1—57—47
9.2　纯水系统 ………………………… 1—57—48
9.3　管材、阀门和附件 …………… 1—57—48
10　气体供应……………………… 1—57—48
10.1　一般规定……………………… 1—57—48
10.2　常用气体系统………………… 1—57—50
10.3　干燥压缩空气系统…………… 1—57—51
10.4　特种气体系统………………… 1—57—51
11　化学品供应 ………………… 1—57—52
11.1　一般规定……………………… 1—57—52
11.2　化学品储存、输送…………… 1—57—52
11.3　管材、阀门…………………… 1—57—53
12　电气设计……………………… 1—57—53
12.1　配电…………………………… 1—57—53
12.2　照明…………………………… 1—57—54
12.3　通信与安全保护装置………… 1—57—54
12.4　自动控制……………………… 1—57—55
12.5　接地…………………………… 1—57—56
13　防静电与接地设计 ………… 1—57—56
13.1　一般规定……………………… 1—57—56
13.2　防静电措施…………………… 1—57—56
13.3　防静电接地…………………… 1—57—57
14　噪声控制……………………… 1—57—57
14.1　一般规定……………………… 1—57—57
14.2　噪声控制设计………………… 1—57—57
15　微振控制……………………… 1—57—58
15.1　一般规定……………………… 1—57—58
15.2　容许振动值…………………… 1—57—58
15.3　微振动控制设计……………… 1—57—58

1 总 则

本规范是电子工业洁净厂房设计的国家标准，适用于各种类型电子产品生产用新建、扩建和改建的洁净厂房设计。由于各类电子工业洁净厂房内所生产的电子产品及其生产工艺各不相同，它们对生产环境包括空气环境和直接与产品生产过程接触的各类介质都有一定的要求。近年来以微电子产品为代表的高新技术发展迅速，微电子产品生产过程对生产环境要求十分严格，对生产过程所需高纯物质——高纯气体、高纯水、各类化学品的纯度及其杂质含量要求更为严格，对微振控制、噪声控制和防静电控制也有严格的要求。因此本规范根据电子工业洁净厂房的特点制定工程设计中应该遵循的相关规定，确保工程设计做到技术先进、经济适用、安全可靠、节约资源，满足电子产品生产工艺的需求。

3 电子产品生产环境设计要求

3.1 一般规定

3.1.1～3.1.3 随着科学技术的发展，电子产品生产日新月异，以微电子产品为代表的各种电子产品生产技术发展迅速。现代电子产品要求微型化、精密化、高纯度、高质量和高可靠性，以人们熟悉的手机、笔记本电脑为例，它所使用的集成电路、电子元器件以及其组装的生产过程都要求在受控环境条件下进行操作，其中以集成电路生产过程对受控环境的要求尤为严格，当今线宽为 45nm 的超大规模集成电路产品已投入生产，其受控生产环境——洁净室（区）的受控粒子尺寸要求小于 0.02 μm 甚至更小。表 1 是超大规模集成电路的发展及相应控制粒子的粒径。集成电路产品的生产和研究表明，超大规模集成电路生产所需受控环境不仅严格控制微粒，而且还需严格控制生产环境的化学污染物和直接与产品生产过程接触的各种介质——高纯水、高纯气体、化学品的纯度和杂质含量，表 2 是超大规模集成电路对化学污染物的控制指标。表 3 是大规模集成电路的工艺发展。

表 1 超大规模集成电路发展与相应控制粒子的粒径

项目 \ 投产年代	1997	1999	2001	2003	2006	2009	2012
集成度（DRAM）	256M	1G	1G	4G	16G	64G	256G
线宽（μm）	0.25	0.18	0.15	0.13	0.10	0.07	0.05
控制粒子直径（μm）	0.125	0.09	0.075	0.065	0.05	0.035	0.025

表 2 超大规模集成电路对化学污染物的控制指标

项目 \ 年份	1995	1997～1999	1999～2001	2003～2004	2006～2007	2009～2010
集成度（DRAM）	64M	256M	1G	4G	16G	64G
线宽（μm）	0.35	0.25	0.18～0.15	0.13	0.10	0.07
硅片直径（μm）	200	200	300	300	400～450	400～450
受控粒径（μm）	0.12	0.08	0.06	0.04	0.03	0.02
粒子数（栅清洗）（个·cm^{-2}）	1400	950	500	250	200	150
重金属（Fe）（原子·cm^{-2}）	5×10^{10}	2.5×10^{10}	1×10^{10}	5×10^{9}	2.5×10^{9}	$<2.5\times10^{9}$
有机物（C）（原子·cm^{-2}）	1×10^{14}	5×10^{13}	3×10^{13}	1×10^{13}	5×10^{12}	3×10^{12}

表 3 大规模集成电路的工艺发展

工艺特征 \ 年份	1980	1984	1987	1990	1993	1996	1999	2006
硅片直径（μm）	75	100	125	150	200	200	200	300
DRAM 技术	64K	256K	1M	4M	16M	64M	256M	1G
特征尺寸（μm）	2	1.5	1	0.8	0.5	0.35	0.25	0.2～0.1
工艺步数	100	150	200	300	400	500	600	700～800
洁净度等级	5～6	5	3	1～2	1～2	1～2	1～2	1
纯气、纯水中杂质	$10^{3}\times10^{-9}$	500×10^{-9}	100×10^{-9}	50×10^{-9}	5×10^{-9}	1×10^{-9}	0.1×10^{-9}	0.01×10^{-9}

从表 1～表 3 中所列数据可见，动态随机存储器（Dynamic Random Access memory，简称 DRAM）产品的线宽从 0.25μm 发展到 0.05 μm，要求洁净室（区）生产环境控制粒子直径从 0.125μm 严格到 0.025μm，空气洁净度等级从 5 级到 6 级，严格到 1 级或更严；生产过程使用的高纯气、高纯水中的杂质含量从 10^{-6}，严格到 10^{-11} 等。集成电路生产实践表明，芯片生产过程使用的工具、器具和物料储运装置也可能成为微粒、化学污染物的携带者或污染源，所以对其制作材质和清洁方式或保护方法，应根据产品生产工艺要求采取相应的技术措施。为此，在本规范中作出第 3.1.1～3.1.3 条的一般规定。

3.2 生产环境设计要求

3.2.1 在现行国家标准《洁净厂房设计规范》GB 50073—2001 中等同采用国际标准《洁净室及相

关受控环境第一篇》ISO 14644-1 中有关洁净室及相关受控环境空气中悬浮粒子洁净度级别划分。

3.2.2、3.2.3 电子产品的种类繁多，随着微型化、精密化、高纯度、高质量和高可靠的电子产品品种的增加，需要在空气悬浮粒子受控环境中进行全过程生产或部分生产的电子产品主要有：各种半导体材料及其器件生产、集成电路生产、化合物半导体生产、光电子生产、薄膜晶体管液晶显示器（Thin Film Transistor Liguid Crystal Display，简称 TFT-LCD）生产、微硬盘驱动器（Hard Disk Driver，简称 HDD）生产、等离子显示器（Plasma Display Panel，简称 PDP）生产、磁头和磁带生产、光导纤维生产、印制电路板等。各类产品的品种不同、生产工艺不同，所要求的空气洁净度等级也不相同。因此第 3.2.2 条规定各种电子产品用洁净厂房设计时，生产环境的空气洁净度等级应根据生产工艺要求确定；当在设计时，业主或发包方未提出要求或暂时未提出要求时，可参照本规范附录 A 的要求确定。在附录 A 所列要求中，由于各种产品生产工艺都各不相同，所以对于空气洁净度等级、控制粒径均列出一定的范围供参考，为说明这些差异，下面列举一些工程的实例供参考。

1 表 4～表 6 分别列出 8″和 4″、5″硅单晶及硅片加工、集成电路的芯片制造、TFT-LCD 生产所需的空气洁净度等级、温度、湿度的实例。

表 4 8″、4″、5″硅单晶及硅片加工要求的空气洁净度等级

名称	8″	4″、5″
单晶拉制、原辅材料腐蚀	8 级	二级过滤
磨片清洗、喷砂、加热炉室、检测封装	7 级	二级过滤
石英管清洗、腐蚀清洗、加热炉后室	6 级	—
磨片、腐蚀清洗	7 级	二级过滤，局部 5 级
抛光室	7 级	二级过滤
抛光贴片	6 级	二级过滤，局部 5 级
清洗、检测、包装	4 级	6 级，局部 5 级
最终检测	3 级	6 级，局部 5 级

表 5 集成电路的芯片制造用洁净厂房的空气洁净度等级、温湿度要求

名称	A厂	B厂	C厂	D厂	E厂
光刻：空气洁净度*	4.5 级	4 级	5 级	5 级	5 级
温度（℃）	22±1	21±1	22±1	22±0.5	22±1
湿度（%）	45±5	50±5	45±5	45±3	45±5
氯化、扩散、清洗、离子注入等					
空气洁净度*	5.5 级	5 级	6 级	5 级	3.5 级

续表 5

名称	A厂	B厂	C厂	D厂	E厂
温度（℃）	22±2	21±1	23±2	22±0.5	22±1
湿度（%）	45±10	50±5	45±10	45±3	45±5
检测：空气洁净度	7 级	6 级	7 级	5/7 级	7 级
温度（℃）	≤26	20～28	18～28	24±1	22±3
湿度（%）	≥40	40～60	40～70	35～40	40～70
设备区：空气洁净度	6/7 级	7 级	7 级	5/7 级	7 级
温度（℃）	24±2	20～28	23±3	24±1	22±3
湿度（%）	50±10	40～60	45±10	35～40	40～70
外延：空气洁净度	—	5 级	—	—	—
温度（℃）		21±1			
湿度（%）		50±5			

注：表中*为芯片生产设备配带微环境装置，装置内空气洁净度等级为 1～2 级。

表 6 TFT-LCD 制造用洁净厂房的空气洁净度等级、温度、湿度

名称	A厂	B厂	典型 5 代生产线
阵列（薄膜、光刻、刻蚀） 空气洁净度	5 级 （0.3μm）	5 级 （0.3μm）、4 级	4 级 （0.3μm）
温度（℃）	23±2	23±1	23±1
湿度（%）	60±5	55±5	55±5
成盒（液晶注入、装配、切割） 空气洁净度	7 级 （0.3μm）	6 级 （0.3μm）、 5 级	5 级 （0.3μm）、 6 级 （0.3μm）
温度（℃）	23±2	23±2	23±2
湿度（%）	60±5	55±10	55±10
模块：空气洁净度	8 级 （0.3μm）	7 级 （0.3μm）	7 级 （0.3μm） 局部 5 级
温度（℃）	23±2	23±2	23±2
湿度（%）	60±5	60±10	60±5
彩膜：空气洁净度	—	7 级（0.3μm）、 5 级	5 级 （0.3μm）
温度（℃）		23±2	23±1
湿度（%）		55±10	55±5

2 微硬盘驱动器（HDD）生产用洁净厂房：

溅射生产区 4 级：0.1μm、23±1℃、45%±5%；

组装、测试等 6 级：0.3μm、23±2℃、45%±10%。

3 高密度磁盘生产用洁净厂房：

1）切带间、带基间、涂布间、固化间等 6 级：0.5μm、23±1℃、50±5%，其中，涂布间的头部要求 5 级；

2）组装间 7 级：0.5 μm、23 ±2℃、50±10%；

3）配件间、化验室 8 级：0.5 μm、24 ±3℃、50±10%。

4 表 7、表 8 分别列出彩色显像管生产、光导纤维生产所需的空气洁净度等级、温度、湿度的实例。

表 7 彩色显像管生产用洁净厂房的空气洁净度等级、温度、湿度

名　称	A厂	B厂	C厂	D厂
屏、电子枪组装：				
空气洁净度	8 级 （5 级）	7 级 （5 级）	7 级 （5 级）	5 级
温度（℃）	25±2	24±2	24±2	
湿度（%）	60±5	60±5	60±5	
荧光粉配制等：				
空气洁净度	8 级	8 级	8 级	8 级
温度（℃）	22±2	24±2	24±2	26±1
湿度（%）	＜80	60±5	50±5	50±5
荫罩组装、锥石墨涂覆：				
空气洁净度	8～8.5 级	7 级	8 级	8 级
温度（℃）	20～26	24±2	20～26	20～26
湿度（%）	40～70	60±5	40～70	40～70
蒸铝间：				
空气洁净度	8 级	8 级	8 级	8 级
温度（℃）	24±4	24±2	26±2	26±2
湿度（%）	60±5	＜50	＜65	55±5
涂有机膜：				
空气洁净度	8 级	7 级	7 级	8 级
温度（℃）	22±2	24±2	24±2	22±2
湿度（%）	60±5	＜50	65±5	60±5

表 8 光纤生产用洁净厂房的空气洁净度等级、温度、湿度

名　称	A厂	B厂	C厂
光纤拉制间：			
空气洁净度	6 级(5 级)	6 级(5 级)	7 级(5 级)
温度（℃）	24±2	24±2	24±2
湿度（%）	55±5	55±5	
预制棒制造：			
空气洁净度	6 级	7 级	8 级
温度（℃）	22±2	24±2	25±3
湿度（%）	55±5	55±5	60±5
检测间：			
空气洁净度	8 级	8 级	8 级
温度（℃）	24±3	24±3	25±3
湿度（%）	60±5	60±5	60±5

5 磁头生产用洁净厂房：磁头装配、溅射烧结等要求 4 级(0.1μm)，研磨、检测等要求 5 级（0.1 μm)，切割等要求 6 级。

6 印制电路板生产用洁净厂房：6.5 级、24±2℃、65%±5%。

7 锂电池生产的干作业洁净生产区：6 级、23℃，露点（DP）－30℃；组装、测试洁净室(区)：7 级、23 ±2℃、≈20%。

8 等离子显示器（PDP）生产用洁净厂房：涂屏间等：5.5 级、25±2℃，50%±10%；其他生产间：6.5～8 级、20～26℃、55%±10%。

3.2.4 现代电子产品生产的重要特点之一，在许多电子产品的生产过程中需使用高纯水、高纯气体和高纯化学品，且各类电子产品生产时，因品种不同、产品生产工艺也不同，对高纯物质的纯度、杂质含量的要求不同，它们之间差异很大。表 9 是中国电子级水的技术指标，表 10 是美国 ASTMD5127 电子及半导体工业用纯水的水质要求，表 11 是 TFT-LCD 生产用纯水水质要求，表 12 是一个 8″集成电路芯片制造用高纯水水质要求。

表 9 中国电子级水的技术指标（GB/T 11446.1—1997)

指标 ＼ 级别	EW－1	EW－2	EW－3	EW－4
电阻率 I(MΩ·cm,25℃)	18 以上 (95%时间) 不低于 17	15 以上 (95%时间) 不低于 13	12.0	0.5
全硅,最大值(μg/L)	2	10	50	1000
＞1μm 微粒数,最大值(μg/L)	0.1	5	10	500
细菌个数,最大值(个/mL)	0.01	0.1	10	100
铜,最大值(μg/L)	0.2	1	2	500
锌,最大值(μg/L)	0.2	1	5	500
镍,最大值(μg/L)	0.1	1	2	500
钠,最大值(μg/L)	0.5	2	5	1000
钾,最大值(μg/L)	0.5	2	5	500
氯,最大值(μg/L)	1	1	10	1000
硝酸根,最大值(μg/L)	1	1	5	500
磷酸根,最大值(μg/L)	1	1	5	500
硫酸根,最大值(μg/L)	1	1	5	500
总有机碳最大值(μg/L)	20	100	200	1000

表 10　美国 ASTMD 5127 电子及半导体工业用水水质要求

项　目	Type E—1	Type E—1.1	Type E—1.2	Type E—2	Type E—3	Type E—4
线宽（μm）	1.0～0.5	0.5～0.25	0.25～0.18	5.0～1.0	>5.0	—
电阻率（MΩ·cm，25℃）	18.2	18.2	18.2	17.5	12	0.5
热源（EU/mL）	0.03	0.03	0.03	0.25	—	—
总有机碳 TOC（μg/L）	5	2	1	50	300	1000
溶解氧 DO（μg/L）	1	1	1	—	—	—
蒸发残渣（μg/L）	1	0.5	0.1	—	—	—
微粒（μm）（SEM 检测）						
0.1～0.2	1000	1000	200	—	—	—
0.2～0.5	500	500	100	3000	—	—
0.5～1.0	50	50	1	—	10000	—
10	—	—	—	—	—	100000
微粒（μm）（在线检测）						
0.05～0.1	500	500	100	—	—	—
0.1～0.2	300	300	50	—	—	—
0.2～0.3	50	50	20	—	—	—
0.3～0.5	20	20	10	—	—	—
>0.5	4	4	1	—	—	—
细菌						
100mL Sample	1	1	1	—	—	—
1L Sample	1	1	0.1	10	10000	100000
硅（μm）						
总硅	3	0.5	0.5	10	50	1000
溶解硅	1	0.1	0.05	—	—	—
离子（μg/L）						
NH_4	0.1	0.10	0.05	—	—	—
Br	0.1	0.05	0.02	—	—	—
Cl（Chloride）	0.1	0.05	0.02	1	10	1000
F（Fluoride）	0.1	0.05	0.03	—	—	—
NO_3（Nitrate）	0.1	0.05	0.02	1	5	500
NO_2（Nitrite）	0.1	0.05	0.02	—	—	—
PO_4（Phosphate）	0.1	0.05	0.02	1	5	500
SO_4（Sulfate）	0.1	0.05	0.02	1	5	500
Al（Aluminum）	0.05	0.02	0.005	—	—	—
Ba（Barium）	0.05	0.02	0.001	—	—	—
B（Boron）	0.05	0.02	0.005	—	—	—
Ca（Calcium）	0.05	0.02	0.002	—	—	—
Cr（Chromium）	0.05	0.02	0.002	—	—	—
Cu（Copper）	0.05	0.02	0.002	1	2	500
Fe（Iron）	0.05	0.02	0.002	—	—	—
Pb（Lead）	0.05	0.03	0.005	—	—	—
Li（Lithium）	0.05	0.02	0.003	—	—	—
Mg（Magnesium）	0.05	0.02	0.002	—	—	—
Mn（Manganese）	0.05	0.02	0.002	—	—	—
Ni（Nickel）	0.05	0.02	0.002	1	2	500
K（Potassium）	0.05	0.02	0.005	2	5	500
Na（Sodium）	0.05	0.02	0.005	1	5	1000
Sr（Strontium）	0.05	0.02	0.001	—	—	—
Zi（Zinc）	0.05	0.02	0.002	1	5	500

表 11　TFT-LCD 生产用高纯水质量指标

项　目	质量指标			
	项目（1）	项目（2）	项目（3）	
			DIW	UPW
电阻率（25℃）	≥18MΩ·cm	≥18MΩ·cm	≥16MΩ·cm	≥18MΩ·cm
微粒子（0.1μm）	≤10 个/mL	≤10 个/mL	≤10 个/mL	≤10 个/mL
细菌	≤0.05 个/mL	≤0.1 个/mL	≤100 个/L	≤50 个/L
溶解氧	≤0.05mg/L	≤0.1mg/L	≤100ppb	≤50ppb
水温	25℃±2℃	暂缺	23±2℃	23±2℃
水压	0.25±0.02MPa	≤0.2MPa	0.25±0.05MPa	0.25±0.05MPa
TOC	≤0.03mg/L	≤0.05mg/L	$\leqslant 100\times10^{-9}$	$\leqslant 50\times10^{-9}$
Na^+	≤0.5μg/L	≤0.5μg/L	$\leqslant 1\times10^{-9}$	$\leqslant 0.2\times10^{-9}$
Fe^{2+}	≤1μg/L	≤3μg/L	$\leqslant 1\times10^{-9}$	$\leqslant 0.2\times10^{-9}$
K^+	≤0.5μg/L	≤0.5μg/L	$\leqslant 1\times10^{-9}$	$\leqslant 0.2\times10^{-9}$
Ni^+	≤1μg/L	≤3μg/L	—	—
Zn^{2+}	—	≤3μg/L	—	—
Cu^{2+}	≤0.5μg/L	≤3μg/L	$\leqslant 1\times10^{-9}$	$\leqslant 0.2\times10^{-9}$
Ca^{2+}	—	≤0.5μg/L	—	—
Mg^{2+}	—	≤0.5μg/L	—	—

表 12　8″大规模集成电路生产用高纯水质量指标（前工序）

参　数	标　准
电阻率（MΩ·cm，25℃）	>18.20
活性硅（μg/L）	0.10
胶体硅（μg/L）	<0.10
颗粒（个/mL）（≥0.05μm）	<0.50
总有机碳 TOC（μg/L）	<1.00
溶解氧 DO（μg/L）	<2.00
细菌（cfu/L）	<1.00
使用点温度（POU）℃	22±1
Na、K、Ca、Ni、Fe、Zn、B、Cu、Al（μg/L）	0.01
Cl^-、SO_4^{2-}、NO_3^-（μg/L）	每项<0.05
PO_4^{3-}（μg/L）	<0.01

电子工业用高纯气体品种很多，高纯常用气体和特种气体达数十种，表 13 是 SEMI 部分半导体用特种气体的质量标准，表 14 是线宽 0.35μm 超大规模集成电路生产线（前工序）的部分高纯气体的质量指标，表 15 是 TFT-LCD 生产用部分高纯气体质量指标。

表 13　SEMI 部分半导体用特种气体的质量指标

名称		砷烷	氯化氢	磷烷	硅烷	一氧化氮	氯	二氯硅烷
分子式		AsH_3	HCl	PH_3	SiH_4	N_2O	Cl_2	SiH_2Cl_2
状态		瓶装	瓶装	瓶装	瓶装	瓶装	瓶装	瓶装
纯度（%）		99.9467	99.9940	99.9828	99.9417	99.9974	99.9961	97.0000
杂质含量（10^{-6}）	CO	>2	10	10	>10	1	1	Al1.0×10^{-9}（wt）
	CO_2					2	10	As0.5×10^{-9}（wt）
	H_2	500	10	100	500		1	B 0.3×10^{-9}（wt）
	N_2	10	16	50		10	20	C10×10^{-9}（wt）
	O_2	5	4	4	10	2	4	Fe50×10^{-9}（wt）
	THC（以 CH_4 计）	1	5	4		1	<1	P0.3×10^{-9}（wt）
	HC（C_1—E3）	—	—	—	10	—	Ni<20×10^{-9}（wt）	S0.5×10^{-9}（wt）
	PH_3	10	—	—	—	NH_3 5	Fe<200×10^{-9}（wt）	—
	AsH_3	—	—	2	—	—	Cr<200	氯烷 3%
	稀有气体	—	5	—	Ar+He 40	—	—	—
	$SiCl_4$	总硫 1	—	—	10	NO 1 NO_2 1	—	
	H_2O	4	10	2	3	3	3	—
	重金属	**	—	**	**	—	—	—
	微粒	**	—	**	**	—	**	—
	小计	533	60	172	583	26	—	—

注：表 ** 为协商确定。

表 14　线宽 0.35μm 超大规模集成电路生产线（前工序）的部分高纯气体的质量指标（10^{-9}）

集成度	H_2O	O_2	CO	CO_2	CH_4	微粒
256KB	1000	1000	5000	5000	5000	≥0.2μm，<3.5pc/m^3
16KB	5	1.0	1.0	1.0	1.0	≥0.014μm，<2pc/m^3

表 15　TFT-LCD 生产用部分高纯气体质量指标

项目		N_2	O_2	H_2	Ar	He	NH_3	HCl	SiH_4	N_2O
纯度（%）		99.999	99.9999	99.9999	99.9995	99.9999	99.999	99.999	99.995	99.995
杂质含量（10^{-9}）	O_2≤	43	—	10	200	100	2×10^{-6}	1×10^{-6}	—	1×10^{-6}
	CO≤	—	10	10	200	50	1×10^{-6}	1×10^{-6}	0.1×10^{-6}	—
	CO_2≤	—	10	10	200	—		4×10^{-6}	0.1×10^{-6}	—
	H_2≤	—	—	—	500	—	0.5×10^{-6}	1×10^{-6}	50×10^{-6}	—
	THC≤	—	—	10	200	—	0.5×10^{-6}	1×10^{-6}	0.5×10^{-6}	—
	H_2O≤	500	90	90	500	500	1×10^{-6}	1×10^{-6}	1×10^{-6}	5×10^{-6}
	N_2≤	—	—	10	200	200	4×10^{-6}	1×10^{-6}	1×10^{-6}	2×10^{-6}
微粒	pc/m^3	10（0.3μm）	10（0.1μm）	10（0.1μm）	—	—	—	—	—	—

3.2.5 近年来，对一些电子工厂的洁净室（区）内的噪声级（空态）的检测资料表明，大部分单向流洁净室（区）内的噪声均可小于65dB（A），也有少数洁净室（区）由于各种原因，实际检测的噪声超过65dB（A）。非单向流洁净室（区）内的噪声大部分可小于60dB（A）。表16是部分电子工厂洁净室（区）内噪声的检测数据。

表16 一些电子工厂洁净室（区）的噪声实测值

房间名称	空气洁净度等级	实测噪声［dB（A）］	状态
光电子器件	7级	58～61	空态
TFT-LCD阵列	5级	62.9	空态
干法刻蚀间	6级	61.0	空态
光刻间	5级	68.0	空态
塑封间	6级	51.5	空态
化学镀膜间	4级	55.3	空态
精密装校间	4级	59.3	空态
扩散间	3级	62.7	空态
部品清洗间	7级	53.4	空态
洁净服洗涤间	7级	52.1	空态
MOCVD	8级	54.3	空态
键合间	8级	59.6	空态
清洗间	8级	56.5	空态

4 总体设计

4.1 位置选择和总平面布置

4.1.1 电子产品生产用洁净厂房与其他工业洁净厂房的重要区别之一是一些电子产品生产对化学污染物有严格的要求，如微电子产品中需严格控制生产环境中的重金属、有机物的含量，在表2中列出集成度从64M发展到64G时，重金属要求从5×10^{10}（原子·cm^{-2}）严格至小于2.5×10^{9}（原子·cm^{-2}）；有机物从1×10^{14}（原子·cm^{-2}）严格至3×10^{12}（原子·cm^{-2}）。据了解，一些微电子洁净厂房的产品生产中发现极微量的Na^+、SO_4^{2-}等化学物质对产品生产影响极大，应予严格控制。

近年来，国内外研究表明，由于全球环境保护的严峻形势和各类工业生产发展、人民生活水平提高都使大气中污染物种类、浓度发生了变化，尤其是城市中的工业燃烧排放物和汽车燃烧排放物的增加，大气中的微粒浓度、化学污染物也呈增加趋势。大气中化学污染物与所在地区的经济发展状况、固定燃烧源和移动燃烧源（汽车等）的组成、类型和数量关系密切，据大气检测表明，大气中的化学物质主要有阳离子Ca^{2+}、Na^+、Mg^{2+}、K^+、NH_4^+，阴离子SO_4^{2-}、NO_3^-、Cl^-、F^-等，还有一些浓度较低的Hg等。随着国民经济的发展，人民生活质量的提高，这些物质总的趋势是逐年增加，一些城市或一些具体场所还会由于工业生产或汽车数量的增加或气象条件的变化，有时或某一时间段这些化学物质的数量、浓度都会增加，所以在进行电子工厂特别在一些产品生产过程对化学污染物要求严格的洁净厂房的选址应予充分重视。为此，本条作出了三款的推荐性规定。

4.1.2 本条规定电子工业洁净厂房的新风口与城市交通干道之间的距离。由于城市交通干道上运输车辆运行中所产生的污染物主要通过新风的吸入对洁净厂房产生影响，根据现行国家标准《洁净厂房设计规范》GB 50073的相关规定，此距离宜大于50m。

近年来，我国各地区的城市交通干道两侧或城市交通干道与工厂之间都建设了绿化带，这些绿化带有以草坪为主或树、草间种或以树为主等多种形式。测试数据表明，各种形式的绿化带都具有一定吸尘、降低空气中微粒浓度的作用，所以本条规定，当电子工业洁净厂房与交通干道之间设有城市绿化带时，可视具体条件适当减少距离。

4.1.3 对于有微振控制要求的电子工业洁净厂房的位置选择时，应实际测定拟建工厂厂址或已有工厂内拟选择洁净厂房的场地周围，现有振源和预测可能的振源的振动影响。此项测定正逐渐被相关科技人员和工程项目承建者关注和重视，但是由于微振控制要求和各类振源对微振控制的影响评价的技术复杂性，所以本条规定中强调“实际测定”和“模拟振源”的影响。

4.1.4 近年来，电子工业洁净厂房的总平面布置时，在充分考虑电子产品生产工艺特点和具体工程项目中洁净厂房内各功能区（包括洁净生产区、辅助生产区、非洁净生产区、公用动力系统和办公等功能区）合理布置的情况下，在合理进行人流、物流组织，方便运行维护管理、合理布置公用动力管线、降低能量消耗、确保安全生产的条件下，常常将电子工业洁净厂房按组合式、大体量的综合性厂房布置，这些电子工厂投入使用后得到了各方面的认同。

4.1.5、4.1.6 为减少电子工业洁净厂房周围的尘源或散发微粒的数量，在规范中规定，在洁净厂房周围及其周边或对于设有洁净厂房的电子工厂内相关道路的路面选择时，应选择整体性能好、不易产生裂缝的材料，不得选用容易发尘材料铺砌，通常推荐采用沥青路面。

目前，电子工业洁净厂房周围进行绿化时，一般可以采用铺草坪的方式或草坪间种灌木等树种的方式。由于电子产品的品种较多，不可能推荐一种绿化方式，考虑到种植各类树种、花草等可能产生花粉等尘粒，并且微粒的化学组成十分复杂，为确保产品质量，本规范中规定：不宜种植对生产环境和产品质量有影响的植物。

4.1.7 本条编写的依据是现行国家标准《建筑设计防火规范》GB 50016—2006 中相关的规定。电子工业洁净厂房内均设有人净设施、物净设施等技术措施，洁净厂房内的疏散走道常常是曲折、多变，一旦出现火情后，为了方便消防人员能够及时到达出事地点，为此，本条对洁净厂房消防车道的设置不规定厂房占地面积下限值。

4.2 洁净室型式

4.2.1 随着科学技术发展，近年来，电子产品生产用洁净室有多种形式，下面根据在电子工厂中已实际应用的各种类型的洁净室形式进行简要描述。

1 根据电子产品生产工艺要求，空气洁净度等级和平面或空间布置要求，微电子厂房洁净室布置形式一般有隧道式或港湾式、开放式、岛形布置等，见图1。据调查表明，集成电路芯片制造用洁净室一般采用隧道式和开放式，其中隧道式洁净室主要用于5″、6″芯片制造厂，生产工艺设备跨洁净生产区和设备维护区，洁净生产区对洁净度要求严格，而维护区的空气洁净度等级较低。目前 8″、12″芯片制造工厂普遍采用开放式洁净室加微环境（mini-environment）的方式，将芯片制造过程对空气洁净度要求十分严格的硅片加工过程（1～4 级）布置在微环境装置内，而开放式洁净室的洁净度等级只需 5～6 级，这种洁净室形式既可做到工艺布置的灵活性，又可做到减少建设投资和降低能量消耗、降低运行费用等。

2 按气流流型划分洁净室时，可划分为单向流洁净室、非单向流洁净室和混合流洁净室。

1）单层洁净室，在单向流洁净生产区的上部、下部设有上下技术夹层，上技术夹层内设置空气过滤装置、风管和公用动力管线；下技术夹层为回风道。这种形式适用于规模较小的洁净室。

2）多层洁净室，在单向流洁净生产区吊顶格栅以上设有送风静压箱或循环空气处理设备或空气过滤单元机组等的上技术层；在单向流洁净生产区的活动地板以下设有回风静压箱或辅助生产设备或公用动力设备、管线等的下技术层。有的电子工业洁净厂房的下技术层根据需要可为一层或二层。

非单向流洁净室是采用非单向流气流流型的洁净室，主要用于空气洁净度等级为 6～9 级的洁净室，此类洁净室当单侧回风时其宽度一般不大于 6m。混合流洁净室是在同一洁净室内，同时存在单向流和非单向流两种气流流型的洁净室（区）。

4.2.2 制定本条的主要依据是：

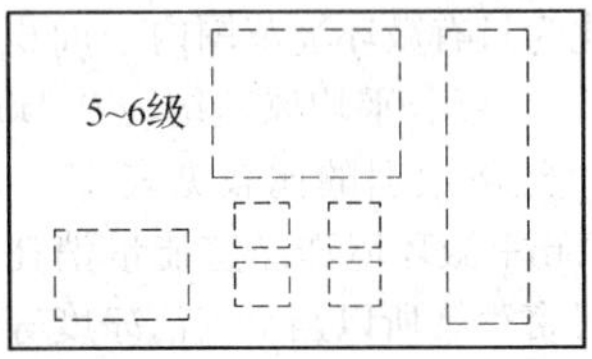

（a）开放式洁净室

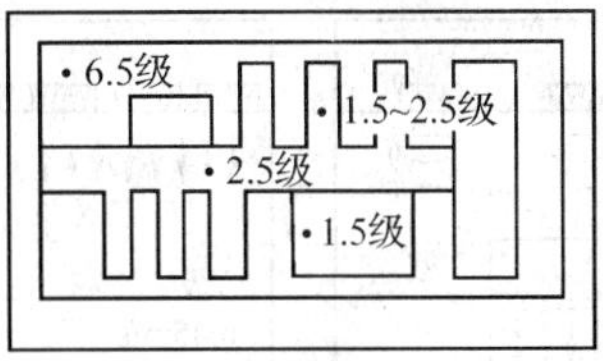

（b）港湾式洁净室

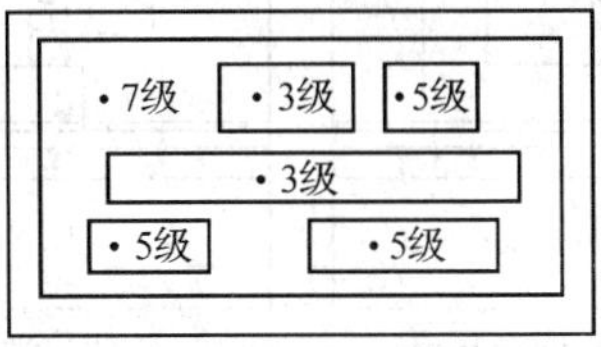

（c）岛形布置

图1 洁净室形式

1 近年来，在大规模集成电路生产（前工序）用洁净厂房、TFT-LCD 生产用洁净厂房的建造、设计中，基本上采用多层的布置方式，在洁净生产层吊顶格栅以上的上技术夹层常常作为送风静压箱，洁净空气通过 FFU 向洁净生产层送风，实际上，洁净生产层与上技术夹层是相通的；而洁净生产层的下部是活动地板及其支撑件和钢筋混凝土多孔板，在活动地板等以下是作为回风静压箱的下技术夹层，在下技术夹层常常还设置一些公用动力设备、辅助生产设备和公用动力管线等，洁净生产层的回风通过活动地板、多孔板回至下技术夹层，实际上，下技术夹层与洁净生产层是相通的，所以可以认为：电子工厂洁净厂房垂直单向流洁净室的空间包括活动地板以下的下技术夹层，洁净生产层和吊顶以上的上技术夹层。

2 在美国国家消防协会（NFPA）的标准规范 NFPA 318《洁净厂房消防标准》（Standard for the procection of cleanroom）（2000 年版）的第 1.5.5 条中规定："洁净室的范围包括活动地板下的下技术夹层和吊顶上面的上技术夹层。"同时在 NFPA 318 的总则中明确，该标准适用于半导体工厂的洁净室。

4.2.3 电子工厂洁净厂房是能源消耗量大、建设投资大的厂房，为了使洁净厂房的建设获得较好的节能和经济效益，从洁净室型式的选择开始就应该认真地分析比较，选择既满足电子产品生产工艺要求，又能做到降低能耗、减少建设投资和降低运行费用等需求。目前在超大规模集成电路工厂采用微环境类型的洁净室，是一种能满足以上要求的混合流洁净室。图2是 Ballroom＋微环境洁净室与港湾式洁净室的对比图示，图中（a）将要求大面积的单向流平均风速为

0.45m/s 变化为只有微环境范围内小面积，而大部分空间均采用5～6级、平均风速约为0.1m/s。两种方式的主要技术经济数据的比较见表17，从表中数据可见：Ballroom+微环境洁净室能量消耗少，也可做到总体建设投资少，所以当空气洁净度等级要求十分严格时，宜采用此种类型。

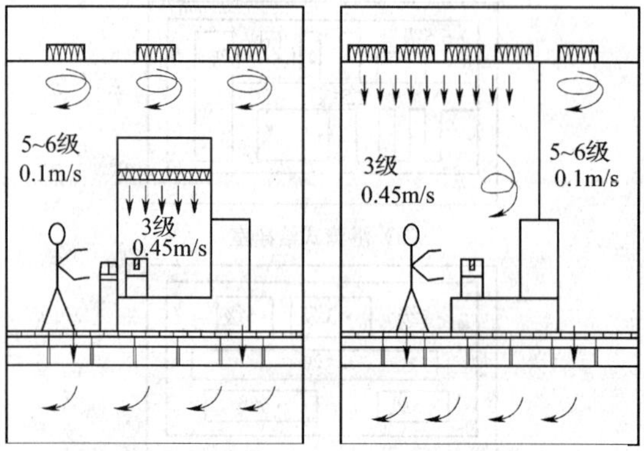

(a) Ballroom+微环镜　　(b) 港湾式

图2　微环境与港湾式洁净室示意

表17　微环境与港湾式洁净室的主要技术经济指标

指　标	传统洁净室	微环境
总送风量（cmf）	3246048	890300
高效过滤器（个）	4508	1237
风机发热（Btuh）	8326100	1689566
冷负荷（RT）	694	141
风机耗电（kW）	2921	583
HVAC 总耗电（kW）	3754	762
HVAC 年耗电量（kW/h）	32885506	6673250

注：表中两种方式的总排风量均为80900cmf，新风总量为100000cmf。

4.3　洁净室布置和综合协调

4.3.2　洁净室（区）的空间布置，主要应做到：满足产品生产工艺要求，合理布置产品生产工艺设备，特别是高、大设备的安排，合理布置物料运输系统，使电子产品生产做到有效、灵活和操作方便。与此同时，由于电子工业洁净厂房中各种公用动力设施和管线、产品生产工艺所需管线、净化空调系统风管和末端装置、电气照明设施等种类繁多，在进行洁净室（区）的空间布置时应充分兼顾以上各项内容，并做妥善安排。根据已有或正在建设中的电子工业洁净厂房的空间布置状况表明：单层垂直单向流洁净室的上技术夹层的空间尺寸一般为2.0～2.5m；当采用活动地板时，下技术夹层为1.0～1.5m，有的面积较小的洁净室只有0.6～0.8m。所谓"多层"垂直单向流洁净室，上技术夹层空间尺寸是根据其使用功能和建筑结构确定，如在此空间是否安装循环风处理装置以及风管及过滤器或FFU的外形尺寸等确定，一般上技术夹层空间尺寸3.0m左右，有的可达4.0m；下技术夹层一般不仅是净化空调系统的回风静压箱，常常还设置有公用动力设施、生产辅助设施等，为了运行管理方便和必须的安全保护距离，一般下技术夹层空间尺寸为4.0m。

非单向流洁净室只设有上技术夹层或技术夹道，目前各种用途的非单向流洁净室的上技术夹层的空间尺寸一般为1.5～2.0m，视具体工程项目安排的使用功能和布置在此空间的公用动力设施、管线的多少和外形尺寸确定。

4.3.3　现今电子工业洁净厂房，一般推荐使用大开间的开放式生产设备布置，所以本条规定在洁净室（区）内应少设隔间、少分隔，只有本条规定的三种情况，才予以分隔。其中第1款是安全生产和消防的需要，必须进行分隔。列为强制性条文。第2款，是从方便管理和节约能源出发，对经常不同时使用的生产区域或房间之间进行分隔。第3款，是从排放有害气体或化学污染物会发生交叉污染或影响电子产品质量时，应将此类工序、设备进行分隔设独立房间，但若采取可靠的排风处理措施，能够确保不发生交叉污染或影响产品质量时，也可不予分隔。

5　工艺设计

5.1　一般规定

5.1.1　随着科学技术的发展，电子产品的更新换代、产品生产技术的发展十分迅速，以集成电路为代表的微电子产品尤为显著，集成电路产品基本上是2～3年或更短的时间就会提升一代产品；以TFT-LCD为代表的显示器件正在取代彩色显像管的显示器件生产；微型计算机的迅速发展，使各种元器件生产发展十分迅速。因此，电子工业洁净厂房的设计、建造必须适应这种快速发展的需要，从洁净厂房的规划开始，对于电子工厂、洁净厂房的工艺设计、工艺布局应充分考虑电子产品发展的灵活性，以满足电子产品生产工艺改造和扩大生产的需求。

5.1.2、5.1.3　以集成电路芯片制造、TFT-LCD液晶显示器件生产用洁净厂为代表的微电子生产洁净厂房，具有洁净度要求严格、大面积、大体量和能耗大、运行费用高的特点，洁净厂房工艺设计是先导工序，所以对电子工业洁净厂房工艺设计的基本要求是：在满足电子产品生产要求的前提下，合理进行洁净厂房工艺布局，合理确定各种公用动力设施的技术条件和要求等生产条件，做到能量消耗少、运行费用低、生产效率高和建设投资少；合理进行人流路线、物料运输和仓储设施的配置和布置，满足电子产品洁净生产要求和产品生产工艺要求；工艺设计应合理选择生产设备的自动化水平和物料运输的自动化水平，在经济、实用、安全可靠的条件下提高生产效率。

5.2 工 艺 布 局

5.2.1 洁净厂房的工艺布局应综合各方面的因素，重点要考虑生产工艺、人员操作、设备维修、物料运输、未来发展等方面的要求。工艺布局的核心是要满足电子产品生产工艺要求，在此前提下根据所选择的洁净室气流型式，在有利于工艺设备的安装维修、物料运输和提高效率、降低造价等，合理进行洁净厂房的工艺布置。

在单向流洁净室（区）布置时，对于洁净室（区）中的生产工艺设备的布置、操作程序的安排和人员流动、物料传输等可能对单向气流造成的物理障碍，应采用措施避免发生紊流或交叉污染。图3是表示设备、人员等对单向气流的干扰和改进措施，左侧图示为物理障碍产生的干扰；右侧图（a）是采取调整工艺设备布置，改善气流流动；（b）是改进设备构造、外形，改善气流；（c）是改变人员的操作行为，改善气流；（d）改进气流流动方式，确保产品生产区域的洁净度要求。

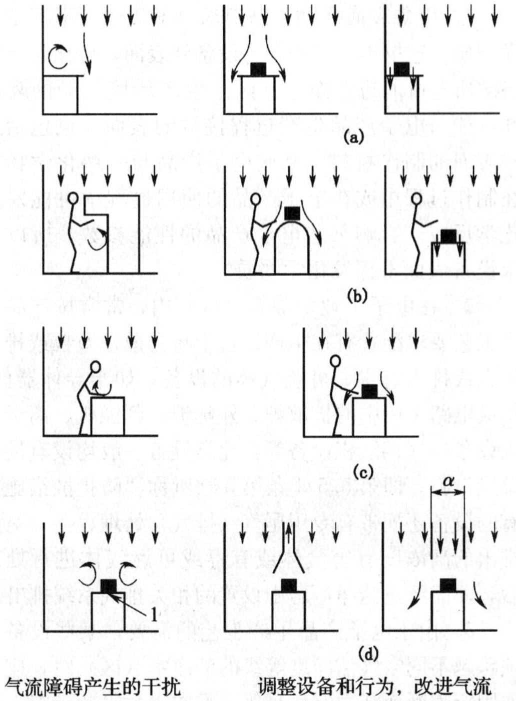

图3 设备、人员对单向流的干扰和改进

5.2.2 人员进出、材料出入、产品运送及设备、工具搬运的频繁交错，不但会彼此干扰、易发生混杂、降低生产效率，并可能会使洁净室（区）的空气洁净度受到影响和气流受到破坏。因此，在工艺布局时，应充分考虑人员、物料设备，有各自的出入口。人员入口处的净化设施包括单人吹淋室、多人吹淋室、通道式吹淋室、气闸室等，具体选用何种形式，需根据洁净室（区）的空气洁净度等级、人员数量、未来发展需求等确定。

物料净化设施包括货物吹淋室、气闸室、压缩空气吹扫头等，一般可根据物料种类、包装方式和洁净室（区）的空气洁净度等级等确定。

5.2.3～5.2.5 洁净厂房中生产区、辅助区和各类生产设备的布置与洁净室（区）内的气流流型、空气洁净度等级的保持密切相关，所以本规范规定：在洁净室（区）内要求空气洁净度严格的工序（设备）应远离出入口和可能干扰气流的场所设置，并宜布置在上风侧；空气洁净度等级要求相同的工序或工作室相对集中布置等都是电子产品洁净室（区）内布置的基本要求。

另外，由于电子产品更新换代快，电子工厂在实际生产中，在线维修及调试、边生产边增加设备扩大生产能力的情况很多，因此在做工艺布局时，应根据具体情况，考虑这些因素，留出相应的运作空间。

5.2.6 为避免不同空气洁净度等级的洁净室（区）之间的频繁联系发生交叉污染，应根据电子产品生产工艺要求合理选择相应技术措施，如人的联系应采用气闸室或空气吹淋室；大物件的运送也可以采用气闸室，一般物件的运送可采用传递窗；穿越隔墙的管线应采用可靠气密措施等。

5.3 人 员 净 化

5.3.1、5.3.2 电子工业洁净厂房，由于电子产品品种、规格、产量的不同，其洁净室的规模和空气洁净度等级要求差异较大，如现今的大规模集成电路用洁净厂房或TFT-LCD用洁净厂房的建筑面积一般均在几万平方米，空气洁净度等级为1～3级或4～5级，而印制电路版生产用洁净室的建筑面积一般只有几百平方米，且有时还根据工艺布局要求需分多处设置，空气洁净度等级为7级或8级。为此，本规范只推荐一种人员净化程序供设计参考，并规定："人员净化用室和设施应根据洁净室的规模、空气洁净度等级设置，并应设置生活用室。"电子工业洁净厂房中人员净化用室、生活用室以及空气吹淋室、气闸室、洁净工作服洗涤间和干燥间等均应在具体工程项目设计时，根据实际情况和需要设置。

5.3.3 洁净厂房内人员净化用室和生活用室的建筑面积指标——按设计人数平均每人2～4m^2是经验数据，在具体工程项目设计时，应根据洁净室的规模大小、洁净室内人数多少和空气洁净度等级等因素合理确定。一般情况下，洁净室内人数较多时采取推荐数据的下限，人数较少时采取上限；洁净室规模较大时，一般可采取下限。

5.3.5 电子工业洁净厂房中，设置了空气吹淋室的主要是6～9级的洁净室，但有的洁净室也未设空气吹淋室；而空气洁净度等级为5级或严于5级的垂直单向流洁净室设置空气吹淋室的较少，设气闸室的较多。关于空气吹淋室对人员净化作用的评价众说纷纭，但根据测定数据表明：只要空气吹淋室产品质量符合标准规定要求和管理得当，它对进入洁净室人员的净化效果是肯定的。为此，本条没有规定洁净厂房内洁净室（区）的入口处都应设空气吹淋室，而是对洁净厂房空气吹淋室的设计，规定了4款要求：

第1、4款，实际上是推荐6～9级洁净室入口处宜设空气吹淋室。具体工程项目中，若不设空气吹淋室时，应设气闸室，作为洁净室（区）与非洁净室（区）的分隔和缓冲。5级或严于5级的垂直单向流洁净室（区），推荐设气闸室。

第2款，规定空气吹淋室应设在更换洁净工作服后的相邻场所，就是进一步明确空气吹淋室的气闸作用，既分隔洁净室（区）与非洁净室（区），又能防止外部空气进入洁净室，并使洁净室维持正压状态。它是从非洁净室（区）更换洁净工作服后经空气吹淋进入洁净室（区）。

第3款，其规定包含：①洁净室按最大班人数每30人设1台单人空气吹淋室，以此选用空气吹淋室的数量；由于空气吹淋室有多种形式，如单人吹淋室、多人吹淋室、通道式吹淋室等，所以洁净室内人数较少时可采用单人吹淋室，而人数较多时则应采用多人吹淋室和多个并联或通道式吹淋室等形式。②洁净室（区）内的工作人员超过5人时，为上下班人员进出和管理方便，应在空气吹淋室一侧设旁通门。

5.3.6 洁净厂房内的人员净化应遵循由外至内逐步洁净的循序渐进的原则，每个洁净室的人员净化路线都应有合理的程序，应避免已经过净化的部分又再被污染的情况发生。对于人员净化用室和生活用室的空气洁净度等级要求，本条只规定：①洁净工作服更衣室的洁净度等级，推荐低于相邻洁净室（区）空气洁净度等级；②当设有洁净工作服洗涤室时，其空气洁净度等级不宜低于8级。

本条还要求，对于人员净化用室和生活用室，可根据具体条件，送入经过高效空气过滤的洁净空气，从而减少人员携带污染物进入洁净室（区）。

5.4 物料净化

电子工业洁净厂房内，为避免多种物料搬入洁净室时，携带污染物影响洁净室（区）的空气洁净度，甚至影响电子产品质量，造成次品或废品的出现，因此本节规定各种物料搬入洁净室（区）的下列基本规定：

1 洁净室（区）的设备和物料出入口，应独立设置。此类出入口不得与人员出入口混同使用，避免污染物混杂、交叉。但对于洁净室规模较小，如建筑面积只有几十平方米的洁净室，设备和物料出入口是否应独立设置，应根据具体工程项目情况、物料状态、洁净室内人员数量等实事求是地确定。

2 洁净室（区）应设有设备和物料净化用室，并在此房间内设有相应的物料净化设施，对搬入洁净室（区）的设备和物料进行净化处理。该物净用室的面积、空间尺寸和物净设施，应根据物料的特征、性质、形状等确定，比如按物料的包装方式、物化性质的不同，可采取真空吸尘、压缩空气吹除、擦拭等不同方法进行物料净化处理等。

3 洁净室（区）的物料净化用室与洁净室（区）之间应设置气闸室或传递窗。本条规定不仅是确保物料的搬入不影响洁净室（区）的空气洁净度的变化；而且是保持物料出入口处，洁净室（区）与非洁净室（区）静压差的基本条件，也是物料出入口处，洁净室与非洁净室的分界和分隔。因此，第5.4.2条是强制性条文。

5.5 设备及工器具

5.5.1～5.5.3 在这三条的条文中，规定了为实现在洁净室（区）内使用防尘、防污染的生产设备和辅助生产设备，在工艺设计和选用设备时应该遵循的一些基本要求。

1 设备表面光洁、易清洁、不积尘、不挥发化学物质。这里不能只理解为设备外表面，应该包括设备的所有可能与洁净室（区）生产环境接触的表面和可能与电子产品生产过程接触的表面，也包括这些表面的制作材料。某些电子产品与一些化学物质在制作过程中或在电子产品的使用过程中可能发生化学反应，影响某些电子产品的性能参数，所以要求设备表面不挥发化学物质。

2 在电子工业洁净室（区）内，常常按产品生产工艺要求配置有在生产运行中将会散发微粒或排热量大或排出有毒、可燃气体的设备，如半导体器件、集成电路生产中的扩散炉、外延炉、刻蚀机、离子注入设备、气相沉积设备等，此类设备一般均设有局部排风设施，即第5.5.1条第3款所称“防扩散措施”；有的设备还配带有专用尾气（排气）处理设备，对所排出的高浓度有害气体或有毒或可燃气体进行处理后，才能经过洁净厂房中设置的相关排气系统排出。

3 由于电子产品生产工艺的需要，某些设备必须跨越不同空气洁净度等级的洁净室（区）时，应采取固定隔断或洁净空气幕等可靠的密封隔断措施。

4 为保护洁净室（区）内工作人员的身体健康，本规范第3.2.5条规定了洁净室（区）内噪声容许值，因此安装在洁净室（区）内的设备应选用符合要求的低噪声设备，但由于电子产品生产过程或设备设计、运行条件的限制，所选设备超过洁净室噪声容许值时，应根据具体工程项目的实际条件采取相应的隔声措施，如操作间隔声、隔声值班室、隔声罩、隔声屏等。

5.5.5 本条的规定是对洁净室（区）电子产品生产

过程中，存放、传送各种材料、中间产品或零部件使用的专用容器的设计、制作及其材料等的基本要求。由于电子产品种类繁多，它们在生产过程的存放、传送条件和要求有较大差异，所以本条是推荐性条文。对于某些电子产品如集成电路的芯片生产用专用容器应遵循本条文的1～4款的规定，并且由于芯片的集成度的不同或运送的材料、中间产品的状态不同，专用容器中充填的氮气纯度要求也会有所不同；而对另一些电子产品生产过程用专用容器，只需按其生产工艺特点遵循本条中的相关规定。

5.5.6 本条为强制性条文，其编写的依据是：

1 电子工业洁净厂房中常常设置有各种类型的真空泵，用于电子产品生产过程中的抽真空或用于排气等，是生产工艺设备的辅助设备或就是生产工艺设备的一部分。各种类型的真空泵一般安装在洁净室（区）内的生产设备邻近处或配套组装在生产工艺设备上，有的则安装在洁净室（区）的辅助生产间或技术支持区内。为了确保洁净室（区）的正常生产，避免安全事故的发生，应对设置在洁净室（区）内的有油润滑的真空泵、输送含有可燃气体的真空泵，传输易燃、自燃化学品或高浓度含氧气体或氧化性化学品的真空泵等设置必须的安全技术措施，为此制定了本条的规定。

2 参照美国消防协会（NFPA）标准 NFPA 318《洁净室消防标准》（Standard for the procection of cleanroom）第8.6.1条和第8.6.2条规定，在本条中作出了相关规定。

6 洁净建筑设计

6.1 一般规定

6.1.1、6.1.2 随着科学技术的发展，电子产品生产发展很快，即使某一种电子产品也常常需要更新换代或生产工艺调整或生产规模的扩大；一些老的电子产品根据微型化、精密化、高可靠的要求将被淘汰，而代之以新的产品。电子产品生产工艺技术迅猛发展，以大规模集成电路的特征尺寸为例，已从微米发展到亚微米，现今正进入纳米级集成电路的研制和逐渐投入批量生产；再以 TFT-LCD 生产发展状况为例，近几年来，我国虽然发展迅速，已建成第五代或筹建中的第五、六代生产线已有多个厂家，但在国际上已进入第七、八代生产线的建设。所以电子工业洁净厂房的建筑平面和空间设计必须适应这种电子产品迅速发展和扩大生产需要的灵活性，这里所说的灵活性主要应理解为：

1 要能满足生产工艺改造和扩大生产规模的需要，实现在建筑面积不增加或少增加、建筑高度不改变的情况下，进行生产工艺和生产设备的调整。

2 电子工业洁净厂房的主体结构宜采用大空间、大跨度的柱网，以便适应产品生产工艺调整或生产规模的扩大或产品的升级换代等需要。

3 电子工业洁净厂房内不应采用内墙承重体系，避免因承重内墙的固定不变，妨碍生产工艺或设备的调整。

为了强调电子工业洁净厂房主体结构设计的特点，制定第6.1.2条的规定。

6.1.4 据了解近年由于电子产品生产线设备、生产环境控制设施的价格高、建造昂贵，这两部分的造价已占总造价的60%以上，有的甚至达90%以上，因此，洁净厂房主体结构的耐久性等应与之适应，主体结构形式、构造、材质均应选用符合安全、可靠、耐火的要求。

6.1.5 电子工业洁净厂房的技术夹层、技术夹道的设置方式大体可分为：

1 设有上技术夹层、下技术夹层的洁净厂房。这种形式常常用于集成电路的芯片生产或 TFT-LCD 生产用洁净厂房。洁净生产层吊顶上部的技术夹层，一般用于净化空调系统的送风静压箱，或安装循环送风的空调机或 FFU 装置和风管以及动力管线，层高一般约 3m 左右；洁净生产层活动地板和多孔板以下的下技术夹层，一般用于设置公用动力设施及其管线，也是净化空调系统的回风静压箱，层高一般约 4m。这种形式的洁净厂房，一般规模较大，产品生产工艺连续性强、自动化程度高，常常是全部或部分采用产品生产过程的自动化传输装置，所以在进行建筑平面、空间布局和构造设计时，应与工艺设计、公用动力工程设计密切配合，充分满足产品生产工艺需要、自动化传输要求和各种公用动力设施的安装、维护要求，作出满足需要、方便运行管理的建筑设计。这种设置型式，属于垂直单向流或混合流洁净室。

2 设有技术夹层、技术夹道的洁净厂房。这种型式可用于各类电子产品生产的洁净厂房，在洁净室（区）吊顶上部的技术夹层或洁净室（区）一侧或两侧的技术夹道，主要用于安装空气过滤器、灯具、风管和各种公用动力管线，所以它们的建筑设计包括高度或宽度的确定，应满足空气过滤器、灯具、风管和各种公用动力管线的安装、维护要求。这种设置型式，属于非单向流洁净室。

6.2 防火和疏散

6.2.1 电子工业洁净厂房具有如下主要特点：①在电子产品如电子材料、半导体器件、集成电路、液晶显示器件等的生产过程中需使用易燃易爆的气体、化学品等，它们对洁净厂房构成潜在的火灾威胁；②一些电子工业洁净厂房的面积大、体积大，并且常常是平面布置、空间布置曲折，增加了疏散路线上的障碍，可能延长安全疏散的时间；③洁净厂房内电子产品生产过程需应用各种类型的精密、贵重的设备、仪器，建设投资巨大，一旦失火，将会造成极大的损失。鉴于以上主要特点，为了保障财产、人身的安全，严格控制电子工业洁净厂房建筑耐火等级是十分重要的，因此作了本条规定，并为强制性条文。

6.2.2 本条规定：电子工业洁净厂房内生产工作间的火灾危险性，应按照现行国家标准《建筑设计防火规范》GB 50016 分类，并在附录 B 中列出电子工业洁净厂房生产工作间的火灾危险性分类的举例。现对附录 B 中与现行国家标准《洁净厂房设计规范》GB 50073 相关举例不同或增加的内容说明如下：

1 电子工业洁净厂房中，有使用丁酮、丙酮、异丙醇等易燃化学品的洁净室，这些化学品的主要性质见表 25。从表中数据可见丙酮、异丙醇等均为易燃化学品，应属甲类，因此将电子工业洁净厂房设有这些化学品的储存间、分配间列为甲类。

2 电子工业洁净厂房中，尤其在半导体类洁净厂房中常常使用 H_2、SiH_4、AsH_3、PH_3 等可燃、有毒气体，从表 22 中所列这些气体的主要性质可见，它们均为可燃气体、有毒气体，因此将电子工业洁净厂房中设有可燃、有毒气体的储存、分配间列为甲类。

3 半导体器件、集成电路工厂的外延间，由于其生产过程中需使用 H_2、SiH_4 等可燃气体，因此在现行国家标准《洁净厂房设计规范》GB 50073 附录 A 中外延间列为甲类。但是近年来，随着科学技术进步，半导体器件和集成电路生产所采用的外延设备的设计、制造技术有了很大的提高，各种气体供应、控制系统、设备和附件设计、制造技术有了很大的提高，气体报警设施的安全可靠性也有了长足进步和提高。据调查表明：半导体器件和集成电路生产所采用的外延设备已配置有氢气泄漏和排放超浓度报警、连锁控制装置以及灭火装置等；半导体器件和集成电路生产用外延间的氢气供应管路设有紧急切断阀，一旦发生事故、火情时，自动切断氢气供应；外延间按建筑特点在可能积聚氢气处设置氢气报警装置和事故排风连锁控制装置等安全技术措施。所以本次规范制定时，考虑到在具备上述安全技术措施的条件下，宜将半导体器件和集成电路生产等所使用的外延间列为丙类。

6.2.3 从 20 世纪 90 年代末以来，我国建设了一批大规模集成电路芯片生产用洁净厂房、TFT-LCD 生产用洁净厂房，它们的洁净室面积和防火分区面积均大大超过现行国家标准《洁净厂房设计规范》GB 50073、《建筑设计防火规范》GB 50016 规定的面积。这些芯片制造、TFT-LCD 制造为代表的高科技洁净厂房具有大面积、大体量的特点，如表 18 所列的国内 8″～12″芯片生产洁净厂房洁净区面积从 6500m^2～16000m^2，第五、六代 TFT-LCD 生产用洁净区已达 36000m^2，第八代 TFT-LCD 已达 90000m^2。这类洁净厂房通常由洁净生产区和洁净生产区各自设有的上下技术夹层构成，厂房高度约为 20～30m。由于芯片制造、TFT-LCD 制造的生产工艺设备体量大，制造过程的连续性和自动化传输，所以生产工艺区是不能分隔的。为加强消防技术措施，在美国消防标准 NFPA 318《洁净室消防标准》中要求采用高灵敏（≤0.01%obs/m）早期空气取样式烟雾探测系统，在环境空气中烟雾浓度很低的火情出现初期，探测系统即发出警报，相应消防应急系统即可启动将火情消灭在初始阶段；据了解，国内外的此类高科技洁净厂房都这样设计建造，投产最早的已有十年以上。

鉴于上述情况，本条条文规定："丙类生产的电子工业洁净厂房的洁净室（区），在关键生产设备设有火灾报警和灭火装置以及回风气流中设有灵敏度小于等于 0.01%obs/m 的高灵敏度早期烟雾报警探测系统后，其每个防火分区的最大允许建筑面积可按生产工艺要求确定。"这里对这类电子工业洁净厂房的防火分区最大容许建筑面积所做规定的理由是：①电子产品生产工艺要求确实不可分时，即由于电子产品工艺的连续性或生产过程的自动化传输设备的需要，洁净室确实不能按防火分区要求进行分隔的电子工厂洁净厂房；②在洁净厂房内净化空调系统混入新风前的回风气流中应设置高灵敏度早期报警火灾探测器及其报警系统（Very Early Smoke Detection Apparayus，简称 VESDA）或称空气采样式烟雾探测系统（Air Sampling Type Smoke Detection System），这类探测系统是主动抽取环境中空气，只要空气中有烟雾，就能及时报警，并在火灾形成前数小时，实现早期报警。本条规定的灵敏度是传统探测器的数百倍，做到早期发现，将火源消灭在初始状态；③在关键生产设备，主要是使用易引发火情的设备应设有火灾报警和灭火装置。据调研表明，在集成电路芯片工厂、TFT-LCD 制造工厂等使用易燃、易爆化学品、气体的生产设备都设有火灾报警和灭火装置，为本条规定的实施创造了有利条件。

表 18 一些洁净厂房的主要技术指标

工厂类别	洁净室建筑（核心生产区）面积（m^2）	洁净室建筑高度（m）	主要消防技术措施
集成电路芯片甲厂	8700	20.0	设有回风高灵敏度早期火灾报警系统，易燃、易爆气体报警系统，机械排烟设施，CO_2 灭火装置等
集成电路芯片乙厂	14000	26.8	设有机械排烟系统，回风高灵敏度早期火灾报警系统，易燃、易爆气体、化学品泄漏报警与联锁等

续表 18

工厂类别	洁净室建筑（核心生产区）面积（m^2）	洁净室建筑高度（m）	主要消防技术措施
集成电路芯片丙厂	15800	22.0	设有自动喷淋系统，CO_2 灭火装置，回风高灵敏度早期火灾报警系统，易燃、易爆气体报警系统等
TFT-LCD 甲厂	28000	23.0	设有自动喷淋系统，疏散走廊机械排烟，回风高灵敏度早期火灾报警系统，特气、危险化学品报警系统等
TFT-LCD 乙厂	22000＋14000	20.3	设有早期火灾报警系统，机械排烟系统，易燃、易爆气体报警系统、自动喷淋系统等
TFT-LCD 丙厂	33000	26.5	设有早期火灾报警系统，机械排烟系统，易燃、易爆气体报警系统，自动喷淋系统等

6.2.4 据调查资料表明，表 18 所列的一些电子工业洁净厂房都是垂直单向流洁净室。此类洁净室的洁净生产区与下技术夹层是以多孔活动地板和多孔混凝土板（华夫板）分隔，下技术夹层是回风静压箱，并可能安装生产辅助设施、各类管线等。多孔活动地板上开孔多少视回风量确定，其开孔率一般在 30%～50%；而华夫板上的开孔率大于上述开孔率，每个孔洞的直径一般是 400mm 左右。下技术夹层不设岗位操作人员，其高度为 2.5～5.5m。上技术夹层是送风静压箱，它以基本布满高效空气过滤器或 FFU 和灯具的吊顶格栅与洁净生产区相连。上技术夹层没有岗位操作人员，其高度一般为 2.5～5.5m。由于上述构造特点和使用特性，所以美国 NFPA 318《洁净室消防标准》中明确："洁净室包括活动地板下的空间和吊顶格栅以上作为空气通道的空间"，"活动地板下方提供安装机械、电讯或类似系统，或作为送风或回风静压箱作用的空间"。洁净室的上下技术夹层的建筑面积可不计入防火分区的建筑面积。上下技术夹层和洁净生产层，按其构造特点和用途，可作为同一防火分区。对于非单向流的技术夹层，一般均设在吊顶上部，其高度均小于 2.0m，其洁净生产层与吊顶上部的技术夹层均按同一防火分区进行设计、建造。所以本条作了相关的规定。

6.2.5 电子工业洁净厂房洁净室的顶棚和墙板、技术竖井井壁的材质，应符合现行国家标准《洁净厂房设计规范》GB 50073—2001 中第 5.2.4 条、第 5.2.6 条的相关规定。

6.2.6 本条依据现行国家标准《洁净厂房设计规范》GB 50073—2001 中第 5.2.5 条的规定。

6.2.7 本条为洁净厂房的安全出口设置的有关规定。第 1 款中规定依据现行国家标准《洁净厂房设计规范》GB 50073—2001 中第 5.2.7 条的规定。

第 2 款安全疏散距离依据现行国家标准《建筑设计防火规范》GB 50016—2006 的第 3.7.4 条中有关厂房内任一点到最近安全出口的距离不应大于表第 3.7.4 的规定。第 2 款中，还根据洁净厂房平面布置要求和洁净室的特点，规定了"安全出口应分散布置，并应设有明显的疏散标志"等，以利于人员的疏散。

第 3 款的规定是由于近年设计建造的微电子工厂洁净厂房的大体量、大面积的实际情况，如表 18 中所列的 5 代、6 代 TFT-LCD 液晶显示器生产用洁净厂房的洁净生产区面积已达 33000m^2 以上，建筑高度达 26.5m，其厂房内任一点到最近安全出口的距离达 80～120m。这类洁净厂房内使用可燃、易燃气体的关键设备均设有火灾报警、气体报警和 CO_2 灭火装置；这类厂房如前所述均设有高灵敏度早期烟雾探测系统，且此类厂房由于生产工艺设备体积大、连续性生产、自动化传输等因素，致使要实现厂房内任一点到安全出口的距离符合现行国家标准《建筑设计防火规范》GB 50016 的规定十分困难；此类厂房中操作人员较少，人员密度极低，且人员流动巡查。因此本款规定："丙类生产的电子工业洁净厂房，在关键生产设备自带火灾报警和灭火装置以及回风气流中设有灵敏度严于 0.01%obs/m 的高灵敏度早期火灾报警探测系统后，安全疏散距离可按工艺需要确定，但不得大于本条第 2 款规定的安全疏散距离的 1.5 倍。"在本款的"注"中对 8 代 TFT-LCD 生产用洁净生产区的疏散距离，推荐在人员密度小于 0.02 人/m^2 时，可按工艺需要确定，但不得超过 120m。

6.2.8 由于电子工业洁净厂房空间密闭，且设有人员净化、物料净化设施，一旦出现火情，消防人员进入洁净室的路径较困难，为此本条规定洁净室（区）各层外墙应设供消防人员通往洁净室（区）的入口。

鉴于洁净厂房外墙上楼层的吊门、电控自动门，一般都不能从外面开启，因此不能作为消防人员进入厂房的入口；装有栅栏的窗，由于栅栏的阻隔，影响消防人员迅速进入厂房，也不能作为消防人员的入口。

6.2.9 制定本条的依据是：

1 在电子工业洁净厂房内不可避免地会设有现行国家标准《建筑设计防火规范》GB 50016—2006 相关规定所容许的一定规模的有爆炸危险的甲乙类生产部位（区域、房间等），如高纯气体纯化间、有可燃气体的气体入口室、特种气体储存分配间、可燃化学品储存、分配间等。

2 在现行国家标准《建筑设计防火规范》GB 50016—2006中明确规定，对有爆炸危险的甲乙类生产部位，宜设置在单层厂房外墙的泄压设施或多层厂房顶层靠外墙的泄压设施附近。

6.3 室内装修

6.3.1 本条规定包括三方面的内容：

1 洁净厂房的建筑围护结构和室内装修用材料，不可避免地会在温度和湿度变化时引起变形，为确保洁净室（区）内的洁净环境，减少微尘产生、积聚，应选用气密性良好，且在温度、湿度变化时变形小的材料。

2 洁净室（区）内，某些电子产品会因化学污染物在产品表面沉积影响产品质量或在后续生产过程中发生化学反应，造成次品以至废品，所以在洁净室（区）内，为防止化学污染，本条规定："洁净室装饰材料及其密封材料不得采用释放对电子产品品质有影响物质的材料。"在进行洁净室设计或建造选用装饰材料时，应与具体项目的业主方或提供生产工艺方进行协调后确定。

3 洁净室内所选用的装修材料的燃烧性能应符合现行国家标准《建筑内部装修设计防火规范》GB 50222 的规定。

6.3.3 制定本条文的目的除了强调洁净室楼地面设计应避免微粒的产生、积聚外，还规定了：

1 洁净室（区）地面应满足电子产品生产工艺和设备安装要求。如芯片生产用洁净厂房，采用垂直单向流洁净室时，一般采用回风活动地板；在洁净室（区）不同部位因生产工艺和设备安装的要求，尚需选用不同承载能力、规格型号各不相同的活动地板。

2 为防止洁净室（区）内地面施工后，在使用过程发生裂缝、裂纹等，容易产尘和微粒积聚，为此，洁净室地面垫层推荐采用配筋方式。

6.3.7 目前，国内电子产品生产洁净室（区）内的墙板和顶棚基本上均采用轻质壁板构造，各地所采用的轻质壁板有多种形式，如夹芯彩钢板、玻璃板、无机复合材料钢塑板等。其中夹芯彩钢板应用广泛，其夹芯材料有多种材料和构造，如岩棉、纸蜂窝、铝蜂窝、双层石膏板、无机复合材料等。不论采用何种材质，除壁板本身质量至关重要外，轻质壁板构造、轻质壁板连接构造的整体性和气密性是很重要的，整体性除板与板之间的雌雄槽紧密地组合外，还靠上下马槽和板之间的严密结合，使洁净室形成一个完整的匣体。壁板之间的接缝应以硅橡胶等密封材料嵌缝密封，它的作用是防止灰尘在停机时从此进入室内，同时使洁净室在正常工作时易于保持所需正压，减少能量的损耗。此外，洁净室的关键密封部位是高效过滤器本身或高效过滤器与其安装骨架之间的缝隙，一定要具有良好密封性能。目前国内使用的密封方法很多，如液槽密封、机械压垫密封等，但必须做到涂抹或填嵌方便、操作简单，而且还要考虑更换高效过滤器时方便拆装。总之，没有经过高效过滤器过滤的空气是不允许直接进入洁净室。洁净室顶棚轻质壁板应具有一定的承重能力，以便施工、运行维护时人员行走。

7 空气净化和空调通风设计

7.1 一般规定

7.1.3 洁净厂房中净化空调系统的划分原则，本条推荐6种情况宜采用"分开设置"。研究分析净化空调系统"分开设置"的依据，大体可归纳为：电子产品生产工艺特点或要求，方便运行管理，减少能量消耗，防止交叉污染和由此带来的影响产品质量或工作人员健康或影响运行安全等多项因素。本条中的第1、3、4款，主要是为方便运行管理、减少能量消耗作出的规定。第2款是为防止交叉污染，确保电子产品质量和保护工作人员健康以及安全运行作出的规定。第5款是为了方便运行管理、减少设备投资和方便安装调试等作出的规定。第6款是为了方便运行管理、减少风管尺寸等因素作出的规定。

7.1.5 洁净室（区）内的新鲜空气量，应符合现行国家标准《洁净厂房设计规范》GB 50073—2001中第6.1.5条的规定。

7.1.6、7.1.7 洁净室（区）与周围的空间必须保持一定的静压差，这是为了确保洁净室（区）的正常工作状态或空气平衡暂时受到破坏时，空气流只能从空气洁净度等级高的房间或区域流向空气洁净度等级低的房间或区域，使洁净室（区）内的空气洁净度不会受到污染空气的干扰。

由于电子产品生产工艺各不相同，因此各类洁净室（区）所要求的空气洁净度不同；各个房间或区域散发的污染物种类、发尘量不同，所以各类洁净室（区）之间的静压差只能随产品生产工艺要求确定。

静压差值的大小应选择适当。若压差值选择过小，洁净室的压差很容易被破坏，洁净室（区）的洁净度就会受到影响。若压差值选择过大，就会使净化空调系统的新风量增大，空调负荷增加，同时使中效、高效过滤器使用寿命缩短，故很不经济。另外，当室内静压差值高于50Pa时，门的开关就会受到影响。

国际上现行的洁净室标准中都明确地规定：为了保持洁净室（区）的空气洁净度等级免受外界的干扰，对于不同等级的洁净室之间、洁净室与相邻的无洁净度级别的房间之间都必须维持一定的静压差。虽然各个国家规定的最小压差值不尽相同，但最小压差值都在 5Pa 以上。

试验研究的结果表明：洁净室内正压值受室外风速的影响，室内正压值要高于室外风速产生的风压力。当室外风速大于 3m/s 时，产生的风压力接近 5Pa；若洁净室内正压值等于或小于 5Pa 时，室外的污染空气就有可能渗漏到室内。因此，洁净室与室外相邻时其最小的静压差值应该大于 5Pa，所以规定洁净室与室外的最小压差为 10Pa。

7.1.8 洁净室（区）的送风、回风和排风系统的启闭联锁、控制要求，应符合现行国家标准《洁净厂房设计规范》GB 50073—2001 中第 6.2.4 条的规定。

7.2 气流流型和送风量

7.2.1 气流流型的确定应充分考虑的因素有：满足空气洁净度等级要求、一次建设投资、运行维护费、空气过滤器等更换方便等。本条推荐的洁净室（区）内气流流型的设计要求，是基于数十年电子工厂洁净厂房工作实践的经验总结，并结合国际标准化组织 ISO/TC 209 技术委员会已经颁布、实施的《洁净室及相关受控环境标准》ISO 14644-1、ISO 14644-4 中有关气流流型的要求和近年来国内建成投产的电子工业洁净厂房所采用的气流流型的实际状况制定的。图 4 是 ISO 14644-4 中对洁净室气流流型的图示。表 19 是一些电子工业洁净厂房的气流流型。上述情况表明：空气洁净度等级为 1～5 级时，基本上采用单向流或混合流；空气洁净度等级为 6～9 级时，基本上采用非单向流，且混合流流型可应用于所有各种空气洁净度等级的洁净室。

表 19 一些电子工业洁净厂房的气流流型

工厂类别	产品类型	空气洁净度等级	气流流型	建设时间
集成电路芯片制造甲厂	6″	5	单向流	1996 年
集成电路芯片制造乙厂	8″	1.5/7	单向流	1999 年
集成电路芯片制造丙厂	6″/8″	3/5	混合流	2003 年
TFT-LCD 甲厂	3.5 代	5	单向流	1998 年
TFT-LCD 乙厂	5 代	4/5	混合流	2004 年

7.2.2 洁净室的送风量是保证空气洁净度等级的送风量，应符合现行国家标准《洁净厂房设计规范》GB 50073—2001 中第 6.3.2 的规定。

7.2.3 制定本条的依据是：

1 表 20 是根据国际标准化组织 ISO/TC 209 技术委员会编写、发布的《洁净室及相关受控环境标

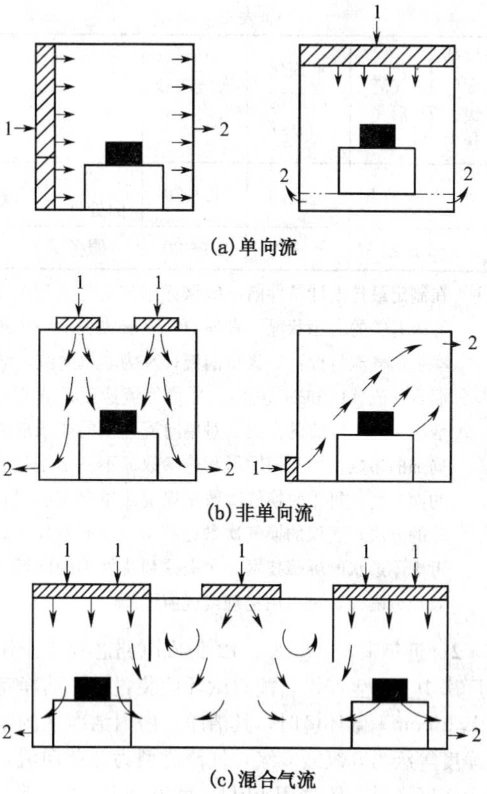

图 4 洁净室内的气流流型示意

准》ISO 14644-4《洁净室的设计、建造和试运行》中的表 B.2 微电子洁净室的实例，列出了空气洁净度等级为 2～8 级的气流流型、洁净送风量的数据。

表 20 微电子洁净室的实例

空气洁净度等级(级)工作状态	气流形式	平均气流速度(m/s)	换气次数(次/h)	应用举例
2	U	0.3～0.5	不适用	光刻，半导体加工区
3	U	0.3～0.5	不适用	工作区，半导体加工区
4	U	0.3～0.5	不适用	工作区，多层掩膜加工，光盘制造，半导体服务区，公用设施区
5	U	0.2～0.5	不适用	工作区，多层掩膜加工，光盘制造，半导体服务区，公用设施区
6	N 或 M	不适用	70～160	公用设施区，多层掩膜加工，半导体服务区

续表 20

空气洁净度等级（级）工作状态	气流形式	平均气流速度（m/s）	换气次数（次/h）	应用举例
7	N 或 M	不适用	30～70	服务区，表面处理
8	N 或 M	不适用	10～20	服务区

注：在制定最佳设计条件前，应该详细规定并商定与 ISO 等级有关的占用状况。表列的气流形式表示该等级洁净室的气流特性：U 为单向流；N 为非单向流；M 为混合气流（U 和 N 组合）。平均气流速度是通常规定洁净室内单向流的方法。对单向流速度的要求取决于局部的参数，如几何图形和热参数。不一定是过滤器的面速度。每小时换气次数是规定非单向流和混合气流的方法。建议的换气次数是指 3.0m 的室高度。应考虑不透水的屏障技术。污染源和待保护的区域要有效地分隔开，可以用物理或气流屏障。

2　近年来，一些 8″、12″集成电路芯片生产用洁净厂房中主要生产设备配置微环境装置时，洁净室采用 Ballroom＋微环境时，其洁净厂房内洁净区的空气洁净度等级为 5 级或 6 级，气流流型为非单向流，洁净生产区送风一般选用 FFU，吊顶上 FFU 的满布率为 25％左右；微环境内的空气洁净度等级为 2～4 级。

3　单向流洁净室的平均风速下限值，在自动化、机械化程度很高的洁净室（区）内基本无人的情况下，有的洁净室（区）仅采用 0.11m/s。

7.3　净化空调系统

7.3.1　电子工业洁净厂房中的净化空调系统的主要形式为集中式和分散式，图 5 是几种分散式净化空调系统的典型图示。从图中可见，各种形式各具特点和适用性，在实际应用中，应根据具体工程项目的洁净室规模、空气洁净度等级和电子产品生产工艺特点及其要求确定，同时考虑运行经济和降低能量消耗。

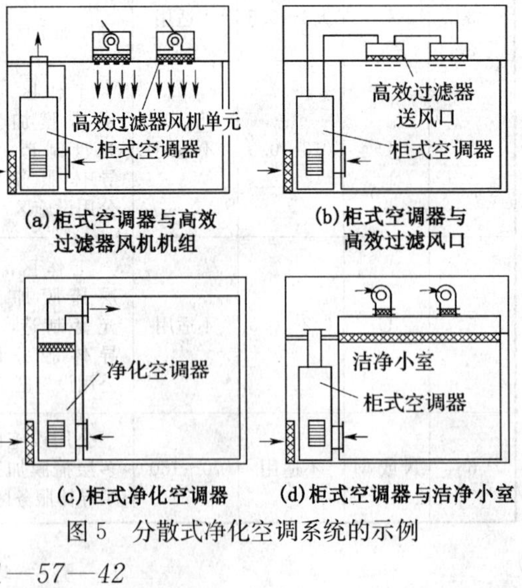

图 5　分散式净化空调系统的示例

7.3.2　电子工业洁净厂房，尤其在规模较大的集成电路芯片生产和 TFT-LCD 生产用洁净厂房的送风方式有集中送风、隧道送风和风机过滤机组送风等类型，各种送风方式各具特点和适用性，图 6 是各种送风方式的示意图。图 6 中：(a) 集中送风系统（Central System），室外新风经新风处理装置（MAU）后，与经表冷器降温和风机增压后的回风混合，通过高效过滤器送至洁净生产层。(b) 隧道送风系统（Tunnel System），洁净区的回风经维修区与新风处理（MAU）后的新风混合后，由循环空气处理装置送入送风静压箱，通过空气过滤器送入洁净区。(c) FFU 系统，洁净区回风经表冷器降温后与处理后新风混合，通过 FFU 增压、过滤送入洁净区。三个系统各有利弊，其选择主要与电子产品生产工艺、能量消耗、建设投资等有关，有时也与业主的意愿有关，但近年来在集成电路洁净厂房中，采用 FFU 系统者日益增多。

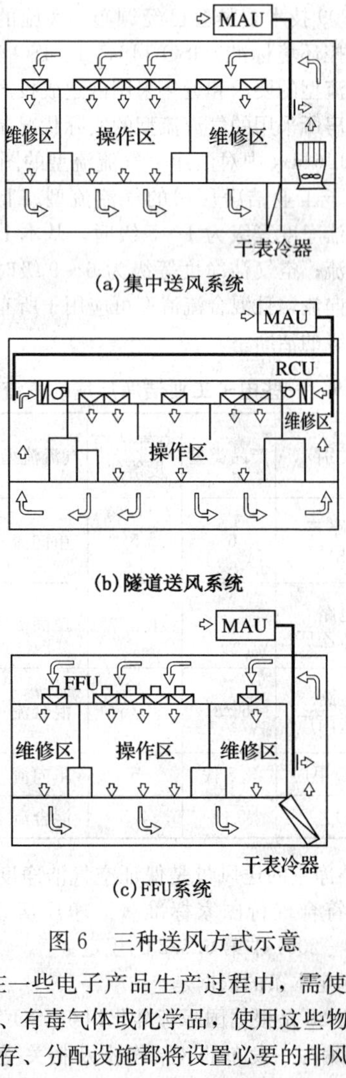

图 6　三种送风方式示意

7.3.3　在一些电子产品生产过程中，需使用各种不同的可燃、有毒气体或化学品，使用这些物质的生产设备或储存、分配设施都将设置必要的排风装置，为此，在这类电子产品生产用洁净厂房的净化空调系统的新鲜空气吸入口，必须远离上述排气口，以确保洁净室（区）的安全运行和工作人员身体健康。

美国消防协会发布的NFPA318《洁净室消防标准》的第3.1.1条规定，洁净室的室外空气吸入口的位置必须避免吸入本建筑或装置产生的可燃气体或有毒化学品。

7.3.4 近年在电子工业洁净厂房中，当设有多套净化空调系统或洁净厂房规模较大时，常常采用新风集中处理的方式，采用这种方式的特点或优越性主要有：

1 将送入洁净室的空气净化与热湿处理分离，有利于降低能源消耗；

2 有利于消除冷热抵消；

3 有利于强化对室外新风的处理，在微电子、光电子用洁净室的送风中，不仅要求控制微粒、温度、相对湿度等，还要求去除影响产品质量或降低成品率的分子态化学污染物，如Na、SOx、NOx、Cl、B等，这些污染物主要来自室外大气中。为此，对于此类洁净厂房需对室外吸入新鲜空气进行严格处理，常常可以采用淋水法去除大气中的SOx、NOx和Cl；采用化学过滤器和活性炭过滤器，利用物理吸附和化学吸附的原理，将低浓度的分子态化学污染物去除到规定的浓度要求。图7是某微电子工业洁净厂房的新风处理装置示意图，采用了11个功能段——两级加热、两级表冷、两级淋水、四级过滤和一级加湿。

7.3.5 洁净厂房净化空调系统的设计，若能在满足工作人员必须的新鲜空气量的前提下将洁净室的回风基本得到合理利用，是最佳的运行方式，这样可以大大降低新风处理所需加热、冷却用能量和输送用能量，是洁净室设计中最佳节能措施。所以本条规定除了三种情况不得回风外，其余均应合理利用回风。

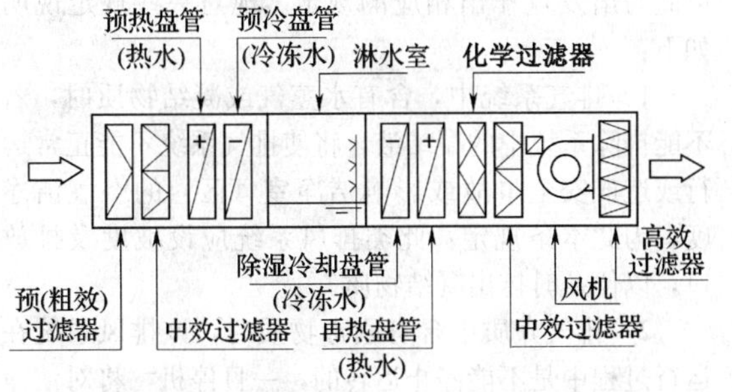

图7 新风处理装置的示意

7.4 空气净化设备

7.4.1 电子工业洁净厂房的净化空调系统的核心设备之一的空气过滤器的正确选用和合理布置，是至关重要的。首先，应遵循我国的相关国家标准、行业标准合理选用空气过滤器，包括空气过滤器的处理风量、效率、阻力、材质和检测方法（含检漏方法）等。其次，根据具体工程项目的产品生产要求和净化空调系统设计，合理安排各类空气过滤器的位置，在空调箱中，中效（高中效）空气过滤器常安装在正压段，但近年来为了保持表冷器表面清洁，减少尘粒沉积，已有许多设计中在风机前安装中效空气过滤器，图7便是一例。鉴于目前我国的相关标准中还没有去除化学污染物的空气过滤器或其他去除装置的标准，只能参照相关国际标准进行选用和布置。

7.4.2 风机过滤机组（FFU）是将风机与高效过滤器（HEPA）或超高效过滤器（ULPA）组合在一起，构成自身可提供推动力的末端空气净化装置。它由风机、过滤器、机壳和电器控制等部分组成。FFU的主要技术性能包括风量（一般以断面风速表示）、余压、能耗、效率、噪声和控制方式等。目前国内电子工业洁净室应用FFU越来越多，不仅在大面积、空气洁净度要求严格的单向流或混合流洁净室（区）采用，而且在各种用途的、面积不是很大的单向流或混合流洁净室（区）中也有应用。目前在应用中受到各方面关注的主要是FFU装置的经济性（投资、运行费）、风量和余压、噪声、能耗等性能参数，表21是对国内市场的几个制造厂家生产的FFU装置的实测性能参数。

从表21中数据可见，4种同样风速、风量下的FFU装置，余压、能耗相差较大；单台噪声均在60dB（A）以下，但是数十台、数百台甚至上千台FFU装置安装后的叠加噪声将是不同的。据初步估算，为了达到本规范规定的单向流、混合流洁净室噪声不超过65dB（A）（空态）的要求，FFU在断面风速为0.45m/s的条件下，其余压大于100Pa时，单台FFU装置的噪声应为50dB（A）左右。

基于上述情况，本条对电子工业洁净厂房中FFU装置的设置，提出了5款基本要求。

7.4.5 干表冷器是以中温水为冷媒的空气换热设备，其功能只要求空气降温，不需去湿，即无凝结水析出。在与FFU联合使用时，干表冷器设置在FFU回风的通道上，其冷媒的进水温度应计算确定；通过的风速不宜过高，一般应小于2m/s；干表冷器的风阻力不应太大，应在30～40Pa左右。在正常运行时虽无凝结水析出，但是为了安全，最好还应设置滴水盘或其他排水措施。

7.4.6 空气处理机组是电子工业洁净厂房净化空调系统的关键设备，它与舒适性空调系统中的空气处理机组相比，首先应做到气密性好，既应减少系统中的空气往外泄漏，使能量消耗增加，又要防止“机组”周围相对脏的空气渗入“机组”，增大各级过滤器的负荷，所以本条规定机组的漏风率不得大于1%。第二，为了做到空气处理机组在运行维护中，不易渗漏、散发微粒和便于擦拭、清洁，不仅整体结构应耐压具有足够强度和刚度，而且内表面应平整、光滑，并应具有较好的保温和防冷桥的性能。第三，洁净室设计经验表明，洁净厂房能量消耗大，其中净化空调系统及其冷热源设备又是能量消耗大户。送风量大是能量消耗大的主要源头，降低送风量有多项技术措施，在净化空调系统已经确定送风量的情况下，随着电子产品生产过程中生产工艺设备开启数量和负荷率的变化，室内外温湿度的变化等因素的变化，都可能需要调节送风量；另外，净化空调系统中的初、中、高效过滤器的阻力是不断变化的，为此送风机采取变频变速措施，可调节风机转数，调节送风量，减少电能消耗，是洁净厂房的重要节能措施之一。但是送风机的变频变速措施的设置，一定要结合具体工程项目的实际情况，合理进行选择。

表 21　一些厂家生产的 FFU 机组的性能参数

产品编号		A			B			C			D		
转数 (r/min)		1180			1250			1140			925		
风速 (m/s)	风量 (m^3/h)	余压 (Pa)	噪声 [dB(A)]	能耗 (kW)	余压 (Pa)	噪声 [dB(A)]	能耗 (kW)	余压 (Pa)	噪声 [dB(A)]	能耗 (kW)	余压 (Pa)	噪声 [dB(A)]	能耗 (kW)
0.350	856	105	57.0	0.153	132	58.0	0.176	93	59.0	0.170	125	54.5	0.330
0.356	870	100	57.0	0.154	—	—	—	—	—	—	—	—	—
0.368	900	—	—	—	—	—	—	—	—	—	100	54.5	0.343
0.390	955	—	—	—	100	58.5	0.179	—	—	—	—	—	—
0.400	978	69	58.0	0.157	93	58.5	0.181	60	60.0	0.173	60	54.5	0.35
0.410	1002	60	58.0	0.159	—	—	—	—	—	—	—	—	—
0.417	1020	55	58.0	—	78	58.5	0.182	48	59.0	0.174	20	54.0	0.357
0.442	1080	—	—	—	60	59.5	0.187	—	—	—	—	—	—
0.450	1100	31	59.0	0.164	52	59.5	0.19	27	57.5	0.174	—	—	—
0.462	1130	20	59.0	0.165	43	59.5	0.19	20	57.0	0.174	—	—	—
0.490	1200	—	—	—	22	60.0	0.192	—	—	—	—	—	—

注：表中产品的模数尺寸为 1200mm×600mm。风压均为机外余压（Pa）。

7.5　采暖、通风

7.5.1　为使洁净室（区）内严格做到不产生或少产生尘粒、不滞留或少滞留尘粒，若洁净室（区）需设置采暖设施时，不应采用散热器采暖。据调查了解，目前电子产品生产用洁净室（区）内大多不采用散热器采暖，为此本条作了严格规定，并为强制性条文。

7.5.2　为确保局部排风系统的安全、稳定运行，电子工业洁净厂房内局部排风系统单独设置的要求，应符合现行国家标准《洁净厂房设计规范》GB 50073—2001 中第 6.5.3 条规定。

7.5.3　一些电子工业洁净厂房内使用各类品种、一定数量的可燃、易爆和有毒物质，其中以集成电路芯片制造工厂为最多，为确保电子产品生产的安全、可靠运行，通常在使用这些物质的生产设备均设有局部排风系统。在芯片制造用洁净厂房中的可燃、有毒或有害物质主要有：酸碱类：HF、HCl、H_2SO_4、HNO_3、NH_3 等；有机类：IPA（异丙醇）、$CHCl_3$、NBA、HMDS、丙酮等；特种气体：AsH_3、SiH_4、PH_3、B_2H_6、HCl、NF_3、WF_6、$SiHCl_3$、CF_4、SF_6、N_2O 等。这些物质大部分对人类生存环境具有巨大的危害性，为此，电子工业洁净厂房设计中必须采取必要的技术措施，将危害性减少到最小；同时，还应采取技术措施，防止这些物质的排气系统对所在厂房的安全、卫生造成威胁或危害。本条的各项要求以此为出发点作出相应的规定。现对一些规定说明如下：

1　排气系统中，含有水蒸气或凝结物质时，若不能排除系统中的凝结液，将使排气系统不能正常运行或造成安全事故或影响洁净室（区）的空气洁净度，为此本条规定：此类排风系统应设坡度及排放口，以便及时排出凝结物质。

2　排气介质中含有剧毒物质时，该排风系统在运行过程中是不能停止运转的，一旦停机，将对洁净室工作人员和洁净厂房周围环境带来致命的或巨大的危害，为此本条规定：此类排风系统的排风机和处理设备应设备用，并设置应急电源。

排风介质中含易燃、易爆等危险物质或工艺可靠性要求较高时，为确保安全运行，排风系统也不能停止运转，为此本条规定：此类系统的排风机应设备用，并应设应急电源。

3　现将美国消防协会（NFPA）的 NFPA 318

《洁净室消防标准》中的相关条文摘录如下，供参考：第3.5.1条，排风系统必须设有自动应急电源。第3.5.2条，应急电源工作时，必须达到不低于排气系统50%的容量。第8.8节，使用可燃或易燃化学品的设备，必须具有可燃或易燃气体或蒸气浓度降低至爆炸下限20%以下的排气系统。

7.5.4 为了避免含有毒性、爆炸危险性物质的排气管路向沿程或路由区域泄漏，形成安全事故的发生，本条规定：此类排气管路内压力应低于路由区域内的压力，即保持一定的负压值。

美国消防协会的NFPA 318《洁净室消防标准》中第3.2.3条规定：含有有毒化学物质的排气系统压力，必须低于通过建筑区域的正常压力。

7.5.6 制定本条的主要依据有：

1 按现行国家标准《采暖通风与空气调节设计规范》GB 50019—2003中第5.4.3条制定本条第1款规定。

2 根据现行国家标准《采暖通风与空气调节设计规范》GB 50019—2003中第5.4.6条规定本条第2款明确规定在洁净室（区）和洁净室（区）外设手动控制开关；为运行安全和管理要求，并规定应设自动控制开关。

3 参照美国消防标准NFPA 318《洁净室消防标准》中第3.5.1条"排气通风系统应设置应急电源"。为确保事故排风系统及时投入运行，不会因停电无法运行而诱发事故的发生，制定本条第3款的规定。

7.6 排　　烟

7.6.1 电子工业洁净厂房中，不论在上技术夹层或下技术夹层或技术夹道中各种管线均较多，如果再安排机械排烟管道较困难，为了确保洁净厂房安全和一旦出现火情后，有能力及时疏散生产厂房中的工作人员，所以本条规定：洁净厂房的疏散走廊，应设置机械排烟设施。本条是强制性条文，所有电子工业洁净厂房设计、建造时均应认真执行。

这里需要说明的是：本条的规定并不是说所有电子工业洁净厂房都仅仅在疏散走廊设置机械排烟设施，如果一个具体工程项目，在洁净厂房的技术夹层等的管线布置安排中确有可能布置机械排烟管道，并且工程项目的业主希望洁净厂房设置机械排烟设施时，工程设计单位应密切配合，妥善进行各种管线的安排，做好机械排烟系统的设计。

7.6.2 本条规定了电子工业洁净厂房应按照现行国家标准《建筑设计防火规范》GB 50016的要求设置排烟设施。但由于以集成电路、光电器件生产为代表的高新科技洁净室（区）具有大体量、大面积、人员密度小以及厂房构造、关键工艺生产设备设有安全设施等特点，且此类洁净厂房内各种公用动力、净化空调、高纯物质供应设施、管线较多，布置复杂，使机械排烟管线的布置比较困难，为此本条又规定："当同一防火分区的丙类洁净室（区）内人员密度小于0.02人/m^2，且安全疏散距离小于80m时，洁净室（区）可不设置机械排烟设施。"

7.6.3 机械排烟系统设计（风量、排烟口位置、风机等的选择）应满足现行国家标准《建筑设计防火规范》GB 50016—2001中第9.4.4条等的有关规定。

7.7 风管、附件

7.7.2 鉴于含有易燃、有毒气体或化学品的排风管道在出现火情后，为确保人员的安全疏散，应首先将系统、设备和管道中的有害气体排出，达到安全规定后，才能关断，所以本条规定"不得设置熔片式防火阀"。

7.7.3 电子工业洁净厂房中的净化空调系统的风管和调节阀、高效空气过滤器的保护网、孔板等附件的制作材料和涂料的选择，不仅应根据输送空气的洁净度要求确定，还应充分考虑这些材料的应用，是否会释放对电子产品有影响的物质，比如集成电路芯片生产中，如果净化空气中含有Na、B等物质时，将会使产品质量降低或成品率降低，严重时不能制造出所需要的成品，为此本条规定"不得采用释放对电子产品有影响物质的材料"。

7.7.4 由于洁净室（区）内排风系统有多种类型，各个排风系统含有各类化学物质，因此选用排风系统的风管、阀门、附件的制作材料和涂料时，应认真分析、对比所选材质与所在排风系统内物质的物化性质及其所处的环境参数，以不得发生化学反应和引起安全事故为前提选用合适的材质。

7.7.7 制定本条的主要依据是：

1 根据现行国家标准《采暖通风与空气调节设计规范》GB 50019—2003中第5.8.10条和第7.9.3条第4款的规定。

2 美国消防标准NFPA 318《洁净室消防标准》中第3.3.5条规定："排风管道应采用不燃材料制造"。

鉴于上述规定和电子工业洁净厂房的特点，作了本条规定，且第2款、第3款为强制性条文。

8　给水排水设计

8.1　一般规定

8.1.1 洁净厂房内的管道敷设方式会对洁净室的空气洁净度产生影响，成排布置的给水排水管道有时会对洁净室的气流流型产生影响。为此，本条要求尽量将各种给水排水管道布置在洁净室（区）外，使布置在洁净室内的管道最大限度地减少。洁净厂房经常采用下列管道布置方式：

1 设有上下技术夹层或技术夹道的洁净室，除洁净室内的消防水干管位于上技术夹层外，其余给水排水干管一般都位于洁净室的下技术夹层。

2 各种立管一般布置在技术竖井或技术夹道或墙板、管槽内。

8.1.2 洁净室（区）空气的温度、湿度和压力等都受到控制，基本属于恒温恒湿状态。制定本条的目的就是要确保穿过洁净室的给水排水管道不因其结露而影响洁净室的温度、湿度或洁净度。另外，如果穿过洁净室（区）的给水排水管道其表面温度若高于洁净室（区）的环境温度时，则应对该管道进行隔热保温。保温材料选择时，应确保施工和维护时保温材料脱落的粉尘对洁净室的影响最小；保温层外表面要求平整、光滑，是为了尽可减少保温层表面积灰并便于清理，宜采用镀锌铁皮等做外壳。

8.1.3 穿过洁净室（区）的管道，其穿管处的密封是保证洁净室空气参数的重要一环。密封不好或不进行密封，一方面会导致洁净室的正压风大量泄漏，造成能量浪费；另一方面，非洁净室（区）的尘粒也会顺管道缝隙进入洁净室，从而破坏洁净室的洁净环境。实践表明，采用套管方式是行之有效的。对无法设置套管的部位，应采用微孔海绵、有机硅橡胶、橡胶圈及环氧树脂冷胶等进行密封。

8.2 给　　水

8.2.1 电子工业洁净厂房内的生产工艺一般为精细或超精细加工，对水质、水温、水压等的要求都较为严格，水质、水温、水压等的变化可能会导致次品或工艺设备故障，因此，应根据不同的工艺要求设置独立给水系统。常见的系统有：纯水或超纯水系统；工艺循环冷却水系统；一般工业给水系统，热（温）纯水系统等。对上述给水系统的补充水可从洁净厂房中的生活给水系统供给。

8.2.2 电子工业半导体、液晶显示器等电子产品生产工艺中往往会使用大量的危险化学品，为此，在厂房（车间）设有危险化学品储存和分配系统，考虑到操作和维护人员的安全，应在这些地方设置紧急淋浴器和洗眼器。环行设置紧急淋浴器和洗眼器的供水管路，是为了提高供水的可靠性，确保在任何时刻都有水供应。

8.2.3 本条是为了确保电子产品生产工艺用水的水质、水压、水温作出的相应规定。

1 给水系统管材选用。首先，要保证该管材不会使所输送的水水质发生变化，即要求该管材具有良好的耐腐蚀性和良好的抗溶出性。其次，要确保该管材的允许工作压力大于系统的工作压力。

2 由于半导体制造、液晶显示器生产等电子工业洁净厂房往往有较严格的微振控制要求，所以这类厂房的首层底板经常加厚，有时达到600～800mm。埋设在这些底板下的给水管道，维修和更换是较困难的，因此，埋地给水管一方面要按水的性质确定管内壁的耐腐蚀性，另一方面要按地下水及土壤的条件确定管外壁的耐腐蚀性。需要注意的是，镀锌层是防锈层而不是防腐层，所以埋地镀锌管必须做防腐处理。在进行洁净室的给水排水设计时，应尽量避免埋地管道。

3 电子工业生产设备的冷却水，一般对电导率、TOC、pH值等提出要求，为确保生产设备循环冷却水的水质，给水管和回水管采用不锈钢管、钢塑管和塑料管是合适的；焊接钢管由于其耐腐蚀性差，容易产生锈蚀，故不宜使用在对电导率、TOC、pH值等有要求的场合。

4 阀门及配件要求与管材一致，主要是为了保证供水水质。

8.3 排　　水

8.3.1 电子产品生产过程排出的生产废水因产品品种、生产工艺的不同而异，仅以半导体器件、集成电路等电子产品为例，在此类产品生产过程中排出的生产废水就有酸性废水（HF、HCl、HNO_3、H_2SO_4等）、碱性废水（NaOH、NH_4OH等）、研磨废水（硅粉粒等）、废气洗涤废水、有机废水（IPA、显影液、光阻液等）等，它们的排放浓度在生产过程的各个工序也有所不同，但在电子工厂中通常都根据排出的生产废水的品种、性质、污染物浓度等设置废水处理站或废水处理装置进行处理，并达到国家排放标准或地方排放标准后排放。据调查了解，由于上述电子工厂生产废水的排放特点，目前在工程设计和实际生产实践中均采用生产废水系统、生活废水系统分别设置的方式。因此作出本条规定，并为强制性条文。

8.3.2 本条是电子工业洁净厂房给水排水设计安全卫生和维持洁净室（区）空气洁净度等级等技术指标的重要保证，必须严格执行。

对洁净室而言，当洁净室正常工作时，水封装置的主要作用是防止洁净室内的正压风通过重力排水管向外泄漏，而洁净室内的正压风向外泄漏会引起能量损失和破坏洁净环境；当洁净室非正常工作时，它可以防止管道内的有害气体或室外气进入室内，破坏洁净环境。

一般情况下，洁净室与室外的静压差为10Pa，考虑水封装置内水的蒸发损失、自虹吸损失及管道内气压变化等因素，水封深度应为50～100mm水柱并不小于50mm，这与《建筑给水排水设计规范》GB 50015关于水封的设置要求是一致的。

通气系统的作用：①排除排水管道中的有害气体；②平衡管道内的压力，保护水封装置内的水封。通气管的设置位置和高度要确保不对周围环境产生影响，必要时应考虑处理措施。

8.3.3 洁净室（区）内地漏等排水设施的设置应符合现行国家标准《洁净厂房设计规范》GB 50073—2001 中第 7.3.3 条的规定。

8.3.4 本条是为了从各个方面采取相应措施确保洁净室的洁净度制定的。一般洁净室内的卫生器具应采用白陶瓷或不锈钢制品，不得采用水磨石或水泥等易起尘的制品。卫生器具配件应采用镀铬或工程塑料等表面光滑、易于清洗的产品。

8.4 雨 水

8.4.1 为了减少屋面雨水聚积，减少屋面荷载并降低屋面漏水的可能性，屋面不得积水，为此制定本条规定。

8.4.2 作出本条规定，一是由于洁净厂房设备贵重，生产工艺对环境的要求严格；二是根据国内已经建成的一些电子工业洁净厂房屋面雨水排水重现期的工程实践。

8.4.4 本条规定主要是为了防止因雨水斗密封不好或雨水悬吊管漏水而影响洁净室（区）的洁净环境。

8.5 消防给水和灭火设备

8.5.1、8.5.2 本条明确规定电子工业洁净厂房必须设置消防给水系统。消防水量及系统设置除需要满足《建筑设计防火规范》GB 50016 外，还应符合本规范第 8.5.2 条的规定。

8.5.3 目前在我国的电子工业洁净厂房设计、建造中，洁净室（区）的消防设施有的设置了自动喷水灭火系统，也有的没有设置自动喷水灭火系统；在电子工业洁净厂房中，在储存、分配或使用易燃、易爆气体、化学品的部位设有气体灭火系统。灭火实践说明：固定灭火设施——自动喷水灭火系统或气体灭火系统均为有效的灭火设施，它能及时、有效地扑灭火情。所以，为了确保洁净室（区）的安全运行，一旦出现火情时，减少经济损失，及时进行扑救，推荐在电子工业洁净厂房设计时，采用固定灭火设施——自动喷水灭火系统或气体灭火系统等。为此本条规定洁净厂房的洁净室（区）应设固定灭火设施。根据我国经济发展水平和近年电子工业洁净厂房消防设计的实践，并参照美国消防协会发布的NFPA 318《洁净室消防标准》的有关规定，作出本条规定。

1 无特殊要求的洁净室（区）设置的自动喷水灭火系统，可考虑湿式系统，这与 NFPA 318 及国外有关洁净室自动喷水灭火系统的选择是一致的。关于喷水强度和作用面积：我国近年建成的部分电子工业洁净厂房其喷水强度均按 $8L/min \cdot m^2$ 进行设计，作用面积有的为 $160m^2$，有的为 $280m^2$；美国消防标准 NFPA 318 规定洁净室自动喷水灭火系统的喷水强度为 $8L/min \cdot m^2$，作用面积为 $280m^2$；结合我国现行国家标准《自动喷水灭火系统设计规范》GB 50084 中的规定，本条规定自动喷水灭火系统喷水强度为 $8L/min \cdot m^2$，作用面积为 $160m^2$。

2 据了解，目前在电子工业洁净厂房中，所有存放可燃类特种气体钢瓶的特气柜中均设有自动喷水喷头；美国消防标准 NFPA 318 中第 2.1.2.3 条规定："存放有可燃气体钢瓶的贮柜中必须安装自动灭火喷水喷头。"

8.5.4 灭火器是扑灭初期火灾的最有效手段。据统计，60%～80%的初期火灾，是在消防队到达之前靠灭火器扑灭的。因此规定洁净厂房要按现行国家标准《建筑灭火器配置设计规范》GB 50140 设置灭火器。应注意的是，洁净室采用的灭火器不应因误喷而破坏洁净环境，也就是说避免使用各种类型的干粉灭火器，同时应避免使用蛋白泡沫灭火器（该灭火器喷完后会散发出臭味）。目前大多采用 CO_2 灭火器。

9 纯水供应

9.1 一般规定

9.1.1 电子工业洁净厂房设计中纯水供应是重要内容之一。各种电子产品生产工艺对纯水水质、水量要求均不相同，在中国电子级水的技术指标中，仅电阻率一项指标——EW-1 级水为 18 MΩ·cm以上，而 EW-4 级水只为 0.5MΩ·cm，相差 36 倍。在美国试验与材料协会（ASTM）D5127《电子及半导体工业用纯水水质要求》中 E-1 级、E-4 级的电阻率指标也是这样，并且对各等级纯水中离子浓度要求相差更大，如 Na 离子，E-1 级为 0.05μg/L，E-1.2 级为 0.005μg/L、E-3 级为 5μg/L、E-4 级为 1000μg/L；E-1 级与 E-4 级相差 20000 倍。各种电子产品生产用水量的差异也是很大的，一些电子产品组装厂或电子元件工厂的纯水用量在 5t/h 以下，而 TFT-LCD 洁净厂房的纯水用量达 500～1000t/h。

纯水系统的原水水质因各地区、城市的水源不同相差很大，有的城市以河水为水源，即使是河水，其河水的源头和沿途流经地区的地质、地貌不同，水质也是不同的；有的城市以井水为水源，井的深度不同、地域不同、地质构造不同均会千差万别；现在不少城市的水源包括河水、湖水、井水等，有的城市各个区、段供水水质也不相同。所以纯水系统的选择，应根据原水水质的不同，差异很大，是否选择原水预处理，预处理设备的种类、规模都与原水水质有关。因此，电子工业洁净厂房的纯水系统的选择应根据原水水质和电子产品生产工艺对水质的要求，结合纯水系统的产水量以及当时、当地的纯水设备、材料供应等情况，综合进行技术经济比较确定。首先是技术上的可行、供水水质的可靠，在此前提下，选用建设投资较少、运行费用低或建设投资回收年限较短的技术方案。

9.1.4 电子工业洁净厂房的洁净室（区）内，一般不可避免地将会布置有纯水支管或接至产品生产设备的纯水管道，为了减少污染物的扩散、发生、积聚和易于清洁，纯水管道的保温材料选择时，应选用不产生污染物的材料，如橡塑保温材料等，其外表面应平整、光滑，宜外包保护层。

9.2 纯水系统

9.2.2 纯水的制备、储存和输送设备的选型和制造材质的选择，除了应充分满足电子产品生产工艺对供水水质、终端水质的要求外，纯水的制备、储存和输送设备的选型和材质选择，还应充分考虑下列因素：

1 纯水是一种极好的溶剂，为了确保在纯水的制备、储存和输送过程中纯水水质下降最小，必须选择化学稳定性极好的材料，这些材料在所处的纯水中的溶出物最小。各类材料的溶出物多少应以材料的溶出试验确定，主要包括金属离子、有机物的溶出。

2 设备内壁光洁度好，若内壁有微小的凹凸，会造成微粒的沉积和微生物的繁殖，导致微粒和细菌两项指标的不合格。不锈钢内壁光洁度可达几微米至几十微米，内衬PVDF的内壁光洁度可达1μm以下。

3 设备内壁以及接管处应平整、光滑，以防止产生流水的涡流区，避免污染物积聚。

4 设备内不应有"死水区"、"存水弯"等可能形成不流动水的"死角"、"盲点"等，防止水质降低，避免微生物的滋生。

5 纯水的储罐等设备的上部空间，为防止发生渗气现象等，应充以纯氮保护。

6 应设有检查口、清洗口，以便对设备进行定期检查、清洗，防止长期运行后，内壁产生沉积物及微生物积聚使水质下降。

为此，本条作了纯水的制备、储存和输送设备，应符合电子产品生产工艺的要求，并应符合规定的三款要求。

9.2.3 电子工业洁净厂房的纯水系统设计和运行经验表明，采用纯水循环供水方式是确保纯水水质的安全、方便和可靠的方法，也是目前各类电子工业洁净厂房纯水系统的实际设置状况，图8是单管式循环供水系统和有独立回水管的双管式循环供水系统。在集成电路芯片生产等对纯水水质要求严格的电子产品生产工艺用纯水供水系统，目前均采用双管式循环供水系统。

为了确保电子产品生产所需纯水水质，本条作了七款详细的规定，并且有三款是电子工业洁净厂房中设有纯水系统时，其纯水系统的设计、建造时需强制执行的规定。

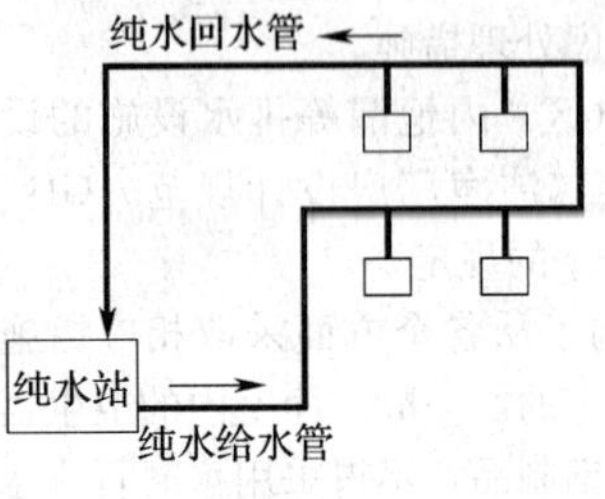

(a)单管纯水循环管道系统

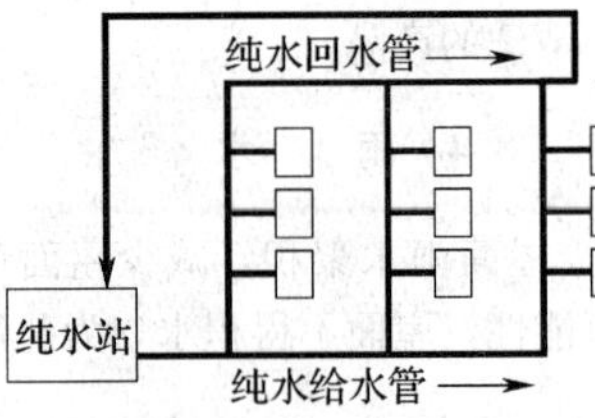

(b)有独立回水管的双管式纯水循环管道系统

图8 纯水循环供水管路示意

9.3 管材、阀门和附件

纯水系统管道及其阀门和附件的材质的选择，与前面所述的与纯水接触的设备和纯水储存、输送设备的要求类似，所以本节要求：材料的化学稳定性应好、管道内壁光洁度应好、不得有渗气现象等。目前，电子工业洁净厂房中纯水系统管道的材质，根据所需纯水水质的不同，一般分别采用低碳优质不锈钢、聚氯乙烯（UPVC、CL-PVC）、聚偏二氟乙烯（PVDF、PVDF-HP）等类型的管材。据了解，在集成电路芯片生产用纯水系统中，一般在反渗透装置（RO）前的管道材质采用C-PVC；而RO装置之后的纯水管道材质一般采用PVDF-HP，循环供水系统的回水管路材质一般采用PVDF。

对于纯水系统的阀门、附件的选用，其材质应选择与管道相同的材质。为防止阀门可能发生渗气现象，影响纯水的水质，所以应选用密封好、结构合理的阀门。根据电子工业洁净厂房的实际情况，在集成电路芯片生产等对纯水水质要求严格的电子产品生产工艺用纯水系统中，一般采用隔膜阀。

10 气体供应

10.1 一般规定

10.1.1 洁净厂房使用的气体有常用气体、干燥压缩空气及特种气体三大类，根据各种电子产品品种及其生产工艺的不同，使用气体的品种、纯度及杂质含量是不相同的。表22是几类电子产品所需气体品种。

表 22　几类电子产品所需气体品种

气体种类	性　质	集成电路芯片制造厂	TFT-LCD制造厂	光纤预制棒拉丝工厂
F_2/Kr/Ne	腐蚀性	√		
NF_3	毒性、强氧化性	√	√	
Cl_2	腐蚀性	√	√	√
HBr	毒性、腐蚀性	√		
BCl_3	毒性、腐蚀性	√		
WF_6	毒性、腐蚀性	√		√
SiF_4	毒性、腐蚀性	√		
ClF_3	腐蚀性、强氧化性	√		
C_5F_8	腐蚀性	√		
CH_4	可燃性	√		
NH_3	可燃性	√	√	
CH_2F_2	可燃性	√		
$POCl_3$	腐蚀性	√		√
SiH_4	毒性、可燃性	√	√	
PH_3	毒性、可燃性	√	√	
CHF_3	惰性	√	√	
CO	可燃性	√		
SiH_2Cl_2	毒性、可燃性	√		
Kr/Ne	惰性	√		
C_2F_6	惰性	√		
C_4F_8	惰性	√		
CF_4	惰性	√	√	
CH_3F	可燃性	√		
SF_6	惰性	√	√	√
CO_2	惰性	√		
$SiCl_4$	腐蚀性	√		√
N_2O	氧化性	√		
HCl	腐蚀性		√	
$GeCl_4$	腐蚀性			√
PH_2	可燃性	√	√	√
PO_2	氧化性	√	√	√
UN2	惰性	√	√	√
PN2	惰性	√	√	√
PAr	惰性	√	√	
PHe	惰性	√	√	√

注：表中符号“√”表示该类工厂需用的气体。

10.1.3　洁净厂房所使用气体的制备、纯化、储存及分配系统，除应遵守本规范外，还应遵守相关现行国家标准的规定，其中主要有：《建筑设计防火规范》GB 50016、《压缩空气站设计规范》GB 50029、《氢气站设计规范》GB 50177、《氧气站设计规范》GB 50030、《工业金属管道设计规范》GB 50316 等。

10.1.4～10.1.6　目前，各类电子工业洁净厂房中，常用气体管道的一次配管，均敷设在与用气设备相关洁净室（区）毗邻的技术夹层或技术夹道内。除压缩空气管道外，其他各类气体管道不得穿过与其无关的房间或不使用这些气体的房间，有时为布置的方便或可减少大量的管材，必须穿越时应设套管或双层管，以免运行中这些气体泄漏。由于此类无关房间未采取通风、报警措施，易引起事故。特种气体管道由于管径较小，一般均采用相对集中敷设。洁净室（区）内的惰性及无危害性气体管道及其管架宜暗敷或设置在便于检查、维护的装饰面板内；可燃、有毒或有害气体管道应外露敷设。

可燃气体、有毒气体穿过洁净室（区）墙或楼板处管道应设套管，该套管内的气体管道不得有焊缝，以避免因焊缝质量问题，泄漏气体后无法检查，形成逐渐积聚，成为安全事故的隐患。

10.1.7　电子工业洁净厂房中，由于高纯气体管道内输送的气体中杂质含量都极低，一般氧含量都在 10^{-6}～10^{-10}，水含量在 10^{-5}～10^{-9}，而洁净室生产环境中的氧浓度、水汽含量均在 10^{-1} 以上，即高纯气体输送管内外的氧气、水分的分压差达 10^5～10^{10}，分压差极大。根据国内外许多研究试验和实际运行都表明：高纯气体输送过程中存在着被生产环境中的气体或水分所污染的巨大潜在危险，为此，防渗漏污染是高纯气体管路设计中必须认真解决的技术措施。另外，在高纯气体管道施工安装或检修后或因故停气恢复时，管内存在的各种杂质气体的吹扫或因停气后不可避免地因管内外分压差而被污染，也需进行吹扫置换达到所要求纯度和杂质容许含量。为了减少吹扫、置换时间，也要求高纯气体管路设计时，必须采取相应的技术措施。本条规定的 3 款规定正是这些技术措施的具体要求，它们是国内外从事高纯气体设计、安装和运行的科技人员多年经验的总结。其中第 2、3 款作为强制性条文，是有关设计者必须遵守的规定。

10.1.8　本条为电子工业洁净厂房内设有可燃气体管道时，应采取的安全技术措施。制定这些规定的理由是：

1　在使用可燃气体的洁净室厂房内，为避免可燃气体的泄漏引发燃烧、爆炸事故，一般是将管路上的阀门设置在阀门箱内，此类阀门箱均设有气体泄漏报警和事故排风装置。

2　目前，在电子工业洁净厂房中的氢气或含氢可燃气体等接至用气设备（无明火）的支管和放散管，为防火回火引发事故，均设有阻火器，但除此之外的可燃气体管道大部分没有设阻火器，所以本条规定“宜设置阻火设施”。

10.2 常用气体系统

10.2.1 常用气体主要包括氢气、氮气、氧气、氩气和氦气，在电子工厂中它们的供气方式主要有三种：第一种是在电子工厂内或邻近处设制气装置，采用管道输送至用气厂房、车间或设备；第二种，外购液态气体，在电子厂房内设液态气体储罐、气化器及气体过滤、调压、输配装置，由管道送至用气厂房、车间或设备；第三种，外购瓶装压缩气体，瓶装压缩气体有单个钢瓶或钢瓶集装格或长管气瓶拖车等形式，在电子工厂内设压缩气体钢瓶储存、气体分配装置或汇流排，再由管道输送至用气厂房、车间或设备。表23是三种方式的比较。

表23 三种供气方式的比较

供气方式	主要优缺点	适用范围
设现场制气设备管道供气	1. 输送气体量大 2. 输送中污染少 3. 使用方便灵活，稳定可靠 4. 电耗少，成本较低 5. 基建投资较大 6. 需操作人员	1. 工厂用气量大 2. 离制气厂远 3. 邻近几家工厂统一集中供气
液态气体供气	1. 输送气体量较大 2. 与钢瓶运输相比，输送费低 3. 输送中污染较少 4. 使用较方便 5. 电耗及成本高 6. 输送储存中，均有损耗	1. 工厂有一定的用气量 2. 可方便、价格适宜地得到液态气体供应
气体钢瓶供气	1. 用气量少时，投资少，使用方便 2. 电耗及制气成本较液态低 3. 运费高，劳动强度大 4. 输送中易污染	1. 仅在工厂用气量少时采用 2. 工厂有一定的氢气用量，可采用长管气瓶拖车供应

10.2.3～10.2.5 这3条是对电子工业洁净厂房中的气体纯化装置的设置、气体入口室的设置和气体纯化间、气体入口室内设有氢气等可燃气体纯化装置或管道时，为了安全、稳定运行作的规定或要求。

1 根据电子产品生产工艺要求和气源的品质，电子工业洁净厂房内常常设有不同类型的气体纯化装置，如电子产品生产工艺要求气体中杂质含量达到10^{-9}时，即使管道供应或外购气瓶的气体纯度达99.99%或99.999%，尚需设置金属吸气剂法、低温吸附法和钯膜扩散法等类气体纯化装置对气体进行提纯。

2 根据国内已建各类电子工业洁净厂房的状况，对于用气设备较多的厂房，为方便管理和安全运行，各种气体纯化装置大多设在气体纯化间（站）内，并且常常将多种气体纯化装置集中设置在一气体纯化间（站）内。一般氧气纯化装置由于不需要用氢气进行活化再生，配置非防爆电气装置时，可将氧气纯化装置与配置有防爆电气装置的气体纯化装置分开设置。

3 为了对进入电子工业洁净厂房的各种气体管道进行集中管理，目前国内各工厂大多设有气体入口室，也有的工厂为管理方便将部分气体纯化装置或全部气体纯化装置也设置在气体入口室内或将气体进入洁净厂房的相关控制阀门设在气体纯化间内。

4 由于气体终端纯化装置是确保用气设备处的气体品质，并且这类设备对气体品质要求均十分严格，为了减少高纯气体输送过程被污染和减少管路投资以及管理方便，宜将气体终端纯化设备设在邻近用气点处。

5 对于甲类火灾危险生产的气体纯化间（站）或气体入口室，根据现行国家标准《建筑设计防火规范》GB 50016的要求，应靠外墙设置。

6 氢气等可燃气体引入管道上，应设自动切断阀，对洁净室（区）的安全可靠运行十分有利，一旦出现异常时，切断可燃气体气源，防止事故扩大。美国消防协会颁布的NFPA 318《洁净室消防标准》第6.6.3条规定：“……可燃和有毒气体探测器必须启动报警器和切断气体供给”。

7 设有氢气等可燃气体的气体纯化间或气体入口室，应设有良好的自然通风设施，以确保一旦氢气等泄漏时及时排放，避免在室内积累；当房间内泄漏气体达到规定浓度时，气体泄漏报警装置报警并启动事故排风装置。工程实践证明，自然通风、事故排风均为可靠的、行之有效的安全技术措施。

10.2.6 鉴于氧气的特性，氧气与油脂接触后，如碰上着火源，极易引起燃烧事故，所以氧气管道、阀门及附件均应忌油，都必须进行严格的脱脂处理；氧气是典型的氧化性气体，只要在氧气管道内因各种原因存在机械杂质、铁锈等可燃物时，一旦有着火源都极易引发着火燃烧事故，因此氧气管道等均应设有导除静电的接地设施，以及时消除管道内气流摩擦等因素产生的静电聚集；当洁净厂房因各种原因出现火情或重大事故时，为了避免引发氧气管道产生次生灾害，减少损失，应及时切断氧气供气气源。为此制定本条规定，并为强制性条文。

10.2.9 由于洁净室（区）内密闭性好，为避免各类气体泄漏后不易排出，积聚在洁净室（区）内或技术夹层、技术夹道内，根据电子工业洁净厂房设计、建造的实践经验，气体管道的连接应采用焊接。当气体管道的材质采用不锈钢管时，应采用氩弧焊，并宜采用等离子熔融对接焊。气体管道与设备或阀门的连接宜采用表面密封接头（VCR）或双卡套，高纯气体管道应采用表面密封接头（VCR），采用双卡套接头时，其密封材料宜采用金属或聚四氟乙烯垫。

10.3 干燥压缩空气系统

10.3.1 干燥压缩空气系统是电子工厂中的一种重要动力源，它用于许多电子产品生产工艺设备气动设备或仪器仪表的动力气源，一旦供气量不足或供气品质下降，都将影响产品生产过程的正常进行，严重时还将停产，故本条对电子工业洁净厂房中的干燥压缩空气系统作了相关的规定。

1 应按生产工艺、公用动力系统对干燥压缩空气品质、消耗量确定设计规模。为确保生产工艺供气的安全、可靠、稳定性要求，应留有合理的富余量。当产品生产过程要求不能中断供气或中断供气将会引起安全事故时，应设置一定的备用供气装置等。

2 电子产品生产过程对干燥压缩空气的含水量（或露点）、含油量、微粒粒径及其浓度的要求较为严格，表 24 是一些电子产品生产工艺对干燥压缩空气品质的主要要求。

表 24 一些电子产品对干燥压缩空气品质的主要要求

品质指标	集成电路芯片制造	TFT-LCD制造	光纤制造
含水量(露点)(℃)	−80～−90	−70～−80	−60
微粒限控粒径(μm)	0.01～0.1	0.1～0.2	≥0.3
微粒控制浓度(个/ft³)	1～10	10～30	10～30
含油量	不容许含油	不容许含油	不容许含油

3 电子工厂所需干燥压缩空气大多要求严格控制含油量或无油；即使少数产品因生产工艺对干燥压缩空气无含油量要求，但为了确保干燥装置的安全可靠运行，应采用无油润滑空气压缩机或采取多级过滤器除油，所以本条推荐"宜选用无油润滑空气压缩机"。

10.4 特种气体系统

10.4.1 由于电子产品生产工艺所使用的特种气体是品种多、单一品种数量少，所以均为外购供应，一般采用钢瓶包装、运输、储存或少量采用槽车运输。在钢瓶（储罐）内的状态有气体及液体。根据生产工艺所使用的特种气体物化性质、耗量、品质要求，在电子工厂内应合理设置储存、分配系统。

10.4.2 本条规定的特种气体储存分配间是指电子工业洁净厂房中设置特气柜的专用房间，该特气柜间属于洁净厂房中的生产辅助房间，通常设在靠外墙的边跨中，有时为了平面布局的需要也可设在其他场所。该特气间生产危险性类别的划分应根据放置的特气种类确定，而电子工业洁净厂房中的特气间常常设有可燃性、毒性、氧化性特种气体，所以应按甲、乙类生产类别进行设计。参照现行国家标准《建筑设计防火规范》GB 50016—2006 中的相关规定，在甲、乙、丙类厂房内，布置有不同类别火灾危险性的房间的隔墙应采用耐火极限不低于 2.0h 的不燃烧体，隔墙上的门窗应为甲级防火门窗。并根据多年的工程实践，制定本条规定，并为强制性条文。

10.4.3 可燃或有毒的特种气体具有对安全生产、人员健康极大的危害，因此本条的第 1～3 款对其分配系统的设置作了强制性规定：

1 特种气体钢瓶及其分配系统应设在具有连续机械排风的特气柜中，该特气柜应配有气体泄漏检测报警系统、手动或自动切换系统、自动切断输送气体及自动吹扫的设施。气体泄漏检测报警系统应与事故机械排风机联锁。该特气柜设排风装置，并应排入相应的生产废气处理系统，经集中处理达标后，方能排放至大气。对储存高危害性特种气体的钢瓶柜应配置就地废气处理装置，经集中处理达标后，才能排入上述相应的生产废气处理系统。

2 为确保连续不中断运行，分配系统所设置的自控系统、报警系统及与之所联锁的事故排风机的电源，均应设应急电源。

3 特种气体系统的阀门、附件及连接件都应设在多路阀门箱（盘）（VMB 或 VMP）内，该阀门箱/盘均设机械排风装置、气体泄漏检测及声光报警系统，并能在事故发生时及时切断气体供应和启动所联锁的事故排风机，排入相应的生产废气处理系统。

10.4.4 特种气体分配系统中，具有危害性的特种气体钢瓶气源应配备吹扫盘，为此本条作了相应规定。

1 现将美国消防协会发布的 NFPA 318《洁净室消防标准》第 6.3 节有关特种气体吹扫盘的相关规定摘要如下：

1）所有危险的压缩工艺气体钢瓶在使用时，应设置吹扫盘；

2）选用的吹扫盘所使用的管道、配件的材料与所输送的气体应具有相容性；

3）应设置过流量控制，并设紧急切断阀；

4）只有用于相容气体的吹扫盘，才容许共用吹扫气瓶；

5）设手动切断阀，以便将吹扫盘整体取下进行修理。

2 吹扫盘的吹扫气源一般采用以下两种方式：

1）采用常用气体输配系统作为吹扫气源，系统应设置防回流措施，以防止吹扫气体与其他工艺特气的交叉污染；

2）采用专用吹扫气体钢瓶或钢瓶组作为吹扫气源，对物化性质不相容的两个或两个以上特气钢瓶气源所配置的吹扫盘，不允许合用一气体钢瓶或钢瓶组吹扫气源。

10.4.5 本条规定硅烷或硅烷混合物气瓶应存放在电子工业洁净厂房建筑外的储存区内，并规定了这类储存区设置的相关规定。这些规定，主要是参考了美国消防协会发布的 NFPA318《洁净室消防标准》第 6.4 节的有关规定：

1 储存区必须是三面敞开的，气瓶用钢制框架保护。

2 气瓶与周围构筑物及围栏最小间距应大于等于 95 英尺（约 2.7m）。

3 当储存区设有雨篷时，其净高应为 12 英尺（约 3.7m）。

11 化学品供应

11.1 一 般 规 定

11.1.1 电子工业洁净厂房常常需使用各种化学品，根据电子产品品种及其生产工艺的不同，各种电子产品生产所使用的化学品是不相同的，其中以集成电路芯片制造过程、TFT-LCD 生产过程所需的化学品品种多，有的纯度要求严格，表 25 是这两种电子产品生产用洁净厂房内所用的主要化学品种类。表 26 是有关资料提出的集成电路芯片 64M 生产过程部分化学品的质量要求。

表 25 一些电子工业洁净厂房所用主要化学品种类

化学品种类	性质	TFT-LCD 制造工厂	集成电路芯片制造工厂
C_3H_6O	毒性、可燃性		√
$(CH_3)_2CHOH$	可燃性	√	√
C_5H_9NO	可燃性	√	
$C_2H_3Cl_3$	毒性、可燃性		√
NH_4HF_2/NH_4T	毒性、腐蚀性		√
NH_4OH	腐蚀性		√
H_2SO_4	腐蚀性		√
HPO_3	腐蚀性	√	√
HCl	腐蚀性	√	√
HF	腐蚀性		√
BOE	腐蚀性		√
H_2O_2	氧化性		√
CH_3COOH	腐蚀性、可燃性	√	√
HNO_3	腐蚀性、氧化性	√	√
NaOH	腐蚀性	√	√
$(CH_3)_2SO$	腐蚀性	√	
$HOCH_2CH_2NH_2$	腐蚀性、毒性	√	

注：表中符号“√”表示该类工厂需用的气体。

表 26 集成电路芯片（64M）生产过程部分化学品的质量要求

化学品种类	微粒（PC/CC）		金属离子
	0.1μm	0.2μm	
H_3PO_4	<40	<20	$<1.0\times10^{-9}$
HCl	<30	<20	$<1.0\times10^{-9}$
H_2SO_4	<20	<10	$<1.0\times10^{-9}$
H_2O_2	<20	<10	$<1.0\times10^{-9}$
NH_4OH	<20	<10	$<1.0\times10^{-9}$
HNO_3	<30	<20	$<1.0\times10^{-9}$
49%HF	<30	<20	$<1.0\times10^{-9}$
5%HF	<30	<20	$<1.0\times10^{-9}$
1%HF	<30	<20	$<1.0\times10^{-9}$

11.1.2 电子工业洁净厂房所用化学品如表 25 所列品种较多，它们的分类、储存应符合现行国家标准《常用危险化学品的分类及标志》GB 13690、《常用危险化学品贮存通则》GB 15603 等的相关规定。危险化学品按主要危险特性分为 8 类，即第 1 类 爆炸品，第 2 类 压缩气体和液化气体，第 3 类 易燃液体，第 4 类 易燃固体、自燃物品和遇湿易燃物品，第 5 类 氧化剂和有机氧化物，第 6 类 有毒品，第 7 类 放射性物品，第 8 类 腐蚀品。

由于各类化学品的性质不同，因此常用化学危险品应分区、分类、分库储存，并不得与禁忌物料混合储存。储存化学危险品的建筑物不得有地下室或其他地下建筑，其耐火等级、层数、占地面积、安全疏散和防火间距，应符合国家有关规定。

11.2 化学品储存、输送

11.2.1 制定本条的依据和参考材料如下：

1 现行国家标准《建筑设计防火规范》GB 50016—2006 第 3.3.9 条的规定。

2 现行国家标准《石油化工企业设计防火规范》GB 50160—92（1999 年版）第 5.9.1 条。

3 美国消防协会发布的 NFPA 318《洁净室消防标准》的有关规定。第 5.1.1 条，危险化学品的储存和分配间应以耐火极限为 1.0h 的构造物与洁净室分隔。第 5.1.3 条，洁净室中应把危险化学品控制在使用和维护需要的限值。第 5.1.4 条，危险化学品的储存和分配间应设有下列机械排风装置：（1）机械排风最低流量为 $1m^3/s\cdot m^2$ 地板面积；（2）排风和入口处的开口应防止气体的积聚；（3）机械排风系统应与自动应急电源相连。

11.2.2 制定本条的依据和参考资料如下：

1 美国消防协会发布的 NFPA 318《洁净室消防标准》的有关规定。第 5.3.2 条，危险化学品不应在出入口走廊内分配和存放。第 5.3.3 条，运输和装载危险化学品的小车应为完全封闭型。用于运输化学品的小车的容量不应超过 208L，最大单个容器的容量为19L。第5.3.4条，不相容的危险化学品，不得用同一装载危险化学品的小车同时运输。

2 据了解，目前国内一些使用危险化学品的电子工业洁净厂房内，为确保桶装危险化学品运输过程的安全，均采用液压升降装置，在运输危险化学品的通道或走廊，均设有自动灭火装置，一旦发生火情，及时进行救援。对于运送有机溶剂部位，应采用二氧化碳灭火系统或泡沫灭火系统，其余采用自动喷水灭火系统。

11.2.3 本条规定是根据国内一些电子工业洁净厂房使用危险化学品的储存、输送系统的调查分析资料和参考NFPA 318《洁净室消防标准》的相关条文制定的。

1 电子工业洁净厂房中的危险化学品采用管道输送时，一般采用气泵增压输送，增压气体采用氮气。

2 在危险化学品的管道输送系统的压力储罐后的分配和使用设备处均应设手动切断阀，以便及时进行切断操作。

3 NFPA 318《洁净室消防标准》第5.2节中的相关规定："采用加压系统时，系统中所用各种材料都应与所输送的化学品物化性能具有相容性"，"压力罐设有自动减压通风口，若火灾时，可排气至安全的位置"，"使用点设手动切断阀"、"加压只能用惰性气体"等。

11.2.5 制定本条规定的主要依据如下：

1 根据对一些电子工业洁净厂房内设有危险化学品储存、分配间的调查表明，储存化学品的储罐一般设置在底层半地下间，位于化学品供应系统的最低处，在各类液体储罐之间设有隔堤或保护堤。保护堤是用于储罐泄漏或检修用围堰，防止液体化学品外溢；隔堤是用于甲、乙类液体或液体相互接触能引起化学反应的储罐之间的分隔。隔堤、防护堤的高度约500mm。危险化学品储存、分配间一般均设有液体泄漏报警装置、紧急洗眼器、淋浴器。

2 在现行国家标准《石油化工企业设计防火规范》GB 50160中，对于甲、乙类液体设置防火堤、隔堤制定了有关规定。

3 NFPA 318《洁净室消防标准》第5.1.2条规定：洁净厂房内的危险化学品储存和分配间应设二次抑制化学品溢出的设施。

11.3 管材、阀门

11.3.1 电子工业洁净厂房所需化学品的品质较多，包括具有可燃性、氧化性、腐蚀性的各种酸碱、有机溶剂等，为确保化学品的输送质量、安全运行和使用寿命，输送化学品的管道材质应根据管内流过化学品的物理化学性质进行选择，如酸碱类输送管道材质，通常采用聚四氟乙烯管，并以透明PVC管做保护套管，避免输送管道被腐蚀和预防酸碱液泄漏时造成人身（设备）受伤（受损）。为防止各类化学品，特别是一些高纯化学品在输送过程中被污染或因管道材质选用不当，引发不应发生的化学反应，影响化学品质量，所以输送化学品管道的材质应选用化学稳定性良好和相容性好的材料，如：输送有机溶剂类化学品管道材质，通常采用管内壁抛光的低碳不锈钢管（SUS316L EP/BA）等。本条为强制性条文。

11.3.2 据调查了解，在电子工业洁净厂房中，为防止有腐蚀性的酸碱类管道泄漏，殃及操作人员或生产设备，各类腐蚀性的酸碱类管道均采用带套管的聚四氟乙烯管（PFA管），外套管为透明的PVC管等。

在美国消防协会颁布的NFPA 318《洁净室消防标准》中，有一条例外的说明："易燃液体的加压输送系统容许用非金属管道输送，但必须设置于熔点高于1093℃（2000°F）的金属制造的外壳中"。

鉴于上述情况，作了本条规定。

11.3.3 对一些使用多种化学品的管道供应系统的国内电子工业洁净厂房的调查和相关的技术资料介绍表明，为确保化学品供应输送系统的安全和有利于连接多台生产设备共用一条管路系统，一般在液体化学品供应系统中设有化学品供应分配阀箱（Valve Manifold Box，简称VMB，如图9所示）。故作本规定。

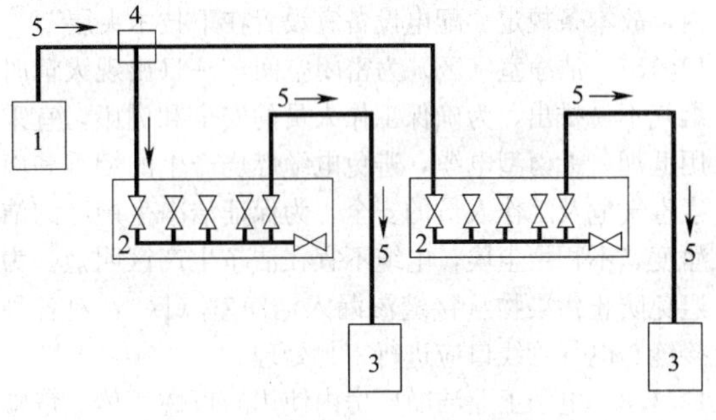

图9 化学品供给系统示意

1—化学品供给装置；2—阀门箱（VMB）；
3—使用化学品的设备；4—三通箱；
5—化学品供给管道

12 电气设计

12.1 配电

12.1.3 电子工业洁净厂房中的产品生产用主要工艺设备，一般都是电子生产线的关键设备、核心设备，它们的正常、连续运转对确保生产线的正常运转至关重要，所以近年来的一些电子产品生产用主要设备都要求由专用变压器或专用低压馈电线路供电。随着科学技术的发展，电子产品生产的精细化、微型化、高质量和高可靠性的要求日益严格，对洁净室（区）的空气洁净度等级要求严格和连续运转、高纯物质（高纯水、高纯气、高纯化学品）供应可靠和连续，这些都对洁净室（区）的电力供应提出了连续甚至不间断供应和电压稳定性要求。据不完全统计，近年来设计的大规模集成电路芯片制造工厂、TFT-LCD 制造工厂中，均要求电力供应中设置备用发电机组。供应有特殊要求的生产工艺设备和公用动力设备（包括高纯气、特种气体、部分净化空调系统、化学品等供应系统）等所需电力，应急发电机供应电力的能力约占全厂装设功率的 2%～15%，不间断电源（UPS）的电力供应能力占全厂装设功率的 1%～15%；一些大规模集成电路芯片制造工厂的应急发电装置设有 8～12 台，单台发电能力 1500～2000kW。虽然有上述工程实践，但电子产品类型很多，据了解，并不是所有电子产品生产用洁净厂房都采用上述配置，因此作了本条规定。

12.1.4 为确保洁净厂房的净化空调系统（含制冷机）连续、稳定地运行，应由变电所低压馈电专线供电。

12.1.6 本条规定电子工业洁净室（区）中的配电设备应采用暗装，是为了防止或减少产生、积聚微粒，方便清洁。近年来，电子工业洁净厂房中采用垂直单向流洁净室时，下技术夹层高度常常为 4m 以上，此时，配电系统的配电箱基本上均布置在下技术夹层内，故本条规定“配电设备宜设置在下技术夹层”。

12.1.7 洁净室（区）为密闭空间，一旦出现火情时烟气不易排出，为确保工作人员的安全和健康，宜采用低烟、无卤型电缆，避免电缆燃烧产生的烟雾和卤素毒气危及工作人员的安全。为保证洁净生产区的洁净度、不积聚尘埃，电缆不宜在洁净生产区明敷。为避免防止污染物从接缝渗漏入洁净室（区），对各种接缝、电气管线口应进行密封处理。

12.1.8 电子工业洁净厂房内使用的可燃气体、危险化学品的种类很多，各自的物理化学特性不同和供应系统配置不同，且具体工程中的系统、设备和安防设施的配置也不相同，所以电气设计应按现行国家标准《爆炸和火灾危险环境电力装置设计规范》GB 50058 的规定，由工艺专业等确定其设防等级。

12.2 照　　明

12.2.1 根据现行国家标准《建筑照明设计标准》GB 50034—2004 中的规定，照度值均为作业面或参考平面上的维持平均照度值。该标准第 5 章中规定了各类建筑的照明标准值，现将其中有关电子工业的部分摘录于表 27 中。

据调查，近年来设计、建造的一些大规模集成电路芯片制造工厂、TFT-LCD 制造工厂洁净室（区）的照度值大部分为 500 lx，也有的采用 300 lx；更衣室、支持区和化学品储存分配间等，大部分为 300～500 lx，也有的采用 150～200 lx。根据上述情况，制定了本条规定。

12.2.2 据调查，局部照明的设置和照度值的选择均与产品生产操作要求相关，实际采用局部照明的照度值一般为 500～2000 lx，个别也有超过 2000 lx 的。为此，本条规定局部照明的照度值应根据生产操作的要求确定。

表 27　电子工业建筑一般照明标准值

房间或场所	参考平面及其高度	照度标准值（lx）	备　注
电子元器件	0.75m 水平面	500	应另加局部照明
电子零部件	0.75m 水平面	500	
电子材料	0.75m 水平面	300	
酸、碱、药液及粉配制	0.75m 水平面	300	—

12.2.3 洁净室（区）内的电子产品生产一般为连续性生产，对照明的连续性、可靠性均有较严格的要求。设置备用照明的目的是为了正常照明因故熄灭时，确保工作人员能够继续从事必要的生产活动或采取应对措施所必须的照度。为减少灯具的重复设置，节省投资，备用照明一般都是作为正常照明的一部分，以不低于该场所一般照明照度值的 20%为宜。

12.2.4 由于洁净厂房的密闭性和基本采用人工照明的特点，所以目前已建的洁净厂房内均设有供人员疏散用的应急照明。设置应急照明的部位包括洁净室（区）、技术夹层和疏散通道等。

12.3 通信与安全保护装置

12.3.1 电子工业洁净厂房是一密闭性建筑，为确保正常生产、安全生产，在洁净室（区）内设置通信设施，是加强内外联系和实现科学管理的重要手段。

1 洁净室内设置内外联系的通信设施，主要指建立内外语音和数据通信。鉴于洁净室内的工作人员是主要的尘源，人员走动时的发尘量是静止时的 5～10 倍，为了减少洁净室内人员的走动，保证室内洁净度，在每个工位宜设一个有线语音插座。

2 若洁净室（区）设有无线通信系统时，应采用功率小的微蜂窝无线通信等系统，以避免对生产设备造成干扰。

3 洁净室生产工艺大多采用自动化操作，需要网络来支持；现代化生产管理，也需要网络来支持。因此，需在洁净室（区）设局域网的线路及插座。

4 为减少洁净室（区）内人员的活动，最大限度地减少不必要人员进入，通信配线及管理设备不应设置在洁净室（区）内。

12.3.2 电子产品生产用洁净厂房中的丙类生产厂房，按照现行国家标准《火灾自动报警系统设计规范》GB 50116 的要求，其火灾保护等级应为二级。

当此类洁净厂房中防火分区面积不超过现行国家标准《建筑设计防火规范》GB 50016 要求的防火分区的最大允许建筑面积时，是可行的。

但有些电子工业洁净厂房由于工艺流程的需要，其防火分区的面积超过现行国家标准《建筑设计防火规范》GB 50016 的规定，有的甚至超过几倍。另外，电子产品生产工艺复杂，有些电子产品生产中要使用多种易燃、有毒化学溶剂和易燃、有毒气体、特种气体。洁净厂房是密闭性空间，一旦发生火灾，热量无处泄漏，火情扩散速度较快，且通过风管或风道彼此串通，烟火会沿着风管或风道迅速蔓延。电子工业洁净厂房中的生产设备又很昂贵，加强对洁净室的火灾报警系统设置是非常必要的。所以，在防火分区面积超过规定时，应将保护等级提高为一级。

12.3.3 由于洁净室（区）进出程序比较复杂，一般未做身体净化的人员是不能进入的。当洁净室内火灾报警时，又需要进行火灾确认后方可手动控制空调机等设备的动作。因此，应该在洁净室（区）内，包括下技术夹层内、空调机房、动力站房、各类控制室内均应设置固定消防电话分机，建立洁净室与消防控制室的消防专用通信线路，以便消防控制人员通过电话及时了解洁净室（区）和相关房间内的火灾情况。

12.3.4 制定本条的依据是：

1 电子工业洁净厂房内火灾探测器选择时，应充分考虑洁净室（区）的环境条件及房间构造特点，如高度、面积、空气流向、流速、有无对火灾探测器的干扰等，以及火灾探测器的特性和技术指标。选用智能型探测器可比较可靠地探测火灾。

2 在一些芯片制造和第五代、六代以上液晶显示器生产用洁净厂房，洁净生产区的面积较大，防火分区的面积大大超过现行国家标准《建筑设计防火规范》GB 50016 规定的最大容许建筑面积，为强化消防设计技术措施，本条明确规定在洁净室（区）内净化空调系统混入新风前的回风气流中，应设置高灵敏度的早期烟雾报警探测器，把着眼点放在不可见烟雾的探测，尽早发现火情，把火灾消灭在萌发阶段，为避免事态扩大争取到更多的宝贵时间。据了解，近年来这类洁净厂房均在回风气流中安装了高灵敏度早期报警火灾探测器，虽然费用较高和安装、维护要求严格，但仍然得到了用户和消防部门的认可。

3 在室温下，硅烷是一种在空气中可以自燃的气体，硅烷一旦泄漏，很快燃烧，不产生烟雾。而红外-紫外线（UV-IR）双重扫描的火焰探测器，对硅烷产生的火灾反应速度最快。故规定硅烷储存、分配间（区）应采用火焰探测器。

4 洁净室（区）的上下技术夹层、静压箱有时是有操作人员在现场的，当这些区域发生火灾时，为了第一时间发出警报，便于人员疏散，应设置手动报警按钮和声光报警装置。

12.3.5 在消防控制室平时对下列设备不应自动联动，应对洁净室（区）的火灾报警进行核实，当确认火灾后，才能在消防控制室进行手动控制。

1 由于一旦关闭电动防火阀，停止送风，洁净室（区）的环境就会遭到破坏，恢复起来需要一定的代价和时间。所以规定应在火灾报警核实、确认火灾后，才能实施“关闭有关部位的电动防火阀，停止相应的净化空调系统的送风机、排风机和新风机，并接收其反馈信号。”

2 为防止误报造成不必要的损失，宜在消防值班室或低压配电室采用人工方式，对洁净室（区）空调循环风机、新风机等各类设备的非消防用电进行控制。

12.3.6～12.3.8 制定这三条的根据是：

1 在一些电子产品生产过程中使用品种多样的易燃、易爆、有毒气体，如 SiH_4、SiH_2Cl_2、NH_3、C_4F_6，AsH_3、PH_3、Cl_2 等。这些气体一旦泄漏，将可能产生火灾或爆炸、或危及操作人员安全、或对设备造成损害。因此，必须设置有效、安全、可靠的气体探测和控制系统，避免、防止因气体泄漏造成事故。气体探测器按原理分，有电化学式、化学纸带式、红外技术和固态金属氧化物技术等；按采样方式分，有泵吸式和扩散式。应根据所监测的气体物化特性和使用环境特点合理选用。

2 因在各种气体的输送管道和特种气体的气瓶柜、分配阀门箱内的气瓶阀、减压阀、分配阀、切换阀等的连接处容易产生气体泄漏，在特气柜更换气瓶时因操作不当阀门未关紧，管道接口、阀门受腐蚀或连接不牢固等原因，易产生气体泄漏。因此，在这些易发生泄漏的场所，沿程管道的阀门或接头易泄漏处和气瓶柜、分配阀门箱内均应设置检测点。气瓶柜、分配阀门箱均设有强制排风系统，如有气体泄漏时，泄漏的气体大部分被吸入到排风管内，所以应将采样点设置在排风管口处。

3 气体泄漏报警装置报警后，为了及时切断相应气体的气源，防止继续泄漏，造成着火、爆炸事故，应自动联锁相应气体输送管道的进气阀门。

4 美国消防协会发布的 NFPA 318《洁净室消防标准》，第6.6.1条规定：易燃或有毒气体在使用中，应设置于配有排气通风的柜内，柜内应设置气体监测报警和自动切断气体供应设施。第 6.6.3 条规定：在可能有易燃、有毒气体泄漏的场所、阀门或装配件或接头处，应设置气体报警和排气通风设施，一旦报警时，应能切断气源。第 6.6.5 条规定：对可能发生易燃气体泄漏的场所，设置爆炸下限 20%的报警装置。以上各条要求是制定本条规定的主要依据。

12.4 自动控制

12.4.1、12.4.2 电子工业洁净厂房的设备监控系统是一门集电气技术、自动化仪表、计算机技术和网络通信等技术为一体的综合技术，只有正确合理地运用各门技术，系统才能达到控制要求。为了保证电子工业洁净厂房对生产环境控制的特殊要求，公用动力工程系统、净化空调系统等的控制系统应具有高可靠性。其次，对于不同的控制设备，要求具有开放性，以适应实现全厂联网控制的要求。电子产品工艺技术发展迅速，电子工业洁净厂房设计应具有灵活性、扩展性，为此要求控制设备具有可扩展性，以满足洁净厂房控制要求的变化。

集散式网络结构具有良好的人机交互界面，能较好地实现对生产环境、各类动力公用设备实施检测、监视和控制，可适用于采用计算机技术进行控制的洁净厂房。当洁净厂房的参数指标要求不是很严格时，也采用常规仪表进行控制。但无论采用何种方式，控制精度都应满足生产要求，并能做到稳定、可靠运行，达到节能的要求。

12.4.3 洁净室（区）需要保持一定的静压差，这是实现洁净室（区）空气洁净度的基本要求，所有洁净室（区）都应采用各种不同的静压差控制方法，如余压阀、压差变送器等。

12.4.4 净化空调系统采用电加热器对送入洁净室（区）的洁净空气进行加热时，通常都将电加热器设置在送风管的支干管或支管上，一旦发生风机事故停车或送风量减少引起送风温度超过允许温度时，可能诱发电加热器烧毁甚至相关部分着火事故；净化空调系统采用电加湿器时，加湿器加热汽化纯水对送入洁净室（区）的洁净空气增湿，通常将电加湿器安装在空气处理机组或送风管内，一旦发生纯水供水中断或无风时，也会诱发电加湿器烧毁甚至相关部分着火事故。为此作了本条的规定，并为强制性条文。

12.5 接　地

12.5.1 电子工业洁净厂房有多种用于不同目的的接地，宜采用共用接地系统，以避免分开接地不同电位所带来的不安全因素，以及不同接地导体间的耦合影响。不同的接地可以采用单独的接地线，但接地极系统是共用的，并应遵循等电位连接的原则。

12.5.3 接地系统设计应以防雷接地系统为基础，各种接地应包括在防雷接地系统保护范围之内。

13 防静电与接地设计

13.1 一般规定

电子工业洁净厂房中，根据电子产品生产工艺要求设防静电环境的场所主要有对静电放电敏感的电子元器件、组件、仪器和设备的制造和操作场所。操作场所包括包装、传输、测试、组装以及与这些操作相关联的活动；配置静电放电敏感的电子仪器、设备和设施的应用场所，如各类电子计算机房，各类电子仪器实验室、监控室等。在电子工厂中的一些电子产品生产、检测、试验场所有洁净环境要求，静电的存在将会影响洁净技术措施的效果。因此、洁净环境的设计亦应设定静电控制的预期目标，并按本规范的规定执行。

防静电环境设计应采用的主要技术措施，应从抑制或减少静电的产生和有效、安全地排除静电的措施着手。

13.2 防静电措施

13.2.1 本条是对防静电环境中防静电地面的规定，其主要依据是：

1 防静电地面是防静电环境控制的重点部位，防静电地面面层类型的选择，首先应满足不同的电子产品的生产工艺的要求，并进行技术经济比较后确定。一般防静电地面有导静电型活动地板、静电耗散型活动地板、贴面地板、树脂涂层地面、水磨石地面、移动式地垫等。

2 随着防静电工程技术的发展和工程实践经验，在防静电工程领域，采用表面电阻值、表面电阻率或体积电阻率等作为量纲单位，国内（如电子行业）、国外（如美国材料与试验协会、防静电协会）近年来发布的标准都使用了上述量纲单位，本规范采纳表面电阻率作为量纲单位。

本条规定的材料名称、性能指标主要依据《地板覆盖层和装配地板静电性能的试验方法》SJ/T 11159、《防静电地面施工及验收规范》SJ/T 31469，并参考国际、国内相关规范、标准，结合我国实际情况，综合考虑确定。

13.2.2 本条是对防静电环境中的吊顶和墙、柱面的防静电要求。制定的理由是：

1 在电子工业洁净厂房防静电环境中的顶棚和墙、柱面采用防静电装饰，对控制环境质量的作用主要是：抑制尘埃的带电吸附，改善环境的清洁度；抑制静电噪声的空间传导及其与电噪声的耦合，净化工作区的电场环境。故本条规定防静电环境中的吊顶和墙、柱面的装饰应按设计分级标准选择。

为确保在任何时间任何情况下静电电位不大于规定值，一、二级防静电环境的墙、柱面应设置导电层，有利于静电的可靠泄导。

2 本条规定主要依据行业标准《防静电地面施工及验收规范》SJ/T 31469、地方标准《防静电工程技术规程》DGJ 08—83，并参考国内、国外相关标准以及近年来大量大工程实践经验制定。

由于软帘的放电机理比较特殊，在静电泄放过程中会形成多次放电，参照国外标准，软帘的摩擦起电电压可适当放宽。

三级防静电工作区提出了低起电材料的应用，根据有关标准和文献的一般提法，低起电材料界定为摩擦起电电压不大于2000V，为满足三级防静电工作区的静电电位要求，用于防静电环境的材料仍不应大于1000V。

13.2.4 未经表面改性处理的高分子绝缘材料，是环境中产生静电的主要静电源，因此本条明确规定电子工业洁净厂房中的防静电环境不得使用这类材料。

由于装修饰面的平整光滑对于抑制静电的产生和积聚有积极作用，所以防静电环境不宜设计的过于复杂。

13.2.5、13.2.6 制定这两条的理由是：

1 由于净化空调系统送、回风口和风管管壁是易于产生静电的部位，因此规定了在防静电环境中的送、回风口和风管制作应采用导电材料，并应接地的要求。

2 在防静电环境的净化空调系统、各种配管系统中使用部分绝缘性材质、导电性橡胶软管时，应采取相应的导电措施，以泄放可能产生的静电，并采取可靠接地的措施。

13.2.7 由于在一些电子产品生产过程中不断地产生和积聚静电，虽然在防静电环境中采取了上述各项防静电设计技术措施，但仍不能达到某些电子产品生产对防静电的严格要求或在某些局部仍然会形成超过规定的静电电位。实践表明，应用离子化静电消除器等装置，消除、中和局部表面或空气中的电荷，是行之有效的方式。离子化静电消除器种类繁多，其作用原理、产品形式、消除静电效能、环境要求均差异很大。按空气离子化原理分，有同位素放射型、交流型、稳定直流型、脉冲直流型等型式。还可按结构形式分，有台座式离子风机、管式离子风嘴、箱柜式离子风机、离子风枪和静电离子棒。按适用场所分，有机内层流罩式、洁净室式、空调房间式、工作台面式和压缩气体式。按组合布置分，有针、细棒、网格（隔栅）、发射体和离子风等。防静电技术措施应根据不同场所、不同产品生产工艺要求，综合使用不同形式的离子化消电手段，以达到较好的消电效能。

13.3 防静电接地

13.3.1 导静电泄放至大地是消除静电的一种主要方法。为了保证静电迅速、安全、有效地泄放，洁净区域金属物体、导静电材料均应做可靠接地。

13.3.4 在电子工业洁净厂房中，有多种可燃、有毒的气体、液体或粉体输送、储存设备、管道，这些介质的设备、管道也是容易产生静电危害的场所。所以，对这些介质的设备、管道应采取可靠的、安全的导静电泄放至大地的接地措施，以保证一旦产生静电能够迅速、有效、安全地泄放。有爆炸和火灾危险的设备、管道应符合现行国家标准《爆炸和火灾危险环境电力装置设计规范》GB 50058的有关规定。

14 噪声控制

14.1 一般规定

14.1.1 电子工业洁净厂房内噪声控制的基本要求：一是应满足电子产品生产的要求，不能因为洁净室内的公用动力设施等引起的机械噪声、气体动力噪声，影响电子产品生产的正常进行或由于噪声的影响降低产品的质量；二是保护洁净室内工作人员的身体健康，保持工作人员有舒适、安全的工作环境。

14.1.4 电子工业洁净室（区）的噪声频谱限制值，应采用倍频程声压级，各频带声压级不宜大于现行国家标准《洁净厂房设计规范》GB 50073—2001的规定，现将该规范的相关规定摘录在表28中。

表28 噪声频谱的限制值（空态）

洁净室分类 \ 倍频程声级压［dB (A)］ \ 中心频率(Hz)	63	125	250	500	1000	2000	4000	8000
非单向流	79	70	63	58	55	52	50	40
单向流、混合流	83	74	68	63	60	57	55	54

14.2 噪声控制设计

14.2.1、14.2.2 噪声控制设计，一般应充分考虑声源设备的选型、布置和降噪隔声措施。工程实践和洁净室内噪声测试表明：一是在进行洁净厂房的平面、空间布置时，在工艺布局可能的情况下，宜将发声类设备集中布置，并应充分考虑噪声控制技术措施的合理安排；二是在洁净厂房内公用动力用房、空调机房、洁净室（区）的围护结构设计时，应认真分析研究各类发声设备的特性、性能参数后，合理地选用围护结构的构造、材料，以达到良好的隔声性能；三是洁净厂房内，包括公用动力系统、洁净室（区）内应选用低噪声产品，以确保洁净室（区）内的噪声控制要求；当选用的设备辐射噪声值超过规定时，应根据设备的特性、性能参数、外形尺寸等因素，设置专用隔声室或隔声罩或隔声屏或隔声器等隔声设施。

14.2.3 本条规定电子工业洁净厂房中的主要声源设备——公用动力设备，如各种压缩机、泵类设备、净化空调系统等的噪声超过规定时，应设有隔声、消声、隔振等有效的噪声控制措施。工程实践表明，动力站房、空调机房的围护结构包括墙体、门窗、顶棚等，均应采取吸声、隔声处理；对于辐射噪声值超过规定的公用动力设备、风机等设备的四周、顶部，应根据这些设备的特性、性能参数、外形及其尺寸等因素，采取设置隔声罩、隔声屏或悬挂吸声体等噪声控制设施；为了进一步降低空调机房、动力站房内控制室的噪声声压级，改善操作人员的工作环境，宜对控制室的围护结构包括墙体、门窗和顶棚采用隔声性能良好的材料进行隔声处理。

15 微振控制

15.1 一般规定

影响洁净厂房内精密设备、仪器的微振控制设施不能达到微振动容许值的因素主要有：环境的干扰振动，洁净厂房内公用动力系统、净化空调系统的设备、管道在运转过程中产生的振动等；洁净厂房的建筑基础构造、结构选型、隔振缝的设置等能否满足微振控制要求；微振动控制设施中所采取的主动隔振措施、被动隔振措施的准确性等。微振控制设施的工程设计、施工、测试和实际运转的实践表明，洁净厂房的精密设备、仪器的微振控制设施的设计，应分阶段进行。这里所谓的分阶段进行微振控制设施的设计是根据微振动测试所得到的数据进行分析研究后作为设计依据，按具体项目工程设计的要求，一般是按2～3阶段进行精密设备、仪器的微振控制设计工作。一是按场地环境测试数据和精密设备、仪器的微振控制要求，合理进行所在洁净厂房的总平面布置和建筑基础以及隔振措施的设计；二是根据建筑结构振动特性测试和精密设备安装地点环境振动测试及其分析研究结果，合理、准确地进行微振控制设施的设计；三是在微振控制设备的最终测试和分析研究后，若微振控制设施没有达到控制要求时，尚需进行调整设计。

15.2 容许振动值

精密设备、仪器是微振控制设计的主要对象。当作用于精密设备、仪器的微振动超过一定的界限时，此类设备、仪器就无法进行正常的工作，不能按要求生产合格的产品或中间产品，这一界限就是微振动控制值或容许振动值。容许振动值是指保证精密仪器、设备正常工作条件下，其支撑结构面的容许振动幅值。电子工业洁净厂房内的精密设备、仪器种类很多，它们都有各自的特性或所生产电子产品的不同精度有其特定的容许振动值，如集成电路生产的光刻机、图像发生器，光导纤维生产的光纤拉制机，TFT-LCD生产的电子速曝光机、光刻机等。

精密设备、仪器的容许振动值的物理量表达有多种，目前在微振控制设计时常用的有：振幅或容许振动位移量（μm）、振动速度（量纲为mm/s）、振动加速度（量纲为mm/s^2）。精密设备、仪器根据本身的使用特点采用不同的物理量进行微振控制设计。

精密设备、仪器的容许振动值一般是通过试验确定或在实际生产运行中的经验总结或实测数据，这些值与设备、仪器的特性和产品工艺要求关系密切，目前微振控制设计时的容许振动值一般由生产工艺提供方或设备制造厂家按其用途提供这些数据。本规范附录C列出一些精密设备、仪器的容许振动值供参考。

15.3 微振动控制设计

15.3.1 电子工业洁净厂房中微振控制设计，应按图10所示的程序进行。工程实践表明，该程序是电子工厂，特别是微电子工厂洁净厂房中微振控制设计的有效程序。图中指出的四次测试就是本条制定的依据。

15.3.2 有微振控制要求的洁净室（区）的建筑结构设计是微振控制设计的重要部分。实践表明，大量的环境振动能量是通过建筑结构传递到精密设备、仪器的基础底部，所以建筑结构的微振动控制设计的基本要求是：建筑物的基础应尽可能地置于坚硬土层上或置于动力特性良好的地基上，并且基础应具有足够的刚度；设置独立的建筑结构微振动控制体系，并与厂房主体结构脱开，减少厂房主体结构振动的影响；厂房的主体结构还应根据微振动控制的需要，在可能情况下，适当增大结构截面尺寸，增加整体建筑的刚度。建筑结构微振动控制体系的内容，随不同电子产品的生产工艺要求有所不同，如集成电路芯片生产用

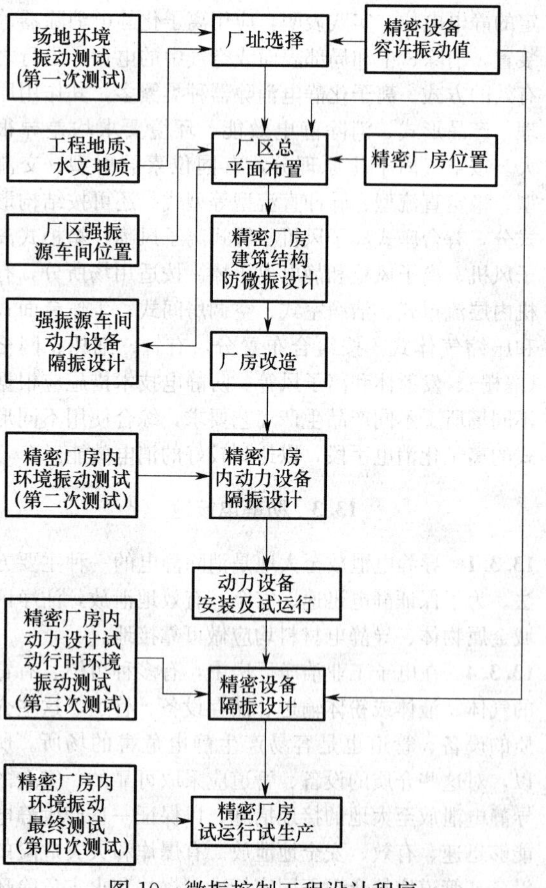

图10 微振控制工程设计程序

洁净厂房的建筑结构微振动控制体系包括：独立于厂房主体结构的基础，一般采用深基础或复合地基，以确保基础具有足够刚度和较少沉降量；设置防微振平台，该平台与主体结构脱开，并应具有较大的质量及较好的刚度，平台下支撑柱一般采用较小的柱距；在防微振平台下，一般设必要的防微振墙，以减弱水平向振动的传递；微振动控制体系底部一般设置厚重地面层等。根据上述要求和工程实践制定本条规定。

15.3.3、15.3.4 对洁净厂房内的各类振源进行积极隔振，以减少它们对洁净室（区）内的精密设备、仪器的振动影响，是洁净厂房设计的重要内容之一。洁净厂房内的振源形式大体有：冲击型（冲床、各类介质输送管道等）、往复型（各种压缩机等）、旋转型（通风机、离心式压缩机、泵、电动机等），对它们的隔振措施设计包括隔振元件的选用、隔振台座的形式和构造的设计、静力计算及振动计算等。

对精密设备、仪器采用隔振器隔振，以减弱支承结构传递的振动影响，达到容许振动值的要求，这被称为消极隔振。根据近年来微振控制设计、测试、建造的工程实践，制定了本条规定。

中华人民共和国国家标准

钢制储罐地基基础设计规范

Code for design of steel tank foundation

GB 50473—2008

主编部门：中 国 石 油 化 工 集 团 公 司
批准部门：中华人民共和国住房和城乡建设部
施行日期：2 0 0 9 年 8 月 1 日

中华人民共和国住房和城乡建设部公告

第171号

关于发布国家标准《钢制储罐地基基础设计规范》的公告

现批准《钢制储罐地基基础设计规范》为国家标准，编号为GB 50473—2008，自2009年8月1日起实施。其中，第3.1.1、3.3.2、3.4.1、3.5.1条为强制性条文，必须严格执行。

本规范由我部标准定额研究所组织中国计划出版社出版发行。

中华人民共和国住房和城乡建设部

二〇〇八年十一月二十七日

前　言

本规范是根据建设部建标〔2006〕136号文“关于印发《2006年工程建设标准规范制定、修订计划（第二批）》的通知”的要求，由中国石油化工集团公司组织中国石化工程建设公司会同有关单位共同编制。

本规范在编制过程中，总结了多年来在钢制储罐地基基础设计和施工方面的经验，吸收近年来针对大型钢制储罐基础结构的研究成果，参考了国内外有关标准规范的内容，广泛征求了有关勘察、设计、施工和使用单位的意见，经反复讨论、修改，最后经审查定稿。

本规范共分7章和1个附录，主要内容包括：总则、术语和符号、基本规定、基础环墙设计、地基承载力及稳定性计算、地基变形计算、基础构造与材料。

本规范中以黑体字标志的条文为强制性条文，必须严格执行。

本规范由住房和城乡建设部负责管理和对强制性条文的解释，由中国石油化工集团公司负责日常管理，由中国石化工程建设公司负责具体技术内容的解释。本规范在执行过程中，请各单位结合工程实践，认真总结经验，并将意见和有关资料寄交中国石化工程建设公司国家标准《钢制储罐地基基础设计规范》管理组（地址：北京市朝阳区安慧北里安园21号，邮政编码：100101），以供今后修订时参考。

本规范主编单位、参编单位和主要起草人：

主编单位： 中国石化工程建设公司

参编单位： 中国石化集团洛阳石油化工工程公司

中国石油大庆石化工程有限公司

主要起草人： 黄左坚　谭立净　陈传金　武笑平　李立昌　任　意　孙恒志

目　次

1　总则 …………………………………… 1—58—4
2　术语和符号…………………………… 1—58—4
2.1　术语……………………………… 1—58—4
2.2　符号……………………………… 1—58—4
3　基本规定………………………………… 1—58—5
3.1　一般规定………………………… 1—58—5
3.2　基础选型………………………… 1—58—5
3.3　荷载及荷载效应组合…………… 1—58—6
3.4　抗震设防………………………… 1—58—7
3.5　环境保护………………………… 1—58—7
4　基础环墙设计 ………………………… 1—58—7
4.1　环墙厚度及环向力计算………… 1—58—7
4.2　环墙截面配筋…………………… 1—58—8
5　地基承载力及稳定性计算…………… 1—58—8
5.1　承载力计算……………………… 1—58—8
5.2　稳定性计算……………………… 1—58—9
6　地基变形计算 ………………………… 1—58—9
6.1　一般规定………………………… 1—58—9
6.2　变形计算………………………… 1—58—9
6.3　地基变形观测 …………………… 1—58—10
7　基础构造与材料……………………… 1—58—10
7.1　构造 ……………………………… 1—58—10
7.2　材料 ……………………………… 1—58—11
附录A　圆形面积上均布荷载作用下各点平均附加应力系数 $\bar{\alpha}_i$ ………………………… 1—58—12
本规范用词说明 ………………………… 1—58—14
附：条文说明…………………………… 1—58—15

1 总 则

1.0.1 为保障钢制储罐地基基础的设计，做到经济合理、安全适用、技术先进和保护环境，制定本规范。

1.0.2 本规范适用于储存介质自重不大于 $10kN/m^3$ 的原油、石化产品及其他类似液体的常压（包括微内压）立式圆筒形钢制储罐地基基础（以下简称“储罐地基基础”）的设计。

本规范不适用于储存低温、介质毒性程度为极度或高度危害介质、酸或碱腐蚀介质及高架储罐地基基础的设计。

1.0.3 储罐地基基础的设计除应执行本规范外，尚应符合国家现行有关标准的规定。

2 术语和符号

2.1 术 语

2.1.1 固定顶储罐 fixed roof tank

罐顶周边与罐壁顶端刚性连接的储罐。

2.1.2 浮顶储罐 floating roof tank

浮顶随液面变化而上下升降的储罐，包括外浮顶储罐和内浮顶储罐。

2.1.3 护坡式基础 slope protected foundation

由罐壁外的混凝土护坡或碎石护坡和护坡内的填料层、砂垫层、沥青砂绝缘层等共同组成的储罐基础。

2.1.4 环墙式基础 ringwall foundation

由罐壁下的钢筋混凝土环墙和环墙内的填料层、砂垫层、沥青砂绝缘层等共同组成的储罐基础。

2.1.5 外环墙式基础 outside ringwall foundation

由罐壁外的钢筋混凝土环墙和环墙内的填料层、砂垫层、沥青砂绝缘层等共同组成的储罐基础。

2.1.6 桩基基础 pile foundation

由灌注桩或预制桩和连接于桩顶的钢筋混凝土桩承台及承台上的填料层、砂垫层、沥青砂绝缘层等共同组成的储罐基础。

2.2 符 号

2.2.1 作用和作用效应

F_t——环墙单位高度环向力设计值；

F_{t0}——外环墙单位高度环向力设计值；

f_a——修正后的地基承载力特征值；

F_k——相应于荷载效应标准组合时，上部结构传至基础顶面的竖向力值；

G_k——基础自重和基础上的土重的合重；

g_k——罐壁底端传至环墙顶端的竖向线分布荷载标准值；

M_R——抗滑力矩；

M_s——滑动力矩；

P_k——相应于荷载效应标准组合时，基础底面平均压力值；

P_0——对应于荷载效应准永久组合时储罐基础计算底面处的附加压力；

S——地基最终沉降量；

$\Delta S_i'$——在计算深度范围内，第 i 层土的计算沉降量；

$\Delta S_n'$——在由计算深度向上取厚度为 ΔZ 的土层计算沉降量。

2.2.2 计算指标

E_{si}——储罐基础底面下第 i 层土的压缩模量；

$E_{s0.1-0.2}$——地基土在 100～200kPa 压力作用时的压缩模量；

f_{ak}——地基承载力特征值；

f_y——普通钢筋的抗拉强度设计值；

γ_c——环墙的重度；

γ_L——罐内使用阶段储存介质的重度；

γ_m——环墙内各层填充材料的平均重度；

γ_w——水的重度。

2.2.3 几何参数

A——储罐基础底面面积；

A_s、A_{s0}——环墙、外环墙单位高环向钢筋的截面面积；

b——环墙厚度；

b_1——外环墙内侧至罐壁内侧距离；

D_t——储罐罐壁底圈内直径；

H——罐底至外环墙底高度；

h——环墙高度；

h_L——环墙顶面至罐内最高储液面（介质）高度；

h_w——环墙顶面至罐内最高储水面高度；

i——坡度；

R——环墙、外环墙中心线半径；

R_h——外环墙内侧半径；

R_t——储罐底圈内半径。

2.2.4 计算系数及其他

K——环墙侧压力系数；

α_i——平均附加应力系数；

β——罐壁伸入环墙顶面宽度系数；

γ——罐体自重分项系数；

γ_0——重要性系数；

γ_{Qm}——环墙内各层填充材料自重分项系数；

γ_{Qw}——水自重分项系数；

ψ_s——沉降计算经验系数。

3 基 本 规 定

3.1 一 般 规 定

3.1.1 储罐地基基础工程在设计前，应对建筑场地进行岩土工程勘察。

3.1.2 储罐地基基础设计等级应符合现行国家标准《建筑地基基础设计规范》GB 50007 的有关规定。

3.1.3 当储罐基础地基为特殊性土及地震作用地基土有液化，或地基土的承载力及沉降差不能满足设计要求时，应对地基进行处理或采取深基础等措施；当有不良地质作用和地质灾害时，应进行专门的岩土工程勘察。

3.1.4 建筑场地岩土工程勘察应符合现行国家标准《岩土工程勘察规范》GB 50021 的有关规定，并应满足下列要求：

1 储罐中心及边缘宜布置勘探点，勘探点数量应根据储罐的型式、容积、地基复杂程度等确定。详细勘察阶段每台储罐地基勘探点数量也可按表 3.1.4-1 采用，其中控制性勘探点的数量宜取勘探点总数的 1/5～1/3。

表 3.1.4-1 每台储罐地基勘探点数量

地基复杂程度	储罐公称容积（m^3）					
	≤5000	10000	20000～30000	50000	100000	150000
简单场地	3	3～5	5	5～9	10～13	13～16
中等复杂场地	3～4	5～7	5～9	9～13	13～21	16～25
复杂场地	4～5	6～9	9～12	13～18	21～25	25～30

2 勘探孔深度应符合下列要求：

1）一般性勘探孔深度可根据地基情况和储罐的容积按表3.1.4-2 确定，或到基岩顶面；

2）控制性勘探孔深度，土质地基应按一般性勘探孔的深度加 10m；岩质地基应按一般性勘探孔的深度加 5m，并宜进入中风化基岩不小于 1m。

表 3.1.4-2 一般性勘探孔深度

储罐公称容积（m^3）	一般地基（m）	软土地基（m）
≤5000	1.0～1.2D_t	1.2～1.5D_t
10000	1.0～1.2D_t	1.2～1.5D_t
20000～30000	0.9～1.0D_t	1.0～1.1D_t
50000	0.7～0.8D_t	0.8～0.9D_t
≥100000	0.6～0.7D_t	0.7～0.8D_t

3 岩土工程勘察报告应包括下列内容：

1）一般地基：应包括场地地形地貌、地质构造、场地的地震效应、不良地质作用、地层成层条件、各岩土层的物理力学性质、场地的稳定性、岩土的均匀性、岩土的承载力特征值、压缩系数、压缩模量、地下水、土和水对建筑材料的腐蚀性、土的标准冻结深度，以及由于工程建设可能引起的工程问题等的结论和建议，并附勘探点平面布置图、工程地质剖面图、地质柱状图以及有关测试图表等；

2）软土地基：除按一般地基要求外，尚应包括土层的组成、土的分类、分布范围、垂直方向和水平方向的渗透系数和固结系数、固结压力和孔隙比的关系、三轴固结不排水抗剪强度、无侧限抗压强度、不固结不排水三轴抗剪强度和有效内摩擦角、内聚力、十字板原位抗剪强度、灵敏度，以及地基处理方法的建议等；

3）山区地基：除按一般地基要求外，尚应探明建筑场区地基的滑坡、岩溶、土洞、崩塌、泥石流等不良地质现象，并对场地的稳定性作出评价，确定地基的不均匀性的分布范围，以及对地基处理方法的建议等；

4）特殊性土地基：除按一般地基要求外，尚应按相关国家现行标准提供对特殊土地基的利用、整治和改造的建议。

3.1.5 储罐基础下的耕土层、软弱土、暗塘、暗沟及生活垃圾等均应清除，并应采用素土、级配砂石或灰土分层压（夯）实，压（夯）实后地基土的力学性质宜与同一基础下未经处理的土层相一致，当清除有困难时，应采取有效的处理措施。

3.1.6 储罐基础不宜建在部分坚硬、部分松软的地基上，当无法避免时，应采取有效的处理措施。

3.1.7 当储罐不设置锚固螺栓时，储罐基础设计可不计入风荷载作用。

3.1.8 当储罐不设置锚固螺栓时，非桩基基础设计可不计入地震作用，但应满足抗震措施要求。

3.1.9 当场地土、地下水对混凝土有腐蚀性时，应对储罐基础采取防腐蚀措施，并应符合现行国家标准《工业建筑防腐蚀设计规范》GB 50046 的有关规定。

3.2 基 础 选 型

3.2.1 储罐基础的型式可分为护坡式基础、环墙式基础、外环墙式基础和桩基基础。

3.2.2 储罐基础选型应根据储罐的型式、容积、场地地质条件、地基处理方法、施工技术条件和经济合理性等综合确定。

3.2.3 储罐基础根据场地和地质条件选型时，应符合下列规定：

1 当天然地基承载力特征值大于或等于基底平

均压力、地基变形满足本规范第 6.1.3 条规定的允许值且场地不受限制时，宜采用护坡式基础，也可采用环墙式或外环墙式基础（图 3.2.3-1～图3.2.3-3）。

2 当天然地基承载力特征值小于基底平均压力、但地基变形满足本规范第 6.1.3 条规定的允许值，且经过地基处理后或经充水预压后能满足承载力的要求时，宜采用环墙式基础，也可采用外环墙式基础或护坡式基础（图 3.2.3-1～图 3.2.3-3）。

3 当天然地基承载力特征值小于基底平均压力、地基变形不能满足本规范第 6.1.3 条规定的允许值、地震作用下地基有液化土层，经过地基处理或充水预压后能满足承载力的要求和本规范第6.1.3条规定的允许值要求或液化土层消除程度满足有关规定时，宜采用环墙式基础（图 3.2.3-2）；当地基处理有困难或不做处理时，宜采用桩基基础（图 3.2.3-4）。

4 当建筑场地受限制及储罐设备有特殊要求时，应采用环墙式基础（图 3.2.3-2）。

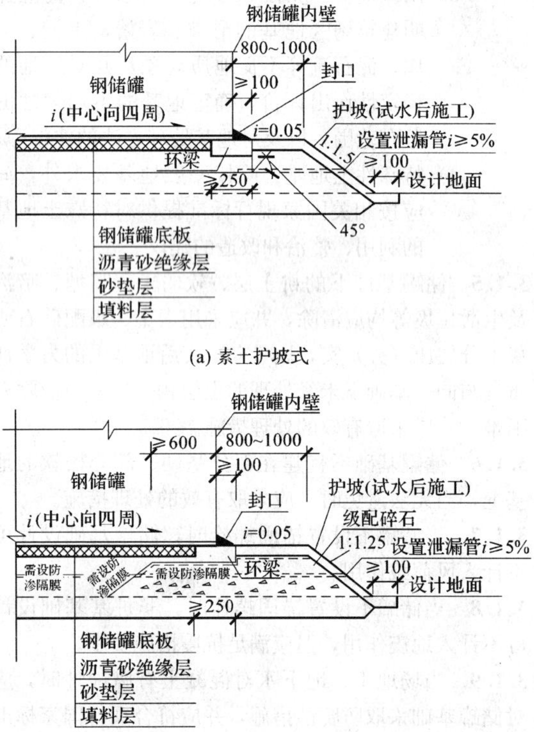

(a) 素土护坡式

(b) 碎石环墙护坡式

图 3.2.3-1 护坡式基础

3.3 荷载及荷载效应组合

3.3.1 储罐基础上的荷载分类，应符合下列规定：

1 永久荷载：储罐自重（包括保温及附件自重）、基础自重和基础上的土重等。

2 可变荷载：储罐中的储液重或储罐中充水试压的水重，风荷载。

3.3.2 储罐地基基础设计时，荷载效应最不利组合

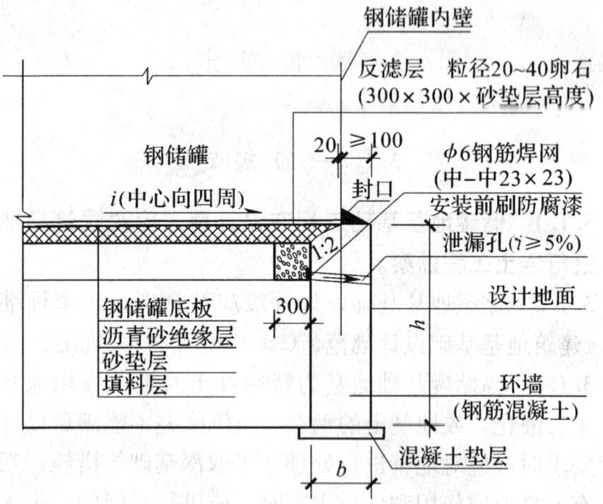

图 3.2.3-2 环墙式基础

b—环墙厚度（m）；h—环墙高度（m）

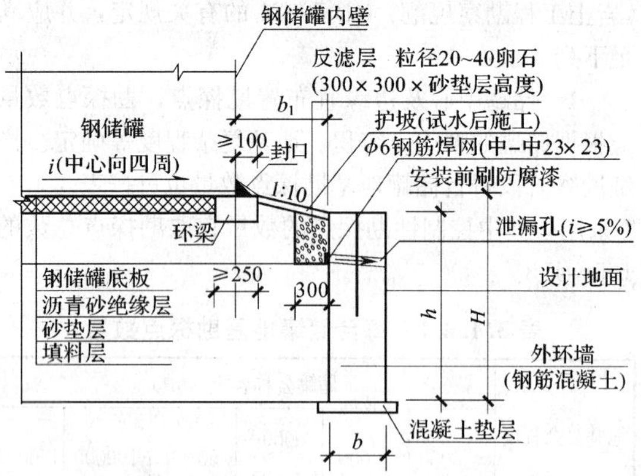

图 3.2.3-3 外环墙式基础

b—环墙厚度(m)；h—环墙高度(m)；b_1—外环墙内侧至罐壁内侧距离(m)；H—罐底至外环墙底高度(m)

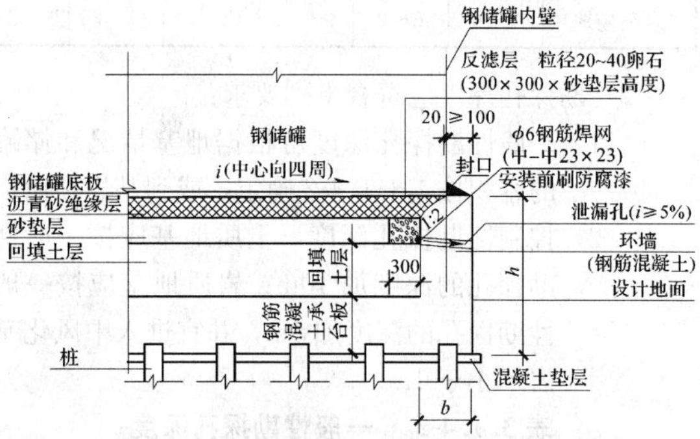

图 3.2.3-4 桩基基础

与相应的抗力限值应符合下列规定：

1 验算地基承载力或按单桩承载力确定桩数时，传至基础或承台底面上的荷载效应应按正常使用极限状态下荷载效应的标准组合；相应的抗力应采用地基承载力特征值或单桩承载力特征值。

2 计算地基变形时，传至基础底面上的荷载效应应按正常使用极限状态下荷载效应的准永久组合，不应计入风荷载和地震作用；相应的限值应为储罐地

基变形允许值。

3 计算地基稳定时，荷载效应应按承载能力极限状态下荷载效应的基本组合，但其分项系数均应为1.0。

4 在计算基础环墙环向力和承台内力、确定配筋及验算材料强度时，上部结构传至基础的荷载效应组合，应按承载能力极限状态下荷载效应的基本组合，并应采用相应的分项系数。当需验算基础裂缝宽度时，应按正常使用极限状态下荷载效应的标准组合。

3.3.3 基本组合永久荷载分项系数，应符合下列规定：

1 储罐自重（包括保温及附件自重）应取1.2。

2 基础自重和基础上的土重应取1.2。

3.3.4 基本组合可变荷载分项系数，应符合下列规定：

1 储罐中充水试压时水重应取1.1。

2 储罐中储液应取1.3。

3 储罐的风荷载应符合现行国家标准《建筑结构荷载规范》GB 50009 的有关规定。

3.3.5 准永久值系数，应符合下列规定：

1 储罐充水试压时水重应取0.85。

2 储罐中储液应取1.0。

3.4 抗 震 设 防

3.4.1 大型罐区工程应对建筑场地进行地震安全性评价。

3.4.2 容积大于 50000m³ 的储罐基础抗震设防分类应为乙类；容积小于或等于 50000m³ 的储罐基础抗震设防分类应为丙类。

3.4.3 饱和砂土和饱和粉土的液化判别和地基处理，应符合下列要求：

1 抗震设防烈度为6度时，容积小于或等于 50000m³ 的储罐可不进行判别和地基处理，容积大于 50000m³ 的储罐应按抗震设防烈度为7度的要求进行判别和地基处理。

2 抗震设防烈度为7度和8度时，应进行判别和地基处理，并应根据储罐基础的抗震设防类别和地基的液化等级采取抗液化措施。

3.4.4 储罐基础的地震作用计算应符合现行国家标准《构筑物抗震设计规范》GB 50191 的有关规定。

3.5 环 境 保 护

3.5.1 当储罐基础坐落在静流水源地或储存不可降解介质，且储罐存储介质泄漏会污染地下水或附近环境时，储罐基础部分应采取防渗漏措施。

3.5.2 储罐基础设计时，应设置渗漏检测设施。

3.5.3 储罐基础可采取下列防渗漏措施：

1 可采用压实系数不小于0.97、厚度大于500mm 的黏土层。

2 经济条件允许及对环境保护要求严格时，也可采用防渗土工膜及相关的配套设施。

4 基础环墙设计

4.1 环墙厚度及环向力计算

4.1.1 基础环墙宜按本章的有关规定进行内力计算，也可根据实际地基情况进行整体结构分析。

4.1.2 当罐壁位于环墙顶面时（图4.1.2），环墙的厚度可按下式计算：

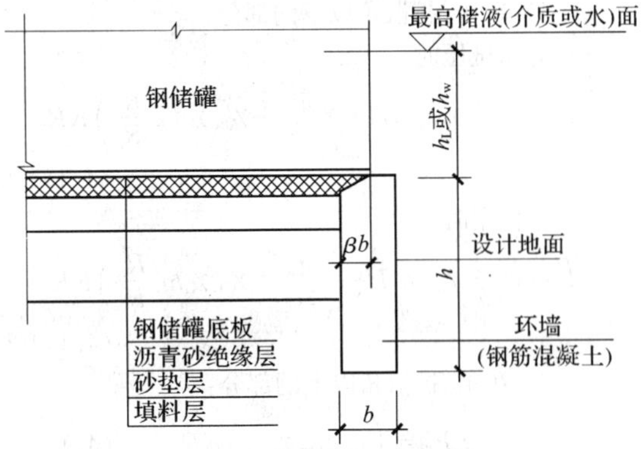

图4.1.2 环墙示意

$$b=\frac{g_k}{(1-\beta)\ \gamma_L h_L-\ (\gamma_c-\gamma_m)\ h}\qquad(4.1.2)$$

式中 b——环墙厚度（m）；

g_k——罐壁底端传至环墙顶端的竖向线分布荷载标准值(当有保温层时，尚应包括保温层的荷载标准值)(kN/m)；

β——罐壁伸入环墙顶面宽度系数，可取0.4～0.6；

γ_c——环墙的重度(kN/m³)；

γ_L——罐内使用阶段储存介质的重度(kN/m³)；

γ_m——环墙内各层材料的平均重度(kN/m³)；

h_L——环墙顶面至罐内最高储液面高度(m)；

h——环墙高度(m)。

4.1.3 环墙（图4.1.2）单位高度环向力设计值，可按下列公式计算：

1 充水试压时，可按下式计算：

$$F_t=\left(\gamma_{Qw}\gamma_w h_w+\frac{1}{2}\gamma_{Qm}\gamma_m h\right)KR\qquad(4.1.3\text{-}1)$$

式中 F_t——环墙单位高度环向力设计值（kN/m）；

γ_{Qw}、γ_{Qm}——水、环墙内各层材料自重分项系数，γ_{Qw}可取1.1，γ_{Qm}可取1.2；

γ_w、γ_m——水的重度、环墙内各层材料的平均重度（kN/m³），γ_w 可取9.8，γ_m 宜取18.0；

h_w——环墙顶面至罐内最高储水面高度（m）；

K——侧压力系数，一般地基可取0.33，软土地基可取0.5；

R——环墙中心线半径（m）。

2 正常使用时，可按下式计算：

$$F_t=\left(\gamma_{QL}\gamma_L h_L+\frac{1}{2}\gamma_{Qm}\gamma_m h\right)KR \quad (4.1.3\text{-}2)$$

式中 F_t——环墙单位高度环向力设计值（kN/m）；

γ_{QL}——使用阶段储存介质分项系数，取1.30；

γ_L——使用阶段储存介质的重度（kN/m^3）；

h_L——环墙顶面至罐内最高储液面高度（m）。

4.1.4 外环墙（图4.1.4）单位高度环向力设计值，可按下列公式计算：

1 当 $b_l \leqslant H$ 时，可按下列公式计算：

1）在45°扩散角以下的部分：

充水试压时：

$$F_{t0}=\left(\frac{1}{2}\gamma_{Qm}\gamma_m H+\gamma\frac{g_k}{2b_l}+\gamma_{Qw}\gamma_w h_w\frac{R_t^2}{R_h^2}\right)KR \quad (4.1.4\text{-}1)$$

正常使用时：

$$F_{t0}=\left(\frac{1}{2}\gamma_{Qm}\gamma_m H+\gamma\frac{g_k}{2b_l}+\gamma_{QL}\gamma_L h_L\frac{R_t^2}{R_h^2}\right)KR \quad (4.1.4\text{-}2)$$

2）在45°扩散角以上的部分：

$$F_{t0}=\left(\frac{1}{2}\gamma_{Qm}\gamma_m b_l\right)KR \quad (4.1.4\text{-}3)$$

2 当 $b_l > H$ 时可按下式计算：

$$F_{t0}=\frac{1}{2}\gamma_{Qm}\gamma_m HKR \quad (4.1.4\text{-}4)$$

式中 F_{t0}——外环墙单位高度环向力设计值（kN/m）；

γ——罐体自重分项系数，可取1.2；

b_l——外环墙内侧至罐壁内侧距离（m）；

R_h——外环墙内侧半径（m）；

R_t——储罐底圈内半径（m）；

H——罐底至外环墙底高度（m）；

R——外环墙中心线半径（m）。

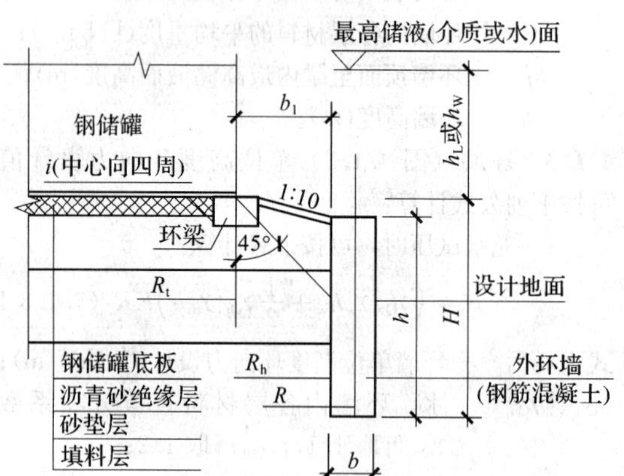

图4.1.4 外环墙示意

4.2 环墙截面配筋

4.2.1 环墙单位高度环向钢筋的截面面积，可按下式计算：

$$A_s=\frac{\gamma_0 F_t}{f_y} \quad (4.2.1)$$

式中 A_s——环墙单位高度环向钢筋的截面面积（mm^2）；

γ_0——重要性系数，取1.0；

f_y——钢筋的抗拉强度设计值（kN/mm^2）；

F_t——环墙单位高度环向力设计值（kN/m），取式4.1.3-1和式4.1.3-2的较大值。

4.2.2 外环墙单位高度环向钢筋的截面面积，可按下式计算：

$$A_{s0}=\frac{\gamma_0 F_{t0}}{f_y} \quad (4.2.2)$$

式中 A_{s0}——外环墙单位高度环向钢筋的截面面积（mm^2）；

F_{t0}——外环墙单位高度环向力设计值（kN/m），当 $b_l \leqslant H$ 时，在45°扩散角以下的部分取式4.1.4-1和式4.1.4-2的较大值。

5 地基承载力及稳定性计算

5.1 承载力计算

5.1.1 对天然地基或处理后的地基上的储罐基础，其底面（持力层顶面）处的压力应符合下式要求：

$$P_k \leqslant f_a \quad (5.1.1)$$

式中 P_k——相应于荷载效应标准组合时，基础底面平均压力值（kN/m^2）；

f_a——修正后的地基承载力特征值（kN/m^2）。

5.1.2 储罐基础底面处的平均压力设计值可按下式计算：

$$P_k=\frac{F_k+G_k}{A} \quad (5.1.2)$$

式中 F_k——相应于荷载效应标准组合时，上部结构传至基础顶面的竖向力（kN）；

G_k——基础自重和基础上的土重（kN）；

A——储罐基础底面面积（m^2），对环墙式基础，计算直径应取环墙外直径；对护坡式、外环墙式基础，计算直径应取储罐罐壁底圈内直径。

5.1.3 储罐桩基基础的设计应符合下列规定：

1 基桩可采用预制方桩、钢筋混凝土灌注桩和预应力管桩等。

2 桩基设计应符合现行国家标准《建筑地基基础设计规范》GB 50007和《建筑桩基技术规范》JGJ 94的有关规定。

3 挤土桩的桩筏基础，应采取减少挤土效应对储罐基础的不利影响的措施。

5.2 稳定性计算

5.2.1 对于采用预压排水固结法加固的软土地基和位于斜坡、陡坎边缘、已填塞或掩埋的旧河道，以及深坑边缘地带的地基，应对整体和局部地基进行抗滑稳定性计算。

5.2.2 地基抗滑稳定性可采用圆弧滑动面法进行验算，最危险的滑动面上诸力对滑动中心所产生的抗滑力矩与滑动力矩，应符合下式要求：

$$\frac{M_R}{M_s} \geqslant 1.2 \tag{5.2.2}$$

式中 M_R——抗滑力矩（kN·m）；

M_s——滑动力矩（kN·m）。

6 地基变形计算

6.1 一 般 规 定

6.1.1 地基变形特征可分为储罐基础沉降、储罐基础整体倾斜（平面倾斜）、储罐基础周边不均匀沉降（非平面倾斜）及储罐中心与储罐周边的沉降差（储罐基础锥面坡度）。

6.1.2 计算地基变形时，应符合下列规定：

1 由于荷载、地基不均匀等因素引起的地基变形，对不同型式与容积的储罐应按不同允许变形值来控制。

2 储罐基础应根据在充水预（试）压期间和使用期间的地基变形值，确定储罐基础预抬高后的标高及与管线的连接形式和施工顺序；对于外环墙式基础，应验算地基变形稳定的储罐罐壁底端标高，储罐罐壁底端标高应高于外环墙顶标高，且走道向外坡度不应小于0.1。

6.1.3 储罐地基变形允许值应按表6.1.3采用：

表6.1.3 储罐地基变形允许值

储罐地基变形特征	储罐型式	储罐底圈内直径	沉降差允许值
整体倾斜（任意直径方向）	浮顶罐与内浮顶罐	$D_t \leqslant 22$	$0.0070D_t$
		$22 < D_t \leqslant 30$	$0.0060D_t$
		$30 < D_t \leqslant 40$	$0.0050D_t$
		$40 < D_t \leqslant 60$	$0.0040D_t$
		$60 < D_t \leqslant 80$	$0.0035D_t$
		$D_t > 80$	$0.0030D_t$
	固定顶罐	$D_t \leqslant 22$	$0.015D_t$
		$22 < D_t \leqslant 30$	$0.010D_t$
		$30 < D_t \leqslant 40$	$0.009D_t$
		$40 < D_t \leqslant 60$	$0.008D_t$

续表6.1.3

储罐地基变形特征	储罐型式	储罐底圈内直径	沉降差允许值
罐周边不均匀沉降	浮顶罐与内浮顶罐	—	$\Delta S/l \leqslant 0.0025$
	固定顶罐	—	$\Delta S/l \leqslant 0.0040$
储罐中心与储罐周边的沉降差	沉降稳定后≥0.008		

注：1 D_t 为储罐罐壁底圈内直径（m）；

2 ΔS 为储罐周边相邻测点的沉降差（mm）；

3 l 为储罐周边相邻测点的间距（mm）。

6.1.4 储罐安装前，基础正锥形顶面自中心向周边的坡度宜为15‰～35‰。

6.2 变 形 计 算

6.2.1 当储罐基础处于下列情况之一时，应做变形量计算：

1 当储罐地基基础设计等级为甲级或乙级时。

2 当天然地基承载力不能满足要求或地基土有软弱土层时。

3 当储罐基础有可能发生倾斜时。

4 当储罐基础持力层有厚薄不均匀的地基土时。

6.2.2 地基沉降量可采用分层总和法进行计算，最终沉降量可按下式计算：

$$S = \psi_s S' = \psi_s \sum_{i=1}^{n} \frac{P_0}{E_{si}} (Z_i \bar{\alpha}_i - Z_{i-1} \bar{\alpha}_{i-1}) \tag{6.2.2}$$

式中 S——地基最终沉降量（mm）；

S'——按分层总和法计算出的地基沉降量（mm）；

ψ_s——沉降计算经验系数，可按现行国家标准《建筑地基基础设计规范》GB 50007的有关规定采用；

n——储罐基础沉降计算深度范围内所划分的土层数（图6.2.2）；

P_0——对应于荷载效应准永久组合时储罐基础计算底面处的附加压力（kPa），见本规范第6.2.3条；

E_{si}——储罐基础底面下第 i 层土的压缩模量（MPa），应取土的自重压力至土的自重压力与附加压力之和的压力段计算；

Z_i、Z_{i-1}——储罐基础底面至第 i 层土、第 $i-1$ 层土底面的距离（m）；

$\bar{\alpha}_i$、$\bar{\alpha}_{i-1}$——储罐基础底面计算点至第 i 层土、第 $i-1$ 层土底面范围内平均附加应力系数，可按附录A采用。

6.2.3 地基变形计算深度（图6.2.2），应符合下式

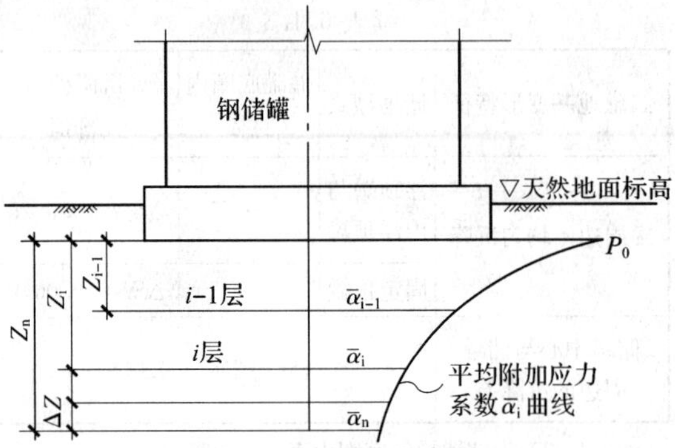

图 6.2.2 储罐基础沉降计算的分层示意

Z_n—地基变形计算深度（m）

要求：

$$\Delta S_n' \leqslant 0.025 \sum_{i=1}^{n} \Delta S_i' \qquad (6.2.3)$$

式中 $\Delta S_i'$——在计算深度范围内，第 i 层土的计算变形值；

$\Delta S_n'$——由计算深度向上取厚度为 ΔZ 的土层计算变形值，ΔZ（图 6.2.2）宜按表 6.2.3 确定：

表 6.2.3 ΔZ 值

D_t(m)	$8<D_t\leqslant15$	$15<D_t\leqslant30$	$30<D_t\leqslant60$	$60<D_t\leqslant80$	$80<D_t\leqslant100$	$D_t>100$
ΔZ(m)	0.92～1.11	1.11～1.32	1.32～1.53	1.53～1.62	1.62～1.68	1.68

如确定的计算深度下部仍有较软土层时，应继续计算。

注：地基变形计算深度 Z_n，当为环墙式储罐基础时，储罐周边和储罐中心处均自环墙底面算起，P_0 值为环墙底面处的附加压力，当环墙底至填料层之间的原土层较厚时，尚应计算该土层的附加变形值；当为护坡式、外环墙式储罐基础时，储罐周边和储罐中心处均自填料层底面算起，P_0 值为填料层底面处的附加压力。

6.2.4 桩基础变形计算应按现行国家标准《建筑地基基础设计规范》GB 50007 的有关规定执行，变形允许值应满足本规范表6.1.3的要求。

6.3 地基变形观测

6.3.1 地基变形观测应符合下列要求：

1 在储罐充水预(试)压和投产使用期间，应对储罐基础的地基变形进行观测；变形观测应在储罐基础完工后、储罐充水前、充水过程、充满水稳压阶段、放水过程、放水后及投产使用等各个时段进行。

2 充水预压地基应进行沉降观测，软土地基尚宜进行水平位移观测、倾斜观测及孔隙水压力测试等。

3 变形观测应设专人定期进行，在充水预压阶段每天不应少于1次并应作好记录，测量精度宜采用Ⅱ级水准测量。

4 充水预压过程中如发现储罐地基基础沉降有异常，应立即停止充水，并应待处理后继续充水。

5 充水预压的监测与监测报告的编制尚应符合国家现行标准《石油化工钢储罐地基充水预压监测规程》SH/T 3123 的有关规定。

6.3.2 每台储罐基础应设置沉降观测点；沉降观测点宜沿罐基础周边均匀布置，沉降观测点设置数量应符合表 6.3.2 的要求：

表 6.3.2 沉降观测点设置数量

储罐公称容积(m^3)	沉降观测点数量(个)
1000 及以下	4
2000	4
3000	8
5000	8
10000	12
20000	16
30000	24
50000	24
100000	26
150000	32

7 基础构造与材料

7.1 构 造

7.1.1 当选用护坡式、外环墙式基础时，宜在罐壁底面位置设置一道钢筋混凝土环梁。环梁可采用矩形截面梁，环梁宽可按本规范式 4.1.2 计算确定，且不宜小于 250mm；环梁高可与环梁宽相同。钢筋混凝土环梁的配筋可按构造要求配置。

7.1.2 储罐基础顶面周边高出设计地面高度(不含预抬高的高度)不宜小于 300mm。

7.1.3 储罐基础顶面应设置沥青砂绝缘层；沥青砂绝缘层厚度宜为 80～150mm，压实系数不应小于 0.95。中砂与石油沥青的重量配比宜为 93∶7；基础表面的沥青砂绝缘层在任意方向上不应有突起的棱角，从中心向周边拉线测量基础表面凹凸度不应超过 25mm。

7.1.4 沥青砂绝缘层下面，应设置中粗砂垫层；中粗砂垫层厚度不宜小于300mm。压实系数不应小于0.96。

7.1.5 中粗砂垫层下回填土层的压实系数不应小于0.96。

7.1.6 护坡式基础顶面的人行道宽度宜为800～1000mm。

7.1.7 护坡式基础的护坡坡度宜为1∶1.5，当采用混凝土或碎石灌浆护坡时，护坡厚度不宜小于100mm；当采用浆砌毛石护坡时，护坡厚度不应小于200mm。护坡施工应待储罐充水试压后进行。

7.1.8 除基岩地基外，环墙式基础的埋深(以沉降基本稳定为准)不宜小于600mm，在地震区，当地基土有液化可能时，埋深不宜小于1000mm；在寒冷地区储罐基础埋深宜满足冻土深度要求，无法满足时应采取防冻胀措施。

7.1.9 钢筋混凝土环墙厚度不宜小于250mm，环墙顶面应在储罐内壁向中心20mm处做成1∶2的坡度，储罐内壁至环墙外缘尺寸不宜小于100mm(图7.1.14)。

7.1.10 储罐基础应设置泄漏孔。泄漏孔应沿储罐周均匀设置，泄漏孔间距宜为10～15m，孔径宜为Φ50，泄漏孔进口处孔底宜与砂垫层底标高相同，并应以不小于5%的坡度坡向环墙外侧；泄漏孔出口处应高于设计地面，进口处应设置由砾石和粒径为20～40mm的卵石组成反滤层和钢筋滤网(图3.2.3-1～图3.2.3-4)。

7.1.11 钢筋混凝土环墙顶面宜设置厚度为20～30mm的1∶2水泥砂浆或厚度为50mm的C30细石混凝土找平层，环墙顶面的水平度在表面任意10m弧长上不应超过±3.5mm，在整个圆周上，从平均的标高计算不应超过±6.5mm。

7.1.12 钢筋混凝土环墙不宜开缺口。当罐体安装要求必需留施工缺口时，环向钢筋应错开截断，待罐体安装结束后，应采用比环墙混凝土强度等级高一级的微膨胀混凝土立即将缺口封堵密实，钢筋接头应采用焊接。

7.1.13 钢筋混凝土环墙的环向受力钢筋的混凝土保护层最小厚度不应小于40mm。

7.1.14 钢筋混凝土环墙的配筋(图7.1.14)，应符合下列要求：

1 环向受力钢筋的截面最小总配筋率不应小于0.4%，且应按环墙的全截面面积计算。对于公称容积不小于10000m³或建在软土、软硬不一地基上的储罐，环墙顶端和底端宜各增加两根附加环向钢筋，钢筋直径应与环墙的环向受力筋相同。

2 环墙每侧竖向钢筋的最小配筋率不应小于0.15%，钢筋直径宜为12～18mm，间距宜为150～200mm，竖向钢筋宜为封闭式。

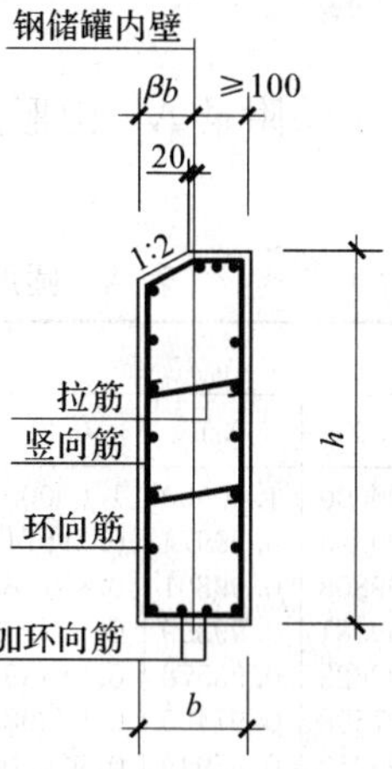

图7.1.14 环墙配筋

7.1.15 环向受力钢筋接头应采用机械连接或焊接连接。

7.1.16 钢筋混凝土环墙弧长大于40m时，宜留宽度为900～1000mm的后浇带，并应在保证钢筋连续的原则下分段浇灌，后浇带应采用提高一个强度等级的微膨胀混凝土浇灌，或采取其他有效措施。当有成熟的经验和可靠的保证措施时，后浇带的间距可适当放宽。

7.1.17 储罐前操作平台的基础应与钢筋混凝土环墙基础分开。

7.1.18 当储罐内储存介质最高温度高于90℃时，与罐底接触的罐基础表面，应采取隔热措施。

7.1.19 储罐底板外周边应封口，封口应采用能适应罐底板变形的构造措施及材料，并应在储罐充水试压完毕和罐体未保温前进行。

7.2 材 料

7.2.1 填料层的回填土宜采用黏性土，不得采用淤泥、耕土、膨胀土、冻土，以及有机杂质含量大于5%的土料。

7.2.2 砂垫层宜采用质地坚硬的中、粗砂，也可采用最大粒径不大于20mm的砂石混合料，不得含有草根等有机杂质，含泥量不得大于5%，不得采用粉砂和冰结砂。

7.2.3 沥青砂绝缘层应采用中砂配制，含泥量不得大于5%。

7.2.4 用于沥青砂绝缘层的沥青材料，当储罐内介质温度低于80℃时，宜采用60号甲、乙道路石油沥青，也可采用30号甲、乙建筑石油沥青；当储罐内介质温度等于或高于80℃时，宜采用30号甲、乙建筑石油沥青。

7.2.5 储罐基础环墙的混凝土强度等级不应低于C25；环向钢筋宜采用HRB335级或HRB400级钢筋，竖向钢筋宜采用HPB235级或HRB335级钢筋。

附录A 圆形面积上均布荷载作用下各点平均附加应力系数 $\bar{\alpha}_i$

表A 圆形面积上均布荷载作用下各点平均附加应力系数 $\bar{\alpha}_i$

Z/R	r/R										
	0.0	0.1	0.2	0.3	0.4	0.5	0.6	0.7	0.8	0.9	1.0
0.0	1.00000	1.00000	1.00000	1.00000	1.00000	1.00000	1.00000	1.00000	1.00000	1.00000	0.50000
0.1	0.99975	0.99974	0.99971	0.99965	0.99954	0.99932	0.99884	0.99762	0.99334	0.96698	0.49186
0.2	0.99808	0.99801	0.99778	0.99732	0.99650	0.99496	0.99184	0.98461	0.96439	0.89180	0.48391
0.3	0.99381	0.99359	0.99291	0.99157	0.98920	0.98497	0.97697	0.96056	0.92302	0.82577	0.47580
0.4	0.98623	0.98578	0.98439	0.98173	0.97715	0.96933	0.95558	0.93014	0.88005	0.77323	0.46759
0.5	0.97508	0.97435	0.97208	0.96784	0.96075	0.94916	0.92999	0.89737	0.83959	0.73070	0.45927
0.6	0.96053	0.95949	0.95630	0.95044	0.94088	0.92585	0.90222	0.86451	0.80259	0.69518	0.45088
0.7	0.94302	0.94169	0.93762	0.93025	0.91852	0.90064	0.87367	0.83266	0.76894	0.66467	0.44242
0.8	0.92313	0.92154	0.91671	0.90805	0.89455	0.87450	0.84519	0.80226	0.73824	0.63786	0.43393
0.9	0.90149	0.89968	0.89422	0.88455	0.86969	0.84809	0.81729	0.77346	0.71009	0.61386	0.42542
1.0	0.87868	0.87670	0.87076	0.86033	0.84451	0.82189	0.79027	0.74626	0.68412	0.59207	0.41693
1.1	0.85520	0.85310	0.84682	0.83587	0.81942	0.79620	0.76427	0.72058	0.66004	0.57207	0.40849
1.2	0.83147	0.82929	0.82279	0.81151	0.79471	0.77124	0.73936	0.69634	0.63759	0.55353	0.40012
1.3	0.80782	0.80560	0.79897	0.78752	0.77058	0.74712	0.71570	0.67344	0.61659	0.53625	0.39184
1.4	0.78450	0.78225	0.77557	0.76409	0.74718	0.72392	0.69287	0.65180	0.59688	0.52004	0.38368
1.5	0.76168	0.75944	0.75277	0.74134	0.72459	0.70166	0.67125	0.63131	0.57832	0.50477	0.37565
1.6	0.73950	0.73728	0.73067	0.71936	0.70286	0.68036	0.65068	0.61191	0.56080	0.49035	0.36776
1.7	0.71804	0.71585	0.70933	0.69820	0.68200	0.66000	0.63109	0.59352	0.54424	0.47669	0.36004
1.8	0.69735	0.69519	0.68879	0.67788	0.66203	0.64056	0.61246	0.57607	0.52854	0.46372	0.35249
1.9	0.67745	0.67534	0.66907	0.65840	0.64292	0.62202	0.59472	0.55950	0.51366	0.45138	0.34512
2.0	0.65836	0.65629	0.65017	0.63975	0.62485	0.60433	0.57784	0.54375	0.49952	0.43963	0.33793
2.1	0.64006	0.63804	0.63207	0.62191	0.60722	0.58746	0.56176	0.52877	0.48607	0.42842	0.33093
2.2	0.62254	0.62058	0.61475	0.60486	0.59057	0.57137	0.54645	0.51451	0.47326	0.41772	0.32411
2.3	0.60578	0.60386	0.59819	0.58856	0.57467	0.55602	0.53185	0.50092	0.46106	0.40749	0.31749
2.4	0.58974	0.58788	0.58236	0.57299	0.55949	0.54138	0.51793	0.48797	0.44941	0.39770	0.31106
2.5	0.57441	0.57260	0.56723	0.55812	0.54499	0.52740	0.50465	0.47561	0.43830	0.38834	0.30482
2.6	0.55975	0.55798	0.55276	0.54390	0.53113	0.51404	0.49196	0.46381	0.42767	0.37935	0.29876
2.7	0.54572	0.54428	0.53892	0.53030	0.51789	0.50129	0.47985	0.45254	0.41751	0.37074	0.29288
2.8	0.53230	0.53063	0.52568	0.51730	0.50523	0.48909	0.46826	0.44176	0.40779	0.36248	0.28718
2.9	0.51946	0.51784	0.51302	0.50486	0.49312	0.47742	0.45718	0.43144	0.39848	0.35455	0.28166
3.0	0.50716	0.50558	0.50089	0.49295	0.48152	0.46626	0.44625	0.42156	0.38955	0.34693	0.27630
3.1	0.49539	0.49385	0.48928	0.48154	0.47042	0.45556	0.43642	0.41209	0.38099	0.33961	0.27111
3.2	0.48410	0.48620	0.47815	0.47061	0.45978	0.44531	0.42668	0.40302	0.37278	0.33257	0.26608
3.3	0.47327	0.47181	0.46747	0.46013	0.44957	0.43548	0.41734	0.39431	0.36489	0.32579	0.26120
3.4	0.46289	0.46146	0.45723	0.45007	0.43978	0.42605	0.40837	0.38594	0.35730	0.31926	0.25648
3.5	0.45292	0.45153	0.44740	0.44042	0.43039	0.41700	0.39977	0.37791	0.35001	0.31140	0.25190
3.6	0.44335	0.44199	0.43796	0.43115	0.42136	0.40830	0.39150	0.37019	0.34300	0.30692	0.24745
3.7	0.43415	0.43282	0.42889	0.42224	0.41268	0.39994	0.38354	0.36275	0.33624	0.30107	0.24315
3.8	0.42530	0.42400	0.42016	0.41367	0.40434	0.39189	0.37589	0.35560	0.32973	0.29543	0.23897
3.9	0.41678	0.41552	0.41177	0.40542	0.39631	0.38415	0.36852	0.34871	0.32346	0.28999	0.23492
4.0	0.40859	0.40735	0.40369	0.39748	0.38858	0.37670	0.36143	0.34208	0.31741	0.28743	0.23098
4.1	0.40070	0.39949	0.39590	0.38984	0.38113	0.36951	0.35459	0.33567	0.31158	0.27965	0.22717
4.2	0.39309	0.39191	0.38840	0.38247	0.37395	0.36259	0.34799	0.32950	0.30594	0.27474	0.22347
4.3	0.38575	0.38460	0.38116	0.37536	0.36702	0.35591	0.34163	0.32354	0.30050	0.26999	0.21987
4.4	0.37868	0.37754	0.37418	0.36850	0.36034	0.34946	0.33548	0.31778	0.29524	0.26539	0.21638
4.5	0.37184	0.37074	0.36744	0.36188	0.35389	0.34323	0.32955	0.31222	0.29015	0.26094	0.21299
4.6	0.36525	0.36416	0.36094	0.35548	0.34765	0.33722	0.32381	0.30684	0.28523	0.25663	0.20969
4.7	0.35887	0.35781	0.35465	0.34930	0.34163	0.33140	0.31827	0.30164	0.28047	0.25245	0.20649
4.8	0.35271	0.35166	0.34856	0.34332	0.33580	0.32578	0.31290	0.29660	0.27586	0.24840	0.20330
4.9	0.34674	0.34572	0.34268	0.33754	0.33017	0.32034	0.30771	0.29173	0.27139	0.24448	0.20035
5.0	0.34097	0.33997	0.33699	0.33195	0.32471	0.31507	0.30268	0.28701	0.26706	0.24067	0.19741

续表 A

Z/R	r/R										
	0.0	0.1	0.2	0.3	0.4	0.5	0.6	0.7	0.8	0.9	1.0
5.1	0.33539	0.33440	0.33148	0.32653	0.31943	0.30997	0.27781	0.28243	0.26287	0.23697	0.19454
5.2	0.32998	0.32901	0.32614	0.32128	0.91431	0.30502	0.29390	0.27800	0.25879	0.23338	0.19176
5.3	0.32473	0.32378	0.32096	0.31619	0.30935	0.30023	0.28852	0.27370	0.25484	0.22990	0.18904
5.4	0.31965	0.31872	0.31595	0.31126	0.30454	0.29558	0.28408	0.26952	0.25100	0.22651	0.18640
5.5	0.31472	0.31380	0.31108	0.30648	0.29987	0.29107	0.27977	0.26547	0.24728	0.22322	0.18383
5.6	0.30993	0.30903	0.30636	0.30183	0.29534	0.28669	0.27559	0.26153	0.24366	0.22002	0.18132
5.7	0.30529	0.30440	0.30177	0.29733	0.29094	0.28244	0.27152	0.25771	0.24014	0.21691	0.17888
5.8	0.30078	0.29991	0.29732	0.29295	0.28667	0.27831	0.26758	0.25400	0.23672	0.21389	0.17650
5.9	0.29640	0.29554	0.29300	0.28870	0.28252	0.27430	0.26374	0.25039	0.23340	0.21094	0.17418
6.0	0.29214	0.29130	0.28880	0.28456	0.27849	0.27040	0.26001	0.24687	0.23016	0.20807	0.17191
6.1	0.28800	0.28717	0.28471	0.28054	0.27457	0.26661	0.25639	0.24346	0.22701	0.20528	0.16970
6.2	0.28397	0.28316	0.28073	0.27663	0.27075	0.26292	0.25286	0.24013	0.22394	0.20255	0.16755
6.3	0.28006	0.27926	0.27687	0.27283	0.26704	0.25932	0.24942	0.23689	0.22096	0.19990	0.16545
6.4	0.27625	0.27546	0.27310	0.26913	0.26343	0.25583	0.24607	0.23374	0.21805	0.19732	0.16339
6.5	0.27253	0.27176	0.26944	0.26552	0.25991	0.25242	0.24282	0.23067	0.21521	0.19480	0.16139
6.6	0.26892	0.26815	0.26587	0.26201	0.25648	0.24911	0.23964	0.22767	0.21245	0.19234	0.15943
6.7	0.26540	0.26464	0.26239	0.25859	0.25314	0.24587	0.23655	0.22475	0.20976	0.18994	0.15752
6.8	0.26197	0.26122	0.25901	0.25526	0.24988	0.24272	0.23353	0.22191	0.20713	0.18760	0.15565
6.9	0.25862	0.25789	0.25570	0.25201	0.24671	0.23965	0.23059	0.21913	0.20456	0.18531	0.15382
7.0	0.25536	0.25464	0.25248	0.24884	0.24361	0.23666	0.22772	0.21642	0.20206	0.18229	0.15204

Z/R	r/R									
	1.1	1.2	1.3	1.4	1.5	1.6	1.7	1.8	1.9	2.0
0.0	0.00000	0.00000	0.00000	0.00000	0.00000	0.00000	0.00000	0.00000	0.00000	0.00000
0.1	0.02797	0.00486	0.00148	0.00060	0.00030	0.00016	0.00010	0.00006	0.00004	0.00003
0.2	0.08870	0.02535	0.00398	0.00420	0.00215	0.00121	0.00074	0.00047	0.00032	0.00022
0.3	0.13779	0.05306	0.02338	0.01156	0.00629	0.00368	0.00229	0.00150	0.00102	0.00072
0.4	0.17284	0.07979	0.04009	0.02167	0.01250	0.00764	0.00489	0.03260	0.00225	0.00160
0.5	0.19774	0.10279	0.05685	0.03306	0.02014	0.01279	0.00844	0.00575	0.00404	0.00291
0.6	0.21558	0.12178	0.07233	0.04460	0.02846	0.01875	0.01272	0.00887	0.00633	0.00462
0.7	0.22839	0.13717	0.08602	0.05560	0.03691	0.02511	0.01749	0.01246	0.00905	0.00670
0.8	0.23752	0.14951	0.09785	0.06570	0.04508	0.03155	0.02251	0.01635	0.01207	0.00906
0.9	0.24391	0.15934	0.10791	0.07475	0.05274	0.03784	0.02757	0.02039	0.01530	0.01163
1.0	0.24819	0.16709	0.11637	0.08274	0.05978	0.04381	0.03253	0.02447	0.01863	0.01434
1.1	0.25085	0.17313	0.12342	0.08969	0.06613	0.04937	0.03729	0.02847	0.02196	0.01712
1.2	0.25221	0.17775	0.12924	0.09569	0.07180	0.05449	0.04177	0.03233	0.02525	0.01989
1.3	0.25256	0.18121	0.13399	0.10081	0.07681	0.05913	0.04593	0.03599	0.02843	0.02263
1.4	0.25211	0.18369	0.13781	0.10515	0.08119	0.06330	0.04976	0.03942	0.03146	0.02528
1.5	0.25100	0.18536	0.14085	0.10879	0.08500	0.06702	0.05325	0.04261	0.03433	0.02782
1.6	0.24938	0.18635	0.14319	0.11181	0.08828	0.07031	0.05641	0.04555	0.03701	0.03024
1.7	0.24735	0.18677	0.14496	0.11428	0.09108	0.07319	0.05923	0.04823	0.03950	0.03251
1.8	0.24499	0.18672	0.14621	0.11627	0.09344	0.07571	0.06176	0.05067	0.04179	0.03464
1.9	0.24237	0.18628	0.14704	0.11784	0.09542	0.07789	0.06399	0.05287	0.04389	0.03661
2.0	0.23956	0.18552	0.14749	0.11903	0.09706	0.07976	0.06595	0.05483	0.04581	0.03843
2.1	0.23660	0.18448	0.14763	0.11990	0.09838	0.08134	0.06767	0.05659	0.04754	0.04011
2.2	0.23352	0.18322	0.14749	0.12049	0.09943	0.08267	0.06916	0.05815	0.04911	0.04164
2.3	0.23037	0.18178	0.14713	0.12084	0.10024	0.09378	0.07044	0.05952	0.05051	0.04303
2.4	0.22716	0.18018	0.14656	0.12096	0.10083	0.08467	0.07152	0.06071	0.05175	0.04428
2.5	0.22392	0.17847	0.14584	0.12091	0.10123	0.08538	0.07244	0.06175	0.05286	0.04541
2.6	0.22067	0.17666	0.14497	0.12069	0.10146	0.08593	0.07320	0.06265	0.05383	0.04643
2.7	0.21742	0.17477	0.14398	0.12033	0.10155	0.08633	0.07381	0.06341	0.05469	0.04733
2.8	0.21419	0.17282	0.14290	0.11985	0.10151	0.08659	0.07430	0.06404	0.05543	0.04813
2.9	0.21098	0.17084	0.14173	0.11927	0.10135	0.08674	0.07467	0.06457	0.05606	0.04884
3.0	0.20781	0.16882	0.14050	0.11860	0.10109	0.08679	0.07493	0.06500	0.05660	0.04945
3.1	0.20467	0.16678	0.13922	0.11786	0.10074	0.08674	0.07510	0.06533	0.05705	0.04999
3.2	0.20158	0.16474	0.13789	0.11705	0.10032	0.08661	0.07519	0.06558	0.05742	0.05044
3.3	0.19854	0.16269	0.13652	0.11618	0.09984	0.08641	0.07521	0.06576	0.05772	0.05083
3.4	0.19555	0.16064	0.13513	0.11528	0.09929	0.08614	0.07515	0.06587	0.05795	0.05115
3.5	0.19262	0.15860	0.13372	0.11433	0.09870	0.08582	0.07504	0.06591	0.05812	0.05142
3.6	0.18974	0.15658	0.13230	0.11336	0.09806	0.08544	0.07487	0.06590	0.05823	0.05163
3.7	0.18691	0.15458	0.13087	0.11236	0.09739	0.08503	0.07465	0.06584	0.05830	0.05179
3.8	0.18415	0.15260	0.12944	0.11234	0.09669	0.08457	0.07439	0.06574	0.05832	0.05190
3.9	0.18144	0.15064	0.12801	0.11030	0.09596	0.08409	0.07410	0.06560	0.05829	0.05197
4.0	0.17880	0.14870	0.12658	0.10926	0.09521	0.08357	0.07377	0.06542	0.05823	0.05200

续表 A

Z/R	r/R									
	1.1	1.2	1.3	1.4	1.5	1.6	1.7	1.8	1.9	2.0
4.1	0.17621	0.14679	0.12516	0.10820	0.09445	0.08303	0.07341	0.06520	0.05814	0.05200
4.2	0.17367	0.14492	0.12375	0.10715	0.09367	0.08247	0.07303	0.06496	0.05801	0.05197
4.3	0.17120	0.14307	0.12235	0.10609	0.09288	0.08189	0.07262	0.06469	0.05786	0.05191
4.4	0.16878	0.14125	0.12097	0.10503	0.09208	0.08130	0.07219	0.06440	0.05768	0.05182
4.5	0.16641	0.13946	0.11959	0.10398	0.09127	0.08070	0.07175	0.06409	0.05748	0.05171
4.6	0.16410	0.13771	0.11824	0.10293	0.09046	0.08008	0.07129	0.06377	0.05725	0.05157
4.7	0.16184	0.13598	0.11690	0.10188	0.08965	0.07946	0.07083	0.06342	0.05701	0.05142
4.8	0.15964	0.13429	0.11557	0.10084	0.08884	0.07883	0.07034	0.06307	0.05676	0.05125
4.9	0.15747	0.13263	0.11427	0.09981	0.08803	0.07819	0.06986	0.06270	0.05649	0.05106
5.0	0.15537	0.13100	0.11298	0.09879	0.08722	0.07756	0.06936	0.06232	0.05621	0.05086
5.1	0.15331	0.12940	0.11172	0.09778	0.08641	0.07692	0.06886	0.06193	0.05591	0.05065
5.2	0.15130	0.12783	0.11047	0.09678	0.08561	0.07628	0.06835	0.06153	0.05561	0.05042
5.3	0.14934	0.12626	0.10924	0.09580	0.08481	0.07564	0.06784	0.06113	0.05530	0.05019
5.4	0.14742	0.12478	0.10803	0.09482	0.08402	0.07500	0.06733	0.06072	0.05498	0.04994
5.5	0.14554	0.12330	0.10684	0.09385	0.08324	0.07436	0.06681	0.06031	0.05465	0.04969
5.6	0.14371	0.12185	0.10567	0.09290	0.08246	0.07373	0.06630	0.05989	0.05432	0.04943
5.7	0.14191	0.12043	0.10452	0.09196	0.08169	0.07309	0.06578	0.05947	0.05399	0.04919
5.8	0.14016	0.11903	0.10339	0.09103	0.08093	0.07247	0.06526	0.05905	0.05365	0.04889
5.9	0.13844	0.11767	0.10228	0.09012	0.08017	0.07184	0.06475	0.05863	0.05330	0.04862
6.0	0.13677	0.11633	0.10118	0.08922	0.07943	0.07122	0.06424	0.05821	0.05296	0.04834
6.1	0.13513	0.11501	0.10011	0.08833	0.07869	0.07061	0.06373	0.05779	0.05261	0.04805
6.2	0.13352	0.11372	0.09905	0.08746	0.07796	0.07000	0.06322	0.05737	0.05226	0.04777
6.3	0.13195	0.11246	0.09802	0.08659	0.07724	0.06940	0.06272	0.05694	0.05191	0.04748
6.4	0.13042	0.11122	0.09700	0.08575	0.07653	0.06880	0.06221	0.05652	0.05156	0.04718
6.5	0.12891	0.11001	0.09599	0.08491	0.07583	0.06821	0.06172	0.05610	0.05121	0.04689
6.6	0.12744	0.10882	0.09501	0.08409	0.07513	0.06763	0.06122	0.05569	0.05085	0.04660
6.7	0.12600	0.10765	0.09404	0.08327	0.07445	0.06705	0.06073	0.05527	0.05050	0.04630
6.8	0.12459	0.10651	0.09309	0.08248	0.07378	0.06648	0.06025	0.05486	0.05015	0.04601
6.9	0.12321	0.10538	0.09216	0.08169	0.07311	0.06591	0.05976	0.05445	0.04980	0.04571
7.0	0.12186	0.10428	0.09124	0.08092	0.07245	0.06535	0.05929	0.05404	0.04946	0.04542

注：1 R——圆形面积的半径(m)；

2 Z——计算点离基础底面的垂直距离(m)；

3 r——计算点距圆形面积中心的水平距离(m)。

本规范用词说明

1 为便于在执行本规范条文时区别对待，对要求严格程度不同的用词说明如下：

1） 表示很严格，非这样做不可的用词：

正面词采用“必须”，反面词采用“严禁”。

2） 表示严格，在正常情况下均应这样做的用词：

正面词采用“应”，反面词采用“不应”或“不得”。

3） 表示允许稍有选择，在条件许可时首先应这样做的用词：

正面词采用“宜”，反面词采用“不宜”；

表示有选择，在一定条件下可以这样做的用词，采用“可”。

2 本规范中指明应按其他有关标准、规范执行的写法为“应符合……的规定”或“应按……执行”。

中华人民共和国国家标准

钢制储罐地基基础设计规范

GB 50473—2008

条 文 说 明

目　次

1　总则 ………………………………… 1—58—17
3　基本规定 ……………………………… 1—58—17
3.1　一般规定 …………………………… 1—58—17
3.2　基础选型 …………………………… 1—58—17
3.3　荷载及荷载效应组合 ……………… 1—58—18
3.4　抗震设防 …………………………… 1—58—18
3.5　环境保护 …………………………… 1—58—18
4　基础环墙设计 ………………………… 1—58—18
4.1　环墙厚度及环向力计算 …………… 1—58—18
4.2　环墙截面配筋 ……………………… 1—58—19
5　地基承载力及稳定性计算 ………… 1—58—19
5.1　承载力计算 ………………………… 1—58—19
6　地基变形计算 ………………………… 1—58—19
6.1　一般规定 …………………………… 1—58—19
6.2　变形计算 …………………………… 1—58—20
7　基础构造与材料 ……………………… 1—58—20
7.1　构造 ………………………………… 1—58—20
7.2　材料 ………………………………… 1—58—21

1 总 则

1.0.2 立式圆筒形钢制储罐包括固定顶、浮顶和内浮顶储罐，罐底板由中心向周边的锥面坡度一般为15‰。用以储存原油、成品油和其他类似液体。

储罐基础类型分为护坡式、环墙式、外环墙式和桩基基础。各种基础均由沥青砂绝缘层、砂垫层、填料层和钢筋混凝土环墙、桩基承台或护坡共同组成储罐基础。一般钢储罐基础均设计为柔性基础。

本规范不适用于储存低温、介质毒性程度为极度或高度危害介质、酸或碱腐蚀介质及高架储罐地基基础的设计。对储存以上介质的储罐基础有可能出现以下情况：

1 对储存低温介质的储罐。因为低温介质会导致罐基土的冻涨，在储罐基础的结构、材料和填料上应进行特殊的处理。

2 对储存毒性程度为极度和高度危害介质、酸、碱腐蚀介质的储罐。因上述介质会对储罐基础产生腐蚀破坏，为了进行渗、漏的观察，这类储罐基础一般均设计为架空基础。

对操作压力超常压和储存介质自重大于 10kN/m^3 的储罐，有可能出现以下情况：

1 对储存操作压力超常压的储罐。因为操作压力超常压的储罐设计要求储罐基础与储罐共同工作，在储罐基础的结构、材料和填料上应进行特殊的处理。

2 因储罐（本规范所包括的）在试压和储罐基础在地基处理时均采用充水来试压和预压的，而水的重度为 9.80kN/m^3。对储存介质自重大于 10kN/m^3 的储罐，还应按有关要求进行特殊的处理。

3 基 本 规 定

3.1 一 般 规 定

3.1.1 随着国民经济的发展，储罐的容量也越来越大，特别是大型储罐，直径、高度大，对地基土的承载能力和变形要求高，影响深度大，尤其是软土地基、山区地基以及特殊性土地基，地层复杂。对于储罐基础，如不均匀沉降过大，将导致储罐的倾斜或失稳，使浮顶罐的浮船（盘）不能升降，甚至产生储罐破裂，并造成严重的次生灾害。因此本规范中特别强调了储罐基础的设计，必须进行建筑场地的岩土工程地质勘察。

3.1.3～3.1.5 软土一般是指天然含水量大（接近或大于液限）、孔隙比大（一般大于 1）压缩性高（$\alpha_{1-2}>0.5\text{MPa}^{-1}$ 或 $\alpha_{1-3}>1\text{MPa}^{-1}$）、承载能力低、渗透系数小的一种软塑到流塑状态的黏性土。如淤泥、淤泥质土以及其他高压缩性饱和黏性土、粉土等。淤泥和淤泥质土是指在静水或缓慢的流水环境中沉积，经生物化学作用形成的黏性土。这种黏性土含有机质，天然含水量大于液限（$\omega>\omega_l$），天然孔隙比 e 大于 1.5 时称为淤泥。天然孔隙比 e 小于 1.5 而大于 1.0 时，称为淤泥质土。当土的灼烧量大于 5%时，称为有机土，大于 60%时称为泥炭。

3.1.6 储罐基础不宜建在部分坚硬，部分松软的地基上，因为储罐是由钢板组成的圆柱体，油罐底为上凸圆锥状。储罐基础过大的不均匀沉降，将导致储罐的倾斜或失稳，使浮顶罐的浮船（盘）不能升降，甚至产生储罐破裂，并造成严重的次生灾害。

3.1.7、3.1.8 不设锚固螺栓的储罐基础，因为钢储罐直接坐落在基础上，钢储罐与基础之间无固定连接，靠钢储罐底与基础顶面的摩擦维持相对稳定，当有风荷载和地震作用时，其作用效应较之竖向荷载产生的效应要小得多，为计算简便，该类储罐基础设计可不考虑风荷载和地震作用。当设置锚固螺栓时，储罐基础设计则应考虑与钢储罐共同承担风荷载和地震作用。

3.2 基 础 选 型

3.2.1～3.2.3 储罐基础的选型是至关重要的，作用于储罐基础上的主要荷载是罐体及储存介质的重量，该作用荷载的特点是荷载强度大、分布面积大，对地基的影响深度大。特别是对软弱地基产生的沉降和不均匀沉降大。储罐基础主要是支撑罐体，在建造和正常操作状态下保证储罐的安全可靠，一旦地基基础失稳，其严重后果将不堪设想，并将带来严重的次生灾害。因此在对储罐基础的选型中，应认真考虑地质条件，对地基土的稳定性要有足够的重视，基础必须具有足够的安全性、适用性（满足业主的使用要求）和耐久性。

储罐基础的型式很多，各型基础有其各自的特点和适用条件，因此在选型时应根据储罐的型式、容积、地质条件、材料供应情况、业主要求和施工技术条件、地基处理方法和经济合理性进行综合考虑。按照地质条件并参考国内外常用的基础型式，规范中提出 4 种储罐基础型式。

1 护坡式基础一般用于硬和中硬场地土，多用于固定顶储罐，其优点是省钢材、水泥、工程投资小。缺点是基础的平面抗弯刚度差，因而对调整地基不均匀沉降作用小，效果较差。且占地面积大。

2 环墙式基础一般用于软和中软场地土，多用于浮顶罐与内浮顶罐，罐壁下设置钢筋混凝土环墙，这种型式的罐基础，在国内用的较多，它的优点是：① 可减少罐周的不均匀沉降。钢筋混凝土环墙平面抗弯刚度较大，能很好地调整在地基下沉过程中出现的不均匀沉降，从而减少罐壁的变形，避免浮顶罐与内浮顶罐发生浮顶不能上浮的现象。② 罐体荷载传递给地基的压力分布较为均匀。③ 增加基础的稳定性，抗震性能较好。防止由于冲刷、浸蚀、地震等造成环墙内各填料层的流失，保持罐底下填料层基础的稳定。④ 有利于罐壁的安装。环墙为罐壁底端提供了一个平整而坚实的表面，并为校平储罐基础面和保持外形轮廓提供了有利条件。⑤ 有利于事故的处理。当罐体出现较大的倾斜时，可用环墙进行顶升调整，或采用半圆周挖沟纠偏法。⑥ 起防潮作用。钢筋混凝土环墙顶面不积水，减少罐底的潮气和对罐底板的腐蚀。⑦ 比护坡式罐基础占地面积小。缺点是：① 由于环墙的竖向抗力刚度比环墙内填料层相差较大，因此罐壁和罐底的受力状态较外环墙式储罐基础差。② 钢筋水泥耗量较多。

3 外环墙式储罐基础一般多用于硬和中硬场地土。它的优点是：① 由于罐体坐落在由砂石土构成的基础上，其竖向抗力刚度相差不大，因此对罐壁和罐底的受力状态较环墙式储罐基础好。② 由于设置外环墙式基础具有一定的稳定性，因此其抗震性能也较好。③ 较环墙式罐基础省钢筋和水泥。缺点是：① 外环墙式罐基础的整体平面抗弯刚度较钢筋混凝土环墙式基础差，因此调整不均匀沉降的能力较差。② 当罐壁下节点处的下沉量低于外环墙顶时易造成两者之间的凹陷。

4 桩基基础，有一定的应用范围，但要注意桩基承台板的设计。缺点是投资规模较大。

3.3 荷载及荷载效应组合

3.3.1 按现行国家标准《建筑结构荷载规范》GB 50009及《建筑地基基础设计规范》GB 50007中的相关要求制定。其中将储罐中的储液重或储罐中充水水重划为可变荷载考虑。

3.3.2 地基基础设计时，所采用的荷载效应最不利组合和相应的抗力限值的规定是依据现行国家标准《建筑地基基础设计规范》GB 50007中的有关条文。

3.3.4 可变荷载分项系数的取值按现行国家标准《建筑结构荷载规范》GB 50009—2001中第3.2.5条中对标准值大于$4kN/m^2$的活荷分项系数取1.3。

3.4 抗震设防

3.4.1 本节明确地震区作场地和地基的地震效应评价按国家防灾法及相应的现行国家标准《工程场地地震安全性评价》GB 17741执行。但对大型罐区的定义，可按单罐容积或罐区库容及储罐储存的介质等参照现行国家标准《石油库设计规范》GB 50074—2002的有关规定确定。即：原油储罐库容不小于$100000m^3$、其余石化产品储罐库容不小于$30000m^3$的为大型罐区。

3.4.2 由于储罐容积大于$50000m^3$的基础直径较大，地基不均匀沉降对其影响大，一旦发生罐体泄漏等事故，将造成较大的经济损失。故提出储罐容积大于$50000m^3$的基础抗震设防分类为乙类；小于或等于$50000m^3$的储罐基础为丙类。

3.4.3 对场地液化判别和处理按现行国家标准《构筑物抗震设计规范》GB 50191执行。

3.5 环境保护

3.5.1 由于环境保护日益受到重视，提出了储罐基础部分应采取防渗漏措施。关于静流水源地的确定是依据建设场地的有关环境的评价报告；防止储存的不可降解介质（如经MTBE调节出来的汽油）渗漏措施等。

3.5.3 防渗漏措施一般采用黏土、防渗土工膜（如HDPE膜）或相应的材料铺设，并设检查井等配套设施。

4 基础环墙设计

4.1 环墙厚度及环向力计算

4.1.2 环墙式罐基础等截面环墙的宽度计算式（1）是按环墙底压强与环墙内同一水平地基土压强相等（标准值）的条件而求得的，即$P_1=P_2$（见图1）。

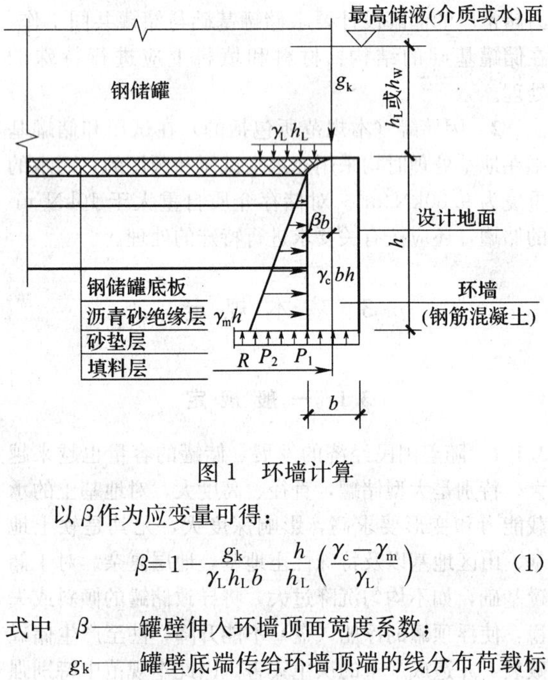

图1 环墙计算

以β作为应变量可得：

$$\beta=1-\frac{g_k}{\gamma_L h_L b}+\frac{h}{h_L}\left(\frac{\gamma_c-\gamma_m}{\gamma_L}\right) \quad (1)$$

式中 β——罐壁伸入环墙顶面宽度系数；

g_k——罐壁底端传给环墙顶端的线分布荷载标准值（当有保温层时尚应包括保温层的荷载标准值）(kN/m)；

b——环墙厚度（m）；

γ_L——罐内使用阶段储存介质的重度（kN/m^3）；

h_L——环墙顶面至罐内最高储液面（介质）高

度（m）；

γ_c——环墙的重度（kN/m^3）；

γ_m——环墙内各填料层的平均重度（kN/m^3）；

h——环墙高度（m）。

关于罐壁底端传给环墙的线分布荷载标准值（g_k），当为浮顶罐时，仅为罐壁的重量（包括保温层重量）；当为固定顶罐（包括内浮顶罐）时，应为罐壁和罐顶的重量（包括保温层重量）。

4.1.4 外环墙的环向力主要考虑3种荷载作用在外环墙上，即填料层荷载、罐体自重（固定顶罐和内浮顶罐除罐壁保温重外还应包括固定顶盖重）和充水水重。外环墙式罐基础，其罐壁和底板均为柔性支承，因此对基础的竖向抗力刚度应有较高的要求。

4.2 环墙截面配筋

影响环墙环向力计算的主要因素是环墙侧向压力系数和储罐的半径。而近几年来建造的100000m³的储罐越来越多，储罐的半径为40m，而150000m³的储罐半径为50m，相应的环向力也很大。在实际工程中，仅对几个100000m³的储罐和150000m³的储罐进行了相关的监测，其实测的结果与计算的结果有一定的差异；虽然试验数据偏少，但通过有限元分析，得出的结论与按规范公式计算的结果比较接近。因此环墙环向力的计算可按本规范给出的公式进行。

5 地基承载力及稳定性计算

5.1 承载力计算

5.1.3 对储罐桩基基础由桩、桩承台和环墙3部分组成。桩的设计按国家现行标准《建筑桩基技术规范》JGJ 94中的具体要求考虑；桩承台的设计按国家现行标准《建筑桩基技术规范》JGJ 94及现行国家标准《建筑地基基础设计规范》GB 50007中的相关规定执行；储罐环墙部分的计算可按实际受力状态进行。

6 地基变形计算

6.1 一 般 规 定

6.1.1、6.1.3 按现行国家标准《立式圆筒形钢制焊接油罐设计规范》GB 50341，钢储罐按结构形式分为3种型式，即固定顶式（拱顶）储罐，浮顶式储罐和内浮顶式储罐（具有固定顶和浮顶两种特点）。近年来我国石油化工工业发展很快，兴建了一大批不同容积的储罐，从建造地点来看，大部分在沿海或临海回填地区，这些地区地基松软。而大型储罐的特点是荷载大、面积大，压缩层影响深，因此对地基的不均匀沉降要求高。如100000m³、150000m³的储罐，直径80m、100m，高21.80m，地基承载力要求达250～280kPa；从国内外储罐工程事故分析表明，多由于储罐产生差异沉降导致了储罐的破坏。从储罐工程实例来看，尽管不均匀沉降有多种形式，但基本上可分为3种模式：平面倾斜——罐基整体倾斜；非平面倾斜——罐基周边不均匀沉降；罐基础锥面坡度——罐中心与储罐周边的沉降差（见图2）。

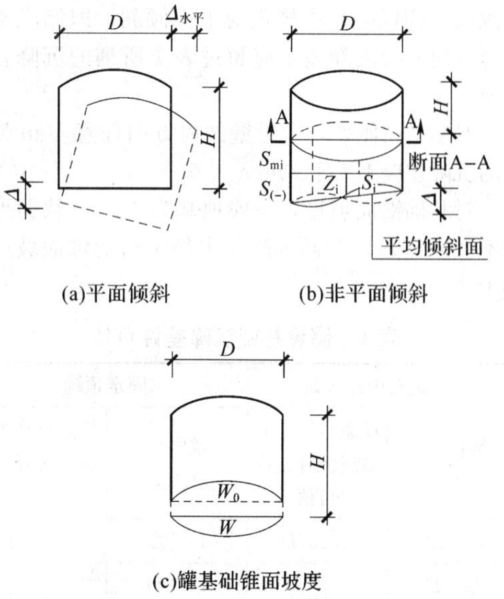

图2 储罐基础变形示意

S_{mi}—在点i的总实测沉降，即自罐建成时起测出的该点高程变化；

Δ—直径方向上点间沉降之差；

Z_i—点i由平面倾斜引起的沉降分量；

S_i—点i由平面外扭曲倾斜引起的沉降分量；

D—罐直径；

H—罐高度；

W_0—罐底原始中心与边缘高度差；

W—罐底实际中心与边缘高度差。

由于差异沉降引起储罐破坏主要有两种类型：罐壁扭曲导致浮顶失灵；罐壁与底板或罐壁与底板连接处的破坏。根据国内60座储罐的沉降观测资料表明，凡采用钢筋混凝土环墙的，通常呈平面倾斜，仅呈平面倾斜的储罐基础，罐壁不至于遭到破坏；而非平面倾斜通常使罐壁径向扭曲或罐壁产生过大次应力引起径向扭曲（即椭圆度）而使浮顶失灵，次应力还可引起储罐破裂。经研究结果表明，储罐对于不均匀沉降的适应能力与罐底的结构、包括罐底边缘板的宽度、厚度、角焊缝的韧性等有关。由于罐壁在垂直方向的刚度很大，当下部基础出现不均匀沉降时，就会使罐底与罐壁间的角焊缝和罐底的边缘板受力产生很大的次生应力。罐基础锥面坡度，鉴于圆形均布荷载作用下的地基附加应力分布特性，将导致罐底易成蝶形，罐底中心的过大沉降，使罐底的拉应力增大，同时影响罐内的清扫。

地基变形允许值的规定，主要是根据现行国家标准《立式圆筒形钢制焊接油罐设计规范》GB 50341，附录E“油罐对基础和基础的基本要求”和大量的实测数据并参考国外标准而制定的。本规范增加了$100000m^3$和$150000m^3$储罐的具体要求。

1 现行国家标准《立式圆筒形钢制焊接油罐设计规范》GB 50341中规定对平面倾斜，即储罐基础直径方向上的沉降差不应超过表1所列的沉降差许可值。

对非平面倾斜，沿罐壁圆周方向任意10m弧长内的沉降差应不大于25mm。

对基础锥面坡度，一般地基为15‰；软弱地基应不大于35‰，基础沉降基本稳定后的锥面坡度不小于8‰。

表1 储罐基础沉降差许可值

浮顶罐与内浮顶罐		固定顶罐	
罐内径 D（m）	任意直径方向最终沉降差许可值	罐内径 D（m）	任意直径方向最终沉降差许可值
$D\leqslant22$	$0.007D$	$D\leqslant22$	$0.015D$
$22<D\leqslant30$	$0.006D$	$22<D\leqslant30$	$0.010D$
$30<D\leqslant40$	$0.005D$	$30<D\leqslant40$	$0.009D$
$40<D\leqslant60$	$0.004D$	$40<D\leqslant60$	$0.008D$
$60<D\leqslant80$	$0.0035D$	—	—
$80<D\leqslant100$	$0.003D$	—	—

2 罐体本身平面倾斜相对来说不是最重要的（除非大的倾斜）。由于罐体倾斜改变了液面形式，从而使罐壁增加了附加应力，由罐体应力分析表明，只要罐壁在无次应力情况下，保证储罐的正常工作即可。

6.1.4 储罐基础的锥面坡度一般为15‰，但在软弱地基条件下，由于罐基础中心沉降量比罐周沉降量大，为了满足基础沉降基本稳定后的锥面坡度不小于8‰的要求，可将基础锥面坡度从15‰提高到不大于35‰，并与现行国家标准《立式圆筒形钢制焊接油罐设计规范》GB 50341中规定基础锥面坡度不得大于35‰一致。

6.2 变形计算

规范中验算地基变形时所规定的项目包括储罐基础的变形量、储罐地基的整体倾斜、罐周边不均匀沉降、罐中心与罐周边沉降差等，设计时最基本的计算是计算地基的最终变形量。

7 基础构造与材料

7.1 构 造

7.1.3 储罐基础顶面设置沥青砂绝缘层，其主要作用为防止潮气、砂石土填料层中的有害化学物质及杂散电流等对罐底板的腐蚀；使其下面的砂石土填料层稳固，并减少其透水性；便于罐底板的铺设和安装，保持罐基顶的形状和基础锥面坡度和平整度。关于沥青砂绝缘层的压实系数是指按规定方法采取的沥青砂垫层试样的体积密度与标准密度之比。

7.1.4 设置砂垫层的作用，主要是使压力分布均匀，调整和减少地基的不均匀沉降；当厚度不小于300mm时，可防止地下毛细管水的渗入，当底板开裂时，可作为漏油显示信号的通道。

7.1.7 护坡式储罐基础，均应待储罐充水试压后施工，因罐在充水试压时，产生地基沉降，为避免护坡的开裂，因此不应与储罐基础同时施工。但应特别注意，储罐在充水试压时，应防止罐顶上雨水的冲刷，或其他人为的对护坡的破坏，可采取临时的防护措施。否则易造成严重的滑坡事故。

7.1.8 借鉴日本3次强震资料，“储罐凡是用钢筋混凝土环墙、而埋深不小于1m时，地震作用时地基液化，罐体虽出现倾斜，但经修复仍能满足继续使用”。根据储罐许可有较大变形的特征，综合考虑震害影响情况，规定当储罐建在地震区，地震时地基土有液化的可能时，采用埋深不小于1m的钢筋混凝土环墙。

7.1.10 储罐基础设置泄漏孔，埋设漏油信号管，当底板漏油时经过砂垫层和反滤层沿该管流出，便于安全人员检查，及时采取对策。

7.1.12 钢筋混凝土环墙当留缺口后，将环向受力钢筋切断，对环墙的受力是极为不利的。另外，当储罐采用气吹法倒装施工时，也要在环墙上留人孔。因此本条规定环墙不宜开缺口，当必需留施工缺口时，其尺寸应尽量减少，并必须采取加强措施。

7.1.14 对公称容积不小于$10000m^3$或建在软土、软硬不一地基上的储罐，主要是考虑在上述条件下的储罐在充水试压时，环墙有不均匀下沉的现象，设置附加环向钢筋和封闭式竖向钢筋，一是防止环墙顶的应力集中，二是起到抵抗不均匀下沉对环墙的受力作用。

7.1.15 现行国家标准《混凝土结构设计规范》GB 50010中第9.4.2条规定“轴心受拉及小偏心受拉杆件的纵向受力钢筋不得采用绑扎搭接接头”。故本条规定环向受力钢筋接头，应采用机械连接或焊接连接。

7.1.16 钢筋混凝土环墙均采用现浇钢筋混凝土结构，而现浇钢筋混凝土环墙大多在早期出现裂缝，特别是在施工条件多变，环墙内外侧回填料不及时，养护较差等产生温差和混凝土的收缩情况下，更容易在储罐投入使用或投入使用初期，环墙就出现裂缝的现象。由温度和收缩变形引起的应力比较复杂。按一般规定当圆周（中心圆）长度超过 40m 时宜设置后浇带。

7.1.18 现行国家标准《立式圆筒形钢制焊接油罐设计规范》GB 50341 对储罐基本要求中提出“当储罐的设计温度大于 90℃时，储罐的基础应适应储罐在高温下工作的要求”。因此本条规定，与罐底接触的罐基础表面，应采取隔热措施。主要是由于高温介质破坏沥青砂绝缘层。目前用的较多的方法只按储存介质的不同温度采取平铺的红砖进行隔热。也可采用其他行之有效的隔热材料。

7.1.19 储罐底板外周边封口，是为了防止雨水渗入而腐蚀罐底板。封口防水层过去一般采用灌沥青或沥青砂。但由于罐底板的变形，沥青或沥青砂材料均不能适应而产生裂缝。储罐在充水试压完后，已完成基础的大部分沉降，再进行封口防水层的施工是有利的。底板封口防水层的施工时期有两种情况：一种是空罐时施工，一种是储罐使用时期施工。关于底板封口防水层在国外普遍采用弹性橡胶质材料（多数为橡胶沥青）封口的做法。但这种材料使用后由于溶剂的蒸发，时间长了也不能避免表面龟裂。为了解决这种缺欠，国外也有采用橡胶沥青-玻璃丝布复合防水层的做法。

7.2 材　　料

7.2.4 沥青砂绝缘层所用的沥青材料，主要是根据储罐内储存介质的温度，按沥青的软化点来选用。60 号甲、乙道路石油沥青其软化点为不低于 45℃，30 号甲、乙建筑石油沥青其软化点为不低于：30 号甲为 70℃，30 号乙为 60℃。为了与国家现行标准《石油化工钢储罐地基与基础施工及验收规范》SH/T 3528—2005 中的规定取得一致，本条采用了 30 号甲或 30 号乙。

中华人民共和国国家标准

隔热耐磨衬里技术规范

Technical code for heat-insulation and wear-resistant linings

GB 50474—2008

主编部门：中 国 石 油 化 工 集 团 公 司
批准部门：中华人民共和国住房和城乡建设部
施行日期：2 0 0 9 年 7 月 1 日

中华人民共和国住房和城乡建设部公告

第198号

关于发布国家标准《隔热耐磨衬里技术规范》的公告

现批准《隔热耐磨衬里技术规范》为国家标准，编号为GB 50474—2008，自2009年7月1日起实施。其中，第4.1.1、5.4.3、6.6.2、9.0.1条为强制性条文，必须严格执行。

本规范由我部标准定额研究所组织中国计划出版社出版发行。

中华人民共和国住房和城乡建设部

二〇〇八年十二月十五日

前　言

本规范是根据建设部"关于印发《2006年工程建设标准规范制订、修订计划（第二批）》的通知"（建标〔2006〕136号）的要求，由中国石油化工集团公司组织天津金耐达筑炉衬里有限公司、中国石化集团洛阳石化工程公司会同中国石化工程建设公司、西南科技大学材料学院、中国石化集团第四建设公司共同编制完成。

本规范在编制过程中，编制组开展了专题研究，进行了比较广泛的调研，总结了近几年来石油化工工程建设的实践经验，以多种形式征求了有关设计、施工、监理等方面的意见，对其中主要问题进行了多次讨论，最后经审查定稿。

本规范主要内容有：总则、术语、衬里设计、衬里材料、衬里施工、质量检验、补衬与修补、衬里烘炉、工程验收等。

本规范中以黑体字标志的条文为强制性条文，必须严格执行。

本规范由住房和城乡建设部负责管理和对强制性条文的解释，由中国石油化工集团公司负责日常管理工作，由天津金耐达筑炉衬里有限公司负责具体技术内容的解释。本规范在执行过程中，请各单位结合工程实践，认真总结经验，注意积累资料，随时将意见和建议反馈给天津金耐达筑炉衬里有限公司（地址：天津市大港区世纪大道180号，邮政编码：300270），以便在今后修订时参考。

本规范主编单位、参编单位和主要起草人：

主编单位：天津金耐达筑炉衬里有限公司
中国石化集团洛阳石化工程公司

参编单位：中国石化工程建设公司
西南科技大学材料学院
中国石化集团第四建设公司

主要起草人：郭世云　苏延秋　张海滨　顾月章
葛春玉　张世成　李　丽　房家贵
秦彦晰　严　云　汪庆华

目　次

1　总则 …………………………………… 1—59—4
2　术语 …………………………………… 1—59—4
3　衬里设计 ……………………………… 1—59—4
3.1　一般规定 …………………………… 1—59—4
3.2　衬里结构的选择 …………………… 1—59—4
3.3　典型衬里结构 ……………………… 1—59—5
3.4　锚固件的类型与布置……………… 1—59—6
3.5　衬里厚度 …………………………… 1—59—8
4　衬里材料 ……………………………… 1—59—9
4.1　一般规定 …………………………… 1—59—9
4.2　锚固件 ……………………………… 1—59—9
4.3　钢纤维 ……………………………… 1—59—9
4.4　不定形耐火材料 …………………… 1—59—9
4.5　衬里混凝土………………………… 1—59—10
5　衬里施工……………………………… 1—59—11
5.1　一般规定…………………………… 1—59—11
5.2　金属表面处理 ……………………… 1—59—11
5.3　锚固件安装………………………… 1—59—11
5.4　衬里混凝土搅拌 …………………… 1—59—12
5.5　施工缝……………………………… 1—59—12
5.6　浇注法施工………………………… 1—59—13
5.7　喷涂法施工………………………… 1—59—13
5.8　手工捣制法施工 …………………… 1—59—13
5.9　特殊部位施工 ……………………… 1—59—14
5.10　衬里混凝土养护………………… 1—59—14
5.11　成品保护 ………………………… 1—59—14
6　质量检验……………………………… 1—59—14
6.1　一般规定…………………………… 1—59—14
6.2　衬里材料检验……………………… 1—59—15
6.3　除锈质量…………………………… 1—59—15
6.4　锚固件安装检验…………………… 1—59—15
6.5　衬里混凝土检验 …………………… 1—59—16
6.6　工程试样…………………………… 1—59—16
7　补衬与修补…………………………… 1—59—16
8　衬里烘炉……………………………… 1—59—16
8.1　一般规定…………………………… 1—59—16
8.2　衬里烘炉制度……………………… 1—59—17
9　工程验收……………………………… 1—59—17
附录A　龟甲网技术条件……………… 1—59—18
附录B　衬里施工作业人员操作技能
　　　　考核方法 ……………………… 1—59—18
附录C　喷涂衬里混凝土含水率
　　　　测试方法 ……………………… 1—59—18
本规范用词说明 ……………………… 1—59—18
附：条文说明…………………………… 1—59—19

1 总　　则

1.0.1　为保障石油化工催化裂化装置反应再生系统设备隔热耐磨衬里工程的质量，满足催化裂化装置长周期运行和安全稳定生产的需要，制定本规范。

1.0.2　本规范适用于催化裂化装置反应再生系统设备的隔热耐磨衬里设计、施工及验收。

1.0.3　隔热耐磨衬里设计、施工及验收除应执行本规范外，尚应符合国家现行有关标准的规定。

2 术　　语

2.0.1　催化裂化装置　catalytic cracking unit

以重质油品为原料，通过催化剂作用完成催化裂化反应，生产轻质油品和化工原料的炼油生产装置。

2.0.2　反应再生系统设备　reactor-regenerator system equipment

催化裂化装置中带隔热耐磨衬里的设备、管道及其附件的统称。

2.0.3　隔热耐磨衬里　heat-insulated and wear-resistant lining

在反应再生系统设备的器壁上由衬里混凝土和锚固件所构成的牢固附着在器壁上的稳定结构，简称衬里。

2.0.4　锚固件　anchor

固定在反应再生系统设备器壁上，保持隔热耐磨衬里结构稳定性的组合件。

2.0.5　衬里混凝土　lining concrete

不定形耐火材料和水或其他液体拌和后的物料，按规定的方法施工，并在规定的条件下养护凝固，达到隔热、隔热耐磨、耐磨、高耐磨等性能要求的混凝土。

2.0.6　不定形耐火材料　monolithic refractory

由骨料、细粉和结合剂及添加剂组成的混合料，以交货状态直接使用或加入水或其他液体拌和后使用。

2.0.7　衬里材料　lining material

构成隔热耐磨衬里的金属和非金属材料的总称。

2.0.8　衬里烘炉　lining baking

隔热耐磨衬里按规定的温度和时间进行升温、恒温及降温并形成稳定结构的过程。

2.0.9　冷壁　cold wall

反应再生系统设备中，有隔热性能衬里的设备和管道器壁。

2.0.10　热壁　hot wall

反应再生系统设备中，无隔热性能衬里的设备和管道器壁。

3 衬 里 设 计

3.1 一 般 规 定

3.1.1　衬里结构、衬里材料、施工要求应根据工艺过程、操作条件、不同部位的工况及金属构件膨胀对衬里的影响、环保、节能及经济因素综合等确定。

3.1.2　确定金属外壁温度时，不应产生金属器壁的露点腐蚀。

3.1.3　设备过渡段、设备开口、特殊部位及异形结构部位等处的衬里锚固钉应加密。

3.1.4　龟甲网隔热耐磨双层衬里的反应再生系统设备宜设置阻气圈，沿轴向间距宜为1500～2000mm。

3.1.5　特殊部位和异形结构部位的衬里结构应绘制节点详图。

3.2 衬里结构的选择

3.2.1　隔热耐磨衬里应根据衬里结构和衬里混凝土的性能分为下列形式：

1　龟甲网隔热耐磨双层衬里［图3.2.1（a）］。

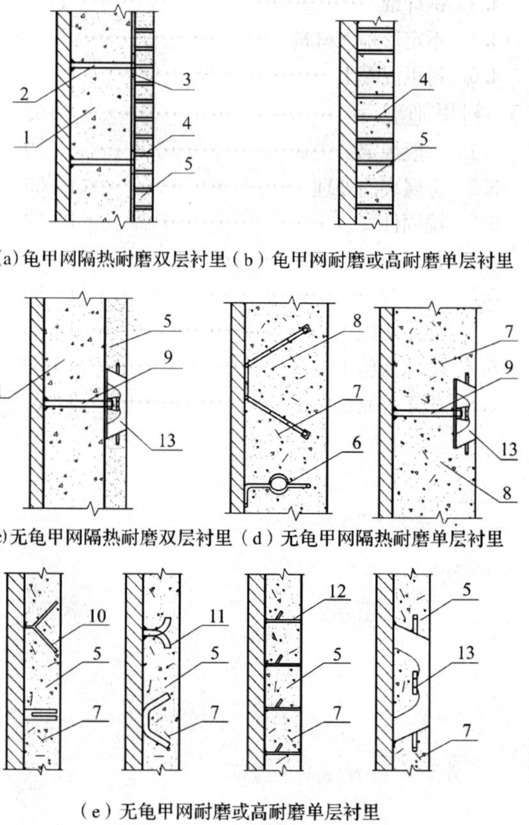

图3.2.1　隔热耐磨衬里结构

1—隔热混凝土；2—柱形锚固钉；3—端板；4—龟甲网；5—耐磨/高耐磨混凝土；6—Ω形锚固钉；7—钢纤维；8—隔热耐磨混凝土；9—柱型螺栓；10—Y形锚固钉；11—V形锚固钉；12—S形锚固钉；13—侧拉型圆环

2 龟甲网耐磨或高耐磨单层衬里［图 3.2.1 (b)］。

3 无龟甲网隔热耐磨双层衬里［图 3.2.1 (c)］。

4 无龟甲网隔热耐磨单层衬里［图 3.2.1 (d)］。

5 无龟甲网耐磨或高耐磨单层衬里［图 3.2.1 (e)］。

3.2.2 下列反应再生系统设备的衬里结构，宜采用无龟甲网隔热耐磨单层衬里：

1 再生器。

2 烧焦罐、脱气罐。

3 外取热器。

4 提升管反应器 Y 形部位。

5 三级旋风分离器。

3.2.3 下列反应再生系统设备的衬里结构，宜采用龟甲网式无龟甲网隔热耐磨双层衬里：

1 孔板降压器。

2 冷壁料腿。

3 滑阀。

4 冷壁旋风分离器。

3.2.4 下列反应再生系统设备的衬里结构，宜采用龟甲网隔热耐磨双层衬里，也可采用无龟甲网隔热耐磨单层衬里：

1 反应（沉降）器。

2 提升管反应器。

3 斜管。

4 烟道。

3.2.5 下列反应再生系统设备及工况与其类似的部位衬里结构，宜采用龟甲网高耐磨单层衬里：

1 热壁旋风分离器。

2 热壁稀相管。

3 热壁料腿。

3.2.6 受高气速冲刷的下列部位的衬里结构，应采用龟甲网式无龟甲网高耐磨单层衬里：

1 空气分布管或分布板。

2 提升管反应器的热电偶套管等。

3.2.7 滑阀出口处等受冲刷磨损严重的部位，宜采用龟甲网隔热耐磨双层衬里，耐磨层应采用高耐磨混凝土，并应加厚耐磨层。

3.3 典型衬里结构

3.3.1 衬里后直径小于或等于 500mm 的衬里设备或管道，宜分段设计，并应分段施工。分段长度宜为 1000mm，各段端口应采用承插结构，并应符合下列要求：

1 龟甲网隔热耐磨双层衬里应设置挡板与承插衬套［图 3.3.1 (a)］。

2 无龟甲网隔热耐磨单层或双层衬里应设置承插衬套［图 3.3.1 (b)］。

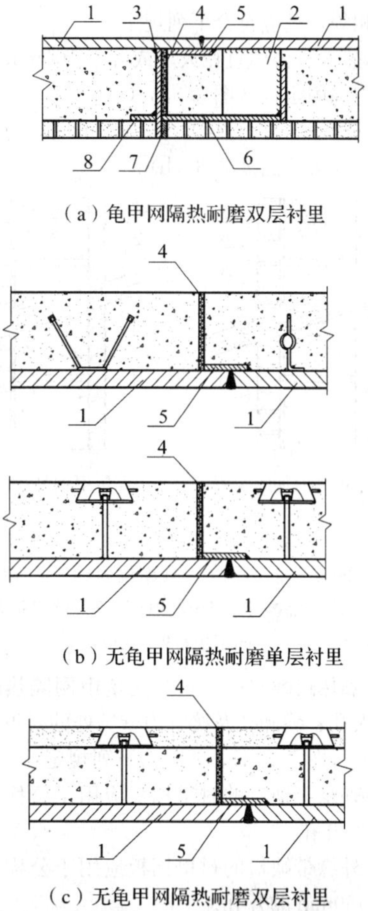

（a）龟甲网隔热耐磨双层衬里

（b）无龟甲网隔热耐磨单层衬里

（c）无龟甲网隔热耐磨双层衬里

图 3.3.1 分段衬里端口承插结构示意

1—设备或管道；2—连接板；3—挡板；4—耐火陶瓷纤维毯；5—承插衬套；6—固定套筒；7—衬里挡板；8—固定板

3 无龟甲网隔热耐磨双层衬里应设置承插衬套［图 3.3.1 (c)］。

4 接口处衬里最大间隙宜为 6mm。

5 整体组焊应在分段衬里烘干后进行，并应在接口处挡板间加填耐火陶瓷纤维毯。

3.3.2 龟甲网隔热耐磨双层衬里的龟甲网与衬里挡板连接处应设置固定板，固定板的宽度宜为 30～50mm，厚度宜为 6mm。固定板应与衬里挡板相焊，龟甲网应与固定板、衬里挡板相焊（图 3.3.2）。

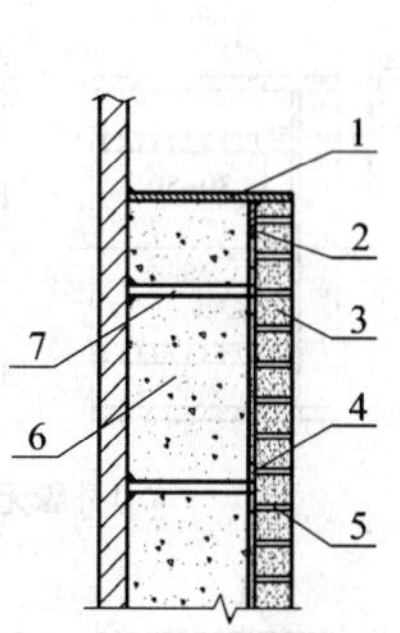

图 3.3.2 龟甲网与固定板、挡板相焊示意

1—衬里挡板；2—固定板；3—耐磨混凝土；4—端板；5—龟甲网；6—隔热混凝土；7—柱型锚固钉

3.3.3 龟甲网隔热耐磨双层衬里的插入管或构件与龟甲网相交处，应设置固定板或衬里护板，并应将插入管或构件与

龟甲网相焊，且应符合下列规定：

1　插入管公称直径大于或等于100mm时，应在龟甲网内加固定板［图3.3.3（a）］。

2　插入管公称直径小于100mm时，应在龟甲网外加衬里护板［图3.3.3（b）］。

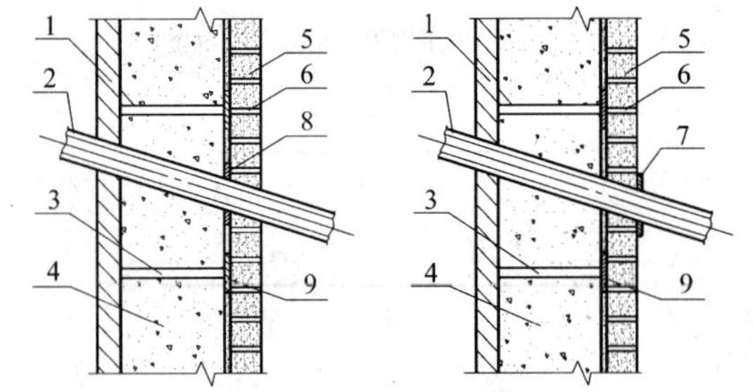

（a）在龟甲网内加固定板　（b）在龟甲网外加衬里护板

图3.3.3　龟甲网与插入管的连接

1—器壁；2—插入件；3—柱型锚固钉；4—隔热混凝土；5—耐磨混凝土；6—龟甲网；7—衬里护板；8—固定板；9—端板

3.3.4　隔热耐磨双层衬里与无龟甲网隔热耐磨单层衬里的人孔、装卸孔及接管内壁等处的衬里挡板应开设膨胀缝（图3.3.4），并符合下列规定：

1　外缘无缺口的衬里挡板应用于公称直径小于450mm的开孔。

2　外缘带缺口的衬里挡板应用于公称直径大于或等于450mm的开孔。

3　龟甲网固定板遇衬里挡板的膨胀缝处应断开。

4　衬里挡板的膨胀缝与外缘缺口应沿圆周均布，并应符合下列规定：

1）b值宜取150～230mm。

2）c值宜取$B/3$，也可取20mm。

3）R值宜取40～60mm。

3.3.5　对穿过无龟甲网隔热耐磨衬里的接管或构件应外包耐火陶瓷纤维纸，并应设置护板保护。护板宽度大于50mm时，应开膨胀缝（图3.3.5），且应符合本规范第3.3.4条第4款的规定。接管或构件外包耐火陶瓷纤维纸的包扎厚度应符合表3.3.5的规定。

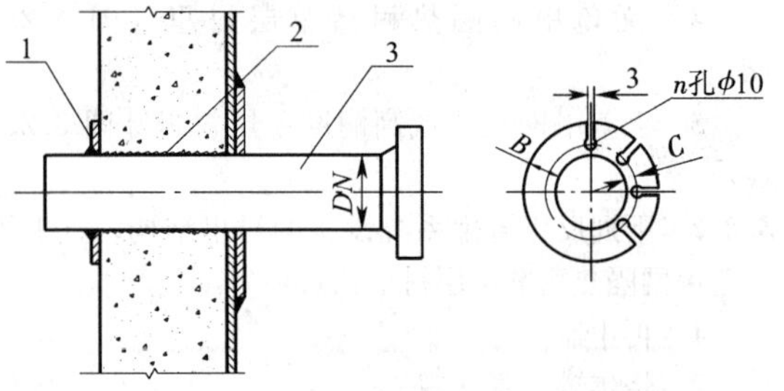

图3.3.5　接管外包陶瓷纤维纸

1—护板；2—耐火陶瓷纤维纸；3—接管或构件

表3.3.5　接管或构件外包耐火陶瓷纤维纸的包扎厚度（mm）

接管外径（DN）	陶瓷纤维纸厚度（δ）
＜168	2
219～356	3
406～610	5
711～1016	6

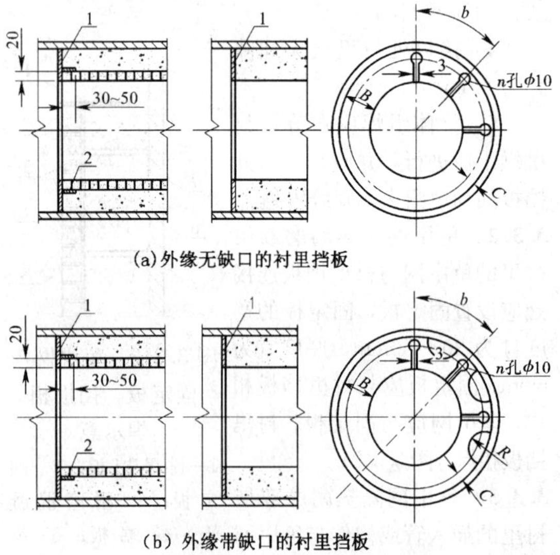

（b）外缘带缺口的衬里挡板

图3.3.4　衬里挡板示意

1—衬里挡板；2—龟甲网固定板

3.4　锚固件的类型与布置

3.4.1　龟甲网隔热耐磨双层衬里的锚固件应采用柱型锚固钉、端板和龟甲网，并应符合下列要求：

1　柱型锚固钉的规格尺寸应符合图3.4.1-1的规定。

2　端板的规格尺寸应符合图3.4.1-2的规定。

3　柱型锚固钉布置应符合图3.4.1-3的规定。

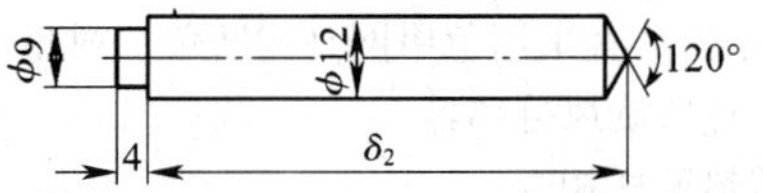

图3.4.1-1　柱型锚固钉

δ_2—隔热层厚度（mm）

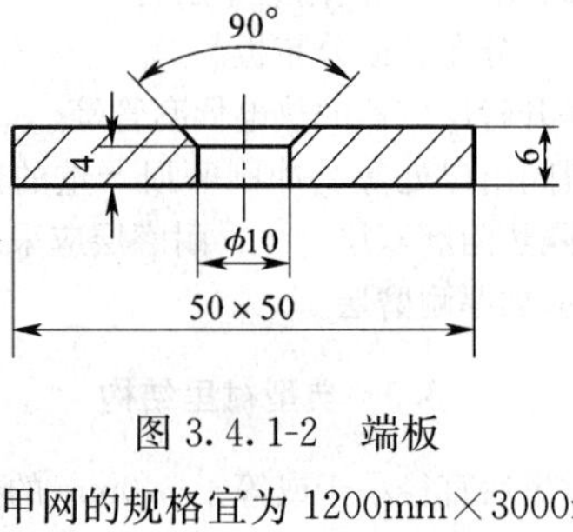

图3.4.1-2　端板

4　龟甲网的规格宜为1200mm×3000mm，钢带厚度宜为1.75mm或2mm，宽度宜为20mm或25mm。

5　龟甲网典型结构形式应符合图3.4.1-4的规定，当采用其他结构形式时，应在设计文件中规定。

3.4.2　无龟甲网隔热耐磨单层衬里的锚固件宜采用Ω形锚固钉（图3.4.2），也可采用双层侧拉型圆环（图3.4.4）。Ω形锚固钉的布置应符合图3.4.2（b）

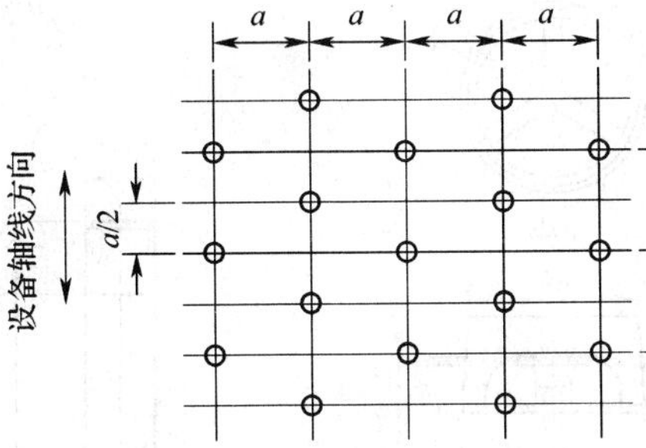

图 3.4.1-3　柱型锚固钉布置

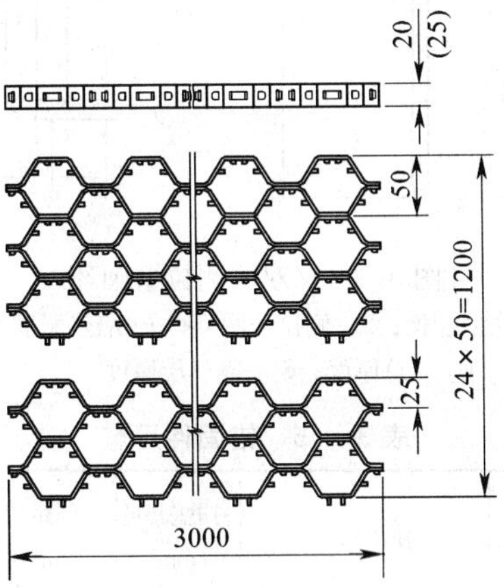

图 3.4.1-4　龟甲网

的规定，双层侧拉型圆环的布置应符合图 3.4.3-2 (b) 的规定。

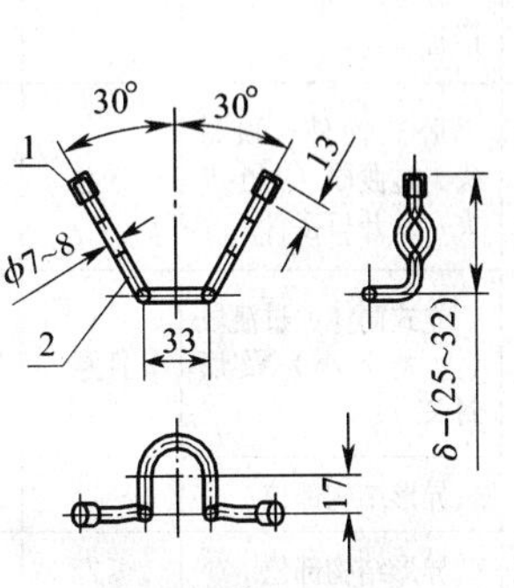

(a) Ω 形锚固钉规格

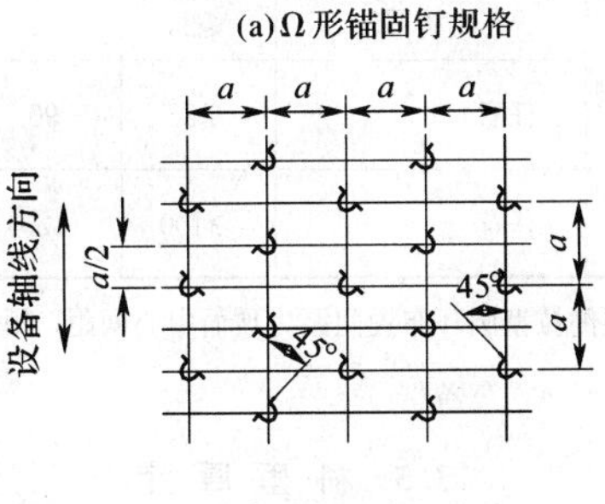

(b) Ω 形锚固钉布置

图 3.4.2　Ω 形锚固钉

1—软质橡胶帽；2—Ω 形锚固钉；δ—衬里厚度（mm）

3.4.3 无龟甲网耐磨或高耐磨单层衬里的锚固件，应根据使用部位的形状选用一种或两种以上组合，锚固件的规格尺寸与布置应符合下列要求：

1　Y 形锚固钉的规格与布置应符合图 3.4.3-1 的规定。

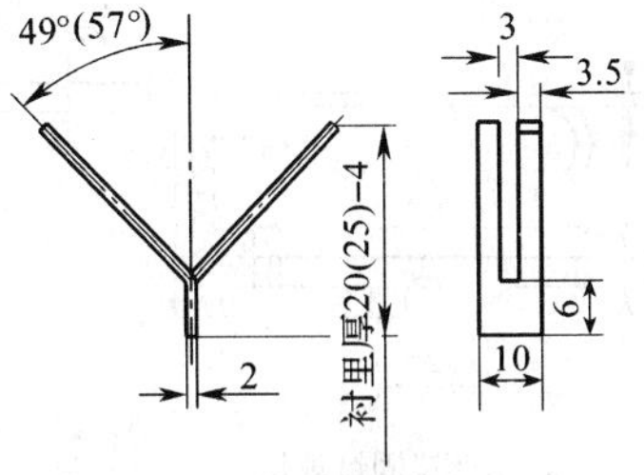

(a)Y 形锚固钉规格

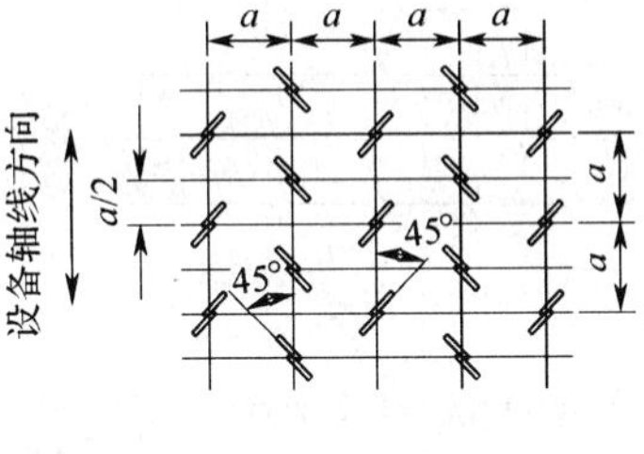

(b)Y 形锚固钉布置

图 3.4.3-1　Y 形锚固钉

2　侧拉型圆环的规格与布置应符合图 3.4.3-2 的规定。

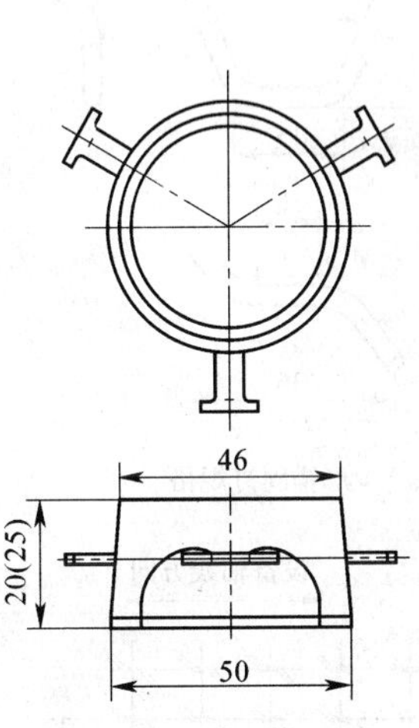

（a）侧拉型圆环规格

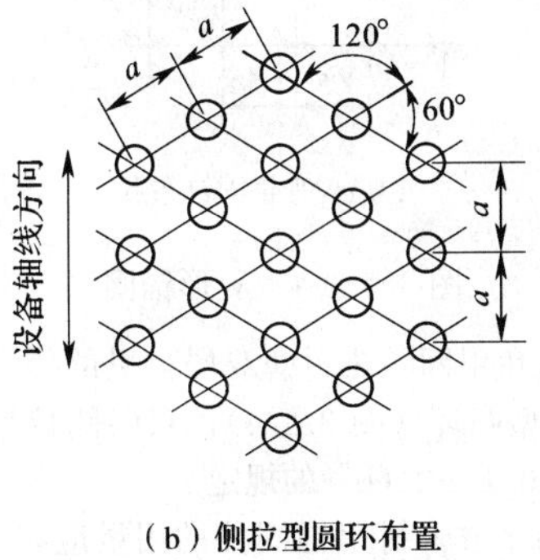

（b）侧拉型圆环布置

图 3.4.3-2　侧拉型圆环

3 S形锚固钉的规格与布置应符合图 3.4.3-3 的规定。

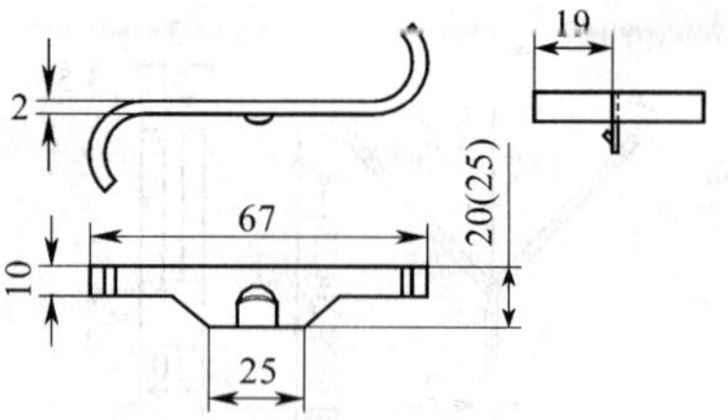

（a）S形锚固钉规格

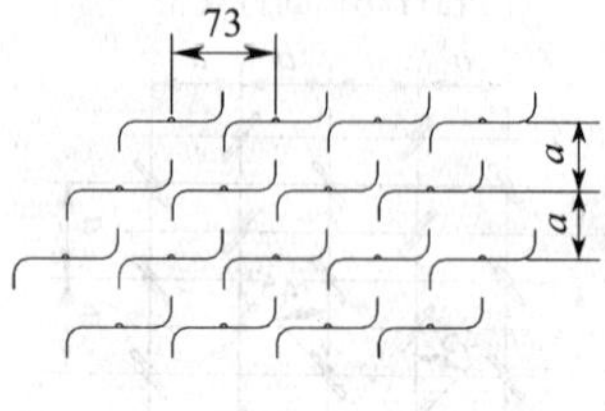

（b）S形锚固钉布置

图 3.4.3-3　S形锚固钉

4 V形锚固钉的规格与布置应符合图 3.4.3-4 的规定。

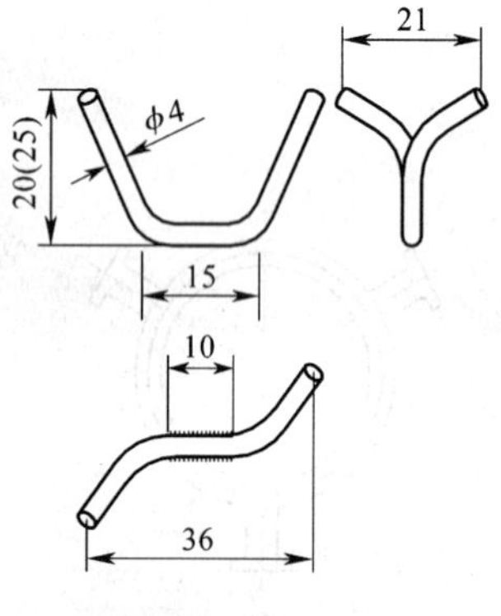

（a）V形锚固钉规格

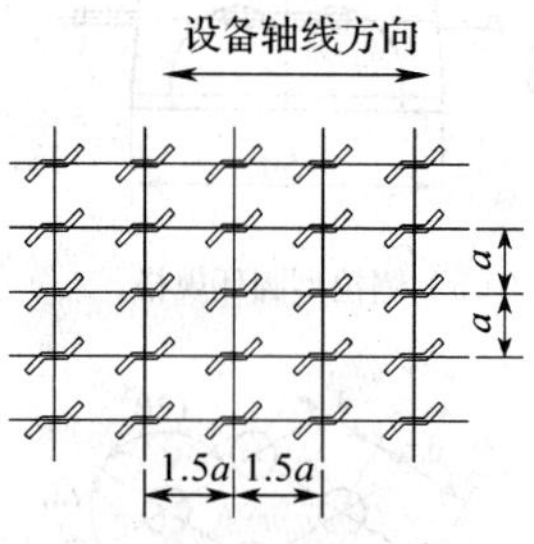

（b）V形锚固钉布置

图 3.4.3-4　V形锚固钉

3.4.4 无龟甲网隔热耐磨双层衬里的锚固件应采用双层侧拉型圆环（图 3.4.4），双层侧拉型圆环布置应符合图 3.4.3-2（b）的规定。

3.4.5 每平方米衬里锚固件的用量应符合表 3.4.5 的规定。

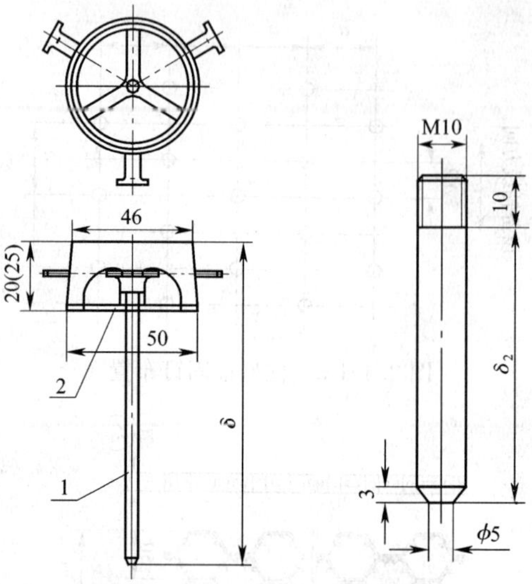

图 3.4.4　双层侧拉型圆环

1—柱型螺栓；2—侧拉型圆环；δ—隔热耐磨衬里总厚度；δ_2—隔热层厚度

表 3.4.5　锚固件用量

锚固件类型	使用部位	衬里总厚度（mm）	间距 a（mm）	用量（个/m²）
柱型	筒体、封头、过渡段及直径较大的开孔接管	任意	200～250	16～25
Ω形	卧式筒体、顶封头、过渡段（上小下大）及开口接管	任意	150～200	25～45
	立式筒体、过渡段（上大下小）及底封头	任意	200～250	16～25
Y形	异形结构部位	≤25	40	625
V形	异形结构部位	≤25	40	420
S形	异形结构部位	≤25	45	300
单层侧拉型圆环	任意	≤25	90	143
双层侧拉型圆环	任意	≥100	120	80

注：双层侧拉型圆环布置间距为顶面中心间距，用量亦按顶面计算。

3.5 衬 里 厚 度

3.5.1 龟甲网隔热耐磨双层衬里的耐磨或高耐磨混凝土厚度宜为 26mm 或 31mm；无龟甲网隔热耐磨双层衬里的耐磨或高耐磨混凝土厚度宜为 20mm 或 25mm；受冲刷磨损严重部位的高耐磨混凝土厚度应符合本规范第 3.2.7 条的规定。

3.5.2 无龟甲网隔热耐磨单层衬里的厚度不宜小于

80mm；龟甲网、无龟甲网耐磨或高耐磨单层衬里的厚度宜为20mm或25mm。

3.5.3 衬里总厚度可按下式计算：

$$\delta=\frac{(t_i-t_w)\ \lambda_2}{(t_w-t_0)\ \alpha_0}-\frac{\lambda_2}{\lambda_1}\delta_1+\delta_1 \qquad (3.5.3)$$

式中 t_i——介质温度（℃）；

t_0——当地年平均大气温度（℃）；

t_w——设备或管道金属器壁壁温（℃）；

α_0——金属器壁与空气间的对流和辐射传热系数［$W/(m^2\cdot K)$］；

δ——衬里总厚度（m）；

δ_1——耐磨或高耐磨混凝土厚度（m）；

λ_1——耐磨或高耐磨混凝土导热系数［W/（m·K)］；

λ_2——隔热混凝土导热系数［W/（m·K)］。

3.5.4 双层衬里隔热混凝土厚度应为衬里总厚度减去耐磨或高耐磨混凝土厚度。

4 衬 里 材 料

4.1 一 般 规 定

4.1.1 衬里材料必须有质量证明文件。不定形耐火材料还应有产品使用技术条件。

4.1.2 衬里锚固件材料的化学成分和力学性能应分别符合现行国家标准《耐热钢棒》GB/T 1221、《不锈钢热轧钢带》GB/T 4230 和《不锈钢热轧钢板》GB/T 4237 的有关规定。

4.1.3 龟甲网技术条件应符合本规范附录A的规定。

4.2 锚 固 件

4.2.1 端板、柱型锚固钉的材质应采用0Cr13。

4.2.2 Y形锚固钉、V形锚固钉、S形锚固钉及Ω形锚固钉的材质应采用0Cr18Ni9。

4.2.3 双层侧拉型圆环（包括柱型螺栓）的材质宜采用0Cr13或0Cr18Ni9；单层侧拉型圆环的材质应符合下列规定：

1 器壁为碳钢或铬钼钢时应采用0Cr13。

2 器壁为不锈钢时应采用0Cr18Ni9。

4.2.4 用于双层衬里的龟甲网材质应采用0Cr13；用于单层衬里的龟甲网材质应符合下列规定：

1 器壁材质为碳钢或铬钼钢时应采用0Cr13。

2 器壁材质为不锈钢时应采用0Cr18Ni9。

4.2.5 锚固钉材质采用0Cr13时，应以退火状态供货，且其硬度值不应大于180 HB。

4.3 钢 纤 维

4.3.1 钢纤维材质应采用铬镍不锈钢，化学成分和物理性能应符合表4.3.1的规定，并应符合下列要求：

1 介质温度小于或等于800℃时应采用Cr18-Ni8型。

2 介质温度大于800℃时应采用Cr25-Ni20型。

表4.3.1 钢纤维材质化学成分和物理性能

项 目		Cr18-Ni8型	Cr25-Ni20型
化学成分（%）	C	≤0.25	≤0.25
	Si	≤1.5	≤1.7
	S	≤0.03	≤0.03
	P	≤0.04	≤0.04
	Mn	≤1.5	≤1.0
	Ni	6～11	19～21
	Cr	16～19	24～26
物理性能	抗拉强度（MPa）	≥520	≥520
	屈服强度（MPa）	≥205	≥205
	伸长率（%）	≥40	≥40
	熔点范围（℃）	1400～1455	1400～1455

4.3.2 钢纤维的形状宜采用弓形，弓形钢纤维直径宜为0.2～0.4mm，成型后长度宜为25～30mm；也可采用横截面为月牙形钢纤维，规格应为0.2mm×1.0mm×25mm。

4.3.3 每立方米衬里混凝土钢纤维的掺入量宜为40～50kg。

4.3.4 钢纤维不得沾有油污。

4.4 不定形耐火材料

4.4.1 不定形耐火材料质量证明文件应包括下列内容：

1 产品标准的编号和名称、牌号。

2 级别、批号、交货状态、重量、件数。

3 产品出厂实测的各项特性数据，包括体积密度、耐压强度、抗折强度、线变化率、导热系数、三氧化二铝和三氧化二铁含量及常温耐磨性等实测值。

4 检验印章。

5 生产厂家及生产日期。

6 有效期。

4.4.2 不定形耐火材料产品使用技术条件应包括下列内容：

1 集料的组成及结合剂性能。

2 施工方法、工艺要求及技术参数。

3 衬里烘炉参数。

4.4.3 不定形耐火材料的包装与储存应符合下列

规定：

1 不定形耐火材料的包装应采用防潮袋，包装袋上应标明产品名称、牌号、生产批号、生产日期、有效期、重量及生产厂名、地址等。

2 结合剂和集料应分开包装，单件重量偏差不得大于2%。

3 集料含水率应符合下列要求：

1）耐磨料不得大于1%。

2）隔热耐磨料不得大于3%。

3）隔热料不得大于5%。

4 不定形耐火材料应按产品名称、牌号和生产批号标识，分区存放在干燥、通风处，且应防止日晒、雨淋和受潮。

4.5 衬里混凝土

4.5.1 衬里混凝土的类别、级别、性能指标应符合表4.5.1的规定。

表4.5.1 衬里混凝土类别、级别、性能指标

类别	级别	热面温度（℃）	体积密度（kg/m³）	耐压强度（MPa）	抗折强度（MPa）	线变化率（%）	导热系数[W/(m·K)]	三氧化二铝（%）	三氧化二铁（%）	常温耐磨性（cm³）
高耐磨	A级	110	≤3100	≥80.0	≥10.0	—	—	≥85	≤1.0	≤6
		540	≤2950	≥80.0	≥10.0	0～−0.3	—			
		815	≤2950	≥80.0	≥10.0	—	—			
耐磨	B1级	110	≤2500	≥60.0	≥8.0	—	—	≥50	≤2.5	≤12
		540	≤2450	≥50.0	≥7.0	—	—			
		815	≤2450	≥50.0	≥7.0	0～−0.2	≤0.90			
	B2级	110	≤2300	≥40.0	≥6.0	—	—			
		540	≤2250	≥30.0	≥5.0	—	—			
		815	≤2250	≥30.0	≥5.0	0～−0.2	≤0.80			
隔热耐磨	C1级	110	≤1800	≥40.0	≥7.0	—	—	≥36	≤3.0	≤18
		540	≤1750	≥35.0	≥6.0	—	0.45～0.55			
		815	≤1750	≥35.0	≥5.0	0～−0.2	0.50～0.59			
	C2级	110	≤1600	≥35.0	≥5.0	—	—	≥30	≤5.0	≤20
		540	≤1550	≥30.0	≥4.0	—	0.35～0.42			
		815	≤1550	≥25.0	≥3.0	0～−0.2	0.40～0.49			
	C3级	110	≤1400	≥20.0	≥3.0	—	—	≥30	≤5.0	≤20
		540	≤1350	≥15.0	≥2.5	—	0.26～0.35			
		815	≤1350	≥15.0	≥2.5	0～−0.2	0.34～0.40			
隔热	D1级	110	≤1100	≥8.0	≥2.5	—	—	—	—	—
		540	≤1050	≥7.0	≥2.0	0～−0.2	≤0.25			
	D2级	110	≤1000	≥7.0	≥2.0	—	—			
		540	≤950	≥6.0	≥1.5	0～−0.2	≤0.23			

注：性能指标为未掺入钢纤维时的测定值。

4.5.2 衬里混凝土的性能测试或试验应符合下列规定：

1 体积密度应按国家现行标准《致密耐火浇注料显气孔率和体积密度试验方法》YB/T 5200 的有关规定执行。

2 抗折强度和耐压强度应按国家现行标准《致密耐火浇注料常温抗折强度和耐压强度试验方法》YB/T 5201 的有关规定执行。

3 线变化率应按国家现行标准《致密耐火浇注料线变化率试验方法》YB/T 5203 的有关规定执行。

4 导热系数应按国家现行标准《耐火材料导热系数试验方法（水流量平板法）》YB/T 4130 的有关规定执行。

5 常温耐磨性应按现行国家标准《耐火材料常温耐磨性试验方法》GB/T 18301 的有关规定执行。

6 氧化铝和氧化铁的含量应按现行国家标准《铝硅系耐火材料化学分析方法》GB/T 6900 的有关规定执行。

4.5.3 衬里混凝土拌和用水宜为生活饮用水，水温应根据施工环境确定，宜为 10～25 ℃。使用其他洁净水时，氯化物的含量不应大于 50mg/L，pH 值宜为 6.5～7.5。

5 衬 里 施 工

5.1 一 般 规 定

5.1.1 施工单位应编制施工技术方案，并应按规定的程序批准，且应建立质量保证体系和质量检验制度。

5.1.2 衬里工程施工前应进行图纸会审。修改设计和材料变更应征得设计单位同意，并应取得确认文件。

5.1.3 施工单位应对衬里施工人员所从事作业的能力进行确认。支模浇注法施工的振捣人员和喷涂法施工的操作人员应经过培训，并应考核合格后上岗作业。衬里施工作业人员操作技能考核要求应符合本规范附录 B 的规定。

5.1.4 施工的设备应经监理单位或建设单位确认后投入使用。

5.1.5 衬里施工作业的环境温度宜为 5～35 ℃。施工过程应采取防止曝晒和雨淋的措施，并应有良好的通风和照明。

5.1.6 衬里施工环境温度高于 35 ℃时，应采取降温等措施；环境温度低于 5 ℃时，应采取冬期施工措施。

5.1.7 衬里施工应在设备中间验收后进行，并应具备下列条件：

1 衬里材料检验合格。

2 隐蔽工程验收合格。

3 插入管管口已采取临时封塞措施。

5.1.8 衬里混凝土施工宜连续进行，当施工中断时应留设施工缝。

5.1.9 隔热耐磨衬里施工的安全技术和劳动保护应符合现行国家标准《石油化工建设工程施工安全技术规范》GB 50484 的有关规定。

5.2 金属表面处理

5.2.1 金属表面应采用喷砂（丸）除锈，局部可采用动力工具除锈。

5.2.2 除锈后应将作业面清理干净，金属表面在衬里施工前应防止雨淋。

5.2.3 Ω形锚固钉软质橡胶帽的安装和位于衬里内部的接管及其他构件耐火陶瓷纤维纸的包扎，应在除锈后进行。

5.2.4 双层侧拉型圆环柱型螺栓的螺纹，在除锈前应采取保护措施。

5.3 锚固件安装

5.3.1 锚固件的焊接应符合国家现行标准《钢制压力容器焊接规程》JB/T 4709 的有关规定。

5.3.2 焊后进行热处理的设备，应在热处理前将锚固件焊接完毕。

5.3.3 锚固钉和侧拉型圆环安装时距器壁焊缝不宜小于 50mm，并应符合下列要求：

1 柱型锚固钉与器壁应圆周满焊，并应与器壁垂直。

2 Ω形锚固钉应在直段两侧焊接，每侧焊缝长度不应小于 25mm。

3 Y 形锚固钉应在宽面两侧满焊。

4 V 形锚固钉应在直段两侧满焊。

5 S 形锚固钉应在长边两侧满焊，并应与器壁垂直。

6 单层侧拉型圆环应在侧拉圆环外壁每 120°焊接一段，每段焊缝长度不应小于 20mm。

7 双层侧拉型圆环的柱型螺栓与器壁应圆周满焊，并应与器壁垂直，其侧拉圆环应在隔热混凝土施工后安装。

5.3.4 龟甲网隔热耐磨双层衬里的柱型锚固钉应先与端板焊接，并应采用双面焊（图 5.3.4），端板应紧贴锚固钉的台肩，并应垂直于锚固钉。

5.3.5 龟甲网下料应预先放样并留有搭接余量，剪断时应采用断丝剪，不得热切割。

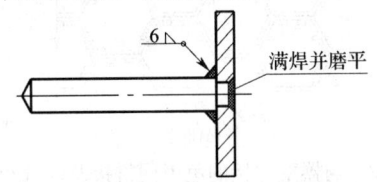

图 5.3.4 柱型锚固钉与端板双面焊示意

5.3.6 龟甲网滚压成型时，其走向应与钢带的长度方向一致，其结扣不得断裂、脱扣。个别结扣松动时应沿龟甲网深度方向满焊固定。

5.3.7 龟甲网拼接可采用端点拼接或平行拼接（图 5.3.7）。

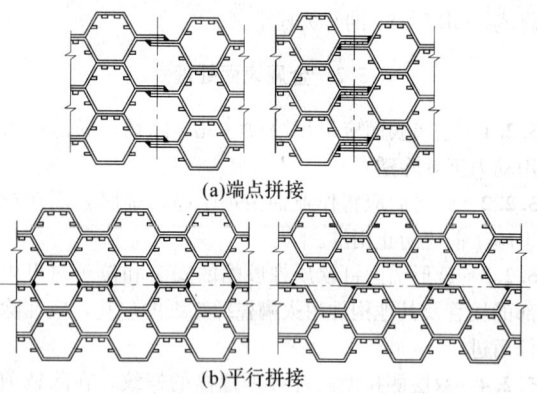

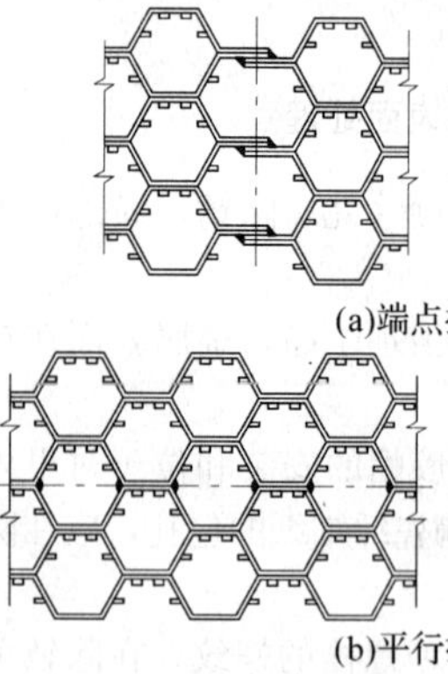

(a)端点拼接

(b)平行拼接

图 5.3.7 龟甲网拼接形式

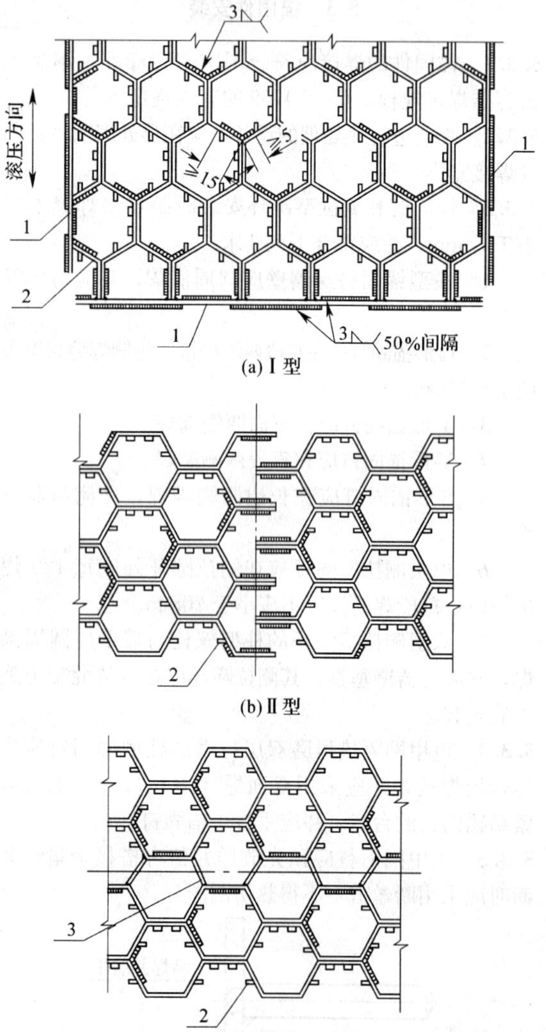

(a) Ⅰ型

(b) Ⅱ型

(c) Ⅲ型

图 5.3.8 与器壁焊接的龟甲网拼接及焊缝布置示意

1—挡板；2—龟甲网；3—拼接板条

5.3.8 直接焊接在器壁上的龟甲网，其拼接可采用图 5.3.8 的形式，也可采用图 5.3.7 的形式。龟甲网与器壁焊接时，焊缝应布置在两龟甲网的拼接处和两条钢带交角处（图 5.3.8），但不得在龟甲网钢带结扣处。每排网孔应隔孔焊接，龟甲网端部应全部与器壁焊接。

5.3.9 龟甲网拼接应符合下列规定：

1 拼接处的网孔面积不得小于基本网孔的 1/2，且不得大于 4/3。

2 相邻两张龟甲网纵向拼缝应错开 300mm 以上。

3 龟甲网安装后结扣的间隙及错边不得大于 0.5mm。

4 龟甲网直接焊在器壁上时，应与器壁贴紧，间隙不得大于 1mm。

5.3.10 锚固件施焊表面以及周围 10mm 范围内不得有水、铁锈、油污、积渣和其他杂物。

5.3.11 锚固件所有角焊缝和搭接焊缝的焊脚高度不应小于较薄件的厚度，且应连续焊。

5.4 衬里混凝土搅拌

5.4.1 衬里混凝土搅拌应使用强制式搅拌机。盛装衬里混凝土的器具应清洁。

5.4.2 衬里混凝土搅拌应按产品使用技术条件的规定执行。拌合物应分散均匀、颜色一致、无泌水离析现象，且不得混入杂物。拌合物稠度可根据产品使用技术条件并结合现场的温度、湿度、运输距离和施工工艺调整，但不得超过产品使用技术条件规定的范围。

5.4.3 搅拌合格的衬里混凝土应在产品使用技术条件规定的时间内使用，严禁二次加水搅拌。

5.4.4 掺入钢纤维时，钢纤维分布应均匀，不得有成团现象。

5.4.5 采用半湿法机械喷涂施工，不定形耐火材料搅拌时应预润湿，宜为粉料包裹骨料，且应边搅拌边用，不得有成团结块现象。

5.5 施 工 缝

5.5.1 衬里施工遇到下列情况之一时，应留设施工缝：

1 卧置手工捣制施工。

2 分段施工。

3 施工间断时间超过衬里混凝土初凝时间。

5.5.2 施工缝应留设在两排锚固钉中间，衬里混凝土的接口形式应符合图 5.5.2 的规定；双层衬里的隔热混凝土与耐磨混凝土接口相错距离不应小于 200mm。

分段衬里的设备和管道，其接口每侧宜预留 200mm 不衬；龟甲网、侧拉型圆环衬里每侧应预留不少于三排的网孔或侧拉型圆环。

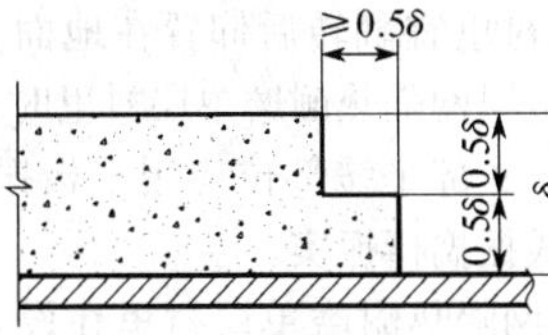

(a)梯形接口(δ≥60mm)

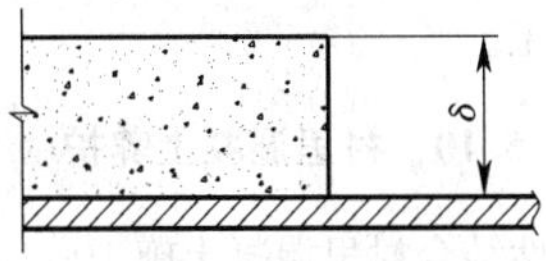

(b)直形接口(δ<60mm)

图 5.5.2 衬里混凝土接口形式

5.5.3 施工缝恢复施工应符合下列规定：

1 接合面处松动或残余的衬里混凝土应清除。

2 水硬性结合衬里混凝土的接合面应充分湿润。

3 化学结合衬里混凝土的接合面应均匀涂刷一层结合剂溶液。

5.6 浇注法施工

5.6.1 浇注法可用于Ω形锚固钉无龟甲网隔热耐磨单层衬里的施工。

5.6.2 模板支设完成后应经监理人员检查确认，模板及其支设应符合下列规定：

1 模板应具有足够的强度、刚度和稳定性，应承受隔热耐磨混凝土自重和侧压力以及施工中所产生的其他荷载。

2 模板表面应光滑、结构简单、装拆方便。

3 模板支设时，衬里厚度的允许偏差应为±5mm。

4 模板接缝应对齐、无错边、密封、不漏浆，模板表面应涂刷脱模剂。

5 采用插入式振捣器振捣时，每环支模高度不应超过 1000mm。

6 封头、开孔接管或分段衬里设备和管道的接口等部位应采用异形模板或斜模。

5.6.3 施工过程中，隔热耐磨混凝土的运输、浇注、模板支设等全部时间不应超过隔热耐磨混凝土的初凝时间。同环模板中，隔热耐磨混凝土应分层连续均匀浇注，并应在下层隔热耐磨混凝土初凝前将上层的隔热耐磨混凝土浇注和振捣完毕，且应符合下列规定：

1 隔热耐磨混凝土运输过程不得离析。

2 每层浇注高度不应大于 300mm。

3 每环模板宜预留 50～100mm，并应待上一环模板安装后再浇注。

5.6.4 采用插入式振捣器振捣时，振捣棒应有插入深度的标记，并应符合下列规定：

1 振捣棒移动间距不应大于锚固钉间距。

2 除施工缝外，振捣棒插入下层隔热耐磨混凝土的深度不应小于 50mm。

3 每一振点的振捣时间应使隔热耐磨混凝土表面呈水平，并不应再沉落，且不应呈现出浮浆。

4 振捣时不得漏振，不得过度振捣，不得发生离析现象。

5 振捣时振捣棒不宜碰撞模板和定位件。

5.6.5 当采用平板振捣器振捣时，其移动间距应保持振捣器平板覆盖已振实部分的边缘，且不应小于 50mm。

5.6.6 拆模时间应符合下列要求：

1 侧模（不承重模板）应在隔热耐磨混凝土强度达到设计强度等级的 50%后拆除。

2 底模（承重模板）应在隔热耐磨混凝土强度达到设计强度等级的 70%后拆除。

5.7 喷涂法施工

5.7.1 喷涂法可用于直径大于或等于 2m 的设备和管道衬里的隔热混凝土、隔热耐磨混凝土、耐磨混凝土施工。

5.7.2 喷涂作业前应进行试喷，并应在合格后进行正式喷涂作业。

5.7.3 喷涂作业应分段分片自下而上一次喷到设计厚度，并应及时检查厚度、清除过厚的部分和整形找平。隔热耐磨混凝土、耐磨混凝土在找平后还应压实。

5.7.4 喷涂作业宜采用半湿法工艺，加水预润湿的材料应在 30min 内用完。

5.7.5 喷涂作业应连续进行，喷涂面应均匀，不得出现干料夹层或流淌现象，并应随时清理附着在器壁和支承件上的回弹料。

5.7.6 喷涂作业不得使用回弹料。

5.7.7 停喷时应先停料，再停机、停水，最后停风。

5.7.8 喷涂作业应控制衬里混凝土的含水率，含水率的测试频率每台班不得少于 2 次，含水率的测试方法应符合本规范附录 C 的规定。

5.8 手工捣制法施工

5.8.1 手工捣制法可用于下列衬里施工：

1 隔热耐磨双层衬里。

2 耐磨或高耐磨单层衬里。

3 其他受条件限制的衬里。

5.8.2 设备和管道的衬里卧置分瓣施工时，每瓣施工弧度不宜大于 2π/3，并应符合下列规定：

1 下瓣施工应在每瓣施工完毕且停放时间超过 12 h后进行。

2 翻转时，衬里混凝土不得产生裂纹。

5.8.3 隔热混凝土手工捣制施工应随时检查衬里厚度，并应捣实找平，且应符合下列规定：

1 端板下部的隔热混凝土应逐个捣实，端板表面应清理干净。

2 当采用双层侧拉型圆环时，柱型螺栓螺纹应清理干净。

5.8.4 耐磨或高耐磨混凝土手工捣制施工应符合下列规定：

1 每次填入龟甲网网孔内和侧拉型圆环内、外的耐磨或高耐磨混凝土，应一次填满并捣实，且应使其表面与龟甲网或侧拉型圆环平齐。

2 耐磨或高耐磨混凝土不得有鼓胀、流淌、扒缝和麻面等缺陷。

3 施工中断时，应将未施衬的龟甲网、侧拉型圆环孔内残料清理干净。

5.8.5 当受条件限制无龟甲网隔热耐磨单层衬里局部采用手工捣制法施工时，应将隔热耐磨混凝土填满捣实找平。

5.8.6 采用手工捣制法施工时，不得在衬里混凝土表面撒水泥细粉抹光。

5.9 特殊部位施工

5.9.1 无龟甲网隔热耐磨单层衬里采用浇注法施工时，对于两段已衬筒体之间的接口应支斜模浇注（图5.9.1），并应振捣密实和切除多余部分。

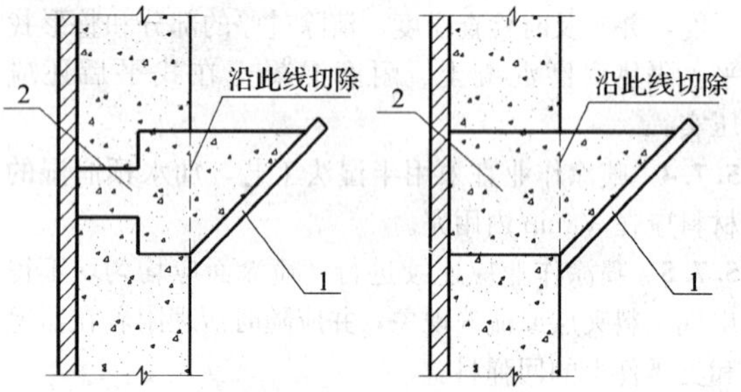

图 5.9.1 接口斜模浇注示意

1—斜模；2—接口

5.9.2 提升管反应器 Y 形段、斜管与器壁相交处的异形部位，衬里结构为无龟甲网隔热耐磨单层衬里时（图 5.9.2），应采用支模浇注法施工。锚固钉在相贯线位置应加密布置。模板为异形模板时，拆模后应将相贯线部位的隔热耐磨混凝土表面用砂轮打磨成圆滑过渡。

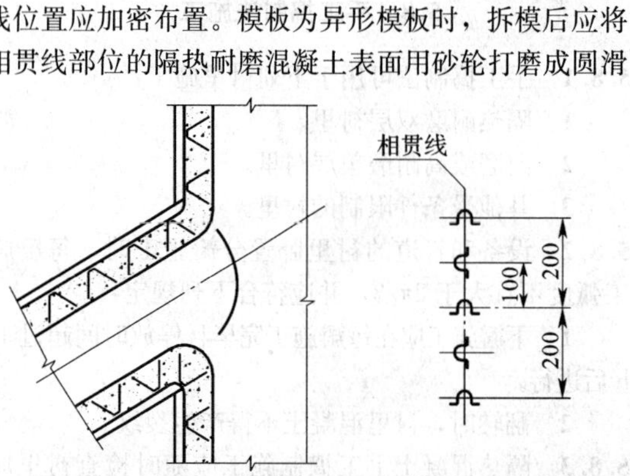

图 5.9.2 斜管与器壁相交处的衬里结构示意

5.9.3 顶封头衬里宜翻转后仰置在地面上施工。当衬里结构为无龟甲网隔热耐磨单层衬里时，应采用支模浇注法施工，底部平缓部位应用平板振捣器捣实，四周应用插入式振捣棒振实。

5.9.4 无龟甲网隔热耐磨单层衬里在设备和管道的变径位置，应支锥形模板采用浇注法施工，不得采用手工捣制法施工。

5.10 衬里混凝土养护

5.10.1 水硬性结合衬里混凝土施工后，养护应符合下列规定：

1 采用手工捣制法或喷涂法施工的衬里混凝土，应在施工后用手轻按不沾泥浆时，开始雾湿养护，且不应少于 48h。

2 采用浇注法施工的衬里混凝土，宜在浇注完毕 2～4h 后向模板淋水降温，拆模后雾湿养护不应少于 48h。

3 低水泥衬里混凝土施工后，应立即用塑料薄膜覆盖其表面，并应在空气中自然养护 48h。

5.10.2 化学结合衬里混凝土施工后，在空气中自然养护时间不应少于 3d，并应保持干燥通风，空气的相对湿度不宜大于 70%。

5.10.3 衬里混凝土养护期间，环境温度应符合本规范第 5.1.5 条的规定。

5.11 成品保护

5.11.1 衬里施工完毕，应由衬里施工单位负责对成品进行保护。

5.11.2 设备和管道在衬里施工后需进行吊装或翻转时，应在衬里施工前采取防止衬里开裂的措施。

5.11.3 分段衬里的设备和管道应在衬里混凝土养护完毕后进行运输、吊装和组焊。

5.11.4 已完成衬里施工的设备和管道在衬里烘炉前，不宜在器壁上进行焊接作业。

5.11.5 衬里施工完成后或在工程中间交接后未能按时进行衬里烘炉的设备和管道，跨越冬季时，应采取冬期保护措施。

6 质量检验

6.1 一般规定

6.1.1 衬里材料应经检验合格后使用，当有下列情况之一时不得使用：

1 质量证明文件的特性数据不符合产品标准及订货技术条件或对其数据有异议。

2 实物标识与质量证明文件标识不符。

3 要求复验的材料未经复验或复验不合格。

6.1.2 衬里施工应执行工序的自检和专职人员检查制度，并应有检查记录。上道工序未经验收确认不得进入下道工序施工，隐蔽工程未经检查确认不得进行隐蔽施工。工程隐蔽应有检查记录。

6.1.3 衬里工程质量检验项目应符合表6.1.3的规定。

表6.1.3 衬里工程质量检验项目

项目	检验内容	检验方法	性质
金属锚固件	材质	审查质量证明文件、抽样检验	主控项目
	规格型号	测量	一般项目
	包装、件数	清点	一般项目
不定形耐火材料	性能指标	审查质量证明文件、抽样检验	主控项目
	包装、件数	清点	一般项目
除锈	表面处理质量	观察	一般项目
锚固钉安装	垂直度偏差	测量	一般项目
	高度偏差	测量	一般项目
	间距偏差	测量	一般项目
龟甲网安装	龟甲网拼接	目测、测量	一般项目
	平整度	测量	一般项目
焊接	角焊缝焊脚尺寸	测量、锤击检查	一般项目
	焊接接头外观质量	目测	一般项目
衬里混凝土搅拌	搅拌质量	观察、检查记录	一般项目
衬里混凝土施工	密实度	锤击检查	一般项目
	施工缝	测量	一般项目
	外观质量	观察	一般项目
	厚度	测量	一般项目
衬里混凝土养护	养护条件	观察、检查记录	一般项目
工程试样	性能指标	审查检测报告	主控项目

6.2 衬里材料检验

6.2.1 金属锚固件的材质应符合本规范第4.2节的规定，其规格型号应符合本规范第3.4节的规定；钢纤维应符合本规范第4.3节的规定；不定形耐火材料应符合本规范第4.4节的规定。

6.2.2 不定形耐火材料应由采购单位进行检验试验，检验试验应在有资质的试验室进行。

6.2.3 衬里锚固件应按类型、材质和规格型号分批抽样检验，并应符合下列规定：

1 龟甲网抽样数量应为1张。

2 其他的抽样比例应为1%，且不应少于10件。

6.2.4 不定形耐火材料的抽样检验应符合下列规定：

1 应按同名称、同牌号和同生产批号进行编批，每批数量不得大于50t，供货不足50t时也应按一批计。

2 每批应为一个取样单位，并应有代表性，袋装散状材料每批应至少从5袋中等量抽取不小于20kg的样品。

3 检验项目应包括体积密度、线变化率、导热系数、耐压强度、抗折强度和三氧化二铝、三氧化二铁的含量。

4 检验结果有一项不合格时，应加倍取样复验，仍有指标不合格时，则该批材料应为不合格。

6.2.5 不定形耐火材料储存期不得大于生产厂家提供的有效期。

6.3 除 锈 质 量

6.3.1 采用喷砂（丸）除锈等级应达到现行国家标准《涂装前钢材表面锈蚀等级和除锈等级》GB/T 8923规定的Sa1级。

6.3.2 采用动力工具除锈等级应达到现行国家标准《涂装前钢材表面锈蚀等级和除锈等级》GB/T 8923规定的St2级。

6.4 锚固件安装检验

6.4.1 锚固钉、端板安装质量应符合下列规定：

1 焊缝表面不得有咬肉、气孔、夹渣、弧坑和未熔合等缺陷，并不得残留熔渣和飞溅物。锚固钉与器壁的角焊缝焊脚高度应符合表6.4.1的规定，且应符合下列规定：

1）应用0.5kg手锤逐个敲击，锚固钉应发出铿锵的金属声。

2）柱形锚固钉和柱形螺栓应每$4m^2$抽查一个，并应锤击该钉端部，且应保证打弯90°不断裂。

2 柱型锚固钉与端板的焊接，其焊缝表面质量应符合本条第1款的规定，高于端板上表面的焊肉应磨平，角焊缝焊脚高度不应小于6mm。

3 锚固钉安装的质量标准应符合表6.4.1的规定。

表6.4.1 锚固钉安装的质量标准（mm）

锚固钉类型	垂直度	高度	间距	与器壁角焊缝焊脚高度
柱型锚固钉、侧拉型圆环双层锚固钉柱型螺栓	2	±1	±5	≥6
Ω形锚固钉	4	±2	±5	≥6
V形锚固钉	2	±2	±3	≥4
S形锚固钉	2	±2	±3	≥3
Y形锚固钉	2	±2	±3	≥3
侧拉型圆环单层锚固钉	—	—	±3	≥3

6.4.2 龟甲网的安装质量应符合下列规定：

1 龟甲网与端板应逐块焊接，每个焊道的焊缝长度不得小于20mm，且每块端板上的焊缝总长度不得小于40mm。

2 龟甲网拼接处的每一端头应沿网深全焊，并应将高出龟甲网的焊肉磨平。

3 龟甲网与插入管或构件相接处的每一个网边与固定板均应焊接，焊缝长度不得小于20mm。

4 直接焊在器壁上的龟甲网应符合本规范第5.3.8条的规定，其长焊道不应少于15mm，短焊道不应少于5mm。

5 龟甲网与端板或器壁的焊缝焊脚高不应小于3mm，焊缝表面应符合本规范第6.4.1条第1款的规定。

6 龟甲网表面应用1m长的钢板尺沿轴向检查，间隙不应大于2mm。

7 龟甲网表面应用弧长等于筒体衬里后的半径的1/4且弦长不小于300mm的样板沿环向检查，间隙不应大于5mm。

6.5 衬里混凝土检验

6.5.1 衬里混凝土的密实度应用0.5kg手锤，并应以350mm的间距轻轻敲击检查，声音应铿实、清脆、无松动、无空鼓声。

6.5.2 衬里混凝土的外观质量应符合下列要求：

1 隔热混凝土表面应平整、厚度均匀；端板下的隔热混凝土应密实，不得有空洞。

2 隔热耐磨混凝土表面应平整密实，不得有疏松和蜂窝麻面等缺陷。

3 耐磨或高耐磨混凝土表面应平整密实，不得有麻面，与龟甲网接合处不得有裂缝等缺陷。

4 衬里烘炉前，衬里混凝土不得有贯穿性裂纹，收缩性裂纹的宽度不得大于0.5mm。

6.5.3 衬里混凝土的厚度允许偏差应符合下列规定：

1 隔热混凝土厚度允许偏差应为±2mm。

2 隔热耐磨混凝土厚度允许偏差应为±5mm。

3 无龟甲网耐磨或高耐磨混凝土厚度允许偏差应为0～2mm。

4 龟甲网耐磨或高耐磨混凝土表面应与龟甲网平齐，厚度允许偏差应为0～0.5mm。

6.5.4 衬里烘炉后，衬里混凝土裂纹的表面宽度不得大于3mm，且不得有贯穿性裂纹。

6.6 工 程 试 样

6.6.1 衬里混凝土工程试样的制作应符合下列要求：

1 单项工程的每种材料或配合比，每20m^3应作为一批制作工程试样，不足此数亦应作为一批。

2 单项工程采用同种材料或配合比分多次施工时，每次施工应制作工程试样。

3 每个设备位号或管道编号及补衬处不应少于一批。

4 工程试样的尺寸应为160mm×40mm×40mm，工程试样应制作两组，每组应为三条。

5 工程试样的制作、养护应与衬里工程相同条件。

6.6.2 衬里混凝土工程试样的检测项目应包括下列内容：

1 110℃烘干后的体积密度、抗折强度和耐压强度。

2 高耐磨、耐磨、隔热耐磨混凝土815℃烧后的体积密度、抗折强度和耐压强度及线变化率。

3 隔热混凝土540℃烧后的体积密度、抗折强度和耐压强度。

6.6.3 衬里混凝土工程试样的检测应符合本规范第4.5.2条的规定，检测结果应符合本规范表4.5.1的规定。

7 补衬与修补

7.0.1 分段组焊的衬里设备和管道的衬里接口补衬，应在接口焊缝及锚固钉安装检验合格后进行。

7.0.2 下列衬里混凝土修补时，修补处应凿露出3个以上相邻的锚固件，修补断面宜凿成内“八”字：

1 隔热耐磨混凝土。

2 无龟甲网耐磨或高耐磨混凝土。

3 隔热混凝土。

7.0.3 龟甲网耐磨或高耐磨混凝土修补时，修补处应凿露出3个以上相邻的龟甲网孔。

7.0.4 补衬与修补所用的材料、配合比、养护方法宜与原衬里施工时相同，也可采用性能不低于原衬里材料的快干修补料。

7.0.5 衬里补衬、修补与原衬里接缝的处理应符合本规范第5.5.3条的规定。

8 衬 里 烘 炉

8.1 一 般 规 定

8.1.1 衬里烘炉应由建设单位负责，设计、施工、监理单位参加，并应按确定的烘炉方案进行。

8.1.2 衬里烘炉应平稳操作，烘炉时间不得少于本规范第8.2节的规定，并应控制升温、降温速度和所需时间及恒温温度和所需时间，且降温时不得强制冷却。

8.1.3 衬里烘炉应做好记录，并应绘制烘炉曲线。

8.1.4 已完成衬里烘炉的设备和管道，又发生衬里局部补修时，补修后的升温操作应在养护结束后进行，且可采用本规范第8.2节规定的升温速度上限值。

8.2 衬里烘炉制度

8.2.1 当催化裂化装置反应再生系统设备衬里烘炉采用多个设备串联或并联进行时，应按各设备离热源的距离控制升、降温速度和时间，使每台设备衬里烘炉制度应符合表8.2.1-1、表8.2.1-2和表8.2.1-3的要求。

表8.2.1-1 水硬性结合衬里烘炉制度

温度区间（℃）	升、降温速度（℃/h）	所需时间（h）
常温～150	5～10	13～26
150±5	0	24
150～315	10～15	11～17
315±5	0	24
315～540	20～25	9～12
540±5	0	24
540～常温	≤25	≥21

表8.2.1-2 化学结合衬里烘炉制度

温度区间（℃）	升、降温速度（℃/h）	所需时间（h）
常温～150	≤10	≥13
150±5	0	8
150～315	≤30	≥6
315±5	0	10
315～540	≤25	≥9
540±5	0	24
540～常温	≤25	≥21

表8.2.1-3 多种结合形式共存衬里烘炉制度

温度区间（℃）	升、降温速度（℃/h）	所需时间（h）
常温～150	≤5	≥26
150±5	0	24
150～315	≤5	≥33
315±5	0	24
315～540	≤8	≥29
540±5	0	24
540～常温	≤25	≥21

8.2.2 衬里设备和管道在热处理炉内进行衬里烘炉时，其衬里烘炉制度应符合表8.2.2-1、表8.2.2-2和表8.2.2-3的规定。

表8.2.2-1 水硬性结合衬里烘炉制度

温度区间（℃）	升、降温速度（℃/h）	所需时间（h）
常温～110	5～10	9～18
110±5	0	24
110～315	10～15	14～21
315±5	0	24
315～常温	≤25	≥12

表8.2.2-2 化学结合衬里烘炉制度

温度区间（℃）	升、降温速度（℃/h）	所需时间（h）
常温～60	≤10	≥6
60±5	0	8
60～110	≤10	≥5
110±5	0	8
110～315	≤30	≥7
315±5	0	10
315～常温	≤25	≥12

表8.2.2-3 多种结合形式共存衬里烘炉制度

温度区间（℃）	升、降温速度（℃/h）	所需时间（h）
常温～110	≤5	≥18
110±5	0	24
110～315	≤5	≥41
315±5	0	24
315～常温	≤25	≥12

9 工程验收

9.0.1 衬里施工过程中为后一工序覆盖的部位必须进行隐蔽工程验收。

9.0.2 衬里工程施工完毕，交付衬里烘炉前应进行工程中间验收。

9.0.3 衬里烘炉结束，并经建设单位、监理单位、设计单位和施工单位共同检查确认后，应及时办理工程交工验收。

9.0.4 衬里工程交工验收应按国家现行标准《石油化工建设工程项目交工技术文件规定》SH/T 3503的有关规定编制交工技术文件，并应提供下列资料：

1 工程变更一览表。

2 材料质量证明文件和复验报告。

3 隐蔽工程记录。

4 质量检验记录。

5 衬里工程试样检验报告。

6 衬里烘炉记录。

7 竣工图。

附录A 龟甲网技术条件

A.0.1 制造龟甲网的坯料应为平直的钢带，且不得有裂纹、气泡、夹杂物。切口处不得有分层、毛刺。划痕和麻点的深度不得超过厚度的允许负偏差。

A.0.2 钢带冲压成型后，所有转角处不得有裂纹。

A.0.3 相邻的成型钢带用结扣连接，两钢带应贴紧，结扣上的板边不得有裂纹。

A.0.4 龟甲网结扣应牢固贴紧，相邻两钢带间隙和错边不得大于0.3mm；表面应平齐，并应以1m直尺检查，间隙不得大于1mm。

A.0.5 龟甲网可用1.75mm或2mm厚的钢带制作，其材质应为0Cr13、0Cr18Ni9，并应符合现行国家标准《不锈钢热轧钢带》GB/T 4230的有关规定。

附录B 衬里施工作业人员操作技能考核方法

B.0.1 施工单位应对衬里工程施工作业人员的操作技能进行培训，其中对浇注法施工的振捣人员和喷涂法施工的操作人员应进行操作技能考核，并应在合格后参加衬里施工。

B.0.2 已经通过操作技能考核的人员，中断衬里施工超过一年，再进行施工作业前应重新考核。

B.0.3 操作技能考核应采用模拟施工过程进行。

B.0.4 浇注法施工振捣人员考核应符合下列规定：

1 应制作一块1000mm×1000mm的试板，试板厚度不宜小于10mm，锚固钉的种类及布置应符合本规范第3.4节的规定。

2 试板与地面应成60°角固定，施衬面应向下，模板固定应牢固。

3 应分三次浇注，浇注高度宜为300mm，并应同步振捣。

4 试板浇注完毕后，养护和模板拆除应符合本规范第5.10节的规定。

B.0.5 喷涂法施工操作人员考核应符合下列规定：

1 应制作一块1000mm×1000mm的试板，试板厚度不宜小于10mm，锚固钉的种类及布置应符合本规范第3.4节的规定，并应在周边加与衬里厚度相同的挡板。

2 试板应与地面成45°角，试板中点距地面的距离应为1.8m，施衬面应向下放置并固定牢固。

3 试板喷涂完毕后，养护应符合本规范第5.10节的规定。

B.0.6 试板衬里混凝土符合下列规定时为合格：

1 表面应平整密实，并应无疏松、无蜂窝麻面、无收缩性裂纹等缺陷。

2 厚度应均匀，厚度允许偏差应为±5mm。

3 应用0.5kg手锤，并应以350mm间距轻轻敲击检查，其声音应铿实、清脆，且不得有空鼓声。

附录C 喷涂衬里混凝土含水率测试方法

C.0.1 衬里结构为龟甲网耐磨混凝土时，应将表层刮去5mm后在衬里上取1～2kg喷涂料；其他衬里结构应将喷涂表层刮去30mm后，在衬里上取4～5kg喷涂料，再用四分法取样200g，并应烘干或焙烧至恒重。

C.0.2 含水率可按下式计算，试验结果应取两次计算所得数值的算术平均值：

$$W=\frac{200-m}{m}\times 100\% \qquad (C.0.2)$$

式中 W——衬里混凝土的含水率（%）；

m——干样的质量（g）。

本规范用词说明

1 为便于在执行本规范条文时区别对待，对要求严格程度不同的用词说明如下：

1）表示很严格，非这样做不可的用词：
正面词采用“必须”，反面词采用“严禁”。

2）表示严格，在正常情况下均应这样做的用词：
正面词采用“应”，反面词采用“不应”或“不得”。

3）表示允许稍有选择，在条件许可时首先应这样做的用词：
正面词采用“宜”，反面词采用“不宜”；
表示有选择，在一定条件下可以这样做的用词，采用“可”。

2 本规范中指明应按其他有关标准、规范执行的写法为“应符合……的规定”或“应按……执行”。

中华人民共和国国家标准

隔热耐磨衬里技术规范

GB 50474—2008

条 文 说 明

目　次

1　总则 ………………………………… 1—59—21
2　术语 ………………………………… 1—59—21
3　衬里设计 …………………………… 1—59—21
3.1　一般规定 ………………………… 1—59—21
3.2　衬里结构的选择 ………………… 1—59—21
3.3　典型衬里结构 …………………… 1—59—21
3.4　锚固件的类型与布置 …………… 1—59—21
3.5　衬里厚度 ………………………… 1—59—21
4　衬里材料 …………………………… 1—59—23
4.1　一般规定 ………………………… 1—59—23
4.3　钢纤维 …………………………… 1—59—23
4.4　不定形耐火材料 ………………… 1—59—23
4.5　衬里混凝土 ……………………… 1—59—23
5　衬里施工 …………………………… 1—59—23
5.1　一般规定 ………………………… 1—59—23
5.3　锚固件安装 ……………………… 1—59—24
5.4　衬里混凝土搅拌 ………………… 1—59—24
5.5　施工缝 …………………………… 1—59—24
5.6　浇注法施工 ……………………… 1—59—24
5.7　喷涂法施工 ……………………… 1—59—25
5.8　手工捣制法施工 ………………… 1—59—25
5.9　特殊部位施工 …………………… 1—59—25
5.10　衬里混凝土养护 ………………… 1—59—25
5.11　成品保护 ………………………… 1—59—25
6　质量检验 …………………………… 1—59—25
6.1　一般规定 ………………………… 1—59—25
6.2　衬里材料检验 …………………… 1—59—25
6.3　除锈质量 ………………………… 1—59—25
6.4　锚固件安装检验 ………………… 1—59—25
6.5　衬里混凝土检验 ………………… 1—59—25
6.6　工程试样 ………………………… 1—59—26
7　补衬与修补 ………………………… 1—59—26
8　衬里烘炉 …………………………… 1—59—26
8.1　一般规定 ………………………… 1—59—26
8.2　衬里烘炉制度 …………………… 1—59—26
9　工程验收 …………………………… 1—59—26

1 总 则

1.0.2 本规范适用范围限制在催化裂化装置反应再生系统设备，是基于目前的催化裂化装置反应再生系统设备内介质温度皆小于 800 ℃，按本规范要求的隔热耐磨衬里，完全可满足要求。

2 术 语

除本规范规定的术语外，其他有关不定形耐火材料的术语见《不定形耐火材料分类》GB/T 4513，有关催化裂化装置反应再生系统设备等方面的术语可参见《催化裂化装置反应再生系统设备施工及验收规范》SH 3504。

3 衬里设计

3.1 一般规定

3.1.2 催化裂化装置反应再生系统设备衬里根据结构和作用分为龟甲网隔热耐磨双层衬里、龟甲网耐磨或高耐磨单层衬里、无龟甲网隔热耐磨双层衬里、无龟甲网隔热耐磨单层衬里、无龟甲网耐磨或高耐磨单层衬里等。衬里设计时，需考虑设备内介质中酸性成分的露点腐蚀。酸性成分的露点温度由建设单位或设计单位的工艺部门提供。在确定设备壳体壁温时，应根据操作温度及环境条件综合考虑，以避免露点腐蚀的产生。

3.1.4 采用龟甲网隔热耐磨双层衬里的设备和管道内衬里习惯上设置阻气圈（即油气或烟气阻气圈）。在设备制造厂衬里且又需长距离运输的设备和管道内衬里结构中设置阻气圈是有必要的，此时阻气圈起的是设备刚性的作用。其他如工期较紧，衬里养护时间较短，且又存在强力组装的可能性时，也需考虑在这些设备和管道内衬里的结构中设置阻气圈。

3.2 衬里结构的选择

3.2.1 由于侧拉型圆环锚固钉目前使用日渐成熟，尤其在无法支模浇注的单层或双层隔热耐磨衬里时，有较大的优越性，故本规范增加了采用双层侧拉型圆环的无龟甲网隔热耐磨单层或双层衬里。另外根据多年来的实践经验，无龟甲网耐磨或高耐磨单层衬里的锚固钉种类在Y形锚固钉的基础上增加了V形锚固钉、S形锚固钉以及侧拉型圆环。

3.2.3 根据近几年的经验，对于孔板降压器、冷壁旋风分离器等衬里易损部位，采用双层侧拉型圆环的无龟甲网隔热耐磨双层衬里，其使用效果并不亚于龟甲网隔热耐磨双层衬里，因此将这类部位的衬里结构由龟甲网隔热耐磨双层衬里调整为隔热耐磨双层衬里，即增加了采用双层侧拉型圆环的隔热耐磨双层衬里结构。

3.2.4 反应（沉降）器、提升管反应器、催化剂输送用斜管等使用龟甲网隔热耐磨双层衬里及无龟甲网隔热耐磨单层衬里都有丰富的经验，故本规范推荐两种方法均可采用。

3.2.5 热壁旋风分离器、热壁稀相管、热壁料腿等推荐采用龟甲网高耐磨单层衬里，不推荐在热壁旋风分离器、热壁稀相管等部位使用侧拉型圆环衬里结构。

3.3 典型衬里结构

3.3.1 小直径的设备和管道（衬里后直径小于500mm)，因施工空间的限制可进行分段衬里施工。根据多年施工经验，分段长度 1000mm 左右较为合适。但随着技术的进步，在专用设备的使用下，一次性整体不分段衬里的施工质量会更好一些。图 3.3.1为推荐的几种典型的衬里分段结构，也允许采用其他成熟可靠的衬里分段结构。

应强调的是，非现场衬里的设备，运输或整体组焊应在分段衬里养护完毕且烘干到一定程度后进行。

3.4 锚固件的类型与布置

3.4.2 总结近年使用经验，将Ω形锚固钉的塑料帽改为软质橡胶帽。

3.4.3 增加了耐磨或高耐磨单层衬里用S形及V形锚固钉的结构简图及布置图。

3.4.5 根据各家的使用经验，Ω形锚固钉的使用数量由 25 个/m^2（一般场合）或 45 个/m^2（需加密场合）调整为16～25 个/m^2（一般场合）或25～45 个/m^2（需加密场合），具体布置应在设计文件中明确；增加了S形及V形锚固钉的用量要求；更改了侧拉型圆环用量的计算方法。

3.5 衬 里 厚 度

3.5.3 根据传热学理论，衬里高度和宽度是厚度的10倍以上时可近似为一维传热。为了简化计算，按平板一维稳态传热学理论对衬里总厚度进行估算，这是因为若与圆筒传热相比：

当内径为 ϕ1000mm 时，两者的热阻相差 13.1%；

当内径为 ϕ2000mm 时，两者的热阻相差 6.5%；

当内径为 ϕ3000mm 时，两者的热阻相差 4.3%；

当内径为 ϕ5000mm 时，两者的热阻相差 1.3%；

因此，对大直径的圆筒形容器来说，用平板一维稳态传热学理论对其衬里厚度进行估算在工程上是允许的。

由图 1 可知，当多层平板壁两侧有两种不同温度

（t_0、t_i）时，则热量由高温流体通过多层平板壁传给低温流体，这是一种综合传热过程，包括以下三个传热过程：

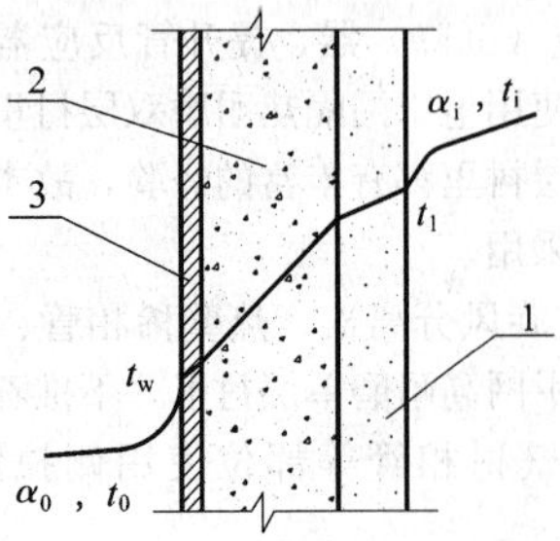

图1　多层平板壁传热

1—耐磨混凝土层；2—隔热混凝土层；3—金属器壁

高温流体与平板壁内表面之间的对流换热和辐射换热；

多层平板内部的导热；

平板壁外表面与低温流体（空气）之间的对流换热和辐射换热；

对于稳定传热，其热流量关系式见式（1）：

$$q=q_1=q_2=q_3 \tag{1}$$

式中　q——稳定热流量；

q_1——高温流体对平板壁的对流和辐射热流量之和；

q_2——多层平板之热流量；

q_3——平板表面向低温流体（空气）的对流和辐射热流量之和。

对于催化裂化装置而言，由于催化剂对衬里壁的湍流和冲击作用，高温流体向平板壁的辐射相对于对流来说是很小的，为了简化计算予以忽略不计。而对流传热系数 α_1 是比较难确定的数值，因为有许多原始数据无法获得，需要做较多的测试工作，现仅根据1982年洛阳石油化工工程公司在洛阳炼油实验厂同轴催化装置做的一次标定：

当催化剂密度 $\rho=96\text{kg/m}^3$ 时，$\alpha_1=226\text{W/(m}^2\cdot\text{K)}$；

当催化剂密度 $\rho=88\text{kg/m}^3$ 时，$\alpha_1=233\text{W/(m}^2\cdot\text{K)}$。

从取热盘管K值再生器内介质对盘管壁的对流传热系数 $\alpha=420\text{W/（m}^2\cdot\text{K）}$，根据上述对流辐射传热系数的范围，我们曾用镇海炼化公司高热阻衬里的实测温度进行了反算：

当对流传热系数 $\alpha_1=233\text{W/（m}^2\cdot\text{K）}$ 时，隔热混凝土厚度 $\delta_2=34.6\text{mm}$；

当对流传热系数 $\alpha_1=350\text{W/（m}^2\cdot\text{K）}$ 时，隔热混凝土厚度 $\delta_2=34.8\text{mm}$。

由此可见，热介质与衬里内表面的对流传热系数 α_1 增大 $117\text{W/（m}^2\cdot\text{K）}$ 时，隔热混凝土厚度仅增加0.2mm，所以热介质与衬里内表面间的对流换热和辐射换热热阻可以忽略不计，即可以把热介质的温度 t_i 当成衬里内表面的温度 t_1（也就是说，假定 $t_1=t_i$），这样计算工程上是可以接受的。同时，由于金属器壁导热系数相对较大，即也可假定金属器壁内、外表面温度相等。

根据上述假定，可以得到公式（2）、（3）、（4）三个方程，整理后得到公式（5）：

$$q_2=\frac{t_i-t_2}{\delta_1}\cdot\lambda_1 \tag{2}$$

$$q_2=\frac{t_2-t_w}{\delta_2}\cdot\lambda_2 \tag{3}$$

$$q_3=\alpha_0\ (t_w-t_0) \tag{4}$$

$$\delta=\frac{(t_i-t_w)\ \lambda_2}{(t_w-t_0)\ \alpha_0}-\frac{\lambda_2}{\lambda_1}\delta_1+\delta_1 \tag{5}$$

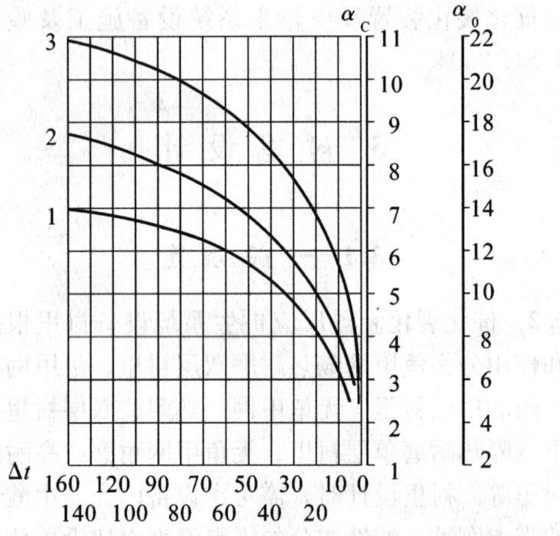

(a)对流换热

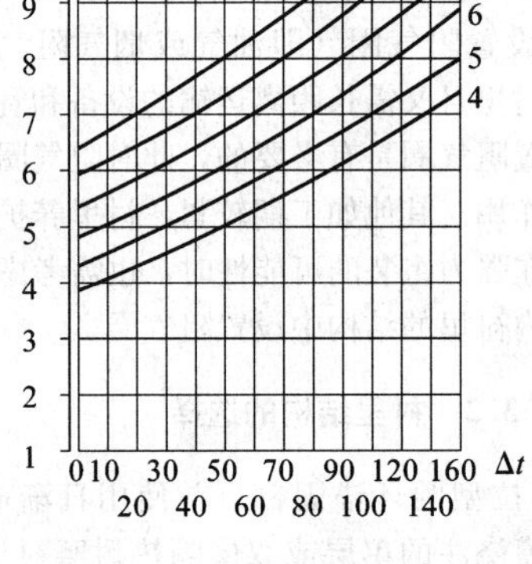

(b)辐射换热

图2　器壁与空气间的对流和辐射传热系数

曲线1—垂直平面；曲线2—散热面向上；曲线3—散热面向下；曲线4—t_0 取0℃；曲线5—t_0 取10℃；曲线6—t_0 取20℃；曲线7—t_0 取30℃；曲线8—t_0 取40℃；曲线9—t_0 取50℃

式中　t_i——介质温度（℃）；

t_0——当地年平均温度（℃）；

t_w——设备或管道金属器壁温度（℃）；

t_2——耐磨混凝土层外表面（即隔热混凝土层内表面）温度（℃）；

α_0——金属器壁与空气间的对流和辐射传热系数［W/(m^2·K)］；

δ——衬里总厚度（m）；

δ_1——耐磨混凝土厚度（m）；

δ_2——隔热混凝土厚度（m）；

λ_1——耐磨混凝土导热系数［W/（m·K）］；

λ_2——隔热混凝土导热系数［W/（m·K）］。

金属器壁与空气间的对流和辐射传热系数 α_0 的值可用公式（6）、（7）和图2来确定。根据近几年的实际壁温测量，在 α_0 取 15W/（m^2·K）时，计算壁温与实测壁温值吻合较好，但该值为油漆外表面的温度，金属器壁外表面的温度比油漆外表面的温度要高30～50℃。

$$\alpha_0=\alpha_C+\alpha_R \quad (6)$$

$$\Delta t=t_w-t_0 \quad (7)$$

式中 t_w——设备或管道金属器壁温度（℃）；

t_0——当地年平均温度（℃）；

α_0——金属器壁与空气间的对流和辐射传热系数，［W/（m^2·K）］；

α_C——金属器壁与空气间的对流传热系数［W/（m^2·K）］；

α_R——金属器壁与空气间的辐射传热系数［W/（m^2·K）］；

Δt——金属器壁与空气温度差（℃）。

4 衬里材料

4.1 一般规定

4.1.1 衬里质量应从材料质量验收抓起，衬里材料质量是保证衬里质量和使用寿命的前提条件。质量证明文件能全面反映材料性能，衬里材料必须有质量证明文件。本条为强制性条文。

4.1.2 锚固件是受力元件。其作用是使衬里牢固地连结在器壁上，从而增加衬里的整体强度。锚固件不同材质有不同的耐高温等级，衬里锚固件材料的化学成分和力学性能应符合本条提出的现行国家标准的有关规定。

4.3 钢纤维

4.3.2 钢纤维常规采用熔抽法生产的月牙形钢纤维，但近几年用不锈钢丝为原料生产的弓形钢纤维使用越来越广泛，且效果较好，故本规范将之纳入。

4.4 不定形耐火材料

4.4.1 本条要求是对本规范4.1.1条的补充，规定了不定形耐火材料质量证明文件的内容。产品的特性数据的实测值是质量证明文件的重要内容，不定形耐火材料在使用过程中承受高温和物理化学作用，应具有抗高温使用能力；在常温下也应具有强度；为了满足上述要求，对不定形耐火材料应做本条规定的特性的数据测试。

有时效性的材料，超过保管期造成性能下降应重新检验。如铝酸盐水泥为胶结剂的耐火浇注料，由于水泥的有效保管期为三个月，故贮存时间超过三个月的耐火浇注料应重新检验，性能指标达到设计要求时才可使用。水泥吸湿结块，不应使用。由于催化裂化装置长周期运行的要求，且介质中酸性物质增多，在材料检验时，对衬里混凝土常温耐磨性，三氧化二铝和三氧化二铁含量检验要求是必要的。

4.4.2 不定形衬里材料通常是袋装混合料，生产厂不提供集料和结合剂配比，只提供水料比。近年来不定形衬里材料技术发展较快，不同品种的不定形衬里材料有不同配方，即使同一产品不同生产厂在配方上也有差异。不定形耐火材料中广泛使用微粉和外加剂技术，产品性能有较大提高，施工方法和工艺有新的要求。因此，施工方法、工艺要求应在产品使用技术条件中阐明，作为施工单位施工技术管理的依据。产品使用技术条件应包括本条规定的内容。

衬里材料中不同品种的结合剂，衬里的烘炉曲线不一样。在产品使用技术条件中应提供衬里烘炉参数，作为建设单位制定烘炉方案的依据之一。

4.5 衬里混凝土

衬里混凝土按其性能分为隔热混凝土、耐磨混凝土、高耐磨混凝土、隔热耐磨混凝土和钢纤维耐磨混凝土、钢纤维隔热耐磨混凝土等。表4.5.1给出了对催化裂化装置反应再生系统设备所用衬里混凝土性能的最低要求，衬里混凝土性能指标测试时的最低热面温度为110℃。

近年来衬里浇注料的技术发展较快，各项性能有了很大提高，并结合催化裂化装置的工艺要求，对其性能作了调整，其中隔热、耐磨混凝土体积密度减小，耐压强度提高。这体现了衬里料向轻质高强低收缩的方向发展，调整性能的主导思想是增加隔热性、耐磨性，并防止隔热混凝土层被掏空的现象发生。

高耐磨衬里的材料导热系数不做材料检测评定指标，仅供设计计算壁温时参考。

5 衬里施工

5.1 一般规定

5.1.1 施工组织设计或施工技术方案是指导施工的质量管理文件，而衬里混凝土施工是不能由后续检测验证而在交付使用之后问题才显现的过程。因此，衬里施工前，施工单位应编制切实可行的施工组织设计或施工技术方案，建立质量保证体系并进行充分的工程质量策划，与各方就衬里施工及质量和检验取得共识并形成文件，在工程实践中指导施工。

5.1.2 设计图纸的质量是保证工程顺利进行的重要因素，施工前建设单位应组织设计单位对施工单位进行设计交底，施工单位应按设计图纸进行施工，当施工中有结构或材料变更通告单时必须征得设计单位同意并形成文件。

5.1.3 衬里施工人员的技术素质是影响衬里工程质量的重要因素，对从事工程施工的操作人员，施工单位首先应对其技术能力进行确认，并对浇注法施工的振捣人员和喷涂法施工的操作人员的操作技能考核作出了规定，考核可由建设单位、监理单位、施工单位商定。

5.1.4 施工设备也是影响施工质量的一个重要因素，施工单位应使投入的施工设备处于完好状态，并得到建设单位或监理人员的确认。

5.1.5 衬里施工的环境温度也是影响衬里质量的一个重要因素。当环境温度低于5℃时，会明显影响衬里混凝土的强度发展，温度更低时还有可能造成冻害。当环境温度高于35℃时，一方面会影响衬里混凝土的凝结硬化，另一方面也会影响衬里混凝土的常温强度，本条对环境条件作出了规定。

5.1.7 衬里混凝土施工成型后很难再进行拆除和改变，即使进行局部拆除和改变也会影响衬里的整体质量。因此，设备中间验收方面的内容进行了必要删减。

5.1.8 衬里混凝土施工应尽量减少施工缝，主要考虑施工缝处衬里间前、后工作层的结合效果没有整体成型的质量好，在规范中说明是必要的。

5.1.9 施工现场应全面推行HSE管理，为了使具体要求表达的详尽，其具体的实施要求见现行国家标准《石油化工建设工程施工安全技术规范》GB 50484。

5.3 锚固件安装

5.3.1 锚固件的安装质量直接影响衬里混凝土的最终工程质量，根据多方意见，增加锚固件的焊接技术要求是必要的。

5.3.3 因为衬里锚固结构发展的需要，在衬里结构中新增加了V形锚固钉和S形锚固钉，在此明确这两种锚固钉的焊接要求是必要的。

5.3.4 锚固钉与端板采用双面焊是在总结多年来衬里使用过程中的正反两方面经验的基础上，对端板与锚固钉的焊接方式达成的共识。采取这一措施将消除端板与锚固钉之间的薄弱环节，有利于提高龟甲网双层衬里的质量，这已被近几年来的施工实践所证明。

5.3.5 龟甲网下料采用热切割时会改变龟甲网金属材料的晶体结构，影响龟甲网的拼接质量，在施工现场屡见不鲜，应引起足够的重视。

5.3.7、5.3.8 为了使表达更具有针对性，避免不必要的重复，推荐了龟甲网双层隔热耐磨衬里最常用的龟甲网拼接方式，但也不排斥已经实践证明的其他的拼接方式，如采用加垫金属板条的方式。

5.4 衬里混凝土搅拌

5.4.1 目前国内衬里材料供应商提供的衬里料多数都采用掺加超细粉、外加剂等先进技术。为了使超细粉、外加剂等充分发挥作用，必须加大搅拌力度，采用强制式搅拌是一种切实可行的措施。

5.4.2 因为不同的衬里混凝土对搅拌的要求不同，本条强调了衬里混凝土的搅拌应按产品使用技术条件的规定执行，并对衬里混凝土的搅拌表观质量进行强调以利于在不同搅拌条件下更好地控制搅拌质量。

5.4.3 本条是强制性条文。袋装衬里料搅拌时加水量对耐火浇注料的施工性能和热工性能影响很大，必须严格计量。衬里混凝土在满足施工和易性条件下，水尽量少用，用水量多会造成粒度偏折，干燥后成为多孔组织，强度降低。

衬里混凝土一次搅拌量应根据初凝时间和施工需要确定，边搅边用，失去施工和易性的衬里混凝土在开始初凝时失去施工性，不准二次加水搅拌再用，应废弃。

5.4.4 钢纤维在衬里混凝土中均匀分布是关系到发挥钢纤维的增强增韧作用的关键。确保钢纤维在衬里混凝土中均匀分布的方法有许多种，各种方法都有其长处，目的是使钢纤维在衬里中均匀分布。

5.5 施　工　缝

5.5.1 多年来的实践证明，衬里质量问题大多是由于衬里施工缝的留设不当造成的。因此，施工缝的留设是一个非常重要的问题，应引起足够的重视。为了使表达更加准确，避免产生歧义，本条对需要留设施工缝的几种情况作了规定。留设施工缝的依据就是施工中断间隔超过衬里混凝土的凝结硬化时间。

5.5.3 施工缝施工质量的好坏直接影响衬里工程的质量，应引起足够的重视。本规范推荐的方法是经实践证明行之有效的方法。本规范鼓励用户在此规定的基础上，积极采取其他能够增强新旧衬里间的结合力的方法，同时针对现有衬里料结合剂的常用种类，着重强调了水硬性和化学结合两种衬里料对施工缝恢复施工的规定。

5.6 浇注法施工

5.6.1 在无龟甲网隔热耐磨单层衬里中采用的锚固钉的形式很多，并不是每种锚固钉结构都能采用浇注法施工工艺，本条对浇注法施工适用范围进行界定是必要的，增加了针对性。

5.6.3 衬里混凝土搅拌后都存在初凝和终凝时间，

当衬里混凝土超过初凝时间后再进行浇注法施工是无法保证衬里混凝土的整体质量的，本条对隔热耐磨混凝土浇注法的时间进行规定是必要的。

5.7 喷涂法施工

5.7.1 喷涂法施工工艺不是每种衬里结构都能采用，本条对喷涂法的适用范围进行界定是必要的。

5.7.2 因喷涂法施工比较复杂，喷涂设备和操作人员的技能对喷涂质量影响很大，喷涂前进行试喷是必要的。

5.7.8 衬里料的含水率对衬里工程质量的重要性是不言而喻的。为了消除作业者人为原因而带来的影响，在喷涂过程中加强对过程的质量控制是必要的。本条要求的测试频率是一个最低要求，本规范也鼓励规范使用者探讨提高含水率的测试频率的可能性。

5.8 手工捣制法施工

5.8.1 手工捣制法施工工艺简单，适用范围比较广，所以本条对该方法的适用范围也进行了界定。

5.8.4～5.8.6 耐磨混凝土手工捣制法施工靠人工逐个将龟甲网孔或侧拉型圆环内捣实，一次填入量应在衬里混凝土初凝前全部捣实，超过初凝时间尚未捣实部分、施工中断龟甲网孔或侧拉型圆环孔内存在残料及表面撒干水泥细粉抹光都无法保证衬里寿命。为此要求龟甲网孔或侧拉型圆环应一次填满，逐孔捣实，随填随捣，填入量必须在衬里混凝土初凝前捣实。

5.9 特殊部位施工

5.9.1、5.9.2 两段已衬无龟甲网隔热耐磨衬里的筒体的接口衬里及斜管和筒体相交相贯线部位的衬里是容易出现质量问题的部位。这些部位的施工，过去常用涂抹法施工，实践证明，这种方法存在一定的不足。采用支斜模浇注已经近几年的实践证明，对衬里的质量有保证。

5.10 衬里混凝土养护

5.10.1～5.10.3 衬里养护工序对衬里质量的重要性是不言而喻的，但由于衬里材料供应商所生产衬里料集料组成和结合剂性能各有不同，故本规范所提出的养护要求只是一个最低要求。当衬里材料供应商对所供的衬里料有特殊要求时，应按衬里材料供应商的产品使用技术条件执行。

5.11 成品保护

5.11.1～5.11.5 成品保护贯穿衬里施工的全过程，是一个重要环节，总结现场施工经验，明确了已衬里的设备和管道从衬里施工完成后至衬里烘炉前的全过程由施工单位负责对衬里采取保护措施。同时提出了成品保护环境的要求，分段衬里设备和管道进行运输、吊装和组焊的要求，筒节和封头衬里后吊装或翻转时防止衬里开裂的要求及未能按时烘炉的设备和管道保存的要求，还特别强调了已衬里的设备和管道在衬里烘炉前不得进行焊接作业。

6 质量检验

6.1 一般规定

6.1.1 衬里材料到货后应进行验收，其质量标识和特性数据应符合本规范第4.4.1条和第4.5.1条的要求。衬里材料的验收包括对衬里供货商提供的衬里材料由第三方进行的检验试验结果和施工单位在衬里施工前对施工衬里材料进行的检验结果。未经验收或验收不合格的材料不得使用。

6.1.2 隐蔽工程被隐蔽后，表面上无法看到的施工工序，很难再进行检查其符合性，因此，规定未经检查确认不得进行隐蔽施工，并应有检查确认的见证文件。

6.1.3 表6.1.3中作为一般项目性质的检验项目也应给予充分的重视。具体操作按本规范第6.2～6.6节的规定执行。

6.2 衬里材料检验

6.2.2 检验应由取得资质的检验试验单位进行。

6.2.5 储存期是指产品生产日期到投入使用时的日期的时间，而不是出库或到货日期。储存期应考虑施工的周期，并留有一定的富余时间。如果超过储存期，则不能使用。

6.3 除锈质量

6.3.1、6.3.2 规定对衬里混凝土覆盖金属面、龟甲网和锚固钉的除锈等级，以保证其在衬里施工中与衬里混凝土良好的结合。

6.4 锚固件安装检验

6.4.1、6.4.2 总结多年的施工经验，给出了锚固件安装的质量标准、检验要求。

6.5 衬里混凝土检验

6.5.2 衬里混凝土的外观质量是衬里质量检查的重要环节。本条给出了衬里混凝土外观质量标准和检验要求。

本规范第5.3.4条规定柱型锚固钉和端板是焊好后再焊到器壁上，端板下方的隔热混凝土在施工中不易塞实，因此强调施工中不得有空洞。

6.5.4 衬里烘炉后对裂纹的要求是根据目前国内施工单位总的施工水平规定的，如果严格按规范施工和养护，是能达到衬里质量要求的。

6.6 工 程 试 样

6.6.2 由于衬里混凝土在材料检验时，已做导热系数和化学分析检测，故衬里混凝土工程试样仅做本条规定的物理力学检测内容，衬里混凝土工程试样检测项目合格，代表隔热耐磨衬里质量合格。本条为强制性条文。

7 补衬与修补

7.0.1～7.0.4 本章规定了补衬与修补的接口处的衬里混凝土处理和对锚固件的要求，且衬里接口补衬处由于施工环境的限制，施工质量很难达到整体施工时的质量，而养护更是难以保证。因此，施工单位和监理方对衬里接口补衬和养护要充分重视。

8 衬 里 烘 炉

8.1 一 般 规 定

8.1.1～8.1.4 明确衬里烘炉由建设单位负责，衬里烘炉方案应由建设单位根据本规范及所采用衬里供货商提供的产品使用技术条件确定，设计、监理和施工单位参加。衬里烘炉的关键是严格按确定的方案进行，平稳操作，保证升温、降温速度和所需时间及恒温温度和所需时间。规定了烘炉应绘制烘炉曲线，也给出了特定情况的烘炉要求。

8.2 衬里烘炉制度

8.2.1 总结了设备和管道隔热耐磨衬里烘炉的实际操作经验，规定了三种结合剂情况下的热处理制度。当催化裂化装置反应再生系统衬里设备采用多个设备串联或并联进行衬里烘炉时，由于各设备离热源的距离不同，升温的速度存在差别，烘炉温度慢慢往150℃靠拢，到达这一温度后，升温速度和恒温时间能控制自如。因此，将初始恒温度定为150℃为系统设备串联或并联进行衬里烘炉的热处理制度。

对某段热源流动不畅或难以流动的空间，应采取适当延长烘炉时间和设置放空口等措施。

8.2.2 给出单体衬里设备和管道及分段衬里的小直径设备和管道在热处理炉内进行衬里烘炉的三种结合剂情况下的热处理制度。

9 工 程 验 收

9.0.1 隐蔽工程验收是质量控制的重要工序，被后一工序覆盖的部位未经验收，覆盖后无法再进行质量验证，如隔热耐磨龟甲网双层衬里施工时，器壁除锈后焊锚固钉，一定要在锚固钉焊接质量检验合格后，才可施工隔热层。隔热层施工后，锚固钉被完全覆盖。在锚固钉焊接和隔热层衬里两道工序间必须进行中间交工检验，即隐蔽工程验收。隐蔽工程验收不合格，不准进行下道工序。隔热层施工后，焊龟甲网，再做耐磨层衬里。在龟甲网焊接合格检验后，才可施工耐磨层衬里。龟甲网焊接和耐磨层衬里之间应进行中间交工检查，即隐蔽工程验收。衬里施工过程中为后一工序覆盖的部位进行隐蔽工程验收作为强制性条文，必须严格执行。

9.0.2～9.0.4 衬里设备和管道交付烘炉前应进行中间验收，衬里烘炉结束应在建设、设计、施工、监理单位共同检查确认后办理交工验收，并对隔热耐磨衬里的交工技术文件作了规定。

中华人民共和国国家标准

石油化工全厂性仓库及堆场设计规范

Code for design of general warehouse and lay down area of petrochemical industry

GB 50475—2008

主编部门：中 国 石 油 化 工 集 团 公 司
批准部门：中华人民共和国住房和城乡建设部
施行日期：2 0 0 9 年 7 月 1 日

中华人民共和国住房和城乡建设部公告

第167号

关于发布国家标准《石油化工全厂性仓库及堆场设计规范》的公告

现批准《石油化工全厂性仓库及堆场设计规范》为国家标准，编号为GB 50475—2008，自2009年7月1日起实施。其中，第7.1.4（2）、7.2.11、7.4.2（3、4、5）、8.2.4（1）、8.3.5、10.1.2、11.2.1条（款）为强制性条文，必须严格执行。

本规范由我部标准定额研究所组织中国计划出版社出版发行。

中华人民共和国住房和城乡建设部

二〇〇八年十一月二十七日

前　言

本规范是根据建设部文件"关于印发《2005年工程建设标准规范制订、修订计划（第二批）》的通知"（建标〔2005〕124号）的要求，由中国石油化工集团公司组织镇海石化工程有限责任公司会同有关单位编制而成的。

本规范在编制过程中，编制组进行了广泛的调查研究，总结了我国石油化工仓库几十年来有关设计、建设、管理经验，适应石化行业工厂设计模式改革以及大规模生产的要求，广泛征求了设计、施工、管理人员的意见，对其中的主要问题进行了多次讨论，最后经审查定稿。

本规范共分11章和7个附录，主要内容包括总则、术语、仓库及堆场类型、总平面及竖向布置、仓储工艺、储存天数、建筑设计、堆场、控制与管理、仓储机械、安全与环保等。

本规范中以黑体字标志的条文为强制性条文，必须严格执行。

本规范由住房和城乡建设部负责管理和对强制性条文的解释，由中国石油化工集团公司负责日常管理，由镇海石化工程有限责任公司负责具体技术内容的解释。本规范在执行过程中，请各有关单位结合工程实践，认真总结经验，注意积累资料，并将意见和建议及有关资料寄至镇海石化工程有限责任公司（地址：宁波市镇海区蛟川街道，邮政编码：315207），以供今后修订时参考。

本规范主编单位、参编单位和主要起草人：

主 编 单 位： 镇海石化工程有限责任公司

参 编 单 位： 中国石化集团上海工程有限公司
中国石化集团宁波工程有限公司
中国石化集团洛阳石油化工工程公司

主要起草人： 蒋明火　陈一峰　蔡才欣　周　蓉　王　伟　赵立渭　周家祥　吴绍平　叶宏跃　范其海　江水木　范晓梅　王建锋　胡镇仕　赵常武　姚　琦　陆凤丽　赵凯烽

目　次

1　总则 ………………………………… 1—60—4
2　术语 ………………………………… 1—60—4
3　仓库及堆场类型 ………………… 1—60—4
4　总平面及竖向布置 ……………… 1—60—4
4.1　一般规定………………………… 1—60—4
4.2　总平面布置……………………… 1—60—5
4.3　道路……………………………… 1—60—7
4.4　铁路……………………………… 1—60—8
4.5　码头……………………………… 1—60—8
4.6　带式输送机……………………… 1—60—8
4.7　围墙及其出入口………………… 1—60—8
4.8　绿化……………………………… 1—60—8
4.9　竖向布置………………………… 1—60—8
5　仓储工艺………………………… 1—60—9
5.1　桶装、袋装仓库………………… 1—60—9
5.2　金属材料、备品备件仓库 …… 1—60—10
5.3　散料仓库 ……………………… 1—60—11
5.4　钢筋混凝土筒仓 ……………… 1—60—12
5.5　操作班次 ……………………… 1—60—12
6　储存天数 ……………………… 1—60—12
6.1　一般规定 ……………………… 1—60—12
6.2　成品、原（燃）料 …………… 1—60—13
6.3　化学品、危险品 ……………… 1—60—13
6.4　金属材料、备品备件 ………… 1—60—13
7　建筑设计………………………… 1—60—13
7.1　一般规定 ……………………… 1—60—13
7.2　门窗 …………………………… 1—60—13
7.3　地面 …………………………… 1—60—14
7.4　采暖通风 ……………………… 1—60—14
8　堆场 …………………………… 1—60—15
8.1　一般规定 ……………………… 1—60—15
8.2　堆场面积计算 ………………… 1—60—15
8.3　抓斗门式起重机堆场 ………… 1—60—15
8.4　抓斗桥式起重机堆场 ………… 1—60—16
8.5　斗轮式堆取料机堆场 ………… 1—60—16
9　控制与管理 …………………… 1—60—16
9.1　一般规定 ……………………… 1—60—16
9.2　控制 …………………………… 1—60—16
9.3　管理 …………………………… 1—60—16
10　仓储机械……………………… 1—60—16
10.1　一般规定……………………… 1—60—16
10.2　主要仓储机械的选用………… 1—60—17
11　安全与环保 ………………… 1—60—17
11.1　消防 ………………………… 1—60—17
11.2　安全 ………………………… 1—60—18
11.3　职业卫生 …………………… 1—60—18
11.4　环境保护 …………………… 1—60—18
11.5　应急救援 …………………… 1—60—18
附录A　计算间距起讫点 ………… 1—60—18
附录B　仓库面积计算法 ………… 1—60—19
附录C　叉车通道宽度计算 ……… 1—60—19
附录D　散料仓库储存量及面积计算 ……………………… 1—60—20
附录E　物料储存天数 …………… 1—60—20
附录F　散料堆场储存量及面积计算 ……………………… 1—60—21
附录G　装卸机械数量 …………… 1—60—22
本规范用词说明 ………………… 1—60—23
附：条文说明 …………………… 1—60—24

1 总 则

1.0.1 为在石油化工全厂性仓库及堆场设计中贯彻执行国家有关方针政策，统一技术要求，做到安全可靠、技术先进、经济合理，制定本规范。

1.0.2 本规范适用于石油化工企业固体物料、桶装（瓶装）液体物料和气体物料的全厂性仓库及堆场的新建、扩建和改建工程的设计。

本规范也适用于依托社会的仓库及堆场的设计。

1.0.3 石油化工全厂性仓库及堆场的设计除应符合本规范外，尚应符合国家现行有关标准的规定。

2 术 语

2.0.1 全厂性仓库 general warehouse

为全厂生产、经营、维修服务的各类仓库，以及大宗的原（燃）料和成品、半成品仓库。

2.0.2 全厂性堆场 general lay down area

为全厂生产、经营、维修服务的各类堆放场地，以及大宗的原（燃）料和成品、半成品露天堆放的区域。

2.0.3 仓库区 warehouse area

由仓库、堆场、辅助生产设施、行政管理设施、辅助用房（包括厕所，浴室）等部分或全部组成的区域。

2.0.4 桶装仓库 barrelled material warehouse

外包装采用刚性材料制作的钢桶、木桶、塑料桶等集装桶储存的物料仓库。

2.0.5 袋装仓库 bagged material warehouse

外包装采用塑料薄膜、牛皮纸或复合材料（柔性材料）储存的物料仓库。

2.0.6 危险品仓库 hazardous material warehouse

石油化工企业中除大宗原（燃）料和成品、半成品外，必须单独设置的，储存具有易燃、易爆、毒害、腐蚀、助燃或带放射性等危险性质的物料仓库。

2.0.7 化学品仓库 chemical material warehouse

石油化工企业中除大宗原（燃）料、成品和半成品外，单独设置的，储存不属于危险品的化学试剂、催化剂、添加剂等的物料仓库。

2.0.8 泄压面积 releasing pressure area

当仓库内危险物料发生爆炸，空气压力骤然增大时，能在瞬间释放仓库内空气压力的面积。

2.0.9 码垛 palletize

通过人工或机械将桶装、袋装物料按一定规则堆垛在托盘或网格上成为集装成组的单元。

2.0.10 驶入式货架 drive-in racking

一种不以通道分割的、连续整栋式货架。也称为通廊式货架。

2.0.11 盛行风向 prevailing wind direction

某地区频率较大的风向。

2.0.12 最小频率风向 minimum frequence wind direction

某地区频率最小的风向。

3 仓库及堆场类型

3.0.1 仓库的分类应符合下列规定：

1 按功能分为生产仓库和辅助仓库。生产仓库应包括原材料库、半成品库、成品库、燃料库、化学品库、危险品库等；辅助仓库应包括备品备件库、工具库、金属材料库、劳保用品库等。

2 按储存物料的性质分为固体物料库、液体物料库、气体物料库。固体物料库应包括散料库和袋装库；液体物料库应包括瓶装库、桶装库、罐装库；气体物料库应包括瓶（钢瓶）装库、罐装库。

3.0.2 堆场的分类应符合下列规定：

1 按储存物料的功能分为原（燃）料堆场、半成品堆场、成品堆场、废渣堆场、金属材料堆场、大件设备堆场等。

2 按储存物料的包装形式分为散料堆场、桶装堆场、袋装堆场、瓶装堆场、集装箱堆场等。

3 按装卸机械分为抓斗门式起重机（装卸桥）堆场、抓斗桥式起重机堆场、斗轮式堆取料机堆场等。

3.0.3 储存物料的火灾危险性分类应符合现行国家标准《石油化工企业设计防火规范》GB 50160 的有关规定。

4 总平面及竖向布置

4.1 一般规定

4.1.1 仓库区总平面布置应符合城镇及本企业的总体规划，并应符合安全、消防、环保、职业卫生的要求。

4.1.2 仓库区总平面布置应兼顾今后的外延发展，并应留有发展端。

4.1.3 仓库区总平面布置应合理用地、减少街区、缩短物流距离。

4.1.4 仓库及堆场宜相对集中布置或靠近主要用户布置。管理用房及辅助用房宜集中布置。

4.1.5 酸、碱和易燃液体类物料库及其装卸设施宜布置在仓库区的边缘且地势较低处。

4.1.6 仓库建筑宜有良好的自然通风和采光条件。在炎热地区，仓库建筑的朝向宜与夏季盛行风向成30°～60°夹角。管理用房宜避免西晒，在寒冷地区，应避免寒风袭击的朝向。

4.1.7 仓库区应合理确定绿化面积。产生高噪声或粉尘污染的建（构）筑物周围应进行绿化。

4.1.8 运输线路布置应使物料流程顺畅、短捷，并应避免和减少折返。人流不宜与有较大物流的铁路和道路交叉。

4.1.9 危险品仓库应集中布置，并应单独设置封闭式实体围墙，围墙内不应设置管理用房。

4.1.10 有爆炸危险的火灾危险性为甲、乙类的物料仓库或堆场，应满足下列规定：

1 应布置在仓库区边缘，不应布置在人流集散处或运输繁忙的运输线路附近。

2 泄压面积部分不应面对人员集中的场所或交通要道。

3 散发可燃气体的物料仓库宜布置在散发火花地点的全年最小频率风向的上风侧。

4.1.11 位于码头陆域的仓库区平面，应根据企业的总体布置、水路运输发展规划、码头生产工艺要求和自然条件进行布置。

4.1.12 仓库及堆场应位于不受洪水、潮水、内涝威胁的地带；当不可避免时，应采取可靠的防洪（潮）和排涝措施。

4.1.13 仓库及堆场不宜布置在不良地质地段；当不可避免时，应采取加固措施。

4.1.14 沿山坡布置的建（构）筑物，应利用地形条件布置，并应采取防止边坡坍塌或滑动的措施。体形较大的建（构）筑物，宜布置在土质均匀、地基承载力较高，且地下水位较低的地段。

4.2 总平面布置

4.2.1 独立设置的仓库区与相邻居住区、工厂、交通线等的防火间距，不应小于表4.2.1的规定。间距起讫点应符合本规范附录A的规定。

4.2.2 仓库区与所属石油化工企业厂区内部各设施的防火间距，不应小于表4.2.2的规定。

表4.2.1 独立设置的仓库区与相邻居住区、工厂、交通线等的防火间距（m）

项目		火灾危险性为甲类的物料仓库、堆场	火灾危险性为乙类的物料仓库、堆场	火灾危险性为丙类的物料仓库、堆场	备注
居住区及公共福利设施		100.0	75.0	50.0	—
重要公共建筑		50.0	37.5	25.0	—
相邻工厂		30.0	22.5	15.0	—
厂外铁路	国家铁路线	35.0	26.5	17.5	—
	厂外企业铁路线	30.0	22.5	15.0	—
国家或工业区铁路编组站		35.0	26.5	17.5	—
公路	高速公路、一级公路	30.0	22.5	15.0	—
	其他公路	20.0	15.0	15.0	
Ⅰ、Ⅱ级国家架空通信线路		40.0	30.0	20.0	—
架空电力线路		1.5倍塔杆高度	1.5倍塔杆高度	1.5倍塔杆高度	—
通航的海、江、河岸边		20.0	15.0	10.0	—
爆破作业场地		300.0	300.0	300.0	—

表4.2.2 仓库区与所属石油化工企业厂区内部各设施的防火间距（m）

项目		火灾危险性为甲类的物料仓库及堆场	火灾危险性为乙类、丙类（液体、气体）的物料仓库及堆场	火灾危险性为丙类（固体）的物料仓库及堆场	备注
火灾危险性为甲类的工艺装置或厂房		30.0	22.5	15.0	—
火灾危险性为乙类的工艺装置或厂房		25.0	19.0	12.5	—
火灾危险性为丙类的工艺装置或厂房		20.0	15.0	10.0	—
全厂性重要设施	第一类	45.0	33.8	22.5	区域性重要设施可减少25%
	第二类	35.0	26.5	17.5	

续表 4.2.2

项 目		火灾危险性为甲类的物料仓库及堆场	火灾危险性为乙类、丙类（液体、气体）的物料仓库及堆场	火灾危险性为丙类（固体）的物料仓库及堆场	备 注
明火地点		30.0	22.5	15.0	—
散发火花地点		15.0	11.5	7.5	—
液化烃储罐（全压力式或半冷冻式储存）	＞1000m³	60.0	45.0	30.0	—
	100m³（不含）～1000m³（含）	50.0	37.5	25.0	
	≤100m³	40.0	30.0	20.0	
液化烃储罐（全冷冻式储存）	＞10000m³	70.0	52.5	35.0	
	≤10000m³	60.0	45.0	30.0	
沸点低于45℃的火灾危险性为甲$_B$类的液体全压力式储存的储罐		30.0	22.5	15.0	
可燃气体储罐	＞50000m³	25.0	19.0	12.5	—
	1000m³（不含）～50000m³（含）	20.0	15.0	10.0	
	≤1000m³	15.0	11.5	7.5	
地上火灾危险性为甲$_B$、乙类可燃液体固定顶储罐	＞5000m³	35.0	26.5	17.5	—
	1000m³（不含）～5000m³（含）	30.0	22.5	15.0	
	500m³（不含）～1000m³（含）	25.0	19.0	12.5	
	≤500m³ 或卧式罐	20.0	15.0	10.0	
地上可燃液体浮顶、内浮顶储罐或火灾危险性为丙$_A$类固定顶储罐	＞ 20000m³	30.0	22.5	15.0	火灾危险性为丙$_B$类的固定顶储罐与仓库及堆场的间距可折减25％
	5000m³（不含）～20000m³（含）	25.0	19.0	12.5	
	1000m³（不含）～5000m³（含）	20.0	15.0	10.0	
	500m³（不含）～1000m³（含）	15.0	12.0	7.5	
	≤500m³ 或卧式罐	10.0	7.5	6.0	
罐区火灾危险性为甲、乙类泵（房），全冷冻式液化烃储存的压缩机（包括添加剂设施及其专用变配电室、控制室）		20.0	15.0	10.0	火灾危险性为丙类的泵（房）可减少25％
灌装站	液化烃	30.0	22.5	15.0	—
	火灾危险性为甲$_B$、乙类的可燃液体及可燃、助燃气体	25.0	19.0	12.5	
	火灾危险性为丙类的液体	19.0	14.5	9.5	
液化烃及火灾危险性为甲$_B$、乙类的液体	码头装卸区	35.0	26.5	17.5	火灾危险性为甲$_B$、乙类的液体铁路装卸采用全密封装卸时，间距可减少25％
	铁路装卸设施、槽车洗罐站	30.0	22.5	15.0	
	汽车装卸站	25.0	19.0	12.5	

续表 4.2.2

项　　目		火灾危险性为甲类的物料仓库及堆场	火灾危险性为乙类、丙类（液体、气体）的物料仓库及堆场	火灾危险性为丙类（固体）的物料仓库及堆场	备　　注
火灾危险性为丙类的液体	码头装卸区	26.5	20.0	13.5	—
	铁路装卸设施、槽车洗罐站	22.5	17.0	11.5	
	汽车装卸站	19.0	14.5	9.5	
铁路走行线、厂内主要道路		10.0	10.0	10.0	次要道路为 5.0m
污水处理场（隔油池、污油罐）		25.0	19.0	12.5	污油泵可减少 25%

注：1　厂内铁路装卸线与设有铁路装卸站台的仓库的防火间距，可不受本表限制。

2　全厂性重要设施指发生火灾时影响全厂生产或可能造成重大人身伤亡的设施。第一类全厂性重要设施指发生火灾时可能造成重大人身伤亡的设施；第二类全厂性重要设施指发生火灾时，影响全厂生产的设施。

3　区域性重要设施指发生火灾时，影响部分装置生产或可能造成局部区域人身伤亡的设施。

4.2.3　仓库区内相邻建筑物之间的防火间距，应按现行国家标准《建筑设计防火规范》GB 50016 的有关规定执行。

4.2.4　仓库区内相邻建（构）筑物的间距，除应满足现行国家标准《建筑设计防火规范》GB 50016 的规定外，还应符合下列规定：

1　采用带式输送机的两建（构）筑物之间的间距应满足带式输送机布置的要求。

2　采用铁路运输的两建（构）筑物之间的间距应满足铁路线路的技术要求。

3　采用公路运输的两建（构）筑物之间的间距应满足汽车行驶所需的间距要求。

4.3　道　路

4.3.1　仓库区内道路运输设计，应符合下列规定：

1　道路通行能力应与运输车辆、装卸和运输能力相适应。

2　装卸点货位及其内部通道，应满足汽车装卸及通行的要求，不应占用道路作为装卸场地。

3　应便于功能分区，并应与已有道路或所属企业的厂区总平面及竖向布置相协调。

4　道路结构形式宜与所属企业的厂区道路一致。对沥青有侵蚀或溶解的区域，不应选用沥青类路面。

4.3.2　仓库区道路可分为主要道路、次要道路和支道。主要道路的路面宽度应为 7.0～9.0m，次要道路的路面宽度应为 6.0～7.0m，支道的路面宽度应为 4.0～6.0m。当仓库区占地面积较小，且道路交通流量不大时，主要道路和次要道路宜合并。

4.3.3　道路交叉口处路面内缘最小圆曲线半径应根据通行的最大车辆要求确定，宜按 3m 的模数选用。

4.3.4　仓库区内消防道路的设置，应符合下列规定：

1　火灾危险性为甲、乙类的物料仓库及堆场、危险品仓库分类成组布置时，四周应设置环形消防道路，环形消防道路应有两处与其他道路连通。当受地形条件限制时，可设有回车场的尽头式消防道路。消防道路的路面宽度不应小于 6.0m。

2　火灾危险性为丙类的物料仓库及堆场可沿两个长边设置消防道路。通往单独的火灾危险性为丙类的物料仓库及堆场的消防道路可为尽头式，但应设回车场。消防道路宽度不应小于4.0m。

3　两条消防道路中心线间距不应超过 200.0m，当仅一侧有消防道路时，道路中心线至仓库或堆场最远处的距离不应大于 100.0m。

4　消防道路不宜与铁路平交叉，如需平交叉，应设置备用道路，两道路之间的间距不应小于最长一列火车的长度。

5　消防道路交叉口处路面内缘最小圆曲线半径不宜小于 12.0m，路面以上净空高度不应低于 5.0m。

4.3.5　仓库区内部道路边缘至相邻建（构）筑物的最小间距应符合表 4.3.5 规定。

表 4.3.5　道路边缘至相邻建（构）筑物的最小间距

相邻建（构）筑物		最小净距（m）	备注
建筑物	面向道路一侧无出入口时	1.5	当汽车要求的转弯半径大于 6.0m 时，该数值应重新计算
	面向道路一侧有出入口，但不通行汽车时	3.0	
	面向道路一侧有出入口，且通行汽车时	6.0	
管线支架		1.0	—
标准轨距铁路		3.75	—

4.3.6　汽车衡应符合下列要求：

1　汽车衡的最大称量值不应小于实际最大称量汽车总质量的 1.2 倍。

2　汽车衡宜设置在汽车运输货物主要出入口附

近道路边，汽车衡位置应满足建筑限界的要求。

3 汽车衡两端引道直线段长度不应小于设计的最长一辆车长。

4.4 铁　　路

4.4.1 火灾危险性为甲、乙类的物料仓库内不应布置铁路线。

4.4.2 区间线、联络线、机车走行线、连接线的曲线半径均不应小于300m，受限区域不应小于180m；仓库引入线的最小曲线半径不应小于150m。

4.4.3 装卸线应按直线布置，受限区域可按半径不小于600m的曲线布置。

4.4.4 尽头式铁路装卸线的车挡至最后车位的距离，应根据运输物料的性质确定，火灾危险性为甲、乙类的物料不应小于20m，丙类物料不应小于15m。

4.4.5 铁路与道路平面交叉口处应设置道口，道口铺砌应平整。道口应设置在瞭望条件良好的直线地段。在距道口外50m范围内，道路机动车辆司机视距，以及火车司机视距不宜小于表4.4.5的规定。

表4.4.5 铁路与道路平交道口视距（m）

火车速度（km/h）	道路机动车辆司机视距	火车司机视距
40	180	400
30	150	300
20	100	150

4.4.6 在下列情况下，如无法采取安全技术措施时，应设置有人看守的道口：

1 仓库区内道路交通流量很大的主干道与铁路线路平面交叉时。

2 道路机动车辆司机视距或火车司机视距不能满足表4.4.5规定的视距要求时。

4.4.7 轨道衡的型号和设置位置，应根据产品计量及工艺要求确定。轨道衡线应为专用的贯通线，不得兼作走行线。轨道衡最近的两端应设置平直线，平直线长度不应小于25.0m，当采用连续称量时，平直线长度不应小于50.0m。

4.5 码　　头

4.5.1 位于码头陆域仓库区的主要生产设施应靠近陆域前方布置，辅助生产设施、行政管理和生活设施可因地制宜布置。

4.6 带式输送机

4.6.1 带式输送机线路，宜沿道路或平行于主要建筑物轴线顺直布置，并应避免横穿场地。带式输送机进入建（构）筑物时宜正交，困难时，与建（构）筑物轴线的夹角宜大于75°。

4.6.2 带式输送机应减少与铁路、道路、管架等的交叉；如需交叉，宜正交，且应满足净空高度的要求。

4.6.3 带式输送机栈桥支架的间距宜均匀，并应避开地下管道。与铁路、道路的间距应满足相应的限界要求。

4.7 围墙及其出入口

4.7.1 独立设置的仓库区周围应设置围墙。围墙宜采用实体围墙，高度不宜低于2.40m。仓库区内部各单元之间或单元内部除有特殊要求外，不应另外设置围墙。分散布置在所属企业生产区内的仓库或堆场宜与生产区的围墙相结合。

4.7.2 围墙与建（构）筑物之间的最小间距应符合表4.7.2的规定。

表4.7.2 围墙与各建（构）筑物的最小间距（m）

建（构）筑物	最小间距
火灾危险性为甲类的物料仓库及堆场	15.0
火灾危险性为乙、丙类的物料仓库及堆场	11.5
道路路面	1.5
标准轨距铁路	5.0

4.7.3 除通行火车的出入口外，围墙出入口数量不应少于2个，并应直接与仓库区外道路顺畅连接。出入口宜位于不同方向。当在同一方向设置出入口时，间距不应小于30.0m。通行火车的出入口净宽不应小于6.4m，通行汽车的出入口净宽不应小于4.0m。

4.7.4 主要人流出入口与主要货物出入口宜分开设置。通行火车的出入口不应兼作人流出入口。

4.7.5 主要出入口附近应设置值班门卫。

4.7.6 主要汽车货物出入口附近宜设置货车停车场，停车场规模应与汽车数量相匹配。

4.8 绿　　化

4.8.1 独立设置的仓库区内绿化用地率不应小于12%，当地规划部门有具体规定时应执行当地规划部门的规定。

4.8.2 仓库管理区附近宜重点绿化和美化。

4.8.3 有防火要求的仓库及堆场附近，应选择水分大、树脂少，且有阻挡火灾蔓延作用的树种。

4.8.4 散发有害气体的仓库及堆场附近，应选择抗性和耐性强的树种或草皮。

4.8.5 在有灰尘散发的仓库及堆场附近，应选择滞尘力强的树种或草皮。

4.9 竖 向 布 置

4.9.1 靠近海、江、河、湖泊布置的仓库区，当无满足要求的堤防保护时，场地设计标高应高于计算水位0.50m。当有防止仓库区受淹的措施时，设计标高可低于计算水位。

4.9.2 位于码头陆域仓库区的场地设计标高，应与码头前沿的高程相适应，地面坡度应根据地形条件、装卸工艺要求并结合场地设计高程确定。

4.9.3 堆场地面标高宜高出周围地面或道路标高0.20～0.30m；沉降量较大的地区宜加大。

4.9.4 位于山坡地带的仓库，在满足生产、运输等要求下，应采用阶梯式布置。

4.9.5 阶梯式布置有下列情况之一时，应设置挡土墙：

1 陡坡或工程地质不良地段。

2 建筑物密集或用地紧张的区域。

3 易受水流冲刷而坍塌或滑动的边坡，且采取一般铺砌护坡不能满足防护要求的地段。

4.9.6 挡土墙或护坡高度超过2.00m且附近有人员出入时，应在墙顶或坡顶设置高度1.10m的防护栏杆。附近有车辆行驶的，应在挡土墙或护坡附近设置防护隔离墩。

4.9.7 场地排雨水方式的选用宜符合下列要求：

1 雨量少、土壤渗水性强且易于地面排水的地段，宜采用无组织排水。场地排水坡度宜采用0.5%～2.0%。

2 场地平坦，建筑密度较高，城市型道路，运输条件复杂，对卫生、美观有较高要求的地区，宜采用有组织排水。

3 散料露天堆场排雨水宜采用明沟排水系统，排水明沟或雨水口应设置在堆场四周，不应布置在堆场范围之内。场地排水坡度宜采用0.5%～2.0%。

5 仓储工艺

5.1 桶装、袋装仓库

5.1.1 桶装、袋装仓库的设计应符合下列规定：

1 火灾危险性为甲类的物料仓库应采用单层仓库。其他物料仓库可采用多层仓库。

2 成品仓库宜靠近包装厂房，也可与包装、搬运、储存、装车组成为机械化储运的联合装置。

3 宜设置一定储量的空桶、空袋堆场或敞开式仓库。

4 相互接触会产生化学反应、爆炸危险的物料，以及腐蚀性物料和易燃物料储存在同一仓库时，应采用实体墙隔开，并各自设置出入口。

5 火灾危险性为甲、乙类的物料桶装、袋装仓库储存，应符合现行国家标准《常用化学危险品贮存通则》GB 15603的有关规定。

5.1.2 仓库面积组成应包括储存物料的储存面积，搬运设备占用面积，通道及过道占用面积等。

5.1.3 仓库面积可采用荷重法计算，可按本规范附录B确定。

5.1.4 采用托盘成组码垛储存的成品仓库，不宜另外设置空托盘库，可留出空托盘存放面积。

5.1.5 仓库面积利用系数不宜低于0.50。不同储存方式时面积利用系数宜按表5.1.5确定。

表5.1.5 仓库面积利用系数

包装形式	储存、搬运方式	面积利用系数	备注
袋装	人工堆包，手推车或液压搬运车搬运	0.60～0.80	—
袋装	桥式堆包机，人工卸包码堆	0.55～0.70	码堆高宜为8～12层，手推车或液压搬运车搬运取上限，叉车搬运时取下限
	人工或码垛机托盘码垛，叉车搬运	0.50～0.60	每托盘码垛1.0～1.5t 堆高1～3托盘
桶装	人工或码垛机托盘码垛，叉车搬运	0.50～0.65	—
桶装或袋装	码垛机托盘码垛，驶入式货架叉车搬运	0.50～0.60	—

注：仓库面积利用系数指仓库中储存物料所占有效面积与总有效面积之比。

5.1.6 仓库的通道及过道宽度，应保证进出货物能顺利安全通过，且宜符合下列要求：

1 叉车运输主通道宽度不宜小于5.00m；最小通道可按本规范附录C确定。

2 辅助过道用于叉车搬运时不宜小于2.00m，用于人工搬运时不宜小于1.50m。

5.1.7 仓库高度应符合下列规定：

1 不设置起重机时，单层仓库净空高度不宜小于4.00m。

2 采用桥式起重机时，单层仓库净空高度不宜小于6.50m，并应根据采用的起重机型号及物料堆放高度或货架高度进行核算。

3 采用码垛机、托盘成组并配叉车时，净空高度不宜小于4.50m。

4 采用桥式联合堆包机时，净空高度不宜小于8.00m。

5 多层仓库第一层净空高度不应小于4.50m；第二层及以上各层净空高度不宜小于3.50m。

5.1.8 仓库站台应符合下列规定：

1 仓库装卸站台宜与仓库紧邻且平行于仓库长度方向轴线。站台高度应根据运输车辆确定，铁路运输站台应高出轨顶1.00～1.10m，汽车运输站台应高出地面0.80～1.55m。

2 站台宽度应根据搬运作业和堆放物料的需要确定。当采用人工搬运时，站台宽度不应小于2.50m；当采用叉车搬运时，站台宽度不应小于5.00m；当采用移动式输送机或移动式悬挂装车机时，站台宽度不应小于4.50m。

3 装卸站台宜设置防雨棚。汽车装卸站台的防雨棚宽度宜超出站台边3.00m；铁路装卸站台的防雨棚宽度宜超出车厢外侧。

5.1.9 储存和搬运方式宜符合下列规定：

1 小型仓库可采用人工搬运或码垛；人工装车的仓库，也可采用叉车搬运堆垛储存和装车。

2 大、中型仓库宜采用机械化搬运、储存和装车。

3 每次搬运起重量较小时，可选用悬挂式桥式堆垛机。堆垛高度在4.00m以下时，可采用地面控制；地面控制时，悬挂式桥式堆垛机大车行走速度宜小于40m/min。

4 堆垛高度在4.00m以上，且储存及出入库量较大的仓库，宜选用桥式堆包机，并应采用驾驶室控制。桥式堆包机轨顶高度不宜大于12.00m，跨度不宜小于18.00m。

5 采用半自动或自动码垛机码垛时，宜采用叉车搬运堆垛，堆垛高度宜为1～3托盘，并应配备相应吨位和起升高度的叉车。

6 露天桶装堆场、码垛成组袋装堆场或经塑料薄膜包裹的袋装堆场，宜采用叉车或专用起重机堆垛和装运。

7 仓库内储存易燃、易爆物料时，不宜选用悬挂式桥式堆包机。当选用桥式堆包机时，桥式堆包机应具备防爆功能，且宜选用地面控制。

8 当采用网络成组无托盘搬运或大袋包装时，应配备带起重臂的叉车或吊钩桥式起重机。

9 二层及以上仓库的垂直运输设备应采用电梯或升降机，不应采用手动或电动葫芦、桥式起重机等起重设备跃层操作。

10 当仓库采用叉车搬运时，应配置通用托盘。

5.2 金属材料、备品备件仓库

5.2.1 金属材料和备品备件仓库的设计应符合下列规定：

1 金属材料、备品备件、劳保用品等可根据工厂规模单独设仓库，也可合并为综合仓库。

2 贵金属材料和精密仪器仪表应根据其储存要求单独储存。

3 一般金属材料可采用露天堆场储存。当采用室内储存时应设计为单层仓库，仓库跨度不宜小于15.00m，净空高度不宜小于6.50m。地面设计荷载不宜小于40kN/m²。室外或室内储存时均应配备起重及搬运设备。

4 大件备品备件室内储存时宜设计为单层仓库，并应配备起重及搬运设备。地面设计荷载和净空高度应符合本条第3款的规定。小件备品备件宜采用人工操作的搁板式或横梁式货架储存、手动或电动移动式货架并配备叉车搬运储存，也可采用装入小型箱柜储存在货架上。

5 金属材料仓库采用货架储存时，宜采用悬臂式货架。

6 当金属材料仓库与其他物料合并为综合仓库时，宜设计为多层仓库，二层及以上的综合仓库应符合下列要求：

1）多层综合仓库底层储存的金属材料和较大件的备品备件宜就地存放，两层及以上各层储存小件物料，可采用货架储存。

2）底层可配备起重及搬运设备，底层以上各层可配备手动或电动葫芦起重设备。当底层配备悬挂式或桥式起重机时，底层净空高度不应小于6.50m，底层以上各层层高不宜大于4.50m，跨度不宜大于9.00m。

3）底层地面荷载应根据存放物料确定。二层的楼面荷载不宜大于15kN/m²，两层及以上各层的楼面荷载不宜大于10kN/m²。

4）上下层间垂直运输设备应按本规范第5.1.9条第9款的规定采用。

5.2.2 金属材料仓库通道宽度，应根据搬运的方式和运输设备的规格型号确定。采用桥式起重机或配备叉车作辅助搬运时，主通道宽度不宜小于5.00m，前移式叉车通道宽度不宜小于2.80m，辅助通道宽度不宜小于2.00m。备品备件或劳保用品采用搁板式货架储存人工操作手推车搬运时，主通道宽度不应小于2.00m，货架间上架的取货过道宽度宜为1.00～1.50m。

5.2.3 金属材料仓库和备品备件仓库面积可按本规范附录B计算。仓库应设置切割断料设备所占用的面积。金属材料仓库和备品备件仓库面积利用系数宜按表5.2.3确定。

表5.2.3 金属材料仓库和备品备件仓库面积利用系数

仓库名称	储存、搬运方式	面积利用系数
金属材料仓库	就地堆放 叉车或起重机械搬运	0.60～0.70
	悬臂式货架储存 叉车或起重机械搬运	0.50～0.60
小件备品备件、劳保用品或综合仓库	搁板式或横梁式货架储存 人工手推车搬运	0.40～0.50
	手动或电动移动式 货架叉车搬运	0.70～0.80
大件备品备件	就地堆放 叉车或起重机械搬运	0.50～0.60

5.3 散 料 仓 库

5.3.1 散料仓库的设计应符合下列规定：

1 不易受潮的散料仓库宜设计为敞开式或半敞开式；易受潮的散料仓库应设计为全封闭式；需防潮的散料，仓库内应有除湿设施。

2 仓库内可做成地坑式，地坑深度不宜超过2.50m。

3 设有挡料墙的敞开式仓库，挡料墙宜设在盛行风向的上风侧。仓库挡料墙应高出室内地面1.00m以上，且应低于物料允许堆放高度0.50m。

4 仓库地面应根据具体的地质情况采取地基处理措施。仓库内地面应采取排水措施，在易积水的地面安装设备或钢支架时，设备基础及钢支架支腿应设混凝土基础，基础顶面宜高出附近地面0.10～0.20m。

5 仓库室内地下储斗、地槽、溜槽的顶面宜高出地面0.30m以上。

6 仓库内粉尘易飞扬的部位，应采取密闭措施，并应设置通风除尘设施。

7 各种形式的储料仓、料斗、地槽均宜采取防止堵料和起拱的措施，寒冷地区还应采取防冻措施。

8 散料仓库的面积利用系数宜取0.70～0.80，储存量及面积计算应符合本规范附录D的规定。

5.3.2 耙料机库应符合下列规定：

1 门式耙料机库应符合下列规定：

1）仓库内料堆两端应设置承重挡料墙，中间可设置低于两端挡料墙的隔墙。

2）耙料机轨道应安装在±0.00平面，地面带式输送机一侧耙料机地面应按耙料机规格要求确定，宜高出±0.00平面1.60～2.00m。

3）配合耙料机工作的出库带式输送机带面标高宜为0.80～1.00m，在仓库内应水平布置。

4）仓库控制室宜设置在散料仓库中部靠近出库带式输送机一侧的外侧面，控制室地面宜高出散料仓库地面2.00～3.00m。

5）仓库内堆料区以外应留有检修场地。

2 回转耙料机（圆形）库应符合下列规定：

1）进库应采用架空带式输送机，应在仓库中心下料，并应与回转耙料机配合堆料。出料应采用地下带式输送机。

2）圆形仓库内应采用相应的回转耙料机堆取料，进料与出料应采用带式输送机。回转耙料机中部基础处地面应提高。圆锥形库底与水平夹角宜采用6°00′～7°12′。

5.3.3 抓斗桥式起重机仓库应符合下列规定：

1 仓库跨度不宜小于24.00m。柱距宜选用6.00～9.00m。仓库长度不宜小于跨度的2倍，并应在长度方向的端部留出检修或更换抓斗的空地。

2 当同一轨道上设置两台及以上抓斗桥式起重机时，每台起重机作业长度不宜小于40.00m，每台起重机应能单独切断电源。土建设计荷载应按两台起重机在同一柱内靠近作业时的最大轮压计算。

3 起重机电源主滑线应设置在司机室对侧。

4 起重机轨道外侧应设置走道，外侧有柱时，走道在柱子外的净宽不应小于0.60m，净空高度不应低于2.20m。走道外无挡墙时应设置栏杆，栏杆有效高度应为1.10m；每台起重机均应设置运行人员从地面进入司机操作室的楼梯。

5 当有机车进入仓库时，仓库跨度不宜小于24.00m，起重机轨顶标高与铁路轨顶标高的垂直高差不应小于8.00m。抓斗最大运行高度应低于极限高度0.30～0.50m，抓斗下限（张开状态）与料斗面、料堆顶面的距离不应小于0.50m。起重量5.0t的起重机，其轨面应高于料堆表面5.00m以上，并应高于仓库地面12.00～15.00m。

6 同一仓库内宜堆放储存单一物料；如需在同一仓库内堆放储存两种及以上不同品种、不同规格物料时，宜采用隔墙分开。

7 易自燃物料的堆高不应大于3.50m，且不宜采用低地面；非自燃物料，可增加堆放高度。

8 散料出库当采用高位受料斗形式时，受料斗顶面标高不宜高于6.00m。设置在上口的型钢箅子板应能承受抓斗的撞击。料斗中心线应在抓斗运行水平极限位置以内不小于0.50m处。同一仓库内若设置2个受料斗时，受料斗间距宜取25.00～50.00m。

9 起重机跨度范围内设置铁路卸车站台时，铁路中心至柱子边最近间距不应小于2.50m（车辆为单侧卸料）。起重机司机室宜布置在靠近铁路站台一侧。

10 有推土机或装载机作业的仓库，柱距不应小于7.20m，并应设置推土机或装载机进出的通道。

11 桥式抓斗起重机跨度内不宜设置沿铁路站台的地面带式输送机。当设置沿铁路站台的地面带式输送机时，移动式受料斗高度不宜超过铁路敞车上缘。受料斗上口尺寸应与抓斗张开后的尺寸相适应，并应设置箅子板。箅子孔的尺寸应符合料斗下部给料机的工作要求。

5.3.4 不设置起重机的仓库应符合下列要求：

1 仓库内宜配备推土机、装载机、叉车、移动式带式输送机或手推车等搬运机械。

2 用于堆取料作业的推土机，其台数可根据作业量及推土机性能等因素计算确定，备用台数不宜少于计算台数的50%。当推土机仅用于平整、压实和倒运时，推土机的总数不宜少于2台。履带式推土机运距不宜大于50m。可根据倒运作业的需要配备1台轮式装载机。

3 当有推土机作业时，应在仓库附近设置推土机库，并宜设置冲洗台和储油间。

5.4 钢筋混凝土筒仓

5.4.1 筒仓的平面布置，应根据工艺、地形、工程地质和施工等条件，经技术经济比较后确定。群仓可选用单排或双排布置。

5.4.2 筒仓的平面形状宜选用圆形。小型圆形群仓宜选用仓壁外圆相切的连接方式。当筒仓直径等于或大于18.00m时，宜采用单仓独立布置形式。

5.4.3 直径大于10.00m的圆形筒仓，仓顶上不宜设置有振动的设备。

5.4.4 筒仓仓壁上开设的洞口，其宽度和高度均不宜大于1.00m。

5.4.5 筒仓进料宜采用仓顶带式输送机，卸料设备宜采用固定带式输送机配电动犁式卸料器；进仓输送设备应设置除铁装置；仓顶物料进口应设置箅栅，箅栅孔最小边尺寸应大于进仓物料最大粒径的1.2倍。

5.4.6 筒仓排料口形式、数量、尺寸、漏斗壁倾角及高径比等参数，应根据物料的颗粒组成、流动性、设计的流动形式以及地基和工艺条件确定。筒仓下部排料应顺畅。

5.4.7 直径等于或大于15.00m的筒仓，下部宜采用槽形漏斗，并应采用叶轮给料机排料。直径大于18.00m的筒仓，可采用环形漏斗及相应的排料设备。直径小于15.00m且下部采用2～4个圆锥形漏斗的筒仓，漏斗部分应光滑耐磨，可装设助流装置或预留装设助流装置的条件。

5.4.8 筒仓内存放易燃易爆物料时，应采取防火防爆措施。仓内应设置可燃气体浓度报警仪，仓面应设置通风机，仓顶沿仓壁周围应设置瓦斯排放孔，仓顶结构应采取泄爆措施；筒仓内存放自燃、发热、散湿及易散发有害气体的散料时，筒仓上方应设置相应的通风排气管口。

5.4.9 筒仓应设置安全保护及监测装置，其监测仪表以及防火防爆装置的显示、控制装置，应集中安装在输送系统集中控制室或筒仓控制室内。筒仓集中控制室应设置在筒仓以外。

5.4.10 筒仓应设置料位信号、料位指示设施和避雷设施。

5.4.11 筒仓应根据储存物料的特性设置防尘、防自燃和排风的设施。储存物料易产生粉尘的筒仓顶部和筒仓卸料处应设置相应的密封除尘装置。

5.4.12 筒仓下部应设置事故排料口，且应采取将排料口排出的物料返回系统的措施。

5.4.13 当储存的物料不允许破碎时，宜在筒仓（深仓）内设置中间螺旋溜槽或采用浅仓。

5.4.14 除引入仓顶的带式输送机通廊外，仓顶面的建筑物还应另外设置1个出入口。

5.4.15 筒仓建造在严寒地区时，应采取防冻措施。

5.4.16 圆形筒仓底部可分为平底和锥底。锥体内壁对水平面的倾角应根据物料静堆积角确定。

5.4.17 筒仓的锥部形状，应根据工艺需要，经技术经济比较后确定。应采用双列缝隙式或锥体四口出料，对于小直径的筒仓，可采用双曲线单口出料。

5.4.18 筒仓顶部应设置防雨棚，仓顶部入口四周应有宽度不小于0.80m的人行走道。

5.4.19 筒仓底部卸料装汽车时，仓底下地面净空高度不应小于汽车载货时的最大高度加0.30m。

5.4.20 筒仓底部卸料装火车时，仓底有关部位尺寸应符合现行国家标准《工业企业标准轨距铁路设计规范》GBJ 12的有关规定。

5.4.21 储存磨损性物料的筒仓应在仓底锥体部位设置耐磨层。

5.4.22 筒仓的设计应满足下列要求：

1 仓顶建筑物内应设起重设备，起重梁应伸出仓体。

2 总容量超过25000t的大型筒仓，可设置客货两用电梯。

3 叶轮给料机排料的筒仓，叶轮给料机运转层两端应留有叶轮给料机检修场地，并应配备起重设备。

4 筒仓下部为锥形漏斗时，排料口应设置能截断料流的闸门。

5 仓顶应设置检修人孔，尺寸不应小于0.60m×0.70m，并应加盖板。

5.5 操作班次

5.5.1 原料入库和成品出库的操作班次，应根据原料、成品运输方式及运输部门的有关要求确定。业主若无规定时，铁路运输宜为二班制，水路和公路宜为一班制或二班制。

5.5.2 当成品包装为三班制，包装区有缓冲储存区时，桶装、袋装成品入库储存班制应为一班制；当包装区无缓冲储存区时，成品入库储存班制应与包装操作班制一致。

5.5.3 化学品、危险品、金属材料、备品备件等仓库的操作班次宜为一班制。

6 储存天数

6.1 一般规定

6.1.1 物料的储存天数应根据生产规模、运输方式、运输距离、仓库区地理位置、气象条件、市场条件等因素确定，并应符合下列规定：

1 生产规模大时，储存天数可减少；生产规模小时，储存天数可增加。

2 运输距离远时，储存天数可增加；运输距离近时，储存天数可减少。

3 采用铁路运输时，储存天数可减少。

4 采用水路运输，水、陆联运，特别是海、河联运时，储存天数可增加。

5 以公路运输为主，且运距较短时，储存天数较其他运输方式可减少。

6 地处冰冻期较长的寒冷地区或多雨地区，对运输、装卸有影响时，储存天数可增加。

7 原料能保证定点供应时，储存天数可减少；原料不能保证定点供应时，储存天数可增加。

8 需特殊处理的物料的储存天数可相应增加。

9 市场来源特殊的物料的储存天数应按实际需要确定。

6.1.2 易燃、易爆物料的储存天数及其相应的储存量应符合现行国家标准《常用化学危险品贮存通则》GB 15603 的规定。

6.2 成品、原（燃）料

6.2.1 散装原（燃）料储存天数，可按本规范附录E确定，本规范附录E未规定的其他散料的储存天数可按本规范附录E同类物料确定。

6.2.2 桶装、袋装物料的储存天数，可按本规范附录E确定。

6.3 化学品、危险品

6.3.1 化学品、危险品的储存天数，当国内供应时应取20～30d，当国外进口时应取30～90d。

6.3.2 特殊化学品、危险品的储存天数不应大于其物料性能的有效期。

6.4 金属材料、备品备件

6.4.1 金属材料的储存天数宜为90d；特殊紧缺材料、进口材料宜为180d。

6.4.2 通用常规的备品备件储存天数宜为90d。

6.4.3 国内供应的关键设备的备品备件储存天数宜为120～180d。

6.4.4 引进装置随机提供的备品备件应按合同规定提供的备品备件量储存。

7 建筑设计

7.1 一般规定

7.1.1 独立设置的仓库区，其单座仓库的面积、耐火等级、防火间距及疏散要求应符合现行国家标准《建筑设计防火规范》GB 50016 的有关规定；位于所属石油化工企业厂区内的仓库区，且消防水系统依托所属企业时，其单座仓库的面积、耐火等级、防火间距及疏散要求应符合现行国家标准《石油化工企业设计防火规范》GB 50160 的有关规定。

7.1.2 合成纤维、合成橡胶、合成树脂及塑料等仓库的要求，应符合现行国家标准《石油化工企业设计防火规范》的规定。

7.1.3 单座占地面积超过12000m^2的包装物料仓库，其内部主通道的宽度不宜小于5.0m，与堆垛的最小间距不宜小于1.0m，并应与库外车行道路顺畅连接。

7.1.4 危险品仓库应符合下列规定：

1 大型化工装置中的火灾危险性为甲、乙类的危险品仓库宜单独设置，如不能分幢设置时应设置防火墙进行分隔，其分隔面积不应超过现行国家标准《建筑设计防火规范》GB 50016 的有关规定，每个隔间应有独立的外墙及出入口。

2 危险品仓库严禁布置在建筑物的地下室或半地下室内。

3 仓库净空高度不宜小于3.50m。

4 放射性物质、剧毒性物料仓库的建筑设计应符合现行国家标准《常用化学危险品贮存通则》GB 15603 的有关规定。

7.1.5 仓库屋面防水等级不应低于Ⅲ级；危险品仓库屋面防水等级不应低于Ⅱ级。

7.1.6 仓库室内外地面高差不应小于0.15m，并应符合下列规定：

1 储存比空气重的气体时，仓库室内外地面高差不应小于0.30m，且应在接近地面处开通风窗。

2 当室内地面需架空时，仓库室内外地面高差不应小于0.60m。

7.1.7 当储存物料对建筑物产生腐蚀时，应根据腐蚀介质特性对建筑构件采取防腐蚀措施，并应符合下列规定：

1 产生气相腐蚀的物料仓库，其内部的墙面、屋面、梁、柱均应采取防腐蚀措施。

2 储存酸、碱类物料的钢结构仓库，其构件应同时满足防火及防腐蚀的要求。

3 储存有腐蚀性的火灾危险性为甲、乙类物料仓库，当构件设置有保温构造时，其保温材料的燃烧等级不得低于B1级，在构造设计时应采取防腐蚀措施。

7.1.8 仓库设计使用年限应为50年，临时建筑设计使用年限应为5年。

7.1.9 仓库墙体下部宜设置高度不小于1.00m的防撞实体墙。

7.2 门　窗

7.2.1 仓库外窗设计应符合下列要求：

1 窗台高度不宜小于1.80m，且应高于物料的堆放高度。

2 可开启的外墙窗扇应向外开启，天窗的开启与关闭应灵活、便利。窗的密闭性能应符合现行国家标准《建筑外窗抗风压性能分级及检测方法》GB/T 7106的有关规定。作为泄爆面积的窗，应采用安全玻璃。

3 对有特殊要求的外窗应设置遮阳构造。

7.2.2 建筑面积大于1000m^2的火灾危险性为丙类的物料仓库，应设置排烟系统；排烟系统设计应采用排烟窗自然排烟，当不能满足要求时，应设置机械排烟系统。

7.2.3 排烟窗可分为侧窗和天窗，或采用易熔材料制作的天窗采光带，也可混合使用。

7.2.4 采用侧窗和天窗进行排烟设计时，应符合以下要求：

1 侧窗高度在室内高度1/2以上的面积可作为排烟面积。

2 排烟窗应采用手动或电动的开窗机进行控制。当采用电动开窗机时，开窗机的启动装置应设置在明显和便于操作的部位，距地面高度宜为1.20～1.50m，排烟窗面积应为排烟区域面积的4%；当采用手动开窗机时，排烟窗面积应为排烟区域面积的6%。

3 当仓库内设置有自动喷水灭火系统时，排烟窗面积可减半。

4 室内净高度超过6m时，净高度每增加1m，排烟窗面积可减少10%，但最大减少量不应超过50%。

7.2.5 采用易熔材料制作的天窗采光带进行排烟设计时，应符合下列要求：

1 排烟窗的材料熔点不应大于80℃，且在高温条件下自行熔化时不应产生熔滴。

2 固定的天窗采光带面积应为可开启外窗排烟面积的2.5倍。当仓库同时设置可开启外窗和固定采光带时，可开启外窗面积与40%的固定采光带面积之和应达到排烟区域所需的排烟窗面积。

7.2.6 排烟侧窗应沿建筑物的二条对边均匀布置。天窗应在屋面均匀布置，当屋面坡度不大于12°时，每200m^2的建筑面积应安装1组排烟天窗；当屋面坡度大于12°时，每400m^2的建筑面积应安装1组排烟天窗。

7.2.7 固定采光带、采光窗应在屋面均匀布置，每400m^2的建筑面积应安装1组固定采光带或采光窗。

7.2.8 设有天窗或采光带且檐高大于10m的仓库，宜设置不少于2座上屋顶的检修用梯。

7.2.9 仓库大门的设计，应符合下列要求：

1 应满足保温和防腐的要求。

2 应向外开启。当选用推拉门时，应设置向外开启的小门；人员集中或主要出入的门应带玻璃亮子，也可在门扇上设置玻璃窗，并应采用安全玻璃。

3 外门应设置雨篷。

4 洞口尺寸应根据储存物料包装的规格及搬运工具的类型确定，最小宽度应为运输工具的最大宽度加上0.60m；最小高度应为运输工具载货时的最大高度加0.30m。

5 通行汽车的大门洞口宽度不应小于3.60m，高度不应小于4.00m。

6 通行火车的大门洞口尺寸，如无超限车进入时宽度不应小于4.00m，高度不应小于5.00m；如有超限车进入时宽度不应小于4.90m，高度不应小于5.50m。

7 通行其他无轨道运输工具的大门洞口宽度不应小于2.10m,高度不应小于2.40m。

7.2.10 储存火灾危险性为甲、乙类物料仓库宜采用金属门窗，不应采用硬聚氯乙烯门窗。

7.2.11 储存火灾危险性为甲、乙类物料仓库的金属门窗，应采取静电接地及防止产生火花的构造措施。

7.3 地　面

7.3.1 仓库地面及车行坡道的地基和结构垫层的设计，应符合现行国家标准《建筑地面设计规范》GB 50037的有关规定。

7.3.2 地下水位与设计地面高差小于0.50m时，地面构造应采取防水措施；地下水位与设计地面高差大于0.50m时，地面构造应采取防潮措施。

7.3.3 湿陷性黄土地基或天然地基承载力小于60kN/m^2时，地面的地基宜采取加固措施。

7.3.4 仓库地面面层的设计应根据使用要求确定，并应满足洁净、防腐蚀、防滑、防爆、耐磨、抗静电等特殊要求。

7.3.5 仓库地面排水应符合工艺排放要求。

7.3.6 仓库出入口宜采用坡道与库外道路连接，宽度宜为门洞口宽度加1.00m；坡度的设置应符合下列规定：

1 室内外高差不大于0.30m时可采用1∶6。

2 室内外高差大于0.30m时可采用1∶8。

7.3.7 寒冷地区坡道面层应采取防滑措施。

7.4 采 暖 通 风

7.4.1 仓库内物料散发的有害物质应通风排除，仓库通风换气次数不应少于表7.4.1的规定：

表7.4.1 仓库通风换气次数

名　称	通风换气次数（次/h）
桶（瓶）装易燃油库	3
氧气瓶库	1.5
乙炔瓶库	3

续表 7.4.1

名　称	通风换气次数（次/h）
电石库	3
桶（瓶）装润滑油库	1.5
酸类储存间	3
化学品库	2

注：氰化钾、氰化钠等剧毒物质，应放在密闭柜内，并应进行机械通风，排风量宜按 1500m³/h 设计。

7.4.2 机械排烟及通风的设计，应符合下列要求：

1 应符合现行国家标准《采暖通风与空气调节设计规范》GB 50019的有关规定。

2 每个防烟区的面积不宜超过 500m²，且防烟区不应跨越防火分区。

3 存放散发剧毒物质的仓库，严禁采用自然通风。

4 含有爆炸危险性物质的排烟及通风系统的设备和管道，均应采取静电接地措施，并不应采用易积聚静电的绝缘材料制作。

5 存放易燃易爆危险物质的仓库，其送风、排风系统应采用防爆型的通风设备。

7.4.3 有采暖防冻要求的物料储存应满足工艺要求，如工艺无特殊要求时应符合下列要求：

1 应根据储存物料的性质选取采暖方式，仓库采暖温度应符合表 7.4.3 的规定：

表 7.4.3　仓库采暖温度

名　称	采暖温度（℃）
金属材料库	不采暖
桶（瓶）装易燃油库	不采暖
气瓶库	不采暖
润滑油库	5℃
化学品库	5℃
有防冻要求的仓库	5℃

2 位于寒冷地区的仓库大门应设置门斗。

3 位于寒冷地区的装卸区宜配备汽车热启动设备。

8 堆　场

8.1 一 般 规 定

8.1.1 不同散料应分类储存，料堆底间距不宜小于 5.0m；当有作业机械通过时，不宜小于 8.0m。

8.1.2 当散料堆场采用地面轨道式机械时，料堆底与堆取设备钢轨中心的距离不应小于 2.0m；当采用门式抓斗起重机卸车，且在门架内堆放物料时，料堆底距卸车机行车轨道内侧不应少于1.0m，并应采取防止料堆塌陷埋没轨道的措施。

8.1.3 在火车装卸线一侧设置堆场时，料堆底与铁路钢轨中心的距离不应小于 2.0m。

8.1.4 堆放可自燃物料时，应采取防止自燃的措施。

8.1.5 有粉尘飞扬的散料堆场应采取防尘措施。

8.1.6 可燃物料堆场地下不应敷设电缆、采暖管道、可燃液体管道及气体管道。

8.1.7 堆场地面应平坦坚实干燥，无特殊要求时，面层宜采用混凝土或碎石压实面层。煤堆场地面可采用劣质煤压实，矿石堆场地面可采用同类矿石压实。

8.1.8 袋装物料堆场应采取防排雨水的措施。

8.2 堆场面积计算

8.2.1 堆场储存量和堆场面积应根据储存物料的特性数据和堆放形式计算。物料的特性数据应由工程建设单位提供或试验测定。散料堆场储存量及面积计算应符合本规范附录 F 的规定。

8.2.2 料堆高度和宽度应根据物料性质、堆场设备和场地条件确定。散料堆场堆料高度宜为 3～8m，采用堆取料机的大型堆场宜为 8～12m。

8.2.3 堆场面积利用系数应符合下列规定：

1 袋装堆场宜采用手推车堆包，每垛堆高不宜大于 10 袋，堆场面积利用系数宜为 0.70～0.80；当采用托盘人工码垛、叉车堆存时，每托盘堆置宜为 25～60 袋，堆高宜为 1～3 托盘，堆场面积利用系数宜为 0.60～0.75。

2 散料堆场面积利用系数宜为 0.70～0.80。

3 桶装物料宜采用托盘码垛和叉车运输堆放，堆场面积利用系数宜为 0.50～0.65。

8.2.4 桶装堆场应符合下列规定：

1 储存易燃易爆等危险品的大包装桶应单层堆放。

2 桶装堆场应有空桶堆放面积。

8.2.5 储存易自燃的物料堆场，应有堆场总计算面积 10%的空地作为处理事故场地。

8.3 抓斗门式起重机堆场

8.3.1 兼作卸车作业用的抓斗门式起重机的抓斗容积不宜大于 3.0m³，抓斗开启方向应与运输车辆的长度方向一致，并应设置抗风移动锁定装置。

8.3.2 散料斗宜设置在门式起重机刚性支腿一侧，同时应配备受料地槽或带式输送机。带式输送机基础应高于附近平整地面，输送通道边缘至卸车线中心不应小于 5.00m。

8.3.3 门式起重机轨道宜敷设在钢筋混凝土的长条形基础上，轨道两端伸出堆场端部不应小于 10.00m。不设置挡料墙时，轨顶宜高出地面 0.50～1.00m。轨道两端应设置限位器和阻进器，限位器和阻进器的位置应保证大车有不小于 1.00m 的滑行距离。

8.3.4 堆料高度应低于抓斗在最高位置时的底部1.00m，并应低于司机操作室底部0.50m。

8.3.5 当门式起重机采用裸滑线供电时，裸滑线应布置在司机操作室的对侧，距地面高度不应低于3.50m。

8.3.6 门式起重机轨道端部靠司机室一侧应设置检修平台。

8.3.7 堆场应配备辅助供料设施。

8.4 抓斗桥式起重机堆场

8.4.1 抓斗桥式起重机兼作卸车机时，抓斗容积不宜大于$3.0m^3$，抓斗开启方向应与车辆长度方向一致。

8.4.2 抓斗的提升高度以及抓斗完全张开后的下限与受料斗顶面或堆场料面的距离，应符合本规范第5.3.3条的规定。

8.4.3 抓斗桥式起重机大车运行安全极限应为1.00m，小车运行安全极限应为0.50m。大车轨道两端应设置限位器和阻进器。

8.4.4 抓斗桥式起重机跨度范围内设置铁路卸车站台时，铁路中心线至柱子边最近间距应符合本规范第5.3.3条的规定。

8.4.5 堆场宜配备推土机或装载机，并应符合本规范第5.3.3条的规定。

8.5 斗轮式堆取料机堆场

8.5.1 轨道式斗轮堆取料机轨道基础宜采用钢筋混凝土整体条形基础，轨顶面应高于堆场地面0.50～2.00m，轨道两端应设置限位器和阻进器。

8.5.2 当两台悬臂式堆取料机并列布置时，轨道中心线之间的距离宜取堆取料机悬臂长的2倍。两侧料堆外边线距轨道中心线的距离不应大于堆取料臂长与料堆高度之和。

8.5.3 堆取料机轨道端部应留有堆取料机检修的场地。

8.5.4 当推土机与堆取料机配合作业时，应设置推土机出入堆场的通道，通道的净空高度不应小于4.00m。

9 控制与管理

9.1 一般规定

9.1.1 在仓库及堆场的设计中，应根据建设项目具体条件选择和确定管理控制方案，并应与整个石油化工企业生产装置的控制水平和操作管理要求相适应。

9.1.2 仓库及堆场的控制应符合下列规定：

1 品种多、工厂控制水平要求高的仓库及堆场，宜采用集中自动化控制。

2 品种少、工厂控制水平要求不高的仓库及堆场，宜采用半自动化控制或普通人工控制。

3 堆场宜采用机旁手动操作控制。

9.2 控　制

9.2.1 仓储人工控制宜设置就地控制或简易操作控制台。

9.2.2 设备多、控制过程复杂的仓库机械化运输系统，宜设置可编程逻辑控制器系统控制，并宜设置控制室。岗位操作人员可根据需要就地解除或接通连锁的控制开关。

9.2.3 仓库内测量、计量、测温、控制反应物料流量的宜进入集散控制系统控制，仓库的外部进料或入库装置应设置连锁控制，并应在控制室集中监控。

9.2.4 当采用工业电视监控时，在仓库的通道、交叉口或操作人员不宜进入以及关键生产岗位的地方，应设置监控探头。

9.2.5 系统中移动设备的走行机构不应进入连锁，应事先单独启动或停车。

9.2.6 在控制室应设置扩音对讲装置和交换机。

9.2.7 仓库储运系统中设置有计量计数测试时，应设置测试报警装置。

9.3 管　理

9.3.1 仓库的操作管理应执行同一物料先入库物料先出库，后入库物料后出库的管理原则。

9.3.2 化学品、危险品、金属材料、备品备件、劳保用品等仓库或综合仓库，可采用人工输入计算机管理的半自动化管理，也可采用仓库管理系统的自动化管理。

9.3.3 两套及以上装置产品合并在同一包装仓库中时，宜设计为自动化控制仓库，可采用仓库管理系统。

9.3.4 仓库管理系统的基本组成应包括下列内容：

1 条码打印。

2 条码扫描。

3 手持RF（无线终端）。

4 车载RF（无线终端）。

5 工作站。

6 外部互联网。

7 数据库服务器及应用服务器。

10 仓储机械

10.1 一般规定

10.1.1 选用仓储机械设备时，应减少机械类型、品种、规格，同时应兼顾技术方案、长期运行、扩建发展的经济性。

10.1.2 用于爆炸危险区域内的机械设备应选用防

爆型。

10.1.3 对人体有害的工作环境，应选用控制水平较高的机械设备。

10.2 主要仓储机械的选用

10.2.1 仓库堆场装卸机械数量应按本规范附录G计算。

10.2.2 仓库内无堆高要求，且载重量在2.0t以下时，可选用电动液压托盘搬运车或全电动托盘搬运车。

10.2.3 叉车及其属具配套应符合下列要求：

1 仓库内物料为集装单元时可选用各类叉车，并应配置相应属具。

2 金属材料仓库、备品备件仓库宜配备载重量3.0t以上的叉车。

3 桶装或袋装为集装单元时宜配备载重量1.0～3.0t的叉车，起升高度宜大于3.00m。当货物堆垛高度较高时，宜采用高位叉车。

4 当驶入式货架、手动或电动移动式货架高度不大于7.00m时，宜选用前移式蓄电池叉车、起重量1.5t以下的平衡重式蓄电池叉车或液化石油气叉车；当货架高度超过7.00m时，应选用适用于高层货架的高位叉车。

5 封闭的仓库内，宜选用蓄电池或液化石油气叉车；敞开或半敞开的仓库内，可选用内燃机叉车。

10.2.4 门式耙料机可用于长条形散料仓库；回转式耙料机可用于圆形仓库。

10.2.5 斗轮式堆取料机可用于大型散料堆场取料，并宜与带式输送机配套使用。

10.2.6 推土机或装载机可用于小型散料堆场或散料仓库的堆料、倒运、清场等作业。推土机兼作压实时宜选用轮式。

10.2.7 起重机械的选用应符合下列规定：

1 当起重量不大于5.0t，且跨度不大于16.00m时，可选用悬挂式桥式起重机；在多层综合仓库底层使用时，可地面操作。

2 当起重量不大于10.0t，且跨度不大于22.50m时，可选用单梁电动桥式起重机。

3 当起重量大于10.0t，且跨度大于22.50m时，应选用双梁电动桥式起重机。

4 桥式堆垛机可用于袋装仓库的出入库操作。入库时宜与包装线输出的带式输送机配套使用。桥式堆垛机起升高度宜为5.40～8.00m，跨度宜为8.00～25.50m。

5 门式起重机可用于金属材料堆场、大件设备堆场或集装箱堆场。

6 抓斗门式起重机或装卸桥可用于散料仓库。当兼作卸车时，抓斗容积宜为2.5～3.0m^3。

10.2.8 托盘的选用应符合下列规定：

1 集装单元托盘规格宜选用国家标准或国际标准尺寸，标准尺寸不能适用时，塑料托盘应选用制造厂现成规格，其他材质托盘可根据需要尺寸自行设计。

2 采用驶入式货架塑料托盘储存时，宜选用注塑塑料托盘。

3 使用于有爆炸危险的物料时，应采用塑料或木制托盘。

4 物料包装外形齐整的产品可选用箱式托盘，箱式托盘宜选用可拆式或折叠式。

5 当托盘不出厂时，其数量应根据仓库储存量确定，并应另外加5%～10%的余量；当托盘出厂时，其数量应按根据托盘回收周期确定余量。

10.2.9 货架的选用应符合下列规定：

1 板式货架可用于储存备品备件、劳保用品和小型箱装、桶装物料。当采用人工存取时，宜为3～5层，货架高度不宜大于2.00m。每层荷载为3.00～5.00kN时，宜选用轻型或中型货架；每层荷载为5.00～8.00kN时，应选用重型货架。

2 悬臂式货架可用于金属材料库，除金属板材以外的金属型材，宜配备叉车或起重机械存取。每层荷载小于1.50kN时，宜选用轻型悬臂式货架；每层荷载为1.50～5.00kN时，宜选用中型悬臂式货架；每层荷载大于5.00kN时，应选用重型悬臂式货架。

3 驶入式货架可用于储存托盘码垛集装的袋装、箱装物料，并宜配备叉车存取。每个货格的荷载不宜大于10kN。当采用纵向深度、单向通道操作时，货格数量不宜超过4格，当采用双向通道操作时，货格数量不宜超过8格。

4 手动或电动移动式货架可用于储存托盘码垛集装的备品备件和小型箱装、桶装物料以及半自动或自动化控制的仓库。

11 安全与环保

11.1 消 防

11.1.1 当仓库区独立布置，消防水系统不能依托所属石油化工企业时，仓库区的消防设计应符合现行国家标准《建筑设计防火规范》GB 50016的有关规定；当仓库区位于石油化工企业内，消防系统依托所属石油化工企业时，消防设计应符合现行国家标准《石油化工企业设计防火规范》GB 50160的有关规定。

11.1.2 仓库内应设消火栓，消火栓的间距应由计算确定，且不应大于50m。

11.1.3 仓库区灭火器的配置应符合现行国家标准《建筑灭火器配置设计规范》GB 50140的有关规定。

11.1.4 存放具有易燃、易爆、助燃等危险性物料仓库，应设置火灾报警装置和可燃气体浓度报警仪。

11.2 安　全

11.2.1 进入有爆炸或火灾危险场所的人员必须穿戴不产生静电的劳保用品；进入有放射线危险场所的人员必须穿戴防辐射的劳保用品；进入有毒场所的人员必须佩戴防毒面具等劳保用品。

11.2.2 有毒或放射性场所的附近应设置警示标志，并应标明有毒或放射性物质的性质、造成的危害以及应采取的防护措施等。

11.2.3 存放具有易燃、易爆、助燃等危险性物料仓库的附近，应设置人员疏散指示标志。

11.2.4 高度超过 2.00m 的作业场所应采取安全措施；在有物料坠落的场所附近应设置警告标志。

11.2.5 应在道路附近设置交通标志。

11.2.6 与仓库区无关的酸、碱管线，以及火灾危险性为甲、乙类气体或液体的管线不应穿越仓库区。仓库区地下管线上部应设置标志桩，并应表明介质名称或代号、管径、压力等级、走向等。地上管线应采取避免受撞击的措施。

11.2.7 火灾危险性为甲、乙类物料或危险品进出库，宜设置专用的出入口；车辆运输频繁，且出库后穿越所属企业的厂区时宜设置专用的运输道路。

11.2.8 消防用电设备的负荷等级，以及易燃、易爆、助燃等物料仓库的电气设备和电气装置的选择，应符合现行国家标准《供配电系统设计规范》GB 50052 和《爆炸和火灾危险环境电力装置设计规范》GB 50058 的有关规定。

11.3 职 业 卫 生

11.3.1 仓库及堆场的职业卫生除应符合本规范规定外，尚应符合国家现行标准《工业企业设计卫生标准》GBZ 1 的有关规定。

11.3.2 仓库区应根据实际需要和使用方便的原则设置辅助用房，辅助用房应避开有害物质、高温等因素的影响。

11.3.3 仓库及堆场内存在易被皮肤吸收、高毒的物质以及对皮肤有刺激的粉尘时，应在仓库区内设浴室。浴室内不宜设浴池。淋浴器数量宜按 5～8 人/台设计。浴室不宜直接设在办公室的上层或下层。

11.3.4 仓库区内宜设置休息室和清洁饮水设施。女工较多时，应在清洁安静处设置孕妇休息室。

11.3.5 产生粉尘、毒物的仓库及堆场应采用机械化或自动化作业，并应采取通风措施。散发粉尘的生产过程，应采用湿式作业。

11.3.6 产生粉尘、毒物或酸、碱等强腐蚀性物质的工作场所，应设置冲洗地面和墙壁的设施。产生剧毒物质的工作场所，其墙壁、顶棚和地面等内部结构和表面，应采用不吸收、不吸附毒物的材料，并应加设保护层。仓库地面应平整防滑和易于清扫。

11.3.7 具有生产性噪声的设施应远离管理区和辅助用房布置。

11.3.8 工作场所操作人员每天连续接触噪声 8h 时，噪声声级卫生限值应为 85dB（A）；不足 8h 时，应按连续接触时间减半，噪声声级卫生限值应增加 3dB（A），但最高限值不应超过 115dB（A）。

11.3.9 工作地点生产性噪声声级超过卫生限值，采用工程技术治理手段仍无法达到卫生限值时，应采取个人防护措施。

11.3.10 管理用房和辅助用房的噪声声级卫生限值不应超过 60dB（A）。

11.3.11 在可能使眼睛受损害的场所附近应设置洗眼器。

11.3.12 在不同的作业场所应穿戴相应的劳保用品。

11.4 环 境 保 护

11.4.1 仓库区排水应采用分流制排放。污水宜采用管道排放，并宜接入本企业厂区或市政生产污水管网。当仓库区污水不能满足市政生产污水管网接入水质要求时，应采取预处理措施。未受污染的地面雨水可采用明沟（渠）排放。

11.4.2 对于间断排放的污水，宜设置污水调节池。

11.4.3 在污水排放处，宜设置取样点或检测水质和水量的设施。

11.4.4 产生粉尘、毒物或酸、碱等强腐蚀性物质的仓库及堆场，其地面或墙壁的冲洗水，应进入污水系统。仓库内有积液的地面不应透水，产生的废水应进入污水系统。

11.4.5 废渣堆场和散料堆场应远离生活区或人员集中区域，并应位于生活区或人员集中区域的全年最小频率风向的上风侧。堆场内的地表水和地下水应收集并经处理后再合格排放。堆场四周宜设置绿化隔离带。

11.4.6 仓库区应设置储存或处理消防废水的设施。

11.5 应 急 救 援

11.5.1 储存危险物料的仓库区，应编制事故状态时的应急预案。

11.5.2 仓库区内不宜单独设置救援站或有毒气体防护站，救援站或有毒气体防护站应依托本企业或当地社会。

附录 A　计算间距起讫点

A.0.1 防火间距计算起讫点应符合下列规定：

1 相邻工厂——围墙中心。

2 仓库、厂房——外墙轴线。

3 堆场——料堆底边线或堆场装卸设备的外

边缘。

4 铁路——中心线。

5 道路——城市型道路为路面边缘，公路型道路为路肩边缘。

6 码头——装油臂中心及泊位。

7 铁路、汽车装卸鹤管——鹤管中心。

8 储罐——罐外壁。

9 架空通信、电力——线路中心线。

10 工艺装置——最外侧设备外缘或建筑物、构筑物的最外轴线。

附录B 仓库面积计算法

B.0.1 仓库面积可采用荷重法按下式计算：

$$S=\frac{Q\cdot t}{T\cdot q\cdot K} \tag{B.0.1}$$

式中 S——仓库计算面积（m^2）；

Q——仓库内物料年入库总质量（t）；

t——物料的库存天数（d），可按本规范第6章的有关规定取值；

T——装置或工厂年理论操作小时折合天数（d）；

q——仓库单位面积储存的物料质量（t/m^2）：以集装单元进行储存的物料，应为以每集装单元储存的物料质量与所占面积之比；就地堆放的桶装、袋装物料，应为单位面积上储存的物料质量；不规则金属材料及其他物料，可按表B.0.1-1选取；

K——仓库面积利用系数，散料储存可按表B.0.1-2选取，其他物料可按本规范第5章的有关规定选取。

表 B.0.1-1 不规则金属材料及其他物料的仓库单位面积储存的物料质量

序号	材料名称	包装方式	堆积方法	储存方式	堆积高（m）	仓库单位面积储存的物料质量（t/m^2）
1	型钢	无包装	堆垛、货架	露天	1.0～1.2	2.0～3.2
2	钢轨	无包装	堆垛	露天	1.0	1.5～2.0
3	薄钢板	卷、包	堆垛、货架	室内	1.0～2.2	2.0～4.5
4	厚钢板	无包装	堆垛	露天	2.0	4.1～4.5
5	圆钢盘条	卷	堆垛	棚、室内	1.0～1.5	1.3～1.5
6	大直径钢管	无包装	堆垛	露天、棚	1.0	0.5～0.6
7	小直径钢管	无包装	棚架	室内	1.2～1.5	1.5～1.7
8	有色金属型材	无包装	堆垛、货架	室内	1.0～2.5	1.5～2.0
9	备品备件	无包装	层格架	室内	2.0～2.5	0.5～0.6
10	油漆	桶、罐	堆垛	室内	1.2～1.5	0.6～0.8
11	各种电气设备	各种包装	堆垛、货架	室内	0.5～2.5	0.8～1.2
12	电气材料与制品	各种包装	堆垛、货架	室内	2.0～2.5	0.3～0.4
13	橡胶皮革制品	各种包装	堆垛、层架	室内	1.0～2.5	0.3～0.5
14	办公用品	各种包装	层格架	室内	2.0～2.5	0.2～0.4
15	工作服及纺织品	—	堆垛	室内	1.0～2.5	0.3～0.4
16	日常生活用品	无包装	堆垛	室内	1.5～2.5	0.3～0.5

表 B.0.1-2 散料储存的仓库面积利用系数

仓库设计情况	仓库面积利用系数
采用斗轮堆取料机的散料库	>0.70
采用桥式抓斗机、单一物料库	0.75～0.80
采用桥式抓斗机、单一物料库、设地坑	0.80～0.85
采用装载机、推土机（无桥式抓斗机）	0.65～0.75
列车入库卸料	≤0.60

附录C 叉车通道宽度计算

C.0.1 叉车通道宽度可按下式计算，叉车主通道宽度不应小于工作通道宽度的2倍：

$$A_{st}=L_2+b+a \text{ 且 } L_2=W_a+X \tag{C.0.1}$$

式中 A_{st}——工作通道宽度（mm）；

a——安全间隙，取400mm；

b——托盘宽度（mm）；

L_2——叉车长度（mm）；

X——荷载距离（前轴中心到货叉背面）（mm）；

W_a——转弯半径（mm）。

A_{st}、a、b、d、L_2、X、W_a 见图C.0.1-1、图C.0.1-2和图C.0.1-3。

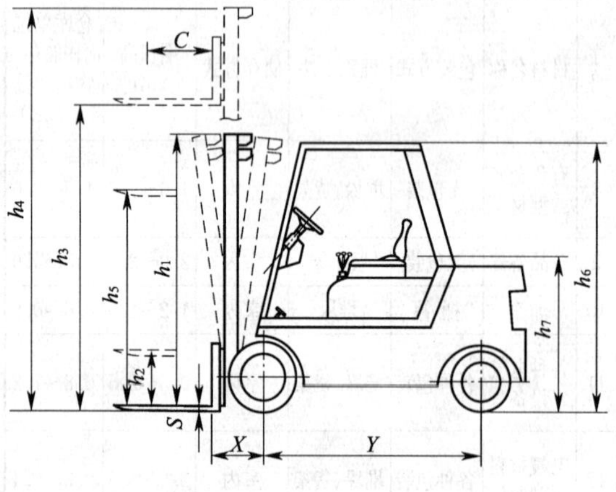

图 C.0.1-1　叉车立面

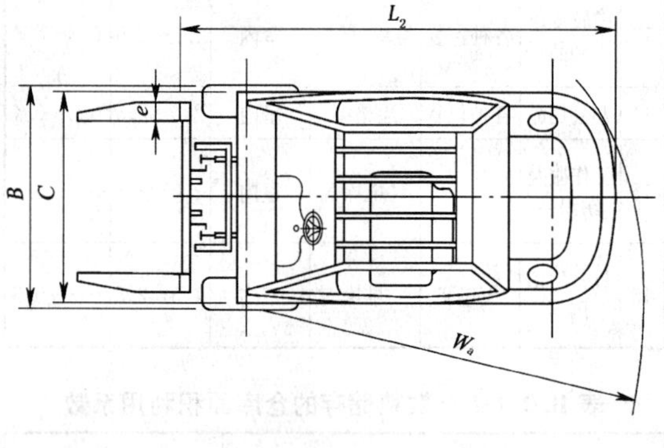

图 C.0.1-2　叉车平面

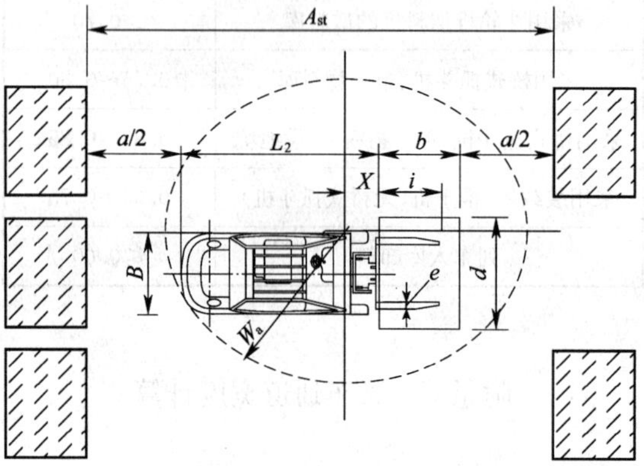

图 C.0.1-3　叉车平面位置

附录 D　散料仓库储存量及面积计算

D.0.1　仓库内料堆的横断面面积可按下式计算：

$$F=B_1\cdot(H_1+H_2)+B_2\cdot H_0-\frac{H_2^2}{\tan\rho} \tag{D.0.1}$$

式中　F——横断面面积（m^2）；

ρ——物料静堆积角（°）；

H_0, H_1, H_2, B_1, B_2——见图 D.0.1（m），仓库内若不设地坑时，$H_0=0$。

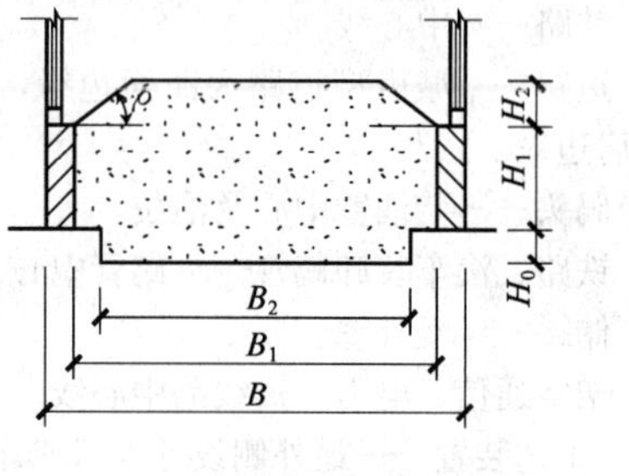

图 D.0.1　仓库内料堆的横断面

D.0.2　料堆容积可按下式计算：

$$V=F\cdot\left[L-\frac{2(H_1+H_2)}{\tan\rho}\right]+B_1\cdot\frac{(H_1+H_2)^2}{\tan\rho}-\frac{2}{3}\cdot\frac{(H_1+H_2)^2\cdot H_2}{\tan^2\rho} \tag{D.0.2}$$

式中　L——料堆底部长度（m）。

D.0.3　料堆实际储存量可按下式计算：

$$Q=V\cdot\phi\cdot\gamma_0 \tag{D.0.3}$$

式中　Q——储存量（t）；

ϕ——操作体积系数，宜取 0.75～0.85；有混匀要求的物料，一堆在堆，另外一堆在取，宜取 0.5；

γ_0——料堆容重（t/m^3）。

D.0.4　有地坑时，地坑的端部边缘距离仓库端部轴线不宜小于 3.00m。

D 0.5　应根据物料的日消耗量和储存天数计算实际储存量，再计算仓库堆存容积和料堆横断面面积，然后计算料堆底部长度，最后计算储存物料所占有效面积。料堆高度和宽度应由设计的堆取设备以及物料的静堆积角确定。

附录 E　物料储存天数

E.0.1　散装原（燃）料储存天数可按表 E.0.1 确定。

表 E.0.1　散装原（燃）料储存天数（d）

序号	物料名称	储存天数
1	食盐	20～30
2	磷矿石（粉）	10～15
3	硫铁精矿	15～20
4	原（燃）料煤	10～15
5	原（燃）料焦	10～15
6	石灰石	8～12

E.0.2　袋装物料储存天数可按表 E.0.2 确定。

表 E.0.2　袋装物料储存天数（d）

序号	成品或原料名称	储存天数
1	尿素	7～12
2	磷肥	7～15
	磷铵	5～10
3	纯碱	4～8
4	固体烧碱	4～8
5	炭黑	7～15
6	聚丙烯、聚乙烯等聚烯烃成品	7～15
7	合成橡胶	7～15
8	三聚氰胺	5～10
9	硝酸磷肥	2～4
10	复合肥	5～10
11	硝铵	2～4
12	硫黄	15～30
13	涤纶聚酯切片	7～15
14	腈纶丝，腈纶毛条	7～15
15	涤纶丝	7～15
16	精对苯二甲酸	7～15
17	其他袋装原料	20～30

E.0.3　桶装物料储存天数可按表 E.0.3 确定。

表 E.0.3　桶装物料储存天数（d）

序号	化工原料	储存天数
1	粉体颜料	30～45
2	氰化钠	10～20
3	触媒	30～45
4	甲苯	10～20
5	天然橡胶	30～45
6	丙烯腈	10～20
7	汽油	10～20
8	柴油	10～20
9	香蕉水	10～20
10	油漆	10～20
11	凡士林脂（油）	10～20
12	丙酮	10～20
13	丙醛	10～20
14	异丙醇	10～20
15	丁醇	10～20
16	烃脂（油）	10～20
17	石蜡油	10～20
18	正已烷	10～20
19	三乙基铝	20～30

附录 F　散料堆场储存量及面积计算

F.0.1　三角形断面的条形堆场的料堆容积可按下式计算：

$$V=\frac{BHL}{2}+\frac{\pi B^2 H}{12}$$

$$=B\cdot H\cdot\left(\frac{6L+\pi B}{12}\right) \qquad \text{(F.0.1)}$$

式中　V——容积（m^3）；

B，H，L——见图 F.0.1（m）。

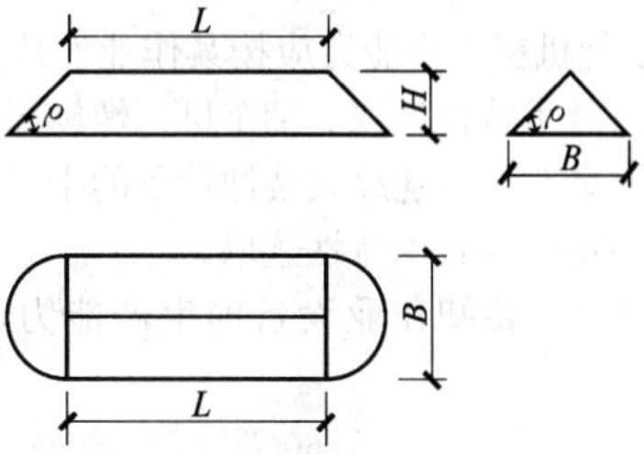

图 F.0.1　三角形断面的条形堆场平立面

F.0.2　梯形断面的矩形堆场的料堆容积可按下式计算：

$$V=V_1+V_2+V_3$$

$$=\frac{\pi}{3}H^3\cdot\cot^2\rho+H^2\cdot(l+b)\cdot\cot\rho$$

$$+l\cdot b\cdot H \qquad \text{(F.0.2)}$$

式中　V——料堆容积（m^3）；

V_1——四角部分容积；

V_2——四边部分容积；

V_3——中间部分容积；

ρ——物料静堆积角（°）；

l，L，b，H——见图 F.0.2（m）；

V_1，V_2，V_3——见图 F.0.2（m^3）。

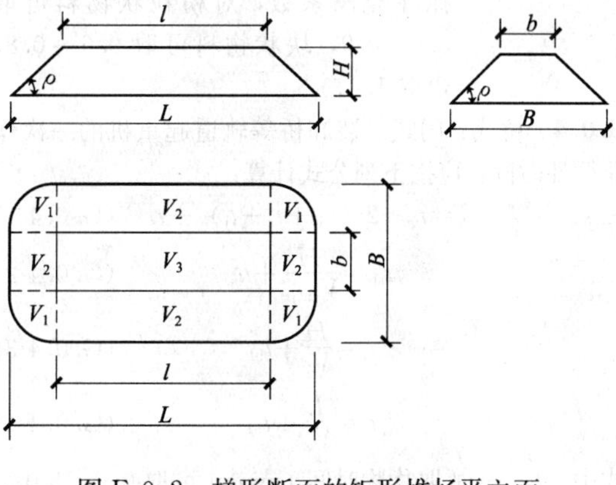

图 F.0.2　梯形断面的矩形堆场平立面

F.0.3　料堆实际储存量可按下式计算：

$$Q=V\cdot\phi\cdot\gamma_0 \qquad \text{(F.0.3)}$$

式中　Q——储存量（t）；

ϕ——操作体积系数，宜取0.75～0.85；有混匀要求的物料，一堆在堆，另外一堆在取，宜取0.5，

γ_0——料堆容重（t/m^3）。

F.0.4 应根据物料的日消耗量和储存天数计算实际储存量，再计算堆场容积。在确定料堆横断面形式后，再计算料堆底部长度，最后计算料堆所占有效面积。料堆高度和宽度应由设计的堆取设备确定。

附录G 装卸机械数量

G.0.1 装卸机械生产能力应按其作业性质计算确定或直接按其技术特性选取。翻车机、螺旋卸车机、链斗卸车机、装车机等连续式装卸设备的生产能力，可按厂家提供的产品技术特性选取。

G.0.2 周期性装卸作业设备的生产能力可按下式计算：

$$Q_g=\frac{60G_q}{T} \quad (G.0.2)$$

式中 Q_g——起重机械连续运转的生产能力（t/h）；

G_q——起重机械平均每次装卸量（t），可按本规范第G.0.3条的规定确定；

T——一次作业循环时间（min），可按本规范第G.0.4和G.0.5条的规定计算。

G.0.3 起重机械平均每次装卸量，对成件货物应按每次平均起吊量选取，对散料应按下式计算：

$$G_q=V_{2h}\cdot\gamma_h\cdot K_x\cdot K_{ch} \quad (G.0.3)$$

式中 V_{2h}——抓斗容积（m^3）；

γ_h——货物堆积容重（t/m^3）；

K_x——因抓取时压实物料引起的堆积容重修正系数，对块状物料可取1.0，粉状、粒状物料可取1.1～1.5；

K_{ch}——抓斗充满系数，对粉粒状物料可取0.8～0.9，块状物料可取0.6～0.8，煤取1.0。

G.0.4 桥式、门式、装卸桥等轨道起重机的一次作业循环时间，应按下列公式计算：

$$T=t_q+2(t_{sh}+t_r+t_j)+t_s \quad (G.0.4\text{-}1)$$

$$t_{sh}=\frac{H}{V_{sh(j)}}+t_{bi} \quad (G.0.4\text{-}2)$$

$$t_j=\frac{H}{V_j}+t_{b1} \quad (G.0.4\text{-}3)$$

$$t_r=\frac{L}{V_x}+t_{b2} \quad (G.0.4\text{-}4)$$

式中 t_q——抓取货物时间（min），可取0.5～1.0；

t_{sh}——货物起升或下降时间（min）；

t_r——货物从车、船移至货位或由货位移至车、船的时间（min）；

t_j——货物下降时间（min）；

t_s——货物解索、脱钩或松抓时间（min），对成件货物可取0.1；

H——货物的起升或下降高度（m），站台装卸时可取2.5；地面装卸、船舶装卸及在料堆上作业时，应按实际运行高度选取；

V_{sh}，V_j——货物提升或下降速度（m/min），应根据设备技术参数选取，可设$V_{sh}\approx V_j$；

t_{b1}——机械变速时间（min）；

t_{b2}——变速时间（min），可取0.04；

L——货物从车、船移至货位或由货位移至车、船的距离（m），应根据工艺布置选取；

V_x——起重机大车或小车的运行速度（m/min）。

G.0.5 固定旋转起重机、门座式起重机、移动式轮胎起重机等旋转式起重机的一次作业循环时间，应按下列公式计算：

$$T=t_q+2(t_{sh}+t_r+t_j)+t_x+t_s+4t_b \quad (G.0.5\text{-}1)$$

$$t_x=\frac{1}{V_{2h}}+t_b \quad (G.0.5\text{-}2)$$

式中 t_x——起重机的回转时间（min）；

V_{2h}——起重机的回转速度（转/min），可按起重机的技术特性选取。

G.0.6 周期性工作水平搬运机械的生产能力，应按下列公式计算：

$$Q_y=\frac{60G_y}{T} \quad (G.0.6\text{-}1)$$

$$T=t_q+3t_{2h}+2t_x+t_s+t_j+t_f \quad (G.0.6\text{-}2)$$

$$t_x=\frac{0.06S}{V_x} \quad (G.0.6\text{-}3)$$

$$t_s=\frac{H_s}{V_s} \quad (G.0.6\text{-}4)$$

$$t_j=\frac{H_j}{V_j} \quad (G.0.6\text{-}5)$$

式中 Q_y——搬运装卸机械生产能力（t/h）；

G_y——设备平均装载量（t），对叉车可按成组货物每次叉取量选取；对装载机可按本规范第G.0.7条的规定计算；

T——一次作业循环时间（min）；

t_q——抓取货物时间（min），对叉车当连托盘直接送达时，可取0.2，托盘周转使用时可取0.5～0.6，对装载机可取0.2；

t_{2h}——转向时间（min），可取0.10～0.15；

t_x——叉车或装载机行走时间（min）；

t_s，t_j——货物提升，下降时间（min），通常因铲斗提升和下降与其他作业步骤平行进行，可忽略不计；

t_f——放下货物时间（min），叉车可取 0.05～0.10，装载机可取 0.10；

H_s，H_j——货物起升，下降高度（m），对叉车平均可取 1.5；

V_x——叉车或装载机的平均行驶速度（km/h），仓库内叉车行驶速度小于或等于 10km/h。

G.0.7 装载机的平均装载量应按下式计算：

$$G_y = C \cdot K_m \cdot \gamma_h \qquad (G.0.7)$$

式中 C——铲斗容积（m^3）；

K_m——铲斗充满系数，对易装载物料取 1.00～1.25，较易装载物料取 0.75～1.00，对难装载物料取 0.45～0.75。

G.0.8 装卸机械数量可按下式计算：

$$N = \frac{Q_0}{Q_{1(g \cdot y)} \cdot K_1 \cdot K_2 \cdot t_t} \qquad (G.0.8)$$

式中 Q_0——一次来车最大装卸量（t）；

$Q_{1(g \cdot y)}$——连续性、周期性装卸式搬运机械的生产能力，可按本规范第 G.0.2 和 G.0.3 条确定；

K_1——设备完好率的系数，对连续式周期性装卸机械可取 0.90，对搬运机械可取 0.75～0.80；

K_2——考虑实际有效装车时间的系数，可取 0.85～0.90。无调车作业时取高值，有调车作业时取低值；

t_t——一次来车允许停留时间（h），可按铁路交通运输有关要求确定。

本规范用词说明

1 为便于在执行本规范条文时区别对待，对要求严格程度不同的用词说明如下：

1）表示很严格，非这样做不可的用词：
正面词采用“必须”，反面词采用“严禁”。

2）表示严格，在正常情况下均应这样做的用词：
正面词采用“应”，反面词采用“不应”或“不得”。

3）表示允许稍有选择，在条件许可时首先应这样做的用词：
正面词采用“宜”，反面词采用“不宜”。

表示有选择，在一定条件下可以这样做的用词，采用“可”。

2 本规范中指明应按其他有关标准、规范执行的写法为“应符合……的规定”或“应按……执行”。

中华人民共和国国家标准

石油化工全厂性仓库及堆场设计规范

GB 50475—2008

条 文 说 明

目　　次

1　总则 ………………………………… 1—60—26
2　术语 ………………………………… 1—60—26
3　仓库及堆场类型…………………… 1—60—26
4　总平面及竖向布置………………… 1—60—26
4.1　一般规定 ……………………… 1—60—26
4.2　总平面布置 …………………… 1—60—27
4.3　道路 …………………………… 1—60—27
4.4　铁路 …………………………… 1—60—28
4.5　码头 …………………………… 1—60—28
4.6　带式输送机 …………………… 1—60—28
4.7　围墙及其出入口 ……………… 1—60—28
4.8　绿化 …………………………… 1—60—29
4.9　竖向布置 ……………………… 1—60—29
5　仓储工艺 ………………………… 1—60—29
5.1　桶装、袋装仓库 ……………… 1—60—29
5.3　散料仓库 ……………………… 1—60—30
5.4　钢筋混凝土筒仓 ……………… 1—60—30
5.5　操作班次 ……………………… 1—60—30
6　储存天数 ………………………… 1—60—30
7　建筑设计 ………………………… 1—60—31
7.1　一般规定 ……………………… 1—60—31
7.2　门窗 …………………………… 1—60—31
7.3　地面 …………………………… 1—60—31
7.4　采暖通风 ……………………… 1—60—31
8　堆场 ……………………………… 1—60—32
8.1　一般规定 ……………………… 1—60—32
8.2　堆场面积计算 ………………… 1—60—32
9　控制与管理 ……………………… 1—60—32
9.1　一般规定 ……………………… 1—60—32
9.3　管理 …………………………… 1—60—32
10　仓储机械 ……………………… 1—60—32
10.2　主要仓储机械的选用………… 1—60—32
11　安全与环保 …………………… 1—60—33
11.1　消防…………………………… 1—60—33
11.2　安全…………………………… 1—60—33
11.3　职业卫生……………………… 1—60—33
11.4　环境保护……………………… 1—60—33
11.5　应急救援……………………… 1—60—33

1 总　　则

1.0.1 本条规定了石油化工仓库及堆场的原则要求。

石化产品数量大，种类多，火灾危险性大，设计时首先要考虑安全可靠，技术先进，但同时兼顾经济和社会效益。

1.0.2 本条规定了本规范的适用范围。

经调查，高层立体仓库在石化企业中使用很少，其次，石化企业产品亦大部分不适用于立体仓库，故本规范未列入条文中。

随着国家经济体制改革，石化企业中辅助设施要逐步推向社会，今后依托社会的仓库及堆场将越来越多，在设计时亦应执行本规范的规定。

1.0.3 本规范涉及的专业较多，但条文重点在总图、仓储工艺、建筑，涉及其他专业性较强的条文，在设计时，尚应执行国家现行的有关标准的规定。

2 术　　语

2.0.1 本条明确了全厂性仓库的范围。液体及气体储罐、基建仓库、车间内部的工具间均不在其中。

2.0.2 本条明确了全厂性堆场的范围。基建物资堆场不在其中。

2.0.6、2.0.7 区别于广义的危险品仓库概念，把危险品仓库和化学品仓库并列，且均不含大宗原（燃）料和成品、半成品，避免内延有交叉的两种物料仓库并列使用，造成混乱。

2.0.10 驶入式货架可用于托盘码垛集装单元物料的储存，托盘存放在货架立柱的牛腿梁上，叉车从货架正面货架立柱之间形成的通道驶入，存取托盘。

3 仓库及堆场类型

3.0.1 石化行业中的仓库类型很多，仓库的分类方法很多，但要完全分清楚很难。综合各方面的意见，按功能和物料的性质两种方式对仓库进行了分类，把基建仓库排除在外。

3.0.2 堆场分类的方法很多，很难完全分清楚，仅按照物料的功能、物料的包装形式以及装卸机械三个方面来分。

3.0.3 考虑到石化行业的特点，储存物料的火灾危险性分类按照《石油化工企业设计防火规范》GB 50160中的规定执行。

4 总平面及竖向布置

4.1 一 般 规 定

4.1.1 当仓库及堆场建设在城镇或靠近城镇时，其总体规划应以城镇规划为依据，并符合其规划要求。不在城镇附近的亦应与当地的地区规划相协调。

随着我国社会经济的快速发展，国家对安全、消防、环保、职业卫生越来越重视。有必要在本规范中体现，为打造和谐社会创造物质基础。

4.1.2 石化企业发展很快，产品变化也快，仓库及堆场留有一定的发展余地很有必要。

4.1.3 本条强调合理利用土地，减少运输距离，最终达到节约用地和降低运营成本的目的。

4.1.4 仓库及堆场相对集中，可以方便管理。靠近主要用户布置，可以节约运营成本。

管理及辅助用房对卫生、防火的要求与仓库及堆场的要求不同。集中布置可以提高土地利用率，改善管理及辅助用房的周围环境。

4.1.5 酸、碱及易燃液体类危险品一旦泄漏，容易流淌，布置在厂区边缘地势较低处，可以减少对其他设施的影响。

4.1.6 建筑物有好的朝向，可以节约能源。

4.1.7 绿化有降低噪声，吸附粉尘，吸收有害物质，调节空气湿度，减少水土流失，减少二次污染等功效。仓库区应进行绿化，但绿化面积太大会造成土地浪费，需经权衡确定。

4.1.8 运输线路布置的好坏直接影响物料的运营成本，线路是否有折返是评判布置是否合理的主要因素。

人流应避免与有较大物流的铁路、道路交叉，可以有效保证人员出行安全，也能保障物流的畅通。

4.1.9 本条目的是便于危险品仓库管理，尽可能地减少事故发生几率，保护人身安全。

4.1.10 本条目的是尽可能地减少事故的范围，降低事故损失，避免人员伤亡。有爆炸危险的火灾危险性为甲、乙类散发可燃气体的物料仓库位于散发火花地点的最小频率风向的上风侧，可以最大限度地减少可燃气体漂移至散发火花地点，降低引发事故的几率。

4.1.11 仓库区对外运输方式主要有水路、铁路、公路、管道等运输方式，水路运输存在运量大，运费低等优点，有条件的地区应充分利用和重视水运，合理布置陆域仓库区的各种设施，减少运输费用。

4.1.12 位于海（江、河）或山区、丘陵地带的仓库及堆场，直接受到海潮、内涝、山洪的威胁，造成的直接经济损失会相当大，而且对附近的环境也会造成一定的危害。需采取诸如抬高场地设计标高、修筑堤坝、设置排水泵站等措施来避免损失，以减少对环境的危害。防洪排涝采取的办法很多，费用也各不相同，应根据仓储的规模，物料性质，服务年限等因素来慎重确定防洪的标准和采取防洪的措施。

4.1.13 不良地质地段是指泥石流、滑坡、流沙、溶洞、活断层等地段。仓库或堆场布置在上述地段时，势必增加风险，增加基础处理的费用。当不可避免时，应采取加固措施。

4.1.14 仓库区选址建在山区、丘陵地带的为数不少，平行等高线布置，可以减少土方工程量，减少边坡支护费用。雨水是边坡失稳的主要因素，边坡形成前，雨水排放设施必须跟上，以保证边坡稳定。

位于山坡地段建设的仓库及堆场，整体滑移，不均匀沉降是主要地质危害，平行等高线布置可以减少填挖方量，减少上述地质危害的发生。

4.2 总平面布置

4.2.1 为避免与《石油化工企业设计防火规范》GB 50160的有关规定相冲突，本条的间距规定仅限于独立布置的仓库区。按照仓库、堆场储存物料火灾危险性等级分甲、乙、丙三类分开描述，先规定甲类物料仓库及堆场与相邻居住区、工厂、交通线等的防火间距，乙类、丙类的防火间距按分别折减25%、50%的原则确定。

相对于重要公共建筑，居住区及公共福利设施内有行动不便的老人、儿童、残疾人员等，事故状态下需要借助外力，并需要较长时间撤离，因此规定的间距较大，体现以人为本的思想。

相邻工厂内具有不可预见的潜在危险，对甲、乙类物料仓库及堆场来说，明火是极具危险的一种。根据《石油化工企业设计防火规范》GB 50160，甲类物料仓库或堆场与明火地点的防火间距为30m，以此来确定与相邻工厂的间距。如果相邻工厂内有其他危险性更大的设施存在，其与自身的围墙还要保持相应的间距，实际两者间距最小达到40m，可以有效地控制事故的蔓延。

在本规范修订讨论中，许多专家对原规定的甲类物料仓库或堆场与相邻工厂（围墙）的50m间距争议很大，普遍认为间距太大，主要理由是根据《建筑防火设计规范》GB 50016的规定，两座甲类仓库的间距只要20m。在土地资源越来越宝贵的今天，实际操作中确实很难做到上述间距，也不利于节约土地，应该鼓励采取技术措施或加强管理来控制和防止火灾等事故的发生，而不是单纯、被动地靠增大间距来减少事故的损失。

高压线路指的是电压等于或大于6kV的线路。低压架空线路与仓库及堆场的间距在保证安全的情况下可适当缩小。

与石油化工企业其他设施布置在一起的仓库区与相邻工厂或设施的防火间距应按照《石油化工企业设计防火规范》GB 50160的规定确定。

4.2.2 表4.2.2是根据《石油化工企业设计防火规范》GB 50160的有关规定，保持甲类物料仓库或堆场与各设施的间距不变，乙类、丙类（液体、气体）防火间距按照在甲类基础上折减25%，丙类（固体）防火间距按照在甲类基础上折减50%的原则确定，最小间距按6.0m考虑。

4.2.3 仓库区内部各设施的防火间距，《建筑设计防火规范》GB 50016均有明确的规定，为保持与《建筑设计防火规范》的协调性，本规范不作细述。

4.2.4 仓库区内相邻建（构）筑物的间距，通常按照防火间距确定。由于进出仓库采用不同的运输方式，每种运输方式都有自身的技术要求，需要一定的间距布置这些运输设施。如果仅仅考虑防火间距，有可能出现运输设施布置不下或运输车辆不能进出的情况，需要引起重视。

4.3 道　　路

4.3.1 本条规定了道路设计的一般原则。

1 仓库区内除仓库及堆场外，占地面积最大的就是道路。道路宽度过小，不利于运输车辆的行驶；道路宽度过大，势必增加土地面积和工程投资。应根据实际仓库区道路运输量，运输车辆的规格以及装卸能力来确定道路的宽度及其他技术要求（如转弯半径，纵坡度等），以保证道路运输的正常进行。

2 利用道路作为装卸场地的情况在各个企业里都有不同程度地存在。由于许多道路是与消防道路合用的，占用道路作为装卸场地，势必影响消防车辆的通行，应予以避免。

4 仓库区一般布置在所属企业的厂区附近，道路结构形式宜与厂区道路统一。个别区域有侵蚀或溶解沥青的物料，应避免使用沥青类路面。

4.3.2 主要道路和次要道路的宽度是根据双车道再加上行人需要的宽度来确定的，行人多的取上限，行人少的取下限。支道一般作为连接道路和消防道路使用，正常情况下，运输车辆和行人均较少，故可以按照单车道设计。

4.3.3 汽车运输车辆越来越大型化，14～18m长的车辆越来越常见，必须采用相应的圆曲线半径来保证车辆以设计的速度顺利通过交叉口。

国内大部分行业如冶金、机械等均采用3m作为圆曲线半径模数。

4.3.4 本条规定了仓库区设置室外消防道路的要求。

1 甲、乙类物料仓库及堆场和危险品库，特别是装卸场地，泄露点较多，火灾几率较大，造成的危害和影响也很大，设置双车道的环形消防道路，且有两处与其他道路连通，目的是为了消防车可以快速接近火场，也便于在紧急情况下消防人员的撤离。

2 相对于甲、乙类物料仓库及堆场，丙类仓库及堆场的火灾危险性小很多，规定可以不设环行消防道路，仅在平行仓库及堆场的两个长边设置单车道的消防道路。为节约投资，通往单独的丙类仓库及堆场可设有回车场的尽头式消防道路。

3 根据水带连接长度，水带铺设系数和消防人员的使用经验确定。

4 铁路线与消防道路发生交叉的几率较大，一般采用费用较低的平交叉，为防止消防车被火车阻挡，应设置备用道路，保证在事故状态下，消防车可以正常通过。最长列车长度是根据走行线在该区间的牵引定数或调车线（或装卸线）上允许的最大装卸车的数量确定的。

5 目前消防车越来越大型化，仓库区内道路宽度一般为6～9m，交叉口处路面内缘圆曲线半径过小，消防车转弯时需减速，且离心现象明显，影响消防车快速通过。调查中多支消防队提出路面内缘最小圆曲线半径定大于12m比较合适。

供汽车通行的道路净空高度一般为4.5m，提高到5.0m，理由有二：一是汽车大型化的要求，二是消防车通过管架时可以不用减速，与现行的《石油化工企业设计防火规范》的规定是一致的。

4.3.5 道路边缘至相邻建（构）筑物最小净距，主要考虑建（构）筑物窗外开后与车辆的安全间距，以及人员及汽车出入仓库时视距、汽车转弯的要求。与铁路的最小净距，根据标准轨距的车辆限界要求确定。

4.3.6 本条规定了汽车衡的基本要求。

1 正常情况下称量汽车进入汽车衡台面时，都要刹车，对汽车衡产生振动和水平推力。为保护衡器，用于称量的汽车衡的最大称量值应该留有余量，规定不少于20%。实际选用时还要根据衡器制造厂商产品系列来确定。

2 汽车衡的台面宽度一般为3.2～3.6m，两端设置一定长度的直线段可以保证称量汽车正确、安全就位。根据实际调查和有关专业人员的反映，综合考虑节约土地等因素，规定直线段长度为最长一辆车长是合适的。

4.4 铁　路

4.4.1 列车在启动、走行或刹车时，车轮与钢轨摩擦或闸瓦处容易发生火花，在甲、乙类物料仓库内极易引发火灾等事故。

4.4.2 在曲线半径过小的线路上，列车启动阻力大，且自动挂钩、脱钩也很困难。

4.4.3 列车在按直线布置的钢轨上启动的阻力最小。受场地条件限制，个别地方装卸线按直线布置有困难，为减少投资，规定可设在半径不小于600m的曲线上。

4.4.4 为保证装卸车辆准确安全就位，避免车辆冲击或冲出车挡，有必要设置一定的安全间距。由于甲、乙类物料出事故的影响大，故适当加长。

4.4.5 铁路与道路平面交叉口处设置道口，可以保证道路和铁路行车平顺。道口铺砌材料过去常用混凝土预制块，在实际使用中，很多地方出现高低不平，对通过的车辆产生不良影响，可采用整体性和平整度好的橡胶道口板。

道口设在瞭望条件良好的直线地段，可以满足驾驶员或行人的视距要求，保证车辆或行人安全通过道口。

4.4.6 主干道上运输车辆相对较多，火车过道路，汽车或行人过铁路都需要有一定的视距来保证相互安全。受场地形状或附近建（构）筑物的影响，许多道口的视距不能满足要求，如果没有采取可靠的安全措施，则应设置有人看守的道口来保证安全。

4.4.7 轨道衡线路设计为通过式，以便于流水作业。轨道衡线长度应根据线路配置方式，轨道衡类型（动态、静态）等条件来确定。在轨道衡前后应设置一定长度的水平和顺直线路，可以减少车辆振动和冲击，确保称量的准确。

4.5 码　头

4.5.1 位于码头陆域仓库区的总平面布置受装卸工艺流程和自然条件的影响较大，为避免二次倒运，缩短物料流程，应结合运输方式来确定仓库区平面布置，主要生产设施尽量靠近前方布置。

4.6 带式输送机

4.6.1 带式输送机线路转弯越多，转运站就越多，工程费用就高，生产管理也不方便，故应尽量顺直，尽可能地减少转运站数量。带式输送机进入建（构）筑物时，夹角太小，对建筑物的结构处理，装卸点的设备布置，场地的经济合理利用等都带来一定困难。

4.6.2 带式输送机与道路、铁路、管架正交时，跨越段最短，设计简单，施工方便，工程费用最低，景观也好。

4.6.3 带式输送机栈桥支架的间距均匀，可以减少设计工作量，降低施工难度，提高施工进度。在石化企业里，地下管线、管沟、阀门井等较多，给栈桥支架基础的布置带来一定困难，特别是在改扩建时，应特别注意要避开各种构筑物，特别是地下管线。

4.7 围墙及其出入口

4.7.1 本条强调独立设置的仓库区周围应设置围墙。围墙主要有两个作用，一是地界的标志，二是可以阻止无关人员进出，防止物料失窃或人为事故的发生。尽管单纯利用围墙防盗的作用不明显，但在目前的社会环境下，独立的仓库区周围修建围墙还是必需的。在没有景观等特殊要求下，一般采用防盗效果较好的实体围墙。但围墙也并不是越多越好，除了需要工程费用支出外，还会妨碍消防作业，故规定在所属企业生产区内的仓库及堆场，应充分利用已有的厂区围墙。

单纯从防盗角度看，围墙是越高越好，但还要考虑节约费用。2.40m高的围墙，一般不借助工具的人翻越比较困难，重的物料也不容易抛掷出来。

4.7.2 围墙与建（构）筑物之间的间距既要保证交通工具的安全行驶，还要有消防作业空间。另外，围墙外还具有不可预见的其他设施存在，有必要保持一定的间距。

4.7.3 在不同方向设出入口，个数不应少于 2 个(不包括铁路出入口)，一是方便车辆和人员进出，二是在事故状态下有利于人员的疏散和消防车的进出。个别地区存在不同方向设置出入口有困难的情况，故规定在同一方向的两个出入口应保持一定的间距。30m 间距可以确保一个出入口受火灾影响受阻时，不至于影响另外一个出入口的正常、安全使用。

铁路出入口的宽度参照现行的规范确定。汽车的出入口的宽度要保证最宽汽车以一定的速度通行，除特种车辆外，目前石化行业在使用的汽车宽度最大的为 2.85m 左右，在两侧各留有 0.50m 以上的余量可以确保车辆安全通过。

4.7.4 人流出入口与主要货物出入口分开设置，可以有效保证人身安全，也能确保货流的畅通，减少事故发生几率。

4.7.5 主要出入口附近设置值班门卫，一是阻止无关人员入内，二是验收出库单的需要。

4.7.6 受汽车来车的不均匀和装卸能力等的限制，以公路运输为主的仓库及堆场，如果不设停车场，势必要占用道路来停车，影响正常交通。浙江某公司原来未设停车场时，运输沥青、焦炭、聚丙烯等的车辆均利用厂外运输道路一侧甚至两侧停车，高峰时停车长度超过 1km，严重影响该路段的正常使用。

4.8 绿　化

4.8.1 仓库区作为石油化工企业中一部分，绿化面积应与整个厂区统一考虑，没有必要单独规定绿化用地率。但单独设置的仓库区，应根据当地规划部门的要求设置一定绿化用地。当地规划部门没有具体规定时，参照中国石化集团公司的规定执行，12%的绿化用地率一般都能做到。据调查，石化企业的绿化用地率一般在 15%～35%，最小的东北某厂亦达到 13%。

4.8.2 管理区人员相对集中，一般临街布置，重点绿化和美化，可以改善小环境质量。

4.8.3 绿化树种选择不当，如选择含脂量高的树种，会导致火灾的蔓延，扩大事故范围。在有防火要求的区域应慎重选择树种。

4.8.4 某些树种或草皮对有害气体没有抗性，种植在散发该气体的地方很难存活，应根据散发的不同气体，有针对性地选择树种。

4.8.5 滞尘力强的树种或草皮可以有效降低空气中灰尘的数量，改善空气质量。

4.9 竖向布置

4.9.1 计算水位指的是根据潮（洪）水的重现期确定的水位。石油化工仓库区内涝水位一般取 20 年一遇，（洪）潮水位一般取 50 年一遇。由于石油化工的仓库储存有毒、有害、易燃、易爆等危险物料，有的储存物料数量很大，一旦受淹，势必造成重大的财产损失和可能的严重环境污染。场地设计标高比计算水位高 0.50m 可以确保储存物料的安全。几十年的实践证明是可行的。

选址在沿海（沿江）地势较低地区的仓库区，如果按照上述要求，需大面积回填土方，势必增加土石方的工程量，从技术经济角度看可能不合理。中国石化镇海炼化的仓库区，其设计地面为3.60m（吴淞高程系统，下同）左右，低于 20 年一遇的内涝水位 4.26m，也低于 50 年一遇的潮水位 4.93m，由于有可靠的防洪排涝设施，30 年内经历多次强台风的正面袭击以及大潮的冲击，均未受损。

4.9.3 堆场地面高出周围地面或道路标高，可以防止堆场内积水，减少物料损失。

4.9.4 山区自然坡度较大，采用阶梯式布置可以减少土石方工程量。

4.9.5 由于一般铺砌护坡占地面积大，因此在建筑物密集或用地紧张的区域，规定采用挡土墙支护，以节约用地。易坍塌或滑动的边坡规定采用挡土墙支护，以确保使用安全。

4.9.6 根据中国石化集团公司的规定，高度超过 2.00m 属于存在危险的高空。为保证作业人员的安全，在高度超过 2.00m 的护坡（挡墙）顶均应设防护栏杆。当护坡（挡墙）顶附近布置有道路时，应设置防护隔离墩，以确保行车安全。

4.9.7 场地排水分有组织排水、无组织排水和混合排水方式，每种方式各有利弊，应根据仓库（或堆场）的性质以及场地的特点合理选用排雨水方式。

场地排水坡度采用 0.5%～2.0%比较合适，坡度过小不利于场地雨水顺利排除，过大则容易造成散料或土壤流失。

散料露天堆场采用明沟排雨水，便于疏浚。排水沟设在堆场外，可有效减少排水沟堵塞，且便于清理。

5 仓 储 工 艺

5.1 桶装、袋装仓库

5.1.5 仓库面积利用系数一般不应低于 0.50。实际操作表明，仓库有效面积中入库出库主、次要通道；货堆与墙边的安全间距；相邻货堆间通道；每个货堆垛堆间的间隙所占去的面积，在仓库跨度小于等于 30m 时，占仓库有效面积的 50%是足够的。仓库跨度愈大，以上通道及安全间距间隙所占去仓库有效面积的比例就愈低，故本规定将仓库面积利用系数定为 0.50。

驶入式货架储存托盘码垛的桶装袋装物料时，根据货架制造商提供的仓库面积利用系数为 0.50～0.60。在某工程化学品仓库设计中，其仓库面积 3960m^2，仓库面积利用系数按 0.60 设计，满足了 1.5t 叉车的作业要求。故本规范驶入式货架储存托盘码垛的仓库，仓库面积利用系数定为 0.50～0.60。

5.1.6 当仓库采用载重量 2～3t 的叉车入库、出库操作时，其主通道宽度按双向行驶和一叉车在入库堆垛或出库取货、一叉车在其尾部行驶，即主通道宽度应为一台叉车的最大长度和另外一台叉车的最大宽度加上安全间距。根据调研，叉车运输主通道宽度不应小于 5m。

叉车最小通道系根据国内外著名叉车厂商提供的方法计算（详见规范附录 C）。本规范将叉车制造商提供的安全间隙 a=200mm 改为 a=400mm，这是因为当 a=200mm 时两端的安全间隙仅为 100mm，在实际操作中对叉车驾驶员要求太高，难以保证安全。

5.1.8 仓库的铁路运输站台通常应高于轨顶 1.10m。实际装卸过程中当站台边至铁路中心线的间距为 1750mm、站台高 1.10m 时，车厢门无法打开。站台边至铁路中心线 1875mm、站台高为1.10m,站台边至铁路中心线的间距为 1750mm、站台高为 1.00m 时才能使车门打开。

5.3 散料仓库

5.3.1 易受潮的散料如尿素类产品，吸潮后易结块，会影响产品质量和包装计量精度，故仓库内应采取除湿措施。

大部分原（燃）料仓库采用敞开式或半敞开式仓库，如煤、焦炭、石灰石、硫铁矿、磷铁矿等，主要考虑如何增加库容，如设地坑或加挡墙等。

随着社会化大生产的发展，石化行业生产规模越来越大，如华东某厂尿素的日产量近 2000t，仓库的跨度也越来越大，仓库的地面也需采取必要的措施以满足使用要求。

5.3.2 耙料机库以前国内主要用于储存颗粒尿素，仓库跨度也只有 54m 和 60m 两种（对应的耙料机跨度分别为 42m 和 48m)。目前推广使用到粮库、煤库等建筑，跨度也相应增加。

散料仓库中间设低于两端挡料墙的隔墙，是根据国内已建成的大型化肥厂的运行经验，便于仓库内物料分区储存、转运及清理。

控制室地面标高抬高，目的是为了便于观察和操作。由于耙料机和地面带式输送机均高出±0.00 地面安装，所以控制室地面宜高出仓库地面为好，至于抬高多少宜根据机械形式和操作习惯确定。

5.3.3 电源主滑线一般均设在司机室对侧，这是安全作业的需要。

起重机轨道外侧设走道，主要是考虑起重机和轨道的维护和检修的需要。走道宽度、净空高度以及栏杆高度的规定是为了满足安全使用的要求，与《建筑设计防火规范》的规定是一致的。

对于能自燃的物料所作的规定，主要是为了便于灭火。为预防自燃，经常要翻料或压料，采用低地面时机械作业不便。

对于非自燃物料只要能满足本条各款的规定，堆放高度可以适当增加。

散料库一般配备推土机或装载机，应考虑进出通道和作业场地以及相应的配套设施。

5.3.4 用于堆取料作业的推土机台数，根据国内电厂运行经验，一般 1 台运行时，设 1 台备用，3 台以上运行时，设 2 台备用。

推土机库应包括停机库、检修库、检修间、工具间、备品间、休息室和卫生间。停机库台位数应与推土机设计台数一致。

5.4 钢筋混凝土筒仓

5.4.2 筒仓适用于储存散料，其平面形状有圆形、正方形及矩形，储存的物料种类很多，结构形式也很多，应用较多的有钢筋混凝土仓、钢仓、塑料仓等。本规定侧重钢筋混凝土结构筒仓，储存物料以煤为主。

5.4.5 设置除铁装置的目的是为了防止进入筒仓的物料夹带金属杂质而带来不良影响。

5.4.7 助流装置有漏斗斜壁加振动器、风力破拱装置、水力破拱装置、机械环链人工卸料等。破拱装置应优先采用空气泡，也可设置导流锥防止起拱。

5.4.14 在仓顶面建筑物设置出入口，可以满足操作人员进出的需要。

5.4.17 仓底锥形部位结构形式的选用除考虑工艺需要外，还应满足顺利排料的要求。双裂缝隙式、锥体四口出料的结构形式，可以满足顺利排料的要求，但结构形式相对复杂。对于小直径（12m 以下）的筒仓，可以采取较为简单的双曲线单口出料的结构形式。

5.5 操作班次

5.5.1～5.5.3 这几条规定是根据目前中国石油化工企业普遍采用的操作班制而制定的。

6 储存天数

6.2.1～6.4.4 本规范规定的成品、原料、化学品、危险品、金属材料、备品备件的储存天数，是基于物资供应渠道愈来愈畅通、铁路和公路运输交通愈来愈便捷，供应间隔天数大为缩短的实际情况制定的。调研表明，20 世纪 80 年代后期设计的某 PP 装置所需的三乙基铝催化剂需国外进口，储存周期按 180d 考虑；目前即使进口，通过国内代理商，从订单发出，1 个月内即可到厂。金属材料的储存天数，仅仅是考虑日常维修，不考虑大修。

7 建筑设计

7.1 一般规定

7.1.1 本条明确了执行《建筑设计防火规范》GB 50016 和《石油化工企业设计防火规范》GB 50160 的条件。

7.1.2 石油化工装置规模的大型化，使合成纤维、合成橡胶、合成树脂及塑料类产品的仓库面积大幅增加，当丙类的上述固体产品单座仓库的占地面积超过《建筑设计防火规范》的要求时，可按《石油化工企业设计防火规范》对仓库的占地面积及防火分区面积的规定执行。

7.1.3 合成纤维、合成橡胶、合成树脂、塑料，还有尿素等为石油化工行业的基本产品，年产量越来越大，仓库的占地面积也随着机械化包装、运输和堆垛的需要而增大，为方便使用和检修，规定单座占地面积超过 12000m^2 的大型仓库，应设置运输主通道，并与库外道路连通。

7.1.4 从广义上讲，石油化工企业生产的甲、乙类产品均属于危险品，但本条文中的危险品是狭义范围的危险品，特指石油化工企业在生产过程中必须的，而且数量相对较少的如添加剂、催化剂之类，或者是化学试剂和特殊的气体，放射性和剧毒的物料，宜单独存放，严格保管。

1 每个隔间应有独立对外墙体的目的是使每个隔间能有足够的对外泄压面积，以及能够设置直接对室外连通的出入大门。

2 地下室、半地下室一般开窗面积小，通风差，泄漏的气体或粉尘易积聚，极易引起爆炸。故有爆炸危险的所有甲、乙类物料均不应放置在地下室、半地下室。

3 仓库净高过低对仓库内的通风、泄压、泄爆、排烟等的设计均不利，故作此规定。

7.1.6 有篷站台可与室内地面平接，但篷下地面应以 1%的坡度坡向站台外缘。

7.1.7 建筑防腐蚀设计可参照执行《工业建筑防腐蚀设计规范》GB 50046 的有关规定，同时应结合防火及保温要求，在材料选择、构造设计中应统筹考虑。一般情况下，防腐蚀材料为最外层，防火材料为第二层，保温材料为最里层。

7.1.9 仓库内运输机械较多，容易与墙体发生碰撞，因此需在墙体下部设置实体墙体，包括独立柱及墙体阳角亦应采取防撞措施。

7.2 门 窗

7.2.1 安全玻璃是指符合国家标准的夹层玻璃、钢化玻璃，以及用它们加工制成的中空玻璃，这其中尤以夹层玻璃以及用夹层玻璃制成的中空玻璃的综合性能为最佳。

7.2.2～7.2.4 本条文主要写仓库的防火设计要求，窗户的泄爆、泄压、排烟和开窗机的设置。仓库一般层高较高，开窗面积大部分能满足采光、通风的要求，对排烟的开窗面积要求亦可达到，但由于均是高窗，人工开启很困难，而设计人员往往忽略选用开窗机，业主单位不习惯使用而不设置。由于高窗平时常处于关闭状态，一旦火灾时难以起到排烟作用。

宁波余姚某仓库，堆放化纤成品，火灾时高窗全关着，屋顶又未设带易熔材料的采光带，根本无法排烟，消防水又喷不进去，最后整个屋顶坍塌，造成很大的损失。

7.2.5 易熔材料的熔点温度各地规定不太统一，解释也不太一致，有些规定在 130℃以下。各地在选用材料时，若熔点较高，排烟面积应适当放大。

7.2.8 主要是便于上人对易熔材料做的排烟窗或玻璃窗进行维修。

7.2.9 本条文是规定通行各种运输工具的最小的大门尺寸。目前各种运输车辆的载重量越来越大，石油化工设备的规格也越做越大，大门的大小应根据石油化工的特殊性，进出车辆的大小，库门外道路的转弯半径等来确定。

推拉门不利于人员的疏散，故在火灾危险性较大、人员又相对集中的主要出入口，采用推拉门时应在门扇上设置用于人员疏散用的向外开启的小门，外开小门门扇上应配置逃生门锁，人员从室内向外疏散时应能无条件开启。

7.2.11 由于门窗开启而产生的静电，或推拉门和金属卷帘门开启时，均可能构成火灾的隐患，设计中应采取必要的预防措施。

7.3 地 面

7.3.1 由于仓库内地面荷载较大，故其承重构造应通过计算确定。如某厂水泥库，因与铁路站台拉平，地面需要抬高 1m，设计时凭经验回填了 1m 高的矿渣，结果 10 年后，地面呈锅底状。另外一化学品仓库，地面基层仅作一般处理，未考虑当地地质情况，使用不到 3 年，地面不均匀下沉，最大沉降量达 220mm。

7.3.2 南方地区梅雨季节地面容易返潮，除地面采取防水防潮措施外，还应采取其他辅助措施，如架空通风等。

7.4 采暖通风

7.4.2 存放有剧毒物质的仓库，极易对作业人员造成伤害，故规定严禁采用自然通风。由排风系统排出的含有极毒物质的空气，应经过技术经济论证，确定采取净化处理或高排气筒排放。

8 堆　　场

8.1 一 般 规 定

8.1.1 为避免散料坍塌造成混料，规定不同散料堆场之间需保持一定的间距，定为5.0m，当有作业机械通过时，还需另外增加间距，以满足通行需要。

8.1.2、8.1.3 为避免散料坍塌影响钢轨正常运行而作此规定。堆场距走行线或调车线的间距还得在此基础上适当加大。

8.1.8 袋装物料受销售、季节、气象、交通等原因临时露天堆放，一般储存天数短，周转快，主要考虑便于搬运。为保证物料免受雨水的侵蚀而影响质量，需采取必要的防排雨措施。

8.2 堆场面积计算

8.2.1 主要考虑散料堆场的面积计算，袋装和桶装等的面积计算参见本规范附录B。储存量计算需要有物料静堆积角、料堆容重等特性数据，还要有操作体积系数，这些数据有的建设单位能够提供，有的需做试验测定。

8.2.3 本条规定了各种堆场的面积利用系数，但不包括厂外废渣堆场的面积利用系数，厂外废渣堆场的面积利用系数达不到本条的规定。

1　袋装堆场当采用手推车堆包时，通道宽度较小，堆场面积利用系数较大。采用叉车堆存时，通道宽度较大，堆场面积利用系数略有降低。

2　散料堆场面积利用系数考虑了通道宽度、作业机械所需宽度等因数确定。

3　桶装堆场由于受包装外形的影响，堆放面积利用系数相对较小，但瓶装、塑料桶装分装在纸盒内、竹木筐内可用托盘码垛时，堆放系数可相应增大。

8.2.4 一般桶装单体容积大于200L者，称为大包装桶，100～200L为中包装桶，100L以下为小包装桶。储存有易燃、易爆等危险物料的大包装桶若多层堆放，存在安全隐患，故作出单层堆放的规定。中包装桶、小包装桶为合理利用空间，减少仓库面积，可根据实际情况多层布置。

8.2.5 一般自燃煤的预留空地规定为5%～10%。本条文涵盖了煤在内的容易氧化自燃的物料。煤场占地面积大，用量大，自燃后能得到较好处理，引起火灾的几率少，相对而言，其他物料自燃引起的危害性比较大，故取上限。

8.2.7 配备辅助供料设施的目的是保证在起重机因故障或遇大风停止工作时还能正常供料。

9 控制与管理

9.1 一 般 规 定

9.1.1 比起化工企业生产区来，仓库区的重要性要相对低一些，其控制水平没有必要太先进，与生产装置基本保持一致或略低一些。

9.1.2 根据不同的情况应采取不同的控制水平，避免一刀切。

9.3 管　　理

9.3.4 仓库管理系统（WMS）是应用计算机和无线系统对仓库进行自动化管理的一种手段。国外物流公司仓库已较多采用，国内近年来也有不少应用实例，如上海外高桥保税区某大型仓库、上海市化工区某厂的聚烯烃产品大型仓库都采用了仓库管理系统。本条规定借鉴了国内外大型仓库的成熟使用经验。

仓库管理系统一般包括以下功能：

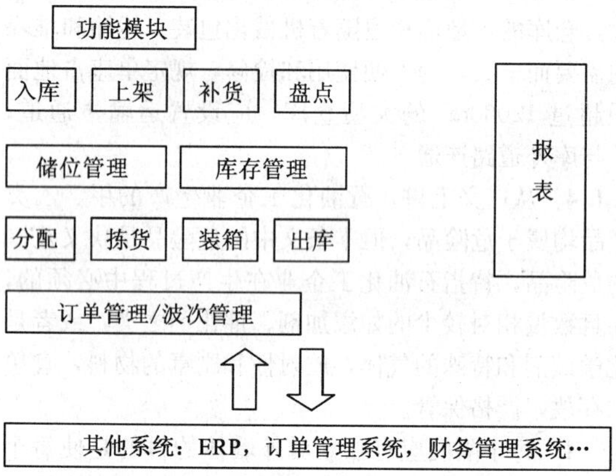

以上功能可根据仓库规模、品种和整个工厂的操作管理要求及控制水平取舍。

10 仓 储 机 械

10.2 主要仓储机械的选用

10.2.3 本条第4款规定驶入式货架宜选用前移式蓄电池叉车，也可选用起重量1.5t以下的平衡重式蓄电池叉车或液化石油气（LPG）叉车。这是根据驶入式货架叉车操作时，叉车在货架主柱之间形成的通道内行驶的特点。叉车有尾气排放时，不易扩散，而蓄电池叉车无尾气排放，液化石油气叉车尾气排放的有害物、烟尘都远较柴油叉车低，故作此规定。当采用液化石油气叉车时，企业本身或附近需有液化石油气罐装站。

10.2.8 采用驶入式货架塑料托盘储存时，调研和试验结果表明，中空吹塑托盘承载后的挠度，超过了

《塑料平托盘》GB/T 15234规定的数值，而注塑塑料托盘由于刚性好，承载后的挠度小，故作出宜选用注塑塑料托盘的规定。

11 安全与环保

11.1 消 防

11.1.1 本条规定了仓库区消防执行《建筑设计防火规范》GB 50016和《石油化工企业设计防火规范》GB 50160的适用条件。

11.1.2 常用的消防水带的长度为25m，为方便消防作业，对消火栓的间距作出50m的限制。

11.1.4 易燃、易爆、助燃等物料，发生火灾时产生的危害大，且不易扑灭，设置火灾报警装置和可燃气体浓度报警仪，可以起到预防作用，把事故消灭在萌芽状态。

11.2 安 全

11.2.1 在有爆炸和火灾危险的区域，静电极易导致爆炸和火灾的发生，故作此规定。

11.2.4 根据中国石化集团公司的规定，高度超过2m是存在安全隐患的高空，需采取必要的安全措施，如佩戴安全带，增加防护栏杆等。

11.2.7 设立专用出入口，可以最大限度地避免由于交通引发的事故。

11.3 职 业 卫 生

11.3.2 辅助用房最基本的包括办公室、休息室、厕所等。其他如浴室、盥洗室、洗衣房等视仓库的物料性质，生产过程等因素决定是否设置。

辅助用房人员相对集中，为保证人身健康，应该避开有害物质、避免受到高温等因素的影响。

11.3.3 本条规定了设置浴室的前提条件。一般不采用易交叉感染的池浴，采用相对卫生的淋浴，淋浴器数量按照二类卫生标准设置。

11.3.4 保护妇女特别是孕妇的健康是国家的一项基本政策，应该在仓库设计中得到具体体现，故作此规定。

11.3.5 粉尘污染、毒物污染都属于比较严重的污染，应尽量减少与人体的接触。

11.3.6 为避免粉尘、毒物、酸、碱等强腐蚀性物质的积聚，应经常冲洗工作场所的各个部位，包括地面和墙壁。

11.3.7 辅助用房人员相对集中，对噪声的要求高，应尽量远离噪声源。

11.3.8、11.3.9 为保护职工的听力，规定了工作场所的噪声卫生限值。根据不同的接触时间规定不同的卫生限值。当达不到要求时应采取必要的防护措施。

11.3.10 管理用房，辅助用房对噪声的要求高，60dB（A）基本对开会、正常交谈不产生明显的影响。

11.3.11 这是保护眼睛的一项具体措施。眼睛受伤害后，及时得到有效的处治，可以最大限度地避免眼睛受进一步的伤害，配备洗眼器是其中比较行之有效的做法。

11.3.12 本条所指的劳保用品为泛指，指常用的劳保用品，不含放射性防护用品和防毒面具等特殊劳保用品。

11.4 环 境 保 护

11.4.1 规定了仓库区应该清污分流，做到合格排放。

11.4.5 废渣堆场（包括生活垃圾和建筑垃圾填埋场）污染相对比较重，合理布置可以减少对人身健康的损害。

该类型堆场内的地表水和地下水过去不重视，随着环保意识的提高和环保管理的加强，该部分污水也应合格排放。

设置绿化隔离带可以减少污染扩散范围，同时也可以改善小环境的空气质量。有条件的地方可设置绿化带。

11.4.6 2005年11月，吉林某公司操作人员违反操作规程，引发爆炸事故，造成8人死亡。事故发生后，由于对生产安全事故引发环境污染事件的严重性认识不足，致使事故现场地面水进入“清净下水”排水系统，流入松花江，造成松花江水体严重污染。因此，必备的防污设施和措施对防范危险化学品事故引发环境污染事件至关重要。

11.5 应 急 救 援

11.5.1 事故在刚发生时，如果能得到及时有效的处置，就可以控制事故的扩大，最大限度地减少人员和财产的损失，减少对环境的污染。吸取事故教训，对储存有危险品或甲、乙类物料的仓库区规定应编制事故状态下的应急预案。

11.5.2 仓库区单独设置救援站或有毒气体防护站很难办到，应依托所属企业或当地社会。

中华人民共和国国家标准

混凝土结构耐久性设计规范

Code for durability design of concrete structures

GB/T 50476—2008

主编部门：中华人民共和国住房和城乡建设部
批准部门：中华人民共和国住房和城乡建设部
施行日期：2 0 0 9 年 5 月 1 日

中华人民共和国住房和城乡建设部
公　　告

第 162 号

关于发布国家标准《混凝土结构耐久性设计规范》的公告

现批准《混凝土结构耐久性设计规范》为国家标准，编号为 GB/T 50476—2008，自 2009 年 5 月 1 日起实施。

本规范由我部标准定额研究所组织中国建筑工业出版社出版发行。

中华人民共和国住房和城乡建设部

2008 年 11 月 12 日

前　　言

本规范是根据建设部《关于印发〈二〇〇四年工程建设国家标准制定、修订计划〉的通知》（建标[2004] 67 号文）要求，由清华大学会同有关单位共同编制而成。

在编写过程中，编制组开展了专题调查研究，总结了我国近年来的工程实践经验并借鉴了现行的有关国际标准，先后完成了编写初稿、征求意见稿和送审稿，并以多种方式在全国范围内广泛征求意见，经反复修改，最后审查定稿。

本规范共分 8 章、4 个附录，主要内容为：混凝土结构耐久性设计的基本原则、环境作用类别与等级的划分、设计使用年限、混凝土材料的基本要求、有关的结构构造措施以及一般环境、冻融环境、氯化物环境和化学腐蚀环境作用下的耐久性设计方法。

混凝土结构的耐久性问题十分复杂，不仅环境作用本身多变，带有很大的不确定与不确知性，而且结构材料在环境作用下的劣化机理也有诸多问题有待进一步明确。我国幅员辽阔，各地环境条件与混凝土原材料均存在很大差异，在应用本规范时，应充分考虑当地的实际情况。

本规范由住房和城乡建设部负责管理，由清华大学负责具体技术内容的解释。为提高规范质量，请在使用本规范的过程中结合工程实践，认真总结经验、积累资料，并将意见和建议寄交清华大学土木系（邮编：100084；E-mail：jiegou@tsinghua.edu.cn）。

本规范主编单位、参编单位和主要起草人：

主编单位：清华大学

参编单位：中国建筑科学研究院
国家建筑工程质量监督检验中心
北京市市政工程设计研究总院
同济大学
西安建筑科技大学
大连理工大学
中交四航工程研究院
中交天津港湾工程研究院
路桥集团桥梁技术有限公司
中国建筑工程总公司

主要起草人：陈肇元　邸小坛　李克非　廉慧珍
徐有邻　包琦玮　王庆霖　黄士元
金伟良　干伟忠　赵　筠　朱万旭
鲍卫刚　潘德强　孙　伟　王　铠
陈蔚凡　巴恒静　路新瀛　谢永江
郝挺宇　邓德华　冷发光　缪昌文
钱稼茹　王清湘　张　鑫　邢　锋
尤天直　赵铁军

目　次

1　总则……………………………………… 1—61—4
2　术语和符号……………………………… 1—61—4
2.1　术语…………………………………… 1—61—4
2.2　符号…………………………………… 1—61—5
3　基本规定………………………………… 1—61—5
3.1　设计原则……………………………… 1—61—5
3.2　环境类别与作用等级………………… 1—61—5
3.3　设计使用年限………………………… 1—61—5
3.4　材料要求……………………………… 1—61—6
3.5　构造规定……………………………… 1—61—6
3.6　施工质量的附加要求………………… 1—61—7
4　一般环境………………………………… 1—61—7
4.1　一般规定……………………………… 1—61—7
4.2　环境作用等级………………………… 1—61—8
4.3　材料与保护层厚度…………………… 1—61—8
5　冻融环境………………………………… 1—61—9
5.1　一般规定……………………………… 1—61—9
5.2　环境作用等级………………………… 1—61—9
5.3　材料与保护层厚度 ………………… 1—61—10
6　氯化物环境 ……………………………… 1—61—10
6.1　一般规定 ……………………………… 1—61—10
6.2　环境作用等级 ……………………… 1—61—10
6.3　材料与保护层厚度 ………………… 1—61—11
7　化学腐蚀环境 …………………………… 1—61—12
7.1　一般规定 ……………………………… 1—61—12
7.2　环境作用等级 ……………………… 1—61—13
7.3　材料与保护层厚度 ………………… 1—61—13
8　后张预应力混凝土结构 ……………… 1—61—14
8.1　一般规定 ……………………………… 1—61—14
8.2　预应力筋的防护 …………………… 1—61—14
8.3　锚固端的防护 ……………………… 1—61—14
8.4　构造与施工质量的附加要求 …… 1—61—15
附录A　混凝土结构设计的耐久性极限状态 ………………………………… 1—61—15
附录B　混凝土原材料的选用……… 1—61—15
附录C　引气混凝土的含气量与气泡间隔系数………………………………… 1—61—17
附录D　混凝土耐久性参数与腐蚀性离子测定方法 ……………………… 1—61—17
本规范用词说明 ………………………… 1—61—18
附：条文说明……………………………… 1—61—19

1 总　　则

1.0.1 为保证混凝土结构的耐久性达到规定的设计使用年限，确保工程的合理使用寿命要求，制定本规范。

1.0.2 本规范适用于常见环境作用下房屋建筑、城市桥梁、隧道等市政基础设施与一般构筑物中普通混凝土结构及其构件的耐久性设计，不适用于轻骨料混凝土及其他特种混凝土结构。

1.0.3 本规范规定的耐久性设计要求，应为结构达到设计使用年限并具有必要保证率的最低要求。设计中可根据工程的具体特点、当地的环境条件与实践经验，以及具体的施工条件等适当提高。

1.0.4 混凝土结构的耐久性设计，除执行本规范的规定外，尚应符合国家现行有关标准的规定。

2 术语和符号

2.1 术　　语

2.1.1 环境作用　environmental action

温、湿度及其变化以及二氧化碳、氧、盐、酸等环境因素对结构的作用。

2.1.2 劣化　degradation

材料性能随时间的逐渐衰减。

2.1.3 劣化模型　degradation model

描述材料性能劣化过程的数学表达式。

2.1.4 结构耐久性　structure durability

在设计确定的环境作用和维修、使用条件下，结构构件在设计使用年限内保持其适用性和安全性的能力。

2.1.5 结构使用年限　structure service life

结构各种性能均能满足使用要求的年限。

2.1.6 氯离子在混凝土中的扩散系数　chloride diffusion coefficient of concrete

描述混凝土孔隙水中氯离子从高浓度区向低浓度区扩散过程的参数。

2.1.7 混凝土抗冻耐久性指数 DF （durability factor）

混凝土经规定次数快速冻融循环试验后，用标准试验方法测定的动弹性模量与初始动弹性模量的比值。

2.1.8 引气　air entrainment

混凝土拌合时用表面活性剂在混凝土中形成均匀、稳定球形微气泡的工艺措施。

2.1.9 含气量　concrete air content

混凝土中气泡体积与混凝土总体积的比值。对于采用引气工艺的混凝土，气泡体积包括掺入引气剂后形成的气泡体积和混凝土拌合过程中挟带的空气体积。

2.1.10 气泡间隔系数　air bubble spacing

硬化混凝土或水泥浆体中相邻气泡边缘之间的平均距离。

2.1.11 维修　maintenance

为维持结构在使用年限内所需性能而采取的各种技术和管理活动。

2.1.12 修复　restore

通过修补、更换或加固，使受到损伤的结构恢复到满足正常使用所进行的活动。

2.1.13 大修　major repair

需在一定期限内停止结构的正常使用，或大面积置换结构中的受损混凝土，或更换结构主要构件的修复活动。

2.1.14 可修复性　restorability

受到损伤的结构或构件具有能够经济合理地被修复的能力。

2.1.15 胶凝材料　cementitious material, or binder

混凝土原材料中具有胶结作用的硅酸盐水泥和粉煤灰、硅灰、磨细矿渣等矿物掺合料与混合料的总称。

2.1.16 水胶比　water to binder ratio

混凝土拌合物中用水量与胶凝材料总量的重量比。

2.1.17 大掺量矿物掺合料混凝土　concrete with high-volume supplementary cementitious materials

胶凝材料中含有较大比例的粉煤灰、硅灰、磨细矿渣等矿物掺合料和混合料，需要采取较低的水胶比和特殊施工措施的混凝土。

2.1.18 钢筋的混凝土保护层　concrete cover to reinforcement

从混凝土表面到钢筋（包括纵向钢筋、箍筋和分布钢筋）公称直径外边缘之间的最小距离；对后张法预应力筋，为套管或孔道外边缘到混凝土表面的距离。

2.1.19 防腐蚀附加措施　additional protective measures

在改善混凝土密实性、增加保护层厚度和利用防排水措施等常规手段的基础上，为进一步提高混凝土结构耐久性所采取的补充措施，包括混凝土表面涂层、防腐蚀面层、环氧涂层钢筋、钢筋阻锈剂和阴极保护等。

2.1.20 多重防护策略　multiple protective strategy

为确保混凝土结构和构件的使用年限而同时采取多种防腐蚀附加措施的方法。

2.1.21 混凝土结构　concrete structure

以混凝土为主制成的结构，包括素混凝土结构、钢筋混凝土结构和预应力混凝土结构；无筋或不配置受力钢筋的结构为素混凝土结构，钢筋混凝土和预应力混凝土结构在本规范统称为配筋混凝土结构。

2.2 符　号

c——钢筋的混凝土保护层厚度；

c_1——钢筋的混凝土保护层厚度的检测值；

C_a30——强度等级为C30的引气混凝土；

D_{RCM}——用外加电场加速离子迁移的标准试验方法测得的氯离子扩散系数；

DF——混凝土抗冻耐久性指数；

E_0——经历冻融循环之前混凝土的初始动弹性模量；

E_1——经历冻融循环后混凝土的动弹性模量；

W/B——混凝土的水胶比；

α_f——混凝土原材料中的粉煤灰重量占胶凝材料总重的比值；

α_s——混凝土原材料中的磨细矿渣重量占胶凝材料总重的比值；

Δ——混凝土保护层施工允许负偏差的绝对值。

3 基 本 规 定

3.1 设 计 原 则

3.1.1 混凝土结构的耐久性应根据结构的设计使用年限、结构所处的环境类别及作用等级进行设计。

对于氯化物环境下的重要混凝土结构，尚应按本规范附录A的规定采用定量方法进行辅助性校核。

3.1.2 混凝土结构的耐久性设计应包括下列内容：

1 结构的设计使用年限、环境类别及其作用等级；

2 有利于减轻环境作用的结构形式、布置和构造；

3 混凝土结构材料的耐久性质量要求；

4 钢筋的混凝土保护层厚度；

5 混凝土裂缝控制要求；

6 防水、排水等构造措施；

7 严重环境作用下合理采取防腐蚀附加措施或多重防护策略；

8 耐久性所需的施工养护制度与保护层厚度的施工质量验收要求；

9 结构使用阶段的维护、修理与检测要求。

3.2 环境类别与作用等级

3.2.1 结构所处环境按其对钢筋和混凝土材料的腐蚀机理可分为5类，并应按表3.2.1确定。

表 3.2.1 环 境 类 别

环境类别	名　称	腐 蚀 机 理
Ⅰ	一般环境	保护层混凝土碳化引起钢筋锈蚀
Ⅱ	冻融环境	反复冻融导致混凝土损伤
Ⅲ	海洋氯化物环境	氯盐引起钢筋锈蚀
Ⅳ	除冰盐等其他氯化物环境	氯盐引起钢筋锈蚀
Ⅴ	化学腐蚀环境	硫酸盐等化学物质对混凝土的腐蚀

注：一般环境系指无冻融、氯化物和其他化学腐蚀物质作用。

3.2.2 环境对配筋混凝土结构的作用程度应采用环境作用等级表达，并应符合表3.2.2的规定。

表 3.2.2 环境作用等级

环境作用等级 / 环境类别	A 轻微	B 轻度	C 中度	D 严重	E 非常严重	F 极端严重
一般环境	Ⅰ-A	Ⅰ-B	Ⅰ-C	—	—	—
冻融环境	—	—	Ⅱ-C	Ⅱ-D	Ⅱ-E	—
海洋氯化物环境	—	—	Ⅲ-C	Ⅲ-D	Ⅲ-E	Ⅲ-F
除冰盐等其他氯化物环境	—	—	Ⅳ-C	Ⅳ-D	Ⅳ-E	—
化学腐蚀环境	—	—	Ⅴ-C	Ⅴ-D	Ⅴ-E	—

3.2.3 当结构构件受到多种环境类别共同作用时，应分别满足每种环境类别单独作用下的耐久性要求。

3.2.4 在长期潮湿或接触水的环境条件下，混凝土结构的耐久性设计应考虑混凝土可能发生的碱-骨料反应、钙矾石延迟反应和软水对混凝土的溶蚀，在设计中采取相应的措施。对混凝土含碱量的限制应根据附录B确定。

3.2.5 混凝土结构的耐久性设计尚应考虑高速流水、风沙以及车轮行驶对混凝土表面的冲刷、磨损作用等实际使用条件对耐久性的影响。

3.3 设计使用年限

3.3.1 混凝土结构的设计使用年限应按建筑物的合理使用年限确定，不应低于现行国家标准《工程结构可靠性设计统一标准》GB 50153的规定；对于城市桥梁等市政工程结构应按照表3.3.1的规定确定。

表 3.3.1 混凝土结构的设计使用年限

设计使用年限	适用范围
不低于 100 年	城市快速路和主干道上的桥梁以及其他道路上的大型桥梁、隧道，重要的市政设施等
不低于 50 年	城市次干道和一般道路上的中小型桥梁，一般市政设施

3.3.2 一般环境下的民用建筑在设计使用年限内无需大修，其结构构件的设计使用年限应与结构整体设计使用年限相同。

严重环境作用下的桥梁、隧道等混凝土结构，其部分构件可设计成易于更换的形式，或能够经济合理地进行大修。可更换构件的设计使用年限可低于结构整体的设计使用年限，并应在设计文件中明确规定。

3.4 材料要求

3.4.1 混凝土材料应根据结构所处的环境类别、作用等级和结构设计使用年限，按同时满足混凝土最低强度等级、最大水胶比和混凝土原材料组成的要求确定。

3.4.2 对重要工程或大型工程，应针对具体的环境类别和作用等级，分别提出抗冻耐久性指数、氯离子在混凝土中的扩散系数等具体量化耐久性指标。

3.4.3 结构构件的混凝土强度等级应同时满足耐久性和承载能力的要求。

3.4.4 配筋混凝土结构满足耐久性要求的混凝土最低强度等级应符合表 3.4.4 的规定。

表 3.4.4 满足耐久性要求的混凝土最低强度等级

环境类别与作用等级	设计使用年限		
	100 年	50 年	30 年
Ⅰ-A	C30	C25	C25
Ⅰ-B	C35	C30	C25
Ⅰ-C	C40	C35	C30
Ⅱ-C	C_a35，C45	C_a30，C45	C_a30，C40
Ⅱ-D	C_a40	C_a35	C_a35
Ⅱ-E	C_a45	C_a40	C_a40
Ⅲ-C，Ⅳ-C，Ⅴ-C，Ⅲ-D，Ⅳ-D	C45	C40	C40
Ⅴ-D，Ⅲ-E，Ⅳ-E	C50	C45	C45
Ⅴ-E，Ⅲ-F	C55	C50	C50

注：1 预应力混凝土构件的混凝土最低强度等级不应低于 C40；

2 如能加大钢筋的保护层厚度，大截面受压墩、柱的混凝土强度等级可以低于表中规定的数值，但不应低于第 3.4.5 条规定的素混凝土最低强度等级。

3.4.5 素混凝土结构满足耐久性要求的混凝土最低强度等级，一般环境不应低于 C15；冻融环境和化学腐蚀环境应根据本规范表 5.3.2、表 7.3.2 的规定确定；氯化物环境可按本规范表 6.3.2 的 Ⅲ-C 或 Ⅳ-C 环境作用等级确定。

3.4.6 直径为 6mm 的细直径热轧钢筋作为受力主筋，应只限在一般环境（Ⅰ类）中使用，且当环境作用等级为轻微（Ⅰ-A）和轻度（Ⅰ-B）时，构件的设计使用年限不得超过 50 年；当环境作用等级为中度（Ⅰ-C）时，设计使用年限不得超过 30 年。

3.4.7 冷加工钢筋不宜作为预应力筋使用，也不宜作为按塑性设计构件的受力主筋。

公称直径不大于 6mm 的冷加工钢筋应只在Ⅰ-A、Ⅰ-B 等级的环境作用中作为受力钢筋使用，且构件的设计使用年限不得超过 50 年。

3.4.8 预应力筋的公称直径不得小于 5mm。

3.4.9 同一构件中的受力钢筋，宜使用同材质的钢筋。

3.5 构造规定

3.5.1 不同环境作用下钢筋主筋、箍筋和分布筋，其混凝土保护层厚度应满足钢筋防锈、耐火以及与混凝土之间粘结力传递的要求，且混凝土保护层厚度设计值不得小于钢筋的公称直径。

3.5.2 具有连续密封套管的后张预应力钢筋，其混凝土保护层厚度可与普通钢筋相同且不应小于孔道直径的 1/2；否则应比普通钢筋增加 10mm。

先张法构件中预应力钢筋在全预应力状态下的保护层厚度可与普通钢筋相同，否则应比普通钢筋增加 10mm。

直径大于 16mm 的热轧预应力钢筋保护层厚度可与普通钢筋相同。

3.5.3 工厂预制的混凝土构件，其普通钢筋和预应力钢筋的混凝土保护层厚度可比现浇构件减少 5mm。

3.5.4 在荷载作用下配筋混凝土构件的表面裂缝最大宽度计算值不应超过表 3.5.4 中的限值。对裂缝宽度无特殊外观要求的，当保护层设计厚度超过 30mm 时，可将厚度取为 30mm 计算裂缝的最大宽度。

表 3.5.4 表面裂缝计算宽度限值（mm）

环境作用等级	钢筋混凝土构件	有粘结预应力混凝土构件
A	0.40	0.20
B	0.30	0.20（0.15）
C	0.20	0.10
D	0.20	按二级裂缝控制或按部分预应力 A 类构件控制

续表 3.5.4

环境作用等级	钢筋混凝土构件	有粘结预应力混凝土构件
E，F	0.15	按一级裂缝控制或按全预应力类构件控制

注：1 括号中的宽度适用于采用钢丝或钢绞线的先张预应力构件；

2 裂缝控制等级为二级或一级时，按现行国家标准《混凝土结构设计规范》GB 50010 计算裂缝宽度；部分预应力A类构件或全预应力构件按现行行业标准《公路钢筋混凝土及预应力混凝土桥涵设计规范》JTG D62 计算裂缝宽度；

3 有自防水要求的混凝土构件，其横向弯曲的表面裂缝计算宽度不应超过 0.20mm。

3.5.5 混凝土结构构件的形状和构造应有效地避免水、汽和有害物质在混凝土表面的积聚，并应采取以下构造措施：

1 受雨淋或可能积水的露天混凝土构件顶面，宜做成斜面，并应考虑结构挠度和预应力反拱对排水的影响；

2 受雨淋的室外悬挑构件侧边下沿，应做滴水槽、鹰嘴或采取其他防止雨水淌向构件底面的构造措施；

3 屋面、桥面应专门设置排水系统，且不得将水直接排向下部混凝土构件的表面；

4 在混凝土结构构件与上覆的露天面层之间，应设置可靠的防水层。

3.5.6 当环境作用等级为D、E、F级时，应减少混凝土结构构件表面的暴露面积，并应避免表面的凹凸变化；构件的棱角宜做成圆角。

3.5.7 施工缝、伸缩缝等连接缝的设置宜避开局部环境作用不利的部位，否则应采取有效的防护措施。

3.5.8 暴露在混凝土结构构件外的吊环、紧固件、连接件等金属部件，表面应采用可靠的防腐措施；后张法预应力体系应采取多重防护措施。

3.6 施工质量的附加要求

3.6.1 根据结构所处的环境类别与作用等级，混凝土耐久性所需的施工养护应符合表 3.6.1 的规定。

表 3.6.1 施工养护制度要求

环境作用等级	混凝土类型	养护制度
Ⅰ-A	一般混凝土	至少养护 1d
	大掺量矿物掺合料混凝土	浇筑后立即覆盖并加湿养护，至少养护 3d
Ⅰ-B，Ⅰ-C，Ⅱ-C，Ⅲ-C，Ⅳ-C，Ⅴ-C，Ⅱ-D，Ⅴ-D，Ⅱ-E，Ⅴ-E	一般混凝土	养护至现场混凝土的强度不低于 28d 标准强度的 50%，且不少于 3d
	大掺量矿物掺合料混凝土	浇筑后立即覆盖并加湿养护，养护至现场混凝土的强度不低于 28d 标准强度的 50%，且不少于 7d

续表 3.6.1

环境作用等级	混凝土类型	养护制度
Ⅲ-D，Ⅳ-D，Ⅲ-E，Ⅳ-E，Ⅲ-F	大掺量矿物掺合料混凝土	浇筑后立即覆盖并加湿养护，养护至现场混凝土的强度不低于 28d 标准强度的 50%，且不少于 7d。加湿养护结束后应继续用养护喷涂或覆盖保湿、防风一段时间至现场混凝土的强度不低于 28d 标准强度的 70%

注：1 表中要求适用于混凝土表面大气温度不低于 10℃ 的情况，否则应延长养护时间；

2 有盐的冻融环境中混凝土施工养护应按Ⅲ、Ⅳ类环境的规定执行；

3 大掺量矿物掺合料混凝土在Ⅰ-A 环境中用于永久浸没于水中的构件。

3.6.2 处于Ⅰ-A、Ⅰ-B 环境下的混凝土结构构件，其保护层厚度的施工质量验收要求按照现行国家标准《混凝土结构工程施工质量验收规范》GB 50204 的规定执行。

3.6.3 环境作用等级为 C、D、E、F 的混凝土结构构件，应按下列要求进行保护层厚度的施工质量验收：

1 对选定的每一配筋构件，选择有代表性的最外侧钢筋8～16 根进行混凝土保护层厚度的无破损检测；对每根钢筋，应选取 3 个代表性部位测量。

2 对同一构件所有的测点，如有 95%或以上的实测保护层厚度 c_1 满足以下要求，则认为合格：

$$c_1 \geqslant c-\Delta \quad (3.6.3)$$

式中 c——保护层设计厚度；

Δ——保护层施工允许负偏差的绝对值，对梁柱等条形构件取 10mm，板墙等面形构件取 5mm。

3 当不能满足第 2 款的要求时，可增加同样数量的测点进行检测，按两次测点的全部数据进行统计，如仍不能满足第 2 款的要求，则判定为不合格，并要求采取相应的补救措施。

4 一般环境

4.1 一般规定

4.1.1 一般环境下混凝土结构的耐久性设计，应控制在正常大气作用下混凝土碳化引起的内部钢筋锈蚀。

4.1.2 当混凝土结构构件同时承受其他环境作用时，应按环境作用等级较高的有关要求进行耐久性设计。

4.1.3 一般环境下混凝土结构的构造要求应符合本规范第3.5节的规定。

4.1.4 一般环境下混凝土结构施工质量控制应按照本规范第3.6节的规定执行。

4.2 环境作用等级

4.2.1 一般环境对配筋混凝土结构的环境作用等级应根据具体情况按表4.2.1确定。

表4.2.1 一般环境对配筋混凝土结构的环境作用等级

环境作用等级	环境条件	结构构件示例
Ⅰ-A	室内干燥环境	常年干燥、低湿度环境中的室内构件
	永久的静水浸没环境	所有表面均永久处于静水下的构件
Ⅰ-B	非干湿交替的室内潮湿环境	中、高湿度环境中的室内构件； 不接触或偶尔接触雨水的室外构件； 长期与水或湿润土体接触的构件
	非干湿交替的露天环境	
	长期湿润环境	
Ⅰ-C	干湿交替环境	与冷凝水、露水或与蒸汽频繁接触的室内构件； 地下室顶板构件； 表面频繁淋雨或频繁与水接触的室外构件； 处于水位变动区的构件

注：1 环境条件系指混凝土表面的局部环境；

2 干燥、低湿度环境指年平均湿度低于60%，中、高湿度环境指年平均湿度大于60%；

3 干湿交替指混凝土表面经常交替接触到大气和水的环境条件。

4.2.2 配筋混凝土墙、板构件的一侧表面接触室内干燥空气、另一侧表面接触水或湿润土体时，接触空气一侧的环境作用等级宜按干湿交替环境确定。

4.3 材料与保护层厚度

4.3.1 一般环境中的配筋混凝土结构构件，其普通钢筋的保护层最小厚度与相应的混凝土强度等级、最大水胶比应符合表4.3.1的要求。

4.3.2 大截面混凝土墩柱在加大钢筋的混凝土保护层厚度的前提下，其混凝土强度等级可低于本规范表4.3.1中的要求，但降低幅度不应超过两个强度等级，且设计使用年限为100年和50年的构件，其强度等级不应低于C25和C20。

当采用的混凝土强度等级比本规范表4.3.1的规定低一个等级时，混凝土保护层厚度应增加5mm；当低两个等级时，混凝土保护层厚度应增加10mm。

4.3.3 在Ⅰ-A、Ⅰ-B环境中的室内混凝土结构构件，如考虑建筑饰面对于钢筋防锈的有利作用，则其混凝土保护层最小厚度可比本规范表4.3.1规定适当减小，但减小幅度不应超过10mm；在任何情况下，板、墙等面形构件的最外侧钢筋保护层厚度不应小于10mm；梁、柱等条形构件最外侧钢筋的保护层厚度不应小于15mm。

在Ⅰ-C环境中频繁遭遇雨淋的室外混凝土结构构件，如考虑防水饰面的保护作用，则其混凝土保护层最小厚度可比本规范表4.3.1规定适当减小，但不应低于Ⅰ-B环境的要求。

4.3.4 采用直径6mm的细直径热轧钢筋或冷加工钢筋作为构件的主要受力钢筋时，应在本规范表4.3.1规定的基础上将混凝土强度提高一个等级，或将钢筋的混凝土保护层厚度增加5mm。

表4.3.1 一般环境中混凝土材料与钢筋的保护层最小厚度 *c*（mm）

环境作用等级 \ 设计使用年限		100年			50年			30年		
		混凝土强度等级	最大水胶比	*c*	混凝土强度等级	最大水胶比	*c*	混凝土强度等级	最大水胶比	*c*
板、墙等面形构件	Ⅰ-A	≥C30	0.55	20	≥C25	0.60	20	≥C25	0.60	20
	Ⅰ-B	C35 ≥C40	0.50 0.45	30 25	C30 ≥C35	0.55 0.50	25 20	C25 ≥C30	0.60 0.55	25 20
	Ⅰ-C	C40 C45 ≥C50	0.45 0.40 0.36	40 35 30	C35 C40 ≥C45	0.50 0.45 0.40	35 30 25	C30 C35 ≥C40	0.55 0.50 0.45	30 25 20
梁、柱等条形构件	Ⅰ-A	C30 ≥C35	0.55 0.50	25 20	C25 ≥C30	0.60 0.55	25 20	≥C25	0.60	20
	Ⅰ-B	C35 ≥C40	0.50 0.45	35 30	C30 ≥C35	0.55 0.50	30 25	C25 ≥C30	0.60 0.55	30 25

续表 4.3.1

设计使用年限 / 环境作用等级		100年			50年			30年		
		混凝土强度等级	最大水胶比	c	混凝土强度等级	最大水胶比	c	混凝土强度等级	最大水胶比	c
梁、柱等条形构件	Ⅰ-C	C40 C45 ≥C50	0.45 0.40 0.36	45 40 35	C35 C40 ≥C45	0.50 0.45 0.40	40 35 30	C30 C35 ≥C40	0.55 0.50 0.45	35 30 25

注：1 Ⅰ-A 环境中使用年限低于 100 年的板、墙，当混凝土骨料最大公称粒径不大于 15mm 时，保护层最小厚度可降为 15mm，但最大水胶比不应大于 0.55；
2 年平均气温大于 20℃且年平均湿度大于 75%的环境，除Ⅰ-A 环境中的板、墙构件外，混凝土最低强度等级应比表中规定提高一级，或将保护层最小厚度增大 5mm；
3 直接接触土体浇筑的构件，其混凝土保护层厚度不应小于 70mm；有混凝土垫层时，可按上表确定；
4 处于流动水中或同时受水中泥沙冲刷的构件，其保护层厚度宜增加 10～20mm；
5 预制构件的保护层厚度可比表中规定减少 5mm；
6 当胶凝材料中粉煤灰和矿渣等掺量小于 20%时，表中水胶比低于 0.45 的，可适当增加；
7 预应力钢筋的保护层厚度按照本规范第 3.5.2 条的规定执行。

5 冻融环境

5.1 一般规定

5.1.1 冻融环境下混凝土结构的耐久性设计，应控制混凝土遭受长期冻融循环作用引起的损伤。

5.1.2 长期与水体直接接触并会发生反复冻融的混凝土结构构件，应考虑冻融环境的作用。最冷月平均气温高于 2.5℃的地区，混凝土结构可不考虑冻融环境作用。

5.1.3 冻融环境下混凝土结构的构造要求应符合本规范第 3.5 节的规定。对冻融环境中混凝土结构的薄壁构件，还宜增加构件厚度或采取有效的防冻措施。

5.1.4 冻融环境下混凝土结构的施工质量控制应按照本规范第 3.6 节的规定执行，且混凝土构件在施工养护结束至初次受冻的时间不得少于一个月并避免与水接触。冬期施工中混凝土接触负温时的强度应大于 $10N/mm^2$。

5.2 环境作用等级

5.2.1 冻融环境对混凝土结构的环境作用等级应按表 5.2.1 确定。

表 5.2.1 冻融环境对混凝土结构的环境作用等级

环境作用等级	环境条件	结构构件示例
Ⅱ-C	微冻地区的无盐环境 混凝土高度饱水	微冻地区的水位变动区构件和频繁受雨淋的构件水平表面
	严寒和寒冷地区的无盐环境 混凝土中度饱水	严寒和寒冷地区受雨淋构件的竖向表面

续表 5.2.1

环境作用等级	环境条件	结构构件示例
Ⅱ-D	严寒和寒冷地区的无盐环境 混凝土高度饱水	严寒和寒冷地区的水位变动区构件和频繁受雨淋的构件水平表面
	微冻地区的有盐环境 混凝土高度饱水	有氯盐微冻地区的水位变动区构件和频繁受雨淋的构件水平表面
	严寒和寒冷地区的有盐环境 混凝土中度饱水	有氯盐严寒和寒冷地区受雨淋构件的竖向表面
Ⅱ-E	严寒和寒冷地区的有盐环境 混凝土高度饱水	有氯盐严寒和寒冷地区的水位变动区构件和频繁受雨淋的构件水平表面

注：1 冻融环境按当地最冷月平均气温划分为微冻地区、寒冷地区和严寒地区，其平均气温分别为：－3～2.5℃、－8～－3℃和－8℃以下；
2 中度饱水指冰冻前偶受水或受潮，混凝土内饱水程度不高；高度饱水指冰冻前长期或频繁接触水或湿润土体，混凝土内高度水饱和；
3 无盐或有盐指冻结的水中是否含有盐类，包括海水中的氯盐、除冰盐或其他盐类。

5.2.2 位于冰冻线以上土中的混凝土结构构件，其环境作用等级可根据当地实际情况和经验适当降低。

5.2.3 可能偶然遭受冻害的饱水混凝土结构构件，其环境作用等级可按本规范表 5.2.1 的规定降低一级。

5.2.4 直接接触积雪的混凝土墙、柱底部，宜适当提高环境作用等级，并宜增加表面防护措施。

5.3 材料与保护层厚度

5.3.1 在冻融环境下，混凝土原材料的选用应符合本规范附录B的规定。环境作用等级为Ⅱ-D和Ⅱ-E的混凝土结构构件应采用引气混凝土，引气混凝土的含气量与气泡间隔系数应符合本规范附录C的规定。

5.3.2 冻融环境中的配筋混凝土结构构件，其普通钢筋的混凝土保护层最小厚度与相应的混凝土强度等级、最大水胶比应符合表5.3.2的规定。其中，有盐冻融环境中钢筋的混凝土保护层最小厚度，应按氯化物环境的有关规定执行。

表 5.3.2 冻融环境中混凝土材料与钢筋的保护层最小厚度 c（mm）

环境作用等级 \ 设计使用年限			100年			50年			30年		
			混凝土强度等级	最大水胶比	c	混凝土强度等级	最大水胶比	c	混凝土强度等级	最大水胶比	c
板、墙等面形构件	Ⅱ-C 无盐		C45	0.40	35	C45	0.40	30	C40	0.45	30
			≥C50	0.36	30	≥C50	0.36	25	≥C45	0.40	25
			C_a35	0.50	35	C_a30	0.55	30	C_a30	0.55	25
	Ⅱ-D	无盐	C_a40	0.45	35	C_a35	0.50	35	C_a35	0.50	30
		有盐									
	Ⅱ-E 有盐		C_a45	0.40		C_a40	0.45		C_a40	0.45	
梁、柱等条形构件	Ⅱ-C 无盐		C45	0.40	40	C45	0.40	35	C40	0.45	35
			≥C50	0.36	35	≥C50	0.36	30	≥C45	0.40	30
			C_a35	0.50	35	C_a30	0.55	35	C_a30	0.55	30
	Ⅱ-D	无盐	C_a40	0.45	40	C_a35	0.50	40	C_a35	0.50	35
		有盐									
	Ⅱ-E 有盐		C_a45	0.40		C_a40	0.45		C_a40	0.45	

注：1 如采取表面防水处理的附加措施，可降低大体积混凝土对最低强度等级和最大水胶比的抗冻要求；

2 预制构件的保护层厚度可比表中规定减少5mm；

3 预应力钢筋的保护层厚度按照本规范第3.5.2条的规定执行。

5.3.3 重要工程和大型工程，混凝土的抗冻耐久性指数不应低于表5.3.3的规定。

表 5.3.3 混凝土抗冻耐久性指数 *DF*（%）

设计使用年限	100年			50年			30年		
环境条件	高度饱水	中度饱水	盐或化学腐蚀下冻融	高度饱水	中度饱水	盐或化学腐蚀下冻融	高度饱水	中度饱水	盐或化学腐蚀下冻融
严寒地区	80	70	85	70	60	80	65	50	75
寒冷地区	70	60	80	60	50	70	60	45	65
微冻地区	60	60	70	50	45	60	50	40	55

注：1 抗冻耐久性指数为混凝土试件经300次快速冻融循环后混凝土的动弹性模量 E_1 与其初始值 E_0 的比值，$DF=E_1/E_0$；如在达到300次循环之前 E_1 已降至初始值的60%或试件重量损失已达到5%，以此时的循环次数 N 计算 DF 值，$DF=0.6\times N/300$；

2 对于厚度小于150mm的薄壁混凝土构件，其 DF 值宜增加5%。

6 氯化物环境

6.1 一般规定

6.1.1 氯化物环境中配筋混凝土结构的耐久性设计，应控制氯离子引起的钢筋锈蚀。

6.1.2 海洋和近海地区接触海水氯化物的配筋混凝土结构构件，应按海洋氯化物环境进行耐久性设计。

6.1.3 降雪地区接触除冰盐（雾）的桥梁、隧道、停车库、道路周围构筑物等配筋混凝土结构的构件，内陆地区接触含有氯盐的地下水、土以及频繁接触含氯盐消毒剂的配筋混凝土结构的构件，应按除冰盐等其他氯化物环境进行耐久性设计。

降雪地区新建的城市桥梁和停车库楼板，应按除冰盐氯化物环境作用进行耐久性设计。

6.1.4 重要配筋混凝土结构的构件，当氯化物环境作用等级为E、F级时应采用防腐蚀附加措施。

6.1.5 氯化物环境作用等级为E、F的配筋混凝土结构，应在耐久性设计中提出结构使用过程中定期检测的要求。重要工程尚应在设计阶段作出定期检测的详细规划，并设置专供检测取样用的构件。

6.1.6 氯化物环境中，用于稳定周围岩土的混凝土初期支护，如作为永久性混凝土结构的一部分，则应满足相应的耐久性要求；否则不应考虑其中的钢筋和型钢在永久承载中的作用。

6.1.7 氯化物环境中配筋混凝土桥梁结构的构造要求除应符合本规范第3.5节的规定外，尚应符合下列规定：

1 遭受氯盐腐蚀的混凝土桥面、墩柱顶面和车库楼面等部位应设置排水坡；

2 遭受雨淋的桥面结构，应防止雨水流到底面或下部结构构件表面；

3 桥面排水管道应采用非钢质管道，排水口应远离混凝土构件表面，并应与墩柱基础保持一定距离；

4 桥面铺装与混凝土桥面板之间应设置可靠的防水层；

5 应优先采用混凝土预制构件；

6 海水水位变动区和浪溅区，不宜设置施工缝与连接缝；

7 伸缩缝及附近部位的混凝土宜局部采取防腐蚀附加措施，处于伸缩缝下方的构件应采取防止渗漏水侵蚀的构造措施。

6.1.8 氯化物环境中混凝土结构施工质量控制应按照本规范第3.6节的规定执行。

6.2 环境作用等级

6.2.1 海洋氯化物环境对配筋混凝土结构构件的环

境作用等级，应按表 6.2.1 确定。

表 6.2.1 海洋氯化物环境的作用等级

环境作用等级	环 境 条 件	结构构件示例
Ⅲ-C	水下区和土中区： 周边永久浸没于海水或埋于土中	桥墩，基础
Ⅲ-D	大气区（轻度盐雾）： 距平均水位 15m 高度以上的海上大气区； 涨潮岸线以外 100～300m 内的陆上室外环境	桥墩，桥梁上部结构构件； 靠海的陆上建筑外墙及室外构件
Ⅲ-E	大气区（重度盐雾）： 距平均水位上方 15m 高度以内的海上大气区； 离涨潮岸线 100m 以内、低于海平面以上 15m 的陆上室外环境	桥梁上部结构构件； 靠海的陆上建筑外墙及室外构件
	潮汐区和浪溅区，非炎热地区	桥墩，码头
Ⅲ-F	潮汐区和浪溅区，炎热地区	桥墩，码头

注：1 近海或海洋环境中的水下区、潮汐区、浪溅区和大气区的划分，按国家现行标准《海港工程混凝土结构防腐蚀技术规范》JTJ 275 的规定确定；近海或海洋环境的土中区指海底以下或近海的陆区地下，其地下水中的盐类成分与海水相近；

2 海水激流中构件的作用等级宜提高一级；

3 轻度盐雾区与重度盐雾区界限的划分，宜根据当地的具体环境和既有工程调查确定；靠近海岸的陆上建筑物，盐雾对室外混凝土构件的作用尚应考虑风向、地貌等因素；密集建筑群，除直接面海和迎风的建筑物外，其他建筑物可适当降低作用等级；

4 炎热地区指年平均温度高于 20℃的地区；

5 内陆盐湖中氯化物的环境作用等级可比照上表规定确定。

6.2.2 一侧接触海水或含有海水土体、另一侧接触空气的海中或海底隧道配筋混凝土结构构件，其环境作用等级不宜低于Ⅲ-E。

6.2.3 江河入海口附近水域的含盐量应根据实测确定，当含盐量明显低于海水时，其环境作用等级可根据具体情况低于表 6.2.1 的规定。

6.2.4 除冰盐等其他氯化物环境对于配筋混凝土结构构件的环境作用等级宜根据调查确定；当无相应的调查资料时，可按表 6.2.4 确定。

6.2.5 在确定氯化物环境对配筋混凝土结构构件的作用等级时，不应考虑混凝土表面普通防水层对氯化物的阻隔作用。

表 6.2.4 除冰盐等其他氯化物环境的作用等级

环境作用等级	环境条件	结构构件示例
Ⅳ-C	受除冰盐盐雾轻度作用	离开行车道 10m 以外接触盐雾的构件
	四周浸没于含氯化物水中	地下水中构件
	接触较低浓度氯离子水体，且有干湿交替	处于水位变动区，或部分暴露于大气、部分在地下水土中的构件
Ⅳ-D	受除冰盐水溶液轻度溅射作用	桥梁护墙，立交桥桥墩
	接触较高浓度氯离子水体，且有干湿交替	海水游泳池壁；处于水位变动区，或部分暴露于大气、部分在地下水土中的构件
Ⅳ-E	直接接触除冰盐溶液	路面，桥面板，与含盐渗漏水接触的桥梁帽梁、墩柱顶面
	受除冰盐水溶液重度溅射或重度盐雾作用	桥梁护栏、护墙，立交桥桥墩； 车道两侧 10m 以内的构件
	接触高浓度氯离子水体，有干湿交替	处于水位变动区，或部分暴露于大气、部分在地下水土中的构件

注：1 水中氯离子浓度（mg/L）的高低划分为：较低 100～500；较高 500～5000；高＞5000；土中氯离子浓度（mg/kg）的高低划分为：较低 150～750；较高 750～7500；高＞7500；

2 除冰盐环境的作用等级与冬季喷洒除冰盐的具体用量和频度有关，可根据具体情况作出调整。

6.3 材料与保护层厚度

6.3.1 氯化物环境中应采用掺有矿物掺合料的混凝土。对混凝土的耐久性质量和原材料选用要求应符合附录 B 的规定。

6.3.2 氯化物环境中的配筋混凝土结构构件，其普通钢筋的保护层最小厚度及其相应的混凝土强度等级、最大水胶比应符合表 6.3.2 的规定。

6.3.3 海洋氯化物环境作用等级为Ⅲ-E 和Ⅲ-F 的配筋混凝土，宜采用大掺量矿物掺合料混凝土，否则应提高表 6.3.2 中的混凝土强度等级或增加钢筋的保护层最小厚度。

6.3.4 对大截面柱、墩等配筋混凝土受压构件中的钢筋，宜采用较大的混凝土保护层厚度，且相应的混凝土强度等级不宜降低。对于受氯化物直接作用的混凝土墩柱顶面，宜加大钢筋的混凝土保护层厚度。

表 6.3.2　氯化物环境中混凝土材料与钢筋的保护层最小厚度 c（mm）

环境作用等级 \ 设计使用年限		100 年 混凝土强度等级	100 年 最大水胶比	100 年 c	50 年 混凝土强度等级	50 年 最大水胶比	50 年 c	30 年 混凝土强度等级	30 年 最大水胶比	30 年 c
板、墙等面形构件	Ⅲ-C， Ⅳ-C	C45	0.40	45	C40	0.42	40	C40	0.42	35
	Ⅲ-D， Ⅳ-D	C45 ≥C50	0.40 0.36	55 50	C40 ≥C45	0.42 0.40	50 45	C40 ≥C45	0.42 0.40	45 40
	Ⅲ-E， Ⅳ-E	C50 ≥C55	0.36 0.36	60 55	C45 ≥C50	0.40 0.36	55 50	C45 ≥C50	0.40 0.36	45 40
	Ⅲ-F	≥C55	0.36	65	C50 ≥C55	0.36 0.36	60 55	C50	0.36	55
梁、柱等条形构件	Ⅲ-C， Ⅳ-C	C45	0.40	50	C40	0.42	45	C40	0.42	40
	Ⅲ-D， Ⅳ-D	C45 ≥C50	0.40 0.36	60 55	C40 ≥C45	0.42 0.40	55 50	C40 ≥C45	0.42 0.40	50 40
	Ⅲ-E， Ⅳ-E	C50 ≥C55	0.36 0.36	65 60	C45 ≥C50	0.40 0.36	60 55	C45 ≥C50	0.40 0.36	50 45
	Ⅲ-F	C55	0.36	70	C50 ≥C55	0.36 0.36	65 60	C50	0.36	55

注：1　可能出现海水冰冻环境与除冰盐环境时，宜采用引气混凝土；当采用引气混凝土时，表中混凝土强度等级可降低一个等级，相应的最大水胶比可提高 0.05，但引气混凝土的强度等级和最大水胶比仍应满足本规范表 5.3.2 的规定；

2　处于流动海水中或同时受水中泥沙冲刷腐蚀的混凝土构件，其钢筋的混凝土保护层厚度应增加 10～20mm；

3　预制构件的保护层厚度可比表中规定减少 5mm；

4　当满足本规范表 6.3.6 中规定的扩散系数时，C50 和 C55 混凝土所对应的最大水胶比可分别提高到 0.40 和 0.38；

5　预应力钢筋的保护层厚度按照本规范第 3.5.2 条的规定执行。

6.3.5　在特殊情况下，对处于氯化物环境作用等级为 E、F 中的配筋混凝土构件，当采取可靠的防腐蚀附加措施并经过专门论证后，其混凝土保护层最小厚度可适当低于本规范表 6.3.2 中的规定。

6.3.6　对于氯化物环境中的重要配筋混凝土结构工程，设计时应提出混凝土的抗氯离子侵入性指标，并应满足表 6.3.6 的要求。

表 6.3.6　混凝土的抗氯离子侵入性指标

侵入性指标 \ 设计使用年限 / 作用等级	100 年 D	100 年 E	50 年 D	50 年 E
28d 龄期氯离子扩散系数 D_{RCM} ($10^{-12}m^2/s$)	≤7	≤4	≤10	≤6

注：1　表中的混凝土抗氯离子侵入性指标与本规范表 6.3.2 中规定的混凝土保护层厚度相对应，如实际采用的保护层厚度高于表 6.3.2 的规定，可对本表中数据作适当调整；

2　表中的 D_{RCM} 值适用于较大或大掺量矿物掺合料混凝土，对于胶凝材料主要成分为硅酸盐水泥的混凝土，应采取更为严格的要求。

6.3.7　氯化物环境中配筋混凝土构件的纵向受力钢筋直径应不小于 16mm。

7　化学腐蚀环境

7.1　一 般 规 定

7.1.1　化学腐蚀环境下混凝土结构的耐久性设计，应控制混凝土遭受化学腐蚀性物质长期侵蚀引起的损伤。

7.1.2　化学腐蚀环境下混凝土结构的构造要求应符合本规范第 3.5 节的规定。

7.1.3　严重化学腐蚀环境下的混凝土结构构件，应结合当地环境和对既有建筑物的调查，必要时可在混凝土表面施加环氧树脂涂层、设置水溶性树脂砂浆抹面层或铺设其他防腐蚀面层，也可加大混凝土构件的截面尺寸。对于配筋混凝土结构薄壁构件宜增加其厚度。

当混凝土结构构件处于硫酸根离子浓度大于 1500mg/L 的流动水或 pH 值小于 3.5 的酸性水中时，应在混凝土表面采取专门的防腐蚀附加措施。

7.1.4 化学腐蚀环境下混凝土结构的施工质量控制应按照本规范第3.6节的规定执行。

7.2 环境作用等级

7.2.1 水、土中的硫酸盐和酸类物质对混凝土结构构件的环境作用等级可按表7.2.1确定。当有多种化学物质共同作用时，应取其中最高的作用等级作为设计的环境作用等级。如其中有两种及以上化学物质的作用等级相同且可能加重化学腐蚀时，其环境作用等级应再提高一级。

7.2.2 部分接触含硫酸盐的水、土且部分暴露于大气中的混凝土结构构件，可按本规范表7.2.1确定环境作用等级。当混凝土结构构件处于干旱、高寒地区，其环境作用等级应按表7.2.2确定。

表7.2.1 水、土中硫酸盐和酸类物质环境作用等级

作用因素 / 环境作用等级	水中硫酸根离子浓度 SO_4^{2-} (mg/L)	土中硫酸根离子浓度（水溶值）SO_4^{2-} (mg/kg)	水中镁离子浓度 (mg/L)	水中酸碱度 (pH值)	水中侵蚀性二氧化碳浓度 (mg/L)
Ⅴ-C	200～1000	300～1500	300～1000	6.5～5.5	15～30
Ⅴ-D	1000～4000	1500～6000	1000～3000	5.5～4.5	30～60
Ⅴ-E	4000～10000	6000～15000	≥3000	<4.5	60～100

注：1 表中与环境作用等级相应的硫酸根浓度，所对应的环境条件为非干旱高寒地区的干湿交替环境；当无干湿交替（长期浸没于地表或地下水中）时，可按表中的作用等级降低一级，但不得低于Ⅴ-C级；对于干旱、高寒地区的环境条件可按本规范第7.2.2条确定；

2 当混凝土结构构件处于弱透水土体中时，土中硫酸根离子、水中镁离子、水中侵蚀性二氧化碳及水的pH值的作用等级可按相应的等级降低一级，但不低于Ⅴ-C级；

3 对含有较高浓度氯盐的地下水、土，可不单独考虑硫酸盐的作用；

4 高水压条件下，应提高相应的环境作用等级；

5 表中硫酸根等含量的测定方法应符合本规范附录D的规定。

表7.2.2 干旱、高寒地区硫酸盐环境作用等级

作用因素 / 环境作用等级	水中硫酸根离子浓度 SO_4^{2-} (mg/L)	土中硫酸根离子浓度（水溶值）SO_4^{2-} (mg/kg)
Ⅴ-C	200～500	300～750
Ⅴ-D	500～2000	750～3000
Ⅴ-E	2000～5000	3000～7500

注：我国干旱区指干燥度系数大于2.0的地区，高寒地区指海拔3000m以上的地区。

7.2.3 污水管道、厩舍、化粪池等接触硫化氢气体或其他腐蚀性液体的混凝土结构构件，可将环境作用确定为Ⅴ-E级，当作用程度较轻时也可按Ⅴ-D级确定。

7.2.4 大气污染环境对混凝土结构的作用等级可按表7.2.4确定。

表7.2.4 大气污染环境作用等级

环境作用等级	环境条件	结构构件示例
Ⅴ-C	汽车或机车废气	受废气直射的结构构件，处于封闭空间内受废气作用的车库或隧道构件
Ⅴ-D	酸雨（雾、露）pH值≥4.5	遭酸雨频繁作用的构件
Ⅴ-E	酸雨pH值<4.5	遭酸雨频繁作用的构件

7.2.5 处于含盐大气中的混凝土结构构件环境作用等级可按Ⅴ-C级确定，对气候常年湿润的环境，可不考虑其环境作用。

7.3 材料与保护层厚度

7.3.1 化学腐蚀环境下的混凝土不宜单独使用硅酸盐水泥或普通硅酸盐水泥作为胶凝材料，其原材料组成应根据环境类别和作用等级按照本规范附录B确定。

7.3.2 水、土中的化学腐蚀环境、大气污染环境和含盐大气环境中的配筋混凝土结构构件，其普通钢筋的混凝土保护层最小厚度及相应的混凝土强度等级、最大水胶比应按表7.3.2确定。

表7.3.2 化学腐蚀环境下混凝土材料与钢筋的保护层最小厚度 c (mm)

设计使用年限 / 环境作用等级		100年			50年		
		混凝土强度等级	最大水胶比	c	混凝土强度等级	最大水胶比	c
板、墙等面形构件	Ⅴ-C	C45	0.40	40	C40	0.45	35
	Ⅴ-D	C50 ≥C55	0.36 0.36	45 40	C45 ≥C50	0.40 0.36	40 35
	Ⅴ-E	C55	0.36	45	C50	0.36	40
梁、柱等条形构件	Ⅴ-C	C45 ≥C50	0.40 0.36	45 40	C40 ≥C45	0.45 0.40	40 35
	Ⅴ-D	C50 ≥C55	0.36 0.36	50 45	C45 ≥C50	0.40 0.36	45 40
	Ⅴ-E	C55 ≥C60	0.36 0.33	50 45	C50 ≥C55	0.36 0.36	45 40

注：1 预制构件的保护层厚度可比表中规定减少5mm；

2 预应力钢筋的保护层厚度按照本规范第3.5.2条的规定执行。

7.3.3 水、土中的化学腐蚀环境、大气污染环境和含盐大气环境中的素混凝土结构构件，其混凝土的最低强度等级和最大水胶比应与配筋混凝土结构构件相同。

7.3.4 在干旱、高寒硫酸盐环境和含盐大气环境中的混凝土结构，宜采用引气混凝土，引气要求可按冻融环境中度饱水条件下的规定确定，引气后混凝土强度等级可按本规范表 7.3.2 的规定降低一级或两级。

8 后张预应力混凝土结构

8.1 一 般 规 定

8.1.1 后张预应力混凝土结构除应满足钢筋混凝土结构的耐久性要求外，尚应根据结构所处环境类别和作用等级对预应力体系采取相应的多重防护措施。

8.1.2 在严重环境作用下，当难以确保预应力体系的耐久性达到结构整体的设计使用年限时，应采用可更换的预应力体系。

8.2 预应力筋的防护

8.2.1 预应力筋（钢绞线、钢丝）的耐久性能可通过材料表面处理、预应力套管、预应力套管填充、混凝土保护层和结构构造措施等环节提供保证。预应力筋的耐久性防护措施应按本规范表 8.2.1 的规定选用。

表 8.2.1 预应力筋的耐久性防护工艺和措施

编号	防护工艺	防护措施
PS1	预应力筋表面处理	油脂涂层或环氧涂层
PS2	预应力套管内部填充	水泥基浆体、油脂或石蜡
PS2a	预应力套管内部特殊填充	管道填充浆体中加入阻锈剂
PS3	预应力套管	高密度聚乙烯、聚丙烯套管或金属套管
PS3a	预应力套管特殊处理	套管表面涂刷防渗涂层
PS4	混凝土保护层	满足本规范第 3.5.2 条规定
PS5	混凝土表面涂层	耐腐蚀表面涂层和防腐蚀面层

注：1 预应力筋钢材质量需要符合现行国家标准《预应力混凝土用钢丝》GB/T 5223、《预应力混凝土用钢绞线》GB/T 5224 与现行行业标准《预应力钢丝及钢绞线用热轧盘条》YB/T 146 的技术规定；

2 金属套管仅可用于体内预应力体系，并应符合本规范第 8.4.1 条的规定。

8.2.2 不同环境作用等级下，预应力筋的多重防护措施可根据具体情况按表 8.2.2 的规定选用。

表 8.2.2 预应力筋的多重防护措施

环境类别与作用等级 \ 预应力体系		体内预应力体系	体外预应力体系
Ⅰ大气环境	Ⅰ-A，Ⅰ-B	PS2，PS4	PS2，PS3
	Ⅰ-C	PS2，PS3，PS4	PS2a，PS3
Ⅱ冻融环境	Ⅱ-C，Ⅱ-D(无盐)	PS2，PS3，PS4	PS2a，PS3
	Ⅱ-D(有盐)，Ⅱ-E	PS2a，PS3，PS4	PS2a，PS3a
Ⅲ海洋环境	Ⅲ-C，Ⅲ-D	PS2a，PS3，PS4	PS2a，PS3a
	Ⅲ-E	PS2a，PS3，PS4，PS5	PS1，PS2a，PS3
	Ⅲ-F	PS1，PS2a，PS3，PS4，PS5	PS1，PS2a，PS3a
Ⅳ除冰盐	Ⅳ-C，Ⅳ-D	PS2a，PS3，PS4	PS2a，PS3a
	Ⅳ-E	PS2a，PS3，PS4，PS5	PS1，PS2a，PS3
Ⅴ化学腐蚀	Ⅴ-C，Ⅴ-D	PS2a，PS3，PS4	PS2a，PS3a
	Ⅴ-E	PS2a，PS3，PS4，PS5	PS1，PS2a，PS3

8.3 锚固端的防护

8.3.1 预应力锚固端的耐久性应通过锚头组件材料、锚头封罩、封罩填充、锚固区封填和混凝土表面处理等环节提供保证。锚固端的防护工艺和措施应按本规范表 8.3.1 的规定选用。

表 8.3.1 预应力锚固端耐久性防护工艺与措施

编号	防护工艺	防 护 措 施
PA1	锚具表面处理	锚具表面镀锌或者镀氧化膜工艺
PA2	锚头封罩内部填充	水泥基浆体、油脂或者石蜡
PA2a	锚头封罩内部特殊填充	填充材料中加入阻锈剂
PA3	锚头封罩	高耐磨性材料
PA3a	锚头封罩特殊处理	锚头封罩表面涂刷防渗涂层
PA4	锚固端封端层	细石混凝土材料
PA5	锚固端表面涂层	耐腐蚀表面涂层和防腐蚀面层

注：1 锚具组件材料需要符合国家现行标准《预应力筋用锚具、夹具和连接器》GB/T 14370、《预应力筋用锚具、夹具和连接器应用技术规程》JGJ 85 的技术规定；

2 锚固端封端层的细石混凝土材料应满足本规范第 8.4.4 条要求。

8.3.2 不同环境作用等级下，预应力锚固端的多重防护措施可根据具体情况按表8.3.2的规定选用。

表8.3.2 预应力锚固端的多重防护措施

环境类别与作用等级 \ 锚固端类型		埋入式锚头	暴露式锚头
Ⅰ大气环境	Ⅰ-A，Ⅰ-B	PA4	PA2，PA3
	Ⅰ-C	PA2，PA3，PA4	PA2a，PA3
Ⅱ冻融环境	Ⅱ-C，Ⅱ-D(无盐)	PA2，PA3，PA4	PA2a，PA3
	Ⅱ-D(有盐)，Ⅱ-E	PA2a，PA3，PA4	PA2a，PA3a
Ⅲ海洋环境	Ⅲ-C，Ⅲ-D	PA2a，PA3，PA4	PA2a，PA3a
	Ⅲ-E	PA2a，PA3，PA4，PA5	不宜使用
	Ⅲ-F	PA1，PA2a，PA3，PA4，PA5	不宜使用
Ⅳ除冰盐	Ⅳ-C，Ⅳ-D	PA2a，PA3，PA4	PA2a，PA3a
	Ⅳ-E	PA2a，PA3，PA4，PA5	不宜使用
Ⅴ化学腐蚀	Ⅴ-C，Ⅴ-D	PA2a，PA3，PA4	PA2a，PA3a
	Ⅴ-E	PA2a，PA3，PA4，PA5	不宜使用

8.4 构造与施工质量的附加要求

8.4.1 当环境作用等级为D、E、F时，后张预应力体系中的管道应采用高密度聚乙烯套管或聚丙烯塑料套管；分节段施工的预应力桥梁结构，节段间的体内预应力套管不应使用金属套管。

8.4.2 高密度聚乙烯和聚丙烯预应力套管应能承受不小于$1N/mm^2$的内压力。采用体内预应力体系时，套管的厚度不应小于2mm；采用体外预应力体系时，套管的厚度不应小于4mm。

8.4.3 用水泥基浆体填充后张预应力管道时，应控制浆体的流动度、泌水率、体积稳定性和强度等指标。

在冰冻环境中灌浆，灌入的浆料必须在10～15℃环境温度中至少保存24h。

8.4.4 后张预应力体系的锚固端应采用无收缩高性能细石混凝土封锚，其水胶比不得大于本体混凝土的水胶比，且不应大于0.4；保护层厚度不应小于50mm，且在氯化物环境中不应小于80mm。

8.4.5 位于桥梁梁端的后张预应力锚固端，应设置专门的排水沟和滴水沿；现浇节段间的锚固端应在梁体顶板表面涂刷防水层；预制节段间的锚固端除应在梁体上表面涂刷防水涂层外，尚应在预制节段间涂刷或填充环氧树脂。

附录A 混凝土结构设计的耐久性极限状态

A.0.1 结构构件耐久性极限状态应按正常使用下的适用性极限状态考虑，且不应损害到结构的承载能力和可修复性要求。

A.0.2 混凝土结构构件的耐久性极限状态可分为以下三种：

1 钢筋开始发生锈蚀的极限状态；

2 钢筋发生适量锈蚀的极限状态；

3 混凝土表面发生轻微损伤的极限状态。

A.0.3 钢筋开始发生锈蚀的极限状态应为混凝土碳化发展到钢筋表面，或氯离子侵入混凝土内部并在钢筋表面积累的浓度达到临界浓度。

对锈蚀敏感的预应力钢筋、冷加工钢筋或直径不大于6mm的普通热轧钢筋作为受力主筋时，应以钢筋开始发生锈蚀状态作为极限状态。

A.0.4 钢筋发生适量锈蚀的极限状态应为钢筋锈蚀发展导致混凝土构件表面开始出现顺筋裂缝，或钢筋截面的径向锈蚀深度达到0.1mm。

普通热轧钢筋（直径小于或等于6mm的细钢筋除外）可按发生适量锈蚀状态作为极限状态。

A.0.5 混凝土表面发生轻微损伤的极限状态应为不影响结构外观、不明显损害构件的承载力和表层混凝土对钢筋的保护。

A.0.6 与耐久性极限状态相对应的结构设计使用年限应具有规定的保证率，并应满足正常使用下适用性极限状态的可靠度要求。根据适用性极限状态失效后果的严重程度，保证率宜为90％～95％，相应的失效概率宜为5％～10％。

A.0.7 混凝土结构耐久性定量设计的材料劣化数学模型，其有效性应经过验证并应具有可靠的工程应用经验。定量计算得出的保护层厚度和使用年限，必须满足本规范第A.0.6条的保证率规定。

A.0.8 采用定量方法计算环境氯离子侵入混凝土内部的过程，可采用Fick第二定律的经验扩散模型。模型所选用的混凝土表面氯离子浓度、氯离子扩散系数、钢筋锈蚀的临界氯离子浓度等参数的取值应有可靠的依据。其中，表面氯离子浓度和扩散系数应为其表观值，氯离子扩散系数、钢筋锈蚀的临界浓度等参数还应考虑混凝土材料的组成特性、混凝土构件使用环境的温、湿度等因素的影响。

附录B 混凝土原材料的选用

B.1 混凝土胶凝材料

B.1.1 单位体积混凝土的胶凝材料用量宜控制在表

B.1.1 规定的范围内。

表 B.1.1 单位体积混凝土的胶凝材料用量

最低强度等级	最大水胶比	最小用量（kg/m³）	最大用量（kg/m³）
C25	0.60	260	400
C30	0.55	280	
C35	0.50	300	
C40	0.45	320	450
C45	0.40	340	
C50	0.36	360	480
≥C55	0.36	380	500

注：1 表中数据适用于最大骨料粒径为 20mm 的情况，骨料粒径较大时宜适当降低胶凝材料用量，骨料粒径较小时可适当增加；

2 引气混凝土的胶凝材料用量与非引气混凝土要求相同；

3 对于强度等级达到 C60 的泵送混凝土，胶凝材料最大用量可增大至 530kg/m³。

B.1.2 配筋混凝土的胶凝材料中，矿物掺合料用量占胶凝材料总量的比值应根据环境类别与作用等级、混凝土水胶比、钢筋的混凝土保护层厚度以及混凝土施工养护期限等因素综合确定，并应符合下列规定：

1 长期处于室内干燥Ⅰ-A环境中的混凝土结构构件，当其钢筋（包括最外侧的箍筋、分布钢筋）的混凝土保护层≤20mm，水胶比＞0.55 时，不应使用矿物掺合料或粉煤灰硅酸盐水泥、矿渣硅酸盐水泥；长期湿润Ⅰ-A 环境中的混凝土结构构件，可采用矿物掺合料，且厚度较大的构件宜采用大掺量矿物掺合料混凝土。

2 Ⅰ-B、Ⅰ-C环境和Ⅱ-C、Ⅱ-D，Ⅱ-E 环境中的混凝土结构构件，可使用少量矿物掺合料，并可随水胶比的降低适当增加矿物掺合料用量。当混凝土的水胶比 W/B≥0.4 时，不应使用大掺量矿物掺合料混凝土。

3 氯化物环境和化学腐蚀环境中的混凝土结构构件，应采用较大掺量矿物掺合料混凝土，Ⅲ-D、Ⅳ-D、Ⅲ-E、Ⅳ-E、Ⅲ-F 环境中的混凝土结构构件，应采用水胶比 W/B≤0.4 的大掺量矿物掺合料混凝土，且宜在矿物掺合料中再加入胶凝材料总重的 3%～5% 的硅灰。

B.1.3 用作矿物掺合料的粉煤灰应选用游离氧化钙含量不大于 10%的低钙灰。

B.1.4 冻融环境下用于引气混凝土的粉煤灰掺合料，其含碳量不宜大于 1.5%。

B.1.5 氯化物环境下不宜使用抗硫酸盐硅酸盐水泥。

B.1.6 硫酸盐化学腐蚀环境中，当环境作用为Ⅴ-C和Ⅴ-D级时，水泥中的铝酸三钙含量应分别低于 8%和 5%；当使用大掺量矿物掺合料时，水泥中的铝酸三钙含量可分别不大于 10%和 8%；当环境作用为Ⅴ-E级时，水泥中的铝酸三钙含量应低于 5%，并应同时掺加矿物掺合料。

硫酸盐环境中使用抗硫酸盐水泥或高抗硫酸盐水泥时，宜掺加矿物掺合料。当环境作用等级超过Ⅴ-E级时，应根据当地的大气环境和地下水变动条件，进行专门实验研究和论证后确定水泥的种类和掺合料用量，且不应使用高钙粉煤灰。

硫酸盐环境中的水泥和矿物掺合料中，不得加入石灰石粉。

B.1.7 对可能发生碱-骨料反应的混凝土，宜采用大掺量矿物掺合料；单掺磨细矿渣的用量占胶凝材料总重 α_s≥50%，单掺粉煤灰 α_f≥40%，单掺火山灰质材料不小于 30%，并应降低水泥和矿物掺合料中的含碱量和粉煤灰中的游离氧化钙含量。

B.2 混凝土中氯离子、三氧化硫和碱含量

B.2.1 配筋混凝土中氯离子的最大含量（用单位体积混凝土中氯离子与胶凝材料的重量比表示）不应超过表 B.2.1 的规定。

表 B.2.1 混凝土中氯离子的最大含量（水溶值）

环境作用等级	构件类型	
	钢筋混凝土	预应力混凝土
Ⅰ-A	0.3%	0.06%
Ⅰ-B	0.2%	
Ⅰ-C	0.15%	
Ⅲ-C、Ⅲ-D、Ⅲ-E、Ⅲ-F	0.1%	
Ⅳ-C、Ⅳ-D、Ⅳ-E	0.1%	
Ⅴ-C、Ⅴ-D、Ⅴ-E	0.15%	

注：对重要桥梁等基础设施，各种环境下氯离子含量均不应超过 0.08%。

B.2.2 不得使用含有氯化物的防冻剂和其他外加剂。

B.2.3 单位体积混凝土中三氧化硫的最大含量不应超过胶凝材料总量的 4%。

B.2.4 单位体积混凝土中的含碱量（水溶碱，等效 Na_2O 当量）应满足以下要求：

1 对骨料无活性且处于干燥环境条件下的混凝土构件，含碱量不应超过 3.5kg/m³，当设计使用年限为 100 年时，混凝土的含碱量不应超过 3kg/m³。

2 对骨料无活性但处于潮湿环境（相对湿度≥75%）条件下的混凝土结构构件，含碱量不超过 3kg/m³。

3 对骨料有活性且处于潮湿环境（相对湿度≥75%）条件下的混凝土结构构件，应严格控制混凝土含碱量并掺加矿物掺合料。

B.3 混凝土骨料

B.3.1 配筋混凝土中的骨料最大粒径应满足表B.3.1的规定。

表 B.3.1 配筋混凝土中骨料最大粒径（mm）

混凝土保护层最小厚度（mm）		20	25	30	35	40	45	50	≥60
环境作用	Ⅰ-A，Ⅰ-B	20	25	30	35	40	40	40	40
	Ⅰ-C，Ⅱ，Ⅴ	15	20	20	25	25	30	35	35
	Ⅲ，Ⅳ	10	15	15	20	20	25	25	25

B.3.2 混凝土骨料应满足骨料级配和粒形的要求，并应采用单粒级石子两级配或三级配投料。

B.3.3 混凝土用砂在开采、运输、堆放和使用过程中，应采取防止遭受海水污染或混用海砂的措施。

附录C 引气混凝土的含气量与气泡间隔系数

C.0.1 引气混凝土含气量与气泡间隔系数应符合表C.0.1的规定。

表 C.0.1 引气混凝土含气量（%）和平均气泡间隔系数

含气量 / 环境条件 / 骨料最大粒径（mm）	混凝土高度饱水	混凝土中度饱水	盐或化学腐蚀下冻融
10	6.5	5.5	6.5
15	6.5	5.0	6.5
25	6.0	4.5	6.0
40	5.5	4.0	5.5
平均气泡间隔系数（μm）	250	300	200

注：1 含气量从运至施工现场的新拌混凝土中取样用含气量测定仪（气压法）测定，允许绝对误差为±1.0%，测定方法应符合现行国家标准《普通混凝土拌合物性能试验方法标准》GB/T 50080；

2 气泡间隔系数为从硬化混凝土中取样（芯）测得的数值，用直线导线法测定，根据抛光混凝土截面上气泡面积推算三维气泡平均间隔，推算方法可按国家现行标准《水工混凝土试验规程》DL/T 5150的规定执行；

3 表中含气量：C50混凝土可降低0.5%，C60混凝土可降低1%，但不应低于3.5%。

附录D 混凝土耐久性参数与腐蚀性离子测定方法

D.0.1 混凝土抗冻耐久性指数 *DF* 和氯离子扩散系数 D_{RCM} 的测定方法应符合表D.0.1的规定。

表 D.0.1 混凝土材料耐久性参数及其测定方法

耐久性能参数	试验方法	测试内容	参照规范/标准
耐久性指数 *DF*	快速冻融试验	混凝土试件动弹模损失	《水工混凝土试验规程》DL/T 5150
氯离子扩散系数 D_{RCM}	氯离子外加电场快速迁移RCM试验	非稳态氯离子扩散系数	《公路工程混凝土结构防腐蚀技术规范》JTG/T B07-1-2006

D.0.2 混凝土及其原材料中氯离子含量的测定方法应符合表D.0.2的规定。

表 D.0.2 氯离子含量测定方法

测试对象	试验方法	测试内容	参照规范/标准
新拌混凝土	硝酸银滴定水溶氯离子，1L新拌混凝土溶于1L水中，搅拌3min，取上部50mL溶液	氯离子百分含量	《水质 氯化物的测定 硝酸银滴定法》GB 11896
	氯离子选择电极快速测定，取600g砂浆，用氯离子选择电极和甘汞电极进行测量	砂浆中氯离子的选择电位电势	《水运工程混凝土试验规程》JTJ 270
硬化混凝土	硝酸银滴定水溶氯离子，5g粉末溶于100mL蒸馏水，磁力搅拌2h，取50mL溶液	氯离子百分含量	《水质 氯化物的测定 硝酸银滴定法》GB 11896
	硝酸银滴定水溶氯离子，20g混凝土硬化砂浆粉末溶于200mL蒸馏水，搅拌2min，浸泡24h，取20mL溶液	氯离子百分含量	《混凝土质量控制标准》GB 50164 《水运工程混凝土试验规程》JTJ 270
砂	硝酸银滴定水溶氯离子，水砂比2∶1，10mL澄清溶液稀释至100mL	氯离子百分含量	《普通混凝土用砂、石质量及检验方法标准》JGJ 52
外加剂	电位滴定法测水溶氯离子，固体外加剂5g溶于200mL水中；液体外加剂10mL稀释至100mL	氯离子百分含量	《混凝土外加剂匀质性试验方法》GB/T 8077

D.0.3 混凝土及水、土中硫酸根离子含量的测定方法应符合表D.0.3的规定。

表 D.0.3 硫酸根离子含量测定方法

测试对象	实验方法	测试内容	参照规范/标准
硬化混凝土	重量法测量硫酸根含量，5g 粉末溶于 100mL 蒸馏水	硫酸根百分含量	《水质 硫酸盐的测定 重量法》GB/T 11899
水	重量法测量硫酸根含量	硫酸根离子浓度，mg/L	
土	重量法测量硫酸根含量	硫酸根含量，mg/kg	《森林土壤水溶性盐分分析》GB 7871

本规范用词说明

1 为便于在执行本规范条文时区别对待，对要求严格程度不同的用词说明如下：

1) 表示很严格，非这样做不可的：
正面词采用“必须”；
反面词采用“严禁”。

2) 表示严格，在正常情况下均应这样做的：
正面词采用“应”；
反面词采用“不应”或“不得”。

3) 表示允许稍有选择，在条件许可时首先应这样做的：
正面词采用“宜”；
反面词采用“不宜”。
表示有选择，在一定条件下可以这样做的，采用“可”。

2 条文中必须按指定的标准、规范或其他有关规定执行的写法为“应按……执行”或“应符合……要求（或规定）”。

中华人民共和国国家标准

混凝土结构耐久性设计规范

GB/T 50476—2008

条 文 说 明

目　次

1　总则 ……………………………… 1—61—21
2　术语和符号 ………………………… 1—61—21
3　基本规定 …………………………… 1—61—22
4　一般环境 …………………………… 1—61—26
5　冻融环境 …………………………… 1—61—27
6　氯化物环境 ………………………… 1—61—28
7　化学腐蚀环境 ……………………… 1—61—30
8　后张预应力混凝土结构 …………… 1—61—32
附录 A　混凝土结构设计的耐久性极限状态 ………………………… 1—61—33
附录 B　混凝土原材料的选用……… 1—61—33

1 总 则

1.0.1 我国1998年颁布的《建筑法》规定："建筑物在其合理使用寿命内，必须确保地基基础工程和主体结构的质量"（第60条），"在建筑物的合理使用寿命内，因建筑工程质量不合格受到损害的，有权向责任者要求赔偿"（第80条）。所谓工程的"合理"寿命，首先应满足工程本身的"功能"（安全性、适用性和耐久性等）需要，其次是要"经济"，最后要体现国家、社会和民众的根本利益如公共安全、环保和资源节约等需要。

工程的业主和设计人应该关注工程的功能需要和经济性，而社会和公众的根本利益则由国家批准的法规和技术标准所规定的最低年限要求予以保证。所以设计人在工程设计前应该首先听取业主和使用者对于工程合理使用寿命的要求，然后以合理使用寿命为目标，确定主体结构的合理使用年限。受过去计划经济年代的长期影响，我国设计人员习惯于直接照搬技术标准中规定的结构最低使用年限要求，而不是首先征求业主意见来共同确定是否需要采取更长的合理使用年限作为主体结构的设计使用年限。在许多情况下，结构的设计使用年限与工程的经济性并不矛盾，合理的耐久性设计在造价不明显增加的前提下就能大幅度提高结构物的使用寿命，使工程具有优良的长期使用效益。

建筑物的使用寿命是土建工程质量得以量化的集中表现。建筑物的主体结构设计使用年限在量值上与建筑物的合理使用年限相同。通过耐久性设计保证混凝土结构具有经济合理的使用年限（或使用寿命），体现节约资源和可持续发展的方针政策，是本规范的编制目标。

1.0.2 本条确定规范的适用范围。本规范适用的工程对象除房屋建筑和一般构筑物外，还包括城市市政基础设施工程，如桥梁、涵洞、隧道、地铁、轻轨、管道等。对于公路桥涵混凝土结构，可比照本规范的有关规定进行耐久性设计。

本规范仅适用于普通混凝土制作的结构及构件，不适用于轻骨料混凝土、纤维混凝土、蒸压混凝土等特种混凝土，这些混凝土材料在环境作用下的劣化机理与速度不同于普通混凝土。低周反复荷载和持久荷载的作用也能引起材料性能劣化，与结构强度直接相关，有别于环境作用下的耐久性问题，故不属于本规范考虑的范畴。

本规范不涉及工业生产的高温高湿环境、微生物腐蚀环境、电磁环境、高压环境、杂散电流以及极端恶劣自然环境作用下的耐久性问题，也不适用于特殊腐蚀环境下混凝土结构的耐久性设计。特殊腐蚀环境下混凝土结构的耐久性设计可按现行国家标准《工业建筑防腐蚀设计规范》GB 50046等专用标准进行，但需注意不同设计使用年限的结构应采取不同的防腐蚀要求。

1.0.3 混凝土结构耐久性设计的主要目标，是为了确保主体结构能够达到规定的设计使用年限，满足建筑物的合理使用年限要求。主体结构的设计使用年限虽然与建筑物的合理使用年限源于相同的概念但数值并不相同。合理使用年限是一个确定的期望值，而设计使用年限则必须考虑环境作用、材料性能等因素的变异性对于结构耐久性的影响，需要有足够的保证率，这样才能做到所设计的工程主体结构满足《建筑法》规定的"确保"要求（参见附录A）。设计人员应结合工程重要性和环境条件等具体特点，必要时应采取高于本规范条文的要求。由于环境作用下的耐久性问题十分复杂，存在较大的不确定和不确知性，目前尚缺乏足够的工程经验与数据积累。因此在使用本规范时，如有可靠的调查类比与试验依据，通过专门的论证，可以局部调整本规范的规定。此外，各地方宜根据当地环境特点与工程实践经验，制定相应的地方标准，进一步细化和具体化本规范的相关规定。

1.0.4 本条明确了本规范与其他相关标准规范的关系。

我国现行标准规范中有关混凝土结构耐久性的规定，在一些方面并不能完全满足结构设计使用年限的要求，这是编制本规范的主要目的，并建议混凝土结构的耐久性设计按照本规范执行。对于本规范未提及的与耐久性设计有关的其他内容，按照国家现有技术标准的有关规定执行。

结构设计规范中的要求是基于公共安全和社会需要的最低限度要求。每个工程都有自身的特点，仅仅满足规范的最低要求，并不总能保证具体设计对象的安全性与耐久性。当不同技术标准规范对同一问题规定不同时，需要设计人员结合工程的实际情况自行确定。技术规范或标准不是法律文件，所有技术规范的规定（包括强制性条文）决不能代替工程人员的专业分析判断能力和免除其应承担的法律责任。

2 术语和符号

2.1.17 大掺量矿物掺合料混凝土的水胶比通常不低于0.42，在配制混凝土时需要延长搅拌时间，一般需在90s以上。这种混凝土从搅拌出料入模（仓）到开始加湿养护的施工过程中，应尽量避免新拌混凝土的水分蒸发，缩小暴露于干燥空气中的工作面，施工操作之前和操作完毕的暴露表面需立即用塑料膜覆盖，避免吹风；在干燥空气中操作时宜在工作面上方喷雾以增加环境湿度并起到降温的作用。

本规范中所指的大掺量矿物掺合料混凝土为：在硅酸盐水泥中单掺粉煤灰量不小于胶凝材料总重的

30%、单掺磨细矿渣量不小于胶凝材料总重的50%；复合使用多种矿物掺合料时，粉煤灰掺量与0.3的比值加上磨细矿渣掺量与0.5的比值之和大于1。

2.1.21 本规范所指配筋混凝土结构中的筋体，不包括不锈钢、耐候钢或高分子聚酯材料等有机材料制成的筋体，也不包括纤维状筋体。

3 基 本 规 定

3.1 设 计 原 则

3.1.1 混凝土结构的耐久性设计可分为传统的经验方法和定量计算方法。传统经验方法是将环境作用按其严重程度定性地划分成几个作用等级，在工程经验类比的基础上，对于不同环境作用等级下的混凝土结构构件，由规范直接规定混凝土材料的耐久性质量要求（通常用混凝土的强度、水胶比、胶凝材料用量等指标表示）和钢筋保护层厚度等构造要求。近年来，传统的经验方法有很大的改进：首先是按照材料的劣化机理确定不同的环境类别，在每一类别下再按温、湿度及其变化等不同环境条件区分其环境作用等级，从而更为详细地描述环境作用；其次是对不同设计使用年限的结构构件，提出不同的耐久性要求。

在结构耐久性设计的定量计算方法中，环境作用需要定量表示，然后选用适当的材料劣化数学模型求出环境作用效应，列出耐久性极限状态下的环境作用效应与耐久性抗力的关系式，可求得相应的使用年限。结构的设计使用年限应有规定的安全度，所以在耐久性极限状态的关系式中应引入相应的安全系数，当用概率可靠度方法设计时应满足所需的保证率。对于混凝土结构耐久性极限状态与设计使用年限安全度的具体规定，可见本规范的附录A。

目前，环境作用下耐久性设计的定量计算方法尚未成熟到能在工程中普遍应用的程度。在各种劣化机理的计算模型中，可供使用的还只局限于定量估算钢筋开始发生锈蚀的年限。在国内外现行的混凝土结构设计规范中，所采用的耐久性设计方法仍然是传统方法或改进的传统方法。

本规范仍采用传统的经验方法，但进行了改进。除了细化环境的类别和作用等级外，规范在混凝土的耐久性质量要求中，既规定了不同环境类别与作用等级下的混凝土最低强度等级、最大水胶比和混凝土原材料组成，又提出了混凝土抗冻耐久性指数、氯离子扩散系数等耐久性参数的量值指标；同时从耐久性要求出发，对结构构造方法、施工质量控制以及工程使用阶段的维修检测作出了比较具体的规定。对于设计使用年限所需的安全度，已隐含在规范规定的上述要求中。

本规范中所指的环境作用，是直接与混凝土表面接触的局部环境作用。同一结构中的不同构件或同一构件中的不同部位，所处的局部环境有可能不同，在耐久性设计中可分别予以考虑。

3.1.2 本条提出混凝土结构耐久性设计的基本内容，强调耐久性设计不仅是确定材料的耐久性能指标与钢筋的混凝土保护层厚度。适当的防排水构造措施能够非常有效地减轻环境作用，应作为耐久性设计的重要内容。混凝土结构的耐久性在很大程度上还取决于混凝土的施工养护质量与钢筋保护层厚度的施工误差，由于国内现行的施工规范较少考虑耐久性的需要，所以必须提出基于耐久性的施工养护与保护层厚度的质量验收要求。

在严重的环境作用下，仅靠提高混凝土保护层的材料质量与厚度，往往还不能保证设计使用年限，这时就应采取一种或多种防腐蚀附加措施（参见2.1.20条）组成合理的多重防护策略；对于使用过程中难以检测和维修的关键部件如预应力钢绞线，应采取多重防护措施。

混凝土结构的设计使用年限是建立在预定的维修与使用条件下的。因此，耐久性设计需要明确结构使用阶段的维护、检测要求，包括设置必要的检测通道，预留检测维修的空间和装置等；对于重要工程，需预置耐久性监测和预警系统。

对于严重环境作用下的混凝土工程，为确保使用寿命，除进行施工建造前的结构耐久性设计外，尚应根据竣工后实测的混凝土耐久性能和保护层厚度进行结构耐久性的再设计，以便发现问题及时采取措施；在结构的使用年限内，尚需根据实测的材料劣化数据对结构的剩余使用寿命作出判断并针对问题继续进行再设计，必要时追加防腐措施或适时修理。

3.2 环境类别与作用等级

3.2.1 本条根据混凝土材料的劣化机理，对环境作用进行了分类：一般环境、冻融环境、海洋氯化物环境、除冰盐等其他氯化物环境和化学腐蚀环境，分别用大写罗马字母Ⅰ～Ⅴ表示。

一般环境（Ⅰ类）是指仅有正常的大气（二氧化碳、氧气等）和温、湿度（水分）作用，不存在冻融、氯化物和其他化学腐蚀物质的影响。一般环境对混凝土结构的腐蚀主要是碳化引起的钢筋锈蚀。混凝土呈高度碱性，钢筋在高度碱性环境中会在表面生成一层致密的钝化膜，使钢筋具有良好的稳定性。当空气中的二氧化碳扩散到混凝土内部，会通过化学反应降低混凝土的碱度（碳化），使钢筋表面失去稳定性并在氧气与水分的作用下发生锈蚀。所有混凝土结构都会受到大气和温湿度作用，所以在耐久性设计中都应予以考虑。

冻融环境（Ⅱ类）主要会引起混凝土的冻蚀。当混凝土内部含水量很高时，冻融循环的作用会引起内部或表层的冻蚀和损伤。如果水中含有盐分，还会加重损伤程度。因此冰冻地区与雨、水接触的露天混凝土构件应按冻融环境考虑。另外，反复冻融造成混凝土保护层损伤还会间接加速钢筋锈蚀。

海洋、除冰盐等氯化物环境（Ⅲ和Ⅳ类）中的氯离子可从混凝土表面迁移到混凝土内部。当到达钢筋表面的氯离子积累到一定浓度（临界浓度）后，也能引发钢筋的锈蚀。氯离子引起的钢筋锈蚀程度要比一般环境（Ⅰ类）下单纯由碳化引起的锈蚀严重得多，是耐久性设计的重点问题。

化学腐蚀环境（Ⅴ类）中混凝土的劣化主要是土、水中的硫酸盐、酸等化学物质和大气中的硫化物、氮氧化物等对混凝土的化学作用，同时也有盐结晶等物理作用所引起的破坏。

3.2.2 本条将环境作用按其对混凝土结构的腐蚀影响程度定性地划分成6个等级，用大写英文字母A～F表示。一般环境的作用等级从轻微到中度（Ⅰ-A、Ⅰ-B、Ⅰ-C），其他环境的作用程度则为中度到极端严重。应该注意，由于腐蚀机理不同，不同环境类别相同等级（如Ⅰ-C、Ⅱ-C、Ⅲ-C）的耐久性要求不会完全相同。

与各个环境作用等级相对应的具体环境条件，可分别参见本规范第4～7章中的规定。由于环境作用等级的确定主要依靠对不同环境条件的定性描述，当实际的环境条件处于两个相邻作用等级的界限附近时，就有可能出现难以判定的情况，这就需要设计人员根据当地环境条件和既有工程劣化状况的调查，并综合考虑工程重要性等因素后确定。在确定环境对混凝土结构的作用等级时，还应充分考虑环境作用因素在结构使用期间可能发生的演变。

由于本规范中所指的环境作用是指直接与混凝土表面接触的局部环境作用，所以同一结构中的不同构件或同一构件中的不同部位，所承受的环境作用等级可能不同。例如，外墙板的室外一侧会受到雨淋受潮或干湿交替为Ⅰ-B或Ⅰ-C，但室内一侧则处境良好为Ⅰ-A，此时内外两侧钢筋所需的保护层厚度可取不同。在实际工程设计中，还应从施工方便和可行性出发，例如桥梁的同一墩柱可能分别处于水中区、水位变动区、浪溅区和大气区，局部环境作用最严重的应是干湿交替的浪溅区和水位变动区，尤其是浪溅区；这时整个构件中的钢筋保护层最小厚度和混凝土的最大水胶比与最低强度等级，一般就要按浪溅区的环境作用等级Ⅲ-E或Ⅲ-F确定。

3.2.3 一般环境（Ⅰ类）的作用是所有结构构件都会遇到和需要考虑的。当同时受到两类或两类以上的环境作用时，通常由作用程度较高的环境类别决定或控制混凝土构件的耐久性要求，但对冻融环境（Ⅱ类）或化学腐蚀环境（Ⅴ类）有例外，例如在严重作用等级的冻融环境下可能必须采用引气混凝土，同时在混凝土原材料选择、结构构造、混凝土施工养护等方面也有特殊要求。所以当结构构件同时受到多种类别的环境作用时，原则上均应考虑，需满足各自单独作用下的耐久性要求。

3.2.4 混凝土中的碱（Na_2O和K_2O）与砂、石骨料中的活性硅会发生化学反应，称为碱-硅反应（Aggregate-Silica Reaction，简称ASR）；某些碳酸盐类岩石骨料也能与碱起反应，称为碱-碳酸盐反应（Aggregate-Carbonate Reaction，简称ACR）。这些碱-骨料反应在骨料界面生成的膨胀性产物会引起混凝土开裂，在国内外都发生过此类工程损坏的事例。环境作用下的化学腐蚀反应大多从表面开始，但碱-骨料反应却是在内部发生的。碱-骨料反应是一个长期过程，其破坏作用需要若干年后才会显现，而且一旦在混凝土表面出现开裂，往往已严重到无法修复的程度。

发生碱-骨料反应的充分条件是：混凝土有较高的碱含量；骨料有较高的活性；还要有水的参与。限制混凝土含碱量、在混凝土中加入足够掺量的粉煤灰、矿渣或沸石岩等掺合料，能够抑制碱-骨料反应；采用密实的低水胶比混凝土也能有效地阻止水分进入混凝土内部，有利于阻止反应的发生。混凝土含碱量的规定见附录B.2。

混凝土钙矾石延迟生成（Delayed Ettringite Formation，简写作DEF）也是混凝土内部成分之间发生的化学反应。混凝土中的钙矾石是硫酸盐、铝酸钙与水反应后的产物，正常情况下应该在混凝土拌合后水泥的水化初期形成。如果混凝土硬化后内部仍然剩有较多的硫酸盐和铝酸三钙，则在混凝土的使用中如与水接触可能会再起反应，延迟生成钙矾石。钙矾石在生成过程中体积会膨胀，导致混凝土开裂。混凝土早期蒸养过度或内部温度较高会增加延迟生成钙矾石的可能性。防止延迟生成钙矾石反应的主要途径是降低养护温度、限制水泥的硫酸盐和铝酸三钙（C_3A）含量以及避免混凝土在使用阶段与水分接触。在混凝土中引气也能缓解其破坏作用。

流动的软水能将水泥浆体中的氢氧化钙溶出，使混凝土密实性下降并影响其他含钙水化物的稳定。酸性地下水也有类似的作用。增加混凝土密实性有助于减轻氢氧化钙的溶出。

3.2.5 冲刷、磨损会削弱混凝土构件截面，此时应采用强度等级较高的耐磨混凝土，通常还需要将可能磨损的厚度作为牺牲厚度考虑在构件截面或钢筋的混凝土保护层厚度内。

不同骨料抗冲磨性能大不相同。研究表明，骨料的硬度和耐磨性对混凝土的抗冲磨能力起到重要作用，铁矿石骨料好于花岗岩骨料，花岗岩骨料好于石灰岩骨料。在胶凝材料中掺入硅灰也能有效地提高混凝土的抗冲磨性能。

3.3 设计使用年限

3.3.1 本条对混凝土结构的最低设计使用年限作出了规定。结构的设计使用年限和我国《建筑法》规定的合理使用年限（寿命）的关系见1.0.1和1.0.3的条文说明。

结构设计使用年限是在确定的环境作用和维修、使用条件下，具有规定保证率或安全裕度的年限。设计使用年限应由设计人员与业主共同确定，首先要满足工程设计对象的功能要求和使用者的利益，并不低于有关法规的规定。

我国现行国家标准《工程结构可靠性设计统一标准》GB 50153对房屋建筑、公路桥涵、铁路桥涵以及港口工程规定了使用年限，应予遵守；对于城市桥梁、隧道等市政工程按照表3.3.1的规定确定结构的设计使用年限。

3.3.2 在严重（包括严重、非常严重和极端严重）环境作用下，混凝土结构的个别构件因技术条件和经济性难以达到结构整体的设计使用年限时（如斜拉桥的拉索），在与业主协商同意后，可设计成易更换的构件或能在预期的年限进行大修，并应在设计文件中注明更换或大修的预期年限。需要大修或更换的结构构件，应具有可修复性，能够经济合理地进行修复或更换，并具备相应的施工操作条件。

3.4 材 料 要 求

3.4.1 根据结构物所处的环境类别和作用等级以及设计使用年限，规范分别在第4～7章中规定了不同环境中混凝土材料的最低强度等级和最大水胶比，具体见本规范的4.3.1条、5.3.2条、6.3.2条、7.3.2条的规定。在附录B中规定了混凝土组成原材料的成分限定范围。原材料的限定范围包括硅酸盐水泥品种与用量、胶凝材料中矿物掺合料的用量范围、水泥中的铝酸三钙含量、原材料中有害成分总量（如氯离子、硫酸根离子、可溶碱等）以及粗骨料的最大粒径等。具体见本规范的附录B.1、B.2和B.3。

通常，在设计文件中仅需提出混凝土的最低强度等级与最大水胶比。对于混凝土原材料的选用，可在设计文件中注明由施工单位和混凝土供应商根据规定的环境作用类别与等级，按本规范的附录B.1、B.2和B.3执行。对于大型工程和重要工程，应在设计阶段由结构工程师会同材料工程师共同确定混凝土及其原材料的具体技术要求。

3.4.2 常用的混凝土耐久性指标包括一般环境下的混凝土抗渗等级、冻融环境下的抗冻耐久性指数或抗冻等级、氯化物环境下的氯离子在混凝土中的扩散系数等。这些指标均由实验室标准快速试验方法测定，可用来比较胶凝材料组分相近的不同混凝土之间的耐久性能高低，主要用于施工阶段的混凝土质量控制和质量检验。

如果混凝土的胶凝材料组成不同，用快速试验得到的耐久性指标往往不具有可比性。标准快速试验中的混凝土龄期过短，不能如实反映混凝土在实际结构中的耐久性能。某些在实际工程中耐久性能表现优良的混凝土，如低水胶比大掺量粉煤灰混凝土，由于其成熟速度比较缓慢，在快速试验中按标准龄期测得的抗氯离子扩散指标往往不如相同水胶比的无矿物掺合料混凝土；但实际上，前者的长期抗氯离子侵入能力比后者要好得多。

抗渗等级仅对低强度混凝土的性能检验有效，对于密实的混凝土宜用氯离子在混凝土中的扩散系数作为耐久性能的评定指标。

3.4.3 本条规定了混凝土结构设计中混凝土强度的选取原则。结构构件需要采用的混凝土强度等级，在许多情况下是由环境作用决定的，并非由荷载作用控制。因此在进行构件的承载能力设计以前，应该首先了解耐久性要求的混凝土最低强度等级。

3.4.4 本条规定了耐久性需要的配筋混凝土最低强度等级。对于冻融环境的Ⅱ-D、Ⅱ-E等级，表3.4.4给出的强度等级为引气混凝土的强度等级；对于冻融环境的Ⅱ-C等级，表3.4.4同时给出了引气和非引气混凝土的强度等级。

表3.4.4的耐久性强度等级主要是对钢筋混凝土保护层的要求。对于截面较大的墩柱等受压构件，如果为了满足钢筋保护层混凝土的耐久性要求而需要提高全截面的混凝土强度，就不如增加钢筋保护层厚度或者在混凝土表面采取附加防腐蚀措施的办法更为经济。

3.4.5 素混凝土结构不存在钢筋锈蚀问题，所以在一般环境和氯化物环境中可按较低的环境作用等级确定混凝土的最低强度等级。对于冻融环境和化学腐蚀环境，环境因素会直接导致混凝土材料的劣化，因此对素混凝土的强度等级要求与配筋混凝土要求相同。

3.4.6～3.4.7 冷加工钢筋和细直径钢筋对锈蚀比较敏感，作为受力主筋使用时需要相应提高耐久性要求。细直径钢筋可作为构造钢筋。

3.4.8 本条所指的预应力筋为在先张法构件中单根使用的预应力钢丝，不包括钢绞线中的单根钢丝。

3.4.9 埋在混凝土中的钢筋，如材质有所差异且相互的连接能够导电，则引起的电位差有可能促进钢筋的锈蚀，所以宜采用同样牌号或代号的钢筋。不同材质的金属埋件之间（如镀锌钢材与普通钢材、钢材与铝材）尤其不能有导电的连接。

3.5 构 造 规 定

3.5.1 本条提出环境作用下混凝土保护层厚度的确定原则。对于不同环境作用下所需的混凝土保护层最小厚度，可见本规范的4.3.1条、5.3.2条、6.3.2条和7.3.2条中的具体规定。

混凝土构件中最外侧的钢筋会首先发生锈蚀，一般是箍筋和分布筋，在双向板中也可能是主筋。所以本规范对构件中各类钢筋的保护层最小厚度提出相同的要求。欧洲CEB-FIP模式规范、英国BS规范、美国混凝土学会ACI规范以及现行的欧盟规范都有这样的规定。箍筋的锈蚀可引起构件混凝土沿箍筋的环向开裂，而墙、板中分布筋的锈蚀除引起开裂外，还会导致保护层的成片剥落，都是结构的正常使用所不允许的。

保护层厚度的尺寸较小，而钢筋出现锈蚀的年限大体与保护层厚度的平方成正比，保护层厚度的施工偏差会对耐久性造成很大的影响。以保护层厚度为20mm的钢筋混凝土板为例，如果施工允许偏差为±5mm，则5mm的允许负偏差就可使钢筋出现锈蚀的年限缩短约40%。因此在耐久性设计所要求的保护层厚度中，必须计入施工允许负偏差。1990年颁布的CEB-FIP模式规范、2004年正式生效的欧盟规范，以及英国历届BS规范中，都将用于设计计算和标注于施工图上的保护层设计厚度称为"名义厚度"，并规定其数值不得小于耐久性要求的最小厚度与施工允许负偏差的绝对值之和。欧盟规范建议的施工允许偏差对现浇混凝土为5～15mm，一般取10mm。美国ACI规范和加拿大规范规定保护层的最小设计厚度已经包含了约12mm的施工允许偏差，与欧盟规范名义厚度的规定实际上相同。

本规范规定保护层设计厚度的最低值仍称为最小厚度，但在耐久性所要求最小厚度的取值中已考虑了施工允许负偏差的影响，并对现浇的一般混凝土梁、柱取允许负偏差的绝对值为10mm，板、墙为5mm。

为保证钢筋与混凝土之间粘结力传递，各种钢筋的保护层厚度均不应小于钢筋的直径。按防火要求的混凝土保护层厚度，可参照有关的防火设计标准，但我国有关设计规范中规定的梁板保护层厚度，往往达不到所需耐火极限的要求，尤其在预应力预制楼板中相差更多。

过薄的混凝土保护层厚度容易在混凝土施工中因新拌混凝土的塑性沉降和硬化混凝土的收缩引起顺筋开裂；当顶面钢筋的混凝土保护层过薄时，新拌混凝土的抹面整平工序也会促使混凝土硬化后的顺筋开裂。此外，混凝土粗骨料的最大公称粒径尺寸与保护层的厚度之间也要满足一定关系（见附录B.3），如果施工不能提供规定粒径的粗骨料，也有可能需要增大混凝土保护层的设计厚度。

3.5.2 预应力筋的耐久性保证率应高于普通钢筋。在严重的环境条件下，除混凝土保护层外还应对预应力筋采取多重防护措施，如将后张预应力筋置于密封的波形套管中并灌浆。本规范规定，对于单纯依靠混凝土保护层防护的预应力筋，其保护层厚度应比普通钢筋的大10mm。

3.5.3 工厂生产的混凝土预制构件，在保护层厚度的质量控制上较有保证，保护层施工偏差比现浇构件的小，因此设计要求的保护层厚度可以适当降低。

3.5.4 本条所指的裂缝为荷载造成的横向裂缝，不包括收缩和温度等非荷载作用引起的裂缝。表3.5.4中的裂缝宽度允许值，更不能作为荷载裂缝计算值与非荷载裂缝计算值两者叠加后的控制标准。控制非荷载因素引起的裂缝，应该通过混凝土原材料的精心选择、合理的配比设计、良好的施工养护和适当的构造措施来实现。

表面裂缝最大宽度的计算值可根据现行国家标准《混凝土结构设计规范》GB 50010或现行行业标准《公路钢筋混凝土及预应力混凝土桥涵设计规范》JTG D62的相关公式计算，后者给出的裂缝宽度与保护层厚度无关。研究表明，按照规范GB 50010公式计算得到的最大裂缝宽度要比国内外其他规范的计算值大得多，而规定的裂缝宽度允许值却偏严。增大混凝土保护层厚度虽然会加大构件裂缝宽度的计算值，但实际上对保护钢筋减轻锈蚀十分有利，所以在JTG D62中，不考虑保护层厚度对裂缝宽度计算值的影响。

此外，不能为了减少裂缝计算宽度而在厚度较大的混凝土保护层内加设没有防锈措施的钢筋网，因为钢筋网的首先锈蚀会导致网片外侧混凝土的剥落，减少内侧箍筋和主筋应有的保护层厚度，对构件的耐久性造成更为有害的后果。荷载与收缩引起的横向裂缝本质上属于正常裂缝，如果影响建筑物的外观要求或防水功能可适当填补。

3.5.6 棱角部位受到两个侧面的环境作用并容易造成碰撞损伤，在可能条件下应尽量加以避免。

3.5.7 混凝土施工缝、伸缩缝等连接缝是结构中相对薄弱的部位，容易成为腐蚀性物质侵入混凝土内部的通道，故在设计与施工中应尽量避让局部环境作用比较不利的部位，如桥墩的施工缝不应设在干湿交替的水位变动区。

3.5.8 应避免外露金属部件的锈蚀造成混凝土的胀裂，影响构件的承载力。这些金属部件宜与混凝土中的钢筋隔离或进行绝缘处理。

3.6 施工质量的附加要求

3.6.1 本条给出了保证混凝土结构耐久性的不同环境中混凝土的养护制度要求，利用养护时间和养护结束时的混凝土强度来控制现场养护过程。养护结束时的强度是指现场混凝土强度，用现场同温养护条件下的标准试件测得。

现场混凝土构件的施工养护方法和养护时间需要考虑混凝土强度等级、施工环境的温、湿度和风速、构件尺寸、混凝土原材料组成和入模温度等诸多因素。应根据具体施工条件选择合理的养护工艺，可参考中国土木工程学会标准《混凝土结构耐久性设计与施工指南》CCES01-2004（2005年修订版）的相关规定。

3.6.3 本条给出了在不同环境作用等级下，混凝土结构中钢筋保护层的检测原则和质量控制方法。

4 一 般 环 境

4.1 一 般 规 定

4.1.1 正常大气作用下表层混凝土碳化引发的内部钢筋锈蚀，是混凝土结构中最常见的劣化现象，也是耐久性设计中的首要问题。在一般环境作用下，依靠混凝土本身的耐久性质量、适当的保护层厚度和有效的防排水措施，就能达到所需的耐久性，一般不需考虑防腐蚀附加措施。

4.2 环境作用等级

4.2.1 确定大气环境对配筋混凝土结构与构件的作用程度，需要考虑的环境因素主要是湿度（水）、温度和CO_2与O_2的供给程度。对于混凝土的碳化过程，如果周围大气的相对湿度较高，混凝土的内部孔隙充满溶液，则空气中的CO_2难以进入混凝土内部，碳化就不能或只能非常缓慢地进行；如果周围大气的相对湿度很低，混凝土内部比较干燥，孔隙溶液的量很少，碳化反应也很难进行。对于钢筋的锈蚀过程，电化学反应要求混凝土有一定的电导率，当混凝土内部的相对湿度低于70%时，由于混凝土电导率太低，钢筋锈蚀很难进行；同时，锈蚀电化学过程需有水和氧气参与，当混凝土处于水下或湿度接近饱和时，氧气难以到达钢筋表面，锈蚀会因为缺氧而难以发生。

室内干燥环境对混凝土结构的耐久性最为有利。虽然混凝土在干燥环境中容易碳化，但由于缺少水分使钢筋锈蚀非常缓慢甚至难以进行。同样，水下构件由于缺乏氧气，钢筋基本不会锈蚀。因此表4.2.1将这两类环境作用归为Ⅰ-A级。在室内外潮湿环境或者偶尔受到雨淋、与水接触的条件下，混凝土的碳化反应和钢筋的锈蚀过程都有条件进行，环境作用等级归为Ⅰ-B级。在反复的干湿交替作用下，混凝土碳化有条件进行，同时钢筋锈蚀过程由于水分和氧气的交替供给而显著加强，因此对钢筋锈蚀最不利的环境条件是反复干湿交替，其环境作用等级归为Ⅰ-C级。

如果室内构件长期处于高湿度环境，即使年平均湿度高于60%，也有可能引起钢筋锈蚀，故宜按Ⅰ-B级考虑。在干湿交替环境下，如混凝土表面在干燥阶段周围大气相对湿度较高，干湿交替的影响深度很有限，混凝土内部仍会长期处于高湿度状态，内部混凝土碳化和钢筋锈蚀程度都会受到抑制。在这种情况下，环境对配筋混凝土构件的作用程度介于Ⅰ-C与Ⅰ-B之间，具体作用程度可根据当地既有工程的实际调查确定。

4.2.2 与湿润土体或水接触的一侧混凝土饱水，钢筋不易锈蚀，可按环境作用等级Ⅰ-B考虑；接触干燥空气的一侧，混凝土容易碳化，又可能有水分从临水侧迁移供给，一般应按Ⅰ-C级环境考虑。如果混凝土密实性好、构件厚度较大或临水表面已作可靠防护层，临水侧的水分供给可以被有效隔断，这时接触干燥空气的一侧可不按Ⅰ-C级考虑。

4.3 材料与保护层厚度

4.3.1 表4.3.1分别对板、墙等面形构件和梁、柱等条形构件规定了混凝土的最低强度等级、最大水胶比和钢筋的保护层最小厚度。板、墙、壳等面形构件中的钢筋，主要受来自一侧混凝土表面的环境因素侵蚀，而矩形截面的梁、柱等条形构件中的角部钢筋，同时受到来自两个相邻侧面的环境因素作用，所以后者的保护层最小厚度要大于前者。对保护层最小厚度要求与所用的混凝土水胶比有关，在应用表4.3.1中不同使用年限和不同环境作用等级下的保护层厚度时，应注意到对混凝土水胶比和强度等级的不同要求。

表4.3.1中规定的混凝土最低强度等级、最大水胶比和保护层厚度与欧美的相关规范相近，这些数据比照了已建工程实际劣化现状的调查结果，并用材料劣化模型作了近似的计算校核，总体上略高于我国现行的混凝土结构设计规范的规定，尤其在干湿交替的环境条件下差别较大。美国ACI设计规范要求室外淋雨环境的梁柱外侧钢筋（箍筋或分布筋）保护层最小设计厚度为50mm（钢筋直径不大于16mm时为38mm），英国BS8110设计规范（60年设计年限）为40mm（C40）或30mm（C45）。

4.3.2 本条给出了大截面墩柱在符合耐久性要求的前提下，截面混凝土强度与钢筋保护层厚度的调整方法。一般环境下对混凝土提出最低强度等级的要求，是为了保护钢筋的需要，针对的是构件表层的保护层混凝土。但对大截面墩柱来说，如果只是为了提高保护层混凝土的耐久性而全截面采用较高强度的混凝土，往往不如加大保护层厚度的办法更为经济合理。相反，加大保护层厚度会明显增加梁、板等受弯构件的自重，宜提高混凝土的强度等级以减少保护层厚度。

4.3.3 本条所指的建筑饰面包括不受雨水冲淋的石灰浆、砂浆抹面和砖石贴面等普通建筑饰面；防水饰面包括防水砂浆、粘贴面砖、花岗石等具有良好防水性能的饰面。除此之外，构件表面的油毡等一般防水层由于防水有效年限远低于构件的设计使用年限，不宜考虑其对钢筋防锈的作用。

5 冻融环境

5.1 一般规定

5.1.1 饱水的混凝土在反复冻融作用下会造成内部损伤，发生开裂甚至剥落，导致骨料裸露。与冻融破坏有关的环境因素主要有水、最低温度、降温速率和反复冻融次数。混凝土的冻融损伤只发生在混凝土内部含水量比较充足的情况。

冻融环境下的混凝土结构耐久性设计，原则上要求混凝土不受损伤，不影响构件的承载力与对钢筋的保护。确保耐久性的主要措施包括防止混凝土受湿、采用高强度的混凝土和引气混凝土。

5.1.2 冰冻地区与雨、水接触的露天混凝土构件应按冻融环境进行耐久性设计。环境温度达不到冰冻条件（如位于土中冰冻线以下和长期在不结冻水下）的混凝土构件可不考虑抗冻要求。冰冻前不饱水的混凝土且在反复冻融过程中不接触外界水分的混凝土构件，也可不考虑抗冻要求。

本规范不考虑人工造成的冻融环境作用，此类问题由专门的标准规范解决。

5.1.3 截面尺寸较小的钢筋混凝土构件和预应力混凝土构件，发生冻蚀的后果严重，应赋予更大的安全保证率。在耐久性设计时应适当增加厚度作为补偿，或采取表面附加防护措施。

5.1.4 适当延迟现场混凝土初次与水接触的时间实际上是延长混凝土的干燥时间，并且给混凝土内部结构发育提供时间。在可能情况下，应尽量延迟混凝土初次接触水的时间，最好在一个月以上。

5.2 环境作用等级

5.2.1 本规范对冻融环境作用等级的划分，主要考虑混凝土饱水程度、气温变化和盐分含量三个因素。饱水程度与混凝土表面接触水的频度及表面积水的难易程度（如水平或竖向表面）有关；气温变化主要与环境最低温度及年冻融次数有关；盐分含量指混凝土表面受冻时冰水中的盐含量。

我国现行规范中对混凝土抗冻等级的要求多按当地最冷月份的平均气温进行区分，这在使用上有其方便之处，但应注意当地气温与构件所处地段的局部温度往往差别很大。比如严寒地区朝南构件的冻融次数多于朝北的构件，而微冻地区可能相反。由于缺乏各地区年冻融次数的统计资料，现仍暂时按当地最冷月的平均气温表示气温变化对混凝土冻融的影响程度。

对于饱水程度，分为高度饱水和中度饱水两种情况，前者指受冻前长期或频繁接触水体或湿润土体，混凝土体内高度饱水；后者指受冻前偶受雨淋或潮湿，混凝土体内的饱水程度不高。混凝土受冻融破坏的临界饱水度约为85%～90%，含水量低于临界饱水度时不会冻坏。在表面有水的情况下，连续的反复冻融可使混凝土内部的饱水程度不断增加，一旦达到或超过临界饱水度，就有可能很快发生冻坏。

有盐的冻融环境主要指冬季喷洒除冰盐的环境。含盐分的水溶液不仅会造成混凝土的内部损伤，而且能使混凝土表面起皮剥蚀，盐中的氯离子还会引起混凝土内部钢筋的锈蚀（除冰盐引起的钢筋锈蚀按Ⅳ类环境考虑）。除冰盐的剥蚀作用程度与混凝土湿度有关；不同构件及部位由于方向、位置不同，受除冰盐直接、间接作用或溅射的程度也会有很大的差别。

寒冷地区海洋和近海环境中的混凝土表层，当接触水分时也会发生盐冻，但海水的含盐浓度要比除冰盐融雪后的盐水低得多。海水的冰点较低，有些微冻地区和寒冷地区的海水不会出现冻结，具体可通过调查确定；若不出现冰冻，就可以不考虑冻融环境作用。

5.2.2 埋置于土中冰冻线以上的混凝土构件，发生冻融交替的次数明显低于暴露在大气环境中的构件，但仍要考虑冻融损伤的可能，可根据具体情况适当降低环境作用等级。

5.2.3 某些结构在正常使用条件下冬季出现冰冻的可能性很小，但在极端气候条件下或偶发事故时有可能会遭受冰冻，故应具有一定的抗冻能力，但可适当降低要求。

5.2.4 竖向构件底部侧面的积雪可引发混凝土较严重的冻融损伤。尤其在冬季喷洒除冰盐的环境中，道路上含盐的积雪常被扫到两侧并堆置在墙柱和栏杆底部，往往造成底部混凝土的严重腐蚀。对于接触积雪的局部区域，也可采取局部的防护处理。

5.3 材料与保护层厚度

5.3.1 本条规定了冻融环境中混凝土原材料的组成与引气工艺的使用。使用引气剂能在混凝土中产生大量均布的微小封闭气孔，有效缓解混凝土内部结冰造成的材料破坏。引气混凝土的抗冻要求用新拌混凝土的含气量表示，是气泡占混凝土的体积比。冻融越严重，要求混凝土的含气量越大；气泡只存在于水泥浆体中，所以混凝土抗冻所需的含气量与骨料的最大粒径有关；过大的含气量会明显降低混凝土强度，故含气量应控制在一定范围内，且有相应的误差限制。具体可参照附录C的要求。

矿物掺合料品种和数量对混凝土抗冻性能有影响。通常情况下，掺加硅粉有利于抗冻；在低水胶比前提下，适量掺加粉煤灰和矿渣对抗冻能力影响不大，但应严格控制粉煤灰的品质，特别要尽量降低粉煤灰的烧失量。具体见规范附录B的规定。

严重冻融环境下必须引气的要求主要是根据实验

室快速冻融试验的研究结果提出的，50 多年来工程实际应用肯定了引气工艺的有效性。但是混凝土试件在标准快速试验下的冻融激烈程度要比工程现场的实际环境作用严酷得多。近年来，越来越多的现场调查表明，高强混凝土用于非常严重的冻融环境即使不引气也没有发生破坏。新的欧洲混凝土规范 EN206-1：2000 虽然对严重冻融环境作用下的构件混凝土有引气要求，但允许通过实验室的对比试验研究后不引气；德国标准 DIN1045-2/07.2001 规定含盐的高度饱水情况需要引气，其他情况下均可采用强度较高的非引气混凝土；英国标准 8500-1：2002 规定，各种冻融环境下的混凝土均可不引气，条件是混凝土强度等级需达到 C50 且骨料符合抗冻要求。北欧和北美各国的规范仍规定严重冻融环境作用下的混凝土需要引气。由于我国国内在这方面尚缺乏相应的研究和工程实际经验，本规范现仍规定严重冻融环境下需要采用引气混凝土。

5.3.2 表 5.3.2 中仅列出一般冻融（无盐）情况下钢筋的混凝土保护层最小厚度。盐冻情况下的保护层厚度由氯化物环境控制，具体见第 6 章的有关规定；相应的保护层混凝土质量则要同时满足冻融环境和氯化物环境的要求。有盐冻融条件下的耐久性设计见条文 6.3.2 的规定及其条文说明。

5.3.3 对于冻融环境下重要工程和大型工程的混凝土，其耐久性质量除需满足第 5.3.2 条的规定外，应同时满足本条提出的抗冻耐久性指数要求。表 5.3.3 中的抗冻耐久性指数由快速冻融循环试验结果进行评定。美国 ASTM 标准定义试件经历 300 次冻融循环后的动弹性模量的相对损失为抗冻耐久性指数 *DF*，其计算方法见表注 1。在北美，认为有抗冻要求的混凝土 *DF* 值不能小于 60%。对于年冻融次数不频繁的环境条件或混凝土现场饱水程度不很高时，这一要求可能偏高。

混凝土的抗冻性评价可用多种指标表示，如试件经历冻融循环后的动弹性模量损失、质量损失、伸长量或体积膨胀等。多数标准都采用动弹性模量损失或同时考虑质量损失来确定抗冻级别，但上述指标通常只用来比较混凝土材料的相对抗冻性能，不能直接用来进行结构使用年限的预测。

6 氯化物环境

6.1 一般规定

6.1.1 环境中的氯化物以水溶氯离子的形式通过扩散、渗透和吸附等途径从混凝土构件表面向混凝土内部迁移，可引起混凝土内钢筋的严重锈蚀。氯离子引起的钢筋锈蚀难以控制、后果严重，因此是混凝土结构耐久性的重要问题。氯盐对于混凝土材料也有一定的腐蚀作用，但相对较轻。

6.1.2 本条规定所指的海洋和近海氯化物包括海水、大气、地下水与土体中含有的来自海水的氯化物。此外，其他情况下接触海水的混凝土构件也应考虑海洋氯化物的腐蚀，如海洋馆中接触海水的混凝土池壁、管道等。内陆盐湖中的氯化物作用可参照海洋氯化物环境进行耐久性设计。

6.1.3 除冰盐对混凝土的作用机理很复杂。对钢筋混凝土（如桥面板）而言，一方面，除冰盐直接接触混凝土表层，融雪过程中的温度骤降以及渗入混凝土的含盐雪水的蒸发结晶都会导致混凝土表面的开裂剥落；另一方面，雪水中的氯离子不断向混凝土内部迁移，会引起钢筋腐蚀。前者属于盐冻现象，有关的耐久性要求在第 5 章中已有规定；后者属于钢筋锈蚀问题，相应的要求由本章规定。

降雪地区喷洒的除冰盐可以通过多种途径作用于混凝土构件，含盐的融雪水直接作用于路面，并通过伸缩缝等连接处渗漏到桥面板下方的构件表面，或者通过路面层和防水层的缝隙渗漏到混凝土桥面板的顶面。排出的盐水如渗入地下土体，还会侵蚀混凝土基础。此外，高速行驶的车辆会将路面上含盐的水溅射或转变成盐雾，作用到车道两侧甚至较远的混凝土构件表面；汽车底盘和轮胎上冰冻的含盐雪水进入停车库后融化，还会作用于车库混凝土楼板或地板引起钢筋腐蚀。

地下水土（滨海地区除外）中的氯离子浓度一般较低，当浓度较高且在干湿交替的条件下，则需考虑对混凝土构件的腐蚀。我国西部盐湖和盐渍土地区地下水土中氯盐含量很高，对混凝土构件的腐蚀作用需专门研究处理，不属于本规范的内容。对于游泳池及其周围的混凝土构件，如公共浴室、卫生间地面等，还需要考虑氯盐消毒剂对混凝土构件腐蚀的作用。

除冰盐可对混凝土结构造成极其严重的腐蚀，不进行耐久性设计的桥梁在除冰盐环境下只需几年或十几年就需要大修甚至被迫拆除。发达国家使用含氯除冰盐融化道路积雪已有 40 年的历史，迄今尚无更为经济的替代方法。考虑今后交通发展对融化道路积雪的需要，应在混凝土桥梁的耐久性设计时考虑除冰盐氯化物的影响。

6.1.4 当环境作用等级非常严重或极端严重时，按照常规手段通过增加混凝土强度、降低混凝土水胶比和增加混凝土保护层厚度的办法，仍然有可能保证不了 50 年或 100 年设计使用年限的要求。这时宜考虑采用一种或多种防腐蚀附加措施，并建立合理的多重防护策略，提高结构使用年限的保证率。在采取防腐蚀附加措施的同时，不应降低混凝土材料的耐久性质量和保护层的厚度要求。

常用的防腐蚀附加措施有：混凝土表面涂刷防腐面层或涂层、采用环氧涂层钢筋、应用钢筋阻锈剂等。环氧涂层钢筋和钢筋阻锈剂只有在耐久性优良的混凝土材料中才能起到控制构件锈蚀的作用。

6.1.5 定期检测可以尽快发现问题，并及时采取补救措施。

6.2 环境作用等级

6.2.1 对于海水中的配筋混凝土结构，氯盐引起钢筋锈蚀的环境可进一步分为水下区、潮汐区、浪溅区、大气区和土中区。长年浸没于海水中的混凝土，由于水中缺氧使锈蚀发展速度变得极其缓慢甚至停止，所以钢筋锈蚀危险性不大。潮汐区特别是浪溅区的情况则不同，混凝土处于干湿交替状态，混凝土表面的氯离子可通过吸收、扩散、渗透等多种途径进入混凝土内部，而且氧气和水交替供给，使内部的钢筋具备锈蚀发展的所有条件。浪溅区的供氧条件最为充分，锈蚀最严重。

我国现行行业标准《海港工程混凝土结构防腐蚀技术规范》JTJ 275 在大量调查研究的基础上，分别对浪溅区和潮汐区提出不同的要求。根据海港工程的大量调查表明，平均潮位以下的潮汐区，混凝土在落潮时露出水面时间短，且接触的大气的湿度很高，所含水分较难蒸发，所以混凝土内部饱水程度高、钢筋锈蚀没有浪溅区显著。但本规范考虑到潮汐区内进行修复的难度，将潮汐区与浪溅区按同一作用等级考虑。南方炎热地区温度高，氯离子扩散系数增大，钢筋锈蚀也会加剧，所以炎热气候应作为一种加剧钢筋锈蚀的因素考虑。

海洋和近海地区的大气中都含有氯离子。海洋大气区处于浪溅区的上方，海浪拍击产生大小为 0.1～20μm 的细小雾滴，较大的雾滴积聚于海面附近，而较小的雾滴可随风飘移到近海的陆上地区。海上桥梁的上部构件离浪溅区很近时，受到浓重的盐雾作用，在构件混凝土表层内积累的氯离子浓度可以很高，而且同时又处于干湿交替的环境中，因此处于很不利的状态。在浪溅区与其上方的大气区之间，构件表层混凝土的氯离子浓度没有明确的界限，设计时应该根据具体情况偏安全地选用。

虽然大气盐雾区的混凝土表面氯离子浓度可以积累到与浪溅区的相近，但浪溅区的混凝土表面氯离子浓度可认为从一开始就达到其最大值，而大气盐雾区则需许多年才能逐渐积累到最大值。靠近海岸的陆上大气也含盐分，其浓度与具体的地形、地物、风向、风速等多种因素有关。根据我国浙东、山东等沿海地区的调查，构件的腐蚀程度与离岸距离以及朝向有很大关系，靠近海岸且暴露于室外的构件应考虑盐雾的作用。烟台地区的调查发现，离海岸 100m 内的室外混凝土构件中的钢筋均发生严重锈蚀。

表 6.2.1 中对靠海构件环境作用等级的划分，尚有待积累更多调查数据后作进一步修正。设计人员宜在调查工程所在地区具体环境条件的基础上，采取适当的防腐蚀要求。

6.2.2 海底隧道结构的构件维修困难，宜取用较高的环境作用等级。隧道混凝土构件接触土体的外侧如无空气进入的可能，可按Ⅲ-D级的环境作用确定构件的混凝土保护层厚度；如在外侧设置排水通道有可能引入空气时，应按Ⅲ-E级考虑。隧道构件接触空气的内侧可能接触渗漏的海水，底板和侧墙底部应按Ⅲ-E级考虑，其他部位可根据具体情况确定，但不低于Ⅲ-D级。

6.2.3 近海和海洋环境的氯化物对混凝土结构的腐蚀作用与当地海水中的含盐量有关。表 6.2.1 的环境作用等级是根据一般海水的氯离子浓度（约 18～20g/L）确定的。不同地区海水的含盐量可能有很大差别，沿海地区海水的含盐量受到江河淡水排放的影响并随季节而变化，海水的含盐量有可能较低，可取年均值作为设计的依据。

河口地区虽然水中氯化物含量低于海水，但是对于大气区和浪溅区，混凝土表面的氯盐含量会不断积累，其长期含盐量可以明显高于周围水体中的含盐浓度。在确定氯化物环境的作用等级时，应充分考虑到这些因素。

6.2.4 对于同一构件，应注意不同侧面的局部环境作用等级的差异。混凝土桥面板的顶面会受到除冰盐溶液的直接作用，所以顶面钢筋一般应按Ⅳ-E的作用等级设计，保护层至少需 60mm，除非在桥面板与路面铺装层之间有质量很高的防水层；而桥面板的底部钢筋通常可按一般环境中的室外环境条件设计，板的底部不受雨淋，无干湿交替，作用等级为Ⅰ-B，所需的保护层可能只有 25mm。桥面板顶面的氯离子不可能迁移到底部钢筋，因为所需的时间非常长。但是桥面板的底部有可能受到从板的侧边流淌到底面的雨水或伸缩缝处渗漏水的作用，从而出现干湿交替、反复冻融和盐蚀。所以必须采取相应的排水构造措施，如在板的侧边设置滴水沿、排水沟等。桥面板上部的铺装层一般容易开裂渗漏，防水层的寿命也较短，通常在确定钢筋的保护层厚度时不考虑其有利影响。设计时可根据铺装层防水性能的实际情况，对桥面板顶部钢筋保护层厚度作适当调整。

水或土体中氯离子浓度的高低对与之接触并部分暴露于大气中构件锈蚀的影响，目前尚无确切试验数据，表 6.2.4 注 1 中划分的浓度范围可供参考。

6.2.5 与混凝土构件的设计使用年限相比，一般防水层的有效年限要短得多，在氯化物环境下只能作为辅助措施，不应考虑其有利作用。

6.3 材料与保护层厚度

6.3.1 低水胶比的大掺量矿物掺合料混凝土，在长期使用过程中的抗氯离子侵入的能力要比相同水胶比的硅酸盐水泥混凝土高得多，所以在氯化物环境中不宜单独采用硅酸盐水泥作为胶凝材料。为了增强混凝土早期的强度和耐久性发展，通常应在矿物掺合料中加入少量硅灰，可复合使用两种或两种以上的矿物掺合料，如粉煤灰加硅灰、粉煤灰加矿渣加硅灰。除冻融环境外，矿物掺合料占胶凝材料总量的比例宜大于40%，具体规定见附录B。不受冻融环境作用的氯化物环境也可使用引气混凝土，含气量可控制在4.0%～5.0%，试验表明，适当引气可以降低氯离子扩散系数，提高抗氯离子侵入的能力。

使用大掺量矿物掺合料混凝土，必须有良好的施工养护和保护为前提。如施工现场不具备本规范规定的混凝土养护条件，就不应采用大掺量矿料混凝土。

6.3.2 表6.3.2规定的混凝土最低强度等级大体与国外规范中的相近，考虑到我国的混凝土组成材料特点，最大水胶比的取值则相对较低。表6.3.2规定的保护层厚度根据我国海洋地区混凝土工程的劣化现状调研以及比照国外规范的数据而定，并利用材料劣化模型作了近似核对。表6.3.2提出的只是最低要求，设计人员应该充分考虑工程设计对象的具体情况，必要时采取更高的要求。对于重要的桥梁等生命线工程，宜在设计中同时采用防腐蚀附加措施。

受盐冻的钢筋混凝土构件，需要同时考虑盐冻作用（第5章）和氯离子引起钢筋锈蚀的作用（第6章）。以严寒地区50年设计使用年限的跨海桥梁墩柱为例：冬季海水冰冻，据表5.2.1冻融环境的作用等级为Ⅱ-E，所需混凝土最低强度等级为C_a40，最大水胶比0.45；桥梁墩柱的浪溅区混凝土干湿交替，据表6.2.1海洋氯化物环境的作用等级为Ⅲ-E，所需保护层厚度为60mm（C45）或55mm（≥C50）；由于按照表5.2.1的要求必须引气，表6.3.2要求的强度等级可降低5N/mm²，成为60mm（C_a40）或55mm（≥C_a45），且均不低于环境作用等级Ⅱ-E所需的C_a40；故设计时可选保护层厚度60mm（混凝土强度等级C_a40，最大水胶比0.45），或保护层厚度55mm（混凝土强度等级C_a45，最大水胶比0.40）。

从总体看，如要确保工程在设计使用年限内不需大修，表6.3.2规定的保护层最小厚度仍可能偏低，但如配合使用阶段的定期检测，应能具有经济合理地被修复的能力。国际上近年建成的一些大型桥梁的保护层厚度都比较大，如加拿大的Northumberland海峡大桥（设计寿命100年），墩柱的保护层厚度用75～100mm，上部结构50mm（混凝土水胶比0.34）；丹麦Great Belt Link跨海桥墩用环氧涂层钢筋，保护层厚度75mm，上部结构50mm（混凝土水胶比0.35），同时为今后可能发生锈蚀时采取阴极保护预置必要的条件。

6.3.3 大掺量矿物掺合料混凝土的定义见2.1.17条。氯离子在混凝土中的扩散系数会随着龄期或暴露时间的增长而逐渐降低，这个衰减过程在大掺量矿物掺合料混凝土中尤其显著。如果大掺量矿物掺合料与非大掺量矿物掺合料混凝土的早期（如28d或84d）扩散系数相同，非大掺量矿物掺合料混凝土中钢筋就会更早锈蚀。因此在Ⅲ-E和Ⅲ-F环境下不能采用大掺量矿物掺合料混凝土时，需要提高混凝土强度等级（如10～15N/mm²）或同时增加保护层厚度（如5～10mm），具体宜根据计算或试验研究确定。

6.3.4 与受弯构件不同，增加墩柱的保护层厚度基本不会增大构件材料的工作应力，但能显著提高构件对内部钢筋的保护能力。氯化物环境的作用存在许多不确定性，为了提高结构使用年限的保证率，采用增大保护层厚度的办法要比附加防腐蚀措施更为经济。

墩柱顶部的表层混凝土由于施工中混凝土泌水等影响，密实性相对较差。这一部位又往往受到含盐渗漏水影响并处于干湿交替状态，所以宜增加保护层厚度。

6.3.6 本条规定氯化物环境中混凝土需要满足的氯离子侵入性指标。

氯化物环境下的混凝土侵入性可用氯离子在混凝土中的扩散系数表示。根据不同测试方法得到的扩散系数在数值上不尽相同并各有其特定的用途。D_{RCM}是在实验室内采用快速电迁移的标准试验方法（RCM法）测定的扩散系数。试验时将试件的两端分别置于两种溶液之间并施加电位差，上游溶液中含氯盐，在外加电场的作用下氯离子快速向混凝土内迁移，经过若干小时后劈开试件测出氯离子侵入试件中的深度，利用理论公式计算得出扩散系数，称为非稳态快速氯离子迁移扩散系数。这一方法最早由唐路平提出，现已得到较为广泛的应用，不仅可以用于施工阶段的混凝土质量控制，而且还可结合根据工程实测得到的扩散系数随暴露年限的衰减规律，用于定量估算混凝土中钢筋开始发生锈蚀的年限。

本规范推荐采用RCM法，具体试验方法可参见中国土木工程学会标准《混凝土结构耐久性设计与施工指南》CCES01-2004（2005年修订版）。混凝土的抗氯离子侵入性也可以用其他试验方法及其指标表示。比如，美国ASTM C1202快速电量测定方法测量一段时间内通过混凝土试件的电量，但这一方法用于水胶比低于0.4的矿物掺合料混凝土时误差较大；我国自行研发的NEL氯离子扩散系数快速试验方法测量饱盐混凝土试件的电导率。表6.3.6中的数据主要参考近年来国内外重大工程采用D_{RCM}作为质量控制指标的实践，并利用Fick模型进行了近似校核。

7 化学腐蚀环境

7.1 一般规定

7.1.1 本规范考虑的常见腐蚀性化学物质包括土中

和地表、地下水中的硫酸盐和酸类等物质以及大气中的盐分、硫化物、氮氧化合物等污染物质。这些物质对混凝土的腐蚀主要是化学腐蚀，但盐类侵入混凝土也有可能产生盐结晶的物理腐蚀。本章的化学腐蚀环境不包括氯化物，后者已在第6章中单独作了规定。

7.2 环境作用等级

7.2.1 本条根据水、土环境中化学物质的不同浓度范围将环境作用划分为Ⅴ-C、Ⅴ-D和Ⅴ-E共3个等级。浓度低于Ⅴ-C等级的不需在设计中特别考虑，浓度高于Ⅴ-E等级的应作为特殊情况另行对待。化学环境作用对混凝土的腐蚀，至今尚缺乏足够的数据积累和研究成果。重要工程应在设计前作充分调查，以工程类比作为设计的主要依据。

水、土中的硫酸盐对混凝土的腐蚀作用，除硫酸根离子的浓度外，还与硫酸盐的阳离子种类及浓度、混凝土表面的干湿交替程度、环境温度以及土的渗透性和地下水的流动性等因素有很大关系。腐蚀混凝土的硫酸盐主要来自周围的水、土，也可能来自原本受过硫酸盐腐蚀的混凝土骨料以及混凝土外加剂，如喷射混凝土中常使用的大剂量钠盐速凝剂等。

在常见的硫酸盐中，对混凝土腐蚀的严重程度从强到弱依次为硫酸镁、硫酸钠和硫酸钙。腐蚀性很强的硫酸盐还有硫酸铵，此时需单独考虑铵离子的作用，自然界中的硫酸铵不多见，但在长期施加化肥的土地中则需要注意。

表7.2.1规定的土中硫酸根离子SO_4^{2-}浓度，是在土样中加水溶出的浓度（水溶值）。有的硫酸盐（如硫酸钙）在水中的溶解度很低，在土样中加酸则可溶出土中含有的全部SO_4^{2-}（酸溶值）。但是，只有溶于水中的硫酸盐才会腐蚀混凝土。不同国家的混凝土结构设计规范，对硫酸盐腐蚀的作用等级划分有较大差别，采用的浓度测定方法也有较大出入，有的用酸溶法测定（如欧盟规范），有的则用水溶法（如美国、加拿大和英国）。当用水溶法时，由于水土比例和浸泡搅拌时间的差别，溶出的量也不同。所以最好能同时测定SO_4^{2-}的水溶值和酸溶值，以便于判断难溶盐的数量。

硫酸盐对混凝土的化学腐蚀是两种化学反应的结果：一是与混凝土中的水化铝酸钙起反应形成硫铝酸钙即钙矾石；二是与混凝土中氢氧化钙结合形成硫酸钙（石膏），两种反应均会造成体积膨胀，使混凝土开裂。当含有镁离子时，同时还能和$Ca(OH)_2$反应，生成疏松而无胶凝性的$Mg(OH)_2$，这会降低混凝土的密实性和强度并加剧腐蚀。硫酸盐对混凝土的化学腐蚀过程很慢，通常要持续很多年，开始时混凝土表面泛白，随后开裂、剥落破坏。当土中构件暴露于流动的地下水中时，硫酸盐得以不断补充，腐蚀的产物也被带走，材料的损坏程度就会非常严重。相反，在渗透性很低的黏土中，当表面浅层混凝土遭硫酸盐腐蚀后，由于硫酸盐得不到补充，腐蚀反应就很难进一步进行。

在干湿交替的情况下，水中的SO_4^{2-}浓度如大于200mg/L（或土中SO_4^{2-}大于1000mg/kg）就有可能损害混凝土；水中SO_4^{2-}如大于2000mg/L（或土中的水溶SO_4^{2-}大于4000mg/kg）则可能有较大的损害。水的蒸发可使水中的硫酸盐逐渐积累，所以混凝土冷却塔就有可能遭受硫酸盐的腐蚀。地下水、土中的硫酸盐可以渗入混凝土内部，并在一定条件下使得混凝土毛细孔隙水溶液中的硫酸盐浓度不断积累，当超过饱和浓度时就会析出盐结晶而产生很大的压力，导致混凝土开裂破坏，这是纯粹的物理作用。

硅酸盐水泥混凝土的抗酸腐蚀能力较差，如果水的pH值小于6，对抗渗性较差的混凝土就会造成损害。这里的酸包括除硫酸和碳酸以外的一般酸和酸性盐，如盐酸、硝酸等强酸和其他弱的无机、有机酸及其盐类，其来源于受工业或养殖业废水污染的水体。

酸对混凝土的腐蚀作用主要是与硅酸盐水泥水化产物中的氢氧化钙起反应，如果混凝土骨料是石灰石或白云石，酸也会与这些骨料起化学反应，反应的产物是水溶性的钙化物，其可以被水溶液浸出（草酸和磷酸形成的钙盐除外）。对于硫酸来说，还会进一步形成硫酸盐造成硫酸盐腐蚀。如果酸、盐溶液能到达钢筋表面，还会引起钢筋锈蚀，从而造成混凝土顺筋开裂和剥落。低水胶比的密实混凝土能够抵抗弱酸的腐蚀，但是硅酸盐水泥混凝土不能承受高浓度酸的长期作用。因此在流动的地下水中，必须在混凝土表面采取涂层覆盖等保护措施。

当结构所处环境中含有多种化学腐蚀物质时，一般会加重腐蚀的程度。如Mg^{2+}和SO_4^{2-}同时存在时能引起双重腐蚀。但两种以上的化学物质有时也可能产生相互抑制的作用。例如，海水环境中的氯盐就可能会减弱硫酸盐的危害。有资料报道，如无Cl^-存在，浓度约为250mg/L的SO_4^{2-}就能引起纯硅酸盐水泥混凝土的腐蚀，如Cl^-浓度超过5000mg/L，则造成损害的SO_4^{2-}浓度要提高到约1000mg/L以上。海水中的硫酸盐含量很高，但有大量氯化物存在，所以不再单独考虑硫酸盐的作用。

土中的化学腐蚀物质对混凝土的腐蚀作用需要通过溶于土中的孔隙水来实现。密实的弱透水土体提供的孔隙水量少，而且流动困难，靠近混凝土表面的化学腐蚀物质与混凝土发生化学作用后被消耗，得不到充分的补充，所以腐蚀作用有限。对弱透水土体的定量界定比较困难，一般认为其渗透系数小于10^{-5}m/s或0.86m/d。

7.2.2 部分暴露于大气中而其他部分又接触含盐水、土的混凝土构件应特别考虑盐结晶作用。在日温差剧烈变化或干旱和半干旱地区，混凝土孔隙中的盐溶液容易浓缩并产生结晶或在外界低温过程的作用下析出结晶。对于一端置于水、土而另一端露于空气中的混凝土构件，水、土中的盐会通过混凝土毛细孔隙的吸附作用上升，并在干燥的空气中蒸发，最终因浓度的不断提高产生盐结晶。我国滨海和盐渍土地区电杆、墩柱、墙体等混凝土构件在地面以上1m左右高度范围内常出现这类破坏。对于一侧接触水或土而另一侧暴露于空气中的混凝土构件，情况也与此相似。表7.2.2注中的干燥度系数定义为：

$$K=\frac{0.16\Sigma t}{\gamma}$$

式中 K——干燥度系数；

Σt——日平均温度≥10℃稳定期的年积温（℃）；

γ——日平均温度≥10℃稳定期的年降水量（mm），取0.16。

我国西部的盐湖地区，水、土中盐类的浓度可以高出表7.2.1值的几倍甚至10倍以上，这些情况则需专门研究对待。

7.2.4 大气污染环境的主要作用因素有大气中SO_2产生的酸雨，汽车和机车排放的NO_2废气，以及盐碱地区空气中的盐分。这种环境对混凝土结构的作用程度可有很大差别，宜根据当地的调查情况确定其等级。含盐大气中混凝土构件的环境作用等级见第7.2.5条的规定。

7.2.5 处于含盐大气中的混凝土构件，应考虑盐结晶的破坏作用。大气中的盐分会附着在混凝土构件的表面，环境降水可溶解混凝土表面的盐分形成盐溶液侵入混凝土内部。混凝土孔隙中的盐溶液浓度在干湿循环的条件下会不断增高，达到临界浓度后产生巨大的结晶压力使混凝土开裂破坏。在常年湿润（植被地带的最大蒸发量和降水量的比值小于1）地区，孔隙水难以蒸发，不会发生盐结晶。

7.3 材料与保护层厚度

7.3.1 硅酸盐水泥混凝土抗硫酸盐以及酸类物质的化学腐蚀的能力较差。硅酸盐水泥水化产物中的$Ca(OH)_2$不论在强度上或化学稳定性上都很弱，几乎所有的化学腐蚀都与$Ca(OH)_2$有关，在压力水、流动水尤其是软水的作用下$Ca(OH)_2$还会溶析，是混凝土抗腐蚀的薄弱环节。

在混凝土中加入适量的矿物掺合料对于提高混凝土抵抗化学腐蚀的能力有良好的作用。研究表明，在合适的水胶比下，矿物掺合料及其形成的致密水化产物可以改善混凝土的微观结构，提高混凝土抵抗水、酸和盐类物质腐蚀的能力，而且还能降低氯离子在混凝土中的扩散系数，提高抵抗碱-骨料反应的能力。所以在化学腐蚀环境下，不宜单独使用硅酸盐水泥作为胶凝材料。通常用标准试验方法对28d龄期混凝土试件测得的混凝土抗化学腐蚀的耐久性能参数，不能反映这种混凝土的性能在后期的增长。

化学腐蚀环境中的混凝土结构耐久性设计必须有针对性，对于不同种类的化学腐蚀性物质，采用的水泥品种和掺合料的成分及合适掺量并不完全相同。在混凝土中加入少量硅灰一般都能起到比较显著的作用；粉煤灰和其他火山灰质材料因其本身的Al_2O_3含量有波动，效果差别较大，并非都是掺量越大越好。

因此当单独掺加粉煤灰等火山灰质掺合料时，应当通过实验确定其最佳掺量。在西方，抗硫酸盐水泥或高抗硫酸盐水泥都是硅酸盐类的水泥，只不过水泥中铝酸三钙（C_3A）和硅酸三钙（C_3S）的含量不同程度地减少。当环境中的硫酸盐含量异常高时，最好是采用不含硅酸盐的水泥，如石膏矿渣水泥或矾土水泥。但是非硅酸盐类水泥的使用条件和配合比以及养护等都有特殊要求，需通过试验确定后使用。此外，要注意在硫酸盐腐蚀环境下的粉煤灰掺合料应使用低钙粉煤灰。

8 后张预应力混凝土结构

8.1 一 般 规 定

8.1.1 预应力混凝土结构由混凝土和预应力体系两部分组成。有关混凝土材料的耐久性要求，已在本规范第4～7章中作出规定。

预应力混凝土结构中的预应力施加方式有先张法和后张法两类。后张法还分为有粘结预应力体系、无粘结预应力体系、体外预应力体系等。先张预应力筋的张拉和混凝土的浇筑、养护以及钢筋与混凝土的粘结锚固多在预制工厂条件下完成。相对来说，质量较易保证。后张法预应力构件的制作则多在施工现场完成，涉及的工序多而复杂，质量控制的难度大。预应力混凝土结构的工程实践表明，后张预应力体系的耐久性往往成为工程中最为薄弱的环节，并对结构安全构成严重威胁。

本章专门针对后张法预应力体系的钢筋与锚固端提出防护措施与工艺、构造要求。

8.1.2 对于严重环境作用下的结构，按现有工艺技术生产和施工的预应力体系，不论在耐久性质量的保证或在长期使用过程中的安全检测上，均有可能满足不了结构设计使用年限的要求。从安全角度考虑，可采用可更换的无粘结预应力体系或体外预应力体系，同时也便于检测维修；或者在设计阶段预留预应力孔道以备再次设置预应力筋。

8.2 预应力筋的防护

8.2.1 表8.2.1列出了目前可能采取的预应力筋防

护措施，适用于体内和体外后张预应力体系。为方便起见，表中使用的序列编号代表相应的防护工艺与措施。这里的预应力筋主要指对锈蚀敏感的钢绞线和钢丝，不包括热轧高强粗钢筋。

涉及体内预应力体系的防护措施有 PS1、PS2、PS2a、PS3、PS4 和 PS5；涉及体外预应力体系的防护措施有 PS1、PS2、PS2a、PS3、PS3a。这些防护措施的使用应根据混凝土结构的环境作用类别和等级确定，具体见 8.2.2 条。

8.2.2 本条给出预应力筋在不同环境作用等级条件下耐久性综合防护的最低要求，设计人员可以根据具体的结构环境、结构重要性和设计使用年限适当提高防护要求。

对于体内预应力筋，基本的防护要求为 PS2 和 PS4；对于体外预应力，基本的防护要求为 PS2 和 PS3。

8.3 锚固端的防护

8.3.1 表 8.3.1 列出了目前可能采取的预应力锚固端防护措施，包括了埋入式锚头和暴露式锚头。为方便起见，表中使用的序列编号代表相应的防护工艺与措施。

涉及埋入式锚头的防护措施有 PA1、PA2、PA2a、PA3、PA4、PA5；涉及暴露式锚头的防护措施有 PA1、PA2、PA2a、PA3、PA3a。这些防护措施的使用应根据混凝土结构的环境类别和作用等级确定，参见 8.3.2 条。

8.3.2 本条给出预应力锚头在不同环境作用等级条件下耐久性综合防护的最低要求，设计人员可以根据具体的结构环境、结构重要性和设计使用年限适当提高防护要求。

对于埋入式锚固端，基本的防护要求为 PA4；对于暴露式锚固端，基本的防护要求为 PA2 和 PA3。

8.4 构造与施工质量的附加要求

8.4.2 本条规定的预应力套管应能承受的工作内压，参照了欧盟技术核准协会（EOTA）对后张法预应力体系组件的要求。对高密度聚乙烯和聚丙烯套管的其他技术要求可参见现行行业标准《预应力混凝土桥梁用塑料波纹管》JT/T 529－2004 的有关规定。

8.4.3 水泥基浆体的压浆工艺对管道内预应力筋的耐久性有重要影响，具体压浆工艺和性能要求可参见中国土木工程学会标准《混凝土结构耐久性设计与施工指南》CCES 01－2004（2005 年修订版）附录 D 的相关条文。

8.4.4 在氯化物等严重环境作用下，封锚混凝土中宜外加阻锈剂或采用水泥基聚合物混凝土，并外覆塑料密封罩。对于桥梁等室外预应力构件，应采取构造措施，防止雨水或渗漏水直接作用或流过锚固封堵端的外表面。

附录 A 混凝土结构设计的耐久性极限状态

A.0.2 这三种劣化程度都不会损害到结构的承载能力，满足 A.0.1 条的基本要求。

A.0.3 预应力筋和冷加工钢筋的延性差，破坏呈脆性，而且一旦开始锈蚀，发展速度较快。所以宜偏于安全考虑，以钢筋开始发生锈蚀作为耐久性极限状态。

A.0.4 适量锈蚀到开始出现顺筋开裂尚不会损害钢筋的承载能力，钢筋锈蚀深度达到 0.1mm 不至于明显影响钢筋混凝土构件的承载力。可以近似认为，钢筋锈胀引起构件顺筋开裂（裂缝与钢筋保护层表面垂直）或层裂（裂缝与钢筋保护层表面平行）时的锈蚀深度约为 0.1mm。两种开裂状态均使构件达到正常使用的极限状态。

A.0.5 冻融环境和化学腐蚀环境中的混凝土构件可按表面轻微损伤极限状态考虑。

A.0.6 环境作用引起的材料腐蚀在作用移去后不可恢复。对于不可逆的正常使用极限状态，可靠指标应大于 1.5。欧洲一些工程用可靠度方法进行环境作用下的混凝土结构耐久性设计时，与正常使用极限状态相应的可靠指标一般取 1.8，失效概率不大于 5%。

A.0.7 应用数学模型定量分析氯离子侵入混凝土内部并使钢筋达到临界锈蚀的年限，应选择比较成熟的数学模型，模型中的参数取值有可靠的试验依据，可委托专业机构进行。

A.0.8 从长期暴露于现场氯离子环境的混凝土构件中取样，实测得到构件截面不同深度上的氯离子浓度分布数据，并按 Fick 第二扩散定律的误差函数解析公式（其中假定在这一暴露时间内的扩散系数和表面氯离子浓度均为定值）进行曲线拟合回归求得的扩散系数和表面氯离子浓度，称为表观扩散系数和表观的表面氯离子浓度。表观扩散系数的数值随暴露期限的增长而降低，其衰减规律与混凝土胶凝材料的成分有关。设计取用的表面氯离子浓度和扩散系数，应以类似工程中实测得到的表观值为依据，具体可参见中国土木工程学会标准《混凝土结构耐久性设计与施工指南》CCES01－2004（2005 年修订版）。

附录 B 混凝土原材料的选用

B.1 混凝土胶凝材料

B.1.1 根据耐久性的需要，单位体积混凝土的胶凝材料用量不能太少，但过大的用量会加大混凝土的收缩，使混凝土更加容易开裂，因此应控制胶凝材料的最大用量。在强度与原材料相同的情况下，胶凝材料用量较小的混凝土，体积稳定性好，其耐久性能通常要优于胶凝材料用量较大的混凝土。泵送混凝土由于工作度的需要，允许适当加大胶凝材料用量。

B.1.2 本条规定了不同环境作用下，混凝土胶凝材料中矿物掺合料的选择原则。混凝土的胶凝材料除水泥中的硅酸盐水泥外，还包括水泥中具有胶凝作用的混合材料（如粉煤灰、火山灰、矿渣、沸石岩等）以及配制混凝土时掺入的具有胶凝作用的矿物掺合料（粉煤灰、磨细矿渣、硅灰等）。对胶凝材料及其中矿物掺合料用量的具体规定可参考中国土木工程学会标准《混凝土结构耐久性设计与施工指南》CCES01-2004（2005 年修订版）的表 4.0.3 进行。为方便查阅，将该表在条文说明中列出。

不同环境作用下胶凝材料品种与矿物掺合料用量的限定范围

环境类别 与作用等级		可选用的硅酸盐 类水泥品种	矿物掺合料的限定范围 （占胶凝材料总量的比值）	备　注
Ⅰ	Ⅰ-A（室内干燥）	PO，PⅠ，PⅡ， PS，PF，PC	$W/B=0.55$ 时，$\frac{\alpha_f}{0.2}+\frac{\alpha_s}{0.3}\leqslant 1$ $W/B=0.45$ 时，$\frac{\alpha_f}{0.3}+\frac{\alpha_s}{0.5}\leqslant 1$	保护层最小厚度 $c\leqslant 15$mm 或 $W/B>0.55$ 的构件混凝土中不宜含有矿物掺合料
	Ⅰ-A（水中） Ⅰ-B（长期湿润）	PO，PⅠ，PⅡ， PS，PF，PC	$\frac{\alpha_f}{0.5}+\frac{\alpha_s}{0.7}\leqslant 1$	
	Ⅰ-B （室内非干湿交替） （露天非干湿交替）	PO，PⅠ，PⅡ， PS，PF，PC	$W/B=0.5$ 时，$\frac{\alpha_f}{0.2}+\frac{\alpha_s}{0.3}\leqslant 1$ $W/B=0.4$ 时，$\frac{\alpha_f}{0.3}+\frac{\alpha_s}{0.5}\leqslant 1$	保护层最小厚度 $c\leqslant 20$mm 或水胶比 $W/B>0.5$ 的构件混凝土中胶凝材料中不宜含有掺合料
	Ⅰ-C（干湿交替）	PO，PⅠ，PⅡ		
Ⅱ	Ⅱ-C，Ⅱ-D，Ⅱ-E	PO，PⅠ，PⅡ	$W/B=0.5$ 时，$\frac{\alpha_f}{0.2}+\frac{\alpha_s}{0.3}\leqslant 1$ $W/B=0.4$ 时，$\frac{\alpha_f}{0.3}+\frac{\alpha_s}{0.4}\leqslant 1$	
Ⅲ	Ⅲ-C，Ⅲ-D， Ⅲ-E，Ⅲ-F	PO，PⅠ，PⅡ	下限：$\frac{\alpha_f}{0.25}+\frac{\alpha_s}{0.4}=1$ 上限：$\frac{\alpha_f}{0.42}+\frac{\alpha_s}{0.8}=1$	当 $W/B=0.4\sim0.5$ 时，需同时满足Ⅰ类环境下的要求；如同时处于冻融环境，掺合料用量的上限尚应满足Ⅱ类环境要求
Ⅳ	Ⅳ-C，Ⅳ-D， Ⅳ-E			
Ⅴ	Ⅴ-C，Ⅴ-D，Ⅴ-E	PⅠ，PⅡ，PO， SR，HSR	下限：$\frac{\alpha_f}{0.25}+\frac{\alpha_s}{0.4}=1$ 上限：$\frac{\alpha_f}{0.5}+\frac{\alpha_s}{0.8}=1$	当 $W/B=0.4\sim0.5$ 时，矿物掺合料用量的上限需同时满足Ⅰ类环境下的要求；如同时处于冻融环境，掺合料用量的上限尚应满足Ⅱ类环境要求

表中水泥品种符号说明如下：PⅠ——硅酸盐水泥，PⅡ——掺混合材料不超过5%的硅酸盐水泥，PO——掺混合材料6%～15%的普通硅酸盐水泥，PS——矿渣硅酸盐水泥，PF——粉煤灰硅酸盐水泥，PP——火山灰质硅酸盐水泥，PC——复合硅酸盐水泥，SR——抗硫酸盐硅酸盐水泥，HSR——高抗硫酸盐水泥。

表中的矿物掺合料指配制混凝土时加入的具有胶凝作用的矿物掺合料（粉煤灰、磨细矿渣、硅灰等）与水泥生产时加入的具有胶凝作用的混合材料，不包括石灰石粉等惰性矿物掺合料。但在计算混凝土配合比时，要将惰性掺合料计入胶凝材料总量中。表中公式中 α_f，α_s 分别表示粉煤灰和矿渣占胶凝材料总量的比值。当使用PⅠ、PⅡ以外的掺有混合材料的硅酸盐类水泥时，矿物掺合料中应计入水泥生产中已掺入的混合料，在没有确切水泥组分的数据时不宜使用。

表中用算式表示粉煤灰和磨细矿渣的限定用量范围。例如一般环境中干湿交替的Ⅰ-C作用等级，如混凝土的水胶比为0.5，有 $\frac{\alpha_f}{0.2}+\frac{\alpha_s}{0.3}\leqslant 1$。如单掺粉煤灰，$\alpha_s=0$，$\alpha_f\leqslant 0.2$，即粉煤灰用量不能超过胶凝材料总重的20%；如单掺磨细矿渣，$\alpha_f=0$，$\alpha_s\leqslant 0.3$，即磨细矿渣用量不能超过胶凝材料总重的30%。双掺粉煤灰和磨细矿渣，如粉煤灰掺量为10%，则从上式可得矿渣掺量需小于15%。

B.2 混凝土中氯离子、三氧化硫和碱含量

B.2.1 混凝土中的氯离子含量，可对所有原材料的氯离子含量进行实测，然后加在一起确定；也可以从新拌混凝土和硬化混凝土中取样化验求得。氯离子能与混凝土胶凝材料中的某些成分结合，所以从硬化混凝土中取样测得的水溶氯离子量要低于原材料氯离子总量。使用酸溶法测量硬化混凝土的氯离子含量时，氯离子酸溶值的最大含量限制对于一般环境作用下的钢筋混凝土构件可大于表B.2.1中水溶值的1/4～1/3。混凝土氯离子量的测试方法见附录D。

重要结构的混凝土不得使用海砂配制。一般工程由于取材条件限制不得不使用海砂时，混凝土水胶比应低于0.45，强度等级不宜低于C40，并适当加大保护层厚度或掺入化学阻锈剂。

B.2.4 矿物掺合料带入混凝土中的碱可按水溶性碱的含量计入，当无检测条件时，对粉煤灰，可取其总碱量的1/6，磨细矿渣取1/2。对于使用潜在活性骨料并常年处于潮湿环境条件的混凝土构件，可参考国内外相关预防碱-骨料反应的技术规程，如国内北京市预防碱-骨料反应的地方标准、铁路、水工等部门的技术文件，以及国外相关标准，如加拿大标准CSA C23.2-27A等。加拿大标准CSA C23.2-27A针对不同使用年限构件提出了具体要求，包括硅酸盐水泥的最大含碱量、矿物掺合料的最低用量，以及粉煤灰掺合料中的CaO最大含量。

中华人民共和国国家标准

地热电站岩土工程勘察规范

Code for investigation of geotechnical engineering of geothermal power plant

GB 50478—2008

主编部门：中 国 电 力 企 业 联 合 会
批准部门：中华人民共和国住房和城乡建设部
施行日期：2 0 0 9 年 8 月 1 日

中华人民共和国住房和城乡建设部公告

第195号

关于发布国家标准《地热电站岩土工程勘察规范》的公告

现批准《地热电站岩土工程勘察规范》为国家标准，编号为GB 50478—2008，自2009年8月1日起实施。其中，第1.0.3、3.1.2、6.2.1、6.3.1条为强制性条文，必须严格执行。

本规范由我部标准定额研究所组织中国计划出版社出版发行。

中华人民共和国住房和城乡建设部

二〇〇八年十二月十五日

前　言

本规范是根据建设部"关于印发《2006年工程建设标准规范制订、修订计划（第二批）》的通知"（建标〔2006〕136号）的要求，由中国电力工程顾问集团西南电力设计院会同有关单位编制而成。

本规范在编制过程中，编制组总结了国内已建地热电站的勘察成果和工程实践经验，全面考虑了地热电站所在热田区具有区域地质复杂、地震活动性强、活动断裂发育等特点和存在地热流体对岩土的腐蚀、性状变化等方面的岩土工程问题，明确了地热电站各设计阶段岩土工程勘察的要求，根据各类建筑特点制定了相应的勘察标准，经反复讨论、认真修改，最后经审查定稿。

本规范共分9章，主要内容包括：总则、术语、基本规定、各勘察阶段任务和要求、各类建（构）筑物地段勘察、专门岩土工程勘察、地下水勘察、现场检验、岩土工程分析评价和成果报告等。

本规范中以黑体字标志的条文为强制性条文，必须严格执行。

本规范由住房和城乡建设部负责管理和对强制性条文的解释，由中国电力企业联合会负责具体日常管理，由中国电力工程顾问集团西南电力设计院负责具体技术内容的解释。在执行规范过程中，请各单位结合工程实践、认真总结经验，并将意见和建议寄交中国电力工程顾问集团西南电力设计院国家标准《地热电站岩土工程勘察规范》编写组（地址：成都市东风路18号，邮政编码：610021，E-mail：ytk@swepdi.com）。

本规范主编单位、参编单位和主要起草人：

主 编 单 位： 中国电力工程顾问集团西南电力设计院

参 编 单 位： 国家电网公司西藏电力有限公司

主要起草人： 李世柏　曹卫东　余凤先　蒋金中　李仁刚　曾　毅

目　次

1　总则 ………………………………… 1—62—4
2　术语 ………………………………… 1—62—4
3　基本规定 …………………………… 1—62—4
3.1　基本技术原则……………………… 1—62—4
3.2　建筑场地分类……………………… 1—62—4
3.3　勘察阶段划分原则………………… 1—62—5
4　各勘察阶段任务和要求 …………… 1—62—5
4.1　初步可行性研究阶段勘察………… 1—62—5
4.2　可行性研究阶段勘察……………… 1—62—5
4.3　初步设计阶段勘察………………… 1—62—6
4.4　施工图设计阶段勘察……………… 1—62—7
5　各类建（构）筑物地段勘察 ……… 1—62—8
5.1　主厂房地段………………………… 1—62—8
5.2　水工建（构）筑物地段…………… 1—62—8
5.3　电气建（构）筑物地段…………… 1—62—9
5.4　辅助、附属建（构）筑物地段…… 1—62—9
5.5　地热井口地段……………………… 1—62—9
5.6　回灌建（构）筑物地段…………… 1—62—9
6　专门岩土工程勘察 ………………… 1—62—9
6.1　活动断裂…………………………… 1—62—9
6.2　地震液化 ………………………… 1—62—10
6.3　滑坡 ……………………………… 1—62—10
6.4　边坡 ……………………………… 1—62—11
6.5　冻土 ……………………………… 1—62—12
6.6　混合土 …………………………… 1—62—13
6.7　软土 ……………………………… 1—62—13
7　地下水勘察 ……………………… 1—62—13
7.1　一般规定 ………………………… 1—62—13
7.2　地下水参数 ……………………… 1—62—14
7.3　地下水对工程的影响评价 ……… 1—62—14
8　现场检验 ………………………… 1—62—14
9　岩土工程分析评价和
成果报告 ………………………… 1—62—14
9.1　岩土工程分析评价的要求 ……… 1—62—14
9.2　成果报告的基本要求 …………… 1—62—15
本规范用词说明 ……………………… 1—62—16
附：条文说明………………………… 1—62—17

1 总 则

1.0.1 为了在地热电站岩土工程勘察中贯彻执行国家有关的技术经济政策，满足设计、施工和运行的使用要求，做到技术先进、经济合理、保证质量、保护环境，制定本规范。

1.0.2 本规范适用于新建、扩建和改建的地热电站的岩土工程勘察。

1.0.3 地热电站在设计和施工之前，必须按基本建设程序进行岩土工程勘察。

1.0.4 岩土工程勘察应按工程建设各勘察阶段的要求，反映工程地质条件，查明不良地质作用和地质灾害，精心勘察、精心分析，提出资料完整、评价正确的勘察报告。

1.0.5 地热电站岩土工程勘察，除应符合本规范外，尚应符合国家现行有关标准的规定。

2 术 语

2.0.1 地热电站 geothermal power plant

利用地热流体所运载的热能进行发电的电站。

2.0.2 地热 geothermal

指来自地壳深部、储存于地下岩石和岩石孔隙裂隙中的天然热能。

2.0.3 地热回灌 geothermal reinjection

为保持热储压力、充分利用能源和减少地热流体直接排放对环境的污染，对经过利用（降低了温度）的地热流体或其他水源通过地热回灌井重新注回热储层段的人工选择性利用能量、保持资源可持续利用的方法。

2.0.4 工程地质条件 engineering geological condition

与工程建设直接或间接有关的地形地貌、地层岩性、地质构造、岩土的工程性质、水文地质、环境地质及天然建筑材料等条件的总和。

2.0.5 岩土工程分析评价 geotechnical engineering analysis and evaluation

在工程地质测绘、勘探、测试与监测的基础上，结合工程特点和要求，进行分析、计算，选定岩土参数，论证场地、地基和岩土构筑物的稳定性和适宜性，为岩土的利用、整治和改造设计提出可行的方案和建议，预测和监控工程在施工和建成运营期间可能发生的岩土工程问题，并提出相应对策、措施和建议的一系列工作的总称。

2.0.6 施工勘察 investigation during construction

对于岩土条件复杂或有特殊使用要求的建筑物地基，在施工过程中需要补充查明或在基础施工中发现岩土条件与勘察报告不符时而进行的补充勘察。

3 基 本 规 定

3.1 基本技术原则

3.1.1 地热电站岩土工程勘察应查明影响建站的各类不良地质作用和地质灾害，正确反映与设计、施工有关的各种工程地质条件，应分析评价站址的稳定性，进行岩土工程分析评价，提出合理的岩土工程建议。

3.1.2 地热电站严禁选择在发生严重的滑坡、崩塌、泥石流、地裂缝、地面塌陷等地段及全新活动断裂带上。

3.1.3 地热电站岩土工程勘察，应按相应勘察阶段的工作深度要求制订合理的勘察技术方案。

3.1.4 地热电站岩土工程勘察，应根据场地工程地质条件，有针对性地采用单一或综合勘察、测试方法。各种原始资料、记录数据及测试数据必须真实、可靠。

3.1.5 当需要检验岩土整治效果和施工条件时，应作现场原体试验。

3.1.6 地热电站岩土工程分析应贯穿于岩土工程勘察的全过程，并应针对不同的分析对象，分别采取定性分析和定量分析方法进行分析。

3.1.7 岩土分类与鉴定、工程地质测绘与调查、勘探、原位测试、取样、室内试验、水土腐蚀性评价等应符合现行国家标准《岩土工程勘察规范》GB 50021 的有关规定。

3.1.8 地热电站岩土工程勘察应积极采用新技术和新方法。

3.1.9 地热电站岩土工程施工期间，应进行现场检验。

3.2 建筑场地分类

3.2.1 建筑场地复杂程度，可分为复杂场地、中等复杂场地和简单场地。

3.2.2 当符合下列条件之一时，可划为复杂场地：

1 地形地貌复杂，地貌单元在3个以上。

2 地层层次多，地基岩土分布不均匀、性质变化大。

3 地基土为具严重湿陷、盐渍化、污染、膨胀、冻胀及融沉的特殊性岩土。

4 地质构造复杂，不良地质作用强烈发育。

5 地震基本烈度大于或等于Ⅸ度，或对建筑抗震危险的地段。

3.2.3 当同时符合下列条件时，可划为简单场地：

1 地形较平整，地貌单一。

2 地层结构简单，岩土性质均匀，无特殊性岩土。

3 地下水埋藏较深，对工程无影响。

4 地质构造简单，无不良地质作用。

5 地震基本烈度小于Ⅶ度，或对建筑抗震有利的地段。

3.2.4 除本规范第 3.2.2 条和第 3.2.3 条所列条件以外者，可划为中等复杂场地。

3.3 勘察阶段划分原则

3.3.1 地热电站岩土工程勘察应分阶段进行，勘察阶段的划分应与设计阶段相适应，宜分为下列阶段勘察：

1 初步可行性研究阶段勘察。

2 可行性研究阶段勘察。

3 初步设计阶段勘察。

4 施工图设计阶段勘察。

3.3.2 在下列情况下，可对勘察阶段进行调整：

1 扩建或改建地热电站的岩土工程勘察，应根据已有勘察资料的工作深度，确定是否满足相应设计阶段的要求。当不能满足要求时，应进行相应阶段的勘察或作必要的补充勘察。

2 当场地条件简单时，可简化或合并勘察阶段。

3.3.3 当场地地质条件复杂，经施工图设计阶段勘察后仍难以详细查明或施工中发现新的岩土工程问题时，应进行施工勘察。

4 各勘察阶段任务和要求

4.1 初步可行性研究阶段勘察

4.1.1 初步可行性研究阶段勘察应对拟选站址的稳定性和地基条件作出初步评价，提出适宜或不适宜建站的意见，推荐两个或两个以上场地相对稳定、工程地质条件较好的站址方案。

4.1.2 初步可行性研究阶段勘察宜搜集下列资料：

1 1∶5000～1∶50000 的地形图。

2 区域地质资料。

3 区域地震及地震地质资料。

4 站址所在地区水文地质、岩土工程及地质灾害资料。

5 地热田勘探、地热尾水回灌资料。

6 矿产分布及开采情况、古文物和重点化石群的分布及保护等级。

7 地区建筑经验及国家现行有关标准。

4.1.3 初步可行性研究阶段勘察应包括下列主要任务：

1 了解各站址区的区域地质构造、活动断裂和地震地质资料，初步确定站址区的地震动参数，对站址区构造稳定性作出初步评价。

2 调查了解各站址区及其附近地段的不良地质作用，分析其危害程度，对场地稳定性作出初步评价，并提出避开或防治的建议。

3 调查了解各站址区地形地貌特征、地层岩性以及地下水埋藏条件，对可能采用的地基类型作出初步评价。

4 了解各站址区及其附近地热资源、矿产资源的分布、开采和规划情况。

5 初步分析各站址区环境地质问题及其对工程建设的影响。

6 当地震基本烈度大于或等于Ⅶ度时，应对场地饱和砂土和饱和粉土的地震液化问题作出初步分析。

4.1.4 初步可行性研究阶段勘察工作应以搜集资料和现场踏勘为主，必要时应进行工程地质调查或测绘、工程物探及适量的钻探、井探工作。

4.1.5 初步可行性研究阶段勘察，应根据下列条件评价和推荐站址：

1 站址稳定性、不良地质作用避开的可能性及其治理难易程度。

2 地震动参数以及场地对建筑抗震的影响。

3 拟采用的地基类型、地基处理难易程度以及地形起伏对场地利用或整平的影响。

4.2 可行性研究阶段勘察

4.2.1 可行性研究阶段勘察应对各站址的稳定性作出最终评价，对站址的场地工程地质条件及地基类型作出评价，预测工程建设可能引起的环境地质问题，推荐工程地质条件较优的站址，并确保后阶段勘察不致得出相反的结论。

4.2.2 除搜集本规范第 4.1.2 条所列资料外，可行性研究阶段勘察尚应搜集下列资料：

1 工程拟建规模、机组容量、总体规划设想等设计资料。

2 可行性研究阶段岩土工程勘察任务书。

3 标示有站址轮廓范围的站区总平面规划布置、取水及冷却系统规划、地热开采和回灌系统规划等图纸文件。

4 工程地震安全性评价、地质灾害危险性评估和压覆矿产调查等资料。

4.2.3 可行性研究阶段勘察应包括下列主要任务：

1 分析区域地质构造，分析利用地震安全性评价资料，评价站址及其附近活动断裂对工程建设的影响，对站址区构造稳定性作出最终评价。

2 查明站址及周围的不良地质作用，分析其危害程度和发展趋势，对场地稳定性作出最终评价，并提出防治的初步方案。

3 初步查明站址内地层成因、时代、岩性分布及各主要岩土层的物理力学性质，以及站址内地质构造、地下水埋藏条件、水土腐蚀性。

4 分析、预测由于地热开采、回灌及工程建设可能引起的地面沉降、沼泽化、盐渍化、冻融、工程滑坡及其他环境地质问题。

5 调查站址压矿及采矿情况，分析其对工程建设的影响。

6 提供站址区的地震动参数。确定建筑场地类别，划分对建筑抗震危险、不利、有利及一般地段，并评价地震作用下发生滑坡、崩塌或塌陷的可能性。

7 当地震基本烈度大于或等于Ⅶ度时，应对场地饱和砂土和饱和粉土进行地震液化判别。

8 分析可能采用的地基类型并提出建议，当需要时宜对地基处理或桩基方案进行论证。

4.2.4 对山区、丘陵区站址勘察，应充分利用工程地质测绘和调查手段。对于复杂场地宜进行工程地质测绘，对中等复杂场地可根据需要进行工程地质测绘或调查，对简单场地可进行工程地质调查。

工程地质测绘范围应包括站址及其周边地区，测绘地形图比例尺宜为1∶1000～1∶5000。

4.2.5 可行性研究阶段勘察的站区勘探工作，应符合下列规定：

1 勘探点可按网格状并兼顾总平面图布置，勘探网范围宜超出拟建站区轮廓一定范围。

2 山区站址每个地貌单元均应布置勘探点，并应在地貌单元交接部位、覆盖层厚度变化较大的地段适当加密勘探点。

3 勘探点间距和数量应按场地的复杂程度确定。复杂场地勘探点间距可为100～150m，每站址勘探点数量不宜小于9个；中等复杂场地和简单场地勘探点间距可为150～300m，每站址勘探点数量不宜小于6个。

4 第四系地层控制性勘探点深度宜为20～30m，一般性勘探点宜为15～20m，软土场地，尚应按规定加大勘探点深度；当预定勘探深度内遇见基岩时，可适当调整终孔深度，但控制性勘探点应进入中等～微风化基岩3～5m，一般性勘探点应进入基岩。

5 当基岩裸露或浅埋时，宜布置部分探井或探槽。

4.2.6 可行性研究阶段勘察应采取有代表性的不扰动土、地下水试样进行室内物理力学性质、地下水水质分析试验。每一主要土层的试样不宜少于6件。

4.2.7 可行性研究阶段对取水建筑物、地热井口和回灌场地地段的勘察，应以工程地质测绘或调查为主，必要时可布置一定数量的勘探工作。

4.2.8 地热电站与活动断裂的安全距离应符合本规范第6.1节的规定。

4.2.9 当天然地基方案难以成立时，应对地基处理方法和桩基选型进行分析论证，并应推荐地基处理方法或桩基础方案。

4.2.10 可行性研究阶段勘察应按本规范第4.1.5条的规定进行站址比选，并应推荐工程地质条件较优的建设站址。

4.3 初步设计阶段勘察

4.3.1 初步设计阶段勘察应进一步查明场地的工程地质条件，应评价和推荐主要建筑物的地基基础方案以及不良地质作用、环境地质问题的整治方案，并应提出建筑总平面布置的建议。

4.3.2 初步设计阶段勘察宜包括下列资料和文件：

1 初步设计阶段岩土工程勘察任务书。

2 标示有地坪设计标高的建筑物总平面布置图。

3 初步拟定的各建筑物基础形式、尺寸、埋深，初步确定的主要建筑物基础单位荷载及总荷载。

4 工程前期勘察资料、可行性研究审查意见、已获批复的地震安全性评价报告，以及当地有关岩土工程建设经验。

4.3.3 初步设计阶段勘察应包括下列主要任务：

1 查明场地地层的成因、时代、分布、岩土分类及各岩土层的工程特性、物理力学性质，提出地基基础设计所需岩土参数。

2 进一步查明场地不良地质作用的类型、规模、分布范围及发生规律等，对整治方案进行论证，并提出整治措施。

3 查明场地地下水的埋藏条件及变化规律，分析地下水对地基基础方案、基础施工可能产生的影响，提出防治措施，并对水土的腐蚀性作出评价。

4 当地震基本烈度大于或等于Ⅶ度时，进一步对饱和砂土和饱和粉土的地震液化问题进行评价，并确定液化等级，提出抗液化措施，并对厚层软土的震陷可能性作出判别。

5 分析论证和推荐地基处理方法或桩基础方案，并提出必要的原体试验建议。

6 查明对建筑物有影响的天然边坡或人工边坡地段的工程地质条件，评价边坡的稳定性，并对其整治方案进行论证，提出边坡整治方案和边坡设计所需的岩土参数。

7 进行必要的环境工程地质调查，为确定环境治理和保护方案提供依据。

8 对复杂场地应进行工程地质分区。

4.3.4 初步设计阶段勘察可根据岩土工程治理需要进行大比例尺的专项工程地质测绘和调查。工程地质测绘比例尺宜为1∶500～1∶1000。

4.3.5 初步设计阶段勘察，站区勘探网、线、点的布置应符合下列规定：

1 勘探网宜扩大到站区围墙及截洪沟、边坡外围适当范围。

2 勘探线宜按垂直地貌分界线、地质构造线及地层界线，并结合建筑物的展向布置。

3 勘探点沿勘探线布置，每一地貌单元应布置有勘探点，在地貌变化和基岩起伏较大、覆盖土层岩性复杂的地段及主要建筑物分布地段应加密勘探点。

4 控制性勘探点不应少于勘探点总数的 1/3，条件适宜时应布置一定数量的探井或探槽。

5 勘探线、勘探点的间距可按表 4.3.5 确定。

表 4.3.5 勘探线、勘探点间距

场地复杂程度	勘探线间距（m）	勘探点间距（m）
复杂场地	50～80	30～50
中等复杂场地	80～120	50～100
简单场地	120～200	100～150

4.3.6 初步设计阶段勘探点深度的确定，应符合下列规定：

1 控制性勘探点深度可为 15～25m，一般性勘探点深度可为 10～15m，重要建筑物地段宜取大值，一般建筑物地段宜取小值。

2 下列情况之一时，可适当调整勘探点深度：

1）当预定勘探深度内遇基岩时勘探点深度可适当减小，控制性勘探点应进入强风化层不小于 5m，或进入中等～微风化基岩 1～3m（岩溶场地除外），一般性勘探点应钻入基岩并准确判明岩性及风化程度；

2）当预定勘探深度内遇软弱下卧层时，应适当加深或穿透软弱地层；

3）已有资料或钻探证明，在预定勘探深度内，有分布均匀、厚度超过 3m 的坚实土层，其下又无软弱下卧层时，一般性勘探点深度可适当减小，控制性勘探点仍应达到规定的深度。

4.3.7 初步设计阶段取土试样和原位测试工作，应符合下列规定：

1 取不扰动土试样或原位测试的勘探点数，宜为勘探点总数的 1/3～1/2，主要建筑物地段及复杂场地程度宜取大值，其他可取小值，且应均匀分布。

2 每一主要土层的试样或原位测试数据不应少于 6 件，其中作力学试验的试样不应少于 60%。

3 对影响地基稳定和变形的软弱夹层或透镜体，应采取不扰动土试样或进行原位测试。

4.3.8 初步设计阶段勘察应查明地下水埋藏条件及补给、排泄条件，测量地下水位，并应调查、预测地下水位变化幅度。

当地下水存在浸没基础的可能时，应采取代表性地下水试样进行室内腐蚀性分析，且每场地试样数量不应少于 3 件。

4.3.9 在特殊岩土地区，应着重查明特殊岩土分布特征、性状指标和相应等级，并应根据本规范第 6 章及国家现行有关标准的规定进行分析和评价。

4.3.10 初步设计阶段对岸边或水中泵房和取水构筑物的勘察，还应符合下列规定：

1 应了解河流冲淤特点及河道变迁情况，查明不良地质作用和岩土分布特征，分析岸坡可能破坏模式，并着重对岸坡场地的稳定性作出评价。

2 当场地存在对岸坡稳定不利的岩体结构面、构造断裂和不良地质作用时，应进行工程地质测绘。

3 勘探工作量应根据工程规模、基础类型、河流最大冲刷深度确定。勘探线应垂直河床布置，勘探线数量宜为 1～2 条，每条勘探线上不应少于 3 个勘探点或地质调查点，基岩埋藏较浅时可布置适当的探井。控制性勘探点深度应钻至河床最大冲刷深度以下不小于 5m，若存在岸坡滑动可能时，尚应穿过潜在滑动面并深入稳定地层不小于 5m。

4 应评价地下水、土及地表水体的腐蚀性。

4.3.11 初步设计阶段对地热井口和回灌场地建筑物的勘察，宜布置适当的勘探工作量，并宜进行必要的工程地质或环境工程地质调查。每个开采井、回灌井井口地段勘探点数量不宜少于 1 个。

4.4 施工图设计阶段勘察

4.4.1 施工图设计阶段勘察应针对不同建筑物的特点，对各建筑地段的地基作出详细的岩土工程评价，并应为地基基础的设计、施工，以及不良地质作用、环境地质问题的整治提供详尽的岩土工程资料。

4.4.2 施工图设计阶段勘察宜包括下列资料和文件：

1 施工图设计阶段岩土工程勘察任务书。

2 具有坐标、地形的总平面布置图。

3 各建筑物的室内地坪及室外地面标高、上部结构类型、基础形式及拟定的尺寸、拟定基础埋深及基底单位荷载、地基处理方案和要求。

4 取水建筑物拟采用的施工方法以及地热流体、取水、地热尾水等管线的路径、转角坐标及架（敷）设方式等。

5 前阶段勘察资料、初步设计审查意见。

4.4.3 施工图设计阶段勘察应包括下列主要任务：

1 查明各建筑地段的地基岩土类别、层次、厚度及沿垂直和水平方向的分布规律。

2 提供地基岩土承载力、抗剪强度、压缩模量等地基基础设计所需的岩土参数。

3 查明各建筑地段地下水埋藏条件、水位变化幅度。当需要降水时应提出降水方案建议，并提供地层渗透性指标。

4 进一步查明边坡地段的工程地质条件，为边坡设计提出所需的岩土参数。

5 提出基坑开挖、降水建议措施，推荐基坑支护设计所需的岩土参数，并评价基坑开挖、降水等对邻近建筑物的影响。

6 当需要时，为环境工程地质问题的治理提供资料。

4.4.4 施工图设计阶段勘探点的布置应根据各建筑

物（或设备）的重要类别及建筑场地的复杂程度确定，并应符合下列规定：

1 对中等复杂场地，一级建筑物及需要进行变形计算的二级建筑物、重要设备基础，应沿主要柱列线、基础轴线或周线布置勘探点，勘探点间距宜为15～30m；对于其他建筑物，可沿建筑物的轮廓线布置勘探点，勘探点间距宜为25～50m。

2 对复杂场地，应适当加密勘探点，必要时还应逐基勘探。

3 对简单场地，可按方格网布置勘探点，间距宜为30～50m，但重要建筑物应有适量的勘探点控制。

4.4.5 施工图设计阶段勘探点深度的确定，应符合下列规定：

1 对按承载力计算的地基，勘探点深度应以控制地基主要受力层为原则。勘探点深度不应小于基础以下条形基础宽度的3倍、单独基础宽度的1.5倍，且不应小于基础底面以下5m。

2 对需进行变形验算的地基，一般性勘探点深度应符合本条第1款的规定，控制性勘探点的深度尚应超过地基沉降计算深度。地基沉降计算深度应按现行国家标准《建筑地基基础设计规范》GB 50007的有关规定执行。

控制性勘探点的深度应根据基础底面宽度及地基土的类别按表4.4.5确定，但不应小于基础底面以下8m。

表 4.4.5 控制性勘探点深度

基础底面宽度 b（m）	勘探点深度（从基础底面算起）		
	软土	一般粘性土、粉土及砂土	坚实土层
$b\leqslant3$	4.0b	3.0b	2.5b
$3<b\leqslant6$	3.5b	2.5b	2.0b
$6<b\leqslant10$	3.0b	2.0b	1.5b
$10<b\leqslant20$	2.5b	1.5b	1.2b
$20<b\leqslant40$	2.0b	1.2b	1.0b

注：1 本表适用于采用天然地基的均匀土层，当软弱下卧层厚度较大时应适当增加。
2 圆形基础可采用直径 d 代替基础底面宽度。
3 当场地有大面积堆载时，应根据荷载大小及基础底面积适当加深。
4 对特殊性岩土，勘探深度应满足相应地基计算的要求。

3 对于岩石地基，勘探点深度应根据岩石性质及风化程度进行适当调整。控制性勘探点应进入基础底面以下强风化层不小于5m，或进入中等～微风化基岩1～3m，一般性勘探点应钻入基岩并准确判明岩性及风化程度。

4 对岩溶场地，勘探点深度应进入基础底面（或洞底）以下完整岩体不小于3～5m。

5 当需要采用桩基础或进行地基处理时，勘探点深度应满足地基处理、桩基础设计的要求。

4.4.6 施工图设计阶段勘察采取土试样或进行原位测试，应符合下列规定：

1 采取土试样或进行原位测试的勘探点数量，每一建筑地段不应小于2个，对复杂场地和重要建筑地段应适当增加。

2 取土试样或进行原位测试的数量，每一主要土层的不扰动土试样或原位测试数据不应少于6件（组）。

3 主要受力层范围内，对厚度大于0.5m的夹层或透镜体，应采取土试样或进行原位测试。

4 对特殊性岩土或进行特殊地质条件勘察，取土试样或原位测试尚应满足其地基计算的要求。

5 各类建（构）筑物地段勘察

5.1 主厂房地段

5.1.1 主厂房地段的岩土工程勘察，应着重分析地基的强度和变形特征，并应对地基的稳定性进行准确评价。

5.1.2 主厂房地段勘探点的布置原则、数量及深度，可按表5.1.2确定。

表 5.1.2 主厂房地段勘探点的布置、数量及深度

建筑名称	勘探点布置	勘探点数量	控制性勘探点深度（m）	一般性勘探点深度（m）
主厂房	沿汽机、发电机外侧柱列线或厂房中心线每隔1～2基础布置1个勘探点	每台机组3～6个	15～20	10～15
凝汽器、扩容器	沿基础中心点或周线布置	每个主要设备基础不少于1个	10～15	8～10

注：若同时安装两台或两台以上机组，主厂房勘探点总数量可适当减少。

5.2 水工建（构）筑物地段

5.2.1 冷却塔的勘察应着重查明和评价地基的均匀性，以及漏水对地基土性质的影响。

5.2.2 循环水泵房的勘察应着重分析评价施工开挖边坡稳定性、漏水对地基土性质的影响及施工降水等岩土工程问题。

5.2.3 岸边或水中水泵房、取排水构筑物及护岸的勘察，应着重查明和评价岸边崩塌、滑坡、淤积等不良地质作用，以及地表水冲刷、地下水渗流作用、施工开挖等因素对岸坡稳定性的影响。当采用大开挖或围堰施工时，应确定基坑周边和基底土的渗透系数，并应判定基坑边坡的稳定性。

5.2.4 取水管道或沟渠的勘察，应查明管道沿线工程地质条件，并应着重评价不良地质作用、特殊性岩土对管道或基础造成破坏的可能性，以及水、土对管道或基础的腐蚀性；当穿越或跨越公路、铁路、冲沟、河流等地段时，应评价管道或两端支墩的稳定性；对沟渠地段应分析渠水渗漏的可能性以及蓄水后对边坡稳定性的影响。

5.2.5 本地段勘探点的布置原则、数量及深度，可按表5.2.5确定。

表5.2.5 勘探点的布置、数量及深度

建筑名称	勘探点布置	勘探点数量	勘探点深度
冷却塔	沿冷却塔(群)基础周线或柱列线布置	每个建筑物不应少于2个	15～20m
循环水泵房	沿基础周线或建筑物中心线布置	每个建筑物不应少于2个	10～15m
岸边(或水中)水泵房、取排水构筑物	沿基础周线或建筑物中心线布置	每个建筑物不应少于2个	基础底面以下5～7m,若存在岸坡滑动可能时,尚应穿过潜在滑动面并深入稳定地层2～5m
取水管道(沟渠)	沿取水管道(沟渠)路径、转角布置,管道、沟渠勘探点间距宜分别为100～200m、50～100m,对跨越、高填、深挖、地貌变化处及复杂场地应适当加密	根据场地复杂程度、管道(沟渠)确定	超过管道(沟渠)底或支墩底3～5m
蓄水池、沉淀池、消防水池及泵房等其他建筑物	沿建筑物轮廓线或中心线布置	每个建筑物不宜少于1个	8～12m

5.3 电气建(构)筑物地段

5.3.1 电气建(构)筑物地段勘察应查明地基土的分布及其工程特征，并应着重对地基均匀性进行评价。

5.3.2 电气建(构)筑物地段的勘探点布置，应符合下列规定：

1 主控制楼应沿建筑物柱列线、周线或建筑物中心线布置2～6个勘探点，勘探点深度应为10～15m。

2 主变压器应沿基础中心点或轴线布置勘探点，每个主变压器不应少于1个，勘探点深度应为8～12m。

3 屋外配电装置及其他电气设施可按建筑群布置勘探点，勘探点间距宜为30～50m，勘探点深度应为5～8m。

5.4 辅助、附属建(构)筑物地段

5.4.1 辅助、附属建(构)筑物地段勘察应查明地基土的分布及其工程特征，并应结合各建筑物的特点进行评价。

5.4.2 生产办公楼、夜班宿舍楼等建筑物应沿柱列线、周线或中心线布置勘探点，且每个建筑物不应少于2个，勘探点深度应为10～20m。

5.4.3 材料库、汽车库、食堂等建筑物可沿建筑物周线、中心线布置勘探点，数量宜为1～3个，勘探点深度应为8～15m。

5.5 地热井口地段

5.5.1 地热井口地段勘察应分析地热开采可能引起的地面沉降、冻融、地下水位下降及地热流体渗漏腐蚀等环境地质问题，并应评价其对工程建设的影响。

5.5.2 汽水分离器、热水泵房等地面建筑物及井口设备，每个建筑物或设备宜布置1～2个勘探点，勘探点深度宜为8～12m。

5.5.3 地热流体管道的勘察要求及勘探点布置、深度等可按本规范第5.2.4条和第5.2.5条执行。

5.6 回灌建(构)筑物地段

5.6.1 回灌建(构)筑物地段勘察应分析地热尾水回灌可能造成的地表沼泽化、盐渍化、场地土污染、地热尾水渗漏腐蚀及其他环境地质问题。

5.6.2 回灌水泵房、回灌水池等地面建筑物或重要回灌井设备，每个建筑物或设备基础宜布置1～2个勘探点，勘探点深度宜为8～12m。

5.6.3 地热尾水管道的勘察要求及勘探点布置、深度等可按本规范第5.2.4条和第5.2.5条执行。

6 专门岩土工程勘察

6.1 活动断裂

6.1.1 应采取搜集资料、调查及工程地质测绘等手段，了解拟建地热电站站址及其附近断裂发育情况，应分析断裂的活动性，并应评价活动断裂对地热电站稳定性的影响及应采取的措施。

6.1.2 断裂的地震工程分类应符合下列规定：

1 在全新地质时期（一万年）内有过活动或近期正在活动，同时推测在今后可能继续活动的断裂，应为全新活动断裂。

2 全新活动断裂中，近期（近500年来）发生过地震震级大于或等于5的断裂，或在未来一百年内，预测可能发生地震震级大于或等于5的断裂，应为发震断裂。

3 一万年以来没有发生过任何活动的断裂，应为非全新活动断裂。

6.1.3 全新活动断裂应根据其活动时间、活动速率及地震强度等因素，按表6.1.3的规定进行分级。

表6.1.3 全新活动断裂分级

断裂分级	主要指标		
	活动性	平均活动速率 v（mm/a）	历史地震或古地震震级 M
强烈全新活动断裂	中或晚更新世以来有活动，全新世以来活动强烈	$v>1$	$M\geqslant7$
中等全新活动断裂	中或晚更新世以来有活动，全新世以来活动较强烈	$0.1\leqslant v\leqslant1$	$6\leqslant M<7$
微弱全新活动断裂	全新世以来有微弱活动	$v<0.1$	$M<6$

6.1.4 对于深大全新活动断裂，宜根据断裂的地貌形态、晚第四纪以来断裂的活动强度、断裂构造形态、运动特性和历史地震及古地震的时空分布等因素，对活动断裂进行分段。在活动断裂分段的基础上，应对靠近地热电站的活动断裂再进行分级。

6.1.5 活动断裂的工程地质调查与测绘，应重点调查下列内容：

1 山区或高原不断上升剥蚀或长距离的平滑分界线；非岩性影响的陡坡、峭壁，深切的直线形河谷；一系列滑坡、崩塌的出现及山前叠置的洪积扇；山谷中或平原山地交界处具有定向断续出现的残丘、洼地、沼泽、芦苇地、盐碱地、湖泊、跌水、泉及温泉等的线性规律分布；河流、水系定向排列展布或同向扭曲错动等地形地貌特征。

2 第四系完好程度及近期活动的断裂留下地表变形迹象；地下水活动异常及由此引起的地表植被的不同特征；断层带中的破碎、胶结特征等地质地层特征。必要时可采取断层组成物进行测龄工作。

3 地震断层、地裂缝、岩体崩塌、滑坡、地震湖、河流改道及地震液化现象等古地震及历史地震特征。

6.1.6 当需要时，隐伏断裂的位置可选用适宜的物探方法或化探方法确定。为查明站址区的覆盖层厚度不大的隐伏断裂位置及性质时，可布置适量的勘探工作。

6.1.7 对影响地热电站稳定的全新活动断裂，必须予以避让。避让距离应根据全新活动断裂的等级、规模、产状、性质、覆盖层厚度及地震动峰值加速度或地震烈度等多种因素，按表6.1.7确定，并应采取相应的处理措施，必要时尚应进行专门论证。

表6.1.7 地热电站与断裂的避让距离及处理措施

断裂分级	避让距离及处理措施
强烈全新活动断裂及发震断裂	当地震基本烈度大于或等于Ⅸ度时，宜避开断裂500m；当地震基本烈度为Ⅷ度时，宜避开断裂300m，并宜选择断裂下盘建设
中等全新活动断裂	应避开断裂进行建设
微弱全新活动断裂	

6.1.8 对非全新活动断裂，可不予以避让。当断裂破碎带发育时可等同于不均匀地基。

6.2 地震液化

6.2.1 当地震基本烈度大于或等于Ⅶ度时，对建筑场地内的饱和砂土和饱和粉土，应判别其地震液化的可能性，并应确定场地液化等级。

6.2.2 地震液化判别时，应判别地面以下15m深度范围内土的液化；当采用桩基或埋深大于5m的深基础时，尚应判别15～20m范围内土的液化。用于液化判别的勘探点数量不应少于3个，勘探点深度应大于液化判别深度。

6.2.3 场地地震液化判别方法和液化等级划分，应按现行国家标准《建筑抗震设计规范》GB 50011的有关规定执行，也可结合其他成熟的方法进行综合判别。液化初步判别时尚应分析下列内容：

1 地貌单元、地层时代、地层组成、物理力学性质及埋藏特点等场地条件。

2 靠近河流沟谷时应分析液化土层产生向临空面滑移的可能性。

3 历史地震烈度异常区（带），特别是地基失效的原因及发生地裂缝的情况等。

4 历史和现代地震震中位置、震级大小、地面震动的持续时间、烈度分布以及发生过的液化现象等。

5 地下水水位、历史最高水位及其季节性变化幅度。

6.2.4 对可能发生液化的场地，应搜集资料并进行现场调查、勘探及原位试验。

6.2.5 用于液化判别的标准贯入试验，应在确保孔底不扰动、不涌砂的情况下，采用泥浆护壁、回转钻进、自动落锤方法进行。在可能液化的土层中，试验点的竖向间距宜为1.0～1.5m。

6.3 滑坡

6.3.1 当拟建地热电站站址或其附近存在对工程安

全有影响的滑坡或潜在滑坡时，应进行专门的滑坡勘察。

6.3.2 滑坡勘察应查明滑坡的范围、规模、地质背景、性质及其危害程度，分析产生的原因及其稳定状况，提出稳定性验算和整治所需的岩土参数，对滑坡进行稳定性验算与评价，预测其发展并提出防治方案、整治措施及监测建议。

6.3.3 滑坡勘察的工程地质测绘与调查范围，应包括滑坡及与滑坡相邻的稳定地段和补给滑坡体的有关汇水区域，比例尺可采用1∶200～1∶2000，并应符合下列规定：

1 应调查滑坡及周围的微地貌形态。

2 应调查滑坡地段岩土结构及性质。

3 应调查滑坡的汇水条件、地下水及泉水的出露与活动情况，以及湿地的分布与变化。

4 应调查滑坡地段建筑物及树木等变形、位移和破坏情况，并应判明滑坡的活动期与新老滑坡。

5 应分析滑坡产生的原因、滑动面的层数与可能的深度，并应判定主滑方向、主滑段、抗滑段及可能的发展范围及滑体的稳定性，同时应预测工程活动对滑坡稳定性影响。

6 应调查当地整治滑坡的经验。

6.3.4 滑坡勘察的勘探工作，应符合下列规定：

1 勘探点、线的布置，应能查明滑坡的岩土结构及其性质，滑动面的位置、起伏变化与滑动带的物理力学性质，主滑方向以及地下水的补给、排泄等。

2 在主滑轴线上应布置勘探线，勘探线上勘探点不应少于3个，在主滑轴线的上、下部位及滑动面起伏变化大的地段，应加密勘探点。对需要设置支挡设施的地段，尚应按相应设施的要求布置勘探点。

3 勘探点深度应进入稳定地层3～5m，当分析滑动面有向深处发展的可能时，可适当加深。对抗滑桩、锚杆（索）等支挡设施的勘探点深度，尚应深入设计锚固深度以下不少于3m。

4 在钻进过程中，应分别采取适当数量的岩土试样；当滑动面不明显时，宜在预计的滑动带附近连续采取不扰动试样。

5 应选择适当部位布置一定数量的探井或探槽。

6.3.5 滑坡勘察的岩土试验工作，应着重测求滑动带岩土的抗剪强度。残余抗剪强度可通过室内反复剪切求得，其剪切试验条件宜与滑动受力条件、滑动方向相同或相似，必要时可进行现场原位滑动面（带）的剪切试验。

6.3.6 滑坡的稳定性验算，应符合下列规定：

1 应首选滑坡的主滑轴断面进行验算。必要时尚应选择其他有代表性的断面进行验算，并应划分出主滑和抗滑区段。计算模型应客观反映滑坡体的实际情况。

2 滑动面（带）的抗剪强度计算指标，应根据室内外试验结果，结合反分析及工程类比综合确定。

3 反分析时宜根据室内外抗剪强度的试验结果或经验数据，给定粘聚力或内摩擦角，反求另一值，采用滑动后实测的主滑轴断面进行计算。其稳定性系数，对正在滑动的滑坡可取0.95～1.00，对处于暂时稳定的滑坡，可取1.00～1.05。

4 当存在地下水作用、地震及人类活动等时，应计入其对稳定的影响。

5 滑坡的稳定性系数计算，应根据岩土结构及滑面（带）条件，选用圆弧法、平面法或折线滑动法。

6.3.7 滑坡稳定安全系数的取值应符合现行国家标准《建筑边坡工程技术规范》GB 50330的有关规定。

6.4 边 坡

6.4.1 建筑边坡类型的划分和边坡工程安全等级的确定，应符合现行国家标准《建筑边坡工程技术规范》GB 50330的有关规定。

6.4.2 边坡勘察应查明边坡工程地质条件及水文地质条件，提出边坡稳定性计算所需的岩土参数，分析与验算边坡的稳定性，预测工程活动可能引起边坡的安全性变化，提出满足安全要求的最优坡形、坡角等边坡设计建议，并应对不满足安全稳定要求的坡段提出整治和监测方案等方面的建议。

6.4.3 大型和地质环境条件复杂的边坡宜分阶段勘察，当边坡成为建筑场地取舍与比选条件之一时，应提前进行专门勘察。

6.4.4 大型和复杂边坡各阶段勘察，应符合下列规定：

1 可行性研究阶段勘察，应进行工程地质测绘与调查，初步查明边坡及附近的地形地貌、岩土物质组成及不良地质作用，初步分析边坡的稳定性，预测人工边坡的稳定性和边坡整治难度，提出可供选择的整治方案建议。

2 初步设计阶段勘察，应查明边坡的岩土结构、不良地质现象及地下水性质等工程地质条件，并着重对边坡的不稳定部位及其相邻地段进行勘探与测试工作，提出边坡设计计算所需的岩土参数，必要时应补充工程地质调查与测绘工作。应通过分析和验算，对边坡的稳定性作出评价，并提出开挖边坡整体稳定的坡率建议值以及合理的边坡整治方案建议。

3 施工图设计阶段勘察，应针对不稳定和需整治的边坡部位，以及因设计总平面布置变更或整治方案修改对边坡勘察提出的要求进行，查明前阶段勘察尚未能查明或需进一步查明的岩土工程问题，提出边坡设计计算所需的岩土参数及方案调整的建议。

4 施工勘察应配合边坡施工开挖，进行地质编录，核实补充勘察资料，必要时应进行施工指导与施工安全预报，并应提出整治措施的建议。

6.4.5 边坡的工程地质测绘与调查，应符合下列规定：

1 范围应包括对场地稳定性有影响的边坡地段，比例尺可采用1：100～1：1000。

2 应调查边坡的形态与变形等特征，并应查明有无滑坡、错落、崩塌和危岩等不良地质作用。

3 应调查边坡的岩土成因、类型、分布、性状，覆盖层的厚度，基岩面形态和产状，岩石风化程度，岩体裂隙发育及完整程度等。

4 应查明岩体结构面（含软弱夹层）的类型、产状、延伸分布、结合程度、粗糙程度及充填物组成与厚度等，并应分析其力学属性及与临空面的空间组合关系。

5 应查明边坡地下水类型、分布和结构面充水情况，并应查明边坡泉水和湿地的分布位置、水的类型、水量、补给来源和动态条件。

6 应调查当地边坡变形破坏的规律及防治经验。

6.4.6 边坡勘察的勘探工作，应符合下列规定：

1 勘探线应垂直于边坡的走向和平行于可能变形滑动的方向，每条勘探线不应少于3个勘探点，勘探线、点间距应根据边坡安全等级和场地复杂程度确定。

2 勘探点深度应穿过潜在滑动面，并应深入稳定地层3～5m，控制性勘探点的深度尚应深入稳定地层不小于5m，并应满足边坡稳定性验算及治理的深度要求。

3 应重点查明隐伏软弱夹层、软弱结构面的分布及性质，必要时可布置少量探井。主要岩土层和软弱层应采取不扰动试样，土层不应少于6件，岩层不应少于3组。

6.4.7 边坡勘察的岩土测试，应着重测求各层岩土的抗剪强度，室内试验条件应与试样在坡体内的实际受荷情况及水文地质条件相近，应合理采用三轴试验或直剪试验；对控制边坡稳定的软弱结构面或软弱夹层，宜进行现场原位剪切试验；对大型边坡，必要时可进行岩体应力、波速、动力测试及模型试验。

边坡稳定性计算所需抗剪强度指标，应根据岩土条件和边坡工程实际工况，通过现场试验或室内试验，结合工程经验和反分析等方法综合确定，并应与稳定分析的计算方法相协调。

6.4.8 边坡的稳定性分析，应在确定边坡破坏模式的基础上进行，可采用工程地质类比法、图解分析法和极限平衡计算法等方法综合分析。对大型复杂的边坡，可结合有限单元法等相关数值方法进行分析计算。当边坡的地质条件差异大或开挖方向不一致时，应分区段进行分析评价。

6.4.9 边坡稳定安全系数的取值应符合现行国家标准《建筑边坡工程技术规范》GB 50330的有关规定。对边坡稳定性系数不满足要求且无放坡条件的边坡，应结合其破坏形式、不稳定的程度与范围，论证加固方案的适宜性和可靠性，并应提出采用加固处理措施的建议。

6.4.10 大型边坡应进行监测，监测内容应根据工程安全等级、地质复杂程度、支护结构特点等确定，应包括边坡的位移、坡顶建筑物变形、地下水动态、支挡结构应力与变形及易风化岩体的风化速度等。

6.5 冻　土

6.5.1 冻土的分类、定名以及冻土的冻胀性与融沉性分级等，应符合现行国家标准《冻土工程地质勘察规范》GB 50324的有关规定。

6.5.2 冻土地区勘察应符合下列规定：

1 应了解与搜集地基基础设计、施工的特殊要求及设计参数，并应搜集整理与分析有关勘察报告、科学研究文献报告。

2 应通过搜资、调查及测绘，了解建筑场地冻土工程地质条件的复杂程度、冻土主要岩土工程问题以及地基处理的工程经验。

3 应根据冻土的非均质性及随时间、人为活动的可能变化，有针对性地确定勘察方法和合理的工作量。

4 应根据搜集资料和勘察资料，并结合工程经验，对冻土工程地质条件和主要岩土工程问题进行分析评价，并应提出设计、施工、防治处理及环境保护方案建议。

5 应预测工程施工、运行期间冻土工程地质及水文地质条件的变化，并应提出合理的治理措施的建议。

6.5.3 多年冻土区勘察，应查明下列内容：

1 多年冻土类型、分布范围、特征及其与地质地理环境的相互关系。

2 季节融化层、多年冻土层的厚度及其垂直分布、随空间变化的规律；多年冻土层的物质成分、性质与含冰量、冻土组构类型、地下冰层的厚度及分布特征。

3 多年冻土层物理、力学和热物理性质，冻土融化下沉特性，给出设计参数及其随温度的变化关系。

4 融区的形成、存在原因、分布特征及其与人类工程活动的关系。

5 地表水及地下水的储运条件，及其与多年冻土层的相互关系和作用。

6 冻土现象类型、特征和发育规律，及其对工程建筑的影响。

6.5.4 季节冻土区勘察，应查明下列内容：

1 季节冻结层的厚度及其与地质地理环境的相互关系。

2 季节冻结层的冻土含冰特征及其垂直分布、

随空间变化的规律。

3 季节冻结层的物质成分与含水特征。

4 季节冻结层岩土的物理、力学、热学性质，土的冻胀特性，并给出设计参数。

5 地下水补给、径流、排泄条件及其与地表水的关系，以及冻结前和冻结期间的变化情况。

6 冻土现象类型、成因、分布，及其对场地和地基稳定的影响。

6.5.5 冻土地区勘察的方法，应包括冻土工程地质调查与测绘、勘探、取样、室内试验和原位测试、定位观测以及搜集当地建筑经验等。

6.5.6 冻土勘察的勘探点、线及网的布置，应符合下列规定：

1 勘探线应垂直地貌单元边界线、地质构造线、地层界线和冻土工程地质分区界线。

2 沿勘探线布置勘探点时，应在每个地貌单元和地貌交接部位布置勘探点，同时在微地貌、地层、冻土现象发育及冻土条件变化较大地段应适当加密。

3 地形平坦、冻土条件单一的地区，可按方格网布置勘探点。

6.6 混 合 土

6.6.1 混合土的勘察，应查明下列内容：

1 地形地貌特征、混合土的成因、分布及下卧土层或基岩的埋藏条件。

2 混合土的组成、不均匀性及其在水平和垂直方向上的变化特征。

6.6.2 混合土的勘察方法，应符合下列规定：

1 在满足本规范常规勘察要求的基础上，勘探点间距应适当加密。

2 应布置一定数量的探井，并应采取大体积土试样进行颗粒分析试验。

3 对粗粒混合土宜采用重型或超重型动力触探试验，并应有适量的探井检验。

4 现场载荷试验的承压板直径和现场直剪试验的剪切面直径，均应大于试验土层最大粒径的5倍，载荷试验的承压板面积不应小于0.5m^2，直剪试验的剪切面面积不宜小于0.25m^2。

6.6.3 混合土的岩土工程评价，应符合下列规定：

1 应分析混合土的同一单元土体具有各项试验指标变化幅度较大和变异性较大的不均匀性特点；当混合土的物理性质与力学性质指标不匹配时，应以粗、细两类土中能起主导作用的土类指标为基础进行评价。

2 混合土的承载力及变形特性应采用载荷试验、动力触探试验并结合当地经验确定。

3 混合土边坡的容许坡度值可根据现场调查和当地经验确定，重要地段应进行专门试验研究。

6.7 软　　土

6.7.1 软土地区勘察除应符合常规要求外，尚应查明下列内容：

1 成因类型、层理特征及分布规律。

2 地表硬壳层的分布与厚度、下伏硬土层或基岩的埋深和起伏特征。

3 固结历史、应力水平和结构破坏对强度和变形的影响。

4 微地貌形态和暗埋的塘、浜、沟、坑、穴的分布及埋深情况。

5 对厚层软土地基应评价发生震陷的可能性。

6.7.2 软土地区勘察应采用钻探、取样与原位测试相结合的方法。勘探点布置应根据软土的成因类型和地基复杂程度确定，当有暗埋的塘、浜、沟、坑、穴时应加密勘探点。原位测试宜采用静力触探试验、旁压试验、十字板剪切试验、扁铲侧胀试验和平板及螺旋板载荷试验等。

6.7.3 软土室内试验项目应根据工程性质、基础类型、地基土特性及其均匀性等因素综合确定。地基压缩层范围内的软土应进行室内渗透试验。对动力特性试验和有特殊要求的试验应明确提供成果的内容与要求。

7 地下水勘察

7.1 一 般 规 定

7.1.1 地下水勘察应查明下列内容：

1 地下水类型及埋藏条件。

2 主要含水层的性质和分布规律。

3 地下水的补给、排泄条件，泉水类型、分布、出露条件、流量及泉华现象，地表水与地下水的关系及其对地下水位的影响。

4 地下水水位、水位变化幅度、趋势和主要影响因素，以及与不良地质作用的关系。

5 地下水的化学成分、变化规律、腐蚀性以及地下水污染情况。

6 地下水对拟建工程施工及运行的影响。

7.1.2 当地下水位动态变化对工程影响较大，且缺乏地下水位动态观测资料时，应设置专门的地下水位观测孔。

7.1.3 采取地下水试样，应符合下列规定：

1 地下水试样应代表天然条件下的水质情况。

2 取水容器应先用所取水清洗，取样后应立即密封并贴好标签。

3 取水试样应为500～1000ml。测定侵蚀性二氧化碳的试样应加大理石粉作为稳定剂。

4 水试样应防止冰冻和阳光照射，水试样保存时间不应超过 72h。

7.2 地下水参数

7.2.1 地下水位的量测，应符合下列规定：

1 地下水位量测应使用测锤或电测水位计。水位量测允许误差应为±2cm，抽水试验观测孔水位量测允许误差应为±2mm。

2 钻孔中的初见水位应在首遇地下水时量测。稳定水位的间隔时间应按地层渗透性确定，对砂土和碎石土不应少于 0.5h，对粉土和粘性土不应少于 8h。当钻探采用循环液时，宜统一时间量测水位。

3 多层含水层的稳定水位应在采取将被测含水层与其他含水层隔开的止水措施后量测。

7.2.2 当需确定地下水涌水量和含水层渗透性时，应进行现场抽水试验确定其渗透系数等参数。地基土的渗透系数可进行室内试验确定。

7.2.3 渗水试验和注水试验可在试坑或钻孔中进行。砂土和粉土可采用试坑单环法；粘性土可采用试坑双环法；试验深度较大时可采用钻孔法。

7.2.4 当需确定地下水流向时，可在野外勘察工作结束时统一量测各孔中的稳定地下水水位。钻孔数量较多时，地下水流向可采用等水位线法确定。

7.3 地下水对工程的影响评价

7.3.1 地下水勘察应评价地下水的作用和影响，并应提出预防措施的建议。当需要时，尚应分析地热开采可能引起的地面沉降、冻融、地下水位下降、地热流体渗漏腐蚀和地热尾水回灌可能造成的地表沼泽化、盐渍化、场地土污染、地热尾水渗漏腐蚀等问题。

7.3.2 地下水对地基基础的影响评价，应包括下列内容：

1 地下水位高于基础底面时，地下水对构筑物的上浮影响。

2 地下水位在压缩层内上升时地基土性质改变对工程的影响，以及地下水位下降时有效应力增加引起的地基基础附加沉降影响。

3 地下水对混凝土和金属材料的腐蚀性。

4 地热流体或地热尾水渗漏对基础的腐蚀性影响。

7.3.3 地下水对边坡及挡土墙的影响评价，应包括下列内容：

1 地下水及水位变化对边坡稳定性的影响。

2 当坡体有细砂、粉砂或粉土层存在时产生潜蚀、流砂或管涌的可能性及其对边坡稳定性影响。

3 不同排水条件下静水压力、动水压力对支挡结构的作用；需进行挡土墙排水设计时地下水的侧向排泄量。

7.3.4 地下水对基坑的影响评价，应包括下列内容：

1 当基坑开挖深度低于地下水位时，地下水对基坑开挖、支护的影响。

2 根据地下水条件和基坑开挖特点，建议采用明渠、集水坑或井点降水等措施。当基坑涌水量较大时，应进行专项的基坑降水勘察设计。

3 当地下水位以下基坑开挖深度内有细砂、粉砂或粉土层时，产生潜蚀、流砂、流土或管涌的可能性；当基坑以下有承压含水层存在时，产生底突、涌水的可能性，并建议预防措施。

4 工程降水对基底土层、基坑稳定和周围建筑物的影响。

8 现 场 检 验

8.0.1 现场检验应鉴定施工开挖后的天然地基条件是否与勘察报告相一致，并应解决岩土工程勘察有关遗留问题。当出现异常情况时，应采取适宜的手段予以查明并提出处理意见。

对地基处理效果及桩基础的检验，应按相应检验标准执行。

8.0.2 天然地基基坑（基槽）检验，应包括下列内容：

1 核对建筑物的施工位置、平面尺寸和基底标高是否符合设计要求。

2 现场鉴定开挖揭露的岩性、地层结构、地质构造、地下水等地基条件是否与勘察资料相符。

3 检查基底是否存在空洞、古墓、被掩埋的古河道、沟浜等不良现象。

4 搜集施工单位对基底土层的钎探情况。

8.0.3 现场检验方法宜以直观检验为主，需要时可采用钎探、袖珍式贯入等坑内简易勘探、测试方法。当通过直观检验及简易勘探、测试方法难以达到检验目的时，应及时进行施工勘察。

8.0.4 现场检验完毕应及时填写基坑（基槽）检验记录单，内容应包括施工揭露的地质条件、岩土体性状、开挖实际情况与勘察资料的差异、相应处理措施及建议等。

8.0.5 现场检验工作全部完成后，应编写现场检验报告或总结，内容应包括工程概况、所检验建筑物基础设计条件、所检验建筑物基坑开挖实施情况、现场检验方法与情况、现场检验结果与勘察资料的差异及其原因分析、相应处理措施与建议、必要的图表附件等。

9 岩土工程分析评价和成果报告

9.1 岩土工程分析评价的要求

9.1.1 岩土工程分析评价应在采用工程地质测绘、

勘探、测试、原体试验和搜集已有资料等方法，查明场地工程地质条件的基础上，根据勘察阶段要求，并按本规范及国家现行有关标准的规定进行。

9.1.2 岩土工程分析评价，应包括下列内容：

1 站址区构造稳定性以及场地稳定性、适宜性分析评价。

2 岩、土体工程特征指标和设计所需岩土参数的分析和选定。

3 地基与基础方案的分析评价。

4 岩土工程施工与运行中的基坑开挖、施工降水、边坡支护、人工地基施工、水土腐蚀性、地热流体及地热尾水渗漏腐蚀等分析评价。

5 对特殊性岩土、不良地质作用、环境工程地质问题的分析评价。

9.1.3 岩土工程分析评价，应符合下列规定：

1 应充分了解地热电站建筑结构类型、基础尺寸和埋深、荷载情况和变形控制要求等设计、运行条件，并应掌握场地地质背景。

2 对活动断裂性质及站址区构造稳定性、不良地质作用对场地稳定性的影响和危害程度的分析、工程建设的适宜性及其他尚不具备定量分析条件的岩土工程问题，可仅作定性分析。

3 定量分析应在定性分析的基础上进行。对地基变形量的预测、地基承载力的确定、边坡稳定性验算、基坑稳定性验算、地震液化等级的确定、特殊性岩土地基分类或分级指标等其他各种临界状态的判定，应进行定量分析。

4 定性分析依据的条件和定量分析的计算指标应准确可靠。理论分析的结果应与已有建筑经验互相印证，必要时，应根据岩土原体试验、监测数据，采用反分析方法反求岩土参数。

5 应合理划分地质单元、岩土层次，同一单元或同一层次内的岩土物理力学性质应基本相近。建议岩土参数时，应分析评价所选参数的可靠性和适宜性，并应分析岩土的非均一性以及岩土性质随时间、环境、施工等因素变化的不确定性。

6 地基基础方案、不良地质作用整治方案、环境工程地质问题分析评价时，应借鉴当地的成熟经验。

9.1.4 岩土工程计算应符合下列规定：

1 评价边坡、挡墙、地基的稳定性和地基承载力、基桩极限承载力等，可按承载能力极限状态计算。

2 评价岩土体的变形、动力反应、透水性、涌水量等，可按正常使用极限状态计算。

9.1.5 岩土参数的统计分析，应符合下列规定：

1 岩土物理力学性质指标或原位测试指标，应以同一建筑场地内各岩土力学分层为统计单元。

2 对同一统计单元的岩土参数，可采用常规统计方法进行非相关型数据分析、统计。必要时尚应分析岩土参数沿深度的变异规律，并应进行相关性分析、统计。

3 当数据离散性较大时应分析其原因，并应在剔除数据粗差后进行重新统计。

9.1.6 勘察报告应提供岩土工程设计所需的各类岩土参数值。一般情况下，应提供岩土参数的平均值、标准差、变异系数、范围值和样本数量。用于承载能力极限状态计算时，尚应提供岩土参数的标准值。

9.1.7 地基承载力特征值宜根据载荷试验确定。当不具备条件时，可根据其他原位测试、室内试验、理论公式计算并结合工程经验等方法综合确定。

9.1.8 岩土利用、整治和改造方案的分析论证，应符合下列规定：

1 地基基础方案分析论证时，应首先分析采用天然地基的可能性和适宜性。当不宜采用天然地基或天然地基方案不合理时，应分析论证并提出适宜的人工地基或桩基础方案。

2 应对场地存在的不良地质作用及环境地质问题进行评价，并应提出防治措施，同时应对工程施工和使用期间可能发生的其他岩土工程问题进行预测，并应提出监控和预防措施的建议。

3 必要时应对基坑开挖边坡稳定性和对邻近建筑物的安全影响进行分析评价，并应对基坑支护方案和施工降排水方案进行论证。

9.2 成果报告的基本要求

9.2.1 编制勘察成果所依据的原始资料，应进行整理、检查和分析，并应在确认无误后使用。

9.2.2 编制岩土工程勘察成果文件应做到资料完整、真实准确、数据无误、图表清晰、结论有据、建议合理、重点突出，应有明确的工程针对性和勘察阶段性。文字报告与图表部分应相辅相成、前后呼应。

9.2.3 岩土工程勘察报告，应根据各阶段勘察目的、任务和要求，并结合工程特点、地质条件、勘察阶段等具体情况编写，报告书应包括下列内容：

1 前言部分应包括勘察任务依据和技术要求、拟建工程概况、勘察工作依据的技术标准、勘察方法和勘察工作量完成情况等。

2 工程地质条件部分应包括区域地质条件、场地地形地貌、地层岩性、地质构造、不良地质作用或环境地质问题、岩土的工程特征、地下水埋藏条件及其变化规律、地震动参数或基本烈度等。

3 岩土工程分析评价部分应包括与工程勘察有关的所有岩土工程分析评价内容，如站址区构造稳定性与活动断裂、可能影响工程稳定的不良地质作用及其危害程度、场地稳定性与适宜性、地基基础方案、基坑开挖与降水、边坡稳定性、特殊性岩土、特殊地质作用、地震效应、环境工程地质问题、水土的腐蚀性、岩土参数的分析和建议等。

4 结论与建议部分应包括工程地质条件摘要、岩上工程分析评价的结论性意见、勘察中遗留的岩土工程问题或下阶段岩土工程勘察建议、设计与施工建议等。

9.2.4 岩土工程勘察成果中的图表，应与各勘察阶段任务要求和工程实际情况相适应，可根据需要选定下列图表：

1 平面图件应包括勘探点平面布置图、综合工程地质图、工程地质分区图、各种等值（高）线图和切面图、区域地质构造及地震震中分布图等。

2 剖面图件应包括工程地质剖面图、地质柱状图、综合地层柱状图和探槽展示图等。

3 原位测试及岩土试验图表应包括静力触探、标准贯入试验和十字板剪切试验等原位测试图表，以及岩土试验成果总表、水质分析成果表、压缩曲线、三轴压缩的摩尔圆与强度包线等。

4 原体试验图表应包括原体试验平面布置图、载荷试验综合成果图和动力测试综合成果图表等。

5 其他图表应包括勘探点一览表、岩土物理力学指标统计表和岩土工程设计分析的有关图表等。

9.2.5 当工程需要时，可根据任务要求进行专门岩土工程勘察与评价，并提交下列专题报告：

1 岩土原位测试、岩土试验、原体试验等报告。

2 地基处理方案及桩基选型论证报告。

3 不良地质作用、环境工程地质问题等岩土整治或改造方案报告。

4 岩土工程检验或监测报告。

5 专门岩土工程问题的技术咨询报告等。

9.2.6 简单场地的勘察成果编制内容可适当简化，可采用附加文字说明的综合图表形式提供。

9.2.7 勘察报告的文字、术语、代号、符号、数字、计量单位、标点，均应符合国家现行有关标准的规定。

本规范用词说明

1 为便于在执行本规范条文时区别对待，对要求严格程度不同的用词说明如下：

1）表示很严格，非这样做不可的用词：
正面词采用“必须”，反面词采用“严禁”。

2）表示严格，在正常情况下均应这样做的用词：
正面词采用“应”，反面词采用“不应”或“不得”。

3）表示允许稍有选择，在条件许可时首先应这样做的用词：
正面词采用“宜”，反面词采用“不宜”；
表示有选择，在一定条件下可以这样做的用词，采用“可”。

2 本规范中指明应按其他有关标准、规范执行的写法为“应符合……的规定”或“应按……执行”。

中华人民共和国国家标准

地热电站岩土工程勘察规范

GB 50478—2008

条 文 说 明

目　次

1　总则 …………………………………… 1—62—19
2　术语 …………………………………… 1—62—19
3　基本规定 ……………………………… 1—62—19
3.1　基本技术原则 …………………… 1—62—19
3.2　建筑场地分类 …………………… 1—62—20
3.3　勘察阶段划分原则 ……………… 1—62—20
4　各勘察阶段任务和要求 ………… 1—62—20
4.1　初步可行性研究阶段勘察 ……… 1—62—20
4.2　可行性研究阶段勘察 …………… 1—62—21
4.3　初步设计阶段勘察 ……………… 1—62—21
4.4　施工图设计阶段勘察 …………… 1—62—21
5　各类建（构）筑物地段勘察 …… 1—62—21
5.1　主厂房地段 ……………………… 1—62—21
5.2　水工建（构）筑物地段 ………… 1—62—22
5.5　地热井口地段 …………………… 1—62—22
5.6　回灌建（构）筑物地段 ………… 1—62—22
6　专门岩土工程勘察……………… 1—62—22
6.1　活动断裂 ………………………… 1—62—22
6.2　地震液化 ………………………… 1—62—24
6.3　滑坡 ……………………………… 1—62—24
6.4　边坡 ……………………………… 1—62—25
6.5　冻土 ……………………………… 1—62—26
6.6　混合土 …………………………… 1—62—27
6.7　软土 ……………………………… 1—62—27
7　地下水勘察 ……………………… 1—62—27
7.1　一般规定 ………………………… 1—62—27
7.2　地下水参数 ……………………… 1—62—28
7.3　地下水对工程的影响评价 ……… 1—62—28
8　现场检验 ………………………… 1—62—28
9　岩土工程分析评价和
成果报告 ………………………… 1—62—29
9.1　岩土工程分析评价的要求 ……… 1—62—29
9.2　成果报告的基本要求 …………… 1—62—29

1 总 则

1.0.1 为适应国家发展新型能源的需要，促进地热电站的发展，规范地热电站岩土工程勘察工作，需要制定统一的勘察标准。

1.0.2 为鼓励地热电站的发展，保持与设计规范协调一致，本规范对地热电站装机容量的上限未作限制性规定。

1.0.3 《建设工程勘察设计管理条例》规定，从事建设工程的勘察、设计活动，应当坚持“先勘察、后设计、再施工”的原则。因此，“先勘察、后设计、再施工”是我国工程建设必须遵守的程序和基本政策，地热电站建设也决不能例外。

1.0.4 正确反映场地的工程地质条件，查明场地的不良地质作用和地质灾害是正确进行岩土工程分析评价的前提条件，因此必须予以真实反映和准确查明。

2 术 语

2.0.1～2.0.3 “地热电站”、“地热”、“地热回灌”等均是与地热电站建设相关的基本术语。我国地热资源丰富，大多数省区都有地热资源分布，但适宜发电的高温资源只有西藏、云南及北京、天津、河北省唐山市等少数地区。自20世纪70年代以来，西藏自治区先后建成了羊八井、那曲、朗久3座地热电站，目前能正常发电的仅有羊八井地热发电厂等少数地热电站。

地热依据温度可分为低温、中温和高温地热。它构成地热能源和地热资源。一般分为蒸汽型、水汽型和热水型，属于可再生资源类的复合型资源-能源矿产。

地热回灌一般分为同井分层回灌、对井回灌、群井生产性回灌和异地回灌等方式。回灌不仅可以维持热储压力而且可以通过低温水被热储层加热而汲取更多的热能。地热回灌按照回灌井和开采井所处热储层位的异同，可以分为同层回灌和异层回灌，按照回灌模式有：同层对井回灌、异层对井回灌与同层两采一灌等。

2.0.4～2.0.6 对“工程地质条件”、“岩土工程分析评价”、“施工勘察”的释义，来源于国家现行标准《建筑岩土工程勘察基本术语标准》JGJ 84。对于在施工过程中通过现场直观检验或简易勘探、测试方法即可解决的问题，本规范未将其列入施工勘察的范畴，而视为现场检验工作的一部分。

3 基本规定

3.1 基本技术原则

3.1.1 本条规定了地热电站岩土工程勘察应达到两项基本要求：其一，对站址方案来说，应该查明影响站址方案能否成立的不良地质作用、人类活动及其造成的地质灾害等因素，如活动断裂、岩溶与土洞、滑坡与泥石流、压矿与采空区、地下古文物等，并评价其对站址的影响程度和对其进行整治的可能性；其二，对地热电站各类建筑物来说，应查明岩土成因类型、层次、分布、工程性状等地基条件，针对不同建筑物的特征，分析评价岩土体的利用或改造方案，并提出设计、施工所需要的有关参数。

3.1.2 对影响站址区构造稳定的全新活动断裂，特别是强烈全新活动断裂和发震断裂，站址布置时必须采取避让措施。活动断裂对站址稳定性的影响主要在于断裂位错对建筑物的破坏性影响。由于地质内营力作用，断裂位错对人类来说是无法抗拒的，难以采取任何工程补救或抗拒措施，对建筑物的破坏往往是致命的，因此必须予以避让。

滑坡、崩塌、泥石流、地裂缝、地面塌陷等不良地质作用的影响主要体现在对场地稳定性的影响，当然，不良地质作用的发育程度不同对场地稳定性影响的程度也不同。当其发育程度和规模一般或轻微时，也可以采取一定的工程措施予以处理。但对可能发生严重的不良地质作用的场地，往往难以采取合理的工程处理措施，或处理后仍对工程安全造成隐患，或处理费用极高，因此，工程选址时必须予以避让。

3.1.3 岩土工程勘察技术人员应在认真研究勘察任务书或委托技术要求，了解地热电站各建筑物或(和)构筑物特点及设计意图，充分搜集分析有关地质、地热资料并进行必要的现场踏勘调查的基础上，拟订针对性强、目的明确、内容全面、可供操作的勘察技术方案，以指导具体工作的进行，做到有的放矢，避免盲目性。

3.1.4 岩土工程勘察方法的选用应注重针对性和有效性，既要针对场地岩土的特性，又要针对岩土工程勘察需要研究解决的实际问题，以有效的勘察方法，取得可靠的成果。为了保证勘察结果的可靠性，往往需采用几种不同方法进行综合勘探和测试，从不同方面研究或互相验证同一结果。

原始资料、记录数据及测试数据的取得，是岩土工程勘察的基本工作，也是正确进行岩土工程分析评价的基本条件，因此必须真实、可靠，否则将可能造成岩土工程分析评价的不准确或失误。

3.1.5 原体试验是岩土工程勘察的重要内容，应在充分掌握建筑场地工程地质条件、初步选定岩土体利用或改造方案的基础上，通过原体试验，取得或核实与治理方案所需的设计参数，验证施工工艺、施工条件，为设计方案的优化和确定提供依据。

3.1.7 从地热电站与常规建(构)筑物岩土工程勘察的共性出发，对现行国家标准《岩土工程勘察规范》GB 50021—2001已作规定的岩土分类与鉴定、工程地质测绘与调查、勘探、原位测试、取样、室内试验、水土腐蚀性评价等内容，本规范不再作另行规定。

3.2 建筑场地分类

3.2.1～3.2.4 为使岩土工程勘察更具针对性以及适应市场管理的需要，参考现行国家标准《岩土工程勘察规范》GB 50021—2001 中场地复杂程度的划分标准，本规范对地热电站建筑场地复杂程度的划分作了规定。

考虑到规范所列款项中各地质条件的影响因素在岩土工程中所起到的作用大小，本规范对现行国家标准《岩土工程勘察规范》GB 50021—2001 场地的复杂场地和地基的复杂场地二者进行了归并和简化，归并为地形地貌、地基岩土分布、特殊性地基岩土、地质构造和不良地质作用、地震基本烈度和建筑抗震地段等5款。

3.3 勘察阶段划分原则

3.3.1 勘察阶段的划分应与设计阶段相适应。目前，设计阶段一般划分初步可行性研究（以下简称初可）、可行性研究（以下简称可研）、初步设计（以下简称初设）和施工图设计（以下简称施设）等四个主要阶段，因而勘察阶段也与其相对应。同时，岩土工程勘察工作本身也是一个需要循序渐进认识的过程，且各阶段勘察的目的、任务也各不相同。因此，勘察阶段的划分与设计阶段相适应是完全必要的。各勘察阶段中，尤以可研阶段和初设阶段是岩土工程勘察的重点阶段，有关站址的确定和岩土工程的主要问题，均应在这两阶段中解决。但这样的考虑并不意味着对其他勘察阶段的排斥或削弱。

3.3.2 本条是针对一些特殊的工程，其勘察阶段可以作适当的精简或增加的具体规定。但应用时要充分注意到限定的条件，如扩建或改建工程，要注意已有资料的研究程度，单项建筑物一次性勘察，要注意勘察成果应满足施工图阶段勘测深度的要求。

3.3.3 本规范第 2.0.6 条对“施工勘察”术语已作释义。开展施工勘察的两个前提是：一是对于岩土条件复杂或有特殊使用要求的建筑物地基；二是在施工过程中需要补充勘探查明或在基础施工中发现岩土条件与勘察报告不符时。

4 各勘察阶段任务和要求

4.1 初步可行性研究阶段勘察

4.1.1 本条是初可阶段岩土工程勘察的目的，是对拟建工程项目在技术上、经济上是否可行，进行初步分析，为下阶段开展可行性研究提供依据。

本阶段岩土工程勘察是初步可行性研究的一个重要内容。本阶段作出的主要结论在下阶段不应有原则性的出入，如本阶段从工程地质条件提出“适宜建站”的站址，在下阶段不应成为“不适宜建站”的站址。

4.1.2 搜集资料是初可勘察的重要内容之一。本条所列资料是本阶段勘察重要的基础资料，对于站址区构造稳定性分析、场地稳定性分析、压覆矿产分析、地震参数的确定以及现场踏勘调查等非常重要，条件许可时本阶段均应搜集所列资料。

4.1.3 初可勘察的主要任务及所研究的问题，除地下水一项外，均是可能影响站址建设的岩土工程问题，为避免对以后各阶段勘察工作产生误导，避免给施工和运行带来重大影响，在初可阶段对这些问题应有定性的了解，防止出现原则性的错误和遗漏。因此在初可阶段对工程建设有重大影响的地质问题一定要有正确的定性的了解，为后续各阶段工作提供可依据的资料。

本阶段应根据现行国家标准《中国地震动参数区划图》GB 18306—2001 确定地震动参数和地震基本烈度。

现行国家标准《建筑抗震设计规范》GB 50011—2001 规定在地震烈度Ⅵ度时，对液化沉降敏感的乙级建筑物可按Ⅶ度要求进行液化判别和处理。考虑到地热电站地处热田区，具有区域地质复杂、地震活动性强、活动断裂发育等特点，本阶段对场地饱和砂土和饱和粉土的地震液化问题作出初步分析是必要的。

4.1.4 初可勘察一般时间较短，面广点多。它只要求取得各站址的地震地质和主要工程地质条件的概略性对比资料，对影响站址建设的岩土工程问题不要求研究详尽深入，只作出初步评价，并提出下阶段应注意的问题。初可勘察的这些特点，使得其工作方法以搜集资料、现场踏勘为主，当采用上述方法不能对一些影响站址成立与否的重大岩土工程问题作出定性结论时，应根据场地条件和所需解决的问题，采取其他勘察方法，并优先采用测绘、物探等方法。

4.1.5 本条对初可勘察评价的推荐站址提出了主要考虑的三项条件，以使初可勘察能从工程地质条件出发，推荐场地相对稳定，投资较少的站址进入可研，不致出现大的差错。

在评价和推荐站址时，首先应着眼其稳定性分析，分析各站址是否存在可能颠覆站址的地质问题，严禁推荐本规范第 3.1.2 条所列“发生严重的滑坡、崩塌、泥石流、地裂缝、地面塌陷等地段及全新活动断裂带上”的场地；其次是考虑地震作用的影响，推荐地震基本烈度较低及建筑抗震影响较小的场地；第三是考虑地基条件，推荐可采用天然地基或地基处理难度较小的场地。

4.2 可行性研究阶段勘察

4.2.1 可研勘察的目的就是在初可勘察的基础上，对筛选出的站址进一步开展勘察工作，为最终确定站址，查明各站址建站条件方面的岩土工程问题，确保所推荐站址不致隐藏颠覆性或重大地质问题。

可研勘察要解决的主要问题，概括起来有两个：一是站址稳定性问题，即对站址稳定性有影响的断裂和不良地质作用作出最终评价；二是确定工程拟采用的地基类型——人工地基或天然地基，并对拟采用的人工地基或桩基方案进行经济技术方面的分析论证，考虑不同等级建筑物要求，提出1～2种方案供设计选择采用。

4.2.3 本条所列的主要任务，是解决可研勘察主要问题所必需的工作内容。

可研勘察应提供站址区的50年超越概率10%的地震动峰值加速度、地震动反应谱特征周期及相应地震基本烈度。当已完成场地地震安全性评价时，应根据工程场地的地震安全性评价报告确定，但当未进行地震安全性评价或地震安全性评价报告滞后于工程勘察报告时可根据现行国家标准《中国地震动参数区划图》GB 18306—2001确定。

划分建筑抗震地段、评价建筑场地类别、判别地震液化，应按现行国家标准《建筑抗震设计规范》GB 50011—2001和本规范第6.2节的规定执行。不属于现行国家标准《建筑抗震设计规范》GB 50011—2001中表4.1.1所列地段者，即为一般地段。

4.2.7 可研阶段应对取水建筑物、地热井口和回灌场地地段开展勘察工作，主要任务是定性评价岸坡稳定性问题，分析和提出地热井口和回灌场地可能产生的环境地质问题。

4.3 初步设计阶段勘察

4.3.1 初步设计阶段需要确定主要建筑物地基基础形式、地基处理或桩基方案，以及建筑总平面布置方案。本阶段勘察的主要目的，一方面要为这些方案的确定提供所需资料；另一方面要对建筑总平面布置提供优化建议，从岩土工程角度对地基处理或桩基方案进行分析、比较和推荐，对其他岩土治理工程方案进行比较并提出适宜的方案。

4.3.3 本阶段勘察时地基基础类型已基本确定，即采用天然地基，或采用人工地基、桩基础。本阶段勘察对于天然地基要进一步查明地层规律和特点及其指标，对人工地基和桩基要具体确定方案，包括不同等级建筑物所采用的具体方案，要根据原体试验结果，结合具体建筑物特点与结构专业设计人员共同协商确定。本阶段勘察对于不良地质作用应进行详细的研究，并对整治方案进行比较论证，因为可研阶段勘察侧重于不良地质作用对场地稳定性的影响。对其整治方案并不要求做较深的工作，当时站址未定是原因之一，而在初设阶段勘察要求对其整治方案进行论证。

本阶段勘察对于液化问题的研究评价，是站址勘察的最后一次，因此在初设阶段工作中应认真仔细地做好工作，并确保施工图勘察阶段不会得出相反的结论。

4.3.5 鉴于本阶段总平面方案尚未最终确定以及山区站址场地条件一般较复杂，如仅局限于站区范围内，有些问题往往查不清，因此本阶段应适当扩大勘察范围。

4.3.6 本条所指坚实土层包括碎石土、密实砂、老粘土等土层。

4.3.9 当场地存在特殊岩土时，比如冻土、混合土、软土等特殊性岩土，应根据本规范第6章的规定进行分析和评价，当本规范未作规定时，可根据现行国家标准的有关规定进行分析和评价。

4.3.10 本阶段对岸边或水中泵房和取水构筑物的勘察，应着重对岸坡场地的稳定性以及岸边冲刷等问题作出评价。

4.3.11 由于每个开采井和回灌井均相隔一定的距离，且各自附属有一定的井口建筑物，故布置勘探点时宜以单井为单位。

4.4 施工图设计阶段勘察

4.4.1 本阶段勘察特点之一是针对性强，即地基基础设计方案和岩土治理方案、建筑总平面布置方案均已确定；另一个特点是按不同建筑地段对地基进行勘察评价。对于这两个特点，在施工图勘察中应得以体现。

4.4.4、4.4.5 这里主要对施设阶段勘察勘探工作量的布置作了原则性规定。具体布置勘探工作量时可根据本规范第5章的规定执行，但应同时满足本节所作的原则性规定的要求。

5 各类建（构）筑物地段勘察

5.1 主厂房地段

5.1.1 主厂房地段各建筑物基础埋藏深、荷重较大，对于差异沉降十分敏感，勘察工作中应给予足够的重视。主厂房地段岩土工程勘察主要目的在于取得主要建筑物地基变形计算及稳定性计算的有关资料。勘察中，应根据工程地质条件，着重研究地基承载力和不均匀沉降，对地基的稳定性作出评价，还应注意研究有关深基础的岩土工程问题。

5.1.2 表5.1.2中规定的勘探点布置、数量和深度只适应于采用天然地基的均匀土层，且勘探点深度从基础底面起算，其他情况下勘探点深度应按本规范第

4.4.5条的规定采用。

本条说明同样适用于对本规范第5.2.5、5.3.2、5.4.2、5.4.3、5.5.2、5.6.2条的解释。

5.2 水工建（构）筑物地段

5.2.1、5.2.2 冷却塔及循环水泵房，往往会受到漏水的影响，从而引起地基强度的降低和地基变形的增加，为此应进行浸水饱和状态下的固结和抗剪强度试验，以便对地基强度和变形作出明确的评价。

5.2.3 岸边（或水中）水泵房及取排水构筑物一般荷重不大，有时还需考虑水对基础浮力的影响，而且直接受水流冲击和冲刷，稳定性是此类构筑物勘察的首要问题，因此，应首先在水文专业人员的配合下详细调查有关的水文情况。

5.2.5 岸边（或水中）水泵房及取排水构筑物勘探点的深度取决于最大冲刷深度和基底以下可滑动面深度，而其基础埋深一般要求在最大冲刷深度以下3m左右，因此，勘探点深度要求进入基底或潜在滑动面以下一定深度。对于岩石地基，当需要采用抗浮锚杆固定时，勘探深度应穿透强风化层至中等风化层为止，并提供有关地下水资料。当需查明可能产生滑动的结构面时，其勘探点深度的确定，对土类按圆弧法计算求得，对岩石应注意软弱夹层或软弱结构面的不利组合。

当采用大开挖或围堰施工时，应给出基坑周边和基底土的渗透系数，并判定基坑边坡的稳定性，而对于围堰本身的渗水性、稳定性，应由施工单位自行解决。当采用沉井（沉箱）或地下连续墙施工时，要考虑下沉或成墙的难易程度。

5.5 地热井口地段

5.5.1～5.5.3 本地段勘察包括井口地段及地热流体管道，并不包括地热井田勘探和地热开采井自身结构的勘察。

地热井口地段建筑物自身荷重和体积小，对建筑地基强度一般要求不高，但由于地热开采可能引起地面沉降、冻融、地下水位下降及地热流体渗漏腐蚀等环境地质问题，工程勘察中应对上述问题进行分析，并提出防治意见。

5.6 回灌建（构）筑物地段

5.6.1 地热流体中含有砷、氟、硫化物等有害物质，地热发电过程中需将地热尾水用水泵加压回灌至热贮层之中。对经过利用后的地热尾水进行回灌可避免环境污染、有利于保护热储，否则可能造成地表沼泽化、盐渍化、场地土污染、地热尾水渗漏腐蚀、热储降低及其他环境地质问题。当异层回灌时，回灌水流经不同类型的热储层会使水质发生改变，可能还会造成水源污染。

5.6.2 对回灌场地的勘察，主要是针对回灌井井口地段的地面建筑物或重要设备而言的，并不包括回灌井自身的勘探、测试等工作。

6 专门岩土工程勘察

6.1 活动断裂

6.1.1 地热电站一般选择在区域地质复杂、地震活动性强、活动断裂发育、地热资源丰富的区域，活动断裂勘察对地热电站而言显得尤为重要，是工程选址阶段应进行的一项重要工作。

本条规定了活动断裂勘察的常规方法和分析评价内容。目前，对活动断裂的勘察主要是通过搜集资料、调查、工程地质测绘及资料分析，对断裂进行分析与评价。

活动断裂或能动断层的勘察也是地震安全性评价的工作内容之一。虽然地热电站并不属于国家法规《地震安全性评价管理条例》第十一条所列的必须进行地震安全性评价的工程项目，但当地热电站建设一旦涉及活动断裂问题时，往往需要建设单位委托具有相应资质的地震安全性评价单位进行能动断层鉴定或活动断裂勘察、地震危险性分析、地震动参数确定等地震安全性评价工作。

断裂分析与评价的主要研究内容为断裂的活动性和地震。实质上这二者是一个问题的两个方面，而且存在明显的依附关系，主要是研究地震与断裂的关系，研究地震对站址稳定性的影响。而活动断裂的研究与评价是站址区构造稳定性评价的关键。

对活动断裂进行工程地质研究的意义首先在于活动断裂的地面错动及伴生的地面变形往往会直接损害跨断层修建或建于其邻近的建筑物，其次是活动断裂往往伴有地震，而强烈地震又会使建于活动断裂附近的较大范围内的建筑物受到损害，因此，本条对断裂分析与评价的主要任务作了具体规定。不同活动等级的断裂或大规模断裂的不同活动段，对站址影响以及相应采取措施亦不同，所以应对断裂活动性进行分段、分级。

6.1.2 本条从岩土工程或地震工程的观点出发，对断裂的分类及其含义作了明确的规定，其规定与现行国家标准《岩土工程勘察规范》GB 50021—2001的规定是一致的。目前，工程地质和地震地质界关心的是晚第四纪以来（包括晚更新世、全新世等）有过活动的断裂。

由于我国幅员辽阔，地质情况十分复杂，研究程度也不相同，而在许多情况下，我国的断裂活动常具有一致性或继承性，而当前主要还是应用野外调查手段来研究活动断裂。一般说来，活动时代越新越难于确定和鉴别，但其对工程的影响最为重要。为了既区别于传统的地质观点，又保持一定的连续性，更要考虑工程建设的需要和适用性，本条对断裂按岩土工程勘察的需要进行了分类。在活动断裂前冠以“全新”二字，并赋予较为确切的时间含义。考虑到“发震断裂”与“全新活动断裂”的密切关系，将一部分近期有强烈地震活动的“全新活动断裂”定义为“发震断裂”。这样划分可以将地壳上存在的绝大多数断裂归入对站址稳定性无影响的“非全新活动断裂”中去，对工程建设有利。

6.1.3 考虑到全新活动断裂的规模、活动性质、地震强度、运动速率差别很大，十分复杂，更重要的是其对站址稳定性的影响也很不相同，不能一概而论。根据我国断裂活动的继承性及新生性特点的资料以及工程实践经验，参考了国外的资料，根据其活动时间、活动速率和地震强度等因素，将活动断裂分为强烈全新活动断裂、中等全新活动断裂和微弱全新活动断裂。本条断裂分级考虑了断裂的活动时代、平均活动速率、历史地震及古地震等因素，实际上是以断裂的地震危险性为主进行划分。

平均活动速率一般是用地质方法鉴别，是指晚第四纪某一时期（一万年或几万年）断层两侧位移量 D 除以自那时到现在为止的年数 T，即 $S=D/T$。当断裂平均活动速率用精确水准测量时，观测桩必须埋置在足够深度（3m 以下）。平均活动速率是评价断裂活动的一个重要指标，但从目前的研究水平来看，它只能定性说明断裂的活动性。历史地震及古地震是评价断裂活动的一个重要因素之一。历史地震是指历史上有文字记载的地震，而古地震是指那些历史上无文字记录或在史前发生的地震，但时间宜控制在一万年以内。古地震可以根据人类活动遗迹和地震剩余变形（如地震断裂、地裂缝、砂土液化、滑坡、崩塌、地层的变形和扰动等）来分析确定。

6.1.4 当前国内外研究成果和工程实践都较为丰富，鉴别活动断裂一般都可以通过搜集查阅文献资料、应用遥感技术、进行工程地质测绘与调查等手段来完成，必要时进行地球物理勘探及适当的勘探、测试工作，作出综合分析和判断。需进行断裂勘察的工程场地，大多数情况下采用前三种方法就能满足要求，而勘探工作和专门的测试工作只有在必要时才进行。

搜集和研究站址所在地区的地质资料和有关文献档案是鉴别活动断裂的第一步，也是非常重要和必要的一步，在许多情况下，甚至只要搜集、分析、研究已有的丰富的文献资料，就能基本查明和解决有关活动断裂的问题。因此，规定断裂勘察应首先搜集、查阅和分析有关文献资料。当地热电站前期已作了地震安全性评价工作时，岩土工程勘察人员尚应充分分析研究地震安全性评价报告有关断裂的部分，并根据本规范作出恰当评价。

应用遥感技术，进行卫星影像及航空相片的地质解译，是鉴别和发现活动断裂，尤其是隐伏活动断裂的重要手段。遥感技术具有直观性强、速度快、成本低的优越性，它的广泛应用，为判断区域构造格架、鉴别活动断裂提供了一种先进的技术手段。它视阈广、信息多、透视深，对反映断裂构造具有独特的效果，尤其对隐伏活动断裂的分析能弥补一般地质方法的不足。

对于深大全新活动断裂，由于其规模宏大，延伸上百公里至数百公里，甚至上千公里。一般来说，断裂的活动具有明显的不均一性，我们按照目前国内和国际上关于活动断裂分段的理论，提出根据断裂的地质地貌形态、全新世以来断裂的活动强度、断裂构造形态、运动特征和历史地震及古地震的时空分布等因素，对活动断裂进行分段。断裂活动的不均一性是活动断裂的基本特性，空间上的不均一性由断裂的分段性表现出来。开展活动断裂分段性研究，对于地震监测预报、地震危险性分析和工程建设选址具有重要意义。

6.1.5 在充分搜集已有文献资料及进行航片、卫片解译的基础上，进行野外调查，开展工程地质测绘和调查工作是目前进行断裂勘察、鉴别活动断裂的最重要和常用的手段之一。当前还是以传统的地质学、地貌学与构造地质学相结合的方法为主。活动断裂都是在老构造的基础上发生新活动的断裂。一般说来他们的走向、活动特点、破碎带特性等断裂要素与老构造有明显的继承性。因此，在对断裂进行研究时，应首先对本地区的构造格架有清楚的认识和了解。野外测绘和调查可以根据断裂活动引起的地形地貌迹象、地质地层迹象及地震迹象等鉴别活动断裂。

活动断裂往往在微地貌及宏观地貌上有所显示，条文中对活动断裂存在的主要地形地貌标志作了规定和阐述。必要时还可进行包括断层在内的大地测量，以获得较长时期的数据，当然主要是向地震地质部门搜集资料获得有关数据。

活动断裂往往切穿第四系地层，致使断裂两侧地层变动及错位。查明错断地层的年代和未错动的盖层年代，可判断最新活动时间。根据野外观察，活动断裂的破碎带多未固结或仅有部分固结，由破碎带颜色、物质成分及固结状态的不同，分析其可能活动次数。正确地判断断裂活动年代是确定断裂是否活动及活动强烈程度的重要条件，应主要用野外调查及综合地貌学、地质学方法判定，以测龄方法作为判定断层活动年代的佐证。有条件时，可采取地层或断层组成物样进行测龄，目前应用较多的测龄方法为放射性碳法（^{14}C）、热释光法（TL）及电子自旋共振法（ESR）。

进行古地震和历史地震调查，寻找地震遗迹，能很好地说明断裂的活动情况。近期的地震仪器记录资料对鉴定断裂活动也十分有用，现今地震活动最直接地反映了断裂的活动。

6.1.6 当上述方法难以满足要求，而且十分必要时，可以选用适宜的物探方法和化探方法，如电法勘探、地震勘探、断层气测量等查明隐伏活动断裂的具体位置。只是在需要查明可能通过站址地区的隐伏活动断裂的具体位置等条件时，才有必要布置适量的钻探工作。布置钻探工作时，覆盖层厚度不宜超过 50m。

6.1.7、6.1.8 本条对全新活动断裂的处理措施或处理办法分别作了原则的规定，并提出了具体的办法。首先规定在地热电站的断裂分析和评价中，对可能影响站址稳定性的强烈全新活动断裂及发震断裂，应采取避让措施。避开的距离应根据活动断裂的情况进行具体分析和研究确定。

考虑到断裂评价的复杂性和岩土工程勘察设计人员的迫切要求，在调查研究的基础上，本条同时提出了表 6.1.7“地热电站与断裂的避让距离及处理措施”，一般情况下，可按表 6.1.7 确定。本规范主要考虑了活动断裂所产生的地表错动对场地建筑物的破坏性影响，但考虑到地热电站所在的热田区往往是活动断裂发育的区域，要远距离地避开活动断裂建设是十分困难的，对中等全新活动断裂和微弱全新活动断裂的避让距离未作过高要求，仅要求“避开断裂进行建设”，不使建筑物横跨断裂即可。但应该说明的是本规范要求和提倡岩土工程师充分发挥自己的学识和聪明才智，为站址与断裂的关系作出合适的判断和结论。还应该说明的是，本表所指的地热电站主体是站区的主要建筑地段，对远离站区的一般建筑物及管道等建（构）筑物则不宜按表 6.1.7 确定。

对非全新活动断裂，可不考虑其对站址稳定性的影响。

6.2 地 震 液 化

6.2.1 一般条件下在Ⅵ度区不考虑地震液化，主要是考虑到Ⅵ度区很少发现地震液化的震害现象，即使发生也很轻微，不致引起明显的震害。当有特殊要求时可按Ⅶ度进行液化判别。

6.2.2 地震液化的判别深度，根据现行国家标准《建筑抗震设计规范》GB 50011 确定。

6.2.3、6.2.4 场地地震液化判别除按现行国家标准《建筑抗震设计规范》GB 50011 规定的方法外，还可以结合静力触探、波速法、室内动力试验等方法进行综合判别。

在地震作用下，地基土层是否发生液化，主要取决于以下三个因素：① 土的种类、颗粒组成和密实度；② 土层埋深和地下水位；③ 地震烈度和振动的持续时间。

大量的宏观震害实例调查表明，级配均匀的粉细砂最容易液化。统计资料表明，易液化砂土的有效粒径（d_{10}）范围为 0.05～0.30mm，不均匀系数 C_u 为 2～5。一般而言，相对密实度 D_r 小于 0.7 的砂土容易液化，而 D_r 大于 0.9 的砂土很难液化；粘粒含量小于 10%～15%的粉土在一定条件下也会液化；某些尾矿坝材料，粘粒含量虽较大（>20%），但塑性指数很低，也会液化；砂卵石料一般不会液化，但砾石含量小于 60%～70%、形不成完整骨架时也可能液化。

在现场勘察过程中，要求对可能发生液化的场地做好微地形地貌的调查工作，并对场地水、土进行相应的观测和试验工作，以便客观、真实地对地基土层的液化作出分析与评价。

河岸和斜坡地带的液化会导致滑移失稳，对工程的危害很大，应予以特别注意，必要时应根据具体条件作专门的研究。

6.2.5 根据现行国家标准《建筑抗震设计规范》GB 50011—2001 场地土经初判有液化可能时，应采用标贯法进一步进行判别并计算液化势和液化等级。标贯试验对液化最终判别和处理措施的确定至关重要。本条特别提出有关规定和要求，其目的是确保液化判别结果的准确可靠。

6.3 滑 坡

6.3.1 滑坡是一种对工程安全有严重威胁的不良地质作用和地质灾害，可能造成重大人身伤亡和经济损失，会对工程建设产生严重影响，工程选址时必须避开滑坡发育程度高的地区。

当拟建站址或其附近存在自然滑坡或由于工程建设诱发潜在滑坡活动的工程滑坡，且作为站址取舍或比选条件时，就必须提前进行专门的滑坡勘察，目的是避免进入初设或施设后，由于滑坡问题否定站址或为处理滑坡而追加巨大的工程建设投资。

对规模较小的滑坡可随同主体工程勘察一并进行。

6.3.2 本条提出了滑坡勘察的要求。

6.3.3 在滑坡分布或可能分布地段进行工程地质测绘与调查十分必要，一般要求在初可或可研阶段进行，以便及早发现问题，并及时避让滑坡。

通过滑坡壁、滑坡平台、滑坡鼓丘、封闭洼地、滑坡舌以及滑坡裂缝等滑坡要素的微地貌形态测绘与调查，便于圈定滑坡周界。查明滑坡范围和主滑方向，判断其稳定性情况，尤其要查明滑坡产生的原因，才能有针对性地提出整治措施。

6.3.4 滑坡勘察勘探的工作量由于滑坡规模和滑动面的形态不同，很难作出统一的具体规定，应由勘察工作者根据实际情况确定。

本条第 5 款规定，主要考虑在探井或探槽中可以直接观察滑坡体及滑动面（带）的情况，并可采取不扰动岩土试样。进行探井或探槽工作时，应采取有效措施确保人身安全。另外编录工作结束后应及时回填夯实处理。

6.3.5 滑坡土的抗剪强度试验，可采用室内不扰动土的反复直剪试验，以求其残余抗剪强度，或饱和状态下残余抗剪强度，试验剪切方向宜与滑动面方向一致，试验压力应与实际受力条件相同或相似。当无法取不扰动土样时，可进行重塑土反复直剪试验。

实践经验表明，采用室内直剪法进行滑带土的抗剪强度试验，同样能取得较好的效果。野外原位剪切试验一般不常用，当有必要和条件许可时宜优先进行野外滑面重合剪试验。

6.3.6 滑坡稳定性验算采用的圆弧、平面法和考虑传递系数的折线形计算方法，经多年使用效果较好。

当需要进行反演分析计算滑动面的抗剪强度时，稳定性系数 F_s 的选取非常重要，有资料表明，F_s 值的较小差异就会使反算的 c 值相差很大，因此 F_s 值要合理选取。反演时，当滑动面上下土层以粘性土为主时，宜假定 ϕ 值反求 c 值，当以砂土或碎石为主时，宜假定 c 值反求 ϕ 值，这样所反演的 c、ϕ 值结果才会比较正确与合理。

6.4 边　　坡

6.4.1 鉴于现行国家标准《建筑边坡工程技术规范》GB 50330—2002 已对划分建筑边坡类型、确定边坡工程安全等级等作了明确的规定，本规范不再赘述。

6.4.2 本条提出了边坡勘察的要求。

6.4.3 边坡的勘察是否要分阶段进行，应视工程实际情况而定。

大型和地质环境条件复杂的边坡很难在一次勘察中将主要的岩土工程问题全部查明，而且对于一些大型边坡设计往往也是分阶段进行的，一般有必要进行分阶段勘察。而对于工程地质条件较简单的中、小型边坡，可选择某一适宜的工程勘察阶段进行一次性的勘察，其他情况可随同主体工程各阶段勘察一并进行。

只有当大型复杂边坡的存在成为建筑场地的取舍与比选条件时，才应提前进行专门性的边坡勘察，这种超前和一次连续性完成的勘察，是为决策者对拟选场地作出抉择，避免工程勘察与设计工作进入后期出现因边坡问题而否定建筑场地，或造成追加大量边坡工程治理投资。

为配合边坡工程的动态设计及掌握施工现场信息，必要时进行专门施工勘察。

目前对边坡规模的划分没有统一的标准，这里根据有关资料提出一个划分原则供勘察时参考：大型边坡的长度大于 300m，其高度对岩体大于 30m，对土体大于 15m；中型边坡的长度 100～300m，其高度对岩体 10～30m，对土体 5～15m；小型边坡的长度小于 100m，其高度对岩体小于 10m，对土体小于 5m。这种分类不是绝对的，还应根据边坡的具体情况确定，当不能同时满足长度与高度条件时，宜优先满足高度为主要条件。

6.4.4 初设阶段勘察要求在查明各边坡地段的工程地质条件的基础上，对可能失稳的边坡地段着重进行勘察工作，布置验算剖面并获取边坡稳定性验算所需的岩土物理力学参数，通过必要的边坡稳定性分析和验算，对边坡的整体稳定性作出评价。

一般情况下，由于初设阶段勘察时总平面布置方案尚难以最终确定，以及大型和地质环境条件复杂边坡的岩土工程问题很难在初设阶段勘察中全部查明，施设阶段勘察，应在初设勘察的基础上着重对不稳定或需整治的边坡地段，以及经初设审查后可能导致的设计方案变更部位和地段进行勘察，并查明尚未解决的边坡岩土工程问题。

施设勘察应配合边坡工程的动态设计进行。一般情况下，对大型复杂的边坡在施工时都要进行地质检验或地质编录，一方面核对地质资料，同时对施工开挖进行指导，有必要时还要作出安全预报。当岩土工程勘察资料与实际开挖情况有较大出入及对边坡的设计有影响时，应补充适量的勘探与测试工作。

6.4.5 测绘与调查范围应适当扩大，除场地范围外，还应包括可能影响到场地稳定性的边坡外围地段。对大面积基岩出露的边坡，测绘与调查的观测路线宜采用穿越法，即垂直构造线与岩层走向布置，对每个不良地质体应有测线和测点控制，其间距应视边坡的地质条件而定，当岩石露头较少时，宜采用全露头标绘。对重要的地质界线或现象，应进行追索性探查，当其覆盖层较薄时，应布置适量探井和探槽进行揭露，查明其情况。对节理裂隙应选取有代表性的地段详细量测，记录其性状、相互切割与组合关系，并分析边坡的稳定性。

边坡的失稳与水的作用有密切联系，在进行边坡的测绘与调查时，对边坡上的每一处出水点和地下水形成的湿地及其变迁情况，均应引起重视并查明，分析其对坡体与坡脚软化、稳定性影响。

6.4.6 勘探范围的确定，应考虑可能对建筑物有潜在安全影响的区域，并满足边坡稳定计算范围的要求。各阶段勘探线、点间距主要根据边坡安全等级和场地的复杂程度确定。规定勘探孔进入稳定地层一定深度，目的在于查明支护结构持力层性状，并避免在坡脚出现误判。工程勘探过程中，应特别注意查明有无顺坡向的软弱夹层或软弱结构面分布。

6.4.7 抗剪强度室内试验时所选择的试验方法和条件，应与自然受力条件和水文地质条件相近。室内抗剪试验时应考虑如下几方面因素：当边坡的稳定是受岩体软弱结构面或软弱夹层控制时，应采用直接剪切试验，剪切方向宜与结构面方向一致，对不受结构面控制的较厚土层或软弱层，应采用三轴剪切试验；当边坡运行期间有被地下水浸泡可能时，尚应作饱和状态下剪切试验；当岩层中的泥化夹层无法取样时，可刮取夹层或层面上的土样制备成土膏，进行重塑土反复直剪试验。在现场对软土可采用十字板剪切试验，有必要时对边坡稳定起重要控制作用的软弱面宜进行大型原位剪切试验。

合理确定岩土和结构面的强度指标，是边坡稳定分析和边坡设计的关键，应根据实测结果结合当地经验综合确定，条件具备时宜进行反分析方法验证。

对土质边坡，当处于稳定状态时可采用峰值抗剪强度乘以0.8折减系数的折减值，若已经滑动则应采用反复直剪的残余抗剪强度，若处于饱水状态时应用饱和状态下的试验值。对于岩质边坡，当边坡的稳定性由结构面控制时，结构面的抗剪强度指标宜根据现场原位试验确定，当无现场试验条件又无法取得室内试验指标时，可根据结构面的结合程度和反分析计算结果综合确定。

6.4.8 工程地质类比法、图解分析法和极限平衡计算法是边坡稳定性分析常用的三种方法。对大型复杂的边坡，有条件时可结合有限单元法进行分析。这里应指出无论采用哪种方法进行分析评价，都应在分析边坡破坏形式的基础上进行，不同的边坡有不同的破坏形式，如平面滑动、圆弧滑动、折线滑动、多面滑动、滑塌、倾倒、坠落等，如果破坏形式选择不当，必然导致分析评价的不合理。此外，还要先分析研究边坡附近的区域性工程地质资料，特别是有关边坡稳定方面的资料作为基础，才能对所研究的边坡稳定性情况作出切合实际的判定。

6.4.9 边坡稳定安全系数的取值取决于多方面的因素，包括边坡安全等级、计算方法、地质条件复杂程度、破坏后所造成的严重性以及勘察资料的准确性和完整程度、施工控制的不可靠性和设计参数的取值等。

坡率法是一种较为经济、施工方便的方法，对有条件的工程场地，一般情况下应优先采用。对整体上不稳定又不具备放坡条件的边坡可以通过预应力锚杆或锚杆（索）、排桩式锚杆挡墙、板肋式锚杆挡墙、格构式锚杆挡墙等支护的作用，使被结构面切割的岩体牢固锚锁在稳定的岩体中，从而使处于极限平衡状态的岩体保持长期稳定。除锚固措施外，根据边坡的实际情况，还可以采取削坡护面、挡墙及排水等处理措施，也能对边坡的治理起到更好的效果。根据近年来压实填土边坡工程经验，也可采用设置堆石棱体、重力式挡墙、抗滑桩或埋设土工格栅等加强措施。

6.4.10 大型边坡工程一般需要进行地下水、边坡及支挡结构的变形等方面监测。

地下水的监测包括水位、水量及水压等。

边坡及支挡结构的变形监测，主要测量坡面、坡顶的建筑物的位移，重点应是边坡的可能不稳定区段和采取支挡、锚固措施的部位，验证加固系统是否起到预定的效果，如未起到预定的作用，应及时提出补救措施并作好边坡稳定的预报工作。

6.5 冻　　土

6.5.1 根据现行国家标准《冻土工程地质勘察规范》GB 50324—2001的规定，按冻结状态持续时间，冻土分类为多年冻土、隔年冻土及季节冻土。

另外季节冻土和季节融化层土的冻胀性，根据土的冻胀率划分为：不冻胀、弱冻胀、冻胀、强冻胀和特强冻胀等5级。多年冻土的融化下沉性，根据土的融化下沉系数划分为：不融沉、弱融沉、融沉、强融沉和融陷等5级。

6.5.2 冻土地区勘察的工作内容，主要取决于冻土工程地质条件的复杂程度、地基基础的特殊要求及人类工程活动（包括建筑物修建后）对冻土工程地质条件的影响等。这三个因素不但对确定冻土岩土工程勘察工作内容和工作量有关系，而且也影响着工作方法的选择和程序化。因此，在进行冻土岩土工程勘察之前，应该比非冻结的“岩土工程勘察”花费更多精力去搜集勘察区及邻近地区的有关资料，它包括区域性的气象及冻土资料、科研文献和勘察试验方法。编制工作大纲时，应明确该勘察区的主要冻土岩土工程问题，确定取样部位及应测试的参数，给出试验参数的温度和环境条件。因为冻土岩土工程问题及设计参数受冻土温度和环境条件的影响，且变化较大，在勘察报告中应特别说明。

6.5.3 多年冻土区的岩土工程勘察除了满足常规要求外，还应查明本条文所述内容。因为多年冻土及其分布特征决定着建筑物的设计原则、基础埋置深度、地基土的工程性质和冻土的稳定性；工程建筑的施工和运营都可能改变冻土工程地质条件与冻土环境，甚至可导致与原多年冻土工程地质条件相差巨大的变化。因此，多年冻土勘察的要求与内容就远比常规岩土工程地质勘察复杂，更重要的是本条规定的项目都直接涉及建筑物的安全和稳定性。由于未能了解上述内容而导致建筑物破坏的事例较多，本条规定的勘察内容应按勘察阶段及各工程的特殊要求选择和确定各项工作深度和广度。

在进行多年冻土岩土工程勘察时，应通过搜集资料、踏勘、现场的详细冻土测绘及勘探等方法来获得。

6.5.4 季节冻土区的岩土工程勘察工作应加强对季节冻结层厚度、含水与含冰特征、地下水位及其变化、冻土现象等内容的勘察与有关资料的搜集工作，同时对地基土的冻胀性作出评价。

如果采用浅基础设计方案，必须对季节冻土的融化下沉特性作出评价。因为季节冻土地区的主要冻土岩土工程问题是地基土的冻胀性，浅基础设计时还有冻结地基土的融沉性。这些冻土岩土工程问题及与气候、水文地质、地质地理环境有着密切的关系，因此季节冻土区进行岩土工程勘察时必须查明本规定的六项内容。

6.5.5 冻土工程地质的研究对象是冻结的岩土体系，它的研究内容除了具有常规岩土的基本性质的研究、整治、改造和利用问题之外，还有其独特的性质；岩土体内水分的相变，温度的变化以及未冻水的动态变化都不断地改变着冻结岩土的工程性质。因此冻土勘察比非冻结的岩土工程地质勘察复杂。

冻土勘察的方法主要包括冻土区的工程地质调查、测绘、勘探、取样、定位观测、原位测试和室内试验以及当地建筑经验的收集等。应注意勘察方法的特殊要求，这是由于冻土工程地质条件对人类工程活动具有特别的敏感性和脆弱性所致。

6.5.6 勘探点、线、网的布置在满足常规工程地质勘探要求的基础上，要特别考虑和注意冻土及地下冰的分布特点，尤其是在岛状多年冻土地区和地下水分布不均匀的地段，应适当加密勘探点、线间距，并加深勘探点（孔）的深度。目的是要获得建筑场地各个重要部位的冻土工程地质条件和设计参数。由于建筑物与冻结地基土相互作用用的下界面是设计中沉降计算所必须考虑的深度，在控制孔地段增加钻孔的深度是为充分了解建筑物地基的冻土工程地质条件，以便正确地评价建筑场地的适宜性和稳定性。

6.6 混 合 土

6.6.1、6.6.2 从混合土的特点出发，提出了勘察时应查明的主要内容及应采用的主要勘察方法。由于混合土大小颗粒混杂，应有一定数量的探井采取试样及试验，并便于直接观察。动力触探试验对于粗粒混合土是很好的手段，但应有一定数量的探井配合。

6.6.3 混合土的承载力和变形特性应采用载荷试验、动力触探试验并结合当地经验确定，评价时应注意该类土的不均匀性特点。

6.7 软 土

6.7.1 从岩土工程要求出发，对软土的勘察应特别注意查明下列问题：

1 对软土的排水固结条件、沉降速率、强度增长等起关键作用的薄层理与夹砂层特征。

2 土层均匀性即厚度、土性等在水平向和垂直向的变化；可作为浅基础、深基础持力层的硬土层或基岩的埋藏条件。

3 软土的固结历史，确定是欠固结、正常固结或超固结土，是十分重要的。先期固结压力前后变形特性有很大不同，不同固结历史软土的应力应变关系有不同特征；要很好确定先期固结压力，必须保证取样的质量；另外，应注意灵敏性粘土受扰动后，结构破坏对强度和变形的影响。

4 软土地区微地貌形态与不同性质的软土层分布有内在联系，查明微地貌，旧堤，堆土场，暗埋的塘、浜、沟、穴等，有助于查明软土层的分布。

6.7.2 本条规定是工程实践的总结，与国家标准和许多地方性规范一致。

原位测试作为主要的岩土工程勘察方法，同样适用于软土勘察，条文中所列原位测试方法尤其适用。软土由于取样相对困难，采用原位测试方法能够提供软土的各种力学指标和工程设计所需参数。所有这些原位试验都已有较为成熟的经验，而且都有试验规程可供遵照实施，但在具体实行时，尚应选择最必要的项目，突出其实用性和针对性，例如静力触探和标贯试验可以认为是常规手段，而十字板剪切试验则适用于深度不超过 30m 的软粘土，波速试验选用于划分场地类型和提供动力学参数，旁压试验、扁铲侧胀试验对测定深层土的变形模量是其他试验方法无法比拟的。

在应用原位测试成果时，尚应注意地区的经验，并采取综合分析方法，对试验成果进行分析和比较，确定具有代表性的设计参数。

6.7.3 室内土工试验是提供设计参数的重要手段，在目前条件下任何地基土类都不能脱离室内土工试验，软土更是如此。软土地基除一般物理性试验外，力学性试验强度和变形特性是研究的重点，因此着重规定了软土土工试验的特殊要求。

7 地下水勘察

7.1 一 般 规 定

7.1.1 本条对地下水勘察应查明的内容提出了明确要求。除了查明地下水类型、埋藏条件，含水层性质和变化，地下水的补排条件、泉水出露和泉华现象，地下水与地表水的水力联系，地下水位和水量的变化规律，地下水腐蚀性以及对施工及运行的影响等内容外，还应查明由于地热开采和地热尾水排放造成地下水的化学成分变化及地下水污染情况。

7.1.2 一般情况下不需要进行地下水位监测。但当地下水位动态变化对工程施工及运行影响较大时，特别是存在冻胀及融沉的高寒地区或地热开采、地热尾水回灌可能引起地下水位巨幅变化的地区，更应掌握地下水的变化情况及规律。

7.1.3 有条件时可选择在井坑内采取地下水试样。当在钻孔中取水时，采用泥浆钻进的钻孔内的水质不能代表天然条件下的水质情况，因此要求钻孔中取水样应在洗孔后采取，并注意排干钻孔滞水。

取水容器应先用所取水洗刷 3 次以上，取样完毕应立即封蜡，贴好水样标签。

测定侵蚀性 CO_2 取水试样 500ml，加大理石粉约 2～3g。

水试样应及时试验，清洁水试样保存时间不宜超过72h，稍受污染的水不宜超过48h，污染水不宜超过12h。

7.2 地下水参数

7.2.1 在岩土工程勘察中对地下水位的量测往往不够重视，主要表现在测量工具精度不够、所测水位既不是初见水位也不是稳定水位、多层水位时只能测混合水位等。本条对上述内容都进行了明确的规定。

7.2.2 通过抽水试验能较准确确定多种水文地质参数，但在岩土工程勘察中，由于种种原因并不常作。抽水试验可分为稳定流和非稳定流抽水试验，当地层透水性较好，水量较大时宜采用稳定流抽水试验，非稳定流抽水试验亦可满足岩土工程勘察对水文地质参数的要求，具体方法可按现行国家标准《供水水文地质勘察规范》GB 50027的规定采用。

抽水试验所得到的渗透系数主要用于预测基坑排水、涌水量和供水水量计算，也可用于预测和评价贮水工程地基、坝体和周边渗透量。

室内渗透试验所测定的是土试样渗透系数，它主要用于地基处理方法的选择和计算等。

7.2.3 本条所列注水试验的几种方法是国内外测定饱和松散土渗透性能的常用方法。试坑法和试坑单环法只能近似地测得土的渗透系数。试坑双环法因排除侧向渗透的影响，测试精度较高。

7.2.4 地下水位是动态变化的，同一钻孔不同时间的水位可能相差很大，因此要确定地下水流向，必须在同一时间量测水位。

采用几何法测定地下水流向的三个钻孔，除应在同一水文地质单元外，还需呈锐角三角形分布，其中最小的锐角不宜小于40°，孔距宜为50～100m，过大或过小都会影响测量精度。

利用渗透系数和水力梯度可以确定地下水流速。沿地下水流向方向上两点的水位差与水平距离之比称为水力梯度。

7.3 地下水对工程的影响评价

7.3.1 在岩土工程勘察、设计、施工过程中，地下水对工程的影响是一个非常重要的问题，因此在工程勘察中应对其作用进行预测和评估，提出评价的结论与建议。

地下水对岩土体和建筑物的作用，按其机制可以划分为两类：一类是力学作用，一类是物理、化学作用。力学作用原则上是可以定量计算的，通过力学模型的建立和参数的测定，可以用解析法或数值法得到合理的评价结果。很多情况下，还可以通过简化计算，得到满足工程要求的结果。由于岩土特性的复杂性，物理、化学作用一般难以定量计算，但可以通过分析，得出合理的评价。

由于地热开采和回灌，地下水的作用和影响可能更显复杂。当出现本条所列举的问题时，尚应分析评价地热开采和回灌所造成的环境水文地质问题。

7.3.2 地下水对基础的浮力作用，是最明显的一种力学作用。在静水环境中，浮力可以用阿基米德原理计算。在透水性较好的土层或节理发育的岩石地基中，计算结果即等于作用在基底的浮力。但对于渗透系数很低的粘土，由于渗透过程的复杂性，粘土中的基础所受到的浮托力往往小于水柱高度，浮力与静水条件下不同，应该通过渗流分析得到。

地下水位升降引起地基岩土的软化、崩解、湿陷、膨胀、冻胀、融陷、潜蚀以及地下水对钢筋和混凝土的腐蚀等作用都属于物理、化学作用。这种作用往往是一个渐变过程，开始可能不为人们所注意，一旦危害明显就难以处理。由于受环境、特别是人类活动的影响，地下水位和水质还可能发生变化。

在地热流体中存在氢离子、氯离子、硫化氢、二氧化碳、氨、硫酸根、氧等大量的腐蚀性成分，会对地热利用系统造成危害。地热流体或地热尾水如长期渗漏也将造成对混凝土和金属材料的腐蚀性。

在勘察时应注意调查和分析，必要时应布置地下水监测工作，在充分了解地下水赋存环境和岩土条件的前提下作出合理的预测和评价。

7.3.3 无论用何种方法验算边坡和挡土墙的稳定性，由于地下水及水位变化，孔隙水压力都会对有效应力条件产生重大的影响，从而影响最后的分析结果。当存在渗流时，渗流状态还会影响到孔隙水压力的分布，最后影响到安全系数。

7.3.4 验算基坑支护支挡结构的稳定性时，不管是水土合算还是水土分算的方法，都需要首先搞清楚地下水的分布，才能比较合理地确定作用在支挡结构上的水压力。当渗流作用影响明显时，还应该考虑渗流对水压力的影响。

对于地下水位以下开挖基坑需采取降低地下水位的措施时，需要考虑的问题主要有：

1 能否疏干基坑内的地下水，得到便利安全的作业面。

2 在造成水头差的条件下，基坑侧壁和底部土体是否稳定。

3 由于地下水的降低，是否会对邻近建筑、道路和地下设施造成不利影响。

8 现 场 检 验

8.0.1 现场检验是岩土工程的重要组成部分，是指在施工阶段根据施工揭露的地质情况，对岩土工程勘察成果与评价建议等进行的检查校核。检查施工揭露的情况是否与勘察成果相符，结论和建议是否符合实际，当发现与勘察成果有出入时，应进行补充修正，对施工中出现的问题，应提出处理意见和措施。

本规范所指的现场检验仅就天然地基而言，不包含对地基处理效果及桩基础的检验。

8.0.3、8.0.4 对天然地基基坑进行检验时，应仔细观察刚开挖的、结构未被破坏的不扰动土。检验人员应亲自挖土观察，冬季时应注意坑底土是否有冰冻现象。为了保持土的天然性质，不允许基坑内积水，如发现有积水，应立即淘除并检验淹没处土的湿度变化，并采取处理措施。审阅施工单位的钎探记录时，应详细了解钎探规格和打钎情况，以便排除人为的异常现象。

8.0.5 编写工程现场检验总报告的目的是为了加强工程的信息反馈、总结勘察经验、提高勘察水平，为后续扩建积累经验，并可保证岩土工程勘察资料的完整性。

9 岩土工程分析评价和成果报告

9.1 岩土工程分析评价的要求

9.1.1、9.1.2 指出了岩土工程分析评价的总要求和岩土工程勘察的基本思路。即要求通过合理、适用的勘察方法，查明与工程建设有关的工程地质条件，并按本规范及现行国家标准的有关规定进行岩土工程分析评价。

9.1.3、9.1.4 指出了岩土工程分析评价、计算的具体要求。确定了岩土工程分析评价的准则为定性评价和定量评价，列举了宜进行定性评价和定量评价的主要内容，明确在定量分析计算中可使用的两种极限状态。

9.1.5 对岩土物理力学性质指标或原位测试指标等参数的统计分析，一般情况下，应以同一场地岩土力学分层为统计单元。当各建筑地段岩土参数差异较大时，尚应在分地段或分区的基础上进行分层统计。

9.1.8 本条列举了岩土工程分析评价时应考虑的常见三个方面内容。

9.2 成果报告的基本要求

9.2.1 原始资料是岩土工程分析评价和编写成果报告的基础，加强原始资料的编录工作是保证成果报告的基本条件。

9.2.2 本条是对岩土工程勘察成果文件编制的基本要求。

9.2.3 本条规定了编制勘察报告书的基本组成部分和内容，但在编写具体勘察报告时，尚应结合自身工程特点、不同勘察阶段要求进行合理取舍，报告书必须具有明确的阶段性。

中华人民共和国国家标准

冶金工业岩土勘察原位测试规范

Code for insitu tests of geotechnical engineering investigation of metallurgical industry

GB/T 50480—2008

主编单位：中冶沈勘工程技术有限公司
批准部门：中华人民共和国住房和城乡建设部
施行日期：2009 年 4 月 1 日

中华人民共和国住房和城乡建设部公告

第136号

住房和城乡建设部关于发布国家标准《冶金工业岩土勘察原位测试规范》的公告

现批准《冶金工业岩土勘察原位测试规范》为国家标准，编号为GB/T 50480—2008，自2009年4月1日起实施。

本规范由我部标准定额研究所组织中国计划出版社出版发行。

中华人民共和国住房和城乡建设部

二〇〇八年十月十五日

前　言

根据建设部建标〔2006〕136号文的要求，由中国冶金建设协会组织中冶沈勘工程技术有限公司等单位制定了《冶金工业岩土勘察原位测试规范》。在编制过程中，编制单位全面检索、收集了国内外的有关资料，开展了必要的专题研究和技术研讨，广泛征求了有关的勘察设计单位和大专院校的意见，对主要问题和疑难问题进行了反复的研讨和修改，最后经审查定稿。

本规范是在原冶金工业部和原有色金属工业总公司各勘察单位联合编制的《岩土勘察原位测试规程》单行本的基础上，增编了单桩静载试验、预钻式旁压试验、扁铲侧胀试验、波速测试、原位密度测试、原位冻胀量试验、原位冻土融化压缩试验、岩体应力测试、振动衰减测试、地微振测试、地电参数原位测试、基坑回弹原位测试等内容。

本规范共分25章、5个附录，主要内容有：总则，术语和符号，基本规定，载荷试验，单桩静载试验，标准贯入试验，动力触探试验，电测十字板剪切试验，静力触探试验，预钻式旁压试验，扁铲侧胀试验，现场直剪试验，压水试验，注水试验，抽水试验，波速测试，动力机器基础地基动力特性测试，原位密度测试，原位冻胀量试验，原位冻土融化压缩试验，岩体应力测试，振动衰减测试，地微振测试，地电参数原位测试，基坑回弹原位测试。

本规范由住房和城乡建设部负责管理，由中冶沈勘工程技术有限公司负责具体技术内容的解释。本规范在执行过程中，请各单位结合工程实践，认真总结经验，积累资料，如发现需要修改或补充之处，请及时将意见和有关资料寄中冶沈勘工程技术有限公司（地址：沈阳市沈河区东滨河路152号，邮政编码：110016），以便今后修订时参考。

本规范主编单位、参编单位和主要起草人：

主 编 单 位： 中冶沈勘工程技术有限公司

参 编 单 位： 中冶沈勘秦皇岛工程技术有限公司
中冶集团武汉勘察研究院有限公司
中勘冶金勘察设计研究院有限责任公司
中国有色金属工业西安勘察设计研究院
中基发展建设工程有限责任公司
宁波冶金勘察设计研究股份有限公司
湖北中南勘察基础工程有限公司

主要起草人： 张宝山　马阿雨　王小章
王家伟　王凤江　王宏志
辛利伍　李振江　李征翼
邱祖全　杨书涛　张俊杰
胡红海　祝世平　徐利军
郭乐群　郭　斌　董忠级
韩渊明　雷振远　熊建华

目　次

1　总则 …………………………… 1—63—5
2　术语和符号…………………………… 1—63—5
2.1　术语…………………………… 1—63—5
2.2　符号…………………………… 1—63—6
3　基本规定 …………………………… 1—63—6
4　载荷试验…………………………… 1—63—8
4.1　一般规定…………………………… 1—63—8
4.2　试验设备…………………………… 1—63—8
4.3　试验方法…………………………… 1—63—8
4.4　资料整理…………………………… 1—63—9
5　单桩静载试验 …………………………… 1—63—11
5.1　一般规定 …………………………… 1—63—11
5.2　试验设备 …………………………… 1—63—11
5.3　试验方法 …………………………… 1—63—12
5.4　资料整理 …………………………… 1—63—12
6　标准贯入试验 …………………………… 1—63—13
6.1　一般规定 …………………………… 1—63—13
6.2　试验设备 …………………………… 1—63—13
6.3　试验方法 …………………………… 1—63—14
6.4　资料整理 …………………………… 1—63—14
7　动力触探试验 …………………………… 1—63—14
7.1　一般规定 …………………………… 1—63—14
7.2　试验设备 …………………………… 1—63—14
7.3　试验方法 …………………………… 1—63—14
7.4　资料整理 …………………………… 1—63—15
8　电测十字板剪切试验 …………………………… 1—63—15
8.1　一般规定 …………………………… 1—63—15
8.2　仪器设备 …………………………… 1—63—15
8.3　试验方法 …………………………… 1—63—16
8.4　资料整理 …………………………… 1—63—16
9　静力触探试验 …………………………… 1—63—16
9.1　一般规定 …………………………… 1—63—16
9.2　仪器设备 …………………………… 1—63—17
9.3　试验方法 …………………………… 1—63—18
9.4　资料整理 …………………………… 1—63—18
10　预钻式旁压试验 …………………………… 1—63—19
10.1　一般规定…………………………… 1—63—19
10.2　仪器设备…………………………… 1—63—19
10.3　试验方法…………………………… 1—63—19
10.4　资料整理…………………………… 1—63—20
11　扁铲侧胀试验 …………………………… 1—63—21
11.1　一般规定…………………………… 1—63—21
11.2　仪器设备…………………………… 1—63—21
11.3　试验方法…………………………… 1—63—21
11.4　资料整理…………………………… 1—63—22
12　现场直剪试验…………………………… 1—63—22
12.1　一般规定…………………………… 1—63—22
12.2　试验设备…………………………… 1—63—22
12.3　试验方法…………………………… 1—63—22
12.4　资料整理…………………………… 1—63—23
13　压水试验…………………………… 1—63—24
13.1　一般规定…………………………… 1—63—24
13.2　试验设备…………………………… 1—63—25
13.3　试验方法…………………………… 1—63—25
13.4　资料整理…………………………… 1—63—25
14　注水试验…………………………… 1—63—26
14.1　一般规定…………………………… 1—63—26
14.2　试验设备…………………………… 1—63—26
14.3　试验方法…………………………… 1—63—26
14.4　资料整理…………………………… 1—63—27
15　抽水试验…………………………… 1—63—27
15.1　一般规定…………………………… 1—63—27
15.2　试验设备…………………………… 1—63—28
15.3　试验方法…………………………… 1—63—28
15.4　资料整理…………………………… 1—63—29
16　波速测试…………………………… 1—63—29
16.1　一般规定…………………………… 1—63—29
16.2　仪器设备…………………………… 1—63—29
16.3　测试方法…………………………… 1—63—30
16.4　资料整理…………………………… 1—63—30
17　动力机器基础地基动力特性测试 …………………………… 1—63—31
17.1　一般规定…………………………… 1—63—31
17.2　仪器设备…………………………… 1—63—32
17.3　测试方法…………………………… 1—63—32
17.4　资料整理…………………………… 1—63—33
18　原位密度测试 …………………………… 1—63—37
18.1　一般规定…………………………… 1—63—37

18.2 仪器设备…………………………… 1—63—37
18.3 试验方法…………………………… 1—63—37
18.4 资料整理…………………………… 1—63—38
19 原位冻胀量试验 ………………… 1—63—39
19.1 一般规定…………………………… 1—63—39
19.2 试验设备…………………………… 1—63—39
19.3 试验方法…………………………… 1—63—39
19.4 资料整理…………………………… 1—63—39
20 原位冻土融化压缩试验………… 1—63—39
20.1 一般规定…………………………… 1—63—39
20.2 试验设备…………………………… 1—63—39
20.3 试验方法…………………………… 1—63—39
20.4 资料整理…………………………… 1—63—40
21 岩体应力测试 ……………………… 1—63—40
21.1 一般规定…………………………… 1—63—40
21.2 试验设备…………………………… 1—63—40
21.3 试验方法…………………………… 1—63—41
21.4 资料整理…………………………… 1—63—42
22 振动衰减测试 ……………………… 1—63—43
22.1 一般规定…………………………… 1—63—43
22.2 仪器设备…………………………… 1—63—43
22.3 测试方法…………………………… 1—63—43
22.4 资料整理…………………………… 1—63—43
23 地微振测试 ………………………… 1—63—44
23.1 一般规定…………………………… 1—63—44
23.2 仪器设备…………………………… 1—63—44
23.3 测试方法…………………………… 1—63—44
23.4 资料整理…………………………… 1—63—44
24 地电参数原位测试 ……………… 1—63—44
24.1 一般规定…………………………… 1—63—44
24.2 仪器设备…………………………… 1—63—44
24.3 测试方法…………………………… 1—63—45
24.4 资料整理…………………………… 1—63—45
25 基坑回弹原位测试 ……………… 1—63—45
25.1 一般规定…………………………… 1—63—45
25.2 仪器设备…………………………… 1—63—45
25.3 测试方法…………………………… 1—63—45
25.4 资料整理…………………………… 1—63—46
附录A 岩体应力计算 ……………… 1—63—46
附录B 力传感器和测力计的标定与计算…………………………… 1—63—48
附录C 旁压器率定 ………………… 1—63—49
附录D 探头规格及更新标准……… 1—63—50
附录E 仪器标定记录表 …………… 1—63—51
本规范用词说明 ……………………… 1—63—53
附：条文说明…………………………… 1—63—54

1 总　　则

1.0.1 为统一冶金工业建设项目岩土工程勘察原位测试工作的方法和技术要求，保证原位测试质量，做到技术先进，经济合理，安全适用，成果准确可靠，制定本规范。

1.0.2 本规范适用于冶金工业建设项目岩土工程勘察中的原位测试。其他行业同类工作可按本规范执行。

1.0.3 现场工作应遵守国家和地方有关安全和劳动保护的规定，做到安全生产。

1.0.4 冶金工业岩土工程勘察原位测试，除应符合本规范的规定外，尚应符合国家现行有关标准的规定。

2 术语和符号

2.1 术　　语

2.1.1 原位测试　in-situ test

在岩土体所处的位置，基本保持岩土原来的结构、湿度和应力状态，对岩土体进行的测试。

2.1.2 平板载荷试验　plate loading test

在地基中挖坑至拟建基础底面高程，放上一定尺寸的刚性板，对其逐级施加垂直荷载直至达到破坏状态，绘制各级荷载和板的相应下沉量关系曲线，据此研究地基土的变形特性、变形模量和承载力或检验地基加固效果的现场模拟建筑物基础荷载条件进行的一种原位试验。

2.1.3 螺旋板荷载试验　screwed-plate loading test

在钻孔中，用传力杆件将螺旋形承压板完全置于地下预定深度的天然地基中，对其逐级施加垂直荷载，直至破坏或接近破坏状态，绘制各级荷载和板的相应下沉量关系曲线，据此研究地基土的变形特性、变形模量和承载力进行的一种原位试验。

2.1.4 标准贯入试验　standard penetration test

用质量为 63.5kg 的穿心锤，以 76cm 的落距，将标准规格的贯入器，自钻孔底部预打 15cm，测记再打入 30cm 的锤击数，判定土的物理力学特性的一种原位试验。

2.1.5 动力触探试验　dynamic penetration test

用一定质量的击锤，以一定的自由落距将特定规格的探头击入土层，根据探头沉入土层一定深度所需锤击数来判断土层的性状和确定其承载力的一种原位试验。

2.1.6 静力触探试验　cone penetration test（CPT）

将一定规格的锥形探头匀速地压入土层中，同时测记贯入过程中探头所受到的阻力（比贯入阻力或端阻力、侧阻力及孔隙水压力），按其所受抗阻力大小评价土层力学性质以间接估计土层各深度处的承载力、变形模量和进行土层划分的一种原位试验。

2.1.7 电测十字板剪切试验　electrical vane shear test

将具有一定规格的十字形翼板插入软土按一定速率旋转，由电阻应变式扭力传感器测出土破坏时的抵抗扭矩，求软土抗剪强度的一种原位试验。

2.1.8 预钻式旁压试验　preboring pressuremeter test

在预先钻成的孔中放置旁压器，对测试段孔壁施加径向压力，量测其变形，根据孔壁变形与压力的关系，求取地基土的旁压模量、承载力等力学参数的一种原位试验。

2.1.9 扁铲侧胀试验　dilatometer test（DMT）（简称扁胀试验）

把一扁铲形探头压入土中，到达试验深度后，利用气压使扁铲侧面的圆形钢膜向外扩张，测求侧胀模量及水平侧压力系数的原位试验。

2.1.10 直剪切试验　in-situ direct test of rock

在现场对确定的岩土层，施加垂直及水平方向的荷载，以测定岩土或其沿某软弱面的抗剪强度的原位试验。

2.1.11 压水试验　pump-in test

在钻孔中，用专门的止水设备隔离试验段，并向该孔段压水，根据压力与流量的关系测定岩体透水率的原位试验。

2.1.12 注水试验　water injection test

向钻孔或试坑内注水，根据注入水头高度和渗入水量，确定岩土层渗透性指标的原位试验。

2.1.13 抽水试验　pumping test

通过井孔抽水，求取含水层水文地质参数，判明地下水条件的现场试验。

2.1.14 单孔法　single hole method

利用一个钻孔，在孔口激振，在孔底接收振波；或在孔底激振，在孔口接收振波，以确定岩土体中振波传播速度的原位测试方法。

2.1.15 跨孔法　cross hole method

利用两个或两个以上同一直线上的相邻钻孔，在一个钻孔内激振，在其他钻孔内接收振波，确定岩土体中振波传播速度的原位测试方法。

2.1.16 面波法　surface wave velocity method

在地表利用稳态激振器或瞬态振源激发，实测不同频率时岩土中瑞利波的传播速度，换算出一定深度内土层的平均剪切波速度，以判别土层性质的原位测试方法。

2.1.17 岩体声波测试　rock acoustic wave test

借助仪器向岩体发射声（超声）波，由接收系统测得传播时间、振幅和频率，根据波在弹性体中的传播特性，确定岩体中振波传播速度。

2.1.18 强迫振动测试 test of coerce vibration

对测试基础施加一简谐扰力，测定基础不同频率下的振幅，确定共振频率及地基动力特性参数的试验。

2.1.19 自由振动测试 test of freedom vibration

对测试基础施加一瞬间冲击荷载，使基础及基础以下地基同时产生振动，测定其振幅和共振频率，确定地基动力特性参数的试验。

2.1.20 原位冻胀量试验 in-situ frost-heave capacity test

研究土体在冻结过程中沿深度产生冻胀量的原位试验。

2.1.21 原位冻土融化压缩试验 in-situ thawed frozen soil compress test

在地基冻土中挖坑至拟建基础底面高程，放上一定尺寸的传压刚性板，加热地基冻土，使其融化下沉稳定后，对其逐级施加垂直荷载进行压缩试验，绘制荷载与下沉量的关系曲线，据此研究地基冻土的融沉系数的原位试验。

2.1.22 地微振 ground microtremor

由交通运输、机械运转、人类活动等人为因素引起的，反映地基土固有振动特性的微弱振动，其位移幅值为微米级，自振周期为0.1～1.0s，又称"常时微动"。通过地微振测试，可获得地基的振动特性。

2.1.23 基坑回弹原位测试 in-situ foundation rebound test

监测建筑基坑开挖后，上覆岩土层自重荷载卸除产生的基坑底部隆起变形的测试方法。

2.2 符 号

2.2.1 岩土强度和变形参数

f_{ak}——地基承载力特征值；

ϕ——内摩擦角；

C——黏聚力；

C_u——原状土抗剪强度；

C_u'——重塑土抗剪强度；

E_0——变形模量。

2.2.2 岩土物理性质参数

ρ——天然密度；

ρ_d——干密度；

ω——含水率；

S_t——灵敏度。

2.2.3 试验指标

N——标准贯入试验锤击数；

N_{10}——轻型动力触探试验实测锤击数；

$N_{63.5}$——重型动力触探试验实测锤击数；

N_{120}——超重型动力触探试验实测锤击数；

u_t——孔压消散过程时刻 t 的孔隙水压力；

P_s——比贯入阻力；

q_c——锥尖贯入阻力；

f_s——侧摩阻力；

R_f——摩阻比。

2.2.4 水文地质参数

K——渗透系数；

S——水位下降值；

R——影响半径。

2.2.5 计算参数

K_v——地基土基准基床系数；

E_m——旁压模量；

G_m——旁压剪切模量；

E_D——侧胀模量；

I_D——土类指数；

U_D——侧胀孔压指数；

K_D——水平应力指数；

E_d——动弹性模量；

G_d——动剪切模量；

V_p——压缩波波速；

V_R——瑞利波波速；

V_s——剪切波波速；

μ_d——动泊松比；

K_{pz}——单桩抗压刚度；

$K_{p\varphi}$——桩基抗弯刚度；

C_z——地基抗压刚度系数；

C_x——地基抗剪刚度系数；

C_φ——地基抗弯刚度系数；

C_ψ——地基抗扭刚度系数。

3 基 本 规 定

3.0.1 原位测试前，宜根据选定的试验方法编制试验方案。试验方案应包括：工程概况及试验目的和要求、试验场地工程地质（含地下水）条件、试验方法和工作量布置、采用的仪器设备和所需的材料、数据资料处理方法等内容。

3.0.2 原位测试方法应根据测定参数、主要试验目的以及岩土条件、地区经验和测试方法的适用性等因素按表3.0.2选用。

表 3.0.2 原位测试方法

原位测试方法	测定参数	主要试验目的
载荷试验	比例界限压力 p_0、极限压力 p_u，压力与变形值	计算岩土承载力、变形模量；评价岩体变形；计算土的垂直基床系数等
单桩静载试验	单桩竖向抗压极限承载力 Q_u、抗拔极限承载力 U_k、单桩水平极限承载力 H_u 和水平临界荷载 H_{cr}	为桩基提供设计参数

续表 3.0.2

原位测试方法	测定参数	主要试验目的
标准贯入试验	标准贯入击数 N	判别土层均匀性和划分土层、估算地基承载力和压缩模量；判别地基液化可能性及等级；判定砂土密实度及内摩擦角；选择桩基持力层、估算单桩承载力、判断沉桩的可能性
动力触探试验	动力触探击数 N_{10}、$N_{63.5}$、N_{120}	判别土层均匀性和划分地层、估算地基土承载力和压缩模量；选择桩基持力层、估算单桩承载力、判断沉桩的可能性
电测十字板剪切试验	原状土不排水抗剪强度 C_u 和重塑土不排水抗剪强度 C'_u	测求饱和黏性土的不排水抗剪强度及灵敏度、判断软黏性土的应力历史；估算地基土承载力；计算边坡稳定性
静力触探试验	单桥比贯入阻力 p_s、双桥锥尖阻力 q_c、侧摩阻力 f_s、摩阻比 R_f、孔隙水压力 u_t	判别土层均匀性和划分土层、估算地基土承载力和压缩模量；选择桩基持力层、估算单桩承载力、判断沉桩可能性；判别地基土液化可能性及等级
预钻式旁压试验	初始压力 P_0、临塑压力 P_f、极限压力 P_L 和旁压模量 E_m	测求地基土的临塑荷载和极限荷载强度，从而估算地基土的承载力，测求地基土的变形模量，计算土的侧向基床系数
扁铲侧胀试验	侧胀模量 E_D、土类指数 I_D、侧胀水平应力指数 K_D 和侧胀孔压指数 U_D	判别土类，确定黏性土的状态、计算静止土压力系数和水平基床系数等
现场直剪试验	垂直应力 σ、剪应力 τ	计算地基土剪切面的摩擦系数、内摩擦角，黏聚力；为地下建筑物、岩质边坡的稳定分析提供抗剪强度参数
压水试验	透水率 q	测定岩体透水率，为评价岩体的透水性和防渗漏处理提供设计参数
注水试验	渗透系数 K	预测基坑排水、降低或疏排地下水的可能性，评价贮水工程地基或水利工程、边坡等岩土体的渗透性，为选择地基处理方法提供依据
抽水试验	渗透系数 K、影响半径 R	评价岩土勘察场地含水层渗透性，为岩土施工降水方案提供参数

续表 3.0.2

原位测试方法	测定参数	主要试验目的
波速测试	压缩波速度 V_P、剪切波速度 V_s、瑞利波速度 V_R	划分场地类别，提供地震反应分析所需的场地土动力参数、估算场地卓越周期；判别土层均匀性和划分土层、估算地基土承载力和压缩模量；判别地基土液化可能性及等级；评价岩体完整性
动力机器基础地基动力特性测试	抗压、抗弯、抗剪、抗扭刚度 K_z、K_ϕ、K_x、K_ψ；竖向阻尼比 ζ_z、水平回转向第一振型阻尼比 $\zeta_{x\phi1}$、扭转向阻尼比 ζ_ψ、竖向振动参振总质量 m_z、水平回转耦合振动参振总质量 m_x 等	为动力机器基础设计，提供天然地基和人工地基的动力参数及隔振参数
原位密度试验	天然密度 ρ、干密度 ρ_d	测试天然地基密度、对填方工程进行质量评价
原位冻胀量试验	平均冻胀率 η	测定地基土在天然条件下冻结过程中沿深度的冻胀量，计算表征土冻胀性的冻胀率，为设计提供参数
原位冻土融化压缩试验	融化压缩系数 α、融沉系数 α_0	为冻土层的融化和压缩沉降计算提供参数
岩体应力测试	空间应力分量及主应力 σ_x、σ_y、σ_z、σ_{xy}、σ_{yz}、σ_{zx}、τ_{xy}、τ_{yz}、τ_{zx}、σ_1、σ_2、σ_3	计算岩体空间应力，为隧道工程设计、施工提供参数
振动衰减测试	地基能量吸收系数 α	为减振、防振设计提供参数
地微振测试	卓越周期 T	为抗震设计提供参数
地电参数原位测试	电阻率 ρ、大地电导率 σ	为建（构）筑物工程的设计提供地电参数
基坑回弹原位测试	基坑回弹量 R_d	为建（构）筑物地基变形分析和基坑稳定性分析提供参数

3.0.3 原位测试孔位和点位的布置对场地岩土层应具有控制性和代表性，并应避开地下隐蔽工程及其他不利的环境。

3.0.4 原位测试成果的整理应符合下列规定：

1 全部资料应逐项逐类进行检查和核对，分析试验结果的代表性、规律性和合理性。应考虑仪器设备、试验条件、试验方法等对试验结果的影响。

2 试验成果应按已划分的工程地质单元进行归类；进行统计分析时，应注意试验参数的变异性，并剔除异常数据。

3 试验成果应按工程地质单元进行综合整理，并提出各项试验成果的代表值。

3.0.5 根据原位测试成果，判定岩土工程特性参数和对岩土工程问题作出评价时，应结合室内试验和地区工程经验进行综合分析。

3.0.6 原位测试报告应包括任务来源、工程概况、试验要求、试验场地工程地质（含地下水）条件、试验方法和仪器设备、测试成果和分析、结论和建议以及相应的图表等内容。试验报告的文字、术语、代号、符号、数字、计量单位等均应符合国家现行有关标准的规定。

3.0.7 用于标定传感器和测力计的计量设备，必须按国家计量管理规定，定期送具备法定资格的计量单位进行检定；原位测试的仪器设备及计量器具必须定期检校和标定。

4 载荷试验

4.1 一般规定

4.1.1 载荷试验可用于测定承压板下应力主要影响范围内岩土的承载力和变形特性。浅层平板载荷试验可用于浅层地基土；深层平板载荷试验可用于深层且地下水位以上的地基土以及大直径桩桩端土层；深层平板载荷试验的试验深度不应小于 3m；螺旋板载荷试验可用于深层或地下水位以下难以采取原状土试样的砂土、粉土和灵敏度高的软黏性土。

4.1.2 载荷试验应布置在有代表性的地点，每个场地不宜少于 3 个，当场地内岩土体不均匀时，应适当增加试验点。试验点位置应布置在基础底面标高处。

4.1.3 试坑或试井底的岩土应避免扰动，保持其原状结构和天然湿度，并应在承压板下铺设不超过 20mm 的砂垫层找平，尽快安装试验设备；螺旋板头入土时，应按每转一圈下入一个螺距进行操作，减少对土的扰动。

4.1.4 浅层平板载荷试验的试坑宽度或直径不应小于承压板宽度或直径的 3 倍；深层平板载荷试验的试井直径应等于承压板直径；当试井直径大于承压板直径时，紧靠承压板周围土的高度不应小于承压板直径。

4.2 试验设备

4.2.1 载荷试验宜采用圆形刚性承压板，并应符合下列规定：

1 浅层平板载荷试验承压板面积不应小于 $0.25m^2$，对软土和粒径较大的填土不应小于 $0.5m^2$。

2 深层平板载荷试验承压板面积宜选用 $0.5m^2$。

3 岩基载荷试验承压板的面积不宜小于 $0.07m^2$。

4 螺旋板载荷试验应采用标准型螺旋形承压板，承压板厚度为 5mm、投影面积为 $0.02m^2$、螺距为 45mm，或厚度为 5mm、投影面积为 $0.05m^2$、螺距为 60mm。

4.2.2 荷载测量可用放置在千斤顶上的荷重传感器直接测定；也可采用并联于千斤顶油路的压力表或压力传感器测定油压，根据千斤顶率定曲线换算荷载。传感器的测量误差不应大于 1%，压力表精度应优于或等于 0.4 级。

4.2.3 承压板的沉降可采用百分表或电测位移计量测，其精度不应低于±0.01mm。

4.2.4 加载反力装置提供的反力不得小于预估最大加载量的1.2倍。

4.3 试验方法

4.3.1 载荷试验加荷方式应采用分级维持荷载沉降相对稳定法，加荷等级宜取 10～15 级，并不应少于 8 级，荷载量测精度不应低于最大荷载的±1%。

4.3.2 当试验对象为土体时，每级荷载施加后，间隔宜为每 5min、5min、10min、10min、15min、15min 测读一次沉降，以后宜间隔 30min 测读一次沉降。当连读 2h 每小时沉降量小于等于0.1mm时，可认为沉降已达到相对稳定标准，并可施加下一级荷载。当试验对象是岩体时，宜间隔 1min、2min、2min、5min 测读一次沉降，以后宜每隔 10min 测读一次，当连续 3 次读数差小于等于 0.01mm 时，可认为沉降已达到相对稳定标准，并可施加下一级荷载。

4.3.3 螺旋板载荷试验加荷观测应符合下列规定：

1 应力法：宜采用油压千斤顶分级加荷，每级荷载对砂类土、中低压缩性的黏性土、粉土宜采用 50kPa；对高压缩性土宜采用 25kPa。每加一级荷载后，第 1h 内宜按 5min、10min、15min、15min、15min 间隔观测沉降，以后宜按 30min 的时间间隔观测沉降，达到相对稳定后可施加下一级荷载。相对稳定标准宜为 2h 内每小时沉降量不超过 0.1mm。

2 应变法：对砂类土和中、低压缩性土宜采用 1～2mm/min 加荷速率，每下沉 1～2mm 测读压力一次；对高压缩性土宜采用 0.25～0.50mm/min 加荷速率，每下沉 0.25～0.50mm 测读压力一次。

4.3.4 当需要观测弹性回弹值时，对土体每级卸荷量为加荷增量的 2 倍，每隔 30min 观测一次，每级荷载观测 1h，荷载全部卸除后继续观测 3h，观测时间间隔为 30min。对岩体每级卸载为加载时的 2 倍，每隔 10min 测读一次，测读 3 次后可卸载下一级；当全部卸载后，测读 30min 且回弹量小于 0.01mm 时，可认为稳定。

4.3.5 浅层平板载荷试验过程中，当出现下列现象之一时，可终止加荷：

1 承压板周围土明显侧向挤出、隆起或产生裂缝。

2 沉降量急骤增大，荷载—沉降（P—s'）曲线出现陡降段。

3 在某一级荷载下，24h 内沉降速率不能达到稳定标准。

4 $s/d \geqslant 0.06$（d 为承压板宽度或直径）。

5 总加荷量已达到设计要求值的 2 倍以上。

4.3.6 深层平板载荷试验和螺旋板载荷试验过程中，当出现下列现象之一时，可终止加荷：

1 当 P—s 曲线上，有可判定极限荷载陡降段，且沉降量超过 $0.04d$（d 为承压板直径）。

2 本级沉降量大于前一级沉降量的 5 倍。

3 在某级荷载下经 24h 沉降量尚未稳定。

4 试验土层坚硬，压板沉降量很小时，最大加荷量应大于设计荷载的 2 倍。

4.3.7 湿陷性土载荷试验应符合下列规定：

1 适用于干旱和半干旱地区除黄土以外的湿陷性碎石土、湿陷性砂土和其他湿陷性土。

2 试验时，在同一场地上相同地层、相同标高，分别做两处静载荷试验。其中一处应在原状结构的土层上分级加荷至 200kPa，下沉稳定后向试坑内浸水，并应保持水头高度为 200～250mm，测得的浸水稳定沉降量即为附加湿陷量。另一处应在浸水饱和状态的土层上分级加荷至 200kPa，当附加下沉稳定后，试验终止。

3 浸水静载荷试验前，应连续向坑内注水 6～24h，并应保持水头高度为 200～250mm，且应保证 3 倍承压板直径深度范围内的土层达到饱和。

4 湿陷性土静载荷试验每级压力增量宜取 25kPa，试验终止压力不应小于 200kPa。

4.3.8 循环荷载板载荷试验应符合下列规定：

1 循环荷载板试验主要用于确定地基的地基弹性模量和抗压刚度系数。

2 荷载应分级施加，第一级荷载应取试坑底面以上土的自重，变形稳定后再施加循环荷载。各类土的循环荷载增量可按表 4.3.8 采用。

表 4.3.8 各类土的循环荷载增量

地基土类型	循环荷载增量（kPa）
淤泥、流塑黏性土、松散砂土	≤15
软塑黏性土、新近堆积黄土，稍密的粉、细砂	15～25
可塑、硬塑黏性土、黄土，中密的粉、细砂	25～50
坚硬黏性土，密实的中、粗砂	50～100
密实的碎石土、风化岩石	100～150

3 试验方法可采用单荷级循环法或多荷级循环法。每一荷级反复循环次数应根据土的类别采用，对黏性土宜为 6～8 次，对砂性土宜为 4～6 次。

4 每级荷载的循环时间，加荷时宜为 5min，卸荷时宜为 5min，并应同时观测变形量。

5 加荷时地基变形量稳定的标准应符合下列要求：

1）在静力荷载作用下，连续 2h 观测中，每小时变形量不应超过 0.1mm；

2）在循环荷载作用下，最后一次循环与前一次循环测得的弹性变形量的差值应小于 0.05mm。

6 每一级荷载作用下的弹性变形，宜取最后一次循环卸载的弹性变形量。

4.4 资料整理

4.4.1 载荷试验资料整理工作应按下列步骤进行：

1 原始数据检查、核对和计算，绘制 P—s、s—t 曲线草图。

2 用比例关系方程式（式 4.4.1-1）对荷载与沉降量误差进行修正，用最小二乘法（式 4.4.1-2、式 4.4.1-3）确定 s_0、c。

$$s' = s_0 + c \cdot P \tag{4.4.1-1}$$

$$c = \left(n\sum P_i s_i - \sum P_i \sum s_i\right) \Big/ \left[n\sum P_i^2 - \left(\sum P_i\right)^2\right] \tag{4.4.1-2}$$

$$s_0 = \left(\sum s_i \sum P_i^2 - \sum P_i \sum P_i \cdot s_i\right) \Big/ \left[n\sum P_i^2 - \left(\sum P_i\right)^2\right] \tag{4.4.1-3}$$

式中 s'——各级荷载下的实测沉降值（mm）；

s_0——直线方程在沉降 s 轴上的截距（mm）；

c——直线方程的斜率；

P_i——第 i 级荷载下的单位压力（kPa）；

n——荷级。

3 根据计算的 s_0、c 按下式计算各级荷载下修正沉降值 s，绘制修正后 P—s、s—t 曲线。

$$s = c \cdot P \quad \text{（用于比例界限前）} \tag{4.4.1-4}$$

$$s = s' - s_0 \quad \text{（用于比例界限后）} \tag{4.4.1-5}$$

4.4.2 地基承载力界限压力值和特征值宜按下述原则确定：

1 当试验的 P—s 曲线上直线段和转折点较明显时，可取其转折点所对应的压力为比例界限压力；当 P—s 曲线转折点不明显时，可在 s—lg$t$ 曲线、lg$P$—lg$s$ 曲线上，取曲线急剧转折点所对应的压力为比例界限压力。

2 浅层平板载荷试验达到本规范第 4.3.5 条第 1～4 款规定时，可取破坏前的最后一级荷载为其极限荷载；深层平板载荷试验和螺旋板载荷试验达到本规范第 4.3.6 条第 1～3 款规定时，可取其前一级荷载为极限荷载。

3 试验点地基承载力特征值宜按下述原则确定：

1）当修正后的 $P—s$ 曲线转折点明显时，取该比例界限点对应的荷载值；

2）当极限荷载小于比例界限压力 2 倍时，可取极限荷载值的 1/2；

3）浅层平板载荷试验和螺旋板载荷试验 $P—s$ 曲线转折点不明显时，对不同压缩性的天然地基可在修正后 $P—s$ 曲线上分别按表 4.4.2 中的 s/d 值对应的荷载值确定：

表 4.4.2 各类地基 s/d 的取值

岩土层名称	s/d
低压缩性黏性土和砂类土	0.010～0.015
新近堆积黄土	0.020
碎石类土、岩石强风化地层	0.006～0.010
软质岩石	0.006

4）深层平板载荷试验 $P—s$ 曲线上无明显拐点时，可取 $s/d=0.01～0.02$ 对应的 P 值；对黏性土取较大值，砂类土取中值，卵石、强风化岩取较小值；

5）湿陷土载荷试验取 $P—s_s$ 曲线比例界限点对应的压力为湿陷起始压力；若 $P—s_s$ 曲线没有明显比例界限点时，可取浸水下沉量 s_s 与承压板直径 d 或宽度 b 的比值等于 0.023 所对应的压力为湿陷起始压力值；

6）当岩基极限荷载小于比例界限压力 3 倍时，可取极限荷载值的 1/3。

4 当不少于 3 个的试验点的承载力特征值的极差不超过平均值的 30%时，可取其平均值为该地基土层的承载力特征值。

4.4.3 浅层平板载荷试验地基变形模量 E_0 应根据 $P—s$ 曲线的初始直线段，可按均质各向同性半无限弹性介质理论计算：

$$E_0=I_0(1-\mu^2)P\cdot d/s \quad (4.4.3)$$

式中 E_0——变形模量（无侧限）(kPa)；

I_0——刚性压板的形状系数，圆形承压板取 0.785，方形承压板取 0.886；

P——$P—s$ 曲线线性段承压板下单位面积的压力（kPa)；

s——与荷载 P 相对应的沉降量（m)；

d——承压板直径或等代直径（m)；

μ——土的泊松比，卵、碎石为 0.27，砂类土为 0.30，粉土为 0.35，粉质黏土为 0.38，黏土为 0.42，不排水饱和黏性土为 0.50。

4.4.4 深层平板载荷试验地基变形模量 E_0 可按下式计算：

$$E_0=\omega\frac{P\cdot d}{s} \quad (4.4.4)$$

式中 ω——深层载荷试验计算系数，可按表 4.4.4 选用：

表 4.4.4 深层载荷试验计算系数 ω

土类 / d/z	碎石土	砂土	粉土	粉质黏土	黏土
0.30	0.477	0.489	0.491	0.515	0.524
0.25	0.469	0.480	0.482	0.506	0.514
0.20	0.460	0.471	0.474	0.497	0.505
0.15	0.444	0.454	0.457	0.479	0.487
0.10	0.435	0.446	0.448	0.470	0.478
0.05	0.427	0.437	0.439	0.461	0.468
0.01	0.418	0.429	0.431	0.452	0.459

注：d/z——承压板直径与承压板底面深度之比。

4.4.5 确定地基土基准基床系数 K_v 应符合下列要求：

1 基准基床系数 K_v 应根据直径为 300mm 的圆形承压板载荷试验 $P—s$ 曲线按下式计算：

$$K_v=P/s \quad (4.4.5\text{-}1)$$

式中 K_v——基准基床系数（MPa/m)；

P——实测 $P—s$ 关系曲线比例界限压力，如 $P—s$ 关系曲线无明显直线段，P 可取极限压力之半（kPa)；

s——为相应于该 P 值的沉降量（m)。

2 采用非标准承压板确定基准基床系数 K_v 应按下列公式换算：

$$K'_v=P/s \quad (4.4.5\text{-}2)$$

黏性土：$$K_v=3.28dK_v' \quad (4.4.5\text{-}3)$$

砂 土：$$K_v=4d^2K_v'/(d+0.30)^2 \quad (4.4.5\text{-}4)$$

式中 K'_v——非标准基床系数（MPa/m)；

d——承压板的直径（m)。

4.4.6 循环荷载板载荷试验资料整理应符合下列规定：

1 根据测试数据绘制应力—时间曲线、变形—时间曲线、变形—应力曲线、弹性变形—应力曲线。

2 各级荷载作用下地基弹性变形量应按下式计算：

$$S_{ei}=S_i-S_{Pi} \quad (4.4.6\text{-}1)$$

式中 S_i——各级加荷时地基变形量（mm)；

S_{Pi}——各级卸荷时地基塑性变形量（mm)。

3 各级荷载测试的地基弹性变形量，可按下列公式进行修正：

$$S'_e=S_0+CP_L \quad (4.4.6\text{-}2)$$

$$S_0=\frac{\sum S_{ei}\cdot\sum P_{Li}^2-\sum P_L\sum(P_L\cdot S_{ei})}{n\cdot\sum P_{Li}^2-(\sum P_{Li})^2} \quad (4.4.6\text{-}3)$$

$$C=\frac{\sum S_{ei}\cdot\sum P_{L}-n\sum(P_{L}\cdot S_{ei})}{(\sum P_{Li})^{2}-n\cdot\sum P_{Li}^{2}}$$

(4.4.6-4)

式中　S_e'——经修正后的地基弹性变形量（mm）；

S_0——校正值（mm）；

C——弹性变形—应力曲线的斜率(mm/kPa)；

P_L——地基弹性变形的最后一级荷载作用下的承压板底面总静应力（kPa）；

n——荷级次数；

S_{ei}——第 i 级荷载作用下的弹性变形量(mm)；

P_{Li}——第 i 级荷载作用下的承压板底面静应力（kPa）。

4　地基弹性模量可按下式计算：

$$E=\frac{(1-\mu^{2})\ Q}{D\cdot S_e'}\qquad(4.4.6\text{-}5)$$

式中　E——地基弹性模量（MPa）；

D——承压板直径（mm）；

μ——地基土泊松比；

Q——承压板上总荷载（kN）。

5　地基抗压刚度系数可按下式计算：

$$C_z=\frac{P_L}{S_e'}\qquad(4.4.6\text{-}6)$$

式中　C_z——地基抗压刚度系数（kN/m^3）。

5　单桩静载试验

5.1　一般规定

5.1.1　单桩静载试验适用于确定单桩竖向抗压、抗拔、水平极限承载力，为桩基设计提供参数；亦适用于桩基工程质量检测。

5.1.2　对地基基础设计等级为甲级的建筑物和缺乏经验的地区，应进行桩基静载试验。试验桩的数量和方法，应根据场地地质条件、桩型和设计要求确定。一般同一场地不宜少于3根。

5.1.3　试验桩应加载至破坏，当桩的承载力以桩身强度控制时，可按设计要求的加载量进行试验。

5.1.4　试桩的成桩工艺和质量控制标准应满足设计要求。试桩顶部宜高出试坑底面，试坑底面应与桩承台底标高一致。

5.1.5　在试验桩近旁应有完整的地层、地下水及岩土层测试数据。

5.2　试验设备

5.2.1　竖向抗压和抗拔试验加载宜采用油压千斤顶。当采用2台及2台以上千斤顶加载时应并联，合力中心应与桩轴线重合。

5.2.2　水平推力加载装置宜采用油压水平千斤顶，加载能力不得小于最大试验荷载的1.2倍。

5.2.3　竖向抗压试验的加载反力装置可根据现场条件选择锚桩横梁反力装置、压重平台反力装置、锚桩压重联合反力装置、地锚反力装置，并应符合下列规定：

1　加载反力装置能提供的反力不得小于预估最大加载量的1.2倍。

2　应对加载反力装置的全部构件进行强度和变形验算。

3　应对锚桩抗拔力（地基土、抗拔钢筋、桩的接头）进行验算。

4　压重宜在试验前一次加足，并均匀稳固地放置于平台上。

5　压重施加于地基的压应力不宜大于地基承载力特征值的1.5倍。

5.2.4　抗拔试验反力装置宜采用反力桩提供支座反力，也可根据现场情况采用天然地基提供支座反力。反力架系统应具有1.2倍的安全系数并符合下列规定：

1　采用反力桩提供支座反力时，反力桩顶面应平整并具有一定的强度。

2　采用天然地基提供反力时，施加于地基的压应力不宜超过地基承载力特征值的1.5倍；反力梁的支点重心应与支座中心重合。

5.2.5　水平推力的反力可由相邻桩提供。当专门设置反力结构时，反力结构的承载能力和刚度应大于试验桩的1.2倍。水平力作用点应与实际工程的桩基承台底面标高一致；千斤顶和试验桩接触处应安置球形支座，千斤顶作用力应水平通过桩身轴线；千斤顶与试桩的接触处宜适当补强。

5.2.6　荷载测量可用放置在千斤顶上的荷重传感器直接测定；也可采用并联于千斤顶油路的压力表或压力传感器测定油压，根据千斤顶率定曲线换算荷载。传感器的测量误差不应大于1%，压力表精度应优于或等于0.4级。

5.2.7　桩的沉降量、上拔量、水平位移量的量测宜采用百分表或电测位移计，其精度不应低于±0.01mm。

5.2.8　试桩、锚桩（压重平台支墩）、基准桩相互之间的中心距离应符合表5.2.8的规定：

表5.2.8　试桩、锚桩、基准桩相互之间的中心距离

反力系统	试桩与锚桩（或压重平台支墩边）	试桩与基准桩	基准桩与锚桩（或压重平台支墩边）
锚桩横梁反力装置	≥4d且≮2.0m	≥4d且≮2.0m	≥4d且≮2.0m
压重平台反力装置			

注：d——试桩或锚桩的设计直径，取其较大者（如试桩或锚桩为扩底桩时试桩与锚桩的中心距不应小于2倍扩大端直径）。

5.3 试验方法

5.3.1 从成桩到开始试验的间歇时间，在桩身强度达到设计要求的前提下，对于砂类土不应少于 10d；对于粉土和黏性土不应少于 15d；对于淤泥或淤泥质土不应少于 25d。

5.3.2 试验前宜采用低应变法对试验桩、锚桩的桩身完整性进行检测，试验桩和锚桩应达到Ⅰ类桩或Ⅱ类桩的标准。对抗拔试验桩尚应进行成孔质量检测，桩身有明显扩径的桩不宜作为抗拔试验桩。

5.3.3 单桩抗压、抗拔、水平静载试验均应采用慢速维持荷载法，水平静载试验也可采用单向多循环法，即逐级加载，每级荷载达到相对稳定后加下一级荷载，直到出现破坏状态或达到设计要求。然后，分级卸载到零。

5.3.4 慢速维持荷载法试验步骤应符合下列规定：

1 加载应分级进行，采用逐级等量加载，分级荷载宜为最大加载量或预估极限承载力的 1/10，其中第一级可取分级荷载的2倍。

2 每级荷载施加后按第 5min、15min、30min、45min、60min 测读桩顶位移量，以后每隔 30min 测读一次。

3 试桩位移相对稳定标准为每 1 小时内的桩顶位移量不超过 0.1mm，并连续出现两次；当桩顶位移速率达到相对稳定标准时，再施加下一级荷载。

4 卸载时每级荷载维持 1h，按第 15min、30min、60min 测读桩顶位移量即可卸下一级荷载。卸载至零后应测读桩顶残余位移量，维持时间为 3h；测读时间为第 15min、30min，以后每隔 30min 测读一次。

5 加载、卸载时应使荷载传递均匀、连续、无冲击，每级荷载在维持过程中的变化幅度不得超过分级荷载的±10%。

5.3.5 单向多循环加载法试验应符合下列规定：

1 分级荷载应小于预估水平极限承载力或最大试验荷载的 1/10。

2 每级荷载施加后，恒载 4min 后可测读水平位移，然后卸载至零，停 2min 测读残余水平位移，至此完成一个加卸载循环。如此循环 5 次，完成一级荷载的位移观测。然后，立即施加下一级荷载，试验不得中间停顿。

5.3.6 当单桩竖向抗压试验出现下列情况之一时，可终止加载：

1 某级荷载作用下，桩顶沉降量大于前一级荷载作用下沉降量的 5 倍；当桩顶沉降能相对稳定且总沉降量小于 40mm 时，宜加载至桩顶总沉降量超过 40mm。

2 某级荷载作用下，桩顶沉降量大于前一级荷载作用下沉降量的 2 倍，且经 24h 尚未达到相对稳定标准。

3 已达到设计要求的最大加载量。

4 当荷载—沉降曲线呈缓变型时，可加载至桩顶总沉降量 60～80mm；在特殊情况下，可根据具体要求加载至桩顶累计沉降量超过 80mm。

5.3.7 当单桩抗拔试验出现下列情况之一时，可终止加载：

1 在某级荷载作用下，桩顶上拔量大于前一级上拔荷载作用下的上拔量 5 倍。

2 按桩顶上拔量控制，当累计桩顶上拔量超过 100mm 时。

3 按钢筋抗拉强度控制，桩顶上拔荷载达到钢筋强度标准值的 0.9 倍。

4 试验桩达到设计要求的最大上拔荷载值。

5.3.8 当水平静载荷试验出现下列情况之一时，可终止加载：

1 桩身折断。

2 水平位移超过 30～40mm（软土取 40mm）。

3 水平位移达到设计要求的水平位移允许值。

5.4 资料整理

5.4.1 单桩竖向抗压静载试验资料应按下列要求整理：

1 绘制竖向荷载—沉降 Q—s 曲线、沉降—时间对数 s—lg$t$ 曲线，也可绘制其他辅助分析所需曲线。

2 单桩竖向抗压极限承载力 Q_u 可按下列方法综合分析确定：

1）对于陡降型 Q—s 曲线，取其发生明显陡降的起始点对应的荷载值；

2）取 s—lg$t$ 曲线尾部出现明显向下弯曲的前一级荷载值；

3）出现本规范第 5.3.6 条第 2 款情况，取前一级荷载值；

4）对于缓变型 Q—s 曲线可根据沉降量确定，宜取 s=40mm 对应的荷载值；当桩长大于 40m 时，宜考虑桩身弹性压缩量；对直径大于或等于 800mm 的桩，可取 $s=0.05D$（D 为桩端直径）对应的荷载值。

5.4.2 单桩竖向抗拔静载试验资料应按下列要求整理：

1 应绘制上拔荷载与桩顶上拔量 U—δ 关系曲线，桩顶上拔量与时间对数 δ—lg$t$ 关系曲线。

2 单桩竖向抗拔极限承载力可按下列方法综合判定：

1）对陡变型 U—δ 曲线，取陡升起始点对应的荷载值；

2）取 δ—lg$t$ 曲线斜率明显变陡或曲线尾部明显弯曲的前一级荷载值；

3）当在某级荷载下抗拔钢筋断裂时，取其前一级荷载值。

5.4.3 单桩水平静载试验资料应按下列要求整理：

1 采用单向多循环加载法时，应绘制水平力与时间和作用点位移 $H—t—Y_0$ 关系曲线、水平力和位移梯度 $H—(\Delta Y_0/\Delta H)$ 关系曲线。

2 采用慢速维持荷载法时，应绘制水平力与力作用点位移 $H—Y_0$ 关系曲线、水平力与位移梯度 $H—(\Delta Y_0/\Delta H)$ 关系曲线、力作用点位移与时间对数 $Y_0—\lg t$ 关系曲线和水平力与力作用点位移双对数 $\lg H—\lg Y_0$ 关系曲线。

3 绘制水平力、水平力作用点水平位移与地基土水平抗力系数的比例系数关系曲线 $H—m$、$Y_0—m$。

当桩顶自由且水平力作用位置位于地面处时，m 值可按下列公式确定：

$$m=\frac{(\nu_y \cdot H)^{\frac{5}{3}}}{b_0 Y_0^{\frac{5}{3}} (EI)^{\frac{2}{3}}} \quad (5.4.3\text{-}1)$$

$$\alpha=\left(\frac{mb_0}{EI}\right)^{\frac{1}{5}} \quad (5.4.3\text{-}2)$$

式中 m——地基土水平抗力系数的比例系数（kN/m^4）；

α——桩的水平变形系数（m^{-1}）；

ν_y——桩顶水平位移系数，由式（5.4.3-2）试算 α，当 $\alpha h \geqslant 4.0$ 时（h 为桩的入土深度），$\nu_y=2.441$；

H——作用于地面的水平力（kN）；

y_0——水平力作用点的水平位移（m）；

EI——桩身抗弯刚度（$kN \cdot m^2$），其中 E 为桩身材料弹性模量，I 为桩身换算截面惯性矩；

b_0——桩身计算宽度（m），按表 5.4.3 取值：

表 5.4.3 桩身计算宽度 b_0

圆形桩		矩形桩	
桩径 $D \leqslant 1.0$m	桩径 $D>1.0$m	边宽 $B \leqslant 1.0$m	边宽 $B>1.0$m
$b_0=0.9(1.5D+0.5)$	$b_0=0.9(D+1)$	$b_0=1.5B+0.5$	$b_0=B+1$

4 单桩的水平临界荷载可按下列方法综合确定：

1）取单向多循环加载法 $H—t—y_0$ 曲线或慢速维持荷载法时的 $H—Y_0$ 曲线出现拐点的前一级水平荷载值；

2）取慢速维持荷载法时 $H—\Delta Y_0/\Delta H$ 曲线或 $\lg H—\lg Y_0$ 曲线上第一拐点对应的水平荷载值；

3）取 $H—\sigma_s$ 曲线第一拐点对应的水平荷载值。

5 单桩的水平极限承载力可按下列方法综合确定：

1）取单向多循环加载法时的 $H—t—y_0$ 曲线产生明显陡降的前一级或慢速维持荷载法时的 $H—Y_0$ 曲线发生明显陡降的起始点对应的水平荷载值；

2）取慢速维持荷载法时的曲线尾部出现明显弯曲的 $Y_0—\lg t$ 前一级水平荷载值；

3）取 $H—\Delta Y_0/\Delta H$ 曲线或 $\lg H—\lg Y_0$ 曲线上第二拐点对应的水平荷载值；

4）取桩身折断或受拉钢筋屈服时的前一级水平荷载值。

5.4.4 单桩竖向抗压、抗拔、水平极限承载力统计值应符合下列规定：

1 参加统计的试桩结果，当满足其极差不超过平均值的30%时，取其平均值为单桩极限承载力。

2 当极差超过平均值的30%时，应分析极差过大的原因，结合工程具体情况综合确定，必要时可增加试桩数量。

5.4.5 同一场地相同地质条件下的单桩竖向抗压、抗拔、水平承载力特征值的确定应符合下列规定：

1 单桩竖向抗压承载力特征值 R_a 应按单桩竖向抗压极限承载力统计值的一半取值。

2 单桩竖向抗拔承载力特征值应按单桩竖向抗拔极限承载力统计值的一半取值。

3 当水平承载力按桩身强度控制时，取水平临界荷载统计值为单桩水平承载力特征值。

4 当桩受长期水平荷载作用且桩不允许开裂时，取水平临界荷载统计值的0.8倍作为单桩水平承载力特征值。

5 水平承载力特征值可取设计要求的水平允许位移所对应的水平荷载，但应满足有关规范对抗裂设计的要求。

6 标准贯入试验

6.1 一般规定

6.1.1 标准贯入试验适用于判定砂土、粉土和一般黏性土、残积土和全风化、强风化岩层的物理力学特性。

6.1.2 标准贯入试验成果可用于评价砂土、粉土、黏性土、强风化岩或残积土的密实度、状态、强度、变形参数、地基承载力，砂土和粉土的液化势等。

6.1.3 标准贯入试验的竖向间距应根据工程需要确定，一般可每隔1.0～2.0m进行一次试验。

6.1.4 对标贯器中采得的土样应进行详细的描述、鉴别，必要时可留取扰动土样进行颗粒分析和一般物理性试验。

6.2 试验设备

6.2.1 标准贯入试验设备的规格和精度应符合本规

范附录D图D.0.1、表D.0.1的规定。

1 贯入器由具有刃口的贯入器靴、对开式贯入器身（取样管）和带有排水的贯入器帽组成。

2 落锤系统由穿心锤、锤垫、导向杆、自动落锤装置组成。

3 钻杆直径应为42mm。

6.3 试验方法

6.3.1 试验钻孔应符合下列要求：

1 钻孔应采用回转钻进，钻孔垂直度应符合钻探规程的规定，孔径宜为76～150mm。

2 钻具钻进至试验深度以上15cm时，停止钻进，清除孔底残土，残土厚度不得超过5cm。清孔时，应避免孔底以下土层被扰动。

3 当在地下水位以下的土层中试验时，应保持孔内水位高于地下水位。采用套管护壁时，套管不应进入到试验段内。

6.3.2 试验应按下列步骤进行：

1 试验时应先预打15cm（包括贯入器在其自重下的初始贯入量），然后开始试验。

2 试验标准贯入量为30cm，记录每贯入10cm的锤击数；累计记录贯入30cm的锤击数为标准贯入试验锤击数N。

3 试验时宜利用自动落锤装置使锤自由下落，锤击速率不应超过30击/min，并应保持钻杆垂直，避免摇晃。

4 在一次试验的30cm贯入深度内有不同地层时，可根据各层击数和贯入量按下式分别计算其N值：

$$N=\frac{30n}{\Delta s} \qquad (6.3.2)$$

式中 Δs——实际的贯入深度（cm）；

n——贯入Δs深度的锤击数（击）。

5 当锤击数达到50击，而贯入深度未达到30cm时，如无特殊要求时可终止试验，记录实际贯入深度和相应的锤击数；当需换算贯入30cm的锤击数时，可按式（6.3.2）进行换算。

6 试验锤击过程不应有中间停顿。如因故发生中间停止，应在记录中注明原因和停止间歇时间。

6.4 资料整理

6.4.1 标准贯入试验成果应绘制标准击数N与试验深度h的关系曲线，或按规定图例标示在工程地质剖面图和柱状图上。

6.4.2 对标贯击数应分层进行统计分析。应用标贯锤击数评价试验土层的工程性能时，不宜采用单孔试验值。

6.4.3 当需要进行钻杆长度修正，且钻杆长度不大于21.0m时，可采用下式计算：

$$N'=\alpha \cdot N \qquad (6.4.3)$$

式中 N'——经杆长修正的标贯击数（击）；

α——杆长修正系数，按表6.4.3取值。

表6.4.3 杆长修正系数α

钻杆长度	≤3	6	9	12	15	18	21
α	1.00	0.92	0.86	0.81	0.77	0.73	0.70

7 动力触探试验

7.1 一般规定

7.1.1 动力触探试验适用于判定一般黏性土、砂类土、碎石类土、极软岩层的物理力学特性。

7.1.2 轻型动力触探可用于评价一般黏性土、砂类土和素填土的地基承载力；重型和超重型动力触探可用于评价砂类土、碎石类土、极软岩的地基承载力及测定砾石土、卵（碎）石土的变形模量。

7.1.3 动力触探试验孔数应结合场地大小和场地地基的均匀程度确定，同一场地主要岩土单元的有效测试数据不应少于3孔位。

7.2 试验设备

7.2.1 动力触探试验设备应包括落锤、座垫及导杆、触探杆和探头等机件。各类型动力触探试验机件的规格和加工要求应符合本规范附录D图D.0.2、表D.0.2的规定。

7.2.2 探头应采用高强度钢材制作，表面淬火后硬度应满足HRC=45～50。

7.2.3 落锤应采用圆柱形，其中心通孔直径应比导杆外径大3～4mm，重型和超重型动力触探试验设备须配备自动落锤装置。

7.2.4 重型和超重型动力触探的座垫直径应不小于100mm，且不大于落锤底面直径的一半；导杆长度应符合试验锤击标准落距的要求，座垫和导杆的总质量不应超过25kg。

7.2.5 探杆接头与探杆应有相同的外径，接头连接容许偏心度为0.5%。

7.2.6 探头直径磨损不得大于2mm，锥尖高度磨损不得大于5mm。

7.3 试验方法

7.3.1 轻型动力触探试验应符合下列规定：

1 试验标准贯入量为30cm，落锤应按标准落距自由下落，记录每贯入10cm的锤击数；累计记录贯入30cm的锤击数N_{10}。

2 试验应先用钻探设备钻至试验土层的顶面以上0.3m处，然后进行连续贯入试验。

3 当贯入30cm的击数超过100击或贯入15cm

的击数超过 50 击时，可终止试验。

7.3.2 重型、超重型动力触探试验应符合下列规定：

1 重型和超重型动力触探的标准贯入量均为 10cm，落锤应按标准落距自由下落，记录标准贯入量锤击数 $N_{63.5}$、N_{120}。

2 试验时锤击频率应控制在 15～30 击/min，试验应保持连续贯入。

3 试验过程中应防止落锤偏心和探杆的侧向晃动，并保持探头的垂直贯入。

4 遇地层松软无法按标准贯入量记录试验锤击数时，可记录每阵击数 N（一般为 1～5 击）的贯入量 Δs，然后再换算为标准贯入量锤击数。

5 重型动力触探实测锤击数连续 3 次大于 50 时，即可停止试验；当需继续试验时，应改用超重型动力触探。当超重型动力触探实测击数小于 2 时，应改用重型动力触探进行试验。

6 在钻孔中分段进行触探时，应先钻探至试验土层的顶面以上 1.0m 处，然后再开始贯入试验。

7 重型动力触探试验深度超过 15m、超重型动力触探试验深度超过 20m 时，应注意触探杆的侧摩阻力对试验结果产生的影响。

7.4 资料整理

7.4.1 动力触探记录应在现场进行初步整理，校核实测击数和试验贯入深度。

7.4.2 重型动力触探试验实测击数 $N_{63.5}$ 需要进行触探杆长度修正时，应按式（7.4.2）进行动力触探试验锤击数的杆长修正计算。

$$N_{63.5}'=\alpha\times N_{63.5} \qquad (7.4.2)$$

式中 $N_{63.5}'$——杆长修正后的重型动力触探锤击数（击）；

α——重型动力试验关于触探杆长度 L 的修正系数，按表 7.4.2 取值；

$N_{63.5}$——重型动力触探试验实测锤击数（击）。

表 7.4.2 重型动力触探试验探杆长度修正系数 α

L \ $N_{63.5}$	5	10	15	20	25	30	35	40	≥50
≤2	1.00	1.00	1.00	1.00	1.00	1.00	1.00	1.00	—
4	0.96	0.95	0.93	0.92	0.90	0.89	0.87	0.86	0.84
6	0.93	0.90	0.88	0.85	0.83	0.81	0.79	0.78	0.75
8	0.90	0.86	0.83	0.80	0.77	0.75	0.73	0.71	0.67
10	0.88	0.83	0.79	0.75	0.72	0.69	0.67	0.64	0.61
12	0.85	0.79	0.75	0.70	0.67	0.64	0.61	0.59	0.55
14	0.82	0.76	0.71	0.66	0.62	0.58	0.56	0.53	0.50
16	0.79	0.73	0.67	0.62	0.57	0.54	0.51	0.48	0.45
18	0.77	0.70	0.63	0.57	0.53	0.49	0.46	0.43	0.40
20	0.75	0.67	0.59	0.53	0.48	0.44	0.41	0.39	0.36

7.4.3 超重型动力触探的实测击数，应先按下式换算成相当于重型动力触探实测击数后，再按式（7.4.2）进行杆长修正：

$$N_{63.5}=3N_{120}-0.5 \qquad (7.4.3)$$

7.4.4 修正后的动力触探击数，应按规定的图例标示在工程地质剖面图和柱状图上。

7.4.5 进行地基土力学分层时，应兼顾相应的超前和滞后影响，确切地划分岩土层的分层界线。

7.4.6 当试验岩土层的有效厚度小于 0.3m 时，上、下土层击数均较小，宜取该层土动力触探击数的最大值；当上、下土层击数均较大，宜取小于或等于该层土动力触探击数的最小值。

7.4.7 动力触探试验结果的统计分析应符合下列要求：

1 在各试验岩土层有效厚度范围内，应剔除少数因试验土层不匀凸显的试验高值和其他异常试验数据，以确定参与统计分析的有效试验数据。剔除数量不宜超过有效厚度内试验数据的 10%。

2 统计分析各层有效厚度以内的有效试验数据，应以算术平均值 $\overline{N}_{63.5}$ 作为单孔试验分层的动力触探试验代表值，同时依据统计分析结果判别试验数据的离散变异性。

3 当试验数据偏差或离散性较大时，应同时采用多孔试验资料及其他勘探资料综合分析确定单孔分层试验代表值。

4 同一场地取得的有效数据，应按相应的置信标准统计分析各岩土单元的试验结果，以确定试验岩土层的工程特性。

8 电测十字板剪切试验

8.1 一般规定

8.1.1 电测十字板剪切试验适用于测定饱和软黏性土的不排水抗剪强度和灵敏度等参数。

8.1.2 试验点位置及试验深度应通过对钻探或静力触探试验资料进行分析后确定。

8.1.3 试验前应将十字板头、屏蔽电缆线、量测仪器进行系统联机，在专用标定架上进行标定，计算标定系数。标定方法和步骤应符合本规范附录 B 的规定。

8.2 仪器设备

8.2.1 十字板头应采用高强度金属材料制成，硬度应大于 HRC40，表面粗糙度 Ra 应小于 6.3μm。十字板头和轴杆主要规格应符合表 8.2.1 规定：

表 8.2.1 十字板头和轴杆主要规格尺寸

型号	板宽 D (mm)	板高 H (mm)	板厚 e (mm)	刃角 α (°)	轴杆 直径 d (mm)	轴杆 长度 S (mm)	面积比 A_r (%)
Ⅰ	50	100	2	60	13	50	14
Ⅱ	75	150	3	60	16	50	13

8.2.2 扭力传感器的扭矩测量范围为 0～80N·m，扭矩测量的相对误差应小于 2%，并应满足以下技术要求：

1 非线性误差、重复性误差、迟滞误差、归零误差均应小于 1.0%；在−10～45℃范围内温度影响小于 0.5%；额定过载能力大于 120%。

2 传感器应具有良好的密封和绝缘性能，对地绝缘电阻不应小于 200MΩ，传感器的绝缘电阻在 500kPa 的水中应大于 100MΩ。

3 扭力传感器应能在−10～45℃、相对湿度小于 95%环境下正常工作并保证准确度。

8.2.3 电测式十字板剪切试验记录仪器，宜采用原位测试微机系统、自动记录仪或静态电阻应变仪。其时漂应小于 0.1%；温漂应小于 0.01%；有效最小分度值应小于 0.06%。

8.2.4 加压设备可利用静力触探加压系统或其他加压设备；施加扭力的设备由涡轮、涡杆、变速齿轮、探杆、夹具和手柄等组成。

8.2.5 十字板剪切试验用探杆应符合以下要求：

1 探杆一般采用直径 25mm，壁厚 4mm 的无缝钢管，每根长宜定制为 1.0m。

2 用于前 5m 的探杆，其弯曲度应小于 0.05%，后续探杆的弯曲度应小于 0.1%。

3 探杆在连接之后不得有晃动现象，拧紧后的丝扣根部和肩部应密合。

8.3 试验方法

8.3.1 试验时在选定的孔位上将十字板均匀贯入至试验深度，加压设备应安置水平，反力充盈，保证压入时探杆的垂直度。

8.3.2 十字板剪切试验应符合下列要求：

1 十字板插入至试验深度后，应静置 2～3min，方可开始试验。

2 试验时剪切速率宜采用 1°/10s，并测记 1 次试验数据。当读数出现峰值或稳定值后，再继续剪切 1min。峰值或稳定值读数即为原状土剪切破坏时的最大读数。

3 在峰值强度或稳定值测试完成后，用管钳顺扭转方向快速转动探杆 6 圈后，重复本条第 2 款的规定，可测定重塑土的不排水抗剪强度。

4 试验段间距可根据地层均匀情况确定。一般均质土中可每间隔 1.0m 测定一次，每层土的试验数量不应少于 6 次。

5 十字板剪切试验抗剪强度的量测精度应达到 1.0～2.0kPa。

8.4 资料整理

8.4.1 电测十字板剪切试验资料整理应包括下列内容：

1 对实测原始数据进行检查、校核，并判别有无异常。

2 计算各试验点原状土、重塑土的不排水抗剪强度和灵敏度，并提供分层统计值。

3 绘制单孔十字板剪切试验不排水抗剪峰值强度、残余强度和灵敏度随深度变化的曲线，必要时绘制抗剪强度与扭转角的关系曲线。

4 根据土层条件和地区经验，对实测的十字板不排水抗剪强度进行修正。

8.4.2 饱和软黏性土不排水抗剪强度可按下式计算：

$$c_u = K \cdot \xi \cdot R_y \tag{8.4.2}$$

式中 c_u——原状土的抗剪强度(kPa)；

K——十字板板头常数(50mm×100mm 板头为：2183.8034m^{-3}；75mm×150mm 板头为：647.0528m^{-3})；

ξ——传感器标定系数(kN·m/mV 或 kN·m/$\mu\varepsilon$)；

R_y——原状土剪切破坏时的读数(mV 或 $\mu\varepsilon$)。

8.4.3 重塑土的不排水抗剪强度可按下式计算：

$$c_u' = K\xi R_c \tag{8.4.3}$$

式中 c_u'——重塑土的抗剪强度(kPa)；

R_c——重塑土剪切破坏时的读数(mV 或 $\mu\varepsilon$)。

8.4.4 土的灵敏度 S_t 可按下式计算：

$$S_t = c_u / c_u' \tag{8.4.4}$$

8.4.5 根据土的灵敏度，可按表 8.4.5 对土的结构性进行分类：

表 8.4.5 软土的结构性分类

灵敏度 S_t	结构性分类
$S_t<2$	低灵敏性
$2\leqslant S_t<4$	中灵敏性
$4\leqslant S_t<8$	高灵敏性
$8\leqslant S_t<16$	极灵敏性
$S_t\geqslant16$	流性

9 静力触探试验

9.1 一般规定

9.1.1 静力触探试验适用于评价软土、一般黏性土、粉土、砂土及含少量碎石土的物理力学性质。

9.1.2 静力触探单桥探头可测定土的比贯入阻力 P_s，双桥探头可测定土的端阻力 q_c 和侧摩阻力 f_s，三功能孔压探头除测定土的 q_c、f_s 外，尚可测定贯入孔隙压力 u_0 及其消散过程值 u_t。

9.1.3 静力触探试验可单独进行，也可与钻探配合交替进行。

9.1.4 水上静力触探试验应有保证孔位不移动的稳定措施，水底以上部位应加设防止探杆挠曲的装置。

9.1.5 触探孔位附近已有其他勘探孔时，应将触探孔布置在距原勘探孔30倍探头直径以外的范围。进行对比试验时，孔距不宜大于2m，并应先进行触探，然后进行其他勘探、试验。

9.1.6 静力触探试验前必须将探头、屏蔽电缆线及量测仪器进行系统联机，并应按本规范附录B有关规定进行标定，确定标定系数。

9.2 仪器设备

9.2.1 静力触探的仪器设备由贯入系统和探测系统两部分组成。贯入系统包括主机、探杆及反力设施；探测系统包括探头、量测仪器及探头标定设备。

9.2.2 主机的主要技术性能应符合下列要求：

1 单、双桥测试时贯入速率为(1.2±0.3)m/min；孔压测试时，标准贯入速率为20mm/s。

2 贯入和起拔时，施力作用线应垂直机座基准面，垂直度公差为30′。

3 额定起拔力不应小于额定贯入力的120%。

9.2.3 触探试验用的探杆应采用高强度无缝钢管，其屈服强度不宜小于600MPa，工作截面尺寸必须与触探主机的额定贯入力相匹配，并应符合下列规定：

1 用于同一台触探主机的探杆长度(含接头)应相同，其长度误差不得大于0.2%。

2 探杆弯曲度不得大于0.05%，并完整无损。

3 探杆两端螺纹轴线的同轴度公差为 ϕ1.00mm，直径在25～50mm之间。

4 探杆与接头的连接应有良好的互换性，探杆之间连接牢靠。

9.2.4 反力设施宜采用设备自重、地锚或堆载。应确保压入过程中设备不上下移动。

9.2.5 电阻应变式单桥、双桥探头应符合下列规定：

1 其规格及更新应符合附录D图D.0.3、表D.0.3和图D.0.4、表D.0.4的规定。

2 传感器的非线性误差、重复性误差、滞后误差和归零的允许误差均为±1.0%。

3 传感器的空载输出应在仪器平衡调节范围以内。

4 双桥探头的侧摩阻力传感器与锥头传感器传输信号相互不得干扰。

5 探头系统各部件反应灵敏，密封性能良好，绝缘电阻应大于500MΩ。

6 锥头锥面应平整无凹陷，侧摩阻筒应无明显刻痕。

9.2.6 孔隙水压力静力触探探头必须符合下列规定：

1 探头线性、滞后误差应小于0.8%，重复性误差应小于0.5%，归零误差应小于0.5%。

2 探头使用温度范围应为−10～40℃，温度零漂值应小于0.05%。

3 探头额定过载能力应不小于120%。

4 探头工作时，其内部几个传感器之间相互干扰应小于0.3%。

5 透水过滤器设锥尖、锥肩、锥后三个位置，按试验条件和要求可任意选用一个位置；孔压探头透水元件(过滤片)的设置位置，应符合下列规定：

1)过滤片置于探头锥面上时，过滤片中心或中心线距锥顶的距离应为0.5～0.8倍圆锥母线长度；

2)过滤片置于锥底全断面以上的圆柱面处时，过滤片的上表面距锥底面高度应小于10mm。

6 过滤片的渗透系数宜控制在(1～5)×10^{-5}cm/s范围内。在组装好的孔压探头中，过滤片与相邻部件的接触界面应具有(110±5)kPa的抗渗压能力，过滤片应有足够的刚度和耐磨性。

7 满负荷水压条件下，孔压传感器应变腔的体(容)积变化量不大于4mm^3，体变率应小于0.2%。

8 密封绝缘性能在2000kPa水压下，保压6h，桥路绝缘电阻应大于300MΩ。

9.2.7 量测仪器可采用静探微机、静探自动记录仪和直显式静探记录仪，并应满足下列要求：

1 仪器显示的有效最小分度值小于0.06%。

2 仪器按要求预热后，时漂应小于0.1%，温漂应小于0.01%。

3 工作环境温度为−10～45℃。

4 记录仪和电缆用于多功能探头时，应保证各传输信号互不干扰。

9.2.8 由标尺和位移指针组成的计深装置应符合下列要求：

1 标尺刻度为10cm，刻度误差小于5mm，积累误差不得大于标尺全长的0.2%。

2 标尺应与贯入工作杆平行，在整个试验中，相对于地面处于静止状态。

3 使用自动深度记录仪时，其误差不得大于1%。

9.2.9 标定设备应满足下列要求：

1 探头标定用的测力(压)计或力传感器，其公称量程不宜大于探头额定荷载的2倍，检测精度不得低于Ⅲ等标准测力计精度。

2 探头标定达满量程时，标定架各部杆件应稳定。标定孔压计的压力罐及压力检测装置密封性能良好。标定装置对力的传递误差应小于0.5%。

3 工作状态下，标定架的压力作用线应与被标定的探头同轴，其同轴度公差为$\phi0.5$mm。

9.3 试验方法

9.3.1 试验前应将设备调平，贯入系统与地面垂直。

9.3.2 贯入速率应符合本规范第9.2.2条第1款的规定，严禁高速贯入。

9.3.3 单桥或双桥静力触探试验时，应对探头进行归零(零漂)检查。

9.3.4 孔压消散试验应符合下列规定：

1 在预定深度进行孔压消散试验时，停止贯入探头并放松卡盘，完全释放钻杆中的推力。从探头停止贯入时起，开始计时。

2 记录0、1s、2s、4s、8s、16s、30s、1min、2min、4min、8min、16min、30min时刻的总孔压u_t（$=u_0+\Delta u_t$），直至达到静止孔隙水压力u_0或超孔压Δu_t，消散去50%～80%初始超孔压Δu_t为止，然后结束试验。

9.3.5 当孔深已达任务书要求或探头负荷达额定荷载时，应终止试验。

9.3.6 当反力失效或记录仪器显示异常时，应立即停止试验。查明原因并采取相应措施后，方可继续试验。

9.4 资料整理

9.4.1 对原始记录数据或原始记录曲线应进行深度修正、零漂修正和幅值修正。

9.4.2 各深度的触探参数应按下列公式计算：

$$X_d=\xi x'_d \quad (9.4.2\text{-}1)$$

$$x'_d=x_d-\Delta x_d \quad (9.4.2\text{-}2)$$

$$q_T=q_c+(1-\alpha)u_T=q_c+\beta(1-\alpha)u_d \quad (9.4.2\text{-}3)$$

$$B_q=\Delta u/(q_T-\sigma_{V0}) \quad (9.4.2\text{-}4)$$

$$\Delta u=u_0-u_w \quad (9.4.2\text{-}5)$$

式中 x'_d——某深度d处读数的修正值；

x_d——深度d处的实测值（P_s、q_c、f_s、u_d、u_T）代号；

Δx_d——相应于深度d处的零漂修正量（平差值），分正、负；

ξ——触探参数的标定系数（kPa/mV）；

q_T——总锥尖阻力（kPa）；

α——探头有效面积比（见本规范附录D表D.0.4）；

u_T——孔压探头贯入时于锥底以上圆柱面处测得的孔隙水压力（kPa）；

u_d——孔压探头贯入时于锥面处测得的孔隙水压力（kPa）；

β——孔压换算系数，即u_T与u_d之比值，可按表9.4.2取值；

B_q——超孔压比；

Δu——探头贯入时土的超孔隙水压力（kPa）；

σ_{V0}——土的总自重压力（kPa）；

u_0——探头贯入时的孔隙压力（kPa）；过滤片置于探头锥面上时，$u_0=u_d$；过滤片置于锥底圆柱面处时，$u_0=u_t$；

u_w——静止孔隙水压力（kPa）。

表9.4.2 与土质状态有关的β值

土质状态	中粗砂	粉、细砂		粉土	粉质黏土	黏土	重超固结黏土
		松散～中密	密实	正常固结及轻度超固结			
β	1	0.7～0.3	<0.3	0.6～0.3	0.7～0.5	0.8～0.4	0.4～−0.1

9.4.3 静力触探试验曲线图可按下列要求绘制：

1 应以深度为纵轴、以触探参数为横轴绘制触探曲线，其中f_s、u_d（或u_T）及q_c之间的数值比例宜取1∶10∶100。

2 q_c或P_s、f_s、u_d或u_T、u_w与深度d的关系曲线应以不同的表达形式同绘于一个坐标图中，也可将u_d（或u_T）和u_w绘制于该坐标图的对称侧。B_q、R_f与d的关系曲线宜绘于另一坐标图中，二者在横轴上数值比例宜取1∶10。

3 上述各触探曲线均应采用参数符号在图中标示清楚或示出图例，然后进行分层，并计算各分层触探参数值和地基参数值。

4 当静力触探试验孔与钻探孔配合时，静探深度比例尺应与钻孔深度比例尺一致。

9.4.4 孔压消散值可按下列程序修正：

1 以修正的贯入孔压值（u_d或u_t）作为消散试验的孔压初始值，以零漂修正量等量修正试验点各个时刻测定的孔压消散值（u_t）。

2 以孔压消散值（u_t）为纵轴、时间对数值（$\lg t$）为横轴，绘制孔压消散曲线（u_t—$\lg t$）。

3 孔压消散曲线初始段出现陡降或先升后降时，可用云形板拟合，使其后段曲线通过陡降段终点与纵轴相交。

4 孔压消散曲线初始段出现上升现象时，宜略去其上升段，以曲线峰值点作为消散曲线的计量起点，在同一张u_t—$\lg t$坐标图中重新绘制孔压消散曲线。

9.4.5 归一化超孔压消散曲线应按下列要求绘制：

1 孔压初始值以经过修正的贯入孔压u_a为消散试验时的孔压初始值：$u_{t=0}=u_a$。

2 各时刻的归一化超孔压$\overline{V}$应按下式计算：

$$\overline{V}=(u_t-u_w)/(u_{t=0}-u_w) \quad (9.4.5\text{-}1)$$

式中 $\overline{V}$——归一化超孔压，当$t=0$时，$u_t=u_d$，$\overline{V}$

=1；当孔压完全消散时，$u_t = u_w$，$\bar{V}$ =0；

u_t——经修正后，在该试验深度任意时刻的孔压值(kPa)。

3 地基中试验点处的剩余超孔压 Δu_r 按下式计算：

$$\Delta u_r = u'_w - u_w \quad (9.4.5\text{-}2)$$

4 以 $\bar{V}$ 为纵轴、时间 t 的对数 lg$t$ 为横轴，绘制归一化超孔压比曲线($\bar{V}$—lg$t$)。

9.4.6 土层界面位置的确定应符合下列规定：

1 孔压触探时，应将 u_d（或 u_T）和 B_q 的突变点位置定为土层界面。

2 单桥或双桥触探时，应根据超前深度和滞后深度确定，方法如下：

1)一般情况下，可将超前、滞后总深度段中点偏向低端阻值(P_s、q_c)层（软层）10cm 处定为土层界面；

2)上、下土层的端阻值相差 1 倍以上，且其中软层的平均端阻 $\bar{q}_c$(或 $\bar{q}_s$)<2MPa 时，可将软层的最后 1 个(或第一个)q_c(或 P_s)小值偏向硬层 10cm 处定为土层界面；

3)上、下土层端阻值差别不明显时，则应结合 R_f、f_s 值确定土层界面。

9.4.7 各土层的触探参数值应按下列公式及要求取值：

1 土层厚度 h 大于等于 1m 且土质比较均匀时，可按下列公式计算土层的触探参数值：

$$\bar{x} = \frac{1}{n}\sum_{i=1}^{n} x_i \quad (9.4.7\text{-}1)$$

$$\bar{q}_T = \bar{q}_c + \beta(1-\alpha)\bar{u}_d = \bar{q}_c + (1-\alpha)\bar{u}_T \quad (9.4.7\text{-}2)$$

$$\bar{R}_f = \bar{f}_s / \bar{q}_c \quad (9.4.7\text{-}3)$$

式中 x——各触探参数代号，角标 i=1，2，…，n 为触探参数数据序号。

2 土层厚度 h 小于 1m 的均质土层，软层应取最小值、硬层应取较大值。

3 经过修正成图的记录曲线，可根据各分层土层曲线幅值变化情况，划分成若干小层，对每一小层按等积原理绘成直方图，按下式计算分层土层的触探参数值：

$$\bar{x} = \sum_{i=1}^{n}(x_i \cdot h_i) \Big/ \sum_{i=1}^{n} h_i \quad (9.4.7\text{-}4)$$

式中 h_i——第 i 小层土厚度，x_i 为各小层的触探参数平均值。

4 分层曲线中的特殊大值，不应参与计算。

5 由单层厚度在 30cm 以内的粉砂或粉土与黏性土交互沉积的土层，应分别计算各触探参数的大值平均值和小值平均值。

10 预钻式旁压试验

10.1 一般规定

10.1.1 旁压试验适用于确定黏性土、粉土、砂土、软岩石及风化岩石等地基的承载力和变形参数。

10.1.2 旁压试验方案应在收集和分析已有岩土工程资料的基础上，根据任务要求确定。一般情况下，应在有代表性的位置和深度进行试验。每一个建筑场地试验孔不宜少于 3 个，每一个主要地层不宜少于 6 个试验段。

10.1.3 旁压试验应与钻探配合交替进行，每钻进一段进行一次试验，严禁一次成孔，多次试验。每个试验段成孔后应立即进行试验，时间间隔不宜超过 15min。

10.1.4 旁压试验时，必须保证旁压器的 3 个膨胀腔在同一地层上，不得在其他原位测试的部位进行旁压试验。

10.1.5 同一个试验孔中的相邻试验段间距不应小于 1m；试验孔与相邻钻孔或原位测试孔的水平距离不应小于 1m；旁压试验最小深度不应小于 1m。

10.1.6 旁压试验前，应按照本规范附录C的规定对旁压器的弹性膜约束力和仪器综合变形进行率定。

10.2 仪器设备

10.2.1 预钻式旁压试验的仪器由旁压器、加压稳定装置、变形量测系统、导管和水箱等组成。按压力分为低压型和高压型两类，其规格见表 10.2.1；

10.2.2 压力表最小分度值不应大于满量程的 1%；量测测管水位刻度的最小分度值不应大于 1mm；量测体积变化刻度的最小分度值不应大于 0.5cm³。

表 10.2.1 常用型号旁压器的技术规格

规格	旁压仪型号	旁压器型号	总长度(mm)	测试腔长度(mm)	外径(mm)	测试腔固有体积(cm³)	测管截面积(cm²)
梅纳型	G-Am	AX	800	350	44	535	15.30
		BX	650	200	58	535	15.30
		NX	650	200	70	790	15.30
PY 型	PY-A	AP	450	250	50	491	15.28
		带金属保护套型	450	250	55	594	15.28
	PY3-2	一般型	680	200	60	565	13.20

10.3 试验方法

10.3.1 预钻孔应符合下列要求：

1 应根据岩土的类型和状态选择适宜的钻机、钻具及成孔工艺，对于容易发生孔壁坍塌的试验段，应采用泥浆护壁钻进。

2 保持孔周岩土体的天然结构状态，试验孔径应比旁压器外径大2～8mm，试验段孔壁应垂直、光滑、呈规则圆形。

3 成孔深度应大于试验深度0.5～1.0m。

10.3.2 旁压仪安装、注水和水位调零应按试验要求进行。

10.3.3 当压力源采用高压氮气，且最高试验压力小于等于2.5MPa时，高压氮气瓶内的压力应比最高试验压力大0.1～0.2MPa；当最高试验压力大于2.5MPa时，高压氮气瓶内的压力应比最高试验压力大0.5～1.0MPa。

10.3.4 采用高压型旁压仪进行试验时，应根据试验深度和预计试验最高压力，调好旁压器测试腔与保护腔的仪表压差。

10.3.5 量测测管水位至孔口的高度及地下水位深度，旁压器置于预定深度后应对试验深度进行校验。

10.3.6 旁压器测量腔中点的静水压力可按下列公式确定：

地下水位以上：$P_w=(h+z)\gamma_w$ (10.3.6-1)

地下水位以下：$P_w=(h+h_w)\gamma_w$ (10.3.6-2)

式中 P_w——静水压力（kPa）；

h——测管水平面至孔口的高度（m）；

z——旁压试验深度（m）；

h_w——地下水位埋深（m）；

γ_w——测试用水（或防冻液）的重力密度（kN/m^3）。

10.3.7 试验加压分级及稳定时间应符合下列规定：

1 试验压力增量等级应按预估临塑压力的1/7～1/5或极限压力的1/14～1/10确定。

2 以旁压器测量腔的静水压力P_w作为第一级压力开始试验，达到稳定时间后，应按确定的压力增量，用调压阀加压，且应在15s内，调至所需压力。

3 每级压力应保持相对稳定的观测时间，对黏性土、砂类土为2min，对软质岩石和风化岩石为1min。当稳定时间为1min时，实测体积变形量可按15s、30s、60s观测；当稳定时间为2min时，实际体积变形量可按30s、60s、120s观测。

10.3.8 当量测腔的扩张体积相当于其固有体积时，或压力达到仪器的容许最大压力时，应终止试验。

10.3.9 试验结束后，应对旁压器进行消压、回水或排净工作。旁压器消压3min以上，方可从试验孔中取出。

10.4 资 料 整 理

10.4.1 试验压力和体积膨胀量的原始数据修正和计算，应符合下列要求：

1 修正后压力P应按下式计算：

$$P=P_m-P_i+P_w \quad (10.4.1\text{-}1)$$

式中 P_m——压力表读数（kPa）；

P_i——弹性膜约束力（kPa）。

2 修正后的测管水位的下降值s应按下列公式计算：

$$s=s_{120}-\delta_s \quad (10.4.1\text{-}2)$$

$$\delta_s=\alpha_s(P_m-P_w) \quad (10.4.1\text{-}3)$$

式中 s_{120}——2min测管水位下降值（cm）；

δ_s——仪器综合变形修正值（cm）；

α_s——仪器综合变形修正系数（cm/kPa）。

3 对应于s的体积膨胀量V应按下式计算：

$$V=s\cdot A \quad (10.4.1\text{-}4)$$

式中 A——测管内截面面积（cm^2）。

4 当以测管水位下降值表示旁压器体积膨胀量时，修正后的体积膨胀量V应按下列公式计算：

$$V=V_{120}-\delta_v \quad (10.4.1\text{-}5)$$

$$\delta_v=\alpha_v(P_m+P_w) \quad (10.4.1\text{-}6)$$

式中 V_{120}——2min体积膨胀量（cm^3）；

δ_v——仪器综合变形修正值（cm^3）；

α_v——仪器综合变形修正系数（cm^3/kPa）。

5 体积蠕变值$\Delta V_{(120-30)}$和$\Delta V_{(60-30)}$应分别按下列公式计算：

$$\Delta V_{(120-30)}=A[s_{(120-30)}-s_{30}] \quad (10.4.1\text{-}7)$$

$$\Delta V_{(60-30)}=A[s_{(60-30)}-s_{30}] \quad (10.4.1\text{-}8)$$

式中 s_{60}，s_{30}——60s和30s时测管水位下降值（cm）。

10.4.2 应绘制修正后的压力和体积变形量P—V关系曲线，也可同时绘制P与蠕变量$\Delta V_{(120-30)}$ $\Delta V_{(60-30)}$的关系曲线。

10.4.3 初始压力P_0值、临塑压力P_f值、极限压力P_L值应在P—V曲线或P—$\Delta V_{(120-30)}$曲线上确定。

10.4.4 似弹性模量E、旁压模量E_m和旁压剪切模量G_m应根据旁压试验特征值按下列公式计算：

$$E=2(1+\mu)(V_c+V_0)\Delta P/\Delta V \quad (10.4.4\text{-}1)$$

$$E_m=2(1+\mu)(V_c+V_m)\Delta P/\Delta V \quad (10.4.4\text{-}2)$$

$$G_m=(V_c+V_m)\Delta P/\Delta V \quad (10.4.4\text{-}3)$$

式中 ΔP——P—V曲线上直线变形段压力增量（MPa）；

ΔV——与ΔP相对应的体积变形增量（cm^3）；

V_c——测试腔固有体积（cm^3）；

V_0——静止水平总压力P_0所对应的体积变形量（cm^3）；

V_m——平均体积变形量（cm^3）；取P—V曲线直线段两端所对应的体积变形量之和的一半；

μ——泊松比，通常取 0.33。

11 扁铲侧胀试验

11.1 一 般 规 定

11.1.1 扁铲侧胀试验适用于软土、一般黏性土、粉土、黄土、松散至中密砂类土等，可用于判别土类，确定黏性土的状态、静止土压力系数、计算水平基床系数等。

11.1.2 每次试验前后均应进行膜片率定，膜片的合格标准应符合下列要求：

1 膜片膨胀至 0.05mm 时的气压实测值，ΔA=5～15kPa。

2 膜片膨胀至 1.10mm 时的气压实测值，ΔB=10～110kPa。

11.1.3 膜片在下列情况下必须更换：

1 表面严重划伤，皱折及破裂。

2 率定值反常，达不到规定要求。

3 过度膨胀，曲面加力和放松时会发出“噼啪”响声。

11.1.4 率定值不在适用范围内的新膜片应进行老化处理，并应符合下列要求：

1 用率定器具对新膜片慢慢加压至蜂鸣器鸣响，记录 ΔB 值，若 ΔB 达到适用范围则停止老化。若 ΔB 不在适用范围内，应再加大压力，每次升压宜取 50kPa，直到 ΔB 值达到适用范围为止。

2 在空气中老化膜片，最大压力不应超过 600kPa。

11.1.5 扁铲侧胀试验孔的垂直度偏差不应大于 2%。

11.2 仪 器 设 备

11.2.1 扁铲侧胀试验设备包括测量系统、贯入设备和压力源。

11.2.2 扁铲探头的技术性能应符合下列要求：

1 探头应用高强度不锈钢锻制，长 230～240mm、厚度 14～16mm、宽度 94～96mm，探头前缘刃角 12°～16°。

2 探头在平行于轴线长度内，弯曲度应在 0.5%内，贯入前缘偏离轴线不应超过 1mm。

3 探头侧面圆形不锈钢膜片直径 60mm，平装于板头一侧板面上，膜片内侧设置的感应盘机构应能准确控制三种特殊位置的状态。

11.2.3 气、电管路的技术性能应符合下列要求：

1 气、电管路应由厚壁、小直径、耐高压、内部贯穿铜质导线的尼龙管组成，两端装有连通探头的接头，绝缘性能良好，直径最大不超过 12mm，能输送气压并准确地传递特定信号。

2 用于率定的管路长度宜为 1m。

11.2.4 控制装置应符合下列技术条件：

1 压力表显示有效最小分度值不宜大于 1kPa。

2 传送膜片达到特定位移量时的信号应采用蜂鸣器和检流计显示。蜂鸣器和检流计应在膜片膨胀量小于 0.05mm 或大于等于 1.10mm 时接通，大于等于 0.05mm 且小于 1.10mm 时断开。

3 气-电管路、气压计、校正器及率定附件等组成的率定装置应能准确测定膜片膨胀位置是否符合标准，可对膜片进行标定和老化处理。

11.2.5 贯入设备应符合下列技术条件：

1 扁铲探头可用静力触探机具、液压钻机压入，也可用标准贯入锤击机具击入，水下试验可用装有设备的驳船以电缆测井法压入或打入。贯入设备的额定起拔力不小于额定贯入力的 120%；贯入和起拔时，施力作用线应垂直基座基准面。

2 探杆应采用高强度无缝钢管，其屈服强度不宜小于 600MPa，工作截面尺寸必须与贯入主机的额定贯入力相匹配，探杆弯曲度不得大于 0.2%，探杆两端螺纹轴线的同轴度公差为ϕ0.1mm，探杆不得有裂纹和损伤。

11.2.6 压力源应安装压力调节器，高压气体应为干燥的氮气。

11.3 试 验 方 法

11.3.1 试验前应检查测量系统、贯入设备和压力源，使之满足试验要求。

11.3.2 试验时，应以匀速将探头贯入土中，贯入速率宜为（2±0.5）cm /s。

11.3.3 试验深度应以膜片中心为基准点，探头达到预定深度后，应以匀速加压或减压测定膜片膨胀至 0.05mm、1.10mm 和回到 0.05mm 的压力 A、B、C 值。

11.3.4 测读压力值应符合下列要求：

1 扁铲探头贯入至预定深度，蜂鸣器鸣响（电流计动作），关闭排气阀，慢慢打开微调阀，缓慢增加压力，在蜂鸣器和电流计停止响动瞬间，读取压力 A 值。

2 压力从零到 A，加压时间应控制在 15s 左右；若试验土层均匀，A 值可从已测的上一点值预估，低于预估值阶段快速加压，然后缓慢加压到 A。

3 记录 A 值后，继续缓慢加压，待蜂鸣器鸣响瞬间，读取压力 B 值。

4 记录 B 值后，必须快速减压至蜂鸣器停响为止，再缓慢卸掉剩余压力，蜂鸣器再响时，读取压力 C 值。

5 试验点间距可取 20～50cm，C 压力值每隔 1.0～2.0m 测读一次。

11.3.5 测试过程中，不得松动，碰撞探杆，也不得施加使探杆产生上、下位移的力。

11.3.6 遇下列情况之一者，应停止贯入，并在记录表上注明：

1 贯入主机的负荷达到其额定荷载的 120%。

2　贯入时探杆出现明显弯曲。

3　反力装置失效。

4　无信号或测不到压力 B 值或 B 值时有时无。

5　气电管路破裂或被堵塞。

6　试验中校核（$B-A$）值时出现 $B-A<\Delta A+\Delta B$。

11.3.7　每孔试验结束时应立即提升探杆，取出扁铲探头，并对膜片进行再标定，将标定的 ΔA、ΔB 记录归档。

11.4　资 料 整 理

11.4.1　扁铲侧胀试验数据应按下列公式修正：

$$P_0=1.05(A-Z_m+\Delta A)-0.05(B-Z_m-\Delta B) \tag{11.4.1-1}$$

$$P_1=B-Z_m-\Delta B \tag{11.4.1-2}$$

$$P_2=C-Z_m+\Delta A \tag{11.4.1-3}$$

式中　P_0——膜片向土中膨胀之前的接触压力（kPa）；

P_1——膜片膨胀至 1.10mm 时的压力（kPa）；

P_2——膜片回到 0.05mm 时的终止压力（kPa）；

A——膜片膨胀至 0.05mm 时气压的实测值（kPa）；

B——膜片膨胀至 1.10mm 时气压的实测值（kPa）；

C——膜片回到 0.05mm 时气压的实测值（kPa）；

ΔA、ΔB——空气中标定膜片分别膨胀至 0.05mm、1.10mm 时，气压的实测值（kPa）；

Z_m——未调零时的压力表初读数（kPa）。

11.4.2　应根据 P_0、P_1 和 P_2 按下列公式计算侧胀模量 E_D、水平应力指数 K_D、土类指数 I_D、侧胀孔压指数 U_D：

$$E_D=34.7(P_1-P_0) \tag{11.4.2-1}$$

$$K_D=(P_0-u_w)/\sigma_{v0}' \tag{11.4.2-2}$$

$$I_D=(P_1-P_0)/(P_0-u_w) \tag{11.4.2-3}$$

$$U_D=(P_2-u_w)/(P_0-u_w) \tag{11.4.2-4}$$

式中　σ'_{v0}——试验深度处土的有效自重压力（kPa）；

u_w——试验深度处的静水压力（kPa）。

12　现场直剪试验

12.1　一 般 规 定

12.1.1　现场直剪试验适用于原位测定土体和岩体的抵抗剪切破坏的能力。

12.1.2　直剪试验点应根据工程地质条件和建（构）筑物的受力特点，选择在具有代表性的地段。地基土直剪试验组数不得少于3组，每一组试验不宜少于3处；岩体试验每一组不宜少于5处。同一组试验体的岩性和地质条件应基本相同。

12.1.3　试验的剪切方向应与岩土体的受剪方向或可能引起滑动的方向相一致。

12.1.4　试洞或探槽的几何尺寸应满足试验要求，各试验点之间边距不应小于 30cm。试洞顶部岩土层厚度必须足以承受最大垂直荷重。探槽两壁应满足斜撑最大推力。

12.1.5　探槽开挖前应制定技术措施，确保在开挖过程中槽壁不倒塌，安装切盒时试样不受扰动，并保持试验岩土层的天然湿度。

12.1.6　采用油压剪切试验装置进行试验时，在试样制备前，应在拟施加横向推力的一侧开槽安装横向千斤顶，对岩石还应在横向加荷反力面上浇注混凝土后座。

12.1.7　垂直荷载应根据岩土的性质或技术要求确定。最小垂直荷载不应小于剪切面以上地层的自重压力；最大垂直荷载应大于拟建（构）筑物设计荷载。

12.2　试 验 设 备

12.2.1　现场直剪试验设备包括加载系统、传力系统、量测系统和试体制作工具等，并应符合下列规定：

1　加载系统可采用的液压泵、液压千斤顶，规格宜为 500～3000kN；也可采用液压钢枕，规格宜为 10～20MPa。

2　传力系统可采用传力柱（木、钢或混凝土制品）、钢垫块（板）、滚轴排。

3　压力测量精度优于或等于 0.4 级；垂直变形、水平位移测量应选用精度不低于 0.01mm 的百分表或电测位移传感器。

12.3　试 验 方 法

12.3.1　土体直剪试验应符合下列规定：

1　试样规格应根据土体的均匀程度及最大颗粒粒径确定，剪切面积不宜小于 0.3m²，高度不宜小于 20cm 或为最大粒径的 4～8 倍，试样边长不应小于土体最大粒径的 5 倍；当需要测试饱和状态下的强度时，应将试样浸水并达到饱和，浸水时间视岩土性质而定，但不宜少于 48h。

2　试验仪器设备安装之前，应测定滚排摩擦力 f。

3　固结快剪法宜一次加完垂直荷载，荷载施加后应立即记录垂直变形，此后每 15min 观测垂直变形一次，当每小时垂直变形不超 0.05mm 时，即认为垂直变形已经稳定，便可施加横向推力。

4　采用快剪法进行试验时，应在一次加完垂直荷载后，立即施加横向推力。

5　剪切试验加荷和破坏标准应符合下列规定：

1）横向推力施加前，宜按照同种土体 c、φ 值估算最大推力，按预估最大推力的 1/8～1/10 分级施加；

2）施加的各级横向推力应连续、均匀，要求每分钟记录压力表和百分表读数，当变形相对趋于平稳时，方可施加下一级荷载，直至剪切破坏；

3）当剪切变形急剧增长，压力表压力值下降或横向位移与试样宽度之比达到 1/10 时即为剪切破坏；

4）在试验的全过程中，垂直荷载应保持稳定；当出现压力降低时应及时补荷，如出现超压时应及时减荷；

5）试样剪断后如需测记剪切回弹位移，应在解除横向推力后测记；

6）试验过程中，应随时观察试样以及试样周围土体的异常现象。

7 试验结束后，应将试样翻起，立即测量剪切面剪损状态；绘制剪切面的缺损、起伏情况，并对试样进行描述，计算试验后的试样面积。

8 残余抗剪强度试验应在峰值试验后，将抗剪试验剪断后的试样推回原处，重新检查调整仪器设备。然后，再次进行剪切试验。

12.3.2 岩体直剪试验应符合下列规定：

1 沿所确定的剪切面周边将试体与周围岩石切开，试体底面积宜采用 70cm×70cm，不得小于 50cm×50cm；试体高度不宜小于边长的一半、试体间距应大于边长的 1.5 倍。

2 对试体及所在试验地段应进行地质描述和记录，包括：岩石名称、风化破裂程度、岩体软弱面的成因、产状分布状况、连续性及其所夹充填物的性状等。

3 对剪切面施加垂直荷载及观测应符合下列规定：

1）垂直荷载应位于剪切面中心或使垂直荷载和剪切荷载的合力通过剪切面中心；

2）岩体软弱面和软质岩体的最大垂直荷载应以不挤出软弱面上的充填物或破坏试体为度；

3）垂直荷载分 4～5 级，按等差或等比（公比取 2）数列施加；

4）每级荷载施加时应测读、记录垂直位移，测读的时间间隔为 10min 或 15min。当相邻两次测读位移差小于等于 0.05mm 时，可施加下一级荷载。

4 试体剪切前，应按下列公式预估最大推力 Q_{max} 值，并使推力作用线通过剪切面中心：

矩形试体： $$Q_{max}=(\sigma_n f+c)A \quad (12.3.2\text{-}1)$$

梯形试体： $$Q_{max}=(\sigma_n f+c)A/\cos\alpha \quad (12.3.2\text{-}2)$$

直角楔体：

$$Q_{max}=(\sigma_n+\sigma_n f\tan\alpha+c\tan\alpha)A_y \quad (12.3.2\text{-}3)$$

非直角楔体：

$$Q_{max}=\frac{(\sigma_n f+c)\sin\alpha+\sigma_n\cos\alpha}{\cos(\alpha-\beta)}A \quad (12.3.2\text{-}4)$$

式中 f——预估的摩擦系数，$f=\tan\varphi$；

c——预估的黏聚力(kPa)；

A——剪切面面积(m^2)；

A_y——试体垂直面面积(m^2)；

α——剪力作用线倾角；

σ_n——法向应力(kPa)；

β——非直角楔体顶面与岩体软弱面的交角。

5 推力加荷等级宜分为 8～10 级，每级应取 Q_{max} 的 8%～10%，并每隔 10min 或 5min 施加一级。施加前、后应测记各量测表值。当该级推力引起的剪切位移为前一级的 1.5 倍以上时，下一级推力应减半施加。剪切位移达剪力峰值并出现剪力残余值或剪切位移达剪切面边长的 1/10 时，可终止试验。

6 使用斜推法的试体，在剪切过程中应同步扣减施加推力时在剪切面上所增加的垂直荷载。垂直荷载应按下列公式计算：

梯形试体： $$p=\sigma_n-q\sin\alpha \quad (12.3.2\text{-}5)$$

$$Q=qA \quad (12.3.2\text{-}6)$$

$$P=pA \quad (12.3.2\text{-}7)$$

直角楔体： $$\sigma_x=\frac{\sigma_n-\sigma_y\cos^2\alpha}{\sin^2\alpha} \quad (12.3.2\text{-}8)$$

$$Q=\sigma_y A_y \quad (12.3.2\text{-}9)$$

$$P=\sigma_x A_x \quad (12.3.2\text{-}10)$$

非直角楔体： $$p=\frac{\sigma_n-q\cos\beta}{\sin\alpha} \quad (12.3.2\text{-}11)$$

$$Q=qA \quad (12.3.2\text{-}12)$$

$$P=pA \quad (12.3.2\text{-}13)$$

式中 q、p——作用在剪切面上的斜向单位推力和压力（kPa）；

σ_y、σ_x——作用在试体水平面 A_y 和垂直面 A_x 上的单位推力和压力（kPa）；

Q，P——作用于试体上的斜向推力和垂直荷载（kN）。

7 使用斜推法的试体，试验前应按下列公式预估作用在剪切面上的最小法向应力 σ_{min}：

梯形试体： $$\sigma_{min}=\frac{c}{\cot\alpha-f} \quad (12.3.2\text{-}14)$$

直角楔体： $$\sigma_{min}=\frac{c}{\tan\alpha-f} \quad (12.3.2\text{-}15)$$

非直角楔体： $$\sigma_{min}=\frac{c}{\tan\beta-f} \quad (12.3.2\text{-}16)$$

8 试验结束后，应依次将剪力和垂直荷载退为零，拆除测量仪表、支架、剪切和垂直加载设备。描述剪切面尺寸、剪切破坏形式、剪切面起伏差、擦痕的方向和长度、碎块分布状况、剪切面上充填物性质，并对剪切面拍照记录。

12.4 资料整理

12.4.1 在进行资料整理前，应对各项原始试验数据进行检查，确认试验成果可靠后方可进行。

12.4.2 土体直剪试验垂直应力 σ 和剪切应力 τ 应按

下式计算：

$$\sigma=\frac{P_{v}'+P_{H}\cdot\sin(\alpha-\theta)+(P_{0}+P_{L})\cos\theta}{A} \tag{12.4.2-1}$$

$$\tau=\frac{(P_{0}+P_{L})\sin\theta+P_{H}\cos(\alpha-\theta)-F}{A} \tag{12.4.2-2}$$

式中 σ——垂直应力（kPa）；

τ——剪应力（kPa）；

P_L——设备自重（kN）；

P_v'——油压千斤顶施加的垂直荷载（kN）；

P_0——试样自重（kN）；

F——滑滚的摩擦力（kN）；

θ——剪切面与水平面的夹角；

P_H——横向推力（kN），取最大值；

α——横向推力与水平面的夹角；

A——试样的剪切面积（m^2）。

12.4.3 应根据计算的垂直应力 σ 和剪应力 τ 绘制剪应力与垂直荷载关系图，剪变系数 τ/σ 和垂直荷载关系图以及剪应力和水平位移关系图。

12.4.4 岩土的内摩擦角 ϕ 和黏聚力 c 宜采用最小二乘法按下式计算：

$$c=\frac{\sum\sigma^{2}\cdot\sum\tau-\sum\sigma\cdot\sum(\sigma\cdot\tau)}{n\sum\sigma^{2}-(\sum\sigma)^{2}} \tag{12.4.4-1}$$

$$\tan\phi=\frac{n\sum(\sigma\tau)-\sum\sigma\cdot\sum\tau}{n\cdot\sum\sigma^{2}-(\sum\sigma)^{2}} \tag{12.4.4-2}$$

12.4.5 土体残余抗剪强度宜按本规范第 12.4.1～12.4.4 条的规定进行资料整理并计算 c、ϕ 值。

12.4.6 平推法试体剪切面应力应按下列公式计算：

法向应力：$$\sigma_{n}=\frac{P}{A} \tag{12.4.6-1}$$

剪应力：$$\tau=\frac{Q}{A} \tag{12.4.6-2}$$

12.4.7 梯形试体剪切面应力应按下列公式计算：

法向应力：$$\sigma_{n}=(P+Q\sin\alpha)/A \tag{12.4.7-1}$$

剪应力：$$\tau=Q\cos\alpha/A \tag{12.4.7-2}$$

12.4.8 直角楔体剪切面应力应按下列公式计算：

法向应力：$$\sigma_{n}=\sigma_{y}\cos^{2}\alpha+\sigma_{x}\sin^{2}\alpha \tag{12.4.8-1}$$

剪应力：$$\tau=\frac{1}{2}(\sigma_{y}-\sigma_{x})\sin2\alpha \tag{12.4.8-2}$$

12.4.9 非直角楔体剪切面应力应按下列公式计算：

法向应力：$$\sigma_{n}=q\cos\beta+p\sin\alpha \tag{12.4.9-1}$$

剪应力：$$\tau=q\sin\beta-p\cos\alpha \tag{12.4.9-2}$$

$$q=\frac{\sigma_{n}\cos\alpha}{\cos(\alpha-\beta)} \tag{12.4.9-3}$$

$$p=\frac{\sigma_{n}\sin\beta}{\cos(\alpha-\beta)} \tag{12.4.9-4}$$

13 压水试验

13.1 一般规定

13.1.1 压水试验适用于测定岩体的透水率。

13.1.2 钻孔压水试验宜随钻孔的加深，自上而下用单栓塞分段隔离进行。对于岩体完整、孔壁稳定的孔段，可连续钻进一定深度，但不宜超过 40m，用双栓塞分段进行压水试验。

13.1.3 试验段长度宜为 5m。同一试验段不宜跨越渗透性相差悬殊的几种岩层。

13.1.4 相邻试验段之间应互相衔接，不应漏段。当栓塞止水无效时，可将栓塞向上移动，但不宜超过上一试验段栓塞的位置。

13.1.5 压水试验孔在钻进中，当冲洗液突然消失或耗水量急剧增大时，宜停钻进行压水试验。

13.1.6 试验钻孔应符合下列要求：

1 试验钻孔宜采用金刚石或硬质合金钻头清水回转钻进。

2 在距离压水试验钻孔 10m 以内布置有其他地质目的的钻孔时，应先钻压水试验钻孔。

3 钻至完整基岩后应下套管隔离覆盖层，套管接头不得漏水。管脚处应采取妥善止水措施。

4 预定安置栓塞部位的孔壁应保证平直完整。

13.1.7 试验宜按三级压力、五个阶段，即 $P_1\rightarrow P_2\rightarrow P_3\rightarrow P_4$（$=P_2$）$\rightarrow P_5$（$=P_1$）进行；其中 $P_1<P_2<P_3$。P_1、P_2、P_3 三级压力宜分别为 0.3MPa、0.6MPa 和 1.0MPa。

13.1.8 当试验段位于基岩面以下较浅或岩体软弱时，应适当降低压水试验压力。逐级升压至最大压力值后，当该试段的透水率小于 1Lu，可不再进行降压阶段的压水试验。

13.1.9 试验压力宜按以下两种情况计算：

1 当用安设在与试段连通的测压管上的压力表测压时，试验压力按下式计算：

$$P=P_{p}+P_{z} \tag{13.1.9-1}$$

式中 P——试验压力（MPa）；

P_p——压力表指示压力（MPa）；

P_z——压力表中心至压力计算零线的水柱压力（MPa）。

2 当用安设在进水管上的压力表测压时，试验压力按下式计算：

$$P=P_{p}+P_{z}-P_{s} \tag{13.1.9-2}$$

式中 P_s——管路压力损失（MPa）。

13.1.10 压力计算零线应按以下方式确定：

1 当地下水位在试段以下时，应以通过试段1/2处的水平线作为压力计算零线。

2 当地下水位在试段之内时，应以通过地下水位以上试段 1/2 处的水平线作为压力计算零线。

3 当地下水位在试段以上，且属于试段所在的含水层时，应以地下水位线作为压力计算零线。

13.1.11 倾斜钻孔的水柱压力可采用下式计算：

$$P_{z}=P_{z}'\cdot\sin\alpha \tag{13.1.11}$$

式中 P_z'——压力表中心至压力计算零线与钻孔中

心线交点的倾斜水柱压力（MPa）；

α——钻孔倾角。

13.1.12 使用单管栓塞压水时，应扣除工作管路的压力损失。管路压力损失可按以下两种情况确定：

1 当工作管内径一致，且内壁粗糙度变化不大时，管路压力损失可按下式计算：

$$P_s = \lambda(L/d) \cdot (V^2/2g) \quad (13.1.12\text{-}1)$$

式中 L——管长（m）；

d——管径（内径）（m）；

V——水在管中的流速（m/s）；

g——重力加速度（m/s^2）；

λ——粗糙系数，水在铁管中流动时 $\lambda = 2 \times 10^{-4} \sim 10^{-4}$（MPa/m）。

2 当工作管内径不一致时，管路压力损失应根据实测资料确定，实测工作应符合下列规定：

1）测试管路应为两套。两套管路的管径和钻杆总长度应相同，但接头数应相差 3 副以上。每套管路的总长度不得小于 40m；

2）实测流量范围 10～100L/min，测点应不少于 15 个，分布均匀，同时用流量表和水箱测定流量，实测工作应重复1～2次，以其平均值为计算值；

3）在同一坐标纸上绘制两套管路的压力损失与流量关系曲线，从图上量取各流量值相应的压力损失差 ΔP_s；

4）各种流量下每副接头的压力损失应按下式计算：

$$P_{sj} = \frac{\Delta P_s}{n} \quad (13.1.12\text{-}2)$$

式中 P_{sj}——某流量下每副接头的压力损失（MPa）；

ΔP_s——该流量下两套管路的压力损失之差（MPa）；

n——两套管路接头数之差。

5）从各种流量下管路总压力损失中减去接头的压力损失，计算各种流量下每米钻杆的压力损失值；

6）编制各种流量下每米钻杆及每副接头的压力损失图表。

13.2 试 验 设 备

13.2.1 止水栓塞与孔壁应有良好的适应性，止水可靠，长度应大于 8 倍的孔径。

13.2.2 供水设备应符合下列规定：

1 当地形条件许可时，宜采用自流供水方法进行压水试验。

2 当采用水泵供水时，供水水泵应符合下列要求：

1）在 1.5MPa 压力下，流量达到 100L/min；

2）出水均匀，压力稳定，并能保持压力表指针的摆动幅度不大于正负两个最小刻度。

13.2.3 量测设备应符合下列规定：

1 量测压力用的压力传感器和压力表应符合下列要求：

1）压力传感器的压力范围应大于试验压力，误差不应大于 1%；

2）压力表应反应灵敏，卸压后指针回零。压力表的工作压力应保持在极限压力值的 1/3～3/4范围内，精度不应小于 0.4 级。

2 流量计应能在 1.5MPa 压力下正常工作，量测范围应与供水设备的排水量相匹配，并能测定正向和反向流量。

3 电子自动水位计应灵敏可靠，不受孔壁附着水或孔内滴水的影响。

4 量测时间应采用带有秒针的钟表或秒表。

5 宜采用能自动测量压力和流量的记录仪进行压水试验。

13.3 试 验 方 法

13.3.1 试验前应洗孔、观测水位；正确地安装栓塞、水泵和量测仪表。

13.3.2 试验准备工作完成后应进行不少于 20min 的试验性压水，其压力值应为正式压水时的压力值；试验性压水过程中，应对压水试验的各种设备、仪表进行性能和工作状态综合性检查。

13.3.3 压水试验时，试验压力应达到预定压力并保持稳定。每隔 5min 或 10min 观测一次压入流量。当压入流量无持续增大趋势，且 5 次流量读数中最大与最小值之差小于最终值的 10%，或最大与最小值之差小于 1.0L/min 时，本阶段试验即可结束，最终流量读数作为计算流量。将试验压力调整到新的预定值，重复上述试验过程，直到完成该试段的试验。

13.3.4 在降压阶段，如出现水由岩体向孔内回流的现象，应记录回流情况，待回流停止，流量达到上述规定的要求后方可结束本阶段试验。

13.3.5 试验过程中，必须同时观测管外水位，以判断栓塞的止水效果。如发现管外水位异常，应立即检查相关设施，并分析原因。若系栓塞止水失效，应立即采取适当处理措施。

13.3.6 试验过程中，应注意观察试验孔周边地表有无水流渗出，并对试验孔附近可能受影响的坑、孔、井、泉等进行观测和记录。

13.4 资 料 整 理

13.4.1 试验资料整理应包括校核原始记录，绘制 P—Q 曲线，确定 P—Q 曲线类型和计算试段透水率等。

13.4.2 试段的 P—Q 曲线类型，应根据升压阶段 P—Q 曲线的形状以及其与降压阶段 P—Q 曲线之间的关系确定。P—Q 曲线类型划分及曲线特点见表 13.4.2：

表 13.4.2　P—Q 曲线类型及曲线特点

类型名称	A（层流）型	B（紊流）型	C（扩张）型	D（冲蚀）型	E（填充）型
P—Q 曲线	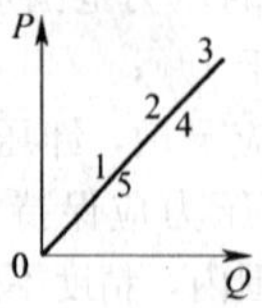	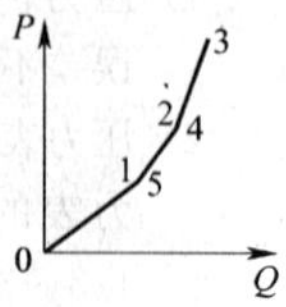	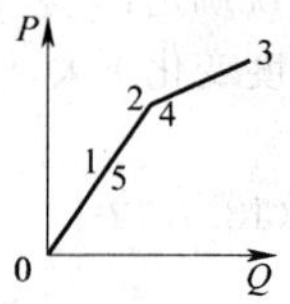	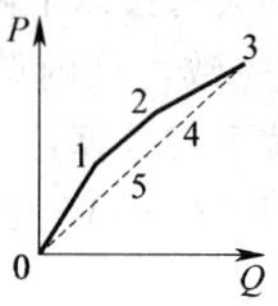	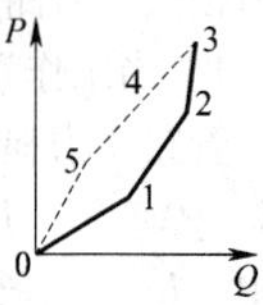
曲线特点	升压曲线为通过原点的直线，降压曲线与升压曲线基本重合	升压曲线凸向 Q 轴，降压曲线与升压曲线基本重合	升压曲线凸向 P 轴，降压曲线与升压曲线基本重合	升压曲线凸向 P 轴，降压曲线与升压曲线不重合，呈顺时针环状	升压曲线凸向 Q 轴，降压曲线与升压曲线不重合，呈逆时针环状

13.4.3　试验段透水率 q 计算应按下列公式计算：

$$q=\frac{Q_3}{L\cdot P_3} \tag{13.4.3}$$

式中　q——试验段的透水率（Lu）；

Q_3——第三阶段的压入流量（L/min）；

P_3——第三阶段的试验压力（MPa）；

L——试验段长度（m）。

13.4.4　每个试验段的试验成果，应采用试验段透水率和 P—Q 曲线类型代号（加括号）表示，如 0.26（A）、16（C）、8.6（D）等。

13.4.5　当试验段位于地下水以下，透水性较小（q<10Lu），P—Q 曲线为 A（层流）型时，可按下式计算岩体渗透系数：

$$K=\frac{Q}{2\pi HL}\ln\frac{L}{r_0} \tag{13.4.5}$$

式中　K——岩体渗透系数（m/d）；

Q——压入流量（m^3/d）；

H——试验水头（m）；

L——试验段长度（m）；

r_0——钻孔半径（m）。

14　注 水 试 验

14.1　一 般 规 定

14.1.1　注水试验适用于测定包气带非饱和岩土层的渗透性；当地下水位埋藏较深，不便进行抽水试验时，可采用注水试验测定其渗透性。

14.1.2　试验点应布置在有代表性的地段，试验点数量应根据地层的变化情况确定。

14.1.3　试验孔深度、孔径、试验段位置应根据试验目的确定。

14.2　试 验 设 备

14.2.1　试坑注水试验的主要设备应包括铁环（高20cm、直径30～50cm）、水箱、量杯、流量水桶、流量瓶（容量为 5L 并带有刻度）、水位计、计时钟表等。

14.2.2　钻孔注水试验时，应备有适当流量的供水水泵。钻孔常水头注水试验时，还应配置流量箱或水表流量计。

14.3　试 验 方 法

14.3.1　试坑注水试验应符合下列规定：

1　在拟定位置上进行试验时，应确保试验土层的原状结构。单环法注水试验应将铁环压入坑底深度15～20cm。双环法注水试验应确保双环同心，并压入坑底深度 5～8cm；在内环及内、外环之间应铺上厚度 2～3cm 的小砾石。

2　双环法注水试验应在距试坑 3～4m 处钻孔，并每隔 20cm 取样测定其天然含水量。钻孔深度应大于注水试验时水的渗入深度。

3　注水试验时应向环内或内、外环之间注入清水，水位应达到 10cm 高度；试验时应保持 10cm 水头，其波动幅度允许偏差为±0.5cm。

4　试验宜按 5min、10min、15min、20min、30min 的时间间隔记录渗水量，以后每隔 30min 测记一次，每次观测渗水量的精度应达到±0.1L。

5　试验过程中，当每隔 30min 观测一次的流量与最后 2h 内平均流量之差不大于 10%时，可视为流量稳定，试验即可结束。

6　双环法试验结束后，应立即淘出环内积水，在试坑中心钻孔，并每隔 20cm 取样测定其含水量与试坑旁钻孔进行比较，确定注水试验水的渗入深度。

14.3.2　钻孔注水试验应符合下列规定：

1　试验开始前，应观测地下水位。

2　试验时，应向孔中注入清水，使注水管中水位升至一定高度。

3　降水头注水试验停止注水后，宜按 30s 间隔观测孔内水位至 5min，再按 1min 间隔观测 10min；

其后可按5～10min间隔进行观测。注水水位完全消失后终止试验。

4 常水头注水试验应维持孔内注水水位保持不变，其波动幅度允许偏差±1.0cm。试验开始时，每分钟观测1次流量。5min后，再按5min间隔观测到30min。以后每隔30min观测一次，直到与最后2h平均流量之差不大于10%时，视为流量稳定，终止试验。

14.4 资料整理

14.4.1 试坑注水试验资料整理应按下列步骤进行：

1 检查原始记录，并绘制 $Q—f(t)$ 曲线图。

2 单环法应按下式计算渗透系数：

$$K=Q/A \qquad (14.4.1\text{-}1)$$

式中 K——渗透系数（m/d）；

Q——稳定流量（m^3/d）；

A——试坑的底面积（m^2）。

3 双环法应按下式计算渗透系数：

$$K=\frac{QS}{A_0\ (Z+S+H_s)} \qquad (14.4.1\text{-}2)$$

式中 A_0——内环渗水面积（m^2）；

Z——内环中水头高度（m）；

H_s——试验土层毛细压力值（m）；其值按表14.4.1采用；

S——试验结束时水的渗入深度（m）。

表 14.4.1 试验土层毛细压力值

土层名称	毛细压力值（m）
黏土	1.00
粉质黏土	0.80
粉土	0.40～0.60
粉砂	0.30
细砂	0.20
中砂	0.10
粗砂	0.05

14.4.2 钻孔降水头注水法资料整理可按下列步骤进行：

1 绘制水位比 H/H_0 与时间 t 的关系图。

2 确定滞后时间 T 可采用实测法、图解法和计算法；计算法应按下式计算：

$$T=(t_2-t_1)/\ln(H_1/H_2) \qquad (14.4.2\text{-}1)$$

式中 H_1、H_2——观测时间 t_1、t_2 时的水头高度（m）。

3 渗透系数可按下列公式计算：

$$K=\frac{\pi D}{11T} \quad \text{（均质、孔底透水）} \qquad (14.4.2\text{-}2)$$

$$K=\frac{D^2\ln\ (2L/D)}{8L\cdot T} \quad \text{（均质、孔壁透水，且}L/D>4\text{）} \qquad (14.4.2\text{-}3)$$

式中 K——渗透系数（m/d）；

D——注水孔过滤器内径（m）；

L——试验段长度（m）；

T——滞后时间（d）。

14.4.3 钻孔常水头注水法资料整理可按下列步骤进行：

1 绘制流量 Q 与时间 t 的关系曲线。

2 当试段高于地下水位，且 $50<(h/r)<200$，注水水位不高于过滤器顶端时，可按下列公式计算渗透系数：

$$K=0.423\frac{Q}{h^2}\lg\frac{2h}{r} \qquad (14.4.3\text{-}1)$$

3 当渗水试段低于地下水位时，可按下列公式计算渗透系数：

$$K=\frac{0.08Q}{r\cdot S\cdot\sqrt{\frac{L}{2r}+\frac{1}{4}}} \quad (L/r\leqslant4) \qquad (14.4.3\text{-}2)$$

$$K=\frac{0.366Q}{L\cdot S}\lg\frac{2L}{r} \quad (L/r>4) \qquad (14.4.3\text{-}3)$$

式中 Q——稳定注水量（m^3/d）；

h——注水水柱高度（m）；

L——注水试验段长度（m）；

S——注水水头高度（m）；

r——注水孔半径（m）。

15 抽水试验

15.1 一般规定

15.1.1 抽水试验适用于确定建设场地岩土含水层的渗透性能，通过抽水试验数据，计算地下水参数。

15.1.2 抽水试验孔深度应根据试验的目的确定，孔径宜选择 ϕ200～400mm。

15.1.3 试验孔应符合下列要求：

1 试验孔钻探应根据场地地层及井径、井深要求，选择适宜类型的冲击钻机或回转钻机。

2 过滤器安装位置应与含水层位置一致，井管底部应用铁板或砂网封闭。

3 试验孔的滤料规格和填砾厚度应根据含水层颗粒组成确定，可按表15.1.3选择。滤料应填至超过过滤器上端3～5m，再改用黏土回填封闭。非完整井宜先在井底回填厚度0.5m左右的滤料，形成井底滤层。

4 成井后应及时洗井，洗至水清砂净。

表 15.1.3 滤料规格和填砾厚度

含水层			滤料直径（mm）			填料厚度（mm）
名称	筛分结果					
	粒径（mm）	重量百分比（%）	规格滤料	混合滤料	形象比拟	
粉砂	0.05～0.1	50～70	0.75～1.5	1～2	小米粒	100
细砂	0.1～0.25	＞75	1～2.5	1～3	绿豆粒	100
中砂	0.25～0.5	＞50	2～5	1～5	玉米粒	100
粗砂	0.5～2.0	＞50	4～7	1～7	杏核	75～100
砾石	2.01～10.0	＞50	7.5～20.0			50～75
卵石	＞20.0	＞50	10.0～20.0			50～75

15.1.4 试验孔过滤器孔隙率应不小于20%，过滤器内径，松散含水层应不小于200mm，基岩含水层不应小于100mm。过滤器类型可根据场地含水层特性、试验要求、当地经验等按表15.1.4选择：

表 15.1.4 过滤器类型选择表

含水层性质		过滤器类型
基岩	岩层稳定	裸孔（不安装过滤器）
	岩层稳定	钢管穿孔过滤器或钢筋骨架（缠丝）过滤器
	裂隙、溶洞有充填	穿孔（或骨架）缠丝过滤器、填砾过滤器
	裂隙、溶洞无充填	穿孔（或骨架）过滤器、不安装过滤器
碎石土类	d_{20}＜2mm	填砾过滤器、缠丝过滤器
	d_{20}≥2mm	钢筋骨架（缠丝）过滤器
砂土类	粗砂、中砂	填砾过滤器、缠丝过滤器
	粗砂、粉砂	双层填砾过滤器、填砾过滤器

15.1.5 抽水试验下降段次应根据试验目的、工程性质、地下水条件选择。不同降深的先后次序应遵守以下原则：

1 在细颗粒孔隙含水层中抽水，应按从小降深到大降深。

2 在粗颗粒孔隙含水层或基岩裂隙含水层中抽水，应按从大降深到小降深。

15.1.6 场地存在两个或两个以上含水层需分别进行水文地质评价时，应进行分层抽水试验；无特殊要求时，可进行混合抽水试验，综合评价。

15.1.7 抽水试验观测孔的布置应根据场地条件和抽水试验目的来确定。

15.1.8 抽水试验结束前，应采取水样进行水质分析。

15.1.9 抽水试验时，应调查抽水试验场地周边是否存在地表水体、水源地、开采井；应对可能影响抽水试验的地表水体、水源地、开采井等进行观测和记录。

15.2 试 验 设 备

15.2.1 抽水试验应根据井径、出水量、水位下降值，选择潜水泵、深井潜水泵、空压机、提水抽筒等抽水设备。

15.2.2 出水量量测设备应符合下列要求：

1 应根据出水量选择水表，水表读数至0.1m^3。

2 采用容积法时，量筒充水时间应大于15s，读数至0.1s。

3 采用堰测法时，堰箱制作尺寸应符合试验要求，安装应水平，读数精度应为±1.0mm。

15.2.3 电子自动水位计应灵敏可靠；不受孔壁附着水或孔内滴水的影响。

15.2.4 排水管线应完好无破损，管径应与出水量相匹配。排水口与抽水孔应有足够距离，防止抽出的水在抽水影响范围内回渗到含水层中。

15.3 试 验 方 法

15.3.1 抽水试验可根据含水层条件，选择稳定流或非稳定流试验方法。稳定流抽水试验时，抽水孔内动水水位稳定后的延续时间不应小于8h。

15.3.2 抽水试验时，动水水位、出水量的允许波动范围应符合下列要求：

1 用水泵抽水，水位波动2～3cm，出水量波动率应小于等于3%。

2 用空压机抽水，水位波动10～15cm，出水量波动率应小于等于5%。

15.3.3 抽水试验开始前，应统一观测场地抽水孔、观测孔水位。抽水孔水位宜每小时观测一次，连续3次水位观测数据相同时，可视为场地天然水位。

15.3.4 抽水试验应同时观测抽水孔的出水量和动水水位以及观测孔水位，观测时间应符合下列规定：

1 稳定流抽水，宜在开泵后第5min、10min、15min、20min、25min、30min、60min各测一次，以后每30min或60min测一次。

2 非稳定流抽水，宜在开泵后20min内，观测较多的动水位数据，宜在第1min、2min、3min、4min、6min、8min、10min、15min、20min、25min、30min、40min、50min、60min、80min、100min、120min各测一次，以后每30min测一次。

15.3.5 抽水结束后应进行恢复水位观测。水位观测宜在停泵后，第1min、3min、5min、10min、15min、30min、60min各测一次，以后每60min测一次；连续3次观测数据相同时，可停止观测。

15.3.6 抽水试验结束后，抽水孔应妥善处理。

15.4 资料整理

15.4.1 抽水试验结束后应及时整理抽水试验资料，编制必要的图表。

15.4.2 整理抽水试验资料时，可采用作图法和下列公式计算影响半径 R：

1 单孔抽水，无观测孔应按下列公式计算：

$$\lg R=[1.366K(2H-S)S/Q]+\lg r \quad （潜水） \tag{15.4.2-1}$$

$$R=2S\sqrt{HK} \tag{15.4.2-2}$$

$$\lg R=(2.73K\cdot m\cdot S/Q)+\lg r \quad （承压水） \tag{15.4.2-3}$$

$$R=10S\sqrt{K} \tag{15.4.2-4}$$

2 单孔抽水，有一个观测孔应按下列公式计算：

$$\lg R=\frac{S(2H-S)\lg r_1-S_1(2H-S_1)\lg r}{(S-S_1)(2H-S-S_1)} \quad （潜水） \tag{15.4.2-5}$$

$$\lg R=(S\lg r_1-S_1\lg r)/(S-S_1) \quad （承压水） \tag{15.4.2-6}$$

3 单孔抽水，有两个观测孔应按下列公式计算：

$$\lg R=\frac{S_1(2H-S_1)\lg r_2-S_2(2H-S_2)\lg r_1}{(S_1-S_2)(2H-S_1-S_2)} \quad （潜水） \tag{15.4.2-7}$$

$$\lg R=(S_1\lg r_2-S_2\lg r_1)/(S_1-S_2) \quad （承压水） \tag{15.4.2-8}$$

15.4.3 稳定流完整井抽水试验可采用下列公式计算渗透系数：

1 承压完整井应按下列公式计算：

$$K=\frac{0.366Q(\lg R-\lg r)}{M\cdot S} \quad （单孔抽水无观测孔） \tag{15.4.3-1}$$

$$K=\frac{0.366Q(\lg r_1-\lg r)}{M(S-S_1)} \quad （有一个观测孔） \tag{15.4.3-2}$$

$$K=\frac{0.366Q(\lg r_2-\lg r_1)}{M(S_1-S_2)} \quad （有两个观测孔） \tag{15.4.3-3}$$

2 潜水完整井应按下列公式计算：

$$K=\frac{0.733Q(\lg R-\lg r)}{(2H-S)S} \quad （单孔抽水无观测孔） \tag{15.4.3-4}$$

$$K=\frac{0.733Q(\lg r_1-\lg r)}{(2H-S-S_1)(S-S_1)} \quad （有一个观测孔） \tag{15.4.3-5}$$

$$K=\frac{0.733Q(\lg r_2-\lg r_1)}{(2H-S_1-S_2)(S_1-S_2)} \quad （有两个观测孔） \tag{15.4.3-6}$$

式中 Q——出水量（m^3/d）；

S——水位下降值（m）；

K——渗透系数（m/d）；

R——影响半径（m）；

r——抽水孔半径（m）；

m——承压含水层厚度（m）；

H——潜水含水层厚度（m）；

r_1、r_2——抽水孔至观测孔距离（m）；

S_1、S_2——观测孔水位下降值（m）。

15.4.4 淘水试验可采用下列公式计算渗透系数：

1 动水位和出水量达到稳定时应按下列公式计算：

$$K=Q\cdot\lg(t_1/t_2)/4\pi H(S_2-S_1) \tag{15.4.4-1}$$

2 利用淘水停止后的恢复水位时应按下列公式计算：

$$K=0.138Q\cdot\lg(t/t')/(S_h\cdot H) \tag{15.4.4-2}$$

式中 Q——出水量（m^3/h）；

t——开始抽水到某一时刻为止的延续时间（min）；

t'——停止抽水后的延续时间（min）；

S_h——恢复水位（m）；

t_1、t_2——抽水延续时间（min）；

S_1、S_2——时间 t_1、t_2 时的水位下降值（m）

16 波速测试

16.1 一般规定

16.1.1 波速测试适用于测定各类岩土体的压缩波、剪切波、瑞利波的速度。

16.1.2 波速测试孔或点的位置、数量、深度等应根据岩土勘察技术要求、地质条件确定。

16.1.3 多通道记录系统测试前应进行频响与幅度的一致性检查，在测试需要的频率范围内各通道应符合一致性要求。

16.2 仪器设备

16.2.1 用于测试岩土波速的主要仪器设备应由振源、检波器、放大器、采集与记录系统、处理软件构成。

16.2.2 振源应符合下列要求：

1 单孔法测试时，剪切波振源宜采用锤和尺寸为 3000mm×250mm×50mm 的木板激振，木板上荷重宜大于 500kg 且均匀分布；压缩波振源宜采用锤和金属板激振。

2 跨孔法测试时，剪切波振源可采用剪切波锤，也可采用标准贯入试验装置；压缩波振源宜采用电火花或爆炸激振。

3 面波法测试时，可采用大锤、炸药激振或稳态激振器激振，并应保证面波测试所需的频率及激振能量。

16.2.3 检波器应符合下列要求：

1 采用速度型检波器，其固有频率宜小于地震波主频率的1/2；用于面波法测试宜采用固有频率不大于4.0Hz的低频检波器。

2 检波器之间其固有频率差应不大于0.1Hz，灵敏度和阻尼系数差别应不大于10%。

3 孔内三分量传感器应由三个相互垂直检波器组成，其中一个竖直向、两个水平向。其技术指标除满足上述要求外，应严格密封防水。

16.2.4 放大器应符合下列要求：

1 通频带应满足所采集波的频率范围要求。

2 仪器动态范围应不低于120dB，模/数转换器（A/D）的位数不宜小于16位。

3 各通道的幅度和相位应一致，各频率点的幅度差在5%以内，相位差应不大于采样间隔的一半。

4 仪器采样时间间隔应满足不同周期波的时间分辨，保证在最小周期内4～8个采样点；仪器采样长度应满足距离震源最远的通道采集讯号长度的需要。

16.2.5 波速测试的采集与记录系统处理软件应具备如下功能：

1 接收信号转化为离散数字量，具有采集、储存数字信号和对数字信号处理的智能化功能。

2 采集参数的检查与改正、采集文件的组合拼接、成批显示及记录中分辨坏道和处理等功能。

3 识别和剔除干扰波功能。

4 应具有对波速处理成图的文件格式和成图功能，并应为通用计算机平台所调用。

5 分频滤波和检查各分频段有效波的发育及信噪比的功能。

6 瞬态面波仪尚应具有分辨识别及利用基阶面波成分的功能，反演地层剪切波速度和层厚功能。

16.2.6 用于测试岩体声波速度的仪器和设备应包括下列各项：

1 岩石数字声波测试仪。

2 孔中接收、发射换能器，一发双收单孔测试换能器，弯曲式接收换能器，夹心式发射换能器。

3 声波激发锤，电火花振源。

4 干孔测试设备。

16.3 测试方法

16.3.1 单孔法测试应符合下列规定：

1 剪切波振源木板的长轴中垂线应对准测试孔中心，孔口与木板的垂直距离宜为1.0～3.0m，木板与地面应紧密接触；压缩波振源金属板距孔口的距离宜为1.0～3.0m。

2 振源标高宜与孔口标高一致。

3 测试时应根据地质分层将三分量传感器设置在孔内预定深度处固定，测点间距宜1.0～3.0m，测试工作宜自下而上进行。

4 剪切波测试时，应沿木板长轴方向分别敲击其两端，记录极性相反的两组振动波形。

5 压缩波测试时，可通过锤击金属板、也可采用落锤或爆炸产生压缩波，记录振动波形。

16.3.2 跨孔法测试应符合下列规定：

1 测试场地宜平坦，测试时可设置一个振源孔，两个或两个以上接收孔；振源孔和接收孔应布置在一条直线上，可一次成孔或分段成孔。

2 试验孔的间距应根据岩性、地层厚度和测试要求确定。在保证直达波首先到达测试传感器的条件下，土层宜取2.0～5.0m，岩层宜取8.0～15.0m。

3 钻孔应垂直，宜用泥浆或硬聚氯乙烯塑料套管护壁。

4 振源与接收孔内的三分量传感器应设置在同一水平面上；测点竖直间距宜为1.0～2.0m。

5 剪切波测试时，应采用剪切波锤或标准贯入试验装置激振。压缩波测试时，宜采用电火花或爆炸激振。

6 当测试深度大于15.0m时，应对测试孔进行倾斜度及倾斜方位的测试，测点间距不应大于1.0m。

16.3.3 面波法测试应符合下列规定：

1 瞬态面波测试记录通道应不少于12道，道间距宜为1.0～2.0m；应在排列延长线方向，距排列首端或末端检波器2.0～5.0m处激发。

2 稳态瑞利波测试记录通道宜为2～4道，道间距宜为1.0～2.0m；稳态激振频率宜由高向低变化，频率的步长应随测试深度增加而减小。

16.3.4 岩体声波测试应符合下列规定：

1 测点可选择在平洞、钻孔、风钻孔或地表露头。

2 在平洞或地表露头测试时，相邻两测点的距离，采用换能器激发时，距离宜为1～3m；当采用电火花激发时，距离宜为10～30m；当采用锤击激发时，距离应大于3m。

3 进行孔间穿透测试时，应量测两孔口中心点的距离，其相对误差应小于1%；当两孔轴线不平行时，应量测钻孔的倾角和方位角，计算两测点之间的距离。

4 单孔测试时，源距不得小于0.5m，换能器每次移动距离不得小于0.2m。

5 在钻孔或风钻孔中进行孔间穿透测试时，换能器每次移动距离宜为0.2～1.0m。

16.4 资料整理

16.4.1 单孔法测试资料整理应符合下列规定：

1 压缩波到达检测点的时间，应采用竖向传感器记录的压缩波初至时间。

2 剪切波到达检测点的时间，应采用水平传感器记录的两组极性相反剪切波交汇点的初至时间。

3 当确定压缩波、剪切波的初至时间有困难时，也可利用同向轴来确定有效波到达检测点的时间，各检测点同向轴的组合应为同一波前面。

4 压缩波或剪切波从振源到测点的时间，应按下列公式进行斜距校正：

$$T=K\cdot T_L \quad (16.4.1\text{-}1)$$

$$K=(H+H_0)/\sqrt{S^2+(H+H_0)^2} \quad (16.4.1\text{-}2)$$

式中 T——压缩波或剪切波从振源到达测点经斜距校正后的时间（s）；

T_L——压缩波或剪切波从振源到达测点的实测时间（s）；

K——斜距校正系数；

H——测点的深度（m）；

H_0——振源与孔口的高差（m）；当振源低于孔口时，H_0 为负值；

S——从板中心到测试孔孔口的水平距离（m）。

5 每一波速层的压缩波波速或剪切波波速，应按下式计算：

$$V=\Delta H/\Delta T \quad (16.4.1\text{-}3)$$

式中 V——波速层的压缩波波速或剪切波波速（m/s）；

ΔH——波速层的厚度（m）；

ΔT——压缩波或剪切波传到波速层顶面和底面的时间差（s）。

16.4.2 跨孔法测试资料整理应符合下列规定：

1 压缩波到达检测点的时间，应采用竖向传感器记录的压缩波初至时间。

2 剪切波到达检测点的时间，应采用水平传感器记录的两组极性相反剪切波交汇点的初至时间。

3 当确定压缩波、剪切波的初至时间有困难时，也可利用同向轴来确定有效波到达检测点的时间，同一深度检测点的同向轴应为同一波前面。

4 每个测试深度的压缩波波速及剪切波波速，应按下列公式计算：

$$V=\Delta S/(T_2-T_1) \quad (16.4.2)$$

式中 T_1——压缩波或剪切波到达第 1 个接收孔测点的时间（s）；

T_2——压缩波或剪切波到达第 2 个接收孔测点的时间（s）；

ΔS——由振源到两个接收孔测点距离之差（m）。

16.4.3 面波法测试资料整理应符合下列规定：

1 面波数据资料预处理时，应检查现场采集参数的输入正确性和采集记录的质量。采用具有提取面波频散曲线的功能的软件，获取测试点的面波频散曲线。

2 频散曲线的分层，应根据曲线的曲率和频散点的疏密变化综合分析；分层完成后，反演计算剪切波层速度和层厚。

3 应根据实测瑞利波速度 V_R 和泊松比 μ_d，按下式计算剪切波波速 V_s：

$$V_s=V_R/\eta_s \quad (16.4.3\text{-}1)$$

$$\eta_s=(0.87-1.12\mu_d)/(1+\mu_d) \quad (16.4.3\text{-}2)$$

式中 V_s——剪切波速度（m/s）；

V_R——面波速度（m/s）；

η_s——与泊松比有关的系数；

μ_d——动泊松比。

16.4.4 岩体声波测试资料整理应符合下列规定：

1 岩体声波数据处理时，应通过调入并显示采集记录，将荧光屏上的光标关门讯号调整到纵波、剪切波初至位置，测读声波传播时间；或者利用自动关门装置，测读声波传播时间。

2 岩体的纵波速度和剪切波速度应按下列公式计算：

$$V=L/(t-t_0) \quad (16.4.4\text{-}1)$$

$$V=L/(t_2-t_1) \quad (16.4.4\text{-}2)$$

式中 L——换能器中心间的距离（m）；

t——接收点接收首波到达的时间（s）；

t_0——发射起始时间（s）；

t_1、t_2——单发双收单孔平透直达波法测孔时，两接收点收到的首波到达时间（s）。

16.4.5 地基的动弹性模量、动剪切模量和动泊松比应按下列公式计算：

$$G_d=(\rho/g)\cdot V_s^2 \quad (16.4.5\text{-}1)$$

$$E_d=2(1+\mu_d)\cdot(\rho/g)\cdot V_s^2 \quad (16.4.5\text{-}2)$$

$$\mu_d=\frac{(V_p/V_s)^2-2}{2[(V_p/V_s)^2-1]} \quad (16.4.5\text{-}3)$$

式中 G_d——动剪切模量（kPa）；

E_d——动弹性模量（kPa）；

μ_d——动泊松比；

ρ——重力密度（kN/m^3）；

g——重力加速度（m/s^2）。

17 动力机器基础地基动力特性测试

17.1 一 般 规 定

17.1.1 动力机器基础地基动力特性测试适用于测试动力机器天然地基和人工地基的动力特性。

17.1.2 进行地基动力测试前，应取得下列技术资料：

1 机器的型号、机组容量、功率、质量、工作转速等。

2 基础型式、尺寸及基底高程。

3 拟建基础附近的工程地质资料。

4 拟建场地的地下管道、电缆等资料。

5 拟建场地及其附近的干扰振源。

6 地基处理或桩基的设计参数。

17.1.3 地基动力测试方法应根据机器基础类型确定，属于周期性振动的机器基础，宜采用强迫振动测试；属于非周期性振动的机器基础，宜采用自由振动测试。

17.1.4 对测试基础宜分别进行明置和埋置两种情况的振动测试；埋置基础，其四周的回填土应分层夯实。

17.1.5 对天然地基和其他人工地基的动力测试应提供下列动力参数：

1 地基的抗压、抗剪、抗弯和抗扭刚度系数。

2 地基竖向和水平回转向第一振型及扭转向的阻尼比。

3 地基竖向和水平回转向及扭转向的参振质量。

17.1.6 对桩基动力测试应提供下列动力参数：

1 单桩抗压刚度。

2 桩基抗剪和抗扭刚度系数。

3 桩基竖向和水平回转向第一振型及扭转向的阻尼比。

4 桩基竖向、水平回转向及扭转向的参振质量。

17.1.7 测试基础的尺寸和测试数量应符合下列要求：

1 测试基础应采用块体基础，对天然地基或换填垫层法、强夯法等处理后水平向较为均匀的人工地基，块体基础尺寸宜为2.0m×1.5m×1.0m。对竖向加固的人工地基，块体基础的底面积宜符合多桩复合面积，且不宜小于3.0m^2，高度宜为1.0m。

2 桩基础应按2根桩制作桩台作为测试基础。桩台边缘至桩轴的距离，可取桩间距的1/2；桩台的长宽比宜为2∶1，其高度不宜小于1.6m。当需要进行不同桩数对比测试时，可增加桩数及相应桩台的面积。

3 测试数量不宜少于两处，且地层条件应相同；也可根据设计要求确定测试数量。

17.1.8 测试基础的制作应符合下列要求：

1 测试基础浇注前，基底土层表面应用水平尺找平。

2 测试基础的设计混凝土强度等级不宜低于C15。浇注后应采用可靠的措施进行养护。待混凝土强度达到设计等级后方能进行测试。

3 若采用机械式激振设备，在浇注测试基础时应预埋连接激振器底架的地脚螺栓或预留孔。地脚螺栓的埋置深度应大于0.4m，下端应为弯钩形；地脚螺栓或预留孔在测试基础平面上的位置应符合下列要求：

1）预埋地脚螺栓的间距应与激振器底架的螺栓孔距一致；

2）竖向振动测试时，激振设备的竖向扰力应与基础的重心在同一竖直线上；

3）水平振动测试时，水平扰力应在基础沿长轴方向的轴线上。

17.1.9 测试点应布置在设计基础的邻近处，测试点附近（一般在2～5m之内）应配有勘探孔，并附有地质剖面图和地层的物理、力学性质指标。

17.1.10 测试基础的设置应符合以下要求：

1 测试基础底面标高应与设计基础基底标高一致，其下覆土层结构宜与设计基础的土层结构相同。

2 试坑坑壁至测试基础侧面的距离应大于0.5m；坑底面保持测试土层的原状结构，测试基础底面应与坑底面处于同一水平面上。

3 当试坑底面位于水位以下时，测试基础设置前（或浇注前）应排水，试验时应使水位保持在测试基础底面处。

4 对预制的块体基础，应将其平稳的吊入试坑内，预压一定的时间后方可进行试验。预压时间，砂类土宜为5～12h，黏性土不应少于24h。

17.2 仪器设备

17.2.1 地基动力测试仪器与设备应由激振设备、拾振器、放大器、采集与记录装置、数据分析装置构成。

17.2.2 强迫振动测试的激振设备，应能产生单一的垂直或水平的简谐振动。机械式激振设备的工作频率宜为3～60Hz，电磁式激振设备的扰力不宜小于600N。自由振动测试的竖向激振可采用铁球，其质量宜为基础质量的1/100～1/150；水平回转向振动可采用木锤或橡胶锤。

17.2.3 拾振器宜采用竖直和水平方向的速度传感器，其通频带应为2～80Hz，阻尼系数应为0.65～0.70，电压灵敏度不应小于30V·s/m，最大可测位移不应小于0.5mm。

17.2.4 放大器应采用带低通滤波功能的多通道放大器，其振幅一致性偏差应小于3%，相位一致性偏差应小于0.1ms，电压增益应大于80dB。

17.2.5 采集与记录装置宜采用多通道数字采集和存储系统，其模/数转换器（A/D）位数不宜小于16位，幅度畸变宜小于1.0dB，电压增益不宜小于60dB。

17.2.6 数据分析装置应具有频谱计算、抗混淆滤波、加窗及分段平滑等功能。

17.3 测试方法

17.3.1 强迫振动试验应符合下列规定：

1 激振设备的扰力作用点及传感器安装位置应

按下列方式设置：

1）竖向振动测试时，其扰力作用点应与测试基础的重心在同一竖直线上；应在基础顶面沿长轴方向轴线的两端各布置一台竖向传感器。

2）水平回转振动测试时，激振设备的扰力应为水平向，水平扰力的作用点宜在基础水平轴线侧面的顶部。在基础顶面沿长轴方向轴线的两端各布置一台竖向传感器，应量测并记录其距离；在中间布置一台水平向传感器。

3）扭转振动测试时，应将两台同型号激振器水平安装在基础长轴两端的对称位置；两台激振器应产生扰力大小相等、方向相反的水平激振力，使基础产生绕竖轴的扭转振动。传感器应同相位对称布置在基础顶面对角线的两端，其水平振动方向应与对角线垂直。

2 幅频响应测试时，激振设备的扰力频率间隔，在共振区外不宜大于 2Hz，在共振区内应小于 1Hz；共振时的振幅不宜大于 150μm。

3 输出的振动波形，应采用显示器监视，待波形为正弦波时方可进行记录。发现异常时，应查明原因重新试验。

17.3.2 自由振动试验应符合下列规定：

1 传感器的布置应与强迫振动测试相同。

2 竖向自由振动的测试，可采用铁球自由下落，冲击测试基础顶面的中心处，实测基础的固有频率和最大振幅。测试次数均不应少于 3 次。

3 水平回转自由振动的测试，可采用木锤或橡皮锤水平冲击测试基础水平轴线侧面的顶部，实测基础的固有频率和最大振幅。测试次数均不应少于 3 次。

17.4 资料整理

17.4.1 强迫振动测试应分别获取基础顶面测试点的竖向振幅、沿 X 轴的水平振幅、由回转振动产生的竖向振幅、在扭转扰力矩的作用下的水平振幅随频率变化的幅频响应曲线（A_z-f、$A_{x\varphi}-f$、$A_{z\varphi}-f$、$A_{x\psi}-f$）。自由振动测试应分别获取基础顶面测试点竖向振动和水平回转耦合振动随时间变化的曲线。

17.4.2 地基竖向阻尼比应按下列公式计算：

$$\zeta_z=\frac{\sum_{i=1}^{n}\zeta_{zi}}{n} \quad (17.4.2\text{-}1)$$

$$\zeta_{zi}=\left[\frac{1}{2}\left(1-\sqrt{\frac{\beta_i^2-1}{\alpha_i^4-2\alpha_i^2+\beta_i^2}}\right)\right]^{\frac{1}{2}} \quad (17.4.2\text{-}2)$$

$$\beta_i=\frac{A_m}{A_i} \quad (17.4.2\text{-}3)$$

$$\alpha_i=\frac{f_m}{f_i} \quad （当为变扰力时）(17.4.2\text{-}4)$$

$$\alpha_i=\frac{f_i}{f_m} \quad （当为常扰力时）(17.4.2\text{-}5)$$

式中 ζ_z——地基竖向阻尼比；

ζ_{zi}——由第 i 点计算的地基竖向阻尼比；

f_m——基础竖向振动的共振频率（Hz）；

A_m——基础竖向振动的共振振幅（m）；

f_i——在幅频响应曲线上选取的第 i 点的频率（$<0.85f_m$）（Hz）；

A_i——在幅频响应曲线上选取的第 i 点的频率所对应的振幅（m）。

$$\zeta_z=\frac{1}{2\pi}\cdot\frac{1}{n}\ln\frac{A_1}{A_{n+1}} \quad （自由振动）$$

(17.4.2-6)

式中 A_1——第 1 周的振幅（m）；

A_{n+1}——第 $n+1$ 周的振幅（m）；

n——自由振动周期数。

17.4.3 地基竖向振动的参振总质量应按下列公式计算：

$$m_z=\frac{m_0e_0}{A_m}\cdot\frac{1}{2\zeta_z\sqrt{1-\zeta_z^2}} \quad （当为变扰力时）$$

(17.4.3-1)

$$m_z=\frac{P}{A_m(2\pi f_{nz})^2}\cdot\frac{1}{2\zeta_z\sqrt{1-\zeta_z^2}} \quad （当为常扰力时）$$

(17.4.3-2)

$$f_{nz}=\frac{f_m}{\sqrt{1-\zeta_z^2}} \quad (17.4.3\text{-}3)$$

式中 m_z——基础竖向振动的参振总质量（t）；包括基础、激振设备和地基参加振动的当量质量，当 m_z 大于基础质量的 2 倍时，应取 m_z 等于基础质量的 2 倍；

m_0——激振设备旋转部分的质量（t）；

e_0——激振设备旋转部分质量的偏心距（m）；

P——电磁式激振设备的扰力（kN）；

f_{nz}——基础竖向无阻尼固有频率（Hz）。

$$m_z=\frac{(1+e_1)m_1v}{A_{max}\cdot 2\pi f_{nz}}\cdot e^{-\Phi} \quad （自由振动）$$

(17.4.3-4)

$$\Phi=\frac{\tan^{-1}\frac{\sqrt{1-\zeta_z^2}}{\zeta_z}}{\frac{\sqrt{1-\zeta_z^2}}{\zeta_z}} \quad (17.4.3\text{-}5)$$

$$f_{nz}=\frac{f_d}{\sqrt{1-\zeta_z^2}} \quad (17.4.3\text{-}6)$$

$$v=\sqrt{2gH_1} \quad (17.4.3\text{-}7)$$

$$e_1=\sqrt{\frac{H_2}{H_1}} \quad (17.4.3\text{-}8)$$

$$H_2=\frac{1}{2}g\left(\frac{t_0}{2}\right)^2 \quad (17.4.3\text{-}9)$$

式中 A_{max}——基础最大振幅（m）；

f_d——基础有阻尼固有频率（Hz）；

v——铁球自由下落时的速度（m/s）；

H_1——铁球下落高度（m）；

H_2——铁球回弹高度（m）；

e_1——回弹系数；

m_1——铁球的质量（t）；

t_0——两次冲击的时间间隔（s）。

17.4.4 地基抗压刚度和抗压刚度系数、单桩抗压刚度和桩基抗弯刚度应按下列公式计算：

$$K_z=m_z(2\pi f_{nz})^2 \quad \text{（当为变扰力时）} \tag{17.4.4-1}$$

$$f_{nz}=f_m\sqrt{1-2\zeta_z^2} \tag{17.4.4-2}$$

$$f_{nz}=\frac{f_d}{\sqrt{1-\zeta_z^2}} \quad \text{（自由振动）} \tag{17.4.4-3}$$

$$K_z=\frac{P}{A_m}\cdot\frac{1}{2\zeta_z\sqrt{1-\zeta_z^2}} \quad \text{（当为常扰力时）} \tag{17.4.4-4}$$

$$C_z=\frac{K_z}{A_0} \tag{17.4.4-5}$$

$$K_{pz}=\frac{K_z}{n_p} \tag{17.4.4-6}$$

$$K_{p\varphi}=K_{pz}\sum_{i=1}^{n}r_i^2 \tag{17.4.4-7}$$

式中 K_z——地基抗压刚度（kN/m）；

C_z——地基抗压刚度系数（kN/m³）；

K_{pz}——单桩抗压刚度（kN/m）；

$K_{p\varphi}$——桩基抗弯刚度（kN·m）；

r_i——第 i 根桩的轴线至基础底面形心回转轴的距离（m）；

n_p——桩数。

17.4.5 地基水平回转向第一振型阻尼比应按下列公式计算：

$$\zeta_{x\varphi_1}=\left\{\frac{1}{2}\left[1-\sqrt{1-\left(\frac{A}{A_{m1}}\right)^2}\right]\right\}^{\frac{1}{2}} \quad \text{（当为变扰力时）} \tag{17.4.5-1}$$

$$\zeta_{x\varphi_1}=\left\{\frac{1}{2}\left[1-\sqrt{1+\frac{1}{3-4\left(\frac{A_{m1}}{A}\right)^2}}\right]\right\}^{\frac{1}{2}} \quad \text{（当为常扰力时）} \tag{17.4.5-2}$$

式中 $\zeta_{x\varphi_1}$——地基水平回转向第一振型阻尼比；

A_{m1}——基础水平回转耦合振动第一振型共振峰点水平振幅（m）；

A——频率为 $0.707f_{m1}$ 所对应的水平振幅（m）。

$$\zeta_{x\varphi_1}=\frac{1}{2\pi}\cdot\frac{1}{n}\ln\frac{A_{x\varphi_1}}{A_{x\varphi_{n+1}}} \quad \text{（自由振动）} \tag{17.4.5-3}$$

式中 $A_{x\varphi_1}$——第一周的水平振幅（m）；

$A_{x\varphi_{n+1}}$——第 $n+1$ 周的水平振幅（m）。

17.4.6 地基水平回转耦合振动的参振总质量，应按下列公式计算：

$$m_{x\varphi}=\frac{m_0e_0(\rho_1+h_3)(\rho_1+h_1)}{A_{m1}}\cdot\frac{1}{2\zeta_{x\varphi_1}\sqrt{1-\zeta_{x\varphi_1}^2}}\cdot\frac{1}{i^2+\rho_1^2} \quad \text{（当为变扰力时）} \tag{17.4.6-1}$$

$$m_{x\varphi}=\frac{P(\rho_1+h_3)(\rho_1+h_1)}{A_{m1}(2\pi f_{n1})^2}\cdot\frac{1}{2\zeta_{x\varphi_1}\sqrt{1-\zeta_{x\varphi_1}^2}}\cdot\frac{1}{i^2+\rho_1^2} \quad \text{（当为常扰力时）} \tag{17.4.6-2}$$

$$f_{n1}=\frac{f_{m1}}{\sqrt{1-2\zeta_{x\varphi_1}^2}} \tag{17.4.6-3}$$

$$\rho_1=\frac{A_x}{\varphi_{m1}} \tag{17.4.6-4}$$

$$\varphi_{m1}=\frac{|A_{z\varphi_1}|+|A_{z\varphi_2}|}{l_1} \tag{17.4.6-5}$$

$$A_x=A_{m1}-h_2\varphi_{m1} \tag{17.4.6-6}$$

$$i=\left[\frac{1}{12}(l^2+h^2)\right]^{\frac{1}{2}} \tag{17.4.6-7}$$

式中 $m_{x\varphi}$——基础水平回转耦合振动的参振总质量（t）；包括基础、激振设备和地基参加振动的当量质量，当 $m_{x\varphi}$ 大于基础质量的 1.4 倍时，应取 $m_{x\varphi}$ 等于基础质量的 1.4 倍；

ρ_1——基础第一振型转动中心至基础重心的距离（m）；

A_x——基础重心处的水平振幅（m）；

φ_{m1}——基础第一振型共振峰点的回转角位移（rad）；

l_1——两台竖向传感器的间距（m）；

l——基础长度（m）；

h——基础高度（m）；

h_1——基础重心至基础顶面的距离（m）；

h_3——基础重心至激振器水平扰力的距离（m）；

h_2——基础重心至基础底面的距离（m）；

f_{n1}——基础水平回转耦合振动第一振型无阻尼固有频率（Hz）；

$A_{z\varphi_1}$——第 1 台传感器测试的基础水平回转耦合振动第一振型共振峰点竖向振幅（m）；

$A_{z\varphi_2}$——第 2 台传感器测试的基础水平回转耦合振动第一振型共振峰点竖向振幅（m）；

i——基础回转半径（m）。

17.4.7 地基抗剪刚度和抗剪刚度系数应按下列公式计算：

$$K_x=m_{x\varphi}(2\pi f_{nx})^2 \tag{17.4.7-1}$$

$$C_x=\frac{K_x}{A_0} \quad (17.4.7\text{-}2)$$

$$f_{nx}=\frac{f_{n1}}{\sqrt{1-\frac{h_2}{\rho_1}}} \quad (17.4.7\text{-}3)$$

$$f_{n1}=f_{m1}\sqrt{1-2\zeta^2_{x\varphi_1}} \quad \text{（当为变扰力时）} \quad (17.4.7\text{-}4)$$

$$f_{n1}=\frac{f_{m1}}{\sqrt{1-2\zeta^2_{x\varphi_1}}} \quad \text{（当为常扰力时）} \quad (17.4.7\text{-}5)$$

式中 K_x——地基抗剪刚度（kN/m）；

A_0——测试基础的底面积（m^2）；

C_x——地基抗剪刚度系数（kN/m^3）；

f_{nx}——基础水平向无阻尼固有频率（Hz）。

$$K_x=m_f\omega^2_{n1}\left[1+\frac{h_2}{h}\left(\frac{A_{x\varphi1}}{A_b}-1\right)\right] \quad \text{（自由振动）} \quad (17.4.7\text{-}6)$$

$$\omega_{n1}=2\pi f_{n1} \quad (17.4.7\text{-}7)$$

$$A_b=A_{x\varphi_1}-\frac{|A_{z\varphi_1}|+|A_{z\varphi_2}|}{l_1}\cdot h \quad (17.4.7\text{-}8)$$

式中 m_f——基础的质量（t）；

$A_{x\varphi_1}$——基础顶面的水平振幅（m）；

A_b——基础底面的水平振幅（m）；

f_{d1}——基础水平回转耦合振动第一振型有阻尼固有频率（Hz）。

17.4.8 地基的抗弯刚度和抗弯刚度系数应按下列公式计算：

$$K_\varphi=J(2\pi f_{n\varphi})^2-K_x h_2^2 \quad (17.4.8\text{-}1)$$

$$C_\varphi=\frac{K_\varphi}{I} \quad (17.4.8\text{-}2)$$

$$f_{n\varphi}=\sqrt{\rho_1\frac{h_2}{i^2}f^2_{nx}+f^2_{n1}} \quad (17.4.8\text{-}3)$$

$$f_{n1}=f_{m1}\sqrt{1-2\zeta^2_{x\varphi_1}} \quad \text{（当为变扰力时）} \quad (17.4.8\text{-}4)$$

$$f_{n1}=\frac{f_{m1}}{\sqrt{1-2\zeta^2_{x\varphi_1}}} \quad \text{（当为常扰力时）} \quad (17.4.8\text{-}5)$$

式中 K_φ——地基抗弯刚度（kN·m）；

C_φ——地基抗弯刚度系数（kN/m）；

$f_{n\varphi}$——基础回转无阻尼固有频率（Hz）；

J——基础对通过其重心轴的转动惯量（t·m^2）；

I——基础底面对通过其形心轴的惯性矩（m^4）。

$$K_\varphi=J_c\omega^2_{n1}\left[1+\frac{h_2\cdot h}{i^2_c}\cdot\frac{1}{\frac{A_{x\varphi_1}}{A_b}-1}\right] \quad \text{（自由振动）} \quad (17.4.8\text{-}6)$$

$$J_c=J+m_f\cdot h_2^2 \quad (17.4.8\text{-}7)$$

$$i_c=\sqrt{\frac{J_c}{m_f}} \quad (17.4.8\text{-}8)$$

$$\omega_{n1}=2\pi f_{n1} \quad (17.4.8\text{-}9)$$

$$f_{n1}=\frac{f_{d1}}{\sqrt{1-\zeta^2_{x\varphi_1}}} \quad (17.4.8\text{-}10)$$

$$A_b=A_{x\varphi_1}-\frac{|A_{z\varphi_1}|+|A_{z\varphi_2}|}{l_1}\cdot h \quad (17.4.8\text{-}11)$$

式中 m_f——基础的质量（t）；

J_c——基础对通过其底面形心轴的转动惯量（t·m^2）；

$A_{x\varphi_1}$——基础顶面的水平振幅（m）；

A_b——基础底面的水平振幅（m）；

f_{d1}——基础水平回转耦合振动第一振型有阻尼固有频率（Hz）。

17.4.9 地基扭转向阻尼比应按下列公式计算：

$$\zeta_\psi=\left\{\frac{1}{2}\left[1-\sqrt{1-\left(\frac{A_{x\psi}}{A_{m\psi}}\right)}\right]\right\}^{\frac{1}{2}} \quad \text{（当为变扰力时）} \quad (17.4.9\text{-}1)$$

$$\zeta_\psi=\left\{\frac{1}{2}\left[1-\sqrt{1+\frac{1}{3-4\left(\frac{A_{m\psi}}{A_{x\psi}}\right)^2}}\right]\right\}^{\frac{1}{2}} \quad \text{（当为常扰力时）} \quad (17.4.9\text{-}2)$$

式中 ζ_ψ——地基扭转向第一振型阻尼比；

$f_{m\psi}$——基础扭转振动的共振频率（Hz）；

$A_{m\psi}$——基础扭转振动共振峰点水平振幅（m）；

$A_{x\psi}$——频率为 $0.707f_{m\psi}$ 所对应的水平振幅（m）。

17.4.10 地基扭转振动的参振总质量应按下列公式计算：

$$m_\psi=\frac{12J_t}{l^2+b^2} \quad (17.4.10\text{-}1)$$

$$J_t=\frac{M_\psi\cdot l_\psi}{A_{m\psi}\cdot\omega^2_{n\psi}}\cdot\frac{1-2\zeta^2_\psi}{2\xi_\psi\sqrt{1-\zeta^2_\psi}} \quad (17.4.10\text{-}2)$$

$$\omega_{n\psi}=2\pi f_{n\psi} \quad (17.4.10\text{-}3)$$

$$f_{n\psi}=f_{m\psi}\sqrt{1-2\zeta^2_\psi} \quad (17.4.10\text{-}4)$$

式中 m_ψ——基础扭转振动的参振总质量（t）；包括基础、激振设备和地基参加振动的当量质量；

J_t——基础对通过其重心轴的极转动惯量（t·m^2）；

$f_{n\psi}$——基础扭转振动无阻尼固有频率（Hz）；

$\omega_{n\psi}$——基础扭转振动无阻尼固有圆频率（rad/s）；

M_ψ——激振设备的扭转力矩（kN·m）；

l_ψ——扭转轴至实测振幅点的距离（m）；

b——基础宽度（m）。

17.4.11 地基的抗扭刚度和抗扭刚度系数应按下列公式计算：

$$K_\psi = J_t \cdot \omega_{n\psi}^2 \quad (17.4.11\text{-}1)$$

$$C_\psi = \frac{K_\psi}{I_t} \quad (17.4.11\text{-}2)$$

式中 K_ψ——地基抗扭刚度（kN·m）；

C_ψ——地基抗扭刚度系数（kN/m^3）；

I_t——基础底面对通过其形心轴的极惯性矩（m^4）。

17.4.12 由明置块体基础测试的地基抗压、抗剪、抗弯、抗扭刚度系数以及由明置桩基础测试的抗剪、抗扭刚度系数，用于机器基础的振动和隔振设计时应进行底面积和压力换算，其换算系数 η 应按下式计算：

$$\eta = \sqrt[3]{\frac{A_0}{A_d}} \cdot \sqrt[3]{\frac{P_d}{P_0}} \quad (17.4.12)$$

式中 η——与基础底面积及底面静应力有关的换算系数；

A_0——测试基础的底面积（m^2）；

A_d——设计基础底面积（m^2）；当 $A_d > 20m^2$ 时，应取 $A_d = 20m^2$；

P_0——测试基础底面的静压力（kPa）；

P_d——设计基础底面的静压力（kPa）；当 $P_d > 50kPa$ 时，应取 $P_d = 50kPa$。

17.4.13 基础埋深对设计埋置基础地基的抗压、抗剪、抗弯、抗扭刚度的提高系数，应按下列公式计算：

$$\alpha_z = \left[1 + \left(\sqrt{\frac{K_{z0}'}{K_{z0}}} - 1\right)\frac{\delta_d}{\delta_0}\right]^2 \quad (17.4.13\text{-}1)$$

$$\alpha_x = \left[1 + \left(\sqrt{\frac{K_{x0}'}{K_{x0}}} - 1\right)\frac{\delta_d}{\delta_0}\right]^2 \quad (17.4.13\text{-}2)$$

$$\alpha_\varphi = \left[1 + \left(\sqrt{\frac{K_{\varphi0}'}{K_{\varphi0}}} - 1\right)\frac{\delta_d}{\delta_0}\right]^2 \quad (17.4.13\text{-}3)$$

$$\alpha_\psi = \left[1 + \left(\sqrt{\frac{K_{\psi0}'}{K_{\psi0}}} - 1\right)\frac{\delta_d}{\delta_0}\right]^2 \quad (17.4.13\text{-}4)$$

$$\delta_0 = \frac{h_t}{\sqrt{A_0}} \quad (17.4.13\text{-}5)$$

式中 α_z——基础埋深对地基抗压刚度的提高系数；

α_x——基础埋深对地基抗剪刚度的提高系数；

α_φ——基础埋深对地基抗弯刚度的提高系数；

α_ψ——基础埋深对地基抗扭刚度的提高系数；

K_{z0}——明置块体基础或桩基础测试的地基抗压刚度（kN/m）；

K_{x0}——明置块体基础或桩基础测试的地基抗剪刚度（kN/m）；

$K_{\varphi0}$——明置块体基础或桩基础测试的地基抗弯刚度（kN·m）；

$K_{\psi0}$——明置块体基础或桩基础测试的地基抗扭刚度（kN·m）；

K'_{z0}——埋置块体基础或桩基础测试的地基抗压刚度（kN/m）；

K'_{x0}——埋置块体基础或桩基础测试的地基抗剪刚度（kN/m）；

$K'_{\varphi0}$——埋置块体基础或桩基础测试的地基抗弯刚度（kN·m）；

$K'_{\psi0}$——埋置块体基础或桩基础测试的地基抗扭刚度（kN·m）；

δ_0——测试块体基础或桩基础的埋深比；

δ_d——设计基础或桩基础的埋深比；

h_t——测试块体基础或桩基础的埋置深度（m）。

17.4.14 由明置块体基础或桩基础测试的地基竖向、水平回转向第一振型和扭转向阻尼比，用于动力基础设计时，应按下列公式换算：

$$\zeta_z^c = \zeta_{z0} \cdot \xi \quad (17.4.14\text{-}1)$$

$$\zeta_{x\varphi_1}^c = \zeta_{x\varphi_1 0} \cdot \xi \quad (17.4.14\text{-}2)$$

$$\zeta_\psi^c = \zeta_{\psi0} \cdot \xi \quad (17.4.14\text{-}3)$$

$$\xi = \frac{\sqrt{m_r}}{\sqrt{m_d}} \quad (17.4.14\text{-}4)$$

$$m_r = \frac{m_0}{\rho A_0 \sqrt{A_0}} \quad (17.4.14\text{-}5)$$

式中 ζ_{z0}——明置块体基础或桩基础测试的地基竖向阻尼比；

$\zeta_{x\varphi_1 0}$——明置块体基础或桩基础测试的地基水平回转向第一振型阻尼比；

$\zeta_{\psi0}$——明置块体基础或桩基础的地基扭转向阻尼比；

ζ_z^c——明置设计基础的地基竖向阻尼比；

$\zeta_{x\varphi_1}^c$——明置设计基础的地基水平回转向第一振型阻尼比；

ζ_ψ^c——明置设计基础的地基扭转向阻尼比；

ξ——与基础的质量比有关的系数；

m_0——测试块体基础或桩基础的质量（t）；

m_r——测试块体基础或桩基础的质量比；

m_d——设计基础的质量比。

17.4.15 设计基础埋深对地基的竖向、水平回转向第一振型和扭转向阻尼比的提高系数，应按下列公式计算：

$$\beta_z = 1 + \left(\frac{\zeta_{z0}'}{\zeta_{z0}} - 1\right)\frac{\delta_d}{\delta_0} \quad (17.4.15\text{-}1)$$

$$\beta_{x\varphi_1} = 1 + \left(\frac{\zeta_{x\varphi_1 0}'}{\zeta_{x\varphi_1 0}} - 1\right)\frac{\delta_d}{\delta_0} \quad (17.4.15\text{-}2)$$

$$\beta_\psi = 1 + \left(\frac{\zeta_{\psi0}'}{\zeta_{\psi0}} - 1\right)\frac{\delta_d}{\delta_0} \quad (17.4.15\text{-}3)$$

式中 β_z——基础埋深对竖向阻尼比的提高系数；

$\beta_{x\varphi_1}$——基础埋深对水平回转向第一振型阻尼比的提高系数；

ζ_{z0}'——埋置块体基础或桩基础测试的地基竖向阻尼比；

$\zeta_{x\varphi_1}'$——埋置块体基础或桩基础测试的地基水平回转向第一振型阻尼比；

ζ_{z0}——明置块体基础或桩基础测试的地基竖向阻尼比；

$\zeta_{x\varphi_1}$——明置块体基础或桩基础测试的地基水平回转向第一振型阻尼比。

17.4.16 由明置块体基础或桩基础测试的竖向、水平回转向和扭转向的地基参加振动的当量质量，当用于计算设计基础的固有频率时，设计机器基础的地基参加振动的当量质量应按下列公式计算：

$$m_{dz}=(m_z-m_f)\frac{A_d}{A_0} \quad (17.4.16\text{-}1)$$

$$m_{dx\varphi1}=(m_{x\varphi1}-m_f)\frac{A_d}{A_0} \quad (17.4.16\text{-}2)$$

$$m_{d\psi}=(m_\psi-m_f)\frac{A_d}{A_0} \quad (17.4.16\text{-}3)$$

式中 A_0——测试基础或桩基础的底面积（m^2）；

A_d——设计基础或桩基础的底面积（m^2）；

m_f——测试基础或桩基础的质量（t）。

18 原位密度测试

18.1 一 般 规 定

18.1.1 原位密度测试适用于现场测试土体的密度。

18.1.2 试验点的选择应具有代表性，具体数量应根据任务要求确定。

18.1.3 核子射线法试验在基坑边缘或沟中测试时，仪器的侧面与坑壁的距离不宜小于0.6m。

18.1.4 灌砂法和灌水法的试坑尺寸可按表18.1.4选择：

表18.1.4 试 坑 尺 寸

试样最大粒径（mm）	试坑尺寸（mm）	
	直径	深度
5～20	150	200
40	200	250
60	250	300
200	800	1000

18.1.5 同一测点，应进行两次平行测定，取其平均值为测试值。两次测定的差值不得大于0.03g/cm³。

18.2 仪 器 设 备

18.2.1 核子射线法仪器设备应符合下列要求：

1 主机应由放射源、探测器、微处理器、测深定位装置和其他附件等组成。

2 放射源，常用铯137-γ源和镅241/铍中子源。

3 盖革-密勒计数管，接收γ射线；氦3-探测管，接收中子射线。

4 微处理器应能将探测器接收到的射线信号转换成数据，并经运算后显示检测结果。

5 测深定位装置应能将放射源定位到预定的测试深度。

6 水分密度测量范围应满足0～0.64g/cm³，准确度应满足±0.004g/cm³；土体密度测量范围应满足1.12～2.73g/cm³，准确度应满足±0.004g/cm³。

18.2.2 灌砂法设备应包括漏斗、漏斗架、防风筒、套环、固定器、量器、台秤、量砂及其他容器和工具。

1 漏斗规格，上口直径宜为200mm，下口直径宜为15mm，高宜为110mm。

2 防风筒规格，直径宜为300mm，高宜为220mm。

3 量器规格，直径宜为150～270mm，高宜为200～330mm。

4 量砂应采用清洁干燥的均匀砂20～40kg，粒径范围应满足0.25～0.5mm。

5 台秤称量10～15kg时，感量应不大于5g；称量50kg时，感量应不大于10g。

18.2.3 灌水法试验设备应包括座板、聚乙烯塑料薄膜、储水筒、台称、水准仪及其他容器和工具。

1 座板为中部开有圆孔，外沿呈方形或圆形的铁板，圆孔处设有环套。

2 储水筒直径应均匀，并附有刻度。

18.3 试 验 方 法

18.3.1 核子射线法试验应符合下列规定：

1 进行标准计数或统计试验，检查含水量、密度的标准计数或统计分析结果，其数值应在规定的范围内，方可开始检测。

2 平整被测材料表面，用导板和钻杆造孔，孔深必须大于测试深度。

3 按规定将仪器就位，并将放射源定位到预定的测试深度，按下启动键开始测试，操作人员应退到离仪器2m以外的区域。

4 当仪器发出测试结束信号后，应将放射源退回到安全位置，记录检测结果。

18.3.2 灌砂法试验应符合下列规定：

1 灌砂法试验前应按下列步骤确定量砂的密度ρ_n：

1）试验时应分别称量量器质量m_L，量器加玻璃板质量m_{LB}，量器加玻璃板加水的质量m_{Lw}。

2）将漏斗置于量器上，使漏斗下口距量器上口 100mm，并对正量器中心，量砂经漏斗灌入量器内，应不使量器受震动。量砂下落速度应一致，直到灌满量筒，使砂面与量器边缘齐平。称量量器加量砂质量。每种量器进行 3 次平行测定，取其算数平均值 m_{LS}。

3）量砂密度应按下式计算：

$$\rho_n=\frac{m_{LS}-m_L}{(m_{Lw}-m_{LB})/\rho_w} \qquad (18.3.2)$$

式中 ρ_n——量砂密度（g/cm^3）；

m_{LB}——量器加玻璃板质量（g）；

m_{Lw}——量器加玻璃板质量及水质量（g）；

m_L——量器质量（g）；

m_{LS}——量器加量砂质量（g）；

ρ_w——净水密度（g/cm^3）。

2 在试验地点宜选择 40cm×40cm 的试验面，铲平并清扫干净。在整平的试验面上挖试坑，将松动的试样全部取出，放到盛试样的容器内。称试样容器加试样质量 m_4 和试样容器质量 m_6。取代表试样，测定其含水率。

3 在试坑上放置试验设备，并称量砂容器加量砂质量 m_1。使漏斗下口距试坑口 100mm，将量砂经漏斗灌入试坑内，量砂下落速度应与确定量砂密度时的下落速度相同，直至灌满试坑。用直尺刮平量砂表面，将多余的量砂全部回收到量砂容器内，称量砂容器加剩余量砂质量 m_7。

4 当采用套环进行试验时，应准确地计量量砂灌入套环内量砂的质量 m_3 和量砂容器加第 1 次剩余量砂质量 m_2。在套环内挖试坑，按本条第 2 款规定取样，放到盛试样的容器内。按第 3 款规定灌砂，直至灌满套环。将刮下的量砂全部回收到量砂容器内，称量砂容器加第 2 次剩余量砂质量 m_5。

18.3.3 灌水法试验应符合下列规定：

1 按确定的试坑直径划出坑口轮廓线，将测点处的地表整平，地表的浮土、石块、杂物等应予清除，坑洼不平处用砂铺平。

2 将座板固定，聚乙烯塑料膜应沿环套内壁及地表紧贴铺好。从环套上方将水缓缓注入，至刚满不外溢为止，测记储水筒剩余水水位高度，计算座板部分的体积。

3 将薄膜揭离后，用挖掘工具沿座板挖至要求深度，并应将试坑内全部式样装入盛土容器内。取代表试样测定含水率。分别称试样容器、称试样容器加试样质量。

4 试坑内全部式样取出后，应将塑料薄膜沿坑底、坑壁紧密粘贴，向薄膜形成的袋内注水。注水时宜牵动薄膜，使薄膜与坑壁间的空气得以排出，从而提高薄膜与坑壁的密贴程度。

5 记录储水筒内初始水位高度，应将水缓缓注入塑料薄膜中，直至水面与环套上边缘齐平时关闭注水管，持续 3～5min，测量储水筒内剩余水水位高度。

18.4 资料整理

18.4.1 核子射线法试验结果可利用微处理器直接读取含水率、天然密度、干密度。

18.4.2 灌砂法天然密度应按下列公式计算：

1 直接法应按下式计算：

$$\rho=\frac{m_4-m_6}{\dfrac{m_1-m_7}{\rho_n}} \qquad (18.4.2\text{-}1)$$

2 采用套环法应按下式计算：

$$\rho=\frac{(m_4-m_6)-[(m_1-m_2)-m_3]}{\dfrac{m_2+m_3-m_5}{\rho_n}-\dfrac{m_1-m_2}{\rho_n{}'}} \qquad (18.4.2\text{-}2)$$

式中 ρ——天然密度（g/cm^3）；

m_1——量砂容器加原有量砂质量（g）；

m_2——量砂容器加第 1 次剩余量砂质量（g）；

m_3——套环内取出的量砂质量（g）；

m_4——试样容器加试样质量（包括少量遗留的量砂）（g）；

m_5——量砂容器加第 2 次剩余量砂质量（g）；

m_6——试样容器质量（g）；

m_7——量砂容器加剩余量砂质量（g）；

ρ_n——试坑内量砂密度（g/cm^3）；

$\rho_n{}'$——套环内量砂密度（g/cm^3）；$\rho_n{}'$ 与 ρ_n 相差很小时，可用 ρ_n 代替。

18.4.3 灌水法天然密度应按下列公式计算：

1 按下列公式计算座板部分的容积：

$$V_0=(h_1-h_2)A_w \qquad (18.4.3\text{-}1)$$

式中 V_0——座板部分的容积（cm^3）；

A_w——储水筒断面积（cm^2）；

h_1——储水筒内初始水位高度（cm）；

h_2——储水筒内注水终了时水位高度（cm）。

2 按下列公式计算试坑容积：

$$V=(H_2-H_1)A_w-V_0 \qquad (18.4.3\text{-}2)$$

式中 V——试坑容积（cm^3）；

H_1——储水筒内初始水位高度（cm）；

H_2——储水筒内注水终了时水位高度（cm）。

3 按下列公式计算天然密度：

$$\rho=\frac{m_p}{V} \qquad (18.4.3\text{-}3)$$

式中 m_p——取自试坑内的试样质量（g）。

18.4.4 干密度应按下列公式计算：

$$\rho_d=\frac{\rho}{1+\omega} \qquad (18.4.4)$$

式中 ρ_d——干密度（g/cm^3）；

ω——含水率（%）。

19 原位冻胀量试验

19.1 一般规定

19.1.1 原位冻胀试验适用于测定黏性土、砂土地基在冻结过程中沿冻深方向的冻胀量。

19.1.2 原位冻胀试验设备应在开始冻结前一个月安装完毕，并回填达到原状密实程度。

19.1.3 原位冻胀试验应与冻深器配合使用，以了解冻深的准确进程。

19.2 试验设备

19.2.1 原位冻胀试验应包括分层冻胀仪、冻深器、水准仪和铟钢尺、地下水位管和测钟等。

19.2.2 铟钢尺的分度值应为1.0mm。

19.3 试验方法

19.3.1 试验前应按下列步骤进行试验准备和仪器设备安装：

1 选择有代表性的场地，地表应整平，在地表开始冻结前埋设冻胀仪。

2 冻胀仪测杆分层埋设的间距可取20～30cm，地表应设一个测点，最深点应达到最大冻深线。各测杆之间的水平埋设距离应不小于30cm。

3 测杆应采用钻孔埋设，孔口应加盖保护；当地下水位处于冻结层内时，测杆与套管之间的空隙必须用工业凡士林或其他低温下不冻的材料充填。

4 架设基准梁的固定杆，在最大冻深范围内应加设套管；其打入深度应不小于最大冻深线以下1.0m。

5 基准盘（梁）距冻前地面的架设高度应大于40cm。

6 在冻胀仪附近应埋设冻深器和地下水位观测管，并应采取措施保证冻深器外套管在地基土冻胀时稳定不动。

19.3.2 试验应按下列步骤进行：

1 冻胀量的测量可采用分度值为1.0mm的钢尺。在地表开始冻结前，应测记各测杆顶端至基准盘（梁）上相应固定点的长度，作为起始读数。

2 冻结期间可每隔1～2d测记1次。融化期可根据需要确定测次。

3 观测期间宜用水准仪，每隔半个月校核一次基准盘（梁）固定杆、冻深器、地下水位管顶端的高程变化。

19.4 资料整理

19.4.1 平均冻胀率应按下式计算：

$$\eta=\Delta h/H_{\mathrm{f}}\times 100 \qquad (19.4.1)$$

式中 η——平均冻胀率（%）；

Δh——地表总冻胀量（cm）；

H_{f}——冻深，以冻结前地面算起的最大冻深（cm）。

20 原位冻土融化压缩试验

20.1 一般规定

20.1.1 原位冻土融化压缩试验适用于测定除漂石以外的其他各类型冻土的融沉系数和融化压缩系数。

20.1.2 试验应在试坑内进行，试坑底面积不应小于2m×2m，深度不应小于季节融化深度，对于非衔接的多年冻土应等于或超过多年冻土层的上限深度。

20.1.3 对试验场地应进行冻结土层的岩性和冷生构造的描述，并取样进行物理性试验。

20.2 试验设备

20.2.1 试验装置由内热式传压板、加荷系统（包括反力架）、沉降量测系统、温度量测系统组成。

20.2.2 内热式传压板可取圆形或方形中空式平板，面积不宜小于0.5m^2；应有足够刚度，承受上部荷载时不发生变形。

20.2.3 传压板加热可用电热或水（汽）热，加热应均匀，加热温度不应超过90℃，传压板周围应形成一定的融化圈，其宽度宜等于或大于传压板直径的0.3倍。

20.2.4 加荷方式可采用千斤顶或重物。荷载测量可用放置在千斤顶上的荷重传感器直接测定；也可采用并联于千斤顶油路的压力表或压力传感器测定油压，根据千斤顶率定曲线换算荷载。传感器的测量误差不应大于1%，压力表精度应优于或等于0.4级。当冻土的总含水率超过液限时，加荷装置的重量应等于或小于传压板底面高程处的上覆压力。

20.2.5 沉降量测可采用大量程百分表或位移传感器，其量测准确度应为0.1mm。

20.2.6 温度量测可由热电偶和数字电压表组成，量测精度应为0.1℃。

20.3 试验方法

20.3.1 试验前应按下列步骤进行试验准备和仪器设备安装：

1 开挖试坑，平整试坑底面，必要时应进行坑壁保护。

2 坑底面铺砂找平，铺砂厚度不应大于2.0cm；将传压板放置在坑底中央砂面上。

3 在传压板的边侧钻孔，孔径3.0～5.0cm，孔深宜为50cm。将5支热电偶测温端自下而上每隔

10cm 逐个放入孔内，并用黏质土夯实填孔。

4 安装加荷装置应使加荷点处于传压板中心部位，并在传压板周边等距安装 3 个位移计。

5 开始试验时应向传压板施加等于该处上覆压力或不小于 50kPa 压力，观测传压板沉降稳定后调整位移计至零。

20.3.2 试验应按下列步骤进行：

1 接通电（热）源，连接测温系统，使传压板下和周围冻土缓慢均匀融化。宜每隔 1h 测记 1 次土温和位移。

2 当融化深度达到 25～30cm 时，应切断电（热）源停止加热，用钢钎探测一次融化深度，并继续测记土温和位移。当融化深度接近 40cm 时，宜每隔 15min 测记一次融化深度。当 0℃时，融化深度达到 40cm 时测记位移量，并用钢钎测记一次融化深度。

3 当停止加热后，依靠余热不能使传压板下的冻土继续融化达到 0.5 倍传压板直径的深度时，应续补加热，直至满足要求。

4 经上述步骤达到融沉稳定后，开始逐级加荷进行压缩试验。加荷等级视实际工程需要确定，对黏质土每级荷载宜取 50kPa，砂质土宜取 75kPa，含巨粒土宜取 100kPa；最后一级荷载应比计算压力大 100～200kPa。

5 施加一级荷载后，每 10min、20min、30min、60min 测记一次位移指示值，此后每小时测记一次，直到传压板沉降稳定后再加下一级荷载。沉降量可取 3 个位移计读数的平均值。沉降稳定标准对黏质土宜取 0.05mm/h，砂和含巨粒土宜取 0.1mm/h。

20.3.3 试验结束后，应取 2～3 个融化压实土样，用于含水率、密度及其他必要的试验；并应挖除其余融化压实土，量测融化圈。

20.4 资 料 整 理

20.4.1 融沉系数应按下式计算：

$$\alpha_0 = S_0 / h_0 \times 100 \qquad (20.4.1)$$

式中 α_0——融沉系数（%）；

S_0——冻土融沉（$p=0$ 阶段）的沉降量（cm）；

h_0——融化深度（cm）。

20.4.2 融化压缩系数应按下式计算：

$$\alpha = (\Delta\delta / \Delta p)\ K \qquad (20.4.2\text{-}1)$$

$$\Delta\delta = \frac{S_{i+1} - S_i}{h_0} \qquad (20.4.2\text{-}2)$$

式中 α——融化压缩系数（kPa^{-1}）；

ΔP——压力增量值（kPa）；

$\Delta\delta$——相应于某一压力范围（ΔP）的相对沉降量（cm/cm）；

S_i——某一荷载作用下的沉降量（cm）；

K——系数，黏土为 1.0，粉质黏土为 1.2，砂和砂质土为1.3，巨粒土为 1.35。

21 岩体应力测试

21.1 一 般 规 定

21.1.1 岩体应力测试适用于测试完整、较完整岩体的应力大小和方向。

21.1.2 岩体应力测试包括表面应力测试、孔径变形法、孔壁应变法和孔底应变法。测试方法应根据岩体条件、设计对参数的要求、地区经验和测试方法的适用性等因素选用。

21.1.3 测区布置应符合下列规定：

1 测区及附近岩性应均一完整。

2 每一测区应布置 2～3 个测点，并应避开断层、裂隙等不良地质构造。

3 测试岩体原始应力时，测点深度应超过洞室断面最大尺寸的 2 倍。

21.1.4 岩体应力测试地质描述应包括下列内容：

1 钻孔钻进过程中的情况。

2 岩石名称、结构及主要矿物成分。

3 岩石结构面类型、产状、宽度、充填物性质。

4 测点地应力现象。

21.1.5 测试记录应包括工程名称、岩性、测点编号、测点位置、试验方法、地质描述、测试深度、相应于各解除深度的各电阻片的应变值、灵敏系数、系统绝缘值、冲水时间、各电阻片及应变丛布置方向、钻孔轴向方位角、倾角、围压试验资料、测试过程中发生的异常现象、测试人员、测试日期。应力恢复法还应记录各级加载时应变计读数。

21.2 试 验 设 备

21.2.1 表面应力测试主要仪器设备应包括下列各项：

1 掏槽机及配套设备。

2 钢弦应变计及钢弦应变仪或电阻应变片和电阻应变仪。

3 液压枕及压力表。

4 电动或手动油泵。

5 防护器具（用于保护应变计）。

6 率定设备。

21.2.2 孔壁应变法、孔径变形法和孔底应变法测试，使用的主要仪器和设备应包括下列各项：

1 钻机及附属设备。

2 金刚石钻头：包括大小孔径钻头、磨平钻头、锥形钻头和扩孔器，规格应与应变计配套。

3 试孔器和清洗、烘烤器具。

4 孔壁应变计、孔底应变计、压磁应力计和四分向环式孔径变形计。

5 静态电阻应变仪及接线箱。

6 安装器具。

7 围压率定器。

21.3 试验方法

21.3.1 表面应力测试应符合下列规定：

1 解除法应变计安装应符合下列要求：

1）在已处理好的测试面上布置一组应变计，每组不应少于3只；

2）粘贴的应变计及测试系统绝缘度不应小于50MΩ。

2 恢复法应变计安装应符合下列要求：

1）在已处理好的试点面上安装应变计，其方向应与解除槽方向垂直，应变计的中心点到解除槽中心线的距离为槽长的1/3；

2）粘贴的应变计及测试系统绝缘度不应小于50MΩ；

3）应变计安装完毕后，宜每隔5min读数一次。钢弦应变计和电阻应变计连续3次相邻读数差，分别不大于3Hz和不超过5$\mu\varepsilon$，即为稳定读数，并记为初始值；

4）按解除槽预定深度及宽度掏槽，每掏槽2cm深应测读应变计读数一次，直至满足埋设压力枕要求；

5）掏槽结束后，按本款第3）项规定的稳定标准测读应变计，埋入液压枕。

3 解除法测试及稳定标准应符合下列要求：

1）从钻具中引出应变计电缆并接通仪器，向测试点连续冲水30min，检查隔温、防潮效果，并在冲水过程中，检查应变计读数有无漂移；稳定要求符合本条第2款第3）项的规定后，可开始解除；

2）用钻机分级解除，每级深2cm或按$h/D=0.1$分级（h为解除槽深度，D为解除岩心直径），每级解除后，测读应变计稳定读数；

3）解除结束后，按本条第2款第3）项的稳定标准测读应变计读数；

4）最终解除深度应不小于解除岩心直径的0.5倍。

4 恢复法测试应符合下列要求：

1）加压恢复宜采用大循环法分级加压，级数不得少于6级，测试时应记录每级压力下的应变计读数；

2）最大一级压力，应大于掏槽解除结束时稳定应变值的相应压力；

3）取出液压枕，并描述其埋设情况。

21.3.2 孔壁应变法测试应符合下列规定：

1 按测试要求粘贴应变计，应变计及测试系统绝缘度不应小于50MΩ。

2 浅孔孔壁应变法或浅孔空心包体孔壁应变法测试及稳定标准应符合下列要求：

1）向钻孔内注水，每隔5min读数1次，连续3次相邻读数差不超过5$\mu\varepsilon$且冲水时间不少于30min时，取最后一次读数作为稳定读数，并记为初始值；

2）按预定深度分10级，进行套钻解除，每级深度宜为2cm；每解除一级深度，停钻读数，连续读取2次；

3）套钻解除深度应超过孔底应力集中影响区，应变计读数趋于稳定时可终止解除，但最终解除深度（从测点到孔底的距离）不得小于解除孔孔径的2.0倍；

4）向钻孔内继续注水，每隔5min读数一次，连续3次读数之差不超过5$\mu\varepsilon$且冲水时间不少于30min时，取最后一次读数作为稳定读数。

3 深孔水下孔壁应变法测试及稳定标准应符合下列要求：

1）每隔5min读数1次，连续3次读数相差不超过5$\mu\varepsilon$时，取最后一次读数作为初始稳定读数；

2）提升安装器，切断应变计与安装托盘架间的引线，将应变计单独留在测孔中，读取定向罗盘所指示的方位；进行连续套钻解除，套芯解除深度应满足本条第2款第3）项的规定；

3）取出带有应变计的岩芯，立即将切断的引线再次与安装器托架上的引线连接起来，接通仪器读取解除后的应变计读数，每隔5min读数1次，连续3次相邻读数差不超过5$\mu\varepsilon$时，取最后一次读数作为稳定读数。

4 岩芯围压试验应符合下列要求：

1）现场测试结束后，应立即将解除后的岩芯连同其中的应变计放入围压器中，进行围压率定试验，其间隔时间，不宜超过24h；

2）当采用大循环加压时，压力宜分为5～10级，最大压力应大于预估的岩体最大主应力，循环次数不应少于3次；

3）当采用逐级1次循环法加压时，每级压力下，每隔5min读数一次，相邻两次读数差不超过5$\mu\varepsilon$时，即为稳定读数。

21.3.3 孔底应变法测试应符合下列规定：

1 按测试要求粘贴应变计，应变计及测试系统绝缘度不应小于50MΩ。

2 测试及稳定标准应符合下列要求：

1）按本规范第21.3.2条第2款第1）、2）、4）

项的规定进行读数和预订分级钻进；

2）继续钻进解除至一定深度后，应变计读数趋于稳定，但最小解除深度应人于解除孔孔径的1.5倍。

3 岩芯围压试验应符合本规范第21.3.2条第4款的规定。

21.3.4 孔径变形法测试应符合下列规定：

1 压磁应力计安装应施加预压力，预压力的大小宜为应力计最大读数范围的1/3～2/3，并保持该预压力不变；四分向环式变形计安装，其读数压缩值宜控制在2000$\mu\varepsilon$。

2 测试及稳定标准应符合下列要求：

1）将应力计或应变计导线从钻具中引出接入二次仪表上，冲水读数，每隔5min读数一次，连续3次相邻读数差控制标准：压磁应力计法应不超过3个仪器最小读数单位，四分向环式变形计法应不超过5$\mu\varepsilon$，且冲水时间不少于30min时，取最后一次读数作为稳定读数，并记为初始值；

2）每钻进解除2cm，停钻不停机读数一次；

3）最终解除深度不得小于解除孔孔径的1.5倍。

3 岩芯围压试验应符合本规范第21.3.2条第4款的规定。

21.4 资料整理

21.4.1 表面应力测试资料整理应符合下列要求：

1 采用钢弦应变计时，应变值可按下式计算：

$$\varepsilon_i = \zeta\,(f_{ni}^2 - f_0^2) \qquad (21.4.1\text{-}1)$$

式中 ε_i——解除应变值（$\mu\varepsilon$）；

f_{ni}——与解除深度对应的应变计读数（Hz）；

f_0——应变计初始读数（Hz）；

ζ——应变计的率定系数（$\mu\varepsilon/Hz^2$）。

2 采用电阻片应变计时，应变值可按下式计算：

$$\varepsilon_i = \varepsilon_n - \varepsilon_0 \qquad (21.4.1\text{-}2)$$

式中 ε_i——解除应变值（$\mu\varepsilon$）；

ε_n——与解除深度对应的应变仪读数（$\mu\varepsilon$）；

ε_0——应变仪初始读数（$\mu\varepsilon$）。

3 绘制应变丛各应变计的应变值ε_i与相对解除深度h/D的关系曲线。结合测试点地质条件和试验情况，确定各应变计的解除应变值。

4 最大及最小主应力按下式计算：

$$\left\{\begin{aligned}\sigma_1 &= \frac{E}{1-\mu^2}\,(\varepsilon_1+\mu\varepsilon_2)\\ \sigma_2 &= \frac{E}{1-\mu^2}\,(\varepsilon_2+\mu\varepsilon_1)\end{aligned}\right. \qquad (21.4.1\text{-}3)$$

式中 E——岩石弹性模量（MPa）；

μ——岩石泊松比；

ε_1、ε_2——最大、最小主应变（$\mu\varepsilon$）；按应变丛不同布置形式计算。

5 绘制恢复压力P与恢复应变ε的关系曲线，确定相应的应力值。

21.4.2 孔壁应变法测试资料整理应符合下列要求：

1 根据岩芯解除应变值和解除深度绘制解除过程曲线，选取合理的解除应变值。

2 根据围压试验资料，绘制压力P与应变ε关系曲线，计算岩石弹性模量和泊松比。

3 按本规范附录A第A.1.1条和第A.2.1条的规定计算岩体空间主应力和应力分量。

21.4.3 孔底应变法测试资料整理应符合本规范第21.4.2条的规定，并按附录A第A.1.1条和第A.2.2条的规定计算岩体空间主应力和应力分量。

21.4.4 孔径变形法测试资料整理应符合下列要求：

1 压磁应力计法资料整理可按下列步骤进行：

1）绘制解除深度h与应力计各元件读数差Δu的解除全过程关系曲线，确定最终稳定值。

2）绘制应力计各元件率定曲线，各元件率定系数按下式计算：

$$K = S_w/\Delta u \qquad (21.4.4\text{-}1)$$

式中 K——元件率定系数；

S_w——围压器单位压力（MPa）；

Δu——仪器读数差。

3）记录应力值S_{ij}按下式计算：

$$S_{ij} = K_i \cdot \Delta u \qquad (21.4.4\text{-}2)$$

式中 S_{ij}——对于空间问题为S_{ij}，对于平面问题为S'、S''和S'''。

4）当符合平面问题假设，且压磁应力计各元件互成60°布置时，平面应力大小及方向按本规范附录A第A.1.2条式（A.1.2-1）和式（A.1.2-2）计算。

5）根据3个不同方向的钻孔测试所取得的各个应力值S_{ij}计算空间应力，空间应力分量按本规范附录A第A.2.3条式（A.2.3-1）～（A.2.3-11）计算。

2 四分向环式钻孔变形计法资料整理可按下列步骤进行：

1）绘制解除深度h与各个钢环应变ε_i关系曲线；

2）根据$h\sim\varepsilon_i$关系曲线，按照地质条件和试验情况，确定各元件最终稳定应变读数值；

3）绘制各元件率定的千分表读数S_i与电阻应变仪读数ε_i的关系曲线，各元件率定系数按下式计算：

$$K_i = \varepsilon_i/S_i \qquad (21.4.4\text{-}3)$$

式中 K_i——元件i的率定系数（$\mu\varepsilon$/mm）；

ε_i——各元件的应变值（$\mu\varepsilon$）；

S_i——千分表读数（mm）。

4）按下式计算实测孔径变形：

$$\Delta d=\frac{\varepsilon_{in}-\varepsilon_{i0}}{K_i} \quad (21.4.4\text{-}4)$$

式中 Δd——钻孔径向变形（mm）；

ε_{i0}——元件 i 初始应变值（$\mu\varepsilon$）；

ε_{in}——元件 i 最终稳定应变值（$\mu\varepsilon$）。

5）按本规范附录A第A.1.1条计算岩体空间主应力，按本规范第A.1.2条式（A.1.2-3）和式（A.1.2-4）计算平面主应力；空间应力分量按本规范第A.2.3条式（A.2.3-12）～（A.2.3-18）计算，平面应力分量按本规范式（A.2.3-19）～（A.2.3-22）计算。

22 振动衰减测试

22.1 一般规定

22.1.1 振动衰减测试适用于沿地面测试振动波的衰减特性。

22.1.2 振动衰减测试的振源，可利用测试现场附近的动力机器、公路、铁路、施工工地等振动；当现场附近无上述振源时，也可采用机械式激振设备或锤击作为振源。

22.1.3 当对试验基础进行竖向和水平向振动衰减测试时，基础应埋置。

22.2 仪器设备

22.2.1 用于地面振动测试的传感器应符合下列要求：

1 宜采用竖直和水平方向的速度型传感器，其通频带应为1.0～80Hz，阻尼系数应为0.65～0.70，电压灵敏度应不小于30V·s/m。

2 同一排列多个传感器之间其固有频率差应不大于0.1Hz，灵敏度和阻尼系数差别应不大于10%。

22.2.2 用于地面振动测试的仪器应符合下列要求：

1 多通道放大器的通频带应满足所采集波频率范围的要求。

2 仪器动态范围应不低于120dB，模/数转换器（A/D）的位数不宜小于16位。

3 仪器放大器各通道的幅度和相位应一致，各频率点的幅度差在3%以内，相位一致性偏差应小于0.1ms。

4 仪器采样时间间隔应满足不同周期波的时间分辨，保证在最小周期内4～8个采样点；仪器采样长度应满足距离震源最远的通道采集讯号长度的需要。

5 仪器数据分析系统应具有频谱分析及专用分析软件功能。

22.3 测试方法

22.3.1 当进行周期性振动衰减测试时，应进行各种不同激振频率的测试。

22.3.2 测点应沿设计基础所需测试振动衰减的方向进行布置。

22.3.3 在振源附近进行振动测试时，传感器起始位置宜符合下列规定：

1 当振源为动力机器基础时，应将传感器置于沿振动波传播方向基础轴线边缘上。

2 当振源为车辆时，可将传感器置于行车道外缘0.5m处。

3 当振源为锤击、夯击时，可将传感器置于击点1.0m处。

22.3.4 测点的间距，自距振源边缘小于等于5m范围内宜为1m；大于5m且小于等于15m范围内宜为2m；大于15m且小于等于30m范围内宜为5m；30m以外时宜大于5m。

22.3.5 测试半径应根据振源类型、振源强度、测试目的、测试环境确定，并应符合下列规定：

1 对于动力基础，测试半径 r_0 应大于基础当量半径的35倍，基础当量半径 R_0 应按下式计算：

$$R_0=\sqrt{\frac{A_0}{\pi}} \quad (22.3.5)$$

式中 A_0——基础底面积（m^2）。

2 当振动对邻近的精密设备、仪器、仪表或环境等产生有害的影响时，测试半径应不小于振源至被影响对象的直线距离。

22.3.6 测试时，应记录各测试点振幅随时间或频率变化的曲线。

22.4 资料整理

22.4.1 测试资料整理应包括下列内容：

1 绘制不同激振频率的地面振幅，随距离而变化的曲线（A_r—r）。

2 计算并绘制不同激振频率的地基能量吸收系数，随距离而变化的曲线（α—r）。

22.4.2 地基能量吸收系数，可按下式计算：

$$\alpha=\frac{1}{f_0}\cdot\frac{1}{r_0-r}\ln\frac{A_r}{A\left[\frac{r_0}{r}\xi_0+\sqrt{\frac{r_0}{r}}\ (1-\xi_0)\right]} \quad (22.4.2)$$

式中 α——地基能量吸收系数（s/m）；

f_0——激振频率（Hz）；

A——测试基础的振幅（m）；

A_r——距振源的距离为 r 处的地面振幅（m）；

ξ_0——无量纲系数，可按表 22.4.2 采用。

表 22.4.2 无量纲系数 ξ_0

土的名称	振动基础的半径或当量半径 r_0（m）							
	0.5及以下	1.0	2.0	3.0	4.0	5.0	6.0	7.0及以上
一般黏性土粉土、砂土	0.7～0.95	0.55	0.45	0.40	0.35	0.25～0.30	0.23～0.30	0.15～0.20
饱和软土	0.70～0.95	0.50～0.55	0.40	0.35～0.40	0.23～0.30	0.22～0.30	0.20～0.25	0.10～0.20
岩石	0.80～0.95	0.70～0.80	0.65～0.70	0.60～0.65	0.55～0.60	0.50～0.55	0.45～0.50	0.25～0.35

注：1 对于饱和黏土，当地下水 1.0m 及以下时，ξ_0 取较小值；1.0～2.5m 时取较大值；大于 2.5m 时，取一般黏性土的 ξ_0 值；

2 对于岩石覆盖层在 2.5m 以内时，ξ_0 取较大值；2.5～6.0m 取较小值；超过 6.0m 时，取一般黏性土的 ξ_0 值。

23 地微振测试

23.1 一般规定

23.1.1 地微振测试适用于测定各类场地的卓越周期。

23.1.2 地微振测试宜在建筑场地地面、地下同时测定，测试点不宜少于 2 处。

23.1.3 测点的位置应根据建筑物的外形、基础埋深、地层条件确定。

23.2 仪器设备

23.2.1 用于地微振测试的传感器宜采用竖直和水平方向的速度型传感器，其通频带应为 1.0～80Hz，阻尼系数应为 0.65～0.70，电压灵敏度不应小于 30V·s/m。井中三分向传感器，固有频率 1.0Hz，灵敏度不应小于 5.25V/kine，并应严格密封防水。

23.2.2 测试仪器应符合下列要求：

1 多通道放大器的通频带应满足所采集波频率范围的要求。

2 仪器动态范围应不低于 120dB，模/数转换器（A/D）的位数不宜小于 16 位。

3 仪器放大器各通道的幅度和相位应一致，各频率点的幅度差在 3%以内，相位一致性偏差应小于 0.1ms。

4 仪器数据分析系统应具有频谱分析及专用分析软件功能。

23.3 测试方法

23.3.1 地面微振测试点应沿东西、南北、竖向布置 3 个方向的传感器，分别接收水平和竖向地微振讯号。

23.3.2 地下微振测试应利用钻孔，将 3 个方向传感器置于测试深度位置。

23.3.3 地微振测试宜在晚间，场地周围环境比较安静的时刻进行，微振信号记录时，每次连续记录时间应不少于 15min，记录次数不得少于 2 次。

23.4 资料整理

23.4.1 数据处理，宜采用频谱分析法。每个样本数据宜采用 1024 个点；采样间隔宜取 0.01～0.02s，并加窗函数处理，频域平均次数不宜少于 32 次。

23.4.2 场地卓越周期应根据卓越频率确定，并应按下列公式计算：

$$T=\frac{1}{f} \qquad (23.4.2)$$

式中 T——场地卓越周期（s）；

f——卓越频率（Hz）。

23.4.3 卓越频率应按下列规定确定：

1 按谱图中最大峰值所对应的频率确定。

2 当谱图中出现多峰且各峰的峰值相差不大时，可在谱分析的同时，进行相关或互谱分析，以便对场地微振卓越频率进行综合评价。

23.4.4 微振幅值的确定应符合下列规定：

1 微振幅值应取实测微振信号的最大幅值。

2 确定微振信号的幅值时，应排除人为干扰信号的影响。

24 地电参数原位测试

24.1 一般规定

24.1.1 地电参数原位测试适用于测定各类岩土的电阻率和大地电导率。

24.1.2 土壤电阻率和大地电导率测点应按设计要求布置。

24.2 仪器设备

24.2.1 地电参数原位测试宜采用数字型直流电法仪器，其技术指标应满足以下要求：

1 仪器输入阻抗应大于 3MΩ。

2 AB、MN 插头和外壳三者之间的绝缘电阻应大于 100MΩ/500V。

3 电位差测量分辨率应达到 0.01mV。

4 电流测量分辨率应达到 0.1mA。

5 对 50Hz 干扰压制应大于 80dB。

24.2.2 两台或两台以上仪器在同一场地作业时，应进行仪器的一致性测定，允许相对均方误差为±2%。

24.2.3 地面供电电极应采用金属棒状电极，测量电极应采用棒状铜电极或不极化电极。井下应采用微电极系，可根据井径和地层条件用纯铅丝（片）制作。

24.2.4 导线应具有导电性强、绝缘好、柔软抗拉；其电阻应小于 10Ω/km，绝缘电阻应大于 2MΩ/km。

24.2.5 宜采用干电池供电。需要较大电流供电时，应采用多组电池并联；各组电池电压差不得超过5%，内阻差不得超过20%。

24.3 测试方法

24.3.1 电阻率原位测试应符合下列规定：

1 表层和浅层土电阻率，应采用四极对称电测深法在地表、探槽或探坑内进行。

2 测量电极和供电电极应布置一条直线上，供电电极最大极距应不大于被测土层厚度的3倍。

3 当电测深曲线呈2层以上反映时，最后一层宜趋于稳定值。

4 深层土电阻率宜采用电测井法在钻孔内进行。

24.3.2 大地电导率原位测试应符合下列规定：

1 测试宜采用四极对称电测深法。供电极距最小间距宜选取6～12m；在平原和丘陵地区，供电极距AB宜大于900m，山区宜大于1500m。

2 同一地质地貌单元相邻点的大地电导率之比大于3倍时，应在两点间加测一点，直至满足小于等于3倍的要求。

3 测量时供电电极AB和测量电极MN放线方向应与勘察点走向一致；地形复杂时，可允许有一个角度，但不得大于30°。

4 供电极距AB/2间距的确定，宜满足在以6.25cm为模数的双对数坐标纸上大致均匀分布，相临极距彼此间距宜为5～15mm。

24.4 资料整理

24.4.1 电阻率原位测试资料整理应符合下列规定：

1 绘制各测点实测曲线图，提供各极距的实测视电阻率值。

2 土壤电阻率测点位置，应在场地总平面图上准确标出。

24.4.2 大地电导率原位测试资料可按下述方法进行解析：

1 绘制四极对称电测深曲线图。

2 实测曲线与理论量板相对比，求得测点垂直深度内各岩层厚度及电阻率，用拉德列夫曲线换算50Hz或任意频率下的视在大地电导率。

3 以温耐尔装置所测的曲线与简化曲线量板的纵横坐标轴重合相交，直接求得视在大地电导率。

25 基坑回弹原位测试

25.1 一般规定

25.1.1 基坑回弹原位测试适用于测定基坑开挖后地基回弹变形量。

25.1.2 基坑回弹监测点数量应结合基坑形状、大小和岩土工程条件设置，但同一基坑监测点数应不少于3点。

25.1.3 在基坑形心位置上应布置监测点，其他具有代表性位置宜按坑底1/4宽度的间距布置，但不宜大于20m。

25.1.4 基准点宜采用国家或测区原有的高程系统或相应的控制点。新建基准点应设置在基坑外，不受环境影响的地点上；同一基坑回弹监测基准点数量不宜少于两点。

25.1.5 工作基点应布置在基坑外便于连接观测点的稳固位置上，间距不宜大于75m；工作基点布置应同时考虑将观测路线组成具有核验条件的网络。

25.2 仪器设备

25.2.1 基坑回弹原位测试设备及机件，应包括回弹标和埋设的回弹标的辅助设备机具，及相关变形观测的测量设备。

25.2.2 以回弹标顶端为观测点时，其顶端宜做成ϕ15～25mm的半球形，高度为25mm；当采用挂钩法观测时，回弹标顶端宜加工成相应的弯钩状。

25.2.3 回弹标的设计制作应符合其埋设后不易扰动和能与周围岩土体实现协同变形的技术要求。

25.2.4 回弹变形监测仪器设备应符合观测精度或控制等级要求，并满足相应的测量标准。

25.3 测试方法

25.3.1 埋设回弹标应符合下列规定：

1 钻孔埋设回弹标适用于基坑开挖深度大于10m的基坑。钻孔直径应不小于130mm，且大于回弹标的最大外径，垂直度应不大于2%；钻孔深度应保证满足回弹标压入深度要求，同时清除孔底沉淀物。

2 探井埋设回弹标适用于基坑开挖深度小于10m的基坑。探井直径宜采用800～1000mm，且应不大于1000mm。

3 回弹标应埋置于基坑开挖底面标高下200～300mm未扰动的岩土层中。

4 回弹标经过初次观测后，应及时回填钻孔或探井。回填时，应先用白灰或其他易于识别的土料回填500mm，然后用素土回填至孔口。

25.3.2 观测方法及技术要求应符合下列规定：

1 确认回弹标压入后，可采用套管、辅助杆观测法和悬垂尺观测法对回弹标进行初次观测。

2 测量精度应满足各回弹点的观测中误差均应不超过最大回弹变形值的1/20；但最弱监测点相对邻近工作基点的高差中误差应小于±1.0mm。

3 各观测点的回弹观测次数至少应为3次，即除初次观测外，还需在基坑开挖完后和基础底板混凝土浇筑前分别观测一次。

4 每一测站的观测，应按先后视基准点，再前视观测点（尺、杆）的顺序进行，每测3次读数为一组，以反复进行两组为一测回。每站至少应测两个测回。

25.4 资料整理

25.4.1 基坑回弹原位测试资料整理应包括下列内容：

1 绘制基坑回弹监测点平面图。

2 绘制各观测点变形趋势图和基坑底面回弹变形剖面图。

附录A 岩体应力计算

A.1 主应力计算

A.1.1 空间主应力大小及其方向的计算应符合下列要求：

1 主应力应按下列公式计算：

$$\sigma_1=2\sqrt{-\frac{P}{3}}\cos\frac{\omega}{3}+\frac{1}{3}J_1 \quad (A.1.1\text{-}1)$$

$$\sigma_2=2\sqrt{-\frac{P}{3}}\cos\frac{\omega+2\pi}{3}+\frac{1}{3}J_1 \quad (A.1.1\text{-}2)$$

$$\sigma_3=2\sqrt{-\frac{P}{3}}\cos\frac{\omega+4\pi}{3}+\frac{1}{3}J_1 \quad (A.1.1\text{-}3)$$

$$\omega=\arccos\left[-\frac{Q}{2\sqrt{-\left(\frac{P}{3}\right)^3}}\right] \quad (A.1.1\text{-}4)$$

$$P=-\frac{1}{3}J_1^2+J_2 \quad (A.1.1\text{-}5)$$

$$Q=-\frac{2}{27}J_1^3+\frac{1}{3}J_1J_2-J_3 \quad (A.1.1\text{-}6)$$

$$J_1=\sigma_x+\sigma_y+\sigma_z \quad (A.1.1\text{-}7)$$

$$J_2=\sigma_x\sigma_y+\sigma_y\sigma_z+\sigma_z\sigma_x-\tau_{xy}^2-\tau_{yz}^2-\tau_{zx}^2 \quad (A.1.1\text{-}8)$$

$$J_3=\sigma_x\sigma_y\sigma_z-\sigma_x\tau_{yz}^2-\sigma_y\tau_{zx}^2-\sigma_z\tau_{xy}^2+2\tau_{xy}\tau_{yz}\tau_{zx} \quad (A.1.1\text{-}9)$$

2 主应力与大地坐标系各轴夹角的方向余弦应按下列公式计算：

$$l_i=\sqrt{\frac{1}{1+\left[\frac{(\sigma_i-\sigma_x)\ \tau_{yz}+\tau_{xy}\tau_{zx}}{(\sigma_i-\sigma_y)\ \tau_{zx}+\tau_{xy}\tau_{yz}}\right]^2+\left[\frac{(\sigma_i-\sigma_x)\ (\sigma_i-\sigma_y)\ -\tau_{xy}^2}{(\sigma_i-\sigma_y)\ \tau_{zx}+\tau_{xy}\tau_{yz}}\right]^2}} \quad (A.1.1\text{-}10)$$

$$m_i=l_i\cdot\frac{(\sigma_i+\sigma_x)\ \tau_{yz}+\tau_{xy}\tau_{zx}}{(\sigma_i-\sigma_y)\ \tau_{zx}+\tau_{xy}\tau_{yz}} \quad (A.1.1\text{-}11)$$

$$n_i=l_i\cdot\frac{(\sigma_i-\sigma_x)\ (\sigma_i-\sigma_y)\ -\tau_{xy}^2}{(\sigma_i-\sigma_y)\ \tau_{zx}+\tau_{xy}\tau_{yz}} \quad (A.1.1\text{-}12)$$

i=1、2、3。

3 主应力的倾角 α_i 和方位角 β_i 应按下列公式计算：

$$\alpha_i=\arcsin m_i \quad (A.1.1\text{-}13)$$

$$\beta_i=\beta_0-\arcsin\frac{l_i}{\sqrt{1-m_i^2}}=\beta_0-\arctan\frac{l_i}{n_i} \quad (A.1.1\text{-}14)$$

式中 β_0——钻孔方位角；

i=1、2、3。

A.1.2 平面主应力大小及方向的计算应符合下列要求：

1 压磁应力计法应按下列公式计算：

$$\sigma_{1,2}=\frac{1}{3}\ (S'+S''+S''')\pm\frac{2}{3}\sqrt{(S'-S''')^2+(S''-S''')^2+(S'''-S')^2} \quad (A.1.2\text{-}1)$$

$$\tan2\theta=\frac{\sqrt{3}\ (S''-S''')}{2S'-S''-S'''} \quad (A.1.2\text{-}2)$$

式中 σ_1、σ_2——最大、最小主应力（MPa）；

S'、S''、S'''——三个测试方向的记录应力（MPa）；

θ——当 $\frac{(S''-S''')}{2S'-S''-S'''}<0$ 时，为最大主应力 σ_1 与记录应力 S' 的夹角；当 $\frac{(S''-S''')}{2S'-S''-S'''}>0$ 时，为最小主应力 σ_2 与记录应力 S' 的夹角。

2 四分向环式钻孔变形计法应按下列公式计算：

$$\sigma_{1,2}=\frac{1}{2}\left[(\sigma_x+\sigma_y)\ \pm\sqrt{(\sigma_x-\sigma_y)^2+\ (2\tau_{xy})^2}\right] \quad (A.1.2\text{-}3)$$

$$\tan2\alpha=\frac{2\tau_{xy}}{\sigma_x-\sigma_y} \quad (A.1.2\text{-}4)$$

式中 α——最大主应力与 X 轴的夹角，以反时针方向旋转量区为正。

A.2 应力分量计算

A.2.1 孔壁应变法大地坐标系下空间应力分量应按下列公式计算：

$$E\varepsilon_{ij}=A_{xx}\sigma_x+A_{yy}\sigma_y+A_{zz}\sigma_z+A_{xy}\tau_{xy}+A_{yz}\tau_{yz}+A_{zx}\tau_{zx} \quad (A.2.1\text{-}1)$$

$$A_{xx}=\sin^2\varphi_j\ (l_x^2+l_y^2-\mu l_z^2)\ -\cos^2\varphi_j\ [\mu\ (l_x^2+l_y^2)-l_z^2]\ -2\ (1-\mu^2)\ \sin^2\varphi_j\ [\cos2\theta_i\ (l_x^2-l_y^2)+2\sin2\theta_i l_x l_y]\ +2\ (1+\mu)\ \sin2\varphi_j\begin{bmatrix}\cos\theta_i l_y l_z\\ -\sin\theta_i l_x l_z\end{bmatrix} \quad (A.2.1\text{-}2)$$

$$A_{yy}=\sin^2\varphi_j\ (m_x^2+m_y^2-\mu m_z^2)\ -\cos^2\varphi_j\ [\mu\ (m_x^2+m_y^2)\ -m_z^2]\ -2\ (1-\mu^2)\ \sin^2\varphi_j\ [\cos2\theta_i\ (m_x^2-m_y^2)\ +2\sin2\theta_i m_x m_y]\ +2\ (1+\mu)\ \sin2\varphi_j\ [\cos\theta_i m_y m_z-\sin\theta_i m_x m_z] \quad (A.2.1\text{-}3)$$

$$A_{zz}=\sin^2\varphi_j\ (n_x^2+n_y^2-\mu n_z^2)\ -\cos^2\varphi_j\ [\mu\ (n_x^2$$

$+n_y^2) - n_z^2] - 2(1-\mu^2)\sin^2\varphi_j[\cos2\theta_i(n_x^2 - n_y^2) + 2\sin2\theta_i n_x n_y] + 2(1+\mu)\sin2\varphi_j[\cos\theta_i n_y n_z - \sin\theta_i n_x n_z]$ (A.2.1-4)

$$A_{xy} = 2\{\sin^2\varphi_j[l_x m_x + l_y m_y - \mu l_z m_z] - \cos^2\varphi_j[\mu(l_x m_x + l_y m_y) - l_z m_z] + 2(1-\mu^2)\sin^2\varphi_j[\cos2\theta_i l_y m_y - \sin2\theta_i(l_x m_x + l_y m_y)] + (1+\mu)\sin2\varphi_j[\cos\theta_i(l_y m_y + l_z m_z) - \sin\theta_i(l_x m_z + l_z m_x)]\} \quad (A.2.1\text{-}5)$$

$$A_{yz} = 2\{\sin^2\varphi_j[m_x n_x + m_y n_y - \mu m_z n_z] - \cos^2\varphi_j[\mu(m_x n_x + m_y n_y) - m_z n_z] + 2(1-\mu^2)\sin^2\varphi_j[\cos2\theta_i m_y n_y - \sin2\theta_i(m_x n_x + m_y n_y)] + (1+\mu)\sin2\varphi_j[\cos\theta_i(m_y n_z + m_z n_y) - \sin\theta_i(m_x n_z + m_z n_x)]\} \quad (A.2.1\text{-}6)$$

$$A_{zx} = 2\{\sin^2\varphi_j[l_x n_x + l_y n_y - \mu l_z n_z] - \cos^2\varphi_j[\mu(l_x n_x + l_y n_y) - l_z n_z] + 2(1-\mu^2)\sin^2\varphi_j[\cos2\theta_i l_y n_y - \sin2\theta_i(l_x n_x + l_y n_y)] + (1+\mu)\sin2\varphi_j[\cos\theta_i(l_y n_z + l_z n_y) - \sin\theta_i(l_x n_z + l_z n_x)]\} \quad (A.2.1\text{-}7)$$

式中 E——岩石弹性模量（MPa）；

ε_{ij}——实测岩芯应变（$\mu\varepsilon$）；

μ——岩石泊松比；

φ_j——应变片与钻孔轴向 Z 的夹角；

θ_i——应变丛与 X 轴的夹角；

σ_x、σ_y、σ_z、τ_{xy}、τ_{yz}、τ_{zx}——应力张量分量(MPa)；

l_x、m_x、n_x、l_y、m_y、n_y、l_z、m_z、n_z——钻孔坐标系各轴对大地坐标系的方向余弦。

A.2.2 孔底应变法大地坐标系下的空间应力分量应按下列公式计算：

$$E\varepsilon_i = A_{xx}^k\sigma_x + A_{yy}^k\sigma_y + A_{zz}^k\sigma_z + A_{xy}^k\tau_{xy} + A_{yz}^k\tau_{yz} + A_{zx}^k\tau_{zx} \quad (A.2.2\text{-}1)$$

$$A_{xx}^k = \lambda_1 l_{xk}^2 + \lambda_2 l_{yk}^2 + \lambda_3 l_{zk}^2 + \lambda_4 l_{xk} l_{yk} \quad (A.2.2\text{-}2)$$

$$A_{yy}^k = \lambda_1 m_{xk}^2 + \lambda_2 m_{yk}^2 + \lambda_3 m_{zk}^2 + \lambda_4 m_{xk} m_{yk} \quad (A.2.2\text{-}3)$$

$$A_{zz}^k = \lambda_1 n_{xk}^2 + \lambda_2 n_{yk}^2 + \lambda_3 n_{zk}^2 + \lambda_4 n_{xk} n_{yk} \quad (A.2.2\text{-}4)$$

$$A_{xy}^k = 2(\lambda_1 l_{xk} m_{xk} + \lambda_2 l_{yk} m_{yk} + \lambda_3 l_{zk} m_{zk}) + \lambda_4(l_{xk} m_{yk} + m_{xk} l_{yk}) \quad (A.2.2\text{-}5)$$

$$A_{yz}^k = 2(\lambda_1 m_{xk} n_{xk} + \lambda_2 m_{yk} n_{yk} + \lambda_3 m_{zk} n_{zk}) + \lambda_4(m_{xk} n_{yk} + n_{xk} m_{yk}) \quad (A.2.2\text{-}6)$$

$$A_{yz}^k = 2(\lambda_1 n_{xk} l_{xk} + \lambda_2 n_{yk} l_{yk} + \lambda_3 n_{zk} l_{zk}) + \lambda_4(n_{xk} l_{yk} + l_{xk} n_{yk}) \quad (A.2.2\text{-}7)$$

$$\lambda_1 = 1.25(\cos^2\theta_i - \mu\sin^2\theta_i) \quad (A.2.2\text{-}8)$$

$$\lambda_2 = 1.25(\sin^2\theta_i - \mu\cos^2\theta_i) \quad (A.2.2\text{-}9)$$

$$\lambda_3 = -0.75(0.645 + \mu)(1 - \mu) \quad (A.2.2\text{-}10)$$

$$\lambda_4 = 1.25(1 + \mu)\sin2\theta_i \quad (A.2.2\text{-}11)$$

式中 E——岩芯弹性模量（MPa）；

ε_i——实测岩芯应变（$\mu\varepsilon$）；

θ_i——第 i 片电阻片与钻孔坐标系 X_k 轴夹角，以逆时针向为正；

μ——岩石泊松比；

σ_x、σ_y、σ_z、τ_{xy}、τ_{yz}、τ_{zx}——应力张量分量(MPa)；

l_{xk}、m_{xk}、n_{xk}、l_{yk}、m_{yk}、n_{yk}、l_{zk}、m_{zk}、n_{zk}——第 k 钻孔坐标系各轴对于大地坐标系的方向余弦。

A.2.3 孔径变形法大地坐标系下空间应力分量计算应符合下列要求：

1 压磁应力计法空间应力分量应按下列公式计算：

$$S_{ij} = \frac{1}{3}(A_{ij}\sigma_x + B_{ij}\sigma_y + C_{ij}\sigma_z + D_{ij}\tau_{xy} + E_{ij}\tau_{yz} + F_{ij}\tau_{zx}) \quad (A.2.3\text{-}1)$$

$$A_{ij} = a_{ij} l_{i1}^2 + b_{ij} l_{i2}^2 + c_{ij} l_{i3}^2 + d_{ij} l_{ij} l_{i3} \quad (A.2.3\text{-}2)$$

$$B_{ij} = a_{ij} m_{i1}^2 + b_{ij} m_{i2}^2 + c_{ij} m_{i3}^2 + d_{ij} m_{ij} m_{i3} \quad (A.2.3\text{-}3)$$

$$C_{ij} = a_{ij} n_{i1}^2 + b_{ij} n_{i2}^2 + c_{ij} n_{i3}^2 + d_{ij} n_{ij} n_{i3} \quad (A.2.3\text{-}4)$$

$$D_{ij} = 2(a_{ij} l_{i1} m_{i1} + b_{ij} l_{i2} m_{i2} + c_{ij} l_{i3} m_{i3}) + d_{ij}(l_{i1} m_{i3} + l_{i3} m_{i1}) \quad (A.2.3\text{-}5)$$

$$E_{ij} = 2(a_{ij} m_{i1} n_{i1} + b_{ij} m_{i2} n_{i2} + c_{ij} m_{i3} n_{i3}) + d_{ij}(m_{i1} n_{i3} + m_{i3} n_{i1}) \quad (A.2.3\text{-}6)$$

$$F_{ij} = 2(a_{ij} n_{i1} l_{i1} + b_{ij} n_{i2} l_{i2} + c_{ij} n_{i3} l_{i3}) + d_{ij}(n_{i1} l_{i3} + n_{i3} l_{i1}) \quad (A.2.3\text{-}7)$$

$$a_{ij} = 1 + 2\cos2\theta_{ij} \quad (A.2.3\text{-}8)$$

$$b_{ij} = -\mu \quad (A.2.3\text{-}9)$$

$$c_{ij} = 1 - 2\cos2\theta_{ij} \quad (A.2.3\text{-}10)$$

$$d_{ij} = 4\sin2\theta_{ij} \quad (A.2.3\text{-}11)$$

式中 i——钻孔序号；

j——测试方向序号；

θ_{ij}——钻孔内某点测试方向与钻孔坐标系 ε_{ij} 的夹角；

l_{i1}、m_{i1}、n_{i1}、l_{i2}、m_{i2}、n_{i2}、l_{i3}、m_{i3}、n_{i3}——钻孔坐标系各轴对于大地坐标系的方向余弦。

2 四分向环式钻孔变形计法空间应力分量应按下列公式计算：

$$E\varepsilon_i = A_{xx}^k\sigma_x + A_{yy}^k\sigma_y + A_{zz}^k\sigma_z + A_{xy}^k\tau_{xy} + A_{yz}^k\tau_{yz} + A_{zk}^k\tau_{zx} \quad (A.2.3\text{-}12)$$

$$A_{xx}^k = l_{xk}^2 + l_{yk}^2 - \mu l_{zk}^2 + 2(1-\mu^2)\cos2\theta_i(l_{xk}^2 - l_{yk}^2) + 4(1-\mu^2)\sin2\theta_i l_{xk} l_{yk} \quad (A.2.3\text{-}13)$$

$$A_{yy}^k = m_{xk}^2 + m_{yk}^2 - \mu m_{zk}^2 + 2(1-\mu^2)\cos2\theta_i(m_{xk}^2 - m_{yk}^2) + 4(1-\mu^2)\sin2\theta_i m_{xk} m_{yk} \quad (A.2.3\text{-}14)$$

$$A_{zz}^k = n_{xk}^2 + n_{yk}^2 - \mu n_{zk}^2 + 2(1-\mu^2)\cos2\theta_i(n_{xk}^2 - n_{yk}^2) + 4(1-\mu^2)\sin2\theta_i n_{xk} n_{yk} \quad (A.2.3\text{-}15)$$

$A_{xy}^k = 2(l_{xk} m_{xk} + l_{yk} m_{yk} - \mu l_{zk} m_{zk}) + 4(1-\mu^2)$

$$\cos2\theta_i\ (l_{xk}m_{xk}-l_{yk}m_{yk})+4\ (1-\mu^2)$$
$$\sin2\theta_i\ (l_{xk}m_{yk}+l_{yk}m_{xk}) \qquad (A.2.3\text{-}16)$$
$$A^k_{yz}=2\ (m_{xk}n_{xk}+m_{yk}n_{yk}-\mu m_{zk}n_{zk})+4\ (1-\mu^2)$$
$$\cos2\theta_i\ (m_{xk}n_{xk}-m_{yk}n_{yk})+4\ (1-\mu^2)$$
$$\sin2\theta_i\ (m_{xk}n_{yk}+n_{xk}m_{yk}) \qquad (A.2.3\text{-}17)$$
$$A^k_{zk}=2\ (n_{xk}l_{xk}+n_{yk}l_{yk}-\mu n_{zk}l_{zk})+4\ (1-\mu^2)$$
$$\cos2\theta_i\ (n_{xk}l_{xk}-n_{yk}l_{yk})+4\ (1-\mu^2)\ \sin2\theta_i$$
$$(n_{xk}l_{yk}+l_{xk}n_{yk}) \qquad (A.2.3\text{-}18)$$

式中 E——岩石弹性模量（MPa）；

θ_i——钻孔变形计触头测试方向与该钻孔坐标 X 轴的夹角；

σ_x、σ_y、σ_z、τ_{xy}、τ_{yz}、τ_{zx}——应力张量分量(MPa)；

l_{xk}、m_{xk}、n_{xk}、l_{yk}、m_{yk}、n_{yk}、l_{zk}、m_{zk}、n_{zk}、l_{xk}——第 k 钻孔坐标系各轴对于大地坐标系的方向余弦。

3 四分向环式钻孔变形计法平面应力分量应按下列公式计算：

$$E\varepsilon_i=A_{xx}\sigma_x+A_{yy}\sigma_y+A_{xy}\tau_{xy}-\mu\sigma_z \qquad (A.2.3\text{-}19)$$
$$A_{xx}=1+2\ (1-\mu^2)\ \cos2\theta_i \qquad (A.2.3\text{-}20)$$
$$A_{yy}=1-2\ (1-\mu^2)\ \cos2\theta_i \qquad (A.2.3\text{-}21)$$
$$A_{xy}=4\ (1-\mu^2)\ \sin2\theta_i \qquad (A.2.3\text{-}22)$$

式中 σ_x、σ_y、τ_{xy}——垂直钻孔轴向的平面内的应力分量（MPa）；

σ_z——沿钻孔轴向的空间应力分量，在特殊情况下可忽略不计(MPa)。

附录B 力传感器和测力计的标定与计算

B.1 一般规定

B.1.1 用于标定力传感器和测力计的计量设备，必须按国家计量管理规定定期送计量局检定。

B.1.2 力传感器的标定应符合下列规定：

1 力传感器标定时的最大加载量应根据其额定荷载确定。新组装的传感器在正式标定前应进行3～4次满负荷加载和卸载。

2 传感器标定时，在分级加（卸）荷过程中，出现加（卸）荷过量时，宜将荷载回复到原级荷载，再加（卸）至下一级荷载。

3 力传感器标定宜在室温（20℃±5℃）环境中进行，并应连同配套使用的仪器、电缆一道参与标定；同型号仪器、电缆经检定确认不致引起标定系数或供桥电压的改变量大于1%时，方可调换使用。

4 力传感器的标定系数或供桥电压值的有效期为3个月，逾期应重新标定。传感器在使用过程中出现测试数据异常时，应随时进行校验标定。

5 对批量性加工、组装并经标定检验合格的力传感器，宜抽取其总数的10%～20%进行时漂和温漂的检验标定。

6 力传感器经标定合格后，应将标定数据与计算结果逐项填入本规范附录E表E.0.1或表E.0.2中，存档备查。

B.1.3 测力计的检测精度不得低于Ⅲ等标准测力计的精度。

B.2 传感器标定

B.2.1 用固定桥压法标定传感器时，应符合下列要求：

1 在固定供桥电压下，对传感器加、卸荷应逐级进行。每级荷载增量可取最大加载量的1/10～1/7。

2 每级加、卸荷均应记录仪表输出值。

3 每个拉、压传感器的标定，其加、卸荷不得少于3个循环过程，并应符合下列要求：

1）顶柱式传感器或传感器与传力垫可以相对转动的探头，每加、卸荷一个循环后，应转动顶柱或传力垫90°或120°，再开始下一个加、卸荷循环过程；

2）传感器与传力垫不能相对转动的探头，可将整个探头在标定架上转动90°或120°以实施加、卸荷循环过程。

B.2.2 扭力传感器的标定，应符合下列规定：

1 将传感器的一端固定在专用标定架的力矩盘中，另一端嵌入活动支座中。

2 接通记录仪，并将仪表预调零。

3 观察传感器和记录仪同时预热条件下仪表的零位漂移情况。然后锁定活动支座，注意观察支座锁定时仪表是否产生附加漂移；出现附加漂移时，应查找原因，设法消除。

4 零漂稳定和附加漂移消除后，复将仪表调零，即可进行正式标定。

5 用专用砝码通过力矩盘对传感器逐级施加扭矩，同时记录各级扭矩时的仪表输出值（读数）。至额定荷载加上后，逐级卸荷并记录读数，完成一个加、卸荷循环过程。

6 松开活动支座，将力矩盘连同传感器转动60°或120°，重复上述步骤，反复加、卸荷6或3个循环过程。

B.2.3 开口钢环的标定应符合下列要求：

1 标定前将仪表安置就位，并将仪表预调零。

2 用砝码对力矩盘逐级施加荷载，记录各级荷载下的钢环变形量，然后逐级卸荷并记录钢环变形量

（即量表读数）。

3 转动力矩盘约90°，重复上述步骤，反复标定4次。

B.3 标定系数计算

B.3.1 传感器扭矩标定系数应按下列公式计算：

$$\xi=\sum_{i=1}^{n}\left(\varepsilon_i M_i\Big/\sum_{i=1}^{n}\varepsilon_i\right)^2 \tag{B.3.1-1}$$

$$M_i=\xi\varepsilon_i \tag{B.3.1-2}$$

式中 ξ——传感器扭矩标定系数（kN/με）；

M_i——传感器亦即十字板头第 i 级扭矩（kN·m）；

ε_i——第 i 级扭矩时各次仪表读数平均值（με）。

B.3.2 钢环标定系数应按下式计算：

$$\xi=L\bar{P}/\bar{s} \tag{B.3.2}$$

式中 ξ——钢环标定系数（kN·m/mm）；

$\bar{P}$——平均荷载（kN）；

$\bar{s}$——$\bar{P}$ 作用下的平均变形量（mm）；

L——力矩盘的力臂（m）。

B.3.3 传感器压力标定系数应按下列公式计算：

$$\xi=\sum_{i=1}^{n}\bar{x}_i P_i\Big/\left[A\sum_{i=1}^{n}(\bar{x}_i)^2\right] \tag{B.3.3-1}$$

$$\bar{x}_i=(x_i^{+}+x_i^{-})/2 \tag{B.3.3-2}$$

式中 ξ——传感器压力标定系数（kPa/με）；

P_i——第 i 级荷载值（kPa）；

A——探头的工作面积（cm^2）；

x_i^{+}——加至第 i 级荷载时，仪表各次读数平均值；

x_i^{-}——卸至第 i 级荷载时，仪表各次读数平均值。

B.3.4 由本规范式（B.3.1）和式（B.3.3）确定的直线可定为“最佳标定线”。

B.3.5 传感器标定后的各项检测误差可按下列各式计算：

非线性误差 $\delta_l=|x_i^{\pm}-x_i|_{max}/FS$ （B.3.5-1）

重复性误差 $\delta_r=(\Delta x_i^{\pm})_{max}/FS$ （B.3.5-2）

滞后误差 $\delta_s=|x_i^{+}-x_i^{-}|_{max}/FS$ （B.3.5-3）

归零误差 $\delta_0=|x_0|/FS$ （B.3.5-4）

式中 $x_i^{\pm}$——对应于第 i 级荷载 P_i 的重复加荷或卸荷时仪表的平均输出值；

x_i——最佳标定线上对应于 P_i 的仪表输出值；

$(\Delta x_i^{\pm})_{max}$——重复加荷或卸荷至 P_i 时仪表输出值的极差；

x_i^{+}——重复加荷至 P_i 时仪表的平均输出值；

x_i^{-}——重复卸荷至 P_i 时仪表的平均输出值；

x_0——卸荷归零时仪表的最大不归零读数；

FS——对应的仪表满量程输出值。

B.3.6 力传感器起始感量 Y_0 可按下式计算：

$$Y_0=\xi\Delta x \tag{B.3.6}$$

式中 Δx——仪表的有效最小分度值。

B.3.7 力传感器的灵敏性可根据起始感量 Y_0 按表B.3.7分级。Y_0 值不符合表B.3.7的规定时，应提高供桥电压或换用薄壁传感器，重新标定、计算。

表B.3.7 传感器灵敏性按起始感量 Y_0（kPa）分级

触探指标（kPa）	灵敏性分级		
	Ⅰ	Ⅱ	Ⅲ
P_s、q_c	$Y_0<30$	$30\leqslant Y_0<75$	$75\leqslant Y_0<90$
f_s	$Y_0<2$	$2\leqslant Y_0<4$	$4\leqslant Y_0<6$
u_d、u_T	$Y_0<2$	$2\leqslant Y_0<4$	$4\leqslant Y_0<8$

附录C 旁压器率定

C.0.1 旁压仪的率定应符合下列要求：

1 每一项工程试验前，包括第一次使用的旁压仪或旁压器，均应进行率定。

2 更换弹性膜时，应进行率定。

3 当弹性膜累计试验次数达20次，或在旁压临塑压力 $P_f\leqslant 0.1$MPa的地层中进行过10次试验时，均应进行率定。

4 接长或缩短导管及更换测压管或注水管时，均应进行率定。

5 率定工作应在环境温度接近试验点地层温度的条件下进行。

C.0.2 弹性膜约束力率定应符合下列规定：

1 对旁压仪注水、调零。

2 对弹性膜进行加压和退压，使之自由膨胀4～5次。

3 将旁压器竖立于地面，准确测量旁压器测试腔中点至测管水平面的高度，使弹性膜呈自由状态。

4 高压型旁压仪应按25kPa、低压型旁压仪应按10kPa增量逐级施加压力；高压型应按15s、30s、60s，低压型应按30s、60s、120s，记录各级压力下的测量腔体积膨胀量 V_m 或测管水位下降值 s_m，并按附录E表E.0.3规定记录。

5 当实测体积变形量达到600cm^3 或实测测管水位下降值达到40cm时，可终止率定并同时退压。

6 资料整理应根据记录的总压力和实测体积变形量或实测测管水位下降值，绘制 P—V 或 P—s 曲线，此曲线即为弹性膜约束力 P_i 的率定结果。

C.0.3 仪器综合变形率定应符合下列规定：

1 将旁压仪注水、调零。

2 将旁压器放入校正试验管内，并竖立于地面。

3 高压型旁压仪应按 500kPa、低压型旁压仪应按 100kPa 增量逐级施加压力，每级观测时间 60s 并按附录 E 表 E.0.4 记录各级压力下的 V_m 或 s_m。

4 当压力级数达到 7～10 级时，可终止率定并同时退压。

5 资料整理应根据记录的压力表读数与实测体积变形量或实测测管水位下降值，绘制 $P—V$ 或 $P—s$ 曲线，曲线直线段斜率 $\Delta V/\Delta P$ 或 $\Delta s/\Delta P$ 即为综合体变系数 α_v（cm^3/kPa）或 α_s（cm/kPa）。

附录 D　探头规格及更新标准

D.0.1 标准贯入试验设备规格及更新标准应符合表 D.0.1 和图 D.0.1 的要求。

表 D.0.1　标准贯入试验设备规格和精度

部位名称		规　格	精　度
贯入器	对开管	外径　51mm 内径　35mm	±1mm ±1mm 粗糙度 3.2 椭圆度 0.08mm 同轴度 0.05mm
		长度　>500mm	—
	贯入器靴	长度　50～76mm 刃口厚　2.5mm； 角度　18°～20°	—
穿心锤		质量　63.5kg	±0.5kg
导向杆		自由落锤高度　760mm	±20mm
钻杆		直径　42mm	弯曲度≤1‰

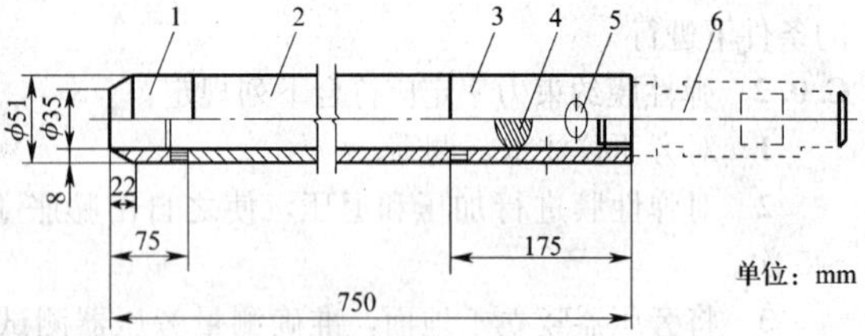

图 D.0.1　标准贯入试验探头外形（mm）

1—贯入器靴；2—贯入器身；3—贯入器头；4—钢球；5—排水孔；6—钻杆接头

D.0.2 动力触探试验设备机件规格及更新标准应符合表 D.0.2 和图 D.0.2 的要求。

表 D.0.2　动力触探试验设备机件规格

机件名称及加工内容		轻　型	重　型	超重型
落锤	质量（kg）	10.0±0.2	63.5±0.5	120.0±1.0
	标准落距（cm）	50±2	76±2	100±2
探头	直径（mm）	40.0	74.0	74.0
	锥尖角（°）	60.0	60.0	60.0
触探杆	直径（mm）	25.0	42.5	50.0～63.0
	质量（kg/m）	—	<8.0	<12.0

续表 D.0.2

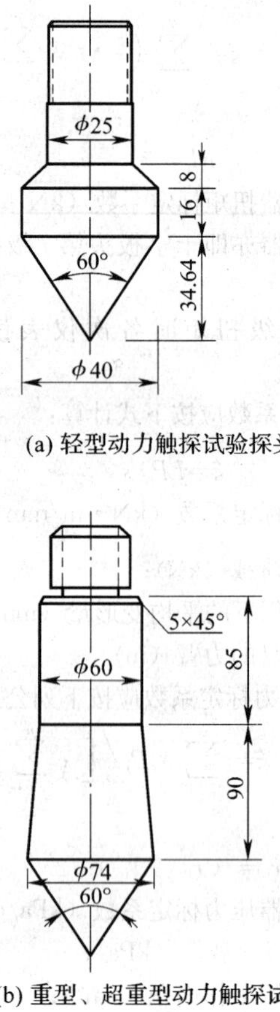

(a) 轻型动力触探试验探头

(b) 重型、超重型动力触探试验探头

图 D.0.2　动力触探试验探头外形（mm）

D.0.3 单桥探头规格及更新标准应符合表 D.0.3 和图 D.0.3 的要求。

表 D.0.3　单桥探头规格

探头断面积 A（cm^2）	锥角 θ（°）	探头直径：公称直径 D（mm）	探头直径：公差（mm）	有效侧壁长：公称长度 L（mm）	有效侧壁长：公差（mm）	探头管直径 d（mm）	更新标准：锥头直径 D（mm）	更新标准：锥高 H（mm）	更新标准：外形
10	60±1	35.7	+0.180	57	±0.28	D>d≥30	<34.8	<25	1. 锥面及套筒变形明显，出现刻痕；2. 锥尖压损；3. 套筒活动不便
15		43.7	+0.220	70	±0.35	36	<42.6	<31	
20		50.4	+0.250	81	±0.40	D>d≥42	<49.2	<37	

D.0.4 双桥探头、孔压探头规格及更新标准应符合表 D.0.4 和图 D.0.4 的要求。

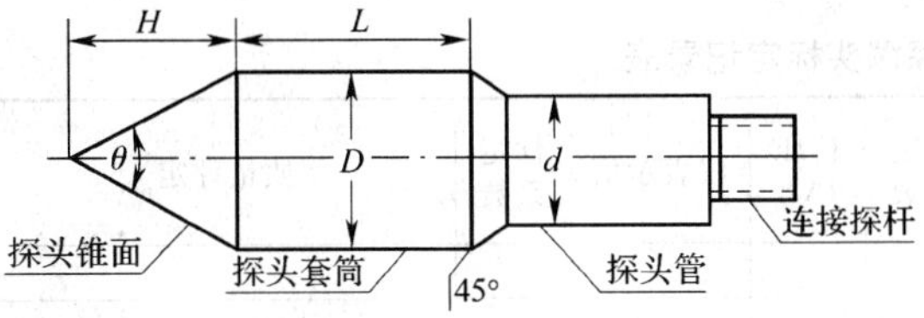

图 D.0.3　单桥探头外形

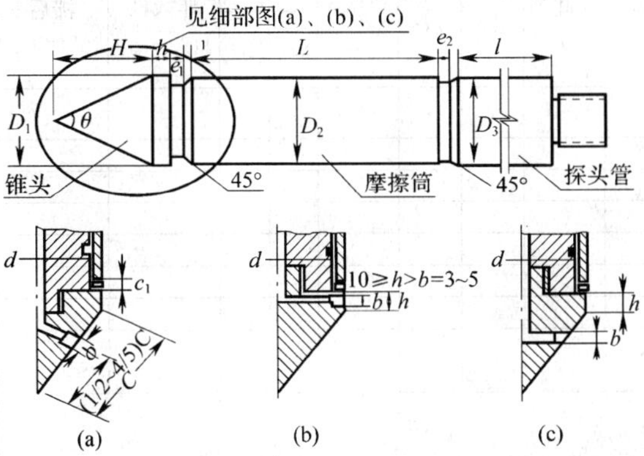

图 D.0.4　双桥探头及孔压探头形状

表 D.0.4　双桥探头及孔压探头规格

锥底面积（cm^2）		10	15	20
锥头	锥角 θ（°）	60±1		
锥头	公称直径 D_1（mm）	35.7	43.7	50.4
锥头	直径公差（mm）	+0.180 0	+0.220 0	+0.250 0
锥头	圆柱高度 h（mm）	≤10		
锥头	有效面积比①a	0.4±0.05		
锥头	过滤片与土接触面积 S_1（cm^2）	≥1.7		
摩擦筒	公称直径 D_2（mm）	35.7	43.7	50.4
摩擦筒	直径公差（mm）	+0.35 +0.20	+0.43 +0.24	+0.50 +0.27
摩擦筒	公称长度 L（mm）	133.7	218.5	189.5
摩擦筒	长度公差（mm）	+0.60 −0.90	+0.90 −1.10	+0.80 −0.95
摩擦筒	有效表面积 S（mm^2）	150	150	300
锥头与摩擦筒间距 e_1（mm）		≤5		
摩擦筒与探头管间距②e_2（mm）		≤3		
孔压探头全长（mm）		$h+e_1+L+e_2+l \geqslant 1000$		
探头管直径 D_3（mm）		$(D_1-1.1) \leqslant D_3 \leqslant (D_1-0.3)$		
更新标准	D_1（mm）	<34.8	<42.6	<49.2
更新标准	$D_2$③（mm）	≤34.8	≤42.6	≤49.2
更新标准	锥高 H（mm）	<25	<31	<37
更新标准	外形	1. 锥面及套筒变形明显，出现刻痕；2. 摩擦筒活动不便；3. $D_2<D_1$ 时；4. 锥尖压损；5. 过滤片与土接触面凹于锥头表面或透水失效		

注：① $\alpha=F_A/A$，$F_A=1/4\pi d^2$，对孔压探头 a 值不受限制；

② e_1、e_2 为工作状态下的间距；

③ 对同一枚探头，D_2 必须大于 D_1。

附录 E　仪器标定记录表

表 E.0.1　电测十字板板头率定记录表

板头编号：　　　　率定装置力臂长（m）：　　　　仪器型号：

级数	每级荷重（N）	扭力矩 M（N·m）	加载（$\mu\varepsilon$、mV）第1次	第2次	第3次	平均值	卸载（$\mu\varepsilon$、mV）第1次	第2次	第3次	平均值

工程名称：	率定人员：
试验负责人：	日期：

附录 E.0.2 静力触探探头标定记录表

探头号	标定内容	工作面积 (cm²)	电缆规格	电缆长度 (m)	应变计灵敏度	仪器号	仪器型号	率定系数	桥压 (V)	仪表示值	标定系数	质量评定

N	各级荷载 P_i (kN)	仪表读数 x (με; mV) 加荷 x_i^+				卸荷 x_i^-				平均读数 加荷 $\bar{x}_i^+$	卸荷 $\bar{x}_i^-$	加卸荷 $\bar{x}$	运算 $\bar{x}_i$	$\bar{x}P_i$	最佳值 x_i	偏差值 重复性 Δx_i^+	Δx_i^-	非线性 $\lvert x_i^\pm - \bar{x}_i \rvert$	滞后 $\lvert x_i^+ - x_i^- \rvert$
										Σ									

$\xi = \sum(\bar{x}_i P_i)/A\sum(x_i^-)^2 =$	$s = \sqrt{\frac{1}{n-1}}\sqrt{\sum(x_{i\max}^{\pm} - \bar{x}_i)^2}$	
$\delta_\tau = (\Delta x_i^\pm)_{\max}/FS =$ %		评定意见：
$\delta_l = \lvert x_i^\pm - x_i^- \rvert_{\max}/FS =$ %	起始感量：$Y_0 = \varepsilon \cdot \Delta x$	
$\delta_s = \lvert x_i^+ - x_i^- \rvert_{\max}/FS =$ %		工程名称： 率定人员：
$\delta_0 = \lvert x_0 \rvert_{\max}/FS =$ %		试验负责人： 日 期：

表 E.0.3 旁压器仪弹性膜约束力率定记录表

工程名称						
旁压器型号	使用次数	净水压力 P_w	率定温度（℃）	率定次数	率定日期	
					年 月 日	
级 数	压力表读数 P_m (kPa)	总压力 $P = P_m + P_w$ (kPa)	实测体积变形量 V_m（cm³）或实测测管水位下降值 S_m（cm）			
			15s	30s	60s	120s
1						
2						
3						
4						

试验负责人： 记录： 复核：

表 E.0.4 旁压器仪器综合变形率定记录表

工程名称					
旁压器型号	使用次数	率定温度（℃）	率定次数	率定日期	
				年 月 日	
级 数	压力表读数 P_m（kPa）		实测体积变形量 V_m（cm³）或实测测管水位下降值 S_m（cm）		
			15s	30s	60s
1					
2					
3					
4					
5					
6					
7					
8					

试验负责人： 复核： 记录：

本规范用词说明

1 为便于在执行本规范条文时区别对待，对要求严格程度不同的用词说明如下：

1）表示很严格，非这样做不可的用词：
正面词采用“必须”，反面词采用“严禁”。

2）表示严格，在正常情况下均应这样做的用词：
正面词采用“应”，反面词采用“不应”或“不得”。

3）表示允许稍有选择，在条件许可时首先应这样做的用词：
正面词采用“宜”，反面词采用“不宜”；
表示有选择，在一定条件下可以这样做的用词，采用“可”。

2 本规范中指明应按其他有关标准、规范执行的写法为“应符合……的规定”或“应按……执行”。

中华人民共和国国家标准

冶金工业岩土勘察原位测试规范

GB/T 50480—2008

条　文　说　明

目　次

1　总则 ………………………… 1—63—57
3　基本规定 ………………………… 1—63—57
4　载荷试验 ………………………… 1—63—57
4.1　一般规定 ………………………… 1—63—57
4.2　试验设备 ………………………… 1—63—57
4.3　试验方法 ………………………… 1—63—57
4.4　资料整理 ………………………… 1—63—58
5　单桩静载试验 ………………………… 1—63—58
5.1　一般规定 ………………………… 1—63—58
5.2　试验设备 ………………………… 1—63—58
5.3　试验方法 ………………………… 1—63—59
5.4　资料整理 ………………………… 1—63—59
6　标准贯入试验 ………………………… 1—63—60
6.1　一般规定 ………………………… 1—63—60
6.2　试验设备 ………………………… 1—63—60
6.3　试验方法 ………………………… 1—63—60
6.4　资料整理 ………………………… 1—63—60
7　动力触探试验 ………………………… 1—63—60
7.1　一般规定 ………………………… 1—63—60
7.2　试验设备 ………………………… 1—63—60
7.3　试验方法 ………………………… 1—63—60
7.4　资料整理 ………………………… 1—63—61
8　电测十字板剪切试验 ………………………… 1—63—61
8.1　一般规定 ………………………… 1—63—61
8.2　仪器设备 ………………………… 1—63—61
8.3　试验方法 ………………………… 1—63—61
8.4　资料整理 ………………………… 1—63—61
9　静力触探试验 ………………………… 1—63—62
9.1　一般规定 ………………………… 1—63—62
9.2　仪器设备 ………………………… 1—63—62
9.3　试验方法 ………………………… 1—63—62
9.4　资料整理 ………………………… 1—63—62
10　预钻式旁压试验 ………………………… 1—63—63
10.1　一般规定 ………………………… 1—63—63
10.2　仪器设备 ………………………… 1—63—63
10.3　试验方法 ………………………… 1—63—63
10.4　资料整理 ………………………… 1—63—64
11　扁铲侧胀试验 ………………………… 1—63—64
11.1　一般规定 ………………………… 1—63—64
11.2　仪器设备 ………………………… 1—63—65
11.4　资料整理 ………………………… 1—63—65
12　现场直剪试验 ………………………… 1—63—65
12.1　一般规定 ………………………… 1—63—65
12.2　试验设备 ………………………… 1—63—65
12.3　试验方法 ………………………… 1—63—65
12.4　资料整理 ………………………… 1—63—66
13　压水试验 ………………………… 1—63—66
13.1　一般规定 ………………………… 1—63—66
13.2　试验设备 ………………………… 1—63—67
13.3　试验方法 ………………………… 1—63—67
13.4　资料整理 ………………………… 1—63—67
14　注水试验 ………………………… 1—63—68
14.1　一般规定 ………………………… 1—63—68
14.3　试验方法 ………………………… 1—63—68
14.4　资料整理 ………………………… 1—63—68
15　抽水试验 ………………………… 1—63—68
15.1　一般规定 ………………………… 1—63—68
15.2　试验设备 ………………………… 1—63—68
15.3　试验方法 ………………………… 1—63—68
15.4　资料整理 ………………………… 1—63—68
16　波速测试 ………………………… 1—63—69
16.1　一般规定 ………………………… 1—63—69
16.2　仪器设备 ………………………… 1—63—69
16.3　测试方法 ………………………… 1—63—69
16.4　资料整理 ………………………… 1—63—69
17　动力机器基础地基动力特性测试 ………………………… 1—63—70
17.1　一般规定 ………………………… 1—63—70
17.2　仪器设备 ………………………… 1—63—70
17.3　测试方法 ………………………… 1—63—70
17.4　资料整理 ………………………… 1—63—71
18　原位密度测试 ………………………… 1—63—71
18.1　一般规定 ………………………… 1—63—71
18.2　仪器设备 ………………………… 1—63—71
18.3　试验方法 ………………………… 1—63—71
19　原位冻胀量试验 ………………………… 1—63—71
19.1　一般规定 ………………………… 1—63—71
19.2　试验设备 ………………………… 1—63—71

19.3 试验方法 …………………………… 1—63—71
20 原位冻土融化压缩试验 ………… 1—63—72
20.1 一般规定 …………………………… 1—63—72
20.2 试验设备 …………………………… 1—63—72
20.3 试验方法 …………………………… 1—63—72
21 岩体应力测试 ………………… 1—63—72
21.1 一般规定 …………………………… 1—63—72
21.3 试验方法 …………………………… 1—63—72
22 振动衰减测试 ………………… 1—63—72
22.1 一般规定 …………………………… 1—63—72
22.3 测试方法 …………………………… 1—63—73
22.4 资料整理 …………………………… 1—63—73
23 地微振测试 ………………… 1—63—73
23.1 一般规定 …………………………… 1—63—73
23.2 仪器设备 …………………………… 1—63—73
23.3 测试方法 …………………………… 1—63—73
23.4 资料整理 …………………………… 1—63—73
24 地电参数原位测试 ……………… 1—63—73
24.1 一般规定 …………………………… 1—63—73
24.2 仪器设备 …………………………… 1—63—73
24.3 测试方法 …………………………… 1—63—73
24.4 资料整理 …………………………… 1—63—74
25 基坑回弹原位测试 ……………… 1—63—74
25.1 一般规定 …………………………… 1—63—74
25.2 仪器设备 …………………………… 1—63—74
25.3 测试方法 …………………………… 1—63—74

1 总 则

1.0.1 统一岩土工程勘察原位测试工作的方法和技术要求，应用先进的原位测试技术，对提高岩土工程勘察质量、提高投资效益具有重要意义。

1.0.2 本规范除适用于岩土工程勘察中的原位测试外，还可应用于基础施工中的工程质量检测。国内各行业岩土勘察中采用的原位测试方法和所提供的测试参数基本相同，因此其他行业同类工作可参照执行。

1.0.3 现场作业过程中要以人为本，遵守国家现行的安全与劳动保护条例，做到安全生产。

1.0.4 在执行本规范时，尚应符合的国家现行有关标准、规范。主要包括：《冶金工业建设岩土工程勘察规范》、《岩土工程勘察规范》GB 50021、《建筑地基基础设计规范》GB 50007、《建筑抗震设计规范》GB 50011、《土工试验方法标准》GB/T 50123、《湿陷性黄土地区建筑规范》GB 50025、《冻土工程地质勘察规范》GB 50324 等，尤其是其中的强制性条文。

3 基 本 规 定

3.0.1 为了做好原位测试工作，测试前宜编制测试方案。当需要与其他专业相配合时，在测试方案中应予以说明，并注明相关要求，以便顺利地进行测试，保证满足工程设计的需要。

3.0.2 选择原位测试方法时，在满足工程和设计要求的前提下，应结合场地环境、地质条件、岩土勘察阶段、设备要求等因素，优先选择适用性强、地区经验丰富的原位测试方法。

3.0.3 原位测试孔位和点位应能控制主要受力层和软弱下卧层，并应满足对其均匀性评价的要求。在选定的代表性地点或有重要意义的地点，取少量试样进行室内试验，有利于缩短勘察周期，提高勘察质量。

3.0.4 对于由测试仪器、测试条件、测试方法、操作技能、土层不均匀性等因素引起的误差应有基本估计，应剔除异常数据，提高测试数据的精度。对测试资料的统计分析和选定应按现行国家标准《岩土工程勘察规范》GB 50021 第 14.2 节的有关规定执行。

3.0.5 原位测试成果的应用，应以地区经验的积累为依据。由于我国冶金工业各地的土层条件、岩土特性有很大差别，建立统一的经验关系是不可取的；应建立地区性经验关系，并与室内试验结合使用，进行综合分析，检验其可靠性。

3.0.6 本条规定了编写测试报告应包括的基本内容，其目的是保证测试资料、测试成果完整齐全，以便于设计使用；同时也有利于与其他试验成果的对比，为积累经验创造条件。

4 载 荷 试 验

4.1 一 般 规 定

4.1.2 由于地基往往是由多层土组成的非均质体，简单地把试验点选择在主要持力层分布地段或把试验深度选在基底持力层标高上，当土层变化复杂时，载荷试验反映的压板下影响深度以内的地基土性状将与基础下实际地基土性状出入很大。因此，岩土工程勘察中的载荷试验的位置、试验层位的选择应在基本了解了勘察场地地层条件、设计参数的条件下决定，尽量选择有代表性的地段、深度进行试验，以做到有的放矢。

4.1.3 载荷试验设备安装过程中，试验面应整平并铺设 10～20mm 厚的中、粗砂，砂面应使用水平尺在多个方向找平，以使压板与试验面有良好接触。以保证承压板承受均布荷载，不产生偏心荷载。

4.1.4 平板载荷试验是基于竖向荷载作用在半无限体表面的弹性理论的一种测试方法。因此，试坑的宽度应满足压板下土体的受力条件。试坑宽度不应小于 3 倍的压板直径或边长是假定为半无限体表面的起码条件。

4.2 试 验 设 备

4.2.1 本条规定了载荷试验承压板的基本尺寸，试验时应结合工程的具体要求、地质条件、试验目的选择与之相适应的承压板。圆形承压板，符合轴对称的弹性理论。

4.2.2 千斤顶、压力表、油泵使用时，其最大使用量程不宜大于额定最大量程的 80%，否则，可能产生漏油、卸压、损坏仪表、计量精度下降等。因此，在试验前应计算好加载量和最大试验压力，选择合适的千斤顶和压力表，以免影响试验。为保证试验量测精度，规定压力表的精度应优于 0.4 级。

4.2.4 载荷试验通常情况下采用外堆重物提供反力，千斤顶加荷的方式。但应注意外荷平台底面应高于千斤顶一定距离，且平台堆载后不应有向下弯曲变形，以防止试验土层在试验未开始便承受了预压，影响试验结果。

4.3 试 验 方 法

4.3.1 稳定法平板载荷试验即通常定义上的慢速维持荷载法或沉降相对稳定法，在岩土工程界应用广泛。这是一种最接近于上部荷载施加过程中地基与基础相互作用的试验方法，用于确定基础底面以下基础主要持力层的承载力和排水条件下的固结变形特性，效果较理想。

4.3.2 试验的压板沉降在某级荷载施加后，一般情况下在1h之内便可完成该级荷载下总沉降的80%以上。因此，规定的前1h观测时间间隔较短，目的在于了解沉降的发生、发展趋势。2h内每1h沉降量不超过0.1mm即为相对沉降稳定标准。

4.3.5 压板周围土体明显侧向挤出、隆起或产生裂缝，表明试验土体已发生了剪切破坏，其所承受的荷载已达到极限强度。沉降量急骤增大，荷载—沉降曲线出现陡降段，或24h内沉降不能达到稳定标准时，不论沉降的增加是等速的或加速的，均表明试验土体已经出现塑性变形，其所承受的荷载已使土体达到了变形破坏的极限状态。$s/d \geqslant 0.06$是限制变形的正常使用极限状态。

4.3.7 参照湿陷性黄土静载荷试验，在现场测定湿陷性土的湿陷起始压力，可采用单线法静载荷试验或双线法静载荷试验。虽然单线法试验结果比双线法更符合实际，但单线法的试验工作量较大，故本规范采用双线法静载荷试验，在同一场地的相邻地段和相同标高，应设置2处静载荷试验。

4.3.8 单荷级循环法，选择一个荷级，以等速加荷、卸荷，反复进行，直至达到弹性变形接近常数为止。多荷级循环法，选择3～4个荷级，每一荷级反复进行加荷、卸荷5～8次，直到弹性变形为一定值后进行第2个荷级试验，以此类推，直至加完预定的荷级。考虑到土并非纯弹性体，在同一荷载作用下，不同回次的弹性变形量是不相同的，前后两个回次弹性变形差值小于0.05mm时，可作为稳定的标准，并取最后一次弹性变形值。如果前后两个差值在0.05～0.08mm，可以取最后两次弹性变形的平均值。

4.4 资 料 整 理

4.4.1 在数据整理过程中，首先应对观测沉降量进行误差修正，c、s_0一般通过最小二乘法对实测的P—s曲线进行拟合。实践表明，最小二乘法拟合后的P—s曲线能够代表试验土层的应力应变关系。

4.4.2 界限值是有明确物理意义的，也是载荷试验获得的最基本的数据。地基承载力则是人为按一定条件定义的，是根据界限值再确定的。

1 P—s曲线转折点明显时，该转折点代表地基的临塑荷载起点。

2 P—s曲线转折点不明显时，按s/d确定的承载力特征值f_{ak}，即为限制变形的正常使用极限状态的应力。

3 湿陷性土静载荷试验P—s_s曲线比例界限点所对应的压力，代表了湿陷性土的结构强度，在该压力的作用下若浸水，土体结构强度将丧失，土体颗粒将发生位移并重新排列，产生较大的附加沉降。

4.4.5 确定地基土基床系数K_s，一般按太沙基建议的方法进行基础尺寸和形状的修正。对于砂性土地基，仅需进行基础尺寸修正；对于黏性土地基，则需进行基础尺寸和基础形状两项修正。

1 根据实际基础尺寸修正后的地基土基床系数K_{v1}按下式计算：

黏性土： $$K_{v1}=0.30K_v/b \quad (1)$$

砂　土： $$K_{v1}=K_v\left(\frac{b+0.3}{2b}\right)^2 \quad (2)$$

式中 K_v——基准基床系数（MPa/m）；

b——基础底面宽度（m）。

2 根据实际基础形状修正后的地基基床系数K_s按下式计算：

黏性土： $$K_s=K_{v1}\left(\frac{2l+b}{3l}\right) \quad (3)$$

砂　土： $$K_s=K_{v1} \quad (4)$$

式中 l——基础底面的长度（m）。

4.4.6 地基弹性模量可按弹性理论公式进行计算，关键是要准确测定地基土的弹性变形值。对于土的泊松比值，可以进行实测，也可按表1数值选取。一般密实的土宜选低值，稍密或松散的土宜选高值。地基刚度系数，是根据循环荷载板试验确定的弹性变形值S_e'与应力P_L的比值求得。该方法简单直观，比较符合地基土的实际状况。

表1 各类土的泊松比μ值

地基土的名称	卵石	砂土	粉土	粉质黏土	黏土
μ	0.20～0.25	0.30～0.35	0.35～0.40	0.40～0.45	0.45～0.50

5 单桩静载试验

5.1 一 般 规 定

5.1.2 根据勘察资料结合地区经验估算单桩极限承载力，往往与实际有较大的偏差。一般比实际偏低的较多，从而影响了桩基技术和经济效益的发挥，造成浪费；也有过高的，造成安全隐患，以致发生工程事故。故本规范强调，对地基基础设计等级为甲级的建筑物和缺乏经验的地区，应采用以单桩静载荷试验为设计提供桩基参数。

5.1.3 为设计提供依据的静载试验应加载至破坏。即试验应进行到能判定单桩极限承载力为止。对于以桩身强度控制承载力的端承型桩，当设计另有规定时，应从其规定。

5.1.4 为便于沉降测量仪表安装，试桩顶部宜高出试坑地面；为使试验桩受力条件与设计条件相同，试坑地面宜与承台底标高一致。

5.2 试 验 设 备

5.2.3 竖向抗压试验加载反力装置常用的形式是锚

桩横梁反力装置、压重平台反力装置、锚桩压重联合反力装置。对单桩极限承载力较小的摩擦桩可用土锚作反力；对岩面浅的嵌岩桩，可利用岩锚提供反力。

5.2.4 当抗拔试验采用天然地基作反力时，两边支座处的地基强度应相近，且两边支座与地面的接触面积宜相同，避免加载过程中两边沉降不均造成试桩偏心受拉。为保证反力梁的稳定性，应注意反力桩顶面直径（或边长）不小于反力架的梁宽。

5.2.5 水平力作用点位置如果高于桩基承台底标高，试验时在相对承台底面处产生附加弯矩，影响测试结果，也不利于将试验结果根据实际桩顶的约束予以修正。球形支座的作用是在试验过程中，保持作用力的方向始终水平和通过桩轴线，不随桩的倾斜或扭转而改变。

5.2.6、5.2.7 采用传感器测量荷重或油压，电测位移计量测桩的变形量，容易实现加卸荷与稳压自动化控制，且测量精度较高。

5.2.8 在试桩加卸载过程中，荷载将通过锚桩（地锚）、压重平台支墩传至试桩和基准桩周围地基土并使之变形。随着试桩、基准桩和锚桩（或压重平台支墩）三者间相互距离缩小，地基土变形对试桩、基准桩的附加应力和变位影响加剧，直接影响试验的结果。目前国内外选择试桩、锚桩和基准桩之间的中心距离，多为“大于等于 4*D* 且不小于 2.0m”和“不小于 2.5m 或 3*D*”。鉴于本试验的目的是为设计提供桩基设计依据，因此选择前者。

5.3 试验方法

5.3.1 本条规定了在桩身强度达到设计要求的前提下，从成桩到开始试验的最短间歇时间。目的是充分地发挥桩基的功能，保证试验成果的可靠性和准确性。

5.3.2 本条主要是考虑在实际试验过程中，因试验桩和锚桩质量问题而导致试桩失败时有发生。为保证试验顺利完成，结果的可靠，宜在试桩前对灌注桩及有接头的混凝土预制桩进行完整性检测，确定其能否做试验桩和锚桩使用。

对抗拔试验的钻孔灌注桩在浇注混凝土前进行成孔检测，目的是查明桩身有无明显扩径现象或出现扩大头，因这类桩的抗拔承载力缺乏代表性，特别是扩大头桩及桩身有明显扩径的桩，其抗拔极限承载力远远高于长度和桩径相同的非扩径桩，且相同荷载下的上拔量也有明显差别。

5.3.6 当桩身存在水平整合型缝隙、桩端有沉渣或吊脚时，在较低竖向荷载时常出现本级荷载沉降超过上一级荷载对应沉降 5 倍的陡降，当缝隙闭合或桩端与硬持力层接触后，随着持载时间或荷载增加，变形梯度逐渐变缓；当桩身强度不足桩被压断时，也会出现陡降，随着沉降增加，荷载不能维持甚至大幅降低。所以，出现陡降后不宜立即卸荷，而应使桩下沉量超过 40mm，以判断造成陡降的大致原因。

5.3.7 本条规定出现所列四种情况之一时，可终止荷载。但若在较小荷载下出现某级荷载的桩顶上拔量大于前一级荷载下的 5 倍时，应综合分析原因。必要时可继续加载，因为混凝土桩，当桩身出现多条环向裂缝后，其桩顶位移可能会出现小的突变，此时并非达到桩侧土的极限抗拔力。

5.3.8 对抗弯性能较差的长桩或中长桩而言，承受水平荷载桩的破坏特征是弯曲破坏，即桩身发生折断，此时试验自然终止。

5.4 资料整理

5.4.1 除 Q—s、s—lg$t$ 曲线外，还有 s—lg$Q$ 曲线。同一工程的一批试桩曲线应按相同的沉降纵坐标比例绘制，满刻度沉降值不宜小于 40mm，使结果直观、便于比较。

5.4.2 抗拔桩试验与抗压桩试验一样，一般应绘制 U—δ 曲线和 δ—lg$t$ 曲线，但当上述两种曲线难以判别时，也可以辅以 δ—lg$U$ 曲线或 lg$U$—lgδ 曲线，以确定拐点位置。

因抗拔钢筋受力不均匀，部分钢筋因受力太大而断裂，应视该桩试验无效并进行补充试验，不能将钢筋断裂前一级荷载作为极限荷载。

5.4.3 单桩水平静载试验资料整理说明如下：

1 地基土水平抗力系数随深度增长的比例系数 m 值的计算公式，仅适用于水平力作用点至试坑地面的桩自由长度为零时的情况。按桩、土相对刚度不同，水平荷载作用下的桩-土体系有两种工作状态和破坏机理。一种是“刚性短桩”，因转动或平移而破坏，相当于 $\alpha h<2.5$ 时的情况；另一种是工程中常见的“弹性长桩”，桩身产生挠曲变形，桩下段嵌固于土中不能转动，即本条中 $\alpha h \geqslant 4.0$ 的情况。在 $2.5 \leqslant \alpha h<4.0$ 范围内，称为“有限长度的中长桩”。对中长桩的 ν_y 变化数值见表 2。因此，在按式（5.4.3-1）计算 m 值时，应先试算 αh 值，以确定 αh 是否大于或等于 4.0，若在 2.5～4.0 范围以内，应调整 ν_y 值重新计算 m 值。当 $\alpha h<2.5$ 时，式（5.4.3-1）不适用。试验得到的地基土水平抗力系数的比例系数 m 不是一个常量，而是随地面水平位移及荷载而变化的曲线。

表 2 桩顶水平位移系数 ν_y

桩的换算埋深 αh	4.0	3.5	3.0	2.8	2.6	2.4
桩顶自由或铰接时的值 ν_y	2.441	2.502	2.727	2.905	3.163	3.526

注：当 $\alpha h>4.0$ 时，取 $\alpha h=4.0$。

2　对于混凝土长桩或中长桩，随着水平荷载的增加，桩侧土体的塑性区自上而下逐渐开展扩大，最大弯矩断面下移，最后形成桩身结构的破坏。所测水平临界荷载 H_{cr} 为桩身产生开裂前所对应的水平荷载。因为只有混凝土桩才会产生开裂，故只有混凝土桩才有临界荷载。

3　单桩水平极限承载力是对应于桩身折断或桩身钢筋应力达到屈服时的前一级水平荷载。

5.4.5　单桩竖向抗压、抗拔承载力特征值是按单桩竖向抗压、抗拔极限承载力统计值除以安全系数 2 得到的。综合反映了桩侧、桩端极限阻力控制承载力特征值的低限要求。混凝土桩在水平荷载作用下的破坏模式一般为弯曲破坏，极限承载力由桩身强度控制。所以，本条第 3～5 款在确定单桩水平承载力特征值 H_a 时，未采用按试桩水平极限承载力除以安全系数的方法，而按照桩身强度、开裂或允许位移等控制因素来确定 H_a。不过，也正是因为水平承载桩的承载能力极限状态主要受桩身强度制约，通过试验给出极限承载力和极限弯矩对强度控制设计是非常必要的。抗裂要求不仅涉及桩身强度，也涉及桩的耐久性。本条第 5 款虽允许按设计要求的水平位移确定水平承载力，但根据《混凝土结构设计规范》GB 50010，只有裂缝控制等级为三级的构件，才允许出现裂缝，且桩所处的环境类别至少是二级以上（含二级），裂缝宽度限值为 0.2mm。因此，当裂缝控制等级为一、二级时，按本条第 5 款确定的水平承载力特征值就不应超过水平临界荷载。

6　标准贯入试验

6.1　一 般 规 定

6.1.1、6.1.2　标准贯入试验适用于细颗粒土和砂土。根据目前国内已有的成熟经验，将应用范围扩大到残积土和全、强风化岩时，应注意利用当地的经验。国内外有许多应用标贯试验数据评价岩土工程性能的经验公式，但这些经验关系都是在一定的地区范围或一定的锤击数范围内获得的，应用时必须考虑其是否适用，是否可外推，不可随意套用。这些经验公式如果是按某一种校正后的锤击数统计获得的，则应用时也必须按同样方法对锤击数作修正。

6.2　试 验 设 备

6.2.1　标准贯入试验设备规格与现行国家标准《岩土工程勘察规范》GB 50021 和《土工仪器的基本参数及通用技术条件》GB/T 15406的规定是一致的。贯入器靴的刃口厚度和角度也是根据上述两种国家标准做了修改。各项规格的精度指标，可作为设备的停用标准。

关于钻杆直径，现行国家标准《岩土工程勘察规范》GB 50021 规定为 42mm，国内其他行业标准也有相同规定，因此本规范也只规定了 ϕ42mm 的一种钻杆。

6.3　试 验 方 法

6.3.2　按标准贯入试验定义，必须先预打 15cm 再开始试验和计数。实际工作中有时遇到很密实地层，预打 15cm 难以完成。在这种条件下，如果预打前清孔很干净，也可酌情减少预打击入深度。当在一些密实土层中进行标准贯入试验时，贯入深度尚未达到 30cm 可能会出现锤击一定击数后贯入量非常小，或不再贯入，甚至出现反弹，在这种情况下继续锤击是没有意义的，这时也可按本规范公式（6.3.2）进行换算，当换算值大于 50 击时，也可记录为“>50”。土样的鉴别是试验的一项重要工作，有助于准确划分地层。

6.4　资 料 整 理

6.4.3　在现行国家标准《岩土工程勘察规范》GB 50021 中规定 N 值不作修正，考虑到实际应用的需要，本规范规定了第 6.4.3 条的修正方法。

7　动力触探试验

7.1　一 般 规 定

7.1.1、7.1.2　国内外的动力触探类型很多，但经技术转化后，轻型、重型和超重型是我国各行业普遍采用的动力触探方法。通过试验机理的理论分析和相关的实际试验工作的经验积累，这三类试验方法均具有各自的适用范围和常规的试验目的。

7.1.3　动力触探试验的工作布置和试验指标的数量应体现出所勘察对象的代表性，同时应符合试验指标数理统计的概括性要求。

7.2　试 验 设 备

7.2.1～7.2.6　常用类型的动力触探设备机件的技术条件必须满足相应的规定，以协调实现试验基础条件符合现有积累的经验关系。

7.3　试 验 方 法

7.3.2　锤击频率对试验成果有一定的影响。15～30击/min 的锤击频率是我国各行业的经验总结，普遍采取的控制标准，也是我国积累动力触探试验经验的基础和依据。根据国内外动力触探试验积累的经验，在深度较浅的范围内，探杆的侧壁摩阻力对试验结果的影响不明显，可不予考虑。当试验深度超过 15m 以后，触探杆的侧摩阻力对试验结果影响较大。实际工作中，可采取钻探掏孔或泥浆润壁等方式消除或减小探杆侧壁摩阻力的影响。

7.4 资料整理

7.4.2、7.4.3 动力触探试验资料的整理，包括试验指标的换算和修（校）正，是进一步分析的需要。我国各行业动力触探杆长的修正计算方法基本相同，但修正系数不尽相同，并且随着经验的积累，修正系数表不断改进。本规范采用现行国家标准《岩土工程勘察规范》GB 50021 确定的修正系数表。

7.4.5 利用动力触探击数与贯入深度曲线图进行岩土层划分时，应依据或参考相关的地质勘探资料，同时应判定相应岩土层的超前和滞后影响范围。必要时应根据动力触探试验曲线形态，对勘探划分的岩土层分层界面进行调整。

7.4.7 动力触探试验结果的统计分析应以有效试验数据为样本，统计分析确定单孔试验的代表值，分析试验数据的变异性，并据此判定单孔各岩土层垂直方向的均匀性。通常当变异系数 $\delta<0.3$ 时，判定为随深度变异特征为均一型；若 $\delta\geqslant0.3$，则判定为剧变型，对于个别偏差数据应予以分析修正。

采用试验孔取得的有效试验数据，按勘察工程统一设定的置信水平统计分析，以确定动力触探试验结果的建议值，既能体现动力触探试验结果的可信程度，又与我国现行岩土工程勘察设计普遍应用的可靠性分析方法保持一致。

8 电测十字板剪切试验

8.1 一般规定

8.1.1 十字板剪切试验的适用范围，大部分国家规定限于饱和软黏性土，特别适用于难于采样或试样在自重作用下不能保持原有形状的软黏性土。我国的工程经验仅限于饱和软黏性土，对于其他的土，十字板剪切试验会有相当大的误差。

8.1.2 在进行十字板剪切试验之前，应先进行钻探或触探，以掌握饱和软黏性土层的分布范围和厚度，避免试验的盲目性。

8.1.3 十字板的标定系数一般会随使用时间的延长而变化，标定曲线并不是一条理想的直线，进而产生综合误差（非线性误差、重复性误差、迟滞误差、归零误差等）。标定中应对上述各类误差的变化规律进行分析，保证试验精度的要求。

8.2 仪器设备

8.2.1 十字板剪切试验按扭力测量设备工作原理的不同可分为机械式和电测式。由于机械式十字板每做一次剪切试验均要清孔下套管，费工费时，工效低，使用的单位较少。电测式十字板板头可直接压入试验土层中，通过地面的原位测试微机系统、自动记录仪或电阻应变仪直接量测十字板的扭矩，操作简单，试验成果也比较稳定，应用较为广泛。因此，本规范只对电测式十字板剪切试验作出规定。

目前国内常用的电测式十字板板头有两种规格，可根据不同地层、地区经验选用。一般在软黏性土中选用板宽 75mm，板高 150mm 的板头较为适宜。

8.2.2 现行国家标准《现场十字板剪力仪》GB/T 4934.2 对扭力传感器的主要技术参数和工作环境提出了明确要求。

8.3 试验方法

8.3.2 影响十字板剪切试验结果的因素较多，包括十字板的几何尺寸（径高比和形状）、扭转速率、插入土层内的扰动影响、土的各向异性和成层性、土的渐近性破坏效应（应变软化）等。其中，板头的几何尺寸、插入后至试验前的间歇时间、扭转速率等可以人为控制，故对上述因素予以规定：

1 由于土的触变性能，在十字板插入土中使土体暂时受扰动后，随着间歇时间的延长，土体强度恢复的越多。因此，十字板插入土中后到剪切试验开始前间歇时间的长短对试验结果有明显影响。为减小十字板插入试验土层过程中产生的超孔隙水压力等因素对试验结果的影响，十字板插入土中与开始扭剪的间隔时间应不小于 2～3min。

2 工程界一致认为，十字板剪切试验主要适用于渗透系数很小的饱和黏性土。剪切速率的规定，应考虑能满足在基本不排水条件下进行剪切。目前，各国规定的剪切速率在 $0.1°/s\sim0.5°/s$，且以剪切速率 $0.1°/s\sim0.2°/s$ 的居多。实际上对不同渗透性的土，规定相应的剪切速率是合理的。已有试验结果表明，剪切速率大时，抗剪强度也大；剪切速率小时，抗剪强度也小。因此，剪切速率应控制在适当范围内。

3 本规范所指的稳定值，以十字板剪切试验中小值读数连续出现 6 次为标准。

4 试验点的竖向间距规定为 1m，目的是便于均匀地绘制不排水抗剪强度随深度的变化曲线；当土层随深度的变化复杂时，可根据土层分布特点和工程实际需要，选择有代表性的点布置试验点，不一定均匀间隔布置试验点。当遇到变层时，要相应增加试验点，每层土的试验次数以不少于 6 次为宜。

8.4 资料整理

8.4.1 和其他行业相比，冶金行业建（构）筑物的荷载比较集中，且强度大。对大型工程，除测定软黏性土的不排水抗剪峰值强度外，还应测定其残余强度，以研究软黏性土在大应变条件下强度的变化过程，并计算其灵敏度，评价软黏性土的触变性。

1 利用十字板剪切试验，可以较好地反映饱和软黏性土的不排水抗剪强度随深度呈线性增长规律；当统计不排水抗剪强度和试验深度的关系时，对个别异常点，应分析其偏高或偏低的原因，决定其取舍。室内抗剪强度的试验成果，由于取样扰动等因素，往往不能很好反映这一变化规律。

2 绘制抗剪强度与扭转角的关系曲线，可进一步了解土体受剪时的渐进性破坏过程，确定软土的不排水抗剪强度峰值、残余值及不排水剪切模量。

3 十字板剪切试验所得的不排水抗剪强度峰值，一般认为是偏高的，土的长期强度只有峰值强度的60%～70%。因此需要根据土质条件和当地经验对十字板测定的数值作必要的修正，以便为设计使用。对高塑性的灵敏黏性土，不排水抗剪强度的试验结果相差达20%～40%。此种条件下，对试验结果应作慎重分析。

9 静力触探试验

9.1 一 般 规 定

9.1.1、9.1.2 静力触探试验是用静力匀速地将标准规格的探头压入土中，测定土的力学特性，具有勘探和测试双层功能；在探头上附加孔隙水压力量测装置，用于量测孔隙水压力增长与消散。

9.1.5 现场试桩和模型试验证明，30倍桩径（或探头直径）以外的边界条件，对测试结果的影响可以忽略；土的非均质性总会影响平行试验结果，故孔间距不宜过大。在一般静力触探试验中，应使布置的触探孔距原有钻孔的距离至少2m；如果出于平行试验对比需要，考虑到土层在水平方向的变异性，对比孔间距不宜大于2m，此时，宜先进行静力触探试验，而后进行勘探或其他原位试验。

9.2 仪 器 设 备

9.2.2 贯入设备贯入速率规定为（1.2±0.3）m/min是国际通用标准。对触探主机施力作用线的垂直度提出了控制标准，可减免探杆折断和缩小深度误差。

9.2.5 单、双桥探头的技术规格，是基于目前静力触探使用的现状拟订的。探头的锥底以上部位有一段圆柱形套筒，测得的（比）贯入阻力（P_s）包含了q_c和f_s两种成分；双桥探头国内生产厂家较多，外形虽与国外流行探头相近或相同，但内部结构各异。结构上的差别主要表现在锥底有效面积比α不同，致使同一土层中q_c、f_s时有差异。为此，将α值作为双桥探头的一项基本技术参数明确规定。

9.2.6 孔隙水压力静力触探探头过滤片的渗透系数推荐值为10^{-5}cm/s级，相当于粉质黏土类的渗透系数。本规范采用此值，期望在粉土、黏土这类细粒土范围内有普遍的适用性。要求过滤片与相邻部件的接触面具有大于1个大气压的抗渗能力，是为防止孔压应变腔中的水在触探前便从接触缝隙中逸失而不饱和，达不到测试目的。

9.2.9 要求探头各项检测误差不大于1%，则必须用允许误差为0.3%～0.5%的Ⅲ等标准测力计予以标定。

9.3 试 验 方 法

9.3.1 对主机水平调整工作，一定要引起重视，保证贯入时的垂直度，否则开孔时偏斜，除深度测试不准外，还容易引起断杆事故发生。

9.3.4 孔压静力触探探头提升会使孔底处于负压状态，对孔压探头而言，常会造成应变腔中的液体逸失，故规定孔压探头只在终孔后作一次零漂检查。

1 孔压消散试验，自停止贯入时起，每隔1s或2s测记一次孔压值，一般情况下（对于黏性土）累计30s后，孔压值变化渐缓，可加大时间间隔为0.5min或1min，以后改为2min或5min，直至仪表数字每改1个值，记录1次相应的积累时间。与此同时，q_c值在停止贯入后的前期也会发生明显的衰减现象，表明孔压消散的前期阶段伴随土体的卸荷过程，故需测记消散试验的q_c值。

2 孔压消散程度是稳定的孔压值的计算依据。在天然地基中，试验土层的孔压稳定值即土层在该试验深度的静止孔隙水压值，可用以确定地下水稳定水位，并可判定地下水属承压水还是潜水。

9.4 资 料 整 理

9.4.2 计算各深度触探参数说明如下：

1 q_c（或P_s）、f_s和u_d（或u_T）是3个基本触探参数，连同孔压消散试验数据在内，是进行土层划分、定名、确定地基持力层、给定地基参数的依据，必须根据计算公式逐点算出，以便绘制触探曲线。

2 R_f、B_q和q_r则是通过参数变换计算得到的，在手工制图情况下，一般只要求计算分层土的平均值。若使用微机成图，这些参数也应逐点算出，绘制曲线。其中，R_f和B_q是土层的两个特征参数。

3 q_T是将q_c转换成具有总应力概念的总锥尖阻力。探头贯入时，特别是在欠固结和正常固结黏土中，环状面积受到一个与贯入同向的水压力（u_T），使锥尖阻力减小。因此q_c应按本规范式（9.4.2-3）修正，以利成果的通用与解释。

9.4.3 触探结果就是获得一系列触探参数，这是确定地基计算参数的基础性数据之一。为方便使用，应通过各种形式的图表充分地表达出来，它们能直观而形象地给出一个连续的土层工程特性沿深度而变化的剖面，便于设计人员选择地基持力层。

9.4.5 归一化超孔压消散曲线值 V 与以孔隙压力为定义的固结 U 的关系为 $U=1-V$，孔压消散过程线即固结度与消散时间的过程线，可计算土的固结特性参数。

9.4.6 探头在成层土中贯入，即使各土层是绝对均质的，也会因上、下土层间密度、状态及土质不同，使得触探参数特别是端阻值在土层界面上、下一定深度内有提前变大或变小的现象，称之为土层的界面效应。

10 预钻式旁压试验

10.1 一 般 规 定

10.1.1 旁压试验分预钻式旁压试验、自钻式旁压试验、压入式旁压试验。不同方式的旁压试验，其差异在于旁压器设置土中的方法是不同的。本规范只对预钻式旁压试验作出规定。根据全国各地各种不同型号旁压仪的试验数据，试验地层有各种不同地质时代成因的黏土、粉质黏土、粉土、砂类土、黄土、人工填土、软质岩石及其岩石风化层等。从这些资料的计算、统计对比结果表明，在上述各类岩土层中进行旁压试验是可行的。

10.1.2 旁压试验点的布置，应在了解地层剖面的基础上进行。对每一建筑场地不宜少于3个试验孔，对每一主要地层不宜少于6个试验段，是为了满足地基评价的要求。

10.1.3 用预钻式旁压仪进行试验，一般应与钻探配合进行。本条规定，每钻进一段进行一次试验，这是因为一次性成孔往往会使岩土体结构受到扰动，影响测试成果质量。因此在同一孔中进行不同深度的试验时，孔深必须按预定的试验深度逐次加深。

10.1.4 旁压试验必须保证旁压器的三腔在同一地层中进行。若旁压器放在两种或两种以上岩土层上时，因土质条件的差异，可能会导致弹性膜破裂；即使不破裂，所获得的试验曲线也无法应用。

10.1.6 率定是旁压试验前必须进行的准备工作。率定的作用不但可以检查仪器是否完好，而且通过率定确定的压力损失与体积损失还可用来修正旁压试验结果。

10.2 仪 器 设 备

10.2.1 预钻式旁压试验的仪器分低压型和高压型两类，高压型以梅纳型旁压仪为代表，低压型以PY型旁压仪为代表。二者试验原理和主要组成部分基本一样，不同之处主要是前者试验容许压力为8.0MPa，导管为同轴管；后者试验容许压力最大为2.5MPa，导管为4根尼龙管。

10.3 试 验 方 法

10.3.1 预钻孔的质量直接影响旁压试验的结果，应予以足够的重视。对于不同的岩土层要选择不同的钻探机具和施工工艺，保证成孔质量满足试验要求。

10.3.2 水位调零是为了准确测定试验段的体积变化，注水完后必须进行调零工作。为使调零准确，调零后应稍等1～2min，再检查水位恢复是否归零，直至满足测管水位在零位为止。

10.3.6 静水压力是测管水平面至旁压器测试腔中点的垂直距离水柱产生的压力，其大小为水头高度乘以测试用水（或防冻液）的重力密度。地下水位以下，水头高度为测管水面到地下水位的深度；地下水位以上，水头高度为测管水面至旁压器测试腔中点的深度。试验开始时，只需打开测管阀门，不需加压，此时，旁压器内产生的静水压力将会迫使水位下降，此即是第一级压力的作用。

10.3.7 如载荷板试验一样，加荷等级的选择和相对稳定标准是旁压试验重要的研究内容。对于饱和黏性土、砂类土，不同的加荷等级和相对稳定时间将直接影响试验结果。

1 考虑目前国内的旁压试验，主要应用于浅基极限承载力的确定和变形参数的估算。因此，在 P—V 曲线上首先要确定出临塑压力 P_f、极限压力 P_L 和线性段斜率 $\Delta P/\Delta V$。另外，参考国内荷载板试验确定加荷等级的方法，按预估承载力的1/5或极限承载力的1/10作为加荷等级。具体确定时可参照常用加荷等级10kPa、12.5kPa、25kPa、50kPa、75kPa、100kPa、200kPa、500kPa等选用。这种确定加荷等级的方法比较简便，同时也可满足试验要求。为了提高确定 P_0 点的准确性，可考虑开始1～2级加荷等级适当减小，以增加 P_0 前后的试验点。不同土类的加荷等级，可根据土的临塑压力或极限压力按表3选择：

表3 试验压力增量等级表

岩土的特性	试验压力增量等级（kPa）	
	临塑压力前	临塑压力后
淤泥，淤泥质土，流塑状态的黏性土和粉土，饱和松散的粉细砂	≤15	≤30
软塑状黏性土，稍密的粉土，疏松黄土，稍密很湿的粉细砂，稍密的中粗砂	15～25	30～50
可塑、硬塑黏性土，中密、密实的粉土，马兰黄土，中密、密实饱和粉细砂，中密的中粗砂	25～50	50～100
硬塑、坚硬状态的黏性土，密实的粉土，粉细砂，中粗砂	50～100	100～200

续表 3

岩土的特性	试验压力增量等级（kPa）	
	临塑压力前	临塑压力后
中密、密实碎石土，强风化的软质岩石	≥100	≥200
软质岩石，强风化的硬质岩石	≥200	≥500

2 各级压力施加后的相对稳定标准不一，总的来讲可分为快法与慢法两大类。快法规定每级压力稳定时间为 1min 或 3min；慢法规定每级加压稳定时间为 5min 或 10min。

综合国内各单位实测数据，旁压试验加荷速率或相对稳定标准采用快法比较适合。试验证明在 1～3min 之内岩土层已完成绝大部分变形，因此，本规范推荐采用快法。由于进口与国产旁压仪有些差异，相对稳定时间一般可按下述采取：

1）梅纳型旁压仪稳定时间为 1min 按 30s、60s 记录实测体积变形量 V_m；

2）PY 型旁压仪稳定时间根据土性等具体条件采用 1min 或 2min，按 30s、60s 或 30s、60s、120s 记录实测测管水位下降值 s_m。

10.3.8 旁压试验的终止试验条件，原则上是基于试验段四周土体的应力、应变状态由弹性阶段过渡到塑性极限平衡状态终止。因此，既要使土体受力接近或达到极限应力状态，又要使弹性膜和土体变形达到一定限度并保证弹性膜不致胀破。所以，终止条件与旁压仪的测管容积、调压阀的工作压力及弹性膜的耐压力程度有关。满足以下条件之一即可结束试验：

1 加荷接近或达到极限压力。

2 当量测腔的扩张体积相当于其固有体积时。

3 国产 PY 型旁压仪，当量管水位下降达 36cm 时（不可超过 40cm），应终止试验。

4 梅纳型旁压仪规定，蠕变变形等于或大于 50cm³ 或量筒读数达到 600cm³ 时终止试验。

10.4 资 料 整 理

10.4.1 旁压试验原始记录的各级压力和体积，包含有弹性膜约束力和仪器综合体变的影响因素，因此在数据整理时，必须对此进行修正。一般情况，高压型旁压仪当试验压力小于等于 2.5MPa 时，只进行压力修正，不做体积修正，因为该仪器额定压力为 10.0MPa，在低压条件下，体变系数很小，对整个试验基本无影响；当试验压力大于 2.5MPa 时，两项均须进行修正。低压型旁压仪两项均须进行修正，因为这种仪器额定压力为 1.6MPa 或 2.5MPa，本身极限压力不高，加上构造、材质等因素，即使在低压试验条件下，仪器的综合体变对体积影响也不可忽视。

10.4.2 旁压试验成果主要以曲线图表示，因此旁压试验综合成果图的比例、图幅、画法和精度应有统一规定。目前作图形式有两种：使用梅纳型旁压仪时，一般作 P—V 曲线；使用 PY 型旁压仪时，一般作 P—s 曲线，这两种方法均可使用。P—V 曲线直接表明了岩土体在压力作用下的体积变化，而 P—s 曲线中的 s 值与测管截面积有关，与土的变形是间接关系。因此，本规范推荐用 P—V 曲线表示，对 P—V 曲线的绘制作了规定，这样在一般情况下应将 s 换算成 V。

10.4.3 确定旁压试验特征值（P_0、P_f、P_L），国内外采用的方法较多，以下几种方法比较简便适用：

1 初始压力 P_0 值的确定：

1）延长 P—V 曲线的直线段与纵坐标相交，其交点定为 V_0，然后过 V_0 作与横坐标平行线相交于曲线上的一点，该点对应的压力为 P_0。

2）P_0 值可由蠕变曲线 P—$\Delta V_{(60-30)}$ 或 P—$\Delta V_{(120-30)}$ 确定，即认为蠕变曲线第一个拐点 P_{0m}，此值比较接近于 P_0 值。

2 旁压临塑压力 P_f 值的确定方法比较统一，其物理意义也比较明确，相当于岩土的临塑荷载，当压力大于 P_f 时，土体将产生塑性变形。目前国内许多单位采用直接法在旁压曲线上找出直线段的终点即拐点（或称为切点）所对应的压力为 P_f。

3 旁压极限压力 P_L 值的确定：

1）外推法是按 P—V 曲线的发展趋势光滑自然地向外延伸，简单地将曲线尽可能地延伸到总体积为 V_c+2V_0 处，在该处所对应的压力值即为 P_L。当试验曲线还未达到 P_f 值时，不能用此法。

2）在 P—V 曲线图求 P_L 值时，先求出最大体积增量 V_c+2V_0 值，然后利用每处试验最后两级数据点求每点的 $1/V$ 值，按适当比例作 P—（$1/V$）曲线图，将两点展入后连直线，作 $1/(V_c+2V_0)$ 与直线的延长线的交点，其交点对应的压力为 P_L 值。

3）半对数曲线法是作 $P-\ln[V/(V_c+V_0)]$ 曲线，其基本原理是，当体积增量 ΔV（$\Delta V=V$）等于原始体积 $V_{原}$（$V_{原}=V_c+V_0$）时，也就是 $\Delta V/V_{原}=1$，其相应的压力为 P_L 值。

10.4.4 根据我国目前的实际情况和倾向性意见，本规范推荐由旁压试验确定拟弹性模量、旁压模量和旁压剪切模量。这 3 个模量都是建立在弹性理论基础上的，基本理论认为土体大致是弹性材料，其旁压曲线有很好的线性段。在求 E 和 E_m 值时，要充分利用 P—V 曲线直线段较长的特点来求取斜率。两式在计算中，泊松比 μ 值的选用是按梅纳旁压仪规定，取 $\mu=0.33$。

11 扁铲侧胀试验

11.1 一 般 规 定

11.1.1 扁铲侧胀试验适宜在软土、松散土中进行，随着土中含砾石成分或密实度的增加，适宜性渐差。

11.1.2 ΔA 和 ΔB 值对扁铲侧胀试验十分重要，模片的率定是扁铲侧胀试验的基本内容，模片长时间使用其 ΔA 和 ΔB 值会产生变化，是不可忽略的。每次试验应率定 ΔA 和 ΔB 值，便于修正 A、B、C 读数。

11.1.4 新膜片的率定值 ΔA、ΔB 通常在许可范围之外，并且在试验或率定中，未经老化处理的新膜片率定值总不稳定。解决方法是对新模片进行老化处理，重复对膜片加压或减压，增大 ΔA，减少 ΔB，直到它们达到许可范围。

11.2 仪器设备

11.2.4 控制装置的主要作用是控制试验时的压力和指示模片 3 个特定位置时的压力量，并传送模片达到特定位置时的信号。控制装置通过蜂鸣器和检流计的接通和断开确定模片达到特定位置，而通过压力传感器确定模片达到特定位置时的压力值。3 个特定位置 A、B、C 压力定义如下：

1 A 压力（P_0）是模片中心离开基座，水平压入周围土中0.05mm时模片内的气压值。

2 B 压力（P_1）是继 A 压力后，再水平压入土中 1.10mm 的气压值。

3 C 压力（P_2）是继 A、B 压力后，缓慢排气，使模片回缩接触基座时作用在模片内的气压值。

11.4 资料整理

11.4.1 根据探头率定所得的修正值 ΔA、ΔB 和现场试验所得的实测值 A、B、C，计算接触压力 P_0，模片膨胀至 1.10mm 的压力 P_1 和模片回到 0.05mm 的压力 P_2。

11.4.2 扁铲侧胀试验时膜片向外扩张，可视为在半无限弹性介质中对圆形面积施加一均部荷载 ΔP，设弹性介质的弹性模量为 E、泊松比为 μ、膜片中心处位移量为 s，则：

$$s=\frac{4R\cdot\Delta P}{\pi}\cdot\frac{(1-\mu^2)}{E} \tag{5}$$

式中 $R=30$mm 为膜片半径，试验中膜片位移量 $s=1.10$mm 时，令 $E_D=E/(1-\mu^2)$，则得到：$E_D=34.7(P_1-P_0)$，其中 $\Delta P=P_1-P_0$。

12 现场直剪试验

12.1 一般规定

12.1.1 冶金工业工程建设的建筑场地往往选择在斜坡地带上，斜坡稳定评价需要弱面的剪切试验成果。大面积直剪试验是一种较可靠的原位测试方法，可以作为评价斜坡稳定的依据。试验遵循的理论公式是库仑定律，即 $\tau=\sigma\text{tg}\varphi+c$。

12.1.2 对试验场地的选择，应注意考虑拟建或已建建（构）筑物的受力特征，选择在具有代表性的地段，而且试验位置应在平面上散开布置。在条件允许时可适当增加试验点数，试验点岩性均一或相近，在 σ—τ 坐标图上试验数据的散点图越接近一元回归直线。

12.1.4 试样均为正方形，其边与边之间的距离不应小于 30cm，是在数年野外大面积直剪试验中观察、总结得到的。当然试点之间的距离越大相互之间越不受干扰，但试槽挖的太长，增加了工程的难度，同时增加了工程的造价。

12.1.7 试样垂直荷载常规是选择 100kPa、200kPa、300kPa、400kPa。但也应考虑岩土特性，上覆地层自重压力，以及技术要求进行调整。

12.2 试验设备

12.2.1 液压千斤顶或液压钢枕出力容量应根据要求确定，行程应不小于 70mm。传力柱应具有足够的刚度；在露天或基坑试验时，可采用岩锚、钢索、螺夹、钢梁等作为传力设备。

12.3 试验方法

12.3.1 关于土体直剪试验说明如下：

1 土体直剪试验试样的制作直接影响试验结果，必须认真选择式样的尺寸，制作过程中应高度重视每一环节。

2 滚排在使用前，应测定其摩擦力与垂直荷载的关系，其表达式为 $f=aP_v+b$，确定系数 a、b 值。

3 软土固结快剪法试验施加的垂直荷载宜分为四至五级分级施加。每施加一级荷载，应立即观测垂直变形百分表，此后每 5min 观测一次，连续 2h 内垂直变形不超过 0.1mm 时，即可施加下一级荷载。施加最后一级荷载后，可开始施加横向推力。

4 剪切破坏标准，一种情况是剪切变形不断增加，而横向千斤顶上的压力表压力值下降，这是比较典型的特征。而另一种是用试样的位移量控制，当横向位移达到试样边长 1/10 时即为剪切破坏。

12.3.2 关于岩体直剪试验说明如下：

1 岩体现场直剪试验包括混凝土与岩体接触面、岩体中软弱面和软弱体本身三方面内容。混凝土与岩体接触面抗剪强度是通过抗剪断试验和剪断后对接触面的抗剪试验测定的。岩体软弱面和软弱体的抗剪强度是通过抗剪试验测定的。

2 岩体直剪试验，当剪切面水平或近于水平时，可采用平推法或斜推法；当剪切面较陡时，可采用楔形体法，见图 1、图 2。

3 一般认为，试体应具有一定数量的裂隙条数或其边长大于裂隙平均间距的 5～20 倍。结合国际岩石力学建议方法和国内经验，在一般情况下试体尺寸为 70cm × 70cm × 35cm，完整坚硬岩石为 50cm ×

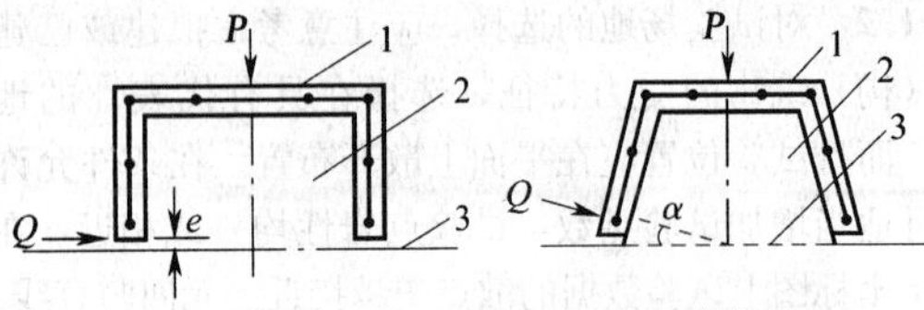

图1　岩体直剪试验体加固和受力示意

1—钢筋混凝土保护罩；2—试体；3—软弱结构面或预定剪切面；α—剪力作用线倾角；Q—剪力；P—垂直荷载；e—剪力偏距

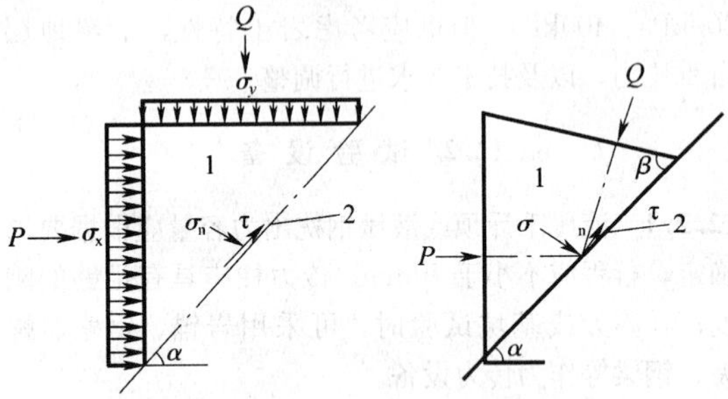

图2　倾斜岩体软弱面直剪试验试体及受力示意

1—楔形试体；2—岩体软弱面

σ_x、σ_y 和 P、Q—作用在试体上的应力和外力；σ_n、τ—剪切面上的法向应力和剪应力；α—岩体软弱面倾角；β—非直角楔体顶面与岩体软弱面的交角

50cm×25cm。

4　在岩体软弱面试体制备过程中，因软弱面充填物对试验成果影响较大。一般情况，抗剪强度随充填物的增加而减小，所以选取有代表性软弱面试体极为重要。

5　剪力分级施加方法：国内通常按两种方法来施加剪力，即：按预估的最大剪应力百分数分级施加；按垂直荷载的百分数分级施加；直剪试验的剪力施加速率分快速法、时间控制法和剪切位移控制法3种方式。为使试验尽可能符合工程实际，以剪切位移控制法较为理想。但国内经验表明，在剪应力与剪切位移呈线性变化关系的初始阶段，即屈服点以前，时间控制法与剪切位移控制法得到一致的结果。此后，沿剪切面发生持续位移，按剪切位移法就很难控制剪力施加速率。而采用时间控制法就便于掌握，这在国内已广泛采用。

12.4　资料整理

12.4.1～12.4.5　计算各组试样的垂直应力 σ 和剪应力值 τ，并绘制 σ—τ 一元回归直线，同样绘制 τ—s 曲线；从中可判断各个试样的比例界线值、峰值，以及残余强度值，并可直观的看出各试样在横向推力作用下的位移变形情况。

13　压水试验

13.1　一般规定

13.1.1　压水试验是在钻孔中根据压力与流量的关系测定岩体透水率的原位测试方法，为评价岩体的透水性和防渗漏处理提供设计参数。在水工建筑物防渗、岩体稳定性评价、灾害地质防治、地基处理措施选择等诸多领域，压水试验成果是工程项目方案论证的依据之一。

13.1.2　本规范推荐此方法作为常用的压水试验方法的同时，也可以使用双栓塞进行压水试验。目前压水试验多采用自上而下的分段压水法。若另有要求，亦可采用其他方法，如全孔压水试验或自下而上的分段压水试验。

13.1.3　试验段是编制渗透剖面图的基本单位。目前的压水试验，求得的透水率是试段的平均值，国内外有关规程中规定的试段长度在3～6m，多数为5m。对于地质条件特殊（如断层破碎带、裂隙密集带、溶蚀带等）的孔段，应根据具体情况确定试段的位置和长度，以求得上述孔段的真实透水性，同时还应考虑下一试段栓塞止水的可靠性。

13.1.6　在压水试验钻孔近旁布置有其他地质目的的钻孔时，应先钻压水试验钻孔。这是为了保持岩层渗透性的原始性和压水试验成果可靠性。

13.1.7　本条规定压水试验宜按三级压力5个阶段进行。三级压力值宜分别为0.3MPa、0.6MPa和1.0MPa。

1　采用多级压力循环试验目的是将不同压力下的流量变化情况以及最大压力前、后同一压力下的流量变化情况进行对比分析，才能了解渗流状态和裂隙状态的具体情况，从而便于合理地确定岩体真实的渗透性。多阶段试验提供了资料相互校核的机会，提高了资料的可靠性。

2　目前各国的压水试验多采用多级压力循环试验的方法，但压力阶段不尽相同。多数国家采用三级压力5个阶段，即逐渐升压至最大压力，然后按原压力逐级下降。综合考虑各种因素，作为常规压水试验，本规范采用三级压力5个阶段。

3　鉴于吕荣值的定义压力为1.0MPa，故试验的最大压力一般应达到该值。最大试验压力确定之后，其余两级压力可按等分原则确定，当最大试验压力 P_3 为1.0MPa时，P_1、P_2 分别为0.3MPa、0.6MPa。

13.1.8　当试段位置埋深较浅（一般小于30m）或岩体软弱时，采用最大试验压力为1.0MPa进行试验，可能会导致岩体抬动变形而使试验成果失真。因此多数国家都对岩面以下一定深度内的试段所采用的最大试验压力加以限制。

13.1.12 试验压力的量测直接影响压水试验结果的准确性，其中管路压力损失的确定不容忽视。特别是我国目前使用的钻杆内径与接头内径不一致，管路压力损失问题更为突出。实测资料表明，当流量较大（大于 50L/min）时，管路压力损失急剧增大。因此，当采用钻杆作为工作管进行压水试验时，管路压力损失应根据实测资料确定。

13.2 试验设备

13.2.1 常用的栓塞有单管顶压式、双管循环式、水压式和气压式等类型。

1 水压式和气压式止水栓塞止水可靠，在孔壁不规则时止水效果较好。设备简单，可直接检查孔内管路漏水情况。对不同孔径、孔深的钻孔均能适应，操作方便。水压式栓塞缺点是试验结束后胶囊内的水不宜排净。气压式栓塞缺点是在试验场地需要设置一套高压充气装置。

2 单管顶压式止水栓塞设备简单，操作方便，但止水效果较差。当止水无效时，移塞困难。不能在深水条件下做低压力压水试验，流量较大时不易求得其压力损失值。

3 双管循环式止水栓塞能防止水头损失，能在深水位条件下做低压力压水试验。但设备笨重，装卸困难，止水可靠性较差，在深水中使用极为困难。目前已很少采用。

4 压水试验时，可根据地层岩性、孔深、水位等选择适当的止水栓塞。从止水可靠性的角度出发，本规范建议优先选用水压式和气压式止水栓塞。

13.2.2 对供水设备的基本要求是压力稳定，出水均匀，在1.0MPa压力下额定流量能大于 100L/min。应当指出，额定流量为 100L/min 的供水泵的供水能力只能使岩体透水率小于 20Lu 的试段达到预定的最大试验压力 1.0MPa。因此，当坝址的岩体透水率普遍较大时，应选用供水能力更大的水泵。

13.2.3 目前我国在压水试验时所用的流量计实际上是表示累计水量的水表，这种水表只有和测时计联合使用，才能算出流量值。少部分单位采用电磁式流量计，效果较好。值得说明的是用普通水表做压水试验，在试验压力较大时存在安全隐患。因此本规范规定流量计应在 1.5MPa 压力下能正常工作。在压水试验降压阶段，有时会出现回流，为了记录回流情况和消除回流的影响，要求流量计能测定正、反向流量。

13.3 试验方法

13.3.1 洗孔的目的是最大限度地清除附在孔壁上或裂隙中的岩粉和孔底残留物，是确保压水试验成果可靠性的重要环节。

13.3.2 栓塞下入预定孔段封闭后，按正式压水试验时的压力进行试验性压水，是为了留有预检时间。试验性压水时，应查验压水设施，并测量管外水位，核查验证栓塞止水效果。若发现管外水位异常，应检查原因，如属栓塞止水失效引起，应根据情况采取紧塞或移塞措施。

13.3.3 本条只规定了结束试段压水试验的标准，满足标准即可结束转入下一步工作，未规定每段压水试验的延续时间。对于重要的试验，稳定延续时间要超过 2h。

13.3.4 试验过程中，当试验压力由高压力转换到较低压力时，有时会出现水从岩体流入钻孔的现象，这种现象称为回流。产生回流现象的原因，是由于在试验压力下降的瞬间，钻孔附近岩体内的水压力暂时高于试验压力，因而使水自岩体反流。这个过程一般持续数分钟至 10 余分钟。随着岩体内水压力逐渐下降，回流量渐降至零。当岩体内水压力低于试验压力，水重新流向岩体，并随着压力调整结束而趋于稳定。

13.3.5 栓塞止水效果，是压水试验成败的关键。而管外水位，是栓塞止水效果的直接反映。因此，压水试验时，必须注意观测管外水位。

13.3.6 为了解岩体裂隙连通情况和压水试验的影响范围，应在试验过程中，对受压水试验影响的井、洞、孔、泉等进行观测（包括出水位置、水位、流量等），必要时可配合使用示踪剂。

13.4 资料整理

13.4.2 本条说明划分 $P—Q$ 曲线类型的原则，五种类型的曲线特点及其意义。划分 $P—Q$ 曲线类型的主要依据有两点：一是升压阶段 $P—Q$ 曲线的形状，二是降压阶段 $P—Q$ 曲线与升压阶段 $P—Q$ 曲线是否重合及其相对关系。根据上述原则，将 $P—Q$ 曲线划分为五种类型。

13.4.3 透水率取第三阶段压力和流量数据（P_3、Q_3）进行计算，主要原因是该组数据最接近于吕荣值的定义压力。透水率取两位有效数字，这与压水试验可能和需要达到的精度是一致的。

13.4.4 $P—Q$ 曲线类型是反映试段岩体渗透特性的重要资料，本条规定同时用透水率和 $P—Q$ 曲线类型来表示该试段的压水试验成果。

13.4.5 应当指出，各种教科书和手册中，计算渗透系数的公式很多，这些公式都以渗流服从达西定律为基本前提，只是对边界条件的假设不同，不同公式的计算结果，差别大致在 4%～20%。而当岩体渗透性较大时，用压水试验和抽水试验法求得的渗透系数相差可达数十倍至百余倍。因此，仅当透水率较小（$q<10Lu$），且 $P—Q$ 曲线为 A 型（层流型）时，才可以采用本规范中式（13.4.5）计算渗透系数。当透水率较大时，用压水试验方法求得的渗透系数，其准确度较差。

14 注 水 试 验

14.1 一 般 规 定

14.1.1 注水试验分为试坑注水试验和钻孔注水试验，两者都是通过人工注水提高试坑或钻孔水头，测定岩土体的渗透性能。试验成果可以用来预测和评价贮水工程地基或水利工程、边坡、水库等岩土体的渗透性，为选择地基处理方法提供依据。试坑注水试验适合测定包气带非饱和岩土的渗透系数。钻孔注水试验适合在场地地下水位埋深较大不便进行抽水试验时，测定岩土的渗透系数；其原理与抽水试验相似，仅以注水代替抽水。

14.3 试 验 方 法

14.3.1 试坑双环注水试验时，应备妥钻探机具，注水试验结束后立即进行钻探，及时取得水的注入深度数据，确保试验成果的正确性。

14.3.2 钻孔降水头注水试验时，要做好准备，注水水位升至预定高度，立即停止注水并进行水位观测。试验初期，水位下降很快，要迅速操作，尽可能多观测、记录水位数据。进行钻孔常水头注水试验时，应根据试验地层的渗透性，准备充足的试验用水和流量适当的供水水泵，确保注水试验连续进行。

14.4 资 料 整 理

14.4.2 关于钻孔降水头法注水试验渗透系数的计算，参考了《注水试验规程》YBJ 14，考虑到实际应用，选用了孔底透水、孔壁透水两种情况下的计算公式，并且简化了使用条件（地层均质），不再列出形状系数等过程参数，只给出最后的计算公式。

14.4.3 关于钻孔常水头法注水试验渗透系数的计算，参考了《注水试验规程》YS 5214 和《注水试验规程》YBJ 14、《工程地质手册》（1992 年第三版）、《水文地质手册》（1978 年）、《水文地质计算》（斯卡巴拉诺维奇 1964 年）等文献。考虑到实际应用，选用了均质、孔壁透水条件的计算公式。

15 抽 水 试 验

15.1 一 般 规 定

15.1.1 抽水试验是查明地下水赋存状态、验证地层渗透性的最基本方法。随地下水勘察（如供水水文地质勘察、工程降水勘察、水源热泵勘察等）目的不同，抽水试验的内容、方法和侧重点亦有所不同。在岩土工程勘察中，主要通过抽水试验获取场地钻孔出水量与水位下降值、影响半径间的相互关系，及渗透系数等水文地质参数。因此，本规范的抽水试验一章，主要按此目的进行编制。

15.1.2 根据经验，当抽水试验孔的有效孔径小于 150mm 时，会给过滤器安装、水泵型号选择、动水位观测带来不便。因此，抽水试验孔的孔径不宜过小，以大于 200mm 为宜。

15.1.3 布置岩土工程勘察的抽水试验孔时，通常已经获得了场地地层资料。但应指出，工程地质和水文地质对地层的观察角度是有差异的，抽水试验孔钻探时，地层描述应着重于岩土层的渗透性，如含水层、隔水层、黏土夹层位置等。切忌只管成井钻探，忽视地层描述。

15.1.5 一般情况下，抽水试验宜进行 3 个下降段次的试验；若试验目的简单，可以减少下降段次。

15.1.7 场地地下水位观测孔具有多种作用和功能。因此有条件时，应在勘察场地布置抽水试验观测孔。

15.1.9 抽水试验场地周边若有地表水体、水源地或开采井时，有可能影响抽水试验的结果。因此，应对场地周边进行水文地质调查。

15.2 试 验 设 备

15.2.1 抽水试验时，通常以潜水泵作为首选。这是因为潜水泵不仅安装方便，而且种类多，易于满足不同井径、流量、扬程的试验要求。特殊条件的抽水试验，例如井径或流量很小或扬程很大时，要依据试验条件，慎重选择抽水设备。

15.2.4 若排水管线长度不够或管线渗漏，产生回渗，不仅影响抽水试验效果，而且有可能误判场地条件。因此，本条对排水管线进行规定，以确保抽水试验成果的可靠性。

15.3 试 验 方 法

15.3.1 目前在岩土工程勘察中，主要以稳定流抽水试验为主。所以规范编制重点仍是侧重稳定流抽水试验的操作和公式计算。

15.4 资 料 整 理

15.4.2 影响半径是一个与出水量、水位下降值有关的变数。同一场地，水位下降值不同，影响半径（降落漏斗范围）亦随之变化，而渗透系数一般是固定的。

15.4.3、15.4.4 一般情况下，岩土工程勘察场地的地下水条件较为简单，抽水试验方法也以稳定流为主。因此，只列出了稳定流抽水试验时，承压完整井、潜水完整井两种条件下单孔、有一个观测孔、有两个观测孔时的渗透系数计算公式。

稳定流非完整井及有边界条件限制的、两段次或两段次以上降深等复杂情况下的，以及非稳定流抽水试验时的渗透系数计算，可根据场地地下水条件分别选择适当公式，并应符合相关的水文地质勘察规范或标准的规定。

16 波速测试

16.1 一般规定

16.1.1 波速测试多采用单孔法、跨孔法、面波法、岩体声波测试等方法。

1 单孔法多采用孔口激振，孔内接收的下孔法。普遍应用于岩土勘察中的波速测试和换填垫层法、强夯法加固地基的质量检测。

2 跨孔法须采用多个试验孔进行测试，操作较复杂，对较深地层的波速测试不适用。

3 面波法较普遍地应用于岩土勘察中的波速测试和换填垫层法、强夯法加固地基的质量检测。

4 岩体声波测试测点可选择在地表露头、钻孔和风钻孔中，适用于岩体波速测试。

16.2 仪器设备

16.2.2 对于土层波速测试，希望能通过相反方向的激发产生极性相反的二组剪切波，以便于确定剪切波的初至时间。

16.2.3 单孔法和跨孔法采用的三分量井下传感器，其外形是一全密封的钢筒，直径一般为 ϕ100mm、长度为 300mm；内置 1 个竖向、2 个相互垂直水平向检波器，传感器外壳附有气囊。面波测试的检波器不同于通常使用的地震检波器，它不仅要求频响特性好，而且低频段比通常使用的地震检波器低得多。国内一般用于面波测试的地震检波器低频应在 4Hz 左右。

16.3 测试方法

16.3.1 板式振源离测试孔的距离 S，应根据第一层土的厚度和其下是否存在高速层来确定。当第一层土的厚度较大时可取大值，但不宜超过 3.0m；当其下存在高速层时可取小值，但不宜小于 1.0m。

16.3.2 跨孔法测试为避免折射波的干扰，孔间距离不应大于临界距离（见图 3），可按下式计算临界距离：

$$X_c = 2H\cos i\cos\varphi / [1-\sin(i+\varphi)] \tag{6}$$

$$X_c = 2H\sqrt{(V_2+V_1)(V_2-V_1)} \quad (\varphi=0) \tag{7}$$

式中 X_c——临界距离（m）；

H——沿钻孔方向振源至高速层的距离（m）；

i——临界角；$i=\arcsin(V_1/V_2)$；

V_1——低速层波速（m/s）；

V_2——高速层波速（m/s）；

φ——地层界面倾角；以顺时针方向为正，逆时针方向为负。

当跨孔法测试的深度超过 15m 时，为了得到在每一测试深度的孔间距的准确数据，应进行测斜工作。

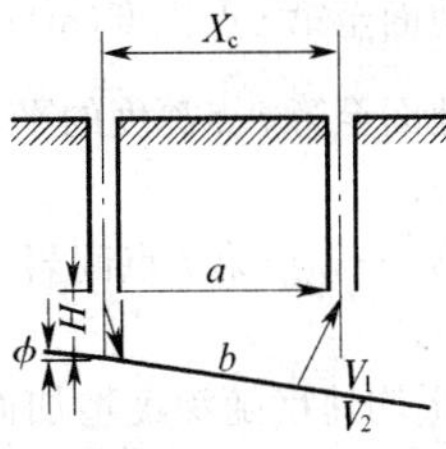

图 3 直达波与折射波传播途径

a—直达波传播途径；b—折射波传播途径

16.4 资料整理

16.4.1 单孔法的资料整理过程中，应注意下述两个问题：

1 如果靠近地表的地层为低速层，下有高速层可能会产生折射波，因此，除在规范中规定的震源离孔的距离外，在资料整理中也应考虑是否存在这一问题。

2 在计算波速时，应作斜距校正。本规范是将板式振源理想化为点振源，点振源位于板中心距井口距离为 S（m），如图 4 所示：

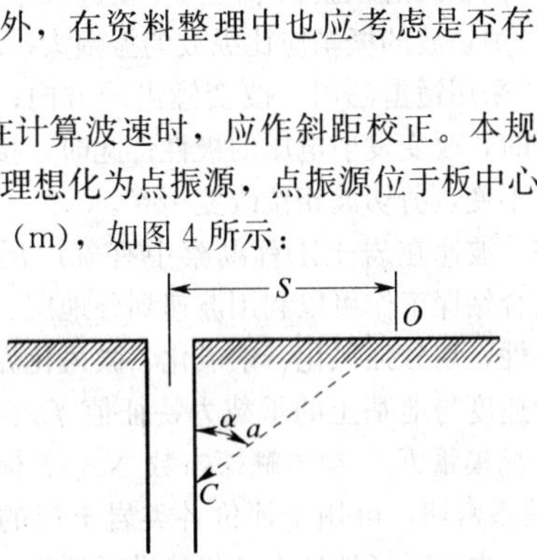

图 4 斜距按三角关系校正图

按这种假设进行的斜距校正，弹性波自振源点沿 OC 传到拾振器的时间为：

$$t=\sqrt{(S^2+H^2)}/V_s \tag{8}$$

随测试深度的增加，斜距越接近孔深；当测试深度超过 15m 时，可不再作斜距校正。

16.4.2 应按式 6 计算临界距离，判明传感器所接收到的是否为直达波；比较相邻孔及多孔波速值，如果波速值基本一致，可认为无折射影响。

16.4.3 面波频散曲线反映了地层面波速度随深度的变化情况，可根据波速划分地层，但应注意，频散曲线上纵坐标在物理意义上是波长，波长与勘探深度的对应关系和地质体的物理力学指标有关，较为复杂。因此，在有条件的场地要与已知钻孔数据进行对比，做深度校正。频散曲线上某深度的面波速度是地面到该深度的平均速度，地层速度应根据以下公式计算：

1 当地层的平均速度随深度增加而增大时，应按下式计算层速度：

$$V_{Ri} = [V_{Ri}H_i - V_{R(i-1)}H_{(i-1)}]/[H_i - H_{(i-1)}] \tag{9}$$

式中 H_i——地面至第 i 点深度(m)；

$\overline{V}_{Ri}$——地面至第 i 点深度的平均面波速度(m/s)；

V_{Ri}——第 $i-1$ 至第 i 点间岩土层的速度(m/s)。

2 当地层平均速度随深度增加而减小时，应按下式计算层速度：

$$V_{Ri}=[H_i-H_{(i-1)}]/[(H_i/\overline{V}_{Ri})-(H_{(i-1)}/\overline{V}_{R(i-1)})] \quad (10)$$

3 当不考虑地层平均速度随深度变化趋势时，可采用下式计算层速度：

$$V_{Rn}^2=[H_i\overline{V}_{Ri}^2-H_{(i-1)}\overline{V}_{R(i-1)}^2]/[H_i-H_{(i-1)}] \quad (11)$$

16.4.4 岩体声波测试数据整理过程中，可按下列原则和方法判别剪切波：

1 在岩体介质中，剪切波出现在纵波之后，其速度之比 $V_p/V_s=t_s/t_p\geqslant1.7$。

2 接收到的纵波频率应大于横波频率($f_p>f_s$)。

3 剪切波的振幅应比纵波的振幅大($A_s>A_p$)。

4 采用锤击法时，改变锤击的方向；采用换能器发射时，改变发射电压的极性；此时，接收到的纵波相位不变，剪切波相位改变180°。

16.4.5 波速在岩土工程勘察中有着广泛的应用前景，结合钻探工作可以利用波速划分地层、评价岩体的完整性，划分强风化、中风化、微风化界限。岩土剪切波速度与地基土的承载力特征值 f_{ak}、变形模量 E_0、压缩模量 E_s、动力触探击数 $N_{63.5}$、标准贯入击数 N 关系密切，可用于评价各类岩土层的强度和变形指标，也可对场地砂土液化势进行评价。

17 动力机器基础地基动力特性测试

17.1 一 般 规 定

17.1.1 天然地基、人工地基、桩基的测试方法、使用的设备和仪器、现场工作、数据处理方法等相同，仅是测试基础的尺寸不同。

17.1.3 测试方法的选择，应与设计基础的振动类型相符合。这样所得到的地基动力特性参数，才能更符合设计基础的实际情况。

17.1.4 进行明置基础的测试可以获得基础下地基的动力参数，进行埋置基础的测试可以获得埋置作用对动力参数的提高效果。有了这两者的动力参数，就可进行机器基础的设计。而基础四周回填土是否夯实，直接影响埋置作用对动力参数的提高效果，因此在进行埋置基础的振动测试时，四周的回填土一定要分层夯实。

17.1.7 桩基的刚度，不仅与桩的长度、截面大小和地基土的种类有关，还与桩的间距、桩的数量等有关。一般机器基础下的桩数，根据基础面积的大小，从几根到几十根，甚至多达百根以上，而试验基础的桩数不能太多。根据以往试验的经验，一根桩（带桩台）的测试效果不理想，2根、4根桩（带桩台）的测试效果比较好。4根桩的测试费用较大，因此本条规定为2根桩，如现场有条件作不同桩数的对比时，也可增加4根桩和6根桩的测试。

17.1.9 地基的动力参数与土的性质有关，测试基础下的地基土应与设计基础下的地基土一致，才能保证测试数据计算的动力参数满足设计要求。因此试验基础的位置应选择在拟建基础附近相同的土层上。

17.1.10 测试基础的基底标高应与拟建基础基底标高一致。但考虑到有的动力机器基础高度大，基底埋置深，如将小的试验基础也置同一标高，现场施工与测试工作均有困难，此时可视基底标高的深浅以及基底土的性质确定。关键是要掌握好试验基础与拟建基础底面的土层结构相同。试坑坑壁至试验基础侧面的距离应大于0.5m，其目的是为了在做基础的明置试验时，基础侧面四周的土压力不会影响到基础底面土的动力参数。坑底应保持原状土，否则将直接影响测试结果。

17.2 仪 器 设 备

17.2.1 机械式激振设备的扰力一般均能满足要求。由于块体基础水平回转耦合振动的固有频率及在软弱地基上的竖向振动固有频率较低，因此要求激振设备的最低频率尽可能低。最好在3Hz，最高不能超过5Hz能测得振动波形，这样测出的完整数据才能较好地满足数据处理的需要；而桩基础的竖向振动固有频率高，要求激振设备的最高工作频率尽可能的高，最好能达到60Hz以上，以便能测出桩基础的共振峰。电磁式激振设备的工作频率范围很宽，只是扰力太小时，对桩基础的竖向激振难于达到测试要求，因此规定扰力不宜小于600N。

17.3 测 试 方 法

17.3.1 在共振区以内（即 $0.75f_m\leqslant f\leqslant1.25f_m$，$f_m$ 为共振频率），频率应尽可能测密一些，最好是0.5Hz左右，这样便于找到峰点，减少误差。共振时的振幅不大于150μm，一是因为振幅大了，峰点更难测得；二是振幅太大，影响地基土的动力参数。周期性的机器基础，当 $f\geqslant10$Hz时，其振幅都不会大于150μm。

17.3.2 竖向自由振动测试时，为减小高频波的影响、避免基础顶面被冲坏，可在基础顶面中心放一块稍厚的橡胶垫。基础水平振动测试时，可采用木锤敲击，敲击点在基础侧面轴线顶端，易于产生回转振动。

17.4 资 料 整 理

17.4.13～17.4.16 由于地基动力参数值与基础底面积大小、基础高度、基底应力、基础埋深等有关，而试验基础与设计的动力机器基础在这些方面不可能相同。因此，由试验基础实测计算的地基动力参数应用于基础振动和隔振设计时，必须进行相应的换算后，才能提供给设计应用。

18 原位密度测试

18.1 一 般 规 定

18.1.1 原位密度测试方法有核子射线法、灌砂法和灌水法等。利用核子法测定土石等材料原位密度和含水量是一项迅速发展起来的无损、快速检测技术。目前，我国已有相当数量的各类进口和国产核子水分、密度仪在各类工程中使用，并广泛用于填方工程，控制施工质量，成为质量检测和控制的一种重要方法。灌砂法和灌水法是传统的试验方法，广泛用于原状土和填方工程密度测试，比较成熟。

18.2 仪 器 设 备

18.2.1 国产核子密度仪，在降低放射性辐射源活度(俗称强度)方面达到同类仪器产品的国际水平。只要是按操作手册正确操作使用与储运，核子仪是绝对安全的。核子密度仪检定周期一般为两年。

18.2.2 灌砂法使用的量砂，应选择适当粒径使其密度变化较小。据国内外试验数据，其粒径在0.30～0.50mm范围内的量砂密度较稳定。故本规范建议量砂粒径为0.25～0.50mm。

18.3 试 验 方 法

18.3.1 核子法适用于现场用核子密度仪以散射法或直接透射法测定试验面材料的密度和含水量，并计算压实度，适用于施工质量的现场快速评定。

1 标准计数使用的工具是标准计数块，其密度和含有的氢元素都是稳定不变的。每台仪器都有自己对应的标准块。每次标准计数获得一个密度标准计数值和一个水分标准计数值。当本次密度、水分标准计数值接近上一次的标准计数值，而且仪器显示的标准计数密度 X_i 值和水分 X_i 值都在0.75～1.25。说明仪器的状态良好，可以进行测试；如果标准计数值不能同时满足以上两个要求，继续进行一到两次新的标准计数，如果依然不能满足要求，说明仪器不能进行正常工作，需要标定或检修。

2 标定需要每两年左右对仪器进行一次，以保证仪器测试结果的准确度和精度。标定通常需要用户到仪器厂家或有资质的维修中心进行。

3 由于是表面式核子仪，需将被测地面仔细整平，地表面过湿或不平整将影响测试结果。

4 土质变化大，被测结构层厚度、材料有变化时，核子仪与灌砂法配合使用，能收到好效果。

18.3.2 灌砂法是密度测试最常用的试验方法之一，在实际操作过程中应认真把握试验的每一环节，避免引起较大误差。

1 以标准量砂计量体积，其密度应稳定。因此，灌量砂时应与校准量砂密度时条件相同，即相同的落距和速度。

2 一般灌砂法不用套环，直接在刮平的地面上挖试坑，然后灌砂计算其体积。这样往往由于地面没有刮平，影响试坑体积计算的准确性。采用套环，以套环上缘为一固定基准面，先灌砂测定基准平面至地面之间的体积。挖试坑后，再测此基准面至坑底之间的体积。二者之差即为试坑体积。这样即使地面不平，亦无影响。

3 用套环时，挖试坑前很难将套环内量砂取净，所以规范中允许套环内残留少量量砂。但当挖试坑时，必须将残留量砂和试样一同取出。

18.3.3 灌水法测试密度，一般均采用较大的试坑。在坑底铺设塑料薄膜后，灌水测定试坑体积。塑料薄膜能否贴紧坑底和坑壁、是否存在折、皱纹等现象都将影响试坑体积测量精度。为此，本规范在试验中采用带套环的座板，以便对塑料薄膜进行操作，利于提高试坑体积的测量精度。

19 原位冻胀量试验

19.1 一 般 规 定

19.1.1 土的冻胀性，可通过原位试验和室内试验进行测试。原位试验工作量大，周期较长，但方法简易，测试结果比较实际和可靠。

19.2 试 验 设 备

19.2.1 分层冻胀仪有单独式和迭合式。单独式分层冻胀仪制作容易，用钻孔法埋设，对土的原有结构破坏较小，对地下水位高于冻深的地区尤为适用。迭合式分层冻胀仪能集中在一点观测分层冻胀，有利于成果的整理分析，其缺点是制作和埋设较麻烦，同时，由于埋设孔较大，仪器埋入后对周围土的温度场有影响。从观测数据的可靠性来考虑，本规范建议采用单独式分层冻胀仪。

19.3 试 验 方 法

19.3.1 关于沿深度分层间距可视需要而定。分层多可以较详细地测得土层沿深度的冻胀性，但增加了测点及观测工作量；过少则不可能反映土层的分层冻胀性。本规范提出一般间距为20～30cm。冻深大间距可取大些，反之间距可小些。

对于基准盘（梁）离地面的距离40cm的规定，是考虑到测量方便和基于季节性冻土地区可产生的最大冻胀量。

冻深和地下水位观测是冻胀试验中必须同时进行的基本项目。冻深观测一般用冻深器（胶管内装水）；地温观测可用电阻温度计，温度测点应与冻胀仪埋设的间距一致。地下水位管埋设深度至少应超过当地可能最低地下水位以下50cm。

20 原位冻土融化压缩试验

20.1 一般规定

20.1.1 原位冻土融化压缩试验方法与暖土的载荷试验方法相似。这种方法适用于除漂石（$d>200$mm）以外的各种冻土，可以逐层进行试验，取得建筑场地预计融化深度内冻土的融化压缩性质，即融沉系数和压缩系数。该种方法试验设备和操作比较复杂，劳动强度也较大。因此，一般只对较重要的工程或室内试验难于进行的含巨粒土、粗粒土和富冰冻土采用。

20.2 试验设备

20.2.3 由于融化速度是由传压板的温度来控制。在加热温度90℃时，原位试验约在8h内融化深度可达40cm。

20.3 试验方法

20.3.2 停止加热后，依靠余热使试样继续融化，因此仍应继续观测融沉变形。在2h内，对细颗粒土变形量小于0.5mm，对粗粒土小于0.2mm时，即可认为达到稳定，然后逐级加载进行压缩试验。

21 岩体应力测试

21.1 一般规定

21.1.4 测点区地应力现象是指岩体中因地应力集中，产生的钻孔岩芯饼化、巷道变形、剥落、岩爆及基坑开挖产生的错位等。

21.3 试验方法

21.3.1 岩体表面应力测试，是通过测量岩体表面应变或位移来计算应力，用于测量岩体表面或地下洞室围岩表面受扰动后重新分布的岩体应力状态。本测试方法包括两种：表面应力解除法和表面应力恢复法。采用应力恢复法需已知岩体某一主应力的方向，然后根据主应力方向来确定液压枕和应变计或位移计埋设方向。

21.3.2 孔壁应变法又称钻孔三向应变计法，是利用电阻应变片作为传感组件，测量套钻解除后钻孔孔壁应变，根据弹性理论求解岩体内的三维应力状态。

1 本测试方法适用于各向同性的完整、较完整岩体。主要优点是在一个钻孔内一次成功的测试，即可确定岩体的三维应力状态。孔壁应变法测试按其应变计结构和适用环境分为浅孔孔壁应变法、浅孔空心包体孔壁应变法及深孔水下孔壁应变法三类。

2 对测试孔的要求，浅孔应变计及空心包体应变计对测试孔径要求为测试组件标准外径。如ϕ36mm加上0.2～0.7mm，过大过小都将影响安装。三类应变计对测试孔深均要求满足安装长度（即应变计长度加上100mm）。采用深孔测试时，为防止残留岩芯掉入孔内，测试前宜用试孔器测量孔深。

3 孔壁应变计应根据工程要求，使用环境及测试方法选用。

1）浅孔孔壁应变计，因直接在孔壁上粘贴应变片，要求孔壁干燥，故适用于地下水位以上完整、较完整细粒结构的岩体，孔深不宜超过20m，为排除孔内积水，钻孔宜向上倾斜3°～5°。

2）空心包体式孔壁应变计，是将应变计的应变片粘贴在一预制的薄环氧树脂圆筒上，再包裹一层环氧树脂制成，适用于完整、较完整的岩体。

3）深孔水下孔壁应变计，由于采用了特殊的水下粘结剂及粘贴工艺，可在水下孔壁上粘贴电阻片，适用于有水的完整、较完整的岩体。目前该法测试深度国外已达500m，国内也达到300m。

21.3.3 孔底应变法测试，是采用电阻应变计（或其他感应组件）作为传感组件，测量套钻解除后钻孔孔底岩面应变变化，根据经验公式，求出孔底周围的岩体应力状态，适用于各向同性岩体的应力测试。主要优点为所需的完整岩芯长度较短，在较软弱或完整性较差的岩体内较易成功。

孔底应变计的安装工艺要求烘烤孔底，需在钻孔无水状态下进行。为排除钻孔孔内积水，钻孔宜向上倾斜3°～5°。

21.3.4 孔径变形法测试包括压磁应力计测试和孔径变形计测试两种方法。它是在钻孔预定孔深处安放压磁应力计或四分向环式钻孔变形计，然后套钻解除，测量套钻解除前后的变形或应变差值。按弹性理论建立的孔径变化与应力之间的关系式，计算出岩体中钻孔横截面上的平面应力状态。当需要测求岩体空间应力时，应采用3个钻孔交会法测试。

22 振动衰减测试

22.1 一般规定

22.1.1、22.1.2 振动波在地基土中的衰减与很多因素有关，除与地基土的种类和物理状态有关外，还与振源的性质、能量大小、距离、频率以及基础的面积、埋置深度、基底应力等有关。利用动力机器、公路、铁路、施工工地等振动作为振源进行衰减测定，是符合设计基础的实际情况的。

22.1.3 振波的衰减，与基础的明置和埋置有关，一般明置基础衰减快，而埋置基础衰减慢。因此，对试验基础进行竖向和水平向振动衰减测试时，基础应埋置。

22.3 测 试 方 法

22.3.1 振动沿地面的衰减与振源机器的扰力频率有关，一般高频衰减快，低频衰减慢。因此，测试基础的激振频率应选择与设计基础的机器扰力频率相一致。

22.3.2 地基振动衰减的计算公式是建立在地基为弹性半空间无限体这一假定上的，而实际情况不完全如此，振源的方向不同，测的结果也不相同。因此，实测试验基础的振动在地基中的衰减时，传感器设置方向，应与设计要求的方向相同。

22.4 资 料 整 理

22.4.1、22.4.2 对同一种土、同一个振源计算的 α 值随距离而变化。于近振源处振动衰减很快，计算的 α 值很大；到一定距离后 α 值比较稳定，趋向一个变化不大的值。试验中应按照实测数据计算出 α 随 r 的变化曲线，提供给设计应用，由设计人员根据设计基础离振源的距离选用 α 值。见图 5。

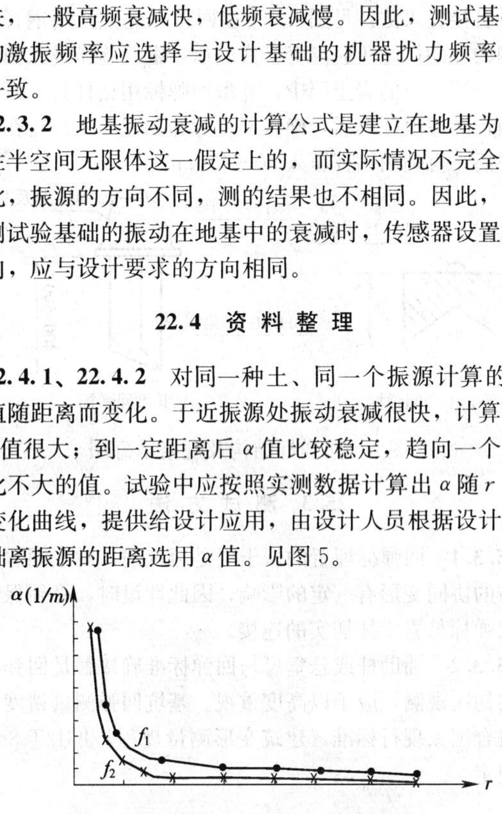

图 5　α 随 r 的变化曲线

23 地微振测试

23.1 一 般 规 定

23.1.1 人类活动等因素所引起的地基振动，在地基传播过程中能反映地基的固有振动特性。通过地微振测试可获得地震时地基的振动特性，所记录的振波可用于地震反映计算时的输入地震波。

23.2 仪 器 设 备

23.2.1、23.2.2 地微振的周期为 0.1～1.0s，振幅一般在 3μm 以下，因此要求地微振测试系统灵敏度高、低频特性好、工作稳定可靠。加速度传感器的工作频带可达 0～60Hz，体积小，容易密封，适用井中测试。

23.3 测 试 方 法

23.3.1、23.3.2 测点三个传感器的布置是考虑到有些场地的地层具有方向性。如第四系冲洪积地层不同的方向有差异；基岩的构造断裂也具有方向性。因此，要求沿东西、南北、竖向三个方向布置传感器，并尽量避开周围环境的干扰信号。

23.4 资 料 整 理

23.4.1 为了减少频谱分析中的频率混叠现象，事先应对分析数据进行窗函数处理，对微振信号一般加滑动指数窗，哈明窗、汉宁窗较为合适。微振信号的性质可用随机过程样本函数集合的平均值来描述，从数理统计与测试分析系统的计算机内存考虑，经32 次频域平均已基本上能满足要求。

23.4.3 微振信号频谱图一般为一个突出谱峰形状，卓越周期只有一个；如地层为多层结构时，谱图有多阶谱峰形状，通常不超过三阶，卓越周期可按峰值大小分别提出；对频谱图中无明显峰值的宽频带，可按电学中的半功率点确定其范围。

23.4.4 微振幅值应取实测脉动信号的最大幅值。这里所指的幅值，可以是位移、速度，加速度幅。

24 地电参数原位测试

24.1 一 般 规 定

24.1.1 电力线路对电信线路的感性耦合影响，取决于电力线路地中电流和电力线路与电信线路之间的互感系数，而大地电导率是决定互感系数的重要参数。

24.2 仪 器 设 备

24.2.2 由于电法勘探规定的总精度是允许相对均方误差为±5%。在各项误差分配中，仪器产生的误差应小于±2%，才能满足总精度要求。

24.3 测 试 方 法

24.3.2 由于四极对称电测深法的电极是等距对称布置的，所以只需考虑供电电极 A、B 极距的选取问题。据理论分析 50Hz 电流的渗透深度最大可达数千米的广阔范围，但实践表明多数情况主要取决于 300～500m 的有效深度。等距四极法的探测深度约为 A、B 电极距离的 1/3，所以 A、B 间最大极距可采用 900～1500m。A、B 间最小极距选择应大于电极入地深度的几倍，以避免受电极附近电位分布的影响，又要小于地表岩层的厚度，以取得完整的实测曲线，故一般选取 6～12m。

24.4 资料整理

24.4.2 大地电导率主要取决于较大深度内的地质构造和地下水的情况，与季节和温度变化关系不大。地质结构变化是很复杂的，不同的地质结构有不同的大地电导率。即使同一地质结构，大地电导率随年降雨量和地下水位不同会在一定范围内变化，故大地电导率是一个概略值。

大地电导率除与地层电阻率有关外，尚与地中电流在地表下的等效深度和入地电流频率有关，其关系如下式：

$$h=660\sqrt{\frac{1}{f\sigma}} \tag{12}$$

式中 f——入地电流频率（Hz）；

σ——大地电导率（s/m）。

1 将在现场测得的各极距数值逐点画在模数为 6.25cm 的双对数坐标纸上，取横轴为 AB/2、纵轴为 ρ_k，连成光滑曲线。

2 量板法是将实测曲线与理论曲线（常用的理论曲线，有两层理论量板和三层 H、A、K、Q 型辅助量板。）相对比，来求得各岩层电阻率及厚度。然后根据拉德列曲线，换算成 50Hz 或任何频率情况下的大地电导率。

3 简化法是将实测曲线与简化解释曲线直接相交，求得大地电导率的方法。简化法虽简便易行，但在复杂情况下，实测曲线不能与简化解释曲线相交，这时只能根据实测曲线的趋势估计其尾段是上升或下降，并延伸使之与简化解释曲线相交，这将会导致解释结果产生误差。而量板法没有这种局限性，故在工程上应根据实测曲线的具体情况采用不同的解释方法。

25 基坑回弹原位测试

25.1 一般规定

25.1.1 基坑回弹原位测试所提供数据，对分析回弹与再压缩共同产生的地基沉降，预测建（构）筑物地基沉降、基坑稳定性有重要意义。

25.1.2 本条对基坑回弹监测点数量的规定是基于形状简单、规模较小的基坑；对于形状复杂、较大型基坑，应适当增加监测点数量。

25.1.3 按坑底 1/4 宽度的间距布置监测点，是常规的监测测试要求。如间距过大，在地质条件较为复杂时，测试结果的代表性可能会受到影响。

25.2 仪器设备

25.2.2 采用钻孔埋设的回弹标根据埋设方式不同分为Ⅰ型和Ⅱ型，分别适用于套管，辅助杆埋置法和钻杆直接置入法，见图 6。Ⅰ型回弹标应直接用钢管焊制的辅助杆施压脱离套管底端后，继续施压进入预计的监测点位的岩土层中；Ⅱ型回弹标用钻杆打、压入预计的埋设深度后，确认回弹标卸扣脱离钻杆留在土中后，再利用钻杆压入 30～40mm。

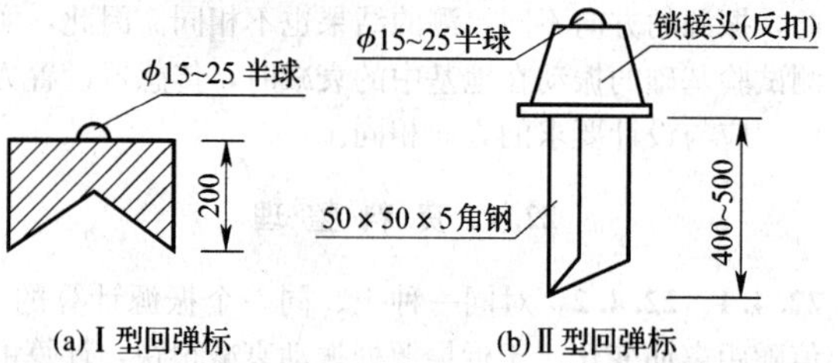

图 6 回弹标结构及规格示意图

25.3 测试方法

25.3.1 回弹标埋置的岩土层是否扰动，对于同岩土体的协同变形有一定的影响，因此埋设时，必须保证回弹标与岩土体切实的连接。

25.3.2 辅助杆或悬垂尺与回弹标准确接触是回弹标的初次观测，应予以高度重视。基坑回弹测量精度应符合国家现行标准《建筑变形测量规程》JGJ/T 8 的规定。

中华人民共和国国家标准

石油化工建设工程施工安全技术规范

Code for technical of construction safety in petrochemical engineering

GB 50484—2008

主编部门：中国石油化工集团公司
批准部门：中华人民共和国住房和城乡建设部
施行日期：2009年6月1日

中华人民共和国住房和城乡建设部公告

第215号

关于发布国家标准《石油化工建设工程施工安全技术规范》的公告

现批准《石油化工建设工程施工安全技术规范》为国家标准，编号为GB 50484—2008，自2009年6月1日起实施。其中，第3.1.2、3.1.7、3.2.8、3.2.12、3.2.25、3.2.26、3.4.4、3.5.7、3.6.11、3.8.5、4.1.12、4.2.5、4.2.13、4.3.3、4.3.6、4.4.4、4.4.15、4.4.16、4.5.2、4.5.3、4.5.5、4.5.7、4.5.12、4.6.3、4.6.5、4.6.7、5.1.16、5.2.5、5.2.12、5.3.6、5.4.5、5.5.6、5.6.4、6.2.3、6.3.4、6.3.6、6.3.12、6.3.21、6.3.22、6.3.26、7.2.7、7.3.4（2、4、5）、7.5.5、7.8.7、7.8.9、7.9.16、8.1.4、8.1.8、8.4.3、8.5.3、8.5.6、8.5.7、8.5.10、8.5.11、8.5.13、8.5.29、8.6.4、8.6.9、8.7.9、8.8.15、8.9.7、9.3.3、9.5.3、9.5.4、9.5.7、10.3.9、10.3.28、10.3.33、10.3.39、10.4.18、10.8.17、10.8.26、10.10.3、10.13.4条（款）为强制性条文，必须严格执行。

本规范由我部标准定额研究所组织中国计划出版社出版发行。

中华人民共和国住房和城乡建设部

二〇〇八年十二月三十日

前　言

本规范是根据建设部"关于印发《2005年工程建设标准规范制订、修订计划（第二批）》的通知"（建标函〔2005〕124号）要求，由中国石油化工集团公司组织中国石化集团第五建设公司、中国石化集团第四建设公司、中国石化集团宁波工程有限公司、中国石化集团第二建设公司、中国石化集团第十建设公司、北京燕华建筑安装工程有限责任公司等单位共同编制。

在编制过程中，编制组开展了专题研讨，并进行了比较广泛的调研，总结了近年来石油化工工程建设的实践经验，征求了建设、设计、施工、环保等方面的意见，对其中主要问题进行了多次讨论，最后经审查定稿。

本规范共分10章，主要内容有：总则、术语、通用规定、临时用电、起重作业、脚手架作业、土建作业、安装作业、施工检测、施工机械使用。

本规范以黑体字标志的条文为强制性条文，必须严格执行。

本规范由住房和城乡建设部负责管理和对强制性条文的解释，由中国石油化工集团公司负责日常管理工作，由中国石化集团第五建设公司负责具体解释。

为了提高规范质量，请各单位在执行过程中，注意总结经验，积累资料，随时将有关意见和建议反馈给中国石化集团第五建设公司（地址：甘肃省兰州市西固区康乐路27号，邮政编码：730060），以供今后修订时参考。

本规范主编单位、参编单位和主要起草人：

主 编 单 位： 中国石化集团第五建设公司

参 编 单 位： 中国石化集团宁波工程有限公司
中国石化集团第四建设公司
中国石化集团第十建设公司
中国石化集团第二建设公司
北京燕华建筑安装工程有限责任公司

主要起草人： 南亚林　吴文彬　葛春玉　田保忠
赵秀芬　刘小平　刘景山　张　明
刘　勇　罗　斌　多宏伟　李　江
陈　放　孙吉产　张　毅　廖志勇
李金明　李　勇

目　次

1　总则 …………………………… 1—64—4
2　术语 …………………………… 1—64—4
3　通用规定 ………………………… 1—64—5
3.1　现场管理 ……………………… 1—64—5
3.2　施工环境保护 ………………… 1—64—5
3.3　施工用火作业 ………………… 1—64—6
3.4　受限空间作业 ………………… 1—64—6
3.5　高处作业 ……………………… 1—64—6
3.6　焊割作业 ……………………… 1—64—7
3.7　季节施工 ……………………… 1—64—7
3.8　酸碱作业 ……………………… 1—64—8
3.9　脱脂作业 ……………………… 1—64—8
3.10　运输作业 …………………… 1—64—8
3.11　现场临建 …………………… 1—64—9
4　临时用电 ………………………… 1—64—9
4.1　用电管理 ……………………… 1—64—9
4.2　变配电及自备电源 …………… 1—64—10
4.3　配电线路 ……………………… 1—64—10
4.4　配电箱和开关箱 ……………… 1—64—11
4.5　接地与接零 …………………… 1—64—12
4.6　照明用电 ……………………… 1—64—13
5　起重作业 ………………………… 1—64—13
5.1　一般规定 ……………………… 1—64—13
5.2　吊车作业 ……………………… 1—64—13
5.3　卷扬机作业 …………………… 1—64—14
5.4　起重机索具 …………………… 1—64—14
5.5　塔式起重机吊装作业 ………… 1—64—16
5.6　使用吊篮作业 ………………… 1—64—16
6　脚手架作业 ……………………… 1—64—16
6.1　一般规定 ……………………… 1—64—16
6.2　脚手架用料 …………………… 1—64—16
6.3　搭设、使用、拆除 …………… 1—64—17
6.4　特殊形式脚手架 ……………… 1—64—18
7　土建作业 ………………………… 1—64—18
7.1　土石方作业 …………………… 1—64—18
7.2　桩基作业 ……………………… 1—64—18
7.3　强夯作业 ……………………… 1—64—19
7.4　沉井作业 ……………………… 1—64—19
7.5　砌筑作业 ……………………… 1—64—19
7.6　钢筋作业 ……………………… 1—64—19
7.7　混凝土作业 …………………… 1—64—20
7.8　模板作业 ……………………… 1—64—20
7.9　滑模作业 ……………………… 1—64—20
7.10　防水、防腐作业 …………… 1—64—20
8　安装作业 ………………………… 1—64—21
8.1　金属结构的制作安装 ………… 1—64—21
8.2　设备安装 ……………………… 1—64—21
8.3　容器现场组焊 ………………… 1—64—21
8.4　管道安装 ……………………… 1—64—22
8.5　电气作业 ……………………… 1—64—22
8.6　仪表作业 ……………………… 1—64—23
8.7　涂装作业 ……………………… 1—64—24
8.8　隔热作业 ……………………… 1—64—24
8.9　耐压试验 ……………………… 1—64—25
8.10　热处理作业 ………………… 1—64—25
9　施工检测 ………………………… 1—64—25
9.1　一般规定 ……………………… 1—64—25
9.2　施工测量 ……………………… 1—64—25
9.3　成分分析 ……………………… 1—64—26
9.4　物理试验 ……………………… 1—64—26
9.5　无损检测 ……………………… 1—64—26
10　施工机械使用 …………………… 1—64—27
10.1　一般规定 …………………… 1—64—27
10.2　手持电动工具 ……………… 1—64—27
10.3　起重吊装机械 ……………… 1—64—28
10.4　铆、管机械 ………………… 1—64—29
10.5　焊接机械 …………………… 1—64—30
10.6　动力机械 …………………… 1—64—30
10.7　土石方机械 ………………… 1—64—30
10.8　运输机械 …………………… 1—64—31
10.9　桩工及水工机械 …………… 1—64—32
10.10　混凝土机械 ……………… 1—64—32
10.11　钢筋加工机械 …………… 1—64—33
10.12　木工机械 ………………… 1—64—33
10.13　装饰机械 ………………… 1—64—34
本规范用词说明 …………………… 1—64—34
附：条文说明 ……………………… 1—64—35

1 总　　则

1.0.1 为适应石油化工建设工程的需要，保障人身安全和健康，保护公众财产不受损失，保护环境不受危害，制定本规范。

1.0.2 本规范适用于石油炼制、石油化工、化纤、化肥等建设工程施工的安全技术管理。

1.0.3 石油化工工程建设施工必须坚持“安全第一，预防为主”的方针。

1.0.4 石油化工建设工程施工安全技术除应执行本规范外，尚应符合国家现行有关标准的规定。

2 术　　语

2.0.1 施工用火　hot work

石油化工工程建设中各类金属焊接、切割作业及其他产生火花和明火作业统称为施工用火。

2.0.2 固定动火区　specified hot work area

在石油化工建设工程项目施工现场限定的范围内，不需要办理动火作业证即可进行动火作业的区域。

2.0.3 生命绳　life yarn

高处作业中专门用来悬挂安全带的绳索。

2.0.4 临时用电　electricity on construction site

为建设工程项目施工提供的、工程施工完毕即行拆除的电力线路与电气设施。

2.0.5 配电柜　distributing tank

布置在施工配电室（包括独立配电房和箱式变电站）内的配电装置，包括进线柜和出线柜。

2.0.6 总配电箱　total distribution box

布置在用电负荷中心的落地式配电装置，其进线端与配电室的出线柜相连，出线端与分配电箱或大功率用电设备相连。

2.0.7 分配电箱　sub-distribution box

分布在各施工点，使用电设备就近获得电源的配电装置，其进线端与总配电箱相连，出线端与开关箱或用电设备相连。

2.0.8 配电箱　distribution box

总配电箱和分配电箱的总称。

2.0.9 开关箱　switch box

末级配电装置，其进线端与分配电箱相连，出线端与用电设备相连。

2.0.10 低压　low voltage

交流对地额定电压在1kV及以下的电压。

2.0.11 高压　high voltage

交流对地额定电压在1kV以上的电压。

2.0.12 安全特低电压　safety extra-low voltage (SELV)

用安全隔离变压器与电力电源隔离开的电路中，导体之间或任一导体与地之间交流有效值不超过50V的电压。

2.0.13 安全隔离变压器　safety isolating transformer

为安全特低电压电路提供电源的隔离变压器。

2.0.14 TN-S系统　TN-S system

工作零线与保护零线分开设置的接零保护系统。

2.0.15 高处作业　work at heights

凡在坠落高度基准面2m及以上有可能坠落的高处进行的作业。

2.0.16 冬季施工　winter construction

在室外日平均气温连续5d稳定低于+5℃的环境下进行作业。

2.0.17 受限空间　confined spaces

进出口受到限制的密闭、狭窄、通风不良的分隔间或深度大于1.2m的封闭或敞口的只能单人进出作业的通风不良空间。

2.0.18 涂装作业　painting operations

在涂装全过程中作业人员进行的生产活动的总称。

2.0.19 热处理　heat treatment

采用适当的方式对金属材料或工件进行加热、保温和冷却，以获得预期金相组织与物理性能的工艺。

2.0.20 抛丸　shot blasting

以高速旋转的叶轮将钢丸（用钢丝切断成颗粒状）喷射到金属工件上，强化金属表面和进行表面除锈的过程。

2.0.21 喷丸　shot peening

用压缩空气或离心力将大量铸铁丸或钢丸喷向金属加工件表面，清除铸件表面的烧结砂层或进行金属工件表面除锈的过程等。

2.0.22 机械化检测　remote controlled testing

检测的实施、缺陷的信号观察及评价全部或部分由机械装置完成的检测方法。

2.0.23 扫查机构　scanning

超声波检测时，使探测面上探头与被检工件进行相对移动的机械装置。

2.0.24 触头　prods

磁粉检测中与软电缆相连，并将磁化电流导入和导出试件的手持式棒状电极。

2.0.25 辐射事故　radiation accident

是指放射源丢失、被盗、失控或放射性同位素和射线装置失控导致人员受到意外的异常照射。

2.0.26 辐射剂量　radiation dose

某一对象所接受或“吸收”的辐射的一种度量。

2.0.27 辐射控制区　radiation controlled area

在辐射工作场所划分的一种区域，在这种区域内要求采取专门的防护手段和安全措施。

2.0.28 辐射监督区　radiation supervised area

位于辐射控制区范围外，通常不需要采取专门防护手段或安全措施，但要不断检测其辐射剂量的区域。

3 通用规定

3.1 现场管理

3.1.1 从事石油化工工程建设的单位应具有相应级别的资质，并在其资质等级许可的范围内承揽工程。

3.1.2 施工企业必须取得安全生产许可证。特种作业人员必须取得相应的上岗作业资格证。

3.1.3 参加石油化工建设工程项目施工的各单位主要负责人，应对本单位的安全生产工作全面负责。

3.1.4 参加石油化工建设工程项目施工的各单位应建立本单位的安全生产保证体系，有效地实施并持续改进。

3.1.5 参加石油化工建设工程项目施工的各单位应对进入现场的人员进行施工用火、职业卫生、劳动安全卫生和环境保护等方面的教育培训。

3.1.6 参加石油化工建设工程项目施工的各单位应制定安全生产事故应急救援预案，建立应急救援组织或配备应急救援人员，配备必要的应急救援器材、设备，并组织演练。

3.1.7 所有进入施工现场的人员必须按劳动保护要求着装。

3.1.8 施工现场道路应设置安全警示标志，路面应平整坚实，且不得堆放器材和物资，需阻断时应办理核准手续并设置明显标识。

3.1.9 禁止烟火的场所不得携带火种、不得吸烟。

3.1.10 所有进入施工现场的机具、设备和车辆，应办理准入手续。

3.1.11 施工前，建设单位应与施工单位签订安全协议。

3.1.12 发生事故后应按规定逐级上报，不得瞒报、谎报或迟报。

3.2 施工环境保护

Ⅰ 一般规定

3.2.1 工程项目施工应建立环境保护、环境卫生管理制度，制订环境保护计划。

3.2.2 施工现场应制订施工现场环境污染和公共卫生突发事件应急预案。

Ⅱ 防大气污染

3.2.3 运输易产生扬尘的物料时，应密闭运输或采取遮盖措施。施工现场出入口处应设置冲洗车辆的设施，不得将泥沙带出现场。

3.2.4 施工现场应采取覆盖、固化、绿化、洒水等措施，减小扬尘。

3.2.5 当进行涂装前处理及涂装作业排出的污染物可能影响周边地区大气质量时，应在采取净化处理措施后，再向大气排放。

3.2.6 施工现场使用的锅炉、机械设备、车辆等的烟气或废气排放，应符合国家相应环保排放标准的要求。

3.2.7 施工现场的施工垃圾、生活垃圾应分类存放，并应清运到指定地点。

3.2.8 施工现场严禁焚烧各类废弃物。

Ⅲ 防水土污染

3.2.9 施工现场泥浆和污水未经处理不得直接排入城市排水设施和河流、湖泊、池塘。

3.2.10 施工现场存放的油料和化学溶剂等物品储存不得泄漏，并应设有专门的库，废弃油料和化学溶剂应集中处理，不得随意倾倒。

3.2.11 化学清洗作业应符合下列规定：

1 清洗回路不得渗漏。

2 部件清洗的作业场所，地坪应采用耐腐蚀材料敷设，且应平整、不得渗水。

3 清洗废液应用专用容器储存。

3.2.12 严禁将未经处理的有毒、有害废弃物直接回填或掩埋。

Ⅳ 防施工噪声污染

3.2.13 施工现场的强噪声源应采取降噪、防噪措施。

3.2.14 夜间施工对公众造成噪声污染的作业，应在施工前向有关部门提出申请，经批准后方可进行夜间施工。

3.2.15 施工现场噪声监测应符合现行国家标准《建筑施工场界噪声测量方法》GB 12524 的有关规定。噪声值不应超过现行国家标准《建筑施工场界噪声限值》GB 12523 中的有关规定。

Ⅴ 卫生与防疫

3.2.16 施工企业严格执行卫生、防疫管理的有关规定，建立卫生防疫管理制度，并制订急性传染病、食物中毒、急性职业中毒等突发疾病的应急预案。

3.2.17 施工现场应配备经培训的急救人员及常用药品、止血带等急救器材。

3.2.18 施工现场办公区、生活区卫生工作应设有专人负责。

3.2.19 食堂应具有卫生许可证，炊事人员应有身体健康证明。

3.2.20 食堂应建立食品卫生管理制度，具备清洗消毒的条件和防止疾病传染的措施。

3.2.21 食堂操作间和库房不得兼作宿舍使用。

3.2.22 食堂应严格食品、原料的进货管理，不得提供出售变质食品。

3.2.23 施工现场发生法定传染病、食物中毒或急性职业中毒时应立即启动应急预案，并向施工现场所在地行政主管部门和有关部门报告，同时要配合行政主管部门进行调查处理。

3.2.24 施工现场作业人员发现有疑似法定传染病或是病源携带者时，应及时隔离、检查或治疗，直至卫生防疫部门证明不具传染性时方可恢复工作。

3.2.25 从事辐射工作的人员必须通过辐射安全和防护专业知识及相关法律法规的培训考核和身体检查，并进行剂量监测。

3.2.26 放射性同位素与射线装置应妥善保管，使用场所应有防止人员受到意外照射的安全措施。

3.2.27 施工单位应采取职业病防护措施，为作业人员提供必备的防护用品，对从事有职业病危害作业的人员应定期进行身体检查和培训。

3.2.28 施工单位应结合季节特点，做好作业人员的饮食卫生、防疫、防暑降温、防寒保暖、防煤气中毒等工作。

3.3 施工用火作业

Ⅰ 一般规定

3.3.1 参加石油化工建设工程项目施工的各单位应建立健全安全用火制度，定期组织防火检查，及时消除火灾隐患。

3.3.2 参加石油化工建设工程项目施工的各单位应对用火作业进行危害辨识和风险评价，对存在危害的用火作业应制订风险控制和削减措施，并向施工作业人员进行交底。

3.3.3 在禁火区用火作业前，应办理用火作业许可证。用火时，应配备灭火器材，设专人监护，并执行用火和防火的相关规定。

3.3.4 临近可燃、易燃物作业，未采取措施之前，不得用火。

3.3.5 施工区域与生产装置的距离不符合相关规范的要求时，应设置防火墙或采取局部防火措施。

3.3.6 施工完毕，应检查清理现场，熄灭火种，切断电源。

3.3.7 施工现场发生火险、火情时，应组织抢救并报告公安消防部门。

Ⅱ 固定用火区作业

3.3.8 设置固定用火区由施工单位办理手续，并负责日常管理，且应遵守固定用火区所属单位的相关规定。

3.3.9 固定用火区内当遇下列情况时，应办理用火手续，并由施工企业相关部门审批：

1 在堆放和使用可燃物品场所的上方或水平距离10m范围内进行明火或有火花的作业时。

2 在已安装好的电气、仪表控制室内或已敷设电缆的槽架上方及水平距离1m范围内，从事明火或有火花的作业时。

Ⅲ 高处用火

3.3.10 高处作业用火时，对周围存在的易燃物进行处理，应采取防止火花飞溅坠落的安全措施，并对其下方的可燃物、机械设备、电缆、气瓶等采取可靠的防护措施。

3.3.11 高处作业用火时不得与防腐喷涂作业进行垂直交叉作业。

3.4 受限空间作业

3.4.1 进入受限空间作业，应办理受限空间作业许可证。

3.4.2 进入设备作业应消除压力，开启人孔。必要时在设备与连接管道之间进行隔离，并分析合格后方可进入。

3.4.3 在容易积聚可燃、有毒、窒息气体的设备、地沟、井、槽等受限空间作业前，应先进行通风，分析合格后方可进入，在作业过程中应保持通风，必要时采取强制通风措施。

3.4.4 进入带有转动部件的设备作业，必须切断电源并有专人监护。

3.4.5 进入受限空间作业时，电焊机、变压器、气瓶应放置在受限空间外，电缆、气带应保持完好。

3.4.6 在容器内焊割作业时，应有良好的通风和排除烟尘的措施，采用安全照明设备，容器外应设安全监护人；工作间歇时，电焊钳和电弧气刨把应放在或悬挂在干燥绝缘处。

3.5 高处作业

Ⅰ 一般规定

3.5.1 15m及以上高处作业应办理高处作业许可证。

3.5.2 从事高处作业的人员，应经过体检。患有高血压、心脏病、癫痫病及其他不适合高处作业的人员不得从事高处作业。

3.5.3 高处作业时，下部应有安全空间和净距，当净距不足时，安全带可短系使用，但不得打结使用。对垂直移动的高处作业，宜使用防坠器；水平移动的高处作业，应设置生命绳。施工现场应使用悬挂作业安全带，安全带的质量标准和检验周期，应符合现行国家标准《安全带》GB 6095的要求。

3.5.4 安装施工无外架防护时，应搭设安全平网，有火花溅落的地方应使用阻燃安全网，安全平网的架设应符合下列要求：

1 网的外伸宽度不得小于2m。

2 每隔3m应设一根支撑，支撑的水平仰角为40°～70°。

3 安全网的内外边应锁紧边绳。

4 网与网之间应连接牢固，且不得有间隙。

3.5.5 施工中应及时清理落入网中的杂物，安全网的检验应符合现行国家标准《安全网》GB 5725。

3.5.6 高处存放物料时，应采取防滑落措施。

3.5.7 高处铺设钢格板时，必须边铺设边固定。

3.5.8 高处作业下方的通道应搭设防护棚，多工种垂直交叉作业，相互之间存在危害的，应在上下层之间设置安全防护层。

Ⅱ 攀登与悬空作业

3.5.9 作业人员攀登时不得手持物品。使用移动式梯子时，下方应有人监护。

3.5.10 使用移动式直梯时，上下支承点应牢固可靠，不得产生滑移。直梯工作角度与地平夹角宜为70°～80°，工作时只许1人在梯上作业，且上部留有不少于4步空挡。

3.5.11 使用人字梯时，上部夹角宜为35°～45°，工作时只许1人在梯上作业，且上部留有不少于2步空挡，支撑应稳固。

3.5.12 绳梯的安全系数不得小于10，使用时应固定在牢固的物体上。

3.5.13 靠近平台栏杆处作业，坠落半径在栏杆外时，应设置防护设施。

3.5.14 安装钢梁时，应视钢梁高度，在节点处设置挂梯或搭设作业平台，在钢梁上移动时，应设置生命绳。

3.5.15 悬空作业应视其具体情况设置防护网或采取措施。

Ⅲ 作业平台与洞口、临边防护

3.5.16 作业平台应根据现场实际进行设计，其力学计算与构造形式可参照国家现行标准《建筑施工高处作业安全技术规范》JGJ 80进行。作业平台验收合格，悬挂合格牌后方可使用。

3.5.17 悬挑式平台的搁支点与上部拉结点，应固定在牢固的建（构）筑物上。

3.5.18 作业平台应标识平台允许荷载值，不得超载作业。

3.5.19 临边及洞口四周应设置防护栏杆、设置警示标志或采取覆盖措施。

3.5.20 作业平台四周应设置防护栏杆、挡脚板。

3.5.21 通道口、脚手架边缘等处，不得堆放物件。

3.6 焊割作业

Ⅰ 一般规定

3.6.1 焊割设备及工、器具应保持完好状况，作业场所应符合本规范3.3节的有关要求。

3.6.2 焊割作业人员所用的防护用品，应符合国家有关标准的规定。

3.6.3 电焊机二次线应采用铜芯软电缆，电缆应绝缘良好。

3.6.4 严禁在带压、可燃、有毒介质管道或设备进行焊割作业。

3.6.5 多人同时作业时，应设隔光板。

3.6.6 不得对悬挂在起重机吊钩上的工件和设备进行焊割作业。

3.6.7 电焊机应放置在干燥、防雨且通风良好的机棚内，电焊机的外壳应接地良好。

3.6.8 开启或关闭电焊机电源时，应将电焊钳与工件隔离。

3.6.9 高处作业时，电焊机二次线电缆应与脚手架绝缘并绑牢。

3.6.10 电焊机和空气压缩机应有专人管理。不应带负荷送、停电。

3.6.11 在容器内进行气刨作业时，必须对作业人员采取听力保护措施。

3.6.12 输送氧、乙炔气的胶管应用不同颜色区分，胶管接头应严密，胶管不得鼓泡、破裂和漏气。

Ⅱ 气 瓶

3.6.13 气瓶应存放在指定地点并悬挂警示标识，氧气瓶、乙炔气瓶或易燃气瓶不得混放。装卸气瓶时严禁摔、抛和碰撞。无保护帽、防振圈的气瓶不得搬运或装车。

3.6.14 气瓶的放置地点距明火不应小于10m。作业场所的氧气瓶与易燃气瓶间距不应小于5m。

3.6.15 乙炔气瓶与氧气瓶应放在通风良好的专用棚内，不得靠近火源或在烈日下曝晒。

3.6.16 气瓶使用前应对盛装气体的标识进行确认。不得擅自更改气瓶的钢印和颜色标记。

3.6.17 瓶内气体不得用尽，剩余压力不宜小于0.05MPa。

3.6.18 氧气瓶阀口处不得沾染油脂。

3.6.19 立放气瓶应有防倒措施。乙炔气瓶不得卧放使用，使用时应安装阻火器，乙炔气瓶上的易熔塞应朝向无人处。

3.6.20 在寒冷环境中，氧气瓶、乙炔气瓶的安全装置冻结时，宜用40℃以下的温水解冻。冻结的乙炔气管，不得用氧气吹扫或火烤。

3.7 季节施工

3.7.1 季节施工前应制订季节施工的安全技术方案，编制应急预案，落实紧急事项的预防和处理措施。

3.7.2 雨季施工应做好下列工作：

1 备齐防汛器材，防洪排水机械处于完好状态，并疏通排水管道和沟渠。

2 对道路和防洪堤坝进行整修，对施工现场和生活区的临时建（构）筑物进行检查与维护。

3 对有防雨、防潮要求的器材进行覆盖保护。

4 检查与维护坡道、脚手板等处的防滑措施。

5 进行电器设备及线路的检查与维护，对防雷装置进行接地电阻测定，其冲击接地电阻值不得大于30Ω。

6 土石方施工时，应采取防止沟、槽、山崖等边坡的塌方和滑坡措施。

3.7.3 雨天施工，应采取防雨措施。雷雨时，应停止露天作业。

3.7.4 进行热揻、热压等高温作业和在受限空间内作业时，应采取通风、降温等措施。

3.7.5 暑季施工，宜适当避开高温时段，并做好防暑降温工作。长时间露天作业场所应采取防晒措施。

3.7.6 冬季施工用水、蒸汽、消防等管道及其设施，均应采取隔热防冻措施。

3.7.7 冬季进行设备、管道水压试验时，应采取防冻措施。试压后应将水排尽并用压缩空气吹干。

3.7.8 冬季施工使用煤炉取暖时应保持烟道畅通，应防止一氧化碳、二氧化硫中毒。

3.7.9 构件与地面或其他物体冻结在一起时，应在化冻松动后吊运。支在冻土上的模板和支架，应防止冻土融化而引起下沉或倒塌。

3.7.10 施工现场的道路、斜道和脚手板上积存的冰、雪、霜应及时清除。

3.7.11 冬季混凝土、衬里等养护作业应符合下列规定：

1 采用暖棚法时，防止地槽或暖棚冻土融化坍塌。

2 采用电加热法时，防止触电、漏电。

3 采用蒸汽加热法时，防止蒸汽灼烫伤人。

4 采用亚硝酸盐外加剂时，防止误食中毒。

3.8 酸碱作业

3.8.1 从事酸碱作业的人员应按规定穿戴专用防护用品。作业场所应有冲洗水源和救治用品。

3.8.2 酸、碱溶液滴漏到作业场地上时，应用水冲洗清除或中和处理后清除。

3.8.3 稀释浓酸应符合下列规定：

1 取酸应采用专用器具。

2 开启盛酸容器的孔盖、瓶塞时，作业人员应站在上风侧，不得正对瓶口。

3 应将酸液缓慢地加入水中，边加边搅拌，不得将水加入浓酸中。

3.8.4 取用固体碱时应轻凿轻取。配制碱液时，每次加碱不宜过多，碱块应缓慢放入溶碱器内，边加边搅拌，防止飞溅。

3.8.5 酸碱及其溶液应专库存放，严禁与有机物、氧化剂和脱脂剂等接触。

3.8.6 酸碱作业宜在露天或在室外作业棚内进行。在受限空间内作业时，应戴防毒面具（面罩），且通风良好。

3.8.7 作业场所应设有废液收集容器，盛装过酸碱的容器应存放在指定区域，废液应收集处理达标后排放。

3.9 脱脂作业

3.9.1 脱脂作业场所，应划定安全警戒区，并挂设"严禁烟火"、"有毒危险"等警示牌。脱脂人员应按脱脂要求穿戴专用防护用品。

3.9.2 当采用二氯乙烷、三氯乙烯脱脂时，脱脂件不得带有水分。

3.9.3 脱脂作业，应符合下列要求：

1 脱脂作业应在室外或通风良好的场所进行。

2 脱脂现场不得存放食品和饮料。

3 脱脂现场空气中的有害物质含量，应定期检查分析，最大允许含量不得超过表3.9.3的规定。

表3.9.3 脱脂现场空气中有害物质最大允许含量

溶剂名称	最大允许含量（mg/m^3）	对人体危害
二氯乙烷	25	有毒，能通过皮肤、呼吸道进入人体
三氯乙烯	30	有毒、破坏生理机能

3.9.4 作业人员在设备、大口径管道等受限空间内工作时，应戴长管式防毒面具（罩）和系挂安全绳，外面应有专人监护。

3.9.5 大型设备喷淋脱脂后，应待溶剂排尽，检测设备内气体中有害含量符合表3.9.3要求后，方可进入内部检查。

3.9.6 乙醇不得与二氯乙烷、三氯乙烯共同储存和同时使用。

3.9.7 用二氯乙烷或乙醇等易燃液体进行脱脂后，不得用氧气吹扫。

3.9.8 脱脂剂应贮存于通风、干燥的仓库中，不得受阳光直接照射，且不得与强酸、强碱或氧化剂接触。

3.9.9 应防止脱脂剂溅出和溢到地面上。溢出的溶剂应立即用砂子吸干，并收集到指定的容器内。

3.9.10 脱脂废液的处理应按本规范第3.8.7条的规定执行。

3.10 运输作业

3.10.1 运输作业前应检查装卸地点及道路状况，并清除障碍。

3.10.2 用机械装卸货物时，所用的机械和工具应符合本规范第10章的有关规定。

3.10.3 人工搬运物件时，作业人员应采取正确的姿势和方法，多人同时搬运时，应有专人指挥，并有防止倾倒的措施。

3.10.4 装卸可燃、易爆等危险化学品时，严禁身带火种；装卸有毒物品及粉尘材料时，应穿戴专用防护用品。

3.10.5 采用滚运法装卸时，应有限速和制动措施；用滚杠搬运物件时，不得直接用手调整滚杠；采用斜面搬运时，坡道的坡度不得大于1∶3，坡道应稳固。

3.10.6 大件运输（超长、超宽、超高）应符合下列规定：

1 编制运输方案，并报交通运输管理部门批准。

2 运输前应检查沿途管廊、管架、涵洞、架空电线等障碍物的高度以及道路的转弯半径。重型物件应调查运输的道路、桥涵承载能力。

3 运输时物件在车上应放正、垫稳、封牢，并有警示标志。

4 运输途中应有专人监视，及时处理架空电线等空中障碍物。

3.11 现场临建

Ⅰ 一般规定

3.11.1 施工现场实行封闭管理，工地周边应设置围挡。

3.11.2 施工作业区、办公区和生活区应有明确划分。生活区应统筹安排，合理布局，满足安全、消防、卫生防疫、环境保护、防汛等要求。

3.11.3 作业区、办公区、生活区应有安全适度的照明并配置适量的消防器材。投入使用的同时应设置完成提示、警示、警告标志，包括平面布置图、应急撤离线路、紧急集合点标志等。

3.11.4 生活饮用水应符合现行国家标准《生活饮用水卫生标准》GB 5749 的有关规定。

Ⅱ 临时设施

3.11.5 施工作业区、办公区各种临时设施应合理布局，符合安全施工要求。

3.11.6 材料存放区的场地应平整，并有排水措施。

3.11.7 油漆、油料等可燃物品仓库应配置消防器材和警示标志，留有宽度不小于 6m 的消防通道，并保持畅通。

3.11.8 可燃物品仓库与其他建筑物、铁路、道路、工艺装置、燃料罐区之间的防火间距，应符合现行国家标准《石油化工企业设计防火规范》GB 50160 的规定。

3.11.9 办公用房搭设应符合房屋防火要求。屋顶应封闭严密，并应在前后墙壁上各设置至少一扇可开启式窗户。

3.11.10 仓库或堆放场的电气设备应保持完好状态，与用电设备相关的金属结构设施等应接地。

4 临时用电

4.1 用电管理

Ⅰ 一般规定

4.1.1 用电单位应建立临时用电管理制度与安全用电操作规程，进行安全用电培训。

4.1.2 施工临时用电宜采用四级配电系统。

4.1.3 电工必须经安全技术培训，考核合格，取得“特种作业操作证”，方可从事电工作业。在外电线路上作业的电工还应持有与作业类别相适应的“电工进网作业许可证”。

4.1.4 施工现场临时用电应编制临时用电方案，并应按批准的方案实施。

4.1.5 临时用电工程应经使用单位、监理单位、批准单位共同验收，合格后方可使用，验收资料与现场实物应相符。

4.1.6 安装、巡检、维修和拆除临时用电设备和线路，应由电工完成。电工使用的绝缘用品应定期进行试验检查。

4.1.7 施工现场临时用电应建立安全用电档案。

4.1.8 发生电气火灾时，应首先切断电源。

Ⅱ 临时用电设备

4.1.9 临时用电设备应进行检查和试验，确认合格并标识后方可使用。

4.1.10 在有爆炸和火灾危险的场所，应采用与危险场所等级相适应的防爆型电气设备。

4.1.11 临时用电设备绝缘电阻的测试检查每年不少于一次，并应做好记录。

4.1.12 施工现场所有配电箱和开关箱中应装设漏电保护器，用电设备必须做到二级漏电保护。严禁将保护线路或设备的漏电开关退出运行。

4.1.13 在大风、暴雨、沙尘暴等恶劣天气后，应对临时用电设备和线路进行检查。

4.1.14 任何临时用电设备在未证实无电以前，应视作有电，不得触摸其导电部分。

4.1.15 临时用电设备检修时，应先切断其前一级电源，拉开相应的隔离电器，并挂上“有人作业，严禁合闸”的警示牌。

4.1.16 移动或拆除临时用电设备和线路，应切断电源并对电源端导线做保护处理。

4.1.17 增加用电负荷时，应提出申请，经用电管理部门批准，由电工负责完成引接。

Ⅲ 用电环境

4.1.18 施工设施的周边与带电体之间的最小安全操作距离应符合表 4.1.18 的规定。上下脚手架的斜道不应设在朝向带电体的一侧。

表 4.1.18 施工设施的周边与带电体的最小安全距离

带电体电压等级（kV）	<1	1～10	35～110	220	330～500
最小安全操作距离（m）	4	6	8	10	15

4.1.19 施工现场不符合本规范第 4.1.18 条中规定的最小距离时，应搭设防护设施并设置警告标志。防护设施与带电体的最小安全距离应符合表 4.1.19 的

规定。

表 4.1.19 防护设施与带电体的最小安全距离

带电体电压等级（kV）	≤10	35	110	220	330	500
最小安全距离（m）	1.7	2.0	2.5	4.0	5.0	6.0

4.1.20 施工现场的塔式起重机、金属井字架、施工升降机、钢脚手架、大型模板、烟囱等设施以及正在施工的金属结构，当在相邻建（构）筑物的防雷保护装置的保护范围以外时，应按表 4.1.20 规定安装防雷装置。当最高设施上避雷针（接闪器）的保护范围按滚球法计算，能保护其他设施时，其他设施可不设防雷装置。

表 4.1.20 安装防雷装置的施工设施高度

地区年平均雷暴日（d）	≤15	>15，<40	≥40，<90	≥90
施工设施高度（m）	≥50	≥32	≥20	≥12

注：地区年平均雷暴日数按气象主管部门公布的当地年平均雷暴日数为准。

4.1.21 空旷场地中孤立的施工设施和建（构）筑物，符合下列规定时，应安装防雷设施：

1 年平均雷暴日数大于 15d 的地区，高度在 15m 及以上。

2 年平均雷暴日数小于或等于 15d 的地区，高度在 20m 及以上。

4.1.22 施工设施及正在施工的金属结构的防雷引下线可利用该设施或结构的金属体，但应保证电气连接。

4.1.23 防雷接地的冲击接地电阻不得大于 30Ω。除独立避雷针外，在接地电阻符合要求的前提下，防雷接地装置可以和其他接地装置共用。

4.2 变配电及自备电源

Ⅰ 临时用电变压器

4.2.1 临时用电变压器有效供电半径不宜大于 500m。

4.2.2 变压器应装设在离地不低于 0.5m 的台基上，并设置高度不低于 1.7m 的围墙或栅栏，围墙或栅栏的入口门应加锁，并在醒目位置悬挂“止步、高压危险”的警告牌。变压器外廓到围墙或栅栏的安全净距应符合下列规定：

1 10kV 及以下不应小于 1m。

2 35kV 不应小于 1.2m。

4.2.3 变压器的高压侧应装设高压跌落式熔断器，熔断器距地面不应小于 4.5m。

4.2.4 变压器中性点及外壳接地连接点的导电接触面应接触良好，连接牢固可靠。

4.2.5 两台及以上变压器，当电源来自电网的不同电源回路时，严禁变压器以下的配电线路并列运行。

Ⅱ 配 电 室

4.2.6 配电室应就近变压器设置，并应有自然通风、防水、防雨、防雪侵入和防小动物进入的措施。

4.2.7 变压器到配电柜的低压引线在进入配电室处应有防水弯。

4.2.8 配电室内配电柜应装设电源隔离开关及短路、过载、漏电保护电器。柜面操作部位不得有带电体外露。每个开关回路应有用途标记。

4.2.9 配电室应配置消防器材，门应向外开并配锁。

Ⅲ 箱式变电站

4.2.10 箱式变电站投入使用前，应对内部的电气设备进行检查和电气性能试验，合格后方可投入运行。

4.2.11 箱式变电站应采用压板固定在离地不低于 0.5m 的台基上。

4.2.12 箱式变电站的高、低压开关应设置失压脱扣保护装置。

Ⅳ 发电机组

4.2.13 临时用电自备发电机组电源应与外电线路联锁，严禁并列运行。

4.2.14 发电机组应设置电源隔离电器及短路、过载、漏电保护电器。

4.2.15 发电机组应将电源中性点直接接地，并独立设置 TN-S 接零保护系统。

4.2.16 发电机组的排烟管道应伸出室外，储油桶不得存放在发电机房内。

4.3 配 电 线 路

4.3.1 架空线应采用绝缘导线经横担和绝缘子架设在专用电杆上，不得架设在树木或脚手架上，绝缘导线的绝缘外皮不得老化、破裂。

4.3.2 架空线距施工现场主要道路路面不应小于 6m。

4.3.3 施工电缆应包含全部工作芯线和保护芯线。单相用电设备应采用三芯电缆，三相动力设备应采用四芯电缆，三相四线制配电的电缆线路和动力、照明合一的配电箱应采用五芯电缆。

4.3.4 电缆线路不得沿地面直接敷设，不得浸泡在水中。

4.3.5 电缆架空敷设时，应沿道路路边、建筑物边缘或主结构架设，并使用坚固支架支撑。电缆与支架之间应采用绝缘物可靠隔离，绑扎线应采用绝缘线。

4.3.6 电缆直埋时，低压电缆埋深不应小于 0.3m；高压电缆和人员车辆通行区域的低压电缆，埋深不应小于 0.7m。电缆上下应铺以软土或砂土，厚度不得小于 100mm，并应盖砖等硬质保护层。

4.3.7 电缆直埋时，转弯处和直线段宜每隔 20m 处在地面上设明显的走向标志。

4.3.8 电缆穿越道路时应采用坚固的保护管，管径不得小于电缆外径的1.5倍，管口应密封。

4.3.9 电缆接头应进行绝缘包扎，并应采取防雨和保护措施。电缆接头不得设置于地下。

4.4 配电箱和开关箱

4.4.1 总配电箱应装设总隔离电器、总断路器和分路隔离电器、分路漏电断路器以及电源电压、电流指示装置等。当总断路器采用漏电断路器时，分路断路器可不带漏电保护功能。总配电箱出线回路不宜直接为用电设备供电。

4.4.2 分配电箱应装设总隔离电器、总断路器和分路隔离电器、分路漏电断路器。分配电箱除向开关箱供电之外，也可向三相用电设备和单相用电设备供电。

4.4.3 开关箱内应配置隔离电器和漏电断路器。手持式电动工具和移动式设备应由开关箱供电，开关箱与其控制的用电设备的水平距离不宜超过5m。

4.4.4 用电设备应执行"一机一闸一保护"控制保护的规定。严禁一个开关控制两台（条）及以上用电设备（线路）。

4.4.5 所有分配电箱和开关箱都应使用插头或接线端子排引出电源。

4.4.6 配电箱和开关箱内隔离电器应设置在电源进线端。

4.4.7 配电箱内均应设置独立的N线和PE线端子板，每个连接螺栓的保护零线或工作零线接线均不得超过2根。进出线中的PE线应通过PE端子板连接。

4.4.8 动力配电与照明配电宜分箱设置，当合置在同一箱内时，动力与照明配电应分路设置。

4.4.9 配电箱和开关箱应采用钢板或阻燃绝缘材料制作，其外形结构应能防雨。

4.4.10 落地式配电箱应垂直放置，且固定牢固，配电箱底部应高出地面300mm以上。

4.4.11 配电箱和开关箱的进线和出线不得承受外力，进线口和出线口应在箱下方，不得在箱体的上方和门缝处接入电缆。

4.4.12 控制两个供电回路或两台设备及以上的配电箱，箱内的开关电器，应清晰注明开关所控制的线路或设备名称。

4.4.13 漏电保护器的选用，应符合现行国家标准《剩余电流动作保护器的一般要求》GB 6829的规定。漏电保护器的安装与使用应符合《漏电保护器安装和运行》GB 13955和产品技术文件的规定。

4.4.14 漏电保护器安装的接线方法见图4.4.14。

4.4.15 开关箱中漏电保护器的额定漏电动作电流 $I_{\Delta n1}$ 不得大于30mA，额定漏电动作时间不得大于0.1s。在潮湿、有腐蚀介质场所和受限空间采用的漏电保护器，其额定漏电动作电流不得大于15mA，额定漏电动作时间不得大于0.1s。

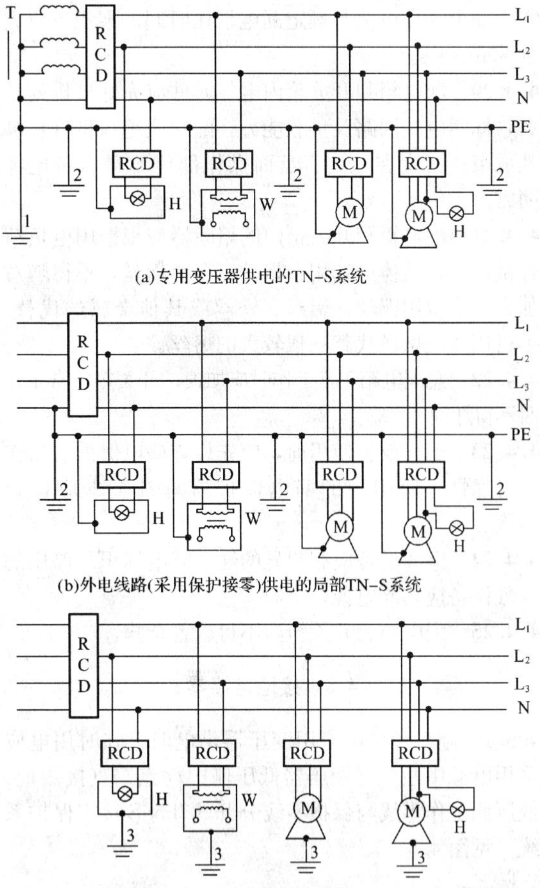

(a)专用变压器供电的TN-S系统

(b)外电线路(采用保护接零)供电的局部TN-S系统

(c)外电线路(采用保护接地)供电的TT系统

图4.4.14 三相四线制低压电力系统漏电保护器接线示意

L_1、L_2、L_3—相线；N—工作零线；PE—保护零线、保护线；1—工作接地；2—重复接地；3—保护接地；T—变压器；RCD—漏电保护器；H—照明器；W—电焊机；M—电动机

4.4.16 手持式电动工具和移动式设备相关开关箱中漏电保护电器，其额定漏电动作电流不得大于15mA，额定漏电动作时间不得大于0.1s。

4.4.17 分配电箱中漏电保护器当直接为用电设备供电时，分配电箱中漏电保护器的额定漏电动作电流 $I_{\Delta n2}$ 和额定漏电动作时间的选择应符合本规范第4.4.15条的规定；当为开关箱供电时，分配电箱中漏电保护器的额定漏电动作电流 $I_{\Delta n2}$ 宜大于或等于 $1.5I_{\Delta n1}$，分配电箱中漏电保护器的额定漏电动作时间不应大于0.1s。

4.4.18 总配电箱内的额定漏电动作电流 $I_{\Delta n3}$ 应不小于 $1.5I_{\Delta n2}$，额定漏电动作时间应大于0.1s。但总配电箱内的漏电保护器的额定漏电动作电流与额定漏电动作时间的乘积不应大于30mA·s。

4.4.19 配电室内配电柜中的漏电保护电器的额定漏

电动作电流不应大于 150mA，额定漏电动作时间应大于 0.1s。但配电室内配电柜中的漏电保护电器的额定漏电动作电流与额定漏电动作时间的乘积不应大于 30mA·s。

4.4.20 配电箱和开关箱内电气元件应完好且排列整齐，标明电气回路及负载能力，配线应绝缘良好，绑扎成束并固定在盘内。盘面操作部位不得有带电体明露。

4.4.21 配电箱和开关箱内的熔断器应根据用电负荷容量确定，熔体应选用合格的铅合金熔丝，不得随意加大，不得用铜丝、铝丝、铁丝或其他金属丝代替，不得用多股熔丝代替一根较大的熔丝。

4.4.22 总配电箱正常工作时应加锁，开关箱正常工作时不得加锁。

4.4.23 电气设备使用前，应先检查漏电保护器动作的可靠性。使用中的漏电保护器每月至少应检查一次。

4.4.24 电气设备应有明显的通、断电标识。停用的电气设备应切断电源。

4.4.25 配电箱、开关箱内不得放置杂物。

4.5 接地与接零

4.5.1 施工现场由专用变压器供电时，临时用电应采用电源中性点（变压器低压侧中性点）直接接地、低压侧工作零线与保护零线分开的 TN-S 接零保护系统（见图 4.5.1）。

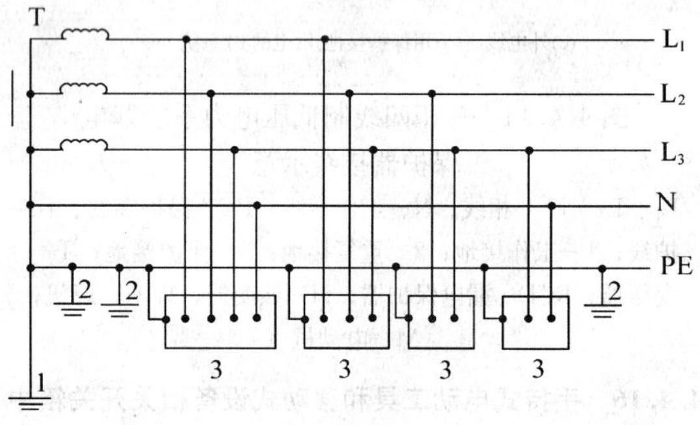

图 4.5.1 专用变压器供电时 TN-S 接零保护系统示意

1—工作接地；2—PE 线重复接地；3—电气设备金属外壳（正常不带电的外露可导电部分）；L_1、L_2、L_3—相线；N—工作零线；PE—保护零线；T—变压器

4.5.2 在 TN-S 接零保护系统中，电气设备的金属外壳必须与保护零线连接。保护零线应由工作接地线或配电室配电柜电源侧零线处引出。

4.5.3 当施工现场与外电线路共用同一供电系统时，接地、接零方式必须与外电线路供电系统保持一致。

4.5.4 当施工现场由专用发电机供电时，接零方式应符合本规范第 4.2.15 条的规定。

4.5.5 保护零线和工作零线自工作接地线或配电室配电柜电源侧零线处分开后，不得再做电气连接。

4.5.6 施工现场保护接零的低压系统，变压器或发电机的工作接地电阻不应大于 4Ω。总容量不大于 100kV·A 的变压器或发电机的工作接地电阻不得大于 10Ω。

4.5.7 保护零线必须在配电系统的始端、中间和末端处做重复接地，每处重复接地电阻不得大于 10Ω。在工作接地电阻允许达到 10Ω 的电力系统中，所有重复接地的等效电阻值不应大于 10Ω。工作零线不得做重复接地。

4.5.8 现场塔吊、龙门吊、电梯等设备保护零线应做重复接地。

4.5.9 下列电气设备及设施的外露可导电部分，应做接零保护：

1 发电机、电动机、电焊机、变压器、照明器具、手持式电动工具的金属外壳。

2 电气设备传动装置的金属底座或外壳。

3 配电装置的金属箱体、框架及靠近带电部分的金属围栏和金属门。

4 互感器二次绕组的一端。

5 电缆的金属外皮和铠装、穿线金属保护管、敷线的钢索、吊车的底座和轨道、提升机的金属构架、滑升模板金属操作平台等。

6 架空线路的金属杆塔。

7 金属结构的办公室及工具间。

4.5.10 施工现场金属结构的框架、塔（容）器、加热炉、储罐以及铆工、焊工等的金属工作平台，应分区域用金属导体连成一体，并分别与就近配电箱保护零线端子板连接。

4.5.11 用电设备的保护零线或保护地线应并联接地，不得串联接零或接地。

4.5.12 保护零线不得接入保护电器及隔离电器。设备电源线中的保护零线必须连接，不得截断。

4.5.13 保护零线所用材质与相线、工作零线相同时，其最小截面应符合表 4.5.13 的规定。与电气设备相连接的保护零线应采用截面不小于 $2.5mm^2$ 的绝缘多股铜线。保护零线应采用统一标志的绿/黄双色线，在任何情况下不得使用绿/黄双色线做电源线和工作零线。

表 4.5.13 PE 线截面与相线截面的关系（mm^2）

相线芯线截面 S	PE 线最小截面
$S \leqslant 16$	S
$16 < S \leqslant 35$	16
$S > 35$	$S/2$

4.5.14 垂直接地体应采用角钢、钢管或圆钢。接地线与垂直接地体连接方法可采用焊接、压接或螺栓连接，螺栓连接应用镀锌螺栓并有镀锌平垫及弹簧垫，

螺栓不得埋入地面下。

4.5.15 接地体可利用建、构筑物的自然接地体或电气安装工程中业已施工的接地网。

4.6 照明用电

4.6.1 工作场所和通道的照明应根据不同的照度需要设置，必要时应备有应急照明。

4.6.2 在有粉尘的场所，应采用防尘型照明器；在潮湿的场所，应采用密闭型防水照明器。

4.6.3 行灯照明应使用安全特低电压，行灯电压不应大于36V。其中，在高温、潮湿场所，行灯电压不应大于24V；在特别潮湿场所、受限空间内，行灯电压不应大于12V。

4.6.4 行灯手柄绝缘应良好，电源线应使用橡胶软电缆，灯泡外部应有金属保护罩。

4.6.5 行灯变压器必须采用安全隔离变压器，严禁使用普通变压器和自耦变压器。安全隔离变压器的外露可导电部分应与PE线相连做接零保护，二次绕组的一端严禁接地或接零。行灯的外露可导电部分严禁直接接地或接零。行灯变压器必须有防水措施，并不得带入受限空间内使用。

4.6.6 大型工业炉辐射室、大型储罐内的工作照明可采用1∶1隔离变压器供电。

4.6.7 1∶1隔离变压器的接线和使用应符合本规范第4.6.5条的规定。隔离变压器开关箱中必须装设漏电保护器。灯具电源线必须用橡胶软电缆，穿过孔洞、管口处应设绝缘保护套管。灯具应固定装设，其位置应为施工人员不易接触到的地方，严禁将220V的固定灯具作为行灯使用。灯具必须有保护罩，严禁使用接线裸露的照明灯具。

4.6.8 作业场所临时照明线路应固定。照明灯具的安装高度不宜低于3m。照明灯具的金属支架应稳固，并采取接零保护措施。

4.6.9 夜间影响行人、车辆、飞机等安全通行的施工部位或设施、设备，应设置红色警戒标志灯。

5 起重作业

5.1 一般规定

5.1.1 起重吊装作业按工件重量、长度或高度、工件结构及吊装工艺划分作业等级，并符合国家现行标准《石油化工工程起重施工规范》SH/T 3536的规定。

5.1.2 起重吊装作业应编制吊装方案和安全技术措施，经批准后实施。吊装作业前应进行技术交底，已经批准的吊装方案确需变更时，应将变更后的方案按原程序上报审批并重新交底。吊装方案编制和审批人员的资格应符合国家现行标准《石油化工工程起重施工规范》SH/T 3536的规定。

5.1.3 起重作业人员应取得政府部门颁发的“特种作业操作证”，并持证上岗。

5.1.4 吊装前，应与供电部门取得联系，保证正常供电或断电。

5.1.5 吊装前，应与气象部门联系，掌握气象情况。当遇有大雪、大雨、大雾及六级以上风力（风速大于10.8m/s）时不得进行吊装作业。

5.1.6 大型工件吊装前，检查吊装工艺参数和吊装机索具，确认符合吊装方案要求，由责任人员签署“吊装命令书”后，方可进行试吊和吊装作业。

5.1.7 工件的吊装，吊点的设置应根据工件重心位置确定，保证吊装过程中工件平衡。

5.1.8 吊装过程中工件应设溜绳，工件在吊装过程不得摆动、旋转。

5.1.9 吊装作业应划定警戒区域，并设置警示标志，必要时应设专人监护。

5.1.10 缆风绳跨越道路时，离路面高度不得低于6m，并应悬挂明显标志。

5.1.11 吊装过程中，作业人员应坚守岗位，听从指挥，无指挥者的命令不得擅自操作。

5.1.12 工件不宜在空中长时间停留，工件吊装就位后，应采取固定措施并确认符合要求后方可松绳摘钩。

5.1.13 起重指挥信号应按现行国家标准《起重吊运指挥信号》GB 5082的规定执行。

5.1.14 所有起重机索具应具有合格证，且不得超负荷使用，并应定期进行检查，挂牌标识。

5.1.15 工件吊耳的设计应符合下列规定：

1 吊耳材质应与工件材质相同或相近。

2 不锈钢和有色金属设备吊耳加强板应与设备材质相同。

3 吊耳形式、方位及数量应符合自身强度、工件局部强度和吊装工艺要求。

5.1.16 制作吊耳与吊耳加强板的材料必须有质量证明文件，且不得有裂纹、重皮、夹层等缺陷。

5.1.17 吊耳焊接应有焊接工艺，且宜在设备制造时焊接，需整体热处理的设备，应一同热处理。

5.1.18 吊耳与设备连接焊缝应按吊耳设计文件规定进行检验并有检测报告。

5.2 吊车作业

5.2.1 吊车站位及行走地基的地耐力值应满足吊车吊装作业的要求。

5.2.2 起重吊装作业按本规范第5.1.1条确认吊装作业等级，并根据吊装位置及工作环境，选用合适的吊车。

5.2.3 吊车工作、行驶或停放时应与沟渠、基坑保持一定的安全距离，且不得停放在斜坡上。

5.2.4 汽车式吊车，作业前支腿应全部伸出，并在支撑板下垫好方木或路基箱，支腿有定位销的应插上定位销。底盘为悬挂式的吊车，伸出支腿前应先收紧稳定器。

5.2.5 作业中严禁扳动支腿操纵阀。调整支腿必须在无载荷时进行，并将臂杆转至正前方或正后方。作业中发现支腿下沉、吊车倾斜等不正常现象时，必须放下重物，停止吊装作业。

5.2.6 吊车不得跨越无防护设施的架空输电线路作业。在线路近旁作业时，应编制安全技术措施，吊车臂杆及工件边缘与架空输电导线的最小安全距离应符合表 5.2.6 的规定。

表 5.2.6 起重机及工件与架空线路带电体的最小安全距离

项目	输电导线电压（kV）						
	<1	10	35	110	220	330	500
安全距离（m）	2.0	3.0	4.0	5.0	6	7.0	8.5

5.2.7 吊车作业时，臂杆的最大仰角不得超过该机臂杆长度时仰角的规定。

5.2.8 双机抬吊工作，应选用性能相似的吊车。抬吊时应统一指挥，动作协调，载荷分配合理，单机载荷不得超过吊车在作业工况下额定载荷的 75%。两台吊车的吊钩钢丝绳应保持垂直状态。

5.2.9 吊车空载行走时，吊钩应挂牢。吊车吊工件行走时，应缓慢行驶，且工件不应摆动。工件宜处于吊车的正前（后）方，离地不得超过 500mm。吊车的负荷率应符合产品使用说明书的要求。

5.2.10 吊车作业时，工件不得在驾驶室上方越过。

5.2.11 吊车作业时，应将工件吊离地面 200～500mm，停止提升，检查吊车的稳定性、承载地基的可靠性、重物的平稳性、绑扎的牢固性，确认无误后，方可继续提升。对于易摆动的工件，应拴溜绳控制。

5.2.12 吊车严禁超载、斜拉或起吊不明重量的工件。

5.2.13 吊车进行回转、变幅、行走和吊钩升降等动作时应鸣声示意。

5.3 卷扬机作业

5.3.1 卷扬机应固定牢固，受力时不得向横向偏移。转动部件应润滑良好、制动可靠。电器设备和导线应绝缘良好、接地（接零）保护可靠。

5.3.2 卷扬机的电动机旋转方向应与操作盘标志一致。

5.3.3 钢丝绳在卷筒中间位置时，应与卷筒轴线成直角。卷筒与第一个导向滑轮的距离应大于卷筒长度的 20 倍，且不得小于 15m。卷筒内的钢丝绳最外一层应低于卷筒两端凸缘高度一个绳径。

5.3.4 卷扬机外露传动部分，应加防护罩，运转中不得拆除。

5.3.5 卷扬机操作人员、吊装指挥人员和拖、吊的工件三者之间，视线不得受阻，遇有不可清除的障碍物，应增设指挥点。

5.3.6 卷扬机作业中，严禁用手拉、脚踩运转的钢丝绳，且不得跨越钢丝绳。

5.3.7 工件提升后，操作人员不得离开卷扬机。休息时，工件应降至地面。

5.4 起重机索具

Ⅰ 手拉葫芦

5.4.1 手拉葫芦使用前应进行检查，转动部分应灵活，链条应完好无损，不得有卡链现象，制动器应有效，销子应牢固。

5.4.2 手拉葫芦的吊钩出现下列情况之一时应报废：

1 表面有裂纹。

2 危险断面磨损达 10%。

3 扭转变形超过 10°。

4 危险断面或吊钩颈部产生塑性变形。

5 开口度比原尺寸增加 15%。

5.4.3 手拉葫芦链条磨损量超过链条直径的 15% 时，不得使用。

5.4.4 手拉葫芦吊挂点应牢固可靠，承载能力不得低于手拉葫芦额定载荷，并应符合下列规定：

1 两钩受力应在一条直线上。

2 不得超负荷使用。斜拉时悬挂位置应牢固，不得产生滑动。

5.4.5 吊钩挂绳扣时，应将绳扣挂至钩底。严禁将吊钩直接挂在工件上。

5.4.6 手拉葫芦起重作业暂停或将工件悬吊空中时，应将拉链封好。

5.4.7 手拉葫芦放松时，起重链条应保留 3 个以上扣环。

5.4.8 采用多个手拉葫芦同时作业时，手拉葫芦受力不应超过额定载荷的 70%，操作应同步。

5.4.9 设置手拉葫芦时，应防止泥沙、水及杂物进入转动部位。

Ⅱ 千斤顶

5.4.10 千斤顶应定期维护保养，并在使用前进行性能检查。

5.4.11 螺旋千斤顶及齿条千斤顶的螺杆、螺母的螺纹及齿条磨损超过 20%时，不得继续使用。

5.4.12 千斤顶应有足够的支承面积，并使作用力通过承压中心。

5.4.13 使用千斤顶时，应随着工件的升降，随时调整保险垫块的高度。

5.4.14 用多台千斤顶同时工作时，应采用规格型号相同的千斤顶，且应采取措施使载荷合理分布，每台千斤顶的荷载应不超过其额定起重量的80%；千斤顶的动作应相互协调，升降应平稳，不得倾斜及局部过载。

5.4.15 特殊作业的千斤顶应按照产品使用说明书的规定使用。

Ⅲ 吊 索 具

5.4.16 麻（棕）绳不得在机械驱动的作业中作为起吊索具使用。

5.4.17 麻（棕）绳不得向一方向连续扭转。

5.4.18 麻（棕）绳使用中不得与锐利的物体接触，捆绑时应加垫保护。

5.4.19 麻（棕）绳应放在通风干燥的地方，不得受热受潮，且不得与酸、碱等腐蚀介质接触。

5.4.20 合成纤维吊装带应按产品使用说明书规定的技术参数使用，吊装带使用前应对外观进行检查，有破损的吊装带不得使用。

5.4.21 合成纤维吊装带使用时应避免电火花和火焰灼伤，且不得与锐利的物体接触，捆绑时应加垫保护。

5.4.22 钢丝绳使用时的安全系数不得小于表5.4.22的规定。

表 5.4.22 钢丝绳的最小安全系数

用途	缆风绳	机动起重设备跑绳	无弯矩吊索	捆绑绳索	用于载人的升降机
安全系数	3.5	5	5	8	14

5.4.23 钢丝绳不得与电焊导线或其他电线接触。

5.4.24 钢丝绳使用中不得与棱角及锋利物体接触，捆绑时应垫以圆滑物件保护。

5.4.25 钢丝绳不得成锐角折曲、扭结。

5.4.26 钢丝绳在使用过程中应定期检查、保养，钢丝绳的检查应按现行国家标准《起重机械用钢丝绳检验和报废实用规范》GB/T 5972执行。钢丝绳磨损、锈蚀、断丝、电弧伤害时，应按表5.4.26的规定降低其使用等级。

表 5.4.26 钢丝绳的折减系数

钢丝绳规格（较互捻）			折减系数
6×19+1	6×37+1	6×61+1	
一个捻距内断丝数			
1～3	1～6	1～9	0.90
4～6	7～12	17～18	0.70
7～9	13～19	19～29	0.50

5.4.27 钢丝绳搭接使用时，所用绳卡的数量应按表5.4.32的数量增加一倍。

5.4.28 滑车使用前应进行清洗、检查、润滑。必要时重要部件（轴、吊环、吊钩）应进行无损检测，有下列情况之一时，不得使用：

1 滑车部件有裂纹或永久变形。

2 滑轮槽面磨损深度达到3mm。

3 滑轮槽壁磨损达到壁厚的20%。

4 吊钩的危险断面磨损达到10%。

5 吊钩扭曲变形达到10%。

6 轮轴磨损达到轴径的2%。

7 轴套磨损达到壁厚的10%。

5.4.29 滑车组两滑车之间的净距不宜小于滑轮直径的5倍。滑车贴地面设置时应防止杂物进入滑轮槽内。

5.4.30 吊钩上的防止脱钩装置应齐全完好，无防止脱钩装置时应将钩头加封。

5.4.31 吊钩不得补焊。

5.4.32 绳卡应无裂纹及表面创伤，绳卡的使用标准见表5.4.32。

表 5.4.32 绳卡的使用标准

绳卡型号	适用绳径（mm）	卡杆直径（mm）	绳卡数量（个）	绳卡间距（mm）
Y1-6	7.4～8	M6	3	70
Y2-8	8.7～9.3	M8	3	80
Y3-10	11	M10	3	100
Y4-12	12.5～14	M12	3	100
Y5-15	15～17.5	M14	3	120
Y6-20	18.8～20	M16	4	120
Y7-22	21.5～23.5	M18	4	140
Y8-25	24～26.5	M20	5	160
Y9-28	28～31	M22	5	180
Y10-32	32.5～37	M24	6	200
Y11-40	39～44.5	M24	8	250
Y12-45	46.5～50.5	M27	8	300
Y13-50	52～56	M30	9	300

5.4.33 安装绳卡时应规则排列，宜使U形螺栓弯曲部分在钢丝绳的末端绳股一侧，使马鞍座与主绳接触。

5.4.34 卸扣表面应光滑，不得有毛刺、裂纹、变形等缺陷。卸扣不得补焊。

5.4.35 卸扣螺杆拧入时，应顺利自如，螺纹应全部拧入螺口内。

5.4.36 吊装配套使用的平衡梁、抬架等专用吊具应满足其特定的使用要求，设计文件应随吊装技术文件同时审批。

5.4.37 制作吊具的材料、连接件等应有质量证明文件，吊具的焊接应采用评定合格的焊接工艺，且应外观检验合格，有焊后热处理要求时，应及时进行热处理。

5.4.38 吊具应按设计文件的要求进行试验，合格后方可使用。

5.5 塔式起重机吊装作业

5.5.1 起重机作业前，应进行下列检查：

1 机械结构的外观情况，各传动机构应正常。

2 各齿轮箱、液压油箱的油位应符合标准。

3 主要部位连接螺栓应无松动。

4 钢丝绳磨损情况及穿绕滑轮应符合规定。

5 供电电缆应无破损。

5.5.2 起重机吊钩提升接近臂杆顶部、小车行至端点或起重机行走接近轨道端部时，应减速缓行至停止位置。吊钩距臂杆顶部不得小于1m，起重机距轨道端部不得小于2m。

5.5.3 提升工件后，不得自由下降；不得使用限位作业运行开关。工件就位时，应使之缓慢下降，操纵各控制器时应依次逐级操作，不得越挡操作。

5.5.4 提升工件平移时，应高出其跨越的障碍物0.5m以上。

5.5.5 两台起重机同在一条轨道上或在相近轨道上进行作业时，应保持两机之间任何接近部位（包括吊起的工件）距离不得小于5m。

5.5.6 塔式起重机起重臂每次变幅必须空载进行，每次变幅后，根据工作半径和重物重量，及时对超载限位装置的吨位进行调整。起重机升降重物时，起重臂不得进行变幅操作。

5.5.7 动臂式起重机的起重、回转、行走三种动作可以同时进行，但变幅只能单独进行。

5.6 使用吊篮作业

5.6.1 使用吊篮作业应编制施工方案，经技术、安全部门审核，总技术负责人批准后实施。

5.6.2 作业前，应向吊篮作业人员进行安全交底。

5.6.3 吊篮的结构应稳固合理，额定承载力应满足工作负荷的要求，并应符合下列要求：

1 栏杆高度不低于1.2m。

2 底板牢固、无间隙、四周设置踢脚板。

3 设置4个吊耳。

5.6.4 吊篮必须处于完好状态，严禁超载使用。

5.6.5 吊篮使用前，应进行起重机械的制动器、控制器、限位器、离合器、钢丝绳、滑轮组以及配电等项检查，并应用吊篮负荷1.5倍的重物进行上下吊运和定位试验，确认安全可靠后方可使用。

5.6.6 经确认合格的吊篮，应在吊篮铭牌上标注主要使用参考数，铭牌应固定在吊篮显著位置。

5.6.7 吊篮作业应办理使用申请手续，批准后方可进行吊篮作业。

5.6.8 作业时，作业人员配戴的安全带不得系挂在吊篮及其钢丝绳上。

5.6.9 使用吊篮作业的区域下方应设置警戒标志和围栏并设专人监护；吊篮升降应有专人指挥，吊篮处于15m及以上高处作业时，应配有专门的通讯工具。

5.6.10 提升用的钢丝绳应单独设置，吊篮底部应设置不少于2根溜绳，并有专人控制。

5.6.11 使用吊篮载送人员时，作业人员携带的小型工具和物品应放在工具袋内，且不得同时装载其他物品。

5.6.12 吊篮内不得进行焊割作业。

6 脚手架作业

6.1 一般规定

6.1.1 施工单位应编制脚手架施工方案，对符合下列条件之一的应编制专项施工方案，并有安全验算结果，经施工单位技术负责人、总监理工程师签字后实施：

1 架体高度50m以上。

2 承载量大于3.0kN/m²。

3 特殊形式脚手架工程。

6.1.2 脚手架作业人员应经过培训考核合格，取得“特种作业操作证”，并在体检合格后方可上岗。

6.1.3 脚手架作业人员作业时应佩戴安全帽、系挂安全带、穿防滑鞋等个人防护用品。

6.1.4 六级及以上大风和雨、雪、雾天应停止脚手架作业，雪后上架作业应及时扫除积雪。

6.1.5 搭设脚手架的场地应平整坚实，符合承载要求，并有排水设施。对于土质疏松、潮湿、地下有空洞、管沟或埋设物的地面，应经过地基处理。

6.1.6 脚手架基础邻近处进行挖掘作业时，不得危及脚手架的安全使用。

6.1.7 脚手架与架空输电线路的安全距离、工地临时用电线路架设及脚手架接地、避雷设施等应按本规范第4章有关规定执行。

6.1.8 搭、拆脚手架前，应向作业人员进行安全技术交底，作业现场应设置警戒区、警示牌并有专人监护，警戒区内不得有其他作业或人员通行。

6.2 脚手架用料

6.2.1 脚手架架杆宜选用符合国家标准的直缝焊接钢管，外径宜为48～51mm、壁厚宜为3～3.5mm。规格不同不得混用。

6.2.2 脚手架架杆应涂有防锈漆，不得有严重腐蚀、结疤、弯曲、压扁和裂缝等缺陷。

6.2.3 脚手架扣件应有质量证明文件，并应符合现行国家标准《钢管脚手架扣件》GB 15831 的规定。扣件使用前应进行质量检查。必须更换出现滑丝的螺栓，严禁使用有裂缝、变形的扣件。

6.2.4 木脚手板应为坚韧木板，其厚度应不小于50mm、宽度宜为200～300mm、长度宜不大于6m。

在距板两端80mm处，应各用8#镀锌铁丝缠绕2～3圈或用宽30mm、厚1mm的铁皮箍绕一圈后再用钉子钉牢。

6.2.5 木脚手板使用前应进行质量检查，腐朽、破裂、大横透节的木板不得使用。

6.2.6 冲压钢脚手板应涂有防锈漆，其材质应符合现行国家标准《碳素结构钢》GB/T 700中Q235级钢的规定，并有防滑措施，不得有严重锈蚀、油污和裂纹。

6.2.7 脚手板应使用镀锌铁丝双股绑扎，铁丝型号不应低于10#。

6.3 搭设、使用、拆除

6.3.1 脚手架的每根立杆底部应设置底座和垫板，垫板宜采用长度不少于2跨、厚度不小于50mm的木板，也可采用槽钢。

6.3.2 脚手架应设置纵、横向扫地杆。纵向扫地杆应采用直角扣件固定在距底座上皮不大于200mm处的立杆上，横向扫地杆应采用直角扣件固定紧靠纵向扫地杆下方的立杆上。当立杆基础不在同一高度上时，应将高处的纵向扫地杆向低处延伸两跨并与立杆固定，高低两处的扫地杆高度差不应大于1m，且上方立杆离边坡的距离应不小于500mm。

6.3.3 脚手架的底步距不应大于2m。

6.3.4 除顶层顶步外，立杆接长的接头必须采用对接扣件连接，相邻立杆的对接扣件不得在同一高度内。

6.3.5 纵向水平杆应设置在立杆内侧，长度不小于三跨，宜采用对接扣件连接，相邻两根纵向水平杆的接头不宜设置在同步或同跨内，且接头在水平方向错开的距离不应小于500mm，各接头中心到最近主节点的距离不宜大于500mm；若采用搭接方式，搭接长度不应小于1m，应等间距用三个旋转扣件固定，端部扣件距纵向水平杆杆端不应小于100mm。

6.3.6 在每个主节点处必须设置一根横向水平杆，用直角扣件与立杆相连且严禁拆除。

6.3.7 非主节点的横向水平杆根据支承的脚手板的需要等间距设置，最大间距应不大于1m。

6.3.8 双排脚手架立杆横距宜为1.5m，立杆纵距不应大于2m，纵向水平杆步距宜为1.4～1.8m，操作层横杆间距不应大于1m。

6.3.9 高度超过50m的脚手架，可采用双管立杆、分段悬挑或分段卸荷的措施，并应符合本规范第6.1.1条的规定。

6.3.10 使用脚手板时，纵向水平杆应用直角扣件固定在立杆上作为横向水平杆支座，横向水平杆两端应采用直角扣件固定在纵向水平杆上，纵、横水平杆端头伸出扣件盖板边缘应在100～200mm之间。

6.3.11 作业层应满铺脚手板，脚手板应设置在3根横向水平杆上，当脚手板长度小于2m时，可用2根横向水平杆支承，脚手板两端应用铁丝绑扎固定。脚手板可以对接或搭接铺设，当对接平铺时，接头处应设置2根横向水平杆，2块脚手板外伸长度的和不应大于300mm；当搭接铺设时，接头应在横向水平杆上，搭接长度不应小于200mm，其伸出横向水平杆的长度不应小于100mm。

6.3.12 作业层端部脚手板探出长度应为100～150mm，两端必须用铁丝固定，绑扎产生的铁丝扣应砸平。

6.3.13 各杆件端头伸出扣件盖板边缘的长度不应小于100mm。

6.3.14 脚手架作业面应设立双护栏杆，第一道护栏应设置在距作业层纵向水平杆的上表面500～600mm处，第二道护栏设置在距作业层纵向水平杆的上表面1～1.2m处，作业层的端头应设双护栏杆封闭。

6.3.15 脚手架两端、转角处以及每隔6～7根立杆应设置剪刀支撑或抛杆，剪刀支撑或抛杆与地面的夹角应在45°～60°之间，抛杆应与脚手架牢固连接，连接点应靠近主节点。

6.3.16 脚手架竖向每隔4m、水平向每隔6m设置连接杆与建（构）筑物牢固相连。连接杆应从底层第一步纵向水平杆开始设置，连接点应靠近主节点，并应符合下列规定：

1 如不能设置连接杆，应搭设抛撑。

2 连接杆不能水平设置时，与脚手架连接的一端应下斜连接。

6.3.17 脚手架应设立上下通道。直爬梯通道横挡之间的间距宜为300～400mm。直爬梯超过8m高时，应从第一步起每隔6m搭设转角休息平台，且梯身应搭设有护笼。脚手架高于12m时，宜搭设之字形斜道，且应采用脚手板满铺。斜道宽度不得小于1m，坡度不得大于1∶3，斜道防滑条的间距不得大于300mm，转角平台宽度不得小于斜道宽度。斜道和平台外侧应设置1.2m高的防护栏杆和120mm的挡脚板。井字形独立脚手架，应将通道设立在脚手架横向水平杆侧，即短杆侧。

6.3.18 作业层或通道外侧应设置不低于120mm高的挡脚板。

6.3.19 搭设脚手架过程中脚手板、杆未绑扎或拆除脚手架过程中已拆开绑扣时，不得中途停止作业。

6.3.20 脚手架搭设完毕，应经检查验收合格后挂牌使用。

6.3.21 使用过程中，严禁对脚手架进行切割或施焊；未经批准，不得拆改脚手架。

6.3.22 拆除脚手架前应对脚手架的状况进行检查确认，拆除脚手架必须由上而下逐层进行，严禁上下同时进行，连接杆必须随脚手架逐层拆除，一步一清，严禁先将连接杆整层拆除或数层拆除后再拆除脚

手架。

6.3.23 拆除斜拉杆及纵向水平杆时，应先拆除中间的连接扣件，再拆除两端的扣件。

6.3.24 当脚手架采取分段、分立面拆除时，应对不拆除的脚手架两端设置连接杆和横向斜撑加固。

6.3.25 当脚手架拆至下部最后一根长立杆的高度时，应在适当位置搭设抛撑加固后，再拆除连接杆。

6.3.26 拆下的脚手杆、脚手板、扣件等材料应向下传递或用绳索送下，严禁向下抛掷。

6.4 特殊形式脚手架

6.4.1 挑式脚手架的斜撑杆与竖面的夹角不宜大于30°，并应支撑在建（构）筑物的牢固部分，斜撑杆上端应与挑梁固定，挑梁的所有受力点均应绑双扣。

6.4.2 移动式脚手架应按设计方案组装，作业时应与建（构）筑物连接牢固，并将滚动部分锁住。移动时架上不得留有人员及材料，并有防止倾倒的措施。

6.4.3 悬吊式脚手架应符合下列规定：

1 悬吊架应根据承载荷载进行设计，使用荷载不得超过设计规定，荷载应均匀分布，不得偏载。

2 吊架挑梁应固定在建（构）筑物的牢固部位，悬挂点的间距不得超过2m。

3 悬吊架立杆两端伸出横杆的长度不得小于200mm，立杆上下两端还应加设一道扣件，横杆与剪刀撑应同时安装。

4 所有悬吊架应设置供人员进出的通道。

5 悬吊架应满铺脚手板，设置双防护栏杆和挡脚板，人员在上面作业时，安全带应系挂在高处的固定构件上。

6.4.4 模板支架的搭设应符合国家现行标准《建筑施工扣件式钢管脚手架安全技术规范》JGJ 130的有关规定。

7 土建作业

7.1 土石方作业

7.1.1 土石方施工应办理施工许可手续，对于基础托换、大型预制构件吊装、沉井、烟囱、水塔工程等存在危险因素的土建工程，应编制专项安全技术方案和事故应急预案。

7.1.2 施工前应按设计文件要求对邻近建（构）筑物、道路、管线等原有设施采取加固和支护措施。

7.1.3 施工中发现不明物体或工程构件时，应立即停止作业并及时上报，待查明情况、采取必要措施后方可继续施工。

7.1.4 在受限空间内施工时，应检查有害气体及氧气浓度，合格后方可进入施工，并应设置专人看护。

7.1.5 在基坑、基槽边沿1m范围以内不得堆土、堆料。

7.1.6 土石方施工区域应设置明显的警示标志和围栏，夜间应有警示灯。

7.1.7 雨后或解冻期在基槽或基坑内作业前，应检查土方边坡，确认无裂缝、塌方、支撑变形、折断等危险因素后，方可进行施工。

7.1.8 挖掘土石方不得采用挖空底角和掏洞的方法，放坡时坡度应满足其稳定性要求。

7.1.9 基坑支护应符合国家现行标准《建筑基坑支护技术规程》JGJ 120的规定。

7.1.10 基坑支撑结构的安装和拆除过程中应检查坑壁及支撑结构稳定情况，不得在支撑结构上堆放重物，不得在支撑结构下行走或站立，施工机械不得碰撞支撑结构。

7.1.11 当基坑施工深度超过1m时，坑边应设置临边防护，作业区上方应设专人监护，作业人员上下应有专用梯道。

7.1.12 电缆、管线等地下设施两侧1m范围内应采用人工开挖。

7.1.13 配合挖土机械的作业人员，应在其作业半径以外工作，当挖土机械停止回转并制动后，方可进入作业半径内作业。

7.1.14 回填土作业，应符合下列规定：

1 机械卸土时应有专人指挥，卸土的坑（沟）边沿应设车轮挡块。

2 在坑（沟）内回填、夯实时，应检查坑（沟）壁及支护结构。

7.1.15 雨期开挖基坑，坑边应挖截水沟或筑挡水堤，边坡应做防水处理。

7.2 桩基作业

7.2.1 桩基作业前，对受影响范围内的建（构）筑物应采取防振、减振措施。

7.2.2 桩机行走的道路和作业场地应平整坚实。

7.2.3 在软土地基上打、压较密集的群桩时，应采取防止桩机倾倒的措施。

7.2.4 敞开的桩孔应加盖封闭、灌填或设护栏。

7.2.5 截断桩头时，应防止桩头倾倒伤人。

7.2.6 桩机作业时应设专人指挥。吊桩、吊锤、回转、行走不得同时进行，沉桩过程中监测人员应在距桩锤5m以外作业。

7.2.7 插桩时，作业人员手脚严禁伸入桩与桩架之间。

7.2.8 人工挖孔灌注桩施工应符合下列规定：

1 井口作业人员应系安全带，井下作业人员应穿戴专用劳动保护用品，井上设安全区，并设护栏。

2 孔口应设移动式活动盖板，孔外应筑堤防水。

3 施工现场应配备送风、气体分析等设备，并符合受限空间的施工要求。

4 孔内作业时，作业区内不得有机动车行驶或停放。

5 垂直运输机具和装置应配有自动卡紧保险装置。

6 挖出的土方应随出随运，暂不能运走的应堆放在孔口3m以外，且堆土高度不得超过1m。

7 孔内作业应有通讯工具，孔上、孔下操作人员应随时保持联系。

8 成孔时出现渗水、落土等异常情况时，应根据地质条件采取防护措施。

7.3 强夯作业

7.3.1 施夯前，应对地下洞穴和埋没物等进行处理，对松软地基或高填土地基进行表面铺垫或辗压。

7.3.2 当强夯施工所产生的振动对邻近设施可能产生有害影响时，应采取隔振或减振措施。

7.3.3 夯机驾驶室挡风玻璃外面应装设钢丝网防护罩。

7.3.4 强夯作业时应符合下列规定：

1 夯锤上的透气孔应无阻塞。

2 在夯机臂杆及门架支腿未支稳垫实前严禁起锤。

3 吊钩未降至挂钩作业高度时，作业人员不得下坑挂钩。

4 严禁挂钩人员随夯锤升至地面。

5 清理夯坑时，应将夯锤落放在坑外指定地点，严禁夯锤吊在空中。

6 作业结束，应将夯锤降落至地面，垫实放稳。

7.3.5 夯锤起吊接近预定高度时，应减速起升。

7.3.6 夯点与邻近建（构）筑物及作业人员的安全距离，应符合表7.3.6的规定。

表7.3.6 夯点与邻近建（构）筑物及作业人员的安全距离

夯击能级（kN·m）	1000～2000	2001～4000	4001～6000	>6000
安全距离（m）	>15	>20	>30	>35

7.3.7 当夯坑内有积水或因黏土产生的锤底吸附力增大时，应采取措施排除，不得强行提锤。

7.3.8 转移夯点时，夯锤应由辅机协助转移，门架随夯机移动时，支腿离地面高度不得超过500mm。

7.3.9 作业后，应将夯锤下降，放实在地面上。

7.4 沉井作业

7.4.1 对沉井作业影响区内的原有设施应采取保护加固措施。

7.4.2 沉井过高时应分段制作。沉井的重心不宜高于沉井短边的长度或直径，且不应大于12m。

7.4.3 沉井顶部周围应设防护栏杆。沉井作业前，应先清除井内障碍，作业时应有应急撤离措施。

7.4.4 沉井下降和抽垫木时，作业人员不得从刃脚、底梁和隔墙下方通过。

7.4.5 当采用人工挖土、机械吊运时，应待井下作业人员避开后，方可发出起吊信号。

7.4.6 当采用抓斗机械与人工相配合进行清土作业时，抓斗抓土前井内作业人员应先撤出。

7.4.7 沉井在淤泥中下沉时应设活动平台，且平台应能随井内涌土顶升。

7.4.8 当沉井采取井内抽水强制下沉时，井上作业人员应撤出沉井顶部防护栏杆外。

7.4.9 沉井下沉完成后，其顶端高于地面1m以下时，应在井口四周边缘设置防护栏杆和安全标识。

7.5 砌筑作业

7.5.1 砌体高度超过地坪1.2m以上时，应搭设脚手架。在一层以上或高度超过4m时，采用里脚手架时应支搭安全网；采用外脚手架时应设护身栏杆和挡脚板，并用密目网封闭。

7.5.2 在脚手架上侧放的砌块不得超过三层。当班作业结束时，应将脚手板上的杂物清理干净。

7.5.3 在高处砍砖时，应朝向墙面一侧，不得对着他人或朝向外侧。

7.5.4 山墙砌好后应采取临时加固措施。

7.5.5 砌筑烟囱时应划定施工危险区并设警戒标志。烟囱施工用的吊笼必须装设安全装置，经符合性试验安全鉴定合格并挂牌后方可使用，使用期间应定期检查、保养和检验。吊笼升降时，应设专人指挥和操作，严禁人料混装，且应符合下列规定：

1 烟囱内部距地面2.5～5m处应搭设防护棚，每升高20m应增设防护棚。

2 在竖井架上下人孔与吊笼之间应安装防护网。

3 通讯联络应畅通。

7.6 钢筋作业

7.6.1 混凝土预制构件的吊环，应采用未经冷拉的I级热轧钢筋制作。

7.6.2 钢筋整捆码垛高度不宜超过2m，散捆和半成品码垛的高度不宜超过1.2m。

7.6.3 钢筋加工作业宜在钢筋加工棚内进行，加工棚内的照明灯应有护罩。

7.6.4 钢筋加工时，应防止钢筋回弹伤人。

7.6.5 搬运钢筋时，不得碰撞附近障碍物、架空电线等电器设备。

7.6.6 绑扎悬挑结构的钢筋时，应检查模板与支撑，确认牢固后作业。作业人员应站在脚手架的脚手板上，不得站在模板或支撑上，不得在钢筋骨架上站立、行走。

7.6.7 绑扎高柱或易失稳构件的钢筋时，应设临时支撑。

7.6.8 放置电渣压力焊接设备的平台应稳固。

7.6.9 预应力钢筋冷拉时，冷拉机前应设防护挡板。拧紧螺母或测量钢筋伸长值时，应在钢筋停止拉伸后进行。

7.6.10 吊运短钢筋时，宜使用吊笼，吊运超长钢筋时应加横担，捆绑钢筋应使用钢丝绳并两点吊装。

7.7 混凝土作业

7.7.1 现场混凝土搅拌区地面应硬化，砂石挡墙应稳固，作业人员不得在挡墙附近停留。

7.7.2 搅拌机转动时，不得将手或其他物体伸入转筒内。

7.7.3 进料斗升起时，不得在料斗下通过或停留。

7.7.4 用吊车、料斗浇筑混凝土时，卸料人员不得进入料斗内清理残物，并应防止料斗坠落。

7.7.5 用布料机施工时应符合下列规定：

1 布料设备不得碰撞或直接搁置在模板上。

2 布料杆不得当做起重机吊臂使用，并应与其他设施保持一定的安全距离。

3 用吹出法清洗臂架上附装的输送管时，杆端附近不得站人。

7.7.6 混凝土浇筑前应检查模板及支撑的强度、刚度和稳定性，浇筑时不得踩踏模板支撑。

7.7.7 浇筑临边或悬挑结构时，应搭设防护栏并悬挂安全网。

7.7.8 浇筑混凝土时应设专人监护，发现异常情况时应停止浇筑，并查明原因，必要时撤离施工人员。

7.7.9 混凝土覆盖养护时孔洞部位应有封堵措施，并设明显标志。

7.8 模板作业

7.8.1 模板作业场所锯末刨花应及时清理，并应有防火措施。

7.8.2 采用机械加工的木料上不得有钉子等铁件。

7.8.3 模板存放时应有防倾倒措施。

7.8.4 大模板施工应有操作平台、上下梯道和防护栏杆等附属设施。

7.8.5 模板及其支撑应有承载混凝土重量、侧压力以及施工载荷的强度和刚度。

7.8.6 平面模板上有预留孔洞时，应在模板安装后将洞口封盖好。

7.8.7 拆除模板时，混凝土强度应符合拆除强度要求，并严禁向下抛掷。

7.8.8 拆除预制薄腹梁、吊车梁等构件的模板时，应将预制构件支撑牢固。

7.8.9 拆除多层或高层混凝土模板时，下方严禁人员及车辆通行，并设围栏及警示牌，重要通道应设专人监护。

7.9 滑模作业

7.9.1 滑模作业除了执行本规范的规定外，尚应执行国家现行标准《液压滑动模板施工安全技术规程》JGJ 65 的规定。

7.9.2 滑模工程施工前应编制滑模施工安全技术方案，并进行交底。

7.9.3 滑升机具和操作平台的设计应经审核批准，制造、安装应进行检查调试，验收合格后方可使用。

7.9.4 滑升中遇到六级及以上风力或雷雨天气时，应停止作业，并将设备、工具、材料等固定，人员撤至地面后切断通向操作平台的电源。

7.9.5 滑模作业应设置危险警戒区，其警戒线至建（构）筑物边缘的距离不应小于施工对象高度的1/10，且不应小于10m。当不能满足要求时，应采取安全防护措施。危险警戒区应设置围栏和明显的标志，出入口应设专人警卫。

7.9.6 危险警戒区内的建（构）筑物出入口、地面通道及机械操作场所，应搭设安全防护棚。滑模工程进行立体交叉作业时，上下层工作面间应搭设隔离防护棚。

7.9.7 操作平台上的孔洞应设盖板封严。操作平台的边缘应设钢制防护栏杆和挡脚板，防护栏杆、挡脚板和内外吊挂架外侧应满挂安全网。

7.9.8 滑模施工的动力及照明用电应有备用电源。

7.9.9 滑模施工停工时，应切断操作平台上的电源。

7.9.10 当滑模操作平台最高部位的高度超过50m时，应设置航空指示信号。

7.9.11 滑模在提升中出现扭转、歪斜和水平位移等不正常情况时，应停止滑升，并采取纠正措施后方可继续施工。

7.9.12 滑模作业时应严格控制滑升速度和混凝土出模强度，并应采取混凝土养护措施。

7.9.13 采用降模法施工混凝土现浇作业时，各吊点应加设保险钢丝绳。

7.9.14 滑模装置拆除前应检查各支撑点埋设件及其连接的牢固情况和作业人员上下通道的安全可靠性。

7.9.15 当滑模拆除工作利用施工结构作为支撑点时，混凝土强度不得低于15MPa。

7.9.16 滑模施工中运送物料、人员的罐笼、随升井架等垂直运输设备应采用双笼双筒同步卷扬机，采用单绳卷扬机时罐笼两侧必须设有安全卡钳。

7.9.17 滑模施工使用非标准电梯或罐笼时，应采用拉伸门，其他侧面用钢板或钢板网密封，接触地面处应设置弹簧或弹性实体等缓冲器。

7.10 防水、防腐作业

7.10.1 配制防水、防腐材料时应使用专用机具，并应按操作工艺执行。

7.10.2 施工中作业人员应根据物料性质，采取相应防飞溅措施。

7.10.3 作业人员操作应站在上风侧，搬运加热后材料时，应正确使用工具，轻取轻倒，并放置平稳。

7.10.4 使用毒性或刺激性较大的材料时，作业人员应佩戴防毒面具和防护手套，并采取轮换作业、淋浴冲洗等安全防护措施。

7.10.5 涂刷冷底子油区域周围 30m 半径范围内，作业时及作业后 24h 以内不得动火。

7.10.6 用滑轮组吊运热沥青时，应挂牢后平稳起吊，拉绳人员应避开沥青桶的垂直下方，接料人员应佩戴长筒手套。

7.10.7 喷涂作业时，喷浆管道安装应紧固密封，输料软管不得随地拖拉和折弯，喷嘴前方不得站人。

7.10.8 喷浆发生堵塞时应停止作业，管道卸压后方可拆卸清洗。

8 安装作业

8.1 金属结构的制作安装

8.1.1 构件摆放应稳固，钢结构翻转、吊运时，应设置溜绳，作业人员应站在安全位置。构件立放时应采取防止倾倒措施。多人搬运或翻转部件时，应有专人指挥，步调一致。

8.1.2 使用大锤及手锤时，严禁戴手套，锤柄、锤头上不得有油污。两人及两人以上同时打锤，不得面对面站立。打锤时，甩转方向不得有人，并应采取听力保护措施。

8.1.3 构件吊装前，应预先设置爬梯或搭设高处作业平台。

8.1.4 钢结构安装节点连接螺栓必须紧固，焊接连接部位必须牢固。

8.1.5 钢框架结构施工时，随结构的安装及时安装平台、钢梯、栏杆和护脚板。当不能及时安装平台和栏杆时，应封闭钢梯的入口和在入口处设置明显的警示标志。

8.1.6 使用活动扳手时，扳口尺寸应与螺帽相符，不得在手柄上加套管使用。

8.1.7 清除毛刺时，碎屑飞出方向不得有人。

8.1.8 钻孔作业时，严禁戴手套，并应系好衣扣、扎紧袖口。钻孔时应用卡具固定工件，不得用手握工件施钻。

8.2 设备安装

Ⅰ 一般规定

8.2.1 设备安装人员应熟悉设备安装的安全技术要求。

8.2.2 铲基础麻面时，面部应偏向侧面，不得对面作业。

8.2.3 不得用汽油或酒精等易燃物清洗零部件。作业区地面的油污应及时清除干净。废油及油棉纱、破布应分别集中存放在有盖的铁桶内，并定期处理。

Ⅱ 转动设备的安装

8.2.4 在装配皮带、链条、联轴器及盘转曲轴、盘车等作业时，应防止挤手。

8.2.5 吊运压缩机、汽轮机的转子，应使用专用吊装工具，且应绑牢、吊平，吊离机身后应放在专用支架上。吊运时工件下方不得有人。

8.2.6 翻转压缩机、汽轮机的上盖时，应采取防止摆动和冲击措施。

8.2.7 压缩机机身、曲轴箱、变速箱作煤油渗漏试验或清洗零部件时，应划定禁火区。

8.2.8 拆装的设备零部件应放置稳固。装配时，严禁用手插入接合面或探摸螺孔。取放垫铁时，手指应放在垫铁的两侧。

8.2.9 检查机械零部件的接合面时，应将吊起的部分支垫牢固。

8.2.10 在用倒链吊起的设备部件下作业时，应将部件支垫牢固。

8.2.11 在用油加热零部件时，应严格控制油温，并应采取防止作业人员烫伤的措施。

Ⅲ 静设备安装

8.2.12 塔类设备卧式组对时，支座应牢固，两侧应垫牢。

8.2.13 塔类设备吊装前，应将随塔一起吊装的附件固定牢固，杂物清理干净。

8.2.14 塔盘安装时，应从下向上进行。采用分段安装时，应在每段最下一层封闭后进行。

8.2.15 炉管进行通球试验时，钢球出口处应设立警戒区域和接球设施，作业人员应站在安全位置。

8.2.16 设备内作业结束后应清点人数。设备封闭前，应进行内部检查清理，确认后方可封闭。

Ⅳ 设备试运转

8.2.17 设备试运转应有试车方案，试车人员应分工明确，严禁越岗操作。

8.2.18 试车区域应设置警戒线，无关人员不得入内。

8.2.19 运转中设备的旋转或往复运动部分不得进行清扫、擦抹或注射润滑油。不得用手指触摸检查轴封、填料函的温度。

8.2.20 用甲醇、乙醚等液体作为试车介质时，应有防火和防止其进入眼睛及呼吸道的措施。

8.3 容器现场组焊

Ⅰ 一般规定

8.3.1 容器现场组焊采用散装或分段、分片安装时，组焊位置应搭设作业平台。

8.3.2 设备组合支架、组合平台、组件的临时加固方法和临时就位的固定方法等均应有方案。临时加固件使用后应及时拆除。

Ⅱ 圆筒形储罐安装

8.3.3 储罐壁板不得强力组对，定位焊时，组对人员应防止眼睛弧光伤害，组对卡具应与罐壁焊接牢固。

8.3.4 用气顶法组装储罐时，应有统一指挥，顶升过程应连续进行。限位装置和卡具应牢固可靠，风机应有专人负责，并应按下列规定进行：

1 所用仪表应校验合格，并在有效检定期内。

2 顶升前应校验限位装置。

3 顶升过程中罐内外应有联络信号。

4 遇有风机故障停车时，应关闭进风门并调节挡板，使罐体安全下降。

5 罐体顶升应设置平衡装置。

8.3.5 用水浮法组装储罐时，浮顶上的预留口和壁板与浮顶的间隙应进行洞口和临边防护。

8.3.6 用液压千斤顶提升法组装储罐壁板时，液压系统应专人操作，软管接头及液压千斤顶不得有泄漏，提升支架应稳固。

Ⅲ 球形储罐安装

8.3.7 采用散装法施工时，球壳板吊装、翻转、组对用的吊耳及卡具应焊接牢固，吊运组对时，人员应站在安全位置。带支柱的球壳板安装后，应用缆风绳固定，并紧固地脚螺栓。不带支柱的赤道板插入两块带有支柱的赤道板之间时，应在卡具组装牢固后摘钩。

8.3.8 采用环带法组焊施工时，翻转环带应有防止环带旋转的措施。下温带在座圈上后，四周的临时支撑应牢固。

8.4 管道安装

8.4.1 在料场堆放、取用管材时，应防止管材滚落。

8.4.2 加工管端螺纹或切断管子时，应夹紧并保持水平，切断速度不应过快。

8.4.3 人工套丝时应握稳，机械套丝时不得戴手套。

8.4.4 吊装管段应捆紧绑牢，不能单点吊装，并应设置溜绳。起吊前应将管内杂物清理干净，重物下方不得有人作业或行走，停放平稳后方能摘钩。

8.4.5 管子吊装就位后，应及时安装支架、吊架，不得将工具、焊条、管件及紧固件等放在管道内。

8.4.6 在深度1m以上的管沟中施工时，应设有人员上下通道，并不得少于两处。

8.4.7 架空安装管道未正式固定前，不得进行隔热工程施工。

8.4.8 松软土质的沟壁应加设固壁支撑，不得用固壁支撑代替人员上、下通道或吊装支架。

8.4.9 吊装阀门时，不得将绳扣捆绑在阀门的手轮和手轮架上，且施工人员不得踩在阀门手轮上作业或攀登。

8.4.10 窜管作业时，防止将手挤伤。

8.4.11 管道内有人作业时，不得敲击管道。

8.4.12 顶管作业应符合下列规定：

1 顶管前要查明顶管位置的地面及地下情况。

2 顶管后座要坚实牢固，作业坑应符合土石方施工的要求，必要时应进行支护。

3 顶管过程中，操作人员不得站在顶铁两侧。

4 电动高压油泵的操作人员应穿戴绝缘防护用品。

8.4.13 管道吹扫时，吹扫出口处应设隔离区。高、中压蒸汽管道用蒸汽吹扫时，应加设消音器，吹出口应朝向隔离区或天空，抽取靶板应在关闭蒸汽后进行，并防止烫伤。

8.5 电气作业

Ⅰ 一般规定

8.5.1 电气作业用的安全防护用品不得移作他用。绝缘手套、绝缘靴、验电器每半年应耐压试验一次，操作棒每年应耐压试验一次。

8.5.2 绝缘手套使用前，应进行充气试验。漏气、裂纹、潮湿的绝缘手套严禁使用。绝缘靴不得赤脚穿用。

8.5.3 无关人员严禁挪动电气设备上的警示牌。

8.5.4 电气设备及导线的绝缘部分破损或带电部分外露时不得使用。电气设备及线路在运行中出现异常时，应切断电源进行检修，不得带故障运行。

8.5.5 电气作业时作业人员不得少于2人。

8.5.6 操作人员必须穿绝缘鞋和戴绝缘手套。

Ⅱ 停送电作业

8.5.7 在运行中的变、配电系统的高低压设备和线路上作业时，必须办理作业票；必须切断电源、验电、接地，并装设围栏、悬挂警示牌。

8.5.8 电气设备停电，应先停负荷，先低压后高压依次断开电源开关和隔离电器，取下控制回路的熔断器，锁上操作手柄。

8.5.9 在切断电源时，与停电设备有关的变压器和电压互感器等，应从高、低压两侧断开，并有可见断开点，悬挂"有人工作，严禁合闸"的警示牌。

8.5.10 在室内配电装置某一间隔中工作时或在变电所室外带电区域工作时，带电区周围应设置临时围栏，悬挂警示牌。严禁操作人员在工作中拆除或移动围栏、携带型接地线和警示牌。

8.5.11 高压电气设备停电后，必须用验电器检验，不得有电。验电时应符合下列规定：

1 验电器必须经试验合格。

2 操作人员必须戴橡胶绝缘手套，穿绝缘鞋。

3 验电时，必须在专人监护下进行。

4 室外设备验电必须在干燥环境中进行。

8.5.12 装设接地线时，应先装设接地的一端，再装接设备的一端。在装接设备一端时，应先将设备放电，并应符合下列规定：

1 对可能送电到停电设备的各线路，均应装设接地线，并将三相短路。接地线应采用裸铜软线，装设在设备的明显处，并与带电体保持规定的安全距离。

2 在已断开电源的设备上进行作业时，应将设备两侧的馈电线路断开并接地。长度大于10m的母线，其接地不少于2处。

3 装、拆接地线时，应使用绝缘棒，并戴橡胶绝缘手套。

8.5.13 线路送电必须先通知用电单位，恢复供电应符合下列规定：

1 作业人员应全部退出施工现场，并清点工具、材料，设备上不得遗留物件。

2 拆除携带型接地线。

3 拆除临时围栏和警示牌后，应恢复常设围栏，并同时办理工作票封票手续。

4 合闸送电，应按先高压、后低压，先隔离开关、后主开关的顺序进行。

8.5.14 对已拆除接地线或短路线的高压电气设备，均视为有电，不得接触。

Ⅲ 电气设备安装

8.5.15 在搬运和安装变压器、电动机及开关柜、盘、箱等电气设备时，应由专人指挥，不得倾倒、振动、撞击。

8.5.16 滤油时，滤油机、储油槽及金属管道应接地良好。

8.5.17 安装高压油开关、自动空气开关等有返回弹簧的开关设备时，应将开关置于断开位置。

Ⅳ 电缆敷设

8.5.18 敷设电缆，应由专人指挥。线盘应架在平稳牢固的放线架上，盘上不得有裸露的钉子等锐利物，转动时不得过快。电缆应从电缆盘上方拉出，且不得损伤电缆绝缘层。

8.5.19 敷设电缆时，转弯处作业人员应站在外侧操作，穿过保护管时，应缓慢进行。在高处敷设电缆时，应有防止作业人员和电缆滑落的措施。

Ⅴ 电气试验

8.5.20 电气试验场所应设置保护零线或接地线。试验台上和试验台前应铺设绝缘垫板。试验电源应按类别、相别、电压等级合理布设，并做出明显标志。

8.5.21 系统调试中，调试的设备、线路应与运行的设备、线路采取隔离措施。

8.5.22 试验区应设临时围栏、悬挂警告牌，并设专人监护。

8.5.23 高压设备在试验合格后，应接地放电。用直流电进行试验的大容量电机、电容器、电缆等，应用带电阻的接地棒放电，再接地或短路放电。

8.5.24 雷雨时，应停止高压试验。

8.5.25 用兆欧表测定绝缘电阻值时，被试件应与电源断开。试验后试件应充分放电。

8.5.26 电压互感器的二次回路做通电试验时，二次回路应与电压互感器断开。

8.5.27 电流互感器的二次回路不得开路，并经检查确认后，方可在一次侧进行通电试验。

8.5.28 在与运行系统有关的继电保护或自动装置调试时，应办理试验工作票。

8.5.29 严禁采用预约停送电的方式，在线路和设备上进行任何作业。

8.5.30 多线路电源的配电系统，应在并列运行前核对相序（位）。

8.6 仪表作业

Ⅰ 仪表安装

8.6.1 搬运仪表盘、箱时，应有防止仪表盘、箱倾倒的措施。就位后，应及时用地脚螺栓固定。

8.6.2 在带压或内部有物料的设备、管道上不得拆装仪表的一次元件。

8.6.3 在高温、蒸汽系统上作业时，应有防止烫伤的措施。

8.6.4 装运放射源的作业人员应经体检合格，装运时应穿戴好防护用品，严禁人体与放射源直接接触。放射性料位计安装时，应符合下列规定：

1 支架的制作与安装应准确，焊接应牢固。

2 放射源应用专车运至现场。

3 安装放射源，每人每次工作时间不得超过30min。

4 安装后应及时制作警示标识。

5 严禁提前打开核子开关。

6 调整放射源的位置时，每人每次工作时间不得超过20min，并应减少作业人员数量。

Ⅱ 仪表校验

8.6.5 电动仪表的供电电压应与仪表额定电压相符。电动仪表接线时，不得带电作业，离开工作岗位应切断电源。

8.6.6 检验可燃、有毒介质的分析仪表，试验前应对介质管路进行严密性试验。

8.6.7 分析仪表（器）用的样气气瓶，应妥善存放，并设专人保管。

8.6.8 仪表检验室内，应通风良好。

8.6.9 进行有毒气体分析器校验时，应采取防毒措施。氧气分析器的校验现场，严禁有油脂、明火。

8.6.10 油浴设备的温度自动控制器应准确，加热温度不得超过所用油的燃点，加热时不准打开上盖。

8.7 涂装作业

Ⅰ 涂装前处理

8.7.1 作业场所应有良好的通风，作业人员应穿戴劳动保护用品，且不得吸烟和携带火种。

8.7.2 机械方法除锈应优先选用抛丸和喷丸，除锈过程密闭化。作业人员呼吸区域空气中含尘量应小于$10mg/m^3$。

抛丸室在工作状态时。对于通过式抛丸室进出口端10m处，按现行国家标准《安全标志》GB 2894的有关规定设置安全标志。

8.7.3 机械方法除锈，应设置独立的排风系统和除尘净化系统，排放至大气中的粉尘含量，不应大于$150mg/m^3$。

8.7.4 喷砂作业应在喷砂室或设置围栏的专用区域内进行，并应有良好的通风条件，且应符合下列规定：

1 操作时，不得把喷嘴对准作业人员。

2 多人作业时，对面不得站人。非作业人员不得进入作业区域。

Ⅱ 涂 装

8.7.5 作业场所应保持清洁，严禁烟火。作业完毕后，应将残存的可燃、有毒物料及杂物清理干净。

8.7.6 油漆类涂料应专库贮存，挥发性油漆应密封保管，可燃、易爆、有毒材料应分别存放，库房严禁烟火，并设置警示标志和配置消防器材。

8.7.7 严禁在涂装作业的同时进行电火花检测。

8.7.8 涂装作业时，应进行可燃气体浓度监测，空气中氧含量应在18%以上，可燃性气体浓度应低于爆炸下限的10%。上部敞口的围护结构内涂装作业时和涂层干燥期间，应采用机械通风；受限空间进行涂装作业和涂层干燥期间，入口处应设置"禁入"的标志，严禁未经准许的人员进入。涂装作业完成后，受限空间内应继续通风，空气中氧含量和可燃性气体浓度不符合安全规定的不得进行作业。

8.7.9 受限空间内涂装作业应符合下列要求：

1 受限空间内不得作为外来制件的涂漆作业场所。

2 进入受限空间进行涂装作业前必须办理作业票。涂装作业人员进入前，应进行空气含氧量和有毒气体检测。

3 作业人员进入深度超过1.2m的受限空间作业时，应在腰部系上保险绳，绳的另一头交给监护人员，作为预防性防护。

4 严禁向密闭空间内通氧气和采用明火照明。

8.7.10 进行硫化作业应符合下列规定：

1 硫化锅的蒸汽压力不得大于0.3MPa。

2 硫化锅上的放空阀、压力表、回水阀、蒸汽阀和安全阀应灵活可靠。

3 硫化处理后，应待锅内压力降到大气压力时，方可开启硫化锅。

4 利用衬胶设备本身进行硫化处理时，应经计算核定，并经单位技术负责人批准。

8.7.11 熬制硫磺胶泥及硫磺砂浆时，应有防毒、防火措施。熬制地点应在工作场所的下风向，室内熬制时锅上应设排烟罩。

8.7.12 进行金属喷涂时，作业人员应穿戴专用防护用品，防止作业人员吸入金属烟尘和熔融金属微粒烧伤裸露的皮肤，并应符合下列规定：

1 作业时，不应将喷头对准人。

2 作业中发现喷头堵塞，应先停物料，后停风，再检修喷头。

3 在容器内给喷枪点火时，不得频繁放空。

8.7.13 沥青防腐作业中，熬制沥青时应缓慢升温，当温度升到180～200℃时，应不断搅拌，防止局部过热与起火。沥青温度最高不应超过230℃。装运热沥青不应使用锡焊的金属容器，装入量不应超过容器深度的3/4。

8.7.14 涂装作业应防止涂料中毒，并应符合下列规定：

1 作业人员应间歇操作。

2 作业中不得用手擦摸眼睛和皮肤。

3 接触生漆等易引起皮肤过敏的涂料作业人员，作业前应作过敏试验。

4 作业完毕，应及时清理现场和工具，妥善保管、存放余料，并及时更衣。

5 作业人员接触有毒、有害物质，发生恶心、呕吐、头昏等症状时，应送至新鲜空气场所休息或送医院诊治。

8.8 隔热作业

8.8.1 隔热作业人员应穿戴好防护用品，其衣袖、裤脚、领口应扎紧。粉尘作业场所应有通风设施。

8.8.2 在运行中的设备、容器、管道上进行隔热层施工时，应办理作业票，方可进行作业。

8.8.3 地下管道、设备进行隔热作业时，应先进行有害气体检测，检测合格后，方可操作。

8.8.4 白铁作业应防止伤手，剪掉的铁皮应及时清除。

8.8.5 使用压口机时，手与压辊的安全距离应大于50mm。

8.8.6 使用咬口机时，作业人员不得将手放在轨道上。

8.8.7 使用剪切机时，手不得伸入刃口空隙中。调整铁皮时，脚不得放在踏板开关上。

8.8.8 使用折边机时，手离刃口和压脚均应大于20mm。

8.8.9 铺设铁皮时应防止大风吹落伤人，停止作业前应将铁皮钉牢或拴扎牢固。

8.8.10 吊运风管、配件或材料时，工件应绑扎牢固。

8.8.11 进入顶棚上安装作业，应先检查通道、栏杆、吊筋、楼板等的牢固程度，并将孔洞封盖好，风管上不得站人。

8.8.12 吊笼上下应有明显、准确的联系信号，装卸的材料不得超过吊笼的上缘，操作人员应能直接看到吊笼的升降情况。吊笼升至卸料层后，应挂上保险钩或插好保险杠，并应划出危险区并设警戒线。

8.8.13 灰桶、耐火砖和隔热材料应放在牢固稳妥的地方。砌砖时，碎砖块、渣沫应及时清除。

8.8.14 喷涂施工应符合下列规定：

1 容器（锅炉）入口应悬挂“内部施工，严禁入内”的警示牌。

2 施工时，入口处应派人监护。

3 喷涂枪口不得对人，并始终保持容器内外联系正常。

4 喷涂时应保持容器良好通风，必要时，设置风机强制通风。

8.8.15 隔热耐磨混凝土浇筑施工时必须符合下列规定：

1 振动棒所用电线必须从容器外接入，严禁将220V电门箱放入容器。

2 操作间隙必须将电源切断。

8.9 耐压试验

8.9.1 设备及管道耐压试验前，应编制试压方案及安全措施，气压试验方案应经施工单位技术总负责人批准。

8.9.2 设备及管道试压前，应进行试验条件确认。试压时不得超压。

8.9.3 压力表的精度等级不得低于1.5级，经校验合格且在有效检定期内，其量程应为试验压力的1.5～2.5倍。同一试压系统内，压力表不得少于2个，且应垂直安装在便于观察的位置。

8.9.4 试压用的临时法兰盖、盲板的厚度应经计算确定，加设位置应登记。

8.9.5 气压试验时，气压应稳定，试验设备和管道上应装安全阀，并应注意环境温度变化对压力的影响。试压过程中设备和管道不得受到撞击。升压和降压应按试压方案进行，操作应缓慢。试压现场应加设围栏和警示牌，设专人现场监督。

8.9.6 耐压试验时，带压介质泄漏方向或被试物件的脱离方向不得站人。

8.9.7 在试压过程中发现泄漏时，严禁带压紧固螺栓、补焊或修理。

8.9.8 在压力试验过程中，受压设备、管道如有异常声响、压力突降、表面油漆脱落等现象，应停止试验，查明原因。

8.10 热处理作业

8.10.1 热处理作业前，应检查并确认热处理条件，编制热处理方案。

8.10.2 热处理作业应设警戒区，并应配置灭火器材。无关人员不得进入。

8.10.3 热处理工作结束后应进行检查，确认无隐患后方可离开。

8.10.4 采用燃油雾化燃烧法热处理时，应符合下列要求：

1 被处理设备与燃料储罐之间距离应符合要求。

2 燃油可燃气体输送管线不得泄漏。

3 热处理现场的可燃气体含量应定时分析，且不得超过允许浓度。

4 点火前应进行罐内气体置换，点火时应先将点火器点燃，再进行喷油点火。

5 风筒附近不得站人。

9 施工检测

9.1 一般规定

9.1.1 从事检验检测工作的人员应进行安全知识培训并取得资格。检验检测人员应定期进行体检，并建立健康档案。

9.1.2 检验检测作业人员应按规定正确使用专用安全防护用品。

9.1.3 检验检测设备仪器应定期进行维护、保养和检定并保存记录，在投入使用前应检查其性能状态。

9.2 施工测量

9.2.1 测量仪器移动时，应装箱上锁，提环、背带、背架应牢固可靠。

9.2.2 测量时，钢尺不得与带电体相碰。

9.2.3 线坠用线应结实可靠，使用时应缓慢放线。

9.2.4 使用激光经纬仪和红外线测距仪、全站仪时，不得对着人进行照射。

9.2.5 单桩竖向抗压承载力及单桩竖向抗拔承载力检测应符合以下规定：

1 锚桩横梁反力装置中钢筋连接锚桩和横梁承力架的支撑和拉结钢筋应牢固，各钢筋及各锚桩应受力均匀。

2 向压重平台上加载时，发现问题应立即停止加荷并及时处理。荷载全部加完后应稳定4h以上，检查确认承力架、承重墙、地基土、上部堆载均稳定后方可进行检测。

3 千斤顶安装应稳固，有防止倾倒的安全措施。压盘、标准杆的安装位置不应阻碍人员迅速疏散。油泵应安装在承力架范围 2.5m 以外。

4 堆载反力梁装置的平台中心应与桩头的中心、重物的中心一致。锚桩反力梁装置，应保证锚桩或地锚的对称性。

5 施加于地基的压应力不宜大于地基承载力特征值的 1.5 倍。

9.2.6 单桩水平静载检测中用反力板装置提供反力时，反力板施加于地基的压应力不宜大于地基承载力特征值的 0.8 倍。

9.2.7 钻芯法检测时，钻进过程中，钻孔内循环水流不得中断。

9.2.8 高应变法检测锤击设备宜具有稳固的导向装置。

9.3 成 分 分 析

9.3.1 作业人员不得在装有易燃、易爆物品的容器和管道上进行取样或光谱分析。

9.3.2 作业人员不得用手直接拿取放化学药品和有危险性的物质。

9.3.3 剧毒药品管理应严格执行有关规定。剧毒药品必须存放在保险柜内由专人保管并建立台账。领取或使用时，必须有两人同时在场。

9.3.4 易挥发、易燃的化学药品应分别存放于避光、干燥、通风处，远离高温和火源。使用易挥发性药品时，应在通风柜内操作。

9.3.5 酸的稀释应将浓酸在搅拌下缓慢加入水中，不得将水加入酸中稀释。

9.3.6 盛装强酸、强碱的容器，不得放在高架上。

9.3.7 装有可燃压力气体的钢瓶，应放在室外的指定地点，并用支架固定。

9.3.8 氯酸钾等氧化剂与有机物等还原剂应隔离存放。

9.3.9 进行过高氯酸冒烟操作的通风柜未经处理不得进行有机试剂操作。

9.3.10 溶液加热前，应将容器内的溶液搅拌均匀。加热试管内的溶液时，其管口不得对人。

9.3.11 用电钻进行取样操作时应戴防护面罩或防护眼镜，不得戴手套。

9.3.12 光谱分析应符合下列规定：

1 雨、雪天气不得在露天进行光谱分析作业。

2 在易燃物品附近进行光谱分析时，应办理“用火作业许可证”。

3 作业时，人体不得与金属工件直接接触。

9.3.13 含有辐射源的便携式合金元素分析仪应由专人保管。使用时，不得在空载情况下开启快门。使用后仪器应及时装箱保存。

9.4 物 理 试 验

9.4.1 熬制可燃试样时，应严格控制加热温度，防止试样溢出。作业场所应通风。

9.4.2 冲击试验作业区应设置防护设施。试验前应检查摆锤、锁扣及保护装置的安全性能，并应符合下列规定：

1 试验摆锤摆动方向不得站人。

2 安放试样时，应将摆锤移到不影响安放试样的最低位置并支撑稳固。不得在摆锤升至试验高度时安放试样。

3 低温冲击试验时，不得用手直接触摸低温试样。

9.4.3 低温冲击试验使用的盛装液氮或二氧化碳的钢瓶应有清晰的标识，提取和搬运钢瓶时，不得撞击。液氮或二氧化碳输送管应进行隔热。存放液氮或二氧化碳的场所应保持阴凉、通风，远离热源与火源，空气中的氧气浓度应保持在 18% 以上。发生泄漏时，应及时疏散无关人员，处理人员应穿戴氧气呼吸器后关闭泄漏的钢瓶阀门。

9.4.4 拉伸、弯曲、抗压试验时，应有防止试样迸出的措施。

9.4.5 金相试验应符合下列规定：

1 金相腐蚀、电解的操作室应通风，并设有冲洗用水和用于急救的中和溶液。

2 磨制试件时，两人不得同时在一个旋转盘上操作。

3 现场进行金相试验时，试剂、溶液不得泼洒滴落。

9.5 无 损 检 测

Ⅰ 射 线 检 测

9.5.1 从事射线检测的单位必须具有辐射安全许可证，建立辐射安全防护管理体系，制订辐射事故应急预案。射线检测单位应对射线作业人员进行个人剂量监测，建立个人剂量和职业健康监护档案，并长期保存。

9.5.2 射线作业人员应持有放射工作人员证。

9.5.3 采购或租赁 γ 射线源时，必须持有登记许可证并向省级环境保护主管部门备案。

9.5.4 γ 射线源的储存、领用应符合下列规定：

1 γ 射线源应存放在专用储源库内，其出入口处必须设置电离辐射警示标志和防护安全联锁、警示装置。

2 储源库的钥匙必须由 2 人管理，同时开锁方可开启库门。

3 新旧 γ 射线源的更换应采用专用换源器（倒源罐）进行，操作人员在一次更换过程中所接受的当量剂量不应超过 0.5mSv。废源应送回制造厂或当地指定 γ 源处理单位处理。

4 储存、领取、使用、归还 γ 射线探伤仪或倒源罐时必须进行登记、检查，做到账物相符。

9.5.5 γ射线源的运输应按省级以上管理部门规定办理审批手续。在包装容器辐射测量合格后方可运输，应由专人押运专车运输。

9.5.6 透照室应确保门—机联锁、示警安全装置完好。

9.5.7 现场射线检测场所应划分为辐射控制区和辐射监督区。在监督区内严禁进行其他作业。

9.5.8 在施工现场进行射线透照应符合下列规定：

1 作业前，应办理射线检测作业票。

2 γ射线源的能量和活度应根据受检工件的规格合理选用。

3 在辐射控制区边界应悬挂"禁止进入放射性工作场所"警示牌，射线作业人员应在控制区边界外操作。在辐射监督区边界上应设置信号灯、铃、警戒绳等警戒标志，并悬挂"当心电离辐射！无关人员禁止入内"警示牌，并设专人警戒。

4 检测作业中应进行操作现场辐射巡测，围绕辐射控制区边界测量辐射水平。

5 作业时，作业人员应携带经检定合格、计量准确的个人剂量仪（TLD）、报警器、巡测仪。

6 γ线射源透照时，应一人操作，一人监护。

7 在高处进行透照时，应搭设工作平台，并采取防止射线仪坠落的措施。对大型容器进行长时间透照时，应安排监测人员值班，加强巡测检查。

8 夜间作业应有照明。

9 作业结束后，操作人员应检查确认设备完好、放射源回到源容器的屏蔽位置。

9.5.9 射线作业人员的个人年剂量限值应符合职业性外照射个人监测的有关规定。

9.5.10 暗室应通风，通道应畅通。连续工作时间不宜超过 2h。

Ⅱ 其他检测

9.5.11 使用机械化检测或自动检测时，应将设备及附属机构安装稳固。

9.5.12 在有可燃介质的场所使用通电法或触头法进行磁粉检测时，应保持触头接触良好，不得在通电状态下移动电极触头。不得在盛装过易燃易爆介质的容器中使用触头法检测。

9.5.13 使用冲击电流磁化时，应防止高电压伤人。

9.5.14 当进行荧光磁粉或荧光渗透检测时，不得使用无滤波片或屏蔽罩失效的紫外线灯。

9.5.15 使用油磁悬液或溶剂型渗透检测剂检测时，检测作业点及其周边不得有明火，并应通风。在受限空间内进行检测时，应防止有机溶剂中毒，并设专人监护。

9.5.16 易燃易爆检测剂应储存在远离热源、阴凉通风处。散装渗透检测剂应密封储存。

9.5.17 使用喷罐式检测剂时，作业人员应在上风侧操作。

9.5.18 磁粉或渗透检测结束后，应将废弃的检测剂喷罐清理至指定地点集中处理。

9.5.19 检测混凝土抗压强度的回弹仪进行常规保养时，应先使弹击锤脱钩后再取出机芯，避免弹击杆突然伸出造成伤害。

10 施工机械使用

10.1 一般规定

10.1.1 施工机械应具有产品技术文件、使用说明书、安全操作规程。安全防护装置应齐全、可靠。严禁超载作业或扩大使用范围。

10.1.2 施工机械应保持完好状态，现场环境应符合安全作业要求。

10.1.3 起重机械应经所在地特种设备安全监督管理部门验收合格后方可投入使用，并应定期检测、审核。

10.1.4 特种设备操作人员应持有"特种设备作业人员证"。

10.1.5 施工机械应按规定的时间期限进行维修、保养，使用前应进行安全检查。

10.1.6 用电施工机械应执行"一机一闸一保护"的控制保护规定。

10.1.7 与用电施工机械相关的钢平台、金属构架等应做好接地。

10.1.8 施工机械或其附件达到报废标准时，应停用或更换。

10.1.9 施工机械操作手应按规定穿戴劳动保护用品，操作旋转切屑类施工机械严禁戴手套。

10.1.10 作业中，发现异常，应停机检修。

10.1.11 机械作业区应设置安全标识或警戒区，无关人员不得进入作业区或操作室内。

10.1.12 集中停放施工机械的场所应设置消防器材；大型施工机械应配备灭火器材。

10.2 手持电动工具

10.2.1 使用前应对手持电动工具进行检查并空载试验运转，正常后方可使用。

10.2.2 手持电动工具的电源线不得有接头。

10.2.3 手持电动工具应按规定正确使用且不得超载荷使用。

10.2.4 潮湿场所或在金属构架上作业时，不得使用Ⅰ类手持电动工具。手持电动工具的选用应符合现行国家标准《手持电动工具管理、使用、检查和维修安全技术规程》GB 3787 的规定。

10.2.5 受限空间内作业必须使用Ⅲ类手持电动工具。安全隔离变压器或漏电保护器必须装设在受限空间之外，并应设专人监护。

10.2.6 使用手持电动工具时，应穿戴绝缘防护用品，应对眼睛、面部及听力进行适当的保护。

10.3 起重吊装机械

Ⅰ 一般规定

10.3.1 起重机械的制动机构、变幅指示器、力矩限制器以及各种行程限位开关等安全保护装置应完整齐全、灵敏可靠，不得随意调整和拆除，使用前应进行检查确认。

10.3.2 钢丝绳在卷筒上必须排列整齐、尾部卡牢，工作中至少保留3圈以上。

10.3.3 重物提升和降落速度应均匀。左右回转时动作应平稳，回转未停稳前，不得做反向动作。非重力下降式起重机，不得带载自由下降。严禁用限位装置代替操纵机构。

10.3.4 发动机启动前，应分开离合器，并将各操纵杆放在空挡位置上。

10.3.5 发动机启动后应检查各仪表指示值，待运转正常再结合主离合器，进行空载运转，确认正常后，方可作业。

10.3.6 操纵控制器应从零位开始逐级操作，不得越挡、急开急停、打反车操作。

10.3.7 起重机作业时，起重臂和重物下方严禁有人停留、作业和通过。重物吊运时，严禁从人员上方越过。严禁使用起重机运载人员。

10.3.8 吊物时，应垂直起吊重物，严禁斜挂斜吊，严禁长时间悬吊重物。

10.3.9 起重机操作手、吊装指挥人员必须持证上岗。

Ⅱ 流动式起重机

10.3.10 起重机吊物行走时，载荷不得超过额定起重量的70%，且吊物离地面高度不得超过500mm，并拴好溜绳，还应有专人引导、监护。起重机不得作远距离运输使用。

10.3.11 现场组装起重机时，应按产品技术文件要求进行，安装完成后应进行调试，使用前应进行检查验收。

10.3.12 起吊重物达到额定起重量的90%以上时，严禁同时进行两种及以上的操作动作。

10.3.13 履带式起重机变幅应缓慢平稳，严禁在起重臂未停稳前变换挡位；起吊重物达到额定起重量的90%及以上时，严禁下降起重臂。

10.3.14 履带式起重机上下坡道时应无载行走，应保持起重机重心在其坡上方。起重臂仰角符合厂家说明书的要求。严禁下坡空挡滑行。

10.3.15 汽车式起重机作业前，支腿应全部伸出后，调整机体使回转支承面的倾斜度在无载荷时不大于1/1000。调整支腿应在无载荷时进行，并将起重臂转至正前方或正后方。

10.3.16 汽车式起重机作业中，严禁扳动支腿操纵阀。

10.3.17 汽车式起重机作业时，驾驶室内不得有人。

10.3.18 起重机行驶时，底盘走台上不得有人以及堆放物品。

10.3.19 作业结束后，伸缩式臂杆起重机应将臂杆全部收回归位，挂好吊钩。桁架式臂杆起重机应将臂杆转至起重机的正前方，并降至40°～60°之间，各部制动器都应加保险固定，操作室和机棚都要关门加锁。

Ⅲ 起重桅杆

10.3.20 起重桅杆倾斜使用时，底部应加封绳，且倾斜角度不宜大于10°。

10.3.21 现场组对桅杆时，其中心线偏差不得大于长度的1/1000，且总偏差不得大于20mm。

10.3.22 单桅杆缆风绳的数量不得少于6根，且均匀分布。缆风绳不得与电线接触。在靠近电线的附近，应配置绝缘材料制作的护绳架。

10.3.23 桅杆采用连续法移动时，使桅杆在缆风绳的控制下，保持前倾幅度应为桅杆高度的1/20～1/25；采用间歇法移动时，桅杆的前、后倾斜角度应控制在5°～10°。移动时，桅杆侧向倾斜幅度不得大于桅杆高度的1/30。在调整缆风绳及底部牵引控制索具时应先松后紧，协调配合，使桅杆平稳移动。

10.3.24 作业时起重机的回转钢丝绳应处于拉紧状态。回转装置应有安全制动控制器。

Ⅳ 塔式起重机

10.3.25 路基和轨道的铺设应符合下列要求：

1 路基承载能力按轮压值确定。

2 轨距偏差不得超过其名义值的1/1000。

3 在纵横方向上钢轨顶面的倾斜度不大于1/1000。

4 两条轨道的接头应错开。钢轨接头间隙不应大于4mm，接头处应架在轨枕上，两端高度差不大于4mm。轨道应平直、无沉陷，轨道螺栓无松动，轨道上无障碍物。

5 距轨道终端1m处应设置极限位置阻挡器，其高度不应小于行走轮半径。

6 路基旁应开挖排水沟，并采取防坍塌措施。

10.3.26 施工期内，每周或雨后应对轨道和基础检查一次，发现问题及时调整。

10.3.27 顶升作业应有专人指挥，电源、液压系统等均应有专人操作。四级风以上天气不得进行顶升作业。

10.3.28 塔式起重机安装完毕后，塔身与地面的垂直度偏差值不得超过3/1000。必须有行走、变幅、吊钩高度等限位器和力矩限制器等安全装置，并应灵敏可靠。有升降式操作室的塔式起重机，必须有断绳保护装置。

10.3.29 专用临时配电箱，宜设置在轨道中部，电缆卷筒应运转灵活、安全可靠，不得拖缆。

10.3.30 动臂式起重机的起升、回转、行走可同时进行，变幅应单独进行。每次变幅后应对变幅部位进行检查。允许带载变幅的起重机，当载荷达到额定起重量的90%及以上时，严禁变幅。

10.3.31 装有上、下两套操作系统的起重机，不得上、下同时使用。

10.3.32 作业结束后，起重机应符合下列要求：

1 停放在轨道中间位置，臂杆应转到顺风方向，并松开回转制动器。

2 小车及平衡配重应移到非工作状态位置，同时，吊钩应提升到离臂杆2～3m的位置。

3 将每个控制开关拨至零位，依次断开各路开关，关闭操作室门窗，下机后切断电源总开关，打开高空指示灯。

4 锁紧夹轨器与轨道固定，如遇8级大风（风速17.2m/s以上）时，应另拉缆风绳与地锚或建筑物固定。

10.3.33 任何人员上塔帽、吊臂、平衡臂等高处部位检查或修理作业时，必须佩戴安全带。

10.3.34 起重机的塔身上不得悬挂标语牌。

Ⅴ 桥、门式起重机

10.3.35 起重机轨道的铺设应执行产品技术文件规定，轨道接地电阻不应大于4Ω。桥式起重机路基承载能力按轮压值确定。轨道两端应设车挡。

10.3.36 用滑线供电的起重机，在滑线两端应有色标，滑线应设置防护栏杆。

10.3.37 操作室内应铺垫木板或绝缘板；上、下操作室通道应有专用扶梯。

10.3.38 吊车工作时，任何人不得停留在起重机小车和横梁上。

10.3.39 起重机运行时，严禁进行加油、擦拭、修理等工作；起重机维修时，必须切断电源，并挂上警示标志。

10.3.40 空载运行时，吊钩应升起，升起高度应大于2m。

10.3.41 带负荷运行时，应将吊物置于安全通道内运行。没有障碍物时，吊物底面距地面应保持在0.5～1.5m的高度；有障碍物时，吊物底面应提高到距障碍物0.5m以上。

10.3.42 两台起重机同时抬吊同一物体时，应保持3～5m的距离，吊钩钢丝绳应保持垂直、升降同步，每台起重机所承受的载荷不能超过其额定重的80%。严禁用一台起重机顶推另一台起重机。

10.3.43 起重机运行靠近轨道端头时，应用慢挡的速度行进。

10.3.44 露天门式起重机工作结束后，应将小车停到操作室一端，将吊钩升到上限位置，各手柄均回零位，切断主电源，并进行封车。

10.3.45 电动葫芦第一次起吊重物时，在吊离地面100mm应停止起吊，检查制动器，确认灵敏、可靠后方可正式作业。

10.3.46 电动葫芦起吊，吊重物行走时，重物离地面不宜超过1.5m。工作间歇时不得将重物悬挂在空中。

10.3.47 电动葫芦在额定载荷制动时，下滑制动量不应大于80mm。

Ⅵ 卷 扬 机

10.3.48 卷扬机安装后，应搭设工作棚，操作人员的位置可看清指挥人员和被拖动、起吊的物件。

10.3.49 钢丝绳应连接牢固，且不得与机架或地面摩擦。通过道路时，应设过路保护装置。

10.3.50 在卷扬机制动操作杆的行程范围内，不得有障碍物阻卡操作行程。

10.3.51 卷筒上的钢丝绳应排列整齐，严禁用手拉脚踩或跨越转动中的钢丝绳。

10.3.52 物件提升后，操作人员不得离开卷扬机，物件和吊笼下面严禁人员停留或通过。休息时，应将物件或吊笼降至地面。

10.4 铆、管机械

10.4.1 铆、管机械上的传动部分应设有防护罩，作业时，不得拆卸。机械均宜安装在机棚内。

10.4.2 启动前，应检查各部润滑、紧固情况，不得超负荷使用。

10.4.3 运行中，发现异常声音或电动机温度超过规定时，应停车检查，故障排除后，方可重新开车作业。

10.4.4 平板、卷板作业时，平、卷钢板厚度应符合产品技术文件规定，按钢板厚度调整好轧辊。

10.4.5 平、卷钢板时，操作人员应站在机械两侧，不得站在机械前后或钢板上面。

10.4.6 用样板检查圆弧度时，应在停车后进行。滚卷工件到末端时，应留一定的余量。

10.4.7 工作过程中，应防止手和衣服被卷入轧辊内。

10.4.8 平、卷较长或较大直径钢板时，应采取防止钢板下坠等措施。

10.4.9 剪板机制动装置应灵敏可靠，与压料机构动作应协调。

10.4.10 剪板作业送料时，应用专用工装，将钢板放正、放平、放稳，手指不得扶送钢板或接近切刀和压板。

10.4.11 剪板作业时，不得进入剪板机内侧清理余料。

10.4.12 在更换冲剪机切刀、冲头漏盘或校对模具时，应在停机后进行，模具应卡紧。

10.4.13 剪冲窄板时，应有特制的工具夹紧板材边缘，并压住板材进行剪冲。

10.4.14 刨边机作业时，在主传动箱行程范围内不得站人。

10.4.15 刨削短、窄板料时，应利用专用工装做辅助压紧。

10.4.16 使用摇臂钻时，横臂应锁紧。

10.4.17 手动进钻、退钻时，应逐渐增压或减压，不得在手柄上加长力臂加压进钻。

10.4.18 钻孔作业时，必须戴防护眼镜，严禁戴手套，严禁手持工件。

10.4.19 钻孔作业排屑困难时，进钻、退钻应反复交错进行。钻头上缠绕铁屑时，应停钻用工具清除。

10.4.20 管子切断作业时，不得在旋转手柄上加长力臂；切平管端时，不得进刀过快。

10.4.21 套丝、切管作业中，应用工具清除切屑，不得用手或敲打振落。

10.4.22 坡口机作业中，冷却液不得中断。严禁用手触摸坡口及清理铁屑。

10.4.23 换热器抽芯机抽拉作业时，抽芯机应平衡，固定应牢固，抽芯机轴线与换热器轴线应平行，并在同一垂直面内。施工人员不得站在抽芯机上。人员不得在抽芯机下停留或穿越。抽芯机作业受到卡阻时，不得强力抽拉。

10.4.24 咬口机作业时，工件长度、宽度不得超过机具允许范围。

10.4.25 咬口机作业时，严禁用手触摸辊轮；送料时，手指不得靠近辊轮。

10.5 焊接机械

10.5.1 电焊机应有完整的防护外壳，并应接地，一次、二次导线接线柱处应有保护罩。

10.5.2 电焊机一次导线长度不宜大于30m，需要加长导线时应相应增加导线的截面。导线通过道路时，应架高或穿入保护管并埋在地下；通过轨道时，应从轨道下方通过，导线的绝缘不得受损且不得断股。

10.5.3 移动电焊机时，应先切断电源；焊接中突然停电时，应切断电源。

10.5.4 焊机应有专人操作，自动焊机轨道应固定牢固，非操作人员不得动用操作机构。

10.5.5 焊割现场10m范围内，不得存放氧气瓶、乙炔气瓶、油品等可燃、助燃物品。

10.5.6 在潮湿地点作业时，应对操作人员作业位置采取绝缘措施，并应穿绝缘鞋。

10.5.7 氩弧焊机气管、水管不得泄漏。

10.5.8 对焊机的压力机构应灵活，夹具牢固，气、液压系统无泄漏。焊接前应根据所焊钢筋截面，调整二次电压，不得焊接超过对焊机规定直径的钢筋。焊接较长钢筋时，应设置托架。

10.5.9 等离子切割作业时，应设置挡弧板，操作人员应按要求劳保着装。

10.5.10 数控切割机使用前，应对电气线路及气带等进行检查。

10.5.11 数控切割机轨道及行程范围内不得有杂物，作业中不得清理余料。

10.5.12 油罐自动焊机应平稳固定在机架上，并设置上下通道，操作平台应安装防护栏杆。

10.5.13 油罐自动焊机的电气线路应有序排列，并采取绝缘和固定措施；高处作业时，应在施焊点周围和下方采取防火措施。

10.6 动力机械

10.6.1 固定式动力机械应安装在基础上，机房应通风，周围应有1m以上的通道，排气管应引出室外，并不得与可燃物接触。

10.6.2 移动式动力机械应放置稳固，并应搭设机棚。

10.6.3 停机前，应先切断各供电分路开关，逐步减少载荷，再切断发电机供电主开关。

10.6.4 空气压缩机的进排气管较长时，应固定，管路不得有急弯。输气胶管应保持畅通。

10.6.5 储气罐和输气管路每三年应做水压试验一次，试验压力应为额定压力的150%。压力表和安全阀应定期检定。

10.6.6 空气压缩机应在空负荷状态下启动，启动后低速空运转，并检查各仪表指示值，运转正常后，进入负荷运转。

10.6.7 空气压缩机运转有下列情况之一时，应停机检查，找出原因并排除故障：

1 漏水、漏气、漏电或冷却水突然中断。

2 压力表、温度表、电流表指示超过规定值。

3 排气压力突然升高，排气阀、安全阀失效。

4 机械有异响或电动机电刷产生强烈火花。

10.6.8 运转中，汽缸过热停机时，应待汽缸自然降温至60℃以下方可加水。

10.6.9 当电动空气压缩机运转中突然停电时，应切断电源，供电后重新在空负荷状态下启动。

10.7 土石方机械

Ⅰ 单斗挖掘机

10.7.1 挖掘机正铲作业时，除松散土壤外，开挖高度和深度不应超过机械本身性能规定。反铲作业时，履带距工作面边缘距离应大于1m，轮胎距工作面边缘距离应大于1.5m。

10.7.2 作业时，应待机身停稳后再挖土，当铲斗未离开工作面时，不得做回转、行走。斗臂在抬高及回转时，不得碰到洞壁、沟槽侧面或其他物体。

Ⅱ 推 土 机

10.7.3 牵引其他机构设备时，应有专人负责指挥。钢丝绳的连接应牢固。在坡道或长距离牵引时，应采用牵引杆连接。

10.7.4 在上下坡途中，当内燃机突然熄灭时，应放下铲刀，并锁住制动踏板。在分离主离合器后，方可重新启动内燃机。

10.7.5 填沟作业驶近边坡时，铲刀不得越过边缘。

10.7.6 在有沟槽、基坑或陡坡区域作业时，应有专人指挥。

10.7.7 两台以上推土机在同一地区作业时，前后距离应大于8m，左右距离应大于1.5m。

Ⅲ 装 载 机

10.7.8 运载物料时，宜保持铲臂下铰点离地面0.5m，并平稳行驶。不得将铲斗提升到最高位置运输物料。

10.7.9 在基坑、沟槽、边坡卸料时，轮胎离边缘距离应大于1.5m。

10.7.10 装载机铲臂升起后，在进行润滑或调整等作业之前，应装好安全销。

Ⅳ 电动夯实机

10.7.11 夯实机作业时，应有2人操作，1人扶夯操作，1人传递电缆线，操作人员应戴绝缘手套和穿绝缘鞋。递线人员应跟随夯机后或两侧调顺电缆线，且不得张拉过紧，应保持有3～4m的余量。

10.7.12 作业时，应保持机身平衡，不得用力向后压，并应随时调整行进方向，不得进行急转弯。

10.7.13 多机作业时，其平列间距不得小于5m，前后间距不得小于10m。

10.7.14 夯机前进方向和夯机四周1m范围内，不得有非作业人员站立。

Ⅴ 手持凿岩机

10.7.15 使用前，应加注润滑油，并检查风、水管，不得有漏水、漏气现象，且应采用压缩空气吹出风管内的水分和杂物。

10.7.16 使用手持凿岩机作业应符合下列规定：

1 进钎时，应慢速运转。退钎时，应慢速拔出，并应防止钎杆断裂。

2 凿岩机垂直向下作业时，作业人员体重不得全部压在凿岩机上。

3 凿岩机向上方作业时，不得长时间全速空转。

10.8 运输机械

Ⅰ 一 般 规 定

10.8.1 装载物品应放正、垫稳、绑扎牢靠，圆筒形物件卧倒装运时应采取防止滚动的措施。不得超载运输。

10.8.2 不得人货混载，除驾驶室规定乘员外，车辆其他任何部位不得搭乘人员。

10.8.3 行驶下坡时，不得熄火滑行。在坡道上停车时，除应拉紧手制动器外，尚应将车辆轮胎楔牢。

Ⅱ 车 辆 运 输

10.8.4 载重汽车拖挂车时，挂车的车轮制动器和制动灯、转向灯应与牵引车的制动器和灯光信号协调一致，同时动作。

10.8.5 载重汽车运送超宽、超高和超长物件前，应制定运输的安全措施，并报主管部门批准。

10.8.6 载重汽车装载物料时，不得偏重或重心过高，装车后应封车或遮盖。

10.8.7 自卸汽车配合挖装机械装料时，自卸汽车就位后应拉紧手制动器。铲斗需越过驾驶室时，驾驶室内不得有人。

10.8.8 自卸汽车非顶升作业时，应将顶升操纵杆放在空挡位置。顶升前，应拔出车厢固定销。作业后，应插入车厢固定销。

10.8.9 自卸汽车行驶前，应检查锁紧装置并将料斗锁牢。

10.8.10 自卸汽车在基坑、沟槽边缘卸料时，应设置安全挡块，车辆接近坑边时，应减速行驶，不得冲撞挡块。

10.8.11 叉车叉装时，物件应靠近起落架，其重心应在起落架中间，物件提升离地后，应将起落架后仰，方可行驶。

10.8.12 多辆叉车同时装卸作业时，应有专人指挥。

10.8.13 驾驶室除规定的操作人员外，严禁其他人员进入或在室外搭乘，严禁叉车货叉上载人。

Ⅲ 物料提升机

10.8.14 井架架设场地应平整坚实，平台设置便于装卸。井架四周设缆风绳拉紧，不得用钢筋、铁线等作缆风绳用。

10.8.15 物料提升机的制动器应灵活可靠。吊笼的四角与井架不得互相擦碰，吊笼固定销和吊钩应可靠，并有防坠落、防冒顶等保险装置。

10.8.16 龙门架或井架不得与脚手架联为一体。

10.8.17 物料提升机严禁载人。禁止攀登架体和从架体下穿越。

10.8.18 提升作业应有指挥，指挥信号不明，操作手不得开机。作业中遇有紧急停车信号，操作手应立即停车。

10.8.19 物料在吊笼里应均匀分布，不得超出吊笼，不得超载使用。散料应装箱。

10.8.20 吊笼悬空吊挂时，操作人员不得离开操作岗位。

10.8.21 当风力达到6级以上时应停止作业，并将吊笼降至地面。

10.8.22 闭合电源前或作业中突然停电时，应将所有开关扳回零位。在恢复作业前，应确认提升机动作正常。

Ⅳ 施工升降机

10.8.23 施工升降机的安装和拆卸工作必须由取得建设行政主管部门颁发的拆装资质证书的施工队负责，并必须由经过专业培训，取得操作证的专业人员进行操作和维修。

10.8.24 底笼周围 2.5m 范围内应设置防护栏杆，各层站过桥和运输通道应平整牢固，出入口的栏杆应安全可靠。全行程四周不得有危害安全运行的障碍物，并应搭设防护屏障。

10.8.25 升降机的防坠器在使用中不得进行拆检调整，需要拆检调整或每用满一年后，均应由生产厂或指定的认可单位进行调整、检修或鉴定。

10.8.26 新安装或转移工地重新安装以及经过大修后的升降机，在投入使用前，必须经过坠落试验。升降机在使用中每隔 3 个月应进行一次坠落试验，并保证不超过 1.2m 的制动距离。

10.8.27 使用前，应检查各部结构、部件、钢丝绳、电气系统的完好性。

10.8.28 每班首次载重运行时，应从最低层起上升。当梯笼升到离地面 1～2m 时，应停车试验制动器的可靠性。

10.8.29 梯笼内乘人或载物时，应使载荷均匀分布，不得超载运行，并应有明显的最大载荷标识。

10.8.30 升降机安装在建筑物内部井道中间时，应在全行程井壁四周搭设封闭屏蔽。装设在避光处或夜班作业的升降机，应在全行程上装设照明和明显的楼层编号标志灯。

10.8.31 操作人员应与指挥人员密切配合，根据指挥信号操作，作业前应鸣声示意。在总电源未切断之前，操作人员不得离开操作岗位。

10.8.32 在大雨、大雾和风力 6 级以上时，应停止运行。暴风雨过后，应对各安全装置进行一次检查。

10.8.33 梯笼运行到顶层或底层时，不得用行程限位器代替正常操纵按钮的使用。

10.8.34 作业后，将梯笼降到底层，各控制开关扳回零位，切断电源，锁好电源箱，封闭梯笼门和围护门。

10.9 桩工及水工机械

Ⅰ 打桩机械

10.9.1 打桩机的安装、拆卸应按产品技术文件规定进行。安装完毕后，应进行检查和试运转，确认合格后方可作业。

10.9.2 打桩机作业区内应无架空线路。作业区应设警戒区并有明显标志，非作业人员不得进入。桩锤在施打过程中，操作人员应在距离桩锤中心 5m 以外监视。

10.9.3 安装时，应将桩锤运到立柱正前方 2m 以内，并不得斜吊。吊桩时，应拴挂溜绳，不得与桩锤或机架碰撞。

10.9.4 吊桩、吊锤、回转或行走等动作不得同时进行。打桩机在吊有桩和锤的状态下，操作人员不得离开岗位。

10.9.5 插桩后，应及时校正桩的垂直度。桩入土 3m 以上时，不得用打桩机行走或回转动作来纠正桩的倾斜度。

10.9.6 遇有雷雨、大雾和 6 级以上大风等天气时，应停止作业。

10.9.7 悬挂振动桩锤的起重机，其吊钩上应有防松脱的保护装置。振动桩锤悬挂在钢架的耳环上后，还应加装保险钢丝绳。

10.9.8 履带式打桩机带锤行走时，应将桩锤放至最低位，驱动轮应在尾部位置，并应有专人指挥；在斜坡上行走时，应将打桩机重心置于斜坡的上方，斜坡的坡度不得大于 5°。不得在斜坡中做回转动作。

10.9.9 作业后，应将桩锤落下垫实，并切断电源。

10.9.10 静力压桩机在行走时，地面应平整，地面和空中无障碍物。作业区应设警戒区和专人监护。

Ⅱ 钻孔机械

10.9.11 安装钻孔机前，应了解并掌握地上、地下障碍物情况。

10.9.12 轮盘钻孔机安装时，钻机钻架基础应夯实、整平；轮胎式钻机的钻架下应铺设枕木，垫起轮胎，钻机垫起后应保持整机处于水平位置。

10.9.13 轮盘钻孔机提钻、下钻时，钻机下和井孔周围 2m 以内及高压胶管下，不得站人。

10.9.14 钻孔作业，当发生卡钻、摇晃、移动、偏斜或异响等不正常情况时，应停机检查，排除故障。钻机运转时，电缆线应有专人看护。防止电缆线被缠入钻杆。

10.9.15 全套管钻机在作业过程中，当发现主机在地面及液压支撑处下沉时，应停机处理。

Ⅲ 水工机械

10.9.16 离心水泵运转时，人员不得从设备上跨越。离心水泵升降吸水管时，应在有护栏的平台上操作。

10.9.17 潜水泵放入水中或提出水面时，应先切断电源，严禁拉拽电缆或出水管。

10.9.18 潜水泵工作时，30m 以内水域，不得有人、畜进入。

10.9.19 定期测定潜水泵电动机定子绕组的绝缘电阻，其值应无下降。

10.10 混凝土机械

Ⅰ 混凝土搅拌机

10.10.1 固定式搅拌机应安装在牢固的台座上，当长期固定时，应埋置地脚螺栓。在短期使用时，应在机座上铺设木枕并找平放稳。

10.10.2 移动式搅拌机的停放位置应选择平整坚实

的场地，周围应有排水沟渠。就位后，应放下支腿将机架顶起达到水平位置，使轮胎离地，并用枕木将机架垫平垫稳。

10.10.3 当人员需进入筒内作业时，必须切断电源或卸下熔断器，锁好开关箱，挂上“禁止合闸”标牌，并应有专人在外监护。

10.10.4 搅拌机作业中，当料斗升起时，任何人不得在料斗下停留或通过。当需在料斗下检修或清理料坑时，应将料斗提升后，插上安全插销或挂上保险链。

10.10.5 搅拌机在场内移动或远距离运输时，应将进料斗提升到上止点，用保险链或插销锁住。

10.10.6 搅拌机停用时，升起的料斗应插上安全插销或挂上保险链。

Ⅱ 混凝土泵

10.10.7 混凝土泵的使用应符合下列规定：

1 疏通管道不得用泵强行打通，应将泵反转卸压、切断电源后清理。

2 用吹出法清除残渣时，吹出口对面不得有人。

10.10.8 开泵前，无关人员应离开管道周围。泵机运转时，不得将手或工具伸入料斗中。

10.10.9 作业中，不得调整、修理正在运转的部件。需在料斗或分配阀上工作时，应先关闭电动机和消除蓄能器压力。

Ⅲ 混凝土喷射机

10.10.10 作业前应对下列项目检查确认：

1 管道连接处应紧固密封。

2 电源线无破裂现象，接线牢靠。

3 各部密封件密封良好，对橡胶结合板和旋转板无明显沟槽。

4 根据输送距离，调整上限压力的限值。

5 喷枪水环（包括双水环）的孔眼畅通。

10.10.11 机械操作和喷射操作人员应有联系信号，送风、加料、停料、停风以及发生堵塞时，应密切配合，协调作业。

10.10.12 在喷嘴前方严禁站人，操作人员应始终站在已喷射过的混凝土支护面以内。

10.10.13 发生堵管时，应先停止喂料，对堵塞部位进行敲击，迫使物料松散，然后用压缩空气吹通。此时，操作人员应紧握喷嘴，严禁甩动管道伤人。当管道中有压力时，不得拆卸管接头。

Ⅳ 混凝土振动机械

10.10.14 振动机械的电缆线应满足操作所需的长度，且不得拉紧。严禁用电缆线拖拉或吊挂振动器。

10.10.15 插入式振动器作业时，振动棒软管不得多于2个弯，不得用外力硬插或斜推，振动棒插入深度不宜超过棒长的3/4。插入式振动器作业停止时，应先关闭电动机，再切断电源，不得用软管拖拉电动机。

10.10.16 使用附着式、平板式振动器作业时，不得在初凝的混凝土或干硬地面上进行试振。在同一模板上使用多台附着式振动器同时作业时，各振动器的频率应相同。

10.11 钢筋加工机械

10.11.1 钢筋加工机械作业前，应对下列项目进行检查确认：

1 调直机料架、料槽应平直，导向筒、调直筒和下切刀孔应同心。

2 切断机接送料的工作台面应和切刀下部保持水平，工作台的长度应根据加工材料长度确定。

3 弯曲机芯轴、挡铁轴、转盘等无裂纹和损伤，防护罩完好。

4 冷拉机冷拉夹具，夹齿应完好；滑轮、拖拉小车应润滑灵活；拉钩、地锚及防护装置均应齐全牢固。

5 当机械运转出现异常时，应停机检修。

10.11.2 在调直块未固定、防护罩未盖好前不得送料。作业中不得打开各部防护罩。当钢筋送入后，手与曳轮应保持一定的距离。不得剪切直径及强度超过机械铭牌规定的钢筋。一次切断多根钢筋时，其总截面积应在规定范围内。

10.11.3 切断机运转中，不得用手直接清除切刀附近的断头和杂物。钢筋摆动周围和切刀周围，不得停留非操作人员。

切断短料时，手和切刀之间的距离不应小于150mm以上，手握端小于400mm时，应采用套管或夹具将钢筋压住或夹牢。

10.11.4 弯曲机挡铁轴的直径和强度不得小于被弯钢筋的直径和强度。不规则的钢筋，不得在弯曲机上弯曲。作业中，不得更换轴芯、销子和变换角度以及调速。

10.11.5 弯曲钢筋时确认机身固定销安放在挡住钢筋的一侧。在弯曲钢筋的作业半径内和机身不设固定销的一侧不得站人。转盘换向时，应待停稳后进行。

10.11.6 冷拉机的卷扬钢丝绳的走向应与被拉钢筋延伸方向成直角。卷扬机的位置应使操作人员能见到全部冷拉场地，卷扬机与冷拉中线距离不得少于5m。

10.11.7 卷扬机操作人员应听从指挥人员信号。冷拉应缓慢、匀速。控制延伸率的装置应装设明显的限位标志。冷拉场地应在地锚外侧设置警戒区，并应安装防护栏及警告标志。操作人员在作业时应离开钢筋2m以外。

10.12 木工机械

10.12.1 木工机械均应设置制动装置、安全防护装置、吸尘装置和排屑通道，并配置消防器材。

10.12.2 带锯机作业时，应观察运转中的锯条，锯条前后窜动，发出异常现象时，应立即停车。

10.12.3 带锯机操作时，手和锯条的距离不得小于500mm，且不许将手伸过锯条；纵锯、圆锯等操作时，手和锯片的距离不得小于300mm。

10.12.4 操作锯片类机械时，人应站在锯片的侧面。

10.12.5 带锯机作业时，不得调整导轨；锯条运转中，不得调整锯卡。

10.12.6 锯、刨、铣等机械作业清理工作台时，应停机。

10.13 装饰机械

Ⅰ 高压无气喷涂机

10.13.1 喷涂燃点在21℃以下的易燃涂料时，应做好接好地线保护，应有防火措施。

10.13.2 作业时，不得用手指试高压射流，喷嘴不得指向人员。喷涂间歇时，应关闭喷枪安全装置。

10.13.3 高压软管的弯曲半径不得小于250mm。作业中，当停歇时间较长时，应停机卸压。

10.13.4 作业后，应清洗喷枪。不得将溶剂喷回小口径的溶剂桶内，并应防止产生静电火花。

Ⅱ 水磨石机

10.13.5 作业前，应检查各连接紧固件，用木槌轻击磨石发出无裂纹的清脆声音时，方可作业。

10.13.6 电缆线应离地架设，不得放在地面上拖动。电缆线应无破损，保护接地良好。

10.13.7 作业中，当磨盘跳动或有异常响声，应停机检修。停机时，应先提升磨盘后关机。

Ⅲ 混凝土切割机

10.13.8 操作人员应双手按紧工件，均匀送料，在推进切割机时，不得用力过猛。操作时不得戴手套。

10.13.9 切割厚度应按机械出厂铭牌规定进行，不得超厚切割。

10.13.10 加工件送到锯片相距300mm处或切割小块料时，应使用专用工具送料，不得直接用手推料。

10.13.11 作业中，当工件发生冲击、跳动及异常声响时，应停机检查。

10.13.12 不得在运转中检查、维修各部件。锯台上和构件锯缝中的碎屑应采用专用工具及时清除，不得用手捡拾或抹试。

Ⅳ 灰浆搅拌机

10.13.13 固定式搅拌机应有牢固的基础，移动式搅拌机应采用方木或支撑架固定，并保持水平。

10.13.14 运转中，严禁用手或木棒等伸入搅拌筒内或在筒口清理灰浆。

10.13.15 作业中发生故障不能继续搅拌时，应立即关闭电源并将筒内灰浆倒出，排除故障后方可重新使用。

10.13.16 固定式搅拌机料斗提升时，料斗下不得有人。

本规范用词说明

1 为便于在执行本规范条文时区别对待，对要求严格程度不同的用词说明如下：

1）表示很严格，非这样做不可的用词：
正面词采用“必须”，反面词采用“严禁”。

2）表示严格，在正常情况下均应这样做的用词：
正面词采用“应”，反面词采用“不应”或“不得”。

3）表示允许稍有选择，在条件许可时首先应这样做的用词：
正面词采用“宜”，反面词采用“不宜”；
表示有选择，在一定条件下可以这样做的用词，采用“可”。

2 本规范中指明应按其他有关标准、规范执行的写法为“应符合……的规定”或“应按……执行”。

中华人民共和国国家标准

石油化工建设工程施工安全技术规范

GB 50484—2008

条 文 说 明

目　次

2　术语 ……………………………… 1—64—37
3　通用规定 ………………………… 1—64—37
3.1　现场管理 ……………………… 1—64—37
3.2　施工环境保护 ………………… 1—64—37
3.3　施工用火作业 ………………… 1—64—37
3.4　受限空间作业 ………………… 1—64—38
3.5　高处作业 ……………………… 1—64—38
3.6　焊割作业 ……………………… 1—64—39
3.8　酸碱作业 ……………………… 1—64—38
4　临时用电 ………………………… 1—64—38
4.1　用电管理 ……………………… 1—64—38
4.2　变配电及自备电源 …………… 1—64—40
4.3　配电线路 ……………………… 1—64—41
4.4　配电箱和开关箱 ……………… 1—64—41
4.5　接地与接零 …………………… 1—64—43
4.6　照明用电 ……………………… 1—64—44
5　起重作业 ………………………… 1—64—45
5.1　一般规定 ……………………… 1—64—45
5.2　吊车作业 ……………………… 1—64—45
5.3　卷扬机作业 …………………… 1—64—45
5.4　起重机索具 …………………… 1—64—46
5.5　塔式起重机吊装作业 ………… 1—64—46
5.6　使用吊篮作业 ………………… 1—64—46
6　脚手架作业 ……………………… 1—64—46
6.1　一般规定 ……………………… 1—64—46
6.2　脚手架用料 …………………… 1—64—46
6.3　搭设、使用、拆除 …………… 1—64—46
7　土建作业 ………………………… 1—64—46
7.1　土石方作业 …………………… 1—64—46
7.2　桩基作业 ……………………… 1—64—47
7.3　强夯作业 ……………………… 1—64—47
7.4　沉井作业 ……………………… 1—64—47
7.5　砌筑作业 ……………………… 1—64—47
7.6　钢筋作业 ……………………… 1—64—47
7.7　混凝土作业 …………………… 1—64—47
7.8　模板作业 ……………………… 1—64—47
7.9　滑模作业 ……………………… 1—64—47
7.10　防水、防腐作业 ……………… 1—64—47
8　安装作业 ………………………… 1—64—48
8.1　金属结构的制作安装 ………… 1—64—48
8.4　管道安装 ……………………… 1—64—48
8.5　电气作业 ……………………… 1—64—48
8.6　仪表作业 ……………………… 1—64—48
8.7　涂装作业 ……………………… 1—64—48
8.8　隔热作业 ……………………… 1—64—48
8.9　耐压试验 ……………………… 1—64—48
9　施工检测 ………………………… 1—64—48
9.1　一般规定 ……………………… 1—64—48
9.2　施工测量 ……………………… 1—64—49
9.3　成分分析 ……………………… 1—64—49
9.4　物理试验 ……………………… 1—64—49
9.5　无损检测 ……………………… 1—64—49
10　施工机械使用 …………………… 1—64—52
10.1　一般规定 ……………………… 1—64—52
10.3　起重吊装机械 ………………… 1—64—52
10.4　铆、管机械 …………………… 1—64—52
10.8　运输机械 ……………………… 1—64—52
10.10　混凝土机械 ………………… 1—64—52
10.11　钢筋加工机械 ……………… 1—64—52
10.13　装饰机械 …………………… 1—64—52

2 术　　语

2.0.4～2.0.9　6个术语都是从石油化工建设工程临时用电的角度赋予其特定含义的。

2.0.10、2.0.11　根据《最高人民法院关于审理触电人员损害赔偿案件若干问题的解释》（2000年11月13日由最高人民法院审判委员会第1137次会议通过）规定对高压电的定义，电压等级在1kV及以上者为高压，电压等级在1kV以下者为低压。

3 通用规定

3.1 现场管理

3.1.2　《安全生产许可证条例》第二条中规定，企业未取得安全生产许可证的，不得从事生产活动；《中华人民共和国安全生产法》第二十三条明确规定：生产经营单位的特种作业人员必须按照国家有关规定经专门的安全作业培训，取得特种作业操作资格证书，方可上岗作业。

3.1.3　石油化工建设工程项目各单位主要负责人，主要是指建设单位、设计单位、监理单位、施工单位主管施工项目的项目经理、副经理、总工程师或负责该项工程的负责人。

3.1.4　安全生产保证体系主要是指安全生产管理机构及人员、相关人员的安全生产责任制、职工的教育培训、安全投入、工程项目的危害辨识、风险评价与控制、安全检查与隐患治理、事故的应急救援、事故处理等。

3.1.6　工程项目制订的安全生产事故应急救援预案，必须组织演练，并针对演练过程中出现的问题对应急救援预案进行修订。

3.1.7　根据《中华人民共和国安全生产法》第四十九条的规定，为加强施工人员劳动保护制定本条。

3.1.8　施工现场通道必须按照交通管理部门相关要求设置安全警示标志，对车辆的行驶速度等相关要求作出明显的标志和规定。

3.1.10　所有进入施工现场的机具、设备和车辆，施工单位应建立健全相应的管理制度，加强对机具、设备和车辆的管理，确保机具、设备和车辆符合项目施工安全管理的要求。

3.2 施工环境保护

Ⅱ 防大气污染

3.2.5　涂装前处理除锈严格限制使用干喷砂，应优先选用抛丸和喷丸等工艺，实现除锈过程密闭化。

3.2.6　根据现行国家标准《大气污染物综合排放标准》GB 16297第1.2.1条规定，在我国现有的国家大气污染物排放标准体系中，应按照综合性排放标准与行业性排放标准不交叉执行的原则，锅炉执行现行国家标准《锅炉大气污染物排放标准》GB 13271。

3.2.8　现场焚烧各类废弃物后产生的烟尘、有毒有害气体等会造成对环境的污染。

Ⅳ 防施工噪声污染

3.2.12　根据《中华人民共和国环境保护法》、《中华人民共和国固体废物污染环境防治法》等的相关规定，有害、有毒废弃物必须采取有效措施，妥善处置，防止直接回填或掩埋造成水土污染以及对人的危害。

3.2.15　现行国家标准《建筑施工场界噪声限值》GB 12523中规定，不同施工阶段作业噪声限值应符合表1的规定。

表1　等效声级 L_{eq} [dB (A)]

施工阶段	主要噪声源	噪声限值	
		昼间	夜间
土石方	推土机、挖掘机、装载机等	75	55
打桩	各种打桩机等	85	禁止施工
结构	混凝土搅拌机、振捣棒、电锯等	70	55
装修	吊车、升降机等	65	55

注：1　表中所列限制是指与敏感区域相应的建筑施工场地边界线处的限制。
　　2　如有几个施工阶段同时进行，以高噪声阶段的限制为准。

3.2.25　《放射性同位素与射线装置安全和防护条例》第二十八条规定“生产、销售、使用放射性同位素和射线装置的单位，应当对直接从事生产、销售、使用活动的工作人员进行安全和防护知识教育培训，并进行考核；考核不合格的，不得上岗。”第二十九条规定“生产、销售、使用放射性同位素和射线装置的单位，应当严格按照国家关于个人剂量监测和健康管理的规定，对直接从事生产、销售、使用活动的工作人员进行个人剂量监测和职业健康检查，建立个人剂量档案和职业健康监护档案。”

3.2.26　《放射性同位素与射线装置安全和防护条例》第三十四条规定“生产、销售、使用、贮存放射性同位素和射线装置的场所，应当按照国家有关规定设置明显的放射性标志，其入口处应当按照国家有关安全和防护标准的要求，设置安全和防护设施以及必要的防护安全联锁、报警装置或者工作信号。射线装置的生产调试和使用场所，应当具有防止误操作、防止工作人员和公众受到意外照射的安全措施。”

3.3 施工用火作业

Ⅰ 一般规定

3.3.5　主要是指改、扩建工程，在装置检修时，距离不能满足相关规范的要求时，应设置防火墙或局部防火等措施，并经相关部门确认后方可用火。

Ⅱ 固定用火区作业

3.3.8 固定用火区虽然由施工单位负责日常管理，但必须接受固定用火区域所属单位的监督、检查。

Ⅲ 高处用火

3.3.10 施工期间施工单位必须加强高处作业用火的管理，并对其下方的可燃物、机械设备、电缆、气瓶等采取可靠的防火花安全防护措施。

3.3.11 下方进行防腐作业时，应禁止高处用火作业。

3.4 受限空间作业

3.4.4 进入带有转动部件的设备作业时，防止意外起动，造成人员伤亡事故。

3.5 高处作业

Ⅰ 一般规定

3.5.7 高处铺设钢格板时，必须边铺设边固定，在未固定的钢格板上作业时，极易造成人员和钢格板滑落，造成事故。

3.6 焊割作业

Ⅱ 气 瓶

3.6.11 针对气刨作业时噪音很大，在容器内作业噪音不易发散，还会形成很大回声，应加强作业人员劳动保护。

3.6.15 乙炔气瓶与氧气瓶内的气体容易挥发，如果靠近火源或在烈日下曝晒，加快气体的挥发，导致压力过高，容易发生事故。

3.6.17 瓶内气体应留有剩余压力，其目的是防止其他气体进入氧气瓶与氧气发生爆炸。

3.6.19 乙炔气瓶内部充有丙酮，如果卧放会导致丙酮流出气瓶，减少了瓶内的丙酮，容易导致乙炔气瓶发生爆炸。

3.8 酸碱作业

3.8.5 由于酸碱及其溶液一旦与有机物、氧化剂和脱脂剂等接触，极易发生化学反应，造成意外事故。

4 临时用电

4.1 用电管理

Ⅰ 一般规定

4.1.1 本条符合现行国家标准《用电安全导则》GB/T 13869的要求。施工现场临时用电系统运行前，用电单位应建立用电管理体系，明确管理部门和各类用电人员的职责及管理范围，并根据用电情况，制定用电设施使用和维修的管理制度及安全操作规程，定期对电工和用电人员进行安全用电教育培训和书面技术交底，使有关管理人员和用电人员掌握安全用电基本知识和所用电气设备的性能。

4.1.2 本条符合国家现行标准《民用建筑电气设计规范》JGJ/T 16的原则。由于石油化工建设工程施工用电规模大的特点，施工现场宜实行电源侧配电柜、室外总配电箱、分配电箱、开关箱四级配电装置，用电设备可由第三级的分配电箱或第四级的开关箱供电。

4.1.3 本条符合现行国家标准《用电安全导则》GB/T 13869、现行行业规定《关于特种作业人员安全技术培训考核工作的意见》（国家安全生产监督管理局安监管人字〔2002〕124号文）和《电工进网作业许可证管理办法》（国家电力监管委员会15号令）的要求。电工属于特种作业人员，“特种作业操作证”是指符合《关于特种作业人员安全技术培训考核工作的意见》的规定，经安全技术考核合格得到的允许从事特种作业的上岗证，其考核、发证工作由省级安全生产综合管理部门或其授权的单位负责。电工还必须按照《电工进网作业许可证管理办法》的规定，取得电工进网作业许可证并注册，方可从事进网电气安装、试验、检修、运行等作业，电工进网作业许可证分为低压、高压、特种三个类别，是一种职业资格证书。持证上岗有利于加强对电工作业的安全管理，提高电工作业人员的整体素质。

4.1.4 临时用电方案包括临时用电施工组织设计和临时用电施工技术措施，石油化工建设工程临时用电范围及用电量的规模一般都较大，工程承包单位均应编制临时用电组织设计，临时用电组织设计应包括下列内容：

1. 现场查看；
2. 现场用电负荷统计和用电设备平面位置规划；
3. 用电负荷计算；
4. 选择变压器、电缆、配电箱；
5. 配线和接线方式选择；
6. 技术要求；
7. 安全措施；
8. 临时用电系统图和平面布置图。

对于用电规模较小的工程分包单位，可编制临时用电施工技术措施，但至少应包括安全用电措施和电气防火措施。临时用电方案应经工程承包单位的技术负责人批准，并经工程监理单位审批，工程所在地安全质量监督部门另有要求时，应予执行。临时变配电装置的位置和电源变压器低压侧中心点的运行方式应符合当地供电部门的有关规定。

4.1.5 本条符合现行国家标准《用电安全导则》GB/T 13869和国家现行标准《电业建设安全工作规

程（变电所部分）》DL 5009.3 的要求。临时用电工程验收的重点，一方面是安装工程的施工质量；另一方面是验收要依据临时用电施工组织设计，防止随意变更施工方案的现象发生。

4.1.6 本条符合现行国家标准《用电安全导则》GB/T 13869 和国家现行标准《电业建设安全工作规程（变电所部分）》DL 5009.3 的要求。目的是为了保证临时用电工程的质量，同时避免非电工人员从事电工作业可能造成的伤害，同时，绝缘用品在电气作业中起着保护人身安全、防止意外触电的重要作用，对电气绝缘用品的定期检查与试验，是防止触电发生的重要手段和措施，可按国家电力公司《电力安全工器具预防性试验规程》（试行）执行。

4.1.7 建立临时安全用电档案，有利于加强临时用电的科学管理，也有利于分析事故发生的原因。安全用电档案包括下列内容：

1. 临时用电设备进场前检查资料；
2. 临时用电组织设计及修改的技术资料；
3. 临时用电组织设计交底资料；
4. 临时用电工程检查验收资料；
5. 电气设备维修试验记录；
6. 接地电阻、绝缘电阻和漏电保护器动作测定记录；
7. 电工日常巡检工作记录；
8. 管理部门定期检查工作记录。

4.1.8 本条符合现行国家标准《用电安全导则》GB/T 13869 的规定。带电扑救电气火灾，容易引起二次触电事故。

Ⅱ 临时用电设备

4.1.9 本条符合现行国家标准《用电安全导则》GB/T 13869 的要求。用电设备的完好状态是施工现场临时用电工程可靠运行的重要基础之一。检查合格的设备加以标识便于有关人员监督管理。

4.1.10 本条符合现行国家标准《爆炸和火灾危险环境电力装置设计规范》GB 50058 规定。在坑、井、沟、渠及金属容器内等场所作业时，有时会有可燃气体，如沼气（甲烷）、油漆中挥发的有机物、泄漏的氧气、乙炔气等存在，遇火易发生爆炸，为防止设备启动及运行时产生火花造成危险品爆炸，因此在有爆炸危险的场所必须使用防爆型的电气设备。

4.1.11 本条符合现行国家标准《用电安全导则》GB/T 13869 的要求。用电设备绝缘电阻为施工人员提供了基本的直接接触防护，考虑在施工现场易受风沙、雨雪、日晒、腐蚀及意外机械损伤，从而发生绝缘损伤，引起触电事故，作出了定期测试绝缘电阻的规定。

4.1.12 本条符合现行国家标准《用电安全导则》GB/T 13869 的规定。电源侧配电柜、室外总配电箱、分配电箱、开关箱各级电箱中均必须装设漏电保护器，以确保每台用电设备，不管是由第三级分配电箱还是由第四级开关箱供电，甚至必须由室外总配电箱供电的热处理机等大功率设备，都能得到二级或二级以上漏电保护，这提高了施工现场漏电保护系统的可靠性，保障了施工现场用电安全。同时，也有利于在配电系统发生故障时减少停电范围。

漏电开关跳闸，证明有漏电现象存在或漏电开关本身有故障，这种情况下将漏电开关退出运行，曾经因此发生过许多触电事故。运行中发现漏电开关跳闸，应检查该漏电开关所保护的线路或设备的绝缘情况，在确认排除故障后才允许再合闸送电。

4.1.13 施工用电设备虽有一定的防雨、防尘能力，但在恶劣天气条件下，其绝缘性能有可能下降，因此应加强检查。

4.1.14 由于电能在一瞬间危害人的生命，具有“看不见”的特性，在未通过验电来验证是否确实无电前，应作为有电对待。

4.1.15 施工现场不推荐带电作业。悬挂警示牌可以提醒有关人员及时纠正将要进行的错误操作，以防错误地向有人作业的电气设备合闸送电。

4.1.16 本条符合现行国家标准《用电安全导则》GB/T 13869 的规定。电气设备搬迁时若不断电，可能因设备倾倒或导线拉脱造成触电；拆除时若不将电源线可靠绝缘包扎，外露可导电部分可能带电伤人。

4.1.17 本条符合现行国家标准《用电安全导则》GB/T 13869 的规定。施工现场临时用电是经过规划的，非规划接入设备，容易引起局部线路超负荷或因不规范接线留下触电事故隐患。

Ⅲ 用电环境

4.1.18 施工设施周边的带电体包括外电架空线路和室外变压器等，考虑到作业特点（施工现场搭拆脚手架、搬运钢筋、移动高大设备等作业时，因材料较长且重，不易掌握平稳，容易顾此失彼，误触带电体）和非电力专业作业人员素质的区别，本条规定比国家现行标准《电业建设安全工作规程（架空电力线路部分）》DL 5009.2 要求偏严是合理的。

4.1.19 防护设施与带电体的最小安全距离采用国家现行标准《电业建设安全工作规程（架空电力线路部分）》DL 5009.2 关于高空作业中作业人员与带电体的最小安全距离，要求偏严是考虑到非电力专业作业人员的素质区别。

4.1.20 由于微电子设备、钢筋水泥高层建筑大量增多和全球气候变暖等因素，我国部分地区雷击概率明显加大，当地气象主管部门公布的年平均雷暴日数比若干年前的有关规范数据上升幅度较大。例如：2004 年上海市气象部门提供的资料显示，上海地区年平均雷暴日已达 49.9d，而 1992 年有关规范收集的资料仅为30.1d。因此，地区年平均雷暴日数应按气象主管部门公布的当地年平均雷暴日数为准。施工现场施工设施（包括各种施工机械设备和建筑物）是按照现行国家标准《建筑物防雷设计规范》GB 50057 中第三类工业建筑物的防雷规定来设置防直击雷装置的。按照现行国家标准《建筑物防雷设计规范》GB 50057，对避雷针或避雷线的保护范围采用“滚球法”确定，不用过去的“折线法”。

4.1.21 建筑物遭受雷击次数的多少，不仅与当地的雷电活动频繁程度有关，而且还与建筑物所在环境、建筑物本身的结构、特征有关，首先是建筑物的高度和孤立程度，其中，旷野中孤立的建筑物虽然高度不一定很高，但很容易遭受雷击，故本条规定了孤立的施工设施需做防雷保护的要求，这也是现行国家标准《建筑物防雷设计规范》GB 50057 的要求。

4.1.22 本条符合现行国家标准《建筑物防雷设计规范》GB 50057 的规定，施工设施或结构的金属体截面积完全足以导引最大的雷电流，其本身的连接通常采用螺栓，只要保证紧固连接，作为第三类工业建筑物的防雷已足够。单个脚手架扣件螺栓的电气通路不一定得到保证，作为防雷引下线与接地装置的连接点，应接在专门接地螺栓上。

4.1.23 由于强大的雷电流泄放入地时，土壤实际上已被击穿并产生火花，相当于使接地电阻截面增大，使散流电阻显著降低，因此，冲击接地电阻一般是小于工频接地电阻的，只要重复接地电阻符合要求，也可满足防雷接地的需要。作为第三类工业建筑物的防直击雷保护，接地装置宜和电气装置等其他接地装置共用，本条符合现行国家标准《建筑物防雷设计规范》GB 50057 的规定。

4.2 变配电及自备电源

Ⅰ 临时用电变压器

4.2.1 本条针对现场临时用电设备的性质，参考国家现行标准《农村低压电力技术规程》DL/T 499，结合目前石油化工建设工程规模大、一般实行放射形供电特点，提出施工变压器供电半径不宜大于 500m。

4.2.2 部分施工现场仍在采用露天或半露天变电所实现变配电，本条规定了有关防护设施的要求，目的是为了人身和设备的安全，符合国家现行标准《电业建设安全工作规程（火力发电厂部分）》DL 5009.1 规定。

4.2.3 本条符合现行国家标准《建设工程施工现场供用电安全规范》GB 50194 和《10kV 及以下变电所设计规范》GB 50053 规定的原则。变压器作为可靠的供电元件，作为临时用电使用时，采用高压跌落式熔断器保护变压器本身过负荷或短路故障可满足需要。由于施工变压器与配电室或配电柜距离一般很近，且配电柜上已装设短路和过载保护电器，因此变压器低压侧可不再装设低压熔断器。

4.2.5 不同电源的变压器引出的配电线路并列运行，将造成不同电源的并列运行，会改变电网的运行方式，因此是不允许的。

Ⅱ 配 电 室

4.2.6 配电室应靠近电源，即变压器，这样从变压器到低压柜的一段线路很短，可以把它们看成一个电源点，TN-S 系统的 N 线和 PE 线分开可以从低压柜电源侧零线处引出。采用自然通风可以带走配电装置运行时产生的热量和潮气，但同时应防止水、雨、雪侵入和小动物进入造成电气设备短路事故。

4.2.7 与正式变电所的设备高低布置正好相反，施工变压器低压桩头位置一般比施工用配电室低压引入口要高，雨水易沿低压引下线进入配电室，因此应在室外做防水弯。

4.2.8 本条符合现行国家标准《低压配电设计规范》GB 50054 的规定，满足设备和配电线路检修需要，同时满足防人身间接触电保护需要。

4.2.9 本条符合现行国家标准《10kV 及以下变电所设计规范》GB 50053 的规定，可以及时扑灭配电室火灾，减少火灾损失。门向外开启是为了当配电室发生事故时，室内人员能迅速脱离危险场所。

Ⅲ 箱式变电站

4.2.10 箱式变电站也称组合式变电站或预装式变电站，施工现场应用日渐广泛，使用前应有设备生产者或专业试验者提供的检验、试验记录。

4.2.11 箱式变电站采用电缆从底部进、出线，因此要求布置高度不低于 0.5m。

4.2.12 当高压侧任何一相失压时必须由保护机构断开高压电源，从而避免缺相运行，防止低压侧所接电气设备损坏。

Ⅳ 发电机组

4.2.13 本条符合国家现行标准《民用建筑电气设计规范》JGJ/T 16 的规定，与外电线路不得并列运行，第一，防止发电机组发生故障时，波及到外电线路，扩大了故障范围；第二，防止外电线路变压器高压侧拉闸断电、发电机组投入运行时，向变压器高压侧反馈送电造成危险；第三，因为自备发电机组电源与外电线路电源内阻抗一般是不匹配的，而且难于保持同期，为防止产生强烈的冲击电流和震荡现象，使发电机绕组和铁芯遭到破坏，也禁止自备发电机组与外电线路同时并联供电。

4.2.15 本条按照现行国家标准《系统接地的型式及安全技术要求》GB 14050，结合施工现场实际，规定了用自备发电机组供电时，现场临时用电系统接地的基本形式，同时强调了接地系统应独立设置，以防止零线不平衡电流对外电系统带来不利。

4.2.16 本条符合国家现行标准《民用建筑电气设计规范》JGJ/T 16 的规定，排烟管道若没有伸出室外，热风在机房内循环，将造成机房内温度严重升高，造成机组无法正常运行。为了防止发生火灾和爆炸事故，必须禁止在机房内存放储油桶。

4.3 配电线路

4.3.1 本条符合现行国家标准《66kV 及以下架空电力线路设计规范》GB 50061 的规定。施工现场人员多、高处作业频繁，如用裸露导线，容易造成触电或相间短路事故，故规定要使用绝缘线。为了防止架空线路发生绝缘损坏而使树木、脚手架带电，造成触电伤人事故，故规定架空导线应设在专用电杆上。

4.3.2 本条符合现行国家标准《66kV 及以下架空电力线路设计规范》GB 50061 和国家现行标准《10kV 及以下架空配电线路设计技术规程》DL/T 5220 的规定。施工现场有较多的车辆来往和人员活动，为防止出现外力破坏，按照区域划分的定义，参考交通管理部门对超高车辆的管理要求，规定跨越主要道路时架空线路离地面高度不应低于 6m。

4.3.3 本条符合现行国家标准《电力工程电缆设计规范》GB 50217 的原则。施工电缆包含全部工作芯线和保护芯线是确保施工现场 TN-S 接零保护系统可靠性的要求，这里工作芯线包括工作相线和工作零线，保护芯线就是保护零线。

对单相用电设备，需要一根工作相线、一根工作零线、一根保护零线，或者两根工作相线、一根保护零线，所以可用三芯电缆；对三相动力设备，需要三根工作相线和一根保护零线，所以可用四芯电缆；因此，三芯和四芯的电缆也可用在相适应的线路和设备上，不强求配电箱之间必须使用五芯电缆。对于三相四线制配电的电缆线路和动力、照明合一的配电箱，需要三根工作相线，一根工作零线，一根保护零线，其电缆线路或电源电缆应采用五芯电缆。

不允许使用四芯电缆外加一根导线代替五芯电缆，因为两者的绝缘程度、机械强度、抗腐蚀以及载流量都不匹配，不符合敷设要求。

按照 IEC 标准，配电系统有两种分类法：一种是按接地系统分类，分为 IT、TT、TN 等系统，另一种是按带电导体分类，分为单相两线系统、单相三线系统、两相三线系统、两相五线系统、三相三线系统、三相四线系统。由于习惯的影响，我国有些电气人员将 TN-S 系统中的三相系统称为三相五线制，严格地讲这种称呼是不规范的，按照 IEC 规定，交流的带电导体系统分类中没有三相五线系统。现行国家标准《低压配电设计规范》GB 50054 也规定 TN-C、TN-C-S、TN-S、TT 等接地型式的配电系统均属三相四线制，三相是指 L_1、L_2、L_3 三相，四线指通过正常工作电流的三根相线和一根 N 线，不包括不通过正常工作电流的 PE 线。

4.3.4 本条符合现行国家标准《电力工程电缆设计规范》GB 50217 的规定，由于施工现场车辆来往频繁，直接沿地面敷设的电缆线路很易被碾压导致机械损伤。

4.3.5 本条符合现行国家标准《建设工程施工现场供用电安全规范》GB 50194 的规定。电缆架空敷设的重点是要防范施工车辆的碾压和刮擦，避免遭受机械损伤，因此应沿道路路边、建筑物边缘或主结构架设。石油化工施工的主体构筑物（如各类塔器、加热炉、大型储罐、框架等）属于全金属结构的很多，这是石油化工工程有别于一般建筑工程的显著特点之一，部分结构高度已近百米，施工电缆不可避免要沿这类结构敷设，为防止电缆因机械损伤而导致金属结构带电，必须采取将电缆与金属结构绝缘隔离的额外措施。

4.3.6 本条符合现行国家标准《建设工程施工现场供用电安全规范》GB 50194 的规定。考虑到施工现场电缆埋地时间较短的因素，加上施工现场土方开挖采用挖掘机居多，电缆普通程度的埋深对电缆的防护不能起到明显的作用，低压电缆一般情况下埋在 300mm 以下即可，但供电可靠性要求高的高压电缆和易受机械损伤的电缆（如过路电缆），应埋在 700mm 以下。

4.3.8 本条符合现行国家标准《电力工程电缆设计规范》GB 50217 的规定。穿越道路加钢管保护是为了防止车辆通过时，压坏绝缘层发生短路事故。本条规定了保护管管径，有利于电缆穿设方便。

4.3.9 本条符合按照现行国家标准《用电安全导则》GB/T 13869。施工电缆全线必须有足够的绝缘强度，电缆接头设在地面上有利于防水和维修。

4.4 配电箱和开关箱

4.4.1 本条符合现行国家标准《低压配电设计规范》GB 50054 和《电力装置的电测量仪表装置设计规范》GBJ 63 的一般规定，结合施工现场临时用电工程对电源隔离以及短路、过载、漏电保护、计量功能的要求，对总配电箱的电器配置作出综合性规范化规定。施工现场除非单台用电设备功率超过了分配电箱的供电能力，否则不允许采用总配电箱直接为用电设备供电。

4.4.2 本条符合现行国家标准《低压配电设计规范》GB 50054 和《供配电系统设计规范》GB 50052 的规定。石油化工施工工程用电规模大，用电设备台数多，这是石油化工工程有别于一般建筑工程的显著特点之一，适当减少配电层次，可以降低串联元件过多带来的故障，提高供电的可靠性，可由分配电箱直接向有关用电设备供电，但必须严格执行“一机一闸”制，并选用与用电设备相匹配的漏电开关工作保护。

4.4.3 本条符合现行国家标准《低压配电设计规范》GB 50054 和《通用用电设备配电设计规范》GB 50055 的规定。手持式电动工具是指正常工作时要用手握住的电动工具；移动式设备是指工作时移动的设备，或在接有电源时能容易从一处移至另一处的设备；固定式设备是指牢固安装在支座（支架）上的设备，或用其他方式固定在一定位置上的设备；没有搬运把手且重量在18kg以上的设备，应归入固定式设备。手持式电动工具和移动式设备由于存在遭受电击时手掌紧握故障设备不能摆脱的问题，采用专用开关箱有利于紧急情况下切断电源。

4.4.4 施工现场一个开关带多个插座或电缆出线的接线极易造成误送电或误停电，引发安全事故。

4.4.5 本条是为了保证接线接触可靠，避免连接不良引起电气火灾作出的规定。

4.4.6 本条符合现行国家标准《低压配电设计规范》GB 50054的规定，这样可以在检修时使所在回路与带电部分隔离。

4.4.7 本条符合现行国家标准《系统接地的型式及安全技术要求》GB 14050的规定，N线和PE线在系统中性点分开后，不能有任何电气连接，这是TN-S系统成立的条件。在配电箱的N线和PE线端子板上，每个连接螺栓的保护零线或工作零线接线超过两根，可能会引起电气接触不良，严重时也会导致N线和PE线断线的情况。由于PE线是不接入任何保护电器和隔离电器的，采用专用端子板可以保证可靠的电气连接，也便于测试和检查。

4.4.8 本条主要是为了有利于保证安全照明，不至于因动力线路故障而影响照明的安全与可靠。

4.4.9 本条符合按照现行国家标准《用电安全导则》GB/T 13869的规定。本条规定了制作配电箱和开关箱的材质，要求其具备防火功能。配电箱和开关箱常在露天场所使用，应具备防雨功能，以免雨水进入箱体造成开关电器误动作或漏电伤人。

4.4.10 本条符合现行国家标准《电气设备安全设计导则》GB 4064及《低压配电设计规范》GB 50054的规定。配电箱必须有可靠的稳定性，不允许由于振动、大风或其他外界作用力而翻倒，安装不端正可能引起箱门等处进水、箱内开关电器达不到正常工作条件等情况。落地式配电箱底部的适当抬高是为了防止水进入配电箱内。

4.4.11 配电箱和开关箱的进、出线口设在箱体下方是为了防止雨、雪等随进、出线口进入箱内。进线和出线不得承受外力是为了防止导线受拉造成接头松动或脱落，造成设备停电或人员触电事故。

4.4.12 多回路的配电箱注明开关所控制的线路或设备名称，是确保准确拉合开关，防止误操作，确保用电安全的有效手段之一。

4.4.13 本条符合现行国家标准《低压配电设计规范》GB 50054的规定，漏电保护器的选用应根据配电系统的接地形式、线路供电方式、装设位置、工作环境以及电气设备使用特点等确定。漏电保护器的安装、接线、试验、使用，除必须符合现行国家标准《漏电保护器安装和运行》GB 13955外，还应符合产品技术文件的规定，才能有效防止电击事故和漏电引起的电气火灾。

4.4.14 本条符合现行国家标准《漏电保护器安装和运行》GB 13955的规定。本条给出了2极、3极和4极的漏电保护器分别用于单相设备、三相设备和线路保护时，在专用变压器供电的TN-S系统和外电线路供电的局部TN-S系统以及TT系统中的接线方法。漏电保护器接线同时应参考产品技术文件的要求。

4.4.15 本条符合现行国家标准《漏电保护器安装和运行》GB 13955、现行行业标准《民用建筑电气设计规范》JGJ/T 16以及《电流通过人体的效应　第一部分：常用部分》GB/T 13870.1的规定。作为具有直接接触电击补充防护功能的漏电保护器，动作电流不应超过30mA，此数据主要来源于现行国家标准《电流通过人体的效应　第一部分：常用部分》GB/T 13870.1中图1“15～100Hz正弦交流电的时间/电流效应区域的划分”规定的人体不致因发生心室纤维性颤动而电击致死的接触电流值；在潮湿、狭窄、有腐蚀介质场所，因人体阻抗下降，预期接触电压值按现行国家标准《电流通过人体的效应　第一部分：常用部分》GB/T 13870.1的规定要降低一半，因此漏电保护器额定漏电动作电流为15mA；作为末级的漏电保护器，应选择瞬动型的，即0.1s，有利于快速切除电源，也有利于上、下级漏电保护的配合。

4.4.16 本条符合现行国家标准《手持式电动工具的管理、使用、检查和维修安全技术规程》GB 3787和国家现行标准《民用建筑电气设计规范》JGJ/T 16的规定。手持式电动工具和移动式设备由于存在一段需经常移动位置可能引起绝缘破损的电缆，同时在遭受电击时手掌紧握故障设备不能摆脱，触电危险性比固定式设备要大，因此提出了较为严格的漏电保护要求。

4.4.17 本条符合现行国家标准《用电安全导则》GB/T 13869、现行国家标准《供配电系统设计规范》GB 50052和现行国家标准《低压配电设计规范》GB 50054的规定。分配电箱直接为用电设备供电时，配出回路的功能与开关箱是一样的，因此，其漏电保护器技术要求与开关箱一样，一般为30mA和0.1s；在潮湿、狭窄、有腐蚀介质场所，应为15mA和0.1s。为开关箱供电的分配电箱出线回路漏电保护器，额定漏电动作电流可选30～50mA，额定漏电动作时间可与开关箱一样选择快速型，即0.1s，由于分配电箱的出线回路与它的下一级的开关箱以及再下级的电气设备之间都没有其他分回路，不存在发生无选择性切断的问题。

4.4.18 本条符合现行国家标准《漏电保护器安装和运行》GB 13955、《剩余电流动作保护器的一般要求》GB 6829，以及《电流通过人体的效应　第一部分：

常用部分》GB/T 13870.1 的规定。总配电箱和分配电箱内的漏电保护器应具备分级保护功能，总配电箱漏电保护器应采用延时型的，主要作为分配电箱漏电保护器防间接电击和防接地电弧火灾的后备保护。本条安全界限值 30mA·s 的确定主要来源于现行国家标准《电流通过人体的效应　第一部分：常用部分》GB/T 13870.1 中图 1“15～100Hz 正弦交流电的时间/电流效应区域的划分”。

4.4.19　本条符合现行国家标准《漏电保护器安装和运行》GB 13955 和《供配电系统设计规范》GB 50052 的规定。作为安装在电源端的漏电保护器，其主要作用是减少接地故障引起的电气火灾危险，同时也用于兼作后备电击防护，可选用中等灵敏度的、额定漏电动作电流不大于 150mA 的延时型漏电保护器。

4.4.20　本条符合现行国家标准《用电安全导则》GB/T 13869 的规定。箱内配线系统绝缘良好，导线接头尤其是铝导线接头不松动，是配电箱和开关箱本身安全使用的关键。

4.4.21　本条符合现行国家标准《用电安全导则》GB/T 13869 的规定。随意加大熔断器或用熔点很高的铜丝、铁丝等金属丝代替熔断器，当线路发生短路或触电事故时，熔断器不能及时熔化，不能有效地切断故障电流或电压，使熔断器起不到应有的保护作用。

4.4.22　配电箱和开关箱都应有专人管理：总配电箱由专职电工负责归口管理，因操作任务少，平时应上锁；对分配电箱和开关箱，专职电工有维护管理责任，同时作为使用者的操作人员也具有管理责任；为了在出现电气故障的紧急情况下可以迅速切断电源，规定开关箱正常工作时不得上锁。

4.4.23　本条符合现行国家标准《用电安全导则》GB/T 13869。检查内容包括外观检查、试验装置检查、接线检查、信号指示及按钮位置检查。对于运行中的漏电保护器应在电源通电的状态下，不接负荷，按动漏电试验按钮试跳一次，检查漏电保护器的动作是否可靠。应注意操作试验按钮的时间不能太长，次数不能太多，以免烧坏内部元件。

4.4.24　本条符合现行国家标准《用电安全导则》GB/T 13869 的规定。配电箱等电气设备正常工作时不一定有明显的机械响声，应在显著位置设置通、断电标识。在较长时间停止作业时，应将有关配电箱、开关箱断电上锁，以防止设备被误启动。

4.4.25　本条是为了保障箱内的开关电器能够安全、可靠地运行，也防止带电的箱内可导电部分对误接触者造成电击伤害。

4.5　接地与接零

4.5.1　本条按照现行国家标准《系统接地的型式及安全技术要求》GB 14050 的规定，结合施工现场实际，规定了适合于施工现场临时用电工程系统接地的基本型式，强调采用 TN-S 接零保护系统，突出了 TN-S 系统的最大特点：整个系统中的工作零线和保护零线是分开的。中性点是指三相电源作 Y 连接时的公共连接端，零线是指由中性点引出的导线。工作零线是指中性点接地时，由中性点引出，并作为电源线的导线，工作时提供电流通路。保护零线是指中性点接地时，由中性点或零线引出，不作为电源线，仅用作连接电气设备外露可导电部分的导线，工作时提供漏电电流或短路电流通路。

4.5.2　本条符合现行国家标准《系统接地的型式及安全技术要求》GB 14050 的规定。电气设备金属外壳与保护零线连接是 TN-S 接零保护系统的构成要件之一，由于保护零线平时不带电位，因此电气设备的外壳也不带对地电压；此外，故障时易切断电源，比较安全。TN-S 接零保护系统中的工作零线与保护零线在工作接地点分开后，不能再有任何电气连接，这一条件一旦破坏，TN-S 接零保护系统便不复成立。因为从变压器工作接地点到配电柜电源侧零线的一段线路很短，可以把它们看成一个电源点，由此引出保护零线。

4.5.3　本条符合国家现行标准《民用建筑电气设计规范》JGJ/T 16 的规定。当施工现场没有独立的变压器，直接采用电业部门低压侧供电时，其保护方式要按当地电业部门规定。不允许在同一个电网内一部分用电设备采用保护接地，而另一部分采用保护接零。这是因为采用保护接地的设备发生漏电碰壳时，将会导致采用保护接零的设备外壳同时带有危险电压。

4.5.4　本条符合国家现行标准《民用建筑电气设计规范》JGJ/T 16 的规定。在缺乏外电线路的地区或作为自备应急电源使用时，专用发电机强调采用 TN-S 接零保护系统。

4.5.5　本条符合现行国家标准《系统接地的形式及安全技术要求》GB 14050 的规定。工作零线和保护零线若做电气连接，将改变保护系统性质，使 TN-S 系统变成 TN-C 系统，增大了用电的危险性，同时漏电保护器将引起误动作。

4.5.6　本条符合国家现行标准《民用建筑电气设计规范》JGJ/T 16 的规定。电源中性点的直接接地，能在运行中维持三相系统中相线对地电位不变，保证电力系统和电气设备可靠地运行，也可降低人体的接触电压，迅速切断故障设备。

4.5.7　本条是根据现行国家标准《系统接地的型式及安全技术要求》GB 14050、《建设工程施工现场供用电安全规范》GB 50194 和国家现行标准《民用建筑电气设计规范》JGJ/T 16 规定的原则，对 TN 系统保护零线接地要求作出的规定。配电系统的始端、中间和末端处做重复接地指的是在配电柜、总配电箱、分配电箱和架空线路的终端等处应做重复接地。对TN系统保护零线重复接地和接地电阻值的规定是考虑到一旦保护零线在某处断线，而其后的电气设备相导体与保护导体（或设备外露可导电部分）又发生短路或漏电时，降低保护导体对地电压并保证系统所设的保护电器可在规定时间内切断电源，符合下列公式关系：

$$Z_s \cdot I_a \leqslant U_0 \quad (1)$$

$$Z_s \cdot I_{\Delta n} \leqslant U_0 \quad (2)$$

式中 Z_s——故障回路的阻抗（Ω）；

I_a——短路保护电器的短路整定电流（A）；

$I_{\Delta n}$——漏电保护器的额定漏电动作电流（A）；

U_0——故障回路电源电压（V）。

由于短路电流和漏电电流差距很大，在采用了漏电保护以后，TN系统保护动作的灵敏性得到了很大的提高。

工作零线做了重复接地，原TN-S系统就被改变为TN-C系统，漏电保护装置将发生误动作或拒绝动作。

4.5.8 本条是根据现行国家标准《建设工程施工现场供用电安全规范》GB 50194的要求，对塔吊、龙门吊、电梯等高大施工设备，以及安全规程提出要求的施工设备，作出保护零线应做重复接地的规定。

4.5.9 本条符合现行国家标准《系统接地的型式及安全技术要求》GB 14050和《电气装置安装工程接地装置施工及验收规范》GB 50169关于电气设备接零保护的规定。现场应做接零保护的电气设备及设施的外露可导电部分，应全部做到保护接零；保护接零的截面、敷设做法、连接方法、标志颜色、保护措施等应符合本规范要求，确保其电气连接可靠。

4.5.10 本条符合现行国家标准《系统接地的型式及安全技术要求》GB 14050和现行行业标准《民用建筑电气设计规范》JGJ/T 16关于等电位联结规定的原则。由于导电性良好，大面积金属结构上使用电气设备的作业触电危险性比较大，将相关金属结构互相联接后接到保护零线上，这样，在因故发生设备外壳带电事故时，设备外壳（已做接零保护）和金属结构是处于同一电位，可大幅度地降低作业人员所遭受的接触电压，尤其是在接地故障保护失灵的情况下，能达到在较大限度范围内消除触电伤亡事故。等电位联结线若采用铜导线，其颜色为绿/黄双色，截面不小于保护零线的一半，最大不超过$25mm^2$。

4.5.11 本条符合现行国家标准《系统接地的型式及安全技术要求》GB 14050和国家现行标准《民用建筑电气设计规范》JGJ/T 16的规定。为了不因某一设备的保护零线或保护地线接触不良而使以下所有设备失去保护，故规定只能并联接零或接地，不能串联接零或接地。

4.5.12 本条符合现行国家标准《系统接地的型式及安全技术要求》GB 14050和现行行业标准《民用建筑电气设计规范》JGJ/T 16的规定。保护零线接入保护电器会引起误动作，接入隔离电器会造成保护零线断开。在保护零线断线并有设备发生一相接地故障时，接在断线后面的所有设备的外露可导电部分都将呈现接近于相电压的对地电压，这是很危险的，也是不允许的。

4.5.13 本条符合现行国家标准《系统接地的型式及安全技术要求》GB 14050、《电力工程电缆设计规范》GB 50217和《导体的颜色或数字标识》GB 7947的规定。只要采购符合国家产品标准的电缆，同时所用电缆中包含全部工作芯线和用作保护零线的芯线，保护零线的截面就会满足短路和漏电保护的要求。绿/黄双色线是TN系统中保护零线（在TT系统中是保护线）的专用颜色。

4.5.14 本条依据现行国家标准《建筑物电气装置第5部分：电气设备的选择和安装 第54章：接地配置和保护导体》GB 16895.3的规定，按照现行行业标准《民用建筑电气设计规范》JGJ/T 16，规定了接地体材料要求和接地的正确连接方法。其中，用作人工接地体材料的最小规格尺寸为：角钢板厚不小于4mm，钢管壁厚不小于3.5mm，圆钢直径不小于10mm。

4.5.15 本条符合现行国家标准《建筑物防雷设计规范》GB 50057和国家现行标准《民用建筑电气设计规范》JGJ/T 16的规定。利用建筑工程中已施工的混凝土桩基（台）、柱、沉箱等中的钢筋，电气安装工程中业已施工的接地网，在多数情况下可以得到满意的接地电阻值，是一种值得提倡的经济性较好的做法，但必须实地测量出所利用的自然接地体电阻是否满足要求，否则应装设人工接地体作为补充。

4.6 照明用电

4.6.1 本条符合现行国家标准《建筑照明设计标准》GB 50034的规定。金属容器内及夜间作业等场所在发生停电后操作人员需要及时撤离，应配备应急照明。

4.6.2 本条符合现行国家标准《建筑照明设计标准》GB 50034的规定。蒸汽及某些气体会损坏腐蚀电气设备的绝缘层，粉尘吸附于电气设备的壳体、绕组及绝缘零件表面，影响散热和降低绝缘电阻，增大电路故障，蒸汽还容易造成电气短路，因此在上述场所，必须根据国家标准《灯具外壳防护等级分类》GB 7001的要求，选择粉尘、潮湿场所的灯具外壳防护等级，保证灯具在对应的环境中安全工作，同时又不对外界产生不安全影响。

4.6.3 本条按照现行国家标准《建筑照明设计标准》GB 50034，考虑到行灯作为局部照明，经常在人手掌握之中，移动时也易遭外力破损，为防止由于灯具缺陷而造成意外触电、电气火灾等事故，而对其供电电压作出限制性规定。潮湿场所的环境相对湿度经常大于 75%，特别潮湿场所的环境相对湿度接近 100%，由于潮湿环境下人体皮肤阻抗下降，触电后的危害性增大，故规定使用的行灯电压要相应降低。

4.6.4 对行灯灯具结构作出的限制性规定。

4.6.5 本条符合国家现行标准《民用建筑电气设计规范》JGJ/T 16 的规定。采用安全特低电压，其电源变压器就必须符合安全电源的要求，只有采用双重绝缘或一次和二次绕组之间有接地金属屏蔽层的安全隔离变压器，才符合安全电源要求。强调禁止使用普通变压器，是为了防止危险电压由一次绕组因绝缘损坏窜入二次绕组；同时强调禁止使用自耦变压器，因其一次绕组与二次绕组之间有电气联系，加之二次侧电压可调，容易使二次侧电压不稳，并且会因绕组故障将一次侧较高电压导入二次侧，而烧毁灯具和引起触电。电气隔离保护的实质是将接地电网转换成一个局部的不接地电网，假如安全隔离变压器的二次绕组的一端直接接地或接零，只要作业者与二次绕组的另一端接触，就会造成触电，尽管二次侧是安全电压，仍有可能造成二次性伤害事故；此外，为了避免高电位的导入，导致安全隔离变压器的二次回路和使用安全特低电压的设备外露可导电部分出现超过安全特低电压的情况，安全隔离变压器的二次回路和使用安全特低电压的设备外露可导电部分应保持与大地悬浮状态。

4.6.6 本条符合国家现行标准《电业建设安全工作规程》（火力发电厂部分）DL 5009.1 的规定。在采取补充安全措施后，在作业周期长、内部空间较大的部分金属结构内，使用额定电压为 220V 的照明器，有利于提高工作质量和工作效率。

4.6.7 本条符合国家现行标准《民用建筑电气设计规范》JGJ/T 16 的规定。大空间金属结构内使用 1∶1 隔离变压器提供照明电源是有严格限制条件的，若达不到，则不能使用。

4.6.8 本条关于施工现场灯具安装高度的规定符合现行国家标准《建筑电气工程施工质量验收规范》GB 50303 的规定。照明灯具的金属支架是触电的多发场所，必须采取接零或接地，以确保人身安全。

4.6.9 本条符合国家现行标准《民用建筑电气设计规范》JGJ/T 16 和现行国家标准《安全色》GB 2893 规定的原则。条文中将《民用建筑电气设计规范》JGJ/T 16 中的障碍标志灯改称为警戒标志灯，兼顾了航行安全和地面通行安全。红色的安全色含有“禁止通行”的意思。

5 起 重 作 业

5.1 一 般 规 定

5.1.1 本条按照工件的重量和结构尺寸以及吊装工艺等要求规定了起重吊装作业的等级，施工单位应按照吊装等级组织实施吊装作业管理。

5.1.2 起重吊装作业所编制的吊装方案，应按照起重吊装作业等级的划分，分级批准实施。吊装作业前，应进行施工技术交底，由施工负责人组织，技术人员负责向全体作业人员交底，其主要内容包括技术、安全要求和工作危险性分析，并履行签名手续。

5.1.4 本条提到的是需要提供电力保障或无法避免与供电设施接触的起重吊装作业。

5.1.5 本条所列举的气候条件包括雷电天气条件下也不得进行吊装作业。

5.1.6 大型工件正式吊装执行国家现行标准《大型设备吊装工程施工工艺标准》SH/T 3515 规定的“吊装命令书”。

5.1.16 工件的吊耳是吊装作业直接受力的部件，它的安全可靠性直接关系吊装作业的成败，因此要求严格控制吊耳制作的质量，而吊耳的材料控制是吊耳质量控制的第一关，也是实际工作中容易产生问题的环节，所以本条款予以强调。

5.2 吊 车 作 业

5.2.5 吊车的支腿操纵阀，在正常的工作状态下应锁闭，随意调整会造成意外事故的发生。调整支腿必须在无负荷情况下进行，且吊车臂杆朝向正前方或正后方，实际作业中经常因为吊车臂杆朝向不正确造成偏载酿成翻车事故；地基处理一直是吊装作业的技术难点，吊装作业时应随时观察地基下沉情况，发现问题应及时采取措施，安全确认后方可继续作业。

5.2.6 吊车在靠近输电线路作业时，必须小心谨慎，防止触电，吊车臂杆及工件与架空输电导线路间应保持大于本规范表 5.2.6 规定的距离。

5.2.9 吊车吊工件行走由于现场道路平整度较低，工件易发生摆动，控制难度较大，一般情况不推荐使用。

5.2.12 吊车作业若超载会造成严重的吊装事故，因此本条款给以强调；斜拉或起吊不明重量的工件，易造成吊车超载和吊车不合理受力，因此予以禁止。

5.3 卷扬机作业

5.3.1 卷扬机使用前应对其进行全面检查、清洗、润滑，固定方可使用。

5.3.3 为防止卷筒上的钢丝绳卷满后其高度超过卷筒轮缘，跑出卷筒造成钢丝绳被切断，因此最外一层应低于卷筒两端凸缘高度一个绳径。

5.3.6 卷扬机在工作状态下，其跑绳受力一般是几吨到几十吨，而且运行速度较快，作业人员用手拉或脚踩以及跨越钢丝绳，极易造成人身伤害事故的发生，因此予以禁止。

5.4 起重机索具

Ⅰ 手 拉 葫 芦

5.4.1 手拉葫芦要定期检查，并做好标识。对外壳破损或无外壳的手拉葫芦不得使用。

5.4.5 绳扣栓挂时应保证挂至吊钩底部，否则吊装过程易产生振动；吊钩直接挂在工件上，吊钩和工件都不合理受力，存在严重的安全隐患，因此予以禁止。

Ⅲ 吊 索 具

5.4.20 合成纤维吊带已被广泛使用，在使用过程中要重点保护吊带外套，在超载或经长期使用承载芯（吊带丝）可能有局部损伤时，外套会首先断裂示警。

5.4.23 钢丝绳在现场使用中与电焊把线接触，易造成电弧损伤，有断绳的危险，因此严禁电焊把线与钢丝绳接触，必要时对钢丝绳采取保护措施。钢丝绳使用前要进行全面检查，及时处理，防止断丝超标引发事故。

5.5 塔式起重机吊装作业

5.5.6 塔式起重机起重臂工作幅度不同，其吊装参数发生变化；变幅后应及时对应该工况的吊装参数进行限位装置的调整；变幅动作必须空载进行，带载变幅存在塔吊超载的危险。

5.6 使用吊篮作业

5.6.1 使用吊篮作业由于其风险性大，所以使用时应编制施工方案，经相关部门审核，技术总负责人批准后方可使用。

5.6.3 使用的吊篮一般应是专门制造厂的产品，有出厂合格证。不得使用临时搭制和损坏待修的吊篮。

5.6.4 吊篮在工程施工中经常使用，因为是载人，所以应确保安全使用，每次使用前应确认名牌上的使用参数，并对吊篮质量进行安全确认。

6 脚手架作业

6.1 一 般 规 定

6.1.1 本条对需要编制专项脚手架施工方案的条件作了说明，要求 50m 以上是基于历史经验和工程实践考虑，脚手架越高安全度越低，超过 50m 高的脚手架一般都采取了加强措施。

当前石油化工工程建设现场仍以使用扣件式钢管脚手架居多，门式钢管脚手架无论从构件材料，还是搭设方式都与扣件式钢管脚手架差别较大，且已制定颁发了行业标准《建筑施工门式钢管脚手架安全技术规范》JGJ 128—2000，碗扣式钢管脚手架行业标准也正在制定和审批之中。

6.2 脚手架用料

6.2.3 我国目前各生产厂的扣件螺栓所采用的材质差异较大，试验表明当螺栓扭力矩达 70N·m 时，大部分螺栓已滑丝不能使用。扣件为脚手架的关键构件，本条旨在确保扣件质量及安全使用。

6.3 搭设、使用、拆除

6.3.4 试验表明，一个对接扣件的承载能力比搭接的承载能力大 2.14 倍。脚手架立杆采用对接接长，传力明确，没有偏心，可提高承载能力。规定相邻立杆的对接扣件不得在同一高度内，旨在增加脚手架空间框架的稳定性。

6.3.6 主节点处的横向水平杆是构成脚手架空间框架必不可少的杆件，但经现场调查表明，该杆挪作他用的现象较为普遍，致使立杆的计算长度成倍增大，承载能力下降，是造成脚手架安全事故的重要原因之一。故本条规定在主节点处严禁拆除横向水平杆。

6.3.12 本条规定旨在限制探头板长度，并明确用铁丝固定，以防脚手板倾翻或滑脱。

6.3.17 本条规定直爬梯超过 8m 应搭设转角休息平台和护笼，是因为：

1 国家现行标准《建筑施工高处作业安全技术规范》JGJ 80 第 4.1.8 条规定直爬梯超过 8m 高时，必须设置梯间平台，所以本条也规定了 8m 限值。

2 石油化工施工现场以零散和小型脚手架较多，但钢结构框架安装及其他整体式脚手架大都搭设直爬梯，直爬梯超过 8m 高时人员频繁上下危险性较大，每隔 6m 搭设带护笼的转角休息平台可以保证人员安全，如此规定同时也促使施工方尽量搭设之字形斜梯。

3 在其他有关高处作业规范中，规定作业人员从直爬梯上下必须配备攀登自锁器使用，考虑到攀登自锁器成本较高，且安全性也不如规范搭设脚手架有保障，所以本条文未予采用。

6.3.18 挡脚板规定为 120mm 高，与正式平台、通道的挡脚板高度规定一致，且也能满足安全要求。

6.3.21 作业人员随意拆改、切割脚手架将影响脚手架的整体稳定性，给脚手架的使用带来极大的隐患。本条规定旨在保证脚手架的安全使用。

6.3.22 本条规定了脚手架拆除前应进行检查确认，明确了拆除顺序及其技术要求，有利于保证脚手架拆除过程中的整体稳定性。

6.3.26 本条旨在防止脚手架拆除过程中因构件随意抛掷造成人员伤害及材料损伤，以保证脚手架拆除作业安全。

7 土 建 作 业

7.1 土石方作业

7.1.1 为了防止因地下水位太高，地下有洞穴、埋设物等，造成土石方施工时塌方、地下埋设物受到破坏和造成停电、停水及其他安全事故，影响附近居民生活及生产装置的正常运行，施工前应与有关部门联系对土石方作业地段的水文、地质、地下埋设物进行勘察和处理，办理施工许可证后方可进行土石方作业。

7.1.3 埋藏于地下的古墓、古建筑、动物化石、旧币等，均属国家保护文物，任何人不得碰坏或据为己有；地下正在使用的管线、电缆、光缆等直接关系到生产装置和人身安全，因此，发现后应加以保护，并立即上报有关单位及政府部门，经专家挖掘、鉴定、处理后方可继续施工。

7.2 桩基作业

7.2.7 插桩作业时，桩与桩架的间距可能因桩体受力不均或地质阻力而变化，造成作业人员的人身伤害，故制定本条规定。

7.3 强夯作业

7.3.1 用起重机械将夯锤起吊到一定高度自由落下，由此而产生的冲击波和大应力，迫使土壤孔隙压缩，使土体迅速固结的方法叫强夯法。强夯时由于振动较大，为了防止破坏附近建（构）筑物及地下设施，因此强夯前应对强夯作业点的地质、水文、地下埋设物进行勘察，进行必要的处理后方可进行作业。

7.3.4 强夯作业中在夯机臂杆及门架支腿未支稳垫实前起锤，易造成夯机重心失稳倾覆。挂钩人员随夯锤一起上升，可能因夯锤倾斜抖动而坠落。夯锤长期悬吊致使夯机长时间处于重载状态，易造成夯机结构和控制系统过载而发生事故，故在施工中应禁止。

7.4 沉井作业

7.4.1 沉井作业往往会引起沉井周围的地层下陷，因而会使附近建（构）筑物、地下埋设物产生倒塌、下沉位移、倾斜等情况，因此对沉井作业区内的原有设施应采取保护加固措施。

7.5 砌筑作业

7.5.3 在高处砍砖时为防止被砍掉的砖块落下伤人，因此应面向墙的里侧，不得向着他人或面向外侧砍砖。

7.5.5 制定本条规定旨在对烟囱施工中垂直运输系统的安全设置和措施予以严格控制，有利于加强对施工作业人员的人身防护，并防止高空坠物伤人。

7.6 钢筋作业

7.6.5 重量较大、较长的钢筋搬运时一般都要多人共同搬运，搬运时易造成与别的物件相碰、相挂，因此搬运时应防止造成人员伤害或触电事故的发生。

7.6.6 绑扎的钢筋骨架易发生变形、倾斜，模板及其支撑是浇注混凝土用的，没有脚手架的功能，因此为了保证作业人员的安全，不得站在模板、支撑和钢筋骨架上，应站在脚手架板上作业。

7.6.7 绑扎柱或易失稳的细长构件的钢筋时，为防止其弯曲、变形，应设置临时支撑进行加固。

7.6.9 预应力钢筋冷拉时，为防止钢筋断裂回弹伤人，拉伸机前应设挡板，两端人员应站在安全位置。

7.7 混凝土作业

7.7.1 堆放砂石将挡墙推倒造成人员伤亡是时有发生的，为了防止此类事故的发生，应加固挡墙并禁止人员在挡墙附近停留。

7.7.3 料斗下方禁止行人通过或停留，防止砂石从上部落下造成伤害。

7.7.4 吊车料斗空中运行刹车制动时，由于惯性作用会有较大幅度摆动，因此应采取措施防止料斗碰人、坠落。

7.7.5 为防止输送管及接头破裂、断开，残渣吹出伤人，输送管附近不得站人。

7.8 模板作业

7.8.7 混凝土未达到拆除强度时拆除模板，易造成混凝土结构破坏并引发次生事故，而模板拆除作业过程中随意抛掷易造成坠物伤人，故予以禁止。

7.8.9 多层、高层结构模板拆除作业过程中易发生高空坠物伤人事故，故在作业过程中需设置安全作业区域和通道。

7.9 滑模作业

7.9.3 滑升机具及操作平台的设计、制造、安装是保证滑模施工安全的关键，因此施工前应组织有关技术员进行精心设计、制作，经有关技术、安全负责人审批、检查，验收合格后方可使用。

7.9.12 滑升速度过快、养护不当，混凝土尚未达到滑升要求的强度，会造成混凝土坍塌等重大事故的发生，因此滑模时应严格控制滑升速度和混凝土出模强度，确保施工安全。

7.9.16 使用双笼双筒同步卷扬机目的在于增加垂直运输设备的安全可靠性，单绳卷扬机设置安全卡钳目的在于罐笼坠落时紧急制动，制定本条规定旨在确保垂直运输装置发生意外状态时作业人员的人身安全。

7.10 防水、防腐作业

7.10.5 冷底子涂刷后24h内仍有汽油挥发，因此作业时30m范围内及24h内作业点不得动用明火，以防冷底子油着火。

7.10.7 喷涂作业均为带压施工，为防止吸管及储料室受损或破裂，输料软管不得随地拖拉和折弯；为防止喷浆伤人，工作时喷嘴前也不得有人。

8 安装作业

8.1 金属结构的制作安装

8.1.4 钢结构安装完成前，结构的所有重量均是靠节点的连接螺栓和连接部位的焊点承受，如果螺栓未按要求进行紧固或焊点没有焊牢，极易发生事故。

8.1.8 使用钻床时，为防止手套、衣袖等卷在钻头和钻杆上，造成伤害。因此钻孔时必须扎紧袖口，扣好衣扣，严禁戴手套。工件钻孔时，为防止工件随钻头转动，造成伤人，必须用卡具卡牢，不得用手握着施钻。

8.4 管道安装

8.4.3 人工套丝时，如果板牙偏斜，在受力过程中可能滑脱，容易造成作业人员受伤。而用机械套丝时，戴上手套很容易把手套绞入板牙中，造成作业人员手部的伤害。

8.5 电气作业

8.5.3、8.5.7、8.5.10 因为电有"看不到、摸不得"的特性，操作人员只能依靠办理作业票、装设围栏和悬挂警示牌的方式来判断要进行作业电气设备和线路上是否带电。任意挪动后，作业人员无法识别，容易发生触电事故。

8.5.6 绝缘鞋和戴绝缘手套是电气作业人员防止触电事故发生的最基本的防护用品，是电气作业人员生命的基本保证。根据《中华人民共和国安全生产法》第四十九条的规定，施工人员进行有危险的作业时必须穿戴劳动保护用品。

8.5.11 高压电对人体的伤害极大，所以在高压电气设备停电后还要进一步验证设备是否有电，所以必须使用经检验合格的验电器进行检查。另外由于高压电气设备的电压很高，在不用的环境下特别是潮湿的环境下会发生空气的击穿造成人身伤害。所以在验电时必须要有专人进行监护。如果是室外的设备，必须要保持环境的干燥。

8.5.13 本条为基本的送电程序，目的是保证送电的安全，防止送电时发生触电事故。

8.5.29 预约停送电不能确认电气设备和线路上是否有电，容易出现预约停电时电并未停，作业人员就开始施工；预约送电时，作业人员还在工作，从而发生触电伤亡事故。

8.6 仪表作业

8.6.4 本条为放射性料位计安装的基本操作方法，其主要目的是：①防止由于意外事故的发生产生放射源的意外照射而污染环境，造成人员伤害。②有效控制作业人员的射线照射量，保证作业人员的安全。

8.6.9 有毒气体分析器进行校验时可能会有有毒气体溢出，对操作人员造成伤害。氧气分析器校验时可能会有氧气溢出，如遇易燃物品，将会发生火灾。

8.7 涂装作业

8.7.9 受限空间的通风不畅，而涂漆作业会有大量的有毒有害和易燃易爆气体挥发出来，并出现大量的集聚，极易发生闪爆或人体中毒事故。应尽量避免在受限空间内进行涂装作业。如无法避免时，应对受限空间的空气含量、易燃易爆气体和毒气成分进行监控，并有一旦发生事故时的预防措施，避免对施工人员造成伤害。

8.8 隔热作业

8.8.15 在潮湿环境下使用电动设备，容易发生由于漏电而造成触电事故，而隔热耐磨混凝土的浇筑作业，多是在金属容器内进行。发生漏电后更容易危害作业人员。

8.9 耐压试验

8.9.7 带压操作容易发生事故，对操作人员造成伤害。

9 施工检测

9.1 一般规定

9.1.1 本条规定了检测人员所具备的条件和持证上岗的要求。因检验检测工作的特殊性，如涉及剧毒或危险化学品、辐射等危害因素，故从事检验检测的人员必须经过相关的法律法规、技术培训和考核，增强防护意识和责任感，获得与其专业工作有关的安全防护知识和应急措施。这是保证检测操作人员及公众安全的基本条件。

患有禁忌病症的人员不得从事相应检验检测工作。检测单位应对检验检测人员定期进行体检，以判定是否继续适应检测专业工作。建立健康档案是为了加强对检测人员健康状态的跟踪管理。

9.1.2 采用γ射线源检测的单位还应配备适当的应急响应设备和处理工具，如：防护工装、套鞋和手套、急救箱、手提无线通讯设备、铅粒屏蔽包、长夹钳等。

9.1.3 保持检验检测设备的完好状态，是防止检验检测中事故发生的措施之一。检验检测设备仪器应定期进行维护、保养和检定，在投入使用前应检查其性能状态，确保正常运行。采用γ射线源进行曝光操作前应检查确认放射源容器及锁紧装置、输源管、曝光头、驱动缆处于正常状态并连接牢固，确认放射源处于屏蔽状态、距源容器表面5cm处的空气比释动能率不大于0.02mGy·h^{-1}。

9.2 施工测量

9.2.1 测量仪器一般比较精密，有一定重量，为防止仪表从箱中坠落或背带、提环断裂造成事故，搬运前仪器箱必须上锁，检查提环、背带、背架是否安全可靠。

9.2.4 激光经纬仪及红外线测距仪是利用激光及红外线的反射原理，其光线对眼睛及皮肤有灼伤作用，作业人员必须穿戴好工作服、手套、头盔等防护用具，严禁对着人的眼睛和皮肤进行照射。

9.2.5 避免加载过程中沉降不均匀造成试桩偏心受拉或桩身在较高载荷下发生脆性破坏进而破坏地基土而造成压重平台坍塌。拔桩试验时千斤顶一般安放在反力架上面，故应防止发生倾倒或其他事故。

9.2.6 本条规定是为防止施加于地基土的压应力超过地基土承载力而造成地基土破坏或下沉而导致堆载平台倾倒或坍塌。

9.2.7 钻进过程中，保持钻孔内循环水流以润滑、冷却钻头，防止发生卡钻事故。

9.2.8 本条规定是为避免锤架承重后倾斜或锤体反弹时导向横向撞击锤架倾斜发生倾覆。

9.3 成分分析

9.3.2 许多化学药品都是有毒、有腐蚀性的，用手直接拿取会造成手部灼伤、中毒等伤害。

9.3.3 剧毒药品（如氰化钾、砷等）都是国家安全、卫生部门严格管理的物品，微量吸入或食用就会造成生命危险，因此必须遵守《危险化学品安全管理条例》（2002年1月26日国务院令第344号）的规定，必须在专用仓库内单独存放，实行双人收发、双人保管制度，严格管理，防止误拿，误食或丢失，以免造成严重后果。

9.3.4 易挥发的物品如酒精、汽油、乙醚等，汽化后极易发生中毒或爆炸，因此使用时必须在通风柜内进行，防止蒸汽对人员造成伤害。

9.3.6 强酸、强碱是腐蚀性极强的物质，与人体接触会造成严重灼伤，因此盛装强酸、强碱的容器必须放在安全位置，不得放在高架上，防止取用时翻倒掉下伤人。

9.3.8 氯酸钾为强氧化剂，有机物一般为还原剂，当强氧化剂与还原剂混合时易产生剧烈放热反应或发生爆炸等危险，两者应隔离存放、避免混合。

9.3.9 进行过高氯酸冒烟操作的通风柜应经处理，防止有机试剂发生剧烈反应。

9.3.10 溶液加热前，应将容器内的溶液搅拌均匀，防止上下层不同浓度的溶液在加热时产生迸沸。许多液体由于比重或沸点不同，如硫酸、硝酸、盐酸等与水混合加热时，若不及时搅拌，会发生迸沸，对人体造成伤害。加热试管内溶液时，为防止管内气体及蒸汽喷出伤人，其管口严禁对着人。

9.3.12 在雨、雪天气中进行露天作业难以达到可靠绝缘的要求，易发生触电事故。在易燃物品附近进行光谱分析时，应采取相应措施并经有关部门批准后方可进行。金属光谱仪的电极（工件）在通电后即带电，不得用手触摸。

9.4 物理试验

9.4.1 为防止熬制石蜡、松香或烘干木柴、纸张时因温度过高而着火，作业时必须严格控制加热温度。并应防止试样溢出和着火伤人或烫伤操作人员，防止试样蒸气中毒。

9.4.2、9.4.3 应在冲击试验机两侧加装防护网。在冲击试验时，为防止冲击锤落下或试件断裂时迸出伤人，作业时作业人员应站在机器侧面，并保持一定距离。为防止冲击锤落下伤人，放置冲击试样时，应将冲击锤支撑稳固，不得将冲击锤升到最高位置后放置试样。采用液氮或干冰（二氧化碳）作为低温冲击试验的冷却剂时，在搬运、使用及存储中均应防止冷却剂溢出冻伤操作人员或造成人员窒息伤害。

9.4.4 在拉伸、弯曲试验时，为防止试件断裂后迸出伤人。作业时作业人员应站在机器侧面，并保持一定距离。

9.4.5 金相腐蚀、电解过程中会产生有毒气体，故操作室应通风良好，并设有自来水和急救酸、碱伤害时中和用的溶液。为防止金相试件在磨制时突然飞出伤人，不得多人同时在一个旋转盘上操作。金相试验用过的废液应经必要的处理后方可排放。

9.5 无损检测

Ⅰ 射线检测

9.5.1 按照《放射性同位素与射线装置安全和防护条例》和《放射性同位素与射线装置安全许可管理办法》的规定，承担射线检测的单位应取得辐射安全许可证，并严格按照许可证中限定的放射性同位素的类别、总活度和射线装置的类别、数量范围进行使用。

射线检测单位应有专门的安全和防护管理机构或者专职、兼职安全和防护管理人员，有健全的安全和防护管理规章制度、辐射事故应急措施。

辐射事故应急预案的内容应包括：应急机构和职责分工；应急人员的组织、培训以及应急和救助的装备、资金、物资准备；辐射事故分级与应急响应措施；辐射事故调查、报告和处理程序。

承担射线检测的单位应当严格按照国家关于个人剂量监测和健康管理的规定，对射线检测人员进行个人剂量监测和职业健康检查，建立个人剂量档案和职业健康监护档案。

按照现行国家标准《电离辐射防护与辐射源安全基本标准》GB 18871 规定，职业照射记录应包括：涉及职业照射的工作的一般资料；达到或超过有关记录水平的剂量和摄入量等资料，以及剂量评价所依据的数据资料；对于调换过工作单位的工作人员，其在各单位工作的时间和所接受的剂量和摄入量等资料；因应急干预或事故所受到的剂量和摄入量等记录。人员个人剂量档案和职业健康监护档案应保存至职业人员年满 75 岁或停止射线检测工作后 30 年。

9.5.2 按照《放射工作人员职业健康管理办法》（中华人民共和国卫生部令第 55 号）的规定，从事射线透照的人员应年满 18 周岁，经职业健康检查符合放射工作人员健康标准，具有高中以上文化水平和相应专业技术知识和能力，遵守放射防护法规和规章制度，接受个人剂量监督。掌握放射防护知识和有关法规，经省级卫生行政部门授权机构进行的辐射安全和防护专业知识及相关法律法规的培训并考试合格。考核不合格的，不得上岗。

9.5.3 依据《中华人民共和国放射性污染防治法》第 28 条、《放射性同位素与射线装置安全和防护条例》第 20 条和《放射性同位素与射线装置安全许可管理办法》第 6 条的规定，放射性同位素只能在持有许可证的单位之间转让（放射性同位素所有权或使用权在不同持有者之间的转移）。禁止向无许可证或者超出许可证规定的种类和范围的单位转让放射性同位素。未经批准不得转让放射性同位素。

9.5.4 γ 射线源的储存应充分考虑周围的辐射安全。放射性同位素应当单独存放，不得与易燃、易爆、腐蚀性物品等一起存放，并指定专人负责保管。对放射性同位素贮存场所应当采取防火、防水、防盗、防丢失、防破坏、防射线泄漏的安全措施。使用、贮存放射性同位素和射线装置的场所，应设置明显的放射性警告标志，其入口处应当设置安全和防护设施以及必要的防护安全连锁、报警装置或者工作信号，防止无关人员接近或误入辐射区域。

射线检测单位的放射源贮存库和施工现场的贮源库必须落实双人双锁监管，钥匙分别由经授权的两人掌管，领用、归还放射源时两人须同时在场并在出入放射源登记台账中签名确认。放射源和射线装置暂不使用时必须存放于专用贮存库内。

新旧 γ 射线源的更换应在控制区内由授权人员采用具有足够屏蔽性能的专用换源器（倒源罐）进行。更换时应有专业防护人员负责现场操作剂量监测。现行国家职业卫生标准《工业 γ 射线探伤放射防护标准》GBZ 132 规定：操作人员在一次更换过程中所接受的当量剂量不应超过 0.5mSv。废源应送回生产单位、返回原出口方，或送交有相应资质的放射性废物集中贮存单位，并妥善保管对方出具的接收证明备查。严禁任意丢弃，防止造成辐射事故。

射线检测单位应当建立放射性同位素与射线装置台账，记载放射性同位素的核素名称、出厂时间和活度、标号、编码、来源和去向，及射线装置的名称、型号、射线种类、类别、用途、来源和去向等事项。必须建立和保持严格的源的定期清点检查制度，核实探伤装置中的放射源，明确每枚放射源与探伤装置的对应关系，做到账物相符，一一对应，随时掌握源的数量、存放、分布和转移情况，严防源被遗忘、失控、丢失、失踪或被盗。对于长期闲置的源和已经不能应用或不再应用的源，应定期清点检查。清点检查至少应记录和保存下列资料：每个源的位置、形态、活度及其他说明；每种放射性物质的数量、活度、形态、分布、包装和存放位置。

9.5.5 γ 射线源运输应符合地方法规的要求，探伤装置需转移到外省、自治区、直辖市使用的，使用单位应分别向使用地和移出地省级环境保护主管部门备案。异地使用活动结束后应办理注销备案。

γ 射线源应锁在射线仪（源容器）中并取出钥匙、置于安全屏蔽箱内并栓系固定后运输。运输工具外表面上任一点的辐射水平不得超过 2mSv/h，距运输工具外表面 2m 处的辐射水平不得超过 0.1mSv/h。

除司机、押运人员外，任何人均不允许搭乘运载放射源的车辆。装有放射源的货包、集装箱在运输期间和中途贮存期间都应与其他危险货物或有人员逗留的场所隔离。

在工作地点移动时宜使用小型车辆或手推车，并使其处于监控下。

9.5.6 按照国家职业卫生标准《工业 X 射线探伤放射卫生防护标准》GBZ 117 和《工业 γ 射线探伤放射防护标准》GBZ 132 的规定，专用探伤室设置必须充分考虑周围的放射安全。透照室必须用防射线材料进行有效的屏蔽防护，透照室门的防护性能应与同侧墙的防护性能相同，并安装门-机联锁-示警安全装置，必须在确认透照室内无人、屏蔽门关闭、所有安全装置起作用并发出照射信号指示后才能进行射线透照。探伤室入口处及被探物件出入口处必须设置声光报警装置，并安装门-机联锁装置和工作指示灯；机房内适当位置安装固定式剂量仪。该装置在 γ 射线探伤机工作时应自动接通，并能在有人通过时自动将放射源收回源容器；确保室外人员年有效剂量小于其相应的限值。

9.5.7 按照现行国家标准《电离辐射防护与辐射源安全基本标准》GB 18871 规定，应把辐射工作场所分为控制区和监督区，以便于辐射防护管理和职业照射控制。

控制区是指需要和可能需要专门防护手段或安全措施的区域。以便控制正常工作条件下的正常照射，并预防潜在照射或限制潜在照射的范围。应定期审查控制区的实际状况，以确定是否有必要改变防护手段、安全措施或控制区的边界。

监督区是指在控制区外、通常不需要专门的防护手段或安全措施，但需要经常对职业照射条件进行监督和评价的区域。应采用适当的手段划出监督区的边界；应定期审查该区的条件，以确定是否需要采取防护措施和做出安全规定，或是否需要更改监督区的边界。

射线作业人员应在控制区边界外操作。允许探伤人员在监督区内活动，禁止在监督区内进行其他作业，其他人员也不应在监督区边界附近长期停留。进行射线检测作业时，必须考虑γ射线探伤机和被检物体的距离、照射方向、时间和屏蔽条件，γ源驱动装置应尽可能设置于控制区外，以保证作业人员的受照剂量低于年剂量限值，并应达到可以合理做到的尽可能低的水平。同时应保证操作人员之间的有效交流。

应通过巡测划出控制区和监督区。可按照控制区和监督区边界距离估算值，在探伤机处于照状态时，用便携式辐射测量仪从探伤位置四周由远及近地测量空气比释动能率（K），确定边界位置。根据国家职业卫生标准《工业X射线探伤放射卫生防护标准》GBZ 117和《工业γ射线探伤放射防护标准》GBZ 132的规定，按放射工作人员年有效剂量限值的四分之一（5mSv）和每周实际透照时间为7h推算，控制区与监督区边界的空气比释动能率（K）应满足以下要求：

控制区边界：$K=15\mu Gy/h$；

监督区边界：X射线检测时，$K=1.5\mu Gy/h$；

γ射线检测时，$K=2.5\mu Gy/h$。

若每周实际透照时间 $t>7h$，控制区边界空气比释动能率应按以下公式进行换算：$K'=100/t$（式中：K'—控制区边界空气比释动能率，$\mu Gy/h$；t—每周实际开机时间，h）同时，监督区边界空气比释动能率也相应改变。

9.5.8

1）在施工现场进行射线透照时应确保射线检测作业时控制区内无任何人员，监督区内无公众人员，且有相应的安全措施和监护人员。

2）γ射线源的能量和活度应根据受检工件的规格合理选用。在满足穿透力的条件下，应选用较低能量的射线。对于小型、薄壁工件，应选用较低能量的射线源，降低射线作业场所的射线照射剂量率。

3）在监督区边界上必须设警戒标志。在监督区边界附近不应有经常停留的公众成员。射线曝光前应仔细检查安全装置的性能、警告标志的状态、控制区内人员等情况，确保γ探伤源和X射线装置的安全使用，防止因误操作造成而伤害。

按照《电离辐射防护与辐射源安全基本标准》GB 18871的规定，电离辐射的标志如图1所示，电离辐射警告标志如图2所示。其背景为黄色，正三角形边框及电离辐射标志图形均为黑色，“当心电离辐射”用黑色粗等线体字。正三角形外边长 $a_1=500mm$，内边长 $a_2=350mm$。

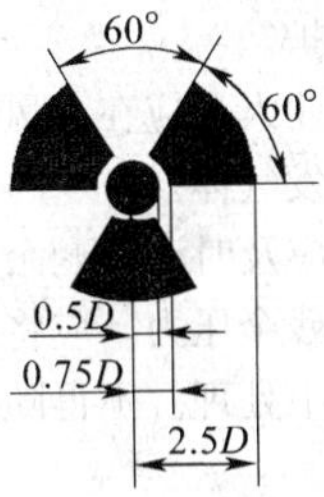

图1 电离辐射的标志

图2 电离辐射警告标志

4）当探伤装置、场所、被检工件（材料、规格、形状）、照射方向、屏蔽等条件发生变化时，均应重新进行巡测，确定新的控制区和监督区边界线。

5）用于放射防护监测的仪器，每年至少由法定计量部门检定一次，并取得合格使用证明书。有效期内的监测仪器若涉及计量刻度的维修，必须重新检定。

6）为确保γ探伤机在每次透照完毕收回后，放射源处在源容器内的安全屏蔽位置，需要对源容器表面进行γ辐射剂量率水平检测。

9.5.9 按照《职业性外照射个人监测规范》GBZ 128规定，任何放射工作人员，在正常情况下的职业照射水平应不超过以下限值：

1）连续5年内年均有效剂量，20mSv；

2）任何一年中的有效剂量，50mSv；

3）眼晶体的年当量剂量，150mSv；

4）四肢（手和脚）或皮肤的年当量剂量，500mSv。

用人单位聘用新工作人员时，应从受聘人员的原聘用单位获取他们的原有职业受照记录及其他有关资料。

9.5.10 暗室应有足够空间并有通风换气设备。暗室内应保持整洁有序。药品、试剂和用具应放在指定位置。通道应平坦通畅，不得堆放杂物。限制连续工作时间是考虑了暗室密闭空间中空气对作业人员健康的不良影响。

Ⅱ 其 他 检 测

9.5.12 使用通电法或触头法进行磁粉检测，合闸时有时会产生火花，因此在有可燃介质环境探伤时，应采取有效的防火措施。应保持电极触头与工件接触良好，不得在通电状态下移动电极触头。探伤用的夹具和触头，应用导电良好、熔点低、硬度不高的金属制成。

9.5.14 当进行荧光磁粉检测时，不得使用不带滤波片或屏蔽罩失效的紫外线灯，应避免人眼直接受紫外线照射。

9.5.15 渗透检测用的渗透剂、清洗剂、显像剂大多是挥发性较强的可燃液体（有机溶剂），故作业时附近不得有明火，并通风良好。在容器等受限空间内进行渗透检测时，应防止有机溶液中毒，必要时可设置排气通风装置，容器外应设专人监护。

9.5.17 使用喷罐式检测剂时，作业人员应在上风侧操作，避免吸入过多的有机溶剂挥发气体。

9.5.18 磁粉或渗透检测结束后，应及时清理剩余渗透检测剂的喷罐，释放空喷罐内的残余压力，应将废弃的检测剂喷罐清理至指定地点集中处理。不得随意丢弃，以防止着火。

10 施工机械使用

10.1 一般规定

10.1.3 本条符合现行国家法规《特种设备安全监察条例》中的有关规定，首先说明起重机械属于特种设备，其次是由县以上地方负责特种设备安全监督管理的部门对本行政区域内特种设备实施安全检查，第三强调未经定期检验或检验不合格的特种设备不得继续使用。

10.1.4 本条符合现行国家法规《特种设备安全监察条例》第三十九条的规定要求，作业人员在取得国家统一格式的特种作业人员证书后方可从事相应的作业。

10.3 起重吊装机械

10.3.9 本条符合现行国家法规《建设工程安全管理条例》第二十五条的规定要求，强调垂直运输机械作业人员、起重信号工等特种作业人员，必须按照国家有关规定经过专门的安全作业培训，并取得特种作业操作资格证书后，方可上岗作业。

10.3.28 本条符合现行国家标准《塔式起重机安全规程》GB 5144中的有关规定，塔身与地面的垂直偏差、安全装置等是确保起重机安全工作的必要前提。

10.3.33 高处作业系挂安全带是保护高空作业人员生命安全的最直接、最有效的措施。

10.3.39 起重机运行条件下，如果进行加油、擦拭、修理等工作，极易造成机械伤害事故；正常维修时，切断电源并挂警示标志，可有效避免触电事故的发生，及起重机非正常启动所造成的意外伤害事故。

10.4 铆、管机械

10.4.18 钻孔作业过程中，高速运转的钻头极易发生挂带织物、迸溅废屑的现象，为保障作业人员安全，必须戴防护眼镜，严禁戴手套作业；若手持工件进行钻孔作业，不能有效稳固工件，容易造成工件飞脱或在钻头高速旋转下发生伤人损物的事故。

10.8 运输机械

10.8.17 物料提升机作为货物提升的专用机械，其安全标准比载人电梯的安全标准低，为预防人员伤亡事故发生，严禁人员搭载；吊笼是沿着架体轨迹上下运行，人员若攀登架体或从架体下穿越，容易发生意外伤害事故。

10.8.23 本条符合现行国家法规《特种设备安全监察条例》的原则，将施工升降机纳入特种设备的管理，安装和拆卸必须持有相应资质，作业人员必须持证上岗。

10.8.26 本条符合现行国家标准《施工升降机》GB/T 10054的要求。重新安装与大修后，都视为新安装，在投入使用前必须经过坠落试验。

10.10 混凝土机械

10.10.3 防止搅拌机意外启动，造成人员伤亡事故。

10.11 钢筋加工机械

10.11.4 弯曲机作业属于冷作业范畴，当挡铁轴的直径和强度小于被弯钢筋的直径和强度时，易造成挡铁轴断裂；弯曲不规则的钢筋，作业中更换轴芯、销子和变换角度以及调速都易发生被弯曲钢筋弹跳伤人的事故。

10.13 装饰机械

10.13.4 溶剂多为有毒有害、易燃易爆物质。溶剂在高压射流作用下喷回桶内，会造成压力骤然升高，引发中毒、火灾等事故。

中华人民共和国国家标准

水利水电工程地质勘察规范

Code for engineering geological investigation
of water resources and hydropower

GB 50487—2008

主编部门：中 华 人 民 共 和 国 水 利 部
批准部门：中华人民共和国住房和城乡建设部
施行日期：2 0 0 9 年 8 月 1 日

中华人民共和国住房和城乡建设部公告

第193号

关于发布国家标准《水利水电工程地质勘察规范》的公告

现批准《水利水电工程地质勘察规范》为国家标准，编号为GB 50487—2008，自2009年8月1日起实施。其中，第5.2.7(1、5)、6.2.2(1、4)、6.2.6(5)、6.2.7、6.3.1(2)、6.4.1(2、3)、6.5.1(2、3、4)、6.8.1(4)、6.9.1(4、7、11)、6.19.2(2、3)、9.4.8(1、2)条(款)为强制性条文,必须严格执行。

本规范由我部标准定额研究所组织中国计划出版社出版发行。

中华人民共和国住房和城乡建设部

二〇〇八年十二月十五日

前　言

根据建设部“关于印发《二〇〇四年工程建设国家标准制订、修订计划》的通知”（建标〔2004〕67号），按照《工程建设标准编写规定》（建标〔1996〕626号）的规定，水利部组织水利部水利水电规划设计总院和长江勘测规划设计研究院等单位，总结了《水利水电工程地质勘察规范》GB 50287—99（以下简称原规范），颁布以来我国水利水电工程地质勘察的技术、方法和经验，对原规范进行了全面、系统的修订。

本规范共9章和21个附录，主要内容包括总则，术语和符号，基本规定，规划阶段工程地质勘察，可行性研究阶段工程地质勘察，初步设计阶段工程地质勘察，招标设计阶段工程地质勘察，施工详图设计阶段工程地质勘察，病险水库除险加固工程地质勘察等。

对原规范修订的主要内容包括：

1. 对原规范的章节结构进行了调整。
2. 增加了术语和符号一章。
3. 增加了招标设计阶段的工程地质勘察。
4. 增加了病险水库除险加固工程的工程地质勘察。
5. 增加了引调水工程、防洪工程、灌区工程、河道整治工程及移民新址的工程地质勘察。
6. 增加了附录B“物探方法适用性”、附录J“边坡岩体卸荷带划分”、附录M“河床深厚砂卵砾石层取样与原位测试技术规定”、附录Q“岩爆判别”、附录R“特殊土勘察要点”、附录S“膨胀土的判别”和附录W“外水压力折减系数”。
7. 删除了原规范中有关抽水蓄能电站勘察的条款。

本规范中以黑体字标志的条文为强制性条文，必须严格执行。

本规范由住房和城乡建设部负责管理和对强制性条文的解释，由水利部水利水电规划设计总院负责具体技术内容的解释。本规范在执行过程中，请各单位注意总结经验，积累资料，如发现需要修改或补充之处，请将意见和建议寄至水利部水利水电规划设计总院（地址：北京市西城区六铺炕北小街2-1号，邮政编码：100120），以供修订时参考。

本规范主编单位、参编单位和主要起草人：

主 编 单 位： 水利部水利水电规划设计总院
长江水利委员会长江勘测规划设计研究院

参 编 单 位： 中水北方勘测设计研究有限责任公司
黄河勘测规划设计有限公司
中水东北勘测设计研究有限责任公司
长江岩土工程总公司（武汉）
陕西省水利电力勘测设计研究院
新疆水利水电勘测设计研究院
河南省水利勘测有限公司
中国水利水电科学研究院
长江科学院
长江勘测技术研究所
成都理工大学

主要起草人：陈德基　司富安　蔡耀军　高玉生
郭麒麟　路新景　张晓明　徐福兴
鞠占斌　蔺如生　汪海涛　孙云志
赵健仓　颜慧明　余永志　李会中
马贵生　黄润秋　刘丰收　吴伟功
魏迎奇　周火明　宋肖冰　苏爱军
李彦坡　边建峰　冯　伟

目　次

1　总则 ………………………… 1—65—6
2　术语和符号………………………… 1—65—6
2.1　术语
2.2　符号………………………… 1—65—6
3　基本规定 ………………………… 1—65—6
4　规划阶段工程地质勘察 ………… 1—65—7
4.1　一般规定………………………… 1—65—7
4.2　区域地质和地震………………… 1—65—7
4.3　水库………………………… 1—65—7
4.4　坝址………………………… 1—65—8
4.5　引调水工程………………………… 1—65—8
4.6　防洪排涝工程…………………… 1—65—9
4.7　灌区工程………………………… 1—65—9
4.8　河道整治工程…………………… 1—65—9
4.9　天然建筑材料 ………………… 1—65—10
4.10　勘察报告………………………… 1—65—10
5　可行性研究阶段工程地质勘察 ………………………… 1—65—10
5.1　一般规定 ………………………… 1—65—10
5.2　区域构造稳定性 ……………… 1—65—10
5.3　水库 ………………………… 1—65—11
5.4　坝址 ………………………… 1—65—12
5.5　发电引水线路及厂址 ………… 1—65—14
5.6　溢洪道 ………………………… 1—65—15
5.7　渠道及渠系建筑物 …………… 1—65—15
5.8　水闸及泵站 ………………… 1—65—16
5.9　深埋长隧洞 ………………… 1—65—16
5.10　堤防及分蓄洪工程………… 1—65—16
5.11　灌区工程………………………… 1—65—17
5.12　河道整治工程………………… 1—65—17
5.13　移民选址………………………… 1—65—17
5.14　天然建筑材料………………… 1—65—18
5.15　勘察报告………………………… 1—65—18
6　初步设计阶段工程地质勘察 …… 1—65—19
6.1　一般规定 ………………………… 1—65—19
6.2　水库 ………………………… 1—65—19
6.3　土石坝 ………………………… 1—65—21
6.4　混凝土重力坝 ………………… 1—65—22
6.5　混凝土拱坝 ………………… 1—65—23
6.6　溢洪道 ………………………… 1—65—24
6.7　地面厂房 ………………………… 1—65—25
6.8　地下厂房 ………………………… 1—65—25
6.9　隧洞 ………………………… 1—65—26
6.10　导流明渠及围堰工程………… 1—65—26
6.11　通航建筑物………………………… 1—65—27
6.12　边坡工程………………………… 1—65—27
6.13　渠道及渠系建筑物………… 1—65—27
6.14　水闸及泵站………………………… 1—65—28
6.15　深埋长隧洞………………………… 1—65—29
6.16　堤防工程………………………… 1—65—29
6.17　灌区工程………………………… 1—65—30
6.18　河道整治工程………………… 1—65—30
6.19　移民新址………………………… 1—65—31
6.20　天然建筑材料………………… 1—65—31
6.21　勘察报告………………………… 1—65—31
7　招标设计阶段工程地质勘察 …… 1—65—32
7.1　一般规定 ………………………… 1—65—32
7.2　工程地质复核与勘察 ………… 1—65—32
7.3　勘察报告 ………………………… 1—65—32
8　施工详图设计阶段工程地质勘察………………………… 1—65—33
8.1　一般规定 ………………………… 1—65—33
8.2　专门性工程地质勘察 ………… 1—65—33
8.3　施工地质 ………………………… 1—65—33
8.4　勘察报告 ………………………… 1—65—33
9　病险水库除险加固工程地质勘察………………………… 1—65—33
9.1　一般规定 ………………………… 1—65—33
9.2　安全评价阶段工程地质勘察 …… 1—65—34
9.3　可行性研究阶段工程地质勘察 … 1—65—34
9.4　初步设计阶段工程地质勘察 …… 1—65—35
9.5　勘察报告 ………………………… 1—65—36
附录A　工程地质勘察报告附件………………………… 1—65—37
附录B　物探方法适用性 ………… 1—65—38
附录C　喀斯特渗漏评价 ………… 1—65—38
附录D　浸没评价 ………………… 1—65—40
附录E　岩土物理力学参数

取值 …………………………… 1—65—40
附录 F 岩土体渗透性分级 ………… 1—65—42
附录 G 土的渗透变形判别………… 1—65—43
附录 H 岩体风化带划分 …………… 1—65—44
附录 J 边坡岩体卸荷带划分 ……… 1—65—45
附录 K 边坡稳定分析技术
规定…………………………… 1—65—45
附录 L 环境水腐蚀性评价………… 1—65—46
附录 M 河床深厚砂卵砾石层取样与原位
测试技术规定…………… 1—65—47
附录 N 围岩工程地质分类………… 1—65—47
附录 P 土的液化判别 ……………… 1—65—49
附录 Q 岩爆判别 ………………………… 1—65—50
附录 R 特殊土勘察要点 …………… 1—65—50
附录 S 膨胀土的判别 ……………… 1—65—52
附录 T 黄土湿陷性及湿陷起始压力
的判定 …………………… 1—65—53
附录 U 岩体结构分类 …………… 1—65—54
附录 V 坝基岩体工程地质
分类………………………… 1—65—54
附录 W 外水压力折减系数 ……… 1—65—55
本规范用词说明 ……………………… 1—65—56
附：条文说明……………………………… 1—65—57

1 总 则

1.0.1 为了统一水利水电工程地质勘察工作，明确勘察工作深度和要求，保证勘察工作质量，制定本规范。

1.0.2 本规范适用于大型水利水电工程地质勘察工作。

1.0.3 水利水电工程地质勘察宜分为规划、项目建议书、可行性研究、初步设计、招标设计和施工详图设计等阶段。项目建议书阶段的勘察工作宜基本满足可行性研究阶段的深度要求。

1.0.4 病险水库除险加固工程勘察宜分为安全评价、可行性研究和初步设计三个阶段。

1.0.5 水利水电工程地质勘察除应符合本规范外，尚应符合国家现行有关标准的规定。

2 术语和符号

2.1 术 语

2.1.1 活断层 active fault

晚更新世（10万年）以来有活动的断层。

2.1.2 水库渗漏 reservoir leakage

水库内水体经由库盆岩土体向库外渗漏而漏失水量的现象。

2.1.3 水库浸没 reservoir immersion

由于水库蓄水使库区周边地区的地下水位抬高，导致地面产生盐渍化、沼泽化及建筑物地基条件恶化等次生地质灾害的现象。

2.1.4 水库塌岸 reservoir bank caving

水库蓄水后或蓄水过程中，受水位变化和风浪作用的影响，引起岸坡土体稳定性发生变化，导致岸坡遭受破坏坍塌的现象。

2.1.5 水库诱发地震 reservoir induced earthquake

因蓄水引起库盆及库周原有地震活动性发生明显变化的现象。

2.1.6 移民选址工程地质勘察 engineering geological investigation for resettlement sites

为水利水电工程建设移民安置选址所进行的工程地质勘察工作。

2.1.7 河床深厚覆盖层 thick overburden

厚度大于40m的河床覆盖层。

2.1.8 卸荷变形 unloading deformation

地表岩体由于天然地质作用或人类工程活动减载卸荷，内部应力调整而引起的变形。

2.1.9 透水率 permeability rate

以吕荣值为单位表征岩体渗透性的指标。

2.1.10 渗透稳定性 seepage stability

在渗透水流作用下，岩土体内松散物质抵抗渗透变形的能力。

2.1.11 软弱夹层 weak interbed

岩层中厚度相对较薄，力学强度较低的软弱层或带。

2.1.12 长隧洞 long tunnel

钻爆法施工长度大于3km的隧洞；TBM法施工长度大于10km的隧洞。

2.1.13 深埋隧洞 deep tunnel

埋深大于600m的隧洞。

2.2 符 号

M_L——近震震级标度；

H_{cr}——浸没地下水埋深临界值（m）；

H_k——土的毛管水上升高度（m）；

f——抗剪强度摩擦系数；

f'——抗剪断强度摩擦系数；

c'——抗剪断强度粘聚力（MPa）；

K——渗透系数（cm/s）；

q——透水率（Lu）；

R_b——岩石饱和单轴抗压强度（MPa）；

P——土的细颗粒含量，以质量百分率计（%）；

C_u——不均匀系数；

J_{cr}——临界水力比降；

S——围岩强度应力比；

K_v——岩体完整性系数；

β_e——外水压力折减系数。

3 基 本 规 定

3.0.1 水利水电工程各阶段的工程地质勘察工作，应符合本规范的有关规定。

3.0.2 勘察单位在开展野外工作之前，应收集和分析已有的地质资料，进行现场踏勘，了解自然条件和工作条件，结合工程设计方案和任务要求，编制工程地质勘察大纲。

勘察大纲在执行过程中应根据客观情况变化适时调整。

3.0.3 工程地质勘察大纲应包括下列内容：

1 任务来源、工程概况、勘察阶段、勘察目的和任务。

2 勘察地区的地形地质概况及工作条件。

3 已有地质资料、前阶段勘察成果的主要结论及审查、评估的主要意见。

4 勘察工作依据的规程、规范及有关规定。

5 勘察工作关键技术问题和主要技术措施。

6 勘察内容、技术要求、工作方法和勘探工程布置图。

7 计划工作量和进度安排。

8 资源配置及质量、安全保证措施。

9 提交成果内容、形式、数量和日期。

3.0.4 水利水电工程地质勘察应按勘察程序分阶段进行，并应保证勘察周期和勘察工作量。勘察工作过程中，应保持与相关专业的沟通和协调。

3.0.5 勘察工作应根据工程的类型和规模、地形地质条件的复杂程度、各勘察阶段工作的深度要求，综合运用各种勘察手段，合理布置勘察工作，注意运用新技术、新方法。

3.0.6 工程地质勘察应先进行工程地质测绘，在工程地质测绘成果的基础上布置其他勘察工作。

3.0.7 应根据地形地质条件、岩土体的地球物理特性和探测目的选择物探方法。

3.0.8 应根据地形地质条件和水工建筑物类型，选择坑（槽）、孔、硐、井等勘探工程，并应有专门设计或技术要求。

3.0.9 岩土物理力学试验的项目、数量和方法应结合工程特点、岩土体条件、勘察阶段、试验方法的适用性等确定。试样和原位测试点的选取均应具有地质代表性。

3.0.10 工程地质勘察应重视原位监测及长期观测工作。对需要根据位移（变形）趋势或动态变化作出判断或结论的重要地质现象，应及时布设原位监测或长期观测点（网）。

3.0.11 天然建筑材料的勘察工作应确保各勘察阶段的精度和成果质量满足设计要求。

3.0.12 对重大而复杂的水文地质、工程地质问题应列专题进行研究。

3.0.13 工程地质勘察应重视分析工程建设可能引起环境地质条件的改变及其影响。

3.0.14 勘察工作中的各项原始资料应真实、准确、完整，并应及时整理和分析。

3.0.15 各勘察阶段均应编制并提交工程地质勘察报告。报告应结合水工建筑物的类型和特点，加强对水文地质、工程地质问题的综合分析。报告正文可按照本规范有关条款编写，其附件应符合本规范附录A的规定。

4 规划阶段工程地质勘察

4.1 一般规定

4.1.1 规划阶段工程地质勘察应对规划方案和近期开发工程选择进行地质论证，并提供工程地质资料。

4.1.2 规划阶段工程地质勘察应包括下列内容：

1 了解规划河流、河段或工程的区域地质和地震概况。

2 了解规划河流、河段或工程的工程地质条件，为各类型水资源综合利用工程规划选点、选线和合理布局进行地质论证。重点了解近期开发工程的地质条件。

3 了解梯级坝址及水库的工程地质条件和主要工程地质问题，论证梯级兴建的可能性。

4 了解引调水工程、防洪排涝工程、灌区工程、河道整治工程等的工程地质条件。

5 对规划河流（段）和各类规划工程天然建筑材料进行普查。

4.2 区域地质和地震

4.2.1 区域地质和地震的勘察应包括下列内容：

1 区域的地形地貌形态、阶地发育情况和分布范围。

2 区域内沉积岩、岩浆岩、变质岩的分布范围，形成时代和岩性、岩相特点，第四纪沉积物的成因类型、组成物质和分布。

3 区域内的主要构造单元，褶皱和断裂的类型、产状、规模和构造发展史，历史和现今地震情况及地震动参数等。

4 大型泥石流、崩塌、滑坡、喀斯特（岩溶）、移动沙丘及冻土等的发育特点和分布情况。

5 主要含水层和隔水层的分布情况，潜水的埋深，泉水的出露情况与类型等区域水文地质特征。

4.2.2 区域地质勘察工作应在收集和分析各类最新区域地质资料的基础上，利用卫片、航片解译编绘区域综合地质图，并应根据需要进行地质复核。

4.2.3 地震勘察工作应收集最新正式公布的历史和近代地震目录、地震区划资料、相关省区仪测地震及地震研究资料、邻近地区工程场地的地震安全评价结论，编绘区域构造与地震震中分布图。应按现行国家标准《中国地震动参数区划图》GB 18306 确定各工程场地的地震动参数。

4.2.4 区域综合地质图、区域构造与地震震中分布图的比例尺可选用1：500000～1：200000。编图范围应包括规划河道或引调水线路两侧各不小于150km。

4.2.5 对近期开发工程，宜根据区域地质环境背景，断层活动性、历史及现今地震活动性、地震动参数区划等进行区域构造稳定性分析。

4.3 水 库

4.3.1 水库区勘察应包括下列内容：

1 了解水库的地质和水文地质条件。

2 了解可能威胁水库成立的滑坡、潜在不稳定岸坡、泥石流等的分布，并分析其可能影响。

3 了解水库运行后可能对城镇、重大基础设施的安全产生严重不良影响的不稳定地质体、坍岸和浸没等的分布范围。

4 了解透水层与隔水层的分布范围、可溶岩地区的喀斯特发育情况、河谷和分水岭的地下水位，对水库封闭条件及渗漏的可能性进行分析。

5 了解水库区可能对水环境产生影响的地质条件。

6 了解重要矿产的分布情况。

4.3.2 水库勘察宜结合区域地质研究工作进行。当水库可能存在渗漏、坍岸、浸没、滑坡等工程地质问题且影响工程决策时，应进行相应的工程地质测绘，并应根据需要布置勘探工作。

4.3.3 水库工程地质测绘比例尺可选用1：100000～1：50000，可溶岩地区可选用1：50000～1：10000。水库渗漏的工程地质测绘范围应扩大至与渗漏有关的地段。

4.4 坝 址

4.4.1 坝址勘察应包括下列内容：

1 了解坝址所在河段的河流形态、河谷地形地貌特征及河谷地质结构。

2 了解坝址的地层岩性、岩体结构特征、软弱岩层分布规律、岩体渗透性及卸荷与风化程度。了解第四纪沉积物的成因类型、厚度、层次、物质组成、渗透性，以及特殊土体的分布。

3 了解坝址的地质构造，特别是大断层、缓倾角断层和第四纪断层的发育情况。

4 了解坝址及近坝地段的物理地质现象和岸坡稳定情况。

5 了解透水层和隔水层的分布情况，地下水埋深及补给、径流、排泄条件。

6 了解可溶岩坝址喀斯特洞穴的发育程度、两岸喀斯特系统的分布特征和坝址防渗条件。

7 分析坝址地形、地质条件及其对不同坝型的适应性。

4.4.2 近期开发工程坝址勘察除应符合本规范第4.4.1条的规定外，尚应重点了解下列内容：

1 坝基中主要软弱夹层的分布、物质组成、天然性状。

2 坝基主要断层、缓倾角断层和破碎带性状及其延伸情况。

3 坝肩岩体的稳定情况。

4 当第四纪沉积物作为坝基时，土层的层次、厚度、级配、性状、渗透性、地下水状态。

5 当可能采用地下厂房布置方案时，地下洞室围岩的成洞条件。

6 当可能采用当地材料坝方案时，溢洪道布置地段的地形地质条件及筑坝材料的分布与储量。

4.4.3 坝址的勘察方法应符合下列规定：

1 坝址工程地质测绘比例尺，峡谷区可选用1：10000～1：5000，丘陵平原区可选用1：50000～1：10000。测绘范围应包括比选坝址、绕坝渗漏的岸坡地段，以及附近低于水库水位的垭口、古河道等。

2 在地形和岩性条件适合的情况下，可布置1条顺河物探剖面和1～3条横河物探剖面，近期开发工程应适当增加。物探方法的选择应符合本规范附录B的规定。

3 坝址勘探宜符合下列规定：

1）沿坝址代表性轴线可布置1～3个钻孔，河床较为开阔的坝址，河床钻孔数可适当增加。近期开发工程坝址或地质条件较为复杂的坝址可布置3～5个钻孔，其中两岸至少各有1个钻孔。峡谷地区坝址，两岸宜布置平硐，平硐应进入相对完整的岩体。

2）河床控制性钻孔深度宜为坝高的1～1.5倍。在深厚覆盖层河床或地下水位低于河水位地段，钻孔深度可根据需要加深。

3）钻孔基岩段应进行压水试验。

4）钻孔基岩段宜进行综合测试。

4 坝区主要岩土体应取样做岩矿鉴定和少量室内物理力学试验。

5 对地下水、地表水进行水质简分析。

4.5 引调水工程

4.5.1 引调水工程线路勘察应包括下列内容：

1 了解沿线地形地貌特征。

2 了解沿线地层岩性，第四纪沉积物的分布和成因类型。

3 了解沿线地质构造特征。

4 了解沿线的水文地质条件，可溶岩区的喀斯特发育特征。

5 了解沿线崩塌、滑坡、泥石流、地下采空区、移动沙丘等的分布情况。

6 了解沿线沟谷、浅埋隧洞及进出口地段的覆盖层厚度，岩体的风化、卸荷发育程度和山坡的稳定性。

7 了解主要渠系建筑物的工程地质条件和主要工程地质问题。

8 了解沿线矿产、地下构筑物和地下管线等的分布。

4.5.2 引调水工程线路的勘察方法应符合下列规定：

1 收集和分析引调水工程区域地质、航（卫）片解译资料，编绘综合地质图。

2 引调水工程线路应进行工程地质测绘，比例尺可选用1：50000～1：10000，测绘范围宜包括各比选线路两侧各1000～3000m，对于深埋长隧洞宜适当扩大。

3 根据地形和地质条件选用合适的物探方法。物探剖面应结合勘探剖面布置，并应充分利用勘探钻孔进行综合测试。

4 沿渠道中心线宜布置勘探剖面，勘探点间距宜控制在3000～5000m之间，勘探点深度根据需要确定。沿线的不同地貌单元、地下采空区、跨河建筑物等地段应布置钻孔。

5 隧洞沿线的勘探点宜布置在进出口及浅埋段。

6 应测定沿线地下水位，并取水样进行水质简分析。

7 引调水工程沿线主要岩土层，可进行少量室内试验。根据需要进行原位测试。

4.6 防洪排涝工程

4.6.1 防洪排涝工程勘察应包括下列内容：

1 了解工程区的地形地貌特征。

2 了解工程区地层的成因类型、分布和性质，特别是工程性质不良岩土层的分布情况。

3 了解对工程有影响的物理地质现象分布情况。

4 了解工程区水文地质条件。

4.6.2 防洪排涝工程的勘察方法应符合下列规定：

1 调查、访问、收集分析有关资料。

2 工程地质测绘比例尺可选用1∶50000～1∶10000，测绘范围应包括线路两侧各1000～3000m。

3 根据需要进行少量勘探和室内试验工作。

4.7 灌区工程

4.7.1 灌区工程勘察包括灌排渠道及渠系建筑物的工程地质勘察和灌区水文地质勘察。

4.7.2 灌排渠道及渠系建筑物的工程地质勘察应包括下列内容：

1 了解地形地貌特征。

2 了解地层岩性和第四纪沉积物的分布情况，尤其是工程性质不良岩土层的分布情况。

3 了解泥石流、地面沉降、地下采空区、移动沙丘等的分布情况。

4 了解水文地质条件。

4.7.3 灌排渠道及渠系建筑物的工程地质勘察方法应符合下列规定：

1 工程地质测绘比例尺可选用1∶50000～1∶10000，测绘范围宜包括各比选线路两侧各1000～3000m。

2 根据需要开展地面物探工作。

3 勘探工作应符合下列规定：

1）沿灌排渠道宜布置勘探剖面，勘探点宜结合渠系建筑物布置。

2）勘探剖面上的勘探点间距宜控制在3000～5000m。

3）勘探工作以坑探为主，结合建筑物需要布置少量钻孔，钻孔深度根据建筑物类型和地质条件确定。

4 岩土试验以物理性质试验为主，主要岩土层的试验累计组数不应少于3组。

4.7.4 灌区水文地质勘察应包括下列内容：

1 了解水文、气象、农田水利及水资源利用状况。

2 了解主要含水层的空间分布及其水文地质特征，地下水的补给、排泄、径流条件，初步划分水文地质单元。

3 了解地下水化学特征及其变化规律。

4 了解土壤盐渍化的类型、程度及其分布特征。

5 对于可能利用地下水作为灌溉水源的灌区，圈定可能富水地段，概略评价地下水资源，估算地下水允许开采量。

4.7.5 灌区的水文地质勘察方法应符合下列规定：

1 调查收集灌区水文、气象、土壤、地下水资源开发利用现状等资料。

2 水文地质测绘比例尺可选用1∶50000～1∶10000，测绘范围应根据灌区规划面积和所处水文地质单元确定。

3 根据需要开展物探工作。

4 勘探工作应符合下列规定：

1）勘探剖面宜沿水文地质条件和土壤盐渍化变化最大的方向布置，剖面间距根据复杂程度确定。

2）每个地貌单元应有坑或钻孔控制。

3）钻孔孔深应达到潜水位以下5～10m；地下水资源勘探孔的孔深应能够确定主要含水层的埋深、厚度。

5 根据需要开展水文地质试验工作。

4.8 河道整治工程

4.8.1 河道整治工程勘察应包括下列内容：

1 了解区域地质特征，分析主要区域构造对河势的影响。

2 了解河道整治地段的地形地貌和河势变化情况。

3 了解河道整治地段地层岩性，第四纪沉积物的成因类型，重点了解松散、软弱、膨胀、易溶等工程性质不良岩土层的分布情况。

4 了解河道整治地段崩塌、滑坡等物理地质现象的分布与规模。

5 了解河道整治地段的水文地质条件。

6 了解河道整治地段河岸利用现状与观测成果，各类已建岸边工程对河道的影响。

7 了解河道整治工程建筑物的工程地质条件和主要工程地质问题。

4.8.2 河道整治工程的勘察方法应符合下列规定：

1 工程地质测绘比例尺可选用1∶50000～

1∶10000，测绘范围应包括河道整治地段内的所有工程建筑物，并满足规划方案的需要。

2 不同地貌单元和护岸、裁弯等工程地段可布置勘探坑、孔。

3 可采用工程地质类比法提出主要岩土体的物理力学参数，根据需要进行少量试验验证。

4 对地表水和地下水进行水质分析。

4.9 天然建筑材料

4.9.1 应对规划工程所需的天然建筑材料进行普查。

4.9.2 对近期开发工程所需的天然建筑材料宜进行初查，初步评价推荐料场的储量、质量及开采、运输条件。

4.10 勘察报告

4.10.1 规划阶段工程地质勘察报告正文应包括绪言、区域地质概况、各规划方案的工程地质条件及主要工程地质问题、结论和附件等。

4.10.2 绪言应包括规划方案概况、区域地理概况、以往地质研究程度和本阶段完成的勘察工作量。

4.10.3 区域地质概况应包括地形地貌、地层岩性、地质构造与地震、物理地质现象和水文地质条件等。

4.10.4 流域水利水电综合利用规划各方案的工程地质条件应按梯级序次编写，各梯级可按水库、坝址等建筑物分别编写，内容包括基本地质条件及主要工程地质问题初步分析。

4.10.5 引调水工程各方案的工程地质条件可按取水建筑物、渠道及渠系建筑物、隧洞等编写，内容包括基本地质条件及主要工程地质问题初步分析。

4.10.6 流域防洪规划各方案的工程地质条件应按水库、堤防、河道整治等分别编写，内容包括基本地质条件及主要工程地质问题初步分析。

4.10.7 灌区工程应按灌排渠道、渠系建筑物工程地质条件及灌区水文地质条件分别编写。渠道及渠系建筑物工程地质条件应包括基本地质条件及主要工程地质问题初步分析；灌区水文地质条件应包括基本水文地质条件、土壤类型、地下水埋深等，对灌区施灌后可能产生的盐渍化、沼泽化等次生灾害进行分析；当采用地下水作为灌溉水源时，应包括地下水资源初步评价的有关内容。

4.10.8 河道整治工程的工程地质条件可按工程类型分别编写，内容包括区域地质特征与河势、基本地质条件及主要工程地质问题初步分析。

4.10.9 天然建筑材料宜结合规划方案和料源类型编写。

4.10.10 结论应包括对规划方案和近期开发工程选择的地质意见和对下阶段工程地质勘察工作的建议。

5 可行性研究阶段工程地质勘察

5.1 一般规定

5.1.1 可行性研究阶段工程地质勘察应在河流、河段或工程规划方案的基础上选择工程的建设位置，并应对选定的坝址、场址、线路等和推荐的建筑物基本形式、代表性工程布置方案进行地质论证，提供工程地质资料。

5.1.2 可行性研究阶段工程地质勘察应包括下列内容：

1 进行区域构造稳定性研究，确定场地地震动参数，并对工程场地的构造稳定性作出评价。

2 初步查明工程区及建筑物的工程地质条件、存在的主要工程地质问题，并作出初步评价。

3 进行天然建筑材料初查。

4 进行移民集中安置点选址的工程地质勘察，初步评价新址区场地的整体稳定性和适宜性。

5.2 区域构造稳定性

5.2.1 区域构造稳定性评价应包括下列内容：

1 区域构造背景研究。

2 活断层及其活动性质判定。

3 确定地震动参数。

5.2.2 区域构造背景研究应符合下列规定：

1 收集研究坝址周围半径不小于150km范围内的沉积建造、岩浆活动、火山活动、变质作用、地球物理场异常、表层和深部构造、区域性活断层、现今地壳形变、现代构造应力场、第四纪火山活动情况及地震活动性等资料，进行Ⅱ、Ⅲ级大地构造单元和地震区（带）划分，复核区域构造与地震震中分布图。

2 收集与利用区域地质图，调查坝址周围半径不小于25km范围内的区域性断裂，鉴定其活动性。当可能存在活动断层时，应进行坝址周围半径8km范围内的坝区专门性构造地质测绘，测绘比例尺可选用1∶50000～1∶10000。评价活断层对坝址的影响。

3 引调水线路区域构造背景研究按本条第1款进行，范围为线路两侧各50～100km。

5.2.3 活断层的判定内容应包括活断层的识别、活动年代、活动性质、现今活动强度和最大位移速率等。

5.2.4 活断层可根据下列标志直接判定：

1 错动晚更新世（Q_3）以来地层的断层。

2 断裂带中的构造岩或被错动的脉体，经绝对年龄测定，最新一次错动年代距今10万年以内。

3 根据仪器观测，沿断裂有大于0.1mm/年的位移。

4 沿断层有历史和现代中、强震震中分布或有晚更新世以来的古地震遗迹，或者有密集而频繁的近期微震活动。

5 在地质构造上，证实与已知活断层有共生或同生关系的断裂。

5.2.5 具有下列标志之一的断层，可能为活断层，应结合其他有关资料，综合分析判定：

1 沿断层晚更新世以来同级阶地发生错位；在跨越断裂处水系、山脊有明显同步转折现象或断裂两侧晚更新世以来的沉积物厚度有明显的差异。

2 沿断层有断层陡坎，断层三角面平直新鲜，山前分布有连续的大规模的崩塌或滑坡，沿断裂有串珠状或呈线状分布的斜列式盆地、沼泽和承压泉等。

3 沿断层有水化学异常带、同位素异常带或温泉及地热异常带分布。

5.2.6 活断层的活动年龄应根据下列鉴定结果综合判定：

1 活断层上覆的未被错动地层的年龄。

2 被错动的最新地层和地貌单元的年龄。

3 断层中最新构造岩的年龄。

5.2.7 工程场地地震动参数确定应符合下列规定：

1 坝高大于200m的工程或库容大于$10\times10^9m^3$的大（1）型工程，以及50年超越概率10%的地震动峰值加速度大于或等于0.10g地区且坝高大于150m的大（1）型工程，应进行场地地震安全性评价工作。

2 对50年超越概率10%的地震动峰值加速度大于或等于0.10g地区，土石坝坝高超过90m、混凝土坝及浆砌石坝坝高超过130m的其他大型工程，宜进行场地地震安全性评价工作。

3 对50年超越概率10%的地震动峰值加速度大于或等于0.10g地区的引调水工程的重要建筑物，宜进行场地地震安全性评价工作。

4 其他大型工程可按现行国家标准《中国地震动参数区划图》GB 18306确定地震动参数。

5 场地地震安全性评价应包括工程使用期限内，不同超越概率水平下，工程场地基岩的地震动参数。

5.2.8 在构造稳定性方面，坝（场）址选择应符合下列准则：

1 坝（场）址不宜选在50年超越概率10%的地震动峰值加速度大于或等于0.40g的强震区。

2 大坝等主体建筑物不宜建在活断层上。

3 在上述两种情况下建坝时，应进行专门论证。

5.3 水　　库

5.3.1 水库区工程地质勘察应包括下列内容：

1 初步查明水库区的水文地质条件，确定可能的渗漏地段，估算可能的渗漏量。

2 初步查明库岸稳定条件，确定崩塌、滑坡、泥石流、危岩体及潜在不稳定岸坡的分布位置，初步评价其在天然情况及水库运行后的稳定性。

3 初步查明可能坍岸位置，初步预测水库运行后的坍岸形式和范围，初步评价其对工程、库区周边城镇、居民区、农田等的可能影响。

4 初步查明可能产生浸没地段的地质和水文地质条件，初步预测水库浸没范围和严重程度。

5 初步研究并预测水库诱发地震的可能性、发震位置及强度。

6 调查是否存在影响水质的地质体。

5.3.2 水库渗漏勘察应包括下列内容：

1 初步查明可溶岩、强透水岩土层、通向库外的大断层、古河道以及单薄（低矮）分水岭等的分布及其水文地质条件，初步分析渗漏的可能性，估算水库建成后的渗漏量。

2 碳酸盐岩地区应初步查明喀斯特的发育和分布规律、隔水层和非喀斯特岩层的分布特征及构造封闭条件、不同层组的喀斯特化程度，主要喀斯特泉水的流量及其补给范围、地下水分水岭的位置、水位、地下水动态，初步分析水库渗漏的可能性和渗漏形式，估算渗漏量，初步评价对建库的影响程度和处理的可能性。喀斯特渗漏评价应符合本规范附录C的规定。

3 修建在干河谷或悬河上的水库，应初步查明水库的垂向渗漏和侧向渗漏情况，以及地下水的外渗途径和排泄区。

5.3.3 水库库岸稳定勘察应包括下列内容：

1 初步查明库岸地形地貌、地层岩性、地质构造、岩土体结构及物理地质现象等。

2 初步查明库岸地下水补给、径流与排泄条件。

3 初步查明库岸岩土体物理力学性质，调查水上、水下与水位变动带稳定坡角。

4 初步查明水库区对工程建筑物、城镇和居民区环境有影响的滑坡、崩塌和其他潜在不稳定岸坡的分布、范围与规模，分析库岸变形失稳模式，初步评价水库蓄水前和蓄水后的稳定性及其危害程度。

5 由第四纪沉积物组成的岸坡，应初步预测水库坍岸带的范围。

6 进行库岸稳定性工程地质分段。

5.3.4 水库浸没勘察应包括下列内容：

1 调查当地气候，降雨，冻土层深度，盐渍化、沼泽化的历史及现状等自然情况。

2 初步查明水库周边的地貌特征，潜水含水层的厚度，地层岩性、分层、基岩或相对隔水层的埋藏深度，地下水位以及地下水的补排条件。

3 初步查明土壤盐渍化、沼泽化现状、主要农作物种类、根须层厚度、表层土的毛管水上升高度。

4 调查城镇和居民区建筑物的类型、基础形式和埋深及是否存在膨胀土、黄土、软土等工程性质不良岩土层。

5 预测浸没的可能性，初步确定浸没范围和危害程度。浸没判别应符合本规范附录D的规定。

5.3.5 水库区的工程地质勘察方法应符合下列规定：

1 工程地质测绘的比例尺可选用1：50000～1：10000，对可能威胁工程安全的滑坡和潜在不稳定岸坡，可选用更大的比例尺。

2 测绘范围除应包括整个库盆外，还应包括下列地区：

1）喀斯特地区应包括可能存在渗漏的河间地块、邻谷和坝下游地段。

2）盆地或平原型水库应测到水库正常蓄水位以上可能浸没区所在阶地后缘或相邻地貌单元的前缘。

3）峡谷型水库应测到两岸坡顶，并包括坝址下游附近的塌滑体、泥石流沟和潜在不稳定岸坡分布地段。

3 物探应根据地形、地质条件，采用综合物探方法，探测库区滑坡体，可能发生渗漏或浸没地区的地下水位、隔水层的埋深、古河道和喀斯特通道以及隐伏大断层破碎带的延伸情况等。

4 水库区勘探剖面和勘探点的布置应符合下列规定：

1）可能渗漏地段水文地质勘探剖面应平行地下水流向或垂直渗漏带布置。勘探剖面上的钻孔应进入可靠的相对隔水层或可溶岩层中的非喀斯特化岩层。

2）浸没区水文地质勘探剖面应垂直库岸或平行地下水流向布置。勘探点宜采用试坑或钻孔，试坑应挖到地下水位，钻孔应进入相对隔水层。

3）坍岸预测剖面应垂直库岸布置，水库死水位或陡坡脚高程以下应有坑、孔控制。

4）滑坡体应按滑动方向布置纵横剖面。剖面上的勘探坑、孔、竖井应进入下伏稳定岩土体5～10m，平硐应揭露可能的滑动面。

5 岩土试验应根据需要，结合勘探工程布置。有关岩土物理力学性质参数，可根据试验成果或按工程地质类比法选用。岩土物理力学性质参数的取值应符合本规范附录E的规定。

6 可能发生渗漏或浸没的地段，应利用已有钻孔和水井进行地下水位观测。重点地段宜埋设长期观测装置进行地下水动态观测，观测时间不应少于一个水文年。对可能渗漏地段，有条件时应进行连通试验。

7 近坝库区的大型不稳定岸坡应布置岩土体位移监测和地下水动态观测。

5.3.6 水库诱发地震预测应包括下列内容：

1 进行全库区的水库诱发地震地质环境分区。

2 预测可能诱发地震的库段。

3 预测可能发生诱发地震的成因类型。

4 预测水库诱发地震的最大震级和相应烈度。

5.3.7 水库诱发地震预测研究工作宜包括下列内容：

1 初步查明水库区及影响区地层岩性、火成岩的分布和岩体结构类型。

2 初步查明水库区及影响区区域性和地区性断裂带的产状、规模、展布、力学性质、现今活动性、透水性及与库水的水力联系。

3 初步查明水库区及影响区中新生代构造盆地的分布、其边界断裂的现今活动性、透水性及与库水的水力联系。

4 初步查明水库区及影响区的水文地质条件，泉水和温泉的分布、地热异常分布，喀斯特发育程度、规模及与库水的关系。

5 收集水库区及影响区历史地震记载和现代仪测地震。

6 了解水库区的现今构造应力场。

7 初步查明水库区岸坡卸荷变形破坏现象和采矿矿洞分布及规模。

8 初步查明水库区及影响区天然喀斯特塌陷和矿洞塌陷的规模和频度。

9 水库诱发地震的预测研究工作应充分利用水库区工程地质勘察和地震安全性评价工作的成果。

5.3.8 当预测有可能发生水库诱发地震时，应提出设立临时地震台站和建设地震台网的初步规划和建议。

5.4 坝址

5.4.1 坝址勘察应包括下列内容：

1 初步查明坝址区地形地貌特征，平原区河流坝址应初步查明牛轭湖、决口口门、沙丘、古河道等的分布、埋藏情况、规模及形态特征。当基岩埋深较浅时，应初步查明基岩面的倾斜和起伏情况。

2 初步查明基岩的岩性、岩相特征，进行详细分层，特别是软岩、易溶岩、膨胀性岩层和软弱夹层等的分布和厚度，初步评价其对坝基或边坡岩体稳定的可能影响。

3 初步查明河床和两岸第四纪沉积物的厚度、成因类型、组成物质及其分层和分布，湿陷性黄土、软土、膨胀土、分散性土、粉细砂和架空层等的分布，基岩面的埋深、河床深槽的分布。初步评价其对坝基、坝肩稳定和渗漏的可能影响。

4 初步查明坝址区内主要断层、破碎带，特别是顺河断层和缓倾角断层的性质、产状、规模、延伸情况、充填和胶结情况，进行节理裂隙统计，初步评价各类结构面的组合对坝基、边坡岩体稳定和渗漏的影响。

5 初步查明坝址区地下水的类型、赋存条件、水位、分布特征及其补排条件，含水层和相对隔水层埋深、厚度、连续性、渗透性，进行岩土渗透性分级，初步评价坝基、坝肩渗漏的可能性、渗透稳定性和渗控工程条件。岩土体渗透性分级应符合本规范附录F的规定，土的渗透变形判别应符合本规范附录G的规定。

6 初步查明坝址区岩体风化、卸荷的深度和程度，初步评价不同风化带、卸荷带的工程地质特性。岩体风化带划分应符合本规范附录H的规定，岩体卸荷带划分应符合本规范附录J的规定。

7 初步查明坝址区崩塌、滑坡、危岩及潜在不稳定体的分布和规模，初步评价其可能的变形破坏形式及对坝址选择和枢纽建筑物布置的影响。边坡稳定初步评价应符合本规范附录K的规定。

8 初步查明坝址区泥石流的分布、规模、物质组成、发生条件及形成区、流通区、堆积区的范围，初步评价其发展趋势及对坝址选择和枢纽建筑物布置的影响。

9 可溶岩坝址区应初步查明喀斯特发育规律及主要洞穴、通道的规模、分布、连通和充填情况，初步评价可能发生渗漏的地段、渗漏量，喀斯特洞穴对坝址和枢纽建筑物的影响。

黄土地区应初步查明黄土喀斯特分布、规模及发育特征，初步评价其对坝址和枢纽建筑物的影响。

10 初步查明坝址区环境水的水质，初步评价环境水的腐蚀性。环境水腐蚀性判别应符合本规范附录L的规定。

11 初步查明岩土体的物理力学性质，初步提出岩土体物理力学参数。

12 初步评价各比选坝址及枢纽建筑物的工程地质条件，提出坝址比选和基本坝型的地质建议。

5.4.2 坝址的勘察方法应符合下列规定：

1 工程地质测绘应符合下列规定：

1）工程地质测绘范围包括各比选坝址主副坝、导流工程和枢纽建筑物布置等有关地段。当比选坝址相距在2km及以上时，可分别单独测绘成图。

2）工程地质测绘比例尺可选用1：5000～1：2000。

2 物探应符合下列规定：

1）物探方法应根据勘察目的及坝址区的地形、地质条件和岩土体的物理特性等确定。

2）物探剖面宜结合勘探剖面布置，并应充分利用钻孔进行综合测试。

3）坝址两岸应利用平硐进行岩体弹性波测试。

3 坝址勘探布置应符合下列规定：

1）各比选坝址应布置一条主要勘探剖面。坝高70m及以上或地质条件复杂的主要坝址，应在主要勘探剖面上、下游布置辅助勘探剖面。

2）主要勘探剖面勘探点间距不应大于100m。其中，河床部位不应少于2个钻孔。两岸坝肩部位，在设计正常蓄水位以上也应布置钻孔。

3）峡谷区河流坝址两岸坝肩部位应分高程布置平硐。坝高在70m及以上或拱坝，在设计正常蓄水位以上可根据需要布置平硐。

4）土石坝应沿河流方向布置渗流分析勘探剖面，勘探钻孔间距视需要确定。土石坝的混凝土建筑物应沿建筑物轴线布置勘探剖面。

5）当存在影响坝址选择的顺河断层、河床深槽和潜在不稳定岸坡等不良地质现象时，应布置钻孔，可视需要布置平硐。

6）软弱夹层及主要缓倾角结构面勘探应布置探井（大口径钻孔）和平硐。

7）坝址区有较厚粉细砂或软土、淤泥质土等工程性质不良岩土层分布时，应布置原位测试孔。

8）对影响坝址选择的重要地质现象，应根据需要布置专门性的勘探工作。

4 坝址勘探钻孔深度应符合下列规定：

1）峡谷区坝址河床钻孔深度应符合表5.4.2的规定，两岸岸坡上的钻孔深度应达到河水位高程以下，并进入相对隔水层。

表5.4.2 峡谷区坝址河床钻孔深度

覆盖层厚度（m）	钻孔进入基岩深度（m）	
	坝高 $H\geqslant 70$m	坝高 $H<70$m
＜40	$H/2\sim H$	H
≥40，且＜H	＞50	30～50
≥40，且＞H	＞20	

2）平原区建在深厚覆盖层上的坝，勘探钻孔进入建基面以下的深度不应小于坝高的1.5倍，在此深度内若遇有泥炭、软土、粉细砂及强透水层等时，还应进入下卧承载力较高的土层或相对隔水层。

当基岩埋深小于坝高的1.5倍时，钻孔进入基岩深度不宜小于10m。

3）可溶岩地区钻孔深度可根据具体情况确定。

4）控制性钻孔或专门性钻孔深度应按实际需要确定。

5 水文地质测试应符合下列规定：

1）勘探中应观测地下水位，收集勘探过程中的水文地质资料。

2）基岩地层应进行钻孔压（注）水试验，测定岩体透水率或渗透系数；根据需要采用物探方法测试地下水的有关参数。

3）第四纪沉积物应进行钻孔抽水或注水试验，测定渗透系数。

4）可能存在集中渗漏的地带应进行连通试验。

5）应进行水质分析。

6 岩土试验应符合下列规定：

1）每一主要岩石（组）室内试验累计有效组数不应少于6组。每一主要土层室内试验累计有效组数不应少于6组。

2）土基应根据土的类型选择标准贯入、动力触探、静力触探、十字板剪切等方法进行原位试验，主要土层试验累计有效数量不宜少于6组（段、点）。河床深厚砂卵砾石层取样与原位测试宜符合本规范附录M的规定。

3）控制坝基稳定和变形的岩土层可进行原位变形和剪切试验，剪切试验不少于2组，变形试验不少于3点。

4）特殊岩土应根据其工程地质特性进行专门试验。

7 长期观测应符合下列规定：

1）勘察期间应进行地下水动态观测，对推荐的坝址应布置地下水长期观测孔。

2）影响坝址选择的潜在不稳定岸坡应进行岸坡位移变形观测，观测线应在平行和垂直可能位移变形的方向布置。

5.5 发电引水线路及厂址

5.5.1 发电引水线路勘察应包括下列内容：

1 初步查明引水线路地段地形地貌特征和滑坡、泥石流等不良物理地质现象的分布、规模。

2 初步查明引水线路地段地层岩性、覆盖层厚度、物质组成和松散、软弱、膨胀等工程性质不良岩土层的分布及其工程地质特性。隧洞线路尚应初步查明喀斯特发育特征、放射性元素及有害气体等。

3 初步查明引水线路地段的褶皱、断层、破碎带等各类结构面的产状、性状、规模、延伸情况及岩体结构等，初步评价其对边坡和隧洞围岩稳定的影响。

4 初步查明引水线路岩体风化、卸荷特征，初步评价其对渠道、隧洞进出口、傍山浅埋及明管铺设地段的边坡和洞室稳定性的影响。

5 初步查明引水线路地段地下水位、主要含水层、汇水构造和地下水溢出点的位置、高程，补排条件等，初步评价其对引水线路的影响。隧洞尚应初步查明与地表溪沟连通的断层破碎带、喀斯特通道等的分布，初步评价掘进时突水（泥）、涌水的可能性及对围岩稳定和周边环境的可能影响。

6 进行岩土体物理力学性质试验，初步提出有关物理力学参数。

7 进行隧洞围岩工程地质初步分类。围岩工程地质分类应符合本规范附录N的规定。

5.5.2 地面式厂房勘察应包括下列内容：

1 初步查明场址区地形地貌特征及岩体风化带、卸荷带、倾倒体、滑坡、崩塌堆积体、喀斯特、地下采空区等的分布，初步评价其对厂房及附属建筑物场地稳定的影响。

2 初步查明场址区的地层岩性，软弱和易溶岩层、软土、粉细砂、湿陷性黄土、膨胀土和分散性土的分布与埋藏条件，并对岩土的物理力学性质和承载能力作出初步评价。对可能地震液化土应进行液化判别，土的地震液化判别应符合本规范附录P的规定。

3 初步查明场址区的地质构造，断层、破碎带、节理裂隙等的性质、产状、规模和展布情况，结构面的组合关系及其对厂址和边坡稳定的影响。

4 初步查明场址区的水文地质条件。初步评价电站压力前池的渗漏、渗透稳定条件以及基坑开挖发生涌水、涌砂的可能性。

5 进行岩土体物理力学性质试验，初步提出有关物理力学性质参数。

5.5.3 地下厂房勘察除应符合本规范第5.5.1条的有关规定外，尚应包括下列内容：

1 初步查明地下厂房和洞群布置地段的岩性组成和岩体结构特征及各类结构面的产状、性状、规模、空间展布和相互切割组合情况，初步评价其对顶拱、边墙、洞群间岩体、交岔段、进出口以及高压管道上覆岩体等稳定的影响。

2 初步查明地下厂房地段地应力、地温、有害气体和放射性元素等情况，初步评价其影响。

5.5.4 发电引水线路及厂址的勘察方法应符合下列规定：

1 工程地质测绘应符合以下规定：

1）引水线路测绘范围应包括线路及两侧300～1000m，厂址测绘范围应包括厂房和附属建筑物场地及周围200～500m。

2）引水线路测绘比例尺可选用1∶10000～1∶2000，隧洞进出口段及厂址测绘比例尺可选用1∶2000～1∶1000。

2 宜采用综合物探方法探测覆盖层厚度、地下水位、古河道、隐伏断层、喀斯特洞穴等，并应利用钻孔和平硐进行综合测试。

3 勘探应符合下列规定：

1）沿引水线路轴线应布置勘探剖面。进出口、调压井、高压管道和厂房等场地宜布置横剖面。勘探点应结合地形地质条件布置。

2）隧洞进出口、傍山、浅埋、明管铺设等地段以及存在重大地质问题的地段应布置勘探钻孔或平硐。

3）地下厂房区可布置平硐。

4）引水隧洞、地下厂房钻孔深度宜进入设计洞底、厂房建基面高程以下 10～30m，但不应小于隧洞洞径或地下厂房跨度。

地面厂房钻孔深度，当地基为基岩时宜进入建基面高程以下 20～30m；当地基为第四纪沉积物时应根据地质条件和建筑物荷载大小综合确定。

4 勘探过程中应收集水文地质资料。隧洞和建筑物场地钻孔应根据需要进行抽水、压（注）水试验和地下水动态观测。

5 岩土试验应符合下列规定：

1）主要岩土层室内试验累计有效组数不应少于6组。

2）特殊岩土应根据其工程地质特性进行专门试验。

3）土基厂址的主要土层应进行原位测试。

6 隧洞和地下厂房可利用平硐或钻孔进行岩体变形参数、岩体波速等原位测试。

7 隧洞和地下厂房应利用平硐或钻孔进行地应力、地温、有害气体和放射性元素测试。岩爆的判别宜符合本规范附录Q的规定。

5.6 溢 洪 道

5.6.1 溢洪道勘察应包括下列内容：

1 初步查明溢洪道区地形地貌特征及滑坡、泥石流、崩塌体等的分布和规模。

2 初步查明溢洪道区地层岩性，覆盖层厚度、物质组成，基岩风化、卸荷深度和岩土体透水性。

3 初步查明溢洪道区断层、破碎带、软弱夹层、缓倾角结构面等的性质、产状、规模和展布情况，结构面的组合关系。

4 进行岩土体物理力学性质试验，初步提出有关物理力学参数。

5 初步评价溢洪道边坡、泄洪闸基的稳定条件以及下游消能段岩体的抗冲条件和冲刷坑岸坡的稳定条件。

5.6.2 溢洪道的勘察方法应符合下列规定：

1 工程地质测绘比例尺可选用 1：5000～1：2000。当溢洪道与坝址邻近时，可与坝址一并测绘成图。

2 勘探剖面应沿设计溢洪道中心线和消能设施等主要建筑物布置，钻孔深度宜进入设计建基面高程以下 20～30m，泄洪闸基钻孔深度应满足防渗要求。

3 泄洪闸基岩钻孔应进行压水试验。

4 主要岩土层室内试验累计有效组数不应少于6组。

5.7 渠道及渠系建筑物

5.7.1 渠道勘察应包括下列内容：

1 初步查明渠道沿线的地形地貌和喀斯特塌陷区、古河道、移动沙丘、地下采空区及矿产等的分布与规模。对于穿越城镇、工矿区的渠道，应调查和探测地下构筑物、地下管线等。

2 初步查明渠道沿线的地层岩性，重点是工程性质不良岩土层的分布及其对渠道的影响。特殊土勘察要点应符合本规范附录R的规定。

3 初步查明渠道沿线含水层和隔水层的分布，地下水补排条件、水位、水质、岩土体的渗透性、土壤的盐渍化现状，并对环境水文地质条件的可能变化进行初步预测。

4 初步查明傍山渠道沿线崩塌体、滑坡体、泥石流、洪积扇、残坡积土等的分布、规模及覆盖层厚度，基岩风化带、卸荷带深度、地质构造和主要结构面的组合等，并对边坡稳定性进行初步评价。

5 初步查明岩土物理力学性质，初步提出岩土物理力学参数。

6 进行渠道工程地质初步分段。对可能发生严重渗漏、浸没、地震液化、岩土膨胀、黄土湿陷、滑塌、冻胀与融沉等工程地质问题作出初步评价。膨胀土的判别应符合本规范附录S的规定。黄土湿陷性及湿陷起始压力的判定应符合本规范附录T的规定。

5.7.2 渠系建筑物勘察除应符合本规范第 5.7.1 条的规定外，尚应包括下列内容：

1 初步查明建筑物区水文地质条件，对地基渗漏和渗透稳定条件及基坑开挖过程中发生涌水、涌砂的可能性作出初步评价。

2 结合建筑物基础形式，初步查明各岩土层的物理力学性质。

3 应对建筑物地基进行工程地质初步评价。

5.7.3 渠道及渠系建筑物的勘察方法应符合下列规定：

1 工程地质测绘比例尺：渠道可选用 1：10000～1：5000，渠系建筑物可选用 1：2000～1：1000。

2 工程地质测绘范围应包括各比选渠线两侧各 500～1500m，渠系建筑物应包括对建筑物可能有影响的地段，对高边坡及傍山渠段测绘范围应适当扩大。

3 宜采用物探方法探测覆盖层厚度、岩体风化程度、地下水位、古河道、隐伏断层、喀斯特洞穴、地下采空区、地下构筑物和地下管线等。

4 勘探布置应符合下列规定：

1）沿渠道中心线应布置勘探坑、孔，勘探点间距 500～1000m；勘探横剖面间距 1000～2000m，横剖面上的钻孔数不应少于 3 个。傍山渠道勘探点应适当加密，高边坡地段宜布置勘探平硐。

2）渠系建筑物宜布置纵、横勘探剖面，建筑物轴线钻孔间距宜控制在 100～200m 之间，剖面上的钻孔数不宜少于3个。

3) 挖方渠道钻孔深度宜进入设计渠底板以下5～10m，填方渠道钻孔深度应能满足稳定分析的要求；渠系建筑物钻孔深度宜进入设计建基面以下20～30m，或进入基础以下一定深度。特殊情况应适当加深。

4) 钻孔在钻进过程中应收集水文地质资料，并应根据需要进行抽水、压（注）水试验和地下水动态观测，对可能存在渗漏、浸没或盐渍化地段，应进行野外注水试验。

5 岩土试验应符合下列规定：

1) 岩土物理力学性质试验应以室内试验为主。原位测试方法宜根据土（岩）类和工程需要选择。

2) 对特殊土应进行专门试验。

3) 渠道各工程地质单元（段）和渠系建筑物地基主要岩土层的室内试验累计有效组数不应少于6组。

5.8 水闸及泵站

5.8.1 水闸及泵站场址勘察应包括以下内容：

1 初步查明水闸及泵站场地的地形地貌，重点为古河道、牛轭湖、决口口门等的位置、分布和埋藏情况。

2 初步查明水闸及泵站场地滑坡、泥石流等不良地质现象的分布。

3 初步查明水闸及泵站场地的地层结构、岩土类型和物理力学性质，重点为工程性质不良岩土层的分布情况和工程特性。

4 初步查明地下水类型、埋深及岩土透水性，透水层和相对隔水层的分布，地表水和地下水水质，初步评价地表水、地下水对混凝土及钢结构的腐蚀性。

5 进行岩土物理力学性质试验，初步提出岩土物理力学参数。

6 初步评价建筑物场地地基承载力、渗透稳定、抗滑稳定、地震液化和边坡稳定性等。

5.8.2 水闸及泵站场址的勘察方法应符合下列规定：

1 工程地质测绘比例尺可选用1：5000～1：1000。测绘范围应包括比选方案在内的所有建筑物地段，进水和泄水方向应包括可能危及工程安全运行的地段。

2 可采用物探或调查访问方法确定古河道、牛轭湖、决口口门、沙丘等的分布、位置和埋藏情况。宜采用物探方法测定土体的动力参数。

3 纵、横勘探剖面和勘探点应结合建筑物、场址的地形地质条件布置；主要勘探剖面的钻孔间距宜控制在50～100m之间，每条剖面不应少于3个孔。

4 闸基勘探钻孔进入建基面以下的深度，不应小于闸底板宽度的1.5倍，在此深度内遇有泥炭、软土、粉细砂及强透水层等工程性质不良岩土层时，钻孔应进入下卧的承载力较高的土层或相对隔水层。当基岩埋深小于闸底板宽度的1.5倍时，钻孔进入基岩深度不宜小于5～10m。

5 泵站勘探钻孔深度，当地基为基岩时宜进入建基面以下10～15m，当地基为第四纪沉积物时应根据持力层情况确定。

6 分层取原状土样进行物理力学性质试验及渗透试验。各建筑物地基主要岩土层的室内试验累计有效组数均不应少于6组；当主要持力层为第四纪沉积物时，应根据土层类别选择合适的原位测试方法，每一主要土层试验累计有效数量不宜少于6组（段、点）。

7 根据需要进行抽水试验、压（注）水试验、地下水动态观测工作。应取水样进行水质分析。

5.9 深埋长隧洞

5.9.1 深埋长隧洞勘察除应符合本规范第5.5.1条的有关规定外，尚应包括下列内容：

1 初步查明可能产生高外水压力、突（涌）水（泥）的地质条件。

2 初步查明可能产生围岩较大变形的岩组及大断裂破碎带的分布及特征。

3 初步查明地应力特征及产生岩爆的可能性。

4 初步查明地温分布特征。

5 初步评价成洞条件及存在的主要地质问题，提出地质超前预报的初步设想。

5.9.2 深埋长隧洞进出口段及浅埋段的勘察方法应符合本规范第5.5.4条的有关规定。

5.9.3 深埋段的勘察方法应符合下列规定：

1 收集本区已有的航片、卫片、各种比例尺的地质图及相关资料，进行分析与航片、卫片解译。

2 工程地质测绘比例尺可选用1：50000～1：10000，测绘范围应包括隧洞各比选线及其两侧各1000～5000m，当水文地质条件复杂时可根据需要扩大。

3 选择合适的物探方法，探测深部地质构造特征、喀斯特发育特征等。

4 宜选择合适位置布置深孔，进行地应力、地温、地下水位、岩体渗透性、岩体波速等综合测试。

5 进行岩石物理力学性质试验。

5.10 堤防及分蓄洪工程

5.10.1 堤防及分蓄洪工程勘察应包括下列内容：

1 初步查明新建堤防各堤线的水文地质、工程地质条件及存在的主要工程地质问题，并对堤线进行比较，初步预测堤防挡水后可能出现的环境地质问题。

2 调查已建堤防工程散浸、管涌、堤防溃口等历史险情。对堤身质量进行检测、评价。

3 初步查明已建堤防堤基的水文地质、工程地质条件及存在的主要工程地质问题，结合历年险情隐患对堤基进行初步分段评价。

4 初步查明堤岸岸坡的水文地质、工程地质条件，并对岸坡稳定性进行初步分段评价。

5 初步查明分蓄洪区围堤，转移道路、桥梁和安全区内各建筑物的水文地质、工程地质条件及存在的主要工程地质问题。

6 初步提出各土（岩）层的物理力学参数。

5.10.2 堤防及分蓄洪工程的勘察方法应符合下列规定：

1 工程地质测绘比例尺可选用1：50000～1：10000。新建堤防测绘范围为堤线两侧各500～2000m，已建堤防为堤线两侧各300～1000m，并应包括各类险情分布范围。

2 勘探纵剖面沿堤线布置，钻孔间距宜为500～1000m；横剖面垂直堤线布置，间距宜为纵剖面上钻孔间距的2～4倍，孔距宜为20～200m。钻孔进入堤基的深度宜为堤身高度的1.5～2.0倍。

3 应取样进行物理力学性质试验及渗透试验。每一工程地质单元各主要土（岩）层试验累计有效组数不应少于6组。

5.11 灌区工程

5.11.1 灌区的工程地质勘察内容应符合本规范第5.7.1条和第5.7.2条的规定。

5.11.2 灌区的工程地质勘察方法应符合下列规定：

1 进行渠道纵横剖面工程地质测绘，比例尺可选用1：10000～1：1000。

2 渠道勘探以坑、孔为主，间距宜为500～1000m，深度宜进入设计渠底板以下不小于5m或根据需要确定；各建筑物场地应布置钻孔，钻孔深度宜进入设计建基面以下20～30m，或进入基础以下一定深度。

3 岩土物理力学性质试验应以室内试验为主。原位测试方法宜根据土（岩）类和工程需要选择。

5.11.3 灌区水文地质勘察应包括下列内容：

1 初步查明地层岩性、第四纪沉积物的成因类型和分布情况。

2 初步查明主要含水层的空间分布及其水文地质特征，地下水的补给、排泄、径流条件及其动态变化规律。

3 当采用地下水作为灌溉水源时，初步查明主要含水层水质、补给量、储存量和允许开采量。对拟建水源地的可靠性进行评价。

4 初步查明地下水的水质、土壤盐渍化的类型、程度及其分布特征。

5 初步确定地下水埋深临界值和地下排水模数。

6 初步评价土壤改良的水文地质条件，提出防治土壤盐渍化、沼泽化的建议。

5.11.4 灌区的水文地质勘察方法应符合下列规定：

1 水文地质测绘比例尺可选用1：50000～1：10000，测绘范围应根据水文地质条件确定。

2 进行地面物探和水文测井工作。

3 勘探剖面一般应沿水文地质条件和土壤盐渍化变化最大的方向布置，勘探点、线的间距应根据水文地质复杂程度合理确定。

4 进行水文地质试验和地下水动态观测工作。

5.12 河道整治工程

5.12.1 河道整治工程勘察应包括下列内容：

1 初步查明河道整治地段的岸坡形态、滩地、冲沟、古河道等的分布和近岸河底形态。

2 初步查明河道整治地段河势稳定状况、河床的冲淤变化，并对岸坡、滩地等的稳定性进行初步评价。

3 初步查明河道整治地段地层岩性，重点是软土、粉细砂等土层的分布和向近岸水下延伸情况。

4 初步查明河道整治地段崩塌、滑坡等物理地质现象的分布与规模。

5 初步查明河道整治地段的地下水类型、地下水位和水质。

6 初步查明各岩土层物理力学性质，初步提出岩土层物理力学参数。

7 初步查明河道整治工程建筑物的工程地质条件和主要工程地质问题。

5.12.2 河道整治工程的勘察方法应符合下列规定：

1 工程地质测绘比例尺可选用1：10000～1：5000。测绘范围为工程边线外200～500m，并应包括各类险情分布范围。

2 可根据各类河道整治工程的要求布置勘探坑、孔。钻孔深度应进入河道深泓底以下5～10m。

3 根据需要进行取样试验和原位测试。

5.13 移民选址

5.13.1 可行性研究阶段移民选址工程地质勘察应结合移民安置规划进行，为初选移民新址提供地质依据。

5.13.2 移民选址工程地质勘察应包括下列内容：

1 评价新址区区域构造稳定性。

2 初步查明新址区基本地形地质条件，重点是对场址整体稳定性有影响的地质结构及特殊岩（土）体的分布。

3 初步查明新址区及外围滑坡、崩塌、危岩、冲沟、泥石流、坍岸、喀斯特等不良地质现象的分布范围及规模，初步分析其对新址区场地稳定性的影响。

4 初步查明生产、生活用水水源、水量、水质及开采条件。

5 进行新址区场地稳定性、建筑适宜性初步评价。

5.13.3 移民选址的工程地质勘察方法应符合下列规定：

1 应收集区域地质、地震、矿产、航片、卫片、气象、水文等资料。

2 新址区工程地质测绘比例尺可选用1∶10000～1∶2000，工程地质测绘范围应包括新址区及对新址区场地稳定性评价有影响的地区。

3 按地形坡度小于10°、10°～15°、15°～20°和大于20°分别统计面积。

4 新址区勘探剖面应结合地貌单元及地质条件布置，不同地貌单元应有勘探点控制。

5 取样进行试验和原位测试。每一主要岩（土）层的试验累计有效组数不宜少于6组。试验项目宜根据场地岩土体的实际条件确定。

6 对生产、生活用水水源应进行水质分析。

5.14 天然建筑材料

5.14.1 对工程所需的天然建筑材料应进行初查，对影响设计方案选择的料场宜进行详查。

5.14.2 初步查明料场地形地质条件、岩土结构、岩性、夹层性质及空间分布，地下水位，剥离层、无用层厚度及方量，有用层储量、质量，开采运输条件和对环境的影响。

5.14.3 初查储量与实际储量的误差不应超过40%；初查储量不得少于设计需要量的3倍。

5.15 勘察报告

5.15.1 可行性研究阶段工程地质勘察报告正文应包括绪言、区域地质概况、工程区及建筑物工程地质条件、天然建筑材料以及结论与建议等。

5.15.2 绪言应包括工程概况、勘察地区的自然地理条件，历次所进行的勘察工作情况和研究深度，有关审查和评估意见，本阶段及历次完成的工作项目和工作量等。

5.15.3 区域地质概况应包括区域地形地貌、地层岩性、地质构造与地震、物理地质现象、水文地质条件、区域构造稳定性及地震动参数等。

5.15.4 水库区工程地质条件应包括库区的地质概况、水库渗漏、浸没、库岸稳定、泥石流等工程地质问题及初步评价，水库诱发地震的预测结果及监测建议等。

5.15.5 坝址区的工程地质条件应按坝址、引水发电系统、溢洪道、主要临时建筑物等节编写。

1 坝址工程地质条件应包括坝址地质概况、各比选坝址的工程地质条件、对坝址选择的意见、推荐坝址的工程地质条件和主要工程地质问题。

2 引水发电系统的工程地质条件应包括地质概况、各比选方案的工程地质条件，推荐方案隧洞进出口段、洞身段、调压井和厂房等的工程地质条件和主要工程地质问题。

3 溢洪道、通航建筑物及其他建筑物的工程地质条件。

5.15.6 引调水工程的工程地质条件应包括地质概况、各比选方案的工程地质条件、方案比选地质意见和推荐方案的工程地质条件。推荐方案可按渠道、渠系建筑物、管道、隧洞等分别进行论述和评价。

5.15.7 水闸和泵站工程地质条件应包括地质概况、各比选闸（站）址的工程地质条件、闸（站）址方案比选地质意见和推荐闸（站）址的工程地质条件。

5.15.8 灌区工程地质条件应按灌排渠道、渠系建筑物工程地质条件及灌区水文地质条件分别编写。灌排渠道、渠系建筑物工程地质条件应包括基本地质条件、各比选方案的工程地质条件、方案比选地质意见和推荐方案的工程地质条件；灌区水文地质条件应包括基本水文地质条件、土壤类型、地下水埋深等，对灌区施灌后可能产生的盐渍化、沼泽化等次生灾害进行分析；当采用地下水作为灌溉水源时，应包括地下水资源初步评价的有关内容。

5.15.9 堤防及分蓄洪区工程地质条件应按堤防、涵闸、泵站、护岸工程等分节编写，并应符合下列规定：

1 堤防工程地质条件应包括地质概况、各比选堤线的工程地质条件和线路比选地质意见，推荐堤线的工程地质分段说明，对已有堤防，还应说明堤身的填筑质量和历年出险情况。

2 涵闸和泵站工程地质条件应包括地基各土层的分布、物理力学特性，存在的主要工程地质问题和地基处理建议等。

3 护岸工程地质条件应包括地貌特征、河岸演变、土层特性、冲刷深度、岸坡稳定现状等。

5.15.10 河道整治工程地质条件应包括地质概况、开挖岩土层类别、建议开挖的边坡等。

5.15.11 天然建筑材料编写内容应包括设计需求量、各料场位置及地形地质条件、勘探和取样、储量和质量、开采和运输条件等。

5.15.12 结论与建议应包括方案比选地质意见、推荐方案各主要建筑物的工程地质结论、下阶段勘察工作建议。

5.15.13 移民选址工程地质勘察报告编写应符合下列规定：

1 移民选址工程地质勘察报告应包括绪言、区域地质概况、基本地质条件、主要工程地质与环境地质问题、生产及生活水源、场地稳定性和场地适宜性评价、结论与建议。

2 报告附图宜包括移民新址综合地质图及地质

剖面图等。

6 初步设计阶段工程地质勘察

6.1 一 般 规 定

6.1.1 初步设计阶段工程地质勘察应在可行性研究阶段选定的坝（场）址、线路上进行。查明各类建筑物及水库区的工程地质条件，为选定建筑物形式、轴线、工程总布置提供地质依据。对选定的各类建筑物的主要工程地质问题进行评价，并提供工程地质资料。

6.1.2 初步设计阶段工程地质勘察应包括下列内容：

1 根据需要复核或补充区域构造稳定性研究与评价。

2 查明水库区水文地质、工程地质条件，评价存在的工程地质问题，预测蓄水后的变化，提出工程处理措施建议。

3 查明各类水利水电工程建筑物区的工程地质条件，评价存在的工程地质问题，为建筑物设计和地基处理方案提供地质资料和建议。

4 查明导流工程及其他主要临时建筑物的工程地质条件。根据需要进行施工和生活用水水源调查。

5 进行天然建筑材料详查。

6 设立或补充、完善地下水动态观测和岩土体位移监测设施，并应进行监测。

7 查明移民新址区工程地质条件，评价场地的稳定性和适宜性。

6.2 水　　库

6.2.1 水库勘察应包括下列内容：

1 查明可能严重渗漏地段的水文地质条件，对水库渗漏问题作出评价。

2 查明可能浸没区的水文地质、工程地质条件，确定浸没影响范围。

3 查明滑坡、崩塌等潜在不稳定库岸的工程地质条件，评价其影响。

4 查明土质岸坡的工程地质条件，预测坍岸范围。

5 论证水库诱发地震可能性，评价其对工程和环境的影响。

6.2.2 可溶岩区水库严重渗漏地段勘察应查明下列内容：

1 可溶岩层、隔水层及相对隔水层的厚度、连续性和空间分布。

2 喀斯特发育程度、主要喀斯特洞穴系统的空间分布特征及其与邻谷、河间地块、下游河弯地块的关系。

3 喀斯特水文地质条件、主要喀斯特水系统（泉、暗河）的补给、径流和排泄特征，地下水位及其动态变化特征、河谷水动力条件。

4 主要渗漏地段或主要渗漏通道的位置、形态和规模，喀斯特渗漏的性质，估算渗漏量，提出防渗处理范围、深度和处理措施的建议。

6.2.3 非可溶岩区水库严重渗漏地段勘察，应查明断裂带、古河道、第四纪松散层等渗漏介质的分布及其透水性，确定可能发生严重渗漏的地段、渗漏量及危害性，提出防渗处理范围和措施的建议。

6.2.4 水库严重渗漏地段的勘察方法应符合下列规定：

1 水文地质测绘比例尺可选用 1：10000～1：2000。

2 水文地质测绘范围应包括需查明渗漏地段喀斯特发育特征和水文地质条件的区域，重点是可能渗漏通道及其进出口地段。对能追索的喀斯特洞穴均应进行测绘。

3 根据地形、地质条件选择物探方法，探测喀斯特的空间分布和强透水带的位置。

4 勘探剖面应根据水文地质结构和地下水渗流情况，并结合可能的防渗处理方案布置。在多层含水层结构区，各可能渗漏岩组内不应少于2个钻孔。钻孔应进入隔水层、相对隔水层或枯水期地下水位以下一定深度；喀斯特发育区钻孔深度应穿过喀斯特强烈发育带；在河谷近岸喀斯特水虹吸循环带，应有控制性深孔，了解喀斯特洞穴发育深度。平硐主要用于查明地下水位以上的喀斯特洞穴和通道。

5 应进行地下水动态观测，并基本形成长期观测网。各可能渗漏岩组内不应少于2个观测孔。观测内容除常规项目外，还应观测降雨时的洞穴涌水和流量变化情况。雨季观测时间间隔应缩短。地下水位、降雨量、喀斯特泉流量应同步观测。

6 喀斯特区应进行连通试验，查明喀斯特洞穴间的连通情况。可采用堵洞抬水、抽水试验等方法了解大面积的连通情况。

7 根据喀斯特水文地质条件的复杂程度，可选择对地下水的渗流场、化学场、温度场、同位素场及喀斯特水均衡进行勘察研究。

6.2.5 水库浸没勘察应包括下列内容：

1 查明可能浸没区的地貌、地层的层次、厚度、物理性质、渗透系数、表层土的毛管水上升高度、给水度、土壤含盐量。

2 查明可能浸没区的水文地质结构、含水层的类型、埋深和厚度、隔水层底板的埋深，地下水补给、径流和排泄条件、地下水流向、地下水位及其动态、地下水化学成分和矿化度。确定浸没类型。

3 喀斯特区水库应在查明库周喀斯特发育与连通情况，水库蓄水后库水、地表水与地下水之间的补给、排泄关系的基础上，查明库周洼地、槽谷的分布、形态、岩土类型和水文地质条件。

4 对于农作物区，应根据各种现有农作物的种类、分布，查明土壤盐渍化现状，确定地下水埋深临界值。

5 对于建筑物区，应根据各种现有建筑物的类型、数量和分布，查明基础类型和埋深，确定地下水埋深临界值。查明黄土、软土、膨胀土等工程性质不良岩土层的分布情况、性状和土的冻结深度，评价其影响。

6 确定浸没的范围及危害程度。

6.2.6 水库浸没的勘察方法应符合下列规定：

1 工程地质测绘比例尺，农作物区可选用1：10000～1：5000，建筑物区可选用1：2000～1：1000。测绘范围，顶托型浸没应包括可能浸没区所在阶地的后缘或相邻地貌单元的前缘，渗漏型浸没应包括渗漏补给区、径流区和排泄区及其邻近洼地。

2 勘探剖面应垂直库岸、堤坝或平行地下水流向布置。剖面间距，农作物区宜为500～1000m，建筑物区宜为200～500m，水文地质条件复杂地区应适当加密。

3 勘探工作布置应符合下列规定：

1）勘探剖面上的钻孔间距，农作物区应为500～1000m，建筑物区应为200～500m，剖面上每个地貌单元钻孔不应少于2个，水库正常蓄水位线附近应布置钻孔。钻孔深度应到达基岩或相对隔水层以下1m，钻孔内应测定稳定地下水位。

2）试坑宜与钻孔相间布置，试坑深度应到达表部土层底板或稳定的地下水位以下0.5m。

3）当勘察区地层为双层结构，下部为承压含水层，且上部黏土层厚度较大时，宜在钻孔旁边布置试坑，对比试坑内地下水位与钻孔内地下水位之间的关系。

4）勘探剖面之间根据需要采用物探方法了解剖面间地下水位、基岩或相对隔水层埋深的变化情况。

4 试验工作应符合下列规定：

1）通过室内试验测定各主要地层的物理性质、渗透系数、给水度、毛管水上升高度、地下水化学成分和矿化度。每一主要土层的试验累计有效组数不宜少于6组。

2）毛管水上升高度还应在试坑内实测确定。

3）渗漏型浸没区应进行一定数量的现场试验，确定渗透系数。

4）可能次生盐渍化的农作物浸没区应测定表部土层含盐的成分和数量。

5）建筑物浸没区应测定持力层在天然含水率和饱和含水率状态下的抗剪强度和压缩性。

5 建筑物浸没区和范围较大的农作物浸没区应建立地下水动态观测网；当浸没区地层为双层结构，且上部土层厚度较大时，应分别观测下部含水层和上部土层内的地下水动态。

6 水库蓄水后地下水壅高计算可采用地下水动力学方法。渗漏型浸没区可采用水均衡法计算。渗流场较复杂的浸没区宜采用三维数值分析方法进行计算。

7 当勘察区的水文地质条件较复杂时，应编制地下水等水位线图。当原布置的勘探剖面方向与地下水流向有较大差别时，应根据地下水等水位线图调整计算剖面方向。

8 浸没计算应采用正常蓄水位，分期蓄水水库应采用分期蓄水位。水库末端应采用考虑库尾翘高后的水位值，多泥沙河流的水库应考虑淤积对库水位的影响。

9 当地层为双层结构，且上部黏土层厚度较大时，浸没地下水位的确定应考虑黏性土层对承压水头折减的影响。

6.2.7 水库库岸滑坡、崩塌和坍岸区的勘察应包括下列内容：

1 查明水库区对工程建筑物、城镇和居民区环境有影响的滑坡、崩塌的分布、范围、规模和地下水动态特征。

2 查明库岸滑坡、崩塌和坍岸区岩土体物理力学性质，调查库岸水上、水下与水位变动带稳定坡角。

3 查明坍岸区岸坡结构类型、失稳模式、稳定现状，预测水库蓄水后坍岸范围及危害性。

4 评价水库蓄水前和蓄水后滑坡、崩塌体的稳定性，估算滑坡、崩塌入库方量、涌浪高度及影响范围，评价其对航运、工程建筑物、城镇和居民区环境的影响。

5 提出库岸滑坡、崩塌和坍岸的防治措施和长期监测方案建议。

6.2.8 库岸滑坡、崩塌堆积体的工程地质勘察方法应符合下列规定：

1 收集滑坡区水文、气象、地震、人类活动、地表变形、影像和当地治理滑坡的工程经验等资料。

2 滑坡区工程地质测绘比例尺可选用1：2000～1：500，范围应包括滑坡区和可能的次生地质灾害区。

3 滑坡勘探应在工程地质测绘、物探基础上进行。主勘探线应布设在滑坡主滑方向且滑坡体厚度最大的部位，纵穿整个滑坡体；横剖面勘探线的布设应满足控制滑坡形态的要求。

4 滑坡勘探线间距可选用50～200m，主勘探线上勘探点数不宜少于3个，滑坡后缘以外稳定岩土体上勘探点不应少于1个。

5 滑坡勘探钻孔深度进入最低滑面（或潜在滑面）以下不应小于10m。

6 大型滑坡或对工程建筑物、城镇和居民区环境有重要影响的滑坡宜布置竖井、平硐。竖井、平硐深度应穿过最低滑面（或潜在滑面）进入稳定岩土体，且应保证满足取样、现场原位试验、地下水和变形监测等要求。

7 对已经出现或可能出现地表变形的滑坡，宜进行滑坡体深部位移监测，辅助确定滑动带位置；对滑体和滑床应分别观测地下水位，当滑坡体中存在两个以上含水系统时，亦应分层观测。

8 对水工建筑物、城镇、居民点及主要交通线路的安全有影响的不稳定岩体的滑带土应进行室内物理力学性质试验，试验累计有效组数不应少于6组。根据需要可进行原位抗剪试验、涌浪模型试验和滑带土的黏土矿物分析。

9 崩塌堆积体的工程地质勘察方法可参照滑坡的工程地质勘察方法执行。

6.2.9 库岸坍岸区的工程地质勘察方法应符合下列规定：

1 坍岸区工程地质测绘比例尺，城镇地区可选用1：2000～1：1000，农业地区可选用1：10000～1：2000，范围应包括坍岸区及其影响区。

2 坍岸预测剖面应垂直库岸布置，靠近岸边的坑、孔应进入水库死水位或相当于陡坡脚高程以下。勘探线间距，城镇地区可选用200～1000m，农业地区可选用1000～5000m。

3 根据需要进行土层物理力学性质试验。

4 坍岸预测宜采取多种方法，坍岸范围与危害性宜进行综合评价。

5 每一勘探剖面不应少于2个坑、孔，坑、孔间距视可能坍岸宽度确定，靠近岸坡边缘应布置钻孔，钻孔深度应穿过可能坍岸面以下5m。

6.2.10 泥石流勘察应包括下列内容：

1 查明形成区及周边的水源类型、水量、汇水条件、地形地貌特征、岩体组成、地质构造特征及不良地质现象的发育情况。

2 查明可能形成泥石流固体物质的组成、分布范围、储量及流通区、堆积区的地形地貌特征。

3 分析评价对建筑物、水库运行及周边环境的影响，提出处理措施的建议。

6.2.11 泥石流的勘察方法应符合下列规定：

1 勘察方法应以工程地质测绘和调查为主，测绘范围应包括沟谷至分水岭的全部地段和可能受泥石流影响的地段，测绘比例尺宜采用1：10000～1：2000。

2 勘探、物探、试验及监测工作可根据具体情况确定。

6.2.12 水库诱发地震预测应符合下列规定：

1 当可行性研究阶段预测有可能发生水库诱发地震时，应对诱发地震可能性较大的地段进行工程地质和地震地质论证，校核可能发震库段的诱震条件，预测发震地段、类型和发震强度，并应对工程建筑物的影响作出评价。

2 对需要进行水库诱发地震监测的工程，应进行水库诱发地震监测台网总体方案设计。台网布设应有效控制库首及水库诱发地震可能性较大的库段，监测震级（M_L）下限应为0.5级左右。台网观测宜在水库蓄水前1～2年开始。

6.3 土石坝

6.3.1 土石坝坝址勘察应包括下列内容：

1 查明坝基基岩面形态、河床深槽、古河道、埋藏谷的具体范围、深度以及深槽或埋藏谷侧壁的坡度。

2 查明坝基河床及两岸覆盖层的层次、厚度和分布，重点查明软土层、粉细砂、湿陷性黄土、架空层、漂孤石层以及基岩中的石膏夹层等工程性质不良岩土层的情况。

3 查明心墙、斜墙、面板趾板及反滤层、垫层、过渡层等部位坝基有无断层破碎带、软弱岩体、风化岩体及其变形特性、允许水力比降。

4 查明坝基水文地质结构，地下水埋深，含水层或透水层和相对隔水层的岩性、厚度变化和空间分布，岩土体渗透性。重点查明可能导致强烈漏水和坝基、坝肩渗透变形的集中渗漏带的具体位置，提出坝基防渗处理的建议。

5 评价地下水、地表水对混凝土及钢结构的腐蚀性。

6 查明岸坡风化卸荷带的分布、深度，评价其稳定性。

7 查明坝区喀斯特发育特征，主要喀斯特洞穴和通道的分布规律，喀斯特泉的位置和流量，相对隔水层的埋藏条件，提出防渗处理范围的建议。

8 提出坝基岩土体的渗透系数、允许水力比降和承载力、变形模量、强度等各种物理力学参数，对地基的沉陷、不均匀沉陷、湿陷、抗滑稳定、渗漏、渗透变形、地震液化等问题作出评价，并提出坝基处理的建议。

6.3.2 土石坝坝址的勘察方法应符合下列规定：

1 工程地质测绘比例尺宜选用1：5000～1：1000，测绘范围应包括坝址区水工建筑物场地和对工程有影响的地段。

2 物探应符合下列规定：

1）物探方法应根据坝址区的地形、地质条件等确定。

2）可采用电法、地震法探测覆盖层厚度、基岩面起伏情况及断层破碎带的分布。物探剖面应尽量结合勘探剖面进行布置。

3）可采用综合测试查明覆盖层层次，测定土层的密度。

4）可采用单孔法、跨孔法测定纵、横波波速。

5）应利用勘探平硐和勘探竖井进行岩体弹性波波速测试。

3 勘探应符合下列规定：

1）勘探剖面应结合坝轴线、心墙、斜墙和趾板防渗线、排水减压井、消能建筑物等布置。

2）勘探点间距宜采用50～100m。

3）基岩坝基钻孔深度宜为坝高的1/3～1/2，防渗线上的钻孔深度应深入相对隔水层不少于10m或不小于坝高。

4）覆盖层坝基钻孔深度，当下伏基岩埋深小于坝高时，钻孔进入基岩深度不宜小于10m，防渗线上钻孔深度可根据防渗需要确定；当下伏基岩埋深大于坝高时，钻孔深度宜根据透水层与相对隔水层的具体情况确定。

5）专门性钻孔的孔距和孔深应根据具体需要确定。

6）对两岸岩体风化带、卸荷带以及对坝肩岩体稳定和绕坝渗漏有影响的断层破碎带、喀斯特洞穴（通道）等宜布置平硐。

4 岩土试验应符合下列规定：

1）坝基主要土层的物理力学性质试验累计有效组数不应少于12组。土层抗剪强度宜采用三轴试验，细粒土还应进行标准贯入试验和触探试验等原位测试。

2）根据需要进行现场渗透变形试验和载荷试验，以及可能地震液化土的室内三轴振动试验。

3）根据需要进行岩体物理力学性质试验。

5 水文地质试验应符合下列规定：

1）根据第四纪沉积物的成层特性和水文地质结构进行单孔或多孔抽水试验，坝基主要透水层的抽水试验不应少于3组。

2）强透水的断裂带应做专门的水文地质试验。

3）防渗线上的基岩孔段应做压水试验，其他部位可根据需要确定。

6 地下水动态观测和不稳定岩土体位移监测的要求应符合本规范第6.4.2条第6款和第7款的规定。

6.4 混凝土重力坝

6.4.1 混凝土重力坝（砌石重力坝）坝址勘察应包括下列内容：

1 查明覆盖层的分布、厚度、层次及其组成物质，以及河床深槽的具体分布范围和深度。

2 查明岩体的岩性、层次，易溶岩层、软弱岩层、软弱夹层和蚀变带等的分布、性状、延续性、起伏差、充填物、物理力学性质以及与上下岩层的接触情况。

3 查明断层、破碎带、断层交汇带和裂隙密集带的具体位置、规模和性状，特别是顺河断层和缓倾角断层的分布和特征。

4 查明岩体风化带和卸荷带在各部位的厚度及其特征。

5 查明坝基、坝肩岩体的完整性、结构面的产状、延伸长度、充填物性状及其组合关系。确定坝基、坝肩稳定分析的边界条件。

6 查明坝基、坝肩喀斯特洞穴、通道及长大溶蚀裂隙的分布、规模、充填状况及连通性，查明喀斯特泉的分布和流量。

7 查明两岸岸坡和开挖边坡的稳定条件。结合边坡地质结构，提出工程边坡开挖坡比和支护措施建议。

8 查明坝址的水文地质条件，相对隔水层埋藏深度，坝基、坝肩岩体渗透性的各向异性，以及岩体渗透性的分级，提出渗控工程的建议。

9 查明地表水和地下水的物理化学性质，评价其对混凝土和钢结构的腐蚀性。

10 查明消能建筑物及泄流冲刷地段的工程地质条件，评价泄流冲刷、泄流水雾对坝基及两岸边坡稳定的影响。

11 峡谷坝址应根据需要测试岩体应力，分析其对坝基开挖岩体卸荷回弹的影响。

12 进行坝基岩体结构分类，岩体结构分类应符合本规范附录U的规定。

13 在分析坝基岩石性质、地质构造、岩体结构、岩体应力、风化卸荷特征、岩体强度和变形性质的基础上进行坝基岩体工程地质分类，提出各类岩体的物理力学参数建议值，并对坝基工程地质条件作出评价。坝基岩体工程地质分类应符合本规范附录V的规定。

14 提出建基岩体的质量标准，确定可利用岩面的高程，并提出重大地质缺陷处理的建议。

15 土基上的混凝土闸坝勘察内容可参照土石坝和水闸的有关规定。

6.4.2 混凝土重力坝坝址的勘察方法应符合下列规定：

1 工程地质测绘应符合下列规定：

1）工程地质测绘比例尺可选用1∶2000～1∶1000。

2）工程地质测绘范围应包括坝址水工建筑物场地和对工程有影响的地段。

3）当岩性变化或存在软弱夹层时，应测绘详细的地层柱状图。

2 物探应符合下列规定：

1）宜采用综合测试和孔内电视等方法，确定对坝基（肩）岩体稳定有影响的结构面、软弱带及软弱岩石、低波速松弛岩带等的产状、分布，含水层和渗漏带的位置等。

2）可采用单孔法、跨孔法、跨洞法测定各类岩体纵波或横波速度。

3）喀斯特区可采用孔间或洞间测试以及层析成像技术调查喀斯特洞穴的分布。

3 勘探应符合下列规定：

1）勘探剖面应根据具体地质条件结合建筑物特点布置。选定的坝线应布置坝轴线勘探剖面和上下游辅助勘探剖面，剖面的间距根据坝高和地质条件可采用50～100m。上游坝踵、下游坝趾、消能建筑物及泄流冲刷等部位应有勘探剖面控制。溢流坝段、非溢流坝段、厂房坝段、通航坝段、泄洪中心线部位等均应有代表性勘探纵剖面。

2）坝轴线勘探剖面上的勘探点间距可采用20～50m，其他勘探剖面上的勘探点间距可视具体需要和地质条件变化确定。

3）钻孔深度应进入拟定建基面高程以下1/3～1/2坝高的深度，帷幕线上的钻孔深度可采用1倍坝高或进入相对隔水层不小于10m。

4）专门性钻孔的孔距、孔深可根据具体需要确定。当需要查明河床坝基顺河断层、缓倾角软弱结构面时可布置倾斜钻孔。

5）平硐、竖井、大口径钻孔应结合建筑物位置、两岸地形地质条件和岩体原位测试工作的需要布置。高陡岸坡宜布置平硐，地形和地层平缓时宜布置竖井或大口径钻孔。

6）当钻孔或平硐遇到溶洞或大量漏水时，应继续追索或采用其他手段查明情况。

4 岩土试验应符合下列规定：

1）各主要岩体（组）及控制性软弱夹层，应进行现场变形试验和抗剪试验，每一主要岩体（组）变形试验累计有效数量不应少于6点，同一类型夹层抗剪试验累计有效组数不应少于4组。建基主要岩体（组）应进行混凝土/岩石接触面现场抗剪试验，每一主要岩体（组）累计有效组数不应少于4组。根据需要，进行室内岩石物理力学性质试验。

2）根据需要可进行岩体应力测试和现场载荷等专门试验。

5 水文地质试验应符合下列规定：

1）坝基、坝肩及帷幕线上的基岩钻孔应进行压水试验，其他部位的钻孔可根据需要确定。坝高大于200m时，宜进行大于设计水头的高压压水试验及为查明渗透各向异性的定向渗透试验。

2）喀斯特区及为查明坝基集中渗漏带的渗流特征、连通情况，可根据需要进行地下水连通试验和抽水试验。

3）强透水的破碎带可做专门的渗透试验和渗透变形试验。

4）在水文地质条件复杂的坝址区，宜进行数值模拟等专题研究，分析建坝前后渗流场的变化，编制建坝前后的等水位（压）线图和流网图，为渗控处理设计提供依据。

5）进行地下水和地表水水质分析。

6 地下水动态观测应符合下列规定：

1）观测网点的布置应与地下水的流向平行和垂直。

2）观测内容应包括水位、水温、水化学、流量或涌水量等。

3）观测时间应延续一个水文年以上，并逐步完善观测网。

7 根据需要，对不稳定岩土体可逐步建立和完善监测网，监测网应由观测剖面和观测点组成。

8 土基上的混凝土闸坝坝址的勘察方法可参照土石坝和水闸的有关规定。

6.5 混凝土拱坝

6.5.1 混凝土拱坝（砌石拱坝）坝址的勘察内容除应符合本规范第6.4.1条的规定外，还应包括下列内容：

1 查明坝址河谷形态、宽高比、两岸地形完整程度，评价建坝地形的适宜性。

2 查明与拱座岩体有关的岸坡卸荷、岩体风化、断裂、喀斯特洞穴及溶蚀裂隙、软弱层（带）、破碎带的分布与特征，确定拱座利用岩面和开挖深度，评价坝基和拱座岩体质量，提出处理建议。

3 查明与拱座岩体变形有关的断层、破碎带、软弱层（带）、喀斯特洞穴及溶蚀裂隙、风化、卸荷岩体的分布及工程地质特性，提出处理建议。

4 查明与拱座抗滑稳定有关的各类结构面，特别是底滑面、侧滑面的分布、性状、连通率，确定拱座抗滑稳定的边界条件，分析岩体变形与抗滑稳定的相互关系，提出处理建议。

5 查明拱肩槽及水垫塘两岸边坡的稳定条件，对影响边坡稳定的岩体风化、卸荷、断裂构造、喀斯特洞穴、软弱层（带）、水文地质等因素进行综合分析，并结合边坡地质结构，进行分区、分段稳定性评价，提出工程边坡开挖坡比和支护措施建议。

6 查明坝址区岩体应力状态，评价高应力对确定建基面、建基岩体力学特性和岩体稳定的影响。

7 查明水垫塘及二道坝的工程地质条件，并作出评价。

6.5.2 混凝土拱坝坝址的勘察方法除应符合本规范第6.4.2条的规定外，还应符合下列规定：

1 工程地质测绘应符合下列规定：

1）工程地质测绘比例尺可选用1：1000，高拱坝和断裂构造复杂的坝址可选用1：500。

2）工程地质测绘范围应包括坝址水工建筑物场地和对工程有影响的地段。

3）对影响拱座和坝基岩体稳定的软弱层（带）、喀斯特洞穴、软弱结构面等，应根据地表露头，结合勘探揭露情况，确定分布范围、产状、规模、性状、连通率等要素，编制拱座岩体稳定分析的纵横剖面图和不同高程的平切面图。

2 物探工作除应符合本规范第6.4.2条第2款的规定外，尚应在平硐、钻孔中采用声波、地震、电磁波等方法，探测岩体质量和地质缺陷。

3 勘探除应符合本规范第6.4.2条第3款的规定外，还应符合下列规定：

1）两岸拱肩及抗力岩体部位勘探应以平硐为主，视地质条件复杂程度和坝高，宜每隔30～50m高差布设一层平硐，每层平硐的探测范围应能查明拱肩及上下游一定范围岩体的工程地质条件。平硐深度可根据岩体风化、卸荷、喀斯特发育、断裂、软弱（层）带等因素确定，控制性平硐长度不宜小于1.5倍坝高。

2）影响拱座岩体稳定的控制性结构面、软弱（层）带、喀斯特洞穴等应布设专门平硐查明。

4 岩土试验除应符合本规范第6.4.2条第4款的规定外，还应符合下列规定：

1）坝基及拱座各类持力岩体和对变形有影响的软弱（层）带均应布置原位变形试验，每一主要持力岩体或软弱（层）带累计有效数量不应少于6点，并建立岩体波速与变形模量的相关关系。

2）原位抗剪和抗剪断试验应在分析研究岩体滑移模式的基础上进行，每一主要持力岩体和控制坝肩（基）岩体抗滑稳定的结构面，累计有效组数分别不应少于4组。

3）对影响坝肩变形和稳定的主要软弱岩体（带）应进行流变试验。

4）高地应力区坝高大于200m的拱坝坝址宜在不同高程、不同平硐深度进行岩体应力测试。

5 水文地质试验应符合本规范第6.4.2条第5款的规定。

6 地下水动态观测应符合本规范第6.4.2条第6款的规定。

7 对两岸边坡和不稳定岩土体应进行变形监测。

6.6 溢 洪 道

6.6.1 溢洪道勘察应包括下列内容：

1 查明溢洪道地段地层岩性，特别是软弱、膨胀、湿陷等工程性质不良岩土层和架空层的分布及工程地质特性。

2 查明溢洪道地段的断层、裂隙密集带、层间剪切带和缓倾角结构面等的性状及分布特征。

3 查明溢洪道地段岩体风化、卸荷的深度和程度，评价不同风化、卸荷带的工程地质特性。

4 查明地下水分布特征和岩土体透水性。

5 查明下游消能段、冲刷坑岩体结构特征和抗冲性能。

6 进行岩土体物理力学性质试验，提出有关物理力学参数。

7 评价泄洪闸基及控制段、泄槽段建筑物地基稳定性，以及溢洪道沿线边坡、下游消能冲刷区和泄洪雾雨区的边坡稳定性。

6.6.2 溢洪道的勘察方法应符合下列规定：

1 工程地质测绘应符合下列规定：

1）工程地质测绘比例尺可选用1：2000～1：1000。地质条件复杂的泄洪闸和控制段、泄槽段建筑物场地及下游消能冲刷区，比例尺可选用1：1000～1：500。

2）地质条件复杂的边坡段应进行工程地质剖面测绘，比例尺可选用1：1000～1：500。

3）测绘范围包括引渠、控制段、泄槽段、消能段以及为论证溢洪道边坡稳定所需要的地段。

2 勘探应符合下列规定：

1）不同工程地质分段可布置横向勘探剖面。

2）泄洪闸、泄槽及消能等建筑物和地质条件复杂地段应布置勘探剖面。

3）钻孔深度宜进入设计建基面高程以下20～30m，泄洪闸基钻孔深度应满足防渗要求，其他地段孔深视需要确定。

4）根据需要泄洪闸边坡部位可布置平硐。

3 泄洪闸基及两侧帷幕区的钻孔应进行压水或注水试验。

4 控制泄洪闸基和边坡稳定的岩土与软弱夹层的室内物理力学性质试验累计有效组数不应少于6组。根据需要可进行原位变形和抗剪试验。

5 根据需要可进行地下水动态和不稳定岩土体位移变形观测。

6.7 地 面 厂 房

6.7.1 地面厂房勘察应包括下列内容：

1 查明厂址区风化、卸荷深度，滑坡、泥石流、崩塌堆积、采空区和不稳定体等的分布、规模。

2 查明厂址区地层岩性，特别是软弱岩类、膨胀性岩类、易溶和喀斯特化岩层以及湿陷性土、膨胀土、软土、粉细砂、架空层等工程性质不良岩土层的分布及其工程地质特性。

厂址地基为可能地震液化土层时，应进行地震液化判别。

3 查明厂址区断层、破碎带、裂隙密集带、软弱结构面、缓倾角结构面的性状、分布、规模及组合关系。

4 查明厂址区水文地质条件和岩土体的透水性。估算基坑涌水量。

5 进行岩土体物理力学性质试验，提出有关物理力学参数。

6 评价厂房地基、边坡的稳定性及压力前池的渗漏和渗透稳定性。

6.7.2 地面厂房的勘察方法应符合下列规定：

1 工程地质测绘比例尺可选用 1∶1000～1∶500。测绘范围应包括厂房及压力前池或调压井（塔）、压力管道、尾水渠、开关站等建筑物场地及周边地段。

2 勘探剖面应结合建筑物轴线布置。对建筑物安全有影响的边坡地段可布置钻孔和平硐。

3 厂房、调压井（塔）、压力管道地段，当地基为基岩时，勘探钻孔深度宜进入建基面以下 10～15m；当地基为第四纪沉积物时，勘探钻孔深度应根据持力层分布确定。压力前池勘探钻孔深度宜为 1～2 倍水深，黄土地区宜为 2～3 倍水深。

4 厂房和压力前池地段的钻孔应进行压水或抽水试验。

5 每一主要岩土层（组）室内试验累计有效组数不应少于 6 组。

6 厂房等建筑物场地为第四纪沉积物时，根据需要可进行地基承载力及土体动力参数的原位测试。

7 厂址区钻孔宜进行地下水动态观测，观测时间不得少于一个水文年。

8 对建筑物安全有影响的不稳定岩土体应布置位移观测。

6.8 地 下 厂 房

6.8.1 地下厂房系统勘察应包括下列内容：

1 查明厂址区的地形地貌条件、沟谷发育情况，岩体风化、卸荷、滑坡、崩塌、变形体及泥石流等不良物理地质现象。

2 查明厂址区地层岩性、岩体结构，特别是松散、软弱、膨胀、易溶和喀斯特化岩层的分布。

3 查明厂址区岩层的产状、断层破碎带的位置、产状、规模、性状及裂隙发育特征，分析各类结构面的组合关系。

4 查明厂址区水文地质条件，含水层、隔水层、强透水带的分布及特征。可溶岩区应查明喀斯特水系统分布，预测掘进时发生突水（泥）的可能性，估算最大涌水量和对围岩稳定的影响，提出处理建议。

5 外水压力折减系数的确定应符合本规范附录 W 的规定。

6 进行岩体物理力学性质试验，提出有关物理力学参数。

7 进行原位地应力测试，分析地应力对围岩稳定的影响，预测岩爆的可能性和强度，提出处理建议。

8 查明岩层中的有害气体或放射性元素的赋存情况。

9 对地下厂房系统应分别对顶拱、边墙、端墙、洞室交叉段等进行围岩工程地质分类。

10 根据厂址区的工程地质条件和围岩类型，提出地下厂房位置和轴线方向的建议，并对地下厂房、主变压器室、调压井（室）方案的边墙、顶拱、端墙进行稳定性评价。采用地面主变压器室和开敞式调压井时，应评价地基和边坡的稳定性。

6.8.2 地下厂房系统的勘察方法应符合下列规定：

1 工程地质测绘应符合下列规定：

1）复核可行性研究阶段厂址区工程地质图。

2）厂址区工程地质测绘比例尺可选用 1∶1000～1∶500。

2 物探应符合本规范第 5.5.4 条第 2 款的规定。

3 勘探应符合下列规定：

1）各建筑物地段应布置勘探剖面。

2）勘探剖面上的钻孔深度可视地质复杂程度和洞室规模确定，深度宜进入设计洞底高程以下 10～30m。

3）应在厂房系统布置纵、横方向平硐，硐深宜超过控制稳定的主要结构面。

4 岩土试验应符合下列规定：

1）洞室主要围岩应进行岩体现场变形试验、抗剪断试验，试验组数视需要确定。当存在软岩时，可进行流变试验。

2）洞室群区应进行岩体应力测试，测试孔、点应满足应力场分析需要。

5 水文地质试验应符合下列规定：

1）勘探钻孔应根据需要进行压水试验。高压管道及气垫式调压室布置地段应进行高压压水试验，试验压力应超过内水水头或气垫压力。

2）喀斯特水系统可进行地下水连通试验。

6 地下厂址区钻孔应进行地下水动态观测，观测时间不应少于一个水文年。

7 对建筑物安全有影响的不稳定边坡和岩土体应进行变形监测。

6.9 隧 洞

6.9.1 隧洞勘察应包括下列内容：

1 查明隧洞沿线的地形地貌条件和物理地质现象、过沟地段、傍山浅埋段和进出口边坡的稳定条件。

2 查明隧洞沿线的地层岩性，特别是松散、软弱、膨胀、易溶和喀斯特化岩层的分布。

3 查明隧洞沿线岩层产状、主要断层、破碎带和节理裂隙密集带的位置、规模、性状及其组合关系。隧洞穿过活断层时应进行专门研究。

4 查明隧洞沿线的地下水位、水温和水化学成分，特别要查明涌水量丰富的含水层、汇水构造、强透水带以及与地表溪沟连通的断层、破碎带、节理裂隙密集带和喀斯特通道，预测掘进时突水（泥）的可能性，估算最大涌水量，提出处理建议。提出外水压力折减系数。

5 可溶岩区应查明隧洞沿线的喀斯特发育规律、主要洞穴的发育层位、规模、充填情况和富水性。洞线穿越大的喀斯特水系统或喀斯特洼地时应进行专门研究。

6 查明隧洞进出口边坡的地质结构、岩体风化、卸荷特征，评价边坡的稳定性，提出开挖处理建议。

7 提出各类岩体的物理力学参数。结合工程地质条件进行围岩工程地质分类。

8 查明过沟谷浅埋隧洞上覆岩土层的类型、厚度及工程特性，岩土体的含水特性和渗透性，评价围岩的稳定性。

9 对于跨度较大的隧洞尚应查明主要软弱结构面的分布和组合情况，并结合岩体应力评价顶拱、边墙和洞室交叉段岩体的稳定性。

10 查明压力管道地段上覆岩体厚度和岩体应力状态，高水头压力管道地段尚应调查上覆山体的稳定性、侧向边坡的稳定性、岩体的地质结构特征和高压水渗透特性。

11 查明岩层中有害气体或放射性元素的赋存情况。

6.9.2 隧洞的勘察方法应符合下列规定：

1 工程地质测绘应符合下列规定：

1）复核可行性研究阶段的工程地质图。

2）隧洞进出口、傍山浅埋段、过沟段及穿过喀斯特水系统、喀斯特洼地等地质条件复杂的洞段，应进行专门性工程地质测绘或调查，比例尺可选用1：2000～1：1000。

3）根据地质条件与需要，局部地段可进行比例尺1：500的工程地质测绘。

2 物探应符合本规范第5.5.4条第2款的规定。

3 勘探应符合下列规定：

1）进出口及各建筑物地段应布置勘探剖面。

2）勘探剖面上的钻孔深度应深入洞底10～20m，从洞顶以上5倍洞径处起始，以下孔段均应进行压水试验。

3）隧洞进出口宜布置平硐。

4 岩土试验应符合下列规定：

1）每一类岩土室内物理力学性质试验累计有效组数不应少于6组。

2）大跨度隧洞应进行岩体变形模量、弹性抗力系数、岩体应力测试等。

5 高水头压力管道地段宜进行高压压水试验。

6 隧洞沿线的钻孔宜进行地下水动态观测，观测时间不应少于一个水文年。喀斯特发育区应进行连通试验及地表、地下水径流观测。

7 进行地温、有害气体和放射性元素探测。

8 对建筑物安全有影响的不稳定边坡和岩土体应进行变形监测。

6.10 导流明渠及围堰工程

6.10.1 导流明渠及围堰工程勘察应包括下列内容：

1 查明导流明渠和围堰布置地段的地形条件。

2 查明地层岩性特征。基岩区应查明软弱岩层、喀斯特化岩层的分布及其工程地质特性；第四纪沉积物应查明其厚度、物质组成，特别是软土、粉细砂、湿陷性黄土和架空层的分布及其工程地质特性。

3 查明主要断层、破碎带、裂隙密集带、缓倾角结构面的性状、规模、分布特征。

4 查明围堰堰基含水层、相对隔水层的分布及岩土体渗透性、渗透稳定性。

5 进行岩体物理力学性质试验，提出有关物理力学参数。提出导流明渠岩土体抗冲流速。

6 评价堰基稳定性、导流明渠和围堰开挖边坡稳定性及导流明渠岩土体抗冲刷性。

6.10.2 导流明渠及围堰工程的勘察方法应符合下列规定：

1 工程地质测绘范围应包括明渠、围堰及其两侧各100～200m地段，为论证边坡稳定性可适当扩大范围。比例尺宜选用1：2000～1：1000。

2 勘探剖面应沿导流明渠和围堰中心线布置。围堰上、下游可根据需要布置辅助勘探剖面，导流明渠边坡可布置专门性勘探。

3 勘探方法视地质条件复杂程度宜采用物探、坑槽探、钻探。勘探点间距视需要确定。

4 围堰地基为基岩时，钻孔深度宜为堰高的1/3。围堰地基为第四纪沉积物时，当下伏基岩埋深小于堰高，钻孔深度进入基岩不宜小于10m；当下伏基岩埋深大于堰高，钻孔深度宜进入相对隔水层或基岩面以下 5m。

5 根据需要可进行钻孔抽水试验。

6 每一主要岩土层（组）室内物理力学性质试验累计有效组数不宜少于 6 组。特殊性土应进行专门试验。当地质条件简单时，可采用工程地质类比法确定工程地质参数。

7 围堰地基为第四纪沉积物时应进行标准贯入、静力触探、动力触探、十字板剪切等原位测试。

6.11 通航建筑物

6.11.1 通航建筑物的工程地质勘察应包括下列内容：

1 查明引航道、升船机、船闸闸首、闸室、闸墙等的地基、边坡的水文地质、工程地质条件。

2 岩基上的通航建筑物应查明软岩、断层、层间剪切带、主要裂隙及其组合与地基、边坡的关系，提出岩土体的物理力学性质参数，评价地基、开挖边坡的稳定性。

3 土基上的通航建筑物应对地基的沉陷、湿陷、抗滑稳定、渗透变形、地震液化等问题作出评价。

6.11.2 通航建筑物的勘察方法应符合下列规定：

1 工程地质测绘比例尺可选用 1：2000～1：1000。

2 工程地质测绘范围应包括整个通航建筑物及对工程有影响的地段。

3 可采用物探综合测试、孔内电视、孔间穿透等方法进行覆盖层的分层，探测喀斯特洞穴、溶蚀裂隙带的分布与规模，测定土层的密度和岩土体的纵波波速；根据需要可采用跨孔法测定横波波速，确定动剪切模量。

4 勘探剖面应结合建筑物布置。基岩地基钻孔深度应进入闸底板以下 10～30m 或弱风化岩顶面以下 5～10m。覆盖层地基钻孔深度宜结合建筑物规模确定。

5 对通航建筑物安全有影响的边坡应布置勘探剖面，钻孔深度可根据需要确定。

6 岩土物理力学性质试验应根据建筑物或工程地质分段进行，每一主要土层的物理力学性质试验组数累计有效组数不应少于 12 组，每一主要岩石（组）室内物理力学性质试验组数累计有效组数不应少于 6 组。根据需要可进行土层原位测试。

7 建筑物基坑的钻孔应进行抽水试验或压（注）水试验。

8 建筑物区应进行地下水动态观测，并应符合本规范第6.4.2条第 6 款的规定；对建筑物安全有影响的不稳定边坡和岩土体应进行变形监测。

6.12 边 坡 工 程

6.12.1 边坡工程地质勘察应包括以下内容：

1 查明边坡工程区地形地貌、地层岩性、地质构造、地下水特征及边坡稳定性现状。

2 岩质边坡尚应查明岩体结构类型，风化、卸荷特征，各类结构面和软弱层的类型、产状、分布、性质及其组合关系，分析对边坡稳定的影响。

3 土质边坡尚应查明土体结构类型及分布特征。

4 查明岩土体及结构面的物理力学性质。

5 对工程运行前后开挖边坡和自然边坡的变形破坏形式和稳定性进行分析评价。

6 提出工程处理措施和变形监测的建议。

6.12.2 边坡工程的勘察方法应符合下列规定：

1 边坡工程地质勘察宜结合建筑物勘察进行。对于重要边坡、高边坡和地质条件复杂边坡，应进行专门性边坡工程地质勘察。

2 测绘比例尺宜选用 1：2000～1：500，测绘范围应包括可能对边坡稳定有影响的地段。

3 物探工作可根据需要布置。

4 边坡工程勘探应符合下列规定：

1）勘探剖面应垂直边坡走向布置，剖面的长度应大于稳定分析的范围。剖面间距宜选用 50～200m，且不应少于 2 条。

2）每条勘探剖面上勘探点不应少于 3 个，当遇到软弱层或不利结构面时应适当增加。勘探点间距宜为 50～200m。

3）钻孔深度应穿过可能的滑移面、变形岩体等，进入稳定岩体不小于 10m。

4）应根据地形条件和边坡变形破坏特征布置竖井或平硐。

5）勘探工程的布置应满足测试、试验和监测的要求。

5 试验应符合下列规定：

1）对控制土质边坡稳定的土层的室内物理力学试验，每层试验累计有效组数不应少于 12 组。

2）对控制岩质边坡稳定的软弱结构面，应进行现场原位抗剪试验，试验累计有效组数不宜少于 4 组。

3）对特殊岩土体组成的边坡，可进行针对性的试验。

6 应进行地下水长期观测，必要时应进行边坡变形的位移监测。

6.13 渠道及渠系建筑物

6.13.1 渠道勘察应包括下列内容：

1 查明渠道沿线地层岩性，重点是粉细砂、湿陷性黄土、膨胀土（岩）等工程性质不良岩土层的分布和性状。

2 查明渠道沿线冲洪积扇、滑坡、崩塌、泥石流、新生冲沟、喀斯特等的分布、规模和稳定条件，并评价其对渠道的影响。对于沙漠地区渠道，还应查明移动沙丘及植被的分布等情况。

3 查明渠道沿线含水层和隔水层的分布，地下水补排关系和水位，特别是强透水层和承压含水层等对渠道渗漏、涌水、渗透稳定、浸没、沼泽化、湿陷等的影响以及对环境水文地质条件的影响。

4 查明渠道沿线地下采空区和隐藏喀斯特洞穴塌陷等形成的地表移动盆地，地震塌陷区的分布范围、规模和稳定状况，并评价其对渠道的影响。对于穿越城镇、工矿区的渠段，还应探明地下构筑物及地下管线的分布。

5 查明傍山渠道沿线不稳定山坡的类型、范围、规模等，评价其对渠道的影响。

6 查明深挖方和高填方渠段渠坡和地基岩土性质与物理力学参数及其承载能力，评价其稳定性。

7 进行渠道工程地质分段，提出各段岩土体的物理力学参数和开挖渠坡坡比建议值，进行工程地质评价，并提出工程处理措施建议。

6.13.2 渡槽勘察除应符合本规范第6.13.1条的有关规定外，尚应包括下列内容：

1 查明渡槽跨越地段岸坡的稳定性。

2 查明渡槽桩基或墩基可供选择的持力层的埋藏深度、厚度及其岩性变化，岩土体的强度等。

3 提出渡槽桩基或墩基相关的岩土体物理力学参数，并作出工程地质评价。

6.13.3 倒虹吸勘察除应符合本规范第6.13.1条的有关规定外，尚应包括下列内容：

1 查明倒虹吸跨越地段岸坡的稳定性。

2 查明强透水层和承压含水层的埋藏条件，评价基坑涌水、涌砂、渗透变形的可能性及其对工程的影响，提出排水措施建议。

3 查明基础可供选择的持力层的埋藏深度、厚度及其岩性变化，岩土体的强度等。

4 提出倒虹吸基础开挖所需的岩土体物理力学参数、基坑开挖坡比建议值，并对基坑稳定作出工程地质评价。

5 倒虹吸的围堰工程勘察内容应符合本规范第6.10.1条的规定。

6.13.4 渠道与渠系建筑物的勘察方法应符合下列规定：

1 工程地质测绘应符合下列规定：

1）工程地质测绘比例尺：渠道可选用1：5000～1：1000，渠系建筑物可选用1：2000～1：500。

2）工程地质测绘范围应包括渠道两侧各200～1000m地带，当有局部线路调整、弃土场、移民等要求时，可适当加宽；渠系建筑物测绘范围应包括建筑物边界线外200～300m地带，并应包括有配套建筑物和设计施工要求的地段。

2 宜采用物探方法探测覆盖层厚度、岩体风化程度、地下水位、古河道、隐伏断层、喀斯特洞穴、地下采空区、地下构筑物和地下管线等。

3 勘探应符合下列规定：

1）渠道中心线应布置勘探剖面，勘探点间距200～500m；各工程地质单元（段）均应布置勘探横剖面，横剖面间距宜为渠道中心线钻孔间距的2～3倍，横剖面长不宜小于渠顶开口宽度的2～3倍，每条横剖面上的勘探点数不应少于3点。钻孔深度宜进入渠道底板下5～10m。

2）渠系建筑物应布置纵横勘探剖面，钻孔应结合建筑物基础形式布置。采用桩（墩）基的渡槽，每个桩（墩）位至少应有1个钻孔，桩基孔深应进入桩端以下5m，墩基孔深宜进入墩基以下10～20m；倒虹吸轴线钻孔间距宜为50～100m，横剖面间距宜为轴线钻孔间距的2～4倍，钻孔深度宜进入建筑物底板下10～20m。遇软土、喀斯特发育的可溶岩等时，钻孔应适当加深。

4 岩土试验应符合下列规定：

1）渠道每一工程地质单元（段）和渠系建筑物地基，每一岩土层均应取原状样进行室内物理力学性质试验。每一主要岩土层试验累计有效组数不应少于12组。

2）各土层应结合钻探选择适宜的原位测试方法。

3）特殊性岩土应取样进行特殊性试验。

5 水文地质试验应符合下列规定：

1）可能存在渗漏、基坑涌水问题的渠段，应进行抽（注）水试验。对于强透（含）水层，抽（注）水试验不应少于3段。

2）渠道底部和建筑物岩石地基应进行钻孔压水试验。

3）根据需要可布置地下水动态观测。

6 对渠道沿线的地下采空区，应充分收集矿区开采资料；调查地表移动盆地的分布范围、规模、变形发展与稳定情况，根据需要可进行勘探验证和布置变形监测网。

6.14 水闸及泵站

6.14.1 水闸及泵站勘察应包括以下内容：

1 查明水闸及泵站场址区的地层岩性，重点查明软土、膨胀土、湿陷性黄土、粉细砂、红黏土、冻土、石膏等工程性质不良岩土层的分布范围、性状和物理力学性质，基岩埋藏较浅时应调查基岩面的倾斜和起伏情况。

2 查明场址区的地质构造和岩体结构，重点是断层、破碎带、软弱夹层和节理裂隙发育规律及其组合关系。

3 查明场址区滑坡、潜在不稳定岩体以及泥石流等物理地质现象。

4 查明场址区的水文地质条件和岩土体的透水性。

5 评价地基和边坡的稳定性及渗透变形条件。

6.14.2 水闸及泵站的勘察方法应符合下列规定：

1 工程地质测绘比例尺可选用1：2000～1：500。

2 勘探剖面应根据具体地质条件结合建筑物特点布置，并应符合下列规定：

1）对于水闸，应在闸轴线及其上、下游，防冲消能段、导（翼）墙等部位布置勘探剖面。剖面上钻孔间距可为20～50m。

2）对于泵站，应结合泵房轴线、进水池、出水管道、出水池等建筑物布置勘探剖面。泵房基础剖面上钻孔间距不应大于50m，其他建筑物基础剖面钻孔间距可适当放宽。

3）对水闸、泵站安全有影响的边坡应布置勘探剖面。

3 勘探剖面上钻孔应结合建筑物进行布置，钻孔深度宜根据覆盖层厚度及建基面高程确定，并符合下列规定：

1）当覆盖层厚度小于建筑物底宽时，钻孔深度应进入基岩5～10m。

2）当覆盖层厚度大于建筑物底宽时，钻孔深度宜为建筑物底宽的1～2倍，并应进入下伏承载力较高的土层或相对隔水层。

3）当建筑物地基为基岩时，钻孔深度宜进入建基面下10～15m或根据帷幕设计深度确定。

4）专门性钻孔的孔距、孔深可根据具体需要确定。

4 分层取原状土样进行物理力学性质试验及渗透试验，建筑物地基每一主要土层室内试验累计有效组数不宜少于12组；对于重要建筑物地基，应进行三轴试验，每一主要土层试验累计有效组数不宜少于6组；特殊土的特殊试验项目，应根据土层分布情况确定，每一土层试验累计有效组数不宜少于6组。当建筑物地基为基岩时，每一主要岩石（组）室内试验累计有效组数不宜少于6组。

5 根据土层类别选择合适的原位试验方法。动力触探（标准贯入）试验、十字板剪切试验累计有效数量不宜少于12段（点），静力触探试验孔累计有效数量不宜少于6孔。根据需要可进行原位载荷试验、可能地震液化土的三轴振动试验等专门性试验工作。当需要进行现场变形和抗剪试验时，试验组数各不宜少于2组。

6 建筑物渗控剖面上的钻孔应进行压（注）水或抽水试验。

7 建筑物渗控剖面的钻孔应进行地下水动态观测，其要求应符合本规范第6.4.2条第6款的规定；对于建筑物区附近潜在不稳定边坡及岩土体，应进行变形监测。

6.15 深埋长隧洞

6.15.1 深埋长隧洞勘察除应符合本规范第6.9.1条的有关规定外，尚应包括下列内容：

1 基本查明可能产生高外水压力、突涌水（泥）的水文地质、工程地质条件。

2 基本查明可能产生围岩较大变形的岩组及大断裂破碎带的分布及特征。

3 基本查明地应力特征，并判别产生岩爆的可能性。

4 基本查明地温分布特征。

5 基本确定地质超前预报方法。

6 对存在的主要水文地质、工程地质问题进行评价。

6.15.2 深埋长隧洞进出口及浅埋段的勘察方法应符合本规范第6.9.2条的有关规定。

6.15.3 深埋段的勘察方法应符合下列规定：

1 复核可行性研究阶段工程地质测绘成果。

2 宜采用综合方法对可行性研究阶段探测的断裂带、储水构造、喀斯特等进行验证。

3 宜选择合适位置布置深孔或平硐，进一步测定地应力、地温、地下水位、岩体渗透性、波速、有害气体和放射性元素等；进行岩石物理力学性质试验。

6.16 堤防工程

6.16.1 堤防工程勘察应包括下列内容：

1 查明新建和已建堤防加固工程沿线的水文地质、工程地质条件。

2 查明已建堤防加固工程堤身和堤基的历史险情和隐患的类型、规模、危害程度和抢险处理措施及其效果，并分析其成因和危害程度，提出相应处理措施的建议。

3 对堤基进行工程地质分段评价，并对堤基抗滑稳定、沉降变形、渗透变形和抗冲能力等工程地质问题作出评价。

4 预测新建堤防工程挡水或已建堤防采取垂直防渗措施后，堤基及堤内相关地段水文地质、工程地质条件的变化，并提出相应处理措施的建议。

5 查明涵闸地基的水文地质、工程地质条件，对存在的主要工程地质问题进行评价，对加固、扩建、改建涵闸工程与地质有关的险情隐患提出处理措施的建议。

6 查明堤岸防护段的水文地质、工程地质条件，结合护坡方案评价堤岸的稳定性。

6.16.2 堤防工程的勘察方法应符合下列规定：

1 工程地质测绘比例尺可选用 1∶5000～1∶2000。新建堤防测绘范围为堤线两侧各 500～1000m，已建堤防为堤线两侧各 300～1000m，并应包括各类险情分布范围。

2 勘探纵剖面沿堤线布置，钻孔间距宜为 100～500m；横剖面垂直堤线布置，间距宜为纵剖面上钻孔间距的 2～4 倍，孔距宜为 20～200m。钻孔进入堤基深度宜为堤身高度的 1.5～2.0 倍。

3 应取样进行物理力学性质试验及渗透试验。每一工程地质单元各主要土（岩）层的室内试验累计有效组数均不应少于 12 组。

6.17 灌区工程

6.17.1 灌区的工程地质勘察内容应符合本规范第 6.13.1～6.13.3条的规定。

6.17.2 灌区的工程地质勘察方法应符合下列规定：

1 渠道纵横断面工程地质测绘比例尺可选用 1∶5000～1∶2000；建筑物场地平面工程地质测绘比例尺可选用 1∶1000～1∶500，测绘范围应包括各比选方案渠系建筑物及其配套建筑物布置地段。

2 开展物探工作，探测地层结构、覆盖层厚度等。

3 渠线勘察以钻孔、坑探为主，沿渠线的勘探点间距宜为 200～500m，勘探深度宜进入渠底高程以下不小于 5m，控制性钻孔孔深根据需要确定；建筑物场地钻孔应结合建筑物基础形式布置，控制性钻孔深度应能揭穿主要持力层。

4 岩土物理力学性质试验应以室内试验和现场原位测试相结合，每一工程地质分段各主要岩土层试验累计有效组数均不少于 12 组，特殊性岩土应根据其特性进行专门性试验。

5 根据需要可进行抽水、压水、注水试验和地下水动态观测等。

6.17.3 灌区水文地质勘察应包括下列内容：

1 查明与灌区建设有关的环境水文地质问题。

2 查明土壤盐渍化的类型、程度及其分布特征。

3 查明土壤改良的水文地质条件，提出防治土壤盐渍化、沼泽化的地质建议。

4 当采用地下水作为灌溉水源时，应建立数值模型，预测不同开采条件下的地下水水位、水量、水质的变化，计算和评价补给量，确定允许开采量。提出地下水水源保护措施。

6.17.4 灌区的水文地质勘察方法应符合下列规定：

1 水文地质测绘比例尺可选用 1∶10000。

2 进行物探工作，调查主要含水层和隔水层界限。

3 地下水源地勘探以水文地质钻孔为主，土壤改良水文地质勘探以浅孔和试坑为主，坑、孔数量应根据水文地质复杂程度合理确定。

4 进行水文地质试验及地下水动态观测工作。

6.18 河道整治工程

6.18.1 护岸工程勘察应包括下列内容：

1 调查工程区的岸坡形态、坡度、滩地宽度和近年河底形态及冲淤变化情况，古河道、冲沟、渊塘等的分布与规模。

2 查明工程区崩塌、滑坡等的分布与规模，并对岸坡的稳定性及其对堤防工程稳定性的影响分段进行工程地质评价。

3 调查工程区坍岸险情的发生经过、原因及抢险处理措施与效果。

4 查明工程区的地层岩性，重点是软土、粉细砂等土层的分布厚度及其变化情况。

5 查明工程区含水层和隔水层的分布、地下水位。

6 提出护岸工程岸坡土层的物理力学参数和护岸坡比建议值，并评价其稳定性。

6.18.2 护岸工程的勘察方法应符合下列规定：

1 工程地质测绘比例尺可选用 1∶2000～1∶1000，测绘范围可根据需要确定。

2 顺河流方向沿岸肩布置勘探纵剖面，钻孔间距宜为 200～500m；垂直岸线的横剖面间距宜为纵剖面钻孔间距的 2～4 倍，横剖面上钻孔宜为 3 个（水上 1 个）。钻孔深度进入深泓底以下不宜少于 10m。

3 应取样进行物理力学性质试验，每一主要岩土层试验累计有效组数不宜少于 12 组。

4 应进行地表水、地下水的水质分析及评价。

6.18.3 裁弯工程勘察应包括下列内容：

1 查明工程区的地形地貌特征，河道弯曲形态。

2 查明工程区地层岩性和土体结构。

3 查明工程区含水层和隔水层的分布，地下水位及其变化。

4 进行工程地质分段评价。

5 提出工程区各土层物理力学参数、抗冲性能及疏浚土的类别。对裁弯取直新河道岸坡的稳定性进行评价。

6.18.4 裁弯工程的勘察方法应符合下列规定：

1 工程地质测绘比例尺可选用 1∶2000～1∶1000，测绘范围应满足设计、施工的需要。

2 裁弯工程中心线应布置勘探纵剖面，钻孔间距宜为 100～500m；垂直岸线的横剖面间距宜为纵剖面钻孔间距的 2～4 倍，横剖面上钻孔不宜少于 3 个，剖面长度为新开河道开口宽度的 1.5～2.0 倍。钻孔深度宜进入设计新开河道底板以下不小于 10m。

3 应取样进行物理力学性质试验，并应进行崩解试验和抗冲试验。每一主要岩土层试验累计有效组数不宜少于12组。

6.18.5 丁坝、顺直坝和潜坝勘察应包括下列内容：

1 查明工程区岸坡和近岸河底的地形地貌形态及其稳定性。

2 查明工程区各地层岩性、土体结构及其工程地质性质。

3 提出各土层的物理力学参数及允许承载力等指标，并对坝基稳定性进行工程地质评价。

6.18.6 丁坝、顺直坝和潜坝的勘察方法应符合下列规定：

1 工程地质测绘应根据工程区的具体条件及需要确定，测绘比例尺可选用1：1000～1：500。

2 沿坝轴线布置勘探纵剖面，钻孔间距宜为100～200m。钻孔深度宜为坝高的1.0～1.5倍，当河流冲刷深度较大或有软土分布时，孔深应加大。

3 应取样进行物理力学性质试验，每一主要岩土层试验累计有效组数不宜少于6组。

4 宜进行标准贯入试验等原位测试，软土宜进行十字板剪切试验。

6.19 移民新址

6.19.1 初步设计阶段移民新址工程地质勘察应在可行性研究阶段工程地质勘察的基础上进行，为选定新址提供地质依据。

6.19.2 移民新址工程地质勘察应包括下列内容：

1 查明对新址区整体稳定性有影响的地质结构及特殊岩（土）体的分布、微地貌及不同坡度场地的分布情况。

2 查明新址区及外围滑坡、崩塌、危岩、冲沟、泥石流、坍岸、喀斯特等不良地质现象的分布范围及规模，分析其对新址区场地稳定性的影响。

3 查明生产、生活用水水源、水量、水质及开采条件。

4 进行新址区场地稳定性、建筑适宜性评价。

6.19.3 移民新址的工程地质勘察方法应符合下列规定：

1 工程地质测绘比例尺可选用1：2000～1：500，范围包括新址区及对新址区场地稳定性评价有影响的地区。

2 复核新址区地形坡度分区和统计面积。

3 针对新址区工程地质与环境地质问题布置勘探工作。

4 新址区应布置控制性勘探剖面，勘探剖面间距山区宜为100～300m，平原区宜为300～500m，勘探点间距不宜大于150m，每条勘探剖面上钻孔数不宜少于3个，孔深宜根据任务要求和岩土条件确定。对工程地质条件复杂或县级以上新址应增加勘探剖面；对于平原区乡镇以下新址，勘探剖面可适当减少。

5 应进行岩土体室内试验和原位测试，每一主要岩土层试验累计有效组数不宜少于12组。

6 应对生产、生活用水水源、水质进行复核。

6.20 天然建筑材料

6.20.1 应对工程所需各类天然建筑材料进行详查。

6.20.2 详细查明料场地形地质条件、岩土结构、岩性、夹层性质及空间分布，地下水位，剥离层、无用层厚度及方量，有用层储量、质量，开采运输条件和对环境的影响。

6.20.3 详查储量与实际储量的误差应不超过15%，详查储量不得少于设计需要量的2倍。

6.21 勘察报告

6.21.1 初步设计阶段工程地质勘察报告正文应包括绪言、区域地质概况、工程区及建筑物工程地质条件、天然建筑材料、结论与建议等。

6.21.2 绪言应包括下列内容：

1 工程位置、工程主要指标、主要建筑物的布置方案。

2 可行性研究阶段工程地质勘察主要结论及审查、评估意见。

3 本阶段工程地质勘察工作概况，历次完成的工作项目和工作量。

6.21.3 区域地质概况应包括下列内容：

1 区域基本地质条件。

2 可行性研究阶段区域构造稳定性的结论和地震动参数。

3 区域构造稳定性复核工作及结论。

6.21.4 水库区工程地质条件应包括下列内容：

1 基本地质条件。

2 水库渗漏的性质、途径和范围，渗漏量及处理措施建议。

3 水库浸没的范围，严重程度分区及防治措施建议。

4 库岸不稳定体及坍岸的范围、边界条件、稳定性和危害程度，处理措施建议。

5 水库诱发地震类型、位置、震级上限，对工程和环境的影响，监测方案总体情况。

6.21.5 大坝及其他枢纽建筑物的工程地质条件应包括下列内容：

1 坝址工程地质条件应包括地质概况，各比选坝线的工程地质条件及存在的问题，坝线比选的地质意见，选定坝线与坝型的工程地质条件、防渗条件、坝基岩体分类、坝基坝肩稳定、物理力学参数及工程处理措施建议等。

2 引水隧洞、泄洪隧洞工程地质条件应包括进出口边坡，隧洞工程地质条件分段及说明，围岩工程地质分类和工程地质问题评价及处理建议。

3 厂址工程地质条件应包括厂区工程地质条件，调压井（塔）或压力前池、地下压力管道或明管、地面（地下）厂房、尾水渠（洞）的工程地质条件，地下洞室围岩分类，主要工程地质问题评价与建议。

4 溢洪道、通航建筑物和导流工程等工程地质条件及工程地质问题评价。

6.21.6 边坡工程地质条件应包括基本地质条件，主要节理、裂隙及断层等结构面分布及组合关系，边坡稳定分析的边界条件和物理力学参数，边坡稳定性及工程处理措施建议等。

6.21.7 引调水工程的工程地质条件应包括基本地质条件，渠道（管涵）、隧洞、渠系建筑物的工程地质条件、物理力学参数、主要工程地质问题评价及处理措施建议。

6.21.8 水闸及泵站工程地质条件应包括基本地质条件，物理力学参数，主要工程地质问题评价及处理措施建议。

6.21.9 堤防工程地质条件应包括基本地质条件，已建堤防堤身质量情况，堤基、穿堤建筑物及堤岸工程地质条件，物理力学参数，主要工程地质问题评价及处理措施建议。

6.21.10 灌区工程地质条件应包括基本地质条件，地下水源水文地质条件，灌区水文地质条件，渠道及渠系建筑物工程地质条件，物理力学参数，主要水文地质、工程地质问题评价及处理措施建议。

6.21.11 河道整治工程地质条件应包括基本地质条件，护岸、裁弯取直、疏浚及有关建筑物的工程地质条件，物理力学参数，主要工程地质问题评价及处理措施建议。

6.21.12 天然建筑材料编写内容应包括设计需求量，各料场位置及地形地质条件，勘探和取样，储量和质量，开采和运输条件等。

6.21.13 结论和建议应包括主要工程地质结论，下阶段勘察工作的建议。

6.21.14 移民新址工程地质勘察报告编写应符合下列规定：

1 移民新址工程地质勘察报告应包括绪言，区域地质概况，场地工程地质条件，主要工程地质与环境地质问题，生产及生活水源，场地稳定性和建筑适宜性评价，结论与建议。

2 报告附图宜包括移民新址综合地质图及地质剖面图等。

7 招标设计阶段工程地质勘察

7.1 一般规定

7.1.1 招标设计阶段工程地质勘察应在审查批准的初步设计报告基础上，复核初步设计阶段的地质资料与结论，查明遗留的工程地质问题，为完善和优化设计及编制招标文件提供地质资料。

7.1.2 招标设计阶段工程地质勘察应包括下列内容：

1 复核初步设计阶段的主要勘察成果。

2 查明初步设计阶段遗留的工程地质问题。

3 查明初步设计阶段工程地质勘察报告审查中提出的工程地质问题。

4 提供与优化设计有关的工程地质资料。

7.2 工程地质复核与勘察

7.2.1 工程地质复核应包括下列主要内容：

1 水库工程地质条件及结论。

2 建筑物工程地质条件及结论。

3 主要临时建筑物工程地质条件及结论。

4 天然建筑材料的储量、质量及开采运输条件。

7.2.2 工程地质复核方法应符合下列规定：

1 分析研究初步设计阶段工程地质勘察成果和审查意见。

2 补充收集水库区及附近地区地震资料，进一步分析研究水库区地震活动特征或诱震条件，复核可能发生水库诱发地震库段的发震地段和强度。

3 提出实施台网建设建议，编制水库诱发地震监测台网招标文件。

4 对边坡、地下水等的观（监）测成果做进一步分析。

7.2.3 工程地质勘察应包括下列主要内容：

1 水库及建筑物区尚需研究的工程地质问题。

2 施工组织设计需要研究的工程地质问题。

3 当料场条件发生变化或需要开辟新的料场时，应对天然建筑材料进行复查或补充勘察。

7.2.4 工程地质勘察方法应符合下列规定：

1 勘察方法和勘察工作量应根据地质问题的复杂程度确定。

2 根据具体情况补充地质测绘、勘探与试验工作。

3 分析和利用各种监测与观测资料。

4 天然建筑材料的复查或补充勘察的方法，应针对具体问题选择。

7.3 勘察报告

7.3.1 根据需要编制单项或总体招标设计阶段工程地质勘察报告。

7.3.2 单项工程地质勘察报告应包括绪言、地质概况、工程地质条件及评价、结论。

7.3.3 招标设计阶段工程地质勘察报告内容应包括概述、水库工程地质、水工建筑物工程地质、临时建筑物工程地质、天然建筑材料及结论与建议。

8 施工详图设计阶段工程地质勘察

8.1 一般规定

8.1.1 施工详图设计阶段工程地质勘察应在招标设计阶段基础上，检验、核定前期勘察的地质资料与结论，补充论证专门性工程地质问题，进行施工地质工作，为施工详图设计、优化设计、建设实施、竣工验收等提供工程地质资料。

8.1.2 施工详图设计阶段工程地质勘察应包括下列内容：

1 对招标设计报告评审中要求补充论证的和施工中出现的工程地质问题进行勘察。

2 水库蓄水过程中可能出现的专门性工程地质问题。

3 优化设计所需的专门性工程地质勘察。

4 进行施工地质工作，检验、核定前期勘察成果。

5 提出对工程地质问题处理措施的建议。

6 提出施工期和运行期工程地质监测内容、布置方案和技术要求的建议。

8.2 专门性工程地质勘察

8.2.1 专门性工程地质勘察应针对确定的工程地质问题进行，其勘察内容应根据具体情况确定。

8.2.2 专门性工程地质勘察宜包括下列内容：

1 施工期和水库蓄水过程中，当震情发生变化时，应收集和分析台网监测资料，对发震库段进行地震地质补充调查，鉴定地震类型，增设流动台站进行强化监测，预测水库诱发地震的发展趋势。

2 当建筑物地基、地下洞室围岩及开挖边坡出现新的地质问题，导致建筑物设计条件发生变化时，应进一步查明其水文地质、工程地质条件，复核岩土体物理力学参数，评价其影响，提出处理建议。

8.2.3 当料场情况发生变化时或需新辟料场时，应查明或复查天然建筑材料的储量、质量及开采条件。

8.2.4 专门性工程地质的勘察方法应符合下列规定：

1 勘察方法、勘察布置和工作量应根据地质问题的复杂性、已经完成的勘察工作和场地条件等因素确定。

2 应利用施工开挖条件，收集地质资料。

3 充分分析和利用各种监测与观测资料。

4 当设计方案有较大变化或施工中出现新的地质问题时，应进行工程地质测绘，布置专门的勘探和试验。

8.3 施工地质

8.3.1 施工地质应包括下列内容：

1 收集建筑物场地在施工过程中揭露的地质现象，检验前期的勘察资料。

2 编录和测绘建筑物基坑、工程边坡、地下建筑物围岩的地质现象。

3 进行地质观测和预报可能出现的地质问题。

4 进行地基、围岩、工程边坡加固和工程地质问题处理措施的研究，提出优化设计和施工方案的地质建议。

5 提出专门性工程地质问题专项勘察建议。

6 进行地基、边坡、围岩等的岩体质量评价，参与与地质有关的工程验收。

7 提出运行期工程地质监测内容、布置方案和技术要求的建议。

8 渗控工程、水库、建筑材料等的施工地质工作内容应根据具体情况确定。

8.3.2 施工地质方法应符合下列规定：

1 地质巡视，编写施工日志和简报。

2 采用观察、素描、实测、摄影、录像等手段编录和测绘施工揭露的地质现象。

3 根据需要采用波速、点荷载强度、回弹值等测试方法鉴定岩体质量。

4 根据需要复核岩土体物理力学性质。

8.3.3 施工地质资料应及时进行分类整编，分阶段编制施工地质技术成果。

8.4 勘察报告

8.4.1 专门性工程地质勘察报告内容应根据工程实际需要确定。针对单项工程或建筑物的勘察报告正文可包括绪言、地质概况、分段工程地质条件、主要工程地质问题分析与评价、地质结论和建议。

8.4.2 竣工地质报告和安全鉴定自检报告正文应包括工程的主要工程地质条件、前期勘察的工程地质结论，各建筑物场地施工开挖后的实际地质情况，工程地质问题及地基和围岩处理措施，工程地质评价，工程地质监测建议等。

9 病险水库除险加固工程地质勘察

9.1 一般规定

9.1.1 病险水库除险加固工程地质勘察的主要任务是复核水库工程区水文地质、工程地质条件，分析病险产生的地质原因，检查坝体填筑质量，为水库大坝安全评价、除险加固设计提供地质资料和物理力学参数，对水库安全评价和加固处理措施提出地质建议。

9.1.2 病险水库除险加固工程地质勘察的对象包括水库近坝库岸、各建筑物地基及边坡、隧洞围岩、防渗帷幕及土石坝坝体等。

9.1.3 病险水库除险加固工程地质勘察应充分利用

已有工程地质勘察资料、施工和运行期间有关监测资料，针对影响大坝安全的主要地质缺陷和隐患布置勘察工作，采用适用的勘探技术与方法。

9.2 安全评价阶段工程地质勘察

9.2.1 安全评价阶段工程地质勘察应符合下列规定：

1 收集分析已有的地质、设计、施工和水库运行监测及水库险情处理资料。

2 全面复查工程区水文地质、工程地质条件，重点检查水库运行以来地质条件的变化。

3 对坝基、岸坡、地下洞室等处理效果作出地质初步分析。

4 了解坝体填筑质量并作出地质分析。

5 复核工程区场址的地震动参数。

9.2.2 土石坝工程安全评价勘察应符合下列规定：

1 土石坝坝体勘察应包括下列内容：

1）了解坝体现状，包括坝身结构、坝体填土组成及填筑质量，特别是软弱土体（层）及施工填筑形成的软弱带等的厚度和空间分布情况。复核填筑土的物理力学参数。

2）检查大坝防渗体（心墙、水平铺盖等）、过渡层及反滤排水体等质量，了解填料级配、密实度、渗透系数等。

3）了解坝体埋管、输水涵洞及其周边的渗漏情况。

4）调查坝体渗漏、开裂、沉陷、滑坡以及其他建筑物的险情的分布位置、范围、特征及抢险处理措施与效果，初步分析病害险情的类型、成因。

2 土石坝坝区勘察应包括下列内容：

1）了解坝基、坝肩及各建筑物地基的地层结构、岩（土）体层次特性及主要物理力学性质。

2）了解坝基清基情况，河床深槽情况（包括基础风化深槽），覆盖层分布、层次、厚度、性状、物理力学性质及渗透性等。

3）了解岩（土）体透水性、相对隔水层的埋藏深度、厚度和连续性，重点是地基渗漏情况，并对原基础防渗效果及渗透稳定性进行初步评价。

4）地基分布有特殊岩土体时，应了解其性状，初步分析其对建筑物的影响。

5）了解可溶岩坝基喀斯特发育情况及其对渗漏和大坝安全的影响。

6）了解输水、泄水建筑物边坡工程地质条件，初步分析其稳定性。

7）了解地下洞室围岩稳定性和渗漏状况及进出口边坡的稳定性。

8）了解近坝库区与建筑物安全有关的滑坡体、坍滑体的分布范围、规模，初步分析其稳定性。

9.2.3 土石坝工程安全评价的勘察方法应符合下列规定：

1 根据现行国家标准《中国地震动参数区划图》GB 18306 复核工程区地震动参数。

2 收集分析有关资料，包括已有的勘察、设计、施工、监测和险情处理等资料。

3 调查与隐患险情有关的现象。

4 宜采用综合物探方法探测坝基、坝体隐患。

5 勘探剖面应平行、垂直建筑物轴线或防渗线布置，垂直剖面不少于3条，其中1条应布置在最大坝高处。

6 根据需要布置坑、孔、井勘探工作。

7 宜进行压水或注水试验和地下水位观测。

8 应分层（区）取样，每层（区）试验累计有效组数不应少于6组。

9 当坝基存在可能液化地层时，应进行标准贯入试验。

9.2.4 混凝土坝工程安全评价勘察应包括下列内容：

1 了解坝基、坝肩岩体的层次、岩体完整性及风化特征，复查软弱岩层、软弱夹层、断层破碎带、缓倾角结构面等的性状、分布以及接触情况。

2 了解地基开挖情况及地质缺陷的处理情况。

3 了解坝基和绕坝渗漏的分布范围、途径和渗漏量的动态变化。

4 了解可溶岩坝基喀斯特发育情况，渗漏、塌陷对大坝安全的影响。

5 了解混凝土与地基接触状况。

6 了解两岸及近坝库区边坡的稳定状况。

7 了解泄流冲刷地段的工程地质条件，冲坑发育特征及其对大坝、边坡的影响。

9.2.5 混凝土坝工程安全评价的勘察方法除应按本规范第9.2.3条第1～7款的有关规定执行外，尚应根据需要对坝体混凝土与坝基接触部位、影响坝基（肩）抗滑稳定与变形的结构面和岩体等取样进行室内物理力学性质试验。

9.2.6 其他建筑物区安全评价可结合工程的实际情况，按本规范第9.2.1～9.2.5条的有关内容执行。

9.3 可行性研究阶段工程地质勘察

9.3.1 可行性研究阶段工程地质勘察应符合下列规定：

1 初步查明病险水库安全评价报告和安全鉴定成果核查意见中的主要地质问题、工程病害和隐患的部位、范围和类型，分析工程隐患的原因。

2 进行天然建筑材料初查。

9.3.2 土石坝勘察应符合下列规定：

1 初步查明坝体填筑料组成、填筑质量、坝体填料物理力学性质及渗透特性。

2 初步查明坝身病害，包括坝坡滑坡、开裂、塌陷、渗水以及其他各种病害险情和不良地质现象的分布位置、范围、特征、险情成因。了解已发生险情过程，抢险措施及效果。

3 分析坝体浸润线与库水位的关系。

4 初步查明坝基与坝体接触部位的物质组成及渗透特性。

5 初步查明坝体埋管、输水涵洞及其周边的渗漏情况。

6 初步查明建筑物地基地层岩性、地质构造、岩土体结构及其透水性，特别是坝基覆盖层分布、层次、厚度、性状、物理力学性质及渗透性等。

7 初步查明坝基渗漏和绕坝渗漏性质、范围及渗漏量。

9.3.3 混凝土坝勘察应符合下列规定：

1 初步查明坝基、坝肩岩体的层次和软弱岩层、软弱夹层、断层破碎带、缓倾角结构面等的性状、分布以及接触情况。

2 初步查明坝基渗漏和绕坝渗漏的分布范围、渗漏形式、渗漏量与库水位的关系。

3 初步查明混凝土与地基接触状况，评价地质缺陷的处理效果。

4 初步查明可溶岩坝基、坝肩喀斯特发育规律，主要渗漏通道的分布、连通、充填和已处理情况。

5 初步查明泄流冲刷地段的工程地质条件，冲坑发育特征及其对大坝、边坡的影响。

9.3.4 可行性研究阶段的工程地质勘察方法应符合下列规定：

1 复核原有工程地质图，根据需要补充工程地质测绘，测绘比例尺可选用1：2000～1：500。

2 根据水库病害的类型和地质条件，选用合适的物探方法。

3 钻探工作应符合下列规定：

1）钻孔应结合查明水库险情隐患布置。

2）防渗剖面钻孔进入地基相对不透水层不应小于10m，其他钻孔深度按隐患或险情的情况综合确定。

3）钻孔应进行原状土取样，孔内应进行原位测试和地下水位观测等。

4）基岩段应进行钻孔压水试验，对坝体（含防渗体）、覆盖层应进行钻孔注水试验。

5）所有钻孔应及时进行封堵。

4 应分层（区）取样，每层（区）试验累计有效组数不应少于12组。岩石取样试验根据需要确定。

9.4 初步设计阶段工程地质勘察

9.4.1 渗漏及渗透稳定性勘察应包括下列内容：

1 土石坝坝体渗漏及渗透稳定性应查明下列内容：

1）坝体填筑土的颗粒组成、渗透性、分层填土的结合情况，特别是坝体与岸坡接合部位填料的物质组成、密实性和渗透性。

2）防渗体的颗粒组成、渗透性及新老防渗体之间的结合情况，评价其有效性。

3）反滤排水棱体的有效性，坝体浸润线分布。

4）坝体埋管、输水涵洞及其周边的渗漏情况。

5）坝体下游坡渗水的部位、特征、渗漏量的变化规律及渗透稳定性。

6）坝体塌陷、裂缝及生物洞穴的分布位置、规模及延伸连通情况。

2 坝基及坝肩岩土体渗漏及渗透稳定性勘察应查明下列内容：

1）坝基、坝肩第四纪沉积物和基岩风化带的厚度、性质、颗粒组成及渗透特性。

2）坝基、坝肩断层破碎带、节理裂隙密集带的性状、规模、产状、延续性和渗透性。

3）可溶岩层喀斯特的发育和分布规律，主要喀斯特通道的延伸形态、规模和连通情况。

4）古河道及单薄分水岭等的分布情况。

5）两岸地下水位及其动态，地下水位低槽带与漏水点的关系。渗漏量与库水位的相关性。

6）渗控工程的有效性。

9.4.2 渗漏及渗透稳定性的勘察方法应符合下列规定：

1 应收集分析已有地质勘察、施工编录和防渗加固处理资料，运行期的渗流量、两岸地下水位、坝体浸润线、坝基扬压力、幕后排水量等及其与库水位的关系。

2 工程地质测绘可在可行性研究阶段地质测绘的基础上进行，比例尺可选用1：1000～1：500，测绘范围应包括与渗漏有关的地段。

3 宜采用综合物探方法探测坝体渗漏、喀斯特的空间分布、渗漏通道和强透水带的位置及埋藏深度。

4 沿可能的渗漏通道部位应布置勘探剖面，钻孔间距可根据渗漏特点确定。

5 防渗线上的钻孔深度应进入隔水层或相对隔水层10～15m；喀斯特区钻孔应穿过喀斯特强烈发育带，其他部位的钻孔深度可根据具体情况确定。

6 防渗体上的钻孔应进行压（注）水试验。

7 土石坝坝体应取原状样进行室内物理力学和渗透试验。

9.4.3 不稳定边（岸）坡勘察应查明下列内容：

1 边坡的地形地貌特征和基本地质条件。

2 不稳定边坡的分布范围、边界条件、规模、地质结构和地下水位。

3 潜在滑动面的类型、产状、力学性质及与临空面的关系。

4 分析不稳定边坡变形影响因素，评价其失稳后可能对工程安全产生的影响。

5 对加固处理措施和监测方案提出建议。

9.4.4 不稳定边坡的勘察方法应符合下列规定：

1 应收集分析与边坡变形有关的地质资料。

2 工程地质测绘比例尺可选用1：2000～1：500。测绘范围应包括可能对边坡稳定有影响的地段。

3 宜采用钻探、坑槽等方法，根据需要可布置平硐或竖井。勘探剖面应平行和垂直边坡走向布置。

4 勘探剖面上的钻孔间距视不稳定边坡规模、危害程度等具体情况确定，孔深应进入稳定岩（土）体。

5 对控制边坡稳定的软弱结构面应取样进行物理力学性质试验，根据需要进行现场抗剪试验。

6 根据需要在勘察过程中对不稳定边坡进行监测。

9.4.5 坝（闸）基及坝肩抗滑稳定勘察应查明下列内容：

1 地层岩性和地质构造，特别是缓倾角结构面及其他不利结构面的分布、性质、延伸性、组合关系及与上、下岩层的接触情况，确定坝（闸）基及坝肩稳定分析的边界条件。

2 坝基（肩）水文地质条件。

3 坝体与基岩接触面特征。

4 冲刷坑及抗力体的工程地质条件，评价泄洪冲刷对坝（闸）基及坝肩抗滑稳定的影响。

5 提出滑动控制结构面的物理力学参数建议值。

9.4.6 坝（闸）基及坝肩抗滑稳定的勘察方法应符合下列规定：

1 应收集分析施工期基础处理情况、冲刷坑现状、运行期各种观测资料。

2 工程地质测绘比例尺可选用1：500。测绘范围应包括与坝（闸）基、坝肩抗滑稳定分析有关的地段。

3 宜采用钻探、坑槽等方法，根据需要布置平硐或竖井。勘探剖面应沿垂直坝轴线方向布置，剖面上钻孔间距和位置应根据可能滑动面的分布情况确定，每条剖面不应少于2～3个钻孔，钻孔深度应进入可能滑动面以下稳定岩体。

4 应进行取样试验，根据需要进行原位抗剪试验。

9.4.7 溢洪道地基抗滑稳定、边坡稳定问题的勘察内容和方法可执行本规范第9.4.3～9.4.6条的有关规定。

9.4.8 坝体变形与地基沉降勘察应包括下列内容：

1 查明土石坝填筑料的物质组成、压实度、强度和渗透特性。

2 查明坝体滑坡、开裂、塌陷等病害险情的分布位置、范围、特征、成因，险情发生过程与抢险措施，运行期坝体变形位移情况及变化规律。

3 查明地基地层结构、分布、物质组成，重点查明软土、湿陷性土等工程性质不良岩土层的分布特征及物理力学特性，可溶岩区喀斯特洞穴的分布、充填情况及埋藏深度。

4 查明坝基开挖和地基处理情况。

9.4.9 坝体变形与地基沉降的勘察方法应符合下列规定：

1 应收集和分析已有的观测资料和坝体变形与地基沉降险情处理资料。

2 应进行工程地质测绘，比例尺可选用1：1000～1：500。

3 宜采用综合物探方法探测空洞、裂缝等位置。

4 应在坝体变形和地基沉降部位布置勘探剖面和勘探点，勘探深度可根据具体情况确定。

5 应取样进行室内物理力学性质试验。

9.4.10 土的地震液化勘察应包括下列内容：

1 查明坝基和坝体无黏性土和少黏性土层的分布范围，厚度变化等情况。

2 查明土层的土体结构、颗粒组成、密实度、排水条件等。

3 查明坝基水文地质条件和坝体浸润线位置。

4 评价饱和无黏性土和少黏性土的地震液化可能性，提出加固处理措施地质建议。

9.4.11 土的地震液化的勘察方法应符合下列规定：

1 应布置钻探、坑槽，其数量和深度根据需要确定。

2 应进行剪切波速测试和标准贯入试验。

3 应取原状土样，测定土的天然含水率、密度和颗粒组成等。

9.5 勘察报告

9.5.1 病险水库工程地质勘察报告由正文、附图和附件组成。

9.5.2 安全评价工程地质勘察报告正文应包括绪言、地质概况、土石坝坝体状况及评价、各建筑物地基及边坡工程地质条件及评价、结论及建议。

9.5.3 绪言宜包括工程概况、工程运行中出现的问题、历次除险加固概况、本阶段勘察工作开展情况及完成的工作量。

9.5.4 地质概况宜包括区域地质概况、工程区基本地质条件。

9.5.5 土石坝坝体状况宜包括坝体结构组成、填料物质组成、物理力学指标及渗透性参数、已有险情、坝体质量评价。

9.5.6 各建筑物地基及边坡工程地质条件宜包括基本地质条件、存在的地质问题及险情、工程地质评价。

9.5.7 结论及建议宜包括本阶段勘察的主要结论、需要说明的问题、下一阶段工作建议。

9.5.8 可行性研究阶段和初步设计阶段工程地质勘察报告正文应包括绪言、地质概况、险情或隐患工程地质评价、天然建筑材料、结论与建议。

9.5.9 险情或隐患工程地质评价宜包括基本地质条件，险情或隐患的特征、分布范围、边界条件及成因，有关物理力学性质及渗透性指标，处理措施及建议。

9.5.10 天然建筑材料宜包括设计需求量，各料场位置及地形地质条件，勘探和取样，储量和质量，开采和运输条件等。

附录 A 工程地质勘察报告附件

表 A 工程地质勘察报告附件表

序号	附件名称	规划阶段	可行性研究阶段	初步设计阶段	招标设计阶段	施工详图设计阶段
1	区域综合地质图（附综合地层柱状图和典型地质剖面）*	√	+	—	—	—
2	区域构造与地震震中分布图*	√	√	+	—	—
3	水库区综合地质图（附综合地层柱状图和典型地质剖面）	+	√	√	+	—
4	水库区专门性问题工程地质图	—	+	+	+	—
5	坝址及附属建筑物区工程地质图（附综合地层柱状图）	+	√	√	√	—
6	专门性水文地质图*	+	+	+	+	—
7	坝址基岩地质图（包括基岩面等高线）	—	+	+	+	—
8	工程区专门性问题地质图*	—	+	+	+	—
9	竣工工程地质图*	—	—	—	—	√
10	引调水工程综合地质图	√	√	√	√	—
11	堤防工程综合地质图	—	√	√	√	—
12	河道整治工程综合地质图	—	√	√	√	—
13	水闸（泵站）综合地质图	+	√	√	√	—
14	灌区工程综合地质图	+	√	√	—	—
15	天然建筑材料产地分布图*	+	√	√	+	—
16	料场综合地质图*	—	√	√	√	—
17	坝址、引水线路或其他建筑物场地工程地质剖面图	+	√	√	√	—
18	坝基（防渗线）渗透剖面图	—	√	√	√	—
19	专门性问题地质剖面图或平切面图*	—	+	√	√	+
20	引调水工程及主要建筑物地质剖面图	+	√	√	√	—
21	堤防及主要建筑物地质剖面图	+	√	√	√	—
22	河道整治工程典型地段地质剖面图	—	√	√	√	—
23	水闸（泵站）工程地质剖面图	—	√	√	√	—
24	灌区工程地质剖面图	—	+	√	—	—
25	钻孔柱状图*	+	+	+	+	+
26	试坑、平硐、竖井展示图*	+	+	+	+	+
27	岩、土、水试验成果汇总表*	—	√	√	√	√
28	地下水动态、岩土体变形等监测成果汇总表*	—	+	+	+	+
29	水库诱发地震等监测成果汇总表	—	+	+	+	+
30	岩矿鉴定报告*	+	+	+	+	—
31	地震安全性评价报告*	—	+	+	—	—
32	物探报告*	+	√	√	√	+
33	岩土试验报告*	—	√	√	√	+
34	水质分析报告*	—	+	+	+	+
35	专门性工程地质问题研究报告*	—	+	+	+	+

注：1 “√”表示应提交的附图附件；“+”表示视需要而定的附图附件；“—”表示不需要提交的附图附件。

2 * 表示各类水利水电工程都需要考虑的图件。

附录B 物探方法适用性

表B 物探方法适用性选择表

物探方法		探测项目																			
		覆盖层探测	岩体完整性	岩性界线	断层破碎带	地下管线	溶洞	软弱夹层	含水层	地下水位	地下水流速流向	渗漏地段	滑坡体	动弹性力学参数	密度	洞室围岩松弛圈	爆破影响带	灌浆效果检测	洞室超前探测	深埋洞室勘探	砂土地震液化
电法	电测深法	√	+	√	+	—	√	—	√	√	—	—	√	—	—	—	—	—	—	—	—
	电剖面法	+	—	√	√	+	—	—	—	—	—	+	—	—	—	—	—	—	—	—	—
	自然电场法	—	—	—	+	+	—	—	—	—	+	√	—	—	—	—	—	—	—	—	—
	充电法	—	—	—	—	√	—	—	—	—	√	—	—	—	—	—	—	—	—	—	—
	激发极化法	—	—	—	+	—	—	—	√	√	—	+	—	—	—	—	—	—	—	—	—
	大地电磁频谱探测（MD）	—	—	—	√	—	—	—	+	—	—	—	—	—	—	—	—	—	—	√	—
	可控源音频大地电磁测深（CSAMT）	—	—	—	√	—	—	—	+	—	—	—	—	—	—	—	—	—	—	√	—
	瞬变电磁法	√	—	+	√	—	—	—	+	+	—	√	—	—	—	—	—	—	—	—	—
地震法	浅层折射法	√	—	√	√	—	—	—	+	+	—	—	√	—	—	—	—	—	—	—	—
	浅层反射法	√	—	√	√	—	+	—	+	+	—	—	+	—	—	—	—	—	√	—	—
	面波法	√	—	—	—	—	—	—	—	—	—	—	√	—	—	—	—	—	—	—	√
弹性波测试法	声波波速测试	—	√	—	—	—	—	+	—	—	—	—	—	√	—	√	+	√	—	—	—
	声波穿透法	—	+	—	—	—	—	—	—	—	—	—	—	+	—	+	+	+	—	—	—
	地震波波速测试	—	√	—	—	—	—	—	—	—	—	—	—	√	—	√	√	—	—	—	—
	地震波穿透法	—	√	—	+	—	—	—	—	—	—	—	—	√	—	+	—	+	—	—	—
层析成像法（CT）	电磁波CT	—	+	—	√	—	√	—	—	—	—	—	—	—	—	√	√	√	—	—	—
	地震CT	—	√	—	+	—	+	—	—	—	—	—	—	—	—	—	—	+	—	—	—
探地雷达法		+	—	—	—	√	√	—	—	—	—	—	—	—	—	—	—	—	√	—	—
测井法	电测井	+	—	√	+	—	—	√	—	—	—	—	—	—	—	—	—	—	—	—	—
	声波测井	—	√	+	+	—	—	√	—	—	—	—	—	√	—	√	√	√	—	—	—
	放射性测井	+	+	+	—	—	—	√	—	—	—	—	—	—	√	—	—	—	—	—	—
	电磁波法	—	—	—	+	—	√	—	—	—	—	—	—	—	—	—	—	—	—	—	—
	钻孔电视	—	+	+	√	—	—	√	—	—	—	—	—	—	—	—	—	+	—	—	—
	同位素示踪法	—	—	—	—	—	—	—	—	—	√	√	—	—	—	—	—	—	—	—	—

注：“√”表示主要方法；“+”为辅助方法；“—”为不适用的方法。

附录C 喀斯特渗漏评价

C.0.1 喀斯特渗漏评价应在区域和工程区喀斯特发育规律、水文地质和渗漏条件勘察研究的基础上，根据地形地貌、地质构造、可溶岩的层组类型、空间分布和喀斯特化程度、喀斯特发育规律和水文地质条件等，对渗漏的可能性、渗漏量、渗漏对工程的危害和对环境的影响等作出综合评价。

C.0.2 喀斯特渗漏评价应分为水库渗漏（向邻谷或下游河弯）、坝基和绕坝渗漏两类。水库渗漏仅与工程效益和环境有关，坝基和绕坝渗漏还与工程建筑物安全有关。

C.0.3 喀斯特水库渗漏评价可分为不渗漏、溶隙型渗漏、溶隙与管道混合型渗漏和管道型渗漏四类。

1 水库存在下列条件之一时，可判断为水库不存在喀斯特渗漏：

1）水库周边有可靠的非喀斯特化地层或厚度较大的弱喀斯特化地层封闭。

2）水库与邻谷或与下游河弯地块有可靠的地下水分水岭，且分水岭水位高于水库正常蓄水位。

3）水库与邻谷或与下游河弯地块的地下水分水岭水位略低于水库正常蓄水位，但分水岭地段喀斯特化程度轻微。

4）邻谷常年地表水或地下水水位高于水库正常设计蓄水位。

2 水库存在下列条件之一时，可判断为可能存在溶隙型渗漏：

1）河间或河弯地块存在地下水分水岭，地下水位低于水库正常蓄水位，但库内、外无大的喀斯特水系统（泉、暗河）发育，无贯穿河间或河弯地块的地下水位低槽。

2）河间或河弯地块地下水分水岭水位低于水库正常蓄水位，库内、外有喀斯特水系统发育，但地下分水岭地块中部为弱喀斯特化地层。

3 水库存在下列条件之一时，可判断为可能存在溶隙与管道混合型渗漏或管道型渗漏：

1）可溶岩层通向库外低邻谷或下游支流，可溶岩地层喀斯特化强烈，河间或河弯地块地下水分水岭水位低平且低于水库正常蓄水位，喀斯特洼地呈线或带状穿越分水岭地段，分水岭一侧或两侧有喀斯特水系统发育。

2）经连通试验或水文测验证实，天然条件下河流向邻谷或下游河弯排泄。

3）悬托型或排泄型河谷，天然条件下存在喀斯特渗漏。

4）库内外有喀斯特水系统发育，系统之间在水库蓄水位以下曾发生过相互袭夺现象，或有对应的成串状喀斯特洼地穿越分水岭地块，经连通试验证实地下水经喀斯特洼地、漏斗、落水洞流向库外。

C.0.4 坝基和绕坝渗漏的主要判别依据有：河谷喀斯特水动力条件，河谷地质结构、可溶岩层空间分布和喀斯特化程度、坝址所处的地貌单元和断裂构造特征。

1 存在下列条件之一时，可判断为坝基和绕坝渗漏轻微：

1）坝址为横向谷，坝基及两岸岩体喀斯特化轻微，补给型喀斯特水动力条件，两岸水力坡降较大。

2）横向谷，坝基及两岸为不纯碳酸盐岩或夹有非喀斯特化地层，且未被断裂构造破坏。

2 存在下列条件之一时，可判断为坝基和绕坝渗漏较严重：

1）坝址河谷宽缓，两岸地下水位低平，或为补排型河谷水动力类型，可溶岩喀斯特化程度较强。

2）坝址上、下游均有喀斯特水系统发育，且顺河向断裂较发育。

3）为悬托型或排泄型喀斯特水动力类型，天然条件下河水补给地下水，河谷及两岸深部喀斯特洞隙较发育。

3 存在下列条件之一时，可判断为坝基和绕坝渗漏问题复杂，可能存在严重的喀斯特渗漏：

1）坝址为纵向谷，可溶岩喀斯特发育，两岸地下水位低平，较大范围内具有统一地下水位，且有良好的水力联系。

2）为悬托型或排泄型喀斯特水动力类型，天然条件下河水补给地下水；河床或两岸存在纵向地下径流或有纵向地下水凹槽，或坝址上游有明显水量漏失现象。

3）坝区有顺河向的断层、裂隙带、层面裂隙或埋藏古河道发育，并有与之相应的喀斯特系统发育。

C.0.5 喀斯特渗漏量估算应根据岩体喀斯特化程度，地下水赋存及运动特征、计算单元内水力联系等情况概化计算模型，用相应的计算方法进行估算。溶隙型渗漏可采用地下水动力学方法和水量均衡法进行估算，管道型渗漏可采用水力学法和水量均衡法进行估算，管道与溶隙混合型渗漏可分别估算后迭加，此外也可采用数值模拟方法估算。由于喀斯特渗漏量计算的边界条件和参数十分复杂，需对各种计算方法取得的成果进行相互验证，作出合理判断。

C.0.6 喀斯特渗漏处理的范围、深度、措施和标准，应根据渗漏影响程度评价，通过技术经济比较，依照下列原则确定：

1 喀斯特渗漏处理应根据与工程安全的关系、水量损失和对环境的影响等情况区别对待。影响工程安全的渗漏要以满足建筑物渗控要求为原则进行处理；仅有水量损失的渗漏，可视水库库容、河流多年平均流量和水库调节性能等，以不影响工程效益的正常发挥为原则进行处理；具有一定环境效益的渗漏，如补给地下水或泉水，使地下水位升高，泉水流量增加，可发挥环境效益的水库渗漏，在不严重影响工程效益的前提下可不予处理，但对有次生灾害的渗漏应予以处理。

2 与工程建筑物安全有关的防渗处理应利用隔水层和相对隔水层，提高防渗的可靠性，防止坝基坝肩附近溶洞、溶隙中的充填物在工程运行期发生冲刷破坏，并满足建筑物渗控要求。

3 为减少水库渗漏量进行的防漏处理可分期实施，水库蓄水前应对可能出现严重渗漏的部位进行处理，对可能存在溶隙型渗漏的部位可待蓄水后视渗漏情况确定是否处理。

4 喀斯特防渗处理措施可根据具体条件，宜采用封、堵、围、截、灌等综合防渗措施。防渗帷幕通过溶洞时，应先封堵溶洞，以保证灌浆的可靠性。

附录D 浸没评价

D.0.1 浸没评价按初判、复判两阶段进行。

D.0.2 根据地质测绘结果、拟建水库水位情况或渠道水位情况进行浸没可能性初判。

初判认定的不可能浸没地段不再进行工作。初判认定的可能浸没地段应通过勘探、试验、观测和计算确定浸没范围和浸没程度。

D.0.3 初判时符合下列情况之一的地段可判定为不可能浸没地段：

1 库岸或渠道由相对不透水岩土层组成的地段。

2 与水库无直接水力联系的地段：被相对不透水层阻隔，且该相对不透水层顶部高程高于水库设计正常蓄水位；被有经常水流的溪沟阻隔，且溪沟水位高于水库设计正常蓄水位。

3 渠道周围地下水位高于渠道设计水位的地段。

D.0.4 初判时符合下列情况之一的地段可判定为不可能次生盐渍化地段：

1 处于湿润性气候区，降水量大，径流条件好。

2 地下水矿化度较低。

3 表层黏性土较薄，下部含水层透水性较强，排泄条件较好。

4 排水设施完善。

D.0.5 判别时应确定该地区的浸没地下水埋深临界值。当预测的蓄水后地下水埋深值小于临界值时，该地区应判定为浸没区。

D.0.6 初判时，浸没地下水埋深临界值可按式（D.0.6）确定：

$$H_{cr}=H_k+\Delta H \quad (D.0.6)$$

式中 H_{cr}——浸没地下水埋深临界值（m）；

H_k——土的毛管水上升高度（m）；

ΔH——安全超高值（m）。对农业区，该值即根系层的厚度；对城镇和居民区，该值取决于建筑物荷载、基础形式、砌置深度。

D.0.7 复判时农作物区的浸没地下水埋深临界值应根据下列因素确定：

1 对可能次生盐渍化地区，应根据地下水矿化度和表部土层性质确定防止土壤次生盐渍化地下水埋深临界值。

2 对不可能次生盐渍化地区，应根据现有农作物种类确定适于农作物生长的地下水埋深临界值。

3 在确定上述两种地下水埋深临界值时，应对当地农业管理部门、农业科研部门和农民进行调查，收集相关资料，根据需要开挖试坑验证。

D.0.8 复判时建筑物区的浸没地下水埋深临界值应根据下列因素确定：

1 居住环境标准：浸没地下水埋深临界值等于表土层的毛管水上升高度。

2 建筑物安全标准：当勘探、试验成果表明现有建筑物地基持力层在饱和状态下强度显著下降导致承载力不足，或沉陷值显著增大超出建筑物的允许值时，浸没地下水埋深临界值等于该类建筑物的基础砌置深度加土的毛管水上升高度。

3 上述两种情况确定建筑物区的浸没地下水埋深临界值，要根据表层土的毛管水上升高度、地基持力层情况、冻结层深度以及当地现有建筑物的类型、层数、基础形式和深度等确定，根据需要进行开挖验证。地基持力层情况主要包括是否存在黄土、淤泥、软土、膨胀土等地层，持力层在含水率改变下的变形增大率及强度降低率等。

D.0.9 当复判的浸没区面积较大时，宜按浸没影响程度划分为严重和轻微两种浸没区。

附录E 岩土物理力学参数取值

E.0.1 岩土物理力学参数取值应符合下列规定：

1 收集工程区域内岩土体的成因、物质组成、结构面分布、地应力场和水文地质条件等地质资料，掌握岩土体的均质和非均质特性。

2 了解枢纽布置方案、工程建筑类型、工程荷载作用方向及大小，以及对地基、边坡和地下洞室围岩的质量要求等设计意图。

3 岩土物理力学参数应根据有关的试验方法标准，通过原位测试、室内试验等直接或间接的方法确定，并应考虑室内、外试验条件与实际工程岩土体的差别等因素的影响。

4 应进行工程地质单元划分和工程岩体分级，在此基础上根据工程问题进行岩土力学试验设计，确定试验方法、试验数量以及试验布置。

5 试验成果整理可按相关岩土试验规程进行。抗剪强度参数可采用最小二乘法、优定斜率法或小值平均法，分别按峰值、屈服值、比例极限值、残余强度值、长期强度等进行整理。

6 收集岩土试验样品的原始结构、颗粒成分、矿物成分、含水率、应力状态、试验方法、加载方式等相关资料，并分析试验成果的可信程度。

7 按岩土体类别、岩体质量级别、工程地质单元、区段或层位，可采用数理统计法整理试验成果，在充分论证的基础上舍去不合理的离散值。

注：可按极限误差法（样本容量＞10）或格拉布斯（Grubbs）法（样本容量≤10）舍去不合理的离散值。

8 岩土物理力学参数应以试验成果为依据，以整理后的试验值作为标准值。

9 根据岩土体岩性、岩相变化、试样代表性、实际工作条件与试验条件的差别，对标准值进行调整，提出地质建议值。

10 设计采用值应由设计、地质、试验三方共同研究确定。对于重要工程以及对参数敏感的工程应做专门研究。

E.0.2 土的物理力学参数标准值选取应符合下列规定：

1 各参数的统计宜包括统计组数、最大值、最小值、平均值、大值平均值、小值平均值、标准差、变异系数。

2 当同一土层的各参数变异系数较大时，应分析土层水平与垂直方向上的变异性。

1）当土层在水平方向上变异性大时，宜分析参数在水平方向上的变化规律，或进行分区（段）。

2）当土层在垂直方向上变异性大时，宜分析参数随深度的变化规律，或进行垂直分带。

3 土的物理性质参数应以试验算术平均值为标准值。

4 地基土的允许承载力可根据载荷试验（或其他原位试验）、公式计算确定标准值。

5 地基土渗透系数标准值应根据抽水试验、注（渗）水试验或室内试验确定，并应符合下列规定：

1）用于人工降低地下水位及排水计算时，应采用抽水试验的小值平均值。

2）水库（渠道）渗漏量、地下洞室涌水量及基坑涌水量计算的渗透系数，应采用抽水试验的大值平均值。

3）用于浸没区预测的渗透系数，应采用试验的平均值。

4）用于供水工程计算时，应采用抽水试验的小值平均值。

5）其他情况下，可根据其用途综合确定。

6 土的压缩模量可从压力-变形曲线上，以建筑物最大荷载下相应的变形关系选取，或按压缩试验的压缩性能，根据其固结程度选定标准值。对于高压缩性软土，宜以试验压缩模量的小值平均值作为标准值。

7 土的抗剪强度标准值可采用直剪试验峰值强度的小值平均值。

8 当采用有效应力进行稳定分析时，地基土的抗剪强度标准值应符合下列规定：

1）对三轴压缩试验测定的抗剪强度，宜采用试验平均值。

2）对黏性土地基，应测定或估算孔隙水压力，以取得有效应力强度。

9 当采用总应力进行稳定分析时，地基土抗剪强度的标准值应符合下列规定：

1）对排水条件差的黏性土地基，宜采用饱和快剪强度或三轴压缩试验不固结不排水剪切强度；对软土可采用原位十字板剪切强度。

2）对上、下土层透水性较好或采取了排水措施的薄层黏性土地基，宜采用饱和固结快剪强度或三轴压缩试验固结不排水剪切强度。

3）对透水性良好，不易产生孔隙水压力或能自由排水的地基土层，宜采用慢剪强度或三轴压缩试验固结排水剪切强度。

10 当需要进行动力分析时，地基土抗剪强度标准值应符合下列规定：

1）对地基土进行总应力动力分析时，宜采用动三轴压缩试验测定的动强度作为标准值。

2）对于无动力试验的黏性土和紧密砂砾等非地震液化性土，宜采用三轴压缩试验饱和固结不排水剪测定的总强度和有效应力强度中的最小值作为标准值。

3）当需要进行有效应力动力分析时，应测定饱和砂土的地震附加孔隙水压力、地震有效应力强度，可采用静力有效应力强度作为标准值。

11 混凝土坝、闸基础与地基土间的抗剪强度标准值应符合下列规定：

1）对黏性土地基，内摩擦角标准值可采用室内饱和固结快剪试验内摩擦角平均值的90%，凝聚力标准值可采用室内饱和固结快剪试验凝聚力平均值的20%～30%。

2）对砂性土地基，内摩擦角标准值可采用室内饱和固结快剪试验内摩擦角平均值的85%～90%。

3）对软土地基，力学参数标准值宜采用室内试验、原位测试，结合当地经验确定。抗剪强度指标宜采用室内三轴压缩试验指标，原位测试宜采用十字板剪切试验。

12 对边坡工程，土的抗剪强度标准值宜符合下列规定：

1）滑坡滑动面（带）的抗剪强度宜取样进行岩矿分析、物理力学试验，并结合反算分析确定。对工程有重要影响的滑坡，还应结合原位抗剪试验成果等综合选取。

2）边坡土体抗剪强度宜根据设计工况分别选取饱和固结快剪、快剪强度的小值平均值或取三轴压缩试验的平均值。

E.0.3 规划与可行性研究阶段的坝、闸基础与地基土间的摩擦系数，可结合地质条件根据表 E.0.3 选用地质建议值。

表 E.0.3 坝、闸基础与地基土间摩擦系数地质建议值

地基土类型		摩擦系数 f
卵石、砾石		$0.55 \geqslant f > 0.50$
砂		$0.50 \geqslant f > 0.40$
粉土		$0.40 \geqslant f > 0.25$
黏土	坚硬	$0.45 \geqslant f > 0.35$
	中等坚硬	$0.35 \geqslant f > 0.25$
	软弱	$0.25 \geqslant f > 0.20$

E.0.4 岩体（石）的物理力学参数取值应按下列规定进行：

1 岩体的密度、单轴抗压强度、抗拉强度、点荷载强度、波速等物理力学参数可采用试验成果的算术平均值作为标准值。

2 岩体变形参数取原位试验成果的算术平均值作为标准值。

3 软岩的允许承载力采用载荷试验极限承载力的 1/3 与比例极限二者的小值作为标准值；无载荷试验成果时，可通过三轴压缩试验确定或按岩石单轴饱和抗压强度的 1/10～1/5 取值。坚硬岩、半坚硬岩可按岩石单轴饱和抗压强度折减后取值：坚硬岩取岩石单轴饱和抗压强度的 1/25～1/20，中硬岩取岩石单轴饱和抗压强度的 1/20～1/10。

4 混凝土坝基础与基岩间抗剪断强度参数按峰值强度参数的平均值取值，抗剪强度参数按残余强度参数与比例极限强度参数二者的小值作为标准值。

5 岩体抗剪断强度参数按峰值强度平均值取值。抗剪强度参数对于脆性破坏岩体按残余强度与比例极限强度二者的小值作为标准值，对于塑性破坏岩体取屈服强度作为标准值。

6 规划阶段及可行性研究阶段，当试验资料不足时，可根据表 E.0.4 结合地质条件提出地质建议值。

表 E.0.4 坝基岩体抗剪断（抗剪）强度参数及变形参数经验值表

岩体分类	混凝土与基岩接触面			岩体			岩体变形模量
	抗剪断		抗剪	抗剪断		抗剪	
	f'	C'(MPa)	f	f'	C'(MPa)	f	E(GPa)
Ⅰ	1.50～1.30	1.50～1.30	0.85～0.75	1.60～1.40	2.50～2.00	0.90～0.80	>20
Ⅱ	1.30～1.10	1.30～1.10	0.75～0.65	1.40～1.20	2.00～1.50	0.80～0.70	20～10
Ⅲ	1.10～0.90	1.10～0.70	0.65～0.55	1.20～0.80	1.50～0.70	0.70～0.60	10～5
Ⅳ	0.90～0.70	0.70～0.30	0.55～0.40	0.80～0.55	0.70～0.30	0.60～0.45	5～2
Ⅴ	0.70～0.40	0.30～0.05	0.40～0.30	0.55～0.40	0.30～0.05	0.45～0.35	2～0.2

注：表中参数限于硬质岩，软质岩应根据软化系数进行折减。

E.0.5 结构面的抗剪断强度参数标准值取值按下列规定进行：

1 硬性结构面抗剪断强度参数按峰值强度平均值取值，抗剪强度参数按残余强度平均值取值作为标准值。

2 软弱结构面抗剪断强度参数按峰值强度小值平均值取值，抗剪强度参数按屈服强度平均值取值作为标准值。

3 规划阶段及可行性研究阶段，当试验资料不足时，可结合地质条件根据表 E.0.5 提出地质建议值。

表 E.0.5 结构面抗剪断（抗剪）强度参数经验取值表

结构面类型		f'	C'(MPa)	f
胶结结构面		0.90～0.70	0.30～0.20	0.70～0.55
无充填结构面		0.70～0.55	0.20～0.10	0.55～0.45
软弱结构面	岩块岩屑型	0.55～0.45	0.10～0.08	0.45～0.35
	岩屑夹泥型	0.45～0.35	0.08～0.05	0.35～0.28
	泥夹岩屑型	0.35～0.25	0.05～0.02	0.28～0.22
	泥型	0.25～0.18	0.01～0.005	0.22～0.18

注：1 表中胶结结构面、无充填结构面的抗剪强度参数限于坚硬岩，半坚硬岩、软质岩中结构面应进行折减。
2 胶结结构面、无充填结构面抗剪断（抗剪）强度参数应根据结构面胶结程度和粗糙程度取大值或小值。

附录 F 岩土体渗透性分级

表 F 岩土体渗透性分级

渗透性等级	标准	
	渗透系数 K（cm/s）	透水率 q（Lu）
极微透水	$K < 10^{-6}$	$q < 0.1$
微透水	$10^{-6} \leqslant K < 10^{-5}$	$0.1 \leqslant q < 1$
弱透水	$10^{-5} \leqslant K < 10^{-4}$	$1 \leqslant q < 10$

续表 F

渗透性等级	标准	
	渗透系数 K（cm/s）	透水率 q（Lu）
中等透水	$10^{-4}\leqslant K<10^{-2}$	$10\leqslant q<100$
强透水	$10^{-2}\leqslant K<1$	$q\geqslant 100$
极强透水	$K\geqslant 1$	

附录 G　土的渗透变形判别

G.0.1　土的渗透变形特征应根据土的颗粒组成、密度和结构状态等因素综合分析确定。

1　土的渗透变形宜分为流土、管涌、接触冲刷和接触流失四种类型。

2　黏性土的渗透变形主要是流土和接触流失两种类型。

3　对于重要工程或不易判别渗透变形类型的土，应通过渗透变形试验确定。

G.0.2　土的渗透变形判别应包括下列内容：

1　判别土的渗透变型类型。

2　确定流土、管涌的临界水力比降。

3　确定土的允许水力比降。

G.0.3　土的不均匀系数应采用下式计算：

$$C_u=\frac{d_{60}}{d_{10}} \tag{G.0.3}$$

式中　C_u——土的不均匀系数；

d_{60}——小于该粒径的含量占总土重 60% 的颗粒粒径（mm）；

d_{10}——小于该粒径的含量占总土重 10% 的颗粒粒径（mm）。

G.0.4　细颗粒含量的确定应符合下列规定：

1　级配不连续的土：颗粒大小分布曲线上至少有一个以上粒组的颗粒含量小于或等于 3% 的土，称为级配不连续的土。以上述粒组在颗粒大小分布曲线上形成的平缓段的最大粒径和最小粒径的平均值或最小粒径作为粗、细颗粒的区分粒径 d，相应于该粒径的颗粒含量为细颗粒含量 P。

2　级配连续的土：粗、细颗粒的区分粒径为

$$d=\sqrt{d_{70}\cdot d_{10}} \tag{G.0.4}$$

式中　d_{70}——小于该粒径的含量占总土重 70% 的颗粒粒径（mm）。

G.0.5　无黏性土渗透变形类型的判别可采用以下方法：

1　不均匀系数小于等于 5 的土可判为流土。

2　对于不均匀系数大于 5 的土可采用下列判别方法：

1）流土：

$$P\geqslant 35\% \tag{G.0.5-1}$$

2）过渡型取决于土的密度、粒级和形状：

$$25\%\leqslant P<35\% \tag{G.0.5-2}$$

3）管涌：

$$P<25\% \tag{G.0.5-3}$$

3　接触冲刷宜采用下列方法判别：

对双层结构地基，当两层土的不均匀系数均等于或小于 10，且符合下式规定的条件时，不会发生接触冲刷。

$$\frac{D_{10}}{d_{10}}\leqslant 10 \tag{G.0.5-4}$$

式中　D_{10}、d_{10}——分别代表较粗和较细一层土的颗粒粒径（mm），小于该粒径的土重占总土重的 10%。

4　接触流失宜采用下列方法判别：

对于渗流向上的情况，符合下列条件将不会发生接触流失。

1）不均匀系数等于或小于 5 的土层：

$$\frac{D_{15}}{d_{85}}\leqslant 5 \tag{G.0.5-5}$$

式中　D_{15}——较粗一层土的颗粒粒径（mm），小于该粒径的土重占总土重的 15%；

d_{85}——较细一层土的颗粒粒径（mm），小于该粒径的土重占总土重的 85%。

2）不均匀系数等于或小于 10 的土层：

$$\frac{D_{20}}{d_{70}}\leqslant 7 \tag{G.0.5-6}$$

式中　D_{20}——较粗一层土的颗粒粒径（mm），小于该粒径的土重占总土重的 20%；

d_{70}——较细一层土的颗粒粒径（mm），小于该粒径的土重占总土重的 70%。

G.0.6　流土与管涌的临界水力比降宜采用下列方法确定：

1　流土型宜采用下式计算：

$$J_{cr}=(G_s-1)(1-n) \tag{G.0.6-1}$$

式中　J_{cr}——土的临界水力比降；

G_s——土粒比重；

n——土的孔隙率（以小数计）。

2　管涌型或过渡型可采用下式计算：

$$J_{cr}=2.2(G_s-1)(1-n)^2\frac{d_5}{d_{20}} \tag{G.0.6-2}$$

式中　d_5、d_{20}——分别为小于该粒径的含量占总土重的 5% 和 20% 的颗粒粒径（mm）。

3　管涌型也可采用下式计算：

$$J_{cr}=\frac{42d_3}{\sqrt{\frac{K}{n^3}}} \tag{G.0.6-3}$$

式中　K——土的渗透系数（cm/s）；

d_3——小于该粒径的含量占总土重 3% 的颗粒粒径（mm）。

G.0.7　无黏性土的允许比降宜采用下列方法确定：

1 以土的临界水力比降除以1.5～2.0的安全系数；当渗透稳定对水工建筑物的危害较大时，取2的安全系数；对于特别重要的工程也可用2.5的安全系数。

2 无试验资料时，可根据表G.0.7选用经验值。

表G.0.7 无黏性土允许水力比降

<table>
<tr><th rowspan="3">允许水力比降</th><th colspan="6">渗透变形类型</th></tr>
<tr><th colspan="3">流土型</th><th rowspan="2">过渡型</th><th colspan="2">管涌型</th></tr>
<tr><th>$C_u \leqslant 3$</th><th>$3 < C_u \leqslant 5$</th><th>$C_u \geqslant 5$</th><th>级配连续</th><th>级配不连续</th></tr>
<tr><td>$J_{允许}$</td><td>0.25～0.35</td><td>0.35～0.50</td><td>0.50～0.80</td><td>0.25～0.40</td><td>0.15～0.25</td><td>0.10～0.20</td></tr>
</table>

注：本表不适用于渗流出口有反滤层的情况。

附录H 岩体风化带划分

H.0.1 岩体风化带的划分一般应符合表H.0.1的规定。

表H.0.1 岩体风化带划分

<table>
<tr><th colspan="2">风化带</th><th>主要地质特征</th><th>风化岩与新鲜岩纵波速之比</th></tr>
<tr><td colspan="2">全风化</td><td>全部变色，光泽消失
岩石的组织结构完全破坏，已崩解和分解成松散的土状或砂状，有很大的体积变化，但未移动，仍残留有原始结构痕迹
除石英颗粒外，其余矿物大部分风化蚀变为次生矿物
锤击有松软感，出现凹坑，矿物手可捏碎，用锹可以挖动</td><td><0.4</td></tr>
<tr><td colspan="2">强风化</td><td>大部分变色，只有局部岩块保持原有颜色
岩石的组织结构大部分已破坏；小部分岩石已分解或崩解成土，大部分岩石呈不连续的骨架或心石，风化裂隙发育，有时含大量次生夹泥
除石英外，长石、云母和铁镁矿物已风化蚀变
锤击哑声，岩石大部分变酥，易碎，用镐撬可以挖动，坚硬部分需爆破</td><td>0.4～0.6</td></tr>
<tr><td rowspan="2">弱风化（中等风化）</td><td>上带</td><td>岩石表面或裂隙面大部分变色，断口色泽较新鲜
岩石原始组织结构清楚完整，但大多数裂隙已风化，裂隙壁风化剧烈，宽一般5～10cm，大者可达数十厘米
沿裂隙铁镁矿物氧化锈蚀，长石变得浑浊、模糊不清
锤击哑声，用镐难挖，需用爆破</td><td>0.6～0.8</td></tr>
<tr><td>下带</td><td>岩石表面或裂隙面大部分变色，断口色泽新鲜
岩石原始组织结构清楚完整，沿部分裂隙风化，裂隙壁风化较剧烈，宽一般1～3cm
沿裂隙铁镁矿物氧化锈蚀，长石变得浑浊、模糊不清
锤击发音较清脆，开挖需用爆破</td><td>0.6～0.8</td></tr>
<tr><td colspan="2">微风化</td><td>岩石表面或裂隙面有轻微褪色
岩石组织结构无变化，保持原始完整结构
大部分裂隙闭合或为钙质薄膜充填，仅沿大裂隙有风化蚀变现象，或有锈膜浸染
锤击发音清脆，开挖需用爆破</td><td>0.8～0.9</td></tr>
<tr><td colspan="2">新鲜</td><td>保持新鲜色泽，仅大的裂隙面偶见褪色
裂隙面紧密，完整或焊接状充填，仅个别裂隙面有锈膜浸染或轻微蚀变
锤击发音清脆，开挖需用爆破</td><td>0.9～1.0</td></tr>
</table>

H.0.2 碳酸盐岩溶蚀风化带划分一般应符合下列规定：

1 灰岩、白云质灰岩、灰质白云岩、白云岩等碳酸盐岩，其风化往往具溶蚀风化特点，风化带的划分应符合表H.0.2规定。

2 部分白云岩（因微裂隙极其发育）、灰岩（因特殊结构构造，如豆状、瘤状等），有时具均匀风化特征，当其均匀风化特征明显时，风化带的划分宜按表H.0.1进行。

3 灰岩与泥岩之间的过渡类岩石，随着泥质含量的增加，其风化形式逐渐由溶蚀风化为主向均匀风化过渡，当以溶蚀风化为主时，风化带应按表H.0.2划分，当以均匀风化为主时，风化带按表H.0.1划分。

表H.0.2 碳酸盐岩溶蚀风化带划分

风化带	主要地质特征
表层强烈溶蚀风化	沿断层、裂隙及层面等结构面溶蚀风化强烈，风化裂隙发育。在地表往往形成上宽下窄溶缝、溶沟、溶槽，其宽（深）一般数厘米至数米不等，且多有黏土、碎石土充填；而在地下（如勘探平硐等）则多见溶蚀风化裂隙、宽缝（洞穴）等，其规模一般数厘米至数十厘米不等，且多有黏土、碎石土等充填 溶蚀风化结构面之间，岩石断口保持新鲜岩石色泽，岩石原始组织结构清楚完整 该带岩体一般完整性较差，力学强度低

续表 H.0.2

风化带		主要地质特征
裂隙性溶蚀风化	上带	沿断层、裂隙及层面等结构面溶蚀风化现象较普遍，风化裂隙较发育，结构面胶结物风化蚀变明显或溶蚀充泥现象普遍，溶蚀风化张开宽度一般3～10mm不等 结构面间的岩石组织结构无变化，保持原始完整结构，岩石表面或裂隙面风化蚀变或褪色明显 岩体完整性受结构面溶蚀风化影响明显，岩体强度略有下降
	下带	沿部分断层、裂隙及层面等结构面有溶蚀风化现象，结构面上见有风化膜或锈膜浸染，但溶蚀充泥或夹泥膜现象少见且宽度一般小于3mm 岩石原始结构清楚，组织结构无变化，岩石表面或裂隙面有轻微褪色 岩体完整性受结构面溶蚀风化影响轻微，岩体强度降低不明显
微新岩体		保持新鲜色泽，仅岩石表面或大的裂隙面偶见褪色 大部分裂隙紧密、闭合或为钙质薄膜充填，仅个别裂隙面有锈膜浸染或轻微蚀变

H.0.3 使用表H.0.1和表H.0.2时，遇有下列情况之一时，岩体风化带的划分可适当调整：

1 除弱风化岩体外，当其他风化岩体厚度较大时，也可根据需要进一步划分。

2 选择性风化作用地区，当发育囊状风化、隔层风化、沿裂隙风化等特定形态的风化带时，可根据岩石的风化状态确定其等级。

3 某些特定地区，岩体风化剖面呈非连续性过渡时，分级可缺少一级或二级。

附录J 边坡岩体卸荷带划分

表J 边坡岩体卸荷带划分

卸荷类型	卸荷带分布	主要地质特征	特征指标	
			张开裂隙宽度	波速比
正常卸荷松弛	强卸荷带	近坡体浅表部卸荷裂隙发育的区域 裂隙密度较大，贯通性好，呈明显张开，宽度在几厘米至几十厘米之间，充填岩屑、碎块石、植物根须，并可见条带状、团块状次生夹泥，规模较大的卸荷裂隙内部多呈架空状，可见明显的松动或变位错落，裂隙面普遍锈染 雨季沿裂隙多有线状流水或成串滴水 岩体整体松弛	张开宽度>1cm的裂隙发育（或每米硐段张开裂隙累计宽度>2cm）	<0.5
	弱卸荷带	强卸荷带以里可见卸荷裂隙较为发育的区域 裂隙张开，其宽度几毫米，并具有较好的贯通性；裂隙内可见岩屑、细脉状或膜状次生夹泥充填，裂隙面轻微锈染 雨季沿裂隙可见串珠状滴水或较强渗水 岩体部分松弛	张开宽度<1cm的裂隙较发育（或每米硐段张开裂隙累计宽度<2cm）	0.5～0.75
异常卸荷松弛	深卸荷带	相对完整段以里出现的深部裂隙松弛段 深部裂缝一般无充填，少数有锈染 岩体纵波速度相对周围岩体明显降低	—	—

附录K 边坡稳定分析技术规定

K.0.1 边坡稳定分析应收集下列资料：

1 地形和地貌特征。

2 地层岩性和岩土体结构特征。

3 断层、裂隙和软弱层的展布、产状、充填物质以及结构面的组合与连通率。

4 边坡岩体风化、卸荷深度。

5 各类岩土和潜在滑动面的物理力学参数。

6 岩土体变形监测和地下水观测资料。

7 坡脚淹没、地表水位变幅和坡体透水与排水资料。

8 降雨历时、降雨强度和冻融资料。

9 地震动参数。

10 边坡施工开挖方式、开挖程序、爆破方法、边坡外荷载、坡脚采空和开挖坡的高度与坡度等。

K.0.2 边坡变形破坏应根据表K.0.2进行分类。

表K.0.2 边坡变形破坏分类

变形破坏类型		变形破坏特征
崩塌		边坡岩体坠落或滚动
滑动	平面型	边坡岩体沿某一结构面滑动
	弧面型	散体结构、碎裂结构的岩质边坡或土坡沿弧形滑动面滑动
	楔形体	结构面组合的楔形体，沿滑动面交线方向滑动

续表K.0.2

变形破坏类型		变形破坏特征
蠕变	倾倒	反倾向层状结构的边坡，表部岩层逐渐向外弯曲、倾倒
	溃屈	顺倾向层状结构的边坡，岩层倾角与坡角大致相似，边坡下部岩层逐渐向上鼓起，产生层面拉裂和脱开
	侧向张裂	双层结构的边坡，下部软岩产生塑性变形或流动，使上部岩层发生扩展、移动张裂和下沉
流动		崩塌碎屑类堆积向坡脚流动，形成碎屑流

K.0.3 当边坡存在下列现象之一时，应进行稳定分析：

1 坡脚被水淹没或被开挖的新老滑坡或崩塌体。

2 边坡岩体中存在倾向坡外、倾角小于坡角的结构面。

3 边坡岩体中存在两组或两组以上结构面组合的楔形体，其交线倾向坡外、倾角小于边坡角。

4 坡面上出现平行坡向的张裂缝或环形裂缝的边坡。

5 顺坡向卸荷裂隙发育的高陡边坡，表层岩体已发生蠕变的边坡。

6 已发生倾倒变形的高陡边坡。

7 已发生张裂变形的下软上硬的双层结构边坡。

8 分布有巨厚崩坡积物的高陡边坡。

9 其他稳定性可疑的边坡。

K.0.4 边坡稳定分析应符合下列规定：

1 边坡岩体中实测结构面的产状、延伸长度，可进行结构面网络模拟，确定结构面贯通情况或连通率；应用赤平投影方法，确定结构面组合交线产状。

2 根据边坡工程地质条件，对边坡的变形破坏类型作出初步判断。

3 岩质边坡稳定分析可采用刚体极限平衡方法，根据滑动面或潜在滑动面的几何形状，选用合适的公式计算。同倾向多滑动面的岩质边坡宜采用平面斜分条块法和斜分块弧面滑动法，试算出临界滑动面和最小安全系数；均匀的土质边坡可采用滑弧条分法计算。根据工程实际需要可进行模型试验和原位监测资料的反分析，验证其稳定性。

4 应选择代表性的地质剖面进行计算，并应采用不同的计算公式进行校核，综合评定该边坡的稳定安全系数。

5 计算中应考虑地下水压力对边坡稳定性的不利作用。分析水位骤降时的库岸稳定性应计入地下水渗透压力的影响。在50年超越概率10%的地震动峰值加速度大于或等于0.10g的地区，应计算地震作用力的影响。

6 稳定性计算的岩土体物理力学参数可参照本规范附录E的有关规定选取。

附录L 环境水腐蚀性评价

L.0.1 判别环境水的腐蚀性时，应收集流域地区或工程建筑物场地的气候条件、冰冻资料、海拔高程，岩土性质，环境水的补给、排泄、循环、滞留条件和污染情况以及类似条件下工程建筑物的腐蚀情况。

L.0.2 环境水对混凝土的腐蚀性判别，应符合表L.0.2的规定。

表L.0.2 环境水对混凝土腐蚀性判别标准

腐蚀性类型	腐蚀性判定依据	腐蚀程度	界限指标
一般酸性型	pH值	无腐蚀 弱腐蚀 中等腐蚀 强腐蚀	$pH>6.5$ $6.5\geqslant pH>6.0$ $6.0\geqslant pH>5.5$ $pH\leqslant 5.5$
碳酸型	侵蚀性CO_2含量(mg/L)	无腐蚀 弱腐蚀 中等腐蚀 强腐蚀	$CO_2<15$ $15\leqslant CO_2<30$ $30\leqslant CO_2<60$ $CO_2\geqslant 60$
重碳酸型	HCO_3^-含量(mmol/L)	无腐蚀 弱腐蚀 中等腐蚀 强腐蚀	$HCO_3^->1.07$ $1.07\geqslant HCO_3^->0.70$ $HCO_3^-\leqslant 0.70$ —
镁离子型	Mg^{2+}含量(mg/L)	无腐蚀 弱腐蚀 中等腐蚀 强腐蚀	$Mg^{2+}<1000$ $1000\leqslant Mg^{2+}<1500$ $1500\leqslant Mg^{2+}<2000$ $Mg^{2+}\geqslant 2000$
硫酸盐型	SO_4^{2-}含量(mg/L)	无腐蚀 弱腐蚀 中等腐蚀 强腐蚀	$SO_4^{2-}<250$ $250\leqslant SO_4^{2-}<400$ $400\leqslant SO_4^{2-}<500$ $SO_4^{2-}\geqslant 500$

注：1 本表规定的判别标准所属场地应是不具有干湿交替或冻融交替作用的地区和具有干湿交替或冻融交替作用的半湿润、湿润地区。当所属场地为具有干湿交替或冻融交替作用的干旱、半干旱地区以及高程3000m以上的高寒地区时，应进行专门论证。

2 混凝土建筑物不应直接接触污染源。有关污染源对混凝土的直接腐蚀作用应专门研究。

L.0.3 环境水对钢筋混凝土结构中钢筋的腐蚀性判别，应符合表L.0.3的规定。

表L.0.3 环境水对钢筋混凝土结构中钢筋的腐蚀性判别标准

腐蚀性判定依据	腐蚀程度	界限指标
Cl^-含量(mg/L)	弱腐蚀 中等腐蚀 强腐蚀	100～500 500～5000 >5000

注：1 表中是指干湿交替作用的环境条件。

2 当环境水中同时存在氯化物和硫酸盐时，表中的Cl^-含量是指氯化物中的Cl^-与硫酸盐折算后的Cl^-之和，即Cl^-含量$=Cl^-+SO_4^{2-}\times 0.25$，单位为mg/L。

L.0.4 环境水对钢结构的腐蚀性判别，应符合表 L.0.4 的规定。

表 L.0.4 环境水对钢结构腐蚀性判别标准

腐蚀性判定依据	腐蚀程度	界限指标
pH 值、($Cl^-+SO_4^{2-}$)含量（mg/L）	弱腐蚀	pH 值 3～11、($Cl^-+SO_4^{2-}$)＜500
	中等腐蚀	pH 值 3～11、($Cl^-+SO_4^{2-}$)≥500
	强腐蚀	pH＜3、($Cl^-+SO_4^{2-}$)任何浓度

注：1 表中是指氧能自由溶入的环境水。
2 本表亦适用于钢管道。
3 如环境水的沉淀物中有褐色絮状物沉淀（铁）、悬浮物中有褐色生物膜、绿色丛块，或有硫化氢臭味，应做铁细菌、硫酸盐还原细菌的检查，查明有无细菌腐蚀。

附录 M 河床深厚砂卵砾石层取样与原位测试技术规定

M.0.1 河床深厚砂卵砾石层的取样方法与原位测试方法应视覆盖层物质组成、结构以及地下水位等情况进行选择。

M.0.2 河床深厚砂卵砾石层宜采用金刚石或硬质合金回转钻具、硬质合金钻具干钻、冲击管钻、管靴逆爪取样器等取样方法。采用金刚石或硬质合金回转钻具取样时应选择合适的冲洗液。

M.0.3 河床深厚砂卵砾石层原位测试宜采用重型或超重型动力触探试验、旁压试验、波速测试和钻孔载荷试验等方法，并应采用多种方法互相验证。

M.0.4 波速测试可选择单孔声波法、孔间穿透声波法、地震测井及孔间穿透地震波速测试等方法，测定砂卵砾石层的纵波、横波。

附录 N 围岩工程地质分类

N.0.1 围岩工程地质分类分为初步分类和详细分类。

初步分类适用于规划阶段、可研阶段以及深埋洞室施工之前的围岩工程地质分类，详细分类主要用于初步设计、招标和施工图设计阶段的围岩工程地质分类。根据分类结果，评价围岩的稳定性，并作为确定支护类型的依据，其标准应符合表 N.0.1 的规定。

N.0.2 围岩初步分类以岩石强度、岩体完整程度、岩体结构类型为基本依据，以岩层走向与洞轴线的关系、水文地质条件为辅助依据，并应符合表 N.0.2 的规定。

表 N.0.1 围岩稳定性评价

围岩类型	围岩稳定性评价	支护类型
Ⅰ	稳定。围岩可长期稳定，一般无不稳定块体	不支护或局部锚杆或喷薄层混凝土。大跨度时，喷混凝土、系统锚杆加钢筋网
Ⅱ	基本稳定。围岩整体稳定，不会产生塑性变形，局部可能产生掉块	
Ⅲ	局部稳定性差。围岩强度不足，局部会产生塑性变形，不支护可能产生塌方或变形破坏。完整的较软岩，可能暂时稳定	喷混凝土、系统锚杆加钢筋网。采用 TBM 掘进时，需及时支护。跨度＞20m 时，宜采用锚索或刚性支护
Ⅳ	不稳定。围岩自稳时间很短，规模较大的各种变形和破坏都可能发生	喷混凝土、系统锚杆加钢筋网，刚性支护，并浇筑混凝土衬砌。不适宜于开敞式 TBM 施工
Ⅴ	极不稳定。围岩不能自稳，变形破坏严重	

表 N.0.2 围岩初步分类

围岩类别	岩质类型	岩体完整程度	岩体结构类型	围岩分类说明
Ⅰ、Ⅱ	硬质岩	完整	整体或巨厚层状结构	坚硬岩定Ⅰ类，中硬岩定Ⅱ类
Ⅱ、Ⅲ		较完整	块状结构、次块状结构	坚硬岩定Ⅱ类，中硬岩定Ⅲ类，薄层状结构定Ⅲ类
Ⅱ、Ⅲ			厚层或中厚层状结构、层(片理)面结合牢固的薄层状结构	
Ⅲ、Ⅳ			互层状结构	洞轴线与岩层走向夹角小于30°时，定Ⅳ类
Ⅲ、Ⅳ		完整性差	薄层状结构	岩质均一且无软弱夹层时可定Ⅲ类
Ⅲ			镶嵌结构	—
Ⅳ、Ⅴ		较破碎	碎裂结构	有地下水活动时定Ⅴ类
Ⅴ		破碎	碎块或碎屑状散体结构	—
Ⅲ、Ⅳ	软质岩	完整	整体或巨厚层状结构	较软岩定Ⅲ类，软岩定Ⅳ类
Ⅳ、Ⅴ		较完整	块状或次块状结构	较软岩定Ⅳ类，软岩定Ⅴ类
			厚层、中厚层或互层状结构	
		完整性差	薄层状结构	较软岩无夹层时可定Ⅳ类
		较破碎	碎裂结构	较软岩可定Ⅳ类
		破碎	碎块或碎屑状散体结构	—

N.0.3 岩质类型的确定，应符合表 N.0.3 的规定。

表 N.0.3 岩质类型划分

岩质类型	硬质岩		软质岩		
	坚硬岩	中硬岩	较软岩	软岩	极软岩
岩石饱和单轴抗压强度 R_b（MPa）	$R_b>60$	$60\geq R_b>30$	$30\geq R_b>15$	$15\geq R_b>5$	$R_b\leq 5$

N.0.4 岩体完整程度根据结构面组数、结构面间距确定，并应符合表N.0.4的规定。

表N.0.4 岩体完整程度划分

间距(cm)＼组数	1～2	2～3	3～5	>5或无序
>100	完整	完整	较完整	较完整
50～100	完整	较完整	较完整	差
30～50	较完整	较完整	差	较破碎
10～30	较完整	差	较破碎	破碎
<10	差	较破碎	破碎	破碎

N.0.5 岩体结构类型划分应符合附录U的规定。

N.0.6 对深埋洞室，当可能发生岩爆或塑性变形时，围岩类别宜降低一级。

N.0.7 围岩工程地质详细分类应以控制围岩稳定的岩石强度、岩体完整程度、结构面状态、地下水和主要结构面产状五项因素之和的总评分为基本判据，围岩强度应力比为限定判据，并应符合表N.0.7的规定。

表N.0.7 地下洞室围岩详细分类

围岩类别	围岩总评分T	围岩强度应力比S
Ⅰ	>85	>4
Ⅱ	$85\geqslant T>65$	>4
Ⅲ	$65\geqslant T>45$	>2
Ⅳ	$45\geqslant T>25$	>2
Ⅴ	$T\leqslant 25$	—

注：Ⅱ、Ⅲ、Ⅳ类围岩，当围岩强度应力比小于本表规定时，围岩类别宜相应降低一级。

N.0.8 围岩强度应力比S可根据下式求得：

$$S=\frac{R_b \cdot K_v}{\sigma_m} \tag{N.0.8}$$

式中 R_b——岩石饱和单轴抗压强度(MPa)；

K_v——岩体完整性系数；

σ_m——围岩的最大主应力(MPa)，当无实测资料时可以自重应力代替。

N.0.9 围岩详细分类中五项因素的评分应符合下列规定：

1 岩石强度的评分应符合表N.0.9-1的规定。

表N.0.9-1 岩石强度评分

岩质类型	硬质岩		软质岩	
	坚硬岩	中硬岩	较软岩	软岩
饱和单轴抗压强度R_b(MPa)	$R_b>60$	$60\geqslant R_b>30$	$30\geqslant R_b>15$	$R_b\leqslant 15$
岩石强度评分A	30～20	20～10	10～5	5～0

注：1 岩石饱和单轴抗压强度大于100MPa时，岩石强度的评分为30。

2 岩石饱和单轴抗压强度小于5MPa时，岩石强度的评分为0。

2 岩体完整程度的评分应符合表N.0.9-2的规定。

表N.0.9-2 岩体完整程度评分

岩体完整程度		完整	较完整	完整性差	较破碎	破碎
岩体完整性系数K_v		$K_v>0.75$	$0.75\geqslant K_v>0.55$	$0.55\geqslant K_v>0.35$	$0.35\geqslant K_v>0.15$	$K_v\leqslant 0.15$
岩体完整性评分B	硬质岩	40～30	30～22	22～14	14～6	<6
	软质岩	25～19	19～14	14～9	9～4	<4

注：1 当$60\text{MPa}\geqslant R_b>30\text{MPa}$，岩体完整程度与结构面状态评分之和>65时，按65评分。

2 当$30\text{MPa}\geqslant R_b>15\text{MPa}$，岩体完整程度与结构面状态评分之和>55时，按55评分。

3 当$15\text{MPa}\geqslant R_b>5\text{MPa}$，岩体完整程度与结构面状态评分之和>40时，按40评分。

4 当$R_b\leqslant 5\text{MPa}$，岩体完整程度与结构面状态不参加评分。

3 结构面状态的评分应符合表N.0.9-3的规定。

表N.0.9-3 结构面状态评分

结构面状态	宽度W(mm)	$W<0.5$		$0.5\leqslant W<5.0$									$W\geqslant 5.0$		
	充填物	—		无充填			岩屑			泥质			岩屑	泥质	无充填
	起伏粗糙状况	起伏粗糙	平直光滑	起伏粗糙	起伏光滑或平直粗糙	平直光滑	起伏粗糙	起伏光滑或平直粗糙	平直光滑	起伏粗糙	起伏光滑或平直粗糙	平直光滑	—	—	—
结构面状态评分C	硬质岩	27	21	24	21	15	21	17	12	15	12	9	12	6	0～3
	较软岩	27	21	24	21	15	21	17	12	15	12	9	12	6	
	软岩	18	14	17	14	8	14	11	8	10	8	6	8	4	0～2

注：1 结构面的延伸长度小于3m时，硬质岩、较软岩的结构面状态评分另加3分，软岩加2分；结构面延伸长度大于10m时，硬质岩、较软岩减3分，软岩减2分。

2 结构面状态最低分为0。

4 地下水状态的评分应符合表N.0.9-4的规定。

表N.0.9-4 地下水评分

活动状态			渗水到滴水	线状流水	涌水
水量Q[L/(min·10m洞长)]或压力水头H(m)			$Q\leqslant 25$或$H\leqslant 10$	$25<Q\leqslant 125$或$10<H\leqslant 100$	$Q>125$或$H>100$
基本因素评分T'	$T'>85$	地下水评分D	0	0～−2	−2～−6
	$85\geqslant T'>65$		0～−2	−2～−6	−6～−10
	$65\geqslant T'>45$		−2～−6	−6～−10	−10～−14
	$45\geqslant T'>25$		−6～−10	−10～−14	−14～−18
	$T'\leqslant 25$		−10～−14	−14～−18	−18～−20

注：1 基本因素评分T'是前述岩石强度评分A、岩体完整性评分B和结构面状态评分C的和。

2 干燥状态取0分。

5 主要结构面产状的评分应符合表 N.0.9-5 规定。

表 N.0.9-5 主要结构面产状评分

结构面走向与洞轴线夹角 β		$90°\geqslant\beta\geqslant60°$				$60°>\beta\geqslant30°$				$\beta<30°$			
结构面倾角 α (°)		$\alpha>70°$	$70°\geqslant\alpha>45°$	$45°\geqslant\alpha>20°$	$\alpha\leqslant20°$	$\alpha>70°$	$70°\geqslant\alpha>45°$	$45°\geqslant\alpha>20°$	$\alpha\leqslant20°$	$\alpha>70°$	$70°\geqslant\alpha>45°$	$45°\geqslant\alpha>20°$	$\alpha\leqslant20°$
结构面产状评分 E	洞顶	0	−2	−5	−10	−2	−5	−10	−12	−5	−10	−12	−12
	边墙	−2	−5	−2	0	−5	−10	−2	0	−10	−12	−5	0

注：按岩体完整程度分级为完整性差、较破碎和破碎的围岩不进行主要结构面产状评分的修正。

N.0.10 对过沟段、极高地应力区（>30MPa）、特殊岩土及喀斯特化岩体的地下洞室围岩稳定性以及地下洞室施工期的临时支护措施需专门研究，对钙（泥）质弱胶结的干燥砂砾石、黄土等土质围岩的稳定性和支护措施需开展针对性的评价研究。

N.0.11 跨度大于 20m 的地下洞室围岩的分类除采用本附录的分类外，还宜采用其他有关国家标准综合评定，对国际合作的工程还可采用国际通用的围岩分类进行对比使用。

附录 P 土的液化判别

P.0.1 地震时饱和无黏性土和少黏性土的液化破坏，应根据土层的天然结构、颗粒组成、松密程度、地震前和地震时的受力状态、边界条件和排水条件以及地震历时等因素，结合现场勘察和室内试验综合分析判定。

P.0.2 土的地震液化判定工作可分初判和复判两个阶段。初判应排除不会发生地震液化的土层。对初判可能发生液化的土层，应进行复判。

P.0.3 土的地震液化初判应符合下列规定：

1 地层年代为第四纪晚更新世 Q_3 或以前的土，可判为不液化。

2 土的粒径小于 5mm 颗粒含量的质量百分率小于或等于 30%时，可判为不液化。

3 对粒径小于 5mm 颗粒含量质量百分率大于 30%的土，其中粒径小于 0.005mm 的颗粒含量质量百分率（ρ_c）相应于地震动峰值加速度为 0.10g、0.15g、0.20g、0.30g 和 0.40g 分别不小于 16%、17%、18%、19%和 20%时，可判为不液化；当黏粒含量不满足上述规定时，可通过试验确定。

4 工程正常运用后，地下水位以上的非饱和土，可判为不液化。

5 当土层的剪切波速大于式（P.0.3-1）计算的上限剪切波速时，可判为不液化。

$$V_{st}=291\sqrt{K_H\cdot Z\cdot r_d} \quad (P.0.3\text{-}1)$$

式中 V_{st}——上限剪切波速度（m/s）；

K_H——地震动峰值加速度系数；

Z——土层深度（m）；

r_d——深度折减系数。

6 地震动峰值加速度可按现行国家标准《中国地震动参数区划图》GB 18306 查取或采用场地地震安全性评价结果。

7 深度折减系数可按下列公式计算：

$$Z=0\sim10m,\ r_d=1.0-0.01Z \quad (P.0.3\text{-}2)$$

$$Z=10\sim20m,\ r_d=1.1-0.02Z \quad (P.0.3\text{-}3)$$

$$Z=20\sim30m,\ r_d=0.9-0.01Z \quad (P.0.3\text{-}4)$$

P.0.4 土的地震液化复判应符合下列规定：

1 标准贯入锤击数法。

1）符合下式要求的土应判为液化土：

$$N<N_{cr} \quad (P.0.4\text{-}1)$$

式中 N——工程运用时，标准贯入点在当时地面以下 d_s（m）深度处的标准贯入锤击数；

N_{cr}——液化判别标准贯入锤击数临界值。

2）当标准贯入试验贯入点深度和地下水位在试验地面以下的深度，不同于工程正常运用时，实测标准贯入锤击数应按式（P.0.4-2）进行校正，并应以校正后的标准贯入锤击数 N 作为复判依据。

$$N=N'\left(\frac{d_s+0.9d_w+0.7}{d'_s+0.9d'_w+0.7}\right) \quad (P.0.4\text{-}2)$$

式中 N'——实测标准贯入锤击数；

d_s——工程正常运用时，标准贯入点在当时地面以下的深度（m）；

d_w——工程正常运用时，地下水位在当时地面以下的深度（m），当地面淹没于水面以下时，d_w 取 0；

d'_s——标准贯入试验时，标准贯入点在当时地面以下的深度（m）；

d'_w——标准贯入试验时，地下水位在当时地面以下的深度（m）；若当时地面淹没于水面以下时，d'_w 取 0。

校正后标准贯入锤击数和实测标准贯入锤击数均不进行钻杆长度校正。

3）液化判别标准贯入锤击数临界值应根据下式计算：

$$N_{cr}=N_0\ [0.9+0.1\ (d_s-d_w)]\sqrt{\frac{3\%}{\rho_c}} \quad (P.0.4\text{-}3)$$

式中 ρ_c——土的黏粒含量质量百分率（%），当 ρ_c <3%时，ρ_c 取 3%。

N_0——液化判别标准贯入锤击数基准值。

d_s——当标准贯入点在地面以下 5m 以内的深度时，应采用 5m 计算。

4）液化判别标准贯入锤击数基准值 N_0，按表 P.0.4-1 取值。

表 P.0.4-1 液化判别标准贯入锤击数基准值

地震动峰值加速度	0.10g	0.15g	0.20g	0.30g	0.40g
近震	6	8	10	13	16
远震	8	10	12	15	18

注：当 $d_s=3m$，$d_w=2m$，$\rho_c \leqslant 3\%$ 时的标准贯入锤击数称为液化标准贯入锤击数基准值。

5）公式（P.0.4-3）只适用于标准贯入点地面以下 15m 以内的深度，大于 15m 的深度内有饱和砂或饱和少黏性土，需要进行地震液化判别时，可采用其他方法判定。

6）当建筑物所在地区的地震设防烈度比相应的震中烈度小 2 度或 2 度以上时定为远震，否则为近震。

7）测定土的黏粒含量时应采用六偏磷酸钠作分散剂。

2 相对密度复判法。当饱和无黏性土（包括砂和粒径大于 2mm 的砂砾）的相对密度不大于表 P.0.4-2 中的液化临界相对密度时，可判为可能液化土。

表 P.0.4-2 饱和无黏性土的液化临界相对密度

地震动峰值加速度	0.05g	0.10g	0.20g	0.40g
液化临界相对密度 $(Dr)_{cr}$（%）	65	70	75	85

3 相对含水率或液性指数复判法。

1）当饱和少黏性土的相对含水率大于或等于 0.9 时，或液性指数大于或等于 0.75 时，可判为可能液化土。

2）相对含水率应按下式计算：

$$W_u=\frac{W_s}{W_L} \qquad (P.0.4\text{-}4)$$

式中 W_u——相对含水率（%）；

W_s——少黏性土的饱和含水率（%）；

W_L——少黏性土的液限含水率（%）。

3）液性指数应按下式计算：

$$I_L=\frac{W_s-W_p}{W_L-W_p} \qquad (P.0.4\text{-}5)$$

式中 I_L——液性指数；

W_p——少黏性土的塑限含水率（%）。

附录 Q 岩爆判别

Q.0.1 岩体同时具备高地应力、岩质硬脆、完整性好～较好、无地下水的洞段，可初步判别为易产生岩爆。

Q.0.2 岩爆分级可按表 Q.0.2 进行判别。

表 Q.0.2 岩爆分级及判别

岩爆分级	主要现象和岩性条件	岩石强度应力比 R_b/σ_m	建议防治措施
轻微岩爆（Ⅰ级）	围岩表层有爆裂射落现象，内部有噼啪、撕裂声响，人耳偶然可以听到。岩爆零星间断发生。一般影响深度 0.1～0.3m。对施工影响较小	4～7	根据需要进行简单支护
中等岩爆（Ⅱ级）	围岩爆裂弹射现象明显，有似子弹射击的清脆爆裂声响，有一定的持续时间。破坏范围较大，一般影响深度 0.3～1m。对施工有一定影响，对设备及人员安全有一定威胁	2～4	需进行专门支护设计。多进行喷锚支护等
强烈岩爆（Ⅲ级）	围岩大片爆裂，出现强烈弹射，发生岩块抛射及岩粉喷射现象，巨响，似爆破声，持续时间长，并向围岩深部发展，破坏范围和块度大，一般影响深度 1～3m。对施工影响大，威胁机械设备及人员人身安全	1～2	主要考虑采取放钻孔、超前导洞等措施，进行超前应力解除，降低围岩应力。也可采取超前锚固及格栅钢支撑等措施加固围岩。需进行专门支护设计
极强岩爆（Ⅳ级）	洞室断面大部分围岩严重爆裂，大块岩片出现剧烈弹射，震动强烈，响声剧烈，似闷雷。迅速向围岩深处发展，破坏范围和块度大，一般影响深度大于 3m，乃至整个洞室遭受破坏。严重影响施工，人财损失巨大。最严重者可造成地面建筑物破坏	<1	

注：表中 R_b 为岩石饱和单轴抗压强度（MPa），σ_m 为最大主应力。

附录 R 特殊土勘察要点

R.1 软　土

R.1.1 软土勘察应包括下列内容：

1 查明软土分布区表层硬壳层的性状、厚度及下卧硬土层或基岩的埋深与起伏状况。

2 查明软土的有机质含量。

3 调查降水、开挖、回填、堆筑、打桩等对软土强度和压缩性的影响以及在类似软土上已建工程的建筑经验。

R.1.2 软土的勘察方法应符合下列规定：

1 软土的抗剪强度宜采用三轴试验或十字板剪

切试验测定。

2 应进行固结试验，根据需要进行少量代表性的次固结试验，其最大固结压力应按上覆土层与建筑物荷载之和确定。

R.1.3 软土工程地质评价应包括下列内容：

1 当地表存在硬壳层时，应评价其利用的可能性。

2 评价软土地基的抗滑稳定性、侧向挤出和沉降变形特性。

3 软土地基处理措施建议。

R.2 黄　土

R.2.1 黄土勘察应包括下列内容：

1 查明黄土形成时代，并区分老黄土（Q_1、Q_2）、新黄土（Q_3、Q_4^1）和新近堆积黄土（Q_4^2）。

2 查明黄土的成因类型、厚度、黄土层的均匀性与结构特征，古土壤与钙质结核层的分布与数量，单层厚度等。

3 查明湿陷性黄土层的厚度、湿陷类型和湿陷等级、湿陷系数随深度的变化情况。

4 查明黄土滑坡、崩塌、错落、陷穴、潜蚀洞穴、垂直节理、卸荷裂隙等的分布范围、规模、性质等。

5 查明黄土的地下水类型，地下水位及其变化幅度。

6 应按黄土湿陷性程度分别提出物理力学参数、承载力和开挖边坡坡比建议值，并结合建筑物的基础形式进行工程地质评价。

R.2.2 黄土的勘察方法应符合下列规定：

1 宜在探坑（井）内采取黄土原状样。

2 应进行黄土湿陷试验，测定湿陷系数、自重湿陷系数、湿陷起始压力等参数。

R.2.3 黄土工程地质评价应包括下列内容：

1 黄土物理力学性质和湿陷性随深度的变化规律，湿陷类型和等级。

2 冲沟、陷穴、碟型洼地、溶蚀洞穴、滑坡、错落、崩塌等的分布范围、规模、发育特点及其对工程的影响。

3 各类裂隙、溶蚀洞穴、地下水等对建筑物地基、边坡和洞室稳定的影响。

4 提出处理措施建议。

R.3 盐 渍 土

R.3.1 盐渍土勘察应包括下列内容：

1 调查植物生长情况和溶蚀洞穴的分布与发育程度。

2 查明盐渍土的形成条件、含盐类型和含盐程度，了解含盐量在水平和垂直方向上的分布特征。

3 查明盐渍土的毛管水上升高度和蒸发作用影响深度（蒸发强度）。

4 调查盐渍土地区已有建筑物被腐蚀破坏情况。

5 收集工程区气温、湿度、降水量等气象资料。

R.3.2 盐渍土的勘察方法应符合下列规定：

1 测定含盐量的土样宜在地表下 1.0m 深度范围内分层采取，平均取样间隔 0.25m，近地表取样间隔应适当减小，地下水位埋深小于 1.0m 时取样至地下水位，地下水位埋深大于 1.0m 且 1.0m 深度以下含盐量仍然很高时，可适当加大取样深度，取样间隔可为 0.5m，取样宜在干旱季节进行。

2 测定毛管水上升高度。

3 对溶陷性盐渍土，应采用浸水载荷试验确定其溶陷性；对盐胀性盐渍土，宜现场测定有效盐胀厚度和总盐胀量，当土中硫酸钠含量不超过 1%时可不考虑盐胀性。

4 溶陷性试验和化学成分分析，根据需要对土的微观结构进行鉴定。

5 进行混凝土和钢结构的腐蚀性试验。

R.3.3 盐渍土工程地质评价应包括下列内容：

1 含盐类型、含盐量及主要含盐矿物对土的特性的影响。

2 土的溶陷性、盐胀性、腐蚀性和场地工程建设的适宜性。

3 对于浅挖、半填半挖和填土渠段，预测渠水渗漏形成次生盐渍土的可能性。

4 提出处理措施建议。

R.4 膨 胀 土

R.4.1 膨胀土勘察应包括下列内容：

1 调查膨胀土地区的自然坡高和坡度。

2 收集降雨量、蒸发量、地温、气温和大气影响深度等。

3 查明膨胀土的结构、构造、裂隙发育与充填情况、夹层性状及膨胀特性在水平与垂直方向的变化规律，土体特性与含水率的关系。

4 查明膨胀土的黏土矿物成分、化学成分。

5 调查膨胀土地区滑坡的特点和范围，建筑物变形损坏情况和基础埋置深度。

R.4.2 膨胀土的勘察方法应符合下列规定：

1 测定土的黏土矿物成分和化学成分。

2 测定自由膨胀率、膨胀率、收缩系数、膨胀力和崩解速率等。

3 按膨胀土的垂直分带，分别测定土的残余抗剪强度、快剪或固结快剪强度，根据需要进行现场剪切试验。

R.4.3 膨胀土工程地质评价应包括下列内容：

1 对膨胀土的胀缩性进行评价，按膨胀潜势对膨胀土地基分类。

2 根据膨胀土的强度特性、含水率的变化幅度以及大气影响深度等，评价膨胀土边坡稳定性。

3 提出膨胀土处理措施建议。

R.5 人工填土

R.5.1 人工填土勘察应包括下列内容：

1 填土的类型、年限、填筑方法。

2 原始地形起伏状况，掩埋的坑、塘、暗沟等情况。

3 填土的物质成分、颗粒级配、均匀性及物理力学性质。

4 填土地基上已有建筑物的变形或破坏情况。

R.5.2 人工填土的勘察方法应符合下列规定：

1 对杂填土，宜进行注水试验，了解其渗透性。

2 当无法取得室内试验资料时，宜进行动力触探试验或载荷试验。

R.5.3 根据人工填土的物质组成、颗粒级配、均匀性、密实程度和渗透性，评价地基不均匀变形及渗透稳定性，提出处理措施的建议。

R.6 分散性土

R.6.1 分散性土勘察应包括下列内容：

1 收集水文、气象资料，调查土壤类型、分布、植物生长情况、土壤水和潜水状况、自然冲蚀和工程破坏情况以及分散性土的处理措施与效果。

2 查明分散性土形成的地质背景和特征、黏土矿物成分、化学成分、结构、构造及含盐类型。

R.6.2 分散性土的判定应在野外调查的基础上，通过室内试验综合判定。

R.6.3 评价分散性土对工程的影响。

R.6.4 提出处理措施建议。

R.7 冻 土

R.7.1 冻土勘察应包括下列内容：

1 季节性冻土的冻胀性及形成条件，了解积水、排水条件、冻土层厚度、最大埋深；多年冻土的融沉性及含冰情况，不同地貌单元冻土层埋藏深度、厚度、延伸情况及相互关系。

2 查明多年冻土的分布范围及上限深度。

3 查明多年冻土的类别、厚度、总含水率、结构特征、热物理性质、冻胀性和融沉性分级。

4 查明多年冻土层上水、层间水、层下水的赋存形式、相互关系及其对工程的影响。

5 查明多年冻土区厚层地下冰、冰锥、冰丘、冻土沼泽、热融滑塌、热融湖塘、融冻泥流、寒冻裂隙等的形态特征、形成条件、分布范围、发生发展规律及其对工程的危害。

R.7.2 季节性冻土工程地质评价应包括下列内容：

1 冻土的温度状况，包括地表积雪、植被、水体、沼泽化、大气降水渗透作用、土的含水率、地形等对地温的影响。

2 评价冻土的融沉性和冻胀性。

R.7.3 多年冻土工程地质评价除应符合本规范R.7.2的规定外，尚应包括下列内容：

1 季节融化层的厚度及其变化特征。

2 对多年冻土的融沉性和季节融化层的冻胀性进行分级。

3 根据冻土工程地质条件及其变化，提出利用原则及其相应的保护和防治措施建议。

R.8 红 黏 土

R.8.1 红黏土勘察应包括下列内容：

1 查明不同地貌单元原生红黏土与次生红黏土的分布、厚度、物质组成、土性、土体结构等特征及其差异。

2 查明下伏基岩岩性或可溶岩岩性及层组类型、产状、基岩面起伏状况、隐伏喀斯特发育特征及其与红黏土分布、物理力学性质的关系。

3 查明地表水与地下水对红黏土湿度状态、垂直分带和物理力学性质的影响。

4 调查土体中裂隙的发育情况，分析其对边坡稳定的影响。

5 调查红黏土地裂的分布、成因等发育情况及其对已有建筑物的影响。

6 查明地基及其附近土洞发育情况。

7 收集红黏土地区勘察设计及施工处理经验。

R.8.2 红黏土的勘察方法应符合下列规定：

1 应采用钻探、原位测试和室内试验等方法进行勘察。

2 判别红黏土的胀缩性宜进行收缩试验、复浸水试验，确定承载力宜进行天然土与饱和土的无侧限抗压强度试验，原位试验宜采用载荷试验、静力触探等方法。

3 对裂隙发育的红黏土，宜进行三轴剪切试验。

4 评价边坡长期稳定性时，应采用反复剪切试验指标。

R.8.3 红黏土工程地质评价应包括下列内容：

1 红黏土的塑性状态分类、结构分类、复浸水特性分类、均匀性分类。

2 根据湿度状态的垂向变化，评价地基抗滑稳定及沉降变形问题。

3 根据红黏土裂隙发育、干湿循环等情况评价边坡稳定性。

4 提出工程处理措施建议。

附录S 膨胀土的判别

S.0.1 膨胀土是一种含有大量亲水性矿物、湿度变化时有较大体积变化、变形受约束时产生较大内应力的黏性土。膨胀土的判别分初判和详判。初判是判定场地有无膨胀土，对拟选场地的稳定性和适宜性作出工程地质评价；详判是确定膨胀土的工程特性指标，对场地膨胀土进行膨胀潜势分类及工程地质条件评价，提出膨胀土处理措施方案。

S.0.2 具有下列特征的土可初判为膨胀土：

1 地层年代为第四纪晚更新世 Q_3 以前，多分布在二级或二级以上阶地，山前丘陵和盆地边缘。

2 地形平缓，无明显自然陡坎，常见浅层滑坡和地裂。

3 土体裂隙发育，常有光滑面和擦痕，有的裂隙中充填灰白或灰绿色黏土，干时坚硬，遇水软化，自然条件下呈坚硬或硬塑状态。

4 浅部胀缩裂隙中含上层滞水，无统一地下水位，水量较贫且随季节变化明显。

5 新开挖边坡工程易发生坍塌，地基未经处理的建筑物破坏严重，刚性结构较柔性结构严重，建筑物裂缝宽度随季节变化。

S.0.3 膨胀土详判包括膨胀潜势分类和地基胀缩等级划分，并应符合下列规定：

1 膨胀土的膨胀潜势可按表 S.0.3-1 分为三类。

表 S.0.3-1 膨胀土的膨胀潜势分类

自由膨胀率 δ_{ef}（%）	膨胀潜势分类
$40\leqslant\delta_{ef}<65$	弱
$65\leqslant\delta_{ef}<90$	中
$\delta_{ef}\geqslant90$	强

2 膨胀土地基的胀缩等级可按表 S.0.3-2 分为三级。

表 S.0.3-2 膨胀土地基的胀缩等级

地基分级变形量 S_c（mm）	胀缩等级
$15\leqslant S_c<35$	Ⅰ
$35\leqslant S_c<70$	Ⅱ
$S_c\geqslant70$	Ⅲ

S.0.4 地基分级变形量应按现行国家标准《膨胀土地区建筑技术规范》GBJ 112 的有关规定计算。

附录 T 黄土湿陷性及湿陷起始压力的判定

T.0.1 黄土湿陷性的判别可分初判和复判两阶段进行。

T.0.2 黄土湿陷性初判宜采用下列标准：

1 根据黄土层地质时代初判：

早更新世 Q_1 黄土不具有湿陷性；

中更新世 Q_2^1 黄土不具有湿陷性；

中更新世 Q_2^2 顶部部分黄土具有湿陷性；

上更新世 Q_3 与全新世 Q_4 黄土具有湿陷性。

2 根据典型黄土塬区完整黄土地层剖面初判：

自地表向下第一层黄土（Q_3）宜判为强湿陷性或中等湿陷性；第二层黄土（Q_2 上部）宜判为轻微湿陷性；第三层及以下各层黄土（含古土壤层）可判为无湿陷性。第一层与第二层（Q_3-Q_2 上部）所夹的古土壤层宜判为轻微湿陷性。

3 上更新世 Q_3 黄土，天然含水率超过塑限含水率时，宜判为轻微湿陷性或不具湿陷性。

T.0.3 黄土湿陷性试验可分为室内压缩试验和现场浸水载荷试验两种。取样与试验应符合以下规定：

1 取样要求：地下水位以上黄土层，应开挖竖井取样；地下水位以下的饱和黄土，可采用钻孔薄壁取土器静压法取样，并应符合Ⅰ级土样质量要求。

2 试验取样应穿透湿陷性土层。

3 试验压力一般可采用 0～300kPa，当基底压力大于 300kPa 时，宜按实际压力进行湿陷性试验。

4 重要工程除应做室内固结试验外，还应做现场浸水载荷试验，确定黄土湿陷性及湿陷起始压力。在 200kPa 压力下浸水载荷试验的附加湿陷量与承压板宽度之比等于或大于 0.023 的土，应判定为湿陷性土。

T.0.4 黄土湿陷性的复判，应包括黄土的湿陷性质、场地湿陷类型、地基湿陷等级等。判别标准和方法应符合下列规定：

1 湿陷性黄土的湿陷程度，可根据湿陷系数 δ_s 值的大小分为下列三种：

1）当 $0.015\leqslant\delta_s\leqslant0.03$ 时，湿陷性轻微。

2）当 $0.03<\delta_s\leqslant0.07$ 时，湿陷性中等。

3）当 $\delta_s>0.07$ 时，湿陷性强烈。

2 湿陷性黄土场地的湿陷类型，应按自重湿陷量的实测值 Δ_{zs}' 或计算值 Δ_{zs} 判定，并应符合下列规定。

1）当自重湿陷量的实测值 Δ_{zs}' 或计算值 Δ_{zs} 小于或等于 70mm 时，应定为非自重湿陷性黄土场地。

2）当自重湿陷量的实测值 Δ_{zs}' 或计算值 Δ_{zs} 大于 70mm 时，应定为自重湿陷性黄土场地。

3）当自重湿陷量的实测值和计算值出现矛盾时，应按自重湿陷量的实测值判定。

3 湿陷性黄土地基的湿陷等级，应根据湿陷量的计算值和自重湿陷量的计算值等按表 T.0.4 判定。

表 T.0.4 湿陷性黄土地基的湿陷等级

湿陷类型 / Δ_s（mm） / Δ_{zs}（mm）	非自重湿陷性场地	自重湿陷性场地	
	$\Delta_{zs}\leqslant70$	$70<\Delta_{zs}\leqslant350$	$\Delta_{zs}>350$
$\Delta_s\leqslant300$	Ⅰ（轻微）	Ⅱ（中等）	—

续表 T.0.4

湿陷类型 Δ_{zs}(mm) / Δ_s(mm)	非自重湿陷性场地	自重湿陷性场地	
	$\Delta_{zs}\leqslant70$	$70<\Delta_{zs}\leqslant350$	$\Delta_{zs}>350$
$300<\Delta_s\leqslant700$	Ⅱ(中等)	* Ⅱ(中等)或Ⅲ(严重)	Ⅲ(严重)
$\Delta_s>700$	Ⅱ(中等)	Ⅲ(严重)	Ⅳ(很严重)

注：* 当湿陷量的计算值 $\Delta_s>600$mm、自重湿陷量的计算值 $\Delta_{zs}>300$mm 时，可判为Ⅲ级，其他情况可判为Ⅱ级。

T.0.5 湿陷性黄土的湿陷起始压力 p_{sh} 值，可按下列方法确定：

1 当按现场浸水载荷试验结果确定时，应在 p-s_s（压力与浸水下沉量）曲线上，取其转折点所对应的压力值为湿陷起始压力。当曲线上的转折点不明显时，可取浸水下沉量（s_s）与承压板直径（d）或宽度（b）之比值等于 0.017 所对应的压力值为湿陷起始压力值。

2 当按室内压缩试验结果确定时，在 p-δ_s 曲线上宜取 $\delta_s=0.015$ 所对应的压力值为湿陷起始压力值。

3 对于非自重湿陷性黄土场地，当地基内土层的湿陷起始压力值大于其附加压力与上覆土的饱和自重压力之和时，可按非湿陷性黄土评价。

附录 U 岩体结构分类

表 U 岩体结构分类

类型	亚类	岩体结构特征
块状结构	整体结构	岩体完整，呈巨块状，结构面不发育，间距大于 100cm
	块状结构	岩体较完整，呈块状，结构面轻度发育，间距一般 50～100cm
	次块状结构	岩体较完整，呈次块状，结构面中等发育，间距一般 30～50cm
层状结构	巨厚层状结构	岩体完整，呈巨厚状，层面不发育，间距大于 100cm
	厚层状结构	岩体较完整，呈厚层状，层面轻度发育，间距一般 50～100cm
	中厚层状结构	岩体较完整，呈中厚层状，层面中等发育，间距一般 30～50cm
	互层结构	岩体较完整或完整性差，呈互层状，层面较发育或发育，间距一般 10～30cm
	薄层结构	岩体完整性差，呈薄层状，层面发育，间距一般小于 10cm

续表 U

类型	亚类	岩体结构特征
镶嵌结构		岩体完整性差，岩块镶嵌紧密，结构面较发育到很发育，间距一般 10～30cm
碎裂结构	块裂结构	岩体完整性差，岩块间有岩屑和泥质物充填，嵌合中等紧密～较松弛，结构面较发育到很发育，间距一般10～30cm
	碎裂结构	岩体破碎，结构面很发育，间距一般小于 10cm
散体结构	碎块状结构	岩体破碎，岩块夹岩屑或泥质物
	碎屑状结构	岩体破碎，岩屑或泥质物夹岩块

附录 V 坝基岩体工程地质分类

表 V 坝基岩体工程地质分类

类别	A 坚硬岩（$R_b>60$MPa）		
	岩体特征	岩体工程性质评价	岩体主要特征值
Ⅰ	$A_{Ⅰ}$：岩体呈整体状或块状、巨厚层状、厚层状结构，结构面不发育～轻度发育，延展性差，多闭合，岩体力学特性各方向的差异性不显著	岩体完整，强度高，抗滑、抗变形性能强，不需作专门性地基处理，属优良高混凝土坝地基	$R_b>90$MPa，$V_p>5000$m/s，$RQD>85\%$，$K_v>0.85$
Ⅱ	$A_{Ⅱ}$：岩体呈块状或次块状、厚层结构，结构面中等发育，软弱结构面局部分布，不成为控制性结构面，不存在影响坝基或坝肩稳定的大型楔体或棱体	岩体较完整，强度高，软弱结构面不控制岩体稳定，抗滑、抗变形性能较高，专门性地基处理工程量不大，属良好高混凝土坝地基	$R_b>60$MPa，$V_p>4500$m/s，$RQD>70\%$，$K_v>0.75$
Ⅲ	$A_{Ⅲ1}$：岩体呈次块状、中厚层状结构或焊合牢固的薄层结构。结构面中等发育，岩体中分布有缓倾角或陡倾角（坝肩）的软弱结构面，存在影响局部坝基或坝肩稳定的楔体或棱体	岩体较完整，局部完整性差，强度较高，抗滑、抗变形性能在一定程度上受结构面控制。对影响岩体变形和稳定的结构面应做局部专门处理	$R_b>60$MPa，$V_p=4000$～4500m/s，$RQD=40\%$～70%，$K_v=0.55$～0.75
	$A_{Ⅲ2}$：岩体呈互层状、镶嵌状结构，层面为硅质或钙质胶结薄层状结构。结构面发育，但延展差，多闭合，岩块间嵌合力较好	岩体强度较高，但完整性差，抗滑、抗变形性能受结构面发育程度、岩块间嵌合能力，以及岩体整体强度特性控制，基础处理以提高岩体的整体性为重点	$R_b>60$MPa，$V_p=3000$～4500m/s，$RQD=20\%$～40%，$K_v=0.35$～0.55

续表 V

类别	A 坚硬岩（$R_b>60$MPa）		
	岩体特征	岩体工程性质评价	岩体主要特征值
Ⅳ	$A_{Ⅳ1}$：岩体呈互层状或薄层状结构，层间结合较差。结构面较发育～发育，明显存在不利于坝基及坝肩稳定的软弱结构面、较大的楔体或棱体	岩体完整性差，抗滑、抗变形性能明显受结构面控制。能否作为高混凝土坝地基，视处理难度和效果而定	$R_b>60$MPa，$V_p=2500$～3500m/s，$RQD=20\%$～40%，$K_v=0.35$～0.55
Ⅳ	$A_{Ⅳ2}$：岩体呈镶嵌或碎裂结构，结构面很发育，且多张开或夹碎屑和泥，岩块间嵌合力弱	岩体较破碎，抗滑、抗变形性能差，一般不宜作高混凝土坝地基。当坝基局部存在该类岩体时，需做专门处理	$R_b>60$MPa，$V_p<2500$m/s，$RQD<20\%$，$K_v<0.35$
Ⅴ	$A_Ⅴ$：岩体呈散体结构，由岩块夹泥或泥包岩块组成，具有散体连续介质特征	岩体破碎，不能作为高混凝土坝地基。当坝基局部地段分布该类岩体时，需做专门处理	—
	B 中硬岩（$R_b=30$～60MPa）		
Ⅰ	—	—	—
Ⅱ	$B_Ⅱ$：岩体结构特征与 $A_Ⅰ$ 相似	岩体完整，强度较高，抗滑、抗变形性能较强，专门性地基处理工程量不大，属良好高混凝土坝地基	$R_b=40$～60MPa，$V_p=4000$～4500m/s，$RQD>70\%$，$K_v>0.75$
Ⅲ	$B_{Ⅲ1}$：岩体结构特征与 $A_Ⅱ$ 相似	岩体较完整，有一定强度，抗滑、抗变形性能一定程度受结构面和岩石强度控制，影响岩体变形和稳定的结构面应做局部专门处理	$R_b=40$～60MPa，$V_p=3500$～4000m/s，$RQD=40\%$～70%，$K_v=0.55$～0.75
Ⅲ	$B_{Ⅲ2}$：岩体呈次块或中厚层状结构，或硅质、钙质胶结的薄层结构，结构面中等发育，多闭合，岩块间嵌合力较好，贯穿性结构面不多见	岩体较完整，局部完整性差，抗滑、抗变形性能受结构面和岩石强度控制	$R_b=40$～60MPa，$V_p=3000$～3500m/s，$RQD=20\%$～40%，$K_v=0.35$～0.55

续表 V

类别	B 坚硬岩（$R_b>60$MPa）		
	岩体特征	岩体工程性质评价	岩体主要特征值
Ⅳ	$B_{Ⅳ1}$：岩体呈互层状或薄层状，层间结合较差，存在不利于坝基（肩）稳定的软弱结构面、较大楔体或棱体	同 $A_{Ⅳ1}$	$R_b=30$～60MPa，$V_p=2000$～3000m/s，$RQD=20\%$～40%，$K_v<0.35$
Ⅳ	$B_{Ⅳ2}$：岩体呈薄层状或碎裂状，结构面发育～很发育，多张开，岩块间嵌合力差	同 $A_{Ⅳ2}$	$R_b=30$～60MPa，$V_p<2000$m/s，$RQD<20\%$，$K_v<0.35$
Ⅴ	同 $A_Ⅴ$	同 $A_Ⅴ$	—
	C 软质岩（$R_b<30$MPa）		
Ⅰ	—	—	—
Ⅱ	—	—	—
Ⅲ	$C_Ⅲ$：岩石强度 15～30MPa，岩体呈整体状或巨厚层状结构，结构面不发育～中等发育，岩体力学特性各方向的差异性不显著	岩体完整，抗滑、抗变形性能受岩石强度控制	$R_b<30$MPa，$V_p=2500$～3500m/s，$RQD>50\%$，$K_v>0.55$
Ⅲ	—	—	—
Ⅳ	$C_Ⅳ$：岩石强度大于 15MPa，但结构面较发育；或岩体强度小于 15MPa，结构面中等发育	岩体较完整，强度低，抗滑、抗变形性能差，不宜作为高混凝土坝地基，当坝基局部存在该类岩体，需专门处理	$R_b<30$MPa，$V_p<2500$m/s，$RQD<50\%$，$K_v<0.55$
Ⅳ	—	—	—
Ⅴ	同 $A_Ⅴ$	同 $A_Ⅴ$	

注：本分类适用于高度大于 70m 的混凝土坝。R_b 为饱和单轴抗压强度，V_p 为声波纵波波速，K_v 为岩体完整性系数，RQD 为岩石质量指标。

附录 W　外水压力折减系数

W.0.1　前期勘察阶段可根据岩土体渗透性等级按表 W.0.1 确定外水压力折减系数。

表 W.0.1　外水压力折减系数

岩土体渗透性等级	渗透系数 K（cm/s）	透水率 q（Lu）	外水压力折减系数 β_e
极微透水	$K<10^{-6}$	$q<0.1$	$0\leqslant\beta_e<0.1$
微透水	$10^{-6}\leqslant K<10^{-5}$	$0.1\leqslant q<1$	$0.1\leqslant\beta_e<0.2$

续表 W.0.1

岩土体渗透性等级	渗透系数 K (cm/s)	透水率 q (Lu)	外水压力折减系数 β_e
弱透水	$10^{-5} \leqslant K < 10^{-4}$	$1 \leqslant q < 10$	$0.2 \leqslant \beta_e < 0.4$
中等透水	$10^{-4} \leqslant K < 10^{-2}$	$10 \leqslant q < 100$	$0.4 \leqslant \beta_e < 0.8$
强透水	$10^{-2} \leqslant K < 1$	$q \geqslant 100$	$0.8 \leqslant \beta_e \leqslant 1$
极强透水	$K \geqslant 1$		

W.0.2 地下工程施工期间或有勘探平硐时，可按表 W.0.2 确定外水压力折减系数。当有内水组合时，β_e 应取小值，无内水组合时，β_e 应取大值。

表 W.0.2 外水压力折减系数经验取值表

级别	地下水活动状态	地下水对围岩稳定的影响	折减系数
1	洞壁干燥或潮湿	无影响	0.00～0.20
2	沿结构面有渗水或滴水	软化结构面的充填物质，降低结构面的抗剪强度。软化软弱岩体	0.10～0.40
3	严重滴水，沿软弱结构面有大量滴水、线状流水或喷水	泥化软弱结构面的充填物质，降低其抗剪强度，对中硬岩体发生软化作用	0.25～0.60
4	严重滴水，沿软弱结构面有小量涌水	地下水冲刷结构面中的充填物质，加速岩体风化，对断层等软弱带软化泥化，并使其膨胀崩解及产生机械管涌。有渗透压力，能鼓开较薄的软弱层	0.40～0.80
5	严重股状流水，断层等软弱带有大量涌水	地下水冲刷带出结构面中的充填物质，分离岩体，有渗透压力，能鼓开一定厚度的断层等软弱带，并导致围岩塌方	0.65～1.00

注：本表引自《水工隧洞设计规范》SL 279—2002。

本规范用词说明

1 为便于在执行本规范条文时区别对待，对要求严格程度不同的用词说明如下：

1）表示很严格，非这样做不可的用词：
正面词采用“必须”，反面词采用“严禁”。

2）表示严格，在正常情况下均应这样做的用词：
正面词采用“应”，反面词采用“不应”或“不得”。

3）表示允许稍有选择，在条件许可时首先应这样做的用词：
正面词采用“宜”，反面词采用“不宜”；
表示有选择，在一定条件下可以这样做的用词，采用“可”。

2 本规范中指明应按其他有关标准、规范执行的写法为“应符合……的规定”或“应按……执行”。

中华人民共和国国家标准

水利水电工程地质勘察规范

GB 50487—2008

条　文　说　明

目　次

1　总则 …………………………… 1—65—60
2　术语和符号 …………………… 1—65—60
2.1　术语 …………………………… 1—65—60
3　基本规定 ……………………… 1—65—60
4　规划阶段工程地质勘察 ……… 1—65—63
4.1　一般规定 ……………………… 1—65—63
4.2　区域地质和地震 ……………… 1—65—63
4.3　水库 …………………………… 1—65—63
4.4　坝址 …………………………… 1—65—64
4.5　引调水工程 …………………… 1—65—64
4.6　防洪排涝工程 ………………… 1—65—64
4.7　灌区工程 ……………………… 1—65—64
4.8　河道整治工程 ………………… 1—65—64
4.9　天然建筑材料 ………………… 1—65—64
4.10　勘察报告……………………… 1—65—64
5　可行性研究阶段工程地质勘察 …………………………… 1—65—65
5.1　一般规定 ……………………… 1—65—65
5.2　区域构造稳定性 ……………… 1—65—65
5.3　水库 …………………………… 1—65—65
5.4　坝址 …………………………… 1—65—66
5.5　发电引水线路及厂址 ………… 1—65—66
5.7　渠道及渠系建筑物 …………… 1—65—66
5.8　水闸及泵站 …………………… 1—65—67
5.9　深埋长隧洞 …………………… 1—65—67
5.10　堤防及分蓄洪工程…………… 1—65—67
5.11　灌区工程……………………… 1—65—67
5.12　河道整治工程………………… 1—65—68
5.13　移民选址……………………… 1—65—68
5.15　勘察报告……………………… 1—65—69
6　初步设计阶段工程地质勘察 …… 1—65—69
6.1　一般规定 ……………………… 1—65—69
6.2　水库 …………………………… 1—65—69
6.3　土石坝 ………………………… 1—65—71
6.4　混凝土重力坝 ………………… 1—65—71
6.5　混凝土拱坝 …………………… 1—65—71
6.6　溢洪道 ………………………… 1—65—72
6.7　地面厂房 ……………………… 1—65—72
6.8　地下厂房 ……………………… 1—65—72
6.9　隧洞 …………………………… 1—65—72
6.10　导流明渠及围堰工程………… 1—65—73
6.11　通航建筑物…………………… 1—65—73
6.12　边坡工程……………………… 1—65—73
6.13　渠道及渠系建筑物…………… 1—65—78
6.14　水闸及泵站…………………… 1—65—79
6.15　深埋长隧洞…………………… 1—65—79
6.16　堤防工程……………………… 1—65—79
6.17　灌区工程……………………… 1—65—79
6.18　河道整治工程………………… 1—65—79
6.19　移民新址……………………… 1—65—79
6.21　勘察报告……………………… 1—65—80
7　招标设计阶段工程地质勘察 …… 1—65—80
7.1　一般规定 ……………………… 1—65—80
7.2　工程地质复核与勘察 ………… 1—65—80
8　施工详图设计阶段工程地质勘察……………………………… 1—65—81
8.1　一般规定 ……………………… 1—65—81
8.2　专门性工程地质勘察 ………… 1—65—81
8.3　施工地质 ……………………… 1—65—81
8.4　勘察报告 ……………………… 1—65—81
9　病险水库除险加固工程地质勘察……………………………… 1—65—81
9.1　一般规定 ……………………… 1—65—81
9.2　安全评价阶段工程地质勘察 …… 1—65—82
9.3　可行性研究阶段工程地质勘察 … 1—65—82
9.4　初步设计阶段工程地质勘察 …… 1—65—82
附录B　物探方法适用性 ………… 1—65—82
附录C　喀斯特渗漏评价 ………… 1—65—83
附录D　浸没评价 ………………… 1—65—83
附录E　岩土物理力学参数取值 … 1—65—84
附录F　岩土体渗透性分级 ……… 1—65—85
附录G　土的渗透变形判别 ……… 1—65—85
附录H　岩体风化带划分 ………… 1—65—86
附录J　边坡岩体卸荷带划分 …… 1—65—87
附录K　边坡稳定分析技术规定 … 1—65—87
附录L　环境水腐蚀性评价 ……… 1—65—88
附录M　河床深厚砂卵砾石层取样

与原位测试技术规定 …… 1—65—88
附录N 围岩工程地质分类………… 1—65—89
附录P 土的液化判别 ……………… 1—65—89
附录Q 岩爆判别 …………………… 1—65—91
附录R 特殊土勘察要点 …………… 1—65—91
附录S 膨胀土的判别 ……………… 1—65—93
附录T 黄土湿陷性及湿陷起始
压力的判定 ………………… 1—65—93
附录U 岩体结构分类 …………… 1—65—94
附录V 坝基岩体工程地质分类 … 1—65—94
附录W 外水压力折减系数 ……… 1—65—94

1 总　　则

1.0.1 《水利水电工程地质勘察规范》GB 50287—99（以下简称原规范）自颁布以来，对规范我国水利水电工程地质勘察工作发挥了重要的作用。但是近十余年来，随着国民经济的高速发展和科学技术的进步，国内很多大型水利水电工程相继建成，积累了丰富的经验，勘察技术和方法日趋先进和多样化；原规范侧重于水库、大坝及水力发电工程，对防洪工程、灌溉工程等水利工程涉及相对偏少；引调水工程、病险水库除险加固工程及深埋长隧洞工程等项目越来越多，对工程地质勘察提出新的要求；水利水电工程的勘察阶段也有新的调整，勘察内容与方法都发生了较大变化，因此，原规范的内容已不能满足实际工作的需要。为了适应新的形势要求，进一步统一和明确大型水利水电工程地质勘察的工作程序、深度要求及勘察内容、方法，对原规范进行了修订。

1.0.2 本规范适用的大型水利水电工程是指按现行国家标准《防洪标准》GB 50201 所确定的大型工程。

1.0.3 根据目前水利水电工程勘测设计阶段划分的实际情况，对工程地质勘察阶段作了相应调整，增加了项目建议书阶段，将原来技施设计阶段改为招标设计阶段和施工详图设计阶段。

1.0.4 根据国家发展和改革委员会办公厅与水利部办公厅联合发布的《病险水库除险加固工程项目建设管理办法》（发改办农经〔2005〕806 号）规定，除险加固工程前期工作包括安全鉴定、安全鉴定复核和项目审批三部分。安全鉴定和安全鉴定复核以安全评价工作为基础，而安全评价需要开展一些必要的勘察、测试工作。项目审批规定总投资 2 亿元（含 2 亿元）以上或总库容在 10 亿 m^3（含 10 亿 m^3）以上的病险水库除险加固工程，分为可行性研究和初步设计两个阶段，其他大中型工程只有初步设计阶段。据此，本规范规定病险水库除险加固工程的工程地质勘察分为安全评价、可行性研究和初步设计三个阶段。

2 术语和符号

2.1 术　　语

2.1.1 原规范规定，经绝对年龄测定，最后一次错动年代距今 10 万～15 万年的断层为活断层。这一标准跨越时间尺度过大，不宜掌握。近些年，国家有关部门颁布的《工程场地地震安全性评价》GB 17741—2005、《活动断层探测方法》DB/T 15—2005，均对活断层有明确定义，即活动断层是指晚第四纪以来有活动的断层，其中晚第四纪是指距今 10 万～12 万年以来的时段。在《核电厂厂址选择中的地震问题》〔HAF0101（1）〕（1994）中，将“能动断层”定义为晚更新世（约 10 万年）以来有过活动的断层。我国台湾对活断层分为三类：第一类，1 万年内曾发生错移的断层；第二类，10 万年内曾发生错移的断层；第三类，存疑性活断层，根据文献资料无法纳入前两类的断层。综合以上资料，结合近些年西部地区水利水电工程建设的实际，本规范采用最后一次错动年代距今 10 万年的断层为活断层标准。

2.1.12 根据水工隧洞施工经验，本规范对钻爆法和 TBM 法施工的长隧洞的长度分别作出了规定。

2.1.13 本规范规定埋深大于 600m 的隧洞为深埋隧洞，是基于目前常规的地质钻探可以达到的深度；超过这一深度其他的勘探方法也难以取得可靠的资料。

3 基 本 规 定

3.0.3 本条关于工程地质勘察大纲的内容，较原规范作了较多补充。包括任务来源、前阶段勘察的主要结论及审查、评估的主要意见，勘察工作依据的规程、规范及有关技术规定等，勘察工作关键技术问题和主要技术措施，资源配置及质量，安全保证措施，包括人力、设备资源、项目组织管理及质量、安全保证措施等。这些补充规定都是根据这些年的实践经验概括出来的。

3.0.4 新增本条的目的既是对勘察工作的要求，也是对主管部门和任务委托单位的约束，明确工程地质勘察应分阶段、由浅入深地进行。

3.0.5 我国幅员辽阔，自然条件和地质条件复杂，且地区间差异很大。不同的自然条件和地质条件，不同类型的水工建筑物，工程地质勘察工作的重点、深度要求、采用的手段、方法均有很大差异。在基本规定中强调勘察工作量、勘察手段、方法和勘察工作布置要结合地质条件复杂程度，表 1～表 3 是针对几种代表性水利水电工程而编制的地质条件复杂程度划分标准。

本规范规定在勘察工作中，要注意新技术、新方法的应用，体现了科学技术是第一生产力的精神。

表 1　水利水电工程枢纽建筑物区地质条件复杂程度划分

因子等级		项目	Ⅰ类（简单）	Ⅱ类（中等）	Ⅲ类（复杂）
Ⅰ	2	地形地貌及物理地质现象	地形较完整，相对高差小于 100m，岸坡小于 20°	地形较完整，相对高差 100～300m，岸坡 20°～35°	地形较破碎～破碎，相对高差大于 300m，岸坡大于 35°

续表 1

因子等级		项目	Ⅰ类（简单）	Ⅱ类（中等）	Ⅲ类（复杂）
Ⅰ	2	地形地貌及物理地质现象	无剧烈物理地质现象	局部有剧烈物理地质现象	不良物理地质现象发育
Ⅰ	1	地形地貌及物理地质现象	枢纽区附近不存在影响建筑物安全的重大地质灾害		枢纽区附近存在影响建筑物安全的重大地质灾害
Ⅰ	2	地形地貌及物理地质现象	风化卸荷带厚度一般小于10m	风化卸荷带厚度10～40m	风化卸荷带厚度大于40m
Ⅰ	1	区域构造环境及地震活动性	构造稳定区，地震基本烈度小于或等于6度	构造较稳定区～较不稳定区，地震基本烈度大于6度小于8度	构造较不稳定～不稳定区，距枢纽区8km范围内有活动断裂，地震基本烈度大于或等于8度
Ⅰ	1	地层岩性	地台型沉积，地层岩性均一	地台和准地台型沉积，地层岩性不均一，岩相较稳定	地槽或准地槽型沉积，地层岩性复杂，岩相变化大
Ⅰ	2	地层岩性	河床覆盖层厚度小于10m	河床覆盖层厚度10～40m，岩性较单一	河床覆盖层厚度大于40m，岩性较复杂
Ⅰ	1	地质构造	近水平或单斜构造，地层产状稳定	单斜构造或正常褶皱，地层产状变化较大	非正常褶皱，地层产状变化剧烈
Ⅰ	1	地质构造	断层裂隙不发育	断层裂隙较发育	近枢纽建筑物区有区域性断层通过，断裂构造发育
Ⅰ	1	地质构造	无影响建筑物稳定的控制性软弱结构面		影响建筑物稳定的控制性软弱结构面发育
Ⅰ	1	水文地质	非岩溶地区，无承压含水层或仅有裂隙承压水，相对隔水层埋深小于1/3坝高	岩溶不发育，仅有裂隙承压水，相对隔水层埋深1/2～1/3坝高	岩溶发育，防渗工程复杂且量大，存在对建筑物稳定有影响的承压水
Ⅱ	2	水文地质	岩体透水性弱而均一	岩体透水性弱～中等，且不均一	岩体透水性强，且不均一
Ⅱ	2	天然建筑材料	坝址5km范围内有合适的天然建筑材料	坝址5～10km范围内有合适的天然建筑材料	不论何种坝型，天然建筑材料都不理想
备注		Ⅰ-1类因子单独一项即可决定本工程的复杂程度，当存在多个Ⅰ-1类因子时，取高类；其他可视因子等级组合情况综合判定工程地质条件的复杂程度。			

表 2　引调水工程地质条件复杂程度划分

建筑物	Ⅰ类（简单）	Ⅱ类（中等）	Ⅲ类（复杂）
渠道	1. 地震基本烈度等于或小于6度区，或虽为7度区，但对建筑抗震有利的地段 2. 平原、丘陵地貌 3. 岩质边坡坡高小于15m，土质边坡坡高小于10m 4. 不良地质作用（岩溶、滑坡、崩塌、危岩、泥石流、采空区、地面沉降）不发育 5. 地层岩性较单一，无特殊性岩土 6. 产状有利于边坡稳定，断层裂隙不发育 7. 水文地质条件简单，岩土体透水性弱而均一；无大的渗漏或浸没问题	1. 地震基本烈度7度区，对建筑抗震不利的地段 *2. 丘陵、山区地貌 *3. 岩质边坡坡高15～30m，土质边坡坡高10～20m *4. 不良地质作用较发育 5. 岩土种类较多，边坡或渠基下分布有特殊性岩土及易地震液化的粉细砂，但延续性差，范围小 6. 地层产状较不利于边坡稳定，断层裂隙较发育 7. 水文地质条件较复杂岩土体透水性弱～中等，但不均一；局部存在较严重的渗漏或浸没问题	1. 地震基本烈度7度或大于7度区，且对建筑抗震危险的地段 *2. 高山深谷地貌 3. 岩质边坡坡高大于30m，土质边坡坡高大于20m 4. 不良地质作用强烈发育 5. 岩土种类多，性质变化大。边坡或渠基分布有较大范围的特殊土及粉细砂，渠道变形、稳定及地震液化问题突出；沙漠渠道 6. 地层产状变化剧烈，且在较大范围不利于边坡稳定；断裂构造发育，渠线有区域性断层通过 7. 水文地质条件复杂，有影响工程的多层地下水，存在严重的渗漏或浸没问题

续表 2

建筑物	Ⅰ类（简单）	Ⅱ类（中等）	Ⅲ类（复杂）
引水隧洞	1. 地震基本烈度等于或小于 6 度区，或虽为 7 度区，但对建筑抗震有利的地段 2. 周边地质环境良好，无剧烈物理地质现象 3. 地质构造较简单，断裂构造不发育，低地应力 4. 地层岩性较单一，无特殊岩土层分布 5. 水文地质条件简单，不存在大的涌水突泥问题 6. 进出口边坡地质条件较好	*1. 地震基本烈度 7 度区，对建筑抗震不利的地段 2. 周边地质环境较差，存在对建筑物有影响的物理地质现象，但规模不大，类型较单一 3. 地质构造较复杂，断裂构造发育，但产状较有利。无区域性断裂通过，地应力中等 4. 地层岩性较复杂，有厚度不大的软岩 *5. 无有害气体，无地温异常，有轻度岩爆 6. 水文地质条件较复杂，有范围不大的强透水带，局部承压水，局部存在涌水突泥问题 *7. 进出口边坡存在局部稳定问题	1. 深埋长隧洞；水下（湖、河、海）隧洞；城市地面下隧洞 2. 地震基本烈度 7 度或大于 7 度区，且对建筑抗震危险的地段 3. 周边地质环境差，物理地质现象强烈 4. 地质构造复杂，有大断裂或区域性断裂通过，高地应力 5. 地层岩性复杂，有较大范围的软岩、特殊岩土分布；新第三系或第四系松散地层中的隧洞 6. 存在有害气体，或地温异常，或中～重度岩爆 7. 水文地质条件复杂，岩溶发育区，有强透水带，局部承压水。存在涌水突泥问题 *8. 进出口为高陡边坡
备注	1 中等和复杂地区，除有*项为非决定因子外，其他任一项因子，即可确定该地区的复杂等级。 2 对建筑抗震有利、不利和危险地段划分，可按现行国家标准《建筑抗震设计规范》GB 50011 的规定确定。		

表 3　水闸及泵站场地地质条件复杂程度划分

因子等级	项目	Ⅰ类（简单）	Ⅱ类（中等）	Ⅲ类（复杂）
2	建筑抗震	地震基本烈度等于或小于6度，或地震基本烈度7度但对建筑抗震有利的地段	地震基本烈度 7 度区，对建筑抗震不利的地段	地震基本烈度等于或大于7度的地区，且对建筑抗震危险的地段
2	地形地貌	平原地区，地形较完整，相对高差＜50m	平原-丘陵区，地形较完整，相对高差 50～150m	丘陵-山区，地形较破碎，相对高差＞150m
1	场区及周边地质环境	地质构造稳定，场区、近场区无活动断裂通过	地质构造较稳定，场区、近场区无活动断裂通过	地质构造稳定性差，近场区有活动断裂通过
1	场区及周边地质环境	不良地质作用（岩溶、滑坡、危岩和崩塌、崩岸、泥石流、采空区、地面沉降等）不发育	不良地质作用较发育	不良地质作用强烈发育
2	地基	岩土种类单一，均匀，性质变化不大	岩土种类较多，不均匀，性质变化较大	岩土种类多，很不均匀，性质变化大
1	地基	无特殊性土（红黏土、软土、自重湿陷性黄土、膨胀土、人工杂填土、分散性土、多年冻土等）及粉细砂层	局部有特殊土或粉细砂分布，对建筑物稳定、变形有一定影响	有特殊土或粉细砂层分布，导致地基严重沉陷、变形、抗滑稳定、地震液化等，需做较复杂的工程处理
2	地下水	地下水对工程无影响；地下水对混凝土、金属结构无腐蚀性	基础位于地下水位以下的场地；有承压含水层，但对工程影响小；地下水对混凝土有一般性腐蚀	水文地质条件复杂，有岩溶水活动，有影响工程的承压含水层；地下水对混凝土、金属结构有强腐蚀性
备注	1 1类因子一项即可决定场地复杂程度级别，2 类因子需两项组合取高类确定场地地质条件复杂程度级别。 2 对建筑抗震有利、不利和危险地段划分，按现行国家标准《建筑抗震设计规范》GB 50011 的规定确定。			

3.0.6　本条强调了工程地质测绘在水利水电工程地质勘察工作中的基础作用。工程地质测绘应执行国家现行标准《水利水电工程地质测绘规程》SL 299—2004。

3.0.7　不同的物探方法因其工作原理及适用条件不同，可以解决的地质问题也不同，因此物探方法的选择应考虑地形地质条件和岩土体的物性特点。物探工作应执行《水利水电工程物探规程》SL 326—2005。

3.0.9 与原规范相比，本条明确了试验方法的选择应根据试验对象和试验项目的重要性确定；试验项目、数量和方法的确定，不仅要根据勘察阶段和工程特点，还应结合岩土体条件（地质条件）。岩土物理力学试验应符合国家现行标准《水利水电岩石试验规程》SL 264—2001 和《土工试验规程》SL 237—1999 的规定。

3.0.10 本条是根据近十余年工程地质勘察的实践经验，结合国外经验新增的条文，目的是要求工程地质工作者高度重视观测、监测手段的运用，特别是对一些需要根据位移（变形）趋势或动态变化作出判断或结论的重要地质现象，如位置重要的大型滑坡的稳定性评价，重要人工开挖边坡的变形情况，地下开挖、坝基开挖卸荷变形，对区域构造稳定性评价有重要意义的活动断层，重要的泉水、承压水等，均应及时布设原位监测或长期观测点。长期观测工作在以往的勘察工作中虽然也在进行，但有愈来愈降低要求的趋势，观测网的布置、观测时间和观测延续的时段常常获取不到长期观测应该提供的资料，所以这次修编的基本规定中，将其单列一条加以强调。

3.0.11 新增本条是因为在过去的工作中，对天然建筑材料的勘察不够重视，因此本条明确规定“天然建筑材料的勘察工作应确保各勘察阶段的精度和成果质量满足设计要求”。天然建筑材料勘察应按照国家现行标准《水利水电工程天然建筑材料勘察规程》SL 251— 2000 的要求进行。

3.0.12 根据多年来工程地质勘察实践经验，对重大而复杂的水文地质、工程地质问题列专题进行研究是保证勘察成果质量的重要措施。

3.0.13 随着国家对环境保护的日益重视，水利水电工程建设对环境的影响越来越引起社会的关注，本条是为适应这种要求而制定的。

4 规划阶段工程地质勘察

4.1 一 般 规 定

4.1.2 本条修改主要体现了以下几点：

1 增加了“了解规划河流、河段或工程的工程地质条件，为各类型水资源综合利用工程规划选点、选线和合理布局进行地质论证”。这应该是规划阶段工程地质勘察的主要任务。

2 原规范的内容侧重于河流梯级规划，具体内容主要是坝址和水库，本次修改增加了引调水工程、防洪排涝工程、灌区工程、河道整治工程等勘察内容。

3 明确将“重点了解近期开发工程的地质条件”作为规划阶段的勘察内容和任务。

4.2 区域地质和地震

4.2.1 区域地质和地震的勘察内容主要包括 5 个方面，即地形地貌、地层岩性、地质构造与地震、物理地质现象和水文地质条件。这些资料是分析水利水电工程地质条件的基础。

本条中各款只列举了应研究的主要地质内容，详细内容或需展开研究的问题可根据规划河流（河段）及工程区的具体区域地质特征有所侧重。例如可溶岩地区，重点应放在喀斯特发育情况和水文地质条件上；在地震活动性较强的地区，要特别注意地质构造和断裂活动情况；在第四系分布区，要重点了解第四纪沉积物的类型、河流发育史和阶地发育情况等。

4.2.2 目前，国内大部分地区已完成了 1：200000 区域地质图，正在新编 1：250000 区域地质图，少数地区已完成 1：50000 区域地质测图。大多数省已出版了区域地质志。不少地区还编制有区域地质图、区域水文地质图、环境地质图和灾害地质图。这些资料都是进行规划阶段区域地质研究的基础资料。但是这些图件出版年代不一，其内容也往往不能满足水利水电工程的需要。因此，本条规定，河流或河段区域综合地质图的编图应在收集和分析各类最新区域地质资料的基础上，利用卫片、航片解译等进行编绘，并根据需要进行地质复核。地质复核方法可采用遥感地质方法和路线地质调查方法。

4.2.3 在原规范中本条内容与第 4.2.2 条同属一条，本次修编中考虑到区域地质与地震勘察工作的内容方法有所差别，为明确地震勘察内容，将其分为两条。目前，国家地震部门出版有中国历史强震目录、中国近代强震目录、地震动参数区划图和地震区带划分图；各省区现今仪器地震记录日臻完善，并编有系统的仪测地震目录；大多省区编有地震构造图。地震勘察工作以收集资料为主，进行适当野外调查，即可满足规划阶段编图和评价的需要。按国家颁布的地震动参数区划图确定各工程场地的地震动参数。

4.2.4 区域综合地质图、区域构造与地震震中分布图的比例尺可根据流域面积的大小、规划工程范围、区域地质的复杂程度、地震活动强烈程度等在1：500000～1：200000 之间选择。

4.2.5 为新增条文。近期开发工程的勘察工作要求相对较深，因此要求进行区域构造稳定性分析。

4.3 水 库

4.3.1 水库的勘察内容主要根据威胁水库或梯级成立的重大地质问题而提出。大规模的坍塌、泥石流、滑坡等物理地质现象以及严重的水库渗漏常常影响水库效益，可溶岩地区的喀斯特水库渗漏甚至影响梯级方案的成立，坍岸、浸没等则可能对库周的城镇、重大基础设施的安全构成威胁。这些问题在本阶段都需要进行初步调查，了解其严重程度，以便选择最适宜的梯级开发方案。此外，本次修订把影响库区水环境的地质条件作为勘察内容之一。

4.3.2、4.3.3 水库的勘察方法基本上分两种情况：

1 根据已有的区域地质资料分析水库地质条件，如不存在严重威胁水库成立的地质问题，本阶段可以不进行水库工程地质测绘。

2 当水库可能存在影响工程方案成立或对库周重大基础设施安全构成威胁的严重渗漏或大规模滑坡、坍岸、浸没等工程地质问题时，应进行水库工程地质测绘。测绘比例尺的选择可以根据水库面积和地质条件复杂程度等因素综合考虑选定。

为了解这些问题的严重程度，可布置少量的勘探工作。

4.4 坝 址

4.4.1 规划阶段对坝址地质勘察的内容偏重于基本地质情况的了解。条文中所列各款内容，都是梯级规划所需要的基本地质资料。本次修编增加了坝址地形、地质条件对不同坝型适应性的分析内容。

4.4.2 本条规定了近期开发工程规划阶段的坝址地质的勘察内容。当第四纪沉积物作为坝基时，应了解对大坝基础可能有明显影响的软土、砂性土等工程性质不良岩土层的空间分布与性状。对于当地材料坝方案，需要优先考虑是否具备布置溢洪道的地形地质条件及筑坝材料，特别是防渗材料的分布与储量。为此，本次修编增加了相关勘察内容。

4.4.3 规划阶段坝址的勘察方法主要采用工程地质测绘、物探和少量钻探（或平硐）。

工程地质测绘是最基本的方法。应当根据坝址区地形的陡缓、地层和构造的复杂程度及坝址区面积的大小等因素，综合考虑选定合适的比例尺。

物探方法是规划阶段坝址勘探的主要手段之一。物探方法可用于探测河床冲积层厚度、较大的断层和溶洞等地质缺陷，但地形条件和岩性条件对物探精度有较大影响，应根据实际条件选择合适的方法。

本阶段坝址钻探工作量一般较少，所以对近期开发工程和一般梯级坝址的钻孔布置应区别对待。条文中的钻孔数量是最低要求，地质条件复杂时可以适当增加。对于峡谷地区坝址，两岸宜布置勘探平硐，以便更好地揭示岩性、风化与卸荷深度。

钻孔深度的确定受很多具体因素的影响，如坝高、河床冲积层厚度、两岸风化深度、基岩的完整性和透水性等。各地情况千差万别，本阶段不确定因素较多，难以具体规定，根据国内外经验，一般约为1～1.5倍坝高。执行中可结合实际情况灵活掌握。

4.5 引调水工程

4.5.1 引调水工程是指长距离和跨流域的引调水工程，如南水北调工程、引黄入晋工程、引大入秦工程、辽宁东水西调工程、引额济乌工程等。建筑物主要包括渠道、隧洞及渠系建筑物等。规划阶段的勘察任务主要是了解引调水工程基本地质条件，与原规范第3.5.1条相比，增加了对沿线地下构筑物和地下管线分布情况的勘察。

4.5.2

1 关于引调水工程线路的勘察方法，首先要收集和分析已有的地质资料，特别是利用航（卫）片资料分析线路的主要地质现象和主要工程地质问题。

2 工程地质测绘是规划阶段引调水工程的主要工程地质勘察方法。考虑到规划阶段方案变化较大，测绘范围大一些有利于方案比选。

4 沿渠道布置勘察点应以坑、井为主，钻孔可在一些关键地质部位布置。

5 隧洞进出口及浅埋段常常是地质条件薄弱部位，是隧洞勘察的重点。

4.6 防洪排涝工程

4.6.1 防洪排涝工程包括堤防、泵站和水闸工程等，多在平原区及河流中下游地区，因此本条的勘察内容主要侧重第四纪沉积物。

4.6.2 对于已有工程，由于已经运行多年，原勘察资料及历年险情、隐患资料较多，在开展规划阶段工程地质勘察时应首先调查、访问和收集资料，然后开展工程地质测绘和必要的勘探、试验。

4.7 灌 区 工 程

4.7.2 鉴于灌区工程主要涉及第四纪沉积物，因此本条的勘察内容主要侧重于第四纪地层，要求对基本地质条件有所了解。

4.7.4 灌区水文地质勘察包括两部分内容，一是了解灌区土壤情况及水文地质条件，特别是老灌区在运行过程中已经形成的盐渍化和沼泽化问题，预测灌区工程建成运行后可能产生的次生地质问题；二是对于可能利用地下水源的灌区，应了解地下水源地的水文地质条件。

4.8 河道整治工程

4.8.1 河道整治工程包括导流坝（顺直坝、丁坝、潜坝等）、护岸、裁弯取直、堵汊（口）、疏浚河道等多种类型工程。河势变化及崩岸、滑坡的分布等对河道整治工程很重要，在此规定为勘察内容。

4.9 天然建筑材料

原规范对规划阶段的天然建筑材料勘察仅列了第3.4.4条一条，本次修订将其扩展为一节，要求在规划阶段对工程区内天然建筑材料进行普查，从而了解天然建筑材料的分布及质量情况。对于近期开发的工程，必要时可进行初查。

4.10 勘 察 报 告

本节对阶段工程地质勘察报告的基本内容作了简

要规定。由于工程类型和规划内容差别较大，报告的编写内容也不同，因此在编写工程地质勘察报告时，要结合规划内容和工程类型确定编写提纲和编写内容，其中心意思是勘察报告要全面、系统地反映勘察成果。这里的基本地质条件是指工程区或建筑物区的地形地貌、地层岩性、地质构造、物理地质现象及水文地质条件等。

5 可行性研究阶段工程地质勘察

5.1 一 般 规 定

5.1.1 本条规定了可行性研究阶段工程地质勘察的任务和目的。原规范主要针对水利水电枢纽工程，本次修订涵盖了各类水利水电工程。

5.1.2 与原规范相比，本条内容作了适当调整。

1 将勘察的对象统称为工程区及建筑物，以包括所有水利水电工程。工程区包括坝址区、水库区、灌区等。

2 增加了移民集中安置点选址的勘察内容。对水库工程而言，如果采用后靠方案，则移民选址勘察在水库区勘察工作的基础上进行；如采用外迁方案则需单独进行勘察。其他水利水电工程，如引调水工程、防洪工程等涉及移民选址时，根据具体情况布置勘察工作。

5.2 区域构造稳定性

5.2.1 区域构造稳定性问题是关系水利水电工程是否可行的根本地质问题，要求在可行性研究阶段作出明确评价。本条规定了区域构造稳定性评价的内容。

区域构造背景研究是评价所有工程地质问题的基础工作，也是地震安全性评价中潜在震源区划分的基本依据之一。

断裂活动性问题是评价坝址和其他建筑物场地构造稳定性以及进行地震安全性评价的主要依据，也是关系建筑物安全的重大问题，所以本阶段要求对场地和邻近地区的活断层作出鉴定。

地震动参数是工程抗震设计的重要依据，要求在可行性研究阶段确定工程场地的地震动参数及相应的地震基本烈度。

5.2.2 本条内容主要根据《工程场地地震安全性评价》GB 17741—2005 进行修订。与原规范相比，主要修改包括：将原规范区域地质构造背景研究范围由300km 改为 150km；将区域构造调查范围由原来 20～40km 改为 25km；明确引调水线路区域地质构造研究范围为 50～100km，其依据是南水北调中线一期工程总干渠工程沿线地震动参数区划的工作经验。

5.2.4 关于活断层的判别标志与原规范相比基本一致，仅将原规范中的“最后一次错动年代距今 10 万～15 万年”改为 10 万年以内。

5.2.7 关于地震安全性评价，近几年国家颁布了一系列法规和条例，如《中国地震动参数区划图》GB 18306—2001、《地震安全性评价管理条例》（2001年）等，在此基础上各地方又相继颁布了一些地方法规，都对需要做地震安全性评价的工程范围作了界定。本条内容在原规范基础上作了适当修改：①根据《水利水电工程等级划分及洪水标准》SL 252—2000 中有关水工建筑物级别确定的有关规定，对于土石坝坝高超过 90m、混凝土坝及浆砌石坝坝高超过 130m 的 2 级建筑物等级可提高一级；根据《水工建筑物抗震设计规范》SL 203—97，对 1 级壅水建筑物根据其遭受强震影响的危害性，可在基本烈度基础上提高一度作为设计烈度。因此，本次修编时将原规范第 4.2.8 条第 2 款有关内容“……对地震基本烈度为七度及以上地区的坝高为 100～150m 的工程，当历史地震资料较少时，应进行地震基本烈度复核”改为“对 50 年超越概率 10%的地震动峰值加速度大于或等于 0.10g 地区，土石坝坝高超过 90m、混凝土坝及浆砌石坝坝高超过 130m 的其他大型工程，宜进行场地地震安全性评价工作”。②增加了“50 年超越概率 10%的地震动峰值加速度大于或等于 0.10g 地区的引调水工程的重要建筑物，宜进行场地地震安全性评价工作”的规定，主要是针对引调水工程的单项重要建筑物，至于引调水工程是否需要全面做地震安全性评价，则未做硬性规定。

5.2.8 本条从区域构造稳定性观点出发，提出了坝址选择应遵守的三条准则，这是基于水工建筑物抗震安全考虑的。

5.3 水 库

5.3.1 增加了第 6 款“调查是否存在影响水质的地质体”，主要指是否存在大范围的岩盐、石膏及其他有害矿层，从而严重污染水质。

5.3.4 通过工程地质测绘进行浸没初判，对于可能发生浸没或次生盐渍化的地段进一步开展勘察工作。

5.3.6、5.3.7 本规范要求大型水库工程都应进行水库诱发地震研究。水库诱发地震研究的范围为水库及影响区，一般指水库正常蓄水位淹没线内及外延10km 的范围。

原规范将水库诱发地震的研究内容列在区域构造稳定性评价之内。考虑到水库诱发地震是工程运行后水库区出现的一种地震现象，且常常不是地质构造活动引起的地震，本次修订时将其作为水库工程地质问题之一。

已有的水库诱发地震震例显示，中等强度以上的水库诱发地震，有可能对大坝和水工建筑物造成损害，对库区环境和城镇建筑物产生一定的影响。从工程宏观决策和规划设计工作的需要考虑，在水利水电工程的可行性研究阶段，必须对水库诱发地震的危险性作出合理的预测或评估。

5.3.8 当可行性研究阶段预测有可能发生水库诱发地震时，应研究进行监测的必要性，并提出监测的初步设想，以便在工程立项时预留经费，为初步设计阶段进行监测台网设计及以后的监测工作提供条件。

5.4 坝 址

5.4.1 本条对原规范的规定作了必要的结构调整和内容补充。

地形、地貌条件是影响方案布置、施工组织设计、工程造价的重要因素，不同坝型对地形地貌条件的要求亦不相同。在第1款增加了初步查明地形地貌特征的要求。

缓倾角结构面特别是缓倾角断层是混凝土坝基和基岩边坡稳定的重要影响因素，因此，在第4款中进一步强调了对缓倾角断层应初步查明的内容。勘察中应注意分析与其他结构面的组合关系，特别是不稳定组合的形态、性质。

黄土喀斯特是黄土地区坝址主要的工程地质问题。因此，第9款增加了对黄土喀斯特调查的规定。

根据对国内已建工程现状的调查，环境水（天然河水和地下水）对水利水电工程混凝土及钢筋混凝土中的钢筋和钢结构的腐蚀问题日渐突出。因此，第10款专门作了应对环境水的腐蚀性进行初步评价的规定。

5.4.2

3、4 对峡谷区河流坝址及宽谷区或深厚覆盖层河流上坝址勘探的布置、方法选择、钻孔深度分别作了规定。

为了保证各比较坝址方案的可比性，条文规定各比较坝址均应有一条主要勘探剖面，如地质条件较复杂或坝较高，可在主要勘探剖面的上、下游布置辅助勘探剖面，其数量视具体需要决定。

条文所指的勘探点包括钻孔、平硐和探井等重型勘探工程。根据以往经验，本阶段勘探点的间距不应大于100m。但有的峡谷型坝址，河宽不足百米，为了取得河床部位可靠的地质资料，条文规定峡谷河床部位不应少于2个钻孔。另外还规定对坝址比较有重大影响的工程地质问题，都应有钻孔或平硐等勘探工程控制。

土石坝的混凝土建筑物是指混合坝型的混凝土坝段、土石坝的混凝土连接坝段、导流墙和混凝土面板坝堆石的趾板等。

平硐在了解地形坡度较陡的岸坡和产状较陡的地质构造等方面，探井在了解缓倾角软弱夹层方面都有较好的效果。所以条文对此作了强调。

勘探钻孔深度取决于勘探目的的需要和地质条件的复杂程度。

对于峡谷区的坝址，条文规定70m以上的高坝，河床覆盖层小于40m的，钻孔进入基岩深度为$H/2 \sim H$（H为坝高），从坝基稳定和防渗要求来说，孔深达到这个深度已可满足要求。当覆盖层较厚时，为调查基岩中有无埋藏深槽和避免对河床覆盖层厚度的误判，孔深达到基岩面以下20m是必要的。

平原区建在深厚覆盖层上的坝，勘探钻孔深度是根据持力层厚度、渗流分析及防渗方案需要考虑的。在此深度内如仍未揭穿工程性质不良岩土层时，应根据具体情况加大孔深。

6 考虑试验成果数理统计的合理性，对试验组数作了调整。有效试验组数是指剔除不合理成果的试验后，可纳入统计分析计算的试验组数。

条文规定的特殊岩土应根据其工程地质特性进行专门试验，主要包括湿陷性土的湿陷试验、膨胀性土的膨胀试验、分散性土的分散性试验、盐渍土的含盐性质和含盐量试验等。

5.5 发电引水线路及厂址

5.5.1 水利水电枢纽工程中引水式水电站的引水线路方案选择，对工程可行性有重要影响，是工程可行性研究的主要任务之一。本次修订将原规范引水隧洞线路和渠道线路的勘察内容合并为一条。

5.7 渠道及渠系建筑物

5.7.1 渠道工程地质勘察内容中，喀斯特塌陷、采空区、物理地质现象及特殊岩土层的勘察是重点和难点，对工程选线至关重要。

渠道工程地质初步分段是本阶段的重要内容之一。目前还没有成熟的分段标准，根据已有勘察经验，分段的依据主要包括地形地貌、地质构造、岩土体性质、物理地质现象、特殊岩土体的分布、水文地质条件及存在的主要工程地质问题等。

5.7.2 渠系建筑物的类型很多，包括倒虹吸、渡槽、分水闸、节制闸、退水闸等。条文所列勘察内容适用于所有渠系建筑物。但是由于各类建筑物的荷载条件和基础形式不同，对地基地质条件的评价应有所区别。

5.7.3 工程地质测绘比例尺按渠道和渠系建筑物分别列出，并可根据地质条件的复杂程度选用。

物探方法对探测覆盖层厚度、地下水位、喀斯特洞穴、采空区和断层等，有一定效果，宜尽量选用。

钻孔是最常用的主要勘探手段，沿渠道中心线和渠系建筑物轴线上均应布置钻孔，形成纵、横勘探剖面线，钻孔间距可根据建筑物类型、地形地质条件等进行调整。特别是在容易出现工程地质问题的地段应有控制性钻孔。

探坑或竖井是平原丘陵区渠道和建筑物区研究黄土湿陷性、膨胀岩土的性状及渠道浸没等的一种最直观有效的手段。勘探平硐可作为渠道高边坡，傍山边坡和跨河岸坡稳定研究的一种勘探手段。

岩土物理力学性质试验仍以室内试验和简易原位试验为主。对膨胀土、湿陷性黄土、分散性土、冻土等特殊性土，除常规试验项目外，规定应进行专门试验，以便有利于选择相关参数和工程性质评价。

5.8 水闸及泵站

5.8.1 水闸及泵站主要建在平原地区的土基上，这些条文是针对土基的，岩基上的涵闸及泵站未作规定，可参照岩基上混凝土闸坝的有关规定进行勘察。

古河道、牛轭湖、决口口门、沙丘等多是强透水地层或地层结构复杂的地段，且地表不易发现，对水闸及泵站选址影响较大，因此在地貌调查中应予以重视。

在地层结构、岩土类型中，强调查明工程性质不良岩土层如湿陷性黄土、泥炭、淤泥质土、淤泥、膨胀土、分散性土、粉细砂和架空层等的重要性。

5.8.2 工程地质测绘比例尺应根据工程规模和地质条件的复杂程度选用，工程范围大且地质条件相对简单的工程可选用较小比例尺；工程范围较小且地质条件复杂的工程可选用较大比例尺。进水和泄水方向容易遭受水流的冲刷侵蚀，其影响区应包括在工程地质测绘范围内。

勘探坑、孔应沿建筑物轴线和水流方向布置，形成勘探剖面。

对主要持力层的原位试验，黏性土、砂性土主要采用标准贯入试验和静力触探试验；淤泥、淤泥质土等软土采用十字板剪切试验；砂性土等强透水层分层进行注水试验等。

5.9 深埋长隧洞

5.9.1 深埋长隧洞工程有其自身的特点，地应力水平较高，地层岩性多变，同时可能会存在突涌水(泥)、岩体大变形、有害有毒气体、高地温、高地应力及岩爆等工程地质问题。因此，产生这些问题的水文地质、工程地质条件是深埋长隧洞的勘察重点。

5.9.2 深埋长隧洞由于埋深大、洞线长，又常常位于山高坡陡地区，工程地质勘察难度极大。当前还没有成熟、可靠的勘察手段和方法。

广泛收集已有的各种比例尺的地质图和航片、卫片资料，充分利用航片、卫片解译技术，对已建工程进行调研，总结已有工程经验，进行工程地质类比分析，是一项重要工作。

重视工程地质测绘工作，必要时进行较大范围的测绘和对重要地质现象进行野外追踪，对地质问题的宏观判断极为重要。可行性研究阶段深埋长隧洞的工程地质测绘比例尺定为1∶50000～1∶10000，主要考虑深埋长隧洞通过地带的地形和地质条件的复杂性。工程地质测绘范围除满足分析水文地质、工程地质问题的需要外，应考虑工程布置可能的调整范围。

常规的物探方法对深部地质体的探测效果不理想。近些年来，国内一些单位进行了有益的尝试，如黄河勘测规划设计有限公司、中水北方勘测规划设计有限公司和铁道部第一勘测规划设计研究院等采用多种物探方法［包括可控源音频大地电磁测深(CSAMT）和大地电磁频谱探测（MD）等方法］，对深部地质结构进行探测，取得了一些成果。

钻探是最常用的勘探手段，但对于深埋长隧洞线路钻孔深度大，而有效进尺少，因此利用率很低。另外，深埋长隧洞工程区通常是高山峡谷地区，交通不便，实施钻探困难，无法规定钻孔的间距。但选择合适位置布置深孔是必要的，在孔内应尽可能地进行地应力、地温、地下水位、岩体渗透性等测试，以取得更多的资料。

5.10 堤防及分蓄洪工程

本节为新增章节，其内容主要是根据国家现行标准《堤防工程地质勘察规程》SL 188—2005 的有关条款编写的。新建堤防挡水后引起的环境地质问题主要指因采取垂直防渗措施截断地下水的排泄出路而引起的堤内地下水壅高带来的问题。收集和调查已建堤防的历史险情和加固的资料，并结合其分析地质条件是非常重要的。

5.11 灌区工程

5.11.1、5.11.2 灌区渠道及渠系建筑物的勘察内容与第5.7节渠道及渠系建筑物相同，考虑到灌区工程的渠道及渠系建筑物规模相对较小，因此勘察方法与第5.7.2条相比适当简化，一般不要求进行平面工程地质测绘，而进行纵、横剖面工程地质测绘。

5.11.3 灌区水文地质勘察分两部分，即地下水源地水文地质勘察和土壤改良水文地质勘察。

地下水源地的水文地质勘察，可行性研究阶段控制的地下水允许开采量应相当于《供水水文地质勘察规范》GB 50027—2001 的C级精度要求，当地下水开采对灌区规划影响较大时，宜达到B级精度。

盐渍化土壤改良水文地质勘察，应在查明地下水水位埋藏深度、土体特别是根系层的含盐量及地形、地貌条件的基础上，根据灌区所处的水文地质类型，对盐渍化土壤形成原因、地下水临界深度、地下排水模数、盐渍化土壤对作物的危害程度及其发展预测等作出综合评价。在包气带岩性变化较大的地区，应根据观测、试验或调查结果，提出地下水临界深度系列值和地下排水模数。地下排水模数是单位面积上、单位时间内需要排走的地下水量，包括年平均值和月最大值，单位为$m^3/(s\cdot km^2)$。

防治土壤盐渍化的主要目标是，把地下水水位控制在临界深度以下，使土壤逐渐向脱盐方向发展。同时，应注意把盐渍化土壤改良与咸水利用改造结合起来。对可能形成新的土壤盐渍化的地区提出预防措施建议。对于土壤盐渍化已经得到基本治理的地区，也须防止反复。

5.12 河道整治工程

历史上的河道整治工程往往没有或很少做过地质勘察工作。近年来，河道整治工程的地质勘察工作已引起各方面的重视。长江中下游河道整治特别是下荆江河段和河口综合整治工程，黄河、珠江河口治理工程，均先后开展了各相应设计阶段的地质勘察工作。

本节为新增章节，所列勘察内容都是河道整治工程设计所需要的基本地质资料。其中近岸水下地形变化和冲淤情况、软土、粉细砂等的分布，对岸坡稳定和护岸工程影响较大，应特别注意。

5.13 移民选址

5.13.1 随着国家对移民安置工作的高度重视，移民选址工程地质勘察已越来越重要。然而长期以来，由于没有规范可循，勘察内容与勘察深度没有统一标准，导致选定的新址出现许多重大工程地质问题，其教训是深刻的。故迫切需要规范移民选址工程地质勘察工作，为此，本次规范修订增加了这一节内容。

根据《水利水电工程建设征地移民设计规范》SL 290—2003的规定，对农村移民，可行性研究阶段要编制农村移民安置初步规划；对于集镇、城镇移民，可行性研究阶段要初拟迁建方案，初选新址地点。因此，本规范规定可行性研究阶段选址的勘察必须结合移民安置规划进行，为初选新址提供地质资料和依据。

5.13.2 可行性研究阶段移民选址工程地质勘察的中心任务是：确保所选新址稳定、安全，在建设和使用过程中，不会发生危及新址安全的重大环境地质问题。因此本条规定的勘察内容主要侧重于选址，勘察的重点是新址场地的稳定性及外围有无崩塌、滑坡、泥石流等对新址安全不利的地质灾害，不同于在场址上进行的岩土工程勘察工作。

在新址区场地稳定性、建筑适宜性初步评价方面，三峡工程移民选址工程积累了一些经验。根据新址区的主要工程地质条件和地表改造程度，将场地的稳定性划分为5类，即稳定区（A）、基本稳定区（B）、潜在非稳定区（C）、非稳定区（D）和特殊地质问题区（E），详见表4。根据新址区的地形坡度、地基强度、场地稳定程度、对外交通和城镇排水状况，将场地的建筑适宜程度划分为5类，即最佳建筑场地区（Ⅰ）、良好建筑场地区（Ⅱ）、一般建筑场地区（Ⅲ）、不宜建筑场地区（Ⅳ）和特殊地质问题场地区（Ⅴ），见表5。

表4 三峡工程移民选址场地稳定程度分区

场地稳定程度类别	主要工程地质条件	地表改造程度
稳定区（A）	地层岩性相对均一，产状稳定且平缓；地层倾向山体且反倾裂隙不发育；地层倾向坡外但坡脚没有临空面；地层走向与坡面走向夹角大	无
基本稳定区（B）	地层岩性比较复杂，但产状比较稳定；地层倾向山体且反倾裂隙不甚发育；地层倾向坡外，仅局部坡脚存在临空面；地层走向与坡面走向夹角大于30°	弱
潜在非稳定区（C）	地层岩性比较复杂，但产状比较稳定；地层倾向山体且反倾裂隙不甚发育；地层倾向坡外，仅局部坡脚存在临空面；地层走向与坡面走向夹角小于30°	较强
非稳定区（D）	地层岩性复杂，产状不稳定；地层倾向山体且反倾裂隙发育；地层倾向坡外，坡脚存在临空面；地层走向与坡面走向夹角小于30°	强
特殊地质问题区（E）	古滑坡体、近代滑坡体、近代有变形迹象的崩坡积与冲洪积层，近代崩塌错落体，岩溶塌陷，落水洞，暗河，特殊类土，采空区，泥石流区	极强

注：地表改造是指人工边坡开挖、人工填土加载、人工改造地表水系等。

表5 三峡工程移民选址场地建筑适宜程度分区

建筑适宜程度类别	地形坡度（°）	地基强度（kPa）	场地稳定程度类别	对外交通状况	城镇给排水状况
最佳建筑场地区（Ⅰ）	≤10	≥120	稳定区（A）	良好	良好
良好建筑场地区（Ⅱ）	10～15	100～120	基本稳定区（B）	好	好
一般建筑场地区（Ⅲ）	15～20	100～120	潜在非稳定区（C）	较好	较好
不宜建筑场地区（Ⅳ）	≥20	≤100	非稳定区（D）	一般	一般
特殊地质问题场地区（Ⅴ）			特殊地质问题区（E）		

5.13.3 本条提出了可行性研究阶段移民选址工程地质的勘察方法及相关的技术规定。

2 工程地质测绘是移民选址工程地质勘察最为重要的基础地质工作，为此本款规定了移民选址工程地质测绘的范围及比例尺。已经开展的部分工程经验是，北京市区及卫星城镇、上海市、南京市、青岛市、杭州市总体规划阶段移民选址勘察工程地质图比例尺都为1：10000；三峡库区移民城镇总体规划阶段（该工程称为初步勘察阶段）工程地质测绘比例尺使用过1：2000（1984年以前）、1：5000（1991～1993年）和1：10000（1991～1993年）。

3 从环境地质问题考虑，新建城镇不宜大规模地改造地表形态，应尽可能利用自然地形布置建筑物。为此，新址区地形坡度分区是移民选址工程地质勘察的重要内容。本款规定了地形坡度分区的级别。

4 本款强调了新址区勘探剖面应结合地形地貌、地质条件布置，不同地貌单元应有勘探控制点。

5.15 勘察报告

5.15.1 本条中的工程区及建筑物工程地质条件是水库区工程地质条件、坝址工程地质条件、渠道及渠系建筑物工程地质条件、水闸及泵站工程地质条件、堤防及分蓄洪区工程地质条件、河道整治工程地质条件等的总称，在编制报告时，可根据具体工程项目内容取舍。

5.15.13 移民选址勘察按单独编制勘察报告考虑，本阶段应重点评价选址的稳定性和适宜性。

6 初步设计阶段工程地质勘察

6.1 一般规定

6.1.2 本条内容作了如下调整：

1 本款为新增内容。区域构造稳定性评价及地震动参数一般情况下在可行性研究阶段都应该有明确的结论，但对于地震地质条件复杂特别是工程区附近存在活动性断层等情况时，往往需要在初步设计阶段进一步开展一些专项研究或复核工作，如断层活动性的复核、断层活动性的监测等。

7 本款为新增内容。目前国家对移民安置工作非常重视，也提出了更高的要求。在初步设计阶段要落实移民安置具体地点，因此移民新址的勘察工作，是在可行性研究阶段初步选定的新址上，查明移民新址的工程地质条件，评价新址场地的稳定性和适宜性。

6.2 水库

6.2.1 初步设计阶段工程地质勘察是在可行性研究阶段工程地质勘察工作的基础上进行，一般不再进行全面的勘察，而是针对存在的主要工程地质问题开展工作。

6.2.2 可行性研究阶段对水库渗漏问题已经作出初步评价，初步设计阶段是针对严重渗漏地段的进一步勘察。

喀斯特渗漏问题比较复杂，在本阶段仍应对可溶岩、隔水层或相对隔水层、喀斯特发育特征和洞穴系统，喀斯特水文地质条件、地下水位及动态进行勘察研究，确定渗漏通道的位置、形态和规模，估算渗漏量。喀斯特发育程度是根据可溶岩岩性、岩层组合和喀斯特化程度的差异等确定，可分强、中、弱三类，同时应特别注意弱喀斯特化地层的作用及空间分布。对于喀斯特水文地质条件，要特别重视喀斯特水系统（泉、暗河）的勘察研究，对代表稳定地下水的泉和暗河，要尽可能查明补给、径流、水量、水化学及其动态，分析泉水之间的相互关系。最后，根据勘察成果及地质评价结论，提出防渗处理的范围、深度和措施的建议。

6.2.4 喀斯特水文地质测绘的范围，应包括与查明喀斯特发育特征、水文地质条件有关的区域如低邻谷、低喀斯特洼地、下游河湾等。

喀斯特洞穴追索是查明洞穴形态、大小、方向和了解发育特征的重要手段，对有水流洞穴的追索还可了解地下水的情况。

随着物探仪器设备的不断改进及探测技术、解释方法的不断完善，物探在喀斯特洞穴和含水特性的探测均有一定的效果。由于每种物探方法都有一定的适用条件，因此应采用多种物探方法互相印证。

连通试验可用于查明地表水与地下水的联系，以及地下水的流向，洞穴之间、洞穴与泉水之间的连通情况，判断洞穴的规模和通畅程度，确定喀斯特水系统之间的关系等。连通试验的示踪剂有荧光素、石松孢子、食盐、钼酸铵、同位素等，具体可根据连通试验的长度、水量和通畅程度等条件选择。有条件时，还可采用堵洞试验或抽水试验了解连通情况。

地下水渗流场、温度场、化学场、同位素和水均衡勘察研究，应根据需要、可能和具体条件确定。

6.2.5、6.2.6 对初步设计阶段水库浸没问题的勘察内容和方法进行了规定，其勘察范围是可行性研究阶段初判可能浸没的地段。

这两条的规定也适用于渠道等其他类型水利水电工程浸没问题的勘察。

1 浸没区的成因和影响对象分类。

按其成因，浸没可分为顶托型和渗漏型两种基本类型。

顶托型浸没：天然情况下，地下水向河流排泄，水库蓄水后，原来的补给、排泄关系不变，致使地下水位壅高。水库周边产生的浸没现象多属于这种类型，也可称为补给区浸没。

渗漏型浸没：水库、渠道运行后产生渗漏，导致排泄区的地下水位升高，造成浸没，也可称为排泄区浸没。堤坝下游（特别是平原地区的围坝型水库下游）、渠道（特别是填方渠道）两侧、水库渗漏排泄区的低洼地段，均易产生渗漏型浸没。

按照浸没影响的对象，可分为农作物区和建筑物区两类。

浸没区由于成因类型和影响对象不同，因而在勘察范围、勘察内容和精度要求（包括测绘比例尺、勘探剖面线、勘探点密度等）、试验项目、分析计算方法、评价标准等方面都有很大差异，在工作初期应根据具体情况判断可能出现的浸没类型，确定影响对象，据此制订相应的工作计划。

2 上部土层地下水位与下部含水层地下水位之间的差异。

当地层为双层结构，上部黏性土厚度较大且其水位受下部承压含水层水位影响时，工程实际调查资料显示，黏土层中的地下水位不等于且总是低于下部承压水位。

嫩江尼尔基水利枢纽右岸副坝下游浸没现场调查时，先挖试坑至黏土层稳定地下水位，然后用钻孔钻穿黏土层，测定下部含水层地下水位，或在钻孔旁边另挖试坑至黏土层内地下水位。

表 6 是 1999 年和 2004 年两次调查的结果汇总。勘探点共 14 个，黏土层内水位无一例外地均低于含水层承压水位。α 值范围在 0.29 至 0.92 之间，表明尼尔基表层黏土的非均质性，但总体上仍具有一定的规律性。

表 6 尼尔基右岸副坝下游浸没调查结果

勘探点号	黏土层厚度（m）	黏土层水位埋深（m）	含水层水位埋深（m）	T（m）	H_0（m）	α（T/H_0）
Sj12	13.50	8.50	5.50	5.00	8.00	0.63
Sj13	4.70	4.30	3.95	0.40	0.75	0.53
Sj16	8.00	6.40	5.60	1.60	2.40	0.67
Sj18	4.80	4.60	4.10	0.20	0.70	0.29
TZ03	7.40	5.80	3.86	1.60	3.54	0.45
TZ05	9.20	6.80	5.20	2.40	4.00	0.60
TZ06	8.60	5.40	4.56	3.20	4.04	0.79
TZ08	6.50	5.80	5.20	0.70	1.30	0.54
TZ09	5.40	5.00	4.50	0.40	0.90	0.44
Sj02	8.00	3.20	2.56	4.80	5.44	0.88
Sj03	7.40	4.00	3.72	3.40	3.68	0.92
Sj05	9.20	5.30	3.30	3.90	5.90	0.66
Sj08	6.50	6.20	5.73	0.30	0.77	0.39
Sj10	7.40	5.60	3.86	1.80	3.54	0.51

黏土层中的含水带厚度（T）与下伏承压水头（H_0）之间的折减关系（α）可采用野外实测或室内试验确定。

3 坑探在浸没区勘察的作用。

条文中把坑探与钻探并列作为浸没区勘探的主要手段，目的是：了解表部土层厚度和性质的变化；在坑壁实测土的毛管水上升高度；位于钻孔旁边的试坑可以了解土层水位与含水层水位之间可能存在的差异。

4 试验工作。

用室内测定的土的毛细力来代替土的毛管水上升高度，其结果较实际情况偏大。因此规范强调有条件时，应在试坑内现场测定。测定方法包括试坑现场观察、根据含水率计算饱和度、含水量变化曲线与液限对比等，可根据具体情况选择。

对于顶托型浸没而言，渗透系数的影响不十分敏感，但对渗漏型浸没，渗透系数是重要参数，故除室内试验外，应进行一定数量的现场试验。

为了准确评价建筑物区的浸没影响，应进行持力层在不同含水率情况下抗剪强度和压缩性试验，当地基存在黄土、淤泥、膨胀土等工程性质不良岩土层时，试验数量应相应增加。

5 分析计算。

地下水等水位线图是揭示勘察区在建库前地下水渗流条件的重要图件。实践表明，垂直于库岸或堤坝轴线布置的勘探剖面线往往并不平行于地下水流线，有时差异较大，水文地质条件复杂地区、有支流汇入地区尤其如此。绘制地下水等水位线图有助于揭示这种现象。为了使计算更符合实际情况，必要时应调整计算剖面方向。绘制地下水等水位线图需要较多的勘探点，充分利用现有的民井资料有助于提高图件精度。

地下水位壅高计算通常采用地下水动力学方法，可根据具体情况选择相应公式。水均衡法是研究地下水补给、排泄条件与水位的动态关系，也就是由于收入项与支出项均衡的结果，造成地区水位动态变化，官厅水库怀涿盆地惠民北渠灌区的浸没计算采用过这种方法。

数值分析方法有许多种，常用的是有限元法。有限元法就是将描述地下水运动规律的偏微分方程离散，利用变分原理，将该偏微分方程转化为一组线性方程组，通过微机模拟计算，从而求得有限个节点的地下水位，该方法适用于各种复杂的边界形状和边界条件，同时要求对地层和天然地下水位的变化有较详细的了解。

6.2.7 本条规定了初步设计阶段水库滑坡、崩塌及坍岸勘察应包括的内容，是在可行性研究阶段勘察成果的基础上，对存在滑坡、崩塌及坍岸问题的具体库岸段进行的勘察。水库库岸工程地质勘察的内容是多方面的，但重点是对工程建筑物、城镇和居民区环境有影响的滑坡、崩塌体的勘察。

6.2.8 对于滑坡而言，底滑面的勘察是关键。实践证明，竖井、平硐是揭露底滑面最直观的手段，不仅效果好，而且也便于取原状样进行试验甚至进行现场原位试验，因此条件具备时应优先考虑布置竖井或平硐。

通常滑体和滑床的地下水位是不同的，对地下水位必须分层进行观测；有时由于滑坡体堆积的多序次或在形成过程中多次滑动，也会在滑坡体中形成两个以上含水层系统，如三峡库区巴东黄蜡石滑坡、万州和平广场滑坡等，有的滑坡体还存在局部承压水，如万州枇杷坪滑坡、云阳寨坝滑坡，因此应进行地下水位的分层观测。

6.2.9 本条规定了库岸坍岸工程地质勘察的技术方法。勘探坑、孔的布置，向上应包括可能坍岸的范围和影响区，向下应达到死水位以下波浪淘刷深度。

水库坍岸预测理论最早来源于前苏联。在20世纪40、50年代，前苏联萨瓦连斯基、卡丘金、佐洛塔廖夫等研究了水库坍岸问题，提出了坍岸预测的基本计算方法和图解法。目前水库坍岸预测常用的方法有：工程地质类比法、卡丘金法、图解法等。由于坍岸的影响因素多，条件比较复杂，为此，本条规定坍岸预测宜采用多种方法综合确定。

6.2.12 可行性研究阶段对设置地震监测台网的必要性已有充分论证，初步设计阶段应进行地震监测台网设计。监测台网设计一般包括台网技术要求、台网布局和台站选址、台网信道、系统设备选型及配置、资料分析与预测、运行与管理等内容。

地震观测起始时间宜在水库蓄水前1～2年，其目的是掌握水库区的地震活动的本底情况，便于和蓄水后地震活动情况进行对比。原规范规定，观测时间宜延续到库水位达到设计正常蓄水位后2～3年，由于水库诱发地震形成条件比较复杂，其起始时间不同，水库差异较大，故本次修订对水库诱发地震监测台网的观测时限未作统一规定。根据统计资料，当蓄水后地震活动没有变化，观测时限宜延续至水库达设计正常蓄水位后2～3年；水库蓄水后，地震活动有变化，观测时限宜延续至地震活动水平恢复到原活动水平后2～3年。

6.3 土石坝

6.3.1 土石坝坝址包括第四纪地层坝址和基岩坝址，由于当地材料坝对坝基强度的要求相对较低，基岩坝基一般都可以满足要求，故条文内容侧重于第四纪地层坝基。对于基岩坝基，条文中只强调了心墙和趾板基岩的风化带、卸荷带、岩体透水性和岩体中主要的透水层（带）和相对隔水层、喀斯特情况等的勘察。

软土层、粉细砂、湿陷性黄土、架空层、漂孤石层以及基岩中的石膏夹层等工程性质不良岩土层对坝基的渗漏、渗透稳定、不均匀变形等影响较大，是土石坝坝基勘察的重点内容。

6.3.2

3 勘探点间距包括不同类型的勘探点间距。

由于覆盖层坝基和基岩坝基条件差别较大，对勘探钻孔深度分别作了规定，对防渗线钻孔和一般勘探孔也作了不同规定。

4 本款规定主要土层物理力学性质试验累计有效组数不应少于12组，是按数据统计的要求规定的。

6.4 混凝土重力坝

6.4.1 本条为岩基上混凝土重力坝坝址的勘察内容。土基上的混凝土重力坝（闸），由于土基的岩性、岩相和厚度变化大，结构松散，压缩性较大，易产生不均匀沉陷且渗流控制较复杂，一般只适宜修建中、低闸坝，其勘察内容和方法可参照土石坝和水闸的有关规定。

第2款、第3款内容是影响重力坝坝基抗滑稳定、坝基变形、渗透稳定的主要地质因素，因此是勘察工作的重点。

确定建基岩体质量标准和可利用岩面高程，是本阶段混凝土重力坝的重要勘察内容。影响建基岩体质量标准的主要因素有岩体风化程度、岩体完整程度、岩体强度、透水性等。

6.4.2

1 工程地质测绘中规定当岩性变化或存在软弱夹层时，应测绘详细的地层柱状图，是指砂岩、页岩或泥灰岩、灰岩、页岩相互交替出现，岩性变化复杂或性状差、软弱夹层密度高的情况下，而测绘比例尺又不易反映时，应该按岩性逐层测量和进行描述，并编制出柱状图或联合柱状图，供制图和地质分析用。

2 强调物探工作，是因为初步设计阶段勘探钻孔、平硐数量较多，有条件开展多种物探方法，以便取得更多的信息，为工程地质分析提供更多的依据。孔内电视近些年应用较为广泛，对探测结构面、软弱带及软弱岩石、卸荷带、含水层和渗漏带等分布和性状，有较好的效果。

3 对主勘探剖面、辅助勘探剖面等的布置，帷幕孔与一般勘探孔的深度，不同建筑物部位、不同地形地质条件对勘探手段、勘探点间距、勘探深度等作了不同规定，其目的是使勘探布置的目的性和针对性更加明确。布置倾斜钻孔查明坝基顺河断层是根据有关工程的经验提出来的。河底勘探平硐施工难度较大，只有当常规勘探手段不能满足要求时，才考虑布置河底勘探平硐，因此，本次修订未做具体规定。

勘探点间距是指钻孔、平硐、竖井等各类重型勘探工程的间距。

岩土试验条文中所列项目是常规项目，工作中可根据具体情况进行一些专门性试验。

6.5 混凝土拱坝

6.5.1 混凝土拱坝的勘察内容有很多与混凝土重力坝相同，但拱坝对地形地质条件有特殊要求，因此本条所列7款内容都是针对拱坝需要勘察并加以查明的工程地质条件。

对于拱坝，两岸岩体的质量直接影响拱座开挖深度、抗滑稳定、变形稳定等问题的评价。拱肩嵌入深度取决于岩体风化、卸荷、喀斯特发育强度及工程荷载等因素。根据国家现行标准《混凝土拱坝设计规范》SL 282—2003，拱坝建基岩体根据坝基具体地质情况，结合坝高选择新鲜、微风化或弱风化中、下部岩体。

条文要求查明与拱座抗滑稳定有关的各类结构面，确定拱座抗滑稳定的边界条件。一般来说，缓倾结构面构成底滑面，与河流呈小锐角相交的结构面构成侧滑面，而岩体中厚度较大的软弱（层）带构成压缩变形的"临空面"。

拱座变形稳定评价中，要注意拱座不同部位岩体质量的不均一性，还应注意两岸岩体质量的差异。

由于拱坝一般选择在峡谷河段，坝基特别是两岸坝肩开挖后存在两岸拱肩槽及水垫塘开挖边坡稳定问题，因此条文中强调了对边坡稳定问题的勘察研究，要求提出安全合理的坡比及加固处理建议，并进行变形监测。

6.5.2 工程地质测绘要特别注意与拱座岩体稳定有关的各类结构面的调查。高陡边坡的峡谷坝址，可在两岸不同高程修建勘探路或半隧洞，既可用于交通，又可揭露地质现象。

勘探手段中，查明两岸拱座岩体的工程地质条件应以平硐为主，河床以钻孔为主，并充分利用勘探平硐、钻孔等进行各类物探测试。

岩体原位变形试验应考虑不同岩性、不同方向。岩体及结构面原位抗剪试验，混凝土与岩体胶结面抗剪试验点的选择应具有代表性。

6.6 溢 洪 道

6.6.1 根据初步设计阶段溢洪道工程地质勘察的基本任务和有关工程的勘察经验，本条对原规范第5.7.1条的内容作了补充。主要包括查明溢洪道地段工程性质不良岩土层的分布及其工程地质特性，分析评价溢洪道特别是泄洪、消能建筑物地基稳定、边坡稳定、抗冲刷等工程地质问题。抗冲刷是溢洪道特殊的工程地质问题，包括消能段和下游两岸岸坡的冲刷，条文对此专门提出了要求。此外，冲刷坑的向上游掏蚀冲刷也应予以注意。

6.6.2 工程地质测绘范围除建筑物地段外还应包括为论证岸坡稳定所需的有关地段，即建筑物地段开挖的工程边坡和冲刷区等的天然岸坡，以便查明对开挖边坡有影响的各类结构面的情况。

6.7 地 面 厂 房

6.7.1 本条根据原规范第5.6节的有关内容对地面电站厂房的勘察内容作了规定。

滑坡、泥石流、崩塌堆积及不稳定岩土体的分布、规模，常常是影响厂址选择和厂基稳定的主要物理地质因素，峡谷区尤为突出，勘察中应予重视。

地面厂房的边坡主要包括厂址区的天然边坡和厂房地基开挖边坡。其中，厂址区的天然边坡，特别是厂房后山坡的高边坡，常常是地面厂房的主要工程地质问题。因此，条文规定要查明厂址区地质构造和岩体结构特征，评价厂址区边坡和厂基开挖边坡稳定条件。

6.7.2 勘探钻孔深度的规定是指一般情况而言，有特殊需要时应根据具体情况确定。压力前池等建筑物荷载小，主要是渗水后对地基的影响，根据以往经验钻孔深度应为1～2倍水深。黄土因垂直裂隙发育，垂直渗透性相对较大，另外考虑到黄土特有的湿陷问题，勘探钻孔深度宜增加至2～3倍水深。

6.8 地 下 厂 房

6.8.1、6.8.2 地下厂房系统的勘察范围包括主厂房，主变压器室、副厂房等建筑物。

地下厂房掘进时如发生突水（泥）影响施工安全和施工进度，岩层中如存在有害气体或放射性元素，不仅影响施工安全而且对长期运行会造成不利影响，必须予以重视。

初步设计阶段地下厂房除应布置顺厂房轴线的主勘平硐外，还应布置相应的横向平硐，目的是控制厂房两侧边墙的地质条件，正确评价边墙稳定性，为确定施工方法和支护措施提供地质资料。勘探平硐最好能结合施工和总体布置，使之（或扩大后）能在施工中或作为永久建筑加以利用。

6.9 隧 洞

6.9.1 条文根据原规范第5.4节的有关内容对隧洞的勘察内容作了具体规定。本条所指的隧洞包括导流洞、泄洪洞、引水洞、放空洞及输水隧洞等。

3 增加了对隧洞穿过活动断裂带应进行专题研究的规定，主要是考虑近年来西部地区隧洞工程往往要跨越活动断裂带，评价活动断裂带的活动情况及其对工程的影响，也是采取工程措施的依据。

4 增加了提出岩体外水压力折减系数的要求。

5 当隧洞穿越喀斯特水系统、喀斯特汇水盆地时，地质条件复杂，勘察难度大，根据多年实践经验，需要扩大测绘范围，并应进行专题研究，提高预测评价的准确性。

9 根据多年实践经验，隧洞洞径大于15m时，需分部位研究结构面的组合及其对围岩稳定的影响。

11 隧洞掘进时如发生突水（泥）影响施工安全和施工进度，岩层中如存在有害气体或放射性元素，不仅影响施工安全而且对长期运行会造成不利影响，必须予以重视。

6.10 导流明渠及围堰工程

6.10.1、6.10.2 根据大型水利水电工程设计和施工的需要，本次修订将导流明渠和围堰的工程地质勘察单独列为一节。

导流明渠、施工围堰虽然是水利水电工程施工建设的临时性工程，但对枢纽布置、施工组织设计、工程施工安全影响很大。因此，要重视导流明渠及围堰工程的勘察。

由于大坝的规模、形式及施工方式、工期的不同，导流明渠及施工围堰的规模及其可能的工程地质问题也不同。因此，执行中应结合实际、具体运用。

6.11 通航建筑物

6.11.1 一般来说，通航建筑物包括船闸和升船机两种类型，其勘察范围除船闸和升船机外，还应包括引航道，上、下游码头和两侧边坡等。

土基上的通航建筑物在平原地区比较常见，主要类型是船闸。

6.12 边坡工程

6.12.1 水利水电工程建设中边坡类型多，高度大，运行条件复杂，常常成为工程设计和运行中的重大问题，也是工程地质勘察中的重点和难点问题之一，同时边坡工程也是典型的岩土工程，因此本次修订规范时将边坡工程单独列为一节。

边坡工程地质分类有很多种，表 7～表 10 为现行国家标准《中小型水利水电工程地质勘察规范》SL 55—2005 中的有关分类，可供参考。

表 7 边坡一般性分类

分类依据	分类名称	分类特征说明
与工程关系	自然边坡	未经人工改造的边坡
	工程边坡	经人工改造的边坡
岩性	岩质边坡	由岩石组成的边坡
	土质边坡	由土层组成的边坡
	岩土混合边坡	部分由岩石、部分由土层组成的边坡
变形	未变形边坡	边坡岩（土）体未发生变形
	变形边坡	边坡岩（土）体曾发生或正在发生变形
边坡坡度	缓坡	$\theta \leqslant 10°$
	斜坡	$10° < \theta \leqslant 30°$
	陡坡	$30° < \theta \leqslant 45°$
	峻坡	$45° < \theta \leqslant 65°$
	悬坡	$65° < \theta \leqslant 90°$
	倒坡	$90° < \theta$
工程边坡高度 H（m）	超高边坡	$150 \leqslant H$
	高边坡	$50 \leqslant H \leqslant 150$
	中边坡	$20 \leqslant H < 50$
	低边坡	$H < 20$
失稳边坡体积（m^3）	特大型滑坡	$1000 \times 10^4 \leqslant V$
	大型滑坡	$100 \times 10^4 \leqslant V < 1000 \times 10^4$
	中型滑坡	$10 \times 10^4 \leqslant V < 100 \times 10^4$
	小型滑坡	$V < 10 \times 10^4$

表 8 岩质边坡分类（按岩体结构）

边坡类型	主要特征	影响稳定的主要因素	可能主要变形破坏形式	与水利水电工程关系	处理原则与方法建议
块状结构岩质边坡	由岩浆岩或巨厚层沉积岩组成，岩性相对较均一	1. 节理裂隙的切割状况及充填物情况 2. 风化特征	以松弛张裂变形为主，常有卸荷裂隙分布，有时出现局部崩塌	一般较稳定。但应注意不利节理组合，分析局部塌滑的可能性；当有卸荷裂隙分布时，注意边坡上输水建筑物漏水引起边坡局部失稳	1. 对可能产生局部崩塌的岩体可采用锚固处理 2. 对可能引起渗漏的卸荷裂隙做灌浆防渗处理 3. 做好边坡排水，防止裂隙充水引起边坡局部失稳
层状同向缓倾结构岩质边坡	由坚硬层状岩石组成，坡面与层面同向，坡角大于岩层倾角，岩层层面被坡面切断	1. 岩层倾角大小 2. 层面抗剪强度 3. 节理发育特征及充填物情况	1. 顺层滑动 2. 因坡脚软弱导致上部张裂变形或蠕变 3. 沿软弱夹层蠕滑	层面因施工开挖常被切断，若岩层中有软弱夹层，易产生顺层滑动；某些红层地区常沿缓倾角泥岩夹层产生蠕滑，雨后更易滑动；不利于建筑物边坡稳定	1. 防止沿软弱层面滑动 2. 局部锚固 3. 挖除软层并回填处理 4. 采用支挡工程防滑 5. 做好排水

续表 8

边坡类型	主要特征	影响稳定的主要因素	可能主要变形破坏形式	与水利水电工程关系	处理原则与方法建议
层状同向陡倾结构岩质边坡	由坚硬层状岩石组成，坡面与层面同向，坡角小于岩层倾角，岩层层面未被坡面切断	1. 节理裂隙特别是缓倾角节理发育情况及充填物情况 2. 软弱夹层发育状况 3. 裂隙水作用 4. 振动	1. 表层岩层蠕滑弯曲、倾倒 2. 局部崩塌 3. 滑动	一般较稳定，但在薄层岩层和有较多软弱夹层分布地区，施工开挖可能诱发边坡倾倒蠕变	1. 开挖坡角不应大于岩层倾角，勿切断坡脚岩层，坡高时应设置马道 2. 注意查明节理分布特征，分析有无不利抗滑的组合结构面
层状反向结构岩质边坡	由层状岩石组成，坡面与层面反向	1. 节理裂隙分布特征 2. 岩性及软弱夹层分布状况 3. 地下水、地应力及风化特征	1. 蠕变倾倒、松动变形 2. 坡有软层分布时上部张裂变形 3. 局部崩塌、滑动	一般较稳定，但在薄层岩层或有较多软弱夹层分布地区，施工开挖可能诱发边坡倾倒蠕变	1. 注意查明节理裂隙发育特征，适当削坡防止局部崩塌、滑动 2. 局部锚固
斜向结构岩质边坡	由层状岩石组成，岩石走向与坡面走向呈一定夹角	节理裂隙发育特征	1. 崩塌 2. 楔状滑动	一般较稳定	注意查明节理裂隙产状，分析产生楔状滑动的可能性，必要时适当清除或锚固
碎裂结构岩质边坡	不规则的节理裂隙强烈发育的坚硬岩石边坡	1. 岩体破碎程度 2. 节理裂隙发育特征 3. 裂隙水作用 4. 振动	1. 崩塌 2. 坍滑	易局部崩塌，影响建筑物安全；透水；不利坝肩稳定及承受荷载	1. 适当清除，合理选择稳定坡角 2. 表部喷锚保护 3. 做好排水

表 9 土质边坡分类（按土层性质）

边坡类型	主要特征	影响稳定的主要因素	可能的主要变形破坏形式	与水利水电工程关系	处理原则与方法建议
黏性土边坡	以黏粒为主，干时坚硬，遇水膨胀崩解。某些黏土具大孔隙性（山西南部）；某些黏土甚坚固（南方网纹红土）；某些黏土呈半成岩状，但含可溶盐量高（黄河上游）；某些黏土具水平层理（淮河下游）	1. 矿物成分，特别是亲水、膨胀、溶滤性矿物含量 2. 节理裂隙的发育状况 3. 水的作用 4. 冻融作用	1. 裂隙性黏土常沿光滑裂隙面形成滑面，含膨胀性亲水矿物黏土易产生滑坡，巨厚层半成岩黏土高边坡，因坡脚蠕变可导致高速滑坡 2. 因冻融产生剥落 3. 坍塌	作为水库或渠道边坡，因蓄水、输水可能引起部分黏土边坡变形滑动，注意库岸大范围黏土边坡滑动带来不利影响；寒冷地区工程边坡因冻融剥落而破坏	1. 防水、排水 2. 削坡压脚 3. 对冻融剥落边坡，植草或护砌覆盖，坡体内排水，保持坡面干燥
砂性土边坡	以砂粒为主，结构较疏松，凝聚力低为其特点，透水性较大，包括厚层全风化花岗岩残积层	1. 颗粒成分及均匀程度 2. 含水情况 3. 振动 4. 外水及地下水作用 5. 密实程度	1. 饱和均质砂性土边坡，在振动力作用下，易产生地震液化滑坡 2. 管涌、流土 3. 坍塌和剥落	1. 在高地震烈度区的渠道边坡或其他建筑物边坡，地震时产生液化滑坡，机械振动也可能出现局部滑坡 2. 基坑排水时易出现管涌、流土	1. 排水 2. 削坡压脚 3. 预先采取振冲加密、封闭措施，并注意排水

续表 9

边坡类型	主要特征	影响稳定的主要因素	可能的主要变形破坏形式	与水利水电工程关系	处理原则与方法建议
黄土边坡	以粉粒为主、质地均一。一般含钙量高，无层理，但柱状节理发育，天然含水量低，干时坚硬，部分黄土遇水湿陷，有些呈固结状，有时呈多元结构	主要是水的作用，因水湿陷，或水对边坡浸泡，水下渗使下垫隔水黏土层泥化等	1. 崩塌 2. 张裂 3. 湿陷 4. 高或超高边坡可能出现高速滑坡	渠道边坡，因通水可能出现滑坡；库岸边坡因库水浸泡可能坍岸或滑动；黄土塬上灌溉使地下水位抬高，可出现黄土湿陷，谷坡开裂崩塌，半成岩黄土区深切河谷可出现高速滑坡；因湿化引起古滑坡复活	1. 防水、排水，尽可能避免输水建筑物漏水 2. 合理削坡 3. 对坍岸、古滑坡做好监测及预测
软土边坡	以淤泥、泥炭、淤泥质土等抗剪强度极低的土为主，塑流变形严重	1. 土性软弱（低抗剪强度高压缩性塑流变形特性） 2. 外力作用、振动	1. 滑坡 2. 塑流变形 3. 坍滑、边坡难以成形	渠道通过软土地区因塑流变形而不能成形，坡脚有软土层时，因软土流变挤出使边坡坐塌	1. 彻底清除 2. 避开 3. 反压回填 4. 排水固结
膨胀土边坡	具有特殊物理力学特性，因富含蒙脱石等易膨胀矿物，内摩擦角很小，干湿效应明显	1. 干湿变化 2. 水的作用	1. 浅层滑坡 2. 浅层崩解	边坡开挖后因自然条件变化、表层膨胀、崩解引起连续滑动或坍塌	1. 尽可能不改变土体含水条件 2. 预留保护层，开挖后速盖压保湿 3. 注意选择稳定坡角 4. 加强排水，砌护封闭
分散性土边坡	属中塑性土及粉质黏土类，含一定量钠蒙脱石，易被水冲蚀，尤其遇低含盐量水，表面土粒依次脱落，呈悬液或土粒被流动的水带走，迅速分散	1. 低含盐量环境水 2. 孔隙水溶液中钠离子含量较高，介质高碱性 3. 土体裸露，水土接触	1. 冲蚀孔洞、孔道 2. 管涌、崩陷和溶蚀孔洞 3. 坍滑、崩塌和滑坡	堤坝和渠道边坡在施工和运行中随机发生变形破坏或有潜在危害	1. 尽量不用分散性土作地基和建筑材料 2. 全封闭，使土水隔离 3. 设置反滤 4. 改土，如掺石灰等 5. 改善工程环境水，增大其含盐量
碎石土边坡	由坚硬岩石碎块和砂土颗粒或砾质土组成的边坡，可分为堆积、残坡积混合结构、多元结构	1. 黏土颗粒的含量及分布特征 2. 坡体含水情况 3. 下伏基岩面产状	1. 土体滑坡 2. 坍塌	因施工切挖导致局部坍塌，作为库岸边坡因水库蓄水可导致局部坍滑或上部坡体开裂，库水骤降易引起滑坡	1. 合理选择稳定坡角 2. 加强边坡排水，防止人为向坡体注水 3. 库岸重要地段蓄水期应进行监测
岩土混合边坡	边坡上部为土层、下部为岩层，或上部为岩层、下部为土层（全风化岩石），多层叠置	1. 下伏基岩面产状 2. 水对土层浸泡，水渗入土体	1. 土层沿下伏基岩面滑动 2. 土层局部坍滑 3. 上部岩体沿土层蠕动或错落	叠置型岩土混合边坡基岩面与边坡同向且倾角较大时，蓄水、暴雨后或振动时易沿基岩面产生滑动	1. 合理选择稳定坡角 2. 加强边坡排水，防止人为向坡体注水 3. 库岸重要地段蓄水期应进行监测

表 10　变形边坡分类

变形类型	边坡分类名称		示意剖面	主要特征	影响稳定的主要因素	与水利水电工程关系	处理原则与方法建议
滑动变形	土质滑坡	黏性土滑坡	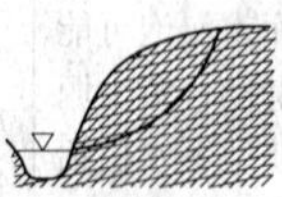	黏土干时坚硬，遇水崩解膨胀，不易排水，连续降雨或遇水湿化可使强度降低，易滑	1. 水的作用：暴雨浸水，人为注水，排水不畅 2. 振动：地震、爆破 3. 开挖方式不当：切脚，头部堆载，先下后上开挖	滑坡区不宜布置建筑物，滑坡对渠道边坡稳定不利；注意丘陵峡谷库区移民后靠区蓄水后出现滑动	1. 注意开挖方式和程序 2. 坡面及坡体排水 3. 支挡结构如抗滑桩等
		黄土滑坡	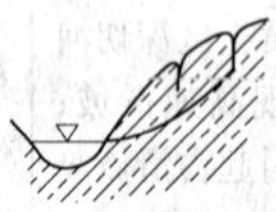	垂直裂隙发育，易透水湿陷，黄土塬边或峡谷高陡边坡的滑坡规模较大，当有黏土夹层时，连续大雨后易滑			
		砂性土滑坡	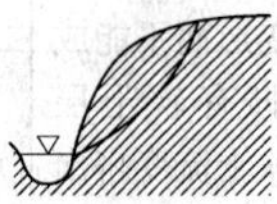	透水性强，当有饱和砂层时，因地震可能产生液化滑坡，因暴雨排水不畅而滑动			
		碎石土滑坡	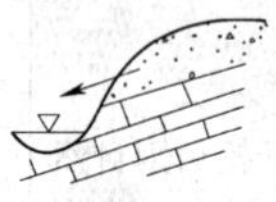	土石混杂，结构较松散，易透水，多为坡残积层，常沿基岩接触面滑动			
	岩质滑坡	均质软岩滑坡	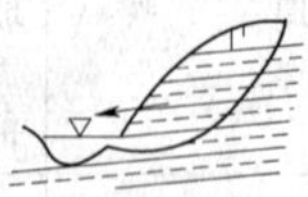	滑体形态主要受软岩强度控制，滑面常呈弧形、切层，与软弱结构面不一定吻合，特别是大型滑坡	1. 岩石强度 2. 水的作用 3. 边坡坡度和高度	滑坡规模一般较大，条件恶化后可能复活，滑坡区不宜布置建筑物	1. 避开 2. 清除或部分清除 3. 排水
		顺层滑坡	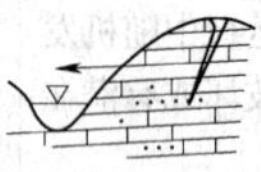	一般沿岩层层面产生的滑坡，滑体形态主要受岩层层面控制	1. 软弱夹层或顺层面抗剪强度 2. 淘蚀切脚，开挖不当 3. 水的作用	作为建筑物边坡危及建筑物安全，不宜作渠道边坡	1. 清除或部分清除 2. 排水 3. 规模小时支挡或锚固
		切层滑坡	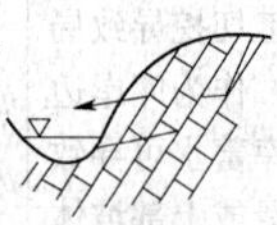	滑面切过层面，滑体形态受几组节理裂隙的控制	1. 节理切割状况 2. 岩体强度 3. 水的作用 4. 缓倾结构面及软弱夹层	不宜作渠道或其他建筑物边坡	1. 清除或部分清除 2. 排水 3. 规模小时支挡或锚固
		破碎岩石滑坡	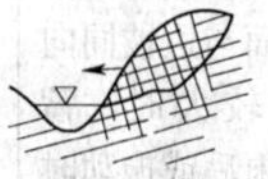	节理裂隙密集发育，滑面产生于破碎岩体中，滑面形态受破碎岩体强度控制	1. 节理裂隙切割状况 2. 岩体强度 3. 水的作用	透水强烈不利于坝肩防渗，不宜作渠道边坡	1. 削坡清除 2. 排水 3. 规模小时支挡

续表 10

变形类型	边坡分类名称		示意剖面	主要特征	影响稳定的主要因素	与水利水电工程关系	处理原则与方法建议
蠕动变形	岩质边坡	倾倒型蠕动变形边坡	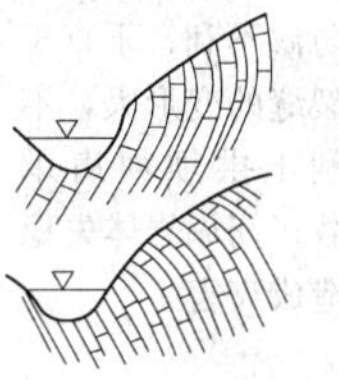	岩体向外倒，层序未乱，但岩体松动，裂隙发育，层间相对错动，倾倒幅度向深部逐渐变小，边坡表部有时出现反坎	1. 开挖切脚 2. 振动 3. 充水并排水不畅	对抗渗不利，沉陷变形大，不利于承受工程荷载，开挖切脚常引起连续坍塌	1. 自上而下清除，开挖坡角不宜大于自然坡角 2. 坡面和坡体排水防渗 3. 变形速度快者，应留开挖保护层
	岩质边坡	松动型蠕动变形边坡	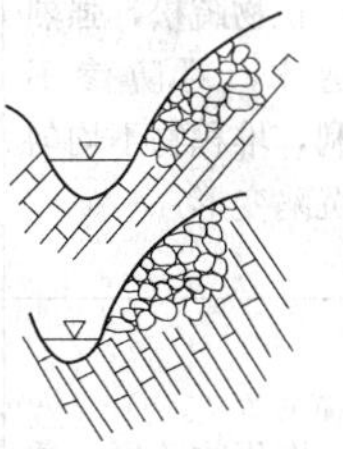	岩层层序扰动，岩块松动架空，与下部完整岩层无明显完整界面，多系倾倒型进一步发展而成	1. 开挖切脚 2. 振动 3. 充水并排水不畅	对抗渗承载不利，开挖切脚常引起连续坍塌，库岸大范围松动体蓄水后可能变形，不宜作大坝接头、洞脸、渠道和建筑物边坡	1. 维持原状不予扰动，保持自然稳定 2. 坡面及坡体排水 3. 自上而下清除，开挖坡角不宜大于自然坡角
	岩质边坡	扭曲型蠕动变形边坡	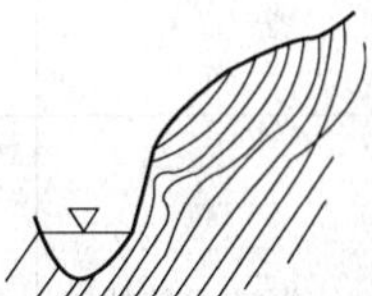	多出现于塑性薄层岩层，岩层向坡外挠曲，很少折裂（注意和构造变形相区别），有层间错动，但张裂隙不显著	1. 岩石流变效应 2. 水的作用 3. 振动 4. 开挖卸荷及开挖方式不当	局部顺层滑动或缓慢扭曲变形，影响建筑物安全，除表层外，一般透水不甚强烈	1. 削坡清除，开挖坡角应适当 2. 预留开挖保护层 3. 局部锚固
	岩质边坡	塑流型蠕动变形边坡	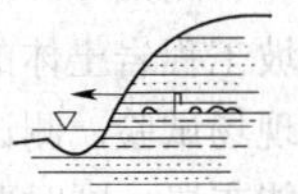	脆性岩体沿下垫塑性软弱夹层缓慢流动，或挤入软层中	1. 塑性层因水的作用进一步泥化 2. 软层的流变效应	切脚后边坡缓慢滑动或局部坍塌，影响建筑物安全，作为渠道及水库边坡易于滑动	1. 坡面及坡体排水 2. 局部锚固 3. 沿塑流层将上部岩体清除
	土质边坡	土层蠕动变形边坡	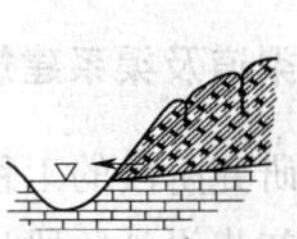	因土层塑性蠕变、流动导致上部土体开裂、倾倒或沿蠕变层带产生微量位移，严重者可发展成滑坡或坍滑，常为滑动变形前兆	1. 水的作用 2. 坡脚或坡体内土层遇水软化流变 3. 长期重力作用下坡体土层流变	遇水、遇振动易发展成滑坡，不宜作渠道或其他建筑物边坡	1. 按稳定坡角开挖 2. 清除 3. 坡面及坡体排水

续表10

变形类型	边坡分类名称		示意剖面	主要特征	影响稳定的主要因素	与水利水电工程关系	处理原则与方法建议
张裂变形	岩质边坡	张裂变形边坡	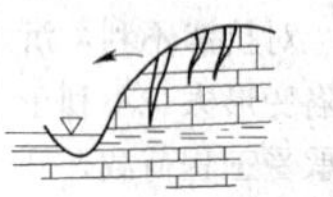	岩体向坡外张裂，但未发生剪切位移或崩落滚动，有微量角变位，多发生于厚层或块状坚硬岩石中，特别当坡角有软弱层（如煤层、断层破碎带）分布时	1. 岩体向坡外张裂 2. 岩层面（特别是软弱夹层）	强烈透水对坝肩防渗不利；垂直于裂缝的变形大，不利于拱坝坝肩承载；崩塌岩体失稳造成灾害	1. 防止坡脚垫层被进一步软化和人为破坏 2. 控制爆破规模和方法 3. 固结灌浆或锚固 4. 必要时减载
崩塌变形	岩（土）质边坡	崩塌变形边坡		陡坡地段，上部岩（土）体突然脱离母岩翻滚或坠落坡脚，坡脚常堆积岩土块堆积体	1. 风化作用、冰冻膨胀 2. 暴雨、排水不畅 3. 振动坡脚被淘蚀软化	变形破坏急剧影响施工建筑安全；堆积物疏松，强烈透水，对防渗不利，堆积物不均匀沉陷变形	1. 清除危岩，保护建筑物 2. 局部锚固、支挡 3. 用堆积物作地基时，需进行特殊防渗加固处理
坍滑变形	岩（土）质边坡	坍滑变形边坡	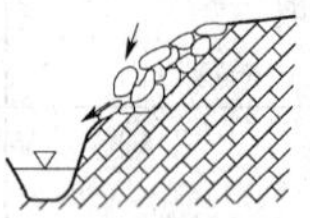	边坡岩（土）体解体坐塌，并伴随局部或整体滑动，滑面多不平整，局部可能崩塌，为滑动、崩塌、蠕变松动等复合型变形边坡	1. 塑流层蠕变 2. 暴雨、排水不畅 3. 振动 4. 不利的岩性组合和结构面	堆积物疏松，透水性大，易不均匀沉陷变形，浸水后局部可能继续滑动	1. 坡面防渗，坡体排水 2. 清除 3. 局部支挡
剥落变形	石（土）质边坡	剥落变形边坡		高寒地区黏性土边坡因冻融作用表层剥落，南方硬质黏土边坡因干湿效应而剥落，强风化泥质岩层剥落，影响不深，但可连续剥落	1. 冻融作用 2. 干湿效应 3. 风化	使渠道或其他工程边坡表部疏松解体，增加维护困难	1. 护砌植草或坡面覆盖 2. 排水 3. 预留保护层

6.12.2 一般情况下，建筑物区的边坡与建筑物的关系密不可分，在工程地质勘察时应一并考虑进行。本条规定的内容是针对边坡专门性工程地质勘察而言的。

2 地质测绘是边坡工程地质勘察的基本方法。地质测绘比例尺确定为1∶2000～1∶500，是根据近些年边坡工程地质勘察的实践经验确定的，1∶500大比例尺测绘主要用于地质条件复杂、边坡稳定问题突出的边坡工程。

3 工程物探常与其他勘探方法配合使用。

4 边坡工程地质勘探的目的是查明边坡地段的地质结构等，并满足必要的测试、试验及监测的要求。勘探点、线的布置是总结了近些年我国水利水电工程边坡勘察经验后确定的，勘探手段与一般地质勘察使用的勘探手段相同，主要包括钻探、槽探、井（坑）探和硐探。通过钻探可以了解边坡深部地质情况，并可进行多种试验、测试等。通过硐（井）探可以直接观测到组成边坡工程岩土体的地质结构、滑移面特征等，并可进行现场试验、测试，其效果要优于钻探、物探，应尽可能布置。同时要尽可能利用勘探硐、井、孔进行有关测试和试验工作。

5 边坡工程岩土物理力学试验项目中，对边坡稳定分析计算影响最大的是抗剪试验，在测定抗剪强度时，应结合边坡岩体变形运动特征，真实地模拟岩土体破坏面情况，尽可能采用野外大剪试验。

6.13 渠道及渠系建筑物

6.13.1 通过可行性研究阶段的工程地质测绘，地形地貌条件已查清楚，初步设计阶段不再作为勘察内容规定。近些年来引调水工程及长距离渠道工程建设经验表明，因勘察精度不够，施工阶段岩土分界变化引起的土石方工程量变化是导致工程投资增加的重要原因之一，因此在实际工程地质勘察中，除对渠道存在的工程地质问题进行重点勘察外，还应重视不同地层分布特别是土岩分界面起伏变化的勘察。

傍山渠道往往地形、地质条件复杂，滑坡、泥石流等物理地质现象发育，修建渠道的地质问题较多，是工程地质勘察的重点和难点，对此本规范规定除要勘察渠道的工程地质条件外，第5款特别强调对渠道所在山坡整体稳定的勘察与工程地质评价。

6.13.4

1 关于渠道工程地质测绘比例尺，平原地区普遍分布第四纪地层，比例尺过大，会增加很多工作量而对勘察精度提高有限，因此比例尺可小一些；山区渠道或傍山渠道，一般来说地形、地质条件都较复杂，比例尺可大一些。对于渠系建筑物工程地质测绘比例尺，可结合地形、地质条件复杂程度和建筑物范围大小选用，地形、地质条件复杂或建筑物范围较小，可选较大的比例尺，反之选较小的比例尺。

2 实践证明，在地形条件适合、物探方法选用得当的条件下，对探测覆盖层厚度、地下水位、古河道、隐伏断层、喀斯特洞穴、地下采空区、地下构筑物和地下管线等有较好的效果。纵向剖面上的勘探点间距较大，控制的勘探精度较低，因此沿渠道轴线方向也应布置物探剖面。

6 由于对地下采空区的分布探测困难、处理难度大且经处理后还可能留下工程安全隐患，因此选线时尽量避开。如渠道工程不能避开，对其勘察应高度重视。

6.14 水闸及泵站

6.14.1 勘察内容与原规范第5.6节地面电站与泵站厂址的内容基本一样，只是局部调整。一般来说，当第四纪沉积物作为水闸或泵站地基时，勘察主要是解决地基强度、沉陷、不均匀变形、渗透稳定、开挖边坡、基坑排水等问题；当基岩作为水闸或泵站地基时，地基强度及变形问题不突出，勘察主要是查明岩体结构、地质构造及岩体风化、卸荷情况等。因此，在工程地质勘察时应各有侧重。

6.14.2 勘察工作要结合水闸及泵站建筑物布局布置，不同建筑物部位都应有勘探剖面控制。另外，我国北方地区常常需要修建高扬程的提水泵站，出水管道较长且顺山坡从下向上布置，管道镇墩地基和边坡稳定问题较为突出，是这类泵站勘察的重点之一。水闸的导墙、翼墙对地基条件要求较高，布置勘探工作时要特别注意。

6.15 深埋长隧洞

限于当前的技术水平和勘探手段，在初步设计阶段深埋长隧洞勘察的主要任务是对可行性研究阶段的成果进行复核及进一步勘察。勘察内容上，与可行性研究阶段的相同；勘察方法上，强调在地形及勘探条件许可时，布置深孔或平硐进一步开展有关测试和地质条件的复核工作。

6.16 堤防工程

6.16.1 本条对堤防工程地质的勘察内容进行了规定，新建堤防和已建堤防勘察内容差别较大，对于已建堤防，不仅要勘察堤基的工程地质条件，还要勘察堤身质量，初步设计阶段勘察的重点是地质条件较差堤段或险情隐患部位。

6.16.2 本条仅对堤防工程地质测绘、勘探布置及试验的主要要求作了规定，详细内容见国家现行标准《堤防工程地质勘察规程》SL 188。关于试验数量，本规范规定每一工程地质单元各主要土（岩）层的累计有效室内试验组数与《堤防工程地质勘察规程》SL 188—2005中规定不同，今后堤防工程地质勘察时应以此为准。

6.17 灌区工程

6.17.1 灌区工程的渠道与渠系建筑物工程地质勘察内容与本规范第6.13节相同，只是工程规模相对小一些。因此，本条规定“灌区工程地质的勘察内容应符合本规范第6.13.1～6.13.3条的规定。”

6.17.3、6.17.4 初步设计阶段对地下水源地的水文地质勘察深度要求应相当于现行国家标准《供水水文地质勘察规范》GB 50027—2001中的勘探阶段，探明的地下水允许开采量应满足B级精度要求。

6.18 河道整治工程

6.18.1、6.18.2 岸坡的稳定性对护岸工程十分重要，因此影响岸坡稳定的软弱土层及其物理力学性质是主要勘察内容。当地层单一且工程性质较好时，勘探剖面及勘探点的间距可选大值，反之选小值。

6.18.3、6.18.4 裁弯工程地质勘察的对象主要为第四纪沉积物，其勘察的重点是裁弯工程段的物质组成、物理力学特性和允许开挖边坡。

6.18.5、6.18.6 丁坝、顺直坝和潜坝地基常常位于河水位以下，只有当场地无水时才能进行工程地质测绘，同时考虑到工程地质测绘的实际作用不大，因此，没有强调工程地质测绘工作。

6.19 移民新址

6.19.1 根据国家现行标准《水利水电工程建设征地移民设计规范》SL 290—2003的规定，对农村移民，初步设计阶段要编制农村移民安置规划，确定安置方案；对于集镇、城镇，初步设计阶段确定迁建方案和新址的地点。因此，本规范规定初步设计阶段是为选定新址提供地质依据。

6.19.2 本条提出了初步设计阶段移民选址工程地质

勘察应包括的内容。大体包括三个方面：一为新址区外围的环境地质条件，二为新址区内的地质条件，三为新址区场地稳定程度和建筑适宜程度。考虑到查明新址区环境地质条件及其环境地质问题对移民新址的重要性，将本条的第2、3款列为强制性条文。

6.19.3 本条提出了初步设计阶段移民选址工程地质的勘察方法及相关的技术规定。

1 规定工程地质测绘比例尺应结合新址区的地形地质条件和新址的规模等选定。对于平原区或较大城镇可选用较小的比例尺，对于山区或规模较小的新址可选用较大的比例尺。

2 地形坡度是决定新址场地建筑适宜程度的重要条件，因此本款规定对第5.13.3条按坡度分区统计的面积进行复核。如果需要，可对大于20°的地形进一步细分。

3 规定勘探工作的布置原则是根据新址区的地质条件和存在的工程地质问题确定，存在的工程地质问题不同，勘探布置的原则和工作量也不同。例如，外围滑坡可能对新址安全构成威胁，需要对滑坡进行勘察时，就要按本规范有关滑坡的勘察内容和方法开展工作；存在坍岸问题时，对坍岸进行具体的勘察等。

4 强调勘探剖面针对新址场地进行布置，其目的是通过适当的勘探剖面，掌握新址区的地质条件，便于进行场地建筑适宜性评价。关于勘探剖面的间距，主要是参考了国家现行标准《城市规划工程地质勘察规范》CJJ 57—94中详细规划阶段Ⅰ、Ⅱ、Ⅲ类场地的工程地质勘察勘探剖面间距综合确定的，见表11。

表11 勘探线、点间距（m）

场地类别	间距	
	线距	点距
Ⅰ类场地	50～100	＜50
Ⅱ类场地	100～200	50～150
Ⅲ类场地	200～400	150～300

注：勘探点包括钻孔、浅井、竖井。

6.21 勘察报告

6.21.1 本条的工程区及建筑物工程地质条件包括：水库工程地质条件、大坝及其他枢纽建筑物工程地质条件、边坡工程地质条件、引调水工程（渠道、隧洞及渠系建筑物）工程地质条件、水闸及泵站工程地质条件、堤防工程地质条件、灌区工程地质条件及河道整治工程地质条件等，在编制报告时，可根据具体工程项目内容取舍。

6.21.3 初步设计阶段如进行了区域构造稳定性复核工作，应重点论述。

6.21.5 在评价大坝工程地质条件时，针对不同坝型（混凝土重力坝、拱坝、土石坝）对地质条件的要求，内容应各有所侧重。

6.21.10 地下水源水文地质勘察一般都有专题报告，因此，这里只需对主要勘察结论进行说明。

7 招标设计阶段工程地质勘察

7.1 一般规定

7.1.1 根据1998年水利部发布的《水利工程建设程序管理暂行规定》，招标设计属于施工准备阶段的一项工作内容。招标设计的前提是初步设计报告已经批准。通过招标设计阶段工程地质勘察，进一步复核工程地质结论，查明遗留的工程地质问题，为完善和优化设计以及落实招标合同有关的问题提供地质资料。要求形成完整的阶段性成果，并作为招标编制的基础。因此本章为规范修订新增内容。

7.1.2 本条规定了招标设计阶段工程地质勘察的四项主要内容。

2、3 初步设计阶段遗留的或初步设计报告审批提出的专门性工程地质问题，是招标设计阶段工程地质勘察的主要内容。

4 工程设计进一步优化需要补充的有关工程地质资料。

7.2 工程地质复核与勘察

7.2.2 工程地质复核以内业工作为主，分析初步设计阶段工程地质勘察成果、观（监）测成果，复核工程地质结论，并根据复核情况，确定相应的勘察工作内容。

对水库诱发地震，应在初步设计阶段勘察的基础上，进行第2、3款规定的工作内容。

7.2.3 招标设计阶段工程地质勘察内容，应根据每个工程的具体情况和存在的工程地质问题确定。

本条第2款说明的是因施工组织设计需要，宜对主要临时（辅助）建筑物存在的工程地质问题应进行补充勘察或研究。临时（辅助）建筑物的规模、布置与施工要求密切相关，特别与建设单位的要求有很大关系，但在招标设计阶段只能根据施工组织设计总布置，在选定的位置进行地质勘察工作，对有关工程地质问题提出初步评价，以满足招标文件编制的需要。详细地质勘察工作可在施工详图设计阶段进行。

近年来工程实际情况表明，天然建筑材料在工程开工后出现问题较多，因此本条第3款对天然建筑材料招标设计阶段的复查或补充勘察工作作了规定。料场需要进行复查或补充勘察的主要原因有：料场条件发生变化需对详查级别的勘察成果进行复查；初步设计报告审批或项目评估要求补充论证；设计方案改变，要求开辟新的料场。

7.2.4 鉴于招标设计阶段的特点，本阶段需要勘察的内容差别很大，因此本条文对勘察方法只作了原则性规定。

勘察方法应针对要查明问题的性质、复杂程度、已有的勘察成果和场地条件等确定。

8 施工详图设计阶段工程地质勘察

8.1 一 般 规 定

8.1.1 本条规定了施工详图设计阶段工程地质勘察的基本前提和任务。通过施工详图设计阶段工程地质勘察，可以检验、核定前期勘察成果质量，进一步提高勘察成果精度，并配合施工开挖开展施工地质工作，为施工详图设计、优化设计、建设实施、竣工验收等提供工程地质资料。

由于勘察阶段的调整，原“技施设计阶段”改作“施工详图设计阶段”，但其勘察内容基本保持不变。

8.1.2 条文中规定了施工详图设计阶段工程地质勘察的主要内容。

1、2 由于自然界地质环境的复杂性和其他原因，在前期勘察中可能会遗留（漏）某些工程地质问题；在施工和水库蓄水过程中，可能会出现新的工程地质问题。对这些工程地质问题进行专门勘察是施工详图设计阶段勘察的主要内容之一。

4、5 明确了本阶段包括施工地质工作，施工地质工作应结合施工开挖及时进行，并贯穿工程施工的全过程。

8.2 专门性工程地质勘察

8.2.1 施工详图设计阶段勘察工作通常都是针对特定的建筑物和确定的工程地质问题进行，这是本阶段勘察工作的一个重要特征。

8.2.2 条文中列举了专门性工程地质勘察的主要内容，将原规范第6.2.2～6.2.5条的内容进行了简化归纳，使规范结构上更趋合理。

1 关于水库诱发地震的勘察工作，主要任务是监测台网建设和初期运行资料的分析整理，以及当库区周边发生较强烈地震时的现场地震地质调查等工作。

8.2.3 施工详图设计阶段进行天然建筑材料专门性勘察，往往是由于设计方案变更或其他原因需新辟料场，天然或人为因素造成料场储量或质量发生明显改变等。

8.2.4 本阶段专门性工程地质的勘察应充分利用各种开挖面揭露的地质情况和各种监测与观测资料。

8.3 施 工 地 质

8.3.1 条文中规定了施工地质的8款内容。

对建筑物的基坑、工程边坡、地下建筑物的围岩进行地质编录和观测是基础性的工作。随着工程开挖的不断进行，岩土体实际状况逐渐暴露。因此，从开始开挖到施工结束的整个施工期间均要进行地质编录和观测，不断积累资料。通过地质编录和观测检验前期勘察成果，预测不良地质现象，对施工方法和地基加固处理提出建议，为工程验收和运行期研究有关问题提供地质资料。

本条第5款为新增内容。施工地质应根据施工揭露的地质情况变化，当需要时，及时提出专门性工程地质勘察建议。进行专门性工程地质问题勘察时，应充分利用施工地质工作成果。

进行工程地质评价、参加工程验收和进行地质预报是施工地质的主要内容。施工地质人员应认真检查地基、围岩、边坡和有关地质问题处理的质量是否达到验收标准；如发现施工方法不当，岩土体急剧变形或有失稳前兆，应及时向有关单位提出建议。

8.3.2 本条对施工地质方法作了原则性规定，将原规范第6.3.2条的内容进行了分解，使规范结构上更趋合理。

第1款是本条新增加的规定。地质巡视，编写施工日志和简报是施工地质的一项承上启下的日常性工作，是施工地质工作中最基本、也最重要的工作。

由于工程开挖与回填交替进行，施工地质与施工有一定的干扰。因此，要求施工地质工作应及时和准确，所采用的手段要简易和轻便。除采用观察、素描、实测、摄影和录像外，也可采用波速、点荷载强度、回弹值等测试方法鉴定岩体质量。

8.3.3 本条为新增内容。大型水利水电工程施工地质工作周期较长，资料种类多、数量大，如不及时整理，将不利于后期成果的编制。同时，水利水电工程施工地质需编制多种技术成果，如块（段）地质小结、阶段性竣工地质报告、安全鉴定工程地质自检报告等。这些技术成果常需要分阶段进行，并为最终竣工地质报告提供可靠的技术支撑。

8.4 勘 察 报 告

8.4.1 本条在原规范第6.2.8条的基础上，针对专门性工程地质勘察报告正文内容作了一般规定。专门性工程地质勘察报告编制内容要根据工程存在的实际问题拟定。

8.4.2 竣工地质报告包括单项工程竣工地质报告和工程竣工地质总报告。

9 病险水库除险加固工程地质勘察

9.1 一 般 规 定

9.1.1 本条对病险水库除险加固工程勘察的任务作

了规定。除险加固工程勘察就是要查明病险部位及其产生的原因，勘察工作必须抓住这个重点有针对性地进行，避免盲目扩大勘察范围。

9.1.3 由于病险水库是已建工程，有些病害已长期存在，甚至经过多次除险加固处理，已经积累了很多资料，因此条文强调应首先收集已有地质勘察、施工处理及运行监测资料，并对所收集的资料进行综合分析，这样既可充分利用已有的勘察成果，减少勘探工作量，又能深入了解工程问题的实质，使勘察工作做到有的放矢。

9.2 安全评价阶段工程地质勘察

9.2.1 本条对安全评价阶段工程地质的勘察内容作了规定。其中，第5款提出“复核工程区场址的地震动参数”，是由于我国地震基本烈度或地震动参数区划图先后已经出版四代，并且在有些地方有很大调整。

9.2.2、9.2.3 这两条规定了土石坝工程安全评价阶段工程地质的勘察内容与勘察方法，是在总结我国近5年工程实践经验的基础上提出的，针对性较强。鉴于病险水库土石坝坝体存在的质量问题较为普遍，因此，在本规范第9.2.2条第1款第4项中特别强调了对坝体渗漏、开裂、滑坡、沉陷等险情隐患的调查了解。至于勘察方法，由于工程已经建成，因此收集已有的各种资料，如前期勘察资料，访问施工期间的开挖处理和坝体填筑情况，详细了解运行观测资料等，就显得尤为重要。

9.2.4、9.2.5 这两条规定了混凝土坝工程安全评价阶段工程地质的勘察内容与勘察方法。对于混凝土坝勘察方法，除参照本规范第9.2.3条土石坝的有关规定外，特别规定了针对坝体混凝土与坝基接触部位、坝基（肩）抗滑稳定及拱坝坝肩变形问题而需要开展的试验工作。

9.3 可行性研究阶段工程地质勘察

9.3.1 本条规定了可行性研究阶段病险水库除险加固工程地质勘察是在安全评价阶段基础上确定病险的类型和范围，初步评价大坝与地质有关的险情和隐患的危害程度，并进行天然建筑材料初查。

9.3.2、9.3.3 分别对土石坝和混凝土坝在可行性研究阶段的勘察内容提出明确要求。由于地质条件及已经存在的病险差别较大，实际工作中应根据具体地质条件、工程特点及病险情况等确定勘察内容。

9.3.4 本条规定了可行性研究阶段工程地质的勘察方法。

1 工程地质测绘主要是对原坝址工程地质图进行复核，如没有前期测绘资料，则应进行工程地质测绘。测绘比例尺选用1∶2000～1∶500是根据近年各单位实际操作确定的。

2 对于大坝的洞穴、裂缝，渗漏通道等隐患的规模、位置和埋深，可选用电法勘探、探地雷达、弹性波测试和同位素示踪等进行探测。

3 本款第2项规定“防渗剖面钻孔深度应进入地基相对不透水层不应小于10m”是为了满足防渗的需要而提出的。

9.4 初步设计阶段工程地质勘察

除险加固初步设计阶段工程地质勘察应在可行性研究阶段工程地质勘察的基础上，针对有关地质问题（病害）进行详细勘察，目的是查明病险详细情况、原因及地质条件，提出处理措施建议，为制定除险加固设计方案提供地质依据。

由于病险种类多，原因复杂，因此，对所有病害的勘察内容和方法不可能一一列出，条文重点对工程中常见的病害，如渗漏及渗透稳定性问题、不稳定边（岸）坡问题、坝（闸）基及坝肩抗滑稳定问题、地基沉陷与坝体变形问题、土的地震液化问题等的主要勘察内容、勘察方法作了规定。

至于勘察方法，条文特别强调对已有地质资料、施工编录以及运行观测等资料的收集和分析；工程地质测绘比例尺的选择，是根据所研究的问题确定的；采用何种勘探方法，勘探点的间距则可根据具体情况综合考虑。

由于土石坝上、下游坝坡的环境条件和功能不同，浸润线上、下坝体土的含水性质有着质的差别，对于坝体取样试验工作强调分区取样，避免取样数量过少或代表性不强。

第9.4.8条第1、2款“查明土石坝填筑料的物质组成、压实度、强度和渗透特性”、“查明坝体滑坡、开裂、塌陷等病害险情的分布位置、范围、特征、成因，险情发生过程与抢险措施，运行期坝体变形位移情况及变化规律”是评价坝体变形与地基沉降的重要地质条件，同时也是进行除险加固措施论证的重要地质依据，因此，将此两款列为强制性条文。

附录B 物探方法适用性

该附录为新增附录。

物探是水利水电工程地质勘察的重要手段之一。物探方法的种类很多，如：电法勘探、地震勘探、弹性波测试、层析成像法、探地雷达法及测井法等。物探方法轻便、高效，但其应用有一定条件和局限性。所以应用物探方法时，要根据实地的地形地质和物性条件等因素，综合考虑，选择有效的方法，以获得最佳的效果。

本附录所列的方法均是目前水利水电勘测单位经常使用的方法，同时也将近几年在深埋隧洞勘探中取得一定效果的大地电磁频谱探测（MD）和可控源音频大地电磁测深（CSAMT）等方法吸收了进来。

本附录将所列物探方法分为主要方法和辅助方法两类，主要方法一般可以对相应的地质情况作出较为有效的探测，辅助方法则需要结合其他方法或手段进行综合判断。

附录C　喀斯特渗漏评价

C.0.2　本规定明确区分水库渗漏与坝基和绕坝渗漏两类，有利于对渗漏评价和防渗处理区别对待。把渗漏对环境的影响列入评价内容，包括对环境的负面影响和正面影响，正面影响如有些水库渗漏可补充地下水，使干涸的泉水恢复生机，净化地下水质等。

C.0.3、C.0.4　喀斯特水库渗漏评价分为不渗漏、溶隙型渗漏、溶隙与管道混合型渗漏和管道型渗漏四类。每种渗漏的判别条件，主要依据已建工程渗漏实例和勘察经验总结。

坝基和绕坝渗漏评价分为轻微、较严重和严重三级，并列出了相应的判别条件，其中两岸地下水水力坡降较大，一般指大于5%。

渗漏判别条件中岩体或地块喀斯特化程度划分，一般可根据岩组类型、喀斯特地貌特征，溶洞及暗河发育程度，水量大小，钻孔、平硐揭露溶洞的数量、规模等综合判定。岩体或地块喀斯特化强烈的标志，一般为峰丛洼地、峰林谷地地貌特征，溶蚀洼地、漏斗、落水洞广泛分布，暗河、溶洞规模大，喀斯特水系统网络复杂，钻孔遇洞率高等。相反，岩体或地块喀斯特化程度轻微则表现为喀斯特地貌不明显，喀斯特水系统不发育，主要为喀斯特裂隙水、地下水水力坡降较大，钻孔遇洞率低等特征。

C.0.5　水库喀斯特渗漏量计算问题十分复杂，主要是计算模型和参数难以准确确定，计算成果只能作为渗漏评价的参考。

附录D　浸 没 评 价

D.0.1　浸没评价按初判、复判两阶段进行。初判阶段的任务是在工程地质测绘的基础上，根据拟建水库或渠道的设计水位和周边地区的地形、地质条件，判定哪些地段可能发生浸没。复判是在初判基础上，对可能浸没地段进一步勘察，最终确定浸没范围和危害程度，为采取防治措施设计提供资料。

D.0.7　农作物区的地下水埋深临界值有两个标准，一是适宜于作物生长的地下水埋深临界值，二是防止土壤次生盐渍化的地下水埋深临界值。

1　适宜于作物生长的地下水埋深临界值。

农作物在不同的生长期要求保持一定的地下水适宜深度，即土壤中的水分和空气状况适宜于作物根系生长的地下水深度。

我国幅员广阔，各地区自然条件差异较大，而影响地下水适宜埋深的因素又很多，如农作物种类、品种，以及气候、土壤、生育阶段、农业技术措施等，难以定出统一标准。

水稻是喜水作物，但地下水位长期过高，也会影响产量。根据广东、江苏等省的试验，水稻在分蘖末期的晒田期间，地下水埋深以0.3～0.6m为宜。为了满足机收机耕的要求，撤水后地下水适宜埋深为0.7～1.0m。

江苏省试验调查资料，小麦生育阶段的适宜地下水埋深，播种出苗期为0.5m左右，分蘖越冬期为0.6～0.8m，返青、拔节至成熟期为1.0～1.2m。棉花生育阶段的适宜地下水埋深，苗期为0.5～0.8m，蕾期为1.2～1.5m，花铃期和吐絮成熟期为1.5m。

我国部分地区几种作物所要求的地下水埋深临界值见表12。

表12　我国部分地区农作物要求的地下水位埋深临界值（m）

地区	小 麦	棉 花	马铃薯	苎 麻	蔬 菜	甘 蔗
长江中下游	0.5～0.6	1.0～1.4	0.8～0.9	1.0～1.4	0.8～1.0	0.8～1.4
华北	0.6～0.7	1.0～1.4	0.9～1.1	—	0.9～1.1	—

确定适宜于作物生长的地下水埋深临界值的合理方法是对当地农业管理和科研部门以及农民进行调研，针对实际农作物类型因地制宜地确定适当的地下水埋深临界值。

用传统的公式（土的毛管水上升高度加农作物根系深度）确定适宜的地下水最小埋深，难以反映不同农作物的实际情况和需求，且据此确定的浸没范围往往偏大，因此只适用于初判。

2　防止土壤次生盐渍化的地下水埋深临界值。

土壤次生盐渍化的影响因素较多，其中气候（主要是降雨量和蒸发量）是基本因素，干旱、半干旱地区易于产生土壤次生盐渍化，而湿润性气候区不会出现盐渍化。土壤质地和地下水矿化度是影响次生盐渍化的主要因素。砂性土的毛管水上升高度虽比黏性土低，但其输水速度却大于黏性土，上升的水量多，更易于产生盐渍化。地下水矿化度低，土壤积盐作用就小，反之，地下水矿化度高，土壤积盐作用就大。

各地区的防止盐渍化地下水埋深临界值各不相同，应根据实地调查和观测试验资料确定。总体而言，防止土壤次生盐渍化所要求的地下水埋深临界值要大于作物适宜生长的地下水埋深临界值。

无资料地区，防止土壤次生盐渍化的地下水埋深临界值及盐渍化程度分级可参考表13和表14确定。

表13　几种土在不同矿化度下防止次生盐渍化的地下水埋深临界值

地下水矿化度（g/L）	地下水埋深临界值（m）			
	砂土	砂壤土	黏壤土	黏土
1～3	1.4～1.6	1.8～2.1	1.5～1.8	1.2～1.9
3～5	1.6～1.8	2.1～2.2	1.8～2.0	1.2～2.1
5～8	1.8～1.9	2.2～2.4	2.0～2.2	1.4～2.3

表14　土壤盐渍化程度分级（%）

成　分	轻度盐渍化	中度盐渍化	重度盐渍化	盐土
苏打（CO_3^{2-}＋HCO_3^-）	0.1～0.3	0.3～0.5	0.5～0.7	＞0.7
氯化物（CL^-）	0.2～0.4	0.4～0.6	0.6～1.0	＞1.0
硫酸盐（SO_4^{2-}）	0.3～0.5	0.5～0.7	0.7～1.2	＞1.2

D.0.8　建筑物区因地下水上升引起的环境恶化主要表现为：地面经常处于潮湿状态，无法居住；房屋开裂、沉陷以致倒塌。

第一种情况，表明地下水位或毛管水带到达地面，导致生态环境恶化，应判定为浸没区。这种情况的浸没地下水埋深临界值为地下水的毛管水上升高度。

第二种情况，房屋开裂、沉陷、倒塌的原因有：冻胀作用（北方地区）；地基持力层饱水后强度大幅度下降，承载力不足或持力层饱水后产生大量沉降变形或不均匀变形。上述这些情况是否会出现，与现有建筑物的类型、层数、基础形式、砌置深度、持力层性质（特别是有无湿陷性黄土、淤泥、软土、膨胀土等工程性质不良岩土层）密切相关。因此应针对具体情况进行相应调查、勘察和试验研究工作，在掌握充分资料后进行建筑物区浸没可能性评价。当地基持力层在饱水后出现承载力不足或大量沉陷时，浸没地下水埋深临界值为土的毛管水上升高度加基础砌置深度。

不做任何调查分析，简单地采用土的毛管水上升高度加基础砌置深度作为临界值进行建筑物区浸没评价，实际上是认为任何建筑物的持力层，只要含水量达到饱和，就必然承载力不足或产生过量沉陷，而实际情况显然不完全都是如此，结果将造成预测的浸没范围偏大。

D.0.9　当判定的浸没区面积较大时，浸没的影响程度可能不尽相同，为了使评价结果更有针对性，宜按浸没影响程度划分亚区，即严重浸没区和轻微浸没区。

进行浸没程度分区前，应根据勘察区的具体情况和勘察结果，确定严重浸没区和轻微浸没区相应的地下水埋深临界值。

附录E　岩土物理力学参数取值

E.0.1　本条是岩土体物理力学参数取值的基本原则。第3款旨在强调岩土体物理力学参数要在室内、外试验及原位测试等的基础上，考虑试验条件和工程特点等综合确定。第9款规定了地质建议值的选取原则，地质建议值的选择是一项综合性工作，与标准值之间不是简单地通过一个系数折减的问题，要考虑试验成果、试验条件、地质条件及工程运行条件等多方面因素后综合确定。工程实践中，对于一些重要的地质参数有时要通过多方研究，甚至召开专门的专家论证会确定。

E.0.2　本条是土的物理力学参数标准值的取值原则，与原规范相比没有原则性变化。第2款是新增内容，在统计试验成果时，如果同一土层参数变异系数较大时，应分析土层性质在水平方向和垂直方向的变化，如水平、垂直方向上岩性变化较大，应考虑分段或分带统计试验数据。第5款是从偏于安全的角度提出渗透系数的选取原则。

E.0.4　对于岩体（石）各项物理力学参数标准值的取值原则，条文中都作了明确规定。有以下几点需重点加以说明。

3　岩石地基的容许承载力是反映岩基整体强度的性质，取决于岩石强度和岩体完整程度，对于软质岩还需要考虑长期强度问题，另外还应当考虑岩体三维应力状态。第3款所列根据岩石单轴饱和抗压强度，按不同的岩石类别进行不同比例折减（1/25～1/5），以选用岩体容许承载力的做法，最早出处为原苏联《水工手册》（1955年），以后国内一些教科书和设计规范中都引用这一方法。目前，这种取值方法已约定俗成，成为勘测设计人员估算岩石地基承载力的通用方法。这种方法过于粗糙，但由于坚硬、半坚硬岩石的岩体承载力一般不起控制作用，所以用这种方法估算的结果通常没有引起争议，而对于软岩，这种方法适用性较差，需要进行载荷试验或三轴试验，根据试验成果确定软岩地基容许承载力。还有其他一些通过岩石单轴饱和抗压强度求取岩体承载力的经验方法，但还都缺乏足够的论证，没有形成共识，故未推荐使用。

6　岩体抗剪断（抗剪）强度参数经验取值表（表E.0.4）与原规范相同，但在选取地质建议值时考虑到规划、可行性研究阶段试验数量较少的情况，宜参照已建工程相似岩体条件的试验成果和设计采用值，以及相关的规程、规范类比采用。考虑到采用纯摩公式进行坝基稳定分析的需要，增加了抗剪强度参数取值。

E.0.5 关于软弱结构面抗剪断强度参数取值，原规范规定应取屈服强度或流变强度。对于坝基抗滑稳定来说，当采用剪摩计算公式计算时，安全系数按要求取3.0～3.5，已经考虑了破坏机理和时间效应等影响因素，因此软弱结构面抗剪断强度参数按峰值强度小值平均值取值是合理的。根据近些年的经验，对原规范表D.0.5进行了调整，并增加了抗剪强度参数取值。表中的岩块岩屑型、岩屑夹泥型、泥夹岩屑型、泥型，其黏粒（粒径小于0.005mm）的百分含量分别为少或无、小于10%、10%～30%、大于30%。

附录F 岩土体渗透性分级

岩土体渗透性分级标准与原规范相比没有变化。但考虑到原规范中各级渗透性所对应的岩体特征和土的类别在实际工作中难以一一对应，本次修订删掉了这部分内容。为便于参考，将原规范中岩土体渗透性分级在此列出，见表15。

土体的透水性分级以渗透系数为依据，岩体的透水性分级以透水率为依据。但强透水～极强透水岩体宜采用渗透系数作为划分依据。

渗透系数是通过室内试验或现场试验测定的岩土体透水性指标，其单位为cm/s或m/d。

透水率是通过现场压水试验测定的岩体透水性指标，其单位为Lu（吕荣）。

针对具体工程拟定的防渗帷幕标准，可根据压水试验资料在渗透剖面图上增加一条3Lu或5Lu界线。

表15 原规范中的岩土体渗透分级

渗透性等级	标准		岩体特征	土类
	渗透系数K (cm/s)	透水率q (Lu)		
极微透水	$K<10^{-6}$	$q<0.1$	完整岩石，含等价开度<0.025mm裂隙的岩体	黏土
微透水	$10^{-6}\leqslant K<10^{-5}$	$0.1\leqslant q<1$	含等价开度0.025～0.05mm裂隙的岩体	黏土-粉土
弱透水	$10^{-5}\leqslant K<10^{-4}$	$1\leqslant q<10$	含等价开度0.05～0.1mm裂隙的岩体	粉土-细粒土质砂
中等透水	$10^{-4}\leqslant K<10^{-2}$	$10\leqslant q<100$	含等价开度0.1～0.5mm裂隙的岩体	砂-砂砾
强透水	$10^{-2}\leqslant K<10^{0}$	$q\geqslant100$	含等价开度0.5～2.5mm裂隙的岩体	砂砾-砾石、卵石
极强透水	$K\geqslant10^{0}$		含连通孔洞或等价开度>2.5mm裂隙的岩体	粒径均匀的巨砾

附录G 土的渗透变形判别

G.0.1 土体在渗流作用下发生破坏，由于土体颗粒级配和土体结构的不同，存在流土、管涌、接触冲刷和接触流失四种破坏形式。

流土：在上升的渗流作用下局部土体表面的隆起、顶穿，或者粗细颗粒群同时浮动而流失称为流土。前者多发生于表层为黏性土与其他细粒土组成的土体或较均匀的粉细砂层中，后者多发生在不均匀的砂土层中。

管涌：土体中的细颗粒在渗流作用下，由骨架孔隙通道流失称为管涌，主要发生在砂砾石地基中。

接触冲刷：当渗流沿着两种渗透系数不同的土层接触面，或建筑物与地基的接触面流动时，沿接触面带走细颗粒称接触冲刷。

接触流失：在层次分明、渗透系数相差悬殊的两土层中，当渗流垂直于层面将渗透系数小的一层中的细颗粒带到渗透系数大的一层中的现象称为接触流失。

前两种类型主要出现在单一土层中，后两种类型多出现在多层结构土层中。除分散性黏性土外，黏性土的渗透变形形式主要是流土。本附录土的渗透变形判定主要适用于天然地基。

G.0.4 由多种粒径组成的天然不均匀土层，可视为由粗、细两部分组成，粗粒为骨架，细粒为填料，混合料的渗流特性决定于占质量30%的细粒的渗透性质，因此对土的孔隙大小起决定作用的是细粒。

最优细粒含量是判别渗透破坏形式的标准。粗粒孔隙全被细粒料充满时的细料颗粒含量为最优细粒含量，相应级配称为最优级配。最优细粒含量由式（1）确定。

$$P_{cp}=\frac{0.30+3n^2-n}{1-n} \tag{1}$$

式中 P_{cp}——最优细粒颗粒含量（%）；

n——孔隙率（%）。

试验和计算结果均证明，最优级配时的细粒颗粒含量变化于30%左右的范围内。从实用观点出发，可以认为细粒颗粒含量等于30%是细料开始参与骨架作用的界限值。当细粒颗粒含量小于30%时，填不满粗粒的孔隙，因此对渗透系数起控制作用的是粗粒的渗透性；当细粒颗粒含量大于30%时，混合料的孔隙开始与细粒发生密切关系。

将许多级配不连续土的渗透稳定试验结果，根据破坏水力比降与细粒颗粒含量的关系绘成曲线，可得图1的形式，图中当$P<25\%$时破坏水力比降很小，仅变化于0.1～0.25之间，破坏水力比降不随细粒颗

粒含量的变化而变化。这表明当 $P<25\%$时，各种混合料中的细粒均处于不稳定状态，渗透破坏都是管涌的一种形式。当 $P>35\%$时，破坏水力比降的变化随细粒颗粒含量的增大而缓慢增加，其值接近或大于理论计算的流土比降。这表明细粒土全部填满了粗粒孔隙，渗透破坏形式变为流土型。图 1 从渗透稳定试验方面进一步证明了最优细粒颗粒含量的理论是正确的，而且阐明了 $P>25\%$以后，细粒开始逐渐受约束，直到 $P>35\%$时细粒和粗粒之间完全形成了统一的整体。对于级配连续的土，同样可用细粒颗粒含量作为渗透破坏形式的判别标准，关键问题是细粒区分粒径问题，可用几何平均粒径 $d=\sqrt{d_{70}\cdot d_{10}}$作为区分粒径，有一定的可靠性。

原规范中第 M.0.2 条第 1 款中流土和管涌的判别式（M.0.2-1）和式（M.0.2-2）在实际应用中存在一定的不确定性，目前也无更确切的表述，为避免错判，本次修订予以删除。

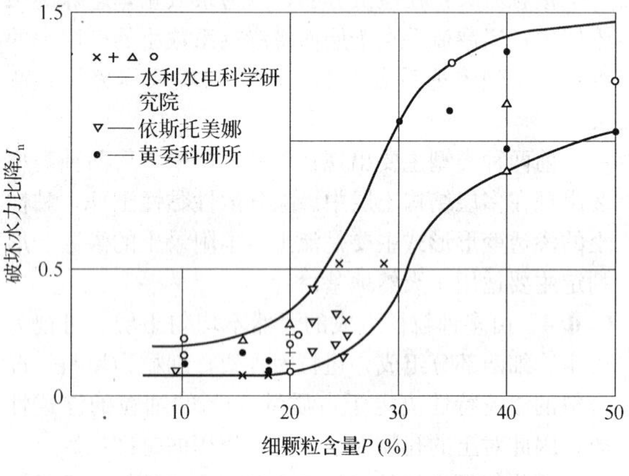

图 1　破坏水力比降与细颗粒含量关系曲线

G.0.6　土的级配和土的孔隙率对临界水力比降的影响明显，本附录针对上述情况，分别列出几种通用的临界水力比降计算方法，可根据土层的地质条件选择或进行综合比较。对于重要的大型工程或地层结构复杂的地基土的临界水力比降和允许水力比降应通过专门试验确定。

流土的临界水力比降计算式（G.0.6-1）对无黏性土比较合适，而对黏性土或泥化夹层等不适用。

室内大量试验显示，对于管涌型渗透破坏，从出现颗粒流失到土体塌落往往有一个较长的过程。有人将开始出现颗粒流失的水力比降称为启动比降或起始比降；之后，随着水力比降增大，每次均有一定的颗粒流失，但当水力比降稳定后，水流也会逐渐变得清晰，土体骨架并不发生破坏；直到水力比降达到某个较大的值（即破坏比降），颗粒流失才会不断发生，并最终导致土体塌落。因而这一类型的临界比降有一个较大的区间，实际应用时可根据工程的重要性等选取合适的临界值。

考虑当前土的渗透系数测试方法的规范化和普遍性，无需通过土的其他物性试验结果来近似推算土的渗透系数，避免测试误差的传递，本次修订将原规范第 M.0.3 条中第 4 款渗透系数的近似计算公式 $K=6.3C_u^{-3/8}d_{20}^2$删除。

附录 H　岩体风化带划分

H.0.1　风化是一种普遍存在的地质作用，在鉴定和描述岩体风化作用的产物时，应以地质特征为主要标志，包括岩石的颜色、结构构造、矿物成分、化学成分的变化；岩石的崩解、解体程度，矿物蚀变程度及其次生矿物成分等。间接标志如锤击反应、波速变化也是重要的辅助手段。

岩体风化分带的划分主要考虑风化岩石的类型及组合特征，岩体的宏观结构及完整性，物理力学性质及水文地质条件等。岩体风化分带的划分仍主要采用国内外通用的 5 级分类法，并采用国际统一术语命名。但由于各地气候条件，原岩性质和裂隙发育情况差异很大，导致岩体风化程度和状态的变化极为复杂，本次修订主要是将中等风化（弱风化）进一步分为上、下两个亚带，并增加了碳酸盐岩风化带划分标准，而仍保留了原规范中对全、强、微风化带的划分规定。

这次规范修订对风化岩与新鲜岩波速比作了部分修正。对原规范表 E.0.1 中等风化岩与新鲜岩纵波速之比由“>0.6～0.8”修正为“0.6～0.8”，将微风化波速比由“>0.8～1.0”修正为“0.8～0.9”，将新鲜波速比由“>1.0”修正为“0.9～1.0”(因为波速比理论上不可能大于 1)。

随着工程技术的进步与工程经验的积累，工程可利用岩体条件有所放宽。基于这一情况，从工程实际需要出发，并参考国内多个工程经验，将弱风化带进一步分为上、下两个亚带。

《三峡工程地质研究》(长江水利委员会编）一书总结了三峡工程的经验，从疏松物质含量、*RQD* 值、岩体纵波速度、视电阻率、回弹指数、岩体变形模量、透水率等多方面对弱风化上带与下带岩体特性作了详细对比，二者的宏观特征分别为：上带-“半坚硬及疏松状岩石夹坚硬状岩石。大部分裂隙已风化，风化宽一般 5～10cm，最宽可达 1.0m。疏松物含量达 10%～20%”；下带-“坚硬状岩石夹少量风化岩，沿部分裂隙风化，风化宽一般 1～4cm，疏松物含量小于 1%”。

H.0.2　为新增内容，其提出主要基于以下考虑：

碳酸盐岩的风化，特别是石灰岩的风化特征明显有别于其他岩体风化，原规范附录 E 风化标准划分显然不适用于此类岩石。统一认识并规范碳酸盐岩风化带划分标准是十分必要的。

石灰岩一般是没有典型意义的风化现象的，除了岩体浅表部因溶蚀、卸荷，充填夹泥需要开挖清除外，岩石本身则是没有风化或风化程度轻微，因此在石灰岩地区不必刻意划分岩石的风化带；但同属碳酸盐岩的白云岩，情况则完全不同，质纯的白云岩可以发育非常完全的风化带，典型的全风化带表现为白砂糖似的白云岩风化砂，以下逐渐过渡到新鲜岩体。最有代表性的是乌江渡水电站上坝址，寒武系娄山关组白云岩，全风化带呈砂状的白云岩粉最厚达二十余米，整个风化带厚达四十余米。至于石灰岩与白云岩之间的过渡岩类，如白云质灰岩、灰质白云岩等，则视岩石的组分、结构、构造及当地的自然条件而呈现复杂的情况。

碳酸盐岩地区大量的工程实践，尤其是清江、乌江流域诸工程（如隔河岩、高坝洲、水布垭、彭水等）在碳酸盐岩风化带划分方面所取得的成果，为表H.0.2的制订奠定了基础。

考虑到碳酸盐岩地区溶蚀与风化常是互为影响，现象互相混杂的，因此将溶蚀与风化一并考虑，将碳酸盐岩的风化划分为表层强烈溶蚀风化和裂隙性溶蚀风化两个带；而后考虑到风化特征之差异，以及岩体可利用性问题，把裂隙性溶蚀风化带进一步分为上、下两带。

关于表H.0.2的适用范围。因为碳酸盐岩不仅包括灰岩、白云岩两大岩类及其过渡岩类，而且还包括与泥岩之间的过渡岩类，因岩性及其结构构造（如微裂隙发育程度等）的不同，其风化特征也存在一定差异，如部分白云岩（三峡、乌东德等地的震旦系灯影组白云岩）因微裂隙极其发育，其溶蚀风化特征有时并不突出，而具有均匀风化特征，再如豆状灰岩，有时也具有均匀风化的特点。与泥岩的过渡类岩石，则随着含泥量的增加，其风化特征往往由以溶蚀风化为主逐渐向均匀风化过渡。因此，在进行碳酸盐岩风化带划分时，还要视具体情况而定，以均匀风化为主时采用表H.0.1进行风化带划分，而以溶蚀风化为主时则采用表H.0.2进行风化带划分。此外，表H.0.2不适合于深部岩溶。

附录J　边坡岩体卸荷带划分

我国水利水电工程建设中曾大量遇到岩体卸荷所带来的复杂问题。近些年来，随着水利水电工程建设重点向西部地区转移，工程所处的地质环境多为深山峡谷、新构造运动强烈与高地应力区，卸荷作用强烈，在一些工程建设中卸荷现象已成为一个突出的问题，如二滩、小湾、构皮滩、溪洛渡、锦屏、百色、紫坪铺、九甸峡、吉林台等。岩体卸荷带直接关系到坝肩稳定、边坡稳定、建筑物地基变形和洞室围岩稳定等，是影响基础开挖和处理工程量以及方案比选的重要因素。

长期以来，在水利水电工程建设中没有统一的岩体卸荷带划分标准。在工程实践中，有的工程只划分出卸荷带和非卸荷带；有的工程则划分强卸荷带和弱卸荷带；而三峡船闸高边坡岩体卸荷带则按强卸荷带、弱卸荷带和轻微卸荷带进行划分。由于划分标准不统一，给岩体质量评价和地基处理设计带来很多不便。因此本次修订增加了本附录。

边坡卸荷是岩体应力差异性释放的结果，表现为谷坡应力降低、岩体松弛、裂隙张开，其中裂隙张开是卸荷的重要标志。

本规范规定的卸荷带划分标准是以地质特征为主要标志，辅以裂隙张开宽度及波速比等特征指标。

波速比是指卸荷岩体的纵波速度与该处未卸荷岩体的纵波速度的比值。

对大型水利水电工程，强卸荷带岩体不宜作为坝基（特别是拱坝坝基），一般予以挖除，如需作为坝基，应进行专题研究；弱卸荷带岩体通过工程处理可作为坝基。

异常卸荷松弛（深卸荷带）是指岸坡深部、正常卸荷带以里较远部位发育在较完整岩体中的宽张裂隙带。其形成机制还有待进一步研究，对工程的影响和处理措施应进行专门论证。

附录K　边坡稳定分析技术规定

K.0.1　影响边坡稳定的因素很多，如地形地貌、岩性构造、岩体结构、水的作用、地应力、人为因素、地震作用等。根据《岩质高边坡稳定与研究》中，对117个边坡的统计（表16），可分为天然和人为两种诱发因素。统计结果表明：水的作用和人类工程活动对边坡失稳影响最大，水的作用中暴雨所引起的边坡变形破坏所占比例最大，而人类开挖活动在所有诱发因素中所占比例最大。

表16　边坡变形、破坏诱发因素统计

诱发因素	数量	其中				备注
		稳定（个）	所占比例（%）	变形破坏（个）	所占比例（%）	
水的作用：	62	30	48.4	32	51.6	大中型或巨型滑坡为主
1. 暴雨	32	15	46.9	17	53.1	
2. 水库蓄水	18	10	55.6	8	44.4	
3. 地下水变化	3	1	33.3	2	66.7	
4. 降雨、地下水	6	3	50.0	3	50.0	
5. 冲刷	3	1	33.3	2	66.7	

续表 16

诱发因素	数量	其　中				备注
		稳定（个）	所占比例（%）	变形破坏（个）	所占比例（%）	
人类活动： 1. 开挖 2. 采矿	44 41 3	12 12 0	27.3 29.3 —	32 29 3	72.7 70.7 100	中小型楔体滑动为主，拉裂及大型崩塌
其他： 1. 重力 2. 降雨、地震	11 7 4	4 3 1	36.4 42.9 25.0	7 4 3	63.6 57.1 75.0	倾倒、崩塌及溃屈、滑动
合 计	117	46	39.3	71	60.7	

K.0.2 在此列出常见的边坡变形破坏分类，便于判断边坡变形破坏机制，选择边坡稳定分析方法。

K.0.3 本条所列出的现象，表明边坡处于变形或潜在不稳定状态，需要进行稳定性分析。

K.0.4 规范只列出通用的几种边坡稳定分析方法，它们都属于极限平衡稳定分析方法的范畴。极限平衡法虽然在理论上存在一些缺陷，但目前仍是边坡稳定分析的一种简便的、行之有效的方法。

考虑到边坡稳定安全系数在有关规程、规范中已有规定，本规范对此不再作规定。

附录L　环境水腐蚀性评价

L.0.1 环境水主要指天然地表水和地下水。当环境水中含有某些腐蚀性离子，可能会对混凝土、金属等建筑材料产生腐蚀。因此，水利水电工程地质勘察应进行环境水腐蚀性判别。

本次修订删去了原规范附录G中G.0.1环境水对混凝土腐蚀程度分级的规定，增加了环境水对钢筋混凝土结构中钢筋和钢结构腐蚀性判别的规定。

L.0.2 对原规范附录G中第G.0.3条的内容作了技术性调整。

环境水是多种腐蚀性介质的复合溶液，在对混凝土产生腐蚀时各种离子相互影响、共同作用，但其中某些离子起着主要作用。因此表L.0.2是以一种起主要作用的离子作为腐蚀性的判定依据。关于界限指标，原规范是综合了国内外标准并结合我国水利水电工程情况制定的，本次修订仍保留使用。

环境水的腐蚀性分类有多种方法，目前尚无统一标准，较常见的是按环境水的腐蚀机理和环境水的腐蚀介质特征进行分类。本次修订按环境水的腐蚀介质特征将腐蚀性类型分为一般酸性型、碳酸型、重碳酸型、镁离子型、硫酸盐型五类。

原规范附录G表G.0.3中对SO_4^{2-}的腐蚀性分别规定了普通水泥和抗硫酸盐水泥的界限指标。鉴于目前没有关于抗硫酸盐水泥耐腐蚀性指标的规定，因此本次修订删去了原规范表G.0.3中SO_4^{2-}对抗硫酸盐水泥腐蚀的界限指标。《抗硫酸盐硅酸盐水泥》GB 748—1996中，曾规定中抗硫酸盐水泥可抵抗SO_4^{2-}浓度不超过2500mg/L的纯硫酸盐腐蚀，高抗硫酸盐水泥可抵抗SO_4^{2-}浓度不超过8000mg/L的纯硫酸盐腐蚀。这些规定虽然在《抗硫酸盐硅酸盐水泥》GB 748—2005中已被取消，但据材质分析仍可参照使用。

气候条件对环境水的腐蚀性具有加速和延续作用。不同气候条件下，腐蚀介质对混凝土的腐蚀作用是不同的。如在寒冷的气候条件下，硫酸盐型腐蚀能力加强；而其他类型腐蚀，则在炎热气候条件下腐蚀能力加强。干湿交替、冻融交替等将引起物理风化，也会加速介质对混凝土的腐蚀作用。由于我国幅员辽阔，各地气候差异很大，要制订一个全面具体的标准是困难的，因此对表L.0.2适用的气候条件作了限定。

环境水作用于混凝土建筑物的方式（如有压、无压，表面接触、渗透接触）、混凝土建筑物的规模尺寸以及混凝土的质量（如密实性、水灰比）等，是环境水腐蚀性的重要影响因素。原规范附录G中第G.0.4条第2、3款的规定，在工程地质勘察阶段难以合理考虑，因此本次修订予以删除。但对除险加固及改扩建工程进行环境水腐蚀性评价时，这些因素是可以考虑的。

L.0.3、L.0.4 环境水对钢筋混凝土结构中钢筋和钢结构腐蚀性判别标准引自《岩土工程勘察规范》GB 50021—2001第12章水和土腐蚀性的评价。

钢筋长期浸泡在水中，由于氧溶入较少，不易发生电化学反应，故钢筋不易被腐蚀；处于干湿交替状态的钢筋，由于氧溶入较多，易发生电化学反应，钢筋易被腐蚀。所以，表L.0.3中仅对钢筋混凝土结构中钢筋在干湿交替环境条件下的腐蚀性规定了判别标准。

表L.0.4判别指标中，若一项具有腐蚀性，则按该项相应的腐蚀等级判定；若两项均具有腐蚀性，则以具有较高腐蚀等级者判定；若两项均为同一腐蚀等级，可提高一个腐蚀等级判定。

附录M　河床深厚砂卵砾石层取样与原位测试技术规定

M.0.1 本条是对河床深厚砂卵砾石层取样方法与原位测试方法选择的原则要求。

河床深厚砂卵砾石层的钻进取样与原位测试是一项技术复杂且难度较大的工作。目前还没有成熟的经验，仍处于探索阶段。

M.0.2 覆盖层的取样方法大致可分为钻具钻进取样和取样器取样两大类。钻具钻进取样就是采用适于覆盖层钻进的各种钻具，或为了提高岩芯样的质量对钻具作了结构性能改进后的取样钻具，通过控制冲洗液种类、护壁方式和回次长度进行钻进，所获得的岩芯样质量取决于覆盖层的颗粒组成及级配，一般对于细粒土效果较好，粗粒土较差。

由于河床深厚砂卵砾石层厚度大、颗粒粗和结构松散等特点，常规的细粒土取样方法和取样器都不适用，本条推荐的都是实际工作中较常用的方法。成都勘测设计研究院研制的SD系列金刚石钻头结合SM植物胶取芯技术，近些年在水利水电系统应用比较广泛，效果较好，能取到近似原状样，其他几种方法取得的为扰动样。

M.0.3 由于河床砂卵砾石层的组成极不均匀，因此在实际工作中最好能多使用几种原位测试方法，以便互相验证，为综合评价砂卵砾石层的工程地质条件提供资料。

M.0.4 波速测试方法有很多，这里推荐的是在钻孔内测试的方法，包括声波、地震波及其单孔法、跨孔法等。

附录N 围岩工程地质分类

本附录提出的围岩分类分为初步分类和详细分类。初步分类为本次修订时增加，用于规划、可行性研究阶段以及深埋隧洞在施工前的围岩工程地质评价。这是考虑到这两种情况勘察资料较少，无法得到详细分类所需的各种参数条件下使用。

初步分类以比较容易获取的岩石强度、岩体完整性、岩体结构类型等三个参数为基本依据，以岩层走向与洞轴线的关系、水文地质条件等两项指标为辅助依据。岩体完整性和岩体结构类型可通过地面地质调查、地质测绘，或结合勘探资料确定；水文地质条件可根据岩性、地质构造和地面水文地质调查等分析确定。初步分类可以实现在资料较少的情况下围岩分类的可操作性，同时又能总体上把握洞室的围岩稳定性。

详细分类是在“六五”国家科技攻关研究成果的基础上，参考了国内外一些主要的隧洞围岩分类方法和我国鲁布革、天生桥、彭水、小浪底、水丰等十几个大型水利水电工程的实际分类而编制的。详细分类采用累计评分的综合评价法进行多因素分类，它以岩石强度、岩体完整性、结构面状态为基本因素（取正分），以地下水活动状态和主要结构面产状为修正因素（取负分），同时根据围岩强度应力比做相应调整。自原规范颁布实施以来，该分类在水利水电工程勘察中得到广泛应用，效果良好。因此，本次修订时基本保留了原分类格局，只作了局部修改调整。

考虑结构面状态是本附录围岩分类的特色。结构面状态是控制围岩稳定的重要因素之一。实践证明，在地下洞室围岩稳定分析中不考虑结构面状态或把岩体当作均质体，只考虑岩石的完整性系数是不合适的。结构面状态是指地下洞室某一洞段内比较发育的、强度最弱的结构面的状态，包括宽度、充填物、起伏粗糙和延伸长度等情况。结构面宽度分为小于0.5mm、0.5～5.0mm、大于5mm三个等级。充填物分为无充填、岩屑和泥质充填三种。起伏粗糙分为起伏粗糙、起伏光滑或平直粗糙、平直光滑三种情况。延伸长度反映结构面的贯穿性，本分类参照国际岩石力学学会建议的五级，依据国内目前洞室跨度情况简化为三级，即：短（＜3m）、中等（3～10m）、长（＞10m）。上述三项因素是围岩工程地质分类的基本因素，均为正值。

修正因素为地下水和主要结构面产状两项因素，均为负值。地下水活动性分为干燥、渗水或滴水、线流和涌水四种状态，当Ⅲ、Ⅳ类围岩水量很大、水压很高时，对围岩稳定影响较大，故负评分较低，对围岩稳定影响最大时为负20分，即围岩类别降低1类。主要结构面产状与地下工程轴线夹角不同，对围岩稳定性的影响显著不同。例如：高倾角的主要结构面，当其走向与地下工程轴线近于平行时，则对围岩稳定很不利；反之，其走向与之近于正交时，则几乎不影响围岩的稳定。把结构面走向与轴线夹角分为60°～90°、30°～60°、＜30°三档，把结构面倾角分为＞70°、45°～70°、20°～45°、＜20°四档。由于地下厂房、尾水调压室等的边墙高达几十米，因此，对洞顶及边墙围岩分别进行评分。

围岩强度应力比S值，是反映围岩应力大小与围岩强度相对关系的定量指标。提出围岩强度应力比这一分类判据，目的是控制各类围岩的变形破坏特性。Ⅱ类以上围岩不允许出现塑性挤出变形，Ⅲ类围岩允许局部出现塑性变形。因此，Ⅰ、Ⅱ类围岩要求大于4，Ⅲ、Ⅳ类围岩要求大于2，否则围岩类别要降低。围岩强度应力比还可作为判别地下洞室开挖时围岩可能发生岩爆的强烈程度指标。如天生桥二级引水隧洞2号支洞，$S<2.5$时有强烈岩爆；$S>2.5$时，有中等岩爆；$S>5$时，有时也有岩爆，但不强烈。工程实践表明，地应力水平较高时，洞室顶拱部位较边墙更易出现块体失稳。

原规范自颁布以来，TBM施工技术已经在我国水利水电工程得到大量应用，本次修订时适当考虑了TBM施工时的支护建议。TBM施工方法在Ⅰ、Ⅱ类围岩条件下能充分发挥其优越性，塌方及涌水（突水）或突泥对TBM施工影响最大。

附录P 土的液化判别

P.0.1 土体由固体状态转化为液体状态的作用或过

程都可称为土的液化，但若没有导致工程上不能容许的变形时，不认为是破坏。土的液化破坏主要是在静力或动力作用（包括渗流作用）下土中孔隙压力上升、抗剪强度（或剪切刚度）降低并趋于消失所引起的，表现为喷水冒砂、丧失承载能力、发生流动变形。本附录主要给出评价地震时可能发生液化破坏土层的原则和一些判别标准。

P.0.2 液化判别分为初判和复判两个阶段。初判主要是应用已有的勘察资料或较简单的测试手段对土层进行初步鉴别，以排除不会发生地震液化的土层。对于初判可能发生地震液化的土层，则再进行复判。对于重要工程，则应做更深入的专门研究。

初判的目的在于排除一些不需要再进一步考虑地震液化问题的土，以减少勘察工作量。因此所列判别指标从安全出发，大都选用了临近可能发生液化的上限。

P.0.3 本条规定了初判不液化的标准。

1 说明第四纪晚更新世 Q_3 或以前的土，一般可判为不液化，主要依据是在邢台、海城、唐山等地震中没有发现 Q_3 及 Q_3 以前地质年代的土层发生过液化的实际资料。

3 目前新的地震区划图是以地震动峰值加速度划分的，7 度区对应地震动峰值加速度为 0.10g 和 0.15g，8 度区对应地震动峰值加速度 0.20g 和 0.30g，9 度区对应地震动峰值加速度 0.40g，相应的黏粒含量也按内插的方法分为 16%、17%、18%、19%、20%五级。

原规范规定“粒径大于 5mm 的颗粒含量的质量百分率小于 70%时，若无其他整体判别方法时，可按粒径小于 5mm 的这部分判定其液化性能”是基于当时的试验条件，判别结果偏于安全。目前大型动三轴试验应用较为普遍，所以对该内容进行相应修改，合并到该款。

4 鉴于水工建筑物正常运用时的地下水位往往不同于地质勘察时的地下水位，而抗震设计需要考虑工程正常运用后的情况，因此特别写明为工程正常运用后的地下水位。

7 规定了 r_d 的取值方法。本附录公式 $V_{st}=291\sqrt{K_H \cdot Zr_d}$ 中，深度折减系数 r_d 不仅随土层的深度 Z 的增大而减小，并且在同一个深度变幅内又随 Z 的增大而减小较多。因此如何选择合适的 r_d 值，涉及土层性质、厚度以及地震特征等多种因素，是一个很复杂的问题。表 17 是原规范对此进行的分析，可以看出，用本附录建议方法计算的不同深度的 r_d 值，上限保证率不小于 85%，上限误差率不大于14.6%，作为初判使用有一定的安全余度。

对于深度大于 30m 的情况，建议仍用 $r_d=0.9-0.01Z$，但不小于 0.5。

P.0.4

1 考虑水利水电工程的特殊性，工程运行时地下水位会发生变化，因此在评价时，应按工程运行后的地下水位来考虑，并采用式（P.0.4-2）进行相应的换算。表 P.0.4-1 按照现行国家标准《建筑抗震设计规范》GB 50011 的规定对标准贯入试验锤击数基准值进行了相应的修改。

2 表 P.0.4-2 中采用“液化临界相对密度 $(Dr)_{cr}$（%）”一词，是作为相对密度 Dr（%）的界限值提出来的，以示区别。表 P.0.4-2 中包括了地震动峰值加速度为 0.05g、0.10g、0.20g、0.40g 的液化临界相对密度值，它们都是有宏观实际资料作为依据的，与国家现行标准《水工建筑物抗震设计规范》DL 5073 中一致。相对密度复判法可适用于饱和无黏性土（包括砂和粒径大于 2mm 的砂砾），而标准贯入试验主要只适用于砂土和少黏性土地基。因此相对密度复判法可以延伸标准贯入锤击数法所不能判别的范围。在标准贯入试验适用的范围内，可以标准贯入试验锤击数作为判别的主要依据，同时相对密度也可用以相互印证。对于地震动峰值加速度为 0.15g 和 0.30g 对应的临界相对密度，可根据表 P.0.4-2 内插取得。

3 饱和少黏性土相对含水量及液性指数的判别可以作为标准贯入试验延伸到少黏性土范围的印证之用。

表 17 深度折减系数 r_d 取值及其上限保证率和误差率分析

深度 Z (m)	范围值			平均值			征求意见稿 $r_d=1-0.01Z$			修改后建议值			
	上限量	下限量	变幅	数值 r_d	误差率	上限保证率（%）	数值 r_d	上限保证率（%）	上限误差率（%）	公式	数值 r_d	上限保证率（%）	上限误差率（%）
0	1.00	1.00	0.00	1.00	0.0	100	1.00	100	0.0	$r_d=1.0-0.01Z$	1.00	100	0.0
5	0.99	0.95	0.04	0.97	±2.1	98	0.95	96	4.2		0.95	96	4.2

续表 17

深度 Z (m)	范围值			平均值			征求意见稿 $r_d=1-0.01Z$			修改后建议值			
	上限量	下限量	变幅	数值 r_d	误差率	上限保证率（%）	数值 r_d	上限保证率（%）	上限误差率（%）	公式	数值 r_d	上限保证率（%）	上限误差率（%）
10	0.96	0.84	0.12	0.90	±6.7	94	0.90	94	6.7	$r_d=1.1-0.02Z$	0.90	94	6.7
15	0.90	0.60	0.30	0.75	±20.0	83	0.85	94	5.9		0.80	89	12.5
20	0.82	0.42	0.40	0.62	±32.2	76	0.80	98	2.5	$r_d=0.9-0.01Z$	0.70	85	14.6
25	0.76	0.33	0.43	0.55	±39.4	72	0.75	99	1.3		0.65	86	14.5
30	0.70	0.30	0.40	0.50	±40.0	71	0.70	100	0.0		0.60	86	14.6

附录Q 岩爆判别

Q.0.1 岩爆判别应视工程前期工作的不同阶段和勘测设计工作的不同深度分阶段进行。

可行性研究阶段，根据野外地质测绘，通过对区域历次构造形迹的调查和近期构造运动的分析，以及少量地应力测量资料，初步确定初始应力的最大主应力方向和量级，结合室内岩石力学试验成果，对工程项目可能发生岩爆的最高烈度做出判断，对工程不同地段可能发生的岩爆烈度初步进行分级。如地质勘察资料较少，可通过区域地质构造及应力场资料的分析，对是否有发生岩爆的可能性作出初步的宏观判断。若工程区位于以构造应力为主的强烈上升地区（产生岩爆无临界深度）或洞室埋深大于500m以上的以自重应力为主的地区，或洞室地处高山峡谷区、属边坡应力集中的傍山隧洞（室），并具备围岩岩质硬脆、完整性好～较好、无地下水等四项基本条件，即可能产生岩爆。

初步设计至施工详图设计阶段，根据洞室围岩完整性、地应力测量、岩石力学试验成果、岩体结构特征、最大主应力与岩体主节理面夹角、地下水等资料，确定岩爆发生的工程地段和强弱程度以及在工程断面上的部位。很多工程实例表明，岩爆不是在工程整个地段和工程全断面上发生。

根据有关研究成果，最大主应力与岩体节理（裂隙）的夹角与岩爆关系密切，在其他条件相同情况下，夹角越小，岩爆越强烈。当夹角小于20°时可能发生强烈或极强烈岩爆；当夹角大于50°时可能发生轻微岩爆。

Q.0.2 本条内容是在总结了国内外一些学者的研究成果的基础上制定的，本规范规定根据岩爆现象和岩石强度应力比进行岩爆分级和判别。

关于岩爆防治，一般对不同烈度的岩爆采取不同的预防和治理措施。从目前的经验看，由于不同行业及其拥有技术力量的差异，在处理方法上则不尽相同。总的来说，岩爆防治可分为预防和治理两大类。

所谓预防旨在消除产生岩爆的条件，尽可能杜绝岩爆发生的危险。为此，应首先判别岩爆可能发生的地域、地段，工程选址时应尽量避开。在难以避开的情况下，需进一步分析地应力、岩体结构和洞室轴线的关系，调整、优化洞室轴线，以降低岩爆级别。

关于岩爆治理大体上有以下几种措施：

释放岩体应力。对可能发生岩爆的部位采取围岩应力解除，如超前应力释放钻孔、松动爆破或震动爆破，使岩体应力降低，能量在开挖前释放。

弱化岩体弹脆性。一般采用注水或表面喷水。

加固围岩。加固围岩的方法有超前锚固，即采用不同长度的锚杆，先锚后挖，挖锚循环作业，以阻止岩爆发生。适用于在隧洞掌子面上和坝基产生岩爆的地段。另一种是爆后喷锚法，可视岩爆的强烈程度，分别对弱、中、强不同级别的岩爆裂带，采取一般性喷浆、喷锚、钢纤维混凝土喷锚或挂网喷锚。对强、极强者除做喷锚支护外，多采取钢支撑或结合混凝土挡墙等工程措施。

附录R 特殊土勘察要点

R.1 软 土

R.1.1 天然孔隙比大于或等于1.0，且天然含水量大于液限的细粒土应判定为软土，如淤泥、淤泥质土、泥炭、泥炭质土等。有时处于地下水位以下的黄土状土在孔隙比较高时也具有软土的性质。软土引起的工程地质问题主要有承载力不足、地基沉降变形和不均匀变形、边坡稳定等。

R.1.2 软土勘察的重点是查明其空间分布，可采用钻探与静力触探相结合的手段，静力触探是软土地区十分有效的原位测试方法，标准贯入试验对软土的适应性较差。其抗剪强度指标室内宜采用三轴试验，原位测试宜采用十字板剪切试验。

R.1.3 在评价其承载力和分析地基沉降变形时，还应注意对邻近建筑物的影响。在分析评价过程中，应充分吸收和借鉴当地工程经验。

R.2 黄 土

R.2.1 黄土的物理力学性质与黄土形成时代存在较密切的关系，因此黄土勘察首先应查明黄土的形成时代。此外，黄土勘察还应重点研究黄土的湿陷性、物理地质现象和地下水的分布。黄土的力学性质在干燥状态和饱水状态下存在很大的差别，应根据土体在天然状态、施工期和工程运行期的地下水条件提出合适的力学指标。

R.2.2 黄土的物理力学性质对含水量较为敏感，且土体具有弱～中等透水性，钻孔内取样难以保证其原状性，因此规范推荐坑槽或竖井内取样。

R.2.3 黄土的湿陷性分自重湿陷和非自重湿陷两种，且湿陷性黄土多分布在地表下数米范围内。

R.3 盐 渍 土

R.3.1 盐渍土系指含有较多易溶盐的土体。对易溶盐含量大于0.3%，且具有吸湿、松胀等特性的土称为盐渍土。在干旱半干旱地区、地势低洼排水不畅地区、灌溉退水及渗漏渠道两侧可能出现土壤盐渍化。

土壤盐渍化的影响主要有三个方面：影响农作物生长、腐蚀建筑物和改变土体物理力学性质。氯盐类有较大的吸湿性，具有保持水分的能力，结晶时体积不膨胀；硫酸盐类在结晶时体积发生膨胀，因而具有盐胀性；碳酸钠的水溶液具有较大的碱性反应，对土颗粒具有分散作用。

R.3.2 盐渍土的厚度与地下水埋深、土的毛细作用上升高度以及蒸发强度有关，一般分布在地表下1.5～4.0m范围内。

土壤盐渍化程度可按表18确定。

表18 盐渍土按含盐量分类

盐渍土名称	平均含盐量（%）		
	氯及亚氯类	硫酸及亚硫酸类	碱性盐
弱盐渍土	0.3～1.0	—	—
中盐渍土	1.0～5.0	0.3～2.0	0.3～1.0
强盐渍土	5.0～8.0	2.0～5.0	1.0～2.0
超盐渍土	＞8.0	＞5.0	＞2.0

溶陷性指标的测定可按湿陷性土的湿陷性试验方法进行。

R.4 膨 胀 土

R.4.1 膨胀土地区的自然地面坡度往往与土的膨胀性相关，可以间接地反映土体的膨胀潜势。膨胀土的大气影响深度在平原地区一般为数米，过去在一些规范或著作中多认为不超过5m。近几年，南水北调中线工程围绕膨胀土渠坡的稳定性开展了大量的专门勘察研究，认为大气影响带可进一步分为两个带：一是剧烈影响带，平原地区深度一般在2m左右；二是过渡带，平原地区深度一般在5～7m。在人工开挖的渠道两侧边坡，大气影响深度有加大趋势。

膨胀土地区的滑坡有多种成因机理，除了渐进式浅层滑坡外，尚有受层间软弱带控制的渐进式深层滑坡和受多种因素控制的深层整体式滑坡。

R.4.2 我国的膨胀土具有明显的时代特征。自由膨胀率仍是目前广泛使用的膨胀性划分指标，但在工程应用时应综合分析蒙脱石矿物含量、黏粒含量、膨胀力等指标，以免造成误判。

膨胀土在空间上的相变往往较大，膨胀性在平面和垂直方向上变化频繁，因而勘探及取样应保证一定的密度。

膨胀土的抗剪强度是一个难以确定的指标，目前尚无公认的方法。膨胀土的抗剪强度与土体含水量、裂隙发育程度密切相关。南水北调中线工程的勘察研究显示，膨胀土抗剪强度具有明显的尺寸效应，且垂直方向上具有明显的分带特征。此外，膨胀土开挖边坡土体的物理力学性质尚具有随时间变化的动态特性，地质建议值应充分考虑土体结构、分带性、施工及运行工况等不同条件下的差异。

R.5 人 工 填 土

R.5.2 人工填土的最大特点是不均匀，应针对不同的物质组成，采用不同的勘察手段。除了钻探外，应有一定数量的探井，以查明填土的结构。

R.5.3 对于人工填土，不能采用常规的数理统计方法对试验成果进行统计分析，而应根据勘察试验成果对土体进行分区分段，查明存在工程地质问题的部位。

填土的成分比较复杂，利用填土作为天然地基时应慎重。

R.6 分 散 性 土

R.6.1 分散性土是指土在遇水后即分散成原级颗粒的土，我国主要分布在西北、东北等地区。分散性土不能作为大坝、渠道的填筑料。

R.6.2 分散性土的鉴别首先以地形、地貌、岩性等宏观特征做初步判断，再以室内试验进行综合评判。目前经常采用的分散性试验包括针孔试验、孔隙水溶液试验、土块试验、双比重计试验等方法。

R.7 冻 土

R.7.1 土体在冻结状态时，具有较高的强度和较低的压缩性。但冻土融化后则承载力大为降低，使地基产生融沉（或融陷）；在冻结过程中则产生冻胀。土颗粒愈小，冻胀和融沉性愈强。

冻土勘察应紧密结合设计原则。

R.7.3 多年冻土融沉性可根据总含水量和平均融沉系数分为五级。

R.8 红 黏 土

R.8.1 红黏土是指棕红或褐黄色、覆盖于碳酸盐岩之上、其液限大于等于 50%的高塑性黏土。原生红黏土经搬运、沉积后仍保留其基本特征，且其液限大于 45%的黏土可判定为次生红黏土。形成时代较早、后期又被其他地层覆盖的棕红色高塑性黏土可能具有红黏土的部分特性。

红黏土的主要特征是上硬下软、表面收缩、裂隙发育。红黏土具有胀缩性，且主要表现为收缩。土体高含水量及裂隙发育是土体稳定的不利因素。

R.8.2 红黏土底部常有软弱土层分布，应注意选用合适的勘探方法和密度。

R.8.3 在提出红黏土地区建筑物基础埋置深度和基础类型地质建议时应特别慎重，红黏土上硬下软的特性和浅表受大气影响的特性是一对矛盾，对于重要建筑物，宜采用桩基。

附录S 膨胀土的判别

S.0.1 本规范规定对膨胀土的判别采用初判和详判，工作逐步深入，可以避免误判。

S.0.2 我国中东部及西南地区 Q_2、Q_1 土体普遍有膨胀潜势，Q_3 土体一般只有微弱膨胀潜势，源于 Q_2、Q_1 地层或上第三系～侏罗系的全新统地层或残坡积层可能具有弱膨胀潜势。

膨胀土的特征可以概括为以下几个方面：

野外特征：多分布在二级及二级以上阶地与山前丘陵地区，个别分布在一级阶地上，呈龙岗、丘陵与浅而宽的沟谷，地形坡度平缓，一般小于 12°，无明显的自然陡坎。在流水冲刷作用下，水沟水渠常易崩塌、滑动而淤塞。

结构特征：膨胀土多呈坚硬～半坚硬状态，结构致密，成棱形土块者常具有胀缩性，棱形土块越小，胀缩性越强。土内分布有裂隙，斜交剪切裂隙越发育，胀缩性越严重。另外，膨胀土多由细腻的胶体颗粒组成，断口光滑，土内常包含钙质结核和铁锰结核，呈零星分布，有时富集成层。

地表特征：分布在沟谷头部、库岸和开挖边坡上的膨胀土常易出现浅层滑坡，新开挖的边坡，旱季常出现剥落，雨季则出现表面滑塌。有时，在旱季出现长可达数十米至近百米、深数米的地裂，雨季闭合。

地下水特征：膨胀土地区多为上层滞水或裂隙水，无统一地下水位，随着季节水位变化，常引起地基的不均匀胀缩变形。

S.0.3 膨胀土的判别，目前尚无统一的标准和方法。国内不同单位或标准采用的指标主要有自由膨胀率、蒙脱石或伊利石含量、黏粒含量、膨胀力等，国外也有采用缩率作为判别指标。其中自由膨胀率是一个广泛采用的评价指标，但在确定土的膨胀性及进行工程地质评价时，应结合土的宏观特征、膨胀力及其他物理指标进行综合评判。

长江勘测规划设计研究院结合南水北调中线一期工程地质勘察，对南阳盆地的膨胀土进行了较为深入的研究，提出按膨胀土的结构特征和强度指标进行分类，见表 19。

表 19 膨胀土工程地质分类

膨胀土分类		结构特征	膨胀力(kPa)	抗剪强度			变形模量 E (kPa)	承载比例界限值(kPa)
				室内直剪		现场大剪		
				$\tan\varphi$	$\tan\varphi_r$	$\tan\varphi$		
强膨胀土Ⅰ		灰白色黏土，网状裂隙发育，土体呈碎块状结构，水对其影响特别显著	>120	0.27～0.35	0.15～0.25	0.20～0.30	18000～30000	150～200
中膨胀土	Ⅱ₁	棕黄色黏土，裂隙发育，充填灰白色黏土，层状结构，水对其影响显著	40～120	0.32～0.42	0.25～0.30	0.30～0.35	30000～40000	200～300
	Ⅱ₂	棕黄色或红色黏土夹姜石，裂隙较发育，部分充填灰白色黏土，厚层状或块状结构	40～70	0.38～0.45	0.30～0.32	0.32～0.52	40000～60000	280～400
弱膨胀土Ⅲ		灰褐或褐黄色黏土，裂隙不发育，块状结构	<50	0.33～0.46	0.32～0.35	0.32～0.44	40000～50000	220～330

附录T 黄土湿陷性及湿陷起始压力的判定

T.0.1 黄土是干旱、半干旱气候条件下形成的，颜色以黄色为主，色调有深浅差异，颗粒组成以粉粒为主，级配均匀，具有大孔隙，富含碳酸盐的第四纪黏性土。具有湿陷性的黄土是特殊土，浸水时，发生湿陷变形，并造成危害。天然状态下，强度较高，压缩性较低，稳定性较好；增湿时，综合性能弱化或恶化，稳定性降低，甚至失稳。

本条规定了黄土湿陷性的判别分为初判与复判。初判是定性的；对初判认为可能具有湿陷性的黄土，应进行定量的复判。

T.0.2 黄土的湿陷性初判，可按黄土层地质时代、地层剖面进行初判，本次修订基本保持原规范条文的内容。根据西北电力设计院、陕西省水利电力勘测设计研究院等单位的最新研究成果，仅对 Q_2 黄土层湿陷性初判作了修改。

T.0.3、T.0.4 对湿陷性黄土取样、试验及复判作了规定。复判的标准、内容和方法与现行国家标准《湿陷性黄土地区建筑规范》GB 50025—2004相同；根据水利水电工程特点，修改了取样要求，提高了取样标准。

T.0.5 为新增条文。明确了湿陷性黄土的湿陷起始压力 P_{sh} 值的确定方法及应用；根据经验，湿陷性黄土地基的评价应结合湿陷性黄土总湿陷量 Δ_s、自重湿陷量 Δ_{zs} 和湿陷起始压力 P_{sh} 值综合进行。

附录U 岩体结构分类

与原规范相比，本次修订中有3处较大的改动：

1 将镶嵌结构从碎裂结构中分出，作为一种单独类型列出。这是考虑到二者有较大的差别。在岩体质量评价中，镶嵌结构岩体一般可划为Ⅲ级，而碎裂结构岩体一般只能划为Ⅳ级。

2 碎裂结构中增加块裂结构亚类。块裂结构的特点是岩体的破碎程度较碎裂结构轻，岩块块度较大，岩块间嵌合程度紧密～较松弛，但紧密程度不如镶嵌结构岩体。

3 对于层状结构中的巨厚层状结构、厚层状结构，若内部结构面发育，可进一步划分亚类。巨厚层状结构划分为：巨厚层块状结构、巨厚层次块状结构、巨厚层镶嵌结构；厚层状结构划分为：厚层块状结构、厚层次块状结构和厚层镶嵌结构。

附录V 坝基岩体工程地质分类

原规范的附录L"坝基岩体工程地质分类"，经多年使用总体上是好的，有可操作性。本次修订保留了原附录的基本框架和主要内容，仅作了以下重要的修改和补充。

1 增加了岩体主要特征值一栏，给出了体现岩体主要工程性质的一些力学参数，包括：岩石抗压强度、岩体纵波速度（声波）、岩体完整性系数、*RQD* 值等。这些参数不是推荐用作设计采用，而是与岩体工程地质分类定性描述相匹配的评价体系。该表是调查、统计、分析了三峡、丹江口、隔河岩、葛洲坝、万安、皂市、构皮滩、彭水、二滩、五强溪、江垭、东江、双牌、万家寨、潘家口、漫湾、大朝山、百色、白山、安康、小浪底、军渡等二十余个工程建基岩体的资料，综合整理分析后提出的。一般情况下，岩体的工程地质类别是可以和相应的特征值对应的，但也有一些例外的情况，这是由于岩体的特异性和复杂性所决定的。

2 对薄层状结构的岩体，根据其层面的结合、胶结情况作了区分，分别归入 $A_{Ⅲ1}$、$A_{Ⅲ2}$ 和 $A_{Ⅳ1}$，而原规范将薄层状结构只列入 $A_{Ⅳ1}$ 类中，这是欠妥当的。大量的工程实践证明，薄层状结构岩体的工程特性差别很大，主要取决于层面的结合情况。对于隐形和变质的薄层结构、硅质胶结的薄层岩体（如乌东德枢纽的硅质薄层大理岩和灰岩），其强度和完整性可以很好（其他节理裂隙不发育时），钙质胶结的薄层岩体也可以是好的岩体，如下奥陶系南津关组第二段页岩（O_{1n}^{2}）。只有泥质胶结或成岩作用差，层面间胶结很弱的薄层岩体才是性状很差的岩体，如：三叠系巴东组页岩、葛洲坝坝基的薄层粉砂岩等。有人建议将第一种情况的薄层状岩体划为 $A_{Ⅱ}$ 类，这是一个值得讨论的问题，本次修订未作考虑。

3 对于强度很高，裂隙发育，但裂隙间无松软物质充填，岩块间嵌合紧密的岩体，俗称"硬脆碎"岩体，如故县水库，皂市水库等工程的坝基岩体。这类岩体的主要特点是岩石强度很高（一般大于100MPa），但岩体变形模量较低，坝基开挖应力解除后，岩体易解体。本次修订将其划为 $A_{Ⅲ2}$ 类，并对其特性及工程处理措施作了较准确的描述。

4 $A_{Ⅲ1}$ 与 $A_{Ⅲ2}$，$A_{Ⅳ1}$ 与 $A_{Ⅳ2}$ 的差别，在岩体特征与工程性质评价栏中，文字作了必要的调整，使二者特点的区别更明显。前者的特点是坝基变形、稳定主要受软弱结构面的控制，工程需针对软弱结构面做专门性处理；而后者主要是提高岩体的完整性和整体抗变形能力，工程处理以加强常规固结灌浆为主。

附录W 外水压力折减系数

W.0.1

1 根据国家现行标准《水工隧洞设计规范》SL 279—2002，作用在隧洞衬砌结构外表面上的外水压力，可按下式估算：

$$P_e=\beta_e \cdot \gamma_w \cdot H_e \tag{2}$$

式中 P_e——作用在衬砌结构外表面上的地下水压力（kN/m^2）；

β_e——外水压力折减系数，$\beta_e=0\sim1.0$；

γ_w——水的重度（kN/m^3），一般采用 $9.81kN/m^3$；

H_e——地下水位线至隧洞中心线的作用水头（m）。

上覆岩（土）体中地下水渗流产生的作用于衬砌外表面的水压力往往不等于地下水位至隧洞中心线的水头（静水压力 P_e），存在水头的折减用折减系数 β_e 表示。

2 由于前期勘察阶段无法取得地下水活动状态的完整资料，用地下水活动状态判定外水压力折减系数依据不足，易产生大的偏差，国家现行标准《水工隧洞设计规范》SL 279—2002 附录 H 外水压力折减系数表在前期勘察中难以应用。

3 地下水活动状态主要反映岩体的渗透特性。岩（土）体渗透性的强弱是岩体渗透特性的综合反映，大体上也能反映出地下水可能的活动状态，而在前期勘察中可以得到较丰富的岩土体渗透性资料，因此本附录用岩土体渗透性指标确定外水压力折减系数。

4 表 W.0.1 表明岩（土）体渗透性越弱，其相对应的 β_e 值越小，甚至趋近于 0；反之岩土体渗透性越大，β_e 值越大，可趋近于 1。这是符合地下水渗透规律的，并被工程实例所证实。但表 W.0.1 的渗透性分级与 β_e 值对应关系，目前还缺乏试验和工程观测资料，需要进一步补充修改和完善。

中华人民共和国国家标准

建设工程工程量清单计价规范

Code of valuation with bill quantity of construction works

GB 50500—2008

主编部门：中华人民共和国住房和城乡建设部
批准部门：中华人民共和国住房和城乡建设部
施行日期：2008年12月1日

中华人民共和国住房和城乡建设部
公　　告

第63号

关于发布国家标准《建设工程工程量清单计价规范》的公告

现批准《建设工程工程量清单计价规范》为国家标准，编号为GB 50500—2008，自2008年12月1日起实施。其中第1.0.3、3.1.2、3.2.1、3.2.2、3.2.3、3.2.4、3.2.5、3.2.6、3.2.7、4.1.2、4.1.3、4.1.5、4.1.8、4.3.2、4.8.1条为强制性条文，必须严格执行。原《建设工程工程量清单计价规范》GB 50500—2003同时废止。

本规范由我部标准定额研究所组织中国计划出版社出版发行。

中华人民共和国住房和城乡建设部

二〇〇八年七月九日

前　　言

本规范是根据《中华人民共和国建筑法》、《中华人民共和国合同法》、《中华人民共和国招投标法》等法律以及最高人民法院《关于审理建设工程施工合同纠纷案件适用法律问题的解释》（法释［2004］14号），按照我国工程造价管理改革的总体目标，本着国家宏观调控、市场竞争形成价格的原则制定的。

本规范总结了《建设工程工程量清单计价规范》GB 50500—2003实施以来的经验，针对执行中存在的问题，特别是清理拖欠工程款工作中普遍反映的，在工程实施阶段中有关工程价款调整、支付、结算等方面缺乏依据的问题，主要修订了原规范正文中不尽合理、可操作性不强的条款及表格格式，特别增加了采用工程量清单计价如何编制工程量清单和招标控制价、投标报价、合同价款约定以及工程计量与价款支付、工程价款调整、索赔、竣工结算、工程计价争议处理等内容，并增加了条文说明。原规范的附录A～E除个别调整外，基本没有修改。原由局部修订增加的附录F，此次修订一并纳入规范中。

本规范中以黑体字标志的条文为强制性条文，必须严格执行。本规范由住房和城乡建设部负责管理和强制性条文的解释。部标准定额研究所负责具体技术内容的解释。为了提高规范质量，请各单位在执行中注意积累资料，总结经验，如发现需要修改和补充之处，请将意见和有关资料寄住房和城乡建设部标准定额司（北京三里河路九号，邮政编码100835），供以后修订时参考。

修订本规范的主编单位、参编单位和编制组成员：

主 编 单 位： 住房和城乡建设部标准定额研究所
四川省建设工程造价管理总站

参 编 单 位： 广东省建设工程造价管理总站
河北省建设工程造价管理总站

编制组成员： 王海宏　谢洪学　吴　松　胡晓丽
吴佐民　文代安　赖铭华　金春平
周明科　李艳海

住房和城乡建设部标准定额司

二〇〇八年七月

目　次

1　总则 …………………………………… 1—66—5
2　术语 …………………………………… 1—66—5
3　工程量清单编制 ………………………… 1—66—6
3.1　一般规定…………………………… 1—66—6
3.2　分部分项工程量清单……………… 1—66—6
3.3　措施项目清单……………………… 1—66—6
3.4　其他项目清单……………………… 1—66—6
3.5　规费项目清单……………………… 1—66—7
3.6　税金项目清单……………………… 1—66—7
4　工程量清单计价 ………………………… 1—66—7
4.1　一般规定…………………………… 1—66—7
4.2　招标控制价………………………… 1—66—7
4.3　投标价……………………………… 1—66—8
4.4　工程合同价款的约定……………… 1—66—8
4.5　工程计量与价款支付……………… 1—66—8
4.6　索赔与现场签证…………………… 1—66—9
4.7　工程价款调整……………………… 1—66—9
4.8　竣工结算 ………………………… 1—66—10
4.9　工程计价争议处理 ……………… 1—66—11
5　工程量清单计价表格 ………………… 1—66—11
5.1　计价表格组成 …………………… 1—66—11
5.2　计价表格使用规定 ……………… 1—66—24
附录A　建筑工程工程量清单项目及
计算规则 ……………… 1—66—25
一、实体项目……………………………… 1—66—25
A.1　土（石）方工程 ………………… 1—66—25
A.2　桩与地基基础工程 ……………… 1—66—29
A.3　砌筑工程 ………………………… 1—66—31
A.4　混凝土及钢筋混凝土工程 ……… 1—66—37
A.5　厂库房大门、特种门、木结构
工程 ……………………………… 1—66—43
A.6　金属结构工程 …………………… 1—66—44
A.7　屋面及防水工程 ………………… 1—66—47
A.8　防腐、隔热、保温工程 ………… 1—66—48
二、措施项目……………………………… 1—66—50
附录B　装饰装修工程工程量清单项目
及计算规则 …………… 1—66—50
一、实体项目……………………………… 1—66—50
B.1　楼地面工程 ……………………… 1—66—50
B.2　墙、柱面工程 …………………… 1—66—56
B.3　天棚工程 ………………………… 1—66—59
B.4　门窗工程 ………………………… 1—66—61
B.5　油漆、涂料、裱糊工程 ………… 1—66—64
B.6　其他工程 ………………………… 1—66—66
二、措施项目……………………………… 1—66—69
附录C　安装工程工程量清单项目
及计算规则 …………… 1—66—69
一、实体项目……………………………… 1—66—69
C.1　机械设备安装工程……………… 1—66—69
C.2　电气设备安装工程……………… 1—66—75
C.3　热力设备安装工程……………… 1—66—84
C.4　炉窑砌筑工程 …………………… 1—66—93
C.5　静置设备与工艺金属结构制作
安装工程 ………………………… 1—66—96
C.6　工业管道工程 ………………… 1—66—103
C.7　消防工程……………………… 1—66—115
C.8　给排水、采暖、燃气工程 …… 1—66—119
C.9　通风空调工程 ………………… 1—66—123
C.10　自动化控制仪表安装工程 …… 1—66—127
C.11　通信设备及线路工程 ………… 1—66—134
C.12　建筑智能化系统设备安装
工程 …………………………… 1—66—151
C.13　长距离输送管道工程 ………… 1—66—157
二、措施项目 …………………………… 1—66—161
附录D　市政工程工程量清单项目
及计算规则…………… 1—66—161
一、实体项目 …………………………… 1—66—161
D.1　土石方工程…………………… 1—66—161
D.2　道路工程……………………… 1—66—163
D.3　桥涵护岸工程………………… 1—66—167
D.4　隧道工程……………………… 1—66—173
D.5　市政管网工程 ………………… 1—66—181

D.6 地铁工程………………………… 1—66—192
D.7 钢筋工程………………………… 1—66—197
D.8 拆除工程………………………… 1—66—198
二、措施项目 ………………………… 1—66—198
附录E 园林绿化工程工程量清单项目
及计算规则 ……………………… 1—66—198
E.1 绿化工程………………………… 1—66—198
E.2 园路、园桥、假山工程 ……… 1—66—200
E.3 园林景观工程 ………………… 1—66—203
附录F 矿山工程工程量清单项目
及计算规则 ……………………… 1—66—207
一、实体项目 ………………………… 1—66—207
F.1 露天工程………………………… 1—66—207
F.2 井巷工程………………………… 1—66—212
二、措施项目 ………………………… 1—66—221
本规范用词说明 ……………………… 1—66—222
附：条文说明 ………………………… 1—66—223

1 总 则

1.0.1 为规范工程造价计价行为，统一建设工程工程量清单的编制和计价方法，根据《中华人民共和国建筑法》、《中华人民共和国合同法》、《中华人民共和国招标投标法》等法律法规，制定本规范。

1.0.2 本规范适用于建设工程工程量清单计价活动。

1.0.3 全部使用国有资金投资或国有资金投资为主（以下二者简称“国有资金投资”）的工程建设项目，必须采用工程量清单计价。

1.0.4 非国有资金投资的工程建设项目，可采用工程量清单计价。

1.0.5 工程量清单、招标控制价、投标报价、工程价款结算等工程造价文件的编制与核对应由具有资格的工程造价专业人员承担。

1.0.6 建设工程工程量清单计价活动应遵循客观、公正、公平的原则。

1.0.7 本规范附录A、附录B、附录C、附录D、附录E、附录F应作为编制工程量清单的依据。

1 附录A为建筑工程工程量清单项目及计算规则，适用于工业与民用建筑物和构筑物工程。

2 附录B为装饰装修工程工程量清单项目及计算规则，适用于工业与民用建筑物和构筑物的装饰装修工程。

3 附录C为安装工程工程量清单项目及计算规则，适用于工业与民用安装工程。

4 附录D为市政工程工程量清单项目及计算规则，适用于城市市政建设工程。

5 附录E为园林绿化工程工程量清单项目及计算规则，适用于园林绿化工程。

6 附录F为矿山工程工程量清单项目及计算规则，适用于矿山工程。

1.0.8 建设工程工程量清单计价活动，除应遵守本规范外，尚应符合国家现行有关标准的规定。

2 术 语

2.0.1 工程量清单

建设工程的分部分项工程项目、措施项目、其他项目、规费项目和税金项目的名称和相应数量等的明细清单。

2.0.2 项目编码

分部分项工程量清单项目名称的数字标识。

2.0.3 项目特征

构成分部分项工程量清单项目、措施项目自身价值的本质特征。

2.0.4 综合单价

完成一个规定计量单位的分部分项工程量清单项目或措施清单项目所需的人工费、材料费、施工机械使用费和企业管理费与利润，以及一定范围内的风险费用。

2.0.5 措施项目

为完成工程项目施工，发生于该工程施工准备和施工过程中的技术、生活、安全、环境保护等方面的非工程实体项目。

2.0.6 暂列金额

招标人在工程量清单中暂定并包括在合同价款中的一笔款项。用于施工合同签订时尚未确定或者不可预见的所需材料、设备、服务的采购，施工中可能发生的工程变更、合同约定调整因素出现时的工程价款调整以及发生的索赔、现场签证确认等的费用。

2.0.7 暂估价

招标人在工程量清单中提供的用于支付必然发生但暂时不能确定价格的材料的单价以及专业工程的金额。

2.0.8 计日工

在施工过程中，完成发包人提出的施工图纸以外的零星项目或工作，按合同中约定的综合单价计价。

2.0.9 总承包服务费

总承包人为配合协调发包人进行的工程分包自行采购的设备、材料等进行管理、服务以及施工现场管理、竣工资料汇总整理等服务所需的费用。

2.0.10 索赔

在合同履行过程中，对于非己方的过错而应由对方承担责任的情况造成的损失，向对方提出补偿的要求。

2.0.11 现场签证

发包人现场代表与承包人现场代表就施工过程中涉及的责任事件所作的签认证明。

2.0.12 企业定额

施工企业根据本企业的施工技术和管理水平而编制的人工、材料和施工机械台班等的消耗标准。

2.0.13 规费

根据省级政府或省级有关权力部门规定必须缴纳的，应计入建筑安装工程造价的费用。

2.0.14 税金

国家税法规定的应计入建筑安装工程造价内的营业税、城市维护建设税及教育费附加等。

2.0.15 发包人

具有工程发包主体资格和支付工程价款能力的当事人以及取得该当事人资格的合法继承人。

2.0.16 承包人

被发包人接受的具有工程施工承包主体资格的当事人以及取得该当事人资格的合法继承人。

2.0.17 造价工程师

取得《造价工程师注册证书》，在一个单位注册从事建设工程造价活动的专业人员。

2.0.18 造价员

取得《全国建设工程造价员资格证书》，在一个单位注册从事建设工程造价活动的专业人员。

2.0.19 工程造价咨询人

取得工程造价咨询资质等级证书，接受委托从事建设工程造价咨询活动的企业。

2.0.20 招标控制价

招标人根据国家或省级、行业建设主管部门颁发的有关计价依据和办法，按设计施工图纸计算的，对招标工程限定的最高工程造价。

2.0.21 投标价

投标人投标时报出的工程造价。

2.0.22 合同价

发、承包双方在施工合同中约定的工程造价。

2.0.23 竣工结算价

发、承包双方依据国家有关法律、法规和标准规定，按照合同约定确定的最终工程造价。

3 工程量清单编制

3.1 一般规定

3.1.1 工程量清单应由具有编制能力的招标人或受其委托，具有相应资质的工程造价咨询人编制。

3.1.2 采用工程量清单方式招标，工程量清单必须作为招标文件的组成部分，其准确性和完整性由招标人负责。

3.1.3 工程量清单是工程量清单计价的基础，应作为编制招标控制价、投标报价、计算工程量、支付工程款、调整合同价款、办理竣工结算以及工程索赔等的依据之一。

3.1.4 工程量清单应由分部分项工程量清单、措施项目清单、其他项目清单、规费项目清单、税金项目清单组成。

3.1.5 编制工程量清单应依据：

1 本规范；

2 国家或省级、行业建设主管部门颁发的计价依据和办法；

3 建设工程设计文件；

4 与建设工程项目有关的标准、规范、技术资料；

5 招标文件及其补充通知、答疑纪要；

6 施工现场情况、工程特点及常规施工方案；

7 其他相关资料。

3.2 分部分项工程量清单

3.2.1 分部分项工程量清单应包括项目编码、项目名称、项目特征、计量单位和工程量。

3.2.2 分部分项工程量清单应根据附录规定的项目编码、项目名称、项目特征、计量单位和工程量计算规则进行编制。

3.2.3 分部分项工程量清单的项目编码，应采用十二位阿拉伯数字表示。一至九位应按附录的规定设置，十至十二位应根据拟建工程的工程量清单项目名称设置，同一招标工程的项目编码不得有重码。

3.2.4 分部分项工程量清单的项目名称应按附录的项目名称结合拟建工程的实际确定。

3.2.5 分部分项工程量清单中所列工程量应按附录中规定的工程量计算规则计算。

3.2.6 分部分项工程量清单的计量单位应按附录中规定的计量单位确定。

3.2.7 分部分项工程量清单项目特征应按附录中规定的项目特征，结合拟建工程项目的实际予以描述。

3.2.8 编制工程量清单出现附录中未包括的项目，编制人应作补充，并报省级或行业工程造价管理机构备案，省级或行业工程造价管理机构应汇总报住房和城乡建设部标准定额研究所。

补充项目的编码由附录的顺序码与B和三位阿拉伯数字组成，并应从×B001起顺序编制，同一招标工程的项目不得重码。工程量清单中需附有补充项目的名称、项目特征、计量单位、工程量计算规则、工程内容。

3.3 措施项目清单

3.3.1 措施项目清单应根据拟建工程的实际情况列项。通用措施项目可按表3.3.1选择列项，专业工程的措施项目可按附录中规定的项目选择列项。若出现本规范未列的项目，可根据工程实际情况补充。

3.3.1 通用措施项目一览表

序号	项目名称
1	安全文明施工（含环境保护、文明施工、安全施工、临时设施）
2	夜间施工
3	二次搬运
4	冬雨季施工
5	大型机械设备进出场及安拆
6	施工排水
7	施工降水
8	地上、地下设施，建筑物的临时保护设施
9	已完工程及设备保护

3.3.2 措施项目中可以计算工程量的项目清单宜采用分部分项工程量清单的方式编制，列出项目编码、项目名称、项目特征、计量单位和工程量计算规则；不能计算工程量的项目清单，以“项”为计量单位。

3.4 其他项目清单

3.4.1 其他项目清单宜按照下列内容列项：

1 暂列金额；

2 暂估价：包括材料暂估单价、专业工程暂估价；

3 计日工；

4 总承包服务费。

3.4.2 出现本规范第3.4.1条未列的项目，可根据工程实际情况补充。

3.5 规费项目清单

3.5.1 规费项目清单应按照下列内容列项：

1 工程排污费；

2 工程定额测定费；

3 社会保障费：包括养老保险费、失业保险费、医疗保险费；

4 住房公积金；

5 危险作业意外伤害保险。

3.5.2 出现本规范第3.5.1条未列的项目，应根据省级政府或省级有关权力部门的规定列项。

3.6 税金项目清单

3.6.1 税金项目清单应包括下列内容：

1 营业税；

2 城市维护建设税；

3 教育费附加。

3.6.2 出现本规范第3.6.1条未列的项目，应根据税务部门的规定列项。

4 工程量清单计价

4.1 一般规定

4.1.1 采用工程量清单计价，建设工程造价由分部分项工程费、措施项目费、其他项目费、规费和税金组成。

4.1.2 分部分项工程量清单应采用综合单价计价。

4.1.3 招标文件中的工程量清单标明的工程量是投标人投标报价的共同基础，竣工结算的工程量按发、承包双方在合同中约定应予计量且实际完成的工程量确定。

4.1.4 措施项目清单计价应根据拟建工程的施工组织设计，可以计算工程量的措施项目，应按分部分项工程量清单的方式采用综合单价计价；其余的措施项目可以“项”为单位的方式计价，应包括除规费、税金外的全部费用。

4.1.5 措施项目清单中的安全文明施工费应按照国家或省级、行业建设主管部门的规定计价，不得作为竞争性费用。

4.1.6 其他项目清单应根据工程特点和本规范第4.2.6、4.3.6、4.8.6条的规定计价。

4.1.7 招标人在工程量清单中提供了暂估价的材料和专业工程属于依法必须招标的，由承包人和招标人共同通过招标确定材料单价与专业工程分包价。

若材料不属于依法必须招标的，经发、承包双方协商确认单价后计价。

若专业工程不属于依法必须招标的，由发包人、总承包人与分包人按有关计价依据进行计价。

4.1.8 规费和税金应按国家或省级、行业建设主管部门的规定计算，不得作为竞争性费用。

4.1.9 采用工程量清单计价的工程，应在招标文件或合同中明确风险内容及其范围（幅度），不得采用无限风险、所有风险或类似语句规定风险内容及其范围（幅度）。

4.2 招标控制价

4.2.1 国有资金投资的工程建设项目应实行工程量清单招标，并应编制招标控制价。招标控制价超过批准的概算时，招标人应将其报原概算审批部门审核。投标人的投标报价高于招标控制价的，其投标应予以拒绝。

4.2.2 招标控制价应由具有编制能力的招标人，或受其委托具有相应资质的工程造价咨询人编制。

4.2.3 招标控制价应根据下列依据编制：

1 本规范；

2 国家或省级、行业建设主管部门颁发的计价定额和计价办法；

3 建设工程设计文件及相关资料；

4 招标文件中的工程量清单及有关要求；

5 与建设项目相关的标准、规范、技术资料；

6 工程造价管理机构发布的工程造价信息；工程造价信息没有发布的参照市场价；

7 其他的相关资料。

4.2.4 分部分项工程费应根据招标文件中的分部分项工程量清单项目的特征描述及有关要求，按本规范第4.2.3条的规定确定综合单价计算。

综合单价中应包括招标文件中要求投标人承担的风险费用。

招标文件提供了暂估单价的材料，按暂估的单价计入综合单价。

4.2.5 措施项目费应根据招标文件中的措施项目清单按本规范第4.1.4、4.1.5和4.2.3条的规定计价。

4.2.6 其他项目费应按下列规定计价：

1 暂列金额应根据工程特点，按有关计价规定估算；

2 暂估价中的材料单价应根据工程造价信息或参照市场价格估算；暂估价中的专业工程金额应分不同专业，按有关计价规定估算；

3 计日工应根据工程特点和有关计价依据计算；

4 总承包服务费应根据招标文件列出的内容和

要求估算。

4.2.7 规费和税金应按本规范第4.1.8条的规定计算。

4.2.8 招标控制价应在招标时公布，不应上调或下浮，招标人应将招标控制价及有关资料报送工程所在地工程造价管理机构备查。

4.2.9 投标人经复核认为招标人公布的招标控制价未按照本规范的规定进行编制的，应在开标前5天向招投标监督机构或（和）工程造价管理机构投诉。

招投标监督机构应会同工程造价管理机构对投诉进行处理，发现确有错误的，应责成招标人修改。

4.3 投 标 价

4.3.1 除本规范强制性规定外，投标价由投标人自主确定，但不得低于成本。

投标价应由投标人或受其委托具有相应资质的工程造价咨询人编制。

4.3.2 投标人应按招标人提供的工程量清单填报价格。填写的项目编码、项目名称、项目特征、计量单位、工程量必须与招标人提供的一致。

4.3.3 投标报价应根据下列依据编制：

1 本规范；

2 国家或省级、行业建设主管部门颁发的计价办法；

3 企业定额，国家或省级、行业建设主管部门颁发的计价定额；

4 招标文件、工程量清单及其补充通知、答疑纪要；

5 建设工程设计文件及相关资料；

6 施工现场情况、工程特点及拟定的投标施工组织设计或施工方案；

7 与建设项目相关的标准、规范等技术资料；

8 市场价格信息或工程造价管理机构发布的工程造价信息；

9 其他的相关资料。

4.3.4 分部分项工程费应依据本规范第2.0.4条综合单价的组成内容，按招标文件中分部分项工程量清单项目的特征描述确定综合单价计算。

综合单价中应考虑招标文件中要求投标人承担的风险费用。

招标文件中提供了暂估单价的材料，按暂估的单价计入综合单价。

4.3.5 投标人可根据工程实际情况结合施工组织设计，对招标人所列的措施项目进行增补。

措施项目费应根据招标文件中的措施项目清单及投标时拟定的施工组织设计或施工方案按本规范第4.1.4条的规定自主确定。其中安全文明施工费应按照本规范第4.1.5条的规定确定。

4.3.6 其他项目费应按下列规定报价：

1 暂列金额应按招标人在其他项目清单中列出的金额填写；

2 材料暂估价应按招标人在其他项目清单中列出的单价计入综合单价；专业工程暂估价应按招标人在其他项目清单中列出的金额填写；

3 计日工按招标人在其他项目清单中列出的项目和数量，自主确定综合单价并计算计日工费用；

4 总承包服务费根据招标文件中列出的内容和提出的要求自主确定。

4.3.7 规费和税金应按本规范第4.1.8条的规定确定。

4.3.8 投标总价应当与分部分项工程费、措施项目费、其他项目费和规费、税金的合计金额一致。

4.4 工程合同价款的约定

4.4.1 实行招标的工程合同价款应在中标通知书发出之日起30天内，由发、承包双方依据招标文件和中标人的投标文件在书面合同中约定。

不实行招标的工程合同价款，在发、承包双方认可的工程价款基础上，由发、承包双方在合同中约定。

4.4.2 实行招标的工程，合同约定不得违背招、投标文件中关于工期、造价、质量等方面的实质性内容。招标文件与中标人投标文件不一致的地方，以投标文件为准。

4.4.3 实行工程量清单计价的工程，宜采用单价合同。

4.4.4 发、承包双方应在合同条款中对下列事项进行约定；合同中没有约定或约定不明的，由双方协商确定；协商不能达成一致的，按本规范执行。

1 预付工程款的数额、支付时间及抵扣方式；

2 工程计量与支付工程进度款的方式、数额及时间；

3 工程价款的调整因素、方法、程序、支付及时间；

4 索赔与现场签证的程序、金额确认与支付时间；

5 发生工程价款争议的解决方法及时间；

6 承担风险的内容、范围以及超出约定内容、范围的调整办法；

7 工程竣工价款结算编制与核对、支付及时间；

8 工程质量保证（保修）金的数额、预扣方式及时间；

9 与履行合同、支付价款有关的其他事项等。

4.5 工程计量与价款支付

4.5.1 发包人应按照合同约定支付工程预付款。支付的工程预付款，按照合同约定在工程进度款中抵扣。

4.5.2 发包人支付工程进度款，应按照合同约定计量和支付，支付周期同计量周期。

4.5.3 工程计量时，若发现工程量清单中出现漏项、工程量计算偏差，以及工程变更引起工程量的增减，应按承包人在履行合同义务过程中实际完成的工程量计算。

4.5.4 承包人应按照合同约定，向发包人递交已完工程量报告。发包人应在接到报告后按合同约定进行核对。

4.5.5 承包人应在每个付款周期末，向发包人递交进度款支付申请，并附相应的证明文件。除合同另有约定外，进度款支付申请应包括下列内容：

1 本周期已完成工程的价款；

2 累计已完成的工程价款；

3 累计已支付的工程价款；

4 本周期已完成计日工金额；

5 应增加和扣减的变更金额；

6 应增加和扣减的索赔金额；

7 应抵扣的工程预付款；

8 应扣减的质量保证金；

9 根据合同应增加和扣减的其他金额；

10 本付款周期实际应支付的工程价款。

4.5.6 发包人在收到承包人递交的工程进度款支付申请及相应的证明文件后，发包人应在合同约定时间内核对和支付工程进度款。发包人应扣回的工程预付款，与工程进度款同期结算抵扣。

4.5.7 发包人未在合同约定时间内支付工程进度款，承包人应及时向发包人发出要求付款的通知，发包人收到承包人通知后仍不按要求付款，可与承包人协商签订延期付款协议，经承包人同意后延期支付。协议应明确延期支付的时间和从付款申请生效后按同期银行贷款利率计算应付款的利息。

4.5.8 发包人不按合同约定支付工程进度款，双方又未达成延期付款协议，导致施工无法进行时，承包人可停止施工，由发包人承担违约责任。

4.6 索赔与现场签证

4.6.1 合同一方向另一方提出索赔时，应有正当的索赔理由和有效证据，并应符合合同的相关约定。

4.6.2 若承包人认为非承包人原因发生的事件造成了承包人的经济损失，承包人应在确认该事件发生后，按合同约定向发包人发出索赔通知。

发包人在收到最终索赔报告后并在合同约定时间内，未向承包人作出答复，视为该项索赔已经认可。

4.6.3 承包人索赔按下列程序处理：

1 承包人在合同约定的时间内向发包人递交费用索赔意向通知书；

2 发包人指定专人收集与索赔有关的资料；

3 承包人在合同约定的时间内向发包人递交费用索赔申请表；

4 发包人指定的专人初步审查费用索赔申请表，符合本规范第4.6.1条规定的条件时予以受理；

5 发包人指定的专人进行费用索赔核对，经造价工程师复核索赔金额后，与承包人协商确定并由发包人批准；

6 发包人指定的专人应在合同约定的时间内签署费用索赔审批表，或发出要求承包人提交有关索赔的进一步详细资料的通知，待收到承包人提交的详细资料后，按本条第4、5款的程序进行。

4.6.4 若承包人的费用索赔与工程延期索赔要求相关联时，发包人在作出费用索赔的批准决定时，应结合工程延期的批准，综合作出费用索赔和工程延期的决定。

4.6.5 若发包人认为由于承包人的原因造成额外损失，发包人应在确认引起索赔的事件后，按合同约定向承包人发出索赔通知。

承包人在收到发包人索赔通知后并在合同约定时间内，未向发包人作出答复，视为该项索赔已经认可。

4.6.6 承包人应发包人要求完成合同以外的零星工作或非承包人责任事件发生时，承包人应按合同约定及时向发包人提出现场签证。

4.6.7 发、承包双方确认的索赔与现场签证费用与工程进度款同期支付。

4.7 工程价款调整

4.7.1 招标工程以投标截止日前28天，非招标工程以合同签订前28天为基准日，其后国家的法律、法规、规章和政策发生变化影响工程造价的，应按省级或行业建设主管部门或其授权的工程造价管理机构发布的规定调整合同价款。

4.7.2 若施工中出现施工图纸（含设计变更）与工程量清单项目特征描述不符的，发、承包双方应按新的项目特征确定相应工程量清单项目的综合单价。

4.7.3 因分部分项工程量清单漏项或非承包人原因的工程变更，造成增加新的工程量清单项目，其对应的综合单价按下列方法确定：

1 合同中已有适用的综合单价，按合同中已有的综合单价确定；

2 合同中有类似的综合单价，参照类似的综合单价确定；

3 合同中没有适用或类似的综合单价，由承包人提出综合单价，经发包人确认后执行。

4.7.4 因分部分项工程量清单漏项或非承包人原因的工程变更，引起措施项目发生变化，造成施工组织设计或施工方案变更，原措施费中已有的措施项目，按原措施费的组价方法调整；原措施费中没有的措施项目，由承包人根据措施项目变更情况，提出适当的措施费变更，经发包人确认后调整。

4.7.5 因非承包人原因引起的工程量增减，该项工程量变化在合同约定幅度以内的，应执行原有的综合单价；该项工程量变化在合同约定幅度以外的，其综合单价及措施项目费应予以调整。

4.7.6 若施工期内市场价格波动超出一定幅度时，应按合同约定调整工程价款；合同没有约定或约定不明确的，应按省级或行业建设主管部门或其授权的工程造价管理机构的规定调整。

4.7.7 因不可抗力事件导致的费用，发、承包双方应按以下原则分别承担并调整工程价款。

1 工程本身的损害、因工程损害导致第三方人员伤亡和财产损失以及运至施工场地用于施工的材料和待安装的设备的损害，由发包人承担；

2 发包人、承包人人员伤亡由其所在单位负责，并承担相应费用；

3 承包人的施工机械设备损坏及停工损失，由承包人承担；

4 停工期间，承包人应发包人要求留在施工场地的必要的管理人员及保卫人员的费用，由发包人承担；

5 工程所需清理、修复费用，由发包人承担。

4.7.8 工程价款调整报告应由受益方在合同约定时间内向合同的另一方提出，经对方确认后调整合同价款。受益方未在合同约定时间内提出工程价款调整报告的，视为不涉及合同价款的调整。

收到工程价款调整报告的一方应在合同约定时间内确认或提出协商意见，否则，视为工程价款调整报告已经确认。

4.7.9 经发、承包双方确定调整的工程价款，作为追加（减）合同价款与工程进度款同期支付。

4.8 竣工结算

4.8.1 工程完工后，发、承包双方应在合同约定时间内办理工程竣工结算。

4.8.2 工程竣工结算由承包人或受其委托具有相应资质的工程造价咨询人编制，由发包人或受其委托具有相应资质的工程造价咨询人核对。

4.8.3 工程竣工结算应依据：

1 本规范；

2 施工合同；

3 工程竣工图纸及资料；

4 双方确认的工程量；

5 双方确认追加（减）的工程价款；

6 双方确认的索赔、现场签证事项及价款；

7 投标文件；

8 招标文件；

9 其他依据。

4.8.4 分部分项工程费应依据双方确认的工程量、合同约定的综合单价计算；如发生调整的，以发、承包双方确认调整的综合单价计算。

4.8.5 措施项目费应依据合同约定的项目和金额计算；如发生调整的，以发、承包双方确认调整的金额计算，其中安全文明施工费应按本规范第4.1.5条的规定计算。

4.8.6 其他项目费用应按下列规定计算：

1 计日工应按发包人实际签证确认的事项计算；

2 暂估价中的材料单价应按发、承包双方最终确认价在综合单价中调整；专业工程暂估价应按中标价或发包人、承包人与分包人最终确认价计算；

3 总承包服务费应依据合同约定金额计算，如发生调整的，以发、承包双方确认调整的金额计算；

4 索赔费用应依据发、承包双方确认的索赔事项和金额计算；

5 现场签证费用应依据发、承包双方签证资料确认的金额计算；

6 暂列金额应减去工程价款调整与索赔、现场签证金额计算，如有余额归发包人。

4.8.7 规费和税金应按本规范第4.1.8条的规定计算。

4.8.8 承包人应在合同约定时间内编制完成竣工结算书，并在提交竣工验收报告的同时递交给发包人。

承包人未在合同约定时间内递交竣工结算书，经发包人催促后仍未提供或没有明确答复的，发包人可以根据已有资料办理结算。

4.8.9 发包人在收到承包人递交的竣工结算书后，应按合同约定时间核对。

同一工程竣工结算核对完成，发、承包双方签字确认后，禁止发包人又要求承包人与另一个或多个工程造价咨询人重复核对竣工结算。

4.8.10 发包人或受其委托的工程造价咨询人收到承包人递交的竣工结算书后，在合同约定时间内，不核对竣工结算或未提出核对意见的，视为承包人递交的竣工结算书已经认可，发包人应向承包人支付工程结算价款。

承包人在接到发包人提出的核对意见后，在合同约定时间内，不确认也未提出异议的，视为发包人提出的核对意见已经认可，竣工结算办理完毕。

4.8.11 发包人应对承包人递交的竣工结算书签收，拒不签收的，承包人可以不交付竣工工程。

承包人未在合同约定时间内递交竣工结算书的，发包人要求交付竣工工程，承包人应当交付。

4.8.12 竣工结算办理完毕，发包人应将竣工结算书报送工程所在地工程造价管理机构备案。竣工结算书作为工程竣工验收备案、交付使用的必备文件。

4.8.13 竣工结算办理完毕，发包人应根据确认的竣工结算书在合同约定时间内向承包人支付工程竣工结算价款。

4.8.14 发包人未在合同约定时间内向承包人支付工程结算价款的，承包人可催告发包人支付结算价款。如达成延期支付协议的，发包人应按同期银行同类贷款利率支付拖欠工程价款的利息。如未达成延期支付协议，承包人可以与发包人协商将该工程折价，或申请人民法院将该工程依法拍卖，承包人就该工程折价或者拍卖的价款优先受偿。

4.9 工程计价争议处理

4.9.1 在工程计价中，对工程造价计价依据、办法以及相关政策规定发生争议事项的，由工程造价管理机构负责解释。

4.9.2 发包人以对工程质量有异议，拒绝办理工程竣工结算的，已竣工验收或已竣工未验收但实际投入使用的工程，其质量争议按该工程保修合同执行，竣工结算按合同约定办理；已竣工未验收且未实际投入使用的工程以及停工、停建工程的质量争议，双方应就有争议的部分委托有资质的检测鉴定机构进行检测，根据检测结果确定解决方案，或按工程质量监督机构的处理决定执行后办理竣工结算，无争议部分的竣工结算按合同约定办理。

4.9.3 发、承包双方发生工程造价合同纠纷时，应通过下列办法解决：

1 双方协商；

2 提请调解，工程造价管理机构负责调解工程造价问题；

3 按合同约定向仲裁机构申请仲裁或向人民法院起诉。

4.9.4 在合同纠纷案件处理中，需作工程造价鉴定的，应委托具有相应资质的工程造价咨询人进行。

5 工程量清单计价表格

5.1 计价表格组成

5.1.1 封面：

1 工程量清单：封-1

2 招标控制价：封-2

3 投标总价：封-3

4 竣工结算总价：封-4

5.1.2 总说明：表-01

5.1.3 汇总表：

1 工程项目招标控制价/投标报价汇总表：表-02

2 单项工程招标控制价/投标报价汇总表：表-03

3 单位工程招标控制价/投标报价汇总表：表-04

4 工程项目竣工结算汇总表：表-05

5 单项工程竣工结算汇总表：表-06

6 单位工程竣工结算汇总表：表-07

5.1.4 分部分项工程量清单表：

1 分部分项工程量清单与计价表：表-08

2 工程量清单综合单价分析表：表-09

5.1.5 措施项目清单表：

1 措施项目清单与计价表(一)：表-10

2 措施项目清单与计价表(二)：表-11

5.1.6 其他项目清单表：

1 其他项目清单与计价汇总表：表-12

2 暂列金额明细表：表-12-1

3 材料暂估单价表：表-12-2

4 专业工程暂估价表：表-12-3

5 计日工表：表-12-4

6 总承包服务费计价表：表-12-5

7 索赔与现场签证计价汇总表：表-12-6

8 费用索赔申请(核准)表：表-12-7

9 现场签证表：表-12-8

5.1.7 规费、税金项目清单与计价表：表-13

5.1.8 工程款支付申请(核准)表：表-14

____________________工程

工 程 量 清 单

招 标 人：__________ (单位盖章)	工程造价 咨 询 人：__________ (单位资质专用章)
法定代表人 或其授权人：__________ (签字或盖章)	法定代表人 或其授权人：__________ (签字或盖章)
编 制 人：__________ (造价人员签字盖专用章)	复 核 人：__________ (造价工程师签字盖专用章)
编制时间： 年 月 日	复核时间： 年 月 日

封-1

______________工程

招标控制价

招标控制价(小写)：______________

(大写)：______________

招　标　人：______________
(单位盖章)

工程造价
咨　询　人：______________
(单位资质专用章)

法定代表人
或其授权人：______________
(签字或盖章)

法定代表人
或其授权人：______________
(签字或盖章)

编　制　人：______________
(造价人员签字盖专用章)

复　核　人：______________
(造价工程师签字盖专用章)

编制时间：　　年　　月　　日

复核时间：　　年　　月　　日

封-2

投标总价

招　　标　　人：______________

工　程　名　称：______________

投标总价(小写)：______________

(大写)：______________

投　标　人：______________
(单位盖章)

法定代表人
或其授权人：______________
(签字或盖章)

编　制　人：______________
(造价人员签字盖专用章)

编制时间：　　年　　月　　日

封-3

________________工程

竣工结算总价

中标价(小写)：________________ (大写)：________________

结算价(小写)：________________ (大写)：________________

发　包　人：________ (单位盖章)

承　包　人：________ (单位盖章)

工程造价
咨　询　人：________ (单位资质专用章)

法定代表人
或其授权人：________ (签字或盖章)

法定代表人
或其授权人：________ (签字或盖章)

法定代表人
或其授权人：________ (签字或盖章)

编　制　人：________________ (造价人员签字盖专用章)

核　对　人：________________ (造价工程师签字盖专用章)

编制时间：　　年　　月　　日

核对时间：　　年　　月　　日

封-4

总　说　明

工程名称：　　　　　　　　　　　　第　页共　页

表-01

工程项目招标控制价/投标报价汇总表

工程名称：　　　　　　　　　　　　　　　　　　　　　　　　　　第　页共　页

序号	单项工程名称	金额(元)	其　中		
			暂估价（元）	安全文明施工费(元)	规费（元）
合　计					

注：本表适用于工程项目招标控制价或投标报价的汇总。

表-02

单项工程招标控制价/投标报价汇总表

工程名称：　　　　　　　　　　　　　　　　　　　　　　　　　　第　页共　页

序号	单位工程名称	金额(元)	其　中		
			暂估价（元）	安全文明施工费(元)	规费（元）
合　计					

注：本表适用于单项工程招标控制价或投标报价的汇总。暂估价包括分部分项工程中的暂估价和专业工程暂估价。

表-03

单位工程招标控制价/投标报价汇总表

工程名称：　　　　　　　　　　　　标段：　　　　　　　　　　　　第　页共　页

序号	汇 总 内 容	金额(元)	其中:暂估价(元)
1	分部分项工程		
1.1			
1.2			
1.3			
1.4			
1.5			
2	措施项目		—
2.1	安全文明施工费		—
3	其他项目		—
3.1	暂列金额		—
3.2	专业工程暂估价		—
3.3	计日工		—
3.4	总承包服务费		—
4	规费		—
5	税金		—
招标控制价合计=1+2+3+4+5			

注：本表适用于单位工程招标控制价或投标报价的汇总，如无单位工程划分，单项工程也使用本表汇总。

表-04

工程项目竣工结算汇总表

工程名称：　　　　　　　　　　　　　　　　　　　　　　第　页共　页

序号	单项工程名称	金额(元)	其中	
			安全文明施工费(元)	规费(元)
合　计				

表-05

单项工程竣工结算汇总表

工程名称：　　　　　　　　　　　　　　　　　　　　　　　　　　　　第　页共　页

序号	单位工程名称	金额(元)	其　中	
			安全文明施工费(元)	规费(元)
合　计				

表-06

单位工程竣工结算汇总表

工程名称：　　　　　　　　　　标段：　　　　　　　　　　第　页共　页

序号	汇 总 内 容	金　额(元)
1	分部分项工程	
1.1		
1.2		
1.3		
1.4		
1.5		
2	措施项目	
2.1	安全文明施工费	
3	其他项目	
3.1	专业工程结算价	
3.2	计日工	
3.3	总承包服务费	
3.4	索赔与现场签证	
4	规费	
5	税金	
竣工结算总价合计=1+2+3+4+5		

注：如无单位工程划分，单项工程也使用本表汇总。

表-07

分部分项工程量清单与计价表

工程名称：　　　　　　　　　　　　　　　　　标段：　　　　　　　　　　　　　　　第　页共　页

序号	项目编码	项目名称	项目特征描述	计量单位	工程量	金额(元)		
						综合单价	合价	其中:暂估价
本页小计								
合　计								

注：根据建设部、财政部发布的《建筑安装工程费用组成》（建标［2003］206号）的规定，为计取规费等的使用，可在表中增设其中："直接费"、"人工费"或"人工费＋机械费"。

表-08

工程量清单综合单价分析表

工程名称：　　　　　　　　　　　　　　　　　标段：　　　　　　　　　　　　　　　第　页共　页

项目编码				项目名称				计量单位			
清单综合单价组成明细											
定额编号	定额名称	定额单位	数量	单价				合价			
				人工费	材料费	机械费	管理费和利润	人工费	材料费	机械费	管理费和利润
人工单价		小　计									
元/工日		未计价材料费									
清单项目综合单价											
材料费明细	主要材料名称、规格、型号				单位	数量	单价(元)	合价(元)	暂估单价(元)	暂估合价(元)	
	其他材料费					—		—			
	材料费小计					—		—			

注：1. 如不使用省级或行业建设主管部门发布的计价依据，可不填定额项目、编号等。

2. 招标文件提供了暂估单价的材料，按暂估的单价填入表内"暂估单价"栏及"暂估合价"栏。

表-09

措施项目清单与计价表(一)

工程名称：　　　　　　　　　　　　标段：　　　　　　　　　　　　第　页共　页

序号	项目名称	计算基础	费　率(%)	金　额(元)
1	安全文明施工费			
2	夜间施工费			
3	二次搬运费			
4	冬雨季施工			
5	大型机械设备进出场及安拆费			
6	施工排水			
7	施工降水			
8	地上、地下设施、建筑物的临时保护设施			
9	已完工程及设备保护			
10	各专业工程的措施项目			
11				
12				
合　计				

注：1. 本表适用于以“项”计价的措施项目。

2. 根据建设部、财政部发布的《建筑安装工程费用组成》（建标［2003］206号）的规定，“计算基础”可为“直接费”、“人工费”或“人工费＋机械费”。

表-10

措施项目清单与计价表(二)

工程名称：　　　　　　　　　　　　标段：　　　　　　　　　　　　第　页共　页

序号	项目编码	项目名称	项目特征描述	计量单位	工程量	金　额(元)	
						综合单价	合价
本页小计							
合　计							

注：本表适用于以综合单价形式计价的措施项目。

表-11

其他项目清单与计价汇总表

工程名称：　　　　　　　　　　　　　　标段：　　　　　　　　　　　　第　页共　页

序号	项目名称	计量单位	金额（元）	备注
1	暂列金额			明细详见表-12-1
2	暂估价			
2.1	材料暂估价		—	明细详见表-12-2
2.2	专业工程暂估价			明细详见表-12-3
3	计日工			明细详见表-12-4
4	总承包服务费			明细详见表-12-5
5				
合计				—

注：材料暂估单价进入清单项目综合单价，此处不汇总。

表-12

暂列金额明细表

工程名称：　　　　　　　　　　　　　　标段：　　　　　　　　　　　　第　页共　页

序号	项目名称	计量单位	暂定金额(元)	备注
1				
2				
3				
4				
5				
6				
7				
8				
9				
10				
11				
合计				—

注：此表由招标人填写，如不能详列，也可只列暂定金额总额，投标人应将上述暂列金额计入投标总价中。

表-12-1

材料暂估单价表

工程名称：　　　　　　　　　　　　　　标段：　　　　　　　　　　　　第　页共　页

序号	材料名称、规格、型号	计量单位	单价(元)	备注

注：1. 此表由招标人填写，并在备注栏说明暂估价的材料拟用在哪些清单项目上，投标人应将上述材料暂估单价计入工程量清单综合单价报价中。

2. 材料包括原材料、燃料、构配件以及按规定应计入建筑安装工程造价的设备。

表-12-2

专业工程暂估价表

工程名称：　　　　　　　　　　　　　　标段：　　　　　　　　　　　　第　页共　页

序号	工 程 名 称	工程内容	金额(元)	备注
	合　　计			—

注：此表由招标人填写，投标人应将上述专业工程暂估价计入投标总价中。

表-12-3

计日工表

工程名称： 标段： 第 页共 页

编号	项目名称	单位	暂定数量	综合单价	合价
一	人　工				
1					
2					
3					
4					
	人工小计				
二	材　料				
1					
2					
3					
4					
5					
6					
	材料小计				
三	施工机械				
1					
2					
3					
4					
	施工机械小计				
	总　计				

注：此表项目名称、数量由招标人填写，编制招标控制价时，单价由招标人按有关计价规定确定；投标时，单价由投标人自主报价，计入投标总价中。

表-12-4

总承包服务费计价表

工程名称： 标段： 第 页共 页

序号	项目名称	项目价值(元)	服务内容	费率(%)	金额(元)
1	发包人发包专业工程				
2	发包人供应材料				
	合　计				

表-12-5

索赔与现场签证计价汇总表

工程名称：　　　　　　　　　　　　　　　　标段：　　　　　　　　　　　　　　第　页共　页

序号	签证及索赔项目名称	计量单位	数量	单价(元)	合价(元)	索赔及签证依据
本页小计						—
合　计						—

注：签证及索赔依据是指经双方认可的签证单和索赔依据的编号。

表-12-6

费用索赔申请(核准)表

工程名称：　　　　　　　　　　　　　　　　标段：　　　　　　　　　　　　　　编号：

致：____(发包人全称)

根据施工合同条款第_____条的约定，由于__________原因，我方要求索赔金额(大写)__________元，(小写)__________元，请予核准。

附：1. 费用索赔的详细理由和依据：

2. 索赔金额的计算：

3. 证明材料：

承包人(章)

承包人代表__________

日　　期__________

复核意见：	复核意见：
根据施工合同条款第_______条的约定，你方提出的费用索赔申请经复核： □不同意此项索赔，具体意见见附件。 □同意此项索赔，索赔金额的计算，由造价工程师复核。 监理工程师__________ 日　　期__________	根据施工合同条款第_______条的约定，你方提出的费用索赔申请经复核，索赔金额为(大写)__________元，(小写)__________元。 造价工程师__________ 日　　期__________

审核意见：

□不同意此项索赔。

□同意此项索赔，与本期进度款同期支付。

发包人(章)

发包人代表__________

日　　期__________

注：1. 在选择栏中的“□”内作标识“√”。

2. 本表一式四份，由承包人填报，发包人、监理人、造价咨询人、承包人各存一份。

表-12-7

现 场 签 证 表

工程名称：　　　　　　　　　　　　　　　　标段：　　　　　　　　　　　　　　　　编号：

施工部位		日期	

致：____（发包人全称）

根据________（指令人姓名）　年　月　日的口头指令或你方________（或监理人）　年　月　日的书面通知，我方要求完成此项工作应支付价款金额为（大写）____________元，（小写）____________元，请予核准。

附：1. 签证事由及原因：

2. 附图及计算式：

承包人（章）
承包人代表__________
日　　期__________

复核意见：

你方提出的此项签证申请经复核：

□不同意此项签证，具体意见见附件。

□同意此项签证，签证金额的计算，由造价工程师复核。

监理工程师__________
日　　期__________

复核意见：

□此项签证按承包人中标的计日工单价计算，金额为（大写）__________元，（小写）__________元。

□此项签证因无计日工单价，金额为（大写）__________元，（小写）__________元。

造价工程师__________
日　　期__________

审核意见：

□不同意此项签证。

□同意此项签证，价款与本期进度款同期支付。

发包人（章）
发包人代表__________
日　　期__________

注：1. 在选择栏中的“□”内作标识“√”。

2. 本表一式四份，由承包人在收到发包人（监理人）的口头或书面通知后填写，发包人、监理人、造价咨询人、承包人各存一份。

表-12-8

规费、税金项目清单与计价表

工程名称：　　　　　　　　　　　　　　　　标段：　　　　　　　　　　　　　　　　第　页共　页

序号	项目名称	计算基础	费率（%）	金额（元）
1	规费			
1.1	工程排污费			
1.2	社会保障费			
(1)	养老保险费			
(2)	失业保险费			
(3)	医疗保险费			
1.3	住房公积金			
1.4	危险作业意外伤害保险			
1.5	工程定额测定费			
2	税金	分部分项工程费＋措施项目费＋其他项目费＋规费		
合计				

注：根据建设部、财政部发布的《建筑安装工程费用组成》（建标［2003］206号）的规定，“计算基础”可为“直接费”、“人工费”或“人工费＋机械费”。

表-13

工程款支付申请(核准)表

工程名称：　　　　　　　　　　　　　　　　　标段：　　　　　　　　　　　　　　　　　编号：

致：＿＿＿＿＿＿＿＿＿＿＿＿＿＿＿＿＿＿＿＿＿＿＿＿＿＿＿＿＿＿＿＿＿（发包人全称）

我方于＿＿＿＿至＿＿＿＿期间已完成了＿＿＿＿＿＿工作，根据施工合同的约定，现申请支付本期的工程款额为（大写）＿＿＿＿＿＿元，（小写）＿＿＿＿＿＿元，请予核准。

序号	名　称	金额(元)	备注
1	累计已完成的工程价款		
2	累计已实际支付的工程价款		
3	本周期已完成的工程价款		
4	本周期完成的计日工金额		
5	本周期应增加和扣减的变更金额		
6	本周期应增加和扣减的索赔金额		
7	本周期应抵扣的预付款		
8	本周期应扣减的质保金		
9	本周期应增加或扣减的其他金额		
10	本周期实际应支付的工程价款		

承包人（章）

承包人代表＿＿＿＿＿＿

日　　期＿＿＿＿＿＿

复核意见：

□与实际施工情况不相符，修改意见见附件。

□与实际施工情况相符，具体金额由造价工程师复核。

监理工程师＿＿＿＿＿＿

日　　期＿＿＿＿＿＿

复核意见：

你方提出的支付申请经复核，本期间已完成工程款额为（大写）＿＿＿＿＿＿元，（小写）＿＿＿＿＿＿元，本期间应支付金额为（大写）＿＿＿＿＿＿元，（小写）＿＿＿＿＿＿元。

造价工程师＿＿＿＿＿＿

日　　期＿＿＿＿＿＿

审核意见：

□不同意。

□同意，支付时间为本表签发后的15天内。

发包人（章）

发包人代表＿＿＿＿＿＿

日　　期＿＿＿＿＿＿

注：1. 在选择栏中的“□”内作标识“✓”。
2. 本表一式四份，由承包人填报，发包人、监理人、造价咨询人、承包人各存一份。

表-14

5.2　计价表格使用规定

5.2.1　工程量清单与计价宜采用统一格式。各省、自治区、直辖市建设行政主管部门和行业建设主管部门可根据本地区、本行业的实际情况，在本规范计价表格的基础上补充完善。

5.2.2　工程量清单的编制应符合下列规定：

1　工程量清单编制使用表格包括：封-1、表-01、表-08、表-10、表-11、表-12（不含表-12-6～表-12-8）、表-13。

2　封面应按规定的内容填写、签字、盖章，造价员编制的工程量清单应有负责审核的造价工程师签字、盖章。

3　总说明应按下列内容填写：

1）工程概况：建设规模、工程特征、计划工期、施工现场实际情况、自然地理条件、环境保护要求等。

2）工程招标和分包范围。

3）工程量清单编制依据。

4）工程质量、材料、施工等的特殊要求。

5）其他需要说明的问题。

5.2.3　招标控制价、投标报价、竣工结算的编制应符合下列规定：

1　使用表格：

1）招标控制价使用表格包括：封-2、表-01、表-02、表-03、表-04、表-08、表-09、表-

10、表-11、表-12（不含表-12-6～表-12-8）、表-13。

2）投标报价使用的表格包括：封-3、表-01、表-02、表-03、表-04、表-08、表-09、表-10、表-11、表-12（不含表-12-6～表-12-8）、表-13。

3）竣工结算使用的表格包括：封-4、表-01、表-05、表-06、表-07、表-08、表-09、表-10、表-11、表-12、表-13、表-14。

2 封面应按规定的内容填写、签字、盖章，除承包人自行编制的投标报价和竣工结算外，受委托编制的招标控制价、投标报价、竣工结算若为造价员编制的，应有负责审核的造价工程师签字、盖章以及工程造价咨询人盖章。

3 总说明应按下列内容填写：

1）工程概况：建设规模、工程特征、计划工期、合同工期、实际工期、施工现场及变化情况、施工组织设计的特点、自然地理条件、环境保护要求等。

2）编制依据等。

5.2.4 投标人应按招标文件的要求，附工程量清单综合单价分析表。

5.2.5 工程量清单与计价表中列明的所有需要填写的单价和合价，投标人均应填写，未填写的单价和合价，视为此项费用已包含在工程量清单的其他单价和合价中。

附录A 建筑工程工程量清单项目及计算规则

一、实 体 项 目

A.1 土（石）方工程

A.1.1 土方工程。工程量清单项目设置及工程量计算规则，应按表A.1.1的规定执行。

表A.1.1 土方工程（编码：010101）

项目编码	项目名称	项目特征	计量单位	工程量计算规则	工程内容
010101001	平整场地	1. 土壤类别 2. 弃土运距 3. 取土运距	m^2	按设计图示尺寸以建筑物首层面积计算	1. 土方挖填 2. 场地找平 3. 运输
010101002	挖土方	1. 土壤类别 2. 挖土平均厚度 3. 弃土运距	m^3	按设计图示尺寸以体积计算	1. 排地表水 2. 土方开挖 3. 挡土板支拆 4. 截桩头 5. 基底钎探 6. 运输
010101003	挖基础土方	1. 土壤类别 2. 基础类型 3. 垫层底宽、底面积 4. 挖土深度 5. 弃土运距		按设计图示尺寸以基础垫层底面积乘以挖土深度计算	
010101004	冻土开挖	1. 冻土厚度 2. 弃土运距		按设计图示尺寸开挖面积乘以厚度以体积计算	1. 打眼、装药、爆破 2. 开挖 3. 清理 4. 运输
010101005	挖淤泥、流砂	1. 挖掘深度 2. 弃淤泥、流砂距离		按设计图示位置、界限以体积计算	1. 挖淤泥、流砂 2. 弃淤泥、流砂
010101006	管沟土方	1. 土壤类别 2. 管外径 3. 挖沟平均深度 4. 弃土运距 5. 回填要求	m	按设计图示以管道中心线长度计算	1. 排地表水 2. 土方开挖 3. 挡土板支拆 4. 运输 5. 回填

A.1.2 石方工程。工程量清单项目设置及工程量计算规则，应按表A.1.2的规定执行。

表A.1.2 石方工程（编码：010102）

项目编码	项目名称	项目特征	计量单位	工程量计算规则	工程内容
010102001	预裂爆破	1. 岩石类别 2. 单孔深度 3. 单孔装药量 4. 炸药品种、规格 5. 雷管品种、规格	m	按设计图示以钻孔总长度计算	1. 打眼、装药、放炮 2. 处理渗水、积水 3. 安全防护、警卫
010102002	石方开挖	1. 岩石类别 2. 开凿深度 3. 弃碴运距 4. 光面爆破要求 5. 基底摊座要求 6. 爆破石块直径要求	m^3	按设计图示尺寸以体积计算	1. 打眼、装药、放炮 2. 处理渗水、积水 3. 解小 4. 岩石开凿 5. 摊座 6. 清理 7. 运输 8. 安全防护、警卫
010102003	管沟石方	1. 岩石类别 2. 管外径 3. 开凿深度 4. 弃碴运距 5. 基底摊座要求 6. 爆破石块直径要求	m	按设计图示以管道中心线长度计算	1. 石方开凿、爆破 2. 处理渗水、积水 3. 解小 4. 摊座 5. 清理、运输、回填 6. 安全防护、警卫

A.1.3 土石方运输与回填。工程量清单项目设置及工程量计算规则，应按表A.1.3的规定执行。

表A.1.3 土石方回填（编码：010103）

项目编码	项目名称	项目特征	计量单位	工程量计算规则	工程内容
010103001	土（石）方回填	1. 土质要求 2. 密实度要求 3. 粒径要求 4. 夯填（碾压） 5. 松填 6. 运输距离	m^3	按设计图示尺寸以体积计算 注：1. 场地回填：回填面积乘以平均回填厚度 2. 室内回填：主墙间净面积乘以回填厚度 3. 基础回填：挖方体积减去设计室外地坪以下埋设的基础体积（包括基础垫层及其他构筑物）	1. 挖土（石）方 2. 装卸、运输 3. 回填 4. 分层碾压、夯实

A.1.4 其他相关问题应按下列规定处理：

1 土壤及岩石的分类应按表A.1.4-1确定。

表 A.1.4-1 土壤及岩石（普氏）分类表

土石分类	普氏分类	土壤及岩石名称	天然湿度下平均容量（kg/m³）	极限压碎强度（kg/cm²）	用轻钻孔机钻进1m耗时（min）	开挖方法及工具	紧固系数 f
一、二类土壤	Ⅰ	砂 砂壤土 腐殖土 泥炭	1500 1600 1200 600			用尖锹开挖	0.5～0.6
	Ⅱ	轻壤和黄土类土 潮湿而松散的黄土，软的盐渍土和碱土 平均15mm以内的松散而软的砾石 含有草根的密实腐殖土 含有直径在30mm以内根类的泥炭和腐殖土 掺有卵石、碎石和石屑的砂和腐殖土 含有卵石或碎石杂质的胶结成块的填土 含有卵石、碎石和建筑料杂质的砂壤土	1600 1600 1700 1400 1100 1650 1750 1900			用锹开挖并少数用镐开挖	0.6～0.8
三类土壤	Ⅲ	肥黏土其中包括石炭纪、侏罗纪的黏土和冰黏土 重壤土、粗砾石，粒径为15～40mm的碎石和卵石 干黄土和掺有碎石或卵石的自然含水量黄土 含有直径大于30mm根类的腐殖土或泥炭 掺有碎石或卵石和建筑碎料的土壤	1800 1750 1790 1400 1900			用尖锹并同时用镐开挖（30%）	0.8～1.0
四类土壤	Ⅳ	土含碎石重黏土其中包括侏罗纪和石英纪的硬黏土 含有碎石、卵石、建筑碎料和重达25kg的顽石（总体积10%以内）等杂质的肥黏土和重壤土 冰渍黏土，含有重量在50kg以内的巨砾，其含量为总体积10%以内 泥板岩 不含或含有重量达10kg的顽石	1950 1950 2000 2000 1950			用尖锹并同时用镐和撬棍开挖（30%）	1.0～1.5
松石	Ⅴ	含有重量在50kg以内的巨砾（占体积10%以上）的冰渍石 矽藻岩和软白垩岩 胶结力弱的砾岩 各种不坚实的片岩 石膏	2100 1800 1900 2600 2200	小于200	小于3.5	部分用手凿工具，部分用爆破开挖	1.5～2.0

续表 A.1.4-1

土石分类	普氏分类	土壤及岩石名称	天然湿度下平均容量（kg/m³）	极限压碎强度（kg/cm²）	用轻钻孔机钻进1m耗时（min）	开挖方法及工具	紧固系数 f
次坚石	Ⅵ	凝灰岩和浮石 松软多孔和裂隙严重的石灰岩和介质石灰岩 中等硬变的片岩 中等硬变的泥灰岩	1100 1200 2700 2300	200～400	3.5	用风镐和爆破法开挖	2～4
	Ⅶ	石灰石胶结的带有卵石和沉积岩的砾石 风化的和有大裂缝的黏土质砂岩 坚实的泥板岩 坚实的泥灰岩	2200 2000 2800 2500	400～600	6.0		4～6
	Ⅷ	砾质花岗岩 泥灰质石灰岩 黏土质砂岩 砂质云母片岩 硬石膏	2300 2300 2200 2300 2900	600～800	8.5		6～8
普坚石	Ⅸ	严重风化的软弱的花岗岩、片麻岩和正长岩 滑石化的蛇纹岩 致密的石灰岩 含有卵石、沉积岩的渣质胶结的砾岩 砂岩 砂质石灰质片岩 菱镁矿	2500 2400 2500 2500 2500 2500 3000	800～1000	11.5		8～10
	Ⅹ	白云石 坚固的石灰岩 大理石 石灰胶结的致密砾石 坚固砂质片岩	2700 2700 2700 2600 2600	1000～1200	15.0	用爆破方法开挖	10～12
	Ⅺ	粗花岗岩 非常坚硬的白云岩 蛇纹岩 石灰质胶结的含有火成岩之卵石的砾石 石英胶结的坚固砂岩 粗粒正长岩	2800 2900 2600 2800 2700 2700	1200～1400	18.5		12～14
	Ⅻ	具有风化痕迹的安山岩和玄武岩 片麻岩 非常坚固的石灰岩 硅质胶结的含有火成岩之卵石的砾岩 粗石岩	2700 2600 2900 2900 2600	1400～1600	22.0		14～16
	XIII	中粒花岗岩 坚固的片麻岩 辉绿岩 玢岩 坚固的粗面岩 中粒正长岩	3100 2800 2700 2500 2800 2800	1600～1800	27.5		16～18

续表 A.1.4-1

土石分类	普氏分类	土壤及岩石名称	天然湿度下平均容量（kg/m³）	极限压碎强度（kg/cm²）	用轻钻孔机钻进 1m 耗时（min）	开挖方法及工具	紧固系数 f
普坚石	XIV	非常坚硬的细粒花岗岩 花岗岩麻岩 闪长岩 高硬度的石灰岩 坚固的玢岩	3300 2900 2900 3100 2700	1800～2000	32.5	用爆破方法开挖	18～20
	XV	安山岩、玄武岩、坚固的角页岩 高硬度的辉绿岩和闪长岩 坚固的辉长岩和石英岩	3100 2900 2800	2000～2500	46.0		20～25
	XVI	拉长玄武岩和橄榄玄武岩 特别坚固的辉长辉绿岩、石英石和玢岩	3300 3300	大于 2500	大于 60		大于 25

2 土石方体积应按挖掘前的天然密实体积计算。如需按天然密实体积折算时，应按表 A.1.4-2 系数计算。

表 A.1.4-2 土石方体积折算系数表

天然密实度体积	虚方体积	夯实后体积	松填体积
1.00	1.30	0.87	1.08
0.77	1.00	0.67	0.83
1.15	1.49	1.00	1.24
0.93	1.20	0.81	1.00

3 挖土方平均厚度应按自然地面测量标高至设计地坪标高间的平均厚度确定。基础土方、石方开挖深度应按基础垫层底表面标高至交付施工场地标高确定，无交付施工场地标高时，应按自然地面标高确定。

4 建筑物场地厚度在±30cm 以内的挖、填、运、找平，应按 A.1.1 中平整场地项目编码列项。±30cm以外的竖向布置挖土或山坡切土，应按 A.1.1 中挖土方项目编码列项。

5 挖基础土方包括带形基础、独立基础、满堂基础（包括地下室基础）及设备基础、人工挖孔桩等的挖方。带形基础应按不同底宽和深度，独立基础和满堂基础应按不同底面积和深度分别编码列项。

6 管沟土（石）方工程量应按设计图示尺寸以长度计算。有管沟设计时，平均深度以沟垫层底表面标高至交付施工场地标高计算；无管沟设计时，直埋管深度应按管底外表面标高至交付施工场地标高的平均高度计算。

7 设计要求采用减震孔方式减弱爆破震动波时，应按 A.1.2 中预裂爆破项目编码列项。

8 湿土的划分应按地质资料提供的地下常水位为界，地下常水位以下为湿土。

9 挖方出现流砂、淤泥时，可根据实际情况由发包人与承包人双方认证。

A.2 桩与地基基础工程

A.2.1 混凝土桩。工程量清单项目设置及工程量计算规则，应按表 A.2.1 的规定执行。

表 A.2.1 混凝土桩（编码：010201）

项目编码	项目名称	项目特征	计量单位	工程量计算规则	工程内容
010201001	预制钢筋混凝土桩	1. 土壤级别 2. 单桩长度、根数 3. 桩截面 4. 板桩面积 5. 管桩填充材料种类 6. 桩倾斜度 7. 混凝土强度等级 8. 防护材料种类	m/根	按设计图示尺寸以桩长（包括桩尖）或根数计算	1. 桩制作、运输 2. 打桩、试验桩、斜桩 3. 送桩 4. 管桩填充材料、刷防护材料 5. 清理、运输

续表 A.2.1

项目编码	项目名称	项目特征	计量单位	工程量计算规则	工程内容
010201002	接桩	1. 桩截面 2. 接头长度 3. 接桩材料	个/m	按设计图示规定以接头数量（板桩按接头长度）计算	1. 桩制作、运输 2. 接桩、材料运输
010201003	混凝土灌注桩	1. 土壤级别 2. 单桩长度、根数 3. 桩截面 4. 成孔方法 5. 混凝土强度等级	m/根	按设计图示尺寸以桩长（包括桩尖）或根数计算	1. 成孔、固壁 2. 混凝土制作、运输、灌注、振捣、养护 3. 泥浆池及沟槽砌筑、拆除 4. 泥浆制作、运输 5. 清理、运输

A.2.2 其他桩。工程量清单项目设置及工程量计算规则，应按表 A.2.2 的规定执行。

表 A.2.2 其他桩（编码：010202）

项目编码	项目名称	项目特征	计量单位	工程量计算规则	工程内容
010202001	砂石灌注桩	1. 土壤级别 2. 桩长 3. 桩截面 4. 成孔方法 5. 砂石级配	m	按设计图示尺寸以桩长（包括桩尖）计算	1. 成孔 2. 砂石运输 3. 填充 4. 振实
010202002	灰土挤密桩	1. 土壤级别 2. 桩长 3. 桩截面 4. 成孔方法 5. 灰土级配			1. 成孔 2. 灰土拌和、运输 3. 填充 4. 夯实
010202003	旋喷桩	1. 桩长 2. 桩截面 3. 水泥强度等级			1. 成孔 2. 水泥浆制作、运输 3. 水泥浆旋喷
010202004	喷粉桩	1. 桩长 2. 桩截面 3. 粉体种类 4. 水泥强度等级 5. 石灰粉要求			1. 成孔 2. 粉体运输 3. 喷粉固化

A.2.3 地基与边坡处理。工程量清单项目设置及工程量计算规则，应按表 A.2.3 的规定执行。

表 A.2.3 地基与边坡处理（编码：010203）

项目编码	项目名称	项目特征	计量单位	工程量计算规则	工程内容
010203001	地下连续墙	1. 墙体厚度 2. 成槽深度 3. 混凝土强度等级	m^3	按设计图示墙中心线长乘以厚度乘以槽深以体积计算	1. 挖土成槽、余土运输 2. 导墙制作、安装 3. 锁口管吊拔 4. 浇注混凝土连续墙 5. 材料运输
010203002	振冲灌注碎石	1. 振冲深度 2. 成孔直径 3. 碎石级配		按设计图示孔深乘以孔截面积以体积计算	1. 成孔 2. 碎石运输 3. 灌注、振实

续表 A.2.3

项目编码	项目名称	项目特征	计量单位	工程量计算规则	工程内容
010203003	地基强夯	1. 夯击能量 2. 夯击遍数 3. 地耐力要求 4. 夯填材料种类	m^2	按设计图示尺寸以面积计算	1. 铺夯填材料 2. 强夯 3. 夯填材料运输
010203004	锚杆支护	1. 锚孔直径 2. 锚孔平均深度 3. 锚固方法、浆液种类 4. 支护厚度、材料种类 5. 混凝土强度等级 6. 砂浆强度等级		按设计图示尺寸以支护面积计算	1. 钻孔 2. 浆液制作、运输、压浆 3. 张拉锚固 4. 混凝土制作、运输、喷射、养护 5. 砂浆制作、运输、喷射、养护
010203005	土钉支护	1. 支护厚度、材料种类 2. 混凝土强度等级 3. 砂浆强度等级			1. 钉土钉 2. 挂网 3. 混凝土制作、运输、喷射、养护 4. 砂浆制作、运输、喷射、养护

A.2.4 其他相关问题应按下列规定处理：

1 土壤级别按表 A.2.4 确定。

表 A.2.4 土质鉴别表

内　容		土 壤 级 别	
		一 级 土	二 级 土
砂夹层	砂层连续厚度 砂层中卵石含量	<1m	>1m <15%
物理性能	压缩系数 孔隙比	>0.02 >0.7	<0.02 <0.7
力学性能	静力触探值 动力触探系数	<50 <12	>50 >12
每米纯沉桩时间平均值		<2min	>2min
说　明		桩经外力作用较易沉入的土，土壤中夹有较薄的砂层	桩经外力作用较难沉入的土，土壤中夹有不超过 3m 的连续厚度砂层

2 混凝土灌注桩的钢筋笼、地下连续墙的钢筋网制作、安装，应按 A.4 中相关项目编码列项。

A.3 砌 筑 工 程

A.3.1 砖基础。工程量清单项目设置及工程量计算规则，应按表 A.3.1 的规定执行。

A.3.2 砖砌体。工程量清单项目设置及工程量计算规则，应按表 A.3.2 的规定执行。

表 A.3.1　砖基础（编码：010301）

项目编码	项目名称	项目特征	计量单位	工程量计算规则	工程内容
010301001	砖基础	1. 砖品种、规格、强度等级 2. 基础类型 3. 基础深度 4. 砂浆强度等级	m^3	按设计图示尺寸以体积计算。包括附墙垛基础宽出部分体积，扣除地梁（圈梁）、构造柱所占体积，不扣除基础大放脚T形接头处的重叠部分及嵌入基础内的钢筋、铁件、管道、基础砂浆防潮层和单个面积 $0.3m^2$ 以内的孔洞所占体积，靠墙暖气沟的挑檐不增加 基础长度：外墙按中心线，内墙按净长线计算	1. 砂浆制作、运输 2. 砌砖 3. 防潮层铺设 4. 材料运输

表 A.3.2　砖砌体（编码：010302）

项目编码	项目名称	项目特征	计量单位	工程量计算规则	工程内容
010302001	实心砖墙	1. 砖品种、规格、强度等级 2. 墙体类型 3. 墙体厚度 4. 墙体高度 5. 勾缝要求 6. 砂浆强度等级、配合比	m^3	按设计图示尺寸以体积计算。扣除门窗洞口、过人洞、空圈、嵌入墙内的钢筋混凝土柱、梁、圈梁、挑梁、过梁及凹进墙内的壁龛、管槽、暖气槽、消火栓箱所占体积。不扣除梁头、板头、檩头、垫木、木楞头、沿缘木、木砖、门窗走头、砖墙内加固钢筋、木筋、铁件、钢管及单个面积 $0.3m^2$ 以内的孔洞所占体积。凸出墙面的腰线、挑檐、压顶、窗台线、虎头砖、门窗套的体积亦不增加。凸出墙面的砖垛并入墙体体积内计算 1. 墙长度：外墙按中心线，内墙按净长计算； 2. 墙高度： (1) 外墙：斜（坡）屋面无檐口天棚者算至屋面板底；有屋架且室内外均有天棚者算至屋架下弦底另加200mm；无天棚者算至屋架下弦底另加300mm，出檐宽度超过600mm时按实砌高度计算；平屋面算至钢筋混凝土板底 (2) 内墙：位于屋架下弦者，算至屋架下弦底；无屋架者算至天棚底另加100mm；有钢筋混凝土楼板隔层者算至楼板顶；有框架梁时算至梁底 (3) 女儿墙：从屋面板上表面算至女儿墙顶面（如有混凝土压顶时算至压顶下表面） (4) 内、外山墙：按其平均高度计算 3. 围墙：高度算至压顶上表面（如有混凝土压顶时算至压顶下表面），围墙柱并入围墙体积内	1. 砂浆制作、运输 2. 砌砖 3. 勾缝 4. 砖压顶砌筑 5. 材料运输

续表 A. 3. 2

项目编码	项目名称	项目特征	计量单位	工程量计算规则	工程内容
010302002	空斗墙	1. 砖品种、规格、强度等级 2. 墙体类型 3. 墙体厚度 4. 勾缝要求 5. 砂浆强度等级、配合比	m³	按设计图示尺寸以空斗墙外形体积计算。墙角、内外墙交接处、门窗洞口立边、窗台砖、屋檐处的实砌部分体积并入空斗墙体积内	1. 砂浆制作、运输 2. 砌砖 3. 装填充料 4. 勾缝 5. 材料运输
010302003	空花墙	1. 砖品种、规格、强度等级 2. 墙体类型 3. 墙体厚度 4. 勾缝要求 5. 砂浆强度等级		按设计图示尺寸以空花部分外形体积计算，不扣除空洞部分体积	
010302004	填充墙	1. 砖品种、规格、强度等级 2. 墙体厚度 3. 填充材料种类 4. 勾缝要求 5. 砂浆强度等级		按设计图示尺寸以填充墙外形体积计算	
010302005	实心砖柱	1. 砖品种、规格、强度等级 2. 柱类型 3. 柱截面 4. 柱高 5. 勾缝要求 6. 砂浆强度等级、配合比		按设计图示尺寸以体积计算。扣除混凝土及钢筋混凝土梁垫、梁头、板头所占体积	1. 砂浆制作、运输 2. 砌砖 3. 勾缝 4. 材料运输
010302006	零星砌砖	1. 零星砌砖名称、部位 2. 勾缝要求 3. 砂浆强度等级、配合比	m³ （m²、m、个）		

A. 3. 3 砖构筑物。工程量清单项目设置及工程量计算规则，应按表 A. 3. 3 的规定执行。

表 A. 3. 3 砖构筑物（编码：010303）

项目编码	项目名称	项目特征	计量单位	工程量计算规则	工程内容
010303001	砖烟囱、水塔	1. 筒身高度 2. 砖品种、规格、强度等级 3. 耐火砖品种、规格 4. 耐火泥品种 5. 隔热材料种类 6. 勾缝要求 7. 砂浆强度等级、配合比	m³	按设计图示筒壁平均中心线周长乘以厚度乘以高度以体积计算。扣除各种孔洞、钢筋混凝土圈梁、过梁等的体积	1. 砂浆制作、运输 2. 砌砖 3. 涂隔热层 4. 装填充料 5. 砌内衬 6. 勾缝 7. 材料运输
010303002	砖烟道	1. 烟道截面形状、长度 2. 砖品种、规格、强度等级 3. 耐火砖品种规格 4. 耐火泥品种 5. 勾缝要求 6. 砂浆强度等级、配合比		按图示尺寸以体积计算	

续表 A.3.3

项目编码	项目名称	项目特征	计量单位	工程量计算规则	工程内容
010303003	砖窨井、检查井	1. 井截面 2. 垫层材料种类、厚度 3. 底板厚度 4. 勾缝要求 5. 混凝土强度等级 6. 砂浆强度等级、配合比 7. 防潮层材料种类	座	按设计图示数量计算	1. 土方挖运 2. 砂浆制作、运输 3. 铺设垫层 4. 底板混凝土制作、运输、浇筑、振捣、养护 5. 砌砖 6. 勾缝 7. 井池底、壁抹灰 8. 抹防潮层 9. 回填 10. 材料运输
010303004	砖水池、化粪池	1. 池截面 2. 垫层材料种类、厚度 3. 底板厚度 4. 勾缝要求 5. 混凝土强度等级 6. 砂浆强度等级、配合比			

A.3.4 砌块砌体。工程量清单项目设置及工程量计算规则，应按表 A.3.4 的规定执行。

表 A.3.4 砌块砌体（编码：010304）

项目编码	项目名称	项目特征	计量单位	工程量计算规则	工程内容
010304001	空心砖墙、砌块墙	1. 墙体类型 2. 墙体厚度 3. 空心砖、砌块品种、规格、强度等级 4. 勾缝要求 5. 砂浆强度等级、配合比	m^3	按设计图示尺寸以体积计算。扣除门窗洞口、过人洞、空圈、嵌入墙内的钢筋混凝土柱、梁、圈梁、挑梁、过梁及凹进墙内的壁龛、管槽、暖气槽、消火栓箱所占体积，不扣除梁头、板头、檩头、垫木、木楞头、沿缘木、木砖、门窗走头、砖墙内加固钢筋、木筋、铁件、钢管及单个面积 $0.3m^2$ 以内的孔洞所占体积，凸出墙面的腰线、挑檐、压顶、窗台线、虎头砖、门窗套的体积不增加，凸出墙面的砖垛并入墙体体积内 1. 墙长度：外墙按中心线，内墙按净长计算 2. 墙高度： （1）外墙：斜（坡）屋面无檐口天棚者算至屋面板底；有屋架且室内外均有天棚者算至屋架下弦底另加 200mm；无天棚者算至屋架下弦底另加 300mm，出檐宽度超过 600mm 时按实砌高度计算；平屋面算至钢筋混凝土板底 （2）内墙：位于屋架下弦者，算至屋架下弦底；无屋架者算至天棚底另加 100mm；有钢筋混凝土楼板隔层者算至楼板顶；有框架梁时算至梁底 （3）女儿墙：从屋面板上表面算至女儿墙顶面（如有压顶时算至压顶下表面） （4）内、外山墙：按其平均高度计算 3. 围墙：高度算至压顶上表面（如有混凝土压顶时算至压顶下表面），围墙柱并入围墙体积内	1. 砂浆制作、运输 2. 砌砖、砌块 3. 勾缝 4. 材料运输
010304002	空心砖柱、砌块柱	1. 柱高度 2. 柱截面 3. 空心砖、砌块品种、规格、强度等级 4. 勾缝要求 5. 砂浆强度等级、配合比		按设计图示尺寸以体积计算。扣除混凝土及钢筋混凝土梁垫、梁头、板头所占体积	

A.3.5 石砌体。工程量清单项目设置及工程量计算规则，应按表 A.3.5 的规定执行。

表 A.3.5 石砌体（编码：010305）

项目编码	项目名称	项目特征	计量单位	工程量计算规则	工程内容
010305001	石基础	1. 石料种类、规格 2. 基础深度 3. 基础类型 4. 砂浆强度等级、配合比	m^3	按设计图示尺寸以体积计算。包括附墙垛基础宽出部分体积，不扣除基础砂浆防潮层及单个面积 $0.3m^2$ 以内的孔洞所占体积，靠墙暖气沟的挑檐不增加体积。基础长度：外墙按中心线，内墙按净长计算	1. 砂浆制作、运输 2. 砌石 3. 防潮层铺设 4. 材料运输
010305002	石勒脚	1. 石料种类、规格 2. 石表面加工要求 3. 勾缝要求 4. 砂浆强度等级、配合比	m^3	按设计图示尺寸以体积计算。扣除单个 $0.3m^2$ 以外的孔洞所占的体积	1. 砂浆制作、运输 2. 砌石 3. 石表面加工 4. 勾缝 5. 材料运输
010305003	石墙	1. 石料种类、规格 2. 墙厚 3. 石表面加工要求 4. 勾缝要求 5. 砂浆强度等级、配合比	m^3	按设计图示尺寸以体积计算。扣除门窗洞口、过人洞、空圈、嵌入墙内的钢筋混凝土柱、梁、圈梁、挑梁、过梁及凹进墙内的壁龛、管槽、暖气槽、消火栓箱所占体积，不扣除梁头、板头、檩头、垫木、木楞头、沿缘木、木砖、门窗走头、砖墙内加固钢筋、木筋、铁件、钢管及单个面积 $0.3m^2$ 以内的孔洞所占体积，凸出墙面的腰线、挑檐、压顶、窗台线、虎头砖、门窗套不增加体积，凸出墙面的砖垛并入墙体体积内 1. 墙长度：外墙按中心线，内墙按净长计算 2. 墙高度： （1）外墙：斜（坡）屋面无檐口天棚者算至屋面板底；有屋架且室内外均有天棚者算至屋架下弦底另加 200mm；无天棚者算至屋架下弦底另加 300mm，出檐宽度超过 600mm 时按实砌高度计算；平屋面算至钢筋混凝土板底 （2）内墙：位于屋架下弦者，算至屋架下弦底；无屋架者算至天棚底另加 100mm；有钢筋混凝土楼板隔层者算至楼板顶；有框架梁时算至梁底 （3）女儿墙：从屋面板上表面算至女儿墙顶面（如有压顶时算至压顶下表面） （4）内、外山墙：按其平均高度计算 3. 围墙：高度算至压顶上表面（如有混凝土压顶时算至压顶下表面），围墙柱、砖压顶并入围墙体积内	

续表 A. 3. 5

项目编码	项目名称	项目特征	计量单位	工程量计算规则	工程内容
010305004	石挡土墙	1. 石料种类、规格 2. 墙厚 3. 石表面加工要求 4. 勾缝要求 5. 砂浆强度等级、配合比	m^3	按设计图示尺寸以体积计算	1. 砂浆制作、运输 2. 砌石 3. 压顶抹灰 4. 勾缝 5. 材料运输
010305005	石柱	1. 石料种类、规格 2. 柱截面 3. 石表面加工要求 4. 勾缝要求 5. 砂浆强度等级、配合比			1. 砂浆制作、运输 2. 砌石 3. 石表面加工 4. 勾缝 5. 材料运输
010305006	石栏杆		m	按设计图示以长度计算	
010305007	石护坡	1. 垫层材料种类、厚度 2. 石料种类、规格 3. 护坡厚度、高度 4. 石表面加工要求 5. 勾缝要求 6. 砂浆强度等级、配合比	m^3	按设计图示尺寸以体积计算	
010305008	石台阶				1. 铺设垫层 2. 石料加工 3. 砂浆制作、运输 4. 砌石 5. 石表面加工 6. 勾缝 7. 材料运输
010305009	石坡道		m^2	按设计图示尺寸以水平投影面积计算	
010305010	石地沟、石明沟	1. 沟截面尺寸 2. 垫层种类、厚度 3. 石料种类、规格 4. 石表面加工要求 5. 勾缝要求 6. 砂浆强度等级、配合比	m	按设计图示以中心线长度计算	1. 土石挖运 2. 砂浆制作、运输 3. 铺设垫层 4. 砌石 5. 石表面加工 6. 勾缝 7. 回填 8. 材料运输

A. 3. 6 砖散水、地坪、地沟。工程量清单项目设置及工程量计算规则，应按表 A. 3. 6 的规定执行。

表 A. 3. 6 砖散水、地坪、地沟（编码：010306）

项目编码	项目名称	项目特征	计量单位	工程量计算规则	工程内容
010306001	砖散水、地坪	1. 垫层材料种类、厚度 2. 散水、地坪厚度 3. 面层种类、厚度 4. 砂浆强度等级、配合比	m^2	按设计图示尺寸以面积计算	1. 地基找平、夯实 2. 铺设垫层 3. 砌砖散水、地坪 4. 抹砂浆面层
010306002	砖地沟、明沟	1. 沟截面尺寸 2. 垫层材料种类、厚度 3. 混凝土强度等级 4. 砂浆强度等级、配合比	m	按设计图示以中心线长度计算	1. 挖运土石 2. 铺设垫层 3. 底板混凝土制作、运输、浇筑、振捣、养护 4. 砌砖 5. 勾缝、抹灰 6. 材料运输

A.3.7 其他相关问题应按下列规定处理：

1 基础垫层包括在基础项目内。

2 标准砖尺寸应为 240mm×115mm×53mm。标准砖墙厚度应按表 A.3.7 计算：

表 A.3.7 标准墙计算厚度表

砖数（厚度）	1/4	1/2	3/4	1	$1\frac{1}{2}$	2	$2\frac{1}{2}$	3
计算厚度（mm）	53	115	180	240	365	490	615	740

3 砖基础与砖墙（身）划分应以设计室内地坪为界（有地下室的按地下室室内设计地坪为界），以下为基础，以上为墙（柱）身。基础与墙身使用不同材料，位于设计室内地坪±300mm 以内时以不同材料为界，超过±300mm，应以设计室内地坪为界。砖围墙应以设计室外地坪为界，以下为基础，以上为墙身。

4 框架外表面的镶贴砖部分，应单独按 A.3.2 中相关零星项目编码列项。

5 附墙烟囱、通风道、垃圾道，应按设计图示尺寸以体积（扣除孔洞所占体积）计算，并入所依附的墙体体积内。当设计规定孔洞内需抹灰时，应按 B.2 中相关项目编码列项。

6 空斗墙的窗间墙、窗台下、楼板下等的实砌部分，应按 A.3.2 中零星砌砖项目编码列项。

7 台阶、台阶挡墙、梯带、锅台、炉灶、蹲台、池槽、池槽腿、花台、花池、楼梯栏板、阳台栏板、地垄墙、屋面隔热板下的砖墩、0.3m² 以内孔洞填塞等，应按零星砌砖项目编码列项。砖砌锅台与炉灶可按外形尺寸以个计算，砖砌台阶可按水平投影面积以平方米计算，小便槽、地垄墙可按长度计算，其他工程量按立方米计算。

8 砖烟囱应按设计室外地坪为界，以下为基础，以上为筒身。

9 砖烟囱体积可按下式分段计算：$V=\sum H\times C\times\pi D$。式中：$V$ 表示筒身体积，H 表示每段筒身垂直高度，C 表示每段筒壁厚度，D 表示每段筒壁平均直径。

10 砖烟道与炉体的划分应按第一道闸门为界。

11 水塔基础与塔身划分应以砖砌体的扩大部分顶面为界，以上为塔身，以下为基础。

12 石基础、石勒脚、石墙身的划分：基础与勒脚应以设计室外地坪为界，勒脚与墙身应以设计室内地坪为界。石围墙内外地坪标高不同时，应以较低地坪标高为界，以下为基础；内外标高之差为挡土墙时，挡土墙以上为墙身。

13 石梯带工程量应计算在石台阶工程量内。

14 石梯膀应按 A.3.5 石挡土墙项目编码列项。

15 砌体内加筋的制作、安装，应按 A.4 相关项目编码列项。

A.4 混凝土及钢筋混凝土工程

A.4.1 现浇混凝土基础。工程量清单项目设置及工程量计算规则，应按表 A.4.1 的规定执行。

表 A.4.1 现浇混凝土基础（编码：010401）

项目编码	项目名称	项目特征	计量单位	工程量计算规则	工程内容
010401001	带形基础	1. 混凝土强度等级 2. 混凝土拌和料要求 3. 砂浆强度等级	m^3	按设计图示尺寸以体积计算。不扣除构件内钢筋、预埋铁件和伸入承台基础的桩头所占体积	1. 混凝土制作、运输、浇筑、振捣、养护 2. 地脚螺栓二次灌浆
010401002	独立基础				
010401003	满堂基础				
010401004	设备基础				
010401005	桩承台基础				
010401006	垫层				

A.4.2 现浇混凝土柱。工程量清单项目设置及工程量计算规则，应按表 A.4.2 的规定执行。

表 A.4.2 现浇混凝土柱（编码：010402）

项目编码	项目名称	项目特征	计量单位	工程量计算规则	工程内容
010402001	矩形柱	1. 柱高度 2. 柱截面尺寸 3. 混凝土强度等级 4. 混凝土拌和料要求	m^3	按设计图示尺寸以体积计算。不扣除构件内钢筋、预埋铁件所占体积 柱高： 1. 有梁板的柱高，应自柱基上表面（或楼板上表面）至上一层楼板上表面之间的高度计算 2. 无梁板的柱高，应自柱基上表面（或楼板上表面）至柱帽下表面之间的高度计算 3. 框架柱的柱高，应自柱基上表面至柱顶高度计算 4. 构造柱按全高计算，嵌接墙体部分并入柱身体积 5. 依附柱上的牛腿和升板的柱帽，并入柱身体积计算	混凝土制作、运输、浇筑、振捣、养护
010402002	异形柱				

A.4.3 现浇混凝土梁。工程量清单项目设置及工程量计算规则，应按表A.4.3的规定执行。

表A.4.3 现浇混凝土梁（编码：010403）

项目编码	项目名称	项目特征	计量单位	工程量计算规则	工程内容
010403001	基础梁	1. 梁底标高 2. 梁截面 3. 混凝土强度等级 4. 混凝土拌和料要求	m^3	按设计图示尺寸以体积计算。不扣除构件内钢筋、预埋铁件所占体积，伸入墙内的梁头、梁垫并入梁体积内 梁长： 1. 梁与柱连接时，梁长算至柱侧面 2. 主梁与次梁连接时，次梁长算至主梁侧面	混凝土制作、运输、浇筑、振捣、养护
010403002	矩形梁				
010403003	异形梁				
010403004	圈梁				
010403005	过梁				
010403006	弧形、拱形梁				

A.4.4 现浇混凝土墙。工程量清单项目设置及工程量计算规则，应按表A.4.4的规定执行。

表A.4.4 现浇混凝土墙（编码：010404）

项目编码	项目名称	项目特征	计量单位	工程量计算规则	工程内容
010404001	直形墙	1. 墙类型 2. 墙厚度 3. 混凝土强度等级 4. 混凝土拌和料要求	m^3	按设计图示尺寸以体积计算。不扣除构件内钢筋、预埋铁件所占体积，扣除门窗洞口及单个面积 $0.3m^2$ 以外的孔洞所占体积，墙垛及突出墙面部分并入墙体体积内计算	混凝土制作、运输、浇筑、振捣、养护
010404002	弧形墙				

A.4.5 现浇混凝土板。工程量清单项目设置及工程量计算规则，应按表A.4.5的规定执行。

表A.4.5 现浇混凝土板（编码：010405）

项目编码	项目名称	项目特征	计量单位	工程量计算规则	工程内容
010405001	有梁板	1. 板底标高 2. 板厚度 3. 混凝土强度等级 4. 混凝土拌和料要求	m^3	按设计图示尺寸以体积计算。不扣除构件内钢筋、预埋铁件及单个面积 $0.3m^2$ 以内的孔洞所占体积。有梁板（包括主、次梁与板）按梁、板体积之和计算，无梁板按板和柱帽体积之和计算，各类板伸入墙内的板头并入板体积内计算，薄壳板的肋、基梁并入薄壳体积内计算	混凝土制作、运输、浇筑、振捣、养护
010405002	无梁板				
010405003	平板				
010405004	拱板				
010405005	薄壳板				
010405006	栏板				
010405007	天沟、挑檐板			按设计图示尺寸以体积计算	
010405008	雨篷、阳台板	1. 混凝土强度等级 2. 混凝土拌和料要求		按设计图示尺寸以墙外部分体积计算。包括伸出墙外的牛腿和雨篷反挑檐的体积	
010405009	其他板			按设计图示尺寸以体积计算	

A.4.6 现浇混凝土楼梯。工程量清单项目设置及工程量计算规则，应按表 A.4.6 的规定执行。

表 A.4.6 现浇混凝土楼梯（编码：010406）

项目编码	项目名称	项目特征	计量单位	工程量计算规则	工程内容
010406001	直形楼梯	1. 混凝土强度等级 2. 混凝土拌和料要求	m^2	按设计图示尺寸以水平投影面积计算。不扣除宽度小于500mm的楼梯井，伸入墙内部分不计算	混凝土制作、运输、浇筑、振捣、养护
010406002	弧形楼梯				

A.4.7 现浇混凝土其他构件。工程量清单项目设置及工程量计算规则，应按表 A.4.7 的规定执行。

表 A.4.7 现浇混凝土其他构件（编码：010407）

项目编码	项目名称	项目特征	计量单位	工程量计算规则	工程内容
010407001	其他构件	1. 构件的类型 2. 构件规格 3. 混凝土强度等级 4. 混凝土拌和料要求	m^3 （m^2、m）	按设计图示尺寸以体积计算。不扣除构件内钢筋、预埋铁件所占体积	混凝土制作、运输、浇筑、振捣、养护
010407002	散水、坡道	1. 垫层材料种类、厚度 2. 面层厚度 3. 混凝土强度等级 4. 混凝土拌和料要求 5. 填塞材料种类	m^2	按设计图示尺寸以面积计算。不扣除单个 0.3m^2 以内的孔洞所占面积	1. 地基夯实 2. 铺设垫层 3. 混凝土制作、运输、浇筑、振捣、养护 4. 变形缝填塞
010407003	电缆沟、地沟	1. 沟截面 2. 垫层材料种类、厚度 3. 混凝土强度等级 4. 混凝土拌和料要求 5. 防护材料种类	m	按设计图示以中心线长度计算	1. 挖运土石 2. 铺设垫层 3. 混凝土制作、运输、浇筑、振捣、养护 4. 刷防护材料

A.4.8 后浇带。工程量清单项目设置及工程量计算规则，应按表 A.4.8 的规定执行。

表 A.4.8 后浇带（编码：010408）

项目编码	项目名称	项目特征	计量单位	工程量计算规则	工程内容
010408001	后浇带	1. 部位 2. 混凝土强度等级 3. 混凝土拌和料要求	m^3	按设计图示尺寸以体积计算	混凝土制作、运输、浇筑、振捣、养护

A.4.9 预制混凝土柱。工程量清单项目设置及工程量计算规则，应按表 A.4.9 的规定执行。

表 A.4.9 预制混凝土柱（编码：010409）

项目编码	项目名称	项目特征	计量单位	工程量计算规则	工程内容
010409001	矩形柱	1. 柱类型 2. 单件体积 3. 安装高度 4. 混凝土强度等级 5. 砂浆强度等级	m^3 （根）	1. 按设计图示尺寸以体积计算。不扣除构件内钢筋、预埋铁件所占体积 2. 按设计图示尺寸以“数量”计算	1. 混凝土制作、运输、浇筑、振捣、养护 2. 构件制作、运输 3. 构件安装 4. 砂浆制作、运输 5. 接头灌缝、养护
010409002	异形柱				

A.4.10 预制混凝土梁。工程量清单项目设置及工程量计算规则，应按表A.4.10的规定执行。

表A.4.10 预制混凝土梁（编码：010410）

项目编码	项目名称	项目特征	计量单位	工程量计算规则	工程内容
010410001	矩形梁	1. 单件体积 2. 安装高度 3. 混凝土强度等级 4. 砂浆强度等级	m^3 （根）	按设计图示尺寸以体积计算。不扣除构件内钢筋、预埋铁件所占体积	1. 混凝土制作、运输、浇筑、振捣、养护 2. 构件制作、运输 3. 构件安装 4. 砂浆制作、运输 5. 接头灌缝、养护
010410002	异形梁				
010410003	过梁				
010410004	拱形梁				
010410005	鱼腹式吊车梁				
010410006	风道梁				

A.4.11 预制混凝土屋架。工程量清单项目设置及工程量计算规则，应按表A.4.11的规定执行。

表A.4.11 预制混凝土屋架（编码：010411）

项目编码	项目名称	项目特征	计量单位	工程量计算规则	工程内容
010411001	折线型屋架	1. 屋架的类型、跨度 2. 单件体积 3. 安装高度 4. 混凝土强度等级 5. 砂浆强度等级	m^3 （榀）	按设计图示尺寸以体积计算。不扣除构件内钢筋、预埋铁件所占体积	1. 混凝土制作、运输、浇筑、振捣、养护 2. 构件制作、运输 3. 构件安装 4. 砂浆制作、运输 5. 接头灌缝、养护
010411002	组合屋架				
010411003	薄腹屋架				
010411004	门式刚架屋架				
010411005	天窗架屋架				

A.4.12 预制混凝土板。工程量清单项目设置及工程量计算规则，应按表A.4.12的规定执行。

表A.4.12 预制混凝土板（编码：010412）

项目编码	项目名称	项目特征	计量单位	工程量计算规则	工程内容
010412001	平板	1. 构件尺寸 2. 安装高度 3. 混凝土强度等级 4. 砂浆强度等级	m^3 （块）	按设计图示尺寸以体积计算。不扣除构件内钢筋、预埋铁件及单个尺寸300mm×300mm以内的孔洞所占体积，扣除空心板空洞体积	1. 混凝土制作、运输、浇筑、振捣、养护 2. 构件制作、运输 3. 构件安装 4. 升板提升 5. 砂浆制作、运输 6. 接头灌缝、养护
010412002	空心板				
010412003	槽形板				
010412004	网架板				
010412005	折线板				
010412006	带肋板				
010412007	大型板				
010412008	沟盖板、井盖板、井圈	1. 构件尺寸 2. 安装高度 3. 混凝土强度等级 4. 砂浆强度等级	m^3 （块、套）	按设计图示尺寸以体积计算。不扣除构件内钢筋、预埋铁件所占体积	1. 混凝土制作、运输、浇筑、振捣、养护 2. 构件制作、运输 3. 构件安装 4. 砂浆制作、运输 5. 接头灌缝、养护

A.4.13 预制混凝土楼梯。工程量清单项目设置及工程量计算规则，应按表A.4.13的规定执行。

表A.4.13 预制混凝土楼梯（编码：010413）

项目编码	项目名称	项目特征	计量单位	工程量计算规则	工程内容
010413001	楼梯	1. 楼梯类型 2. 单件体积 3. 混凝土强度等级 4. 砂浆强度等级	m^3	按设计图示尺寸以体积计算。不扣除构件内钢筋、预埋铁件所占体积，扣除空心踏步板空洞体积	1. 混凝土制作、运输、浇筑、振捣、养护 2. 构件制作、运输 3. 构件安装 4. 砂浆制作、运输 5. 接头灌缝、养护

A.4.14 其他预制构件。工程量清单项目设置及工程量计算规则，应按表 A.4.14 的规定执行。

表 A.4.14 其他预制构件（编码：010414）

项目编码	项目名称	项目特征	计量单位	工程量计算规则	工程内容
010414001	烟道、垃圾道、通风道	1. 构件类型 2. 单件体积 3. 安装高度 4. 混凝土强度等级 5. 砂浆强度等级	m^3	按设计图示尺寸以体积计算。不扣除构件内钢筋、预埋铁件及单个尺寸 300mm×300mm 以内的孔洞所占体积，扣除烟道、垃圾道、通风道的孔洞所占体积	1. 混凝土制作、运输、浇筑、振捣、养护 2.（水磨石）构件制作、运输 3. 构件安装 4. 砂浆制作、运输 5. 接头灌缝、养护 6. 酸洗、打蜡
010414002	其他构件	1. 构件的类型 2. 单件体积 3. 水磨石面层厚度 4. 安装高度 5. 混凝土强度等级 6. 水泥石子浆配合比 7. 石子品种、规格、颜色 8. 酸洗、打蜡要求			
010414003	水磨石构件				

A.4.15 混凝土构筑物。工程量清单项目设置及工程量计算规则，应按表 A.4.15 的规定执行。

表 A.4.15 混凝土构筑物（编码：010415）

项目编码	项目名称	项目特征	计量单位	工程量计算规则	工程内容
010415001	贮水(油)池	1. 池类型 2. 池规格 3. 混凝土强度等级 4. 混凝土拌和料要求	m^3	按设计图示尺寸以体积计算。不扣除构件内钢筋、预埋铁件及单个面积 $0.3m^2$ 以内的孔洞所占体积	混凝土制作、运输、浇筑、振捣、养护
010415002	贮仓	1. 类型、高度 2. 混凝土强度等级 3. 混凝土拌和料要求			
010415003	水塔	1. 类型 2. 支筒高度、水箱容积 3. 倒圆锥形罐壳厚度、直径 4. 混凝土强度等级 5. 混凝土拌和料要求 6. 砂浆强度等级			1. 混凝土制作、运输、浇筑、振捣、养护 2. 预制倒圆锥形罐壳、组装、提升、就位 3. 砂浆制作、运输 4. 接头灌缝、养护
010415004	烟囱	1. 高度 2. 混凝土强度等级 3. 混凝土拌和料要求			混凝土制作、运输、浇筑、振捣、养护

A.4.16 钢筋工程。工程量清单项目设置及工程量计算规则，应按表 A.4.16 的规定执行。

表 A.4.16 钢筋工程（编码：010416）

项目编码	项目名称	项目特征	计量单位	工程量计算规则	工程内容
010416001	现浇混凝土钢筋	钢筋种类、规格	t	按设计图示钢筋（网）长度（面积）乘以单位理论质量计算	1. 钢筋（网、笼）制作、运输 2. 钢筋（网、笼）安装
010416002	预制构件钢筋				
010416003	钢筋网片				
010416004	钢筋笼				

续表 A.4.16

项目编码	项目名称	项目特征	计量单位	工程量计算规则	工程内容
010416005	先张法 预应力钢筋	1. 钢筋种类、规格 2. 锚具种类	t	按设计图示钢筋长度乘以单位理论质量计算	1. 钢筋制作、运输 2. 钢筋张拉
010416006	后张法 预应力钢筋	1. 钢筋种类、规格 2. 钢丝束种类、规格 3. 钢绞线种类、规格 4. 锚具种类 5. 砂浆强度等级	t	按设计图示钢筋（丝束、绞线）长度乘以单位理论质量计算 1. 低合金钢筋两端均采用螺杆锚具时，钢筋长度按孔道长度减 0.35m 计算，螺杆另行计算 2. 低合金钢筋一端采用镦头插片、另一端采用螺杆锚具时，钢筋长度按孔道长度计算，螺杆另行计算 3. 低合金钢筋一端采用镦头插片、另一端采用帮条锚具时，钢筋长度按孔道长度增加 0.15m 计算；两端均采用帮条锚具时，钢筋长度按孔道长度增加 0.3m 计算 4. 低合金钢筋采用后张混凝土自锚时，钢筋长度按孔道长度增加 0.35m 计算 5. 低合金钢筋（钢铰线）采用 JM、XM、QM 型锚具，孔道长度在 20m 以内时，钢筋长度按孔道长度增加 1m 计算；孔道长度 20m 以外时，钢筋（钢铰线）长度按孔道长度增加 1.8m 计算 6. 碳素钢丝采用锥形锚具，孔道长度在 20m 以内时，钢丝束长度按孔道长度增加 1m 计算；孔道长在 20m 以上时，钢丝束长度按孔道长度增加 1.8m 计算 7. 碳素钢丝束采用镦头锚具时，钢丝束长度按孔道长度增加0.35m计算	1. 钢筋、钢丝束、钢绞线制作、运输 2. 钢筋、钢丝束、钢绞线安装 3. 预埋管孔道铺设 4. 锚具安装 5. 砂浆制作、运输 6. 孔道压浆、养护
010416007	预应力 钢丝				
010416008	预应力 钢绞线				

A.4.17 螺栓、铁件。工程量清单项目设置及工程量计算规则，应按表 A.4.17 的规定执行。

表 A.4.17 螺栓、铁件（编码：010417）

项目编码	项目名称	项目特征	计量单位	工程量计算规则	工程内容
010417001	螺栓	1. 钢材种类、规格 2. 螺栓长度 3. 铁件尺寸	t	按设计图示尺寸以质量计算	1. 螺栓（铁件）制作、运输 2. 螺栓（铁件）安装
010417002	预埋铁件				

A.4.18 其他相关问题应按下列规定处理：

1 混凝土垫层包括在基础项目内。

2 有肋带形基础、无肋带形基础应分别编码（第五级编码）列项，并注明肋高。

3 箱式满堂基础，可按 A.4.1、A.4.2、A.4.3、A.4.4、A.4.5 中满堂基础、柱、梁、墙、板分别编码列项；也可利用 A.4.1 的第五级编码分别列项。

4 框架式设备基础，可按 A.4.1、A.4.2、A.4.3、A.4.4、A.4.5 中设备基础、柱、梁、墙、板分别编码列项；也可利用 A.4.1 的第五级编码分别列项。

5 构造柱应按 A.4.2 中矩形柱项目编码列项。

6 现浇挑檐、天沟板、雨篷、阳台与板（包括屋面板、楼板）连接时，以外墙外边线为分界线；与圈梁（包括其他梁）连接时，以梁外边线为分界线。外边线以外为挑檐、天沟、雨篷或阳台。

7 整体楼梯（包括直形楼梯、弧形楼梯）水平投影面积包括休息平台、平台梁、斜梁和楼梯的连接梁。当整体楼梯与现浇楼板无梯梁连接时，以楼梯的最后一个踏步边缘加 300mm 为界。

8 现浇混凝土小型池槽、压顶、扶手、垫块、台阶、门框等，应按 A.4.7 中其他构件项目编码列项。其中扶手、压顶（包括伸入墙内的长度）应按延长米计算，台阶应按水平投影面积计算。

9 三角形屋架应按 A.4.11 中折线型屋架项目编码列项。

10 不带肋的预制遮阳板、雨篷板、挑檐板、栏板等，应按 A.4.12 中平板项目编码列项。

11 预制 F 形板、双 T 形板、单肋板和带反挑檐的雨篷板、挑檐板、遮阳板等，应按 A.4.12 中带肋板项目编码列项。

12 预制大型墙板、大型楼板、大型屋面板等，应按 A.4.12 中大型板项目编码列项。

13 预制钢筋混凝土楼梯，可按斜梁、踏步分别编码（第五级编码）列项。

14 预制钢筋混凝土小型池槽、压顶、扶手、垫块、隔热板、花格等，应按 A.4.14 中其他构件项目编码列项。

15 贮水（油）池的池底、池壁、池盖可分别编码（第五级编码）列项。有壁基梁的，应以壁基梁底为界，以上为池壁、以下为池底；无壁基梁的，锥形坡底应算至其上口，池壁下部的八字靴脚应并入池底体积内。无梁池盖的柱高应从池底上表面算至池盖下表面，柱帽和柱座应并在柱体积内。肋形池盖应包括主、次梁体积；球形池盖应以池壁顶面为界，边侧梁应并入球形池盖体积内。

16 贮仓立壁和贮仓漏斗可分别编码（第五级编码）列项，应以相互交点水平线为界，壁上圈梁应并入漏斗体积内。

17 滑模筒仓按 A.4.15 中贮仓项目编码列项。

18 水塔基础、塔身、水箱可分别编码（第五级编码）列项。筒式塔身应以筒座上表面或基础底板上表面为界；柱式（框架式）塔身应以柱脚与基础底板或梁顶为界，与基础板连接的梁应并入基础体积内。塔身与水箱应以箱底相连接的圈梁下表面为界，以上为水箱，以下为塔身。依附于塔身的过梁、雨篷、挑檐等，应并入塔身体积内；柱式塔身应不分柱、梁合并计算。依附于水箱壁的柱、梁，应并入水箱壁体积内。

19 现浇构件中固定位置的支撑钢筋、双层钢筋用的“铁马”、伸出构件的锚固钢筋、预制构件的吊钩等，应并入钢筋工程量内。

A.5 厂库房大门、特种门、木结构工程

A.5.1 厂库房大门、特种门。工程量清单项目设置及工程量计算规则，应按表 A.5.1 的规定执行。

A.5.2 木屋架。工程量清单项目设置及工程量计算规则，应按表 A.5.2 的规定执行。

表 A.5.1 厂库房大门、特种门（编码：010501）

项目编码	项目名称	项目特征	计量单位	工程量计算规则	工程内容
010501001	木板大门	1. 开启方式 2. 有框、无框 3. 含门扇数 4. 材料品种、规格 5. 五金种类、规格 6. 防护材料种类 7. 油漆品种、刷漆遍数	樘/m^2	按设计图示数量或设计图示洞口尺寸以面积计算	1. 门（骨架）制作、运输 2. 门、五金配件安装 3. 刷防护材料、油漆
010501002	钢木大门				
010501003	全钢板大门				
010501004	特种门				
010501005	围墙铁丝门				

表 A.5.2 木屋架（编码：010502）

项目编码	项目名称	项目特征	计量单位	工程量计算规则	工程内容
010502001	木屋架	1. 跨度 2. 安装高度 3. 材料品种、规格 4. 刨光要求 5. 防护材料种类 6. 油漆品种、刷漆遍数	榀	按设计图示数量计算	1. 制作、运输 2. 安装 3. 刷防护材料、油漆
010502002	钢木屋架				

A.5.3 木构件。工程量清单项目设置及工程量计算规则，应按表 A.5.3 的规定执行。

表 A.5.3 木构件（编码：010503）

项目编码	项目名称	项目特征	计量单位	工程量计算规则	工程内容
010503001	木柱	1. 构件高度、长度 2. 构件截面 3. 木材种类 4. 刨光要求 5. 防护材料种类 6. 油漆品种、刷漆遍数	m^3	按设计图示尺寸以体积计算	1. 制作 2. 运输 3. 安装 4. 刷防护材料、油漆
010503002	木梁				
010503003	木楼梯	1. 木材种类 2. 刨光要求 3. 防护材料种类 4. 油漆品种、刷漆遍数	m^2	按设计图示尺寸以水平投影面积计算。不扣除宽度小于 300mm 的楼梯井，伸入墙内部分不计算	
010503004	其他木构件	1. 构件名称 2. 构件截面 3. 木材种类 4. 刨光要求 5. 防护材料种类 6. 油漆品种、刷漆遍数	m^3 (m)	按设计图示尺寸以体积或长度计算	

A.5.4 其他相关问题应按下列规定处理：

1 冷藏门、冷冻间门、保温门、变电室门、隔音门、防射线门、人防门、金库门等，应按 A.5.1 中特种门项目编码列项。

2 屋架的跨度应以上、下弦中心线两交点之间的距离计算。

3 带气楼的屋架和马尾、折角以及正交部分的半屋架，应按相关屋架项目编码列项。

4 木楼梯的栏杆（栏板）、扶手，应按 B.1.7 中相关项目编码列项。

A.6 金属结构工程

A.6.1 钢屋架、钢网架。工程量清单项目设置及工程量计算规则，应按表 A.6.1 的规定执行。

表 A.6.1 钢屋架、钢网架（编码：010601）

项目编码	项目名称	项目特征	计量单位	工程量计算规则	工程内容
010601001	钢屋架	1. 钢材品种、规格 2. 单榀屋架的重量 3. 屋架跨度、安装高度 4. 探伤要求 5. 油漆品种、刷漆遍数	t (榀)	按设计图示尺寸以质量计算。不扣除孔眼、切边、切肢的质量，焊条、铆钉、螺栓等不另增加质量，不规则或多边形钢板以其外接矩形面积乘以厚度乘以单位理论质量计算	1. 制作 2. 运输 3. 拼装 4. 安装 5. 探伤 6. 刷油漆
010601002	钢网架	1. 钢材品种、规格 2. 网架节点形式、连接方式 3. 网架跨度、安装高度 4. 探伤要求 5. 油漆品种、刷漆遍数			

A.6.2 钢托架、钢桁架。工程量清单项目设置及工程量计算规则，应按表 A.6.2 的规定执行。

表 A.6.2 钢托架、钢桁架（编码：010602）

项目编码	项目名称	项目特征	计量单位	工程量计算规则	工程内容
010602001	钢托架	1. 钢材品种、规格 2. 单榀重量 3. 安装高度 4. 探伤要求 5. 油漆品种、刷漆遍数	t	按设计图示尺寸以质量计算。不扣除孔眼、切边、切肢的质量，焊条、铆钉、螺栓等不另增加质量，不规则或多边形钢板，以其外接矩形面积乘以厚度乘以单位理论质量计算	1. 制作 2. 运输 3. 拼装 4. 安装 5. 探伤 6. 刷油漆
010602002	钢桁架				

A.6.3 钢柱。工程量清单项目设置及工程量计算规则，应按表 A.6.3 的规定执行。

表 A.6.3 钢柱（编码：010603）

项目编码	项目名称	项目特征	计量单位	工程量计算规则	工程内容
010603001	实腹柱	1. 钢材品种、规格 2. 单根柱重量 3. 探伤要求 4. 油漆品种、刷漆遍数	t	按设计图示尺寸以质量计算。不扣除孔眼、切边、切肢的质量，焊条、铆钉、螺栓等不另增加质量，不规则或多边形钢板，以其外接矩形面积乘以厚度乘以单位理论质量计算，依附在钢柱上的牛腿及悬臂梁等并入钢柱工程量内	1. 制作 2. 运输 3. 拼装 4. 安装 5. 探伤 6. 刷油漆
010603002	空腹柱				
010603003	钢管柱	1. 钢材品种、规格 2. 单根柱重量 3. 探伤要求 4. 油漆种类、刷漆遍数		按设计图示尺寸以质量计算。不扣除孔眼、切边、切肢的质量，焊条、铆钉、螺栓等不另增加质量，不规则或多边形钢板，以其外接矩形面积乘以厚度乘以单位理论质量计算，钢管柱上的节点板、加强环、内衬管、牛腿等并入钢管柱工程量内	1. 制作 2. 运输 3. 安装 4. 探伤 5. 刷油漆

A.6.4 钢梁。工程量清单项目设置及工程量计算规则，应按表 A.6.4 的规定执行。

表 A.6.4 钢梁（编码：010604）

项目编码	项目名称	项目特征	计量单位	工程量计算规则	工程内容
010604001	钢梁	1. 钢材品种、规格 2. 单根重量 3. 安装高度 4. 探伤要求 5. 油漆品种、刷漆遍数	t	按设计图示尺寸以质量计算。不扣除孔眼、切边、切肢的质量，焊条、铆钉、螺栓等不另增加质量，不规则或多边形钢板，以其外接矩形面积乘以厚度乘以单位理论质量计算，制动梁、制动板、制动桁架、车档并入钢吊车梁工程量内	1. 制作 2. 运输 3. 安装 4. 探伤要求 5. 刷油漆
010604002	钢吊车梁				

A.6.5 压型钢板楼板、墙板。工程量清单项目设置及工程量计算规则，应按表 A.6.5 的规定执行。

表 A.6.5 压型钢板楼板、墙板（编码：010605）

项目编码	项目名称	项目特征	计量单位	工程量计算规则	工程内容
010605001	压型钢板楼板	1. 钢材品种、规格 2. 压型钢板厚度 3. 油漆品种、刷漆遍数	m^2	按设计图示尺寸以铺设水平投影面积计算。不扣除柱、垛及单个 $0.3m^2$ 以内的孔洞所占面积	1. 制作 2. 运输 3. 安装 4. 刷油漆
010605002	压型钢板墙板	1. 钢材品种、规格 2. 压型钢板厚度、复合板厚度 3. 复合板夹芯材料种类、层数、型号、规格		按设计图示尺寸以铺挂面积计算。不扣除单个 $0.3m^2$ 以内的孔洞所占面积，包角、包边、窗台泛水等不另增加面积	

A.6.6 钢构件。工程量清单项目设置及工程量计算规则，应按表 A.6.6 的规定执行。

表 A.6.6 钢构件（编码：010606）

项目编码	项目名称	项目特征	计量单位	工程量计算规则	工程内容
010606001	钢支撑	1. 钢材品种、规格 2. 单式、复式 3. 支撑高度 4. 探伤要求 5. 油漆品种、刷漆遍数	t	按设计图示尺寸以质量计算。不扣除孔眼、切边、切肢的质量，焊条、铆钉、螺栓等不另增加质量，不规则或多边形钢板以其外接矩形面积乘以厚度乘以单位理论质量计算	1. 制作 2. 运输 3. 安装 4. 探伤 5. 刷油漆
010606002	钢檩条	1. 钢材品种、规格 2. 型钢式、格构式 3. 单根重量 4. 安装高度 5. 油漆品种、刷漆遍数			
010606003	钢天窗架	1. 钢材品种、规格 2. 单榀重量 3. 安装高度 4. 探伤要求 5. 油漆品种、刷漆遍数			
010606004	钢挡风架	1. 钢材品种、规格 2. 单榀重量 3. 探伤要求 4. 油漆品种、刷漆遍数			
010606005	钢墙架				
010606006	钢平台	1. 钢材品种、规格 2. 油漆品种、刷漆遍数			
010606007	钢走道				
010606008	钢梯	1. 钢材品种、规格 2. 钢梯形式 3. 油漆品种、刷漆遍数			
010606009	钢栏杆	1. 钢材品种、规格 2. 油漆品种、刷漆遍数			
010606010	钢漏斗	1. 钢材品种、规格 2. 方形、圆形 3. 安装高度 4. 探伤要求 5. 油漆品种、刷漆遍数		按设计图示尺寸以重量计算。不扣除孔眼、切边、切肢的质量，焊条、铆钉、螺栓等不另增加质量，不规则或多边形钢板以其外接矩形面积乘以厚度乘以单位理论质量计算，依附漏斗的型钢并入漏斗工程量内	
010606011	钢支架	1. 钢材品种、规格 2. 单件重量 3. 油漆品种、刷漆遍数		按设计图示尺寸以质量计算。不扣除孔眼、切边、切肢的质量，焊条、铆钉、螺栓等不另增加质量，不规则或多边形钢板以其外接矩形面积乘以厚度乘以单位理论质量计算	
010606012	零星钢构件	1. 钢材品种、规格 2. 构件名称 3. 油漆品种、刷漆遍数			

A.6.7 金属网。工程量清单项目设置及工程量计算规则，应按表 A.6.7 的规定执行。

表 A.6.7 金属网（编码：010607）

项目编码	项目名称	项目特征	计量单位	工程量计算规则	工程内容
010607001	金属网	1. 材料品种、规格 2. 边框及立柱型钢品种、规格 3. 油漆品种、刷漆遍数	m^2	按设计图示尺寸以面积计算	1. 制作 2. 运输 3. 安装 4. 刷油漆

A.6.8 其他相关问题应按下列规定处理：

1 型钢混凝土柱、梁浇筑混凝土和压型钢板楼板上浇筑钢筋混凝土，混凝土和钢筋应按 A.4 中相关项目编码列项。

2 钢墙架项目包括墙架柱、墙架梁和连接杆件。

3 加工铁件等小型构件，应按 A.6.6 中零星钢构件项目编码列项。

A.7 屋面及防水工程

A.7.1 瓦、型材屋面。工程量清单项目设置及工程量计算规则，应按表 A.7.1 的规定执行。

表 A.7.1 瓦、型材屋面（编码：010701）

项目编码	项目名称	项目特征	计量单位	工程量计算规则	工程内容
010701001	瓦屋面	1. 瓦品种、规格、品牌、颜色 2. 防水材料种类 3. 基层材料种类 4. 檩条种类、截面 5. 防护材料种类	m^2	按设计图示尺寸以斜面积计算。不扣除房上烟囱、风帽底座、风道、小气窗、斜沟等所占面积，小气窗的出檐部分不增加面积	1. 檩条、椽子安装 2. 基层铺设 3. 铺防水层 4. 安顺水条和挂瓦条 5. 安瓦 6. 刷防护材料
010701002	型材屋面	1. 型材品种、规格、品牌、颜色 2. 骨架材料品种、规格 3. 接缝、嵌缝材料种类			1. 骨架制作、运输、安装 2. 屋面型材安装 3. 接缝、嵌缝
010701003	膜结构屋面	1. 膜布品种、规格、颜色 2. 支柱（网架）钢材品种、规格 3. 钢丝绳品种、规格 4. 油漆品种、刷漆遍数		按设计图示尺寸以需要覆盖的水平面积计算	1. 膜布热压胶接 2. 支柱（网架）制作、安装 3. 膜布安装 4. 穿钢丝绳、锚头锚固 5. 刷油漆

A.7.2 屋面防水。工程量清单项目设置及工程量计算规则，应按表 A.7.2 的规定执行。

表 A.7.2 屋面防水（编码：010702）

项目编码	项目名称	项目特征	计量单位	工程量计算规则	工程内容
010702001	屋面卷材防水	1. 卷材品种、规格 2. 防水层做法 3. 嵌缝材料种类 4. 防护材料种类	m^2	按设计图示尺寸以面积计算 1. 斜屋顶（不包括平屋顶找坡）按斜面积计算，平屋顶按水平投影面积计算 2. 不扣除房上烟囱、风帽底座、风道、屋面小气窗和斜沟所占面积 3. 屋面的女儿墙、伸缩缝和天窗等处的弯起部分，并入屋面工程量内	1. 基层处理 2. 抹找平层 3. 刷底油 4. 铺油毡卷材、接缝、嵌缝 5. 铺保护层
010702002	屋面涂膜防水	1. 防水膜品种 2. 涂膜厚度、遍数、增强材料种类 3. 嵌缝材料种类 4. 防护材料种类			1. 基层处理 2. 抹找平层 3. 涂防水膜 4. 铺保护层
010702003	屋面刚性防水	1. 防水层厚度 2. 嵌缝材料种类 3. 混凝土强度等级		按设计图示尺寸以面积计算。不扣除房上烟囱、风帽底座、风道等所占面积	1. 基层处理 2. 混凝土制作、运输、铺筑、养护

续表 A.7.2

项目编码	项目名称	项目特征	计量单位	工程量计算规则	工程内容
010702004	屋面排水管	1. 排水管品种、规格、品牌、颜色 2. 接缝、嵌缝材料种类 3. 油漆品种、刷漆遍数	m	按设计图示尺寸以长度计算。如设计未标注尺寸，以檐口至设计室外散水上表面垂直距离计算	1. 排水管及配件安装、固定 2. 雨水斗、雨水箅子安装 3. 接缝、嵌缝
010702005	屋面天沟、沿沟	1. 材料品种 2. 砂浆配合比 3. 宽度、坡度 4. 接缝、嵌缝材料种类 5. 防护材料种类	m^2	按设计图示尺寸以面积计算。铁皮和卷材天沟按展开面积计算	1. 砂浆制作、运输 2. 砂浆找坡、养护 3. 天沟材料铺设 4. 天沟配件安装 5. 接缝、嵌缝 6. 刷防护材料

A.7.3 墙、地面防水、防潮。工程量清单项目设置及工程量计算规则，应按表 A.7.3 的规定执行。

表 A.7.3 墙、地面防水、防潮（编码：010703）

项目编码	项目名称	项目特征	计量单位	工程量计算规则	工程内容
010703001	卷材防水	1. 卷材、涂膜品种 2. 涂膜厚度、遍数、增强材料种类 3. 防水部位 4. 防水做法 5. 接缝、嵌缝材料种类 6. 防护材料种类	m^2	按设计图示尺寸以面积计算 1. 地面防水：按主墙间净空面积计算，扣除凸出地面的构筑物、设备基础等所占面积，不扣除间壁墙及单个 $0.3m^2$ 以内的柱、垛、烟囱和孔洞所占面积 2. 墙基防水：外墙按中心线，内墙按净长乘以宽度计算	1. 基层处理 2. 抹找平层 3. 刷粘结剂 4. 铺防水卷材 5. 铺保护层 6. 接缝、嵌缝
010703002	涂膜防水				1. 基层处理 2. 抹找平层 3. 刷基层处理剂 4. 铺涂膜防水层 5. 铺保护层
010703003	砂浆防水（潮）	1. 防水（潮）部位 2. 防水（潮）厚度、层数 3. 砂浆配合比 4. 外加剂材料种类			1. 基层处理 2. 挂钢丝网片 3. 设置分格缝 4. 砂浆制作、运输、摊铺、养护
010703004	变形缝	1. 变形缝部位 2. 嵌缝材料种类 3. 止水带材料种类 4. 盖板材料 5. 防护材料种类	m	按设计图示以长度计算	1. 清缝 2. 填塞防水材料 3. 止水带安装 4. 盖板制作 5. 刷防护材料

A.7.4 其他相关问题应按下列规定处理：

1 小青瓦、水泥平瓦、琉璃瓦等，应按 A.7.1 中瓦屋面项目编码列项。

2 压型钢板、阳光板、玻璃钢等，应按 A.7.1 中型材屋面编码列项。

A.8 防腐、隔热、保温工程

A.8.1 防腐面层。工程量清单项目设置及工程量计算规则，应按表 A.8.1 的规定执行。

表 A.8.1 防腐面层（编码：010801）

项目编码	项目名称	项目特征	计量单位	工程量计算规则	工程内容
010801001	防腐混凝土面层	1. 防腐部位 2. 面层厚度 3. 砂浆、混凝土、胶泥种类	m^2	按设计图示尺寸以面积计算 1. 平面防腐：扣除凸出地面的构筑物、设备基础等所占面积 2. 立面防腐：砖垛等突出部分按展开面积并入墙面积内	1. 基层清理 2. 基层刷稀胶泥 3. 砂浆制作、运输、摊铺、养护 4. 混凝土制作、运输、摊铺、养护
010801002	防腐砂浆面层				
010801003	防腐胶泥面层				1. 基层清理 2. 胶泥调制、摊铺
010801004	玻璃钢防腐面层	1. 防腐部位 2. 玻璃钢种类 3. 贴布层数 4. 面层材料品种			1. 基层清理 2. 刷底漆、刮腻子 3. 胶浆配制、涂刷 4. 粘布、涂刷面层
010801005	聚氯乙烯板面层	1. 防腐部位 2. 面层材料品种 3. 粘结材料种类		按设计图示尺寸以面积计算 1. 平面防腐：扣除凸出地面的构筑物、设备基础等所占面积 2. 立面防腐：砖垛等突出部分按展开面积并入墙面积内 3. 踢脚板防腐：扣除门洞所占面积并相应增加门洞侧壁面积	1. 基层清理 2. 配料、涂胶 3. 聚氯乙烯板铺设 4. 铺贴踢脚板
010801006	块料防腐面层	1. 防腐部位 2. 块料品种、规格 3. 粘结材料种类 4. 勾缝材料种类			1. 基层清理 2. 砌块料 3. 胶泥调制、勾缝

A.8.2 其他防腐。工程量清单项目设置及工程量计算规则，应按表 A.8.2 的规定执行。

表 A.8.2 其他防腐（编码：010802）

项目编码	项目名称	项目特征	计量单位	工程量计算规则	工程内容
010802001	隔离层	1. 隔离层部位 2. 隔离层材料品种 3. 隔离层做法 4. 粘贴材料种类	m^2	按设计图示尺寸以面积计算 1. 平面防腐：扣除凸出地面的构筑物、设备基础等所占面积 2. 立面防腐：砖垛等突出部分按展开面积并入墙面积内	1. 基层清理、刷油 2. 煮沥青 3. 胶泥调制 4. 隔离层铺设
010802002	砌筑沥青浸渍砖	1. 砌筑部位 2. 浸渍砖规格 3. 浸渍砖砌法（平砌、立砌）	m^3	按设计图示尺寸以体积计算	1. 基层清理 2. 胶泥调制 3. 浸渍砖铺砌
010802003	防腐涂料	1. 涂刷部位 2. 基层材料类型 3. 涂料品种、刷涂遍数	m^2	按设计图示尺寸以面积计算 1. 平面防腐：扣除凸出地面的构筑物、设备基础等所占面积 2. 立面防腐：砖垛等突出部分按展开面积并入墙面积内	1. 基层清理 2. 刷涂料

A.8.3 隔热、保温。工程量清单项目设置及工程量计算规则，应按表 A.8.3 的规定执行。

表 A.8.3 隔热、保温（编码：010803）

项目编码	项目名称	项目特征	计量单位	工程量计算规则	工程内容
010803001	保温隔热屋面	1. 保温隔热部位 2. 保温隔热方式（内保温、外保温、夹心保温） 3. 踢脚线、勒脚线保温做法 4. 保温隔热面层材料品种、规格、性能 5. 保温隔热材料品种、规格及厚度 6. 隔气层厚度 7. 粘结材料种类 8. 防护材料种类	m^2	按设计图示尺寸以面积计算。不扣除柱、垛所占面积	1. 基层清理 2. 铺粘保温层 3. 刷防护材料
010803002	保温隔热天棚			按设计图示尺寸以面积计算。扣除门窗洞口所占面积；门窗洞口侧壁需做保温时，并入保温墙体工程量内	
010803003	保温隔热墙			按设计图示以保温层中心线展开长度乘以保温层高度计算	1. 基层清理 2. 底层抹灰 3. 粘贴龙骨 4. 填贴保温材料 5. 粘贴面层 6. 嵌缝 7. 刷防护材料
010803004	保温柱				
010803005	隔热楼地面			按设计图示尺寸以面积计算。不扣除柱、垛所占面积	1. 基层清理 2. 铺设粘贴材料 3. 铺贴保温层 4. 刷防护材料

A.8.4 其他相关问题应按下列规定处理：

1 保温隔热墙的装饰面层，应按 B.2 中相关项目编码列项。

2 柱帽保温隔热应并入天棚保温隔热工程量内。

3 池槽保温隔热，池壁、池底应分别编码列项，池壁应并入墙面保温隔热工程量内，池底应并入地面保温隔热工程量内。

二、措 施 项 目

序号	项 目 名 称
1.1	混凝土、钢筋混凝土模板及支架
1.2	脚手架
1.3	垂直运输机械

附录B 装饰装修工程工程量清单项目及计算规则

一、实 体 项 目

B.1 楼地面工程

B.1.1 整体面层。工程量清单项目设置及工程量计算规则，应按表 B.1.1 的规定执行。

表 B.1.1 整体面层（编码：020101）

项目编码	项目名称	项目特征	计量单位	工程量计算规则	工程内容
020101001	水泥砂浆楼地面	1. 垫层材料种类、厚度 2. 找平层厚度、砂浆配合比 3. 防水层厚度、材料种类 4. 面层厚度、砂浆配合比	m^2	按设计图示尺寸以面积计算。扣除凸出地面构筑物、设备基础、室内铁道、地沟等所占面积，不扣除间壁墙和 0.3 m^2 以内的柱、垛、附墙烟囱及孔洞所占面积。门洞、空圈、暖气包槽、壁龛的开口部分不增加面积	1. 基层清理 2. 垫层铺设 3. 抹找平层 4. 防水层铺设 5. 抹面层 6. 材料运输
020101002	现浇水磨石楼地面	1. 垫层材料种类、厚度 2. 找平层厚度、砂浆配合比 3. 防水层厚度、材料种类 4. 面层厚度、水泥石子浆配合比 5. 嵌条材料种类、规格 6. 石子种类、规格、颜色 7. 颜料种类、颜色 8. 图案要求 9. 磨光、酸洗、打蜡要求			1. 基层清理 2. 垫层铺设 3. 抹找平层 4. 防水层铺设 5. 面层铺设 6. 嵌缝条安装 7. 磨光、酸洗、打蜡 8. 材料运输

续表 B.1.1

项目编码	项目名称	项目特征	计量单位	工程量计算规则	工程内容
020101003	细石混凝土楼地面	1. 垫层材料种类、厚度 2. 找平层厚度、砂浆配合比 3. 防水层厚度、材料种类 4. 面层厚度、混凝土强度等级	m^2	按设计图示尺寸以面积计算。扣除凸出地面构筑物、设备基础、室内铁道、地沟等所占面积，不扣除间壁墙和0.3 m^2以内的柱、垛、附墙烟囱及孔洞所占面积。门洞、空圈、暖气包槽、壁龛的开口部分不增加面积	1. 基层清理 2. 垫层铺设 3. 抹找平层 4. 防水层铺设 5. 面层铺设 6. 材料运输
020101004	菱苦土楼地面	1. 垫层材料种类、厚度 2. 找平层厚度、砂浆配合比 3. 防水层厚度、材料种类 4. 面层厚度 5. 打蜡要求			1. 清理基层 2. 垫层铺设 3. 抹找平层 4. 防水层铺设 5. 面层铺设 6. 打蜡 7. 材料运输

B.1.2 块料面层。工程量清单项目设置及工程量计算规则，应按表 B.1.2 的规定执行。

表 B.1.2 块料面层（编码：020102）

项目编码	项目名称	项目特征	计量单位	工程量计算规则	工程内容
020102001	石材楼地面	1. 垫层材料种类、厚度 2. 找平层厚度、砂浆配合比 3. 防水层、材料种类 4. 填充材料种类、厚度 5. 结合层厚度、砂浆配合比 6. 面层材料品种、规格、品牌、颜色 7. 嵌缝材料种类 8. 防护层材料种类 9. 酸洗、打蜡要求	m^2	按设计图示尺寸以面积计算。扣除凸出地面构筑物、设备基础、室内铁道、地沟等所占面积，不扣除间壁墙和0.3 m^2以内的柱、垛、附墙烟囱及孔洞所占面积。门洞、空圈、暖气包槽、壁龛的开口部分不增加面积	1. 基层清理、铺设垫层、抹找平层 2. 防水层铺设、填充层铺设 3. 面层铺设 4. 嵌缝 5. 刷防护材料 6. 酸洗、打蜡 7. 材料运输
020102002	块料楼地面				

B.1.3 橡塑面层。工程量清单项目设置及工程量计算规则，应按表 B.1.3 的规定执行。

表 B.1.3 橡塑面层（编码：020103）

项目编码	项目名称	项目特征	计量单位	工程量计算规则	工程内容
020103001	橡胶板楼地面	1. 找平层厚度、砂浆配合比 2. 填充材料种类、厚度 3. 粘结层厚度、材料种类 4. 面层材料品种、规格、品牌、颜色 5. 压线条种类	m^2	按设计图示尺寸以面积计算。门洞、空圈、暖气包槽、壁龛的开口部分并入相应的工程量内	1. 基层清理、抹找平层 2. 铺设填充层 3. 面层铺贴 4. 压缝条装钉 5. 材料运输
020103002	橡胶卷材楼地面				
020103003	塑料板楼地面				
020103004	塑料卷材楼地面				

B.1.4 其他材料面层。工程量清单项目设置及工程量计算规则，应按表 B.1.4 的规定执行。

表 B.1.4 其他材料面层（编码：020104）

项目编码	项目名称	项目特征	计量单位	工程量计算规则	工程内容
020104001	楼地面地毯	1. 找平层厚度、砂浆配合比 2. 填充材料种类、厚度 3. 面层材料品种、规格、品牌、颜色 4. 防护材料种类 5. 粘结材料种类 6. 压线条种类	m^2	按设计图示尺寸以面积计算。门洞、空圈、暖气包槽、壁龛的开口部分并入相应的工程量内	1. 基层清理、抹找平层 2. 铺设填充层 3. 铺贴面层 4. 刷防护材料 5. 装钉压条 6. 材料运输
020104002	竹木地板	1. 找平层厚度、砂浆配合比 2. 填充材料种类、厚度、找平层厚度、砂浆配合比 3. 龙骨材料种类、规格、铺设间距 4. 基层材料种类、规格 5. 面层材料品种、规格、品牌、颜色 6. 粘结材料种类 7. 防护材料种类 8. 油漆品种、刷漆遍数			1. 基层清理、抹找平层 2. 铺设填充层 3. 龙骨铺设 4. 铺设基层 5. 面层铺贴 6. 刷防护材料 7. 材料运输
020104003	防静电活动地板	1. 找平层厚度、砂浆配合比 2. 填充材料种类、厚度，找平层厚度、砂浆配合比 3. 支架高度、材料种类 4. 面层材料品种、规格、品牌、颜色 5. 防护材料种类			1. 清理基层、抹找平层 2. 铺设填充层 3. 固定支架安装 4. 活动面层安装 5. 刷防护材料 6. 材料运输
020104004	金属复合地板	1. 找平层厚度、砂浆配合比 2. 填充材料种类、厚度，找平层厚度、砂浆配合比 3. 龙骨材料种类、规格、铺设间距 4. 基层材料种类、规格 5. 面层材料品种、规格、品牌 6. 防护材料种类			1. 清理基层、抹找平层 2. 铺设填充层 3. 龙骨铺设 4. 基层铺设 5. 面层铺贴 6. 刷防护材料 7. 材料运输

B.1.5 踢脚线。工程量清单项目设置及工程量计算规则，应按表 B.1.5 的规定执行。

表 B.1.5 踢脚线（编码：020105）

项目编码	项目名称	项目特征	计量单位	工程量计算规则	工程内容
020105001	水泥砂浆踢脚线	1. 踢脚线高度 2. 底层厚度、砂浆配合比 3. 面层厚度、砂浆配合比	m^2	按设计图示长度乘以高度以面积计算	1. 基层清理 2. 底层抹灰 3. 面层铺贴 4. 勾缝 5. 磨光、酸洗、打蜡 6. 刷防护材料 7. 材料运输
020105002	石材踢脚线	1. 踢脚线高度 2. 底层厚度、砂浆配合比 3. 粘贴层厚度、材料种类 4. 面层材料品种、规格、品牌、颜色 5. 勾缝材料种类 6. 防护材料种类			
020105003	块料踢脚线				
020105004	现浇水磨石踢脚线	1. 踢脚线高度 2. 底层厚度、砂浆配合比 3. 面层厚度、水泥石子浆配合比 4. 石子种类、规格、颜色 5. 颜料种类、颜色 6. 磨光、酸洗、打蜡要求			
020105005	塑料板踢脚线	1. 踢脚线高度 2. 底层厚度、砂浆配合比 3. 粘结层厚度、材料种类 4. 面层材料种类、规格、品牌、颜色			
020105006	木质踢脚线	1. 踢脚线高度 2. 底层厚度、砂浆配合比 3. 基层材料种类、规格 4. 面层材料品种、规格、品牌、颜色 5. 防护材料种类 6. 油漆品种、刷漆遍数			1. 基层清理 2. 底层抹灰 3. 基层铺贴 4. 面层铺贴 5. 刷防护材料 6. 刷油漆 7. 材料运输
020105007	金属踢脚线				
020105008	防静电踢脚线				

B.1.6 楼梯装饰。工程量清单项目设置及工程量计算规则，应按表 B.1.6 的规定执行。

表 B.1.6 楼梯装饰（编码：020106）

项目编码	项目名称	项目特征	计量单位	工程量计算规则	工程内容
020106001	石材楼梯面层	1. 找平层厚度、砂浆配合比 2. 贴结层厚度、材料种类 3. 面层材料品种、规格、品牌、颜色 4. 防滑条材料种类、规格 5. 勾缝材料种类 6. 防护层材料种类 7. 酸洗、打蜡要求	m^2	按设计图示尺寸以楼梯（包括踏步、休息平台及 500mm 以内的楼梯井）水平投影面积计算。楼梯与楼地面相连时，算至梯口梁内侧边沿；无梯口梁者，算至最上一层踏步边沿加 300mm	1. 基层清理 2. 抹找平层 3. 面层铺贴 4. 贴嵌防滑条 5. 勾缝 6. 刷防护材料 7. 酸洗、打蜡 8. 材料运输
020106002	块料楼梯面层				
020106003	水泥砂浆楼梯面	1. 找平层厚度、砂浆配合比 2. 面层厚度、砂浆配合比 3. 防滑条材料种类、规格			1. 基层清理 2. 抹找平层 3. 抹面层 4. 抹防滑条 5. 材料运输

续表 B.1.6

项目编码	项目名称	项目特征	计量单位	工程量计算规则	工程内容
020106004	现浇水磨石楼梯面	1. 找平层厚度、砂浆配合比 2. 面层厚度、水泥石子浆配合比 3. 防滑条材料种类、规格 4. 石子种类、规格、颜色 5. 颜料种类、颜色 6. 磨光、酸洗、打蜡要求	m^2	按设计图示尺寸以楼梯（包括踏步、休息平台及500mm以内的楼梯井）水平投影面积计算。楼梯与楼地面相连时，算至梯口梁内侧边沿；无梯口梁者，算至最上一层踏步边沿加300mm	1. 基层清理 2. 抹找平层 3. 抹面层 4. 贴嵌防滑条 5. 磨光、酸洗、打蜡 6. 材料运输
020106005	地毯楼梯面	1. 基层种类 2. 找平层厚度、砂浆配合比 3. 面层材料品种、规格、品牌、颜色 4. 防护材料种类 5. 粘结材料种类 6. 固定配件材料种类、规格			1. 基层清理 2. 抹找平层 3. 铺贴面层 4. 固定配件安装 5. 刷防护材料 6. 材料运输
020106006	木板楼梯面	1. 找平层厚度、砂浆配合比 2. 基层材料种类、规格 3. 面层材料品种、规格、品牌、颜色 4. 粘结材料种类 5. 防护材料种类 6. 油漆品种、刷漆遍数			1. 基层清理 2. 抹找平层 3. 基层铺贴 4. 面层铺贴 5. 刷防护材料、油漆 6. 材料运输

B.1.7 扶手、栏杆、栏板装饰。工程量清单项目设置及工程量计算规则，应按表B.1.7的规定执行。

表 B.1.7 扶手、栏杆、栏板装饰（编码：020107）

项目编码	项目名称	项目特征	计量单位	工程量计算规则	工程内容
020107001	金属扶手带栏杆、栏板	1. 扶手材料种类、规格、品牌、颜色 2. 栏杆材料种类、规格、品牌、颜色 3. 栏板材料种类、规格、品牌、颜色 4. 固定配件种类 5. 防护材料种类 6. 油漆品种、刷漆遍数	m	按设计图示尺寸以扶手中心线长度（包括弯头长度）计算	1. 制作 2. 运输 3. 安装 4. 刷防护材料 5. 刷油漆
020107002	硬木扶手带栏杆、栏板				
020107003	塑料扶手带栏杆、栏板				
020107004	金属靠墙扶手	1. 扶手材料种类、规格、品牌、颜色 2. 固定配件种类 3. 防护材料种类 4. 油漆品种、刷漆遍数			
020107005	硬木靠墙扶手				
020107006	塑料靠墙扶手				

B.1.8 台阶装饰。工程量清单项目设置及工程量计算规则，应按表 B.1.8 的规定执行。

表 B.1.8 台阶装饰（编码：020108）

项目编码	项目名称	项目特征	计量单位	工程量计算规则	工程内容
020108001	石材台阶面	1. 垫层材料种类、厚度 2. 找平层厚度、砂浆配合比 3. 粘结层材料种类 4. 面层材料品种、规格、品牌、颜色 5. 勾缝材料种类 6. 防滑条材料种类、规格 7. 防护材料种类	m^2	按设计图示尺寸以台阶（包括最上层踏步边沿加300mm）水平投影面积计算	1. 基层清理 2. 铺设垫层 3. 抹找平层 4. 面层铺贴 5. 贴嵌防滑条 6. 勾缝 7. 刷防护材料 8. 材料运输
020108002	块料台阶面				
020108003	水泥砂浆台阶面	1. 垫层材料种类、厚度 2. 找平层厚度、砂浆配合比 3. 面层厚度、砂浆配合比 4. 防滑条材料种类			1. 清理基层 2. 铺设垫层 3. 抹找平层 4. 抹面层 5. 抹防滑条 6. 材料运输
020108004	现浇水磨石台阶面	1. 垫层材料种类、厚度 2. 找平层厚度、砂浆配合比 3. 面层厚度、水泥石子浆配合比 4. 防滑条材料种类、规格 5. 石子种类、规格、颜色 6. 颜料种类、颜色 7. 磨光、酸洗、打蜡要求			1. 清理基层 2. 铺设垫层 3. 抹找平层 4. 抹面层 5. 贴嵌防滑条 6. 打磨、酸洗、打蜡 7. 材料运输
020108005	剁假石台阶面	1. 垫层材料种类、厚度 2. 找平层厚度、砂浆配合比 3. 面层厚度、砂浆配合比 4. 剁假石要求			1. 清理基层 2. 铺设垫层 3. 抹找平层 4. 抹面层 5. 剁假石 6. 材料运输

B.1.9 零星装饰项目。工程量清单项目设置及工程量计算规则，应按表 B.1.9 的规定执行。

表 B.1.9 零星装饰项目（编码：020109）

项目编码	项目名称	项目特征	计量单位	工程量计算规则	工程内容
020109001	石材零星项目	1. 工程部位 2. 找平层厚度、砂浆配合比 3. 贴结合层厚度、材料种类 4. 面层材料品种、规格、品牌、颜色 5. 勾缝材料种类 6. 防护材料种类 7. 酸洗、打蜡要求	m^2	按设计图示尺寸以面积计算	1. 清理基层 2. 抹找平层 3. 面层铺贴 4. 勾缝 5. 刷防护材料 6. 酸洗、打蜡 7. 材料运输
020109002	碎拼石材零星项目				
020109003	块料零星项目				
020109004	水泥砂浆零星项目	1. 工程部位 2. 找平层厚度、砂浆配合比 3. 面层厚度、砂浆厚度			1. 清理基层 2. 抹找平层 3. 抹面层 4. 材料运输

B.1.10 其他相关问题应按下列规定处理：

1 楼梯、阳台、走廊、回廊及其他的装饰性扶手、栏杆、栏板，应按B.1.7项目编码列项。

2 楼梯、台阶侧面装饰，0.5m^2以内少量分散的楼地面装修，应按B.1.9中项目编码列项。

B.2 墙、柱面工程

B.2.1 墙面抹灰。工程量清单项目设置及工程量计算规则，应按表B.2.1的规定执行。

表B.2.1 墙面抹灰（编码：020201）

项目编码	项目名称	项目特征	计量单位	工程量计算规则	工程内容
020201001	墙面一般抹灰	1. 墙体类型 2. 底层厚度、砂浆配合比 3. 面层厚度、砂浆配合比 4. 装饰面材料种类 5. 分格缝宽度、材料种类	m^2	按设计图示尺寸以面积计算。扣除墙裙、门窗洞口及单个0.3m^2以外的孔洞面积，不扣除踢脚线、挂镜线和墙与构件交接处的面积，门窗洞口和孔洞的侧壁及顶面不增加面积。附墙柱、梁、垛、烟囱侧壁并入相应的墙面面积内 1. 外墙抹灰面积按外墙垂直投影面积计算 2. 外墙裙抹灰面积按其长度乘以高度计算 3. 内墙抹灰面积按主墙间的净长乘以高度计算 （1）无墙裙的，高度按室内楼地面至天棚底面计算 （2）有墙裙的，高度按墙裙顶至天棚底面计算 4. 内墙裙抹灰面按内墙净长乘以高度计算	1. 基层清理 2. 砂浆制作、运输 3. 底层抹灰 4. 抹面层 5. 抹装饰面 6. 勾分格缝
020201002	墙面装饰抹灰				
020201003	墙面勾缝	1. 墙体类型 2. 勾缝类型 3. 勾缝材料种类			1. 基层清理 2. 砂浆制作、运输 3. 勾缝

B.2.2 柱面抹灰。工程量清单项目设置及工程量计算规则，应按表B.2.2的规定执行。

表B.2.2 柱面抹灰（编码：020202）

项目编码	项目名称	项目特征	计量单位	工程量计算规则	工程内容
020202001	柱面一般抹灰	1. 柱体类型 2. 底层厚度、砂浆配合比 3. 面层厚度、砂浆配合比 4. 装饰面材料种类 5. 分格缝宽度、材料种类	m^2	按设计图示柱断面周长乘以高度以面积计算	1. 基层清理 2. 砂浆制作、运输 3. 底层抹灰 4. 抹面层 5. 抹装饰面 6. 勾分格缝
020202002	柱面装饰抹灰				
020202003	柱面勾缝	1. 墙体类型 2. 勾缝类型 3. 勾缝材料种类			1. 基层清理 2. 砂浆制作、运输 3. 勾缝

B.2.3 零星抹灰。工程量清单项目设置及工程量计算规则，应按表B.2.3的规定执行。

表B.2.3 零星抹灰（编码：020203）

项目编码	项目名称	项目特征	计量单位	工程量计算规则	工程内容
020203001	零星项目一般抹灰	1. 墙体类型 2. 底层厚度、砂浆配合比 3. 面层厚度、砂浆配合比 4. 装饰面材料种类 5. 分格缝宽度、材料种类	m^2	按设计图示尺寸以面积计算	1. 基层清理 2. 砂浆制作、运输 3. 底层抹灰 4. 抹面层 5. 抹装饰面 6. 勾分格缝
020203002	零星项目装饰抹灰				

B.2.4 墙面镶贴块料。工程量清单项目设置及工程量计算规则，应按表 B.2.4 的规定执行。

表 B.2.4 墙面镶贴块料（编码：020204）

项目编码	项目名称	项目特征	计量单位	工程量计算规则	工程内容
020204001	石材墙面	1. 墙体类型 2. 底层厚度、砂浆配合比 3. 贴结层厚度、材料种类 4. 挂贴方式 5. 干挂方式（膨胀螺栓、钢龙骨） 6. 面层材料品种、规格、品牌、颜色 7. 缝宽、嵌缝材料种类 8. 防护材料种类 9. 磨光、酸洗、打蜡要求	m²	按设计图示尺寸以镶贴表面积计算	1. 基层清理 2. 砂浆制作、运输 3. 底层抹灰 4. 结合层铺贴 5. 面层铺贴 6. 面层挂贴 7. 面层干挂 8. 嵌缝 9. 刷防护材料 10. 磨光、酸洗、打蜡
020204002	碎拼石材墙面				
020204003	块料墙面				
020204004	干挂石材钢骨架	1. 骨架种类、规格 2. 油漆品种、刷油遍数	t	按设计图示尺寸以质量计算	1. 骨架制作、运输、安装 2. 骨架油漆

B.2.5 柱面镶贴块料。工程量清单项目设置及工程量计算规则，应按表 B.2.5 的规定执行。

表 B.2.5 柱面镶贴块料（编码：020205）

项目编码	项目名称	项目特征	计量单位	工程量计算规则	工程内容
020205001	石材柱面	1. 柱体材料 2. 柱截面类型、尺寸 3. 底层厚度、砂浆配合比 4. 粘结层厚度、材料种类 5. 挂贴方式 6. 干贴方式 7. 面层材料品种、规格、品牌、颜色 8. 缝宽、嵌缝材料种类 9. 防护材料种类 10. 磨光、酸洗、打蜡要求	m²	按设计图示尺寸以镶贴表面积计算	1. 基层清理 2. 砂浆制作、运输 3. 底层抹灰 4. 结合层铺贴 5. 面层铺贴 6. 面层挂贴 7. 面层干挂 8. 嵌缝 9. 刷防护材料 10. 磨光、酸洗、打蜡
020205002	拼碎石材柱面				
020205003	块料柱面				
020205004	石材梁面	1. 底层厚度、砂浆配合比 2. 粘结层厚度、材料种类 3. 面层材料品种、规格、品牌、颜色 4. 缝宽、嵌缝材料种类 5. 防护材料种类 6. 磨光、酸洗、打蜡要求			1. 基层清理 2. 砂浆制作、运输 3. 底层抹灰 4. 结合层铺贴 5. 面层铺贴 6. 面层挂贴 7. 嵌缝 8. 刷防护材料 9. 磨光、酸洗、打蜡
020205005	块料梁面				

B.2.6 零星镶贴块料。工程量清单项目设置及工程量计算规则，应按表 B.2.6 的规定执行。

表 B.2.6 零星镶贴块料（编码：020206）

项目编码	项目名称	项目特征	计量单位	工程量计算规则	工程内容
020206001	石材零星项目	1. 柱、墙体类型 2. 底层厚度、砂浆配合比 3. 粘结层厚度、材料种类 4. 挂贴方式 5. 干挂方式 6. 面层材料品种、规格、品牌、颜色 7. 缝宽、嵌缝材料种类 8. 防护材料种类 9. 磨光、酸洗、打蜡要求	m^2	按设计图示尺寸以镶贴表面积计算	1. 基层清理 2. 砂浆制作、运输 3. 底层抹灰 4. 结合层铺贴 5. 面层铺贴 6. 面层挂贴 7. 面层干挂 8. 嵌缝 9. 刷防护材料 10. 磨光、酸洗、打蜡
020206002	拼碎石材零星项目				
020206003	块料零星项目				

B.2.7 墙饰面。工程量清单项目设置及工程量计算规则，应按表 B.2.7 的规定执行。

表 B.2.7 墙饰面（编码：020207）

项目编码	项目名称	项目特征	计量单位	工程量计算规则	工程内容
020207001	装饰板墙面	1. 墙体类型 2. 底层厚度、砂浆配合比 3. 龙骨材料种类、规格、中距 4. 隔离层材料种类、规格 5. 基层材料种类、规格 6. 面层材料品种、规格、品牌、颜色 7. 压条材料种类、规格 8. 防护材料种类 9. 油漆品种、刷漆遍数	m^2	按设计图示墙净长乘以净高以面积计算。扣除门窗洞口及单个 $0.3m^2$ 以上的孔洞所占面积	1. 基层清理 2. 砂浆制作、运输 3. 底层抹灰 4. 龙骨制作、运输、安装 5. 钉隔离层 6. 基层铺钉 7. 面层铺贴 8. 刷防护材料、油漆

B.2.8 柱（梁）饰面。工程量清单项目设置及工程量计算规则，应按表 B.2.8 的规定执行。

表 B.2.8 柱（梁）饰面（编码：020208）

项目编码	项目名称	项目特征	计量单位	工程量计算规则	工程内容
020208001	柱（梁）面装饰	1. 柱（梁）体类型 2. 底层厚度、砂浆配合比 3. 龙骨材料种类、规格、中距 4. 隔离层材料种类 5. 基层材料种类、规格 6. 面层材料品种、规格、品种、颜色 7. 压条材料种类、规格 8. 防护材料种类 9. 油漆品种、刷漆遍数	m^2	按设计图示饰面外围尺寸以面积计算。柱帽、柱墩并入相应柱饰面工程量内	1. 清理基层 2. 砂浆制作、运输 3. 底层抹灰 4. 龙骨制作、运输、安装 5. 钉隔离层 6. 基层铺钉 7. 面层铺贴 8. 刷防护材料、油漆

B.2.9 隔断。工程量清单项目设置及工程量计算规则，应按表 B.2.9 的规定执行。

表 B.2.9　隔断（编码：020209）

项目编码	项目名称	项目特征	计量单位	工程量计算规则	工程内容
020209001	隔断	1. 骨架、边框材料种类、规格 2. 隔板材料品种、规格、品牌、颜色 3. 嵌缝、塞口材料品种 4. 压条材料种类 5. 防护材料种类 6. 油漆品种、刷漆遍数	m^2	按设计图示框外围尺寸以面积计算。扣除单个 0.3 m^2以上的孔洞所占面积；浴厕门的材质与隔断相同时，门的面积并入隔断面积内	1. 骨架及边框制作、运输、安装 2. 隔板制作、运输、安装 3. 嵌缝、塞口 4. 装钉压条 5. 刷防护材料、油漆

B.2.10　幕墙。工程量清单项目设置及工程量计算规则，应按表 B.2.10 的规定执行。

表 B.2.10　幕墙（编码：0202010）

项目编码	项目名称	项目特征	计量单位	工程量计算规则	工程内容
020210001	带骨架幕墙	1. 骨架材料种类、规格、中距 2. 面层材料品种、规格、品种、颜色 3. 面层固定方式 4. 嵌缝、塞口材料种类	m^2	按设计图示框外围尺寸以面积计算。与幕墙同种材质的窗所占面积不扣除	1. 骨架制作、运输、安装 2. 面层安装 3. 嵌缝、塞口 4. 清洗
020210002	全玻幕墙	1. 玻璃品种、规格、品牌、颜色 2. 粘结塞口材料种类 3. 固定方式		按设计图示尺寸以面积计算。带肋全玻幕墙按展开面积计算	1. 幕墙安装 2. 嵌缝、塞口 3. 清洗

B.2.11　其他相关问题应按下列规定处理：

1　石灰砂浆、水泥砂浆、水泥混合砂浆、聚合物水泥砂浆、麻刀石灰、纸筋石灰、石膏灰等的抹灰应按 B.2.1 中一般抹灰项目编码列项；水刷石、斩假石（剁斧石、剁假石）、干粘石、假面砖等的抹灰应按B.2.1中装饰抹灰项目编码列项。

2　0.5m^2以内少量分散的抹灰和镶贴块料面层，应按 B.2.1 和 B.2.6 中相关项目编码列项。

B.3　天 棚 工 程

B.3.1　天棚抹灰。工程量清单项目设置及工程量计算规则，应按表 B.3.1 的规定执行。

表 B.3.1　天棚抹灰（编码：020301）

项目编码	项目名称	项目特征	计量单位	工程量计算规则	工程内容
020301001	天棚抹灰	1. 基层类型 2. 抹灰厚度、材料种类 3. 装饰线条道数 4. 砂浆配合比	m^2	按设计图示尺寸以水平投影面积计算。不扣除间壁墙、垛、柱、附墙烟囱、检查口和管道所占的面积，带梁天棚、梁两侧抹灰面积并入天棚面积内，板式楼梯底面抹灰按斜面积计算，锯齿形楼梯底板抹灰按展开面积计算	1. 基层清理 2. 底层抹灰 3. 抹面层 4. 抹装饰线条

B.3.2　天棚吊顶。工程量清单项目设置及工程量计算规则，应按表 B.3.2 的规定执行。

表 B.3.2 天棚吊顶（编码：020302）

项目编码	项目名称	项目特征	计量单位	工程量计算规则	工程内容
020302001	天棚吊顶	1. 吊顶形式 2. 龙骨类型、材料种类、规格、中距 3. 基层材料种类、规格 4. 面层材料品种、规格、品牌、颜色 5. 压条材料种类、规格 6. 嵌缝材料种类 7. 防护材料种类 8. 油漆品种、刷漆遍数	m^2	按设计图示尺寸以水平投影面积计算。天棚面中的灯槽及跌级、锯齿形、吊挂式、藻井式天棚面积不展开计算。不扣除间壁墙、检查口、附墙烟囱、柱垛和管道所占面积，扣除单个 $0.3m^2$ 以外的孔洞、独立柱及与天棚相连的窗帘盒所占的面积	1. 基层清理 2. 龙骨安装 3. 基层板铺贴 4. 面层铺贴 5. 嵌缝 6. 刷防护材料、油漆
020302002	格栅吊顶	1. 龙骨类型、材料种类、规格、中距 2. 基层材料种类、规格 3. 面层材料品种、规格、品牌、颜色 4. 防护材料种类 5. 油漆品种、刷漆遍数		按设计图示尺寸以水平投影面积计算	1. 基层清理 2. 底层抹灰 3. 安装龙骨 4. 基层板铺贴 5. 面层铺贴 6. 刷防护材料、油漆
020302003	吊筒吊顶	1. 底层厚度、砂浆配合比 2. 吊筒形状、规格、颜色、材料种类 3. 防护材料种类 4. 油漆品种、刷漆遍数			1. 基层清理 2. 底层抹灰 3. 吊筒安装 4. 刷防护材料、油漆
020302004	藤条造型悬挂吊顶	1. 底层厚度、砂浆配合比 2. 骨架材料种类、规格 3. 面层材料品种、规格、颜色 4. 防护层材料种类 5. 油漆品种、刷漆遍数			1. 基层清理 2. 底层抹灰 3. 龙骨安装 4. 铺贴面层 5. 刷防护材料、油漆
020302005	织物软雕吊顶				
020302006	网架（装饰）吊顶	1. 底层厚度、砂浆配合比 2. 面层材料品种、规格、颜色 3. 防护材料品种 4. 油漆品种、刷漆遍数			1. 基层清理 2. 底面抹灰 3. 面层安装 4. 刷防护材料、油漆

B.3.3 天棚其他装饰。工程量清单项目设置及工程量计算规则，应按表 B.3.3 的规定执行。

表 B.3.3 天棚其他装饰（编码：020303）

项目编码	项目名称	项目特征	计量单位	工程量计算规则	工程内容
020303001	灯带	1. 灯带型式、尺寸 2. 格栅片材料品种、规格、品牌、颜色 3. 安装固定方式	m^2	按设计图示尺寸以框外围面积计算	安装、固定
020303002	送风口、回风口	1. 风口材料品种、规格、品牌、颜色 2. 安装固定方式 3. 防护材料种类	个	按设计图示数量计算	1. 安装、固定 2. 刷防护材料

B.3.4 采光天棚和天棚设保温隔热吸音层时，应按 A.8 中相关项目编码列项。

B.4 门窗工程

B.4.1 木门。工程量清单项目设置及工程量计算规则，应按表 B.4.1 的规定执行。

表 B.4.1 木门（编码：020401）

项目编码	项目名称	项目特征	计量单位	工程量计算规则	工程内容
020401001	镶板木门	1. 门类型 2. 框截面尺寸、单扇面积 3. 骨架材料种类 4. 面层材料品种、规格、品牌、颜色 5. 玻璃品种、厚度、五金材料、品种、规格 6. 防护层材料种类 7. 油漆品种、刷漆遍数	樘/m²	按设计图示数量或设计图示洞口尺寸以面积计算	1. 门制作、运输、安装 2. 五金、玻璃安装 3. 刷防护材料、油漆
020401002	企口木板门				
020401003	实木装饰门				
020401004	胶合板门				
020401005	夹板装饰门	1. 门类型 2. 框截面尺寸、单扇面积 3. 骨架材料种类 4. 防火材料种类 5. 门纱材料品种、规格 6. 面层材料品种、规格、品牌、颜色 7. 玻璃品种、厚度、五金材料、品种、规格 8. 防护材料种类 9. 油漆品种、刷漆遍数			
020401006	木质防火门				
020401007	木纱门				
020401008	连窗门	1. 门窗类型 2. 框截面尺寸、单扇面积 3. 骨架材料种类 4. 面层材料品种、规格、品牌、颜色 5. 玻璃品种、厚度、五金材料、品种、规格 6. 防护材料种类 7. 油漆品种、刷漆遍数			

B.4.2 金属门。工程量清单项目设置及工程量计算规则，应按表 B.4.2 的规定执行。

表 B.4.2 金属门（编码：020402）

项目编码	项目名称	项目特征	计量单位	工程量计算规则	工程内容
020402001	金属平开门	1. 门类型 2. 框材质、外围尺寸 3. 扇材质、外围尺寸 4. 玻璃品种、厚度、五金材料、品种、规格 5. 防护材料种类 6. 油漆品种、刷漆遍数	樘/m²	按设计图示数量或设计图示洞口尺寸以面积计算	1. 门制作、运输、安装 2. 五金、玻璃安装 3. 刷防护材料、油漆
020402002	金属推拉门				
020402003	金属地弹门				
020402004	彩板门				
020402005	塑钢门				
020402006	防盗门				
020402007	钢质防火门				

B.4.3 金属卷帘门。工程量清单项目设置及工程量计算规则，应按表 B.4.3 的规定执行。

表 B.4.3 金属卷帘门（编码：020403）

项目编码	项目名称	项目特征	计量单位	工程量计算规则	工程内容
020403001	金属卷闸门	1. 门材质、框外围尺寸 2. 启动装置品种、规格、品牌 3. 五金材料、品种、规格 4. 刷防护材料种类 5. 油漆品种、刷漆遍数	樘/m^2	按设计图示数量或设计图示洞口尺寸以面积计算	1. 门制作、运输、安装 2. 启动装置、五金安装 3. 刷防护材料、油漆
020403002	金属格栅门				
020403003	防火卷帘门				

B.4.4 其他门。工程量清单项目设置及工程量计算规则，应按表 B.4.4 的规定执行。

表 B.4.4 其他门（编码：020404）

项目编码	项目名称	项目特征	计量单位	工程量计算规则	工程内容
020404001	电子感应门	1. 门材质、品牌、外围尺寸 2. 玻璃品种、厚度、五金材料、品种、规格 3. 电子配件品种、规格、品牌 4. 防护材料种类 5. 油漆品种、刷漆遍数	樘/m^2	按设计图示数量或设计图示洞口尺寸以面积计算	1. 门制作、运输、安装 2. 五金、电子配件安装 3. 刷防护材料、油漆
020404002	转门				
020404003	电子对讲门				
020404004	电动伸缩门				
020404005	全玻门（带扇框）	1. 门类型 2. 框材质、外围尺寸 3. 扇材质、外围尺寸 4. 玻璃品种、厚度、五金材料、品种、规格 5. 防护材料种类 6. 油漆品种、刷漆遍数			1. 门制作、运输、安装 2. 五金安装 3. 刷防护材料、油漆
020404006	全玻自由门（无扇框）				
020404007	半玻门（带扇框）				
020404008	镜面不锈钢饰面门				1. 门扇骨架及基层制作、运输、安装 2. 包面层 3. 五金安装 4. 刷防护材料

B.4.5 木窗。工程量清单项目设置及工程量计算规则，应按表 B.4.5 的规定执行。

表 B.4.5 木窗（编码：020405）

项目编码	项目名称	项目特征	计量单位	工程量计算规则	工程内容
020405001	木质平开窗	1. 窗类型 2. 框材质、外围尺寸 3. 扇材质、外围尺寸 4. 玻璃品种、厚度、五金材料、品种、规格 5. 防护材料种类 6. 油漆品种、刷漆遍数	樘/m^2	按设计图示数量或设计图示洞口尺寸以面积计算	1. 窗制作、运输、安装 2. 五金、玻璃安装 3. 刷防护材料、油漆
020405002	木质推拉窗				
020405003	矩形木百叶窗				
020405004	异形木百叶窗				
020405005	木组合窗				
020405006	木天窗				
020405007	矩形木固定窗				
020405008	异形木固定窗				
020405009	装饰空花木窗				

B.4.6 金属窗。工程量清单项目设置及工程量计算规则，应按表 B.4.6 的规定执行。

表 B.4.6 金属窗（编码：020406）

项目编码	项目名称	项目特征	计量单位	工程量计算规则	工程内容
020406001	金属推拉窗	1. 窗类型 2. 框材质、外围尺寸 3. 扇材质、外围尺寸 4. 玻璃品种、厚度、五金材料、品种、规格 5. 防护材料种类 6. 油漆品种、刷漆遍数	樘/m^2	按设计图示数量或设计图示洞口尺寸以面积计算	1. 窗制作、运输、安装 2. 五金、玻璃安装 3. 刷防护材料、油漆
020406002	金属平开窗				
020406003	金属固定窗				
020406004	金属百叶窗				
020406005	金属组合窗				
020406006	彩板窗				
020406007	塑钢窗				
020406008	金属防盗窗				
020406009	金属格栅窗				
020406010	特殊五金	1. 五金名称、用途 2. 五金材料、品种、规格	个/套	按设计图示数量计算	1. 五金安装 2. 刷防护材料、油漆

B.4.7 门窗套。工程量清单项目设置及工程量计算规则，应按表 B.4.7 的规定执行。

表 B.4.7 门窗套（编码：020407）

项目编码	项目名称	项目特征	计量单位	工程量计算规则	工程内容
020407001	木门窗套	1. 底层厚度、砂浆配合比 2. 立筋材料种类、规格 3. 基层材料种类 4. 面层材料品种、规格、品种、品牌、颜色 5. 防护材料种类 6. 油漆品种、刷油遍数	m^2	按设计图示尺寸以展开面积计算	1. 清理基层 2. 底层抹灰 3. 立筋制作、安装 4. 基层板安装 5. 面层铺贴 6. 刷防护材料、油漆
020407002	金属门窗套				
020407003	石材门窗套				
020407004	门窗木贴脸				
020407005	硬木筒子板				
020407006	饰面夹板筒子板				

B.4.8 窗帘盒、窗帘轨。工程量清单项目设置及工程量计算规则，应按表 B.4.8 的规定执行。

表 B.4.8 窗帘盒、窗帘轨（编码：020408）

项目编码	项目名称	项目特征	计量单位	工程量计算规则	工程内容
020408001	木窗帘盒	1. 窗帘盒材质、规格、颜色 2. 窗帘轨材质、规格 3. 防护材料种类 4. 油漆种类、刷漆遍数	m	按设计图示尺寸以长度计算	1. 制作、运输、安装 2. 刷防护材料、油漆
020408002	饰面夹板、塑料窗帘盒				
020408003	金属窗帘盒				
020408004	窗帘轨				

B.4.9 窗台板。工程量清单项目设置及工程量计算规则，应按表 B.4.9 的规定执行。

表 B.4.9 窗台板（编码：020409）

项目编码	项目名称	项目特征	计量单位	工程量计算规则	工程内容
020409001	木窗台板	1. 找平层厚度、砂浆配合比 2. 窗台板材质、规格、颜色 3. 防护材料种类 4. 油漆种类、刷漆遍数	m	按设计图示尺寸以长度计算	1. 基层清理 2. 抹找平层 3. 窗台板制作、安装 4. 刷防护材料、油漆
020409002	铝塑窗台板				
020409003	石材窗台板				
020409004	金属窗台板				

B.4.10 其他相关问题应按下列规定处理：

1 玻璃、百叶面积占其门扇面积一半以内者应为半玻门或半百叶门，超过一半时应为全玻门或全百叶门。

2 木门五金应包括：折页、插销、风钩、弓背拉手、搭扣、木螺丝、弹簧折页（自动门）、管子拉手（自由门、地弹门）、地弹簧（地弹门）、角铁、门轧头（地弹门、自由门）等。

3 木窗五金应包括：折页、插销、风钩、木螺丝、滑轮滑轨（推拉窗）等。

4 铝合金窗五金应包括：卡锁、滑轮、铰拉、执手、拉把、拉手、风撑、角码、牛角制等。

5 铝合门五金应包括：地弹簧、门锁、拉手、门插、门铰、螺丝等。

6 其他门五金应包括L型执手插锁（双舌）、球形执手锁（单舌）、门轧头、地锁、防盗门扣、门眼（猫眼）、门碰珠、电子销（磁卡销）、闭门器、装饰拉手等。

B.5 油漆、涂料、裱糊工程

B.5.1 门油漆。工程量清单项目设置及工程量计算规则，应按表B.5.1的规定执行。

表 B.5.1 门油漆（编码：020501）

项目编码	项目名称	项目特征	计量单位	工程量计算规则	工程内容
020501001	门油漆	1. 门类型 2. 腻子种类 3. 刮腻子要求 4. 防护材料种类 5. 油漆品种、刷漆遍数	樘/m^2	按设计图示数量或设计图示单面洞口面积计算	1. 基层清理 2. 刮腻子 3. 刷防护材料、油漆

B.5.2 窗油漆。工程量清单项目设置及工程量计算规则，应按表B.5.2的规定执行。

表 B.5.2 窗油漆（编码：020502）

项目编码	项目名称	项目特征	计量单位	工程量计算规则	工程内容
020502001	窗油漆	1. 窗类型 2. 腻子种类 3. 刮腻子要求 4. 防护材料种类 5. 油漆品种、刷漆遍数	樘/m^2	按设计图示数量或设计图示单面洞口面积计算	1. 基层清理 2. 刮腻子 3. 刷防护材料、油漆

B.5.3 木扶手及其他板条线条油漆。工程量清单项目设置及工程量计算规则，应按表B.5.3的规定执行。

表 B.5.3 木扶手及其他板条线条油漆（编码：020503）

项目编码	项目名称	项目特征	计量单位	工程量计算规则	工程内容
020503001	木扶手油漆	1. 腻子种类 2. 刮腻子要求 3. 油漆体单位展开面积 4. 油漆部位长度 5. 防护材料种类 6. 油漆品种、刷漆遍数	m	按设计图示尺寸以长度计算	1. 基层清理 2. 刮腻子 3. 刷防护材料、油漆
020503002	窗帘盒油漆				
020503003	封檐板、顺水板油漆				
020503004	挂衣板、黑板框油漆				
020503005	挂镜线、窗帘棍、单独木线油漆				

B.5.4 木材面油漆。工程量清单项目设置及工程量计算规则，应按表 B.5.4 的规定执行。

表 B.5.4 木材面油漆（编码：020504）

<table>
<tr><th>项目编码</th><th>项目名称</th><th>项目特征</th><th>计量单位</th><th>工程量计算规则</th><th>工程内容</th></tr>
<tr><td>020504001</td><td>木板、纤维板、胶合板油漆</td><td rowspan="14">1. 腻子种类
2. 刮腻子要求
3. 防护材料种类
4. 油漆品种、刷漆遍数</td><td rowspan="15">m^2</td><td rowspan="7">按设计图示尺寸以面积计算</td><td rowspan="14">1. 基层清理
2. 刮腻子
3. 刷防护材料、油漆</td></tr>
<tr><td>020504002</td><td>木护墙、木墙裙油漆</td></tr>
<tr><td>020504003</td><td>窗台板、筒子板、盖板、门窗套、踢脚线油漆</td></tr>
<tr><td>020504004</td><td>清水板条天棚、檐口油漆</td></tr>
<tr><td>020504005</td><td>木方格吊顶天棚油漆</td></tr>
<tr><td>020504006</td><td>吸音板墙面、天棚面油漆</td></tr>
<tr><td>020504007</td><td>暖气罩油漆</td></tr>
<tr><td>020504008</td><td>木间壁、木隔断油漆</td><td rowspan="3">按设计图示尺寸以单面外围面积计算</td></tr>
<tr><td>020504009</td><td>玻璃间壁露明墙筋油漆</td></tr>
<tr><td>020504010</td><td>木栅栏、木栏杆（带扶手）油漆</td></tr>
<tr><td>020504011</td><td>衣柜、壁柜油漆</td><td rowspan="3">按设计图示尺寸以油漆部分展开面积计算</td></tr>
<tr><td>020504012</td><td>梁柱饰面油漆</td></tr>
<tr><td>020504013</td><td>零星木装修油漆</td></tr>
<tr><td>020504014</td><td>木地板油漆</td><td rowspan="2">按设计图示尺寸以面积计算。空洞、空圈、暖气包槽、壁龛的开口部分并入相应的工程量内</td></tr>
<tr><td>020504015</td><td>木地板烫硬蜡面</td><td>1. 硬蜡品种
2. 面层处理要求</td><td>1. 基层清理
2. 烫蜡</td></tr>
</table>

B.5.5 金属面油漆。工程量清单项目设置及工程量计算规则，应按表 B.5.5 的规定执行。

表 B.5.5 金属面油漆（编码：020505）

项目编码	项目名称	项目特征	计量单位	工程量计算规则	工程内容
020505001	金属面油漆	1. 腻子种类 2. 刮腻子要求 3. 防护材料种类 4. 油漆品种、刷漆遍数	t	按设计图示尺寸以质量计算	1. 基层清理 2. 刮腻子 3. 刷防护材料、油漆

B.5.6 抹灰面油漆。工程量清单项目设置及工程量计算规则，应按表 B.5.6 的规定执行。

表 B.5.6 抹灰面油漆（编码：020506）

项目编码	项目名称	项目特征	计量单位	工程量计算规则	工程内容
020506001	抹灰面油漆	1. 基层类型 2. 线条宽度、道数 3. 腻子种类 4. 刮腻子要求 5. 防护材料种类 6. 油漆品种、刷漆遍数	m^2	按设计图示尺寸以面积计算	1. 基层清理 2. 刮腻子 3. 刷防护材料、油漆
020506002	抹灰线条油漆		m	按设计图示尺寸以长度计算	

B.5.7 喷塑、涂料。工程量清单项目设置及工程量计算规则，应按表 B.5.7 的规定执行。

表 B.5.7 喷刷、涂料（编码：020507）

项目编码	项目名称	项目特征	计量单位	工程量计算规则	工程内容
020507001	刷喷涂料	1. 基层类型 2. 腻子种类 3. 刮腻子要求 4. 涂料品种、刷喷遍数	m^2	按设计图示尺寸以面积计算	1. 基层清理 2. 刮腻子 3. 刷、喷涂料

B.5.8 花饰、线条刷涂料。工程量清单项目设置及工程量计算规则，应按表 B.5.8 的规定执行。

表 B.5.8 花饰、线条刷涂料（编码：020508）

项目编码	项目名称	项目特征	计量单位	工程量计算规则	工程内容
020508001	空花格、栏杆刷涂料	1. 腻子种类 2. 线条宽度 3. 刮腻子要求 4. 涂料品种、刷喷遍数	m^2	按设计图示尺寸以单面外围面积计算	1. 基层清理 2. 刮腻子 3. 刷、喷涂料
020508002	线条刷涂料		m	按设计图示尺寸以长度计算	

B.5.9 裱糊。工程量清单项目设置及工程量计算规则，应按表 B.5.9 的规定执行。

表 B.5.9 裱糊（编码：020509）

项目编码	项目名称	项目特征	计量单位	工程量计算规则	工程内容
020509001	墙纸裱糊	1. 基层类型 2. 裱糊构件部位 3. 腻子种类 4. 刮腻子要求 5. 粘结材料种类 6. 防护材料种类 7. 面层材料品种、规格、品牌、颜色	m^2	按设计图示尺寸以面积计算	1. 基层清理 2. 刮腻子 3. 面层铺粘 4. 刷防护材料
020509002	织锦缎裱糊				

B.5.10 其他相关问题应按下列规定处理：

1 门油漆应区分单层木门、双层（一玻一纱）木门、双层（单裁口）木门、全玻自由门、半玻自由门、装饰门及有框门或无框门等，分别编码列项。

2 窗油漆应区分单层玻璃窗、双层（一玻一纱）木窗、双层框扇（单裁口）木窗、双层框三层（二玻一纱）木窗、单层组合窗、双层组合窗、木百叶窗、木推拉窗等，分别编码列项。

3 木扶手应区分带托板与不带托板，分别编码列项。

B.6 其 他 工 程

B.6.1 柜类、货架。工程量清单项目设置及工程量计算规则，应按表 B.6.1 的规定执行。

表 B.6.1 柜类、货架（编码：020601）

项目编码	项目名称	项目特征	计量单位	工程量计算规则	工程内容
020601001	柜台	1. 台柜规格 2. 材料种类、规格 3. 五金种类、规格 4. 防护材料种类 5. 油漆品种、刷漆遍数	个	按设计图示数量计算	1. 台柜制作、运输、安装（安放） 2. 刷防护材料、油漆
020601002	酒柜				
020601003	衣柜				
020601004	存包柜				
020601005	鞋柜				
020601006	书柜				
020601007	厨房壁柜				
020601008	木壁柜				
020601009	厨房低柜				
020601010	厨房吊柜				
020601011	矮柜				
020601012	吧台背柜				
020601013	酒吧吊柜				
020601014	酒吧台				
020601015	展台				
020601016	收银台				
020601017	试衣间				
020601018	货架				
020601019	书架				
020601020	服务台				

B.6.2 暖气罩。工程量清单项目设置及工程量计算规则，应按表 B.6.2 的规定执行。

表 B.6.2 暖气罩（编码：020602）

项目编码	项目名称	项目特征	计量单位	工程量计算规则	工程内容
020602001	饰面板暖气罩	1. 暖气罩材质 2. 单个罩垂直投影面积 3. 防护材料种类 4. 油漆品种、刷漆遍数	m^2	按设计图示尺寸以垂直投影面积（不展开）计算	1. 暖气罩制作、运输、安装 2. 刷防护材料、油漆
020602002	塑料板暖气罩				
020602003	金属暖气罩				

B.6.3 浴厕配件。工程量清单项目设置及工程量计算规则，应按表 B.6.3 的规定执行。

表 B.6.3 浴厕配件（编码：020603）

项目编码	项目名称	项目特征	计量单位	工程量计算规则	工程内容
020603001	洗漱台	1. 材料品种、规格、品牌、颜色 2. 支架、配件品种、规格、品牌 3. 油漆品种、刷漆遍数	m^2	按设计图示尺寸以台面外接矩形面积计算。不扣除孔洞、挖弯、削角所占面积，挡板、吊沿板面积并入台面面积内	1. 台面及支架制作、运输、安装 2. 杆、环、盒、配件安装 3. 刷油漆
020603002	晒衣架		根（套）	按设计图示数量计算	
020603003	帘子杆				
020603004	浴缸拉手				
020603005	毛巾杆（架）				
020603006	毛巾环		副		
020603007	卫生纸盒		个		
020603008	肥皂盒				

续表 B.6.3

项目编码	项目名称	项目特征	计量单位	工程量计算规则	工程内容
020603009	镜面玻璃	1. 镜面玻璃品种、规格 2. 框材质、断面尺寸 3. 基层材料种类 4. 防护材料种类 5. 油漆品种、刷漆遍数	m^2	按设计图示尺寸以边框外围面积计算	1. 基层安装 2. 玻璃及框制作、运输、安装 3. 刷防护材料、油漆
020603010	镜箱	1. 箱材质、规格 2. 玻璃品种、规格 3. 基层材料种类 4. 防护材料种类 5. 油漆品种、刷漆遍数	个	按设计图示数量计算	1. 基层安装 2. 箱体制作、运输、安装 3. 玻璃安装 4. 刷防护材料、油漆

B.6.4 压条、装饰线。工程量清单项目设置及工程量计算规则，应按表 B.6.4 的规定执行。

表 B.6.4 压条、装饰线（编码：020604）

项目编码	项目名称	项目特征	计量单位	工程量计算规则	工程内容
020604001	金属装饰线	1. 基层类型 2. 线条材料品种、规格、颜色 3. 防护材料种类 4. 油漆品种、刷漆遍数	m	按设计图示尺寸以长度计算	1. 线条制作、安装 2. 刷防护材料、油漆
020604002	木质装饰线				
020604003	石材装饰线				
020604004	石膏装饰线				
020604005	镜面玻璃线				
020604006	铝塑装饰线				
020604007	塑料装饰线				

B.6.5 雨篷、旗杆。工程量清单项目设置及工程量计算规则，应按表 B.6.5 的规定执行。

表 B.6.5 雨篷、旗杆（编码：020605）

项目编码	项目名称	项目特征	计量单位	工程量计算规则	工程内容
020605001	雨篷吊挂饰面	1. 基层类型 2. 龙骨材料种类、规格、中距 3. 面层材料品种、规格、品牌 4. 吊顶（天棚）材料、品种、规格、品牌 5. 嵌缝材料种类 6. 防护材料种类 7. 油漆品种、刷漆遍数	m^2	按设计图示尺寸以水平投影面积计算	1. 底层抹灰 2. 龙骨基层安装 3. 面层安装 4. 刷防护材料、油漆
020605002	金属旗杆	1. 旗杆材料、种类、规格 2. 旗杆高度 3. 基础材料种类 4. 基座材料种类 5. 基座面层材料、种类、规格	根	按设计图示数量计算	1. 土（石）方挖填 2. 基础混凝土浇注 3. 旗杆制作、安装 4. 旗杆台座制作、饰面

B.6.6 招牌、灯箱。工程量清单项目设置及工程量计算规则，应按表 B.6.6 的规定执行。

表 B.6.6 招牌、灯箱（编码：020606）

项目编码	项目名称	项目特征	计量单位	工程量计算规则	工程内容
020606001	平面、箱式招牌	1. 箱体规格 2. 基层材料种类 3. 面层材料种类 4. 防护材料种类 5. 油漆品种、刷漆遍数	m^2	按设计图示尺寸以正立面边框外围面积计算。复杂形的凸凹造型部分不增加面积	1. 基层安装 2. 箱体及支架制作、运输、安装 3. 面层制作、安装 4. 刷防护材料、油漆
020606002	竖式标箱		个	按设计图示数量计算	
020606003	灯箱				

B.6.7 美术字。工程量清单项目设置及工程量计算规则，应按表 B.6.7 的规定执行。

表 B.6.7 美术字（编码：020607）

项目编码	项目名称	项目特征	计量单位	工程量计算规则	工程内容
020607001	泡沫塑料字	1. 基层类型 2. 镌字材料品种、颜色 3. 字体规格 4. 固定方式 5. 油漆品种、刷漆遍数	个	按设计图示数量计算	1. 字制作、运输、安装 2. 刷油漆
020607002	有机玻璃字				
020607003	木质字				
020607004	金属字				

二、措施项目

序号	项目名称
2.1	脚手架
2.2	垂直运输机械
2.3	室内空气污染测试

附录C 安装工程工程量清单项目及计算规则

一、实体项目

C.1 机械设备安装工程

C.1.1 切削设备。工程量清单项目设置及工程量计算规则，应按表 C.1.1 的规定执行。

表 C.1.1 切削设备（编码：030101）

项目编码	项目名称	项目特征	计量单位	工程量计算规则	工程内容
030101001	台式及仪表机床	1. 名称 2. 型号 3. 质量	台	按设计图示数量计算	1. 安装 2. 地脚螺栓孔灌浆 3. 设备底座与基础间灌浆
030101002	车床				
030101003	立式车床				
030101004	钻床				
030101005	镗床				
030101006	磨床安装				
030101007	铣床				
030101008	齿轮加工机床				
030101009	螺纹加工机床				
030101010	刨床				
030101011	插床				
030101012	拉床				
030101013	超声波加工机床				
030101014	电加工机床				
030101015	金属材料试验机械				
030101016	数控机床				
030101017	木工机械				
030101018	跑车带锯机				1. 本体安装 2. 保护罩制作、安装、除锈、刷漆
030101019	其他机床				1. 安装 2. 地脚螺栓孔灌浆 3. 设备底座与基础间灌浆

C. 1. 2 锻压设备。工程量清单项目设置及工程量计算规则，应按表 C. 1. 2 的规定执行。

表 C. 1. 2 锻压设备（编码：030102）

<table>
<tr><th>项目编码</th><th>项目名称</th><th>项目特征</th><th>计量单位</th><th>工程量计算规则</th><th>工程内容</th></tr>
<tr><td>030102001</td><td>机械压力机</td><td rowspan="6">1. 名称
2. 型号
3. 质量</td><td rowspan="7">台</td><td rowspan="7">按设计图示数量计算</td><td>1. 安装
2. 地脚螺栓孔灌浆
3. 设备底座与基础间灌浆</td></tr>
<tr><td>030102002</td><td>液压机</td><td>1. 安装
2. 地脚螺栓孔灌浆
3. 设备底座与基础间灌浆
4. 管道支架制作、安装、除锈、刷漆</td></tr>
<tr><td>030102003</td><td>自动锻压机</td><td rowspan="4">1. 安装
2. 地脚螺栓孔灌浆
3. 设备底座与基础间灌浆</td></tr>
<tr><td>030102004</td><td>锻锤</td></tr>
<tr><td>030102005</td><td>剪切机</td></tr>
<tr><td>030102006</td><td>弯曲校正机</td></tr>
<tr><td>030102007</td><td>锻造水压机安装</td><td>1. 名称
2. 型号
3. 质量
4. 公称压力</td><td>1. 安装
2. 地脚螺栓孔灌浆
3. 设备底座与基础间灌浆
4. 管道支架制作、安装、除锈、刷漆</td></tr>
</table>

C. 1. 3 铸造设备。工程量清单项目设置及工程量计算规则，应按表 C. 1. 3 的规定执行。

表 C. 1. 3 铸造设备（编码：030103）

<table>
<tr><th>项目编码</th><th>项目名称</th><th>项目特征</th><th>计量单位</th><th>工程量计算规则</th><th>工程内容</th></tr>
<tr><td>030103001</td><td>砂处理设备</td><td rowspan="9">1. 名称
2. 型号
3. 质量</td><td rowspan="7">台</td><td rowspan="7">按设计图示数量计算</td><td rowspan="7">1. 安装
2. 地脚螺栓孔灌浆
3. 设备底座与基础间灌浆
4. 管道支架制作、安装、除锈、刷漆</td></tr>
<tr><td>030103002</td><td>造型设备</td></tr>
<tr><td>030103003</td><td>造芯设备</td></tr>
<tr><td>030103004</td><td>落砂设备</td></tr>
<tr><td>030103005</td><td>清理设备</td></tr>
<tr><td>030103006</td><td>金属型铸造设备</td></tr>
<tr><td>030103007</td><td>材料准备设备</td></tr>
<tr><td>030103008</td><td>抛丸清理室</td><td>室</td><td>按设计图示数量计算
注：设备质量应包括抛丸机、回转台、斗式提升机、螺旋输送机、电动小车等设备以及框架、平台、梯子、栏杆、漏斗、漏管等金属结构件的总质量</td><td>1. 抛丸清理室安装
2. 抛丸清理室地轨安装
3. 金属结构件和车档制作、安装
4. 除尘机及除尘器与风机间的风管安装</td></tr>
<tr><td>030103009</td><td>铸铁平台</td><td>t</td><td>按设计图示尺寸以质量计算</td><td>方型（梁式）铸铁平台安装、除锈、刷漆</td></tr>
</table>

C.1.4 起重设备。工程量清单项目设置及工程量计算规则，应按表C.1.4的规定执行。

表C.1.4 起重设备（编码：030104）

项目编码	项目名称	项目特征	计量单位	工程量计算规则	工程内容
030104001	桥式起重机	1. 名称 2. 型号 3. 起重质量	台	按设计图示数量计算	本体安装
030104002	吊钩门式起重机				
030104003	梁式起重机				
030104004	电动壁行悬挂式起重机				
030104005	旋臂壁式起重机				
030104006	悬臂立柱式起重机				
030104007	电动葫芦				
030104008	单轨小车				

C.1.5 起重机轨道。工程量清单项目设置及工程量计算规则，应按表C.1.5的规定执行。

表C.1.5 起重机轨道（编码：030105）

项目编码	项目名称	项目特征	计量单位	工程量计算规则	工程内容
030105001	起重机轨道	1. 安装部位 2. 固定方式 3. 纵横向孔距 4. 型号	m	按设计图示尺寸，以单根轨道长度计算	1. 安装 2. 车档制作、安装

C.1.6 输送设备。工程量清单项目设置及工程量计算规则，应按表C.1.6的规定执行。

表C.1.6 输送设备（编码：030106）

项目编码	项目名称	项目特征	计量单位	工程量计算规则	工程内容
030106001	斗式提升机	1. 名称 2. 型号 3. 提升高度	台	按设计图示数量计算	安装
030106002	刮板输送机	1. 名称 2. 型号 3. 输送机槽宽 4. 输送机长度 5. 驱动装置组数	组		
030106003	板（裙）式输送机	1. 名称 2. 型号 3. 链板宽度 4. 链轮中心距	台		
030106004	悬挂输送机	1. 名称 2. 型号 3. 质量 4. 链条类型 5. 节距			
030106005	固定式胶带输送机	1. 名称 2. 型号 3. 输送机的长度 4. 输送机胶带宽度			
030106006	气力输送设备	1. 名称 2. 型号 3. 输送长度 4. 输送管尺寸			
030106007	卸矿车	1. 名称 2. 型号 3. 质量 4. 设备宽度			
030106008	皮带秤安装				

C.1.7 电梯。工程量清单项目设置及工程量计算规则，应按表 C.1.7 的规定执行。

表 C.1.7 电梯（编码：030107）

项目编码	项目名称	项目特征	计量单位	工程量计算规则	工程内容
030107001	交流电梯	1. 名称 2. 型号 3. 用途 4. 层数 5. 站数 6. 提升高度	部	按设计图示数量计算	1. 本体安装 2. 电梯电气安装
030107002	直流电梯				
030107003	小型杂货电梯				
030107004	观光梯	1. 名称 2. 型号 3. 类别 4. 结构、规格			
030107005	自动扶梯		台		

C.1.8 风机。工程量清单项目设置及工程量计算规则，应按表 C.1.8 的规定执行。

表 C.1.8 风机（编码：030108）

项目编码	项目名称	项目特征	计量单位	工程量计算规则	工程内容
030108001	离心式通风机	1. 名称 2. 型号 3. 质量	台	1. 按设计图示数量计算 2. 直联式风机的质量包括本体及电机、底座的总质量	1. 本体安装 2. 拆装检查 3. 二次灌浆
030108002	离心式引风机				
030108003	轴流通风机				
030108004	回转式鼓风机				
030108005	离心式鼓风机				

C.1.9 泵。工程量清单项目设置及工程量计算规则，应按表 C.1.9 的规定执行。

表 C.1.9 泵（编码：030109）

项目编码	项目名称	项目特征	计量单位	工程量计算规则	工程内容
030109001	离心式泵	1. 名称 2. 型号 3. 质量 4. 输送介质 5. 压力 6. 材质	台	按设计图示数量计算 直联式泵的质量包括本体、电机及底座的总质量；非直联式的不包括电动机质量；深井泵的质量包括本体、电动机、底座及设备扬水管的总质量	1. 本体安装 2. 泵拆装检查 3. 电动机安装 4. 二次灌浆
030109002	旋涡泵			按设计图示数量计算	
030109003	电动往复泵				
030109004	柱塞泵				
030109005	蒸汽往复泵				
030109006	计量泵				
030109007	螺杆泵				
030109008	齿轮油泵				
030109009	真空泵				
030109010	屏蔽泵				
030109011	简易移动潜水泵				

C.1.10 压缩机。工程量清单项目设置及工程量计算规则，应按表 C.1.10 的规定执行。

表 C.1.10 压缩机（编码：030110）

项目编码	项目名称	项目特征	计量单位	工程量计算规则	工程内容
030110001	活塞式压缩机	1. 名称 2. 型号 3. 质量 4. 结构形式	台	按设计图示数量计算 设备质量包括同一底座上主机、电动机、仪表盘及附件、底座等的总质量，但立式及 L 型压缩机、螺杆式压缩机、离心式压缩机不包括电动机等动力机械的质量 活塞式 D、M、H 型对称平衡压缩机的质量包括主机、电动机及随主机到货的附属设备的质量，但不包括附属设备安装	1. 本体安装 2. 拆装检查 3. 二次灌浆
030110002	回转式螺杆压缩机				
030110003	离心式压缩机（电动机驱动）				

C.1.11 工业炉。工程量清单项目设置及工程量计算规则，应按表 C.1.11 的规定执行。

表 C.1.11 工业炉（编码：030111）

项目编码	项目名称	项目特征	计量单位	工程量计算规则	工程内容
030111001	电弧炼钢炉	1. 名称 2. 型号 3. 质量 4. 设备容量 5. 内衬砌筑设计要求	台	按设计图示数量计算	1. 本体安装 2. 内衬砌筑、烘炉 3. 炉体结构件及设备刷漆
030111002	无芯工频感应电炉				
030111003	电阻炉	1. 名称 2. 型号 3. 质量			本体安装
030111004	真空炉				
030111005	高频及中频感应炉				
030111006	冲天炉	1. 名称 2. 型号 3. 质量 4. 熔化率			1. 本体安装 2. 前炉安装 3. 冲天炉加料机的轨道加料车、卷扬装置等安装 4. 轨道安装 5. 车档制作、安装 6. 炉体管道的试压 7. 炉体结构件及设备刷漆
030111007	加热炉	1. 名称 2. 型号 3. 质量 4. 结构形式 5. 内衬砌筑设计要求			1. 本体安装 2. 砌筑 3. 炉体结构件及设备刷漆
030111008	热处理炉				
030111009	解体结构井式热处理炉安装	1. 名称 2. 型号 3. 质量			1. 本体安装 2. 炉体结构件刷漆及设备补刷油漆 3. 炉体管道安装、试压

C.1.12 煤气发生设备。工程量清单项目设置及工程量计算规则，应按表 C.1.12 的规定执行。

表 C.1.12 煤气发生设备（编码：030112）

项目编码	项目名称	项目特征	计量单位	工程量计算规则	工程内容
030112001	煤气发生炉	1. 名称 2. 型号 3. 质量 4. 规格	台	按设计图示数量计算	1. 本体安装 2. 容器构件制作、安装

续表 C.1.12

项目编码	项目名称	项目特征	计量单位	工程量计算规则	工程内容
030112002	洗涤塔	1. 名称 2. 型号 3. 质量 4. 直径 5. 规格	台	按设计图示数量计算	1. 安装 2. 二次灌浆
030112003	电气滤清器	1. 名称 2. 型号 3. 质量 4. 规格			安装
030112004	竖管	1. 类型 2. 高度 3. 直径 4. 规格			
030112005	附属设备	1. 名称 2. 型号 3. 质量 4. 规格			1. 安装 2. 二次灌浆

C.1.13 其他机械。工程量清单项目设置及工程量计算规则，应按表 C.1.13 的规定执行。

表 C.1.13 其他机械（编码：030113）

项目编码	项目名称	项目特征	计量单位	工程量计算规则	工程内容
030113001	溴化锂吸收式制冷机	1. 名称 2. 型号 3. 质量	台	按设计图示数量计算	1. 本体安装 2. 保温、防护层、刷漆
030113002	制冰设备	1. 名称 2. 型号 3. 质量 4. 制冰方式			
030113003	冷风机	1. 冷却面积 2. 直径 3. 质量			
030113004	润滑油处理设备	1. 名称 2. 型号 3. 质量			
030113005	膨胀机				1. 安装 2. 二次灌浆
030113006	柴油机				
030113007	柴油发电机组				
030113008	电动机				
030113009	电动发电机组				
030113010	冷凝器	1. 名称 2. 型号 3. 结构 4. 冷却面积			1. 本体安装 2. 保温、刷漆
030113011	蒸发器	1. 名称 2. 型号 3. 结构 4. 蒸发面积			
030113012	贮液器（排液桶）	1. 名称 2. 型号 3. 质量 4. 容积			
030113013	分离器	1. 类型 2. 介质 3. 直径			
030113014	过滤器				

续表 C.1.13

项目编码	项目名称	项目特征	计量单位	工程量计算规则	工程内容
030113015	中间冷却器	1. 名称 2. 型号 3. 质量 4. 冷却面积	台	按设计图示数量计算	1. 本体安装 2. 保温、刷漆
030113016	玻璃钢冷却塔				
030113017	集油器	1. 名称 2. 型号 3. 直径			本体安装
030113018	紧急泄氨器				
030113019	油视镜		支		
030113020	储气罐	1. 名称 2. 型号 3. 容积	台		
030113021	乙炔发生器				
030113022	水压机蓄势罐	1. 名称 2. 型号 3. 质量			
030113023	空气分离塔	1. 类型 2. 容积			1. 本体安装 2. 保温
030113024	小型制氧机附属设备	1. 名称 2. 型号 3. 质量			

C.1.14 “机械设备安装工程”适用于切削设备、锻压设备、铸造设备、起重设备、起重机轨道、输送设备、电梯、风机、泵、压缩机、工业炉设备、煤气发生设备、其他机械等的设备安装工程。

C.2 电气设备安装工程

C.2.1 变压器安装。工程量清单项目设置及工程量计算规则，应按表 C.2.1 的规定执行。

表 C.2.1 变压器安装（编码：030201）

项目编码	项目名称	项目特征	计量单位	工程量计算规则	工程内容
030201001	油浸电力变压器	1. 名称 2. 型号 3. 容量（kV·A）	台	按设计图示数量计算	1. 基础型钢制作、安装 2. 本体安装 3. 油过滤 4. 干燥 5. 网门及铁构件制作、安装 6. 刷（喷）油漆
030201002	干式变压器				1. 基础型钢制作、安装 2. 本体安装 3. 干燥 4. 端子箱（汇控箱）安装 5. 刷（喷）油漆
030201003	整流变压器	1. 名称 2. 型号 3. 规格 4. 容量（kV·A）			1. 基础型钢制作、安装 2. 本体安装 3. 油过滤 4. 干燥 5. 网门及铁构件制作、安装 6. 刷（喷）油漆
030201004	自耦式变压器				
030201005	带负荷调压变压器				
030201006	电炉变压器	1. 名称 2. 型号 3. 容量（kV·A）			1. 基础型钢制作、安装 2. 本体安装 3. 刷油漆
030201007	消弧线圈				1. 基础型钢制作、安装 2. 本体安装 3. 油过滤 4. 干燥 5. 刷油漆

C.2.2 配电装置安装。工程量清单项目设置及工程量计算规则，应按表 C.2.2 的规定执行。

表 C.2.2 配电装置安装（编码：030202）

<table>
<tr><th>项目编码</th><th>项目名称</th><th>项目特征</th><th>计量单位</th><th>工程量计算规则</th><th>工程内容</th></tr>
<tr><td>030202001</td><td>油断路器</td><td rowspan="5">1. 名称
2. 型号
3. 容量（A）</td><td rowspan="5">台</td><td rowspan="16">按设计图示数量计算</td><td>1. 本体安装
2. 油过滤
3. 支架制作、安装或基础槽钢安装
4. 刷油漆</td></tr>
<tr><td>030202002</td><td>真空断路器</td><td rowspan="3">1. 本体安装
2. 支架制作、安装或基础槽钢安装
3. 刷油漆</td></tr>
<tr><td>030202003</td><td>SF_6断路器</td></tr>
<tr><td>030202004</td><td>空气断路器</td></tr>
<tr><td>030202005</td><td>真空接触器</td><td rowspan="3">1. 支架制作、安装
2. 本体安装
3. 刷油漆</td></tr>
<tr><td>030202006</td><td>隔离开关</td><td rowspan="2">1. 名称、型号
2. 容量（A）</td><td rowspan="2">组</td></tr>
<tr><td>030202007</td><td>负荷开关</td></tr>
<tr><td>030202008</td><td>互感器</td><td>1. 名称、型号
2. 规格
3. 类型</td><td>台</td><td>1. 安装
2. 干燥</td></tr>
<tr><td>030202009</td><td>高压熔断器</td><td>1. 名称、型号
2. 规格</td><td rowspan="3">组</td><td rowspan="2">安装</td></tr>
<tr><td>030202010</td><td>避雷器</td><td>1. 名称、型号
2. 规格
3. 电压等级</td></tr>
<tr><td>030202011</td><td>干式电抗器</td><td>1. 名称、型号
2. 规格
3. 质量</td><td>1. 本体安装
2. 干燥</td></tr>
<tr><td>030202012</td><td>油浸电抗器</td><td>1. 名称、型号
2. 容量（kV·A）</td><td>台</td><td>1. 本体安装
2. 油过滤
3. 干燥</td></tr>
<tr><td>030202013</td><td>移相及串联电容器</td><td rowspan="2">1. 名称、型号
2. 规格
3. 质量</td><td rowspan="2">个</td><td rowspan="4">安装</td></tr>
<tr><td>030202014</td><td>集合式并联电容器</td></tr>
<tr><td>030202015</td><td>并联补偿电容器组架</td><td>1. 名称、型号
2. 规格
3. 结构</td><td rowspan="2">台</td></tr>
<tr><td>030202016</td><td>交流滤波装置组架</td><td>1. 名称、型号
2. 规格
3. 回路</td></tr>
</table>

续表 C.2.2

项目编码	项目名称	项目特征	计量单位	工程量计算规则	工程内容
030202017	高压成套配电柜	1. 名称、型号 2. 规格 3. 母线设置方式 4. 回路	台	按设计图示数量计算	1. 基础槽钢制作、安装 2. 柜体安装 3. 支持绝缘子、穿墙套管耐压试验及安装 4. 穿通板制作、安装 5. 母线桥安装 6. 刷油漆
030202018	组合型成套箱式变电站	1. 名称、型号 2. 容量（kV·A）			1. 基础浇筑 2. 箱体安装 3. 进箱母线安装 4. 刷油漆
030202019	环网柜				

C.2.3 母线安装。工程量清单项目设置及工程量计算规则，应按表 C.2.3 的规定执行。

表 C.2.3 母线安装（编码：030203）

项目编码	项目名称	项目特征	计量单位	工程量计算规则	工程内容
030203001	软母线	1. 型号 2. 规格 3. 数量（跨/三相）	m	按设计图示尺寸以单线长度计算	1. 绝缘子耐压试验及安装 2. 软母线安装 3. 跳线安装
030203002	组合软母线	1. 型号 2. 规格 3. 数量（组/三相）			1. 绝缘子耐压试验及安装 2. 母线安装 3. 跳线安装 4. 两端铁构件制作、安装及支持瓷瓶安装 5. 油漆
030203003	带形母线	1. 型号 2. 规格 3. 材质			1. 支持绝缘子、穿墙套管的耐压试验、安装 2. 穿通板制作、安装 3. 母线安装 4. 母线桥安装 5. 引下线安装 6. 伸缩节安装 7. 过渡板安装 8. 刷分相漆
030203004	槽形母线	1. 型号 2. 规格			1. 母线制作、安装 2. 与发电机变压器连接 3. 与断路器、隔离开关连接 4. 刷分相漆
030203005	共箱母线	1. 型号 2. 规格		按设计图示尺寸以长度计算	1. 安装 2. 进、出分线箱安装 3. 刷（喷）油漆（共箱母线）
030203006	低压封闭式插接母线槽	1. 型号 2. 容量（A）			
030203007	重型母线	1. 型号 2. 容量（A）	t	按设计图示尺寸以质量计算	1. 母线制作、安装 2. 伸缩器及导板制作、安装 3. 支承绝缘子安装 4. 铁构件制作、安装

C.2.4 控制设备及低压电器安装。工程量清单项目设置及工程量计算规则，应按表 C.2.4 的规定执行。

表 C.2.4 控制设备及低压电器安装（编码：030204）

<table>
<tr><th>项目编码</th><th>项目名称</th><th>项目特征</th><th>计量单位</th><th>工程量计算规则</th><th>工程内容</th></tr>
<tr><td>030204001</td><td>控制屏</td><td rowspan="6">1. 名称、型号
2. 规格</td><td rowspan="6">台</td><td rowspan="15">按设计图示数量计算</td><td rowspan="3">1. 基础槽钢制作、安装
2. 屏安装
3. 端子板安装
4. 焊、压接线端子
5. 盘柜配线
6. 小母线安装
7. 屏边安装</td></tr>
<tr><td>030204002</td><td>继电、信号屏</td></tr>
<tr><td>030204003</td><td>模拟屏</td></tr>
<tr><td>030204004</td><td>低压开关柜</td><td rowspan="2">1. 基础槽钢制作、安装
2. 柜安装
3. 端子板安装
4. 焊、压接线端子
5. 盘柜配线
6. 屏边安装</td></tr>
<tr><td>030204005</td><td>配电（电源）屏</td></tr>
<tr><td>030204006</td><td>弱电控制返回屏</td><td>1. 基础槽钢制作、安装
2. 屏安装
3. 端子板安装
4. 焊、压接线端子
5. 盘柜配线
6. 小母线安装
7. 屏边安装</td></tr>
<tr><td>030204007</td><td>箱式配电室</td><td>1. 名称、型号
2. 规格
3. 质量</td><td>套</td><td>1. 基础槽钢制作、安装
2. 本体安装</td></tr>
<tr><td>030204008</td><td>硅整流柜</td><td>1. 名称、型号
2. 容量（A）</td><td rowspan="8">台</td><td rowspan="2">1. 基础槽钢制作、安装
2. 盘柜安装</td></tr>
<tr><td>030204009</td><td>可控硅柜</td><td>1. 名称、型号
2. 容量（kW）</td></tr>
<tr><td>030204010</td><td>低压电容器柜</td><td rowspan="6">1. 名称、型号
2. 规格</td><td rowspan="6">1. 基础槽钢制作、安装
2. 屏（柜）安装
3. 端子板安装
4. 焊、压接线端子
5. 盘柜配线
6. 小母线安装
7. 屏边安装</td></tr>
<tr><td>030204011</td><td>自动调节励磁屏</td></tr>
<tr><td>030204012</td><td>励磁灭磁屏</td></tr>
<tr><td>030204013</td><td>蓄电池屏（柜）</td></tr>
<tr><td>030204014</td><td>直流馈电屏</td></tr>
<tr><td>030204015</td><td>事故照明切换屏</td></tr>
</table>

续表 C. 2. 4

项目编码	项目名称	项目特征	计量单位	工程量计算规则	工程内容
030204016	控制台	1. 名称、型号 2. 规格	台	按设计图示数量计算	1. 基础槽钢制作、安装 2. 台（箱）安装 3. 端子板安装 4. 焊、压接线端子 5. 盘柜配线 6. 小母线安装
030204017	控制箱				1. 基础型钢制作、安装 2. 箱体安装
030204018	配电箱				
030204019	控制开关	1. 名称 2. 型号 3. 规格	个		1. 安装 2. 焊压端子
030204020	低压熔断器	1. 名称、型号 2. 规格			
030204021	限位开关				
030204022	控制器		台		
030204023	接触器				
030204024	磁力启动器				
030204025	Y-△自耦减压启动器				
030204026	电磁铁（电磁制动器）				
030204027	快速自动开关				
030204028	电阻器				
030204029	油浸频敏变阻器				
030204030	分流器	1. 名称、型号 2. 容量（A）			
030204031	小电器	1. 名称 2. 型号 3. 规格	个（套）		

C. 2. 5 蓄电池安装。工程量清单项目设置及工程量计算规则，应按表 C. 2. 5 的规定执行。

表 C. 2. 5 蓄电池安装（编码：030205）

项目编码	项目名称	项目特征	计量单位	工程量计算规则	工程内容
030205001	蓄电池	1. 名称、型号 2. 容量	个	按设计图示数量计算	1. 防震支架安装 2. 本体安装 3. 充放电

C.2.6 电机检查接线及调试。工程量清单项目设置及工程量计算规则，应按表 C.2.6 的规定执行。

表 C.2.6 电机检查接线及调试（编码：030206）

<table>
<tr><th>项目编码</th><th>项目名称</th><th>项目特征</th><th>计量单位</th><th>工程量计算规则</th><th>工程内容</th></tr>
<tr><td>030206001</td><td>发电机</td><td rowspan="2">1. 型号
2. 容量（kW）</td><td rowspan="9">台</td><td rowspan="12">按设计图示数量计算</td><td rowspan="2">1. 检查接线（包括接地）
2. 干燥
3. 调试</td></tr>
<tr><td>030206002</td><td>调相机</td></tr>
<tr><td>030206003</td><td>普通小型直流电动机</td><td rowspan="2">1. 名称、型号
2. 容量（kW）
3. 类型</td><td rowspan="8">1. 检查接线（包括接地）
2. 干燥
3. 系统调试</td></tr>
<tr><td>030206004</td><td>可控硅调速直流电动机</td></tr>
<tr><td>030206005</td><td>普通交流同步电动机</td><td>1. 名称、型号
2. 容量（kW）
3. 启动方式</td></tr>
<tr><td>030206006</td><td>低压交流异步电动机</td><td>1. 名称、型号、类别
2. 控制保护方式</td></tr>
<tr><td>030206007</td><td>高压交流异步电动机</td><td>1. 名称、型号
2. 容量（kW）
3. 保护类别</td></tr>
<tr><td>030206008</td><td>交流变频调速电动机</td><td>1. 名称、型号
2. 容量（kW）</td></tr>
<tr><td>030206009</td><td>微型电机、电加热器</td><td>1. 名称、型号
2. 规格</td></tr>
<tr><td>030206010</td><td>电动机组</td><td>1. 名称、型号
2. 电动机台数
3. 联锁台数</td><td rowspan="2">组</td></tr>
<tr><td>030206011</td><td>备用励磁机组</td><td>名称、型号</td><td rowspan="2">1. 安装
2. 检查接线
3. 干燥</td></tr>
<tr><td>030206012</td><td>励磁电阻器</td><td>1. 型号
2. 规格</td><td>台</td></tr>
</table>

C.2.7 滑触线装置安装。工程量清单项目设置及工程量计算规则，应按表 C.2.7 的规定执行。

表 C.2.7 滑触线装置安装（编码：030207）

项目编码	项目名称	项目特征	计量单位	工程量计算规则	工程内容
030207001	滑触线	1. 名称 2. 型号 3. 规格 4. 材质	m	按设计图示单相长度计算	1. 滑触线支架制作、安装、刷油 2. 滑触线安装 3. 拉紧装置及挂式支持器制作、安装

C.2.8 电缆安装。工程量清单项目设置及工程量计算规则，应按表 C.2.8 的规定执行。

表 C.2.8 电缆安装（编码：030208）

项目编码	项目名称	项目特征	计量单位	工程量计算规则	工程内容
030208001	电力电缆	1. 型号 2. 规格 3. 敷设方式	m	按设计图示尺寸以长度计算	1. 揭（盖）盖板 2. 电缆敷设 3. 电缆头制作、安装 4. 过路保护管敷设 5. 防火堵洞 6. 电缆防护 7. 电缆防火隔板 8. 电缆防火涂料
030208002	控制电缆				
030208003	电缆保护管	1. 材质 2. 规格			保护管敷设
030208004	电缆桥架	1. 型号、规格 2. 材质 3. 类型			1. 制作、除锈、刷油 2. 安装
030208005	电缆支架	1. 材质 2. 规格	t	按设计图示质量计算	

C.2.9 防雷及接地装置。工程量清单项目设置及工程量计算规则，应按表 C.2.9 的规定执行。

表 C.2.9 防雷及接地装置（编码：030209）

项目编码	项目名称	项目特征	计量单位	工程量计算规则	工程内容
030209001	接地装置	1. 接地母线材质、规格 2. 接地极材质、规格	项	按设计图示尺寸以长度计算	1. 接地极（板）制作、安装 2. 接地母线敷设 3. 换土或化学处理 4. 接地跨接线 5. 构架接地
030209002	避雷装置	1. 受雷体名称、材质、规格、技术要求（安装部位） 2. 引下线材质、规格、技术要求（引下形式） 3. 接地极材质、规格、技术要求 4. 接地母线材质、规格、技术要求 5. 均压环材质、规格、技术要求		按设计图示数量计算	1. 避雷针（网）制作、安装 2. 引下线敷设、断接卡子制作、安装 3. 拉线制作、安装 4. 接地极（板、桩）制作、安装 5. 极间连线 6. 油漆（防腐） 7. 换土或化学处理 8. 钢铝窗接地 9. 均压环敷设 10. 柱主筋与圈梁焊接
030209003	半导体少长针消雷装置	1. 型号 2. 高度	套		安装

C.2.10 10kV 以下架空配电线路。工程量清单项目设置及工程量计算规则，应按表 C.2.10 的规定执行。

表 C.2.10 10kV 以下架空配电线路（编码：030210）

项目编码	项目名称	项目特征	计量单位	工程量计算规则	工程内容
030210001	电杆组立	1. 材质 2. 规格 3. 类型 4. 地形	根	按设计图示数量计算	1. 工地运输 2. 土（石）方挖填 3. 底盘、拉盘、卡盘安装 4. 木电杆防腐 5. 电杆组立 6. 横担安装 7. 拉线制作、安装
030210002	导线架设	1. 型号（材质） 2. 规格 3. 地形	km	按设计图示尺寸以长度计算	1. 导线架设 2. 导线跨越及进户线架设 3. 进户横担安装

C. 2. 11　电气调整试验。工程量清单项目设置及工程量计算规则，应按表 C. 2. 11 的规定执行。

表 C. 2. 11　电气调整试验（编码：030211）

<table>
<tr><th>项目编码</th><th>项目名称</th><th>项目特征</th><th>计量单位</th><th>工程量计算规则</th><th>工程内容</th></tr>
<tr><td>030211001</td><td>电力变压器系统</td><td>1. 型号
2. 容量（kV·A）</td><td rowspan="3">系统</td><td rowspan="4">按设计图示数量计算</td><td rowspan="2">系统调试</td></tr>
<tr><td>030211002</td><td>送配电装置系统</td><td>1. 型号
2. 电压等级（kV）</td></tr>
<tr><td>030211003</td><td>特殊保护装置</td><td rowspan="3">类型</td><td rowspan="5">调试</td></tr>
<tr><td>030211004</td><td>自动投入装置</td><td>套</td></tr>
<tr><td>030211005</td><td>中央信号装置、事故照明切换装置、不间断电源</td><td>系统</td><td>按设计图示系统计算</td></tr>
<tr><td>030211006</td><td>母线</td><td rowspan="2">电压等级</td><td>段</td><td rowspan="2">按设计图示数量计算</td></tr>
<tr><td>030211007</td><td>避雷器、电容器</td><td>组</td></tr>
<tr><td>030211008</td><td>接地装置</td><td>类别</td><td>系统</td><td>按设计图示系统计算</td><td>接地电阻测试</td></tr>
<tr><td>030211009</td><td>电抗器、消弧线圈、电除尘器</td><td>1. 名称、型号
2. 规格</td><td rowspan="2">台</td><td rowspan="2">按设计图示数量计算</td><td rowspan="2">调试</td></tr>
<tr><td>030211010</td><td>硅整流设备、可控硅整流装置</td><td>1. 名称、型号
2. 电流（A）</td></tr>
</table>

C. 2. 12　配管、配线。工程量清单项目设置及工程量计算规则，应按表 C. 2. 12 的规定执行。

表 C. 2. 12　配管、配线（编码：030212）

<table>
<tr><th>项目编码</th><th>项目名称</th><th>项目特征</th><th>计量单位</th><th>工程量计算规则</th><th>工程内容</th></tr>
<tr><td>030212001</td><td>电气配管</td><td>1. 名称
2. 材质
3. 规格
4. 配置形式及部位</td><td rowspan="3">m</td><td>按设计图示尺寸以延长米计算。不扣除管路中间的接线箱（盒）、灯头盒、开关盒所占长度</td><td>1. 刨沟槽
2. 钢索架设（拉紧装置安装）
3. 支架制作、安装
4. 电线管路敷设
5. 接线盒（箱）、灯头盒、开关盒、插座盒安装
6. 防腐油漆
7. 接地</td></tr>
<tr><td>030212002</td><td>线槽</td><td>1. 材质
2. 规格</td><td>按设计图示尺寸以延长米计算</td><td>1. 安装
2. 油漆</td></tr>
<tr><td>030212003</td><td>电气配线</td><td>1. 配线形式
2. 导线型号、材质、规格
3. 敷设部位或线制</td><td>按设计图示尺寸以单线延长米计算</td><td>1. 支持体（夹板、绝缘子、槽板等）安装
2. 支架制作、安装
3. 钢索架设（拉紧装置安装）
4. 配线
5. 管内穿线</td></tr>
</table>

C.2.13 照明器具安装。工程量清单项目设置及工程量计算规则，应按表C.2.13的规定执行。

表C.2.13 照明器具安装（编码：030213）

项目编码	项目名称	项目特征	计量单位	工程量计算规则	工程内容
030213001	普通吸顶灯及其他灯具	1. 名称、型号 2. 规格	套	按设计图示数量计算	1. 支架制作、安装 2. 组装 3. 油漆
030213002	工厂灯	1. 名称、安装 2. 规格 3. 安装形式及高度			1. 支架制作、安装 2. 安装 3. 油漆
030213003	装饰灯	1. 名称 2. 型号 3. 规格 4. 安装高度			1. 支架制作、安装 2. 安装
030213004	荧光灯	1. 名称 2. 型号 3. 规格 4. 安装形式			安装
030213005	医疗专用灯	1. 名称 2. 型号 3. 规格			
030213006	一般路灯	1. 名称 2. 型号 3. 灯杆材质及高度 4. 灯架形式及臂长 5. 灯杆形式（单、双）			1. 基础制作、安装 2. 立灯杆 3. 杆座安装 4. 灯架安装 5. 引下线支架制作、安装 6. 焊压接线端子 7. 铁构件制作、安装 8. 除锈、刷油 9. 灯杆编号 10. 接地
030213007	广场灯安装	1. 灯杆的材质及高度 2. 灯架的型号 3. 灯头数量 4. 基础形式及规格			1. 基础浇筑（包括土石方） 2. 立灯杆 3. 杆座安装 4. 灯架安装 5. 引下线支架制作、安装 6. 焊压接线端子 7. 铁构件制作、安装 8. 除锈、刷油 9. 灯杆编号 10. 接地
030213008	高杆灯安装	1. 灯杆高度 2. 灯架型式（成套或组装、固定或升降） 3. 灯头数量 4. 基础形式及规格			1. 基础浇筑（包括土石方） 2. 立杆 3. 灯架安装 4. 引下线支架制作、安装 5. 焊压接线端子 6. 铁构件制作、安装 7. 除锈、刷油 8. 灯杆编号 9. 升降机构接线调试 10. 接地
030213009	桥栏杆灯	1. 名称 2. 型号 3. 规格 4. 安装形式			1. 支架、铁构件制作、安装，油漆 2. 灯具安装
030213010	地道涵洞灯				

C.2.14 其他相关问题，应按下列规定处理：

1 “电气设备安装工程”适用于10kV以下变配电设备及线路的安装工程。

2 挖土、填土工程，应按附录A相关项目编码列项。

3 电机按其质量划分为大、中、小型。3t以下为小型，3～30t为中型，30t以上为大型。

4 控制开关包括：自动空气开关、刀型开关、铁壳开关、胶盖刀闸开关、组合控制开关、万能转换开关、漏电保护开关等。

5 小电器包括：按钮、照明用开关、插座、电笛、电铃、电风扇、水位电气信号装置、测量表计、继电器、电磁锁、屏上辅助设备、辅助电压互感器、小型安全变压器等。

6 普通吸顶灯及其他灯具包括：圆球吸顶灯、半圆球吸顶灯、方形吸顶灯、软线吊灯、吊链灯、防水吊灯、壁灯等。

7 工厂灯包括：工厂罩灯、防水灯、防尘灯、碘钨灯、投光灯、混光灯、高度标志灯、密闭灯等。

8 装饰灯包括：吊式艺术装饰灯、吸顶式艺术装饰灯、荧光艺术装饰灯、几何型组合艺术装饰灯、标志灯、诱导装饰灯、水下艺术装饰灯、点光源艺术灯、歌舞厅灯具、草坪灯具等。

9 医疗专用灯包括：病房指示灯、病房暗脚灯、紫外线杀菌灯、无影灯等。

C.3 热力设备安装工程

C.3.1 中压锅炉本体设备安装。工程量清单项目设置及工程量计算规则，应按表C.3.1的规定执行。

表C.3.1 中压锅炉本体设备安装（编码：030301）

项目编码	项目名称	项目特征	计量单位	工程量计算规则	工程内容
030301001	锅炉本体	1. 结构形式 2. 蒸汽出率（t/h）	台	按设计图示数量计算	1. 钢炉架安装 2. 汽包安装 3. 水冷系统安装 4. 过热系统安装 5. 省煤器安装 6. 空气预热器安装 7. 本体管路系统安装 8. 本体金属结构安装 9. 本体平台扶梯安装 10. 炉排及燃烧装置安装 11. 除渣装置安装 12. 锅炉酸洗 13. 锅炉水压试验 14. 锅炉风压试验 15. 烘炉、煮炉、蒸汽严密性试验及安全门调整 16. 本体刷油

C.3.2 中压锅炉风机安装。工程量清单项目设置及工程量计算规则，应按表C.3.2的规定执行。

表C.3.2 中压锅炉风机安装（编码：030302）

项目编码	项目名称	项目特征	计量单位	工程量计算规则	工程内容
030302001	送、引风机	1. 用途 2. 名称 3. 型号 4. 规格	台	按设计图示数量计算	1. 本体安装 2. 电动机安装 3. 附属系统安装 4. 平台、扶梯、栏杆制作、安装 5. 保温 6. 油漆

C.3.3 中压锅炉除尘装置安装。工程量清单项目设置及工程量计算规则，应按表C.3.3的规定执行。

表C.3.3 中压锅炉除尘装置安装（编码：030303）

项目编码	项目名称	项目特征	计量单位	工程量计算规则	工程内容
030303001	除尘器	1. 名称 2. 型号 3. 结构形式 4. 筒体直径 5. 电感面积（m^2）	台	按设计图示数量计算	1. 本体安装 2. 附件安装 3. 附属系统安装 4. 保温 5. 油漆

C.3.4 中压锅炉制粉系统安装。工程量清单项目设置及工程量计算规则，应按表C.3.4的规定执行。

表C.3.4 中压锅炉制粉系统安装（编码：030304）

项目编码	项目名称	项目特征	计量单位	工程量计算规则	工程内容
030304001	磨煤机	1. 名称 2. 型号 3. 出力	台	按设计图示数量计算	1. 本体安装 2. 传动设备、电动机安装 3. 附属设备安装 4. 油系统安装，油管路酸洗 5. 钢球磨煤机的加钢球 6. 平台、扶梯、栏杆及围栅制作、安装 7. 密封风机安装 8. 油漆
030304002	给煤机				1. 主机安装 2. 减速机安装 3. 电动机安装 4. 附件安装
030304003	叶轮给粉机				1. 主机安装 2. 电动机安装
030304004	螺旋输粉机				1. 主机安装 2. 减速机、电动机安装 3. 落粉管安装 4. 闸门板安装

C.3.5 中压锅炉烟、风、煤管道安装。工程量清单项目设置及工程量计算规则，应按表C.3.5的规定执行。

表C.3.5 中压锅炉烟、风、煤管道安装（编码：030305）

项目编码	项目名称	项目特征	计量单位	工程量计算规则	工程内容
030305001	烟道	1. 管道断面尺寸 2. 管壁厚度	t	按设计图示质量计算	1. 管道安装 2. 送粉管弯头浇灌防磨混凝土 3. 风门、挡板安装 4. 管道附件安装 5. 支吊架制作、安装 6. 附属设备安装 7. 油漆 8. 保温
030305002	热风道				
030305003	冷风道				
030305004	制粉管道				
030305005	送粉管道				
030305006	原煤管道				

C.3.6 中压锅炉其他辅助设备安装。工程量清单项目设置及工程量计算规则，应按表C.3.6的规定执行。

表C.3.6 中压锅炉其他辅助设备安装（编码：030306）

项目编码	项目名称	项目特征	计量单位	工程量计算规则	工程内容
030306001	扩容器	1. 名称、型号 2. 出力（规格） 3. 结构形式、质量	台	按设计图示数量计算	1. 本体安装 2. 附件安装 3. 支架制作、安装 4. 保温
030306002	排汽消音器				1. 本体安装 2. 支架制作、安装 3. 保温
030306003	暖风器		只		1. 本体安装 2. 框架制作、安装 3. 保温
030306004	测粉装置	1. 名称、型号 2. 标尺比例	套		1. 本体安装 2. 附件安装
030306005	煤粉分离器	1. 结构类型 2. 直径	台		1. 本体安装 2. 操作装置安装 3. 防爆门及人孔门安装

C.3.7 中压锅炉炉墙砌筑。工程量清单项目设置及工程量计算规则，应按表C.3.7的规定执行。

表C.3.7 中压锅炉炉墙砌筑（编码：030307）

项目编码	项目名称	项目特征	计量单位	工程量计算规则	工程内容
030307001	敷管式、膜式水冷壁炉墙和框架式炉墙砌筑	1. 砌筑材料名称、规格 2. 砌筑厚度 3. 保温制品名称及保温厚度 4. 填塞材料名称	m^2	按设计图示的设备表面尺寸，以面积计算	一、炉墙砌筑 1. 炉底磷酸盐混凝土砌筑 2. 炉墙耐火混凝土砌筑 3. 炉墙保温混凝土砌筑 4. 炉墙矿、岩棉毡、超细棉等制品敷设 5. 炉墙密封、抹面 6. 炉顶砌筑 二、炉墙中局部浇筑 1. 耐火混凝土 2. 耐火塑料 3. 保温混凝土 4. 燃烧带敷设 三、炉墙耐火材料填塞

C.3.8 汽轮发电机本体安装。工程量清单项目设置及工程量计算规则，应按表C.3.8的规定执行。

表C.3.8 汽轮发电机组本体安装（编码：030308）

项目编码	项目名称	项目特征	计量单位	工程量计算规则	工程内容
030308001	汽轮发电机组	1. 汽轮机的结构形式、型号 2. 机组容量（MW）和发电机型号 3. 本体管道质量	组	按设计图示数量计算	一、汽轮机安装 1. 本体安装 2. 调速系统安装 3. 主汽门、联合汽门安装 4. 保温 5. 油漆 二、发电机及励磁机安装 1. 本体安装 2. 抽真空系统安装 3. 发电机整套风压试验 三、本体管道安装 1. 随本体设备成套供应的系统管道、管件、阀门安装 2. 管道系统水压试验 3. 油漆 4. 保温 四、空负荷试运 1. 危急保安器试运 2. 给水泵组试运 3. 润滑油系统试运 4. 真空系统试运 5. 汽机汽封系统试运 6. 调速系统试运 7. 发电机水冷系统试运 8. 低压缸喷水试运 9. 其他项目试运

C.3.9 汽轮发电机辅助设备安装。工程量清单项目设置及工程量计算规则，应按表C.3.9的规定执行。

表C.3.9 汽轮发电机辅助设备安装（编码：030309）

项目编码	项目名称	项目特征	计量单位	工程量计算规则	工程内容
030309001	凝汽器	1. 结构形式 2. 型号 3. 冷凝面积	台	按设计图示数量计算	1. 外壳组装 2. 铜管安装 3. 内部设备安装 4. 管件安装 5. 附件安装
030309002	加热器	1. 结构形式 2. 型号 3. 热交换面积			1. 本体安装 2. 附件安装 3. 支架制作、安装 4. 保温
030309003	抽气器	1. 结构形式 2. 型号 3. 规格			1. 本体安装 2. 附件安装 3. 支吊架制作、安装 4. 油漆
030309004	油箱和油系统设备	1. 名称 2. 结构形式 3. 型号 4. 冷却面积 5. 油箱容积			

C.3.10 汽轮发电机附属设备安装。工程量清单项目设置及工程量计算规则，应按表 C.3.10 的规定执行。

表 C.3.10 汽轮发电机附属设备安装（编码：030310）

项目编码	项目名称	项目特征	计量单位	工程量计算规则	工程内容
030310001	除氧器及水箱	1. 结构形式 2. 型号 3. 水箱容积	台	按设计图示数量计算	1. 水箱本体及托架安装 2. 除氧器本体安装 3. 附件安装 4. 保温 5. 油漆
030310002	电动给水泵	1. 型号 2. 功率			1. 本体安装 2. 附件安装 3. 电动机安装 4. 油漆
030310003	循环水泵				
030310004	凝结水泵				
030310005	机械真空泵				
030310006	循环水泵房入口设备	1. 名称 2. 型号 3. 功率 4. 尺寸			1. 旋转滤网安装 2. 钢闸门安装 3. 清污机安装 4. 附件安装 5. 油漆

C.3.11 卸煤设备安装。工程量清单项目设置及工程量计算规则，应按表 C.3.11 的规定执行。

表 C.3.11 卸煤设备安装（编码：030311）

项目编码	项目名称	项目特征	计量单位	工程量计算规则	工程内容
030311001	抓斗	1. 型号 2. 跨度 3. 高度 4. 起重量	台	按设计图示数量计算	1. 构架安装 2. 行走机构安装、 3. 抓斗安装 4. 附件安装 5. 平台扶梯制作、安装 6. 油漆
030311002	斗链式卸煤机	1. 型号 2. 规格 3. 输送量			1. 构架安装 2. 行走、传动机构安装 3. 斗链安装 4. 输送机构安装 5. 附件安装 6. 平台扶梯制作、安装 7. 油漆

C.3.12 煤场机械设备安装。工程量清单项目设置及工程量计算规则，应按表 C.3.12 的规定执行。

表 C.3.12 煤场机械设备安装（编码：030312）

项目编码	项目名称	项目特征	计量单位	工程量计算规则	工程内容
030312001	斗轮堆取料机	1. 型号 2. 跨度 3. 高度 4. 装载量	台	按设计图示数量计算	1. 门座架安装 2. 行走机构安装 3. 皮带机安装 4. 取料机构安装 5. 液压机构安装 6. 油漆
030312002	门式滚轮堆取料机				1. 构架安装 2. 转动机构安装 3. 输送机安装 4. 取料机构安装 5. 检修用吊车安装 6. 油漆

C. 3. 13 碎煤设备安装。工程量清单项目设置及工程量计算规则，应按表 C. 3. 13 的规定执行。

表 C. 3. 13 碎煤设备安装（编码：030313）

项目编码	项目名称	项目特征	计量单位	工程量计算规则	工程内容
030313001	反击式碎煤机	1. 型号 2. 功率	台	按设计图示数量计算	1. 本体安装 2. 电动机安装 3. 传动部件安装 4. 油漆
030313002	锤击式破碎机				
030313003	筛分设备	1. 型号 2. 规格			1. 本体安装 2. 电动机安装 3. 油漆

C. 3. 14 上煤设备安装。工程量清单项目设置及工程量计算规则，应按表 C. 3. 14 的规定执行。

表 C. 3. 14 上煤设备安装（编码：030314）

项目编码	项目名称	项目特征	计量单位	工程量计算规则	工程内容
030314001	皮带机	1. 型号 2. 长度 3. 皮带宽度	m	按设备安装图示长度计算	1. 构架、托辊安装 2. 头部、尾部安装 3. 减速机安装 4. 电动机安装 5. 拉紧装置安装 6. 皮带安装 7. 附件安装 8. 扶手、平台 9. 油漆
030314002	配仓皮带机				1. 皮带机安装 2. 中间构架安装 3. 附件安装 4. 油漆
030314003	输煤转运站落煤设备	1. 型号 2. 质量	套	按设计图示数量计算	1. 落煤管安装 2. 落煤斗安装 3. 切换挡板安装 4. 传动装置安装 5. 油漆
030314004	皮带秤	1. 名称 2. 型号 3. 规格	台		1. 安装 2. 油漆
030314005	机械采样装置及除木器				1. 本体安装 2. 减速机安装 3. 电动机安装 4. 油漆
030314006	电动犁式卸料器	1. 型号 2. 规格			1. 犁煤器安装 2. 落煤斗安装 3. 电动推杆安装 4. 油漆
030314007	电动卸料车	1. 型号 2. 规格 3. 皮带宽度			1. 卸煤车安装 2. 减速机安装 3. 电动机安装 4. 电动推杆安装 5. 落煤管安装 6. 导煤槽安装 7. 扶梯、栏杆制作、安装 8. 油漆
030314008	电磁分离器	1. 型号 2. 结构形式 3. 规格			1. 本体安装 2. 附属设备安装 3. 附属构件安装

C.3.15　水力冲渣、冲灰设备安装。工程量清单项目设置及工程量计算规则，应按表C.3.15的规定执行。

表C.3.15　水力冲渣、冲灰设备安装（编码：030315）

项目编码	项目名称	项目特征	计量单位	工程量计算规则	工程内容
030315001	捞渣机	1. 型号 2. 出力（t/h）	台	按设计图示数量计算	1. 本体安装 2. 减速机安装 3. 电动机安装 4. 附件安装 5. 油漆
030315002	碎渣机				
030315003	水力喷射器				1. 本体安装 2. 附件安装 3. 油漆
030315004	箱式冲灰器				
030315005	砾石过滤器	1. 型号 2. 直径			
030315006	空气斜槽	1. 型号 2. 长度 3. 宽度			1. 槽体、端盖板安装 2. 载气阀安装
030315007	灰渣沟插板门	1. 型号 2. 门孔尺寸（mm）	套		1. 本体安装 2. 内部组件安装 3. 电动机安装 4. 附件安装 5. 油漆
030315008	电动灰斗闸板门				
030315009	电动三通门				
030315010	锁气器	1. 型号 2. 出力（m^3/h）	台		

C.3.16　化学水预处理系统设备安装。工程量清单项目设置及工程量计算规则，应按表C.3.16的规定执行。

表C.3.16　化学水预处理系统设备安装（编码：030316）

项目编码	项目名称	项目特征	计量单位	工程量计算规则	工程内容
030316001	反渗透处理系统	1. 型号 2. 出力（t/h）	套	按设计图示数量计算	1. 组件安装 2. 附属设备安装 3. 油漆
030316002	凝聚澄清过滤系统	1. 名称、型号 2. 规格 3. 出力（t/h） 4. 容积			1. 澄清器安装 2. 过滤器安装 3. 混合器安装 4. 水箱安装 5. 水泵、溶液泵安装 6. 计量箱、计量装置安装 7. 加热器安装 8. 油漆

C.3.17　锅炉补给水除盐系统设备安装。工程量清单项目设置及工程量计算规则，应按表C.3.17的规定执行。

表C.3.17　锅炉补给水除盐系统设备安装（编码：030317）

项目编码	项目名称	项目特征	计量单位	工程量计算规则	工程内容
030317001	机械过滤系统	1. 名称 2. 型号 3. 规格 4. 直径或容积（m^3） 5. 树脂高度	套	按设计图示数量计算	1. 机械过滤器安装 2. 水箱安装 3. 水泵安装 4. 鼓风机安装 5. 油漆

续表 C.3.17

项目编码	项目名称	项目特征	计量单位	工程量计算规则	工程内容
030317002	除盐加混床设备	1. 名称 2. 型号 3. 规格 4. 直径或容积（m^3） 5. 树脂高度	套	按设计图示数量计算	1. 水箱和水泵安装 2. 计量箱、计量装置安装 3. 喷射器安装 4. 树脂预处理 5. 树脂装填 6. 油漆
030317003	除二氧化碳和离子交换设备	1. 型号 2. 出力（t/h） 3. 直径 4. 树脂高度			1. 除二氧化碳器安装 2. 混合器安装 3. 阴阳离子交换器安装 4. 再生罐安装 5. 树脂贮存罐安装 6. 油漆

C.3.18 凝结水处理系统设备安装。工程量清单项目设置及工程量计算规则，应按表 C.3.18 的规定执行。

表 C.3.18 凝结水处理系统设备安装（编码：030318）

项目编码	项目名称	项目特征	计量单位	工程量计算规则	工程内容
030318001	凝结水处理设备	1. 名称 2. 型号 3. 规格 4. 出力（t/h） 5. 容积或直径	台	按设计图示数量计算	1. 设备及随设备供货的管、管件、阀门和本体范围内的平台、梯子、栏杆安装、填料 2. 随设备供货的配套设备、配件安装 3. 油漆 4. 灌水试运和水压试验 注：凝结水处理设备包括： 1. 离子交换器安装 2. 再生器安装 3. 过滤器安装 4. 树脂贮存罐安装 5. 树脂捕捉器安装 6. 树脂喷射器安装 7. 酸碱贮存罐安装 8. 计量箱安装 9. 吸收器安装 10. 水泵安装

C.3.19 循环水处理系统设备安装。工程量清单项目设置及工程量计算规则，应按表 C.3.19 的规定执行。

表 C.3.19 循环水处理系统设备安装（编码：030319）

项目编码	项目名称	项目特征	计量单位	工程量计算规则	工程内容
030319001	循环水处理设备	1. 型号 2. 出力（规格） 3. 直径	台	按设计图示数量计算	1. 设备及随设备供货的管、管件、阀门和本体范围内的平台、梯子、栏杆安装 2. 随设备供货的配套设备、配件安装 3. 油漆 4. 灌水试运和水压试验 注：循环水处理及加药设备包括： 1. 钠离子软化器安装 2. 食盐溶解过滤器安装 3. 加药设备安装 4. 凝汽器铜管镀膜设备安装 5. 空压机安装 6. 起重设备安装 7. 油漆

C.3.20 给水、炉水校正处理系统设备安装。工程量清单项目设置及工程量计算规则，应按表C.3.20的规定执行。

表 C.3.20 给水、炉水校正处理系统设备安装（编码：030320）

项目编码	项目名称	项目特征	计量单位	工程量计算规则	工程内容
030320001	给水、炉水校正处理设备	1. 型号 2. 出力（规格） 3. 容积或直径	台	按设计图示数量计算	1. 设备及随设备供货的管、管件、阀门和本体范围内的平台、梯子、栏杆安装 2. 随设备供货的配套设备、配件安装 3. 油漆 4. 灌水试运和水压试验 注：给水、炉水校正处理设备包括： 1. 汽水取样设备安装 2. 炉内水处理装置安装 3. 药液的制备、计量设备安装 4. 输送泵安装 5. 油漆

C.3.21 低压锅炉本体设备安装。工程量清单项目设置及工程量计算规则，应按表C.3.21的规定执行。

表 C.3.21 低压锅炉本体设备安装（编码：030321）

项目编码	项目名称	项目特征	计量单位	工程量计算规则	工程内容
030321001	成套整装锅炉	1. 结构形式 2. 蒸汽出率（t/h） 3. 供热量（h/MW）	台	按设计图示数量计算	1. 锅炉本体安装 2. 附属设备安装 3. 管道、阀门、表计安装 4. 保温 5. 油漆
030321002	散装和组装锅炉				1. 钢炉架安装 2. 汽包、水冷壁、过热器安装 3. 省煤器、空气预热器安装 4. 本体管路、吹灰器安装 5. 炉排、门、孔安装 6. 平台扶梯制作、安装 7. 炉墙砌筑 8. 保温 9. 油漆 10. 水压试验、酸洗 11. 烘炉、煮炉

C.3.22 低压锅炉附属及辅助设备安装。工程量清单项目设置及工程量计算规则，应按表C.3.22的规定执行。

表 C.3.22 低压锅炉附属及辅助设备安装（编码：030322）

项目编码	项目名称	项目特征	计量单位	工程量计算规则	工程内容
030322001	除尘器	1. 名称 2. 型号 3. 规格 4. 质量	台	按设计图示数量计算	1. 本体安装 2. 附件安装 3. 油漆
030322002	水处理设备	1. 型号 2. 出力（t/h）		按系统设计清单和设备制造厂供货范围计算	1. 浮动床钠离子交换器或组合式水处理设备的本体安装 2. 内部组件安装 3. 附件安装 4. 填料 5. 设备灌水试运及水压试验 6. 油漆

续表 C.3.22

项目编码	项目名称	项目特征	计量单位	工程量计算规则	工程内容
030322003	板式换热器	1. 型号 2. 质量	台	按设计图示数量计算	1. 本体安装 2. 管件、阀门、表计安装 3. 保温
030322004	输煤设备（上煤机）	1. 结构形式 2. 型号 3. 规格			1. 本体安装 2. 附属部件安装 3. 油漆
030322005	除渣机	1. 型号 2. 输送长度 3. 出力（t/h）			1. 本体安装 2. 机槽安装 3. 传动装置安装 4. 附件安装 5. 油漆
030322006	齿轮式破碎机安装	1. 型号 2. 辊齿直径			1. 本体安装 2. 润滑系统安装 3. 液压管路安装 4. 附件安装 5. 油漆

C.3.23 其他相关问题，应按下列规定处理：

1 “热力设备安装”适用于130t/h以下的锅炉和2.5万kW（25MW）以下的汽轮发电机组的设备安装工程及其配套的辅机、燃料、除灰和水处理设备安装工程。

2 中、低压锅炉的划分：蒸发量为35t/h的链条炉和蒸发量为75t/h及130t/h的煤粉炉为中压锅炉，蒸发量为20t/h及以下的燃煤、燃油（气）锅炉为低压锅炉。

3 通用性机械应按C.1中机械设备安装工程项目编码列项。

1）锅炉风机安装项目除了中压锅炉送、引风机外，还包括其他风机安装。

2）汽轮发电机系统的泵类安装项目除了电动给水泵、循环水泵、凝结水泵、机械真空泵外，还包括其他泵的安装。

3）起重机械设备安装，包括汽机房桥式起重机等。

4）柴油发电机和压缩空气机安装。

5）锅炉点火燃油系统的卸油设备、油泵、加热器、油过滤器、油罐和污油箱安装。

4 各系统的管道安装，除了由设备成套供应的管道和包括在设备安装工程内容中的润滑系统管道以外，应按C.6中工业管道工程项目编码列项。

5 锅炉重型炉墙的耐火砖砌筑应按C.4中炉窑砌筑工程项目编码列项。

6 中压锅炉安装“工程内容”中各部分的范围如下：

1）钢炉架安装：燃烧室的立柱、横梁及连接件安装；尾部对流井的立柱、横梁及连接件安装。

2）汽包安装：汽包及其内部装置安装；外置式汽水分离器及连接管道安装；底座或吊架制作安装；保温。

3）水冷系统安装：水冷壁组件安装；联箱安装；降水管、汽水引出管安装；支吊架、支座、固定装置；刚性梁及其连接件安装；炉水循环泵系统安装。

4）过热系统安装：蛇形管排及组件安装；顶棚管、包墙管安装；联箱、减温器、蒸汽联络管安装；联箱支座或吊杆、管排定位或支吊铁件安装；刚性梁及其连接件安装。

5）省煤器安装：蛇形管排组件安装；包墙及悬吊管安装；联箱、联络管安装；联箱支座、管排支吊铁件安装；防磨装置安装；管系支吊架安装；保温。

6）空气预热器安装：设备供货范围内的部（组）件安装；检修平台安装；保温；油漆。

7）本体管路系统安装：锅炉本体设计图范围内属制造厂定型设计的系统管道安装；阀门、管件、计量表安装；支吊架安装；吹灰器安装；保温；油漆。

8）本体金属结构安装：锅炉本体的金属构件安装；保温；油漆。

9）本体平台、扶梯安装：锅炉本体设备成套供应的平台、扶梯、栏杆及围护板安装；除锈；油漆。

10）炉排及燃烧装置安装：35t/h炉的炉排、传动机组件安装；煤粉炉的燃烧器、喷嘴、点火油枪安装；保温。

11）除渣装置安装：除渣室安装；渣斗水封槽安装；链条炉的碎渣机、输灰机安装。

12）锅炉酸洗：酸洗设备安装；酸洗管路的配制、安装及拆除；永久性设备恢复；废液处理。

13）锅炉水压试验：锅炉本体及其汽水系统的水压试验；水压试验用临时管系的安装、拆除；设备恢复。

14）锅炉风压试验：锅炉本体燃烧室风压试验；尾部烟道风压试验；空气预热器风压试验。

15）烘炉、煮炉、蒸汽严密性试验及安全门调整。

16）本体油漆：钢架、各种结构、平台扶梯及金属外墙皮的油漆。

C.4 炉窑砌筑工程

C.4.1 冶金炉窑。工程量清单项目设置及工程量计算规则，应按表C.4.1的规定执行。

表C.4.1 冶金炉窑（编码：030401）

项目编码	项目名称	项目特征	计量单位	工程量计算规则	工程内容
030401001	砌体材料	1. 炉窑种类 2. 材料名称、型号 3. 材料部位	m^3（t）	1. 按设计图示尺寸以体积计算 2. 焦炉、均热炉所有孔洞不论大小，所占体积需扣除 3. 当设计要求红砖、硅藻土隔热砖、漂珠砖需作改型加工时，按改型后的实体计算 4. 凡设计要求采用母砖加工成子砖后，组装成结合砖的高炉与热风炉各部位，其工程量按加工后实体积计算 5. 混铁车的受铁口、出铁口所占体积计算时应予扣除。罐底突出斜坡按平均值计算 6. 电炉熔池反拱底垫层工程量按平均厚度计算 7. 采用加工砖形成的看火孔、窥视孔计算时可不扣除 8. 采用砖加工或浇注料为金属拉固件或锚固件所预留的沟缝或胀缝可不扣除	1. 砌筑 2. 选砖 3. 机械集中磨砖 4. 机械集中切砖 5. 预砌筑 6. 二次勾缝吹风清扫 7. 镶铁件 8. 钢模板装拆

C.4.2 有色金属炉窑。工程量清单项目设置及工程量计算规则，应按表C.4.2的规定执行。

表C.4.2 有色金属炉窑（编码：030402）

项目编码	项目名称	项目特征	计量单位	工程量计算规则	工程内容
030402001	砌体材料	1. 炉窑种类 2. 材料名称、型号 3. 材料部位	m^3（t）	1. 按设计图示尺寸以体积计算 2. 铝电解槽炭块组制作，应按浇注磷生铁或捣打底糊的净重计算（不包括炭块和钢棒质量） 3. 铝电解槽阴极炭块安装，按成品炭块（主铣燕尾槽）的净重计算 4. 铝电解槽捣打底糊，包括垫缝及槽延板以及侧部炭块之间缝内的用量 5. 铝电解槽侧部炭块和角部炭块如采用毛坯加工，计算中只计加工后成品部分质量 6. 铝电解槽阳极注型计算，包括阳极糊的注型和腻缝	1. 砌筑 2. 选砖 3. 机械集中磨砖 4. 机械集中切砖 5. 预砌筑 6. 捣打底糊缝垫 7. 钢棒砂洗 8. 方钢加工 9. 浇注磷生铁 10. 底部糊连接 11. 阳极注型 12. 铝壳制作、安装 13. 铺钢极 14. 石墨阳极预制、浸渍、安装 15. 分层烘干 16. 磷酸浸渍

C.4.3 化工炉窑。工程量清单项目设置及工程量计算规则，应按表C.4.3的规定执行。

表C.4.3 化工炉窑（编码：030403）

项目编码	项目名称	项目特征	计量单位	工程量计算规则	工程内容
030403001	砌体材料	1. 炉窑种类 2. 材料名称、型号 3. 材料部位	m^3	1. 按设计图示尺寸以体积计算 2. 拉钩砖砖槽内，无论是否放置金具，在计算时均不扣除 3. 内衬采用耐火纤维毡（板）层铺式结构时，其边缘搭接缝按设计要求计算 4. 氧化铝空心球结构应按设计图示尺寸计算体积后再按容重折算工程量	1. 砌筑 2. 选砖 3. 机械集中磨砖 4. 机械集中切砖 5. 预砌筑 6. 金具制作、安装

C.4.4 建材工业炉窑。工程量清单项目设置及工程量计算规则，应按表C.4.4的规定执行。

表C.4.4 建材工业炉窑（编码：030404）

项目编码	项目名称	项目特征	计量单位	工程量计算规则	工程内容
030404001	砌体材料	1. 炉窑种类 2. 材料名称、型号 3. 材料部位	m^3	按设计图示尺寸以体积计算	1. 砌筑 2. 选砖 3. 机械集中磨砖 4. 机械集中切砖 5. 预砌筑

C.4.5 其他专业炉窑。工程量清单项目设置及工程量计算规则，应按表C.4.5的规定执行。

表C.4.5 其他专业炉窑（编码：030405）

项目编码	项目名称	项目特征	计量单位	工程量计算规则	工程内容
030405001	砌体材料	1. 炉窑种类 2. 材料名称、型号 3. 材料部位	m^3（t）	1. 按设计图示尺寸以体积计算 2. 连续式直立炉炉体所有孔洞不论大小所占体积在计算时都必须扣除	1. 砌筑 2. 选砖 3. 机械集中磨砖 4. 机械集中切砖 5. 预砌筑 6. 二次勾缝吹风清扫 7. 镶铁件 8. 刷浆、刷红土 9. 特种泥浆勾缝

C.4.6 一般工业炉窑。工程量清单项目设置及工程量计算规则，应按表C.4.6的规定执行。

表C.4.6 一般工业炉窑（编码：030406）

项目编码	项目名称	项目特征	计量单位	工程量计算规则	工程内容
030406001	砌体材料	1. 炉窑种类 2. 材料名称、型号 3. 材料部位	m^3（t）	按设计图示尺寸以体积计算	1. 砌筑 2. 选砖 3. 机械集中磨砖 4. 机械集中切砖 5. 预砌筑

C.4.7 不定形耐火材料。工程量清单项目设置及工程量计算规则，应按表C.4.7的规定执行。

表 C.4.7 不定形耐火材料（编码：030407）

项目编码	项目名称	项目特征	计量单位	工程量计算规则	工程内容
030407001	现浇耐火（隔热）浇注料浇注	1. 浇注材料 2. 浇注部位 3. 浇注厚度	m^3	按设计图示尺寸以体积计算	1. 浇注料浇注 2. 模板装、拆 3. 特殊养护 4. 埋设钢筋 5. 铺挂钢丝网
030407002	耐火捣打料捣打	1. 捣打材料 2. 捣打方式 3. 压缩比要求			1. 耐火捣打料捣打 2. 模板装、拆 3. 特殊养护
030407003	耐火可塑料捣打	1. 捣打材料 2. 捣打部位			1. 耐火可塑料捣打 2. 模板装、拆 3. 特殊养护 4. 表面修整
030407004	耐火喷涂料喷涂	1. 喷涂材料 2. 喷涂部位 3. 喷涂厚度 4. 喷涂直径	m^2	按设计图示喷涂接触面积计算	耐火喷涂料喷涂
030407005	人工涂抹不定形耐火材料	1. 涂抹材料 2. 涂抹厚度		按设计图示涂抹面积计算	耐火材料涂抹
030407006	耐火（隔热）浇注料制品预制	1. 材质 2. 质量	m^3	按设计图示尺寸以体积计算	1. 预制 2. 模板装、拆 3. 特殊养护
030407007	耐火（隔热）浇注料预制块安装	1. 制品种类 2. 砌筑泥浆			安装

C.4.8 辅助项目。工程量清单项目设置及工程量计算规则，应按表 C.4.8 的规定执行。

表 C.4.8 辅助项目（编码：030408）

项目编码	项目名称	项目特征	计量单位	工程量计算规则	工程内容
030408001	抹灰	1. 抹灰材料 2. 抹灰部位	m^2	按设计图示尺寸以面积计算	抹灰
030408002	涂抹料涂抹	涂抹材料			涂抹
030408003	填料充填	填充材料	m^3	按设计图示尺寸以体积计算	充填
030408004	灌浆	灌浆材料			1. 灌注 2. 压注
030408005	贴挂高温（隔热）板（毡）	1. 贴挂材料 2. 贴挂部位 3. 贴挂厚度	m^2	按设计图示尺寸以面积计算	贴挂板（毡）

续表 C.4.8

项目编码	项目名称	项目特征	计量单位	工程量计算规则	工程内容
030408006	缠石棉绳	石棉绳直径	m	按设计图示尺寸以长度计算	缠石棉绳
030408007	叠砌耐火纤维模块	1. 供货状态（成品或半成品） 2. 连接方法	m^3	按设计图示尺寸以体积计算	叠砌
030408008	炉窑金具件制作、安装	材质	kg	按设计图示尺寸以质量计算	制作、安装

C.4.9 其他相关问题，应按下列规定处理：

1 “炉窑砌筑工程”适用于各种炉窑耐火与隔热砌体工程（其中蒸汽锅炉只限于蒸发量 75t/h 以内的中、小型蒸汽锅炉工程）、不定形耐火材料内衬工程。

2 凡涉及土方开挖、回填、运输，应按附录 A 的相关项目编码列项。

3 除另有说明外，工程量计算时不扣除下列情况构成的体积：

1）小于 25mm 的膨胀缝所占体积。

2）断面积小于 0.02m^2 的孔洞。

3）断面积小于 0.06m^2、长度（或深度）不超过 1m 的孔洞。

4）炉门喇叭口的斜坡。

5）墙根交叉处的小斜坡。

C.5 静置设备与工艺金属结构制作安装工程

C.5.1 静置设备制作。工程量清单项目设置及工程量计算规则，应按表 C.5.1 的规定执行。

表 C.5.1 静置设备制作（编码：030501）

项目编码	项目名称	项目特征	计量单位	工程量计算规则	工程内容
030501001	容器制作	1. 构造形式 2. 材质 3. 立式 4. 卧式 5. 焊接方式 6. 容积 7. 直径 8. 质量 9. 内部构件	台	按设计图示数量计算 注：容器的金属质量是指容器本体、容器内部固定件、开孔件、加强板、裙座（支座）的金属质量。其质量按设计图示的几何尺寸展开计算，不扣除容器孔洞面积	1. 容器制作 2. 接管、人孔、手孔制作与装配 3. 鞍座、支座制作、安装 4. 设备法兰制作 5. 地脚螺栓制作 6. 胎具的制作、安装与拆除 7. 容器附属梯子、栏杆、扶手制作、安装 8. 压力试验（整体容器制作） 9. 预热、后热与整体热处理 10. 除锈、底漆
030501002	塔器制作	1. 构造形式 2. 材质 3. 焊接方式 4. 质量 5. 内部构件	台	按设计图示数量计算 注：塔器的金属质量是指塔器本体、塔器内部固定件、开孔件、加强板、裙座（支座）的金属质量。其质量按设计图示几何尺寸展开计算，不扣除容器孔洞面积	1. 塔器制作 2. 接管、人孔、手孔制作与装配 3. 设备法兰制作 4. 地脚螺栓制作 5. 胎具的制作、安装与拆除 6. 塔附属梯子、栏杆、扶手制作、安装 7. 压力试验（整体塔器制作） 8. 预热、后热与整体热处理
030501003	换热器制作	1. 构造形式 2. 材质 3. 质量 4. 焊接方式	台	按设计图示数量计算 注：换热器的金属质量是指换热器本体的金属质量	1. 换热器制作 2. 接管制作与装配 3. 鞍座、支座制作、安装 4. 设备法兰制作 5. 地脚螺栓制作 6. 胎具的制作、安装与拆除 7. 压力试验 8. 预热、后热与整体热处理

C.5.2 静置设备安装。工程量清单项目设置及工程量计算规则，应按表C.5.2的规定执行。

表C.5.2 静置设备安装（编码：030502）

项目编码	项目名称	项目特征	计量单位	工程量计算规则	工程内容
030502001	分片、分段容器	1. 到货状态 2. 材质 3. 立式 4. 卧式 5. 安装高度 6. 焊接方式 7. 直径 8. 质量 9. 内部构件	台	按设计图示数量计算 注：容器的金属质量是指容器本体、容器内部固定件、开孔件、加强板、裙座（支座）的金属质量。其质量按设计图示几何尺寸展开计算，不扣除容器孔洞面积	1. 安装 2. 焊缝热处理 3. 吊耳制作、安装 4. 压力试验 5. 容器除锈、刷油 6. 容器绝热 7. 容器清洗、脱脂、钝化 8. 二次灌浆 9. 吊装 10. 容器设备组装胎具
030502002	整体容器	1. 立式 2. 卧式 3. 安装高度 4. 质量		按设计图示数量计算 注：容器整体安装质量是指容器本体，配件、内部构件、吊耳、绝缘、内衬以及随容器一次吊装的管线、梯子、平台、栏杆、扶手和吊装加固件的全部质量	1. 安装 2. 吊耳制作、安装 3. 压力试验 4. 容器除锈、刷油 5. 容器绝热 6. 容器清洗、脱脂、钝化 7. 二次灌浆
030502003	分片、分段塔器	1. 到货状态 2. 材质 3. 直径 4. 安装高度 5. 焊接方式 6. 质量 7. 塔盘结构类型		按设计图示数量计算 注：塔器的金属质量是指设备本体、裙座、内部固定件、开孔件、加强板等的全部质量，但不包括填充和内部可拆件以及外部平台、梯子、栏杆、扶手的质量。其质量按设计图示几何尺寸展开计算，不扣除孔洞面积	1. 塔器组装 2. 焊缝热处理 3. 吊耳制作、安装 4. 压力试验 5. 塔器除锈、刷油 6. 塔器绝热 7. 塔器清洗、脱脂、钝化 8. 二次灌浆 9. 吊装 10. 塔器设备组装胎具
030502004	整体塔器	1. 安装高度 2. 质量 3. 结构类型		按设计图示量计算 注：塔器整体安装质量是指塔器本体、裙座、内部固定件、开孔件、吊耳、绝缘内衬以及随塔器一次吊装就位的附塔管线、平台、梯子、栏杆、扶手和吊装加固件的全部质量	1. 塔器安装 2. 吊耳制作、安装 3. 压力试验 4. 塔器除锈、刷油 5. 塔器绝热 6. 塔器清洗、脱脂、钝化 7. 二次灌浆 8. 塔盘安装 9. 塔类固定件安装 10. 设备填充

续表 C.5.2

项目编码	项目名称	项目特征	计量单位	工程量计算规则	工程内容
030502005	换热器	1. 构造形式 2. 质量 3. 安装高度	台	按设计图示数量计算	1. 安装 2. 换热器地面抽芯检查 3. 补刷面漆 4. 水压试验 5. 二次灌浆 6. 换热器绝热
030502006	空气冷却器	1. 管束质量 2. 风机质量			1. 管束（翅片）安装 2. 构架安装 3. 风机安装 4. 除锈 5. 刷油 6. 二次灌浆
030502007	反应器	1. 内有复杂装置的反应器 2. 内有填料的反应器 3. 安装高度 4. 质量			1. 安装 2. 压力试验 3. 二次灌浆 4. 补刷面漆 5. 绝热
030502008	催化裂化再生器	1. 安装高度 2. 质量 3. 龟甲网材料			1. 安装 2. 压力试验 3. 补刷面漆 4. 绝热 5. 龟甲网安装
030502009	催化裂化沉降器				
030502010	催化裂化旋风分离器				
030502011	空分分馏塔	1. 安装高度 2. 质量 3. 保冷材料			1. 安装 2. 保冷材料填充 3. 二次灌浆 4. 补刷面漆
030502012	电解槽	1. 构造形式 2. 质量			1. 安装 2. 补刷面漆
030502013	箱式玻璃钢电除雾器	壳体材料	套		安装
030502014	电除尘器	1. 壳体质量 2. 内部结构 3. 除尘面积	台		1. 安装 2. 补刷面漆
030502015	污水处理设备	1. 名称 2. 规格			安装

续表 C.5.2

项目编码	项目名称	项目特征	计量单位	工程量计算规则	工程内容
030502016	焊缝热处理	1. 焊缝预热 2. 焊缝后热 3. 焊后局部热处理 4. 板材厚度	m	按设计图示或要求以焊缝长度计算	焊缝热处理
030502017	整体热处理	1. 设备整体热处理 2. 球形罐整体热处理 3. 设备质量 4. 球罐容积 5. 球罐加热方式	台	按设计图示数量计算	整体热处理

C.5.3 工业炉安装。工程量清单项目设置及工程量计算规则，应按表 C.5.3 的规定执行。

表 C.5.3 工业炉安装（编码：030503）

项目编码	项目名称	项目特征	计量单位	工程量计算规则	工程内容
030503001	燃烧炉、灼烧炉	1. 能力 2. 质量	台	按设计图示数量计算	1. 燃烧炉、灼烧炉安装 2. 二次灌浆
030503002	裂解炉制作、安装	1. 能力 2. 质量 3. 结构			1. 裂解炉制作、安装 2. 附件安装 3. 压力试验 4. 绝热 5. 除锈、刷油 6. 胎具的制作、安装与拆除
030503003	转换炉制作、安装				1. 转换炉制作、安装 2. 附件安装 3. 压力试验 4. 绝热 5. 除锈、刷油 6. 胎具的制作、安装与拆除
030503004	化肥装置加热炉制作、安装				1. 化肥装置加热炉制作、安装 2. 附件安装 3. 压力试验 4. 绝热 5. 除锈、刷油 6. 胎具的制作、安装与拆除
030503005	芳烃装置加热炉制作、安装				1. 芳烃装置加热炉制作、安装 2. 附件安装 3. 压力试验 4. 绝热 5. 除锈、刷油 6. 胎具的制作、安装与拆除
030503006	炼油厂加热炉制作、安装				1. 炼油厂加热炉制作、安装 2. 附件安装 3. 压力试验 4. 绝热 5. 除锈、刷油 6. 胎具的制作、安装与拆除
030503007	废热锅炉安装	1. 结构 2. 质量			1. 废热锅炉安装 2. 二次灌浆 3. 压力试验 4. 绝热 5. 补刷面漆

C.5.4 金属油罐制作安装。工程量清单项目设置及工程量计算规则，应按表C.5.4的规定执行。

表C.5.4 金属油罐制作安装（编码：030504）

项目编码	项目名称	项目特征	计量单位	工程量计算规则	工程内容
030504001	拱顶罐制作、安装	1. 材质 2. 构造形式 3. 容量 4. 质量	台	按设计图示数量计算 注：质量包括罐底板，罐壁板、罐顶板（含中心板）、角钢圈、加强圈以及搭接、垫板、加强板的金属质量，不包括配、附件的质量 其质量按设计尺寸以展开面积计算，不扣除罐体上孔洞所占面积	1. 罐本体制作、安装 2. 型钢圈煨制 3. 水压试验 4. 卷板平直 5. 除锈 6. 刷油 7. 绝热 8. 拱顶罐临时加固件制作、安装与拆除 9. 拱顶罐组装胎具制作、安装、拆除
030504002	浮顶罐制作、安装	1. 材质 2. 质量 3. 构造形式 4. 内浮顶罐容积 5. 单、双盘罐容积	台	按设计图示数量计算 注：罐本体金属质量包括罐底板、罐壁板、罐顶板、角钢圈、加强圈以及搭接、垫板、加强板的全部质量，但不包括配、附件质量 其质量按设计图示尺寸以展开面积计算，不扣除孔洞所占面积	1. 罐本体制作、安装 2. 型钢圈煨制 3. 内浮顶罐水压试验 4. 浮顶罐升降试验 5. 卷板平直 6. 除锈、刷油 7. 绝热 8. 浮顶罐组装加固 9. 浮顶罐组装胎具制作 10. 浮顶罐组装胎具安装、拆除 11. 浮顶罐船舱胎具制作
030504003	大型金属油罐制作安装	1. 油罐容量 2. 材质 3. 质量 4. 罐底中幅板连接形式 5. 板幅调整 6. 浮船船舱支柱构造形式 7. 抗风圈与加强圈 8. 积水坑 9. 人孔 10. 罐内加热盘管直径 11. 浮顶加热器	座	1. 按设计图示数量计算 2. 罐本体按油罐构造特点分部位及部件，以几何尺寸展开面积计算，不扣除孔洞所占面积，并增加各部位搭接和对接垫板的金属质量 3. 不同的板幅应按规定调整其金属质量 4. 油罐附件以不同的种类和规格分别计算	1. 底板预制安装 2. 壁板预制安装 3. 底板板幅调整 4. 壁板板幅调整 5. 浮船船舱预制、安装 6. 浮船支柱预制、安装 7. 抗风圈、加强圈预制、安装 8. 大型浮顶附件预制、安装 9. 积水坑制作、安装 10. 排水管制作、安装 11. 接管与配件安装 12. 加热盘管制作、安装 13. 浮顶加热器制作、安装 14. 大型油罐压力试验 15. 大型油罐除锈、刷油 16. 大型油罐绝热
030504004	油罐附件	1. 配件种类 2. 规格 3. 型号	个	按设计图示数量计算	1. 安装 2. 除锈 3. 刷油 4. 绝热
030504005	加热器制作、安装	1. 加热器构造形式 2. 蒸汽盘管管径 3. 排管的长度 4. 连接管主管长度 5. 支座构造形式	m	1. 盘管式加热器按设计图示尺寸以长度计算，不扣除管件所占长度 2. 排管式加热器按配管长度计算	1. 制作、安装 2. 支座制作、安装 3. 连接管制作、安装 4. 除锈、刷油

C.5.5 球形罐组对安装。工程量清单项目设置及工程量计算规则，应按表C.5.5的规定执行。

表C.5.5 球形罐组对安装（编码：030505）

项目编码	项目名称	项目特征	计量单位	工程量计算规则	工程内容
030505001	球形罐组对安装	1. 材质 2. 球罐容量 3. 规格尺寸 4. 球板厚度 5. 质量	台	按设计图示数量计算 注：球形罐组装的质量包括球壳板、支柱、拉杆、短管、加强板的全部质量，不扣除人孔、接管孔洞面积所占质量	1. 球形罐组装 2. 焊接工艺评定 3. 产品试板试验 4. 焊缝热处理 5. 整体热处理 6. 球形罐水压试验 7. 球形罐气密性试验 8. 球形罐除锈、刷油 9. 球形罐绝热 10. 二次灌浆 11. 组装胎具制作、安装、拆除
030505002	球形罐焊接防护棚制作、安装、拆除	1. 构造形式 2. 球形罐容量	台	按防护棚的构造形式计算	焊接防护棚制作、安装、拆除

C.5.6 气柜制作、安装。工程量清单项目设置及工程量计算规则，应按表C.5.6的规定执行。

表C.5.6 气柜制作、安装（编码：030506）

项目编码	项目名称	项目特征	计量单位	工程量计算规则	工程内容
030506001	气柜制作、安装	1. 构造形式 2. 容量	座	按设计图示数量计算 注：气柜金属质量包括气柜本体、附件、梯子、平台、栏杆的全部质量，但不包括配重块的质量 其质量按设计图示尺寸以展开面积计算，不扣除孔洞和切角面积所占质量	1. 气柜本体制作、安装 2. 焊缝热处理 3. 型钢圈煨制 4. 配重块安装 5. 气柜组装胎具制作、安装与拆除 6. 轨道煨弯胎具制作 7. 气柜充水、气密、快速升降试验 8. 气柜无损检验 9. 除锈、刷油

C.5.7 工艺金属结构制作安装。工程量清单项目设置及工程量计算规则，应按表C.5.7的规定执行。

表C.5.7 工艺金属结构制作安装（编码：030507）

项目编码	项目名称	项目特征	计量单位	工程量计算规则	工程内容
030507001	联合平台制作、安装	1. 每组质量 2. 平台板材质量	t	按设计图示尺寸以质量计算 包括平台上梯子、栏杆、扶手质量，不扣除孔眼和切角所占质量 注：多角形连接筋板质量以图示最长边和最宽边尺寸，按矩形面积计算	1. 制作、安装 2. 除锈、刷油
030507002	平台制作、安装	1. 构造形式 2. 每组质量 3. 平台板材料	t	按设计图示尺寸以质量计算，不扣除孔眼和切角所占质量 注：多角形连接筋板质量以图示最长边和最宽边尺寸，按矩形面积计算	1. 制作、安装 2. 除锈、刷油
030507003	梯子、栏杆、扶手制作、安装	1. 名称 2. 构造形式 3. 踏步材料	t	按设计图示尺寸以质量计算	1. 制作、安装 2. 除锈、刷油

续表 C.5.7

项目编码	项目名称	项目特征	计量单位	工程量计算规则	工程内容
030507004	桁架、管廊、设备框架、单梁结构制作、安装	1. 桁架每组质量 2. 管廊高度 3. 设备框架跨度	t	按设计图示尺寸以质量计算，不扣除孔眼和切角所占质量 注：多角形连接筋板质量以图示最长边和最宽边尺寸，按矩形面积计算	1. 制作、安装 2. 钢板组合型钢制作 3. 除锈、刷油 4. 二次灌浆
030507005	设备支架制作、安装	支架每组质量			1. 制作、安装 2. 除锈、刷油
030507006	漏斗、料仓制作、安装	1. 材质 2. 漏斗形状 3. 每组质量		按设计图示尺寸以质量计算，不扣除孔眼和切角所占质量	1. 制作、安装 2. 型钢圈煨制 3. 超声波探伤 4. 除锈、刷油 5. 二次灌浆
030507007	烟囱、烟道制作、安装	1. 烟囱直径范围 2. 烟道构造形式		按设计图示尺寸展开面积以质量计算，不扣除孔洞和切角所占质量 注：烟囱、烟道的金属质量包括筒体、弯头、异径过渡段、加强圈、人孔、清扫孔、检查孔等全部质量	1. 制作、安装 2. 型钢圈煨制 3. 除锈、刷油 4. 二次灌浆 5. 地锚埋设
030507008	火炬及排气筒制作、安装	1. 材质 2. 筒体直径 3. 质量	座	按设计图示数量计算 注：火炬、排气筒筒体按设计图示尺寸计算，不扣除孔洞所占面积及配件的质量	1. 筒体制作组对 2. 塔架制作组装 3. 吊装 4. 火炬头安装 5. 除锈、刷油 6. 二次灌浆

C.5.8 铝制、铸铁、非金属设备安装。工程量清单项目设置及工程量计算规则，应按表 C.5.8 的规定执行。

表 C.5.8 铝制、铸铁、非金属设备安装（编码：030508）

项目编码	项目名称	项目特征	计量单位	工程量计算规则	工程内容
030508001	容器安装	1. 材质 2. 构造 3. 质量 4. 绝热材质及要求	台	按设计图示数量计算 注：安装的设备质量包括本体、附件、绝热、内衬及随设备吊装的管道、支架、临时加固措施、索具及平衡梁的质量，但不包括安装后所安装的内件和填充物的质量	1. 整体安装 2. 清洗、钝化及脱脂 3. 容器除锈、刷油 4. 容器绝热 5. 二次灌浆
030508002	塔器类	1. 材质 2. 构造 3. 质量 4. 绝热材质及要求		按设计图示数量计算 注：设备质量按设计图示计算，包括内件及附件的质量 多节铸铁塔的安装质量，包括塔本体、底座、冷却箱体、冷却水管、钛板换热器笠帽、塔盖等图示标注（供货）的全部质量	1. 塔器整体安装 2. 塔器分段组装 3. 塔器清洗、钝化及脱脂 4. 塔器除锈、刷油 5. 塔器绝热 6. 二次灌浆
030508003	热交换器	1. 质量 2. 构造型式		按设计图示数量计算 注：设备质量按设计图纸的质量计算，包括内件及附件的质量	1. 整体安装 2. 除锈、刷油 3. 二次灌浆

C.5.9 撬块安装。工程量清单项目设置及工程量计算规则，应按表 C.5.9 的规定执行。

表 C.5.9 撬块安装（编码：030509）

项目编码	项目名称	项目特征	计量单位	工程量计算规则	工程内容
030509001	撬块	1. 功能 2. 质量 3. 面积 4. 绝热材质及要求	套	按设计图示数量计算 注：撬块质量包括撬块本体钢结构及其连接器的质量，以及撬块上已安装的设备、工艺管道、阀门、管件、螺栓、垫片、电气、仪表部件和梯子、平台等金属结构的全部质量	1. 撬块整体安装 2. 撬上部件与撬外部件的连接 3. 二次灌浆 4. 补刷油漆 5. 绝热

C.5.10 无损检验。工程量清单项目设置及工程量计算规则，应按表 C.5.10 的规定执行。

表 C.5.10 无损检验（编码：030510）

项目编码	项目名称	项目特征	计量单位	工程量计算规则	工程内容
030510001	X 射线无损检测	1. 名称 2. 板厚	张	按设计图纸或规范要求计量	无损检测 X 射线
030510002	γ 射线无损检测				无损检测 γ 射线
030510003	超声波探伤	1. 名称 2. 部位 3. 板厚	m、m^2	按设计图纸或规范要求计量。金属板材对接焊缝、周边超声波探伤按 m 计量，板面超声波探伤检测按 m^2 计量	1. 对接焊缝超声波探伤 2. 板面超声波探伤 3. 板材周边超声波探伤
030510004	磁粉探伤	1. 名称 2. 部位 3. 板厚		按设计图纸或规范要求计量。金属板材周边磁粉探伤按 m 计量，板面磁粉检测按 m^2 计量	1. 板材周边磁粉探伤 2. 板面磁粉探伤
030510005	渗透探伤	1. 名称 2. 探伤剂材料 3. 部位	m	按设计图纸或规范要求以 m 计量	渗透探伤

C.5.11 衬里（喷涂）工程。工程量清单项目设置及工程量计算规则，应按表 C.5.11 的规定执行。

表 C.5.11 衬里（喷涂）工程（编码：030511）

项目编码	项目名称	项目特征	计量单位	工程量计算规则	工程内容
030511001	衬里（喷涂）	1. 衬里（喷涂）部位 2. 名称、型号 3. 规格 4. 厚度	m^2	按设计图示尺寸以面积计算	1. 除锈 2. 砌衬 3. 养生 4. 酸洗

C.5.12 其他相关问题，应按下列规定处理：

1 凡涉及电机接线、干燥、检查应按本附录 C.2 相关项目编码列项。炉窑砌筑和金属结构大型框架的混凝土防火层应按本附录 C.4 相关项目编码列项。随设备整体吊装的管线安装应按本附录 C.6 相关项目编码列项。

2 设备、罐类和工业管道的界限划分应以设备、罐类外部法兰为界。

3 联合平台是指两台以上设备的平台互相连接组成的，便于检修、操作使用的平台。

C.6 工业管道工程

C.6.1 低压管道。工程量清单项目设置及工程量计算规则，应按表 C.6.1 的规定执行。

表 C.6.1 低压管道（编码：030601）

项目编码	项目名称	项目特征	计量单位	工程量计算规则	工程内容
030601001	低压有缝钢管	1. 材质 2. 规格 3. 连接形式 4. 套管形式、材质、规格 5. 压力试验、吹扫、清洗设计要求 6. 除锈、刷油、防腐、绝热及保护层设计要求	m	按设计图示管道中心线长度以延长米计算，不扣除阀门、管件所占长度，遇弯管时，按两管交叉的中心线交点计算。方形补偿器以其所占长度按管道安装工程量计算	1. 安装 2. 套管制作、安装 3. 压力试验 4. 系统吹扫 5. 系统清洗 6. 脱脂 7. 除锈、刷油、防腐 8. 绝热及保护层安装、除锈、刷油
030601002	低压碳钢伴热管	1. 材质 2. 安装位置 3. 规格 4. 套管形式、材质、规格 5. 压力试验、吹扫设计要求 6. 除锈、刷油、防腐设计要求			1. 安装 2. 套管制作、安装 3. 压力试验 4. 系统吹扫 5. 除锈、刷油、防腐
030601003	低压不锈钢伴热管	1. 材质 2. 安装位置 3. 规格 4. 套管形式、材质、规格			1. 安装 2. 套管制作、安装 3. 压力试验 4. 系统吹扫
030601004	低压碳钢管	1. 材质 2. 连接方式 3. 规格 4. 套管形式、材质、规格 5. 压力试验、吹扫、清洗设计要求 6. 除锈、刷油、防腐、绝热及保护层设计要求			1. 安装 2. 套管制作、安装 3. 压力试验 4. 系统吹扫 5. 系统清洗 6. 油清洗 7. 脱脂 8. 除锈、刷油、防腐 9. 绝热及保护层安装、除锈、刷油
030601005	低压碳钢板卷管				
030601006	低压不锈钢管	1. 材质 2. 连接方式 3. 规格 4. 套管形式、材质、规格 5. 压力试验、吹扫、清洗设计要求 6. 绝热及保护层设计要求			1. 安装 2. 焊口焊接管内、外充氩保护 3. 套管制作、安装 4. 压力试验 5. 系统吹扫 6. 系统清洗 7. 油清洗 8. 脱脂 9. 绝热及保护层安装、除锈、刷油
030601007	低压不锈钢板卷管				

续表 C.6.1

项目编码	项目名称	项目特征	计量单位	工程量计算规则	工程内容
030601008	低压铝管	1. 材质 2. 连接方式 3. 规格 4. 套管形式、材质、规格 5. 压力试验、吹扫、清洗设计要求 6. 绝热及保护层设计要求	m	按设计图示管道中心线长度以延长米计算，不扣除阀门、管件所占长度，遇弯管时，按两管交叉的中心线交点计算。方形补偿器以其所占长度按管道安装工程量计算	1. 安装 2. 焊口焊接管内、外充氩保护 3. 焊口预热及后热 4. 套管制作、安装 5. 压力试验 6. 系统吹扫 7. 系统清洗 8. 脱脂 9. 绝热及保护层安装、除锈、刷油
030601009	低压铝板卷管				
030601010	低压铜管				1. 安装 2. 焊口预热及后热 3. 套管制作、安装 4. 压力试验 5. 系统吹扫 6. 系统清洗 7. 脱脂 8. 绝热及保护层安装、除锈、刷油
030601011	低压铜板卷管				
030601012	低压合金钢管				1. 安装 2. 套管制作、安装 3. 焊口热处理 4. 压力试验 5. 系统吹扫 6. 系统清洗 7. 脱脂 8. 除锈、刷油、防腐 9. 绝热及保护层安装、除锈、刷油
030601013	低压钛及钛合金管	1. 材质 2. 连接方式 3. 规格 4. 套管形式、材质、规格 5. 压力试验、吹扫、清洗设计要求 6. 绝热及保护层设计要求			1. 安装 2. 焊口焊接管内、外充氩保护 3. 套管制作、安装 4. 压力试验 5. 系统吹扫 6. 系统清洗 7. 脱脂 8. 绝热及保护层安装、除锈、刷油
030601014	衬里钢管预制安装	1. 材质 2. 连接形式 3. 安装方式（预制安装或成品管道） 4. 规格 5. 套管形式、材质、规格 6. 压力试验、吹扫设计要求 7. 除锈、刷油、防腐、绝热及保护层设计要求			1. 管道、管件、法兰安装 2. 管道、管件拆除 3. 套管制作、安装 4. 压力试验 5. 系统吹扫 6. 除锈、刷油、防腐 7. 绝热及保护层安装、除锈、刷油

续表 C.6.1

项目编码	项目名称	项目特征	计量单位	工程量计算规则	工程内容
030601015	低压塑料管	1. 材质 2. 连接形式 3. 接口材料 4. 规格 5. 套管形式、材质、规格 6. 压力试验、吹扫设计要求 7. 绝热及保护层设计要求	m	按设计图示管道中心线长度以延长米计算，不扣除阀门、管件所占长度，遇弯管时，按两管交叉的中心线交点计算。方形补偿器以其所占长度按管道安装工程量计算	1. 安装 2. 套管制作、安装 3. 脱脂 4. 压力试验 5. 系统吹扫 6. 绝热及保护层安装、除锈、刷油
030601016	钢骨架复合管				
030601017	低压玻璃钢管				
030601018	低压法兰铸铁管				
030601019	低压承插铸铁管				
030601020	低压预应力混凝土管				

C.6.2 中压管道。工程量清单项目设置及工程量计算规则，应按表 C.6.2 的规定执行。

表 C.6.2 中压管道（编码：030602）

项目编码	项目名称	项目特征	计量单位	工程量计算规则	工程内容
030602001	中压有缝钢管	1. 材质 2. 连接方式 3. 规格 4. 套管形式、材质、规格 5. 压力试验、吹扫、清洗设计要求 6. 除锈、刷油、防腐、绝热及保护层设计要求	m	按设计图示管道中心线长度以延长米计算，不扣除阀门、管件所占长度，遇弯管时，按两管交叉的中心线交点计算。方形补偿器以其所占长度按管道安装工程量计算	1. 安装 2. 套管制作、安装 3. 压力试验 4. 系统吹扫 5. 系统清洗 6. 脱脂 7. 除锈、刷油、防腐 8. 绝热及保护层安装、除锈、刷油
030602002	中压碳钢管				1. 安装 2. 焊口预热及后热 3. 焊口热处理 4. 焊口硬度测定 5. 套管制作、安装 6. 压力试验 7. 系统吹扫 8. 系统清洗 9. 油清洗 10. 脱脂 11. 除锈、刷油、防腐 12. 绝热及保护层安装、除锈、刷油
030602003	中压螺旋卷管				
030602004	中压不锈钢管	1. 材质 2. 连接形式 3. 规格 4. 套管形式、材质、规格 5. 压力试验、吹扫、清洗设计要求 6. 绝热及保护层设计要求			1. 安装 2. 焊口焊接管内、外充氩保护 3. 套管制作、安装 4. 压力试验 5. 系统吹扫 6. 系统清洗 7. 油清洗 8. 脱脂 9. 绝热及保护层安装、除锈、刷油
030602005	中压合金钢管	1. 材质 2. 连接方式 3. 规格 4. 套管形式、材质、规格 5. 压力试验、吹扫、清洗设计要求 6. 除锈、刷油、防腐、绝热及保护层设计要求			1. 安装 2. 焊口预热及后热 3. 焊口热处理 4. 焊口硬度测定 5. 焊口焊接管内、外充氩保护 6. 套管制作、安装 7. 压力试验 8. 系统吹扫 9. 系统清洗 10. 油清洗 11. 脱脂 12. 除锈、刷油、防腐 13. 绝热及保护层安装、除锈、刷油

续表 C.6.2

<table>
<tr><th>项目编码</th><th>项目名称</th><th>项目特征</th><th>计量单位</th><th>工程量计算规则</th><th>工程内容</th></tr>
<tr><td>030602006</td><td>中压铜管</td><td rowspan="2">1. 材质
2. 连接方式
3. 规格
4. 套管形式、材质、规格
5. 压力试验、吹扫、清洗设计要求
6. 绝热及保护层设计要求</td><td rowspan="2">m</td><td rowspan="2">按设计图示管道中心线长度以延长米计算，不扣除阀门、管件所占长度，遇弯管时，按两管交叉的中心线交点计算。方形补偿器以其所占长度按管道安装工程量计算</td><td>1. 安装
2. 焊口预热及后热
3. 套管制作、安装
4. 压力试验
5. 系统吹扫
6. 系统清洗
7. 脱脂
8. 绝热及保护层安装、除锈、刷油</td></tr>
<tr><td>030602007</td><td>中压钛及钛合金管</td><td>1. 安装
2. 焊口焊接管内、外充氩保护
3. 套管制作、安装
4. 压力试验
5. 系统吹扫
6. 系统清洗
7. 脱脂
8. 绝热及保护层安装、除锈、刷油</td></tr>
</table>

C.6.3 高压管道。工程量清单项目设置及工程量计算规则，应按表 C.6.3 的规定执行。

表 C.6.3 高压管道（编码：030603）

<table>
<tr><th>项目编码</th><th>项目名称</th><th>项目特征</th><th>计量单位</th><th>工程量计算规则</th><th>工程内容</th></tr>
<tr><td>030603001</td><td>高压碳钢管</td><td rowspan="2">1. 材质
2. 连接方式
3. 规格
4. 套管形式、材质、规格
5. 压力试验、吹扫、清洗设计要求
6. 除锈、刷油、防腐、绝热及保护层设计要求</td><td rowspan="3">m</td><td rowspan="3">按设计图示管道中心线长度以延长米计算，不扣除阀门、管件所占长度，遇弯管时，按两管交叉的中心线交点计算。方形补偿器以其所占长度按管道安装工程量计算</td><td rowspan="2">1. 安装
2. 焊口预热及后热
3. 焊口热处理
4. 焊口硬度检测
5. 套管制作、安装
6. 压力试验
7. 系统吹扫
8. 系统清洗
9. 油清洗
10. 脱脂
11. 除锈、刷油、防腐
12. 绝热及保护层安装、除锈、刷油</td></tr>
<tr><td>030603002</td><td>高压合金钢管</td></tr>
<tr><td>030603003</td><td>高压不锈钢管</td><td>1. 材质
2. 连接方式
3. 规格
4. 套管形式、材质、规格
5. 压力试验、吹扫、清洗设计要求
6. 绝热及保护层设计要求</td><td>1. 安装
2. 焊口焊接管内、外充氩保护
3. 套管制作、安装
4. 压力试验
5. 系统吹扫
6. 系统清洗
7. 油清洗
8. 脱脂
9. 绝热及保护层安装、除锈、刷油</td></tr>
</table>

C.6.4 低压管件。工程量清单项目设置及工程量计算规则，应按表 C.6.4 的规定执行。

表 C.6.4 低压管件（编码：030604）

项目编码	项目名称	项目特征	计量单位	工程量计算规则	工程内容
030604001	低压碳钢管件	1. 材质 2. 连接方式 3. 型号、规格 4. 补强圈材质、规格	个	按设计图示数量计算 注：1. 管件包括弯头、三通、四通、异径管、管接头、管上焊接管接头、管帽、方形补偿器弯头、管道上仪表一次部件、仪表温度计扩大管制作安装等 2. 管件压力试验、吹扫、清洗、脱脂、除锈、刷油、防腐、保温及其补口均包括在管道安装中 3. 在主管上挖眼接管的三通和摔制异径管，均以主管径按管件安装工程量计算，不另计制作费和主材费；挖眼接管的三通支线管径小于主管径 1/2 时，不计算管件安装工程量；在主管上挖眼接管的焊接接头、凸台等配件，按配件管径计算管件工程量 4. 三通、四通、异径管均按大管径计算 5. 管件用法兰连接时按法兰安装，管件本身安装不再计算安装 6. 半加热外套管摔口后焊接在内套管上，每处焊口按一个管件计算；外套碳钢管如焊接不锈钢内套管上时，焊口间需加不锈钢短管衬垫，每处焊口按两个管件计算	1. 安装 2. 三通补强圈制作、安装
030604002	低压碳钢板卷管件				
030604003	低压不锈钢管件				1. 安装 2. 三通补强圈制作、安装 3. 管焊口焊接内、外充氩保护
030604004	低压不锈钢板卷管件				
030604005	低压合金钢管件				安装
030604006	低压加热外套碳钢管件（两半）	1. 材质 2. 型号、规格			
030604007	低压加热外套不锈钢管件（两半）				
030604008	低压铝管件	1. 材质 2. 连接方式 3. 型号、规格 4. 补强圈材质、规格			1. 安装 2. 焊口预热及后热 3. 三通补强圈制作、安装
030604009	低压铝板卷管件				
030604010	低压铜管件				1. 安装 2. 焊口预热及后热
030604011	低压塑料管件	1. 材质 2. 连接形式 3. 接口材料 4. 型号、规格			安装
030604012	低压玻璃钢管件				
030604013	低压承插铸铁管件				
030604014	低压法兰铸铁管				
030604015	低压预应力混凝土转换件				

C.6.5 中压管件。工程量清单项目设置及工程量计算规则，应按表 C.6.5 的规定执行。

表 C.6.5 中压管件（编码：030605）

项目编码	项目名称	项目特征	计量单位	工程量计算规则	工程内容
030605001	中压碳钢管件	1. 材质 2. 连接方式 3. 型号、规格 4. 补强圈材质、规格	个	按设计图示数量计算 注：1. 管件包括弯头、三通、四通、异径管、管接头、管上焊接管接头、管帽、方形补偿器弯头、管道上仪表一次部件、仪表温度计扩大管制作安装等 2. 管件压力试验、吹扫、清洗、脱脂、除锈、刷油、防腐、保温及其补口均包括在管道安装中 3. 在主管上挖眼接管的三通和摔制异径管，均以主管径按管件安装工程量计算，不另计制作费和主材费；挖眼接管的三通支线管径小于主管径 1/2 时，不计算管件安装工程量；在主管上挖眼接管的焊接接头、凸台等配件，按配件管径计算管件工程量 4. 三通、四通、异径管均按大管径计算 5. 管件用法兰连接时按法兰安装，管件本身安装不再计算安装 6. 半加热外套管摔口后焊接在内套管上，每处焊口按一个管件计算；外套碳钢管如焊接不锈钢内套管上时，焊口间需加不锈钢短管衬垫，每处焊口按两个管件计算	1. 安装 2. 三通补强圈制作、安装 3. 焊口预热及后热 4. 焊口热处理 5. 焊口硬度检测
030605002	中压螺旋卷管件				
030605003	中压不锈钢管件				1. 安装 2. 管道焊口焊接内、外充氩保护
030605004	中压合金钢管件				1. 安装 2. 三通补强圈制作、安装 3. 焊口预热及后热 4. 焊口热处理 5. 焊口硬度检测 6. 管焊口充氩保护
030605005	中压铜管件	1. 材质 2. 型号、规格			1. 安装 2. 焊口预热及后热

C.6.6 高压管件。工程量清单项目设置及工程量计算规则，应按表 C.6.6 的规定执行。

表 C.6.6 高压管件（编码：030606）

项目编码	项目名称	项目特征	计量单位	工程量计算规则	工程内容
030606001	高压碳钢管件	1. 材质 2. 连接方式 3. 型号、规格	个	按设计图示数量计算 注：1. 管件包括弯头、三通、四通、异径管、管接头、管上焊接管接头、管帽、方形补偿器弯头、管道上仪表一次部件、仪表温度计扩大管制作安装等 2. 管件压力试验、吹扫、清洗、脱脂、除锈、刷油、防腐、保温及其补口均包括在管道安装中 3. 在主管上挖眼接管的三通和摔制异径管，均以主管径按管件安装工程量计算，不另计制作费和主材费；挖眼接管的三通支线管径小于主管径 1/2 时，不计算管件安装工程量；在主管上挖眼接管的焊接接头、凸台等配件，按配件管径计算管件工程量 4. 三通、四通、异径管均按大管径计算 5. 管件用法兰连接时按法兰安装，管件本身安装不再计算安装 6. 半加热外套管摔口后焊接在内套管上，每处焊口按一个管件计算；外套碳钢管如焊接不锈钢内套管上时，焊口间需加不锈钢短管衬垫，每处焊口按两个管件计算	1. 安装 2. 焊口预热及后热 3. 焊口热处理 4. 焊口硬度检测
030606002	高压不锈钢管件				1. 安装 2. 管焊口充氩保护
030606003	高压合金钢管件				1. 安装 2. 焊口预热及后热 3. 焊口热处理 4. 焊口硬度检测 5. 管焊口充氩保护

C.6.7 低压阀门。工程量清单项目设置及工程量计算规则，应按表 C.6.7 的规定执行。

表 C.6.7 低压阀门（编码：030607）

<table>
<tr><th>项目编码</th><th>项目名称</th><th>项目特征</th><th>计量单位</th><th>工程量计算规则</th><th>工程内容</th></tr>
<tr><td>030607001</td><td>低压
螺纹阀门</td><td rowspan="8">1. 名称
2. 材质
3. 连接形式
4. 焊接方式
5. 型号、规格
6. 绝热及保护层设计要求</td><td rowspan="8">个</td><td rowspan="8">按设计图示数量计算
注：1. 各种形式补偿器（除方形补偿器外）、仪表流量计均按阀门安装工程量计算
2. 减压阀直径按高压侧计算
3. 电动阀门包括电动机安装</td><td rowspan="6">1. 安装
2. 操纵装置安装
3. 绝热
4. 保温盒制作、安装、除锈、刷油
5. 压力试验、解体检查及研磨
6. 调试</td></tr>
<tr><td>030607002</td><td>低压
焊接阀门</td></tr>
<tr><td>030607003</td><td>低压
法兰阀门</td></tr>
<tr><td>030607004</td><td>低压齿轮、液压传动、电动阀门</td></tr>
<tr><td>030607005</td><td>低压
塑料阀门</td></tr>
<tr><td>030607006</td><td>低压
玻璃阀门</td></tr>
<tr><td>030607007</td><td>低压
安全阀门</td><td>1. 安装
2. 操纵装置安装
3. 绝热
4. 保温盒制作、安装、除锈、刷油
5. 压力试验
6. 调试</td></tr>
<tr><td>030607008</td><td>低压
调节阀门</td><td>1. 安装
2. 临时短管装拆
3. 压力试验、解体检查及研磨</td></tr>
</table>

C.6.8 中压阀门。工程量清单项目设置及工程量计算规则，应按表 C.6.8 的规定执行。

表 C.6.8 中压阀门（编码：030608）

<table>
<tr><th>项目编码</th><th>项目名称</th><th>项目特征</th><th>计量单位</th><th>工程量计算规则</th><th>工程内容</th></tr>
<tr><td>030608001</td><td>中压
螺纹阀门</td><td rowspan="6">1. 名称
2. 材质
3. 连接形式
4. 焊接方式
5. 型号、规格
6. 绝热及保护层设计要求</td><td rowspan="6">个</td><td rowspan="4">按设计图示数量计算
注：1. 各种形式补偿器（除方形补偿器外）、仪表流量计均按阀门安装
2. 减压阀直径按高压侧计算
3. 电动阀门包括电动机安装</td><td rowspan="3">1. 安装
2. 操纵装置安装
3. 绝热
4. 保温盒制作、安装、除锈、刷油
5. 压力试验、解体检查及研磨
6. 调试</td></tr>
<tr><td>030608002</td><td>中压
法兰阀门</td></tr>
<tr><td>030608003</td><td>中压齿轮、液压传动、电动阀门</td></tr>
<tr><td>030608004</td><td>中压
安全阀门</td><td>1. 安装
2. 操纵装置安装
3. 绝热
4. 保温盒制作、安装、除锈、刷油
5. 压力试验
6. 调试</td></tr>
<tr><td>030608005</td><td>中压
焊接阀门</td><td rowspan="2">按设计图示数量计算
注：1. 各种形式补偿器（除方形补偿器外）、仪表流量计均按阀门安装
2. 减压阀直径按高压侧计算</td><td>1. 安装
2. 操纵装置安装
3. 焊口预热及后热
4. 焊口热处理
5. 焊口硬度测定
6. 焊口焊接内、外充氩保护
7. 绝热
8. 保温盒制作、安装、除锈、刷油
9. 压力试验、解体检查及研磨</td></tr>
<tr><td>030608006</td><td>中压
调节阀门</td><td>1. 安装
2. 临时短管装拆
3. 压力试验、解体检查及研磨</td></tr>
</table>

C.6.9 高压阀门。工程量清单项目设置及工程量计算规则，应按表C.6.9的规定执行。

表C.6.9 高压阀门（编码：030609）

项目编码	项目名称	项目特征	计量单位	工程量计算规则	工程内容
030609001	高压螺纹阀门	1. 名称 2. 材质 3. 连接形式 4. 焊接方式 5. 型号、规格 6. 绝热及保护层设计要求	个	按设计图示数量计算 注：1. 各种形式补偿器（除方形补偿器外）、仪表流量计均按阀门安装 2. 减压阀直径按高压侧计算	1. 安装 2. 操纵装置安装 3. 绝热 4. 保温盒制作、安装、除锈、刷油 5. 压力试验、解体检查及研磨
030609002	高压法兰阀门				
030609003	高压焊接阀门				1. 安装 2. 操纵装置安装 3. 焊口预热及后热 4. 焊口热处理 5. 焊口硬度测定 6. 焊口焊接内、外充氩保护 7. 阀门绝热 8. 保温盒制作、安装、除锈、刷油 9. 压力试验、解体检查及研磨

C.6.10 低压法兰。工程量清单项目设置及工程量计算规则，应按表C.6.10的规定执行。

表C.6.10 低压法兰（编码：030610）

项目编码	项目名称	项目特征	计量单位	工程量计算规则	工程内容
030610001	低压碳钢螺纹法兰	1. 材质 2. 结构形式 3. 型号、规格 4. 绝热及保护层设计要求	副	按设计图示数量计算 注：1. 单片法兰、焊接盲板和封头按法兰安装计算，但法兰盲板不计安装工程量 2. 不锈钢、有色金属材质的焊环活动法兰按翻边活动法兰安装计算	1. 安装 2. 绝热及保温盒制作、安装、除锈、刷油
030610002	低压碳钢平焊法兰				
030610003	低压碳钢对焊法兰				
030610004	低压不锈钢平焊法兰				1. 安装 2. 绝热及保温盒制作、安装、除锈、刷油 3. 焊口充氩保护
030610005	低压不锈钢翻边活动法兰				1. 安装 2. 绝热及保温盒制作、安装、除锈、刷油 3. 翻边活动法兰短管制作 4. 焊口充氩保护
030610006	低压不锈钢对焊法兰				
030610007	低压合金钢平焊法兰				1. 安装 2. 绝热及保温盒制作、安装、除锈、刷油 3. 焊口充氩保护
030610008	低压铝管翻边活动法兰				1. 安装 2. 焊口预热及后热 3. 绝热及保温盒制作、安装、除锈、刷油 4. 翻边活动法兰短管制作 5. 焊口充氩保护
030610009	低压铝、铝合金法兰				
030610010	低压铜法兰				1. 安装 2. 焊口预热及后热 3. 绝热及保温盒制作、安装、除锈、刷油
030610011	铜管翻边活动法兰				

C. 6. 11　中压法兰。工程量清单项目设置及工程量计算规则，应按表 C. 6. 11 的规定执行。

表 C. 6. 11　中压法兰（编码：030611）

项目编码	项目名称	项目特征	计量单位	工程量计算规则	工程内容
030611001	中压碳钢螺纹法兰	1. 材质 2. 结构形式 3. 型号、规格 4. 绝热及保护层设计要求	副	按设计图示数量计算 注：1. 单片法兰、焊接盲板和封头按法兰安装计算，但法兰盲板不计安装工程量 2. 不锈钢、有色金属材质的焊环活动法兰按翻边活动法兰安装计算	1. 安装 2. 绝热及保温盒制作、安装、除锈、刷油
030611002	中压碳钢平焊法兰				1. 安装 2. 焊口预热及后热 3. 焊口热处理 4. 焊口硬度检测 5. 绝热及保温盒制作、安装、除锈、刷油
030611003	中压碳钢对焊法兰				
030611004	中压不锈钢平焊法兰				1. 安装 2. 绝热及保温盒制作、安装、除锈、刷油 3. 焊口充氩保护
030611005	中压不锈钢对焊法兰				
030611006	中压合金钢对焊法兰				1. 安装 2. 焊口预热及后热 3. 焊口热处理 4. 焊口硬度检测 5. 绝热及保温盒制作、安装、除锈、刷油 6. 焊口充氩保护
030611007	中压铜管对焊法兰				1. 安装 2. 焊口预热及后热 3. 绝热及保温盒制作、安装、除锈、刷油

C. 6. 12　高压法兰。工程量清单项目设置及工程量计算规则，应按表 C. 6. 12 的规定执行。

表 C. 6. 12　高压法兰（编码：030612）

项目编码	项目名称	项目特征	计量单位	工程量计算规则	工程内容
030612001	高压碳钢螺纹法兰	1. 材质 2. 结构形式 3. 型号、规格 4. 绝热及保护层设计要求	副	按设计图示数量计算 注：1. 单片法兰、焊接盲板和封头按法兰安装计算，但法兰盲板不计安装工程量 2. 不锈钢、有色金属材质的焊环活动法兰按翻边活动法兰安装计算	1. 安装 2. 绝热及保温盒制作、安装、除锈、刷油
030612002	高压碳钢对焊法兰				1. 安装 2. 焊口预热及后热 3. 焊口热处理 4. 焊口硬度检测 5. 绝热及保温盒制作、安装、除锈、刷油
030612003	高压不锈钢对焊法兰				1. 安装 2. 绝热及保温盒制作、安装、除锈、刷油 3. 硬度测试 4. 焊口充氩保护
030612004	高压合金钢对焊法兰				1. 安装 2. 绝热及保温盒制作、安装、除锈、刷油 3. 高压对焊法兰硬度检测 4. 焊口预热及后热 5. 焊口热处理 6. 焊口充氩保护

C. 6. 13 板卷管制作。工程量清单项目设置及工程量计算规则，应按表C. 6. 13的规定执行。

表C. 6. 13 板卷管制作（编码：030613）

项目编码	项目名称	项目特征	计量单位	工程量计算规则	工程内容
030613001	碳钢板直管制作	1. 材质 2. 规格	t	按设计制作直管段长度计算	1. 制作 2. 卷筒式板材开卷及平直
030613002	不锈钢板直管制作				1. 制作 2. 焊口充氩保护
030613003	铝板直管制作				1. 制作 2. 焊口充氩保护 3. 焊口预热及后热

C. 6. 14 管件制作。工程量清单项目设置及工程量计算规则，应按表C. 6. 14的规定执行。

表C. 6. 14 管件制作（编码：030614）

项目编码	项目名称	项目特征	计量单位	工程量计算规则	工程内容
030614001	碳钢板管件制作	1. 材质 2. 规格	t	按设计图示数量计算 注：管件包括弯头、三通、异径管；异径管按大头口径计算，三通按主管口径计算	1. 制作 2. 卷筒式板材开卷及平直
030614002	不锈钢板管件制作				1. 制作 2. 焊口充氩保护
030614003	铝板管件制作				1. 制作 2. 焊口充氩保护 3. 焊口预热及后热
030614004	碳钢管虾体弯制作		个	按设计图示数量计算	制作
030614005	中压螺旋卷管虾体弯制作				
030614006	不锈钢管虾体弯制作	1. 材质 2. 焊接形式 3. 规格			1. 制作 2. 焊口充氩保护
030614007	铝管虾体弯制作				1. 制作 2. 焊口充氩保护 3. 焊口预热及后热
030614008	铜管虾体弯制作				1. 制作 2. 焊口预热及后热
030614009	管道机械煨弯	1. 压力 2. 材质 3. 型号、规格			煨弯
030614010	管道中频煨弯				1. 煨弯 2. 硬度测定
030614011	塑料管煨弯	1. 材质 2. 型号、规格			煨弯

C.6.15 管架件制作。工程量清单项目设置及工程量计算规则，应按表 C.6.15 的规定执行。

表 C.6.15 管架件制作（编码：030615）

项目编码	项目名称	项目特征	计量单位	工程量计算规则	工程内容
030615001	管架制作安装	1. 材质 2. 管架形式 3. 除锈、刷油、防腐设计要求	kg	按设计图示质量计算 注：单件支架质量100kg以内的管支架	1. 制作、安装 2. 除锈及刷油 3. 弹簧管架全压缩变形试验 4. 弹簧管架工作荷载试验

C.6.16 管材表面及焊缝无损探伤。工程量清单项目设置及工程量计算规则，应按表 C.6.16 的规定执行。

表 C.6.16 管材表面及焊缝无损探伤（编码：030616）

项目编码	项目名称	项目特征	计量单位	工程量计算规则	工程内容
030616001	管材表面超声波探伤	规格	m	按规范或设计技术要求计算	超声波探伤
030616002	管材表面磁粉探伤				磁粉探伤
030616003	焊缝X光射线探伤	1. 底片规格 2. 管壁厚度	张		X光射线探伤
030616004	焊缝γ射线探伤				γ射线探伤
030616005	焊缝超声波探伤	规格	口		超声波探伤
030616006	焊缝磁粉探伤				磁粉探伤
030616007	焊缝渗透探伤				渗透探伤

C.6.17 其他项目制作安装。工程量清单项目设置及工程量计算规则，应按表 C.6.17 的规定执行。

表 C.6.17 其他项目制作安装（编码：030617）

项目编码	项目名称	项目特征	计量单位	工程量计算规则	工程内容
030617001	塑料法兰制作安装	1. 材质 2. 规格	副	按设计图示数量计算	制作、安装
030617002	冷排管制作安装	1. 排管形式 2. 组合长度 3. 除锈、刷油、防腐设计要求	m		1. 制作、安装 2. 钢带退火 3. 加氨 4. 冲套翅片 5. 除锈、刷油
030617003	蒸汽气缸制作安装	1. 质量 2. 分气缸及支架除锈、刷油 3. 除锈标准、刷油防腐设计要求	个	按设计图示数量计算。若蒸汽分气缸为成品安装，则不综合分气缸制作	1. 制作、安装 2. 支架制作、安装 3. 分气缸及支架除锈、刷油 4. 分气缸绝热、保护层安装、除锈、刷油
030617004	集气罐制作安装	1. 规格 2. 集气罐及支架除锈、刷油		按设计图示数量计算。若集气罐安装为成品安装，则不综合集气罐制作	1. 制作、安装 2. 支架制作、安装 3. 集气缸及支架除锈、刷油
030617005	空气分气筒制作安装	1. 规格 2. 分气筒及支架除锈、刷油		按设计图示数量计算	1. 制作、安装 2. 除锈、刷油
030617006	空气调节喷雾管安装	型号	组		
030617007	钢制排水漏斗制作安装	1. 规格 2. 除锈、刷油、防腐设计要求	个	工程量按设计图示数量计算。其口径规格按下口公称直径计算	
030617008	水位计安装	形式	组	按设计图示数量计算	安装
030617009	手摇泵安装	规格	个		

C.6.18 其他相关问题，应按下列规定处理：

1 "工业管道工程"适用于厂区范围内的车间、装置、站、罐区及其相互之间各种生产用介质输送管道和厂区第一个连接点以内生产、生活共用的输送给水、排水、蒸汽、煤气的管道安装工程。

2 与其他专业的界限划分：给水应以入口水表井为界。排水应以厂区围墙外第一个污水井为界。蒸汽和煤气应以入口第一个计量表（阀门）为界。锅炉房、水泵房应以墙皮为界。

3 工业管道压力等级划分：低压：$0<P\leqslant 1.6$MPa；中压：$1.6<P\leqslant 10$MPa；高压：$10<P\leqslant 42$MPa；蒸汽管道：$P\geqslant 9$MPa；工作温度≥500℃。

4 各类管道适用材质范围。

1）碳钢管适用于焊接钢管、无缝钢管、16Mn钢管等；

2）不锈钢管适用于各种材质不锈钢管；

3）碳钢板卷管适用于低压螺旋钢管、16Mn钢板卷管；

4）铜管适用于紫铜、黄铜、青铜管；

5）合金钢管适用于各种材质合金钢管；

6）铝管适用于各种材质的铝及铝合金管；

7）钛管适用于各种材质的钛及钛合金管；

8）塑料管适用于各种材质的塑料及塑料复合管；

9）铸铁管适用于各种材质的铸铁管；

10）管件、阀门、法兰适用范围参照管道材质。

5 凡涉及管沟及井类的土石方开挖、垫层、基础、砌筑、抹灰、地沟盖板预制安装、回填、运输，路面开挖及修复、管道支墩等，应按附录A、附录D相关项目编码列项。

C.7 消 防 工 程

C.7.1 水灭火系统。工程量清单项目设置及工程量计算规则，应按表C.7.1的规定执行。

表C.7.1 水灭火系统（编码：030701）

项目编码	项目名称	项目特征	计量单位	工程量计算规则	工程内容
030701001	水喷淋镀锌钢管	1. 安装部位（室内、外） 2. 材质 3. 型号、规格 4. 连接方式 5. 除锈标准、刷油、防腐设计要求 6. 水冲洗、水压试验设计要求	m	按设计图示管道中心线长度以延长米计算，不扣除阀门、管件及各种组件所占长度；方形补偿器以其所占长度按管道安装工程量计算	1. 管道及管件安装 2. 套管（包括防水套管）制作、安装 3. 管道除锈、刷油、防腐 4. 管网水冲洗 5. 无缝钢管镀锌 6. 水压试验
030701002	水喷淋镀锌无缝钢管				
030701003	消火栓镀锌钢管				
030701004	消火栓钢管				
030701005	螺纹阀门	1. 阀门类型、材质、型号、规格 2. 法兰结构、材质、规格、焊接形式	个	按设计图示数量计算	1. 法兰安装 2. 阀门安装
030701006	螺纹法兰阀门				
030701007	法兰阀门				
030701008	带短管甲乙的法兰阀门				
030701009	水表	1. 材质 2. 型号、规格 3. 连接方式	组		安装
030701010	消防水箱制作安装	1. 材质 2. 形状 3. 容量 4. 支架材质、型号、规格 5. 除锈标准、刷油设计要求	台		1. 制作 2. 安装 3. 支架制作、安装及除锈、刷油 4. 除锈、刷油
030701011	水喷头	1. 有吊顶、无吊顶 2. 材质 3. 型号、规格	个	按设计图示数量计算	1. 安装 2. 密封性试验

续表 C.7.1

项目编码	项目名称	项目特征	计量单位	工程量计算规则	工程内容
030701012	报警装置	1. 名称、型号 2. 规格	组	按设计图示数量计算（包括湿式报警装置、干湿两用报警装置、电动雨淋报警装置、预作用报警装置）	安装
030701013	温感式水幕装置	1. 型号、规格 2. 连接方式	组	按设计图示数量计算（包括给水三通至喷头、阀门间的管道、管件、阀门、喷头等的全部安装内容）	安装
030701014	水流指示器	规格、型号	个	按设计图示数量计算	安装
030701015	减压孔板	规格	个	按设计图示数量计算	安装
030701016	末端试水装置	1. 规格 2. 组装形式	组	按设计图示数量计算（包括连接管、压力表、控制阀及排水管等）	安装
030701017	集热板制作安装	材质	个	按设计图示数量计算	制作、安装
030701018	消火栓	1. 安装部位（室内、外） 2. 型号、规格 3. 单栓、双栓	套	按设计图示数量计算（安装包括：室内消火栓、室外地上式消火栓、室外地下式消火栓）	安装
030701019	消防水泵接合器	1. 安装部位 2. 型号、规格	套	按设计图示数量计算（包括消防接口本体、止回阀、安全阀、闸阀、弯管底座、放水阀、标牌）	安装
030701020	隔膜式气压水罐	1. 型号、规格 2. 灌浆材料	台	按设计图示数量计算	1. 安装 2. 二次灌浆

C.7.2 气体灭火系统。工程量清单项目设置及工程量计算规则，应按表 C.7.2 的规定执行。

表 C.7.2 气体灭火系统（编码：030702）

项目编码	项目名称	项目特征	计量单位	工程量计算规则	工程内容
030702001	无缝钢管	1. 卤代烷灭火系统、二氧化碳灭火系统 2. 材质 3. 规格 4. 连接方式 5. 除锈、刷油、防腐及无缝钢管镀锌设计要求 6. 压力试验、吹扫设计要求	m	按设计图示管道中心线长度以延长米计算，不扣除阀门、管件及各种组件所占长度	1. 管道安装 2. 管件安装 3. 套管制作、安装（包括防水套管） 4. 钢管除锈、刷油、防腐 5. 管道压力试验 6. 管道系统吹扫 7. 无缝钢管镀锌
030702002	不锈钢管				
030702003	铜管				
030702004	气体驱动装置管道				
030702005	选择阀	1. 材质 2. 规格 3. 连接方式	个	按设计图示数量计算	1. 安装 2. 压力试验
030702006	气体喷头	型号、规格	个	按设计图示数量计算	安装
030702007	贮存装置	规格	套	按设计图示数量计算（包括灭火剂存储器、驱动气瓶、支框架、集流阀、容器阀、单向阀、高压软管和安全阀等贮存装置和阀驱动装置）	安装
030702008	二氧化碳称重检漏装置	规格	套	按设计图示数量计算（包括泄漏开关、配重、支架等）	安装

C.7.3 泡沫灭火系统。工程量清单项目设置及工程量计算规则，应按表 C.7.3 的规定执行。

表 C.7.3 泡沫灭火系统（编码：030703）

项目编码	项目名称	项目特征	计量单位	工程量计算规则	工程内容
030703001	碳钢管	1. 材质 2. 型号、规格 3. 焊接方式 4. 除锈、刷油、防腐设计要求 5. 压力试验、吹扫的设计要求	m	按设计图示管道中心线长度以延长米计算，不扣除阀门、管件及各种组件所占长度	1. 管道安装 2. 管件安装 3. 套管制作、安装 4. 钢管除锈、刷油、防腐 5. 管道压力试验 6. 管道系统吹扫
030703002	不锈钢管				
030703003	铜管				
030703004	法兰	1. 材质 2. 型号、规格 3. 连接方式	副	按设计图示数量计算	法兰安装
030703005	法兰阀门		个		阀门安装
030703006	泡沫发生器	1. 水轮机式、电动机式 2. 型号、规格 3. 支架材质、规格 4. 除锈、刷油设计要求 5. 灌浆材料	台		1. 安装 2. 设备支架制作、安装 3. 设备支架除锈、刷油 4. 二次灌浆
030703007	泡沫比例混合器	1. 类型 2. 型号、规格 3. 支架材质、规格 4. 除锈、刷油设计要求 5. 灌浆材料			
030703008	泡沫液贮罐	1. 质量 2. 灌浆材料			1. 安装 2. 二次灌浆

C.7.4 管道支架制作安装。工程量清单项目设置及工程量计算规则，应按表 C.7.4 的规定执行。

表 C.7.4 管道支架制作安装（编码：030704）

项目编码	项目名称	项目特征	计量单位	工程量计算规则	工程内容
030704001	管道支架制作安装	1. 管架形式 2. 材质 3. 除锈、刷油设计要求	kg	按设计图示质量计算	1. 制作、安装 2. 除锈、刷油

C.7.5 火灾自动报警系统。工程量清单项目设置及工程量计算规则，应按表 C.7.5 的规定执行。

表 C.7.5 火灾自动报警系统（编码：030705）

项目编码	项目名称	项目特征	计量单位	工程量计算规则	工程内容
030705001	点型探测器	1. 名称 2. 多线制 3. 总线制 4. 类型	只	按设计图示数量计算	1. 探头安装 2. 底座安装 3. 校接线 4. 探测器调试
030705002	线型探测器	安装方式	m		1. 探测器安装 2. 控制模块安装 3. 报警终端安装 4. 校接线 5. 系统调试
030705003	按钮	规格	只		1. 安装 2. 校接线 3. 调试
030705004	模块（接口）	1. 名称 2. 输出形式			1. 安装 2. 调试

续表 C.7.5

项目编码	项目名称	项目特征	计量单位	工程量计算规则	工程内容
030705005	报警控制器	1. 多线制 2. 总线制 3. 安装方式 4. 控制点数量	台	按设计图示数量计算	1. 本体安装 2. 消防报警备用电源 3. 校接线 4. 调试
030705006	联动控制器				
030705007	报警联动一体机				
030705008	重复显示器	1. 多线制 2. 总线制			1. 安装 2. 调试
030705009	报警装置	形式			
030705010	远程控制器	控制回路			

C.7.6 消防系统调试。工程量清单项目设置及工程量计算规则，应按表 C.7.6 的规定执行。

表 C.7.6 消防系统调试（编码：030706）

项目编码	项目名称	项目特征	计量单位	工程量计算规则	工程内容
030706001	自动报警系统装置调试	点数	系统	按设计图示数量计算（由探测器、报警按钮、报警控制器组成的报警系统；点数按多线制、总线制报警器的点数计算）	系统装置调试
030706002	水灭火系统控制装置调试			按设计图示数量计算（由消火栓、自动喷水、卤代烷、二氧化碳等灭火系统组成的灭火系统装置；点数按多线制、总线制联动控制器的点数计算）	
030706003	防火控制系统装置调试	1. 名称 2. 类型	处	按设计图示数量计算（包括电动防火门、防火卷帘门、正压送风阀、排烟阀、防火控制阀）	
030706004	气体灭火系统装置调试	试验容器规格	个	按调试、检验和验收所消耗的试验容器总数计算	1. 模拟喷气试验 2. 备用灭火器贮存容器切换操作试验

C.7.7 其他相关问题，应按下列规定处理：

1 管道界限的划分：喷淋系统水灭火管道：室内外界限应以建筑物外墙皮 1.5m 为界，入口处设阀门者应以阀门为界；设在高层建筑物内的消防泵间管道应以泵间外墙皮为界。消火栓管道：给水管道室内外界限划分应以外墙皮 1.5m 为界，入口处设阀门者应以阀门为界。与市政给水管道的界限应以水表井为界；无水表井的，应以与市政给水管道碰头点为界。

2 湿式报警装置：包括湿式阀、碟阀、装配管、供水压力表、装置压力表、试验阀、泄放试验阀、泄放试验管、试验管流量计、过滤器、延时器、水力警铃、报警截止阀、漏斗、压力开关等。

3 干湿两用报警装置：包括两用阀、碟阀、装配管、加速器、加速器压力表、供水压力表、试验阀、泄放试验阀（湿式、干式）、挠性接头、泄放试验管、试验管流量计、排气阀、截止阀、漏斗、过滤器、延时器、水力警铃、压力开关等。

4 电动雨淋报警装置：包括雨淋阀、碟阀（2个）、装配管、压力表、泄放试验阀、流量表、截止阀、注水阀、止回阀、电磁阀、排水阀、手动应急球阀、报警试验阀、漏斗、压力开关、过滤器、水力警铃等。

5 预作用报警装置：包括干式报警阀、控制碟阀（2个）、压力表（2块）、流量表、截止阀、排放阀、注水阀、止回阀、泄放阀、报警试验阀、液压切断阀、装配管、供水检验管、气压开关（2个）、试压电磁阀、应急手动试压器、漏斗、过滤器、水力警铃等。

6 室内消火栓：包括消火栓箱、消火栓、水枪、水龙头、水龙带接扣、挂架、消防按钮。

7 室外地上式消火栓：包括地上式消火栓、法兰接管、弯管底座。

8 室外地下式消火栓：包括地下式消火栓、法兰接管、弯管底座或消火栓三通。

9 凡涉及管沟及井类的土石方开挖、垫层、基础、砌筑、抹灰、地井盖板预制安装、回填、运输，路面开挖及修复、管道支墩等，应按附录A、附录D相关项目编码列项。

C.8 给排水、采暖、燃气工程

C.8.1 给排水、采暖、燃气管道。工程量清单项目设置及工程量计算规则，应按表C.8.1的规定执行。

表C.8.1 给排水、采暖管道（编码：030801）

项目编码	项目名称	项目特征	计量单位	工程量计算规则	工程内容
030801001	镀锌钢管	1. 安装部位（室内、外） 2. 输送介质（给水、排水、热媒体、燃气、雨水） 3. 材质 4. 型号、规格 5. 连接方式 6. 套管形式、材质、规格 7. 接口材料 8. 除锈、刷油、防腐、绝热及保护层设计要求	m	按设计图示管道中心线长度以延长米计算，不扣除阀门、管件（包括减压器、疏水器、水表、伸缩器等组成安装）及各种井类所占的长度；方形补偿器以其所占长度按管道安装工程量计算	1. 管道、管件及弯管的制作、安装 2. 管件安装（指铜管管件、不锈钢管管件） 3. 套管（包括防水套管）制作、安装 4. 管道除锈、刷油、防腐 5. 管道绝热及保护层安装、除锈、刷油 6. 给水管道消毒、冲洗 7. 水压及泄漏试验
030801002	钢管				
030801003	承插铸铁管				
030801004	柔性抗震铸铁管				
030801005	塑料管（UPVC、PVC、PP-C、PP-R、PE管等）				
030801006	橡胶连接管				
030801007	塑料复合管				
030801008	钢骨架塑料复合管				
030801009	不锈钢管				
030801010	铜管				
030801011	承插缸瓦管				
030801012	承插水泥管				
030801013	承插陶土管				

C.8.2 管道支架制作安装。工程量清单项目设置及工程量计算规则，应按表C.8.2的规定执行。

表C.8.2 管道支架制作安装（编码：030802）

项目编码	项目名称	项目特征	计量单位	工程量计算规则	工程内容
030802001	管道支架制作安装	1. 形式 2. 除锈、刷油设计要求	kg	按设计图示质量计算	1. 制作、安装 2. 除锈、刷油

C.8.3 管道附件。工程量清单项目设置及工程量计算规则，应按表C.8.3的规定执行。

表 C.8.3 管道附件（编码：030803）

<table>
<tr><th>项目编码</th><th>项目名称</th><th>项目特征</th><th>计量单位</th><th>工程量计算规则</th><th>工程内容</th></tr>
<tr><td>030803001</td><td>螺纹阀门</td><td rowspan="6">1. 类型
2. 材质
3. 型号、规格</td><td rowspan="6">个</td><td rowspan="6">按设计图示数量计算（包括浮球阀、手动排气阀、液压式水位控制阀、不锈钢阀门、煤气减压阀、液相自动转换阀、过滤阀等）</td><td rowspan="10">安装</td></tr>
<tr><td>030803002</td><td>螺纹法兰阀门</td></tr>
<tr><td>030803003</td><td>焊接法兰阀门</td></tr>
<tr><td>030803004</td><td>带短管甲乙的法兰阀</td></tr>
<tr><td>030803005</td><td>自动排气阀</td></tr>
<tr><td>030803006</td><td>安全阀</td></tr>
<tr><td>030803007</td><td>减压器</td><td rowspan="4">1. 材质
2. 型号、规格
3. 连接方式</td><td rowspan="2">组</td><td rowspan="6">按设计图示数量计算</td></tr>
<tr><td>030803008</td><td>疏水器</td></tr>
<tr><td>030803009</td><td>法兰</td><td>副</td></tr>
<tr><td>030803010</td><td>水表</td><td>组</td></tr>
<tr><td>030803011</td><td>燃气表</td><td>1. 公用、民用、工业用
2. 型号、规格</td><td>块</td><td>1. 安装
2. 托架及表底基础制作、安装</td></tr>
<tr><td>030803012</td><td>塑料排水管消声器</td><td>型号、规格</td><td rowspan="2">个</td><td rowspan="7">安装</td></tr>
<tr><td>030803013</td><td>伸缩器</td><td>1. 类型
2. 材质
3. 型号、规格
4. 连接方式</td><td>按设计图示数量计算
注：方形伸缩器的两臂，按臂长的 2 倍合并在管道安装长度内计算</td></tr>
<tr><td>030803014</td><td>浮标液面计</td><td>型号、规格</td><td>组</td><td rowspan="5">按设计图示数量计算</td></tr>
<tr><td>030803015</td><td>浮漂水位标尺</td><td>1. 用途
2. 型号、规格</td><td>套</td></tr>
<tr><td>030803016</td><td>抽水缸</td><td>1. 材质
2. 型号、规格</td><td rowspan="3">个</td></tr>
<tr><td>030803017</td><td>燃气管道调长器</td><td rowspan="2">型号、规格</td></tr>
<tr><td>030803018</td><td>调长器与阀门连接</td></tr>
</table>

C.8.4 卫生器具制作安装。工程量清单项目设置及工程量计算规则，应按表 C.8.4 的规定执行。

表 C.8.4 卫生器具制作安装（编码：030804）

项目编码	项目名称	项目特征	计量单位	工程量计算规则	工程内容
030804001	浴盆	1. 材质 2. 组装形式 3. 型号 4. 开关	组	按设计图示数量计算	器具、附件安装
030804002	净身盆				
030804003	洗脸盆				
030804004	洗手盆				
030804005	洗涤盆（洗菜盆）				
030804006	化验盆				
030804007	淋浴器	1. 材质 2. 组装方式 3. 型号、规格			
030804008	淋浴间		套		
030804009	桑拿浴房				
030804010	按摩浴缸				
030804011	烘手机				
030804012	大便器				
030804013	小便器				
030804014	水箱制作安装	1. 材质 2. 类型 3. 型号、规格			1. 制作 2. 安装 3. 支架制作、安装及除锈、刷油 4. 除锈、刷油
030804015	排水栓	1. 带存水弯、不带存水弯 2. 材质 3. 型号、规格	组		安装
030804016	水龙头	1. 材质 2. 型号、规格	个		
030804017	地漏				
030804018	地面扫除口				
030804019	小便槽冲洗管制作安装		m		制作、安装
030804020	热水器	1. 电能源 2. 太阳能源	台		1. 安装 2. 管道、管件、附件安装 3. 保温
030804021	开水炉	1. 类型 2. 型号、规格 3. 安装方式			安装
030804022	容积式热交换器				1. 安装 2. 保温 3. 基础砌筑
030804023	蒸汽-水加热器	1. 类型 2. 型号、规格	套		1. 安装 2. 支架制作、安装 3. 支架除锈、刷油
030804024	冷热水混合器				
030804025	电消毒器		台		安装
030804026	消毒锅				
030804027	饮水器		套		

C.8.5 供暖器具。工程量清单项目设置及工程量计算规则，应按表 C.8.5 的规定执行。

表 C.8.5 供暖器具（编码：030805）

项目编码	项目名称	项目特征	计量单位	工程量计算规则	工程内容
030805001	铸铁散热器	1. 型号、规格 2. 除锈、刷油设计要求	片	按设计图示数量计算	1. 安装 2. 除锈、刷油
030805002	钢制闭式散热器		片		安装
030805003	钢制板式散热器		组		安装
030805004	光排管散热器制作安装	1. 型号、规格 2. 管径 3. 除锈、刷油设计要求	m		1. 制作、安装 2. 除锈、刷油
030805005	钢制壁板式散热器	1. 质量 2. 型号、规格	组		安装
030805006	钢制柱式散热器	1. 片数 2. 型号、规格	组		安装
030805007	暖风机	1. 质量 2. 型号、规格	台		安装
030805008	空气幕		台		安装

C.8.6 燃气器具。工程量清单项目设置及工程量计算规则，应按表 C.8.6 的规定执行。

表 C.8.6 燃气器具（编码：030806）

项目编码	项目名称	项目特征	计量单位	工程量计算规则	工程内容
030806001	燃气开水炉	型号、规格	台	按设计图示数量计算	安装
030806002	燃气采暖炉		台		安装
030806003	沸水器	1. 容积式沸水器、自动沸水器、燃气消毒器 2. 型号、规格	台		安装
030806004	燃气快速热水器	型号、规格	台		安装
030806005	燃气灶具	1. 民用、公用 2. 人工煤气灶具、液化石油气灶具、天然气燃气灶具 3. 型号、规格	台		安装
030806006	气嘴	1. 单嘴、双嘴 2. 材质 3. 型号、规格 4. 连接方式	个		安装

C.8.7 采暖工程系统调整。工程量清单项目设置及工程量计算规则，应按表 C.8.7 的规定执行。

表 C.8.7 采暖工程系统调整（编码：030807）

项目编码	项目名称	项目特征	计量单位	工程量计算规则	工程内容
030807001	采暖工程系统调整	系统	系统	按由采暖管道、管件、阀门、法兰、供暖器具组成采暖工程系统计算	系统调整

C.8.8 其他相关问题，应按下列规定处理：

1 管道界限的划分。

1）给水管道室内外界限划分：以建筑物外墙皮 1.5m 为界，入口处设阀门者以阀门为界。与市政给水管道的界限应以水表井为界；无水表井的，应以与市政给水管道碰头点为界。

2）排水管道室内外界限划分：应以出户第一个排水检查井为界。室外排水管道与市政排水界限应以与市政管道碰头井为界。

3）采暖热源管道室内外界限划分：应以建筑物外墙皮 1.5m 为界，入口处设阀门者应以阀门为界；与工业管道界限的应以锅炉房或泵站外墙皮 1.5m 为界。

4）燃气管道室内外界限划分：地下引入室内的管道应以室内第一个阀门为界，地上引入室内的管道应以墙外三通为界；室外燃气管道与市政燃气管道应以两者的碰头点为界。

2 凡涉及管沟及井类的土石方开挖、垫层、基础、砌筑、抹灰、地井盖板预制安装、回填、运输，路面开挖及修复、管道支墩等，应按附录 A、附录 D 相关项目编码列项。

C.9 通风空调工程

C.9.1 通风及空调设备及部件制作安装。工程量清单项目设置及工程量计算规则，应按表 C.9.1 的规定执行。

表 C.9.1 通风及空调设备及部件制作安装（编码：030901）

项目编码	项目名称	项目特征	计量单位	工程量计算规则	工程内容
030901001	空气加热器（冷却器）	1. 规格 2. 质量 3. 支架材质、规格 4. 除锈、刷油设计要求	台	按设计图示数量计算	1. 安装 2. 设备支架制作、安装 3. 支架除锈、刷油
030901002	通风机	1. 形式 2. 规格 3. 支架材质、规格 4. 除锈、刷油设计要求			1. 安装 2. 减振台座制作、安装 3. 设备支架制作、安装 4. 软管接口制作、安装 5. 支架台座除锈、刷油
030901003	除尘设备	1. 规格 2. 质量 3. 支架材质、规格 4. 除锈、刷油设计要求			1. 安装 2. 设备支架制作、安装 3. 支架除锈、刷油
030901004	空调器	1. 形式 2. 质量 3. 安装位置		按设计图示数量计算，其中分段组装式空调器按设计图纸所示质量以“kg”为计量单位	1. 安装 2. 软管接口制作、安装
030901005	风机盘管	1. 形式 2. 安装位置 3. 支架材质、规格 4. 除锈、刷油设计要求		按设计图示数量计算	1. 安装 2. 软管接口制作、安装 3. 支架制作、安装及除锈、刷油
030901006	密闭门制作安装	1. 型号 2. 特征（带视孔或不带视孔） 3. 支架材质、规格 4. 除锈、刷油设计要求	个		1. 制作、安装 2. 除锈、刷油
030901007	挡水板制作安装	1. 材质 2. 除锈、刷油设计要求	m^2		

续表 C.9.1

项目编码	项目名称	项目特征	计量单位	工程量计算规则	工程内容
030901008	滤水器、溢水盘制作安装	1. 特征 2. 用途 3. 除锈、刷油设计要求	kg	按设计图示数量计算	1. 制作、安装 2. 除锈、刷油
030901009	金属壳体制作安装				
030901010	过滤器	1. 型号 2. 过滤功效 3. 除锈、刷油设计要求	台		1. 安装 2. 框架制作、安装 3. 除锈、刷油
030901011	净化工作台	类型			安装
030901012	风淋室	质量			
030901013	洁净室				

C.9.2 通风管道制作安装。工程量清单项目设置及工程量计算规则，应按表 C.9.2 的规定执行。

表 C.9.2 通风管道制作安装（编码：030902）

项目编码	项目名称	项目特征	计量单位	工程量计算规则	工程内容
030902001	碳钢通风管道制作安装	1. 材质 2. 形状 3. 周长或直径 4. 板材厚度 5. 接口形式 6. 风管附件、支架设计要求 7. 除锈、刷油、防腐、绝热及保护层设计要求	m^2	1. 按设计图示以展开面积计算，不扣除检查孔、测定孔、送风口、吸风口等所占面积；风管长度一律以设计图示中心线长度为准（主管与支管以其中心线交点划分），包括弯头、三通、变径管、天圆地方等管件的长度，但不包括部件所占的长度。风管展开面积不包括风管、管口重叠部分面积。直径和周长按图示尺寸为准展开 2. 渐缩管：圆形风管按平均直径，矩形风管按平均周长	1. 风管、管件、法兰、零件、支吊架制作、安装 2. 弯头导流叶片制作、安装 3. 过跨风管落地支架制作、安装 4. 风管检查孔制作 5. 温度、风量测定孔制作 6. 风管保温及保护层 7. 风管、法兰、法兰加固框、支吊架、保护层除锈、刷油
030902002	净化通风管制作安装				
030902003	不锈钢板风管制作安装	1. 形状 2. 周长或直径 3. 板材厚度 4. 接口形式 5. 支架法兰的材质、规格 6. 除锈、刷油、防腐、绝热及保护层设计要求			1. 风管制作、安装 2. 法兰制作、安装 3. 吊托支架制作、安装 4. 风管保温、保护层 5. 保护层及支架、法兰除锈、刷油
030902004	铝板通风管道制作安装				
030902005	塑料通风管道制作安装				1. 制作、安装 2. 支吊架制作、安装 3. 风管保温、保护层 4. 保护层及支架、法兰除锈、刷油
030902006	玻璃钢通风管道	1. 形状 2. 厚度 3. 周长或直径			
030902007	复合型风管制作安装	1. 材质 2. 形状（圆形、矩形） 3. 周长或直径 4. 支（吊）架材质、规格 5. 除锈、刷油设计要求			1. 制作、安装 2. 托、吊支架制作、安装、除锈、刷油
030902008	柔性软风管	1. 材质 2. 规格 3. 保温套管设计要求	m	按设计图示中心线长度计算，包括弯头、三通、变径管、天圆地方等管件的长度，但不包括部件所占的长度	1. 安装 2. 风管接头安装

C.9.3 通风管道部件制作安装。工程量清单项目设置及工程量计算规则，应按表C.9.3的规定执行。

表C.9.3 通风管道部件制作安装（编码：030903）

项目编码	项目名称	项目特征	计量单位	工程量计算规则	工程内容
030903001	碳钢调节阀制作安装	1. 类型 2. 规格 3. 周长 4. 质量 5. 除锈、刷油设计要求	个	1. 按设计图示数量计算（包括空气加热器上通阀、空气加热器旁通阀、圆形瓣式启动阀、风管蝶阀、风管止回阀、密闭式斜插板阀、矩形风管三通调节阀、对开多叶调节阀、风管防火阀、各型风罩调节阀制作安装等） 2. 若调节阀为成品时，制作不再计算	1. 安装 2. 制作 3. 除锈、刷油
030903002	柔性软风管阀门	1. 材质 2. 规格		按设计图示数量计算	安装
030903003	铝蝶阀	规格			
030903004	不锈钢蝶阀				
030903005	塑料风管阀门制作安装	1. 类型 2. 形状 3. 质量		按设计图示数量计算（包括塑料蝶阀、塑料插板阀、各型风罩塑料调节阀）	
030903006	玻璃钢蝶阀	1. 类型 2. 直径或周长		按设计图示数量计算	
030903007	碳钢风口、散流器制作安装（百叶窗）	1. 类型 2. 规格 3. 形式 4. 质量 5. 除锈、刷油设计要求		1. 按设计图示数量计算（包括百叶风口、矩形送风口、矩形空气分布器、风管插板风口、旋转吹风口、圆形散流器、方形散流器、流线型散流器、送吸风口、活动算式风口、网式风口、钢百叶窗等） 2. 百叶窗按设计图示以框内面积计算 3. 风管插板风口制作已包括安装内容 4. 若风口、分布器、散流器、百叶窗为成品时，制作不再计算	1. 风口制作、安装 2. 散流器制作、安装 3. 百叶窗安装 4. 除锈、刷油

续表 C.9.3

项目编码	项目名称	项目特征	计量单位	工程量计算规则	工程内容
030903008	不锈钢风口、散流器制作安装（百叶窗）	1. 类型 2. 规格 3. 形式 4. 质量 5. 除锈、刷油设计要求	个	1. 按设计图示数量计算（包括风口、分布器、散流器、百叶窗） 2. 若风口、分布器、散流器、百叶窗为成品时，制作不再计算	制作、安装
030903009	塑料风口、散流器制作安装（百叶窗）				
030903010	玻璃钢风口	1. 类型 2. 规格		按设计图示数量计算（包括玻璃钢百叶风口、玻璃钢矩形送风口）	风口安装
030903011	铝及铝合金风口、散流器制作安装	1. 类型 2. 规格 3. 质量		按设计图示数量计算	1. 制作 2. 安装
030903012	碳钢风帽制作安装	1. 类型 2. 规格 3. 形式 4. 质量 5. 风帽附件设计要求 6. 除锈、刷油设计要求		1. 按设计图示数量计算 2. 若风帽为成品时，制作不再计算	1. 风帽制作、安装 2. 筒形风帽滴水盘制作、安装 3. 风帽筝绳制作、安装 4. 风帽泛水制作、安装 5. 除锈、刷油
030903013	不锈钢风帽制作安装				
030903014	塑料风帽制作安装				
030903015	铝板伞形风帽制作安装			1. 按设计图示数量计算 2. 若伞形风帽为成品时，制作不再计算	1. 板伞形风帽制作安装 2. 风帽筝绳制作、安装 3. 风帽泛水制作、安装
030903016	玻璃钢风帽安装	1. 类型 2. 规格 3. 风帽附件设计要求		按设计图示数量计算（包括圆伞形风帽、锥形风帽、筒形风帽）	1. 玻璃钢风帽安装 2. 筒形风帽滴水盘安装 3. 风帽筝绳安装 4. 风帽泛水安装
030903017	碳钢罩类制作安装	1. 类型 2. 除锈、刷油设计要求	kg	按设计图示数量计算（包括皮带防护罩、电动机防雨罩、侧吸罩、中小型零件焊接台排气罩、整体分组式槽边侧吸罩、吹吸式槽边通风罩、条缝槽边抽风罩、泥心烘炉排气罩、升降式回转排气罩、上下吸式圆形回转罩、升降式排气罩、手锻炉排气罩）	1. 制作、安装 2. 除锈、刷油

续表 C.9.3

项目编码	项目名称	项目特征	计量单位	工程量计算规则	工程内容
030903018	塑料罩类制作安装	1. 类型 2. 形式	kg	按设计图示数量计算（包括塑料槽边侧吸罩、塑料槽边风罩、塑料条缝槽边抽风罩）	制作、安装
030903019	柔性接口及伸缩节制作安装	1. 材质 2. 规格 3. 法兰接口设计要求	m^2	按设计图示数量计算	
030903020	消声器制作安装	类型	kg	按设计图示数量计算（包括片式消声器、矿棉管式消声器、聚酯泡沫管式消声器、卡普隆纤维管式消声器、弧形声流式消声器、阻抗复合式消声器、微穿孔板消声器、消声弯头）	
030903021	静压箱制作安装	1. 材质 2. 规格 3. 形式 4. 除锈标准、刷油防腐设计要求	m^2	按设计图示数量计算	1. 制作、安装 2. 支架制作、安装 3. 除锈、刷油、防腐

C.9.4 通风工程检测、调试。工程量清单项目设置及工程量计算规则，应按表 C.9.4 的规定执行。

表 C.9.4 通风工程检测、调试（编码：030904）

项目编码	项目名称	项目特征	计量单位	工程量计算规则	工程内容
030904001	通风工程检测、调试	系统	系统	按由通风设备、管道及部件等组成的通风系统计算	1. 管道漏光试验 2. 漏风试验 3. 通风管道风量测定 4. 风压测定 5. 温度测定 6. 各系统风口、阀门调整

C.9.5 通风空调工程适用于通风（空调）设备及部件、通风管道及部件的制作安装工程。

C.10 自动化控制仪表安装工程

C.10.1 过程检测仪表。工程量清单项目设置及工程量计算规则，应按表 C.10.1 的规定执行。

表 C.10.1 过程检测仪表（编码：031001）

项目编码	项目名称	项目特征	计量单位	工程量计算规则	工程内容
031001001	温度仪表	1. 名称 2. 类型 3. 规格	支	按设计图示数量计算	1. 取源部件制作、安装 2. 套管安装 3. 挠性管安装 4. 本体安装 5. 单体校验调整 6. 支架制作、安装、刷油
031001002	压力仪表	1. 名称 2. 类型	台		1. 取源部件安装 2. 压力表弯制作、刷油、安装 3. 挠性管安装 4. 本体安装 5. 单体校验调整 6. 脱脂 7. 支架制作、安装、刷油

续表 C.10.1

项目编码	项目名称	项目特征	计量单位	工程量计算规则	工程内容
031001003	流量仪表	1. 名称 2. 类型 3. 规格	台	按设计图示数量计算	1. 取源部件安装 2. 节流装置安装 3. 辅助容器制作、安装、刷油 4. 挠性管安装 5. 本体安装 6. 单体调试 7. 脱脂 8. 支架制作、安装、刷油 9. 保护（温）箱安装（包括开孔） 10. 防雨罩制作、安装、刷油
031001004	物位检测仪表	1. 名称 2. 类型 3. 规格			1. 吹气装置安装 2. 辅助容器制作、安装、刷油 3. 挠性管安装 4. 本体安装 5. 脱脂 6. 支架制作、安装、刷油
031001005	显示仪表	1. 名称 2. 类型 3. 功能			1. 表盘开孔 2. 盘柜配线 3. 本体安装 4. 支架制作、安装、刷油

C.10.2 过程控制仪表。工程量清单项目设置及工程量计算规则，应按表 C.10.2 的规定执行。

表 C.10.2 过程控制仪表（编码：031002）

项目编码	项目名称	项目特征	计量单位	工程量计算规则	工程内容
031002001	变送单元仪表	1. 名称 2. 类型 3. 功能	台	按设计图示数量计算	1. 取源部件安装 2. 节流装置安装 3. 辅助容器制作、安装、刷油 4. 挠性管安装 5. 仪表支柱制作、安装、刷油 6. 保护（温）箱安装（包括开孔） 7. 本体安装 8. 单体调试 9. 脱脂（包括拆装） 10. 支架制作、安装、刷油
031002002	显示单元仪表	1. 名称 2. 类型 3. 功能			1. 表盘开孔 2. 盘柜配线 3. 本体安装 4. 支架制作、安装、刷油
031002003	调节单元仪表	1. 名称 2. 类型 3. 功能			1. 表盘开孔 2. 盘柜配线 3. 本体安装 4. 单体调试

续表 C.10.2

项目编码	项目名称	项目特征	计量单位	工程量计算规则	工程内容
031002004	计算单元仪表	1. 名称 2. 类型 3. 功能	台	按设计图示数量计算	1. 盘柜配线 2. 本体安装 3. 单体调试
031002005	转换单元仪表				
031002006	给定单元仪表				
031002007	辅助单元仪表				
031002008	输入输出组件	1. 名称 2. 功能	件		
031002009	信号处理组件				
031002010	调节组件				
031002011	分配、切换等其他组件				
031002012	盘装仪表		台		1. 表盘开孔 2. 盘柜配线 3. 本体安装 4. 单体调试 5. 支架制作、安装、刷油
031002013	基地式调节仪表	1. 名称 2. 类型 3. 功能 4. 安装位置			1. 表盘开孔 2. 挠性管安装 3. 仪表支柱制作、安装、刷油 4. 保护（温）箱安装（包括开孔） 5. 本体安装 6. 单体调试 7. 支架制作、安装、刷油
031002014	执行机构	1. 名称 2. 类型 3. 功能 4. 规格			1. 挠性管安装 2. 执行仪表附件安装 3. 本体安装 4. 单体调试 5. 支架制作、安装、刷油
031002015	调节阀	1. 名称 2. 类型 3. 功能			1. 挠性管安装 2. 执行仪表附件安装 3. 阀门检查接线 4. 本体安装 5. 单体调试 6. 支架制作、安装、刷油
031002016	自力式调节阀	1. 名称 2. 类型			1. 取源部件安装 2. 本体安装 3. 单体调试 4. 支架制作、安装、刷油
031002017	仪表回路模拟试验	1. 名称 2. 类型 3. 功能 4. 点数量或回路复杂程度	回路		调试

C. 10. 3 集中检测装置仪表。工程量清单项目设置及工程量计算规则，应按表 C. 10. 3 的规定执行。

表 C. 10. 3 集中检测装置仪表（编码：031003）

项目编码	项目名称	项目特征	计量单位	工程量计算规则	工程内容
031003001	测厚测宽装置	1. 名称 2. 类型 3. 功能 4. 规格	套	按设计图示数量计算	1. 本体安装 2. 系统调试 3. 支架制作、安装、刷油
031003002	旋转机械检测仪表	1. 名称 2. 功能	套	按设计图示数量计算	1. 本体安装 2. 调试
031003003	称重装置	1. 名称 2. 类型 3. 功能 4. 规格	台	按设计图示数量计算	1. 本体安装 2. 系统调试 3. 皮带跑偏检测 4. 皮带打滑检测 5. 电子皮带秤标定
031003004	过程分析仪表	1. 名称 2. 类型 3. 功能	套	按设计图示数量计算	1. 取源部件安装 2. 辅助容器制作、安装、刷油 3. 水封制作、安装、刷油 4. 排污漏斗制作、安装、刷油 5. 挠性管安装 6. 本体安装 7. 系统调试 8. 脱脂（包括拆装） 9. 支架制作、安装、刷油
031003005	物性检测仪表	1. 名称 2. 类型 3. 功能 4. 安装位置	套	按设计图示数量计算	1. 取源部件安装 2. 挠性管安装 3. 本体安装 4. 支架制作、安装
031003006	特殊预处理装置	1. 名称 2. 类型 3. 测量点数量	套	按设计图示数量计算	1. 本体安装 2. 调整
031003007	分析柜、室	1. 名称 2. 类型	台	按设计图示数量计算	1. 基础槽钢制作、安装、刷油 2. 本体安装 3. 取样冷却器安装
031003008	气象环保检测仪表	1. 名称 2. 功能	套	按设计图示数量计算	1. 保护箱安装 2. 挠性管安装 3. 本体安装 4. 系统调试

C.10.4 集中监视与控制仪表。工程量清单项目设置及工程量计算规则，应按表C.10.4的规定执行。

表C.10.4 集中监视与控制仪表（编码：031004）

项目编码	项目名称	项目特征	计量单位	工程量计算规则	工程内容
031004001	安全监测装置	1. 名称 2. 功能	套	按设计图示数量计算	1. 挠性管安装 2. 本体安装 3. 系统调试 4. 支架制作、安装、刷油
031004002	工业电视	1. 名称 2. 安装位置	台		1. 挠性管安装 2. 摄像机及附属辅助设备安装 3. 本体安装 4. 支架制作、安装、刷油
031004003	远动装置	1. 名称 2. 点数量	套		1. 本体安装 2. 试运行
031004004	顺序控制装置	1. 名称 2. 类型 3. 功能 4. 点数量			1. 本体安装 2. 各类试验
031004005	信号报警装置	1. 名称 2. 类型 3. 点数或回路数			1. 本体安装 2. 模拟试验
031004006	信号报警装置柜、箱	1. 名称 2. 类型 3. 功能	台（个）		1. 本体安装 2. 柜箱组件、元件、安装 3. 基础槽钢制作、安装、刷油 4. 支架制作、安装、刷油
031004007	数据采集及巡回检测报警装置	1. 名称 2. 点数量	套		1. 本体安装 2. 系统试验

C.10.5 工业计算机安装与调试。工程量清单项目设置及工程量计算规则，应按表 C.10.5 的规定执行。

表 C.10.5 工业计算机安装与调试（编码：031005）

<table>
<tr><th>项目编码</th><th>项目名称</th><th>项目特征</th><th>计量单位</th><th>工程量计算规则</th><th>工程内容</th></tr>
<tr><td>031005001</td><td>工业计算机柜、台设备</td><td>1. 名称
2. 类型
3. 规格</td><td rowspan="8">台</td><td rowspan="18">按设计图示数量计算</td><td>1. 基础槽钢制作、安装、刷油
2. 本体安装
3. 支架制作、安装、刷油</td></tr>
<tr><td>031005002</td><td>工业计算机外部设备</td><td>1. 名称
2. 类型
3. 功能</td><td>1. 本体安装
2. 调试</td></tr>
<tr><td>031005003</td><td>辅助存储装置</td><td>1. 名称
2. 类型
3. 规格</td><td>1. 本体安装
2. 测试</td></tr>
<tr><td>031005004</td><td>过程控制管理计算机</td><td rowspan="2">1. 名称
2. 类型
3. 规模</td><td rowspan="3">测试</td></tr>
<tr><td>031005005</td><td>生产、经营管理计算机</td></tr>
<tr><td>031005006</td><td>管理计算机双机切换装置</td><td rowspan="2">1. 名称
2. 功能</td></tr>
<tr><td>031005007</td><td>管理计算机网络设备</td><td>本体安装调试</td></tr>
<tr><td>031005008</td><td>小规模（DCS）</td><td>1. 名称
2. 类型
3. 功能</td><td>1. 本体安装
2. 回路试验</td></tr>
<tr><td>031005009</td><td>中规模（DCS）</td><td rowspan="2">1. 名称
2. 类型
3. 功能
4. 回路数量</td><td rowspan="4">套</td><td rowspan="3">1. 调试
2. 回路调试</td></tr>
<tr><td>031005010</td><td>大规模（DCS）</td></tr>
<tr><td>031005011</td><td>可编程逻辑控制装置（PLC）</td><td>1. 名称
2. 点数量</td></tr>
<tr><td>031005012</td><td>操作站及数据通讯网络</td><td>1. 名称
2. 类型
3. 功能</td><td rowspan="2">1. 调试
2. 系统调试</td></tr>
<tr><td>031005013</td><td>过程 I/O 组件</td><td rowspan="2">1. 名称
2. 类型</td><td rowspan="2">点</td></tr>
<tr><td>031005014</td><td>与其他设备接口</td><td>调试</td></tr>
<tr><td>031005015</td><td>直接数字控制系统（DDC）</td><td>1. 名称
2. 点数量</td><td rowspan="3">套</td><td>1. 调试
2. 回路调试</td></tr>
<tr><td>031005016</td><td>现场总线（FCS）</td><td rowspan="2">1. 名称
2. 功能</td><td rowspan="2">调试</td></tr>
<tr><td>031005017</td><td>操作站（FCS）</td></tr>
<tr><td>031005018</td><td>现场总线仪表</td><td>1. 名称
2. 类型
3. 功能</td><td>台</td><td>1. 取源部件安装
2. 节流装置安装
3. 辅助容器制作、安装、刷油
4. 挠性管安装
5. 仪表支柱制作、安装、刷油
6. 保护（温）箱安装（包括开孔）
7. 本体安装
8. 回路调试
9. 脱脂（包括拆装）
10. 支架制作、安装、刷油</td></tr>
</table>

C.10.6 仪表管路敷设。工程量清单项目设置及工程量计算规则，应按表C.10.6的规定执行。

表C.10.6 仪表管路敷设（编码：031006）

项目编码	项目名称	项目特征	计量单位	工程量计算规则	工程内容
031006001	钢管敷设	1. 名称 2. 连接方式 3. 管径	m	按设计图示以延长米计算，不扣除管件、阀门所占长度	1. 管路敷设 2. 伴热管伴热或电伴热 3. 除锈、刷油 4. 保温及保护层 5. 管道脱脂 6. 支架制作、安装、刷油
031006002	高压管敷设	1. 名称 2. 材质 3. 管径			1. 管路敷设 2. 伴热管伴热或电伴热 3. 除锈、刷油 4. 保温及保护层 5. 管道脱脂 6. 支架制作、安装、刷油 7. 焊口热处理 8. 焊口无损探伤
031006003	不锈钢管敷设	1. 名称 2. 管径			1. 管路敷设 2. 伴热管伴热或电伴热 3. 保温 4. 管道脱脂 5. 支架制作、安装、刷油 6. 焊口热处理 7. 焊口无损探伤 8. 焊口酸洗钝化
031006004	有色金属管及非金属管敷设	1. 名称 2. 材质 3. 管径			1. 管路敷设 2. 伴热管伴热或电伴热 3. 除锈、刷油 4. 保温及保护层 5. 管道脱脂 6. 支架制作、安装、刷油
031006005	管缆敷设	1. 名称 2. 材质 3. 芯数			1. 管路敷设 2. 支架制作、安装、刷油

C.10.7 工厂通讯、供电。工程量清单项目设置及工程量计算规则，应按表C.10.7的规定执行。

表C.10.7 工厂通讯、供电（编码：031007）

项目编码	项目名称	项目特征	计量单位	工程量计算规则	工程内容
031007001	工厂通讯线路	1. 名称 2. 类型 3. 敷设方式 4. 芯数	m （根）	按设计图示加规定预留长度以延长米计算，专用系统电缆按根计算	1. 电（光）缆敷设 2. 电（光）缆头制作、安装 3. 光缆其他安装项
031007002	工厂通讯设备	1. 名称 2. 类型 3. 功能	套	按设计图示数量计算	1. 本体安装接线 2. 调试通话系统试验
031007003	供电系统	1. 名称 2. 类型 3. 容量	套 （台）		1. 基础槽钢制作、安装、刷油 2. 本体安装 3. 检查试验

C.10.8 仪表盘、箱、柜及附件安装。工程量清单项目设置及工程量计算规则，应按表 C.10.8 的规定执行。

表 C.10.8 仪表盘、箱、柜及附件安装（编码：031008）

项目编码	项目名称	项目特征	计量单位	工程量计算规则	工程内容
031008001	盘、箱、柜安装	1. 名称 2. 类型 3. 规格	台	按设计图示数量计算	1. 基础槽钢制作、安装、刷油 2. 本体安装 3. 支架制作、安装、刷油
031008002	盘柜附件、原件制作安装	1. 名称 2. 类型	个		1. 本体安装 2. 制作 3. 校接线 4. 试验

C.10.9 仪表附件安装。工程量清单项目设置及工程量计算规则，应按表 C.10.9 的规定执行。

表 C.10.9 仪表附件安装（编码：031009）

项目编码	项目名称	项目特征	计量单位	工程量计算规则	工程内容
031009001	仪表阀门	1. 名称 2. 类型 3. 材质	个	按设计图示数量计算	1. 本体安装 2. 研磨 3. 脱脂
031009002	仪表支吊架	1. 名称 2. 类型	个 （m、根）		1. 本体安装 2. 制作 3. 除锈、刷油 4. 混凝土浇筑
031009003	仪表附件		个		1. 本体安装 2. 制作

C.10.10 其他相关问题，应按下列规定处理。

1 自控仪表工程中的控制电缆敷设、电气配管配线、桥架安装、接地系统安装，应按本附录 C.2 相关项目编码列项。

2 在线仪表和部件（流量计、调节阀、电磁阀、节流装置、取源部件等）安装，应按本附录 C.6 相关项目编码列项。

3 火灾报警及消防控制等应按本附录 C.7 相关项目编码列项。

4 土石方工程应按附录 A 相关项目编码列项。

C.11 通信设备及线路工程

C.11.1 通信设备。工程量清单项目设置及工程量计算规则，应按表 C.11.1 的规定执行。

表 C.11.1 通信设备（编码：031101）

项目编码	项目名称	项目特征	计量单位	工程量计算规则	工程内容
031101001	蓄电池组	1. 规格 2. 型号 3. 电压 4. 容量	组	按设计图示数量计算	1. 抗震铁架安装 2. 蓄电池组安装 3. 测试
031101002	太阳能电池	1. 规格 2. 型号 3. 容量			1. 电池方阵铁架安装 2. 太阳能电池
031101003	风力发电机		台		安装
031101004	柴油发电机组		组		1. 机组安装 2. 机组体外排气系统安装 3. 机组体外燃油箱、机油箱安装
031101005	开关电源		架		1. 开关电源安装 2. 系统调测
031101006	交、直流配电屏	1. 种类 2. 规格 3. 型号	台		安装、测试
031101007	整流器	1. 规格 2. 型号 3. 容量			
031101008	电子交流稳压器				
031101009	市话组合电源		套		
031101010	调压器		台		
031101011	变换器		架（盘）		
031101012	三相不停电电源		套		

续表 C.11.1

项目编码	项目名称	项目特征	计量单位	工程量计算规则	工程内容
031101013	无人值守电源设备系统联测	测试内容	站	按设计图示数量计算	系统联测
031101014	控制段内无人站电源设备与主控联测		中继站/控制段		联测
031101015	单芯电源线	1. 规格 2. 型号	m		1. 敷设 2. 测试
031101016	列内电源线		列		
031101017	电源母线	1. 规格 2. 型号 3. 材质	m		1. 支架、铁架 2. 附件 3. 安装 4. 测试
031101018	接地棒（板）	1. 规格 2. 型号 3. 材质 4. 土质	根		1. 挖填土 2. 接地棒（板）安装 3. 敷设母线 4. 测试
031101019	户外接地母线		m		
031101020	户内接地母线				
031101021	地漆布	1. 规格 2. 型号	m^2		铺地漆布
031101022	电缆槽道、走线架、列架	1. 名称 2. 规格 3. 型号	m		1. 制作 2. 安装 3. 除锈、刷油
031101023	列头柜、列中柜、尾柜、空机架		架		
031101024	电源分配架	1. 规格 2. 型号			
031101025	可控硅铃流发生器		台		1. 安装 2. 测试
031101026	房柱抗震加固	按设计规格要求	处		加固件预制、安装
031101027	抗震机座		个		安装
031101028	保安配线箱	1. 规格 2. 型号 3. 容量			
031101029	总配线架		架		1. 安装 2. 穿线板 3. 滑梯
031101030	壁挂式配线架				安装

续表 C.11.1

项目编码	项目名称	项目特征	计量单位	工程量计算规则	工程内容
031101031	保安排、试线排	1. 名称 2. 规格 3. 型号	块	按设计图示数量计算	安装、测试
031101032	测量台、业务台、辅助台		台		
031101033	列架、机台、事故照明		列（台、处）		安装、试通
031101034	机房信号设备		盘		
031101035	设备电缆		m		1. 放绑 2. 编扎、焊（绕、卡）接
031101036	总配线架、中间配线架跳线		条		敷设、焊（绕、卡）接、试通
031101037	列内、列间信号线				布放、焊（绕、卡）接、试通
031101038	中间配线架改接跳线、总配线架带电改接跳线				
031101039	电话交换设备		架		1. 机架、机盘、电路板安装 2. 测试
031101040	维护终端、打印机、话务台告警设备		台		安装、调测
031101041	程控车载集装箱	1. 规格 2. 型号	箱		安装
031101042	用户集线器（SLC）设备	1. 规格 2. 型号 3. 容量	线/架		安装、调测
031101043	市话用户线硬件测试	1. 测试类别 2. 测试内容	千线		测试
031101044	中继线 PCM 系统硬件测试		系统		
031101045	长途硬件测试		千路端		
031101046	市话用户线软件测试		千线		
031101047	中继线 PCM 系统软件测试		系统		
031101048	长途软件测试		千路端		
031101049	用户交换机（PABX）	1. 规格 2. 型号 3. 容量	线		安装、调测

续表 C.11.1

项目编码	项目名称	项目特征	计量单位	工程量计算规则	工程内容
031101050	安装数字分配架（DDF）	1. 规格 2. 型号 3. 容量	架	按设计图示数量计算	安装
031101051	安装光分配架（ODF）				
031101052	光传输设备（SDH）	1. 名称 2. 规格 3. 型号	端		1. 机架（柜）安装 2. 本机安装、测试
031101053	光传输设备（PDH）				
031101054	再生中继架		架		安装、调测
031101055	远供电源架		架（盘）		
031101056	子网管理系统设备		站		
031101057	本地维护终端设备				
031101058	子网管理系统试运行	1. 测试类别 2. 测试内容			试运行
031101059	本地维护终端试运行				
031101060	监控中心及子中心设备	1. 名称 2. 规格 3. 型号	套		安装、调测
031101061	光端机主/备用自动转换设备				
031101062	数字公务设备				
031101063	数字公务系统运行试验	1. 运行类别 2. 测试内容	系统（站）		运行试验
031101064	监控系统运行试验（PDH）		站		

续表 C.11.1

项目编码	项目名称	项目特征	计量单位	工程量计算规则	工程内容
031101065	中继段光端调测	1. 测试类别 2. 测试内容	系统/中继段	按设计图示数量计算	光端调测
031101066	数字段光端调测		系统/数字段		
031101067	复用设备系统调测		系统/端		系统调测
031101068	光电调测中间站配合		站		中间站配合
031101069	四波波分复用器	1. 名称 2. 规格 3. 型号	套/端		安装、测试
031101070	八波波分复用器				
031101071	光转换器	1. 规格 2. 型号	个		
031101072	光线路放大器（ILA）		系统		
031101073	数字段中继站（光放站）光端对测	1. 测试类别 2. 测试内容	系统/站		光端对测
031101074	数字段端站（再生站）光端对测				
031101075	调测波分复用网管系统				调测
031101076	数字交叉连接设备（DXC）	1. 名称 2. 规格 3. 型号			安装、测试
031101077	基本子架（包括交叉控制等）		子架		
031101078	155Mb/s接口子架				
031101079	2Mb/s接口盘		盘		
031101080	连通测试	1. 测试类别 2. 测试内容	端口		连通测试

续表 C. 11. 1

项目编码	项目名称	项目特征	计量单位	工程量计算规则	工程内容
031101081	数字数据网（DDN）设备	1. 名称 2. 规格 3. 型号	架	按设计图示数量计算	安装
031101082	调测数字数据网（DDN）设备	1. 测试类别 2. 测试内容	节点机		调测
031101083	系统打印机	1. 规格 2. 型号	套		
031101084	数字（网络）终端单元（DTU 或 NTU）	1. 名称 2. 规格 3. 型号	架		安装、调测
031101085	数字交叉连接设备（DACS）				
031101086	网管小型机	1. 规格 2. 型号	套		
031101087	网管工作站				
031101088	分组交换设备	1. 名称 2. 规格 3. 型号			
031101089	调制解调器				
031101090	分组交换网管中心设备				
031101091	铁塔（不含铁塔基础施工）	1. 规格 2. 型号	t		架设
031101092	微波抛物面天线	1. 规格 2. 型号 3. 地点 4. 塔高	副		安装、调测
031101093	馈线	1. 规格 2. 型号 3. 地点 4. 长度	条		
031101094	分路系统	1. 规格 2. 型号	套		安装

续表 C.11.1

项目编码	项目名称	项目特征	计量单位	工程量计算规则	工程内容
031101095	微波设备	1. 名称 2. 规格 3. 型号	架	按设计图示数量计算	安装、测试
031101096	监控设备		套（部）		
031101097	辅助设备		盘（部）		
031101098	直放站设备		全套		
031101099	数字段内中继段调测	1. 测试类别 2. 测试内容	系统/段		调测
031101100	数字段主通道调测				
031101101	数字段辅助通道调测				
031101102	数字段内波道倒换		段		测试
031101103	两个上下话路站监控调测		系统/站		调测
031101104	配合数字终端测试				
031101105	全电路主通道调测		系统/全电路		
031101106	全电路主通道上下话路站调测		站/全电路		
031101107	全电路辅助通道调测		系统/全电路		
031101108	全电路辅助通道上下话路站调测		站/全电路		
031101109	全电路主控站集中监控性能调测		系统/站		

续表 C.11.1

项目编码	项目名称	项目特征	计量单位	工程量计算规则	工程内容
031101110	全电路次主控站集中监控性能调测	1. 测试类别 2. 测试内容	站	按设计图示数量计算	调测
031101111	稳定性能测试				
031101112	一点多址数字微波通信设备	按站性质立项			安装、调测
031101113	测试一点对多点信道机	1. 名称 2. 规格 3. 型号	套		单机测试
031101114	一点对多点通信系统联测	1. 测试类别 2. 测试内容	站		联测
031101115	天馈线系统	1. 规格 2. 型号			1. 安装调试天线底座 2. 安装调试天线主、副反射面 3. 安装调试驱动及附属设备 4. 调测天馈线系统
031101116	高功放分系统设备	1. 规格 2. 型号 3. 功率			
031101117	1∶1站地面公用设备分系统	1. 规格 2. 型号 3. 方向数	方向/站		安装、调测
031101118	3∶1站地面公用设备分系统				
031101119	电话分系统 SCPC 设备	1. 规格 2. 型号 3. 路数	路/站		
031101120	电话分系统 IDR 设备（一路 2Mb/s）				
031101121	电话分系统 TDMA 设备	1. 规格 2. 型号	站		
031101122	电话分系统工程勤务 ESC				
031101123	电视分系统（TV/FM）		系统/站		
031101124	低噪声放大器	1. 规格 2. 型号 3. 倒换比例	站		

续表 C.11.1

项目编码	项目名称	项目特征	计量单位	工程量计算规则	工程内容
031101125	监测控制分系统监控桌	1. 规格 2. 型号 3. 每桌盘数	站	按设计图示数量计算	安装、调测
031101126	监测控制分系统微机控制	1. 规格 2. 型号			
031101127	地球站设备站内环测	1. 测试类别 2. 测试内容			站内环测
031101128	地球站设备系统调测				系统调测
031101129	小口径卫星地球站（VSAT）中心站高功放（HPA）设备	1. 规格 2. 型号	系统/站		安装、调测
031101130	小口径卫星地球站（VSAT）中心站低噪声放大器（LPA）设备				
031101131	中心站（VSAT）公用设备（含监控设备）		套		
031101132	中心站（VSAT）公务设备				
031101133	控制中心站（VSAT）站内环测及全网系统对测	1. 测试类别 2. 测试内容	站		站内环测及全网系统对测
031101134	小口径卫星地球站（VSAT）端站设备	1. 规格 2. 型号			安装、调测

C. 11. 2 通信线路工程。工程量清单项目设置及工程量计算规则，应按表 C. 11. 2 的规定执行。

表 C. 11. 2 通信线路工程（编码：031102）

项目编码	项目名称	项目特征	计量单位	工程量计算规则	工程内容
031102001	路面	1. 性质 2. 结构	m^2	按设计图示宽度×长度计算	开挖
031102002	挖填管道沟及人孔坑	1. 土质 2. 回填方式	m^3	按设计图示截面积×长度计算	1. 施工测量 2. 挖填管道沟及人孔坑 3. 挡土板及抽水
031102003	挖填光（电）缆沟及接头坑				1. 施工测量 2. 挖填光缆沟及接头坑 3. 挡土板及抽水
031102004	混凝土管道基础	1. 规格 2. 标号	km	按设计图示数量计算	浇筑
031102005	混凝土管道基础加筋	规格	m		制作铺设
031102006	水泥管道	1. 规格 2. 型号 3. 孔数	km		铺设
031102007	塑料管道				
031102008	钢管管道		m		
031102009	长途专用塑料管道	1. 规格 2. 型号 3. 孔数 4. 方式	km		1. 敷设小口径塑料管 2. 大管径内人工穿放小口径塑料管
031102010	通信管道混凝土包封	1. 规格 2. 标号			浇筑
031102011	通信电（光）缆通道	1. 类型 2. 规格	m/处		砌筑
031102012	微机控制地下定向钻孔敷管	1. 规格 2. 型号 3. 孔数 4. 长度	处		钻孔敷管
031102013	人孔	1. 规格 2. 型号 3. 砌筑方式	个		砌筑
031102014	手孔				
031102015	人（手）孔防水	1. 类型 2. 规格	m^2		防水

续表 C.11.2

项目编码	项目名称	项目特征	计量单位	工程量计算规则	工程内容
031102016	立通信电杆	1. 规格 2. 型号 3. 材质 4. 土质	根（座）	按设计图示数量计算	1. 测量 2. 挖、填土 3. 立杆 4. 组装
031102017	电杆加固及保护	1. 名称 2. 规格	处（根、块）		安装
031102018	撑杆	1. 材质 2. 土质	根		1. 挖、填土 2. 安装
031102019	拉线	1. 种类 2. 规格 3. 程式 4. 土质	条		
031102020	装电杆附属装置	1. 名称 2. 规格	处（条）		安装
031102021	架空吊线	1. 规格 2. 程式 3. 地区	km		架设
031102022	架空光缆				
031102023	埋式光缆				敷设
031102024	人工敷设塑料子管	1. 规格 2. 程式 3. 子管数			
031102025	管道（含室外通道）光缆	1. 规格 2. 程式			1. 测量 2. 敷设
031102026	槽道光缆		m		敷设
031102027	槽板沿墙光缆				
031102028	室内通道光缆				
031102029	引上光缆		条		

续表 C.11.2

项目编码	项目名称	项目特征	计量单位	工程量计算规则	工程内容
031102030	水底光缆	1. 规格 2. 程式 3. 土质 4. 方法	m	按设计图示数量计算	1. 测量 2. 敷设 3. 接续
031102031	海底光缆	1. 规格 2. 程式 3. 方法	km		敷设
031102032	架空电缆	1. 名称 2. 规格 3. 程式 4. 方式			
031102033	埋式电缆				1. 测量 2. 敷设
031102034	管道（通道）电缆		m		敷设
031102035	墙壁电缆				
031102036	槽道（含地槽）顶棚内电缆				
031102037	引上电缆		条		
031102038	总配线架成端电缆				
031102039	市话光缆接续	1. 规格 2. 程式	个		接续、测试
031102040	长途光缆接续				
031102041	光缆成端接续		芯		
031102042	市话光缆中继段测试	1. 测试类别 2. 测试内容	中继段		测试
031102043	长途光缆中继段测试				
031102044	电缆芯线接续	1. 规格 2. 程式	百对		接续、测试
031102045	电缆芯线改接				改接、测试
031102046	堵塞成端套管		个		安装

续表 C.11.2

项目编码	项目名称	项目特征	计量单位	工程量计算规则	工程内容
031102047	充油膏套管接续	1. 规格 2. 程式	个	按设计图示数量计算	安装
031102048	封焊热可缩套管				
031102049	包式塑料电缆套管				
031102050	气闭头				
031102051	电缆全程测试	1. 测试类别 2. 测试内容	百对		测试
031102052	进线室承托铁架	1. 规格 2. 型号	条		安装
031102053	托架		根		
031102054	进线室钢板防水窗口	规格	处		制作、安装
031102055	交接箱	1. 种类 2. 规格 3. 程式 4. 容量	个		1. 站台、砌筑基座安装 2. 箱体安装 3. 接线模块（保安排、端子板、试验排、接头排）安装 4. 列架安装 5. 成端电缆安装 6. 地线安装 7. 连接、改接跳线
031102056	交接间配线架		座		
031102057	分线箱	1. 规格 2. 程式 3. 容量	个		制作、安装、测试
031102058	分线盒				
031102059	充气设备	1. 规格 2. 型号 3. 容量	套		安装、测试、试运转

续表 C.11.2

项目编码	项目名称	项目特征	计量单位	工程量计算规则	工程内容
031102060	告警器、传感器	名称、型号	个	按设计图示数量计算	安装、调试
031102061	电缆全程充气		km		充气试验
031102062	顶钢管	1. 规格 2. 程式	m		顶管
031102063	铺钢管、塑料管	1. 规格 2. 程式 3. 材质			铺设
031102064	铺大长度半硬塑料管	1. 规格 2. 程式			
031102065	铺砖	铺设方式			
031102066	铺水泥盖板、水泥槽	1. 种类 2. 规格 3. 程式			
031102067	石砌坡、坎、堵塞、三七土护坎、封石沟	1. 名称 2. 规格	m^3		砌筑
031102068	关节型套管	1. 规格 2. 型号	m		安装
031102069	水线地锚或永久标桩	1. 名称 2. 规格	个		
031102070	水底光缆标志牌	规格	块		
031102071	排流线	1. 规格 2. 程式 3. 材质	km		敷设
031102072	消弧线、避雷针	1. 名称 2. 规格 3. 程式	处		安装
031102073	对地绝缘监测装置	1. 规格 2. 型号			
031102074	埋式光缆对地绝缘检查及处理	按设计要求	km		查修

C.11.3 建筑与建筑群综合布线。工程量清单项目设置及工程量计算规则，应按表C.11.3的规定执行。

表C.11.3 建筑与建筑群综合布线（编码：031103）

项目编码	项目名称	项目特征	计量单位	工程量计算规则	工程内容
031103001	钢管	1. 规格 2. 程式	m	按设计图示数量计算	敷设
031103002	硬质PVC管				
031103003	金属软管		根		
031103004	金属线槽		m		
031103005	塑料线槽				
031103006	过线（路）盒（半周长）		个		安装
031103007	信息插座底盒（接线盒）	1. 规格 2. 程式 3. 安装地点			
031103008	吊装式桥架	1. 规格 2. 程式	m		
031103009	支撑式桥架				
031103010	垂直桥架				
031103011	砖槽	规格			砌筑
031103012	混凝土槽				
031103013	落地式机柜、机架	1. 名称 2. 规格 3. 程式	架		安装
031103014	墙挂式机柜、机架				
031103015	接线箱	1. 规格 2. 型号	个		
031103016	抗震底座	1. 规格 2. 程式			制作、安装

续表 C.11.3

项目编码	项目名称	项目特征	计量单位	工程量计算规则	工程内容
031103017	4对对绞电缆	1. 规格 2. 程式 3. 敷设环境	m	按设计图示数量计算	1. 敷设、测试 2. 卡接（配线架侧）
031103018	大对数非屏蔽电缆				
031103019	大对数屏蔽电缆				
031103020	光缆				敷设、测试
031103021	光缆护套				敷设
031103022	光纤束	1. 规格 2. 程式			气流吹放、测试
031103023	单口非屏蔽八位模块式信息插座	1. 规格 2. 型号	个		安装、卡接
031103024	单口屏蔽八位模块式信息插座				
031103025	双口非屏蔽八位模块式信息插座				
031103026	双口屏蔽八位模块式信息插座				
031103027	双口光纤信息插座				安装
031103028	四口光纤信息插座				
031103029	光纤连接盘		块		
031103030	光纤连接	1. 方法 2. 模式	芯		接续、测试
031103031	电缆跳线	1. 名称、型号 2. 规格	条		制作、测试
031103032	光纤跳线				
031103033	电缆链路系统测试	1. 测试类别 2. 测试内容	链路		测试
031103034	光纤链路系统测试				

C.11.4 移动通讯设备工程。工程量清单项目设置及工程量计算规则，应按表 C.11.4 的规定执行。

表 C.11.4 移动通讯设备工程（编码：031104）

<table>
<tr><th>项目编码</th><th>项目名称</th><th>项目特征</th><th>计量单位</th><th>工程量计算规则</th><th>工程内容</th></tr>
<tr><td>031104001</td><td>全向天线</td><td rowspan="2">1. 规格
2. 型号
3. 塔高
4. 环境</td><td rowspan="4">副</td><td rowspan="16">按设计图示数量计算</td><td rowspan="3">安装</td></tr>
<tr><td>031104002</td><td>定向天线</td></tr>
<tr><td>031104003</td><td>室内天线</td><td rowspan="3">1. 规格
2. 型号</td></tr>
<tr><td>031104004</td><td>卫星全球定位系统天线（GPS）</td><td>安装、调测</td></tr>
<tr><td>031104005</td><td>射频同轴电缆</td><td>条</td><td rowspan="2">布放</td></tr>
<tr><td>031104006</td><td>室外馈线走道</td><td>1. 规格
2. 程式
3. 敷设环境</td><td>m</td></tr>
<tr><td>031104007</td><td>避雷器</td><td>1. 规格
2. 型号</td><td>个</td><td>安装</td></tr>
<tr><td>031104008</td><td>室内分布式天、馈线附属设备</td><td>1. 规格
2. 型号
3. 程式</td><td>个（架、单元）</td><td>安装、调测</td></tr>
<tr><td>031104009</td><td>馈线密封窗</td><td>规格</td><td>个</td><td>安装</td></tr>
<tr><td>031104010</td><td>基站天、馈线调测</td><td rowspan="3">1. 测试类别
2. 测试内容</td><td>条</td><td>调测</td></tr>
<tr><td>031104011</td><td>分布式天、馈线系统调测</td><td>副</td><td>系统调测</td></tr>
<tr><td>031104012</td><td>泄漏式电缆调测</td><td>条</td><td>调测</td></tr>
<tr><td>031104013</td><td>落地式、壁挂式基站设备</td><td rowspan="4">1. 规格
2. 型号
3. 程式</td><td>架</td><td rowspan="2">安装、检测</td></tr>
<tr><td>031104014</td><td>信道板</td><td>载频</td></tr>
<tr><td>031104015</td><td>直放站设备</td><td>站</td><td>安装、调测</td></tr>
<tr><td>031104016</td><td>基站监控配线箱</td><td>个</td><td>安装</td></tr>
</table>

续表 C.11.4

项目编码	项目名称	项目特征	计量单位	工程量计算规则	工程内容
031104017	GSM基站系统调测	1. 测试类别 2. 测试内容	载频/站	按设计图示数量计算	系统调测
031104018	CDMA基站系统调测		扇·载/站		
031104019	寻呼基站系统调测		频点/站		
031104020	自动寻呼终端设备	1. 规格 2. 型号 3. 程式	架		安装、调测
031104021	数据处理中心设备		条		
031104022	人工台		台		
031104023	短信、语音信箱设备		架		
031104024	操作维护中心设备（OMC）		套		
031104025	基站控制器、编码器		架		安装
031104026	调测基站控制器、编码器		中继		调测
031104027	GSM定向天线基站及CDMA基站联网调测	1. 测试类别 2. 测试内容	站		联网调测
031104028	寻呼基站联网调测				

C.11.5 其他相关问题，应按下列规定处理：

1 建筑群子系统敷设架空管道、直埋、墙壁光（电）缆工程，应按本附录表 C.11.2 相关项目编码列项。

2 通信线路工程接地装置应按本附录表 C.11.1 相关项目编码列项。

C.12 建筑智能化系统设备安装工程

C.12.1 通讯系统设备。工程量清单项目设置及工程量计算规则，应按表 C.12.1 的规定执行。

表 C.12.1 通讯系统设备（编码：031201）

项目编码	项目名称	项目特征	计量单位	工程量计算规则	工程内容
031201001	微波窄带无线接入系统基站设备	1. 名称 2. 类别 3. 类型 4. 回路数	台（个）	按设计图示数量计算	1. 本体安装 2. 软件安装 3. 调试 4. 系统设置
031201002	微波窄带无线接入系统用户站设备				1. 本体安装 2. 调试
031201003	微波窄带无线接入系统联调及试运行	1. 名称 2. 用户站数量	系统		1. 系统联调 2. 系统试运行
031201004	微波宽带无线接入系统基站设备	1. 名称 2. 类别 3. 类型 4. 回路数	台（个）		1. 本体安装 2. 软件安装 3. 调试 4. 系统设置
031201005	微波宽带无线接入系统用户站设备	1. 名称 2. 类别			1. 本体安装 2. 调试
031201006	微波宽带无线接入系统联调及试运行	1. 名称 2. 用户站数量	系统		1. 系统联调 2. 系统试运行 3. 验证测试
031201007	会议电话设备	1. 名称 2. 类别 3. 类型	台（架、端）		1. 本体安装 2. 检查调测 3. 联网试验
031201008	会议电视设备	1. 名称 2. 类别 3. 类型 4. 回路数	台（对、系统）		1. 本体安装 2. 软硬件调测 3. 功能验证

C.12.2 计算机网络系统设备安装工程。工程量清单项目设置及工程量计算规则，应按表 C.12.2 的规定执行。

表 C.12.2 计算机网络系统设备安装工程（编码：031202）

项目编码	项目名称	项目特征	计量单位	工程量计算规则	工程内容
031202001	终端设备	1. 名称 2. 类型	台	按设计图示数量计算	1. 本体安装 2. 单体测试
031202002	附属设备	1. 名称 2. 功能 3. 规格			
031202003	网络终端设备	1. 名称 2. 功能 3. 服务范围	台（套）		1. 安装 2. 软件安装 3. 单体调试

续表 C.12.2

项目编码	项目名称	项目特征	计量单位	工程量计算规则	工程内容
031202004	接口卡	1. 名称 2. 类型 3. 传输数率	台（套）	按设计图示数量计算	1. 安装 2. 单体调试
031202005	网络集线器	1. 名称 2. 类型 3. 堆叠单元量			
031202006	局域网交换机	1. 名称 2. 功能 3. 层数（交换机）			
031202007	路由器	1. 名称 2. 功能			
031202008	防火墙	1. 名称 2. 类型 3. 功能			
031202009	调制解调器	1. 名称 2. 类型			
031202010	服务器系统软件	1. 名称 2. 功能	套		1. 安装 2. 调试
031202011	网络调试及试运行	1. 名称 2. 信息点数量	系统		1. 系统测试 2. 系统试运行 3. 系统验证测试

C.12.3 楼宇、小区多表远传系统。工程量清单项目设置及工程量计算规则，应按表 C.12.3 的规定执行。

表 C.12.3 楼宇、小区多表远传系统（编码：031203）

项目编码	项目名称	项目特征	计量单位	工程量计算规则	工程内容
031203001	远传基表	1. 名称 2. 类别	个	按设计图示数量计算	1. 本体安装 2. 控制阀安装 3. 调试
031203002	抄表采集系统设备	1. 名称 2. 类别 3. 功能	台		1. 本体安装 2. 采集器安装 3. 控制箱安装 4. 单体调试
031203003	多表采集中央管理计算机	1. 名称 2. 功能			1. 本体安装 2. 软件安装 3. 单体调试

C. 12. 4 楼宇、小区自控系统。工程量清单项目设置及工程量计算规则，应按表 C. 12. 4 的规定执行。

表 C. 12. 4 楼宇、小区自控系统（编码：031204）

项目编码	项目名称	项目特征	计量单位	工程量计算规则	工程内容
031204001	中央管理系统	1. 名称 2. 控制点数量	台	按设计图示数量计算	1. 本体安装 2. 系统软件安装 3. 单体调整
031204002	控制网络通讯设备	1. 名称 2. 类别	台	按设计图示数量计算	1. 本体安装 2. 软件安装 3. 单体调试
031204003	控制器	1. 名称 2. 类别 3. 功能 4. 控制点数量	台	按设计图示数量计算	1. 本体安装 2. 控制箱安装 3. 软件安装 4. 单体调试
031204004	第三方设备通讯接口	1. 名称 2. 类别	个	按设计图示数量计算	1. 本体安装 2. 单体调试
031204005	空调系统传感器及变送器	1. 名称 2. 类型 3. 功能	支（台）	按设计图示数量计算	1. 本体安装 2. 调整测试
031204006	照明及变配电系统传感器及变送器	1. 名称 2. 类型 3. 功能	支（台）	按设计图示数量计算	1. 本体安装 2. 调整测试
031204007	给排水系统传感器及变送器	1. 名称 2. 类型 3. 功能	支（台）	按设计图示数量计算	1. 本体安装 2. 调整测试
031204008	阀门及执行机构	1. 名称 2. 类型 3. 规格 4. 控制点数量	台（个）	按设计图示数量计算	1. 本体安装 2. 单体测试
031204009	住宅（小区）智能化设备	1. 名称 2. 类型 3. 控制点数量	台（套）	按设计图示数量计算	1. 本体安装 2. 智能箱安装 3. 软件安装 4. 系统调试
031204010	住宅（小区）智能化系统	1. 名称 2. 类型	系统	按设计图示数量计算	1. 系统试运行 2. 系统验证测试

C.12.5 有线电视系统。工程量清单项目设置及工程量计算规则，应按表 C.12.5 的规定执行。

表 C.12.5 有线电视系统（编码：031205）

项目编码	项目名称	项目特征	计量单位	工程量计算规则	工程内容
031205001	电视共用天线	1. 名称 2. 型号	副	按设计图示数量计算	1. 本体安装 2. 单体调试
031205002	前端机柜	名称	个		1. 本体安装 2. 连接电源 3. 接地
031205003	电视墙	1. 名称 2. 监视器数量			1. 机架、监视器安装 2. 信号分配系统安装 3. 连接电源 4. 接地
031205004	前端射频设备	1. 名称 2. 类型 3. 频道数量	套		1. 本体安装 2. 单体调试
031205005	微型地面站接收设备	1. 名称 2. 类型	台		1. 本体安装 2. 单体调试 3. 全站系统调试
031205006	光端设备	1. 名称 2. 类别 3. 类型			1. 本体安装 2. 单体调试
031205007	有线电视系统管理设备	1. 名称 2. 类别			1. 本体安装 2. 系统调试
031205008	播控设备	1. 名称 2. 功能 3. 规格			1. 播控台安装 2. 控制设备安装 3. 播控台调试
031205009	传输网络设备	1. 名称 2. 功能 3. 安装位置	个		1. 本体安装 2. 单体调试
031205010	分配网络设备	1. 名称 2. 功能 3. 安装形式			1. 本体安装 2. 电缆头制作、安装 3. 电缆接线盒埋设 4. 网络终端调试 5. 楼板、墙壁穿孔

C.12.6 扩声、背景音乐系统。工程量清单项目设置及工程量计算规则，应按表 C.12.6 的规定执行。

表 C.12.6 扩声、背景音乐系统（编码：031206）

项目编码	项目名称	项目特征	计量单位	工程量计算规则	工程内容
031206001	扩声系统设备	1. 名称 2. 类别 3. 回路数 4. 功能	台	按设计图示数量计算	安装
031206002	扩声系统	1. 名称 2. 类别 3. 功能	只（副、系统）		1. 单体调试 2. 试运行
031206003	背景音乐系统设备	1. 名称 2. 类别 3. 回路数 4. 功能	台		安装
031206004	背景音乐系统	1. 名称 2. 类型 3. 功能	台（系统）		1. 单体调试 2. 试运行

C.12.7 停车场管理系统。工程量清单项目设置及工程量计算规则，应按表 C.12.7 的规定执行。

表 C.12.7 停车场管理系统（编码：031207）

<table>
<tr><th>项目编码</th><th>项目名称</th><th>项目特征</th><th>计量单位</th><th>工程量计算规则</th><th>工程内容</th></tr>
<tr><td>031207001</td><td>车辆检测识别设备</td><td rowspan="2">1. 名称
2. 类型</td><td rowspan="3">套</td><td rowspan="4">按设计图示数量计算</td><td rowspan="3">1. 本体安装
2. 单体调试</td></tr>
<tr><td>031207002</td><td>出入口设备</td></tr>
<tr><td>031207003</td><td>显示和信号设备</td><td>1. 名称
2. 类别
3. 规格</td></tr>
<tr><td>031207004</td><td>监控管理中心设备</td><td>名称</td><td>系统</td><td>1. 安装
2. 软件安装
3. 系统联试
4. 系统试运行</td></tr>
</table>

C.12.8 楼宇安全防范系统。工程量清单项目设置及工程量计算规则，应按表 C.12.8 的规定执行。

表 C.12.8 楼宇安全防范系统（编码：031208）

<table>
<tr><th>项目编码</th><th>项目名称</th><th>项目特征</th><th>计量单位</th><th>工程量计算规则</th><th>工程内容</th></tr>
<tr><td>031208001</td><td>入侵探测器</td><td>1. 名称
2. 类别</td><td rowspan="5">套</td><td rowspan="9">按设计图示数量计算</td><td rowspan="4">1. 本体安装
2. 单体调试</td></tr>
<tr><td>031208002</td><td>入侵报警控制器</td><td>1. 名称
2. 类别
3. 回路数</td></tr>
<tr><td>031208003</td><td>报警中心设备</td><td>1. 名称
2. 类别</td></tr>
<tr><td>031208004</td><td>报警信号传输设备</td><td>1. 名称
2. 类别
3. 功率</td></tr>
<tr><td>031208005</td><td>出入口目标识别设备</td><td rowspan="2">1. 名称
2. 类型</td><td rowspan="3">1. 本体安装
2. 系统调试</td></tr>
<tr><td>031208006</td><td>出入口控制设备</td><td rowspan="4">台</td></tr>
<tr><td>031208007</td><td>出入口执行机构设备</td><td>1. 名称
2. 类别</td></tr>
<tr><td>031208008</td><td>电视监控摄像设备</td><td>1. 名称
2. 类型
3. 类别</td><td>1. 本体安装
2. 云台安装
3. 镜头安装
4. 保护罩安装
5. 支架安装
6. 调试
7. 试运行</td></tr>
<tr><td>031208009</td><td>视频控制设备</td><td>1. 名称
2. 类型
3. 回路数</td><td>1. 本体安装
2. 单体调试
3. 试运行</td></tr>
</table>

续表 C. 12. 8

项目编码	项目名称	项目特征	计量单位	工程量计算规则	工程内容
031208010	控制台和监视器柜	1. 名称 2. 类型	台	按设计图示数量计算	安装
031208011	音频、视频及脉冲分配器	1. 名称 2. 回路数			1. 本体安装 2. 单体调试 3. 试运行
031208012	视频补偿器	1. 名称 2. 通道量			
031208013	视频传输设备	1. 名称 2. 类型			
031208014	录像、记录设备	1. 名称 2. 类型 3. 规格			
031208015	监控中心设备				
031208016	CRT 显示终端	1. 名称 2. 类型			
031208017	模拟盘				
031208018	安全防范系统		系统		1. 联调测试 2. 系统试验运行 3. 验交

C. 12. 9 其他相关问题，应按下列规定处理：

1 “建筑智能化系统设备安装工程”适用于楼宇、小区的建筑智能化系统工程。

2 与“建筑智能化系统设备安装工程”有关的综合布线工程、通讯系统设备（部分）安装工程，应按本附录 C. 11 相关项目编码列项。

C. 13 长距离输送管道工程

C. 13. 1 管沟土石方工程。工程量清单项目设置及工程量计算规则，应按表 C. 13. 1 的规定执行。

表 C. 13. 1 管沟土石方工程（编码：031301）

项目编码	项目名称	项目特征	计量单位	工程量计算规则	工程内容
031301001	管沟土方	1. 土壤类别 2. 挖土深度 3. 管沟宽度 4. 运距	m^3	按设计图示沟底宽度（m）、乘以原地面自然标高与沟底标高的标高差为断面（m^2）、乘以设计管沟长度（m）以体积计算	1. 开挖 2. 管沟支护 3. 管沟排水降水 4. 运输
031301002	管沟石方	1. 岩石类别 2. 挖土深度 3. 管沟宽度 4. 运距			1. 开挖（爆破、凿岩） 2. 管沟支护 3. 管沟排水降水 4. 运输
031301003	回填	1. 回填方式 2. 回填土来源 3. 运距		1. 土方段管沟的回填量按图示挖方量计算，不扣除管道所占体积，余土就地摊平，不计算余土外运 2. 石方段管沟的回填量按图示挖方量计算，扣除管道所占体积，按扣除余量计算石方外运	1. 购土、采筛 2. 松填 3. 夯填 4. 运输

C. 13. 2 管沟敷设工程。工程量清单项目设置及工程量计算规则，应按表C. 13. 2的规定执行。

表C. 13. 2 管沟敷设工程（编码：031302）

项目编码	项目名称	项目特征	计量单位	工程量计算规则	工程内容
031302001	测量放线	地形地貌	km	按设计图示长度计算	测量放线
031302002	施工作业带清理			按设计图示管道长度计算	施工作业带清理
031302003	管道运输	1. 管道、管件规格 2. 地形地貌 3. 路面等级 4. 运距		1. 按设计图示管段全长扣除弯头及站场长度计算 2. 弯头、弯管按设计图示数量个数计算	1. 管段运输 2. 管件运输
031302004	管段安装	1. 地段类型 2. 材质 3. 规格 4. 组焊方式 5. 焊接工艺 6. 除锈、防腐、保温设计要求 7. 管道清管、试压、干燥设计要求 8. 管段连头材质、规格、种类 9. 标志桩、里程桩、转角桩设计要求		按设计图示管线长度扣除穿跨越、弯头、弯管及站场长度计算	1. 布管 2. 焊口预热 3. 管段组焊 4. 补口补伤 5. 管道现场保温、外保护层 6. 安装及除锈、刷油、防腐 7. 管道清管、试压、干燥 8. 管段下沟 9. 警示带敷设 10. 连头 11. 防腐层检测 12. 焊接、工艺评定 13. 标志桩、里程桩、转角桩制作、安装
031302005	冷弯管制作	管道规格	个	按设计图示数量计算	冷弯管制作
031302006	管件安装	1. 材质 2. 种类、规格 3. 除锈、防腐、保温设计要求		按设计图示数量计算，包括热煨弯头、冷弯管、三通、绝缘法兰、绝缘接头、绝缘短管、锚固法兰	1. 布管 2. 焊口预热 3. 管件组焊 4. 管件防腐、保温 5. 补口补伤
031302007	线路阀门安装	1. 工程直径 2. 安装方式 3. 支座材质、规格、类型 4. 除锈、防腐设计要求	个	按设计图示数量计算	1. 检查清洗 2. 支座制作、安装、除锈、防腐 3. 阀门安装
031302008	永久性水工保护	1. 形式 2. 结构	m^3	按设计图示数量计算（包括抛石稳管、重晶石块压载、钢筋混凝土连续覆盖、现浇混凝土稳管、复壁管、挡土墙、护坡、护壁、护岸等）	水工保护

续表 C.13.2

项目编码	项目名称	项目特征	计量单位	工程量计算规则	工程内容
031302009	管口焊缝无损检测	1. 检测方式 2. 管道规格	口	按设计技术要求及设计规范计算	管口焊缝无损检测
031302010	固定墩	1. 体积 2. 有筋、无筋 3. 混凝土强度等级	个	按设计图示数量计算	1. 基坑开挖回填 2. 锚固件安装 3. 模板制作、安装 4. 现场浇筑 5. 钢筋配制
031302011	阴极保护	1. 保护方式 2. 电极材料	项	按设计要求的保护方式（强制电流阴极保护、牺牲阳极阴极保护、排流阴极保护）计算	1. 安装 2. 调试
031302012	地貌恢复	地形地貌	m^2	按设计及勘探要求，以图示管线长度和作业带宽度计算	恢复地形、地貌

C.13.3 管道穿越、跨越工程。工程量清单项目设置及工程量计算规则，应按表 C.13.3 的规定执行。

表 C.13.3 管道穿越、跨越工程（编码：031303）

项目编码	项目名称	项目特征	计量单位	工程量计算规则	工程内容
031303001	公路穿越（大开挖）	1. 路面、路基、操作坑、管沟土质类别 2. 穿越长度 3. 管道材质、规格、运距 4. 有、无套管及套管材质、规格 5. 管道组焊方式、焊接工艺 6. 管道除锈、防腐设计要求 7. 管道清管、试压设计要求 8. 阴极保护设计要求	处	按设计图示穿越长度分类计算	1. 路面、管沟、操作坑开挖、回填、修复 2. 套管运输、安装、封堵 3. 穿越管段组焊、预热 4. 补口补伤 5. 穿越管道清管、试压、干燥 6. 管卡支撑制作、安装、除锈、防腐 7. 管体穿越 8. 阴极保护 9. 管段连头
031303002	公路、铁路穿越（钻孔、顶管）	1. 穿越地段 2. 穿越方式 3. 穿越长度 4. 操作、接收坑土质类别分类 5. 管道材质、规格 6. 有、无套管 7. 套管材质、规格、运距 8. 管道组焊方式、焊接工艺 9. 除锈、防腐设计要求 10. 管道清管、试压设计要求 11. 阴极保护设计要求 12. 管段连头材质、规格、种类			1. 操作、接收坑开挖、回填、修复 2. 套管运输、安装、封堵 3. 穿越管段组焊、预热 4. 补口补伤 5. 横钻孔机钻孔 6. 顶管穿越、接口 7. 钻孔、顶管工作坑设施安装、拆除 8. 防空管、排水管制作、安装 9. 穿越管道清管、试压、干燥 10. 管卡支撑制作、安装、除锈、防腐 11. 管体穿越、拖拉头安装、拆除 12. 阴极保护 13. 管段连头

续表 C.13.3

项目编码	项目名称	项目特征	计量单位	工程量计算规则	工程内容
031303003	隧道内管道安装	1. 管道材质 2. 管道规格 3. 安装方式 4. 焊接工艺 5. 管道清管、试压、干燥设计要求 6. 除锈、刷油、防腐设计要求 7. 基础的设计要求	处	按设计图示跨越长度分类计算	1. 管段组焊、预热、安装 2. 补口补伤 3. 管道清管、试压、干燥 4. 管道托架制作、安装、除锈、防腐 5. 基础
031303004	跨越管道安装	1. 跨越方式 2. 跨越长度 3. 跨越土建设计要求 4. 塔架、斜拉索设计要求 5. 管道材质、规格 6. 管道组焊方式、焊接工艺 7. 管道除锈、防腐设计要求 8. 管道清管、试压设计要求			1. 跨越土建施工 2. 穿越管段组焊、预热、安装 3. 补口补伤 4. 穿越管道清管、试压、干燥 5. 管卡支撑制作、安装、除锈、防腐 6. 塔架制作、安装、吊装 7. 斜拉索安装
031303005	地下障碍物穿越	1. 穿越长度 2. 障碍物 3. 土质类别		按设计图示穿越长度分类计算	1. 操作坑开挖、回填 2. 管道穿越
031303006	小河沟渠穿越	1. 穿越方式 2. 穿越长度 3. 管道材质 4. 管道规格 5. 管道组焊方式、焊接工艺 6. 管道除锈、防腐设计要求 7. 管道清管、试压设计要求 8. 有、无发送道 9. 管段连头的材质、规格、种类		按设计图示穿越长度分类计算（河宽40m以内为小河）	1. 管沟开挖、回填 2. 管道组装焊接 3. 补口补伤 4. 管道清管、试压 5. 拖拉头（发送道）制作、安装、拆除 6. 管道穿越 7. 水工保护 8. 管段连头
031303007	大中型河流穿越	1. 穿越方式 2. 穿越长度 3. 管道材质 4. 管道规格 5. 管道组焊方式、焊接工艺 6. 管道除锈、防腐设计要求 7. 管道清管、试压设计要求 8. 有、无发送道 9. 管段连头的材质、规格、种类		按设计图示穿越长度分类计算（穿越长度按河两岸阀室的距离计算，无阀室时以两岸的固定墩距离计算，两者全无时以干线连接的弯头为界点计算）	1. 管沟开挖、回填 2. 管道组装焊接 3. 补口补伤 4. 管道清管、试压 5. 拖拉头（发送道）制作、安装、拆除 6. 管道穿越 7. 水工保护 8. 管段连头

续表 C.13.3

项目编码	项目名称	项目特征	计量单位	工程量计算规则	工程内容
031303008	水平定向钻穿越工程	1. 穿越地段 2. 穿越地段地质类别 3. 穿越长度 4. 管道材质 5. 管道规格 6. 管道组焊方式、焊接工艺 7. 管道除锈、防腐设计要求 8. 管道清管、试压设计要求 9. 管段连头的材质、规格、种类	m	按设计图示的穿越长度分类计算	1. 测量放线 2. 清理作业带 3. 防腐管运输、布管、组焊 4. 补口补伤 5. 管道清管、试压 6. 钻机安装调试 7. 钻导向孔、扩孔 8. 管道穿越 9. 管段连头

C.13.4 其他相关问题，应按下列规定处理：

1 管道界限划分：

1）在厂区、油田、气田、油库区范围以外，管道长度 25km 以上的输油、输气管道；

2）由水源地取水点至厂区或城市第一个储水点之间距离 10km 以上的输水管道；

3）由煤气厂（站）至城市第一个配气点之间距离 10km 以上的输气管道。

2 “长距离输送管道工程”适用于各种压力、各种介质长距离输送管道。

3 阀室应按附录 A、附录 D 和本附录的相关项目编码列项。

二、措 施 项 目

序号	项 目 名 称
3.1	组装平台
3.2	设备、管道施工的防冻和焊接保护措施
3.3	压力容器和高压管道的检验
3.4	焦炉施工大棚
3.5	焦炉烘炉、热态工程
3.6	管道安装后的充气保护措施

续表

序号	项 目 名 称
3.7	隧道内施工的通风、供水、供气、供电、照明及通讯设施
3.8	现场施工围栏
3.9	长输管道临时水工保护措施
3.10	长输管道施工便道
3.11	长输管道跨越或穿越施工措施
3.12	长输管道地下穿越地上建筑物的保护措施
3.13	长输管道工程施工队伍调遣
3.14	格架式抱杆

附录 D　市政工程工程量清单项目及计算规则

一、实 体 项 目

D.1　土石方工程

D.1.1 挖土方。工程量清单项目设置及工程量计算规则，应按表 D.1.1 的规定执行。

表 D.1.1　挖土方（编码：040101）

项目编码	项目名称	项目特征	计量单位	工程量计算规则	工程内容
040101001	挖一般土方	1. 土壤类别 2. 挖土深度	m^2	按设计图示开挖线以体积计算	1. 土方开挖 2. 围护、支撑 3. 场内运输 4. 平整、夯实
040101002	挖沟槽土方			原地面线以下按构筑物最大水平投影面积乘以挖土深度（原地面平均标高至槽坑底高度）以体积计算	
040101003	挖基坑土方			原地面线以下按构筑物最大水平投影面积乘以挖土深度（原地面平均标高至坑底高度）以体积计算	

续表 D.1.1

项目编码	项目名称	项目特征	计量单位	工程量计算规则	工程内容
040101004	竖井挖土方	1. 土壤类别 2. 挖土深度	m^3	按设计图示尺寸以体积计算	1. 土方开挖 2. 围护、支撑 3. 场内运输
040101005	暗挖土方	土壤类别		按设计图示断面乘以长度以体积计算	1. 土方开挖 2. 围护、支撑 3. 洞内运输 4. 场内运输
040101006	挖淤泥	挖淤泥深度		按设计图示的位置及界限以体积计算	1. 挖淤泥 2. 场内运输

D.1.2 挖石方。工程量清单项目设置及工程量计算规则，应按表 D.1.2 的规定执行。

表 D.1.2 挖石方（编码：040102）

项目编码	项目名称	项目特征	计量单位	工程量计算规则	工程内容
040102001	挖一般石方	1. 岩石类别 2. 开凿深度	m^3	按设计图示开挖线以体积计算	1. 石方开凿 2. 围护、支撑 3. 场内运输 4. 修整底、边
040102002	挖沟槽石方			原地面线以下按构筑物最大水平投影面积乘以挖石深度（原地面平均标高至槽底高度）以体积计算	
040102003	挖基坑石方			按设计图示尺寸以体积计算	

D.1.3 填方及土石方运输。工程量清单项目设置及工程量计算规则，应按表 D.1.3 的规定执行。

表 D.1.3 填方及土石方运输（编码：040103）

项目编码	项目名称	项目特征	计量单位	工程量计算规则	工程内容
040103001	填方	1. 填方材料品种 2. 密实度	m^3	1. 按设计图示尺寸以体积计算 2. 按挖方清单项目工程量减基础、构筑物埋入体积加原地面线至设计要求标高间的体积计算	1. 填方 2. 压实
040103002	余方弃置	1. 废弃料品种 2. 运距		按挖方清单项目工程量减利用回填方体积（正数）计算	余方点装料运输至弃置点
040103003	缺方内运	1. 填方材料品种 2. 运距		按挖方清单项目工程量减利用回填方体积（负数）计算	取料点装料运输至缺方点

D.1.4 其他相关问题，应按下列规定处理：

1 挖方应按天然密实度体积计算，填方应按压实后体积计算。

2 沟槽、基坑、一般土石方的划分应符合下列规定：

1）底宽 7m 以内，底长大于底宽 3 倍以上应按沟槽计算。

2）底长小于底宽 3 倍以下，底面积在 $150m^2$ 以内应按基坑计算。

3）超过上述范围，应按一般土石方计算。

D.2 道路工程

D.2.1 路基处理。工程量清单项目设置及工程量计算规则，应按表D.2.1的规定执行。

表 D.2.1 路基处理（编码：040201）

项目编码	项目名称	项目特征	计量单位	工程量计算规则	工程内容
040201001	强夯土方	密实度	m^2	按设计图示尺寸以面积计算	土方强夯
040201002	掺石灰	含灰量	m^3	按设计图示尺寸以体积计算	掺石灰
040201003	掺干土	1. 密实度 2. 掺土率			掺干土
040201004	掺石	1. 材料 2. 规格 3. 掺石率			掺石
040201005	抛石挤淤	规格			抛石挤淤
040201006	袋装砂井	1. 直径 2. 填充料品种	m	按设计图示以长度计算	成孔、装袋砂
040201007	塑料排水板	1. 材料 2. 规格			成孔、打塑料排水板
040201008	石灰砂桩	1. 材料配合比 2. 桩径			成孔、石灰、砂填充
040201009	碎石桩	1. 材料规格 2. 桩径			1. 振冲器安装、拆除 2. 碎石填充、振实
040201010	喷粉桩	1. 桩径 2. 水泥含量			成孔、喷粉固化
040201011	深层搅拌桩				1. 成孔 2. 水泥浆制作 3. 压浆、搅拌
040201012	土工布	1. 材料品种 2. 规格	m^2	按设计图示尺寸以面积计算	土工布铺设
040201013	排水沟、截水沟	1. 材料品种 2. 断面 3. 混凝土强度等级 4. 砂浆强度等级	m	按设计图示以长度计算	1. 垫层铺筑 2. 混凝土浇筑 3. 砌筑 4. 勾缝 5. 抹面 6. 盖板
040201014	盲沟	1. 材料品种 2. 断面 3. 材料规格			盲沟铺筑

D.2.2 道路基层。工程量清单项目设置及工程量计算规则，应按表D.2.2的规定执行。

表 D.2.2 道路基层（编码：040202）

项目编码	项目名称	项目特征	计量单位	工程量计算规则	工程内容
040202001	垫层	1. 厚度 2. 材料品种 3. 材料规格	m²	按设计图示尺寸以面积计算，不扣除各种井所占面积	1. 拌和 2. 铺筑 3. 找平 4. 碾压 5. 养护
040202002	石灰稳定土	1. 厚度 2. 含灰量			
040202003	水泥稳定土	1. 水泥含量 2. 厚度			
040202004	石灰、粉煤灰、土	1. 厚度 2. 配合比			
040202005	石灰、碎石、土	1. 厚度 2. 配合比 3. 碎石规格			
040202006	石灰、粉煤灰、碎（砾）石	1. 材料品种 2. 厚度 3. 碎（砾）石规格 4. 配合比			
040202007	粉煤灰	厚度			
040202008	砂砾石				
040202009	卵石				
040202010	碎石				
040202011	块石				
040202012	炉渣				
040202013	粉煤灰三渣	1. 厚度 2. 配合比 3. 石料规格			
040202014	水泥稳定碎（砾）石	1. 厚度 2. 水泥含量 3. 石料规格			
040202015	沥青稳定碎石	1. 厚度 2. 沥青品种 3. 石料粒径			

D.2.3 道路基层。工程量清单项目设置及工程量计算规则，应按表 D.2.3 的规定执行。

表 D.2.3 道路面层（编码：040203）

项目编码	项目名称	项目特征	计量单位	工程量计算规则	工程内容
040203001	沥青表面处治	1. 沥青品种 2. 层数	m^2	按设计图示尺寸以面积计算，不扣除各种井所占面积	1. 洒油 2. 碾压
040203002	沥青贯入式	1. 沥青品种 2. 厚度			
040203003	黑色碎石	1. 沥青品种 2. 厚度 3. 石料最大粒径			1. 洒铺底油 2. 铺筑 3. 碾压
040203004	沥青混凝土	1. 沥青品种 2. 石料最大粒径 3. 厚度			
040203005	水泥混凝土	1. 混凝土强度等级、石料最大粒径 2. 厚度 3. 掺和料 4. 配合比			1. 传力杆及套筒制作、安装 2. 混凝土浇筑 3. 拉毛或压痕 4. 伸缝 5. 缩缝 6. 锯缝 7. 嵌缝 8. 路面养生
040203006	块料面层	1. 材质 2. 规格 3. 垫层厚度 4. 强度			1. 铺筑垫层 2. 铺砌块料 3. 嵌缝、勾缝
040203007	橡胶、塑料弹性面层	1. 材料名称 2. 厚度			1. 配料 2. 铺贴

D.2.4 人行道及其他。工程量清单项目设置及工程量计算规则，应按表 D.2.4 的规定执行。

表 D.2.4 人行道及其他（编码：040204）

项目编码	项目名称	项目特征	计量单位	工程量计算规则	工程内容
040204001	人行道块料铺设	1. 材质 2. 尺寸 3. 垫层材料品种、厚度、强度 4. 图形	m^2	按设计图示尺寸以面积计算，不扣除各种井所占面积	1. 整形碾压 2. 垫层、基础铺筑 3. 块料铺设
040204002	现浇混凝土人行道及进口坡	1. 混凝土强度等级、石料最大粒径 2. 厚度 3. 垫层、基础：材料品种、厚度、强度			1. 整形碾压 2. 垫层、基础铺筑 3. 混凝土浇筑 4. 养生

续表 D.2.4

项目编码	项目名称	项目特征	计量单位	工程量计算规则	工程内容
040204003	安砌侧（平、缘）石	1. 材料 2. 尺寸 3. 形状 4. 垫层、基础：材料品种、厚度、强度	m	按设计图示中心线长度计算	1. 垫层、基础铺筑 2. 侧（平、缘）石安砌
040204004	现浇侧（平、缘）石	1. 材料品种 2. 尺寸 3. 形状 4. 混凝土强度等级、石料最大粒径 5. 垫层、基础：材料品种、厚度、强度			1. 垫层铺筑 2. 混凝土浇筑 3. 养生
040204005	检查井升降	1. 材料品种 2. 规格 3. 平均升降高度	座	按设计图示路面标高与原有的检查井发生正负高差的检查井的数量计算	升降检查井
040204006	树池砌筑	1. 材料品种、规格 2. 树池尺寸 3. 树池盖材料品种	个	按设计图示数量计算	1. 树池砌筑 2. 树池盖制作、安装

D.2.5 交通管理设施。工程量清单项目设置及工程量计算规则，应按表 D.2.5 的规定执行。

表 D.2.5 交通管理设施（编码：040205）

项目编码	项目名称	项目特征	计量单位	工程量计算规则	工程内容
040205001	接线工作井	1. 混凝土强度等级、石料最大粒径 2. 规格	座	按设计图示数量计算	浇筑
040205002	电缆保护管铺设	1. 材料品种 2. 规格 3. 基础材料品种、厚度、强度	m	按设计图示以长度计算	电缆保护管制作、安装
040205003	标杆		套	按设计图示数量计算	1. 基础浇捣 2. 标杆制作、安装
040205004	标志板		块		标志板制作、安装
040205005	视线诱导器	类型	只		安装
040205006	标线	1. 油漆品种 2. 工艺 3. 线型	km	按设计图示以长度计算	画线
040205007	标记	1. 油漆品种 2. 规格 3. 形式	个	按设计图示以数量计算	
040205008	横道线	形式	m^2	按设计图示尺寸以面积计算	
040205009	清除标线	清除方法			清除
040205010	交通信号灯安装	型号	套	按设计图示数量计算	1. 基础浇捣 2. 安装
040205011	环形检测线安装	1. 类型 2. 垫层、基础：材料品种、厚度、强度	m	按设计图示以长度计算	
040205012	值警亭安装		座	按设计图示数量计算	
040205013	隔离护栏安装	1. 部位 2. 形式 3. 规格 4. 类型 5. 材料品种 6. 基础材料品种、强度	m	按设计图示以长度计算	1. 基础浇筑 2. 安装

续表 D.2.5

项目编码	项目名称	项目特征	计量单位	工程量计算规则	工程内容
040205014	立电杆	1. 类型 2. 规格 3. 基础材料品种、强度	根	按设计图示数量计算	1. 基础浇筑 2. 安装
040205015	信号灯架空走线	规格	km	按设计图示以长度计算	架线
040205016	信号机箱	1. 形式 2. 规格 3. 基础材料品种、强度	只	按设计图示数量计算	1. 基础浇筑或砌筑 2. 安装 3. 系统调试
040205017	信号灯架		组		
040205018	管内穿线	1. 规格 2. 型号	km	按设计图示以长度计算	穿线

D.2.6 道路工程厚度均应以压实后为准。

D.3 桥涵护岸工程

D.3.1 桩基。工程量清单项目设置及工程量计算规则，应按表 D.3.1 的规定执行。

表 D.3.1 桩基（编码：040301）

项目编码	项目名称	项目特征	计量单位	工程量计算规则	工程内容
040301001	圆木桩	1. 材质 2. 尾径 3. 斜率	m	按设计图示以桩长（包括桩尖）计算	1. 工作平台搭拆 2. 桩机竖拆 3. 运桩 4. 桩靴安装 5. 沉桩 6. 截桩头 7. 废料弃置
040301002	钢筋混凝土板桩	1. 混凝土强度等级、石料最大粒径 2. 部位	m^3	按设计图示桩长（包括桩尖）乘以桩的断面积以体积计算	1. 工作平台搭拆 2. 桩机竖拆 3. 场内外运桩 4. 沉桩 5. 送桩 6. 凿除桩头 7. 废料弃置 8. 混凝土浇筑 9. 废料弃置
040301003	钢筋混凝土方桩（管桩）	1. 形式 2. 混凝土强度等级、石料最大粒径 3. 断面 4. 斜率 5. 部位	m	按设计图示桩长（包括桩尖）计算	1. 工作平台搭拆 2. 桩机竖拆 3. 混凝土浇筑 4. 运桩 5. 沉桩 6. 接桩 7. 送桩 8. 凿除桩头 9. 桩芯混凝土充填 10. 废料弃置

续表 D. 3. 1

<table>
<tr><th>项目编码</th><th>项目名称</th><th>项目特征</th><th>计量单位</th><th>工程量计算规则</th><th>工程内容</th></tr>
<tr><td>040301004</td><td>钢管桩</td><td>1. 材质
2. 加工工艺
3. 管径、壁厚
4. 斜率
5. 强度</td><td rowspan="4">m</td><td rowspan="2">按设计图示以桩长（包括桩尖）计算</td><td>1. 工作平台搭拆
2. 桩机竖拆
3. 钢管制作
4. 场内外运桩
5. 沉桩
6. 接桩
7. 送桩
8. 切割钢管
9. 精割盖帽
10. 管内取土
11. 余土弃置
12. 管内填心
13. 废料弃置</td></tr>
<tr><td>040301005</td><td>钢管成孔灌注桩</td><td>1. 桩径
2. 深度
3. 材料品种
4. 混凝土强度等级、石料最大粒径</td><td>1. 工作平台搭拆
2. 桩机竖拆
3. 沉桩及灌注、拔管
4. 凿除桩头
5. 废料弃置</td></tr>
<tr><td>040301006</td><td>挖孔灌注桩</td><td rowspan="2">1. 桩径
2. 深度
3. 岩土类别
4. 混凝土强度等级、石料最大粒径</td><td rowspan="2">按设计图示以长度计算</td><td>1. 挖桩成孔
2. 护壁制作、安装、浇捣
3. 土方运输
4. 灌注混凝土
5. 凿除桩头
6. 废料弃置
7. 余方弃置</td></tr>
<tr><td>040301007</td><td>机械成孔灌注桩</td><td>1 工作平台搭拆
2. 成孔机械竖拆
3. 护筒埋设
4. 泥浆制作
5. 钻、冲成孔
6. 余方弃置
7. 灌注混凝土
8. 凿除桩头
9. 废料弃置</td></tr>
</table>

D.3.2 现浇混凝土。工程量清单项目设置及工程量计算规则，应按表 D.3.2 的规定执行。

表 D.3.2 现浇混凝土（编码：040302）

项目编码	项目名称	项目特征	计量单位	工程量计算规则	工程内容
040302001	混凝土基础	1. 混凝土强度等级、石料最大粒径 2. 嵌料（毛石）比例 3. 垫层厚度、材料品种、强度	m^3	按设计图示尺寸以体积计算	1. 垫层铺筑 2. 混凝土浇筑 3. 养生
040302002	混凝土承台	1. 部位 2. 混凝土强度等级、石料最大粒径			1. 混凝土浇筑 2. 养生
040302003	墩（台）帽				
040302004	墩（台）身				
040302005	支撑梁及横梁				
040302006	墩（台）盖梁				
040302007	拱桥拱座	混凝土强度等级、石料最大粒径			
040302008	拱桥拱肋				
040302009	拱上构件	1. 部位 2. 混凝土强度等级、石料最大粒径			
040302010	混凝土箱梁				
040302011	混凝土连续板	1. 部位 2. 强度 3. 形式			
040302012	混凝土板梁	1. 部位 2. 形式 3. 混凝土强度等级、石料最大粒径			
040302013	拱板	1. 部位 2. 混凝土强度等级、石料最大粒径			
040302014	混凝土楼梯	1. 形式 2. 混凝土强度等级、石料最大粒径	m^3	按设计图示尺寸以体积计算	
040302015	混凝土防撞护栏	1. 断面 2. 混凝土强度等级、石料最大粒径	m	按设计图示尺寸以长度计算	1. 混凝土浇筑 2. 养生
040302016	混凝土小型构件	1. 部位 2. 混凝土强度等级、石料最大粒径	m^3	按设计图示尺寸以体积计算	
040302017	桥面铺装	1. 部位 2. 混凝土强度等级、石料最大粒径 3. 沥青品种 4. 厚度 5. 配合比	m^2	按设计图示尺寸以面积计算	1. 混凝土浇筑 2. 养生 3. 沥青混凝土铺装 4. 碾压
040302018	桥头搭板	混凝土强度等级、石料最大粒径	m^3	按设计图示尺寸以体积计算	1. 混凝土浇筑 2. 养生
040302019	桥塔身	1. 形状 2. 混凝土强度等级、石料最大粒径		按设计图示尺寸以实体积计算	
040302020	连系梁				

D.3.3 预制混凝土。工程量清单项目设置及工程量计算规则，应按表 D.3.3 的规定执行。

表 D.3.3 预制混凝土（编码：040303）

项目编码	项目名称	项目特征	计量单位	工程量计算规则	工程内容
040303001	预制混凝土立柱	1. 形状、尺寸 2. 混凝土强度等级、石料最大粒径 3. 预应力、非预应力 4. 张拉方式	m^3	按设计图示尺寸以体积计算	1. 混凝土浇筑 2. 养生 3. 构件运输 4. 立柱安装 5. 构件连接
040303002	预制混凝土板				1. 混凝土浇筑 2. 养生 3. 构件运输 4. 安装 5. 构件连接
040303003	预制混凝土梁				
040303004	预制混凝土桁架拱构件	1. 部位 2. 混凝土强度等级、石料最大粒径			
040303005	预制混凝土小型构件				

D.3.4 砌筑。工程量清单项目设置及工程量计算规则，应按表 D.3.4 的规定执行。

表 D.3.4 砌筑（编码：040304）

项目编码	项目名称	项目特征	计量单位	工程量计算规则	工程内容
040304001	干砌块料	1. 部位 2. 材料品种 3. 规格	m^3	按设计图示尺寸以体积计算	1. 砌筑 2. 勾缝
040304002	浆砌块料	1. 部位 2. 材料品种 3. 规格 4. 砂浆强度等级			1. 砌筑 2. 砌体勾缝 3. 砌体抹面 4. 泄水孔制作、安装 5. 滤层铺设 6. 沉降缝
040304003	浆砌拱圈	1. 材料品种 2. 规格 3. 砂浆强度			1. 砌筑 2. 砌体勾缝 3. 砌体抹面
040304004	抛石	1. 要求 2. 品种规格			抛石

D.3.5 挡墙、护坡。工程量清单项目设置及工程量计算规则，应按表 D.3.5 的规定执行。

表 D.3.5 挡墙、护坡（编码：040305）

项目编码	项目名称	项目特征	计量单位	工程量计算规则	工程内容
040305001	挡墙基础	1. 材料品种 2. 混凝土强度等级、石料最大粒径 3. 形式 4. 垫层厚度、材料品种、强度	m^3	按设计图示尺寸以体积计算	1. 垫层铺筑 2. 混凝土浇筑
040305002	现浇混凝土挡墙墙身	1. 混凝土强度等级、石料最大粒径 2. 泄水孔材料品种、规格 3. 滤水层要求			1. 混凝土浇筑 2. 养生 3. 抹灰 4. 泄水孔制作、安装 5. 滤水层铺筑
040305003	预制混凝土挡墙墙身				1. 混凝土浇筑 2. 养生 3. 构件运输 4. 安装 5. 泄水孔制作、安装 6. 滤水层铺筑
040305004	挡墙混凝土压顶	混凝土强度等级、石料最大粒径			1. 混凝土浇筑 2. 养生
040305005	护坡	1. 材料品种 2. 结构形式 3. 厚度	m^2	按设计图示尺寸以面积计算	1. 修整边坡 2. 砌筑

D.3.6 立交箱涵，工程量清单项目设置及工程量计算规则，应按表 D.3.6 的规定执行。

表 D.3.6 立交箱涵（编码：040306）

项目编码	项目名称	项目特征	计量单位	工程量计算规则	工程内容
040306001	滑板	1. 透水管材料品种、规格 2. 垫层厚度、材料品种、强度 3. 混凝土强度等级、石料最大粒径	m^3	按设计图示尺寸以体积计算	1. 透水管铺设 2. 垫层铺筑 3. 混凝土浇筑 4. 养生
040306002	箱涵底板	1. 透水管材料品种、规格 2. 垫层厚度、材料品种、强度 3. 混凝土强度等级、石料最大粒径 4. 石蜡层要求 5. 塑料薄膜品种、规格			1. 石蜡层 2. 塑料薄膜 3. 混凝土浇筑 4. 养生
040306003	箱涵侧墙	1. 混凝土强度等级、石料最大粒径 2. 防水层工艺要求			1. 混凝土浇筑 2. 养生 3. 防水砂浆 4. 防水层铺涂
040306004	箱涵顶板				
040306005	箱涵顶进	1. 断面 2. 长度	kt·m	按设计图示尺寸以被顶箱涵的质量乘以箱涵的位移距离分节累计计算	1. 顶进设备安装、拆除 2. 气垫安装、拆除 3. 气垫使用 4. 钢刃角制作、安装、拆除 5. 挖土实顶 6. 场内外运输 7. 中继间安装、拆除
040306006	箱涵接缝	1. 材质 2. 工艺要求	m	按设计图示止水带长度计算	接缝

D.3.7 钢结构。工程量清单项目设置及工程量计算规则，应按表 D.3.7 的规定执行。

表 D.3.7 钢结构（编码：040307）

项目编码	项目名称	项目特征	计量单位	工程量计算规则	工程内容
040307001	钢箱梁	1. 材质 2. 部位 3. 油漆品种、色彩、工艺要求	t	按设计图示尺寸以质量计算（不包括螺栓、焊缝质量）	1. 制作 2. 运输 3. 试拼 4. 安装 5. 连接 6. 除锈、油漆
040307002	钢板梁				
040307003	钢桁梁				
040307004	钢拱				
040307005	钢构件				
040307006	劲性钢结构				
040307007	钢结构叠合梁				

续表表 D. 3. 7

项目编码	项目名称	项目特征	计量单位	工程量计算规则	工程内容
040307008	钢拉索	1. 材质 2. 直径 3. 防护方式	t	按设计图示尺寸以质量计算	1. 拉索安装 2. 张拉 3. 锚具 4. 防护壳制作、安装
040307009	钢拉杆				1. 连接、紧锁件安装 2. 钢拉杆安装 3. 钢拉杆防腐 4. 钢拉杆防护壳制作、安装

D. 3. 8 装饰。工程量清单项目设置及工程量计算规则，应按表 D. 3. 8 的规定执行。

表 D. 3. 8 装饰（编码：040308）

项目编码	项目名称	项目特征	计量单位	工程量计算规则	工程内容
040308001	水泥砂浆抹面	1. 砂浆配合比 2. 部位 3. 厚度	m^2	按设计图示尺寸以面积计算	砂浆抹面
040308002	水刷石饰面	1. 材料 2. 部位 3. 砂浆配合比 4. 形式、厚度			饰面
040308003	剁斧石饰面	1. 材料 2. 部位 3. 形式 4. 厚度			
040308004	拉毛	1. 材料 2. 砂浆配合比 3. 部位 4. 厚度			砂浆、水泥浆拉毛
040308005	水磨石饰面	1. 规格 2. 砂浆配合比 3. 材料品种 4. 部位			饰面
040308006	镶贴面层	1. 材质 2. 规格 3. 厚度 4. 部位			镶贴面层
040308007	水质涂料	1. 材料品种 2. 部位			涂料涂刷
040308008	油漆	1. 材料品种 2. 部位 3. 工艺要求			1. 除锈 2. 刷油漆

D.3.9 其他。工程量清单项目设置及工程量计算规则，应按表D.3.9的规定执行。

表D.3.9 其他（编码：040309）

项目编码	项目名称	项目特征	计量单位	工程量计算规则	工程内容
040309001	金属栏杆	1. 材质 2. 规格 3. 油漆品种、工艺要求	t	按设计图示尺寸以质量计算	1. 制作、运输、安装 2. 除锈、刷油漆
040309002	橡胶支座	1. 材质 2. 规格	个	按设计图示数量计算	支座安装
040309003	钢支座	1. 材质 2. 规格 3. 形式			
040309004	盆式支座	1. 材质 2. 承载力			
040309005	油毛毡支座	1. 材质 2. 规格	m^2	按设计图示尺寸以面积计算	制作、安装
040309006	桥梁伸缩装置	1. 材料品种 2. 规格	m	按设计图示尺寸以延长米计算	1. 制作、安装 2. 嵌缝
040309007	隔音屏障	1. 材料品种 2. 结构形式 3. 油漆品种、工艺要求	m^2	按设计图示尺寸以面积计算	1. 制作、安装 2. 除锈、刷油漆
040309008	桥面泄水管	1. 材料 2. 管径 3. 滤层要求	m	按设计图示以长度计算	1. 进水口、泄水管制作、安装 2. 滤层铺设
040309009	防水层	1. 材料品种 2. 规格 3. 部位 4. 工艺要求	m^2	按设计图示尺寸以面积计算	防水层铺涂
040309010	钢桥维修设备	按设计图要求	套	按设计图示数量计算	1. 制作 2. 运输 3. 安装 4. 除锈、刷油漆

D.3.10 其他相关问题，应按下列规定处理：

1 除箱涵顶进土方、桩土方以外，其他（包括顶进工作坑）土方，应按D.1中相关项目编码列项。

2 台帽、台盖梁均应包括耳墙、背墙。

D.4 隧道工程

D.4.1 隧道岩石开挖。工程量清单项目设置及工程量计算规则，应按表D.4.1的规定执行。

表D.4.1 隧道岩石开挖（编码：040401）

项目编码	项目名称	项目特征	计量单位	工程量计算规则	工程内容
040401001	平洞开挖	1. 岩石类别 2. 开挖断面 3. 爆破要求	m^3	按设计图示结构断面尺寸乘以长度以体积计算	1. 爆破或机械开挖 2. 临时支护 3. 施工排水 4. 弃碴运输 5. 弃碴外运

续表 D.4.1

项目编码	项目名称	项目特征	计量单位	工程量计算规则	工程内容
040401002	斜洞开挖	1. 岩石类别 2. 开挖断面 3. 爆破要求	m^3	按设计图示结构断面尺寸乘以长度以体积计算	1. 爆破或机械开挖 2. 临时支护 3. 施工排水 4. 洞内石方运输 5. 弃碴外运
040401003	竖井开挖				1. 爆破或机械开挖 2. 施工排水 3. 弃碴运输 4. 弃碴外运
040401004	地沟开挖	1. 断面尺寸 2. 岩石类别 3. 爆破要求			1. 爆破或机械开挖 2. 弃碴运输 3. 施工排水 4. 弃碴外运

D.4.2 岩石隧道衬砌。工程量清单项目设置及工程量计算规则，应按表 D.4.2 的规定执行。

表 D.4.2 岩石隧道衬砌（编码：040402）

项目编码	项目名称	项目特征	计量单位	工程量计算规则	工程内容
040402001	混凝土拱部衬砌	1. 断面尺寸 2. 混凝土强度等级、石料最大粒径	m^3	按设计图示尺寸以体积计算	1. 混凝土浇筑 2. 养生
040402002	混凝土边墙衬砌				
040402003	混凝土竖井衬砌				
040402004	混凝土沟道				
040402005	拱部喷射混凝土	1. 厚度 2. 混凝土强度等级、石料最大粒径	m^2	按设计图示尺寸以面积计算	1. 清洗岩石 2. 喷射混凝土
040402006	边墙喷射混凝土				
040402007	拱圈砌筑	1. 断面尺寸 2. 材料品种 3. 规格 4. 砂浆强度等级	m^3	按设计图示尺寸以体积计算	1. 砌筑 2. 勾缝 3. 抹灰
040402008	边墙砌筑	1. 厚度 2. 材料品种 3. 规格 4. 砂浆强度等级			
040402009	砌筑沟道	1. 断面尺寸 2. 材料品种 3. 规格 4. 砂浆强度			
040402010	洞门砌筑	1. 形状 2. 材料 3. 规格 4. 砂浆强度等级			

续表 D. 4. 2

项目编码	项目名称	项目特征	计量单位	工程量计算规则	工程内容
040402011	锚杆	1. 直径 2. 长度 3. 类型	t	按设计图示尺寸以质量计算	1. 钻孔 2. 锚杆制作、安装 3. 压浆
040402012	充填压浆	1. 部位 2. 浆液成分强度	m^3	按设计图示尺寸以体积计算	1. 打孔、安管 2. 压浆
040402013	浆砌块石	1. 部位 2. 材料 3. 规格 4. 砂浆强度等级	m^3	按设计图示回填尺寸以体积计算	1. 调制砂浆 2. 砌筑 3. 勾缝
040402014	干砌块石				1. 砌筑 2. 勾缝
040402015	柔性防水层	1. 材料 2. 规格	m^2	按设计图示尺寸以面积计算	防水层铺设

D. 4. 3 盾构掘进。工程量清单项目设置及工程量计算规则，应按表 D. 4. 3 的规定执行。

表 D. 4. 3 盾构掘进（编码：040403）

项目编码	项目名称	项目特征	计量单位	工程量计算规则	工程内容
040403001	盾构吊装、吊拆	1. 直径 2. 规格、型号	台次	按设计图示数量计算	1. 整体吊装 2. 分体吊装 3. 车架安装
040403002	隧道盾构掘进	1. 直径 2. 规格 3. 形式	m	按设计图示掘进长度计算	1. 负环段掘进 2. 出洞段掘进 3. 进洞段掘进 4. 正常段掘进 5. 负环管片拆除 6. 隧道内管线路拆除 7. 土方外运
040403003	衬砌压浆	1. 材料品种 2. 配合比 3. 砂浆强度等级 4. 石料最大粒径	m^3	按管片外径和盾构壳体外径所形成的充填体积计算	1. 同步压浆 2. 分块压浆
040403004	预制钢筋混凝土管片	1. 直径 2. 厚度 3. 宽度 4. 混凝土强度等级、石料最大粒径	m^3	按设计图示尺寸以体积计算	1. 钢筋混凝土管片制作 2. 管片成环试拼（每 100 环试拼一组） 3. 管片安装 4. 管片场内外运输
040403005	钢管片	材质	t	按设计图示以质量计算	1. 钢管片制作 2. 钢管片安装 3. 管片场内外运输
040403006	钢混凝土复合管片	1. 材质 2. 混凝土强度等级、石料最大粒径	m^3	按设计图示尺寸以体积计算	1. 复合管片钢壳制作 2. 复合管片混凝土浇筑 3. 养生 4. 复合管片安装 5. 管片场内外运输

续表 D.4.3

项目编码	项目名称	项目特征	计量单位	工程量计算规则	工程内容
040403007	管片设置密封条	1. 直径 2. 材料 3. 规格	环	按设计图示数量计算	密封条安装
040403008	隧道洞口柔性接缝环	1. 材料 2. 规格	m	按设计图示以隧道管片外径周长计算	1. 拆临时防水环板 2. 安装、拆除临时止水带 3. 拆除洞口环管片 4. 安装钢环板 5. 柔性接缝环 6. 洞口混凝土环圈
040403009	管片嵌缝	1. 直径 2. 材料 3. 规格	环	按设计图示数量计算	1. 管片嵌缝 2. 管片手孔封堵

D.4.4 管节顶升、旁通道。工程量清单项目设置及工程量计算规则，应按表 D.4.4 的规定执行。

表 D.4.4 管节顶升、旁通道（编码：040404）

项目编码	项目名称	项目特征	计量单位	工程量计算规则	工程内容
040404001	管节垂直顶升	1. 断面 2. 强度 3. 材质	m	按设计图示以顶升长度计算	1. 钢壳制作 2. 混凝土浇筑 3. 管节试拼装 4. 管节顶升
040404002	安装止水框、连系梁	材质	t	按设计图示尺寸以质量计算	1. 止水框制作、安装 2. 连系梁制作、安装
040404003	阴极保护装置	1. 型号 2. 规格	组	按设计图示数量计算	1. 恒电位仪安装 2. 阳极安装 3. 阴极安装 4. 参变电极安装 5. 电缆敷设 6. 接线盒安装
040404004	安装取排水头	1. 部位（水中、陆上） 2. 尺寸	个	按设计图示数量计算	1. 顶升口揭顶盖 2. 取排水头部安装
040404005	隧道内旁通道开挖	土壤类别	m^3	按设计图示尺寸以体积计算	1. 地基加固 2. 管片拆除 3. 支护 4. 土方暗挖 5. 土方运输
040404006	旁通道结构混凝土	1. 断面 2. 混凝土强度等级、石料最大粒径	m^3	按设计图示尺寸以体积计算	1. 混凝土浇筑 2. 洞门接口防水
040404007	隧道内集水井	1. 部位 2. 材料 3. 形式	座	按设计图示数量计算	1. 拆除管片建集水井 2. 不拆管片建集水井
040404008	防爆门	1. 形式 2. 断面	扇	按设计图示数量计算	1. 防爆门制作 2. 防爆门安装

D.4.5 隧道沉井。工程量清单项目设置及工程量计算规则，应按表 D.4.5 的规定执行。

表 D.4.5 隧道沉井（编码：040405）

<table>
<tr><th>项目编码</th><th>项目名称</th><th>项目特征</th><th>计量单位</th><th>工程量计算规则</th><th>工程内容</th></tr>
<tr><td>040405001</td><td>沉井井壁混凝土</td><td>1. 形状
2. 混凝土强度等级、石料最大粒径</td><td rowspan="5">m^3</td><td>按设计尺寸以井筒混凝土体积计算</td><td>1. 沉井砂垫层
2. 刃脚混凝土垫层
3. 混凝土浇筑
4. 养生</td></tr>
<tr><td>040405002</td><td>沉井下沉</td><td>深度</td><td>按设计图示井壁外围面积乘以下沉深度以体积计算</td><td>1. 排水挖土下沉
2. 不排水下沉
3. 土方场外运输</td></tr>
<tr><td>040405003</td><td>沉井混凝土封底</td><td rowspan="2">混凝土强度等级、石料最大粒径</td><td rowspan="3">按设计图示尺寸以体积计算</td><td>1. 混凝土干封底
2. 混凝土水下封底</td></tr>
<tr><td>040405004</td><td>沉井混凝土底板</td><td>1. 混凝土浇筑
2. 养生</td></tr>
<tr><td>040405005</td><td>沉井填心</td><td>材料品种</td><td>1. 排水沉井填心
2. 不排水沉井填心</td></tr>
<tr><td>040405006</td><td>钢封门</td><td>1. 材质
2. 尺寸</td><td>t</td><td>按设计图示尺寸以质量计算</td><td>1. 钢封门安装
2. 钢封门拆除</td></tr>
</table>

D.4.6 地下连续墙。工程量清单项目设置及工程量计算规则，应按表 D.4.6 的规定执行。

表 D.4.6 地下连续墙（编码：040406）

<table>
<tr><th>项目编码</th><th>项目名称</th><th>项目特征</th><th>计量单位</th><th>工程量计算规则</th><th>工程内容</th></tr>
<tr><td>040406001</td><td>地下连续墙</td><td>1. 深度
2. 宽度
3. 混凝土强度等级、石料最大粒径</td><td rowspan="4">m^3</td><td>按设计图示长度乘以宽度乘以深度以体积计算</td><td>1. 导墙制作、拆除
2. 挖土成槽
3. 锁口管吊拔
4. 混凝土浇筑
5. 养生
6. 土石方场外运输</td></tr>
<tr><td>040406002</td><td>深层搅拌桩成墙</td><td>1. 深度
2. 孔径
3. 水泥掺量
4. 型钢材质
5. 型钢规格</td><td rowspan="2">按设计图示尺寸以体积计算</td><td>1. 深层搅拌桩空搅
2. 深层搅拌桩二喷四搅
3. 型钢制作
4. 插拔型钢</td></tr>
<tr><td>040406003</td><td>桩顶混凝土圈梁</td><td>混凝土强度等级、石料最大粒径</td><td>1. 混凝土浇筑
2. 养生
3. 圈梁拆除</td></tr>
<tr><td>040406004</td><td>基坑挖土</td><td>1. 土质
2. 深度
3. 宽度</td><td>按设计图示地下连续墙或围护桩围成的面积乘以基坑的深度以体积计算</td><td>1. 基坑挖土
2. 基坑排水</td></tr>
</table>

D.4.7 混凝土结构。工程量清单项目设置及工程量计算规则，应按表 D.4.7 的规定执行。

表 D.4.7 混凝土结构（编码：040407）

项目编码	项目名称	项目特征	计量单位	工程量计算规则	工程内容
040407001	混凝土地梁	1. 垫层厚度、材料品种、强度 2. 混凝土强度等级、石料最大粒径	m^3	按设计图示尺寸以体积计算	1. 垫层铺设 2. 混凝土浇筑 3. 养生
040407002	钢筋混凝土底板				
040407003	钢筋混凝土墙	混凝土强度等级、石料最大粒径			1. 混凝土浇筑 2. 养生
040407004	混凝土衬墙				
040407005	混凝土柱				
040407006	混凝土梁	1. 部位 2. 混凝土强度等级、石料最大粒径			
040407007	混凝土平台、顶板	1. 混凝土强度等级 2. 石料最大粒径			
040407008	隧道内衬弓形底板				
040407009	隧道内衬侧墙				
040407010	隧道内衬顶板	1. 形式 2. 规格	m^2	按设计图示尺寸以面积计算	1. 龙骨制作、安装 2. 顶板安装
040407011	隧道内支承墙	1. 强度 2. 石料最大粒径	m^3	按设计图示尺寸以体积计算	1. 混凝土浇筑 2. 养生
040407012	隧道内混凝土路面	1. 厚度 2. 强度等级 3. 石料最大粒径	m^2	按设计图示尺寸以面积计算	
040407013	圆隧道内架空路面				
040407014	隧道内附属结构混凝土	1. 不同项目名称，如楼梯、电缆构、车道侧石等 2. 混凝土强度等级、石料最大粒径	m^3	按设计图示尺寸以体积计算	

D.4.8 沉管隧道。工程量清单项目设置及工程量计算规则，应按表D.4.8的规定执行。

表 D.4.8 沉管隧道（编码：040408）

项目编码	项目名称	项目特征	计量单位	工程量计算规则	工程内容
040408001	预制沉管底垫层	1. 规格 2. 材料 3. 厚度	m^3	按设计图示尺寸以沉管底面积乘以厚度以体积计算	1. 场地平整 2. 垫层铺设
040408002	预制沉管钢底板	1. 材质 2. 厚度	t	按设计图示尺寸以质量计算	钢底板制作、铺设
040408003	预制沉管混凝土板底	混凝土强度等级、石料最大粒径	m^3	按设计图示尺寸以体积计算	1. 混凝土浇筑 2. 养生 3. 底板预埋注浆管
040408004	预制沉管混凝土侧墙				1. 混凝土浇筑 2. 养生
040408005	预制沉管混凝土顶板				
040408006	沉管外壁防锚层	1. 材质品种 2. 规格	m^2	按设计图示尺寸以面积计算	铺设沉管外壁防锚层
040408007	鼻托垂直剪力键	材质	t	按设计图示尺寸以质量计算	1. 钢剪力键制作 2. 剪力键安装
040408008	端头钢壳	1. 材质、规格 2. 强度 3. 石料最大粒径			1. 端头钢壳制作 2. 端头钢壳安装 3. 混凝土浇筑
040408009	端头钢封门	1. 材质 2. 尺寸			1. 端头钢封门制作 2. 端头钢封门安装 3. 端头钢封门拆除
040408010	沉管管段浮运临时供电系统	规格	套	按设计图示管段数量计算	1. 发电机安装、拆除 2. 配电箱安装、拆除 3. 电缆安装、拆除 4. 灯具安装、拆除
040408011	沉管管段浮运临时供排水系统				1. 泵阀安装、拆除 2. 管路安装、拆除
040408012	沉管管段浮运临时通风系统				1. 进排风机安装、拆除 2. 风管路安装、拆除

续表 D.4.8

项目编码	项目名称	项目特征	计量单位	工程量计算规则	工程内容
040408013	航道疏浚	1. 河床土质 2. 工况等级 3. 疏浚深度	m^3	按河床原断面与管段浮运时设计断面之差以体积计算	1. 挖泥船开收工 2. 航道疏浚挖泥 3. 土方驳运、卸泥
040408014	沉管河床基槽开挖	1. 河床土质 2. 工况等级 3. 挖土深度		按河床原断面与槽设计断面之差以体积计算	1. 挖泥船开收工 2. 沉管基槽挖泥 3. 沉管基槽清淤 4. 土方驳运、卸泥
040408015	钢筋混凝土块沉石	1. 工况等级 2. 沉石深度		按设计图示尺寸以体积计算	1. 预制钢筋混凝土块 2. 装船、驳运、定位沉石 3. 水下铺平石块
040408016	基槽抛铺碎石	1. 工况等级 2. 石料厚度 3. 铺石深度			1. 石料装运 2. 定位抛石 3. 水下铺平石料
040408017	沉管管节浮运	1. 单节管段质量 2. 管段浮运距离	kt·m	按设计图示尺寸和要求以沉管管节质量和浮运距离的复合单位计算	1. 干坞放水 2. 管段起浮定位 3. 管段浮运 4. 加载水箱制作、安装、拆除 5. 系缆柱制作、安装、拆除
040408018	管段沉放连接	1. 单节管段重量 2. 管段下沉深度	节	按设计图示数量计算	1. 管段定位 2. 管段压水下沉 3. 管段端面对接 4. 管节拉合
040408019	砂肋软体排覆盖	1. 材料品种 2. 规格	m^2	按设计图示尺寸以沉管顶面积加侧面外表面积计算	水下覆盖软体排
040408020	沉管水下压石		m^3	按设计图示尺寸以顶、侧压石的体积计算	1. 装石船开收工 2. 定位抛石、卸石 3. 水下铺石
040408021	沉管接缝处理	1. 接缝连接形式 2. 接缝长度	条	按设计图示数量计算	1. 接缝拉合 2. 安装止水带 3. 安装止水钢板 4. 混凝土浇筑
040408022	沉管底部压浆固封充填	1. 压浆材料 2. 压浆要求	m^3	按设计图示尺寸以体积计算	1. 制浆 2. 管底压浆 3. 封孔

D.5 市政管网工程

D.5.1 管道铺设。工程量清单项目设置及工程量计算规则，应按表D.5.1的规定执行。

表D.5.1 管道铺设（编码：040501）

项目编码	项目名称	项目特征	计量单位	工程量计算规则	工程内容
040501001	陶土管铺设	1. 管材规格 2. 埋设深度 3. 垫层厚度、材料品种、强度 4. 基础断面形式、混凝土强度等级、石料最大粒径	m	按设计图示中心线长度以延长米计算，不扣除井所占的长度	1. 垫层铺筑 2. 混凝土基础浇筑 3. 管道防腐 4. 管道铺设 5. 管道接口 6. 混凝土管座浇筑 7. 预制管枕安装 8. 井壁（墙）凿洞 9. 检测及试验
040501002	混凝土管道铺设	1. 管有筋无筋 2. 规格 3. 埋设深度 4. 接口形式 5. 垫层厚度、材料品种、强度 6. 基础断面形式、混凝土强度等级、石料最大粒径	m	按设计图示管道中心线长度以延长米计算，不扣除中间井及管件、阀门所占的长度	1. 垫层铺筑 2. 混凝土基础浇筑 3. 管道防腐 4. 管道铺设 5. 管道接口 6. 混凝土管座浇筑 7. 预制管枕安装 8. 井壁（墙）凿洞 9. 检测及试验 10. 冲洗消毒或吹扫
040501003	镀锌钢管铺设	1. 公称直径 2. 接口形式 3. 防腐、保温要求 4. 埋设深度 5. 基础材料品种、厚度	m	按设计图示管道中心线长度以延长米计算，不扣除管件、阀门、法兰所占的长度	1. 基础铺筑 2. 管道防腐、保温 3. 管道铺设 4. 接口 5. 检测及试验 6. 冲洗消毒或吹扫
040501004	铸铁管铺设	1. 管材材质 2. 管材规格 3. 埋设深度 4. 接口形式 5. 防腐、保温要求 6. 垫层厚度、材料品种、强度 7. 基础断面形式、混凝土强度、石料最大粒径	m	按设计图示管道中心线长度以延长米计算，不扣除井、管件、阀门所占的长度	1. 垫层铺筑 2. 混凝土基础浇筑 3. 管道防腐 4. 管道铺设 5. 管道接口 6. 混凝土管座浇筑 7. 井壁（墙）凿洞 8. 检测及试验 9. 冲洗消毒或吹扫

续表 D.5.1

项目编码	项目名称	项目特征	计量单位	工程量计算规则	工程内容
040501005	钢管铺设	1. 管材材质 2. 管材规格 3. 埋设深度 4. 防腐、保温要求 5. 压力等级 6. 垫层厚度、材料品种、强度 7. 基础断面形式、混凝土强度、石料最大粒径	m	按设计图示管道中心线长度以延长米计算（支管长度从主管中心到支管末端交接处的中心），不扣除管件、阀门、法兰所占的长度 新旧管连接时，计算到碰头的阀门中心处	1. 垫层铺筑 2. 混凝土基础浇筑 3. 混凝土管座浇筑 4. 管道防腐、保温 5. 管道铺设 6. 管道接口 7. 检测及试验 8. 消毒冲洗或吹扫
040501006	塑料管道铺设	1. 管道材料名称 2. 管材规格 3. 埋设深度 4. 接口形式 5. 垫层厚度、材料品种、强度 6. 基础断面形式、混凝土强度等级、石料最大粒径 7. 探测线要求			1. 垫层铺筑 2. 混凝土基础浇筑 3. 管道防腐 4. 管道铺设 5. 探测线敷设 6. 管道接口 7. 混凝土管座浇筑 8. 井壁（墙）凿洞 9. 检测及试验 10. 消毒冲洗及吹扫
040501007	砌筑渠道	1. 渠道断面 2. 渠道材料 3. 砂浆强度等级 4. 埋设深度 5. 垫层厚度、材料品种、强度 6. 基础断面形式、混凝土强度等级、石料最大粒径		按设计图示尺寸以长度计算	1. 垫层铺筑 2. 渠道基础 3. 墙身砌筑 4. 止水带安装 5. 拱盖砌筑或盖板预制、安装 6. 勾缝 7. 抹面 8. 防腐 9. 渠道渗漏试验
040501008	混凝土渠道	1. 渠道断面 2. 埋设深度 3. 垫层厚度、材料品种、强度 4. 基础断面形式、混凝土强度等级、石料最大粒径			1. 垫层铺筑 2. 渠道基础 3. 墙身浇筑 4. 止水带安装 5. 渠盖浇筑或盖板预制、安装 6. 抹面 7. 防腐 8. 渠道渗漏试验
040501009	套管内铺设管道	1. 管材材质 2. 管径、壁厚 3. 接口形式 4. 防腐要求 5. 保温要求 6. 压力等级		按设计图示管道中心线长度计算	1. 基础铺筑（支架制作、安装） 2. 管道防腐 3. 穿管铺设 4. 接口 5. 检测及试验 6. 冲洗消毒或吹扫 7. 管道保温 8. 防护

续表 D.5.1

项目编码	项目名称	项目特征	计量单位	工程量计算规则	工程内容
040501010	管道架空跨越	1. 管材材质 2. 管径、壁厚 3. 跨越跨度 4. 支承形式 5. 防腐、保温要求 6. 压力等级	m	按设计图示管道中心线长度计算，不扣除管件、阀门、法兰所占的长度	1. 支承结构制作、安装 2. 防腐 3. 管道铺设 4. 接口 5. 检测及试验 6. 冲洗消毒或吹扫 7. 管道保温 8. 防护
040501011	管道沉管跨越	1. 管材材质 2. 管径、壁厚 3. 跨越跨度 4. 支承形式 5. 防腐要求 6. 压力等级 7. 标志牌灯要求 8. 基础厚度、材料品种、规格			1. 管沟开挖 2. 管沟基础铺筑 3. 防腐 4. 跨越拖管头制作 5. 沉管铺设 6. 检测及试验 7. 冲洗消毒或吹扫 8. 标志牌灯制作、安装
040501012	管道焊口无损探伤	1. 管材外径、壁厚 2. 探伤要求	口	按设计图示要求探伤的数量计算	1. 焊口无损探伤 2. 编写报告

D.5.2 管件、钢支架制作、安装及新旧管连接。工程量清单项目设置及工程量计算规则，应按表D.5.2的规定执行。

表 D.5.2 管件、钢支架制作、安装及新旧管连接（编码：040502）

项目编码	项目名称	项目特征	计量单位	工程量计算规则	工程内容
040502001	预应力混凝土管转换件安装	转换件规格	个	按设计图示数量计算	安装
040502002	铸铁管件安装	1. 类型 2. 材质 3. 规格 4. 接口形式			
040502003	钢管件安装	1. 管件类型 2. 管径、壁厚 3. 压力等级			1. 制作 2. 安装
040502004	法兰钢管件安装				1. 法兰片焊接 2. 法兰管件安装
040502005	塑料管件安装	1. 管件类型 2. 材质 3. 管径、壁厚 4. 接口 5. 探测线要求			1. 塑料管件安装 2. 探测线敷设
040502006	钢塑转换件安装	转换件规格			安装
040502007	钢管道间法兰连接	1. 平焊法兰 2. 对焊法兰 3. 绝缘法兰 4. 公称直径 5. 压力等级	处		1. 法兰片焊接 2. 法兰连接
040502008	分水栓安装	1. 材质 2. 规格	个		1. 法兰片焊接 2. 安装
040502009	盲（堵）板安装	1. 盲板规格 2. 盲板材料			1. 法兰片焊接 2. 安装
040502010	防水套管制作、安装	1. 刚性套管 2. 柔性套管 3. 规格			1. 制作 2. 安装

续表 D.5.2

项目编码	项目名称	项目特征	计量单位	工程量计算规则	工程内容
040502011	除污器安装	1. 压力要求 2. 公称直径 3. 接口形式	个	按设计图示数量计算	1. 除污器组成安装 2. 除污器安装
040502012	补偿器安装				1. 焊接钢套筒补偿器安装 2. 焊接法兰、法兰式波纹补偿器安装
040502013	钢支架制作、安装	类型	kg	按设计图示尺寸以质量计算	1. 制作 2. 安装
040502014	新旧管连接（碰头）	1. 管材材质 2. 管材管径 3. 管材接口	处	按设计图示数量计算	1. 新旧管连接 2. 马鞍卡子安装 3. 接管挖眼 4. 钻眼攻丝
040502015	气体置换	管材内径	m	按设计图示管道中心线长度计算	气体置换

D.5.3 阀门、水表、消火栓安装。工程量清单项目设置及工程量计算规则，应按表 D.5.3 的规定执行。

表 D.5.3 阀门、水表、消火栓安装（编码：040503）

项目编码	项目名称	项目特征	计量单位	工程量计算规则	工程内容
040503001	阀门安装	1. 公称直径 2. 压力要求 3. 阀门类型	个	按设计图示数量计算	1. 阀门解体、检查、清洗、研磨 2. 法兰片焊接 3. 操纵装置安装 4. 阀门安装 5. 阀门压力试验
040503002	水表安装	公称直径			1. 丝扣水表安装 2. 法兰片焊接、法兰水表安装
040503003	消火栓安装	1. 部位 2. 型号 3. 规格			1. 法兰片焊接 2. 安装

D.5.4 井类、设备基础及出水口。工程量清单项目设置及工程量计算规则，应按表 D.5.4 的规定执行。

表 D.5.4 井类、设备基础及出水口（编码：040504）

项目编码	项目名称	项目特征	计量单位	工程量计算规则	工程内容
040504001	砌筑检查井	1. 材料 2. 井深、尺寸 3. 定型井名称、定型图号、尺寸及井深 4. 垫层、基础：厚度、材料品种、强度	套	按设计图示数量计算	1. 垫层铺筑 2. 混凝土浇筑 3. 养生 4. 砌筑 5. 爬梯制作、安装 6. 勾缝 7. 抹面 8. 防腐 9. 盖板、过梁制作、安装 10. 井盖井座制作、安装

续表 D.5.4

项目编码	项目名称	项目特征	计量单位	工程量计算规则	工程内容
040504002	混凝土检查井	1. 井深、尺寸 2. 混凝土强度等级、石料最大粒径 3. 垫层厚度、材料品种、强度	座	按设计图示数量计算	1. 垫层铺筑 2. 混凝土浇筑 3. 养生 4. 爬梯制作、安装 5. 盖板、过梁制作安装 6. 防腐涂刷 7. 井盖及井座制作、安装
040504003	雨水进水井	1. 混凝土强度、石料最大粒径 2. 雨水井型号 3. 井深 4. 垫层厚度、材料品种、强度 5. 定型井名称、图号、尺寸及井深			1. 垫层铺筑 2. 混凝土浇筑 3. 养生 4. 砌筑 5. 勾缝 6. 抹面 7. 预制构件制作、安装 8. 井箅安装
040504004	其他砌筑井	1. 阀门井 2. 水表井 3. 消火栓井 4. 排泥湿井 5. 井的尺寸、深度 6. 井身材料 7. 垫层、基础：厚度、材料品种、强度 8. 定型井名称、图号、尺寸及井深			1. 垫层铺筑 2. 混凝土浇筑 3. 养生 4. 砌支墩 5. 砌筑井身 6. 爬梯制作、安装 7. 盖板、过梁制作、安装 8. 勾缝（抹面） 9. 井盖及井座制作、安装
040504005	设备基础	1. 混凝土强度等级、石料最大粒径 2. 垫层厚度、材料品种、强度	m^3	按设计图示尺寸以体积计算	1. 垫层铺筑 2. 混凝土浇筑 3. 养生 4. 地脚螺栓灌浆 5. 设备底座与基础间灌浆
040504006	出水口	1. 出水口材料 2. 出水口形式 3. 出水口尺寸 4. 出水口深度 5. 出水口砌体强度 6. 混凝土强度等级、石料最大粒径 7. 砂浆配合比 8. 垫层厚度、材料品种、强度	处	按设计图示数量计算	1. 垫层铺筑 2. 混凝土浇筑 3. 养生 4. 砌筑 5. 勾缝 6. 抹面
040504007	支（挡）墩	1. 混凝土强度等级 2. 石料最大粒径 3. 垫层厚度、材料品种、强度	m^3	按设计图示尺寸以体积计算	1. 垫层铺筑 2. 混凝土浇筑 3. 养生 4. 砌筑 5. 抹面（勾缝）

续表 D.5.4

项目编码	项目名称	项目特征	计量单位	工程量计算规则	工程内容
040504008	混凝土工作井	1. 土壤类别 2. 断面 3. 深度 4. 垫层厚度、材料品种、强度	座	按设计图示数量计算	1. 混凝土工作井制作 2. 挖土下沉定位 3. 土方场内运输 4. 垫层铺设 5. 混凝土浇筑 6. 养生 7. 回填夯实 8. 余方弃置 9. 缺方内运

D.5.5 顶管。工程量清单项目设置及工程量计算规则，应按表 D.5.5 的规定执行。

表 D.5.5 顶管（编码：040505）

<table>
<tr><th>项目编码</th><th>项目名称</th><th>项目特征</th><th>计量单位</th><th>工程量计算规则</th><th>工程内容</th></tr>
<tr><td>040505001</td><td>混凝土管道顶进</td><td>1. 土壤类别
2. 管径
3. 深度
4. 规格</td><td rowspan="5">m</td><td rowspan="5">按设计图示尺寸以长度计算</td><td rowspan="3">1. 顶进后座及坑内工作平台搭拆
2. 顶进设备安装、拆除
3. 中继间安装、拆除
4. 触变泥浆减阻
5. 套环安装
6. 防腐涂刷
7. 挖土、管道顶进
8. 洞口止水处理
9. 余方弃置</td></tr>
<tr><td>040505002</td><td>钢管顶进</td><td>1. 土壤类别
2. 材质
3. 管径
4. 深度</td></tr>
<tr><td>040505003</td><td>铸铁管顶进</td><td rowspan="2">1. 土壤类别
2. 管径
3. 深度</td></tr>
<tr><td>040505004</td><td>硬塑料管顶进</td><td>1. 顶进后座及坑内工作平台搭拆
2. 顶进设备安装、拆除
3. 套环安装
4. 管道顶进
5. 洞口止水处理
6. 余方弃置</td></tr>
<tr><td>040505005</td><td>水平导向钻进</td><td>1. 土壤类别
2. 管径
3. 管材材质</td><td>1. 钻进
2. 泥浆制作
3. 扩孔
4. 穿管
5. 余方弃置</td></tr>
</table>

D.5.6 构筑物。工程量清单项目设置及工程量计算规则，应按表 D.5.6 的规定执行。

表 D.5.6 构筑物（编码：040506）

项目编码	项目名称	项目特征	计量单位	工程量计算规则	工程内容
040506001	管道方沟	1. 断面 2. 材料品种 3. 混凝土强度等级、石料最大粒径 4. 深度 5. 垫层、基础：厚度、材料品种、强度	m	按设计图示尺寸以长度计算	1. 垫层铺筑 2. 方沟基础 3. 墙身砌筑 4. 拱盖砌筑或盖板预制、安装 5. 勾缝 6. 抹面 7. 混凝土浇筑
040506002	现浇混凝土沉井井壁及隔墙	1. 混凝土强度等级 2. 混凝土抗渗需求 3. 石料最大粒径	m^3	按设计图示尺寸以体积计算	1. 垫层铺筑、垫木铺设 2. 混凝土浇筑 3. 养生 4. 预留孔封口
040506003	沉井下沉	1. 土壤类别 2. 深度		按自然地坪至设计底板垫层底的高度乘以沉井外壁最大断面积以体积计算	1. 垫木拆除 2. 沉井挖土下沉 3. 填充 4. 余方弃置
040506004	沉井混凝土底板	1. 混凝土强度等级 2. 混凝土抗渗需求 3. 石料最大粒径 4. 地梁截面 5. 垫层厚度、材料品种、强度		按设计图示尺寸以体积计算	1. 垫层铺筑 2. 混凝土浇筑 3. 养生
040506005	沉井内地下混凝土结构	1. 所在部位 2. 混凝土强度等级、石料最大粒径			1. 混凝土浇筑 2. 养生
040506006	沉井混凝土顶板	1. 混凝土强度等级、石料最大粒径 2. 混凝土抗渗需求			
040506007	现浇混凝土池底	1. 混凝土强度等级、石料最大粒径 2. 混凝土抗渗要求 3. 池底形式 4. 垫层厚度、材料品种、强度			1. 垫层铺筑 2. 混凝土浇筑 3. 养生
040506008	现浇混凝土池壁（隔墙）	1. 混凝土强度等级、石料最大粒径 2. 混凝土抗渗要求			1. 混凝土浇筑 2. 养生

续表 D.5.6

项目编码	项目名称	项目特征	计量单位	工程量计算规则	工程内容
040506009	现浇混凝土池柱	1. 混凝土强度等级、石料最大粒径 2. 规格	m^3	按设计图示尺寸以体积计算	1. 混凝土浇筑 2. 养生
040506010	现浇混凝土池梁				
040506011	现浇混凝土池盖				
040506012	现浇混凝土板	1. 名称、规格 2. 混凝土强度等级、石料最大粒径			
040506013	池槽	1. 混凝土强度等级、石料最大粒径 2. 池槽断面	m	按设计图示尺寸以长度计算	1. 混凝土浇筑 2. 养生 3. 盖板 4. 其他材料铺设
040506014	砌筑导流壁、筒	1. 块体材料 2. 断面 3. 砂浆强度等级	m^3	按设计图示尺寸以体积计算	1. 砌筑 2. 抹面
040506015	混凝土导流壁、筒	1. 断面 2. 混凝土强度等级、石料最大粒径			1. 混凝土浇筑 2. 养生
040506016	混凝土扶梯	1. 规格 2. 混凝土强度等级、石料最大粒径			1. 混凝土浇筑或预制 2. 养生 3. 扶梯安装
040506017	金属扶梯、栏杆	1. 材质 2. 规格 3. 油漆品种、工艺要求	t	按设计图示尺寸以质量计算	1. 钢扶梯制作、安装 2. 除锈、刷油漆
040506018	其他现浇混凝土构件	1. 规格 2. 混凝土强度等级、石料最大粒径	m^3	按设计图示尺寸以体积计算	1. 混凝土浇筑 2. 养生

续表 D.5.6

项目编码	项目名称	项目特征	计量单位	工程量计算规则	工程内容
040506019	预制混凝土板	1. 混凝土强度等级、石料最大粒径 2. 名称、部位、规格	m^3	按设计图示尺寸以体积计算	1. 混凝土浇筑 2. 养生 3. 构件移动及堆放 4. 构件安装
040506020	预制混凝土槽	1. 规格 2. 混凝土强度等级、石料最大粒径			
040506021	预制混凝土支墩				
040506022	预制混凝土异型构件				
040506023	滤板	1. 滤板材质 2. 滤板规格 3. 滤板厚度 4. 滤板部位	m^2	按设计图示尺寸以面积计算	1. 制作 2. 安装
040506024	折板	1. 折板材料 2. 折板形式 3. 折板部位			
040506025	壁板	1. 壁板材料 2. 壁板部位			
040506026	滤料铺设	1. 滤料品种 2. 滤料规格	m^3	按设计图示尺寸以体积计算	铺设
040506027	尼龙网板	1. 材料品种 2. 材料规格	m^2	按设计图示尺寸以面积计算	1. 制作 2. 安装
040506028	刚性防水	1. 工艺要求 2. 材料品种			1. 配料 2. 铺筑
040506029	柔性防水				涂、贴、粘、刷防水材料
040506030	沉降缝	1. 材料品种 2. 沉降缝规格 3. 沉降缝部位	m	按设计图示以长度计算	铺、嵌沉降缝
040506031	井、池渗漏试验	构筑物名称	m^3	按设计图示储水尺寸以体积计算	渗漏试验

D.5.7 设备安装。工程量清单项目设置及工程量计算规则，应按表 D.5.7 的规定执行。

表 D.5.7　设备安装（编码：040507）

项目编码	项目名称	项目特征	计量单位	工程量计算规则	工程内容
040507001	管道仪表	1. 规格、型号 2. 仪表名称	个	按设计图示数量计算	1. 取源部件安装 2. 支架制作、安装 3. 套管安装 4. 表弯制作、安装 5. 仪表脱脂 6. 仪表安装
040507002	格栅制作	1. 材质 2. 规格、型号	kg	按设计图示尺寸以质量计算	1. 制作 2. 安装
040507003	格栅除污机	规格、型号	台	按设计图示数量计算	1. 安装 2. 无负荷试运转
040507004	滤网清污机				
040507005	螺旋泵				
040507006	加氯机		套		
040507007	水射器	公称直径	个		
040507008	管式混合器				
040507009	搅拌机械	1. 规格、型号 2. 重量	台		
040507010	曝气器	规格、型号	个		
040507011	布气管	1. 材料品种 2. 直径	m	按设计图示以长度计算	1. 钻孔 2. 安装
040507012	曝气机	规格、型号	台	按设计图示数量计算	1. 安装 2. 无负荷试运转
040507013	生物转盘	规格			
040507014	吸泥机	规格、型号			
040507015	刮泥机				
040507016	辊压转鼓式吸泥脱水机				
040507017	带式压滤机	设备质量			
040507018	污泥造粒脱水机	转鼓直径			

续表 D.5.7

项目编码	项目名称	项目特征	计量单位	工程量计算规则	工程内容
040507019	闸门	1. 闸门材质 2. 闸门形式 3. 闸门规格、型号	座	按设计图示数量计算	安装
040507020	旋转门	1. 材质 2. 规格、型号			
040507021	堰门	1. 材质 2. 规格			
040507022	升杆式铸铁泥阀	公称直径			
040507023	平底盖闸				
040507024	启闭机械	规格、型号	台		
040507025	集水槽制作	1. 材质 2. 厚度	m²	按设计图示尺寸以面积计算	1. 制作 2. 安装
040507026	堰板制作	1. 堰板材质 2. 堰板厚度 3. 堰板形式			
040507027	斜板	1. 材料品种 2. 厚度			安装
040507028	斜管	1. 斜管材料品种 2. 斜管规格	m	按设计图示以长度计算	
040507029	凝水缸	1. 材料品种 2. 压力要求 3. 型号、规格 4. 接口	组	按设计图示数量计算	1. 制作 2. 安装
040507030	调压器	型号、规格			安装
040507031	过滤器				
040507032	分离器				
040507033	安全水封	公称直径			
040507034	检漏管	规格			
040507035	调长器	公称直径	个		
040507036	牺牲阳极、测试桩	1. 牺牲阳极安装 2. 测试桩安装 3. 组合及要求	组		1. 安装 2. 测试

D.5.8 其他相关问题，应按下列规定处理：

1 顶管工作坑的土石方开挖、回填夯实等，应按附录A中相关项目编码列项。

2 “市政管网工程”设备安装工程只列市政管网专用设备的项目，标准、定型设备应按附录C中相关项目编码列项。

D.6 地 铁 工 程

D.6.1 结构。工程量清单项目设置及工程量计算规则，应按表D.6.1的规定执行。

表 D.6.1 结构（编码：040601）

项目编码	项目名称	项目特征	计量单位	工程量计算规则	工程内容
040601001	混凝土圈梁	1. 部位 2. 混凝土强度等级、石料最大粒径	m^3	按设计图示尺寸以体积计算	1. 混凝土浇筑 2. 养生
040601002	竖井内衬混凝土				
040601003	小导管（管棚）	1. 管径 2. 材料	m	按设计图示尺寸以长度计算	导管制作、安装
040601004	注浆	1. 材料品种 2. 配合比 3. 规格	m^3	按设计注浆量以体积计算	1. 浆液制作 2. 注浆
040601005	喷射混凝土	1. 部位 2. 混凝土强度、石料最大粒径		按设计图示以体积计算	1. 岩石、混凝土面清洗 2. 喷射混凝土
040601006	混凝土底板	1. 混凝土强度等级、石料最大粒径 2. 垫层厚度、材料品种、强度		按设计图示尺寸以体积计算	1. 垫层铺设 2. 混凝土浇筑 3. 养生
040601007	混凝土内衬墙	混凝土强度等级、石料最大粒径		按设计图示尺寸以体积计算	1. 混凝土浇筑 2. 养生
040601008	混凝土中层板				
040601009	混凝土顶板				
040601010	混凝土柱				
040601011	混凝土梁				

续表 D.6.1

项目编码	项目名称	项目特征	计量单位	工程量计算规则	工程内容
040601012	混凝土独立柱基	混凝土强度等级、石料最大粒径	m^3	按设计图示尺寸以体积计算	1. 混凝土浇筑 2. 养生
040601013	混凝土现浇站台板				
040601014	预制站台板				1. 制作 2. 安装
040601015	混凝土楼梯		m^2	按设计图示尺寸以水平投影面积计算	1. 混凝土浇筑 2. 养生
040601016	混凝土中隔墙		m^3	按设计图示尺寸以体积计算	
040601017	隧道内衬混凝土				
040601018	混凝土检查沟				
040601019	砌筑	1. 材料 2. 规格 3. 砂浆强度等级			1. 砂浆运输、制作 2. 砌筑 3. 勾缝 4. 抹灰、养护
040601020	锚杆支护	1. 锚杆形式 2. 材料 3. 砂浆强度等级	m	按设计图示以长度计算	1. 钻孔 2. 锚杆制作、安装 3. 砂浆灌注
040601021	变形缝（诱导缝）	1. 材料 2. 规格 3. 工艺要求			变形缝安装
040601022	刚性防水层		m^2	按设计图示尺寸以面积计算	1. 找平层铺筑 2. 防水层铺设
040601023	柔性防水层	1. 部位 2. 材料 3. 工艺要求			防水层铺设

D.6.2 轨道。工程量清单项目设置及工程量计算规则，应按表 D.6.2 的规定执行。

表 D.6.2 轨道（编码：040602）

<table>
<tr><th>项目编码</th><th>项目名称</th><th>项目特征</th><th>计量单位</th><th>工程量计算规则</th><th>工程内容</th></tr>
<tr><td>040602001</td><td>地下一般段道床</td><td rowspan="6">1. 类型
2. 混凝土强度等级、石料最大粒径</td><td rowspan="6">m^3</td><td rowspan="6">按设计图示尺寸（含道岔道床）以体积计算</td><td>1. 支承块预制、安装
2. 整体道床浇筑</td></tr>
<tr><td>040602002</td><td>高架一般段道床</td><td rowspan="2">1. 支承块预制、安装
2. 整体道床浇筑
3. 铺碎石道床</td></tr>
<tr><td>040602003</td><td>地下减振段道床</td></tr>
<tr><td>040602004</td><td>高架减振段道床</td><td>1. 预制支承块及安装
2. 整体道床浇筑</td></tr>
<tr><td>040602005</td><td>地面段正线道床</td><td>铺碎石道床</td></tr>
<tr><td>040602006</td><td>车辆段、停车场道床</td><td>1. 支承块预制、安装
2. 整体道床浇筑
3. 铺碎石道床</td></tr>
<tr><td>040602007</td><td>地下一般段轨道</td><td rowspan="6">1. 类型
2. 规格</td><td rowspan="6">铺轨 km</td><td rowspan="2">按设计图示（不含道岔）以长度计算</td><td rowspan="6">1. 铺设
2. 焊轨</td></tr>
<tr><td>040602008</td><td>高架一般段轨道</td></tr>
<tr><td>040602009</td><td>地下减振段轨道</td><td rowspan="2">按设计图示以长度计算</td></tr>
<tr><td>040602010</td><td>高架减振段轨道</td></tr>
<tr><td>040602011</td><td>地面段正线轨道</td><td rowspan="2">按设计图示（不含道岔）以长度计算</td></tr>
<tr><td>040602012</td><td>车辆段、停车场轨道</td></tr>
<tr><td>040602013</td><td>道岔</td><td>1. 区段
2. 类型
3. 规格</td><td>组</td><td>按设计图示以组计算</td><td rowspan="2">铺设</td></tr>
<tr><td>040602014</td><td>护轮轨</td><td rowspan="2">1. 类型
2. 规格</td><td>单侧 km</td><td>按设计图示以长度计算</td></tr>
<tr><td>040602015</td><td>轨距杆</td><td>1000 根</td><td>按设计图示以根计算</td><td>安装</td></tr>
<tr><td>040602016</td><td>防爬设备</td><td rowspan="4">类型</td><td>1000 个</td><td rowspan="2">按设计图示数量计算</td><td>1. 防爬器安装
2. 防爬支撑制作、安装</td></tr>
<tr><td>040602017</td><td>钢轨伸缩调节器</td><td>对</td><td>安装</td></tr>
<tr><td>040602018</td><td>线路及信号标志</td><td>铺轨 km</td><td>按设计图示以长度计算</td><td>1. 洞内安装
2. 洞外埋设
3. 桥上安装</td></tr>
<tr><td>040602019</td><td>车挡</td><td>处</td><td>按设计图示数量计算</td><td>安装</td></tr>
</table>

D.6.3 信号。工程量清单项目设置及工程量计算规则，应按表 D.6.3 的规定执行。

表 D.6.3 信号（编码：040603）

项目编码	项目名称	项目特征	计量单位	工程量计算规则	工程内容
040603001	信号机	1. 类型 2. 规格	架	按设计图示数量计算	1. 基础制作 2. 安装与调试
040603002	电动转辙装置	1. 类型 2. 规格	组	按设计图示数量计算	安装与调试
040603003	轨道电路	1. 类型 2. 规格	区段	按设计图示数量计算	1. 箱、盒基础制作 2. 安装与调试
040603004	轨道绝缘	1. 类型 2. 规格	组	按设计图示数量计算	安装
040603005	钢轨接续线	1. 类型 2. 规格	组	按设计图示数量计算	安装
040603006	道岔跳线	1. 类型 2. 规格	组	按设计图示数量计算	安装
040603007	极性叉回流线	1. 类型 2. 规格	组	按设计图示数量计算	安装
040603008	道岔区段传输环路	长度	个	按设计图示数量计算	安装与调试
040603009	信号电缆柜	1. 类型 2. 规格	架	按设计图示数量计算	安装
040603010	电气集中分线柜	1. 类型 2. 规格	架	按设计图示数量计算	安装与调试
040603011	电气集中走线架	1. 类型 2. 规格	架	按设计图示数量计算	安装
040603012	电气集中组合柜	1. 类型 2. 规格	架	按设计图示数量计算	1. 继电器等安装与调试 2. 电缆绝缘测试盘安装与调试 3. 轨道电路测试盘安装与调试 4. 报警装置安装与调试 5. 防雷组合安装与调试
040603013	电气集中控制台	1. 类型 2. 规格	台	按设计图示数量计算	安装与调试
040603014	微机联锁控制台	1. 类型 2. 规格	台	按设计图示数量计算	安装与调试
040603015	人工解锁按钮台	1. 类型 2. 规格	台	按设计图示数量计算	安装与调试
040603016	调度集中控制台	1. 类型 2. 规格	台	按设计图示数量计算	安装与调试
040603017	调度集中总机柜	1. 类型 2. 规格	台	按设计图示数量计算	安装与调试
040603018	调度集中分机柜	1. 类型 2. 规格	台	按设计图示数量计算	安装与调试

续表 D. 6. 3

项目编码	项目名称	项目特征	计量单位	工程量计算规则	工程内容
040603019	列车自动防护（ATP）中心模拟盘	1. 类型 2. 规格	面	按设计图示数量计算	安装与调试
040603020	列车自动防护（ATP）架	类型	架		1. 轨道架安装与调试 2. 码发生器架安装与调试
040603021	列车自动运行（ATO）架				安装与调试
040603022	列车自动监控（ATS）架				1. DPU 柜安装与调试 2. RTU 架安装与调试 3. LPU 柜安装与调试
040603023	信号电源设备	1. 类型 2. 规格	台		1. 电源屏安装与调试 2. 电源防雷箱安装与调试 3. 电源切换箱安装与调试 4. 电源开关柜安装与调试 5. 其他电源设备安装与调试
040603024	信号设备接地装置	1. 位置 2. 类型 3. 规格	处		1. 接地装置安装 2. 标志桩埋设
040603025	车载设备	类型	车组	按设计列车配备数量计算	1. 列车自动防护（ATP）车载设备安装与调试 2. 列车自动运行（ATO）车载设备安装与调试 3. 列车识别装置（PTI）车载设备安装与调试
040603026	车站联锁系统调试		站	按设计图示数量计算	1. 继电联锁调试 2. 微机联锁调试
040603027	全线信号设备系统调试		系统		1. 调度集中系统调试 2. 列车自动防护（ATP）系统调试 3. 列车自动运行（ATO）系统调试 4. 列车自动监控（ATS）系统调试 5. 列车自动控制（ATC）系统调试

D. 6. 4 电力牵引。工程量清单项目设置及工程量计算规则，应按表 D. 6. 4 的规定执行。

表 D. 6. 4 电力牵引（编码：040604）

项目编码	项目名称	项目特征	计量单位	工程量计算规则	工程内容
040604001	接触轨	1. 区段 2. 道床类型 3. 防护材料 4. 规格	km	按单根设计长度扣除接触轨弯头所占长度计算	1. 接触轨安装 2. 焊轨 3. 断轨
040604002	接触轨设备	1. 设备类型 2. 规格	台	按设计图示数量计算	安装与调试
040604003	接触轨试运行	区段名称	km	按设计图示以长度计算	试运行

续表 D.6.4

项目编码	项目名称	项目特征	计量单位	工程量计算规则	工程内容
040604004	地下段接触网节点	1. 类型 2. 悬挂方式	处	按设计图示数量计算	1. 钻孔 2. 预埋件安装 3. 混凝土浇筑
040604005	地下段接触网悬挂	1. 类型 2. 悬挂方式 3. 材料 4. 规格	处	按设计图示数量计算	悬挂安装
040604006	地下段接触网架线及调整		条 km	按设计图示以长度计算	1. 接触网架设 2. 附加导线安装 3. 悬挂调整
040604007	地面段、高架段接触网支柱	1. 类型 2. 材料品种 3. 规格	根	按设计图示数量计算	1. 基础制作 2. 立柱
040604008	地面段、高架段接触网悬挂	1. 类型 2. 悬挂方式 3. 材料 4. 规格	处	按设计图示数量计算	悬挂安装
040604009	地面段、高架段接触网架线及调整		条 km	按设计图示数量以长度计算	1. 接触网架设 2. 附加导线安装 3. 悬挂调整
040604010	接触网设备	1. 类型 2. 设备 3. 规格	台	按设计图示数量计算	安装与调试
040604011	接触网附属设施	1. 区段 2. 类型	处	按设计图示数量计算	1. 牌类安装 2. 限界门安装
040604012	接触网试运行	区段名称	条 km	按设计图示以长度计算	试运行

D.6.5 其他相关问题，应按下列规定处理：

1 土石方工程应按 D.1 中相关项目编码列项。

2 高架结构应按 D.3 中相关项目编码列项。

3 钢筋混凝土中钢筋、道床钢筋应按 D.7 中相关项目编码列项。

4 信号电缆敷设与防护应按附录 C 中相关项目编码列项。

5 通信、供电、通风、空调、暖气、给水、排水、消防、电视监控等工程，应按附录 C 中相关项目编码列项。

D.7 钢 筋 工 程

D.7.1 钢筋工程。工程量清单项目设置及工程量计算规则，应按表 D.7.1 的规定执行。

表 D.7.1 钢筋工程（编码：040701）

项目编码	项目名称	项目特征	计量单位	工程量计算规则	工程内容
040701001	预埋铁件	1. 材质 2. 规格	kg	按设计图示尺寸以质量计算	制作、安装
040701002	非预应力钢筋	1. 材质 2. 部位	t	按设计图示尺寸以质量计算	制作、安装
040701003	先张法预应力钢筋	1. 材质 2. 直径 3. 部位	t	按设计图示尺寸以质量计算	1. 张拉台座制作、安装、拆除 2. 钢筋及钢丝束制作、张拉
040701004	后张法预应力钢筋	1. 材质 2. 直径 3. 部位	t	按设计图示尺寸以质量计算	1. 钢丝束孔道制作、安装 2. 锚具安装 3. 钢筋、钢丝束制作、张拉 4. 孔道压浆
040701005	型钢	1. 材质 2. 规格 3. 部位	t	按设计图示尺寸以质量计算	1. 制作 2. 运输 3. 安装、定位

D.7.2 其他相关问题，应按下列规定处理：

1 “钢筋工程”所列型钢项目是指劲性骨架的型钢部分。

2 凡型钢与钢筋组合（除预埋铁件外）的钢格

栅，应分别列项。

3 钢筋、型钢工程量计算中，设计注明搭接时，应计算搭接长度，设计未注明搭接时，不计算搭接长度。

D.8 拆除工程

D.8.1 拆除工程。工程量清单项目设置及工程量计算规则，应按表D.8.1的规定执行。

表D.8.1 拆除工程（编码：040801）

项目编码	项目名称	项目特征	计量单位	工程量计算规则	工程内容
040801001	拆除路面	1. 材质 2. 厚度	m^2	按施工组织设计或设计图示尺寸以面积计算	1. 拆除 2. 运输
040801002	拆除基层				
040801003	拆除人行道				
040801004	拆除侧缘石	材质	m	按施工组织设计或设计图示尺寸以延长米计算	
040801005	拆除管道	1. 材质 2. 管径			
040801006	拆除砖石结构	1. 结构形式 2. 强度	m^3	按施工组织设计或设计图示尺寸以体积计算	
040801007	拆除混凝土结构				
040801008	伐树、挖树蔸	胸径	棵	按施工组织设计或设计图示以数量计算	1. 伐树 2. 挖树蔸 3. 运输

二、措施项目

序号	项目名称
4.1	围堰
4.2	筑岛
4.3	便道
4.4	便桥
4.5	脚手架
4.6	洞内施工的通风、供水、供气、供电、照明及通讯设施
4.7	驳岸块石清理
4.8	地下管线交叉处理
4.9	行车、行人干扰增加
4.10	轨道交通工程路桥、市政基础设施施工监测、监控、保护

附录E 园林绿化工程工程量清单项目及计算规则

E.1 绿化工程

E.1.1 绿地整理。工程量清单项目设置及工程量计算规则，应按表E.1.1的规定执行。

表E.1.1 绿地整理（编码：050101）

项目编码	项目名称	项目特征	计量单位	工程量计算规则	工程内容
050101001	伐树、挖树根	树干胸径	株	按数量计算	1. 伐树、挖树根 2. 废弃物运输 3. 场地清理
050101002	砍挖灌木丛	丛高	株（株丛）		1. 灌木砍挖 2. 废弃物运输 3. 场地清理
050101003	挖竹根	根盘直径			1. 砍挖竹根 2. 废弃物运输 3. 场地清理
050101004	挖芦苇根	丛高	m^2	按面积计算	1. 苇根砍挖 2. 废弃物运输 3. 场地清理
050101005	清除草皮				1. 除草 2. 废弃物运输 3. 场地清理

续表 E.1.1

项目编码	项目名称	项目特征	计量单位	工程量计算规则	工程内容
050101006	整理绿化用地	1. 土壤类别 2. 土质要求 3. 取土运距 4. 回填厚度 5. 弃渣运距	m^2	按设计图示尺寸以面积计算	1. 排地表水 2. 土方挖、运 3. 耙细、过筛 4. 回填 5. 找平、找坡 6. 拍实
050101007	屋顶花园基底处理	1. 找平层厚度、砂浆种类、强度等级 2. 防水层种类、做法 3. 排水层厚度、材质 4. 过滤层厚度、材质 5. 回填轻质土厚度、种类 6. 屋顶高度 7. 垂直运输方式			1. 抹找平层 2. 防水层铺设 3. 排水层铺设 4. 过滤层铺设 5. 填轻质土壤 6. 运输

E.1.2 栽植花木。工程量清单项目设置及工程量计算规则，应按表 E.1.2 的规定执行。

表 E.1.2 栽植花木（编码：050102）

项目编码	项目名称	项目特征	计量单位	工程量计算规则	工程内容
050102001	栽植乔木	1. 乔木种类 2. 乔木胸径 3. 养护期	株（株丛）	按设计图示数量计算	1. 起挖 2. 运输 3. 栽植 4. 支撑 5. 草绳绕树干 6. 养护
050102002	栽植竹类	1. 竹种类 2. 竹胸径 3. 养护期			
050102003	栽植棕榈类	1. 棕榈种类 2. 株高 3. 养护期	株		
050102004	栽植灌木	1. 灌木种类 2. 冠丛高 3. 养护期			
050102005	栽植绿篱	1. 绿篱种类 2. 篱高 3. 行数、株距 4. 养护期	m/m^2	按设计图示以长度或面积计算	
050102006	栽植攀缘植物	1. 植物种类 2. 养护期	株	按设计图示数量计算	
050102007	栽植色带	1. 苗木种类 2. 苗木株高、株距 3. 养护期	m^2	按设计图示尺寸以面积计算	
050102008	栽植花卉	1. 花卉种类、株距 2. 养护期	株/m^2	按设计图示数量或面积计算	
050102009	栽植水生植物	1. 植物种类 2. 养护期	丛/m^2		
050102010	铺种草皮	1. 草皮种类 2. 铺种方式 3. 养护期	m^2	按设计图示尺寸以面积计算	
050102011	喷播植草	1. 草籽种类 2. 养护期			1. 坡地细整 2. 阴坡 3. 草籽喷播 4. 覆盖 5. 养护

E.1.3 绿地喷灌。工程量清单项目设置及工程量计算规则，应按表E.1.3的规定执行。

表E.1.3 绿地喷灌（编码：050103）

项目编码	项目名称	项目特征	计量单位	工程量计算规则	工程内容
050103001	喷灌设施	1. 土石类别 2. 阀门井材料种类、规格 3. 管道品种、规格、长度 4. 管件、阀门、喷头品种、规格、数量 5. 感应电控装置品种、规格、品牌 6. 管道固定方式 7. 防护材料种类 8. 油漆品种、刷漆遍数	m	按设计图示尺寸以长度计算	1. 挖土石方 2. 阀门井砌筑 3. 管道铺设 4. 管道固筑 5. 感应电控设施安装 6. 水压试验 7. 刷防护材料、油漆 8. 回填

E.1.4 其他相关问题，应按下列规定处理：

1 挖土外运、借土回填、挖（凿）土（石）方应包括在相关项目内。

2 苗木计量应符合下列规定：

1）胸径（或干径）应为地表面向上1.2m高处树干的直径。

2）株高应为地表面至树顶端的高度。

3）冠丛高应为地表面至乔（灌）木顶端的高度。

4）篱高应为地表面至绿篱顶端的高度。

5）生长期应为苗木种植至起苗的时间。

6）养护期应为招标文件中要求苗木栽植后承包人负责养护的时间。

E.2 园路、园桥、假山工程

E.2.1 园路桥工程。工程量清单项目设置及工程量计算规则，应按表E.2.1的规定执行。

表E.2.1 园路桥工程（编码：050201）

项目编码	项目名称	项目特征	计量单位	工程量计算规则	工程内容
050201001	园路	1. 垫层厚度、宽度、材料种类 2. 路面厚度、宽度、材料种类 3. 混凝土强度等级 4. 砂浆强度等级	m^2	按设计图示尺寸以面积计算，不包括路牙	1. 园路路基、路床整理 2. 垫层铺筑 3. 路面铺筑 4. 路面养护
050201002	路牙铺设	1. 垫层厚度、材料种类 2. 路牙材料种类、规格 3. 混凝土强度等级 4. 砂浆强度等级	m	按设计图示尺寸以长度计算	1. 基层清理 2. 垫层铺设 3. 路牙铺设
050201003	树池围牙、盖板	1. 围牙材料种类、规格 2. 铺设方式 3. 盖板材料种类、规格	m	按设计图示尺寸以长度计算	1. 清理基层 2. 围牙、盖板运输 3. 围牙、盖板铺设
050201004	嵌草砖铺装	1. 垫层厚度 2. 铺设方式 3. 嵌草砖品种、规格、颜色 4. 漏空部分填土要求	m^2	按设计图示尺寸以面积计算	1. 原土夯实 2. 垫层铺设 3. 铺砖 4. 填土

续表 E.2.1

项目编码	项目名称	项目特征	计量单位	工程量计算规则	工程内容
050201005	石桥基础	1. 基础类型 2. 石料种类、规格 3. 混凝土强度等级 4. 砂浆强度等级	m^3	按设计图示尺寸以体积计算	1. 垫层铺筑 2. 基础砌筑、浇筑 3. 砌石
050201006	石桥墩、石桥台	1. 石料种类、规格 2. 勾缝要求 3. 砂浆强度等级、配合比			1. 石料加工 2. 起重架搭、拆 3. 墩、台、旋石、旋脸砌筑 4. 勾缝
050201007	拱旋石制作、安装	1. 石料种类、规格 2. 旋脸雕刻要求 3. 勾缝要求 4. 砂浆强度等级、配合比			
050201008	石旋脸制作、安装		m^2	按设计图示尺寸以面积计算	
050201009	金刚墙砌筑		m^3	按设计图示尺寸以体积计算	1. 石料加工 2. 起重架搭、拆 3. 砌石 4. 填土夯实
050201010	石桥面铺筑	1. 石料种类、规格 2. 找平层厚度、材料种类 3. 勾缝要求 4. 混凝土强度等级 5. 砂浆强度等级	m^2	按设计图示尺寸以面积计算	1. 石材加工 2. 抹找平层 3. 起重架搭、拆 4. 桥面、桥面踏步铺设 5. 勾缝
050201011	石桥面檐板	1. 石料种类、规格 2. 勾缝要求 3. 砂浆强度等级、配合比			1. 石材加工 2. 檐板、仰天石、地伏石铺设 3. 铁锔、银锭安装 4. 勾缝
050201012	仰天石、地伏石		m/m^3	按设计图示尺寸以长度或体积计算	
050201013	石望柱	1. 石料种类、规格 2. 柱高、截面 3. 柱身雕刻要求 4. 柱头雕饰要求 5. 勾缝要求 6. 砂浆配合比	根	按设计图示数量计算	1. 石料加工 2. 柱身、柱头雕刻 3. 望柱安装 4. 勾缝
050201014	栏杆、扶手	1. 石料种类、规格 2. 栏杆、扶手截面 3. 勾缝要求 4. 砂浆配合比	m	按设计图示尺寸以长度计算	1. 石料加工 2. 栏杆、扶手安装 3. 铁锔、银锭安装 4. 勾缝
050201015	栏板、撑鼓	1. 石料种类、规格 2. 栏板、撑鼓雕刻要求 3. 勾缝要求 4. 砂浆配合比	块/m^2	按设计图示数量或面积计算	1. 石料加工 2. 栏板、撑鼓雕刻 3. 栏板、撑鼓安装 4. 勾缝

续表 E.2.1

项目编码	项目名称	项目特征	计量单位	工程量计算规则	工程内容
050201016	木制步桥	1. 桥宽度 2. 桥长度 3. 木材种类 4. 各部件截面长度 5. 防护材料种类	m^2	按设计图示尺寸以桥面板长乘桥面板宽以面积计算	1. 木桩加工 2. 打木桩基础 3. 木梁、木桥板、木桥栏杆、木扶手制作、安装 4. 连接铁件、螺栓安装 5. 刷防护材料

E.2.2 堆塑假山。工程量清单项目设置及工程量计算规则，应按表 E.2.2 的规定执行。

表 E.2.2 堆塑假山（编码：050202）

项目编码	项目名称	项目特征	计量单位	工程量计算规则	工程内容
050202001	堆筑土山丘	1. 土丘高度 2. 土丘坡度要求 3. 土丘底外接矩形面积	m^3	按设计图示山丘水平投影外接矩形面积乘以高度的1/3以体积计算	1. 取土 2. 运土 3. 堆砌、夯实 4. 修整
050202002	堆砌石假山	1. 堆砌高度 2. 石料种类、单块重量 3. 混凝土强度等级 4. 砂浆强度等级、配合比	t	按设计图示尺寸以质量计算	1. 选料 2. 起重架搭、拆 3. 堆砌、修整
050202003	塑假山	1. 假山高度 2. 骨架材料种类、规格 3. 山皮料种类 4. 混凝土强度等级 5. 砂浆强度等级、配合比 6. 防护材料种类	m^2	按设计图示尺寸以展开面积计算	1. 骨架制作 2. 假山胎模制作 3. 塑假山 4. 山皮料安装 5. 刷防护材料
050202004	石笋	1. 石笋高度 2. 石笋材料种类 3. 砂浆强度等级、配合比	支	按设计图示数量计算	1. 选石料 2. 石笋安装
050202005	点风景石	1. 石料种类 2. 石料规格、重量 3. 砂浆配合比	块		1. 选石料 2. 起重架搭、拆 3. 点石
050202006	池石、盆景山	1. 底盘种类 2. 山石高度 3. 山石种类 4. 混凝土砂浆强度等级 5. 砂浆强度等级、配合比	座（个）		1. 底盘制作、安装 2. 池石、盆景山石安装、砌筑
050202007	山石护角	1. 石料种类、规格 2. 砂浆配合比	m^3	按设计图示尺寸以体积计算	1. 石料加工 2. 砌石
050202008	山坡石台阶	1. 石料种类、规格 2. 台阶坡度 3. 砂浆强度等级	m^2	按设计图示尺寸以水平投影面积计算	1. 选石料 2. 台阶砌筑

E.2.3 驳岸。工程量清单项目设置及工程量计算规则，应按表 E.2.3 的规定执行。

表 E.2.3 驳岸（编码：050203）

项目编码	项目名称	项目特征	计量单位	工程量计算规则	工程内容
050203001	石砌驳岸	1. 石料种类、规格 2. 驳岸截面、长度 3. 勾缝要求 4. 砂浆强度等级、配合比	m^3	按设计图示尺寸以体积计算	1. 石料加工 2. 砌石 3. 勾缝
050203002	原木桩驳岸	1. 木材种类 2. 桩直径 3. 桩单根长度 4. 防护材料种类	m	按设计图示以桩长（包括桩尖）计算	1. 木桩加工 2. 打木桩 3. 刷防护材料
050203003	散铺砂卵石护岸（自然护岸）	1. 护岸平均宽度 2. 粗细砂比例 3. 卵石粒径 4. 大卵石粒径、数量	m^2	按设计图示平均护岸宽度乘以护岸长度以面积计算	1. 修边坡 2. 铺卵石、点布大卵石

E.2.4 其他相关问题，应按下列规定处理：

1 园路、园桥、假山（堆筑土山丘除外）、驳岸工程等的挖土方、开凿石方、回填等应按 A.1 相关项目编码列项。

2 如遇某些构配件使用钢筋混凝土或金属构件时，应按附录 A 或附录 D 相关项目编码列项。

E.3 园林景观工程

E.3.1 原木、竹构件。工程量清单项目设置及工程量计算规则，应按表 E.3.1 的规定执行。

表 E.3.1 原木、竹构件（编码：050301）

项目编码	项目名称	项目特征	计量单位	工程量计算规则	工程内容
050301001	原木（带树皮）柱、梁、檩、椽	1. 原木种类 2. 原木梢径（不含树皮厚度） 3. 墙龙骨材料种类、规格 4. 墙底层材料种类、规格 5. 构件联结方式 6. 防护材料种类	m	按设计图示尺寸以长度计算（包括榫长）	1. 构件制作 2. 构件安装 3. 刷防护材料
050301002	原木（带树皮）墙		m^2	按设计图示尺寸以面积计算（不包括柱、梁）	
050301003	树枝吊挂楣子			按设计图示尺寸以框外围面积计算	
050301004	竹柱、梁、檩、椽	1. 竹种类 2. 竹梢径 3. 连接方式 4. 防护材料种类	m	按设计图示尺寸以长度计算	
050301005	竹编墙	1. 竹种类 2. 墙龙骨材料种类、规格 3. 墙底层材料种类、规格 4. 防护材料种类	m^2	按设计图示尺寸以面积计算（不包括柱、梁）	
050301006	竹吊挂楣子	1. 竹种类 2. 竹梢径 3. 防护材料种类		按设计图示尺寸以框外围面积计算	

E.3.2 亭廊屋面。工程量清单项目设置及工程量计算规则，应按表 E.3.2 的规定执行。

表 E.3.2 亭廊屋面（编码：050302）

项目编码	项目名称	项目特征	计量单位	工程量计算规则	工程内容
050302001	草屋面	1. 屋面坡度 2. 铺草种类 3. 竹材种类 4. 防护材料种类	m^2	按设计图示尺寸以斜面面积计算	1. 整理、选料 2. 屋面铺设 3. 刷防护材料
050302002	竹屋面				
050302003	树皮屋面				
050302004	现浇混凝土斜屋面板	1. 檐口高度 2. 屋面坡度 3. 板厚 4. 椽子截面 5. 老角梁、子角梁截面 6. 脊截面 7. 混凝土强度等级	m^3	按设计图示尺寸以体积计算。混凝土屋脊、椽子、角梁、扒梁均并入屋面体积内	混凝土制作、运输、浇筑、振捣、养护
050302005	现浇混凝土攒尖亭屋面板				
050302006	就位预制混凝土攒尖亭屋面板	1. 亭屋面坡度 2. 穹顶弧长、直径 3. 肋截面尺寸 4. 板厚 5. 混凝土强度等级 6. 砂浆强度等级 7. 拉杆材质、规格		按设计图示尺寸以体积计算。混凝土脊和穹顶的肋、基梁并入屋面体积内	1. 混凝土制作、运输、浇筑、振捣、养护 2. 预埋铁件、拉杆安装 3. 构件出槽、养护、安装 4. 接头灌缝
050302007	就位预制混凝土穹顶				
050302008	彩色压型钢板（夹芯板）攒尖亭屋面板	1. 屋面坡度 2. 穹顶弧长、直径 3. 彩色压型钢板（夹芯板）品种、规格、品牌、颜色 4. 拉杆材质、规格 5. 嵌缝材料种类 6. 防护材料种类	m^2	按设计图示尺寸以面积计算	1. 压型板安装 2. 护角、包角、泛水安装 3. 嵌缝 4. 刷防护材料
050302009	彩色压型钢板（夹芯板）穹顶				

E.3.3 花架。工程量清单项目设置及工程量计算规则，应按表 E.3.3 的规定执行。

表 E.3.3 花架（编码：050303）

项目编码	项目名称	项目特征	计量单位	工程量计算规则	工程内容
050303001	现浇混凝土花架柱、梁	1. 柱截面、高度、根数 2. 盖梁截面、高度、根数 3. 连系梁截面、高度、根数 4. 混凝土强度等级	m^3	按设计图示尺寸以体积计算	1. 土（石）方挖运 2. 混凝土制作、运输、浇筑、振捣、养护
050303002	预制混凝土花架柱、梁	1. 柱截面、高度、根数 2. 盖梁截面、高度、根数 3. 连系梁截面、高度、根数 4. 混凝土强度等级 5. 砂浆配合比			1. 土（石）方挖运 2. 混凝土制作、运输、浇筑、振捣、养护 3. 构件制作、运输、安装 4. 砂浆制作、运输 5. 接头灌缝、养护
050303003	木花架柱、梁	1. 木材种类 2. 柱、梁截面 3. 连接方式 4. 防护材料种类		按设计图示截面乘长度（包括榫长）以体积计算	1. 土（石）方挖运 2. 混凝土制作、运输、浇筑、振捣、养护 3. 构件制作、运输、安装 4. 刷防护材料、油漆
050303004	金属花架柱、梁	1. 钢材品种、规格 2. 柱、梁截面 3. 油漆品种、刷漆遍数	t	按设计图示以质量计算	

E. 3. 4 园林桌椅。工程量清单项目设置及工程量计算规则，应按表 E. 3. 4 的规定执行。

表 E. 3. 4 园林桌椅（编码：050304）

项目编码	项目名称	项目特征	计量单位	工程量计算规则	工程内容
050304001	木制飞来椅	1. 木材种类 2. 座凳面厚度、宽度 3. 靠背扶手截面 4. 靠背截面 5. 座凳楣子形状、尺寸 6. 铁件尺寸、厚度 7. 油漆品种、刷油遍数			1. 座凳面、靠背扶手、靠背、楣子制作、安装 2. 铁件安装 3. 刷油漆
050304002	钢筋混凝土飞来椅	1. 座凳面厚度、宽度 2. 靠背扶手截面 3. 靠背截面 4. 座凳楣子形状、尺寸 5. 混凝土强度等级 6. 砂浆配合比 7. 油漆品种、刷油遍数	m	按设计图示尺寸以座凳面中心线长度计算	1. 混凝土制作、运输、浇筑、振捣、养护 2. 预制件运输、安装 3. 砂浆制作、运输、抹面、养护 4. 刷油漆
050304003	竹制飞来椅	1. 竹材种类 2. 座凳面厚度、宽度 3. 靠背扶手梢径 4. 靠背截面 5. 座凳楣子形状、尺寸 6. 铁件尺寸、厚度 7. 防护材料种类			1. 座凳面、靠背扶手、靠背、楣子制作、安装 2. 铁件安装 3. 刷防护材料
050304004	现浇混凝土桌凳	1. 桌凳形状 2. 基础尺寸、埋设深度 3. 桌面尺寸、支墩高度 4. 凳面尺寸、支墩高度 5. 混凝土强度等级、砂浆配合比			1. 土方挖运 2. 混凝土制作、运输、浇筑、振捣、养护 3. 桌凳制作 4. 砂浆制作、运输 5. 桌凳安装、砌筑
050304005	预制混凝土桌凳	1. 桌凳形状 2. 基础形状、尺寸、埋设深度 3. 桌面形状、尺寸、支墩高度 4. 凳面尺寸、支墩高度 5. 混凝土强度等级 6. 砂浆配合比			1. 混凝土制作、运输、浇筑、振捣、养护 2. 预制件制作、运输、安装 3. 砂浆制作、运输 4. 接头灌缝、养护
050304006	石桌石凳	1. 石材种类 2. 基础形状、尺寸、埋设深度 3. 桌面形状、尺寸、支墩高度 4. 凳面形状、尺寸、支墩高度 5. 混凝土强度等级 6. 砂浆配合比	个	按设计图示数量计算	1. 土方挖运 2. 混凝土制作、运输、浇筑、振捣、养护 3. 桌凳制作 4. 砂浆制作、运输 5. 桌凳安砌
050304007	塑树根桌凳	1. 桌凳直径 2. 桌凳高度 3. 砖石种类 4. 砂浆强度等级、配合比 5. 颜料品种、颜色			1. 土（石）方运挖 2. 砂浆制作、运输 3. 砖石砌筑 4. 塑树皮 5. 绘制木纹
050304008	塑树节椅				

续表 E.3.4

项目编码	项目名称	项目特征	计量单位	工程量计算规则	工程内容
050304009	塑料、铁艺、金属椅	1. 木座板面截面 2. 塑料、铁艺、金属椅规格、颜色 3. 混凝土强度等级 4. 防护材料种类	个	按设计图示数量计算	1. 土（石）方挖运 2. 混凝土制作、运输、浇筑、振捣、养护 3. 座椅安装 4. 木座板制作、安装 5. 刷防护材料

E.3.5 喷泉安装。工程量清单项目设置及工程量计算规则，应按表 E.3.5 的规定执行。

表 E.3.5 喷泉安装（编码：050305）

项目编码	项目名称	项目特征	计量单位	工程量计算规则	工程内容
050305001	喷泉管道	1. 管材、管件、水泵、阀门、喷头品种、规格、品牌 2. 管道固定方式 3. 防护材料种类	m	按设计图示尺寸以长度计算	1. 土（石）方挖运 2. 管道、管件、水泵、阀门、喷头安装 3. 刷防护材料 4. 回填
050305002	喷泉电缆	1. 保护管品种、规格 2. 电缆品种、规格			1. 土（石）方挖运 2. 电缆保护管安装 3. 电缆敷设 4. 回填
050305003	水下艺术装饰灯具	1. 灯具品种、规格、品牌 2. 灯光颜色	套	按设计图示数量计算	1. 灯具安装 2. 支架制作、运输、安装
050305004	电气控制柜	1. 规格、型号 2. 安装方式	台		1. 电气控制柜（箱）安装 2. 系统调试

E.3.6 杂项。工程量清单项目设置及工程量计算规则，应按表 E.3.6 的规定执行。

表 E.3.6 杂项（编码：050306）

项目编码	项目名称	项目特征	计量单位	工程量计算规则	工程内容
050306001	石灯	1. 石料种类 2. 石灯最大截面 3. 石灯高度 4. 混凝土强度等级 5. 砂浆配合比	个	按设计图示数量计算	1. 土（石）方挖运 2. 混凝土制作、运输、浇筑、振捣、养护 3. 石灯制作、安装
050306002	塑仿石音箱	1. 音箱石内空尺寸 2. 铁丝型号 3. 砂浆配合比 4. 水泥漆品牌、颜色			1. 胎模制作、安装 2. 铁丝网制作、安装 3. 砂浆制作、运输、养护 4. 喷水泥漆 5. 埋置仿石音箱
050306003	塑树皮梁、柱	1. 塑树种类 2. 塑竹种类 3. 砂浆配合比 4. 颜料品种、颜色	m^2 (m)	按设计图示尺寸以梁柱外表面积计算或以构件长度计算	1. 灰塑 2. 刷涂颜料
050306004	塑竹梁、柱				
050306005	花坛铁艺栏杆	1. 铁艺栏杆高度 2. 铁艺栏杆单位长度重量 3. 防护材料种类	m	按设计图示尺寸以长度计算	1. 铁艺栏杆安装 2. 刷防护材料

续表 E.3.6

项目编码	项目名称	项目特征	计量单位	工程量计算规则	工程内容
050306006	标志牌	1. 材料种类、规格 2. 镌字规格、种类 3. 喷字规格、颜色 4. 油漆品种、颜色	个	按设计图示数量计算	1. 选料 2. 标志牌制作 3. 雕凿 4. 镌字、喷字 5. 运输、安装 6. 刷油漆
050306007	石浮雕	1. 石料种类 2. 浮雕种类 3. 防护材料种类	m^2	按设计图示尺寸以雕刻部分外接矩形面积计算	1. 放样 2. 雕琢 3. 刷防护材料
050306008	石镌字	1. 石料种类 2. 镌字种类 3. 镌字规格 4. 防护材料种类	个	按设计图示数量计算	
050306009	砖石砌小摆设	1. 砖种类、规格 2. 石种类、规格 3. 砂浆强度等级、配合比 4. 石表面加工要求 5. 勾缝要求	m^3 (个)	按设计图示尺寸以体积计算或以数量计算	1. 砂浆制作、运输 2. 砌砖、石 3. 抹面、养护 4. 勾缝 5. 石表面加工

E.3.7 其他相关问题，应按下列规定处理：

1 柱顶石（磉蹬石）、木柱、木屋架、钢柱、钢屋架、屋面木基层和防水层等，应按附录A相关项目编码列项。

2 需要单独列项目的土石方和基础项目，应按附录A相关项目编码列项。

3 木构件连接方式应包括：开榫连接、铁件连接、扒钉连接、铁钉连接。

4 竹构件连接方式应包括：竹钉固定、竹篾绑扎、铁丝绑扎。

5 膜结构的亭、廊，应按附录A相关项目编码列项。

6 喷泉水池应按附录A相关项目编码列项。

7 石浮雕应按下表分类：

浮雕种类	加 工 内 容
阴线刻	首先磨光磨平石料表面，然后以刻凹线（深度在2～3mm）勾画出人物、动植物或山水
平浮雕	首先扁光石料表面，然后凿出堂子（凿深在60mm以内），凸出欲雕图案。图案凸出的平面应达到“扁光”、堂子达到“钉细麻”
浅浮雕	首先凿出石料初形，凿出堂子（凿深在60～200mm以内），凸出欲雕图形，再加工雕饰图形，使其表面有起有伏，有立体感。图形表面应达到“二遍剁斧”，堂子达到“钉细麻”
高浮雕	首先凿出石料初形，然后凿掉欲雕图形多余部分（凿深在200mm以上），凸出欲雕图形，再细雕图形，使之有较强的立体感（有时高浮雕的个别部位与堂子之间漏空）。图形表面达到“四遍剁斧”，堂子达到“钉细麻”或“扁光”

8 石镌字种类是指阴文和阴包阳。

9 砌筑果皮箱、放置盆景的须弥座等，应按E.3.6中砖石砌小摆设项目编码列项。

附录F 矿山工程工程量清单项目及计算规则

一、实 体 项 目

F.1 露 天 工 程

F.1.1 爆破工程。工程量清单项目设置及工程量计算规则，应按表F.1.1的规定执行。

表 F.1.1　爆破工程（编码：060101）

项目编码	项目名称	项目特征	计量单位	工程量计算规则	工程内容
060101001	浅孔爆破	岩石硬度	m^3	按设计图示尺寸以体积计算	1. 钻孔 2. 装药 3. 填塞 4. 联线 5. 起爆
060101002	穿孔爆破	1. 岩石硬度 2. 阶段高度 3. 堑沟深度、底宽度			
060101003	冻土爆破	冻土深度			
060101004	硐室爆破	1. 岩石硬度 2. 爆破作用指数			1. 掘进巷道及药室 2. 装药 3. 填塞 4. 联线 5. 起爆
060101005	基坑爆破	1. 岩石硬度 2. 基坑面积及深度			1. 钻孔 2. 装药 3. 填塞 4. 联线 5. 起爆
060101006	松动爆破	岩石硬度			

F.1.2　采装运输工程。工程量清单项目设置及工程量计算规则，应按表 F.1.2 的规定执行。

表 F.1.2　采装运输工程（编码：060102）

项目编码	项目名称	项目特征	计量单位	工程量计算规则	工程内容
060102001	人工采装运输	1. 岩石硬度 2. 运距	m^3	按设计图示尺寸以体积计算	1. 人工采装 2. 人工推车 3. 工作面及废石场平整 4. 线路维护 5. 卸载
060102002	机械采装汽车运输				1. 装车 2. 运输 3. 工作面及废石场道路保养、维护和修整 4. 清除撒落岩土 5. 工作面排水沟修筑 6. 卸载
060102003	机械采装机车运输	1. 岩石硬度 2. 运距 3. 坡度			1. 装车 2. 运输 3. 工作面铁路拆除 4. 移设 5. 工作面和运输干线上部建筑维护 6. 清除撒落岩土 7. 工作面排水沟修筑 8. 卸载
060102004	装载机运输	1. 岩石硬度 2. 运距			1. 运输 2. 工作面及废石场道路保养、维护和修整 3. 清除撒落岩土 4. 卸载
060102005	轮斗采运连续工艺	1. 岩石硬度 2. 运距 3. 工艺流程			1. 采装 2. 破碎 3. 运输 4. 维护 5. 工作面平整 6. 设备平移 7. 清除撒落岩土
060102006	轮斗采运半连续工艺				

F.1.3 岩土排弃工程。工程量清单项目设置及工程量计算规则，应按表 F.1.3 的规定执行。

表 F.1.3 岩土排弃工程（编码：060103）

项目编码	项目名称	项目特征	计量单位	工程量计算规则	工程内容
060103001	推土机排弃	岩石硬度	m^3	按设计图示尺寸以体积计算	1. 岩土排弃 2. 平整工作面 3. 卸载 4. 简单清理车厢内积结的泥石
060103002	挖掘机排弃				
060103003	排土犁排弃	1. 岩石硬度 2. 坡度			

F.1.4 路基及附属工程。工程量清单项目设置及工程量计算规则，应按表 F.1.4 的规定执行。

表 F.1.4 路基及附属工程（编码：060104）

项目编码	项目名称	项目特征	计量单位	工程量计算规则	工程内容
060104001	清表土	土壤类别	m^3	按设计图示尺寸以体积计算	1. 清理附着物 2. 装运卸 3. 清理现场
060104002	清挖淤泥、流砂	淤泥深度或流砂厚度			1. 挖淤泥、流砂 2. 装运或堆 3. 清理
060104003	开挖冻土	冻土深度			1. 挖冻土 2. 开炸冻土 3. 装运卸
060104004	挖台阶	岩土类别			1. 划线 2. 挖土 3. 抛弃
060104005	机械挖装土石方	岩土类别			1. 采装 2. 清理
060104006	机械运输土石方	运距			1. 运输 2. 道路维修
060104007	填石路堤	填石部位			1. 选料 2. 运输 3. 铺筑 4. 堆砌 5. 回填
060104008	机械碾压	密实度	m^2 (m^3)	按设计图示尺寸以面积（体积）计算	1. 摊铺 2. 洒水 3. 碾压
060104009	填石碾压				1. 碾压 2. 洒水摊铺

续表 F.1.4

项目编码	项目名称	项目特征	计量单位	工程量计算规则	工程内容
060104010	挖路槽	1. 路槽深度 2. 土壤类别	m^2	按设计图示尺寸以面积计算	1. 挖运土方 2. 原土碾压
060104011	培路肩	1. 压实厚度 2. 土壤类别			1. 运土 2. 平整 3. 碾压
060104012	底基层	1. 压实厚度 2. 材料类别			1. 材料运输 2. 摊铺、整平 3. 碾压
060104013	基层				
060104014	面层				
060104015	磨耗层及保护层				
060104016	路牙制作及安装	材料类别	m	按设计图示尺寸以延长米计算	1. 制作 2. 运输 3. 安装
060104017	小型混凝土构件制作安装	构件类别	m^3	按设计图示尺寸以体积计算	1. 预制 2. 运输 3. 安装

F.1.5 筑坝工程。工程量清单项目设置及工程量计算规则，应按表 F.1.5 的规定执行。

表 F.1.5 筑坝工程（编码：060105）

项目编码	项目名称	项目特征	计量单位	工程量计算规则	工程内容
060105001	堆筑土、石坝	1. 土石类别 2. 密实度 3. 堆坝方式	m^3	按设计图示尺寸以体积计算	1. 洒水 2. 摊铺 3. 夯实 4. 刨毛 5. 运土石 6. 碾压 7. 整形 8. 修坡
060105002	砌筑石坝	1. 砌筑方式 2. 材料类别			1. 选材 2. 搬运、提升 3. 砌筑 4. 填缝 5. 铺浆
060105003	机械压实粘土心（斜）墙	墙体长度、厚度、高度			1. 平土 2. 碾压、洒水 3. 铺充夯实
060105004	沥青混凝土心（斜）墙铺筑	铺筑方式			1. 运输 2. 加温 3. 拌和 4. 摊铺 5. 清扫 6. 碾压 7. 涂层 8. 接缝处理
060105005	反滤层铺筑	材料类别			1. 运输 2. 铺筑 3. 修坡 4. 拍实

续表 F.1.5

项目编码	项目名称	项目特征	计量单位	工程量计算规则	工程内容
060105006	土工布铺设	1. 缝制方式 2. 铺设方式 3. 铺设位置	m^2	按设计图示尺寸以面积计算	1. 缝制 2. 运输 3. 铺设
060105007	排渗管制作安装	1. 排渗管类别 2. 排渗管直径	m	按设计图示尺寸以长度计算	1. 制作 2. 运输 3. 安装 4. 包扎棕皮及土工布
060105008	盲沟	1. 断面积 2. 品种 3. 规格			1. 挖土 2. 运料 3. 铺筑 4. 包土工布 5. 回填土 6. 弃土
060105009	坝坡植铺草皮	1. 草皮品种 2. 种植方式	m^2	按设计图示尺寸以面积计算	1. 松土 2. 挖运铺 3. 洒水
060105010	钢筋混凝土排水管	1. 规格 2. 管材类别	m	按设计图示尺寸以长度计算	1. 制作 2. 垫座砌筑 3. 铺设 4. 接口 5. 搬运
060105011	防洪排渗构筑物	1. 构筑物类别 2. 有筋无筋 3. 材料类别	m^3	按设计图示尺寸以体积计算	1. 开挖土石方搅拌 2. 砌筑 3. 养护 4. 钢筋制作
060105012	砌坝面护坡	1. 砌筑形式 2. 材料类别			1. 选修石料 2. 砌筑 3. 填缝找平 4. 材料搬运

F.1.6 窄轨铁路铺设工程。工程量清单项目设置及工程量计算规则，应按表 F.1.6 的规定执行。

表 F.1.6 窄轨铁路铺设工程（编码：060106）

项目编码	项目名称	项目特征	计量单位	工程量计算规则	工程内容
060106001	采场铺轨	1. 轨距 2. 轨型 3. 轨枕类型	km	按设计图示以单线长度扣除道岔计算	1. 铺轨枕 2. 铺钢轨 3. 安装配件、扣件 4. 铺道碴 5. 轨距拉杆安装 6. 护轮轨
060106002	采场道岔铺设	道岔型号	组	按设计图示数量计算	1. 摊铺道碴 2. 铺设道岔 3. 安装配件、扣件 4. 铺设岔枕 5. 扳道器安装调试

续表 F.1.6

项目编码	项目名称	项目特征	计量单位	工程量计算规则	工程内容
060106003	采场固定道床浇筑	1. 轨距 2. 轨型	km	按设计图示以单线长度计算	1. 道床浇筑 2. 铺轨
060106004	装设车挡	车挡类别	处	按设计图示数量计算	1. 挖运土方 2. 制作车挡 3. 安装车挡
060106005	铺设转车盘	1. 转车盘类别 2. 轨距	台		1. 挖运土方 2. 制作转车盘 3. 安装转车盘
060106006	防爬器安装	轨距	个		1. 制作 2. 安装
060106007	平交道口	1. 防护装置类型 2. 铺设类型 3. 道口类别	处		1. 道板加工 2. 填铺垫层 3. 道板铺砌 4. 清理道口 5. 挖运土石方 6. 浇筑基础 7. 制作安装 8. 涂油防护
060106008	线路标志	标志类型	个		1. 挖运土石方 2. 浇筑混凝土基础 3. 安装道板 4. 安装标志

F.2 井巷工程

F.2.1 立井井筒工程。工程量清单项目设置及工程量计算规则，应按表 F.2.1 的规定执行。

表 F.2.1 立井井筒工程（编码：060201）

项目编码	项目名称	项目特征	计量单位	工程量计算规则	工程内容
060201001	立井井筒掘进	1. 岩石硬度 2. 净直径	m^3	按设计掘进断面乘掘进深度以体积计算	1. 打眼 2. 装药 3. 连线 4. 放炮 5. 装岩 6. 防尘 7. 清理 8. 临时支护
060201002	立井井筒冻结段掘进	1. 岩石硬度 2. 净直径 3. 冻结深度			
060201003	立井井筒壁座掘进	1. 岩石硬度 2. 壁厚		按设计图示尺寸以体积计算	
060201004	立井井筒砌壁支护	1. 砌筑材料 2. 砌壁厚度 3. 岩石硬度 4. 净直径		按设计砌筑断面乘砌筑深度以体积计算	1. 拆圈 2. 立模 3. 砌壁 4. 充填 5. 拆模 6. 养护 7. 钢筋制作绑扎
060201005	立井井筒冻结段砌壁支护	1. 井壁结构 2. 砌筑材料 3. 砌壁厚度			1. 立、拆模 2. 钢筋制作绑扎 3. 浇筑 4. 养护
060201006	立井井筒喷射支护	1. 喷射材料 2. 喷射厚度		按设计图示尺寸以体积计算	1. 冲洗岩帮 2. 喷射混凝土 3. 金属网安装

续表 F.2.1

项目编码	项目名称	项目特征	计量单位	工程量计算规则	工程内容
060201007	立井井筒锚杆架设支护	1. 岩石硬度 2. 锚杆类型 3. 锚孔深度	根	按设计数量计算	1. 制作 2. 打孔 3. 安装 4. 注浆
060201008	立井井筒壁座砌筑	1. 砌体材料 2. 砌体厚度	m^3	按设计图示尺寸以体积计算	1. 拆圈 2. 立、拆模 3. 砌壁 4. 充填 5. 养护 6. 钢筋绑扎

F.2.2 冻结工程。工程量清单项目设置及工程量计算规则，应按表 F.2.2 的规定执行。

表 F.2.2 冻结工程（编码：060202）

项目编码	项目名称	项目特征	计量单位	工程量计算规则	工程内容
060202001	钻机造孔	1. 冻结深度 2. 表土深度 3. 井筒净直径 4. 地层类别	m	按设计冻结深度计算	1. 冻结孔、测温孔、水文孔的钻进 2. 测斜 3. 下管
060202002	冻结器下放				1. 冻结管、测温管、水文管 2. 供液管的安装 3. 配合钻机下管
060202003	站外供冷管路安装	1. 冻结深度 2. 表土深度 3. 井筒净直径			1. 集配液圈制作安装 2. 冻结器头部安装 3. 盐水干管安装 4. 管路拆除、回收
060202004	冻结制冷				1. 充氨、溶化氯化钙 2. 冻结站制冷、供冷设备运行 3. 设备调节维护 4. 站内主要材料摊销

F.2.3 钻井工程。工程量清单项目设置及工程量计算规则，应按表 F.2.3 的规定执行。

表 F.2.3 钻井工程（编码：060203）

项目编码	项目名称	项目特征	计量单位	工程量计算规则	工程内容
060203001	钻井锁口	井筒净直径	座	按设计以座为单位计算	1. 挖运土方 2. 钢筋制作绑扎 3. 立模板 4. 浇筑混凝土
060203002	钻进	1. 井筒深度 2. 井筒净直径 3. 地层类别	m	按钻井井筒设计深度计算	1. 钻进 2. 供浆 3. 供风 4. 排渣 5. 测斜 6. 机械维护 7. 系统管路安装 8. 管件等周转材料摊销

续表 F.2.3

项目编码	项目名称	项目特征	计量单位	工程量计算规则	工程内容
060203003	泥浆造粒	1. 井筒深度 2. 井筒净直径	m	按钻井井筒设计深度计算	1. 脱水 2. 造粒 3. 外运
060203004	井壁（锅底）预制	1. 井壁类别 2. 井壁厚度 3. 井筒净直径 4. 混凝土强度等级		按设计钻井井壁长度计算	1. 钢板筒制作安装 2. 法兰制作安装 3. 钢筋制作绑扎 4. 立模板浇筑混凝土 5. 养护 6. 吊运存放
060203005	下沉井壁	井筒净直径		按钻井井筒设计深度计算	1. 吊运井壁 2. 找正 3. 焊接 4. 割吊环 5. 注水下沉
060203006	壁后充填	1. 井筒净直径 2. 井筒深度 3. 充填材料		按钻井井筒设计深度计算	1. 充填管路安装 2. 充填 3. 打眼 4. 二次补充填

F.2.4 地面预注浆工程。工程量清单项目设置及工程量计算规则，应按表 F.2.4 的规定执行。

表 F.2.4 地面预注浆工程（编码：060204）

项目编码	项目名称	项目特征	计量单位	工程量计算规则	工程内容
060204001	固管段造孔	1. 井筒净直径 2. 造孔深度 3. 地层类别	m	按固管段设计深度计算	1. 钻进 2. 测斜 3. 纠偏
060204002	注浆段造孔	1. 井筒净直径 2. 造孔深度 3. 岩石硬度		按注浆段设计长度计算	1. 钻进 2. 测斜 3. 纠偏 4. 取芯 5. 上下止浆塞
060204003	固管安装	1. 井筒净直径 2. 套管规格		按固管段设计深度计算	1. 配管 2. 除锈 3. 焊接 4. 下管 5. 固管
060204004	注浆	1. 井筒净直径 2. 注浆深度 3. 浆液类别		按注浆段设计长度计算	1. 浆液制作 2. 压水试验 3. 注浆
060204005	注浆检查孔抽水试验	注浆深度		按设计注浆深度计算	1. 下测管 2. 测水

F.2.5 斜井井筒工程。工程量清单项目设置及工程量计算规则，应按表 F.2.5 的规定执行。

表 F.2.5 斜井井筒工程（编码：060205）

项目编码	项目名称	项目特征	计量单位	工程量计算规则	工程内容
060205001	斜井井筒明槽开挖	1. 岩土类别 2. 开挖方式	m^3	按设计图示尺寸以体积计算	1. 打眼 2. 装药放炮 3. 装岩 4. 防尘 5. 清理 6. 墙基础掘进 7. 临时支护
060205002	斜井井筒掘进	1. 倾角 2. 岩石硬度 3. 掘进断面 4. 涌水量		按设计掘进断面乘掘进长度以体积计算	
060205003	斜井井筒砌碹支护	1. 砌筑材料 2. 砌体部位 3. 砌壁厚度 4. 倾角		按设计砌筑断面乘砌筑深度以体积计算（包括墙基础）	1. 支护顶板 2. 拆除临时支护 3. 立、拆碹胎、模板 4. 砌碹 5. 勾缝 6. 充填 7. 养护 8. 清理
060205004	斜井井筒喷射混支护	1. 倾角 2. 喷射材料 3. 喷射厚度		按设计图示尺寸以体积计算	1. 冲洗岩帮 2. 喷射混凝土 3. 金属网安装
060205005	斜井井筒锚杆架设支护	1. 倾角 2. 岩石硬度 3. 锚杆类型 4. 锚孔深度	根	按设计数量计算	1. 锚杆制作 2. 打孔 3. 安装 4. 注浆
060205006	斜井井筒支架支护	1. 倾角 2. 支架类别	t（m^3）	按设计质量（体积）计算	1. 拆除临时支护 2. 清理浮矸 3. 架设支架 4. 背顶背帮 5. 清理

F.2.6 平硐及平巷工程。工程量清单项目设置及工程量计算规则，应按表 F.2.6 的规定执行。

表 F.2.6 平硐及平巷工程（编码：060206）

项目编码	项目名称	项目特征	计量单位	工程量计算规则	工程内容
060206001	平硐明槽开挖	1. 岩土类别 2. 开挖方式	m^3	按设计图示尺寸以体积计算	1. 打眼 2. 装药放炮 3. 装岩 4. 防尘 5. 清理 6. 基础掘进 7. 临时支护 8. 工作面 100m 内运输
060206002	平硐平巷掘进	1. 岩土类别 2. 岩石硬度 3. 掘进断面		按设计掘进断面乘掘进长度以体积计算	
060206003	平硐平巷砌碹支护	1. 砌体材料 2. 砌体部位 3. 砌体厚度		按设计砌筑断面乘砌筑深度以体积计算（包括墙基础）	1. 支护顶板 2. 拆除临时支护 3. 立、拆碹胎、模板 4. 砌碹 5. 勾缝 6. 充填 7. 养护 8. 清理 9. 工作面 100m 内运输
060206004	平硐平巷喷射支护	1. 喷射材料 2. 喷射部位 3. 喷射厚度			1. 清理浮矸 2. 冲洗岩帮 3. 喷射 4. 金属网绑扎 5. 清理 6. 工作面 100m 内运输

续表 F.2.6

项目编码	项目名称	项目特征	计量单位	工程量计算规则	工程内容
060206005	平硐平巷锚杆（索）架设支护	1. 岩石硬度 2. 锚杆类型 3. 锚孔深度	根	按设计数量计算	1. 制作 2. 打孔 3. 安装 4. 注浆 5. 工作面100m内运输
060206006	平硐平巷支架支护	支架类别	t（m^3）	按设计质量（体积计算）	1. 拆除临时支护 2. 清理浮矸 3. 架设支架 4. 背顶背帮 5. 清理 6. 工作面100m内运输

F.2.7 斜巷工程。工程量清单项目设置及工程量计算规则，应按表F.2.7的规定执行。

表F.2.7 斜巷工程（编码：060207）

项目编码	项目名称	项目特征	计量单位	工程量计算规则	工程内容
060207001	斜巷掘进	1. 倾角 2. 岩石硬度 3. 掘进断面		按设计掘进断面乘掘进长度以体积计算	1. 打眼 2. 装药放炮 3. 装岩 4. 防尘 5. 清理 6. 基础掘进 7. 临时支护
060207002	斜巷砌碹支护	1. 倾角 2. 砌筑材料 3. 砌体部位 4. 砌体厚度	m^3	按设计砌筑断面乘砌筑长度以体积计算（包括墙基础）	1. 支护顶板 2. 拆除临时支护 3. 立、拆碹胎、模板 4. 砌碹 5. 勾缝 6. 充填 7. 养护 8. 清理
060207003	斜巷喷射支护	1. 倾角 2. 喷射材料 3. 喷射部位 4. 喷射厚度			1. 清理浮矸 2. 冲洗岩帮 3. 喷射 4. 金属网绑扎 5. 清理
060207004	斜巷锚杆（索）架设支护	1. 倾角 2. 锚杆类型 3. 岩石硬度 4. 锚孔深度	根	按设计数量计算	1. 制作 2. 打孔 3. 安装 4. 注浆
060207005	斜巷支架支护	1. 倾角 2. 支架类别	t（m^3）	按设计质量（体积）计算	1. 拆除临时支护 2. 清理浮矸 3. 架设支架 4. 背顶背帮 5. 清理

F.2.8 硐室工程。工程量清单项目设置及工程量计算规则，应按表 F.2.8 的规定执行。

表 F.2.8 硐室工程（编码：060208）

项目编码	项目名称	项目特征	计量单位	工程量计算规则	工程内容
060208001	硐室掘进	1. 硐室类别 2. 岩石硬度	m^3	按设计掘进断面乘掘进长度以体积计算	1. 打眼 2. 装药放炮 3. 装岩 4. 防尘 5. 清理 6. 沟槽、基础掘进 7. 临时支护 8. 工作面 100m 内运输
060208002	硐室砌碹支护	1. 硐室类别 2. 砌体材料 3. 砌体厚度		按设计砌筑断面乘砌筑长度以体积计算（加端墙体积）	1. 支护顶板 2. 拆除临时支护 3. 立、拆碹胎、模板 4. 砌碹 5. 沟槽砌筑 6. 勾缝 7. 充填 8. 养护 9. 清理 10. 工作面 100m 内运输
060208003	硐室喷射支护	1. 硐室类别 2. 喷射厚度 3. 喷射部位			1. 清理浮矸 2. 冲洗岩帮 3. 喷射 4. 金属网绑扎 5. 清理 6. 工作面 100m 内运输
060208004	硐室锚杆（索）架设支护	1. 锚杆类型 2. 岩石硬度 3. 锚孔深度	根	按设计数量计算	1. 制作 2. 打孔 3. 安装 4. 注浆 5. 工作面 100m 内运输
060208005	硐室支架支护	支架类别	t（m^3）	按设计质量（体积）计算	1. 拆除临时支护 2. 清理浮矸 3. 架设支架 4. 背顶背帮 5. 清理 6. 工作面 100m 内运输

F.2.9 铺轨工程。工程量清单项目设置及工程量计算规则，应按表 F.2.9 的规定执行。

表 F.2.9 铺轨工程（编码：060209）

项目编码	项目名称	项目特征	计量单位	工程量计算规则	工程内容
060209001	井下铺轨	1. 轨距 2. 轨型 3. 巷道类别 4. 轨枕类别	km	按设计图示尺寸以单线长度减去道岔长度计算	1. 清理及平整路基 2. 工作面 100m 内运输 3. 铺轨枕 4. 铺钢轨 5. 安装配件、扣件 6. 设置防滑设施 7. 铺道碴 8. 轨距拉杆安装 9. 护轮轨 10. 清理

续表 F. 2. 9

项目编码	项目名称	项目特征	计量单位	工程量计算规则	工程内容
060209002	井下固定道床浇筑	1. 轨距 2. 轨型 3. 巷道类别	km	按设计图示以单线长度计算	1. 道床浇筑 2. 铺轨 3. 工作面 100m 内运输
060209003	井下铺设道岔	1. 道岔型号 2. 巷道类别 3. 板道器类型	组	按设计图示数量计算	1. 摊铺道碴 2. 铺设道岔 3. 安装配件、扣件 4. 铺设岔枕 5. 扳道器安装调试 6. 工作面 100m 内运输

F. 2. 10 斜坡道工程。工程量清单项目设置及工程量计算规则，应按表 F. 2. 10 的规定执行。

表 F. 2. 10 斜坡道工程（编码：060210）

项目编码	项目名称	项目特征	计量单位	工程量计算规则	工程内容
060210001	斜坡道掘进	1. 岩石硬度 2. 掘进断面 3. 涌水量	m^3	按设计掘进断面乘掘进长度以体积计算	1. 打眼 2. 装药放炮 3. 装岩 4. 防尘 5. 清理 6. 墙基础掘进 7. 临时支护
060210002	斜坡道砌碹支护	1. 砌筑材料 2. 砌体部位 3. 砌壁厚度	m^3	按设计砌筑断面乘砌筑长度以体积计算（包括墙基础）	1. 支护顶板 2. 拆除临时支护 3. 立、拆碹胎、模板 4. 砌碹 5. 勾缝 6. 充填 7. 养护 8. 清理
060210003	斜坡道喷射支护	1. 喷射材料 2. 喷射厚度	m^3	按设计图示尺寸以体积计算	1. 冲洗岩帮 2. 喷射混凝土 3. 金属网安装
060210004	斜坡道锚杆（索）架设	1. 岩石硬度 2. 锚杆类型 3. 锚孔深度	根	按设计数量计算	1. 锚杆制作 2. 打孔 3. 安装 4. 注浆
060210005	斜坡道支架支护	1. 倾角 2. 支架类别	t（m^3）	按设计质量（体积）计算	1. 拆除临时支护 2. 清理浮矸 3. 架设支架 4. 背顶背帮 5. 清理

F.2.11 天溜井工程。工程量清单项目设置及工程量计算规则，应按表F.2.11的规定执行。

表F.2.11 天溜井工程（编码：060211）

项目编码	项目名称	项目特征	计量单位	工程量计算规则	工程内容
060211001	天溜井掘进	1. 天溜井类别 2. 掘进断面 3. 岩石硬度	m^3	按设计掘进断面乘掘进长度以体积计算	1. 打眼 2. 装药放炮 3. 装岩出矸 4. 防尘 5. 清理 6. 临时支护
060211002	天溜井喇叭口刷大	岩石硬度		按设计图示尺寸以体积计算	
060211003	天溜井砌碹支护	1. 砌筑材料 2. 砌壁厚度 3. 天溜井类别		按设计砌筑断面乘砌筑深度以体积计算（包括墙基础）	1. 拆圈 2. 清理 3. 立模 4. 砌壁 5. 充填 6. 拆模 7. 勾缝 8. 养护 9. 钢筋制作绑扎
060211004	天溜井喷射支护	1. 天溜井类别 2. 喷射材料 3. 喷射厚度		按设计图示尺寸以体积计算	1. 冲洗岩帮 2. 喷射混凝土 3. 金属网安装
060211005	天溜井锚杆架设	1. 天溜井类别 2. 岩石硬度 3. 锚杆类型 4. 锚孔深度	根	按设计数量计算	1. 锚杆制作 2. 打孔 3. 安装 4. 注浆
060211006	天溜井支架支护	1. 天溜井类别 2. 支架类别 3. 材料类别	t（m^3）	按设计质量（体积）计算	1. 拆除临时支护 2. 清理浮矸 3. 架设支架 4. 背帮 5. 清理
060211007	天溜井加固	1. 加固类型 2. 连接方式 3. 天溜井类别	t	按设计质量计算	1. 制作 2. 安装 3. 清理

F.2.12 其他工程。工程量清单项目设置及工程量计算规则，应按表F.2.12的规定执行。

表F.2.12 其他工程（编码：060212）

项目编码	项目名称	项目特征	计量单位	工程量计算规则	工程内容
060212001	沟槽掘进	1. 巷道类别 2. 净断面 3. 岩石硬度	m^3	按设计图示尺寸以体积计算	1. 打眼 2. 装药放炮 3. 装岩 4. 防尘 5. 清理 6. 工作面100m内运输
060212002	沟槽砌筑	1. 巷道类别 2. 净断面 3. 砌筑材料			1. 立、拆模板 2. 砌筑、铺砌盖板 3. 清理 4. 工作面100m内运输

续表 F.2.12

项目编码	项目名称	项目特征	计量单位	工程量计算规则	工程内容
060212003	井下各类隔离门制作安装	材料类别	t（m^2）	按设计质量（面积）计算	1. 制作 2. 安装
060212004	设备基础掘进	1. 岩石硬度 2. 基础深度	m^3	按设计图示尺寸以体积计算	1. 打眼 2. 装药放炮 3. 装岩 4. 防尘 5. 清理 6. 工作面100m内运输
060212005	巷道起底刷大	1. 厚度 2. 岩石硬度			
060212006	设备基础砌碹	砌筑材料			1. 清理 2. 浇筑 3. 养护
060212007	砌筑门脸墙	砌筑材料			1. 清理 2. 砌筑
060212008	装矿硐室构筑物砌筑	砌筑材料			1. 清理 2. 立模 3. 砌筑 4. 养护
060212009	铺砌巷道地板	砌筑材料	m^3（m^2）	按设计图示尺寸以体积（面积）计算	1. 清理 2. 铺砌
060212010	预埋件安装	预埋件种类	t	按设计图示尺寸以质量计算	1. 制作 2. 安装
060212011	台阶砌筑	砌筑材料	m^3	按设计图示尺寸以体积计算	1. 清理 2. 铺砌
060212012	斜巷扶手安装	材料类别	m	按设计图示尺寸以长度计算	1. 制作 2. 安装
060212013	巷道粉刷	材料类别	m^2	按设计图示尺寸以粉刷面积计算	清洗粉刷
060212014	零星砌体	砌筑材料	m^3	按设计图示尺寸以体积计算	1. 清理 2. 铺砌
060212015	工作面预注浆	1. 岩石硬度 2. 工程类别 3. 浆液类型	m^3	按设计注浆量计算	1. 浇注止浆垫 2. 打孔 3. 注浆 4. 止浆垫拆除

F.2.13 辅助系统工程。工程量清单项目设置及工程量计算规则，应按表 F.2.13 的规定执行。

表 F.2.13 辅助系统工程（编码：060213）

项目编码	项目名称	项目特征	计量单位	工程量计算规则	工程内容
060213001	立井井筒	1. 井筒深度 2. 涌水量 3. 净直径 4. 岩石硬度 5. 取暖期 6. 支护形式 7. 排矸方式	m	按设计成井深度（斜或身长）以米计算	1. 提升 2. 给排水 3. 通风安全 4. 运输 5. 供电照明 6. 其他 7. 供热 8. 排矸

续表 F.2.13

<table>
<tr><th>项目编码</th><th>项目名称</th><th>项目特征</th><th>计量单位</th><th>工程量计算规则</th><th>工程内容</th></tr>
<tr><td>060213002</td><td>斜井井筒</td><td>1. 掘进断面
2. 涌水量
3. 斜井长度
4. 岩石硬度
5. 取暖期
6. 支护形式
7. 排矸方式</td><td rowspan="4">m</td><td rowspan="2">按设计成井深度（斜或身长）以米计算</td><td rowspan="4">1. 提升
2. 给排水
3. 通风安全
4. 运输
5. 供电照明
6. 其他
7. 供热
8. 排矸</td></tr>
<tr><td>060213003</td><td>平硐</td><td>1. 掘进断面
2. 涌水量
3. 硐身长度
4. 岩石硬度
5. 取暖期
6. 支护形式
7. 排矸方式</td></tr>
<tr><td>060213004</td><td>平巷</td><td rowspan="2">1. 开拓方式
2. 井筒深度（斜或身长）
3. 涌水量
4. 掘进断面
5. 岩石硬度
6. 巷道总工程量
7. 取暖期
8. 支护形式
9. 排矸方式</td><td rowspan="2">按设计成巷长度以米计算</td></tr>
<tr><td>060213005</td><td>斜巷（斜坡道）</td></tr>
<tr><td>060213006</td><td>硐室</td><td>1. 开拓方式
2. 井筒深度（斜或身长）
3. 涌水量
4. 岩石硬度
5. 巷道总工程量
6. 取暖期
7. 支护形式
8. 排矸方式</td><td>m^3</td><td>按设计硐室体积以立方米计算</td><td rowspan="2">1. 提升
2. 给排水
3. 通风安全
4. 运输
5. 供电照明
6. 其他
7. 供热
8. 排矸</td></tr>
<tr><td>060213007</td><td>尾工工程</td><td>1. 开拓方式
2. 井筒深度（斜或身长）
3. 涌水量
4. 道床类型
5. 巷道总工程量
6. 取暖期</td><td>m</td><td>按设计单轨铺设长度以米计算</td></tr>
</table>

二、措 施 项 目

序号	项 目 名 称
6.1	特殊安全技术措施
6.2	前期上山道路

续表

序号	项 目 名 称
6.3	作业平台
6.4	防洪工程
6.5	凿井措施
6.6	临时支护措施

本规范用词说明

1 为便于在执行本规范条文时区别对待，对要求严格程度不同的用词说明如下：

1）表示很严格，非这样做不可的用词：

正面词采用“必须”，反面词采用“严禁”。

2）表示严格，在正常情况下均应这样做的用词：

正面词采用“应”，反面词采用“不应”或“不得”。

3）表示允许稍有选择，在条件许可时首先应这样做的用词：

正面词采用“宜”，反面词采用“不宜”；

表示有选择，在一定条件下可以这样做的用词，采用“可”。

2 本规范中指明应按其他有关标准、规范执行的写法为“应符合……的规定”或“应按……执行”。

中华人民共和国国家标准

建设工程工程量清单计价规范

GB 50500—2008

条 文 说 明

前　言

《建设工程工程量清单计价规范》GB 50500—2008，经建设部 2008 年 7 月 9 日以住房和城乡建设部第 63 号公告批准、发布。

为便于各单位和有关人员在使用本规范时能正确理解和执行本规范，特按章、节、条顺序编制了本规范的条文说明，供使用者参考。在使用中如发现本条文说明有不妥之处，请将意见函告四川省建设工程造价管理总站。

鉴于此次修订主要对原规范 GB 50500—2003 的正文部分进行了修改，对附录 A～附录 E 除个别调整外，基本没有修改；且对原由局部修订增加的附录 F，此次修订一并纳入规范中。

原规范 GB 50500—2003 的编制组成员：

杨鲁豫　徐惠琴　杨丽坤　赵毅明　徐金泉
王海宏　胡晓丽　白洁如　李文绮　赵金立
张千驷　张宝玉　于业伟　朱奕峰　高廷林
刘　坚　王美林　贺志良　吴　松　谢洪学
王伯元　邓长松　徐佩清　王彭林　朱　连
肖明泳　李　维　郎桂林　孙宁琪　黄剑雄
张国金　刘小莉　王成兴　邢瑞源　高士安
周广印　朱寿龄　兰　剑　张允明　王清训
梅芳迪　韩光伟　张声缪　焦秦昌　张建民
朱慧岚　翟君鹗　刘　宇　范俊旭　刘英勇
虞兴和　刘　奕　陈洪润　李学范　陆介天
龚伟中　周一兵　徐　斌　陈益梁　田宝华
何长国　李鸿兴　金春平　孙俊梅　万春波

原规范 2005 年局部修订部分《矿山工程工程量清单项目及计算规则》的编制组成员：

毕孔耜　吴佐民　马桂芝　高新建　丛树茂
陈　彪　田文达　储祥辉　赵万里　李细荣
张德清　牛保利　张同兴　舒　宇　徐丽萍
王作义　郎向发　谢克伟　乔锡凤　孟　勇
吴宗吾　杜利同　赵相荣　杨振义　王　刚
顾　寅　黄　琳　罗　玲　冀福田

住房和城乡建设部标准定额司

二〇〇八年七月

目　录

1　总则 …………………………… 1—66—226
2　术语 …………………………… 1—66—226
3　工程量清单编制 ……………… 1—66—227
3.1　一般规定……………………… 1—66—227
3.2　分部分项工程量清单………… 1—66—227
3.3　措施项目清单………………… 1—66—228
3.4　其他项目清单………………… 1—66—228
3.5　规费项目清单………………… 1—66—229
3.6　税金项目清单………………… 1—66—229
4　工程量清单计价 ……………… 1—66—229
4.1　一般规定……………………… 1—66—229
4.2　招标控制价…………………… 1—66—230
4.3　投标价………………………… 1—66—231
4.4　工程合同价款的约定………… 1—66—232
4.5　工程计量与价款支付………… 1—66—232
4.6　索赔与现场签证……………… 1—66—233
4.7　工程价款调整………………… 1—66—233
4.8　竣工结算……………………… 1—66—234
4.9　工程计价争议处理…………… 1—66—235
5　工程量清单计价表格 ………… 1—66—236
5.1　计价表格组成………………… 1—66—236
5.2　计价表格使用规定…………… 1—66—236

1 总　　则

1.0.1 本条阐述了制定本规范的目的和法律依据。

1.0.2 本规范所指的工程量清单计价活动包括：工程量清单、招标控制价、投标报价的编制，工程合同价款的约定，竣工结算的办理以及施工过程中的工程计量、工程价款支付、索赔与现场签证、工程价款调整和工程计价争议处理等活动。

1.0.3 本条规定了执行本规范的范围，国有投资的资金包括国家融资资金。

1 国有资金投资的工程建设项目包括：

1）使用各级财政预算资金的项目；

2）使用纳入财政管理的各种政府性专项建设资金的项目；

3）使用国有企事业单位自有资金，并且国有资产投资者实际拥有控制权的项目。

2 国家融资资金投资的工程建设项目包括：

1）使用国家发行债券所筹资金的项目；

2）使用国家对外借款或者担保所筹资金的项目；

3）使用国家政策性贷款的项目；

4）国家授权投资主体融资的项目；

5）国家特许的融资项目。

3 国有资金为主的工程建设项目是指国有资金占投资总额50%以上，或虽不足50%但国有投资者实质上拥有控股权的工程建设项目。

1.0.4 非国有资金投资的工程建设项目，采用工程量清单计价的，应执行本规范。

对于不采用工程量清单计价方式的工程建设项目，除工程量清单等专门性规定外，本规范的其他条文仍应执行。

1.0.5 按照《注册造价工程师管理办法》（建设部第150号令）的规定，注册造价工程师应在本人承担的工程造价成果文件上签字并加盖执业专用章；按照《全国建设工程造价人员管理暂行办法》（中价协[2006] 013号）的规定，造价员应在本人承担的工程造价业务文件上签字并加盖专用章。

1.0.6 本条规定了建设工程计价活动的基本要求，建设工程计价活动的结果既是工程建设投资的价值表现，同时又是工程建设交易活动的价值表现。因此，建设工程造价计价活动不仅要客观反映工程建设的投资，还应体现工程建设交易活动的公正、公平性。

1.0.7 本条规定了本规范附录是编制工程量清单的依据及其适用范围。

1.0.8 本规范的条款是建设工程计价活动中应遵守的专业性条款，在工程计价活动中，除应遵守专业性条款外，还应遵守国家现行有关标准的规定。

2 术　　语

2.0.1 “工程量清单”是建设工程实行工程量清单计价的专用名词。表示的是拟建工程的分部分项工程项目、措施项目、其他项目、规费项目和税金项目的名称和数量。

2.0.2 “项目编码”是对分部分项工程量清单项目名称规定的数字标识。

2.0.3 “项目特征”是对体现分部分项工程量清单、措施项目清单价值的特有属性和本质特征的描述。

2.0.4 “综合单价”是相对于工程量清单计价而言，对完成一个规定计量单位的分部分项清单项目或措施清单项目所需的人工费、材料费、施工机械使用费、企业管理费、利润以及包含一定范围风险因素的价格表示。

2.0.5 “措施项目”是相对于工程实体的分部分项工程项目而言，对实际施工中必须发生的施工准备和施工过程中技术、生活、安全、环境保护等方面的非工程实体项目的总称。

2.0.6 “暂列金额”是招标人暂定并掌握使用的一笔款项，它包括在合同价款中，由招标人用于合同协议签订时尚未确定或者不可预见的所需材料、设备、服务的采购以及施工过程中各种工程价款调整因素出现时的工程价款调整。

2.0.7 “暂估价”是在招标阶段预见肯定要发生，只是因为标准不明确或者需要由专业承包人完成，暂时又无法确定具体价格时采用。

2.0.8 “计日工”是对零星项目或工作采取的一种计价方式，包括完成作业所需的人工、材料、施工机械及其费用的计价，类似于定额计价中的签证记工。

2.0.9 “总承包服务费”是在工程建设的施工阶段实行施工总承包时，当招标人在法律、法规允许的范围内对工程进行分包和自行采购供应部分设备、材料时，要求总承包人提供相关服务（如分包人使用总包人的脚手架、水电接剥等）和施工现场管理等所需的费用。

2.0.10 “索赔”是专指工程建设的施工过程中，发、承包双方在履行合同时，对于非自己过错的责任事件并造成损失时，向对方提出补偿要求的行为。

2.0.11 “现场签证”是专指在工程建设的施工过程中，发、承包双方的现场代表（或其委托人）对施工过程中由于发包人的责任致使承包人在工程施工中于合同内容外发生了额外的费用，由承包人通过书面形式向发包人提出，予以签字确认的证明。

2.0.12 “企业定额”专指施工企业定额。是施工企业根据自身拥有的施工技术、机械装备和具有的管理水平而编制的完成一个工程量清单项目使用的人工、材料、机械台班等的消耗标准，是施工企业投标报价的依据之一。

2.0.13 根据《建筑安装工程费用项目组成》（建标［2003］206号）的规定，"规费"属于工程造价的组成部分，其计取标准由省级、行业建设主管部门依据省级政府或省级有关权力部门的相关规定制定。

2.0.14 "税金"是依据国家税法的规定应计入建筑安装工程造价内，由承包人负责缴纳的营业税、城市建设维护税以及教育费附加等的总称。

2.0.15 "发包人"有时也称建设单位或业主，在工程招标发包中，又被称为招标人。

2.0.16 "承包人"有时也称施工企业，在工程招标发包中，投标时又被称为投标人，中标后称为中标人。

2.0.17 "造价工程师"是指按照《注册造价工程师管理办法》（建设部令第150号），经全国统一考试合格，取得造价工程师执业资格证书，经批准注册在一个单位从事工程造价活动的专业技术人员。

2.0.18 "造价员"是指通过考试，取得《全国建设工程造价员资格证书》，在一个单位从事工程造价活动的专业人员。

2.0.19 "工程造价咨询人"是指按照《工程造价咨询企业管理办法》（建设部令第149号）的规定，取得工程造价咨询资质，在其资质许可范围内接受委托，提供工程造价咨询服务的企业。

2.0.20～2.0.23 工程造价的计价具有动态性和阶段性（多次性）的特点。工程建设项目从决策到竣工交付使用，都有一个较长的建设期。在整个建设期内，构成工程造价的任何因素发生变化都必然会影响工程造价的变动，不能一次确定可靠的价格，要到竣工结算后才能最终确定工程造价，因此需对建设程序的各个阶段进行计价，以保证工程造价确定和控制的科学性。工程造价的多次性计价反映了不同的计价主体对工程造价的逐步深化、逐步细化、逐步接近和最终确定工程造价的过程。

"招标控制价"是在工程招标发包过程中，由招标人根据有关计价规定计算的工程造价，其作用是招标人用于对招标工程发包的最高限价，有的地方亦称拦标价、预算控制价。

"投标价"是在工程招标发包过程中，由投标人按照招标文件的要求，根据工程特点，并结合自身的施工技术、装备和管理水平，依据有关计价规定自主确定的工程造价，是投标人希望达成工程承包交易的期望价格，它不能高于招标人设定的招标控制价。

"合同价"是在工程发、承包交易过程中，由发、承包双方以合同形式确定的工程承包价格。采用招标发包的工程，其合同价应为投标人的中标价。

"竣工结算价"是在承包人完成施工合同约定的全部工程内容，发包人依法组织竣工验收合格后，由发、承包双方按照合同约定的工程造价条款，即合同价、合同价款调整以及索赔和现场签证等事项确定的最终工程造价。

3 工程量清单编制

3.1 一 般 规 定

3.1.1 本条规定了招标人应负责编制工程量清单，若招标人不具有编制工程量清单的能力时，根据《工程造价咨询企业管理办法》（建设部第149号令）的规定，可委托具有工程造价咨询资质的工程造价咨询企业编制。

3.1.2 工程施工招标发包可采用多种方式，但采用工程量清单方式招标发包，招标人必须将工程量清单作为招标文件的组成部分，连同招标文件一并发（或售）给投标人。招标人对编制的工程量清单的准确性和完整性负责，投标人依据工程量清单进行投标报价。

3.1.3 本条规定了工程量清单的作用，是工程量清单计价的基础。

3.1.4 本条规定了工程量清单的组成。

3.1.5 本条规定了工程量清单的编制依据。

3.2 分部分项工程量清单

3.2.1 本条规定了构成一个分部分项工程量清单的五个要件——项目编码、项目名称、项目特征、计量单位和工程量，这五个要件在分部分项工程量清单的组成中缺一不可。

3.2.2 本条规定了分部分项工程量清单各构成要件的编制依据。该编制依据主要体现了对分部分项工程量清单内容规范管理的要求。

3.2.3 本条规定了工程量清单编码的表示方式：十二位阿拉伯数字及其设置规定。

各位数字的含义是：一、二位为工程分类顺序码；三、四位为专业工程顺序码；五、六位为分部工程顺序码；七、八、九位为分项工程项目名称顺序码；十至十二位为清单项目名称顺序码。

当同一标段（或合同段）的一份工程量清单中含有多个单位工程且工程量清单是以单位工程为编制对象时，在编制工程量清单时应特别注意对项目编码十至十二位的设置不得有重码的规定。例如一个标段（或合同段）的工程量清单中含有三个单位工程，每一单位工程中都有项目特征相同的实心砖墙砌体，在工程量清单中又需反映三个不同单位工程的实心砖墙砌体工程量时，则第一个单位工程的实心砖墙的项目编码应为010302001001，第二个单位工程的实心砖墙的项目编码应为010302001002，第三个单位工程的实心砖墙的项目编码应为010302001003，并分别列出各单位工程实心砖墙的工程量。

3.2.4 本条规定了分部分项工程量清单项目的名称应按附录中的项目名称，结合拟建工程的实际确定。

3.2.5 本条规定了工程量应按附录中规定的工程量计算规则计算。工程量的有效位数应遵守下列规定：

1 以"t"为单位，应保留三位小数，第四位小数四舍五入；

2 以"m^3"、"m^2"、"m"、"kg"为单位，应保留两位小数，第三位小数四舍五入；

3 以"个"、"项"等为单位，应取整数。

3.2.6 本条规定了工程量清单的计量单位应按附录中规定的计量单位确定。

附录中有两个或两个以上计量单位的，应结合拟建工程项目的实际选择其中一个确定。

3.2.7 工程量清单的项目特征是确定一个清单项目综合单价不可缺少的重要依据，在编制工程量清单时，必须对项目特征进行准确和全面的描述。但有些项目特征用文字往往又难以准确和全面的描述清楚。因此，为达到规范、简捷、准确、全面描述项目特征的要求，在描述工程量清单项目特征时应按以下原则进行。

1 项目特征描述的内容应按附录中的规定，结合拟建工程的实际，能满足确定综合单价的需要。

2 若采用标准图集或施工图纸能够全部或部分满足项目特征描述的要求，项目特征描述可直接采用详见××图集或××图号的方式。对不能满足项目特征描述要求的部分，仍应用文字描述。

3.2.8 随着工程建设中新材料、新技术、新工艺等的不断涌现，本规范附录所列的工程量清单项目不可能包含所有项目。在编制工程量清单时，当出现本规范附录中未包括的清单项目时，编制人应作补充。在编制补充项目时应注意以下三个方面。

1 补充项目的编码应按本规范的规定确定。

2 在工程量清单中应附补充项目的项目名称、项目特征、计量单位、工程量计算规则和工作内容。

3 将编制的补充项目报省级或行业工程造价管理机构备案。

3.3 措施项目清单

3.3.1 措施项目清单的编制需考虑多种因素，除工程本身的因素外，还涉及水文、气象、环境、安全等因素。本规范仅提供了"通用措施项目一览表"，作为措施项目列项的参考。表中所列内容是各专业工程均可列出的措施项目。各专业工程的"措施项目清单"中可列的措施项目分别在附录中规定，应根据拟建工程的具体情况选择列项。

由于影响措施项目设置的因素太多，本规范不可能将施工中可能出现的措施项目一一列出。在编制措施项目清单时，因工程情况不同，出现本规范及附录中未列的措施项目，可根据工程的具体情况对措施项目清单作补充。

3.3.2 本规范将实体性项目划分为分部分项工程量清单，非实体性项目划分为措施项目。所谓非实体性项目，一般来说，其费用的发生和金额的大小与使用时间、施工方法或者两个以上工序相关，与实际完成的实体工程量的多少关系不大，典型的是大中型施工机械、文明施工和安全防护、临时设施等。但有的非实体性项目，则是可以计算工程量的项目，典型的是混凝土浇筑的模板工程，用分部分项工程量清单的方式采用综合单价，更有利于措施费的确定和调整。

3.4 其他项目清单

工程建设标准的高低、工程的复杂程度、工程的工期长短、工程的组成内容、发包人对工程管理要求等都直接影响其他项目清单的具体内容，本规范仅提供了4项内容作为列项参考。其不足部分，可根据工程的具体情况进行补充。

1 暂列金额在本规范第2.0.6条已经定义是招标人暂定并包括在合同中的一笔款项。不管采用何种合同形式，其理想的标准是，一份合同的价格就是其最终的竣工结算价格，或者至少两者应尽可能接近。我国规定对政府投资工程实行概算管理，经项目审批部门批复的设计概算是工程投资控制的刚性指标，即使商业性开发项目也有成本的预先控制问题，否则，无法相对准确预测投资的收益和科学合理地进行投资控制。但工程建设自身的特性决定了工程的设计需要根据工程进展不断地进行优化和调整，业主需求可能会随工程建设进展出现变化，工程建设过程还会存在一些不能预见、不能确定的因素。消化这些因素必然会影响合同价格的调整，暂列金额正是为这类不可避免的价格调整而设立，以便达到合理确定和有效控制工程造价的目标。

2 暂估价是指招标阶段直至签订合同协议时，招标人在招标文件中提供的用于支付必然要发生但暂时不能确定价格的材料以及专业工程的金额。暂估价类似于FIDIC合同条款中的Prime Cost Items，在招标阶段预见肯定要发生，只是因为标准不明确或者需要由专业承包人完成，暂时无法确定价格。暂估价数量和拟用项目应当结合工程量清单中的"暂估价表"予以补充说明。

为方便合同管理，需要纳入分部分项工程量清单项目综合单价中的暂估价应只是材料费，以方便投标人组价。

专业工程的暂估价一般应是综合暂估价，应当包括除规费和税金以外的管理费、利润等取费。总承包招标时，专业工程设计深度往往是不够的，一般需要交由专业设计人设计，国际上，出于提高可建造性考虑，一般由专业承包人负责设计，以发挥其专业技能和专业施工经验的优势。这类专业工程交由专业分包人完成是国际工程的良好实践，目前在我国工程建设领域也已经比较普遍。公开透明地合理确定这类暂估价的实际开支金额的最佳途径，就是通过施工总承包人与工程建设项目招标人共同组织的招标。

3 计日工是为了解决现场发生的零星工作的计价而设立的。国际上常见的标准合同条款中，大多数都设立了计日工（Daywork）计价机制。计日工对完成零星工作所消耗的人工工时、材料数量、施工机械台班进行计量，并按照计日工表中填报的适用项目的单价进行计价支付。计日工适用的所谓零星工作一般是指合同约定之外的或者因变更而产生的、工程量清单中没有相应项目的额外工作，尤其是那些时间不允许事先商定价格的额外工作。

4 总承包服务费是为了解决招标人在法律、法规允许的条件下进行专业工程发包，以及自行供应材料、设备，并需要总承包人对发包的专业工程提供协调和配合服务，对供应的材料、设备提供收、发和保管服务以及进行施工现场管理时发生，并向总承包人支付的费用。招标人应预计该项费用并按投标人的投标报价向投标人支付该项费用。

3.5 规费项目清单

根据建设部、财政部“关于印发《建筑安装工程费用项目组成》的通知”（建标［2003］206号）的规定，规费包括工程排污费、工程定额测定费、社会保障费（养老保险、失业保险、医疗保险）、住房公积金、危险作业意外伤害保险。规费是政府和有关权力部门规定必须缴纳的费用，编制人对《建筑安装工程费用项目组成》未包括的规费项目，在编制规费项目清单时应根据省级政府或省级有关权力部门的规定列项。

3.6 税金项目清单

根据建设部、财政部“关于印发《建筑安装工程费用项目组成》的通知”（建标［2003］206号）的规定，目前我国税法规定应计入建筑安装工程造价的税种包括营业税、城市建设维护税及教育费附加。如国家税法发生变化，税务部门依据职权增加了税种，应对税金项目清单进行补充。

4 工程量清单计价

4.1 一 般 规 定

4.1.1 本条规定了实行工程量清单计价时，工程造价由分部分项工程费、措施项目费、其他项目费和规费、税金五部分组成。

4.1.2 《建筑工程施工发包与承包计价管理办法》（建设部令第107号）第五条规定，工程计价方法包括工料单价法和综合单价法。实行工程量清单计价应采用综合单价法，其综合单价的组成内容应符号本规范第2.0.4条的规定。

4.1.3 招标文件中工程量清单所列的工程量是一个预计工程量，它一方面是各投标人进行投标报价的共同基础，另一方面也是对各投标人的投标报价进行评审的共同平台，体现了招投标活动中的公开、公平、公正和诚实信用原则。发、承包双方竣工结算的工程量应按经发、承包双方认可的实际完成的工程量确定，而非招标文件中工程量清单所列的工程量。

4.1.4 本规范第3.3.2条规定可以计算工程量的措施项目宜采用分部分项工程量清单的方式编制，与之相对应，应采用综合单价计价，以“项”为计量单位的，按项计价，但应包括除规费、税金以外的全部费用。

4.1.5 根据《中华人民共和国安全生产法》、《中华人民共和国建筑法》、《建设工程安全生产管理条例》、《安全生产许可证条例》等法律、法规的规定，建设部办公厅印发了《建筑工程安全防护、文明施工措施费及使用管理规定》（建办［2005］89号），将安全文明施工费纳入国家强制性标准管理范围，其费用标准不予竞争。本规范规定措施项目清单中的安全文明施工费应按国家或省级、行业建设主管部门的规定费用标准计价，招标人不得要求投标人对该项费用进行优惠，投标人也不得将该项费用参与市场竞争。

措施项目清单中的安全文明施工费包括《建筑安装工程费用项目组成》（建标［2003］206号）中措施费的文明施工费、环境保护费、临时设施费、安全施工费。

4.1.6 本条规定了其他项目清单计价内容的依据。

4.1.7 本条按照《工程建设项目货物招标投标办法》（国家发改委、建设部等七部委27号令）第五条规定：“以暂估价形式包括在总承包范围内的货物达到国家规定规模标准的，应当由总承包中标人和工程建设项目招标人共同依法组织招标”的规定设置。

上述规定同样适用于以暂估价形式出现的专业分包工程。

对未达到法律、法规规定招标规模标准的材料和专业工程，需要约定定价的程序和方法，并与材料样品报批程序相互衔接。

4.1.8 本条规定了规费和税金应按照国家或省级、行业建设主管部门依据国家税法及省级政府或省级有关权力部门的规定确定，在工程计价时应按规定计算。

4.1.9 本条规定了招标人应在招标文件中或在签订合同时，载明投标人应考虑的风险内容及其风险范围或风险幅度。

风险是一种客观存在的、会带来损失的、不确定的状态。它具有客观性、损失性、不确定性的特点，并且风险始终是与损失相联系的。工程施工发包是一种期货交易行为，工程建设本身又具有单件性和建设周期长的特点。在工程施工过程中影响工程施工及工程造价的风险因素很多，但并非所有的风险都是承包人能预测、能控制和应承担其造成损失的。基于市场交易的公平性和工程施工过程中发、承包双方权、责的对等性要求，发、承包双方应合理分摊风险，所以要求招标人在招标文件中或在合同中禁止采用无限风险、所有风险或类似语句规定投标人应承担的风险内容及其风险范围或风险幅度。

根据我国工程建设特点，投标人应完全承担的风险是技术风险和管理风险，如管理费和利润；应有限度承担的是市场风险，如材料价格、施工机械使用费等的风险；应完全不承担的是法律、法规、规章和政策变化的风险。

本规范定义的风险是综合单价包含的内容。根据我国目前工程建设的实际情况，各省、自治区、直辖市建设行政主管部门均根据当地劳动行政主管部门的有关规定发布人工成本信息，对此关系职工切身利益的人工费不宜纳入风险，材料价格的风险宜控制在5%以内，施工机械使用费的风险可控制在10%以内，超过者予以调整，管理费和利润的风险由投标人全部承担。

4.2 招标控制价

4.2.1 我国对国有资金投资项目的投资控制实行的是投资概算审批制度，国有资金投资的工程原则上不能超过批准的投资概算。

国有资金投资的工程进行招标，根据《中华人民共和国招标投标法》的规定，招标人可以设标底。当招标人不设标底时，为有利于客观、合理的评审投标报价和避免哄抬标价，造成国有资产流失，招标人应编制招标控制价。

本条规定了国有资金投资的工程在招标过程中，当招标人编制的招标控制价超过批准的概算时的处理原则：招标人应将超过概算的招标控制价报原概算审批部门进行审核。

国有资金投资的工程，招标人编制并公布的招标控制价相当于招标人的采购预算，同时要求其不能超过批准的概算，因此，招标控制价是招标人在工程招标时能接受投标人报价的最高限价。国有资金中的财政性资金投资的工程在招标时还应符合《中华人民共和国政府采购法》相关条款的规定。如该法第三十六条规定："在招标采购中，出现下列情形之一的，应予废标……（三）投标人的报价均超过了采购预算，采购人不能支付的。"本条依据这一精神，规定了国有资金投资的工程，投标人的投标不能高于招标控制价，否则，其投标将被拒绝。

4.2.2 本条规定了应由招标人负责编制招标控制价，当招标人不具有编制招标控制价的能力时，根据《工程造价咨询企业管理办法》（建设部令第149号）的规定，可委托具有工程造价咨询资质的工程造价咨询企业编制。

工程造价咨询人不得同时接受招标人和投标人对同一工程的招标控制价和投标报价的编制。

4.2.3 本条规定了编制招标控制价时应遵守的计价规定，并体现招标控制价的计价特点：

1 使用的计价标准、计价政策应是国家或省级、行业建设主管部门颁布的计价定额和相关政策规定；

2 采用的材料价格应是工程造价管理机构通过工程造价信息发布的材料单价，工程造价信息未发布材料单价的材料，其材料价格应通过市场调查确定；

3 国家或省级、行业建设主管部门对工程造价计价中费用或费用标准有规定的，应按规定执行。

4.2.4 本条规定了招标控制价中分部分项工程费的计价要求：

1 工程量的确定，依据分部分项工程量清单中的工程量；

2 按本规范第4.2.3条的规定确定综合单价；

3 招标文件提供了暂估单价的材料，应按暂估的单价计入综合单价；

4 为使招标控制价与投标报价所包含的内容一致，综合单价中应包括招标文件中要求投标人所承担的风险内容及其范围（幅度）产生的风险费用。

4.2.5 本条规定了招标控制价中措施项目费的计价依据和原则：

1 措施项目费依据招标文件中措施项目清单所列内容；

2 措施项目费按本规范第4.1.4、第4.1.5和第4.2.3条的规定计价。

4.2.6 本条规定了招标控制价中其他项目费的计价要求。

1 暂列金额。暂列金额由招标人根据工程特点，按有关计价规定进行估算确定，一般可以分部分项工程量清单费的10%～15%为参考；

2 暂估价。暂估价中的材料单价应按照工程造价管理机构发布的工程造价信息或参考市场价格确定；暂估价中的专业工程暂估价应分不同专业，按有关计价规定估算；

3 计日工。招标人应根据工程特点，按照列出的计日工项目和有关计价依据计算；

4 总承包服务费。招标人应根据招标文件中列出的内容和向总承包人提出的要求，参照下列标准计算：

1）招标人仅要求对分包的专业工程进行总承包管理和协调时，按分包的专业工程估算造价的1.5%计算；

2）招标人要求对分包的专业工程进行总承包管

理和协调，并同时要求提供配合服务时，根据招标文件中列出的配合服务内容和提出的要求，按分包的专业工程估算造价的3%～5%计算；

3）招标人自行供应材料的，按招标人供应材料价值的1%计算。

4.2.7 本条规定了规费和税金的计取原则，即规费和税金必须按国家或省级、行业建设主管部门的规定计算。

4.2.8 招标控制价的作用决定了招标控制价不同于标底，无须保密。为体现招标的公平、公正，防止招标人有意抬高或压低工程造价，招标人应在招标文件中如实公布招标控制价，不得对所编制的招标控制价进行上浮或下调。同时，招标人应将招标控制价报工程所在地的工程造价管理机构备查。

4.2.9 本条规定赋予了投标人对招标人不按本规范的规定编制招标控制价进行投诉的权利。同时要求招投标监督机构和工程造价管理机构担负并履行对未按本规范规定编制招标控制价的行为进行监督处理的责任。

4.3 投 标 价

4.3.1 本条规定了以下要求：

1 投标报价由投标人自主确定，但本规范强制性规定（第4.1.5条、4.1.8条）必须执行。

2 《中华人民共和国反不正当竞争法》第十一条规定："经营者不得以排挤竞争对手为目的，以低于成本的价格销售商品。"《中华人民共和国招标投标法》第四十一条规定："中标人的投标应当符合下列条件……（二）能够满足招标文件的实质性要求，并且经评审的投标价格最低；但是投标价格低于成本的除外。"《评标委员会和评标方法暂行规定》（国家计委等七部委第12号令）第二十一条规定："在评标过程中，评标委员会发现投标人的报价明显低于其他投标报价或者在设有标底时明显低于标底的，使得其投标报价可能低于其个别成本的，应当要求该投标人作出书面说明并提供相关证明材料。投标人不能合理说明或者不能提供相关证明材料的，由评标委员会认定该投标人以低于成本报价竞标，其投标应作废标处理。"根据上述法律、规章的规定，本规范规定投标人的投标报价不得低于成本。

4.3.2 实行工程量清单招标，招标人在招标文件中提供工程量清单，其目的是使各投标人在投标报价中具有共同的竞争平台。因此，要求投标人在投标报价中填写的工程量清单的项目编码、项目名称、项目特征、计量单位、工程数量必须与招标人招标文件中提供的一致。

4.3.3 投标报价最基本特征是投标人自主报价，它是市场竞争形成价格的体现。本条规定了投标人投标报价应遵循的依据。

4.3.4 本条规定了投标人对分部分项工程费中综合单价的确定依据和原则。

1 综合单价的组成内容应符合本规范第2.0.4条的规定；

2 招标文件中提供了暂估单价的材料，应按暂估的单价计入综合单价；

3 综合单价中应考虑招标文件中要求投标人承担的风险内容及其范围（幅度）产生的风险费用。在施工过程中，当出现的风险内容及其范围（幅度）在合同约定的范围内时，工程价款不做调整。

4.3.5 本条规定了投标人对措施项目费投标报价的原则。

由于各投标人拥有的施工装备、技术水平和采用的施工方法有所差异，招标人提出的措施项目清单是根据一般情况确定的，没有考虑不同投标人的"个性"，投标人投标时应根据自身编制的投标施工组织设计或施工方案确定措施项目，对招标人提供的措施项目进行调整。投标人根据投标施工组织设计或施工方案调整和确定的措施项目应通过评标委员会的评审。

措施项目费的计算包括：

1 措施项目的内容应依据招标人提供的措施项目清单和投标人投标时拟定的施工组织设计或施工方案；

2 措施项目费的计价方式应根据招标文件的规定，可以计算工程量的措施清单项目采用综合单价方式报价，其余的措施清单项目采用以"项"为计量单位的方式报价；

3 措施项目费由投标人自主确定，但其中安全文明施工费应按国家或省级、行业建设主管部门的规定确定。

4.3.6 本条规定了投标人对其他项目费投标报价的原则。

1 暂列金额应按照其他项目清单中列出的金额填写，不得变动；

2 暂估价不得变动和更改。暂估价中的材料必须按照暂估单价计入综合单价；专业工程暂估价必须按照其他项目清单中列出的金额填写；

3 计日工应按照其他项目清单列出的项目和估算的数量，自主确定各项综合单价并计算费用；

4 总承包服务费应依据招标人在招标文件中列出的分包专业工程内容和供应材料、设备情况，按照招标人提出协调、配合与服务要求和施工现场管理需要自主确定。

4.3.7 本条规定了投标人对规费和税金投标报价的计取原则。规费和税金的计取标准是依据有关法律、法规和政策规定制定的，具有强制性。投标人是法律、法规和政策的执行者，他不能改变，更不能制定，而必须按照法律、法规、政策的有关规定执行。

因此、本条规定投标人在投标报价时必须按照国家或省级、行业建设主管部门的有关规定计算规费和税金。

4.3.8 实行工程量清单招标，投标人的投标总价应当与组成工程量清单的分部分项工程费、措施项目费、其他项目费和规费、税金的合计金额相一致，即投标人在投标报价时，不能进行投标总价优惠（或降价、让利），投标人对招标人的任何优惠（或降价、让利）均应反映在相应清单项目的综合单价中。

4.4 工程合同价款的约定

4.4.1 《中华人民共和国合同法》第二百七十条规定："建设工程合同应采用书面形式。"《中华人民共和国招标投标法》第四十六条规定："招标人和中标人应当自中标通知书发出之日起30日内，按照招标文件和中标人的投标文件订立书面合同。招标人和中标人不得再行订立背离合同实质性内容的其他协议。"

工程合同价款的约定是建设工程合同的主要内容，根据有关法律条款的规定，工程合同价款的约定应满足以下几个方面的要求：

1 约定的依据要求：招标人向中标的投标人发出的中标通知书；

2 约定的时间要求：自招标人发出中标通知书之日起30天内；

3 约定的内容要求：招标文件和中标人的投标文件；

4 合同的形式要求：书面合同。

4.4.2 在工程招投标及建设工程合同签订过程中，招标文件应视为要约邀请，投标文件为要约，中标通知书为承诺。因此，在签订建设工程合同时，当招标文件与中标人的投标文件有不一致的地方，应以投标文件为准。

4.4.3 对实行工程量清单计价的工程，宜采用单价合同方式。即合同约定的工程价款中所包含的工程量清单项目综合单价在约定条件内是固定的，不予调整，工程量允许调整。工程量清单项目综合单价在约定的条件外，允许调整。调整方式、方法应在合同中约定。

4.4.4 《中华人民共和国建筑法》第十八条规定"建筑工程造价应当按照国家有关规定，由发包单位与承包单位在合同中约定。公开招标发包的，其造价的约定，须遵守招标投标法律的规定"。本条规定了发、承包双方应在合同中对工程价款进行约定的基本事项。

4.5 工程计量与价款支付

4.5.1 本条规定了发包人应按合同约定的时间和比例（或金额）向承包人支付工程预付款。当合同对工程预付款的支付没有约定时，按以下规定办理：

1 工程预付款的额度：原则上预付比例不低于合同金额（扣除暂列金额）的10%，不高于合同金额（扣除暂列金额）的30%，对重大工程项目，按年度工程计划逐年预付。实行工程量清单计价的工程，实体性消耗和非实体性消耗部分宜在合同中分别约定预付款比例（或金额）。

2 工程预付款的支付时间：在具备施工条件的前提下，发包人应在双方签订合同后的一个月内或约定的开工日期前的7天内预付工程款。

3 若发包人未按合同约定预付工程款，承包人应在预付时间到期后10天内向发包人发出要求预付的通知，发包人收到通知后仍不按要求预付，承包人可在发出通知14天后停止施工，发包人应从约定应付之日起按同期银行贷款利率计算向承包人支付应付预付款的利息，并承担违约责任。

4 凡是没有签订合同或不具备施工条件的工程，发包人不得预付工程款，不得以预付款为名转移资金。

4.5.2 工程量的正确计量是发包人向承包人支付工程进度款的前提和依据。计量和付款周期可采用分段或按月结算的方式，当采用分段结算方式时，应在合同中约定具体的工程分段划分，付款周期应与计量周期一致。

4.5.3 本条规定了工程量应按承包人在履行合同义务过程中的实际完成工程量计量。

4.5.4 本条规定了承包人与发包人进行工程计量的要求。当发、承包双方在合同中未对工程量的计量时间、程序、方法和要求作约定时，按以下规定办理：

1 承包人应在每个月末或合同约定的工程段末向发包人递交上月或工程段已完工程量报告。

2 发包人应在接到报告后7天内按施工图纸（含设计变更）核对已完工程量，并应在计量前24小时通知承包人。承包人应按时参加。

3 计量结果：

1）如发、承包双方均同意计量结果，则双方应签字确认；

2）如承包人未按通知参加计量，则由发包人批准的计量应认为是对工程量的正确计量；

3）如发包人未在规定的核对时间内进行计量，视为承包人提交的计量报告已经认可；

4）如发包人未在规定的核对时间内通知承包人，致使承包人未能参加计量，则由发包人所作的计量结果无效；

5）对于承包人超出施工图纸范围或因承包人原因造成返工的工程量，发包人不予计量；

6）如承包人不同意发包人的计量结果，承包人应在收到上述结果后7天内向发包人提出，申明承包人认为不正确的详细情况。发包人收到后，应在2天内重新检查对有关工程量的计量，或予以确认，或将其修改。

发、承包双方认可的核对后的计量结果应作为支付工程进度款的依据。

4.5.5 本条规定了承包人应在每个付款周期末（月末或合同约定的工程段完成后），向发包人递交进度款支付申请，申请中应附但不限于本规范要求的支持性证明文件。

4.5.6 本条规定了发包人应按合同约定的时间核对承包人的支付申请，并应按合同约定的时间和比例向承包人支付工程进度款。当发、承包双方在合同中未对工程进度款支付申请的核对时间以及工程进度款支付时间、支付比例作约定时，按以下规定办理：

1 发包人应在收到承包人的工程进度款支付申请后14天内核对完毕。否则，从第15天起承包人递交的工程进度款支付申请视为被批准；

2 发包人应在批准工程进度款支付申请的14天内，向承包人按不低于计量工程价款的60%，不高于计量工程价款的90%向承包人支付工程进度款；

3 发包人在支付工程进度款时，应按合同约定的时间、比例（或金额）扣回工程预付款。

4.5.7 本条规定了当发包人未按合同约定支付工程进度款时，发、承包双方进行协商处理的原则。

4.5.8 本条规定了当发包人不按合同约定支付工程进度款，且与承包人又不能达成延期付款协议时，承包人的权利和发包人应承担的责任。

4.6 索赔与现场签证

4.6.1 《中华人民共和国民法通则》第一百一十一条规定："当事人一方不履行合同义务或履行合同义务不符合合同约定条件的，另一方有权要求履行或者采取补救措施，并有权要求赔偿损失"。因此，索赔是合同双方依据合同约定维护自身合法利益的行为，它的性质属于经济补偿行为，而非惩罚。

建设工程施工中的索赔是发、承包双方行使正当权利的行为，承包人可向发包人索赔，发包人也可向承包人索赔。

4.6.2 本条规定了承包人向发包人的索赔应在索赔事件发生后，持证明索赔事件发生的有效证据和依据正当的索赔理由，按合同约定的时间向发包人提出索赔。发包人应按合同约定的时间对承包人提出的索赔进行答复和确认。当发、承包双方在合同中对此未作具体约定时，按以下规定办理：

1 承包人应在确认引起索赔的事件发生后28天内向发包人发出索赔通知，否则，承包人无权获得追加付款，竣工时间不得延长。

2 承包人应在现场或发包人认可的其他地点，保持证明索赔可能需要的记录。发包人收到承包人的索赔通知后，未承认发包人责任前，可检查记录保持情况，并可指示承包人保持进一步的同期记录。

3 在承包人确认引起索赔的事件后42天内，承包人应向发包人递交一份详细的索赔报告，包括索赔的依据、要求追加付款的全部资料。

如果引起索赔的事件具有连续影响，承包人应按月递交进一步的中间索赔报告，说明累计索赔的金额。

承包人应在索赔事件产生的影响结束后28天内，递交一份最终索赔报告。

4 发包人在收到索赔报告后28天内，应作出回应，表示批准或不批准并附具体意见。还可以要求承包人提供进一步的资料，但仍要在上述期限内对索赔作出回应。

5 发包人在收到最终索赔报告后的28天内，未向承包人作出答复，视为该项索赔报告已经认可。

4.6.3 本条规定了发包人对索赔事件的处理程序和要求。

4.6.4 索赔事件发生后，在造成费用损失时，往往会造成工期的变动。当索赔事件造成的费用损失与工期相关联时，承包人应根据发生的索赔事件，在向发包人提出费用索赔要求的同时，提出工期延长的要求。

发包人在批准承包人的索赔报告时，应将索赔事件造成的费用损失和工期延长联系起来，综合作出批准费用索赔和工期延长的决定。

4.6.5 本条规定了发包人向承包人提出索赔的时间、程序和要求。当合同中对此未作具体约定时，按以下规定办理：

1 发包人应在确认引起索赔的事件发生后28天内向承包人发出索赔通知，否则，承包人免除该索赔的全部责任。

2 承包人在收到发包人索赔报告后的28天内，应作出回应，表示同意或不同意并附具体意见，如在收到索赔报告后的28天内，未向发包人作出答复，视为该项索赔报告已经认可。

4.6.6 本条规定了承包人应发包人要求完成合同以外的零星工作，应进行现场签证。当合同对此未作具体约定时，承包人应在发包人提出要求后7天内向发包人提出签证，发包人签证后施工。若没有相应的计日工单价，签证中还应包括用工数量和单价、机械台班数量和单价、使用材料及数量和单价等。若发包人未签证同意，承包人施工后发生争议的，责任由承包人自负。

发包人应在收到承包人的签证报告48小时内给予确认或提出修改意见，否则，视为该签证报告已经认可。

4.6.7 本条规定了发、承包双方确认的索赔与现场签证费用应与工程进度款同期支付。

4.7 工程价款调整

4.7.1 工程建设过程中，发、承包双方都是国家法律、法规、规章及政策的执行者。因此，在发、承包双方履行合同的过程中，当国家的法律、法规、规章及政策发生变化，国家或省级、行业建设主管部门或其授权的工程造价管理机构据此发布工程造价调整文件，工程价款应当进行调整。

4.7.2 本条规定了当施工中施工图纸（含设计变更）与工程量清单项目特征描述不一致时，发、承包双方应按实际施工的项目特征重新确定综合单价。

4.7.3 本条规定了分部分项工程量清单的漏项或非承包人原因引起的工程变更，造成增加新的工程量清单项目时，新增项目综合单价的确定原则。

4.7.4 本条规定了因分部分项工程量清单漏项或非承包人原因的工程变更，造成增加新的分部分项工程量清单项目并引起措施项目发生变化，影响施工组织设计或施工方案发生变更，造成措施费发生变化的调整原则。

4.7.5 在合同履行过程中，因非承包人原因引起的工程量增减与招标文件中提供的工程量可能有偏差，该偏差对工程量清单项目的综合单价将产生影响，是否调整综合单价以及如何调整应在合同中约定。若合同未作约定，按以下原则办理：

1 当工程量清单项目工程量的变化幅度在10%以内时，其综合单价不做调整，执行原有综合单价。

2 当工程量清单项目工程量的变化幅度在10%以外，且其影响分部分项工程费超过0.1%时，其综合单价以及对应的措施费（如有）均应作调整。调整的方法是由承包人对增加的工程量或减少后剩余的工程量提出新的综合单价和措施项目费，经发包人确认后调整。

4.7.6 本条规定了市场价格发生变化超过一定幅度时，工程价款应该调整。如合同没有约定或约定不明确的，可按以下规定执行。

1 人工单价发生变化时，发、承包双方应按省级或行业建设主管部门或其授权的工程造价管理机构发布的人工成本文件调整工程价款。

2 材料价格变化超过省级和行业建设主管部门或其授权的工程造价管理机构规定的幅度时应当调整，承包人应在采购材料前将采购数量和新的材料单价报发包人核对，确认用于本合同工程时，发包人应确认采购材料的数量和单价。发包人在收到承包人报送的确认资料后3个工作日不予答复的视为已经认可，作为调整工程价款的依据。如果承包人未报经发包人核对即自行采购材料，再报发包人确认调整工程价款的，如发包人不同意，则不做调整。

4.7.7 本条规定了当不可抗力事件发生造成损失时，工程价款的调整原则。

4.7.8 本条规定了工程价款调整因素确定后，发、承包双方应按合同约定的时间和程序提出并确认调整的工程价款。当合同未作约定或本规范的有关条款未作规定时，按下列规定办理：

1 调整因素确定后14天内，由受益方向对方递交调整工程价款报告。受益方在14天内未递交调整工程价款报告的，视为不调整工程价款。

2 收到调整工程价款报告的一方，应在收到之日起14天内予以确认或提出协商意见，如在14天内未作确认也未提出协商意见时，视为调整工程价款报告已被确认。

4.7.9 本条规定了经发、承包双方确定调整的工程价款的支付方法。

4.8 竣 工 结 算

4.8.1 本条规定了工程完工后，必须在合同约定时间内办理竣工结算的要求。

4.8.2 本条规定了竣工结算由承包人编制，发包人核对。实行总承包的工程，由总承包人对竣工结算的编制负总责。根据《工程造价咨询企业管理办法》（建设部令第149号）的规定，承、发包人均可委托具有工程造价咨询资质的工程造价咨询企业编制或核对竣工结算。

4.8.3 本条规定了办理竣工结算价款的依据。

4.8.4 本条规定了办理竣工结算时，分部分项工程费中工程量应依据发、承包双方确认的工程量，综合单价应依据合同约定的单价计算。如发生了调整的，以发、承包双方确认调整后的综合单价计算。

4.8.5 本条规定了办理竣工结算时，措施项目费应依据合同约定的措施项目和金额或发、承包双方确认调整后的措施项目费金额计算。

措施项目费中的安全文明施工费应按照国家或省级、行业建设主管部门的规定计算。施工过程中，国家或省级、行业建设主管部门对安全文明施工费进行了调整的，措施项目费中的安全文明施工费应作相应调整。

4.8.6 本条规定了其他项目费在办理竣工结算时的要求。

1 计日工的费用应按发包人实际签证确认的数量和合同约定的相应单价计算；

2 当暂估价中的材料是招标采购的，其单价按中标价在综合单价中调整。当暂估价中的材料为非招标采购的，其单价按发、承包双方最终确认的单价在综合单价中调整。

当暂估价中的专业工程是招标采购的，其金额按中标价计算。当暂估价中的专业工程为非招标采购的，其金额按发、承包双方与分包人最终确认的金额计算；

3 总承包服务费应依据合同约定的金额计算，发、承包双方依据合同约定对总承包服务费进行了调整，应按调整后的金额计算；

4 索赔事件产生的费用在办理竣工结算时应在

其他项目费中反映。索赔费用的金额应依据发、承包双方确认的索赔项目和金额计算；

5 现场签证发生的费用在办理竣工结算时应在其他项目费中反映。现场签证费用金额依据发、承包双方签证确认的金额计算；

6 合同价款中的暂列金额在用于各项价款调整、索赔与现场签证后，若有余额，则余额归发包人，若出现差额，则由发包人补足并反映在相应的工程价款中。

4.8.7 本条规定了规费和税金的计取原则，竣工结算中应按照国家或省级、行业建设主管部门对规费和税金的计取标准计算。

4.8.8 本条规定了承包人应在合同约定的时间内完成竣工结算编制工作。承包人向发包人提交竣工验收报告时，应一并递交竣工结算书。

承包人无正当理由在约定时间内未递交竣工结算书，造成工程结算价款延期支付的，责任由承包人承担。

4.8.9 竣工结算的核对是工程造价计价中发、承包双方应共同完成的重要工作。按照交易的一般原则，任何交易结束，都应做到钱、货两清，工程建设也不例外。工程施工的发、承包活动作为期货交易行为，当工程竣工验收合格后，承包人将工程移交给发包人时，发、承包双方应将工程价款结算清楚，即竣工结算办理完毕。本条按照交易结束时钱、货两清的原则，规定了发、承包双方在竣工结算核对过程中的权、责。主要体现在以下方面：

1 竣工结算的核对时间：按发、承包双方合同约定的时间完成。

《最高人民法院关于审理建设工程施工合同纠纷案件适用法律问题的解释》（法释［2004］14号）第二十条规定："当事人约定，发包人收到竣工结算文件后，在约定期限内不予答复，视为认可竣工结算文件的，按照约定处理。承包人请求按照竣工结算文件结算工程价款的，应予支持"。根据这一规定，要求发、承包双方不仅应在合同中约定竣工结算的核对时间，并应约定发包人在约定时间内对竣工结算不予答复，视为认可承包人递交的竣工结算。

合同中对核对竣工结算时间没有约定或约定不明的，按下表规定时间进行核对并提出核对意见。

	工程竣工结算书金额	核对时间
1	500万元以下	从接到竣工结算书之日起20天
2	500万～2000万元	从接到竣工结算书之日起30天
3	2000万～5000万元	从接到竣工结算书之日起45天
4	5000万元以上	从接到竣工结算书之日起60天

建设项目竣工总结算在最后一个单项工程竣工结算核对确认后15天内汇总，送发包人后30天内核对完成。

合同约定或本规范规定的结算核对时间含发包人委托工程造价咨询人核对的时间。

2 竣工结算核对完成的标志：发、承包双方签字确认。

此后，禁止发包人又要求承包人与另一个或多个工程造价咨询人重复核对竣工结算。

4.8.10 本条规定了发、承包双方在竣工结算中的责任。

4.8.11 本条规定了当发包人拒不签收承包人报送的竣工结算书时，承包人的权利以及承包人未按合同约定递交竣工结算书时，发包人的权利。

4.8.12 竣工结算是反映工程造价计价规定执行情况的最终文件。根据《中华人民共和国建筑法》第六十一条："交付竣工验收的建筑工程，必须符合规定的建筑工程质量标准，有完整的工程技术经济资料和经签署的工程保修书，并具备国家规定的其他竣工条件"的规定，本条规定了将工程竣工结算书作为工程竣工验收备案、交付使用的必备条件。同时要求发、承包双方竣工结算办理完毕后应由发包人向工程造价管理机构备案，以便工程造价管理机构对本规范的执行情况进行监督和检查。

4.8.13 本条规定了竣工结算办理完毕，发包人应在合同约定时间内向承包人支付工程结算价款，若合同中没有约定或约定不明的，发包人应在竣工结算书确认后15天内向承包人支付工程结算价款。

4.8.14 本条规定了承包人未按合同约定得到工程结算价款时应采取的措施。竣工结算办理完毕后，发包人应按合同约定向承包人支付工程价款。发包人按合同约定应向承包人支付而未支付的工程款视为拖欠工程款。根据《最高人民法院关于审理建设工程施工合同纠纷案件适用法律问题的解释》（法释［2004］14号）第十七条规定："当事人对欠付工程价款利息计付标准有约定的，按照约定处理；没有约定的，按照中国人民银行发布的同期同类贷款利率计息。发包人应向承包人支付拖欠工程款的利息，并承担违约责任。"根据《中华人民共和国合同法》第二百八十六条规定："发包人未按照合同约定支付价款的，承包人可以催告发包人在合理期限内支付价款。发包人逾期不支付的，除按照建设工程的性质不宜折价、拍卖的以外，承包人可以与发包人协议将该工程折价，也可以申请人民法院将该工程依法拍卖。建设工程的价款就该工程折价或者拍卖的价款优先受偿。"

4.9 工程计价争议处理

4.9.1 工程造价管理机构是工程造价计价依据、办法以及相关政策的管理机构。对发包人、承包人或工程造价咨询人在工程计价中，对计价依据、办法以及相关政策规定发生的争议进行解释是工程造价管理机构的职责。

4.9.2 本条规定了在发包人对工程质量有异议的情况下，工程竣工结算的办理原则。

4.9.3 本条规定了当发生工程造价合同纠纷时的解决渠道和方法。

4.9.4 本条规定了当工程造价合同纠纷需作工程造价鉴定的，根据《工程造价咨询企业管理办法》（建设部令第149号）第二十条的规定，应委托具有相应资质的工程造价咨询人进行。

5 工程量清单计价表格

5.1 计价表格组成

本节介绍了计价表格的各种格式。

5.2 计价表格使用规定

5.2.1 本条规定了工程量清单计价表宜采用统一格式，但由于行业、地区的一些特殊情况，赋予了省级或行业建设主管部门可在本规范提供计价格式的基础上予以补充。

5.2.2、5.2.3 这两条对工程量清单计价表的使用作出了规定，特别强调在封面的有关签署和盖章中应遵守和满足有关工程造价计价管理规章和政策的规定。这是工程造价文件是否生效的必备条件。

我国在工程造价计价活动管理中，对从业人员实行的是执业资格管理制度，对工程造价咨询人实行的是资质许可管理制度。建设部先后发布了《工程造价咨询企业管理办法》（建设部令第149号）、《注册造价工程师管理办法》（建设部令第150号），中国建设工程造价管理协会印发了《全国建设工程造价员管理暂行办法》（中价协［2006］013号）。

工程造价文件是体现上述规章、规定的主要载体，工程造价文件封面的签字盖章应按下列规定办理，方能生效。

1 招标人自行编制工程量清单和招标控制价时，编制人员必须是在招标人单位注册的造价人员。由招标人盖单位公章，法定代表人或其授权人签字或盖章；当编制人是注册造价工程师时，由其签字盖执业专用章；当编制人是造价员时，由其在编制人栏签字盖专用章，并应由注册造价工程师复核，在复核人栏签字盖执业专用章。

招标人委托工程造价咨询人编制工程量清单和招标控制价时，编制人员必须是在工程造价咨询人单位注册的造价人员。工程造价咨询人盖单位资质专用章，法定代表人或其授权人签字或盖章；当编制人是注册造价工程师时，由其签字盖执业专用章；当编制人是造价员时，由其在编制人栏签字盖专用章，并应由注册造价工程师复核，在复核人栏签字盖执业专用章。

2 投标人编制投标报价时，编制人员必须是在投标人单位注册的造价人员。由投标人盖单位公章，法定代表人或其授权人签字或盖章；编制的造价人员（造价工程师或造价员）签字盖执业专用章。

3 承包人自行编制竣工结算总价，编制人员必须是承包人单位注册的造价人员。由承包人盖单位公章，法定代表人或其授权人签字或盖章；编制的造价人员（造价工程师或造价员）签字盖执业专用章。

4 发包人自行核对竣工结算时，核对人员必须是在发包人单位注册的造价工程师。由发包人盖单位公章，法定代表人或其授权人签字或盖章，核对的造价工程师签字盖执业专用章。

发包人委托工程造价咨询人核对竣工结算时，核对人员必须是在工程造价咨询人单位注册的造价工程师。由发包人盖单位公章，法定代表人或其授权人签字或盖章；工程造价咨询人盖单位资质专用章，法定代表人或其授权人签字或盖章，核对的造价工程师签字盖执业专用章。

除非出现发包人拒绝或不答复承包人竣工结算书的特殊情况，竣工结算办理完毕后，竣工结算总价封面发、承包双方的签字、盖章应当齐全。

5.2.5 本条规定了投标人在投标报价中应对招标人提供的工程量清单与计价表中所列项目均应填写单价和合价，否则，将被视为此项费用已包含在其他项目的单价和合价中。

二、工程建设行业标准

2008

中华人民共和国行业标准

早期推定混凝土强度试验方法标准

Standard for test method of early estimating compressive strength of concrete

JGJ/T 15—2008

J 784—2008

批准部门：中华人民共和国建设部

施行日期：2 0 0 8 年 9 月 1 日

中华人民共和国建设部
公　告

第 819 号

建设部关于发布行业标准《早期推定混凝土强度试验方法标准》的公告

现批准《早期推定混凝土强度试验方法标准》为行业标准，编号为 JGJ/T 15—2008，自 2008 年 9 月 1 日起实施。原《早期推定混凝土强度试验方法》JGJ 15—83 同时废止。

本标准由建设部标准定额研究所组织中国建筑工业出版社出版发行。

中华人民共和国建设部

2008 年 2 月 29 日

前　言

根据建设部《关于印发〈二〇〇四年度工程建设城建、建工行业标准制订、修订计划〉的通知》（建标［2004］66 号）的要求，编制组经广泛调查研究，认真总结实践经验，参考有关国际标准和国外先进标准，并在广泛征求意见的基础上，对原行业标准《早期推定混凝土强度试验方法》JGJ 15—83 进行了修订。

本标准的主要技术内容是：1. 总则；2. 术语、符号；3. 混凝土加速养护法；4. 砂浆促凝压蒸法；5. 早龄期法；6. 混凝土强度关系式的建立与强度的推定；7. 早期推定混凝土强度的应用；以及混凝土强度关系式的建立方法。

修订的主要技术内容是：1. 将标准名称修订为《早期推定混凝土强度试验方法标准》；2. 增加了砂浆促凝压蒸法推定混凝土强度的试验方法；3. 增加了用早龄期强度推定混凝土 28d 强度的方法；4. 增加早期推定混凝土强度的应用一章，目的是充分利用早期推定的混凝土强度进行混凝土质量控制；5. 附录 A 中增加了采用幂函数回归法建立混凝土强度关系式的方法。

本标准由建设部负责管理，由主编单位负责具体技术内容的解释。

本标准主编单位：中国建筑科学研究院（地址：北京市北三环东路 30 号；邮政编码：100013）

本标准参加单位：贵州中建建筑科研设计院
西安建筑科技大学
浙江省台州市建设工程质量检测中心
北京城建混凝土有限公司
宁波市北仑区建设局
北京灵感科技发展有限公司
建研建材有限公司
台州四强新型建材有限公司
上虞市宏兴机械仪器制造有限公司

本标准主要起草人：张仁瑜　张秀芳　林力勋
尚建丽　孙盛佩　朱效荣
姚德正　孙　辉　罗世明
张关来

目　次

1　总则 ………………………………………… 2—1—4
2　术语、符号 ………………………………… 2—1—4
2.1　术语 ………………………………………… 2—1—4
2.2　符号 ………………………………………… 2—1—4
3　混凝土加速养护法…………………………… 2—1—4
3.1　基本规定 …………………………………… 2—1—4
3.2　加速养护设备 ……………………………… 2—1—5
3.3　加速养护试验方法 ………………………… 2—1—5
4　砂浆促凝压蒸法……………………………… 2—1—5
4.1　设备 ………………………………………… 2—1—5
4.2　专用促凝剂 ………………………………… 2—1—6
4.3　促凝压蒸试验方法 ………………………… 2—1—6
5　早龄期法 …………………………………… 2—1—6
6　混凝土强度关系式的建立与强度的推定 …………………………… 2—1—6
7　早期推定混凝土强度的应用 ……… 2—1—7
7.1　基本规定 …………………………………… 2—1—7
7.2　混凝土配合比的早期推测 ………………… 2—1—7
7.3　混凝土强度的早期控制 …………………… 2—1—7
7.4　混凝土强度的早期评估 …………………… 2—1—7
附录A　混凝土强度关系式的建立方法 ………………………………… 2—1—7
A.1　线性回归法 ………………………………… 2—1—7
A.2　幂函数回归法 ……………………………… 2—1—8
本标准用词说明 ………………………………… 2—1—8
附：条文说明…………………………………… 2—1—9

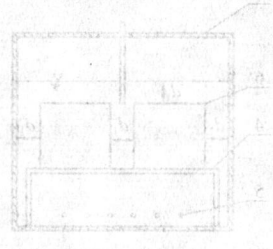

1 总　　则

1.0.1 为规范早期推定混凝土强度试验方法及其应用，达到适用可靠、经济合理，制定本标准。

1.0.2 本标准适用于混凝土强度的早期推定、混凝土生产和施工中的强度控制以及混凝土配合比调整的辅助设计。

1.0.3 早期推定混凝土强度时，除应符合本标准外，尚应符合国家现行有关标准的规定。

2 术语、符号

2.1 术　　语

2.1.1 沸水法　boiling water method

混凝土试件成型、静置后，浸入沸水中养护，测得加速养护混凝土试件抗压强度，以此推定标准养护28d混凝土抗压强度的方法。

2.1.2 热水法80℃　heated water method

混凝土试件成型、静置后，浸入80℃热水中养护，测得加速养护混凝土试件抗压强度，以此推定标准养护28d混凝土抗压强度的方法。

2.1.3 温水法55℃　warm water method

混凝土试件成型、静置后，浸入55℃温水中养护，测得加速养护混凝土试件抗压强度，以此推定标准养护28d混凝土抗压强度的方法。

2.1.4 砂浆促凝压蒸法　accelerated setting mortar method with high temperature and pressure curing

筛取混凝土拌合物中的砂浆，加入促凝剂，成型试件，然后置于高温高压中养护，测得加速养护砂浆试件抗压强度，以此推定标准养护28d混凝土抗压强度的方法。

2.1.5 早龄期法　early ages method

以早龄期标准养护混凝土抗压强度推定标准养护28d混凝土抗压强度的方法。

2.1.6 加速试验周期　accelerated testing period

从加水拌和、取样、成型、加速养护至冷却破型前的时间总和。

2.2 符　　号

a、b——回归系数；

$f_{cu,i}$——第i组标准养护28d混凝土试件抗压强度值；

$f^{a}_{cu,i}$——第i组加速养护混凝土（砂浆）试件抗压强度值；

f^{a}_{cu}——加速养护混凝土（砂浆）试件抗压强度值；

$f^{e}_{cu,i}$——第i组标准养护28d混凝土抗压强度的推定值；

f^{e}_{cu}——标准养护28d混凝土抗压强度的推定值；

$m_{f_{cu}}$——n组标准养护28d混凝土试件抗压强度平均值；

n——试件组数；

r——回归方程的相关系数；

S^{*}——回归方程的剩余标准差；

$\hat{\sigma}$——早期推定混凝土强度标准差的控制目标值；

σ——标准养护28d混凝土强度标准差的控制目标值；

σ_{ε}——早期推定混凝土强度误差的标准差。

3 混凝土加速养护法

3.1 基 本 规 定

3.1.1 混凝土试件加速养护前，加速养护箱内水温应达到规定要求，且箱内各处水温相差不应大于2℃。

3.1.2 加速养护箱内的水温应于浸放试件后15min内恢复到规定温度。

3.1.3 在加速养护期间内，应连续或定时测定并记录养护水的温度。

3.1.4 对于具有温度自动控制装置的加速养护箱，还应采用独立于温度自动控制装置之外的温度计或其他测温装置校核水的温度。

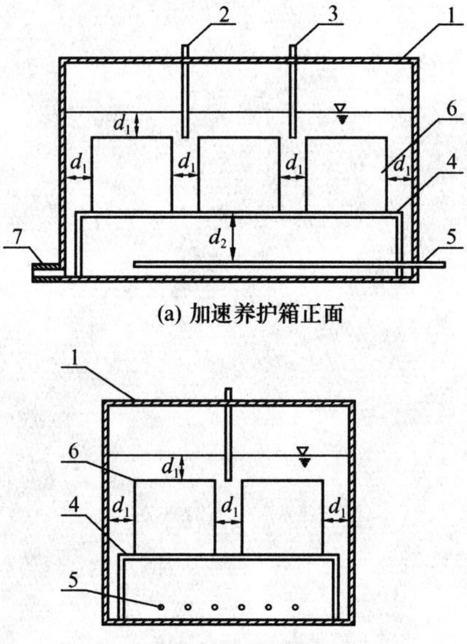

(a) 加速养护箱正面

(b) 加速养护箱侧面

图3.2.1　加速养护箱示意

1—具有保温功能的养护箱；2—温度传感器；3—校核温度计；4—放置试件的支架；5—加热元件；6—试件；7—排水口

3.2 加速养护设备

3.2.1 加速养护箱的形状、尺寸应根据试件的尺寸、数量及在箱内放置形式而确定。试件与箱壁之间及各个试件之间应至少留有50mm的空隙，试件底面距热源不应小于100mm。在整个养护期间，箱内水面与试件顶面之间应至少保持50mm的距离（见图3.2.1）。

3.2.2 试验所采用试模应符合现行行业标准《混凝土试模》JG 3019的规定。带模加速养护时，试模应具有密封装置，保证不漏失水分。试验时，可采用特制的密封试模（见图3.2.2），也可在普通试模上覆盖橡皮垫，加盖钢板，用夹具夹紧，使试模密封。

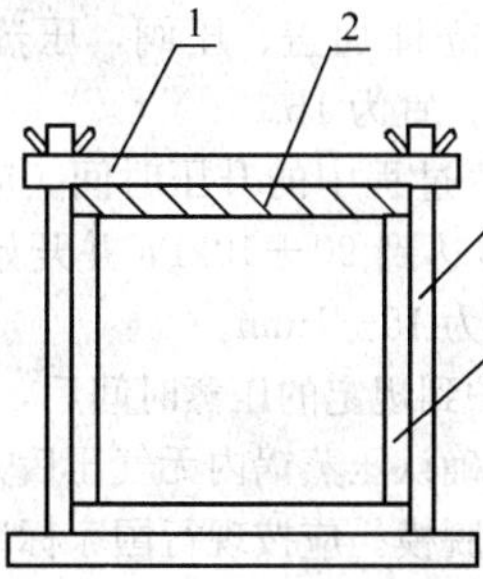

图3.2.2 试模密封装置示意

1—钢板；2—橡皮垫；3—拉杆；4—试模

3.3 加速养护试验方法

3.3.1 沸水法试验应按下列步骤进行：

1 试件应在20±5℃室温下成型、抹面，随即应以橡皮垫或塑料布覆盖表面，然后静置。从加水拌和、取样、成型、静置至脱模，时间应为24h±15min。

2 应将脱模试件立即浸入加速养护箱内的$Ca(OH)_2$饱和沸水中。整个养护期间，箱中水应保持沸腾。

3 试件应在沸水中养护4h±5min，水温不应低于98℃。取出试件，应在室温20±5℃下静置1h±10min，使其冷却。然后，应按现行国家标准《普通混凝土力学性能试验方法标准》GB/T 50081的规定进行抗压强度试验，测得其加速养护强度f_{cu}^{a}。

4 加速试验周期应为29h±15min。

3.3.2 80℃热水法试验应按下列步骤进行：

1 试件应在20±5℃室温下成型、抹面，随即密封试模。从加水拌和、取样、成型至静置结束，时间应为1h±10min。

2 应将带有试模的试件浸入养护箱80±2℃热水中。整个养护期间，箱中水温应保持80±2℃。

3 试件应在80±2℃热水中养护5h±5min，取出带模试件，脱模，应在室温20±5℃下静置1h±10min，使其冷却。然后，应按现行国家标准《普通混凝土力学性能试验方法标准》GB/T 50081的规定进行抗压强度试验，测得其加速养护强度f_{cu}^{a}。

4 加速试验周期应为7h±15min。

3.3.3 55℃温水法试验应按下列步骤进行：

1 试件应在20±5℃室温下成型、抹面，随即应密封试模。从加水拌和、取样、成型至静置结束，时间应为1h±10min。

2 应将带有试模的试件浸入养护箱55±2℃温水中。整个养护期间，箱中水温应保持55±2℃。

3 试件应在55±2℃温水中养护23h±15min，取出带模试件，脱模，应在室温20±5℃下静置1h±10min，使其冷却。然后，应按现行国家标准《普通混凝土力学性能试验方法标准》GB/T 50081的规定进行抗压强度试验，测得其加速养护强度f_{cu}^{a}。

4 加速试验周期应为25h±15min。

3.3.4 采用沸水法、热水法、温水法测得的加速养护强度推定标准养护28d强度时，应事先通过试验建立二者的强度关系式。建立公式的方法和要求应符合本标准第6章的规定。

4 砂浆促凝压蒸法

4.1 设 备

4.1.1 压蒸设备宜采用ϕ240mm的压蒸锅（见图4.1.1），压蒸锅上应装有压力表，其量程宜为0～160kPa。

4.1.2 热源应保证带模试件放入装有沸水的压蒸锅并加盖安全阀后，在15±1min内使锅内压力达到并稳定在90±10kPa。

4.1.3 专用试模的尺寸宜为40mm×40mm×50mm（见图4.1.3）。试模宜由可装卸的三联钢模和160mm×80mm×8mm的钢盖板组成，钢模应符合现行行业标准《水泥胶砂试模》JC/T 726的要求。

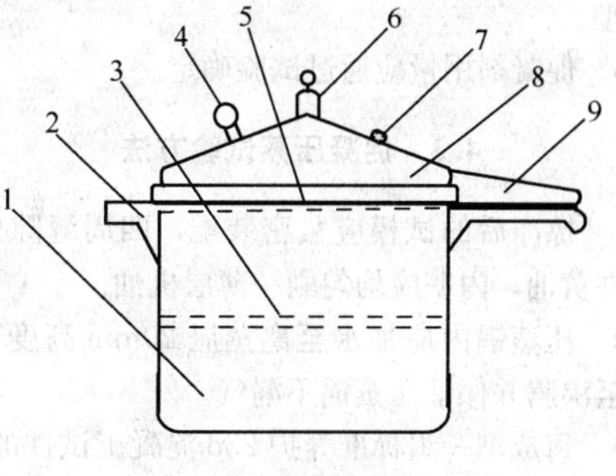

图4.1.1 压蒸锅构造

1—锅体；2—小手柄；3—蒸屉；4—压力表；5—密封圈；6—限压阀；7—易熔塞；8—锅盖；9—大手柄

4.1.4 筛子孔径应为ϕ5mm，并应配备相应尺寸的料盘。

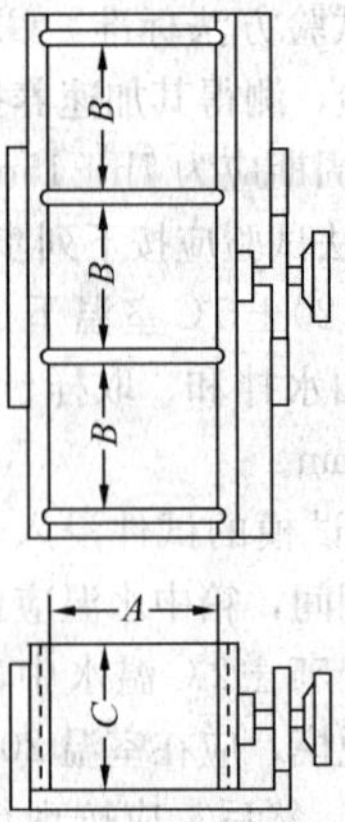

图 4.1.3 试模构造

A=50mm；

B=C=40mm

4.1.5 案秤的称量应为 5kg，感量不应大于 5g；天平的称量应为 100g，感量不应大于 0.1g。

4.2 专用促凝剂

4.2.1 专用促凝剂应采用分析纯或化学纯化学试剂，并应按表 4.2.1 规定的质量比配制，称准至 0.1g 将所用的化学试剂分别研细，按比例拌匀后，应装入塑料袋密封，置于阴凉干燥处保存，保存期不得超过 7d。

表 4.2.1 促凝剂配方（质量比）

型号	无水碳酸钠 Na_2CO_3（%）	无水硫酸钠 Na_2SO_4（%）	铝酸钠 $NaAlO_2$（%）
CS	75	25	—
CAS	60	25	15

4.2.2 试验用的促凝剂宜优先选用CS型；对于早期强度低、水化速度慢、凝结时间长的混凝土可采用CAS型。

4.2.3 促凝剂用量应通过试验确定。

4.3 促凝压蒸试验方法

4.3.1 擦净后的试模应紧密装配，四周缝隙处应涂抹少许黄油，内壁应均匀刷一薄层机油。

4.3.2 压蒸锅内应加水至离蒸屉 20mm 高度，将水加热至沸腾并保证压蒸锅不漏气。

4.3.3 每成型一组标准养护 28d 混凝土试件的同时，留取代表性的混凝土试样不应少于 3kg。

4.3.4 混凝土取样后应立即进行试验。将湿布擦过的筛子与料盘置于混凝土振动台上，应将混凝土试样一次性均匀摊放于筛子中。开动振动台后，应用小铲翻拌筛内混凝土试样，当粗骨料表面不粘砂浆并基本不见砂浆落入料盘时，可停止振动。

4.3.5 筛分完毕后，应立即将料盘中的砂浆试样拌匀，并称取 600g 砂浆放入湿布擦过的水泥净浆搅拌锅中，均匀撒入已称好的促凝剂，快速搅拌 30s。

4.3.6 从搅拌锅中取出的砂浆，应一次加入置于混凝土振动台上的专用试模中，振实砂浆，振动成型时间可参考表 4.3.6。振动完毕应立即用小刀将高出试模的砂浆刮去并抹平，盖上钢盖板。从掺入促凝剂至盖上钢盖板为止宜在 3min 内完成。

表 4.3.6 振动成型时间参考表

混凝土种类	塑性混凝土	流动性混凝土
振动成型时间（s）	30～50	20～40

4.3.7 应将盖有钢盖板的带模试件立即放入水已烧沸的压蒸锅内，立即加盖、压阀，压蒸时间应从加盖、压阀后起计，宜为 1h。

4.3.8 记录压蒸过程中的升压时间。应从加盖、压阀起至蒸汽压力达到 90±10kPa 并开始释放蒸汽为止。升压时间应为 15±1min。

4.3.9 压蒸养护到规定的压蒸时间后，应切断热源，去阀放气。应在确认压蒸锅内无气压后方可开盖取出试模，并应立即脱模。应按现行国家标准《水泥胶砂强度检验方法（ISO 法）》GB/T 17671 的规定进行抗压强度试验，测得其加速养护强度 f^{a}_{cu}。从切断热源到抗压强度试验的时间不宜超过 3min。

4.3.10 采用砂浆促凝压蒸法测得的加速养护强度推定标准养护 28d 强度时，应事先通过试验建立二者的强度关系式。建立公式的方法和要求应符合本标准第 6 章的规定。

5 早龄期法

5.0.1 早龄期法的龄期宜采用 3d 或 7d。

5.0.2 早龄期混凝土试件的抗压强度试验宜在 3d±1h 或7d±2h 龄期内完成，试验应按现行国家标准《普通混凝土力学性能试验方法标准》GB/T 50081 的规定进行。

5.0.3 采用早龄期法时，早龄期混凝土试件与标准养护 28d 混凝土试件应取自同盘混凝土，且制作与养护条件应相同。

5.0.4 采用早龄期标准养护混凝土强度推定标准养护 28d 强度时，应事先通过试验建立二者的强度关系式。建立公式的方法和要求应符合本标准第 6 章的规定。

6 混凝土强度关系式的建立与强度的推定

6.0.1 建立混凝土强度关系式时，可采用线性方程（6.0.1-1）或幂函数方程（6.0.1-2）：

$$f_{cu}^{e}=a+bf_{cu}^{a} \qquad (6.0.1\text{-}1)$$

$$f_{cu}^{e}=a\ (f_{cu}^{a})^{b} \qquad (6.0.1\text{-}2)$$

式中 f_{cu}^{e}——标准养护 28d 混凝土抗压强度的推定值（MPa）；

f_{cu}^{a}——加速养护混凝土（砂浆）试件抗压强度值（MPa）；

a、b——回归系数，应按本标准附录 A 的规定计算。

6.0.2 为建立混凝土强度关系式而进行专门试验时，应采用与工程相同的原材料制作试件。混凝土拌合物的坍落度或工作度应与工程所用的相近。

6.0.3 每一混凝土试样应至少成型两组试件并组成一个对组。其中一组应按本标准规定进行加速养护，测得加速养护强度；另一组应进行标准养护，测得 28d 抗压强度。

6.0.4 建立强度关系式时，混凝土试件数量不应少于 30 对组。混凝土试样拌合物的水灰（胶）比不应少于三种。每种水灰（胶）比拌合物成型的试件对组数宜相同，其最大和最小水灰（胶）比之差不宜小于 0.2，且应使推定的水灰（胶）比位于所选水灰（胶）比范围的中间区段。

6.0.5 按回归方法建立强度关系式时，其相关系数不应小于 0.90，关系式的剩余标准差不应大于标准养护 28d 强度平均值的 10%。强度关系式的相关系数、剩余标准差可按本标准附录 A 的方法计算。

6.0.6 当应用专门建立的强度关系式推定实际工程用的混凝土强度时，应与建立强度关系式时的条件基本相同；其混凝土试件的加速养护强度应在事前建立强度关系式时的最大、最小加速养护强度值范围内，不应外延。

6.0.7 混凝土强度关系式在应用过程中，宜利用应用过程中积累的数据加原有试验数据修正原混凝土强度关系式，修正后的混凝土强度关系式仍应满足本标准第 6.0.5 条的要求。

7 早期推定混凝土强度的应用

7.1 基 本 规 定

7.1.1 已建立满足本标准第 6.0.5 条要求的强度关系式后，当早期推定混凝土强度的误差符合均值为零的正态分布时，可采用本标准第 7.2 节、第 7.3 节、第 7.4 节进行混凝土配合比的早期推测、混凝土强度的早期控制和早期推定。

7.1.2 对于现场取样的混凝土，取样后应立即移至温度为 20±5℃的室内成型试件。

7.2 混凝土配合比的早期推测

7.2.1 混凝土配合比设计应按现行行业标准《普通混凝土配合比设计规程》JGJ 55 的规定进行。

7.2.2 早期推定混凝土强度的方法可作为混凝土配合比调整的辅助设计。

7.3 混凝土强度的早期控制

7.3.1 混凝土标准养护 28d 强度平均值和标准差的控制目标值（μ_{cu}和 σ），应根据正常生产中测得的混凝土强度资料，按月（或季）求得。强度的控制目标值不应低于混凝土的配制强度。

7.3.2 早期推定混凝土强度平均值的控制目标值应与混凝土标准养护 28d 强度平均值的控制目标值相等。

7.3.3 早期推定混凝土强度标准差的控制目标值 $\hat{\sigma}$ 可按下式计算：

$$\hat{\sigma}=\sqrt{\sigma^{2}-\sigma_{\varepsilon}^{2}} \qquad (7.3.3)$$

式中 $\hat{\sigma}$——早期推定混凝土强度标准差的控制目标值；

σ——标准养护 28d 混凝土强度标准差的控制目标值；

σ_{ε}——早期推定混凝土强度误差的标准差。

7.3.4 应采用早期推定混凝土强度的质量控制图对混凝土强度进行早期控制。

7.4 混凝土强度的早期评估

7.4.1 混凝土强度的早期评估宜与质量控制图同时使用，并作为工序质量控制的依据。混凝土工程的验收评定应以标准养护 28d 强度为依据。

7.4.2 混凝土强度的早期评估可采用现行国家标准《混凝土强度检验评定标准》GBJ 107 中的非统计方法和统计方法中方差未知的方法进行评估。

附录 A 混凝土强度关系式的建立方法

A.1 线性回归法

A.1.1 宜按线性回归方法建立式（A.1.1-1）的混凝土强度关系式，并按式（A.1.1-2）和式（A.1.1-3）计算回归系数。

$$f_{cu}^{e}=a+bf_{cu}^{a} \qquad (A.1.1\text{-}1)$$

$$b=\frac{\sum_{i=1}^{n}(f_{cu,i}f_{cu,i}^{a})-\frac{1}{n}\sum_{i=1}^{n}f_{cu,i}\sum_{i=1}^{n}f_{cu,i}^{a}}{\sum_{i=1}^{n}(f_{cu,i}^{a})^{2}-\frac{1}{n}\left(\sum_{i=1}^{n}f_{cu,i}^{a}\right)^{2}} \qquad (A.1.1\text{-}2)$$

$$a=\frac{1}{n}\sum_{i=1}^{n}f_{cu,i}-\frac{b}{n}\sum_{i=1}^{n}f_{cu,i}^{a} \qquad (A.1.1\text{-}3)$$

式中 f_{cu}^{e}——标准养护 28d 混凝土抗压强度的推定值（MPa）；

f^{a}_{cu}——加速养护混凝土（砂浆）试件抗压强度值（MPa）；

$f^{a}_{cu,i}$——第 i 组加速养护混凝土（砂浆）试件抗压强度值（MPa）；

$f_{cu,i}$——第 i 组标准养护 28d 混凝土试件抗压强度值（MPa）；

n——试件组数；

a、b——回归系数。

A.1.2 相关系数应按下式计算：

$$r=\frac{\sum_{i=1}^{n}(f_{cu,i}f^{a}_{cu,i})-\frac{1}{n}\sum_{i=1}^{n}f_{cu,i}\sum_{i=1}^{n}f^{a}_{cu,i}}{\sqrt{\left(\sum_{i=1}^{n}(f_{cu,i})^{2}-\frac{1}{n}\left(\sum_{i=1}^{n}f_{cu,i}\right)^{2}\right)\left(\sum_{i=1}^{n}(f^{a}_{cu,i})^{2}-\frac{1}{n}\left(\sum_{i=1}^{n}f^{a}_{cu,i}\right)^{2}\right)}} \tag{A.1.2}$$

式中 r——相关系数。

A.1.3 剩余标准差应按下式计算：

$$S^{*}=\sqrt{\frac{(1-r^{2})\left(\sum_{i=1}^{n}(f_{cu,i})^{2}-\frac{1}{n}\left(\sum_{i=1}^{n}f_{cu,i}\right)^{2}\right)}{n-2}} \tag{A.1.3}$$

式中 S^{*}——剩余标准差。

A.2 幂函数回归法

A.2.1 宜按幂函数回归方法建立式（A.2.1-1）的混凝土强度关系式，并应按式（A.2.1-2）和式（A.2.1-3）计算回归系数。

$$f^{e}_{cu}=a(f^{a}_{cu})^{b} \tag{A.2.1-1}$$

$$b=\frac{\sum_{i=1}^{n}(\ln f_{cu,i}\ln f^{a}_{cu,i})-\frac{1}{n}\sum_{i=1}^{n}\ln f_{cu,i}\sum_{i=1}^{n}\ln f^{a}_{cu,i}}{\sum_{i=1}^{n}(\ln f^{a}_{cu,i})^{2}-\frac{1}{n}\left(\sum_{i=1}^{n}\ln f^{a}_{cu,i}\right)^{2}} \tag{A.2.1-2}$$

$$c=\frac{1}{n}\sum_{i=1}^{n}\ln f_{cu,i}-\frac{b}{n}\sum_{i=1}^{n}\ln f^{a}_{cu,i}$$

$$a=e^{c} \tag{A.2.1-3}$$

式中 a、b——回归系数。

A.2.2 相关系数应按下式计算：

$$r=\sqrt{1-\frac{\sum_{i=1}^{n}(f_{cu,i}-f^{e}_{cu,i})^{2}}{\sum_{i=1}^{n}(f_{cu,i}-m_{f_{cu}})^{2}}} \tag{A.2.2}$$

式中 r——相关系数；

$f^{e}_{cu,i}$——第 i 组标准养护 28d 混凝土抗压强度的推定值（MPa）；

$m_{f_{cu}}$——n 组标准养护 28d 混凝土试件抗压强度平均值（MPa）。

A.2.3 剩余标准差应按下式计算：

$$S^{*}=\sqrt{\frac{\sum_{i=1}^{n}(f_{cu,i}-f^{e}_{cu,i})^{2}}{n-2}} \tag{A.2.3}$$

式中 S^{*}——剩余标准差。

本标准用词说明

1 为便于在执行本标准条文时区别对待，对要求严格程度不同的用词说明如下：

1）表示很严格，非这样做不可的用词：
正面词采用“必须”；反面词采用“严禁”。

2）表示严格，在正常情况下均应这样做的用词：
正面词采用“应”；反面词采用“不应”或“不得”。

3）表示允许稍有选择，在条件许可时首先应这样做的用词：
正面词采用“宜”；反面词采用“不宜”。
表示有选择，在一定条件下可以这样做的用词，采用“可”。

2 条文中指明应按其他有关标准执行的写法为“应符合……的规定”或“应按……执行”。

中华人民共和国行业标准

早期推定混凝土强度试验方法标准

JGJ/T 15—2008

条 文 说 明

前　言

《早期推定混凝土强度试验方法标准》JGJ/T 15—2008，经建设部 2008 年 2 月 29 日以第 819 号公告批准发布。

本标准第一版的主编单位是中国建筑科学研究院，参加单位是北京市建筑工程局、中国建筑第四工程局、西安冶金建筑学院、中国建筑第三工程局、河北第一建筑工程公司、广西第五建筑工程公司、北京市第一建筑构件厂、上海市混凝土制品一厂、沈阳市建筑工程研究所、山西省第一建筑工程公司、中国建筑第六工程局第四公司。

为便于广大设计、施工、科研、学校等单位有关人员在使用本标准时能正确理解和执行条文规定，《早期推定混凝土强度试验方法标准》编制组按章、节、条顺序编制了本标准的条文说明，供使用者参考。在使用中如发现本条文说明有不妥之处，请将意见函寄中国建筑科学研究院（主编单位）。

目　次

1　总则 ………………………………………… 2—1—12
3　混凝土加速养护法 ……………………… 2—1—12
3.1　基本规定……………………………… 2—1—12
3.2　加速养护设备………………………… 2—1—12
3.3　加速养护试验方法…………………… 2—1—12
4　砂浆促凝压蒸法 ………………………… 2—1—12
4.1　设备…………………………………… 2—1—12
4.2　专用促凝剂…………………………… 2—1—12
4.3　促凝压蒸试验方法…………………… 2—1—13
5　早龄期法 ………………………………… 2—1—13
6　混凝土强度关系式的建立与
强度的推定……………………………… 2—1—13
7　早期推定混凝土强度的应用 …… 2—1—14
7.1　基本规定……………………………… 2—1—14
7.2　混凝土配合比的早期推测…………… 2—1—14
7.3　混凝土强度的早期控制……………… 2—1—14
7.4　混凝土强度的早期评估……………… 2—1—15

1 总 则

1.0.1 混凝土标准养护28d强度的试验方法，由于试验周期长，既不能及时预报施工中的质量状况，又不能据此及时设计和调整配合比，不利于加强混凝土质量管理和充分利用水泥活性。因此，有必要制定早期推定混凝土强度的试验方法标准。

1.0.2 通过建立标准养护28d强度与早期强度二者的关系式，利用早期强度推定标准养护28d强度。推定的混凝土强度仅适用于混凝土生产和施工中的强度控制以及混凝土配合比的调整和辅助设计。

3 混凝土加速养护法

3.1 基本规定

3.1.1～3.1.4 三种混凝土加速养护法均为试件置于一定温度的水介质中经较短时间的加速养护，因此，水温不均匀和试件放入养护箱内造成水温降低的延续时间较长，均将影响混凝土试件强度发展条件的同一性。鉴于水温对混凝土加速养护强度的影响较大，且加速养护时间较短，因此对水温进行了较严格的规定。

3.2 加速养护设备

3.2.1 由于养护水对试验结果的影响较大，因此对热源的位置和功率、水位高度、试件放置位置和距离等都作了规定。

3.2.2 80℃热水法和55℃温水法是于试件成型后，经短暂静置，即置于热水或温水中养护。为防止未结硬的混凝土表面受养护热水的扰动，漏失水分，影响试验结果，故规定所用试模应具有密封装置。

3.3 加速养护试验方法

3.3.1～3.3.3 三种混凝土加速养护试验方法的加速养护制度的确定，主要是考虑既求得较高的早期强度，又使试验时间较短，并适应一般的工作时间。

加速养护制度中的前置时间、加速养护时间和后置时间，经二十余年的应用是合适的，本次修订未作改动。

对预拌混凝土在出料地点取样时，前置时间为从混凝土搅拌车出口或泵送出口取样，至成型、静置结束的时间。

沸水法是将脱模试件置于沸水中养护，因养护水的碱饱和与否对加速养护强度有一定的影响，故规定养护水为碱饱和沸水，以减小试验误差。

3.3.4 采用加速养护强度推定标准养护28d强度时，需预先通过试验建立二者的强度关系式，根据推定公式进行混凝土强度的早期推定。

4 砂浆促凝压蒸法

4.1 设 备

4.1.1 压蒸设备可采用市场上均能购到的ϕ240mm压力锅，通过改装，安装压力表即可。因压蒸锅的稳定压力取决于限压阀的重量，ϕ240mm压蒸锅的压力基本上稳定在90±10kPa，稳定时的温度约120℃。采用量程0～160kPa的压力表，比较适合测量90±10kPa的压力。

4.1.2 采用2.0kW的电炉基本上可保证压蒸锅的压力在15±1min达到稳定压力。夏季或冬季可适当减小或增大热源的功率。

4.1.3 采用40mm×40mm×50mm的三联专用钢模，一方面是为了使试模能放到压蒸锅内，另一方面是为了能和水泥抗压夹具配套使用。钢盖板的尺寸以能盖住试模中的砂浆为宜。

4.1.4 筛孔直径采用5mm，以保证筛得的砂浆中不含粗骨料。

4.2 专用促凝剂

4.2.1 本方法参照《公路工程水泥混凝土试验规程》JTJ 053-94，选用CS和CAS型2种促凝剂。促凝剂是砂浆促凝压蒸法的关键材料。

4.2.2 相同掺量下，掺CS型促凝剂砂浆的凝结时间比掺CAS型的要长，为了避免在成型过程中砂浆凝结太快以致无法成型，因此宜优先选用CS型促凝剂。但对于大流动性或大掺量矿物掺合料及掺缓凝型外加剂等混凝土，因其早期强度低，水化速度慢，凝结时间长，可采用CAS型促凝剂。

4.2.3 若促凝剂用量过少，砂浆压蒸后的强度较低，容易造成强度离散性大；若促凝剂用量过多，易造成砂浆凝结过快，以致无法成型。因此合理选择促凝剂的用量是本方法的关键。

对于流动性混凝土，因其坍落度较大，混凝土凝结时间较长，可适当增加促凝剂的用量。通过试验比较，促凝剂用量6g（即砂浆试样质量的1%）时比较合适。对于塑性混凝土，因坍落度较小，混凝土凝结时间较快，宜减少促凝剂的用量。试验表明大水胶比的塑性混凝土促凝剂用量可多一些，小水胶比的塑性混凝土则要少一些，其用量范围为砂浆试样质量的0.6%～0.8%时比较适宜。

对水胶比小于0.4的高强混凝土，因胶凝材料在混凝土中的相对含量增大，其凝结硬化速度相对加快，因此促凝剂用量应更少。本次试验中，当促凝剂用量减少到2g（即砂浆试样质量的0.33%）时，才能满足成型要求。

考虑到在本次标准修订的试验中，没有进行各种原材料品种及掺量下的促凝剂用量的系统试验研究工作，试验有一定的局限性，而全国各地混凝土原材料的品种及掺量千变万化，无法给出一个统一的掺量，因此本标准规定“促凝剂用量应通过试验确定”。上述给出的促凝剂用量是我们在试验中总结得出的，可供参考。

4.3 促凝压蒸试验方法

4.3.2 为了防止沸水飞溅到试模上，规定水与蒸屉有20mm的距离。如果压蒸锅漏气，就不能保证90±10kPa的稳定压力，所以试验前一定要检查压蒸锅，保证其不漏气。

4.3.3 试验表明，留取3kg左右的混凝土试样，可以成型一组砂浆试模，如果太少就缺乏代表性。

4.3.4 筛至粗骨料表面不粘砂浆，并基本不见砂浆落入料盘为止，此时水泥砂浆基本上和粗骨料分离。

4.3.5 600g砂浆正好能装满40mm×40mm×50mm三联试模。为了缩短中间操作时间，需预先称好促凝剂。通过试验比较，快速搅拌30s基本上能使促凝剂和砂浆混合均匀。

4.3.6 塑性混凝土因其流动性小，振动成型时间可长些，而流动性混凝土则要短些。表4.3.6给出振动成型时间的参考值，具体时间可通过试验确定。

4.3.7 为了统一压蒸时间，应预先将压蒸锅内的水烧沸。压蒸时间从加盖、压阀后起计，而不是从蒸汽达到稳定压力90±10kPa时起计。压蒸时间一般为1h，由于水泥品种不同（如普通型、早强型），混凝土中有的掺、有的不掺矿物掺合料，掺量又各不相同，外加剂又有缓凝型和早强型等品种，所以压蒸时间不一定限制为1h，可根据水泥、外加剂及矿物掺合料的品种与掺量，适当延长或缩短压蒸时间，具体时间可通过试验确定。

4.3.8 为了使砂浆在相同的压力和温度下，保持相同的强度增长时间，规定每次试验都保持相同的升压时间就显得尤其重要。试验表明，采用2.0kW的热源基本上能满足上述要求。如果试验受季节气温影响，可通过增减热源的功率来保证压蒸过程的升压时间。

4.3.9 压蒸养护到规定时间后，一定要去阀放气，在确认压蒸锅内无气压后再开盖取出试模，以免发生意外。取试模时要带上厚手套，以防止烫伤手。为了减少因时间带来的试验误差，一般宜在取出试模后3min内进行抗压强度试验。

5 早龄期法

5.0.1～5.0.3 以早龄期3d、7d标准养护混凝土强度推定标准养护28d强度的方法，也是一种有效、可行的早期推定混凝土强度的方法，在实际工作中已有不少单位在使用，这次将其列入本标准。

受各种因素的影响，采用这种方法进行推定也是有误差的，因此有必要对试验条件、推定公式的建立与应用等加以规范。

6 混凝土强度关系式的建立与强度的推定

6.0.1 通过对试验结果的回归分析，表明加速养护（早期）强度与标准养护28d强度间具有较好的线性相关关系，且线性回归方程便于实际应用，故推荐以线性回归方程作为混凝土强度关系式。

有些情况下，幂函数方程比线性回归方程的显著性高一些，故本次修订增加了幂函数方程。通过对变量的适当变换，把非线性的相关关系转换成线性的相关关系，然后用线性回归的方法进行处理。在实际应用中，可选择相关性较好的方程作为混凝土强度关系式。

6.0.2 因水泥品种、粗细骨料品种、矿物掺合料的品种和掺量以及外加剂的品质等均影响混凝土强度的增长速度，因此应采用与工程相同的原材料建立强度关系式。当任何一种原材料发生变化时需重新建立新的强度关系式。

6.0.4 回归方程中的f^{a}_{cu}的变化范围（幅度）对回归方程的稳定性有直接影响。所以对f^{a}_{cu}的变化范围应有适当规定。考虑到常用强度等级混凝土水灰比的变化幅度，规定了在建立回归方程式时，混凝土试样最大、最小水灰比之差不宜小于0.2。

为便于对各次建立的回归方程的线性显著性进行比较，对观测值的数量（即成对试验数据组数）应有一个统一的规定。虽观测值的数量越多，推定值越准确，但考虑到试验工作量不能太大，同时，参考国外同类标准的有关规定，选定建立回归方程的试件数量不应少于30对组。

6.0.5 衡量回归方程相关显著性的参数是相关系数，用加速养护（早期）强度推定标准养护28d强度的精确度一般用剩余标准差表示，所以标准中规定计算相关系数和剩余标准差，据此确定本次试验所建立的混凝土强度关系式是否可用。

为了提高所建立强度关系式的显著性水平，本次修订将相关系数由0.85提高到0.90。

6.0.7 回归方程与用于试验的原材料（主要是水泥）的品种和质量状况有直接关系，水泥强度、质量和矿物组成的变化，将带来混凝土强度关系式系数的变化，它对推定误差有较大影响。为了保证强度关系式的可靠性，可用生产积累的数据校核强度关系式。若无异常情况，可用积累的数据加原有试验数据修订原强度关系式。当发现有系统误差时，应重新建立混凝土强度关系式。

7 早期推定混凝土强度的应用

7.1 基 本 规 定

7.1.1 标准养护强度与推定强度之差为推定强度的误差，误差应服从均值为零的正态分布，其检验应依据《数据的统计处理和解释 正态性检验》GB/T 4882 和《数据的统计处理和解释 正态分布均值和方差的估计与检验方法》GB 4889 进行。

7.1.2 在实际应用中，试验条件变化较大的是原材料的初始温度，特别是冬夏两季，在露天堆放的砂、石、水泥等原材料的初始温度相差很大，与建立强度公式时存放在室内的原材料也有较大的差异，这种情况对推定结果均有较明显的影响，有试验资料表明这种影响甚至会产生较大误差。本条规定就是尽量避免原材料的初始温度对推定结果的影响。

7.2 混凝土配合比的早期推测

7.2.2 因《普通混凝土配合比设计规程》JGJ 55 是依据标准养护 28d 强度进行配合比设计的，这往往不能及时满足工程的需要，为此，可根据早期推定的混凝土强度对混凝土配合比进行调整。

7.3 混凝土强度的早期控制

7.3.3 早期推定混凝土强度的关系式为：

$$f_{cu}^{e}=a+bf_{cu}^{a} \quad (1)$$

标准养护 28d 混凝土强度与早期推定的混凝土强度之间有如下关系：

$$f_{cu}=f_{cu}^{e}+\varepsilon \quad (2)$$

式中 ε——早期推定混凝土强度的误差。

经本标准第 7.1.1 条检验误差 ε 服从均值为零的正态分布。以某一段时间（如月、季）为统计期的标准养护 28d 混凝土强度是服从正态分布的，即 $f_{cu}\sim N(\mu,\sigma^2)$。同批混凝土因养护条件和龄期不同的加速养护混凝土强度 f_{cu}^{a}，假定也是服从正态分布，可以表示为 $f_{cu}^{a}\sim N(\mu_a,\sigma_a^2)$。早期推定混凝土强度 f_{cu}^{e} 和 f_{cu}^{a} 是线性关系，服从正态分布的随机变量经线性变换后仍服从正态分布，即 $f_{cu}^{e}\sim N(\hat{\mu},\hat{\sigma}^2)$。

根据数学期望的性质，公式（1）有：

$$E(f_{cu}^{e})=A+BE(f_{cu}^{a})=\hat{\mu}$$

公式（2）有：$E(f_{cu})=A+BE(f_{cu}^{a})+E(\varepsilon)$ 即：$\mu=\hat{\mu}$

根据数学方差的性质，公式（1）有：

$$D(f_{cu}^{e})=D(A+Bf_{cu}^{a})，即\ \hat{\sigma}^2=B^2\sigma_a^2；$$

公式(2)有：

$$D(f_{cu})=D(A+Bf_{cu}^{a}+\varepsilon)$$

即 $\sigma^2=\hat{\sigma}^2+\sigma_{\varepsilon}^2$ 或 $\hat{\sigma}=\sqrt{\sigma^2-\sigma_{\varepsilon}^2}$。

由于早期推定混凝土强度的标准差 $\hat{\sigma}$，其值既受 σ 影响，又受 σ_{ε} 的影响。所以当早期推定混凝土强度值出现异常时，应从两个方面去查找原因。可以先从查早期推定混凝土强度的试验偏差入手，然后再查混凝土的生产过程，及时分析原因，采取对策，使生产恢复到稳定状态。

7.3.4 通常采用质量控制图进行混凝土质量控制。常用的控制图有计量型的单值-移动极差控制图（$X-R$），由单值（X）和移动极差（R）2 个控制图组成，如图 1、图 2 所示。移动极差就是在 1 个序列中相邻 2 个观测值之间的绝对差，即第 1 个观测值与第 2 个观测值的绝对差，第 2 个观测值与第 3 个观测值的绝对差，以此类推。

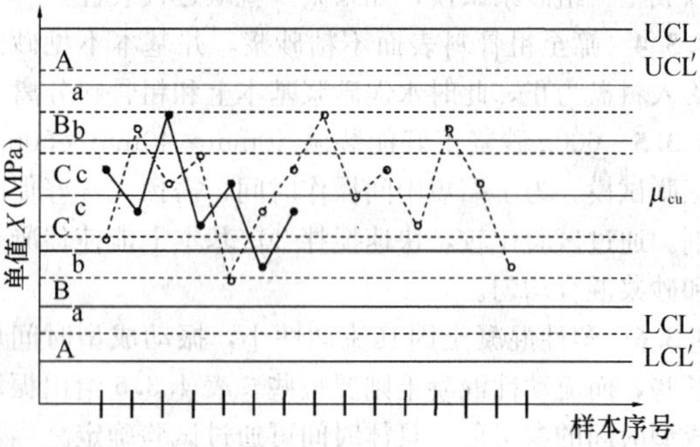

图 1 单值（X）控制

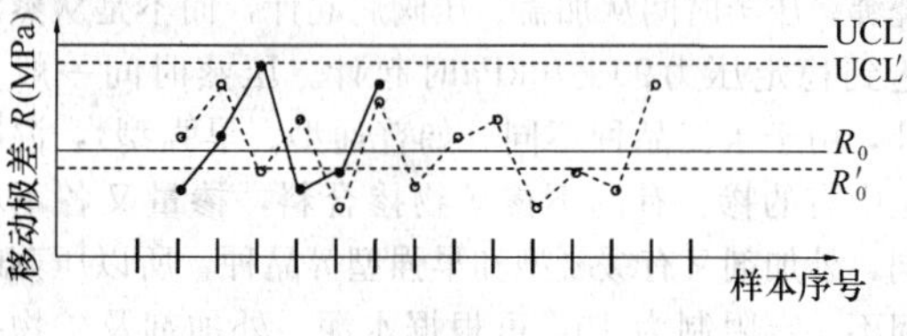

图 2 移动极差（R）控制

标准养护 28d 强度的单值（X）控制图的控制中心线坐标为强度控制目标值 μ_{cu}。上控制限（UCL）和下控制限（LCL）分别位于中心线之上与之下的 3σ 距离处。将控制图等分为 6 个区，每个区宽 σ。6 个区的符号分别为 A、B、C、C、B、A，两个 A 区、B 区及 C 区都关于中心线对称。在图 1 中以实线划分该 6 区。

早期推定混凝土强度的单值（X）控制图的控制中心线坐标为强度控制目标值 μ_{cu}。上控制限（UCL′）和下控制限（LCL′）分别位于中心线之上与之下的 $3\hat{\sigma}$ 距离处。将控制图等分为 6 个区，每个区宽 $\hat{\sigma}$。6 个区的符号分别为 a、b、c、c、b、a，两个 a 区、b 区及 c 区都关于中心线对称。在图 1 中以虚线划分该 6 区。

标准养护 28d 强度的移动极差（R）控制图的控制中心线坐标 R_0 为 1.128σ。上控制限（UCL）为

3.686σ，下控制限为 0。

早期推定混凝土强度的移动极差（R）控制图的控制中心线坐标 R_0' 为 1.128σ。上控制限（UCL′）为 3.686σ，下控制限为 0。

将混凝土试件的早期强度的推定值和移动极差，直接在两个图上绘点，并将相邻点用虚线连接，用于混凝土强度的早期控制。将混凝土试件的标准养护 28d 强度和移动极差也绘制在两个图上，并将相邻点用实线连接，用于混凝土标准养护 28d 强度的控制。

早期强度推定值或标准养护 28d 强度值在单值（X）控制图上的点各自出现下列模式检验情形之一时，表明生产过程已出现变差的可查明原因（见图 3）：

1 1 个点落在 A（a）区以外，见图（a）；

2 连续 9 点落在中心线同一侧，见图（b）；

3 连续 6 点递增或递减，见图（c）；

4 连续 14 点中相邻点交替上下，见图（d）；

5 连续 3 点中有 2 点落在中心线同一侧的 B（b）区以外，见图（e）；

6 连续 5 点中有 4 点落在中心线同一侧的 C（c）区以外，见图（f）；

7 连续 15 点落在中心线两侧的 C（c）区内，见图（g）；

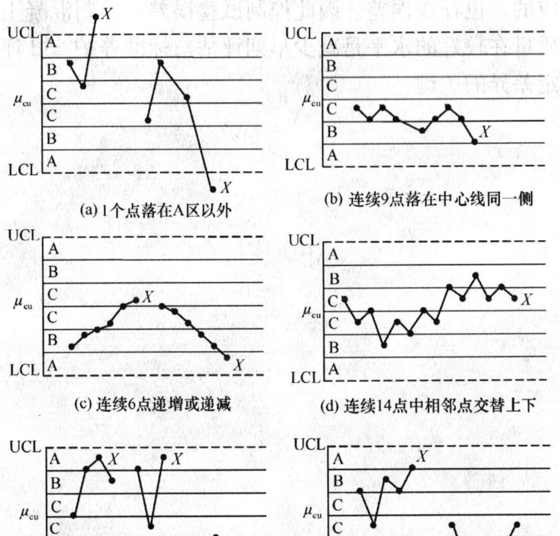

图 3　可查明原因的检验

8 连续 8 点落在中心线两侧且无一在 C（c）区内，见图（h）。

图 3 的模式检验是依据《常规控制图》GB/T 4091－2001 确定的。对移动极差控制图上的点是否出现变差的可查明原因，因该标准未给出检验的模式，故没有作出规定，可参考单值（X）控制图进行检验。

当出现变差的可查明原因时，应加以诊断和纠正，使之不再发生。

控制图使用一段时间后，应根据实际强度水平对中心线和控制界限进行修正。

7.4 混凝土强度的早期评估

7.4.1 当采用质量控制图进行混凝土质量控制时，可结合控制图对混凝土强度进行早期评估，但它只是作为工序质量控制的依据，而不作为混凝土工程的验收评定。

7.4.2 早期评估混凝土强度可采用《混凝土强度检验评定标准》GBJ 107 中的非统计方法和统计方法中方差未知的方法进行评估（以下简称“早期评估”）。可采用数学的方法进行推导和随机抽样的方法来验证其与标准养护 28d 检验评定混凝土强度（以下简称“标评”）之间的差异（见图 4、图 5）。早期评估的错判概率和漏判概率 α、β 均小于标评；早期评估的漏判概率 β 在多数情况下比错判概率 α 大。而标评的漏判概率 β 在多数情况下比错判概率 α 小。

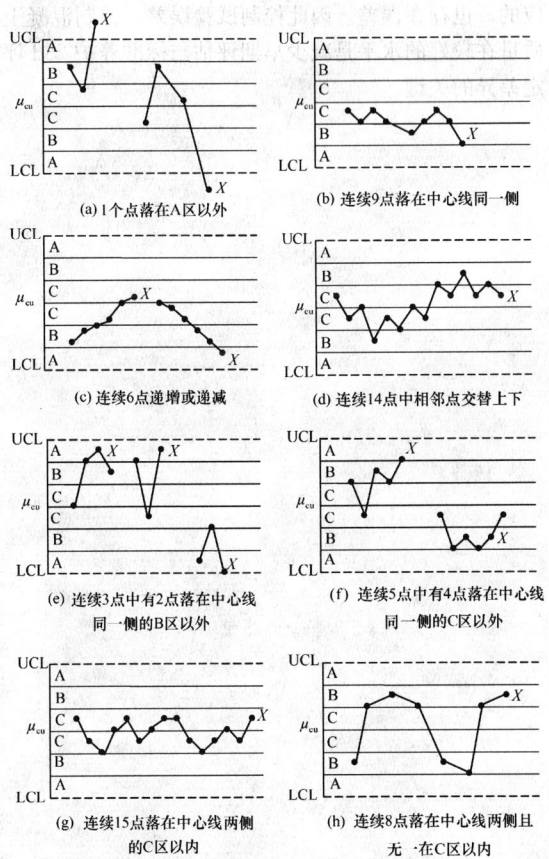

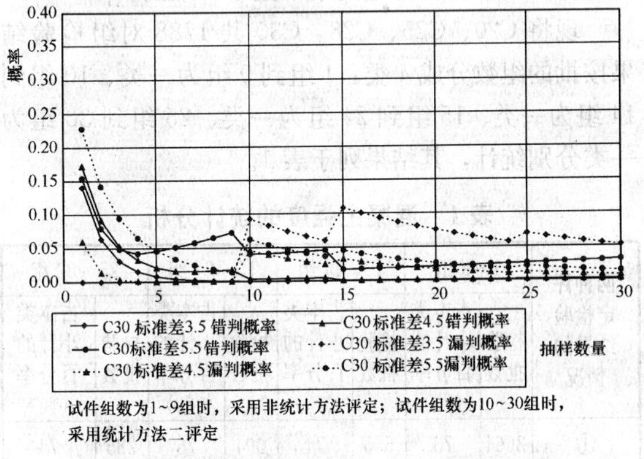

图 4　C30 混凝土早期推定强度评估（非统计方法与统计方法二）抽样数量与错、漏判概率关系

实际积累数据的检验评定比较：

选用某地实际积累的温水法对组数据，采用分批的方法分别按早期评估和标评的方法检验。以下分别叙述分批方法的检验效果。

从 1982 年至 2002 年 6 月不同单位的 2096 对组的数据中选出相同强度等级、对组数大于 100 的数据，其中 C20 混凝土 449 对组、C25 混凝土 266 对组、C28 混凝土 731 对组、C30 混凝土 342 对组。每个强度等级的数据按时间顺序排列，然后依次分别按

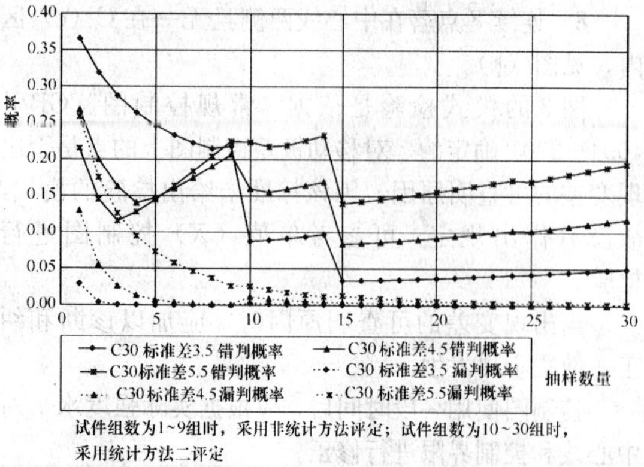

图5　C30混凝土标养28d强度评定（非统计方法与统计方法二）抽样数量与错、漏判概率关系

每批1组或每批2组或每批3组……或每批30组，组成早期评估和标评验收批分别评定。

如C20混凝土449对组，其早期推定强度和标养28d强度可分别分成1组为一批共449批、2组为一批共224批、3组为一批共149批、……30组为一批共14批。然后分别进行早期评估与标评，并比较两种评定效果的差异。早期评估在采用统计方法二时混凝土强度标准差由下式计算：$\sigma^2=\hat{\sigma}^2+\sigma_\varepsilon^2$。

此时会出现4种情况：①早期评估合格、标评也合格；②早期评估不合格、标评也不合格；③早期评估不合格、而标评合格；④早期评估合格、而标评不合格。前两种情况属于两种评定的结果是一致的，后两种情况属于两种评定的结果是不一致的。

现将C20、C25、C28、C30共1788对组检验结果按批的组数分成4类：1组到9组为一类、10组到14组为一类、15组到24组为一类、25组到30组为一类分别统计，其结果列于表1。

表1　混凝土强度的统计分析

两种评定检验结果的情况	1～9组		10～14组		15～24组		25～30组	
	检验批数	占本类小计的百分率（%）	检验批数	占本类小计的百分率（%）	检验批数	占本类小计的百分率（%）	检验批数	占本类小计的百分率（%）
①	3664	73	555	74	694	75	285	74
②	530	10	60	8	79	9	35	9
③	450	9	51	7	37	4	15	4
④	401	8	82	11	109	12	49	13
小计	5045	—	748	—	919	—	381	—

检验结果分析：早期评估结果与标评结果基本一致。从表1中可以看出：每类中的4种情况的批数占本类的百分率基本相同，其百分率的平均值分别为74%、9%、6%、11%。也就是说早期评估和标评结果完全一致的情况①与情况②约占83%，不一致的约占17%。可以说两种评定办法的结果大体上是一致的。

早期评估与标评的差异：情况②与情况③均为早期评估不合格，此时标评也判为不合格的约占这两种情况的60%，标评判为合格的约占40%。也就是说当早期评估判为不合格时，标评有60%的可能是不合格，有40%的可能在标评时是合格的。因此可以说出现情况③是一种有益的警告。情况①与情况④均为早期评估合格，此时标评也合格的情况①约占这两种情况的87%，标评不合格的情况④约占13%。因此在早期评估合格时对验收函数略大于验收界线的也应引起足够的重视，以避免早期评估的错判。

差异的原因：早期评估混凝土强度的误差是影响早期评估与标评结果一致的主要因素。误差产生的原因：一是试验条件的波动；二是混凝土养护条件不同，混凝土强度的增长不同。前者的波动是难免的，但是可以控制得尽量小。后者也是不可避免的，如同样采用标准养护3d、7d的混凝土强度和28d强度之间可以有很好的相关关系，但这种关系也不是一一对应的，也存在误差。因此控制试验误差，控制混凝土质量在较好的水平是减少早期评估与标准养护28d评定差异的关键。

中华人民共和国行业标准

民用建筑电气设计规范

Code for electrical design of civil buildings

JGJ 16—2008
J 778—2008

批准部门：中华人民共和国建设部
施行日期：2 0 0 8 年 8 月 1 日

中华人民共和国建设部
公　告

第 800 号

建设部关于发布行业标准《民用建筑电气设计规范》的公告

现批准《民用建筑电气设计规范》为行业标准，编号为 JGJ 16—2008，自 2008 年 8 月 1 日起实施。其中，第 3.2.8、3.3.2、4.3.5、4.7.3、4.9.1、4.9.2、7.4.2、7.4.6、7.5.2、7.6.2、7.6.4、7.7.5、11.1.7、11.2.3、11.2.4、11.6.1、11.8.9、11.9.5、12.2.3、12.2.6、12.3.4、12.5.2、12.5.4、12.6.2、14.9.4 条为强制性条文，必须严格执行。原行业标准《民用建筑电气设计规范》JGJ/T 16—1992 同时废止。

本规范由建设部标准定额研究所组织中国建筑工业出版社出版发行。

中华人民共和国建设部

2008 年 1 月 31 日

前　言

根据建设部《关于印发〈二〇〇一～二〇〇二年度工程建设城建、建工行业标准制订、修订计划〉的通知》（建标［2002］84 号）的要求，规范编制组经广泛调查研究，认真总结实践经验，参考有关国际标准和国外先进标准，并在广泛征求意见的基础上，对《民用建筑电气设计规范》JGJ/T 16 - 92 进行了修订。

本规范的主要技术内容是：1. 总则；2. 术语、代号；3. 供配电系统；4. 配变电所；5. 继电保护及电气测量；6. 自备应急电源；7. 低压配电；8. 配电线路布线系统；9. 常用设备电气装置；10. 电气照明；11. 民用建筑物防雷；12. 接地和特殊场所的安全防护；13. 火灾自动报警系统；14. 安全技术防范系统；15. 有线电视和卫星电视接收系统；16. 广播、扩声与会议系统；17. 呼应信号及信息显示；18. 建筑设备监控系统；19. 计算机网络系统；20. 通信网络系统；21. 综合布线系统；22. 电磁兼容与电磁环境卫生；23. 电子信息设备机房；24. 锅炉房热工检测与控制。

修订的主要内容是：1. 取消了室外架空线路、电力设备防雷和声、像节目制作 3 章；2. 增加了安全技术防范系统、综合布线系统、电磁兼容与电磁环境卫生和电子信息设备机房 4 章；3. 对保留的各章所涉及的主要技术内容也进行了补充、完善和必要的修改。

本规范中以黑体字标志的条文为强制性条文，必须严格执行。

本规范由建设部负责管理和对强制性条文的解释，由中国建筑东北设计研究院（地址：沈阳市和平区光荣街 65 号　邮编：110003）负责具体技术内容的解释。

本规范主编单位　中国建筑东北设计研究院

本规范参编单位　中国建筑标准设计研究院
中国建筑设计研究院
北京市建筑设计研究院
华东建筑设计研究院
上海建筑设计研究院
天津市建筑设计研究院
中国建筑西南设计研究院
中国建筑西北设计研究院
中南建筑设计研究院
哈尔滨工业大学
广东省建筑设计研究院
福建省建筑设计研究院
全国安全防范报警系统标准化技术委员会
施耐德电气（中国）投资有限公司
ABB（中国）投资有限公司
广东伟雄集团
浙江泰科热控湖州有限公司
国际铜业协会（中国）

本规范主要起草人　王金元　洪元颐　温伯银
（以下按姓氏笔画排序）
尹秀伟　王东林　王可崇
刘希清　刘迪先　孙　兰
成　彦　张文才　张汉武
李炳华　李雪佩　李朝栋
杨守权　杨德才　汪　猛
陈汉民　陈众励　陈建飚
施沪生　胡又新　赵义堂
徐钟芳　郭晓岩　熊　江
潘砚海　瞿二澜

目　次

1　总则 ………………………………… 2—2—7
2　术语、代号 ………………………… 2—2—7
2.1　术语 ………………………………… 2—2—7
2.2　代号 ………………………………… 2—2—8
3　供配电系统 ………………………… 2—2—9
3.1　一般规定 ………………………… 2—2—9
3.2　负荷分级及供电要求 …………… 2—2—9
3.3　电源及供配电系统 ……………… 2—2—9
3.4　电压选择和电能质量……………… 2—2—10
3.5　负荷计算………………………… 2—2—11
3.6　无功补偿………………………… 2—2—11
4　配变电所…………………………… 2—2—11
4.1　一般规定………………………… 2—2—11
4.2　所址选择………………………… 2—2—12
4.3　配电变压器选择………………… 2—2—12
4.4　主接线及电器选择……………… 2—2—12
4.5　配变电所形式和布置…………… 2—2—13
4.6　10（6）kV 配电装置…………… 2—2—14
4.7　低压配电装置…………………… 2—2—14
4.8　电力电容器装置………………… 2—2—15
4.9　对土建专业的要求……………… 2—2—15
4.10　对暖通及给水排水专业的要求 … 2—2—15
5　继电保护及电气测量 ……………… 2—2—16
5.1　一般规定………………………… 2—2—16
5.2　继电保护………………………… 2—2—16
5.3　电气测量………………………… 2—2—18
5.4　二次回路及中央信号装置………… 2—2—19
5.5　控制方式、所用电源及操作电源………………………………… 2—2—20
6　自备应急电源 ……………………… 2—2—21
6.1　自备应急柴油发电机组………… 2—2—21
6.2　应急电源装置（EPS） ………… 2—2—24
6.3　不间断电源装置（UPS） ……… 2—2—24
7　低压配电…………………………… 2—2—25
7.1　一般规定………………………… 2—2—25
7.2　低压配电系统…………………… 2—2—25
7.3　特低电压配电…………………… 2—2—25
7.4　导体选择………………………… 2—2—26
7.5　低压电器的选择………………… 2—2—29
7.6　低压配电线路的保护…………… 2—2—30
7.7　低压配电系统的电击防护……… 2—2—31
8　配电线路布线系统 ………………… 2—2—34
8.1　一般规定………………………… 2—2—34
8.2　直敷布线………………………… 2—2—34
8.3　金属导管布线…………………… 2—2—34
8.4　可挠金属电线保护套管布线……… 2—2—35
8.5　金属线槽布线…………………… 2—2—35
8.6　刚性塑料导管（槽）布线……… 2—2—36
8.7　电力电缆布线…………………… 2—2—36
8.8　预制分支电缆布线……………… 2—2—38
8.9　矿物绝缘（MI）电缆布线 ……… 2—2—38
8.10　电缆桥架布线 ………………… 2—2—39
8.11　封闭式母线布线 ……………… 2—2—39
8.12　电气竖井内布线 ……………… 2—2—40
9　常用设备电气装置 ………………… 2—2—40
9.1　一般规定………………………… 2—2—40
9.2　电动机…………………………… 2—2—40
9.3　传输系统………………………… 2—2—44
9.4　电梯、自动扶梯和自动人行道…… 2—2—45
9.5　自动门和电动卷帘门…………… 2—2—46
9.6　舞台用电设备…………………… 2—2—46
9.7　医用设备………………………… 2—2—47
9.8　体育场馆设备…………………… 2—2—47
10　电气照明 ………………………… 2—2—48
10.1　一般规定 ……………………… 2—2—48
10.2　照明质量 ……………………… 2—2—48
10.3　照明方式与种类 ……………… 2—2—49
10.4　照明光源与灯具 ……………… 2—2—50
10.5　照度水平 ……………………… 2—2—50
10.6　照明节能 ……………………… 2—2—51
10.7　照明供电 ……………………… 2—2—52
10.8　各类建筑照明设计要求 ……… 2—2—52
10.9　建筑景观照明 ………………… 2—2—55
11　民用建筑物防雷 ………………… 2—2—56
11.1　一般规定 ……………………… 2—2—56
11.2　建筑物的防雷分类 …………… 2—2—56
11.3　第二类防雷建筑物的防雷措施 … 2—2—56
11.4　第三类防雷建筑物的防雷措施 … 2—2—58

11.5 其他防雷保护措施 …………………… 2—2—59
11.6 接闪器 ………………………………… 2—2—60
11.7 引下线 ………………………………… 2—2—60
11.8 接地网 ………………………………… 2—2—61
11.9 防雷击电磁脉冲 ……………………… 2—2—61
12 接地和特殊场所的安全防护 …… 2—2—64
12.1 一般规定 ……………………………… 2—2—64
12.2 低压配电系统的接地形式和基本要求 ……………………………… 2—2—64
12.3 保护接地范围 ………………………… 2—2—64
12.4 接地要求和接地电阻 ………………… 2—2—65
12.5 接地网 ………………………………… 2—2—66
12.6 通用电力设备接地及等电位联结 …………………………………… 2—2—67
12.7 电子设备、计算机接地 ……………… 2—2—68
12.8 医疗场所的安全防护 ………………… 2—2—69
12.9 特殊场所的安全防护 ………………… 2—2—70
13 火灾自动报警系统 ……………… 2—2—71
13.1 一般规定 ……………………………… 2—2—71
13.2 系统保护对象分级与报警、探测区域的划分 ……………………… 2—2—72
13.3 系统设计 ……………………………… 2—2—72
13.4 消防联动控制 ………………………… 2—2—72
13.5 火灾探测器和手动报警按钮的选择与设置 ……………………… 2—2—74
13.6 火灾应急广播与火灾警报 …………… 2—2—74
13.7 消防专用电话 ………………………… 2—2—75
13.8 火灾应急照明 ………………………… 2—2—75
13.9 系统供电 ……………………………… 2—2—76
13.10 导线选择及敷设……………………… 2—2—77
13.11 消防值班室与消防控制室…………… 2—2—77
13.12 防火剩余电流动作报警系统………… 2—2—78
13.13 接地………………………………… 2—2—78
14 安全技术防范系统 ……………… 2—2—78
14.1 一般规定 ……………………………… 2—2—78
14.2 入侵报警系统 ………………………… 2—2—79
14.3 视频安防监控系统 …………………… 2—2—79
14.4 出入口控制系统 ……………………… 2—2—82
14.5 电子巡查系统 ………………………… 2—2—82
14.6 停车库（场）管理系统 ……………… 2—2—82
14.7 住宅（小区）安全防范系统 ………… 2—2—83
14.8 管线敷设 ……………………………… 2—2—84
14.9 监控中心 ……………………………… 2—2—84
14.10 联动控制和系统集成………………… 2—2—84
15 有线电视和卫星电视接收系统 ……………………………… 2—2—85
15.1 一般规定 ……………………………… 2—2—85
15.2 有线电视系统设计原则 ……………… 2—2—85
15.3 接收天线 ……………………………… 2—2—86
15.4 自设前端 ……………………………… 2—2—86
15.5 传输与分配网络 ……………………… 2—2—87
15.6 卫星电视接收系统 …………………… 2—2—89
15.7 线路敷设 ……………………………… 2—2—89
15.8 供电、防雷与接地 …………………… 2—2—89
16 广播、扩声与会议系统 ………… 2—2—90
16.1 一般规定 ……………………………… 2—2—90
16.2 广播系统 ……………………………… 2—2—90
16.3 扩声系统 ……………………………… 2—2—91
16.4 会议系统 ……………………………… 2—2—92
16.5 设备选择 ……………………………… 2—2—92
16.6 设备布置 ……………………………… 2—2—93
16.7 线路敷设 ……………………………… 2—2—94
16.8 控制室 ………………………………… 2—2—94
16.9 电源与接地 …………………………… 2—2—95
17 呼应信号及信息显示 …………… 2—2—95
17.1 一般规定 ……………………………… 2—2—95
17.2 呼应信号系统设计 …………………… 2—2—95
17.3 信息显示系统设计 …………………… 2—2—96
17.4 信息显示装置的控制 ………………… 2—2—97
17.5 时钟系统 ……………………………… 2—2—97
17.6 设备选择、线路敷设及机房 ………… 2—2—98
17.7 供电、防雷及接地 …………………… 2—2—98
18 建筑设备监控系统 ……………… 2—2—99
18.1 一般规定 ……………………………… 2—2—99
18.2 建筑设备监控系统网络结构 ………… 2—2—99
18.3 管理网络层（中央管理工作站）……………………………… 2—2—100
18.4 控制网络层（分站）………………… 2—2—100
18.5 现场网络层…………………………… 2—2—101
18.6 建筑设备监控系统的软件…………… 2—2—101
18.7 现场仪表的选择……………………… 2—2—103
18.8 冷冻水及冷却水系统………………… 2—2—103
18.9 热交换系统…………………………… 2—2—105
18.10 采暖通风及空气调节系统 ………… 2—2—105
18.11 生活给水、中水与排水系统 ……… 2—2—106
18.12 供配电系统 ………………………… 2—2—106
18.13 公共照明系统 ……………………… 2—2—106
18.14 电梯和自动扶梯系统 ……………… 2—2—106
18.15 建筑设备监控系统节能设计 ……… 2—2—106
18.16 监控表 ……………………………… 2—2—107
18.17 机房工程及防雷与接地 …………… 2—2—107
19 计算机网络系统 ………………… 2—2—107
19.1 一般规定……………………………… 2—2—107
19.2 网络设计原则………………………… 2—2—107
19.3 网络拓扑结构与传输介质的选择……………………………… 2—2—108

19.4 网络连接部件的配置…………… 2—2—108
19.5 操作系统软件与网络安全……… 2—2—108
19.6 广域网连接………………………… 2—2—109
19.7 网络应用…………………………… 2—2—109
20 通信网络系统 …………………… 2—2—109
20.1 一般规定…………………………… 2—2—109
20.2 数字程控用户电话交换机系统…………………………………… 2—2—110
20.3 数字程控调度交换机系统……… 2—2—112
20.4 会议电视系统……………………… 2—2—113
20.5 无线通信系统……………………… 2—2—114
20.6 多媒体现代教学系统…………… 2—2—116
20.7 通信配线与管道………………… 2—2—118
21 综合布线系统 …………………… 2—2—122
21.1 一般规定…………………………… 2—2—122
21.2 系统设计…………………………… 2—2—122
21.3 系统配置…………………………… 2—2—123
21.4 系统指标…………………………… 2—2—125
21.5 设备间及电信间………………… 2—2—126
21.6 工作区设备 ……………………… 2—2—126
21.7 缆线选择和敷设………………… 2—2—126
21.8 电气防护和接地………………… 2—2—126
22 电磁兼容与电磁环境卫生 …… 2—2—127
22.1 一般规定…………………………… 2—2—127
22.2 电磁环境卫生……………………… 2—2—127
22.3 供配电系统的谐波防治………… 2—2—127
22.4 电子信息系统的电磁兼容设计…………………………………… 2—2—128
22.5 电源干扰的防护………………… 2—2—128
22.6 信号线路的过电压保护………… 2—2—128
22.7 管线设计…………………………… 2—2—129
22.8 接地与等电位联结……………… 2—2—129
23 电子信息设备机房 …………… 2—2—129
23.1 一般规定…………………………… 2—2—129
23.2 机房的选址、设计与设备布置…………………………………… 2—2—129
23.3 环境条件和对相关专业的要求…………………………………… 2—2—130
23.4 机房供电、接地及防静电……… 2—2—132
23.5 消防与安全………………………… 2—2—133
24 锅炉房热工检测与控制 ……… 2—2—133
24.1 一般规定…………………………… 2—2—133
24.2 自动化仪表的选择……………… 2—2—133
24.3 热工检测与控制………………… 2—2—135
24.4 自动报警与连锁控制…………… 2—2—136
24.5 供电………………………………… 2—2—136
24.6 仪表盘、台………………………… 2—2—136
24.7 仪表控制室………………………… 2—2—136
24.8 取源部件、导管及防护………… 2—2—137
24.9 缆线选择与敷设………………… 2—2—137
24.10 接地 ……………………………… 2—2—138
24.11 锅炉房计算机监控系统 ……… 2—2—138
附录A 民用建筑中各类建筑物的主要用电负荷分级………… 2—2—139
附录B 部分场所照明标准值……… 2—2—141
附录C 建筑物、入户设施年预计雷击次数及可接受的年平均雷击次数的计算 ……………… 2—2—142
附录D 浴室区域的划分………… 2—2—143
附录E 游泳池和戏水池区域的划分………………………………… 2—2—144
附录F 喷水池区域的划分……… 2—2—144
附录G 声压级及扬声器所需功率计算 ……………………… 2—2—145
附录H 各类建筑物的混响时间推荐值及缆线规格计算与选择 …………………………… 2—2—145
附录J 建筑设备监控系统DDC监控表……………………………… 2—2—146
附录K BAS监控点一览表 ……… 2—2—146
附录L 综合布线系统信道及永久链路的各项指标……… 2—2—147
本规范用词说明 …………………… 2—2—149
条文说明 …………………………… 2—2—150

1 总 则

1.0.1 为在民用建筑电气设计中贯彻执行国家的技术经济政策，做到安全可靠、经济合理、技术先进、整体美观、维护管理方便，制定本规范。

1.0.2 本规范适用于城镇新建、改建和扩建的民用建筑的电气设计，不适用于人防工程、燃气加压站、汽车加油站的电气设计。

1.0.3 民用建筑电气设计应体现以人为本，对电磁污染、声污染及光污染采取综合治理，达到环境保护相关标准的要求，确保人居环境安全。

1.0.4 民用建筑电气设计的装备水平，应与工程的功能要求和使用性质相适应。

1.0.5 民用建筑电气设计应采用成熟、有效的节能措施，降低电能消耗。

1.0.6 应选择符合国家现行标准的产品。严禁使用已被国家淘汰的产品。

1.0.7 民用建筑电气设计，应采取经实践证明行之有效的新技术，提高经济效益、社会效益。

1.0.8 民用建筑电气设计除应符合本规范外，尚应符合国家现行有关标准的规定。

2 术语、代号

2.1 术 语

2.1.1 备用电源 standby electrical source

当正常电源断电时，由于非安全原因用来维持电气装置或其某些部分所需的电源。

2.1.2 应急电源 electric source for safety services

用作应急供电系统组成部分的电源。

2.1.3 导体 conductor

用于承载规定电流的导电部分。

2.1.4 中性导体 neutral conductor (N)

电气上与中性点连接并能用于配电的导体。

2.1.5 保护导体 protective conductor (PE)

为了安全目的，如电击防护而设置的导体。

2.1.6 保护接地中性导体 protective and neutral conductor (PEN)

兼有保护接地导体和中性导体功能的导体，简称PEN导体。

2.1.7 剩余电流 residual current

同一时刻，在电气装置中的电气回路给定点处的所有带电体电流值的代数和。

2.1.8 特低电压 extra-low voltage (ELV)

不超过《建筑物电气装置的电压区段》GB/T 18379/IEC60449规定的有关Ⅰ类电压限值的电压。

2.1.9 安全特低电压系统 safety extra-low voltage (SELV) system

在正常条件下不接地的、电压不超过特低电压的电气系统，简称SELV系统。

2.1.10 保护特低电压系统 protective extra-low voltage (PELV) system

在正常条件下接地的、电压不超过特低电压的电气系统，简称PELV系统。

2.1.11 外露可导电部分 exposed-conductive-part

设备上能触及到的可导电部分，在正常情况下不带电，但在基本绝缘损坏时会带电。

2.1.12 外界可导电部分 extraneous-conductive-part

非电气装置的组成部分，且易于引入电位的可导电部分，该电位通常为局部地电位。

2.1.13 保护接地 protective earthing; protective grounding

为了电气安全，将一个系统、装置或设备的一点或多点接地。

2.1.14 功能接地 functional earthing; functional grounding

出于电气安全之外的目的，将系统、装置或设备的一点或多点接地。

2.1.15 接地故障 earth fault; ground fault

带电导体和大地之间意外出现导电通路。

2.1.16 接地配置 earthing arrangement; grounding arrangement

系统、装置和设备的接地所包含的所有电气连接和器件。也称接地系统 (earthing system)

2.1.17 接地极 earth electrode; ground electrode

埋入土壤或特定的导电介质中、与大地有电接触的可导电部分。

2.1.18 接地导体 earth conductor; earthing conductor; grounding conductor

在系统、装置或设备的给定点与接地极或接地网之间提供导电通路或部分导电通路的导体。

2.1.19 接地网 earth-electrode network; ground-electrode network

接地配置的组成部分，仅包括接地极及其相互连接部分。

2.1.20 等电位联结 equipotential bonding

为达到等电位，多个可导电部分间的电连接。

2.1.21 防雷装置 lightning protection system

接闪器、引下线、接地网、浪涌保护器及其他连接导体的总合。

2.1.22 雷电波侵入 lightning surge on incoming services

由于雷电对架空线路或金属管道的作用，雷电波可能沿着这些管线侵入屋内，危及人身安全或损坏设备。

2.1.23 雷击电磁脉冲 lightning electromagnetic impulse

作为干扰源的雷电流及雷电电磁场产生的电磁场效应。

2.1.24 雷电防护区 lightning protection zone

需要规定和控制雷电电磁环境的区域。

2.1.25 防护区 protection area

允许公众出入的、防护目标所在的区域或部位。

2.1.26 禁区 restricted area

不允许未授权人员出入（或窥视）的防护区域或部位。

2.1.27 盲区 blind zone

在警戒范围内，安全防范手段未能覆盖的区域。

2.1.28 纵深防护 longitudinal-depth protection

根据被防护对象所处的环境条件和安全管理的要求，对整个防护区域实施由外到里或由里到外层层设防的防护措施，分为整体纵深防护和局部纵深防护两种类型。

2.1.29 最大声压级 maximum sound pressure level

扩声系统在听众席产生的最高稳态声压级。

2.1.30 传输频率特性 transmission frequency characteristic

厅堂内各测点处稳态声压级的平均值，相对于扩声系统传声器处声压级或扩声设备输入端电压的幅频响应。

2.1.31 传声增益 sound transmission gain

扩声系统达到可用增益时，声场内各测量点处稳态声压级的平均值与扩声系统传声器处声压级的差值。

2.1.32 声场不均匀度 sound field nonuniformity

扩声时，厅内各测量点处得到的稳态声压级的极大值和极小值的差值，以分贝（dB）表示。

2.1.33 建筑设备监控系统 building automation system

将建筑物（群）内的电力、照明、空调、给水排水等机电设备或系统进行集中监视、控制和管理的综合系统。通常为分散控制与集中监视、管理的计算机控制系统。

2.1.34 分布计算机系统 distributed computer system

由多个分散的计算机经互联网络构成的统一计算机系统。分布计算机系统是多种计算机系统的一种新形式。它强调资源、任务、功能和控制的全面分布。

2.1.35 现场总线 fieldbus

安装在制造或过程区域的现场装置与控制室内的自动控制装置之间的数字式、串行、多点通信数据总线称为现场总线。

2.1.36 综合布线系统 generic cabling system

建筑物或建筑群内部之间的信息传输网络，它既能使建筑物或建筑群内部的语言、数据通信设备、信息交换设备和信息管理系统彼此相联，也能使建筑物内通信网络设备与外部的通信网络相联。

2.1.37 电磁环境 electromagnetic environment

存在于给定场所的所有电磁现象的总和。

2.1.38 电磁兼容性 electromagnetic compatibility

设备或系统在其电磁环境中能正常工作，且不对该环境中的其他设备和系统构成不能承受的电磁骚扰的能力。

2.1.39 电磁干扰 electromagnetic interference

电磁骚扰引起的设备、传输通道或系统性能的下降。

2.1.40 电磁辐射 electromagnetic radiation

能量以电磁波形式由源发射到空间的现象和能量以电磁波形式在空间传播。

2.1.41 电磁屏蔽 electromagnetic shielding

由导电材料制成的，用以减弱变化的电磁场透入给定区域的屏蔽。

2.1.42 电子信息系统 electronic information system

由计算机、有（无）线通信设备、处理设备、控制设备及其相关的配套设备、设施（含网络）等的电子设备构成的，按照一定应用目的和规则对信息进行采集、加工、存储、传输、检索等处理的人机系统。

2.1.43 阻塞流 choked flow

阀入口压力保持恒定，逐步降低出口压力，当增加压差不能进一步增大流量，即流量增加到一个最大的极限值，此时的流动状态称为阻塞流。

2.1.44 流量系数 K_v flow coefficient

给定行程下，阀两端压差为 10^2 kPa 时，温度为 5～40℃的水，每小时流经调节阀的体积，以立方米（m^3）表示。

2.1.45 管件形状修正系数 F_p piping correction factor

考虑阀门两端装有渐缩管接头等管件对流量系数造成的影响，而对流量系数值公式加以修正的系数。

2.1.46 雷诺数修正系数 Re_v reynokls number factor

考虑流体的非湍流状态对流量系数造成的影响，而对流量系数值加以修正的系数。

2.2 代　号

ATM——异步传输模式

BAS——建筑设备监控系统

BMS——建筑设备管理系统

BD——建筑物配线设备

CD——建筑群配线设备

CP——集合点

DDN——数字数据网

DDC——直接数字控制器

FAS——火灾自动报警系统

FD——楼层配线设备
HUB——集线器
ISDN——综合业务数字网
I/O——输入/输出
PSTN——公用电话网
PLC——可编程逻辑控制器
SAS——安全防范系统
SW——交换机
TCP/IP——传输控制协议/网际协议
TO——信息插座
TE——终端设备
VLAN——虚拟局域网
VSAT——甚小口径卫星通信系统

3 供配电系统

3.1 一 般 规 定

3.1.1 本章适用于民用建筑中10（6）kV及以下供配电系统的设计。

3.1.2 供配电系统的设计应按负荷性质、用电容量、工程特点、系统规模和发展规划以及当地供电条件，合理确定设计方案。

3.1.3 供配电系统的设计应保障安全、供电可靠、技术先进和经济合理。

3.1.4 供配电系统的构成应简单明确，减少电能损失，并便于管理和维护。

3.1.5 供配电系统设计，除应符合本规范外，尚应符合现行国家标准《供配电系统设计规范》GB 50052的有关规定。

3.2 负荷分级及供电要求

3.2.1 用电负荷应根据供电可靠性及中断供电所造成的损失或影响的程度，分为一级负荷、二级负荷及三级负荷。各级负荷应符合下列规定：

1 符合下列情况之一时，应为一级负荷：

1）中断供电将造成人身伤亡；

2）中断供电将造成重大影响或重大损失；

3）中断供电将破坏有重大影响的用电单位的正常工作，或造成公共场所秩序严重混乱。例如：重要通信枢纽、重要交通枢纽、重要的经济信息中心、特级或甲级体育建筑、国宾馆、承担重大国事活动的会堂、经常用于重要国际活动的大量人员集中的公共场所等的重要用电负荷。

在一级负荷中，当中断供电将发生中毒、爆炸和火灾等情况的负荷，以及特别重要场所的不允许中断供电的负荷，应为特别重要的负荷。

2 符合下列情况之一时，应为二级负荷：

1）中断供电将造成较大影响或损失；

2）中断供电将影响重要用电单位的正常工作或造成公共场所秩序混乱。

3 不属于一级和二级的用电负荷应为三级负荷。

3.2.2 民用建筑中各类建筑物的主要用电负荷的分级，应符合本规范附录A的规定。

3.2.3 民用建筑中消防用电的负荷等级，应符合下列规定：

1 一类高层民用建筑的消防控制室、火灾自动报警及联动控制装置、火灾应急照明及疏散指示标志、防烟及排烟设施、自动灭火系统、消防水泵、消防电梯及其排水泵、电动的防火卷帘及门窗以及阀门等消防用电应为一级负荷，二类高层民用建筑内的上述消防用电应为二级负荷；

2 特、甲等剧场，本条1款所列的消防用电应为一级负荷，乙、丙等剧场应为二级负荷；

3 特级体育场馆的应急照明为一级负荷中的特别重要负荷；甲级体育场馆的应急照明应为一级负荷。

3.2.4 当主体建筑中有一级负荷中特别重要负荷时，直接影响其运行的空调用电应为一级负荷；当主体建筑中有大量一级负荷时，直接影响其运行的空调用电应为二级负荷。

3.2.5 重要电信机房的交流电源，其负荷级别应与该建筑工程中最高等级的用电负荷相同。

3.2.6 区域性的生活给水泵房、采暖锅炉房及换热站的用电负荷，应根据工程规模、重要性等因素合理确定负荷等级，且不应低于二级。

3.2.7 有特殊要求的用电负荷，应根据实际情况与有关部门协商确定。

3.2.8 一级负荷应由两个电源供电，当一个电源发生故障时，另一个电源不应同时受到损坏。

3.2.9 对于一级负荷中的特别重要负荷，应增设应急电源，并严禁将其他负荷接入应急供电系统。

3.2.10 二级负荷的供电系统，宜由两回线路供电。在负荷较小或地区供电条件困难时，二级负荷可由一回路6kV及以上专用的架空线路或电缆供电。当采用架空线时，可为一回路架空线供电；当采用电缆线路时，应采用两根电缆组成的线路供电，其每根电缆应能承受100%的二级负荷。

3.2.11 三级负荷可按约定供电。

3.3 电源及供配电系统

3.3.1 电源及供配电系统设计，应符合下列规定：

1 10（6）kV供电线路宜深入负荷中心。根据负荷容量和分布，宜使配变电所及变压器靠近建筑物用电负荷中心。

2 同时供电的两路及以上供配电线路中，其中一路中断供电时，其余线路应能满足全部一级负荷及二级负荷的供电要求。

3 在设计供配电系统时，除一级负荷中的特别重要负荷外，不应按一个电源系统检修或发生故障的同时，另一电源又发生故障进行设计。

4 当符合下列条件之一时，用电单位宜设置自备电源：

1）一级负荷中含有特别重要负荷；

2）设置自备电源比从电力系统取得第二电源经济合理或第二电源不能满足一级负荷要求；

3）所在地区偏僻且远离电力系统，设置自备电源作为主电源经济合理。

5 需要两回电源线路的用电单位，宜采用同级电压供电。根据各级负荷的不同需要及地区供电条件，也可采用不同电压供电。

6 10（6）kV系统的配电级数不宜多于两级。

7 10（6）kV配电系统宜采用放射式。根据变压器的容量、分布及地理环境等情况，亦可采用树干式或环式。

3.3.2 应急电源与正常电源之间必须采取防止并列运行的措施。

3.3.3 下列电源可作为应急电源：

1 供电网络中独立于正常电源的专用馈电线路；

2 独立于正常电源的发电机组；

3 蓄电池。

3.3.4 根据允许中断供电的时间，可分别选择下列应急电源：

1 快速自动启动的应急发电机组，适用于允许中断供电时间为15～30s的供电；

2 带有自动投入装置的独立于正常电源的专用馈电线路，适用于允许中断供电时间大于电源切换时间的供电；

3 不间断电源装置（UPS），适用于要求连续供电或允许中断供电时间为毫秒级的供电；

4 应急电源装置（EPS），适用于允许中断供电时间为毫秒级的应急照明供电。

3.3.5 住宅（小区）的供配电系统，宜符合下列规定：

1 住宅（小区）的10（6）kV供电系统宜采用环网方式；

2 高层住宅宜在底层或地下一层设置10（6）/0.4kV户内变电所或预装式变电站；

3 多层住宅小区、别墅群宜分区设置10（6）/0.4kV预装式变电站。

3.4 电压选择和电能质量

3.4.1 用电单位的供电电压应根据用电负荷容量、设备特征、供电距离、当地公共电网现状及其发展规划等因素，经技术经济比较后确定。

3.4.2 当用电设备总容量在250kW及以上或变压器容量在160kVA及以上时，宜以10（6）kV供电；当用电设备总容量在250kW以下或变压器容量在160kVA以下时，可由低压供电。

3.4.3 对大型公共建筑，应根据空调冷水机组的容量以及地区供电条件，合理确定机组的额定电压和用电单位的供电电压，并应考虑大容量电动机启动时对变压器的影响。

3.4.4 用电单位受电端供电电压的偏差允许值，应符合下列要求：

1 10kV及以下三相供电电压允许偏差应为标称系统电压的±7%；

2 220V单相供电电压允许偏差应为标称系统电压的+7%、−10%；

3 对供电电压允许偏差有特殊要求的用电单位，应与供电企业协议确定。

3.4.5 正常运行情况下，用电设备端子处的电压偏差允许值（以标称系统电压的百分数表示），宜符合下列要求：

1 对于照明，室内场所宜为±5%；对于远离变电所的小面积一般工作场所，难以满足上述要求时，可为+5%、−10%；应急照明、景观照明、道路照明和警卫照明宜为+5%、−10%；

2 一般用途电动机宜为±5%；

3 电梯电动机宜为±7%；

4 其他用电设备，当无特殊规定时宜为±5%。

3.4.6 为减少电压偏差，供配电系统的设计，应符合下列要求：

1 应正确选择变压器的变压比和电压分接头；

2 应降低系统阻抗；

3 应采取无功补偿措施；

4 宜使三相负荷平衡。

3.4.7 10（6）kV配电变压器不宜采用有载调压变压器。但在当地10（6）kV电源电压偏差不能满足要求，且用电单位有对电压质量要求严格的设备，单独设置调压装置技术经济不合理时，也可采用10（6）kV有载调压变压器。

3.4.8 对冲击性低压负荷宜采取下列措施：

1 宜采用专线供电；

2 与其他负荷共用配电线路时，宜降低配电线路阻抗；

3 较大功率的冲击性负荷、冲击性负荷群，不宜与电压波动、闪变敏感的负荷接在同一变压器上。

3.4.9 为降低三相低压配电系统的不对称度，设计低压配电系统时宜采取下列措施：

1 220V或380V单相用电设备接入220/380V三相系统时，宜使三相负荷平衡；

2 由地区公共低压电网供电的220V照明负荷，线路电流小于或等于40A时，宜采用220V单相供电；大于40A时，宜采用220/380V三相供电。

3.4.10 宜采取抑制措施，将用电单位供配电系统的谐波限在规定范围内。

3.5 负荷计算

3.5.1 负荷计算应包括下列内容和用途：

1 负荷计算，可作为按发热条件选择变压器、导体及电器的依据，并用来计算电压损失和功率损耗；也可作为电能消耗及无功功率补偿的计算依据；

2 尖峰电流，可用以校验电压波动和选择保护电器；

3 一级、二级负荷，可用以确定备用电源或应急电源及其容量；

4 季节性负荷，可以确定变压器的容量和台数及经济运行方式。

3.5.2 方案设计阶段可采用单位指标法；初步设计及施工图设计阶段，宜采用需要系数法。

3.5.3 当消防设备的计算负荷大于火灾时切除的非消防设备的计算负荷时，应按消防设备的计算负荷加上火灾时未切除的非消防设备的计算负荷进行计算。

当消防设备的计算负荷小于火灾时切除的非消防设备的计算负荷时，可不计入消防负荷。

3.5.4 应急发电机的负荷计算应满足下列要求：

1 当应急发电机仅为一级负荷中特别重要负荷供电时，应以一级负荷中特别重要负荷的计算容量，作为选用应急发电机容量的依据；

2 当应急发电机为消防用电设备及一级负荷供电时，应将两者计算负荷之和作为选用应急发电机容量的依据；

3 当自备发电机作为第二电源，且尚有第三电源为一级负荷中特别重要负荷供电时，以及当向消防负荷、非消防一级负荷及一级负荷中特别重要负荷供电时，应以三者的计算负荷之和作为选用自备发电机容量的依据。

3.5.5 单相负荷应均衡分配到三相上，当单相负荷的总计算容量小于计算范围内三相对称负荷总计算容量的15%时，应全部按三相对称负荷计算；当超过15%时，应将单相负荷换算为等效三相负荷，再与三相负荷相加。

3.6 无功补偿

3.6.1 应合理选择变压器容量、线缆及敷设方式等措施，减少线路感抗以提高用户的自然功率因数。当采用提高自然功率因数措施后仍达不到要求时，应进行无功补偿。

3.6.2 10（6）kV及以下无功补偿宜在配电变压器低压侧集中补偿，且功率因数不宜低于0.9。高压侧的功率因数指标，应符合当地供电部门的规定。

3.6.3 补偿基本无功功率的电容器组，宜在配变电所内集中补偿。容量较大、负荷平稳且经常使用的用电设备的无功功率宜单独就地补偿。

3.6.4 具有下列情况之一时，宜采用手动投切的无功补偿装置：

1 补偿低压基本无功功率的电容器组；

2 常年稳定的无功功率；

3 经常投入运行的变压器或配、变电所内投切次数较少的10kV电容器组。

3.6.5 具有下列情况之一时，宜采用无功自动补偿装置：

1 避免过补偿，装设无功自动补偿装置在经济上合理时；

2 避免在轻载时电压过高，而装设无功自动补偿装置在经济上合理时；

3 应满足在所有负荷情况下都能保持电压水平基本稳定，只有装设无功自动补偿装置才能达到要求时。

3.6.6 无功自动补偿宜采用功率因数调节原则，并应满足电压调整率的要求。

3.6.7 电容器分组时，应符合下列要求：

1 分组电容器投切时，不应产生谐振；

2 适当减少分组数量和加大分组容量；

3 应与配套设备的技术参数相适应；

4 应满足电压偏差的允许范围。

3.6.8 接在电动机控制设备负荷侧的电容器容量，不应超过为提高电动机空载功率因数到0.9所需的数值，其过电流保护装置的整定值，应按电动机—电容器组的电流来选择，并应符合下列要求：

1 电动机仍在继续运转并产生相当大的反电势时，不应再启动；

2 不应采用星—三角启动器；

3 对电梯等经常出现负力下放处于发电运行状态的机械设备电动机，不应采用电容器单独就地补偿。

3.6.9 10（6）kV电容器组宜串联适当参数的电抗器。有谐波源的用户在装设低压电容器时，宜采取措施，避免谐波污染。

4 配变电所

4.1 一般规定

4.1.1 本章适用于交流电压为10（6）kV及以下的配变电所设计。

4.1.2 配变电所设计应根据工程特点、负荷性质、用电容量、所址环境、供电条件和节约电能等因素，合理确定设计方案，并适当考虑发展的可能性。

4.1.3 地震基本烈度为7度及以上地区，配变电所的设计和电气设备的安装应采取必要的抗震措施。

4.1.4 配变电所设计除应符合本规范外，尚应符合现行国家标准《10kV及以下变电所设计规范》GB 50053的规定。

4.2 所址选择

4.2.1 配变电所位置选择，应根据下列要求综合确定：

1 深入或接近负荷中心；

2 进出线方便；

3 接近电源侧；

4 设备吊装、运输方便；

5 不应设在有剧烈振动或有爆炸危险介质的场所；

6 不宜设在多尘、水雾或有腐蚀性气体的场所，当无法远离时，不应设在污染源的下风侧；

7 不应设在厕所、浴室、厨房或其他经常积水场所的正下方，且不宜与上述场所贴邻。如果贴邻，相邻隔墙应做无渗漏、无结露等防水处理；

8 配变电所为独立建筑物时，不应设置在地势低洼和可能积水的场所。

4.2.2 配变电所可设置在建筑物的地下层，但不宜设置在最底层。配变电所设置在建筑物地下层时，应根据环境要求加设机械通风、去湿设备或空气调节设备。当地下只有一层时，尚应采取预防洪水、消防水或积水从其他渠道淹渍配变电所的措施。

4.2.3 民用建筑宜集中设置配变电所，当供电负荷较大，供电半径较长时，也可分散设置；高层建筑可分设在避难层、设备层及屋顶层等处。

4.2.4 住宅小区可设独立式配变电所，也可附设在建筑物内或选用户外预装式变电所。

4.3 配电变压器选择

4.3.1 配电变压器选择应根据建筑物的性质和负荷情况、环境条件确定，并应选用节能型变压器。

4.3.2 配电变压器的长期工作负载率不宜大于85%。

4.3.3 当符合下列条件之一时，可设专用变压器：

1 电力和照明采用共用变压器将严重影响照明质量及光源寿命时，可设照明专用变压器；

2 季节性负荷容量较大或冲击性负荷严重影响电能质量时，可设专用变压器；

3 单相负荷容量较大，由于不平衡负荷引起中性导体电流超过变压器低压绕组额定电流的25%时，或只有单相负荷其容量不是很大时，可设置单相变压器；

4 出于功能需要的某些特殊设备，可设专用变压器；

5 在电源系统不接地或经高阻抗接地，电气装置外露可导电部分就地接地的低压系统中（IT系统），照明系统应设专用变压器。

4.3.4 供电系统中，配电变压器宜选用D，yn11接线组别的变压器。

4.3.5 设置在民用建筑中的变压器，应选择干式、气体绝缘或非可燃性液体绝缘的变压器。当单台变压器油量为100kg及以上时，应设置单独的变压器室。

4.3.6 变压器低压侧电压为0.4kV时，单台变压器容量不宜大于1250kVA。预装式变电所变压器，单台容量不宜大于800kVA。

4.4 主接线及电器选择

4.4.1 配变电所电压为10（6）kV及0.4kV的母线，宜采用单母线或单母线分段接线形式。

4.4.2 配变电所10（6）kV电源进线开关宜采用断路器或带熔断器的负荷开关。当无继电保护和自动装置要求，且供电容量较小、出线回路数少、无需带负荷操作时，也可采用隔离开关或隔离触头。

4.4.3 配变电所电压为10（6）kV的母线分段处，宜装设与电源进线开关相同型号的断路器，但系统在同时满足下列条件时，可只装设隔离电器：

1 事故时手动切换电源能满足要求；

2 不需要带负荷操作；

3 对母线分段开关无继电保护或自动装置要求。

4.4.4 采用电压为10（6）kV固定式配电装置时，应在电源侧装设隔离电器；在架空出线回路或有反馈可能的电缆出线回路中，尚应在出线侧装设隔离电器。

4.4.5 电压为10（6）kV的配出回路开关的出线侧，应装设与该回路开关电器有机械连锁的接地开关电器和电源指示灯或电压监视器。

4.4.6 两个配变电所之间的电气联络线路，当联络容量较大时，应在供电侧的配变电所装设断路器，另一侧配变电所装设隔离电器。当两侧供电可能性相同时，应在两侧均装设断路器。当联络容量较小，且手动联络能满足要求时，亦可采用带保护的负荷开关电器。

4.4.7 当同一用电单位由总配变电所以放射式向分配变电所供电时，分配变电所的电源进线开关选择应符合下列规定：

1 电源进线开关宜采用能带负荷操作的开关电器，当有继电保护要求时，应采用断路器；

2 总配变电所和分配变电所相邻或位于同一建筑平面内，且两所之间无其他阻隔而能直接相通，当无继电保护要求时，分配变电所的进线可不设开关电器。

4.4.8 向10（6）kV并联电容器组供电的出线开关，应选用适合电容器组使用类别的断路器。

4.4.9 10（6）kV母线上的避雷器和电压互感器，可合用一组隔离电器。

4.4.10 用电单位的10（6）kV电源进线处，可根据当地供电部门的规定，装设或预留专供计量用的电压、电流互感器。

4.4.11 当10（6）kV的开关设备选用真空断路器时，应设有浪涌保护电器。

4.4.12 对于电压为0.4kV系统，开关设备的选择应符合下列规定：

1 变压器低压侧电源开关宜采用断路器；

2 当低压母线分段开关采用自动投切方式时，应采用断路器，且应符合下列要求：

1）应装设"自投自复"、"自投手复"、"自投停用"三种状态的位置选择开关；

2）低压母联断路器自投时应有一定的延时，当电源主断路器因过载或短路故障分闸时，母联断路器不得自动合闸；

3）电源主断路器与母联断路器之间应有电气连锁。

3 低压系统采用固定式配电装置时，其中的断路器等开关设备的电源侧，应装设隔离电器或同时具有隔离功能的开关电器。当母线为双电源时，其电源或变压器的低压出线断路器和母线联络断路器的两侧均应装设隔离电器。与外部配变电所低压联络电源线路断路器的两侧，亦均应装设隔离电器。

4.4.13 当自备电源接入配变电所相同电压等级的配电系统时，应符合下列规定：

1 接入开关与供电电源网络之间应有机械连锁，防止并网运行；

2 应避免与供电电源网络的计费混淆；

3 接线应有一定的灵活性，并应满足在特殊情况下，相对重要负荷的用电；

4 与配变电所变压器中性点接地形式不同时，电源接入开关的选择应满足切换条件。

4.5 配变电所形式和布置

4.5.1 配变电所的形式应根据建筑物（群）分布、周围环境条件和用电负荷的密度综合确定，并应符合下列规定：

1 高层建筑或大型民用建筑宜设室内配变电所；

2 多层住宅小区宜设户外预装式变电所，有条件时也可设置室内或外附式配变电所。

4.5.2 建筑物室内配变电所，不宜设置裸露带电导体或装置，不宜设置带可燃性油的电气设备和变压器，其布置应符合下列规定：

1 不带可燃油的10（6）kV配电装置、低压配电装置和干式变压器等可设置在同一房间内。

具有符合IP3X防护等级外壳的不带可燃性油的10（6）kV配电装置、低压配电装置和干式变压器，可相互靠近布置。

2 电压为10（6）kV可燃性油浸电力电容器应设置在单独房间内。

4.5.3 内设可燃性油浸变压器的独立配变电所与其他建筑物之间的防火间距，必须符合现行国家标准《建筑设计防火规范》GB 50016的要求，并应符合下列规定：

1 变压器应分别设置在单独的房间内，配变电所宜为单层建筑，当为两层布置时，变压器应设置在底层；

2 变压器在正常运行时应能方便和安全地对油位、油温等进行观察，并易于抽取油样；

3 变压器的进线可采用电缆，出线可采用封闭式母线或电缆；

4 变压器门应向外开启；变压器室内可不考虑吊芯检修，但门前应有运输通道；

5 变压器室应设置储存变压器全部油量的事故储油设施。

4.5.4 对于内设不带可燃性油变压器的独立配变电所，其电气设备的选择应与建筑物室内配变电所的规定相同。

4.5.5 由同一配变电所供给一级负荷用电的两回路电源的配电装置宜分列设置，当不能分列设置时，其母线分段处应设置防火隔板或隔墙。

供给一级负荷用电的两回路电缆不宜敷设在同一电缆沟内。当无法分开时，宜采用耐火类电缆。当采用绝缘和护套均为非延燃性材料的电缆时，应分别设置在电缆沟的两侧支架上。

4.5.6 电压为10（6）kV和0.4kV配电装置室内，宜留有适当数量的相应配电装置的备用位置。0.4kV的配电装置，尚应留有适当数量的备用回路。

4.5.7 户外预装式变电所的进、出线宜采用电缆。

4.5.8 有人值班的配变电所应设单独的值班室。值班室应能直通或经过走道与10（6）kV配电装置室和相应的配电装置室相通，并应有门直接通向室外或走道。

当配变电所设有低压配电装置时，值班室可与低压配电装置室合并，且值班人员工作的一端，配电装置与墙的净距不应小于3m。

4.5.9 变压器外廓（防护外壳）与变压器室墙壁和门的净距不应小于表4.5.9的规定。

4.5.10 多台干式变压器布置在同一房间内时，变压器防护外壳间的净距不应小于表4.5.10及图4.5.10-1和图4.5.10-2的规定。

表 4.5.9 变压器外廓（防护外壳）与变压器室墙壁和门的最小净距（m）

变压器容量（kVA） 项 目	100～1000	1250～2500
油浸变压器外廓与后壁、侧壁净距	0.6	0.8
油浸变压器外廓与门净距	0.8	1.0
干式变压器带有 IP2X 及以上防护等级金属外壳与后壁、侧壁净距	0.6	0.8
干式变压器带有 IP2X 及以上防护等级金属外壳与门净距	0.8	1.0

注：表中各值不适用于制造厂的成套产品。

表 4.5.10 变压器防护外壳间的最小净距（m）

变压器容量（kVA） 项 目		100～1000	1250～2500
变压器侧面具有 IP2X 防护等级及以上的金属外壳	A	0.6	0.8
变压器侧面具有 IP3X 防护等级及以上的金属外壳	A	可贴邻布置	可贴邻布置
考虑变压器外壳之间有一台变压器拉出防护外壳	B①	变压器宽度 $b+0.6$	变压器宽度 $b+0.6$
不考虑变压器外壳之间有一台变压器拉出防护外壳	B	1.0	1.2

注：①当变压器外壳的门为不可拆卸式时，其 B 值应是门扇的宽度 C 加变压器宽度 b 之和再加 0.3m。

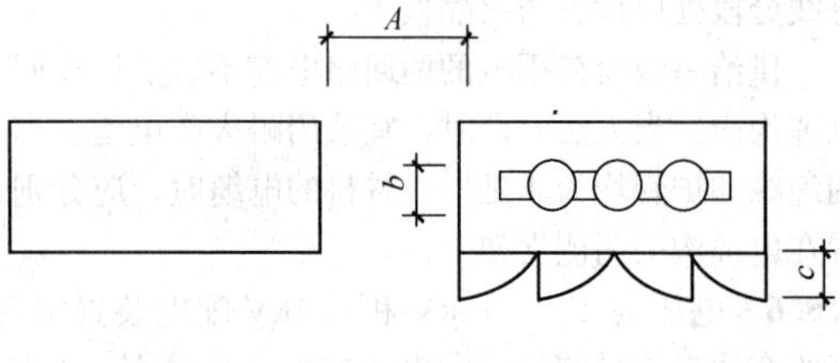

图 4.5.10-1 多台干式变压器之间 A 值

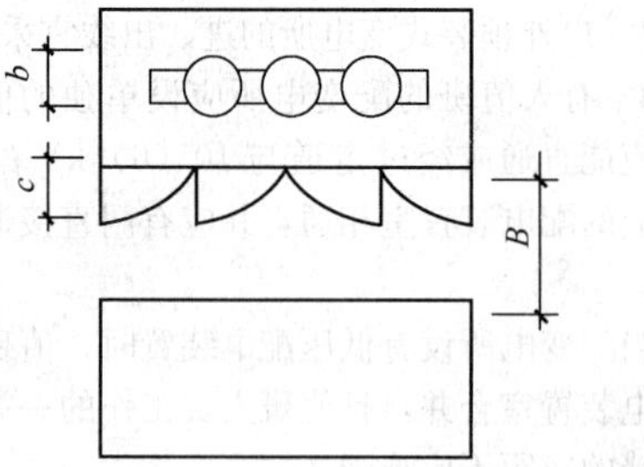

图 4.5.10-2 多台干式变压器之间 B 值

4.6 10（6）kV 配电装置

4.6.1 配电装置的布置和导体、电器的选择应符合下列规定：

1 配电装置的布置和导体、电器的选择，应不危及人身安全和周围设备安全，并应满足在正常运行、检修、短路和过电压情况下的要求；

2 配电装置的布置，应便于设备的操作、搬运、检修和试验，并应考虑电缆或架空线进出线方便；

3 配电装置的绝缘等级，应和电网的标称电压相配合；

4 配电装置间相邻带电部分的额定电压不同时，应按较高的额定电压确定其安全净距。

4.6.2 配电装置室内各种通道的净宽不应小于表 4.6.2 的规定。

表 4.6.2 配电装置室内各种通道的最小净宽（m）

开关柜布置方式	柜后维护通道	柜前操作通道	
		固定式	手车式
单排布置	0.8	1.5	单车长度+1.2
双排面对面布置	0.8	2.0	双车长度+0.9
双排背对背布置	1.0	1.5	单车长度+1.2

注：1 固定式开关柜为靠墙布置时，柜后与墙净距应大于 0.05m，侧面与墙净距应大于 0.2m；

2 通道宽度在建筑物的墙面遇有柱类局部凸出时，凸出部位的通道宽度可减少 0.2m。

4.6.3 屋内配电装置距顶板的距离不宜小于 0.8m，当有梁时，距梁底不宜小于 0.6m。

4.7 低压配电装置

4.7.1 选择低压配电装置时，除应满足所在电网的标称电压、频率及所在回路的计算电流外，尚应满足短路条件下的动、热稳定要求。对于要求断开短路电流的保护电器，其极限通断能力应大于系统最大运行方式的短路电流。

4.7.2 配电装置的布置，应考虑设备的操作、搬运、检修和试验的方便。

4.7.3 当成排布置的配电屏长度大于 6m 时，屏后面的通道应设有两个出口。当两出口之间的距离大于 15m 时，应增加出口。

4.7.4 成排布置的配电屏，其屏前和屏后的通道净宽不应小于表 4.7.4 的规定。

表 4.7.4 配电屏前后的通道净宽（m）

布置方式 装置种类	单排布置		双排对面布置		双排背对背布置	
	屏前	屏后	屏前	屏后	屏前	屏后
固定式	1.5	1.0	2.0	1.0	1.5	1.5
抽屉式	1.8	1.0	2.3	1.0	1.8	1.0
控制屏（柜）	1.5	0.8	2.0	0.8	—	—

注：1 当建筑物墙面遇有柱类局部凸出时，凸出部位的通道宽度可减少 0.2m；

2 各种布置方式，屏端通道不应小于 0.8m。

4.7.5 同一配电室内向一级负荷供电的两段母线，在母线分段处应有防火隔断措施。

4.8 电力电容器装置

4.8.1 本节适用于电压为10（6）kV及以下和单组容量为1000kvar及以下并联补偿用的电力电容器装置设计。

4.8.2 电容器组应装设单独的控制和保护装置。为提高单台用电设备功率因数而选用的电容器组，可与该设备共用控制和保护装置。

4.8.3 当电容器回路的高次谐波含量超过规定允许值时，应在回路中设置抑制谐波的串联电抗器。

4.8.4 成套电容器柜单列布置时，柜正面与墙面距离不应小于1.5m；当双列布置时，柜面之间距离不应小于2m。

4.8.5 设置在民用建筑中的低压电容器应采用非可燃性油浸式电容器或干式电容器。

4.9 对土建专业的要求

4.9.1 可燃油油浸电力变压器室的耐火等级应为一级。非燃或难燃介质的电力变压器室、电压为10（6）kV的配电装置室和电容器室的耐火等级不应低于二级。低压配电装置室和电容器室的耐火等级不应低于三级。

4.9.2 配变电所的门应为防火门，并应符合下列规定：

1 配变电所位于高层主体建筑（或裙房）内时，通向其他相邻房间的门应为甲级防火门，通向过道的门应为乙级防火门；

2 配变电所位于多层建筑物的二层或更高层时，通向其他相邻房间的门应为甲级防火门，通向过道的门应为乙级防火门；

3 配变电所位于多层建筑物的一层时，通向相邻房间或过道的门应为乙级防火门；

4 配变电所位于地下层或下面有地下层时，通向相邻房间或过道的门应为甲级防火门；

5 配变电所附近堆有易燃物品或通向汽车库的门应为甲级防火门；

6 配变电所直接通向室外的门应为丙级防火门。

4.9.3 配变电所的通风窗，应采用非燃烧材料。

4.9.4 配电装置室及变压器室门的宽度宜按最大不可拆卸部件宽度加0.3m，高度宜按不可拆卸部件最大高度加0.5m。

4.9.5 当配变电所设置在建筑物内时，应向结构专业提出荷载要求并应设有运输通道。当其通道为吊装孔或吊装平台时，其吊装孔和平台的尺寸应满足吊装最大设备的需要，吊钩与吊装孔的垂直距离应满足吊装最高设备的需要。

4.9.6 当配变电所与上、下或贴邻的居住、办公房间仅有一层楼板或墙体相隔时，配变电所内应采取屏蔽、降噪等措施。

4.9.7 电压为10（6）kV的配电室和电容器室，宜装设不能开启的自然采光窗，窗台距室外地坪不宜低于1.8m。临街的一面不宜开设窗户。

4.9.8 变压器室、配电装置室、电容器室的门应向外开，并应装锁。相邻配电室之间设门时，门应向低电压配电室开启。

4.9.9 配变电所各房间经常开启的门、窗，不宜直通含有酸、碱、蒸汽、粉尘和噪声严重的场所。

4.9.10 变压器室、配电装置室、电容器室等应设置防止雨、雪和小动物进入屋内的设施。

4.9.11 长度大于7m的配电装置室应设两个出口，并宜布置在配电室的两端。

当配变电所采用双层布置时，位于楼上的配电装置室应至少设一个通向室外的平台或通道的出口。

4.9.12 配变电所的电缆沟和电缆室，应采取防水、排水措施。当配变电所设置在地下层时，其进出地下层的电缆口必须采取有效的防水措施。

4.9.13 电气专业箱体不宜在建筑物的外墙内侧嵌入式安装，当受配置条件限制需嵌入安装时，箱体预留孔外墙侧应加保温或隔热层。

4.10 对暖通及给水排水专业的要求

4.10.1 地上配变电所内的变压器室宜采用自然通风，地下配变电所的变压器室应设机械送排风系统，夏季的排风温度不宜高于45℃，进风和排风的温差不宜大于15℃。

4.10.2 电容器室应有良好的自然通风，通风量应根据电容器温度类别按夏季排风温度不超过电容器所允许的最高环境空气温度计算。当自然通风不能满足排热要求时，可增设机械排风。

电容器室内应有反映室内温度的指示装置。

4.10.3 当变压器室、电容器室采用机械通风或配变电所位于地下层时，其专用通风管道应采用非燃烧材料制作。当周围环境污秽时，宜在进风口处加空气过滤器。

4.10.4 在采暖地区，控制室（值班室）应采暖，采暖计算温度为18℃。在严寒地区，当配电室内温度影响电气设备元件和仪表正常运行时，应设采暖装置。

控制室和配电装置室内的采暖装置，应采取防止渗漏措施，不应有法兰、螺纹接头和阀门等。

4.10.5 位于炎热地区的配变电所，屋面应有隔热措施。控制室（值班室）宜考虑通风、除湿，有技术要求时，可接入空调系统。

4.10.6 位于地下层的配变电所，其控制室（值班室）应保证运行的卫生条件，当不能满足要求时，应装设通风系统或空调装置。在高潮湿环境地区尚应设置吸湿机或在装置内加装去湿电加热器；在地下层应有排水和防进水措施。

4.10.7 变压器室、电容器室、配电装置室、控制室内不应有与其无关的管道通过。

4.10.8 装有六氟化硫（SF_6）设备的配电装置的房间，其排风系统应考虑有底部排风口。

4.10.9 有人值班的配变电所，宜设卫生间及上、下水设施。

5 继电保护及电气测量

5.1 一般规定

5.1.1 本章适用于民用建筑中10（6）kV电力设备和线路的继电保护及电气测量。

5.1.2 继电保护装置应满足可靠性、选择性、灵敏性和速动性的要求。

5.1.3 重要的配变电所可根据需求采用智能化保护装置或变电所综合自动化系统。

5.1.4 继电保护及电气测量的设计除符合本规范外，尚应符合现行国家标准《电力装置的继电保护和自动装置设计规范》GB 50062和《电力装置的电气测量仪表装置设计规范》GB 500 63的有关规定。

5.2 继电保护

5.2.1 继电保护设计应符合下列规定：

1 电力设备和线路应装设短路故障和异常运行保护装置。电力设备和线路短路故障的保护应有主保护和后备保护，必要时可增设辅助保护。

2 继电保护装置的接线应简单可靠，并应具有必要的检测、闭锁等措施。保护装置应便于整定、调试和运行维护。

3 为保证继电保护装置的选择性，对相邻设备和线路有配合要求的保护和同一保护内有配合要求的两元件，其上下两级之间的灵敏性及动作时间应相互配合。

当必须加速切除短路时，可使保护装置无选择性动作，但应利用自动重合闸或备用电源自动投入装置，缩小停电范围。

4 保护装置应具有必要的灵敏性。各类短路保护装置的灵敏系数不宜低于表5.2.1的规定。

表5.2.1 短路保护的最小灵敏系数

保护分类	保护类型	组成元件	最小灵敏系数	备注
主保护	变压器、线路的电流速断保护	电流元件	2.0	按保护安装处短路计算
主保护	电流保护、电压保护	电流、电压元件	1.5	按保护区末端计算
主保护	10kV供配电系统中单相接地保护	电流、电压元件	1.5	—
后备保护	近后备保护	电流、电压元件	1.3	按线路末端短路计算
辅助保护	电流速断保护	—	1.2	按正常运行方式下保护安装处短路计算

注：灵敏系数应根据不利的正常运行方式（含正常检修）和不利的故障类型计算。

5 保护装置与测量仪表不宜共用电流互感器的二次线圈。保护用电流互感器（包括中间电流互感器）的稳态比误差不应大于10%。

6 在正常运行情况下，当电压互感器二次回路断线或其他故障能使保护装置误动作时，应装设断线闭锁或采取其他措施，将保护装置解除工作并发出信号；当保护装置不致误动作时，应设有电压回路断线信号。

7 在保护装置内应设置由信号继电器或其他元件等构成的指示信号，且应在直流电压消失时不自动复归，或在直流恢复时仍能维持原动作状态，并能分别显示各保护装置的动作情况。

8 为了便于分别校验保护装置和提高可靠性，主保护和后备保护宜做到回路彼此独立。

9 当用户10（6）kV断路器台数较多、负荷等级较高时，宜采用直流操作。

10 当采用蓄电池组作直流电源时，由浮充电设备引起的波纹系数不应大于5%，电压波动范围不应大于额定电压的±5%，放电末期直流母线电压下限不应低于额定电压的85%，充电后期直流母线电压上限不应高于额定电压的115%。

11 当采用交流操作的保护装置时，短路保护可由被保护电力设备或线路的电压互感器取得操作电源。变压器的瓦斯保护，可由电压互感器或变电所所用变压器取得操作电源。

12 交流整流电源作为继电保护直流电源时，应符合下列要求：

1）直流母线电压，在最大负荷时保护动作不应低于额定电压的80%，最高电压不应超过额定电压的115%，并应采取稳压、限幅和滤波的措施；电压允许波动应控制在额定电压的±5%范围内，波纹系数不应大于5%；

2）当采用复式整流时，应保证在各种运行方式下，在不同故障点和不同相别短路时，保护装置均能可靠动作。

13 交流操作继电保护应采用电流互感器二次侧去分流跳闸的间接动作方式。

14 10（6）kV系统采用中性点经小电阻接地方

式时，应符合下列规定：

1）应设置零序速断保护；

2）零序保护装置动作于跳闸，其信号应接入事故信号回路。

5.2.2 变压器的保护应符合下列规定：

1 对变压器下列故障及异常运行方式，应装设相应的保护：

1）绕组及其引出线的相间短路和在中性点直接接地侧的单相接地短路；

2）绕组的匝间短路；

3）外部相间短路引起的过电流；

4）干式变压器防护外壳接地短路；

5）过负荷；

6）变压器温度升高；

7）油浸式变压器油面降低；

8）密闭油浸式变压器压力升高；

9）气体绝缘变压器气体压力升高；

10）气体绝缘变压器气体密度降低。

2 400kVA及以上的建筑物室内可燃性油浸式变压器均应装设瓦斯保护。当因壳内故障产生轻微瓦斯或油面下降时，应瞬时动作于信号；当产生大量瓦斯时，应动作于断开变压器各侧断路器；当变压器电源侧无断路器时，可作用于信号。

3 对于密闭油浸式变压器，当壳内故障压力偏高时应瞬时动作于信号；当压力过高时，应动作于断开变压器各侧断路器；当变压器电源侧无断路器时，可作用于信号。

4 变压器引出线及内部的短路故障应装设相应的保护装置。当过电流保护时限大于0.5s时，应装设电流速断保护，且应瞬时动作于断开变压器的各侧断路器。

5 由外部相间短路引起的变压器过电流，可采用过电流保护作为后备保护。保护装置的整定值应考虑事故时可能出现的过负荷，并应带时限动作于跳闸。

6 变压器高压侧过电流保护应与低压侧主断路器短延时保护相配合。

7 对于400kVA及以上、线圈为三角-星形联结、低压侧中性点直接接地的变压器，当低压侧单相接地短路且灵敏性符合要求时，可利用高压侧的过电流保护，保护装置应带时限动作于跳闸。

8 对于400kVA及以上，线圈为三角-星形联结的变压器，可采用两相三继电器式的过流保护。保护装置应动作于断开变压器的各侧断路器。

9 对于400kVA及以上变压器，当数台并列运行或单独运行并作为其他负荷的备用电源时，应根据可能过负荷的情况装设过负荷保护。

过负荷保护可采用单相式，且应带时限动作于信号。在无经常值班人员的变电所，过负荷保护可动作于跳闸或断开部分负荷。

10 对变压器温度及油压升高故障，应按现行电力变压器标准的要求，装设可作用于信号或动作于跳闸的保护装置。

11 对于气体绝缘变压器气体密度降低、压力升高，应装设可作用于信号或动作于跳闸的保护装置。

5.2.3 中性点非直接接地的供电线路保护，应符合下列规定：

1 线路的下列故障或异常运行，应装设相应的保护装置：

1）相间短路；

2）过负荷；

3）单相接地。

2 线路的相间短路保护，应符合下列规定：

1）当保护装置由电流继电器构成时，应接于两相电流互感器上；对于同一供配电系统的所有线路，电流互感器应接在相同的两相上；

2）当线路短路使配变电所母线电压低于标称系统电压的50%～60%，以及线路导线截面过小，不允许带时限切除短路时，应快速切除短路；

3）当过电流保护动作时限不大于0.5～0.7s，且没有本款第2项所列的情况或没有配合上的要求时，可不装设瞬动的电流速断保护；

3 对单侧电源线路可装设两段过电流保护，第一段应为不带时限的电流速断保护，第二段应为带时限的过电流保护，可采用定时限或反时限特性的继电器。保护装置应装在线路的电源侧。

4 对10（6）kV变电所的电源进线，可采用带时限的电流速断保护。

5 对单相接地故障，应装设接地保护装置，并应符合下列规定：

1）在配电所母线上应装设接地监视装置，并动作于信号；

2）对于有条件安装零序电流互感器的线路，当单相接地电流能满足保护的选择性和灵敏性要求时，应装设动作于信号的单相接地保护；

3）当不能安装零序电流互感器，而单相接地保护能够躲过电流回路中不平衡电流的影响时，也可将保护装置接于三相电流互感器构成的零序回路中。

6 对可能过负荷的电缆线路，应装设过负荷保护。保护装置宜带时限动作于信号，当危及设备安全时可动作于跳闸。

5.2.4 并联电容器的保护应符合下列规定：

1 对10（6）kV的并联补偿电容器组的下列故

障及异常运行方式，应装设相应的保护装置：

1）电容器内部故障及其引出线短路；

2）电容器组和断路器之间连接线短路；

3）电容器组中某一故障电容器切除后所引起的过电压；

4）电容器组的单相接地；

5）电容器组过电压；

6）所连接的母线失电压。

2 对电容器组和断路器之间连接线的短路，可装设带有短时限的电流速断和过电流保护，并动作于跳闸。速断保护的动作电流，应按最小运行方式下，电容器端部引线发生两相短路时，有足够灵敏系数整定。过电流保护装置的动作电流，应按躲过电容器组长期允许的最大工作电流整定。

3 对电容器内部故障及其引出线的短路，宜对每台电容器分别装设专用的熔断器。熔体的额定电流可为电容器额定电流的1.5～2.0倍。

4 当电容器组中故障电容器切除到一定数量，引起电容器端电压超过110%额定电压时，保护应将整组电容器断开。对不同接线的电容器组可采用下列保护：

1）单星形接线的电容器组可采用中性导体对地电压不平衡保护；

2）多段串联单星形接线的电容器组，可采用段间电压差动或桥式差电流保护；

3）双星形接线的电容器组，可采用中性导体不平衡电压或不平衡电流保护。

5 对电容器组的单相接地故障，可按本规范第5.2.3条第3款的规定装设保护，但安装在绝缘支架上的电容器组，可不再装设单相接地保护。

6 电容器组应装设过电压保护，带时限动作于信号或跳闸。

7 电容器装置应设置失电压保护，当母线失电压时，应带时限动作于信号或跳闸。

8 当供配电系统有高次谐波，并可能使电容器过负荷时，电容器组宜装设过负荷保护，并应带时限动作于信号或跳闸。

5.2.5 10（6）kV分段母线保护应符合下列规定：

1 配变电所分段母线宜在分段断路器处装设下列保护装置：

1）电流速断保护；

2）过电流保护。

2 分段断路器电流速断保护仅在合闸瞬间投入，并应在合闸后自动解除。

3 分段断路器过电流保护应比出线回路的过电流保护增大一级时限。

5.2.6 备用电源和备用设备的自动投入装置，应符合下列规定：

1 备用电源或备用设备的自动投入装置，可在下列情况之一时装设：

1）由双电源供电的变电所和配电所，其中一个电源经常断开作为备用；

2）变电所和配电所内有互为备用的母线段；

3）变电所内有备用变压器；

4）变电所内有两台所用变压器；

5）运行过程中某些重要机组有备用机组。

2 自动投入装置应符合下列要求：

1）应能保证在工作电源或设备断开后才投入备用电源或设备；

2）工作电源或设备上的电压消失时，自动投入装置应延时动作；

3）自动投入装置保证只动作一次；

4）当备用电源或设备投入到故障上时，自动投入装置应使其保护加速动作；

5）手动断开工作电源或设备时，自动投入装置不应启动；

6）备用电源自动投入装置中，可设置工作电源的电流闭锁回路。

3 民用建筑中备用电源自动投入装置多级设置时，上下级之间的动作应相互配合。

5.2.7 继电保护可根据需要采用智能化保护装置或采用变电所综合自动化系统，并宜采用开放式和分布式系统。

5.2.8 当所在的建筑物设有建筑设备监控（BA）系统时，继电保护装置应设置与BA系统相匹配的通信接口。

5.3 电 气 测 量

5.3.1 测量仪表的设置应符合下列规定：

1 本条适用于固定安装的指示仪表、记录仪表、数字仪表、仪表配用的互感器及采用与计算机监控和管理系统相配套的自动化仪表等器件。

2 测量仪表应符合下列要求：

1）应能正确反映被测量回路的运行参数；

2）应能随时监测被监测回路的绝缘状况。

3 测量仪表的准确度等级选择应符合下列规定：

1）除谐波测量仪表外，交流回路的仪表准确度等级不应低于2.5级；

2）直流回路的仪表准确度等级不应低于1.5级；

3）电量变送器输出侧的仪表准确度等级不应低于1.0级。

4 测量仪表配用的互感器准确度等级选择，应符合下列规定：

1）1.5级及2.5级的测量仪表，应配用不低于1.0级的互感器；

2）电量变送器应配用不低于0.5级的电流互感器。

5 直流仪表配用的外附分流器准确度等级不应低于0.5级。

6 电量变送器准确度等级不应低于0.5级。

7 仪表的测量范围和电流互感器变比的选择，宜满足当被测量回路以额定值的条件运行时，仪表的指示在满量程的70%。

8 对多个同类型回路参数的测量，宜采用以电量变送器组成的选测系统。选测参数的种类及数量，可根据运行监测的需要确定。

9 下列电力装置回路应测量交流电流：

1）配电变压器回路；

2）无功补偿装置；

3）10（6）kV和1kV及以下的供配电干线；

4）母线联络和母线分段断路器回路；

5）55kW及以上的电动机；

6）根据使用要求，需监测交流电流的其他回路。

10 三相电流基本平衡的回路，可采用一只电流表测量其中一相电流。下列装置及回路应采用三只电流表分别测量三相电流：

1）无功补偿装置；

2）配电变压器低压侧总电流；

3）三相负荷不平衡幅度较大的1kV及以下的配电线路。

11 下列装置及回路应测量直流电流：

1）直流发电机；

2）直流电动机；

3）蓄电池组；

4）充电回路；

5）整流装置；

6）根据使用要求，需监测直流电流的其他装置及回路。

12 交流系统的各段母线，应测量交流电压。

13 下列装置及回路应测量直流电压：

1）直流发电机；

2）直流系统的各段母线；

3）蓄电池组；

4）充电回路；

5）整流装置；

6）发电机的励磁回路；

7）根据使用要求，需监测直流电压的其他装置及回路。

14 中性点不直接接地系统的各段母线，应监测交流系统的绝缘。

15 根据使用要求，需监测有功功率的装置及回路，应测量有功功率。

16 下列装置及回路应测量无功功率：

1）1kV及以上的无功补偿装置；

2）根据使用要求，需监测无功功率的其他装置及回路。

17 在谐波监测点，宜装设谐波电压、电流的测量仪表。

5.3.2 电能计量仪表的设置应符合下列规定：

1 下列装置及回路应装设有功电能表：

1）10（6）kV供配电线路；

2）用电单位的有功电量计量点；

3）需要进行技术经济考核的电动机；

4）根据技术经济考核和节能管理的要求，需计量有功电量的其他装置及回路。

2 下列装置及回路，应装设无功电能表：

1）无功补偿装置；

2）用电单位的无功电量计量点；

3）根据技术经济考核和节能管理的要求，需计量无功电量的其他装置及回路。

3 计费用的专用电能计量装置，宜设置在供用电设施的产权分界处，并应按供电企业对不同计费方式的规定确定。

4 双向送、受电的回路，应分别计量送、受电的电量。当以两只电能表分别计量送、受电量时，应采用具有止逆器的电能表。

5.4 二次回路及中央信号装置

5.4.1 继电保护的二次回路应符合下列规定：

1 二次回路的工作电压不应超过500V。

2 互感器二次回路连接的负荷，不应超过继电保护和自动装置工作准确等级所规定的负荷范围。

3 配变电所及其他重要的或有专门规定的二次回路，应采用铜芯控制电缆或绝缘电线。在绝缘可能受到油浸蚀的场所，应采用耐油的绝缘电线或电缆。

4 计量单元的电流回路铜芯导线截面不应小于$4mm^2$；电压回路铜芯导线截面不应小于$2.5mm^2$；辅助单元的控制、信号等导线截面不应小于$1.5mm^2$。电缆及电线截面的选择尚应符合下列要求：

1）对于电流回路，电流互感器的工作准确等级应符合本规范第5.2.1条第5款的规定；当无可靠根据时，可按断路器的断流容量确定最大短路电流；

2）对于电压回路，当全部保护装置和安全自动装置动作时，电压互感器至保护和自动装置屏的电缆压降不应超过标称电压的3%；

3）对于操作回路，在最大负荷下，操作母线至设备的电压降不应超过10%标称电压；

4）数字化仪表回路的电缆、电线截面应满足回路传导要求。

5 屏（台）内与屏（台）外回路的连接、某些同名回路的连接、同一屏（台）内各安装单位的连接，均应经过端子排连接。

屏（台）内同一安装单位各设备之间的连接，电缆与互感器、单独设备的连接，可不经过端子排。

对于电流回路，需要接入试验设备的回路、试验时需要断开的电压和操作电源回路以及在运行中需要停用或投入的保护装置，应装设必要的试验端子、试验端钮（或试验盒）、连接片或切换片，其安装位置应便于操作。

属于不同安装单位或装置的端子，宜分别组成单独的端子排。

6 在安装各种设备、断路器和隔离开关的连锁接点、端子排和接地导体时，应在不断开一次线路的情况下，保证在二次回路端子排上安全工作。

7 电压互感器一次侧隔离开关断开后，其二次回路应有防止电压反馈的措施。

8 电流互感器的二次回路应有一个接地点，并应在配电装置附近经端子排接地。

9 电压互感器的二次侧中性点或线圈引出端之一应接地，且二次回路只允许有一处接地，接地点宜设在控制室内，并应牢固焊接在接地小母线上。

10 在电压互感器二次回路中，除开口三角绕组和有专门规定者外，应装设熔断器或低压断路器。

在接地导体上不应装设开关电器。当采用一相接地时，熔断器或低压断路器应装在绕组引出端与接地点之间。

电压互感器开口三角绕组的试验用引出线上，应装设熔断器或低压断路器。

11 各独立安装单位二次回路的操作电源，应经过专用的熔断器或低压断路器。

在变电所中，每一安装单位的保护回路和断路器控制回路，可合用一组单独的熔断器或低压断路器。

12 配变电所中重要设备和线路的继电保护和自动装置，应有经常监视操作电源的装置。断路器的分闸回路、重要设备和线路断路器的合闸回路，应装设监视回路完整性的监视装置。

13 二次回路中的继电器可根据需要采用组合式继电器。

5.4.2 中央信号装置的设置应符合下列规定：

1 宜在配变电所控制（值班）室内设中央信号装置。中央信号装置应由事故信号和预告信号组成。预告信号可分为瞬时和延时两种。

2 中央信号接线应简单、可靠。中央信号装置应具备下列功能：

1）对音响监视接线能实现亮屏或暗屏运行；

2）断路器事故跳闸时，能瞬时发出音响信号，同时相应的位置指示灯闪光；

3）发生故障时，能瞬时或延时发出预告音响，并以光字牌显示故障性质；

4）能进行事故和预告信号及光字牌完好性的试验；

5）能手动或自动复归音响，而保留光字牌信号；

6）试验遥信事故信号时，能解除遥信回路。

3 配变电所的中央事故及预告信号装置，宜能重复动作、延时自动或手动复归音响。当主接线简单时，中央事故信号可不重复动作。

4 配电装置就地控制的元件，应按各母线段、组别，分别发送总的事故和预告音响及光字牌信号。

5 宜设“信号未复归”小母线，并发送光字牌信号。

6 中央事故信号的所有设备宜集中装设在信号屏上。

7 小型配变电所可设简易中央信号装置，并应具备发生故障时能发出总的事故和预告音响及灯光信号的功能。

8 可根据需求采用智能化保护装置或变电所综合自动化系统，由具有数字显示的电子声光集中报警装置组成中央信号装置。

9 当采用智能化保护装置或变电所综合自动化系统时，可不设置或适当简化中央信号模拟屏。

5.5 控制方式、所用电源及操作电源

5.5.1 控制方式应符合下列规定：

1 对于10（6）kV电源线路及母线分段断路器等，可根据工程具体情况在控制室内集中控制或在配电装置室内就地控制；

2 对于10（6）kV配出回路的断路器，当出线数量在15回路及以上时，可在控制室内集中控制；当出线数量在15回路以下时，可在配电装置室内就地控制。

5.5.2 所用电源及操作电源，应符合下列规定：

1 配变电所220/380V所用电源可引自就近的配电变压器。当配变电所规模较大时，宜另设所用变压器，其容量不宜超过50kVA。当有两路所用电源时，宜装设备用电源自动投入装置。

2 在采用交流操作的配变电所中，当有两路10（6）kV电源进线时，宜分别装设两台所用变压器。当能从配变所外引入一个可靠的备用所用电源时，可只装设一台所用变压器。当能引入两个可靠的所用电源时，可不装设所用变压器。当配变电所只有一路10（6）kV电源进线时，可只在电源进线上装设一台所用变压器。

3 采用交流操作且容量能满足时，供操作、控制、保护、信号等的所用电源宜引自电压互感器。

4 采用电磁操动机构且仅有一路所用电源时，应专设所用变压器作为所用电源，并应接在电源进线开关的进线端。

5 重要的配变电所宜采用220V或110V免维护

蓄电池组作为合、分闸直流操作电源。

6 小型配变电所宜采用弹簧储能操动机构合闸和去分流分闸的全交流操作。

6 自备应急电源

6.1 自备应急柴油发电机组

6.1.1 本节适用于发电机额定电压为230/400V，机组容量为2000kW及以下的民用建筑工程中自备应急低压柴油发电机组的设计。自备应急柴油发电机组的设计应符合下列规定：

1 符合下列情况之一时，宜设自备应急柴油发电机组：

1）为保证一级负荷中特别重要的负荷用电时；

2）用电负荷为一级负荷，但从市电取得第二电源有困难或技术经济不合理时。

2 机组宜靠近一级负荷或配变电所设置。柴油发电机房可布置于建筑物的首层、地下一层或地下二层，不应布置在地下三层及以下。当布置在地下层时，应有通风、防潮、机组的排烟、消声和减振等措施并满足环保要求。

3 机房宜设有发电机间、控制及配电室、储油间、备品备件储藏间等。设计时可根据工程具体情况进行取舍、合并或增添。

4 当机组需遥控时，应设有机房与控制室联系的信号装置。当有要求时，控制柜内宜留有通信接口，并可通过BAS系统对其实时监控。

5 当电源系统发生故障停电时，对不需要机组供电的配电回路应自动切除。

6 发电机间、控制室及配电室不应设在厕所、浴室或其他经常积水场所的正下方或贴邻。

7 设置在高层建筑内的柴油发电机房，应设置火灾自动报警系统和除卤代烷1211、1301以外的自动灭火系统。除高层建筑外，火灾自动报警系统保护对象分级为一级和二级的建筑物内的柴油发电机房，应设置火灾自动报警系统和移动式或固定式灭火装置。

6.1.2 柴油发电机组的选择应符合下列规定：

1 机组容量与台数应根据应急负荷大小和投入顺序以及单台电动机最大启动容量等因素综合确定。当应急负荷较大时，可采用多机并列运行，机组台数宜为2～4台。当受并列条件限制，可实施分区供电。当用电负荷谐波较大时，应考虑其对发电机的影响。

2 在方案及初步设计阶段，柴油发电机容量可按配电变压器总容量的10%～20%进行估算。在施工图设计阶段，可根据一级负荷、消防负荷以及某些重要二级负荷的容量，按下列方法计算的最大容量确定：

1）按稳定负荷计算发电机容量；

2）按最大的单台电动机或成组电动机启动的需要，计算发电机容量；

3）按启动电动机时，发电机母线允许电压降计算发电机容量。

3 当有电梯负荷时，在全电压启动最大容量笼型电动机情况下，发电机母线电压不应低于额定电压的80%；当无电梯负荷时，其母线电压不应低于额定电压的75%。当条件允许时，电动机可采用降压启动方式。

4 多台机组时，应选择型号、规格和特性相同的机组和配套设备。

5 宜选用高速柴油发电机组和无刷励磁交流同步发电机，配自动电压调整装置。选用的机组应装设快速自启动装置和电源自动切换装置。

6.1.3 机房设备的布置应符合下列规定：

1 机房设备布置应符合机组运行工艺要求，力求紧凑、保证安全及便于维护、检修。

2 机组布置应符合下列要求：

1）机组宜横向布置，当受建筑场地限制时，也可纵向布置；

2）机房与控制室、配电室贴邻布置时，发电机出线端与电缆沟宜布置在靠控制室、配电室侧；

3）机组之间、机组外廓至墙的净距应满足设备运输、就地操作、维护检修或布置辅助设备的需要，并不应小于表6.1.3-1及图6.1.3的规定。

表6.1.3-1 机组之间及机组外廓与墙壁的净距（m）

项目 \ 容量（kW）		64以下	75～150	200～400	500～1500	1600～2000
机组操作面	a	1.5	1.5	1.5	1.5～2.0	2.0～2.5
机组背面	b	1.5	1.5	1.5	1.8	2.0
柴油机端	c	0.7	0.7	1.0	1.0～1.5	1.5
机组间距	d	1.5	1.5	1.5	1.5～2.0	2.5
发电机端	e	1.5	1.5	1.5	1.8	2.0～2.5
机房净高	h	2.5	3.0	3.0	4.0～5.0	5.0～7.0

注：当机组按水冷却方式设计时，柴油机端距离可适当缩小；当机组需要做消声工程时，尺寸应另外考虑。

3 辅助设备宜布置在柴油机侧或靠机房侧墙，蓄电池宜靠近所属柴油机。

4 机房设置在高层建筑物内时，机房内应有足

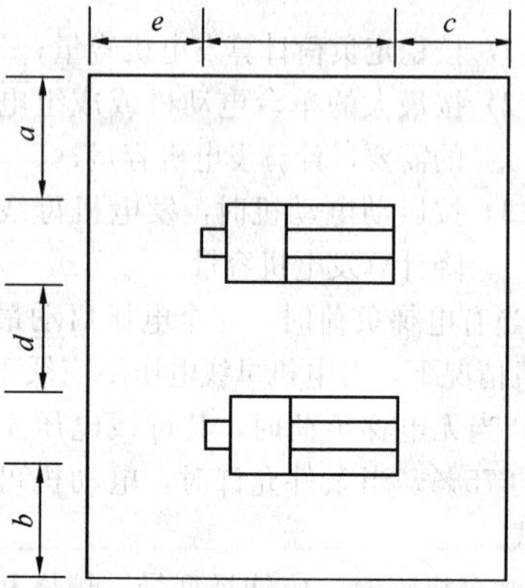

图 6.1.3　机组布置图

够的新风进口及合理的排烟道位置。机房排烟应避开居民敏感区，排烟口宜内置排烟道至屋顶。当排烟口设置在裙房屋顶时，宜将烟气处理后再行排放。

5　机组热风管设置应符合下列要求：

1）热风出口宜靠近且正对柴油机散热器；

2）热风管与柴油机散热器连接处，应采用软接头；

3）热风出口的面积不宜小于柴油机散热器面积的 1.5 倍；

4）热风出口不宜设在主导风向一侧，当有困难时，应增设挡风墙；

5）当机组设在地下层，热风管无法平直敷设需拐弯引出时，其热风管弯头不宜超过两处。

6　机房进风口设置应符合下列要求：

1）进风口宜设在正对发电机端或发电机端两侧；

2）进风口面积不宜小于柴油机散热器面积的 1.6 倍；

3）当周围对环境噪声要求高时，进风口宜做消声处理。

7　机组排烟管的敷设应符合下列要求：

1）每台柴油机的排烟管应单独引至排烟道，宜架空敷设，也可敷设在地沟中。排烟管弯头不宜过多，并应能自由位移。水平敷设的排烟管宜设坡外排烟道 0.3%～0.5%的坡度，并应在排烟管最低点装排污阀；

2）机房内的排烟管采用架空敷设时，室内部分应敷设隔热保护层；

3）机组的排烟阻力不应超过柴油机的背压要求，当排烟管较长时，应采用自然补偿段，并加大排烟管直径。当无条件设置自然补偿段时，应装设补偿器；

4）排烟管与柴油机排烟口连接处应装设弹性波纹管；

5）排烟管穿墙应加保护套，伸出屋面时，出口端应加防雨帽；

6）非增压柴油机应在排烟管装设消声器。两台柴油机不应共用一个消声器，消声器应单独固定。

8　机房设计时应采取机组消声及机房隔声综合治理措施，治理后环境噪声不宜超过表 6.1.3-2 的规定。

表 6.1.3-2　城市区域环境噪声标准（dBA）

类别	适用区域	昼间	夜间
0	疗养、高级别墅、高级宾馆区	50	40
1	以居住、文教机关为主的区域	55	45
2	居住、商业、工业混杂区	60	50
3	工业区	65	55
4	城市中的道路交通干线两侧区域	70	55

6.1.4　设于地下层的柴油发电机组，其控制屏及其他电气设备宜选择防潮型产品。

6.1.5　机房配电线缆选择及敷设应符合下列规定：

1　机房、储油间宜按多油污、潮湿环境选择电力电缆或绝缘电线；

2　发电机配电屏的引出线宜采用耐火型铜芯电缆、耐火型封闭式母线或矿物绝缘电缆；

3　控制线路、测量线路、励磁线路应选择铜芯控制电缆或铜芯电线；

4　控制线路、励磁线路和电力配线宜穿钢导管埋地敷设或采用电缆沿电缆沟敷设；

5　当设电缆沟时，沟内应有排水和排油措施。

6.1.6　附属设备的控制方式应符合下列规定：

1　附属设备电动机的控制方式应与机组控制方式一致；

2　柴油机冷却水泵宜采用就地控制和随机组运行联动控制；

3　高位油箱供油泵宜采用就地控制或液位控制器进行自动控制。

6.1.7　控制室的电气设备布置应符合下列规定：

1　单机容量小于或等于 500kW 的装集式单台机组可不设控制室；单机容量大于 500kW 的多台机组宜设控制室。

2　控制室的位置应便于观察、操作和调度，通风、采光应良好，进出线应方便。

3　控制室内不应有油、水等管道通过，不应安装无关设备。

4　控制室内的控制屏（台）的安装距离和通道宽度应符合下列规定：

1）控制屏正面操作宽度，单列布置时，不

宜小于1.5m；双列布置时，不宜小于2.0m；

2）离墙安装时，屏后维护通道不宜小于0.8m。

5 当控制室的长度大于7m时，应设有两个出口，出口宜在控制室两端。控制室的门应向外开启。

6 当不需设控制室时，控制屏和配电屏宜布置在发电机端或发电机侧，其操作维护通道应符合下列规定：

1）屏前距发电机端不宜小于2.0m；

2）屏前距发电机侧不宜小于1.5m。

6.1.8 发电机组的自启动应符合下列规定：

1 机组应处于常备启动状态。一类高层建筑及火灾自动报警系统保护对象分级为一级建筑物的发电机组，应设有自动启动装置，当市电中断时，机组应立即启动，并应在30s内供电。

当采用自动启动有困难时，二类高层建筑及二级保护对象建筑物的发电机组，可采用手动启动装置。

机组应与市电连锁，不得与其并列运行。当市电恢复时，机组应自动退出工作，并延时停机。

2 为了避免防灾用电设备的电动机同时启动而造成柴油发电机组熄火停机，用电设备应具有不同延时，错开启动时间。重要性相同时，宜先启动容量大的负荷。

3 自启动机组的操作电源、机组预热系统、燃料油、润滑油、冷却水以及室内环境温度等均应保证机组随时启动。水源及能源必须具有独立性，不得受市电停电的影响。

4 自备应急柴油发电机组自启动宜采用电启动方式，电启动设备应按下列要求设置：

1）电启动用蓄电池组电压宜为12V或24V，容量应按柴油机连续启动不少于6次确定；

2）蓄电池组宜靠近启动电机设置，并应防止油、水浸入；

3）应设置整流充电设备，其输出电压宜高于蓄电池组的电动势50%，输出电流不小于蓄电池10h放电率电流。

6.1.9 发电机组的中性点工作制应符合下列规定：

1 发电机中性点接地应符合下列要求：

1）只有单台机组时，发电机中性点应直接接地，机组的接地形式宜与低压配电系统接地形式一致；

2）当两台机组并列运行时，机组的中性点应经刀开关接地；当两台机组的中性导体存在环流时，应只将其中一台发电机的中性点接地；

3）当两台机组并列运行时，两台机组的中性点可经限流电抗器接地。

2 发电机中性导体上的接地刀开关，可根据发电机允许的不对称负荷电流及中性导体上可能出现的零序电流选择。

3 采用电抗器限制中性导体环流时，电抗器的额定电流可按发电机额定电流的25%选择，阻抗值可按通过额定电流时其端电压小于10V选择。

6.1.10 柴油发电机组的自动化应符合下列规定：

1 机组与电力系统电源不应并网运行，并应设置可靠连锁。

2 选择自启动机组应符合下列要求：

1）当市电中断供电时，单台机组应能自动启动，并应在30s内向负荷供电；

2）当市电恢复供电后，应自动切换并延时停机；

3）当连续三次自启动失败，应发出报警信号；

4）应自动控制负荷的投入和切除；

5）应自动控制附属设备及自动转换冷却方式和通风方式。

3 机组并列运行时，宜采用手动准同期。当两台自启动机组需并车时，应采用自动同期，并应在机组间同期后再向负荷供电。

6.1.11 储油设施的设置应符合下列规定：

1 当燃油来源及运输不便时，宜在建筑物主体外设置40～64h耗油量的储油设施；

2 机房内应设置储油间，其总储存量不应超过8.0h的燃油量，并应采取相应的防火措施；

3 日用燃油箱宜高位布置，出油口宜高于柴油机的高压射油泵；

4 卸油泵和供油泵可共用，应装设电动和手动各一台，其容量应按最大卸油量或供油量确定。

6.1.12 柴油发电机房的照明、接地与通信应符合下列规定：

1 机房各房间的照度应符合表6.1.12的规定；

表6.1.12 机房各房间的照度

房间名称	照度值（lx）	规定照度的平面
发电机间	≥200	地 面
控制与配电室	≥300	距地面0.75m
值班室	≥300	距地面0.75m
储油间	≥100	地 面
检修间（检修场地）	≥200	地 面

2 发电机间、控制及配电室应设备用照明，其照度不应低于表6.1.12的规定，持续供电时间不应小于3h；

3 机房内的接地，宜采用共用接地；

4 燃油系统的设备与管道应采取防静电接地措施；

5　控制室与值班室应设通信电话，并应设消防专用电话分机。

6.1.13　当设计柴油发电机房时，给水排水、暖通和土建应符合下列规定：

1　给水排水：

1）柴油机的冷却水水质，应符合机组运行技术条件要求；

2）柴油机采用闭式循环冷却系统时，应设置膨胀水箱，其装设位置应高于柴油机冷却水的最高水位；

3）冷却水泵应为一机一泵，当柴油机自带水泵时，宜设1台备用泵；

4）机房内应设有洗手盆和落地洗涤槽。

2　暖通：

1）宜利用自然通风排除发电机间内的余热，当不能满足温度要求时，应设置机械通风装置；

2）当机房设置在高层民用建筑的地下层时，应设置防烟、排烟、防潮及补充新风的设施；

3）机房各房间温湿度要求宜符合表6.1.13-1的规定；

表 6.1.13-1　机房各房间温湿度要求

房间名称	冬季		夏季	
	温度（℃）	相对湿度（%）	温度（℃）	相对湿度（%）
机房（就地操作）	15～30	30～60	30～35	40～75
机房（隔室操作、自动化）	5～30	30～60	32～37	≤75
控制及配电室	16～18	≤75	28～30	≤75
值班室	16～20	≤75	≤28	≤75

4）安装自启动机组的机房，应满足自启动温度要求。当环境温度达不到启动要求时，应采用局部或整机预热措施。在湿度较高的地区，应考虑防结露措施。

3　土建：

1）机房应有良好的采光和通风；

2）发电机间宜有两个出入口，其中一个应满足搬运机组的需要。门应为甲级防火门，并应采取隔声措施，向外开启；发电机间与控制室、配电室之间的门和观察窗应采取防火、隔声措施，门应为甲级防火门，并应开向发电机间；

3）储油间应采用防火墙与发电机间隔开；当必须在防火墙上开门时，应设置能自行关闭的甲级防火门；

4）当机房噪声控制达不到现行国家标准《城市区域环境噪声标准》GB3096的规定时，应做消声、隔声处理；

5）机组基础应采取减振措施，当机组设置在主体建筑内或地下层时，应防止与房屋产生共振；

6）柴油机基础宜采取防油浸的设施，可设置排油污沟槽，机房内管沟和电缆沟内应有0.3%的坡度和排水、排油措施；

7）机房各工作房间的耐火等级与火灾危险性类别应符合表6.1.13-2的规定。

表 6.1.13-2　机房各工作房间耐火等级与火灾危险性类别

名　称	火灾危险性类别	耐火等级
发电机间	丙	一级
控制与配电室	戊	二级
储油间	丙	一级

6.2　应急电源装置（EPS）

6.2.1　本节适用于应急电源装置（EPS）用作应急照明系统备用电源时的选择和配电设计。

6.2.2　EPS装置的选择应符合下列规定：

1　EPS装置应按负荷性质、负荷容量及备用供电时间等要求选择。

2　EPS装置可分为交流制式及直流制式。电感性和混合性的照明负荷宜选用交流制式；纯阻性及交、直流共用的照明负荷宜选用直流制式。

3　EPS的额定输出功率不应小于所连接的应急照明负荷总容量的1.3倍。

4　EPS的蓄电池初装容量应保证备用时间不小于90min。

5　EPS装置的切换时间应满足下列要求。

1）用作安全照明电源装置时，不应大于0.25s；

2）用作疏散照明电源装置时，不应大于5s；

3）用作备用照明电源装置时，不应大于5s；金融、商业交易场所不应大于1.5s。

6.2.3　当EPS装置容量较大时，宜在电源侧采取高次谐波的治理措施。

6.2.4　EPS配电系统的各级保护装置之间应有选择性配合。

6.2.5　EPS装置的交流输入电源应符合下列要求：

1　EPS宜采用两路电源供电，交流输入电源的总相对谐波含量不宜超过10%。

2　EPS系统的交流电源，不宜与其他冲击性负荷由同一变压器及母线段供电。

6.3　不间断电源装置（UPS）

6.3.1　本节适用于不间断电源装置（UPS）的选择

和配电设计。

6.3.2 符合下列情况之一时，应设置UPS装置：

1 当用电负荷不允许中断供电时；

2 允许中断供电时间为毫秒级的重要场所的应急备用电源。

6.3.3 UPS装置的选择，应按负荷性质、负荷容量、允许中断供电时间等要求确定，并应符合下列规定：

1 UPS装置，宜用于电容性和电阻性负荷；

2 对电子计算机供电时，UPS装置的额定输出功率应大于计算机各设备额定功率总和的1.2倍，对其他用电设备供电时，其额定输出功率应为最大计算负荷的1.3倍；

3 蓄电池组容量应由用户根据具体工程允许中断供电时间的要求选定；

4 不间断电源装置的工作制，宜按连续工作制考虑。

6.3.4 当UPS装置容量较大时，宜在电源侧采取高次谐波的治理措施。

6.3.5 UPS配电系统各级保护装置之间，应有选择性配合。

6.3.6 UPS系统的交流输入电源应符合本规范第6.2.5条的规定。

在TN-S供电系统中，UPS装置的交流输入端宜设置隔离变压器或专用变压器；当UPS输出端的隔离变压器为TN-S、TT接地形式时，中性点应接地。

7 低压配电

7.1 一般规定

7.1.1 本章适用于民用建筑工频交流电压1000V及以下的低压配电设计。

7.1.2 低压配电系统的设计应根据工程的种类、规模、负荷性质、容量及可能的发展等因素综合确定。

7.1.3 确定低压配电系统时，应符合下列要求：

1 供电可靠和保证电能质量要求；

2 系统接线简单可靠并具有一定灵活性；

3 保证人身、财产、操作安全及检修方便；

4 节省有色金属，减少电能损耗；

5 经济合理，技术先进。

7.1.4 低压配电系统的设计应符合下列规定：

1 变压器二次侧至用电设备之间的低压配电级数不宜超过三级；

2 各级低压配电屏或低压配电箱宜根据发展的可能留有备用回路；

3 由市电引入的低压电源线路，应在电源箱的受电端设置具有隔离作用和保护作用的电器；

4 由本单位配变电所引入的专用回路，在受电端可装设不带保护的开关电器；对于树干式供电系统的配电回路，各受电端均应装设带保护的开关电器。

7.1.5 低压配电设计除应符合本规范外，尚应符合现行国家标准《低压配电设计规范》GB 50054的规定。

7.2 低压配电系统

7.2.1 多层公共建筑及住宅的低压配电系统应符合下列规定：

1 照明、电力、消防及其他防灾用电负荷，应分别自成配电系统；

2 电源可采用电缆埋地或架空进线，进线处应设置电源箱，箱内应设置总开关电器；电源箱宜设在室内，当设在室外时，应选用室外型箱体；

3 当用电负荷容量较大或用电负荷较重要时，应设置低压配电室，对容量较大和较重要的用电负荷宜从低压配电室以放射式配电；

4 由低压配电室至各层配电箱或分配电箱，宜采用树干式或放射与树干相结合的混合式配电；

5 多层住宅的垂直配电干线，宜采用三相配电系统。

7.2.2 高层公共建筑及住宅的低压配电系统应符合下列规定：

1 高层公共建筑的低压配电系统，应将照明、电力、消防及其他防灾用电负荷分别自成系统。

2 对于容量较大的用电负荷或重要用电负荷，宜从配电室以放射式配电。

3 高层公共建筑的垂直供电干线，可根据负荷重要程度、负荷大小及分布情况，采用下列方式供电：

1）可采用封闭式母线槽供电的树干式配电；

2）可采用电缆干线供电的放射式或树干式配电；当为树干式配电时，宜采用电缆T接端子方式或预制分支电缆引至各层配电箱；

3）可采用分区树干式配电。

4 高层公共建筑配电箱的设置和配电回路的划分，应根据防火分区、负荷性质和密度、管理维护方便等条件综合确定；

5 高层公共建筑的消防及其他防灾用电设施的供电要求，应符合本规范第13章的有关规定；

6 高层住宅的垂直配电干线，应采用三相配电系统。

7.3 特低电压配电

7.3.1 特低电压（ELV）的额定电压不应超过交流50V。特低电压可分为安全特低电压（SELV）及保护特低电压（PELV）。

7.3.2 符合下列要求之一的设备，可作为特低电压电源：

1 一次绕组和二次绕组之间采用加强绝缘层或接地屏蔽层隔离开的安全隔离变压器。

2 安全等级相当于安全隔离变压器的电源。

3 电化电源或与电压较高回路无关的其他电源。

4 符合相应标准的某些电子设备。这些电子设备已经采取了措施，可以保障即使发生内部故障，引出端子的电压也不超过交流50V；或允许引出端子上出现大于交流50V的规定电压，但能保证在直接接触或间接接触情况下，引出端子上的电压立即降至不大于交流50V。

7.3.3 特低电压配电应符合下列要求：

1 SELV和PELV的回路应满足下列要求：

1）ELV回路的带电部分与其他回路之间应具有基本绝缘；ELV回路与有较高电压回路的带电部分之间可采用双重绝缘或加强绝缘作保护隔离，也可采用基本绝缘加隔板；

2）SELV回路的带电部分应与地之间具有基本绝缘；

3）PELV回路和设备外露可导电部分应接地。

2 ELV系统的回路导线至少应具有基本绝缘，并应与其他带电回路的导线实行物理隔离，当不能满足要求时，可采取下列措施之一：

1）SELV和PELV的回路导线除应具有基本绝缘外，并应封闭在非金属护套内或在基本绝缘外加护套；

2）ELV与较高电压回路的导体，应以接地的金属屏蔽层或接地的金属护套分隔开；

3）ELV回路导体可与不同电压回路导体共用一根多芯电缆或导体组内，但ELV回路导体的绝缘水平，应按其他回路最高电压确定。

3 ELV系统的插头及插座应符合下列要求：

1）插头必须不可能插入其他电压系统的插座内；

2）插座必须不可能被其他电压系统的插头插入；

3）SELV系统的插头和插座不得设置保护导体触头。

4 安全特低电压回路应符合下列要求：

1）SELV回路的带电部分严禁与大地、其他回路的带电部分及保护导体相连接；

2）SELV回路的用电设备外露可导电部分不应与大地、其他回路的保护导体、用电设备外露可导电部分及外界可导电部分相连接。

7.3.4 ELV系统的保护，应符合下列规定：

1 当SELV回路由安全隔离变压器供电且无分支回路时，其线路的短路保护和过负荷保护，可由变压器一次侧的保护电器完成。

2 当具有两个及以上SELV分支回路时，每一个分支回路的首端应设有保护电器。

3 当SELV超过交流25V或设备浸在水中时，SELV和PELV回路应具有下列基本防护：

1）带电部分应完全由绝缘层覆盖，且该绝缘层应只有采取破坏性手段才能除去；

2）带电部分必须设在防护等级不低于IP2X的遮栏后面或外护物里面，其顶部水平面栅栏的防护等级不应低于IP4X；

3）设备绝缘应符合电力设备标准的有关规定。

4 在正常干燥的情况下，下列情况可不设基本防护：

1）标称电压不超过交流25V的SELV系统；

2）标称电压不超过交流25V的PELV系统，并且外露可导电部分或带电部分由保护导体连接至总接地端子；

3）标称电压不超过12V的其他任何情况。

7.3.5 ELV宜应用在下列场所及范围：

1 潮湿场所（如喷水池、游泳池）内的照明设备；

2 狭窄的可导电场所；

3 正常环境条件使用的移动式手持局部照明；

4 电缆隧道内照明。

7.4 导体选择

7.4.1 低压配电导体选择应符合下列规定：

1 电缆、电线可选用铜芯或铝芯，民用建筑宜采用铜芯电缆或电线；下列场所应选用铜芯电缆或电线：

1）易燃、易爆场所；

2）重要的公共建筑和居住建筑；

3）特别潮湿场所和对铝有腐蚀的场所；

4）人员聚集较多的场所；

5）重要的资料室、计算机房、重要的库房；

6）移动设备或有剧烈振动的场所；

7）有特殊规定的其他场所。

2 导体的绝缘类型应按敷设方式及环境条件选择，并应符合下列规定：

1）在一般工程中，在室内正常条件下，可选用聚氯乙烯绝缘聚氯乙烯护套的电缆或聚氯乙烯绝缘电线；有条件时，可选用交联聚乙烯绝缘电力电缆和电线；

2）消防设备供电线路的选用，应符合本规范第13.10节的规定；

3）对一类高层建筑以及重要的公共场所等

防火要求高的建筑物，应采用阻燃低烟无卤交联聚乙烯绝缘电力电缆、电线或无烟无卤电力电缆、电线。

3 绝缘导体应符合工作电压的要求，室内敷设塑料绝缘电线不应低于0.45/0.75kV，电力电缆不应低于0.6/1kV。

7.4.2 低压配电导体截面的选择应符合下列要求：

1）按敷设方式、环境条件确定的导体截面，其导体载流量不应小于预期负荷的最大计算电流和按保护条件所确定的电流；

2）线路电压损失不应超过允许值；

3）导体应满足动稳定与热稳定的要求；

4）导体最小截面应满足机械强度的要求，配电线路每一相导体截面不应小于表7.4.2的规定。

表7.4.2 导体最小允许截面

布线系统形式	线路用途	导体最小截面（mm^2）	
		铜	铝
固定敷设的电缆和绝缘电线	电力和照明线路	1.5	2.5
	信号和控制线路	0.5	—
固定敷设的裸导体	电力（供电）线路	10	16
	信号和控制线路	4	—
用绝缘电线和电缆的柔性连接	任何用途	0.75	—
	特殊用途的特低压电路	0.75	—

7.4.3 导体敷设的环境温度与载流量校正系数应符合下列规定：

1 当沿敷设路径各部分的散热条件不相同时，电缆载流量应按最不利的部分选取。

2 导体敷设处的环境温度，应满足下列规定：

1）对于直接敷设在土壤中的电缆，应采用埋深处历年最热月的平均地温；

2）敷设在室外空气中或电缆沟中时，应采用敷设地区最热月的日最高温度平均值；

3）敷设在室内空气中时，应采用敷设地点最热月的日最高温度平均值，有机械通风的应按通风设计温度；

4）敷设在室内电缆沟中时，应采用敷设地点最热月的日最高温度平均值加5℃。

3 导体的允许载流量，应根据敷设处的环境温度进行校正，校正系数应符合表7.4.3-1和表7.4.3-2的规定。

4 当土壤热阻系数与载流量对应的热阻系数不同时，敷设在土壤中的电缆的载流量应进行校正，其校正系数应符合表7.4.3-3的规定。

表7.4.3-1 环境空气温度不等于30℃时的校正系数

环境温度（℃）	绝缘			
	PVC	XLPE或EPR	矿物绝缘*	
			PVC外护层和易于接触的裸护套70℃	不允许接触的裸护套105℃
10	1.22	1.15	1.26	1.14
15	1.17	1.12	1.20	1.11
20	1.12	1.08	1.14	1.07
25	1.06	1.04	1.07	1.04
35	0.94	0.96	0.93	0.96
40	0.87	0.91	0.85	0.92
45	0.79	0.87	0.77	0.88
50	0.71	0.82	0.67	0.84
55	0.61	0.76	0.57	0.80
60	0.50	0.71	0.45	0.75
65	—	0.65	—	0.70
70	—	0.58	—	0.65
75	—	0.50	—	0.60
80	—	0.41	—	0.54
85	—	—	—	0.47
90	—	—	—	0.40
95	—	—	—	0.32

注：1 用于敷设在空气中的电缆载流量校正；

2 *更高的环境温度，与制造厂协商解决；

3 PVC-聚氯乙烯、XLPE-交联聚乙烯、EPR-乙丙橡胶。

表7.4.3-2 地下温度不等于20℃的电缆载流量的校正系数

埋地环境温度（℃）	绝缘	
	PVC	XLPE和EPR
10	1.10	1.07
15	1.05	1.04
25	0.95	0.96
30	0.89	0.93
35	0.84	0.89
40	0.77	0.85
45	0.71	0.80
50	0.63	0.76
55	0.55	0.71
60	0.45	0.65
65	—	0.60
70	—	0.53
75	—	0.46
80	—	0.38

注：用于敷设于地下管道中的电缆载流量校正。

表 7.4.3-3 土壤热阻系数不同于 2.5K·m/W 时电缆的载流量校正系数

热阻系数 K·m/W	1	1.5	2	2.5	3
校正系数	1.18	1.10	1.05	1.00	0.96

注：1 此校正系数适用于埋地管道中的电缆，管道埋设深度不大于 0.8m；

2 对于直埋电缆，当土壤热阻系数小于 2.5K·m/W 时，此校正系数可提高。

7.4.4 电线、电缆在不同敷设方式时，其载流量的校正系数应符合下列规定：

1 多回路或多根多芯电缆成束敷设的载流量校正系数应符合表 7.4.4-1 的规定；

2 多回路直埋电缆的载流量校正系数，应符合表 7.4.4-2 的规定；

表 7.4.4-1 多回路或多根多芯电缆成束敷设的校正系数

项目	排列（电缆相互接触）	回路数或多芯电缆数											
		1	2	3	4	5	6	7	8	9	12	16	20
1	嵌入式或封闭式成束敷设在空气中的一个表面上	1.00	0.80	0.70	0.65	0.60	0.57	0.54	0.52	0.50	0.45	0.41	0.38
2	单层敷设在墙、地板或无孔托盘上	1.00	0.85	0.79	0.75	0.73	0.72	0.72	0.71	0.70	多于 9 个回路或 9 根多芯电缆不再减小校正系数		
3	单层直接固定在木质顶棚下	0.95	0.81	0.72	0.68	0.66	0.64	0.63	0.62	0.61			
4	单层敷设在水平或垂直的有孔托盘上	1.00	0.88	0.82	0.77	0.75	0.73	0.73	0.72	0.72			
5	单层敷设在梯架或夹板上	1.00	0.87	0.82	0.80	0.80	0.79	0.79	0.78	0.78			

注：1 适用于尺寸和负荷相同的电缆束。

2 相邻电缆水平间距超过了 2 倍电缆外径时，可不校正。

3 下列情况可使用同一系数：

——由 2 根或 3 根单芯电缆组成的电缆束；

——多芯电缆。

4 当系统中同时有 2 芯和 3 芯电缆时，应以电缆总数作为回路数，2 芯电缆应作为 2 根带负荷导体，3 芯电缆应作为 3 根带负荷导体查取表中相应系数。

5 当电缆束中含有 n 根单芯电缆时，可作为 $n/2$ 回路（2 根负荷导体回路）或 $n/3$ 回路（3 根负荷导体回路）。

表 7.4.4-2 多回路直埋电缆的校正系数

回路数	电缆间的间距 a				
	无间距（电缆相互接触）	一根电缆外径	0.125m	0.25m	0.5m
2	0.75	0.80	0.85	0.90	0.90
3	0.65	0.70	0.75	0.80	0.85
4	0.60	0.60	0.70	0.75	0.80
5	0.55	0.55	0.65	0.70	0.80
6	0.50	0.55	0.60	0.70	0.80

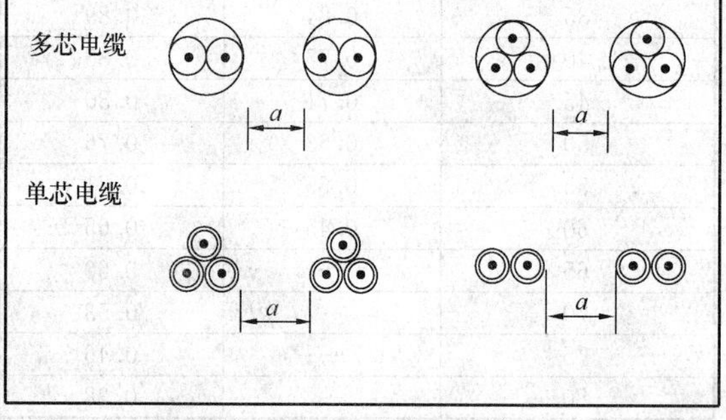

注：适于埋地深度 0.7m，土壤热阻系数为 2.5K·m/W。

3 当线路中存在高次谐波时，在选择导体截面时应对载流量加以校正，校正系数应符合表 7.4.4-3 的规定。当预计中性导体电流高于相导体电流时，电缆截面应按中性导体电流来选择。当中性导体电流大于相电流 135% 且按中性导体电流选择电缆截面时，电缆的载流量可不校正。当按中性导体电流选择电缆截面，而中性导体电流不高于相电流时，应按表 7.4.4-3 选用校正系数。

表 7.4.4-3 4 芯和 5 芯电缆存在高次谐波的校正系数

相电流中三次谐波分量（%）	降 低 系 数	
	按相电流选择截面	按中性导体电流选择截面
0～15	1.00	—
15～33	0.86	—
33～45	—	0.86
>45	—	1.00

注：此表所给的校正系数仅适用于 4 芯或 5 芯电缆内中性导体与相导体有相同的绝缘和相等的截面。当预计有显著（大于 10%）的 9 次、12 次等高次谐波存在时，可用一个较小的校正系数。当在相与相之间存在大于 50% 的不平衡电流时，可使用一个更小的校正系数。

7.4.5 中性导体和保护导体截面的选择应符合下列规定：

1 具有下列情况时，中性导体应和相导体具有相同截面：

1）任何截面的单相两线制电路；

2）三相四线和单相三线电路中，相导体截面不大于 $16mm^2$（铜）或 $25mm^2$（铝）。

2 三相四线制电路中，相导体截面大于 $16mm^2$（铜）或 $25mm^2$（铝）且满足下列全部条件时，中性导体截面可小于相导体截面：

1）在正常工作时，中性导体预期最大电流不大于减小了的中性导体截面的允许载流量。

2）对TT或TN系统，在中性导体截面小于相导体截面的地方，中性导体上需装设相应于该导体截面的过电流保护，该保护应使相导体断电但不必断开中性导体。当满足下列两个条件时，则中性导体上不需要装设过电流保护：

——回路相导体的保护装置已能保护中性导体；

——在正常工作时可能通过中性导体上的最大电流明显小于该导体的载流量。

3）中性导体截面不小于 $16mm^2$（铜）或 $25mm^2$（铝）。

3 保护导体必须有足够的截面，其截面可用下列方法之一确定：

1）当切断时间在 0.1～5s 时，保护导体的截面应按下式确定：

$$S \geqslant \frac{\sqrt{I^2 t}}{K} \tag{7.4.5}$$

式中 S——截面积（mm^2）；

I——发生了阻抗可以忽略的故障时的故障电流（方均根值）(A)；

t——保护电器自动切断供电的时间（s）；

K——取决于保护导体、绝缘和其他部分的材料以及初始温度和最终温度的系数，可按现行国家标准《电气设备的选择和安装接地配置、保护导体和保护联结导体》GB 16895.3 计算和选取。

对常用的不同导体材料和绝缘的保护导体的 K 值可按表 7.4.5-1 选取。

当计算所得截面尺寸是非标准尺寸时，应采用较大标准截面的导体。

2）当保护导体与相导体使用相同材料时，保护导体截面不应小于表 7.4.5-2 的规定。

表 7.4.5-1 不同导体材料和绝缘的 K 值

绝缘 / 材料		导体绝缘					
		70℃ PVC	90℃ PVC	85℃ 橡胶	60℃ 橡胶	矿物质 带PVC	矿物质 裸的
初始温度（℃）		70	90	85	60	70	105
最终温度（℃）		160/140	160/140	220	200	160	250
导体材料	铜	115/103	100/86	134	141	115	135
	铝	76/68	66/57	89	93	—	—

表 7.4.5-2 保护导体的最小截面（mm^2）

相导体的截面 S	相应保护导体的最小截面 S
$S \leqslant 16$	S
$16 < S \leqslant 35$	16
$S > 35$	$S/2$

在任何情况下，供电电缆外护物或电缆组成部分以外的每根保护导体的截面均应符合下列规定：

——有防机械损伤保护时，铜导体不得小于 $2.5mm^2$；铝导体不得小于 $16mm^2$；

——无防机械损伤保护时，铜导体不得小于 $4mm^2$；铝导体不得小于 $16mm^2$。

4 TN-C、TN-C-S系统中的PEN导体应满足下列要求：

1）必须有耐受最高电压的绝缘；

2）TN-C-S系统中的PEN导体从某点分为中性导体和保护导体后，不得再将这些导体互相连接。

7.4.6 外界可导电部分，严禁用作 PEN 导体。

7.5 低压电器的选择

7.5.1 低压电器的选择应符合下列规定：

1 选用的电器应符合下列规定：

1）电器的额定电压、额定频率应与所在回路标称电压及标称频率相适应；

2）电器的额定电流不应小于所在回路的计算电流；

3）电器应适应所在场所的环境条件；

4）电器应满足短路条件下的动稳定与热稳定的要求。用于断开短路电流的电器，应满足短路条件下的通断能力。

2 当维护测试和检修设备需断开电源时，应设置隔离电器。隔离电器应具有将电气装置从供电电源绝对隔开的功能，并应采取措施，防止任何设备无意地通电。

3 隔离电器可采用下列器件：

1）多极、单极隔离开关或隔离器；

2）插头和插座；

3）熔断器；

4）连接片；

5）不需要拆除导线的特殊端子；

6）具有隔离功能的断路器。

4 严禁将半导体电器作隔离电器。

5 功能性开关电器选择应符合下列规定：

1）功能性开关电器应能适合于可能有的最繁重的工作制；

2）功能性开关电器可仅控制电流而不必断开负载；

3）不应将断开器件、熔断器和隔离器用作功能性开关电器。

6 功能性开关电器可采用下列器件：

1）开关；

2）半导体通断器件；

3）断路器；

4）接触器；

5）继电器；

6）16A及以下的插头和插座。

7 多极电器所有极上的动触头应机械联动，并应可靠地同时闭合和断开，仅用于中性导体的触头应在其他触头闭合之前先闭合，在其他触头断开之后才断开。

8 当多个低压断路器同时装入密闭箱体内时，应根据环境温度、散热条件及断路器的数量、特性等因素，确定降容系数。

7.5.2 在TN-C系统中，严禁断开PEN导体，不得装设断开PEN导体的电器。

7.5.3 三相四线制系统中四极开关的选用，应符合下列规定：

1 保证电源转换的功能性开关电器应作用于所有带电导体，且不得使这些电源并联；

2 TN-C-S、TN-S系统中的电源转换开关，应采用切断相导体和中性导体的四极开关；

3 正常供电电源与备用发电机之间，其电源转换开关应采用四极开关；

4 TT系统的电源进线开关应采用四级开关；

5 IT系统中当有中性导体时应采用四极开关。

7.5.4 自动转换开关电器（ATSE）的选用应符合下列规定：

1 应根据配电系统的要求，选择高可靠性的ATSE电器，其特性应满足现行国家标准《低压开关设备和控制设备》GB/T 14048.11的有关规定；

2 ATSE的转换动作时间，应满足负荷允许的最大断电时间的要求；

3 当采用PC级自动转换开关电器时，应能耐受回路的预期短路电流，且ATSE的额定电流不应小于回路计算电流的125%；

4 当采用CB级ATSE为消防负荷供电时，应采用仅具短路保护的断路器组成的ATSE，其保护选择性应与上下级保护电器相配合；

5 所选用的ATSE宜具有检修隔离功能；当ATSE本体没有检修隔离功能时，设计上应采取隔离措施；

6 ATSE的切换时间应与供配电系统继电保护时间相配合，并应避免连续切换；

7 ATSE为大容量电动机负荷供电时，应适当调整转换时间，在先断后合的转换过程中保证安全可靠切换。

7.6 低压配电线路的保护

7.6.1 低压配电线路的保护应符合下列规定：

1 低压配电线路应根据不同故障类别和具体工程要求装设短路保护、过负荷保护、接地故障保护、过电压及欠电压保护，作用于切断供电电源或发出报警信号；

2 配电线路采用的上下级保护电器，其动作应具有选择性，各级之间应能协调配合；对于非重要负荷的保护电器，可采用无选择性切断；

3 对电动机、电梯等用电设备的配电线路的保护，除应符合本章规定外，尚应符合本规范第9章的有关规定。

7.6.2 配电线路的短路保护应在短路电流对导体和连接件产生的热效应和机械力造成危险之前切断短路电流。

7.6.3 配电线路的短路保护应符合下列规定：

1 短路保护电器的分断能力不应小于保护电器安装处的预期短路电流。当供电侧已装设具有所需的分断能力的其他保护电器时，短路保护电器的分断能力可小于预期短路电流，但两个保护电器的特性必须配合。

2 绝缘导体的热稳定校验应符合下列规定：

1）当短路持续时间不大于5s时，绝缘导体的热稳定应按下式进行校验：

$$S \geqslant \frac{I}{K}\sqrt{t} \qquad (7.6.3\text{-}1)$$

式中 S——绝缘导体的线芯截面（mm^2）；

I——短路电流有效值（方均根值）（A）；

t——在已达到正常运行时的最高允许温度的导体上升至极限温度的时间（s）；

K——不同绝缘、不同线芯材料的K值，应符合表7.4.5-1的规定。

2）当短路持续时间小于0.1s时，应计入短路电流非周期分量的影响；当短路持续时间大于5s时应计入散热影响。

3 低压断路器的灵敏度应按下式校验：

$$K_{LZ} = \frac{I_{dmin}}{I_{zd}} \geqslant 1.3 \qquad (7.6.3\text{-}2)$$

式中 K_{LZ}——低压断路器动作灵敏系数；

$I_{d\min}$——被保护线路预期短路电流中的最小电流（A），在TN、TT系统中为单相短路电流；

I_{zd}——低压断路器瞬时或短延时过电流脱扣器整定电流（A）。

7.6.4 配电线路的过负荷保护，应在过负荷电流引起的导体温升对导体的绝缘、接头、端子或导体周围的物质造成损害前切断负荷电流。对于突然断电比过负荷造成的损失更大的线路，该线路的过负荷保护应作用于信号而不应切断电路。

7.6.5 配电线路的过负荷保护应符合下列规定：

1 过负荷保护电器宜采用反时限特性的保护电器，其分断能力可低于电器安装处的短路电流值，但应能承受通过的短路能量，并应符合本规范第7.6.3条第1款的要求。

2 过负荷保护电器的动作特性应同时满足下列条件：

$$I_B \leqslant I_n \leqslant I_z \tag{7.6.5-1}$$

$$I_2 \leqslant 1.45 I_z \tag{7.6.5-2}$$

式中 I_B——线路的计算负荷电流（A）；

I_n——熔断器熔体额定电流或断路器额定电流或整定电流（A）；

I_z——导体允许持续载流量（A）；

I_2——保证保护电器在约定时间内可靠动作的电流（A）。当保护电器为低压断路器时，I_2为约定时间内的约定动作电流；当为熔断器时，I_2为约定时间内的约定熔断电流。

3 对于多根并联导体组成的线路，当采用一台保护电器保护所有导体时，其线路的允许持续载流量（I_z）应为每根并联导体的允许持续载流量之和，并应符合下列规定：

1）导体的材质、截面、长度和敷设方式均应相同；

2）线路全长内应无分支线路引出。

7.6.6 配电线路的过电压及欠电压保护应符合下列规定：

1 配电线路的大气过电压保护应符合本规范第11章的有关规定；

2 当电压下降或失压以及随后电压恢复会对人员和财产造成危险时，或电压下降能造成电气装置和用电设备的严重损坏时，应装设欠电压保护；

3 当被保护用电设备的运行方式允许短暂断电或短暂失压而不出现危险时，欠电压保护器可延时动作。

7.6.7 建筑物的电源进线或配电干线分支处的接地故障报警应符合下列规定：

1 住宅、公寓等居住建筑应设置剩余电流动作报警器；

2 医院及疗养院，影、剧院等大型娱乐场所，图书馆、博物馆、美术馆等大型文化场所，商场、超市等大型场所及地下汽车停车场等宜设置剩余电流动作报警器。

7.6.8 保护电器的装设位置应符合下列规定：

1 当配电线路的导线截面积减少或其特征、安装方式及结构改变时，应在分支或被改变的线路与电源线路的连接处装设短路保护和过负荷保护电器。

2 当分支或被改变的线路同时符合下列规定时，在与电源线路的连接处，可不装设短路保护和过负荷保护电器：

1）当截面减少或被改变处的供电侧已按本规范第7.6.2～7.6.5条的规定装设短路保护和过负荷保护电器，且其工作特性已能保护位于负荷侧的线路时；

2）该段线路应采取措施将短路危险减至最小；

3）该段线路不应靠近可燃物。

3 短路保护电器应装设在低压配电线路不接地的各相（或极）上，但对于中性点不接地且N导体不引出的三相三线配电系统，可只在二相（或极）上装设保护电器。

4 在TT或TN-S系统中，当N导体的截面与相导体相同，或虽小于相导体但能被相导体上的保护电器所保护时，N导体上可不装设保护。当N导体不能被相导体保护电器所保护时，应另在N导体上装设保护电器保护，并应将相应相导体电路断开，可不必断开N导体。

7.7 低压配电系统的电击防护

7.7.1 低压配电系统的电击防护可采取下列三种措施：

1 直接接触防护，适用于正常工作时的电击防护或基本防护；

2 间接接触防护，适用于故障情况下的电击防护；

3 直接接触及间接接触两者兼有的防护。

7.7.2 直接接触防护可采用下列方式：

1 可将带电体进行绝缘。被绝缘的设备应符合该电气设备国家现行的绝缘标准。

2 可采用遮栏和外护物的防护。遮栏和外护物在技术上应符合现行国家标准《建筑物电气装置电击防护》GB/T 14821.1的有关规定。

3 可采用阻挡物进行防护。阻挡物应满足下列规定：

1）应防止身体无意识地接近带电部分；

2）应防止设备运行期中无意识地触及带电部分。

4 应使设备置于伸臂范围以外的防护。能同时触及不同电位的两个带电部位间的距离，严禁在伸臂范围以内。计算伸臂范围时，必须将手持较大尺寸的导电物件计算在内。

5 可采用安全特低电压（SELV）系统供电。

6 可采用剩余电流动作保护器作为附加保护。

7.7.3 间接接触防护可采用下列方式：

1 可采用自动切断电源的保护（包括剩余电流动作保护）；

2 可将电气设备安装在非导电场所内；

3 可使用双重绝缘或加强绝缘的保护；

4 可采用等电位联结的保护；

5 可采用电气隔离；

6 采用安全特低电压（SELV）系统供电。

7.7.4 接地故障保护（间接接触防护）应符合下列规定：

1 接地故障保护的设置应防止人身间接电击以及电气火灾、线路损坏等事故；接地故障保护电器的选择，应根据配电系统的接地形式，移动式、手持式或固定式电气设备的区别以及导体截面等因素经技术经济比较确定；

2 本节接地故障保护措施只适用于防电击保护分类为Ⅰ类的电气设备，设备所在的环境为正常环境，人身电击安全电压限值为50V；

3 采用接地故障保护时，建筑物内应作总等电位联结，并符合本规范第12.6节的规定；

4 当电气装置或电气装置某一部分的自动切断电源保护不能满足切断故障回路的时间要求时，应在局部范围内作辅助等电位联结。

当难以确定辅助等电位联结的有效性时，可采用下式进行校验：

$$R \leqslant \frac{50}{I_a} \tag{7.7.4}$$

式中 R——可同时触及的外露可导电部分和外界外可导电部分之间的电阻（Ω）；

I_a——保护电器的动作电流（对过电流保护器，应是5s以内的动作电流；对剩余电流动作保护器，应是额定剩余动作电流）（A）。

7.7.5 对于相导体对地标称电压为220V的TN系统配电线路的接地故障保护，其切断故障回路的时间应符合下列要求：

1 对于配电线路或仅供给固定式电气设备用电的末端线路，不应大于5s；

2 对于供电给手持式电气设备和移动式电气设备末端线路或插座回路，不应大于0.4s。

7.7.6 TN系统的接地故障保护（间接接触防护）应符合下列规定：

1 TN系统接地故障保护的动作特性应符合下式要求：

$$Z_s \cdot I_a \leqslant U_0 \tag{7.7.6}$$

式中 Z_s——接地故障回路的阻抗（包括电源内阻、电源至故障点之间的带电导体及故障点至电源之间的保护导体的阻抗在内的阻抗）（Ω）；

I_a——保护电器在按表7.7.6规定的与标称电压相对应的时间内，或满足本规范7.7.5条第1款的规定时，在不超过5s的时间内自动切断电源的动作电流（A）；

U_0——对地标称交流电压（方均根值）（V）。

2 对直接向Ⅰ类手持式或移动式设备供电的末端回路，其切断故障回路的时间不宜大于表7.7.6的规定。

表 7.7.6 TN系统的最长切断时间

U_0（V）	切断时间（s）
220	0.4
380	0.2
>380	0.1

3 下列回路的切断时间可超过表7.7.6的规定，但不应超过5s：

1）配电线路；

2）供电给固定式设备的末端回路，且在给该回路供电的配电箱内不宜有直接向Ⅰ类手持式或移动式设备供电的末端回路；

3）供电给固定式设备的末端回路，当在给该回路供电的配电箱内接有按表7.7.6规定的切断时间进行切断的直接向手持式或移动式设备供电的末端回路时，应满足下列条件之一：

——配电箱与总等电位联结的接点之间的保护导体阻抗不应大于$\left(\frac{50}{U_0}Z_s\right)$Ω；

——应在配电箱处作等电位联结；联结范围应符合本规范第12.6节的规定。

4 TN系统配电线路应采用下列接地故障保护：

1）当采用过电流保护能满足本规范7.7.5条和本条第1～3款切断故障回路的时间要求时，宜采用过电流保护兼作接地故障保护；

2）当采用过电流保护不能满足本规范7.7.5条和本条第1～3款要求时，宜实行辅助等电位联结，也可采用剩余电流动作保护。

7.7.7 TT系统的接地故障保护（间接接触防护）应符合下列规定：

1 TT系统接地故障保护的动作特性应符合下

式要求：

$$R_A \cdot I_a \leqslant 50V \quad (7.7.7)$$

式中 R_A——接地极和外露可导电部分的保护导体电阻之和（Ω）；

I_a——保证保护电器切断故障回路的动作电流（A）。当采用过电流保护电器时，反时限特性过电流保护电器的 I_a 应为保证在 5s 内切断的电流；采用瞬时动作特性过电流保护电器的 I_a 应为保证瞬时动作的最小电流。当采用剩余电流动作保护器时，I_a 应为其额定剩余动作电流。

2 在 TT 系统中，由同一接地故障保护电器保护的外露可导电部分应采用 PE 导体连接。

3 当不能满足本条第 1 款的要求时，应采用辅助等电位联结。

7.7.8 IT 系统的接地故障保护（间接接触防护）应符合下列规定：

1 在 IT 系统中，当发生第一次接地故障时，应由绝缘监视器发出音响或灯光信号，其动作电流应符合下式要求；

$$R_A \cdot I_d \leqslant 50V \quad (7.7.8\text{-}1)$$

式中 R_A——外露可导电部分的接地电阻（Ω）；

I_d——相导体与外露可导电部分之间出现阻抗可忽略不计的第一次故障时的故障电流（A），应计及电气装置的泄漏电流和总接地阻抗值的影响。

2 IT 系统的外露可导电部分可共用同一接地网接地，亦可单独地或成组地接地。

对于外露可导电部分为单独接地或成组接地的 IT 系统发生第二次异相接地故障时，其故障回路的切断应符合本规范第（7.7.7）条 TT 系统的要求。

对于外露可导电部分为共用接地的 IT 系统发生第二次异相接地故障时，其故障回路的切断应符合本规范第 7.7.6 条 TN 系统的要求。

3 IT 系统中发生第二次异相接地故障时，应由过电流保护电器或剩余电流动作保护器切断故障电路，并应符合下列要求：

1） 当 IT 系统不引出 N 导体，且线路标称电压为 220/380V 时，保护电器应在 0.4s 内切断故障回路，并符合下式要求：

$$Z_s \cdot I_a \leqslant \frac{\sqrt{3}}{2} U_0 \quad (7.7.8\text{-}2)$$

式中 Z_s——包括相导体和 PE 导体在内的故障回路阻抗（Ω）；

I_a——保护电器在规定时间内切断故障回路的动作电流（A）；

U_0——相导体与中性导体之间的标称交流电压（方均根值）（V）。

2） 当 IT 系统引出 N 导体，线路标称电压为 220/380V 时，保护电器应在 0.8s 内切断故障回路，并应符合下式要求：

$$Z'_s \cdot I_a \leqslant \frac{1}{2} U_0 \quad (7.7.8\text{-}3)$$

式中 Z'_s——包括中性导体和保护导体在内的故障回路阻抗（Ω）。

4 IT 系统不宜引出 N 导体。

7.7.9 电击防护装设的低压电器应符合下列要求：

1 TN 系统采用的保护电器应符合下列规定：

1） 可采用过电流动作保护电器；

2） TN-S 系统可使用剩余电流动作保护电器；

3） TN-C-S 系统使用剩余电流动作保护电器时，PEN 导体不得接在其负荷侧，保护导体与 PEN 导体的连接应在剩余电流动作保护器电源侧进行；

4） TN-C 系统中不得使用剩余电流动作保护。

2 TT 系统可采用下列保护电器：

1） 剩余电流动作保护器；

2） 过电流动作保护器，适用于接地极和外露可导电部分的保护导体的电阻的和很小时。

3 IT 系统可采用下列监示器或保护电器：

1） 绝缘监示器；

2） 过电流动作保护电器；

3） 剩余电流动作保护器。

7.7.10 剩余电流动作保护的设置应符合下列规定：

1 下列设备的配电线路应设置剩余电流动作保护：

1） 手持式及移动式用电设备；

2） 室外工作场所的用电设备；

3） 环境特别恶劣或潮湿场所的电气设备；

4） 家用电器回路或插座回路；

5） 由 TT 系统供电的用电设备；

6） 医疗电气设备，急救和手术用电设备的配电线路的剩余电流动作保护宜作用于报警。

2 剩余电流动作保护装置的动作电流应符合下列规定：

1） 在用作直接接触防护的附加保护或间接接触防护时，剩余动作电流不应超过 30mA；

2） 电气布线系统中接地故障电流的额定剩余电流动作值不应超过 500mA。

3 PE 导体严禁穿过剩余电流动作保护器中电流互感器的磁回路。

4 TN 系统配电线路采用剩余电流动作保护时，

可选用下列接线方式之一：

1）可将被保护的外露可导电部分与剩余电流动作保护器电源侧的PE导体相连接，并应符合本规范公式（7.7.6）的要求；

2）当剩余电流动作保护器保护的线路和设备的接地形式按局部TT系统处理时，可将被保护线路及设备的外露可导电部分接至专用的接地极上，并应符合本规范公式（7.7.7）的要求。

5 IT系统中采用剩余电流动作保护器切断第二次异相接地故障时，保护器额定不动作电流应大于第一次接地故障时的相导体内流过的接地故障电流。

6 对于多级装设的剩余电流动作保护器，其时限和剩余电流动作值应有选择性配合。

7 当装设剩余电流动作保护电器时，应能将其所保护的回路所有带电导体断开。

8 剩余电流动作保护器的选择和回路划分，应做到在主要回路所接的负荷正常运行时，其预期可能出现的任何对地泄漏电流均不致引起保护电器的误动作。

9 剩余电流动作保护器形式的选择应符合下列要求：

1）用于电子信息设备、医疗电气设备的剩余电流动作保护器应采用电磁式；

2）用于一般电气设备或家用电器回路的剩余电流动作保护器宜采用电磁式或电子式。

8 配电线路布线系统

8.1 一般规定

8.1.1 本章适用于民用建筑10kV及以下室内、外电缆线路及室内绝缘电线、封闭式母线等配电线路布线系统的选择和敷设。

8.1.2 布线系统的敷设方法应根据建筑物构造、环境特征、使用要求、用电设备分布等条件及所选用导体的类型等因素综合确定。

8.1.3 布线系统的选择和敷设，应避免因环境温度、外部热源、浸水、灰尘聚集及腐蚀性或污染物质等外部影响对布线系统带来的损害，并应防止在敷设和使用过程中因受撞击、振动、电线或电缆自重和建筑物的变形等各种机械应力作用而带来的损害。

8.1.4 金属导管、可挠金属电线保护套管、刚性塑料导管（槽）及金属线槽等布线，应采用绝缘电线和电缆。在同一根导管或线槽内有两个或两个以上回路时，所有绝缘电线和电缆均应具有与最高标称电压回路绝缘相同的绝缘等级。

8.1.5 布线用塑料导管、线槽及附件应采用非火焰蔓延类制品。

8.1.6 敷设在钢筋混凝土现浇楼板内的电线导管的最大外径不宜大于板厚的1/3。

8.1.7 布线系统中的所有金属导管、金属构架的接地要求，应符合本规范第12章的有关规定。

8.1.8 布线用各种电缆、电缆桥架、金属线槽及封闭式母线在穿越防火分区楼板、隔墙时，其空隙应采用相当于建筑构件耐火极限的不燃烧材料填塞密实。

8.2 直敷布线

8.2.1 直敷布线可用于正常环境室内场所和挑檐下的室外场所。

8.2.2 建筑物顶棚内、墙体及顶棚的抹灰层、保温层及装饰面板内，严禁采用直敷布线。

8.2.3 直敷布线应采用护套绝缘电线，其截面不宜大于6mm^2。

8.2.4 直敷布线的护套绝缘电线，应采用线卡沿墙体、顶棚或建筑物构件表面直接敷设。

8.2.5 直敷布线在室内敷设时，电线水平敷设至地面的距离不应小于2.5m，垂直敷设至地面低于1.8m部分应穿导管保护。

8.2.6 护套绝缘电线与接地导体及不发热的管道紧贴交叉时，宜加绝缘导管保护，敷设在易受机械损伤的场所应用钢导管保护。

8.3 金属导管布线

8.3.1 金属导管布线宜用于室内、外场所，不宜用于对金属导管有严重腐蚀的场所。

8.3.2 明敷于潮湿场所或埋地敷设的金属导管，应采用管壁厚度不小于2.0mm的钢导管。明敷或暗敷于干燥场所的金属导管宜采用管壁厚度不小于1.5mm的电线管。

8.3.3 穿导管的绝缘电线（两根除外），其总截面积（包括外护层）不应超过导管内截面积的40%。

8.3.4 穿金属导管的交流线路，应将同一回路的所有相导体和中性导体穿于同一根导管内。

8.3.5 除下列情况外，不同回路的线路不宜穿于同一根金属导管内：

1 标称电压为50V及以下的回路；

2 同一设备或同一联动系统设备的主回路和无电磁兼容要求的控制回路；

3 同一照明灯具的几个回路。

8.3.6 当电线管与热水管、蒸汽管同侧敷设时，宜敷设在热水管、蒸汽管的下面；当有困难时，也可敷设在其上面。相互间的净距宜符合下列规定：

1 当电线管路平行敷设在热水管下面时，净距不宜小于200mm；当电线管路平行敷设在热水管上面时，净距不宜小于300mm；交叉敷设时，净距不宜小于100mm；

2 当电线管路敷设在蒸汽管下面时净距不宜小于500mm；当电线管路敷设在蒸汽管上面时，净距不宜小于1000mm；交叉敷设时，净距不宜小于300mm。

当不能符合上述要求时，应采取隔热措施。当蒸汽管有保温措施时，电线管与蒸汽管间的净距可减至200mm。

电线管与其他管道（不包括可燃气体及易燃、可燃液体管道）的平行净距不应小于100mm；交叉净距不应小于50mm。

8.3.7 当金属导管布线的管路较长或转弯较多时，宜加装拉线盒（箱），也可加大管径。

8.3.8 暗敷于地下的管路不宜穿过设备基础，当穿过建筑物基础时，应加保护管保护；当穿过建筑物变形缝时，应设补偿装置。

8.3.9 绝缘电线不宜穿金属导管在室外直接埋地敷设。必要时，对于次要负荷且线路长度小于15m的，可采用穿金属导管敷设，但应采用壁厚不小于2mm的钢导管并采取可靠的防水、防腐蚀措施。

8.4 可挠金属电线保护套管布线

8.4.1 可挠金属电线保护套管布线宜用于室内、外场所，也可用于建筑物顶棚内。

8.4.2 明敷或暗敷于建筑物顶棚内正常环境的室内场所时，可采用双层金属层的基本型可挠金属电线保护套管。明敷于潮湿场所或暗敷于墙体、混凝土地面、楼板垫层或现浇钢筋混凝土楼板内或直埋地下时，应采用双层金属层外覆聚氯乙烯护套的防水型可挠金属电线保护套管。

8.4.3 对于可挠金属电线保护套管布线，其管内配线应符合本规范第8.3.3～8.3.5条的规定。

8.4.4 对于可挠金属电线保护套管布线，其管路与热水管、蒸汽管或其他管路的敷设要求与平行、交叉距离，应符合本规范第8.3.6条的规定。

8.4.5 当可挠金属电线保护套管布线的线路较长或转弯较多时，应符合本规范第8.3.7条的规定。

8.4.6 对于暗敷于建筑物、构筑物内的可挠金属电线保护套管，其与建筑物、构筑物表面的外护层厚度不应小于15mm。

8.4.7 对可挠金属电线保护套管有可能承受重物压力或明显机械冲击的部位，应采取保护措施。

8.4.8 可挠金属电线保护套管布线，其套管的金属外壳应可靠接地。

8.4.9 暗敷于地下的可挠金属电线保护套管的管路不应穿过设备基础。当穿过建筑物基础时，应加保护管保护；当穿过建筑物变形缝时，应设补偿装置。

8.4.10 可挠金属电线保护套管之间及其与盒、箱或钢导管连接时，应采用专用附件。

8.5 金属线槽布线

8.5.1 金属线槽布线宜用于正常环境的室内场所明敷，有严重腐蚀的场所不宜采用金属线槽。

具有槽盖的封闭式金属线槽，可在建筑顶棚内敷设。

8.5.2 同一配电回路的所有相导体和中性导体，应敷设在同一金属线槽内。

8.5.3 同一路径无电磁兼容要求的配电线路，可敷设于同一金属线槽内。线槽内电线或电缆的总截面（包括外护层）不应超过线槽内截面的20%，载流导体不宜超过30根。

控制和信号线路的电线或电缆的总截面不应超过线槽内截面的50%，电线或电缆根数不限。

有电磁兼容要求的线路与其他线路敷设于同一金属线槽内时，应用金属隔板隔离或采用屏蔽电线、电缆。

注：1 控制、信号等线路可视为非载流导体；
2 三根以上载流电线或电缆在线槽内敷设，当乘以本规范第7章所规定的载流量校正系数时，可不限电线或电缆根数，其在线槽内的总截面不应超过线槽内截面的20%。

8.5.4 电线或电缆在金属线槽内不应有接头。当在线槽内有分支时，其分支接头应设在便于安装、检查的部位。电线、电缆和分支接头的总截面（包括外护层）不应超过该点线槽内截面的75%。

8.5.5 金属线槽布线的线路连接、转角、分支及终端处应采用专用的附件。

8.5.6 金属线槽不宜敷设在腐蚀性气体管道和热力管道的上方及腐蚀性液体管道的下方，当有困难时，应采取防腐、隔热措施。

8.5.7 金属线槽布线与各种管道平行或交叉时，其最小净距应符合表8.5.7的规定。

表8.5.7 金属线槽和电缆桥架与各种管道的最小净距（m）

管道类别		平行净距	交叉净距
一般工艺管道		0.4	0.3
具有腐蚀性气体管道		0.5	0.5
热力管道	有保温层	0.5	0.3
	无保温层	1.0	0.5

8.5.8 金属线槽垂直或大于45°倾斜敷设时，应采取措施防止电线或电缆在线槽内滑动。

8.5.9 金属线槽敷设时，宜在下列部位设置吊架或支架：

1 直线段不大于2m及线槽接头处；

2 线槽首端、终端及进出接线盒0.5m处；

3 线槽转角处。

8.5.10 金属线槽不得在穿过楼板或墙体等处进行连接。

8.5.11 金属线槽及其支架应可靠接地，且全长不应少于2处与接地干线（PE）相连。

8.5.12 金属线槽布线的直线段长度超过30m时，宜设置伸缩节；跨越建筑物变形缝处宜设置补偿装置。

8.6 刚性塑料导管（槽）布线

8.6.1 刚性塑料导管（槽）布线宜用于室内场所和有酸碱腐蚀性介质的场所，在高温和易受机械损伤的场所不宜采用明敷设。

8.6.2 暗敷于墙内或混凝土内的刚性塑料导管，应选用中型及以上管材。

8.6.3 当采用刚性塑料导管布线时，绝缘电线总截面积与导管内截面积的比值，应符合本规范第8.3.3条的规定。

8.6.4 同一路径的无电磁兼容要求的配电线路，可敷设于同一线槽内。线槽内电线或电缆的总截面积及根数应符合本规范第8.5.3条的规定。

8.6.5 不同回路的线路不宜穿于同一根刚性塑料导管内，当符合本规范第8.3.5条第1～3款的规定时，可除外。

8.6.6 电线、电缆在塑料线槽内不得有接头，分支接头应在接线盒内进行。

8.6.7 刚性塑料导管暗敷或埋地敷设时，引出地（楼）面的管路应采取防止机械损伤的措施。

8.6.8 当刚性塑料导管布线的管路较长或转弯较多时，宜加装拉线盒（箱）或加大管径。

8.6.9 沿建筑的表面或在支架上敷设的刚性塑料导管（槽），宜在线路直线段部分每隔30m加装伸缩接头或其他温度补偿装置。

8.6.10 刚性塑料导管（槽）在穿过建筑物变形缝时，应装设补偿装置。

8.6.11 刚性塑料导管（槽）布线，在线路连接、转角、分支及终端处应采用专用附件。

8.7 电力电缆布线

8.7.1 电力电缆布线应符合下列规定：

1 电缆布线的敷设方式应根据工程条件、环境特点、电缆类型和数量等因素，按满足运行可靠、便于维护和技术、经济合理等原则综合确定。

2 电缆路径的选择应符合下列要求：

1）应避免电缆遭受机械性外力、过热、腐蚀等危害；

2）应便于敷设、维护；

3）应避开场地规划中的施工用地或建设用地；

4）应在满足安全条件下，使电缆路径最短。

3 电缆在室内、电缆沟、电缆隧道和电气竖井内明敷时，不应采用易延燃的外护层。

4 电缆不宜在有热力管道的隧道或沟道内敷设。

5 电缆敷设时，任何弯曲部位都应满足允许弯曲半径的要求。电缆的最小允许弯曲半径，不应小于表8.7.1的规定。

表8.7.1 电缆最小允许弯曲半径

电缆种类	最小允许弯曲半径
无铅包和钢铠护套的橡皮绝缘电力电缆	$10d$
有钢铠护套的橡皮绝缘电力电缆	$20d$
聚氯乙烯绝缘电力电缆	$10d$
交联聚乙烯绝缘电力电缆	$15d$
控制电缆	$10d$

注：d为电缆外径

6 电缆支架采用钢制材料时，应采取热镀锌防腐。

7 每根电力电缆宜在进户处、接头、电缆终端头等处留有一定余量。

8.7.2 电缆埋地敷设应符合下列规定：

1 当沿同一路径敷设的室外电缆小于或等于8根且场地有条件时，宜采用电缆直接埋地敷设。在城镇较易翻修的人行道下或道路边，也可采用电缆直埋敷设。

2 埋地敷设的电缆宜采用有外护层的铠装电缆。在无机械损伤可能的场所，也可采用无铠装塑料护套电缆。在流砂层、回填土地带等可能发生位移的土壤中，应采用钢丝铠装电缆。

3 在有化学腐蚀或杂散电流腐蚀的土壤中，不得采用直接埋地敷设电缆。

4 电缆在室外直接埋地敷设时，电缆外皮至地面的深度不应小于0.7m，并应在电缆上下分别均匀铺设100mm厚的细砂或软土，并覆盖混凝土保护板或类似的保护层。

在寒冷地区，电缆宜埋设于冻土层以下。当无法深埋时，应采取措施，防止电缆受到损伤。

5 电缆通过有振动和承受压力的下列各地段应穿导管保护，保护管的内径不应小于电缆外径的1.5倍：

1）电缆引入和引出建筑物和构筑物的基础、楼板和穿过墙体等处；

2）电缆通过道路和可能受到机械损伤等地段；

3）电缆引出地面2m至地下0.2m处的一段和人容易接触使电缆可能受到机械损伤的地方。

6 埋地敷设的电缆严禁平行敷设于地下管道的正上方或下方。电缆与电缆及各种设施平行或交叉的净距离，不应小于表8.7.2的规定。

表 8.7.2 电缆与电缆或其他设施相互间容许最小净距（m）

项　　目	敷设条件	
	平 行	交 叉
建筑物、构筑物基础	0.5	—
电杆	0.6	—
乔木	1.0	—
灌木丛	0.5	—
10kV 及以下电力电缆之间，以及与控制电缆之间	0.1	0.5(0.25)
不同部门使用的电缆	0.5(0.1)	0.5(0.25)
热力管沟	2.0(1.0)	0.5(0.25)
上、下水管道	0.5	0.5(0.25)
油管及可燃气体管道	1.0	0.5(0.25)
公路	1.5(与路边)	(1.0)(与路面)
排水明沟	1.0(与沟边)	(0.5)(与沟底)

注：1 表中所列净距，应自各种设施（包括防护外层）的外缘算起；
2 路灯电缆与道路灌木丛平行距离不限；
3 表中括号内数字是指局部地段电缆穿导管、加隔板保护或加隔热层保护后允许的最小净距。

7 电缆与建筑物平行敷设时，电缆应埋设在建筑物的散水坡外。电缆进出建筑物时，所穿保护管应超出建筑物散水坡 200mm，且应对管口实施阻水堵塞。

8.7.3 电缆在电缆沟或隧道内敷设应符合下列规定：

1 在电缆与地下管网交叉不多、地下水位较低或道路开挖不便且电缆需分期敷设的地段，当同一路径的电缆根数小于或等于 18 根时，宜采用电缆沟布线。当电缆多于 18 根时，宜采用电缆隧道布线。

2 电缆在电缆沟和电缆隧道内敷设时，其支架层间垂直距离和通道净宽不应小于表 8.7.3-1 和表 8.7.3-2 的规定。

表 8.7.3-1 电缆支架层间垂直距离的允许最小值（mm）

电缆电压级和类型，敷设特征		普通支架、吊架	桥 架
控制电缆明敷		120	200
电力电缆明敷	10kV 及以下，但 6～10kV 交联聚乙烯电缆除外	150～200	250
	6～10kV 交联聚乙烯	200～250	300
电缆敷设在槽盒中		$h+80$	$h+100$

注：h 表示槽盒外壳高度

表 8.7.3-2 电缆沟、隧道中通道净宽允许最小值（mm）

电缆支架配置及其通道特征	电缆沟沟深			电缆隧道
	<600	600～1000	>1000	
两侧支架间净通道	300	500	700	1000
单列支架与壁间通道	300	450	600	900

3 电缆水平敷设时，最上层支架距电缆沟顶板或梁底的净距，应满足电缆引接至上侧柜盘时的允许弯曲半径要求。

4 电缆在电缆沟或电缆隧道内敷设时，支架间或固定点间的距离不应大于表 8.7.3-3 的规定。

表 8.7.3-3 电缆支架间或固定点间的最大距离（mm）

电缆特征	敷设方式	
	水平	垂直
未含金属套、铠装的全塑小截面电缆	400*	1000
除上述情况外的 10kV 及以下电缆	800	1500
控制电缆	800	1000

注：*能维持电缆平直时，该值可增加 1 倍。

5 电缆支架的长度，在电缆沟内不宜大于 0.35m；在隧道内不宜大于 0.50m。在盐雾地区或化学气体腐蚀地区，电缆支架应涂防腐漆、热镀锌或采用耐腐蚀刚性材料制作。

6 电缆沟和电缆隧道应采取防水措施，其底部应做不小于 0.5% 的坡度坡向集水坑（井）。积水可经逆止阀直接接入排水管道或经集水坑（井）用泵排出。

7 在多层支架上敷设电力电缆时，电力电缆宜放在控制电缆的上层。1kV 及以下的电力电缆和控制电缆可并列敷设。

当两侧均有支架时，1kV 及以下的电力电缆和控制电缆宜与 1kV 以上的电力电缆分别敷设在不同侧支架上。

8 电缆沟在进入建筑物处应设防火墙。电缆隧道进入建筑物及配变电所处，应设带门的防火墙，此门应为甲级防火门并应装锁。

9 隧道内采用电缆桥架、托盘敷设时，应符合本规范第 8.10 节的有关规定。

10 电缆沟盖板应满足可能承受荷载和适合环境且经久耐用的要求，可采用钢筋混凝土盖板或钢盖板，可开启的地沟盖板的单块重量不宜超过 50kg。

11 电缆隧道的净高不宜低于 1.9m，局部或与管道交叉处净高不宜小于 1.4m。隧道内应有通风设施，宜采取自然通风。

12 电缆隧道应每隔不大于 75m 的距离设安全孔（人孔）；安全孔距隧道的首、末端不宜超过 5m。

安全孔的直径不得小于0.7m。

13 电缆隧道内应设照明，其电压不宜超过36V，当照明电压超过36V时，应采取安全措施。

14 与电缆隧道无关的其他管线不宜穿过电缆隧道。

8.7.4 电缆在排管内敷设应符合下列规定：

1 电缆排管内敷设方式宜用于电缆根数不超过12根，不宜采用直埋或电缆沟敷设的地段。

2 电缆排管可采用混凝土管、混凝土管块、玻璃钢电缆保护管及聚氯乙烯管等。

3 敷设在排管内的电缆宜采用塑料护套电缆。

4 电缆排管管孔数量应根据实际需要确定，并应根据发展预留备用管孔。备用管孔不宜小于实际需要管孔数的10%。

5 当地面上均匀荷载超过100kN/m^2时，必须采取加固措施，防止排管受到机械损伤。

6 排管孔的内径不应小于电缆外径的1.5倍，且电力电缆的管孔内径不应小于90mm，控制电缆的管孔内径不应小于75mm。

7 电缆排管敷设时应符合下列要求：

1）排管安装时，应有倾向人（手）孔井侧不小于0.5%的排水坡度，必要时可采用人字坡，并在人（手）孔井内设集水坑；

2）排管顶部距地面不宜小于0.7m，位于人行道下面的排管距地面不应小于0.5m；

3）排管沟底部应垫平夯实，并应铺设不少于80mm厚的混凝土垫层。

8 当在线路转角、分支或变更敷设方式时，应设电缆人（手）孔井，在直线段上应设置一定数量的电缆人（手）孔井，人（手）孔井间的距离不宜大于100m。

9 电缆人孔井的净空高度不应小于1.8m，其上部人孔的直径不应小于0.7m。

8.7.5 电缆在室内敷设应符合下列规定：

1 室内电缆敷设应包括电缆在室内沿墙及建筑构件明敷设、电缆穿金属导管埋地暗敷设。

2 无铠装的电缆在室内明敷时，水平敷设至地面的距离不宜小于2.5m；垂直敷设至地面的距离不宜小于1.8m。除明敷在电气专用房间外，当不能满足上述要求时，应有防止机械损伤的措施。

3 相同电压的电缆并列明敷时，电缆的净距不应小于35mm，且不应小于电缆外径。

1kV及以下电力电缆及控制电缆与1kV以上电力电缆宜分开敷设。当并列明敷设时，其净距不应小于150mm。

4 电缆明敷设时，电缆支架间或固定点间的距离应符合本规范表8.7.3-3的规定。

5 电缆明敷设时，电缆与热力管道的净距不宜小于1m。当不能满足上述要求时，应采取隔热措施。电缆与非热力管道的净距不宜小于0.5m，当其净距小于0.5m时，应在与管道接近的电缆段上以及由接近段两端向外延伸不小于0.5m以内的电缆段上，采取防止电缆受机械损伤的措施。

6 在有腐蚀性介质的房屋内明敷的电缆，宜采用塑料护套电缆。

7 电缆水平悬挂在钢索上时固定点的间距，电力电缆不应大于0.75m，控制电缆不应大于0.6m。

8 电缆在室内埋地穿导管敷设或电缆通过墙、楼板穿导管时，穿导管的管内径不应小于电缆外径的1.5倍。

8.8 预制分支电缆布线

8.8.1 预制分支电缆布线宜用于高层、多层及大型公共建筑物室内低压树干式配电系统。

8.8.2 预制分支电缆应根据使用场所的环境特征及功能要求，选用具有聚氯乙烯绝缘聚氯乙烯护套、交联聚乙烯绝缘聚氯乙烯护套或聚烯烃护套的普通、阻燃或耐火型的单芯或多芯预制分支电缆。

在敷设环境和安装条件允许时，宜选用单芯预制分支电缆。

8.8.3 预制分支电缆布线，宜在室内及电气竖井内沿建筑物表面以支架或电缆桥架（梯架）等构件明敷设。预制分支电缆垂直敷设时，应根据主干电缆最大直径预留穿越楼板的洞口，同时尚应在主干电缆最顶端的楼板上预留吊钩。

8.8.4 预制分支电缆布线，除符合本节规定外，尚应根据预制分支电缆布线所采取的不同敷设方法，分别符合本规范第8.7.1～8.7.5条中相应敷设方法的相关规定。

8.8.5 当预制分支电缆的主电缆采用单芯电缆用在交流电路时，电缆的固定用夹具应选用专用附件。严禁使用封闭导磁金属夹具。

8.8.6 预制分支电缆布线，应防止在电缆敷设和使用过程中，因电缆自重和敷设过程中的附加外力等机械应力作用而带来的损害。

8.9 矿物绝缘（MI）电缆布线

8.9.1 矿物绝缘（MI）电缆布线宜用于民用建筑中高温或有耐火要求的场所。

8.9.2 矿物绝缘电缆应根据使用要求和敷设条件，选择电缆沿电缆桥架敷设、电缆在电缆沟或隧道内敷设、电缆沿支架敷设或电缆穿导管敷设等方式。

8.9.3 下列情况应采用带塑料护套的矿物绝缘电缆：

1 电缆明敷在有美观要求的场所；

2 穿金属导管敷设的多芯电缆；

3 对铜有强腐蚀作用的化学环境；

4 电缆最高温度超过70℃但低于90℃，同其他塑料护套电缆敷设在同一桥架、电缆沟、电缆隧道时，或人可能触及的场所。

8.9.4 矿物绝缘电缆应根据电缆敷设环境，确定电缆最高使用温度，合理选择相应的电缆载流量，确定电缆规格。

8.9.5 应根据线路实际长度及电缆交货长度，合理确定矿物绝缘电缆规格，宜避免中间接头。

8.9.6 电缆敷设时，电缆的最小允许弯曲半径不应小于表8.9.6的规定。

表8.9.6 矿物绝缘（MI）电缆最小允许弯曲半径

电缆外径 d（mm）	$d<7$	$7\leqslant d<12$	$12\leqslant d<15$	$d\geqslant 15$
电缆内侧最小允许弯曲半径 R	$2d$	$3d$	$4d$	$6d$

8.9.7 电缆在下列场所敷设时，应将电缆敷设成"S"或"Ω"形弯，其弯曲半径不应小于电缆外径的6倍：

1 在温度变化大的场所；

2 有振动源场所的布线；

3 建筑物变形缝。

8.9.8 除支架敷设在支架处固定外，电缆敷设时，其固定点之间的距离不应大于表8.9.8的规定。

表8.9.8 矿物绝缘（MI）电缆固定点或支架间的最大距离

电缆外径 d（mm）		$d<9$	$9\leqslant d<15$	$15\leqslant d\leqslant 20$	$d>20$
固定点间的最大距离（mm）	水平	600	900	1500	2000
	垂直	800	1200	2000	2500

8.9.9 单芯矿物绝缘电缆在进出配柜（箱）处及支承电缆的桥架、支架及固定卡具，均应采取分隔磁路的措施。

8.9.10 多根单芯电缆敷设时，应选择减少涡流影响的排列方式。

8.9.11 电缆在穿过墙、楼板时，应防止电缆遭受机械损伤，单芯电缆的钢质保护导管、槽，应采取分隔磁路措施。

8.9.12 电缆敷设时，其终端、中间联结器（接头）、敷设配件应选用配套产品。

8.9.13 矿物绝缘电缆的铜外套及金属配件应可靠接地。

8.10 电缆桥架布线

8.10.1 电缆桥架布线适用于电缆数量较多或较集中的场所。

8.10.2 在有腐蚀或特别潮湿的场所采用电缆桥架布线时，应根据腐蚀介质的不同采取相应的防护措施，并宜选用塑料护套电缆。

8.10.3 电缆桥架水平敷设时的距地高度不宜低于2.5m，垂直敷设时距地高度不宜低于1.8m。除敷设在电气专用房间内外，当不能满足要求时，应加金属盖板保护。

8.10.4 电缆桥架水平敷设时，宜按荷载曲线选取最佳跨距进行支撑，跨距宜为1.5～3m。垂直敷设时，其固定点间距不宜大于2m。

8.10.5 电缆桥架多层敷设时，其层间距离应符合下列规定：

1 电力电缆桥架间不应小于0.3m；

2 电信电缆与电力电缆桥架间不宜小于0.5m，当有屏蔽盖板时可减少到0.3m；

3 控制电缆桥架间不应小于0.2m；

4 桥架上部距顶棚、楼板或梁等障碍物不宜小于0.3m。

8.10.6 当两组或两组以上电缆桥架在同一高度平行或上下平行敷设时，各相邻电缆桥架间应预留维护、检修距离。

8.10.7 在电缆托盘上可无间距敷设电缆。电缆总截面积与托盘内横断面积的比值，电力电缆不应大于40%；控制电缆不应大于50%。

8.10.8 下列不同电压、不同用途的电缆，不宜敷设在同一层桥架上：

1 1kV以上和1kV以下的电缆；

2 向同一负荷供电的两回路电源电缆；

3 应急照明和其他照明的电缆；

4 电力和电信电缆。

当受条件限制需安装在同一层桥架上时，应用隔板隔开。

8.10.9 电缆桥架不宜敷设在腐蚀性气体管道和热力管道的上方及腐蚀性液体管道的下方。当不能满足上述要求时，应采取防腐、隔热措施。

8.10.10 电缆桥架与各种管道平行或交叉时，其最小净距应符合本规范表8.5.7的规定。

8.10.11 电缆桥架转弯处的弯曲半径，不应小于桥架内电缆最小允许弯曲半径的最大值。各种电缆最小允许弯曲半径不应小于本规范表8.7.1的规定。

8.10.12 电缆桥架不得在穿过楼板或墙壁处进行连接。

8.10.13 钢制电缆桥架直线段长度超过30m、铝合金或玻璃钢制电缆桥架长度超过15m时，宜设置伸缩节。电缆桥架跨越建筑物变形缝处，应设置补偿装置。

8.10.14 金属电缆桥架及其支架和引入或引出电缆的金属导管应可靠接地，全长不应少于2处与接地保护导体（PE）相连。

8.11 封闭式母线布线

8.11.1 封闭式母线布线适用于干燥和无腐蚀性气体的室内场所。

8.11.2 封闭式母线水平敷设时，底边至地面的距离不应小于2.2m。除敷设在电气专用房间内外，垂直敷设时，距地面1.8m以下部分应采取防止机械损伤措施。

8.11.3 封闭式母线不宜敷设在腐蚀气体管道和热力管道的上方及腐蚀性液体管道下方。当不能满足上述要求时，应采取防腐、隔热措施。

8.11.4 封闭式母线布线与各种管道平行或交叉时，其最小净距应符合本规范表8.5.7的规定。

8.11.5 封闭式母线水平敷设的支持点间距不宜大于2m。垂直敷设时，应在通过楼板处采用专用附件支撑并以支架沿墙支持，支持点间距不宜大于2m。

当进线盒及末端悬空时，垂直敷设的封闭式母线应采用支架固定。

8.11.6 封闭式母线终端无引出线时，端头应封闭。

8.11.7 当封闭式母线直线敷设长度超过80m时，每50～60m宜设置膨胀节。

8.11.8 封闭式母线的插接分支点，应设在安全及安装维护方便的地方。

8.11.9 封闭式母线的连接不应在穿过楼板或墙壁处进行。

8.11.10 多根封闭式母线并列水平或垂直敷设时，各相邻封闭母线间应预留维护、检修距离。

8.11.11 封闭式母线外壳及支架应可靠接地，全长不应少于2处与接地保护导体（PE）相连。

8.11.12 封闭式母线随线路长度的增加和负荷的减少而需要变截面时，应采用变容量接头。

8.12 电气竖井内布线

8.12.1 电气竖井内布线适用于多层和高层建筑内强电及弱电垂直干线的敷设。可采用金属导管、金属线槽、电缆、电缆桥架及封闭式母线等布线方式。

8.12.2 竖井的位置和数量应根据建筑物规模、用电负荷性质、各支线供电半径及建筑物的变形缝位置和防火分区等因素确定，并应符合下列要求：

1 宜靠近用电负荷中心；

2 不应和电梯井、管道井共用同一竖井；

3 邻近不应有烟道、热力管道及其他散热量大或潮湿的设施；

4 在条件允许时宜避免与电梯井及楼梯间相邻。

8.12.3 电缆在竖井内敷设时，不应采用易延燃的外护层。

8.12.4 竖井的井壁应是耐火极限不低于1h的非燃烧体。竖井在每层楼应设维护检修门并应开向公共走廊，其耐火等级不应低于丙级。楼层间钢筋混凝土楼板或钢结构楼板应做防火密封隔离，线缆穿过楼板应进行防火封堵。

8.12.5 竖井大小除应满足布线间隔及端子箱、配电箱布置所必需尺寸外，宜在箱体前留有不小于0.8m的操作、维护距离，当建筑平面受限制时，可利用公共走道满足操作、维护距离的要求。

8.12.6 竖井内垂直布线时，应考虑下列因素：

1 顶部最大变位和层间变位对干线的影响；

2 电线、电缆及金属保护导管、罩等自重所带来的荷重影响及其固定方式；

3 垂直干线与分支干线的连接方法。

8.12.7 竖井内高压、低压和应急电源的电气线路之间应保持不小于0.3m的距离或采取隔离措施，并且高压线路应设有明显标志。

8.12.8 电力和电信线路，宜分别设置竖井。当受条件限制必须合用时，电力与电信线路应分别布置在竖井两侧或采取隔离措施。

8.12.9 竖井内应设电气照明及单相三孔电源插座。

8.12.10 竖井内应敷有接地干线和接地端子。

8.12.11 竖井内不应有与其无关的管道等通过。

8.12.12 竖井内各类布线应分别符合本章各节的有关规定。

9 常用设备电气装置

9.1 一般规定

9.1.1 本章适用于民用建筑中1000V及以下常用设备电气装置的配电设计。

9.1.2 常用设备电气装置的配电设计应采用效率高、能耗低、性能先进的电气产品。

9.2 电动机

9.2.1 本节适用于额定功率0.55kW及以上、额定电压不超过1000V的一般用途电动机。

9.2.2 电动机的启动应符合下列规定：

1 电动机启动时，其端子电压应保证机械要求的启动转矩，且在配电系统中引起的电压波动不应妨碍其他用电设备的工作。

交流电动机启动时，其配电母线上的电压应符合下列规定：

1）电动机频繁启动时，不宜低于额定电压的90％；电动机不频繁启动时，不宜低于额定电压的85％；

2）当电动机不与照明或其他对电压波动敏感的负荷合用变压器，且不频繁启动时，不应低于额定电压的80％；

3）当电动机由单独的变压器供电时，其允许值应按机械要求的启动转矩确定。

对于低压电动机，除满足上述规定外，还应保证接触器线圈的电压不低于释放电压。

2 当符合下列条件时，笼型电动机应全压启动：

1）机械能承受电动机全压启动时的冲击

转矩；

2）电动机启动时，配电母线的电压应符合本条第1款的规定；

3）电动机启动时，不应影响其他负荷的正常运行。

3 当不符合全压启动条件时，笼型电动机应降压启动。

4 当机械有调速要求时，笼型电动机的启动方式应与调速方式相配合。

5 绕线转子电动机启动方式的选择应符合下列要求：

1）启动电流的平均值不应超过额定电流的2倍；

2）启动转矩应满足机械的要求；

3）当机械有调速要求时，电动机的启动方式应与调速方式相配合。

绕线转子电动机宜采用在转子回路中接入频敏变阻器的方式启动。对在低速运行和启动力矩大的传动装置，其电动机不宜采用频敏变阻器启动，宜采用电阻器启动。

6 直流电动机宜采用调节电源电压或电阻器降压启动，并应符合下列要求：

1）启动电流不应超过电动机的最大允许电流；

2）启动转矩和调速特性应满足机械的要求。

9.2.3 低压电动机的保护应符合下列规定：

1 交流电动机应装设相间短路保护和接地故障保护，并应根据具体情况分别装设过负荷、断相或低电压保护。

2 交流电动机的相间短路保护应按下列规定装设：

1）每台电动机宜单独装设相间短路保护，符合下列条件之一时，数台电动机可共用一套相间短路保护电器：

——总计算电流不超过20A，且允许无选择地切断不重要负荷时；

——根据工艺要求，必须同时启停的一组电动机，不同时切断将危及人身设备安全时。

2）短路保护电器宜采用熔断器或低压断路器的瞬动过电流脱扣器，必要时可采用带瞬动元件的过电流继电器。保护器件的装设应符合下列要求：

——短路保护兼作接地故障保护时，应在每个相导体上装设；

——仅作相间短路保护时，熔断器应在每个相导体上装设，过电流脱扣器或继电器应至少在两相上装设；

——当只在两相上装设时，在有直接电气联系的同一网络中，保护器件应装设在相同的两相上。

3 当电动机正常运行、正常启动或自启动时，短路保护器件不应误动作，并应符合下列要求：

1）应正确选择保护电器的使用类别，熔断器、低压断路器和过电流继电器，宜选用保护电动机型；

2）熔断体的额定电流应根据其安秒特性曲线计及偏差后略高于电动机启动电流和启动时间的交点来选取，并不得小于电动机的额定电流；当电动机频繁启动和制动时，熔断体的额定电流应再加大1～2级；

3）瞬动过电流脱扣器或过电流继电器瞬动元件的整定电流，应取电动机启动电流的2～2.5倍。

4 交流电动机的接地故障保护应按下列规定装设：

1）间接接触保护采用自动断电法时，每台电动机宜单独装设接地故障保护；当数台电动机共用一套短路保护电器时，数台电动机可共用一套接地故障保护器件；

2）当电动机的短路保护器件满足接地故障保护要求时，应采用短路保护兼作接地故障保护。

5 交流电动机的过负荷保护应按下列规定装设：

1）对于运行中容易过负荷的和连续运行的电动机以及启动或自启动条件严酷而要求限制启动时间的电动机，应装设过负荷保护。过负荷保护宜动作于断开电源。

2）对于短时工作或断续周期工作的电动机，可不装设过负荷保护；当运行中可能堵转时，应装设堵转保护，其时限应保证电动机启动时不动作。

3）对于突然断电将导致比过负荷损失更大的电动机，不宜装设过负荷保护；当装设过负荷保护时，可使过负荷保护作用于报警信号。

4）过负荷保护器件宜采用热继电器或过负荷继电器，热继电器宜采用电子式的；对容量较大的电动机，可采用反时限的过电流继电器，有条件时，也可采用温度保护装置。

5）过负荷保护器件的动作特性应与电动机的过负荷特性相配合；当电动机正常运行、正常启动或自启动时，保护器件不应误动作，并应符合下列要求：

——热继电器或过负荷继电器的整定电流，应接近并不小于电动机的额定电流；

——过负荷电流继电器的整定值应按下式确定：

$$I_{zd} = K_k K_{jx} I_{ed} / K_h n \quad (9.2.3)$$

式中 I_{zd}——过电流继电器的整定电流（A）；

K_k——可靠系数，动作于断电时取1.2，作用于信号时取1.05；

K_{jx}——接线系数，接于相电流时取1.0，接于相电流差时取1.73；

I_{ed}——电动机的额定电流（A）；

K_h——继电器的返回系数，取0.85；

n——电流互感器变比。

必要时，可在启动过程的一定时限内短接或切除过负荷保护器件。

6）过负荷保护器件应根据机械的特点选择合适的类型，标准的过负荷保护器件通电时的动作电流应符合表9.2.3的规定。

表9.2.3 过负荷保护器件通电时的动作电流

类别	$1.05I_e$时的脱扣时间	$1.2I_e$时的脱扣时间	$1.5I_e$时的脱扣时间	$7.2I_e$时的脱扣时间
10A	>2h	<2h	<2min	2～10s
10	>2h	<2h	<4min	4～10s
20	>2h	<2h	<8min	6～20s
30	>2h	<2h	<12min	9～30s

注：电磁式、热式无空气温度补偿（+40℃）为$1.0I_e$；热式有空气温度补偿（+20℃）为$1.05I_e$。

当电动机启动时间超过30s时，应向厂家订购与电动机过负荷特性相配合的非标准过负荷保护器件，或采用本款第5项的措施。

7）保护电器的动作特性应与机械的运行特性相配合，轻载负荷应选用10A或10类过负荷保护电器，中载负荷宜选用20类过负荷保护电器，重载负荷宜选用30类过负荷保护电器。

6 交流电动机的断相保护应按下列规定装设：

1）当连续运行的三相电动机采用熔断器保护时，应装设断相保护；当采用低压断路器保护时，宜装设断相保护；

2）对于短时工作或断续周期工作的电动机或额定功率不超过3kW的电动机，可不装设断相保护；

3）断相保护器件宜采用带断相保护的热继电器，也可采用温度保护或专用的断相保护装置。

7 交流电动机的低电压保护应按下列规定装设：

1）对于按工艺或安全条件不允许自启动的电动机，应装设低电压保护；当电源电压短时降低或中断时，应断开足够数量的电动机，并应符合下列规定：

——次要电动机宜装设瞬时动作的低电压保护；

——不允许或不需要自启动的重要电动机应装设短延时的低电压保护，其时限宜为0.5～1.5s。

2）对于需要自启动的重要电动机，不宜装设低电压保护；当按工艺要求或安全条件在长时间停电后不允许自启动时，应装设长延时的低电压保护，其时限宜为9～20s。

3）低电压保护器件宜采用低压断路器的欠电压脱扣器或接触器的电磁线圈，当采用接触器的电磁线圈作低电压保护时，其控制回路宜由电动机主回路供电；当由其他电源供电且主回路失压时，应自动断开控制电源。

4）对于不装设低电压保护或装设延时低电压保护的重要电动机，当电源电压中断后在规定的时限内恢复时，其接触器应维持吸合状态或能重新吸合。

8 直流电动机应装设短路保护，并应根据需要装设过负荷保护、堵转保护；他励、并励、复励电动机宜装设弱磁或失磁保护；串励电动机和机械有超速危险的直流电动机应装设超速保护。

9.2.4 低压交流电动机的主回路设计应符合下列规定：

1 低压交流电动机的主回路应由隔离电器、短路保护电器、控制电器、过负荷保护电器、附加保护器件和导线等组成。

2 隔离电器的装设应符合下列要求：

1）每台电动机主回路上宜装设隔离电器，当符合下列条件之一时，数台电动机可共用一套隔离电器：

——共用一套短路保护电器的一组电动机；

——由同一配电箱（屏）供电，且允许无选择性地断开的一组电动机。

2）隔离电器应把电动机及其控制电器与带电体有效地隔离；

3）隔离电器宜装设在控制电器附近或其他便于操作和维修的地点；无载开断的隔离电器应能防止被无意识的开断。

3 隔离电器应采用符合本规范第7.5.1条第3款所规定的器件。

4 短路保护电器应与其负荷侧的控制电器和过负荷保护电器相配合，并应符合下列要求：

1）非重要的电动机负荷宜采用1类配合①，

重要的电动机负荷应采用2类配合②；

注：① 1类配合：在短路情况下，接触器、热继电器可损坏，但不应危及操作人员的安全和不应损坏其他器件；

② 2类配合：在短路情况下，接触器、启动器的触点可熔化，且应能继续使用，但不应危及操作人员的安全和不应损坏其他器件。

2）电动机主回路各保护器件在短路条件下的性能、过负荷继电器与短路保护电器之间选择性配合应满足现行国家标准《低压开关设备和控制设备》GB/T 14048.11的规定；

3）接触器或启动器的限制短路电流不应小于安装处的预期短路电流；短路保护电器宜采用接触器或启动器产品标准中规定的形式和规格。

5 短路保护电器的性能应符合下列要求：

1）保护特性应符合本规范第9.2.3条第2款的规定；兼作接地故障保护时，还应符合本规范第7章的规定；

2）短路保护电器应满足短路分断能力的要求。

6 控制电器及过负荷保护电器的装设应符合下列要求：

1）每台电动机宜分别装设控制电器，当工艺要求或使用条件许可时，一组电动机可共用一套控制电器；

2）控制电器宜采用接触器、启动器或其他电动机专用控制开关；启动次数较少的电动机，可采用低压断路器兼作控制电器；当符合保护和控制要求时，3kW及以下电动机可采用封闭式负荷开关；小容量的电动机，可采用组合式保护电器；

3）控制电器应能接通和分断电动机的堵转电流，其使用类别和操作频率应符合电动机的类型和机械的工作制；

4）控制电器宜装设在电动机附近或其他便于操作和维修的地点；过负荷保护电器宜靠近控制电器或为其组成部分。

7 电线或电缆的选择应符合下列要求：

1）电动机主回路电线或电缆的载流量不应小于电动机的额定电流；当电动机为短时或断续工作时，应使其在短时负载下或断续负载下的载流量不小于电动机的短时工作电流或标称负载持续率下的额定电流；

2）电动机主回路的电线或电缆应按机械强度和电压损失进行校验；对于必须确保可靠的线路，尚应校验在短路条件下的热稳定；

3）绕线转子电动机转子回路电线或电缆的载流量应符合下列要求：

——启动后电刷不短接时，不应小于转子额定电流；当电动机为断续工作时，应采用在断续负载下的载流量；

——启动后电刷短接，当机械的启动静阻转矩不超过电动机额定转矩的35%时，不宜小于转子额定电流的35%；当机械的启动静阻转矩为电动机额定转矩的35%～65%时，不宜小于转子额定电流的50%；当机械的启动静阻转矩超过电动机额定转矩的65%时，不宜小于转子额定电流的65%；当电线或电缆的截面小于16mm²时，宜选大一级。

9.2.5 低压交流电动机的控制回路设计应符合下列规定：

1 电动机的控制回路宜装设隔离电器和短路保护电器。当由电动机主回路供电且符合下列条件之一时，可不另装设：

1）主回路短路保护电器的额定电流不超过20A时；

2）控制回路接线简单、线路很短且有可靠的机械防护时；

3）控制回路断电会造成严重后果时。

2 控制回路的电源和接线应安全、可靠，简单适用，并应符合下列要求：

1）TN和TT系统中的控制回路发生接地故障时，控制回路的接线方式应能防止电动机意外启动和不能停车；必要时，可在控制回路中装设隔离变压器；

2）对可靠性要求高的复杂控制回路，可采用直流电源；直流控制回路宜采用不接地系统，并应装设绝缘监视；

3）额定电压不超过交流50V或直流120V的控制回路的接线和布线，应能防止引入较高的电位。

3 电动机控制按钮或控制开关，宜装设在电动机附近便于操作和观察的地点。在控制点不能观察到电动机或所拖动的机械时，应在控制点装设指示电动机工作状态的信号和仪表。

4 自动控制、连锁或远方控制的电动机，宜有就地控制和解除远方控制的措施，当突然启动可能危及周围人员时，应在机旁装设启动预告信号和应急断电开关或自锁式按钮。

对于自动控制或连锁控制的电动机，还应有手动控制和解除自动控制或连锁控制的措施。

5 对操作频繁的可逆运转电动机，正转接触器和反转接触器之间除应有电气连锁外，还应有机械连锁。

9.2.6 电动机的其他保护电器或启动装置的选择应符合下列规定：

1 电动机主回路宜采用组合式保护电器，其选择应符合下列要求：

1）控制与保护开关电器（CPS）宜用于频繁操作及不频繁操作的电动机回路。其他类型的组合式保护电器宜用于小容量的电动机回路；

2）组合式保护电器除应按其功能选择外，尚应符合本节对保护电器的相关要求。

2 民用建筑中，大功率的水泵、风机宜采用软启动装置，软启动装置可按下列要求设置：

1）电动机由软启动装置启动后，宜将软启动装置短接，并由旁路接触器接通电动机主回路；

2）每台电动机宜分别装设软启动装置，当符合下列条件之一时，数台电动机可共用一套软启动装置：

——共用一套短路保护电器和控制电器的电动机组；

——对具有"使用/备用"的电动机组，软启动装置仅用于启动电动机时。

3）选用软启动装置时，对电磁兼容的要求，应符合现行国家相关电磁兼容标准的规定。

3 电动机主回路中可采用电动机综合保护器。电动机综合保护器应具有过负荷保护、断相保护、缺相保护、温度保护、三相不平衡保护等功能。

9.2.7 低压交流电动机应符合下列节能要求：

1 电动机宜采用高效能电动机，其能效宜符合现行国家标准《中小型三相异步电动机能效限定值及节能评价值》GB 18613 节能评价值的规定。

2 当机械工作在不同工况时，在满足工艺要求的情况下，电动机宜采用调速装置，并符合下列规定：

1）当笼型电动机只有2～3个工况时，宜采用变极对数调速；当工况多于3个时，宜采用变频调速；

2）绕线转子电动机的调速应符合本规范第9.2.2条的规定；

3）调速装置应符合国家电磁兼容相关标准的规定。

3 当控制电器能满足控制要求时，长时间通电的控制电器宜采用节电型产品。

9.3 传输系统

9.3.1 传输系统的电气设计应符合下列规定：

1 传输系统宜采用电气连锁，连锁线应满足使用和安全的要求，并应可靠、简单。

2 传输系统启动和停止的程序应按工艺要求确定。运行中任何一台连锁机械故障停车时，应使传来方向的连锁机械立即停车。

3 传输系统电动机启动时，启动电压应符合本规范第9.2.2条的规定，当多台同时启动而电压不能满足要求时，应错开启动。

9.3.2 传输系统的控制，应符合下列规定：

1 传输系统连锁控制方式的选择应符合下列要求：

1）当连锁机械少、独立性强时，宜在机旁分散控制；

2）当连锁机械较少或连锁机械虽多但功能上允许分段控制时，宜按系统或按流程分段就地集中控制；

3）当连锁机械多、传输系统复杂时，宜在控制室内集中控制；

4）重要的工程宜采用可编程序控制器（PLC）或计算机自动控制系统。

2 传输系统控制箱（屏、台）面板上的电气元件，应按控制顺序布置，其位置、颜色要求应符合现行国家标准《电工成套装置中的指示灯颜色和按钮的颜色》GB/T 2682 的要求。

3 一般控制系统宜设置显示机组工作状态的光信号；较复杂的控制系统，宜设置模拟图；复杂的控制系统宜设置电子显示器。

4 传输系统应装设联系信号，并应满足下列安全要求：

1）应沿线设置启动预告信号；

2）在值班控制室（点）应设置允许启动信号、运行信号、事故信号；

3）在控制箱（屏、台）面上应设置事故断电开关或自锁式按钮；

4）传输系统的巡视通道每隔20～30m或在连锁机械旁应设置事故断电开关或自锁式按钮。

两个及以上平行的连锁传输线宜合用启动音响信号，且值班控制室内应设有能区分不同连锁传输线启动的灯光显示信号；

5 控制室或控制点与有关场所的联系，宜采用声光信号；当联系频繁时，宜设置通信设备。

9.3.3 传输系统的供电应符合下列要求：

1 系统的负荷等级应按工艺要求和建筑物等级确定。

2 同一传输系统的电气设备，宜由同一电源供电。当传输系统很长时，可按工艺分成多段，并由同一电源的多个回路供电。

当主回路和控制回路由不同线路或不同电源供电

时，应设有连锁装置。

9.3.4 控制室和控制点的位置应符合下列要求：

1 应便于观察、操作和调度；

2 应通风、采光良好；

3 应振动小、灰尘少；

4 应线路短、进出线方便；

5 其上方及贴邻应无厕所、浴室等潮湿场所；

6 应便于设备运输、安装。

9.3.5 移动式传输设备宜采用软电缆供电。

9.3.6 传输系统的接地应符合本规范第12章的有关规定。

9.4 电梯、自动扶梯和自动人行道

9.4.1 电梯、自动扶梯和自动人行道的负荷分级，应符合本规范第3.2节的规定。消防电梯的供电要求应符合本规范第13.9节的规定。客梯的供电要求应符合下列要求：

1 一级负荷的客梯，应由引自两路独立电源的专用回路供电；二级负荷的客梯，可由两回路供电，其中一回路应为专用回路；

2 当二类高层住宅中的客梯兼作消防电梯时，其供电应符合本规范第13.9.11条的规定；

3 三级负荷的客梯，宜由建筑物低压配电柜以一路专用回路供电，当有困难时，电源可由同层配电箱接引；

4 采用单电源供电的客梯，应具有自动平层功能。

自动扶梯和自动人行道宜为三级负荷，重要场所宜为二级负荷。

9.4.2 电梯、自动扶梯和自动人行道的供电容量，应按其全部用电负荷确定，向多台电梯供电，应计入同时系数。

9.4.3 电梯、自动扶梯和自动人行道的主电源开关和导线选择应符合下列规定：

1 每台电梯、自动扶梯和自动人行道应装设单独的隔离电器和保护电器；

2 主电源开关宜采用低压断路器；

3 低压断路器的过负荷保护特性曲线应与电梯、自动扶梯和自动人行道设备的负荷特性曲线相配合；

4 选择电梯、自动扶梯和自动人行道供电导线时，应由其铭牌电流及其相应的工作制确定，导线的连续工作载流量不应小于计算电流，并应对导线电压损失进行校验；

5 对有机房的电梯，其主电源开关应能从机房入口处方便接近；

6 对无机房的电梯，其主电源开关应设置在井道外工作人员方便接近的地方，并应具有必要的安全防护。

9.4.4 机房配电应符合下列规定：

1 电梯机房总电源开关不应切断下列供电回路：

1）轿厢、机房和滑轮间的照明和通风；

2）轿顶、机房、底坑的电源插座；

3）井道照明；

4）报警装置。

2 机房内应设有固定的照明，地表面的照度不应低于200lx，机房照明电源应与电梯电源分开，照明开关应设置在机房靠近入口处。

3 机房内应至少设置一个单相带接地的电源插座。

4 在气温较高地区，当机房的自然通风不能满足要求时，应采取机械通风。

5 电力线和控制线应隔离敷设。

6 机房内配线应采用电线导管或电线槽保护，严禁使用可燃性材料制成的电线导管或电线槽。

9.4.5 井道配电应符合下列规定：

1 电梯井道应为电梯专用，井道内不得装设与电梯无关的设备、电缆等。

2 井道内应设置照明，且照度不应小于50lx，并应符合下列要求：

1）应在距井道最高点和最低点0.5m以内各装一盏灯，中间每隔不超过7m的距离应装设一盏灯，并应分别在机房和底坑设置控制开关；

2）轿顶及井道照明电源宜为36V；当采用220V时，应装设剩余电流动作保护器；

3）对于井道周围有足够照明条件的非封闭式井道，可不设照明装置。

3 在底坑应装有电源插座。

4 井道内敷设的电缆和电线应是阻燃和耐潮湿的，并应使用难燃型电线导管或电线槽保护，严禁使用可燃性材料制成的电线导管或电线槽。

5 附设在建筑物外侧的电梯，其布线材料和方法及所用电器器件均应考虑气候条件的影响，并应采取防水措施。

9.4.6 当高层建筑内的客梯兼作消防电梯时，应符合防灾设置标准，并应采用下列相应的应急操作措施：

1 客梯应具有防灾时工作程序的转换装置；

2 正常电源转换为防灾系统电源时，消防电梯应能及时投入；

3 发现灾情后，客梯应能迅速依次停落在首层或转换层。

9.4.7 电梯的控制方式应根据电梯的类别、使用场所条件及配置电梯数量等因素综合比较确定。

9.4.8 客梯的轿厢内宜设有与安防控制室及机房的直通电话；消防电梯应设置与消防控制室的直通电话。

9.4.9 电梯机房、井道和轿厢中电气装置的间接接

触保护，应符合下列规定：

1 与建筑物的用电设备采用同一接地形式保护时，可不另设接地网；

2 与电梯相关的所有电气设备及导管、线槽的外露可导电部分均应可靠接地；电梯的金属构件，应采取等电位联结；

3 当轿厢接地线利用电缆芯线时，电缆芯线不得少于两根，并应采用铜芯导体，每根芯线截面不得小于 2.5mm^2。

9.5 自动门和电动卷帘门

9.5.1 对于出入人流较多、探测对象为运动体的场所，其自动门的传感器宜采用微波传感器。对于出入人流较少，探测对象为静止或运动体的场所，其自动门的传感器宜采用红外传感器或超声波传感器。

9.5.2 传感器的工作环境宜符合产品规定，当不能满足要求时，应采取相应的防护措施。传感器安装在室外时，应有防水措施。

9.5.3 传感器宜远离干扰源，并应安装在不受振动的地方或采取防干扰或防振措施。

9.5.4 自动门应由就近配电箱（屏）引单独回路供电，供电回路应装有过电流保护。

9.5.5 在自动门的就地，应对其电源供电回路装设隔离电器和手动控制开关或按钮，其位置应选在操作和维护方便且不碍观瞻的地方。

9.5.6 电动卷帘门的配电及控制应符合下列要求：

1 电动卷帘门应由就近的配电箱（屏）引单独回路供电，供电回路应装有过负荷保护；

2 卷帘门控制箱应设置在卷帘门附近，并应根据现场实际情况，在卷帘门的一侧或两侧设置手动控制按钮，其安装高度宜为中心距地 1.4m。

9.5.7 用于室外的电动大门的配电线路，宜装设剩余电流动作保护器。

9.5.8 自动门和卷帘门的所有金属构件及附属电气设备的外露可导电部分均应可靠接地。

9.6 舞台用电设备

9.6.1 舞台照明每一回路的可载容量，应与所选用的调光设备的回路输出容量相适应。

9.6.2 舞台照明调光回路数量，应根据剧场等级、规模确定。

9.6.3 舞台照明配电应符合下列要求：

1 舞台照明设备的接电方法，应采用专用接插件连接，接插件额定容量应有足够的余量；

2 由晶闸管调光装置配出的舞台照明线路宜采用单相配电。当采用三相配电时，宜每相分别配置中性导体，当共用中性导体时，中性导体截面不应小于相导体截面的 2 倍。

9.6.4 乐池内谱架灯、化妆室台灯和观众厅座位牌号灯的电源电压不得大于 36V。

9.6.5 舞台调光控制器的选择及安装应符合下列要求：

1 舞台照明调光控制器的选型，小型剧场，可选用带预选装置的控制器，中型及以上规模的剧场，宜选用带计算机的控制器。

2 舞台照明调光控制台宜安装在观众厅池座后部灯控室内，监视窗口宽度不应小于 1.20m，窗口净高不应小于 0.60m，并应符合下列规定：

1）舞台表演区应在灯光控制人员的视野范围内；

2）灯控人员应能容易地观察到观众席情况；

3）应与舞台布灯配光联系方便；

4）调光设备与线路应安装敷设方便。

9.6.6 调光柜和舞台配电设备应设在靠近舞台的单独房间内。

9.6.7 调光装置应采取抑制高次谐波对其他系统产生干扰的措施，除应符合本规范第 22.3 节规定外，还应满足下列要求：

1 调光回路应选用金属导管、槽敷设，并不宜与电声等电信线路平行敷设。当调光回路与电信线路平行敷设时，其间距应大于 1m；当垂直交叉时，间距应大于 0.5m。

2 电声、电视转播设备的电源不宜接在舞台照明变压器上。

9.6.8 舞台照明负荷宜采用需要系数法计算，需要系数宜符合表 9.6.8 的规定。

表 9.6.8 需要系数

舞台照明总负荷（kW）	需要系数 K_x
50 及以下	1.00
50 以上至 100	0.75
100 以上至 200	0.60
200 以上至 500	0.50
500 以上至 1000	0.40
超过 1000	0.25～0.30

9.6.9 舞台电动悬吊设备的控制，宜选用带预选装置的控制器，控制台的位置可安装在舞台左侧的一层天桥上，并宜设在封闭的小间内。

9.6.10 舞台电力传动设备的启动装置可就地安装，控制电器可按需要设在便于观察机械运行的地方。

9.6.11 舞台设备供电可按下列规定确定：

1 舞台照明或电力设备的变压器容量，可按下式计算：

$$P_s = K_X K_y P_e \quad (9.6.11)$$

式中 P_s——变压器容量；

P_e——照明或电力负荷总容量；

K_x——照明或电力负荷需用系数；

K_y——裕量系数。

照明负荷需用系统 K_x 应按本规范表 9.6.8 选取，电力负荷需用系数 K_x 宜取 0.4～0.9。裕量系数 K_y 宜取 1.1～1.2。

舞台电力负荷应包括舞台各类电动悬吊设备的电力负荷和舞台的电气传动设备的电力负荷；

2 当舞台用电设备的供电系统中接有在演出过程中可能频繁启动的交流电动机，且当其启动冲击电流引起电源电压波动超过±3%时，宜与舞台照明负荷分设变压器。

9.6.12 舞台监督、调度指挥用的声、光信号装置或对讲电话、闭路电视系统，应根据剧场等级、规模确定，舞台监督主控台宜设在台口内右侧。

9.6.13 舞台用电设备应根据低压配电系统接地形式确定采用接地保护措施。

9.7 医用设备

9.7.1 应根据医院电气设备工作场所分类要求进行配电系统设计。在医疗用房内禁止采用 TN-C 系统。备用电源的投入应满足医疗工艺的要求。

9.7.2 根据医疗工作的不同特点，医用放射线设备的工作制可按下列情况划分：

1 X 射线诊断机、X 射线 CT 机及 ECT 机为断续工作用电设备；

2 X 射线治疗机、电子加速器及 NMR-CT 机（核磁共振）为连续工作用电设备。

9.7.3 大型医疗设备的供电应从变电所引出单独的回路，其电源系统应满足设备对电源内阻的要求。

9.7.4 放射科、核医学科、功能检查室、检验科等部门的医疗装备的电源，应分别设置切断电源的总开关。

9.7.5 医用放射线设备的供电线路设计应符合下列规定：

1 X 射线管的管电流大于或等于 400mA 的射线机，应采用专用回路供电；

2 CT 机、电子加速器应不少于两个回路供电，其中主机部分应采用专用回路供电；

3 X 射线机不应与其他电力负荷共用同一回路供电；

4 多台单相、两相医用射线机，应接于不同的相导体上，并宜三相负荷平衡；

5 放射线设备的供电线路应采用铜芯绝缘电线或电缆；

6 当为 X 射线机设置配套的电源开关箱时，电源开关箱应设在便于操作处，并不得设在射线防护墙上。

9.7.6 电源开关和保护装置的选择应符合下列规定：

1 在 X 射线机房装设的与 X 射线诊断机配套使用的电源开关和保护装置，应按不小于 X 射线机瞬时负荷的 50%长期负荷 100%中的较大值进行参数计算，并选择相应的电源开关和保护电器；

2 当电源控制柜随设备供给时，不应重复设置电源开关和保护电器，其供电线路始端应设隔离电器及保护电器，其规格应比 X 射线机按第 1 款规定确定的计算电流大 1～2 级。

9.7.7 X 射线机供电线路导线截面，应根据下列条件确定：

1 单台 X 射线机供电线路导线截面应按满足 X 射线机电源内阻要求选用，并应对选用的导线截面进行电压损失校验；

2 多台 X 射线机共用同一条供电线路时，其共用部分的导线截面，应按供电条件要求电源内阻最小值 X 射线机确定的导线截面至少再加大一级。

9.7.8 在 X 射线机室、同位素治疗室、电子加速器治疗室、CT 机扫描室的入口处，应设置红色工作标志灯。标志灯的开闭应受设备的操纵台控制。

9.7.9 根据设备的使用要求，在同位素治疗室、电子加速器治疗室应设置门、机连锁控制装置。

9.7.10 NMR-CT 机的扫描室应符合下列要求：

1 室内的电气管线、器具及其支持构件不得使用铁磁物质或铁磁制品；

2 进入室内的电源电线、电缆必须进行滤波。

9.8 体育场馆设备

9.8.1 体育场馆电气设备应根据场馆规模、级别及体育工艺使用要求设置。

9.8.2 体育场馆电力负荷分级及供电应符合下列规定：

1 负荷分级应符合本规范表 3.2.2 的规定。

2 甲级体育场馆应由两个电源供电。特级体育场馆，除应由两个电源供电外，还应设置自备发电机组或从市政电网获得独立、可靠的第三电源供全部一级负荷中特别重要负荷用电。

3 在自备柴油发电机组投入使用前，为保证场地照明不中断，可采用下列措施：

1）可采用气体放电灯热启动装置；

2）可采用不间断电源装置（UPS）；

3）可采用应急电源装置（EPS），且 EPS 的切换时间应满足场地照明高光强气体放电灯（HID）不熄弧的要求。

9.8.3 对于仅在比赛期间才使用的大型用电设备，宜设专用变压器供电。当电源电压偏差不能满足要求时，宜采用有载调压变压器。主要变配电室（间）、发电机房严禁设置在观众能随便到达的场所。

9.8.4 下列竞赛用设备和房间（如终点电子摄影计时器、计时记分、仲裁录放、数据处理、竞赛指挥、计算机及网络机房、安全防范及控制中心及消防控制室等），除应采用双电源在末端自动互投供电外，还应采用不间断电源（UPS）供电。

9.8.5 体育场馆的竞赛场地用电点，宜设置电源井或配电箱，其位置不得有碍于竞赛，设置数量及位置，应根据体育工艺确定。

9.8.6 对电源井的供电方式宜采用环形系统供电。电源井内不同用途的电气线路之间应保持规定的距离或采取隔离措施。井内电气设备为单侧布置时，其维护距离不应小于0.6m；电力装置和信号装置分别布置井壁两侧时，其维护距离不应小于0.8m。井内应有防水、排水措施。

9.8.7 体育场内竞赛场地的电气线路敷设，宜采用塑料护套电缆穿导管埋地敷设方式。

9.8.8 终点电子摄像计时器的专用信号盘，应按体育工艺的要求在100m、200m、300m及终点、终点线跑道内、外侧设置。信号线通过管路与终点电子摄像计时机房相连。

9.8.9 固定式电子计时计分显示装置应符合下列要求：

1 计时记分显示装置负荷等级应为该工程最高级；

2 计时记分控制室与总裁判席、计时记分机房、计算机房和分散于场地的计时记分装置之间，应有相互连通的信号传输通道，并应有余量；

3 应根据体育工艺设计在比赛场地设置各类的计时记分装置；应根据工艺要求在该处或附近预留电源及信号传输连接端子。

9.8.10 体育馆比赛场四周墙壁应按需要设置配电箱和安全型插座，其插座安装高度不应低于0.3m。

10 电 气 照 明

10.1 一 般 规 定

10.1.1 在进行照明设计时，应根据视觉要求、作业性质和环境条件，通过对光源、灯具的选择和配置，使工作区或空间具备合理的照度、显色性和适宜的亮度分布以及舒适的视觉环境。

10.1.2 在确定照明方案时，应考虑不同类型建筑对照明的特殊要求，并处理好电气照明与天然采光的关系，采用高光效光源、灯具与追求照明效果的关系，合理使用建设资金与采用高性能标准光源、灯具等技术经济效益的关系。

10.1.3 在进行电气照明设计时，除应符合本规范外，尚应符合现行国家标准《建筑照明设计标准》GB 50034的规定。

10.2 照 明 质 量

10.2.1 普通工作场所内一般照明的照度均匀度不应小于0.7。

10.2.2 局部照明与一般照明共用时，工作面上一般照明的照度值宜为工作面总照度值的1/3～1/5，且不宜低于50lx。交通区照度不宜低于工作区照度的1/3。

10.2.3 照明光源的颜色质量取决于光源本身的表观颜色及其显色性能。一般照明光源可根据其相关色温分为三类，其适用场所可按表10.2.3选取。

表10.2.3 光源的颜色分类

光源颜色分类	相关色温（K）	颜色特征	适用场所示例
Ⅰ	＜3300	暖	居室、餐厅、宴会厅、多功能厅、酒吧、咖啡厅、重点陈列厅
Ⅱ	3300～5300	中间	教室、办公室、会议室、阅览室、营业厅、一般休息厅、普通餐厅、洗衣房
Ⅲ	＞5300	冷	设计室、计算机房、高照度场所

10.2.4 照明设计应符合现行国家标准《建筑照明设计标准》GB50034中对不同工作场所光源显色性的规定，并应协调显色性要求与设计照度的关系。

10.2.5 照明光源的颜色特征与室内表面的配色宜互相协调，并应形成相应于房间功能的色彩环境。

10.2.6 在设计一般照明时，应根据视觉工作环境特点和眩光程度，合理确定对直接眩光限制的质量等级UGR（统一眩光值）。眩光限制的质量等级应符合表10.2.6的规定。

表10.2.6 眩光程度与统一眩光值（UGR）对照表

UGR的数值	对应眩光程度的描述	视觉要求和场所示例
＜13	没有眩光	手术台、精细视觉作业
13～16	开始有感觉	使用视频终端、绘图室、精品展厅、珠宝柜台、控制室、颜色检验
17～19	引起注意	办公室、会议室、教室、一般展室、休息厅、阅览室、病房
20～22	引起轻度不适	门厅、营业厅、候车厅、观众厅、厨房、自选商场、餐厅、自动扶梯
23～25	不舒适	档案室、走廊、泵房、变电所、大件库房、交通建筑的入口大厅
26～28	很不舒适	售票厅、较短的通道、演播室、停车区

10.2.7 室内一般照明直接眩光的限制，应根据光源亮度、光源和灯具的表观面积、背景亮度以及灯具位置等因素进行综合确定。

10.2.8 对于要求统一眩光值UGR小于或等于22的照明场所，应限制损害对比降低可见度的光幕反射和反射眩光，并可采取下列措施：

1 不得将灯具安装在干扰区内或可能对处于视觉工作的眼睛形成镜面反射的区域内；

2 可使用发光表面面积大、亮度低、光扩散性能好的灯具；

3 可在视觉工作对象和工作房间内采用低光泽度的表面装饰材料；

4 可在视线方向采用特殊配光灯具或采取间接照明方式；

5 可采用混合照明；

6 可照亮顶棚和墙面以减小亮度比，并应避免出现光斑。

10.2.9 直接型灯具应控制视线内光源平均亮度与遮光角之间的关系，其最低允许值应符合表10.2.9的规定。

表10.2.9 不同亮度灯具的最小遮光角

灯具亮度（cd/m^2）	灯具的最小遮光角
1000～20000	10°
20000～50000	15°
50000～500000	20°
≥500000	30°

10.2.10 长时间视觉工作场所内亮度与照度分布宜按下列比值选定：

1 工作区亮度与工作区相邻环境的亮度比值不宜低于3；工作区亮度与视野周围的平均亮度比值不宜低于10；灯的亮度与工作区亮度之比不应大于40；

2 当照明灯具采用暗装时，顶棚的反射比宜大于0.6，且顶棚的照度不宜小于工作区照度的1/10。

10.2.11 垂直照度（E_v）与水平照度（E_h）之比可按下式确定。

$$0.25 \leqslant E_v/E_h \leqslant 0.5 \qquad (10.2.11)$$

10.2.12 为满足视觉适应性的要求，视觉工作区周围0.5m内区域的水平照度，应符合现行国家标准《建筑照明设计标准》GB 50034中的规定。

10.3 照明方式与种类

10.3.1 照明方式可分为一般照明、分区一般照明、局部照明和混合照明，其选择应符合下列规定：

1 当仅需要提高房间内某些特定工作区的照度时，宜采用分区一般照明。

2 局部照明宜在下列情况中采用：

1）局部需有较高的照度；

2）由于遮挡而使一般照明照射不到的某些范围；

3）视觉功能降低的人需要有较高的照度；

4）需要减少工作区的反射眩光；

5）为加强某方向光照以增强质感时。

3 对于部分作业面照度要求较高，只采用一般照明不合理的场所，宜采用混合照明。

4 不应单独使用局部照明。

10.3.2 应按下列使用要求确定照明种类：

1 室内工作场所均应设置正常照明。

2 下列场所应设置应急照明：

1）正常照明因故熄灭后，需确保正常工作或活动继续进行的场所，应设置备用照明；

2）正常照明因故熄灭后，需确保处于潜在危险之中的人员安全的场所，应设置安全照明；

3）正常照明因故熄灭后，需确保人员安全疏散的出口和通道，应设置疏散照明。

3 大面积工作场所宜设置值班照明。

4 有警戒任务的场所，应根据警戒范围的要求设置警卫照明。

5 城市中的标志性建筑、大型商业建筑、具有重要政治文化意义的构筑物等，宜设置景观照明。

6 有危及航行安全的建筑物、构筑物上，应根据航行要求设置障碍照明。

10.3.3 备用照明宜装设在墙面或顶棚部位。安全照明宜根据需要确定装设部位。疏散照明的设置要求应符合本规范第13章的有关规定。

10.3.4 自机场跑道中点起、沿跑道延长线双向各15km、两侧散开角各10°的区域内，障碍物顶部与跑道端点连线与水平面夹角大于0.57°的障碍物应装设航空障碍标志灯，并应符合国家现行标准《民用机场飞行区技术标准》MH5001的规定。

航空障碍灯应符合国家现行标准《航空障碍灯》MH/T6012的规定，并应具有相关认证。

10.3.5 航空障碍灯的设置应符合下列规定：

1 障碍标志灯应装设在建筑物或构筑物的最高部位。当制高点平面面积较大或为建筑群时，除在最高端装设障碍标志灯外，还应在其外侧转角的顶端分别设置。

2 障碍标志灯的水平、垂直距离不宜大于45m。

3 障碍标志灯宜采用自动通断电源的控制装置，并宜设有变化光强的措施。

4 航空障碍标志灯技术要求应符合表10.3.5的规定。

表 10.3.5 航空障碍灯技术要求

障碍标志灯类型	低光强	中光强		高光强
灯光颜色	航空红色	航空红色	航空白色	航空白色
控光方式及数据（次/min）	恒定光	闪光 20～60	闪光 20～60	闪光 20～60
有效光强	32.5cd 用于夜间	2000cd±25% 用于夜间	·2000cd±25%用于夜间 ·20000cd±25%用于白昼、黎明或黄昏	·2000cd±25%用于夜间 ·20000cd±25%用于黄昏与黎明 ·270000cd/140000cd±25%用于白昼
可视范围	·水平光束扩散角 360° ·垂直光束扩散角≥10°	·水平光束扩散角 360° ·垂直光束扩散角≥3°	·水平光束扩散角 360° ·垂直光束扩散角≥3°	·水平光束扩散角 90°或 120° ·垂直光束扩散角 3°～7°
	最大光强位于水平仰角 4°～20°之间	最大光强位于水平仰角 0°		
适用高度	·高出地面 45m 以下全部使用 ·高出地面 45m 以上部分与中光强结合使用	高出地面 45m 时	高出地面 90m 时	高出地面 153m（500 英尺）时

注：夜间对应的背景亮度小于 50 cd/m²；黄昏与黎明对应的背景亮度小于 50～500cd/m²；白昼对应的背景亮度小于 500 cd/m²。

5 障碍标志灯的设置应便于更换光源。

6 障碍标志灯电源应按主体建筑中最高负荷等级要求供电。

10.4 照明光源与灯具

10.4.1 室内照明光源的确定，应根据使用场所的不同，合理地选择光源的光效、显色性、寿命、启动点燃和再点燃时间等光电特性指标以及环境条件对光源光电参数的影响。

10.4.2 室内照明应采用高光效光源和高效灯具。在有特殊要求不宜使用气体放电光源的场所，可选用卤钨灯或普通白炽灯光源。

10.4.3 有显色性要求的室内场所不宜选用汞灯、钠灯等作为主要照明光源。

10.4.4 当照度低于 100lx 时，宜采用色温较低的光源；当照度为 100～1000lx 时，宜采用中色温光源；当电气照明需要同天然采光结合时，宜选用光源色温在 4500～6000K 的荧光灯或其他气体放电光源。

10.4.5 室内一般照明宜采用同一类型的光源。当有装饰性或功能性要求时，亦可采用不同种类的光源。

10.4.6 对于需要进行彩色新闻摄影和电视转播的场所，室内光源的色温宜为 2800～3500K，色温偏差不应大于 150K；室外或有天然采光的室内的光源色温宜为 4500～6500K，色温偏差不应大于 500K。光源的一般显色指数不应低于 65，要求较高的场所应大于 80。

10.4.7 在选择灯具时，应根据环境条件和使用特点，合理地选定灯具的光强分布、效率、遮光角、类型、造型尺度以及灯的表观颜色等。

10.4.8 室内装修遮光格栅的反射表面应选用难燃材料，其反射比不应低于 0.7。

10.4.9 对于仅满足视觉功能的照明，宜采用直接照明和选用开敞式灯具。

10.4.10 在高度较高的空间安装的灯具宜采用长寿命光源或采取延长光源寿命的措施。

10.4.11 筒灯宜采用插拔式单端荧光灯。

10.4.12 灯具表面以及灯用附件等高温部位靠近可燃物时，应采取隔热、散热等防火保护措施。

10.4.13 在布置灯具时，其间距不应大于该灯具的允许距高比。

10.4.14 照明灯具应具备完整的光电参数，其各项性能应符合国家现行有关产品标准的规定。

10.5 照度水平

10.5.1 在选择照度时，应符合下列分级（lx）：0.5、1、3、5、10、15、20、30、50、75、100、150、200、300、500、750、1000、1500、2000、3000、5000。

10.5.2 各类视觉工作对应的照度范围宜按表 10.5.2 选取。

表 10.5.2 视觉工作对应的照度范围值

视觉工作性质	照度范围（lx）	区域或活动类型	适用场所示例
简单视觉工作	≤20	室外交通区，判别方向和巡视	室外道路
	30～75	室外工作区、室内交通区，简单识别物体表征	客房、卧室、走廊、库房

续表 10.5.2

视觉工作性质	照度范围(lx)	区域或活动类型	适用场所示例
一般视觉工作	100～200	非连续工作的场所（大对比大尺寸的视觉作业）	病房、起居室、候机厅
	200～500	连续视觉工作的场所（大对比小尺寸和小对比大尺寸的视觉作业）	办公室、教室、商场
	300～750	需集中注意力的视觉工作（小对比小尺寸的视觉作业）	营业厅、阅览室、绘图室
特殊视觉工作	750～1500	较困难的远距离视觉工作	一般体育场馆
	1000～2000	精细的视觉工作、快速移动的视觉对象	乒乓球、羽毛球
	≥2000	精密的视觉工作、快速移动的小尺寸视觉对象	手术台、拳击台、赛道终点区

10.5.3 民用建筑照明设计，应根据建筑性质、建筑规模、等级标准、功能要求和使用条件等确定照度标准值，并应符合现行国家标准《建筑照明设计标准》GB 50034 的规定。当设计文件中未明确时，宜以距地 0.75m 的参考水平面作为工作面。

10.5.4 除现行国家标准《建筑照明设计标准》GB 50034中规定的场所照明照度标准值外，其他场所的照明照度标准值应符合本规范附录 B 的规定。

10.5.5 备用照明工作面上的照度除另有规定外，不应低于一般照明照度的 10%。

10.5.6 对于设有较多装饰照明的场所，其照度标准值可有一个级差的上、下调整。

10.5.7 在计算照度时，应计入表 10.5.7 所规定的维护系数。

表 10.5.7 照度维护系数表

环境维护特征	工作房间或场所	灯具最少擦洗次数(次/年)	维护系数：白炽灯、荧光灯、金属卤化物灯	维护系数：卤钨灯
清 洁	住宅卧室、办公室、餐厅、阅览室、绘图室	2	0.80	0.80
一 般	商店营业厅、候车室、影剧院观众厅	2	0.70	0.75
污染严重	厨房	3	0.60	0.65

10.5.8 设计照度值与照度标准值的允许偏差不宜超过±10%。

10.6 照 明 节 能

10.6.1 根据视觉工作要求，应采用高光效光源、高效灯具和节能器材，并应考虑最初投资与长期运行的综合经济效益。

10.6.2 一般工作场所宜采用细管径直管荧光灯和紧凑型荧光灯。高大房间和室外场所的一般照明宜采用金属卤化物灯、高压钠灯等高光强气体放电光源。

10.6.3 室内外照明不宜采用普通白炽灯。当有特殊需要时，宜选用双螺旋白炽灯或带有热反射罩的小功率高效卤钨灯。

10.6.4 除有装饰需要外，应选用直射光通比例高、控光性能合理的高效灯具。室内用灯具效率不宜低于 70%，装有遮光格栅时不应低于 60%，室外用灯具效率不宜低于 50%。

10.6.5 灯具的结构和材质应便于维护清洁和更换光源。

10.6.6 应采用功率损耗低、性能稳定的灯用附件。直管形荧光灯应采用节能型镇流器，当使用电感式镇流器时，其能耗应符合现行国家标准《管形荧光灯镇流器能效限定值和节能评价值》GB 17896 的规定。

10.6.7 照明与室内装修设计应有机结合。在确保照明质量的前提下，应有效控制照明功率密度值。

10.6.8 应根据照明场所的功能要求确定照明功率密度值，并应符合现行国家标准《建筑照明设计标准》GB 50034 的规定。

10.6.9 在有集中空调而且照明容量大的场所，宜采用照明灯具与空调回风口结合的形式。

10.6.10 正确选择照明方案，并应优先采用分区一般照明方式。

10.6.11 室内表面宜采用高反射率的饰面材料。

10.6.12 对于采用节能型电感镇流器的气体放电光源，宜采取分散方式进行无功功率补偿。

10.6.13 应根据环境条件、使用特点合理选择照明控制方式，并应符合下列规定：

1 应充分利用天然光，并应根据天然光的照度变化控制电气照明的分区；

2 根据照明使用特点，应采取分区控制灯光或适当增加照明开关点；

3 公共场所照明、室外照明宜采用集中遥控节能管理方式或采用自动光控装置。

10.6.14 应采用定时开关、调光开关、光电自动控制器等节电开关和照明智能控制系统等管理措施。

10.6.15 低压照明配电系统设计应便于按经济核算单位装表计量。

10.6.16 景观照明宜采取下列节能措施：

1 景观照明应采用长寿命高光效光源和高效灯

具，并宜采取点燃后适当降低电压以延长光源寿命的措施；

2 景观照明应设置深夜减光控制方案。

10.7 照明供电

10.7.1 应根据照明负荷中断供电可能造成的影响及损失，合理地确定负荷等级，并应正确选择供电方案。

10.7.2 当电压偏差或波动不能保证照明质量或光源寿命时，在技术经济合理的条件下，可采用有载自动调压电力变压器、调压器或专用变压器供电。

10.7.3 三相照明线路各相负荷的分配宜保持平衡，最大相负荷电流不宜超过三相负荷平均值的115%，最小相负荷电流不宜小于三相负荷平均值的85%。

10.7.4 重要的照明负荷，宜在负荷末级配电盘采用自动切换电源的方式供电，负荷较大时，可采用由两个专用回路各带50%的照明灯具的配电方式。

10.7.5 备用照明应由两路电源或两回路线路供电。

10.7.6 备用照明作为正常照明的一部分同时使用时，其配电线路及控制开关应与正常照明分开装设。备用照明仅在故障情况下使用时，当正常照明因故断电，备用照明应自动投入工作。

10.7.7 在照明分支回路中，不得采用三相低压断路器对三个单相分支回路进行控制和保护。

10.7.8 照明系统中的每一单相分支回路电流不宜超过16A，光源数量不宜超过25个；大型建筑组合灯具每一单相回路电流不宜超过25A，光源数量不宜超过60个（当采用LED光源时除外）。

10.7.9 当插座为单独回路时，每一回路插座数量不宜超过10个（组）；用于计算机电源的插座数量不宜超过5个（组），并应采用A型剩余电流动作保护装置。

10.7.10 当照明回路采用遥控方式时，应同时具有解除遥控和手动控制的功能。

10.7.11 备用照明、疏散照明的回路上不应设置插座。

10.7.12 对于使用气体放电灯的照明线路，其中性导体应与相导体规格相同。

10.7.13 当采用带电感镇流器的气体放电光源时，宜将同一灯具或不同灯具的相邻灯管（光源）分接在不同相序的线路上。

10.7.14 不应将线路敷设在贴近高温灯具的上部。接入高温灯具的线路应采用耐热导线或采取其他隔热措施。

10.7.15 顶棚内设有人行检修通道的观众厅、比赛场地等的照明灯具以及室外照明场所，宜在每盏灯具处设置单独的保护。

10.8 各类建筑照明设计要求

10.8.1 住宅（公寓）电气照明设计应符合下列规定：

1 住宅（公寓）照明宜选用细管径直管荧光灯或紧凑型荧光灯。当因装饰需要选用白炽灯时，宜选用双螺旋白炽灯。

2 灯具的选择应根据具体房间的功能而定，宜采用直接照明和开启式灯具，并宜选用节能型灯具。

3 起居室的照明宜满足多功能使用要求，除应设置一般照明外，还宜设置装饰台灯、落地灯等。高级公寓的起居厅照明宜采用可调光方式。

4 住宅（公寓）的公共走道、走廊、楼梯间应设人工照明，除高层住宅（公寓）的电梯厅和火灾应急照明外，均应安装节能型自熄开关或设带指示灯（或自发光装置）的双控延时开关。

5 卫生间、浴室等潮湿且易污场所，宜采用防潮易清洁的灯具。

6 卫生间的灯具位置应避免安装在便器或浴缸的上面及其背后。开关宜设于卫生间门外。

7 高级住宅（公寓）的客厅、通道和卫生间，宜采用带指示灯的跷板式开关。

8 每户住宅（公寓）电源插座的数量不应少于表10.8.1的规定。

表10.8.1 每户电源插座的设置数量

插座类型 \ 部位	起居室（厅）	卧室	厨房	卫生间	洗衣机、冰箱、排风机、空调器等安装位置
二、三孔双联插座（组）	3	2	2	—	—
防溅水型二、三孔双联插座（组）	—	—	—	1	—
三孔插座（个）	—	—	—	—	各1

9 住宅内电热水器、柜式空调宜选用三孔15A插座；空调、排油烟机宜选用三孔10A插座；其他宜选用二、三孔10A插座；洗衣机插座、空调及电热水器插座宜选用带开关控制的插座；厨房、卫生间应选用防溅水型插座。

10 每户应配置一块电能表、一个配电箱（分户箱）。每户电能表宜集中安装于电表箱内（预付费、远传计量的电能表可除外），电能表出线端应装设保护电器。电能表的安装位置应符合当地供电部门的要求。

11 住宅配电箱（分户箱）的进线端应装设短路、过负荷和过、欠电压保护电器。分户箱宜设在住户走廊或门厅内便于检修、维护的地方。

12 住宅分户箱内应配置有过电流保护的照明供电回路、一般电源插座回路、空调插座回路、电炊具及电热水器等专用电源插座回路。厨房电源插座和卫生间电源插座不宜同一回路。除壁挂式空调器的电源插座回路外，其他电源插座回路均应设置剩余电流动作保护器。

13 电源插座底边距地低于1.8m时，应选用安全型插座。

10.8.2 学校电气照明设计应符合下列规定：

1 用于晚间学习的教室的平均照度值宜较普通教室高一级，且照度均匀度不应低于0.7。

2 教室照明灯具与课桌面的垂直距离不宜小于1.7m。

3 教室设有固定黑板时，应装设黑板照明，且黑板上的垂直照度值不宜低于教室的平均水平照度值。

4 光学实验室、生物实验室一般照明照度宜为100～200lx，实验桌上应设置局部照明。

5 教室照明的控制应沿平行外窗方向顺序设置开关，黑板照明开关应单独装设。走廊照明开关的设置宜在上课后关掉部分灯具。

6 在多媒体教学的报告厅、大教室等场所，宜设置供记录用的照明和非多媒体教学室使用的一般照明，且一般照明宜采用调光方式或采用与电视屏幕平行的分组控制方式。

7 演播室的演播区，垂直照度宜在2000～3000lx，文艺演播室的垂直照度可为1000～1500lx。演播用照明的用电功率，初步设计时可按0.3～0.5kW/m^{2}估算。当演播室高度小于或等于7m时，宜采用轨道式布灯，当高度大于7m时，可采用固定式布灯形式。

演播室的面积超过200m^{2}时，应设置疏散照明。

8 大阅览室照明宜采用荧光灯具。其一般照明宜沿外窗平行方向控制或分区控制。供长时间阅览的阅览室宜设置局部照明。

9 书库照明宜采用窄配光荧光灯具。灯具与图书等易燃物的距离应大于0.5m。地面宜采用反射比较高的建筑材料。对于珍贵图书和文物书库，应选用有过滤紫外线的灯具。

10 书库照明用电源配电箱应有电源指示灯并应设于书库之外。书库通道照明应在通道两端独立设置双控开关。书库照明的控制宜在配电箱分路集中控制。

11 存放重要文献资料和珍贵书籍的图书馆应设应急照明、值班照明和警卫照明。

12 图书馆内的公用照明与工作（办公）区照明宜分开配电和控制。

10.8.3 办公楼电气照明设计应符合下列规定：

1 办公室、设计绘图室、计算机室等宜采用直管荧光灯。对于室内饰面及地面材料的反射比，顶棚宜为0.7；墙面宜为0.5；地面宜为0.3。

2 办公房间的一般照明宜设计在工作区的两侧，采用荧光灯时宜使灯具纵轴与水平视线相平行。不宜将灯具布置在工作位置的正前方。大开间办公室宜采用与外窗平行的布灯形式。

3 出租办公室的照明灯具和插座，宜按建筑的开间或根据智能大楼办公室基本单元进行布置。

4 在有计算机终端设备的办公用房，应避免在屏幕上出现人和杂物的映像，宜限制灯具下垂线50°角以上的亮度不应大于200cd/m^2。

5 宜在会议室、洽谈室照明设计时确定调光控制或设置集中控制系统，并设定不同照明方案。

6 设有专用主席台或某一侧有明显背景墙的大型会议厅，宜采用顶灯配以台前安装的辅助照明，并应使台板上1.5m处平均垂直照度不小于300lx。

10.8.4 商业电气照明设计应符合下列规定：

1 商业照明应选用显色性高、光效高、红外辐射低、寿命长的节能光源。

2 营业厅照明宜由一般照明、专用照明和重点照明组合而成。不宜把装饰商品用照明兼作一般照明。

3 营业厅一般照明应满足水平照度要求，且对布艺、服装以及货架上的商品则应确定垂直面上的照度。

4 对于玻璃器皿、宝石、贵金属等类陈列柜台，应采用高亮度光源；对于布艺、服装、化妆品等柜台，宜采用高显色性光源；由一般照明和局部照明所产生的照度不宜低于500lx。

5 重点照明的照度宜为一般照明照度的3～5倍，柜台内照明的照度宜为一般照明照度的2～3倍。

6 在无确切资料时，导轨灯的容量可每延长米按100W计算。

7 橱窗照明宜采用带有遮光格栅或漫射型灯具。当采用带有遮光格栅的灯具安装在橱窗顶部距地高度大于3m时，灯具的遮光角不宜小于30°；当安装高度低于3m，灯具遮光角宜为45°以上。

8 室外橱窗照明的设置应避免出现镜像，陈列品的亮度应大于室外景物亮度的10%。展览橱窗的照度宜为营业厅照度的2～4倍。

9 对贵重物品的营业厅宜设值班照明和备用照明。

10 大营业厅照明不宜采用分散控制方式。

10.8.5 饭店电气照明设计应符合下列规定：

1 饭店照明宜选用显色性较好、光效较高的暖色光源。

2 大门厅照明应提高垂直照度，并宜随室内照度的变化而调节灯光或采用分路控制方式。门厅休息区照明应满足客人阅读报刊所需要的照度。

3 大宴会厅照明宜采用调光方式，同时宜设置小型演出用的可自由升降的灯光吊杆，灯光控制宜在厅内和灯光控制室两地操作。应根据彩色电视转播的要求预留电容量。

4　当设有红外无线同声传译系统的多功能厅的照明采用热辐射光源时，其照度不宜大于500lx。

5　屋顶旋转厅的照度，在观景时不宜低于0.5lx。

6　客房床头照明宜采用调光方式。

7　客房照明应防止不舒适眩光和光幕反射，设置在写字台上的灯具应具备合适的遮光角，其亮度不应大于510cd/m^2。

8　客房穿衣镜和卫生间内化妆镜的照明灯具应安装在视野立体角60°以外，灯具亮度不宜大于2100cd/m^2。卫生间照明、排风机的控制宜设在卫生间门外。

9　客房的进门处宜设有可切断除冰柜、充电专用插座和通道灯外的电源的节能控制器。当节能控制器切断电源时，高级客房内的风机盘管，宜转为低速运行。

10　饭店的公共大厅、门厅、休息厅、大楼梯厅、公共走道、客房层走道以及室外庭园等场所的照明，宜在总服务台或相应层服务台处进行集中控制，客房层走道照明亦可就地控制。

11　饭店的休息厅、餐厅、茶室、咖啡厅、快餐厅等宜设有地面插座及灯光广告用插座。

12　室外网球场或游泳池宜设有正常照明，并应设置杀虫灯或杀虫器。

13　地下车库出入口处应设有适应区照明。

10.8.6　医院电气照明设计应符合下列规定：

1　医院照明设计应合理选择光源和光色，对于诊室、检查室和病房等场所宜采用高显色光源。

2　诊疗室、护理单元通道和病房的照明设计，宜避免卧床病人视野内产生直射眩光；高级病房宜采用间接照明方式。

3　护理单元的通道照明宜在深夜可关掉其中一部分或采用可调光方式。

4　护理单元的疏散通道和疏散门应设置灯光疏散标志。

5　病房的照明宜以病床床头照明为主，并宜设置一般照明，灯具亮度不宜大于2000cd/m^2。当采用荧光灯时宜采用高显色性光源，精神病房不宜选用荧光灯。

6　当在病房的床头上设有多功能控制板时，其上宜设有床头照明灯开关、电源插座、呼叫信号、对讲电话插座以及接地端子等。

7　单间病房的卫生间内宜设有紧急呼叫信号装置。

8　病房内宜设有夜间照明。在病床床头部位的照度不宜大于0.1lx，儿科病房病床床头部位的照度可为1.0lx。

9　手术室内除应设有专用手术无影灯外，宜另设有一般照明，其光源色温应与无影灯光源相适应。手术室的一般照明宜采用调光方式。

10　手术专用无影灯的照度应在20×10^3～100×10^3lx，胸外科内手术专用无影灯的照度应为60×10^3～100×10^3lx。口腔科无影灯的照度可为10×10^3lx。

11　进行神经外科手术时，应减少光谱区在800～1000nm的辐射能照射在病人身上。

12　候诊室、传染病院的诊室和厕所、呼吸器科、血库、穿刺、妇科冲洗、手术室等场所应设置紫外线杀菌灯。当紫外线杀菌灯固定安装时应避免出现在病人的视野之内或应采取特殊控制方式。

13　X线诊断室、加速器治疗室、核医学科扫描室和γ照相室等的外门上宜设有工作标志灯和防止误入室内的安全装置，并应可切断机组电源。

10.8.7　体育场馆电气照明设计应符合下列规定：

1　体育场地照明光源宜选用高效金属卤化物气体放电灯。场地用直接配光灯具宜带有限制眩光的附件，并应附有灯具安装角度指示器。

2　室内比赛场地照明宜满足多样性使用功能。宜采用宽配光与窄配光灯具相结合的布灯方式或选用非对称配光灯具。

3　综合性大型体育场宜采用光带式布灯或与塔式布灯组成的混合式布灯形式，灯具宜选用窄配光，其1/10峰值光强与峰值光强的夹角不宜大于15°。

4　训练场地的水平照度最小值与平均值之比不宜大于1∶2，手球、速滑、田径场地照明可不大于1∶3。

5　当游泳池内设置水下照明时，水下照明灯具上沿距水面宜为0.3～0.5m；浅水部分灯具间距宜为2.5～3.0m；深水部分灯具间距宜为3.5～4.5m。

10.8.8　博展馆电气照明设计应符合下列规定：

1　博展馆的照明光源宜采用高显色荧光灯、小型金属卤化物灯和PAR灯，并应限制紫外线对展品的不利影响。当采用卤钨灯时，其灯具应配以抗热玻璃或滤光层。

2　对于壁挂式展示品，在保证必要照度的前提下，应使展示品表面的亮度在25cd/m^{2}以上，并应使展示品表面的照度保持一定的均匀性，最低照度与最高照度之比应大于0.75。

3　对于有光泽或放入玻璃镜柜内的壁挂式展示品，一般照明光源的位置应避开反射干扰区。

为了防止镜面映像，应使观众面向展示品方向的亮度与展示品表面亮度之比应小于0.5。

4　对于具有立体造型的展示品，宜在展示品的侧前方40°～60°处设置定向聚光灯，其照度宜为一般照度的3～5倍；当展示品为暗色时，其照度应为一般照度的5～10倍。

5　陈列橱柜的照明应注意照明灯具的配置和遮光板的设置，防止直射眩光。

6 对于在灯光作用下易变质褪色的展示品，应选择低照度水平和采用可过滤紫外线辐射的光源；对于机器和雕塑等展品，应有较强的灯光。弱光展示区宜设在强光展示区之前，并应使照度水平不同的展厅之间有适宜的过渡照明。

7 展厅灯光宜采用自动调光系统。

8 展厅的每层面积超过 1500m² 时，应设有备用照明。重要藏品库房宜设有警卫照明。

9 藏品库房和展厅的照明线路应采用铜芯绝缘导线暗配线方式。藏品库房的电源开关应统一设在藏品库区内的藏品库房总门之外，并应装设防火剩余电流动作保护装置。藏品库房照明宜分区控制。

10.8.9 影剧院电气照明设计应符合下列规定：

1 影剧院观众厅在演出时的照度宜为 3～5lx。

2 观众厅照明应采用平滑调光方式，并应防止不舒适眩光。当使用荧光灯调光时，光源功率宜选用统一规格。

3 观众厅照明宜根据使用需要多处控制，并宜设有值班、清扫用照明，其控制开关宜设在前厅值班室。

4 观众厅及其出口、疏散楼梯间、疏散通道以及演员和工作人员的出口，应设有应急照明。观众厅的疏散标志灯宜选用亮度可调式，演出时可减光40%，疏散时不应减光。

5 甲、乙等剧场观众厅应设置座位排号灯，其电源电压不应超过 36V。

6 化妆室照明宜选用高显色性光源，光源的色温应与舞台照明光源色温接近。演员化妆台宜设有安全特低电压电源插座。

7 门厅、休息厅宜配置备用电源回路。

8 影剧院前厅、休息厅、观众厅和走廊等场所，其照明控制开关宜集中设在前厅值班室或带锁的配电箱内。

10.9 建筑景观照明

10.9.1 景观照明设计应符合下列规定：

1 建筑景观照明设计应服从城市景观照明设计的总体要求。景观亮度、光色及光影效果应与所在区域整体光环境相协调。

2 当景观照明涉及文物古建、航空航海标志等，或将照明设施安装在公共区域时，应取得相关部门批准。

3 景观照明的设置应表现建筑物或构筑物的特征，并应显示出建筑艺术立体感。

4 对于标志性建筑、具有重要政治文化意义的构筑物，宜作为区域景观照明设计方案的重点对象加以突出。

5 城市繁华商业街区的景观照明宜结合店牌与广告照明、橱窗照明等进行整体设计。

6 城市景观照明宜与城市街区照明结合设置，应满足道路照明要求并注意避免对行人、行车视线的干扰以及对正常灯光标志的干扰。

10.9.2 照明方式与亮度水平控制应符合下列要求：

1 建筑物泛光照明应考虑整体效果。光线的主投射方向宜与主视线方向构成 30°～70°夹角。不应单独使用色温高于 6000K 的光源。

2 应根据受照面的材料表面反射比及颜色选配灯具及确定安装位置，并应使建筑物上半部的平均亮度高于下半部。当建筑表面反射比低于 0.2 时，不宜采用投射光照明方式。

3 可采用在建筑自身或在相邻建筑物上设置灯具的布灯方式或将两种方式结合，也可将灯具设置在地面绿化带中。

4 在建筑物自身上设置照明灯具时，应使窗墙形成均匀的光幕效果。

5 采用投射光照明的被照景物的平均亮度水平宜符合表 10.9.2 的规定。

表 10.9.2 被照景物亮度水平

被照景物所处区域	亮度范围（cd/m²）
城市中心商业区、娱乐区、大型广场	<15
一般城市街区、边缘商业区、城镇中心区	<10
居住区、城市郊区、较大面积的园林景区	<5

6 对体形较大且具有较丰富轮廓线的建筑，可采用轮廓装饰照明。当同时设置轮廓装饰照明和投射光照明时，投射光照明应保持在较低的亮度水平。

7 对体形高大且具有较大平整立面的建筑，可在立面上设置由多组霓虹灯、彩色荧光灯或彩色LED灯构成的大型灯组。

8 采用玻璃幕墙或外墙开窗面积较大的办公、商业、文化娱乐建筑，宜采用以内透光照明为主的景观照明方式。

9 喷水照明的设置应使灯具的主要光束集中于水柱和喷水端部的水花。当使用彩色滤光片时，应根据不同的透射比正确选择光源功率。

10 当采用安装于行人水平视线以下位置的照明灯具时，应避免出现眩光。

11 景观照明的灯具安装位置，应避免在白天对建筑外观产生不利的影响。

10.9.3 供电与控制应符合下列规定：

1 室内分支线路每一单相回路电流不宜超过16A，室外分支线路每一单相回路电流不宜超过25A。室外单相 220V 支路线路长度不宜超过 100m，220/380V 三相四线制线路长度不宜超过 300m，并应进行保护灵敏度的校验。

2 除采用 LED 光源外，建筑物轮廓灯每一单相回路不宜超过100个。

3 安装于建筑内的景观照明系统应与该建筑配电系统的接地形式一致。安装于室外的景观照明中距建筑外墙20m以内的设施，应与室内系统的接地形式一致，距建筑物外墙大于20m宜采用TT接地形式。

4 室外分支线路应装设剩余电流动作保护器。

5 景观照明应集中控制，并应根据使用要求设置一般、节日、重大庆典等不同的控制方案。

11 民用建筑物防雷

11.1 一般规定

11.1.1 本章适用于民用建筑物、构筑物的防雷设计，不适用于具有爆炸和火灾危险环境的民用建筑物的防雷设计。

11.1.2 建筑物防雷设计应调查地质、地貌、气象、环境等条件和雷电活动规律以及被保护物的特点等，因地制宜地采取防雷措施，做到安全可靠、技术先进、经济合理。

11.1.3 建筑物防雷不应采用装有放射性物质的接闪器。

11.1.4 新建建筑物防雷应根据建筑及结构形式与相关专业配合，宜利用建筑物金属结构及钢筋混凝土结构中的钢筋等导体作为防雷装置。

11.1.5 年平均雷暴日数应根据当地气象台（站）的资料确定。

11.1.6 建筑物年预计雷击次数的计算应符合本规范附录C的规定。

11.1.7 在防雷装置与其他设施和建筑物内人员无法隔离的情况下，装有防雷装置的建筑物，应采取等电位联结。

11.1.8 民用建筑物防雷设计除应符合本规范的规定外，尚应符合现行国家标准《建筑物防雷设计规范》GB 50057和《建筑物电子信息系统防雷技术规范》GB 50343的规定。

11.2 建筑物的防雷分类

11.2.1 建筑物应根据其重要性、使用性质、发生雷电事故的可能性及后果，按防雷要求进行分类。

11.2.2 根据现行国家标准《建筑物防雷设计规范》GB 50057的规定，民用建筑物应划分为第二类和第三类防雷建筑物。

在雷电活动频繁或强雷区，可适当提高建筑物的防雷保护措施。

11.2.3 符合下列情况之一的建筑物，应划为第二类防雷建筑物：

1 高度超过100m的建筑物；

2 国家级重点文物保护建筑物；

3 国家级的会堂、办公建筑物、档案馆、大型博展建筑物；特大型、大型铁路旅客站；国际性的航空港、通信枢纽；国宾馆、大型旅游建筑物；国际港口客运站；

4 国家级计算中心、国家级通信枢纽等对国民经济有重要意义且装有大量电子设备的建筑物；

5 年预计雷击次数大于0.06的部、省级办公建筑物及其他重要或人员密集的公共建筑物；

6 年预计雷击次数大于0.3的住宅、办公楼等一般民用建筑物。

11.2.4 符合下列情况之一的建筑物，应划为第三类防雷建筑物：

1 省级重点文物保护建筑物及省级档案馆；

2 省级大型计算中心和装有重要电子设备的建筑物；

3 19层及以上的住宅建筑和高度超过50m的其他民用建筑物；

4 年预计雷击次数大于或等于0.012且小于或等于0.06的部、省级办公建筑物及其他重要或人员密集的公共建筑物；

5 年预计雷击次数大于或等于0.06且小于或等于0.3的住宅、办公楼等一般民用建筑物；

6 建筑群中最高的建筑物或位于建筑群边缘高度超过20m的建筑物；

7 通过调查确认当地遭受过雷击灾害的类似建筑物；历史上雷害事故严重地区或雷害事故较多地区的较重要建筑物；

8 在平均雷暴日大于15d/a的地区，高度大于或等于15m的烟囱、水塔等孤立的高耸构筑物；在平均雷暴日小于或等于15d/a的地区，高度大于或等于20m的烟囱、水塔等孤立的高耸构筑物。

11.3 第二类防雷建筑物的防雷措施

11.3.1 第二类防雷建筑物应采取防直击雷、防侧击和防雷电波侵入的措施。

11.3.2 防直击雷的措施应符合下列规定：

1 接闪器宜采用避雷带（网）、避雷针或由其混合组成。避雷带应装设在建筑物易受雷击的屋角、屋脊、女儿墙及屋檐等部位，并应在整个屋面上装设不大于10m×10m或12m×8m的网格。

2 所有避雷针应采用避雷带或等效的环形导体相互连接。

3 引出屋面的金属物体可不装接闪器，但应和屋面防雷装置相连。

4 在屋面接闪器保护范围之外的非金属物体应装设接闪器，并应和屋面防雷装置相连。

5 当利用金属物体或金属屋面作为接闪器时，应符合本规范第11.6.4条的要求。

6 防直击雷的引下线应优先利用建筑物钢筋混凝土中的钢筋或钢结构柱，当利用建筑物钢筋混凝土中的钢筋作为引下线时，应符合本规范第 11.7.7 条的要求。

7 防直击雷装置的引下线的数量和间距应符合下列规定：

1）专设引下线时，其根数不应少于 2 根，间距不应大于 18m，每根引下线的冲击接地电阻不应大于 10Ω；

2）当利用建筑物钢筋混凝土中的钢筋或钢结构柱作为防雷装置的引下线时，其根数可不限，间距不应大于 18m，但建筑外廓易受雷击的各个角上的柱子的钢筋或钢柱应被利用，每根引下线的冲击接地电阻可不作规定。

8 防直击雷的接地网应符合本规范第 11.8 节的规定。

11.3.3 当建筑物高度超过 45m 时，应采取下列防侧击措施：

1 建筑物内钢构架和钢筋混凝土的钢筋应相互连接。

2 应利用钢柱或钢筋混凝土柱子内钢筋作为防雷装置引下线。结构圈梁中的钢筋应每三层连成闭合回路，并应同防雷装置引下线连接。

3 应将 45m 及以上外墙上的栏杆、门窗等较大金属物直接或通过预埋件与防雷装置相连。

4 垂直敷设的金属管道及类似金属物除应满足本规范第 11.3.6 条的规定外，尚应在顶端和底端与防雷装置连接。

11.3.4 防雷电波侵入的措施应符合下列规定：

1 为防止雷电波的侵入，进入建筑物的各种线路及金属管道宜采用全线埋地引入，并应在入户端将电缆的金属外皮、钢导管及金属管道与接地网连接。当采用全线埋地电缆确有困难而无法实现时，可采用一段长度不小于 $2\sqrt{\rho}$（m）的铠装电缆或穿钢导管的全塑电缆直接埋地引入，电缆埋地长度不应小于 15m，其入户端电缆的金属外皮或钢导管应与接地网连通。

注：ρ 为埋地电缆处的土壤电阻率（Ω·m）。

2 在电缆与架空线连接处，还应装设避雷器，并应与电缆的金属外皮或钢导管及绝缘子铁脚、金具连在一起接地，其冲击接地电阻不应大于 10Ω。

3 年平均雷暴日在 30d/a 及以下地区的建筑物，可采用低压架空线直接引入建筑物，并应符合下列要求：

1）入户端应装设避雷器，并应与绝缘子铁脚、金具连在一起接到防雷接地网上，冲击接地电阻不应大于 5Ω；

2）入户端的三基电杆绝缘子铁脚、金具应接地，靠近建筑物的电杆的冲击接地电阻不应大于 10Ω，其余两基电杆不应大于 20Ω。

4 进出建筑物的架空和直接埋地的各种金属管道应在进出建筑物处与防雷接地网连接。

5 当低压电源采用全长电缆或架空线换电缆引入时，应在电源引入处的总配电箱装设浪涌保护器。

6 设在建筑物内、外的配电变压器，宜在高、低压侧的各相装设避雷器。

11.3.5 防止雷电流流经引下线和接地网时产生的高电位对附近金属物体、电气线路、电气设备和电子信息设备的反击的措施应符合下列规定：

1 有条件时，宜将防雷装置的接闪器和引下线与建筑物内的金属物体隔开。金属物体至引下线的距离应符合公式（11.3.5-1）至（11.3.5-3）的要求，地下各种金属管道及其他各种接地网距防雷接地网的距离应符合公式（11.3.5-4）的要求，且不应小于 2m，达不到时应相互连接。

当 $L_x \geqslant 5R_i$ 时 $S_{a1} \geqslant 0.075K_c(R_i + L_x)$ （11.3.5-1）

当 $L_x < 5R_i$ 时 $S_{a1} \geqslant 0.3K_c(R_i + 0.1L_x)$ （11.3.5-2）

$$S_{a2} \geqslant 0.075K_cL_x \quad (11.3.5\text{-}3)$$

$$S_{ed} \geqslant 0.3K_cR_i \quad (11.3.5\text{-}4)$$

式中 S_{a1}——当金属管道的埋地部分未与防雷接地网连接时，引下线与金属物体之间的空气中距离（m）；

S_{a2}——当金属管道的埋地部分已与防雷接地网连接时，引下线与金属物体之间的空气中距离（m）；

R_i——防雷接地网的冲击接地电阻（Ω）；

L_x——引下线计算点到地面长度（m）；

S_{ed}——防雷接地网与各种接地网或埋地各种电缆和金属管道间的地下距离（m）；

K_c——分流系数，单根引下线应为 1，两根引下线及接闪器不成闭合环的多根引下线应为 0.66，接闪器成闭合环或网状的多根引下线应为 0.44。

2 当利用建筑物的钢筋体或钢结构作为引下线，同时建筑物的大部分钢筋、钢结构等金属物与被利用的部分连成整体时，其距离可不受限制。

3 当引下线与金属物或线路之间有自然接地或人工接地的钢筋混凝土构件、金属板、金属网等静电屏蔽物隔开时，其距离可不受限制。

4 当引下线与金属物或线路之间有混凝土墙、砖墙隔开时，混凝土墙的击穿强度应与空气击穿强度相同，砖墙的击穿强度应为空气击穿强度的二分之一。当引下线与金属物或线路之间距离不能满足上述要求时，金属物或线路应与引下线直接相连或通过过电压保护器相连。

5 对于设有大量电子信息设备的建筑物，其电气、电信竖井内的接地干线应与每层楼板钢筋作等电位联结。一般建筑物的电气、电信竖井内的接地干线应每三层与楼板钢筋作等电位联结。

11.3.6 当整个建筑物全部为钢筋混凝土结构或为砖混结构但有钢筋混凝土组合柱和圈梁时，应利用钢筋混凝土结构内的钢筋设置局部等电位联结端子板，并应将建筑物内的各种竖向金属管道每三层与局部等电位联结端子板连接一次。

11.3.7 当防雷接地网符合本规范第 11.8.8 条的要求时，应优先利用建筑物钢筋混凝土基础内的钢筋作为接地网。当为专设接地网时，接地网应围绕建筑物敷设成一个闭合环路，其冲击接地电阻不应大于 10Ω。

11.4 第三类防雷建筑物的防雷措施

11.4.1 第三类防雷建筑物应采取防直击雷、防侧击和防雷电波侵入的措施。

11.4.2 防直击雷的措施应符合下列规定：

1 接闪器宜采用避雷带（网）、避雷针或由其混合组成，所有避雷针应采用避雷带或等效的环形导体相互连接。

2 避雷带应装设在屋角、屋脊、女儿墙及屋檐等建筑物易受雷击部位，并应在整个屋面上装设不大于 20m×20m 或 24m×16m 的网格。

3 对于平屋面的建筑物，当其宽度不大于 20m 时，可仅沿周边敷设一圈避雷带。

4 引出屋面的金属物体可不装接闪器，但应和屋面防雷装置相连。

5 在屋面接闪器保护范围以外的非金属物体应装设接闪器，并应和屋面防雷装置相连。

6 当利用金属物体或金属屋面作为接闪器时，应符合本规范第 11.6.4 条的要求；

7 防直击雷装置的引下线应优先利用钢筋混凝土中的钢筋，但应符合本规范第 11.7.7 条的要求。

8 防直击雷装置的引下线的数量和间距应符合下列规定：

1）为防雷装置专设引下线时，其引下线数量不应少于两根，间距不应大于 25m，每根引下线的冲击接地电阻不宜大于 30Ω；对第 11.2.4 条第 4 款所规定的建筑物则不宜大于 10Ω；

2）当利用建筑物钢筋混凝土中的钢筋作为防雷装置引下线时，其引下线数量可不受限制，间距不应大于 25m，建筑物外廓易受雷击的几个角上的柱筋宜被利用。每根引下线的冲击接地电阻值可不作规定。

9 构筑物的防直击雷装置引下线可为一根，当其高度超过 40m 时，应在相对称的位置上装设两根。当符合本规范第 11.7.7 条的要求时，钢筋混凝土结构的构筑物中的钢筋可作为引下线。

10 防直击雷装置的接地网宜和电气设备等接地网共用。进出建筑物的各种金属管道及电气设备的接地网，应在进出处与防雷接地网相连。

在共用接地网并与埋地金属管道相连的情况下，接地网宜围绕建筑物敷设成环形。当符合本规范第 11.8.8 条的要求时，应利用基础和地梁作为环形接地网。

11.4.3 当建筑物高度超过 60m 时，应采取下列防侧击措施：

1 建筑物内钢构架和钢筋混凝土中的钢筋及金属管道等的连接措施，应符合本规范第 11.3.3 条的规定；

2 应将 60m 及以上外墙上的栏杆、门窗等较大的金属物直接或通过预埋件与防雷装置相连。

11.4.4 防雷电波侵入的措施应符合下列规定：

1 对电缆进出线，应在进出端将电缆的金属外皮、金属导管等与电气设备接地相连。架空线转换为电缆时，电缆长度不宜小于 15m，并应在转换处装设避雷器。避雷器、电缆金属外皮和绝缘子铁脚、金具应连在一起接地，其冲击接地电阻不宜大于 30Ω。

2 对低压架空进出线，应在进出处装设避雷器，并应与绝缘子铁脚、金具连在一起接到电气设备的接地网上。当多回路进出线时，可仅在母线或总配电箱处装设避雷器或其他形式的浪涌保护器，但绝缘子铁脚、金具仍应接到接地网上。

3 进出建筑物的架空金属管道，在进出处应就近接到防雷或电气设备的接地网上或独自接地，其冲击接地电阻不宜大于 30Ω。

11.4.5 防止雷电流流经引下线和接地网时产生的高电位对附近金属物体、电气线路、电气设备和电子信息设备的反击的措施，应符合下列要求：

1 有条件时，宜将防雷装置的接闪器和引下线与建筑物内的金属物体隔开。金属物体至引下线的距离应符合公式（11.4.5-1）或（11.4.5-2）的要求。地下各种金属管道及其他各种接地网距防雷接地网的距离应符合公式（11.3.5-4）的要求，但不应小于 2m。当达不到时，应相互连接。

当 $L_x \geqslant 5R_i$ 时 $S_{al} \geqslant 0.05K_c(R_i + L_x)$ （11.4.5-1）

当 $L_x < 5R_i$ 时 $S_{al} \geqslant 0.2K_c(R_i + 0.1L_x)$ （11.4.5-2）

式中 S_{al}——当金属管道的埋地部分未与防雷接地网连接时，引下线与金属物体之间的空气中距离（m）；

R_i——防雷接地网的冲击接地电阻（Ω）；

K_c ——分流系数；

L_x ——引下线计算点到地面长度（m）。

2 在共用接地网并与埋地金属管道相连的情况下，其引下线与金属物之间的空气中距离应符合公式（11.3.5-3）的要求。

3 当利用建筑物的钢筋体或钢结构作为引下线，同时建筑物的钢筋、钢结构等金属物与被利用的部分连成整体时，其距离可不受限制。

4 当引下线与金属物或线路之间有自然地或人工地的钢筋混凝土构件、金属板、金属网等静电屏蔽物隔开时，其距离可不受限制。

5 电气、电信竖井内的接地干线与楼板钢筋的等电位联结应符合本规范第11.3.5条的规定。

11.5 其他防雷保护措施

11.5.1 微波站、电视差转台、卫星通信地球站、广播电视发射台、雷达站、雷达雷测试调试场、移动通信基站等建筑物的防雷，应符合下列规定：

1 天线铁塔上的天线应在避雷针保护范围内，避雷针可固定在天线铁塔上，塔身金属结构可兼作接闪器和引下线。当天线塔位于机房旁边时，应在塔基四角外敷设铁塔接地网和闭合环形接地体，天线铁塔及防雷引下线应与该接地网和闭合环形接地体可靠连通。天线基础周围的闭合环形接地体与围绕机房四周敷设的闭合环形接地体应有两处以上部位可靠连接。

2 天线铁塔上的天线馈线波导管或同轴传输线的金属外皮及敷线金属导管，应在塔的上下两端及超过60m时，还应在其中间部位与塔身金属结构可靠连接，并应在机房入口处的外侧与接地网连通。经走线架上塔的天线馈线，应在其转弯处上方0.5～1m范围内可靠接地，室外走线架亦应在始末两端可靠接地。塔上的天线安装框架、支持杆、灯具外壳等金属件，应与塔身金属结构用螺栓连接或焊接连通。塔顶航空障碍灯及塔上的照明灯电源线应采用带金属外皮的电缆或将导线穿入金属导管，电缆金属外皮或金属导管至少应在上下两端与塔身连接。

3 卫星通信地球站天线的防雷，可采用独立避雷针或在天线口面上沿及副面调整器顶端预留的安装避雷针处分别安装相应的避雷针。当天线安装于地面上时，其防雷引下线应直接引至天线基础周围的闭合形接地体。当天线位于机房屋顶时，可利用建筑物结构钢筋作为其防雷引下线。

4 中波无线电广播台的桅杆天线塔对地应是绝缘的，宜在塔基设有绝缘子，桅杆天线底部与大地之间安装球形放电间隙。桅杆天线必须自桅杆中心向外呈辐射状敷设接地网，地网相邻导体间夹角应相等。导体的数量及每根导体的长度，应根据发射机输出功率及波长确定。

短波无线电广播台的天线塔上应装设避雷针并将塔体接地。无线电广播台发射机房内应设置高频接地母线及高频接地极。

5 雷达站的天线本身可作为防雷接闪器。当另设避雷针或避雷线作为接闪器以保护雷达天线时，应避免其对雷达工作的影响。

6 微波站、电视差转台、卫星通信地球站、广播电视发射台、雷达测试调试场、移动通信基站等设施的机房屋顶应设避雷网，其网格尺寸不应大于3m×3m，且应与屋顶四周敷设的闭合环形避雷带焊接连通。机房四周应设雷电流引下线，引下线可利用机房建筑结构柱内的2根以上主钢筋，并应与钢筋混凝土屋面板、梁及基础、桩基内的主钢筋相互连通。当天线塔直接位于屋顶上时，天线塔四角应在屋顶与雷电流引下线分别就近连通。机房外应围绕机房敷设闭合环形水平接地体并在四角与机房接地网连通。对于钢筋混凝土楼板的地面和顶面，其楼板内所有结构钢筋应可靠连通，并应与闭合环形接地极连成一体。对于非钢筋混凝土楼板的地面和顶面，应在楼板构造内敷设不大于1.5m×1.5m的均压网，并应与闭合环形接地极连成一体。雷达站机房应利用地面、顶面和墙面内钢筋构成网格不大于200mm×200mm的笼形屏蔽接地体。

7 微波站、电视差转台、卫星通信地球站、广播电视发射台、雷达站、雷达测试调试场、移动通信基站等设施机房及电力室内应在墙面、地槽或走线架上敷设环形或排形接地汇集线，机房和电力室接地汇集线之间应采用截面积不小于40mm×4mm热镀锌扁钢连接导体相互可靠连通，并应对称各引出2根接地引入导体与机房接地网就近焊接连通。

8 微波站、电视差转台、卫星通信地球站、广播电视发射台、雷达站、雷达测试调试场、移动通信基站等设施的站区内严禁布设架空缆线，进出机房的各类缆线均应采用具有金属外护套的电缆或穿金属导管埋地敷设，其埋地长度不应小于50m，两端应与接地网相连接。当其长度大于60m时，中间应接地。电缆在进站房处应将电缆芯线加浪电涌保护器，电缆内的空线应对应接地。

9 雷达测试调试场应埋设环形水平接地体，其地面上应预留接地端子，各种专用车辆的功能接地、保护接地、电源电缆的外皮及馈线屏蔽层外皮，均应采用接地导体以最短路径与接地端子相连。

11.5.2 固定在建筑物上的节日彩灯、航空障碍标志灯及其他用电设备的线路，应采取下列防雷电波侵入措施。

1 无金属外壳或保护网罩的用电设备，应处在接闪器的保护范围内。

2 有金属外壳或保护网罩的用电设备，应将金属外壳或保护网罩就近与屋顶防雷装置相连。

3 从配电盘引出的线路应穿钢导管，钢导管的一端应与配电盘外露可导电部分相连，另一端应与用电设备外露可导电部分及保护罩相连，并应就近与屋顶防雷装置相连，钢导管因连接设备而在中间断开时，应设跨接线，钢导管穿过防雷分区界面时，应在分区界面作等电位联结。

4 在配电盘内，应在开关的电源侧与外露可导电部分之间装设浪涌保护器。

11.5.3 对于不装防雷装置的所有建筑物和构筑物，应在进户处将绝缘子铁脚连同铁横担一起接到电气设备的接地网上，并应在室内总配电盘装设浪涌保护器。

11.5.4 严禁在独立避雷针、避雷网、引下线和避雷线支柱上悬挂电话线、广播线和低压架空线等。

11.5.5 屋面露天汽车停车场应采用避雷针、架空避雷线（网）作接闪器，且应使屋面车辆和人员处于接闪器保护范围内。

11.5.6 粮、棉及易燃物大量集中的露天堆场，宜采取防直击雷措施。当其年计算雷击次数大于或等于0.06时，宜采用独立避雷针或架空避雷线防直击雷。独立避雷针和架空避雷线保护范围的滚球半径 h_r 可取100m。当计算雷击次数时，建筑物的高度可按堆放物可能堆放的高度计算，其长度和宽度可按可能堆放面积的长度和宽度计算。

11.6 接 闪 器

11.6.1 不得利用安装在接收无线电视广播的共用天线的杆顶上的接闪器保护建筑物。

11.6.2 建筑物防雷装置可采用避雷针、避雷带（网）、屋顶上的永久性金属物及金属屋面作为接闪器。

11.6.3 避雷针宜采用圆钢或焊接钢管制成，其直径应符合表11.6.3的规定。

表 11.6.3 避雷针的直径

材料规格 / 针长、部位	圆钢直径（mm）	钢管直径（mm）
1m以下	≥12	≥20
1～2m	≥16	≥25
烟囱顶上	≥20	≥40

11.6.4 避雷网和避雷带宜采用圆钢或扁钢，其尺寸应符合表11.6.4的规定。

表 11.6.4 避雷网、避雷带及烟囱顶上的避雷环规格

材料规格 / 类别	圆钢直径（mm）	扁钢截面（mm^2）	扁管厚度（mm）
避雷网、避雷带	≥8	≥48	≥4
烟囱上的避雷环	≥12	≥100	≥4

11.6.5 对于利用钢板、铜板、铝板等做屋面的建筑物，当符合下列要求时，宜利用其屋面作为接闪器：

1 金属板之间具有持久的贯通连接；

2 当金属板需要防雷击穿孔时，钢板厚度不应小于4mm，铜板厚度不应小于5mm，铝板厚度不应小于7mm；

3 当金属板不需要防雷击穿孔和金属板下面无易燃物品时，钢板厚度不应小于0.5mm，铜板厚度不应小于0.5mm，铝板厚度不应小于0.65mm，锌板厚度不应小于0.7mm；

4 金属板应无绝缘被覆层。

11.6.6 层顶上的永久性金属物宜作为接闪器，但其所有部件之间均应连成电气通路，并应符合下列规定：

1 对于旗杆、栏杆、装饰物等，其规格不应小于本规范第11.6.2条和第11.6.3条的规定；

2 钢管、钢罐的壁厚不应小于2.5mm，当钢管、钢罐一旦被雷击穿，其介质对周围环境造成危险时，其壁厚不得小于4mm。

11.6.7 接闪器应热镀锌，焊接处应涂防腐漆。在腐蚀性较强的场所，还应加大其截面或采取其他防腐措施。

11.6.8 接闪器的布置及保护范围应符合下列规定：

1 接闪器应由下列各形式之一或任意组合而成：

1）独立避雷针；

2）直接装设在建筑物上的避雷针、避雷带或避雷网。

2 布置接闪器时应优先采用避雷网、避雷带或采用避雷针，并应按表11.6.7规定的不同建筑防雷类别的滚球半径 h_r，采用滚球法计算接闪器的保护范围。

注：滚球法是以 h_r 为半径的一个球体，沿需要防直击雷的部位滚动，当球体只触及接闪器（包括利用作为接闪器的金属物）或接闪器和地面（包括与大地接触能承受雷击的金属物）而不触及需要保护的部位时，则该部分就得到接闪器的保护。滚球法确定接闪器的保护范围应符合现行国家标准《建筑物防雷设计规范》GB 50057附录的规定。

表 11.6.7 按建筑物的防雷类别布置接闪器

建筑物防雷类别	滚球半径 h_r(m)	避雷网尺寸
第二类防雷建筑物	45	≤10m×10m或≤12m×8m
第三类防雷建筑物	60	≤20m×20m或≤24m×16m

11.7 引 下 线

11.7.1 建筑物防雷装置宜利用建筑物钢筋混凝土中的钢筋或采用圆钢、扁钢作为引下线。

11.7.2 引下线宜采用圆钢或扁钢。当采用圆钢时，直径不应小于 8mm。当采用扁钢时，截面不应小于 $48mm^2$，厚度不应小于 4mm。

对于装设在烟囱上的引下线，圆钢直径不应小于 12mm，扁钢截面不应小于 $100mm^2$ 且厚度不应小于 4mm。

11.7.3 除利用混凝土中钢筋作引下线外，引下线应热镀锌，焊接处应涂防腐漆。在腐蚀性较强的场所，还应加大截面或采取其他的防腐措施。

11.7.4 专设引下线宜沿建筑物外墙明敷设，并应以较短路径接地，建筑艺术要求较高者也可暗敷，但截面应加大一级。

11.7.5 建筑物的金属构件、金属烟囱、烟囱的金属爬梯等可作为引下线，其所有部件之间均应连成电气通路。

11.7.6 采用多根专设引下线时，宜在各引下线距地面 1.8m 以下处设置断接卡。

当利用钢筋混凝土中的钢筋、钢柱作为引下线并同时利用基础钢筋作为接地网时，可不设断接卡。当利用钢筋作引下线时，应在室内外适当地点设置连接板，供测量接地、接人工接地体和等电位联结用。

当仅利用钢筋混凝土中钢筋作引下线并采用埋于土壤中的人工接地体时，应在每根引下线的距地面不低于 0.5m 处设接地体连接板。采用埋于土壤中的人工接地体时，应设断接卡，其上端应与连接板或钢柱焊接。连接板处应有明显标志。

11.7.7 利用建筑钢筋混凝土中的钢筋作为防雷引下线时，其上部应与接闪器焊接，下部在室外地坪下 0.8～1m 处宜焊出一根直径为 12mm 或 40mm×4mm 镀锌钢导体，此导体伸出外墙的长度不宜小于 1m，作为防雷引下线的钢筋应符合下列要求：

1 当钢筋直径大于或等于 16mm 时，应将两根钢筋绑扎或焊接在一起，作为一组引下线；

2 当钢筋直径大于或等于 10mm 且小于 16mm 时，应利用四根钢筋绑扎或焊接作为一组引下线。

11.7.8 当建筑物、构筑物钢筋混凝土内的钢筋具有贯通性连接并符合本规范第 11.7.7 条要求时，竖向钢筋可作为引下线；当横向钢筋与引下线有可靠连接时，横向钢筋可作为均压环。

11.7.9 在易受机械损坏的地方，地面上 1.7m 至地面下 0.3m 的引下线应加保护设施。

11.8 接 地 网

11.8.1 民用建筑宜优先利用钢筋混凝土中的钢筋作为防雷接地网，当不具备条件时，宜采用圆钢、钢管、角钢或扁钢等金属体作人工接地极。

11.8.2 垂直埋设的接地极，宜采用圆钢、钢管、角钢等。水平埋设的接地极宜采用扁钢、圆钢等。人工接地极的最小尺寸应符合本规范表 12.5.1 的规定。

11.8.3 接地极及其连接导体应热镀锌，焊接处应涂防腐漆。在腐蚀性较强的土壤中，还应适当加大其截面或采取其他防腐措施。

11.8.4 垂直接地体的长宜为 2.5m。垂直接地极间的距离及水平接地极间的距离宜为 5m，当受场所限制时可减小。

11.8.5 接地极埋设深度不宜小于 0.6m，接地极应远离由于高温影响使土壤电阻率升高的地方。

11.8.6 当防雷装置引下线大于或等于两根时，每根引下线的冲击接地电阻均应满足对该建筑物所规定的防直击雷冲击接地电阻值。

11.8.7 为降低跨步电压，防直击雷的人工接地网距建筑物入口处及人行道不宜小于 3m，当小于 3m 时，应采取下列措施之一：

1 水平接地极局部深埋不应小于 1m；

2 水平接地极局部应包以绝缘物；

3 宜采用沥青碎石地面或在接地网上面敷设50～80mm 沥青层，其宽度不宜小于接地网两侧各 2m。

11.8.8 当基础采用以硅酸盐为基料的水泥和周围土壤的含水率不低于 4%以及基础的外表面无防腐层或有沥青质的防腐层时，钢筋混凝土基础内的钢筋宜作为接地网，并应符合下列要求：

1 每根引下线处的冲击接地电阻不宜大于 5Ω；

2 利用基础内钢筋网作为接地体时，每根引下线在距地面 0.5m 以下的钢筋表面积总和，对第二类防雷建筑物不应少于 $4.24K_c^2$ (m^2)，对第三类防雷建筑物不应少于 $1.89K_c^2$ (m^2)。

注：K_c 为分流系数，取值与本规范第 11.3.5 条中的取值一致。

11.8.9 当采用敷设在钢筋混凝土中的单根钢筋或圆钢作为防雷装置时，钢筋或圆钢的直径不应小于 10mm。

11.8.10 沿建筑物外面四周敷设成闭合环状的水平接地体，可埋设在建筑物散水以外的基础槽边。

11.8.11 防雷装置的接地电阻，应考虑在雷雨季节，土壤干、湿状态的影响。

11.8.12 在高土壤电阻率地区，宜采用下列方法降低防雷接地网的接地电阻：

1 可采用多支线外引接地网，外引长度不应大于有效长度（$2\sqrt{\rho}$）；

2 可将接地体埋于较深的低电阻率土壤中，也可采用井式或深钻式接地极；

3 可采用降阻剂，降阻剂应符合环保要求；

4 可换土；

5 可敷设水下接地网。

11.9 防雷击电磁脉冲

11.9.1 建筑物防雷击电磁脉冲设计宜符合下列规定：

1　电子信息系统是否需要防雷击电磁脉冲，应根据防雷区及设备要求进行损失评估及经济分析综合考虑，做到安全、适用、经济。

2　对于未装设防雷装置的建筑物，当电子信息系统需防雷击电磁脉冲时，该建筑物宜按第三类防雷建筑物采取防雷措施，接闪器宜采用避雷带（网）。

3　当工程设计阶段不明确电子信息系统的规模和具体设置且预计将设置电子信息系统时，应在设计时将建筑物金属构架、混凝土钢筋等自然构件、金属管道、电气的保护接地系统等与防雷装置连成共用接地系统，并应在适当地方预埋等电位联结板。

4　建筑物内电子信息系统应根据所在地雷暴日、设备所在的防雷区及系统对雷击电磁脉冲的抗扰度，采取相应的屏蔽、接地、等电位联结及装设浪涌保护器等防护措施。

5　根据电磁场强度的衰减情况，防雷区可划分为 $LPZ0_A$、$LPZ0_B$、LPZ1 及 LPZn+1 区。分区原则应符合现行国家标准《建筑物防雷设计规范》GB 50057的规定。

6　建筑物电子信息系统应根据信息系统所处环境进行雷击风险评估，可按信息系统的重要性和使用性质，将信息系统防雷击电磁脉冲防护等级划分为A、B、C、D四级，并应符合下列规定：

1）根据建筑物电子信息系统所处环境进行风险评估时，可按下式计算防雷装置的拦截效率，确定防护等级：

$$E = 1 - N_c/N \qquad (11.9.1)$$

式中　E——防雷装置的拦截效率；

N_c——直击雷和雷击电磁脉冲引起信息系统设备损坏的可接受的年平均雷击次数（次/a）；

N——建筑物及入户设施年预计雷击次数（次/a）。

当 N 小于或等于 N_c 时，可不安装雷电防护装置；

当 N 大于 N_c 时，应安装雷电防护装置；

当 E 大于0.98时，应为A级；

当 E 大于 0.90，小于或等于 0.98 时，应为 B级；

当 E 大于 0.80，小于或等于 0.90 时，应为 C级；

当 E 小于或等于 0.80 时，应为D级。

2）按建筑物电子系统的重要性和使用性质确定的防护等级应符合表 11.9.1 的规定；

3）当采用上述两种方法确定的防护等级不相同时，宜按较高级别确定。

11.9.2　为减少雷击电磁脉冲的干扰，宜在建筑物和被保护房间的外部设屏蔽、合理选择敷设线路路径及线路屏蔽等措施，并应符合下列规定：

1　建筑物金属屋顶、立面金属表面、钢柱、钢梁、混凝土内钢筋和金属门窗框架等大尺寸金属件，应作等电位联结并与防雷装置相连；

表 11.9.1　雷击电磁脉冲防护等级

雷击电磁脉冲防护等级	设置电子信息系统的建筑物
A级	1　大型计算中心、大型通信枢纽、国家金融中心、银行、机场、大型港口、火车枢纽站等 2　甲级安全防范系统，如国家文物、档案馆的闭路电视监控和报警系统 3　大型电子医疗设备、五星级宾馆
B级	1　中型计算中心、中型通信枢纽、移动通信基站、大型体育场馆监控系统、证券中心 2　乙级安全防范系统，如省级文物、档案馆的闭路电视监控和报警系统 3　雷达站、微波站、高速公路监控和收费系统 4　中型电子医疗设备 5　四星级宾馆
C级	1　小型通信枢纽、电信局 2　大中型有线电视系统 3　三星级以下宾馆
D级	除上述 A、B、C 级以外的电子信息设备

2　在需要保护的空间内，当采用屏蔽电缆时，其屏蔽层应在两端及在防雷区交界处作等电位联结；当系统要求只在一端作等电位联结时，应采用两层屏蔽，外层屏蔽按前述要求处理；

3　两个建筑物之间的非屏蔽电缆应敷设在金属导管内，导管两端应电气贯通，并应连接到各自建筑物的等电位联结带上；

4　当建筑物或房间的大屏蔽空间由金属框架或钢筋混凝土的钢筋等自然构件组成时，穿入该屏蔽空间的各种金属管道及导电金属物应就近作等电位联结；

5　每幢建筑物本身应采用共用接地网；当互相邻近的建筑物之间有电力和通信电缆连通时，宜将其接地网互相连接。

11.9.3　穿过各防雷区界面的金属物和系统，以及在一个防雷区内部的金属物和系统均应在界面处作等电位联结，并符合下列要求：

1　所有进入建筑物的外来导电物均应在 $LPZ0_A$ 或 $LPZ0_B$ 与 LPZ1 的界面处作等电位联结；当外来导电物、电力线、通信线在不同地点进入建筑物时，宜分别设置等电位联结端子箱，并应将其就近连接到接地网；

2 建筑物金属立面、钢筋等屏蔽构件宜每隔5m与环形接地体或内部环形导体连接一次；

3 电子信息系统的各种箱体、壳体、机架等金属组件应与建筑物的共用接地网作等电位联结。

11.9.4 低压配电系统及电子信息系统信号传输线路在穿过各防雷区界面处，宜采用浪涌保护器（SPD）保护，并应符合下列规定：

1 当上级浪涌保护器为开关型SPD，次级SPD采用限压型SPD时，两者之间的线路长度应大于10m。当上级与次级浪涌保护器均采用限压型SPD时，两者之间的线路长度应大于5m。除采用能量自动控制型组合SPD外，当上级与次级浪涌保护器之间的线路长度不能满足要求时，应加装退耦装置。

2 浪涌保护器必须能承受预期通过的雷电流，并应符合下列要求：

1）浪涌保护器应能熄灭在雷电流通过后产生的工频续流；

2）浪涌保护器的最大钳压加上其两端引线的感应电压之和，应与其保护对象所属系统的基本绝缘水平和设备允许的最大浪涌电压相配合，并应小于被保护设备的耐冲击过电压值，不宜大于被保护设备耐冲击过电压额定值的80%。

当无法获得设备的耐冲击过电压时，220/380V三相配电系统设备的绝缘耐冲击过电压额定值可按表11.9.4-1选用。

表11.9.4-1 220/380V三相系统各种设备绝缘耐冲击过电压额定值

设备位置	电源处的设备	配电线路和最后分支线路的设备	用电设备	特殊需要保护的设备
耐冲击过电压类别	Ⅳ类	Ⅲ类	Ⅱ类	Ⅰ类
耐冲击电压额定值kV	6	4	2.5	1.5

注：1 Ⅰ类—需要将瞬态过电压限制到特定水平的设备；
2 Ⅱ类—如家用电器、手提工具和类似负荷；
3 Ⅲ类—如配电盘，断路器，包括电缆、母线、分线盒、开关、插座等的布线系统，以及应用于永久至固定装置的固定安装的电动机等一些其他设备；
4 Ⅳ类—如电气计量仪表、一次线过流保护设备、波纹控制设备。

3 220/380V三相系统中的浪涌保护器的设置，应与接地形式及接线方式一致，且其最大持续运行电压U_c应符合下列规定：

1）TT系统中浪涌保护器安装在剩余电流保护器的负荷侧时，U_c不应小于$1.55U_0$；当浪涌保护器安装在剩余电流保护器的电源侧时，U_c不应小于$1.15U_0$；

2）TN系统中，U_c不应小于$1.15U_0$；

3）IT系统中，U_c不应小于$1.15U$（U为线间电压）。

注：U_0是低压系统相导体对中性导体的标称电压，在220/380V三相系统中，$U_0=220V$。

4 配电线路用SPD应根据工程的防护等级和安装位置对SPD的标称导通电压、标称放电电流、冲击通流容量、限制电压、残压等参数进行选择。用于配电线路SPD最大放电电流参数，应符合表11.9.4-2的规定。

表11.9.4-2 配电线路SPD最大放电电流参数

防护等级	LPZ0与LPZ1交界处 第一级最大放电电流（kA）		后续防雷区交界处 第二级最大放电电流（kA）	第三级最大放电电流（kA）	第四级最大放电电流（kA）	直流电源最大放电电流（kA）
	(10/350μs)	(8/20μs)	(8/20μs)	(8/20μs)	(8/20μs)	(8/20μs)
A级	≥20	≥80	≥40	≥20	≥10	≥10
B级	≥15	≥60	≥40	≥20	—	直流配电系统中根据线路长度和工作电压选用最大放电电流≥10kA适配的SPD
C级	≥12.5	≥50	≥20	—	—	
D级	≥12.5	≥50	≥10	—	—	

注：配电线路用SPD应具有SPD损坏告警、热容和过流保护、保险跳闸告警、遥信等功能；SPD的外封装材料应为阻燃材料。

5 信息系统的信号传输线路SPD，应根据线路工作频率、传输介质、传输速率、工作电压、接口形式、阻抗特性等参数，选用电压驻波比和插入损耗小的适配的产品，并应符合表11.9.4-3、11.9.4-4的规定。

6 各种计算机网络数据线路上的SPD，应根据被保护设备的工作电压、接口形式、特性阻抗、信号传输速率或工作频率等参数选用插入损耗低的适配的产品，并应符合表11.9.4-3、表11.9.4-4的规定。

表11.9.4-3 信号线路SPD性能参数

参数要求 \ 缆线类型	非屏蔽双绞线	屏蔽双绞线	同轴电缆
标称导通电压	$\geq 1.2U_n$	$\geq 1.2U_n$	$\geq 1.2U_n$
测试波形	(1.2/50μs、8/20μs)混合波	(1.2/50μs、8/20μs)混合波	(1.2/50μs、8/20μs)混合波
标称放电电流（kA）	≥1.0	≥0.5	≥3.0

注：U_n——额定工作电压。

表 11.9.4-4 信号线路、天馈线路 SPD 性能参数

名称	插入损耗 ≤(dB)	电压驻波比 ≤	响应时间 ≤(ns)	用于收发通信系统的 SPD 平均功率(kW)	特性阻抗(Ω)	传输速率(bit/s)	工作频率(MHz)	接口形式
数值	0.5	1.3	10	≥1.5 倍系统平均功率	应满足系统要求	应满足系统要求	应满足系统要求	应满足系统要求

注：信号线用 SPD 应满足信号传输速率及带宽的需要，其接口应与被保护设备兼容。

7 应在各防雷区界面处作等电位联结。当由于工艺要求或其他原因，被保护设备位置不在界面处，且线路能承受所发生的浪涌电压时，SPD 可安装在被保护设备处，线路的金属保护层或屏蔽层，宜在界面处作等电位联结。

8 SPD 安装线路上应有过电流保护器件，该器件应由 SPD 厂商配套，宜选用有劣化显示功能的 SPD。

9 浪涌保护器连接导线应短而直，引线长度不宜超过 0.5m。

10 建筑物电子信息系统机房内的电源严禁采用架空线路直接引入。

11.9.5 当电子信息系统设备由 TN 交流配电系统供电时，其配电线路必须采用 TN-S 系统的接地形式。

12 接地和特殊场所的安全防护

12.1 一 般 规 定

12.1.1 本章适用于交流标称电压 10kV 及以下用电设备的接地配置及特殊场所的安全防护设计。

12.1.2 用电设备的接地可分为保护性接地和功能性接地。

12.1.3 用电设备保护接地设计，根据工程特点和地质状况确定合理的系统方案。

12.1.4 不同电压等级用电设备的保护接地和功能接地，宜采用共用接地网；除有特殊要求外，电信及其他电子设备等非电力设备也可采用共用接地网。接地网的接地电阻应符合其中设备最小值的要求。

12.1.5 每个建筑均物应根据自身特点采取相应的等电位联结。

12.2 低压配电系统的接地形式和基本要求

12.2.1 低压配电系统的接地形式可分为 TN、TT、IT 三种系统，其中 TN 系统又可分为 TN-C、TN-S、TN-C-S 三种形式。

12.2.2 TN 系统应符合下列基本要求：

1 在 TN 系统中，配电变压器中性点应直接接地。所有电气设备的外露可导电部分应采用保护导体（PE）或保护接地中性导体（PEN）与配电变压器中性点相连接。

2 保护导体或保护接地中性导体应在靠近配电变压器处接地，且应在进入建筑物处接地。对于高层建筑等大型建筑物，为在发生故障时，保护导体的电位靠近地电位，需要均匀地设置附加接地点。附加接地点可采用有等电位效能的人工接地极或自然接地极等外界可导电体。

3 保护导体上不应设置保护电器及隔离电器，可设置供测试用的只有用工具才能断开的接点。

4 保护导体单独敷设时，应与配电干线敷设在同一桥架上，并应靠近安装。

12.2.3 采用 TN-C-S 系统时，当保护导体与中性导体从某点分开后不应再合并，且中性导体不应再接地。

12.2.4 TT 系统应符合下列基本要求：

1 在 TT 系统中，配电变压器中性点应直接接地。电气设备外露可导电部分所连接的接地极不应与配电变压器中性点的接地极相连接。

2 TT 系统中，所有电气设备外露可导电部分宜采用保护导体与共用的接地网或保护接地母线、总接地端子相连。

3 TT 系统配电线路的接地故障保护，应符合本规范第 7 章的有关规定。

12.2.5 IT 系统应符合下列基本要求：

1 在 IT 系统中，所有带电部分应对地绝缘或配电变压器中性点应通过足够大的阻抗接地。电气设备外露可导电部分可单独接地或成组地接地。

3 电气设备的外露可导电部分应通过保护导体或保护接地母线、总接地端子与接地极连接。

4 IT 系统必须装设绝缘监视及接地故障报警或显示装置。

5 在无特殊要求的情况下，IT 系统不宜引出中性导体。

12.2.6 IT 系统中包括中性导体在内的任何带电部分严禁直接接地。IT 系统中的电源系统对地应保持良好的绝缘状态。

12.2.7 应根据系统安全保护所具备的条件，并结合工程实际情况，确定系统接地形式。

在同一低压配电系统中，当全部采用 TN 系统确有困难时，也可部分采用 TT 系统接地形式。采用 TT 系统供电部分均应装设能自动切除接地故障的装置（包括剩余电流动作保护装置）或经由隔离变压器供电。自动切除故障的时间，应符合本规范第 7 章的有关规定。

12.3 保护接地范围

12.3.1 除另有规定外，下列电气装置的外露可导电

部分均应接地：

1 电机、电器、手持式及移动式电器；

2 配电设备、配电屏与控制屏的框架；

3 室内、外配电装置的金属构架、钢筋混凝土构架的钢筋及靠近带电部分的金属围栏等；

4 电缆的金属外皮和电力电缆的金属保护导管、接线盒及终端盒；

5 建筑电气设备的基础金属构架；

6 Ⅰ类照明灯具的金属外壳。

12.3.2 对于在使用过程中产生静电并对正常工作造成影响的场所，宜采取防静电接地措施。

12.3.3 除另有规定外，下列电气装置的外露可导电部分可不接地：

1 干燥场所的交流额定电压50V及以下和直流额定电压110V及以下的电气装置；

2 安装在配电屏、控制屏已接地的金属框架上的电气测量仪表、继电器和其他低压电器；安装在已接地的金属框架上的设备；

3 当发生绝缘损坏时不会引起危及人身安全的绝缘子底座。

12.3.4 **下列部位严禁保护接地：**

1 采用设置绝缘场所保护方式的所有电气设备的外露可导电部分及外界可导电部分；

2 采用不接地的局部等电位联结保护方式的所有电气设备的外露可导电部分及外界可导电部分；

3 采用电气隔离保护方式的电气设备外露可导电部分及外界可导电部分；

4 在采用双重绝缘及加强绝缘保护方式中的绝缘外护物里面的可导电部分。

12.3.5 当采用金属接线盒、金属导管保护或金属灯具时，交流220V照明配电装置的线路，宜加穿1根PE保护接地绝缘导线。

12.4 接地要求和接地电阻

12.4.1 交流电气装置的接地应符合下列规定：

1 当配电变压器高压侧工作于小电阻接地系统时，保护接地网的接地电阻应符合下式要求：

$$R \leqslant 2000/I \qquad (12.4.1\text{-}1)$$

式中 R——考虑到季节变化的最大接地电阻（Ω）；

I——计算用的流经接地网的入地短路电流（A）。

2 当配电变压器高压侧工作于不接地系统时，电气装置的接地电阻应符合下列要求：

1）高压与低压电气装置共用的接地网的接地电阻应符合下式要求，且不宜超过4Ω：

$$R \leqslant 120/I \qquad (12.4.1\text{-}2)$$

2）仅用于高压电气装置的接地网的接地电阻应符合下式要求，且不宜超过10Ω：

$$R \leqslant 250/I \qquad (12.4.1\text{-}3)$$

式中 R——考虑到季节变化的最大接地电阻（Ω）；

I——计算用的接地故障电流（A）。

3 在中性点经消弧线圈接地的电力网中，当接地网的接地电阻按本规范公式（12.4.1-2）、（12.4.1-3）计算时，接地故障电流应按下列规定取值：

1）对装有消弧线圈的变电所或电气装置的接地网，其计算电流应为接在同一接地网中同一电力网各消弧线圈额定电流总和的1.25倍；

2）对不装消弧线圈的变电所或电气装置，计算电流应为电力网中断开最大一台消弧线圈时最大可能残余电流，并不得小于30A。

4 在高土壤电阻率地区，当接地网的接地电阻达到上述规定值，技术经济不合理时，电气装置的接地电阻可提高到30Ω，变电所接地网的接地电阻可提高到15Ω，但应符合本规范第12.6.1条的要求。

12.4.2 低压系统中，配电变压器中性点的接地电阻不宜超过4Ω。高土壤电阻率地区，当达到上述接地电阻值困难时，可采用网格式接地网，但应满足本规范第12.6.1条的要求。

12.4.3 配电装置的接地电阻应符合下列规定：

1 当向建筑物供电的配电变压器安装在该建筑物外时，应符合下列规定：

1）对于配电变压器高压侧工作于不接地、消弧线圈接地和高电阻接地系统，当该变压器的保护接地网的接地电阻符合公式（12.4.3）要求且不超过4Ω时，低压系统电源接地点可与该变压器保护接地共用接地网。电气装置的接地电阻，应符合下式要求：

$$R \leqslant 50/I \qquad (12.4.3)$$

式中 R——考虑到季节变化时接地网的最大接地电阻（Ω）；

I——单相接地故障电流；消弧线圈接地系统为故障点残余电流。

2）低压电缆和架空线路在引入建筑物处，对于TN-S或TN-C-S系统，保护导体（PE）或保护接地中性导体（PEN）应重复接地，接地电阻不宜超过10Ω；对于TT系统，保护导体（PE）单独接地，接地电阻不宜超过4Ω；

3）向低压系统供电的配电变压器的高压侧工作于小电阻接地系统时，低压系统不得与电源配电变压器的保护接地共用接地网，低压系统电源接地点应在距该配电变压器适当的地点设置专用接地网，其接地电阻不宜超过4Ω。

2 向建筑物供电的配电变压器安装在该建筑物内时，应符合下列规定：

1）对于配电变压器高压侧工作于不接地、消弧线圈接地和高电阻接地系统，当该变压器保护接地的接地网的接地电阻不大于4Ω时，低压系统电源接地点可与该变压器保护接地共用接地网；

2）配电变压器高压侧工作于小电阻接地系统，当该变压器的保护接地接地网的接地电阻符合本规范公式（12.4.1-1）的要求且建筑物内采用总等电位联结时，低压系统电源接地点可与该变压器保护接地共用接地网。

12.4.4 保护配电变压器的避雷器，应与变压器保护接地共用接地网。

12.4.5 保护配电柱上的断路器、负荷开关和电容器组等的避雷器，其接地导体应与设备外壳相连，接地电阻不应大于10Ω。

12.4.6 TT系统中，当系统接地点和电气装置外露可导电部分已进行总等电位联结时，电气装置外露可导电部分可不另设接地网；当未进行总等电位联结时，电气装置外露可导电部分应设保护接地的接地网，其接地电阻应符合下式要求。

$$R \leqslant 50/I_a \quad (12.4.6\text{-}1)$$

式中 R——考虑到季节变化时接地网的最大接地电阻（Ω）；

I_a——保证保护电器切断故障回路的动作电流（A）。

当采用剩余动作电流保护器时，接地电阻应符合下式要求：

$$R \leqslant 25/I_{\Delta n} \quad (12.4.6\text{-}2)$$

式中 $I_{\Delta n}$——剩余动作电流保护器动作电流（mA）。

12.4.7 IT系统的各电气装置外露可导电部分的保护接地可共用接地网，亦可单个地或成组地用单独的接地网接地。每个接地网的接地电阻应符合下式要求。

$$R \leqslant 50/I_d \quad (12.4.7)$$

式中 R——考虑到季节变化时接地网的最大接地电阻（Ω）；

I_d——相导体和外露可导电部分间第一次短路故障电流（A）。

12.4.8 建筑物的各电气系统的接地宜用同一接地网。接地网的接地电阻，应符合其中最小值的要求。

12.4.9 架空线和电缆线路的接地应符合下列规定：

1 在低压TN系统中，架空线路干线和分支线的终端的PEN导体或PE导体应重复接地。电缆线路和架空线路在每个建筑物的进线处，宜按本规范第12.2.2条的规定作重复接地。在装有剩余电流动作保护器后的PEN导体不允许设重复接地。除电源中性点外，中性导体（N），不应重复接地。

低压线路每处重复接地网的接地电阻不应大于10Ω。在电气设备的接地电阻允许达到10Ω的电力网中，每处重复接地的接地电阻值不应超过30Ω，且重复接地不应少于3处。

2 在非沥青地面的居民区内，10（6）kV高压架空配电线路的钢筋混凝土电杆宜接地，金属杆塔应接地，接地电阻不宜超过30Ω。对于电源中性点直接接地系统的低压架空线路和高低压共杆的线路除出线端装有剩余电流动作保护器者除外，其钢筋混凝土电杆的铁横担或铁杆应与PEN导体连接，钢筋混凝土电杆的钢筋宜与PEN导体连接。

3 穿金属导管敷设的电力电缆的两端金属外皮均应接地，变电所内电力电缆金属外皮可利用主接地网接地。当采用全塑料电缆时，宜沿电缆沟敷设1～2根两端接地的接地导体。

12.5 接地网

12.5.1 接地极的选择与设置应符合下列规定：

1 在满足热稳定条件下，交流电气装置的接地极应利用自然接地导体。当利用自然接地导体时，应确保接地网的可靠性，禁止利用可燃液体或气体管道、供暖管道及自来水管道作保护接地极。

2 人工接地极可采用水平敷设的圆钢、扁钢，垂直敷设的角钢、钢管、圆钢，也可采用金属接地板。宜优先采用水平敷设方式的接地极。

按防腐蚀和机械强度要求，对于埋入土壤中的人工接地极的最小尺寸不应小于表12.5.1的规定。

表12.5.1 人工接地极最小尺寸（mm）

材料及形状	最小尺寸			
	直径（mm）	截面积（mm^2）	厚度（mm）	镀层厚度（μm）
热镀锌扁钢	—	90	3	63
热浸锌角钢	—	90	3	63
热镀锌深埋钢棒接地极	16	—	—	63
热镀锌钢管	25	—	2	47
带状裸铜	—	50	2	—
裸铜管	20	—	2	—

注：表中所列钢材尺寸也适用于敷设在混凝土中。

当与防雷接地网合用时，应符合本规范第11章的有关规定。

3 接地系统的防腐蚀设计应符合下列要求：

1）接地系统的设计使用年限宜与地面工程的设计使用年限一致；

2）接地系统的防腐蚀设计宜按当地的腐蚀

数据进行；

3）敷设在电缆沟的接地导体和敷设在屋面或地面上的接地导体，宜采用热镀锌，对埋入地下的接地极宜采取适合当地条件的防腐蚀措施。接地导体与接地极或接地极之间的焊接点，应涂防腐材料。在腐蚀性较强的场所，应适当加大截面。

12.5.2 在地下禁止采用裸铝导体作接地极或接地导体。

12.5.3 固定式电气装置的接地导体与保护导体应符合下列规定：

1 交流接地网的接地导体与保护导体的截面应符合热稳定要求。当保护导体按本规范表 7.4.5-2 选择截面时，可不对其进行热稳定校核。在任何情况下埋入土壤中的接地导体的最小截面均不得小于表 12.5.3 的规定。

表 12.5.3 埋入土壤中的接地导体最小截面（mm^2）

有无防腐蚀保护		有防机械损伤保护	无防机械损伤保护
有防腐蚀保护	铜	2.5	16
	钢	10	16
无防腐蚀保护	铜	25	
	钢	50	

2 保护导体宜采用与相导体相同的材料，也可采用电缆金属外皮、配线用的钢导管或金属线槽等金属导体。

当采用电缆金属外皮、配线用的钢导管及金属线槽作保护导体时，其电气特性应保证不受机械的、化学的或电化学的损害和侵蚀，其导电性能应满足本规范表 7.4.5-2 的规定。

3 不得使用可挠金属电线套管、保温管的金属外皮或金属网作接地导体和保护导体。在电气装置需要接地的房间内，可导电的金属部分应通过保护导体进行接地。

12.5.4 包括配线用的钢导管及金属线槽在内的外界可导电部分，严禁用作 PEN 导体。PEN 导体必须与相导体具有相同的绝缘水平。

12.5.5 接地网的连接与敷设应符合下列规定：

1 对于需进行保护接地的用电设备，应采用单独的保护导体与保护干线相连或用单独的接地导体与接地极相连；

2 当利用电梯轨道作接地干线时，应将其连成封闭的回路；

3 变压器直接接地或经过消弧线圈接地、柴油发电机的中性点与接地极或接地干线连接时，应采用单独接地导体。

12.5.6 水平或竖直井道内的接地与保护干线应符合下列要求：

1 电缆井道内的接地干线可选用镀锌扁钢或铜排。

2 电缆井道内的接地干线截面应按下列要求之一进行确定：

1）宜满足最大的预期故障电流及热稳定；

2）宜根据井道内最大相导体，并按本规范表 7.4.5-2 选择导体的截面。

3 电缆井道内的接地干线可兼作等电位联结干线。

4 高层建筑竖向电缆井道内的接地干线，应不大于 20m 与相近楼板钢筋作等电位联结。

12.5.7 接地极与接地导体、接地导体与接地导体的连接宜采用焊接，当采用搭接时，其搭接长度不应小于扁钢宽度的 2 倍或圆钢直径的 6 倍。

12.6 通用电力设备接地及等电位联结

12.6.1 配变电所接地配置应符合下列规定：

1 确定配变电所接地配置的形式和布置时，应采取措施降低接触电压和跨步电压。

在小电流接地系统发生单相接地时，可不迅速切除接地故障，配变电所、电气装置的接地配置上最大接触电压和最大跨步电压应符合下列公式的要求：

$$E_{jm} \leqslant 50 + 0.05\rho_b \quad (12.6.1\text{-}1)$$

$$E_{km} \leqslant 50 + 0.2\rho_b \quad (12.6.1\text{-}2)$$

式中 E_{jm}——接地配置的最大接触电动势（V）；

E_{km}——接地配置的最大跨步电动势（V）；

ρ_b——人站立处地表面土壤电阻率（Ω·m）。

在环境条件特别恶劣的场所，最大接触电压和最大跨步电压值宜降低。

当接地配置的最大接触电压和最大跨步电压较大时，可敷设高电阻率地面结构层或深埋接地网。

2 除利用自然接地极外，配变电所的接地网还应敷设人工接地极。但对 10kV 及以下配变电所利用建筑物基础作接地极的接地电阻能满足规定值时，可不另设人工接地极。

3 人工接地网外缘宜闭合，外缘各角应做成弧形。对经常有人出入的走道处，应采用高电阻率路面或采取均压措施。

12.6.2 手持式电气设备应采用专用保护接地芯导体，且该芯导体严禁用来通过工作电流。

12.6.3 手持式电气设备的插座上应备有专用的接地插孔。金属外壳的插座的接地插孔和金属外壳应有可靠的电气连接。

12.6.4 移动式电力设备接地应符合下列规定：

1 由固定式电源或移动式发电机以 TN 系统供电时，移动式用电设备的外露可导电部分应与电源的接地系统有可靠的电气连接。在中性点不接地的 IT 系统中，可在移动式用电设备附近设接地网。

2　移动式用电设备的接地应符合固定式电气设备的接地要求。

3　移动式用电设备在下列情况可不接地：

1）移动式用电设备的自用发电设备直接放在机械的同一金属支架上，且不供其他设备用电时；

2）不超过两台用电设备由专用的移动发电机供电，用电设备距移动式发电机不超过 50m，且发电机和用电设备的外露可导电部分之间有可靠的电气连接时。

12.6.5　在高土壤电阻率地区，可按本规范第 11.8.12 条的规定降低电气装置接地电阻值。

12.6.6　等电位联结应符合下列规定：

1　总等电位联结应符合下列规定：

1）民用建筑物内电气装置应采用总等电位联结。下列导电部分应采用总等电位联结导体可靠连接，并应在进入建筑物处接向总等电位联结端子板：

——PE（PEN）干线；

——电气装置中的接地母线；

——建筑物内的水管、燃气管、采暖和空调管道等金属管道；

——可以利用的建筑物金属构件。

2）下列金属部分不得用作保护导体或保护等电位联结导体：

——金属水管；

——含有可燃气体或液体的金属管道；

——正常使用中承受机械应力的金属结构；

——柔性金属导管或金属部件；

——支撑线。

3）总等电位联结导体的截面不应小于装置的最大保护导体截面的一半，并不应小于 $6mm^2$。当联结导体采用铜导体时，其截面不应大于 $25mm^2$；当为其他金属时，其截面应承载与 $25mm^2$ 铜导体相当的载流量。

2　辅助（局部）等电位联结应符合下列规定：

1）在一个装置或装置的一部分内，当作用于自动切断供电的间接接触保护不能满足本规范第 7.7 节规定的条件时，应设置辅助等电位联结；

2）辅助等电位联结应包括固定式设备的所有能同时触及的外露可导电部分和外界可导电部分；

3）连接两个外露可导电部分的辅助等电位导体的截面不应小于接至该两个外露可导电部分的较小保护导体的截面；

4）连接外露可导电部分与外界可导电部分的辅助等电位联结导体的截面，不应小于相应保护导体截面的一半。

12.7　电子设备、计算机接地

12.7.1　电子设备接地系统应符合下列规定：

1　电子设备应同时具有信号电路接地（信号地）、电源接地和保护接地等三种接地系统。

2　电子设备信号电路接地系统的形式，可根据接地导体长度和电子设备的工作频率进行确定，并应符合下列规定：

1）当接地导体长度小于或等于 0.02λ（λ 为波长），频率为 30kHz 及以下时，宜采用单点接地形式；信号电路可以一点作电位参考点，再将该点连接至接地系统；

采用单点接地形式时，宜先将电子设备的信号电路接地、电源接地和保护接地分开敷设的接地导体接至电源室的接地总端子板，再将端子板上的信号电路接地、电源接地和保护接地接在一起，采用一点式（S形）接地；

2）当接地导体长度大于 0.02λ，频率大于 300kHz 时，宜采用多点接地形式；信号电路应采用多条导电通路与接地网或等电位面连接；

多点接地形式宜将信号电路接地、电源接地和保护接地接在一个公用的环状接地母线上，采用多点式（M形）接地；

3）混合式接地是单点接地和多点接地的组合，频率为 30～300kHz 时，宜设置一个等电位接地平面，以满足高频信号多点接地的要求，再以单点接地形式连接到同一接地网，以满足低频信号的接地要求；

4）接地系统的接地导体长度不得等于 $\lambda/4$ 或 $\lambda/4$ 的奇数倍。

3　除另有规定外，电子设备接地电阻值不宜大于 4Ω。电子设备接地宜与防雷接地系统共用接地网，接地电阻不应大于 1Ω。当电子设备接地与防雷接地系统分开时，两接地网的距离不宜小于 10m。

4　电子设备可根据需要采取屏蔽措施。

12.7.2　大、中型电子计算机接地系统应符合下列规定：

1　电子计算机应同时具有信号电路接地、交流电源功能接地和安全保护接地等三种接地系统；

该三种接地的接地电阻值均不宜大于 4Ω。电子计算机的信号系统，不宜采用悬浮接地。

2　电子计算机的三种接地系统宜共用接地网。当采用共用接地方式时，其接地电阻应以诸种接地系统中要求接地电阻最小的接地电阻值为依据。当与防雷接地系统共用时，接地电阻值不应大于1Ω。

3 计算机系统接地导体的处理应满足下列要求：

1）计算机信号电路接地不得与交流电源的功能接地导体相短接或混接；

2）交流线路配线不得与信号电路接地导体紧贴或近距离地平行敷设。

4 电子计算机房可根据需要采取防静电措施。

12.8 医疗场所的安全防护

12.8.1 本节适用于对患者进行诊断、治疗、整容、监测和护理等医疗场所的安全防护设计。

12.8.2 医疗场所应按使用接触部件所接触的部位及场所分为0、1、2三类，各类应符合下列规定：

0类场所应为不使用接触部件的医疗场所；

1类场所应为接触部件接触躯体外部及除2类场所规定外的接触部件侵入躯体的任何部分；

2类场所应为将接触部件用于诸如心内诊疗术、手术室以及断电将危及生命的重要治疗的医疗场所。

12.8.3 医疗场所的安全防护应符合下列规定：

1 在1类和2类的医疗场所内，当采用安全特低电压系统（SELV）、保护特低电压系统（PELV）时，用电设备的标称供电电压不应超过交流方均根值25V和无纹波直流60V；

2 在1类和2类医疗场所，IT、TN和TT系统的约定接触电压均不应大于25V；

3 TN系统在故障情况下切断电源的最大分断时间230V应为0.2s，400V应为0.05s。IT系统最大分断时间230V应为0.2s。

12.8.4 医疗场所采用TN系统供电时，应符合下列规定：

1 TN-C系统严禁用于医疗场所的供电系统。

2 在1类医疗场所中额定电流不大于32A的终端回路，应采用最大剩余动作电流为30mA的剩余电流动作保护器作为附加防护。

3 在2类医疗场所，当采用额定剩余动作电流不超过30mA的剩余电流动作保护器作为自动切断电源的措施时，应只用于下列回路：

1）手术台驱动机构的供电回路；

2）移动式X光机的回路；

3）额定功率大于5kVA的大型设备的回路；

4）非用于维持生命的电气设备回路。

4 应确保多台设备同时接入同一回路时，不会引起剩余电流动作保护器（RCD）误动作。

12.8.5 TT系统要求在所有情况下均应采用剩余电流保护器，其他要求应与TN系统相同。

12.8.6 医疗场所采用IT系统供电时应符合下列规定：

1 在2类医疗场所内，用于维持生命、外科手术和其他位于“患者区域”内的医用电气设备和系统的供电回路，均应采用医疗IT系统。

2 用途相同且相毗邻的房间内，至少应设置一回独立的医疗IT系统。医疗IT系统应配置一个交流内阻抗不少于100kΩ的绝缘监测器并满足下列要求：

1）测试电压不应大于直流25V；

2）注入电流的峰值不应大于1mA；

3）最迟在绝缘电阻降至50kΩ时，应发出信号，并应配置试验此功能的器具。

3 每个医用IT系统应设在医务人员可以经常监视的地方，并应装设配备有下列功能组件的声光报警系统：

1）应以绿灯亮表示工作正常；

2）当绝缘电阻下降到最小整定值时，黄灯应点亮，且应不能消除或断开该亮灯指示；

3）当绝缘电阻下降到最小整定值时，可音响报警动作，该音响报警可解除；

4）当故障被清除恢复正常后，黄色信号应熄灭。

当只有一台设备由单台专用的医疗IT变压器供电时，该变压器可不装设绝缘监测器。

4 医疗IT变压器应装设过负荷和过热的监测装置。

12.8.7 医疗及诊断电气设备，应根据使用功能要求采用保护接地、功能接地、等电位联结或不接地等形式。

12.8.8 医疗电气设备的功能接地电阻值应按设备技术要求确定，宜采用共用接地方式。当必须采用单独接地时，医疗电气设备接地应与医疗场所接地绝缘隔离，两接地网的地中距离应符合本规范第12.7.1条的规定。

12.8.9 向医疗电气设备供电的电源插座结构应符合本规范第12.6.2条和第12.6.3条的规定。

12.8.10 辅助等电位联结应符合下列规定：

1 在1类和2类医疗场所内，应安装辅助等电位联结导体，并应将其连接到位于“患者区域”内的等电位联结母线上，实现下列部分之间等电位：

1）保护导体；

2）外界可导电部分；

3）抗电磁场干扰的屏蔽物；

4）导电地板网格；

5）隔离变压器的金属屏蔽层。

2 在2类医疗场所内，电源插座的保护导体端子、固定设备的保护导体端子或任何外界可导电部分与等电位联结母线之间的导体的电阻不应超过0.2Ω。

3 等电位联结母线宜位于医疗场所内或靠近医疗场所。在每个配电盘内或在其附近应装设附加的等电位联结母线，并应将辅助等电位导体和保护接地导体与该母线相连接。连接的位置应使接头清晰易见，并便于单独拆卸。

4 当变压器以额定电压和额定频率供电时，空载时出线绕组测得的对地泄漏电流和外护物的泄漏电流均不应超过0.5mA。

5 用于移动式和固定式设备的医疗IT系统应采用单相变压器，其额定输出容量不应小于0.5kVA，并不应超过10kVA。

12.8.11 医疗电气设备的保护导体及接地导体应采用铜芯绝缘导线，其截面应符合本规范第12.5.3条的规定。

12.8.12 手术室及抢救室应根据需要采用防静电措施。

12.9 特殊场所的安全防护

12.9.1 本节适用于浴室、游泳池和喷水池及其周围，由于人身电阻降低和身体接触地电位而增加电击危险的安全防护。

12.9.2 浴池的安全防护应符合下列规定：

1 安全防护应根据所在区域，采取相应的措施。区域的划分应符合本规范附录D的规定。

2 建筑物除应采取总等电位联结外，尚应进行辅助等电位联结。

辅助等电位联结应将0、1及2区内所有外界可导电部分与位于这些区内的外露可导电部分的保护导体连结起来。

3 在0区内，应采用标称电压不超过12V的安全特低电压供电，其安全电源应设于2区以外的地方。

4 在使用安全特低电压的地方，应采取下列措施实现直接接触防护：

1）应采用防护等级至少为IP2X的遮栏或外护物；

2）应采用能耐受500V试验电压历时1min的绝缘。

5 不得采取用阻挡物及置于伸臂范围以外的直接接触防护措施；也不得采用非导电场所及不接地的等电位联结的间接接触防护措施。

6 除安装在2区内的防溅型剃须插座外，各区内所选用的电气设备的防护等级应符合下列规定：

1）在0区内应至少为IPX7；

2）在1区内应至少为IPX5；

3）在2区内应至少为IPX4（在公共浴池内应为IPX5）。

7 在0、1及2区内宜选用加强绝缘的铜芯电线或电缆。

8 在0、1及2区内，非本区的配电线路不得通过；也不得在该区内装设接线盒。

9 开关和控制设备的装设应符合以下要求：

1）0、1及2区内，不应装设开关设备及线路附件；当在2区外安装插座时，其供电应符合下列条件：

——可由隔离变压器供电；

——可由安全特低电压供电；

——由剩余电流动作保护器保护的线路供电，其额定动作电流值不应大于30mA。

2）开关和插座距预制淋浴间的门口不得小于0.6m。

10 当未采用安全特低电压供电及安全特低电压用电器具时，在0区内，应采用专用于浴盆的电器；在1区内，只可装设电热水器；在2区内，只可装设电热水器及Ⅱ类灯具。

12.9.3 游泳池的安全防护应符合下列规定：

1 安全防护应根据所在区域，采取相应的措施。区域的划分应符合附录E的规定。

2 建筑物除应采取总等电位联结外，尚应进行辅助等电位联结。

辅助等电位联结，应将0、1及2区内下列所有外界可导电部分及外露可导电部分，用保护导体连接起来，并经过总接地端子与接地网相连：

1）水池构筑物的水池外框，石砌挡墙和跳水台中的钢筋等所有金属部件；

2）所有成型外框；

3）固定在水池构筑物上或水池内的所有金属配件；

4）与池水循环系统有关的电气设备的金属配件；

5）水下照明灯具的外壳、爬梯、扶手、给水口、排水口及变压器外壳等；

6）采用永久性间隔将其与水池区域隔离的所有固定的金属部件；

7）采用永久性间隔将其与水池区域隔离的金属管道和金属管道系统等。

3 在0区内，应用标称电压不超过12V的安全特低电压供电，其安全电源应设在2区以外的地方。

4 在使用安全特低电压的地方，应采取下列措施实现直接接触防护：

1）应采用防护等级至少是IP2X的遮栏或外护物；

2）应采用能耐受500V试验电压历时1min的绝缘。

5 不得采取阻挡物及置于伸臂范围以外的直接接触防护措施；也不得采用非导电场所及不接地的局部等电位联结的间接接触防护措施。

6 在各区内所选用的电气设备的防护等级应符合下列规定：

1）在0区内应至少为IPX8；

2）在1区内应至少为IPX5（但是建筑物内平时不用喷水清洗的游泳池，可采用IPX4）；

3）在2区内应至少为：IPX2，室内游泳池时；IPX4，室外游泳池时；IPX5，用于可能用喷水清洗的场所。

7 在0、1及2区内宜选用加强绝缘的铜芯电线或电缆。

8 在0及1区内，非本区的配电线路不得通过；也不得在该区内装设接线盒。

9 开关、控制设备及其他电气器具的装设，应符合下列要求：

1）在0及1区内，不应装设开关设备或控制设备及电源插座。

2）当在2区内如装设插座时，其供电应符合下列要求：

——可由隔离变压器供电；

——可由安全特低电压供电；

——由剩余电流动作保护器保护的线路供电，其额定动作电流值不应大于30mA。

3）在0区内，除采用标称电压不超过12V的安全特低电压供电外，不得装设用电器具及照明器。

4）在1区内，用电器具必须由安全特低电压供电或采用Ⅱ级结构的用电器具。

5）在2区内，用电器具应符合下列要求：

——宜采用Ⅱ类用电器具；

——当采用Ⅰ类用电器具时，应采取剩余电流动作保护措施，其额定动作电流值不应超过30mA；

——应采用隔离变压器供电。

10 水下照明灯具的安装位置，应保证从灯具的上部边缘至正常水面不低于0.5m。面朝上的玻璃应采取防护措施，防止人体接触。

11 对于浸在水中才能安全工作的灯具，应采取低水位断电措施。

12.9.4 喷水池的安全防护应符合下列规定：

1 安全防护应根据所在不同区域，采取相应的措施。区域的划分应符合附录F的规定。

2 室内喷水池与建筑物除应采取总等电位联结外，尚应进行辅助等电位联结；室外喷水池在0、1区域范围内均应进行等电位联结。

辅助等电位联结，应将防护区内下列所有外界可导电部分与位于这些区域内的外露可导电部分，用保护导体连接，并经过总接地端子与接地网相连：

1）喷水池构筑物的所有外露金属部件及墙体内的钢筋；

2）所有成型金属外框架；

3）固定在池上或池内的所有金属构件；

4）与喷水池有关的电气设备的金属配件；

5）水下照明灯具的外壳、爬梯、扶手、给水口、排水口、变压器外壳、金属穿线管；

6）永久性的金属隔离栅栏、金属网罩等。

3 喷水池的0、1区的供电回路的保护，可采用下列任一种方式：

1）对于允许人进入的喷水池，应采用安全特低电压供电，交流电压不应大于12V；不允许人进入的喷水池，可采用交流电压不大于50V的安全特低电压供电；

2）由隔离变压器供电；

3）由剩余电流动作保护器保护的线路供电，其额定动作电流值不应大于30mA。

4 在采用安全特低电压的地方，应采取下列措施实现直接接触防护：

1）应采用防护等级至少是IP2X的遮挡或外护物；

2）应采用能耐受500V试验电压、历时1min的绝缘。

5 电气设备的防护等级应符合下列规定：

1）0区内应至少为IPX8；

2）1区内应至少为IPX5。

13 火灾自动报警系统

13.1 一般规定

13.1.1 本章适用于民用建筑内火灾自动报警系统的设计。

13.1.2 火灾自动报警系统的设计，应根据保护对象的特点，做到安全适用、技术先进、经济合理、管理维护方便。

13.1.3 下列民用建筑应设置火灾自动报警系统：

1 高层建筑：

1）有消防联动控制要求的一、二类高层住宅的公共场所；

2）建筑高度超过24m的其他高层民用建筑，以及与其相连的建筑高度不超过24m的裙房。

2 多层及单层建筑：

1）9层及9层以下的设有空气调节系统，建筑装修标准高的住宅；

2）建筑高度不超过24m的单层及多层公共建筑；

3）单层主体建筑高度超过24m的体育馆、会堂、影剧院等公共建筑；

4）设有机械排烟的公共建筑；

5）除敞开式汽车库以外的Ⅰ类汽车库，高层汽车库、机械式立体汽车库、复式汽车库，采用升降梯作汽车疏散口的汽车库。

3 地下民用建筑

1）铁道、车站、汽车库（Ⅰ、Ⅱ类）；

2）影剧院、礼堂；

3）商场、医院、旅馆、展览厅、歌舞娱乐、放映游艺场所；

4）重要的实验室、图书库、资料库、档案库。

13.1.4 建筑高度超过250m的民用建筑的火灾自动报警系统设计，应提交国家消防主管部门组织专题研究、论证。

13.1.5 火灾自动报警系统设计，除应符合本规范外，尚应符合现行国家标准《火灾自动报警系统设计规范》GB 50116、《高层民用建筑设计防火规范》GB 50045、《建筑设计防火规范》GB 50016的有关规定。

13.2 系统保护对象分级与报警、探测区域的划分

13.2.1 民用建筑火灾自动报警系统保护对象分级，应根据其使用性质、火灾危险性、疏散和扑救难度等综合确定，分为特级、一级、二级。

13.2.2 系统保护对象分级及报警、探测区域的划分应符合现行国家标准《火灾自动报警系统设计规范》GB 50116的规定。

13.2.3 下列民用建筑的火灾自动报警系统保护对象分级可按表13.2.3划分。

表13.2.3 民用建筑火灾自动报警系统保护对象分级

等级	保护对象
一级	电子计算中心； 省（市）级档案馆； 省（市）级博展馆； 4万以上座位大型体育场； 星级以上旅游饭店； 大型及以上铁路旅客站； 省（市）级及重要开放城市的航空港； 一级汽车及码头客运站。
二级	大、中型电子计算站； 2万以上座位体育场。

13.3 系统设计

13.3.1 火灾自动报警系统，应有自动和手动两种触发装置。

13.3.2 火灾自动报警系统的形式及适用对象，应符合下列规定：

1 区域报警系统，宜用于二级保护对象；

2 集中报警系统，宜用于一级和二级保护对象；

3 控制中心报警系统，宜用于特级和一级保护对象。

13.3.3 各种形式的火灾自动报警系统设计要求，应符合现行国家标准《火灾自动报警系统设计规范》GB 50116的规定。

13.3.4 建筑高度超过100m的高层民用建筑火灾自动报警系统设计，除应满足一类高层建筑的设计要求外，尚应符合下列规定：

1 火灾探测器的选择和设置原则应符合本规范第13.5.1和第13.5.2条的规定；

2 各避难层内的交直流电源，应按避难层分别供给，并能在末端自投；

3 各避难层内应设独立的火灾应急广播系统，宜能接收消防控制中心的有线和无线两种播音信号；

4 各避难层与消防控制中心之间应设置独立的有线和无线呼救通信；

5 建筑物中的电缆竖井，宜按避难层上下错位设置。

13.4 消防联动控制

13.4.1 消防联动控制设计应符合下列规定：

1 消防联动控制对象应包括下列设施：

1）各类自动灭火设施；

2）通风及防、排烟设施；

3）防火卷帘、防火门、水幕；

4）电梯；

5）非消防电源的断电控制；

6）火灾应急广播、火灾警报、火灾应急照明、疏散指示标志的控制等。

2 消防联动控制应采取下列控制方式：

1）集中控制；

2）分散控制与集中控制相结合。

3 消防联动控制系统的联动信号，其预设逻辑应与各被控制对象相匹配，并应将被控对象的动作信号送至消防控制室。

13.4.2 当采用总线控制模块控制时，对于消防水泵、防烟和排烟风机的控制设备，还应在消防控制室设置手动直接控制装置。

13.4.3 消防联动控制设备的动作状态信号，应在消防控制室显示。

13.4.4 灭火设施的联动控制设计应符合下列规定：

1 设有消火栓按钮的消火栓灭火系统的控制应符合下列要求：

1）消火栓按钮直接接于消防水泵控制回路时，应采用50V以下的安全电压；

2）消防控制室内，对消火栓灭火系统应有下列控制、显示功能：

——消火栓按钮总线自动控制消防水泵的启、停；
——直接手动控制消防水泵的启、停；
——显示消防水泵的工作、故障状态；
——显示消火栓按钮的工作部位，当有困难时可按防火分区或楼层显示。

2 自动喷水灭火系统的控制应符合下列要求：

1）当需早期预报火警时，设有自动喷水灭火喷头的场所，宜同时设置感烟探测器；

2）湿式自动喷水灭火系统中设置的水流指示器，不应作自动启动喷淋水泵的控制设备；报警阀压力开关应控制喷淋水泵自动启动；气压罐压力开关应控制加压泵自动启动；

3）消防控制室内，对自动喷淋灭火系统应有下列控制、监测功能：
——总线自动控制系统的启、停；
——直接手动控制喷淋泵的启、停；
——系统的控制阀开启状态；
——喷淋水泵电源供应和工作状况；
——水池、水箱的水位；对于重力式水箱，在严寒地区宜安设水温探测器，当水温降低达 5℃ 以下时，应发出信号报警；
——干式喷水灭火系统的最高和最低气压；在压力的下限值时，应启动空气压缩机充气，并在消防控制室设空气压缩机手动启动和停止按钮；
——报警阀和水流指示器的动作状况。

4）设有充气装置的自动喷水灭火管网，应将高、低压力报警信号送至消防控制室；

5）预作用喷水灭火系统中，应设置由感烟探测器组成的控制电路，控制管网预作用充水；

6）水喷雾灭火系统中宜设置由感烟、定温探测器组成的控制电路，控制电磁阀；电磁阀的工作状态应反馈至消防控制室。

3 二氧化碳气体自动灭火系统应由气体灭火控制其工作状态，并应符合下列要求：

1）设有二氧化碳等气体自动灭火装置的场所或部位，应设感烟定温探测器与灭火控制装置配套组成的火灾报警控制系统；

2）管网灭火系统应有自动控制、手动控制和机械应急操作三种启动方式；无管网灭火装置应有自动控制和手动控制两种启动方式；

3）自动控制应在接到两个独立的探测器发出的火灾信号后才能启动；

4）在被保护对象主要出入口门外，应设手动紧急控制按钮并应有防误操作措施和特殊标志；

5）机械应急操作装置应设在贮瓶间或防护区外便于操作的地方，并应能在一个地点完成释放灭火剂的全部动作；

6）应在被保护对象主要出入口外门框上方，设放气灯并应有明显标志；

7）被保护对象内，应设有在释放气体前 30s 内人员疏散的声警报器；

8）被保护区域常开的防火门，应设有门自动释放器，并应在释放气体前能自动关闭；

9）应在释放气体前，自动切断被保护区的送、排风风机和关闭送排风阀门；

10）对于组合分配系统，宜在现场适当部位设置气体灭火控制室；独立单元系统可根据系统规模及功能要求设控制室；无管网灭火装置宜在现场设控制盘（箱），且装设位置应接近被保护区，控制盘（箱）应采取误操作防护措施；

在经常有人的防护区内设置的无管网灭火系统，应设有切断自动控制系统的手动装置；

11）气体灭火控制室应有下列控制、显示功能：
——在报警、喷射各阶段，控制室应有相应的声、光报警信号，并能手动切除声响信号；
——在延时阶段，应能自动关闭防火门、通风机和空气调节系统。

12）气体灭火系统在报警或释放灭火剂时，应在建筑物的消防控制室（中心）有显示信号；

13）当被保护对象的房间无直接对外窗户时，气体释放灭火后，应有排除有害气体的设施，且该设施在气体释放时应是关闭的。

4 灭火控制室对泡沫和干粉灭火系统应有下列控制、显示功能：

1）在火灾危险性较大，且经常没有人停留场所内的灭火系统，应采用自动控制的启动方式。在采用自动控制方式的同时，还应设置手动启动控制环节；

2）在火灾危险性较小，有人值班或经常有人停留的场所，防护区宜设火灾自动报警装置，灭火系统可采用手动控制方式；

3）在灭火控制室应能做到控制系统的启、停和显示系统的工作状态。

13.4.5 电动防火卷帘、电动防火门的联动控制设计，应符合下列规定：

1 电动防火卷帘应由电动防火卷帘控制器控制其工作状态，并应符合下列要求：

1）疏散通道或防火分隔的电动防火卷帘两侧，宜设置专用的感烟及感温探测器组、警报装置及手动控制按钮，并应有防误操作措施；

2）疏散通道的电动防火卷帘应采取两次控制下落方式，第一次应由感烟探测器控制下落距地1.8m处停止，第二次应由感温探测器控制下落到底，并应分别将报警及动作信号送至消防控制室；

3）仅用作防火分隔的电动防火卷帘，在相应的感烟探测器报警后，应采取一次下落到底的控制方式；

4）电动防火卷帘宜由消防控制室集中控制；对于采用由探测器组、防火卷帘控制器控制的防火卷帘，亦可就地联动控制，并应将其工作状态信号传送到消防控制室；

5）当电动防火卷帘采用水幕保护时，宜用定温探测器与防火卷帘到底信号开启水幕电磁阀，再用水幕电磁阀开启信号启动水幕泵。

2 电动防火门的控制，宜符合下列要求：

1）门两侧应装设专用的感烟探测器组成控制装置，当门任一侧的探测器报警时，防火门应自动关闭；

2）电动防火门宜选用平时不耗电的释放器。

13.4.6 防烟、排烟设施的联动控制设计应符合下列规定：

1 排烟阀、送风口应由消防联动控制器控制其工作状态，并应符合下列要求：

1）排烟阀、送风口宜由其所在排烟分区内设置的感烟探测器的联动信号控制开启；

2）排烟阀动作后应启动相关的排烟风机；排烟阀可采用接力控制方式开启，且不宜多于5个，并应由最后动作的排烟阀发送动作信号；

3）送风口动作后，应启动相关的正压送风机。

2 设在排烟风机入口处的防火阀在280℃关断后，应联动停止排烟风机。

3 挡烟垂壁应由其附近的专用感烟探测器组成的电路控制。

4 设于空调通风管道出口的防火阀，应采用定温保护装置，并应在风温达到70℃时直接动作阀门关闭。关闭信号应反馈至消防控制室，并应停止相关部位空调机。

5 消防控制室应能对防烟、排烟风机进行手动、自动控制。

13.4.7 火灾自动报警系统与安全技术防范系统的联动，应符合下列规定：

1 火灾确认后，应自动打开疏散通道上由门禁系统控制的门，并应自动开启门厅的电动旋转门和打开庭院的电动大门。

2 火灾确认后，应自动打开收费汽车库的电动栅杆。

3 火灾确认后，宜开启相关层安全技术防范系统的摄像机监视火灾现场。

13.4.8 疏散照明宜在消防室或值班室集中手动、自动控制。

13.4.9 非消防电源及电梯的应急控制应符合下列规定：

1 火灾确认后，应在消防控制室自动切除相关区域的非消防电源。

2 火灾发生后，应根据火情强制所有电梯依次停于首层或电梯转换层。除消防电梯外，应切断客梯电源。

13.5 火灾探测器和手动报警按钮的选择与设置

13.5.1 火灾探测器和手动报警按钮的选择与设置，应符合现行国家标准《火灾自动报警系统设计规范》GB 50116的规定。

13.5.2 大型库房、大厅、室内广场等高大空间建筑，宜选用火焰探测器、红外光束感烟探测器、图像型火灾探测器、吸气式探测器或其组合。

13.6 火灾应急广播与火灾警报

13.6.1 火灾应急广播与火灾警报的设置，应符合现行国家标准《火灾自动报警系统设计规范》GB 50116的规定。

13.6.2 火灾应急广播分路配线，应符合下列规定：

1 应按疏散楼层或报警区域划分分路配线。各输出分路，应设有输出显示信号和保护、控制装置。

2 当任一分路有故障时，不应影响其他分路的正常广播。

3 火灾应急广播线路，不应和火警信号、联动控制线路等其他线路同导管或同线槽敷设。

4 火灾应急广播用扬声器不宜加开关。当加开关或设有音量调节器时，应采用三线式配线，强制火灾应急广播开放。

13.6.3 火灾应急广播馈线电压不宜大于110V。

13.6.4 火灾警报装置应符合下列规定：

1 设置火灾自动报警系统的场所，应设置火灾警报装置。

2 在设置火灾应急广播的建筑物内，应同时设置火灾警报装置，并应采用分时播放控制：先鸣警报

8～16s；间隔 2～3s 后播放应急广播 20～40s；再间隔 2～3s 依次循环进行直至疏散结束。根据需要，可在疏散期间手动停止。

3 每个防火分区至少应设一个火灾警报装置，其位置宜设在各楼层走道靠近楼梯出口处。警报装置宜采用手动或自动控制方式。

13.7 消防专用电话

13.7.1 消防专用电话网络应为独立的消防通信系统。对于特级保护对象，应设置火灾报警录音受警电话，其设置应符合现行国家标准《火灾自动报警系统设计规范》GB 50116 的规定。

13.7.2 消防通信系统应采用不间断电源供电。

13.8 火灾应急照明

13.8.1 火灾应急照明应包括备用照明、疏散照明，其设置应符合下列规定：

1 供消防作业及救援人员继续工作的场所，应设置备用照明；

2 供人员疏散，并为消防人员撤离火灾现场的场所，应设置疏散指示标志灯和疏散通道照明。

13.8.2 公共建筑的下列部位应设置备用照明：

1 消防控制室、自备电源室、配电室、消防水泵房、防烟及排烟机房、电话总机房以及在火灾时仍需要坚持工作的其他场所；

2 通信机房、大中型电子计算机房、BAS 中央控制站、安全防范控制中心等重要技术用房；

3 建筑高度超过 100m 的高层民用建筑的避难层及屋顶直升机停机坪。

13.8.3 公共建筑、居住建筑的下列部位，应设置疏散照明：

1 公共建筑的疏散楼梯间、防烟楼梯间前室、疏散通道、消防电梯间及其前室、合用前室；

2 高层公共建筑中的观众厅、展览厅、多功能厅、餐厅、宴会厅、会议厅、候车（机）厅、营业厅、办公大厅和避难层（间）等场所；

3 建筑面积超过 1500 m^2 的展厅、营业厅及歌舞娱乐、放映游艺厅等场所；

4 人员密集且面积超过 300m^2 的地下建筑和面积超过 200m^2 的演播厅等；

5 高层居住建筑疏散楼梯间、长度超过 20m 的内走道、消防电梯间及其前室、合用前室；

6 对于 1～5 款所述场所，除应设置疏散走道照明外，并应在各安全出口处和疏散走道，分别设置安全出口标志和疏散走道指示标志；但二类高层居住建筑的疏散楼梯间可不设疏散指示标志。

13.8.4 备用照明灯具宜设置在墙面或顶棚上。安全出口标志灯具宜设置在安全出口的顶部，底边距地不宜低于 2.0m。疏散走道的疏散指示标志灯具，宜设置在走道及转角处离地面 1.0m 以下墙面上、柱上或地面上，且间距不应大于 20m。当厅室面积较大，必须装设在顶棚上时，灯具应明装，且距地不宜大于 2.5m。

13.8.5 火灾应急照明的设置，除符合本规范第 13.8.1～13.8.4 条的规定外，尚应符合下列规定：

1 应急照明在正常供电电源停止供电后，其应急电源供电转换时间应满足下列要求：

1）备用照明不应大于 5s，金融商业交易场所不应大于 1.5s；

2）疏散照明不应大于 5s。

2 除在假日、夜间无人工作而仅由值班或警卫人员负责管理外，疏散照明平时宜处于点亮状态。

当采用蓄电池作为疏散照明的备用电源时，在非点亮状态下，不得中断蓄电池的充电电源。

3 首层疏散楼梯的安全出口标志灯，应安装在楼梯口的内侧上方。

疏散标志灯的设置位置，应符合图 13.8.5 的规定。当有无障碍设计要求时，宜同时设有音响指示信号。

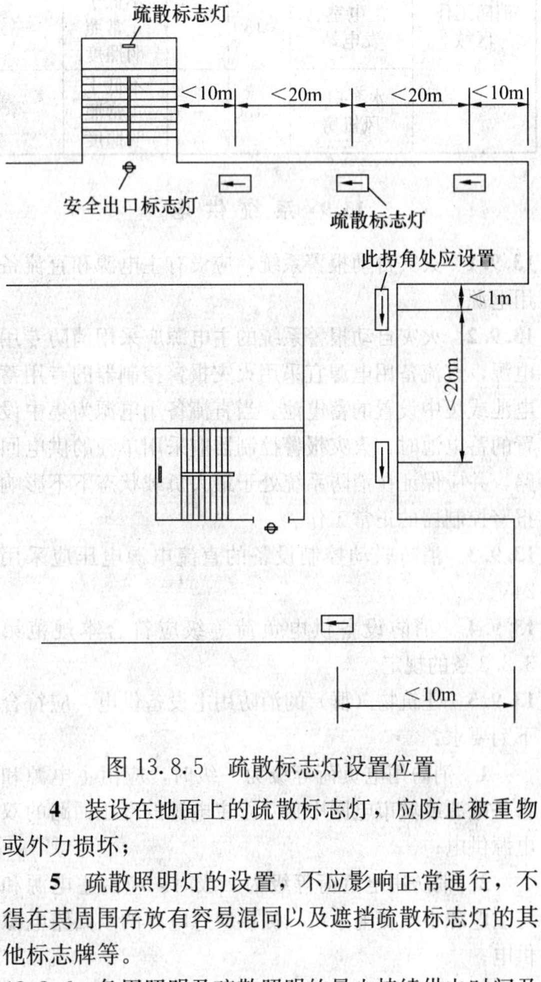

图 13.8.5 疏散标志灯设置位置

4 装设在地面上的疏散标志灯，应防止被重物或外力损坏；

5 疏散照明灯的设置，不应影响正常通行，不得在其周围存放有容易混同以及遮挡疏散标志灯的其他标志牌等。

13.8.6 备用照明及疏散照明的最少持续供电时间及最低照度，应符合表 13.8.6 的规定。

表 13.8.6 火灾应急照明最少持续供电时间及最低照度

区域类别	场所举例	最少持续供电时间（min）		照度（lx）	
		备用照明	疏散照明	备用照明	疏散照明
一般平面疏散区域	第 13.8.3 条 1 款所述场所	—	≥30	—	≥0.5
竖向疏散区域	疏散楼梯	—	≥30	—	≥5
人员密集流动疏散区域及地下疏散区域	第 13.8.3 条 2 款所述场所	—	≥30	—	≥5
航空疏散场所	屋顶消防救护用直升机停机坪	≥60	—	不低于正常照明照度	—
避难疏散区域	避难层	≥60	—	不低于正常照明照度	—
消防工作区域	消防控制室、电话总机房	≥180	—	不低于正常照明照度	—
	配电室、发电站	≥180	—	不低于正常照明照度	—
	水泵房、风机房	≥180	—	不低于正常照明照度	—

13.9 系统供电

13.9.1 火灾自动报警系统，应设有主电源和直流备用电源。

13.9.2 火灾自动报警系统的主电源应采用消防专用电源，直流备用电源宜采用火灾报警控制器的专用蓄电池或集中设置的蓄电池。当直流备用电源为集中设置的蓄电池时，火灾报警控制器应采用单独的供电回路，并应保证在消防系统处于最大负载状态下不影响报警控制器的正常工作。

13.9.3 消防联动控制设备的直流电源电压应采用 24V。

13.9.4 消防设备供电负荷等级应符合本规范第 3.2.3 条的规定。

13.9.5 建筑物（群）的消防用电设备供电，应符合下列要求：

1 消防用电负荷等级为一级时，应由主电源和自备电源或城市电网中独立于主电源的专用回路的双电源供电；

2 消防用电负荷等级为二级时，应由主电源和与主电源不同变电系统，提供应急电源的双回路电源供电；

3 为消防用电设备提供的两路电源同时供电时，可由任一回路作主电源，当主电源断电时，另一路电源应自动投入；

4 消防系统配电装置，应设置在建筑物的电源进线处或配变电所处，其应急电源配电装置宜与主电源配电装置分开设置；当分开设置有困难，需要与主电源并列布置时，其分界处应设防火隔断。配电装置应有明显标志。

13.9.6 消防水泵、消防电梯、防烟及排烟风机等的两个供电回路，应在最末一级配电箱处自动切换。消防设备的控制回路不得采用变频调速器作为控制装置。

13.9.7 当消防应急电源由自备发电机组提供备用电源时，应符合下列要求：

1 消防用电负荷为一级时，应设自动启动装置，并应在 30s 内供电；

2 当消防用电负荷为二级，且采用自动启动有困难时，可采用手动启动装置；

3 主电源与应急电源间，应采用自动切换方式。

13.9.8 消防用电设备配电系统的分支线路，不应跨越防火分区，分支干线不宜跨越防火分区。

13.9.9 除消防水泵、消防电梯、防烟及排烟风机等消防设备外，各防火分区的消防用电设备，应由消防电源中的双电源或双回线路电源供电，并应满足下列要求：

1 末端配电箱应设置双电源自动切换装置，该箱应安装于所在防火分区内；

2 由末端配电箱配出引至相应设备，宜采用放射式供电。对于作用相同、性质相同且容量较小的消防设备，可视为一组设备并采用一个分支回路供电。每个分支回路所供设备不宜超过 5 台，总计容量不宜超过 10kW。

13.9.10 公共建筑物顶层，除消防电梯外的其他消防设备，可采用一组消防双电源供电。由末端配电箱引至设备控制箱，应采用放射式供电。

13.9.11 当 12～18 层普通住宅的消防电梯兼作客梯且两类电梯共用前室时，可由一组消防双电源供电。末端双电源自动切换配电箱，应设置在消防电梯机房间，由配电箱至相应设备应采用放射式供电。

13.9.12 应急照明电源应符合下列规定：

1 当建筑物消防用电负荷为一级，且采用交流电源供电时，宜由主电源和应急电源提供双电源，并以树干式或放射式供电。应按防火分区设置末端双电源自动切换应急照明配电箱，提供该分区内的备用照明和疏散照明电源。

当采用集中蓄电池或灯具内附电池组时，宜由双电源中的应急电源提供专用回路采用树干式供电，并按防火分区设置应急照明配电箱。

2 当消防用电负荷为二级并采用交流电源供电时，宜采用双回线路树干式供电，并按防火分区设置自动切换应急照明配电箱。当采用集中蓄电池或灯具内附电池组时，可由单回线路树干式供电，并按防火分区设置应急照明配电箱。

3 高层建筑楼梯间的应急照明，宜由应急电源提供专用回路，采用树干式供电。宜根据工程具体情况，设置应急照明配电箱。

4 备用照明和疏散照明，不应由同一分支回路供电，严禁在应急照明电源输出回路中连接插座。

13.9.13 各类消防用电设备在火灾发生期间，最少持续供电时间应符合表13.9.13的规定。

表13.9.13 消防用电设备在火灾发生期间的最少持续供电时间

消防用电设备名称	持续供电时间（min）
火灾自动报警装置	≥10
人工报警器	≥10
各种确认、通报手段	≥10
消火栓、消防泵及水幕泵	>180
自动喷水系统	>60
水喷雾和泡沫灭火系统	>30
二氧化碳灭火和干粉灭火系统	>30
防、排烟设备	>180
火灾应急广播	≥20
火灾疏散标志照明	≥30
火灾暂时继续工作的备用照明	≥180
避难层备用照明	>60
消防电梯	>180

13.10 导线选择及敷设

13.10.1 消防线路的导线选择及其敷设，应满足火灾时连续供电或传输信号的需要。所有消防线路，应为铜芯导线或电缆。

13.10.2 火灾自动报警系统的传输线路和50V以下供电的控制线路，应采用耐压不低于交流300/500V的多股绝缘电线或电缆。采用交流220/380V供电或控制的交流用电设备线路，应采用耐压不低于交流450/750V的电线或电缆。

13.10.3 火灾自动报警系统传输线路的线芯截面选择，除应满足自动报警装置技术条件的要求外，尚应满足机械强度的要求，导线的最小截面积不应小于表13.10.3的规定。

表13.10.3 铜芯绝缘电线、电缆线芯的最小截面

类　别	线芯的最小截面（mm^2）
穿管敷设的绝缘电线	1.00
线槽内敷设的绝缘电线	0.75
多芯电缆	0.50

13.10.4 消防设备供电及控制线路选择，应符合下列规定：

1 火灾自动报警系统保护对象分级为特级的建筑物，其消防设备供电干线及分支干线，应采用矿物绝缘电缆；

2 火灾自动报警保护对象分级为一级的建筑物，其消防设备供电干线及分支干线，宜采用矿物绝缘电缆；当线路的敷设保护措施符合防火要求时，可采用有机绝缘耐火类电缆；

3 火灾自动报警保护对象分级为二级的建筑物，其消防设备供电干线及分支干线，应采用有机绝缘耐火类电缆；

4 消防设备的分支线路和控制线路，宜选用与消防供电干线或分支干线耐火等级降一类的电线或电缆。

13.10.5 线路敷设应符合下列规定：

1 当采用矿物绝缘电缆时，应采用明敷设或在吊顶内敷设；

2 难燃型电缆或有机绝缘耐火电缆，在电气竖井内或电缆沟内敷设时可不穿导管保护，但应采取与非消防用电电缆隔离措施；

3 当采用有机绝缘耐火电缆为消防设备供电的线路，采用明敷设、吊顶内敷设或架空地板内敷设时，应穿金属导管或封闭式金属线槽保护；所穿金属导管或封闭式金属线槽应采取涂防火涂料等防火保护措施；

当线路暗敷设时，应穿金属导管或难燃型刚性塑料导管保护，并应敷设在不燃烧结构内，且保护层厚度不应小于30mm；

4 火灾自动报警系统传输线路采用绝缘电线时，应采用穿金属导管、难燃型刚性塑料管或封闭式线槽保护方式布线；

5 消防联动控制、自动灭火控制、通信、应急照明及应急广播等线路暗敷设时，应采用穿导管保护，并应暗敷在不燃烧体结构内，其保护层厚度不应小于30mm；当明敷时，应穿金属导管或封闭式金属线槽保护，并应在金属导管或金属线槽上采取防火保护措施；

采用绝缘和护套为难燃性材料的电缆时，可不穿金属导管保护，但应敷设在电缆竖井内；

6 当横向敷设的火灾自动报警系统传输线路如采用穿导管布线时，不同防火分区的线路不应穿入同一根导管内；探测器报警线路采用总线制布设时不受此限；

7 火灾自动报警系统用的电缆竖井，宜与电力、照明用的电缆竖井分别设置；当受条件限制必须合用时，两类电缆宜分别布置在竖井的两侧。

13.11 消防值班室与消防控制室

13.11.1 仅有火灾自动报警系统且无消防联动控制

功能时，可设消防值班室。消防值班室宜设在首层主要出入口附近，可与经常有人值班的部门合并设置。

13.11.2 设有火灾自动报警和消防联动控制系统的建筑物，应设消防控制室。

13.11.3 消防系统规模大，需要集中管理的建筑群及建筑高度超过100m的高层民用建筑，应设消防控制中心。

13.11.4 当建筑物内设置有消防炮灭火系统时，其消防控制室应满足现行国家标准《固定消防炮灭火系统设计规范》GB50338的有关规定。

13.11.5 消防控制中心宜与主体建筑的消防控制室结合；消防控制也可与建筑设备监控系统、安全技术防范系统合用控制室。

13.11.6 消防控制室（中心）的位置选择，应符合下列要求：

1 消防控制室应设置在建筑物的首层或地下一层，当设在首层时，应有直通室外的安全出口；当设置在地下一层时，距通往室外安全出入口不应大于20m，且均应有明显标志；

2 应设在交通方便和消防人员容易找到并可以接近的部位；

3 应设在发生火灾时不易延燃的部位；

4 宜与防灾监控、广播、通信设施等用房相邻近；

5 消防控制室（中心）的位置选择，尚宜符合本规范第23.2.1条的规定。

13.11.7 消防控制室应具有接受火灾报警、发出火灾信号和安全疏散指令、控制各种消防联动控制设备及显示电源运行情况等功能。

13.11.8 根据工程规模的大小，应适当设置与消防控制室相配套的维修室和值班休息室等其他房间。

13.11.9 消防控制室的门应向疏散方向开启，且控制室入口处应设置明显的标志。

13.11.10 消防控制设备的布置，应符合本规范第23.2.4条的规定。

13.11.11 消防控制室的环境条件和对土建、暖通等相关专业的要求，应符合本规范第23.3节的规定。

13.12 防火剩余电流动作报警系统

13.12.1 为防范电气火灾，下列民用建筑物的配电线路设置防火剩余电流动作报警系统时，应符合下列规定：

1 火灾自动报警系统保护对象分级为特级的建筑物的配电线路，应设置防火剩余电流动作报警系统；

2 除住宅外，火灾自动报警系统保护对象分级为一级的建筑物的配电线路，宜设置防火剩余电流动作报警系统。

13.12.2 火灾自动报警系统保护对象分级为二级的建筑物或住宅，应设接地故障报警并应符合本规范第7.6.5条的规定。

13.12.3 采用独立型剩余电流动作报警器且点数较少时，可自行组成系统亦可采用编码模块接入火灾自动报警系统。报警点位号在火灾报警器上显示应区别于火灾探测器编号。

13.12.4 当采用剩余电流互感器型探测器或总线形剩余电流动作报警器组成较大系统时，应采用总线式报警系统。当建筑物的防火要求很高时，也可采用电气火灾监控系统。

13.12.5 剩余电流检测点宜设置在楼层配电箱（配电系统第二级开关）进线处，当回路容量较小线路较短时，宜设在变电所低压柜的出线端。

13.12.6 防火剩余电流动作报警值宜为500mA。当回路的自然漏电流较大，500mA不能满足测量要求时，宜采用门槛电平连续可调的剩余电流动作报警器或分段报警方式抵消自然泄漏电流的影响。

13.12.7 剩余电流火灾报警系统的控制器应安装在建筑物的消防控制室或值班室内，宜由消防控制室或值班室统一管理。

13.12.8 防火剩余电流动作报警系统的导线选择、线路敷设、供电电源及接地，应与火灾自动报警系统要求相同。

13.13 接　地

13.13.1 消防控制室的接地及各种火灾报警控制器、消防设备等的接地要求，应符合本规范第23.4.2条的有关规定。

14 安全技术防范系统

14.1 一般规定

14.1.1 本章适用于办公楼、宾馆、商业建筑、文化建筑（文体、会展、娱乐）、住宅（小区）等通用型建筑物及建筑群的安全技术防范系统设计。

14.1.2 安全技术防范系统设计应根据建筑物的使用功能、规模、性质、安防管理要求及建设标准，构成安全可靠、技术先进、经济适用、灵活有效的安全技术防范体系。

14.1.3 安全技术防范系统宜由安全管理系统和若干个相关子系统组成。相关子系统宜包括入侵报警系统、视频安防监控系统、出入口控制系统、电子巡查系统、停车库（场）管理系统及住宅（小区）安全防范系统等。

14.1.4 安全技术防范系统宜包括下列设防区域及部位：

1 周界，宜包括建筑物、建筑群外层周界、楼外广场、建筑物周边外墙、建筑物地面层、建筑物顶层等；

2 出入口，宜包括建筑物、建筑群周界出入口、建筑物地面层出入口、办公室门、建筑物内和楼群间通道出入口、安全出口、疏散出口、停车库（场）出入口等；

3 通道，宜包括周界内主要通道、门厅（大堂）、楼内各楼层内部通道、各楼层电梯厅、自动扶梯口等；

4 公共区域，宜包括会客厅、商务中心、购物中心、会议厅、酒吧、咖啡厅、功能转换层、避难层、停车库（场）等；

5 重要部位，宜包括重要工作室、重要厨房、财务出纳室、集中收款处、建筑设备监控中心、信息机房、重要物品库房、监控中心、管理中心等。

14.1.5 安全技术防范系统设计，除应符合本规范外，尚应符合现行国家标准《安全防范工程技术规范》GB 50348 的有关规定。

14.2 入侵报警系统

14.2.1 建筑物入侵报警系统的设防，应符合下列规定：

1 周界宜设置入侵报警探测器，形成的警戒线应连续无间断；一层及顶层宜设置入侵报警探测器；

2 重要通道及主要出入口应设置入侵报警探测器；

3 重要部位宜设置入侵报警探测器，集中收款处、财务出纳室、重要物品库房应设置入侵报警探测器；财务出纳室应设置紧急报警装置。

14.2.2 入侵报警系统设计应符合下列规定：

1 入侵报警系统宜由前端探测设备、传输部件、控制设备、显示记录设备四个主要部分组成；

2 应根据总体纵深防护和局部纵深防护的原则，分别或综合设置建筑物（群）周界防护、区域防护、空间防护、重点实物目标防护系统；

3 系统应自成网络独立运行，宜与视频安防监控系统、出入口控制系统等联动，宜具有网络接口、扩展接口；

4 根据需要，系统除应具有本地报警功能外，还应具有异地报警的相应接口；

5 系统前端设备应根据安防管理需要、安装环境要求，选择不同探测原理、不同防护范围的入侵探测设备，构成点、线、面、空间或其组合的综合防护系统。

14.2.3 入侵探测器的设置与选择应符合下列规定：

1 入侵探测器盲区边缘与防护目标间的距离不应小于 5m；

2 入侵探测器的设置宜远离影响其工作的电磁辐射、热辐射、光辐射、噪声、气象方面等不利环境，当不能满足要求时，应采取防护措施；

3 被动红外探测器的防护区内，不应有影响探测的障碍物；

4 入侵探测器的灵敏度应满足设防要求，并应可进行调节；

5 复合入侵探测器，应被视为一种探测原理的探测装置；

6 采用室外双束或四束主动红外探测器时，探测器最远警戒距离不应大于其最大射束距离的 2/3；

7 门磁、窗磁开关应安装在普通门、窗的内上侧；无框门、卷帘门可安装在门的下侧；

8 紧急报警按钮的设置应隐蔽、安全并便于操作，并应具有防误触发、触发报警自锁、人工复位等功能。

14.2.4 系统的信号传输应符合下列规定：

1 传输方式的选择应根据系统规模、系统功能、现场环境和管理方式综合确定；宜采用专用有线传输方式；

2 控制信号电缆应采用铜芯，其芯线的截面积在满足技术要求的前提下，不应小于 $0.50mm^2$；穿导管敷设的电缆，芯线的截面积不应小于 $0.75mm^2$；

3 电源线所采用的铜芯绝缘电线、电缆芯线的截面积不应小于 $1.0mm^2$，耐压不应低于 300/500V；

4 信号传输线缆应敷设在接地良好的金属导管或金属线槽内。

14.2.5 控制、显示记录设备应符合下列要求：

1 系统应显示和记录发生的入侵事件、时间和地点；重要部位报警时，系统应对报警现场进行声音或图像复核；

2 系统宜按时间、区域、部位任意编程设防和撤防；

3 在探测器防护区内发生入侵事件时，系统不应产生漏报警，平时宜避免误报警；

4 系统应具有自检功能及设备防拆报警和故障报警功能；

5 现场报警控制器宜安装在具有安全防护的弱电间内，应配备可靠电源。

14.2.6 无线报警系统应符合下列规定：

1 安全技术防范系统工程中，当不宜采用有线传输方式或需要以多种手段进行报警时，可采用无线传输方式；

2 无线报警的发射装置，应具有防拆报警功能和防止人为破坏的实体保护壳体；

3 以无线报警组网方式为主的安防系统，应有自检和对使用信道监视及报警功能。

14.3 视频安防监控系统

14.3.1 建筑物视频安防监控系统的设防应符合下列规定：

1 重要建筑物周界宜设置监控摄像机；

2 地面层出入口、电梯轿厢宜设置监控摄像机；停车库（场）出入口和停车库（场）内宜设置监控摄像机；

3 重要通道应设置监控摄像机，各楼层通道宜设置监控摄像机；电梯厅和自动扶梯口，宜预留视频监控系统管线和接口；

4 集中收款处、重要物品库房、重要设备机房应设置监控摄像机；

5 通用型建筑物摄像机的设置部位应符合表14.3.1的规定。

表 14.3.1 摄像机的设置部位

部位 \ 建设项目	饭店	商场	办公楼	商住楼	住宅	会议展览	文化中心	医院	体育场馆	学校
主要出入口	★	★	★	★	☆	★	★	★	★	☆
主要通道	★	★	★	★	△	★	★	★	★	☆
大堂	★	☆	☆	☆	☆	☆	☆	☆	☆	△
总服务台	★	☆	△	△	—	☆	☆	△	☆	—
电梯厅	△	☆	☆	△	—	☆	☆	☆	☆	△
电梯轿厢	★	★	☆	△	△	★	☆	☆	☆	△
财务、收银	★	★	★	—	—	★	☆	★	☆	☆
卸货处	☆	★	—	—	—	★	—	☆	—	—
多功能厅	☆	△	△	△	—	☆	☆	△	△	△
重要机房或其出入口	★	★	★	☆	☆	★	★	★	★	☆
避难层	★	—	★	★	—	—	—	—	—	—
贵重物品处	★	★	☆	—	—	☆	☆	☆	☆	—
检票、检查处	—	—	—	—	—	☆	☆	—	★	△
停车库（场）	★	★	★	☆	△	☆	☆	☆	☆	△
室外广场	☆	☆	☆	△	—	☆	☆	△	☆	☆

注：★应设置摄像机的部位；☆ 宜设置摄像机的部位；△ 可设置或预埋管线部位。

14.3.2 视频安防监控系统设计应符合下列规定：

1 视频安防监控系统宜由前端摄像设备、传输部件、控制设备、显示记录设备四个主要部分组成；

2 系统设计应满足监控区域有效覆盖、合理布局、图像清晰、控制有效的基本要求；

3 视频安防监控系统图像质量的主观评价，可采用五级损伤制评定，图像等级应符合表14.3.2的规定；系统在正常工作条件下，监视图像质量不应低于4级，回放图像质量不应低于3级；在允许的最恶劣工作条件下或应急照明情况下，监视图像质量不应低于3级；

表 14.3.2 五级损伤制评定图像等级

图像等级	图像质量损伤主观评价
5	不觉察损伤或干扰
4	稍有觉察损伤或干扰，但不令人讨厌
3	有明显损伤或干扰，令人感到讨厌
2	损伤或干扰较严重，令人相当讨厌
1	损伤或干扰极严重，不能观看

4 视频安防监控系统的制式应与通用的电视制式一致；选用设备、部件的视频输入和输出阻抗以及电缆的特性阻抗均应为75Ω，音频设备的输入、输出阻抗宜为高阻抗；

5 沿警戒线设置的视频安防监控系统，宜对沿警戒线5m宽的警戒范围实现无盲区监控；

6 系统应自成网络独立运行，并宜与入侵报警系统、出入口控制系统、火灾自动报警系统及摄像机辅助照明装置联动；当与入侵报警系统联动时，系统应对报警现场进行声音或图像复核。

14.3.3 摄像机的选择与设置，应符合下列规定：

1 应选用CCD摄像机。彩色摄像机的水平清晰度应在330TVL以上，黑白摄像机的水平清晰度应在420TVL以上。

2 摄像机信噪比不应低于46dB。

3 摄像机应安装在监视目标附近，且不易受外界损伤的地方。摄像机镜头应避免强光直射，宜顺光源方向对准监视目标。当必须逆光安装时，应选用带背景光处理的摄像机，并应采取措施降低监视区域的明暗对比度。

4 监视场所的最低环境照度，应高于摄像机要求最低照度（灵敏度）的10倍。

5 设置在室外或环境照度较低的彩色摄像机，其灵敏度不应大于1.0lx（F1.4），或选用在低照度时能自动转换为黑白图像的彩色摄像机。

6 被监视场所照度低于所采用摄像机要求的最低照度时，应在摄像机防护罩上或附近加装辅助照明设施。室外安装的摄像机，宜加装对大雾透射力强的灯具。

7 宜优先选用定焦距、定方向固定安装的摄像机，必要时可采用变焦镜头摄像机。

8 应根据摄像机所安装的环境、监视要求配置适当的云台、防护罩。安装在室外的摄像机，必须加装适当功能的防护罩。

9 摄像机安装距地高度，在室内宜为2.2～5m，在室外宜为3.5～10m。

10 摄像机需要隐蔽安装时，可设置在顶棚或墙壁内。电梯轿厢内设置摄像机，应安装在电梯厢门左或右侧上角。

11 电梯轿厢内设置摄像机时，视频信号电缆应选用屏蔽性能好的电梯专用电缆。

14.3.4 摄像机镜头的选配应符合下列规定：

1 镜头的焦距应根据视场大小和镜头与监视目标的距离确定，可按下式计算：

$$F = A \cdot L / H \quad (14.3.4)$$

式中 F——焦距（mm）；

A——像场高（mm）；

L——物距（mm）；

H——视场高（mm）。

监视视野狭长的区域，可选择视角在40°以内的长焦（望远）镜头；监视目标视距小而视角较大时，可选择视角在55°以上的广角镜头；景深大、视角范围广且被监视目标为移动时，宜选择变焦距镜头；有隐蔽要求或特殊功能要求时，可选择针孔镜头或棱镜头；

2 在光照度变化范围相差100倍以上的场所，应选择自动或电动光圈镜头；

3 当有遥控要求时，可选择具有聚焦、光圈、变焦遥控功能的镜头；

4 镜头接口应与摄像机的工业接口一致；

5 镜头规格应与摄像机CCD靶面规格一致。

14.3.5 系统的信号传输应符合下列规定：

1 传输方式的选择应根据系统规模、系统功能、现场环境和管理方式综合考虑。宜采用专用有线传输方式，必要时可采用无线传输方式。

2 采用专用有线传输方式时，传输介质宜选用同轴电缆。当长距离传输或在强电磁干扰环境下传输时，应采用光缆。电梯轿厢的视频电缆应选用电梯专用视频电缆。

3 控制信号电缆应采用铜芯，其芯线的截面积在满足技术要求的前提下，不应小于0.50mm²。穿导管敷设的电缆的芯线截面积不应小于0.75mm²。

4 电源线所采用的铜芯绝缘电线、电缆芯线的截面积不应小于1.0mm²，耐压不应低于300/500V。

5 信号传输线缆宜敷设在接地良好的金属导管或金属线槽内。

6 当采用全数字视频安防监控系统时，宜采用综合布线对绞电缆，并应符合本规范第21章的相关规定。

14.3.6 系统的主控设备应具有下列控制功能：

1 对摄像机等前端设备的控制；

2 图像显示任意编程及手动、自动切换；

3 图像显示应具有摄像机位置编码、时间、日期等信息；

4 对图像记录设备的控制；

5 支持必要的联动控制；当报警发生时，应对报警现场的图像或声音进行复核，并自动切换到指定的监视器上显示和自动实时录像；

6 具有视频报警功能的监控设备，应具备多路报警显示和画面定格功能，并任意设定视频警戒区域；

7 视频安防监控系统，宜具有多级主机（主控、分控）功能。

14.3.7 显示设备的选择应符合下列规定：

1 显示设备可采用专业监视器、电视接收机、大屏幕投影、背投或电视墙；一个视频安防监控系统至少应配置一台显示设备；

2 宜采用12～25in黑白或彩色监视器，最佳视距宜在5～8倍显示屏尺寸之间；

3 宜选用比摄像机清晰度高一档（100TVL）的监视器；

4 显示设备的配置数量，应满足现场摄像机数量和管理使用的要求，合理确定视频输入、输出的配比关系；

5 电梯轿厢内摄像机的视频信号，宜与电梯运行楼层字符叠加，实时显示电梯运行信息；

6 当多个连续监视点有长时间录像要求时，宜选用多画面处理器（分割器）或数字硬盘录像设备。当一路视频信号需要送到多个图像显示或记录设备上时，宜选用视频分配器。

14.3.8 记录设备的配备与功能应符合下列规定：

1 录像设备输入、输出信号，视、音频指标均应与整个系统的技术指标相适应；一个视频安防监控系统，至少应配备一台录像设备；

2 录像设备应具有自动录像功能和报警联动实时录像功能，并可显示日期、时间及摄像机位置编码；

3 当具有长时间记录、即时分析等功能要求时，宜选用数字硬盘录像设备；小规模视频安防监控系统可直接以其作为控制主机；

4 数字硬盘录像设备应选用技术成熟、性能稳定可靠的产品，并应具有同步记录与回放、宕机自动恢复等功能；对于重要场所，每路记录速度不宜小于25帧/s；对于其他场所，每路记录速度不应小于6帧/s；

5 数字硬盘录像机硬盘容量可根据录像质量要求、信号压缩方式及保存时间确定；

6 与入侵报警系统联动的监控系统，宜单独配备相应的图像记录设备。

14.3.9 前端摄像机、解码器等，宜由控制中心专线集中供电。前端摄像设备距控制中心较远时，可就地供电。就地供电时，当控制系统采用电源同步方式，应是与主控设备为同相位的可靠电源。

14.3.10 根据需要选用全数字视频安防监控系统时，应满足图像的原始完整性和实时性的要求，并应符合当地安全技术防范管理的要求。

14.4 出入口控制系统

14.4.1 出入口控制系统应根据安全技术防范管理的需要，在建筑物、建筑群出入口、通道门、重要房间门等处设置，并应符合下列规定：

1 主要出入口宜设置出入口控制装置，出入口控制系统中宜有非法进入报警装置；

2 重要通道宜设置出入口控制装置，系统应具有非法进入报警功能；

3 设置在安全疏散口的出入口控制装置，应与火灾自动报警系统联动；在紧急情况下应自动释放出入口控制系统，安全疏散门在出入口控制系统释放后应能随时开启；

4 重要工作室应设置出入口控制装置。集中收款处、重要物品库房宜设置出入口控制装置。

14.4.2 出入口控制系统宜由前端识读装置与执行机构、传输部件、处理与控制设备、显示记录设备四个主要部分组成。

14.4.3 系统的受控制方式、识别技术及设备装置，应根据实际控制需要、管理方式及投资等情况确定。

14.4.4 系统前端识读装置与执行机构，应保证操作的有效性和可靠性，宜具有防尾随、防返传措施。

14.4.5 不同的出入口，应设定不同的出入权限。系统应对设防区域的位置、通行对象及通行时间等进行实时控制和多级程序控制。

14.4.6 现场控制器宜安装在读卡机附近房间内、弱电间等隐蔽处。读卡机应安装在出入口旁，安装高度距地不宜高于1.5m。

14.4.7 系统管理主机宜对系统中的有关信息自动记录、打印、存储，并有防篡改和防销毁等措施。

14.4.8 当系统管理主机发生故障、检修或通信线路故障时，各出入口现场控制器应脱机正常工作。现场控制器应具有备用电源，当正常供电电源失电时，应可靠工作24h，并保证信息数据记忆不丢失。

14.4.9 系统宜独立组网运行，并宜具有与入侵报警系统、火灾自动报警系统、视频安防监控系统、电子巡查系统等集成或联动的功能。

14.4.10 系统应具有对强行开门、长时间门不关、通信中断、设备故障等非正常情况的实时报警功能。

14.4.11 系统宜具有纳入“一卡通”管理的功能。

14.4.12 根据需要可在重要出入口处设置X射线安检设备、金属探测门、爆炸物检测仪等防爆安检系统。

14.5 电子巡查系统

14.5.1 电子巡查系统应根据建筑物的使用性质、功能特点及安全技术防范管理要求设置。对巡查实时性要求高的建筑物，宜采用在线式电子巡查系统。其他建筑物可采用离线式电子巡查系统。

14.5.2 巡查站点应设置在建筑物出入口、楼梯前室、电梯前室、停车库（场）、重点防范部位附近、主要通道及其他需要设置的地方。巡查站点设置的数量应根据现场情况确定。

14.5.3 巡查站点识读器的安装位置宜隐蔽，安装高度距地宜为1.3～1.5m。

14.5.4 在线式电子巡查系统，应具有在巡查过程发生意外情况及时报警的功能。

14.5.5 在线式电子巡查系统宜独立设置，可作为出入口控制系统或入侵报警系统的内置功能模块而与其联合设置，配合识读器或钥匙开关，达到实时巡查的目的。

14.5.6 独立设置的在线式电子巡查系统，应与安全管理系统联网，并接受安全管理系统的管理与控制。

14.5.7 离线式电子巡查系统应采用信息识读器或其他方式，对巡查行动、状态进行监督和记录。巡查人员应配备可靠的通信工具或紧急报警装置。

14.5.8 巡查管理主机应利用软件，实现对巡查路线的设置、更改等管理，并对未巡查、未按规定路线巡查、未按时巡查等情况进行记录、报警。

14.6 停车库（场）管理系统

14.6.1 有车辆进出控制及收费管理要求的停车库（场）宜设置停车库（场）管理系统。

14.6.2 系统应根据安全技术防范管理的需要及用户的实际需求，合理配置下列功能：

1 入口处车位信息显示、出口收费显示；

2 自动控制出入挡车器；

3 车辆出入识别与控制；

4 自动计费与收费管理；

5 出入口及场内通道行车指示；

6 泊位显示与调度控制；

7 保安对讲、报警；

8 视频安防监控；

9 车牌和车型自动识别、认定；

10 多个出入口的联网与综合管理；

11 分层（区）的车辆统计与车位显示；

12 500辆及以上的停车场（库）分层（区）的车辆查询服务。

其中1～4款为基本配置，其他为可选款配置。

14.6.3 出、验票机或读卡器的选配应根据停车场（库）的使用性质确定，短期或临时用户宜采用出、验票机管理方式；长期或固定用户宜采用读卡管理方式。当功能暂不明确或兼有的项目宜采用综合管理方式。

14.6.4 停车库（场）的入口区应设置出票读卡机，出口区应设置验票读卡机。停车库（场）的收费管理室宜设置在出口区。

14.6.5 读卡器宜与出票（卡）机和验票（卡）机合放在一起，安装在车辆出入口安全岛上，距栅栏门（挡车器）距离不宜小于2.2m，距地面高度宜为1.2～1.4m。

14.6.6 停车场（库）内所设置的视频安防监控或入侵报警系统，除在收费管理室控制外，还应在安防控制中心（机房）进行集中管理、联网监控。摄像机宜安装在车辆行驶的正前方偏左的位置，摄像机距地面高度宜为2.0～2.5m，距读卡器的距离宜为3～5m。

14.6.7 有快速进出停车库（场）要求时，宜采用远距离感应读卡装置。有一卡通要求时应与一卡通系统联网设计。

14.6.8 停车库（场）管理系统应具备先进、灵活、高效等特点，可利用免费卡、计次卡、储值卡等实行全自动管理，亦可利用临时卡实行人工收费管理。

14.6.9 车辆检测地感线圈宜为防水密封感应线圈，其他线路不得与地感线圈相交，并应与其保持不少于0.5m的距离。

14.6.10 自动收费管理系统可根据停车数量及出入口设置等具体情况，采用出口处收费或库（场）内收费两种模式。并应具有对人工干预、手动开闸等违规行为的记录和报警功能。

14.6.11 停车库（场）管理系统宜独立运行，亦可与安全管理系统联网。

14.7 住宅（小区）安全防范系统

14.7.1 住宅（小区）的安全技术防范系统宜包括周界安防系统、公共区域安防系统、家庭安防系统及监控中心。

14.7.2 住宅（小区）安全技术防范系统的配置标准宜符合表14.7.2的规定。

表14.7.2 住宅(小区)安全技术防范系统配置标准

序号	系统名称	安防设施	住宅配置标准	别墅配置标准
1	周界安防系统	电子周界防护系统	宜设置	应设置
2	公共区域安防系统	电子巡查系统	应设置	应设置
		视频安防监控系统	可选项	
		停车库(场)管理系统		
3	家庭安防系统	访客对讲系统	应设置	应设置
		紧急求救报警装置		
		入侵报警系统	可选项	
4	监控中心	安全管理系统	各子系统宜联动设置	各子系统应联动设置
		可靠通信工具	必须设置	必须设置

14.7.3 周界安防系统设计应符合下列规定：

1 电子周界安防系统应预留联网接口；

2 别墅区周界宜设视频安防监控系统。

14.7.4 公共区域的安防系统设计应符合下列规定：

1 电子巡查系统应符合下列规定：

1）住宅小区宜采用离线式电子巡查系统，别墅区宜采用在线式电子巡查系统；

2）离线式电子巡查系统的信息识读器安装高度，宜为1.3～1.5m；

3）在线式电子巡查系统的管线宜采用暗敷。

2 视频安防监控系统应符合下列规定：

1）住宅小区的主要出入口、主要通道、电梯轿厢、周界及重要部位宜安装监控摄像机；

2）室外摄像机的选型及安装应采取防水、防晒、防雷等措施；

3）视频安防监控系统应与监控中心计算机联网。

3 住宅（小区）停车库（场）管理系统的设计，应符合本规范第14.6节的规定。

14.7.5 家庭安全防范系统设计应符合下列规定：

1 访客对讲系统应符合下列规定：

1）别墅宜选用访客可视对讲系统；

2）主机宜安装在单元入口处防护门上或墙体内，安装高度宜为1.3～1.5m；室内分机宜安装在过厅或起居室内，安装高度宜为1.3～1.5m；

3）访客对讲系统应与监控中心主机联网。

2 紧急求助报警装置应符合下列规定：

1）宜在起居室、卧室或书房不少于一处，安装紧急求助报警装置；

2）紧急求助信号应同时报至监控中心。

3 入侵报警系统应符合下列规定：

1）可在住户室内、户门、阳台及外窗等处，选择性地安装入侵报警探测装置；

2）入侵报警系统应预留联网接口。

14.7.6 监控中心设计应符合下列规定：

1 住宅小区安防监控中心应具有自身的安防设施；

2 监控中心应对小区内的周界安防系统、公共区域安防系统、家庭安防系统等进行监控和管理；

3 监控中心应配置可靠的有线或无线通信工具，并留有与接警中心联网的接口；

4 监控中心可与住宅小区管理中心合用。

14.7.7 住宅（小区）安全技术防范系统设计，尚应符合本章其他各节的有关规定。

14.8 管线敷设

14.8.1 室内线路布线设计应做到短捷、隐蔽、安全、可靠，减少与其他系统交叉及共用管槽，并应符合下列规定：

1 线缆选型应根据各系统不同功能要求采用不同类型及规格的线缆；

2 线缆保护管宜采用金属导管、难燃型刚性塑料导管、封闭式金属线槽或难燃型塑料线槽；

3 重要线路应选用阻燃型线缆，采用金属导管保护，并应暗敷在非燃烧体结构内。当必须明敷时，应采取防火、防破坏等安全保护措施；

4 当与其他弱电系统共用线槽时，宜分类加隔板敷设；

5 重要场所的布线槽架，应有防火及槽盖开启限制措施。

14.8.2 交流220V供电线路应单独穿导管敷设。

14.8.3 穿导管线缆的总截面积，直段时不应超过导管内截面积的40%，弯段时不应超过导管内截面积的30%。敷设在线槽内的线缆总截面积，不应超过线槽净截面积的50%。

14.8.4 室外线路敷设宜根据现有地形、地貌、地上及地下设施情况，结合安防系统的具体要求，选择导管、排管或电缆隧道等敷设方式，并应符合现行国家通信行业标准《通信管道与通信工程设计规范》YD 5007的规定。

14.8.5 传输线路的防护设计，应根据现场实际环境条件和容易遭受损坏或人为破坏等因素，采取有效的防护措施。

14.8.6 管线敷设，尚应符合本规范第20章的有关规定。

14.9 监控中心

14.9.1 安全技术防范系统监控中心宜设置在建筑物一层，可与消防、BAS等控制室合用或毗邻，合用时应有专用工作区。监控中心宜位于防护体系的中心区域。

14.9.2 监控中心的使用面积应与安防系统的规模相适应，不宜小于20m²。与值班室合并设置时，其专用工作区面积不宜小于12m²。

14.9.3 重要建筑的监控中心，宜设置对讲装置或出入口控制装置。宜设置值班人员卫生间和空调设备。

14.9.4 系统监控中心应设置为禁区，应有保证自身安全的防护措施和进行内外联络的通信手段，并应设置紧急报警装置和留有向上一级接处警中心报警的通信接口。

14.9.5 监控中心的设备布置、环境条件及对土建专业的要求应符合本规范第23.2～23.3节的有关规定。

14.9.6 电源设计应符合下列规定：

1 监控中心应设置专用配电箱，由专用线路直接供电，并宜采用双路电源末端自投方式，主电源容量不应小于系统设备额定功率的1.5倍；

2 当电源电压波动较大时，应采用交流净化稳压电源，其输出功率不应小于系统使用功率的1.5倍；

3 重要建筑的安全技术防范系统，应采用在线式不间断电源供电，不间断电源应保证系统正常工作60min。其他建筑的安全技术防范系统宜采用不间断电源供电。

14.9.7 防雷与接地应符合下列规定：

1 系统的电源线、信号传输线、天线馈线以及进入监控中心的架空电缆入室端，均应采取防雷电波侵入及过电压保护措施；

2 系统监控中心的接地应符合本规范第23.4.2条的规定；

3 室外前端摄像设备宜采取防雷措施。

14.10 联动控制和系统集成

14.10.1 安全技术防范系统的集成设计宜包括子系统集成设计和安全管理系统的集成设计，宜纳入建筑设备管理系统（BMS）集成设计。

14.10.2 安全技术防范系统集成方式和集成范围，应根据使用者的需求确定。

14.10.3 入侵报警系统宜与视频安防监控系统联动或集成，发生报警时，视频安防监控系统应立即启动摄像、录音、辅助照明等装置，并自动进入实时录像状态。

14.10.4 出入口控制系统应与火灾自动报警系统联动，在火灾等紧急情况下，立即打开相关疏散通道的安全门或预先设定的门。

14.10.5 在线式电子巡查系统及入侵报警系统，宜与出入口控制系统联动，当警情发生时，系统可立即封锁相关通道的门。

14.10.6 视频安防监控系统宜与火灾自动报警系统

联动，在火灾情况下，可自动将监视图像切换至现场画面，监视火灾趋势，向消防人员提供必要信息。

14.10.7 安全技术防范系统的各子系统可子系统集成自成垂直管理体系，也可通过统一的通信平台和管理软件等将各子系统联网，组成一个相对完整的综合安全管理系统，即集成式安全技术防范系统。

14.10.8 安全技术防范系统的集成，宜在通用标准的软硬件平台上，实现互操作、资源共享及综合管理。

14.10.9 集成式安全技术防范系统应采用先进、成熟、具有简体中文界面的应用软件。系统应具有容错性、可维修性及维修保障性。

14.10.10 当综合安全管理系统发生故障时，各子系统应能单独运行。某子系统出现故障，不应影响其他子系统的正常工作。

15 有线电视和卫星电视接收系统

15.1 一 般 规 定

15.1.1 有线电视系统的设计应符合质量优良、技术先进、经济合理、安全适用的原则，并应与城镇建设规划和本地有线电视网的发展相适应。

15.1.2 系统设计的接收信号场强，宜取自实测数据。当获取实测数据确有困难时，可采用理论计算的方法计算场强值。

15.1.3 在新建和扩建小区的组网设计中，宜以自设前端或子分前端、光纤同轴电缆混合网（HFC）方式组网，或光纤直接入户（FTTH）。网络宜具备宽带、双向、高速及三网融合功能。

15.1.4 系统设计除应符合本规范外，尚应符合现行国家标准《有线电视系统工程技术规范》GB 50200、《声音和电视信号的电缆分配系统》GB/T 6510 及行业标准《有线广播电视系统技术规范》GY/T 106 的规定。

15.2 有线电视系统设计原则

15.2.1 有线电视系统规模宜按用户终端数量分为下列四类：

A类：10000 户以上；

B类：2001～10000 户；

C类：301～2000 户；

D类：300 户以下。

15.2.2 建筑物与建筑群光纤同轴电缆混合网（HFC），宜由自设分前端或子分前端、二级光纤链路网、同轴电缆分配网及用户终端四部分组成，典型的网络拓扑结构宜符合图 15.2.2 的规定。

15.2.3 系统设计时应明确下列主要条件和技术要求：

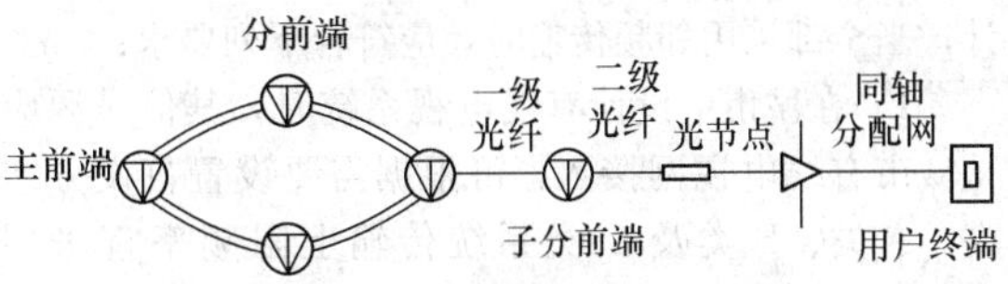

图 15.2.2 HFC 典型网络拓扑结构

1 系统规模、用户分布及功能需求；

2 接入的有线电视网或自设前端的各类信号源和自办节目的数量、类别；

3 城镇的有线电视系统，应采用双向传输及三网融合技术方案；

4 接收天线设置点的实测场强值或理论计算的信号场强值及有线电视网络信号接口参数；

5 接收天线设置点建筑物周围的地形、地貌以及干扰源、气象和大气污染状况等。

15.2.4 系统应满足下列性能指标：

1 载噪比（C/N）应大于或等于 44dB；

2 交扰调制比（CM）应大于或等于 47dB（550MHz 系统），可按下式计算：

$$CM=47+10\lg(N_0/N) \tag{15.2.4}$$

式中 N_0——系统设计满频道数；

N——系统实际传输频道数。

3 载波互调比（IM）应大于或等于 58dB；

4 载波复合二次差拍比（C/CSO）应大于或等于 55dB；

5 载波复合三次差拍比（C/CTB）应大于或等于 55dB。

15.2.5 有线电视系统频段的划分应采用低分割方式，各种业务信息以及上行和下行频段划分应符合表 15.2.5 的规定。

表 15.2.5 双向传输系统频段划分

频率范围（MHz）	调制方式	现行名称	用途	
			模拟为主兼传数字	全数字信号
5～65	QPSK、m-QAM	低端上行	上行数字业务	
65～87	—	低端隔离带	在低端隔离上下行通带	
87～108	FM	调频广播	调频广播	数字图像、声音、数据及网管、控制
108～111	FSK	系统业务	网管、控制	
111～550	AM-VSB	模拟电视	模拟电视	
550～862	m-QAM	数字业务	数字图像、声音、数据	
862～900	—	高端隔离带	在高端隔离上下行通带	
900～1000	m-QAM	高端上行	预留	

15.2.6 有线电视系统的信号传输方式应根据有线电视网络的现状和发展、系统的规模和覆盖区域进行设

计，当全部采用邻频传输时，应符合下列要求：

1 在城市中设计有线电视系统时，其信号源应从城市有线电视网接入，可根据需要设置自设分前端。A类、B类及C类系统传输上限频率宜采用862MHz系统，D类系统可根据需要和有线电视网发展规划选择上限频率。

2 传输频道数与上限频率应符合下列对应关系：

1）550MHz系统，可用频道数60；

2）750MHz系统，除60个模拟频道外，550MHz～750MHz带宽可传送25个数字频道；

3）862MHz系统，除60个模拟频道外，550MHz～862MHz带宽可传送39个数字频道。

3 城市有线电视系统及HFC网络，应按双向传输方式设计。

4 主干线及部分支干线应使用光纤传输，宜采用星形拓扑结构。分配网络可使用同轴电缆，采用星形为主、星树形结合的拓扑结构。

15.2.7 当小型城镇不具备有线电视网，采用自设接收天线及前端设备系统时，C类及以下的小系统或干线长度不超过1.5km的系统，可保持原接收频道的直播。B类及以上的较大系统、干线长度超过1.5km的系统或传输频道超过20套节目的系统，宜采用550MHz及以上传输方式。

15.2.8 当采用自设接收天线及前端设备系统时，有线电视频道配置宜符合下列规定：

1 基本保持原接收频道的直播；

2 强场强广播电视频道转换为其他频道播出；

3 配置受环境电磁场干扰小的频道。

15.2.9 系统输出口的模拟电视信号输出电平，宜取(69±6)dBμV。系统相邻频道输出电平差不应大于2dB，任意频道间的电平差不宜大于12dB。

15.2.10 系统数字信号电平应低于模拟电视信号电平，64-QAM应低于10dB，256-QAM应低于6dB。

15.3 接收天线

15.3.1 接收天线应具有良好电气性能，其机械性能应适应当地气象和大气污染的要求。

15.3.2 接收天线的选择应符合下列规定：

1 当接收VHF段信号时，应采用频道天线，其频带宽度为8MHz。

2 当接收UHF段信号时，应采用频段天线，其带宽应满足系统的设计要求。接收天线各频道信号的技术参数应满足系统前端对输入信号的质量要求。

3 接收天线的最小输出电平可按公式（15.3.2）计算，当不满足公式（15.3.2）要求时，应采用高增益天线或加装低噪声天线放大器：

$$S_{min} \geqslant (C/N)_h + F_h + 2.4 \qquad (15.3.2)$$

式中 S_{min}——接收天线的最小输出电平（dB）；

F_h——前端的噪声系数（dB）；

$(C/N)_h$——天线输出端的载噪比（dB）；

2.4——PAL-D制式的热噪声电平（dBμV）。

4 当某频道的接收信号场强大于或等于100dBμV/m时，应加装频道转换器或解调器、调制器。

5 接收信号的场强较弱或环境反射波复杂，使用普通天线无法保证前端对输入信号的质量要求时，可采用高增益天线、抗重影天线、组合天线（阵）等特殊形式的天线。

15.3.3 当采用宽频带组合天线时，天线输出端或天线放大器输出端应设置分频器或接收的电视频道的带通滤波器。

15.3.4 接收天线的设置应符合下列规定：

1 宜避开或远离干扰源，接收地点场强宜大于54dBμV/m，天线至前端的馈线应采用聚乙烯外护套、铝管或四屏蔽外导体的同轴电缆，其长度不宜大于30m。

2 天线与发射台之间，不应有遮挡物和可能的信号反射，并宜远离电气化铁路及高压电力线等。天线与机动车道的距离不宜小于20m。

3 天线宜架设在较高处，天线与铁塔平台、承载建筑物顶面等导电平面的垂直距离，不应小于天线的工作波长。

4 天线位置宜设在有线电视系统的中心部位。

15.3.5 独立塔式接收天线的最佳高度，可按下式计算：

$$h_j = \frac{\lambda \cdot d}{4h_i} \qquad (15.3.5)$$

式中 h_j——天线安装的最佳绝对高度（m）；

λ——该天线接收频道中心频率的波长（m）；

d——天线杆塔至电视发射塔之间的距离（m）；

h_i——电视发射塔的绝对高度（m）。

15.4 自设前端

15.4.1 自设前端设备应根据节目源种类、传输方式及功能需求设置，并应与当地有线电视网协调。

15.4.2 自设前端设施应设在用户区域的中心部位，宜靠近信号源。

15.4.3 在有线电视网覆盖范围以外或不接收有线电视网的建筑区域，可自设开路接收天线、卫星接收天线及前端设备。

15.4.4 自设前端系统的载噪比应满足现行行业标准《有线电视系统工程技术规范》GY/T 106规定的相应基本模式的指标分配要求。

15.4.5 自设前端输入电平应满足前端系统的载噪比要求，自设前端输入的最小电平可按公式（15.3.2）计算。

15.4.6 自设前端系统不宜采用带放大器的混合器。当采用插入损耗小的分配式多路混合器时，其空闲端必须终接 75Ω 负载电阻。

15.4.7 自设前端的上、下行信号均应采用四屏蔽电缆和冷压连接器连接。

15.4.8 当民用建筑只接收当地有线电视网节目信号时，应符合下列规定：

1 系统接收设备宜在分配网络的中心部位，应设在建筑物首层或地下一层；

2 每 2000 个用户宜设置一个子分前端；

3 每 500 个用户宜设置一个光节点，并应留有光节点光电转换设备间，用电量可按 2kW 计算。

15.4.9 自设前端输出的系统传输信号电平应符合下列规定：

1 直接馈送给电缆时，应采用低位频段低电平、高位频段高电平的电平倾斜方式；

2 通过光链路馈送给电缆时，下行光发射机的高频输入必须采用电平平坦方式。

15.4.10 前端放大器应满足工作频带、增益、噪声系数、非线性失真等指标要求，放大器的类型宜根据其在系统中所处的位置确定。

15.4.11 当单频道接收天线及前端专用频道需要设置放大器时，应采用单频道放大器。

前端各频道的信号电平应基本一致，邻近频道的信号电平差不应大于 2dB，应采用低增益（18～22dB）、高线性宽带放大器。

15.5 传输与分配网络

15.5.1 当有线电视系统规模小（C、D 类）、传输距离不超过 1.5km 时，宜采用同轴电缆传输方式。

15.5.2 当系统规模较大、传输距离较远时，宜采用光纤同轴电缆混合网（HFC）传输方式，也可根据需要采用光纤到最后一台放大器（FTTLA）或光纤到户（FTTH）的方式。

15.5.3 综合有线电视信息网及 HFC 网络设计，应符合下列规定：

1 系统应采用双向传输网络。

2 双向传输系统中，所有设备器件均应具有双向传输功能。

3 双向传输分配网络宜采用星形分配、集中分支方式。

4 电缆分配网络的下行通道和上行通道，均宜采用单位增益法，用户分配网络的拓扑结构宜简单、对称，以利于上行电平的均等、均衡。

5 各类设备、器件、连接器、电缆均应具有良好的屏蔽性能，屏蔽系数应大于或等于 100dB。室外设备 5/8in-24 连接器系列宜选用直通型，室内设备 F 连接器应选用冷压型。同轴电缆应采用高屏蔽系数的产品，室外敷设应采用铝管外导体电缆，室内敷设应采用四屏蔽外导体电缆。

6 每一台双向分配放大器，必须内配上行宽带放大器。双向干线放大器，当线路的实际损耗较大时，宜内配上行宽带放大器。

7 HFC 网络内任何有源设备的输出信号总功率不应超过 20dBm。

8 一个光节点覆盖的用户数宜在 500 以内，以利于提高上行户均速率和减少干扰、噪声。

15.5.4 光纤同轴电缆混合网的技术指标分配系数，可按同轴电缆的指标分配，并保证光链路噪声失真平衡的基本指标。

15.5.5 光纤同轴电缆混合网，由下行光发射机、光分路器、光纤（距离远时增设中继站）、光节点（含下行光接收机、上行光发射机）、上行光接收机及电缆分配网络组成，其系统宜符合图 15.5.5 的规定。

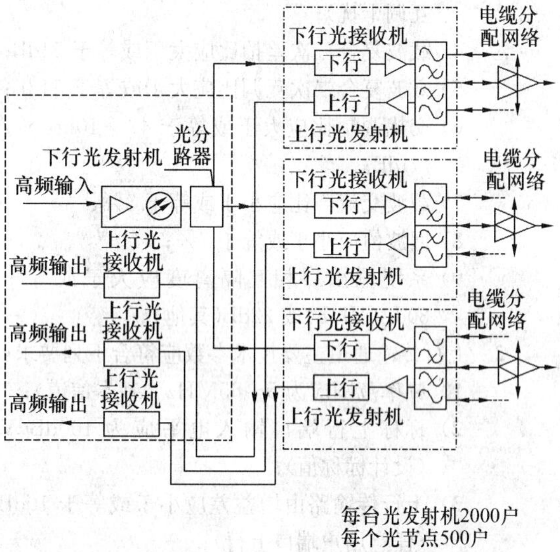

图 15.5.5 光纤到节点的典型系统

15.5.6 光纤同轴电缆混合网的拓扑结构宜采用“环—星—星树”形，即一级光纤链路采用环形或双环形结构，二级光纤链路宜采用星形结构，电缆分配网络采用星树形结构。

15.5.7 有线电视系统一（二）级 AM 光纤链路，应满足下列指标要求：

1 载噪比 C/N 应大于或等于 50(48)dB；

2 载波复合二次差拍比 C/CSO 应大于或等于 60(58)dB；

3 载波复合三次差拍比 C/CTB 应大于或等于 65(63)dB。

15.5.8 光纤及光设备的选择应符合下列要求：

1 光纤有线电视网络应采用 G-652 单模光纤；

2 当光节点较少且传输距离不大于 30km 时，宜采用 1310nm 波长；

3 在远距离传输系统中，宜采用 1550nm 波长；

4 在满足光传输链路技术指标的前提下，宜选择光输出功率较小的光发射机；同一前端的光发射机输出功率宜一致，以便备机；

5 一台下行光发射机通过光分路器可带2000户及其相应的光节点。

15.5.9 HFC网络光纤传输部分，其上、下行信号宜采用空分复用（SDM）方式。同轴电缆传输部分，其上、下行信号宜采用频分复用（FDM）方式。

15.5.10 HFC网络上、下行传输通道主要技术参数，应符合下列要求：

1 下行传输通道主要技术参数应符合下列要求：

1）系统输出口电平应为60～80dBμV；

2）载噪比应大于或等于43dB（$B=5.75$MHz）；

3）载波互调比应大于或等于57dB(对电视频道的单频干扰)或54dB(电视频道内单频互调干扰)；

4）载波复合三次差拍比应大于或等于54dB；

5）载波复合二次互调比应大于或等于54dB；

6）交扰调制比应大于或等于$47+10\lg(N_0/N)$dB；

7）载波交流声比应小于或等于3%；

8）回波值应小于或等于7%；

9）系统输出口相互隔离度应大于或等于30dB(VHF)或22dB(其他)。

2 上行传输通道主要技术参数应符合下列要求：

1）频率范围应为5～65MHz（基本信道）；

2）标称上行端口输入电平应为100dBμV（设计标称值）；

3）上行传输路由增益差应小于或等于10dB（任意用户端口上行）；

4）上行最大过载电平应大于或等于112dBμV；

5）上行通道频率响应应小于或等于2.5dB（每2MHz）；

6）载波/汇集噪声比应大于或等于22dB（Ra波段）或26dB（Rb、Rc波段）；

7）上行通道传输延时应小于或等于800μs；

8）回波值应小于或等于10%；

9）上行通道群延时应小于或等于30ns（任意3.2MHz范围内）；

10）信号交流声调制比应小于或等于7%。

15.5.11 干线放大器在常温时的输入电平和输出电平的设计值，应根据干线长度、选用的干线电缆特性、干线放大器特性和数量等因素，在满足输入电平最低限值及输出电平最高限值前提下，留有一定的余量后确定。

对于设有自动电平调节（ALC）电路的干线系统：

$$S'_{ia}=S_{ia}+(2\sim4) \quad (15.5.11\text{-}1)$$

$$S'_{oa}=S_{oa}-(2\sim4) \quad (15.5.11\text{-}2)$$

对于未设ALC电路的干线系统：

$$S'_{ia}=S_{ia}+(5\sim8) \quad (15.5.11\text{-}3)$$

$$S'_{oa}=S_{oa}-(5\sim8) \quad (15.5.11\text{-}4)$$

式中 S_{ia}——干线放大器输入最低电平限值（dBμV）；

S'_{ia}——干线放大器输入电平的设计值（dBμV）；

S_{oa}——干线放大器输出最高电平限值（dBμV）；

S'_{oa}——干线放大器输出电平的设计值（dBμV）。

15.5.12 为保证干线传输部分的性能指标，宜采用下列措施：

1 同一传输干线的干线放大器，宜设置在其设计增益等于或略大于（2dB内）前端传输损耗的位置；

2 宜采用低噪声、低温漂、适中增益的干线放大器；

3 宜采用具有良好带通特性、较高非线性指标的干线放大器；

4 宜采用低损耗、屏蔽性和稳定性较好的电缆；

5 宜采用桥接放大器或定向耦合器向用户群提供分配点；

6 宜减少干线传输损耗，在线路中少插入或不插入分支器、分配器等；如插入分支器，分支损耗不宜大于12dB，以平衡上行电平；

7 干线放大器与分配放大器宜分开设置，并符合下列要求：

1）干线放大器应低增益、中等电平输出、只级联、不带户；

2）分配放大器应高增益、较高电平输出、末级单台、只带户。

15.5.13 为处理光节点以下电缆分配网络的噪声和非线性失真关系，宜采取下列措施：

1 干线放大器噪声失真平衡；

2 分配放大器在非线性失真语序的前提下，宜提高输出电平。

15.5.14 当系统有分支信号放大要求时，可选用桥接放大器。当只放大和补偿线路损耗时，可选用延长放大器，延长放大器的级联不应超过两级。

15.5.15 电缆干线系统的放大器，宜采用输出交流60V的供电器通过电缆芯线供电，其间的分支分配器应采用电流通过型。

15.5.16 电缆传输网应按下列程序进行设计：

1 按系统规模及干线长度选择电缆；

2 以系统最长干线计算电长度，确定干线系统C/N、CM、C/CTB、C/CSO指标的分配系数；

3 按干线的电长度确定干线放大器的增益及级联数；

4 按系统规模、增益、放大器供电方式，选择放大器的型号；计算确定干线放大器实用的最低输入电平和最高输出电平；

5 设计计算干线放大器供电线路，确定供电器的配置；

6 验算传输系统指标。

15.5.17 用户分配系统的设计应符合下列要求：

1 应将正向传输信号合理地分配给各用户终端，上行信号工作稳定。

2 用户分配系统宜采用分配—分支、分支—分配、集中分支分配等方式。

3 应采用下列均等均衡的分配原则：

1）宜采用星形分配方式，减少串接分支器；

2）应选择合理的分配方案，使每户信号功率相似；

3）宜选择不同规格的电缆及其长度，保证系统的均衡。

4 不得将分配线路的终端直接作为用户终端。

5 分配设备的空闲端口和分支器的输出终端，均应终接75Ω负载电阻。

6 系统输出口宜选用双向传输用户终端盒。

15.6 卫星电视接收系统

15.6.1 卫星电视接收系统宜由抛物面天线、馈源、高频头、功率分配器和卫星接收机组成。设置卫星电视接收系统时，应得到国家有关部门的批准。

15.6.2 用于卫星电视接收系统的接收站天线，其主要电性能要求宜符合表15.6.2的规定。

表15.6.2 C频段、Ku频段天线主要电性能要求

技术参数	C频段要求	Ku频段要求	天线直径、仰角
接收频段	3.7～4.2GHz	10.9～12.8GHz	C频段≥φ3m
天线增益	40dB	46dB	C频段≥φ3m
天线效率	55%	58%	C、Ku≥φ3m
噪声温度	≤48K	≤55K	仰角20°时
驻波系数	≤1.3	≤1.35	C频段≥φ3m

15.6.3 C频段、Ku频段高频头的主要技术参数，宜符合表15.6.3的规定。

表15.6.3 C频段、Ku频段高频头主要技术参数

技术参数	C频段要求	Ku频段要求	备　注
工作频段	3.7～4.2GHz	11.7～12.2GHz	可扩展
输出频率范围	950～2150MHz		—
功率增益	≥60dB	≥50dB	—
振幅/频率特性	≤3.5dB	±3dB	带宽500MHz
噪声温度	≤18K	≤20K	−25～25℃
镜像干扰抑制比	≥50dB	≥40dB	—
输出口回波损耗	≥10dB	≥10dB	—

15.6.4 卫星电视接收机应选用高灵敏、低噪声的产品设备。

15.6.5 卫星电视接收站站址的选择，应符合下列规定：

1 宜选择在周围无微波站和雷达站等干扰源处，并应避开同频干扰；

2 应远离高压线和飞机主航道；

3 应考虑风沙、尘埃及腐蚀性气体等环境污染因素；

4 卫星信号接收方向应保证无遮挡。

15.6.6 卫星电视接收天线应根据所接收卫星采用的转发器，选用C频段或Ku频段抛物面天线。天线增益应满足卫星电视接收机对输入信号质量的要求。

15.6.7 当天线直径小于4.5m时，宜采用前馈式抛物面天线。当天线直径大于或等于4.5m，且对其效率及信噪比均有较高要求时，宜采用后馈式抛物面天线。当天线直径小于或等于1.5m时，特别是Ku频段电视接收天线宜采用偏馈式抛物面天线。

15.6.8 天线直径大于或等于5m时，宜采用电动跟踪天线。

15.6.9 在建筑物上架设天线，应将天线基础做法、各类荷载等，提供给结构专业设计人员，确定具体的安装位置及基础形式。

15.6.10 天线的机械强度应满足其不同的工作环境要求。沿海地区宜选用玻璃钢结构天线，风力较大地区宜选用网状天线。

15.6.11 卫星电视接收站宜与前端合建在一起。室内单元与馈源之间的距离不宜超过30m，信号衰减不应超过12dB。信号线保护导管截面积不应小于馈线截面积的4倍。

15.7 线 路 敷 设

15.7.1 有线电视系统的信号传输线缆，应采用特性阻抗为75Ω的同轴电缆。当选择光纤作为传输介质时，应符合广播电视短程光缆传输的相关规定。重要线路应考虑备用路由。

15.7.2 室内线路的敷设应符合下列规定：

1 新建或有内装饰的改建工程，采用暗导管敷设方式，在已建建筑物内，可采用明敷方式；

2 在强场强区，应穿钢导管并宜沿背对电视发射台方向的墙面敷设。

15.8 供电、防雷与接地

15.8.1 有线电视系统应采用单相220V、50Hz交流电源供电，电源配电箱内，宜根据需要安装浪涌保护器。

15.8.2 自设前端供电宜采用UPS电源，其标称功率不应小于使用功率的1.5倍。

15.8.3 当干线系统中有源器件采用集中供电时，宜由供电器向光节点和宽带放大器供电。用户分配系统不应采用电缆芯线供电。

15.8.4 电缆进入建筑物时，应符合下列要求：

1 架空电缆引入时，在入户处加装避雷器，并将电缆金属外护层及自承钢索接到电气设备的接地网上；

2 光缆或同轴电缆直接埋地引入时，入户端应将光缆的加强钢芯或同轴电缆金属外皮与接地网相连。

15.8.5 天线竖杆（架）上应装设避雷针。如果另装独立的避雷针，其与天线最接近的振子或竖杆边缘的间距必须大于3m，并应保护全部天线振子。

15.8.6 沿天线竖杆（架）引下的同轴电缆，应采用四屏蔽电缆或铝管电缆。电缆的外导体应与竖杆（或防雷引下线）和建筑物的避雷带有良好的电气连接。

15.8.7 若天线放大器设置在竖杆上，电缆线必须穿金属导管敷设，其金属导管应与竖杆（架）有良好的电气连接。

15.8.8 进入前端的天线馈线，应采取防雷电波侵入及过电压保护措施。

16 广播、扩声与会议系统

16.1 一 般 规 定

16.1.1 本章适用于民用建筑中，广播、扩声与会议系统的设计。

16.1.2 公共建筑应设置广播系统，系统的类别应根据建筑规模、使用性质和功能要求确定，并应符合下列要求：

1 办公楼、商业楼、院校、车站、客运码头及航空港等建筑物，宜设置业务性广播，满足以业务及行政管理为主的广播要求；

2 星级饭店、大型公共活动场所等建筑物，宜设置服务性广播，满足以欣赏性音乐、背景音乐或服务性管理广播为主的要求；

3 火灾应急广播的设置与要求，应符合本规范第13章的规定。

16.1.3 扩声系统的设置应符合下列规定：

1 扩声系统应根据建筑物的使用功能、建筑设计和建筑声学设计等因素确定；

2 扩声系统的设计应与建筑设计、建筑声学设计同时进行，并与其他有关专业密切配合；

3 除专用音乐厅、剧院、会议厅外，其他场所的扩声系统宜按多功能使用要求设置；

4 专用的大型舞厅、娱乐厅应根据建筑声学条件，设置相应的固定扩声系统；

5 下列场所宜设置扩声系统：

1）听众距离讲台大于10m的会议场所；

2）厅堂容积大于1000m³的多功能场所；

3）要求声压级较高的场所。

16.1.4 会议系统的设置应符合下列规定：

1 会议系统应根据会议厅的规模、使用性质和功能要求设置；

2 会议厅除设置音频扩声系统外，尚宜设置多媒体演示系统；

3 需要召开视讯会议的会议厅应设置视频会议系统；

4 有语言翻译需要的会议厅应设置同声传译系统。

16.2 广 播 系 统

16.2.1 广播系统根据使用要求可分为业务性广播系统、服务性广播系统和火灾应急广播系统。

16.2.2 广播系统功率馈送制式宜采用单环路式，当广播线路较长时，宜采用双环路式。

16.2.3 设有广播系统的公共建筑应设广播控制室。当建筑物中的公共活动场所单独设置扩声系统时，宜设扩声控制室。但广播控制室与扩声控制室间应设中继线联络或采取用户线路转换措施，以实现全系统联播。

16.2.4 广播系统的分路，应根据用户类别、播音控制、广播线路路由等因素确定，可按楼层或按功能区域划分。

当需要将业务性广播系统、服务性广播系统和火灾应急广播系统合并为一套系统或共用扬声器和馈送线路时，广播系统分路宜按建筑防火分区设置。

16.2.5 广播系统宜采用定压输出，输出电压宜采用70V或100V。

16.2.6 设有有线电视系统的场所，有线广播可采用调频广播与有线电视信号混频传输，并应符合下列规定：

1 音乐节目信号、调频广播信号与电视信号混合必须保证一定的隔离度，用户终端输出处应设分频网络和高频衰减器，以保证获得最佳电平和避免相互干扰；调频广播信号应比有线电视信号低10～15dB；

2 各节目信号频率之间宜有2MHz的间隔；

3 系统输出口应使用具有TV、FM双向双输出口的用户终端插座。

16.2.7 功率馈送回路宜采用二线制。当业务性广播系统、服务性广播系统和火灾应急广播系统合并为一套系统时，馈送回路宜采用三线制。有音量调节装置的回路应采用三线制。

16.2.8 广播系统中，从功放设备输出端至线路上最远扬声器间的线路衰耗，应满足下列要求：

1 业务性广播不应大于2dB（1000Hz时）；

2 服务性广播不应大于1dB（1000Hz时）。

16.2.9 航空港、客运码头及铁路旅客站的旅客大厅等环境噪声较高的场所设置广播系统时，应根据噪声的大小自动调节音量，广播声压级应比环境噪声高出15dB。应从建筑声学和广播系统两方面采取措施，满足语言清晰度的要求。

16.2.10 业务性广播、服务性广播与火灾应急广播合用系统，在发生火灾时，应将业务性广播系统、服务性广播系统强制切换至火灾应急广播状态，并应符合下列规定：

1 火灾应急广播系统仅利用业务性广播系统、服务性广播系统的馈送线路和扬声器，而火灾应急广播系统的扩声设备等装置是专用的。当火灾发生时，由消防控制室切换馈送线路，进行火灾应急广播。

2 火灾应急广播系统全部利用业务性广播系统、服务性广播系统的扩声设备、馈送线路和扬声器等装置，在消防控制室只设紧急播送装置。当火灾发生时，可遥控业务性广播系统、服务性广播系统，强制投入火灾应急广播。并在消防控制室用话筒播音和遥控扩声设备的开、关，自动或手动控制相应的广播分路，播送火灾应急广播，并监视扩声设备的工作状态。

3 当客房设有床头柜音乐广播时，不论床头柜内扬声器在火灾时处于何种状态，都应可靠地切换至应急广播。客房未设床头柜音乐广播时，在客房内可设专用的应急广播扬声器。

16.3 扩声系统

16.3.1 根据使用要求，视听场所的扩声系统可分为语言扩声系统、音乐扩声系统和语言和音乐兼用的扩声系统。

16.3.2 扩声系统的技术指标应根据建筑物用途、类别、服务对象等因素确定。

16.3.3 扩声系统设计的声学特性指标，宜符合表16.3.3的规定。

16.3.4 会议厅、报告厅等专用会议场所，应按语言扩声一级标准设计。

16.3.5 室内、外扩声系统的声场应符合下列规定：

1 室内声场计算宜采用声能密度叠加法，计算时应考虑直达声和混响声的叠加，宜增大50ms以前的声能密度，减弱声反馈，加大清晰度；

2 室外扩声应以直达声为主，宜控制50ms以后出现的反射声。

表16.3.3 扩声系统声学特性

扩声系统类别分级 / 声学特性	音乐扩声系统一级	音乐扩声系统二级	语言和音乐兼用扩声系统一级	语言和音乐兼用扩声系统二级	语言扩声系统一级	语言和音乐兼用扩声系统三级	语言扩声系统二级
最大声压级（空场稳态准峰值声压级）(dB)	0.1～6.3kHz范围内平均声压级≥103dB	0.125～4.000kHz范围内平均声压级≥98dB		0.25～4.00kHz范围内平均声压级≥93dB		0.25～4.00kHz范围内平均声压级≥85dB	
传输频率特性	0.05～10.000kHz，以0.10～6.30kHz平均声压级为0dB，则允许偏差为＋4dB～－12dB，且在0.10～6.30kHz内允许偏差为±4dB	0.063～8.000kHz，以125～4.000kHz的平均声压级为0dB，则允许偏差为＋4dB～－12dB，且在0.125～4.000kHz内允许偏差为±4dB		0.1～6.3kHz，以0.25～4.00kHz的平均声压级为0dB，则允许偏差为＋4dB～－10dB，且在0.25～4.00kHz内允许偏差为＋4dB～－6dB		0.25～4.00kHz以其平均声压级为0dB，则允许偏差为＋4dB～－10dB	
传声增益(dB)	0.1～6.3kHz时的平均值≥－4dB（戏剧演出），≥－8dB（音乐演出）	0.125～4.000kHz时的平均值≥－8dB		0.25～4.00kHz时的平均值≥－12dB		0.25～4.00kHz时的平均值≥－14dB	
声场不均匀度(dB)	0.1kHz时小于等于10dB，1.0～6.3kHz时小于或等于8dB	1.0～4.0kHz时小于或等于8dB		1.0～4.0kHz时小于或等于10dB	1.0～4.0kHz时小于或等于8dB	1.0～4.0kHz时小于或等于10dB	

16.3.6 扩声系统的扬声器系统应采取分频控制，其分频控制方式应符合下列要求：

1 一般情况下，可选用内带无源电子分频器的组合式扬声器箱的后期分频控制；

2 要求较高的分单元式扬声器系统，可采用前期分频控制方式，有源电子分频器应接在控制台与功放设备之间；

3 分频频率可按生产厂家的各类扬声器选取。

16.3.7 扩声系统的功率馈送应符合下列规定：

1 厅堂类建筑扩声系统宜采用定阻输出，定阻输出的馈送线路应符合下列要求：

1）用户负载应与功率放大器的额定功率匹配；

2）功率放大设备的输出阻抗应与负载阻抗匹配；

3）对空闲分路或剩余功率应配接阻抗相等的假负载，假负载的功率不应小于所替代的负载功率的1.5倍；

4）低阻抗输出的广播系统馈送线路的阻抗，应限制在功放设备额定输出阻抗的允许偏差范围内。

2 体育场、广场类建筑扩声系统，宜采用定压输出；

3 自功放设备输出端至最远扬声器箱间的线路衰耗，在1000Hz时不应大于0.5dB。

16.3.8 扩声系统的功放单元应根据需要合理配置，并应符合下列规定：

1 对前期分频控制的扩声系统，其分频功率输出馈送线路应分别单独分路配线；

2 同一供声范围的不同分路扬声器（或扬声器系统）不应接至同一功率单元，避免功放设备故障时造成大范围失声。

16.3.9 扩声系统兼作火灾应急广播时，应满足火灾应急广播的控制要求。

16.3.10 扩声系统的厅堂声压级、混响时间、扬声器声压、功率计算及导线选择应符合本规范附录G、H的规定。

16.4 会议系统

16.4.1 会议系统根据使用要求，可分为会议讨论系统、会议表决系统和同声传译系统。

16.4.2 根据会议厅的规模，会议讨论系统宜采用手动、自动控制方式。

16.4.3 会议表决系统的终端，应设有同意、反对、弃权三种可能选择的按键。

16.4.4 同声传译系统的信号输出方式分为有线、无线和两者混合方式。无线方式可分为感应式和红外辐射式两种，具体选用应符合下列规定：

1 设置固定式座席的场所，宜采用有线式。在听众的座席上应设置具有耳机插孔、音量调节和语种选择开关的收听盒。

2 不设固定座席的场所，宜采用无线式。当采用感应式同声传译设备时，在不影响接收效果的前提下，感应天线宜沿吊顶、装修墙面敷设，亦可在地面下或无抗静电措施的地毯下敷设。

3 红外辐射器布置安装时应有足够的高度，保证对准听众区的直射红外光畅通无阻，且不宜面对大玻璃门窗安装。

4 特殊需要时，宜采用有线和无线混合方式。

16.4.5 同声传译系统具有直接翻译和二次翻译两种形式，其设备及用房宜根据二次翻译的工作方式设置，同声传译系统语言清晰度应达到良好以上。

16.4.6 音频会议系统的设计应符合本章的规定，视频会议系统的设计应符合本规范第20.4节的规定。

16.5 设备选择

16.5.1 广播系统设备应根据用户性质、系统功能的要求选择。扩声系统设备应符合设计选定的扩声系统特性指标的要求。

16.5.2 传声器的选择应符合下列规定：

1 传声器的类别应根据使用性质确定，其灵敏度、频率特性和阻抗等均应与前级设备的要求相匹配；

2 在选定传声器的频率响应特性时，应与系统中的其他设备的频率响应特性相适应；传声器阻抗及平衡性应与调音台或前置增音机相匹配；

3 应选择抑制声反馈性能好的传声器；

4 应根据实际情况合理选择传声器的类别，满足语言或音乐扩声的要求；

5 当传声器的连接线超过10m时，应选择平衡式、低阻抗传声器；

6 录音与扩声中主传声器应选用灵敏度高、频带宽、音色好、多指向性的高质量电容传声器或立体声传声器。

16.5.3 扩声系统的前级增音机、调音控制台、扩声控制台、传译控制台等前端控制设备，应满足话路、线路输入、输出的数量要求，并具有转送信号的功能，其选择应符合下列规定：

1 对于大型较复杂的扩声系统，前级增音机不应少于2个声道，各声道应独立工作，必要时可合成1个声道使用；为了保证扩声不中断，各声道应由同时工作的双通路组成，用一备一；

2 在多功能厅堂的扩声系统中，前级增音宜有3～8路输入；

3 前级增音机输出端除主通路输出外，还应考虑线路输出，供外送节目信号和录音输出等用；

4 调音台的输入路数宜根据厅堂规模确定，一般多功能厅和歌舞厅为8～24路；

5　调音台的声道输出应与扩声系统相对应；

6　厅堂、歌舞厅宜采用扩声调音台。

16.5.4　广播系统功放设备的容量，宜按下列公式计算：

$$P = K_1 \cdot K_2 \cdot \sum P_0 \qquad (16.5.4\text{-}1)$$

$$P_0 = K_i \cdot P_i \qquad (16.5.4\text{-}2)$$

式中　P——功放设备输出总电功率（W）；

P_0——每分路同时广播时最大电功率（W）；

P_i——第 i 支路的用户设备额定容量（W）；

K_i——第 i 支路的同时需要系数（服务性广播时，客房节目每套 K_i 应为 0.2～0.4；背景音乐系统 K_i 应为 0.5～0.6；业务性广播时，K_i 应为 0.7～0.8；火灾应急广播时，K_i 应为 1.0）；

K_1——线路衰耗补偿系数（线路衰耗 1dB 时应为 1.26，线路衰耗 2dB 时应为 1.58）；

K_2——老化系数，宜为取 1.2～1.4。

16.5.5　扩声系统功放设备的配置与选择应符合下列规定：

1　功放设备的单元划分应满足负载的分组要求；

2　扩声系统的功放设备应与系统中的其他部分相适应；

3　扩声系统应有功率储备，语言扩声应为 3～5 倍，音乐扩声应为 10 倍以上。

16.5.6　广播、扩声系统功放设备应设置备用单元，其备用数量应根据广播、扩声的重要程度等确定。备用单元应设自动或手动投入环节，重要广播、扩声系统的备用单元应瞬时投入。

16.5.7　扬声器的选择除满足灵敏度、频响、指向性等特性及播放效果的要求外，并应符合下列规定：

1　办公室、生活间、客房等可采用 1～3W 的扬声器箱；

2　走廊、门厅及公共场所的背景音乐、业务广播等扬声器箱宜采用 3～5W；

3　在建筑装饰和室内净高允许的情况下，对大空间的场所宜采用声柱或组合音箱；

4　扬声器提供的声压级宜比环境噪声大 10～15dB，但最高声压级不宜超过 90dB；

5　在噪声高、潮湿的场所设置扬声器箱时，应采用号筒扬声器；

6　室外扬声器应采用防水防尘型。

16.6　设 备 布 置

16.6.1　传声器的设置应符合下列规定：

1　合理布置扬声器和传声器，两者之间的间距宜大于临界距离，并使传声器位于扬声器辐射角之外；

2　当室内声场不均匀时，传声器宜避免设在声压级高的部位；

3　传声器应远离谐波干扰源及其辐射范围；

4　对于会议厅、多功能厅、体育场馆等场所，应按需要合理配置不同类型的传声器。

16.6.2　扩声系统应采取抑制声反馈措施，除符合本规范第 16.6.1 条的有关规定外，尚应符合下列要求：

1　选择指向性强的扬声器和传声器，应避免二者具有同一频率的共振峰；

2　必要时应使用均衡器抑制声反馈，改善观众厅频率传输特性；

3　在调音台和主放大器之间，宜加入移频器或反馈抑制器来抑制声反馈；对于一般多功能厅，当移频 2～5Hz 时，可提高 5～8dB 的声级；

4　扩声系统应有不少于 6dB 的工作余量；

5　室内声场宜迅速扩散，缩短混响时间；

6　当确需多只传声器同时使用时，可采用自动混音台；应控制离传声器较近的扬声器或扬声器组的功率分配。

16.6.3　功放设备机柜的布置应符合本规范第 23.2 节的有关规定。

16.6.4　扬声器的布置宜分为分散布置、集中布置及混合布置三种方式，其布置应根据建筑功能、体形、空间高度及观众席设置等因素确定，并应符合下列规定：

1　下列情况，扬声器或扬声器组宜采用集中布置方式：

1）当设有舞台并要求视听效果一致；

2）当受建筑体形限制不宜分散布置。

集中布置时，应使听众区的直达声较均匀，并减少声反馈。

2　下列情况，扬声器或扬声器组，宜采用分散式布置方式：

1）当建筑物内的大厅净高较高，纵向距离长或者大厅被分隔成几部分使用时，不宜集中布置；

2）厅内混响时间长，不宜集中布置。

分散布置时，应控制靠近前台第一排扬声器的功率，减少声反馈；应防止听众区产生双重声现象，必要时可在不同分通路采取相对时间延迟措施。

3　下列情况，扬声器或扬声器组宜采用混合布置方式：

1）对眺台过深或设楼座的剧院，宜在被遮挡的部分布置辅助扬声器系统；

2）对大型或纵向距离较长的大厅，除集中设置扬声器系统外，宜分散布置辅助扬声器系统；

3）对各方向均有观众的视听大厅，混合布置应控制声程差和限制声级，必要时应采取延时措施，避免双重声。

4　重要扩声场所扬声器的布置方式应根据建筑

声学实测结果确定。

16.6.5 背景音乐扬声器的布置应符合下列规定：

1 扬声器（箱）的中心间距应根据空间净高、声场均匀度要求、扬声器的指向性等因素确定。要求较高的场所，声场不均匀度不宜大于6dB。

2 扬声器箱在吊顶安装时,应根据场所按公式（16.6.5-1）～（16.6.5-3）确定其间距；

1）门厅、电梯厅、休息厅内扬声器箱间距可按下式计算：

$$L=(2\sim 2.5)H \quad (16.6.5\text{-}1)$$

式中 L——扬声器箱安装间距（m）；

H——扬声器箱安装高度（m）。

2）走道内扬声器箱间距可按下式计算：

$$L=(3\sim 3.5)H \quad (16.6.5\text{-}2)$$

3）会议厅、多功能厅、餐厅内扬声器箱间距可按下式计算：

$$L=2(H-1.3)\tan\frac{\theta}{2} \quad (16.6.5\text{-}3)$$

式中 θ——扬声器的辐射角，宜大于或等于90°。

3 根据公共场所的使用要求，扬声器（箱）的输出宜就地设置音量调节装置。兼作多种用途的场所，背景音乐扬声器的分路宜安装控制开关。

16.6.6 体育场扩声扬声器组合设备的设置，应符合下列规定：

1 当周围环境对体育场的噪声限制指标要求较高而难以达到时，观众席的扬声器宜分散布置，对运动场地的扬声器宜集中布置。

2 周围环境对体育场的噪声限制要求不高时，扬声器组合设备宜集中设置。集中布置时，应合理控制声线投射范围，并宜减少声外溢，降低对周围环境的声干扰。

16.6.7 在厅堂类建筑物集中布置扬声器时，应符合下列规定：

1 扬声器或扬声器组至最远听众的距离，不应大于临界距离的3倍；

2 扬声器或扬声器组与任一只传声器之间的距离，宜大于临界距离；

3 扬声器的轴线不应对准主席台或其他设有传声器之处；对主席台上空附近的扬声器或扬声器组应单独控制，以减少声反馈；

4 扬声器或扬声器组的位置和声源的位置宜使视听效果一致。

16.6.8 广场类室外扩声扬声器或扬声器组的设置应符合下列规定：

1 满足供声范围内的声压级及声场均匀度的要求；

2 扬声器或扬声器组的声辐射范围应避开障碍物；

3 控制反射声或因不同扬声器或扬声器组的声程差引起的双重声，应在直达声后50ms内到达听众区。

16.7 线路敷设

16.7.1 室内广播、扩声线路敷设，应符合下列规定：

1 室内广播、扩声线路宜采用双绞多股铜芯塑料绝缘软线穿导管或线槽敷设；

2 功放输出分路应满足广播系统分路的要求，不同分路的导线宜采用不同颜色的绝缘线区别；

3 广播、扩声线路与扬声器的连接应保持同相位的要求；

4 当广播、扩声系统和火灾应急广播系统合并为一套系统或共用扬声器和馈送线路时，广播、扩声线路的选用及敷设方式应符合本规范第13章的有关规定；

5 各种节目的信号线应采用屏蔽线并穿钢导管敷设，并不得与广播、扩声馈送线路同槽、同导管敷设。

16.7.2 在安装有晶闸管设备的场所，扩声线路的敷设应采取下列防干扰措施：

1 传声器线路宜采用四芯屏蔽绞线穿钢导管敷设，宜避免与电气管线平行敷设；

2 调音台或前级控制台的进出线路均应采用屏蔽线。

16.7.3 室外广播、扩声线路的敷设路由及方式应根据总体规划及专业要求确定。可采用电缆直接埋地、地下排管及室外架空敷设方式，并应符合下列规定：

1 直埋电缆路由不应通过预留用地或规划未定的场所，宜敷设在绿化地下面，当穿越道路时，穿越段应穿钢导管保护；

2 在室外架设的广播、扩声馈送线宜采用控制电缆；与路灯照明线路同杆架设时，广播线应在路灯照明线的下面；

3 室外广播、扩声馈送线路至建筑物间的架空距离超过10m时，应加装吊线；

4 当采用地下排管敷设时，可与其他弱电缆线共管块、共管群，但必须采用屏蔽线并单独穿管，且屏蔽层必须接地；

5 对塔钟的号筒扬声器组应采用多路交叉配线；塔钟的直流馈电线、信号线和控制线不应与广播馈送线同管敷设。

16.8 控制室

16.8.1 广播控制室的设置应符合下列规定：

1 业务性广播控制室宜靠近业务主管部门；当与消防值班室合用时，应符合本规范第13.11节的有关规定；

2 服务性广播宜与有线电视系统合并设置控

制室。

16.8.2 广播控制室的技术用房，应根据工程的实际需要确定，并符合下列规定：

1 一般广播系统只设置控制室，当录播音质量要求高或者有噪声干扰时，应增设录播室；

2 大型广播系统宜设置机房、录播室、办公室和库房等附属用房。

16.8.3 录播室与机房间应设观察窗和联络信号。房间面积、噪声限制及观察窗的隔声量等要求，应符合《有线广播（播音）声学设计规范和技术房间的技术要求》的有关规定。

16.8.4 需要接收无线电台信号的广播控制室，当接收点信号场强小于1mV/m时，应设置室外接收天线装置。

16.8.5 扩声控制室的位置，应通过观察窗直接观察到舞台（讲台）活动区和大部分观众席，宜设在下列位置：

1 剧院类建筑，宜设在观众厅后部；

2 体育场馆类建筑，宜设在主席台侧；

3 会议厅、报告厅类建筑，宜设在厅的后部。

当采用视频监视系统时，扩声控制室的位置可不受上述限制。

16.8.6 扩声控制室内的设备布置应符合下列规定：

1 控制台宜与观察窗垂直布置；

2 当功放设备较少时，宜布置在控制台的操作人员能直接监视到的部位；功放设备较多时，应设置功放设备室。

16.8.7 同声传译系统宜设专用的译员室，并应符合下列规定：

1 译员室的位置应靠近会议厅（或观众厅），并宜通过观察窗清楚地看到主席台（或观众厅）的主要部分。观察窗应采用中间有空气层的双层玻璃隔声窗。

2 译员室的室内面积宜并坐两个译员；为减少房间共振，房间的三个尺寸要互不相同，其最小尺寸不宜小于2.5m×2.4m×2.3m（长×宽×高）。

3 译员室与机房（控制室）之间宜设联络信号，室外宜设译音工作指示信号。

4 译员室应进行吸声隔声处理并宜设置带有声闸的双层隔声门，译员之间宜设置隔声间。室内噪声不应高于NR20，室内应设空调并做好消声处理。

16.8.8 广播、扩声及会议系统用房的土建及设施要求，应符合本规范第23.3节的相关规定。

16.9 电源与接地

16.9.1 广播、扩声系统的交流电源，应符合下列规定：

1 交流电源供电等级应与建筑物供电等级相适应；对重要的广播、扩声系统宜由两路供电，并在末端配电箱处自动切换；

2 交流电源的电压偏移值不应大于10%，当不能满足要求时，应加装自动稳压装置，其功率不应小于使用功率的1.5倍。

16.9.2 广播、扩声系统，当功放设备的容量在250W及以上时，应在广播、扩声控制室设电源配电箱。广播、扩声设备的功放机柜由单相、放射式供电。

16.9.3 广播、扩声系统的交流电源容量宜为终期广播、扩声设备容量的1.5～2倍。

16.9.4 广播、扩声设备的供电电源，宜由不带晶闸管调光设备的变压器供电。当无法避免时，应对扩声设备的电源采取下列防干扰措施：

1 晶闸管调光设备自身具备抑制干扰波的输出措施，使干扰程度限制在扩声设备允许范围内；

2 引至扩声控制室的供电电源线路不应穿越晶闸管调光设备室；

3 引至调音台或前级控制台的电源，应经单相隔离变压器供电。

16.9.5 广播、扩声系统应设置保护接地和功能接地，并应符合本规范第23.4节的有关规定。

17 呼应信号及信息显示

17.1 一 般 规 定

17.1.1 本章适用于医院及公共建筑内，呼应信号及信息显示系统的设计。

17.1.2 呼应信号，仅指以找人为目的的声光提示及应答装置。信息显示，仅指在公共场所以信息传播为目的的大型计时记分及动态文字、图形、图像显示装置。

17.1.3 呼应信号及信息显示系统的设计，应在满足使用功能的前提下，做到安全可靠、技术先进、经济合理、便于管理和维护。

17.2 呼应信号系统设计

17.2.1 呼应信号系统宜由呼叫分机、主机、信号传输、辅助提示等单元组成。

17.2.2 医院病房护理呼应信号系统设计应符合下列规定：

1 根据医院的规模、医护标准的要求，在医院病房区宜设置护理呼应信号系统。

2 护理呼应信号系统，应按护理区及医护责任体系划分成若干信号管理单元，各管理单元的呼叫主机应设在护士站。

3 护理呼应信号系统的功能应符合下列要求：

1）应随时接受患者呼叫，准确显示呼叫患者床位号或房间号；

2）当患者呼叫时，护士站应有明显的声、

光提示，病房门口应有光提示，走廊宜设置提示显示屏；

3）应允许多路同时呼叫，对呼叫者逐一记忆、显示，检索可查；

4）特护患者应有优先呼叫权；

5）病房卫生间或公共卫生间厕位的呼叫，应在主机处有紧急呼叫提示；

6）对医护人员未作临床处置的患者呼叫，其提示信号应持续保留；

7）具有医护人员与患者双向通话功能的系统，宜限定最长通话时间，对通话内容宜录音、回放；

8）危险禁区病房或隔离病房宜具备现场图像显示功能，并可在护士站对分机呼叫复位、清除；

9）宜具有护理信息自动记录；

10）宜具备故障自检功能。

17.2.3 医院候诊呼应信号系统设计应符合下列规定：

1 医院门诊区的候诊室、检验室、放射科、药局、出入院手续办理处等，宜设置候诊呼应信号。

2 具有计算机医疗管理网络的医院，候诊呼应信号系统宜与其联网，实现挂号、候诊、就诊一体化管理和信息统计及数据分析。

3 候诊呼应信号系统的功能应符合下列要求：

1）就诊排队应以初诊、复诊、指定医生就诊等分类录入，自动排序；

2）随时接受医生呼叫，应准确显示候诊者诊号及就诊诊室号；

3）当多路同时呼叫时，宜逐一记忆、记录，并按录入排序，分类自动分诊；

4）呼叫方式的选取，应保证有效提示和医疗环境的肃静；

5）诊室分机与分诊台主机可双向通话；分诊台可对候诊厅语音提示，音量可调；

6）有特殊医疗工艺要求科室的候诊，宜具备图像显示功能。

17.2.4 大型医院、中心医院宜设置医护人员寻叫呼应信号。寻叫呼应信号的设计应符合下列要求：

1 简单明了地显示被寻者代号及寻叫者地址；

2 固定寻叫显示装置应设在门诊区、病房区、后勤区等场所的易见处；

3 寻叫呼应信号的控制台宜设在电话站、广播站内，由值班人员统一管理。

17.2.5 大型医院、宾馆、博展馆、会展中心、体育场馆、演出中心及水、陆、空交通枢纽港站等公共建筑，可根据指挥调度及服务需要，设置无线呼应系统。系统的组成及功能，应视具体业务要求确定。

17.2.6 无线呼应系统的发射功率、通信频率及呼叫覆盖区域等设计指标，应向当地无线通信管理机构申报，经审批后方可实施设计。

17.2.7 老年人公寓和公共建筑内专供残疾人使用的设施处，宜设呼应信号。其呼应信号的系统组成及功能，应视具体要求确定或按本规范第17.2.2条护理呼应信号系统的有关规定设计。

17.2.8 营业量较大的电信、邮政及银行营业厅、仓库货场提货处等场所，宜设呼应信号。其呼应信号的系统组成及功能，应视具体业务要求确定或按本规范第17.2.3条候诊呼应信号的有关规定设计。

17.3 信息显示系统设计

17.3.1 信息显示系统宜由显示、驱动、信号传输、计算机控制、输入输出及记录等单元组成。

17.3.2 信息显示装置的屏面显示设计，应根据使用要求，在衡量各类显示器件及显示方案的光电技术指标、环境条件等因素的基础上确定。

17.3.3 信息显示装置的屏面规格，应根据显示装置的文字及画面功能确定，并符合下列要求：

1 应兼顾有效视距内最小可鉴别细节识别无误和最近视距像素点识认模糊原则，确定基本像素间距；

2 应满足满屏最大文字容量要求，且最小文字规格由最远视距确定；

3 宜满足图像级别对像素数的规定；

4 应兼顾文字显示和画面显示的要求，确定显示屏面尺寸；当文字显示和画面显示对显示屏面尺寸要求矛盾时，应首先满足文字显示要求。多功能显示屏的长高比宜为16∶9或4∶3。

17.3.4 当显示屏以小显示幅面完成大篇幅文字显示时，应采用文字单行左移或多行上移的显示方式。

17.3.5 设计宜对已确定的显示方案提出下列部分或全部技术要求：

1 光学性能宜提出分辨率、亮度、对比度、白场色温、闪烁、视角、组字、均匀性等要求；

2 电性能宜提出最大换帧频率、刷新频率、灰度等级、信噪比、像素失控率、伴音功率、耗电指标等要求；

3 环境条件宜提出照度（主动光方案指照度上限，被动光方案指照度下限）、温度、相对湿度、气体腐蚀性等要求；

4 机械结构应提出外壳防护等级、模组拼接的平整度、像素中心距精度、水平错位精度、垂直错位精度等要求；

5 平均无故障时间等。

17.3.6 体育场馆信息显示装置的类型，应根据比赛级别及使用功能要求确定，并应符合下列要求：

1 大型国际重要比赛的主体育场馆，应设置全彩色视频屏和计时记分矩阵屏（双屏）或全彩色多功能矩阵显示屏（单屏）；

2 国内重要比赛的体育场馆，宜设置计时记分多功能矩阵显示屏或全彩屏；

3 球类比赛的体育馆，宜在两侧设置同步显示屏；

4 一般比赛的体育场馆，宜设置条块式计时记分显示屏。

17.3.7 体育用信息显示装置的成绩公布格式及内容，应依照比赛规则确定。

体育公告宜包括国名、队名、姓名、运动员号码、比赛项目、道次、名次、成绩、纪录成绩等内容。

公告每幅显示容量，宜为八个名次（道次），最低不应少于三个。

不同级别的体育场馆，可根据使用要求确定显示装置的显示内容及显示容量。

17.3.8 体育用显示装置必须具有计时显示功能。计时显示可分为下列四种：

1 径赛实时计时显示；

2 游泳比赛实时计时显示；

3 球类专项比赛计时显示；

4 自然时钟计时显示。

17.3.9 实时计时数字钟显示的精确度应符合下列要求：

1 径赛实时计时数字显示钟，应为六位数字精确到0.01s；

2 游泳比赛实时计时数字显示钟，应为七位数字精确到0.001s；

3 各球类比赛计时钟的钟形及计时精确度，应符合裁判规则。

17.3.10 计时钟在显示屏面上的位置，应按裁判规则设置，宜设在屏面左侧。

17.3.11 体育场馆显示装置的安装位置，应符合裁判规则。其安装高度，底边距地不宜低于2m。

17.3.12 体育场田赛场地和体育馆体操比赛场地，可按单项比赛设置移动式小型记分显示装置，并设置与计算机信息网络联网的接口和设备工作电源接线点，设置数量按使用要求确定。

17.3.13 大型体育场馆设置的信息显示装置，应接入体育信息计算机网络体系。当不具备接入条件时，应预留接口。

17.3.14 大型体育场、游泳馆的信息显示装置，应设置实时计时外部设备接口，供电子发令枪系统、游泳触板系统等计时设备接入。

17.3.15 对大型媒体使用的信息显示装置，应设置图文、动画、视频播放等接口，并宜设置现场实况转播、慢镜解析、回放、插播等节目编辑、制作的多通道输入、输出接口及有专业要求的数字、模拟设备的接口。

17.3.16 民用水、陆、空交通枢纽港站，应设置营运班次动态显示屏和旅客引导显示屏。

17.3.17 金融、证券、期货营业厅，应设置动态交易信息显示屏。

17.3.18 对具有信息发布、公共传媒、广告宣传等需求的场所，宜设置全彩色动态矩阵显示屏或伪彩色动态矩阵显示屏。

17.3.19 重要场所使用的信息显示装置，其计算机应按容错运行配置。

17.3.20 信息显示装置的屏面及防尘、防腐蚀外罩均须做无反光处理。

17.4 信息显示装置的控制

17.4.1 各类信息显示装置宜实行计算机控制。

17.4.2 信息显示装置应具有可靠的清屏功能。

17.4.3 室外设置的主动光信息显示装置，应具有昼场、夜场亮度调节功能。

17.4.4 民用水、陆、空交通枢纽港站及证券交易厅等场所的动态信息显示屏，根据其发布信息的查询特点，可采用列表方式以一页或数页显示信息内容。当采用数页翻屏显示信息内容时，应保证每页所发布的信息有足够的停留时间且循环周期不致过长。

17.4.5 体育场馆信息显示装置成绩发布控制程序，应符合比赛裁判规则。显示装置的计算机控制网络，应以计权控制方式与有关裁判席接通。

17.4.6 显示装置的比赛时钟，应在0～59min内任意预置。

17.4.7 大型重要媒体显示装置的屏幕构造腔或屏后附属用房内，应设置工作人员值班室，并应保证值班室与主控室、主席台的通信联络畅通。意外情况下，屏内可手动关机。

17.5 时 钟 系 统

17.5.1 下列民用建筑中宜设置时钟系统：

1 中型及以上铁路旅客站、大型汽车客运站、内河及沿海客运码头、国内及国际航空港等；

2 国家重要科研基地及其他有准确、统一计时要求的工程。

17.5.2 当建设单位要求设置塔钟时，塔钟应结合城市规划及环境空间设计。在涉外或旅游饭店中，宜设置世界钟系统。

17.5.3 母钟站应选择两台母钟（一台主机、一台备用机），配置分路输出控制盘，控制盘上每路输出均应有一面分路显示子钟。母钟宜为电视信号标准时钟或全球定位报时卫星（GPS）标准时钟。

当设置石英钟作为显示子钟时，对于有准确、统一计时要求的工程，应配置母钟同步校正信号装置。

17.5.4 母钟站站址宜与电话机房、广播电视机房及计算机机房等其他通信机房合并设置。

17.5.5 母钟站内设备应安装在机房的侧光或背光面，并远离散热器、热力管道等。母钟控制屏分路子钟最下排钟面中心距地不应小于1.5m，母钟的正面与其他设备的净距离不应小于1.5m。

17.5.6 时钟系统的线路可与通信线路合并，不宜独立组网。时钟线对应相对集中并加标志。

17.5.7 子钟网络宜按负荷能力划分为若干分路，每分路宜合理划分为若干支路，每支路单面子钟数不宜超过十面。远距离子钟，可采用并接线对或加大线径的方法来减小线路电压降。一般不设电钟转送站。

17.5.8 子钟的指针式或数字式显示形式及安装地点，应根据使用需求确定，并应与建筑环境装饰协调。子钟的安装高度，室内不应低于2m，室外不应低于3.5m。指针式时钟视距可按表17.5.8选定。

表 17.5.8 指针式时钟视距表

子钟钟面直径（cm）	最佳视距（m）		可辨视距（m）	
	室内	室外	室内	室外
8～12	3	—	6	—
15	4	—	8	—
20	5	—	10	—
25	6	—	12	—
30	10	—	20	—
40	15	15	30	30
50	25	25	50	50
60	—	40	—	80
70	—	60	—	100
80	—	100	—	150
100	—	140	—	180

17.6 设备选择、线路敷设及机房

17.6.1 呼应信号设备应根据其灵敏度、可靠性、显示和对讲量指标以及操作程式、外观、维护繁易等择优选用，不宜片面强调功能齐全。

17.6.2 医院及老年人、残疾人使用场所的呼应信号装置，应使用交流50V以下安全特低电压。

17.6.3 在保证设计指标的前提下，信息显示装置应选择低能耗显示装置。

17.6.4 大型重要比赛中与信息显示装置配接的专用计时设备，应选用经国际体育组织、国家体育主管部门和裁判规则认可的设备。

17.6.5 信息显示装置的屏体构造，应便于显示器件的维护和更换。

17.6.6 信息显示装置的配电柜（箱）、驱动柜（箱）及其他设备，应贴近屏体安装，缩短线路敷设长度。

17.6.7 呼应信号系统的布线，应采用穿金属导管（槽）保护，不宜明敷设。

17.6.8 信息显示系统的控制、数据电缆，应采取穿金属导管（槽）保护，金属导管（槽）应可靠接地。

17.6.9 信息显示装置的控制室与设备机房设置，应符合下列规定：

1 信息显示装置的控制室、设备机房，应贴近或邻近显示屏设置；

2 民用水、陆、空交通枢纽港站的信息显示装置的控制室，宜与运行调度室合设或相邻设置；

3 金融、证券、期货、电信营业厅等场所的信息显示装置的控制室，宜与信息处理中心或相关业务室合设或相邻设置；

4 大型体育场馆的信息显示装置的主控室，宜与计算机信息处理中心合设，且宜靠近主席台；当显示装置主控室与计算机信息处理中心分设时，其位置宜直视显示屏，或通过间接方式监视显示屏工作状态；

5 信息显示装置控制室的设置除符合本节规定外，尚应符合本规范第23章的有关规定。

17.7 供电、防雷及接地

17.7.1 信息显示装置，当用电负荷不大于8kW时，可采用单相交流电源供电；当用电负荷大于8kW时，可采用三相交流电源供电，并宜做到三相负荷平衡。供电、防雷的接地应满足所选用设备的要求。

17.7.2 信息显示装置供电电源的电能质量，应符合本规范第3章的规定。

17.7.3 重要场所或重大比赛期间使用的信息显示装置，应对其计算机系统配备不间断电源（UPS）。UPS后备时间不应少于30min。

17.7.4 母钟站需设不间断电源供电。母钟站电源及接地系统不宜单设，宜与其他电信机房统一设置。

17.7.5 时钟系统每分路的最大负荷电流不应大于0.5A。

17.7.6 母钟站直流24V供电回路中，自蓄电池经直流配电盘、控制屏至配线架出线端，电压损失不应超过0.8V。

17.7.7 信息显示装置的供电电源，宜采用TN-S或TN-C-S接地形式。

17.7.8 信息显示系统当采用单独接地时，其接地电阻不应大于4Ω。当采用建筑物共用接地网时，应符合本规范第23.4节的有关规定。

17.7.9 体育馆内同步显示屏必须共用同一个接地网，不得分设。

17.7.10 室外信息显示装置的防雷，应符合本规范第11章的有关规定。

18 建筑设备监控系统

18.1 一 般 规 定

18.1.1 本章适用于建筑物（群）所属建筑设备监控系统（BAS）的设计。BAS可对下列子系统进行设备运行和建筑节能的监测与控制：

1 冷冻水及冷却水系统；

2 热交换系统；

3 采暖通风及空气调节系统；

4 给水与排水系统；

5 供配电系统；

6 公共照明系统；

7 电梯和自动扶梯系统。

18.1.2 建筑设备监控系统设计应符合下列规定：

1 建筑设备监控系统应支持开放式系统技术，宜建立分布式控制网络；

2 应选择先进、成熟和实用的技术和设备，符合技术发展的方向，并容易扩展、维护和升级；

3 选择的第三方子系统或产品应具备开放性和互操作性；

4 应从硬件和软件两方面充分确定系统的可集成性；

5 应采取必要的防范措施，确保系统和信息的安全性；

6 应根据建筑的功能、重要性等确定采取冗余、容错等技术。

18.1.3 设计建筑设备监控系统时，应根据监控功能需求设置监控点。监控系统的服务功能应与管理模式相适应。

18.1.4 建筑设备监控系统规模，可按实时数据库的硬件点和软件点点数区分，宜符合表18.1.4的规定。

表 18.1.4 建筑设备监控系统规模

系 统 规 模	实时数据库点数
小型系统	999 及以下
中型系统	1000～2999
大型系统	3000 及以上

18.1.5 建筑设备监控系统，应具备系统自诊断和故障报警功能。

18.1.6 当工程有智能建筑集成要求，且主管部门允许时，BAS应提供与火灾自动报警系统（FAS）及安全防范系统（SAS）的通信接口，构成建筑设备管理系统（BMS）。

18.2 建筑设备监控系统网络结构

18.2.1 建筑设备监控系统，宜采用分布式系统和多层次的网络结构。并应根据系统的规模、功能要求及选用产品的特点，采用单层、两层或三层的网络结构，但不同网络结构均应满足分布式系统集中监视操作和分散采集控制（分散危险）的原则。

大型系统宜采用由管理、控制、现场设备三个网络层构成的三层网络结构，其网络结构应符合图18.2.1的规定。

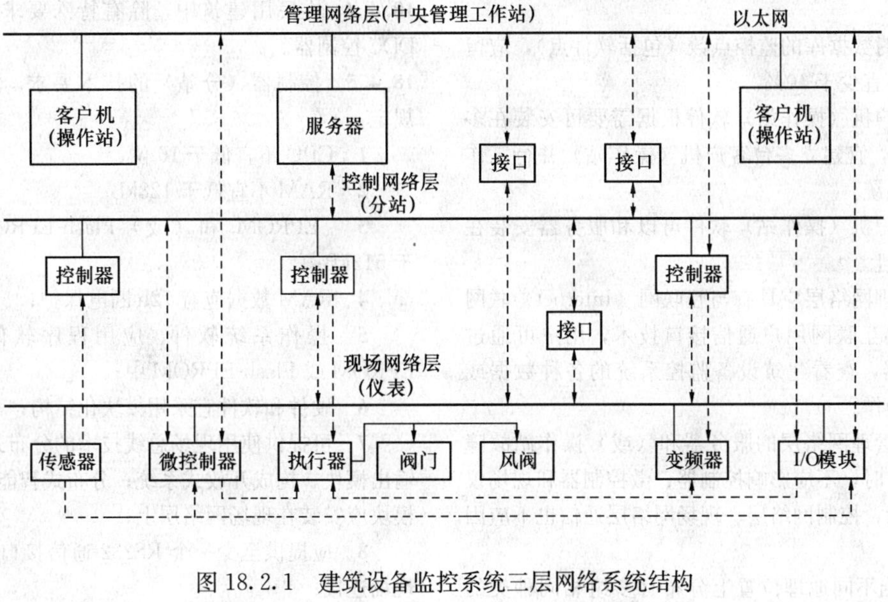

图 18.2.1 建筑设备监控系统三层网络系统结构

中型系统宜采用两层或三层的网络结构，其中两层网络结构宜由管理层和现场设备层构成。

小型系统宜采用以现场设备层为骨干构成的单层网络结构或两层网络结构。各网络层应符合下列规定：

1 管理网络层应完成系统集中监控和各种系统

的集成；

2 控制网络层应完成建筑设备的自动控制；

3 现场设备网络层应完成末端设备控制和现场仪表设备的信息采集和处理。

18.2.2 用于网络互联的通信接口设备，应根据各层不同情况，以ISO/OSI开放式系统互联模型为参照体系，合理选择中继器、网桥、路由器、网关等互联通信接口设备。

18.3 管理网络层（中央管理工作站）

18.3.1 管理网络层应具有下列功能：

1 监控系统的运行参数；

2 检测可控的子系统对控制命令的响应情况；

3 显示和记录各种测量数据、运行状态、故障报警等信息；

4 数据报表和打印。

18.3.2 管理网络层设计应符合下列规定：

1 服务器与工作站之间宜采用客户机/服务器（Client /Server）或浏览器/服务器（Browser/Server）的体系结构。当需要远程监控时，客户机/服务器的体系结构应支持Web服务器。

2 应采用符合IEEE 802.3的以太网。

3 宜采用TCP/ IP通信协议。

4 服务器应为客户机（操作站）提供数据库访问，并宜采集控制器、微控制器、传感器、执行器、阀门、风阀、变频器数据，采集过程历史数据，提供服务器配置数据，存储用户定义数据的应用信息结构，生成报警和事件记录、趋势图、报表，提供系统状态信息。

5 实时数据库的监控点数（包括软件点），应留有余量，不宜少于10%。

6 客户机（操作站）软件根据需要可安装在多台PC机上，宜建立多台客户机（操作站）并行工作的局域网系统。

7 客户机（操作站）软件可以和服务器安装在一台PC机上。

8 管理网络层应具有与互联网（Internet）联网能力，提供互联网用户通信接口技术，用户可通过Web浏览器，查看建筑设备监控系统的各种数据或进行远程操作。

9 当管理网络层的服务器和（或）操作站故障或停止工作时，不应影响控制器、微控制器和现场仪表设备运行，控制网络层、现场网络层通信也不应因此而中断。

18.3.3 当不同地理位置上分布有多组相同种类的建筑设备监控系统时，宜采用DSA（Distributed Server Architecture）分布式服务器结构。每个建筑设备监控系统服务器管理的数据库应互相透明，从不同的建筑设备监控系统的客户机（操作站）均可访问其他建筑设备监控系统的服务器，与该系统的数据库进行数据交换，使这些独立的服务器连接成为逻辑上的一个整体系统。

18.3.4 管理网络层的配置应符合下列规定：

1 宜采用10BASE-T/100BASE-T方式，选用双绞线作为传输介质；

2 服务器与客户机（操作站）之间的连接宜选用交换式集线器；

3 管理网络层的服务器和至少一个客户机（操作站）应位于监控中心内；

4 在管理体制允许，建筑设备监控系统（BAS）、火灾自动报警系统（FAS）和安全防范系统（SAS）共用一个控制中心或各控制中心相距不远的情况下，BAS、SAS、FAS可共用同一个管理网络层，构成建筑管理系统（BMS），但应使三者其余部分的网络各自保持相对独立。

18.4 控制网络层（分站）

18.4.1 控制网络层应完成对主控项目的开环控制和闭环控制、监控点逻辑开关表控制和监控点时间表控制。

18.4.2 控制网络层应由通信总线和控制器组成。通信总线的通信协议宜采用TCP/ IP、BACnet、LonTalk、Meter Bus和ModBus等国际标准。

18.4.3 控制网络层的控制器（分站）宜采用直接数字控制器（DDC）、可编程逻辑控制器（PLC）或兼有DDC、PLC特性的混合型控制器HC（Hybrid Controller）。

18.4.4 在民用建筑中，除有特殊要求外，应选用DDC控制器。

18.4.5 控制器（分站）的技术要求，应符合下列规定：

1 CPU不宜低于16位；

2 RAM不宜低于128kB；

3 EPROM和（或）Flash-EPROM不宜低于512kB；

4 RAM数据应有72h断电保护；

5 操作系统软件、应用程序软件应存储在EPROM或Flash-EPROM中；

6 硬件和软件宜采用模块化结构；

7 可提供使用现场总线技术的分布式智能输入、输出模块，构成开放式系统；分布式智能输入、输出模块应安装在现场网络层上；

8 应提供至少一个RS232通信接口与计算机在现场连接；

9 应提供与控制网络层通信总线的通信接口，便于控制器与通信总线连接和与其他控制器通信；

10 宜提供与现场网络层通信总线的通信接口，便于控制器与现场网络通信总线连接并与现场设备通信；

11 控制器（分站）宜提供数字量和模拟量输入输出以及高速计数脉冲输入，并应满足控制任务优先级别管理和实时性要求；

12 控制器（分站）规模以监控点（硬件点）数量区分，每台不宜超过256点；

13 控制器（分站）宜通过图形化编程工程软件进行配置和选择控制应用；

14 控制器宜选用挂墙的箱式结构或小型落地柜式结构；分布式智能输入、输出模块宜采用可直接安装在建筑设备的控制柜中的导轨式模块结构；

15 应提供控制器典型配置时的平均无故障工作时间（MTBF）；

16 每个控制器（分站）在管理网络层故障时应能继续独立工作。

18.4.6 每台控制器（分站）的监控点数（硬件点），应留有余量，不宜小于10%。

18.4.7 控制网络层的配置应符合下列规定：

1 宜采用总线拓扑结构，也可采用环形、星形拓扑结构；用双绞线作为传输介质；

2 控制网络层可包括并行工作的多条通信总线，每条通信总线可通过网络通信接口与管理网络层（中央管理工作站）连接，也可通过管理网络层服务器的RS232通信接口或内置通信网卡直接与服务器连接；

3 当控制器（分站）采用以太网通信接口而与管理网络层处于同一通信级别时，可采用交换式集线器连接，与中央管理工作站进行通信；

4 控制器（分站）之间通信，应为对等式（peer to peer）直接数据通信；

5 控制器（分站）可与现场网络层的智能现场仪表和分布式智能输入、输出模块进行通信；

6 当控制器（分站）采用分布式智能输入、输出模块时，可以用软件配置的方法，把各个输入、输出点分配到不同的控制器（分站）中进行监控。

18.5 现场网络层

18.5.1 中型及以上系统的现场网络层，宜由通信总线连接微控制器、分布式智能输入输出模块和传感器、电量变送器、照度变送器、执行器、阀门、风阀、变频器等智能现场仪表组成。也可使用常规现场仪表和一对一连线。

18.5.2 现场网络层宜采用TCP/IP、BACnet、LonTalk、Meter Bus和ModBus等国际标准通信总线。

18.5.3 微控制器应具有对末端设备进行控制的功能，并能独立于控制器（分站）和中央管理工作站完成控制操作。

18.5.4 微控制器按专业功能可分为下列几类：

1 空调系统的变风量箱微控制器、风机盘管微控制器、吊顶空调微控制器、热泵微控制器等；

2 给水排水系统的给水泵微控制器、中水泵微控制器、排水泵微控制器等；

3 变配电微控制器、照明微控制器等。

18.5.5 微控制器宜直接安装在被控设备的控制柜（箱）里，成为控制设备的一部分。

18.5.6 作为控制器的组成部分的分布式智能输入输出模块，应通过通信总线与控制器计算机模块连接。

18.5.7 智能现场仪表应通过通信总线与控制器、微控制器进行通信。

18.5.8 控制器、微控制器和分布式智能输入输出模块，应与常规现场仪表进行一对一的配线连接。

18.5.9 现场网络层的配置应符合下列规定：

1 微控制器、分布式智能输入输出模块、智能现场仪表之间，应为对等式直接数据通信；

2 现场网络层可包括并行工作的多条通信总线，每条通信总线可视为一个现场网络；

3 每个现场网络可通过网络通信接口与管理网络层（中央管理工作站）连接，也可通过网络管理层服务器RS232通信接口或内置通信网卡直接与服务器连接；

4 当微控制器和（或）分布式智能输入输出模块，采用以太网通信接口而与管理网络层处于同一通信级别时，可采用交换式集线器连接，与中央管理工作站进行通信；

5 智能现场仪表可通过网络通信接口与控制网络层控制器（分站）进行通信；

6 智能现场仪表宜采用分布式连接，用软件配置的方法，可把各种现场设备信息分配到不同的控制器、微控制器中进行处理；

7 现场网络层的配置除应符合本条规定外，尚应符合本规范第18.4.7条1～2款的规定。

18.6 建筑设备监控系统的软件

18.6.1 建筑设备监控系统的三个网络层，应具有下列不同的软件：

1 管理网络层的客户机和服务器软件；

2 控制网络层的控制器软件；

3 现场网络层的微控制器软件。

18.6.2 管理网络层（中央管理工作站）应配置服务器软件、客户机软件、用户工具软件和可选择的其他软件，并应符合下列规定：

1 管理网络层软件应符合下列要求：

1）应支持客户机和服务器体系结构；

2）应支持互联网连接；

3）应支持开放系统；

4）应支持建筑管理系统（BMS）的集成。

2 服务器软件应符合下列要求：

1）宜采用Windows 2003以上操作系统；

2）应采用TCP/IP通信协议；

3）应采用 Internet Explorer 6.0 SP1 以上浏览器软件；

4）实时数据库冗余配置时应为两套；

5）关系数据库冗余配置时应为两套；

6）不同种类的控制器、微控制器应有不同种类的通信接口软件；

7）应具有监控点时间表程序、事件存档程序、报警管理程序、历史数据采集程序、趋势图程序、标准报告生成程序及全局时间表程序；

8）宜有不少于100幅标准画面。

3 客户机软件应符合下列要求：

1）应采用 Windows XP SP1 以上操作系统；

2）应采用 TCP/IP 通信协议；

3）应采用 Internet Explorer 6.0 SP1 以上浏览器软件；

4）应有操作站软件；

5）应采用 Web 网页技术；

6）应有系统密码保护和操作员操作级别设置软件。

4 用户工具软件应符合下列要求：

1）应有建立建筑设备监控系统网络和组建数据库软件；

2）应有生成操作站显示图形软件。

5 工程应用软件应符合下列要求：

1）应有控制器自动配置软件；

2）应有建筑设备监控系统调试软件。

6 当监控系统需要时，可选择下列软件：

1）DSA 分布式服务器系统软件；

2）开放式系统接口软件；

3）火灾自动报警系统接口软件；

4）安全防范系统接口软件；

5）企业资源管理系统接口软件（包括物业管理系统接口软件）。

18.6.3 控制网络层（控制器）软件应符合下列规定：

1 控制网络层软件应符合下列要求：

1）控制器应接受传感器或控制网络、现场网络变化的输入参数（状态或数值），通过执行预定的控制算法，把结果输出到执行器、变频器或控制网络、管理网络；

2）控制器应设定和调整受控设备的相关参数；

3）控制器与控制器之间应进行对等式通信，实现数据共享；

4）控制器应通过网络上传中央管理工作站所要求的数据；

5）控制器应独立完成对所辖设备的全部控制，无需中央管理工作站的协助；

6）控制器应具有处理优先级别设置功能；

7）控制器应能通过网络下载或现场编程输入更新的程序或改变配置参数。

2 控制器操作系统软件应符合下列要求：

1）应能控制控制器硬件；

2）应为操作员提供控制环境与接口；

3）应执行操作员命令或程序指令；

4）应提供输入输出、内存和存储器、文件和目录管理，包括历史数据存储；

5）应提供对网络资源访问；

6）应使控制网络层、现场网络层节点之间能够通信；

7）应响应管理网络层、控制网络层上的应用程序或操作员的请求；

8）可以采用计算机操作系统开发控制器操作平台；

9）可以嵌入 Web 服务器，支持因特网连接，实现浏览器直接访问控制器。

3 控制器编程软件应符合下列要求：

1）应有数据点描述软件，具有数值、状态、限定值、默认值设置，用户可调用和修改数据点内的信息；

2）应有时间程序软件，可在任何时间对任何数据点赋予设定值或状态，包括每日程序、每周程序、每年程序、特殊日列表程序、今日功能程序等；

3）应有事件触发程序软件；

4）应有报警处理程序软件，导致报警信息生成的事件包括超出限定值、维护工作到期、累加器读数、数据点状态改变；

5）应有利用图形化或文本格式编程工具，或使用预先编好的应用程序样板，创建任何功能的控制程序应用程序软件和专用节能管理软件；

6）应有趋势图软件；

7）应有控制器密码保护和操作员级别设置软件。

4 应提供独立运行的控制器仿真调试软件，检查控制器模块、监控点配置是否正确，检验控制策略、开关逻辑表、时间程序表等各项内容设计是否满足控制要求。

18.6.4 现场网络层软件应符合下列规定：

1 现场层网络通信协议，宜符合由国家或国际行业协会制定的某种可互操作性规范，以实现设备互操作。

2 现场网络层嵌入式系统设备功能，宜符合由国家或国际行业协会制定的行业规范文件的功能规定并符合下列要求：

1）微控制器功能宜符合某种末端设备控制

器行业规范功能文件的规定，成为该类末端设备的专用控制器，并可以和符合同一行业规范功能文件的第三方厂商生产的微控制器实现互操作；

2）分布式智能输入输出模块宜符合某种分布式智能输入输出模块（数字输入模块DI、数字输出模块DO、模拟输入模块AI、模拟输出模块AO）行业规范功能文件的规定，成为该类模块的规范化的分布式智能输入输出模块；并可以和符合同一行业规范功能文件的第三方厂商生产的同类分布式智能输入输出模块实现互换；

3）智能仪表宜符合温度、湿度、流量、压力、物位、成分、电量、热能、照度、执行器、变频器等仪表的行业规范功能文件的规定，成为该类仪表的规范化智能仪表，并可以和任何符合同一行业规范仪表功能文件的第三方厂商生产的智能仪表实现互换。

3 每种嵌入式系统均应安装该种嵌入式系统设备的专用软件，用于完成该种专用功能。

4 嵌入式系统的操作系统软件应具有系统内核小、内存空间需求少、实时性强的特点。

5 嵌入式系统设备编程软件，应符合国家或国际行业协会行业标准中的《应用层可互操作性准则》的规定，并宜使用已成为计算机编程标准的《面向对象编程》方法进行编程。

18.7 现场仪表的选择

18.7.1 传感器的选择应符合下列规定：

1 传感器的精度和量程，应满足系统控制及参数测量的要求；

2 温度传感器量程应为测点温度的1.2～1.5倍，管道内温度传感器热响应时间不应大于25s，当在室内或室外安装时，热响应时间不应大于150s；

3 仅用于一般温度测量的温度传感器，宜采用分度号为Pt1000的B级精度（二线制）；当参数参与自动控制和经济核算时，宜采用分度号为Pt100的A级精度（三线制）；

4 湿度传感器应安装在附近没有热源、水滴且空气流通，能反映被测房间或风道空气状态的位置，其响应时间不应大于150s；

5 压力（压差）传感器的工作压力（压差），应大于测点可能出现的最大压力（压差）的1.5倍，量程应为测点压力（压差）的1.2～1.3倍；

6 流量传感器量程应为系统最大流量的1.2～1.3倍，且应耐受管道介质最大压力，并具有瞬态输出；流量传感器的安装部位，应满足上游10*D*（管径）、下游5*D*的直管段要求，当采用电磁流量计、涡轮流量计时，其精度宜为1.5%；

7 液位传感器宜使正常液位处于仪表满量程的50%；

8 成分传感器的量程应按检测气体、浓度进行选择，一氧化碳气体宜按0～300ppm或0～500ppm；二氧化碳气体宜按0～2000ppm或0～10000ppm（ppm=10^{-6}）；

9 风量传感器宜采用皮托管风量测量装置，其测量的风速范围不宜小于2～16m/s，测量精度不应小于5%；

10 智能传感器应有以太网或现场总线通信接口。

18.7.2 调节阀和风阀的选择应符合下列规定：

1 水管道的两通阀宜选择等百分比流量特性；

2 蒸汽两通阀，当压力损失比大于或等于0.6时，宜选用线性流量特性；小于0.6时，宜选用等百分比流量特性；

3 合流三通阀应具有合流后总流量不变的流量特性，其A-AB口宜采用等百分比流量特性，B-AB口宜采用线性流量特性；分流三通阀应具有分流后总流量不变的流量特性，其AB-A口宜采用等百分比流量特性，AB-B口宜采用线性流量特性；

4 调节阀的口径应通过计算阀门流通能力确定；

5 空调系统宜选择多叶对开型风阀，风阀面积由风管尺寸决定，并应根据风阀面积选择风阀执行器，执行器扭矩应能可靠关闭风阀；风阀面积过大时，可选多台执行器并联工作。

18.7.3 执行器宜选用电动执行器，其输出的力或扭矩应使阀门或风阀在最大流体流通压力时可靠开启和闭合。

18.7.4 水泵、风机变频器输出频率范围应为1～55Hz，变频器过载能力不应小于120%额定电流，变频器外接给定控制信号应包括电压信号和电流信号，电压信号为直流0～10V，电流信号为直流4～20mA。

18.7.5 现场一次测量仪表、电动执行器及调节阀的选择除符合本节规定外，尚应符合本规范第24章的相关规定。

18.8 冷冻水及冷却水系统

18.8.1 压缩式制冷系统的监控应符合下列规定：

1 冷水机的电机、压缩机、蒸发器、冷凝器等内部设备的自动控制和安全保护均由机组自带的控制系统监控，宜由供应商提供数据总线通信接口，直接与建筑设备监控系统交换数据。冷冻水及冷却水系统的外部水路的参数监测与控制，应由建筑设备监控系统控制器（分站）完成。

2 建筑设备监控系统应具有下列控制功能：

1）制冷系统启、停的顺序控制；

2）冷冻水供水压差恒定闭环控制；

3）备用泵投切、冷却塔风机启停和冷水机低流量保护的开关量控制；

4）根据冷量需求确定冷水机运行台数的节能控制；

5）宜对冷水机组出水温度进行优化设定；

6）冷却水最低水温控制；

7）冷却塔风机台数控制或风机调速控制。

中小型工程冷冻水宜采用一次泵系统，系统较大、阻力较高且各环路负荷特性或阻力相差悬殊时，宜采用二次泵系统；二次泵宜选用变频调速控制。

3 冷冻水及冷却水系统参数监测应符合下列要求：

1）冷冻水供水、回水温度测量应设置自动显示、超限报警、历史数据记录、打印及趋势图；

2）冷冻水供水流量测量应设置瞬时值显示、流量积算、超限报警、历史数据记录、打印及趋势图；

3）应根据冷冻水供回水温差及流量瞬时值计算冷量和累计冷量消耗；

4）当系统有冷冻水过滤器时，应设置堵塞报警；

5）进、出冷水机的冷却水水温测量应设置自动显示、极限值报警、历史数据记录、打印；

6）冷却塔风机联动控制，应根据设定的冷却水温度上、下限启停风机；

7）闭式空调水系统宜设高位膨胀水箱或气体定压罐定压；膨胀水箱内水位开关的高低水位或气体定压罐内高低压力越限时，应报警、历史数据记录和打印；

8）系统内的水泵、风机、冷水机组应设置运行时间记录。

18.8.2 溴化锂吸收式制冷系统的监控应符合下列规定：

1 冷水机组的高压发生器、低压发生器、溶液泵、蒸发器、吸收器（冷凝器）、直燃型的燃烧器等内部设备宜由机组自带的控制器监控，并宜由供应商提供数据总线通信接口，直接与建筑设备监控系统交换数据。冷冻水及冷却水系统的外部水路的参数监测与控制及各设备顺序控制，应由建筑设备监控系统控制器完成。

2 建筑设备监控系统的控制功能及工艺参数的监测应符合本规范第18.8.1条2、3款的规定。

3 溴化锂吸收式制冷系统不宜提供低温冷冻水，冷冻水出口温度应大于3℃。同时应设置冷却水温度低于24℃时的防溴化锂结晶报警及连锁控制。

18.8.3 冰蓄冷系统的监控应符合下列规定：

1 宜选用PLC可编程逻辑控制器或HC混合型控制器（PLC+DCS）。

2 应选用可流通乙二醇水溶液的蝶阀和调节阀，阀门工作温度应满足工艺要求。

3 蓄冰槽进出口乙二醇溶液温度应设置自动显示、极限报警、历史数据记录、打印及趋势图。

4 蓄冰槽液位测量应设置自动显示、极限报警、历史数据记录、打印及趋势图。宜选用超声波液位变送器，精度1.5%。

5 冰蓄冷系统交换器二次冷冻水及冷却水系统的监控与压缩式制冷系统相同，除符合本规范第18.8.1条3款的规定外，尚应增加下列控制：

1）换热器二次冷媒侧应设置防冻开关保护控制；

2）控制器（分站）应有主机蓄冷、主机供冷、融冰供冷、主机和蓄冷设备同时供冷运行模式参数设置；同时应具有主机优先、融冰优先、固定比例供冷运行模式的自动切换，并应根据数据库的负荷预测数据进行综合优化控制。

18.8.4 水源热泵系统的监控应符合下列规定：

1 水源热泵机组均由设备本身自带的控制盘监控，宜由供应商提供数据通信总线接口。建筑设备监控系统应完成风机、冷却塔、水泵启停和循环水温度控制。

2 水源热泵机组控制应符合下列要求：

1）小型机组由回风或室内温度直接控制压缩机启停；

2）大、中型机组宜采用多台压缩机分级控制方式；

3）压缩机宜采用变频调速控制。

3 循环水温度控制应符合下列要求：

1）当循环水温度 T_x 大于或等于30℃时，应自动切换为夏季工况，冷却水系统供电准备投入工作；

2）当循环水温度 T_x 小于30℃，大于20℃时，为过渡季节，冷却水系统及辅助热源系统自动切除；

3）当循环水温度 T_x 小于或等于20℃时，自动切换为冬季工况，辅助热源系统投入工作。

4 循环水温度可直接控制封闭式冷却塔运行台数和冷却塔风机的转速。

5 循环水泵可采用变速控制，控制循环水温度在设定值范围。

6 循环水泵温度低于7℃应报警，低于4℃热泵应停止工作。

7 冷却塔宜设防冻保护。

8 循环水泵系统宜设置水流开关，监测系统运行状态。循环水泵进出口宜设置压差开关，当检测到系统水流量减小时，应自动投入备用水泵，若水流量不能恢复，热泵应停止工作。

18.9 热交换系统

18.9.1 热交换系统的监控应符合下列规定：

1 热交换系统应设置启、停顺序控制；

2 自动调节系统应根据二次供水温度设定值控制一次侧温度调节阀开度，使二次侧热水温度保持在设定范围；

3 热交换系统宜设置二次供回水恒定压差控制；根据设在二次供回水管道上的差压变送器测量值，调节旁通阀开度或调节热水泵变频器的频率以改变水泵转速，保持供回水压差在设定值范围。

18.9.2 热交换系统的参数监测应符合下列规定：

1 汽—水交换器应监测蒸汽温度、二次供回水温度、供回水压力，并应监测热水循环泵运行状态；当温度、压力超限及热水循环泵故障时报警；

2 水—水交换器应监测一次供回水温度、压力、二次供回水温度、压力，并应监测热水循环泵运行状态；当温度、压力超限及热水循环泵故障时报警；

3 二次水流量测量宜设置瞬时值显示、流量积算、历史数据记录、打印；

4 当需要经济核算时，应根据二次供回水温差及流量瞬时值计算热量和累计热量消耗。

18.10 采暖通风及空气调节系统

18.10.1 新风机组的监控应符合下列规定：

1 新风机与新风阀应设连锁控制；

2 新风机启停控制应设置自动控制和手动控制；

3 当发生火灾时，应接受消防联动控制信号连锁停机；

4 在寒冷地区，新风机组应设置防冻开关报警和连锁控制；

5 新风机组应设置送风温度自动调节系统；

6 新风机组宜设置送风湿度自动调节系统；

7 新风机组可设置由室内 CO_2 浓度控制送风量的自动调节系统。

18.10.2 新风机组的参数监测应符合下列规定：

1 新风机组应设置送风温度、湿度显示；

2 应设置新风过滤器两侧压差监测、压差超限报警；

3 应设置机组启停状态及阀门状态显示；

4 宜设置室外温、湿度监测。

18.10.3 空调机组的监控应符合下列规定：

1 空调机组应设置风机、新风阀、回风阀连锁控制；

2 空调机组启停，应设置自动控制和手动控制；

3 当发生火灾时，应接受消防联动控制信号连锁停机；

4 在寒冷地区，空调机组应设置防冻开关报警和连锁控制；

5 在定风量空调系统中，应根据回风或室内温度设定值，比例、积分连续调节冷水阀或热水阀开度，保持回风或室内温度不变；

6 在定风量空调系统中，应根据回风或室内湿度设定值，开关量控制或连续调节加湿除湿过程，保持回风或室内湿度不变；

7 在定风量系统中，宜设置根据回风或室内 CO_2 浓度控制新风量的自动调节系统；

8 当采用单回路调节不能满足系统控制要求时，宜采用串级调节系统；

9 在变风量空调机组中，送风量的控制宜采用定静压法、变静压法或总风量法，并应符合下列要求：

1）当采用定静压法时，应根据送风静压设定值控制变速风机转速；

2）当采用变静压法时，为使送风管道静压值处于最小状态，宜使变风量箱风阀均处于85%～99%的开度；

3）当采用总风量法时，应以所有变风量末端装置实时风量之和，控制风机转速以改变送风量。

18.10.4 空调机组的参数监测应符合下列规定：

1 空调机组应设置送、回风温度显示和趋势图；当有湿度控制要求时，应设置送、回风湿度显示；

2 空气过滤器应设置两侧压差的监测、超限报警；

3 当有二氧化碳浓度控制要求时，应设置 CO_2 浓度监测，并显示其瞬时值。

18.10.5 风机盘管是与新风机组配套使用的空调末端设备，其监控应符合下列规定：

1 风机盘管宜由开关式温度控制器自动控制电动水阀通断，手动三速开关控制风机高、中、低三种风速转换；

2 风机启停应与电动水阀连锁，两管制冬夏均运行的风机盘管宜设手动控制冬夏季切换开关；

3 控制要求高的场所，宜由专用的风机盘管微控制器控制；微控制器应提供四管制的热水阀、冷冻水阀连续调节和风机三速控制，冬夏季自动切换两管制系统；

4 微控制器应提供以太网或现场总线通信接口，构成开放式现场网络层。

18.10.6 变风量空调系统末端装置（箱）的选择，应符合下列规定：

1 当选用压力有关型变风量箱时，采用室内温度传感器、微控制器及电动风阀构成单回路闭环调节系统，其控制器宜选择一体化微控制器，温度控制器与风阀电动执行器制成一体，可直接安装在变风量箱上；

2 当选用压力无关型变风量箱时，采用室内温度作为主调节参数，变风量箱风阀入口风量或风阀开度作为副调节参数，构成串级调节系统，其控制器宜选择一体化微控制器，串级控制器与风阀电动执行器制成一体，可直接安装在变风量箱上。

18.11 生活给水、中水与排水系统

18.11.1 生活给水系统的监控应符合下列规定：

1 当建筑物顶部设有生活水箱时，应设置液位计测量水箱液位，其高、低Ⅰ值宜用作控制给水泵，高、低Ⅱ值用于报警；

2 当建筑物采用变频调速给水系统时，应设置压力变送器测量给水管压力，用于调节给水泵转速以稳定供水压力；

3 应设置给水泵运行状态显示、故障报警；

4 当生活给水泵故障时，备用泵应自动投入运行；

5 宜设置主、备用泵自动轮换工作方式；

6 给水系统控制器宜有手动、自动工况转换。

18.11.2 中水系统的监控应符合下列规定：

1 中水箱应设置液位计测量水箱液位，其上限信号用于停中水泵，下限信号用于启动中水泵；

2 主泵故障时，备用泵应自动投入运行；

3 宜设置主、备用泵自动轮换工作方式；

4 中水系统控制器宜有手动、自动工况转换。

18.11.3 排水系统的监控应符合下列规定：

1 当建筑物内设有污水池时，应设置液位计测量水池水位，其上限信号用于启动排污泵，下限信号用于停泵；

2 应设置污水泵运行状态显示、故障报警；

3 当污水泵故障时，备用泵应能自动投入；

4 排水系统的控制器应设置手动、自动工况转换。

18.12 供配电系统

18.12.1 建筑设备监控系统应对供配电系统下列电气参数进行监测：

1 10（6）kV进线断路器、馈线断路器和联络断路器，应设置分、合闸状态显示及故障跳闸报警；

2 10（6）kV进线回路及配出回路，应设置有功功率、无功功率、功率因数、频率显示及历史数据记录；

3 10（6）kV进出线回路宜设置电流、电压显示及趋势图和历史数据记录；

4 0.4kV进线开关及重要的配出开关应设置分、合闸状态显示及故障跳闸报警；

5 0.4kV进出线回路宜设置电流、电压显示、趋势图及历史数据记录；

6 宜设置0.4kV零序电流显示及历史数据记录；

7 宜设置功率因数补偿电流显示及历史数据记录；

8 当有经济核算要求时，应设置用电量累计；

9 宜设置变压器线圈温度显示、超温报警、运行时间累计及强制风冷风机运行状态显示。

18.12.2 柴油发电机组宜设置下列监测功能：

1 柴油发电机工作状态显示及故障报警；

2 日用油箱油位显示及超高、超低报警；

3 蓄电池组电压显示及充电器故障报警。

18.13 公共照明系统

18.13.1 公共照明系统的监控应符合下列规定：

1 室内照明系统宜采用分布式控制器，当采用第三方专用控制系统时，该系统应有与建筑设备监控系统网络连接的通信接口；

2 室内照明系统的控制器应有自动控制和手动控制等功能；正常工作时，宜采用自动控制，检修或故障时，宜采用手动控制；

3 室内照明宜按分区时间表程序开关控制，室外照明可按时间表程序开关控制，也可采用室外照度传感器进行控制，室外照度传感器应考虑设备防雨防尘的防护等级；

4 照明控制箱应由分布式控制器与配电箱两部分组成，可选择一体的，也可选择分体的；控制器与其配用的照度传感器宜选用现场总线连接方式。

18.13.2 照明系统节能设计应符合本规范第18.13.1条3款及第18.15.5、18.15.6条的规定。

18.14 电梯和自动扶梯系统

18.14.1 电梯和自动扶梯运行参数的监测宜符合下列规定：

1 宜设置电梯、自动扶梯运行状态显示及故障报警；

2 当监控电梯群组运行时，电梯群宜分组、分时段控制；

3 宜对每台电梯的运行时间进行累计。

18.14.2 建筑设备监控系统与火灾信号应设有连锁控制。当系统接收火灾信号后，应将全部客梯迫降至首层。

18.15 建筑设备监控系统节能设计

18.15.1 建筑设备监控系统节能设计，应在保证分布式系统实现分散控制、集中管理的前提下，利用先进的控制技术和信息集成的优势，最大限度地节省

能源。

18.15.2 当冷冻水、冷却水、采暖通风及空气调节等系统的负荷变化较大或调节阀（风门）阻力损失较大时，各系统的水泵和风机宜采用变频调速控制。

18.15.3 冷冻水及冷却水系统的监控宜采用下列节能措施：

1 当根据冷量控制冷冻水泵、冷却水泵、冷却塔运行台数时，水泵及冷却塔风机宜采用调速控制；

2 根据制冷机组对冷却水温度的要求，监控系统应按与制冷机适配的冷却水温度自动调节冷却塔风机转速。

18.15.4 空调系统的监控宜采用下列节能措施：

1 在不影响舒适度的情况下，温度设定值宜根据昼夜、作息时间、室外温度等条件自动再设定；

2 根据室内外空气焓值条件，自动调节新风量的节能运行；

3 空调设备的最佳启、停时间控制；

4 在建筑物预冷或预热期间，按照预先设定的自动控制程序停止新风供应。

18.15.5 建筑物内照明系统的监控宜采用下列节能措施：

1 工作时段设置与工作状态自动转换；

2 工作分区设置与工作状态自动转换；

3 在人员活动有规律的场所，采用时间控制和分区控制二种组合控制方式；

4 在可利用自然光的场所，采用光电传感器的调光控制方式。

18.15.6 室外照明系统的监控宜采用下列节能措施：

1 道路照明、庭院照明宜采用分区、分时段时间表程序开关控制和光电传感器控制二种组合控制方式；

2 建筑物的景观照明宜采用分时段时间表程序开关控制方式。

18.15.7 给水排水系统宜按预置程序在用电低谷时将水箱灌满，污水池排空。

18.15.8 在保证供配电系统安全运行情况下，宜根据用电负荷的大小控制变压器运行台数。

18.16 监 控 表

18.16.1 为建筑设备监控系统编制的监控表，应符合下列规定：

1 编制监控表应在各工种设备选择之后，根据控制系统结构图，由建筑设备监控系统（BAS）的设计人与各工种设计人共同编制，同时核定对监控点实施监控的可行性。

2 编制的监控点一览表宜符合下列要求：

1） 为划分分站、确定分站 I/O 模块选型提供依据；

2） 为确定系统硬件和应用软件设置提供依据；

3） 为规划通信信道提供依据；

4） 为系统能以简洁的键盘操作命令进行访问和调用具有标准格式的显示报告与记录文件创造前提。

18.16.2 为建筑设备监控系统控制器（DDC）编制的监控表应符合本规范附录 J 的规定。

18.16.3 为建筑设备监控系统（BAS）编制的监控表应符合本规范附录 K 的规定。

18.17 机房工程及防雷与接地

18.17.1 机房工程设计应符合本规范第 23 章的规定。

18.17.2 防雷与接地设计应符合本规范第 11、12、23 章的有关规定。

19 计算机网络系统

19.1 一 般 规 定

19.1.1 本章适用于民用建筑物及建筑群中通过硬件和软件，实现建筑物及建筑群的网络数据通信及办公自动化系统等应用的计算机网络系统设计。

19.1.2 计算机网络系统的设计和配置应标准化，并应具有可靠性、安全性和可扩展性。

19.1.3 计算机网络系统设计前，应进行用户调查和需求分析，以满足用户的需求。

19.1.4 计算机网络系统的配置应遵循实用性和适用的原则，并宜适度超前。

19.2 网 络 设 计 原 则

19.2.1 计算机网络系统应在进行用户调查和需求分析的基础上，进行网络逻辑设计和物理设计。

19.2.2 用户调查宜包括用户的业务性质与网络的应用类型及数据流量需求、用户规模及前景、环境要求和投资概算等内容。

19.2.3 网络需求分析应包括功能需求和性能需求两方面。

网络功能需求分析用以确定网络体系结构，内容宜包括网络拓扑结构与传输介质、网络设备的配置、网络互联和广域网接入。

网络性能需求分析用以确定整个网络的可靠性、安全性和可扩展性，内容宜包括网络的传输速率、网络互联和广域网接入效率及网络冗余程度和网络可管理程度等。

19.2.4 网络逻辑设计应包括确定网络类型、网络管理与安全性策略、网络互联和广域网接口等。

19.2.5 网络物理设计应包含网络体系结构和网络拓扑结构的确定、网络介质的选择和网络设备的配置等。

19.2.6 局域网宜采用基于服务器/客户端的网络，当网络中用户少于10个节点时可采用对等网络。

19.2.7 网络体系结构的选择应符合下列规定：

1 网络体系结构宜采用基于铜缆的快速以太网（100Base-T）；基于光缆的千兆位以太网（1000Base-SX、1000Base-LX）；基于铜缆的千兆位以太网（1000Base-T、1000Base-TX）和基于光缆的万兆位以太网（10GBase-X）；

2 在需要传输大量视频和多媒体信号的主干网段，宜采用千兆位（1000Mbit/s）或万兆位（10Gbit/s）以太网，也可采用异步传输模式ATM。

19.2.8 网络中使用的服务器应至少能够处理文件、程序及数据储存；响应网络服务请求；网络应用策略控制；网络管理及运行网络后台应用等一项任务。

19.2.9 服务器（如CPU、内存和硬盘等）的配置应能满足其处理数据的需要，并具有高稳定性和可扩展能力。

19.2.10 服务器宜集中设置。当网络应用有业务分类管理需要时，可分布设置服务器。

19.3 网络拓扑结构与传输介质的选择

19.3.1 网络的结构应根据用户需求、用户投资控制、网络技术的成熟性及可发展性确定。

19.3.2 局域网宜采用星形拓扑结构。在有高可靠性要求的网段应采用双链路或网状结构冗余链路。

19.3.3 网络介质的选择应根据网络的体系结构、数据流量、安全级别、覆盖距离和经济性等方面综合确定，并符合下列规定：

1 对数据安全性和抗干扰性要求不高时，可采用非屏蔽对绞电缆；

2 对数据安全性和抗干扰性要求较高时，宜采用屏蔽对绞电缆或光缆；

3 在长距离传输的网络中应采用光缆。

19.3.4 在下列场所宜采用无线网络：

1 用户经常移动的区域或流动用户多的公共区域；

2 建筑布局中无法预计变化的场所；

3 被障碍物隔离的区域或建筑物；

4 布线困难的环境。

19.3.5 无线局域网设备应符合IEEE802的相关标准。

19.3.6 无线局域网宜采用基于无线接入点（AP）的网络结构。

19.3.7 在布线困难的环境宜通过无线网桥连接同一网络的两个网段。

19.4 网络连接部件的配置

19.4.1 网络连接部件应包括网络适配器（网卡）、交换机（集线器）和路由器。

19.4.2 网卡的选择必须与计算机接口类型相匹配，并与网络体系结构相适应。

19.4.3 网络交换机的类型必须与网络的体系结构相适应，在满足端口要求的前提下，可按下列规定配置：

1 小型网络可采用独立式网络交换机；

2 大、中型网络宜采用堆叠式或模块化网络交换机。

19.4.4 当具有下列情况时，应采用路由器或第3层交换机：

1 局域网与广域网的连接；

2 两个局域网的广域网相连；

3 局域网互联；

4 有多个子网的局域网中需要提供较高安全性和遏制广播风暴时。

19.4.5 当局域网与广域网相连时，可采用支持多协议的路由器。

19.4.6 在中大型规模的局域网中宜采用可管理式网络交换机。交换机的设置，应根据网络中数据的流量模式和处理的任务确定，并应符合下列规定：

1 接入层交换机应采用支持VLAN划分等功能的独立式或可堆叠式交换机，宜采用第2层交换机；

2 汇接层交换机应采用具有链路聚合、VLAN路由、组播控制等功能和高速上连端口的交换机，可采用第2层或第3层交换机；

3 核心层交换机应采用高速、高带宽、支持不同网络协议和容错结构的机箱式交换机，并应具有较大的背板带宽。

19.4.7 各层交换机链路设计应符合下列规定：

1 汇接层与接入层交换机之间可采用单链路或冗余链路连接；

2 在容错网络结构中，汇接层交换机之间、汇接层与接入层交换机之间应采用冗余链路连接，并应生成树协议阻断冗余链路，防止环路的产生；

3 在紧缩核心网络中，每台接入层交换机与汇接层交换机之间，宜采用冗余链路连接；

4 在多核心网络中，每台汇接层交换机与每台核心层交换机之间，宜采用冗余链路连接。核心层交换机之间不得链接，避免桥接环路。

19.5 操作系统软件与网络安全

19.5.1 网络中所有客户端，宜采用能支持相同网络通信协议的计算机操作系统。

19.5.2 服务器操作系统应支持网络中所有的客户端的网络协议，特别是TCP/IP协议。网络操作系统应符合下列规定：

1 用于办公和商务工作的计算机局域网中，宜采用微软视窗（Windows）操作系统；

2 在需要高稳定性、需要支持关键任务应用程序运行的网络服务器端，宜采用 Unix 或 Linux 类服务器操作系统或专用服务器操作系统。

19.5.3 网络管理应具有下列基本功能：

1 网络设备的系统固件管理：对网络设备的系统软件进行管理，如升级、卸载等；

2 文件管理：对数据、文件和程序的存储进行有序管理和备份；

3 配置管理：对网络设备进行有关的参数配置、设置网络策略等；动态监控、动态显示网络中各节点及每一设备端口的工作状态；

4 故障管理：对网络设备和线路发生的故障，网络管理系统能预设报警功能及措施；

5 安全控制：通过身份、密码、权限等验证，实现基本的安全性控制；

6 性能管理：通过分析工具统计和分析网络流量、数据包类型及错误包比例等信息，进而提供网络的运行状态、发展状态、预期调整措施的分析结果；

7 网络优化：分析和优化网络性能。

19.5.4 网络安全应具有机密性、完整性、可用性、可控性及网络审计等基本要求。

19.5.5 网络安全性设计应具有非授权访问、信息泄露或丢失、破坏数据完整性、拒绝服务攻击和传播病毒等防范措施。

19.5.6 网络的安全性可采取下列防范措施：

1 采取传导防护、辐射防护、电磁兼容环境防护等物理安全策略；

2 采用容错计算机、安全操作系统、安全数据库、病毒防范等系统安全措施；

3 设置包过滤防火墙、代理防火墙、双宿主机防火墙等类型的防火墙；

4 采取入网访问控制、网络权限控制、属性安全控制、网络服务器安全控制、网络监测和锁定控制、网络端口和节点控制等网络访问控制；

5 数据加密；

6 采取报文保密、报文完整性及互相证明等安全协议；

7 采取消息确认、身份确认、数字签名、数字凭证等信息确认措施。

19.5.7 网络的安全性策略应根据网络的安全性需求，并按其安全性级别采取相应的防范措施。

19.6 广域网连接

19.6.1 广域网连接是指通过公共通信网络，将多个局域网或局域网与互联网之间的相互连接。

19.6.2 局域网在下列情况时，应设置广域网连接：

1 当内部用户有互联网访问需求；

2 当用户外出需访问局域网；

3 在分布较广的区域中拥有多个需网络连接的局域网；

4 当用户需与物理距离遥远的另一个局域网共享信息。

19.6.3 局域网的广域网连接应根据带宽、可靠性和使用价格等因素综合确定，可采用下列方式：

1 公用电话交换网；

2 综合业务数字网（窄带 N-ISDN 和宽带 B-ISDN）；

3 帧中继（FR）；

4 各类铜缆接入设备（xDSL）；

5 数字数据网（DDN）或专线；

6 以太网。

19.7 网络应用

19.7.1 网络应用应包括单位内部办公自动化系统、单位内部业务、对外业务、互联网接入、网络增值服务等几种类型。计算机网络系统的设计，宜符合网络应用的需求。

19.7.2 当网络有多种应用需求时，宜构建适应各种应用需求的共用网络，设置相应的服务器，并应采取安全性措施保护内部应用网络的安全。

19.7.3 当内部网络数据有高度安全性要求时，应采取物理隔离措施隔离内部、外部网络，并应符合安全部门的有关规定。

19.7.4 在子网多而分散，主干和广域网数据流量大的计算机网络中，宜采用网络分段和子网数据驻留的方式控制流经主干上的数据流，提高主干的传输速率。

19.7.5 服务器应根据其执行的任务而合理配置。在执行办公自动化系统任务的网络中宜设置文件和打印服务器、邮件服务器、Web 服务器、代理服务器及目录服务器。

19.7.6 当公共建筑物中或建筑物的公共区域符合本规范第 19.3.4 条规定时，宜采用无线局域网。

19.7.7 计算机网络系统设计，其网络结构、网络连接部件的配置及传输介质的选择应符合本规范第 19.3 节和 19.4 节的要求。

20 通信网络系统

20.1 一般规定

20.1.1 本章包括数字程控用户电话交换机系统、调度交换机系统、会议电视系统、无线通信系统、VSAT 卫星通信系统、多媒体现代教育系统等通信网络系统及通信配线与管道。

20.1.2 通信网络系统应为建筑物或建筑群的拥有者（管理者）及使用者提供便利、快捷、有效的信息服务。

20.1.3 通信网络系统应对来自建筑物或建筑群内、外的信息，进行接收、存储、处理、交换、传输，并提供决策支持的能力。

20.1.4 建筑物或建筑群中有线或无线接入网系统的设计，应符合国家现行标准《接入网工程设计规范》YD/T5097的有关规定。

20.2 数字程控用户电话交换机系统

20.2.1 数字程控用户电话交换设备应根据使用需求，设置在行政机关、金融、商场、宾馆、文化、医院、学校等建筑物内。

20.2.2 数字程控用户电话交换设备，应提供普通电话业务、ISDN通信和IP通信等业务。

20.2.3 用户终端应通过数字程控用户电话交换设备与各公用通信网互通，实现语音、数据、图像、多媒体通信业务的需求。

20.2.4 数字程控用户交换机系统应符合下列要求：

1 用户交换机系统应配置交换机、话务台、用户终端、终端适配器等配套设备以及应用软件。

2 用户交换机应根据工程的需求，以模拟或数字中继方式，通过用户信令、中继随路信令或公共信道信令方式与公用电话网相连。

3 数字程控用户交换机的用户侧和中继侧应具有下列基本接口，并符合下列规定：

1）用户侧接口应符合下列规定：

——用于连接模拟终端的二线模拟Z接口；

——用于连接数字终端的接口（专用数字终端、V24等）；

——用于连接IP终端的接口（H.323语音终端、SIP等）。

2）中继侧接口应符合下列规定：

——用于接入公用PSTN端局的数字A接口或B接口（速率为2048kbit/s或8448kbit/s）；

——用于接入公用PSTN端局的二线模拟C_2接口；

——用于接入公用PSTN端局的四线模拟C_1接口；

——用于接入公用PSTN端局的网络H.323或SIP接口。

20.2.5 ISDN用户交换机（ISPBX）系统应符合下列要求：

1 ISDN用户交换机应是公用综合业务数字网（N-ISDN）中的第二类网络终端（NT2型）设备。

2 ISDN用户交换机应具有基本的使用功能。

3 ISDN用户交换机的用户侧和中继侧应根据工程的实际需求配置下列基本接口，并符合下列规定：

1）用户侧接口应符合下列规定：

——用于连接数字话机及ISDN标准终端的S接口（2B+D接口）；

——用于连接ISDN标准终端的S接口（30B+D接口）；

——用于连接网络终端1（NT1）的U接口（2B+D和30B+D接口）；

——用于连接模拟终端的Z接口；

——用于连接IP终端的接口（H.323语音终端、SIP等）。

2）中继侧接口应符合下列规定：

——用于接入公用N-ISDN端局的T（2B+D)接口；

——用于接入公用N-ISDN端局的T（30B+D)接口；

——用于接入公用PSTN端局（数字程控电话交换端局）的E1数字A接口（速率为2048kbit/s）；

——用于接入公用PSTN端局的网络H.323或SIP接口。

20.2.6 支持VOIP业务的ISDN用户交换机系统应符合下列要求：

1 应具有ISDN用户交换机基本的和补充业务功能。

2 应以IP网关方式与IP局域网或公用IP网络相连。

3 应按工程的实际需求，在用户侧和中继侧配置下列基本接口，并符合下列规定：

1）用户侧接口应符合下列规定：

——用于连接ISDN用户交换机具有的基本用户侧接口；

——用于连接符合H.323标准的VOIP终端接口；

——用于连接符合SIP标准的VOIP终端接口。

2）中继侧接口应符合下列规定：

——用于接入公用ISDN端局的T接口；

——用于接入公用PSTN端局的E1数字A接口；

——用于接入H.323标准的公用IP网络的接口（H.323接入网关）；

——用于接入SIP标准的公用IP网络的接口（SIP接入网关）。

20.2.7 数字程控用户交换机的选用，应符合下列规定：

1 用户交换机容量宜按下列要求确定：

1）用户交换机除应满足近期容量的需求外，尚应考虑中远期发展扩容以及新业务功能的应用；

2）用户交换机的实装内线分机的容量，不宜超过交换机容量的80%；

3）用户交换机应根据话务基础数据，核算交换机内处理机的忙时呼叫处理能力（BHCA）。

2 用户交换机中继类型及数量宜按下列要求确定：

1）用户交换机中继线，宜采用单向（出、入分设）、双向（出、入合设）和单向及双向混合的三种中继方式接入公用网；

2）用户交换机中继线可按下列规定配置：

——当用户交换机容量小于50门时，宜采用2～5条双向出入中继线方式；

——当用户交换机容量为50～500门，中继线大于5条时，宜采用单向出入或部分单向出入、部分双向出入中继线方式；

——当用户交换机容量大于500门时，可按实际话务量计算出、入中继线，宜采用单向出入中继线方式。

3）中继线数量的配置，应根据用户交换机实际容量大小和出入局话务量大小等因素，可按用户交换机容量的10%～15%确定。

3 系统对当地电信业务经营者中继入网的方式，应符合下列要求：

1）数字程控用户交换机中继入网的方式，应根据用户交换机的呼入、呼出话务量和本地电信业务经营者所具备的入网条件，以及建筑物（群）拥有者（管理者）所提的要求确定；

2）数字程控用户交换机进入公用电话网，可采用下列几种中继方式：

——全自动直拨中继方式（DOD_1＋DID和DOD_2＋DID中继方式）；

——半自动单向中继方式（DOD_1＋BID和DOD_2＋BID中继方式）；

——半自动双向中继方式（DOD_2＋BID中继方式）；

——混合中继方式（DOD_2＋BID＋DID和DOD_1＋BID＋DID中继方式）；

——ISPBX中的ISDN终端，对外交换采用全自动的直拨方式（DDI）。

20.2.8 程控用户交换机机房的选址、设计与布置，应符合下列规定：

1 机房宜设置在建筑群内用户中心通信管线进出方便的位置。可设置在建筑物首层及以上各层，但不应设置在建筑物最高层。当建筑物有地下多层时，机房可设置在地下一层。

2 当建筑物为投资方自用时，机房宜与建筑物内计算机主机房统筹考虑设置。

3 机房位置的选择及机房对环境和土建等专业的要求，尚应符合本规范第23章的有关规定。

4 程控用户交换机机房的布置，应根据交换机的机架、机箱、配线架，以及配套设备配置情况、现场条件和管理要求决定。在交换机及配套设备尚未选型时，机房的使用面积宜符合表20.2.8的规定。

表20.2.8 程控用户交换机机房的使用面积

交换机容量数（门）	交换机机房使用面积（m^2）	交换机容量数（门）	交换机机房使用面积（m^2）
≤500	≥30	2001～3000	≥45
501～1000	≥35	3001～4000	≥55
1001～2000	≥40	4001～5000	≥70

注：1 表中机房使用面积应包括话务台或话务员室、配线架（柜）、电源设备和蓄电池的使用面积；

2 表中机房的使用面积，不包括机房的备品备件维修室、值班室及卫生间。

5 程控用户交换机机房内设备布置应符合以近期为主、中远期扩充发展相结合的规定。

6 话务台的布置应使话务员就地或通过话务员室观察窗正视或侧视交换机机柜的正面。

7 总配线架或配线机柜室应靠近交换机室，以方便交换机中继线和用户线的进出。

8 当交换机容量小于或等于1000门时，总配线架或配线机柜可与交换机机柜毗邻安装。

9 机房的毗邻处可设置多家电信业务经营者的光、电传输设备以及宽带接入等设备的电信机房。

10 交换机机柜及配套设备布置，尚应符合本规范第23.2节的规定。

20.2.9 程控用户交换机房的供电应符合下列要求：

1 机房电源的负荷等级与配置以及供电电源质量，应符合本规范第3.2及3.4节的有关规定。

2 当机房内通信设备有交流不间断和无瞬变供电要求时，应采用UPS不间断电源供电，其蓄电池组可设一组。

3 通信设备的直流供电系统，应由整流配电设备和蓄电池组组成，可采用分散或集中供电方式供电；当直流供电设备安装在机房内时，宜采用开关型整流器、阀控式密封铅酸蓄电池。

4 通信设备的直流供电电源应采用在线充电方式，并以全浮充制运行。

5 通信设备使用直流基础电源电压为－48V，其电压变动范围和杂音电压应符合表20.2.9-1的规定。

6 当机房的交流电源不可靠或交换机对电源有特殊要求时，应增加蓄电池放电小时数。

7 交换机设备的蓄电池的总容量应按下式计算：

$$Q \geqslant KIT/\eta[1+\alpha(t-25)] \quad (20.2.9)$$

表 20.2.9-1 基础电源电压变动范围和杂音电压要求

<table>
<tr><td rowspan="3">标准电压（V）</td><td rowspan="3">电信设备受电端子上电压变动范围（V）</td><td colspan="8">电 源 杂 音 电 压</td></tr>
<tr><td colspan="2">衡重杂音电压</td><td colspan="2">峰-峰值杂音电压</td><td colspan="2">宽频杂音电压（有效值）</td><td colspan="2">离散频率杂音（有效值）</td></tr>
<tr><td>频段（kHz）</td><td>指标（mV）</td><td>频段（kHz）</td><td>指标（mV）</td><td>频段（kHz）</td><td>指标（mV）</td><td>频段（kHz）</td><td>指标（mV）</td></tr>
<tr><td rowspan="4">−48</td><td rowspan="4">−40～−57</td><td rowspan="4">300～3400</td><td rowspan="4">≤2</td><td rowspan="4">0～300</td><td rowspan="4">≤400</td><td rowspan="2">3.4～150</td><td rowspan="2">≤100</td><td>3.4～150</td><td>≤5</td></tr>
<tr><td>150～200</td><td>≤3</td></tr>
<tr><td rowspan="2">150～30000</td><td rowspan="2">≤3</td><td>200～500</td><td>≤2</td></tr>
<tr><td>500～30000</td><td>≤1</td></tr>
</table>

式中 Q——蓄电池容量（Ah）；

K——安全系数，为 1.25；

I——负荷电流（A）；

T——放电小时数（h）；

η——放电容量系数，见表 20.2.9-2；

t——实际电池所在地最低环境温度数值，所在地有采暖设备时，按 15℃确定，无采暖设备时，按 5℃确定；

α——电池温度系数（1/℃），当放电小时率大于或等于 10 时，应为 0.006；当放电小时率小于 10、大于或等于 1 时，应为 0.008；当放电小时率小于 1 时，应为 0.01。

表 20.2.9-2 蓄电池放电容量系数（η）表

电池放电小时数（h）		0.5		1		2	3
放电终止电压(V)		1.70	1.75	1.75	1.80	1.80	1.80
放电容量系数	放酸电池	0.35	0.30	0.50	0.40	0.61	0.75
	阀控电池	0.45	0.40	0.55	0.45	0.61	0.75

电池放电小时数（h）		4	6	8	10	≥20
放电终止电压(V)		1.80	1.80	1.80	1.80	≥1.85
放电容量系数	放酸电池	0.79	0.88	0.94	1.00	1.00
	阀控电池	0.79	0.88	0.94	1.00	1.00

8 机房内蓄电池组电池放电小时数，应按机房供电电源负荷等级确定。

20.2.10 防雷与接地应符合下列规定：

1 交换机系统的防雷与接地，应符合本规范第 11、12、23 章的有关规定；

2 数字程控交换机系统接地电阻值，应根据该系统产品接地要求确定。

20.3 数字程控调度交换机系统

20.3.1 数字程控调度交换机容量小于或等于 60 门时，宜采用具有调度软件功能模块的数字程控用户交换机。

20.3.2 数字程控调度交换机容量大于 60 门时，宜设置专用的数字程控调度交换机设备。

20.3.3 数字程控调度交换机应符合下列规定：

1 数字程控调度交换机系统应由调度交换机、调度台、调度分机或终端等配套设备及其应用软件构成。

2 数字程控调度交换机除应具有调度业务的功能外，尚应同时保留数字程控用户交换机的基本功能。

3 数字程控调度交换机容量大于 128 门时，宜采用热备份结构，并应具备组网与远端维护功能。

4 数字程控调度交换机的基本功能应符合下列要求：

1）应调度呼叫用户或用户呼叫调度无链路阻塞；

2）应对公用网、专用网及分机用户电话进行调度和控制复原；

3）应对每个用户进行等级设置；

4）可设置多个中继局向，接至公用网或专用网；

5）应能实时同步录音；

6）应能与无线通信设备联网；

7）应能与计算机网络联网；

8）应有统一的实时时钟管理。

5 调度话务台的基本功能应符合下列要求：

1）控制支配权，调度台话机具有最高优先权；

2）调度通话应优先，任何用户在摘机、通话或拨号状态，调度均可直呼用户、中继，用户、中继可直呼或热线呼叫调度台；

3）应能实现监听、强插、强拆正在进行内部通话的调度专线电话分机；

4）应能将普通电话分机改为调度专线电话分机；

5）应具有“功能键”和“用户键”两大类操作键，供调度员使用；

6）应具有单呼、组呼、电话会议功能；

7）应能对调度员的姓名、工号、操作权限口令、操作时间进行核对与记录。

20.3.4 数字程控调度交换机的用户侧和中继侧应根据工程的实际需求，配置下列基本接口，并符合下列

规定：

1 用户侧接口应符合下列规定：

1）用于连接模拟终端的二线模拟Z接口；

2）用于连接数字话机及调度台的2B+D接口；

3）用于连接符合H.323标准的VOIP终端接口；

4）用于连接符合SIP标准的VOIP终端接口。

2 中继侧接口应符合下列规定：

1）用于接入公用N-ISDN端局的2B+D的接口；

2）用于接入公用N-ISDN端局的30B+D的接口；

3）用于接入公用PSTN端局的E1数字A接口（速率为2048kbit/s）；

4）用于接入公用PSTN端局的二线模拟C接口；

5）用于接入符合H.323标准的公用计算机网络的接口（H.323接入网关）；

6）用于接入符合SIP标准的公用计算机网络的接口（SIP接入网关）。

20.3.5 数字程控调度交换机进入公用网或专网的方式应符合下列规定：

1 当采用数字中继方式入网时，调度交换机配置的数字中继，宜采用30B+DPRA或E1(2048kbit/s) PCM接口接至本地电话网的汇接局或端局交换机上，其信令采用ISDN"Q"信令系统或7号信令系统，并应具备兼容中国1号信令系统的能力；

2 当采用二线环路中继方式入网时，其信令应采用用户信令系统。

20.3.6 数字程控调度交换机的设备用房、供电及接地要求，应符合本规范第20.2.8～20.2.10条的规定。

20.4 会议电视系统

20.4.1 会议电视系统应根据使用者的实际需求确定，可采用下列系统：

1 大中型会议电视系统；

2 小型会议电视系统；

3 桌面型会议电视系统。

20.4.2 会议电视系统应支持H.320、H.323、H.324、SIP标准协议。

20.4.3 会议电视系统的支持传输速率应符合下列规定：

1 H.320标准协议的大中型视频会议系统，应支持传输速率64kbit/s～2Mbit/s；

2 H.323标准协议的桌面型视频会议系统，应支持传输速率不小于64kbit/s；

3 H.320和H.323小型会议视频系统，应支持传输速率128kbit/s；

4 H.324标准协议的可视电话系统，应支持小于64kbit/s的传输速率；

5 SIP标准协议的会议视频系统应符合支持传输速率小于128kbit/s。

20.4.4 当采用多点控制单元（MCU）设备组网时，会议电视系统的功能应符合下列要求：

1 网内任意会场点均可具备主会场的功能；

2 分会场画面应显示于主会场的屏幕；

3 各会场的主摄像机和全场景摄像机，宜采用广播级彩色摄像机，辅助摄像机可采用专业级固定彩色摄像机；

4 主会场应远程遥控各分会场的全部受控摄像机，调整画面的内容和清晰度；

5 全部会场画面应由主会场进行控制；

6 主席控制方式，可控制主会场发言模式与分会场发言模式的转换；

7 应在会议监视器画面上，观察对方送来幻灯、文件、电子白板的静止图像；

8 应在会议监视器画面上，叠加上会场名称、会议状态、控制动作名称的文字说明；

9 同一个MCU设备应支持召开不同传输速率的电视会议；

10 MCU设备软件应运行在各种嵌入式操作系统上；

11 在多个MCU的会议电视网中，应确认一个主MCU，其他均为从MCU；

12 会议电视网内应实现时钟同步管理、计费管理、主持人管理等功能。

20.4.5 当采用桌面型会议电视时，会议电视系统的功能应符合下列规定：

1 应在显示器窗口上，收看到对方会议的活动图像，能对窗口尺寸和位置进行调整；

2 应设置审视送出图像的自监窗口；

3 应设置专门用于观察对方送来的幻灯、文件、电子白板的静止图像显示窗口；

4 应进行网上交谈。

20.4.6 会议电视系统的组网应符合下列规定：

1 网络设计应安全可靠，宜采用电缆、光缆、数字微波、卫星等不同传输通道，并宜设置备用信道，以保证通信畅通可靠；

2 采用MCU组成的点对点或点对多点的组网，应考虑主备用信道与会议电视终端设备的倒换便利；

3 采用MCU组网时，应支持多级联的组网方式。

20.4.7 采用宽带互联网时，宜采用标准的TCP/IP以太网通信接口方式组网。

20.4.8 会议电视系统用房设计应符合下列规定：

1 会议电视室宜按矩形房间设计，使用面积应按参加会议的总人数确定，每个人占用面积不应小于 3.0m²；

2 大型会议电视室布置时，应以会议电视室为中心，在相邻房间可设置与系统设备相关的控制室和传输设备室，各用房面积不宜小于 15m²；

3 大型会议电视室与控制室之间的墙上宜设置观察窗，观察窗不宜小于宽 1.2m、高 0.8m，窗口下沿距室内地面 0.9m；

4 当会议电视设备采用可移动组合式彩色视频显示器机柜时，可不设置专用的控制室和传输设备室；

5 大、中型会议电视室桌椅布置，宜面向投影机幕布作马蹄形布置，小型会议电视室宜面向彩色视频显示器作 U 形布置；前后排之间的间距不宜小于 1.2m；

6 会场前排与会人员观看投影机幕布或彩色视频显示器的最小视距，宜按视频画面对角线的规格尺寸 2～3 倍计算；最远视距宜按视频画面对角线的规格尺寸 8～9 倍计算。

20.4.9 会议电视系统用房的设备设置应符合下列规定：

1 会场彩色摄像机宜设置在会场正前方或左右两侧，能使参会人员都被纳入摄录视角范围内；

2 会场全景彩色摄像机宜设置在房间后面墙角上，以便获得全场景或局部放大的特写镜头；

3 会场的文本摄像机、白板摄像机、音视频设备，均应安放在会议室内合适的位置；

4 室内投影机幕布或彩色视频显示器位置的设置，应使全场参会人员处在良好的视距和视角范围内；

5 大、中型会议电视室内应设置二台及以上高清晰度、高亮度大屏幕彩色投影机，投影屏幕上视频画面对角线的尺寸不宜小于 254cm；

6 小型会议电视室内应设置二台及以上高清晰度彩色视频显示器，显示屏幕画面对角线的尺寸不宜小于 74cm；

7 话筒和扬声器的布置宜使话筒置于各扬声器的指向辐射外，并加设回声抑制器。

20.4.10 会议电视系统供电、照明、防雷、接地及环境应符合下列规定：

1 系统电源的负荷等级与配置以及供电电源质量应符合本规范第 3.2 节及 3.4 节的有关规定；

2 系统中设备需要有交流不间断和无瞬变要求的供电时，应采用 UPS 不间断电源供电；

3 音视频设备应采用同相电源集中供电；

4 会议电视室、控制室和传输设备室的室内环境及照度，应符合本规范第 23.3 节的有关规定；

5 系统防雷与局部等电位联结应符合本规范第 11、12、23 章的有关要求。

20.5 无线通信系统

20.5.1 无线通信系统的设计应符合下列规定：

1 建筑物与建筑群中无线通信系统，应采用固定无线接入技术，系统的配置应根据工程的实际需求确定；

2 接入系统的设备宜按控制器、基站和用户终接设备等配置，其系统的控制器宜与基站设备设置在同一建筑物内；

3 无线接入系统应支持电话、传真、低速数据或高速数据、图像等综合业务通信；

4 无线接入系统中的控制器设备应根据用户需求，接入 PSTN 电话交换网、ISDN 交换网、ATM 网和以太网等网络；

5 无线接入系统中业务节点的接口，可采用 PSTN 的 V_5 或 V_{B5} 接口、N-ISDN BRA 或 PRA 的 V、V_5 或 V_{B5} 接口、B-ISDN SDH 或 ATM 的 V_{B5} 接口，以及 100BASE-TX（或 T_2、或 T_4）和 1000BASE-T 等接口方式；

6 用户设备应根据需求，采用单用户终接设备或多用户终接设备；

7 无线接入系统的工作频段和技术要求应符合现行国家通信行业标准《接入网工程设计规范》YD/T 5097的有关规定。

20.5.2 移动通信信号室内覆盖系统应符合下列规定：

1 建筑物与建筑群中的移动通信信号室内覆盖系统，应满足室内移动通信用户，利用蜂窝室内分布系统实现语音及数据通信业务；

2 移动通信信号室内覆盖系统所采用的专用频段，应符合国家有关部门的规定；

3 系统信号源的引入方式，宜采用基站直接耦合信号方式或采用空间无线耦合信号方式；

4 基站直接耦合信号方式，宜用于大型公共建筑、宾馆、办公楼、体育场馆等人流量大、话务量不低于 8.2Erl 的场所；空间无线耦合方式宜用于基站不易设置、建筑面积小于 10000m² 且话务量低于 8.2Erl 的普通公共建筑场所；

5 基站直接耦合信号方式的引入信源设备，宜设置在建筑物首层或地下一层的弱电（电信）进线间内或设置在通信专用机房内，机房净高不宜小于 2.8m，使用面积不宜小于 6m²；

6 空间无线耦合信号方式的引入信源设备中室外天线，宜设置在建筑物顶部无遮挡的场所，直放站设备宜设置在建筑物的弱电或电信间或通信专用机房内；

7 无源或有源的室内分布系统设备，应按建筑物或建筑群的规模进行配置，其传输线缆宜选用射频电缆或光缆；

8 系统宜采用合路的方式，将多家移动通信业务经营者的频段信号纳入系统中；

9 室内覆盖系统的信号源输出功率不宜高于+43dBm;基站接收端收到系统的上行噪声电平应小于－120dBm；

10 系统的信号场强应均匀分布到室内各个楼层及电梯轿厢中；无线覆盖的接通率应满足在覆盖区域内95%的位置，并满足在99%的时间内移动用户能接入网络；

11 系统的室内无线信号覆盖的边缘场强不应小于－75dBm。在高层部位靠近窗边时，室内信号宜高于室外无线信号8～10dB；在首层室外10m处部位，其室内信号辐射到室外的信号强度应低于－85dBm；

12 室内无线信号覆盖网的语音信道（TCH）呼损率宜小于或等于2%，控制信道（SDCCH）呼损率宜小于或等于0.1%；

13 同频干扰保护比不开跳频时，不应小于12dB，开跳频时，不应小于9dB；邻频干扰保护比200kHz时不应小于－6dB，400kHz时不应小于－38dB；

14 建筑物内预测话务量的计算与基站载频数的配置应符合有关移动通信标准；

15 系统的布线器件应采用分布式无源宽带器件，宜符合多家电信业务经营者在800～2500MHz频段中信号的接入；为减少噪声引入，系统应合理采用有源干线放大器；

16 室内空间环境中视距可见路径无线信号的损耗，可采用电磁波自由空间传播损耗计算模式；

17 系统中电梯井道内天线外，其他所有GSM网天线口输出电平不宜大于10dBm；CDMA网天线口输出电平不宜大于7dBm；所有室内天线的天线口输出电平，应符合室内天线发射功率小于15dBm/每载波的国家环境电磁波卫生标准；

18 系统中功分器、耦合器宜安装在系统的金属分接箱内或线槽内；

19 系统中垂直主干布线部分宜采用直径7/8in、50Ω阻燃馈线电缆，水平布线部分宜采用直径1/2in、50Ω阻燃馈线电缆；

20 当安置吸顶天线时，天线应水平固定在顶部楼板或吊平顶板下；当安置壁挂式天线时，天线应垂直固定在墙、柱的侧壁上，安装高度距地宜高于2.6m；

21 当室内吊平顶板采用石膏板或木质板时，宜将天线固定在吊平顶板内，并可在天线附近吊平顶板上留有天线检修口；

22 电梯井道内宜采用八木天线或板状天线，天线主瓣方向宜垂直朝下或水平朝向电梯并贴井壁安装；

23 当射频电缆、光缆垂直敷设或水平敷设时，应符合有关移动通信的设计要求；

24 当同一建筑群内采用两套或两套以上宏蜂窝基站进行覆盖时，其相邻小区间应做好邻区关系和信号无缝越区切换；

25 系统的供电、防雷和接地应符合下列要求：

1）系统基站设备机房的主电源不应低于本建筑物的最高供电等级；通信用的设备当有不间断和无瞬变供电要求时，电源宜采用UPS不间断电源供电方式；

2）系统的防雷和接地应符合本规范第11、12、23章的有关规定。

20.5.3 VSAT卫星通信系统采用的信号与接口方式，应符合以下要求：

1 点对点或点对多点的VSAT卫星通信系统，宜用于专用业务网。

2 VSAT通信网络宜按通信卫星转发器、地面主站和地面端站设置。

3 VSAT通信系统工作频率的使用，应符合以下要求：

1）工作频率在C频段时：上行频率应为5.850～6.425GHz；下行频率应为3.625～4.200GHz；

2）工作频率在Ku频段时：上行频率应为14.000～14.500GHz；下行频率应为12.250～12.750GHz。

4 VSAT通信网络的结构和业务性质，应符合下列要求：

1）VSAT通信网络的拓扑结构宜分为星形网、网状网和混合网三种类型；

2）VSAT通信网络宜按业务性质分为数据网、语音网和综合业务网。

5 VSAT网络应根据用户的业务类型、业务量、通信质量、响应时间等要求进行设计，应具有较好的灵活性和适应能力和符合网络的扩展性，并满足现有业务量和新业务的增加需求。

6 VSAT网络接口应具有支持多种网络接口和通信协议的能力，并能根据用户具体要求进行协议转换、操作和维护。

7 VSAT系统地面端站站址应符合下列规定：

1）端站站址选择时，应避开天线近场区四周的建筑物、广告牌、各种高塔和地形地物对电波的阻挡和反射引起的干扰，并应对附近现有雷达或潜在的雷达干扰进行评估，其干扰电平应满足端站的要求；

2）端站站址应避免与附近其他电气设备之间的干扰；

3）天线到前端机房接收机端口的同轴线缆长度，应满足产品要求，但不宜大于 20m；

4）当系统采用 Ku 频段时，其端站站址处的接收天线口径不宜大于 1.2m；

5）端站站址应提供坚固的天线安装基础，以防地震、飓风等灾害的侵袭。

8 VSAT 系统地面端站的供电、防雷和接地应符合下列要求：

1）系统地面端站机房主电源不应低于本建筑物的最高供电等级；通信设备电源应采用 UPS 不间断电源供电；

2）系统地面端站机房的防雷和接地应符合本规范第 11、12、23 章中的有关规定。

9 VSAT 卫星通信系统地面端站和地面主站的设置，应符合国家现行通信行业标准《国内卫星通信小型地球站 VSAT 通信系统工程设计暂行规定》YD5028 的有关规定。

20.6 多媒体现代教学系统

20.6.1 模拟化语言教学系统应符合下列规定：

1 模拟化语言教学系统，应包括教师授课设备和学生学习设备，并配置系统操作软件：

1）教师授课设备宜包括教师电脑、教师语音编辑教学软件、多媒体集中控制器、音频主控制箱、音频分配器、VGA 视频分配器、教师对讲式耳机、DVD 影碟机、录像机、实物投影仪、带云台变焦 CCD 彩色摄像机、监视器、主控制台与集中供电设备；

2）学生学习设备宜包括跟读机、学生视频选择器、学生对讲式耳机、学生终端桌。

2 模拟化语言教学系统，教师授课设备和学生学习设备，其功能应符合有关教学仪器设备的标准要求。

3 模拟化语言教学系统宜采用星形或环形组网方式。

4 语言教室平面设计和设备布置应符合下列要求：

1）语言教室的使用面积，应按标准的二座席学生终端桌规格和教师主控制台座席规格进行建筑平面设置；每套二座席学生终端桌平均占用面积不宜小于 $3m^2$，教师主控制台占用面积不宜小于 $6m^2$；

2）语言教室内线缆，应采用地板电缆线槽或活动地板下金属电缆线槽中暗敷设方式；

3）当需设置话筒和扬声器箱时，应避免话筒播音时的啸叫；扬声器箱箱体安装距地高度不宜低于 2.4m；

4）当语言教室设置带云台变焦摄像机进行教学观测和评估时，摄像机宜安装在学生背后的后墙上，高度不宜小于 2.4m；

5）语音教室宜设置由教师控制台控制的电动窗帘；

6）教师主控制台边距教师后背墙净距不宜小于 2.0m，前排学生终端桌边距主控制台净距不宜小于 1.2m；

7）学生终端桌宜按面向教师主控台水平三纵或四纵列排列，纵列之间的走道净距不宜小于 0.8m；横列之间净距不宜小于 1.4m。

20.6.2 数字化语言教学系统应符合下列规定：

1 数字化语言教学系统，应包括教师授课设备和学生学习设备，并配置系统操作软件：

1）教师授课设备宜包括教师授课电脑、服务器、教师语言教学专用主录放机、实时数字音频编码器、音频节目源设备、网络交换机、主控制台等设备；

2）学生学习设备宜包括 LCD 机或台式电脑等设备以及系统操作软件。

2 数字化语言教学系统教师授课设备和学生学习设备，其功能应符合有关各仪器设备的标准要求。

3 数字化语言教学系统的组网方式应符合下列要求：

1）应采用标准的 TCP/IP 以太网组网方式，线路带宽应支持 100Mbit/s 和(或)1000Mbit/s 及以上的应用；

2）数字化语言教室中的网络应与校园网互通。

4 教学系统用房平面和设备布置设计，应符合本规范第 20.6.1 条的相关规定。

20.6.3 多媒体交互式数字化语言教学系统应符合下列规定：

1 交互式数字化语言教学系统，宜包括教师授课电脑、网络音视频编码及网络音频点播服务器、教师语言教学专用主录放机、实时数字音频编码器、音视频节目源设备、网络交换机、主控制台、学生学习的电脑终端等设备及系统操作软件。

2 交互式数字化语言教学系统教师授课设备和学生机设备，其功能应符合各有关仪器设备的标准要求。

3 交互式数字化语言教学系统的组网方式应符合下列要求：

1）应采用标准的 TCP/IP 以太网组网方式，线路带宽应支持 100Mbit/s 和（或）/1000Mbit/s 及以上的应用；

2）交互式语言教室中网络设备应与校园网互通及留有与 Internet 连接端口。

4 交互式语言教室平面设计和设备的布置应符合下列要求：

1）教室的使用面积应按标准的二座席学生终端桌规格位置和教师主控制台座席规格位置进行建筑平面设置；

2）每套二座席学生终端桌平均占用面积不宜小于4.5m^2，教师主控制台占用面积不宜小于6m^2。

20.6.4 多媒体双向CATV教学网络系统应符合下列规定：

1 双向CATV教学网络系统应包括控制中心机房的系统主控设备和各教室分控教学设备，并配置系统操作控制软件。

1）控制中心机房CATV教学系统，宜包括主控计算机、主控制器、音视频节目源设备、AV矩阵切换控制器、调制器、混合器、话筒、电视监视器幕墙、卫星接收机、多媒体播出电脑等设备及操作控制软件；

2）教室分控设备宜包括教室智能控制器、多功能组合遥控器、彩色电视机、话筒等。

2 控制中心机房CATV和教室分控教学系统所采用的设备，其功能应符合各有关仪器设备的行业标准要求。

3 多媒体双向CATV教学网络系统组网方式应符合下列要求：

1）系统宜采用总线分配型组网方式；

2）系统组网主干线缆宜采用铝管型屏蔽或编织型四屏蔽同轴电缆，传输距离遥远时宜采用光缆；

3）系统组网的分支线缆应采用编织型四屏蔽同轴电缆；

4）系统组网中用户放大器应采用双向用户放大器。

4 各教室彩色电视机规格不宜小于74cm，电视机机架安装底部离地不宜低于2.1cm。

5 各教室扬声器组合音箱安装底部离地不宜低于2.4m。

6 教学系统用房平面设计和设备的布置设计应符合本规范第20.6.1条的相关规定。

20.6.5 多媒体集中控制与教室分控教学网络系统应符合下列规定：

1 教学网络系统应包括电教集中控制中心机房的系统主控设备和各多媒体教学分控教学设备：

1）校园电教集中控制中心机房主控设备宜包括中央控制计算机、服务器、共享音视频节目源设备、音视频中央切换器、主控制台、UPS、教学监控显示器、监控视频矩阵、监控音视频信号录像机、嵌入式数码硬盘录像机、监控键盘等设备及操作控制软件和网络集中控制软件；

2）多媒体教室分控设备宜包括分控计算机、音视频节目源设备、音视频切换器、合并式中央控制器、高亮度大屏幕投影机、实物投影仪、笔记本微机、显示器、多路调音台、功率放大器、回声抑制器、音箱、无线话筒接收机、话筒（包括无线话筒）、录音机、一体化半球形彩色摄像机、教师电子讲台等设备及分控操作软件。

2 电教集中控制中心机房主控和各教室分控教学系统所采用的设备，其功能应符合各有关仪器设备的标准要求。

3 系统的组网方式应符合下列要求：

1）系统宜采用标准的星形组网方式；

2）系统采用计算机网络线缆和专用的音频线、视频线、控制线、电源线缆应安全可靠，不同物理链路的路由应保证畅通。

4 教学系统用房平面设计和设备的布置设计应符合本规范第20.6.1条的相关规定。

20.6.6 IP远程教学网络系统应符合下列规定：

1 IP远程教学网络系统宜分别按实时和非实时的应用方式，设置专门的远程教学业务系统设备、承载网络设备以及操作控制软件等。

2 IP远程教学网络系统设计应符合下列要求：

1）应在IP网络上构建系统的教学平台；

2）宜建立一个虚拟的教学环境，向远程各教学点的学生提供授课、答疑、讨论、作业、虚拟实验、考试等教学内容；

3）应根据教学业务需要，配置不同模式的网络系统和硬件设备。

3 IP远程教学网络系统功能应符合下列要求：

1）应完成主要的教学活动；

2）应能对教学过程作全方位的控制管理与监督；

3）应能提供系统运营的手段、计费、认证与安全。

4 IP远程教学网络系统中，各业务应用模式的系统设置，应符合下列规定：

1）实时教学视频会议教学业务模式的系统设置应符合下列要求：

——主播教室教师授课设备宜按电子白板、实物投影仪、大屏幕投影机、多点控制单元MCU、编解码器、遥控器、笔记本微机、摄像机、摄像机切换器、网络接口及操作控制软件等配置；

——远程教学点设备宜按视音频会议教学设备、计算机网络设备、摄像机、网络接口及操作控制软件等配置；

——系统的设置应符合实时远程教学授课和实时双向课堂交流要求；

——主播教室的电子白板应与互联网相连；

——授课教师应将电子白板上授课内容以 JPEG 或 MPEG 格式，上传至 Web 服务器指定目录上；

——远程教学点宜设置在多媒体教室内。

2）按需点播流媒体教学业务模式的系统设置，应符合下列要求：

——系统宜按流媒体服务器、流媒体制作工具、流媒体管理工具、网络交换设备编解码器、远程终端设备、网络接口和操作管理软件等配置；

——系统的设置宜将教师授课的视音频录像、电子白板、教案、课件、图片等多媒体教学课源实时同步制作、存储、播放；

——系统宜将已有教学录像带、VCD、DVD 片源资料制作成流媒体教学课件；

——系统宜对网上远程教学终端设备提供实时直播与点播的视音频课件；

——系统应提供互联网教学平台；

——系统的 VOD 服务器应支持多种压缩编码格式的视音频课件。

3）基于 Web 的网上教学业务模式的系统设置应符合下列要求：

——系统宜按 Web 服务器、远程学习电脑、网络接口、操作软件等配置；

——Web 的网上教学系统应以 Web 教学课件为学习者主要的资源；

——Web 教学课件应为以文本、图片、动画、音频媒体编码的电子教学课件；

——系统远程网络教学平台应提供课程大纲、学习参考进度、难点分析、各类模拟试题、在线测试、全文资源检索、书签以及自动答题、作业系统的辅助教学；

——Web 的网上教学应满足学习者非实时自由选择时间和地点，通过电脑上网连接至 Web 服务器上。

5 IP 远程教学网络系统的组网方式宜符合下列要求：

1）远程教学系统应根据教学业务和实际情况组网，并满足教学业务对网络带宽的需求；

2）系统的组网宜满足有多种拓扑结构、提供多种网络承载和用户接入方式；

3）系统选择的网络连接方式和协议，应能与公用网、教育专网等多种网络实现互联。

6 教学系统用房平面设计和设备的布置设计应符合本规范第 20.6.1 条的相关规定。

20.6.7 多媒体现代教学系统，供电、防雷、接地及电磁兼容，应符合下列规定：

1 多媒体现代教学系统的主电源，不应低于本建筑物的最高供电等级；

2 多媒体现代教学系统电源，宜采用不间断电源设备；

3 系统防雷、接地及电磁兼容，应符合本规范第 11、12、22、23 章的有关规定。

20.7 通信配线与管道

20.7.1 通信配线与管道设计应符合下列规定：

1 通信配线与管道设计，应按照本地各电信业务经营者已建或拟建通信管网的设计规划，满足建筑物和建筑群内语音业务及数据业务的需求；

2 通信配线与管道设计，应按建筑物规模和各层面积，设置一个或多个通信线缆竖向通道，上升配管管径或竖井内线槽规格以及配管根数的选用，应满足上升线缆和楼层水平用户线近期和远期发展的需求；

3 建筑物内竖向管道、竖井、电缆线槽（桥架）、楼层配线箱（分线箱）、过路箱（盒）等，应设置在建筑物内公共部位；

4 建筑群地下通信配线管道设计时，宜将区域内其他弱电系统线缆，合理且有选择地纳入配线管道网内。

20.7.2 建筑物内通信配管设计应符合下列规定：

1 多层建筑物中竖向垂直主干管道，宜采用墙内暗管敷设方式，也可根据实际需求，采用通信线缆竖井敷设方式；

2 高层建筑物宜采用通信线缆竖井与暗管敷设相结合的方式；

3 建筑物内通信线缆与其他弱电设备共用竖井或弱电间时，其使用面积应符合本规范第 23 章的有关规定；

4 公共建筑物内应根据实际需求，合理配置通信线缆竖井、线缆桥架、楼板预留孔和线缆预埋金属管群；

5 当采用通信线缆竖井敷设方式时，电话、数据以及光缆等通信线缆不应与水管、燃气管、热力管等管道共用同一竖井；

6 通信线缆竖井的各层楼板上，应预留孔洞或预埋外径不小于76mm的金属管群或套管；孔洞或金属管群在通信线缆敷设完毕后，应采用相当于楼板耐火极限的不燃烧材料作防火封堵；

7 配线箱（分线箱）及通信线缆竖井，宜设置在建筑物内通信业务相对集中，且通信配管便于敷设的地方；配线箱（分线箱）不宜设置在楼梯踏步边的侧墙上；

8 当采用有源通信配线箱（有源分线箱）时，宜在箱内右下角设置1只220V单相交流带保护接地的电源插座；

9 暗装通信配线箱（分线箱），箱底距地宜为0.5～1.3m；明装通信配线箱（分线箱），箱底距地宜为1.3～2.0m；暗装通信过路箱，箱底距地宜为0.3～0.5m；

10 建筑物内通信配线电缆的保护导管，在地下层、首层和潮湿场所宜采用壁厚不小于2mm的金属导管，在其他楼层、墙内和干燥场所敷设时，宜采用壁厚不小于1.5mm的金属导管；穿放电缆时直线管的管径利用率宜为50%～60%，弯曲管的管径利用率宜为40%～50%；

11 建筑物内用户电话线的保护导管宜采用管径25mm及以下的管材，在地下室、底层和潮湿场所敷设时宜采用壁厚大于2mm金属导管；在其他楼层、墙内和干燥场所敷设时，宜采用壁厚不小于1.5mm的薄壁钢导管或中型难燃刚性聚乙烯导管；穿放对绞用户电话线的导管截面利用率宜为20%～25%，穿放多对用户电话线或4对对绞电缆的导管截面利用率宜为25%～30%；

12 建筑物内敷设的通信配线电缆或用户电话线宜采用金属线槽，线槽内不宜与其他线缆混合布放，其布放线缆的总截面利用率宜为30%～50%；

13 建筑物内有严重腐蚀的场所，不宜采用金属导管和金属线槽；

14 建筑物内暗管敷设不应穿越非通信类设备的基础；

15 建筑物内暗导管在必须穿越的建筑物变形缝处，应设补偿装置；

16 建筑物内通信插座、过路盒，宜采用暗装方式，其盒体安装高度宜距地0.3m，卫生间内安装高度宜距地1.0～1.3m；电话亭中通信插座暗装时，盒体安装高度宜距地1.1～1.4m；当进行无障碍设计时，其通信插座盒体安装高度宜距地0.4～0.5m；并应符合现行国家行业标准《城市道路和建筑物无障碍设计规范》JGJ50的有关要求；

17 建筑物内通信线缆与电力电缆及其他干扰源的间距，应符合本规范第21.8节的有关规定；

18 在有电磁干扰的场合或有抗外界电磁干扰需求的场所，其通信配管必须全程采用金属导管或封闭式金属线槽，并应将线路中各金属配线箱、过路箱、线槽、导管及插座出线盒的金属外壳全程连续导通及接地，并应符合本规范第22章的有关规定。

20.7.3 建筑物内通信配线设计应符合下列规定：

1 建筑物内交接箱、总配线架（箱）、配线电缆、配线箱（分线箱）的容量配置，应符合国家现行标准《本地电话网用户线路设计规范》YD 5006的有关要求；

2 建筑物内通信配线电缆设计，宜采用直接配线方式；建筑物单层面积较大或为高层建筑物时，楼内宜采用交接配线方式，不宜采用复接配线方式；

3 建筑物内通信光缆的规格、程式、型号，应符合产品标准并满足设计要求；

4 建筑物内配线电缆宜采用全塑、阻燃型等市内电话通信电缆，光缆宜采用阻燃型通信光缆；当通信配线采用综合布线大对数铜芯电缆和多芯光缆时，应符合本规范第21章的有关规定；

5 通信配线电缆不宜与用户电话线合穿一根导管；电缆配线导管内不得合穿其他非通信线缆；

6 用户总配线架、配线箱（分线箱）设备容量宜按远期用户需求量一次考虑；其配线端子和配线电缆可分期实施，配线电缆的容量配置可按用户数的1.2～1.5倍，并结合配线电缆对数系列选用；

7 建筑物内通信光缆配线宜采用星形结构配线方式；光缆总配线架（箱）、楼层光缆分接箱设备容量宜按远期用户需求量一次配置到位；光缆应根据需求分期实施，同时结合光缆芯数系列选用；

8 建筑物内用户电话线，宜采用铜芯0.5mm或0.6mm线径的室内一对或多对电话线；

9 当建筑物内用户电话线采用综合布线4对（8芯）对绞电缆时，其通信线缆配置方式，应符合本规范第21章的有关规定。

20.7.4 建筑群内地下通信管道设计应符合下列规定：

1 建筑群规划红线内的地下通信管道设计，应与红线外公用通信管网、红线内各建筑物及通信机房引入管道衔接。

2 建筑群地下通信管道，宜有两个方向与公用通信管网相连。

3 建筑群内地下通信管道的路由，宜选在人行道、人行道旁绿化带及车行道下。通信管道的路由和位置宜与高压电力管、热力管、燃气管安排在不同路侧，并宜选择在建筑物多或通信业务需求量大的道路一侧。

4 各种材质的通信管道顶至路面最小埋深应符合表20.7.4-1的规定，并应符合下列要求：

1）通信管道设计应考虑在道路改建，可能引起路面高程变动时，不致影响管道的最小埋深要求；

2）通信管道宜避免敷设在冻土层及可能发生翻浆的土层内，在地下水位高的地区宜浅埋。

表 20.7.4-1 通信管道最小埋深（m）

管道类别	人行道下	车行道下
混凝土管、塑料管	0.5	0.7
钢管	0.2	0.4

5 地下通信管道应有一定的坡度，以利渗入管内的地下水流向人（手）孔。管道坡度宜为 3‰～4‰，当室外道路已有坡度时，可利用其地势获得坡度。

6 地下通信管道与其他各类管道及与建筑的最小净距应符合表 20.7.4-2 的规定。

表 20.7.4-2 通信管道和其他地下管道及建筑物的最小净距表

其他地下管道及建筑物名称		平行净距（m）	交叉净距（m）
已有建筑物		2.00	—
规划建筑物红线		1.50	—
给水管	直径为 300mm 以下	0.50	0.15
	直径为 300～500mm	1.00	
	直径为 500mm 以上	1.50	
污水、排水管		1.00①	0.15②
热力管		1.00	0.25
燃气管	压力≤300kPa(压力≤$3kgf/cm^2$)	1.00	0.30③
	300kPa＜压力≤800kPa（$3kgf/cm^2$＜压力≤$8kgf/cm^2$）	2.00	
10kV 及以下电力电缆		0.50	0.50④
其他通信电缆或通信管道		0.50	0.25
绿化	乔木	1.50	—
	灌木	1.00	—
地上杆柱		0.50～1.00	—
马路边石		1.00	—
沟渠（基础底）		—	0.50
涵洞（基础底）		—	0.25

注：① 主干排水管后敷设时，其施工沟边与通信管道间的水平净距不宜小于 1.5m；

② 当通信管道在排水管下部穿越时，净距不宜小于 0.4m，通信管道应做包封，包封长度自排水管的两侧各加长 2.0m；

③ 与燃气管道交越处 2.0m 范围内，燃气管不应做接合装置和附属设备；如上述情况不能避免时，通信管道应做包封 2.0m；

④ 如电力电缆加保护管时，净距可减至 0.15m。

7 当受地形限制，塑料管道的路由无法取直或避让地下障碍物时，可敷设弯管道，其弯曲的曲率半径不得小于 15m。

8 地下水位较高的地段，地下通信管道宜采用塑料管等有防水性能的管材。

9 通信配线管道设计应符合下列要求：

1）地下通信配线管道用管材，其规格型号、程式、断面组合应符合产品标准并满足设计要求；

2）地下通信配线管道的管孔数应按远期线缆条数及备用孔数确定，其配线管道可采用水泥管块、聚氯乙烯（PVC-U）管、高密度聚乙烯（HDPE）管、双壁波纹管、硅芯管、栅格管和钢管；各类通信配线管道所采用管孔断面应符合管孔组合要求；

3）地下通信配线管孔利用率应符合下列规定：

——当一个管孔中只穿放一条主干电缆时，主干电缆外径不应大于管孔有效内径的 80%；

——当一个钢管或混凝土管孔中穿放外径较细的多条配线电缆时，其多条电缆组合的外径不应大于管孔有效内径的 40%；

——当一个塑料管孔中穿放外径较细的多条配线电缆时，其多条电缆组合的外径不应大于管孔有效内径的 70%；

4）地下通信管道中塑料管道应排列整齐，间隔均匀；穿越车行道时为防止管径变形，管道下应做基础层和水泥钢筋外包封固定；

5）地下通信管道穿越车行道、河道上桥梁下，以及有屏蔽或其他特殊要求的区域，应采用钢管敷设，不得采用不等管径的钢管接续。

10 室外引入建筑物的通信和其他弱电系统的管道，宜采用外径 76～102mm 的钢管群，其根数及管径应按引入电缆（光缆）的容量、数量确定，并预留日后发展的余量。各根引入管道应采取防渗水措施。

11 建筑物通信的引入管道应由建筑物内伸出外墙 2.0m，并宜以 3‰～4‰ 的坡度朝下向室外（人孔）倾斜做防水坡度处理。

12 人（手）孔设计应符合下列要求：

1）人（手）孔位置应设置在地下通信管道的分叉点、引上线缆汇接点、引入各个建筑物通信的引入管道处，以及道路的交叉路口、坡度较大的转折处等；

2）人（手）孔位置宜设置在人行道或人行道旁绿化带上，不得设置在建筑物的主要进出口、货物堆积、低洼积水等处；

3）人（手）孔位置应与燃气管、热力管、电力电缆等地下管线的检查井相互错开；

4）地下通信管道人（手）孔间距不宜超过120m，且同一段管道不得有“S”弯；

5）宜在引入管道较长处或拐弯较多的引上管道处，以及在设有室外落地或架空交接箱的地方设置手孔；

6）人（手）孔应防止渗水，其建筑程式应根据地下水位的状况而定；

7）人孔井底部宜为混凝土基础；当遇到松软土壤或地下水位较高时，应在人孔井底部基础下增设砂石、碎石垫层，或采用钢筋混凝土基础；

8）人（手）孔内不应有无关的电力管线穿越；

9）人（手）孔内本期工程线缆敷设不使用的管孔应封堵。

20.7.5 建筑群内通信电缆配线设计，应符合下列规定：

1 建筑群内通信配线方式应采用交接配线方式，交接设备后的配线电缆宜采用直接配线方式，不宜采用复接配线方式。交接设备的容量应满足远期通信主干配线电缆和直接配线电缆使用总容量的需求，并结合交接（箱）设备容量系列确定。

2 当建筑群内通信专用机房设有当地电信业务经营者的远端模块设备或电话用户交换机时，可在机房以外设置交接设备，其交接设备宜安装在各个建筑物底层或地下一层建筑面积不小于6～10m^{2}的交接间电信间内；在离机房距离0.5km范围内的直接服务区的建筑物，可采用直接配线方式。

3 建筑群内设置室外落地式交接箱时，应采用混凝土底座，底座与人（手）孔间应采用管道连通，但不得建成通道式。底座与管道、箱体间应有密封防潮措施。

4 建筑群内设置室外挂墙式交接箱时，伸入箱内的钢导管应与附近人（手）孔连通，箱体应有密封防潮措施。

5 建筑群内各条通信主干电缆的容量，应根据各建筑物内远期用户数并按照电缆对数系列进行配置，并根据实际需求分期实施。

6 地下管道内的通信主干电缆宜选用非填充型（充气型）全塑电缆，不得采用金属铠装通信电缆。电缆宜采用铜芯0.4～0.5mm线径的电缆，当有特殊通信要求时可采用铜芯0.6mm线径的电缆。

7 通信电缆在地下通信管道内敷设时，每根应同管同位。管道孔的使用顺序应按先下后上，先两侧后中间的原则进行。

8 一个管道内宜布放一根通信线缆；采用多孔高强度塑料管（梅花管、栅格管、蜂窝管）时，可在每个子管内敷设一根线缆。

9 建筑群内通信电缆宜采用地下通信管道敷设方式。在难以敷设地下通信管道的局部场所，可采用沿墙架设、立杆架设等方式。

10 室外直埋式通信电缆宜采用铜芯全塑填充型钢带铠装护套通信电缆，在坡度大于30°或线缆可能承受张力的地段，宜采用钢丝铠装电缆，并应采取加固措施。室外采用直埋式综合布线大对数电缆时，其配置方式应符合本规范第21章的有关规定。

11 室外直埋式通信线缆应避免在下列地段敷设：

1）土壤有腐蚀性介质的地区；

2）预留发展用地和规划未定的用地；

3）堆场、货场及广场。

12 室外直埋式通信电缆的埋深宜为0.7～0.9m，并应在电缆上方加设覆盖物保护和设置电缆标志；直埋式电缆穿越沟渠、车行道路时，应穿放在保护导管内，与其他管线的最小净距应符合表20.7.4-2的有关规定。

13 室外直埋式通信电缆不宜直接引入建筑物室内。

20.7.6 建筑群内通信光缆配线设计，应符合下列规定：

1 建筑群内通信光缆配线设计宜采用星形结构方式，有特殊需求时也可采用环形结构方式；

2 建筑群内通信光缆宜采用非色散位移单模光纤，并选用松套充油膏型、层绞型或中心束管型结构；

3 建筑群内通信光缆配线设计，应按配线区内远期用户数和光缆芯数系列进行配置，并根据实际需求分期实施；

4 地下通信管道中的通信光缆，宜采用铝塑粘结综合外护套的室外通信光缆敷设在多孔高强度塑料管道内；

5 一条通信光缆宜敷设在一个管道内；当管道直径远大于光缆外径时，应在原管道内一次敷足多根外径不小于32mm硅芯式塑料子管道；塑料子管道在各人（手）孔之间的管道内不应有接头，多根子管道的总外径不应超过原管道内径的85%，子管道内径宜大于光缆外径的1.5倍；

6 通信光缆的最小曲率半径，敷设过程中不应小于光缆外径的20倍，敷设固定后不应小于光缆外径的10倍；

7 建筑群通信光缆宜采用地下通信管道敷设方式，在难以敷设地下通信管道的局部场所，其光缆可采用沿墙架设、立杆架设等方式；

8 直埋敷设的通信光缆宜采用金属双层铠装护

套通信光缆；

9 直埋式通信光缆在特殊场合敷设时应符合用户光缆线路设计要求；

10 直埋敷设的通信光缆的保护、标志及管孔使用顺序应与直埋敷设的通信电缆相同；

11 进入建筑物通信机房或通信交接间（电信间）的通信光缆应盘留，长度应不小于10m或按实际需求确定；

12 进出人（手）孔中的管道通信光缆弯曲预留长度不宜小于1.0m；光缆接头箱（盒）中的光缆宜预留长度不宜小于6～8m；

13 人（手）孔中的光缆或接头箱（盒）应有醒目的识别标志，并应采取密封防水、防腐、防损伤保护措施。

21 综合布线系统

21.1 一 般 规 定

21.1.1 综合布线系统应根据各建筑物的性质、功能、环境条件和用户近期的实际使用及中远期发展的需求，确定系统的链路等级和进行系统配置。

21.1.2 综合布线系统应采用开放式星形拓扑结构，设计应满足建筑群或建筑物内语音、数据、图文和视频等信号传输的要求。

21.1.3 综合布线系统链路中选用的缆线、连接器件、跳线等性能和类别必须全部满足该链路等级传输性能的要求。

21.1.4 综合布线系统与公用通信网的连接，应满足电信业务经营者为用户提供业务的需求，并预留安装接入设备的位置。

21.1.5 综合布线系统设计除符合本规范规定外，尚应符合现行国家标准《综合布线系统工程设计规范》GB 50311的规定。

21.2 系 统 设 计

21.2.1 综合布线系统设计宜包括下列部分：

1 工作区；

2 配线子系统；

3 干线子系统；

4 建筑群子系统；

5 设备间；

6 进线间；

7 管理。

21.2.2 综合布线系统的组成，应符合图21.2.2的要求。

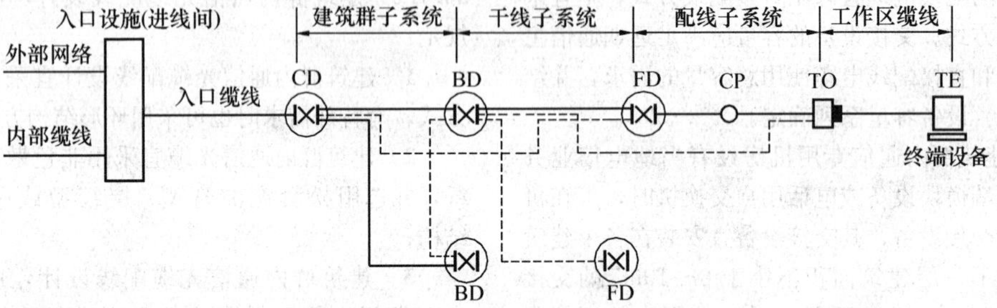

图21.2.2 综合布线系统组成

注：1 配线子系统中可以设置集合点（CP点）；

2 建筑物BD之间、建筑物FD之间可以设置主干缆线互通；

3 建筑物FD也可以经过主干缆线连至CD，TO也可以经过水平缆线连至BD；

4 设置了设备间的建筑物，设备间所在楼层的FD可以和设备间中的BD或CD及入口设施安装在同一场地。

21.2.3 一个独立的需要设置终端设备的区域，宜划分为一个工作区。工作区应由配线子系统的信息插座到终端设备的连接缆线及适配器组成，并应符合下列规定：

1 工作区面积的划分，应根据不同建筑物的功能和应用，并作具体分析后确定。当终端设备需求不明确时，工作区面积宜符合表21.2.3-1的规定。

2 每一个工作区信息点数量的配置，应根据用户的性质、网络的构成及实际需求，并考虑冗余和发展等因素，具体配置宜符合表21.2.3-2的规定。

表21.2.3-1 工作区面积

建筑物类型及功能	工作区面积（m^2）
银行、金融中心、证交中心、调度中心、计算中心、特种阅览室等，终端设备较为密集的场地	3～5
办 公 区	4～10
会 议 室	5～20
住 宅	15～60
展 览 区	15～100
商 场	20～60
候机厅、体育场馆	20～100

表 21.2.3-2 信息点数量配置

建筑物功能区	每一个工作区信息点数量（个）			备 注
	语音	数据	光纤（双工端口）	
办公区（一般）	1	1	—	—
办公区（重要）	2	2	1	—
出租或大客户区域	≥2	≥2	≥1	—
政务办公区	2～5	≥2	≥1	分内、外网络

21.2.4 配线子系统宜由安装在工作区的信息插座、信息插座至电信间配线设备（FD）的配线电缆或光缆及电信间的配线设备和设备缆线和跳线等组成，并应符合下列规定：

1 配线子系统宜采用 4 对对绞电缆；当需要时，可根据实际需要选用更高性能等级的电缆或光缆；

2 配线子系统中对绞电缆、光缆从楼层配线设备（FD）宜直接连接到信息插座；

3 楼层配线设备和信息插座之间可采用 1 个集合点（CP）；

4 配线设备连接的跳线宜选用专用插接软跳线或光纤跳线，在电话应用时宜选用双芯对绞电缆。

21.2.5 干线子系统宜由设备间至电信间的干线电缆和光缆、安装在设备间建筑物配线设备（BD）及设备缆线和跳线等组成，并应符合下列规定：

1 干线子系统所需的电缆总对数和光纤总芯数，应满足工程的实际需求，并留余量；当使用对绞电缆作为数据干线电缆时，对绞电缆的长度不应大于 90m；

2 干线子系统应选择干线缆线距离较短、安全和经济的路由；干线电缆宜采用点对点端接，也可采用分支递减端接；

3 若计算机主机和电话交换机设置在建筑物内不同的设备间，宜在设计中采用不同的干线电缆分别满足语音和数据的需要，必要时可采用光缆。

21.2.6 建筑群子系统宜由连接多个建筑物之间的主干电缆和光缆、建筑群配线设备（CD）、设备缆线和跳线等组成，并应符合下列规定：

1 建筑物间的数据干线宜采用多模、单模光缆，语音干线可采用大对数对绞电缆；

2 建筑群和建筑物间的干线电缆、光缆布线的交接不应多于两次，从楼层配线架（FD）到建筑群配线架（CD）之间只应通过一个建筑物配线架（BD）。

21.2.7 设备间是在每幢建筑物的适当地点设置通信设备、计算机网络设备和建筑物配线设备，进行网络管理和信息交换的场地。对于综合布线系统，设备间主要安装建筑物配线设备(BD)。电话交换机、计算机主机可与建筑物配线设备安装在同一设备间。

21.2.8 进线间宜设置在建筑物首层或地下一层，便于缆线进、出的地方，是建筑物配线系统与电信业务经营者和其他信息业务服务商的配线网络互联互通及交接的场地。小型工程的设备间可兼作进线间。

21.2.9 管理应对进线间、设备间、电信间和工作区的配线设备、缆线、信息插座等设施，按一定的模式进行标识和记录，并宜符合下列规定：

1 规模较大的综合布线系统宜采用计算机进行文档记录与保存，规模较小的综合布线系统宜按图纸资料进行管理；应做到记录准确，及时更新，便于查阅；

2 综合布线的电缆、光缆、配线设备、端接点、接地配置、敷设管线等组成部分均应给定唯一的标识符，并设置标签；标识符应采用相同数量的字母和数字等标明；

3 电缆和光缆的两端均应标明相同的编号；

4 设备间、电信间、进线间的配线设备宜采用统一的色标区别各类业务与用途的配线区；

5 所有标志宜打印，标志应保持清晰并满足使用环境要求。

21.3 系 统 配 置

21.3.1 综合布线铜缆系统的分级与类别划分，应符合表 21.3.1 的规定。

表 21.3.1 铜缆布线系统的分级与类别

系统分级	支持宽带（Hz）	应 用 器 件	
		电 缆	连接器件
A	100K	—	—
B	1M	—	—
C	16M	3 类	3 类
D	100M	5/5e 类	5/5e 类
E	250M	6 类	6 类
F	600M	7 类	7 类

注：3 类、5/5e 类、6 类、7 类器件能支持向下系统兼容的应用。

21.3.2 光纤信道的分级和其支持的应用长度，应符合表 21.3.2 的规定。

表 21.3.2 光纤布线系统的信道分级与其支持的应用长度

分 级	支持的应用长度（m）
OF-300	≥300
OF-500	≥500
OF-2000	≥2000

21.3.3 综合布线系统各段缆线的长度划分应符合下列规定：

1 综合布线系统水平缆线与建筑物主干缆线及

建筑群主干缆线之和的总长度不应大于2000m；

2 在建筑群配线设备（CD）和建筑物配线设备（BD）设置的跳线长度不应大于20m；

3 配线设备CD和BD连到主机设备的缆线不应大于30m；

4 当建筑物或建筑群配线设备之间（FD与BD、FD与CD、BD与BD、BD与CD之间）组成的信道出现4个连接点时，主干缆线的长度不应小于15m。

21.3.4 配线子系统信道、永久链路、CP链路应按图21.3.4构成，水平缆线部分的各缆线长度，应符合下列规定：

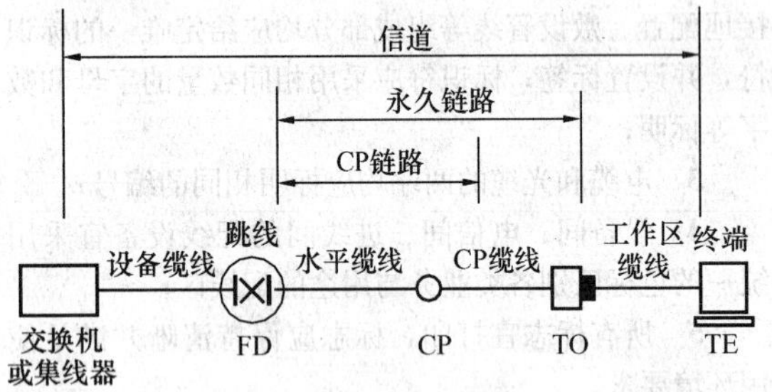

图21.3.4 布线系统信道、永久链路、CP链路构成

注：1 当CP不存在时，水平缆线连接FD与TO；
2 FD中的跳线可以不存在，设备缆线直接连至FD水平侧的配线设备。

1 配线子系统信道的最大长度不应大于100m；

2 工作区设备缆线、电信间配线设备的跳线和设备缆线之和不应大于10m，当大于10m时，水平缆线长度应减少；

3 配线设备（FD）跳线、设备缆线及工作区设备缆线的长度均不应大于5m。

21.3.5 工作区的信息插座应支持不同的终端设备接入，每一个RJ45（8位模块式通用插座）应连接1根4对对绞电缆，每一个双工光纤插座或两个单工光纤插座应连接1根2芯光缆。光纤至工作区域满足用户群或大客户使用时，水平光缆光纤芯数至少应有2芯备份，应按4芯水平光缆配置。

21.3.6 连至电信间FD的每一根水平电缆或光缆应终接于相应的配线模块，配线模块的配置与缆线容量相适应，并应符合下列规定：

1 多线对端子配线模块可选用4对或5对卡接模块，每个卡接模块应卡接1根4对对绞电缆；

2 25对端子配线模块应卡接1根25对大对数电缆或6根4对对绞电缆；

3 回线式配线模块（8或10回线）应可卡接2根4对对绞电缆及8或10回线；

4 RJ45配线模块（24或48口）的每一个RJ45端口应卡接1根4对对绞电缆；

5 光纤连接器每个单工端口应支持1芯光纤的连接，双工端口应支持2芯光纤的连接。

21.3.7 电信间FD主干侧各类配线模块，应按电话、计算机网络的构成及主干电缆或光缆所需容量、模块类型和规格进行配置。主干缆线的配置应符合下列规定：

1 对于语音业务，大对数主干电缆的对数，应按每一个语音信息点（8位模块）配置1对线。当语音信息点8位模块通用插座连接ISDN用户终端设备，并采用S接口（4线接口）时，相应的主干电缆应按2对线配置，并在总需求线对的基础上至少预留10%的备用线对。

2 对于数据业务，主干缆线配置，应符合下列规定：

1）最小量配置，宜按集线器（HUB）或交换机（SW）群（宜按4个HUB或SW组群）设置一个主干端口，每一个主干端口宜考虑一个备份端口；

2）最大量配置，按每个集线器（HUB）或交换机（SW）设置一个主干端口，每4个主干端口宜考虑一个备份端口。

当主干端口为电接口时，每个主干端口应按4对线容量配置。

当主干端口为光接口时，每个主干端口应按2芯光纤容量配置。

21.3.8 光纤布线系统设计中，主干与水平混合光纤信道的连接，应全程选用相同类型的光缆，并应符合下列规定：

1 楼层电信间不设置传输或网络设备时，水平光缆和主干光缆宜在电信间光纤配线设备（FD）上，经光纤跳线连接；

2 楼层电信间既不设置传输或网络设备，也不设置配线设备（FD）时，水平光缆和主干光缆宜在楼层电信间经端接（熔接或机械连接），或经过电信间直接连至建筑物设备间光配线设备（BD）上。

21.3.9 当工作区用户终端设备，需直接与公用数据网进行互通时，宜将光缆从工作区直接布放至入口设施的光配线设备。

21.3.10 建筑物的综合布线系统，应根据不同对象采用不同的处理方式，并宜符合下列规定：

1 对于使用功能比较明确的专业性建筑物，信息插座的布置可按实际需要确定，办公用房按普通办公楼的要求布置。设备机房按近、远期分别处理，近期机房可按实际需要布置；远期机房的配线电缆可暂不布线，将需要的容量预留在FD内，待确定使用对象后再行布线。

2 对于商用写字楼、综合楼等或大开间建筑物，由于其出售、租赁或使用对象的数量不确定和流动等因素，宜按开放办公室综合布线系统进行设计，并应符合下列规定：

1）采用多用户信息插座时，多用户插座宜

安装在墙面或柱子等固定结构上，每一多用户插座包括适当的备用量在内，宜支持12个工作区所安装的8位模块通用插座；各段缆线长度应符合表21.3.10的规定。

表21.3.10 采用多用户信息插座时各段缆线长度限值

电缆总长度（m）	配线电缆H（m）	工作区电缆W（m）	电信间跳线和设备电缆D（m）
100	90	5	5
99	85	9	5
98	80	13	5
97	75	17	5
97	70	22	5

2）各段缆线长度可按下式计算：

$$C=(102-H)/1.2 \qquad (21.3.10\text{-}1)$$

$$W=C-5 \qquad (21.3.10\text{-}2)$$

式中 $C=W+D$——工作区电缆、电信间跳线和设备电缆的长度之和；

W——工作区电缆的最大长度，应小于或等于22m；

H——配线电缆的长度。

3）采用集合点时，集合点配线设备宜安装在离FD不小于15m的墙面或柱子等固定结构上，当离FD小于15m时，至FD电缆盘留长度不小于15m。集合点配线设备容量宜以满足12个信息插座需求设置。集合点是配线电缆的延伸点，不设跳线，也不接有源设备；同一配线电缆路由不允许超过一个集合点（CP）；从集合点引出的水平电缆应终接于工作区的信息插座或多用户信息插座上。

21.3.11 住宅综合布线系统宜符合下列规定：

1 多层住宅楼宜采用按楼幢主干配线方式，在底层分界点处集中设置配线架。配线架至每户信息插座的电缆、光缆总长度不应大于90m。若住宅规模较大，也可在每一单元的底层设置楼层配线架。

2 高层住宅楼每层户数较多时，可采用分层配线方式。当楼层配线架至信息插座的长度不超过90m时，多楼层可以公用一个楼层配线架。

21.4 系统指标

21.4.1 综合布线系统选用的缆线，应考虑缆线结构、直径、材料、承受拉力、弯曲半径及阻燃等级等机械及防火性能。

21.4.2 针对不同等级的布线系统信道及永久链路、CP链路，系统指标的具体项目，应符合下列要求：

1 3类、5类布线系统应考虑的指标项目为衰减、近端串音（NEXT）；

2 5e类、6类、7类布线系统应考虑的指标项目为插入损耗（IL）、近端串音、衰减串音比（ACR）、等电平远端串音（ELFEXT）、近端串音功率和（PSNEXT）、衰减串音比功率和（PSACR）、等电平远端串音功率和（PSELEFXT）、回波损耗（RL）、时延、时延偏差等；

3 屏蔽布线系统，应考虑非平衡衰减、传输阻抗和耦合衰减及屏蔽衰减。

21.4.3 综合布线系统工程设计中，系统信道及永久链路的各项指标值应符合本规范附录L的规定。

21.4.4 对于信道电缆导体的指标要求，应符合下列规定：

1 在信道每一线对中两个导体之间的不平衡直流电阻对各等级布线系统不应超过3%；

2 在各种温度条件下，布线系统D、E、F级信道线对每一导体最小的传送直流电流应为0.175A；

3 在各种温度条件下，布线系统D、E、F级信道的任何导体之间应支持72V直流工作电压，每一线对的输入功率应为10W。

21.4.5 各等级的光纤信道的最大衰减值应符合表21.4.5的规定。

表21.4.5 光纤信道最大衰减值（dB）

信道及波长 \ 系统分级	多模		单模	
	850nm	1300nm	1310nm	1550nm
OF-300	2.55	1.95	1.80	1.80
OF-500	3.25	2.25	2.00	2.00
OF-2000	8.50	4.50	3.50	3.50

21.4.6 不同类型的光缆在标称的波长每公里的最大衰减值应符合表21.4.6的规定。

表21.4.6 光缆最大衰减值（dB/km）

光纤类型 \ 波长及衰减	OM1，OM2及OM3多模		OS1单模	
波长	850nm	1300nm	1310nm	1550nm
衰减	3.5	1.5	1.0	1.0

21.4.7 多模光纤的最小模式带宽应符合表21.4.7的规定。

表21.4.7 多模光纤最小模式带宽（MHzkm）

带宽及波长 \ 多模光纤		过量发射带宽		有效光发射带宽
		850nm	1300nm	850nm
光纤类型	光纤直径（μm）	—	—	—
OM1	50或62.5	200	500	—
OM2	50或62.5	500	500	—
OM3	50	1500	500	2000

21.5 设备间及电信间

21.5.1 设备间宜设置在建筑物首层及以上或地下一层（当地下为多层时），并考虑主干缆线的传输距离与数量。

21.5.2 设备间内应有足够的设备安装空间，其使用面积不应小于 $10m^2$，设备间的宽度不宜小于 2.5m。设备间的面积宜符合下列规定：

1 当系统信息点少于 6000 个（语音、数据点各一半）时为 $10m^2$；

2 当系统信息点大于 6000 个时，应根据工程的具体情况每增加 1000 个信息点，宜增加 $2m^2$；

3 上列两款中设备间面积均不包括程控用户交换机、计算机网络等设备所需的面积。

21.5.3 电信间的使用面积不应小于 $5m^2$，电信间的数目，应按所服务的楼层范围来考虑。如果配线电缆长度都在 90m 范围以内时，宜设置一个电信间。当超出这一范围时，宜设两个或多个电信间。当每层的信息数较少，配线电缆长度不大于 90m 的情况下，宜几个楼层合设一个电信间。

21.5.4 设备布置应符合下列规定：

1 机架或机柜前面的净空不应小于 800mm，后面的净空不应小于 600mm；

2 壁挂式配线设备底部离地面的高度不宜小于 300mm。

21.5.5 设备间、电信间和进线间应进行等电位联结。

21.5.6 设备间及电信间的设计除符合本节规定外，尚应符合本规范第 23 章的有关规定。

21.6 工作区设备

21.6.1 工作区信息插座的安装应符合下列规定：

1 安装在地面上的信息插座，应采用防水和抗压的接线盒；

2 安装在墙面或柱子上的信息插座和多用户信息插座盒体的底部离地面的高度宜为 0.3m；

3 安装在墙面或柱子上的集合点配线箱体，底部离地面高度宜为 1.0～1.5m。

21.6.2 每一个工作区至少应配置 1 个 220V、10A 带保护接地的单相交流电源插座。

21.7 缆线选择和敷设

21.7.1 综合布线系统应根据环境条件选用相应的缆线和配线设备，并宜符合下列规定：

1 当综合布线区域内存在的电磁干扰场强低于 3V/m 时，宜采用非屏蔽缆线和非屏蔽配线设备；

2 当综合布线区域内存在的电磁干扰场强高于 3V/m 或用户对电磁兼容性有较高要求时，宜采用光纤布线系统；

3 当综合布线路由上存在干扰源，且不能满足最小净距要求时，宜采用金属导管或金属线槽敷设缆线，也可采用屏蔽布线系统或光纤布线系统。

21.7.2 当综合布线采用屏蔽布线系统时，必须有良好的接地系统，并应符合下列规定：

1 保护接地的接地电阻值，单独设置接地体时，不应大于 4Ω。采用共用接地网时，不应大于 1Ω；

2 采用屏蔽布线系统时，各个布线链路的屏蔽层应保持连续性；

3 屏蔽布线系统中所选用的信息插座、对绞电缆、连接器件、跳线等所组成的布线链路应具有良好的屏蔽及导通特性；

4 采用屏蔽布线系统时，屏蔽层的配线设备（FD 或 BD）端必须良好接地。用户（终端设备）端视具体情况宜接地，两端的接地应连接至同一接地网。若接地系统中存在两个不同的接地网时，其接地电位差不应大于 $1V_{r.m.s}$。

21.7.3 综合布线工程选用的电缆、光缆应根据建筑物的使用性质、火灾危险程度、系统设备的重要性和缆线的敷设方式，选用相应阻燃等级的缆线。

21.7.4 配线子系统，宜采用预埋暗导管或线槽敷设方式。

21.7.5 干线子系统垂直通道宜采用电缆竖井方式，水平通道可选择线槽敷设方式。当电缆竖井附近有大的电磁干扰源时，应采用封闭式金属线槽保护。

21.7.6 建筑群子系统宜采用地下管道敷设方式，并应预留备用管道。

21.7.7 缆线敷设的最小弯曲半径应符合表 21.7.7 的规定。

表 21.7.7 缆线敷设的最小允许弯曲半径

缆 线 类 型	最小允许弯曲半径
4 对非屏蔽电缆	5*d*
2 芯或 4 芯水平光缆	5*d*
4 对屏蔽电缆	8*d*
大对数主干电缆、室外电缆	10*d*
光缆、室外光缆	10*d*

注：*d* 为电缆外径。

21.7.8 地下管道、导管及线槽等布线方式的敷设要求和管径与截面利用率，应符合本规范第 20.7 节的有关规定。

21.8 电气防护和接地

21.8.1 综合布线电缆与附近可能产生高电平电磁干扰的电动机、电力变压器、射频应用设备等电气设备之间，应保持必要的间距，并符合下列规定：

1 综合布线电缆与电力电缆的间距应符合表 21.8.1 的要求；

表 21.8.1 综合布线电缆与电力电缆的间距

类　别	与综合布线接近状况	最小净距（mm）
380V 电力电缆＜2kVA	与缆线平行敷设	130
	有一方在接地的金属线槽或钢管中	70
	双方都在接地的金属线槽或钢管中	10
380V 电力电缆 2～5kVA	与缆线平行敷设	300
	有一方在接地的金属线槽或钢管中	150
	双方都在接地的金属线槽或钢管中	80
380V 电力电缆＞5kVA	与缆线平行敷设	600
	有一方在接地的金属线槽或钢管中	300
	双方都在接地的金属线槽或钢管中	150

注：1 当 380V 电力电缆＜2kVA，双方都在接地的线槽中，且平行长度≤10m 时，最小间距可以是 10mm；
2 电话用户存在振铃电流时，不能与计算机网络在同一根对绞电缆中一起使用；
3 双方都在接地的线槽中，系指两根不同的线槽，也可在同一线槽中用金属板隔开。

2 综合布线电缆、光缆及管线与其他管线的间距应符合本规范第 20.7 节的有关规定。

21.8.2 当电缆从建筑物外面进入建筑物时，综合布线系统线路的保护，应符合本规范第 11.9 节的规定。

21.8.3 当缆线从建筑物外面进入建筑物时，电缆或光缆的金属护套及保护钢导管应接地。

21.8.4 综合布线的电缆采用金属线槽或钢导管敷设时，线槽或钢导管应保持连续的电气连接，钢导管应接地，金属线槽及其支架全长应不少于 2 处与接地干线相连。

21.8.5 综合布线系统的配线柜（架、箱）应采用适当截面的铜导线连接至就近的等电位接地装置，也可采用竖井内接地铜排引至建筑物共用接地网。

22 电磁兼容与电磁环境卫生

22.1 一 般 规 定

22.1.1 进行建筑群或居住区规划设计时，应考虑已有架空输电线路的无线电骚扰及电磁环境卫生。

22.1.2 用户专用无线通信设备所需频段，应经无线电管理部门批准方可占用。

22.1.3 易受辐射骚扰的电子设备，不应与潜在的电磁骚扰源贴近布置。

22.2 电磁环境卫生

22.2.1 民用建筑物及居住小区与高压、超高压架空输电线路等辐射源之间应保持足够的距离。居住小区靠近高压、超高压架空输电线路一侧的住宅外墙处工频电场和工频磁场强度应符合表 22.2.1 的规定。

表 22.2.1 工频电磁场强度限值

场强类别	频率（Hz）	单位	容许场强最大值
电场强度	50	kV/m	4.0
磁场强度	50	mT	0.1

22.2.2 民用建筑物、建筑群内不得设置大型电磁辐射发射装置、核辐射装置或电磁辐射较严重的高频电子设备。但医技楼、专业实验室等特殊建筑除外。

22.2.3 医技楼、专业实验室等特殊建筑内必须设置大型电磁辐射发射装置、核辐射装置或电磁辐射较严重的高频电子设备时，应采取屏蔽措施，将其对外界的放射或辐射强度限制在许可范围内。

22.2.4 在医技楼、专业实验室等特殊建筑物内，为科研与医疗专用的核辐射设备和电磁辐射设备，应经国家有关部门认证。

22.2.5 民用建筑物内的电磁环境参数，应符合下列规定：

1 电磁场强度限值应符合表 22.2.5 的规定；

表 22.2.5 电磁场强度限值

频　率	单　位	容许场强最大值	
		一级	二级
0.1～30MHz	V/m	10	25
30～300MHz	V/m	5	12
300MHz～300GHz	$\mu W/cm^2$	10	40
混合波长	V/m	按主要波段的场强来确定。若各波段场强分布较广，则按复合场强加权值确定	

注：1 一级电磁环境：在该电磁环境下长期居住或工作，人员的健康不会受到损害；
2 二级电磁环境：在该电磁环境下长期居住或工作，人员的健康可能受到损害。

2 幼儿园、学校、居住建筑和公共建筑中的人员密集场所宜按一级电磁环境设计；当不符合规定时，应采取有效措施；

3 公共建筑中的非人员密集场所宜按二级电磁环境设计；当不符合规定时，应采取有效措施，但无人值守的各类机房、车库除外。

22.3 供配电系统的谐波防治

22.3.1 公共电网的电能质量应符合下列规定：

1 公共连接点的全部用户向该点注入的谐波

电流分量（方均根值）不应超过表 22.3.1-1 的规定。当公共连接点处的最小短路容量与基准短路容量不同时，谐波电流允许值应进行换算。

表 22.3.1-1　公共连接点谐波电流允许值

标称电压(kV)	基准短路容量(MVA)	谐波次数及谐波电流允许值（A）																							
		2	3	4	5	6	7	8	9	10	11	12	13	14	15	16	17	18	19	20	21	22	23	24	25
0.38	10	78	62	39	62	26	44	19	21	16	28	13	24	11	12	9.7	18	8.6	16	7.8	8.9	7.1	14	6.5	12
6	100	43	34	21	34	14	24	11	11	8.5	16	7.1	13	6.1	6.8	5.3	10	4.7	9	4.3	4.9	3.9	7.4	3.6	6.8
10	100	26	20	13	20	8.5	15	6.4	6.8	5.1	9.3	4.3	7.9	3.7	4.1	3.2	6.0	2.8	5.4	2.6	2.9	2.3	4.5	2.1	4.1

2　同一公共连接点的每个用户，向电网注入的谐波电流允许值，宜按此用户在该点的协议容量与其公共连接点的供电设备容量之比进行分配。

3　公共连接点的谐波电压（相电压）限值不应超过表 22.3.1-2 的规定。

表 22.3.1-2　公共连接点的谐波电压（相电压）限值

电网标称电压(kV)	电压总谐波畸变率(%)	各次谐波电压含有率（%）	
		奇　次	偶　次
0.38	5.0	4.0	2.0
6	4.0	3.2	1.6
10			

22.3.2　供配电系统的谐波治理，应符合下列规定：

1　建筑物谐波源较多的供配电系统，应选用D，yn11接线组别的配电变压器，且该变压器的负载率不宜高于70%；

2　省级及以上政府办公建筑，银行总行、分行及金融机构的办公大楼，三级甲等医院的医技楼，大型计算机中心等建筑物，宜在敏感医疗设备、重要计算机网络设备等专用配电干线上设置有源滤波装置；

3　谐波源较多的一般公共建筑，可在办公设施、计算机网络设备等配电干线上设置滤波装置；当采用无源滤波装置时，应采取措施防止发生系统谐振；

4　建筑物谐波源较多的供配电系统，当设有有源滤波装置时，相应回路的中性导体截面可不增大；

5　建筑物谐波源较多的供配电系统，当设有无源滤波装置时，相应回路的中性导体可与相导体等截面；

6　有大功率谐波骚扰源的馈线上，宜设置滤波装置；或在此类设备的电源输入端设置隔离变压器，且中性导体截面积应为相导体截面的两倍；

7　音乐厅及影剧院等建筑物中，舞台调光装置宜采取有效的谐波抑制措施；当未采取措施时，其供电线路的中性导体截面积，应为相导体截面积的两倍；音响系统供电专线上宜设置隔离变压器，有条件时宜设有源滤波装置；

8　为X光机、CT机、核磁共振机等谐波较严重的大功率设备供电的专线，应按低阻抗馈电线路的要求进行设计；

9　功率因数补偿电容器组宜配电抗器。

22.4　电子信息系统的电磁兼容设计

22.4.1　电子信息系统的设计应考虑建筑物内部的电磁环境、系统的电磁敏感度、系统的电磁骚扰与周边其他系统的电磁敏感度等因素，以符合电磁兼容性要求。

22.4.2　民用建筑物内不得设置，可能产生危及人员健康的电磁辐射的电子信息系统设备，当必须设置这类设备时，应采取隔离或屏蔽措施。

22.4.3　电子信息系统所处的建筑物防雷，应符合本规范第11章的规定。

22.5　电源干扰的防护

22.5.1　由配变电所引出的配电线路应采用TN-S或TN-C-S系统。当采用TN-C-S系统时，自电子信息系统机房电源进户端起，中性导体（N）与保护导体（PE）应分开。

22.5.2　电子信息系统机房电源的进线处，应设置限压型浪涌电压保护器。保护器的残压与电抗电压之和不应大于被保护设备耐压水平的0.8倍，且应符合本规范第11.9.4条的规定。

22.5.3　谐波较严重的大容量设备宜采用专线供电，且按低阻抗的要求进行设计。

22.6　信号线路的过电压保护

22.6.1　户外信号传输电缆的金属外护层和户外光缆的金属增强线应在进户处接地。

22.6.2　户外信号传输电缆的信号线，应在进户配线架处设置适配的浪涌电压保护器。

22.6.3　用于信号线的浪涌电压保护器，应根据线路的工作频率、工作电压、线缆类型、接口形式等要素，选用电压驻波比和插入损耗小的适配的浪涌电压保护器。

22.6.4 电缆电视系统、微波通信系统、卫星通信系统、移动通信室内信号覆盖系统等的室外天线馈线，应在进户后首个接线装置处，设置适配的浪涌电压保护器。

22.7 管线设计

22.7.1 配电线路与电子信息系统传输线路应分开敷设，当受建筑条件限制而必须平行贴近敷设时，应采取屏蔽措施。

22.7.2 配电线路与电子信息系统传输线路交叉时，应垂直相交；广播线路与其他电子信息系统传输线路交叉时，宜垂直相交。

22.7.3 电子信息系统传输线路，宜采用屏蔽效果良好的金属导管或金属线槽保护，但屏蔽线缆不受此限。

22.7.4 用于电子信息系统传输线路保护的金属导管和金属线槽应接地，并作等电位联结。

22.7.5 移动通信室内中继系统天线的泄漏型电缆，不得敷设在建筑物混凝土核心筒内，且不得与无保护措施的电子信息系统传输线路干线平行贴近敷设。

22.7.6 当建筑物内的电磁环境复杂，且未采用屏蔽型保护管、槽时，监视电视系统和有线电视系统，宜采用具有外屏蔽层的同轴电缆。

22.7.7 涉及国家安全的计算机网络等电子信息系统，应采用光缆或屏蔽型电缆。银行、证券交易所的省级总部及其结算中心的计算机网络系统，宜采用光缆或屏蔽型电缆。

22.7.8 当建筑物内的电磁环境复杂，且一旦计算机网络系统发生运行故障将造成较严重后果时，相关系统宜采用光缆或屏蔽型电缆。

22.8 接地与等电位联结

22.8.1 电子信息系统宜采用共用接地网，其接地电阻值应符合相关各系统中最低电阻值的要求。当无相关资料时，可取值不大于1Ω。

22.8.2 当同一电子信息系统涉及几幢建筑物时，这些建筑物之间的接地网宜作等电位联结，但由于地理原因难以联结时除外。

22.8.3 当几幢建筑物的接地网之间难以互相连通时，应将这些建筑物之间的电子信息系统作有效隔离。

22.8.4 保护接地导体、功能接地导体，宜分别接向总接地端子或接地极。

22.8.5 建筑物每一层内的等电位联结网络宜呈封闭环形，其安装位置应便于接线。

22.8.6 根据建筑物及电子信息系统的特点，可采用星形网络、多个网状连接的星形网络或公共网状连接的星形网络等接地形式。

22.8.7 功能性等电位联结导体，可采用金属带、扁平编织带和圆形截面电缆等。高频设备的功能性等电位联结导体，宜采用铜箔或铜质扁平编织带。

22.8.8 当电子信息系统接地母线用于功能性目的时，建筑物的总接地端子可用接地母线延伸，使信息技术装置可自建筑物内任一点以最短路径与其相连接。当此接地母线用于具有大量信息技术设备的建筑物内等电位联结网络时，宜做成一封闭环路。

22.8.9 UPS不间断电源装置输出端的中性导体应重复接地。

22.8.10 通信设备的专用接地导体与邻近的防雷引下线之间宜设适配的浪涌电压保护器。

23 电子信息设备机房

23.1 一般规定

23.1.1 本章适用于民用建筑物（群）所设置的各类控制机房、通信机房、计算机机房及电信间的设计。

23.1.2 民用建筑中的电子信息系统，宜分类合设设备机房，并符合下列规定：

1 综合布线设备间宜与计算机网络机房及电话交换机房靠近或合并；

2 消防控制室可单独设置，亦可与安防系统、建筑设备监控系统合用控制室；

3 公共广播可与消防控制室合并设置，亦可与有前端的有线电视系统合设机房；

4 安防控制室宜靠近保安值班室设置。

23.1.3 高层建筑或电子信息系统较多的多层建筑，除设备机房外，应设置电信间。

23.1.4 消防控制室应满足本规范第13章的有关规定。

23.1.5 各系统机房面积、电信间面积、布线通道应留有发展空间。

23.1.6 地震基本烈度为7度及以上地区，机房设备的安装应采取抗震措施。

23.2 机房的选址、设计与设备布置

23.2.1 机房的位置选择应符合下列规定：

1 机房宜设在建筑物首层及以上层，当地下为多层时，也可设在地下一层；

2 机房宜靠近电信间，方便各种线路进出；

3 机房应远离强电磁场干扰场所，不应设置在变压器室、配电室的楼上、楼下或隔壁场所；

4 机房宜远离振动源和噪声源的场所；当不能避免时，应采取隔振、消声和隔声措施；

5 设备（机柜、发电机、UPS、专用空调等）吊装、运输方便；

6 机房应远离粉尘、油烟、有害气体以及生产或储存具有腐蚀性、易燃、易爆物品的场所；

7 机房不应设置在厕所、浴室或其他潮湿、易积水场所的正下方或贴邻。

23.2.2 电信间的位置选择应符合下列规定：

1 电信间是楼层电子信息系统管线敷设和设备安装占用的建筑空间，宜设在进出线方便，便于安装、维护的公共部位；

2 电信间位置宜上下层对位；应设独立的门，不宜与其他房间形成套间；

3 电信间不应与水、暖、气等管道共用井道；

4 应避免靠近烟道、热力管道及其他散热量大或潮湿的设施。

23.2.3 机房、电信间设计应符合下列规定：

1 机房宜根据设备配置及工作运行要求，由主机房、辅助用房等组成。

2 机房和辅助用房的面积应根据近期设备布置和操作、维护等因素确定，并应留有发展余地。使用面积宜符合下列规定：

1）主机房面积可按下列方法确定：

当系统设备已选型时，按下式计算：

$$A = K\sum S \qquad (23.2.3\text{-}1)$$

式中 A——主机房使用面积（m^2）；

K——系数，可取5～7；

S——系统设备的投影面积（m^2）。

当系统设备未选型时，按下式计算：

$$A = KN \qquad (23.2.3\text{-}2)$$

式中 K——单台设备占用面积，可取4.5～5.5m^2/台；

N——机房内设备的总台数。

2）辅助用房的面积不宜小于主机房面积的1.5倍。

3 机房及电信间不允许与其无关的水管、风管、电缆等各种管线穿过；

4 电信间面积宜符合下列规定：

1）设有综合布线机柜时，电信间面积宜大于或等于5m^2；

2）无综合布线机柜时，可采用壁柜式电信间，面积宜大于或等于1.5m（宽）×0.8m（深）。

23.2.4 机房及电信间设备布置，应符合下列规定：

1 机房设备应根据系统配置及管理需要分区布置。当几个系统合用机房时，应按功能分区布置。

2 电子信息设备宜远离建筑物防雷引下线等主要的雷击散流通道。

3 音响控制室等模拟信号较集中的机房，应远离较强烈的辐射干扰源。对于小型会议室等难以分开布置的合用机房，设备之间应保证安全距离。

4 设备的间距和通道应符合下列要求：

1）机柜正面相对排列时，其净距离不应小于1.5m。

2）背后开门的设备，背面离墙边净距离不应小于0.8m。

3）机柜侧面距墙不应小于0.5m，机柜侧面离其他设备净距不应小于0.8m，当需要维修测试时，则距墙不应小于1.2m。

4）并排布置的设备总长度大于4m时，两侧均应设置通道；

5）通道净宽不应小于1.2m。

5 墙挂式设备中心距地面高度宜为1.5m，侧面距墙应大于0.5m。

6 视频监控系统和有线电视系统电视墙前面的距离，应满足观看视距的要求，电视墙与值班人员之间的距离，应大于主监视器画面对角线长度的5倍。设备布置应防止在显示屏上出现反射眩光。

7 除采用CMP等级阻燃线缆外，活动地板下引至各设备的线缆，应敷设在封闭式金属线槽中。

8 电信间设备布置应符合下列要求：

1）电信间与配电间应分开设置，如受条件限制必须合设时，电气、电子信息设备及线路应分设在电信间的两侧，并要求各种设备箱体前应留有不小于0.8m的操作、维护距离；

2）电信间内设备箱宜明装，安装高度宜为箱体中心距地1.2～1.3m。

23.3 环境条件和对相关专业的要求

23.3.1 机房的环境条件应符合下列要求：

1 对环境要求较高的机房其空气含尘浓度，在静态条件下测试，每升空气中灰尘颗粒最大直径大于或等于0.5μm时的灰尘颗粒数，应小于1.8×10^4粒；

2 机房内的噪声，在系统停机状况下，在操作员位置测量应小于68dB（A）；

3 机房的电磁环境应满足本规范第22.2.5条中的一级标准；当机房的电磁环境不符合电子信息系统的安全运行标准和信息涉密管理规定时，应采取屏蔽措施。

23.3.2 各类机房对土建专业的要求应符合下列规定：

1 各类机房的室内净高、荷载及地面、门窗等要求，应符合表23.3.2的规定；

2 机房内敷设活动地板时，应符合现行国家标准《计算机房用活动地板技术条件》的要求；敷设高度应按实际需求确定，宜为200～350mm；

3 在机房附近未设公共卫生间时，应单设卫生间；

4 电信间预留楼板孔洞应上下对齐，楼板孔洞布线后应采用防火堵料封堵；

5 电信间地面应略高于走廊地面，或设防水门坎；

6 当机房内设有用水设备时，应采取防止漫溢和渗漏的措施。

表 23.3.2　各类机房对土建专业的要求

房间名称		室内净高（梁下或风管下）（m）	楼、地面等效均布活荷载（kN/m²）	地面材料	顶棚、墙面	门（及宽度）	窗
电话站	程控交换机室	≥2.5	≥4.5	防静电地面	涂不起灰、浅色、无光涂料	外开双扇防火门 1.2～1.5m	良好防尘
电话站	总配线架室	≥2.5	≥4.5	防静电地面	涂不起灰、浅色、无光涂料	外开双扇防火门 1.2～1.5m	良好防尘
电话站	话务室	≥2.5	≥3.0	防静电地面	阻燃吸声材料	隔声门 1.0m	良好防尘设纱窗
电话站	免维护电池室	≥2.5	<200A·h时，4.5 200～400A·h时，6.0 ≥500A·h时，10.0 注 2	防尘、防滑地面	涂不起灰、无光涂料	外开双扇防火门 1.2～1.5m	良好防尘
电话站	电缆进线室	≥2.2	≥3.0	水泥地面	涂防潮涂料	外开双扇防火门 ≥1.0m	—
计算机网络机房		≥2.5	≥4.5	防静电地面	涂不起灰、浅色无光涂料	外开双扇防火门 ≥1.2～1.5m	良好防尘
建筑设备监控机房		≥2.5	≥4.5	防静电地面	涂不起灰、浅色无光涂料	外开双扇防火门 1.2～1.5m	良好防尘
综合布线设备间		≥2.5	≥4.5	防静电地面	涂不起灰、浅色无光涂料	外开双扇防火门 1.2～1.5m	良好防尘
广播室	录播室	≥2.5	≥2.0	防静电地面	阻燃吸声材料	隔声门 1.0m	隔声窗
广播室	设备室	≥2.5	≥4.5	防静电地面	涂浅色无光涂料	双扇门 1.2～1.5m	良好防尘设纱窗
消防控制中心		≥2.5	≥4.5	防静电地面	涂浅色无光涂料	外开双扇甲级防火门 1.5m 或 1.2m	良好防尘设纱窗
安防监控中心		≥2.5	≥4.5	防静电地面	涂浅色无光涂料	外开双扇防火门 1.5m 或 1.2m	良好防尘设纱窗
有线电视前端机房		≥2.5	≥4.5	防静电地面	涂浅色无光涂料	外开双扇隔声门 1.2～1.5m	良好防尘设纱窗
会议电视	电视会议室	≥3.5	≥3.0	防静电地面	吸声材料	双扇门≥1.2～1.5	隔声窗
会议电视	控制室	≥2.5	≥4.5	防静电地面	涂浅色无光涂料	外开单扇门≥1.0m	良好防尘
会议电视	传输室	≥2.5	≥4.5	防静电地面	涂浅色无光涂料	外开单扇门≥1.0m	良好防尘
电信间		≥2.5	≥4.5	水泥地	涂防潮涂料	外开丙级防火门 ≥0.7m	—

注：1　如选用设备的技术要求高于本表所列要求，应遵照选用设备的技术要求执行；

2　当 300A·h 及以上容量的免维护电池需置于楼上时不应叠放；如需叠放时，应将其布置于梁上，并需另行计算楼板负荷；

3　会议电视室最低净高一般为 3.5m，当会议室较大时，应按最佳容积比来确定；其混响时间宜为 0.6～0.8s；

4　室内净高不含活动地板高度，是否采用活动地极，由工程设计决定，室内设备高度按 2.0m 考虑；

5　电视会议室的围护结构应采用具有良好隔声性能的非燃烧材料或难燃材料，其隔声量不低于 50dB（A）；电视会议室的内壁、顶棚、地面应作吸声处理，室内噪声不应超过 35dB（A）；

6　电视会议室的装饰布置，严禁采用黑色和白色作为背景色。

23.3.3　各类机房对电气、暖通专业的要求应符合本规范表 23.3.3 的规定。

表 23.3.3 各类机房对电气、暖通专业的要求

房间名称		空调、通风			电气			备注
		温度（℃）	相对湿度（%）	通风	照度（lx）	交流电源	应急照明	
电话站	程控交换机室	18～28	30～75	—	500	可靠电源	设置	注 2
	总配线架室	10～28	30～75	—	200	—	设置	注 2
	话务室	18～28	30～75	—	300	—	设置	注 2
	免维护电池室	18～28	30～75	注 2	200	可靠电源	设置	—
	电缆进线室	—	—	注 1	200	—	—	—
计算机网络机房		18～28	40～70	—	500	可靠电源	设置	注 2
建筑设备监控机房		18～28	40～70	—	500	可靠电源	设置	注 2
综合布线设备间		18～28	30～75	—	200	可靠电源	设置	注 2
广播室	录播室	18～28	30～80	—	300	—	—	—
	设备室	18～28	30～80	—	300	可靠电源	设置	—
消防控制中心		18～28	30～80	—	300	消防电源	设置	注 2
安防监控中心		18～28	30～80	—	300	可靠电源	设置	注 2
有线电视前端机房		18～28	30～75	—	300	可靠电源	设置	注 2
会议电视	电视会议室	18～28	30～75	注 3	一般区≥500 主席区≥750（注 4）	可靠电源	设置	—
	控制室	18～28	30～75	—	≥300	可靠电源	设置	—
	传输室	18～28	30～75	—	≥300	可靠电源	设置	—
电信间	有网络设备	18～28	40～70	注 1	≥200	可靠电源	设置	注 2
	无网络设备	5～35	20～80					

注：1 地下电缆进线室、电信间一般采用轴流式通风机，排风按每小时不大于 5 次换风量计算，并保持负压；
2 设有空调的机房应保持微正压；
3 电视会议室新鲜空气换气量应按每人≥30m^3/h；
4 投影电视屏幕照度不高于 75lx，电视会议室照度应均匀可调，会议室的光源应采用色温为 3200K 的三基色灯。

23.4 机房供电、接地及防静电

23.4.1 机房供电应符合下列规定：

1 机房设备的供电电源的负荷分级及供电要求，应符合本规范第 3.2 节的规定；

2 供电电源的电能质量应符合本规范第 3.4 节的规定；

3 机房应根据实际工程情况，预留电子信息系统工作电源和维修电源，电源宜从配电室（间）直接引来；

4 电信间内应留有设备电源，其电源可靠性应满足电子信息设备对电源可靠性的要求；

5 照明电源不应引自电子信息设备配电盘。

23.4.2 机房接地应符合下列要求：

1 机房接地系统的设置应满足人身安全、设备安全及电子信息系统正常运行的要求；

2 机房交流功能接地、保护接地、直流功能接地、防雷接地等各种接地宜共用接地网，接地电阻按其中最小值确定；

3 机房内应做等电位联结，并设置等电位联结端子箱；对于工作频率较低（小于 30kHz）且设备数量较少的机房，可采用单点（S 形）接地方式；对于工作频率较高（大于 300kHz）且设备台数较多的机房，可采用多点（M 形）接地方式；

4 电信间应设接地干线和接地端子箱；

5 当各系统共用接地网时，宜将各系统分别采用接地导体与接地网连接；

6 防雷与接地应满足本规范第 11、12 章中有关规定。

23.4.3 机房防静电设计应符合下列规定：

1 机房地面及工作面的静电泄漏电阻，应符合国家标准《计算机机房用活动地板技术条件》的规定；

2 机房内绝缘体的静电电位不应大于 1kV；

3 机房不用活动地板时，可铺设导静电地面；导静电地面可采用导电胶与建筑地面粘牢，导静电地面电阻率应为 $1.0\times10^{7}\sim1.0\times10^{10}\ \Omega\cdot cm$，其导电性能应长期稳定且不易起尘；

4 机房内采用的活动地板可由钢、铝或其他有足够机械强度的难燃材料制成；活动地板表面应是导静电的，严禁暴露金属部分；单元活动地板的系统电阻应符合国家标准《计算机机房用活动地板技术条件》的规定。

23.5 消防与安全

23.5.1 机房的耐火等级不应低于建筑主体的耐火等级，消防控制室应为一级。

23.5.2 电信间墙体应为耐火极限不低于1.0h的不燃烧体，门应采用丙级防火门。

23.5.3 机房的消防设施应符合本规范第13章的有关规定。

23.5.4 机房出口应设置向疏散方向开启且能自动关闭的门，并应保证在任何情况下都能从机房内打开。

23.5.5 设在首层的机房的外门、外窗应采取安全措施。

23.5.6 根据机房的重要性，可设警卫室或保安设施。

24 锅炉房热工检测与控制

24.1 一般规定

24.1.1 本章适用于下列范围内，民用蒸汽锅炉房和住宅小区集中供热热水锅炉房的热工检测与控制：

1 额定蒸发量为1～20t/h、额定出口蒸汽压力为0.1～2.5MPa表压、额定出口温度小于或等于250℃的燃煤蒸汽锅炉；

2 额定出力为0.7～58MW、额定出口水压为0.1～2.5MPa表压、额定出口水温小于或等于180℃的燃煤热水锅炉。

24.1.2 锅炉房仪表检测项目应与报警、计算机监视或各种形式巡检装置的检测项目综合考虑。

24.1.3 在满足安全、经济运行要求的前提下，检测仪表宜精简。

24.1.4 指示仪表的设置应符合下列规定：

1 反映锅炉及工艺管道系统，在正常工况下安全、经济运行的主参数和需要经常监视的一般参数，应设指示仪表（包括就地仪表）；

2 已由计算机进行监视的一般参数，不再设置指示仪表；

3 一般同类型参数（如烟道、风道压力）当未采用计算机监测时，宜采用多点切换测量。

24.1.5 记录仪表的设置应符合下列规定：

1 反映锅炉及管道系统安全、经济运行状况并在事故时进行分析的主要参数；

2 用以进行经济分析或核算的重要参数；

3 用于经济核算的流量参数应设积算器，当用计算机对流量参数进行积算时，可不设置积算器。

24.1.6 仪表精度等级选取应符合下列规定：

1 主要参数指示仪表1级、记录仪表0.5级；

2 经济考核仪表0.5级；

3 一般参数指示仪表1.5级、就地指示仪表1.5～2.5级。

24.2 自动化仪表的选择

24.2.1 温度仪表的选择应符合下列规定：

1 就地式温度仪表选用双金属温度计，其刻度盘直径宜大于或等于100mm。

2 压力式温度计经常指示的工作温度，应选在仪表量程范围的1/3～3/4之间，温度计量程上限值的选择应大于被测介质可能达到的最高动态温度值。

3 测量炉膛温度与烟气温度应选用热电偶。

4 测量蒸汽温度与热水温度应选用热电阻。

5 测量元件的保护管，应按被测介质的工作温度、压力与管径选择，套管插入介质的有效深度（从管道内壁算起）应符合下列要求：

1）对于主蒸汽介质，当管道公称通径 $DN \leqslant 250mm$ 时，有效深度为100mm；

2）对于管道外径 $D_0 \leqslant 500mm$ 的蒸汽、液体介质有效深度约为管道外径的1/2；对于管道外径 $D_0 > 500mm$ 的蒸汽、液体介质，有效深度为300mm；

3）对于烟气、风介质有效深度为烟风道（管道）外径的1/3～1/2。

6 仪表与计算机合用的测点，宜选用双支测温元件。

7 显示仪表上规定的外接电阻的选择，应与仪表及感温元件之间的线路电阻值相匹配。

8 采用热电阻测温时，其显示仪表与热电阻的分度号应一致，相互连接的导线应采用铜导线。

9 采用热电偶测温时，其显示仪表、热电偶及补偿导线的分度号应一致，且补偿导线的电阻值不应超过外接电阻值。

10 当信号传输距离较远，补偿导线的电阻值超过外接电阻值或与调节系统配用时，应采用温度变送器。

24.2.2 压力仪表的选择应符合下列规定：

1 就地式压力仪表及压力变送器的量程选择，应符合下列要求：

1）测量稳定压力时，最大量程选择在接近或大于正常压力测量值的1.5倍；

2）测量脉动压力时，最大量程选择在接近或大于正常压力测量值的2倍；

3）测量高压压力时，最大量程选择应大于最大压力测量值的1.7倍；

4）为保证压力测量精度，最小压力测量值

应高于压力测量量程的1/3。

2 就地式压力仪表的类型的选择，宜符合下列要求：

1）压力小于40kPa时，宜选用膜盒压力表；

2）压力大于40kPa时，宜选用波纹管或弹簧管压力表；

3）压力在－100～0～2400kPa时，宜选用压力真空表；

4）压力在－100～0kPa时，宜选用弹簧管真空表。

3 弹簧管压力表的表壳直径的选择，宜符合下列要求：

1）在仪表盘上安装时，采用直径150mm；

2）就地安装时，采用直径100mm；

3）安装点较高，不易观察时，采用直径200～250mm。

4 当需要远传或与调节系统配用时，应选用压力变送器。

24.2.3 流量仪表的选择应符合下列规定：

1 流量仪表的量程选择，当采用方根刻度显示时，正常流量宜为满量程的70％～80％，最大流量不应大于满量程的95％，最小流量不应小于满量程的30％；当采用线形刻度显示时，正常流量宜为满量程的50％～70％，最大流量不应大于满量程的90％，最小流量不应小于满量程的10％（对于方根特性经开方变成直线特性时为满量程的20％）；

2 一般流体的流量测量，应选用标准节流装置；标准节流装置的选用，必须符合现行国家标准《流量测量节流装置用孔板、喷嘴和文丘里管测量充满圆管的流体流量》GB/T－2624的规定；

3 节流装置的取压方式，应根据介质的性质及参数选择角接取压和法兰取压；

4 差压变送器的测量范围，必须与节流装置计算差压值配套。

24.2.4 液位仪表的选择应符合下列规定：

1 液位仪表的量程选择，最高液位或上限报警点应为满量程的90％，正常液位应为满量程的50％，最小液位应为满量程的10％；

2 用差压式仪表测量锅炉汽包水位或除氧器水箱水位时，应采用带温度补偿的双室平衡容器；用于凝结水箱水位测量的液位计宜选用浮子式仪表；

3 用于汽包水位、除氧器水箱水位测量的差压变送器，其差压范围必须与选定的平衡容器相配套。

24.2.5 分析仪表的选择应符合下列规定：

1 分析仪表取样点应选择在工艺介质流动比较平稳，被测介质变化较灵敏的部位；被测介质的分析仪器的发送器，宜靠近取样点；

2 烟气含氧量的测量，应采用磁导式或氧化锆氧量分析仪；

3 用于水处理系统的工业电导仪，其接触介质部分的材料应耐受介质的腐蚀，电极的引出线宜采用屏蔽线；

4 分析仪表的精度，可根据实际需要选择。

24.2.6 热工检测与自动调节系统采用电动单元组合仪表时，显示、记录、调节仪表的选择应符合下列规定：

1 盘装显示仪表宜采用数字式或动圈式显示仪表；显示汽包水位的仪表宜采用色带指示仪；

2 盘装记录仪表宜采用小长图自动记录仪；当锅炉容量较大时，重要参数的测量，也可采用大、中型长图或圆图记录仪；

3 锅炉烟气温度、压力的测量，宜采用多点切换开关进行切换显示，并留有一定的切换端点；

4 液位调节品质要求不高的简单系统，可选用二位、三位式调节器；当液位调节允许有差时，宜采用比例式调节器；当液位调节要求无差时，宜采用比例、积分调节器；

5 用于压力、流量参数的调节器，宜采用比例或比例、积分调节规律；用于温度参数的调节器，宜采用比例、积分、微分调节规律；

6 用于汽包水位、除氧器压力、除氧器水箱水位的调节器，应有手动/自动无扰切换功能和输出限幅功能；

7 用于各自动调节系统中的操作器，宜选择有上、下限位功能的操作器。

24.2.7 电动执行器及调节阀口径的选择应符合下列规定：

1 鼓风、引风风门调节，宜采用DKJ型角行程电动执行器，其输出力矩，必须能使风挡全开或全关。

2 自动调节系统中的执行器与拉杆之间及调节机构与拉杆之间宜采用球形铰接。

3 给水调节阀阀径应按计算的流量系数K_v值选择，当液体介质为非阻塞流Δp小于$F_L^2(p_1-F_F p_V)$时，调节阀的流量系数可按下式计算：

$$K_v = 10^{-2} W_{Lmax} / \sqrt{\rho_L (p_1 - p_2)} \quad (24.2.7\text{-}1)$$

$$F_F = 0.96 - 0.28\sqrt{p_V / p_C} \quad (24.2.7\text{-}2)$$

式中 W_{Lmax}——液体最大重量流量（kg/h）；

ρ_L——液体密度（kg/m^3）；

Δp——调节阀前、阀后压差（MPa）；

p_1、p_2——阀入口、出口压力（绝对）（MPa）；

F_L——压力恢复系数；

F_F——液体临界压力比系数；

p_v——阀入口温度下流体的饱和蒸汽压力（绝对）（MPa）；

p_C——热力学临界压力（绝对）（MPa）。

当液体介质为阻塞流 Δp 大于或等于 $F_L{}^2(p_1-F_F p_v)$ 时，调节阀的流量系数可按下式计算：

$$K_v = 10^{-2} W_{Lmax} / \sqrt{\rho_L / F_L^2 (p_1 - F_F p_v)} \quad (24.2.7\text{-}3)$$

4 当液体介质的雷诺数 Re_v 小于或等于 3500 时，应作雷诺数修正；

5 蒸汽调节阀阀径应按计算的流量系数 K_v 值选择，当蒸汽介质为非阻塞流 X 小于 $F_K X_T$ 时，调节阀的流量系数可按下式计算：

$$K_v = \frac{W_{gmax}}{100Y}\sqrt{\frac{1}{Xp_1\rho_1}} \quad (24.2.7\text{-}4)$$

$$Y = 1 - \frac{X}{3F_K X_T} \quad (24.2.7\text{-}5)$$

$$X = \frac{\Delta p}{p_1} \quad (24.2.7\text{-}6)$$

$$F_K = \frac{k}{1.4} \quad (24.2.7\text{-}7)$$

式中 W_{gmax}——蒸汽最大重量流量（kg/h）；

Y——膨胀系数；

X_T——压差比系数（临界压差比）；

F_K——比热容比系数；

k——比热容比（绝热指数）；

X——压差比；

ρ_1——阀入口蒸汽密度（kg/m^3）。

当蒸汽介质为阻塞流 X 大于或等于 $F_K X_T$ 时，调节阀的流量系数可按下式计算：

$$K_v = \frac{W_{gmax}}{56.37}\sqrt{\frac{1}{X_T p_T \rho_1}} \quad (24.2.7\text{-}8)$$

6 当工艺管道直径与选择的调节阀直径之比大于或等于 2 时，应作管件形状修正。

7 调节阀的口径也可按实践经验法确定，但必须保证在工艺管道设计合理的情况下进行：

1）液体介质的调节阀口径比工艺管道的工程直径小一级；

2）蒸汽介质的调节阀口径比工艺管道的工程直径小二级。

8 调节阀的最小、最大控制流量及漏流量，必须满足运行（包括启、停和事故工况）要求。

9 选用的调节阀应按下列要求进行校验：

1）阀门开度为 85%～95%时，应满足运行的最大需要量；开度为 10%时，应满足运行的最小需要量；

2）阀门压差，当对泄漏量有严格要求时，宜取流量为零时的最大差压；对泄漏量无特殊要求时，宜取最小流量下的最大差压，其值应不大于该阀门的最大允许差压；

3）调节阀的工作流量特性，应满足工艺系统的调节要求。

24.3 热工检测与控制

24.3.1 蒸汽锅炉机组必须装设下列安全及经济运行参数的指示仪表：

1 汽包蒸汽压力；

2 汽包水位；

3 汽包进口给水压力（锅炉有省煤器时可不检测）；

4 省煤器进出口水温和水压。

额定蒸发量为 20t/h 的蒸汽锅炉，其汽包压力、水位尚应装设记录仪表。

24.3.2 蒸汽锅炉机组应根据工艺要求装设燃煤量、蒸汽流量、给水流量及风、烟系统各段压力和温度参数的指示或积算仪表。

24.3.3 热水锅炉机组应装设检测下列安全及经济运行参数的指示仪表：

1 锅炉进、出口水温和水压；

2 锅炉循环水流量；

3 锅炉供热量指示、积算；

4 风、烟系统各段压力和温度。

24.3.4 额定出力大于或等于 14MW 的热水锅炉，应装设检测下列经济运行参数的仪表：

1 锅炉进口水温和水压指示；

2 锅炉出口水温指示、记录；

3 锅炉循环水流量指示、记录；

4 锅炉供热量指示、积算；

5 风、烟系统的压力、温度指示。

24.3.5 热力除氧器应装设检测下列参数的仪表：

1 除氧器工作压力指示；

2 除氧水箱水位指示；

3 除氧水箱水温就地指示；

4 除氧器进水温度就地指示；

5 蒸汽压力调节阀阀前、后的蒸汽压力就地指示。

24.3.6 真空除氧器应装设检测下列参数的仪表：

1 除氧器进水温度指示；

2 除氧器真空度指示；

3 除氧水箱水位指示；

4 除氧水箱水温就地指示；

5 射水抽气器进口水压就地指示。

24.3.7 锅炉房应装设供经济核算所需的计量仪表：

1 蒸汽流量指示、积算；

2 供热量指示、积算；

3 燃煤、燃油的总耗量；

4 原水总耗量；

5 凝结水回收量；

6 热水系统补给水量；

7 总耗电量。

24.3.8 蒸汽锅炉应设置给水自动调节装置。额定蒸发量小于或等于4t/h的锅炉，可设置位式给水自动调节装置，等于或大于6t/h的锅炉，宜设置连续给水自动调节装置。

24.3.9 蒸汽锅炉应设置极限低水位保护装置，当额定蒸发量等于或大于6t/h时，尚应设置蒸汽超压保护装置。

24.3.10 当热水锅炉的压力降低到热水可能发生汽化、水温升高超过规定值或循环水泵突然停止运行时，应设置自动切断燃料供应和停止鼓风机、引风机运行的保护装置。

24.3.11 额定蒸发量为20t/h的燃煤链条炉，当热负荷变化幅度在调节装置的可调范围内，且经济上合理时、宜装设燃烧自动调节装置。

24.3.12 热力除氧器应设置水位自动调节装置和蒸汽压力自动调节装置。

24.3.13 真空除氧器应设置水位自动调节装置和进水温度自动调节装置。

24.3.14 当两台及以上热力除氧器并列运行时，其中一台除氧器的水位、压力调节宜采用PI（比例积分）调节规律，其余可采用P（比例）调节规律。

24.3.15 当两台及以上真空除氧器并列运行时，其中一台除氧器的水温调节宜采用PID（比例、积分、微分）调节规律，其余可采用P（比例）调节规律。

24.3.16 锅炉房热工检测与控制除符合本章规定外，尚应符合国家标准《锅炉房设计规范》GB 50041的规定。

24.4 自动报警与连锁控制

24.4.1 锅炉系统应装设下列声、光报警装置：

1 汽包水位过低和过高；

2 汽包出口蒸汽压力过高；

3 省煤器出口水温过高；

4 热水锅炉出口水温过高；

5 连续给水调节系统给水泵故障停运；

6 炉排故障停转。

24.4.2 各辅机系统应装设下列声、光报警装置：

1 热水系统的循环水泵故障停运；

2 除氧水箱水位过低和过高。

24.4.3 燃煤锅炉的引风机、鼓风机和炉排之间，应装设电气连锁装置，并能按顺序启动或停车。

24.4.4 燃煤锅炉应设置下列电气连锁装置：

1 引风机故障时，自动切断鼓风机和燃料供应；

2 鼓风机故障时，自动切断引风机和燃料供应。

24.4.5 连续机械化运煤、除渣系统中，各运煤设备之间、除渣设备之间，均应设置电气连锁装置，并在正常工作时能按顺序延时停车，且其延时时间应达到皮带机空载停机。

24.5 供　　电

24.5.1 仪表电源的负荷等级应不低于工艺负荷的等级，电源应由低压配电室以专用回路供电。

24.5.2 在控制室内应设置为仪表盘（台）供电的专用配电箱（柜），以放射式供电，电源电压为交流220V。

24.5.3 功能独立的仪表和系统，宜分别由不同回路的电源供电，避免一个电源回路故障，影响多个功能独立的仪表和系统。

24.5.4 变送器宜由相应的调节系统或检测仪表的电源回路供电。调节与检测合用的变送器宜由调节系统的电源回路供电。

24.5.5 每一调节系统中，在自动方式下工作的各个仪表，宜由同一电源回路供电。只在手动方式下工作的设备（如操作器）应由另外的电源回路供电。

24.5.6 各仪表盘盘内宜设置检修用交流220V电源插座。柜式仪表盘应设置盘内照明。

24.6 仪表盘、台

24.6.1 锅炉房仪表盘结构形式选择，应符合下列规定：

1 就地控制的锅炉仪表盘应采用柜式；

2 在控制室内安装的锅炉仪表盘宜采用框架式，也可采用柜式；

3 各种风机、泵类的控制按钮在仪表盘面难于布置时，宜采用盘、台附接式仪表盘；

4 控制室内仪表盘的高度与深度、控制台的外形尺寸（宽度除外）及盘、台颜色应一致；

5 在现场安装的仪表盘，应附照明灯罩。

24.6.2 盘、台内设备宜符合下列规定：

1 装在盘侧壁的设备与装在盘面的设备之间，应留有安装维修距离；

2 在同一盘壁上，伺服放大器、继电器应装在电源开关、熔断器、插座的上方；

3 盘内电源开关、熔断器、插座的布置高度不宜超过1700mm；

4 在同一盘内，交、直流电气设备，宜分别布置在不同侧壁上；

5 检测、调节、保护、控制、报警、电源设备等的端子排宜分类布置；

6 仪表盘内的端子排，最低距地面不应小于250mm，两排间距应大于250mm，端子排距盘边缘距离不小于100mm；

7 进出仪表盘的导线（除热电偶的补偿导线应直接与仪表连接外）均应通过端子排，盘内接线端子备用量宜为10%。

24.7 仪表控制室

24.7.1 蒸汽锅炉额定蒸发量大于或等于6t/h，热水锅炉额定出力为大于或等于4.2MW的锅炉房，应在运转层设置仪表控制室。

24.7.2 确定控制室位置及面积应符合下列规定：

1 控制室宜位于被控设备的适中位置；

2 便于现场导管、电缆进入控制室；

3 避开大型设备的振动或电磁干扰很强的变压器室。

24.7.3 锅炉控制盘（台）正面离墙距离宜不小于2.5m。

24.7.4 大型控制室当有操作台时，进深不宜小于7m。无操作台时，不宜小于6m。中、小型控制室可减小。

24.7.5 框架式仪表盘盘后离墙的距离宜为1000mm，最小尺寸不应小于800mm，盘侧离墙宜为1200mm，最小尺寸不应小于1000mm。

24.7.6 当仪表盘排列超过7m时，通往盘后的通道应设置两个。

24.7.7 仪表室对土建应提出下列要求：

1 仪表室的净空高度宜为3.2～3.6m；

2 仪表室宜采用水磨石地面，地面荷载可取$4kN/m^2$，仪表室长度大于7m时，应设两个外开门的出口；

3 仪表室朝锅炉操作面方向宜采用大观察窗，开窗面积宜为盘前地面面积的1/3～1/5，盘后可开小窗或固定窗。

24.8 取源部件、导管及防护

24.8.1 取源部件应设置在便于维护检修的地方，变送器等设备应满足其对环境温度和相对湿度的要求。

24.8.2 测温元件不应装设在管道或设备的死角处。压力取源部件不应设置在有涡流的地方。当压力取源部件和测温元件在同一管段上邻近装设时，压力取源部件应在测温元件上游安装（按介质流向）。

24.8.3 在水平烟道或管道上测量含固体颗粒介质的压力时，应将其取源部件设置在管道的上部。

24.8.4 炉膛压力取源部件，宜设置在燃烧室中心的上部（具体位置由锅炉厂提供）。取源装置应有固定的经常吹尘防堵设施。

24.8.5 锅炉送风压力取源部件，应设置在直管段上。

24.8.6 锅炉总风量的取源部件，宜设置在风机进口再循环管前。当采用回转式空气预热器时，宜设置在预热器出口。

24.8.7 测量蒸汽或液体流量时，差压计或变送器宜设置在低于节流装置的地方。测量气体流量时，差压计或变送器宜设置在高于节流装置的地方，否则要采取放气或排水措施。

24.8.8 在直径小于76mm的管道上装设测温元件时，宜采用扩径管。

公称压力等于或小于1.6MPa时，允许在弯头处沿管道中心线迎着介质流向插入测温元件。

24.8.9 节流装置上、下游最小直管段长度应满足前10*D*后5*D*（*D*为管道直径）的测量要求。

24.8.10 变送器宜布置在靠近取源部件和便于维修的地方，并适当集中。

24.8.11 导压管材质和规格的选择，应符合表24.8.11的规定。

表 24.8.11 导压管选择表

序号	被测介质	工作压力与温度	材料	管径(mm)		
				≤15m	≤30m	≤50m
1	空气	＜5kPa	镀锌焊接钢管	15	15	15
2	净煤气	＞2.5kPa	镀锌焊接钢管	20	20	20
		＜2.5kPa	镀锌焊接钢管	20	20	25
3	脏煤气	＞2.5kPa 500～600℃	镀锌焊接钢管	25	32	32
4	烟气（测量）	＞1.0kPa	镀锌焊接钢管	20	20	20
		＜1.0kPa	镀锌焊接钢管	20	20	25
5	烟气（调节）	1.0 kPa	镀锌焊接钢管	25	32	—
6	蒸汽	＜4000kPa ≤450℃	无缝钢管	14×2	14×2	14×2
7	锅炉汽包水	～16000Pa ～500℃	无缝钢管	22×3	22×3	—
8	水	＜1000kPa	水煤气管	15	15	15
		＞1000kPa	无缝钢管	14×2	14×2	16×2
9	压缩空气	＜6400kPa	无缝钢管	14×2	14×2	16×2
10	氧	＜15000kPa	紫铜管或不锈钢管	12×1.5	12×1.5	12×1.5

24.8.12 仪表盘内测量微压气体的配管，可采用乳胶管。

24.8.13 管路不应埋设在地坪、墙壁及其他构筑物内。当管路穿过混凝土或砌体的墙壁和楼板时应加保护套管。

24.8.14 导压管的最大长度不应超过下列数值：

1 气体分析取样管10m；

2 压力在50Pa以内30m；

3 其他压力导压管路50m。

24.8.15 差压导压管的最小允许长度不宜小于3m，最长不宜超过16m。

24.8.16 测量和取样管路有可能结冻时，应采用保温或伴热等防冻措施。

24.9 缆线选择与敷设

24.9.1 测量、控制、电力回路用的电缆、电线的线芯材质应为铜芯。电缆、电线的绝缘及护套的选择，应符合下列规定：

1 在环境温度大于65℃的场所敷设的线路，应选用耐热型（氟塑料绝缘和护套200℃）控制电缆、耐热电线和耐热补偿导线；

2 在环境有火灾危险的场所敷设线路，而又未采用封闭槽盒时，宜选用矿物绝缘电缆或耐火型控制电缆、电线；

3 在常温场所可选用聚乙烯绝缘、聚氯乙烯护套的电缆、电线。

24.9.2 有抗干扰要求的线路应采用屏蔽电缆或屏蔽电线。

24.9.3 测量及控制回路的线芯截面，不应小于1.0mm²。接至插件的线芯截面宜选用0.5mm²的多股软线。

24.9.4 热电偶补偿导线的线芯截面，应按仪表允许的线路电阻选择，宜选用1.5～2.5mm²。

24.9.5 微弱信号及低电平信号，特别是要求抗干扰的信号（如计算机），不应与强电回路合用一根电缆或敷设在同一根保护导管内。

但在同一安装单位中，对测量精度影响小的DDZ—Ⅱ型变送器、远方操作器、带位置指示的电动门等弱电信号，可与其电源合用一根电缆。

24.9.6 选用线芯截面为1.0～1.5mm²的普通控制电缆不宜超过30芯，铠装控制电缆不宜超过24芯。

24.9.7 电缆桥架与热管道平行敷设时，距热管道保温层外表面的净距，不宜少于500mm；交叉敷设时，不宜少于300mm。

24.9.8 保护导管与温度检测元件之间应用金属软管连接。

24.9.9 锅炉房电缆、电线敷设除符合本节规定外，尚应符合本规范第8章的有关规定。

24.10 接 地

24.10.1 热工检测与控制系统设备、计算机柜的接地应与锅炉房电气设备共用接地网，接地电阻应符合本规范第12章的规定。

24.10.2 计算机或组合仪表控制系统的接地，应集中一点引入接地网。

24.10.3 屏蔽电缆、屏蔽导线、屏蔽补偿导线的屏蔽层均应接地，并符合下列规定：

1 总屏蔽层及对绞屏蔽层均应接地；

2 全线路的屏蔽层应有可靠的电气连接，同一信号回路或同一线路的屏蔽层只允许有一个接地点；

3 屏蔽层接地的位置，宜在仪表盘侧。但信号源接地时，屏蔽层的接地点应靠近信号源的接地点。

24.11 锅炉房计算机监控系统

24.11.1 10t/h及以上蒸汽锅炉机组和7MW热水锅炉机组应采用计算机监控。

24.11.2 计算机监控系统的选型应符合下列规定：

1 计算机系统的硬件、系统软件及应用软件应配套齐全；

2 计算机选型宜立足国内，优先选用国家系列型谱中可靠，并在锅炉房中有运行经验的机型；

3 计算机系统必须能长期稳定运行。

24.11.3 计算机监控系统应具有下列基本功能：

1 计算机系统应连续、及时地采集和处理机组在不同工况下的，各种运行参数和设备运行状态，并有良好的中断响应；

2 通过显示器屏幕显示和功能键盘，应为运行人员提供机组在正常和异常工况下的各种有用信息；

3 通过打印机应完成打印制表、运行记录、事故记录及画面图形拷贝等功能；

4 应在线进行各种计算和经济分析。

24.11.4 计算机的输入参量应满足应用功能要求，下列模拟量可输入计算机系统：

1 机组启停、运行及事故处理过程中需要监视和记录的参数；

2 定时制表所需要的参数；

3 二次参数计算、参数修正或补偿所需要的相关参数；

4 主要性能计算和经济分析所需要的参数；

5 送风机、引风机风门及挡板开度；

6 主要电气参数。

24.11.5 计算机的模拟量输出，应满足各自动调节系统的控制要求。

24.11.6 下列情况的模拟量，可不输入计算机系统：

1 配有专用显示仪表的成分分析等参数；

2 辅助设备的工艺参数。

24.11.7 下列开关量宜输入计算机系统：

1 反映锅炉工艺和主要辅助设备运行状态的接点；

2 主要保护动作输出及重点参数越限报警接点；

3 连锁、保护及自动装置切换状态接点。

24.11.8 进入计算机的开关量输入接点，应考虑防止误动作引起的高电压进入计算机的措施。

24.11.9 锅炉房计算机监控系统的硬件配置，宜由下列几部分组成：

1 主机包括中央处理器CPU、内存、外存及选件；

2 外部设备包括外存储器、键盘、打印机显示等设备；

3 过程通道包括模拟量输入、输出及开关量输入、输出通道等。

24.11.10 锅炉房计算机监控系统软件配置，应符合下列规定：

1 计算机软件应包括系统软件和应用软件；

2 系统软件应具有程序设计系统、操作系统及自诊断系统；

3 应用软件应具有过程监视程序、过程控制及计算程序和公用应用程序等。

24.11.11 计算机监控系统的电源应由不间断电源供给，供电时间应保证交流电源断电后可连续供电0.5h。

24.11.12 缆线选择及敷设应符合下列规定：

1 计算机信号的分类及缆线选型应符合表24.11.12的规定；

2 不同类别的信号回路不得合用一根电缆或电线导管敷设；

3 计算机的输入信号电缆应在封闭式金属线槽中敷设，金属线槽与盖板应保证良好的接地；

4 单根信号电缆可穿钢导管敷设，钢导管应良好接地；

5 大于或等于60V或0.2A的仪表信号电缆及没有噪声吸收措施的开关量输入、输出信号电缆（如无消弧措施的继电器的回路电缆等），不得与计算机线路共用金属线槽敷设；

表 24.11.12 微机信号分类及线路选型

信号分类	信号范围	线路选型
低电平输入	热电偶	带屏蔽补偿电线(电缆)及对绞对屏计算机用电缆
	热电阻±100mV～±1V	对绞对屏计算机用电缆
高电平输入	>1V，0～50mA	对绞对屏计算机用电缆

6 计算机信号电缆与其他电缆走同一电缆通道时，计算机信号电缆槽道应排列在最下层；

7 计算机信号电缆与控制电缆，允许在带有金属隔板的同一槽道中敷设。

24.11.13 计算机监控机房的设置应符合下列规定：

1 计算机监控机房应位于锅炉运转层，并临近控制室；根据具体情况，计算机也可安装于控制室内，但控制室应考虑防尘、防潮、防噪声等措施；

2 计算机房应由空调设施保证室内温度在18～25℃、相对湿度在45%～65%的范围内，任何情况下不允许结露；

3 计算机房的其他要求应符合本规范第23章有关规定。

附录A 民用建筑中各类建筑物的主要用电负荷分级

表A 民用建筑中各类建筑物的主要用电负荷分级

序号	建筑物名称	用电负荷名称	负荷级别
1	国家级会堂、国宾馆、国家级国际会议中心	主会场、接见厅、宴会厅照明，电声、录像、计算机系统用电	一级*
		客梯、总值班室、会议室、主要办公室、档案室用电	一级
2	国家及省部级政府办公建筑	客梯、主要办公室、会议室、总值班室、档案室及主要通道照明用电	一级
3	国家及省部级计算中心	计算机系统用电	一级*
4	国家及省部级防灾中心、电力调度中心、交通指挥中心	防灾、电力调度及交通指挥计算机系统用电	一级*
5	地、市级办公建筑	主要办公室、会议室、总值班室、档案室及主要通道照明用电	二级
6	地、市级及以上气象台	气象业务用计算机系统用电	一级*
		气象雷达、电报及传真收发设备、卫星云图接收机及语言广播设备、气象绘图及预报照明用电	一级
7	电信枢纽、卫星地面站	保证通信不中断的主要设备用电	一级*
8	电视台、广播电台	国家及省、市、自治区电视台、广播电台的计算机系统用电，直接播出的电视演播厅、中心机房、录像室、微波设备及发射机房用电	一级*
		语音播音室、控制室的电力和照明用电	一级
		洗印室、电视电影室、审听室、楼梯照明用电	二级
9	剧场	特、甲等剧场的调光用计算机系统用电	一级*
		特、甲等剧场的舞台照明、贵宾室、演员化妆室、舞台机械设备、电声设备、电视转播用电	一级
		甲等剧场的观众厅照明、空调机房及锅炉房电力和照明用电	二级
10	电影院	甲等电影院的照明与放映用电	二级

续表 A

序号	建筑物名称	用电负荷名称	负荷级别
11	博物馆、展览馆	大型博物馆及展览馆安防系统用电；珍贵展品展室照明用电	一级*
		展览用电	二级
12	图书馆	藏书量超过 100 万册及重要图书馆的安防系统、图书检索用计算机系统用电	一级*
		其他用电	二级
13	体育建筑	特级体育场（馆）及游泳馆的比赛场（厅）、主席台、贵宾室、接待室、新闻发布厅、广场及主要通道照明、计时记分装置、计算机房、电话机房、广播机房、电台和电视转播及新闻摄影用电	一级*
		甲级体育场（馆）及游泳馆的比赛场（厅）、主席台、贵宾室、接待室、新闻发布厅、广场及主要通道照明、计时记分装置、计算机房、电话机房、广播机房、电台和电视转播及新闻摄影用电	一级
		特级及甲级体育场（馆）及游泳馆中非比赛用电、乙级及以下体育建筑比赛用电	二级
14	商场、超市	大型商场及超市的经营管理用计算机系统用电	一级*
		大型商场及超市营业厅的备用照明用电	一级
		大型商场及超市的自动扶梯、空调用电	二级
		中型商场及超市营业厅的备用照明用电	二级
15	银行、金融中心、证交中心	重要的计算机系统和安防系统用电	一级*
		大型银行营业厅及门厅照明、安全照明用电	一级
		小型银行营业厅及门厅照明用电	二级
16	民用航空港	航空管制、导航、通信、气象、助航灯光系统设施和台站用电，边防、海关的安全检查设备用电，航班预报设备用电，三级以上油库用电	一级*
		候机楼、外航驻机场办事处、机场宾馆及旅客过夜用房、站坪照明、站坪机务用电	一级
		其他用电	二级
17	铁路旅客站	大型站和国境站的旅客站房、站台、天桥、地道用电	一级
18	水运客运站	通信、导航设施用电	一级
		港口重要作业区、一级客运站用电	二级
19	汽车客运站	一、二级客运站用电	二级
20	汽车库（修车库）、停车场	Ⅰ类汽车库、机械停车设备及采用升降梯作车辆疏散出口的升降梯用电	一级
		Ⅱ、Ⅲ类汽车库和Ⅰ类修车库、机械停车设备及采用升降梯作车辆疏散出口的升降梯用电	二级
21	旅游饭店	四星级及以上旅游饭店的经营及设备管理用计算机系统用电	一级*
		四星级及以上旅游饭店的宴会厅、餐厅、厨房、康乐设施、门厅及高级客房、主要通道等场所的照明用电，厨房、排污泵、生活水泵、主要客梯用电，计算机、电话、电声和录像设备、新闻摄影用电	一级
21	旅游饭店	三星级旅游饭店的宴会厅、餐厅、厨房、康乐设施、门厅及高级客房、主要通道等场所的照明用电，厨房、排污泵、生活水泵、主要客梯用电，计算机、电话、电声和录像设备、新闻摄影用电，除上栏所述之外的四星级及以上旅游饭店的其他用电	二级
22	科研院所、高等院校	四级生物安全实验室等对供电连续性要求极高的国家重点实验室用电	一级*
		除上栏所述之外的其他重要实验室用电	一级
		主要通道照明用电	二级
23	二级以上医院	重要手术室、重症监护等涉及患者生命安全的设备（如呼吸机等）及照明用电	一级*
		急诊部、监护病房、手术部、分娩室、婴儿室、血液病房的净化室、血液透析室、病理切片分析、核磁共振、介入治疗用 CT 及 X 光机扫描室、血库、高压氧仓、加速器机房、治疗室及配血室的电力照明用电，培养箱、冰箱、恒温箱用电，走道照明用电，百级洁净度手术室空调系统用电、重症呼吸道感染区的通风系统用电	一级

续表 A

序号	建筑物名称	用电负荷名称	负荷级别
23	二级以上医院	除上栏所述之外的其他手术室空调系统用电，电子显微镜、一般诊断用 CT 及 X 光机用电，客梯用电，高级病房、肢体伤残康复病房照明用电	二级
24	一类高层建筑	走道照明、值班照明、警卫照明、障碍照明用电，主要业务和计算机系统用电，安防系统用电，电子信息设备机房用电，客梯用电，排污泵、生活水泵用电	一级
25	二类高层建筑	主要通道及楼梯间照明用电，客梯用电，排污泵、生活水泵用电	二级

注：1 负荷分级表中“一级*”为一级负荷中特别重要负荷；
2 各类建筑物的分级见现行的有关设计规范；
3 本表未包含消防负荷分级，消防负荷分级见第 3.2.3 条及相关的国家标准、规范；
4 当序号 1～23 各类建筑物与一类或二类高层建筑的用电负荷级别不相同时，负荷级别应按其中高者确定。

附录 B 部分场所照明标准值

《建筑照明设计标准》GB 50034 中已规定了各类常用建筑中大部分场所的照度标准值。本表针对民用建筑的特点，补充了部分场所的照明标准，供设计中选用。表中照度水平均系指工作区参考平面上平均照度的最低允许值，使用时可根据实际使用需要向上调整。

表 B 部分场所照明标准值

分类	房间或场所	维持平均照度 (lx)	统一眩光值 (UGR_L)	显色性 (Ra)	备注
科研教育	幼儿教室、手工室	300	19	80	
	成人教室、晚间教室	500	19	80	
	学生活动室	200	22	80	
	健身教室、游泳馆	300	22	80	
	音乐教室	300	19	80	
	艺术学院的美术教室	750	19	80	色温宜高于 5000K
	手工制图	750	19	80	
	CAD 绘图	300	16	80	
	检验化验室	500	19	80	

续表 B

分类	房间或场所	维持平均照度 (lx)	统一眩光值 (UGR_L)	显色性 (Ra)	备注
商业	品牌服装店	200	19	80	商品照明与一般照明之比宜为 3～5/1
	医药商店	500	19	80	色温宜高于 5000K
	金饰珠宝店	1000	22	80	
	艺术品商店	750	16	80	
	商品包装	500	19	80	
餐饮	高档中餐厅	300	22	80	
	快餐店、自助餐厅	300	22	80	
	宴会厅	500	19	80	宜设调光控制
	操作间	200	22	80	维护系数 0.6～0.7
	面食制作	150	22	80	
	开生间	100	25	80	
	蒸煮	100	25	80	
	冷荤间	150	22	80	宜设置紫外消毒灯
司法	法庭	300	22	80	
	法官、陪审员休息室	200	19	80	
	审讯室	200	22	80	
	监室	200	22	80	
	会客室	300	22	80	
宗教	礼拜堂	100	22	80	
	瞻礼台	300	22	80	
	佛、道教寺庙大殿	100	22	80	
	祈祷、静修室	100	19	60	
	讲经室	300	19	80	
会展	图书音像展厅	500	22	80	
	机械、电器展厅	300	25	80	
	汽车展厅	500	25	80	
	食品展厅	300	22	80	
	服装、日用品展厅	300	22	80	
娱乐休闲	棋牌室	300	19	80	
	台球、沙壶球	200	19	80	另设球台照明
	游戏厅	300	19	80	
	网吧	200	19	80	

附录C 建筑物、入户设施年预计雷击次数及可接受的年平均雷击次数的计算

C.1 建筑物年预计雷击次数的计算

C.1.1 建筑物年预计雷击次数按下式计算：

$$N_1 = KN_gA_e \quad (C.1.1)$$

式中 N_1——建筑物年预计雷击次数（次/a）；

K——校正系数，在一般情况下取1，在以下情况取下列数值：位于旷野孤立的建筑物取2；金属屋面的砖木结构建筑物取1.7；位于河边、湖边山坡下或山地中土壤电阻率较小处、地下水露头处、土山顶部、山谷风口等处的建筑物，以及特别潮湿的建筑物取1.5；

N_g——建筑物所处地区雷击大地的年平均密度[次/(km² · a)]。按(C.1.2)式确定；

A_e——与建筑物截收相同雷击次数的等效面积（km²），按（C.1.3-2）、（C.1.3-3）式确定。

C.1.2 雷击大地的年平均密度按下式计算：

$$N_g = 0.024T_d^{1.3} \quad (C.1.2)$$

式中 T_d——年平均雷暴日。

C.1.3 建筑物等效面积 A_e 为其实际平面积向外扩大后的面积，其计算方法应符合下列规定：

1 建筑物的高度 H 小于100m时，其每边的扩大宽度和等效面积应按下列公式计算确定：

$$D = \sqrt{H(200-H)} \quad (C.1.3\text{-}1)$$

$$A_e = [LW + 2(L+W)\cdot\sqrt{H(200-H)} + \pi H(200-H)]\cdot 10^{-6} \quad (C.1.3\text{-}2)$$

式中 D——建筑物每边的扩大宽度（m）；

L、W、H——建筑物的长、宽、高（m）。

建筑物平面积扩大后的等效面积 A_e 如图C.1.3中的虚线所包围的面积。

2 建筑物的高 H 等于或大于100m时，建筑物每边的扩大宽度 D 应按等于建筑物的高 H 计算。建筑物的等效面积应按下式计算确定：

$$A_e = [LW + 2H(L+W) + \pi H^2]\cdot 10^{-6} \quad (C.1.3\text{-}3)$$

3 当建筑物各部位的高度不同时，应沿建筑物周边逐点算出最大扩大宽度，其等效面积 A_e 应按每点最大扩大宽度外端的连接线所包围的面积计算。

C.2 建筑物入户设施年预计雷击次数及可接受的最大年平均雷击次数计算

C.2.1 建筑物入户设施年预计雷击次数按下式计算：

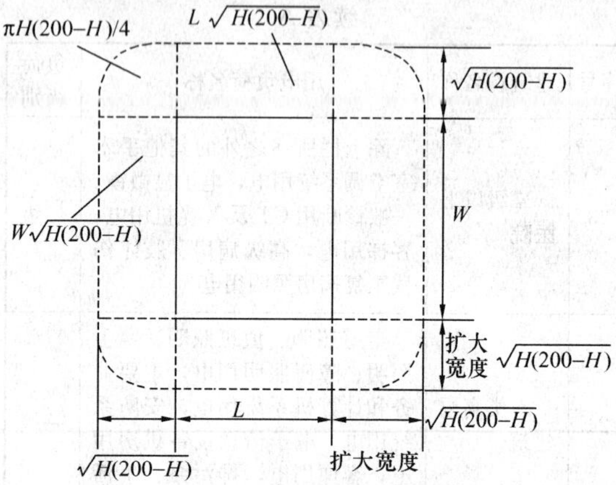

图C.1.3 建筑物的等效面积

$$N_2 = N_g\cdot A'_e = (0.024\cdot T_d^{1.3})\cdot(A'_{e1} + A'_{e2}) \quad (C.2.1)$$

式中 N_2——建筑物入户设施年预计雷击次数（次/a）；

N_g——建筑物所处地区雷击大地的年平均密度[次/(km² · a)]；

T_d——年平均雷暴日(d/a)；

A'_{e1}——电源线缆入户设施的截收面积(km²)，见表C.2.1；

A'_{e2}——信号线缆入户设施的截收面积(km²)，见表C.2.1。

表C.2.1 入户设施的截收面积

线路类型	有效截收面积 A'_e（km²）
低压架空电源电缆	$2000\cdot L\cdot 10^{-6}$
高压架空电源电缆(至现场变电所)	$500\cdot L\cdot 10^{-6}$
低压埋地电源电缆	$2\cdot d_s\cdot L\cdot 10^{-6}$
高压埋地电源电缆(至现场变电所)	$0.1\cdot d_s\cdot L\cdot 10^{-6}$
架空信号线	$2000\cdot L\cdot 10^{-6}$
埋地信号线	$2\cdot d_s\cdot L\cdot 10^{-6}$
无金属铠装或带金属芯线的光纤电缆	0

注：1 L 是线路从所考虑建筑物至网络的第一个分支点或相邻建筑物的长度，单位为m，最大值为1000m，当 L 未知时，应采用 L=1000m；

2 d_s 表示埋地引入线缆计算截收面积时的等效宽度，单位为m，其数值等于土壤电阻率，最大值取500。

C.2.2 建筑物及入户设施年预计雷击次数按下式计算：

$$N = N_1 + N_2 \quad (C.2.2)$$

C.2.3 因直击雷和雷电电磁脉冲引起电子信息系统设备损坏的可接受的最大年平均雷击次数按下式计算：

$$N_c = 5.8 \times 10^{-1.5} / C \quad (C.2.3\text{-}1)$$

$$C = C_1 + C_2 + C_3 + C_4 + C_5 + C_6 \quad (C.2.3\text{-}2)$$

式中 N_c——可接受的最大年平均雷击次数(次/a)；

C——各类因子之和。

C_1为信息系统所在建筑物材料结构因子。当建筑物屋顶和主体结构均为金属材料时，C_1取0.5；当建筑物屋顶和主体结构均为钢筋混凝土材料时，C_1取1.0；当建筑物为砖混结构时，C_1取1.5；当建筑物为砖木结构时，C_1取2.0；当建筑物为木结构时，C_1取2.5。

C_2为信息系统重要程度因子。等电位联结和接地以及屏蔽措施较完善的设备，C_2取2.5；使用架空线缆的设备，C_2取1.0；集成化程度较高的低电压微电流的设备，C_2取3.0。

C_3为电子信息系统设备耐冲击类型和抗冲击过电压能力因子。一般，C_3取0.5；较弱，C_3取1.0；相当弱，C_3取3.0。

注：一般指设备为GB/T 16935.1－1997中所指的Ⅰ类安装位置设备，且采取了较完善的等电位联结、接地、线缆屏蔽措施；较弱指设备为GB/T 16935.1－1997中所指的Ⅰ类安装位置的设备，但使用架空线缆，因而风险大；相当弱指设备集成化程度很高，通过低电压、微电流进行逻辑运算的计算机或通信设备。

C_4为电子信息系统设备所在雷电防护区(LPZ)的因子。设备在LPZ2或更高层雷击防护区内时，C_4取0.5；设备在LPZ1区内时，C_4取1.0；设备在$LPZ0_B$区内时，C_4取1.5～2.0。

C_5为电子信息系统发生雷击事故的后果因子。信息系统业务中断不会产生不良后果时，C_5取0.5；信息系统业务原则上不允许中断，但在中断后无严重后果时，C_5取1.0；信息系统业务不允许中断，中断后会产生严重后果时，C_5取1.5～2.0。

C_6表示区域雷暴等级因子。少雷区，C_6取0.8；多雷区，C_6取1；高雷区，C_6取1.2；强雷区，C_6取1.4。

附录D 浴室区域的划分

D.0.1 浴室的区域划分可根据尺寸划分为三个区域(见图D-1、图D-2)。

0区：是指浴盆、淋浴盆的内部或无盆淋浴1区限界内距地面0.10m的区域。

1区的限界是：围绕浴盆或淋浴盆的垂直平面；或对于无盆淋浴，距离淋浴喷头1.20m的垂直平面和地面以上0.10m至2.25m的水平面。

2区的限界是：1区外界的垂直平面和与其相距0.60m的垂直平面，地面和地面以上2.25m的水平面。

所定尺寸已计入盆壁和固定隔墙的厚度。

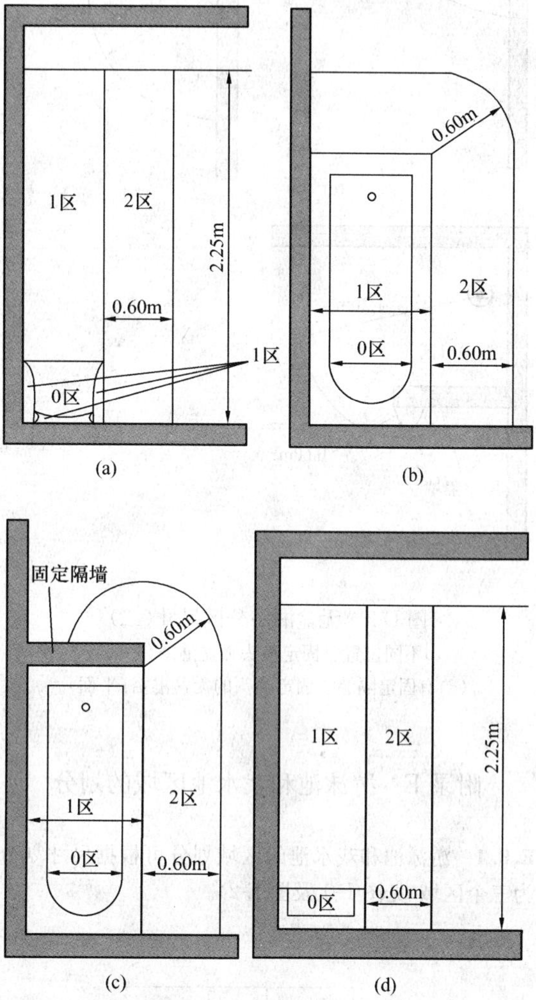

图D-1 浴盆、淋浴盆分区尺寸

(a)浴盆(剖面)；(b)浴盆(平面)；
(c)有固定隔墙的浴盆(平面)；(d)淋浴盆(剖面)

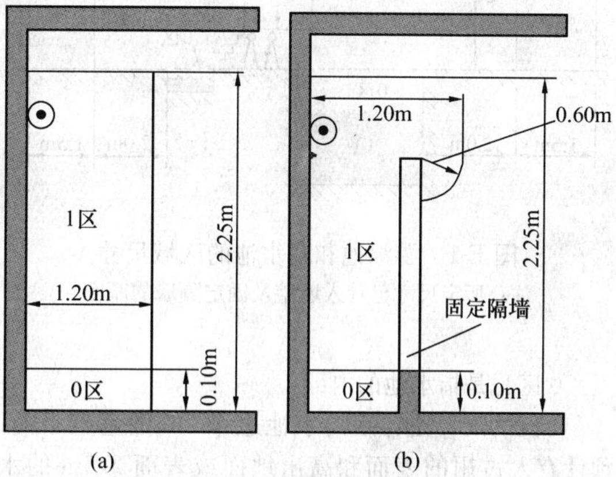

图D-2 无盆淋浴分区尺寸(一)

(a)无盆淋浴(剖面)；(b)有固定隔墙的无盆淋浴(剖面)

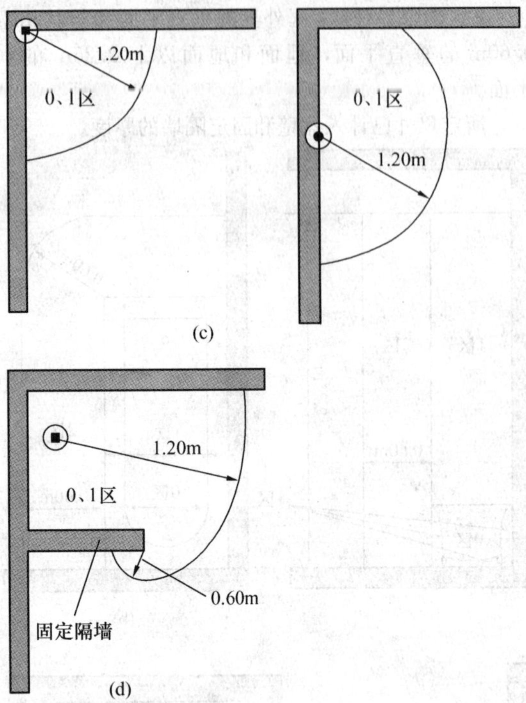

图 D-2　无盆淋浴分区尺寸(二)

(c)不同位置、固定喷头无盆淋浴(平面)；

(d)有固定隔墙、固定喷头的无盆淋浴(平面)

附录 E　游泳池和戏水池区域的划分

E.0.1　游泳池和戏水池的区域划分可根据尺寸划分为三个区域(见图 E-1 及图 E-2)。

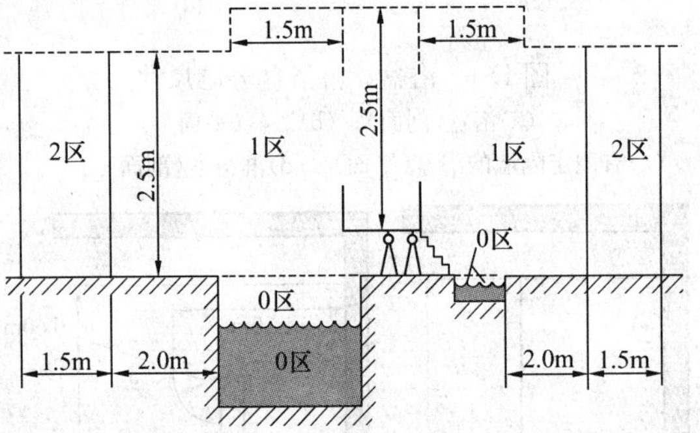

图 E-1　游泳池和戏水池的区域尺寸

注：所定尺寸已计入墙壁及固定隔墙的厚度

0 区：是指水池的内部。

1 区的限界是：距离水池边缘 2m 的垂直平面；预计有人占用的表面和高出地面或表面 2.5m 的水平面；

在游泳池设有跳台、跳板、起跳台或滑槽的地方，1 区包括由位于跳台、跳板及起跳台周围 1.5m 的垂直平面和预计有人占用的最高表面以上 2.5m 的水平面所限制的区域。

2 区的限界是：1 区外界的垂直平面和距离该垂直平面 1.5m 的平行平面之间；预计有人占用的表面和地面及高出该地面或表面 2.5m 的水平面之间。

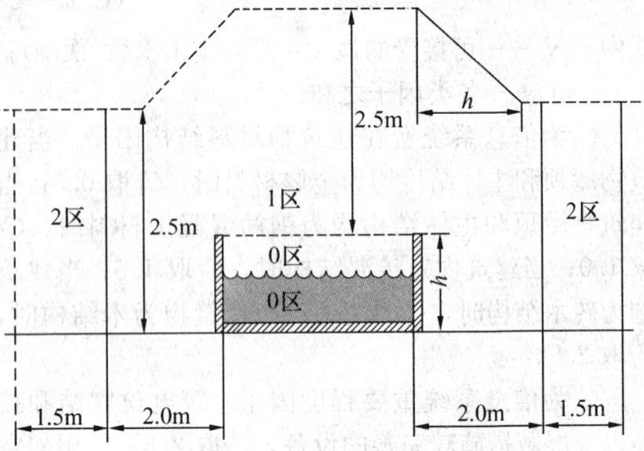

图 E-2　地上水池的区域尺寸

注：所定尺寸已计入墙壁及固定隔墙的厚度

附录 F　喷水池区域的划分

F.0.1　喷水池的区域划分可根据尺寸划分为两个区域(见图 F)。

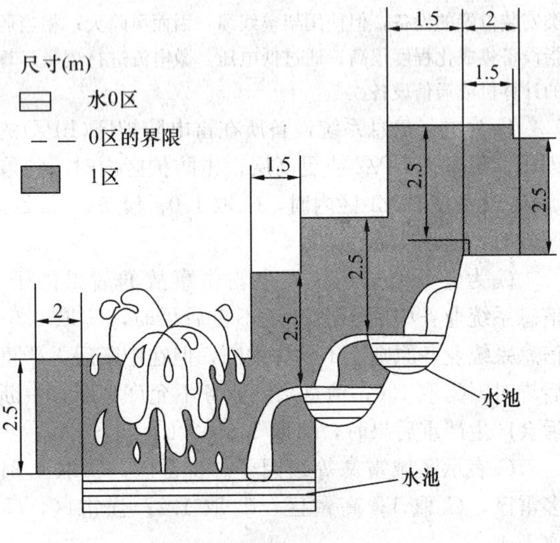

图 F　喷水池区域尺寸

0 区域——水池、水盆或喷水柱、人工瀑布的内部。

1 区域——距离 0 区外界或水池边缘 2m 垂直平面；预计有人占用的表面和高出地面或表面 2.5m 的水平面。

1 区域包括槽周围 1.5m 的垂直平面和预计有人占用的最高表面以上 2.5m 的水平平面所限制的区域。

喷水池没有 2 区。

附录G 声压级及扬声器所需功率计算

G.0.1 厅堂声压级可按下式计算：

$$L_p = L_W + 10\lg\left(\frac{Q}{4\pi r^2} + \frac{4}{R}\right)^* \quad (G.0.1\text{-}1)$$

$$L_W = 10\lg W_a + 120 \quad (G.0.1\text{-}2)$$

$$R = S\bar{\alpha}/(1-\bar{\alpha}) \quad (G.0.1\text{-}3)$$

式中 L_p——室内距声源为 r 的某点声压级(dB)；

L_W——声源的功率级(dB)；

R——房间常数；

W——声源声功率(W)；

r——声源距测点的距离(m)；

S——室内总面积(m^2)；

$\bar{\alpha}$——平均吸声系数；

Q——声源的指向性因数，参见表G.0.1。

注：* 仅适用于室内声场分布均匀的情况。

表G.0.1 声源的指向性因数

声源位置	Q	声源位置	Q
房间中或舞台中	1	靠一墙角	4
靠一边墙	2	在三面交角上	8

G.0.2 扬声器声压及功率计算

1 扬声器声场的声压级：

$$L_P = L_w + 10\lg\left(\frac{QD^2(\theta)}{4\pi r^2} + \frac{4}{R}\right) \quad (G.0.2\text{-}1)$$

$$L_w = 10\lg W_E - 10\lg Q + L_s + 11 \quad (G.0.2\text{-}2)$$

式中 L_w——扬声器的声级功率(dB)；

W_E——输入扬声器的电功率(W)；

L_s——扬声器特性灵敏度级(dB)；

$D(\theta)$——扬声器 θ 方向的指向性系数；

Q——扬声器指向性因数；

r——测点到扬声器的距离(m)；

R——房间常数。

2 扬声器最远供声距离：

$$r_m \leqslant 3 \sim 4r_c \quad (G.0.2\text{-}3)$$

$$r_c = 0.14D(\theta)\sqrt{QR} \quad (G.0.2\text{-}4)$$

式中 r_c——临界距离(m)；

Q——扬声器指向性因数；

R——房间常数；

$D(\theta)$——扬声器 θ 方向的指向性系数。

G.0.3 扬声器所需功率

$$10\lg W_E = L_p - L_s + 20\lg r \quad (G.0.3)$$

式中 L_p——根据需要所选定的最大声压级(dB)；

L_s——扬声器特性灵敏度级(dB)；

W_E——扬声器的电功率(W)；

r——测点到扬声器的距离(m)。

附录H 各类建筑物的混响时间推荐值及缆线规格计算与选择

H.0.1 各类建筑物的混响时间设计值可参考表H.0.1。

表H.0.1 混响时间推荐值

厅堂用途	混响时间(s)
电影院、会议厅	1.0～1.2
立体声宽银幕电影院	0.8～1.0
演讲、戏剧、话剧	1.0～1.4
歌剧、音乐厅	1.5～1.8
多功能厅、排练室	1.3～1.5
声乐、器乐练习室	0.3～0.45
电影同期录音摄影棚	0.8～0.9
语言录音(播音)	0.4～0.5
音乐录音(播音)	1.2～1.5
电话会议、同声传译室	～0.4
多功能体育馆	<2
电视、演播室、室内音乐	0.8～1

H.0.2 从功放设备输出端至线路最远的用户扬声器的线路缆线规格可按式(H.0.2)计算：

$$q = 0.035(100-n)\frac{L \cdot W \cdot U^2}{n} \quad (H.0.2)$$

式中 q——缆线截面积(mm^2)；

L——从功率放大器到扬声器的缆线长度(m)；

W——输入到扬声器的电功率(W)；

U——扩音机的输出电压(V)；

n——缆线上的电压降，用功率放大器输出电压百分率表示(%)。

当线路衰耗不大于0.5dB时，缆线规格可按表H.0.2选择。

表H.0.2 广播馈送回路缆线规格选择一览表

缆线规格		不同扬声器总功率允许的最大距离(m)			
二线制	三线制	30W	60W	120W	240W
$2\times0.5mm^2$	$3\times0.5mm^2$	400	200	100	50
$2\times0.75mm^2$	$3\times0.75mm^2$	600	300	150	75
$2\times1.0mm^2$	$3\times1.0mm^2$	800	400	200	100
$2\times1.5mm^2$	$3\times1.5mm^2$	1000	500	250	125
$2\times2.0mm^2$	$3\times2.0mm^2$	1200	600	300	150

附录J　建筑设备监控系统DDC监控表

表J　DDC　监　控　表　　　　共　页　　第　页

项目：		设备位号	通道号	DI类型				DO类型				模拟量输入点AI要求								模拟量输出点AO要求					DDC供电电源引自	管线要求			
DDC编号				接点输入	电压输入			接点输出	电压输出			信号类型						供电电源		信号类型			供电电源			导线规格	型号	管线编号	穿管直径
序号	监控点描述						其他				其他	温度	湿度	压力	流量		其他		其他			其他		其他					
1																													
2																													
3																													
4																													
5																													
6																													
7																													
8																													
9																													
10																													
11																													
12																													
13																													
14																													
15																													
16																													
17																													
18																													
19																													
20																													
合计																													

附录K　BAS监控点一览表

表K　BAS监控点一览表　　　　共　页　　第　页

项目		设备数量	输入输出点数量统计				数字量输入点DI							数字量输出点DO				模拟量输入点AI															模出点AO			电源	
日期																																					
序号	设备名称		数字输入DI	数字输出DO	模拟输入AI	模拟输出AO	运行状态	故障报警	水流检测	差压报警	液位检测	手/自动		启停控制	阀门控制	开关控制		风温检测	水温检测	风压检测	水压检测	湿度检测	差压检测	流量检测	阀位	电压检测	电流检测	有功功率	无功功率	功率因数	频率检测	其他	风阀	水阀			
1	空调机组																																				
2	新风机组																																				
3	通风机																																				
4	排烟机																																				
5	冷水机组																																				
6	冷冻水泵																																				
7	冷却水泵																																				
8	冷却塔																																				
9	热交换器																																				

续表 K

项目/日期/序号	设备名称	设备数量	输入输出点数量统计				数字量输入点 DI							数字量输出点 DO			模拟量输入点 AI															模出点 AO			电源	
序号	设备名称		数字输入 DI	数字输出 DO	模拟输入 AI	模拟输出 AO	运行状态	故障报警	水流检测	差压报警	液位检测	手/自动		启停控制	阀门控制	开关控制	风温检测	水温检测	风压检测	水压检测	湿度检测	差压检测	流量检测	阀位	电压检测	电流检测	有功功率	无功功率	功率因数	频率检测	其他	风阀	水阀			
10	热水循环泵																																			
11	生活水泵																																			
12	清水池																																			
13	生活水箱																																			
14	排水泵																																			
15	集水坑																																			
16	污水泵																																			
17	污水池																																			
18	高压柜																																			
19	变压器																																			
20	低压配电柜																																			
21	柴油发电机组																																			
22	电梯																																			
23	自动扶梯																																			
24	照明配电箱																																			
25	巡更点																																			
26	门禁开关																																			
27																																				
28																																				

附录 L　综合布线系统信道及永久链路的各项指标

L.0.1　回波损耗(RL)只在布线系统中的 C、D、E、F 级采用，在布线的两端均应符合回波损耗值的要求，布线系统的最小回波损耗值应符合表 L.0.1 的规定。

表 L.0.1　最小回波损耗值

频率(MHz)	最小回波损耗(dB)							
	信道				永久链路			
	C 级	D 级	E 级	F 级	C 级	D 级	E 级	F 级
1	15.0	17.0	19.0	19.0	15.0	19.0	21.0	21.0
16	15.0	17.0	18.0	18.0	15.0	19.0	20.0	20.0
100	—	10.0	12.0	12.0	—	12.0	14.0	14.0
250	—	—	8.0	8.0	—	—	10.0	10.0
600	—	—	—	8.0	—	—	—	10.0

L.0.2　布线系统的最大插入损耗(IL)值应符合表 L.0.2 的规定。

表 L.0.2　最大插入损耗值

频率(MHz)	最大插入损耗(dB)											
	信道						永久链路					
	A级	B级	C级	D级	E级	F级	A级	B级	C级	D级	E级	F级
0.1	16.0	5.5	—	—	—	—	16.0	5.5	—	—	—	—
1	—	5.8	4.2	4.0	4.0	4.0	—	5.8	4.0	4.0	4.0	4.0
16	—	—	14.4	9.1	8.3	8.1	—	—	12.2	7.7	7.1	6.9
100	—	—	—	24.0	21.7	20.8	—	—	—	20.4	18.5	17.7
250	—	—	—	—	35.9	33.8	—	—	—	—	30.7	28.8
600	—	—	—	—	—	54.6	—	—	—	—	—	46.6

L.0.3　线对与线对之间的近端串音(NEXT)在布线的两端均应符合表 L.0.3 布线系统的最小近端串音值的规定。

表 L.0.3 最小近端串音值

频率(MHz)	最小近端串音(dB)											
	信道						永久链路					
	A级	B级	C级	D级	E级	F级	A级	B级	C级	D级	E级	F级
0.1	27.0	40.0	—	—	—	—	27.0	40.0	—	—	—	—
1	—	25.0	39.1	60.0	65.0	65.0	—	25.0	40.1	60.0	65.0	65.0
16	—	—	19.4	43.6	53.2	65.0	—	—	21.1	45.2	54.6	65.0
100	—	—	—	30.1	39.9	62.9	—	—	—	32.3	41.8	65.0
250	—	—	—	—	33.1	56.9	—	—	—	—	35.3	60.4
600	—	—	—	—	—	51.2	—	—	—	—	—	54.7

L.0.4 近端串音功率和(PSNEXT)只应用于 D、E、F 级布线系统，在布线的两端均应符合表 L.0.4 布线系统的最小 PSNEXT 值的规定。

表 L.0.4 最小 PSNEXT 值

频率(MHz)	最小 PSNEXT (dB)					
	信道			永久链路		
	D级	E级	F级	D级	E级	F级
1	57.0	62.0	62.0	57.0	62.0	62.0
16	40.6	50.6	62.0	42.2	52.2	62.0
100	27.1	37.1	59.9	29.3	39.3	62.0
250	—	30.2	53.9	—	32.7	57.4
600	—	—	48.2	—	—	41.7

L.0.5 线对与线对之间的衰减串音比(ACR)只应用于布线系统 D、E、F 级，ACR 值是 NEXT 与插入损耗分贝值之间的差值，在布线的两端均应符合表 L.0.5 布线系统的最小 ACR 值的规定。

表 L.0.5 最小 ACR 值

频率(MHz)	最小 ACR (dB)					
	信道			永久链路		
	D级	E级	F级	D级	E级	F级
1	56.0	61.0	61.0	56.0	61.0	61.0
16	34.5	44.9	56.9	37.5	47.5	58.1
100	6.1	18.2	42.1	11.9	23.3	47.3
250	—	−2.8	23.1	—	4.7	31.6
600	—	—	−3.4	—	—	8.1

L.0.6 布线系统的 ACR 功率和(PSACR)为表 L.0.4 PSNEXT 值与表 L.0.2 最大插入损耗值的差值，布线系统的最小 PSACR 值应符合表 L.0.6 的规定。

表 L.0.6 最小 PSACR 值

频率(MHz)	最小 PSACR (dB)					
	信道			永久链路		
	D级	E级	F级	D级	E级	F级
1	53.0	58.0	58.0	53.0	58.0	58.0
16	31.5	42.3	53.9	34.5	45.1	55.1
100	3.1	15.4	39.1	8.9	20.8	44.3
250	—	−5.8	20.1	—	2.0	28.6
600	—	—	−6.4	—	—	5.1

L.0.7 布线系统的线对与线对之间最小等电平远端串音(ELFEXT)应符合表 L.0.7 的规定。

表 L.0.7 最小 ELFEXT 值

频率(MHz)	最小 ELFEXT (dB)					
	信道			永久链路		
	D级	E级	F级	D级	E级	F级
1	57.4	63.3	65.0	58.6	64.2	65.0
16	33.3	39.2	57.5	34.5	40.1	59.3
100	17.4	23.3	44.4	18.6	24.2	46.0
250	—	15.3	37.8	—	16.2	39.2
600	—	—	31.3	—	—	32.6

L.0.8 布线系统的最小等电平远端串音功率和(PSELFEXT)应符合表 L.0.8 的规定。

表 L.0.8 最小 PSELFEXT 值

频率(MHz)	最小 PSELFEXT(dB)					
	信道			永久链路		
	D级	E级	F级	D级	E级	F级
1	54.4	60.3	62.0	55.6	61.2	62.0
16	30.3	36.2	54.5	31.5	37.1	56.3
100	14.4	20.3	41.4	15.6	21.2	43.0
250	—	12.3	34.8	—	13.2	36.2
600	—	—	28.3	—	—	29.6

L.0.9 布线系统的最大直流环路电阻应符合表 L.0.9 的规定。

表 L.0.9 最大直流环路电阻

最大直流环路电阻 (Ω)											
信道						永久链路					
A级	B级	C级	D级	E级	F级	A级	B级	C级	D级	E级	F级
560	170	40	25	25	25	530	140	34	21	21	21

L.0.10 布线系统的最大传播时延值应符合表 L.0.10 的规定。

表 L.0.10 最大传播时延值

频率 MHz	最大传播时延（μs）											
	信道						永久链路					
	A级	B级	C级	D级	E级	F级	A级	B级	C级	D级	E级	F级
0.1	20.000	5.000	—	—	—	—	19.400	4.400	—	—	—	—
1	—	5.000	0.580	0.580	0.580	0.580	—	4.400	0.521	0.521	0.521	0.521
16	—	—	0.553	0.553	0.553	0.553	—	—	0.496	0.496	0.496	0.496
100	—	—	—	0.548	0.548	0.548	—	—	—	0.491	0.491	0.491
250	—	—	—	—	0.546	0.546	—	—	—	—	0.490	0.490
600	—	—	—	—	—	0.545	—	—	—	—	—	0.489

L.0.11 布线系统的最大传播时延偏差应符合表 L.0.11 的规定。

表 L.0.11 最大传播时延偏差

等级	频率(MHz)	最大时延偏差（μs）	
		信道	永久链路
A	$f=0.1$	—	—
B	$0.1\leqslant f\leqslant 1$	—	—
C	$1\leqslant f\leqslant 16$	0.050	0.044
D	$1\leqslant f\leqslant 100$	0.050	0.044
E	$1\leqslant f\leqslant 250$	0.050	0.044
F	$1\leqslant f\leqslant 600$	0.050	0.026

L.0.12 在布线的两端均应符合不平衡衰减的要求。一个信道的不平衡衰减[纵向对差分转换损耗(LCL)或横向转换损耗(TCL)]应符合表 L.0.12 的规定。

表 L.0.12 信道最大不平衡衰减值

等级	频率(MHz)	最大不平衡衰减(dB)
A	$f=0.1$	30
B	$f=0.1$ 和 1	在 0.1MHz 时为 45；1MHz 时为 20
C	$1\leqslant f\leqslant 16$	$30-5\lg(f)$f. f. s.
D	$1\leqslant f\leqslant 100$	$40-10\lg(f)$f. f. s.
E	$1\leqslant f\leqslant 250$	$40-10\lg(f)$f. f. s.
F	$1\leqslant f\leqslant 600$	$40-10\lg(f)$f. f. s.

本规范用词说明

1 为便于在执行本规范条文时区别对待，对于要求严格程度不同的用词说明如下：

1） 表示很严格，非这样做不可的：
正面词采用“必须”，反面词采用“严禁”；

2） 表示严格，在正常情况下均应这样做的：
正面词采用“应”，反面词采用“不应”或“不得”；

3） 表示允许稍有选择，在条件许可时首先应这样做的：
正面词采用“宜”，反面词采用“不宜”；
表示有选择，在一定条件下可以这样做的，采用“可”。

2 条文中指明应按其他有关标准执行的写法为：“应符合……的规定”或“应按……执行”。

中华人民共和国行业标准

民用建筑电气设计规范

条 文 说 明

前　言

《民用建筑电气设计规范》JGJ 16—2008，经建设部 2008 年 1 月 31 日以 800 号公告批准发布。

本规范第一版的主编单位是中国建筑东北设计研究院，参编单位是北京市建筑设计研究院、建设部建筑设计院、天津市建筑设计院、哈尔滨建筑工程学院、华东建筑设计院、中国建筑西北设计研究院、中南建筑设计院、中国建筑西南设计研究院、辽宁省建筑设计院、吉林省建筑设计院、黑龙江省建筑设计院、广州市设计院、上海电缆研究所。

为便于广大设计、施工、科研、学校等单位有关人员在使用本规范时能正确理解和执行条文规定，《民用建筑电气设计规范》编制组按章、节、条顺序编制了本规范的条文说明，供使用者参考。在使用中如发现本条文说明有不妥之处，请将意见函寄中国建筑东北设计研究院（主编单位）。

目　次

1　总则 …………………………………… 2—2—155
3　供配电系统 ……………………………… 2—2—155
3.1　一般规定 ……………………………… 2—2—155
3.2　负荷分级及供电要求 ………………… 2—2—155
3.3　电源及供配电系统 …………………… 2—2—156
3.4　电压选择和电能质量 ………………… 2—2—157
3.5　负荷计算 ……………………………… 2—2—157
3.6　无功补偿 ……………………………… 2—2—157
4　配变电所 ………………………………… 2—2—158
4.1　一般规定 ……………………………… 2—2—158
4.2　所址选择 ……………………………… 2—2—158
4.3　配电变压器选择 ……………………… 2—2—159
4.4　主接线及电器选择 …………………… 2—2—159
4.5　配变电所形式和布置 ………………… 2—2—159
4.8　电力电容器装置 ……………………… 2—2—160
4.9　对土建专业的要求 …………………… 2—2—160
5　继电保护及电气测量 …………………… 2—2—160
5.1　一般规定 ……………………………… 2—2—160
5.2　继电保护 ……………………………… 2—2—160
5.3　电气测量 ……………………………… 2—2—161
5.4　二次回路及中央信号装置 …………… 2—2—161
5.5　控制方式、所用电源及
操作电源 ……………………………… 2—2—162
6　自备应急电源 …………………………… 2—2—162
6.1　自备应急柴油发电机组 ……………… 2—2—162
6.2　应急电源装置（EPS） ……………… 2—2—167
6.3　不间断电源装置（UPS） …………… 2—2—167
7　低压配电 ………………………………… 2—2—168
7.1　一般规定 ……………………………… 2—2—168
7.2　低压配电系统 ………………………… 2—2—168
7.3　特低电压配电 ………………………… 2—2—168
7.4　导体选择 ……………………………… 2—2—168
7.5　低压电器的选择 ……………………… 2—2—169
7.6　低压配电线路的保护 ………………… 2—2—170
8　配电线路布线系统 ……………………… 2—2—170
8.1　一般规定 ……………………………… 2—2—170
8.2　直敷布线 ……………………………… 2—2—170
8.3　金属导管布线 ………………………… 2—2—170
8.4　可挠金属电线保护套管布线 ………… 2—2—171
8.5　金属线槽布线 ………………………… 2—2—171
8.6　刚性塑料导管（槽）布线 …………… 2—2—171
8.7　电力电缆布线 ………………………… 2—2—171
8.8　预制分支电缆布线 …………………… 2—2—172
8.9　矿物绝缘（MI）电缆布线 ………… 2—2—173
8.10　电缆桥架布线 ……………………… 2—2—173
8.11　封闭式母线布线 …………………… 2—2—173
8.12　电气竖井内布线 …………………… 2—2—173
9　常用设备电气装置 ……………………… 2—2—173
9.2　电动机 ………………………………… 2—2—173
9.3　传输系统 ……………………………… 2—2—178
9.4　电梯、自动扶梯和自动人行道 ……… 2—2—178
9.5　自动门和电动卷帘门 ………………… 2—2—179
9.6　舞台用电设备 ………………………… 2—2—180
9.7　医用设备 ……………………………… 2—2—181
9.8　体育场馆设备 ………………………… 2—2—182
10　电气照明 ……………………………… 2—2—183
10.1　一般规定 …………………………… 2—2—183
10.2　照明质量 …………………………… 2—2—183
10.3　照明方式与种类 …………………… 2—2—184
10.4　照明光源与灯具 …………………… 2—2—184
10.5　照度水平 …………………………… 2—2—184
10.6　照明节能 …………………………… 2—2—184
10.7　照明供电 …………………………… 2—2—185
10.8　各类建筑照明设计要求 …………… 2—2—186
10.9　建筑景观照明 ……………………… 2—2—188
11　民用建筑物防雷 ……………………… 2—2—189
11.1　一般规定 …………………………… 2—2—189
11.2　建筑物的防雷分类 ………………… 2—2—189
11.3　第二类防雷建筑物的防雷
措施 ………………………………… 2—2—190
11.5　其他防雷保护措施 ………………… 2—2—191
11.6　接闪器 ……………………………… 2—2—191
11.7　引下线 ……………………………… 2—2—192
11.8　接地网 ……………………………… 2—2—192
11.9　防雷击电磁脉冲 …………………… 2—2—193
12　接地和特殊场所的安全防护 ………… 2—2—193
12.1　一般规定 …………………………… 2—2—193
12.2　低压配电系统的接地形式和基本

要求…………………………………… 2—2—194
12.3 保护接地范围………………………… 2—2—194
12.4 接地要求和接地电阻………………… 2—2—194
12.5 接地网………………………………… 2—2—194
12.6 通用电力设备接地及等
电位联结……………………………… 2—2—195
12.7 电子设备、计算机接地……………… 2—2—195
12.8 医疗场所的安全防护………………… 2—2—195
12.9 特殊场所的安全防护………………… 2—2—196
13 火灾自动报警系统 ………………… 2—2—196
13.1 一般规定……………………………… 2—2—196
13.2 系统保护对象分级与报警、
探测区域的划分……………………… 2—2—196
13.3 系统设计……………………………… 2—2—196
13.4 消防联动控制………………………… 2—2—197
13.5 火灾探测器和手动报警按钮
的选择与设置………………………… 2—2—198
13.7 消防专用电话………………………… 2—2—198
13.8 火灾应急照明………………………… 2—2—198
13.9 系统供电……………………………… 2—2—198
13.10 导线选择及敷设 …………………… 2—2—199
13.11 消防值班室与消防控制室 ……… 2—2—199
13.12 防火剩余电流动作报警系统 … 2—2—199
14 安全技术防范系统 ………………… 2—2—200
14.1 一般规定……………………………… 2—2—200
14.2 入侵报警系统………………………… 2—2—200
14.3 视频安防监控系统…………………… 2—2—200
14.4 出入口控制系统……………………… 2—2—201
14.5 电子巡查系统………………………… 2—2—201
14.6 停车库（场）管理系统……………… 2—2—201
14.7 住宅（小区）安全防范系统……… 2—2—201
14.8 管线敷设……………………………… 2—2—202
14.9 监控中心……………………………… 2—2—202
14.10 联动控制和系统集成 …………… 2—2—202
15 有线电视和卫星电视
接收系统……………………………… 2—2—202
15.1 一般规定……………………………… 2—2—202
15.2 有线电视系统设计原则……………… 2—2—202
15.3 接收天线……………………………… 2—2—202
15.4 自设前端……………………………… 2—2—203
15.5 传输与分配网络……………………… 2—2—203
15.6 卫星电视接收系统…………………… 2—2—203
15.8 供电、防雷与接地…………………… 2—2—203
16 广播、扩声与会议系统…………… 2—2—204
16.1 一般规定……………………………… 2—2—204
16.2 广播系统……………………………… 2—2—204
16.3 扩声系统……………………………… 2—2—204
16.4 会议系统……………………………… 2—2—205
16.5 设备选择……………………………… 2—2—205
16.6 设备布置……………………………… 2—2—206
16.7 线路敷设……………………………… 2—2—207
16.8 控制室………………………………… 2—2—207
16.9 电源与接地…………………………… 2—2—207
17 呼应信号及信息显示 ……………… 2—2—207
17.1 一般规定……………………………… 2—2—207
17.2 呼应信号系统设计…………………… 2—2—207
17.3 信息显示系统设计…………………… 2—2—208
17.4 信息显示装置的控制………………… 2—2—211
17.5 时钟系统……………………………… 2—2—211
17.6 设备选择、线路敷设及机房……… 2—2—211
17.7 供电、防雷及接地…………………… 2—2—211
18 建筑设备监控系统 ………………… 2—2—211
18.1 一般规定……………………………… 2—2—211
18.2 建筑设备监控系统网络结构……… 2—2—212
18.3 管理网络层（中央管理
工作站） ……………………………… 2—2—212
18.4 控制网络层（分站） ……………… 2—2—213
18.5 现场网络层…………………………… 2—2—213
18.6 建筑设备监控系统的软件………… 2—2—213
18.7 现场仪表的选择……………………… 2—2—214
18.8 冷冻水及冷却水系统………………… 2—2—214
18.10 采暖通风及空气调节系统 ……… 2—2—215
18.12 供配电系统 ………………………… 2—2—215
18.13 公共照明系统 ……………………… 2—2—215
18.15 建筑设备监控系统节能设计 … 2—2—215
19 计算机网络系统 …………………… 2—2—216
19.1 一般规定……………………………… 2—2—216
19.2 网络设计原则………………………… 2—2—217
19.3 网络拓扑结构与传输
介质的选择…………………………… 2—2—219
19.4 网络连接部件的配置………………… 2—2—220
19.5 操作系统软件与网络安全………… 2—2—221
19.6 广域网连接…………………………… 2—2—221
19.7 网络应用……………………………… 2—2—222
20 通信网络系统 ……………………… 2—2—222
20.2 数字程控用户电话交换机
系统…………………………………… 2—2—222
20.4 会议电视系统………………………… 2—2—223
20.5 无线通信系统………………………… 2—2—224
20.6 多媒体现代教学系统………………… 2—2—226
20.7 通信配线与管道……………………… 2—2—227
21 综合布线系统 ……………………… 2—2—229
21.1 一般规定……………………………… 2—2—229
21.2 系统设计……………………………… 2—2—230
21.3 系统配置……………………………… 2—2—230
21.4 系统指标……………………………… 2—2—231

21.5 设备间及电信间…………………… 2—2—231
21.7 缆线选择和敷设…………………… 2—2—232
21.8 电气防护和接地…………………… 2—2—232
22 电磁兼容与电磁环境卫生 …… 2—2—232
23 电子信息设备机房 ………………… 2—2—233
23.1 一般规定…………………………… 2—2—233
23.2 机房的选址、设计与设备布置………………………………… 2—2—233
23.3 环境条件和对相关专业的要求………………………………… 2—2—234
23.4 机房供电、接地及防静电……… 2—2—234
23.5 消防与安全…………………………… 2—2—234
24 锅炉房热工检测与控制 ………… 2—2—234
24.1 一般规定…………………………… 2—2—234
24.2 自动化仪表的选择……………… 2—2—234
24.3 热工检测与控制………………… 2—2—235
24.4 自动报警与连锁控制…………… 2—2—236
24.8 取源部件、导管及防护………… 2—2—236
24.11 锅炉房计算机监控系统 ……… 2—2—236

1 总 则

1.0.1 本条阐述了编制本规范的目的，规定了民用建筑电气设计必须遵循的基本原则和应达到的基本要求。

民用建筑电气设计不仅涉及很多领域的专业技术问题，而且要体现国家的基本方针和政策。因此，设计中必须认真贯彻执行国家的方针、政策。

针对不同的工程项目，保证电气设施运行安全可靠、经济合理、技术先进、维护管理方便这些基本要求，是设计中必须遵守的准则；而注意整体美观，则是民用建筑设计的固有特性所决定的，也是不可忽视的重要方面。

1.0.2 本条规定了本规范的适用范围。对于人防工程、燃气加压站、汽车加油站的电气设计，由于工程具有特殊性，涉及的技术内容并非民用建筑电气设计规范所能界定的。因此，将上述工程列入不适用范围。

1.0.3 防治污染、保护生态环境是我国的一项重要国策。随着国家经济快速发展，人们生活水平不断提高，对良好生态环境、人居环境的追求已经成为提高生活水平和生活质量的重要组成部分。本规范倡导以人为本的设计理念，重视电磁污染及声、光污染，采取综合治理措施，确保人居环境的安全，无疑是落实国家政策的重要一环。

1.0.4 民用建筑电气设计涉及的技术标准种类繁多，根据不同的工程对象，恰如其分地采用技术标准和装备水平，使其与工程的功能、性质相适应是建筑电气设计的重要环节，处理好这一问题实属关键。

1.0.5 节能是一项重要的国策。单立此条的目的，在于强调设计中要从各方面积极采用和推广成熟、有效的节能措施，配合国家发展和改革委员会推出《节能中长期专项规划》的落实，努力降低电能消耗。

1.0.6 此条规定是保证设计质量的有效措施。民用建筑电气设计事关人身、财产安全，如果不能杜绝已被国家淘汰的和不符合国家技术标准的劣质产品在工程上应用，无疑将给工程埋下隐患。因此，条文中采用"严禁使用"来确保产品质量。

1.0.7 近年来，建筑电气领域的新产品、新系统层出不穷，从理论到实践都需积累经验，不断去粗取精，尤其向国际标准靠拢更应结合国情，不能一概照搬。因而强调采用经实践证明行之有效的新技术，这是一种科学精神，避免不必要的浪费和损失，提高经济效益、社会效益。

1.0.8 民用建筑电气设计范围很广，有不少方面又与国家标准和其他行业标准交叉，或对专业性较强的内容未在本规范表达，为避免执行中可能出现的矛盾或误解，故作此规定。

3 供配电系统

3.1 一般规定

3.1.1 为适应一般民用建筑工程的常用情况，本规范特规定适用于10kV及以下电压等级的供配电系统。

对于一些民用建筑的规模很大，用电负荷相应增大，个别建筑物内部设有35kV等级的变电所，应按国家有关标准设计。

3.1.2 供配电系统如果未进行全面的统筹规划，将会产生能耗大、资金浪费及配置不合理等问题。因此，在供配电系统设计中，应进行全面规划，确定合理可行的供配电系统方案。

3.2 负荷分级及供电要求

3.2.1 根据电力负荷因事故中断供电造成的损失或影响的程度，区分其对供电可靠性的要求，进行负荷分级。损失或影响越大，对供电可靠性的要求越高。电力负荷分级的意义在于正确地反映它对供电可靠性要求的界限，以便根据负荷等级采取相应的供电方式，提高投资的经济效益和社会效益。

根据民用建筑特点，本条对一级负荷中特别重要负荷作了规定。一级负荷中特别重要的负荷，如大型金融中心的关键电子计算机系统和防盗报警系统、大型国际比赛场馆的计时记分系统以及监控系统等。重要的实时处理计算机及计算机网络一旦中断供电将会丢失重要数据，因此列为一级负荷中特别重要负荷。另外，大多数民用建筑中通常不含有中断供电将发生中毒、爆炸和火灾的负荷，当个别建筑物内含有此类负荷时，应列为一级负荷中特别重要负荷。

3.2.2 由于各类建筑中应列入一级、二级负荷的用电负荷很多，规范中难以将各类建筑中的所有用电负荷全部列出。本规范仅对负荷分级作了原则性规定并给出常用用电负荷分级表，列入附录A中，表中未列出的其他类似的负荷可根据工程的具体情况参照表中的相应负荷分级确定。附录A是根据原规范表3.1.2修改补充而成。

一类和二类高层建筑中的电梯、部分场所的照明、生活水泵等用电负荷如果中断供电将影响全楼的公共秩序和安全，对用电可靠性的要求比多层建筑明显提高，因此对其负荷的级别作了相应的划分。

3.2.8、3.2.9 规定一级负荷应由两个电源供电，而且不能同时损坏。因为只有满足这个基本条件，才可能维持其中一个电源继续供电，这是必须满足的要求。两个电源宜同时工作，也可一用一备。

对一级负荷中特别重要负荷的供电要求作了规定，除应满足本规范第3.2.8条要求的两个电源供电外，还必须增设应急电源。

近年来供电系统的运行实践经验证明，从电力网引接两回路电源进线加备用自投（BZT）的供电方式，不能满足一级负荷中特别重要负荷对供电可靠性及连续性的要求，有的全部停电事故是由内部故障引起的，也有的是由电力网故障引起的。由于地区大电力网在主网电压上部是并网的，所以用电部门无论从电网取几路电源进线，也无法得到严格意义上的两个独立电源。因此，电力网的各种故障，可能引起全部电源进线同时失去电源，造成停电事故。

当电网设有自备发电站时，由于内部故障或继电保护的误动作交织在一起，可能造成自备电站电源和电网均不能向负荷供电的事故。因此，正常与电网并列运行的自备电站，一般不宜作为应急电源使用，对一级负荷中特别重要的负荷，需要由与电网不并列的、独立的应急电源供电。禁止应急电源与工作电源并列运行，目的在于防止工作电源故障时可能拖垮应急电源。

多年来实际运行经验表明，电气故障是无法限制在某个范围内部的，电力企业难以确保供电不中断。因此，应急电源应是与电网在电气上独立的各种电源，例如蓄电池、柴油发电机等。

为了保证对一级负荷中特别重要负荷的供电可靠性，需严格界定负荷等级，并严禁将其他负荷接入应急电源系统。

3.2.10 对二级负荷的供电方式。由于二级负荷停电影响较大，因此宜由两回线路供电，供电变压器也宜选两台（两台变压器可不在同一变电所）。只有当负荷较小或地区供电条件困难时，才允许由一回 6kV 及以上的专用架空线或电缆供电。当线路自上一级配电所用电缆引出时必须采用两根电缆组成的电缆线路，其每根电缆应能承受二级负荷的100%，且互为热备用。

3.3 电源及供配电系统

3.3.1 电源及供配电系统设计

第1款 供配电线路宜深入负荷中心，将配电所、变电所及变压器靠近负荷中心的位置，可降低电能损耗、提高电压质量、节省线材，这是供配电系统设计时的一条重要原则。

第3款 长期的运行经验表明，用电单位在一个电源检修或事故的同时另一电源又发生事故的情况极少，且这种事故多数是由于误操作造成的，可通过加强维护管理、健全必要的规章制度来解决。

第4款 电力系统所属大型电厂其单位功率的投资少，发电成本低，而用电单位一般的自备中小型电厂则相反，故只有在条文规定的情况下，才宜设置自备电源。

1） 此项规定了设置自备电源作为第三电源的条件。按本规范第3.2.9条的规定，一级负荷中特别重要负荷，除两个电源外，还必须增设应急电源，因而需要设置自备电源；

2） 此项规定了设置自备电源作为第二电源的条件；

3） 此项规定了设置自备电源作为第一电源的条件。

第5款 两回电源线路采用同级电压可以互相备用，提高设备利用率，如能满足一级和二级负荷用电要求时，也可以采用不同电压供电。

第6款 如果供电系统接线复杂，配电层次过多，不仅管理不便，操作繁复，而且由于串联元件过多，因元件故障和操作错误而产生事故的可能性也随之增加。所以复杂的供电系统可靠性并不一定高。配电级数过多，继电保护整定时限的级数也随之增多，而电力系统容许继电保护的时限级数对10kV来说正常情况下也只限于两级，如配电级数出现三级，则中间一级势必要与下一级或上一级之间无选择性。

第7款 配电系统采用放射式则供电可靠性高，便于管理，但线路和开关柜数量增多。而对于供电可靠性要求较低者可采用树干式，线路数量少，可节约投资。负荷较大的高层建筑，多含二级和一级负荷，可用分区树干式或环式，以减少配电电缆线路和开关柜数量，从而相应少占电缆竖井和高压配电室的面积。

3.3.2 应急电源与正常电源之间必须采取可靠措施防止并列运行，目的在于保证应急电源的专用性，防止正常电源系统故障时应急电源向正常电源系统负荷送电而失去作用。例如应急电源原动机的启动命令必须由正常电源主开关的辅助接点发出，而不是由继电器的接点发出，因为继电器有可能误动作而造成与正常电源误并网。

3.3.3 应急电源类型的选择应根据一级负荷中特别重要负荷的容量、允许中断供电的时间以及要求的电源为交流或直流等条件来进行。

由于蓄电池装置供电稳定、可靠、切换时间短，因此对于允许停电时间为毫秒级、容量不大的特别重要负荷且可采用直流电源者，可由蓄电池装置作为应急电源。如果特别重要负荷要求交流电源供电，且容量不大的，可采用 UPS 静止型不间断供电装置（通常适用于计算机等电容性负载）。

对于应急照明负荷，可采用 EPS 应急电源（通常适用于电感及阻性负载）供电。

如果特别重要负荷中有需驱动的电动机负荷，启动电流冲击较大，但允许停电时间为30s以内的，可采用快速自启动的柴油发电机组，这是考虑一般快速自启动的柴油发电机组自启动时间一般为10s左右。

对于带有自动投入装置的独立于正常电源的专门

馈电线路，是考虑其自投装置的动作时间，适用于允许中断供电时间大于电源切换时间的供电。

3.4 电压选择和电能质量

3.4.5 各种用电设备对电压偏差都有一定要求。如果电压偏差超过允许值，将导致电动机达不到额定输出功率，增加运行费用，甚至性能变劣、降低寿命。照明器端电压的电压偏差超过允许值时，将使照明器的寿命降低或光通量降低。为使用电设备正常运行和有合理的使用寿命，设计供配电系统时，应验算用电设备的电压偏差。

3.4.6 在供配电系统设计中，正确选择元器件和系统结构，就可在一定程度上减少电压偏差。

第1款 正确选择变压器的变压比和电压分接头，即可将供配电系统的电压调整在合理的水平上。

第2款 供电元器件的电压损失与阻抗成正比，在技术经济合理时，减少变压级数、增加线路截面、采用电缆供电可以减少电压损失，从而缩小电压偏差范围。

第3款 合理补偿无功功率，可以缩小电压偏差范围。

第4款 在三相四线制中，如果三相负荷分布不均（相导体对中性导体），将产生零序电压使零点移位，一相电压降低，另一相电压升高，增大了电压偏差。同样，线间负荷不平衡，则引起线间电压不平衡，增大了电压偏差。

3.4.7 电力系统通常在35kV以上电压的区域变电所中采用有载调压变压器进行调压，大多数用电单位的电压质量能得到满足，所以通常各用电单位不必装设有载调压变压器，既节省投资又减少了维护工作量，提高了供电可靠性。对个别距离区域变电所过远的用电单位，如果在区域变电所采取集中调压方式后，仍不能满足电压质量要求，且对电压要求严格的设备单独设置调压装置技术经济不合理时，也可采用10(6)kV有载调压变压器。

3.4.8 冲击性负荷引起的电压波动和闪变对其他用电设备影响甚大，例如照明闪烁，显像管图像变形，电动机转速不均匀，电子设备、自控设备或某些仪器工作不正常等，因此应采取具体措施加以限制在合理的范围内，电压波动和闪变不包括电动机启动时允许的电压骤降。

3.4.9 为降低三相低压配电系统的不对称度，规定设计低压配电系统时，应采取的措施。

第2款 根据各地的通常做法，原规范规定了由公共低压电网供电的220V照明用户，在线路电流不超过30A时，可采用220V单相供电，否则应以220/380V三相四线供电。考虑到目前各类用户如住宅的用电容量比以前均有较大幅度的增加，大范围采用三相供电也存在检修维护的安全性等问题，目前国内一些地区，在实施过程中已按40A设计。因此将上述30A调整为40A。

3.5 负荷计算

3.5.2 在各类用电负荷尚不够具体或明确的方案设计阶段可采用单位指标法。

需要系数法计算较为简便实用，经过全国各地的设计单位长期和广泛应用证明，需要系数法能够满足需要，所以本规范将需要系数法作为民用建筑电气负荷计算的主要方法。

3.5.3 在实际工程设计中，常遇到消防负荷中含有平时兼作它用的负荷，如消防排烟风机除火灾时排烟外，平时还用于通风（有些情况下排烟和通风状态下的用电容量尚有不同），因此应特别注意除了在计算消防负荷时应计入其消防部分的电量以外，在计算正常情况下的用电负荷时还应计入其平时使用的用电容量。

3.6 无功补偿

3.6.1 在民用建筑中通常包含大量的电力变压器、异步电动机、照明灯具等用电设备。这些用电设备所需的无功功率在电网中的滞后无功负荷中所占比重很大。因此在设计中正确选用变压器等设备的容量，不仅可以提高负荷率，而且对提高自然功率因数也具有实际意义。

当采取合理选择变压器容量、线缆及敷设方式等相应措施进行提高自然功率因数后，仍不能达到电网合理运行的要求时，应采用人工补偿无功功率措施。

由于并联电容器价格便宜，便于安装，维修工作量及损耗都比较小，可以制成不同容量规格，分组容易，扩建方便，既能满足目前运行要求，又能避免由于考虑将来的发展使目前装设的容量过大，因此可采用并联电力电容器作为人工补偿的主要设备。

3.6.2 原规范规定高压供电的用电单位功率因数为0.9以上，低压供电的用电单位功率因数为0.85以上。现行的《国家电网公司电力系统电压质量和无功电力管理规定》规定，100kVA及以上10kV供电的电力用户在用户高峰负荷时变压器高压侧功率因数不宜低于0.95；其他电力用户，功率因数不宜低于0.90。

3.6.3 为了尽量减少线损和电压降，宜采用就地平衡无功负荷的原则来装设电容器。由于低压并联电容器的价格比高压并联电容器低，特别是全膜金属化电容器性能优良，因此低压侧的无功负荷完全由低压电容器补偿是比较合理的。为了防止低压部分过补偿产生的不良后果，因此当有高压感性用电设备或者配电变压器台数较多时，高压部分的无功负荷应由高压电容器补偿。

并联电容器单独就地补偿是将电容器安装在电气

设备附近，可以最大限度地减少线损和释放系统容量，在某些情况下还可以缩小馈电线路的截面积，减少有色金属消耗，但电容器的利用率往往不高，初次投资及维护费用增加。从提高电容器的利用率和避免招致损坏的观点出发，首先选择在容量较大的长期连续运行的用电设备上装设电容器就地补偿。

如果基本无功负荷相当稳定，为便于维护管理，宜在配、变电所内集中补偿。

3.6.4 为了节省投资和减少运行维护工作量，凡可不用自动补偿或采用自动补偿效果不大的地方均不宜装设自动无功功率补偿装置。本条所列的基本无功功率是指当用电设备投入运行时所需的最小无功功率，常年稳定的无功功率及在运行期间恒定的无功功率均不需自动补偿。我国并联电容器国家标准规定，并联电容器允许每年投切次数不超过1000次。所以对于投切次数极少的电容器组宜采用手动投切的无功功率补偿装置。

3.6.5 根据供电部门对功率因数的管理规定，过补偿要罚款，对于有些对电压敏感的用电设备，在轻载时由于电容器的作用，线路电压往往升得很高，会造成这种用电设备（如灯泡）的损坏和严重影响其寿命及使用效能，如经过经济比较认为合理时，宜装设无功自动补偿装置。

由于高压无功自动补偿装置对切换元件的要求比较高，且价格较高，检修维护也较困难，因此当补偿效果相同时，宜优先采用低压无功自动补偿装置。

3.6.6 在民用建筑中采用无功功率补偿，主要是为了满足《供电营业规则》及《国家电网公司电力系统电压质量和无功电力管理规定》对用电单位功率因数的要求，以保证整个电网在合理状态下运行，所以宜采用功率因数调节原则，同时满足电压调整率的要求。

3.6.7 当无功功率补偿的并联电容器容量较大时，应根据补偿无功和调节电压的需要分组投切。

一些民用建筑由于采用晶闸管调光装置或大型整流装置等设备，以致造成电网中高次谐波的百分比很高。当分组投切大容量电容器组时，由于其容抗的变化范围较大，如果系统的谐波感抗与系统的谐波容抗相匹配，就会发生高次谐波谐振，造成过电压和过电流，严重危及系统及设备的安全运行，所以必须防止。

由于投入电容器时合闸涌流很大，而且容量越小，相对的涌流倍数越大。以100kVA变压器低压侧安装的电容器组为例，仅投切一台12kvar电容器则涌流可达其额定电流的56.4倍，如投切一组300kvar电容器，涌流则仅为额定电流的12.4倍，所以电容器在分组时，应考虑配套设备，如接触器或断路器在开断电容器时产生重击穿过电压及电弧重击穿现象。

3.6.8 当对电动机进行就地补偿时，首先应选用长期连续运行，且容量较大的电动机配用电容器。电容器的容量可根据接到电动机控制器负荷侧电容器的总千乏数不超过提高电动机空载功率因数到0.9所需的数值选择。当电动机投入快速反向、重合闸、频繁启动或其他类似操作产生过电压或超转矩影响时，应允许将不超过电动机输入千伏安容量的50%电容器投入运行。在三相异步电动机单独补偿的方式中，为了避免在减速情况下产生自励或过补偿，所安装的电容器容量应为电动机空载功率因数补偿到0.9所需的数值。对于能产生过电压或超转矩的情况，仍可采用50%。当电动机与电容器同时投切，电动机可作放电设备，不需再设其他放电设备。

民用建筑中使用较多的电梯等用电设备，在重物下降时，电机运行于第四象限，为了避免过电压，不宜单独用电容器补偿。对于多速电动机，如不停电进行变压及变速，也容易产生过电压，也不宜单独用电容器补偿。如对这些用电设备需要采用电容器单独补偿，应为电容器单独设置控制设备，操作时先停电再进行切换，避免产生过电压。

当电容器装在电动机控制设备的负荷侧时，流过过电流装置的电流小于电动机本身的电流。设计时应考虑电动机经常在接近实际负荷下使用，所以保护继电器应按加装电容器的电动机—电容器组的电流来选择。

3.6.9 在并联电容器回路中串联电抗器，可以限制合闸涌流和避免谐波放大。

4 配变电所

4.1 一般规定

4.1.1 虽然上海、天津等城市的少数大型民用建筑的供电电源已采用35kV电压等级，但全国绝大部分地区仍为10kV及以下电压。故本次规范修订，配变电所设计仍规定为适用于交流电压10kV及以下。当工程需要采用35kV电压等级时，可按国家标准《35～110kV变电所设计规范》GB 50059的规定执行。

4.1.3 我国是个多地震国家，20世纪我国发生7级以上强震占全球的1/10，再加上地震区面积大以及地震区范围内的大、中型城市多，全国300多个大、中城市中有一半的地震烈度为7度及以上。如地震时电源受到损坏，不能正常供电，对于抗震救灾都是不利的，因此参考相关专业的规定而作此规定。

4.2 所址选择

4.2.1 根据民用建筑的特点，将配变电所位置选择加以具体化。民用建筑配变电所位置选择，与工业建筑除有不少共性点之外，尚有它的个别属性。

4.2.2 根据多年来的经验总结，设置在建筑物地下层的配变电所遭水淹渍、散热不良的干扰确有发生。尤其在施工安装阶段常常出现上层有水漏进配变电所，或地下防水措施未做好，或预留孔未堵塞而造成配变电所进水而遭淹渍，影响配变电所安全运行的情况，这些都不可忽视。

4.2.4 根据调查，在多层住宅小区多设置户外预装式变电所，在高层住宅小区可设置独立式配变电所或建筑物内附设式配变电所。为保障人身和设备安全，杆上变电所及高抬式变电所不应设置在住宅小区内。

4.3 配电变压器选择

4.3.1 节能是一项重要的国策，采用节能型变压器，符合国家的环境保护和可持续发展的方针政策。

4.3.2 在民用建筑中，变压器的季节负载变化很大。变压器制造厂家常推荐将变压器采取强冷措施，允许适当过载运行。使用单位为了减少首次安装容量，往往接受此措施。其实变压器在此情况下运行是不经济的，不宜提倡。长期工作负载率应考虑经济运行，不宜大于85%。

4.3.4 本条规定民用建筑中的配电变压器接线组别宜选用D，yn11。该接线组别的变压器比Y，yn0接线组别的变压器具有明显优点，限制了三次谐波，降低了零序阻抗，即增大了相零单相短路电流值，对提高单相短路电流动作断路器的灵敏度有较大作用。经多年来我国在民用建筑中的使用情况及现时国际上的使用情况，本规范推荐采用D，yn11接线组别的配电变压器。

4.3.5 根据调查，目前在民用建筑中附设式配变电所内的配电变压器，均采用干式变压器。现在国际上已生产非可燃性液体绝缘变压器，虽然国内目前尚无此类产品，但不排除以后试制成功或引进的可能。对于气体绝缘干式变压器，在我国的南方潮湿地区及北方干燥地区的地下层不宜使用，因为当变压器停止运行后，变压器的绝缘水平严重下降，不采取措施很难恢复正常运行。

4.3.6 根据调查，民用建筑使用的配电变压器，虽有的单台容量已达到1600kVA及以上，但由于其供电范围和供电半径太大，电能损耗大，对断路器等设备要求严格，故本规范规定不宜大于1250kVA。户外预装式变电所单台变压器容量，规定不宜大于800kVA。另外800kVA以上的油浸式变压器要装设瓦斯保护，而变压器电源侧往往不在变压器附近，瓦斯保护很难做到。

4.4 主接线及电器选择

4.4.3 条文中的隔离电器，包括隔离开关、隔离触头。一般情况下，分段联络开关宜装设断路器，只有同时满足条文规定的三款要求时，才能只装设隔离电器。

4.4.4、4.4.5 电压为10(6)kV的配电装置，现在有手车式和固定式两种。对于手车式，其手车已具有隔离功能。而固定式配电装置出线回路应设线路隔离电器，其隔离电器和相应开关电器应具有连锁功能。

4.4.7 本条中第1款规定采用能带负荷操作的电器，是为了在就地，而不需要到总配电所去操作。第2款是指与总配电所在同一建筑平面内或相邻的分配变电所，在进线处可不设开关电器，此两款规定的前提条件是放射式供电和无继电保护要求。

4.4.11 条文规定真空断路器应相应附带浪涌吸收器。现在的市场产品有自带浪涌吸收器的，有不带的。条文规定的目的是必须具有浪涌吸收器。

4.4.12 条文规定了低压开关的选择要求。变压器低压侧电源开关宜采用断路器，仅当变压器容量小，且为三级负荷供电时，可使用熔断器开关设备。

当低压母线联络开关，要求自动投切时，应采用断路器，不能使用接触器等开关电器。

4.5 配变电所形式和布置

4.5.2 根据调查，国内各建筑设计单位，在设计室内配变电所时，为保证安全，很少有使用裸露带电导体的情况，参考西欧国家的标准也规定不允许使用裸露带电体。配电变压器应使用带外壳保护式，由配电变压器至低压配电柜的进线线路，现在国内采用保护式母线较多，而国外多使用单芯电缆。鉴于我国地域广、经济发展不均衡的具体情况，部分地区仍存在使用裸露带电导体的可能，所以条文规定为“不宜设置裸露带电导体或装置”。规定“不宜设置带可燃性油的电气设备和变压器”，是根据无油设备的防火性能和经济指标与采用可燃性油设备加上防火措施的费用相比，在民用建筑中也没有使用带可燃性油的设备再采取相应的防火等措施的必要。

4.5.3 独立变电站与其他建筑物之间的防火间距，应符合国家标准《建筑设计防火规范》GB 50016的规定，否则应按建筑物附设式配变电所的要求进行电气设计。

4.5.5 当一级负荷的容量较大，供电回路数较多时，宜在配变电所内分列设置相应的配电装置。由于大部分工程中不具备分列设置的条件，故要求在母线分段处设置防火隔板或隔墙，以确保一级负荷的供电回路安全。对于供一级负荷的两回路电源电缆（指工作、备用的两回路电源），尽量不敷设在配变电所的同一电缆沟内，但工程中很难做到分沟敷设。故当同沟敷设时，应满足条文规定的要求。

4.5.6 据调查，民用建筑配变电所的高、低压配电装置数量的变更是常有的事。因建筑物的使用性质、对象的变更，而需增加配电装置数量或增加供电容量的情况时有发生。在设计时应留有适当数量的配电装置位置，以方便以后的增加。如何量化，应根据该建筑物的具体情况分析确定。

对于 0.4kV 系统，为使用方的临时供电或增加某些设备或在使用中某个回路损坏需尽快恢复供电等提供方便，增加一定数量的备用回路是非常必要的。

4.5.8 值班室和低压配电装置室合并，在中小型配变电所中是常见的，应在低压配电室留有适当的位置，供值班人员工作的场所。要求的 3m 距离，指在配电屏的前面或端头，在此范围内，放置一些必要的储藏柜、桌凳等后，仍可保证配电装置的操作安全距离。

4.5.9 防护外壳防护等级的要求，应符合现行国家标准《外壳防护等级》GB 4208 的规定。现在使用的干式变压器防护外壳，很多已达到 IP5X 的水平，防护等级越高，其散热越差，选择时应根据实际情况合理确定防护等级。

4.8 电力电容器装置

4.8.1 民用建筑中的配变电所，补偿用电力电容器装置的单组容量，不应大于 1000kvar，也不可能大于此值。

4.8.3 高次谐波可能引起电容器过载，串联电抗器可以抑制谐波。

4.8.5 考虑民用建筑的防火要求。

4.9 对土建专业的要求

4.9.2 配变电所的所有门，均应采用防火门，条文中规定了对各种情况下对门的防火等级要求，一方面是为了配变电所外部火灾时不应对配变电造成大的影响，另一方面是在配变电所内部火灾时，尽量限制在本范围内。

防火门分为甲、乙、丙三级，其耐火最低极限：甲级应为 1.20h；乙级应为 0.90h；丙级应为 0.60h。

门的开启方向，应本着安全疏散的原则，均向“外”开启，即通向配变电所室外的门向外开启，由较高电压等级通向较低电压等级的房间的门，向较低电压房间开启。

4.9.5 配变电所中的单件最大最重件为配电变压器。据调查，现在设置在建筑物地下层或楼层的配电变压器，因土建设计未考虑其荷载和运输通道的要求，造成很多麻烦，有的在施工时，勉强运到位，但对今后的更换则非常困难。因此在设计时，应向土建专业提出通道、荷载等要求。运输通道可利用车道，垂直运输机械或专设运输通道（或可拆卸通道）。

5 继电保护及电气测量

5.1 一 般 规 定

5.1.1 目前国内民用建筑中的电压等级绝大多数在 10(6)kV 及以下，10(6)kV 以上电压等级的继电保护及电气测量可根据相应的国家标准及规范设计。

5.1.2 可靠性是指保护该动作时应动作，不该动作时不动作。选择性是指首先由故障设备或线路本身的保护切除故障，当故障设备或线路本身的保护或断路器拒动时，才允许由相邻设备、线路的保护或断路器失灵保护切除故障。灵敏性是指在被保护设备或线路范围内金属性短路时，保护装置应具有必要的灵敏系数。速动性是指保护装置应能尽快地切除短路故障。

5.1.3 为保证可靠性，提高设备管理水平，满足节能及安全等诸多需求，对重要或大型的配变电所可根据工程实际需求适当采用智能化保护装置或变电所综合自动化系统。

5.2 继 电 保 护

5.2.1 继电保护设计的规定

第 1 款 规定了民用建筑中的电力设备和线路应装设的保护。其中主保护是指满足系统稳定和设备安全要求，能以最快速度有选择地切除被保护设备和线路故障的保护。后备保护是指主保护或断路器拒动时，用以切除故障的保护。辅助保护是指为补充主保护和后备保护的性能或当主保护和后备保护退出运行而增设的简单保护。异常运行保护是反映被保护电力设备或线路异常运行状态的保护。

第 2 款 规定了继电保护装置的接线回路应尽可能简单并且尽量减少所使用的元件和接点的数量。

第 3 款 本规定是为了保证继电保护装置的选择性。

第 4 款 保护装置的灵敏系数，应根据不利正常运行方式和不利故障类型进行计算，必要时应计及短路电流衰减的影响。

第 5 款 保护装置与测量仪表一般不宜共用电流互感器的二次线圈，当必须共用一组二次线圈时，则仪表回路应通过中间电流互感器或试验部件连接，当采用中间电流互感器时，其二次开路情况下，保护用电流互感器的稳态比误差仍不应大于 10%。当技术上难以满足要求且不致使保护装置误动作时，可允许有较大的误差。

第 8 款 本款规定是为了便于分别校验保护装置和提高可靠性。

第 9 款 本款规定“当用户 10(6)kV 断路器台数较多、负荷等级较高时，宜采用直流操作”。

经多年的实践证明，弹簧储能交流操动机构也是比较可靠的，而且对中小型配变电所来说也是经济的。

5.2.2 变压器的保护

第1款　气体绝缘变压器如发生故障将造成气体压力升高，气体泄漏将造成气体密度降低，所以应按本节规定装设相应的保护装置。

第2款　油浸式变压器产生大量瓦斯时，应动作于断开变压器各侧断路器，如变压器电源侧采用熔断器保护而无断路器时，可作用于信号。

5.2.3 第2款　1）此项做法主要是保证当发生不在同一处的两点或多点接地时可靠切除短路。

5.2.4 并联电容器的保护

第3款　用熔断器保护电容器，是一种比较理想的保护方式，只要熔断器选择合理，特性配合正确，就能满足安全运行的要求，这就需要熔断器的安秒特性和电容器外壳的爆裂概率曲线相配合。电容器箱壳为密闭容器，当内部故障时，由于电弧高温分解绝缘物质产生气体而使内部压力增高，分解气体的数量与绝缘物质的性质有关，液体绝缘介质分解出的气体较多。在同样介质的情况下，分解出气体数量和电弧的能量大小有关，即和 $I:t$ 有关。当分解出的气体产生的压力大于箱壳的机械强度时，箱壳就可能产生爆裂，箱体发生爆裂时 I 和 t 的关系曲线称为箱壳的爆裂特性曲线。实际上，密闭箱壳发生爆裂和许多随机因素有关。例如：箱壳的原始压力大小，加工质量好坏，钢板厚度是否均匀等等。所以，爆裂特性曲线只能给出以某个概率发生爆裂的 I 和 t 的关系。本应在规范中要求电容器的熔丝保护的特性与电容器的爆裂特性相配合，但目前很多电容器制造企业还给不出爆裂特性曲线，故本规范未做具体规定。

第7款　从电容器本身的特点来看，运行中的电容器如果失去电压，电容器本身并不会损坏，但运行中的电容器突然失压可能产生以下两个后果：其一，如变电所因电源侧瞬时跳开或主变压器断开，而电容器仍接在母线上，当电源重合闸或备用电源自动投入时，母线电压很快恢复，而电容器上的残余电压还未来得及放电降到额定电压的10%以下，这就有可能使电容器承受高于1.1倍的额定电压而造成损坏。其二，当变电所失电后，电压恢复，电容器不切除，就可能造成变压器带电容器合闸，而产生谐振过电压损坏变压器和电容器。此外，当变电所停电后电压恢复的初期，变压器还未带上负荷，母线电压较高，这也可能引起电容器过电压。所以，本款规定了电容器应装设失压保护，该保护的整定值既要保证在失压后，电容器尚有残压时能可靠动作，又要防止在系统瞬间电压下降时误动作。一般电压继电器的动作值可整定为额定电压的50%～60%，动作时限需根据系统接线和电容器结构而定，一般可取0.5～1s。

第8款　在供配电系统中，并联电容器常常受到谐波的影响，特殊情况，还可能在某些高次谐波发生谐振现象，产生很大的谐振电流。谐波电流将使电容器过负荷、过热、振动和发出异声，使串联电抗器过热，产生异声或烧损。谐波对电网的运行是有害的，首先应该对产生谐波的各种来源进行限制，使电网运行电压接近正弦波形，否则应按本款规定装设过负荷保护。

5.2.5 第1款　由于民用建筑中10（6）kV配变电所一般采用单母线分段接线，正常时分段运行，母线的保护仅保证在一个电源工作、分段开关闭合时，一旦发生故障不至使全部负荷断电。

5.3 电 气 测 量

5.3.2 电能计量仪表的设置参考了电力行业标准《电能计量装置技术管理规定》和《电能计量柜》以及《供用电营业规则》等有关规定。

5.4 二次回路及中央信号装置

5.4.1 继电保护的二次回路

第3款　由于铝芯控制电缆和绝缘导线存在的易折断、易腐蚀、易变形，铜铝接触的电腐蚀等问题至今仍未很好解决，各地意见较多，而近年来新建和扩建的工程都采用铜芯控制电缆和绝缘导线，故条文对此作了明确规定。

第4款　本款对控制电缆或绝缘导线最小截面以及选择电流回路、电压回路、操作回路电缆的条件作出了相应规定。

第6款　为保证在二次回路端子排上安全地工作，本款根据二次回路的特点作出了具体规定。

第9款　电压互感器的二次侧中性点或线圈引出端的接地方式分直接接地和通过击穿保险器接地两种。向交流操作的保护装置和自动装置操作回路供电的电压互感器，中性点应通过击穿保险器接地。采用一相直接接地的星形接线的电压互感器，其中性点也应通过击穿保险器接地。

中性点直接接地的系统，当变电所或线路出口发生接地故障，有较大的短路电流流入变电所的接地网时，接地网上每一点的电位是不同的，如果电压互感器二次回路有两处接地，或两个电压互感器各有一处接地，并经二次回路直接连起来时，不同接地点间的电位差将造成继电保护入口电压的异常，使之不能正确反映一次电压的幅值和相位，破坏相应保护的正常工作状态，可能导致严重后果。因此，本款规定电压互感器的二次回路只允许有一处接地。同时为了降低干扰电压，接地的地点宜选在保护控制室内，并应牢固焊接在接地小母线上。

5.4.2 中央信号装置

第9款　目前国内一些民用建筑的变配电所，在采用了保护、报警及显示功能均较为完善和直观的智能化保护装置或变电所综合自动化系统的同时还设有十分复杂的中央信号模拟屏，有些功能重复设置，较为繁琐，可根据具体工程的实际情况确定是否设置中央信号模拟屏或对其进行简化。

5.5 控制方式、所用电源及操作电源

5.5.2 所用电源及操作电源

第1款 重要或规模较大的配变电所，设所用变压器可提高供电可靠性。所用变压器的容量30～50kVA一般已能满足所用电的要求。当有两路所用电源时，为了在故障时能尽快投入备用所用电源，所以规定宜装设自动投入装置。

第4款 采用电磁操动机构，由于进线开关合闸需要电源，因此所用变压器要接在进线开关的进线端。

第5款 民用建筑对环境质量的要求较高，对于重要的配变电所，宜采用体积小、重量轻、占地面积小、安装方便、成套性强、在运行中不散发有害气体的免维护蓄电池组作为操作电源。

第6款 交流操作投资较低，建设周期较短，二次接线简单，运行维护方便。但采用交流操作保护装置时，电流互感器二次负荷增加，有时不能满足要求，同时弹簧机构一般比电磁机构成本高，因此推荐用于能满足继电保护要求、出线回路少的一般小型配变电所。

6 自备应急电源

6.1 自备应急柴油发电机组

机组额定电压为230/400V，单机容量定为2000kW及以下。主要依照国家标准《往复式内燃机驱动的交流发电机组》GB/T 2820、《自动化柴油发电机组分级要求》GB/T 4712以及《交流工频移动电站额定功率、电压及转速（功率自0.75～2000kW）》GB 12699所规定的机组功率和电压而定。

目前我国柴油发电机市场主要分两大类：一是功率100～2000kW进口机组。二是国产机组，大多功率在400kW以下。目前国产柴油发电机组种类很多，按组装形式可分拖车式、移动式（或称滑动式）、固定式三种。冷却方式有风冷式（又称封闭自循环水冷却方式）和水冷式。启动方式有电启动和压缩空气启动，还有带增压器的增压机组和不带增压器的机组等。

本节中所有条文的规定是以国家标准《往复式内燃机驱动的交流发电机组》GB/T 2820中固定式、应急型柴油发电机组的有关技术数据为依据而制定。对于采用进口机组时，也应遵照执行。

6.1.1 一般规定

第1款 1）此项的规定，是按本规范第3.2.1条1款所规定的一级负荷中特别重要负荷，宜设应急柴油发电机组。

2）此项的规定，需设置自备应急机组时，应进行经济、技术比较后确定。

第2款 机组设置规定

①机组靠近负荷中心，为节省有色金属和电能消耗，确保电压质量；

②机组的设置应遵照有关规范对防火的要求，并防止噪声、振动等对周围环境的影响；

③从保证机组有良好工作环境（如排烟、通风等）考虑，最好将机组布置在建筑物首层，但大型民用建筑的首层，往往是黄金层，难以占用。根据调查，目前国内高层建筑的柴油发电机组已有不少设在地下层，运行效果良好。机组设在地下层最关键的一定要处理好通风、排烟、消声和减振等问题。

第5款 应急柴油发电机组确保的供电范围一般为：

①消防设施用电：消防水泵、消防电梯、防烟排烟设施、火灾自动报警、自动灭火装置、应急照明和电动的防火门、窗、卷帘门等；

②保安设施、通信、航空障碍灯、电钟等设备用电；

③航空港、星级饭店、商业、金融大厦中的中央控制室及计算机管理系统；

④大、中型电子计算机室等用电；

⑤医院手术室、重症监护室等用电；

⑥具有重要意义场所的部分电力和照明用电。

6.1.2 发电机组的选择

第1款 确定机组容量时，除考虑应急负荷总容量之外，应着重考虑启动电动机容量。因单台电动机最大启动容量对确定机组容量有直接关系。决定机组能启动电动机容量大小的因素又很多，它与发电机的技术性能、柴油机的调速性能、电动机的极对数和启动时发电机所带负荷大小和功率因数的高低、发电机的励磁和调压方式以及用电负荷对电压指标的要求等因素有关。因此，设计确定机组容量，应具体分析区别对待。

为了便于设计参考，三相低压柴油发电机组在空载时，能全电压直接启动的空载四极笼型三相异步电动机最大容量可参见表6-1。

表6-1 机组空载能直接启动空载笼型电动机最大容量

序号	柴油发电机功率（kW）	异步电动机额定功率（kW）
1	40	0.7P①
2	50、64、75	30

续表 6-1

序号	柴油发电机功率（kW）	异步电动机额定功率（kW）
3	90、120	55
4	150、200、250	75
5	400 以上	125

注：① P 为柴油发电机功率。

但应注意，表 6-1 所列数值，没有考虑电动机直接启动对机组母线电压降加以限制，是以全电压直接启动电动机时，电动开关和失压保护不应跳闸为条件。

第 2 款　根据国内外一些高层建筑用电指标统计，应急发电机容量约占供电变压器总容量的 10%～20%。国外建筑物配电变压器容量一般选择得较富裕，因此后一个指标偏差较大。根据我国现实情况，建筑物规模大时取下限，规模小时取上限。

发电机组的容量可分别按下列公式计算：

①按稳定负荷计算发电机容量；

$$S_{C1} = \alpha \frac{P_{\Sigma}}{\eta_{\Sigma} \cos\varphi} \text{或} \quad (6\text{-}1)$$

$$S_{C1} = \alpha\left(\frac{P_1}{\eta_1} + \frac{P_2}{\eta_2} + \cdots\cdots + \frac{P_n}{\eta_n}\right)\frac{1}{\cos\varphi} = \frac{\alpha}{\cos\varphi}\sum_{k=1}^{n}\frac{P_k}{\eta_k} \quad (6\text{-}2)$$

式中　P_{Σ}——总负荷（kW）；

P_k——每个或每组负荷容量（kW）；

η_k——每个或每组负荷的效率；

η_{Σ}——总负荷的计算效率，一般取 0.82～0.88；

α——负荷率；

$\cos\varphi$——发电机额定功率因数，可取 0.8。

②按最大的单台电动机或成组电动机启动的需要，计算发电机容量；

$$S_{C2} = \left(\frac{P_{\Sigma} - P_m}{\eta_{\Sigma}} + P_m \cdot K \cdot C \cdot \cos\varphi_m\right)\frac{1}{\cos\varphi} \quad (6\text{-}3)$$

式中　P_m——启动容量最大的电动机或成组电动机的容量（kW）；

$\cos\varphi_m$——电动机的启动功率因数，一般取 0.4；

K——电动机的启动倍数；

C——按电动机启动方式确定的系数；

全压启动：$C=1.0$

Y-△启动 $C=0.67$

自耦变压器启动：

50%抽头 $C=0.25$

65%抽头 $C=0.42$

80%抽头 $C=0.64$

P_{Σ}、η_{Σ}、$\cos\varphi$ 意义同公式（6-2）。

③按启动电动机时母线容许电压降计算发电机容量。

$$S_{C3} = P_n \cdot K \cdot C \cdot X''_d\left(\frac{1}{\Delta E} - 1\right) \quad (6\text{-}4)$$

式中　P_n——电动机总容量（kW）；

X''_d——发电机的暂态电抗，一般取 0.25；

ΔE——应急负荷中心母线允许的瞬时电压降。一般 ΔE 取 0.25～0.3（有电梯时取 $0.2U_H$）；

K、C——意义同公式（6-3）。

公式（6-4）适用于柴油发电机与应急负荷中心距离很近的情况。

如果外界气压、温度、湿度等条件不同时，则应按照表6-2～表 6-5中所列之校正系数进行校正。即，实际功率＝额定功率×C

表 6-2　相对湿度 60%非增压柴油机功率修正系数 C

海拔（m）	大气压（kPa）	大气温度（℃）									
		0	5	10	15	20	25	30	35	40	45
0	101.3	1	1	1	1	1	1	0.98	0.96	0.93	0.90
200	98.9	1	1	1	1	1	0.98	0.95	0.93	0.90	0.87
400	96.7	1	1	1	0.99	0.97	0.95	0.93	0.90	0.88	0.85
600	94.4	1	1	0.98	0.96	0.94	0.92	0.90	0.88	0.85	0.82
800	92.1	0.99	0.97	0.95	0.93	0.91	0.89	0.87	0.85	0.82	0.80
1000	89.9	0.96	0.94	0.92	0.90	0.89	0.87	0.85	0.82	0.80	0.77
1500	84.5	0.89	0.87	0.86	0.84	0.82	0.80	0.78	0.76	0.74	0.71
2000	79.5	0.82	0.81	0.79	0.78	0.76	0.74	0.72	0.70	0.68	0.65

续表 6-2

海拔 (m)	大气压 (kPa)	大气温度（℃）									
		0	5	10	15	20	25	30	35	40	45
2500	74.6	0.76	0.75	0.73	0.72	0.70	0.68	0.66	0.64	0.62	0.60
3000	70.1	0.70	0.69	0.67	0.66	0.64	0.63	0.61	0.59	0.57	0.54
3500	65.8	0.65	0.63	0.62	0.61	0.59	0.58	0.56	0.54	0.52	0.49
4000	61.5	0.59	0.58	0.57	0.55	0.54	0.52	0.51	0.49	0.47	0.44

表 6-3　相对湿度 100%非增压柴油机功率修正系数 *C*

海拔 (m)	大气压 (kPa)	大气温度（℃）									
		0	5	10	15	20	25	30	35	40	45
0	101.3	1	1	1	1	1	0.99	0.96	0.93	0.90	0.86
200	98.9	1	1	1	1	0.98	0.96	0.93	0.90	0.87	0.83
400	96.7	1	1	1	0.98	0.96	0.93	0.91	0.88	0.84	0.81
600	94.4	1	0.99	0.97	0.95	0.93	0.91	0.88	0.85	0.82	0.78
800	92.1	0.98	0.96	0.94	0.92	0.90	0.88	0.85	0.82	0.79	0.75
1000	89.9	0.96	0.94	0.92	0.90	0.87	0.85	0.83	0.80	0.76	0.73
1500	84.5	0.89	0.87	0.85	0.83	0.81	0.79	0.76	0.73	0.70	0.66
2000	79.4	0.82	0.80	0.79	0.77	0.75	0.73	0.70	0.67	0.64	0.61
2500	74.6	0.76	0.74	0.72	0.71	0.69	0.67	0.64	0.62	0.59	0.55
3000	70.1	0.70	0.68	0.67	0.65	0.63	0.61	0.59	0.56	0.53	0.50
3500	65.8	0.64	0.63	0.61	0.60	0.58	0.56	0.54	0.51	0.48	0.45
4000	61.5	0.59	0.58	0.57	0.55	0.54	0.52	0.51	0.49	0.47	0.44

表 6-4　相对湿度 60%增压柴油机功率修正系数 *C*

海拔 (m)	大气压 (kPa)	大气温度（℃）									
		0	5	10	15	20	25	30	35	40	45
0	101.3	1	1	1	1	1	1	0.96	0.92	0.87	0.83
200	98.9	1	1	1	1	1	0.98	0.94	0.90	0.86	0.81
400	96.7	1	1	1	1	1	0.96	0.92	0.88	0.84	0.80
600	94.4	1	1	1	1	0.99	0.95	0.90	0.86	0.82	0.78
800	92.1	1	1	1	1	0.97	0.93	0.88	0.84	0.80	0.78
1000	89.9	1	1	1	0.99	0.95	0.91	0.87	0.83	0.79	0.75
1500	84.5	1	1	0.98	0.94	0.90	0.86	0.82	0.78	0.74	0.70
2000	79.5	1	0.98	0.93	0.89	0.85	0.82	0.78	0.74	0.70	0.66
2500	74.6	0.97	0.93	0.89	0.85	0.81	0.77	0.73	0.70	0.66	0.62
3000	70.1	0.92	0.88	0.84	0.80	0.77	0.73	0.69	0.66	0.62	0.59
3500	65.8	0.87	0.83	0.80	0.76	0.72	0.69	0.66	0.62	0.59	0.55
4000	61.5	0.82	0.79	0.75	0.72	0.68	0.65	0.62	0.58	0.55	0.51

表 6-5　相对湿度 100%增压柴油机功率修正系数 C

海拔（m）	大气压（kPa）	大气温度（℃）									
		0	5	10	15	20	25	30	35	40	45
0	101.3	1	1	1	1	1	0.99	0.95	0.90	0.85	0.80
200	98.9	1	1	1	1	1	0.97	0.93	0.88	0.83	0.78
400	96.7	1	1	1	1	1	0.95	0.91	0.86	0.82	0.77
600	94.4	1	1	1	1	0.98	0.93	0.89	0.84	0.80	0.75
800	92.1	1	1	1	1	0.96	0.91	0.87	0.83	0.78	0.73
1000	89.9	1	1	1	0.98	0.94	0.90	0.85	0.81	0.76	0.72
1500	84.5	1	1	0.98	0.93	0.89	0.85	0.81	0.76	0.72	0.67
2000	79.4	1	0.97	0.92	0.88	0.84	0.80	0.76	0.72	0.68	0.63
2500	74.6	0.97	0.92	0.88	0.84	0.80	0.76	0.72	0.68	0.64	0.59
3000	70.1	0.92	0.88	0.84	0.80	0.76	0.72	0.68	0.64	0.60	0.56
3500	65.8	0.87	0.83	0.79	0.75	0.71	0.68	0.64	0.60	0.56	0.52
4000	61.5	0.82	0.78	0.75	0.71	0.67	0.64	0.60	0.56	0.52	0.48

第 3 款　规定母线电压不得低于 80%，基于下列几方面的因素：

①保证电动机有足够的启动转矩，因启动转矩是与电源电压的平方成正比的；

②不致因母线电压过低而影响其他用电设备的正常工作，尤其是对电压比较敏感的设备；

③要保证接触器等开关接触设备的吸引线圈能可靠地工作。

当直接启动大容量的笼型电动机时，发电机母线的电压降落太大，影响应急电力设备启动或正常运行时，不应首先考虑加大发电机组的容量，而应采取其他措施来减少发电机母线的电压波动，例如采用电动机降压启动方式等。

第 5 款　据有关资料介绍，国外高层建筑中所采用的应急柴油发电机组基本上为高速机组。目前国内一些高层建筑用的应急柴油发电机已向高速型转化，此种机组具有体积小、重量轻、启动运行可靠等优点。

当无刷励磁交流同步发电机与自动电压调整装置配套使用时，其静态电压调整率可保证在±(1.0%～2.5%)以内。这种类型机组能适应各种运行方式，易于实现机组自动化或对发电机组的遥控。

目前国产柴油发电机组启动时间可以小于 15s，有的厂产品可在 4～7s，保证值为 15s。

6.1.3　机房设备布置

第 1～3 款　机房内主要设备有柴油发电机组、控制屏、操作台、电力及照明配电箱、启动蓄电池、燃油供给和冷却、进排风系统以及维护检修设备等。机房的布置要根据机组容量大小和台数而定。小容量机组一般机电一体，不用设控制室。机组容量较大，可把机房和控制室分开布置，这样有利于改善工作条件。

机房布置方式及各部位有关最小尺寸，是根据机组运行维护、辅助设备布置、进排风以及施工安装等需要，并结合目前封闭式自循环水冷却方式的应急型机组的外廓尺寸提出的。机房布置主要以横向布置（垂直布置）为主，这种布置机组中心线与机房的轴线相垂直，操作管理方便，管线短，布置紧凑。

第 5 款　机组热风出口位置，应避免经常有自然风顶吹的方向，并应在热风出口设百叶窗，其百叶窗净空不要太小。因散热器的吹风扇风压降一般在 127Pa 以下，以免影响散热效果和机组出力。

机组设在地下层，热风管引出室外最好平直。如要拐弯引出，其弯头不宜超过两处，拐弯应大于或等于 90°，而且内部要平滑，以免阻力过大影响散热。

如机组设在地下层其热风管又无法伸出室外，不应选整体风冷机组，应改选分体式散热机组，即柴油机夹套内的冷却器由水泵送至分体式水箱冷却方式。目前国内有许多厂家也接受订货。

第 6 款　柴油发电机运行时，机房的换气量应等于或大于维持柴油机燃烧所用新风量与维持机房温度所需新风量之和。据国外有关资料介绍，维持机房温度所需新风量可按下式确定：

$$C=\frac{0.078P}{T} \tag{6-5}$$

式中　C——需要新风量（m^3/s）；

P——柴油机额定功率（kW）；

T——柴油发电机房的温升（℃）。

维持柴油机燃烧所需新风量可向柴油机厂家索取，当海拔高度增加时，每增加 763m，空气量应增加 10%。若无资料，可按每 1kW 制动功率需要 $0.1m^3/min$ 估算。

第 7 款 机组排烟管伸出室外的位置很重要，如调查某一高级饭店，其机房排烟管道正好设在主建筑物客房上风侧，机组运行时烟气正吹向客房，影响很不好。

排烟管系统的作用是将气缸里的废气排放室外，排烟系统应尽量减少背压，因为废气阻力的增加将导致柴油机出力的下降及温升的增加。

排烟系统的压降为管路、消声器、防雨帽等各部分压降之和，总的压降以不超过 6720Pa 为宜。

排烟管敷设方式有两种：一是水平架空敷设，优点是转弯少、阻力小。其缺点增加室内散热量，使机房内温度升高。二是地沟敷设，优点是在地沟内散热量小，对湿热带尤为适宜。其缺点排烟管转弯多，阻力比架空敷设大。

排烟管温度一般为 350～550℃，为防止烫伤和减少辐射热，其排烟管宜进行保温处理，以减少排烟管的热量散到房间内增高机房温度。保温表面温度不应超过 50℃，保温措施一般按热力保温方法处理。

排烟噪声在柴油机总噪声中属于最强烈的一种噪声，其频谱是连续的，排烟噪声的强度最高可达 110～130dB，而对机房和周围环境有较大的影响。所以应设消声器，以减少噪声。

排烟管的热膨胀可由弯头或来回弯补偿，也可设补偿器、波纹管、套筒伸缩节补偿。

第 8 款 条文规定的环境噪声标准，引自国家标准《城市区域环境噪声标准》GB 3096 的规定。

6.1.5 根据调查，发电机容量较大时，其出线截面大且导线根数多，再加各种控制回路和配出线路，显得机房内管线较多。为了敷线方便及维护安全，在发电机出口、控制屏或控制室以及配电线路出口等各处之间设电缆沟并贯通一起比较适宜。

6.1.7 控制室的电气设备布置

第 1 款 根据国内调查，应急型机组单机容量在 500kW 及以下不设控制室为多数，反映尚好。单机容量在 500kW 以上的及多台机组，考虑运行维护和管理方便，可设控制室宜于集中控制。

第 2～5 款 控制室的主要设备有发电机控制屏、机组操作台、动力控制屏（台）、低压配电屏及照明配电箱等。其布置与低压配电室的要求相同。主要要求操作人员便于观察控制屏或台上仪表，并能通过观察窗看到机组运行情况。

控制室的控制屏（台）一般数量不多，维护通道为 0.8m 是可以的，但在具体工程设计中，如条件允许，可适当放大些，配电装置的最高点距房顶不应小于 0.5m。

6.1.8 发电机组的自启动

第 1 款 应急机组是保证建筑物安全的重要设备，它的首要任务必须在应急情况下，能够可靠启动并投入正常运行，以满足使用要求。

与市网不得并列运行，是考虑到一旦机组发生故障时，不要波及到市网，而扩大了故障范围。如市网有故障，因与机组未并网，也易于临机处理，避免发生意外事故。连锁的目的就是防止误并列。

第 3 款 机房在寒冷地区应采暖，为保证机组应急时顺利启动，机房最低温度应根据产品要求，但一般不应低于 5℃，最高温度不应超过 35℃，相对湿度应小于 75%。

自启动机组的冷却水应能自流供给，若水源不可靠，应设储水箱或储水池。

为了确保机组启动具有足够的能量，除机组具有充电能力外，在备用过程中应具有浮充电装置。

为保证机组在应急时使用，必须储备一定数量的燃料油，还应设两个以上柴油储油箱，便于新油沉淀。

第 4 款 启动蓄电池由机组随机供给，工作电压为 12V 或 24V。机组启动时启动电流很大，为减少启动电压降，启动蓄电池应设置在机组的启动电动机附近。因机组不经常工作，为了补充蓄电池自放电，应设置充电装置。

6.1.9 发电机组的中性点工作制

第 1～3 款 三相四线制的中性点是直接接地，它的优点是降低了系统的内部过电压倍数，当一相接地时，相间电压为中性点所固定，基本不会升高。而且电力与照明可以由同一发电机母线供电。

在三相四线制中，当两台或多台机组并列运行时，中性导体就会产生三次谐波环流，环流的大小与下列因素有关：

①三相负载的不平衡度；

②两机有功负载分配的不平衡度；

③两机无功负载分配即功率因数的差异程度。

又因中性点引出导体上的三次谐波电流，徒然使发电机发热，降低其出力，必须加以限制，限制中性导体电流可采用下列方法：

①中性点引出导体上加装刀开关。在每台发电机的中性点引出导体上装刀开关，以切断发电机间谐波电流的环流回路，在运行中根据谐波电流的大小和分布情况，决定断开一台发电机的中性点引出导体。但至少应保持一台发电机的中性点和中性母线接通，以保证对 220V 设备的供电。但这种方法的缺点是把 220V 的不平衡（零序）负荷完全加在少数发电机上，加大了这些发电机三相负荷的不平衡程度，而且系统单相接地短路电流也集中在这些发电机上。

②中性点引出导体上装设电抗器。在每台发电机的中性点引出导体上装设电抗器，在保持中性母线电

位偏移不大的条件下，有效地限制了中性点引出导体的谐波电流在允许范围内。

6.1.10 柴油发电机组的自动化

第2款 当机组作为应急电源时，应设自启动装置。当市电中断供电时，机组自动启动，并在30s内向负荷供电。当市电恢复正常后，能自动或手动切换电源停机，其他均为就地操作。

近年来柴油发电机组自动化控制发展很快，在许多工程中已广泛应用，控制系统已从最早的继电器系统，发展至今的计算机控制系统。控制功能已比较完善，可以做到机组无人值守。自动化机组的功能，能自启动、自动调压、自动调频、自动调载、自动并车、按负荷大小自动增减机组、故障自动处理、辅机自动控制等。

根据国家标准《自动化柴油发电机组分级要求》GB/T 4712，其自动化程度分为三级，可依具体工程选定。

第3款 机组并车方法，包括手动准同期及自动同期并车。即在频率相同、电压相位相同时并车。并车时冲击电流小，但操作要求高，特别在负荷波动和事故情况要使待接入的发电机和运行的发电机的频率相同、电压相同、相位相一致会有一定困难，所以自启动发电机组并车应采用自动同期法。

6.1.11 柴油发电机容量大小不同，小时耗油量也有差异。若在主建筑外设储油库，其防火间距应遵照国家标准《高层民用建筑设计防火规范》GB 50045和《建筑设计防火规范》GB 50016中有关规定执行。

中小容量柴油机组出厂时，一般配有日用燃油箱。当机组设在大型民用建筑地下层时，根据应急柴油发电机特殊要求，必须储备一定数量燃油供应急时使用，又考虑建筑防火要求，储油数量不宜过大。综合各种因素，最大储油量不应超过8h的需要量，并应按防火要求处理。

6.1.12 柴油发电机组的230/400V中性点直接接地系统的电气设备的金属外壳、支架等均应接地，在同一配电系统中不应采取两种不同的接地方式。

6.1.13 柴油发电机组运行时，其余热向四周扩散，为了不致引起室温过高，机房内应有良好通风装置。机房里的换气量应等于或大于柴油机燃烧所用新风量与维持机房室温所需新风量之和。

减少暖机功率，对平时利用率较低的应急机组，是不可忽视的。因为应急机组时刻都处在“戒备”状态，而暖机也时刻在运行，成年累月其运行费用甚高。据有关资料介绍，深圳某大厦采用一台320kW的低速柴油发电机组，暖机功率高达20kW。冬季日耗电量有时达200kWh以上，如在北方地区其暖机耗电量就更可观了。

6.2 应急电源装置（EPS）

6.2.1 EPS应急电源装置是由电力变流器、储能装置（蓄电池）和转换开关（电子式或机械式）等组合而成的一种电源设备。这种电源设备在交流输入电源正常时，交流输入电源通过转换开关直接输出。交流输入电源同时通过充电器对蓄电池组进行充电。发生中断时（如电力中断、电压不符合供电要求），EPS装置利用蓄电池组的储能放电经过逆变器变换并且经转换开关切换至应急状态向负荷供电。

由于EPS应急电源装置，目前尚无统一的国家标准，各生产厂家的产品，其技术性能极不一致。为安全、可靠，本规范仅对EPS应急电源装置在建筑物应急照明系统中的应用作了相关规定。

6.2.2 EPS应急电源装置的选择

第2款 根据生产厂家介绍，EPS电源装置适用于阻性、感性负载和混合性负荷，本规范推荐电感性和混合性的照明负荷宜选用交流制式；纯阻性及交直流共用的照明负荷宜选用直流制式。

第4款 EPS电源装置的备用时间为40～90min。条文规定备用时间不应小于90min是考虑到由于对蓄电池的维护、管理不到位，应急时满足不了应急照明所要求供电时间。

第5款 EPS电源装置的应急切换时间，不同厂家的产品各不相同，但不超过0.2s。采用EPS电源装置是完全可以满足条文第1～3项各类应急照明的要求。

6.3 不间断电源装置（UPS）

6.3.1 UPS不间断电源装置是由电力变流器、储能装置（蓄电池）和切换开关（电子式或机械式）等组合而成的一种电源设备。这种电源处理设备能在交流输入电源发生故障（如电力中断、瞬间电压波动、频率波形等不符合供电要求）时，保证负荷供电的电源质量和供电的连续性。

6.3.2 第1款 所述供电对象主要指实时系统，即在事件或数据产生的同时，能以足够快的速度予以处理，其处理结果在时间上又来得及控制被监测或被控制过程的一种处理系统。

在民用建筑电气设计中，UPS多数用于实时性电子数据处理装置系统的计算机设备的电源保障方面。

6.3.3 UPS不间断电源装置的选择

第3款 蓄电池组容量决定了不间断电源UPS装置的储能（蓄电池放电）时间。不间断电源装置UPS与快速自动启动的备用发电机配合使用时，其储能时间应按不少于10min设计。

不间断电源UPS装置与无备用发电设备或手动启动的备用发电设备配合使用时，其工作时间应按不少于1h或按工艺设置安全停车时间考虑。

第4款 绝大部分不间断电源装置UPS的负荷都需要长期连续运行，不间断电源装置UPS的工作制，宜按照连续工作制考虑。

6.3.4 不间断电源装置UPS内的整流器输入电流高次谐波，对于UPS装置上游的配电系统有影响时，应该在采用不间断电源装置UPS的整流器输入侧配置有源滤波器、无源滤波器等降低从UPS装置上游的配电系统向UPS整流器提供的谐波电流的比率。

6.3.6 在TN-S供电系统中，为满足负荷对于UPS输出接地形式的要求，必要时应该配置隔离变压器。这是因为UPS装置的旁路系统输入中性导体与输出中性导体连接在一起，UPS装置的输入端与输出端的中性导体必须是同一个系统。但是，在一些应用中UPS的负荷对于中性导体系统有特别的要求，这时有可能在UPS的旁路输入侧配置隔离变压器，通过隔离变压器使得UPS装置输入端与输出端的中性导体系统是两个不同的中性导体系统。

7 低 压 配 电

7.1 一 般 规 定

7.1.1 根据国家标准《标准电压》GB 156—2003 的规定，本章适用范围确定为工频交流1000V及以下的低压配电设计。

7.1.4 低压配电系统的设计

第1款 低压配电级数不宜超过三级，因为低压配电级数太多将给开关的选择性动作整定带来困难，但在民用建筑低压配电系统中，不少情况下难以做到这一点。当向非重要负荷供电时，可适当增加配电级数，但不宜过多。

第2款 在工程建设过程中，经常会增加低压配电回路，因此在设计中应适当预留备用回路，对于向一、二级负荷供电的低压配电屏的备用回路，可为总回路数的25%左右。

7.2 低压配电系统

本节仅对高层、多层公共建筑及住宅的低压配电系统作了规定，其他各类建筑物低压配电系统的要求详见相应的国家标准。

7.3 特低电压配电

7.3.1 民用建筑中主要采用SELV和PELV两种特低电压配电系统。

7.3.2 条文中规定的四种形式包括绝缘试验设备以及虽然出线端子上有较高电压，如用内阻至少为3000Ω的电压表测量时，出线端子电压在特低电压范围以内，可认为符合特低电压电源的要求。

7.3.3 特低电压配电要求

第1款 在1)、2)项中所述导线的基本绝缘需满足它所在回路的标称电压。

第4款 如果SELV回路的外露可导电部分，容易无意或有意地接触其他回路的外露可导电部分，则电击防护不再单纯依靠易接触的其他回路的外露可导电部分所采用的保护措施。

7.4 导 体 选 择

7.4.1 导体选择的一般原则和规定

第1款 对应用铜芯电缆和电线的场所作了原则规定，在这些场所中的配电线路、控制和测量线路均应采用铜芯导体。

第2款 导体绝缘类型选择

①聚氯乙烯绝缘聚氯乙烯护套电缆具有制造工艺简单、价格便宜、耐酸碱等优点，适合于一般工程。但普通聚氯乙烯材料在燃烧时逸出氯化氢气体量达300mg/g，火灾中PVC电缆放出浓烈的毒性烟气，使人中毒窒息，且烟气的沉淀物有导电和腐蚀性。因此对有低毒难燃性防火要求的场所，可采用交联聚乙烯、聚乙烯或乙丙橡胶绝缘不含卤素的电缆。防火有低毒性要求时，不宜采用聚氯乙烯电缆和电线。

②阻燃电线电缆应符合国家标准GB/T 18380.3的要求；耐火电线电缆应符合国家标准GB/T 12666.6的要求；矿物绝缘电缆采用的矿物绝缘材料和金属铜套，在火焰中应具有不燃性能和无烟无毒的性能，还应具有抗喷淋水、抗机械冲击能力，并且其有机材料外护套应满足无卤、低烟、阻燃的要求。

第3款 控制电缆额定电压，不应低于该回路的工作电压，宜选用450/750V。当外部电气干扰影响很小时，可选用较低的额定电压。

7.4.2 为电缆截面选择的基本原则。当电力电缆截面选择不当时，会影响可靠运行和使用寿命乃至危及安全。

导体的动稳定主要是裸导体敷设时应做校验，电力电缆应做热稳定校验。

7.4.3 电缆敷设的环境温度与载流量校正

第1款 原规范规定"配电线路沿不同环境条件敷设时，电线电缆的载流量应按最不利的条件确定，当该条件的线路段不超过5m（穿过道路不超过10m)，则应按整条线路一般环境条件确定载流量，……"。按新的国家标准，此条修订为"当沿敷设路径各部分的散热条件不相同时，电缆载流量应按最不利的部分选取"，设计中应尽量避免将线路敷设在最不利条件处。

第2款 气象温度的历年变化有分散性，宜以不少于10年的统计值表征。

直埋敷设时的环境温度，需取电缆埋深处的对应值，因为不同埋深层次的温度差别较大。电缆直埋敷设在干燥或潮湿土中，除实施换土处理等能避免水分迁移的措施外，土壤热阻系数宜选择不小于2.0K·m/W。

7.4.4 电线、电缆载流量的校正

第1款 多回路或多根多芯电缆成束敷设的载流量校正系数：

①电缆束的校正系数适用于具有相同最高运行温度的绝缘导体或电缆束；

②含有不同允许最高运行温度的绝缘导体或电缆束，束中所有绝缘导体或电缆的载流量应根据其中允许最高运行温度最低的那根电缆的温度来选择，并用适当的电缆束校正系数校正；

③假如一根绝缘导体或电缆预计负荷电流不超过它成束电缆敷设时的额定电流的30%，在计算束中其他电缆的校正系数时，此电缆可忽略不计。

第2款 直埋电缆多于一回路，当土壤热阻系数高于2.5K·m/W时，应适当降低载流量或更换电缆周围的土壤。

第3款 谐波电流校正系数应用举例：

设想一具有计算电流39A的三相回路，使用四芯PVC绝缘电缆，固定在墙上。

从载流量表可知$6mm^2$铜芯电缆的载流量为41A。假如回路中不存在谐波电流，选择该电缆是适当的，假如有20%三次谐波，采用0.86的校正系数，计算电流为：39/0.86=45A 则应采用$10mm^2$铜芯电缆。

假如有40%三次谐波，则应按中性导体电流选择截面，中性导体电流为：39×0.4×3=46.8A

采用0.86的校正系数，计算电流为：46.8/0.86=54.4A

对于这一负荷采用$10mm^2$铜芯电缆是适当的。

假如有50%三次谐波，仍按中性导体电流选择截面，中性导体电流为：39×0.5×3=58.5A

采用校正系数为1，计算电流为58.5A，对于这一中性导体电流，需要采用$16mm^2$铜芯电缆是适当的。

以上电缆截面的选择，仅考虑电缆的载流量，未考虑其他设计方面的问题。

7.4.5 保护导体可采用多芯电缆的芯线、固定敷设的裸导体或绝缘导体及符合截面积及连接要求的电缆金属外护层和金属套管等。

TN-C、TN-C-S系统中的PEN导体应按可能受到的最高电压进行绝缘，以避免产生杂散电流。

7.5 低压电器的选择

7.5.3 三相四线制系统中，四极开关的选用

第1款 保证电源转换的功能性开关电器应作用于所有带电导体，且不得使这些电源并联，除非该装置是为这种情况特殊设计的。此条引自IEC 60364-4-46。

第2款 TN-C-S、TN-S系统中的电源转换开关应采用同时切断相导体和中性导体的四极开关。在电源转换时切断中性导体可以避免中性导体产生分流（包括在中性导体流过的三次谐波及其他高次谐波），这种分流会使线路上的电流矢量和不为0，以致在线路周围产生电磁场及电磁干扰。采用四极开关可保证中性导体电流只会流经相应的电源开关的中性导体，避免中性导体产生分流和在线路周围产生电磁场及电磁干扰。

第3款 正常供电电源与备用发电机之间，其电源转换开关应采用四极开关，断开所有的带电导体。

第4款 TT系统的电源进线开关应采用四极开关，以避免电源侧故障时，危险电位沿中性导体引入。

7.5.4 近几年，配电系统中采用的双电源转换技术，已经由电器元件组装式双电源自投箱过渡到一体化的自动转换开关电器（ATSE）。由于ATSE的种类和结构形式不同，转换时间也不同，此前国家的设计规范也没有选择自动转换开关电器的相关规定。因此，在选择自动转换开关电器时，难免出现一些混乱。本次规范修订将自动转换开关电器的选择作了基本规定，为设计人员正确选择ATSE提供依据。

第1款 ATSE是根据国家产品标准《低压开关设备和控制设备》GBT 14048.11生产的。该类产品分为PC级和CB级，其特性具有“自投自复”功能。

第2款 ATSE的转换时间取决自身构造，PC级的转换时间一般为100ms，CB级一般为1～3s。当ATSE用于应急照明系统，如：正常照明断电，安全照明投入的时间不应大于0.25s。此时，PC级ATSE能够满足要求，CB级则不能。又如：银行前台照明允许断电时间为1.5s，正常照明断电，备用照明投入的时间不应大于1.5s。此时，PC级ATSE能够满足要求，CB级则不能。所以，选用的ATSE转换动作时间，应满足负荷允许的最大断电时间的要求。

第3款 在选用PC级自动转换开关电器时，其额定电流不应小于回路计算电流的125%，以保证自动转换开关电器有一定的余量。

第4款 为消防负荷供电的配电回路不应采用过负荷断电保护，如装设过负荷保护只能作用于报警。这就是采用CB级ATSE为消防负荷供电时，应采用仅具短路保护的断路器组成的ATSE的原因。同时，还应符合本章7.6.1条2款规定。

第5款 采用ATSE作双电源转换时，从安全着想要求具有检修隔离功能，此处检修隔离指的是ATSE配出回路的检修应需隔离。如ATSE本体没有检修隔离功能时，设计上应在ATSE的进线端加装具有隔离功能的电器。

第6款 当设计的供配电系统具有自动重合闸功能，或虽无自动重合闸功能但上一级变电所具有此功能时，工作电源突然断电时，ATSE不应立即投到备用电源侧，应有一段躲开自动重合闸时间的延时。避

免刚切换到备用电源侧，又自复至工作电源，这种连续切换是比较危险的。

第7款　由于这类负荷具有高感抗，分合闸时电弧很大。特别是由备用电源侧自复至工作电源时，两个电源同时带电，如果转换过程没有延时，则有弧光短路的危险。如果在先断后合的转换过程中加50～100ms的延时躲过同时产生弧光的时间，则可保证安全可靠切换。

7.6　低压配电线路的保护

7.6.1　低压配电线路保护的一般规定

第1款　本规范修订增加了过电压及欠电压保护，所规定的内容与IEC标准相一致。

第2款　配电线路采用的上下级保护电器应具有选择性动作。随着我国保护电器的性能不断提高，实现保护电器的上下级动作配合已具备一定条件。但考虑到低压配电系统量大面广，达到完善的选择性还有一定困难。因此，对于非重要负荷的保护电器，可采用无选择性切断。

第3款　对供给电动机、电梯等用电设备的末端线路，除符合本章的一般要求外，尚应根据用电设备的特殊要求，按本规范第9章的有关规定执行。

8　配电线路布线系统

8.1　一 般 规 定

8.1.1　由于民用建筑群已较少采用架空线路，修订后的本规范不再包括架空线路，将原规范室外电缆线路部分纳入配电线路布线系统。随着一些新形式配电线路布线方式的普及应用，修订后本章的适用范围和技术内容较修订前均有所拓宽。

8.1.2　布线系统的选择和敷设方式的确定，主要取决于建筑物的构造和环境特征等敷设条件和所选用电线或电缆的类型。当几种布线系统同时能满足要求时，则应根据建筑物使用要求、用电设备的分布等因素综合比较，决定合理的布线系统及敷设方式。

8.1.3　环境温度、外部热源的热效应；进水对绝缘的损害；灰尘聚集对散热和绝缘的不良影响；腐蚀性和污染物质的腐蚀和损坏；撞击、振动和其他应力作用以及因建筑物的变形而引起的危害等，对布线系统的敷设和使用安全都将产生极为不利的影响和危害。因此，在选择布线及敷设方式时，必须多方比较选取合适的方式或采取相应措施，以减少或避免上述不良影响和危害。

8.1.4　穿在同一根导管或敷设在同一根线槽内的所有绝缘电线或电缆，都应具有与最高标称电压回路绝缘相同的绝缘等级的要求，其目的是保障线路的使用安全及低电压回路免受高电压回路的干扰。

国家标准《电气设备的选择和安装》GB 16895.6第52章：布线系统第521.6规定：假如所有导体的绝缘均能耐受可能出现的最高标称电压，则允许在同一管道或槽盒内敷设多个回路。

8.1.5　为保证线路运行安全和防火、阻燃要求，布线用刚性塑料导管（槽）及附件必须选用非火焰蔓延类制品。

8.1.8　电缆、电缆桥架、金属线槽及封闭式母线在穿越不同防火分区的楼板、墙体时，其洞口采取防火封堵，是为防止火灾蔓延扩大灾情。应按布线形式的不同，分别采用经消防部门检测合格的防火包、防火堵料或防火隔板。

8.2　直 敷 布 线

8.2.1　直敷布线主要用于居住及办公建筑室内电气照明及日用电器插座线路的明敷布线。

8.2.2　建筑物顶棚内，人员不易进入，平时不易进行观察和监视。当进入进行维修检查时，明敷线路将可能造成机械损伤，引起绝缘破坏等而引发火灾事故。因此规定：在建筑物顶棚内严禁采用直敷布线。

严禁将护套绝缘电线直接敷设在建筑物墙体及顶棚的抹灰层、保温层及装饰面板内的规定是基于以下几点：

1　常因电线质量不佳或施工粗糙、违反操作规定而造成严重漏电，危及人身安全；

2　不能检修和更换电线；

3　会因从墙面钉入铁件而损坏线路，引发事故；

4　电线因受水泥、石灰等碱性介质的腐蚀而加速老化，严重时会使绝缘层产生龟裂，受潮时可能发生严重漏电。

8.2.3　直敷布线是将电线直接布设在敷设面上，应平直、不松弛和不扭曲。为保证安全，应采用带有绝缘外护套的电线，工程设计中多采用铜芯塑料护套绝缘电线。截面限定在6mm²及以下，是因为10mm²及以上的护套绝缘电线其线芯由多股线构成，其柔性大，施工时难以保证线路的横平竖直，影响工程质量和美观。况且，作为照明和日用电器插座线路6mm²铜芯护套绝缘电线，其载流量已足够，据此也限制此种布线方式的使用范围。

8.3　金属导管布线

8.3.2　金属导管明敷于潮湿场所或埋地敷设时，会受到不同程度的锈蚀，为保障线路安全，应采用厚壁钢导管。

8.3.3　采用导管布线方式，电线总截面积与导管内截面积的比值，除应根据满足电线在通电以后的散热要求外，还要满足线路在施工或维修更换电线时，不损坏电线及其绝缘等要求决定。

8.3.4　条文所规定的“金属导管”系指建筑电气工

程中广泛使用的钢导管等铁磁性管材。此种管材会因管内存在的不平衡交流电流产生的涡流效应使管材温度升高，导管内绝缘电线的绝缘迅速老化，甚至脱落，发生漏电、短路、着火等。所以，应将同一回路的所有相导体和中性导体穿于同一根导管内。

8.3.5 不同回路的线路能否共管敷设，应根据发生故障的危险性和相互之间在运行和维修时的影响决定。一般情况下不同回路的线路不应穿于同一导管内。条文中"除外"的几种情况，是经多年实践证明其危险性不大和相互之间的影响较小，有时是必须共管敷设的。

8.3.7 当线路较长或弯曲较多，如按规定的电线总截面和导管内截面比值选择管径，可能造成穿线困难，在穿线时由于阻力大可能损坏电线绝缘或电线本身被拉断。因此，应加装拉线盒（箱）或加大管径。

8.4 可挠金属电线保护套管布线

8.4.1 可挠金属电线保护套管（普利卡金属套管）是我国上世纪90年代初采用先进的设备和技术生产的新型电线保护套管，经国家有关部门鉴定合格，并经各行业广泛采用。

可挠金属电线保护套管，以其优良的抗压、抗拉、防火、阻燃性能，广泛应用于建筑、机电和铁路等行业。在民用建筑中主要用于室内场所明敷设及在墙体、地面、混凝土楼板以及在建筑物吊顶内暗敷设。

全国电气工程标准技术委员会于1996年编制了《可挠金属电线保护管配线工程技术规范》CEC87—96，本节的主要技术内容是以此规范为依据的。

8.4.2 民用建筑布线系统所采用的可挠金属电线保护套管，主要为基本型和防水型两类。基本型套管外层为热镀锌钢带，中间层为钢带，里层为电工纸，适用于明敷或暗敷在正常环境的室内场所。防水型套管是用特殊方法在基本型套管表面，包覆一层具有良好耐韧性软质聚氯乙烯，具有优异的耐水性和耐腐蚀性，适用于明敷在潮湿场所或暗敷于墙体、现浇钢筋混凝土内或直埋地下配管。

8.4.3 为满足布线施工及运行的安全，特制定本条文，详见第8.3.3～8.3.5条的条文说明。

8.4.5 为确保安全及便于穿线，详见第8.3.7条的条文说明。

8.4.8 条文规定是为了保证运行安全，可挠金属电线保护套管与管、盒（箱）必须与保护接地导体(PE)可靠连接。连接应采用可挠金属电线保护套管专用接地夹子，跨线为截面不小于4mm^{2}的多股软铜线。

8.4.10 为保证可挠金属电线保护套管布线质量和运行安全，可挠金属电线保护套管之间及与盒、箱或钢制电线保护导管的连接，必须采用符合标准的专用附件。

8.5 金属线槽布线

8.5.1 一般的国产金属线槽多由厚度为0.4～1.5mm的钢板制成，虽表面经镀锌、喷涂等防腐处理，但仍不能使用在有严重腐蚀的场所。

带有槽盖的封闭式金属线槽，具有与金属导管相当的防火性能，故可以敷设在建筑物顶棚内。

8.5.2 参见第8.3.4条的条文说明。

8.5.3 同一路径的不同回路可以共槽敷设，是金属线槽布线较金属导管布线的一个突破。金属线槽布线在大型民用建筑，特别是功能要求较高、电气线路种类较多的工程中，愈来愈普遍应用。多个回路可以共槽敷设是基于金属线槽布线，电线电缆填充率小、散热条件好、施工及维护方便及线路间相互影响较小等原因。

金属线槽布线时，电线、电缆的总截面积与线槽内截面及载流导体的根数，应满足散热、敷线和维修更换等安全要求。控制、信号线路等非载流导体，不存在因散热不良而损坏电线绝缘问题，截面积比值可增至50%。

8.5.4 电线在金属线槽内接头，破坏了电线的原有绝缘，并会因接头不良、包扎绝缘受潮损坏而引起短路故障，因此宜避免在线槽内接头。

8.6 刚性塑料导管（槽）布线

8.6.1 刚性塑料导管（槽）具有较强的耐酸、碱腐蚀性能，且防潮性能良好，应优先在潮湿及有酸、碱腐蚀的场所采用。由于刚性塑料导管材质较脆，高温易变形，故不应在高温和容易遭受机械损伤的场所明敷设。

8.6.2 刚性塑料导管暗敷于墙体或混凝土内，在安装过程中将受到不同程度的外力作用，需要足够的抗压及抗冲击能力。IEC 614标准将塑料导管按其抗压、抗冲击及弯曲等性能分为重型、中型及轻型三种类型。暗敷线路应选用中型以上的导管是根据国家标准《建筑电气工程施工质量验收规范》GB 50303的规定。

8.6.7 由于刚性塑料导管材质发脆，抗机械损伤能力差，故在引出地面或楼面的一定高度内，应穿钢管或采取其他防止机械损伤措施。

8.6.9 刚性塑料导管（槽）沿建筑物表面和支架敷设，要求达到"横平竖直"，不应因使用或环境温度的变化而变形或损坏。因此，宜在管路直线段部分每隔30m加装伸缩接头或其他温度补偿装置。

8.7 电力电缆布线

8.7.1 电力电缆布线的一般规定

第1款 规定了电力电缆布线的选择原则和敷设

方式。

第2款 规定了在选择电缆布线路径时，应符合的要求。在工程实践中，有时往往只注意按电缆路径最短的原则选择路径，而忽视遭受机械外力、过热、腐蚀等危害和场地规划等因素，出现事故隐患或导致故障。

第3款 本规定是为了防止火灾时，火焰沿电缆外皮延燃扩大灾情。

第5款 要求电力电缆布线，在任何敷设方式时都应注意电缆的弯曲半径。敷设时不能满足弯曲半径要求，常因电缆绝缘层或保护套受损而引发故障。电缆最小允许弯曲半径，是根据国家标准《建筑电气工程施工质量验收规范》GB 50303的规定而修订的。

第7款 本规定是为电缆出现故障时，进行维修接头等提供方便。

8.7.2 电缆埋地敷设

第1款 电缆直埋是一种投资少、易实施的电缆布线方式。当沿同一路径敷设的室外电缆不超过8根且场地条件允许时，宜优先采用电缆直埋布线方式。

第2款 规定是考虑埋地敷设电缆，可能由于承受上部车辆通过传递的机械应力和开挖施工对电缆造成损坏而引起故障。据有关资料介绍，在直埋敷设的电缆事故中，属机械性损伤的比例相当高，约占全部故障的40%。

第3款 由于电缆通常以聚氯乙烯或聚乙烯构成的挤塑外套，在酸、碱的腐蚀下会发生化学、物理变化导致龟裂、渗透，应予防止。

土壤存在杂散电流，会使电缆金属外包层因产生的电腐蚀而损坏。

第4款 为了室外直埋电缆不受损伤，要具有一定的埋设深度，0.7m的深度是从防护电缆不受损坏又具有合理的经济性综合考虑的。

8.7.3 电缆在电缆沟或隧道内敷设

第1款 电缆在电缆沟内布线是应用较为普遍的布线方式，当符合条文规定条件时应予采用。但大量事实表明，由于维护不当，运行年久后会出现地沟盖板断裂破损不全，地表水溢入电缆沟内等情况，常使电缆绝缘变坏导致电缆发生短路，引发火灾事故，宜有所限制。

第2～4款 电缆在电缆沟或电缆隧道内敷设，电缆支架层间距离、通道宽度和固定点间距等是保证电缆施工、运行和维护安全所必需的。修订后条文所列数值均根据《电力工程电缆设计规范》GB 50217—94的规定。

第6款 因为电缆沟或电缆隧道很可能位于无渗透性潮湿土壤中或地下水位以下，所以要有可靠的防水层，并将电缆沟及电缆隧道底部做坡度，及时排出积水，以保证电缆线路在良好的环境条件下可靠运行。

第10款 电缆沟内电缆在维修时，一般采用人工开放电缆沟盖板，每块盖板的重量，应以两人能抬起的50kg为宜。

第14款 其他管线横穿电缆隧道，影响电缆线路的运行和维护工作，当开挖翻修其他管线时，将会危及电缆线路的运行安全。

8.7.4 电缆在排管内敷设

第1款 当民用建筑群内，道路狭窄、路径拥挤或道路挖掘困难，电缆数量不过多，在不宜直埋或采用电缆沟或电缆隧道的地段，可采用电缆在排管内布线方式。

第2款 选择电缆排管的材质，应满足埋深下的抗压和耐环境腐蚀要求。条文所指为国家标准图集《35kV及以下电缆敷设》(94D164) 所推荐的几种材质。其他材质只要符合抗压及耐环境腐蚀要求，都可用作电缆排管（如陶瓷管、玻纤增强塑料导管等）。

第7款 为使电缆排管内的水，自然流入人孔井的集水坑，要求有倾向人孔井侧不少于0.5%的排水坡度；为避免电缆排管因受外力作用而损坏，要求排管顶部距地面有一定高度；排管沟底垫平夯实并铺混凝土垫层，能避免电缆排管错位变形，保证电缆运行安全和便于维修时电缆的抽出和穿入。

第8款 设置电缆人孔井是为便于检查和敷设电缆，并使穿入或抽出电缆时的拉力不超过电缆的允许值。

8.7.5 电缆在室内敷设

第3款 电缆并列明敷时，电缆之间应保持一定距离是为了保证电缆安全运行和维护、检修的需要；避免电缆在发生故障时，烧毁相邻电缆；电缆靠近会影响散热，降低载流量，影响检修且易造成机械损伤。不同用途、不同电压的电缆间更应保持较大距离。

第5款 电缆明敷时，电缆与管道间的最小允许距离或防护要求，是为了防止热力管道对电缆的热效应和管道在施工和检修时对电缆的损坏。

第6款 塑料护套绝缘电缆的塑料外护套具有较强的耐酸、碱腐蚀能力。

8.8 预制分支电缆布线

8.8.1 预制分支电缆因其具有载流量较大、耐腐蚀、防水性能好、安装方便等优点，已被广泛应用在高层、多层建筑及大型公共建筑中，作为低压树干式系统的配电干线使用。

8.8.2 预制分支电缆是在聚氯乙烯绝缘或交联聚乙烯绝缘聚氯乙烯护套的非阻燃、阻燃或耐火型聚氯乙烯护套或钢带铠装单芯或多芯电力电缆上，由制造厂按设计要求的截面及分支距离，采用全程机械化制作分支接头，具有较优良的供电可靠性。

8.8.5 单芯预制分支电缆在运行时，其周围产生强烈的交变磁场，为防止其产生的涡流效应给布线系统造成的不良影响，对电缆的支承桥架、卡具等的选择，应采取分隔磁路的措施。

8.9 矿物绝缘（MI）电缆布线

8.9.1 由于矿物绝缘（MI）电缆采用无机物氧化镁作为芯线绝缘材料，无缝铜管外套和铜质线芯，宜用于高温或有耐火要求的场所。

8.9.4 矿物绝缘电缆，在不同线芯最高使用温度下，相同截面的电缆可具有不同的载流量。使用温度愈高，载流量愈大。因此，在选择电缆规格时，应根据环境温度、性质、电缆用途合理确定线芯最高使用温度。

在确定合适的线芯最高使用温度后，根据不同使用温度下的电缆允许载流量，合理选择相应的电缆规格。

8.9.5 矿物绝缘电缆中间接头是线路运行和耐火性能的薄弱环节，应设法避免。由于受原材料的限制，矿物绝缘电缆，特别是大截面单芯电缆其成品交货长度都较短。为避免中间接头，应根据制造厂规定的电缆成品交货长度、敷设线路长度合理选择电缆规格。

8.9.6 当遇有大小截面不同的电缆相同走向时，此时应按最大截面电缆的弯曲半径进行弯曲，以达到美观整齐要求。

8.9.7 电缆弯成“S”或“Ω”形弯是对电缆线路经过建筑物变形缝或引入振动源设备所引起的电缆线路的变形补偿。

8.9.9、8.9.10 条文规定，均为防止矿物绝缘电缆线路在运行时产生涡流效应的要求。

8.10 电缆桥架布线

8.10.1 本节适用于电缆梯架和电缆托盘（有孔、无孔）。槽式桥架属金属线槽列于本章8.5节中。

8.10.2 民用建筑电气工程所采用的电缆桥架一般为钢制产品，其防腐措施一般有塑料喷涂、电镀锌（适用于轻防腐环境）、热浸锌（适用于重防腐环境）等多种方式。

8.10.5 采用电缆桥架布线，通常敷设的电缆数量较多而且较为集中。为了散热和维护的需要，桥架层间应留有一定的距离。强电、弱电电缆之间，为避免强电线路对弱电线路的干扰，当没有采取其他屏蔽措施时，桥架层间距离有必要加大一些。

8.10.6 为了便于管理维护，相邻的电缆桥架之间应留有一定的距离，制造厂家推荐数值为600mm。

8.10.8 条文规定是为了保障线路运行安全和避免相互间的干扰和影响。

8.10.13 电缆桥架直线段超过30m设伸缩节和跨越建筑物变形缝设补偿装置，其目的是保证桥架在运行中，不因温度变化和建筑物变形而发生变形、断裂等故障。

8.11 封闭式母线布线

8.11.1 封闭式母线不应使用在潮湿和有腐蚀气体的场所（专用型产品除外），是因为封闭式母线在受到潮湿空气和腐蚀性气体长期侵蚀后，绝缘强度降低，导体的绝缘层老化，甚至被损坏，将可能导致发生线路短路事故。

8.11.7 当封闭式母线运行时，导体会随温度上升而沿长度方向膨胀伸长，伸长多少与电气负荷大小和持续时间等因素有关。为适应膨胀变形，保证封闭式母线正常运行，应按规定设置膨胀节。

8.12 电气竖井内布线

8.12.1 电气竖井内布线是高层民用建筑中强电及弱电垂直干线线路特有的一种布线方式。竖井内常用的布线方式为金属导管、金属线槽、各种电缆或电缆桥架及封闭式母线等布线。

在电气竖井内除敷设干线回路外，还可以设置各层的电力、照明分配电箱及弱电线路的分线箱等电气设备。

8.12.2 电气竖井的数量和位置选择，应保证系统的可靠性和减少电能损耗。

8.12.4 条文是根据建筑物防火要求和防止电气线路在火灾时延燃等要求而规定的。为防止火灾沿电气线路蔓延，封闭式母线等布线在穿过竖井楼板或墙壁时，应以防火隔板、防火堵料等材料做好密封隔离。

8.12.5 电气竖井的大小应根据线路及设备的布置确定，而且必须充分考虑布线施工及设备运行的操作、维护距离。

8.12.8 为保证线路的安全运行，避免相互干扰，方便维护管理，强电和弱电竖井宜分别设置。

9 常用设备电气装置

9.2 电 动 机

9.2.1 本节适用于一般用途的旋转电动机，不适用于控制电动机、直线电动机及其他用途的特殊电动机。

9.2.2 电动机的启动

第1款 电动机启动时电压降的允许值存在三种不同意见，一是电动机端子电压，原规范就是采用“端子电压”；二是电源母线电压；三是电动机配电母线上的电压，国家标准《通用用电设备配电设计规范》GB 50055—93采用的是第三种方法。第一种方法比较准确，但要求较高，不便操作；第二种方法尽管没有第一种方法准确，但便于操作。本规范规定比较折中：“电动机在启动时，其端子电压应保证机械要求的启动转矩，且在配电系统中引起的电压波动不应妨碍其他用电设备的工作”为一般要求，使用“端子电压”合情合理。但是具体数值采用“控制电动机配电母线上的电压降”便于计算。对电源电压有特殊要求的用电设备，应采取必要的稳压措施。

电动机频繁启动是指每小时启动数十次以上。

第2～4款　笼型电动机启动方式的选择，应符合本规范的规定。与现行规范相比，电动机的启动方式增加了软启动。图9-1及图9-2为笼型电动机软启动、直接启动、星-三角启动的特性曲线。

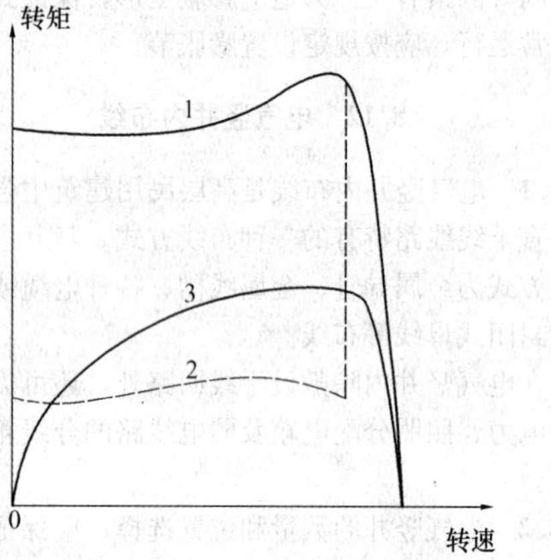

图9-1　电动机启动转矩—转速曲线
曲线1：直接启动；曲线2：星-三角启动；曲线3：软启动

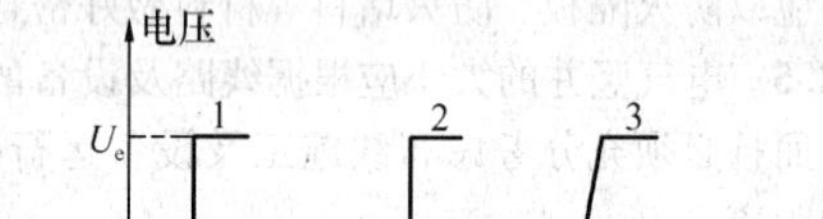

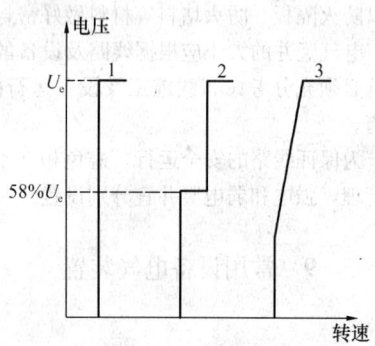

图9-2　电动机启动电压—转速曲线
曲线1：直接启动；曲线2：星-三角启动；曲线3：软启动

从图中可以看出，电动机直接启动，启动转矩大，而启动转矩与启动电流成正比，因此，直接启动时，启动电流也大，在电动机直接启动时，对机械造成冲击，使电网电压波动，影响其他负荷正常使用。星-三角启动方式，启动转矩小，不利于克服静阻转矩，延长电动机的启动时间，造成电动机过载。当星形转换为三角形的瞬间，转矩突然增大，对机械设备有冲击。软启动的特性曲线比较平滑，有利于延长电动机的寿命，对机械造成冲击较小，并且不会使电网电压造成较大的波动。从实际工程中了解到，有些水管管路会造成水泵电动机过载，有烧毁电动机的例子，而使用软启动装置后，过载问题随即得到解决。当然，软启动装置价格高，它还是非线性器件，能产生高次谐波，污染电网，增加能耗。

第5款　绕线转子电动机采用频敏变阻器启动，其特点较为突出，接线简单、启动平滑、成本较低、维护方便。电阻器启动，能耗高，但有些情况下尚在使用，尤其需调速场所，需要电阻器启动。

第6款　直流电动机的启动不仅受机械调速要求和温升的制约，而且还受换向器火花的限制。国家标准《旋转电机　定额和性能》GB 755规定：直流电动机和交流换向器电动机在最高满磁场转速下，电动机应能承受1.5倍的额定电流，历时不小于60s。上述要求比较严格，尤其对小型直流电动机而言，可能允许有较高的偶然过电流，因此对直流电动机启动提出了“启动电流不超过电动机的最大允许电流；启动转矩和调速特性应满足机械的要求”的规定。

9.2.3　低压电动机的保护

第1款　交流电动机应装设相间短路保护、接地故障保护，否则可造成电动机被烧毁等事故。除此之外，其他保护可根据具体情况选择装设。

第2款．数台电动机共用一套相间短路保护电器属于特殊情况，应从严掌握。

第3款　为了确保短路保护器件不误动作，应从保护电器的类型和额定电流两方面确定。

保护电器的类别有多种，根据负荷特点，短路保护电器主要分为低感照明保护型、高感照明保护型、配电型、电动机保护型、电子元器件保护型等。用于电动机回路的短路保护电器宜选用保护电动机型。当选用低压熔断器时，宜选用“gM”型，g为全范围分断能力的熔断器，M为电动机保护型。

熔断体的额定电流应根据其安秒特性曲线计及偏差后略高于电动机启动电流和启动时间的交点来选取，但不得小于电动机的额定电流。熔断器的选择方法事实上沿用了前苏联的计算方法，即电动机的启动电流乘以计算系数。但是此方法在我国现阶段应用存在许多困难，主要是计算系数难以确定。因此，目前趋向于采用表格法选择熔断器。

电动机启动时存在非周期分量，根据上海电器科学研究所的实验表明：启动电流非周期分量主要出现在第一个半波；电动机启动电流第一个半波的有效值通常不超过其周期分量有效值的2倍，个别情况可达2.3倍。因此，瞬动过电流脱扣器或过电流继电器瞬动元件的整定电流应取电动机启动电流的2～2.5倍。

原规范规定：瞬动过电流脱扣器或过电流继电器瞬动元件的整定电流应取电动机启动电流周期分量的1.7～2.0倍。显然该系数偏小，不能满足要求。

第5款　根据美国《电气建设与维护》杂志报道，烧毁电动机的实例中约95%的电动机是由过负荷造成的。这些故障主要有：机械过载、断相运行、三相不平衡、电压过低、频率升高、散热不良、环境温度过高等。因此，除“突然断电将导致比过负荷损失更大的电动机，不宜装设过负荷保护”外，其他电动机尽可能地装设过负荷保护电器。原规范规定额定功率大于 3kW 的连续运行电动机宜装设过负荷保护，根据上述原则和专家审查意见，将此规定取消，使过负荷保护要求更加严格，有利于电动机的保护。

短时工作或断续周期工作的电动机，采用传统的双金属片热继电器整定较困难，效果不好，鉴于目前设备现状，此时可不装设过负荷保护。如果采用电子式热继电器，还是可以选择过负荷保护的。

突然断电将导致比过负荷损失更大的电动机，不宜装设过负荷保护。这些负荷有消火栓水泵、喷洒泵、防排烟风机等，如果装设过负荷保护器，当发生火灾时，过负荷保护器动作，消防类设备不能正常运行，耽误灭火时机，损失可能更惨重。如装设过负荷保护，可使过负荷保护作用于报警信号，提醒值班人员检查、排除故障。

过负荷保护器件宜采用电子式的热继电器。双金属片热继电器缺点很明显——动作误差大，可靠性低，容易误动作和拒动作。相当一部分烧毁电动机的事故是由热继电器起不了保护作用所致。双金属片热继电器目前只有过电流保护和断相保护，而对绕组温度过高、频率升高等非正常现象就不能有效地保护。电子式热继电器有多种保护：过电流保护、断相保护、缺相保护、三相负荷不平衡保护、绕组超高温度保护等。因此，电子式热继电器是名副其实的电动机综合保护器。

表 9.2.3 为过负荷保护器件通电时的动作电流，该表引用 IEC 60947 相关条款。对于不同负荷应选择不同类型的过负荷保护器，即轻载负荷可以选用 10A 或 10 过负荷保护器，而 20 或 30 应用在重载机械。由于双金属片热继电器还广泛使用，IEC 没有涉及到 30 以上及 10A 以下类型，但是，某些场合电动机过负荷保护需要 30 以上和 10A 以下的非标准产品，因此本条款增加了“当电动机启动时间超过 30s 时，应向厂家订购与电动机过负荷特性相配合的非标准过负荷保护器件”。如果采用标准产品不能满足要求，可以采用“在启动过程的一定时限内短接或切除过负荷保护器件”的措施。

电动机所拖动的机械按其启动、运行特性可分为三类，这样分类是相对的，有的文献将负载分为重载和轻载。本规范将其分为三类：

轻载：启动时间短，起始转矩小；

中载：启动时间较长，起始转矩较大；

重载：启动时间长，起始转矩大。

而实际工程中，负载启动特性相差较大。

第 6 款　交流电动机的某一相断路，另两相电流增大，造成电动机过负荷。据资料介绍，在烧毁电动机的事故中，由于断相故障所占的比例较高，美国和日本约占 12%，前苏联约占 30%，我国尚无准确的统计数据，由于管理、维护水平较低，我国这个比例不会太低。因此，电动机的断相保护应严格要求。

连续运行的三相电动机，用熔断器保护时，应装设断相保护。因为熔断器三相一致性比断路器差，连接点多，连接点的可靠性将影响电动机保护的效果。据资料介绍，在发生断相故障的 181 台小型电动机的统计中，由于熔断器一相熔断或接触不良的占 75%，由于刀开关或接触器一相接触不良的占 11%。因此，熔断器作短路保护电器，对断相保护要求应严格。而用低压断路器保护时，由于连接点少，三相一致性好，对断相保护要求可以适当降低，语气上采用“宜装设断相保护”。

短时工作或断续周期工作的电动机，由于可不设过负荷保护，与此相对应，也可不装设断相保护。

断相保护器件宜采用带断相保护的热继电器，其优点上面已经介绍了，如果条件许可，也可采用温度保护或专用的断相保护装置。

第 7 款　交流电动机的低电压保护不是保护电动机本身，而是为了限制自启动。当系统电压降低到临界电压时，电动机将堵转、疲倒。因此，设计人员可根据需要设置低电压保护。

第 8 款　直流电动机的使用情况差别很大，其保护方法与拖动方式各不相同，因此，本条款采用一般性规定。本规定取自《通用用电设备配电设计规范》GB 50055。

9.2.4　低压交流电动机的主回路

第 1 款　低压交流电动机的主回路由隔离电器、短路保护电器、控制电器、过负荷保护电器、附加保护器件、导线等组成。主回路的构成可以是上述器件的全部或部分，但隔离电器、短路保护电器和导线是必不可少的。关于三相交流电动机的主回路构成，国际上都比较统一，IEC、VDE、NEC 等标准均与我国规范一致。

第 2～3 款　实际工程中许多人忽略了隔离电器，认为装设断路器或熔断器就可以不用装设隔离电器。这从安全、维护等方面都是不允许的。因此，本规范较详细地对隔离电器的装设提出要求，有些条款取自 IEC 标准，以引起设计人员的注意。

第 4 款　短路保护电器应与其负荷侧的控制电器和过载保护电器相配合，这些要求引自 IEC 标准。

从表 9-1 中可以看出，一般设备由于供电可靠性要求较低可以用 1 类配合，而 2 类配合强调供电的可靠性和连续性，因此重要负荷如消防类负荷应满足 2 类配合。据有关资料介绍，IEC 正在制定要求更高的 3 类配合标准。

接触器或启动器的限制短路电流不应小于安装处的预期短路电流，就是说，当发生短路时，在短路保护电器切断故障回路之前，接触器或启动器应能承受故障电流，满足1类或2类配合要求。

表 9-1　1类配合和2类配合

配合类别	定　义	特　点
1类配合	在短路情况下接触器、热继电器的损坏是可以接受的： 1　不危及操作人员的安全； 2　除接触器、热继电器以外，其他器件不能损坏	允许供电中断，直到维修或更换接触器和热继电器后才可恢复供电
2类配合	短路时，接触器、启动器触点可容许熔化，且能够继续使用。同时，不能危及操作人员的安全和不能损坏其他器件	供电连续性十分重要，而且触点必须被容易地分开

短路保护电器宜采用接触器或启动器产品标准中规定的型号和规格，这一点名牌进口产品做得较好。合格的国产产品也必须通过试验，得出与接触器或启动器相配合的短路保护电器。但是，大部分国产厂家在电动机保护配合方面资料不全，给设计、使用带来不便，不利于推广国产产品。

第6款　根据IEC有关规定，“启动和停止电动机所需要的所有开关电器与适当的过负荷保护电器相结合的组合电器”叫做启动器。因此，控制电器系指电动机的启动器、接触器及其他开关电器，而不是“控制电路电器”。

根据电动机保护配合的要求，堵转电流及以下电流应由控制电器接通和分断。大多数的Y系列电动机堵转电流≤$7I_e$，最小三相电动机为0.37kW，I_e≈1.1A。因此，选择接触器时，应该考虑分合堵转电流，其额定电流一般不应小于7A。

负荷开关分为封闭式和开启式，开启式负荷开关（如胶盖开关）存在安全问题，不能单独作为电动机保护、控制电器。如果条件许可，尽可能不要用封闭式负荷开关；但由于条件所限，当符合保护和控制要求时，封闭式负荷开关（如HH3）可以保护、控制3kW及以下电动机。电动机组合式保护电器（CPS）可以控制、保护电动机，不同型号的组合式保护电器控制、保护最大电动机的容量各不相同，一般在18.5kW及以下。CPS可以对电动机频繁操作，其他形式的组合式保护电器不能对电动机频繁操作。

第7款　电线或电缆（以下简称导线）载流量的国家规范尚在制定中，因此，有关数据没有列入本规定。设计时应考虑下列因素：

①电动机工作制有连续、断续、短时工作制，各种工作制还可细分。因此，按基准工作制的额定电流选择导线比较准确、简单。

②导线与电动机相比，发热时间常数及过载能力较小，设计时应考虑这个问题，也就是说，导线应留有余量。美国NEC法规规定，导线载流量不应小于电动机额定电流的125%；日本《内线工程规定》，当额定电流不大于50A时，导线载流量不应小于电动机额定电流的125%，当额定电流大于50A时，导线载流量不应小于电动机额定电流的111%。

③按照IEC 60947的要求，启动后电刷短路的绕线式电动机，其转子回路导线的载流量按轻载、中载、重载分成三类，比原规范要求有所提高。

9.2.5　低压交流电动机的控制回路

第1款　电动机的控制回路应装设隔离电器和短路保护电器，这一点与一次线路一致。有些设备，如消防类水泵，如果控制回路断电会造成严重后果，是否另设短路保护应根据具体情况决定，设计者可以考虑下列因素（以消防类水泵为例）：

①是否有备用泵；

②各个泵控制电源及控制回路是否独立；

③保护器件的可靠性；

④一次回路保护电器的整定值是否能保护二次回路。

第2款　控制回路的电源和接线的安全、可靠最为关键。以消火栓泵为例，为了提高可靠性，控制回路应采取如下措施：

①工作泵与备用泵控制电源应分开设置；

②工作泵与备用泵控制回路应独立；

③消火栓按钮线路不要直接接到接触器线圈回路。

TN和TT系统中的控制回路发生接地故障时，应避免保护和控制被大地短接，造成电动机意外启动或不能停车。

如图9-3所示，当a点发生对大地短路时，电气通路为：L1—熔断器—接触器线圈—a点—大地，因此，接触器线圈带电，造成电动机不能停车，或电动机意外启动。图9-4控制电源为380V，如果b点发生短路，L1—熔断器—接触器线圈—b点—大地构成电气通路，结果电动机不能停车或意外启动。因此，上面两图都是不可靠的控制接线方案，设计时应引起注意。

如果直流控制回路采用其中一极接地系统，也有可能出现图9-3和图9-4的错误接线，因此，直流控制回路最好采用不接地系统，并装设绝缘监视。

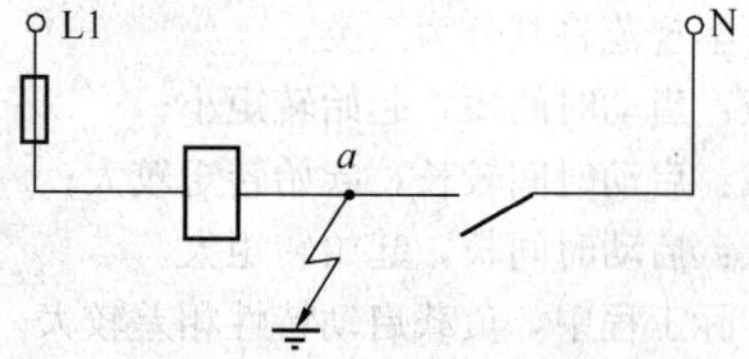

图9-3　220V控制电源错误接线

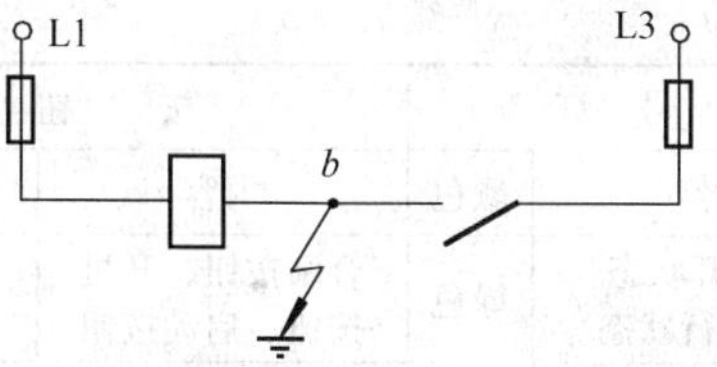

图 9-4　380V 控制电源错误接线

额定电压不超过交流 50V 或直流 120V 的控制回路的接线和布线，应有防止高电位引入措施，主要方法有：短路保护电器设过电压保护、电源侧设浪涌保护器、220V 强电触点不能直接接入交流 50V 或直流 120V 控制箱（柜）等。

第 3 款　本条款说明电动机一地控制和两地控制要求。在控制点不能观察到电动机或所拖动的机械时，在控制点装设指示电动机工作状态的信号和仪表、启动按钮和停止按钮。

第 4 款　从安全性考虑，自动控制、连锁或远方控制的电动机，宜有就地控制和解除远方控制的措施，当突然启动可能危机周围人员时，应在机旁装设启动预告信号和应急断电开关或自锁式按钮。自动控制或连锁控制的电动机，还应有手动控制和解除自动控制或连锁控制的措施。

第 5 款　是从安全性作出的要求。

9.2.6　其他保护电器或启动装置的选择

第 1 款　组合式保护电器是多功能的电动机保护产品，组合式保护电器分为三类：第一类为 CPS，CPS 采用了以接触器为主体的模块式组合结构，以一个具有独立结构形式的单一产品实现隔离电器、断路器、接触器、过负荷继电器等分离元件的主要组合功能。我国自主开发、研制的 CPS 已达到了世界同类产品的先进水平，部分指标优于国外产品。全国统一产品型号为 KBO 系列，其额定电流为 0.2A 至 100A，包括电动机单向控制、可逆控制、双电源（ATS）控制等多种系列产品。并在国内众多工程中得到应用。

第二类为集隔离电器、短路保护电器、过负荷保护电器于一体；第三类包括隔离电器、短路保护电器功能。这两类组合式保护电器可以与同厂的某些接触器插接安装，非常方便。与独立的电动机保护、控制器件相比，组合式保护电器的体积小，可靠性高。

第 2 款　民用建筑中，大功率的水泵如果采用直接启动或星一三角启动等启动方式，可能造成对电网的冲击，对机械设备产生不良的影响（参见图 9-1 和图 9-2）。另一方面，由于水管网络的问题，可能造成电动机长期过负荷，过负荷保护动作，使水泵不能正常工作；如果过负荷保护选择不当，则会缩短电动机的寿命，甚至烧毁电动机。而采用软启动装置则可避免此类问题的发生，对电动机有良好的保护作用。

多大功率的水泵、风机要用软启动装置应根据本规范第 9.2.2 条的要求确定。一般来说，变压器容量越大，软启动的水泵、风机的功率也越大。

每台电动机宜单独装设软启动装置，这主要从可靠性角度考虑，但实际应用中，也有数台电动机共用一套软启动装置的实例，从经济性考虑是可以理解的，但是对重要和比较重要的电动机而言是不恰当的，可靠性大大降低。因此，本条规定了共用一套软启动器的条件。

9.2.7　低压交流电动机的节能要求

第 1 款　电动机类负荷占民用建筑的负荷比例较大，其节能意义重大。根据《中小型三相异步电动机能效限定值及节能评价值》GB 18613—2002 规定，电动机能效限定值是指在标准规定测试条件下，所允许电动机效率最低的保证值，电动机能效限定值是强制性的，必须满足。而电动机节能评价值是在标准规定测试条件下，节能电动机效率应达到的最低保证值。电动机节能评价值比能效限定值要高。节能评价值是推荐性的，当电动机满足节能评价值的要求，就可认为电动机是高效能型的。目前，我国新型的 YX_2 系列电动机为高效能电动机，YX_2 系列电动机效率比 Y 系列平均提高 3%，而总损耗降低 20%～30%。

第 2 款　“当机械工作在不同工况时，在满足工艺要求的情况下，电动机宜采用调速装置”。对风机、设备而言，不同工况往往有不同流量或风量的要求，这是由工艺所决定的。通过调节电动机的转速不仅可以满足调节流量或风量的要求，而且还能达到节能的效果。因为，流量与转速的一次方成正比，而功率与转速的三次方成正比。从表 9-2 可以得出，转速为额定转速的 75%时，功率为额定功率的 42.1875%；转速为额定转速的 25%时，功率为额定功率的 1.5625%。因此，根据需求（如流量、风量等）对电动机调速，节能效果十分明显。

表 9-2　转速与功率的关系

转速 n/n_e	0.25	0.5	0.75	1.0
功率 P/P_e	1.5625%	12.5%	42.1875%	100%

当工艺只有 2～3 个工况时，笼型电动机采用变极对数调速有较多优点：效率高、控制电路简单，易维修，价格低，与定子调压或电磁转差离合器配合可得到效率较高的平滑调速。

当工况较多时，调速变得频繁，采用变频调速比较合适。变频调速无附加转差损耗，效率高，调速范围宽，尤其适合于较长时间处于低负载运行或起停运行较频繁的场合，达到节电和保护电机的目的。

现在国内外对电磁兼容十分重视，我们在推广、普及高效节能产品的同时不能给环境带来电磁污染。

第 3 款　满足控制要求是前提条件，不能因为节能而影响正常控制要求，因此，本款对控制电器使用“宜采用节电型产品”的规定，而且仅对长时间通电的控制电器有效，对短时间通电的控制电器节能意义不大。据对比，LC1-D系列接触器与CJ20系列接触器，63A及以上等级，线圈启动容量减少5%～65%，线圈吸持容量减少64%～75%。

9.3 传输系统

9.3.1 传动多指电气传动，它是以电动机为自动控制对象，以微电子装置为核心，以电力电子装置为执行机构，在自动控制理论的指导下，组成电气传动控制系统，控制电动机的转速按给定的规律进行自动调节，使之既满足生产工艺的最佳要求，又具有提高效率、降低能耗、提高产品质量、降低劳动强度的最佳效果。运输是将物体从一处搬运到另一处。因此，传输系统是用传动技术而进行的运输。

近年来，电气传输系统在民用建筑中的应用也越来越广泛，其系统相对简单，所处的环境也相对较好，主要应用有：病历自动传送系统、图书自动传送系统、邮件自动分检及传送系统、行李自动传送系统、旋转餐厅平台及燃煤锅炉房燃煤传输等。

由于工艺要求不一，本规范仅规定了民用建筑中电气传输系统设计内容和要求，即系统的配电、控制、接地等设计的共性内容和要求。

连锁线有分别单独启动、部分延时启动、按工艺流程反方向顺序启动、同时停止、部分延时停止、从给料方向顺序停止等多种启动与停止方式，因此，传输系统的连锁线应满足使用和安全的要求，并应可靠、简单、经济，并考虑节能。

运行中任何一台连锁机械故障停车时，应使传来方向的连锁机械立即停车，以免物料堆积。

9.3.2 传输系统的控制要求

第1款 条文为传输系统连锁线控制方式的选择原则。运输线的控制方式应结合工艺要求确定。当经济条件允许或工程比较重要，采用计算机自动控制系统控制比较复杂的系统，有利于实现顺序控制和其他较复杂的控制，有利于系统的可靠运行，同时，还可实现控制、监视、报警、信号、记录等功能。

第2款 国家标准《电工成套装置中的指示灯颜色和按钮的颜色》GB/T 2682－81对控制箱（屏、台）面板上的电气元件的颜色有较详细的要求，参见表9-3。

表9-3 信号灯和按钮颜色的含义

信号灯		按钮	
内容	颜色	内容	颜色
事故跳闸、危险	红色	正常分闸、停止	黑色或红色
异常报警指示	黄色	事故紧急操作按钮	红色
开关闭合状态、运行状态	白色	正常停止、事故紧急操作合用按钮	红色

续表9-3

信号灯		按钮	
内容	颜色	内容	颜色
开关断开状态、停止运行状态	绿色	合闸按钮、开机按钮、启动按钮	白色或灰色
电动机启动过程	蓝色	储能按钮	白色
储能完毕指示	绿色	复位按钮	黑色

第3款 使用模拟图和电子显示器，便于观察、操作方便，对复杂和比较复杂的系统很有必要。

第4款 为了防止传输系统发生人身、设备事故，并便于联系，提出几点常用措施：

①启动预告信号，一般采用音响信号，如电铃、电笛、喇叭等；当传输系统传输距离长时，可沿线分段设置启动预告信号；

②在值班控制室（点）设置允许启动信号、运行信号、事故信号，其目的是保障安全、随时了解设备运行状态，以加强管理；

③在控制箱（屏、台）面上设置事故断电开关或自锁式按钮，可根据情况及时断电，便于处理事故、方便维修；

④当传输系统传输距离长时，在巡视通道装设事故断电开关或自锁式按钮，便于巡视人员及时处理事故，以免扩大事故范围。

采用自锁式按钮，主要是为了确保安全，在故障未排除前不允许在别处进行操作。

9.3.3 传输系统的供电要求

第1款 确定传输系统的负荷等级。

第2款 同一系统的电气设备，假如由多个电源供电，当其中一个电源故障，会影响整个系统的使用，扩大了事故面。故规定宜由同一电源供电。

9.3.4 确定控制室和控制点的位置。当采用计算机控制系统时，应采取防止电磁干扰措施。

9.3.5 移动式传输设备，如图书馆运书小车、锅炉房卸料小车等，一般容量不大，速度较慢，每次运行距离小，采用软电缆供电具有装置简单、可靠、安装方便，受环境影响小，宜优先选用。

9.4 电梯、自动扶梯和自动人行道

9.4.2 电梯、自动扶梯和自动人行道的供电容量确定

1 单台交流电梯的计算电流应取曳引机铭牌0.5h或1h工作制额定电流90%及附属电器的负荷电流，或取铭牌连续工作制额定电流的140%及附属电器的负荷电流；

2 单台直流电梯的计算电流应取变流机组或整流器的连续工作制交流额定输入电流的140%；

3 两台及以上电梯电源的计算电流应计入同时系数，见表9-4；

表 9-4　不同电梯台数的同时系数

电梯数量（台）	2	3	4	5	6	7	8
直流电梯	0.91	0.85	0.80	0.76	0.72	0.69	0.67
交流电梯	0.85	0.78	0.72	0.67	0.63	0.59	0.56

4　交流自动扶梯的计算电流应取每级拖动电机的连续工作制额定电流及每级的照明负荷电流；

5　自动人行道取铭牌连续工作制额定电流及照明负荷电流。

9.4.3　电梯配电线路的最小截面应满足温升和允许电压降两个条件，并从中选择较大者作为选择依据。

9.4.4　电梯机房的工作照明和通风装置以及各处用电插座的电源，宜由机房内电源配电箱（柜）单独供电，其电源可以从电梯的主电源开关前取得。厅站指示层照明宜由电梯自身电力电源供电。

9.4.5　第 2 款第 1 项电梯底坑的照明开关可设置在 1m 左右的高度。第 3 款底坑插座安装高度可为 1m 左右，主要作为检修用。

9.4.7　对于载货电梯和病床电梯可采用简易自动式。乘客电梯可采用集选控制方式，但对电梯台数较多的大型公共建筑宜选用群控运行方式。有条件宜使电梯具有节能控制、电源应急控制、灾情（地震、火灾）控制及自动营救控制等功能。

——电梯群控系统主要包括以下内容：

1　轿厢到达各停靠站台前应减速，到达两端站台前强迫减速、停车，避免撞顶和冲底，以保证安全；

2　对轿厢内的乘客所要到达的站台进行登记并通过指示灯作为应答信号，在到达指定站台前减速停车、消号，对候梯的乘客的呼叫进行登记并作出应答信号；

3　满载直驶，只停轿厢内乘客指定的站台；

4　当轿厢到达某一站台而成空载时，另有站台呼叫，该轿厢与另外行驶中同方向的轿厢比较各自至呼叫层的距离，近者抵达呼叫站并消号；

5　端站台乘客呼叫，调用抵端站台轿厢与空载轿厢之近者服务；

6　在各站台设置轿厢位置显示器，对站台乘客进行预报，消除乘客的焦急情绪，同时可使乘客向应答电梯预先移动，缩短候梯时间；

7　站台呼叫被登记应答后，轿厢到达该站台时应有声音提醒候梯乘客；

8　运行中的轿厢扫描各站台的减速点，根据轿厢内或站台有无呼叫决定是否停车；

9　乘客站台呼叫轿厢，同站台能提供服务的所有电梯的应答器均作出应答；

10　控制室将电梯群分类，分单数层站停和双数层站停，所有电梯都以端站为终点，在中间层站，单数层站台呼叫双数层站台的轿厢，控制室不登记，不作应答，反之也一样；

11　中间站台呼叫直达电梯不登记，不作出应答；

12　轿厢完成输送任务，若无呼叫信号或被指示执行其他服务，则电梯停留在该站台，轿厢门打开，等待其他的呼叫信号；

13　控制系统时刻监视电梯的状态，同时扫描各站台的呼叫的状态。

住宅电梯的功能配置可以分为两部分：一部分是基本功能，另一部分是选用功能。

——住宅电梯的基本功能应有：

1　指令信号和召唤信号可任意登记功能；

2　指令信号可实现优先定向功能；

3　当指令信号被登记时，电梯可依次逐一自动截车、减速信号、自动平层、自动开门功能；

4　当指令信号已登记且发现出错时，按一次可消号功能；

5　当召唤信号被登记时，电梯可依次顺向自动截车、减速信号、自动平层、自动开门功能；

6　召唤信号具有最远反向截车、减速信号、自动平层、自动开门功能；

7　当轿厢满载时，召唤信号不执行截车，电梯进行直驶功能；

8　当轿厢满载时，电梯不能关门与行驶，且超载灯亮，报警铃发出嗡声功能；

9　当轿厢位于平层电梯未启动时，则按本层召唤信号时，应能立即开门功能；

10　当电梯停站开门过程结束后，在延时 4～6s 之后，应能立即自动实现关门功能；

11　具有检修操作功能；

12　在正常照明电源被中断情况下，应急照明灯自动燃亮功能；

13　具有紧急报警装置，乘客在需要时能有效地向外求救功能；

14　其他避险、防劫和安全保护功能。

——住宅电梯的选用功能应有：

1　防捣乱功能；

2　消防功能；

3　电梯故障显示监控功能；

4　电梯远程监控功能。

9.5　自动门和电动卷帘门

9.5.1　目前国内用于自动门控制的传感器种类繁多，但常用的是规范规定的三种。由于微波传感器只能对运动体产生反应，而红外线传感器和超声波传感器则对静止或运动体均能反应，所以，在探测对象为动态体的场所，可采用微波、红外线及超声波中任何一种传感器。但考虑到微波传感器的探测范围较后两者大，采用微波传感器更适宜些。而运动体速度比较缓慢的场所，则只能采用红外传感器或超声波传感器。

9.5.2 不同类型的传感器对工作场所的环境温度及湿度都有不同的要求，所以在使用时，应注意传感器是否工作在规定的环境温度下，否则应采取相应的防护措施。当在寒冷地区且在户外使用时，环境温度常低于传感器所要求的工作温度，此时，对传感器应采取防寒措施。

9.5.3 当传感器安装在荧光灯、汞灯、空调器等用电设备及其他磁性物体附近时，传感器会因受到干扰而产生误动作，因此应尽量远离。如确有困难，也可采取适当措施。如在传感器外部加装金属屏蔽罩。

9.5.4 引单独回路供电是为了避免因其他线路发生故障而影响自动门的正常运行。

9.5.6 本条用于一般目的的卷帘门，要求就近引单独回路供电，是为了避免因其他线路故障而影响卷帘门的正常运行。

9.5.8 本条文是从人身和配电系统的安全角度出发而要求的。

9.6 舞台用电设备

9.6.1 调光回路的功率一般是 4～6kW，而且从安全角度考虑，一般 4kW 回路带 2kW 灯具，6kW 回路带 4kW 灯具，均留有一定的裕度。

9.6.2 关于舞台照明灯光回路分配数量，不同剧场、剧种均有其不同要求，尚未有统一的标准，尤其是一些特大型能够演出多种剧种的舞台，其灯光回路数量及其分配均不统一。而且舞台照明发展趋向于多回路多灯位，这样可适应舞台照明多功能的需求。表 9-5 及表 9-6 供设计中参考。

调光回路数量、直通回路数量及天幕灯区电源容量可参照表 9-5 确定。

表 9-5 舞台照明灯光回路及天幕灯区电源容量

剧场规模	调光回路数量	每个灯区直通回路数量	天幕灯区专用电源容量（A）
特大型	≥360	2～8	≥200
大型	180～360	2～6	≥150
中型	120～180	1～3	≥100
小型	45～90	1～3	≥75

天幕灯区应设专用电源线路，其电源开关箱宜设在靠近天幕的墙上。

舞台照明灯光回路的分配可参照表 9-6 确定。

表 9-6 舞台照明灯光回路分配表

剧场规模	小型		中型			大型			特大型		
灯光名称 \ 灯光回路	调光回路	直通回路	调光回路	直通回路	特技回路	调光回路	直通回路	特技回路	调光回路	直通回路	特技回路
二楼前沿光	—	—	—	—	—	6	3	—	12	3	3
面光 1	10	2	18	3	1	14	3	3	22	6	3
面光 2	—	—	—	—	—	12	—	—	20	—	—
耳光（左）	5	1	9	1	1	15	2	3	23	3	3
耳光（右）	5	1	9	1	1	15	2	3	23	3	3
柱光（左）	3	—	6	1	1	12	2	—	18	3	—
柱光（右）	3	—	6	1	1	12	2	—	18	3	—
侧光（左）	10	—	6	1	1	3	2	1	5	3	2
侧光（右）	10	—	6	1	1	3	2	1	5	3	2
流光（左）	—	—	2	—	—	5	3	—	7	4	—
流光（右）	—	—	2	—	—	5	3	—	7	4	—
顶光 1	—	—	8	—	—	15	—	2	27	3	3
顶光 2	—	—	4	—	—	9	—	3	12	3	3
顶光 3	—	—	8	—	—	15	—	3	21	3	3
顶光 4	—	—	7	—	—	6	—	1	12	3	1
顶光 5	—	—	9	—	—	12	—	2	15	3	2
顶光 6	—	—	—	—	—	6	—	1	11	3	1
脚光	—	—	3	—	—	3	—	3	3	2	3

续表 9-6

剧场规模	小型		中型			大型			特大型		
灯光回路 / 灯光名称	调光回路	直通回路	调光回路	直通回路	特技回路	调光回路	直通回路	特技回路	调光回路	直通回路	特技回路
天幕光	14	3	14	2	2	20	6	3	30	8	3
乐池光	—	—	3	—	—	3	2	—	6	3	2
指挥光	—	—	—	—	—	1	—	—	3	—	—
吊笼光	—	—	—	—	—	48	—	8	60	6	8
合计	60	7	120	11	9	240	32	37	360	72	45

9.6.3 舞台照明大部分为专用灯具，其灯具与配电线路的连接均采用专用的接插件或专用的接线端子，这样可以方便地进行灯具调整更换。为了安全可靠起见，对所采用的接插件或接线端子的额定容量应适当地加大留有一定的裕度。

当调光设备运行在完全对称情况下，三次谐波电流对中性导体压降与基波对中性导体压降相等条件下，算出中性导体截面约为相线截面的 1.8 倍。为了可靠并考虑计算和实验产生的误差，因此取中性导体截面不应小于相导体截面的 2 倍。

9.6.4 对于乐池内谱架灯等规定的低于 36V 电源供电的要求，是为保障人身安全避免触电事故的发生。

9.6.5 带预选装置的控制器，较多地用于小型剧场。而带计算机控制的装置，因其功能更加完善，越来越多地用于大中型剧场。

舞台照明控制装置的安装位置，根据不同剧场和舞台，其设置的位置会发生变化，本条提出适宜的一些安装位置和原则，以减少电能损失和节约有色金属。

9.6.7 由于晶闸管调光装置在工作过程中产生谐波干扰，妨碍声像设备正常工作，因此必须抑制。

9.6.8 舞台照明负荷计算，是一个较为复杂的问题。由于我国剧种较多，各剧种的舞台艺术布景对照明的要求各不相同，因而在演出时各场用电负荷相差较大。在设计时对舞台照明负荷计算，没有可靠的计算依据，一般都是进行估算。

K_x 值的大小与剧场的设备容量有关，从新近建成的上海大剧院的情况看，设计时 K_x 选 0.5，但在实际使用中，不同剧种的演出，负荷相差很大。因此在负荷计算时对 K_x 值的选取，要重视舞台设备容量对 K_x 值的影响。

目前，国内对舞台照明计算需要系数尚无统一规定，本规范参照了国外舞台照明负荷系数以及国内一些舞台实际使用情况，以便在设计中参照。

9.6.9 当舞台电动吊杆数量较多时，为实现自动化，减轻工作人员的劳动强度，确保电动吊杆动作的准确性，宜采用带预选装置的控制器（包括微机）进行控制。

9.6.10 采取就地安装，可减少线路长度，而且不影响演出。控制器安装位置主要是从便于直观控制的目的要求的。

9.6.11 舞台设备负荷计算，目前国内尚无统一规定，而且根据不同剧种，不同规模的剧场，其舞台吊杆设置有很大不同，很难作出统一的规定。因此给出的需用系数，其取值范围较大，设计时可根据实际剧种、剧场规模等综合考虑。

9.6.12 本条是从使用方便的角度而考虑的。

9.7 医用设备

9.7.1 医院电气设备工作场所应分为 0 类、1 类和 2 类。具体场所分类，参见本规范第 12 章条文说明表 12-1、表 12-2。

9.7.2 X 射线诊断机，X 射线 CT 机及 ECT 机规定为断续工作用电设备，其最大用电负荷性质是瞬时负荷；

X 射线治疗机，一般其最大负荷可连续扫描 10～30min，从宏观角度上，规定为连续工作用电设备，其最大用电负荷性质确定为长期负荷；

电子加速器，NMR-CT 机规定为连续工作用电设备，其最大用电负荷性质是长期负荷。

9.7.3 一般大型医疗设备设置在放射科，这些设备瞬时压降大，由变电所引出单独回路供电，一方面保证线路的压降控制在一定范围，另一方面减少对其他设备的影响。

大型医疗设备对电源压降均有具体要求，有的体现为电源压降指标，有的则体现为电源内阻指标。

9.7.5 本条是根据使用单位在经济方面的承受能力、设备的使用条件及使用单位的技术条件，对放射线机供电线路所作的一般规定。

按医疗设备的一般分类，400mA 及其以上规格的 X 射线机，规定为大型 X 射线诊断机（有的资料介绍 500mA 及以上规格规定为大型 X 射线诊断机）。该设备用电量大，机器结构复杂，设备完善、用途广、输出量大，不易拆装，但必须在较好的电源条件下使用，为此规定应设专用回路供电。

CT机、电子加速器等医疗装置的附属设备较多，用电量较大，要求供电可靠。为了保证主机部分的供电，规定上述设备应至少采用双回路供电，其中主机部分应采用专用回路供电。根据负荷用电性质，在配电设计上有条件时还宜设备用电源回路，保证事故状态下供电。

9.7.6 X射线诊断机的线路保护电器，应按该机使用时的瞬时最大电流值进行选择。如果使用快速熔断器作线路保护，可直接以计算所得的瞬时最大电流值，选用快速熔断器。但是目前X射线诊断机生产厂，常常选用RL型熔断器，其熔体一般以略大于瞬时电流值的50%选择。X射线诊断机线路计算实例，参见表9-7。

表 9-7　X射线诊断机线路计算实例

生产厂提供的技术数据						计算数据
产品型号	X射线管最大工作电流（平均值）(mA)	X射线管最大工作电流（平均值）对应最大工作电压（峰值）(kV)	X射线机整流方式	X射线机电源侧		利用公式计算的X射线机交流侧瞬时最大负荷/瞬时最大电流 (kVA/A)
				瞬时最大电流值（有效值）(A)	熔断器选用的熔体 (A)	
XG-200	200	80	单相桥式	60		13.53/61.51
F30-IB型	200	80	单相桥式/二相桥式		30/20	13.53/61.51/35.6
XG-500	500	70	二相桥式	80	—	29.6/77.91
东芝KXO-850	800	100	三相12峰	—	(380V) 60	87.9/133.6
岛津-800 XHD 1508-10	800	100	三相12峰		(200V) 操作开关150，配线断路器100	87.9/253.8

9.7.7 供电线路导线截面的选择，受许多因素制约。但是，对X射线机（变压器式），关键要满足电源电压波动这个技术参数的要求。生产厂为了控制电源电压波动这个技术参数，又提出既便于控制电源电压波动，又方便理论计算的电源内阻这个技术参数（电源内阻是X射线机在产品设计时，规定达到正常技术条件的设计依据，也是X射线机保证正常工作状态时的外部条件）。在进行电源内阻计算时，设计者应充分考虑在施工中可能加大的敷设距离，应该给施工中留有足够的距离余量，以保证X射线机充分发挥其设备的使用能力。本条就是从计算电源内阻和验算电源电压波动时的压降等两个方面作的一般规定。这两个方面的规定是X射线机供电线路导线截面选用的条件，缺一不可。

9.7.8～9.7.10 是为保障医用放射线设备安全、可靠运行而作出的规定。

9.8 体育场馆设备

9.8.2 本条文是根据电力负荷因事故中断供电所造成的影响和损失以及体育竞赛不可重复性的特点所决定的。

关于备用电源问题，在国际上有的体育场馆在举行体育赛事时，为了确保供电的可靠性，采取利用备用电源作为主电源使用，达到可靠供电。有的体育场馆自身并未设置备用电源，而是采取租用的方式，从而节省初期投资和运行维护管理费用。

当采用应急电源装置（EPS），作为场地照明高光强气体放电灯（HID）应急电源时，应采用在线式应急电源装置（EPS）。

9.8.3 单独设置变压器，对于运行管理提供方便，并可减少电能损耗。

电源电压的稳定对体育场馆照明灯用电负荷十分重要。设计时应了解当地的供电电源情况再作决定。

9.8.4 此类用电负荷，直接关系到体育赛事过程中的技术和安全。体育赛事的不可重复性，要求对上述负荷供电做到安全可靠。在这些负荷中，大量的电子设备，即使是短暂的停电也将造成运行不正常。这些设备仅考虑采用发电机作备用电源供电不能满足要求，因此应采用UPS作为备用电源。

9.8.5 电源井是为田赛成绩公告牌、径赛成绩公告牌、计圈器等设备供电和连接传输信号之用。井的位置宜靠近竞赛点又不妨碍竞赛为标准。如跳高、跳远、三级跳远、撑杆跳高等项目，宜设在助跳区附近；铅球、铁饼、标枪、链球等项目宜设在起掷区附近。其他竞赛项目需要设电源井可根据体育工艺要求而定。

9.8.6 目前国内外有些体育场采用电力装置与信号装置共井的做法，不同用途线路和装置之间保持一定的距离或采取隔离措施，效果较好。据调查认为井体不宜过大，一则增加投资，二则井面大施工较困难，容易破坏场地。

9.8.7 体育场地内的配电和信号线路，据调查认为采用明敷设或拉临时线，在穿越场地时会影响比赛，而且不安全，不宜采用。若采用电缆直接埋地敷设，由于维护和使用不方便，当线路发生故障时，还要破坏场地，不宜采用。调查认为，采用预埋导管方法较好，使用和维护较为方便。

9.8.10 体育馆除了供篮、排球比赛外，还要供其他体育项目比赛，如体操、乒乓球、羽毛球等，这些体育比赛项目需要电子计时记分装置，所以四周墙壁必须装设一定数量的配电箱和插座供使用。

10 电 气 照 明

10.1 一 般 规 定

10.1.1、10.1.2 民用建筑照明设计的基本原则。

10.1.3 本规范与国家标准的关系。

10.2 照 明 质 量

10.2.1 根据国家标准《建筑照明设计标准》GB 50034的规定。

10.2.2 根据CIE建议而定。一般照明与局部照明共用的房间，一般照明占工作面总照度的1/3～1/5是适宜的，因而作此规定。交通区照度的条文规定与国家标准《建筑照明设计标准》GB 50034相同。

10.2.3 系原规范条文，根据CIE建议而定。其中Ⅰ类是用于住宅或寒冷地区；Ⅱ类适用于办公室等，应用范围较广；Ⅲ类适用于体育场馆等高照度场所或温暖气候地区。

10.2.4 由于国家标准《建筑照明设计标准》GB 50034中根据CIE文件明确规定了不同照明场所的显色性指标，故本规范强调在设计中切实执行。应当说明的是良好的光源显色性具有重要的节能意义，在办公室采用 $Ra>90$ 的灯与使用 $Ra<60$ 的灯相比，在达到同样满意的照明效果时，照度可减少25%。反之，遇特殊情况光源显色性不能达到规定指标时，可考虑采用增加照度的方法来缓解对颜色分辨的困难。

10.2.5 如果室内表面颜色的彩色度较高时，光源的光线将被强烈的选择吸收，使色彩环境发生强烈变化而改变了原设计的色彩意图，从而不能满足功能要求。

10.2.6 参照CIE文件分为六个等级，对应眩光程度的文字描述参考了日本照明标准。在国家标准《建筑照明设计标准》GB 50034中虽没有明确标出级别，但实际上也是按照CIE文件进行区分的。

10.2.7 参照CIE和《建筑照明设计标准》GB 50034而定。统一眩光值UGR适用于下列条件：

1 适用于简单的立体型房间的一般照明装置，不适用于间接照明和发光顶棚；

2 适用于灯具发光部分对眼睛所形成的立体角为 $0.1sr>\omega>0.0003sr$ 的情况；

3 同一类灯具为均匀等间距布置；

4 灯具为双对称配光；

5 灯具高出人眼睛的安装高度。

统一眩光值 UGR 应按下式计算：

$$UGR = 8\lg\frac{0.25}{L_b}\sum\frac{L_\alpha^2\cdot\omega}{P^2} \qquad (10\text{-}1)$$

式中 L_b——背景亮度（cd/m^2）；

L_α——观察者方向每个灯具的亮度（cd/m^2）；

ω——每个灯具发光部分对观察者眼睛所形成的立体角（sr）；

P——每个单独灯具的位置指数。

10.2.8 参照CIE建议和《建筑照明设计标准》GB 50034提出的对反射眩光和光幕反射的防护措施。其主要内容是处理好光源与工作位置的关系，力求避免灯光从作业面向眼睛直接反射。

10.2.9 对于开启型灯具和下部装透明罩的直接型灯具规定了最小遮光角的要求。条文是参照CIE和国家标准《建筑照明设计标准》GB 50034中有关规定。

10.2.10 参照CIE建议而定。根据实验，室内环境与视觉作业相邻近的地方，其亮度应尽可能地低于视觉作业的亮度，但不宜低于作业亮度的1/3。工作房间内为了减少灯具同其周围顶棚之间的对比，尤其是采用嵌入式安装灯具时，顶棚的反射比应尽量提高，避免由于顶棚亮度太低形成“黑洞效应”。当采用亮度系数法计算室内亮度时，可根据理想的无光泽表面上的亮度计算公式求得。

$$L=\frac{\rho E}{\pi} \qquad (10\text{-}2)$$

式中 ρ——反射比；

E——照度（lx）。

10.2.11 条文规定是为使用被照物体的造型具有立体效果。造型立体感评价指标目前有三种评价方法，即造型指数法 $\overline{E}/E_s$（$\overline{E}$—照度矢量，E_s——标量照度又称平均球面照度）；E_c/E_h 法和 E_v/E_h 法。在上述方法中以 $\overline{E}/E_s$ 法较为完善，但 E 的计算较繁杂，难以得到准确的结果，不利推广应用。E_c/E_h 法实用价值较大，计算问题已基本解决，同时又不必另外规定光的照射方向（因向下直射时 $E_c=0$，$E_c/E_h=0$，当光线来自水平方向时，$E_h=0$，$E_c/E_h—\infty$，所以给出的量值已包含了光线方向因素），但计算仍较繁杂。本规范采用一种简单的表达照明方向性效果指标的方法即 E_v/E_h（垂直照度与水平照度之比）不得小于 0.25，当需要获得满意效果时则为 0.5。

10.3 照明方式与种类

10.3.1 与国家标准《建筑照明设计标准》GB 50034 中的方式分类相同。

10.3.2 基本与国家标准《建筑照明设计标准》GB 50034 中的分类方式相同。本规范将景观照明作为单独一类列出，主要是考虑近年来景观照明发展较快，且多作为独立于建筑工程之外的单项工程进行设计和施工。

10.3.3 参照《建筑设计防火规范》GB 50016 的有关规定。

10.3.4、10.3.5 本条均依据民航法规中的有关规定。应注意的是，为了减少夜间标志灯对居民的干扰，低于 45m 的建筑物和其他建筑物低于 45m 的部分只能使用低光强（小于 32.5cd）的障碍标志灯。

10.4 照明光源与灯具

10.4.1 在选择光源时应合理地选择光电参数，本条文的用意是要根据使用对象以某一个或某几个指标作为主要选择依据。

10.4.2 本条文的中心意义是推行节能高效光源和灯具。但是由于白炽灯和卤钨灯有可瞬时点亮、显色性好、易于调光等特点并且频繁开闭对光源寿命的影响较小，也不会产生强烈的电磁干扰，在此情况下可以选用这两种光源。

10.4.3 主要考虑汞灯、钠灯的显色性指标很难满足国家标准《建筑照明设计标准》GB 50034 中的规定。

10.4.4 人对光色的爱好同照度水平有相应的关系。1941 年 Kruithoff 首先定量地指出了光色舒适区的范围并得到实践的进一步证实，本条文即采用其研究结果。另外，辅助照明光源应与昼光的颜色一致或接近，同天然色的色表取得协调，以利于创造舒适的光环境。

10.4.5 本条文主要考虑在一般房间内的光色和显色性能指标尽量一致，避免在光源选择上出现复杂化，也不利于维护工作。但在有些场所，由于建筑功能的需要，为避免出现平淡的光环境或是为了区别不同使用性质——如工作区和交通区，也可以采用不同类型的光源。

10.4.6 根据 CIE 建议而定。这是从转播彩色电视的效果考虑，因为用两种色温相差较大的光源进行混光是难以达到理想效果的。

10.4.7 这是指导性条文。特别是灯具尺度与使用场所需协调而强调了在选择灯具时除了常规指标外，还应重视要有建筑装修整体概念，要有“美”的意识。

10.4.8 这是对装有格栅或光檐、发光顶棚、光梁等照明形式对其材质的规定。

10.4.9 本条文主要是从节能上考虑。即在体育比赛场地或办公、教室等用房的一般照明，尽可能采用直接型开启式或带有格栅的灯具，少采用在出光口上装有透光材料的灯具或间接照明。

10.4.10 在高空间安装的灯具因检修灯具更换光源较麻烦，所以要采用延长光源寿命的措施，以延长光源更换周期。

10.4.11 插拔式单端荧光灯的镇流器可以安装在灯具上，因而当更换光源时不必更换镇流器。

10.4.12 条文是依据《建筑设计防火规范》有关规定制定的。

10.4.13 根据原规范在民用建筑照明设计中，一般照明的布灯当采用有规则的排列在确定灯具间距时，应根据该灯具的最大距高比选择，以保证有适宜的照明均匀度。

10.5 照 度 水 平

10.5.1 与国家标准《建筑照明设计标准》GB 50034 中的分级相同。

10.5.2 本表引自原国家标准《工业企业照明设计标准》。考虑到新颁布的国家标准《建筑照明设计标准》GB 50034 中照度等级划分，局部进行了调整。

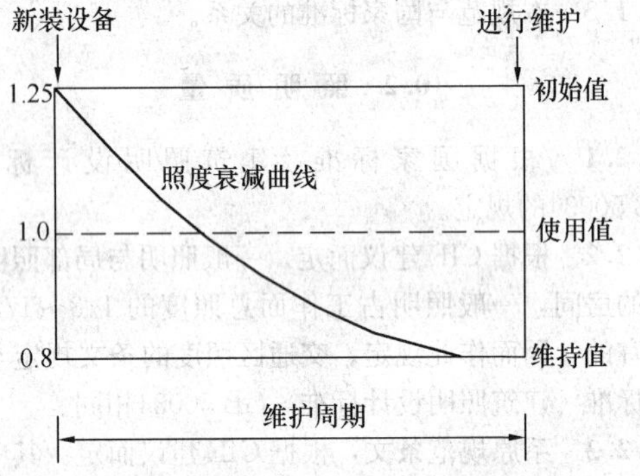

图 10-1 照度标准的三个不同数值

10.5.3、10.5.4 由于国家标准《建筑照明设计标准》GB 50034中照明标准值中较全面地覆盖了民用建筑的各类场所，故本规范不再重复，补充的本规范附录 B 系依据美国、日本、俄罗斯等国家的照明标准和我国目前部分场所实测值进行编制的。

10.5.6 在照明设计中应严格执行照度标准，但在具体工程实践中特别是受室内装修设计的影响，常常不能实现规定的标准值。

10.5.7 平均照度作为民用建筑照明设计标准是国际上常用的方法，同时照度标准中的平均照度值也是维护照度值，所以在计算时尚应计及维护系数。

10.5.8 条文规定了在计算时所允许的偏差，以利控制光源功率。

10.6 照 明 节 能

10.6.1 系指导性条文。主要是强调处理好技术与经济、直接与间接效益的关系。

10.6.2 由于细管径三基色荧光灯和紧凑型单端荧光灯的光电参数较白炽灯和传统粗管径荧光灯有很多优越性，因此在条件允许的情况下应优先采用。高大房间和室外场所由于不易产生眩光，故可采用光效更高的金属卤化物灯、高压钠灯等高光强气体放电光源。

10.6.3 基本参照国家标准《建筑照明设计标准》GB 50034 的规定。结合民用建筑设计的特点，不可能完全不采用热辐射光源，因而规定一个限制范围即可根据装修设计（为显示装修色彩的艺术效果）和建筑功能需要决定采用与否。

10.6.4 直射光通比率高低决定了灯具的光通效率。因此，在无装修要求的场所应优先采用直射光通比高的灯具。控光器的材质优劣对灯具配光的稳定性，保持特有的效率是至关重要的，因此应采用变质速度慢、不易污染的控光器以减少光能衰减率。

10.6.5 创造维护清洁灯具的条件以实现在维护周期内对灯具进行维护。

10.6.6 灯用附件的质量对光源工作稳定性以及节能都具有重要意义，因此规定了镇流器能耗指标并推广产品质量稳定的节能产品。

10.6.7、10.6.8 结合建筑形式进行照明设计应避免片面性，因此在确定照明方案时要综合考虑建筑功能、视觉功效、舒适感和经济节能等因素。照度值应根据规定值选取，提高照度水平对视觉功效只能改善到一定程度，并非照度越高越好，同时水平照度提高还会带来垂直照度要相应提高的后果，实际上照度水平都要受经济水平与能源供应的制约。国家标准《建筑照明设计标准》GB 50034 明确规定了各种照明场所的功率密度值作为考察照明节能效益的方法，应严格执行。

10.6.9 该形式的作用是通过回风系统带走了照明装置产生的大部分热量，而减少了空调设备负荷以达到节能，照明空调组合系统适用于三种空调系统：

①管道送风压力排风；

②压力送风管道回风；

③管道送风管道排风。

应注意的是，目前的 T5 型荧光灯管由于要求工作温度较高，不适于该形式。

10.6.10 在有局部照度要求较高的场所应优先采用分区一般照明，这样就可不必将整个房间照度水平都提高。

10.6.11 室内主要表面的高反射比是对工作面照度的重要补充。

10.6.12 由于气体放电灯配套电感镇流器时通常功率因数很低，一般仅为 0.4～0.5，所以应设置电容补偿，以提高功率因数。有条件时，宜在灯内装设补偿电容，以降低照明线路电流值，降低线路损耗和电压损失。另外，由于照明使用时间上的灵活性，对气体放电光源采取分散补偿，有助于适应照明负荷变化性较大的特点。

10.6.13 当有天然采光条件时应充分利用，以节约人工照明电能，这就要求在照明控制上应很好配合。一般应平行于窗的方向进行控制或适当增加照明开关，以根据需要开、关照明灯具。公用照明、室外照明的控制管理对节电具有重要意义，因此采用集中或自动控制有利于科学管理。

10.6.14 作为节电措施，条文中提出了可供选择的几种办法，当建筑物设有中央监控中心时可将照明纳入自动化管理系统。

10.6.15 从有利节电管理角度出发，在系统设计中应考虑有分室、分组计量要求时安装表计的可能性。

10.6.16 对景观照明的设置应采取慎重态度。因其用电量较大并且安装位置特殊，因此还要特别注意节电原则和维护灯具的可能性。

10.7 照明供电

10.7.1 只有合理地确定负荷等级，正确地选择供电方案才能使照明用电保持在适当水平，照明负荷等级的确定详见本规范第 3.2 节的有关规定。

10.7.3 在工作中需要给定一个分配电盘的最大与最小相负荷电流差值以方便设计。不超过 30%指标系原规范的规定。

10.7.4 重要的照明负荷采用两个专用回路（两个电源）各带一半照明负荷的办法，有利于简化系统，减少自动投切层次。当然对应急照明负荷首先还是要考虑自动切换电源的方式。

10.7.5 条文规定是为了保证备用照明的可靠性而提出的方法，并且根据供电条件提出了相应的供电保证措施。

10.7.6 备用照明配电线路及控制开关分开装设有利于供电安全和方便维修。正常照明断电采用备用照明自动投入工作，是照明系统用电可靠性的需要。

10.7.7 因照明负荷主要为单相设备，因此采用三相断路器时如其中一相发生故障也会三相跳闸，从而扩大了停电范围，因此应当避免出现这种情况。

10.7.8 每一单相回路不超过 16A、25 个灯具是现行规范中的规定，已沿用多年不拟改动。但注意到大型组合灯具和轮廓灯的特点，在参照国外有关规范后作此规定。

10.7.9 限制插座数量主要是从使用和维护的灵活性、方便性上考虑。计算机电源的插座回路选用 A 型剩余电流动作保护装置引自国家标准《剩余电流动作保护装置安装和运行》GB 13955 中的规定。

10.7.10 主要是从控制的灵活性方便性上考虑。在特殊情况下（如安全需要）仍可就地控制。

10.7.12 主要考虑照明负荷使用的不平衡性以及气体放电灯线路的非线性所产生的高次谐波，使三相平衡中性导体中也会流过三的奇次倍谐波电流，有可能达到相电流的数值，故而作此规定。

10.7.13 作为改善频闪效应的一项措施而提出的，在实际安装中应注意同一盏灯具内接线的正确性和可靠性，当然改善措施还有其他方法，如采用超前滞后电路或采用提高电源频率——如电子镇流器件等。

10.7.15 是为保证维护人员能及时地安全地到达维修地点，同时由于检修相对不便以及光源功率较大，如采取每盏灯具加装保护可避免一个光源出现故障不致影响一片。顶棚内检修通道要考虑到能承受住两名维修人员连同工具在内的重量（总重量约300kg）。

10.8 各类建筑照明设计要求

10.8.1 住宅（公寓）电气照明应具有浓厚的生活感，据统计一般人每天几乎有多一半的时间要在自己的家里度过，远远超过了在办公室、学校里停留的时间，因此不断改善住宅的光环境是至关重要的。

住宅照明质量的提高有赖于合理地选择光源和灯具，而灯具造型的多样化又是个人对灯具形式偏爱的需要，在条件允许时应尊重使用者的意愿进行照明设计，以利住宅的商品化、生活化。

随着照明设置和家用电器的普及和增多，要求住宅内必须设置足够数的电源插座，并宜按使用功能分回路供电，以保证安全、方便使用。

在住宅照明设计中，规定在插座回路上设置剩余电流动作保护器，是因为插座回路所连接的家用电器主要是移动式和手持式设备，从防单相接地故障保护角度，这是必要的。

10.8.2 教学用照明应解决好反复地长距离注视黑板或教学模型与近距离记录笔记和阅读教材的视觉功能要求，为此处理好教室照度与亮度分布是很关键的课题。

在正常视野中一些物件表面之间的亮度比，宜限制在下列指标之内：

书本与课桌面和书本与地面 1∶1/3；

书本与采光窗 1∶5。

同时教室内表面反射比ρ宜控制在下述范围：

顶棚$\rho=50\%\sim70\%$；墙面$\rho=40\%\sim60\%$；黑板$\rho\leqslant20\%$；地面$\rho=30\%\sim50\%$。

并且在一个教室内，从任何正常位置水平视线45°以上高度角所能观察到任何发光体的亮度值不宜超过5000cd/m²。

黑板照明安装位置可按下述原则确定：当黑板照明灯具距地安装高度为2.20～2.40m时，其灯具距黑板的水平距离宜为0.75～0.80m，其他条文系根据国家标准《中小学校建筑设计规范》GBJ 99的有关规定。

10.8.3 办公楼照明设计的主要任务是提高工作效率，减少视觉疲劳和直接眩光，创造舒适的工作环境。为此现代办公室的光环境设计不仅应使亮度分布保持在以下数值：

视觉对象与相邻表面 1∶1/3，

视觉对象与远处较暗的表面 1∶1/10；

视觉对象与远处较亮的表面 1∶10；

灯具与附近表面 20∶1。

还应将灯具的亮度限制在2000～10000cd/m²之间，同时尚应根据办公室朝向以及使用人的年龄因素，有区别地选择照度水平。

办公室照明的布灯方案是关系到限制直接眩光和反射眩光的重要环节，因此应避免将灯具布置在工作台的正前方以免灯光从作业面向眼睛直接反射。所以工作区和工作人员的位置一定要同灯具的排列联系起来考虑，即将一般照明布置在工作区的两侧从而得到较好的效果。

会议室是对外的"窗口"，对会议室的照明设计应重视垂直照度，在有窗的情况下为使背窗而坐的人们显现出清楚的面容，应使脸部垂直照度不低于300lx。

限于目前供电条件，办公楼停电后常常到下班时已记不清是开灯还是关灯状态，为此除了可在配电装置位置的选择上加以考虑外，也可采用"二次开关"（在正常情况下和普通开关一样使用，当市电或本单位停电，不管开关处于是开或关皆自动变为关断状态），以解决人们的担心。

10.8.4 营业厅照明设计应根据商品种类、商品等级、预期的顾客类型等因素，以能把顾客的注意力吸引到商品上为原则，同时应充分注意照明对顾客的心理作用，并突出商品的特征，以提高其价值感。

营业厅照明光源的光色和显色性对厅内气氛、商品质感、顾客的需求心理具有很大影响。在大型商业营业厅中，使用光效高、显色性好、寿命长（在商业建筑中因多数是开灯营业，所以光源寿命尤应予以重视）的陶瓷金属卤化物灯和高显钠灯为主要光源，而在柜台中间的通道上配以三基色荧光灯和小功率金属卤化物灯结合式构图方案已越来越多地被采用，而在一般商业营业厅中较广泛地采用了直管荧光灯或把重点商品布置在设有高显色光源的一个特定位置，以使顾客对商品的本色感到确切从而放心地购买。为了表现典雅的环境，在低于3m高的古玩、地毯、高级布料、服装等商店，可采用低色温光源以得到融合、安定、典雅的气氛。

营业厅一般照明的照度并不一定是指整个商场的平均水平。因为营业厅中通道的照度就可以低些，同时营业厅一般照明不宜追求过高照度，这是由于一般照明的照度提高将使重点照明的照度相应提高，对于有效地控制光热对任何商品所产生的不利影响也是不适宜的。

随着商品布置的改变应配合好重点照明的投射方

向和角度，并应以定向强光突出商品的立体感、质感、光泽感和价值感。

橱窗照明的设计既要起到宣传商品又要有美化环境的作用。而展览橱窗照明的照度取决于人们的步行速度和注视性。

根据人类具有的向光本性，在门厅的设计上应注意照亮入口深处的正面，或将正面的墙体作为橱窗而用重点照明将其照亮。

10.8.5 饭店照明应通过不同的亮度对比努力创造出引人入胜的环境气氛，避免单调的均匀照明。同时高照度有助于活动并增强紧迫感而低照度宜产生轻松、沉静和浪漫的感觉。

饭店照明既有视觉作业要求高的，如总服务台、收款台等场所，又有要求不高的场所如招待会等处。要把不同视觉作业的照明方案结合一起，并且同这些作业在美学和情调方面和谐一致。

客房是饭店的核心，客房照明应考虑短暂的临时性阅读需要，同时还要避免给客人带来烦躁和不安。客房内设置壁灯虽然可点缀房间活跃气氛，但对于客房内的设备更新，调整家具布置等不利因素较多，特别是壁灯位置安装不够准确、灯具选型不当时，更显得与室内装修设计不甚协调，但是客房床头灯为避免占据床头桌上的有限空间，应尽量组合在床头板家具上，并可水平移动。客房隔声问题应给予足够重视，特别是相邻客房的隔墙上各类插座和接线盒对应安装时，必须采取隔声措施。

门厅是饭店的“窗口”。照明灯具的形式应结合吊顶层次的变化使照明效果更加丰富协调，并应特别突出总服务台的功能形象。门厅入口照明的照度选择幅度应当大些，并采用可调光方式以适应白天和傍晚对门厅入口照明照度的不同要求。

餐厅照明灯具宜结合餐厅的性质和装修特点，采取不同的照明手法，有区别地进行选型，以丰富餐厅的内涵。但作为自助餐厅或快餐厅的照度宜选用较高一些，因为明亮的环境有助于快捷服务，加快顾客周转，提高餐厅使用效率。同时餐厅应选用显色指数较高的光源并特别注意要选用高效灯具，因为高级餐厅只要是营业时间，不管用餐客人的数量多少而必须点亮照明。

大宴会厅照明应采用豪华的建筑化照明，以提高饭店的等级观。目前高空间的宴会大厅照明多采用显色性好、光效高的金属卤化物灯配合卤钨灯和荧光灯。当宴会厅作多用途、多功能使用，如设有红外线同声传译系统时，由于热辐射光源的波长靠近红外线区，光热辐射对红外线同声传译系统产生干扰而影响传送效果。有资料建议采用热辐射光源时，照度水平允许值为 40fc（约 400lx），此处考虑到实际情况而提出不大于 500lx，当选用荧光灯时则允许为 100～200fc。

10.8.6 医院照明应创造宽敞舒适的气氛、整洁安静的环境。为此光源的光色、显色性和建筑空间配色的相互协调所形成的“颜色气候”的合理性，是构成良好设计非常重要的因素。

医院照明应充分满足医院功能，有利于发挥医疗设备的作用。

医院的门厅照明应使病人产生安定的情绪，因此不宜选用华丽的灯具造型。急诊部照明设计宜按检查室的要求充分注意光源的显色性能并应满足可进行局部小手术照明的需要。

对于诊室的照明灯具布置，还应适应屏风或布帘分隔使用时的情况。病人接受检查或进入手术室前，在很多情况下是仰卧在病床上，因此，应尽量避免在病人仰卧的视线内产生直接眩光。

病房的床头灯设置应尽量减少病人间相互干扰并应防止碰撞病人，目前多采用组装式病房用的多功能控制板，允许有 90°～150°范围的横向移动。至于在精神病房内不宜采用荧光灯，主要是由于其具有的频闪效应和不良附件所产生的噪声更易引起精神病人的烦躁与不安，不利于疗养。而手术照明主要采用成套手术无影灯，安装在手术床上 1.50m 处时其在手术台中心的照明集束光斑应大于 15cm，光源的相关色温应在 3500～6700K。至于神经外科手术要求限制 800～1000nm 的辐射能，主要是因为这个光谱区的红外线能量是易于被肌肉和体内水分吸收，它将导致外露的组织变干并将过多的热量射向医生，故应加以限制。

10.8.7 体育建筑的场地照明应创造良好的光环境，以使运动员集中注意力充分发挥竞技水平，使裁判员可以迅速准确地作出判断，使在场的观众得以轻松地欣赏运动员的技术动作，使彩色电视转播的画面清晰逼真。

体育建筑的照明质量主要取决于照度水平、照度均匀度、眩光控制程度以及立体感效果等指标，并据此来评价。对运动员来讲较低的照度就可满足竞赛要求，但对观众而言就要照度高些，才能满足其看清场上活动的视觉需要。由于观众与场地间的距离不同，照度要求也各异。照明对知觉颜色的影响取决于光的显色性能，同时为了使水平照度、垂直照度以及电视转播全景时画面亮度的一致性，保证场地照明的合理的均匀度是很必要的，为了使球体获得造型立体感效果和适当阴影以取得距离感，对于提高可见度水平也是有益的。

为了控制直接眩光和反射眩光防止对运动员、裁判员以及观众产生不利影响，对体育场馆照明通常是通过控制灯具最大光强射线与地面（水池面）的夹角来实现。具体数据可依照国家现行行业标准《体育场馆照明设计及检测标准》JGJ 153 中的规定执行。

10.8.8 博展馆照明应满足观赏、教育和学术研究等功能要求。因此创造高质量的光环境和良好的实体感效果，对正确认识精美艺术展品和品位美的感受是非常重要的条件。

陈列厅照明应注意使画面、纤维制品或其他展品获得正确的显色性。一般要求 $Ra>80$，同时还应充分保护展品以防止某些展品颜色材质受到长时间的或强烈的光辐射而变质退色。有资料表明变质程度主要取决于辐射的程度、曝光的时间、辐射光的光谱特性及不同材料吸收辐射能的能力和经受影响的能力等。某些环境因素如高温、高湿和大气中各种活性气体亦可增加变质速度。

光照对展品（藏品）的破坏性尤以紫外线为甚。同时光波越短光作用强度越大。当玻璃厚度大于3mm时可滤去波长小于325nm的紫外线。

有关资料指出，在相同照度的情况下，荧光灯对文物、标本的损坏程度是白炽灯的1.3倍，为此从有利于耐久保存出发，藏品库房的照明以选用白炽灯为宜。

珍品展室应尽可能减少受光时间，宜采用人工照明方式，同时为了防止紫外线二次反射，可在内墙面上涂刷吸收紫外线的氧化锌涂料。

陈列厅的一般照明布灯应注意展板的分隔以及增加重点照明时的协调性，同时应充分重视展示面上的照度均匀度，对于较大的画面在其整个面上最低照度与最高照度之比保持在0.3以上。

对雕刻等立体造型展品，陈列面与主光源轴向光强的夹角，如低于20°时将使展品表面凸凹的阴影变强，因此宜将光源装设在侧前方40°～60°，当展品为暗色——如青铜制品时，其照度宜为一般照明的5～10倍。

对于展示柜台内装设的光源应有遮光板，以防止通过展品的光泽面投射到观众的眼中。

为避免在观赏陈列品时的分心，应使地面的反射比低于10%。

10.8.9 影剧院观众厅照明应根据上演及场间休息的视觉工作变化，创造良好舒适的照明气氛，并应提供基本的阅读需要。因此对观众厅照明的设计原则应是：采用低亮度光源。注意防止对楼层观众产生不舒适眩光，在演出时观众的视野内不应出现光源；观众厅照明灯具的造型和设置位置不应妨碍舞台灯光、放映电影和易于在顶棚内进行维修灯具更换光源。

观众厅和演员化妆室用照明应很好地与舞台灯光进行协调。舞台灯光是表演艺术专用灯光，舞台灯光的设计应当满足照明写实与审美效果，并能渲染创作意图。通常剧场舞台灯光在舞台演出区内的照度宜在1000～2000lx。大型剧场在舞台口附近的适当位置可设置激光系统，通常采用三个通道扫描器产生的红、绿、黄、蓝等多种颜色图案以丰富演出效果。

观众厅照明一般都采用可调光方式。这一方面虽是剧场功能所决定，另一方面也是视觉卫生所需要。但是对于观众厅面积不超过200m² 或观众容量不足300座者可不受此规定限制。

关于观众厅座位排号灯根据《剧场建筑设计规范》中的规定。当主体结构耐久年限在50年以上（即甲、乙等级）的剧场需要设置。排号灯可采用电致发光技术。

目前为扩大经营范围，影剧院还经营舞会、茶会或举办展销等活动。鉴于舞厅灯光的标准等级差异较大，因此对舞厅灯光的设置应按专业要求设计，其照度不应低于5lx。

有关舞台照明的规定见本规范第9.6节“舞台用电设备”。

10.9 建筑景观照明

10.9.1 一个城市或地区的景观含自然景观和人文景观两类，自然景观包括地形、水体、动植物以及气候变化所带来的季节景观。人文景观包括历史建筑与现代建筑、庭园广场、街区商铺以及文化民俗活动等。所有这些构成了城市夜景照明的基本载体，因此必须进行深入合理的评价与分析。同时应认识到其原有灯光系统的客观存在和对整体夜景效果所具有的不可忽略的影响。同时景观照明的设置应与环境及有关专业密切配合，

10.9.2 立面投光（泛光）照明要确定好被照物立面各部位表面的照度或亮度，使照明层次感强，不用把整个景物均匀地照亮，特别是高大建筑物，但是也不能在同一照明区内出现明显的光斑、暗区或扭曲其形象的情况。

轮廓照明的方法是用点光源每隔300～500mm连续安装形成光带，或用串灯、霓虹灯、美耐灯、导光管、通体发光光纤等线性灯饰器材直接勾画景观轮廓。但应注意单独使用这种照明方式时，由于夜间景物是暗的，近距离的观感并不好。因此，一般做法是同时使用投光照明和轮廓照明。在选用轮廓灯时应根据景物的轮廓造型、饰面材料、维修难易程度、能源消耗及造价等具体情况，综合分析后确定。

内透光照明是利用室内光线向外透射形成夜景照明效果。在室内靠窗或需要重点表现其夜景的部位，如玻璃幕墙、廊柱、透空结构或艺术阳台等部位专门设置内透光照明设施，形成透光发光面或发光体来表现建筑物的夜景。也可在室内靠窗或玻璃幕墙处设置专用灯具和具备良好反射效果的窗帘，在夜晚窗帘降下后，利用反射光线形成景观效果。

随着激光、光纤、全息摄影特别是电脑技术等高新科技的发展及其在夜景照明中的推广应用，人们用特殊方法和手段营造特殊夜景照明的方式也应运而生，如使用激光器，通过各种颜色的激光光束在夜空进行激光立体造型表演，使用端头出光的光纤，形成

一个个明亮的光点作为夜景装饰照明，亮点的明暗和颜色变化由电脑控制，有规律地变化形成各种奇特的照明效果。

10.9.3 本条内容基本采用一般照明配电线路的设计原则，考虑到室外安装敷设时的一些特殊措施。

11 民用建筑物防雷

11.1 一般规定

11.1.2 我国地域辽阔，就雷电活动规律而言各地区差别很大。从地理条件来看，湿热地区的雷电活动多于干冷地区，在我国大致是华南、西南、长江流域、华北、东北、西北等依次递减。从地域看是山区多于平原，陆地多于湖海。从地质条件看是有利于很快聚集与雷云相反电荷的地面（如地下埋有导电矿藏的地区、地下水位高的地方、矿泉和小河沟及地下水出口处、土壤电阻率突变的地方、土山的山顶以及岩石山的山脚下土壤厚的地方等）容易落雷。从地形条件看，某些地形可以引起局部气候的变化，造成有利于雷云形成和相遇的条件，如某些山区，山的南坡落雷次数明显多于北坡，靠海的一面山坡明显多于背海的一面山坡，环山中的平地落雷次数明显多于峡谷，风暴走廊与风向一致的地方的风口和顺风的河谷容易落雷。从地物条件看，由于地物的影响，有利于雷云与大地之间建立良好的放电通道，如孤立高耸的地物、排出导电尘埃的排废气管道、建筑物旁的大树、山区和旷野地区的输电线路等落雷次数就多。

当然雷电频繁程度与地面落雷虽是两个不同的概念，但是雷电活动多的地方往往地面落雷次数就多。由于自然界变化较大（植树或开采矿藏等）各地的气候变化很大，因此在设计工作中应因地制宜地调查当地近年来的雷电活动资料，作为设计的依据。

雷击选择性的规律，对于正确考虑防雷措施是一个极其重要的因素。从多年来的运行经验和国内外的模拟试验资料证明，凡建筑物坐落在山谷潮湿地带，河边湖边，土壤结构不同的地质交界处，地下有矿脉及地下水露头处等地方，遭受雷击较多。可见，雷击事故发生除与雷电日的多少有关外，在很大程度上与地形、地貌、建筑物高度、建筑物的结构形式以及建筑地点的地质条件等因素都有密切关系。日本在《雷与避雷》论文中指出，当建筑物周围的土壤是砂砾地（$\rho=10^5\Omega\cdot m$）时，雷击建筑物的几率为11.2%，当建筑物是坐落在砂质黏土（$\rho=10^4\Omega\cdot m$）上时，则建筑物遭受雷击的几率可高达84.5%。综合国内外资料和多年来我国科研设计部门积累的实践经验，在制定防雷措施时，应将调查研究当地的气象、地质等环境条件作为一个重要依据是必要的。

11.1.3 水利电力科学研究院高压所在《放射性避雷针和普通避雷针引雷效果的比较》论文结论中指出：“根据以上几项试验结果，如果再考虑到模拟试验中的避雷针头是真型，没有按比例尺作几何尺寸和放射性剂量的缩小，且在实际运行情况下避雷针头的几何形状及尺寸相对于击距来说是完全可以忽略的，那么可以想象既然放射性避雷针在没有缩小比例尺的情况下都没有显示出明显的作用，在实际运行条件下就很难说与普通避雷针有任何差别了。因此，我们认为放射性避雷针能增大保护范围、改善引雷效果的说法是缺乏科学根据的。放射性避雷针在引雷效果上并不比同样尺寸的普通避雷针有更大的效果”。

国外有关研究指出：“不仅由放射性辐射源产生的放射电流太小，而且其作用半径是短的，以致辐射源对增大防雷装置迎面放电或从大地出来的主放电的形成无影响。在实验室用直流电压和冲击电压对放电间隙所作的研究得出，放射性防雷装置的射线对预防放电和击穿性不产生影响，研究证实：放射性的射线源对建筑物防雷无实际意义，对富兰克林式的防雷装置的作用没有任何改善”。

11.1.4 建筑物防雷设计应在建筑物设计阶段就开始详细研究防雷装置的设计方案，这样就有可能由于利用建筑物的导电金属物体而得到最大的效益，在使用、安全、经济、可靠的基础上，尽量在体现整个建筑物美观的基础上，能以最小投资保证防雷装置的有效性。

11.1.5 由于气象资料更新较快，应以当地气象台（站）的最新资料为准。

11.1.7 民用建筑多为钢筋混凝土结构，防雷装置与其他设施和人员在雷击过程中很难进行隔离。因此，在无特殊要求的情况下，采取等电位联结是保证安全的有效措施，也易于实现。

11.2 建筑物的防雷分类

11.2.1、11.2.2 民用建筑物的防雷分类，原规范中是按一、二、三级划分的，与国家标准的一、二、三类分类不一致，执行中产生了不协调。此次修订改为按国家标准规定对民用建筑物进行防雷分类。按国家标准的防雷分类规定，民用建筑中无第一类防雷建筑物，其分类应划分为第二类及第三类防雷建筑物。

11.2.3 第5～6款 按年预计雷击次数界定的建筑物的防雷分类是按建筑物的年损坏危险度 R 值（需要防雷的建筑物每年可能遭雷击而损坏的概率）小于或等于可接受的最大损坏危险度 R_C 值。本规范采用每年十万分之一的损坏概率，即 R_C 值为 10^{-5}。

该条文系引用国家标准《建筑物防雷设计规范》GB 50057。说明参见该规范第2.0.3条第8～9款条文说明。

11.2.4 第4～5款 参见《建筑物防雷设计规范》GB 50057第2.0.4条条文说明。

11.3 第二类防雷建筑物的防雷措施

11.3.2 防直击雷的措施

第1款 防直接雷击的接闪器应采用装设在屋角、屋脊、女儿墙及屋檐上的避雷带，并在屋面装设不大于10m×10m或12m×8m的网格，突出屋面的物体应沿其顶部四周装设避雷带，在屋面接闪器保护范围之外的物体应装接闪器，并和屋面防雷装置相连。

第7款 利用钢筋混凝土中的钢筋作为防雷装置的引下线时，其引下线的数量不作规定，但强调四个角易受雷击部位应被利用。间距不应大于18m的规定，完全是加大安全系数，目的是尽量将分流途径增多，使每根柱子分流减至最小，使其结构不易由于雷电流的通过而造成任何损坏。另一方面，引下线多了雷电流通过柱子传到每根梁内钢筋，又由梁内传到板内的钢筋，使整个楼板形成一个电位面，人和设备在同一个电位面上，因此人与设备都是安全的。

11.3.3 由于塔式避雷针和高层建筑物在其顶点以下的侧面有遭到雷击的记载，因此，希望考虑高层建筑物上部侧面的保护。有下列三点理由认为这种雷击事故是轻的：

1 侧击具有短的极限半径（吸引半径），即小的滚球半径，其相应的雷电流也是较小的；

2 高层建筑物的结构是能耐受这些小电流的雷击；

3 建筑物遭受侧击损坏的记载尚不多，这一点证实了前两点理由的真实性。因此，对高层建筑物上部侧面雷击的保护不需另设专门接闪器，而利用建筑物本身的钢构架、钢筋体及其他金属物。

将外墙上的金属栏杆、金属门窗等较大金属物连到建筑物的防雷装置上是首先应采取的防侧击措施。

塑钢门窗在工程中广泛应用，但工程界对塑钢门窗如何作防雷暂无定论，相关部门当前也正在做一些工作，但近期都还未有结论。塑钢门窗的外包塑料层是绝缘的，但塑钢门窗的制造标准也并不要求其耐压值能满足防直击过电压；塑钢门窗的内骨料是金属的，但塑钢门窗的制造标准也并不要求其内骨料有较好的连通导电性。而各个塑钢门窗厂的制造标准也不尽相同，有的厂家的产品能满足外包塑料层能耐受直击雷冲击过电压的要求，有的厂家的产品能满足内骨料连通导电性的要求，因此均需要设计人员根据工程实际情况采取相应的防雷措施。

11.3.4 为了防止雷击周围高大树木或建、构筑物跳击到线路上的高电位或雷直击线路时的高电位侵入建筑物内而造成人身伤亡或设备损坏，低压线路宜全线采用电缆埋地或穿金属导管埋地引入。当难于全线埋设电缆或穿金属导管敷设时，允许从架空线上换接一段有金属铠装的电缆或全塑电缆穿金属导管埋地引入。

但需强调，电缆与架空线交接处必须装设避雷器并与铁横担、绝缘子铁脚、电缆外皮连在一起共同接地，入户端的电缆外皮必须接到防雷和电气保护接地网上才能起到应有的保护作用。

规定埋地电缆长度不小于$2\sqrt{\rho}$(m)是考虑电缆金属外皮、铠装、钢导管等起散流接地体的作用。接地导体在冲击电流下其有效长度为$2\sqrt{\rho}$(m)。又限制埋地电缆长度不应小于15m，是考虑架空线距爆炸危险环境至少为杆高的1.5倍，杆高一般为10m，即是15m。英国防雷法规针对爆炸和火灾危险场所时，电缆长度不小于15m，对民用建筑来说，这一距离更是可靠的。

由于防雷装置直接装在建、构筑物上，要保持防雷装置与各种金属物体之间的安全距离已经很难做到。因此只能将屋内的各种金属管道和金属物体与防雷装置就近接在一起，并进行多处连接，首先是在进出建、构筑物处连接，使防雷装置和邻近的金属物体电位相等或降低其间的电位差，以防反击危险。

11.3.5 为了防止雷击电流流过防雷装置时所产生的高电位对被保护建筑物或与其有联系的金属物体和金属管道发生反击，应使防雷装置与这些物体和管道之间保持一定的安全距离。

关于公式中分流系数K_c值，本规范采用了IEC的系数。通过分析认为，这个系数是合理的，如单根引下线其引下线流散的是全部雷电流，因此$K_c=1$。当为两根引下线时，每根引下线流散的雷电流从宏观上讲是1/2雷电流，但根据不同情况（如雷击点距引下线的远近等因素）又可以说是不相等的。IEC规定两根引下线的$K_c=0.66$，这一规定与我国的规定是近似的，是安全的。多根引下线规定$K_c=0.44$也是相当安全的，引下线越多安全度就越高。

本规范还规定，除满足计算结果外，S_{a1}还不得小于2m，这是沿用了我国民用建筑物安全距离的习惯规定。

11.3.6 条文主要是等电位措施。钢筋混凝土结构的建筑物其均压效果比较好，梁与柱内的钢筋均有贯通性连接，多数楼板与梁的钢筋只隔50mm的混凝土层，只需25kV的电压即可以击穿使楼板均压，在楼板上放置的东西和人将不会损坏和出现安全问题。值得引起重视的是竖向金属管道，它可能带有很高的电位，如处理不当，就可能出现跳闪现象。此时有两种情况，其一是金属管带高电位向周围和金属物跳击，另一种情况是结构中的钢筋带高电位向管子跳击。由于雷电流的数值（经过多次分流）不易计算，因此本条规定每三层连接一次，这一数值是十分可靠的。

11.3.7 利用建筑物钢筋混凝土基础作为接地网的说明见第11.8.8条的说明。当专设接地网时，接地网应围绕建筑物敷设一个闭合环路，其冲击接地电阻不应大于10Ω，其目的是为了使被保护建筑物首层地平电位平滑，减少跨步电压和接触电压，10Ω的规定是沿用现行规范的规定。

11.5 其他防雷保护措施

11.5.1 近年来民用建筑上经常装设微波天线、电视发射天线、卫星接收天线、广播发射和接收天线以及共用电视接收天线等。对于这些弱电系统的防雷问题，弱电行业的行业标准都有明确的规定，但是查阅这些标准后发现都有一个统一的要求："如天线架设在房屋等建筑物顶部，天线的防雷与建筑物的防雷应纳入同一防雷系统……"。对于弱电设备的防雷，主要是以均压为主，建筑物的电源处理，接地方式和选材等都与弱电设备有关。当解决弱电设备的电源与接地、电源接地与前端进行均压诸问题时，不综合考虑是不行的。本条编写的思想基础就是均压，其理由如下：

1 各种天线的同轴电缆的芯线，都是通过匹配器线圈与其屏蔽层相连，所以，芯线实际上与天线支架、保护钢管处于同一电位。当建筑物防雷装置或天线遭雷击时，由于保护管的屏蔽作用和集肤效应，同轴电缆芯线和屏蔽层无雷电流流过。当雷击天线支架时，由于天线支架已与建筑物防雷装置最少有两处连在一起，大部分雷击电流沿建筑物防雷装置数条引下线流入大地，其中少量的雷电流经同轴电缆的保护钢导管流入大地。由于雷电流的频率高达数千赫兹，属于高频范畴，产生集肤效应，所以这部分雷电流被排挤到同轴电缆的保护钢导管上去了，此时电缆芯中产生感应反电势，从理论上讲在有集肤效应作用下，流经芯线的雷电流趋向于零。

2 同轴电缆芯线和屏蔽层与钢管之间的电位差没有横向电位差，而仅有纵向电位差，该值为流经钢管的雷电流与钢导管耦合电阻的乘积，钢导管的耦合电阻比其直流电阻小得多。

3 天线塔不在机房上，而且远离机房，此时要求进出机房的各种金属管道和电缆的金属外皮或穿金属导管的全塑电缆的金属管道应埋地敷设的理由，参见本章第11.3.4条的说明。对于埋地长度不应小于50m的要求，还是沿用了原规范和《工业企业通信接地规范》的规定，我们认为：弱电设备的耐压，一般比强电设备低，尽量使侵入的高电位越小越好，再加上严格的均压措施，就相当可靠了。50m的埋地电缆段或穿金属导管的全塑电缆埋地敷设的措施，已经运行了数十年，实践证明是安全可靠的。因为弱电设备一般比较贵重，而且它的前端设备均处于致高点上，容易受雷击，或者说受雷击的几率比较多，保持50m的电缆段是适宜的。

4 金属管道直接引入建筑物时，即使采取接地措施后，若雷击于入户附近的管道上，高电位侵入仍然很高，对建筑物仍存在危险。因此，如果管道在没有自然屏蔽条件或易遭受雷击的情况下，在入户附近的一段，应与保护接地和防雷接地装置相连。

5 当避雷针装于建筑物上并采取本条各项措施时，即使雷击于入户附近的管道上，对建筑物不会再发生危险。

6 由于机房内的设备大都是较贵重的电子设备，经不起大电流和高电压的冲击，如果首层地面不是钢筋混凝土楼板时，要求安装设备的地面不能出现很大的电位差，为保护设备的安全运行，尽量做到一个均衡电压的电位面，故要求均压网格不大于1.5m×1.5m。如果是将设备安装在钢筋混凝土楼板上时，由于钢筋混凝土楼板内的钢筋足以起到均压作用，就没有必要再作均压网了。

11.5.2 固定在建筑物上的节日彩灯、航空障碍标志灯及各种排风机、正压送风机、风口、冷却水塔等非临时设备的金属外壳或保护网罩，在遭受雷击时，当采取了本条1～4款的措施之后与本规范第11.5.1条的部分情况有些相似，本条新增措施也是基于第11.5.1条有关说明的理由制定的。

对于无金属外壳和无保护网罩的用电设备（如厕所排风扇、风机等），这些用电设备，如果不在接闪器的保护之内，或者根本就不做防雷保护，其带电体（电机和管线等）遭受雷击的可能性是比较大的，所以这些用电设备均应处于接闪器的保护范围以内。

11.6 接闪器

11.6.3 避雷针的最小尺寸，是沿用我国数十年的习惯做法确定的。如果按雷击避雷针时的热稳定校验，并不需要所规定这么大的截面，在这里，各种材料的机械强度和腐蚀因素确是考虑避雷针尺寸的主要着眼点。经计算证实，在同样风压和长度下，钢管所产生的挠度比圆钢小。

装在烟囱顶上的避雷针，考虑到烟气温度高，腐蚀性大，而且维修相对比建筑物困难，再加上损坏不严重时也不易及时发现，所以截面要求比一般的大一些。

11.6.4 在同一截面下，圆钢的周长比扁钢的小，因此，它与空气的接触面也小，当然受空气腐蚀相对也就小了，在设计中宜优先采用圆钢。但是，有些民用建筑物，由于美观的要求，避雷带不允许支起很高，采用扁钢直接贴敷在建筑物或构筑物表面上也是允许的。所以，我们也规定了扁钢的最小截面，供设计人员根据具体情况灵活确定。

11.6.5 条文内容是根据IEC防雷标准规定的。主要针对防雷安全而言。条文规定的不需要防金属板雷击穿孔的屋面，是指民用建筑中的一些如自行车棚等无易燃危险的简易棚子。

当工程对屋面金属板有防腐蚀、防渗漏要求时，还应另有相应补充措施。

11.6.6 屋顶上的旗杆、金属栏杆、金属装饰物体等，其尺寸不小于对标准接闪器所规定尺寸时，宜作为接闪器使用的理由是：这些物体在建筑物上处于致高点，它很难处于接闪器的保护范围之内，如果它与建筑物被利用的结构钢筋能连成可靠的电气通路，又符合接闪器的要求，作为本建筑的避雷针（带）利用，既经济又美观。

条文2款中所指的钢管和钢罐，是指在民用建筑物的屋顶上放置的太阳能热水管道和热水箱罐等金属容器，它不会由于被雷击穿而发生危险。所以只要厚度不小于2.5mm就可以利用。

11.6.7 推荐接闪器应热镀锌的理由是热镀锌接闪器比涂漆的接闪器具有防腐效果好、维修量少及安全可靠等优点。多年的运行实践证明，一些解放初期安装的镀锌接闪器，迄今已安全使用50余年仍完好无损，基本无维修工作量。而涂漆的接闪器则必须每一、二年重新涂漆维修，维修量较大且有时要请专业队伍进行，花费很多，相比之下很不经济。

还可以采取其他新型的防腐蚀措施，只要与环境相适应且能达到预期的防腐蚀效果即可。

11.7 引 下 线

11.7.4 为了减少引下线的电感量，引下线应以较短路径接地。

对于建筑艺术要求较高的建筑物，引下线可以采用暗设但截面要加大一级，这主要考虑维修困难。

11.7.7 条文要求钢筋直径为16mm及以上时，应将两根钢筋并在一起使用。此时的截面积为402mm^2，当钢筋直径为10mm及以上时，要求将四根钢筋并在一起使用，此时的截面积为314mm^2，比国外规定最严的日本的300mm^{2}截面还大。所以是安全可靠的。

利用建筑物钢筋混凝土中的钢筋作为引下线，不仅是节约钢材问题，更重要的是比较安全。因为框架结构的本身，就将梁和柱内的钢筋连成一体形成一个法拉第笼，这对平衡室内的电位和防止侧击都起到了良好的作用。

11.8 接 地 网

11.8.2 条文规定的最小截面，已经考虑了一定的耐腐蚀能力，并结合多年的实际使用尺寸而提出的。经验证明，规定的截面及厚度在一般情况下能得到良好的使用效果，但是，必须指出，在腐蚀性较大的土壤中，还应采取加大截面或采取其他防腐措施。

11.8.4 接地体的长度是沿用原规范的规定。2.5m的长度是合适的，实践证实，这个长度既便于施工，又能取得较好的泄流效果，可以继续使用。

当接地网由多根水平或垂直接地极组成时，为了减少相邻接地极的屏蔽作用，接地极的间距规定为5m，此时，相应的利用系数约为0.75～0.85。当接地网的敷设场所受到限制时，上述距离可以根据实际情况适当减小一些，但一般不应小于接地极的长度。

11.8.5 接地导体埋设深度一般在冻土层以下但不应小于0.6m，同时要求远离高温影响的地方。众所周知，接地导体埋设在较深的土层中，能接触到良导电性的土壤，其释放电流的效果好，接地导体埋得越深，土壤的湿度和温度的变化就越小，接地电阻越稳定。

11.8.8 早在20世纪60年代初期，国内外就开始采用钢筋混凝土基础作为各种接地网。通过近50年的运行和总结，证明是切实可行的，现已普遍采用。利用建筑物的钢筋混凝土基础作为接地网的理由是：

关于钢筋混凝土的导电性能，中国建筑工业出版社出版的《基础接地体及其应用》一书指出，钢筋混凝土在其干燥时，是不良导体，电阻率较大，但当具有一定湿度时，就成了较好的导电物质，电阻率常可达100～200Ω·m。潮湿的混凝土导电性能较好，是因为混凝土中的硅酸盐与水形成导电性盐基性溶液。混凝土在施工过程中加入了较多的水分，成形后结构中密布着很多大大小小的毛细孔洞，因此就有了一些水份储存。当埋入地下后，地下的潮气，又可通过毛细管作用吸入混凝土中，保持一定湿度。

根据我国的具体情况，土壤一般可保持有20%左右的湿度，即使在最不利的情况下，也有5%～6%的湿度。原苏联对安装在湿度不低于5%的土壤中的柱子和基座的钢筋体进行试验，认为可以作为自然接地体。在不损坏它们的电气和机械特性下，能把极大的冲击电流引入大地。

在利用基础内钢筋作为接地极时，有人不管周围环境条件如何，甚至位于岩石上也利用，这是错误的。因此，规定了"周围土壤的含水量不低于4%"。从图11-1可见混凝土的含水量约在3.5%及以上时其电阻率就趋于稳定，当小于3.5%时电阻率随水分的减小而增大。因此，含水量定为不低于4%。该含水量应是当地历史上一年中最早发生雷闪时间以前的含水量，不是夏季的含水量。

图11-1所示，在混凝土的真实湿度的范围内

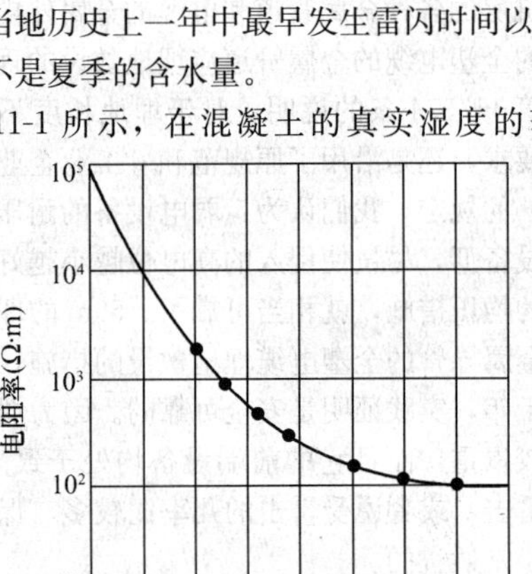

图11-1 混凝土湿度对其电阻率的影响

（从水饱和到干涸）其电阻率的变化约为520倍。在重复饱和和干涸的整个过程中，没有观察到各点的位移，也就是每一湿度有一相应的电阻率。

当基础的外表面有沥青质的防腐层时，以往认为该防腐层是绝缘的，不可利用基础内钢筋作接地极。但是，实践证实并不是这样，国内外都有人作过测试和分析，认为是可利用作为接地极的。《建筑电气》曾刊登一篇译文名称为《利用防侵蚀钢筋混凝土基础作为接地体的可能性》，在其结论中指出："厚度3mm的沥青涂层，对接地极电阻无明显的影响，因此，在计算钢筋混凝土基础接地电阻时，均可不考虑涂层的影响。厚度为6mm的沥青涂层或3mm的乳化沥青涂层或4mm的粘贴沥青卷材，仅当周围土壤的等值电阻率≤100Ω·m和基础面积的平均边长$S\leqslant$100m时，其基础网电阻约增加33%，在其他情况下这些涂裱层的影响很小，可忽略不计。"

因此，本条规定钢筋混凝土基础的外表面无防腐层或有沥青质的防腐层时，宜利用其作为接地网。

11.8.10 闭合环状接地体，环越小，环内的电位越平，地面的均压效果越好，环内被保护物体越安全。但是考虑到维修方便和疏散雷电流的效果好等因素，规定了沿建筑物外面四周敷设在闭合环状的水平接地网，可埋设在建筑物散水以外的基础槽边。

将接地导体直接敷设在基础坑底与土壤接触是不合适的。由于接地体受土壤的腐蚀早晚是会破损的，被基础压在下边，日后无法维修，因此规定应敷设在散水以外。散水一般距建筑物外墙皮0.5～0.8m，散水以外的地下土壤也有一定的湿度，对电阻率的下降和疏散雷电流的效果好。

11.8.11 防雷装置的接地电阻值，是指每年雨季以前开春以后测量的电阻值。防雷装置每年均应检查和测量一次，有损坏的地方能早日发现修复，否则比不装防雷装置更危险，这是因为装了避雷针的建筑物，受雷击的可能比不装防雷装置的建筑物高的缘故。

11.9 防雷击电磁脉冲

11.9.1 建筑物防雷击电磁脉冲的规定

第2款 当建筑物遭受直接雷击情况下，线路和设备将产生浪涌电流和电压，产生雷击电磁脉冲干扰，当建筑物内电子信息系统需要防雷击电磁脉冲时，应对建筑物采取防直击雷措施。

第3款 有些工程在建设过程中，甚至建成后仍不明确用途，有的是供出租使用。

由于建筑物的自然屏蔽物和各种金属物、电气的保护接地与防雷装置连成共用接地网形成等电位联结，对防雷击电磁脉冲是很重要的。若建筑物施工完成后，再来实现条文所规定的措施是很困难的。

采取上述措施后，如果需要只要合理选用和安装SPD以及做符合要求的等电位联结即可。

第5款 防雷区是根据电磁场的衰减情况划分的，以规定各部分空间不同的雷击电磁脉冲的严格程度和指明各区交界处的等电位联结点的位置。

各区以在其交界处的电磁环境有明显改变作为划分不同防雷区的特征。通常，防雷区设置得越多电磁场强度越小。

第6款 电子信息系统防雷击电磁脉冲工程设计的重要依据是确定工程的防护等级，而防护等级又是依据对工程所处地区的雷电环境进行风险评估，或按信息系统的重要性和使用性质确定的，决定电子信息系统是否需防护和按什么等级防护，以达到安全、适用、经济。

雷电环境的风险评估，是根据当地气象环境、地质地理环境、建筑物的重要性、结构特点和电子信息系统设备的重要性及其抗扰能力等因素综合考虑，是一项复杂的工作。

11.9.2 建筑物及结构的自然屏蔽、线路路径的合理选择及敷设都是电子信息系统防雷击电磁脉冲的最有效的措施之一。但电子设备的供电及信号系统也应为电子设备正常工作提供可靠保证，设置必要的SPD。

11.9.4 第8款 现阶段SPD配套的过电流保护器件宜通过试验确定其适应性，因此，需由厂商配套供应。

12 接地和特殊场所的安全防护

12.1 一般规定

12.1.1 原规范为"接地及安全"章，现改为"接地和特殊场所的安全防护"，并取消了"直流用电设备的接地"的有关内容。

12.1.4 共用接地网，并不是要求接地连接导体全都共用，但接地网必须是共用的。如果接地系统不是共用一个接地网时，会产生高低电位接地网间的反击现象，危及人身及财产安全。有人担心在电气系统中的设备发生故障，通过接地导体将高电位引到PE线上会造成意外事故。对这个问题可以分几方面来考虑：

1 首先是PE导体应有良好接地条件，其所在环境的外露可导电部分不应与PE导体间产生危险电位（即大于50V）的可能；

2 用电设备应有可靠的保护系统，即有过电流、剩余电流动作保护等防直接触及间接接触保护措施，使PE导体上的电压小于50V，电流、时间小于30mA、0.1s等有效措施加以限制；

3 有对过电压要求严格的用电设备时，应用单独的接地导体接到接地网上，接地导体可采用单芯绝缘线，但一定要接到本建筑的公用接地网上。公用接地网避免了各种原因造成的系统反击电压。

条文规定"其他非电力设备"除必须分设接地网

外，尽可能合用接地网。

12.1.5 本条是强调“等电位联结”，是保障人身安全的基本而重要的措施。

12.2 低压配电系统的接地形式和基本要求

12.2.1 三种接地形式引自IEC及国家标准。

12.2.2 TN系统的基本要求

第2款 保护导体应在靠近配电变压器处接地，一般是变压器低压的中性点；保护导体在进入建筑物处再作“重复”接地；TN-C-S或TN-S系统中当PE导体相当长时，保护导体的电位与其附近的地电位会产生位差，需要再设多处接地点，以减小产生位差的可能。条文中没有对多处接地的做法以明确的规定。例如，两重复接地之间的最大距离，原因是每个地域的环境不一样，千差万别，统一规定有困难。设计中保护导体，水平敷设时可按50m，垂直敷设时可按20m。当然在长干线的终端处，PE导体应作接地。

第3款 PE导体不允许有开断的可能，是一条保障人身安全的重要原则。本条与第7章第7.5.2条配合起来要求在TN-C的配电系统中，建筑物采用TN-C-S系统时，在建筑物的进线处设置重复接地，将系统变成TN-S以后才能设置进线隔离开关，这就大大提高了PE线的可靠性。

12.2.3 TN-C-S系统在保护导体与中性导体分开后就不应再合并。否则造成前段的N、PE并联，PE导体可能会有大电流通过，提高PE导体的对地电位，危及人身安全；此外这种接线会造成剩余电流动作保护器误动作。

12.2.5 IT系统的基本要求

第4款 装设绝缘监视及作接地故障报警，是保证单点接地故障的非长时运行的必要措施。绝缘监视器件必须是采用高阻抗接入方式。

12.2.6 IT系统是采用隔离变压器与供电系统的接地系统完全分开，所以其系统中的任何带电部分（包括中性导体）严禁直接接地。单点对地的第一故障，可不切断电源，但不应长时间保持故障状态。

12.3 保护接地范围

12.3.1 与原规范基本一致，取消了有架空线路的保护接地部分。这里要注意的是原规范中，用的“接零”和“接地”的概念，修订后就不再采用了，而是用TN-C-S、TN-S及TT等系统名称代替，而将“接地”作为以上做法的统称。

12.3.2 此条与原规范一致。首先要判断该场所是否对“静电”有参数要求，其二，该场所是否有可能产生“静电”，其三，要采用什么方法来做防“静电”的接地。

12.3.5 此条是新增的规定。其原因在于，照明配电装置的线路，一般没有加PE线，只有在低于2.4m的高度和有其他要求时才加PE线。但在大量的楼房工程中，上楼层的地面就是下楼层的顶板。下层照明装置线路的无保护对上层是一种威胁。

12.4 接地要求和接地电阻

12.4.1 根据10kV供配电系统的常用接地形式，可分为条文中所提的几种接地形式：

1 小电阻接地系统；

2 不接地；

3 经消弧线圈接地。

由于接地形式不一样，接地电阻的要求是不一样的，条文中分别叙述。

变电所的高压侧发生故障，此故障电流经过与变电所外露导体连接的接地体，造成了低压系统的对地电压普遍升高。往往会导致低压系统的绝缘击穿或伤及触及外露导体的人员。

12.4.3 配电装置的接地电阻，条文中对不同的高压接地电阻作了分述。而且对接地方式即高压接地网与低压接地网是否共网作了规定。如果在高、低压共用接地网的系统中，高压产生的接地故障电流在接地网上会有危险的电压产生进入低压系统。此时就应将高、低压接地分网设置。

12.4.7、12.4.8 均参考了IEC 60364-4-41的有关规定。

12.4.9 是对架空线及电缆的接地规定。

12.5 接 地 网

12.5.1 接地极的选择与设置

本条基本为原规范的有关规定。但对人工接地极的最小尺寸，按国家标准《电气设备的选择和安装接地配置、保护导体和保护联结导体》GB 16895.3进行了修订。修订的表12.5.1除对建筑电气工程中常用的人工接地极的直径、截面积和厚度有新的规定外，增加了镀件的镀层厚度，提高抗腐蚀性能。

12.5.3 固定式电力设备的接地导体与保护导体的选择

1 截面要求；

2 材料选择。

条文对埋入土壤中的接地导体最小截面，按国家标准《电气设备的选择和安装接地配置、保护导体和保护联结导体》GB 16895.3进行了修订。对有防腐蚀和防机械损伤保护的接地导体规格，由“按热稳定条件确定”给定了具体数值。

12.5.4 对PEN导体提出了外界可导电部分严禁用作PEN导体。因为PEN导体可能有大电流通过，用外界可导电部分作为N导体和PE导体的共同载体是不适宜的。

12.5.6 水平或竖直井道的接地与保护干线的选择是修订版新增的内容。此条的增加提醒设计者在井道内布置 PE 干线的截面选择，应满足条文中的规定，从而弥补了以往 PE 干线偏小，与附近接地导体产生压差的可能。保护干线与接地极的等电位联结大大提高了建筑工程的等电位水平。

12.6 通用电力设备接地及等电位联结

12.6.1 “敷设高电阻率路面结构层或深埋接地网，以降低人体接触电压和跨步电压”，试验证明对减小跨步电压是很有效的措施。此外，在这个结构层的下面还应做好均压措施，这两个方法综合起来效果更佳。

12.6.2～12.6.4 与原规范基本一致。

12.6.6 等电位联结是参照 IEC 60364-4-41.2001 的第 413.1.2 编制的。该节是设在该标准的 413（间接接触防护）的 413.1 自动切断供电之中的第 2 款，是防止带电体发生故障时，不致接触外露可导电部分而发生危险（即间接接触防护）的重要手段。间接接触防护的方法是：自动切断供电；Ⅱ类设备或相当的绝缘；不导电场所；不接地的局部等电位联结及电气分隔。

每栋建筑都应设总等电位联结，而对于来自外部的可导电部分应设在建筑物内距进入点尽可能近的地方连接。

12.7 电子设备、计算机接地

12.7.1 本规范对电子设备的各种接地及防雷接地推荐采用共用接电网，如果将各种接地系统分开，则两接地系统之间的距离应满足本条所规定的距离。

因为两个接地系统在电气上要真正分开，在地下必须满足一定的距离，否则两接地系统形式上是分开了，而实际（指电气上）仍未分开。且由于两个电气系统，通过接地网的相互联系而产生强烈的干扰，严重时甚至造成两个接地系统都不能正常工作。这在实际工程中的例子是相当普遍的。在实际应用中，这样近的距离，发现相互干扰仍相当大，试验证明，在单根接地极情况下，距接地极 20m 远处才可看成零电位。在接地系统是多根接地极甚至是接地网的情况下，零电位处若按上述 20m 的规定距离，可能仍偏小，但对一般工程来说，其接地网所处位置，不一定要严格地设在另一接地系统的零电位范围处。因为从理论上来说，真正的零电位处，应在无限远处，这在工程上是没有什么意义的。在实际工程中两接地系统相距 20m 远时，相互间的影响已十分微弱，只要处理得当，是可正常工作的。

在建筑密度很高的建筑群体内，要将两电气系统的接地，在电气上真正分开，一般较难办到，因为在地下要满足上述的距离往往是不可能的。所以一般还是推荐采用共用接地（即统一接地）形式。这样不但经济上合算，在技术上也是合理的，因为采用统一接地后，各系统的参考电平将是相对稳定的。即使有外来干扰，其参考电平也会跟着浮动。许多工程实际情况已证明采用统一接地体是解决多系统接地的最佳方案。

对要求严格防止空间电磁波干扰的电子设备，采用屏蔽仍是一种十分必要且较普遍的技术措施，当然不同的设备有不同的屏蔽效能要求，这应根据具体设备区别对待。

12.7.2 与原规范基本一致。

12.8 医疗场所的安全防护

12.8.1～12.8.6、12.8.10 是根据国家标准《特殊装置或场所的要求　医疗场所》GB 16895.24 的规定。

12.8.7～12.8.9 及 12.8.11、12.8.12　是原规范规定。

表 12-1、表 12-2 系引自国家标准《特殊装置或场所的要求　医疗场所》GB 16895.24 供参考。

表 12-1　医疗场所必需的安全设施的分级

0 级（不间断）	不间断供电的电源自动切换
0.15 级（很短时间的间断）	在 0.15s 内的电源自动切换
0.5 级（短时间的间断）	在 0.5s 内的电源自动切换
15 级（不长时间的间断）	在 15s 内的电源自动切换
＞15 级（长时间的间断）	超过 15s 的电源自动切换

注：1　通常不必为医疗用电场所提供不间断电源，但某些微机处理机控制的医用电气设备可能需用这类电源供电；

2　对具有不同级别的安全设施的医疗场所，宜按满足供电可靠性要求最高的场所考虑；

3　用语“在……内”意指“≤”。

表 12-2　医院电气设备工作场所分类及自动恢复供电时间

医疗场所以及设备	类别			自动恢复供电时间（s）		
	0	1	2	$t \leqslant 0.5$	$0.5 < t \leqslant 15$	$15 < t$
门诊诊室、门诊检验	X	—	—	—	—	—
门诊治疗	—	X	—	—	—	—
急诊诊室、急诊检验	X	—	—	—	X	—
抢救室（门诊手术室）	—	—	Xd	Xa	X	—
急诊观察室、处置室	—	X		—	X	—
手术室	—	—	X	Xa	X	—
术前准备室、术后复苏室、麻醉室	—	X	—	Xa	X	—

续表 12-2

医疗场所以及设备	类别			自动恢复供电时间（s）		
	0	1	2	t≤0.5	0.5＜t≤15	15＜t
护士站、麻醉师办公室、石膏室、冰冻切片室、敷料制作室、消毒敷料	X	—	—	—	X	—
病房	—	X	—	—	—	—
血液病房的净化室、产房、早产儿室、烧伤病房	—	X	—	Xa	X	—
婴儿室	—	X	—	—	X	—
心脏监护治疗室	—	—	X	Xa	X	—
监护治疗室（心脏以外）	—	X	—	Xa	X	—
血液透析室	—	X	—	Xa	X	—
心电图、脑电图、子宫电图室	—	X	—	—	X	—
内窥镜	—	Xb	—	—	Xb	—
泌尿科	—	Xb	—	—	Xb	—
放射诊断治疗室	—	X	—	—	X	—
导管介入室	—	—	Xd	Xa	X	—
血管照影检查室	—	—	Xd	Xa	X	—
磁共振造影室	—	X	—	—	X	—
物理治疗室	—	X	—	—	—	X
水疗室	—	X	—	—	—	X
大型生化仪器	X	—	—	X	—	—
一般仪器	X	—	—	—	X	—
扫描间、γ像机、服药、注射	—	X	—	—	Xa	—
试剂培制、储源室、分装室、功能测试室、实验室、计量室	X	—	—	—	X	—
贮血	X	—	—	—	X	—
配血、发血	X	—	—	—	—	X
取材、制片、镜检、	X	—	—	—	X	—
病理解剖	X	—	—	—	—	X
贵重药品冷库	X	—	—	—	—	Xc
医用气体供应系统	X	—	—	—	X	Xc
消防电梯、排烟系统、中央监控系统、火灾警报以及灭火系统	X	—	—	—	X	—

续表 12-2

医疗场所以及设备	类别			自动恢复供电时间（s）		
	0	1	2	t≤0.5	0.5＜t≤15	15＜t
中心（消毒）供应室、空气净化机组	X	—	—	—	—	X
太平柜、焚烧炉、锅炉房	X	—	—	—	—	Xc

a：照明及生命支持电气设备；
b：不作为手术室；
c：恢复供电时间可在15s以上，但需要持续3～24h提供电力；
d：患者2.5m范围内的电气设备。

12.9 特殊场所的安全防护

本节仅对浴室、游泳池和喷水池的安全保护作了规定。原因在于人们在这个环境的几率非常之大，可以说是每日都离不开的环境。对这些“特殊”的场所加以规定是非常必要的。何况在措施不力的地点，也确实发生过危及人身安全的事故。

13 火灾自动报警系统

13.1 一 般 规 定

火灾自动报警系统的设计，是一项政策性很强，技术性复杂，同时涉及消防法规，涉及人身和财产安全的工作，其从业人员，应该熟练掌握与消防有关的国家现行规范《火灾自动报警系统设计规范》GB 50116、《高层民用建筑设计防火规范》GB 50045、《建筑设计防火规范》GB 50016以及各种类型的单项建筑设计规范的规定。

本规范在修订时，凡涉及火灾自动报警系统保护对象分级、报警及探测区域的划分、各类报警系统的设计要求、火灾探测器的选择及火灾探测器的设置等内容，都规定了按相关国家标准执行，未做相关条文的引用，仅在相关部分根据民用建筑的特点，作了相应的补充。

13.2 系统保护对象分级与报警、探测区域的划分

13.2.1 将原规范分为特级、一级、二级、三级的规定，根据国家标准《火灾自动报警系统设计规范》GB 50116的规定改为特级、一级、二级。

13.2.3 表13.2.3为根据民用建筑特点，对国家标准GB 50116表3.1.1的补充规定。

13.3 系 统 设 计

火灾自动报警系统，根据国家标准《火灾自动报

警系统设计规范》GB 50116 分为区域报警系统、集中报警系统和控制中心报警系统三种形式。各类报警系统的设计要求，按上述国家标准规定执行。

本规范补充了建筑高度超过 100m 的高层民用建筑的火灾自动报警系统设计要求。

13.4 消防联动控制

13.4.1 消防联动控制，一般分为集中控制和分散控制与集中控制相结合两种方式。

1 集中控制系统：消防联动控制系统中的所有控制对象，都是通过消防控制室进行集中控制和统一管理的。如消防水泵、送排风机、防排烟风机、防火卷帘、防火阀以及其他自动灭火控制装置等的控制和反馈信号，均由消防控制室集中控制和显示；

2 分散控制与集中控制相结合的消防联动控制系统：在一部分消防联动控制系统中，有时控制对象特别多且控制位置也很分散，如有大量的防排烟阀、防火门释放器、水流指示器、安全信号阀（自动喷水灭火管网主、支管上的阀门开闭有电信号的装置）等。为了使控制系统简单，减少控制信号的部位显示编码数和控制传输导线数量，亦可采用将控制对象部分集中控制和部分分散控制方式（反馈信号集中显示）。此种控制方式主要是对建筑物的消防水泵、送排风机、防排烟风机、部分防火卷帘和自动灭火控制装置等，在消防控制室进行集中控制，统一管理。对大量的而又分散的控制对象，如防排烟阀、防火门释放器等，采用现场分散控制，控制反馈信号送消防控制室集中显示，统一管理（若条件允许亦可考虑集中设置手动控制装置）。

13.4.4 灭火设施的联动控制

第 1 款 设有消火栓按钮的消火栓灭火系统

消火栓按钮的控制电压应采用交流 50V 的安全电压，这样规定主要是为了人身安全，因为火灾发生时使用消火栓，可能有大量的水从消火栓箱内溢出弄湿整个箱体。若不慎则会使消火栓箱和消防水龙带带电，伤及消防人员。

消火栓按钮发送启动信号后，在消防控制室应有声、光信号显示，联动控制器按相应的灭火程序启动消防水泵（包括喷洒水泵），并能监视水泵的运行状态。消防水泵启动后，消火栓箱内启泵反馈信号灯应燃亮。

消防控制室对消火栓按钮的工作部位应有显示（有条件时按钮工作部位宜对应显示）并应在消防控制室装设直接启、停消防水泵的手动启、停按钮，即使在联动总线出现故障的情况下，仍可启动消防水泵。消防水泵的工作、故障状态显示，系指消防水泵的工作电源和水泵的运行状态显示。当消防控制室发出启动信号后，并未见启泵回答信号返回消防控制室，则为故障状态（包括主回路、控制回路故障）。

第 2 款 自动喷水灭火系统

装设湿式自动喷水灭火系统场所中，是否装设火灾自动报警装置，本条文中明确作了规定。设置自动喷水灭火喷头的场所同时要设置感烟探测器，这里需要指出的是不能误认为设置了湿式自动喷水灭火喷头（玻璃泡），就等于设置了定温火灾探测器。因为火灾探测器的设置主要是以预防为主，它对火灾起早期预报警作用，报警后离火灾的燃烧阶段和蔓延阶段还有一段时间。因此火灾自动报警系统的设置，是体现了“预防为主”的指导思想。湿式自动喷水灭火喷头的定温玻璃泡的设置若代替火灾探测器还存在着两个问题：一是该定温玻璃泡与火灾自动报警定温探测器（特别是感烟式火灾探测器）相比较，其灵敏度低得多。经现场火灾探测试验证明，在同等温度条件下（与热电偶温度探测器比较）比火灾探测器晚动作近 3min，如与感烟探测器比较晚近 5min 多。因此它不能用作火灾早期报警使用（即使能报警亦无电信号输出）。二是自动喷水灭火喷头的设置主要建立在以消为主的指导思想上，一经喷水灭火就不是报警而是消防。将会使大量水流充满被保护场所。因此我们认为在设有湿式自动喷水灭火喷头的场所，仍然宜装设感烟式火灾探测器。这一设计思想是与消防工作方针“预防为主，防消结合”相吻合的。

自动喷水灭火系统中设置的水流指示器，主要用以显示喷水管网中有无水流通过。这一信号的发生可能有以下几种情况：是自动喷水灭火；或是因管网中有水流压力突变；或受水锤影响；或是在管网末端放水试验和管网检修等，都有可能使水流指示器动作。因此它不应用作启动消防水泵，应该用使管网水压变化（喷水灭火时的水压降低）而动作的水流报警阀压力开关的动作信号启动自动喷洒消防水泵。由气压罐压力开关控制加压泵自动启动。

第 3 款 二氧化碳气体自动灭火系统

设有二氧化碳气体自动灭火装置的场所设置火灾探测器，主要是用以控制自动灭火系统。系统控制可靠与否，主要决定于火灾探测器的可靠性。若误报则会引起误喷，轻则造成被保护现场环境和人身污染及经济损失，重则直接危害人员生命安全。为此本条规定在控制电路设计时，必须用感温、感烟火灾探测器组合成与门控制电路，以提高灭火控制系统的可靠性。

被保护场所的主要出入口门外，系指被保护房间门口室外墙上，可在该处装设手动紧急启动和停喷按钮，按钮底边距地高度一般为 1.2～1.5m。按扭应加装保护外罩，用玻璃面板遮挡按钮操作部位以防操作失误或受人为机械损坏而动作。按钮正面应注明“火警”字样标志（按钮宜暗设安装）。

被保护场所门外的门框上方，指的是门框过梁上方正中位置，在该处安装放气灯箱。在灯箱正面玻璃面板上应标注“放气灯”字样。

声警报器的安装高度一般为底边距地 2.2～2.5m。该装置宜暗装于被保护场所内，使室内工作人员喷气前 30s 内能听到警报声和紧急离开灭火现场。

组合分配系统，系指有喷气管网的气体灭火系统，该系统的控制室宜设置在靠近被保护场所的适当部位。条文规定的中心意思是说明灭火控制方式宜采用现场分散控制。这样能充分发挥人的因素确认火灾，以提高控制系统的可靠性。

独立单元系统一般可不设控制室。若控制功能需要设置控制室时，可设在被保护现场适当部位。但不论是否设置控制室，都应在被保护场所或房间的主要出入口，设手动紧急控制按钮。无管网灭火装置，一般是在被保护现场设控制箱（盘）。该装置宜设于被保护场所（房间）室内或室外墙上。设备安装时底边距地高度一般不小于 1.6～1.8m（有操作要求时为 1.5m 左右）。控制箱（盘）安装时应注意采取保护措施，以防止机械损伤和人为引起的误操作。若控制箱（盘）安装在室内时，要求检修和操作方便。本装置亦应增设手动紧急控制按钮，装设于被保护现场主要出入口门外墙上便于操作的位置。紧急控制按钮亦应加装保护外罩和有明显标志。

对气体灭火的控制与显示，条文中已规定，现场经常无人值班时（如书库、易燃品无人值班库房等场所），若条件许可宜在消防控制室装设手动紧急控制按钮，在确认后手动控制灭火喷气。

13.4.5 在防火卷帘两侧设感烟、感温两种火灾探测器组成与门电路，控制防火卷帘下降。在火灾初期用感烟探测器控制防火卷帘首次下降至距地 1.8m 处，用以防止烟雾扩散至另一防火分区，感温探测器是控制防火卷帘第二次降落至地，以防止火灾蔓延。

当防火卷帘采用水幕保护时，水幕电磁阀的开启一定要可靠准确地动作，以避免误喷，不然会造成水患，严重污染被保护现场。为此条文规定水幕电磁阀的开启控制，应采用定温探测器和卷帘门落地到底信号组成与门控制电路，开启水幕电磁阀，并用电磁阀开启信号启动水幕泵，这一措施应该是可靠的。

对防火门的控制方法。条文的中心思想是宜在现场就地控制关闭，不宜在消防控制室集中控制关闭防火门（包括手动或自动控制）。因为防火门在建筑物中的设置数量是较多的，安装位置又很分散。因此防火门有自动控制功能时宜由感烟探测器组成控制电路，采用与门控制方法自动关闭。防火门的自动关闭若误动作，是不会造成人员混乱等重大影响的。故可以不采用与门控制电路。

电动防火门释放器的结构和电路类型有两种，一种类型是释放器平时通电产生电磁力，吸引防火门开启，火灾时断电控制关闭，另一种类型是平时释放器不耗电，由电磁挂钩拉着防火门开启，当火灾时释放器瞬时通电，使电磁挂钩脱落而控制关闭防火门。

13.4.6 同一排烟区的多个排烟阀，主要是指在同一排烟区域内装设的排烟管道，安装的数个排烟阀，当火灾时要求数个排烟阀都应同时打开进行排烟。在控制电路中，应防止同时打开排烟阀时动作电流过大，条文中推荐采用接力控制方式满足这一要求。所谓接力控制，是将排烟阀的动作机构输出触头加上控制电压后，采用串行连接控制，以接力方式使其相互串动打开相邻排烟阀，并将最末一个动作的排烟阀输出信号触头，向消防控制室发送反馈信号，这样具有连接线少和动作电流小（每次只有一个排烟阀动作）的特点。

排烟风机入口处的防火阀，是指安装在排烟主管道总出口处的防火阀（一般在 280℃时关断）。

设在风管上的防火阀，是指在各个防火分区之间通过的风管内装设的防火阀（一般 70℃时关闭）。这些阀是为防止火焰经风管串通而设置的。本条规定以上防火阀仅向消防控制室送动作反馈信号。

消防控制室应设有对防烟、排烟风机（包括正压送风机）的手动启动按钮。

13.5 火灾探测器和手动报警按钮的选择与设置

火灾探测器的选择和设置，应按国家标准《火灾自动报警系统设计规范》GB 50116 第 7 章、第 8 章的要求进行设计。

13.7 消防专用电话

13.7.1 消防专用通信是指具有一个独立的火警电话通信系统。条文规定的独立通信系统不能用建筑工程中的市话通信系统（市话用户线）或本工程电话站通信系统（小总机用户线）代用。

13.8 火灾应急照明

13.8.1 备用照明为供工作人员在火灾发生时需要继续工作场所的照明，如第 13.8.2 条所规定的部位和场所。当工作人员继续工作完成并撤离后才熄灭备用照明，故其使用时间均较长。

疏散照明，为供人员疏散而设置在疏散路线上的各种指示标志和照明，故其相对需要时间较短些，要求也高些。

13.9 系 统 供 电

13.9.6 此条指消防负荷等级为一级、二级时的情况，可参见国家标准 GB 50045 相关规定和条文说明。

13.9.10 公共建筑的屋顶层的消防设备除消防电梯外，一般情况下还设有正压送风机、增压泵等，故明确这类设备的供电要求。

13.10 导线选择及敷设

13.10.3 火灾自动报警系统的传输线路，耐压不低于交流 300/500V。线型采用铜芯绝缘导线或电缆，而不是规定选用耐热线或耐火导线。这是因为火灾报警探测器传输线路主要是作早期报警使用。在火灾初期阻燃阶段是以烟雾为主，不会出现火焰。探测器一旦早期进行报警就完成了使命。火灾要发展到燃烧阶段时，火灾自动报警系统传输线路也就失去了作用。此时若有线路损坏，火灾报警控制器因有火警记忆功能，也不影响其火警部位显示。因此火灾报警线路仅作一般耐压规定即可。

13.10.4 矿物绝缘电缆，不含有机材料，具有不燃、无烟、无毒和耐火的特性，使用在铜的熔点以下的火灾区域是安全的，而铜的熔点为 1060℃，一般民用建筑的火灾现场最高温度均在 1000℃以下。

耐火电线电缆，又称有机绝缘耐火电线电缆，其耐火温度为 750℃，90min，故使用场合相对矿物绝缘电缆要小些。

本条中，根据建筑物的火灾自动报警保护对象分级情况及消防用电设备分级情况而选择线路。

本条中的分支线路和控制线，系指末端双电源自动投切箱后，引至相应设备的线路，这些线路同在一防火分区内，且线路路径较短，当采取一定的防火措施如穿管暗敷等，则可降一级选用。

13.11 消防值班室与消防控制室

13.11.6 消防值班室与消防控制室都应设置于建筑物地下一层和首层距通往室外出入口不超过 20m 的位置。这一规定是为了火灾时的消防控制方便，也便于与室外消防人员联系。消防控制室的出口位置，宜一目了然地看清楚建筑物通往室外出入口，并在通往出入口的路上不宜弯道过多和有障碍物。

13.11.8 消防控制室的室内面积不宜过小，留有适当的室内面积以便于操作和维护工作。在与土建专业商定占用面积时，应尽量从消防安全需要和满足室内工艺布置以及维护等需要出发，并适当增设维修、电源和值班办公及休息用房，这一要求在设有消防控制室或消防控制中心的建筑物内更应加以足够的重视。不能为了单纯节省占用面积而使消防控制室设备布置不合理和维修不方便。

二类防火建筑物的消防控制室或消防值班室所需面积也不宜太小（一般情况不少于 15m^2 为宜）。除应满足设备布置规定所需用的建筑面积外，还应适当增加维修及值班用辅助面积。

13.12 防火剩余电流动作报警系统

13.12.1 本节应用范围是依据《火灾自动报警系统设计规范》GB 50116—98 系统保护对象分级界定的。因为，不管是火灾自动报警系统，还是防火剩余电流动作报警系统，其作用都是对建筑物内火灾进行早期预防和报警，性质是相同的。因此，防火剩余电流动作报警系统的保护对象分级也应根据其使用性质、火灾危险性、疏散和扑救难度等分级。

第 1 款 由于特级保护对象的建筑物，不管发生什么性质的火灾，其危险性、疏散和扑救难度以及造成的损失都是难以估量的。因此，本规范对执行程度用词为“应”设置。

第 2 款 因为一级保护对象较特级保护对象的建筑物从疏散和扑救难度上来讲要容易一些，因此，本规范对执行程度用词为“宜”设置。

13.12.2 由于二级保护对象建筑物的体量相对较小，配电回路不多，剩余电流的检测点较少，如设置防火剩余电流动作报警系统，则投资性价比不高。因此，建议根据本规范第 7.6.5 条的规定装设独立型防火剩余电流动作报警器。

13.12.3 当二级保护对象建筑物采用独立型防火剩余电流动作报警时，如有集中监视要求，可利用火灾自动报警系统的编码模块与其连接组成一个系统。另外，一些产品制造商为了适应市场需求，研发了 16 点的小型防火剩余电流动作集中报警器，也是二级保护对象建筑物如有集中监视要求时的一个选项。

13.12.4 此条规定的目的有两个：一是在大中型系统设计中推广使用总线制技术，简化设计，减少设计难度。二是推广成熟的新技术，避免技术落后和布线复杂的多线制系统再现。

13.12.5、13.12.6 在防火剩余电流动作报警系统设计中，检测点的设置至关重要。如设计得不合理，误报率将很高。通常检测点的设置要考虑两个问题：一是配电回路的自然漏流对测量的影响和自然漏流波动对测量的影响。二是电气火灾易发生的部位。

对自然漏流的影响应采取措施尽量抵消，方法一是将检测点设置在负荷侧，干线部分的自然漏流对测量没有影响。方法二是将检测点设置在电源侧，采用下限连续可调的剩余电流动作报警器抵消自然漏流的影响。但这种方法在容量较大、线路较长及自然漏流波动较大的配电回路中也不宜采用。最好还是将检测点设置在负荷侧。

从电气火灾发生的部位来看，负荷侧发生的火灾概率远大于电源侧，在不能两全的情况下，还是将检测点设置在负荷侧为宜。

防火剩余电流动作报警值 500mA 是现行国际电工委员会 IEC 标准的规定。由于配电线路的分布电容是和线路容量、线路长短、敷设方式与空气湿度等有关，如果自然漏流波动较大，为了减少误报，建议检测点安装在配电系统第二级开关进线处（楼层配电箱进线处）。

防火剩余电流动作报警系统是最近出现的新技术，对于它的设计选用及安装尚无据可依。本规范首次将其列入规范，但可能有不完善之处，还需在实际应用中积累经验，逐步完善。

13.12.7 关于剩余电流火灾报警控制器的安装，国内有两种观点：一是将其安装于消防控制室，二是将其安装于变电所。安装在消防控制室的理由是该系统也是火灾报警系统，且消防控制室在24h内均有人值班，便于维护和管理。安装于变电所内的理由是该系统监测的是配电线路的接地故障，一但出现问题值班人员可以马上处理。

从上述看二者各有其理。但从工程实际情况看，很多变电所无人值班或非24h值班。因此，本规范规定将其安装于消防控制室。

14 安全技术防范系统

14.1 一 般 规 定

14.1.1 本章基于民用建筑中高风险对象不多，而高风险对象的安全技术防范系统的设计国家已另有规范，仅对通用型民用建筑物及建筑群的安全技术防范系统的设计作出规定。

14.1.2 安全技术防范系统不等同于安全防范系统，它只涵盖安全防范（人力防范、物力防范和技术防范）中的技术防范。它也不同于一般的电子系统工程，要求必须安全、可靠，设计时不能盲目追求先进，而应采用经实践证明是先进、稳定、成熟的产品和技术。

14.1.3 安全管理系统是指在安全技术防范系统中，对其各子系统进行管理和控制的集成系统（包括软件和硬件），又称集成式安全技术防范系统。

14.2 入侵报警系统

14.2.1 入侵报警系统设防的区域和部位应根据被保护对象的使用功能和安防管理要求确定。设计人员应根据项目设计任务书的要求，对本条所列的防护区域（目标）进行选择，实施部分或全部的设防。

14.2.3 各类入侵探测器的选择应根据环境和功能需要进行，不能盲目选用高灵敏度、高档次的产品，应以实用为原则。

室外多波束主动红外探测器最远作用距离在产品手册上有指标，但选用时不能直接与设计值等同使用。实际使用中由于雾风雨雪等恶劣气候的影响，其探测指标下降较多（多达30%～40%），故有此条规定。

14.2.5 目前大部分矩阵切换控制主机、数字硬盘录像机、多画面处理器等都带有报警接口，可实现简单的报警及联动功能，但与专业级的可划分多防区的报警主机相比，还有不足之处。工程设计时，应根据建筑物性质、系统规模、功能需求等进行选择。

14.2.6 无线安防报警系统可用作特殊需要场合或作为有线报警系统的一种补充手段。其形式可有多种，如无线报警系统、无线通信机、移动电话等。

14.3 视频安防监控系统

14.3.1 摄像机设置部位应根据被保护对象的使用功能、现场环境及安防管理要求确定。设计人员应根据项目设计任务书的要求，对本条所列的防护区域（目标）进行选择，实施部分或全部的设防。摄像机的安装部位并不仅限于表14.3.1所规定的部位。

14.3.2 视频安防监控系统监视图像质量的主观评价采用五级损伤制评定。

14.3.3 本条对摄像机的技术指标要求略高于国家标准，是考虑到目前CCD摄像机产品市场的实际情况和发展趋势作出的。

第7款 这并不是说具有多功能镜头、云台的摄像机不好，而是因为定焦距、定方向的摄像机造价低、操作简便，有时更实用些。

第8款 适当功能的防护罩，是指能使摄像机在恶劣环境下正常工作的多功能防护罩。

第10款 电梯轿厢内设置摄像机宜安装在电梯厢门的左侧或右侧上角，便于对电梯操作者进行监视。

14.3.6 从监控技术的发展历史来看，大致经历了一代的模拟式、二代的半数字式及三代的全数字网络监控系统。与前两代监控系统相比，第三代监控系统基于TCP/IP网络协议，以分布式的概念出现，将监控模式拓展为分散与集中的相辅相成，无限度地拓展了监控范围。目前在较先进的大、中型监控系统中，多采用多媒体计算机控制技术、网络传输技术，实现信号数字化、设备集成化、控制智能化、传输宽带化。

14.3.7 监视器应根据系统的技术性能指标及使用目的来选择。屏幕的大小应根据控制中心的面积、设备布置及监视人员数量进行选择。监视器数量应根据安防管理需要，与摄像机数量成适当比例。

摄像机与监视器的配置比例应适当：系统部分摄像机配置双工多画面视频处理器时，不宜大于5∶1；50%以上摄像机配置双工多画面视频处理器时，不宜大于9∶1；全部摄像机配置双工多画面视频处理器时，不宜大于16∶1。

监视器的显示方式可分为重点部位的固定监视、一般部位的时序监视或多画面监视，以及报警联动的切换监视。

14.3.8 随着电子技术和计算机技术的成熟与发展，模拟录像机正被数字硬盘录像机逐步取代。网络功能是对数字硬盘录像机的基本要求，也是数字硬盘录像机区别于模拟录像机的重要特征。数字硬盘录像机按系统平台可分为嵌入式和非嵌入式两种。嵌入式硬盘录像机又分为PC平台和脱离PC平台两种。硬盘录像机的选用应根据系统的设计目标，从监控功能、稳定性、每秒处理图像的总帧数、信号压缩方式、图像质量等方面综合考虑。

14.3.9 摄像机距控制端较远，一般指距离在200m以上。此时可根据供电电压、所带设备容量、供电距离等选择导线截面积，导线截面积不宜超过$4mm^2$。

14.4 出入口控制系统

14.4.1 紧急疏散和安全防范是一对矛盾，解决的办法是出入口控制系统与消防报警系统可靠联动，紧急情况时释放相关的门锁，或者选用具有逃生功能的执行机构。

14.4.3 出入口控制系统的识别方式大致分为：密码钥匙、卡片识别、生物识别及前几种的组合等四种。生物识别的方法较多，有掌形识别、指纹识别、语音识别、虹膜识别、视网膜识别等，若再与智能卡组合使用，就可以解决智能卡被非法使用者利用的问题。

14.4.4 防尾随指的是防胁迫尾随和防大意尾随。防返传指的是防止有效识别卡通过回递的方式，被其他人员重复使用。

14.4.6 出入口控制器若设置在控制区域外的公共部位，就可能遭到损坏甚至人为破坏，使门禁作用丧失。

14.4.7 系统管理主机不仅能监视门的开关状态，同时还可控制门的开关。系统可通过管理主机设置每张识别卡的进出权限、时间范围，并可设置各通道门锁的开关时间等。

14.5 电子巡查系统

14.5.1 在线式电子巡查系统较为复杂，需要敷管布线，实时性是它的最大特点。离线式电子巡查系统无需布线，较为灵活、便捷、经济。

14.5.8 无论是在线式电子巡查系统，还是离线式电子巡查系统都应能方便地对巡查路线进行设置、更改，并能记录巡查信息。

14.6 停车库（场）管理系统

14.6.1 停车库（场）管理系统是指基于现代电子与信息技术，在停车库（场）的出入口处设置自动识别装置，通过各式卡片来对出入特定区域的车辆实施识别、准入或拒绝、记录、收费、引导、放行等智能管理。其目的是有效控制车辆的出入，记录所有资料并自动计算收费额度，实现对进出车辆的收费管理和安全管理。

14.6.2 停车库（场）管理系统的设计应基于停车库（场）的建筑布局和对系统需求分析。本条所列功能可根据需要灵活增加或删减，形成各种规模与级别的停车库（场）管理系统。

14.6.4 停车库（场）管理系统可分为总线制单台电脑管理模式和多台电脑局域网管理模式。总线制管理适合固定车主情况，不收费或按固定时间收费，功能简单，只要求验证车主合法与否即可。此种模式是全自动的，无需管理人员参与。局域网管理是针对大型停车场情况，出入口不止一进一出，功能要求较多，对车辆的出入管理要求严格，每个出口应设置一台电脑，与管理中心联网。

14.6.6 摄像机安装在车辆行驶的正前方偏左的位置，是为了监视车辆牌照的同时，对驾驶员的情况也有所监视。

14.6.8 对于较大型、车辆身份复杂的停车场来说，管理的灵活有效性非常重要。一进一出，多进多出组合灵活。多个出入口可以统一管理，也可分散管理。可脱机使用，也可联网使用，可按不同类别识别卡设置多种收费方式等等，都是系统灵活性的体现。

14.7 住宅（小区）安全防范系统

14.7.2 表14.7.2住宅（小区）安全技术防范系统配置标准是根据国家标准《安全防范工程技术规范》GB 50348—2004 表5.2.9、表5.2.14、表5.2.19编制的，分为住宅与别墅两类，均为基本要求，设计时可根据实际情况增减。

14.7.3 周界安防系统的设计除符合本条规定外，尚应满足《安全防范工程技术规范》GB 50348—2004第5.2.5条、第5.2.10条、第5.2.15条的规定。

14.7.4 公共区域安防系统的设计除符合本条规定外，尚应满足《安全防范工程技术规范》GB 50348—2004第5.2.6条、第5.2.11条、第5.2.16条的规定。

14.7.5 家庭安防系统的设计除符合本条规定外，尚应满足《安全防范工程技术规范》GB 50348—2004第5.2.7条、第5.2.12条、第5.2.17条的规定。

第1款 访客对讲系统是住宅安全防范的重要设施之一。访客对讲系统除具备交流电源外，还要配备不间断电源装置。住宅入口处主机安装方式一般有两种：防护门上安装及单元门垛墙壁上挂装或墙壁上嵌装。墙壁上安装时，室外主机安装在单元门开启的一侧，同时考虑室外主机电源及控制缆线进出方便。访客对讲系统的室外设备，应能适应当地的气温条件，并要与所处的安装环境相适应（如尽量避开阳光的直射等）。

第2款 紧急求助报警装置一般设在门厅过道墙壁上，也可设在主卧室的床头柜边。考虑老年和未成年人的生理特点，紧急求助报警装置的触发件应醒目、接触面大、机械部件灵活；安装高度适宜；具备防拆卸、防破坏报警功能。

14.7.6 住宅（小区）安防监控中心的设计除符合本

条规定外，尚应满足《安全防范工程技术规范》GB 50348—2004 第 5.2.8 条、第 5.2.13 条、第 5.2.18 条的规定。

安防监控中心设置与外界联系的有线通信是指市网有线电话，如当地公安部门有报警联网专线，应按当地要求增设专线。无线通信是指小区内无线对讲传呼系统或无线移动通信公网（手机）。

安防监控中心设置的综合管理主机，除应具有与各门口单元主机相互沟通信息的功能外，还应具有与网上相互联络的功能及报警显示、储存记忆功能，以实现住宅区内各用户与安防监控中心的信息沟通及信息记录。当某家发生紧急状况时，本住户室内分机、综合管理主机会以声、光等形式，提示紧急状态发生的种类及地点。保安管理人员根据实际情况，一面将报警记录在案，一面采取进一步有效措施。

14.8 管线敷设

14.8.1 安全技术防范的管线敷设关键在于安全。隐蔽、防火、防破坏、防干扰是设计中不可忽视的重要问题。

14.8.2 交流 220V 供电线路应单独穿导管或线槽敷设，50V 及以下的供电线路可以与信号线路同管槽敷设。

14.9 监控中心

14.9.2、14.9.3 安全技术防范系统监控中心是系统的中枢，所以其自身的安全、舒适与便捷也同样重要。

重要建筑的监控中心一般不应毗邻重点防护目标，如财务室、重要物品库等，这是防止一并被控制造成更大损失；同时还应考虑设置值班人员卫生间和专用空调设备。

14.9.4 系统控制中心的对外联系非常重要，它是下达指挥命令和向上一级接处警中心报告的必要保证。通信手段可以是有线的，也可以是无线的，有线通信是指市网电话或报警专线，无线通信是指区域无线对讲机或移动电话。

14.10 联动控制和系统集成

14.10.1 安全技术防范系统集成应是不同功能的安防子系统在物理上、逻辑上及功能上有机连接起来，在开放标准的硬件和软件平台上，实现各有关系统之间可互操作和资源共享，形成一个综合安全管理系统。

14.10.2 系统集成设计的根据是多方面的，主要有建筑物的使用功能、工程投资、业主管理要求等综合因素，但使用者的需求是最重要的。同时还应考虑系统的先进性、开放性、安全性、经济性、高效性及可管理性。

14.10.4 在火灾自动报警系统火灾确认后发出联动信号的同时，出入口控制系统应自动打开疏散通道上由其控制的门。此时，逃生是最重要的。

14.10.7 子系统集成、综合安全管理系统集成、BMS 集成，是三种不同范围的集成模式。随着信息技术和网络技术的不断发展，安全技术防范系统的规模、集成深度及广度也在不断变化。综合安全管理系统集成方式是目前的主流，BMS 集成将是未来系统发展趋势。

15 有线电视和卫星电视接收系统

15.1 一般规定

15.1.1 根据国际上电缆电视综合信息网的使用和发展情况，应以城市区域规划来组合用户群网络，并结合国家和地区广播电视的发展规划，为电缆电视大系统联网预留条件。

15.1.2 场强值的实测数据与理论计算数值虽然会有很大出入，但新建工程实测场强确有很大困难。即使在工程的附近地点实测，与最终在天线安装点的实测值，仍会有出入。故允许进行估算，估算时还需考虑当地干扰场强，并作为设计依据。最终的系统指标，可于工程调试时合理调定。

15.2 有线电视系统设计原则

15.2.3 第 3 款 双向传输是有线电视传输网络的发展趋势，特别是大中城市的有线电视网络，更应充分考虑其未来的发展。

15.2.6 有线电视系统的信号传输方式

第 1 款 为保证有线电视系统传输频道的数量及质量，传输系统应选择邻频传输系统。当系统考虑双向传输时，则应考虑 750MHz 及以上系统。

第 4 款 根据有线电视的发展及我国目前有线电视系统的构成形式，光纤同轴电缆混合网（HFC）是我国目前较为理想的有线电视传输网络。

15.3 接收天线

15.3.1 泛指接收天线应能满足增益高、方向性好、抗干扰性能强等电气性能，以及机械强度高、适应当地风速和防潮或防盐雾、防酸等抗腐蚀性能。但应理解为是要因地制宜地来选择满足当地使用要求的天线，而不是要求必须具备全部电气、机械及物理化学性能。

15.3.2 第 3 款 有线电视全系统载噪比指标的满足，最关键的是输入到前端的接收信号，即天线所接收的信号场强。所以必须使接收天线的最小输出信号电平值满足前端（系统）对其输入信号电平的质量指标要求。

15.3.3 条文主要强调是由宽带天线接收的多路频道信号，因为信号质量各不相同，故应在前端分别处理。

15.3.5 即发射天线的高度是已定的，它与接收天线设置点的距离也是可以测得的，电视信号无线电正弦波的传输，在该接收天线设置点的某个高度其场强信号能达到最大值时，即为最佳天线高度。但实际上该计算高度，在 VHF 频段是偏高的，不能直接使用，需根据条件调整。

15.4 自设前端

15.4.8 第 1 款 至各建筑物的传输距离最近，可以保证传输损耗较小且其他传输特性较为一致。

15.4.9 第 2 款 主要考虑高频信号传输时，其信号损失较低频信号大。

15.4.11 强调同频段的各频道信号电平值相一致时才能采用宽带放大器，因其为平均放大。否则，就应将各频道信号分开处理，以保证信号的传输质量。

15.5 传输与分配网络

15.5.2 当采用光纤作为传输网络的干线时，系统具有线路损失小、传输信息量大、抗干扰能力强等优点，并能充分满足系统对带宽、噪声及失真等数据的要求。

15.5.8 光纤及光设备的选择

第 1 款 多模光纤成本较低，但因其传播特性差，不适合大信息量的传输，因此多用于通信传输。单模光纤耦合及连接比较困难，但因其具有频带宽，传播特性好的特点，所以在有线电视传输系统中，应采用单模光纤。

第 2 款 当光节点较少而传输距离不大于 30km 时，采用波长为 1310nm 的光波传输，此时损耗小，色散常数为零，成本较低。

第 3 款 采用 1550nm 波长传输时，由于其损耗更小，且可使用光纤放大器直接放大，因此，更适合远程传输，但应注意控制其色散，以避免产生噪声及组合二次失真。

15.5.11 由于放大器本身受温度、电压等的影响会改变工作点，而传输干线受四季温度变化也会改变其频率衰耗特性。所以，为了确保系统指标在任何情况下都满足要求，必须留有一定的设计余量。

15.5.12 保证干线传输性能指标措施

第 2 款 强调应该采用工作特性稳定性较高、噪声小的放大器，否则易造成电路的不稳定。中低增益的放大器，其线性好，易控制非线性失真。导频控制电路的全电路工作稳定性高，并易监视。

第 4 款 应在经济合理的前提下采用传输性能好的电缆。电缆穿管道，尤其是直埋敷设，受环境温度变化影响较小，整个系统电路的工作比采用架空明敷方式稳定得多。

第 5 款 强调必须采用定向隔离度大的器件向用户群馈送信号，以保证在用户群负载变化时对干线传输不造成不良影响。

第 6 款 强调要充分利用每一分贝的信号电平，尽量避免不必要的电平损耗。

15.5.13 由传输干线分配点的分配放大器至该支路最远端用户群之间，可能设有若干个延长放大器，所以其交扰调制比和载波互调比指标，应均匀地分摊在各个放大器上，而不宜将指标在“桥接放大器”和“延长放大器”两部分之间分摊。

15.5.14 减少延长放大器的级数，可以提高系统的载噪比，保证接收质量。

15.6 卫星电视接收系统

15.6.7 当天线直径较大时，因前馈式天线的高频头前置其焦点处，受环境因素影响，工作温度升高，信噪比下降，而且高频头安装不便，故不宜采用。而后馈式抛物面天线因其具有如下特点，所以对直径较大的抛物面天线更适合：

1 双反射面，便于根据需要，使其几何尺寸的设计比较灵活；

2 可采用短焦距抛物面作为主反射面，缩短其纵向尺寸；

3 由于馈源安装在主反射面后面，避免阳光的直射，使其工作温度降低，有利信噪比的提高，且由于馈源与低噪声放大器之间的传输距离较短，减小了传输噪声；

4 天线效率较高，对大型天线而言，可降低造价。

偏馈式抛物面天线其馈源安装位置与主反射面偏置。因而馈源不会对主反射面接收的电波有遮挡。具有天线噪声电平明显降低、有较佳的驻波系数、安装时仰角较小、受雨雪影响相对较小及效率较高的特点，所以当抛物面天线口径在 1.5～2m 之间，特别是 Ku 波段大功率卫星电视接收天线，多采用偏馈式抛物面天线。

15.8 供电、防雷与接地

15.8.5 天线设施往往是该建筑物的致高点，很容易成为雷击的目标和引雷的途径，所以应使其具备防雷击的能力，而不被雷击所破坏。如若另设避雷针来保护它，其高度和要占的地域在屋面上有较大的困难，因此本条提倡在自身的天线竖杆（架）上装设避雷针。

有条件另设独立避雷针保护天线设施时，其与天线的 3m 间距是为了防止在雷击独立避雷针时，对接收天线可能产生反击的安全距离。

16 广播、扩声与会议系统

16.1 一 般 规 定

16.1.2 公共建筑广播系统设置

第1款 规定了业务性广播的服务对象，任务及其隶属关系。业务性广播对日常工作和宣传都是必要的。

第2款 服务性广播主要用于饭店类建筑及大型公共活动场所。服务性广播的范围是背景音乐和客房节目广播。任务是为人们提供欣赏音乐类节目，以服务为主要宗旨。内容安排应根据服务对象和工程的级别情况确定。星级饭店的广播节目一般为3～6套。

第3款 火灾应急广播主要用于火灾时引导人们迅速撤离危险场所。它的控制方式，鸣响范围与一般广播不同，具体要求见本规范第13章的有关规定。

16.1.3 近年来，随着电声学、电子学和建筑声学的发展，扩声技术发展很快，人们对扩声质量的要求也越来越高。因此本条强调要同期进行，并要重视与其他相关专业的配合。

16.2 广 播 系 统

16.2.2 一般情况下，由于民用建筑工程占地范围不大，建筑物相对集中，广播网负担范围小，采用单环路馈送功率的方式可以满足要求。

16.2.3 公共建筑中除设有线广播控制室外，往往还设有扩声控制室（如多功能厅，宴会厅等公共活动场所）。在这种情况下两个控制室间应采取措施联络成一个整体，既可单独又可联网广播，提高了系统的灵活性和利用率。

16.2.4 广播用户分路十分重要，直接涉及系统的确定和功放设备的配置，应根据工程的具体情况合理确定。在划分分路时应注意火灾应急广播的分路划分问题，特别是与其他广播系统（如服务性广播）合用时，应首先满足火灾应急广播的分路划分要求，满足鸣响范围的特殊控制。

16.2.5 根据国际标准，功放单元（或机柜）的定压输出分为70V、100V和120V。目前，国内生产的功放单元（或机柜）也逐渐采用这样的标准。公共建筑一般规模不大，考虑安全，宜采用定压输出方式。

16.2.9 航空港、客运码头及铁路旅客站等旅客大厅内的有线广播应以语言清晰度要求为主，但很多的旅客大厅（候车、机厅）在广播时听不清楚，其主要原因如下：

1 环境噪声高，广播声压级与其差值不符合要求；

2 建筑声学处理不合适或存在建声缺陷，如室内混响时间太长，存在回声等；

3 扬声器（或扬声器系统）低频量太强。

故本条提出应从建筑声学与广播系统两方面采取措施，保证满足语言清晰度的要求。

1 评价室内语言清晰度的指标为“音节清晰度”；

$$音节清晰度=\frac{听众正确听到的单音节（字音）数}{测定用的全部单音节（字音）数}\times 100\%$$

2 依据室内语言的音节清晰度，可估计理解语言意义的程度。其音节清晰度的评价指标：

1） 85%以上 ——满意；

2） 75%～85%——良好；

3） 65%～75%——需注意听，并容易疲劳；

4） 65%以下——很难听清楚。

16.3 扩 声 系 统

虽然电声设备的发展在不断的变化，但扩声系统设计作为工程设计的基础技术仍是工程设计者必须掌握的，尤其关于扩声系统的设计方法等是提高设计水平和确保系统质量的十分重要的保证。

自然声源（如讲演、歌唱和乐器演奏等）发出的声功率是有限的。在离声源较远的地方，声压级迅速降低，同时由于环境噪声，声音就会听不清楚，甚至完全听不到。因此，在厅堂和广场内要用扩声系统，将信号放大，提高听众区的声压级。

16.3.2 扩声指标的分级是关系到使用和投资的重要环节，选用是否合理影响很大。条文主要提出在确定分级时应考虑的因素。

16.3.3 条文在提出专用会议场所设计要求的同时，还提出除专业使用的视听场所外，应按语言兼音乐的扩声原则设计，目的在于扩大利用率，提高效益，节约投资。事实上，语言和音乐兼用的建筑是较普遍的，在设计时应认真考虑。

16.3.4 扩声指标分级，共分为四级：音乐扩声一级、音乐扩声二级（相当于语言和音乐兼用扩声一级）、语言扩声一级（相当于语言和音乐兼用扩声二级）和语言扩声二级（相当于语言和音乐兼用扩声三级）。对于会议厅、报告厅等专用会议场所，应按语言扩声一级标准设计。语言扩声二级可适用量大面广的基层单位的扩声场所的设计标准。

16.3.5 本条指出了室内、室外扩声设计的声场计算和应注意的问题。

室内声源的声传播受到封闭界面的限制将产生反复反射造成混响效果。因此，场内某一点的声级除有声源直达声外还有室内混响在该点的混响声，是两者在该点的叠加结果，因此带来一些特殊的问题。应尽力减弱声反馈以提高传输增益和增加50ms以前的声能密度，提高语言清晰度。

室外扩声基本上属于自由声场，考虑的重点是以直达声为主。但它的一个重要问题就是声传播遇到障碍物产生反射形成的回声，如果不处理好这个问题，将会影响清晰度甚至造成很坏结果，所以不论在什么情况下都必须使反射声在直达声后 50ms 内到达。如果实现确有困难，应使直达声比回声高 10dB 以上，掩蔽回声干扰。另一方面要注意解决因来自不同扬声器（或扬声器系统）声音路程差大于 17m 而引起类似回声的双重音感觉。

16.3.7 厅堂类建筑的扩声质量要求较高，宜采用定阻输出，避免引入电感类设备，保证频响效果。对体育场类建筑，供声范围大、噪声级高，要用大功率驱动，满足听众区的高声级要求。所以，宜采用定压输出为好。

为保证传输质量，本条提出馈电线路的衰耗应尽量小，不应大于 0.5dB（1000Hz 时）。

16.3.8 在扩声系统中，用一台功放设备负担很多扬声器（或扬声器系统）是不恰当的。因为一个功率单元故障会影响大范围内失声，所以应合理划分功率单元的输出分路，使每分路单独控制以提高可靠性，减少故障影响面。

合理划分功率单元也有利于备用功率单元的设置和调度。

16.4 会 议 系 统

16.4.2 会议讨论系统是一个可供主席和代表分散自动或集中手动控制传声器的单通路扩声系统。在这个系统中，所有参加讨论的人，都能在其座位上方便地使用传声器。通常是分散扩声的，由一些发出低声级的扬声器组成，置于距代表不大于 1m 处。也可以使用集中的扩声，同时应为旁听者提供扩声。

会议讨论系统按其自动化程度不同可有以下三种控制方式：

①手动控制：主席单元和代表单元通过母线连接起来，当某一代表需要发言时，可把自己面前的转换开关扳到“发言”位置，他的话筒即进入工作状态，而其扬声器则同时被切断，以减少声反馈干扰。

②半自动控制：这种方式也称为声音控制方式，它具有收发自动衰耗、背景噪声仰制和自动电平控制等功能。当与会者对着某一个代表单元的话筒讲话时，该单元的接收通路（包括接收放大器和扬声器）自动关断。讲话停止后，该单元的发言通路（包括话筒和话筒放大器）会自动关断。这种半自动工作方式同样具有主席优先的控制功能。由于这种控制方式的结构不太复杂，操作又比较方便，故适于中、小型会议室使用。

③全自动控制：即计算机控制方式。其自动化程度最高，而且往往兼有同声传译和表决功能。发言者可采取即席提出“请求”，经主席允许后发言。也可采取先申请“排队”，然后由计算机控制，按“先入先出”的原则逐个等候发言。此时整个会议程序均交由计算机控制。

16.4.3 会议表决系统是一个与分类表决终端网络连接的中心控制数据处理系统，每个表决终端至少设有同意、反对、弃权三种可能选择的按钮。标准的表决模式是：

①秘密表决：不能逐个识别表决的结果；

②公开表决：能鉴别出每个表决者及其表决结果。

16.4.4 同声传译的信号输出方式分为有线和无线两种。有线利于保密，无线虽然使用灵活但要控制其辐射功率，严防失密。要注意处理好发射天线的敷设和辐射场均匀问题。

16.4.5 同声传译有一、二次翻译的区别，而二次翻译可以节省人力，对译员的水平要求低，多采用这种方式。

同声传译系统的设备及用房宜根据二次翻译的工作方式设置，同声传译应满足语言清晰度的要求。

16.5 设 备 选 择

16.5.1 有线广播设备应根据用户的性质，系统功能的要求选择。大型有线广播系统宜采用计算机控制管理的广播系统设备。功放设备宜选用定电压输出，当功放设备容量小或广播范围较小时，亦可根据情况选用定阻抗输出。

扩声系统的设备选择是扩声设计的重要环节，它要根据设计的标准、投资来源、设备之间的配接要求综合考虑。

16.5.2 传声器在扩声系统中是很重要的设备，本条仅提出选用时应注意的问题。

不同用途、不同场所应选择不同的传声器（如动圈式、电容式等）。传声器的方向性很重要，一则减少干扰，二则提高传声增益。传声器的频响对扩声有直接影响，语言扩声时频响可窄些，而音乐扩声时频响可宽些，以保证音质丰富。

应特别注意传声器与前端控制设备的连接配合以及连接传声器的线路长度的影响。

16.5.3 扩声系统的前端控制设备所处地位十分重要，要根据不同的使用要求选用不同的设备。它的主要功能是接收信号、处理信号并根据需要输出信号，以达到设备之间的最佳配接。

调音台是听觉形象的重要加工环节，除满足功能要求外，应特别注意主通道的等效输入噪声电平和输入动态余量。一般而言这两者是相互矛盾的，应合理兼顾，可根据不同使用要求有所侧重。

16.5.4 有线广播的用户或广播分路虽较多，但不一定都同时使用，应按同时需要广播的用户功率作为选择功放单元（或机柜）的依据之一。如火灾应急广播，实际用户很多，路数也很多，但发生火灾时需要同时广播的范围是有限制的，应以允许鸣响范围内最大用户容量确定。

广播控制分路的划分也直接影响到功放单元（或机柜）的确定。如饭店的服务性广播，它包括背景音乐和客房内的数套节目，它们将会同时使用但又要分设节目类别，应按分路控制要求来确定最大容量，并分别设置分路功放设备。根据调查分析，本规范提出了每路的同时需要系数，供设计时选用。

16.5.5 功放机柜的选择是扩声设计的重要环节，功放机柜的功率单元的容量规格较多，但一个功率单元不能带过多负载，一则不便分组控制，二则一旦故障则影响面太大，所以功率单元的划分应根据负载分组的要求选择。

功放机柜要有一定的功率贮备量，贮备量的大小与扩声的动态范围的要求有关，使瞬态脉冲在放大器中放大而不削波，声音不发“劈”，一般情况下要完全满足也是不经济的。应该允许有一个很短暂的削波而又不影响效果。不要以很少出现的某一动态峰值作为要求的标准，只能考虑大多数情况下能满足要求即可。

16.5.6 民用建筑的有线广播一般都比较重要，功放设备应设置备用单元以保证广播安全。因为各类情况不同，对备用单元的数量不宜规定得太死，仅提出应根据广播的重要程度确定，有的可以是几备一，有的就可能是一备一。备用单元的数量直接涉及投资、用房的建筑面积，应在保证可靠的情况下合理确定备用量。

备用单元应设自动、手动两种投入方式，对重要广播环节（如火灾应急广播）备用单元应处于热备用状态或能立即投入。

16.5.7 民用建筑中扬声器（或扬声器系统）的选用主要应满足播放效果的要求，要在考虑灵敏度、频响、指向性等性能的前提下考虑功率大小。扬声器要有好的音质效果，当选用声柱时要注意广播的服务范围，建筑的室内装修情况及安装条件等。

在民用建筑中高音号筒扬声器可用在地下室、设备机房或潮湿场所，作为火灾应急广播用。因为它声级高，不怕潮湿和灰尘。

16.6 设备布置

16.6.1 条文为传声器的设置要求，主要目的是为了减少声反馈，提高传声增益和防止干扰。

16.6.2 因为传声器和扬声器（或扬声器系统）处在同一声场内，扬声器辐射的声信号会反馈到传声器。这种再生信号会在整个工作频率范围内的某些频率上激发自振，使扩声系统不能充分发挥潜力，严重出现“开不足”。所以减弱或尽量抑制声反馈是扩声系统设计的重要任务，本条提出了抑制声反馈的一般措施。

16.6.4 扬声器的布置原则与布置方式

第1款 对一些公共场所（如剧场等）要求扬声器系统集中布置的主要原因就是要求声相一致，即声音来的方向基本与声源所在方向一致给人们真实亲切的感觉。另外一个好处就是扬声器系统时差可忽略不计，不会造成双重声，使控制电路简单。第2项指的是有些公共建筑（如体育馆）各方向上都有观众。而受观众厅的建筑、结构条件限制，若将扬声器系统分散布置时，声音几乎是从观众头顶甚至从背后而来，使观众感觉不舒服。这种情况也宜采取集中布置方式。

第2款 规定了扬声器分散布置的场所及应注意的问题。

第3款 规定了扬声器采用混合布置的场所及应注意的问题。

16.6.5 背景音乐是在高级旅游饭店等公共建筑的活动场所内设置的一种为掩蔽噪声的欣赏性广播系统，设置的效果与环境情况、设置的标准有关，它直接决定着扬声器的选择、布置形式及间距问题，如扬声器的服务范围间距是轴线与边重叠、边与边重叠、或它们的不同程度的重叠等，因而直接决定着声场的情况，本条仅作了原则性规定。

16.6.6 由于体育场地域大、观众多、噪声高，不但要解决对观众席的供声问题，还要解决对场地的供声。因此，要有足够的声压级和较好的均匀度，特别要求在观众向场地的视线范围内不要有扬声器设备造成的障碍。

随着扬声器设备的性能改进，逐渐由分散向集中设置扬声器系统或分散和集中混合的方式转变。这样就出现了声外溢，给周围环境造成噪声干扰。

本条就是针对这方面提出原则性的要求，对集中布置的扬声器系统应控制声外溢，避免产生扰民的后果。

16.6.7 在厅堂类建筑物中，声源在室内形成的声场中，存在着直达声和混响两部分，并用扩散场距离 D_c 来表达两者间的关系。

扬声器的供声距离和传声器与扬声器间距都与扩散场距离 D_c 有关系。扬声器的最大供声距离不大于 $3D_c$，而且是在使直达声下降至混响声强 12dB 为前提的。

要求传声器至任一只扬声器之间的间距尽量大于 D_c，其目的是使传声器位于混响声场中，移动传声器不会产生啸叫。

16.6.8 广场类扩声尽量以直达声为主，没有混响声的影响，但却有障碍物的反射会带来回声影响和因不同扬声器（或扬声器系统）的声程差大于 17m 而引起类似回声的双重声感觉，两者都会影响清晰度。所以在广场类扩声设计时应特别注意直达声压级对回声的掩蔽问题。

广场类扩声，因范围大、噪声高，需要大功率高灵敏度级的扬声器系统，所以应注意对环境噪声的污染控制。

16.7 线路敷设

16.7.1 对导线要求绞合型，是为了减弱节目分路通过导线间的分布电容而造成串音影响。

16.7.2 传声器线路与调音台（或前级控制台）的进出线路都属于低电平信号线路，最易受干扰。所以在采用晶闸管调光设备的场所应特别注意防干扰措施的处理。

16.7.3 由于民用建筑工程的总图规划要求较高，室外广播线路一般采用埋地敷设为主，条文主要提出对埋地敷设线路的几项规定。

民用建筑的室外广播线路，只有在总图规划允许时，方可架空设置。架空线路应考虑与路灯照明线路合杆架设，此时，广播线路宜采用电力控制用电缆而不采用明线。

16.8 控制室

16.8.1 建筑物的类别、用途不同，广播控制室的设置位置也不同。

对饭店类建筑，提出将广播、电视合并设置控制室，是因它们的工作任务和制度相同，合并设置可节省用房、减少人员编制和便于更好的管理。

对其他建筑物来说，广播控制室的位置主要可根据工作和使用方便确定。

16.8.5 扩声控制室（简称声控室）的位置确定，也是设计中重要的一环，本条提出了一些位置方案。

剧院类建筑的声控室过去多数都设在舞台侧的2～3层耳光室位置。这个位置不是太理想，其理由如下：

1 不能全面观察到舞台，对调音控制不利；

2 对观众席的观察受限制，声控室的灯光等会对观众有干扰；

3 不能直接听到场内的实际效果；

4 往往与灯光位置矛盾及声控室的面积等受限制。因此近年来出现了将声控室设在观众厅后部，比较好地克服了上述缺点，当然也随之带来线路长的问题，但这可以从技术上得到解决。

16.8.6 扩声控制室内的设备布置原则，主要是避免工作人员为了操作或监视，需要频繁地离开座位或者频繁地起坐，因此要求将需要直接操作和监视的部分都设在操作人员的附近，在不离开座位的情况下迅速操作以提高效率。

本条建议将控制台（或调音台等）与观察窗垂直放置。其理由是使操作人员能尽量靠近观察窗，可直接在座位上通过观察窗较全面地进行观察。

16.8.7 在同声传译的设计中要处理好译音室的技术要求，特别要处理好观察窗的隔声要求和合理选择空调设备，并做好消声处理。

16.9 电源与接地

16.9.1 民用建筑的有线广播比较重要，因此对交流电源的基本要求是供电可靠。

由于建筑物的重要程度和当地供电条件不同，如何供电也是不同的。本条提出有线广播的供电方案宜与建筑物的供电级别相一致。

民用建筑照明电源的电压偏移值，在一般场所为±5%。广播系统设备接在照明变压器的低压配电系统上是能满足要求的，但应注意防止晶闸管调光设备的干扰影响。

16.9.3 广播终期设备是指规划终期的最大广播设备需要的容量，不包括广播控制室内非广播设备，如控制室内的空调、照明、电力等。

16.9.5 广播、扩声系统的接地有保护接地和功能接地两种。

保护接地可与交流电源有关设备外露可导电部分采取共用接地，以保障人身安全。

功能接地是将传声器线路的屏蔽层、调音台（或控制台）功放机柜等输入插孔接地点均接在一点处，形成一点接地。功能接地主要是解决有效地防止低频干扰问题。

17 呼应信号及信息显示

17.1 一般规定

17.1.2 本条对本章涉及的“呼应信号及信息显示”装置的内容加以定义限制，是将其作为建筑物的设施或附属设施来设置，目的是区别于一般意义上的呼应信号及信息显示。

17.2 呼应信号系统设计

17.2.2 医院病房护理呼应信号系统

第2款 本款有下列两层含义：

①“按护理区及医护责任体系”是划分子系统（信号管理单元）应遵循的基本原则，也是使系统实用、好用、便于管理的基本保证；

②各子系统（信号管理单元）可以是非联网独立工作的，也可将各子系统联网组成医院护理呼应信号系统，便于总值班掌握各护理区、科室病房的护理服务情况及资源调配。

工程中可根据实际需求确定组成方案。

第3款第1项 强调接受呼叫在时间上的不间断和位置上的准确。“显示床位号或房间号”，并非一定显示字符，也可以模拟盘显示呼叫位置。工程中可根据实际情况选择显示形式。

第3款第2项 所有提示方式的设置，都是为便于医护人员迅速、准确、直观地找到呼叫位置。如病房门口的光提示和走廊提示显示屏，都具有防止医护人员匆忙中遗漏、遗忘患者地址及返回护士站途中接受新的患者呼叫的功能。

第3款第5项　紧急呼叫是指既有优先呼叫权，又有特殊提示方式。

第3款第6项　对具体工程而言，呼叫提示信号的解除装置应设于病房或病床呼叫分机处，医护人员作临床处置，同时将提示信号解除，否则呼叫提示信号将持续保留。护士站不能远程解除呼叫，除非系统关机。

第3款第7项　根据医院建筑设计实践，对病房呼应信号系统是否应具备对讲功能，观点存在分歧。赞成具备对讲功能的观点认为，有了对讲功能，加强了护—患之间的沟通，便于医护人员了解患者的需求及临床情况，使得医疗服务更具针对性，快速、高效，有的呼叫，可以不到现场就可以解决，提高了对整个护理区的工作效率。不赞成具备对讲功能的观点认为，有了对讲功能，有事没事，事大事小成天呼叫不断，有可能影响对真正需要救治的患者的服务，系统投资多，效果还不好。关于“效率”和“服务”的分歧，根本上还是管理和基于管理的营运问题。设计上应根据实际情况向建设方提出建议并按建设方决定的方案执行。

第3款第8项　本项是对第6项解除呼叫方式规定的除外情况。

17.2.3　医院候诊呼应信号系统

第1款　门诊量较大医院的候诊室、检验室、药局、出入院手续办理处，因等候患者多、求诊求药心切，患者局部集中，不利于医疗秩序的管理。候诊、取药等呼应信号因其告示范围相对较大，排序原则公开，便于形成较好的候诊、取药秩序。

第3款第6项　“有特殊医疗工艺要求科室”是指某些检验室、放射科室等。

17.2.4　根据大型医院、中心医院的危、急、疑、难症患者多，会诊多的特点，宜设医护人员寻叫呼应信号。条文中所述“寻叫呼应信号”指有线系统，其造价较低但具有传呼性质。有条件的医院可设置呼叫更迅速、准确的无线系统。

17.2.5　本次修订将无线呼应系统的主要内容归入本规范第20.5节中，本条从应用场所方面提出要求。

17.3　信息显示系统设计

17.3.2　根据使用要求，在充分衡量各类显示器件及显示方案的光和电技术指标、环境适应条件等因素的基础上确定屏面显示方案，是信息显示装置设计的重要工作之一。

信息显示装置可有如下分类：

1　按显示器件可分为：阴极射线管显示(CRT)、真空荧光显示(VFD)、等离子体显示(PDP)、液晶显示(LCD)、发光二极管显示(LED)、电致发光显示(ELD)、场致发光显示(FED)、白炽灯显示、磁翻转显示等；

2　按显示色彩可分为：单色、双基色、三基色(全彩色)；

3　按显示信息可分为：图文显示屏、视频显示屏；

4　按显示方式可分为：主动光显示、被动光显示；

5　按使用场所可分为：室内显示屏、室外显示屏；

6　按技术要求的高低可分为(主要用于LED屏)：

A级——一般显示屏应达到的基本指标；

B级——指标高于A级，目前国内现有技术可以实现的较高指标；

C级——指标高于A级和B级，其中，部分指标是目前国际先进技术和工艺可以实现的最高指标。

目前信息显示领域对显示器件的要求主要集中在四个方面：大屏幕、高分辨率及高清晰度、低功耗、低成本。当前工程中所采用的显示装置主要有以下三类：

1　LED显示屏

LED以其体积小、响应速度快、寿命长、可靠性高、功耗低、易与IC相匹配、可在低电平下工作、易实现固化等优点而广泛受到显示领域的重视。近年来，蓝色LED的开发成功及价格的大幅下降，使LED全彩屏有了很大发展。高亮度LED不断完善，满足了室外全天候显示的需要。

我国LED显示屏产品的技术水平可与国外同类产品抗衡，部分技术还领先于国外。在我国大屏幕显示领域，LED显示屏几乎是一统天下，而国内产品的市场份额几乎是100%(但产品生产制造工艺水平与国外尚有较大差距)。

2　PDP、LCD显示器件

近年来，国外在等离子体显示(PDP)、液晶显示(LCD)的全彩色、高亮度、高对比度方面的研究进展很快，PDP对比度可达300∶1，亮度可达700cd/m^2。PDP、LCD具有较大发展潜力，业内应给予足够关注。

17.3.3　本条是对确定显示屏屏面规格设计要素的规定。在这个设计环节上，要合理确定显示屏有效显示区域的尺寸，确定显示区域内构成显示矩阵的像素点的数量及像素点径的大小。屏面规格设置要保证在设计视距(即有效视距)远端的观众能看清满屏最大文字容量情况下的每个字(构成笔画)，并兼顾呈现在有效视距近端观众面前的视频图像不是由一个个清晰的像素点阵构成的。即达到文字要看得清，图像要看得好。二者的统一是矛盾的、是相互制约的。这是信息显示装置设计的难点。

1 怎么样才能看得清。理论上认为，人的标准视力对视物的分辨与距离无关，与视角有关，达到或超过这个视角，人就看得清，分辨得了。一般认为，人的标准视力对物体的可分辨视角为1′。在工程上，考虑到视认群体视力呈非标准分布，可分辨视角可取为2′左右。具体到显示屏设计上，显示屏的最小可分辨细节就是像素点，它体现在像素点的点径或者说体现在两像素点的间距上。如果说，屏幕像素点不允许很多，组字的笔画要由单排、单列或单点像素构成，那么，设计就必须保证使视认群体在有效视距的远端能够可靠地分辨各像素点，否则，就无法看清文字。

2 怎么样才能看得好。图文屏和视频屏对所分别显示的文字、图像的细节在分辨率的要求上是不同的。图文屏要求对组字笔画要辨别清楚甚至笔锋毕现，对细节的分辨率要求较高。视频屏追求质感，如油画效果。近看豆腐渣，远看一朵花，它往往强调图像的整体效果，希望屏幕最小可分辨细节不是单个像素点而是大团的像素点阵。信息显示装置的显示屏通常尺寸较大，由于受造价的限制，不可能把它做成像电视屏幕那样具有几十万个像素点，工程中，几千点和几万点像素的显示屏比比皆是。在设计中，为使有限的像素有效地完成信息传送，组成显示屏的各像素点的矩阵排列及矩阵中各像素点间的距离尤其要处理得当。一般地说，由于信息显示屏大场合远视距的应用特点，在大幅降低图像组成像素的情况下，还是能取得较令人满意的图像效果的。

图文显示屏屏面尺寸通常可按下列步骤确定。首先确定基本组字矩阵。然后根据视认距离和分辨率确定像素点间距，即确定基本文字规格。根据显示文字的排列及满屏最大文字容量，框算显示屏面尺寸。再根据其他制衡因素进行综合调整，最后确定组成屏面的像素点和屏面尺寸。

在处理多功能显示屏的分辨率问题上，必要时可牺牲一部分图像显示的质量要求，否则，就得大量增加像素数量。如果投入资金不受限制，则另当别论。

17.3.4 采用文字单行左移或多行上移显示方式时，文字移动速度宜以中等文化水准读者的阅读速度为参考基点。

17.3.5 设计对显示方案的技术要求

第1款 显示装置的光学性能包括分辨率、亮度、对比度、白场色温、闪烁、视角、组字、均匀性等指标；

①分辨率（视觉分辨率）：医学上用“最小视角”来衡量人的视觉分辨能力，通常认为最小可分辨视角为1′，称为“一分视角”。

在大屏幕显示领域，认为最小可分辨视角为“一分视角”仍嫌稍小，应放大到2′左右，其原因：a. 对观众群体，应强调大多数人的视力而不应强调人的标准视力；b. 事实上存在着由于散射引入的光学效应；c. 在动态显示中，不可能给观众以较长的辨认时间，尤其是文字细节。

视觉分辨率决定着显示矩阵中任意两个基本信元（即独立像素）间的距离，是非常重要的基础指标。

②亮度：由于显示屏使用环境的照度不同，要求主动光显示屏的最大亮度也不同。目前有关规范和检测标准均未对显示屏最大亮度指标作明确规定，而以合同双方约定的最大亮度指标作为验收依据。

③对比度：对比度是信息显示装置一项很重要的光学性能参数，显示系统正是通过规定的信息元的明暗对比来组合信息内容的。

由研究资料可知，人对亮度变化的察觉最小可达1%，但这个最小值受实验条件限制。对于实际应用来说，认为可接受的最小值约为3%，即等价于对比度1.03。为了可靠辨别，对比度应取8～10或更高。

显示屏的最高对比度是一项非常重要的光学性能指标，它不仅反映了显示屏的亮度状况，更反映了环境照度对显示屏亮度的影响状况。目前有关规范和检测标准均未对显示屏最高对比度作明确规定，而应以合同双方约定的对比度指标作为验收依据。

④白场色温：白场色温是全彩屏的重要指标。在用户没有特殊要求的情况下，推荐白场色温在6500～9500K。LED屏的白场色温 T_c 分为A、B、C三级，见表17-1。

表17-1 LED显示屏白场色温 T_c 分级

指标	A级	B级	C级
白场色温 T_c (K)	$5000 \leqslant T_c \leqslant 5500$	$5500 < T_c \leqslant 6000$	$6000 < T_c \leqslant 10000$

⑤闪烁：当亮度变化的速率低于能消除感觉亮度变化的眼睛累积能力的最低更新速率时，观看者就能察觉到亮度上的变化，这个察觉出的亮度变化，就是闪烁。

⑥视角：有水平视角和垂直视角之分。由于显示屏用途不同，要求显示屏的视角也各不相同。目前有关规范和检测标准均未对显示屏规定最小视角。应以合同双方约定的视角作为验收依据。

⑦组字：在应用中，以像素矩阵组成数字、字母、汉字字符。设计中，应对数字、字母、汉字最小组字单元有所规定。数字、字母最小基本组字单元选择5×5或5×7等，汉字最小基本单元选择16×16或24×24等。组字单元的确定是显示屏总像素构成的最基本依据。

⑧均匀性：包括像素光强均匀性、显示矩阵块亮度均匀性和模组亮度均匀性。

LED 显示屏根据均匀性误差范围共分 A、B、C 三级，见表 17-2。

表 17-2　LED 显示屏均匀性分级

指标	A 级	B 级	C 级
像素光强均匀性 A	$25\%<A\leqslant50\%$	$5\%<A\leqslant25\%$	$A\leqslant5\%$
显示矩阵块亮度均匀性 A_{m1}	$25\%<A_{\mathrm{m1}}\leqslant50\%$	$10\%<A_{\mathrm{m1}}\leqslant30\%$	$A_{\mathrm{m1}}\leqslant10\%$
模组亮度均匀性 A_{m^2}	$10\%<A_{\mathrm{m}^2}\leqslant20\%$	$5\%<A_{\mathrm{m}^2}\leqslant10\%$	$A_{\mathrm{m}^2}\leqslant5\%$

使用显示矩阵块的显示屏只考虑显示矩阵块亮度均匀性（A_{m1}），不考虑模组亮度均匀性（A_{m^2}）。

第 2 款　显示装置的电性能包括最大换帧频率、刷新频率、灰度等级、信噪比、像素失控率、伴音功率和耗电指标等。

对 LED 显示屏电性能技术要求的分级见表 17-3。

表 17-3　LED 显示屏电性能分级

指标			A 级	B 级	C 级
最大换帧频率 P_{H}（Hz）			$P_{\mathrm{H}}<25$	$25\leqslant P_{\mathrm{H}}<50$	$50\leqslant P_{\mathrm{H}}$
刷新频率 P_{S}（Hz）			$50\leqslant P_{\mathrm{S}}<100$	$100\leqslant P_{\mathrm{S}}<150$	$150\leqslant P_{\mathrm{S}}$
亮度变化率 B_{L}（%）	静态驱动		$9<B_{\mathrm{L}}\leqslant15$	$3<B_{\mathrm{L}}\leqslant9$	$B_{\mathrm{L}}\leqslant3$
	动态驱动		$20<B_{\mathrm{L}}\leqslant35$	$7<B_{\mathrm{L}}\leqslant20$	$B_{\mathrm{L}}\leqslant7$
信噪比 S/N（dB）			$35\leqslant S/N<43$	$43\leqslant S/N<47$	$47\leqslant S/N$
像素失控率	室内	整屏像素失控率 P_{Z}	$\frac{2}{10^4}<P_{\mathrm{Z}}\leqslant\frac{3}{10^4}$	$\frac{1}{10^4}<P_{\mathrm{Z}}\leqslant\frac{2}{10^4}$	$P_{\mathrm{Z}}\leqslant\frac{1}{10^4}$
		区域像素失控率 P_{Q}	$\frac{6}{10^4}<P_{\mathrm{Q}}\leqslant\frac{9}{10^4}$	$\frac{3}{10^4}<P_{\mathrm{Q}}\leqslant\frac{6}{10^4}$	$P_{\mathrm{Q}}\leqslant\frac{3}{10^4}$
	室外	整屏像素失控率 P_{Z}	$\frac{4}{10^4}<P_{\mathrm{Z}}\leqslant\frac{2}{10^3}$	$\frac{1}{10^4}<P_{\mathrm{Z}}\leqslant\frac{4}{10^4}$	$P_{\mathrm{Z}}\leqslant\frac{1}{10^4}$
		区域像素失控率 P_{Q}	$\frac{12}{10^4}<P_{\mathrm{Q}}\leqslant\frac{6}{10^3}$	$\frac{3}{10^4}<P_{\mathrm{Q}}\leqslant\frac{12}{10^4}$	$P_{\mathrm{Q}}\leqslant\frac{3}{10^4}$

灰度等级 HB：标定灰度等级 HB 分为无灰度（1 bit 技术）、4 级（2 bit 技术）、8 级（3 bit 技术）、16 级（4 bit 技术）、32 级（5 bit 技术）、64 级（6 bit 技术）、128 级（7 bit 技术）、256 级（8 bit 技术）共八级。在任何一种级别中，亮度随灰度级数的上升，应呈现单调上升。

第 3 款　环境条件包括照度、温度、相对湿度和气体腐蚀性：

①环境照度：对于主动光显示方案来说，环境照度过高，会使显示对比度降低，当对比度不能达到 8～10 时，会破坏显示屏的信息显示效果。因此对丁主动光显示方案来说，除了强调显示器件自身的亮度外，还应对环境照度上限提出限制要求。相反，对于被动光显示方案，如果环境照度过低，会缩短有效视看距离，影响显示效果，设计应对环境照度的下限提出要求。

②温度、相对湿度及气体腐蚀性：不同的显示方案对环境的适应情况有所不同，应针对环境选取显示方案。

第 4 款　显示屏的机械结构性能包括外壳防护等级、模组拼接精度：

①外壳防护等级 F：室内显示屏外壳防护等级 F_{N} 和室外显示屏外壳防护等级 F_{W} 各分为 A、B、C 三级，见表 17-4；

表 17-4　显示屏外壳防护等级分级

指　标	A 级	B 级	C 级
室内显示屏外壳防护等级 F_{N}	$\mathrm{IP20}\leqslant F_{\mathrm{N}}<\mathrm{IP30}$	$\mathrm{IP30}\leqslant F_{\mathrm{N}}<\mathrm{IP31}$	$\mathrm{IP31}\leqslant F_{\mathrm{N}}$
室外显示屏外壳防护等级 F_{W}	$\mathrm{IP33}\leqslant F_{\mathrm{W}}<\mathrm{IP54}$	$\mathrm{IP54}\leqslant F_{\mathrm{W}}<\mathrm{IP66}$	$\mathrm{IP66}\leqslant F_{\mathrm{W}}$

②模组拼接精度：模组在拼接过程中存在着一定的拼接误差，造成显示屏平整度下降，像素间距改变，水平和垂直方向错位等四方面问题。

LED 显示屏对模组拼接精度分为 A、B、C 三级，见表 17-5。

表 17-5　LED 显示屏模组拼接精度分级

指标		A 级	B 级	C 级
模组拼接精度	平整度 P（mm）	$1.5<P\leqslant2.5$	$0.5<P\leqslant1.5$	$P\leqslant0.5$
	像素中心距精度 J_{X}（%）	$10<J_{\mathrm{X}}\leqslant15$	$5<J_{\mathrm{X}}\leqslant10$	$J_{\mathrm{X}}\leqslant5$
	水平错位精度 C_{S}（%）	$10<C_{\mathrm{S}}\leqslant15$	$5<C_{\mathrm{S}}\leqslant10$	$C_{\mathrm{S}}\leqslant5$
	垂直错位精度 C_{C}（%）	$10<C_{\mathrm{C}}\leqslant15$	$5<C_{\mathrm{C}}\leqslant10$	$C_{\mathrm{C}}\leqslant5$

17.3.7　所列体育公告内容，是公告的待选或待组合的内容。设计中，应使公告表格能按照裁判规则容纳公告内容。在做队名显示时，要考虑多字数的队名。

对公告每幅显示容量规定：每幅最低应能显示不少于 3 个道次（名次）的运动员情况，每幅若能显示 8 个道次（名次），则认为容量已满足使用要求。

17.3.9　由于实时计时数字显示直接面对观众，具有成绩发布性质，因此，计时精确度必须符合裁判要求，并须经裁判认可，否则，不可以做大屏幕实时计时显示。

17.3.12 体育场和体育馆除设有大型固定式计时记分显示装置外，还应配置一定数量的移动式小型记分显示装置，以适应小场地比赛使用需求。

体育场田赛场地可按单项比赛设移动式小型记分显示装置，一般同时进行的比赛不超过六个单项。

体育馆体操比赛场地也宜按单项比赛设移动式小型记分显示装置，一般同时进行的比赛不超过四个单项。

17.4 信息显示装置的控制

17.4.2 清屏功能用于阻止屏幕显示及屏幕发生逻辑混乱时。

17.4.3 对比度的取得与显示装置所处环境亮度有关，环境亮度越高，对比度取值应越大。适合于日场显示的对比度，在夜场时会因明暗对比过分强烈而影响视看。

17.4.4 交通港站运营时刻表当采用信息显示屏数页翻屏显示时，应保证每一页发布的信息有足够的停留时间，给旅客查询车（班）次、斟酌需求、记录数据的空档。另外，页数过多，导致循环周期过长，不符合该场所迅速、高效的特点，应分类设屏合理规划每页发布的信息容量，页数控制在3页左右。一个在特定场所使用的显示屏，如果技术指标完全合格而设置和控制不合理，也不会是成功的实例。

17.4.5 为保证体育成绩的发布控制程序符合比赛裁判规则，显示装置的计算机控制网络，应以计权接口方式与有关裁判席接通。“计权”的级别，应与裁判规则的规定一致，以保证发布成绩的有效性。

17.4.6 “任意预置”的含义指：可以正计时、倒计时及特定比赛时段的特殊钟形等。

17.5 时钟系统

17.5.1 对有时间统一和准确要求的企事业单位，应设置时钟系统。系统组成的规模和形式可按需求决定。虽然目前分立石英钟使用已较普及且月误差可小于2s左右，但设置时钟系统便于维护与管理。

17.5.3 对有设置或准备设置分立石英钟作显示钟的企事业单位，当有组成时钟系统要求时，可采用由母钟向分立石英钟发校正信号方式组成系统，以完成系统准确又统一的计时要求。

鉴于目前生产分立石英钟厂家不少，而生产为分立石英钟配套系统的定型设备却很少，同时也鉴于目前分立时钟的应用也日趋普及的趋势，此条有必要提出作为一种设计方法，一种应用情况供设计人员灵活掌握、处理。

17.5.4 母钟站站址主要应按建设单位的要求并综合维护与管理的方便确定，并应考虑母钟站所需机房面积较少，宜与其他通信设施放在一起或设在相邻位置的可能性。

17.5.6 由于时钟系统配线需要的线对数较少，且与通信网络及低电压广播线路同属低压电通信线路，一般可采用综合线路网传输。

17.5.7 为了减少复接的线对中某些线对产生故障影响了整个复接着的子钟正常运转，故复接的子钟线对不宜太多。在同一路由上有较多的子钟线对时，一般常分为数个分支进行复接，每个分支回路以不超过4面单面子钟为宜。

在距母钟较远、子钟数量较多时，为了节省投资及减少有色金属的消耗，根据具体情况也可考虑设立电钟转送设备。

17.6 设备选择、线路敷设及机房

17.6.4 本规定旨在从设备的精确度方面保证在比赛中创造的成绩为国际体育组织所承认。

17.6.5 由于组成信息显示装置显示屏的像素点数量有限，每个像素点的作用尤其显得重要，因此对屏面出现的失控点应及时维修、更换。在屏体构造设计时，应充分考虑这一因素。

17.6.9 在显示装置主控室应能直接或间接观察到显示屏的工作状态，便于控制和意外情况的处置。

17.7 供电、防雷及接地

17.7.4 时钟设备多是用24V的直流电源工作的。确定母钟站电源的供电方式除了要考虑安全可靠，还要照顾经济合理和维护方便，并结合其他电信设备的站址布局看是否能合用电源，因时钟系统的耗电量较小，接地系统一般也不单设。

17.7.5 根据考察，多数时钟设备要求时钟系统每一分钟最大负载电流为0.5A，故定此0.5A数据为极限分路负载电流数据。

17.7.6 直流馈电线的总电压损失，即自蓄电池经直流配电盘、控制屏至配线架出线端全程电压损失，对于24V电源，一般取0.8～1.2V。为保证子钟正常工作电压18～24V，考虑线路上允许一定量的电压降和蓄电池组放电电压等诸多因素，这里仅取下限值。

17.7.9 同步显示屏如两接地系统处理不一致，易造成显示的逻辑误差、计时不同步等问题。

18 建筑设备监控系统

18.1 一般规定

18.1.1 通常认为，智能建筑包含三大基本组成要素：即建筑设备自动化系统BAS（building automation system）、通信网络系统CNS（communication network system）和信息网络系统INS（information network system）。

建筑设备自动化系统的含义是将建筑物或建筑群内的空调、电力、照明、给水排水、运输、防灾、保安等设备以集中监视和管理为目的，构成一个综合系统。一般是一个分布控制系统，即分散控制与集中监视、管理的计算机控制网络。在国外早期（20世纪70年代末）一般称之为“building automation system”，简称“BAS”或“BA系统”，国内早期一般译为建筑物自动化系统或楼宇自动化系统，现在称为建筑设备自动化系统。

BA系统按工作范围有两种定义方法，即广义的BAS和狭义的BAS。广义的BAS即建筑设备自动化系统，它包括建筑设备监控系统、火灾自动报警系统和安全防范系统；狭义的BAS即建筑设备监控系统，它不包括火灾自动报警系统和安全防范系统。从使用方便的角度，可将狭义二字去掉，简称建筑设备监控系统为“BAS”。

18.1.2 建筑设备监控系统的控制对象涉及面很广，很难有一个厂家的相关产品都是性价比最高的。因此，系统由多家产品组成时就存在一个产品开放性的问题。

18.1.4 在确定建筑设备监控系统网络结构、通信方式及控制问题时，系统规模的大小是需要考虑的主要因素之一。因此，不同厂家的集散型计算机控制系统产品说明或综述介绍中，大多数都涉及规模划分问题，其共同点是以监控点的数量作为划分的依据。但是各厂家都是根据各自产品的应用条件来描述规模大小的，有关大小的数量规定差异很大。由上述情况可以看出，表18.1.4的意义在于给出一个明确的量化标准，为后续条款的相关规定提供前提，而不在于其具体的量化值。

18.2 建筑设备监控系统网络结构

18.2.1 目前，BAS的系统结构仍以集散型计算机控制系统DCS结构为主。DCS的通信网络为多层结构，其中分为三层，即管理网络层、控制网络层、现场设备层，并与Web商业活动结合在一起的系统，预计在今后若干年仍将占主导地位。

分布控制系统的主旨是监督、管理和操作集中，控制分散（即危险分散）。由此看来，控制网络层并非必不可少的。目前很多厂家（特别是一些国内厂家）的产品已经只包括管理网络层和现场设备层，网络结构层次的减少可降低造价并简化设计、安装和管理。

18.2.2 如前所述，DCS的通信网络通常采用多层次的结构。各个层次网络之间，甚至同层次网络之间，往往在地域上比较分散且可能不是同构的，因此需要用网络接口设备把它们互联起来。网络接口设备通常包括四种：中继器、网桥、路由器和网关。

网络互联从通信模型的角度也可分为几个层次，在不同的协议层互联就必须选择不同层次的互联设备：中继器通过复制位信号延伸网段长度，中继器仅在网络的物理层起作用，通过中继器连接在一起的两个网段实际上是一个网段；网桥是存储转发设备，用来在数据链路层次上连接同一类型的局域网，可在局域网之间存储或转发数据帧；路由器工作在物理层、数据链路层和网络层，在网络层使用路由器在不同网络间存储转发分组信号；在传输层及传输层以上，使用网关进行协议转换，提供更高层次的接口，用以实现不同通信协议的网络之间、包括使用不同网络操作系统的网络之间的互联。

18.3 管理网络层（中央管理工作站）

18.3.2 现在许多新型系统的操作站主机就是普通PC机，采用Windows NT或Windows2003操作系统，以太网卡插在PC内。在这种情况下，如果操作站的台数比较多，采用客户机/服务器的方式比较合适，一台或多台计算机作为服务器使用，为网络提供资源，其他计算机是客户机（操作站），使用服务器提供的资源。通常服务器和客户机之间可以采用ARCNet、EtherNet连接，但是用以太网连接的比较多。ARCNet、EtherNet所使用的电缆不能互换。EtherNet有较多的网络适配器、网络交换机可供选择，更为重要的是价格便宜。

管理网络层采用EtherNet与TCP/IP通信协议结合的Internet互联方式，也为构成建筑管理系统（BMS）与建筑集成管理系统（IBMS）提供了便利条件。BAS也可在Internet互联的基础上组建一个BACnet网络，从而将各厂商的楼宇自控设备集成为一个高效、统一和具有竞争力的控制网络系统。浏览器/Web服务器也可以在Internet互联的基础上登录、监控现场的实时数据及报警信息，从而实现远程的监视与控制。

18.3.3 当多个建筑设备监控系统采用DSA分布服务器结构时，整个系统成为一个统一的网络，每个建筑设备监控系统的操作站均可以监控整个网络。但是每个建筑设备监控系统服务器的总监控点数不应超过该服务器最大的监控点数。

18.3.4 交换式集线器也称为以太网交换器，以其为核心设备连接站点或者网段。10BASE-T/100BASE-T系统的网络拓扑结构原来要求为共享型以太网及以100BASE-T集线器为中心的星形以太网，10BASE-T/100BASE-T系统使用以太网交换器后，就构成了交换型以太网。在交换型以太网中，交换器的各端口之间同时可以形成多个数据通道，端口之间帧的输入和输出已不再受到媒体访问控制协议CSMA/CD的约束。在交换器上存在的若干数据通道，可以同时存在于站与站、站与网段或者网段与网段之间。既然已不受CSMA/CD的约束，在交换器内又可同时存在多条通道，那么系统总带宽就不再是只有 10Mbps（10BASE-T 环境）或 100Mbps（100BASE-T 环境），而是与交换器所具有的端口数有关。可以认为，若每个端口为 10Mbps，则整个系统带宽可达 10nMbps，其中 n 为端口数。

交换型以太网与共享型以太网比较有以下优点：

1 每个端口上可以连接站点，也可以连接一个网段，均独占 10Mbps（或 100Mbps）；

2 系统最大带宽可以达到端口带宽的 n 倍，其中 n 为端口数；

3 交换器连接了多个网段，网段上运作都是独立的，被隔离的；

4 被交换器隔离的独立网段上数据流信息不会在其他端口上广播，具有一定的数据安全性；

5 若端口支持全双工传输方式，则端口上媒体的长度不受 CSMA/CD 制约，可以延伸距离；

6 交换器工作时，实际上允许多组端口间的通道同时工作，它的功能就不仅仅包括一个网桥的功能，而是可以认为具有多个网桥的功能。

18.4 控制网络层（分站）

18.4.2 简单地说，网络是由自主实体（节点）和它们之间相互连接的方式所组成。其中，自主实体（节点）是指能够在网络环境之外独立活动的实体，而网络互联方式决定了自主实体间功能协调的紧密程度。互操作是高等级的网络互联方式，体现了自主实体间在控制功能层次上协调动作的紧密性。

在自动控制网络中，自主实体的互操作主要体现在自主实体对交换信息中用户数据语义进行解释，并产生相应的行为和动作。因此，要实现完全自主实体进行的互操作，自控网络的通信协议不仅要定义与信息网络通信协议有关的内容，还要定义自主实体通信功能之外的互操作内容。

基本计算机的楼宇设备功能可以分为通信功能和楼宇功能两部分。通信功能是指楼宇设备在楼宇自控网络上的收发信息功能，只与通信过程有关。楼宇功能是指楼宇设备对建筑及其环境所起作用的功能，这是楼宇设备的本质功能。BACnet 是专用于楼宇自控领域的数据通信协议，其目标是将不同厂商、不同功能的产品集成在一个系统中，并实现各厂商设备的互操作，而 BACnet 就可以看作是实现楼宇设备通信功能和楼宇功能互操作的一个系列规划或规程，为所有楼宇设备提供互操作的通用接口或“语言”。

BACnet 标准“借用”了 5 种性能/价格比不同的通信网络作为通信工具以实现其通信功能。BACnet 标准之所以借用已有的通信网络，一方面可以避免重新开发新通信网络的技术风险，另一方面利用已有的通信网络可以使之更好的应用和扩展，不同的选择可以使 BACnet 网络具有合理的投资，从而降低成本。

18.4.4 DDC 控制器和 PLC 控制器虽然都能完成控制功能，但两者还是有一些差别。DDC 控制器比较适用于以模拟量为主的过程控制，PLC 控制器比较适用于以开关量控制为主的工厂自动化控制。由于民用建筑的环境控制（冷热源系统、暖通空调系统等）主要是过程控制，所以除有特殊要求外，建议采用 DDC 控制器。

18.4.7 控制网络层可由多条并行工作的通信总线组成，其中每条通信总线与管理网络通信的监控点数（硬件点）一般不小于 500 点，每条通信总线长度（不加中继器）不小于 500m，控制器（分站）可与中央管理工作站进行通信，且每条通信总线连接的控制器数量不超过 64 台，加中继器后，不超过 127 台。

18.5 现场网络层

18.5.2 Meter Bus 主要用于冷量、热量、电量、燃气、自来水等的消耗计量。能耗数据纳入建筑设备监控系统，是建筑物节能管理的重要手段。

Modbus 最初由 Modicon 公司开发，协议支持传统的 RS-232、RS-422、RS-485 和以太网设备。Modbus 协议可以方便地在各种网络体系结构内进行通信，各种设备（PLC、控制面板、变频器、I/O 设备）都能使用 Modbus 协议来启动远程操作，同样的通信能够在串行链路和 TCP/IP 以太网络上进行，而网关则能够实现各种使用 Modbus 协议的总线或网络之间的通信。

18.5.3 与控制器（分站）一般为模块化结构不同，微控制器、智能现场仪表、分布式智能输入输出模块均为嵌入式系统网络化现场设备。

18.5.6 当分站为模块化结构的控制器时，其输入输出模块可分为两类，一类是集中式，即控制器各输入输出模块和 CPU 模块等安装在同一箱体中，另外一类是分布式，把这些输入输出模块分布在不同的地方，使用现场总线连接在一起以后，与控制器 CPU 模块连通工作。可以把两类模块混合在一个分站中组成应用，也可分别单独应用。

18.6 建筑设备监控系统的软件

18.6.2 不同的两个应用软件之间的数据交换目前有几种不同的方法，它们分别是：

1 应用编程接口（API）——通过访问 DLL（Dynamic linking library）或 Active X，以语言中的变量形式交换数据；

2 开放数据库连接（ODBC）——适用于与关系数据库交换数据，它是用 SQL 语言来编写的，对其他场合不适用；

3 微软的动态数据交换（DDE）——应用比较方便，但这是针对交换的数据比较少的场合；

4 OPC——它采用 COM、DCOM 的技术，是目

前DCS的人机界面数据交换的主要手段。下面介绍这种方法：

OPC是一套基于Windows操作平台的应用程序之间提供高效的信息集成和交互功能的接口标准，采用客户/服务器模式。OPC服务器是数据的供应方，负责为OPC客户提供所需的数据；OPC客户是数据的使用方，处理OPC服务器提供的数据。

在OPC之前，不同的厂商已经提供了大量独立的硬件和与之配套的客户端软件。为了达到不同硬件和软件之间的兼容，通常的做法是针对不同的硬件开发不同的驱动程序，但由于客户端使用的协议不同，想要开发一个兼容所有客户软件的高效的驱动程序是不可能的。这导致了以下问题：

1 重复开发：必须针对不同的硬件重复开发驱动程序；

2 设备不可互换：由于不同硬件的驱动程序与客户端的接口协议不同；

3 无互操作性：一个控制系统只能操作某个厂商的硬件设备；

4 升级困难：硬件的升级有可能导致某些驱动程序产生错误。

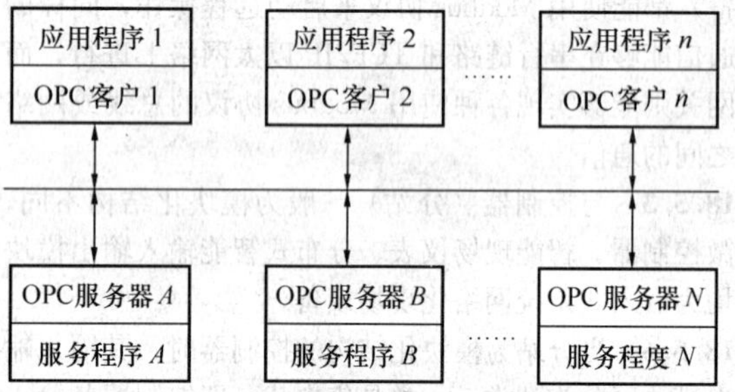

图18-1 OPC接口集成不同制造商的部件

为解决以上问题，让控制系统和人机界面软件能充分运用PC机的各种资源，完成控制现场与计算机之间的信息传递，需要在它们之间建立通道，而OPC正是基于这种目的而开发的一种接口标准，如图18-1所示。使用OPC可以比较方便地把由不同制造商提供的驱动或服务程序与应用程序集成在一起。软硬件制造商、用户都可以从OPC的解决方案中获得益处。OPC的作用就是在控制软件中，为不同类型的服务器与不同类型的客户搭建一座“桥梁”，通过这座桥梁，各客户/服务器间形成即插即用的简单规范的链接关系，不同的客户软件能够访问任意的数据源。从而，开发商可以将开发驱动服务程序的大量人力与资金集中到对单一OPC接口的开发。同时，用户也不再需要讨论关于集成不同部件的接口问题，把精力集中到解决有关自动化功能的实现上。OPC技术的完善与推广，为实现智能建筑整个弱电系统的全面集成创造了良好的软件环境。

18.6.3 不通过中央主站，从一台设备到其他设备的通信方式称为对等式（peer to peer）通信。即使中央站出现故障，采用对等式通信的控制器仍能独立完成对所辖设备的控制。

18.6.4 智能传感器与智能执行器可直接双向传送数字信号，它们都内嵌有PID控制、逻辑运算、算术运算、积算等软件功能模块，用户可通过组态软件对这些功能模块进行任意调用，以实现过程参数的现场控制。使用智能仪表，回路控制功能能够不依赖控制器直接在现场完成，实现了真正的分散控制。而且智能仪表都安装在现场设备附近，这使得信号传输的距离大大缩短，回路的不稳定性降低，还可以节省控制室的空间。

18.7 现场仪表的选择

18.7.1 为满足控制过程的要求，传感器的选择本应同时考虑静态参数和动态参数。但考虑到建筑设备监控系统处理的控制过程响应时间通常比传感器响应时间大得多，本条中只提出影响最大的两项静态参数指标：精度和量程。测量（或传感器）精度必须高于要求的过程控制精度1个等级已为大家熟知，而测量精度同时取决于传感器精度和合适的量程这一点，却容易被忽略。

18.7.2 调节阀理想流量特性的选择是基于改善调节系统品质而确定的，即以调节阀的流量特性去补偿狭义控制过程的非线性特性，从而使广义控制过程近似为线性特性。

18.7.3 为使阀位定位准确和工作稳定，设计时注意选取的电动执行器应带信号反馈。

18.8 冷冻水及冷却水系统

18.8.1 由于冷水机组内部设备（电机、压缩机、蒸发器、冷凝器等）自动保护与控制均由机组自带的控制系统实现，本条主要着眼于冷冻水及冷却水系统的外部水路的参数监测与控制。

18.8.3 冰蓄冷是一种降低空调系统电费支出的技术，它并不一定节电，而是要合理利用峰谷电价差。冰蓄冷技术起源于欧美，主要为了平衡电网的昼夜峰谷差，在夜间电力低谷时段蓄冰设备蓄得冷量，在日间电力高峰时段释放其蓄得的冷量，减少电力高峰时段制冷设备的电力消耗。由于电力部门实行电力峰谷差价，使得用户可以节省一定的运行费用，也是电力网“削峰填谷”的最佳途径。我国从20世纪90年代开始推广这项技术，目前已有一些建成的工程项目。

18.8.4 热泵与制冷机均采用热机循环的逆循环（制冷循环），因而工作原理相同，但用途不同。制冷机从低温热源吸热，克服热负荷干扰，实现低温热源的制冷目的；热泵从低温热源吸热，并将该热量与制冷机作功产生的热量一起传给高温热源，实现高温热源的供热目的。由于热泵从低温热源传送给高温热源的能量大于作为热泵动力的输入能量，因此热泵具有节能意义。热泵的效率与低温热源和高温热源之间的温差有关，温差越小，热泵的效率越高。

水源热泵以水为低温热源，如地下水、地热水、江河湖水、工业废水等，其能效转化比可达到 4∶1，即消耗 1kW 的电能可以得到 4kW 的热量。与空气源热泵相比，水源热泵具有明显的优势。由于水源热泵的热源温度全年较为稳定，一般为 10～25℃，其制冷、制热系数可达 3.5～4.4，比空气源热泵高出 40%左右，其运行费用为普通中央空调的 50%～60%。因此，近年来，水源热泵空调系统在北美及中、北欧等国家取得了较快的发展，中国的水源热泵市场也日趋活跃，可以预计，该项技术将成为 21 世纪最有效的供热和供冷空调技术。

18.10 采暖通风及空气调节系统

18.10.3 串级调节在空调中适用于调节对象纯滞后大、时间常数大或局部扰量大的场合。在单回路控制系统中，所有干扰量统统包含在调节回路中，其影响都反映在室温对给定值的偏差上。但对于纯滞后比较大的系统，单回路 PID 控制的微分作用对克服扰量影响是无能为力的。这是因为在纯滞后的时间里，参数的变化速度等于零，微分单元没有输出变化，只有等室内给定值偏差出现后才能进行调节，结果使调节品质变坏。如果设一个副控制回路将空调系统的干扰源如室外温度的变化、新风量的变化、冷热水温度的变化等都纳入副控制回路，由于副控制回路对于这些干扰源有较快速的反应，通过主副回路的配合，将会获得较好的控制质量。其次，对调节对象时间常数大的系统，采用单回路的配合，将会获得较好的控制质量。其次，对调节对象时间常数大的系统，采用单回路系统不仅超调量大，而且过渡时间长，同样，合理的组成副回路可使超调量减小，过渡时间缩短。此外，如果系统中有变化剧烈，幅度较大的局部干扰时，系统就不易稳定，如果将这一局部干扰纳入副回路，则可大大增强系统的抗干扰能力。

串级调节系统主回路以回风温度作为主参数构成主环，副回路以送风温度作为副参数构成副环，以回风温度重调送风温度设定值，提高控制系统调节品质，满足精密空调的要求。

定风量系统（Constant Air Volume，简称 CAV）。定风量系统为空调机吹出的风量一定，以提供空调区域所需要的冷（暖）气。当空调区域负荷变动时，则以改变送风温度应付室内负荷，并达到维持室内温度于舒适区的要求。常用的中央空调系统为 AHU（空调机）与冷水管系统（FCU 系统）。这两者一般均以定风量（CAV）来供应空调区，为了应付室内部分负荷的变动，在 AHU 定风量系统以空调机的变温送风来处理，在一般 FCU 系统则以冷水阀 ON/OFF 控制来调节送风温度。

变风量系统（Varlable Air Volume，简称 VAV），即是空调机（AHU 或 FCU）可以调变风量。定风量系统为了应付室内部分负荷的变动，其 AHU 系统以空调机的变温送风来处理，其 FCU 系统则以冷水阀 ON/OFF 控制来调节送风温度。然而这两者在送风系统上浪费了大量能源。因为在长期低负荷时送风机亦均执行全风量运转而耗电，这不但不易维持稳定的室内温湿条件，也浪费大量的能源。变风量系统就是针对上述缺点而采取的节能对策。变风量系统可分为两种：一种为 AHU 风管系统中的空调机变风量系统（AHU—VAV 系统）；一种为 FCU 系统中的室内风机变风量系统（FCU—VAV 系统）。AHU—VAV 系统是在全风管系统中将送风温度固定，而以调节送风机送风量的方式来应付室内空调负荷的变动。FCU—VAV 系统则是将冷水供应量固定，而在室内 FCU 加装无段变功率控制器改变送风量，亦即改变 FCU 的热交换率来调节室内负荷变动。这两种方式透过风量的调整来减少送风机的耗电量，同时也可增加热源机器的运转效率而节约热源耗电，因此可在送风及热源两方面同时获得节能效果。

18.12 供配电系统

目前在国内，根据电力部门的要求，建筑设备监控系统对供配电系统，以系统和设备的运行监测为主，并辅以相应的事故、故障报警和开/关控制。

18.13 公共照明系统

公共照明系统的控制目前有两种方式。一种是由建筑设备监控系统对照明系统进行监控，监控系统中的 DDC 控制器对照明系统相关回路按时间程序进行开、关控制。系统中央站可显示照明系统运行状态，打印报警报告、系统运行报表等。

另一种方式是采用智能照明控制系统对建筑物内的各类照明进行控制和管理，并将智能照明系统与建筑设备监测系统进行联网，实现统一管理。智能照明控制系统具有多功能控制、节能、延长灯具寿命、简化布线、便于功能修改和提高管理水平等优点。

18.15 建筑设备监控系统节能设计

18.15.2 暖通空调系统能耗占现代建筑物总能耗的比重很大，而冷热源设备及其水系统的能耗又是暖通空调系统能耗的最主要部分。提高冷热源设备及其水系统的效率，对建筑节能的重要性不言而喻。在控制冷冻水泵、冷却水泵、冷却塔运行台数时，如果能配合这些设备的转速调节，节能效果会更好。当然，这会使系统设备投资增加，应在系统设计阶段作全面的评估与选择。

18.15.4 焓值控制是指在空调系统中利用新风和回风的焓值比较来控制新风量，以最大限度地节约能量。它是通过测量元件测得新风和回风的温度和湿度，在焓值比较器内进行比较，以确定新风的焓值大于还是小于回风的焓值，并结合新风的干球温度高于还是低于回风的干球温度，确定采用全部新风、最小新风或改变新风回风量的比例。

19 计算机网络系统

19.1 一 般 规 定

19.1.2 计算机网络系统的设计和配置

1 网络的根本是实现互相通信，一个网络中使用的软硬件产品可能由多家生产商提供，因此计算机网络系统中使用的软硬件标准应遵循国际标准，如国际标准化组织（ISO）的开放系统互联标准（OSI）、美国电气与电子工程师协会（IEEE）的局域网标准（IEEE 802.x）、Internet 工业标准传输控制/网络互联协议栈（TCP/IP）等；

2 网络标准的特性与组织：

标准定义了网络软硬件以下方面的物理和操作特性：个人计算机环境、网络和通信设备、操作系统、软件。目前计算机工业主要来自有数的几个组织，这些组织中的每一家定义了不同网络活动领域中的标准。

3 主要网络标准：

1）OSI 参考模型是网络最基本的规范。描述如表 19-1 所示。

表 19-1 OSI 参考模型

OSI 分层结构	各层主要功能与网络活动
7 应用层	应用层是 OSI 模型的最高层，该层的服务是直接支持用户应用程序，如用于文件传输、数据库访问和电子邮件的软件
6 表示层	表示层定义了在联网计算机之间交换信息的格式，可将其看作是网络的翻译器。表示层负责协议转换、数据格式翻译、数据加密、字符集的改变或转换；表示层还管理数据压缩
5 会话层	会话层负责管理不同的计算机之间的对话，它完成名称识别及其他两个应用程序网络通信所必需的功能，如安全性。会话层通过在数据流中设置检查点来提供用户间的同步服务
4 传输层	传输层确保在发送方与接收方计算机之间正确无误、按顺序、无丢失或无重复地传输数据包，并提供流量控制和错误处理功能
3 网络层	网络层负责处理消息并将逻辑地址翻译成物理地址，网络层还根据网络状况、服务优先级和其他条件决定数据的传输路径，它还管理网络中的数据流问题，如分组交换及路由和数据拥塞控制
2 数据链路层	1 负责将数据帧从网络层发送到物理层，它控制进出网络传输介质的电脉冲； 2 负责将数据帧通过物理层从一台计算机无差错地传输到另一台计算机
1 物理层	物理层是 OSI 模型的最底层，又称“硬件层”，其上各层的功能相对第一层也可被看作软件活动。 1 负责网络中计算机之间物理链路的建立，还负责运载由其上各层产生的数据信号； 2 定义了传输介质与 NIC 如何连接，如：定义了连接器有多少针以及每个针的作用，还定义了通过网络传输介质发送数据时所用的传输技术； 3 提供数据编码和位同步功能，因为不同的介质以不同的物理方式传输位，物理层定义每个脉冲周期以及每一位是如何转换成网络传输介质的电或光脉冲的

2）IEEE 802.x 主要标准参见表 19-2。

表 19-2 IEEE802.x 主要标准

规 范	描 述
802.1	与网络管理相关的网络标准
802.2	定义用于数据链路层的一般标准。IEEE 将该层分为两个子层：LLC 和 MAC 层，MAC 层随不同的网络类型而变化，它由 IEEE802.3、802.4、802.5 分别定义

续表 19-2

规　范	描　　述
802.3	定义使用带冲突检测的载波侦听多路访问的总线型网络的MAC层，这是一种传统的以太网标准，在802.3标准的基础上，近年又扩展出快速以太网和千兆位以太网标准： 1　802.3u：快速以太网标准，作为100Base-T4（4对3、4或5类UTP）、100BaseTX（2对5类UTP或STP）和100BaseFX（2股光缆）以太网的规范。 2　802.3ab：千兆位以太网标准，作为1000Base-T（4对5类UTP）以太网的规范。 3　802.3z：千兆位以太网标准，作为1000Base-LX（50μm或62.5μm多模光缆或9μm单模光缆）、1000Base-SX（50μm或62.5μm多模光缆）以太网的规范。 4　802.3ae：万兆以太网标准，作为10GBase-S、10GBase-L、10GBase-E、10GBase-LX4的规范。 5　802.3ak：万兆以太网标准，作为10GBase-CX4以太网的规范
802.4	定义使用令牌传送机制（令牌总线局域网）的总线型网络的MAC层
802.4	定义使用令牌环网络（令牌环局域网）的MAC层
802.9	定义集成语音/数据网络
802.10	定义网络安全性
802.11	定义无线网络标准
802.12	定义需求优先级访问局域网100BaseVG-AnyLAN
802.15	定义无线个人区域网（WPAN）
802.16	定义宽带无线标准

3）TCP/IP传输控制/网络互联协议栈。

传输控制协议/Internet协议（TCP/IP）是一种开放式工业标准的协议栈，它已经成为不同类型计算机（由完全不同的元件构成）间互相通信的网际协议标准。此外，TCP/IP还提供可路由的企业网络协议，可访问Internet及其资源。

Internet协议（IP）是一种包交换协议，它完成寻址和路由选择功能；传输控制协议（TCP）负责数据从某个节点到另一节点的可靠传输，它是一种基于连接的协议。由于TCP/IP的开发早于OSI模型的开发，它与七层OSI模型的各层不完全匹配，TCP/IP分为四层，各层的功能以及与OSI模型的对应关系参见表19-3。

表 19-3　TCP/IP 各层功能及与 OSI 模型的对应关系

TCP/IP分层	TCP/IP各层的功能	TCP/IP相当于OSI模型的分层
网络接口层	提供网络体系结构（如以太网、令牌环）和Internet层间的接口，可直接与网络进行通信	物理层和数据链路层
Internet层	使用几种协议用来路由和传输数据，工作于Internet层的协议有：网际协议（IP）、地址解析协议（ARP）、逆向解析协议（RARP）和Internet信报控制协议（ICMP）	网络层
传输层	负责建立和维护两台计算机之间端到端的通信，进行接收确认、流量控制和序列数据包。它还处理数据包的重新传输。传输层可根据传输要求使用TCP或UDP。TCP是基于连接的协议，UDP是一种无连接协议，UDP与TCP使用不同的端口，它们可使用相同的号码而不会发生冲突	传输层
应用层	应用层将应用程序连接到网络中。两种应用程序编程接口（API）提供对TCP/IP传输协议的访问：WinSock和NetBIOS	会话层、表示层和应用层

4　创建计算机网络系统时最常见的问题是硬件不兼容和软、硬件之间不兼容或升级后的软件与原有硬件不兼容，因此，兼容性是必须在设计之初就充分考虑的问题。

5　可扩展性是指软硬件的配置应留有适当的裕量，以适应未来网络用户增加的需要，如布线、集线器/交换机端口、机柜和软件容量等。

19.1.3　每个用户都有其特定的网络应用需求，只有对特定用户充分调查了解并进行需求分析后，才能设计出满足用户在网络应用、网络管理、安全性和对未来计划实施等方面的需求。

19.1.4　网络应用和技术的发展日新月异，网络产品不断推陈出新，因此网络的配置既要满足适用性原则，又要有一定的前瞻性，选择网络设备时应充分考虑网络可预见的应用和技术的发展趋势，在一定时期内适应这些网络应用。

19.2　网络设计原则

19.2.1～19.2.3　网络是高度定制化的工具，一个满足特定用户使用需求的网络必须经过规范的设计过程，其中用户调查和需求分析是设计的前提条件。规范设计程序的目的是可对所设计网络的功能、性能和投资寻找最优的交点，做到有依据、有目的地设计。

19.2.4、19.2.5 网络逻辑设计和物理设计密不可分，其目的是一致的，两者不可脱节。

19.2.6 网络的类型分为对等网络或基于服务器的网络两大类。对等网络又称工作组网络，所有计算机既是客户机又是服务器；基于服务器的网络已成为标准的网络模型，民用建筑中应用的计算机网络绝大多数采用基于服务器的网络，在基于服务器的网络中一台或多台计算机作为服务器使用，为网络提供资源。其他计算机是客户机，客户机使用由服务器提供的资源。

19.2.7 网络体系结构选择

1 网络根据介质访问方法的不同分为多种网络体系结构，以太网是当今最流行的网络体系结构，已成为局域网的主流形式，与 FDDI 和 ATM 相比，以太网流行的原因是：价格低廉、安装容易、性能可靠、使用/维护和升级方便。

2 以太网可使用多种通信协议，并可连接混合计算机环境，如 Windows、UNIX、Netware 等。以太网的主要特性参见表 19-4。

表 19-4 以太网的主要特性

特　性	描　述
传统拓扑结构	直线形总线
其他拓扑结构	星形总线
信号传输方式	基带
介质访问方法	CSMA/CD（10G 以太网采用全双工方式）
规范	IEEE802.3
传输速率	10Base-T：10 Mbps 100Base-TX/100Base-FX：100Mbps 1000Base-T/1000Base-SX/1000Base-LX：1000Mbps 10GBase-S/L/E/LX4、10GBase-CX4：10Gbps
传输介质类型	UTP、FTP、光缆、同轴电缆

3 在以太网中可运行大部分流行的网络操作系统，包括：

1） Microsoft Windows95、Windows98、WindowsME；

2） Microsoft WindowsNT Workstation 和 WindowsNT Server；

3） Microsoft Windows2000 Professional 和 Windows 2000 Server；

4） Microsoft LAN Manager；

5） Microsoft Windows for Workgroups；

6） Novell NetWare；

7） IBM LAN Server；

8） AppleShare；

9） UNIX。

4 令牌环网 20 世纪是 80 年代中期由 IBM 开发的，以太网的普及减少了令牌环网的市场份额，但它仍然是网络市场中的重要角色。令牌环网规范是 IEEE 802.5 标准，令牌环网络的标准与特性参见表 19-5。

表 19-5 令牌环网络的标准与特性

特　性	描　述
拓扑结构	星形环
信号传输方式	基带
介质访问方法	令牌传送
规范	IEEE802.5
传输速率	4 Mbps 和 16 Mbps
传输介质类型	UTP、FTP、光缆
网络硬件部件	令牌环网络集线器：多路访问单元（MSAU） 令牌环网络 NIC：4 Mbps 或 16 Mbps 连接器：RJ-45/光纤连接器 补丁线：6 类传输介质
最大传输介质段（MSAU 与计算机间）距离	补丁线：46m UTP：45m FTP：100m
MSAU 之间的最大距离	152m，使用中继器为 365m
计算机间的最短距离	2.5m
连接网段的最多数目	33 个 MSAU
每个网段连接计算机的最大数目	UTP：每个 MSAU 连接 72 台计算机 FTP：每个 MSAU 连接 260 台计算机 （推荐数目是 50～80 台计算机）

5 ATM 是一种基于信元的快速数据交换技术，具有高带宽（155～622Mbps）和高数据完整性的特征，它还支持同步应用，并具有一定的灵活性和可扩展性。但目前存在交换设备昂贵，使用也不如以太网容易等缺点。

6 10G 以太网（即万兆以太网）是最新的以太网技术，与 10/100/1000M 以太网兼容，实现网络的无缝升级，并可用于广域网，其应用尚处于起步阶段。基于光纤传输的还有 10GBase-LX4，10G 以太网标准还有基于铜缆传输的 IEEE802.3ak 和目前正在制定的 IEEE802.3an，分别作为 10GBase-CX4 和 10GBase-T 的规范。

19.2.8 客户机/服务器（C/S）网络模型是基于服务器网络的标准形式，其工作原理是：客户机（工作站）向服务器提出数据服务请求，服务器将对该请求的数据或数据处理的结果提供给客户机使用并将该结果存储于服务器中，客户机使用自己的CPU和软件对服务器提供的数据进一步处理，存储于服务器中的数据处理的结果可被网络中其他客户机访问。

多数数据库管理系统软件都使用结构化查询语言（SQL），SQL已成为一种数据库管理的行业标准。

服务器的常用类型有：

1 文件和打印服务器：文件和打印服务器是用来存储文件和数据的，管理用户对文件和打印机资源的访问和使用，它将数据或文件下载到请求的计算机中。

2 通信服务器：用于在服务器所在的网络和其他网络、主机或远程用户间处理数据流和电子邮件。如Internet服务器、代理服务器等。

3 应用服务器：是客户/服务器应用的服务器端，它将存储的大量数据进行组织整理以便于用户检索，并向用户提供数据。不同于文件和打印服务器的是应用服务器的数据库是驻留于服务器中，它只是将请求结果下载到发出请求的客户机中，而不是整个数据库。

4 邮件服务器：邮件服务器的运作方式与应用服务器类似，它利用不同的服务器和客户机应用程序，有选择地将数据从服务器下载到客户机中。

5 目录服务器：目录服务器使得用户能够定位、存储和保护网络中的信息。

6 传真服务器：通过一个或多个传真调制解调卡来管理进出网络的传真数据流。

19.2.10 分布式服务器：是指按有共同工作性质的工作组或部门而分别设置提供相应服务的服务器，即将服务器分开布置，这样可大大减少通过主干的广播数据流，有效地提高主干的传输速率。这在流量模式中称为“流量本地化”。

集中式服务器：是指网络中各类服务器集中设置。集中设置服务器可以降低投资、提高安全性和易于管理。还有一个很大的原因是，随着网络越来越多基于Internet的应用和信息的跨部门传输，数据流量模式由传统的20/80模型朝着新的80/20转变，即80%的数据不再驻留在子网中，而是必须在子网和VLAN之间传输。分布式服务器方式已不能有效地控制通过主干的数据流。

19.3 网络拓扑结构与传输介质的选择

19.3.2 “拓扑”是指网络中计算机、线缆和其他部件的连接方式，拓扑可分为物理（实际的布线结构）或逻辑的，逻辑上是总线或环形的网络其布线结构也可是星形的。网络的拓扑结构主要分为总线形、星形、环形、网形四类，也常采用其变形或混合型，如星形总线（hub/switch与计算机星形连接、hub/switch之间或服务器之间总线形连接）、星形环（hub/switch与计算机星形连接、hub/switch之间或服务器之间环形连接）等。局域网最常用的拓扑结构是星形总线。

网络的拓扑结构是网络设计的重点和难点，各种网络拓扑结构的比较如表19-6所示（指物理拓扑）。

表19-6 各种网络拓扑结构的比较

拓扑结构	结构特点	优点	缺点	局域网典型应用
总线形	由一根被称为“主干”（又称为骨干或段）的传输介质组成，网络中所有的计算机连在这根传输介质上。在每条传输介质的两端需设端接器	节省传输介质、介质便宜、易于使用； 系统简单可靠； 总线易于扩展	在网络数据流量大时性能下降； 查找问题困难； 传输介质断开将影响许多用户	对等网络或小型（10个用户以下）基于服务器的网络
环形	用一根传输介质环接所有的计算机，每台计算机都可作为中继器，用于增强信号传送给下一台计算机	系统为所有计算机提供相同的接入，在用户数据较多时仍能保持适当的性能	一台计算机故障将影响整个网络； 查找问题困难； 网络重新配置时将终止正常操作	令牌环LAN、FDDI或CDDI
星型	计算机通过传输介质连接到被称为“集线器”的中央部件	是最常用的物理拓扑结构，无论逻辑上采用何种网络类型都可采用物理星形，方便预先布线，系统易于变化和扩展； 集中式监视和管理； 某台计算机或某根传输介质故障不会影响其他部分的正常工作	需要安装大量传输介质； 如果中心点出现问题，连接于该中心点（网段）上的所有计算机将瘫痪	是最常用的拓扑结构； 以太网； 星形令牌环； 星形FDDI

续表 19-6

拓扑结构	结构特点	优点	缺点	局域网典型应用
网型	每台计算机通过分离的传输介质与其他计算机相连	系统提供高冗余性和可靠性，并能方便地诊断故障	需要安装大量传输介质	主要用于城域网，也可用于特别重要的以太网主干网段
变形或混合型	根据网络中计算机的分布、网络的可靠性、网络性能要求（数据流量和通信规律）的特点，选择相应的网络拓扑结构	满足不同网段性能的要求，在可靠性与经济性之间选择最佳交点	具有相应网段拓扑结构的缺点	是实际应用最普遍的拓扑结构

19.3.3 网络传输介质主要有：非屏蔽双绞线（UTP）、屏蔽双绞线（FTP）、粗/细同轴电缆、光缆等，由于在现今流行的快速以太网不支持同轴电缆的使用，在此不作同轴电缆的规定。

19.3.4 无线网具有性价比高、使用灵活的特性，是一种很有前途的网络形式，目前无线网已开始普及应用，并将成为局域网的主流。由于存在抗干扰性、安全性、传输速率等方面的限制，无线网络在多数情况下是用于对有线局域网的拓展，如公共建筑中供流动用户使用的网络段、跨接难以布线的两个（或多个）网段，在某些工作人员流动性较大的办公建筑中也可局部采用无线网作为有线网的拓展。

除了网络接口卡是连接在收发器，而不是连接到传输介质以外，在无线网络中的运行的计算机与在有线网络环境中的相应部件类似。无线网络接口卡所使用的收发器安装在每台计算机中，用于广播和接收周围计算机的信号，它通过安装在墙上的收发器（有线）与有线网络连接。

19.3.5 扩频无线电传输方式在2400～2483MHz的频带之间占用 83MHz 的带宽，其标准是IEEE802.11b和IEEE802.11，传输速率有1Mbps、2Mbps、5.5Mbps、11Mbps，视障碍物和干扰程度不同，通常在室内覆盖半径为35～100m，室外为100～300m，可穿透墙壁传输。

正交频分复用（OFDM）技术利用20MHz的带宽同时传输64个单独的子载波通道，每一个子载波通道的间隔是0.3125MHz，IEEE802.11a标准在5GHz频段、IEEE802.3g标准在2.4GHz频段采用OFDM技术传输数据，速率可达54Mbps。

红外线通信使用的频率在850～950nm范围内，并且只能在墙面有足够的信号漫射或反射的室内环境中，通常仅用于计算机与外围设备（如打印机）间的高速（20Mbps）的通信，传输速率是1Mbps和2Mbps，传输距离为10～20m。

19.3.6、19.3.7 大多数情况下无线局域网是作为有线网络的一种补充和扩展，在这种配置下多个无线终端通过无线接入点（AP）连接到有线网络上，使无线用户能够访问网络的各个部分。AP有覆盖范围限制，通常为几十至上百米，当网络环境存在多个AP且覆盖区有重叠时，漫游的无线终端能够自动发现附近信号强度大的AP并通过这个AP收发数据，保持不间断的网络连接。

无线对等式网络也称Ad-hoc，整个网络不使用AP，各无线终端之间直接通信，当用户数量较多时网络性能较差。该网络无法接入有线网络中，只能独立使用。

无线局域网的标准与特性参见表19-7。

表 19-7 无线局域网的标准与特性

特性	描述
网络类型	对等网络，结构化网络
访问方法	CSMA/CA
规范	IEEE802.11、IEEE802.11b、IEEE802.11a、IEEE802.11g
传输速率	IEEE802.11：1 Mbps、2 Mbps IEEE802.11b：1 Mbps、2 Mbps、5.5 Mbps、11 Mbps IEEE802.11a：可达 54 Mbps IEEE802.11g：5 可达 4Mbps
载波调制方式	IEEE802.11、IEEE802.11b：直接序列扩频（DSSS）、跳频扩频（FHSS） IEEE802.11a、IEEE802.11g：正交频分复用（OFDM）
工作频段	IEEE802.11、IEEE802.11b、IEEE802.11g：2.4GHz IEEE802.11a：5 GHz

19.4 网络连接部件的配置

19.4.2 网络接口卡，通常称为NIC，在网络传输介质与计算机之间作为物理接口或连接，NIC的作用是：

1 为网络传输介质准备来自计算机的数据；

2 向另一台计算机发送数据；

3 控制计算机与传输介质之间的数据流量；

4 接收来自传输介质的数据，并将其解释为计算机CPU能够理解的字节形式。

由于NIC是计算机与传输介质之间数据传输的桥

梁，是网络中最脆弱的连接，因此 NIC 性能对整个网络的性能会产生巨大的影响。NIC 的选择应与特定的网络体系结构相匹配，例如以太网络、令牌环网络、ARCNET 等应选择相匹配的 NIC。

按个人计算机主板上的扩展总线类型，NIC 又可划分为ELSA、ISA、PCI、PCMCIA 和 USB 五种。NIC 的选择必须与总线相匹配，目前应用较多的是 PCI 和 PCMCIA 总线，具有性价比高、安装简单等特点。随着网络技术的发展和使用的需求，无线 NIC 和光纤 NIC 将日益普及。

19.4.3 由于集线器是共享型网络设备，通过它的端口接收输入信息并通过所有端口转发出去，在共享用户信息量集中的时刻会存在信息阻塞或冲突现象，因此多用于多个末端终端用户共享同一交换机高速端口的场合。因集线器比交换机便宜许多，在数据量不大、投资受限制的中小型网络中也可采用集线器。

19.4.4～19.4.7 路由器的主要作用是在网络层（第 3 层）上将若干个 LAN 连接到主干网上，如局域网与广域网的连接，局域网中不同子网（以太网或令牌环）的连接。

路由器与交换机相比，交换机比路由器的运行速率更高、价格更便宜。使用交换机虽然可以消除许多子网，建立一个托管所有计算机的统一网络，但是当工作站生成广播时，广播消息会传遍由交换机连接的整个网络，浪费大量的带宽。用路由器连接的多个子网可将广播消息限制在各个子网中，而且路由器还提供了很好的安全性，因为它使信息只能传输给单个子网。为此，导致了两种新技术的诞生：一是虚拟局域网（VLAN）技术，二是第 3 层交换机（使用路由器技术与交换机技术相接合的产物），在局域网中使用了有第 3 层交换功能的交换机时可不再使用路由器。

传统的网络连接部件还有中继器和网桥。由于集线器已经取代了中继器，交换机比网桥有更高的性价比，因此现在的局域网中已基本上不再使用中继器和网桥，但在无线网络中仍常用无线网桥连接两个网段。

交换机目前已成为网络的主流连接部件，绝大多数新建的局域网都是以各种性能的交换机为主，只是少量或局部使用集线器和路由器。

名词解释：

1 第 2 层交换机：基于硬件的桥接，用于工作组连通和网络分段的交换机；

2 第 3 层交换机：根据第 3 层（网络层）信息，通过硬件执行数据包路由交换的交换机；用于高性能地处理局域网络的流量，可放置在网络的任何地方，经济有效地带替传统的路由器；

3 第 4 层交换机：不仅基于 MAC 地址或源/目的地址，同时也基于这些第 4 层参数来作出转发决定的交换机；

4 多层交换机：综合第 2 层交换和第 3 层路由功能的交换机；

5 交换机链路：指连接交换机之间的物理介质路径；

6 紧缩核心：当汇接层和核心层功能由同一台设备执行时称为紧缩核心。

19.5 操作系统软件与网络安全

19.5.1、19.5.2 网络操作系统是一种软件，它提供了计算机的应用程序和服务所运行的基础。

Microsoft Windows（包括 9x、ME、NT、2000 和 XP）、Novell NetWare 和 Unix/Linux 是目前市场上占统治地位的网络操作系统，并都支持 TCP/IP 协议和最流行的 Windows 客户机操作系统。

网络中所有客户机采用相同的网络操作系统是为了减少软件的安装和维护工作量，便于操作和简化服务器操作系统软件的接口组件。

三种主流操作系统的比较：

1 Windows 是从事办公和商务工作的 LAN 最普遍使用的操作系统软件，容易安装和使用且价格较低；

2 Novell NetWare 是个严格的客户机/服务器平台，在三种主流操作系统中具备最强的文件服务和打印服务功能以及目录服务（NDS）功能；

3 Unix/Linux 是功能最强大、最灵活和最稳定的多用户、多任务操作系统，其多数软件是免费的，但是使用不如Windows方便。

19.6 广 域 网 连 接

19.6.1～19.6.3 广域网连接是指通过公共模拟或数据通信网络，将多个局域网或局域网与 Internet 之间相互连接的方式。

其他 WAN 连接技术还有：

1 公共交换数据网（X.25）：帧中继技术以更高的性能、更低的价格已取代 X.25；

2 xDSL 还有 SDSL（3Mbps）、IDSL（144 Kbit/s）、HDSL（768 Kbit/s）和 VDSL（13～52Mbps）等技术，这些技术都得不到广泛使用；

3 宽带 ISDN（BISDN）：BISDN 是一种新的 WLAN 技术，能够通过同一介质（光缆或铜缆）发送多信道的数据、视频和语音，其应用还不普及；

4 双向 CATV：由有线电视公司作为 ISP 的一种共享带宽式 WLAN 技术，适用于偏远地区 LAN 的广域网连接；

5 SMDS：设计用于存在大量突发式通信量的 WAN 链路，其应用不多；

6 SDH /SONET：即光同步数字传输网（美国称为SONET，其他国家称为 SDH），目前中国大部分网络运营商已经拥有了自己的 SDH 传输网，可为用户提供速率为 2～2.5Gbps 的 WAN 连接。ATM 可以在 SDH 上运行。SDH 技术的优点是具有端到端远程监控、故障告

警、网络恢复和自愈等功能，可以保证数据传输的安全性（SDH已成为公认的未来信息高速公路的主要物理传送平台），

7 10G以太网：目前10G以太网正逐步扩展为广域网使用，它可与SDH/SONET兼容，可利用现有的SDN/SONET的传输设备以9.58464Gbps的速率（OC-192级）进行传输，是一种新兴的广域网连接方式。

19.7 网络应用

19.7.1 计算机网络系统的设计首先应适应其网络应用的需求，不同使用功能的建筑其网络系统的应用特征各不相同，大致可分为一般办公建筑、重要办公建筑、商业性办公建筑、公共建筑、饭店建筑、校园等几大类，其网络应用的特征如下：

1 一般办公建筑指处理一般办公事务，对数据安全无特殊要求的企事业单位办公楼和区级以下政府行政办公楼。其特征是用于处理一般办公事务，广域网连接主要是Internet的Web和E-mail，局域网内外数据流比例约为8∶2（传统2/8模型）。

2 重要办公建筑指需处理大量办公事务或业务流程，对数据安全性与网络运行稳定性有较高要求的企事业单位行政办公楼和区级及以上政府行政办公楼，如银行、档案、电信、电力、税务等系统或大型企业总部行政办公楼。其网络特征是大多要求分设内、外两个物理隔离的局域网，内网主要用于办公事务的处理与决策或企业机密业务流程处理，外网用于政策、法规的发布与查询或企业总部与外驻分部的广域网连接，如点对多点/点对多点远程视频会议、虚拟专用网等应用。

3 商业性办公建筑指出租或出售给多用户共同使用的办公建筑。其特征是局域网内部各工作组彼此之间无多大的数据流动，只提供网络高速主干通道，为商业团体局域网提供高性能的Internet的Web/E-mail服务和各种广域网连接应用，如点对多点/点对多点远程视频会议、虚拟专用网等应用。局域网内外数据流比例约为2∶8（新2/8模型）。

4 公共建筑指体育场馆、展览馆、大型商场、航站楼、客运站等。其网络应用的特征是服务对象有内部固定用户和外部流动用户两大类。内部固定用户的网络使用特征与重要办公建筑类似。外部用户的网络使用特征与商业性办公建筑类似，并且还具有用户的流动性和数据流的时段性。

5 饭店建筑指三星级及以上的饭店、宾馆、招待所等建筑。其网络应用的特征是服务对象有内部固定用户和外部流动用户两大类。内部固定用户的网络使用特征与一般办公建筑类似，主要用于饭店的计算机经营管理；外部用户的网络使用特征与商业性办公建筑类似，主要是用于Internet的Web和E-mail服务和远程视频会议、虚拟专用网等应用，并且还具有数据流较小的特征和时段性（夜晚高峰）。

6 校园网络指覆盖大、中专院校、企业园区等较大区域的计算机局域网。其网络应用的特征是子网多而分散，用户众多，主干和广域网数据流量大。因此采用网络分段（第3层路由功能的交换机）和子网数据驻留（分布设置服务器）的方式控制流经主干上的数据流，提高主干的传输速率。

19.7.2 在安全性或运行稳定性要求一般的网络中，构建适应多种应用需求的共用网络具有使用灵活、方便，便于网络管理，减少网络投资等优点。

19.7.3 通常指政府行政办公楼或重要企业行政办公楼，如银行、档案、电信、电力、税务等，采取物理隔离措施隔离内部、外部网络是对内部网络安全性与运行稳定性的有效保障。

20 通信网络系统

20.2 数字程控用户电话交换机系统

20.2.1 数字程控用户电话交换设备，应设置在用户终端集中使用场所，如：国家机关、事业单位、商场、饭店以及重要的或大型的公共建筑物等内。

20.2.3 用户终端应能通过数字程控交换机与其他公用通信网络（如IP、帧中继、SDH等网络）相连。

20.2.5 ISDN用户交换机（ISPBX）系统，应具有下列基本功能：

1 具有完成64kbit/s电路交换的功能；

2 能为用户提供全自动直接呼入和呼出的方式；

3 能为用户提供承载业务和用户综合电信业务；

4 能为用户提供各种ISDN补充业务；

5 应具有采用1号数字用户信令（DSS1）协议与用户方和局用方进行配合的能力；

6 具有送出主叫号码、分机号码和主叫类别的功能；

7 具有配合公用综合数字业务网络管理的能力；

8 具有独立的计费功能等。

20.2.6 SIP（Session Initiation Protocol），会话启动协议是由IETF（Internet Engineering Task Force）互联网工程任务组1999年提出的基于纯文本的IP电话信令协议。基于SIP协议标准，独立工作于底层网络传输协议和媒体，是一个建立在IP协议之上，用IP数据包传送的，实现实时多媒体应用的信令标准。

20.2.7 用户交换机的中继线数量的配置，应根据用户实际话务量大小等因素确定。一般可按用户交换机容量的10%～20%考虑。其中普通数字程控用户交换机系统中继线的用户话务量，每线为0.06～0.12 Erl。ISPBX用户交换机系统中继线的用户话务量，每线为0.2～0.25 Erl。ISPBX中继线数量应2～3倍高于普通数字程控用户交换机中继线数量。当用户分机对外公网话务量很大，或用户具有大量直拨分机功能的电话机，以及用户

使用大量微机（带 Modem）通过中继线对外拨号上 Internet 方式时，中继线数量宜按用户交换机容量的 15%～30%考虑。

20.2.8 程控用户交换机机房的选址、设计与布置

1 为避免雷击，机房不应设置在建筑物的最高层。当机房有特殊要求必须设置在最高层时，其建筑、结构、电气及通信的机房设计必须符合本建筑最高等级的防雷要求。

2 机房和辅助用房的环境条件要求除应符合本规范第 23.3 节规定外，还应防止二氧化硫、硫化氢、二氧化碳等有害气体侵入。

3 程控用户交换机机房的总使用面积，应按交换机机柜、总配线架或配线机柜、话务台和维护终端台、蓄电池组和交直流配电机柜等配套设备布置以及工作运行特点要求和管理要求确定，并应满足终期及扩展容量的要求和预留相应的附属用房使用面积。一般 1000 门及以下容量的用户交换机机柜、总配线架或配线机柜、话务台和维护终端台、免维护蓄电池组和交直流配电机柜可同设在一间机房内；1000 门以上容量的用户交换机机房可由交换机室、总配线架室、话务员室、电力电池室等组成。

20.2.9 程控用户交换机房的供电

1 机房的主电源不应低于本建筑物的最高供电等级；

2 机房内直流密封式蓄电池组放电小时数，应按机房供电电源负荷等级确定，并符合表 20-1 的要求。

表 20-1 机房供电电源不同负荷等级下蓄电池组放电小时数

机房供电电源负荷等级	一级负荷＋独立的应急发电机组	一级负荷	二级负荷	三级负荷
机房通信设备的蓄电池组放电小时数（h）	0.5～1.0	≥2.0	≥6.0	≥10.0

20.2.10 数字程控交换机系统的接地，除符合第 12 章有关规定外，还应符合以下要求：

1 当数字程控交换机系统必须采用功能接地、保护接地单独接地方式时，应将密封蓄电池正极、设备机壳和熔断器告警等三种接地导体分别采用大于或等于 $6mm^2$ 铜芯绝缘导线连接至机房内局部等电位联结板上，其单独接地的电阻值不宜大于 4Ω。

2 当数字程控交换机采用共用接地方式时，应将蓄电池正极、设备机壳和熔断器告警等三种接地导体分别采用不小于 $6mm^2$ 铜芯导线连接至机房内局部等电位联结板上。各局部等电位联结板宜采用不小于 $35mm^2$ 铜芯导线与建筑物弱电总等电位联结板连接，其接地电阻值不应大于 1Ω。

3 通信接地总汇集线（接地主干导体）应从建筑物弱电总等电位联结板上引出，其截面积不宜小于 $100m^2$ 的铜排或相同截面的绝缘（屏蔽）铜缆。

4 机房内各通信设备的接地连接导体应采用铜芯绝缘导线，不得使用铝芯绝缘导线。

20.4 会议电视系统

20.4.1 会议电视系统根据会场的实际需求进行设计，可采用以下方式：

1 大中型会议电视系统，宜用在各分会场会议电视室内，供各方多人开会者使用；

2 小型会议电视系统，宜用在办公室或家庭会议电视场合下使用；

3 桌面型会议电视系统，宜用在个人与个人的通信上。

20.4.2 会议电视系统应支持的相关标准与组成

1 H.320 标准于 1990 年制定，是 ITU-T（国际电联电信委员会）早期发布的视频会议标准协议。该标准主要用于窄带 ISDN 综合业务数据网，是一种基于电路交换网络的多媒体通信标准。H.320 标准的视频会议主要适应于电路交换，被广泛用于 VSAT、DDN、ISDN 等电路交换网络上。

H.320 会议电视系统宜按专业级及以上主摄像机及全景彩色摄像机、专业级辅助摄像机、桌面话筒、会议电视终端设备（可含编解码器）、多点控制设备（MCU）、音视频播放和录制设备、会场扩声调音设备、操作软件等配置。

2 H.323 是 ITU-T 于 1997 年 3 月发布的视频会议标准协议。该标准采用了 TCP/IP 技术，能使音频、视频及数据多媒体通信基于 IP 网络以 IP 包为基础的方式在网络（LAN、EXTRANET 和 Internet）上的通信，是一种基于分组交换网络的多媒体通信标准。

H.323 会议电视系统宜按专业级及以上主摄像机及全景彩色摄像机、专业级辅助摄像机、桌面话筒、会议电视终端设备（可含编解码器）、多点控制设备、音视频播放和录制设备、会场扩声调音设备、操作软件等配置。

3 H.324 是 ITU-T 1996 年颁布的视频会议标准协议。该标准主要用于 PSTN 和无线网络，是一种基于电路交换网络的多媒体通信标准。H.324 是通过普通电话线传送音频及视频信息，并对音频及视频信息进行编码及解码的国际标准，它将电视会议带给非 ISDN 的用户。H.324 是为与 V.34 调制解调器一起使用设计的。它在普通电话网络上两点之间以 28.8kbit/s 或 33.6kbit/s 的速率传输数据。

20.4.4 分会场的画面应能以多画面方式显示于主会场的屏幕。

20.4.6 会议电视终端设备宜采用下列数字通信网进

行组网：

1 采用数字传输专用线路提供 E1（2Mbit/s）网络接口的组网方式；

2 采用 DDN 专线提供 128kbit/s、384kbit/s、512kbit/s 及以上传输速率网络接口的组网方式；

3 采用 ISDN 专线提供 128kbit/s、384kbit/s、512kbit/s 及以上传输速率网络接口的组网方式；

4 采用 FR 专线提供 128kbit/s、384kbit/s、512kbit/s 及以上传输速率网络接口的组网方式；

5 采用 VSAT 系统提供 128kbit/s、384kbit/s、512kbit/s 及以上传输速率网络接口的组网方式；

6 采用标准的 TCP/IP 以太网提供 10Mbit/s、100Mbit/s、1000Mbit/s 及以上传输速率网络接口的组网方式。

20.4.8 会场后排参会人员观看投影机幕布或彩色视频显示器的最远视距，应按看清楚幕布或显示器屏幕上的中西文字设定。

20.4.9 大、中型会议电视室内应设置两台及以上高清晰度、高亮度大屏幕彩色投影机或大屏幕彩色视频显示器，屏幕上应能同时显示各分会场参会人员、会议现场发言方和发言方的文本或电子白板资料。

20.4.10 大、中、小型会议电视室的环境除符合本规范 23.3 节和建筑围护结构、建筑声学的有关要求外，还应符合以下要求：

1 会议电视室内距地板面 0.8m 的主席台区域工作面的局部照明垂直照度不宜低于 750lx。视频显示屏幕区域的局部照明垂直照度不宜高于 75lx，其他区域的局部照明垂直照度宜在 500lx。会议电视室应采用多区域调光控制的方式予以增强或减弱。

2 会议电视室室内环境应符合下列要求：

1）应满足室内无回声、颤动回声和声聚焦的建筑声学要求；

2）宜满足室内扩声系统特性达到国家颁布的厅堂扩声一级标准的电声要求，具有较高的语言清晰度、适当混响时间、声场达到最大扩散等声学条件；

3）室内最佳混响时间可参照图 20-1；

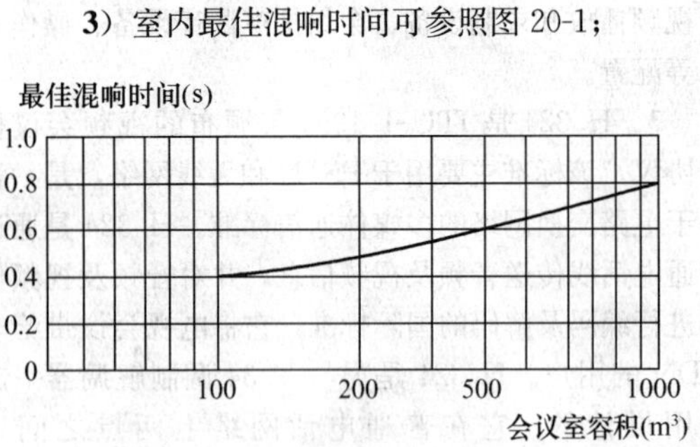

图 20-1 室内最佳混响时间

4）房间的围护结构应具有良好的隔声性能，室内的内壁、顶棚、地面应进行吸声处理，通风、空调应采取降噪措施；

5）房间围护结构的隔墙与楼板的空气声、撞击声隔声标准以及室内允许噪声级见表 20-2；

6）室内围护装饰、会议桌椅布置、地毯等应采用无反光材料，宜具有浅色舒适的色调。严禁采用黑色或白色作背景。

表 20-2 隔声和室内噪声限制标准

房间名称	空气声隔声标准（计权隔声量 dB）			撞击声隔声标准（计权标准化撞击声压级 dB）			室内允许噪声级（A 声级，dB）		
	一级	二级	三级	一级	二级	三级	一级	二级	三级
大会议室	≥50	—	—	≤65	—	—	≤40	—	—
中小会议室	≥50	—	—	≤65	—	—	≤40	—	—
控制室	—	≥45	—	—	≤65	—	—	≤50	—
传输设备室	—	—	≥40	—	≤65	—	—	—	≤55

20.5 无线通信系统

20.5.1 无线通信系统的设计

1 建筑物与建筑群中无线通信系统，应采用现有固定无线接入技术。无线接入技术有蜂窝、数字无绳、点对点或点对多点数字微波、卫星通信、专用无线及宽带无线等接入技术。

2 用户终接设备主要完成与基站的空间接口连接和提供至用户终端的接口。

20.5.2 移动通信信号室内覆盖系统

第 1 款 国家无线电管理委员会规定 CDMA800MHz、GSM900MHz、DCS1800MHz、PHS1900MHz、3G 为数字移动通信网的专用频段、WLAN2400MHz 为无线局域网民用频段，参见表 20-3。

第 4 款 基站直接耦合信号方式是指从周边已建成基站或在建筑物内新添加的基站中直接用功率器件（功分器、耦合器）提取信号的方式。

空间无线耦合信号方式：这种方式是指利用直放站作为信源接入设备，通过空间耦合的方式引入周边已建成基站信号的方式。

第 10 款 每个楼层面天线的设置应按无线覆盖的接通率而定。

第 11 款 系统的室内无线信号覆盖的边缘场强应大于等于－75dBm，并应高于室外无线信号场强 8～10dBm，以保证室内信号覆盖的边缘处的移动用户能正常切换接入室内网络。

表 20-3　专用频段及民用频段移动通信信号的频段、信道带宽、多址方式表

运营业务＼频段		上行	下行	信道带宽	多址方式
中国联通 CDMA800		825-835MHz	870-880MHz	1.25 MHz	FDMA/TDMA/CDMA
中国移动 GSM900		890-909MHz	935-954MHz	200kHz	FDMA/TDMA
中国联通 GSM900		909-915MHz	954-960 MHz	200kHz	FDMA/TDMA
中国移动 DCS1800		1710-1730MHz	1805-1825MHz	200kHz	FDMA/TDMA
中国联通 DCS1800		1745-1755MHz	1840-1850MHz	200kHz	FDMA/TDMA
中国电信 PHS		1900-1920MHz		288kHz	TDMA
3G系统	WCDMA	1920—1980	2110-2170	5MHz	FDMA/TDMA/CDMA
	TD-SCDMA	最终以信息产业部发放牌照为准		1.6MHz	TDMA
	CDMA2000			N×1.25MHz	FDMA/TDMA/CDMA
WLAN		2410-2484 MHz		22MHz	

第 14 款　建筑物内预测话务量的计算与基站载频数的配置，可参见表 20-4。

第 16 款　室内空间环境中，移动通信信号室内覆盖系统 800～2400MHz 频率无线信号传播距离损耗和室内无线信号穿越阻挡墙体传播损耗可见表 20-5 和表 20-6。

表 20-4　基站载频数的配置

呼损率 2%								
载波数	1	2	3	4	5	6	7	8
信道数	7	14	22	30	37	45	54	61
容量(Erl)	2.28	8.2	14.9	21.9	29.2	36.2	44	51.5
支持用户数	145	410	750	1100	1400	1775	2150	2575
支持用户数(20%拨打率)	725	2050	3250	5500	7000	8875	10750	12875
支持客流(20%手机保有)	7250	20500	32500	55000	70000	88750	107500	128750

表 20-5　800～2400MHz 频率无线信号传播距离损耗表（dB）

损耗（dB）＼距离（m）＼频率（MHz）	1	5	10	15	20	30
800	30.53	44.49	50.51	54.03	66.53	60.05
900	31.55	45.54	51.53	55.05	57.58	61.07
1800	37.51	51.54	57.56	61.08	63.58	67.10
1900	38.03	52.0	58.03	61.55	64.05	67.57
2400	40.05	54.03	60.05	63.58	66.07	69.60

表 20-6　室内无线信号穿越阻挡墙体传播损耗表

损耗（dB）＼墙类＼频率（MHz）	轻墙	玻璃	单层墙	砖砌	混凝土
≤2500	≤5～8	≤3～5	≤10	≤15～20	≤20～35

第 23 款　射频电缆、光缆垂直敷设或水平敷设

①射频电缆或光缆垂直敷设时，宜放置在弱电间，不宜放置在电气（强电）间内，不得安置在暖通风管或给水排水管道井内；

②射频电缆或光纤水平敷设时，应以直线为走向，不得扭曲或相互交叉；馈线宜放置在金属线槽内或穿管敷设；

③射频电缆水平敷设确需拐弯走向时，其弯曲应保持圆滑，弯曲半径应符合表 20-7 的要求；

表 20-7　射频电缆水平敷设弯曲半径

线径（cm）	二次弯曲的半径（cm）	一次性弯曲半径（cm）
1.27（1/2 英寸）	21	12.5
2.22（7/8 英寸）	36	25

④射频电缆在电梯井道明敷设时，可沿井道侧壁走线，并用膨胀螺栓、挂钩等材料予以固定；

⑤射频电缆穿越楼板、楼道侧墙及电梯井道侧壁后，应用防火阻燃材料加以封堵。

20.5.3　VSAT 卫星通信系统的设计要求

1　VSAT 通信网设计原则

1）当业务为传输数据或图像时，宜采用星形网的拓扑结构；

2）当业务为传输语音时，宜采用网状网的拓扑结构；

3）当业务为中、远期需建网状网时，宜在初期建网时统一考虑。

2　VSAT 系统地面端站

由雷达系统的谐波或杂散辐射引起的对 VSAT 系统的干扰应满足下式的要求：

$$C/I \geqslant (C/N)_{th} + 10(dB) \qquad (20\text{-}1)$$

式中　C/I——载干比，VSAT 站接收机输入端的信号功率与雷达干扰功率之比（dB）；

$(C/N)_{th}$——传输不同数字信号时，对应于不同比特率的门限载噪比（dB）。

3　VSAT 系统用户端站的防雷和接地

1）VSAT 站的天线支架及室外单元的外壳应与围绕天线基础的闭合接地环有良好的电气连接，天线口面上沿也应设避雷针，避雷针直接引至天线基础旁的接地体；

2）馈线波导管与同轴电缆外皮至少应有两处接地，分别在天线附近和机房的引入口处与接地体连接；

3）VSAT 站的供电线路及进站电缆线路上应设置防雷浪涌保护器；

4）VSAT 站的机房内应设置与接地体连接的局部等电位联结端子箱，室内所有设备应与局部等电位联结端子箱可靠连接。

20.6　多媒体现代教学系统

20.6.1　模拟化语言教学系统

1　模拟化语言教学系统，教师授课设备和学生学习设备的功能要求：

1）教师授课设备应具有下列功能：

——教师电脑应具有 Windows 等系列方式操作及中文导航的界面；

——教师主放机应具有一般录音机以及分轨迹放音的功能；

——应具有标准语言培训、标准语音编辑教学功能；

——应具有 A/B 卷考试功能；

——应具有标准化考试及结果分析功能；

——应具有通过集中控制器对多种示教多媒体设备进行放、进、倒、停、选曲的控制；

——应具有通过外接分控开关对电动大屏幕帘、电动窗帘、照明设备进行控制；

——应具有网络远程遥控功能。

2）学生学习设备应具有下列功能：

——应具有普通录音机和控制轨迹播放功能；

——应具有标准语音编辑功能；

——应具有自由考试、随机考试、口语考试功能；

——应具有四路节目选择功能。

20.6.2　数字化语言教学系统

1　数字化语言教学系统教师授课设备，应具有以下功能：

1）具有多路音频教材实时网络广播功能；

2）具有音频教材播放过程中进行数字刻录制作成课件功能；

3）具有音频教材播放过程中教师播话、讲解、指定、监听功能；

4）具有 SP、SPS、SPSP、SSP 语言编辑、播放功能；

5）具有 A-B 重复播放功能和任意记录多个预留点的书签功能；

6）具有实时监视、监听和监控学生机，引导学生上课功能；

7）具有学生学号登录、自动排座的班级管理功能；

8）具有示范教学、分班分组授课、分组讨论教学功能；

9）具有电子试卷制作功能；

10）具有电子试卷自由考试、随机考试、口

语考试和考试分析等功能。

2 数字化语言教学系统学生机设备，应具有以下功能：

1）具有实时点播教师授课的语言教学音频课件功能；

2）具有即时点播和下载网络教学资源中心课件库服务器中音频文件、文本、考试试卷到本机功能；

3）具有点播 WAV、ASF 音频流格式的音频、文本、动画、教学信息课件功能；

4）具有学生自我学习、编辑播放、跟读练习和自我测试等功能。

20.6.3 多媒体交互式数字化语言教学系统

1 教师授课设备应具有与数字化语言教学系统相同的功能；

2 学生学习机设备应具有以下功能：

1）具有实时点播教师授课的音视频课件功能；

2）具有即时点播和下载网络教学资源中心课件库服务器中音视频文件、文本、考试试卷到本机功能；

3）具有无缝接入远程教学点功能；

4）具有点播 MP3、MPEG、WAV 视频流格式的音视频、文本、动画、教学信息课件功能；

5）具有学生自我学习、编辑播放、跟读练习和自我测试等功能。

20.6.4 多媒体双向 CATV 教学网络系统

1 控制中心机房 CATV 教学系统，应具有以下功能：

1）具有对前端音视频节目源进行任意切换输出的功能；

2）具有集中控制学校各分控终端的电视机电源打开和关闭功能；

3）具有控制教室电视机频道转换、锁定音量调节的功能；

4）具有控制机房能与全部教室或单个教室双向对讲的功能；

5）具有录制和监视任何一套播出的电视节目功能；

6）具有接收来自电视演播室和学校会场的实况电视节目、编辑调制后转播的功能；

7）具有接收卫星电视信号和当地有线电视信号的功能；

8）具有接收多媒体电脑链接校园网络、上 Internet 网功能；

9）具有接收各教室上传的远程多功能组合遥控器信号的功能等。

2 教室分控设备应具有以下功能：

1）通过多功能组合遥控器，各教学点能远程对授权的中心机房中，音视频设备操作控制功能；

2）通过多功能组合遥控器和教室智能控制器，各教学点能远程对授权的多媒体电脑全面操作，起到辅助教学的功能；

3）各教学点通过教室智能控制器与中心机房取得双向对讲的功能；

4）通过多功能组合遥控器和教室智能控制器，各教学点能控制教室电视机电源开、关，频道转换、音量调节的功能。

20.6.5 多媒体集中控制与教室分控教学网络系统

多媒体集中控制中心和各多媒体教室分控中心教学系统应符合以下功能：

1 具有基于 TCP/ IP 协议的远程集中控制管理；

2 集中控制中心主控设备能对各分控中心教学设备进行广播式的音视频多媒体信息播放；并具有实时监控、监听各教学教室场景状况，远程对摄像机进行变焦、方位控制和教学实况录像；电源控制和操作管理；

3 分控中心教学设备能对多媒体设备桌面式的集中控制管理；

4 具有基于标准的网络接口和网络控制；

5 具有电子锁功能；

6 系统的网管软件和单机软件宜支持各种嵌入式操作系统；

7 分控中心终端设备可外接红外报警探测器；

8 分控中心终端设备带有投影机延时断电功能；

9 分控中心终端设备可外接音视频扩展矩阵切换器、云台、镜头、解码器等设备；

10 分控中心终端设备可具有在校园集中控制中心授权下实现部分对集中控制中心设备进行远程控制的功能。

20.7 通信配线与管道

20.7.1 通信配线网络设计，除应符合本规范规定外，还应符合国家通信行业现行的《本地电话网用户线路工程设计规范》YD 5006—2003、《通信管道与通道工程设计规范》YD 5007—2003 等规范标准中有关规定。

20.7.2 建筑物内通信配管设计

1 建筑物内通信配管网设计应与其他专业协调配合，以利通信线缆竖井、电缆走线槽（桥架）、配线箱（分线箱）、配线管、通信插座的设计；

2 公共建筑内通信线缆竖井的规格、线缆桥架、楼板预留孔、线缆预埋钢管群的配置，应根据实际需求进行设计，也可参照表 20-8 配置。

表 20-8　通信线缆竖井内规格、电缆桥架、楼板预留孔、线缆预埋钢管群配置

公共建筑类型	建筑物楼层	竖井规格（净宽×净深）m		选用电缆桥架时宽度（mm）	楼板孔洞尺寸宽×深（mm）	选用线缆预埋钢管群（套管）
		挂壁式配线箱	落地式配线柜			
24m 以下建筑	地下层	1.2×0.5（1.6×1.0）	1.8×0.9（2.4×0.9）	200	300×300	4×ϕ76
	1～3			200	300×300	4×ϕ76
	4～6			150	250×300	3×ϕ76
100m 以下建筑	地下层	1.6×1.0（2.4×1.0）	2.4×1.6（2.4×2.0）	400	500×300	12×ϕ89
	1～7			400	500×300	12×ϕ89
	8～15			400	500×300	8×ϕ89
	16～23			400	500×300	8×ϕ89
	24～30			300	400×300	6×ϕ76
100m 以上建筑	地下层	2.0×1.0（2.4×1.0）	2.4×1.6（2.4×2.0）	500	600×300	15×ϕ89
	1～7			500	600×300	15×ϕ89
	8～15			500	600×300	12×ϕ89
	16～23			500	600×300	12×ϕ89
	24～30			400	500×300	12×ϕ76
	30 及以上			300	400×300	8×ϕ76

注：1　竖井内规格中括弧内净宽净深的尺寸为较大的电信交换设备楼、多个无源（有源）配线箱设备而设定；

2　竖井的门应朝外开启，宽度不宜小于 1.0m（1.2 或 1.5m），高度不宜小于 2.10m。并应有良好的自然通风及防水能力；

3　竖井内上升电缆走线槽（桥架）宜采用槽式电缆走线槽，槽深 120mm（150mm），并有线缆的绑扎支架；

4　竖井内上升线缆钢管群（套管）宜采用壁厚为 3～4mm 的钢管，其管口伸出本层顶板下宜为 50mm、上层楼板上为 100mm。

20.7.3　建筑物内通信配线设计

第 3 款　建筑物内光缆宜采用非色散位移单模光纤，通常称为 G.652 光纤。G.652 光纤可进一步分为 G.652A、G.652B、G.652C 三个子类。G.652A 光纤主要适用于 ITU-TG.957 规定的 SDH 传输系统和 G.691 规定的带光放大的单通道直到 STM-16 的 SDH 传输系统；G.652B 光纤主要适用于 ITU-TG.957 规定的 SDH 传输系统和 G.691 规定的带光放大的单通道 SDH 传输系统及直到 STM-64 的 ITU-TG.692 带光放大的波分复用传输系统；G.652C 光纤即波长段扩展的非色散位移单模光纤，又称低水峰光纤，主要适用于 ITU-TG.957 规定的 SDH 传输系统和 G.691 规定的带光放大的单通道 SDH 传输系统和直到 STM-64 的 ITU-TG.692 带光放大的波分复用传输系统。G.652 光纤的 A、B、C 三个子类有不同的用途，其价格高低也不相同，通常 C 类高、B 类较高、A 类较低。

第 4 款　市内电话通信电缆宜采用 HYA 型 0.4mm 或 0.5mm 铜芯线径的铝塑综合护层塑料绝缘市内电话通信电缆，当通信距离远或有特殊通信要求时可采用 0.6mm 或 0.8mm 铜芯线径的通信电缆。

20.7.4　建筑群内地下通信管道设计

第 1～3 款　建筑群（校园区、住宅小区等）内地下通信管道规划设计应符合建筑总体的规划要求，应与建筑总体中道路、绿化、给水排水、电力管、热力管、燃气管等地下管道设施同步建设。

第 4 款　通信管道与其他管线交越、埋深相互间有冲突，且迁移有困难时，可考虑减少管道所占断面高度（如立敷改为卧敷等），或改变管道埋深。必要时，降低埋深要求，但相应要采取必要的保护措施（如混凝土包封、加混凝土盖板等），且管道顶部距路面不得小于 0.3m。

第 9 款　建筑群内地下通信配线管道设计

①水泥管宜采用管孔径为 90mm 的 3 孔、4 孔、6 孔排列组合方式的砌块；

②金属钢管宜采用管孔外径为 102～114mm 的 3 孔、4 孔、6 孔排列组合方式；

③塑料管宜采用聚氯乙烯（PVC-U）管材和高密度聚乙烯（HDPE）管材。塑料管一般长 6m，设计时宜采用双壁波纹塑料管或普通硬质塑料管，管孔外径为 100～110mm 的 3～8 孔横断面形式；或采用多孔高强度塑料梅花管或蜂窝管，管孔内径为 32mm 的 5 孔、7 孔横断面形式；或采用多孔高强度塑料方形栅格管，管孔内径为 28～50mm 的 2～6 孔、9 孔横

断面形式；

④塑料管道敷设后，其管顶覆土小于 0.8m 时，应采取保护措施，宜用砖砌沟加钢筋混凝土盖板或作钢筋混凝土包封等。

第 10 款 室外引入建筑物的通信与弱电系统的引入管道，宜采用外径 63～102mm 的钢管群，其根数及管径应按中远期引入电缆（光缆）的容量、数量确定，并预留日后发展的余量。建筑物面积小于 20000m^2 时，宜采用一至两处，每处 3～6 根外径 63～102mm 的钢管；面积大于 20000m^2 时，宜采用两至三处，每处 6～9 根外径 63～102mm 的钢管；室外引入的金属钢管内壁应光滑，其管身和管口不得变形和有毛刺。

第 12 款 通信管道的段长按人孔间距位置而定。每段管道应按直线敷设，且应便于线缆的敷设。水泥管和塑料管等管道的段长不宜超过 120m。管道敷设遇道路弯曲或需绕越地上、地下障碍物，宜在弯曲点设置人孔；弯曲管道的段长较短时，可建弯曲管道。弯曲管道的段长应小于直线管道最大允许段长。

水泥管道弯管道的曲率半径应不小于 36m，塑料弯管道的曲率半径不宜小于 20m。弯管道内应尽量减少电缆敷设时的侧压力。同一段管道不应有反向弯曲（即“S”形弯）或弯曲部分的中心夹角大于 90°的弯管道（即“U”形弯）。

20.7.5 建筑群内通信电缆配线设计

第 1 款 进入交接箱内的主干电缆、配线电缆的用户预测阶段和满足年限，均应以电缆开始运营时作为计算起点，近期为 5 年，中期为 10 年，远期为 15～20 年。

第 3 款 建筑群内与通信主干电缆连接的交接设备亦可采用室外落地式、室外架空式或室外挂墙式交接箱。

第 6 款 建筑群内通信管道中主干电缆应采用 HYA 型等非填充型（充气型）市内电话通信电缆，是因为管道及人孔中容易积水，采用充气型电缆实行充气维护，能及时发现电缆故障并及时排除，不致对建筑群内通信网造成大的影响和损失，所以考虑选用充气型电缆较合理。直埋式通信电缆可选用带铠装充油膏填充型电话通信线缆。同时其他敷设方式的线缆可根据具体的使用场合综合选定，参见表 20-9 中有关配置要求。

第 13 款 直埋式电缆需引入建筑物内分线设备时，应换接或采取非铠装方法穿钢管引入。如引至分线设备的距离在 10m 以内时，则可将铠装层脱去后穿钢管引入。

20.7.6 建筑群内通信光缆配线设计

第 2 款 通信光缆可采用最佳使用工作波长在 1310nm 区域，并能在工作波长 1550nm 区域使用的单模光纤线缆，或可采用工作波长在 850nm，并能在工作波长 1300nm 区域使用的多模光纤线缆。光缆结构宜优先选用松套充油膏结构。光缆宜采用无金属线对光缆。在雷击高发地区，光缆中心加强芯应采用非金属构件。

表 20-9 各种主要型号电缆的使用场合

电缆类型	无外护层电缆	自承式	有外护层电缆				
			单层钢带纵包	双层钢带纵包	双层钢带纵包	单层细钢丝绕包	单层粗钢丝绕包
电缆型号代码	HYA	HYAC	—	—	—	—	—
	HYFA	—	—	—	—	—	—
	HYPA	—	—	—	—	—	—
	HYAT	—	HYAT53	HYAT553	HYAT53	HYAT23	HYAT43
	HYFAT	—	HYAT53	HYAT553	HYAT23	—	—
	HYPAT	—	HYAT53	HYAT553	HYAT23	—	—
主要使用场合	管道或架空	架空	直埋	直埋	直埋	水下	水下

第 8 款 直埋式通信光缆宜采用 PE 内护套＋钢-铝-聚乙烯粘接护套＋PE 外护套等光缆结构。

第 9 款 直埋式通信光缆在特殊场合敷设：

①直埋式通信光缆敷设在坡度大于 20 度、坡长大于 30m 的斜坡地段宜采用“S”形敷设；

②直埋式通信光缆不宜敷设在地下水位高、常年积水、车行道以及常有挖掘可能的地方；

③直埋式通信光缆的埋深为 0.7～0.9m。当直埋式通信光缆在石质、半石质地段敷设时，应在沟底和光缆上方各铺 100mm 厚的细土或砂。

第 13 款 通信光缆接续箱（盒）应采用密封防水结构，并具有耐腐蚀、耐压、抗冲击力机械结构性能；光纤接续宜采用熔接法；光纤固定接头的指标应满足链路通信的要求。

21 综合布线系统

21.1 一 般 规 定

21.1.2 综合布线系统采用开放式星形拓扑结构，该结构下的每个分支子系统都是相对独立的单元，对每个分支单元系统改动都不影响其他子系统。只要改变节点连接就可使网络在星形、总线形、环形等各种类型网络间进行转换。

21.1.3 综合布线系统中不同级别的系统支持不同的带宽和网络应用，综合布线链路中选用的配线电缆、连接器件、跳线等性能和类别必须全部满足该系统级别传输性能的要求，考虑终端设备的互换性，允许配线子系统选用的电缆和连接硬件的传输性能高于本系统级别。

21.1.4 综合布线系统作为建筑物的基础设施，应满足多家电信业务经营者提供通信和信息业务的要求。

21.2 系 统 设 计

21.2.1 本规范参照国际标准《信息技术——用户建筑综合布线》ISO/IEC 11801/2002—09，符合现行国家标准《综合布线系统工程设计规范》GB 50311 的规定，将综合布线的设计内容分为七个部分。

进线间一般是提供给多家电信业务经营者使用，通常设于地下一层。进线间主要作为室外电缆、光缆引入楼内的成端与分支及光缆的盘长空间位置。对于光缆至大楼（FTTB）、至用户（FTTH）、至桌面（FTTO）的应用及容量日益增多，进线间就显得尤为重要。由于许多商用建筑物地下一层环境条件已大大改善，也可安装电缆、光缆的配线架设备及通信设施。在不具备单独进线间或入楼电缆、光缆数量及入口设施较少时，建筑物也可以在入口处采用挖地沟或使用较小的空间完成缆线的成端与盘长，入口设施则可安装在设备间，但宜单独的设置场地，以便功能分区。

21.2.3 工作区

第 1 款 工作区是包括办公室、机房、会议室、工作间等需要电话、计算机终端等设施的区域和相应设备的统称。

第 2 款 每一个工作区信息点数量的确定范围比较大，从现有的工程情况分析，从设置 1 个至 10 个信息点的现象都存在。因为建筑物用户性质不一样，功能要求和实际需求不一样，信息点数量不能仅按办公楼的模式确定，尤其是对于专用建筑（如电信、金融、体育场馆、博物馆等）更应加强需求分析，作出合理的配置。

21.2.4 配线子系统中电信间 FD 与电话交换配线及计算机网络设备之间的连接方式应符合图 21-1 和图 21-2 的要求。

1 电话交换配线的连接方式

2 计算机网络设备连接方式

1）经跳线连接

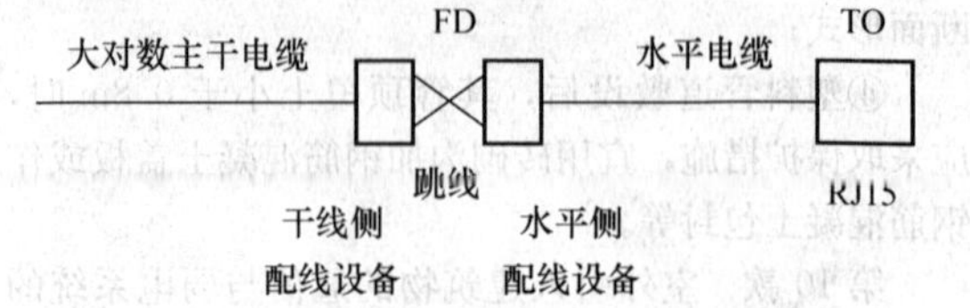

图 21-1 语音系统连接方式

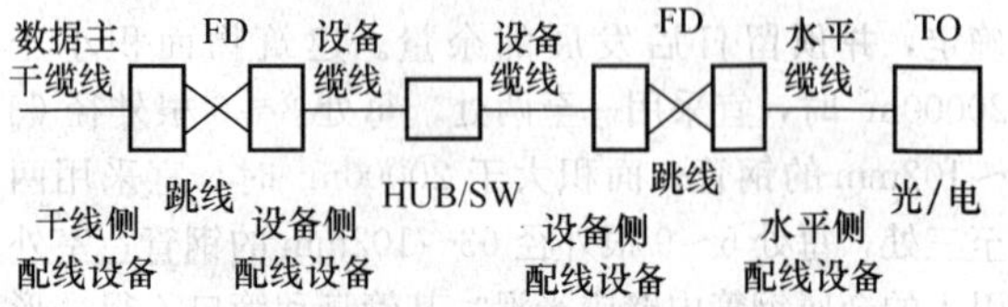

2）经设备缆线连接

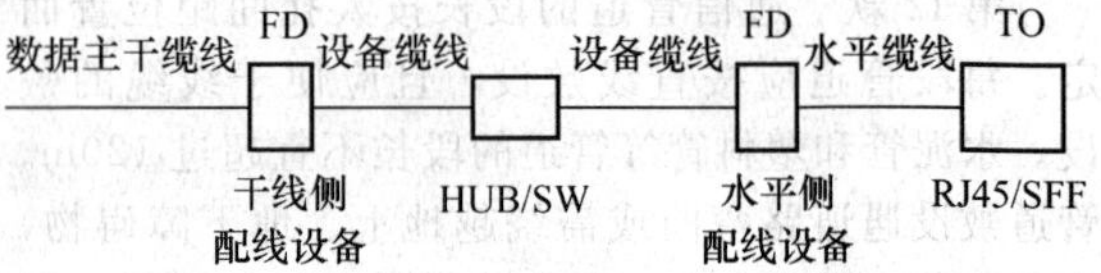

图 21-2 数据系统连接方式

21.2.5 第 2 款 点对点端接是最简单、最直接的接合方法，大楼电信间的每根干线电缆直接从设备间延伸到指定的楼层和电信间。

分支递减端接是用一根大对数干线电缆来支持若干个电信间或若干楼层的通信容量，经过电缆接头保护箱分出若干根小电缆，它们分别延伸到电信间，并端接于目的地的连接器件。

21.2.9 综合布线的各种配线设备，应用色标区分干线电缆、配线电缆或设备端接点，同时，还应用标记条标明端接区域、物理位置、编号、容量、规格等，以便维护人员在现场一目了然地加以识别。

21.3 系 统 配 置

21.3.1 2002 年 6 月，TIA/EIA 委员会正式发布六类布线标准。在 TIA/EIA—568B.2—10 标准中规定了 6e 类布线系统支持的传输带宽为 500MHz。

21.3.3 本条文列出了 ISO11801/2002—09 版中对水平缆线与主干缆线之和的长度规定。为了使工程设计人员了解布线系统各部分缆线长度的关系及要求，特依据 TIA/EIA568—B.1 标准列出表 21-1，供工程设计参考。

表 21-1 综合布线系统主干缆线长度限值

缆线类型	各线段长度限值（m）		
	A	B	C
100Ω 对绞电缆	800	300	500
62.5μm 多模光缆	2000	300	1700
50μm 多模光缆	2000	300	1700

续表 21-1

缆线类型	各线段长度限值（m）		
	A	B	C
单模光缆	3000	300	2700

注：1　如B距离小于最大值时，C为对绞电缆的距离可相应增加，但A的总长度不能大于800m；

2　表中100Ω对绞电缆作为语音的传输介质；

3　单模光纤的传输距离在主干链路时可达60km；

4　对于电信业务经营者在主干链路中接入电信设施能满足的传输距离不在本规定内；

5　在总距离中可以包括入口设施至CD之间的缆线长度。

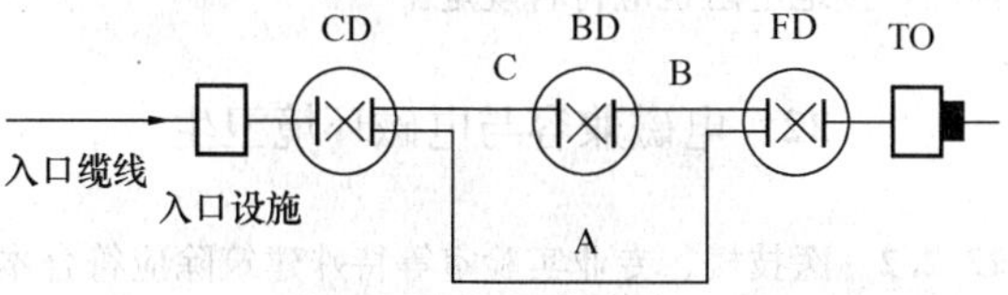

图 21-3　综合布线系统主干缆线组成

21.3.4　综合布线系统的信道、永久链路、CP链路的划分，应符合图21.3.4中的连接方式，通常信道是由90m水平缆线和10m的跳线和设备缆线及4个连接器件组成，而大多数F级的永久链路则由90m水平缆线和2个连接器件组成（不包括CP）。

21.3.5～21.3.8　综合布线系统在进行系统配置设计时，应充分考虑用户近期与远期的实际需要与发展，使之具有通用性和灵活性，尽量避免布线系统投入正常使用以后，较短的时间又要进行扩建与改建，造成资金浪费。一般来说，布线系统的水平配线应以远期需要为主，垂直干线应以近期实用为主。

为了说明问题，以一个工程实例来进行设备与缆线的配置。例如建筑物的某一层共设置了200个信息点，计算机网络与电话各占50%，即各为100个信息点。

——语音部分

1　FD水平配线模块按连接100根4对的水平电缆配置；

2　语音主干的总对数按水平电缆总对数的25%计，为100对线的需求；如考虑10%的备份线对，则语音主干电缆总对数为110对；

3　FD干线侧配线模块可按大对数主干电缆110对卡接端子容量配置。

——数据部分

1　FD水平侧配线模块按连接100根4对的水平电缆配置。

2　数据主干缆线；

1）最小量配置：以每个HUB/SW为24个端口计，100个数据信息点需设置5个HUB/SW；以每4个HUB/SW为一群（96个端口）设置1个主干端口，则需设2个主干端口；如主干缆线采用对绞电缆，每个主干端口需设4对线，则线对的总需求量为16对；如主干缆线采用光缆，每个主干光端口按2芯光纤考虑，则光纤的需求量为8芯；

2）最大量配置：同样以每个HUB/SW为24端口计，100个数据信息点需设置5个HUB/SW；以每一个HUB/SW（24个端口）设置1个主干端口，加上两个备份端口，则共需设置7个主干端口；如主干缆线采用对绞电缆，以每个主干电端口需要4对线，则线对的需求量为28对。

如主干缆线采用光缆，每个主干光端口按2芯光纤考虑，则光纤的需求量为14芯。

3　FD干线侧配线模块可根据主干电缆或光缆的总容量加以配置。

配置数量计算得出以后，再根据电缆、光缆、配线模块的类型、规格加以选用，作出合理配置。

用于计算机网络的主干缆线，推荐采用光缆。用于电话的主干缆线推荐采用对绞电缆，并考虑适当的备份，以保证网络安全。由于工程的实际情况比较复杂，不可能按一种模式，设计时还应结合工程的特点和需求加以调整应用。

21.3.10　各段缆线长度计算公式（21.3.10-1）是采用非屏蔽电缆时的计算公式，当采用屏蔽电缆时，公式应采用

$$C=(102-H)/1.5。$$

21.4　系统指标

21.4.2　新的国际标准中，将术语“衰减”改为“插入损耗”，用于表示链路与信道上的信号损失量。在本规范中衰减串音比（ACR）、不平衡衰减和耦合衰减的指标参数中仍保留“衰减”这一术语，但在计算ACR、RSACR、ELFEXT和PSELFEXT值时，使用相应的插入损耗值。

21.4.3　本规范综合布线系统的各项指标值参照ISO/IEC 11801/2002—09标准中的指标值。ISO/IEC 11801/2002—09标准中列出了不同频率时的计算公式和相对频率对应的具体数值表格两种方式，本规范附录L中仅列出相对频率对应的具体数值表格。

21.5　设备间及电信间

21.5.2　综合布线系统设备间主要安装总配线设备。电话、计算机等各种主机设备及其进线保安设备不属综合布线工程的范围，但可合装在一起。当分别设置时，考虑到设备电缆有长度限制的要求，安装总配线

架的设备间与安装程控电话交换机及计算机主机的设备间的距离不宜太远。

一个 10m² 的设备间大约能安装 5 个 19″标准机柜，在机柜中安装电话大对数电缆多对卡接式模块和数据主干缆线配线设备模块，大约能支持 6000 个信息点（其中语音和数据信息点各占一半）的配线设备安装空间。

21.5.3 电信间主要为楼层安装配线设备和楼层计算机网络设备的场地。一般情况下，主要用 19″标准机柜安装，机柜尺寸通常为 600mm（宽）×900mm（深）×2000mm（高），共有 42U 的安装空间。

21.7 缆线选择和敷设

21.7.1 关于综合布线系统所处环境允许存在的电磁干扰场强的规定，考虑了下列因素：

1 在国家标准《通常的抗干扰标准》GB/T 17799.1 中，规定居民区、商业区的干扰辐射场强为 3V/m，按《抗辐射干扰标准》GB/18039.1 的等级划分，属于中等 EM 环境；

2 在原邮电部电信总局编制的《通信机房环境安全管理通则》中，规定通信机房的电场强度在频率范围为 0.15～500MHz 时，不应大于 130dBμV/m，相当于 3.16V/m。

参考以上两项规定，对电场强度作出 3V/m 的规定。

21.7.2 铜缆的命名可以按照以下推荐的方法统一命名。

铜缆命名方法如下：

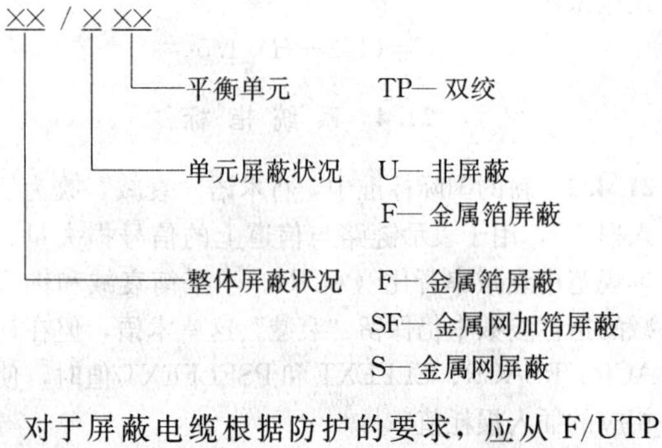

对于屏蔽电缆根据防护的要求，应从 F/UTP（电缆金属箔屏蔽）、U/FTP（线对金属箔屏蔽）、SF/UTP（电缆金属编织网加金属箔屏蔽）、S/FTP（电缆金属箔编织网屏蔽加上线对金属箔屏蔽）中选用。

21.7.6 综合布线缆线的布放方式对于某些生产厂商提供的 6 类电缆不要求完全做到平直和均匀，甚至可以不绑扎，以减少对绞电缆之间串音对传输信号的影响。

21.8 电气防护和接地

21.8.1 综合布线电缆与电力电缆的间距要求，是参考《商用大楼电信通道和间距标准》TIA/EIA569 标准制定的。

当建筑物在建或已建成但尚未投入运行时，为确定综合布线系统的选型，应测定建筑物环境的干扰场强度，根据取得的数据和资料，选择合适的器件和采取相应的措施。

光缆布线具有最佳的防电磁干扰性能，在电磁干扰较严重的情况下，是比较理想的防电磁干扰布线系统。

21.8.5 综合布线应有良好的接地系统，且每一楼层的配线柜都应采用适当截面的导线单独布线至接地体，也可采用竖井内集中用铜排或粗铜线引到接地网。不管采用何种方式，导线或铜导体的截面应符合标准，接地电阻也应符合规定。

22 电磁兼容与电磁环境卫生

22.2.2 医技楼、专业实验室等特殊建筑除应符合本规范的规定外，还应根据项目的特殊性作进一步的考虑。常见的措施有设备屏蔽罩、屏蔽机房等。

22.2.5 本条规定依据国家标准《环境电磁波卫生标准》GB 9175－88，建筑物内部场强的测试应按该标准规定的方法进行。

22.3.1 本条规定引自国家标准《电能质量 公用电网谐波》GB/T 14549－1993。

22.3.2 供配电系统的谐波治理

第 1 款 由二次侧负载产生的三次及其倍数次谐波会在 D，yn11 接线组别变压器的一次侧形成绕组内环流，故可有效地防止此类谐波经变压器传入一次侧的电网中。也正因为如此，这种变压器的一次绕组将可能出现更高的温升，故应适当降低其负载率。有些国家主张采用 K 值变压器，K 值代表变压器对谐波电流所致温升的承受能力。

第 6 款 大功率谐波骚扰源一般可界定为设备功率大于所在变压器容量的 8%，且 THD_i 大于 35%的用电设备。

第 8 款 最简单有效的低阻抗设计方法是将从变压器至大功率谐波骚扰源的馈线截面放大，具体可参照设备样本所供参数进行设计。

第 9 款 功率因数补偿电容器组所配的电抗器应与工程中所针对的谐波数相匹配。

22.5.3 主要指大功率 UPS 等谐波源，最简单有效的低阻抗设计方法为将从变压器至大功率谐波骚扰源的馈线截面放大，具体可参照设备样本所供参数进行设计。

22.7.1 不同电压等级的电力电缆，如 10kV、6kV、0.4kV 的电力电缆应分别穿导管或在不同的电缆桥架内敷设；电力电缆不得与电子信息系统的传输线路合用保护导管和线槽；信号电压明显不同的电子信息系统的传输线路，例如，同为模拟信号的音响广播传输线路与有线电视广播传输线路等，也不得合用保护导管和线槽；不同信号类型的传输线路，例如，模拟信号与数字信号，不宜合用保护导管和线槽。

22.7.2 广播线路的工作电压通常为100V或70V，明显高于其他电子信息系统传输线路的工作电压，且其工作电流也相对较大，容易对其他电子信息系统产生干扰，故也需作一定程度的限制。

22.7.4 为保证保护导管的屏蔽效果，应使保护导管可靠连接并接地。

22.8.3 彼此间采用无金属增强线的光缆连接、设置信号隔离变压器、采用微波传输网络等方法均可阻断高电压的传递途径。

22.8.5 做成封闭环是为消除等电位网络中任意两点间的电位差，确保各点之间的电位相等。

22.8.6 图22-1～图22-4为各种不同的等电位联结网络及其适用范围。

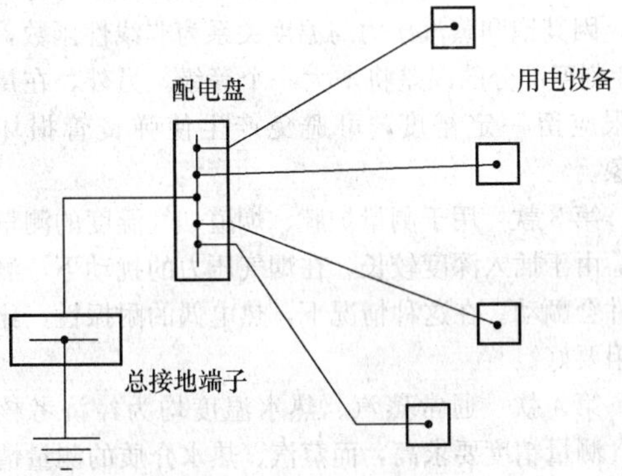

图22-1 星形接地网络

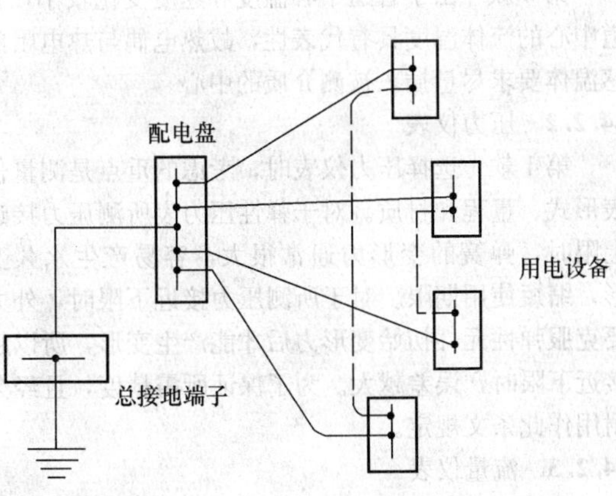

图22-2 星形接地网络

22.8.7 这是为了确保联结导体在高频下仍具有较小的阻抗。

22.8.9 这是为了避免UPS输出端中性点悬浮。

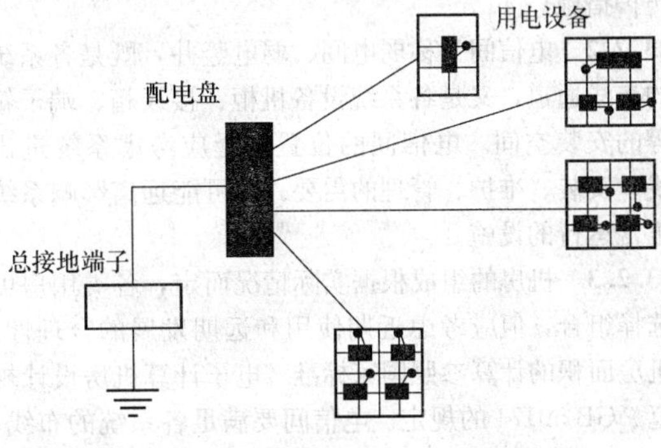

图22-3 多个网状联结的接地网络

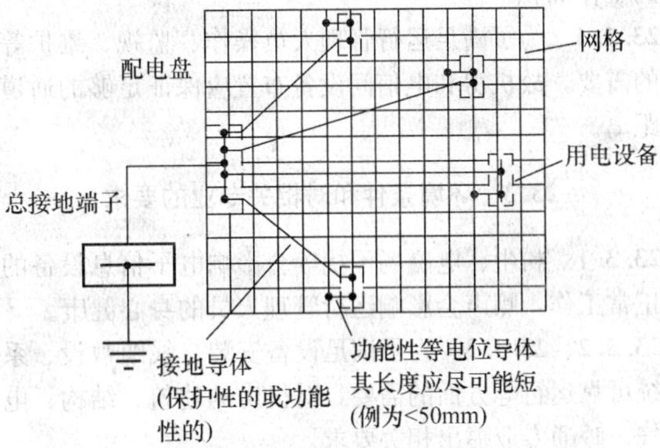

图22-4 公共网状联结的接地网络

23 电子信息设备机房

23.1 一般规定

23.1.1 本章适用于民用建筑物（群）所设的各类电子信息设备机房及电信间，对于主机房建筑面积大于或等于140m^{2}的计算机房与电话交换机房应符合国家相关设计规范的规定。

23.1.2 各类电子信息设备分类合设机房，可节约机房面积，减少值班人员，方便管理，有利于系统集成。

23.1.3 对于高层建筑或电子信息系统较多的多层建筑，其布线种类、设备机柜、接线箱等较多，故应设置电信间。

23.1.5 电子信息技术发展很快，建筑智能化系统的内容在不断增加。因此在设计中，智能化系统设计与建筑设计人员应密此切配合，为各智能化系统的运行及其发展留出适度的面积，使机房能满足系统扩容、更新和增加新系统等发展的需要。

23.1.6 地震发生时，机房和设备不应遭到破坏。

23.2 机房的选址、设计与设备布置

23.2.1 漏水、粉尘、有害气体、振动冲击、电磁场干扰等会影响电子信息系统的正常工作，机房位置选择应尽可能远离产生上述影响源的场所或采取必要的

防护措施。

23.2.2 电信间又称弱电间、弱电竖井，既是各系统的布线通道，又是各系统设备机柜、接线箱、端子箱等的安装空间。电信间的位置选择应考虑系统进出线、安装、维护、管理的需要，尽可能远离影响系统正常运行的设施。

23.2.3 机房的组成根据实际情况而定，各类用房可选择组合，但应考虑近期使用和远期发展的合理性。机房面积的计算参照国家标准《电子计算机房设计规范》GB 50174 的规定。电信间要满足各系统的布线、设备机柜等的安装以及维护管理的需要，应保证必要的工作面积。

23.2.4 为了满足运行管理人员操作、监视、维护等的需要，故机房和电信间设备布置应保证足够的通道距离。

23.3 环境条件和对相关专业的要求

23.3.1 粉尘、电磁场干扰等会影响电子信息设备的正常工作，噪声会影响运行管理人员的身心健康。

23.3.2、23.3.3 为了满足设备安装、线缆敷设、系统可靠运行等方面的需要，对机房的建筑、结构、电气、暖通专业提出相关要求。

23.4 机房供电、接地及防静电

为了保证电子信息系统安全、可靠的运行，以及运行管理人员的人身安全，对机房的供电、接地及防静电设计提出相关要求。

23.5 消 防 与 安 全

由于机房在建筑物中的重要性，机房的设计应考虑在正常情况下和非正常情况下的使用需要，还要考虑本身的安全，在非正常情况下尽量减少损失。

24 锅炉房热工检测与控制

24.1 一 般 规 定

24.1.1 本章内容涵盖民用蒸汽锅炉房和住宅小区集中供热热水锅炉房的热工检测与控制。

第1款 蒸汽锅炉房主要用于我国北方诸如大型医院等项目。由于医院长年采用蒸汽消毒、食堂蒸饭、夏季制冷（为溴化锂制冷机组供气）及冬季采暖（经过热交换器）供热，炉型统一便于管理。民用蒸汽锅炉额定蒸发量最大为20t/h，20t/h以上的蒸锅炉多为工业和热电站用。

第2款 近年来，我国长江以北，尤其东北高寒地区为了治理环境污染，许多效率低、污染大的小型热水锅炉被拆除。住宅小区供暖朝着集中供热方向发展，热水锅炉的容量越来越大，出现了多台58MW大型热水锅炉并列运行的情况。

24.1.2 本条文的目的是提醒设计人员在作锅炉房仪表设计时，注意与报警系统、计算机监视或各种巡检装置的检测项目综合考虑，不要重复设置检测环节（需要者除外）以减少投资。

24.1.3 在满足锅炉安全、经济运行的前提下，检测仪表要精简，其目的是节约投资和减少运行维护费用。

24.1.4 过程参数的检测控制仪表种类繁多，规格不一，有的仪表价格比较昂贵。因此，在满足工艺要求的前提下，应根据工程大小、投资状况、技术指标要求等综合考虑确定。

24.2 自动化仪表的选择

24.2.1 温度仪表

第1款 就地式温度仪表当选用双金属温度计时，通常安装在便于观察的地方，刻度盘直径宜大于100mm以满足视觉要求。

第2款 压力式温度计量程范围最好在满量程的1/3～3/4之间，尤其无蒸发液体的温度计要特别注意，因其饱和蒸汽压力与温度关系为非线性函数，在1/3刻度部分的误差将增大一个等级。另外，在量程上限应留一定裕度，可避免产生使弹簧管损坏的现象。

第3款 用于测量炉膛、烟道烟气温度的测量元件，由于插入深度较长，在烟气压力的扰动下，测温元件会颤动。在这种情况下，热电偶的耐振性，比热电阻要好。

第4款 通常蒸汽、热水温度均为经济考核参数，测量精度要求高，而蒸汽、热水介质的测量情况无机械振动，且在热电阻的测量范围内，故应采用热电阻。

第5款 由于管道中心温度和速度变化较小，管道中心的流体温度具有代表性，故热电偶与热电阻的感温体要求尽量插入被测介质的中心。

24.2.2 压力仪表

第1款 选择压力仪表时，考虑的重点是测量仪表形式、量程和材质。对于弹性压力表所测压力接近上限时，弹簧的变形力通常很大，容易产生永久变形，缩短使用期限。对于所测压力接近下限时，外力要克服弹性元件初始变形力后才能产生变形，所以越接近下限时，误差越大。为了保证所需精度，且经久耐用作此条文规定。

24.2.3 流量仪表

第2款 目前国内锅炉房热工检测与控制系统设计中，流量测量仪表多采用标准节流装置。由于标准节流装置适用面较广、通用程度高、造价相对便宜等优点得到广泛采用。

因此，本条文规定，一般流体（蒸汽、液体）流

量测量仪表应选择标准节流装置配用差压式流量计。当标准节流装置不能满足要求时，才选用其他类型的流量计。

24.2.4 液位仪表

第1款 采用差压计测量密闭容器的液位，通常容器的低水位测量接管设在满量程的10%处，以防止水位波动较大时，克服水枯或水满带来的不利影响。正常水位定在满量程的30%是保证水位在上、下最大的波动范围内仍可测量。

第2款 为消除平衡容量两层套筒内水温不等而使其重度不同所引起的示值误差，双室平衡容器应采用温度补偿型。

24.2.5 分析仪表

第2款 磁导式氧量分析仪用于连续自动分析混合气体中氧气含量，测量过程中不改变被分析气体的形态。对于烟道气体含氧量测量具有反应速度快、稳定性好等优点，在0～100%的范围内均可测量。

氧化锆氧量分析仪测量烟气含氧量具有反应迅速、迟延小、结构简单可用来测量高温烟气（600～800℃）等优点，在燃煤锅炉房中得到广泛应用。

24.2.6 显示、记录、调节仪表

第1款第1项 因数字式显示仪表与动圈式显示仪表相比具有精度高、读数直接方便的优点，故在工程中推荐使用。但对一些小型锅炉或投资少的锅炉房也可采用动圈式显示仪表。

采用色带指示仪测量汽包水位是基于其显示直观、形象，故在工程中大量采用。

第1款第6项 一个调节系统由手动切换到自动，或由自动切换到手动都不应该影响调节器输出的变化。无扰切换是设计一个调节系统时必须考虑的问题，要实现无扰切换必须选择有自动跟踪功能的调节器。

第1款第7项 调节器的上、下限限幅同操作器的上、下限限位都是为了限制执行机构的动作范围，以保证锅炉的安全。具体选用时，如果操作器没有限位功能则调节器就要有限幅功能。当调节系统中调节器和操作器都具有限幅和限位功能时，可将调节器的输出限幅作为Ⅰ限值，操作器的限位作为Ⅱ限值，可提高系统的安全性和可靠性。

24.2.7 电动执行器及调节阀口径的选择

第3款 调节阀阀径是根据计算其流量系数 K_v 值选取的。在公式（24.2.7-1）、（24.2.7-4）中，W_{Lmax}、W_{gmax} 为最大流量，当工艺能够提供该参数的数值时，应以工艺提供的为准。当工艺不能确定时，最大流量的选择应不小于常用流量的1.25倍。

第4款 雷诺数是一个用来证明流体在管道内流动状态的无量纲数。通过雷诺数可判断流体的流动状态是层流还是湍流。因为流量系数是在湍流下测得的，当雷诺数大于3500时，流体为湍流状态可不作低雷诺数修正。当小于3500时，流体逐步进入层流状态。对于计算的 K_v 值，必然会导致较大的误差。因此，对雷诺数偏低的流体在 K_v 值计算时必须进行修正。其修正方法参见相关设计手册。

第6款 在计算调节阀流量系数公式中的常数是在调节阀直径与管道直径相同，而且保证一定直管长度的情况下，通过实验取得的。

但在实际工程中往往不能满足这个条件，特别是调节阀的公称通径小于管道直径，阀两端必然会装有渐缩或渐扩接头等过渡件，因此，加在阀两端的阀压降 Δp 便会小于计算阀压降，使阀的实际流量系数减小。因此，对未考虑附接管件时算得的流量系数要加以修正。其计算可按下式进行：

$$K'_v = \frac{K_v}{K_{Lp}} \tag{24-1}$$

式中 F_{Lp}——有附接管件时的压力恢复管件形状组合修正系数（其值可根据 D/d 比值，在设计手册中各种调节阀的系数值表中查得）。

第7款 经验法是经过大量的工程计算总结出来的结论。使用经验法的前提是保证工艺管道设计是合理的，否则，仍将采用计算法。

24.3 热工检测与控制

24.3.1～24.3.7 本节条款规定了锅炉机组和水处理系统热工参数需要检测的内容，对于存在安全隐患的参数做了必须装设监测仪表的规定。对于一些用于经济核算和经济运行的参数界定了应装设监测仪表的范围。

24.3.8 由于小于或等于4t/h的蒸汽锅炉，其蒸发量比较小，安装这种小型锅炉的用户往往对蒸汽质量要求不是很高。因此，配备位式给水自动调节装置是比较简单，易于实现，经济实用的控制方案。

对于等于或大于6t/h的蒸汽锅炉，推荐设置连续给水自动调节装置。至于采用单冲量、双冲量、三冲量水位调节尚应根据锅炉的大小和负荷的具体情况选择，本规范未作具体规定。

24.3.9、**24.3.10** 为保证锅炉安全运行，并能在故障状态下确保锅炉本体不受损坏，制定本条款。

24.3.11 此条规定有两个目的：①提高设备运行的自动化水平，降低运行管理人员的工作强度。②提高蒸汽质量，同时使锅炉运行在最佳风煤比状态，以达到节省能源、降低运行成本。因此，推荐采用燃烧自动调节装置。

24.3.12 对于热力除氧器设置水位调节的主要目的是维持除氧水箱水位稳定，同时，也是维持给水泵吸入口压力稳定。这有利于给水泵的安全运行（水位太低，可能使给水泵入口汽化）和保证除氧效果（水位太高，可能淹没除氧头，影响除氧效果）。

用蒸汽把进入除氧器的水加热到沸点，把水中的氧气排掉以减小锅炉和金属管道的腐蚀。除氧效果与加热时的饱和温度有关，饱和温度稳定，除氧效果就好，一定的饱和温度对应一定的饱和压力。因此，维持除氧器压力稳定，就可以使饱和温度稳定。所以，要设置蒸汽压力自动调节装置。

24.3.13 用喷射器（或真空泵）将除氧器内压力抽成一定的真空度，进入除氧器的水首先加热到与除氧器内相应压力下的饱和温度以上 0.5～1.0℃，然后送入除氧器。由于被除氧的水有过热度，故一部分被汽化，另一部分水处于沸腾状态，水中的气体（主要是氧气）被分解出来，被喷射器排出器外达到除氧的目的。由于进入除氧器的水温度的高、低直接影响到除氧效果的好坏，因此真空除氧器的进水温度应设自动调节装置。

24.3.14 两台及以上除氧器并列运行时，除蒸汽空间用汽平衡管连接外，除氧水箱也用水平衡管连接起来。这对保证锅炉给水泵的安全运行是有利的，但对水位调节、压力调节就不太有利。因为，所有除氧器水箱通过水平衡管连接起来互相干扰，特别是压力控制不好时，水位波动更大。另外，多台除氧器并列运行时，其压力调节对象是一种耦合对象，容易产生振荡。因此，调节系统应重点解决稳定性问题。一台除氧器的水位、压力利用 PI（比例积分）调节规律，其余采用 P（比例）调节规律是提高调节系统稳定性的重要措施之一。

24.4 自动报警与连锁控制

24.4.1、24.4.2 为使锅炉机组及水处理系统设备安全运行，对于一些重要的参数设置了自动报警。当这些参数超出报警阈值，就有可能使设备损坏。因此，对于存在安全隐患的参数设置自动报警装置， 但出现异常现象立即发出警报，提示管理人员及时处理。

24.8 取源部件、导管及防护

24.8.2 本条规定主要是从测量精度方面考虑的。测温元件装设在管道和设备的死角处，因介质不流通，受散热影响，不能反映真实温度。

在有涡流的地方压力波动较大，取压口设在此处，亦不能反映真实压力。

压力取源部件和测温元件在同一管段上邻近安装时，如果测温元件安装在上游，将破坏管道内介质的流场，使测温元件附近的压力产生扰动，对邻近的压力测量非常不利。因此，作出了压力取源部件应安装在测温元件上游的规定。

24.8.3 测量含固体颗粒介质（如烟气）的压力时，取源部件设置在管道（烟道）上方的目的是防止固体颗粒落入测量管路，造成管路堵塞，影响测量。

24.11 锅炉房计算机监控系统

24.11.1 近年来，随着计算机在工控领域的普及及成本不断降低，锅炉机组利用计算机进行监控的工程越来越多，技术上日趋成熟。对于相同吨位的锅炉与采用模拟量组合仪表相比，计算机监控系统具有可靠性高、监控性能强、操作方便等优点，尤其在采用锅炉燃烧自动调节时，更具优势。

因此，本规范推荐在 24.11.1 所述情况下宜采用计算机监控系统。

中华人民共和国行业标准

蒸压加气混凝土建筑应用技术规程

Technical specification for application of autoclaved aerated concrete

JGJ/T 17—2008
J 824—2008

批准部门：中华人民共和国住房和城乡建设部
施行日期：2 0 0 9 年 5 月 1 日

中华人民共和国住房和城乡建设部
公　告

第153号

关于发布行业标准《蒸压加气混凝土建筑应用技术规程》的公告

现批准《蒸压加气混凝土建筑应用技术规程》为行业标准，编号为JGJ/T 17—2008，自2009年5月1日起实施。原《蒸压加气混凝土应用技术规程》JGJ/T 17—84同时废止。

本规程由我部标准定额研究所组织中国建筑工业出版社出版发行。

中华人民共和国住房和城乡建设部

2008年11月14日

前　言

根据原建设部关于发布《一九八八年工程建设标准规范制订计划》（草案）的通知（计标函［1987］78号）的要求，规程编制组经广泛调查研究，认真总结实践经验，参考有关国际标准和国外先进标准，并在广泛征求意见的基础上，全面修订了本规程。

本规程的主要技术内容是：1. 总则；2. 术语、符号；3. 一般规定；4. 材料计算指标；5. 结构构件计算；6. 围护结构热工设计；7. 建筑构造；8. 饰面处理；9. 施工与质量验收。

本规程修订的主要技术内容是：

1. 根据现行国家标准《建筑结构可靠度设计统一标准》GB 50068，修改过去的安全系数法为以概率理论为基础的极限状态设计方法，以分项系数设计表达式进行计算；

2. 砌体的材料分项系数由原规程的$\gamma_f=1.55$提高到$\gamma_f=1.6$，适当提高了结构可靠度；

3. 根据实际工程的事故调查总结，对受弯板材中的配筋，规定上下层钢筋网必须有箍筋相连接；同时，为了不使屋面板脱落而要求设置预埋件，与屋架或圈梁焊接；

4. 将上墙含水率改为宜小于30%，同时又规定了墙体抹灰前含水率为15%～20%；

5. 为解决抹灰裂缝问题，总结以往经验，在抹灰材料、施工工艺及构造措施方面，提出相应规定；并推广在实践中行之有效的专用砌筑砂浆和抹灰材料，以防止墙体裂缝；

6. 根据现行国家标准《蒸压加气混凝土砌块》GB 11968、《蒸压加气混凝土板》GB 15762及检测的加气混凝土热工数据，调整了加气混凝土材料导热系数和蓄热系数计算值的数据；

7. 为适应建筑节能形势的要求及扩大加气混凝土的应用，增加了03级、04级加气混凝土的热工参数；

8. 根据国家现行标准《夏热冬冷地区居住建筑节能设计标准》JGJ 134和《夏热冬暖地区居住建筑节能设计标准》JGJ 75的要求，增加了这两个地区加气混凝土围护结构低限保温厚度的选用表。

本规程由住房和城乡建设部负责管理，由北京市建筑设计研究院负责具体技术内容的解释。

本规程主编单位：北京市建筑设计研究院（地址：北京市南礼士路62号，邮编：100045）
哈尔滨市建筑设计院

本规程参编单位：清华大学
浙江大学建筑设计研究院
中国建筑科学研究院
中国建筑东北设计研究院
武汉市建筑设计院
上海建筑科学研究院
北京加气混凝土厂

本规程主要起草人：顾同曾　周炳章　过镇海
严家禧　蒋秀伦　何世全
高连玉　杨善勤　夏祖宏
杨星虎　崔克勤

目　次

1　总则 ………………………………… 2—3—4
2　术语、符号 ………………………… 2—3—4
2.1　术语 ………………………………… 2—3—4
2.2　符号 ………………………………… 2—3—4
3　一般规定 ……………………………… 2—3—5
4　材料计算指标 ………………………… 2—3—5
5　结构构件计算 ………………………… 2—3—6
5.1　基本计算规定 ……………………… 2—3—6
5.2　砌体构件的受压承载力计算 ……… 2—3—6
5.3　砌体构件的受剪承载力计算 ……… 2—3—7
5.4　配筋受弯板材的承载力计算 ……… 2—3—7
5.5　配筋受弯板材的刚度计算 ………… 2—3—7
5.6　构造要求 …………………………… 2—3—8
6　围护结构热工设计…………………… 2—3—8
6.1　一般规定 …………………………… 2—3—8
6.2　围护结构热工设计 ………………… 2—3—9
7　建筑构造 ……………………………… 2—3—10
7.1　一般规定 …………………………… 2—3—10
7.2　屋面板……………………………… 2—3—10
7.3　砌块………………………………… 2—3—11
7.4　外墙板……………………………… 2—3—11
7.5　内隔墙板…………………………… 2—3—11
8　饰面处理……………………………… 2—3—12
9　施工与质量验收 ……………………… 2—3—12
9.1　一般规定…………………………… 2—3—12
9.2　砌块施工…………………………… 2—3—12
9.3　墙板安装…………………………… 2—3—13
9.4　屋面工程…………………………… 2—3—13
9.5　墙体抹灰…………………………… 2—3—13
9.6　工程质量验收……………………… 2—3—13
附录A　蒸压加气混凝土隔墙隔声性能 ………………………… 2—3—13
附录B　蒸压加气混凝土耐火性能 ………………………… 2—3—14
附录C　蒸压加气混凝土砌体抗压强度的试验方法 ……………… 2—3—14
附录D　砌体水平通缝抗剪强度试验方法 ……………………… 2—3—15
附录E　配筋加气混凝土矩形截面受弯构件承载力计算表 …… 2—3—15
附录F　我国60个城市围护结构冬季室外计算温度 t_e(℃) ……… 2—3—16
本规程用词说明 ………………………… 2—3—16
附：条文说明 …………………………… 2—3—17

1 总 则

1.0.1 为了在工业与民用建筑中积极合理地推广应用蒸压加气混凝土（以下简称“加气混凝土”）制品，做到技术先进、安全适用、经济合理，以确保工程质量，节约能耗，实现墙体革新和有效地利用工业废料，制定本规程。

1.0.2 本规程适用于在抗震设防烈度为6～8度的地震区以及非地震区使用，强度等级为A2.5级及以上的蒸压加气混凝土砌块，强度等级为A3.5级以上的蒸压加气混凝土配筋板材的设计、施工与质量验收。

1.0.3 蒸压加气混凝土制品质量应符合现行国家标准《蒸压加气混凝土砌块》GB 11968、《蒸压加气混凝土板》GB 15762及有关标准的规定。

1.0.4 蒸压加气混凝土建筑的设计、施工与质量验收，除应符合本规程外，尚应符合国家现行有关标准的规定。

2 术语、符号

2.1 术 语

2.1.1 蒸压加气混凝土制品 autoclaved aerated concrete

以硅、钙为原材料，以铝粉（膏）为发气剂，经过蒸压养护而制造成的砌块、板材等制品。

2.1.2 蒸压加气混凝土砌块 autoclaved aerated concrete blocks

蒸压加气混凝土制成的砌块，可用作承重和非承重墙体或保温隔热材料。

2.1.3 蒸压加气混凝土板材 autoclaved aerated concrete plates

蒸压加气混凝土制成的板材，可分为屋面板、外墙板、隔墙板和楼板。根据结构构造要求，在加气混凝土内配置经防腐处理的不同数量钢筋网片。

2.1.4 蒸压加气混凝土专用砂浆 special mortar for autoclaved aerated concrete

与蒸压加气混凝土性能相匹配的，能满足加气混凝土砌块、板材建筑施工要求的内外墙专用抹面和砌筑砂浆。

加气混凝土粘结砂浆：采用水泥、级配砂、轻骨料、掺合料，以及保水剂、引气剂等原料，在专业工厂经精确计量、均匀混合，用于砌筑灰缝厚度不大于5mm的加气混凝土砌块的干混砂浆。该砂浆尤其适用于加气混凝土单一材料保温体系。

加气混凝土砌筑砂浆：采用水泥、级配砂、掺合料、保水剂及其他外加剂等原料，在专业工厂经精确计量、均匀混合，用于砌筑加气混凝土砌块的干混砂浆。砌筑灰缝厚度≤15mm。

2.1.5 外墙平均传热系数 average heat-transfer coefficient of exterior wall

外墙主体部位传热系数与热桥部位传热系数按照面积的加权平均值。

2.1.6 热惰性指标 thermal inertia index

表征围护结构反抗温度波动和热流波动能力的无量纲指标。

2.2 符 号

2.2.1 材料性能

A_{xx}——加气混凝土强度等级；

E——加气混凝土砌体弹性模量；

E_c——加气混凝土板弹性模量；

$f^A_{cu,15}$——加气混凝土出釜强度等级代表值；

f_c——抗压强度设计值；

f_{ck}——抗压强度标准值；

f_t——抗拉强度设计值；

f_{tk}——抗拉强度标准值；

f_y——钢筋抗拉强度设计值；

f_v——沿砌体通缝截面抗剪强度设计值；

ρ_0——干密度；

λ——导热系数；

S_{24}——蓄热系数。

2.2.2 作用、作用效应

M——弯矩设计值；

M_k——按全部荷载标准值计算的弯矩；

M_q——按荷载长期效应组合计算的弯矩；

N——轴向压力设计值；

V——剪力设计值。

2.2.3 几何参数

A——截面积；

A_b——垫板面积；

A_s——纵向受拉钢筋截面积；

e——轴向力的偏心矩；

H_0——受压构件的计算高度；

h_1——砌块高度；

l_1——砌块长度；

x——截面受压区高度。

2.2.4 计算参数

μ_1——非承重墙 $[\beta]$ 的修正系数；

μ_2——有门窗洞口时的墙 $[\beta]$ 的修正系数；

B_e——板材截面长期抗弯刚度；

B_s——板材截面短期抗弯刚度；

C——块形修正系数；

γ_0——结构重要性系数；

γ_f——材料分项系数；

R——构件的承载力设计值；

S——构件的荷载效应组合的设计值；

φ——受压构件的纵向弯曲系数；

α——轴向力的偏心影响系数；

θ——荷载长期效应组合对挠度的影响系数。

3 一般规定

3.0.1 在应用蒸压加气混凝土制品时，应结合本地区的具体情况和建筑物的使用要求，进行方案比较和技术经济分析。

3.0.2 地震区加气混凝土砌块横墙承重房屋总层数与总高度的限值应符合表3.0.2的规定。

表3.0.2 地震区加气混凝土砌块横墙承重房屋总层数与总高度（m）限值

强度等级	抗震设防烈度(度)		
	6	7	8
A5.0(B07)	5/16	5/16	4/13
A7.5(B08)	6/19	6/19	5/16

注：1 在有可靠试验依据的情况下，增加墙厚或采取其他有效措施时，总层数和总高度可适当提高；
2 房屋承重砌块的最小厚度不宜小于250mm；
3 强度等级栏中括号内为加气混凝土相应的干密度等级。

3.0.3 在下列情况下不得采用加气混凝土制品：

1 建筑物防潮层以下的外墙；

2 长期处于浸水和化学侵蚀环境；

3 承重制品表面温度经常处于80℃以上的部位。

3.0.4 加气混凝土制品砌筑或安装时的含水率宜小于30%。

3.0.5 加气混凝土砌块应采用专用砂浆砌筑。

3.0.6 加气混凝土制品用作民用建筑外墙时，应做饰面防护层。

3.0.7 采用加气混凝土砌块作为承重墙体的房屋，宜采用横墙承重结构，横墙间距不宜超过4.2m，宜使横墙对正贯通。每层每开间均应设置现浇钢筋混凝土圈梁。

3.0.8 加气混凝土砌块用作多层房屋的承重墙体，当设防烈度为6或7度时，应在内外墙交接处设置拉结钢筋，沿墙高度每600mm应放置2ϕ6钢筋，伸入墙内的长度不得小于1m。且每开间均应设置现浇钢筋混凝土构造柱。

当设防烈度为8度时，除应按上述要求设置拉结钢筋外，还应在内外纵、横墙连接处设置现浇的钢筋混凝土构造柱。构造柱的最小截面应为180mm×200mm，最小配筋应为4ϕ12，混凝土强度等级不应低于C20。构造柱与加气混凝土砌块的相接处宜砌成马牙槎。

3.0.9 非抗震设防地区的圈梁、构造柱设置可参照地震区的要求适当放宽。但房屋顶层必须设置圈梁，房屋四角必须有构造柱，马牙槎连接可改为拉结筋连接。

3.0.10 加气混凝土墙体的隔声、耐火性能应符合本规程附录A和附录B的规定。

4 材料计算指标

4.0.1 加气混凝土的强度等级应按出釜状态（含水率为35%～40%）时的立方体抗压强度标准值确定。

4.0.2 加气混凝土在气干工作状态时的强度标准值应按表4.0.2-1的规定确定，强度设计值应按表4.0.2-2的规定确定。

表4.0.2-1 加气混凝土抗压、抗拉强度标准值（N/mm^2）

强度种类	符号	强度等级			
		A2.5	A3.5	A5.0	A7.5
抗压强度	f_{ck}	1.80	2.40	3.50	5.20
抗拉强度	f_{tk}	0.16	0.22	0.31	0.47

注：本表抗压强度标准值用于板和砌块，抗拉强度标准值用于板。

表4.0.2-2 加气混凝土抗压、抗拉强度设计值（N/mm^2）

强度种类	符号	强度等级			
		A2.5	A3.5	A5.0	A7.5
抗压强度	f_c	1.28	1.71	2.50	3.71
抗拉强度	f_t	0.11	0.15	0.22	0.33

注：本表强度设计值用于板构件。

4.0.3 加气混凝土的弹性模量可按表4.0.3的规定确定。

表4.0.3 加气混凝土的弹性模量 E_c（N/mm^2）

品种	强度等级			
	A2.5	A3.5	A5.0	A7.5
水泥、石灰、砂加气混凝土	1700	1900	2300	2300
水泥、石灰、粉煤灰加气混凝土	1500	1700	2000	2000

注：本表弹性模量用于板构件。

4.0.4 加气混凝土的泊松比可取为0.20，线膨胀系数可取为8×10^{-6}/℃（温度范围为：0～100℃）。

4.0.5 砂浆龄期为28d的砌体抗压强度设计值f、沿通缝截面的抗剪强度设计值f_v和砌体弹性模量E

应根据砂浆强度等级分别按表 4.0.5-1～表 4.0.5-3 的规定确定，有关试验方法可按本规程附录 C、附录 D进行。

当砌块高度小于 250mm 且大于 180mm、长度大于 600mm 时，其砌体抗压强度 f 应乘以块形修正系数 C，C 值应按下式计算：

$$C = 0.01 \times \frac{h_1^2}{l_1} \leqslant 1 \qquad (4.0.5)$$

式中 h_1——砌块高（mm）；

l_1——砌块长度（mm）。

表 4.0.5-1 每皮高度 250mm 的砌体抗压强度设计值 f（N/mm²）

砂浆强度等级	加气混凝土强度等级			
	A2.5	A3.5	A5.0	A7.5
M2.5	0.67	0.90	1.33	1.95
≥M5	0.73	0.97	1.42	2.11

注：有系统的试验数据时可另定。

表 4.0.5-2 砌体沿通缝截面的抗剪强度设计值 f_v（N/mm²）

砂浆强度等级	f_v
M2.5	0.03
≥M5.0	0.05

注：采用专用砂浆时，可根据试验数据确定。

表 4.0.5-3 每皮高度 250mm 的砌体弹性模量 E（N/mm²）

砂浆强度等级	加气混凝土强度等级			
	A2.5	A3.5	A5.0	A7.5
M2.5	1100	1480	2000	2400
≥M5	1180	1600	2200	2600

4.0.6 加气混凝土配筋构件中的钢筋宜采用 HPB235 级钢。抗拉强度设计值 f_y 应为 210N/mm²。当机械调直钢筋有可靠试验根据时，可按试验数据取值，但抗拉强度设计值 f_y 不宜超过 250N/mm²。冷拔钢筋的弹性模量应取 2×10^5N/mm²。

4.0.7 涂有防腐剂的钢筋与加气混凝土间的粘结强度应符合下列规定：

1 当加气混凝土强度等级为 A2.5 时，粘结强度不应小于 0.8N/mm²；

2 当加气混凝土强度等级为 A5.0 时，粘结强度不应小于 1N/mm²。

4.0.8 加气混凝土砌体和配筋构件重量可按加气混凝土标准干密度乘系数 1.4 采用。

5 结构构件计算

5.1 基本计算规定

5.1.1 加气混凝土结构构件应根据现行国家标准《建筑结构可靠度设计统一标准》GB 50068 的有关规定进行计算。构件应满足承载能力极限状态的要求，受弯板材还应满足正常使用极限状态的要求，受压砌体应满足允许高厚比的要求。

5.1.2 构件按承载能力极限状态设计时，应符合下式要求：

$$\gamma_0 S \leqslant \frac{1}{\gamma_{RA}} R(\cdot) \qquad (5.1.2)$$

式中 γ_0——结构重要性系数；对安全等级为一级、二级、三级的结构构件可分别取 1.1、1.0、0.9；

S——荷载效应组合的设计值；分别表示构件的轴向力设计值 N，剪力设计值 V，或弯矩设计值 M 等；

$R(\cdot)$——结构构件的抗力函数；

γ_{RA}——加气混凝土构件的承载力调整系数，可取 1.33。

5.1.3 受弯板材应按荷载效应的标准值组合，并应考虑荷载长期作用影响进行变形验算，其最大挠度计算值不应超过 $l_0/200$（l_0 为板材计算跨度）。

5.1.4 受弯板材应根据出釜和吊装的受力情况进行承载力验算。此时板材自重荷载的分项系数应取 1.2，并乘以动力系数 1.5。

5.2 砌体构件的受压承载力计算

5.2.1 轴心或偏心受压构件的承载力应按下式验算：

$$N \leqslant 0.75\varphi\alpha f A \qquad (5.2.1)$$

式中 N——轴向压力设计值；

φ——受压构件的纵向弯曲系数，按本规程第 5.2.3 条采用；

α——轴向力的偏心影响系数，按本规程第 5.2.4 条采用；

f——砌体抗压强度设计值，按本规程第 4.0.5 条采用；

A——构件截面面积。

5.2.2 按荷载设计值计算的构件轴向力的偏心距 e，不应超过 $0.5y$，其中 y 为截面重心到轴向力所在方向截面边缘的距离。

5.2.3 受压构件的纵向弯曲系数 φ，可根据构件的高厚比 β 值乘以 1.1 后，按表 5.2.3 采用。构件的高厚比 β 应按下式计算：

$$\beta = \frac{H_0}{h} \tag{5.2.3}$$

式中　H_0——受压构件的计算高度，应按现行国家标准《砌体结构设计规范》GB 50003中的有关规定采用；

h——矩形截面的轴向力偏心方向的边长；当轴心受压时为截面较小边长。

表 5.2.3　受压构件的纵向弯曲系数 φ

1.1β	6	8	10	12	14	16	18	20	22	24	26	28	30
φ	0.93	0.89	0.83	0.78	0.72	0.66	0.61	0.56	0.51	0.46	0.42	0.39	0.36

5.2.4　对于矩形截面，根据轴向力的偏心矩 e，轴向力的偏心影响系数 α 应按下式计算：

$$\alpha = \frac{1}{1+12\left(\frac{e}{h}\right)^2} \tag{5.2.4-1}$$

式中　e——轴向力的偏心矩。

当墙体厚度 h<200mm 时，式（5.2.4-1）的 α 值应乘以修正系数 η，η 应按下式验算：

$$\eta = 1-0.9\left(\frac{2e}{h}-0.4\right) \leqslant 1 \tag{5.2.4-2}$$

5.2.5　在梁端下设置刚性垫块时，垫块下砌体的局部受压承载力 N 应按下式计算：

$$N \leqslant 0.75\alpha f A_L \tag{5.2.5}$$

$$N = N_1 + N_0$$

式中　N_1——梁端支承压力设计值；

N_0——上部传来作用于垫块上的轴向力设计值；

α——轴向力对垫块下表面积重心的偏心影响系数，按本规程第 5.2.4 条采用；

A_L——垫块面积。

5.3　砌体构件的受剪承载力计算

5.3.1　砌体沿通缝的受剪承载力应按下式验算：

$$V \leqslant 0.75(f_v + 0.2\sigma_0)A \tag{5.3.1}$$

式中　V——剪力设计值；

f_v——砌体沿通缝截面的抗剪强度设计值，应按本规程第 4.0.5 条采用；

σ_0——永久荷载设计值产生的平均压应力；

A——受剪截面面积。

5.4　配筋受弯板材的承载力计算

5.4.1　配筋加气混凝土受弯板材的正截面承载力（图 5.4.1）应按下列公式计算：

$$M \leqslant 0.75 f_c bx\left(h_0 - \frac{x}{2}\right) \tag{5.4.1-1}$$

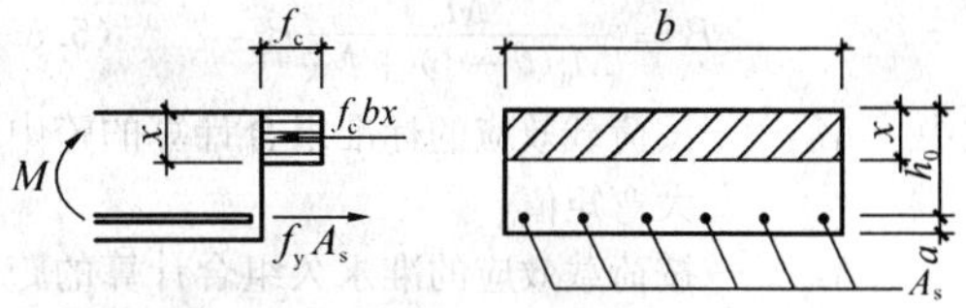

图 5.4.1　配筋受弯板材正截面承载力计算简图

受压区高度可按下列公式确定：

$$f_c bx = f_y A_s \tag{5.4.1-2}$$

并应符合条件：

$$x \leqslant 0.5h_0 \tag{5.4.1-3}$$

即单面受拉钢筋的最大配筋率为：

$$\mu_{max} = 0.5\frac{f_c}{f_y} - 100\% \tag{5.4.1-4}$$

式中　M——弯矩设计值；

f_c——加气混凝土抗压强度设计值，按本规程第 4.0.2 条采用；

b——板材截面宽度；

h_0——截面有效高度（图中 a 为受拉钢筋截面中心到板底的距离）；

x——加气混凝土受压区的高度；

f_y——纵向受拉钢筋的强度设计值，按本规程第 4.0.6 条采用；

A_s——纵向受拉钢筋的截面面积。

矩形截面的受弯构件可采用本规程附录 E 的表进行计算。

5.4.2　配筋受弯板材的截面抗剪承载力，可按下式验算：

$$V \leqslant 0.45 f_t b h_0 \tag{5.4.2}$$

式中　V——剪力设计值；

f_t——加气混凝土抗拉强度设计值，按本规程第 4.0.2 条采用。

当不能符合式（5.4.2）的要求时，应增大板材的厚度。

5.5　配筋受弯板材的刚度计算

5.5.1　配筋受弯板材在正常使用极限状态下的挠度应按荷载效应标准组合，并考虑荷载长期作用影响的刚度 B，用结构力学的方法计算。所得挠度应符合本规程第 5.1.3 条的规定。

5.5.2　配筋受弯板材在荷载效应标准组合下的短期刚度 B_s，可按下式计算：

$$B_s = 0.85 E_c I_0 \tag{5.5.2}$$

式中　E_c——加气混凝土板的弹性模量，按本规程第 4.0.3 条采用；

I_0——换算截面的惯性矩。

5.5.3　当考虑荷载长期作用的影响时，板材的刚度 B 可按下式计算：

$$B=\frac{M_k}{M_q(\theta-1)+M_k}B_s \quad (5.5.3)$$

式中 M_k——按荷载效应的标准组合计算的跨中最大弯矩值；

M_q——按荷载效应的准永久组合计算的跨中最大弯矩值；

θ——考虑荷载长期作用对挠度增大的影响系数，在一般情况下可取2.0。

5.6 构造要求

5.6.1 砌块墙体的高厚比β应符合下列规定：

$$\beta=\frac{H_0}{h}\leqslant\mu_1\mu_2[\beta] \quad (5.6.1)$$

式中 μ_1——非承重墙[β]的修正系数，取为1.3；

μ_2——有门窗洞口墙[β]的修正系数，按第5.6.2条采用；

[β]——墙的允许高厚比，应按表5.6.1采用。

注：当墙高H大于或等于相邻横墙间的距离S时，应按计算高度$H_0=0.6S$验算高厚比。

表5.6.1 墙的允许高厚比[β]值

砂浆强度等级	≥M5.0	M2.5
[β]	20	18

5.6.2 有门窗洞口墙的允许高厚比[β]的修正系数μ_2可按下式计算：

$$\mu_2=1-0.4\frac{b_s}{S} \quad (5.6.2)$$

式中 b_s——在宽度S范围内的门窗洞口宽度；

S——相邻横墙之间的距离。

当按式（5.6.2）算得的μ_2值小于0.7时，仍采用0.7。

5.6.3 加气混凝土砌块承重房屋伸缩缝的间距不宜大于40m。

5.6.4 抗震设防地区的砌块墙体，应根据设计选用粘结性能良好的专用砂浆砌筑，砂浆的最低强度等级不应低于M5.0。

5.6.5 不宜用加气混凝土砌块做独立柱承重。支承梁的加气混凝土砌块墙段，必须有混凝土垫块；当有圈梁时，应将圈梁与混凝土垫块浇成整体。

5.6.6 在房屋底层和顶层的窗口标高处，应沿纵横墙设置通长的水平配筋带三皮，每皮3ϕ4；或采用60mm厚的配筋混凝土条带，配2ϕ10纵筋和ϕ6的分布筋，用C20混凝土浇注。

5.6.7 楼、屋盖的钢筋混凝土梁或屋架，应与墙、柱或圈梁有可靠的连接。

5.6.8 加气混凝土砌块承重墙上的门窗洞口，不得采用无筋砌块过梁；其他过梁支承长度每侧不应小于240mm。

5.6.9 墙长大于或等于层高的1.5倍时，应在墙的中段增设构造柱，其做法与设在纵横墙间的构造柱相同。

5.6.10 受弯板材中应采用焊接网和焊接骨架配筋，不得采用绑扎的钢筋网片和骨架。钢筋上网与下网必须有连接钢筋或采用其他形式使之形成一个整体的焊接钢筋网骨架。钢筋网片必须采用防锈蚀性能可靠并具有良好粘结力的防腐剂进行处理。

5.6.11 受弯板材内，下网主筋的直径不宜超过ϕ10，其间距不应大于200mm，数量不得少于3ϕ6。主筋末端应焊接3根横向锚固筋，直径与最大主筋相同。中间的分布钢筋可采用ϕ4，最大间距应小于1200mm。钢筋保护层应为20mm，主筋端部到板端部的距离不得大于10mm（图5.6.11）。

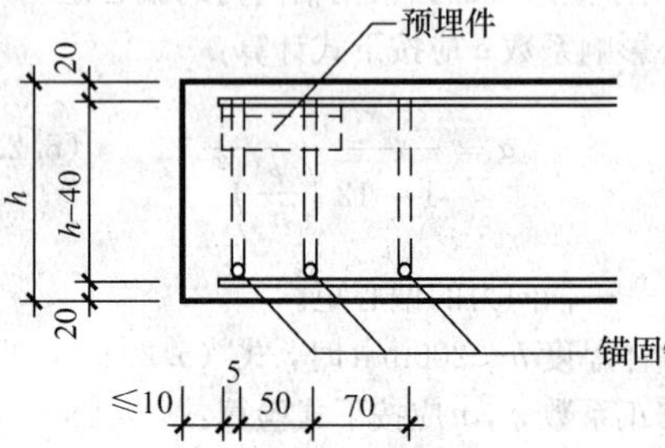

图5.6.11 受弯板材主筋端部锚固示意图

5.6.12 受弯板材内，上网的纵向钢筋不得少于2根，两端应各有1根锚固钢筋，直径与上网主筋相同。上网钢筋必须与下网主筋有箍筋相连，箍筋可采用封闭式、U形开口或其他形式。

5.6.13 地震区受弯板材应在板内设置预埋件，或采取其他有效措施加强相邻板间的连接。预埋件应与板内钢筋网片焊接（图5.6.11和图7.2.1）。板材安装后，与相邻板之间应相互焊牢，或采取其他有效连接措施。

5.6.14 屋面板端部的横向锚固钢筋至少应有2根配置在支座承压面以内。同时支座承压区的长度应符合下列规定：

1 当支承在砖墙上时，不应小于110mm；

2 当支承在钢筋混凝土梁和钢结构上时，不应小于90mm。

6 围护结构热工设计

6.1 一般规定

6.1.1 加气混凝土应用在具有保温隔热和节能要求的围护结构中时，根据建筑物性质、地区气候条件、围护结构构造形式，应合理地进行热工设计。当保温、隔热和节能设计要求的厚度不同时，应采用其中的最大厚度。

6.1.2 加气混凝土用作围护结构时，其材料的导热系数和蓄热系数设计计算值应按表6.1.2采用。

表 6.1.2 加气混凝土材料导热系数和蓄热系数设计计算值

围护结构类别		干密度 ρ_0 (kg/m³)	理论计算值（体积含水量3%条件下）		灰缝影响系数	潮湿影响系数	设计计算值	
			导热系数 λ [W/(m·K)]	蓄热系数 S_{24} [W/(m²·K)]			导热系数 λ [W/(m·K)]	蓄热系数 S_{24} [W/(m²·K)]
单一结构		400	0.13	2.06	1.25	—	0.16	2.58
		500	0.16	2.61	1.25	—	0.20	3.26
		600	0.19	3.01	1.25	—	0.24	3.76
		700	0.22	3.49	1.25	—	0.28	4.36
复合结构	铺设在密闭屋面内	300	0.11	1.64	—	1.5	0.17	2.46
		400	0.13	2.06	—	1.5	0.20	3.09
		500	0.16	2.61	—	1.5	0.24	3.92
		600	0.19	3.01	—	1.5	0.29	4.52
	浇注在混凝土构件中	300	0.11	1.64	—	1.6	0.18	2.62
		400	0.13	2.06	—	1.6	0.21	3.30
		500	0.16	2.61	—	1.6	0.26	4.18
		600	0.19	3.01	—	1.6	0.30	4.82

注：当加气混凝土砌块和条板之间采用粘结砂浆，且灰缝≤3mm时，灰缝影响系数取1.00。

6.2 围护结构热工设计

6.2.1 加气混凝土外墙和屋面的传热系数（K值）（当外墙中有钢筋混凝土柱、梁等热桥影响时，应为外墙平均传热系数K_m值）和热惰性指标（D值），应符合国家现行有关标准的规定。

6.2.2 加气混凝土外墙和屋面的传热系数（K值）和热惰性指标（D值），应按现行国家标准《民用建筑热工设计规范》GB 50176的规定计算，外墙的平均传热系数K_m值应按现行节能设计标准的规定计算。

6.2.3 不同厚度加气混凝土外墙的传热系数K值和热惰性指标D值可按表6.2.3采用。

表 6.2.3 不同厚度加气混凝土外墙热工性能指标（B06级）

外墙厚度 δ (mm)	传热阻 R_0 [(m²·K)/W]	传热系数 K [W/(m²·K)]	热惰性指标 D
150	0.82(0.98)	1.23(1.02)	2.77(2.80)
175	0.92(1.11)	1.09(0.90)	3.16(3.19)
200	1.02(1.24)	0.98(0.81)	3.55(3.59)
225	1.13(1.37)	0.88(0.73)	3.95(3.98)
250	1.23(1.51)	0.81(0.66)	4.34(4.38)
275	1.34(1.64)	0.75(0.61)	4.73(4.78)
300	1.44(1.77)	0.69(0.56)	5.12(5.18)
325	1.54(1.90)	0.65(0.53)	5.51(5.57)
350	1.65(2.03)	0.61(0.49)	5.90(5.96)

续表 6.2.3

外墙厚度 δ (mm)	传热阻 R_0 [(m²·K)/W]	传热系数 K [W/(m²·K)]	热惰性指标 D
375	1.75(2.16)	0.57(0.46)	6.30(6.36)
400	1.86(2.30)	0.54(0.43)	6.69(6.76)

注：1 表中热工性能指标为干密度600kg/m³加气混凝土，考虑灰缝影响导热系数λ=0.24W/(m·K)，蓄热系数S_{24}=3.76W/(m²·K)；
2 括号内数据为加气混凝土砌块之间采用粘结砂浆，导热系数λ=0.19W/(m·K)，蓄热系数S_{24}=3.01W/(m²·K)；
3 其他干密度的加气混凝土热工性能指标可根据本规程表6.1.2的数据计算；
4 表内数据不包括钢筋混凝土圈梁、过梁、构造柱等热桥部位的影响。

6.2.4 不同厚度加气混凝土屋面板的传热系数K值和热惰性指标D值可按表6.2.4采用。

表 6.2.4 不同厚度加气混凝土屋面板热工性能指标（B06级）

屋面板厚度 δ(mm)	传热阻 R_0 [(m²·K)/W]	传热系数 K [W/(m²·K)]	热惰性指标 D
200	1.02	0.98	3.55
225	1.13	0.88	3.95
250	1.23	0.81	4.34
275	1.34	0.75	4.73

续表 6.2.4

屋面板厚度 δ(mm)	传热阻 R_0 [(m²·K)/W]	传热系数 K [W/(m²·K)]	热惰性指标 D
300	1.44	0.69	5.12
325	1.54	0.65	5.51
350	1.65	0.61	5.90

注：1 表中热工性能指标为干密度 600kg/m³ 加气混凝土，考虑灰缝影响导热系数 $\lambda=0.24W/(m\cdot K)$，蓄热系数 $S_{24}=3.76W/(m^2\cdot K)$；

2 其他干密度的加气混凝土热工性能指标根据表 6.1.2 的数据计算。

6.2.5 在严寒、寒冷和夏热冬冷地区，加气混凝土外墙中的钢筋混凝土梁、柱等热桥部位外侧应做保温处理；经处理后，当该部位的热阻值不小于外墙主体部位的热阻时，则可取外墙主体部位的传热系数作为外墙的平均传热系数，否则应按 6.2.2 条的规定计算外墙平均传热系数。

6.2.6 加气混凝土外墙和屋面的隔热性能应符合现行国家标准《民用建筑热工设计规范》GB 50176 的有关规定。单一加气混凝土围护结构的隔热低限厚度可按表 6.2.6-1 采用；复合屋盖中加气混凝土隔热低限厚度可按表 6.2.6-2 采用。

表 6.2.6-1 加气混凝土围护结构隔热低限厚度

围护结构类别	隔热低限厚度（mm）
外墙（不包括内外饰面）	175～200
屋面板	250～300

表 6.2.6-2 复合屋盖中加气混凝土隔热低限厚度（mm）

钢筋混凝土屋面板厚度	加气混凝土隔热低限厚度
120	180～200
150	160～180

注：1 表中隔热层厚度包括加气混凝土碎块找坡层（以平均厚度计）和加气混凝土砌块保温层厚度；

2 采用其他材料找坡层或其他构造形式的复合屋面构造形式中，加气混凝土隔热层厚度应根据热工计算确定。

6.2.7 当采用加气混凝土作为复合墙体的保温、隔热层时，加气混凝土应布置在水蒸气流出的一侧。

6.2.8 采用加气混凝土作保温层的复合屋面或单一屋面，每 50m² 应设置排湿排汽孔 1 个（图 6.2.8）。在单一加气混凝土屋面板的下表面宜做隔汽涂层。

6.2.9 加气混凝土砌块用作复合屋面的保温、隔热层时，可先在屋面板上做找坡层和找平层，将加气混凝土砌块置于找坡层之上，然后在隔热层上做防水层（图 6.2.9）。

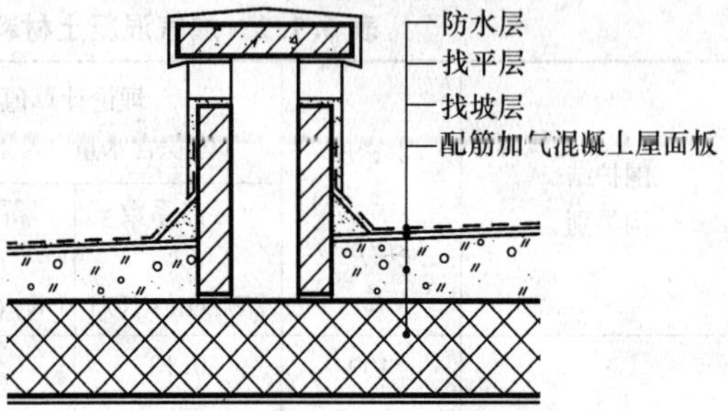

图 6.2.8 加气混凝土复合及单一屋面排湿排汽孔构造示意图

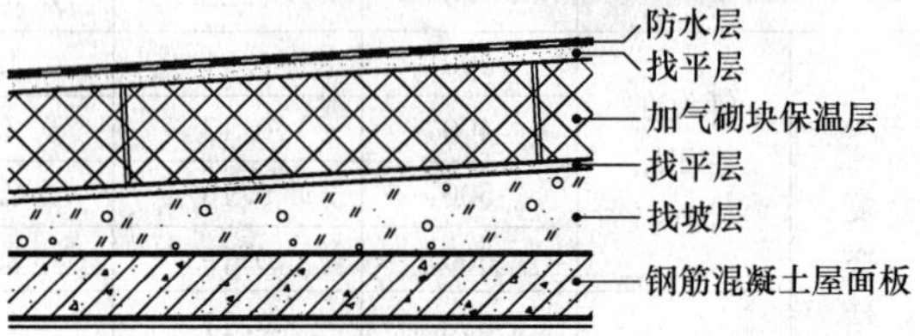

图 6.2.9 复合屋面构造示意图

7 建筑构造

7.1 一般规定

7.1.1 当加气混凝土外墙墙面水平方向有凹凸线脚和挑出部分时，应做泛水和滴水。

7.1.2 加气混凝土制品与门、窗、附墙管道、管线支架、卫生设备等应连接牢固。当采用金属件作为进入或穿过加气混凝土制品的连接构件时，应有防锈保护措施。

7.1.3 加气混凝土屋面板表面不宜镂槽；有特殊要求时，可在板的上部表面沿板长方向镂划，深度不得大于 15mm。墙板表面不得横向镂槽；有特殊要求时可在板的一面沿板长方向镂划。双面配筋的墙板，其镂划深度不应大于 15mm。单网片配筋隔板镂划深度不得大于板厚的 1/3，并不得破坏钢筋的防锈层。

7.2 屋面板

7.2.1 采用加气混凝土屋面板做平屋面时，当由支座找坡时，坡度应符合设计要求，支座部位应平整，板下应铺专用砂浆。在地震区应采取符合抗震要求的可靠连接措施，对设置有预埋件的屋面板，预埋件应通过连系钢筋使板与板之间以及板与支座之间有牢固的构造连接（图 7.2.1）。

7.2.2 加气混凝土屋面板不应作为屋架的支撑系统。

7.2.3 加气混凝土屋面板的挑出长度（图 7.2.3）应符合下列规定：

1 沿板宽方向不宜大于板宽的 1/3；

2 与相邻板应有可靠的连接；

3 沿板长方向不宜大于板宽的 2/3。

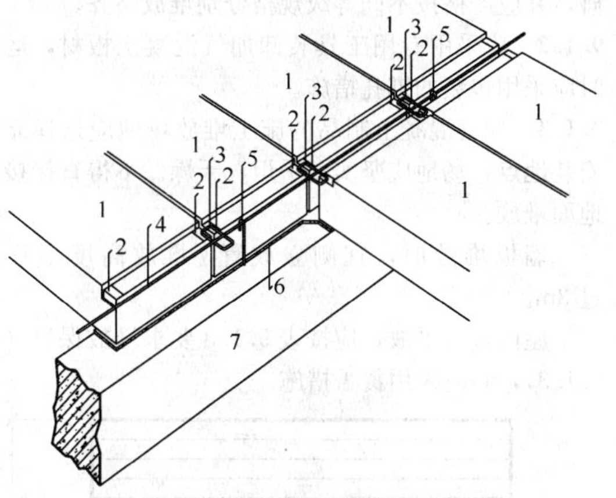

图 7.2.1　有抗震设防要求的加气混凝土屋面板构造示意图

1—抗震加气混凝土屋面板；2—预埋角铁；3—ϕ8 钢筋环与预埋角铁和 ϕ8 通长钢筋焊接；4—ϕ8 通长钢筋；5—梁内预埋 ϕ10 钢筋，间距 1200 与 ϕ8 通长钢筋焊接；6—专用砌筑砂浆坐浆；7—钢筋混凝土梁或圈梁

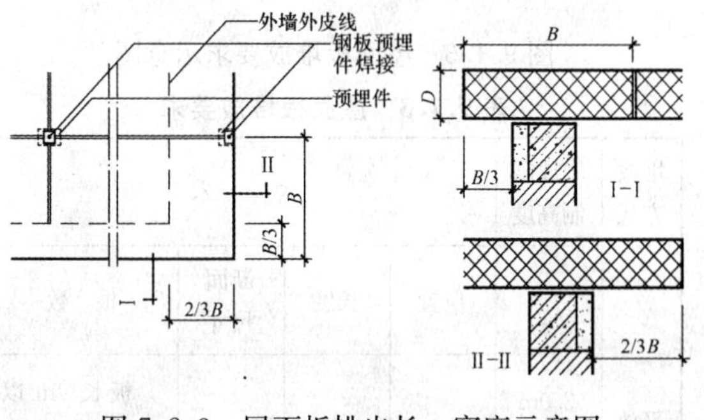

图 7.2.3　屋面板挑出长、宽度示意图

7.2.4　当不切断钢筋和不破坏钢筋防腐层时，加气混凝土屋面板上可开一个孔洞（图 7.2.4）。如开较大的孔洞，应另行设计。

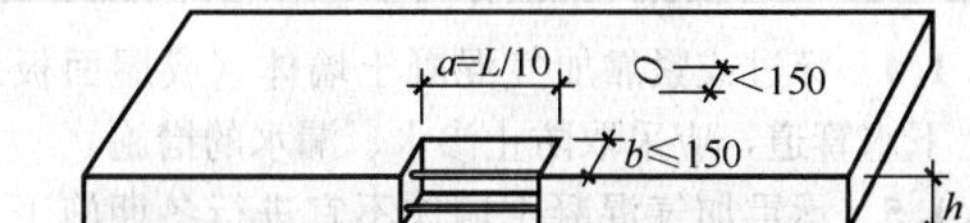

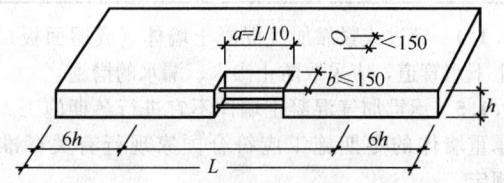

图 7.2.4　屋面板上开洞示意图

7.2.5　在加气混凝土屋面板上做卷材防水层时，屋盖应有良好的整体性，当为两道以上卷材时，在板的端头缝处应干铺一条宽度为 150～200mm 的卷材，第一层应采用花撒或点铺或在底层加铺一层带孔油毡。卷材的搭接部分和屋盖周边应满粘，第二层以上应符合国家现行有关标准的规定。

7.2.6　当加气混凝土屋面板采用无组织排水时，其檐口部位应有合理的防水、排水和滴水构造，不得顺板侧或板端自由流淌。

7.2.7　加气混凝土屋面板底表面不应做普通抹灰，宜采用刮腻子喷浆或在其下部做吊顶等底表面构造处理方式。

7.3　砌　　块

7.3.1　加气混凝土砌块作为单一材料用作外墙，当其与其他材料处于同一表面时，应在其他材料的外表设保温材料，并在其表面和接缝处做聚合物砂浆耐碱玻纤布加强面层或其他防裂措施。

在严寒地区，外墙砌块应采用具有保温性能的专用砌筑砂浆砌筑，或采用灰缝小于等于 3mm 的密缝精确砌块。

7.3.2　对后砌筑的非承重墙，在与承重墙或柱交接处应沿墙高 1m 左右用 2ϕ4 钢筋与承重墙或柱拉结，每边伸入墙内长度不得小于 700mm。地震区应采用通长钢筋。当墙长大于等于 5.0m 或墙高大于等于 4.0m 时，应根据结构计算采取其他可靠的构造措施。

7.3.3　对后砌筑的非承重墙，其顶部在梁或楼板下的缝隙宜作柔性连接，在地震区应有卡固措施。

7.3.4　墙体洞口过梁，伸过洞口两边搁置长度每边不得小于 300mm。

7.3.5　当砌块作为外墙的保温材料与其他墙体复合使用时，应采用专用砂浆砌筑。并沿墙高每 500～600mm 左右，在两墙体之间应采用钢筋网片拉结。

7.4　外　墙　板

7.4.1　加气混凝土墙板作非承重的围护结构时，其与主体结构应有可靠的连接。当采用竖墙板和拼装大板时，应分层承托；横墙应按一定高度由主体结构承托。

在地震区采用外墙板时，应符合抗震构造要求。

7.4.2　外墙拼装大板，洞口两边和上部过梁板最小尺寸应符合表 7.4.2 的规定。

表 7.4.2　最小尺寸限值

洞口尺寸 宽×高（mm）	洞口两边板宽 （mm）	过梁板板高 （mm）
900×1200 以下	300	300
1800×1500 以下	450	300
2400×1800 以下	600	400

注：300mm 或 400mm 板材如需用 600mm 宽的板材在纵向切锯，不得切锯两边截取中段。如用作过梁板，应经结构验算。

7.5　内 隔 墙 板

7.5.1　加气混凝土隔墙板，宜采用垂直安装（过梁板除外）。板与主体结构的顶部构造宜采用柔性连接。

板上端与主体结构连接的水平板缝应填放弹性材料，压缩后的厚度可控制在 5mm 左右。

板下端顺板宽方向打入楔子（如用木材应经防腐处理），应使板上部通过弹性材料与上部主体结构顶紧。板下楔子不再撤出，楔子之间应采用豆石混凝土填塞严实，或采用其他有效的方法固定。

7.5.2 板与板之间无楔口槽平接时，应采用专用砂浆粘结，且饱满度应大于80%。

沿板缝高度每800mm应按30°角上下各钉入铝合金片或涂锌金属片（图7.5.2）。

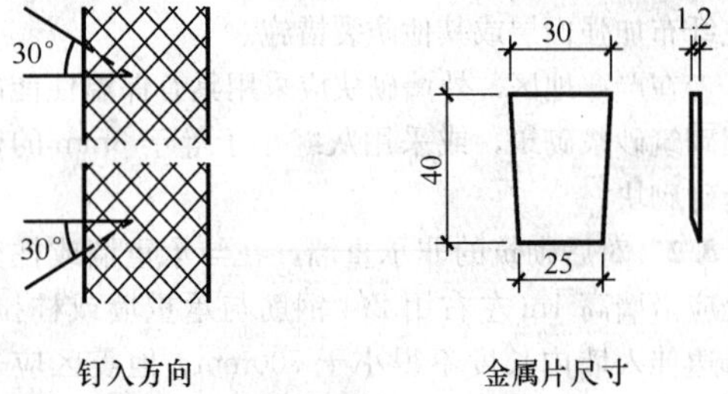

图7.5.2 金属片钉入板缝示意图

7.5.3 在加气混凝土隔墙板上吊挂重物时，应按国家现行有关标准设计和施工。

7.5.4 在隔墙板上设置暗线时，宜沿板高方向镂槽埋设管线。

8 饰面处理

8.0.1 加气混凝土墙面应做饰面。外饰面应对冻融交替、干湿循环、自然碳化和磕碰磨损等起有效的保护作用。饰面材料与基层应粘结良好，不得空鼓开裂。

8.0.2 加气混凝土墙面抹灰前，应在其表面用专用砂浆或其他有效的专用界面处理剂进行基底处理后方可抹底灰。

8.0.3 加气混凝土外墙的底层，应采用与加气混凝土强度等级接近的砂浆抹灰，如室内表面宜采用粉刷石膏抹灰。

8.0.4 在墙体易于磕碰磨损部位，应做塑料或钢板网护角，提高装修面层材料的强度等级。

8.0.5 当加气混凝土制品与其他材料处在同一表面时，两种不同材料的交界缝隙处应采用粘贴耐碱玻纤网格布聚合物水泥加强层加强后方可做装修。

8.0.6 抹灰层宜设分格缝，面积宜为30m²，长度不宜超过6m。

8.0.7 加气混凝土制品用于卫生间墙体，应在墙面上做防水层（至顶板底部），并粘贴饰面砖。

8.0.8 当加气混凝土制品的精确度高，砌筑或安装质量好，其表面平整度达到质量要求时，可直接刮腻子喷涂料做装饰面层。

9 施工与质量验收

9.1 一般规定

9.1.1 装卸加气混凝土砌块时，应轻拿轻放避免磕碰，并应严格按不同等级规格分别堆放整齐。

9.1.2 应采用专用工具装卸加气混凝土板材，运输时应采用包装的绑扎措施。

9.1.3 加气混凝土制品的施工堆放场地应选择靠近安装地点，场地应坚实、平坦、干燥。不得直接接触地面堆放。

墙板堆放时，宜侧立放置，堆放高度不宜超过3m。

屋面板可平放，应按表9.1.3要求堆放保管（图9.1.3），并应采用覆盖措施。

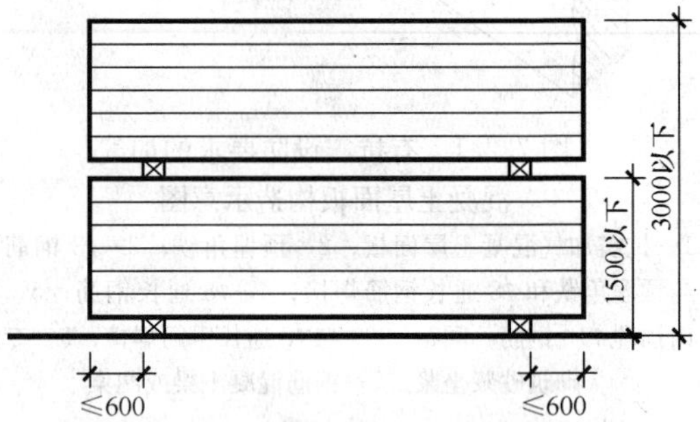

图9.1.3 屋面板堆放要求示意图

表9.1.3 屋面板堆放要求

堆放方式	堆放限制高度	垫木			
		位置	长度	断面尺寸	根数
平放	3.0m以下	距端头≤600mm	约900mm	100mm×100mm	板长4m以上时，每点2根；板长4m以下时，每点1根

9.1.4 穿过或紧靠加气混凝土墙体（或屋面板）的上下水管道，应采取防止渗水、漏水的措施。

9.1.5 承重加气混凝土墙体不宜进行冬期施工。非承重墙体的冬期施工应符合国家现行有关标准的规定。

9.1.6 在加气混凝土墙体或屋面板上钻孔、镂槽或切锯时，应采用专用工具。不得任意剔凿，不得横向镂槽。

9.2 砌块施工

9.2.1 砌块砌筑时，应上下错缝，搭接长度不宜小于砌块长度的1/3。

9.2.2 砌块内外墙墙体应同时咬槎砌筑，临时间断时可留成斜槎，不得留“马牙槎”。灰缝应横平竖直，水平缝砂浆饱满度不应小于90%。垂直缝砂浆饱满度不应小于80%。如砌块表面太干，砌筑前可适量浇水。

9.2.3 地震区砌块应采用专用砂浆砌筑，其水平缝和垂直缝的厚度均不宜大于 15mm。非地震区如采用普通砂浆砌筑，应采取有效措施，使砌块之间粘结良好，灰缝饱满。当采用精确砌块和专用砂浆薄层砌筑方法时，其灰缝不宜大于 3mm。

9.2.4 后砌填充砌块墙，当砌筑到梁（板）底面位置时，应留出缝隙，并应等待 7d 后，方可对该缝隙做柔性处理。

9.2.5 切锯砌块应采用专用工具，不得用斧子或瓦刀任意砍劈。洞口两侧，应选用规格整齐的砌块砌筑。

9.2.6 砌筑外墙时，不得在墙上留脚手眼，可采用里脚手或双排外脚手。

9.3 墙板安装

9.3.1 应使用专用工具和设备安装外墙板。当墙板上有油污时，应在安装前将其清除。外墙板的板缝应采用有效的连接构造，缝隙应严密、粘结应牢固。

9.3.2 内隔墙板的安装顺序应从门洞处向两端依次进行，门洞两侧宜用整块板。无门洞口的墙体应从一端向另一端顺序安装。

9.3.3 平缝拼接缝间粘结砂浆应饱满，安装时应以缝隙间挤出砂浆为宜。缝宽不得大于 5mm。

9.3.4 在墙板上钻孔、开洞，或固定物件时，必须待板缝内粘结砂浆达到设计强度后进行。

9.4 屋面工程

9.4.1 应采用专用工具安装屋面板，不得用钢丝绳直接兜吊，不得用普通撬杠调整板位。

9.4.2 当在屋面板上部施工时，板上部的施工荷载不得超过设计荷载，否则应加临时支撑。

9.4.3 应按设计要求焊接屋面板上的预埋件，不得漏焊。

9.5 墙体抹灰

9.5.1 加气混凝土墙面抹灰宜采用干粉料专用砂浆。内外墙饰面应严格按设计要求的工序进行，待制品砌筑、安装完毕后不应立即抹灰，应待墙面含水率达 15%～20%后再做装修抹灰层。抹灰工序应先做界面处理、后抹底灰，厚度应予控制。当抹灰层超过 15mm 时应分层抹，一次抹灰厚度不宜超过 15mm，其总厚度宜控制在 20mm 以内。

9.5.2 两种不同材料之间的缝隙（包括埋设管线的槽），应采用聚合物水泥砂浆耐碱玻纤网格布加强，然后再抹灰。

9.5.3 抹灰层宜用中砂，砂子含泥量不得大于 3%。

9.5.4 抹灰砂浆应严格按设计要求级配计量。掺有外加剂的砂浆，应按有关操作说明搅拌混合。

9.5.5 当采用水硬性抹灰砂浆时，应加强养护，直至达到设计强度。

9.6 工程质量验收

9.6.1 验收砌块墙体时，砌体结构尺寸和位置的偏差不应超过表 9.6.1-1 的规定，墙板结构尺寸和位置的偏差不应超过表 9.6.1-2 的规定。

表 9.6.1-1 砌体结构尺寸和位置允许偏差

项目		允许偏差（mm）	检查方法
砌体厚度		±4	—
基础顶面和楼面标高		±15	
轴线位移		10	
墙面垂直	每层	5	用 2m 靠尺检查
	全高	10	
表面平整		6	用 2m 靠尺检查
水平灰缝平直		7	用 10m 长的线拉直检查

表 9.6.1-2 墙板结构尺寸和位置允许偏差

项目			允许偏差（mm）	检查方法
拼装大板的高度或宽度两对角线长度差			±55	拉线
外墙板安装	垂直度	每层	5	用 2m 靠尺检查
		全高	20	
	平整度	表面平整	5	
内墙板安装	垂直度	墙面垂直	4	用 2m 靠尺检查
	平整度	表面平整	4	
内外墙门、窗框余量 10mm			±5	—

9.6.2 屋面板施工时支座的平整度偏差不得大于 5mm，屋面板相邻的平整度偏差不得大于 3mm。

附录 A 蒸压加气混凝土隔墙隔声性能

表 A 蒸压加气混凝土隔墙隔声性能表

隔墙做法	构造示意	下列各频率的隔声量(dB)						100～3150Hz 的计权隔声量 R_w(dB)
		125 Hz	250 Hz	500 Hz	1000 Hz	2000 Hz	4000 Hz	
75mm 厚砌块墙，双面抹灰		29.9	30.4	30.4	40.2	49.2	55.5	38.8
100mm 厚砌块墙，双面抹灰	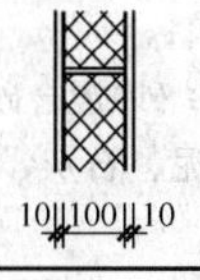	34.7	37.5	33.3	40.1	51.9	56.5	41.0

续表 A

隔墙做法	构造示意	125 Hz	250 Hz	500 Hz	1000 Hz	2000 Hz	4000 Hz	100～3150Hz的计权隔声量 R_w(dB)
150mm厚砌块墙，双面抹灰		37.4	38.6	38.4	48.6	53.6	57.0	44.0（砌块）
		37.4	38.6	38.4	48.6	53.6	57.0	46.0（板材）（B06级无抹灰层）
100mm厚条板，双面刮腻子喷浆		32.6	31.6	31.9	40.0	47.9	60.0	39.0
两道75mm厚砌块墙，双面抹混合灰	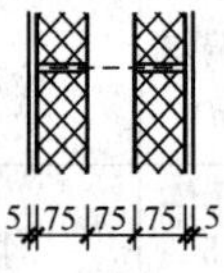	35.4	38.9	46.0	47.0	62.2	69.2	49.0
两道75mm厚条板，双面抹混合灰		38.6	49.3	49.4	55.6	65.7	69.6	56.0
一道75mm厚砌块和一道半砖墙，双面抹灰	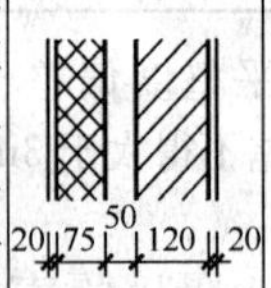	40.3	40.8	55.4	57.7	67.2	63.5	55.0
200mm厚条板，双面刮腻子喷浆		31.0	37.2	41.1	43.1	51.3	54.7	45.2（板材）
		39.0	40.1	40.4	50.4	59.1	48.4	48.4（砖块）（B06级无抹灰层）

注：1 本检测数据除注明外，均为B05级水泥、矿渣、砂加气混凝土砌块；
2 砌块均为普通水泥砂浆砌筑；
3 抹灰为1∶3∶9(水∶石灰∶砂)混合砂浆；
4 B06级制品隔声数据系水泥、石灰、粉煤灰加气混凝土制品。

附录B 蒸压加气混凝土耐火性能

表B 蒸压加气混凝土耐火性能表

材料		体积密度级别	厚度(mm)	耐火极限(h)
加气混凝土砌块	水泥、矿渣、砂为原材料	B05	75	2.5
			100	3.75
			150	5.75
			200	8.0
	水泥、石灰、粉煤灰为原材料	B06	100	6
			200	8
	水泥、石灰、砂为原材料	B05	150	>4
			100	3
水泥、矿渣、砂为原材料	屋面板	B05	100	3
			3300×600×150	1.25
	墙板	B05	2700×(3×600)×150	<4

附录C 蒸压加气混凝土砌体抗压强度的试验方法

C.0.1 加气混凝土砌体试件采用三皮砌块，包括2条水平灰缝和1条垂直灰缝（图C.0.1）。试件的截面尺寸可为200mm×600mm。砌体高度与较小边的比值可采用3～4。

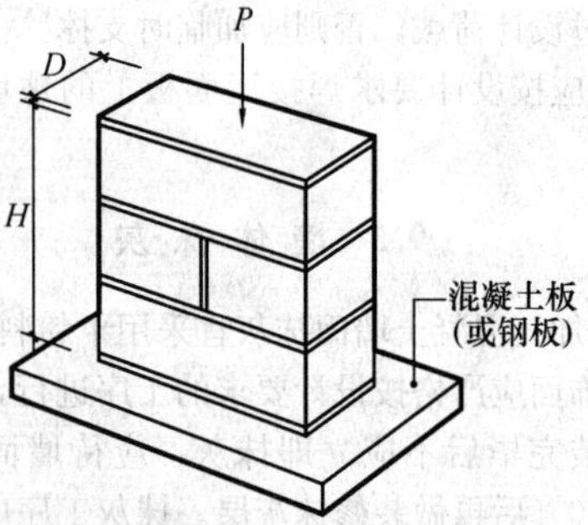

图C.0.1 砌体试件示意图

C.0.2 砌体抗压强度试验应按下列步骤进行：

1 在砌筑前，先确定加气混凝土强度和砂浆强度。每组砌体至少应做1组（3块）砂浆试块，与砌体相同的条件养护，并在砌体试验的同时进行抗压试验。

2 砌体试件采用3个为1组，按图C.0.1所示砌筑砌体，其砌筑方法与质量应与现场操作一致。

3 试件在温度为(20±3)℃的室内自然条件下，养护28d，放在压力机上进行轴心受压试验。

试验时采用等速[加载速度为 0.5N/(mm²·s)]分级加载，每级荷载约等于预计破坏荷载10%，直至破坏为止。

4 根据破坏荷载，按下列公式确定砌体抗压试验强度 f，并计算3个试件的平均值：

$$f=\frac{P\psi}{\varphi A} \tag{C.0.2-1}$$

$$\psi=\frac{1}{0.75+\frac{18.5S}{A}} \tag{C.0.2-2}$$

式中 P——破坏荷载(N)；

A——试件的受压面积(mm^2)；

φ——纵向弯曲系数，按本规程第5.2.3条采用；

ψ——截面换算系数；

S——试件的截面周长(mm)。

附录D 砌体水平通缝抗剪强度试验方法

D.0.1 试件尺寸：砌体标准尺寸见图D.0.1。灰缝厚度为8～15mm。若砌块生产规格不同，试件尺寸可按图D.0.1中括号内的数值确定。

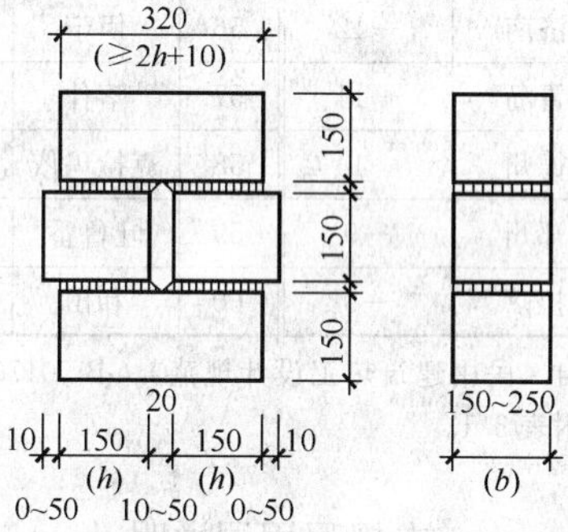

图D.0.1 砌体标准尺寸示意图

D.0.2 试件制作：砌体水平砌筑，砌块的砌筑面需为切割面，同一水平的左右灰缝不得相连。试件砌筑完成后，顶部压二皮砌块，直至试验前取下。

抗剪试件一般砌筑2～3组、每组3～5个，砌筑的同时留1组砂浆标准试件(至少3块)，在室内条件下一起养护和存放，待砂浆达到预期强度后进行试验。

D.0.3 试验方法：试件按图D.0.3-1安装，直接在试验机或其他设备上加载，传力板和垫板尺寸和制作见图D.0.3-2。

试验时可采用等速连续或分级加载，加载过程力求缓慢、均匀。当试件出现滑移并开始卸载时，即认为达到极限状态，记下最大荷载值 P(N)，其中应包括试件上的全部附加重量。

D.0.4 抗剪强度：按下式确定砌体水平通缝的抗剪强度 f_v，并计算各组试件的平均值。

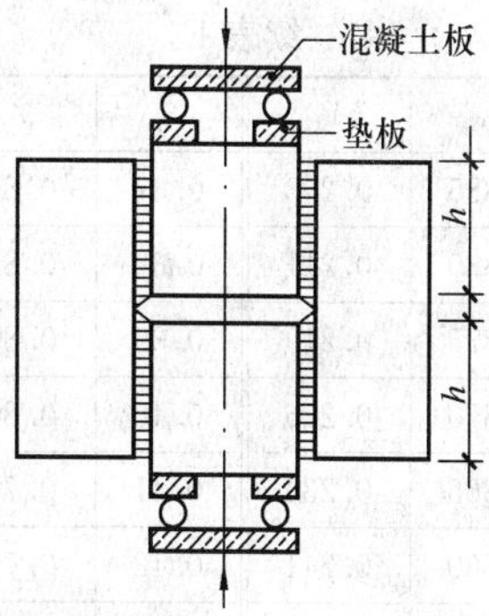

图D.0.3-1 试件安装示意图

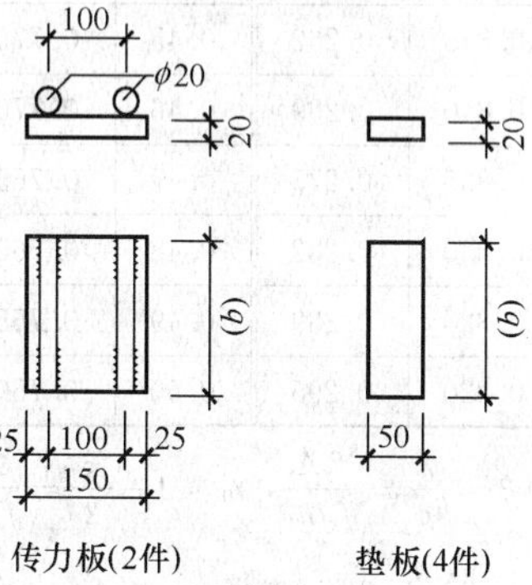

图D.0.3-2 传力板和垫板尺寸示意图

$$f_v=\frac{P}{2bh} \tag{D.0.4}$$

式中 f_v——砌体水平通缝的抗剪强度(N/mm^2)；

b——砌体试件宽度(mm)；

h——试件剪切面长度(mm)，见图D.0.1、图D.0.3-1。

附录E 配筋加气混凝土矩形截面受弯构件承载力计算表

ξ	γ_0	A_0	ξ	γ_0	A_0
0.01	0.995	0.010	0.12	0.940	0.113
0.02	0.990	0.020	0.13	0.935	0.121
0.03	0.985	0.030	0.14	0.930	0.130
0.04	0.980	0.039	0.15	0.925	0.139
0.05	0.975	0.048	0.16	0.920	0.147
0.06	0.970	0.058	0.17	0.915	0.155
0.07	0.965	0.067	0.18	0.910	0.164
0.08	0.960	0.077	0.19	0.905	0.172
0.09	0.955	0.086	0.20	0.900	0.180
0.10	0.950	0.095	0.21	0.895	0.188
0.11	0.945	0.104	0.22	0.890	0.196

续表 E

ξ	γ_0	A_0	ξ	γ_0	A_0
0.23	0.885	0.203	0.37	0.815	0.301
0.24	0.880	0.211	0.38	0.810	0.308
0.25	0.875	0.219	0.39	0.805	0.314
0.26	0.870	0.226	0.40	0.800	0.320
0.27	0.865	0.234	0.41	0.795	0.326
0.28	0.860	0.241	0.42	0.790	0.332
0.29	0.855	0.248	0.43	0.785	0.337
0.30	0.850	0.255	0.44	0.780	0.343
0.31	0.845	0.262	0.45	0.775	0.349
0.32	0.840	0.269	0.46	0.770	0.354
0.33	0.835	0.275	0.47	0.765	0.360
0.34	0.830	0.282	0.48	0.760	0.365
0.35	0.825	0.289	0.49	0.755	0.370
0.36	0.820	0.295	0.50	0.750	0.375

注：表中 $\xi=\frac{x}{h_0}=\frac{f_yA_s}{f_cbh_0}$，$\gamma_0=1-\frac{\xi}{2}=\frac{\gamma_{RA}M}{f_yA_sh_0}$，$A_0=\xi\gamma_0=\frac{\gamma_{RA}M}{f_cbh_0^2}$，$A_s=\xi\frac{f_c}{f_y}bh_0$ 或 $A_s=\frac{\gamma_{RA}M}{\gamma_0f_yh_0}$，$M=\frac{A_0}{\gamma_{RA}}f_cbh_0^2$。

附录 F　我国 60 个城市围护结构冬季室外计算温度 t_e（℃）

序名	地名	围护结构室外计算温度 t_e（℃）	序名	地名	围护结构室外计算温度 t_e（℃）
1	北京	−14	13	锡林浩特	−31
2	天津	−12	14	海拉尔	−40
3	石家庄	−14	15	通辽	−25
4	张家口	−21	16	赤峰	−23
5	秦皇岛	−15	17	二连浩特	−32
6	保定	−13	18	多伦	−31
7	唐山	−14	19	沈阳	−27
8	承德	−18	20	丹东	−19
9	太原	−16	21	大连	−17
10	大同	−22	22	抚顺	−27
11	运城	−11	23	本溪	−23
12	呼和浩特	−23	24	锦州	−19

续表 F

序名	地名	围护结构室外计算温度 t_e（℃）	序名	地名	围护结构室外计算温度 t_e（℃）
25	鞍山	−23	43	日喀则	−14
26	锦西	−18	44	西安	−10
27	长春	−28	45	榆林	−23
28	吉林	−31	46	延安	−16
29	延吉	−24	47	兰州	−15
30	通化	−28	48	酒泉	−21
31	四平	−26	49	敦煌	−20
32	哈尔滨	−31	50	天水	−12
33	嫩江	−39	51	西宁	−18
34	齐齐哈尔	−30	52	银川	−21
35	牡丹江	−29	53	乌鲁木齐	−30
36	佳木斯	−32	54	塔城	−30
37	伊春	−35	55	哈密	−24
38	济南	−12	56	伊宁	−30
39	青岛	−11	57	喀什	−16
40	德州	−14	58	克拉玛依	−31
41	郑州	−9	59	吐鲁番	−21
42	拉萨	−9	60	和田	−16

注：摘自《民用建筑热工设计规范》GB 50176—93 附录三附表 3.1。

本规程用词说明

1　为便于在执行本规程条文时区别对待，对要求严格程度不同的用词说明如下：

1）表示很严格，非这样做不可的：
正面词采用“必须”，反面词采用“严禁”；

2）表示严格，在正常情况下均应这样做的：
正面词采用“应”，反面词采用“不应”或“不得”；

3）表示允许稍有选择，在条件许可时首先应这样做的：
正面词采用“宜”，反面词采用“不宜”；
表示有选择，在一定条件下可以这样做的，采用“可”。

2　条文中指明按其他有关标准执行的写法为：“应符合……的规定”或“应按……执行”。

中华人民共和国行业标准

蒸压加气混凝土建筑应用技术规程

JGJ/T 17—2008

条 文 说 明

前　言

《蒸压加气混凝土建筑应用技术规程》JGJ/T 17—2008，经住房和城乡建设部2008年11月14日以第153号公告批准发布。

本标准第一版的主编单位是北京市建筑设计院、哈尔滨市建筑设计院，参加单位是清华大学、中国建筑东北设计院、北京加气混凝土厂等共16个单位。

为便于广大设计、施工、科研、学校等单位有关人员在使用本标准时能正确理解和执行条文规定，《蒸压加气混凝土建筑应用技术规程》编制组按章、节、条顺序编制了本标准的条文说明，供使用者参考。在使用中如发现本条文说明有不妥之处，请将意见函寄主编单位北京市建筑设计研究院（地址：北京市南礼士路62号，邮编100045）。

目　次

1　总则 ………………………………… 2—3—20
3　一般规定 ……………………………… 2—3—20
4　材料计算指标 ………………………… 2—3—21
5　结构构件计算 ………………………… 2—3—22
6　围护结构热工设计 …………………… 2—3—25
7　建筑构造 ……………………………… 2—3—25
8　饰面处理 ……………………………… 2—3—27
9　施工与质量验收 ……………………… 2—3—27

1 总　　则

1.0.1 蒸压加气混凝土的生产和应用在我国尽管已有40多年的历史，但就全国范围来看，大量建厂生产加气混凝土还是近十多年的事情。

从加气混凝土制品在各类建筑中的应用效果来看，技术经济效益较好，受到设计、施工和建设单位的好评。特别是近些年来国家提出墙体改革和节约能源的政策以来，更使加气混凝土材料有用武之地。

但是，在推广应用过程中，也暴露出应用技术与之不相适应的问题，如设计、施工不尽合理，辅助材料不够配套，以致在房屋的施工和使用中不断出现一些质量问题，影响加气混凝土更快更广泛地推广应用。

为了更好地推广和应用加气混凝土制品，充分发挥这种材料的优点，扬长避短，确保建筑的质量和安全，是本规程的编制目的。

1.0.2 我国是一个多地震的国家，6度和6度以上地震区占全国国土面积2/3以上。因此，任何一种材料要广泛用于房屋建筑中，必须了解它的抗震性能和适用范围。

本规程针对加气混凝土砌块和屋面板等构件应用于抗震设防地区及非地震区作出相应规定。

加气混凝土制品的原材料主要是硅、钙两种成分，如当前国内主要生产两个品种的加气混凝土，即水泥、石灰、砂加气混凝土和水泥、石灰、粉煤灰加气混凝土。过去所进行的材性和构性试验中，以干密度为B05级、强度为A2.5级的水泥矿渣砂加气混凝土制品较多。后来大量发展干密度为B06级、强度为A3.5级的水泥、石灰、粉煤灰的加气混凝土制品，又做了大量的材性试验工作。最近又开发作为保温用的B03级和B04级的制品，这类制品仅作为保温材料使用。故本规程适用于水泥、石灰、砂以及水泥、石灰、粉煤灰两种加气混凝土制品以及有可靠检测数据的其他硅、钙为原材料的加气混凝土制品。从实验室的试验来看，它们之间的材性基本上是相似的，因此制定本条，扩大了本规程的应用对象。对于其差异之处，将引入不同的设计参数加以区别对待。对配筋板材，为提高其刚度和钢筋的粘结力，要求强度等级在A3.5以上。

对于非蒸压加气混凝土制品，由于其强度低、收缩大，只能作为保温隔热材料使用。不属于本规程范围。

1.0.3 加气混凝土制品的质量应符合《蒸压加气混凝土板》GB 15762和《蒸压加气混凝土砌块》GB 11968的要求，这两个产品质量标准是最低的质量要求。为了确保建筑质量，对于不符合质量要求的产品，不应在建筑上使用。

1.0.4 本规程是现行设计和施工标准的补充文件，规程仅根据加气混凝土的特性作了一些必要的补充规定。在设计、施工和装修中还应符合国家现行的有关标准的要求。

3 一 般 规 定

3.0.1 从应用效果来看，在民用房屋建筑和一般工业厂房的围护结构中用加气混凝土墙板、砌块、屋面板和保温材料是适宜的，它充分利用了体轻和保温效果好的优点，技术经济效果比较好。但应结合本地区和建筑物的具体情况进行方案比较，做到“物尽其用”。

3.0.2 多年的实践已经取得许多经验。但对于砌块作为承重墙体用于地震区，还缺乏宏观震害经验，出于安全考虑，参考其他砌体材料，对以横墙承重的房屋，限制其总层数及总高度是必要的。

表3.0.2给出加气混凝土砌块的强度等级与干密度的对应关系，是根据现行国家标准《蒸压加气混凝土砌块》GB 11968和《蒸压加气混凝土板》GB 15762的规定。如B05级产品即干密度小于等于500kg/m³的产品，其他级别产品以此类推。

3.0.3 加气混凝土制品长期处于受水浸泡环境，会降低强度。在可能出现0℃以下的地区，易受局部冻融破坏。对浓度较大的二氧化碳以及酸碱环境下也易于破坏。其耐火性能较好，但长期在高温环境下采用承重制品如墙、屋面板应慎重，因其在长期高温环境下易开裂。

3.0.4 控制加气混凝土制品在砌筑或安装时的含水率是减少收缩裂缝的一项有效措施，这已为工程实践证明。首先控制上房含水率，不得在饱和状态下上房；其次控制墙体抹灰前含水率，墙体砌筑完毕后不宜立即抹灰，一般控制在15%以内再进行抹灰工艺。通过试验研究证明，对粉煤灰加气混凝土制品以及相对湿度较高的地区，制品含水率可适当放宽，但亦宜控制在20%左右。

3.0.5 实践证明，采用普通水泥砂浆或混合砂浆砌筑加气混凝土砌块，如无切实可行的措施，不能保证缝隙砂浆饱满及两者粘结良好，这是墙体开裂的主要原因之一。因此承重墙体宜采用专用砌筑砂浆。

3.0.6 工程调查的结果表明，没有做饰面的加气混凝土墙面（尤其是外墙），经过数年后，由于干湿、冻融循环等自然条件影响，均有不同程度的损坏。因此，做外饰面是保护加气混凝土制品耐久性的重要措施。

3.0.7 震害经验表明，地震区采用横墙承重的结构体系其抗震性能优于其他结构布置形式。为此，加气混凝土砌块作为承重墙体时，应尽量采用横墙承重体系。同时，参考其他砌体房屋的震害经验，其横墙间距取较小的数值。

3.0.8 加气混凝土砌块承重房屋的抗震性能还取决于它的整体性。为了加强砌块墙体内外墙的连接，按照不同烈度设置拉结钢筋。

构造柱是砌体结构防止地震时突然倒塌的有效抗震措施，对于加气混凝土砌块承重的房屋，设置钢筋混凝土构造柱是十分必要的。

3.0.9 在加气混凝土砌块作为承重结构时，虽在非地震区建造，但也应加强房屋结构的整体性。因此，在一般在房屋顶层应设置现浇圈梁；房屋四角应有钢筋混凝土构造柱等。

3.0.10 隔声和耐火性能仅做过干密度为 500～600kg/m³的加气混凝土制品的试验。其他干密度制品目前仅能根据理论推算，有待各厂家逐步完善，经试验后补充数据。

4 材料计算指标

4.0.1 加气混凝土强度等级的定义是：

1 考虑到加气混凝土生产的特点，为了方便生产检验和准确地标定加气混凝土强度，由原规程的气干状态（含水率 10%）检验强度改为出釜状态（含水率 35%～40%）检验强度。

2 在出釜状态随机抽取远离侧模边 250mm 以上的 3 块砌块，在每个砌块发气方向的中间部位切割 3 个边长 100mm 立方体试块构成 1 组，用标准试验方法测得的、具有 95%保证率的立方体抗压强度平均值作为加气混凝土抗压强度等级的标准值。

3 加气混凝土强度等级（亦称标号）的代表值（A2.5、A3.5、A5.0、A7.5），系指在出釜状态立方体抗压强度检验时 3 个试块为 1 组的平均值，应等于或大于强度等级（A2.5、A3.5、A5.0 和 A7.5）代表值（且其中 1 个试块的立方体抗压强度不得低于代表值的 85%），以确保加气混凝土在应用时的安全度。

4 加气混凝土在出釜状态时的强度等级代表值 $f^{A}_{cu\cdot15}$，是本规程加气混凝土各项力学指标的基本代表值。

4.0.2 按照国家现行标准《建筑结构可靠度设计统一标准》GB 50068，并参照《混凝土结构设计规范》GB 50010 的要求，依据原《蒸压加气混凝土应用技术规程》JGJ 17—84 的编制背景材料《我国加气混凝土主要力学性能统计分析研究报告》（哈尔滨市建筑设计院 1982 年 10 月）和《加气混凝土构件的计算及其试验基础》（清华大学抗震抗爆工程研究室科学研究报告集第二集 1980 年）所提供的试验资料数据，并考虑到目前我国加气混凝土在气干状态（含水率 10%）时的实际强度，对加气混凝土的抗压、抗拉强度标准值、设计值按下述原则和方法确定。

1 抗压强度：按正态分布曲线统计分析确定。

1）抗压强度标准值 f_{ck}：

取其概率分布的 0.05 分位数确定，保证率为 95%。

$$f_{ck}=0.88\times1.10f^{A}_{cu\cdot15}-1.645\sigma \quad (1)$$

式中 f_{ck}——抗压强度标准值（N/mm²）；

0.88——考虑结构中加气混凝土强度与试件强度之间的差异对试件强度的修正系数；

1.10——出釜强度换算成气干强度的调整系数；

$f^{A}_{cu\cdot15}$——加气混凝土出釜强度等级代表值（N/mm²）；

σ——标准差（N/mm²）。

按正态分布曲线统计规律，加气混凝土强度的变异系数 $\delta_f=\sigma/f^{A}_{cu\cdot15}$ 为 0.10～0.18，取 $\delta_f=0.15$ 确定标准差 σ 后，代入（1）式得出本规程加气混凝土抗压强度标准值（见表 4.0.2-1）。

2）抗压强度设计值 f_c：

参照《混凝土结构设计规范》GB 50010 及其条文说明的可靠度分析，根据安全等级为二级的一般建筑结构构件，按脆性破坏，要求满足可靠度指标 $\beta=3.7$。经综合分析后，对于板构件加气混凝土抗压强度设计值由加气混凝土抗压强度标准值除以加气混凝土材料分项系数 γ_f 求得，加气混凝土材料分项系数取 $\gamma_f=1.40$。加气混凝土抗压强度设计值为：

$$f_c=\frac{1}{\gamma_f}f_{ck} \quad (2)$$

按（2）式得出本规程加气混凝土抗压强度设计值（见表 4.0.2-2）。

2 抗拉强度：与抗压强度处于同一正态分布曲线，变异系数相同，按抗拉强度与抗压强度相关规律：

1）抗拉强度标准值 $f_{tk}=0.09f_{ck}$ （3）

2）抗拉强度设计值 $f_t=0.09f_c$ （4）

由此得表 4.0.2-1 和表 4.0.2-2 中的相应值。

4.0.3 加气混凝土的弹性模量仍按原规程的定义和方法确定。

1 水泥矿渣砂加气混凝土和水泥石灰砂加气混凝土取为：

$$E_c=310\sqrt{1.10f^{A}_{cu\cdot15}\times10} \quad (5)$$

2 水泥石灰粉煤灰加气混凝土取为：

$$E_c=280\sqrt{1.10f^{A}_{cu\cdot15}\times10} \quad (6)$$

按（5）、（6）式得出本规程加气混凝土弹性模量（见表 4.0.3）。

4.0.4 加气混凝土的泊松比、线膨胀系数系参照国内的科研成果和国外标准而定。

4.0.5 砌体的抗压强度、抗剪强度和弹性模量。

本条是根据国内北京、哈尔滨、重庆等地有关单位的科研成果而定的。

国内目前生产的块材尺寸，一般的高度为 250～

300mm，长度为400～600mm，厚度按使用要求和承载能力确定。影响砌体强度的主要因素是砌块的强度和高度，本标准以块高250～300mm作为标准给出砌体强度。

砂浆为广义名称，包括水泥砂浆、混合砂浆、胶粘剂和保温砂浆等，砌筑加气混凝土应优先采用专用砂浆。由于加气混凝土砌块强度不高，试验表明采用高强度等级的砂浆对其砌体强度增长得不多，强度太低的砂浆又不易保证较大砌块的砌体整体工作性能，故只给出M2.5和M5.0两个砂浆强度等级作为砌体强度正常选用指标，高于M5.0的砂浆强度等级仍按M5.0砂浆采用。

表4.0.5-1中的砌体抗压强度系按国内的科研成果，以高250mm、长600mm砌块为准，按砌体强度与砌块材料立方强度的线性关系给定的。

当砂浆强度等级为M2.5时，砌体抗压强度标准值为$f_k=0.6f_{ck}$，f_{ck}为加气混凝土砌块材料立方抗压强度标准值。

当砂浆强度等级为M5.0时，砌体抗压强度标准值为$f_k=0.65f_{ck}$。

砌体的材料分项系数由原规程的$\gamma_f=1.55$，提高到$\gamma_f=1.6$，将砌体抗压强度标准值除以此材料分项系数即得砌体抗压强度设计值：

当砂浆为M2.5时，$f=f_k/\gamma_f=0.375f_{ck}$；当砂浆为M5.0时，$f=f_k/\gamma_f=0.406f_{ck}$。

按上式得出砌体抗压强度设计值见表4.0.5-1。

当砌块高度小于250mm、大于180mm，长度大于600mm时，其砌体抗压强度按块形变动，需乘以块形修正系数C进行调整。

块形修正系数：

$$C=0.01\frac{h_1^2}{l_1}\leqslant 1.0 \tag{7}$$

只取小于1的C值进行修正。

式中 h_1——砌块高度（mm）；

l_1——砌块长度（mm）。

砌体沿通缝的抗剪强度，系规程编制组采用普通砂浆砌体试验的科研成果而标定的，见表4.0.5-2。采用专用砂浆时的抗剪强度，因离散性较大不便统一规定。

砌体的弹性模量取压应力等于砌体抗压强度40%时的割线模量，按原来试验统计公式，当砂浆强度等级M2.5～M5.0时为：

$$E=\alpha\sqrt{R_a} \tag{8}$$

$$\alpha=\frac{1.06\times10^6}{\frac{1550}{\sqrt{R_1}}+\frac{450}{\sqrt{R_2}}} \tag{9}$$

式中 E——加气混凝土砌体弹性模量（kg/cm^2）；

α——系数；

R_a——加气混凝土砌体的抗压强度值$R_a=0.6R_1$（kg/cm^2）；

R_1——砌块的抗压强度（kg/cm^2）；

R_2——砂浆强度（kg/cm^2）。

将上述公式中各项的单位，由kg/cm^2变换为N/mm^2，并将本规程的加气混凝土强度等级和砂浆强度等代入，经计算调整后得表4.0.5-3所列值。

4.0.6 加气混凝土配筋构件的钢筋强度取值是按国内科研成果并参照《混凝土结构设计规范》GB 50010给出的。配筋构件的钢筋，宜采用HPB235级钢，其抗拉、抗压强度设计值取$210N/mm^2$。

经过机械调直和蒸养时效的HPB235级钢筋，屈服强度可提高。通过规程编制组的试验和各主要生产厂的采样分析，其提高值离散性较大。有的生产厂机械调直设备完善，管理较好，质量控制较严，机械调直能起冷加工作用，调直蒸压后的钢筋抗拉强度提高较多，且性能稳定。有的生产厂机械调直设备陈旧，型号较杂，管理较差，钢筋机械调直后的强度变化不大。鉴于此种情况不宜作统一规定。如果生产厂能保证钢筋调直后提高强度，且有可靠试验根据时，当钢筋直径等于或小于12mm时，调直蒸压后的钢筋抗拉强度可取$250N/mm^2$，但抗压强度均为$210N/mm^2$。

4.0.7 规程对钢筋防腐处理明确提出要有严格的保证，这是配筋构件的关键性技术要求。工程实践表明加气混凝土配筋构件的钢筋防腐如果处理不好，将是造成构件破坏或不能使用的主要原因，因此强调钢筋防腐必须可靠，在产品标准中给以严格的保证。

本规程提出的涂有防腐剂的钢筋与加气混凝土的粘着力不得小于$0.8N/mm^2$（A2.5）和$1N/mm^2$（A5.0），这是最低要求，并不作为产品标准的依据。产品标准应提高保证数据，储存可靠的安全度。

4.0.8 将砌体和配筋构件的重量综合在一起进行标定。主要是考虑加气混凝土的密度小，各类构件密度差的绝对值不大。为了便于应用和简化，以加气混凝土干密度为准，给定一个综合增重系数1.4，考虑了使用阶段的超密度，较大含水率、钢筋量、胶结材料超重等因素。各地可根据所采用的加气混凝土制品干密度指标乘以增重系数，切合实际而又灵活。在目前国内各生产厂产品密度离散性较大的情况下，不宜给出统一标定的设计密度绝对指标。

5 结构构件计算

5.1 基本计算规定

5.1.1 我国颁布《建筑结构可靠度设计统一标准》GB 50068后，统一了结构可靠度和表达式形式，各种设计规范都根据此标准所规定的原则相继地进行修订。与本规程密切相关的有：《建筑结构荷载规范》GB 50009，《砌体结构设计规范》50003，《混凝土结构设计规范》GB 50010 和《建筑抗震设计规范》GB 50011 等。

本规程的原版本 JGJ 17－84 是此前制定的，因此也必须进行相应的修订。本规程中结构构件计算部分遵循的修订原则如下：

1 根据统一标准 GB 50068 规定的原则，采用了以概率理论为基础的极限状态设计法和分项系数表达的计算式；

2 在实际工程中，加气混凝土构件常常和钢筋混凝土、砖砌体构件等结合使用。同一建筑物内各构件的设计可靠度应该相等或相近。在确定加气混凝土的材料强度和弹性模量的设计值，以及砌体强度设计值时，采用了与混凝土或砖砌体相同或略高的可靠度指标（β值）；

3 设计人员对常用的荷载、混凝土结构和砖砌体结构等的设计规范都很熟悉，本规程中构件计算公式的形式和符号都与同类受力构件（如板受弯、砌体受压）在相应规范中的计算式基本一致，以方便使用、避免混淆；

4 考虑到加气混凝土材质的特点和差异，以及构件在运输或建造过程中可能受到损伤等不利因素，在构件承载能力的极限状态设计基本公式（5.1.2）中，在承载力设计值 R 一边引入一个调整系数（γ_{RA}）。

在原规程 JGJ 17－84 中，基于同样的考虑在确定加气混凝土构件的设计安全系数 K 值时就比原混凝土结构和砖砌体结构规范所要求的安全系数有一定提高（表 1）。为了使两本规程很好地衔接，也注意到近年加气混凝土配筋板材的质量有所提高，本规程对于配筋板和砌体采取相同的承载力调整系数值 $\gamma_{RA}=1.33$，相当于对加气混凝土构件的安全系数提高 1.33 倍。此值与表 1 中原规程的安全系数提高值相当。

表 1 原规程与相关规范安全系数的比较

构件种类	配筋板		砌 体	
受力种类	受弯	受剪	受压	受剪
加气混凝土应用规程 JGJ 17－84	2.0	2.2	3.0	3.3
钢筋混凝土规范 TJ 10－74	1.4	1.55		
砖砌体规范 GBJ 3－73			2.3	2.5
加气混凝土构件的安全系数提高比	1.43	1.42	1.30	1.32

原规程在工程实践中使用已二十多年，表明设计安全系数取值合理。本规程按上述修改后，对典型构件进行对比计算，构件可靠度与原规程的计算结果基本相同，故构件可靠度有切实保证，且比原规程略有改进。

关于构件的极限承载力和变形等性能的计算方法和参数值的确定，在原规程 JGJ 17－84 的编制说明中已经列举了试验依据和分析。在制定本规程时如无重大补充和修改，将不再重复。

5.1.2 承载能力极限状态设计的一般计算式按照《建筑结构可靠度设计统一标准》GB 50068 的原则确定。承载力调整系数 γ_{RA} 及其数值专为加气混凝土构件而设定。

5.1.3 关于构件的正常使用极限状态，由于加气混凝土的弹性模量值低，需验算受弯板材的变形。

试验证明，由于制造过程中形成的初始自应力和加气混凝土的抗折强度较高等原因，适筋受弯板材的开裂弯矩与极限弯矩的比值约为 $M_{cr}/M_u=0.5\sim0.7$，远大于普通混凝土构件的相应值。因此，加气混凝土板材在使用荷载下一般不会出现受弯裂缝，而且钢筋外表有防腐涂层可防止锈蚀，故不需作抗裂验算。

5.1.4 本条用以计算板材截面上网的配筋数量。板材的自重分项系数根据生产经验由原规程的 1.1 增加至 1.2。

5.2 砌体构件的受压承载力计算

5.2.1 轴心和偏心受压构件的承载力计算式与原规程中的相同，也与现行《砌体结构设计规范》GB 50003 的同类计算式相似。受压构件的纵向弯曲系数 φ 和轴向力的偏心影响系数 α 分列，系数 0.75 即承载力调整系数（$\gamma_{RA}=1.33$）的倒数值（下列有关计算式中同此）。

5.2.2 加气混凝土砌体的偏心受压试验表明，大小偏心受压破坏的界限偏心距在 $e=(0.48\sim0.51)y$ 范围内。当 $e>0.5y$ 时，砌体的一侧出现拉应力，极限承载力很低，且破坏突然，设计时宜加以限制。

5.2.3 长柱砌体的试验结果表明，加气混凝土砌体的纵向弯曲系数 φ 与砖砌体(砂浆 M2.5)的数值相近。本条根据构件高厚比 β 值确定系数 φ 的方法，以及表 5.2.3 中的 φ 值同原规程，也与《砌体结构设计规范》GB 50003 中的相应条款相同。

β 的修正值取为 1.1，系参考了规范 GB 50003 的规定，并通过试算和对比试验结果后确定。构件的计算高度 H_0，按规范 GB 50003 中的有关规定取用。

5.2.4 加气混凝土短柱砌体的偏心受压试验证明，偏心影响系数 α 值与砌体和砂浆强度的关系不大，且与砖砌体的相应值吻合，故可采用规范 GB 50003 中相应的计算式，即式(5.2.4-1)。

5.2.5 由于加气混凝土本身强度较低，梁端下应设置刚性垫块。加气混凝土砌体的试验表明，其局部承压强度较砌体抗压强度（f）提高有限，计算式（5.2.5）中仍取后者。

5.3 砌体构件的受剪承载力计算

按照统一标准 GB 50068 的原则，原规程的公式变换成本规程公式（5.3.1），其中 σ_k 前的系数值推导如下：

由 JGJ 17-84 的 $KQ=(R_{qj}+0.6\sigma_0)A$

以 $K=3.3$ 代入得：

$$Q=\frac{1}{3.3}(R_{qj}+0.6\sigma_0)A \qquad (10)$$

本规程的表述式为 $\bar{\gamma}V_k=0.75(f_v+x\sigma_k)A$

以平均荷载系数 $\bar{\gamma}=1.24$ 代入得：

$$V_k=\frac{0.75}{1.24}(f_v+x\sigma_k)A \qquad (11)$$

在式（5.3.1）中 $Q=V_k$，$\sigma_0=\sigma_k$，为使本规程和原规程的计算安全度相同，必须符合：

$$f_v=\frac{1.24}{0.75}\cdot\frac{1}{3.3}R_{qj}=0.501R_{qj} \qquad (12)$$

$$x=\frac{1.24}{0.75}\cdot\frac{0.6}{3.3}=0.301\approx0.3 \qquad (13)$$

5.4 配筋受弯板材的承载力计算

5.4.1 正截面承载力的基本计算公式（5.4.1-1）、（5.4.1-2）由原规程的公式按统一标准的原则和符号改写，且与现行《混凝土结构设计规范》GB 50010 中的有关公式一致。系数 0.75 即承载力调整系数（$\gamma_{RA}=1.33$）的倒数值。

式（5.4.1-3）、（5.4.1-4）分别为界限受压区相对高度的限制条件和适筋受弯破坏的最大配筋率。由于《混凝土结构设计规范》GB 50010 在计算受弯构件时，改用了平截面假定，本规程随之作相应变化。

根据已有试验结果（详见“加气混凝土构件的计算及其试验基础”，清华大学，1980），配筋加气混凝土板在弯矩作用下的截面应变符合平截面假定，适筋破坏时压区加气混凝土的最大应变为 $2\times10^{-3}\sim4\times10^{-3}$，平均值为 2.8×10^{-3}。由此得界限受压区相对高度：

$$\xi=\frac{0.0028}{0.0028+\frac{f_y}{E_s}}=\frac{1}{1+\frac{f_y}{0.0028E_s}} \qquad (14)$$

而等效矩形应力图的相对高度为：

$$\xi_b=0.75\xi=\frac{0.75}{1+\frac{f_y}{0.0028E_s}} \qquad (15)$$

所以 $$\mu_{max}=\xi_b\frac{f_c}{f_y}\times100\% \qquad (16)$$

本规程中钢筋屈服强度 $f_y=210(250)\text{N/mm}^2$，$E_s=2.0\times10^5\text{N/mm}^2$，代入式（15）得：

$$\xi_b=0.545(0.5185) \qquad (17)$$

与试验结果（见前面同一文献）$\xi_b=0.5$ 相一致。故本规程建议采用 $\mu_{max}=0.5\frac{f_c}{f_y}\times100\%$。

5.4.2 原规程的计算式中，板材抗剪承载力取为 $0.055f_cbh_0$，是根据板材均布荷载和集中荷载试验结果所得的最小抗剪能力。改写成本规程的表达式，并将加气混凝土的抗压强度转换成抗拉强度（$f_t=0.09f_c$），故：

$$\frac{1}{\gamma_{RA}}0.055f_ch_0=\frac{1}{1.33}0.055\frac{f_t}{0.09}bh_0=0.458f_tbh_0$$

取整后即得式（5.4.2）。

5.5 配筋受弯板材的挠度验算

5.5.1 这是一般的方法，同普通混凝土构件的计算。

5.5.2 加气混凝土板材的试验表明，在使用荷载的短期作用下，一般不出现受弯裂缝，且抗弯刚度（B_s）接近常值。为简化计算，将换算截面的弹性刚度 E_cI_0 予以折减，系数值 0.85 比实测值（0.81～1.04，平均为 0.94）偏小，计算结果可偏安全。

5.5.3 计算公式同《混凝土结构设计规范》GB 50010。

水泥矿渣砂加气混凝土板的长期荷载试验中，实测得 6 年后挠度增长 1.4～1.7 倍。据其发展规律推算，在 20 年和 30 年后将分别达 1.886 和 2.063，故暂取 $\theta=2.0$。

5.6 构造要求

5.6.1～5.6.2 验算高厚比 β 的计算式同原规程，也同《砌体结构设计规范》GB 50003。允许高厚比 $[\beta]$ 值（表 5.6.1）参照该规范和工程经验确定。

5.6.3 控制房屋伸缩缝的间距是减轻砌体裂缝现象的重要措施之一。最大距离 40m 约可安排 3 个住宅单元。

5.6.4 砌筑墙体所用的砂浆，由原规程建议的混合砂浆改为“粘结性能良好的专用砂浆”，以保证砌块的粘结强度和砌体质量（砌体强度）。

5.6.5 加气混凝土砌块由于强度偏低，不宜直接承担局部受压荷载，因此要采用垫块或圈梁作为过渡。

5.6.6 为增强房屋的整体性，对加气混凝土砌块承重的底层和顶层窗台标高处，设置通长的现浇混凝土条带。

5.6.7 楼、屋盖处的梁或屋架，必须与相对应位置的墙、柱或圈梁有可靠的连接，以增强房屋的整体性能，提高其抗震能力。

5.6.8 承重加气混凝土砌块房屋，门窗洞口的过梁应采用钢筋砌块过梁（跨度≤900）或钢筋混凝土过梁（跨度较大时）。支承长度均不应小于 240mm。

5.6.9 加气混凝土砌块墙长大于层高的 1.5 倍时，为了保持砌块墙体出平面外的稳定性，应在墙中段设置起稳定作用的钢筋混凝土构造柱。

5.6.10 加气混凝土与钢筋的粘结强度较低，板材中的钢筋网片和骨架都要加焊接，以充分地发挥钢筋的受力作用。钢筋上、下网片之间设连接箍筋，以加强板材的压区和拉区的整体联系作用。

加气混凝土的透气性大，为防止钢筋锈蚀，板材内所有的钢筋（网片）都必须经过可靠的防腐处理。

5.6.11 板材内钢筋直径和数量的限制，参照国内外的有关试验研究和工程经验制定。试验证明，当主筋末端焊接3根相同直径的横向锚固筋，可保证受弯板材的跨中主筋屈服时端部不产生滑移。

根据工程经验，主筋末端到板端部的距离，由原规程要求的小于等于15mm，改为小于等于10mm。

5.6.12 当板材起吊时，上网纵向钢筋受拉，因此，上网钢筋不得少于2根，并与下网受力主筋相连。

5.6.13 为增强地震区加气混凝土屋盖结构的整体刚度，对加气混凝土屋面板与板之间加强连接是十分必要的。为此，在板内埋设预埋铁件，并在吊装后加以焊接。由于加气混凝土强度等级较低，因此，预埋件应与板主筋或架立筋焊接。

5.6.14 若板材的支承长度过小，不仅安装困难，还易发生局部损坏，影响承载力。本条的限制值是根据板材主筋的长度、板材试验和工程经验而确定。

6 围护结构热工设计

6.1 一般规定

6.1.1 本条是加气混凝土围护结构热工设计的基本原则和方法的规定，在同一地区同一建筑中，从满足保温、隔热和节能要求出发，求得的加气混凝土外墙和屋面的保温层厚度可能不同，实际使用时，应取其中的最大厚度。

6.1.2 根据目前加气混凝土生产和应用中有代表性的密度等级、使用情况、有无灰缝影响及含水率等，对加气混凝土围护结构材料热工性能有主要影响的计算参数——导热系数和蓄热系数计算值的规定，以便使计算结果具有可比性和一定程度的准确性，并更接近实际应用效果。

在根据保温隔热和节能要求计算确定加气混凝土围护结构或加气混凝土保温隔热层厚度时，正确确定和选用加气混凝土材料导热系数和蓄热系数的计算值，是十分重要的。这是因为如果计算值的确定和选用不当（偏高或偏低）则将影响计算结果的正确性，使计算结果与实际效果偏离较大，或在实际上不能满足保温隔热和节能要求。

计算值的确定应具有代表性，亦即材料的品种、密度，以及在围护结构中所处的状况（潮湿和灰缝影响等）应具有代表性，本规程表6.1.2中所列的4种密度（400、500、600、700kg/m^3）、2种构造（单一结构和复合结构）、3种状况（单一结构中，体积含水率3%的正常含水率和灰缝影响；复合结构中，铺设在密闭屋面内和浇筑在混凝土构件中所受潮湿和灰缝的影响），具有代表性，且与《民用建筑热工设计规范》GB 50176的取值接近。按本表计算值采用，基本上能够反映实际情况。

6.2 保温和节能设计围护结构热工设计

6.2.1 对加气混凝土围护结构（主要包括外墙和屋面）的传热系数K值和热惰性指标D值，应符合国家现行节能设计标准的有关规定，因近年来我国建筑节能迅速发展，对围护结构保温、隔热的要求不断提高，有些城市（如北京、天津等）已先行实施节能65%的居住建筑节能设计标准，适用于我国严寒、寒冷、夏热冬冷和夏热冬暖地区的节能50%的居住建筑节能设计行业标准目前正在修订中，《公共建筑节能设计标准》GB 50189也已实施。为了适应这种不断发展变化的形势需要，作出本条规定。满足相关节能标准要求的保温厚度，以及满足《民用建筑热工设计规范》GB 50176要求的低限保温、隔热厚度的规定。

6.2.2 本条规定了加气混凝土外墙和屋面传热系数K值、热惰性指标D值，以及外墙中存在钢筋混凝土梁、柱等热桥情况下外墙平均传热系数的计算方法。

6.2.3 本表所列为干密度为600kg/m^{3}的加气混凝土外墙砌筑和粘结不同做法的传热系数K值和热惰性指标D值，供参考选用。

6.2.4 本表所列为干密度为600kg/m^{3}的加气混凝土单一材料屋面板的传热系数K值和热惰性指标D值，供参考选用。

6.2.5 加气混凝土外墙中常存在钢筋混凝土梁、柱等热桥部位，如果不在这些热桥部位的外侧作保温处理，则将严重影响整体的保温效果，并有在这些部位的内表面结露长霉的危害，故作出本条规定。

6.2.6 本条从我国许多地区夏季有隔热的要求出发，对加气混凝土外墙和屋面能够满足《民用建筑热工设计规范》GB 50176隔热要求的厚度列出数据，但还应与满足建筑节能设计标准要求的计算厚度进行比较，取其中的最大厚度。

6.2.7 为避免加气混凝土复合墙体冬季内部冷凝受潮，降低保温效果，并引起结构损坏，作出本条规定。

6.2.8 为避免加气混凝土复合屋面冬季内部冷凝受潮，降低保温效果，并引起防水层损坏，作出本条规定。

6.2.9 本条还有另一种做法，即在屋面板上先做找坡层和防水层，再将加气混凝土块铺设在防水层上面，然后再做刚性防水层或其他防水层，实质上是一种倒置屋面。这种做法有利于加气混凝土内部潮湿的散发，对改善屋面的保温、隔热性能和保护防水层有利。

7 建筑构造

7.1 一般规定

7.1.1 在低温下，加气混凝土外表受潮结冰，体积增大 1.09 倍，在实际使用过程中，一般均外层结冰，这样就封闭了内部水分向外迁移的通道。当加气混凝土的内部水分向表面迁移时，在表层产生较大破坏应力，加气混凝土抗拉强度低，只有 0.3～0.5MPa，所以局部冻融容易产生分层剥离。

7.1.2 加气混凝土系多孔材料，出釜含水率为 35%～40%，使用过程中，水分不可能全部蒸发；其次在潮湿季节中，它也会吸入一部分水分；三是加气混凝土属于中性材料，pH 值在 9～11 之间。上述因素对未经处理的铁件均会起锈蚀作用，所以进入加气混凝土中的铁件应作防锈处理。

7.1.3 加气混凝土屋面板上镂划沟槽容易破坏钢筋保护层，所以一般不宜镂划，横向镂槽会减小板材的受力面积，而且如施工不当，有可能伤及更多的纵向钢筋，所以不宜横向镂划。沿纵向镂划的，其深度应小于等于 15mm，以不触及钢筋保护层为原则。

7.2 屋 面 板

7.2.1 加气混凝土屋面板是兼有保温和结构双重功能的构件，并由于机械钢丝切割，厚度精确，只要安装精确可不必在其上表面做找平层，如支座处找坡，则支座必须平整。在荷载允许情况下在屋面板上部可做找坡层。在地震区屋面必须有两个要求，板内上下网片应有连接和板上应设预埋件，构造方法如图 7.2.1 所示，或采用其他行之有效的连接方法。

7.2.2 加气混凝土屋面板强度偏低，在屋盖体系中，不应考虑作为水平支撑，因此应对屋架上部支撑予以适当加强。

7.2.3 沿板长和板宽方向不得出挑过多，以避免上部受拉产生裂缝，参考国外有关资料，其挑出长度给予限制，并采取相应构造连接措施。

7.2.4 板两端为受力钢筋的锚固区，不能在此范围内开洞，如需切断钢筋时，要对板的承载力进行验算。在正常情况下，只能按图 7.2.4 允许的范围内开洞。加气混凝土屋面板两端有横向锚固钢筋，因此严禁切断使用。需要纵向切锯的板材要与厂方协商，经计算后采用特殊配筋，专门生产允许切锯的板材。

7.2.5 加气混凝土屋面板因用切割机切割，一般两面都比较平整。如用支座找坡，只要支座处平整，屋面上下都会十分平整，可不做找平层，直接铺卷材防水层。如屋面板上须做找坡层和找平层，则在设计时应验算板的上部荷载，不要超过设计荷载。

加气混凝土屋面板因宽度较窄（600mm）刚度差，当铺好卷材防水层后，如其上部有施工荷载或温差伸缩变形时，易于将端头缝防水层处拉裂，尤其当满铺时更易拉裂。因此为防止端头缝开裂，除采取板材预埋件相互焊接外，还应在防水层做法上采取一定措施。在端头缝处干铺一条卷材的作用：一是加强作用，二是允许滑动；花撒和点铺的作用，均是允许有伸缩余地，以免在薄弱部位拉裂。

7.2.6 加气混凝土易受局部冻融破坏，同时也易受干湿循环破坏，所以在一些经常有可能处于干湿交替部位如檐口、窗台等排水部位应做滴水处理。

7.2.7 坯体经钢丝切割后，在制品表面有一些鱼鳞状的渣末，在使用过程中相当一段时间，会有掉落现象，因此，在其底面必须进行处理，一般以刮腻子喷浆为宜，因板表面抹灰较难保证质量，不做抹灰。对卫生要求较高的建筑，以及公共建筑等一般均做吊顶。

7.3 砌 块

7.3.1 加气混凝土保温性能好，在寒冷地区宜作为单一材料墙体，其用材厚度要比传统材料薄，如与其他材料处于同一表面，如外露混凝土构件（圈梁、柱或门窗过梁），则在采暖地区在该部位易产生“热桥”，同时两种材料密度不同，收缩值和温度变形不一，外露在同一表面易在交接处产生裂缝。所以无论在采暖或非采暖地区，在构件外表面均应有保温构造。由于在严寒地区其墙厚比传统墙体减薄，相应的灰缝距离也短，易于在灰缝处出现“热桥”，所以应采用保温砂浆砌筑，但有的产品精确度高，灰缝可控制在 3mm 以下，则灰缝产生“热桥”的可能性较小。

7.4 外 墙 板

7.4.1 加气混凝土用作外墙板，因其强度偏低，不宜将每层墙板层层叠压到顶。根据多年的实践经验，以分层承托为宜，尤其在地震区的高层建筑中，必须各层分别承托本层的重量。

7.4.2 外墙拼装大板是由过梁板、窗下板和洞口两边板三部分组合，洞口两边宽度和过梁板高度不宜太窄，否则在板材组装运输和吊装过程中易于损坏。外墙板一般为对称双面布筋每面 4 根，如要切锯成过梁板，最小宽度不宜小于 300mm，以使切锯后的板内保持有 4 根钢筋，并根据洞口大小经结构验算后方可使用，也可与厂方协商生产专用板材。

7.5 内隔墙板

7.5.1 一般民用建筑隔墙的平面较为复杂，垂直安装的灵活性比较大，为保证隔墙板的牢固，在地震区梁（或板）下应设预埋件将板上部卡住。为防止上部结构产生挠度或地震时结构变形，将板压坏，在板顶部应放柔性材料。板材安装时其下部用楔子将板往上顶紧，楔子应顺板宽方向打入，这样使板之间越挤越紧，不能从厚度方向对楔。当然同时也应采用上部固定方式。板缝间打入金属片的目的，是板之间用胶粘后的补强措施，一旦发生振动而不致开胶。

7.5.3 加气混凝土强度低、板材薄，如在民用建筑墙板上安装卫生设备、暖气片、热水器、吊柜等重物，或在工业建筑中固定管道支架时，应采用加强措施，如穿墙螺栓夹板锚固等。

8 饰面处理

8.0.1 加气混凝土的饰面不仅是美观要求，主要是保护加气混凝土墙体耐久性必不可少的措施。良好的饰面是提高抗冻、抗干湿循环和抗自然碳化的有效方法，对有可能受磕碰和磨损部位，如底层外墙，墙体阳角、门窗口、窗台板、踢脚线等要适当提高抹灰层的强度，当做完基层处理后，头道底灰一般抹强度与制品强度接近的混合砂浆。待头道抹灰初凝后，再抹强度较高的面层。

8.0.2 加气混凝土的吸水特性与传统的砖或混凝土不同，它的毛细作用较差，形似一种“墨水瓶”结构，其单端吸水试验表明，是先快后慢，吸水时间长，24h内吸水速度快，以后渐缓，直到10d以上才能达到平衡，但量不多。所以如基层不做处理，将不断吸收砂浆中的水分，使砂浆在未达到强度前就失去水化条件，造成抹灰开裂空鼓。根据德国标准，对加气混凝土饰面层的基层，其吸水率的要求是 $A=0.5kg/(m^2 \cdot h)$，所以宜采用专用抹灰砂浆或在粉刷前做界面处理封闭气孔。减少吸水量，并使抹灰层与加气混凝土有较好的粘结力。

8.0.3 因加气混凝土本身强度较低，故抹底灰层的强度应与加气混凝土的强度、弹性模量和收缩值等相适应，以避免抹灰开裂。

8.0.4 根据8.0.3条原则加气混凝土的底灰强度不宜过高，如表面要做强度较高的砂浆，则应采取逐层过渡、逐层加强的原则。

8.0.5 在设计中力求避免两种不同材料在同一表面。如遇此情况，则应对该缝隙或界面进行处理，如用聚合物砂浆及玻纤网格布加强。但采用聚合物砂浆所用水泥必须用低碱水泥，玻纤网格布一定要用耐碱和涂塑的，其性能应符合相关标准要求。

8.0.6 这是防止抹灰层开裂的措施之一，尤其是住宅的山墙，工业厂房的外墙，都是窗户小、墙面大。

8.0.7 在卫生间使用时，其墙面应做防水层，一般采用防水涂料一直做到上层顶板底部，表面粘贴饰面砖。

8.0.8 目前国内有些厂家已能达到这一标准。

9 施工与质量验收

9.1 一般规定

9.1.1 因加气混凝土砌块本身强度较低，要求在搬动和堆放过程中尽量减少损坏，有条件的应采用包装运输。

9.1.2 板材如不采取捆绑措施，在运输过程中易产生倾倒损坏或发生安全事故。板材运输采用专用车辆和包装运输，其目的是使板材在运输和装卸过程中避免受损。

9.1.3 墙板均按构造配筋，如平放易造成板材断裂，因此规定墙板应侧立放置。堆放高度限值是从安全考虑。屋面板可平放，其堆放规定是参照瑞典、日本的做法。

9.1.4 加气混凝土制品系气孔结构，孔内如渗入水分、受冻、膨胀，易于破坏制品，干湿循环易于使制品开裂，或产生盐析破坏。

9.1.5 因目前加气砌块砌体冬期施工的经验尚少，为慎重起见，暂规定承重砌块砌体不宜进行冬期施工。

9.1.6 在加气混凝土的墙体、屋面上钻孔镂槽，一定要使用专用工具，如乱剔、乱凿易于破坏制品及其受力性能。

9.2 砌块施工

9.2.1 砌块砌筑时，错缝搭接是加强砌体整体性、保证砌体强度的重要措施，要求必须做到。

9.2.2～9.2.3 承重砌块内外墙体同时砌筑是加强砌块建筑整体性的重要措施，在地震区尤为必要，根据工程实际调查，砌块砌筑在临时间断处留“马牙槎”，后塞砌块的竖缝大部分灰浆不饱满。留成斜槎可避免此不足。

砌体灰缝要求饱满度，是墙体有良好整体性的必要条件，而采用专用砂浆更能使灰缝饱满得到可靠保证；对于灰缝的宽度，取决于砌块尺寸的精确度。精确砌块可控制在小于等于3mm。

灰缝厚度的规定是参照砖石结构规范和砌块尺寸的特点而拟定的，灰缝太大，易在灰缝处产生热桥，且影响砌体强度。

砌块的吸水特性与黏土砖不同，它的初始吸水高于砖。因持续吸水时间较长，因此，用普通砂浆砌筑前适量浇水，能保证砌筑砂浆本身硬化过程的水化作用所必要的条件，并使砂浆与砌块有良好的粘结力，浇水多少与遍数视各地气候和制品品种不同而定。如采用精确砌块、专用胶粘剂密缝砌筑则可不用浇水。

9.2.4 砌块墙砌筑后灰缝会受压缩变形，一定要等灰缝压缩变形基本稳定后再处理顶缝，否则该缝隙会太宽影响墙体稳定性。

9.2.5 针对目前施工中不采用专用工具而用斧子任意剔凿，造成砌块不应有的破损。尤其是门窗洞口两侧，因门窗开闭经常受撞击，要求其两侧不得用零星小块。

9.2.6 砌筑加气砌块墙体不得留脚手眼的原因有两点：

1 加气砌块不允许直接承受局部荷载，避免加气砌块局部受压；

2　一般加气砌块墙体较薄，留脚手眼后用砂浆或砌块填塞，很难严实且极易在该部位产生开裂缝或造成“热桥”。

9.3　墙板安装

9.3.1　内外墙板安装时需有专用的机具设备，如夹具、无齿锯、手电钻、手工刀锯和特制撬棍等。外墙拼接缝如灌缝和粘结不严，如在雨期有风压时，雨水就有可能侵入缝内。墙板板侧如有油污应该除净，以保证板之间的粘结良好。

9.3.2　如内隔墙板由两端向中间安装，最后安装的中间条板很难使粘结砂浆饱满，致使在该处产生裂缝。因而规定了从一端向另一端依次安装，边缝作特殊处理。如有门洞，则从门洞处向两端安装。门洞处因需固定门框，宜用整板。

9.3.3～9.3.4　控制拼缝厚度和粘结砂浆饱满，以及施工中尽量减少墙面和楼层振动是防止板缝出现裂缝的几项主要措施。

9.4　屋面工程

9.4.1　针对目前施工中不采用专用工具如吊装不用夹具而用钢丝索起吊，撬板用普通撬杠调整使屋面板受到不同程度的损坏，特制定本条。

9.4.2　为确保施工安全，施工荷载应予控制，一般不得在加气屋面板上推小车等，否则应在板下采取临时支撑等措施。

9.4.3　为保证屋面板之间以及屋面板与支座之间的有效连接，以保证有效地抵抗地震力的破坏，故相互之间的焊接一定要认真进行。

9.5　内外墙抹灰

9.5.1　加气混凝土制品为封闭型的气孔结构，表面因钢丝切割破坏了原来的气孔，并有许多渣末存在。其表面的初始吸水快，而向制品内的吸水速度缓慢，因此在做饰面前应作界面处理，方法是多样的，如可以刷界面处理剂，也可以采用专用砂浆刮糙。界面处理的作用是不使加气混凝土制品过多地吸取抹灰砂浆中的水分，而使砂浆在未充分水化前失水而形成空鼓开裂，同时也能增强抹灰层与加气墙的粘结力。工程实践表明，在界面处理前，一般在墙面均用水稍加湿润。这一工序能收到较好的效果。同时，一次性抹灰厚度较厚易于开裂，分层抹可以避免开裂。为控制加气混凝土墙含水率太高引起的收缩裂缝，因此建议控制墙体抹灰前的含水率，在墙体砌筑完毕后不应立即抹灰，因砌筑好的墙最利于排除块内水分，加速完成收缩过程，各地可根据不同气候条件确定抹灰前墙体含水率，一般宜控制在15%～20%，也不排斥根据各地的实际情况控制墙体抹灰前的含水率。

9.5.2　这是避免不同材料之间变形而产生裂缝的较为有效的措施，但聚合物砂浆和玻纤网格布的质量至关重要，应符合有关标准。

9.5.3～9.5.4　在施工中，对抹灰砂浆配比、计量、混料应严格要求，从实际情况看，所以引起墙面抹灰开裂，其主要原因之一是用料不当，计量不准，操作工艺不规范，如采用过高标号的水泥、配比不计量、砂子含泥量高、掺入外加剂后搅拌时间不够等等，使原设计的砂浆面目全非，这在施工中要特别注意。

9.5.5　基于加气混凝土制品的材性特点，除注意基面处理、抹灰强度、控制一次抹灰厚度等措施外，对其养护也是十分重要，水硬性材料一般可采用喷水养护，亦可采取养护剂养护。如采用气硬性和石膏类抹灰，则没有必要养护。

9.6　工程质量验收

9.6.1　验收指标是参照砖石砌体施工验收规范中有关条文和国内部分地区工程实践调查总结而得。

9.6.2　屋面板相邻平整度偏差不得超过3mm，这是根据加气混凝土屋盖上不做找平层而直接做防水层的要求，这不仅与施工质量有关，而且受加气屋面板外观尺寸的影响较大，因此符合质量标准的板方可上房使用，当然支座的平整度也很重要。

中华人民共和国行业标准

电影院建筑设计规范

Code for architectural design of cinema

JGJ 58—2008

J785—2008

批准部门：中华人民共和国建设部

施行日期：2 0 0 8 年 8 月 1 日

中华人民共和国建设部
公　　告

第 820 号

建设部关于发布行业标准《电影院建筑设计规范》的公告

现批准《电影院建筑设计规范》为行业标准，编号为 JGJ 58—2008，自 2008 年 8 月 1 日起实施。其中，第 3.2.7、4.6.1、4.6.2、6.1.2、6.1.3、6.1.5、6.1.6、6.1.8、6.1.12、6.2.2、7.2.5、7.3.4 条为强制性条文，必须严格执行。原《电影院建筑设计规范（试行）》JGJ 58—88 同时废止。

本规范由建设部标准定额研究所组织中国建筑工业出版社出版发行。

中华人民共和国建设部

2008 年 2 月 29 日

前　　言

根据建设部建标［2004］66 号文的要求，规范编制组在广泛调查研究，认真总结实践经验，参考有关国际标准和国外先进标准，并在广泛征求意见的基础上，对原行业标准《电影院建筑设计规范（试行）》JGJ 58—88 进行了修订。

本规范的主要技术内容是：1. 总则；2. 术语；3. 基地和总平面；4. 建筑设计；5. 声学设计；6. 防火设计；7. 建筑设备。

修订的主要技术内容是：1. 总则、基地和总平面、建筑设计、声学设计、防火设计和建筑设备；2. 增加了术语、建筑设计一般规定、室内装修、噪声控制和扬声器布置等内容。

本规范由建设部负责管理和对强制性条文的解释，由主编单位负责具体技术内容的解释。

本规范主编单位：中广电广播电影电视设计研究院（北京市西城区南礼士路 13 号，邮政编码：100045）

中国电影科学技术研究所（北京市海淀区科学院南路 44 号，邮政编码：100086）

本规范参编单位：北京建筑工程学院

本规范主要起草人：刘世强　乔柏人　邱正选　黄义成　罗燕翎　陈　钧　王振颖　马思泽　郭晋生　宋　娜

目　次

1　总则 …………………………… 2—4—4
2　术语 …………………………… 2—4—4
3　基地和总平面 ……………………… 2—4—4
　3.1　基地 …………………………… 2—4—4
　3.2　总平面 ………………………… 2—4—4
4　建筑设计 ………………………… 2—4—5
　4.1　一般规定 ……………………… 2—4—5
　4.2　观众厅 ………………………… 2—4—5
　4.3　公共区域 ……………………… 2—4—7
　4.4　放映机房 ……………………… 2—4—8
　4.5　其他用房 ……………………… 2—4—8
　4.6　室内装修 ……………………… 2—4—9
5　声学设计 ………………………… 2—4—9
　5.1　基本要求 ……………………… 2—4—9
　5.2　观众厅混响时间 ……………… 2—4—9
　5.3　噪声控制 ……………………… 2—4—9
　5.4　扬声器布置 …………………… 2—4—10
6　防火设计 ………………………… 2—4—10
　6.1　防火 …………………………… 2—4—10
　6.2　疏散 …………………………… 2—4—11
7　建筑设备 ………………………… 2—4—11
　7.1　给水排水 ……………………… 2—4—11
　7.2　采暖通风和空气调节 ………… 2—4—11
　7.3　电气 …………………………… 2—4—12
本规范用词说明 …………………… 2—4—13
附：条文说明 ……………………… 2—4—14

1 总　　则

1.0.1 为保证电影院建筑的设计质量，使其满足适用、安全、卫生及电影工艺等方面的基本要求，制定本规范。

1.0.2 本规范适用于放映35mm的变形宽银幕、遮幅宽银幕及普通银幕三种画幅制式电影和数字影片的新建、改建、扩建电影院建筑设计。

1.0.3 当电影院有多种用途或功能时，应按其主要用途确定建筑标准。

1.0.4 电影院建筑应为观众创造安全和良好的视听环境，为工作人员创造方便有效的工作环境。

1.0.5 电影院建筑设计应遵循电影产业可持续性发展的原则，并应与电影院工艺设计紧密配合。

1.0.6 电影院建筑设计除应符合本规范外，尚应符合国家现行有关标准的规定。

2 术　　语

2.0.1 普通银幕电影　standard film

影片宽度为35mm，画面高宽比为1∶1.375的电影。

2.0.2 变形宽银幕电影　anamorphic film

拍摄或印片时用变形物镜使记录在感光胶片上的影像沿水平方向压缩，放映时再通过变形镜头使变形影像复原的、画面高宽比为1∶2.35的电影。

2.0.3 遮幅宽银幕电影　masking wide-screen film

拍摄时采用画面高宽比为1∶1.85（或1∶1.66）的片窗，放映时采用比放映普通银幕电影焦距更短的镜头，以获得宽银幕电影效果的电影。

2.0.4 设计视点　viewpoint

影厅垂直视线设计用的基准视点，定在银幕画面下缘中点。

2.0.5 最低设计视点高度　minimum height of viewpoint

银幕上各种制式画面中最低有效画面下缘距第一排观众席地面的高度。

2.0.6 最近视距　minimum viewing distance

观众厅第一排中心座位观众眼点（通常以椅背代替）至设计视点的水平距离。

2.0.7 最远视距　maximum viewing distance

观众厅最后一排中心座位观众眼点（通常以椅背代替）至设计视点的水平距离。

2.0.8 放映距离　projection distance

放映物镜至银幕中心的距离。

2.0.9 仰视角　vertical inclined viewing angle

观众厅第一排中心座位观众眼点的水平线与银幕上缘形成的垂直夹角。

2.0.10 斜视角　horizontal inclined viewing angle

观众厅第一排边座观看银幕中心的视线与银幕中轴线形成的水平夹角。

2.0.11 视线超高值（c值）　exceeding value of vertical sight line

后排观众观看设计视点的视线与前排观众眼睛垂线之交点，与前排观众眼睛间的高度差。

2.0.12 水平放映角　horizontal projection angle

放映光轴与银幕中轴线夹角在水平面上的投影角。

2.0.13 垂直放映角　vertical projection angle

放映光轴与银幕中轴线的垂直夹角，分为放映仰角和放映俯角两种。

2.0.14 数字影片　digital movies

用数字方式发行和放映的电影。

3 基地和总平面

3.1 基　　地

3.1.1 电影院选址应符合当地总体规划和文化娱乐设施的布局要求。

3.1.2 基地选择应符合下列规定：

1 宜选择交通方便的中心区和居住区，并远离工业污染源和噪声源；

2 至少应有一面直接临接城市道路。与基地临接的城市道路的宽度不宜小于电影院安全出口宽度总和，且与小型电影院连接的道路宽度不宜小于8m，与中型电影院连接的道路宽度不宜小于12m，与大型电影院连接的道路宽度不宜小于20m，与特大型电影院连接的道路宽度不宜小于25m；

3 基地沿城市道路方向的长度应按建筑规模和疏散人数确定，并不应小于基地周长的1/6；

4 基地应有两个或两个以上不同方向通向城市道路的出口；

5 基地和电影院的主要出入口，不应和快速道路直接连接，也不应直对城镇主要干道的交叉口；

6 电影院主要出入口前应设有供人员集散用的空地或广场，其面积指标不应小于0.2m^2/座，且大型及特大型电影院的集散空地的深度不应小于10m；特大型电影院的集散空地宜分散设置。

3.1.3 基地的机动车出入口设置应符合现行国家标准《民用建筑设计通则》GB 50352中的有关规定。

3.2 总 平 面

3.2.1 总平面布置应符合下列规定：

1 宜为将来的改建和发展留有余地；

2 建筑布局应使基地内人流、车流合理分流，并应有利于消防、停车和人员集散。

3.2.2 基地内应为消防提供良好道路和工作场地，并应设置照明。内部道路可兼作消防车道，其净宽不应小于4m，当穿越建筑物时，净高不应小于4m。

3.2.3 停车场（库）设计应符合下列规定：

1 新建、扩建电影院的基地内宜设置停车场，停车场的出入口应与道路连接方便；

2 贵宾和工作人员的专用停车场宜设置在基地内；

3 贴邻观众厅的停车场（库）产生的噪声应采取适当的措施进行处理，防止对观众厅产生影响；

4 停车场布置不应影响集散空地或广场的使用，并不宜设置围墙、大门等障碍物。

3.2.4 绿化设计应符合当地行政主管部门的有关规定。

3.2.5 场地应进行无障碍设计，并应符合国家现行行业标准《城市道路和建筑物无障碍设计规范》JGJ 50中的有关规定。

3.2.6 综合建筑内设置的电影院，应符合下列规定：

1 楼层的选择应符合现行国家标准《建筑设计防火规范》GB 50016及《高层民用建筑设计防火规范》GB 50045中的相关规定；

2 不宜建在住宅楼、仓库、古建筑等建筑内。

3.2.7 综合建筑内设置的电影院应设置在独立的竖向交通附近，并应有人员集散空间；应有单独出入口通向室外，并应设置明显标识。

4 建筑设计

4.1 一般规定

4.1.1 电影院的规模按总座位数可划分为特大型、大型、中型和小型四个规模。不同规模的电影院应符合下列规定：

1 特大型电影院的总座位数应大于1800个，观众厅不宜少于11个；

2 大型电影院的总座位数宜为1201～1800个，观众厅宜为8～10个；

3 中型电影院的总座位数宜为701～1200个，观众厅宜为5～7个；

4 小型电影院的总座位数宜小于等于700个，观众厅不宜少于4个。

4.1.2 电影院建筑的等级可分为特、甲、乙、丙四个等级，其中特级、甲级和乙级电影院建筑的设计使用年限不应小于50年，丙级电影院建筑的设计使用年限不应小于25年。各等级电影院建筑的耐火等级不宜低于二级。

4.1.3 电影院建筑应根据所在地区需求、使用性质、功能定位、服务对象、管理方式等多方面因素合理确定其规模和等级。

4.1.4 电影院宜由观众厅、公共区域、放映机房和其他用房等组成。根据电影院规模、等级以及经营和使用要求，各类用房可增减或合并。主要用房的分区设置应符合下列规定：

1 应根据功能分区，合理安排观众厅区、放映机房区的位置；对于多厅电影院应做到观众厅区相对集中；

2 应解决好各部分之间的联系和分隔要求。各类用房在使用上应有适应性和灵活性，应便于分区使用、统一管理。

4.1.5 人流组织应符合下列规定：

1 观众厅人流组织应合理，保证观众的有序入场及疏散，观众入场和疏散人流不得有交叉；

2 应合理安排放映、经营之间的运行路线，观众、管理人员和营业运送路线应便捷畅通，互不干扰。

4.1.6 各个观众厅、放映机房的层高设计应根据观众厅规模、工艺要求和技术经济条件综合确定。

4.1.7 电影院建筑外部应符合下列规定：

1 电影院出入口应设置明显的标识；

2 设有突出的广告牌等设施时，应安全可靠，且不应影响消防车辆的通行和人员疏散。

4.1.8 电影院设置电梯或自动扶梯不宜贴邻观众厅设置。当贴邻设置时，应采取隔声、减振等措施。

4.1.9 电影院建筑的节能设计应符合现行国家标准《公共建筑节能设计标准》GB 50189中的有关规定。

4.1.10 锅炉房或冷却塔不宜贴邻观众厅设置；当贴邻设置时，应采取消声、隔声及减振措施。

4.1.11 各类用房应按其噪声等级分区布置。有噪声的用房不宜与观众厅贴邻设置。当贴邻设置时，应采取消声、隔声及减振措施。

4.1.12 当观众厅屋面工程采用轻型屋面时，应采取隔声、减振措施。

4.1.13 电影院建筑应进行无障碍设计，并应符合国家现行行业标准《城市道路和建筑物无障碍设计规范》JGJ 50中的有关规定。

4.1.14 电影院建筑中的公共信息标志用图形符号，应符合现行国家标准《公共信息标志用图形符号》GB 10001中的有关规定。

4.2 观众厅

4.2.1 观众厅应符合下列规定：

1 观众厅的设计应与银幕的设置空间统一考虑，观众厅的长度不宜大于30m，观众厅长度与宽度的比例宜为(1.5±0.2)：1；

2 楼面均布活荷载标准值应取3kN/m^2；

3 观众厅体形设计，应避免声聚焦、回声等声学缺陷；

4 观众厅净高度不宜小于视点高度、银幕高度与银幕上方的黑框高度(0.5～1.0m)三者的总和；

5 新建电影院的观众厅不宜设置楼座；

6 乙级及以上电影院观众厅每座平均面积不宜小于 1.0m²，丙级电影院观众厅每座平均面积不宜小于 0.6m²。

4.2.2 观众厅视距、视点高度、视角、放映角及视线超高值，应符合表 4.2.2 的规定（图 4.2.2-1、图 4.2.2-2）。

表 4.2.2 观众厅视距、视点高度、视角、放映角及视线超高值

电影院建筑的等级 / 项目	特级	甲级	乙级	丙级
最近视距(m)	≥0.60W	≥0.60W	≥0.55W	≥0.50W
最远视距(m)	≤1.8W	≤2.0W	≤2.2W	≤2.7W
最高视点高度 h_0(m)	≤1.5	≤1.6	≤1.8	≤2.0
仰视角(°)	≤40		≤45	
斜视角(°)	≤35	≤40	≤45	
水平放映角(°)	≤3			
放映俯角(°)	≤6			
视线超高值 c(m)	c 值取 0.12m,需要时可增加附加值 c'			c 值可隔排取 0.12m

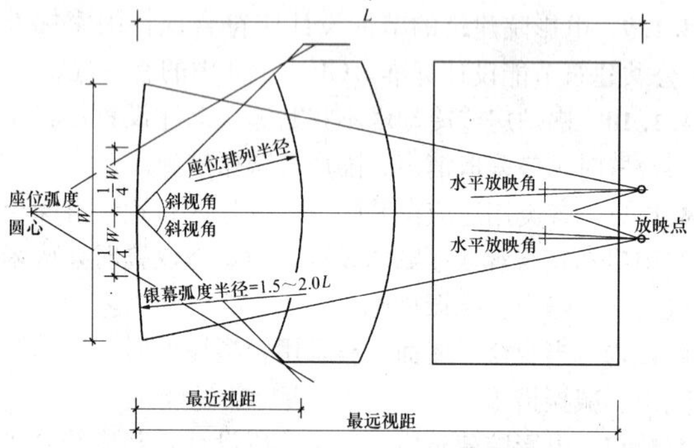

图 4.2.2-1 观众厅工艺设计平面图

W—银幕最大画面宽度（m）；L—放映距离（m）

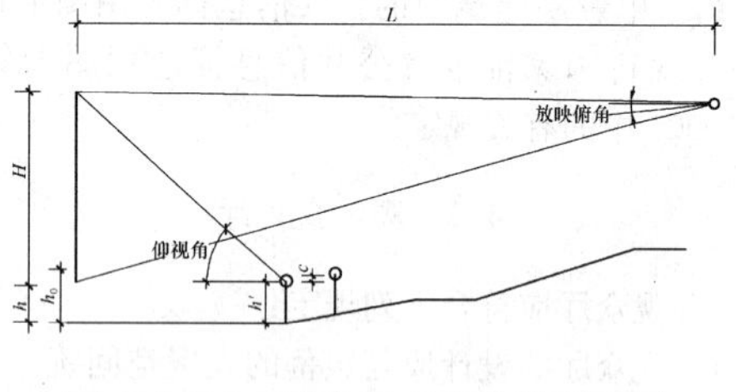

图 4.2.2-2 观众厅工艺设计剖面图

H—银幕最大画面高度（m）；h—设计视点高度（m）；h_0—最高视点高度（m）；h'—观众眼睛离地高度（m）；c—视线超高值（m）

4.2.3 观众厅的地面升高应满足无遮挡视线的要求，并可按下式计算（图 4.2.3）：

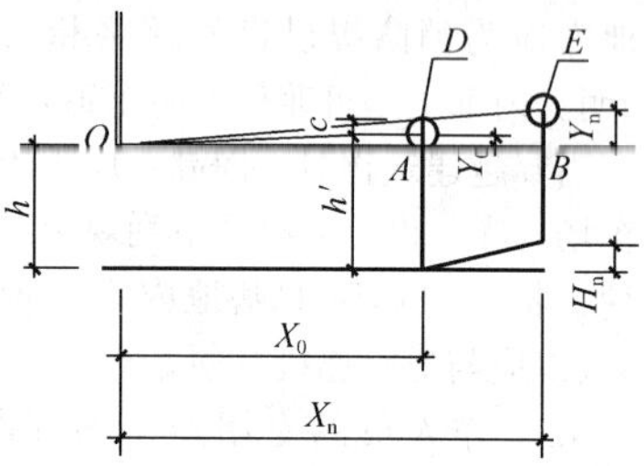

图 4.2.3 地面升高的无遮挡视线设计

$$Y_n = X_n / X_0 \cdot (Y_0 - c) \quad (4.2.3)$$

式中 X_0——前一排观众眼睛到设计视点的水平距离（m）；

X_n——后一排观众眼睛到设计视点的水平距离（m）；

Y_0——前一排观众眼睛到设计视点的垂直距离（m）；

Y_n——后一排观众眼睛到设计视点的垂直距离（m）；

c——视线超高值，0.12m；

H_n——地面升高值（m）。

4.2.4 银幕设置应符合下列规定：

1 采用“等高法”画幅制式配置时，三种制式的银幕高度宜一致，左右宽度可根据画幅高宽比调整（图 4.2.4-1）。

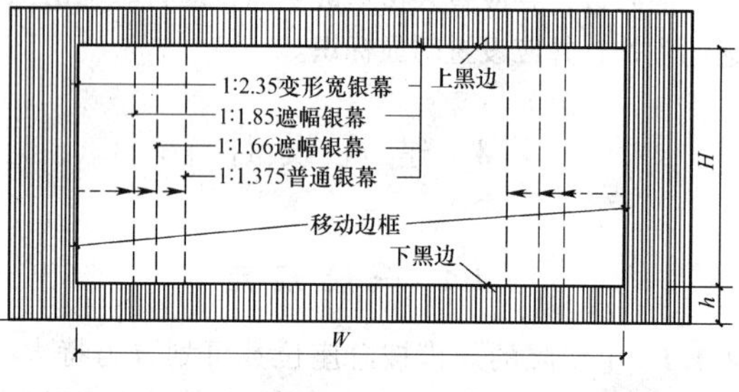

图 4.2.4-1 “等高法”银幕画幅制式配置

2 采用“等宽法”画幅制式配置时，应符合下列规定：

1）宽银幕和遮幅幕的银幕宽度宜一致，上下高度可根据画幅高宽比调整（图 4.2.4-2）；

2）普通幕和遮幅幕的高度宜一致，左右宽度可根据画幅高宽比调整（图 4.2.4-2）。

3 采用“等面积法”画幅制式配置时，应符合下列规定：

1）宽银幕和遮幅幕的面积宜相等，高度可根据画幅高宽比调整（图 4.2.4-3）；

2）普通幕和遮幅幕的高度宜相等，宽度可根据画幅高宽比调整（图 4.2.4-3）。

4 银幕画面宽度应由放映距离与放映机片门、放映镜头焦距之间的比例关系（图 4.2.4-4）确定。普通银幕画面宽度和变形宽银幕画面宽度可分别按式 4.2.4-1 和式 4.2.4-2 计算。

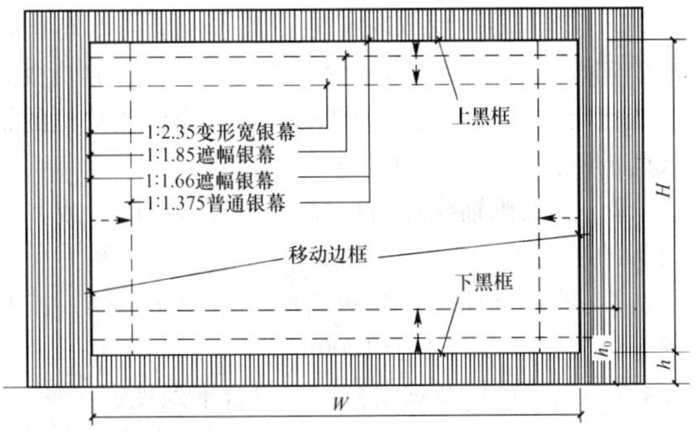

图 4.2.4-2 “等宽法”银幕画幅制式配置

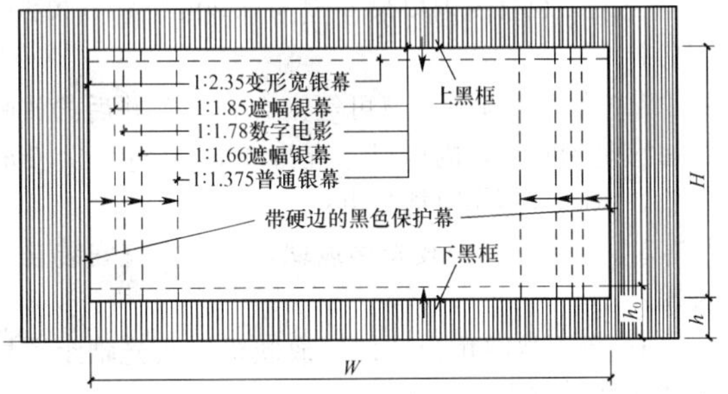

图 4.2.4-3 “等面积法”银幕画幅制式配置

$$W_p = \frac{b \times L}{f} \quad (4.2.4\text{-}1)$$

$$W_b = \frac{b \times L}{f} \times 2 \quad (4.2.4\text{-}2)$$

式中 b——片门宽度（mm）；

W_p——普通银幕画面宽度（m）；

W_b——变形宽银幕画面宽度（m）；

f——镜头焦距（mm）；

L——放映距离（m）。

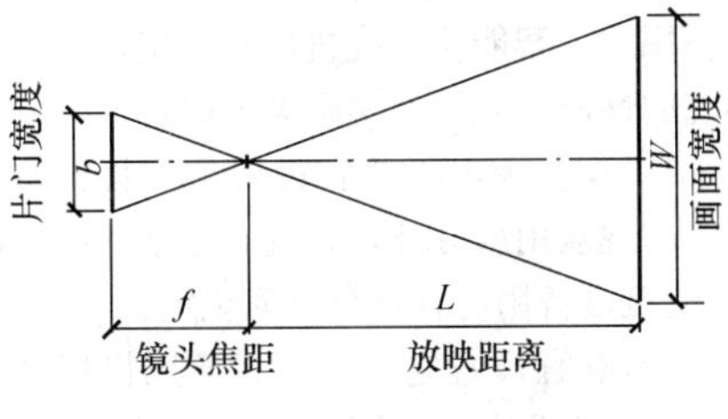

图 4.2.4-4 银幕画面尺寸设计

5 银幕应设置坚固的金属银幕架、幕轨、可调节画面的幕框，可设置保护幕。

6 宽银幕在水平方向呈弧面设计时，其曲率半径宜为放映距离 L 的 1.5～2 倍（图 4.2.2-1）。银幕弧面中点至幕后的墙面距离不宜小于 1.2m。当放映距离和银幕宽度的比值大于 1.5 且银幕宽度不超过 10m 时，银幕可为平面，银幕至幕后的墙面距离不宜小于 1.0m。

4.2.5 不同等级电影院的观众座席尺寸与排距宜符合表 4.2.5 的规定。

表 4.2.5 不同等级电影院的观众座席尺寸与排距

等级	特级	甲级	乙级	丙级	
座椅	软椅			软椅	硬椅
扶手中距（m）	≥0.56		≥0.54	≥0.52	≥0.50
净宽（m）	≥0.48		≥0.46	≥0.44	≥0.44
排距（m）	≥1.10	≥1.00	≥0.90	≥0.85	≥0.80

注：靠后墙设置座位时，最后一排排距为排距、椅背斜度的水平投影距离和声学装修层厚度三者之和。

4.2.6 每排座位的数量应符合下列规定：

1 短排法：两侧有纵走道且硬椅排距不小于 0.80m 或软椅排距不小于 0.85m 时，每排座位的数量不应超过 22 个，在此基础上排距每增加 50mm，座位可增加 2 个；当仅一侧有纵走道时，上述座位数相应减半；

2 长排法：两侧有走道且硬椅排距不小于 1.0m 或软椅排距不小于 1.1m 时，每排座位的数量不应超过 44 个；当仅一侧有纵走道时，上述座位数相应减半。

4.2.7 观众厅内走道和座位排列应符合下列规定：

1 观众厅内走道的布局应与观众座位片区容量相适应，与疏散门联系顺畅，且其宽度应符合本规范第 6.2.7 条的规定；

2 两条横走道之间的座位不宜超过 20 排，靠后墙设置座位时，横走道与后墙之间的座位不宜超过 10 排；

3 小厅座位可按直线排列，大、中厅座位可按直线与弧线两种方法单独或混合排列；

4 观众厅内座位楼地面宜采用台阶式地面，前后两排地坪相差不宜大于 0.45m；观众厅走道最大坡度不宜大于 1∶8。当坡度为 1∶10～1∶8 时，应做防滑处理；当坡度大于 1∶8 时，应采用台阶式踏步；走道踏步高度不宜大于 0.16m 且不应大于 0.20m；供轮椅使用的坡道应符合现行行业标准《城市道路和建筑物无障碍设计规范》JGJ 50 中的有关规定。

4.2.8 当观众厅内有下列情况之一时，座位前沿或侧边应设置栏杆，栏杆应坚固，其水平荷载不应小于 1kN/m，并不应遮挡视线：

1 紧临横走道的座位地坪高于横走道 0.15m 时；

2 座位侧向紧邻有高差走道或台阶时；

3 边走道超过地平面，并临空时。

4.3 公 共 区 域

4.3.1 公共区域宜由门厅、休息厅、售票处、小卖部、衣物存放处、厕所等组成。

4.3.2 门厅和休息厅应符合下列规定：

1 门厅和休息厅内交通流线及服务分区应明确，宜设置售票处、小卖部、衣物存放处、吸烟室和监控室等；

2 电影院门厅和休息厅合计使用面积指标，特、甲级电影院不应小于0.50m²/座；乙级电影院不应小于0.30m²/座；丙级电影院不应小于0.10m²/座；

3 电影院设有分层观众厅时，各层的休息厅面积宜根据分层观众厅的数量予以适当分配；

4 门厅或休息厅宜设有观众入场标识系统；

5 严寒及寒冷地区的电影院，门厅宜设门斗。

4.3.3 售票处应符合下列规定：

1 售票窗口的数量宜为每300座设一个，相邻两个售票窗口的中心距离不应小于0.90m，售票处的建筑面积宜按每窗口1.50～2.00m² 计算；中型及其以上电影院宜设团体售票服务间；

2 售票处朝向室外的售票窗口，其窗口上部应设置雨篷；

3 售票处宜安装醒目的显示设施，可显示出节目单、厅号、映出时间表、价格表等。

4.3.4 电影院内宜设置小卖部或冷饮部，并应符合下列规定：

1 可根据观众厅的位置，就近分散设置，面积指标不应小于该区域观众厅0.04m²/座，并宜设置适当的等候区域；

2 柜台宜预留电源和给排水接口；

3 前后柜台宽度不宜小于0.70m，间距不宜小于1.10m。

4.3.5 电影院宜设置小件寄存柜或衣物存放处，衣物存放处面积指标不应小于0.04m²/座。

4.3.6 观众厅分层设置时，吸烟室宜分层设置。

4.3.7 电影院内宜设公用电话，并应有隔声屏障。

4.3.8 电影院内应设厕所，厕所的设置应符合现行行业标准《城市公共厕所设计标准》CJJ 14中的有关规定。

4.4 放映机房

4.4.1 放映机房内应设置放映、还音、倒片、配电等设备或设施，机房内宜设维修、休息处及专用厕所。

4.4.2 各观众厅的放映机房宜集中设置。集中设置的放映机房每层不宜多于两处，并应有走道相通，走道宽度不宜小于1.20m。

4.4.3 当放映机房后墙处无设备时，放映机房的净深不宜小于2.80m，机身后部距放映机房后墙不宜小于1.20m。当放映机房为两侧放映时，放映机房的净深不宜小于4.80m。放映机镜头至放映机房前墙面宜为0.20～0.40m。

4.4.4 放映机房的净高不宜小于2.60m。

4.4.5 放映机房楼面均布活荷载标准值不应小于3kN/m²。当有较重设备时，应按实际荷载计算。

4.4.6 放映机的布置应符合下列规定：

1 当采用一台放映机时，其轴线应与银幕画面的中轴线重合；当采用两台放映机时，两台放映机的轴线应与银幕画面的中轴线对称，且两台放映机的轴线间的距离不宜大于1.40m；

2 放映机轴线与右侧墙面（操作一侧）或其他设备的距离不宜小于1.20m；

3 放映机轴线与左侧墙面（非操作一侧）或其他设备的距离不宜小于1.00m。

4.4.7 放映窗口及观察窗口应符合下列规定：

1 放映窗及观察窗分别设置时，放映窗口宜呈喇叭口，内口尺寸宜为0.20m×0.20m，喇叭口不应阻挡光束；观察窗内口尺寸宜为0.30m(宽)×0.20m(高)；

2 放映窗与观察窗可等高合并，合并后的放映窗口宜呈喇叭口，内口尺寸宜为0.70m(宽)×0.30m(高)，喇叭口不应阻挡光束；

3 放映窗应安装光学玻璃，观察窗宜安装普通玻璃；

4 垂直放映角为0°时，放映机镜头光轴距离机房地面高度应为1.25m；

5 放映窗口外侧的观众厅最后一排地坪前沿距离放映光束下缘不宜小于1.90m。

4.4.8 放映机房应有一外开门通至疏散通道，其楼梯和出入口不得与观众厅的楼梯和出入口合用。

4.4.9 放映机房应有良好通风，放映机背后墙上不宜开设窗户，当设有窗户时，应有遮光措施。

4.4.10 当放映机房楼（地）面高于室外地坪5m时，宜设影片提升设备。

4.5 其他用房

4.5.1 其他用房宜包括多种营业用房、贵宾接待室、建筑设备用房、智能化系统机房和员工用房等，可根据电影院的性质、规模及实际需要确定。

4.5.2 甲级及特级电影院宜设置贵宾接待室，贵宾接待室应与观众用房分开，并宜有单独的出入口。

4.5.3 建筑设备用房宜符合下列规定：

1 电影院宜设置空调机房、通风机房、冷冻机房、水泵房、变配电室、灯光控制室等；

2 各种设备用房的位置应接近电力负荷中心，运行、管理、维修应安全、方便，同时应避免其噪声和振动对公共区域和观众厅的干扰。

4.5.4 电影院可根据建筑等级和规模的需要设置智能化系统机房，宜包括消防控制室、安防监控中心、有线电视机房、计算机机房、有线广播机房及控制室；智能化系统机房可单独设置，也可合用设置。

4.5.5 员工用房应符合下列规定：

1 员工用房宜包括行政办公、会议、职工食堂、更衣室、厕所等用房，应根据电影院的实际需要设置；

2 员工用房的位置及出入口应避免员工人流路线与观众人流路线互相交叉。

4.6 室内装修

4.6.1 室内装修不得遮挡消防设施标志、疏散指示标志及安全出口，并不得妨碍消防设施和疏散通道的正常使用。

4.6.2 观众厅装修的龙骨必须与主体建筑结构连接牢固，吊顶与主体结构吊挂应有安全构造措施，顶部有空间网架或钢屋架的主体结构应设有钢结构转换层。容积较大、管线较多的观众厅吊顶内，应留有检修空间，并应根据需要，设置检修马道和便于进入吊顶的人孔和通道，且应符合有关防火及安全要求。

4.6.3 室内装修应符合下列规定：

1 观众厅室内装修应满足电影院声学要求；

2 室内装修所用材料应符合现行国家标准《民用建筑工程室内环境污染控制规范》GB 50325 中的有关的规定；应采用防火、防污染、防潮、防水、防腐、防虫的装修材料和辅料；

3 观众厅室内装修选材应防止干扰光，应选用无反光饰面材料；

4 改建、扩建电影院观众厅的室内装修应保证建筑结构的安全性；

5 当观众吊顶内管线较多且空间有限不能进入检修时，可采用便于拆卸的装配式吊顶板或在需要部位设置检修孔；吊顶板与龙骨之间应连接牢靠。

4.6.4 观众厅的走道地面宜采用阻燃深色地毯。观众席地面宜采用耐磨、耐清洗地面材料。银幕边框、银幕后墙及附近的侧墙和银幕前方的顶棚应采用无光黑色或深色装修材料，台口、大幕及沿幕应采用无光黑色或深色装修材料。

4.6.5 放映机房的地面宜采用防静电、防尘、耐磨、易清洁材料。墙面与顶棚宜做吸声处理。

5 声学设计

5.1 基本要求

5.1.1 电影院建筑设计应包括声学设计，声学设计应贯穿电影院设计的全过程。

5.1.2 观众厅的声学设计应保证观众厅内达到合适的混响时间、均匀的声场、足够的响度，满足扬声器对观众席的直达辐射声能，保持视听方向一致，同时避免回声、颤动回声、声聚焦等声学缺陷并控制噪声的侵入。

5.1.3 观众厅内具有良好立体声效果的座席范围宜覆盖全部座席的2/3以上。

5.1.4 观众厅的后墙应采用防止回声的全频带强吸声结构。

5.1.5 银幕后墙面应做吸声处理。

5.2 观众厅混响时间

5.2.1 电影院观众厅混响时间，应根据观众厅的实际容积按下列公式计算或从图5.2.1中确定：

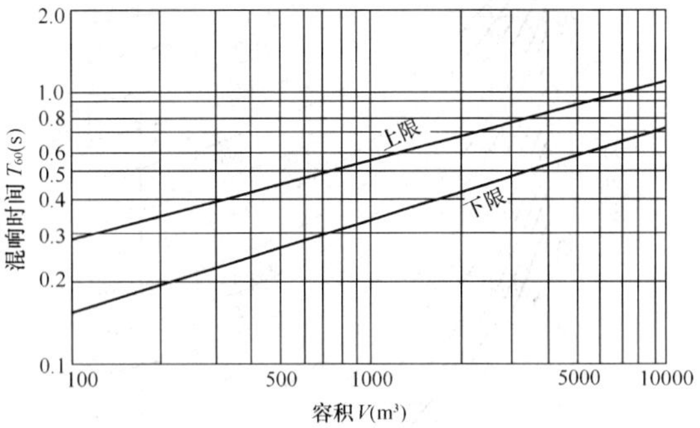

图5.2.1 电影院观众厅内所要求的混响时间与其容积的对应关系

500Hz时的上限公式为：

$$T_{60} \leqslant 0.07653V^{0.287353} \quad (5.2.1\text{-}1)$$

500Hz时的下限公式为：

$$T_{60} \geqslant 0.032808V^{0.333333} \quad (5.2.1\text{-}2)$$

式中 T_{60}——观众厅混响时间（s）；

V——观众厅的实际容积（m³）。

5.2.2 特、甲、乙级电影院观众厅混响时间的频率特性应符合表5.2.2的规定。

表5.2.2 特、甲、乙级电影院观众厅混响时间表的频率特性

f（Hz）	63	125	250	500	1000	2000	4000	8000
T_{60}^{f}/T_{60}^{500}	1.00～1.75	1.00～1.50	1.00～1.25	1.00	0.85～1.00	0.70～1.00	0.55～1.00	0.40～0.90

5.2.3 丙级电影院观众厅混响时间频率特性应符合表5.2.2中125Hz、250Hz、500Hz、1kHz、2kHz、4kHz的规定。

5.3 噪声控制

5.3.1 电影院内各类噪声对环境的影响，应按现行国家标准《城市区域环境噪声标准》GB 3096执行。

5.3.2 观众厅宜利用休息厅、门厅、走廊等公共空间作为隔声降噪措施，观众厅出入口宜设置声闸。

5.3.3 当放映机及空调系统同时开启时，空场情况下观众席背景噪声不应高于NR噪声评价曲线（图5.3.3）对应的声压级（表5.3.3）。

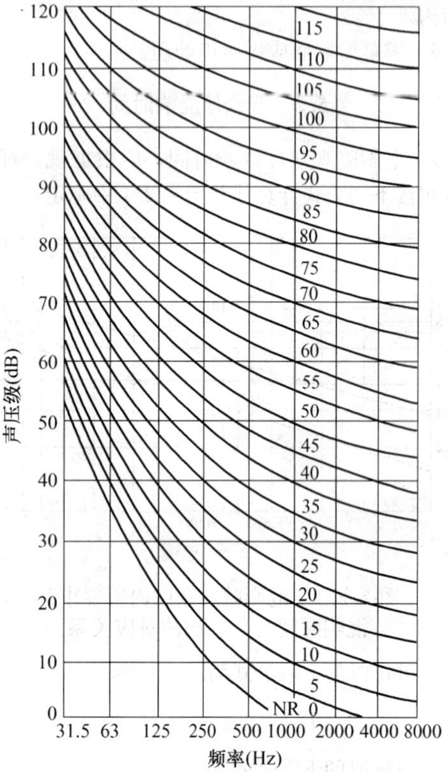

图 5.3.3 NR噪声评价曲线

表 5.3.3 电影院观众席背景噪声的声压级

电影院等级	特级	甲级	乙级	丙级
观众席背景噪声（dB）	NR25	NR30	NR35	NR40

5.3.4 观众厅与放映机房之间隔墙应做隔声处理，中频（500～1000Hz）隔声量不宜小于45dB。

5.3.5 相邻观众厅之间隔声量为低频不应小于50dB，中高频不应小于60dB。

5.3.6 观众厅隔声门的隔声量不应小于35dB。设有声闸的空间应做吸声减噪处理。

5.3.7 设有空调系统或通风系统的观众厅，应采取防止厅与厅之间串音的措施。空调机房等设备用房宜远离观众厅。空调或通风系统均应采用消声降噪、隔振措施。

5.4 扬声器布置

5.4.1 银幕后电影还音扬声器应采用高、低分频的扬声器系统。系统中高频扬声器应为恒定指向性号筒扬声器，其水平指向性不宜小于90°，垂直指向性不宜小于40°。

5.4.2 扬声器的安装高度与倾斜角应以其高频扬声器的声辐射中心与声辐射轴线定位，声辐射中心宜置于银幕下沿高度的1/2～2/3处，声辐射轴线宜指向最后一排观众席距地面1.10～1.15m处。

5.4.3 扬声器及其支架应安装牢固，避免产生共振噪声。

5.4.4 立体声主声道扬声器的布置应符合下列规定：

1 银幕后宜设置3组或5组扬声器，扬声器的声辐射中心高度应一致；

2 扬声器间距应相等，且有足够大的距离，两侧扬声器的边距不宜超过银幕边框。

5.4.5 立体环绕声扬声器的布置应符合下列规定：

1 扬声器应设置在观众厅的侧墙与后墙，可按两路（左、右）或四路（左、右、左后、右后）布置，配置数量宜根据扬声器的放声距离、功率要求与指向性来确定，配置后的扬声器应能进行合理的阻抗串并联分配；

2 观众厅前区第一台扬声器的水平位置不宜超过第一排座席，前区扬声器与后区扬声器间的最大距离不应大于17m，扬声器间距应一致，并应配合声学装修设计；

3 扬声器的安装高度，可以扬声器声辐射中心距地面高度为基准，根据观众厅的宽度，由下式计算

$$H=(W\sqrt{W^2-16}+90)/6W \quad (5.4.5)$$

式中 H——扬声器声辐射中心距地面高度（m）；

W——观众厅的宽度（m）。

4 侧墙扬声器的声辐射轴线宜垂直指向其对面侧边座席1.10～1.15m处，后墙扬声器的声辐射轴线宜垂直指向观众席前排距地面1.10～1.15m处。

5.4.6 次低频声道扬声器的布置宜符合下列规定：

1 宜设置在银幕后中路主声道扬声器任意一侧地面，并做减振处理；

2 配置数量可根据扬声器的放声距离、功率要求来确定；

3 多台扬声器宜集中放置在一处，充分利用扬声器的互耦效应。

5.4.7 观众厅的声压级最大值与最小值之差不应大于6dB，最大值与平均值之差不应大于3dB。

6 防火设计

6.1 防 火

6.1.1 电影院建筑防火设计应符合现行国家标准《建筑设计防火规范》GB 50016及《高层民用建筑设计防火规范》GB 50045的规定。

6.1.2 当电影院建在综合建筑内时，应形成独立的防火分区。

6.1.3 观众厅内座席台阶结构应采用不燃材料。

6.1.4 观众厅、声闸和疏散通道内的顶棚材料应采用A级装修材料，墙面、地面材料不应低于B1级。各种材料均应符合现行国家标准《建筑内部装修设计防火规范》GB 50222中的有关规定。

6.1.5 观众厅吊顶内吸声、隔热、保温材料与检修马道应采用A级材料。

6.1.6 银幕架、扬声器支架应采用不燃材料制作，银幕和所有幕帘材料不应低于 B1 级。

6.1.7 放映机房应采用耐火极限不低于 2.0h 的隔墙和不低于 1.5h 的楼板与其他部位隔开。顶棚装修材料不应低于 A 级，墙面、地面材料不应低于 B1 级。

6.1.8 电影院顶棚、墙面装饰采用的龙骨材料均应为 A 级材料。

6.1.9 面积大于 100m² 的地上观众厅和面积大于 50m² 的地下观众厅应设置机械排烟设施。

6.1.10 放映机房应设火灾自动报警装置。

6.1.11 电影院内吸烟室的室内装修顶棚应采用 A 级材料，地面和墙面应采用不低于 B1 级材料，并应设有火灾自动报警装置和机械排风设施。

6.1.12 电影院通风和空气调节系统的送、回风总管及穿越防火分区的送回风管道在防火墙两侧应设防火阀；风管、消声设备及保温材料应采用不燃材料。

6.1.13 室内消火栓宜设在门厅、休息厅、观众厅主要出入口和楼梯间附近以及放映机房入口处等明显位置。布置消火栓时，应保证有两支水枪的充实水柱同时到达室内任何部位。

6.1.14 电影院建筑灭火器配置应按现行国家标准《建筑灭火器配置设计规范》GB 50140 中的有关规定执行。

6.1.15 电影院建筑设置自动喷水系统时，应按现行国家标准《自动喷水灭火系统设计规范》GB 50084 中的有关规定设计系统及水量。

6.2 疏 散

6.2.1 电影院建筑应合理组织交通路线，并应均匀布置安全出口、内部和外部的通道，分区应明确、路线应短捷合理，进出场人流应避免交叉和逆流。

6.2.2 观众厅疏散门不应设置门槛，在紧靠门口 1.40m 范围内不应设置踏步。疏散门应为自动推闩式外开门，严禁采用推拉门、卷帘门、折叠门、转门等。

6.2.3 观众厅疏散门的数量应经计算确定，且不应少于 2 个，门的净宽度应符合现行国家标准《建筑设计防火规范》GB 50016 及《高层民用建筑设计防火规范》GB 50045 的规定，且不应小于 0.90m。应采用甲级防火门，并应向疏散方向开启。

6.2.4 观众厅外的疏散走道、出口等应符合下列规定：

1 电影院供观众疏散的所有内门、外门、楼梯和走道的各自总宽度均应符合现行国家标准《建筑设计防火规范》GB 50016 及《高层民用建筑设计防火规范》GB 50045 的规定；

2 穿越休息厅或门厅时，厅内存衣、小卖部等活动陈设物的布置不应影响疏散的通畅；2m 高度内应无突出物、悬挂物；

3 当疏散走道有高差变化时宜做成坡道；当设置台阶时应有明显标志、采光或照明；

4 疏散走道室内坡道不应大于 1∶8，并应有防滑措施；为残疾人设置的坡道坡度不应大于 1∶12；

5 电影院疏散走道的防排烟设置应符合现行国家标准《建筑设计防火规范》GB 50016 及《高层民用建筑设计防火规范》GB 50045 的有关规定。

6.2.5 疏散楼梯应符合下列规定：

1 对于有候场需要的门厅，门厅内供入场使用的主楼梯不应作为疏散楼梯；

2 疏散楼梯踏步宽度不应小于 0.28m，踏步高度不应大于 0.16m，楼梯最小宽度不得小于 1.20m，转折楼梯平台深度不应小于楼梯宽度；直跑楼梯的中间平台深度不应小于 1.20m；

3 疏散楼梯不得采用螺旋楼梯和扇形踏步；当踏步上下两级形成的平面角度不超过 10°，且每级离扶手 0.25m 处踏步宽度超过 0.22m 时，可不受此限；

4 室外疏散梯净宽不应小于 1.10m；下行人流不应妨碍地面人流。

6.2.6 疏散指示标志应符合现行国家标准《消防安全标志》GB 13495 和《消防应急灯具》GB 17945 中的有关规定。

6.2.7 观众厅内疏散走道宽度除应符合计算外，还应符合下列规定：

1 中间纵向走道净宽不应小于 1.0m；

2 边走道净宽不应小于 0.8m；

3 横向走道除排距尺寸以外的通行净宽不应小于 1.0m。

7 建筑设备

7.1 给水排水

7.1.1 电影院应设置给水排水系统。

7.1.2 放映机房、小卖部以及多种经营用房宜根据使用要求设置给水排水设施。

7.1.3 观众厅宜设置消防排水设施。

7.1.4 电影院用水定额、给水排水系统的选择，应按现行国家标准《建筑给水排水设计规范》GB 50015 中的有关规定执行。

7.2 采暖通风和空气调节

7.2.1 特级、甲级电影院应设空气调节；乙级电影院宜设空气调节，无空气调节时应设机械通风；丙级电影院应设机械通风。

7.2.2 电影院主要用房空调采暖的室内设计参数应符合下列规定：

1 采暖地区冬季室内设计参数应符合表 7.2.2-1 的规定。

表 7.2.2-1 采暖室内设计参数

房间名称	室内设计温度(℃)	房间名称	室内设计温度(℃)
门厅	14~18	放映机房	16~20
休息厅	16~20	观众厅	16~20

2 观众厅空气调节室内设计参数应符合表7.2.2-2的规定。

表 7.2.2-2 空气调节室内设计参数

项　目	夏　季	冬　季
干球温度（℃）	24~28	16~20
相对湿度（%）	55~70	≥30
工作区平均风速（m/s）	0.30~0.50	0.20~0.30

注：夏季采用天然冷源降温时，室内设计温度应低于30℃。

7.2.3 不同等级电影院的观众厅最小新风量不应小于下列规定：

表 7.2.3 电影院的观众厅最小新风量

电影院等级	特　级	甲　级	乙　级	丙　级
新风量[m^3/(人·h)]	25	20	18	15

7.2.4 观众厅内人体散热、散湿量可按表7.2.4选用。

表 7.2.4 观众厅内人体散热、散湿量

温度(℃)	14	15	16	17	18	26	27	28	29	30
显热(W/人)	96	92	88	83	80	56	52	48	43	38
潜热(W/人)	15	15	15	18	20	40	44	48	53	58
全热(W/人)	111	107	103	101	100	96	96	96	96	96
散湿[g/(h·人)]	23	23	23	27	29	61	67	73	80	86

7.2.5 放映机房的空调系统不应回风。

7.2.6 放映机房的通风和带有新风的空气调节应符合下列规定：

1 凡观众厅设空气调节的电影院，其放映机房亦宜设空气调节；

2 机械通风或空气调节均应保持负压，其排风换气次数不应小于15次/h；

3 电影放映机的排风量可采用表7.2.6的数值。

表 7.2.6 电影放映机的排风量

	2kW 氙灯	3kW 氙灯	4kW 氙灯	6kW 氙灯	7kW 氙灯
排风量[m^3/(台·h)]	500	600	800	900	1000

7.2.7 通风和空气调节系统应按具体条件确定，并应符合规定：

1 单风机空气调节系统应考虑排风出路；不同季节进排风口气流方向需转换时，应考虑足够的进风面积；排风口位置的设置不应影响周围环境；

2 空气调节系统设计应考虑过渡季节不进行热湿处理，仅作机械通风系统使用时的需要；

3 观众厅应进行气流组织设计，布置风口时，应避免气流短路或形成死角；

4 采用自然通风时，应以热压进行自然通风计算，计算时不考虑风压作用。

7.2.8 通风和空气调节系统应符合下列安全、卫生规定：

1 制冷系统不应采用氨作制冷剂；

2 地下风道应采取防潮、防尘的技术措施，地下水位高的地区不宜采用地下风道；

3 观众用厕所应设机械通风。

7.2.9 通风或空气调节系统应采取消声减噪措施，应使通过风口传入观众厅的噪声比厅内允许噪声低5dB。

7.2.10 通风、空气调节和冷冻机房与观众厅紧邻时应采取隔声减振措施，其隔声及减振能力应使传到观众厅的噪声比厅内允许噪声低5dB。

7.3 电　气

7.3.1 电影院用电负荷和供电系统电压偏移宜符合下列规定：

1 特级电影院应根据具体情况确定；甲级电影院（不包括空气调节设备用电）、乙级特大型电影院的消防用电，事故照明及疏散指示标志等的用电负荷应为二级负荷；其余均应为三级负荷；

2 事故照明及疏散指示标志可采用连续供电时间不少于30min的蓄电池作备用电源；

3 对于特级和甲级电影院供电系统，其照明和电力的电压偏移均应为±5%。

7.3.2 疏散应急照明中疏散通道上的地面最低水平照度不应低于0.5lx；观众厅内的地面最低水平照度不应低于1.0lx；楼梯间内的地面最低水平照度不应低于5.0lx。消防水泵房、自备发电机室、配电室以及其他设备用房的应急照明的照度不应低于一般照明的照度。电影院其他房间的照度应符合现行国家标准《建筑照明设计标准》GB 50034的规定。

7.3.3 乙级及乙级以上电影院观众厅照明宜平滑或分档调节明暗。

7.3.4 乙级及乙级以上电影院应设踏步灯或座位排号灯，其供电电压应为不大于36V的安全电压。

7.3.5 观众厅及放映机房等处墙面及吊顶内的照明线路应采用阻燃型铜芯绝缘导线或铜芯绝缘电缆穿金属管或金属线槽敷设。

7.3.6 放映机房专用工艺电源应按照放映设备及配套的音响设备确定。

7.3.7 放映机房、保安监控设备用房及其他弱电系

统控制机房内采用专用接地装置时，接地电阻值不应大于4Ω。采用共用接地装置时，接地电阻值不应大于1Ω。

7.3.8 电影院防雷措施应符合现行国家标准《建筑物防雷设计规范》GB 50057中的有关规定。

本规范用词说明

1 为便于在执行本规范条文时区别对待，对要求严格程度不同的用词说明如下：

1） 表示很严格，非这样做不可的：

正面词采用“必须”，反面词采用“严禁”；

2） 表示严格，在正常情况均应这样做的：

正面词采用“应”，反面词采用“不应”或“不得”；

3） 表示允许稍有选择，在条件许可时，首先应这样做的：

正面词采用“宜”，反面词采用“不宜”；

表示有选择，在一定条件下可以这样做的，采用“可”。

2 条文中指明按其他有关标准执行时的写法为：“应符合……的规定”或“应按……执行”。

中华人民共和国行业标准

电影院建筑设计规范

JGJ 58—2008

条 文 说 明

前　言

《电影院建筑设计规范》JGJ 58—2008，经建设部2008年2月29日以第820号公告批准发布。

本规范第一版JGJ 58—88（以下简称“原规范”）的主编单位是中国建筑西南设计院和中国电影科学技术研究所，参加单位有北京建筑工程学院、湖南大学、上海城市建设学院。

为便于广大设计、施工、科研、学校等单位的有关人员在使用本规范时能正确地理解和执行条文规定，《电影院建筑设计规范》编制组按章、节、条顺序编制了本规范的条文说明，供国内使用者参考。在使用中，如发现本条文说明有欠妥之处，请将意见函寄至主编单位：中广电广播电影电视设计研究院（北京市西城区南礼士路13号，邮政编码：100045）或中国电影科学技术研究所（北京市海淀区科学院南路44号，邮政编码：100086）。

目　次

1　总则 …… 2—4—17
2　术语 …… 2—4—17
3　基地和总平面 …… 2—4—17
3.1　基地 …… 2—4—17
3.2　总平面 …… 2—4—17
4　建筑设计 …… 2—4—19
4.1　一般规定 …… 2—4—19
4.2　观众厅 …… 2—4—20
4.3　公共区域 …… 2—4—22
4.5　其他用房 …… 2—4—23
4.6　室内装修 …… 2—4—24
5　声学设计 …… 2—4—24
5.1　基本要求 …… 2—4—24
5.2　观众厅混响时间 …… 2—4—25
5.3　噪声控制 …… 2—4—25
5.4　扬声器布置 …… 2—4—26
6　防火设计 …… 2—4—28
6.1　防火 …… 2—4—28
6.2　疏散 …… 2—4—28
7　建筑设备 …… 2—4—29
7.1　给水排水 …… 2—4—29
7.2　采暖通风和空气调节 …… 2—4—29
7.3　电气 …… 2—4—29

1 总 则

1.0.1 随着电影技术的日益进步，电影工艺设计在电影院设计中的作用更显突出，特在本条中增加了“电影工艺”的基本要求。电影工艺即电影院建筑工艺，是指电影院观众厅和放映机房等功能的技术要求。

电影工艺设计专业是电影院建筑设计和电影技术之间交流和沟通的桥梁，建筑设计和工艺设计必须紧密配合，才能设计出合格的电影院来。过去电影院设计中出现一些失误，大都是没有电影工艺设计配合所致。所以本条强调了电影工艺设计的重要性。

1.0.2 随着数字电影的出现，电影院除了放映传统的三种电影之外，还应该能兼映数字电影，特在本条中增加了数字影片。数字影片是指用数字技术实现画面和声音的获取、记录、传输和重放的电影。

1.0.4 强调了视听环境和工作环境的重要性。

1.0.5 强调了电影产业的可持续发展。电影产业随着社会、经济的发展不断进步，电影院设计时，应考虑为电影产业发展带来的变化预留发展空间。电影工艺设计在电影院设计中的作用重大，在设计时应予以重视，做到与建筑设计的紧密结合。

2 术 语

本章是以原规范附录二名词解释部分为基础，略有取舍。现本章术语均选自《电影技术术语》GB/T 15769-1995，略有改动。

3 基地和总平面

3.1 基 地

3.1.1 电影院建筑是文化建筑类型的重要组成部分，特别是特、甲级大、中型电影院，对当地的文化建设起着重要作用，往往成为当地的重点文化设施，应设置在相适应的城市主要地段，目前是多厅影院发展的转折时期，国家鼓励电影院多种投资渠道和多种经营。电影院选址首先要进行人口密度趋势预测和市场容量的分析，特别是交通、人口密度、地段、多种经营状况等都对电影院经济产生极大影响，所以本条重点强调要符合当地规划、文化设施布点要求，同时要兼顾经济效益和社会效益。

3.1.2 本条规定基地选择设计的要求。

电影院的基地选择是指独立建造的电影院和建有电影院的综合建筑的基地选择。

1 电影院的基地选择应充分考虑到人、建筑、环境的基本原则。电影院作为人员密集场所，建筑的基地选择一方面为保证人员的安全、卫生和健康，应选择无害环境，另一方面也不应选择在会对当地环境产生破坏的基地，同时不妨碍当地城市交通，减少对相邻建筑的影响。另外现行《文化娱乐场所卫生标准》GB 9664 在选址上也作相同规定。

2 电影院建筑属于人员密集建筑，电影院的场地对人员疏散和城市交通的安全都极为重要，故此这里强调基地沿城市道路方向是为了保证电影院基地前有疏散的道路，并保证疏散道路有一定的宽度；这条规定的原则是疏散观众占去的道路宽度在理论上不得超过道路通行宽度的一半，且余下的宽度最小也不得小于 3m。

根据每百人室外平坡地面疏散宽度指标 0.60m，小型电影院不大于 700 座，道路宽度为 2×0.6×700/100=8.40m，约 8m；中型电影院 701～1200 座，道路宽度 8～15m；大型电影院1201～1800 座，道路宽度 15～22m；特大型电影院 1800 座以上，道路宽度大于 22m。

为了方便统一，作如下调整：

小型：700 座以下，不应小于 8m；

中型：701～1200 座，不应小于 12m；

大型：1201～1800 座，不应小于 20m；

特大型：1801 座以上，不应小于 25m。

6 对于电影院前面空地的规定，其目的是保证观众候场、集散，对城市交通不致造成影响，以及在火灾或紧急情况下迅速疏散出电影院内的观众。

关于空地面积指标，各国均不相同。结合我国已有人员密集专用建筑设计，由于我国地区差异比较大，基本上采用0.20m²/座。考虑到大型及以上电影院满场观众在 1200 人以上，除了满足上述指标外，其深度不应小于 10m，二者取其较大值。当散场人流的部分或全部仍需经主入口离去，则主入口空地须留足相应的疏散宽度。

3.1.3 本条要引起设计人员的注意，电影院属于人员密集场所，特别是随着人民生活水平提高，私人轿车增多，在进行电影院设计时，要重视电影院建筑基地机动车出入口位置的设计。

3.2 总 平 面

3.2.1 电影院建筑内人员较多，观众厅数量和占地较大，使用功能复杂，因投资费用和基地原因限制，常常分期、分阶段实施，应当坚持可持续发展原则，故本条提出了总平面布置的基本原则。

3.2.2 关于建筑基地内道路的设计要求，《民用建筑设计通则》明确了设计要求和规定，这里强调内部道路和空地，以及照明设施均应满足人员疏散、消防车辆通行及使用要求。

3.2.3 电影院的停车场（库）是指提供本建筑车辆停放以及以本建筑为目的地的外来车辆停放的场所。

停车场的设置，根据电影院的规模、使用特点、用地位置、交通状况等内容确定，当受条件限制时，停车场可设置在邻近基地的地区。因我国各地公安交通管理部门对停车指标要求不尽相同，在设计时，应参考当地的停车指标。

例如：北京市1994年实施的《北京市大中型公共建筑停车场建设管理暂行规定（修正）》中规定：建筑面积2000m^2以上（含2000m^2）的电影院应设停车场，电影院每100座，小型汽车1～3辆，自行车45辆；剧院每100座，小型汽车3～10辆，自行车45辆；停车场的建筑面积：小型汽车按每车位25m^2计算，自行车按每车位1.2m^2计算。

再如：长沙市2005年实施的《长沙市建筑工程配建停车场（库）规划设置规则》中规定：建筑面积大于500m^2的建筑物运营要求设置停车设施；电影院：机动车2.5车位/100座，非机动车35.0车位/100座；剧院：机动车3.5车位/100座，非机动车28.0车位/100座。

3.2.4 根据目前我国电影院现状的调查，很多电影院做不到当地绿化率的要求，且各地对绿化率计算方法也分别有所规定，故不作量化规定，目前主要强调环境设计及绿化的重要性。

3.2.5 电影院建筑内观众众多，老年人和行动不便的残疾观众也是其中的重要部分，这同时也体现了社会文明程度。当前我国电影院能完全满足这方面要求的还较少，故专门列出本条加以强调。

3.2.6 本条是对综合建筑内设置的电影院选址提出的要求。

综合建筑内设置的电影院：即选择在商厦、市场、广场等商业建筑内，可利用这些建筑中的餐饮、购物、休闲等各种设施，并且可以相互促进各自的使用效率，从而使双方获得更好的经济效益。从20世纪末开始的这种模式的多厅电影院已经从北京、上海等大城市向全国大中城市发展。建在商业建筑内的多厅电影院固然有许多好处，但也受到一些限制，如观众厅的平面尺寸要与原建筑的柱网模数相适应；观众厅的高度要与原建筑物的框架结构相配合；电影院的出入口要与原建筑相结合，以便观众集散等。

关于楼层的选择，这是一个很复杂的问题。目前电影院设在建筑物顶层的比较多，大都设在五层以上，也有设在十层以上的（见表1），这需要根据通过当地消防部门的规定和许可。设在顶层对电影厅的高度较易解决，但对观众的出入较难解决好，所以除了从商场内部出入外，还应有至地面的单独出入口，并设有电梯，提高电影院专用疏散通行能力，并解决晚场电影商场停止营业后的交通疏散问题，同时在非正常情况下，能够尽快到达安全地带。

表1 我国部分设在综合建筑三层以上与地下一层内的电影院的基本情况

电影院名称	规　模	建设地点	建设年代
上海环艺电影城	6个电影厅	梅龙镇广场十层	1998年
北京新东安影城	8个电影厅	新东安市场五层	2000年
浙江翠苑电影大世界	13个电影厅	物美超市五层	2001年
上海超极电影世界	4个电影厅	美罗城五层	2001年
上海永华电影城	12个电影厅	港汇广场六层	2002年
北京华星国际影城	4个电影厅	电影科研大厦一至四层	2002年
上海新天地国际影城	6个电影厅	新天地五层	2002年
北京紫光影城	10个电影厅	蓝岛大厦五层	2003年
上海浦东新世纪影城	8个电影厅	八佰伴十层	2003年
上海虹桥世纪电影城	4个电影厅	上海城购物中心五层	2003年
上海星美正大影城	7个电影厅	正大广场八层	2003年
北京影联东环影城	5个电影厅	东环广场地下一层	2003年
北京新世纪影院	6个电影厅	东方广场地下一层	2003年
北京首都时代影城	4个电影厅	时代广场地下一层	2003年
宁波时代电影大世界	12个电影厅	华联大厦七至八层	2003年
北京搜秀影城	4个电影厅	搜秀城九层	2004年
北京星美国际影城	7个电影厅	时代金源购物中心五层	2004年
上海上影华威电影城	6个电影厅	新世界城十一至十二层	2005年
南京新街口国际影城	9个电影厅	南京德基广场七层	2005年

4 建 筑 设 计

4.1 一 般 规 定

4.1.1 根据近年来已建成的多厅电影院来看，观众厅数量最少为4个，最多为10个左右。观众总容量从600余座到1500余座，只有个别的超过1500座。这些在目前来讲应该还是比较合适的。但是每个厅的平均容量则出入很大，最多的平均可达200多座/厅，最少的平均只有100多座/厅，所以有必要对电影院的规模进行调整。

《电影院建筑设计规范》JGJ 58－88曾对电影院的规模进行过分级，但那是20世纪80年代针对单厅、大厅作的规定。随着小厅、多厅电影院的出现，需要对此进行修改，现将多厅电影院的规模分级如下：

特大型：1801座以上，宜有11个厅以上，平均164座/厅；

大型：1201～1800座，宜有8～10个厅，平均150～180座/厅；

中型：701～1200座，宜有5～7个厅，平均140～171座/厅；

小型：700座以下，不宜少于4个厅，平均175座/厅。

从上可见，厅数仍维持在4～10厅，总容量则为700～1800座，比原规范略有增加。最主要的是每个厅的平均座位数有明显的变化，即平均为140～180座/厅。

4.1.2 电影院建筑质量划分为特、甲、乙、丙四个等级，以便于区别对待，保证最低限度的技术要求，便于设计、验收。四个等级电影院的设计使用年限、耐火等级、环境功能、电影工艺等标准均应符合本规范的规定。

4.1.3 电影院在场地选定后影响电影院等级和规模是有多种因素的，要综合考虑。从我国目前电影院建设实践看，经常出现两个方面的问题：一是追求过大规模和过高标准等级，造成在建设过程中资金准备不足，工期延长，质量标准不高，严重影响以后的经营使用；二是盲目追求规模过大、豪华型电影院，建完后观众过少，票房收入达不到预期值，资金回报期延长。上述两种情况均严重影响了电影院建设事业的发展，因此，必须因地制宜地合理确定建筑的等级和规模。

4.1.4 由于电影院的功能配置比较多，使用人员多，安全要求比较高，经营类型也不同，应结合建筑的实际情况，合理分布功能分区，特别是多厅影院的观众厅应集中布置：一是平面上集中，一是剖面上集中，有利于人员疏散和管理。另外强调放映机房集中，作为多厅影院，为了减少成本和方便放映工艺，建议集中布置。目前市场上有许多新建建筑，把观众厅和放映机房分散布置，造成很多不必要的人力成本浪费。因此，本条强调功能分区要合理，详见图1功能分区示意图。

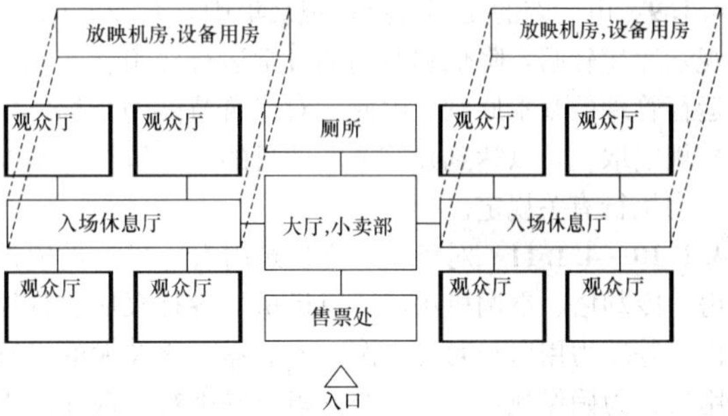

图1 功能分区示意图

4.1.5 电影院是功能性比较强的民用建筑之一，人员较多，需要合理安排观众入场和出场人流，以及放映、管理人员和营业之间的运行线路，使观众、管理人员和营业便捷、畅通、互不干扰。要达到上述设计要求，首先必须有一个好的功能布局，合理安排人员运行流程用以指导设计。当前，从传统单厅电影院向多厅电影院转化的过渡阶段，有的设计只考虑观众厅的出入人流，忽略了管理人员和营业人员的运行路线，顾此失彼，要么运行路线不简便，要么相互干扰，因此，在进行建筑方案设计之前，要合理组织安排人流线路。

4.1.6 由于多厅电影院建筑的规模、大小、使用要求有较大差异，观众厅又有空间大且无窗等特点，如何进行剖面层高设计，掌握适度，在国内外的电影院建筑中有正反两面的实例。因此，提出必须结合观众厅的规模、工艺要求及技术条件，确定各个观众厅和放映机房的层高。

另外，有的电影院用地紧张，需要观众厅上下两层布置时，应在同一位置，这样有利于结构安全和建筑节能。

休息厅、小卖部及卫生间等辅助用房，宜放在较大厅后排座位下的空间内，一是避免空间浪费，二是能创造出形态迥异的使用空间。

4.1.7 由于电影院既属于文化建筑，又属于娱乐建筑，人员比较多，电影海报广告更换比较频繁，夜间电影院的使用率更高，这是电影院的一大特点。因此，对出入口标识、广告作了规定。

4.1.8 由于电影院人流较大，随着人民生活水平提高，遵循“以人为本”和“观众为主，服务第一”的原则，结合经济水平的发展与电影院等级标准，电影院宜设置乘客电梯或自动扶梯。如受经济条件限制，可预留电梯井。本条规定主要强调电梯的运行会对观众厅的隔声、隔振产生影响，应采取必要的措施。

另外，乘客电梯的数量应通过设计和计算确定；主要乘客电梯应设置于门厅内易于看到且较为便捷的位置；自动扶梯上下两端水平部分3m范围内不应兼作它用；当只设单向自动扶梯时，附近应设置相配套的楼梯。

4.1.9 电影院的使用特点是观众集中，营业时间长，观众厅比较暗，降低建筑物的日常运行费用和能耗是运行管理的基本原则。因此，对建筑节能的指标，应按规定取值，以达到建筑节能的目的，建筑设计中要贯彻执行有关规定。

4.1.10～4.1.11 对于在一个建筑内有噪声源的锅炉房、冷却塔、空调机房、通风机房、各种泵房、排烟机房等动力用房与餐厅、游艺室等噪声比较大的经营用房，为确保观众厅的安全并阻止噪声对观众厅的干扰，必须采取一定的防火、消声、隔声、减振技术措施，或远离观众厅。

4.1.12 为避免暴雨和上人屋面对观众厅的噪声影响，作此规定。

4.1.13 为方便老年人和行动不便的残疾观众，除总平面上考虑对出入口、道路的特殊要求外，建筑设计中也要贯彻执行有关规定。

4.1.14 公共信息标志设施是多厅电影院建筑现代化程度、美化建筑的重要标志之一，特别是观众厅、经营用房较多，电影院建筑更应高度重视。电影院公共场所凡涉及人身财产安全以及指导人们行为的有关安全事项，管理单位应按规定设置相应的公共信息标志和安全标志，需要设置中、英文字说明的引导标志，应符合国家、行业标准的有关规定。

4.2 观 众 厅

4.2.1 观众厅基本要求。

1 过去原规范中观众厅的长度按照声音的延迟时间与距离关系确定厅长为36～40m，并用厅后墙的反射面来加强后座的声级。但是随着电影立体声的出现，特别是模拟立体声又发展为数字立体声，上述做法就不适宜了，过长的延迟声会造成的声音和画面不同步，主扬声器与环绕扬声器的声相定位干扰，影响了数字立体声的应有效果。本规范的观众厅的尺度参照《数字立体声电影院的技术标准》GY/T 183-2002规定，长度不宜大于30m，长度与宽度的比例宜为（1.5±0.2）：1。

2 观众厅楼面荷载除应考虑楼面均布活荷载外，还应考虑因增加台阶产生的静荷载。楼面均布活荷载标准值取自《建筑结构荷载规范》GB 50009。

6 乙级及以上电影院观众厅每座平均面积不宜小于1.0m²，来源于现行的防火规范，考虑到地区和等级的差别，故此规定丙级电影院观众厅每座平均面积不宜小于0.6m²。

4.2.2 观众厅视距、视点高度、视角、放映角及视线超高值。

1 视点选择的规定

各种画幅制式的高度 H 相等，则设计视点高度也统一为 h，但各画面高度不等时，则可按图2及公式设计。

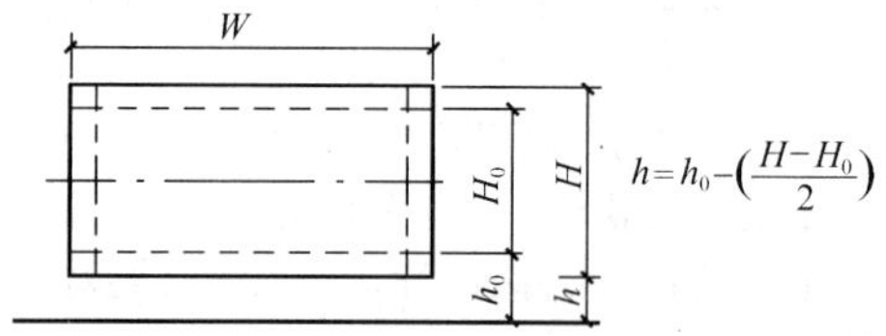

图2 设计视点高度计算

注意：各画幅中心高度的水平轴线应为同一轴线，而不能将各画幅的下缘比齐。

2 视距的规定

视距改用 W 的倍数表示，因为这样更为明确，且不易误解。

本规范规定最近视距取0.5～0.6W，最远视距取1.8～2.2W（丙级电影院放宽至2.7W）的依据是：与最近视距0.6W相对应的水平视角为80°，与最远视距1.8W相对应的水平视角为31°。从图3中可见水平视角80°介乎双目周边视场和辨别视场之间，观众可以获得很好的视觉临场感；水平视角31°也可达到辨别视场的大部分。所以银幕尺寸如果提供了不小于31°且不大于80°水平视角，即0.6～1.8W，已被国内外业内公认为最佳的视觉范围。

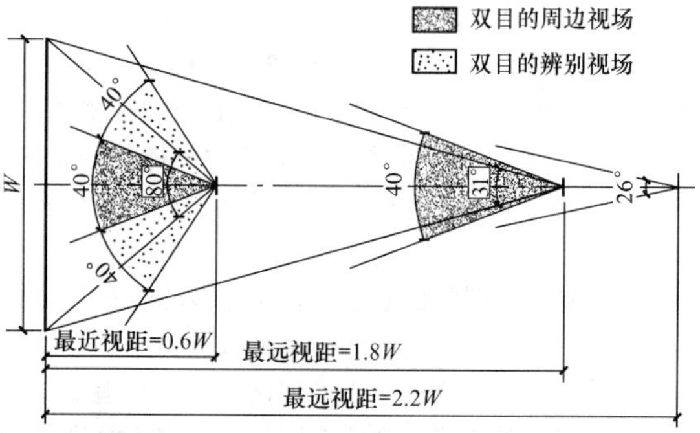

图3 最近视距与最远视距

3 视线超高值 $c=0.12$m，取自我国人体工程学，即人眼至头顶的高度，是用来计算视线无遮挡设计的一个参数。

但是在需要的时候，如后排座位下的高度不够利用，使用高靠背座椅时，都可以增加附加值 c'，以增加地面标高。但一定要注意，后排观众站起来时不能遮挡放映光束；也不能因此提高机房标高而使放映俯角超过6°。

4 观众坐着时眼睛离地高度 $h'=1.15$m，也取自人体工程学坐姿为腓骨水平时地面至眼睛的高度。而在影院中实测时$h'=1.10$m，这是因为座椅向后有4°的倾斜。因此h'可取1.10～1.15m。

5 丙级电影院视线超高值可按隔排0.12m计算，但前、后排座位必须错位布置，且只有普通银幕能达到视线无遮挡，其他银幕视线仍有遮挡。

4.2.3 视线设计：从图4.2.3中可见观众厅的地面升高（H_n）应符合视线无遮挡的要求，即后一排观众的视线从前一排观众的头顶能够看到银幕画面的下缘，使视线不受遮挡。这条视线与银幕画面下缘的水平线形成两个相似三角△OAD△OBE。

因为△OAD与△OBE相似，所以

$$H_n = h-(h'+Y_n) = Y_0 - Y_n$$

其中：$Y_0 = h-h'$，$Y_n = X_n/X_0 \cdot (Y_0 - c)$

式中H_n可化为表格进行计算，如下表2。

表2 地面升高值计算表

所求点	X_n	$K_n=\frac{X_n}{X_{n-1}}$	$P_n=Y_{n-1}-c$	$Y_n=K_n\times P_n$	$H_n=Y_0-Y_n$
0	X_0	—	—	$Y_0=h-h'$	0
1	X_1	$K_1=\frac{X_1}{X_0}$	$P_1=Y_0-c$	$Y_1=K_1\times P_1$	$H_1=Y_0-Y_1$
2	X_2	$K_2=\frac{X_2}{X_1}$	$P_2=Y_1-c$	$Y_2=K_2\times P_2$	$H_2=Y_0-Y_2$
3	X_3	$K_3=\frac{X_3}{X_2}$	$P_3=Y_2-c$	$Y_3=K_3\times P_3$	$H_3=Y_0-Y_3$

4.2.4 银幕画幅制式配置

1 "等高法"：1957年我国第一家宽银幕电影院——北京首都电影院首例使用宽银幕、遮幅银幕、普通银幕三幕统高的配置方法，后被称之为"等高法"。经过多年的实践和提高，"等高法"订入国家标准《电影院工艺设计——观众厅银幕的设置》GB 5302-85，其要点是：①变形宽银幕、遮幅银幕、普通银幕这三种画幅高度基本一致，这可由调整镜头焦距的方法来获得；②银幕四周应设有黑色边框，上下边框可以固定，左右边框应移动至画面所需的宽度处。"等高法"的优点是各种画面的银幕影像质量比较接近，而且都比较好；另一优点是银幕的上下黑边可以固定，只有左右黑框需要移动，结构简单、容易施工。目前大多数电影院仍采用此法。

2 "等宽法"：当电影院中出现小厅后，则"等高法"的遮幅银幕与普通银幕画面显得太小。于是出现了将银幕的宽度做成基本一样的"等宽法"。其要点是：①变形宽银幕与遮幅银幕画幅宽度应基本一致，而普通银幕则与遮幅银幕画幅高度基本一致，这可由调整镜头焦距的方法来获得；②银幕四周应设有黑色边框；通过移动上下、左右边框，使画面达到所需的画幅格式银幕的高度与宽度。"等宽法"的优点是突出了遮幅银幕加大的优势，给观众更强的临场感。但缺点也随之出现：此法遮幅银幕画面面积是变形宽银幕的127%，因此在银幕宽度较大、氙灯光源不足的情况下，银幕的亮度、均匀度等指标均很难达到要求，且上下、左右边框均需要移动，结构复杂，施工难度大。

3 "等面积法"：顾名思义，采用使宽银幕、遮幅银幕的面积基本统一的配置方法，其要点是：①通过改变变形宽银幕的高度与遮幅银幕的宽度，保证二种画幅格式银幕面积基本一致，这可由调整幕框与镜头焦距的方法来获得；同样，将普通银幕与遮幅银幕画幅高度设置为基本一致。②银幕四周应设有活动黑色边框，通过移动上下、左右边框，使画面达到所需的高度与宽度。"等面积法"的优点是充分利用观众厅的有效高度与宽度与氙灯光源的光效，确保各种画幅格式银幕的有效画面与银幕的亮度、均匀度等指标的有效提高，既加大了面积，又保证了质量；同时可以很方便地实现数字电影的画幅制式，满足电影数字化发展的需要。其缺点是：改变银幕的任意一种画幅格式，均需要改变银幕边框位置，增加了银幕边框的机械结构的复杂程度。

4 片门尺寸（mm）：

变形宽银幕21.3×18.1

遮幅宽银幕20.9×11.3；20.9×12.6

普通银幕20.9×15.2

4.2.5 观众席座位尺寸与排距的排列尺度的规定基于三个方面的考虑：1）必须满足现行消防规范中的有关要求；2）应充分考虑观众观赏电影的舒适度，观众席座椅宜采用表面吸声的软椅；3）采用的软椅应具有良好的吸声性能。为此，按照电影院的等级划分，列出表4.2.5中的要求规定，其中丙级电影院的规定要求是为了适应投资规模小、经济条件差的农村乡镇电影院。对于高等级的特、甲级电影院，观众席的座距与排距，规定要求予以适当增大，例如，座距增至0.56m，排距增至1.00～1.10m。

4.2.7 主要强调观众厅内走道和座位的排列设计原则。

3 中厅、大厅弧线座位排列问题

过去曾有将座位弧线排列为：以O为圆心，以最后一排为半径R，这样做的依据是每个观众都应面向银幕中心，但这样第一排的弧度太弯，两端的观众几乎成为"面对面"而不是面向银幕（见图4），故现在已不再使用。为此，现在可采用下列两种方法：

1) 从斜视角的最边座，通过银幕宽度1/4处，与厅中轴线相交点为圆心，作为弧线排列的曲率半径（见图5）。依据是最边座只需面向银幕宽度1/4处就可以了。

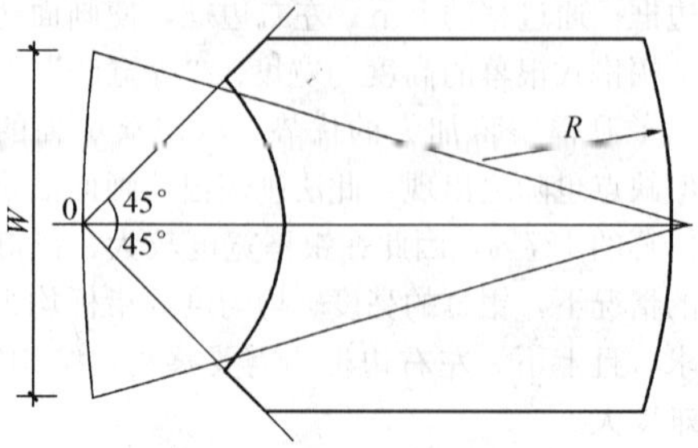

图 4　观众厅弧线座位排列（已不使用）

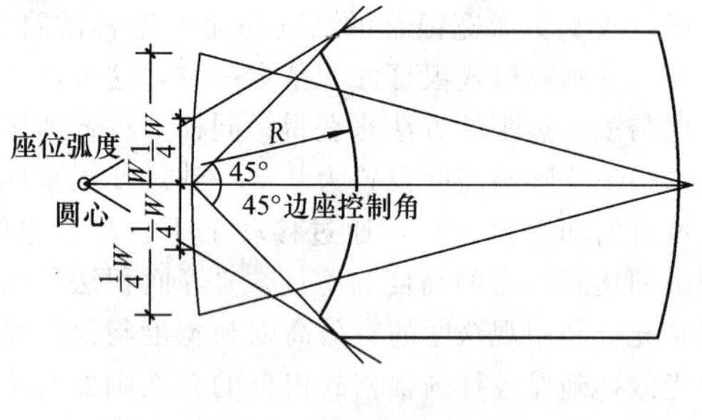

图 5　观众厅弧线座位排列做法 1

2) 原规范第 3.3.5 条对座位弧线排列曾规定为“观众厅正中一排或 1/2 厅长处弧线的曲率半径一般等于放映距离”，此法虽依据不足，但仍不失为解决问题的作图法（见图 6）。

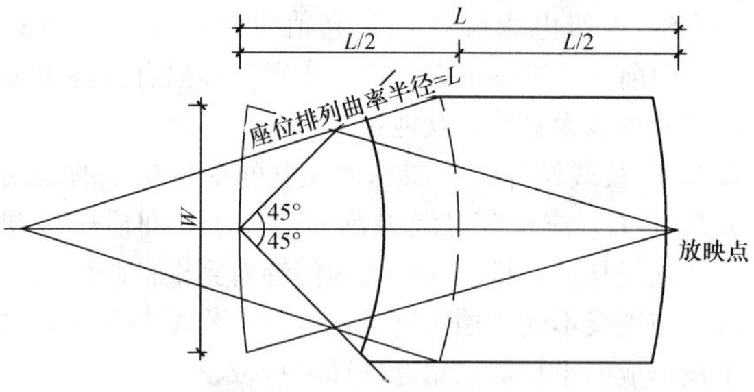

图 6　观众厅弧线座位排列做法 2

关于观众厅的大、中、小厅，应根据观众厅的建筑面积来划分，见表 3。大、中厅座位排列示意见图 7。

表 3　不同厅型观众厅的建筑面积

厅　型	建筑面积（m²）	厅　型	建筑面积（m²）
大厅	401 以上	小厅	200 以下
中厅	201～400		

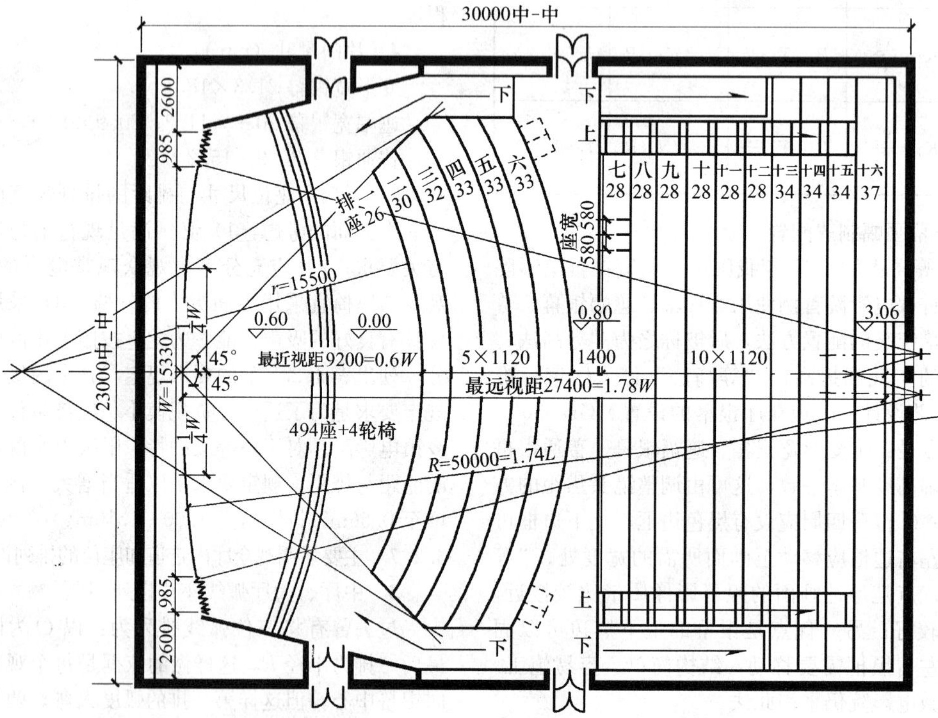

图 7　大、中厅座位排列示意图

4.3　公 共 区 域

4.3.2　本条是对电影院门厅和休息厅的设计要求。

1　门厅和休息厅是电影院的重要区域，一个多厅电影院通常是以门厅和休息厅为主骨架，其他区域均以此为中心和枢纽，将各种主要空间联系起来，在人流的集散、方向的转换、空间的过渡，与走道、楼梯等空间的连接等方面，起到交通枢纽和空间过渡的作用，是整个电影院的咽喉要道，是人流出入汇集的场所。门厅、休息厅内部功能分区和设施应当合理、适中。

2 关于门厅和休息厅的面积计算和分配是一个比较复杂的课题，由于每一个电影院的规模、等级不相同，建筑形式有分散设置，也有集中布置，门厅和休息厅分设也越来越多。经过大量已建电影院和剧场调查以及国内外规范比较，原规范面积指标比较恰当，因此，保留原来规范指标。关于人数计算的取值：电影院属有标定人数的建筑物，可按标定的使用人数计算。

另外关于门厅、休息厅合并设置时的面积指标，可参考《建筑设计资料集》中规定（表4）。

表4 门厅、休息厅合并设置时的面积指标

类　别	门厅兼休息厅		
等　级	特、甲级	乙级	丙　级
指标（m^2/座）	0.4～0.7	0.3～0.5	0.1～0.3

3 对于观众厅分层设置，各层休息厅面积人数取值可按每层标定人数来取值。

4 由于多厅电影院观众厅数量比较多，为了方便观众入场、等候，在门厅和各个观众厅入口要做到标识明显，指示明确。电影院的内部设施应充分表现电影特色，充分利用电影海报、宣传画及电影明星照片的广告效应，海报和宣传画应定期更新，以创造新片的热点和保持新鲜感。

观众入场标识系统主要有观众入场标识、多厅电影院分布图、安全出入口示意图、座位图等。

4.3.3 本条是对电影院售票处的设计要求。

根据大量的调研，售票处主要有以下三种布置：一是售票处独建在场地或门厅入口处；二是在主体建筑内辟一售票间，窗口向室外；三是影院门厅内设柜台式的售票处。这三种方式应当根据电影院的规模、等级以及所处的环境进行合理选择。当售票处独建在场地或门厅入口处时，应避免影响交通。

目前国内大部分电影院售票处均有显示设施，为方便观众购票，故此在设计时应当预留强弱电管线。售票处显示设施是电影院与其他建筑的重要区别，也是电影院特色之一。

随着经济的发展，售票处应以更亲切的开放式柜台取代传统的狭小窗口的设计，柜台式的售票处将被广泛使用，观众可以亲自在电脑显示屏上选择座位的位置，对号入座。

4.3.4 本条是对电影院小卖部的设计要求。

小卖部的销售收入是影院收入的重要来源，我国的影院还一直没有重视起来，同时，明快整洁的小卖部及特色食品和饮料是招揽观众的一个重要手段，国外的影院很重视爆米花的销售。目前国内外影院小卖部柜台分为前柜台、后柜台，后柜台上方设价目表和食品广告灯箱。

前柜台台面上设施主要有收银机、饮料机，前柜台正面有食品展示柜和爆米花保温柜，前柜台背面主要有分杯器、储冰槽和杆盖分配器等。

后柜台台面设施主要有：爆米花机、雪泥机、热饮机、热狗机、玉米脆片保温柜、热水器等，以及洗手盆和洗碗盆。

落地设施有制冰机和冰柜。

考虑到上述设备对小卖部前、后柜台宽度以及之间的距离，作了本条第3款的规定。

4.3.5 衣物存放处，北方地区使用比较多，南方地区应考虑存放雨具，随着人民生活水平的提高，对衣物存放处要求越来越多。面积指标保留原规范指标。

衣物存放处的布置主要由柜台和衣架组成，其布置方式有敞开式、半敞开式和滑动存衣架的方式。以下给出的面积指标供参考（见表5、表6）。

在调研过程中，发现很多多厅电影院均设置了自助式小件寄存柜，使用率比较高，故作此规定。

表5 《室内设计资料集》存衣处面积指标

1000～2000座观众	存衣处面积（m^2/座）	柜台长度（m/百人）
最少～最多	0.04～0.10	0.80～1.82
一般	0.07～0.08	1.00～1.67

表6 《建筑设计资料集》存衣处面积指标

类　别	柜台以内面积	柜台以外面积	柜台长度
指标（m^2/座）	0.04～0.08	0.07	1m/40～80座

4.3.6 吸烟有害健康，这是全世界的共识。考虑人性化设计和人文关怀，在公共场所集中设置吸烟室。国内外规范均有规定：一般不少于0.07m^2/座，且总面积不少于40m^2，并设置排风装置。我国电影院专设吸烟室的较少，大多是规定在公共区域或观众厅内不准吸烟。由于电影放映时间比较长，多片放映时间更长，因此，在门厅和休息厅宜设置吸烟室。

4.3.7 本条新增。经过多个电影院的调查，等级较高的电影院均设有固定电话，故作此规定。

4.5 其他用房

4.5.1 多种营业用房设计说明：

根据电影院规模和等级，灵活掌握设置多种营业用房，开发多层次电影市场。建立电影产品的多元营利模式，充分发挥电影产业带动相关产业发展的优势，改变电影产品仅靠票房收入的单一经营模式。

多种营业用房主要由电影产品专卖店、餐饮经营用房、室内游艺、娱乐设施、电影产品陈列室等用房组成。

电影产品专卖店主要指电影海报、小道具、电子产品、卡通产品、时钟产品、电影地毯、电影邮票、电影名人卡、电影座椅等产品的专卖店。

为了适应电影院的国际化发展趋势，餐饮业可吸引国内外知名品牌企业加盟到电影院的餐饮经营体系中。

电影产品陈列室：电影产品主要是电影海报、小道具、名人卡等产品，电影产品的宣传是电影院的重要特色之一，同时也是吸引观众的一个重要手段。

4.5.2 考虑到特、甲级电影院举办首映式、电影明星与影迷见面会的需要宜设置贵宾接待室。

4.5.3 建筑设备用房设计要求：

1 作为一个现代化电影院，技术设备用房是必不可少的。无论新建还是改建电影院，均应根据电影院的规模、等级和实际需要设置风、水、电等动力设备用房；对于电影院建在综合建筑内，应首先考虑利用电影院周围已有的技术设备设施。

多用途观众厅的扩声、灯光控制室，基本上都是设置在放映机房内，这有利于设备的操作与管理。对于要求有渐明渐暗场灯控制的调光设备和控制系统，通常也可以设置在放映机房内。

2 动力设备技术用房噪声比较大，应避免对观众厅的影响。

4.5.4 智能化系统的设计，是电影院建筑现代化的重要标志之一，考虑未来数字影院的发展，电影院可根据实际使用情况，增设卫星接收、有线电视机房、计算机机房等。

4.5.5 员工用房是电影院除了业务用房外，与其他部门联系最为频繁的房间。除了值班、保卫工作用房外，都不宜设置在观众活动的交通线上。为了联系方便，行政用房宜设置在底层或占电影院一角，单独设门，方便管理人员出入。

4.6 室 内 装 修

4.6.1 目前电影院建筑设计单位，在进行观众厅内部疏散设计过程中，往往忽略声学装修厚度，使得原有满足疏散宽度的土建设计，在装修后不能满足疏散宽度要求。另外，观众厅通常有消火栓、疏散指示等设施，因此，对观众厅声学装修作此规定。

4.6.2 由于观众厅的声强比较高，有时会达到110～120dB，要求声学装修所有固定件、龙骨等连续、牢靠，不得有任何松动。另外，面积较大的观众厅结构体系往往采用空间网架或钢屋架，这些结构的下弦杆要有钢结构转换层，以便做吊杆。对于面积较大的观众厅吊顶内，特别是多用途观众厅，顶棚上灯光系统、扩声系统，以及机械系统等设施，应设置检修马道。

4.6.3 室内装修设计要求：

1 根据目前电影院建设的市场状况，往往电影院建筑设计由建筑设计部门完成，大部分观众厅的装修设计，则往往交由普通装修施工单位去做，这是不符合国家建设和设计程序的，观众厅室内装修设计应由包含声学设计的设计单位来完成，并应满足电影院声学设计要求。因此，强调观众厅室内装修设计的完整性。

2 观众厅内室内声学装修大量使用声学材料，特别是阻燃织物、玻璃棉、阻燃木质材料、石膏板类、矿棉板类、木拉丝板等，均应当有国家权威环境部门的认证和检测报告。

3 目前国内电影院大量建设的是改建工程，特别是原有建筑使用性质的改变，观众厅视线的升起，往往要增加楼面荷载。因此，本条强调要对建筑结构安全性进行核验、确认。

5 本条主要强调在设计过程中，要充分考虑维护和检修。同时，任何吊顶上的材料和构件，均应牢固可靠，不得有任何松动。

4.6.4 根据观众厅防止干扰光原则，强调银幕四周均应做无光、深色处理。

4.6.5 目前放映机房地面做法比较多，选用什么材料，应充分考虑管线的敷设和材料的耐久性。因此规定此条。

5 声 学 设 计

5.1 基 本 要 求

5.1.1 电影院声学设计应包括建声与电声两个方面设计工作。在电影院的设计中，声学设计与室内声学装修设计是相辅相成的，为了保证观众厅内的最佳声学效果，室内声学装修设计的材料选用与结构形式应服从建声设计要求，同时要根据电声设计要求给予电声设备安装合适的安装位置，既保证室内装饰效果，又满足声场音质效果。

5.1.2 建声与电声设计的相互配合是建成良好音质观众厅的重要条件，建声设计重在观众厅的体形设计与声学缺陷的消除、混响时间及其频率特性的控制以及噪声的抑制，电声设计重在控制房间常数，电声设备的选择与布置，确保观众厅内声场分布的均匀、声辐射方向的合理与电影还音音质良好。

5.1.3 在观众厅内要扩大电影立体声的聆听范围，须考虑以下几个方面因素：

1 观众厅体形设计要合适；

2 扬声器的安装位置与高度要符合观众厅声场客观条件；

3 扬声器的特性（指向性、频率特性、功率等）必须满足电影立体声还音的技术条件；

4 银幕后主声道扬声器与环绕声扬声器的相对距离要满足电影立体声的声像定位条件（不宜超过50ms的声距离）。

5.1.4 观众厅后墙的全频带吸声，能有效地控制观众厅后墙回声及其对环绕声声场的干扰。

5.1.5 银幕后做中高频吸声材料能够有效控制银幕后中、高频反射声，有利于银幕后多组主扬声器的声像定位。

5.2 观众厅混响时间

5.2.1 1995年ISO/WD12610提出了电影院混响时间的计算公式，即

$$RT_{60} \leqslant 0.027477V^{0.287353}(\mathrm{s})$$

式中 RT_{60}——混响时间（s）；

V——房间容积（立方英尺）。

广电总局电影局1999年5月公布试行的《数字立体声电影院技术规范》确定了混响时间上限的计算公式，并附有上、下限的图表。

广播影视行业标准《数字立体声电影院的技术标准》GY/T 183－2002，增加了混响时间的下限计算公式，建立了一套完整的电影观众厅混响时间计算公式。

小于500m²的小容积电影厅，其混响时间可在上限范围内选取。

5.2.2 关于混响时间的频率特性，特将我国及国外的几种标准制成下图（图8）。

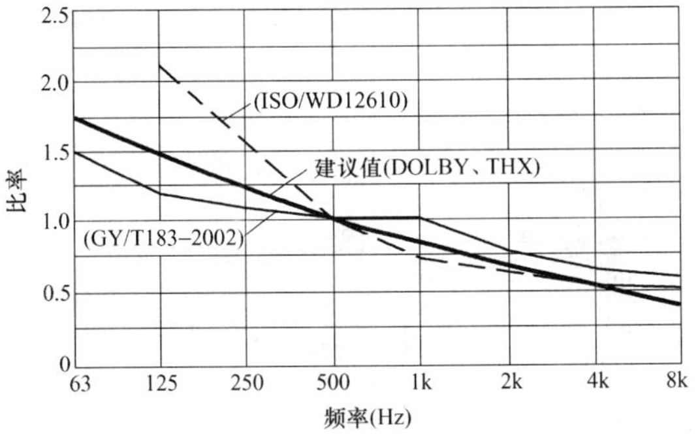

图8 我国及国外的几种标准混响时间的频率特性

从上图中可见我国低频段曲线较国外翘的少，高频段较国外也降的少，这是历年来过度强调所谓"平直"所致（其实从图中可见，我国标准是"平"了些，但并不比其他标准"直"）。因此建议《电影院建筑设计规范》改用新的"建议值"。

随着数字立体声的发展和普及，对电影院建筑声学的要求越来越高，混响时间频率特性向两端各延伸一个倍频带完全必要。但是历来建声设计只考虑6个倍频带，为此可在计算时仍用6个倍频带，而在画曲线时两端按趋势各加一个倍频带，用虚线表示。待测试后与实测值相比较，供以后设计时参考。这样久而久之，即可找出63Hz和8kHz的设计值。

5.2.3 丙级电影院观众厅混响时间频率特性的建声设计按6个倍频带，与相关测试规范、声学材料或构造所提供的数据比较协调，设计计算相对要简单一些。

5.3 噪声控制

5.3.3 观众厅噪声的评价。

NC噪声评价曲线（见图9）是美国1957年的噪声评价标准，后来已演变为ISO国际通用标准中的NR噪声评价曲线（见图10）。电影院的噪声评价理应也使用NR曲线评价，但是历来电影业所用的测量仪器，如DN60/RT60实时频谱分析仪，B/K4417（或4418）建筑声学分析仪，THX-R2频谱分析仪等都仍使用NC噪声评价曲线，有的仪器还能将测量值NC曲线自动打印出测试报告，所以如何改用NR曲线需要慎重考虑。为此，特将两种噪声评价曲线并列以资比较。从两图中可以看出两种曲线在低频时NR低于NC，到中频时渐趋接近，至高频中NR超过NC。电影院常用的NC25、NC30、NC35曲线在1000Hz时比NR曲线各高2dB，相差不是太悬殊。再看某影院用THX-R2频谱分析仪实测的测试报告（见图11），图中所示的该影厅的噪声频谱和NC25曲线，说明该厅的噪声水平小于NC25。为了改用NR曲线评价，特在该图上添加了NR25噪声评价曲线，而原噪声频谱正好落在NR25曲线上，说明该影厅的噪声水平也是符合NR25曲线的。因此，特在本规范修订中改用NR噪声评价曲线来评价电影院噪声水平，特此说明。

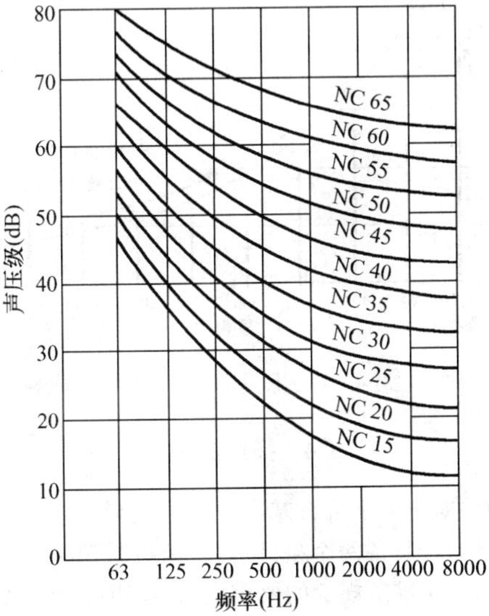

图9 NC噪声评价曲线

5.3.5 隔声量以影院等级划分没有必要，特别是含有多厅的电影院，相邻电影厅之间隔声量控制十分重要，本规范相邻电影厅的隔声量参照THX标准；门厅、休息厅与观众厅之间隔声量的数据是设定在门厅与休息厅内有80dB的噪声，在观众厅内的噪声评价曲线≤NR25；室外与观众厅之间隔声量的数据是设定在室外有85dB的噪声。

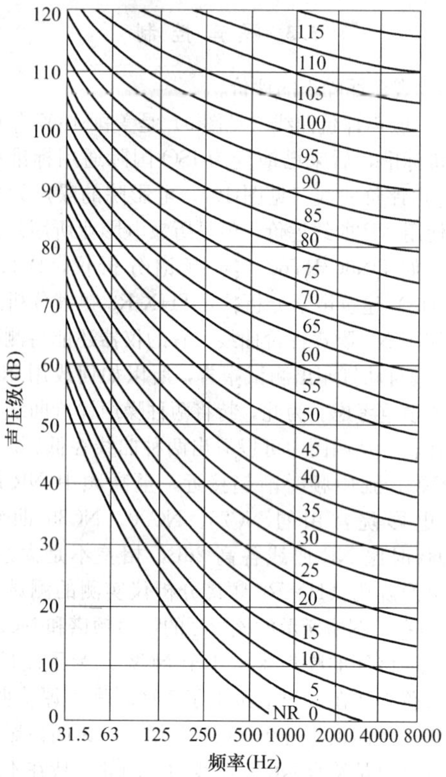

图 10　NR 噪声评价曲线

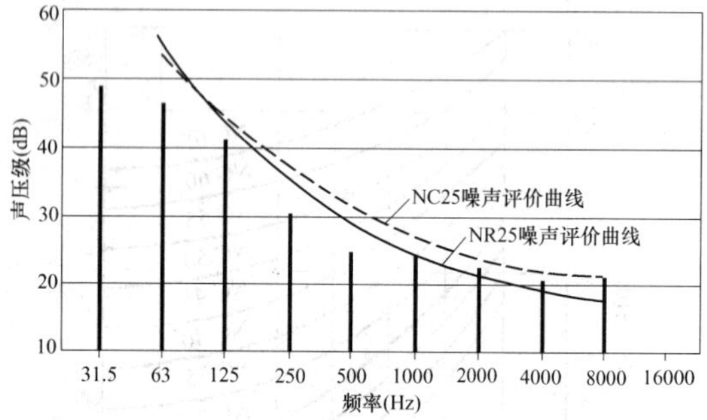

图 11　NC 和 NR 噪声评价曲线的比较

5.4　扬声器布置

5.4.1　对于一个符合基本要求的电影院，银幕后扬声器还音应具备两个条件：1）扬声器频率响应曲线应符合“标准”规定的要求；2）扬声器的频率响应应能在整个观众区内保持基本一致的程度。这就必须对所使用的扬声器提出一定的要求。

根据国际标准《电影录音控制室和室内影院 B 环电-声响应规范及测量》ISO 2969：1987（E）和国家广播电影电视行业标准《电影鉴定放映室声光技术条件》GY/T 112-93 中 B 环电-声响应要求，银幕后扬声器频率响应在 40～12500Hz 范围内，能符合这种规定要求的扬声器，最低要求应该是具有高、低音分频的二分频扬声器系统，对于要求更高的数字立体声电影还音，除了应采用二分频系统外，也可以使用三分频、四分频系统。

扬声器所发出的声音，在低频段，向各个方向的传播是均匀的，而在高频段，则随着频率的升高逐步集中在扬声器的正轴线方向上，偏离轴线越远，衰减越大，频率越高，偏轴衰减越大。为了克服扬声器的这一明显缺陷，有效地控制扬声器的水平与垂直辐射角度，保证扬声器对整个观众区均匀的声覆盖，均匀的频率响应，在本条款中特别强调提出应选用指向性恒定的高频号筒扬声器，而且规定：水平指向性不宜小于 90°，垂直指向性不宜小于 40°。

5.4.2　扬声器的安装高度与倾斜角直接影响到扬声器对观众厅的声覆盖是否均匀。在扬声器的声场中，声压级除了随着偏轴角度的增大而衰减外，还随着距离的增大而衰减，这就要求扬声器的辐射中心轴的方向必须对准观众厅内最远距离的座席，保证银幕后扬声器声音能最大限度地传到观众席最远位置。

因此选择合适的扬声器安放高度，控制好扬声器的辐射方向，保证距离的衰减与偏轴的衰减基本一致，就可以控制观众厅内的声场均匀度。本条款中所规定的观众席距地面 1.15m 处，是根据观众席上人耳距地的距离为 1.15m 而设定的。

图 12 示出距离衰减与偏轴衰减的计算关系。可以根据电影厅内的放声距离，观众席的起坡高度，进行详细计算。

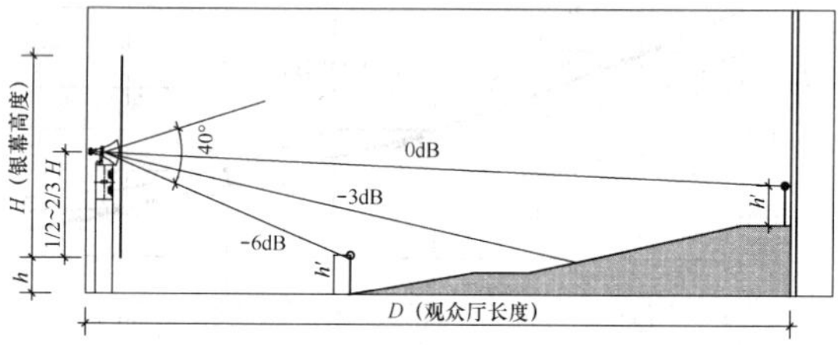

图 12　银幕后扬声器安装高度与倾斜角

5.4.3　扬声器的支架与箱体固定不牢，将会产生撞击声，金属声及其他共振噪声。直接影响电影还音质量，本条款提出此要求。

5.4.4　目前世界上实用的 35mm 电影立体声有三种，主要为 Dolby、DTS 与 SDDS 三种制式，并包括五种六声道或八声道立体声还音方式。

其中 Dolby 与 DTS 的四种还音方式影片在我国应用较多，SDDS 八声道还音方式影片在我国应用较少。因此，在本款中对银幕后扬声器数量的设置是符合我国国情的。图 13 示出了典型的电影立体声扬声器在观众厅内的布置方式。

1　置于银幕后三组（或五组）扬声器构成波阵面立体声重放系统使观众有明确的方位感，又能随画面的影像移动而感到声像移动，克服声像空洞现象，为保证银幕多组扬声器的声像一致，本条款规定，扬声器的声辐射中心高度应一致，间距相等。

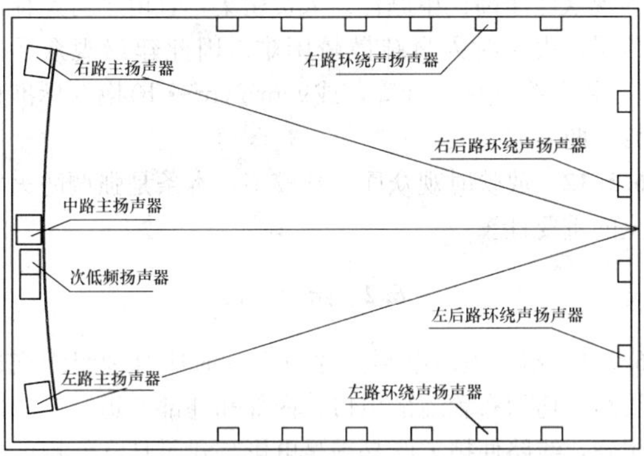

图 13 观众厅内电影立体声扬声器布置方式

2 在电影立体声的声道中，观众对立体声的聆听感受，很大程度来自声像的相对位置，而这相对位置则取决于观众对来自前面不同方向声音的声程差的分辨，特别是要让远离银幕的观众能感受到银幕后各声道音响与影像画面移动的一致性，感受到银幕后各声道音响的方位感，最理想的方式是拉大左、右两侧扬声器距离，扩大声场的动态平衡区。鉴于此，本条款中提出扬声器的间距要足够大的距离，并以不超出银幕画面为宜。

5.4.5 环绕声扬声器与主扬声器系统构成波阵面型平面环绕立体声系统。环绕声扬声器系统的良好设计可配合主扬声器的声像定位，增强整个电影立体声信息的空间感、分布感和方位感。

1 环绕声扬声器系统的声场设计应要求：在观众厅内有均匀的声波覆盖，要有足够的功率余量，这就需要根据观众厅的大小与所选取环绕声扬声器的灵敏度、额定功率、指向性特性等技术参数来计算环绕声扬声器的声场。环绕声扬声器的声场设计应按左（左后）、右（右后）二（四）路进行计算。当多台环绕声扬声器与功放输出连接时，必须注意多台环绕声扬声器并串后的最终阻抗是否能和功放的输出阻抗相匹配。环绕声扬声器并串后的最终阻抗应控制在4～16Ω。

2 环绕声水平位置确定，应保证主扬声器声场对环绕声声场的"优先效应"。一般考虑以下两个条件：① 与银幕要有一定距离，避免前区扬声器产生"环绕声从前方发出"效应；② 前区第一只扬声器与后墙扬声器间距的声延迟，应尽量控制在"优先效应"所规定的时域内，以便于在整个环绕声声场中，主扬声器声场"优先效应"的调整。鉴于"优先效应"，环绕声扬声器的前后位置如果超过 17m，其前后声场的延时将超过 50ms，这对主扬声器与环绕声扬声器的声场调整十分不利。因此在本条款中规定：观众厅前区第一台扬声器的水平位置不宜超过第一排座席，前区扬声器与后区扬声器间的最大距离不应大于 17m。

3 环绕声扬声器的安装高度应选取适当，通常较高的扬声器安装位置有利于扩大立体声聆听范围，而且易于形成空间感。本条款中所给出的计算公式，是根据对国内近百个电影厅的计算，并结合 THX 推荐的环绕声扬声器高度计算公式而总结出的。

4 有了环绕声扬声器的安装高度，控制好扬声器的垂直辐射角，对于创造均匀的环绕声扬声器声场非常重要，控制原则为：扬声器中心轴对准的方向必须是距其最远距离的观众席，而观众席上人耳距地的距离为 1.15m。扬声器的倾斜角的确定，可以利用扬声器的距离衰减差值（符合 $1/r^2$ 定律）和偏轴衰减差值（指向特性）相互补偿获得。通常侧墙扬声器对称悬挂，只要安装高度符合规范中的公式要求，其倾斜角度 θ 值计算也十分方便（见图 14）：

$$\theta = \tan^{-1}(H/W)$$

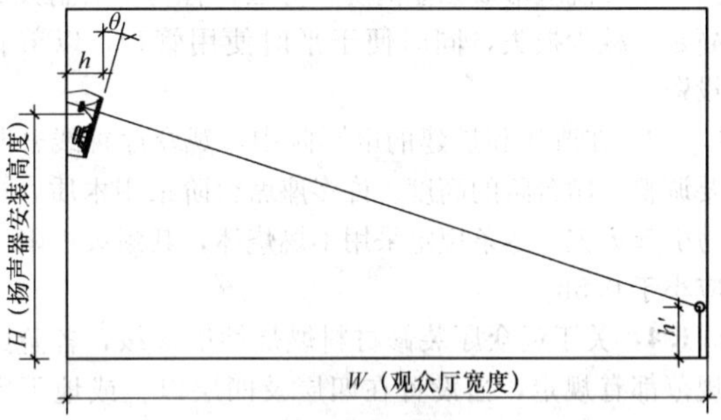

图 14 环绕声扬声器安装高度与倾斜角

对于悬挂在观众厅后墙上的扬声器，其倾斜角度也可以按上式进行计算。

5.4.6 次低频扬声器担负 20～200Hz 频段还音，由于人耳听觉特性对低频特别不灵敏，低频扬声器的效率又十分低，设计中应充分考虑。

1 扬声器在低频段无方向性，因此对次低频扬声器的安放位置要求并不十分严格，放在银幕后任意一个位置都可以，但是，为了避免由于对称安装而引起的房间驻波激发，本条款特别说明将次低频扬声器置于银幕后中路主声道扬声器任意一侧地面，以构成不对称的放置方法。有条件时也可利用障板固定连接，以使低频幅声能尽可能地向前辐射，减少声波的后辐射，造成不必要的声能损失。扬声器直接放在地面，利用地面反射声加强次低频的辐射声能。

2 次低频扬声器系统的声场设计主要应根据观众厅的大小、对低频效果声的要求与所选取扬声器的低频灵敏度、额定功率等技术参数来进行综合计算，必要时，必须增加扬声器与功率放大器数量，将二台、四台甚至八台扬声器组合在一块，用对应数台功放分别驱动，从而实现交叉互耦效应，成倍地提高系统效率。

6 防火设计

6.1 防 火

6.1.1 国家标准《建筑设计防火规范》GB 50016、《高层民用建筑设计防火规范》GB 50045 以及《建筑内部装修设计防火规范》GB 50222 对电影院建筑防火设计的一般性要求作了规定，设计过程中必须遵循。

本规范是电影院建筑设计的专用性规范，体现了电影院建筑特有的防火要求，是电影院建筑防火设计的重要组成部分，设计过程中必须遵循。

6.1.2 电影院建在综合建筑内防火分区的设计要求。

随着电影院的市场化和技术发展，电影院建在综合建筑内的情况会越来越多。本条强调建在综合建筑内的电影院应形成独立的防火分区，有利于限制火势蔓延、减少损失，同时便于平时使用管理，以节省投资。

6.1.3 在改建和扩建的电影院中，观众厅视线升起要调整座席台阶的高度。许多座席台阶采用木质，极易引起火灾。本条规定采用不燃烧体，其耐火极限不应小于 0.5h。

6.1.4 关于观众厅装修材料燃烧性能等级，各防火规范都有规定，当设置在四层及四层以上或地下室时，室内装修的顶棚、墙面材料选择应符合《建筑内部装修设计防火规范》GB 50222 有关规定。

6.1.5 电影院观众厅吊顶内的吸声、隔声材料一般是微孔材料或松散材料，位置在两个地方，一是在屋面板（或楼面板）下，一是放在吊顶上，吊顶是灯具、风管线路交错的地方，闷顶内容易起火。另外，吊顶内设备均须经常检修，为了避免火灾，作此条规定。

6.1.6 银幕架、扬声器支架均是观众厅重要设备承重构件，通常采用型钢结构，为了避免火灾严禁使用木质结构。银幕从材料上分为：布质银幕、白色涂料、银幕、塑料幕、玻珠银幕、金属幕等。另外，银幕前的大幕帘和沿幕，以及遮光门帘均以织物为主，极易燃烧，故作此条规定。

6.1.8 为了保障电影院内部装修的消防安全，提出本条规定。

6.1.9 大多火灾案例表明，绝大部分的人员死亡是由于吸入有毒气体和窒息死亡的，观众厅属于无窗房间，参照《建筑设计防火规范》GB 50016 和《高层民用建筑设计防火规范》GB 50045，提出只要大于 $100m^2$ 的地上观众厅和面积大于 $50m^2$ 的地下观众厅均应设置机械排烟设施。

关于排烟量，参照《高层民用建筑设计防火规范》GB 50045 第 8.4.2 条中庭的排烟量计算方法，考虑到观众厅净高比中庭低，人员密集，且由于有座椅的障碍，火灾时人员疏散较困难。因此建议观众厅以 13 次/h 换气标准计算，或 $90m^3/(m^2 \cdot h)$ 换气标准计算，两者取其大者。

6.1.12 放映时观众厅人数较多，本条是强调防火安全的重要性。

6.2 疏 散

6.2.1 本条提出电影院建筑设计时应合理组织交通线路，均匀布置疏散出口、内部和外部通道，使分区明确，线路便捷，既是满足电影院建筑日常使用的基本要求，也是在火灾和非正常情况下，满足人员疏散需要的必备条件。

6.2.2 本条主要是对观众厅疏散门设计提出的要求，为保证人员疏散路线快捷、畅通，不出现意外伤害事故制定的。

为防范偷盗事件的发生，疏散门常上了门锁，一旦火灾发生，门打不开，由此造成大量人员伤亡，国内已发生过火灾时由此原因造成人员大量死亡的案例，是我们应汲取的教训。为此强调疏散外门应设自动推闩式门锁。此锁的特点是人体接触门扇，触动门闩，门被打开，但从外面无法开启，使用方便又有很高的安全性。在实践中，通常一个观众厅两道疏散门，一道为出场门，一道为进场门。出场门上作推闩式门锁，门外无把手，人出去就进不来；进场门口通常有管理人员值班，可以没有锁，若带锁应是推闩式门锁，门外还要有把手。因此，门若有锁，应采用推闩式门锁。

6.2.3 本条疏散门数目和宽度规定应符合现行国家标准《建筑设计防火规范》GB 50016 及《高层民用建筑设计防火规范》GB 50045 的规定，门的净宽不应小于 0.9m，疏散门必须为甲级防火门，并向疏散方向开启，这一条很重要。电影院观众厅之间的防火问题，首先是将观众厅与观众厅之间分隔开来，避免相互影响。使观众厅与观众厅形成独立的防火间隔，另外，要求出入场门均为甲级防火门。甲级防火门主要是指设置在观众厅隔墙上的门。

6.2.4 本条规定观众厅外的疏散走道、出口的设计要求：

1 本条提出与《建筑设计防火规范》GB 50016 统一，观众厅座位数为每层观众厅的总合人数。

2 本条提出为了保证人员在观众厅外，穿越休息厅或其他房间时的走道疏散通畅，厅内的陈设物不能使疏散路线被中断。

3 疏散通道上有高差变化时，为了便于快速通行，提倡设置坡道，当受限制时，不能设坡道而设台阶时，必须有明显标示和采光照明，大台阶应有护栏，避免出现意外。

4 疏散通道设计时应尽量在统一标高上，若有高差变化，室内坡道不应大于1∶8，这是人员行走可以忍受的最大坡度。

6.2.5 本条对疏散楼梯的设计要求：

1 本条的目的在于说明电影院内门厅和休息厅使用开敞的主楼梯或者自动扶梯旁边设置的配套楼梯，由于楼梯四周不封闭，在火灾情况下无法保证安全疏散。

2 这是对楼梯设计的基本要求，楼梯平台宽度与楼梯宽度相同，并且规定最小宽度为1.20m，应满足两股人流同时通过。

3 扇形踏步的楼梯设计中有时选用，须按规范规定的要求设计，以便人员在紧急情况下不易摔倒。

4 有时在影院设计时做室外疏散楼梯，应满足楼梯净宽度不小于1.10m，同时不应影响地面通行人流。

6.2.6 本条是火灾情况下对人员疏散起到重要指示作用的措施，有利于提高走道的通行能力，使人员尽快脱离危险地域。

6.2.7 本条的"走道宽度符合计算"是指观众厅走道按每百人平坡为0.65m，台阶为0.75m，分别计算走道宽度。

7 建筑设备

7.1 给水排水

7.1.4 《建筑给水排水设计规范》GB 50015对给排水系统选择、用水量、水压都已有规定。

7.2 采暖通风和空气调节

7.2.1 本条对乙级电影院的空气调节，可根据不同地区气候条件和经济条件区别对待。炎热地区，推荐设空气调节，但不硬性规定必须设置；非炎热地区，标准可低些，有条件可以设空气调节，资金紧张也可设机械通风。丙级电影院规定应设机械通风。

7.2.2 冬季室内采暖计算温度及夏季室内空调计算参数给出的范围较大，设计时可根据电影院的等级和经济条件确定，根据现有的经济发展水平，原标准偏低，此次修订标准适当提高。天然冷源包括地道风、地下水、山涧水等。本条规定室温低于30℃，是考虑我国不少地区地下水温度较低，用天然冷源完全有可能低于此值。这里只规定上限温度，使室温允许值范围更大，设计时灵活性也更大。上海市电影发行公司颁布的《上海市新建（改建）影院（包括兼映剧场）验收办法》中规定："有空调设备的单位，在夏季室内温度达30℃时必须使用"。所以本条取30℃为上限温度。

7.2.3 无论是工业建筑还是民用建筑，人员所需新风量都应根据室内的卫生要求、人员的活动和工作性质，以及在室内的停留时间等因素确定。卫生要求的最小新风量，民用建筑主要是对CO_2的浓度要求（可吸入颗粒物的要求可通过过滤措施达到）。

国家标准《文化娱乐场所卫生标准》GB 9664规定，影剧院、音乐厅、录像厅(室)的新风量标准为：≥20m^3/(h·P)，《剧场建筑设计规范》JGJ 57规定最小新风量标准为10～15m^3/(h·P)。室内稳定状态下的CO_2允许浓度应小于0.25%［我国人体散发的CO_2量可按每人每小时0.02m^3/（人·h）计算］。

由于新风量的大小不仅与能耗、初投资和运行费用有关，而且关系到保证人员健康，本规范汇总了国内现行有关规范和标准的数据，并综合考虑了众多因素，也考虑了我国中小城市的实际情况，故本次修订按不同等级分别规定。

7.2.4 本条人体散热散湿量，参阅《冷冻与空调》1983年第5期中"人体散热散湿量"一文。本条表中所列数据，已考虑群集系数，使用时不再分男、女、老、少计算。

7.2.5 本条考虑放映机房内放映机工作时散发毒气，宜排至建筑物外，因此空气调节不允许回风，以免影响整个系统，并保持负压，使其不散发进入其他部分。排风次数是根据毒气的散发量确定的。放映机的排风量根据灯的性质和种类按厂家提供的数据确定，一般不小于15次/h。

7.2.6 本条考虑观众厅设空气调节，则等级和要求较高，因此放映机房亦相应设带新风的空气调节。

7.2.7 观众厅的送风方式。

本条主要的目的是要求空调系统设计时，应充分考虑到合理的气流组织，以使整个观众厅的温湿度大致相同，避免产生冷热不均的现象，同时为了最大限度的节约能源，规定在过渡季节，空调系统不做除湿处理，可做机械通风系统使用。

7.2.8 **1** 氨制冷剂的缺点是毒性大（B_2级），对人体有害，且对食品有污染作用，为安全起见，不应采用。

3 本条强调卫生、环保。放映前后厕所人员较多，为保证污秽气体迅速排走，强调设置机械通风。

7.2.9 本条参照前苏联《电影院建筑设计规范》第3.15条编写。

7.2.10 本条参照《民用建筑采暖通风设计技术措施》第5.56条编写。

7.3 电　　气

7.3.1 作为人员密集的场所，从保障生命和财产安全考虑延长了蓄电池作为备用电源的供电时间。

对照明设备、电力设备包括工艺用电设备实际端电压的规定。此规定是为了避免电压偏差过大对设备使用工作运行状态、使用寿命和能耗的不利影响。

7.3.2 作为整个建筑物安全运行的动力设备机房、

消防设备机房在发生火灾事故时仍应继续工作。作为人员密集的场所，从保障生命和财产安全考虑，并参照国内其他规范的规定。

7.3.8 电影还声的设备外壳接地属于屏蔽接地，其功能在于将干扰源产生的电场限制在设备金属屏蔽层内部，并将感应所产生的电荷传入大地。电影院接地技术要求及措施应符合国家和专业部门颁布的有关设计标准、规范和规定。

中华人民共和国行业标准

建筑桩基技术规范

Technical code for building pile foundations

JGJ 94—2008

J 793—2008

批准部门：中华人民共和国住房和城乡建设部

施行日期：2 0 0 8 年 1 0 月 1 日

中华人民共和国住房和城乡建设部
公　　告

第18号

关于发布行业标准《建筑桩基技术规范》的公告

现批准《建筑桩基技术规范》为行业标准，编号为JGJ 94—2008，自2008年10月1日起实施。其中，第3.1.3、3.1.4、5.2.1、5.4.2、5.5.1、5.5.4、5.9.6、5.9.9、5.9.15、8.1.5、8.1.9、9.4.2条为强制性条文，必须严格执行。原行业标准《建筑桩基技术规范》JGJ 94—94同时废止。

本规范由我部标准定额研究所组织中国建筑工业出版社出版发行。

中华人民共和国住房和城乡建设部

2008年4月22日

前　　言

本规范是根据建设部《关于印发〈二〇〇二～二〇〇三年度工程建设城建、建工行业标准制订、修订计划〉的通知》建标［2003］104号文的要求，由中国建筑科学研究院会同有关设计、勘察、施工、研究和教学单位，对《建筑桩基技术规范》JGJ 94—94修订而成。

在修订过程中，开展了专题研究，进行了广泛的调查分析，总结了近年来我国桩基础设计、施工经验，吸纳了该领域新的科研成果，以多种方式广泛征求了全国有关单位的意见，并进行了试设计，对主要问题进行了反复修改，最后经审查定稿。

本规范主要技术内容有：基本设计规定、桩基构造、桩基计算、灌注桩施工、混凝土预制桩与钢桩施工、承台施工、桩基工程质量检查和验收及有关附录。

本规范修订增加的内容主要有：减少差异沉降和承台内力的变刚度调平设计；桩基耐久性规定；后注浆灌注桩承载力计算与施工工艺；软土地基减沉复合疏桩基础设计；考虑桩径因素的Mindlin解计算单桩、单排桩和疏桩基础沉降；抗压桩与抗拔桩桩身承载力计算；长螺旋钻孔压灌混凝土后插钢筋笼灌注桩施工方法；预应力混凝土空心桩承载力计算与沉桩等。调整的主要内容有：基桩和复合基桩承载力设计取值与计算；单桩侧阻力和端阻力经验参数；嵌岩桩嵌岩段侧阻和端阻综合系数；等效作用分层总和法计算桩基沉降经验系数；钻孔灌注桩孔底沉渣厚度控制标准等。

本规范中以黑体字标志的条文为强制性条文，必须严格执行。

本规范由住房和城乡建设部负责管理和对强制性条文的解释，由中国建筑科学研究院负责具体技术内容的解释。

本规范主编单位：中国建筑科学研究院（地址：北京市北三环东路30号；邮编：100013）。

本规范参编单位：北京市勘察设计研究院有限公司
现代设计集团华东建筑设计研究院有限公司
上海岩土工程勘察设计研究院有限公司
天津大学
福建省建筑科学研究院
中冶集团建筑研究总院
机械工业勘察设计研究院
中国建筑东北设计院
广东省建筑科学研究院
北京筑都方圆建筑设计有限公司
广州大学

本规范主要起草人：黄　强　刘金砺　高文生
刘金波　沙志国　侯伟生
邱明兵　顾晓鲁　吴春林
顾国荣　王卫东　张　炜
杨志银　唐建华　张丙吉
杨　斌　曹华先　张季超

目　次

1　总则 ……………………………………… 2—5—4
2　术语、符号 ……………………………… 2—5—4
2.1　术语 ………………………………… 2—5—4
2.2　符号 ………………………………… 2—5—4
3　基本设计规定 …………………………… 2—5—5
3.1　一般规定 …………………………… 2—5—5
3.2　基本资料 …………………………… 2—5—6
3.3　桩的选型与布置 …………………… 2—5—7
3.4　特殊条件下的桩基 ………………… 2—5—8
3.5　耐久性规定 ………………………… 2—5—9
4　桩基构造 ………………………………… 2—5—9
4.1　基桩构造 …………………………… 2—5—9
4.2　承台构造 …………………………… 2—5—11
5　桩基计算 ………………………………… 2—5—12
5.1　桩顶作用效应计算 ………………… 2—5—12
5.2　桩基竖向承载力计算 ……………… 2—5—13
5.3　单桩竖向极限承载力 ……………… 2—5—13
5.4　特殊条件下桩基竖向承载力
验算 ………………………………… 2—5—19
5.5　桩基沉降计算 ……………………… 2—5—21
5.6　软土地基减沉复合疏桩基础 ……… 2—5—24
5.7　桩基水平承载力与位移计算 ……… 2—5—24
5.8　桩身承载力与裂缝控制计算 ……… 2—5—27
5.9　承台计算 …………………………… 2—5—29
6　灌注桩施工 ……………………………… 2—5—33
6.1　施工准备 …………………………… 2—5—33
6.2　一般规定 …………………………… 2—5—34
6.3　泥浆护壁成孔灌注桩 ……………… 2—5—35
6.4　长螺旋钻孔压灌桩 ………………… 2—5—37
6.5　沉管灌注桩和内夯沉管灌注桩 …… 2—5—37
6.6　干作业成孔灌注桩 ………………… 2—5—39
6.7　灌注桩后注浆 ……………………… 2—5—39
7　混凝土预制桩与钢桩施工 ……………… 2—5—40
7.1　混凝土预制桩的制作 ……………… 2—5—40
7.2　混凝土预制桩的起吊、运输和
堆放 ………………………………… 2—5—41
7.3　混凝土预制桩的接桩 ……………… 2—5—41
7.4　锤击沉桩 …………………………… 2—5—42
7.5　静压沉桩 …………………………… 2—5—43
7.6　钢桩（钢管桩、H型桩及其他异
型钢桩）施工 ……………………… 2—5—44
8　承台施工 ………………………………… 2—5—45
8.1　基坑开挖和回填 …………………… 2—5—45
8.2　钢筋和混凝土施工 ………………… 2—5—45
9　桩基工程质量检查和验收 ……………… 2—5—45
9.1　一般规定 …………………………… 2—5—45
9.2　施工前检验 ………………………… 2—5—45
9.3　施工检验 …………………………… 2—5—46
9.4　施工后检验 ………………………… 2—5—46
9.5　基桩及承台工程验收资料 ………… 2—5—46
附录A　桩型与成桩工艺选择 …………… 2—5—46
附录B　预应力混凝土空心桩
基本参数 ……………………… 2—5—48
附录C　考虑承台（包括地下墙体）、
基桩协同工作和土的弹性
抗力作用计算受水平荷载
的桩基 ………………………… 2—5—51
附录D　Boussinesq（布辛奈斯克）解
的附加应力系数 α、平均附加
应力系数 $\bar{\alpha}$ ……………………… 2—5—58
附录E　桩基等效沉降系数 ψ_e
计算参数 ……………………… 2—5—65
附录F　考虑桩径影响的Mindlin
（明德林）解应力影响
系数 …………………………… 2—5—70
附录G　按倒置弹性地基梁计算砌
体墙下条形桩基承台梁 …… 2—5—89
附录H　锤击沉桩锤重的选用 …………… 2—5—90
本规范用词说明 ……………………………… 2—5—91
附：条文说明 ………………………………… 2—5—92

1 总　　则

1.0.1 为了在桩基设计与施工中贯彻执行国家的技术经济政策，做到安全适用、技术先进、经济合理、确保质量、保护环境，制定本规范。

1.0.2 本规范适用于建筑（包括构筑物）桩基的设计、施工及验收。

1.0.3 桩基的设计与施工，应综合考虑工程地质与水文地质条件、上部结构类型、使用功能、荷载特征、施工技术条件与环境；应重视地方经验，因地制宜，注重概念设计，合理选择桩型、成桩工艺和承台形式，优化布桩，节约资源；应强化施工质量控制与管理。

1.0.4 在进行桩基设计、施工及验收时，除应符合本规范外，尚应符合国家现行有关标准、规范的规定。

2 术语、符号

2.1 术　　语

2.1.1 桩基　pile foundation

由设置于岩土中的桩和与桩顶连接的承台共同组成的基础或由柱与桩直接连接的单桩基础。

2.1.2 复合桩基　composite pile foundation

由基桩和承台下地基土共同承担荷载的桩基础。

2.1.3 基桩　foundation pile

桩基础中的单桩。

2.1.4 复合基桩　composite foundation pile

单桩及其对应面积的承台下地基土组成的复合承载基桩。

2.1.5 减沉复合疏桩基础　composite foundation with settlement-reducing piles

软土地基天然地基承载力基本满足要求的情况下，为减小沉降采用疏布摩擦型桩的复合桩基。

2.1.6 单桩竖向极限承载力　ultimate vertical bearing capacity of a single pile

单桩在竖向荷载作用下到达破坏状态前或出现不适于继续承载的变形时所对应的最大荷载，它取决于土对桩的支承阻力和桩身承载力。

2.1.7 极限侧阻力　ultimate shaft resistance

相应于桩顶作用极限荷载时，桩身侧表面所发生的岩土阻力。

2.1.8 极限端阻力　ultimate tip resistance

相应于桩顶作用极限荷载时，桩端所发生的岩土阻力。

2.1.9 单桩竖向承载力特征值　characteristic value of the vertical bearing capacity of a single pile

单桩竖向极限承载力标准值除以安全系数后的承载力值。

2.1.10 变刚度调平设计　optimized design of pile foundation stiffness to reduce differential settlement

考虑上部结构形式、荷载和地层分布以及相互作用效应，通过调整桩径、桩长、桩距等改变基桩支承刚度分布，以使建筑物沉降趋于均匀、承台内力降低的设计方法。

2.1.11 承台效应系数　pile cap effect coefficient

竖向荷载下，承台底地基土承载力的发挥率。

2.1.12 负摩阻力　negative skin friction，negative shaft resistance

桩周土由于自重固结、湿陷、地面荷载作用等原因而产生大于基桩的沉降所引起的对桩表面的向下摩阻力。

2.1.13 下拉荷载　downdrag

作用于单桩中性点以上的负摩阻力之和。

2.1.14 土塞效应　plugging effect

敞口空心桩沉桩过程中土体涌入管内形成的土塞，对桩端阻力的发挥程度的影响效应。

2.1.15 灌注桩后注浆　post grouting for cast-in-situ pile

灌注桩成桩后一定时间，通过预设于桩身内的注浆导管及与之相连的桩端、桩侧注浆阀注入水泥浆，使桩端、桩侧土体（包括沉渣和泥皮）得到加固，从而提高单桩承载力，减小沉降。

2.1.16 桩基等效沉降系数　equivalent settlement coefficient for calculating settlement of pile foundations

弹性半无限体中群桩基础按 Mindlin（明德林）解计算沉降量 w_M 与按等代墩基 Boussinesq（布辛奈斯克）解计算沉降量 w_B 之比，用以反映 Mindlin 解应力分布对计算沉降的影响。

2.2 符　　号

2.2.1 作用和作用效应

F_k——按荷载效应标准组合计算的作用于承台顶面的竖向力；

G_k——桩基承台和承台上土自重标准值；

H_k——按荷载效应标准组合计算的作用于承台底面的水平力；

H_{ik}——按荷载效应标准组合计算的作用于第 i 基桩或复合基桩的水平力；

M_{xk}、M_{yk}——按荷载效应标准组合计算的作用于承台底面的外力，绕通过桩群形心的 x、y 主轴的力矩；

N_{ik}——荷载效应标准组合偏心竖向力作用下第 i 基桩或复合基桩的竖向力；

Q_g^n——作用于群桩中某一基桩的下拉荷载；

q_f——基桩切向冻胀力。

2.2.2 抗力和材料性能

E_s——土的压缩模量；

f_t、f_c——混凝土抗拉、抗压强度设计值；

f_{rk}——岩石饱和单轴抗压强度标准值；

f_s、q_c——静力触探双桥探头平均侧阻力、平均端阻力；

m——桩侧地基土水平抗力系数的比例系数；

p_s——静力触探单桥探头比贯入阻力；

q_{sik}——单桩第 i 层土的极限侧阻力标准值；

q_{pk}——单桩极限端阻力标准值；

Q_{sk}、Q_{pk}——单桩总极限侧阻力、总极限端阻力标准值；

Q_{uk}——单桩竖向极限承载力标准值；

R——基桩或复合基桩竖向承载力特征值；

R_a——单桩竖向承载力特征值；

R_{ha}——单桩水平承载力特征值；

R_h——基桩水平承载力特征值；

T_{gk}——群桩呈整体破坏时基桩抗拔极限承载力标准值；

T_{uk}——群桩呈非整体破坏时基桩抗拔极限承载力标准值；

γ、γ_e——土的重度、有效重度。

2.2.3 几何参数

A_p——桩端面积；

A_{ps}——桩身截面面积；

A_c——计算基桩所对应的承台底净面积；

B_c——承台宽度；

d——桩身设计直径；

D——桩端扩底设计直径；

l——桩身长度；

L_c——承台长度；

s_a——基桩中心距；

u——桩身周长；

z_n——桩基沉降计算深度（从桩端平面算起）。

2.2.4 计算系数

α_E——钢筋弹性模量与混凝土弹性模量的比值；

η_c——承台效应系数；

η_f——冻胀影响系数；

ζ_r——桩嵌岩段侧阻和端阻综合系数；

ψ_{si}、ψ_p——大直径桩侧阻力、端阻力尺寸效应系数；

λ_p——桩端土塞效应系数；

λ——基桩抗拔系数；

ψ——桩基沉降计算经验系数；

ψ_c——成桩工艺系数；

ψ_e——桩基等效沉降系数；

α、$\bar{\alpha}$——Boussinesq 解的附加应力系数、平均附加应力系数。

3 基本设计规定

3.1 一 般 规 定

3.1.1 桩基础应按下列两类极限状态设计：

1 承载能力极限状态：桩基达到最大承载能力、整体失稳或发生不适于继续承载的变形；

2 正常使用极限状态：桩基达到建筑物正常使用所规定的变形限值或达到耐久性要求的某项限值。

3.1.2 根据建筑规模、功能特征、对差异变形的适应性、场地地基和建筑物体形的复杂性以及由于桩基问题可能造成建筑破坏或影响正常使用的程度，应将桩基设计分为表 3.1.2 所列的三个设计等级。桩基设计时，应根据表 3.1.2 确定设计等级。

表 3.1.2 建筑桩基设计等级

设计等级	建 筑 类 型
甲级	（1）重要的建筑； （2）30 层以上或高度超过 100m 的高层建筑； （3）体型复杂且层数相差超过 10 层的高低层（含纯地下室）连体建筑； （4）20 层以上框架-核心筒结构及其他对差异沉降有特殊要求的建筑； （5）场地和地基条件复杂的 7 层以上的一般建筑及坡地、岸边建筑； （6）对相邻既有工程影响较大的建筑
乙级	除甲级、丙级以外的建筑
丙级	场地和地基条件简单、荷载分布均匀的 7 层及 7 层以下的一般建筑

3.1.3 桩基应根据具体条件分别进行下列承载能力计算和稳定性验算：

1 应根据桩基的使用功能和受力特征分别进行桩基的竖向承载力计算和水平承载力计算；

2 应对桩身和承台结构承载力进行计算；对于桩侧土不排水抗剪强度小于 10kPa 且长径比大于 50 的桩，应进行桩身压屈验算；对于混凝土预制桩，应按吊装、运输和锤击作用进行桩身承载力验算；对于钢管桩，应进行局部压屈验算；

3 当桩端平面以下存在软弱下卧层时，应进行软弱下卧层承载力验算；

4 对位于坡地、岸边的桩基，应进行整体稳定性验算；

5 对于抗浮、抗拔桩基，应进行基桩和群桩的抗拔承载力计算；

6 对于抗震设防区的桩基，应进行抗震承载力

验算。

3.1.4 下列建筑桩基应进行沉降计算：

1 设计等级为甲级的非嵌岩桩和非深厚坚硬持力层的建筑桩基；

2 设计等级为乙级的体形复杂、荷载分布显著不均匀或桩端平面以下存在软弱土层的建筑桩基；

3 软土地基多层建筑减沉复合疏桩基础。

3.1.5 对受水平荷载较大，或对水平位移有严格限制的建筑桩基，应计算其水平位移。

3.1.6 应根据桩基所处的环境类别和相应的裂缝控制等级，验算桩和承台正截面的抗裂和裂缝宽度。

3.1.7 桩基设计时，所采用的作用效应组合与相应的抗力应符合下列规定：

1 确定桩数和布桩时，应采用传至承台底面的荷载效应标准组合；相应的抗力应采用基桩或复合基桩承载力特征值。

2 计算荷载作用下的桩基沉降和水平位移时，应采用荷载效应准永久组合；计算水平地震作用、风载作用下的桩基水平位移时，应采用水平地震作用、风载效应标准组合。

3 验算坡地、岸边建筑桩基的整体稳定性时，应采用荷载效应标准组合；抗震设防区，应采用地震作用效应和荷载效应的标准组合。

4 在计算桩基结构承载力、确定尺寸和配筋时，应采用传至承台顶面的荷载效应基本组合。当进行承台和桩身裂缝控制验算时，应分别采用荷载效应标准组合和荷载效应准永久组合。

5 桩基结构安全等级、结构设计使用年限和结构重要性系数 γ_0 应按现行有关建筑结构规范的规定采用，除临时性建筑外，重要性系数 γ_0 应不小于1.0。

6 对桩基结构进行抗震验算时，其承载力调整系数 γ_{RE} 应按现行国家标准《建筑抗震设计规范》GB 50011的规定采用。

3.1.8 以减小差异沉降和承台内力为目标的变刚度调平设计，宜结合具体条件按下列规定实施：

1 对于主裙楼连体建筑，当高层主体采用桩基时，裙房（含纯地下室）的地基或桩基刚度宜相对弱化，可采用天然地基、复合地基、疏桩或短桩基础。

2 对于框架-核心筒结构高层建筑桩基，应强化核心筒区域桩基刚度（如适当增加桩长、桩径、桩数、采用后注浆等措施），相对弱化核心筒外围桩基刚度（采用复合桩基，视地层条件减小桩长）。

3 对于框架-核心筒结构高层建筑天然地基承载力满足要求的情况下，宜于核心筒区域局部设置增强刚度、减小沉降的摩擦型桩。

4 对于大体量筒仓、储罐的摩擦型桩基，宜按内强外弱原则布桩。

5 对上述按变刚度调平设计的桩基，宜进行上部结构—承台—桩—土共同工作分析。

3.1.9 软土地基上的多层建筑物，当天然地基承载力基本满足要求时，可采用减沉复合疏桩基础。

3.1.10 对于本规范第3.1.4条规定应进行沉降计算的建筑桩基，在其施工过程及建成后使用期间，应进行系统的沉降观测直至沉降稳定。

3.2 基 本 资 料

3.2.1 桩基设计应具备以下资料：

1 岩土工程勘察文件：

1）桩基按两类极限状态进行设计所需用岩土物理力学参数及原位测试参数；

2）对建筑场地的不良地质作用，如滑坡、崩塌、泥石流、岩溶、土洞等，有明确判断、结论和防治方案；

3）地下水位埋藏情况、类型和水位变化幅度及抗浮设计水位，土、水的腐蚀性评价，地下水浮力计算的设计水位；

4）抗震设防区按设防烈度提供的液化土层资料；

5）有关地基土冻胀性、湿陷性、膨胀性评价。

2 建筑场地与环境条件的有关资料：

1）建筑场地现状，包括交通设施、高压架空线、地下管线和地下构筑物的分布；

2）相邻建筑物安全等级、基础形式及埋置深度；

3）附近类似工程地质条件场地的桩基工程试桩资料和单桩承载力设计参数；

4）周围建筑物的防振、防噪声的要求；

5）泥浆排放、弃土条件；

6）建筑物所在地区的抗震设防烈度和建筑场地类别。

3 建筑物的有关资料：

1）建筑物的总平面布置图；

2）建筑物的结构类型、荷载，建筑物的使用条件和设备对基础竖向及水平位移的要求；

3）建筑结构的安全等级。

4 施工条件的有关资料：

1）施工机械设备条件，制桩条件，动力条件，施工工艺对地质条件的适应性；

2）水、电及有关建筑材料的供应条件；

3）施工机械的进出场及现场运行条件。

5 供设计比较用的有关桩型及实施的可行性的资料。

3.2.2 桩基的详细勘察除应满足现行国家标准《岩土工程勘察规范》GB 50021的有关要求外，尚应满足下列要求：

1 勘探点间距：

1）对于端承型桩（含嵌岩桩）：主要根据桩端持力层顶面坡度决定，宜为 12～24m。当相邻两个勘察点揭露出的桩端持力层层面坡度大于 10%或持力层起伏较大、地层分布复杂时，应根据具体工程条件适当加密勘探点。

2）对于摩擦型桩：宜按 20～35m 布置勘探孔，但遇到土层的性质或状态在水平方向分布变化较大，或存在可能影响成桩的土层时，应适当加密勘探点。

3）复杂地质条件下的柱下单桩基础应按柱列线布置勘探点，并宜每桩设一勘探点。

2 勘探深度：

1）宜布置 1/3～1/2 的勘探孔为控制性孔。对于设计等级为甲级的建筑桩基，至少应布置 3 个控制性孔；设计等级为乙级的建筑桩基，至少应布置 2 个控制性孔。控制性孔应穿透桩端平面以下压缩层厚度；一般性勘探孔应深入预计桩端平面以下 3～5 倍桩身设计直径，且不得小于 3m；对于大直径桩，不得小于 5m。

2）嵌岩桩的控制性钻孔应深入预计桩端平面以下不小于 3～5 倍桩身设计直径，一般性钻孔应深入预计桩端平面以下不小于 1～3 倍桩身设计直径。当持力层较薄时，应有部分钻孔钻穿持力岩层。在岩溶、断层破碎带地区，应查明溶洞、溶沟、溶槽、石笋等的分布情况，钻孔应钻穿溶洞或断层破碎带进入稳定土层，进入深度应满足上述控制性钻孔和一般性钻孔的要求。

3 在勘探深度范围内的每一地层，均应采取不扰动试样进行室内试验或根据土质情况选用有效的原位测试方法进行原位测试，提供设计所需参数。

3.3 桩的选型与布置

3.3.1 基桩可按下列规定分类：

1 按承载性状分类：

1）摩擦型桩：

摩擦桩：在承载能力极限状态下，桩顶竖向荷载由桩侧阻力承受，桩端阻力小到可忽略不计；

端承摩擦桩：在承载能力极限状态下，桩顶竖向荷载主要由桩侧阻力承受。

2）端承型桩：

端承桩：在承载能力极限状态下，桩顶竖向荷载由桩端阻力承受，桩侧阻力小到可忽略不计；

摩擦端承桩：在承载能力极限状态下，桩顶竖向荷载主要由桩端阻力承受。

2 按成桩方法分类：

1）非挤土桩：干作业法钻（挖）孔灌注桩、泥浆护壁法钻（挖）孔灌注桩、套管护壁法钻（挖）孔灌注桩；

2）部分挤土桩：冲孔灌注桩、钻孔挤扩灌注桩、搅拌劲芯桩、预钻孔打入（静压）预制桩、打入（静压）式敞口钢管桩、敞口预应力混凝土空心桩和 H 型钢桩；

3）挤土桩：沉管灌注桩、沉管夯（挤）扩灌注桩、打入（静压）预制桩、闭口预应力混凝土空心桩和闭口钢管桩。

3 按桩径（设计直径 d）大小分类：

1）小直径桩：$d \leqslant 250$mm；

2）中等直径桩：250mm $< d <$ 800mm；

3）大直径桩：$d \geqslant 800$mm。

3.3.2 桩型与成桩工艺应根据建筑结构类型、荷载性质、桩的使用功能、穿越土层、桩端持力层、地下水位、施工设备、施工环境、施工经验、制桩材料供应条件等，按安全适用、经济合理的原则选择。选择时可按本规范附录 A 进行。

1 对于框架-核心筒等荷载分布很不均匀的桩筏基础，宜选择基桩尺寸和承载力可调性较大的桩型和工艺。

2 挤土沉管灌注桩用于淤泥和淤泥质土层时，应局限于多层住宅桩基。

3 抗震设防烈度为 8 度及以上地区，不宜采用预应力混凝土管桩（PC）和预应力混凝土空心方桩（PS）。

3.3.3 基桩的布置应符合下列条件：

1 基桩的最小中心距应符合表 3.3.3 的规定；当施工中采取减小挤土效应的可靠措施时，可根据当地经验适当减小。

表 3.3.3 基桩的最小中心距

土类与成桩工艺		排数不少于 3 排且桩数不少于 9 根的摩擦型桩桩基	其他情况
非挤土灌注桩		$3.0d$	$3.0d$
部分挤土桩	非饱和土、饱和非黏性土	$3.5d$	$3.0d$
	饱和黏性土	$4.0d$	$3.5d$
挤土桩	非饱和土、饱和非黏性土	$4.0d$	$3.5d$
	饱和黏性土	$4.5d$	$4.0d$

续表 3.3.3

土类与成桩工艺		排数不少于3排且桩数不少于9根的摩擦型桩桩基	其他情况
钻、挖孔扩底桩		2D 或 D+2.0m（当 D＞2m）	1.5 D 或 D+1.5m（当 D＞2m）
沉管夯扩、钻孔挤扩桩	非饱和土、饱和非黏性土	2.2D 且 4.0d	2.0D 且 3.5d
	饱和黏性土	2.5D 且 4.5d	2.2D 且 4.0d

注：1 d——圆桩设计直径或方桩设计边长，D——扩大端设计直径。

2 当纵横向桩距不相等时，其最小中心距应满足“其他情况”一栏的规定。

3 当为端承桩时，非挤土灌注桩的“其他情况”一栏可减小至 2.5d。

2 排列基桩时，宜使桩群承载力合力点与竖向永久荷载合力作用点重合，并使基桩受水平力和力矩较大方向有较大抗弯截面模量。

3 对于桩箱基础、剪力墙结构桩筏（含平板和梁板式承台）基础，宜将桩布置于墙下。

4 对于框架-核心筒结构桩筏基础应按荷载分布考虑相互影响，将桩相对集中布置于核心筒和柱下；外围框架柱宜采用复合桩基，有合适桩端持力层时，桩长宜减小。

5 应选择较硬土层作为桩端持力层。桩端全断面进入持力层的深度，对于黏性土、粉土不宜小于 2d，砂土不宜小于 1.5d，碎石类土不宜小于 1d。当存在软弱下卧层时，桩端以下硬持力层厚度不宜小于 3d。

6 对于嵌岩桩，嵌岩深度应综合荷载、上覆土层、基岩、桩径、桩长诸因素确定；对于嵌入倾斜的完整和较完整岩的全断面深度不宜小于 0.4d 且不小于 0.5m，倾斜度大于 30%的中风化岩，宜根据倾斜度及岩石完整性适当加大嵌岩深度；对于嵌入平整、完整的坚硬岩和较硬岩的深度不宜小于 0.2d，且不应小于 0.2m。

3.4 特殊条件下的桩基

3.4.1 软土地基的桩基设计原则应符合下列规定：

1 软土中的桩基宜选择中、低压缩性土层作为桩端持力层；

2 桩周围软土因自重固结、场地填土、地面大面积堆载、降低地下水位、大面积挤土沉桩等原因而产生的沉降大于基桩的沉降时，应视具体工程情况分析计算桩侧负摩阻力对基桩的影响；

3 采用挤土桩和部分挤土桩时，应采取消减孔隙水压力和挤土效应的技术措施，并应控制沉桩速率，减小挤土效应对成桩质量、邻近建筑物、道路、地下管线和基坑边坡等产生的不利影响；

4 先成桩后开挖基坑时，必须合理安排基坑挖土顺序和控制分层开挖的深度，防止土体侧移对桩的影响。

3.4.2 湿陷性黄土地区的桩基设计原则应符合下列规定：

1 基桩应穿透湿陷性黄土层，桩端应支承在压缩性低的黏性土、粉土、中密和密实砂土以及碎石类土层中；

2 湿陷性黄土地基中，设计等级为甲、乙级建筑桩基的单桩极限承载力，宜以浸水载荷试验为主要依据；

3 自重湿陷性黄土地基中的单桩极限承载力，应根据工程具体情况分析计算桩侧负摩阻力的影响。

3.4.3 季节性冻土和膨胀土地基中的桩基设计原则应符合下列规定：

1 桩端进入冻深线或膨胀土的大气影响急剧层以下的深度，应满足抗拔稳定性验算要求，且不得小于 4 倍桩径及 1 倍扩大端直径，最小深度应大于 1.5m；

2 为减小和消除冻胀或膨胀对桩基的作用，宜采用钻（挖）孔灌注桩；

3 确定基桩竖向极限承载力时，除不计入冻胀、膨胀深度范围内桩侧阻力外，还应考虑地基土的冻胀、膨胀作用，验算桩基的抗拔稳定性和桩身受拉承载力；

4 为消除桩基受冻胀或膨胀作用的危害，可在冻胀或膨胀深度范围内，沿桩周及承台作隔冻、隔胀处理。

3.4.4 岩溶地区的桩基设计原则应符合下列规定：

1 岩溶地区的桩基，宜采用钻、冲孔桩；

2 当单桩荷载较大，岩层埋深较浅时，宜采用嵌岩桩；

3 当基岩面起伏很大且埋深较大时，宜采用摩擦型灌注桩。

3.4.5 坡地、岸边桩基的设计原则应符合下列规定：

1 对建于坡地、岸边的桩基，不得将桩支承于边坡潜在的滑动体上。桩端进入潜在滑裂面以下稳定岩土层内的深度，应能保证桩基的稳定；

2 建筑桩基与边坡应保持一定的水平距离；建筑场地内的边坡必须是完全稳定的边坡，当有崩塌、滑坡等不良地质现象存在时，应按现行国家标准《建筑边坡工程技术规范》GB 50330 的规定进行整治，确保其稳定性；

3 新建坡地、岸边建筑桩基工程应与建筑边坡工程统一规划，同步设计，合理确定施工顺序；

4 不宜采用挤土桩；

5　应验算最不利荷载效应组合下桩基的整体稳定性和基桩水平承载力。

3.4.6　抗震设防区桩基的设计原则应符合下列规定：

1　桩进入液化土层以下稳定土层的长度（不包括桩尖部分）应按计算确定；对于碎石土，砾、粗、中砂，密实粉土，坚硬黏性土尚不应小于(2～3)d，对其他非岩石土尚不宜小于(4～5)d；

2　承台和地下室侧墙周围应采用灰土、级配砂石、压实性较好的素土回填，并分层夯实，也可采用素混凝土回填；

3　当承台周围为可液化土或地基承载力特征值小于40kPa（或不排水抗剪强度小于15kPa）的软土，且桩基水平承载力不满足计算要求时，可将承台外每侧1/2承台边长范围内的土进行加固；

4　对于存在液化扩展的地段，应验算桩基在土流动的侧向作用力下的稳定性。

3.4.7　可能出现负摩阻力的桩基设计原则应符合下列规定：

1　对于填土建筑场地，宜先填土并保证填土的密实性，软土场地填土前应采取预设塑料排水板等措施，待填土地基沉降基本稳定后方可成桩；

2　对于有地面大面积堆载的建筑物，应采取减小地面沉降对建筑物桩基影响的措施；

3　对于自重湿陷性黄土地基，可采用强夯、挤密土桩等先行处理，消除上部或全部土的自重湿陷；对于欠固结土宜采取先期排水预压等措施；

4　对于挤土沉桩，应采取消减超孔隙水压力、控制沉桩速率等措施；

5　对于中性点以上的桩身可对表面进行处理，以减少负摩阻力。

3.4.8　抗拔桩基的设计原则应符合下列规定：

1　应根据环境类别及水、土对钢筋的腐蚀、钢筋种类对腐蚀的敏感性和荷载作用时间等因素确定抗拔桩的裂缝控制等级；

2　对于严格要求不出现裂缝的一级裂缝控制等级，桩身应设置预应力筋；对于一般要求不出现裂缝的二级裂缝控制等级，桩身宜设置预应力筋；

3　对于三级裂缝控制等级，应进行桩身裂缝宽度计算；

4　当基桩抗拔承载力要求较高时，可采用桩侧后注浆、扩底等技术措施。

3.5　耐久性规定

3.5.1　桩基结构的耐久性应根据设计使用年限、现行国家标准《混凝土结构设计规范》GB 50010的环境类别规定以及水、土对钢、混凝土腐蚀性的评价进行设计。

3.5.2　二类和三类环境中，设计使用年限为50年的桩基结构混凝土耐久性应符合表3.5.2的规定。

表3.5.2　二类和三类环境桩基结构混凝土耐久性的基本要求

环境类别		最大水灰比	最小水泥用量（kg/m^3）	混凝土最低强度等级	最大氯离子含量（%）	最大碱含量（kg/m^3）
二	a	0.60	250	C25	0.3	3.0
	b	0.55	275	C30	0.2	3.0
三		0.50	300	C30	0.1	3.0

注：1　氯离子含量系指其与水泥用量的百分率；

2　预应力构件混凝土中最大氯离子含量为0.06%，最小水泥用量为300kg/m^3；混凝土最低强度等级应按表中规定提高两个等级；

3　当混凝土中加入活性掺合料或能提高耐久性的外加剂时，可适当降低最小水泥用量；

4　当使用非碱活性骨料时，对混凝土中碱含量不作限制；

5　当有可靠工程经验时，表中混凝土最低强度等级可降低一个等级。

3.5.3　桩身裂缝控制等级及最大裂缝宽度应根据环境类别和水、土介质腐蚀性等级按表3.5.3规定选用。

表3.5.3　桩身的裂缝控制等级及最大裂缝宽度限值

环境类别		钢筋混凝土桩		预应力混凝土桩	
		裂缝控制等级	w_{lim}(mm)	裂缝控制等级	w_{lim}(mm)
二	a	三	0.2(0.3)	二	0
	b	三	0.2	二	0
三		三	0.2	一	0

注：1　水、土为强、中腐蚀性时，抗拔桩裂缝控制等级应提高一级；

2　二a类环境中，位于稳定地下水位以下的基桩，其最大裂缝宽度限值可采用括弧中的数值。

3.5.4　四类、五类环境桩基结构耐久性设计可按国家现行标准《港口工程混凝土结构设计规范》JTJ 267和《工业建筑防腐蚀设计规范》GB 50046等执行。

3.5.5　对三、四、五类环境桩基结构，受力钢筋宜采用环氧树脂涂层带肋钢筋。

4　桩基构造

4.1　基桩构造

Ⅰ　灌注桩

4.1.1　灌注桩应按下列规定配筋：

1　配筋率：当桩身直径为300～2000mm时，正截面配筋率可取0.65%～0.2%（小直径桩取高值）；

对受荷载特别大的桩、抗拔桩和嵌岩端承桩应根据计算确定配筋率，并不应小于上述规定值；

2 配筋长度：

1) 端承型桩和位于坡地、岸边的基桩应沿桩身等截面或变截面通长配筋；

2) 摩擦型灌注桩配筋长度不应小于 2/3 桩长；当受水平荷载时，配筋长度尚不宜小于 $4.0/\alpha$（α 为桩的水平变形系数）；

3) 对于受地震作用的基桩，桩身配筋长度应穿过可液化土层和软弱土层，进入稳定土层的深度不应小于本规范第 3.4.6 条的规定；

4) 受负摩阻力的桩、因先成桩后开挖基坑而随地基土回弹的桩，其配筋长度应穿过软弱土层并进入稳定土层，进入的深度不应小于$(2\sim3)d$；

5) 抗拔桩及因地震作用、冻胀或膨胀力作用而受拔力的桩，应等截面或变截面通长配筋。

3 对于受水平荷载的桩，主筋不应小于 $8\phi12$；对于抗压桩和抗拔桩，主筋不应少于 $6\phi10$；纵向主筋应沿桩身周边均匀布置，其净距不应小于 60mm；

4 箍筋应采用螺旋式，直径不应小于 6mm，间距宜为200～300mm；受水平荷载较大的桩基、承受水平地震作用的桩基以及考虑主筋作用计算桩身受压承载力时，桩顶以下 $5d$ 范围内的箍筋应加密，间距不应大于 100mm；当桩身位于液化土层范围内时箍筋应加密；当考虑箍筋受力作用时，箍筋配置应符合现行国家标准《混凝土结构设计规范》GB 50010 的有关规定；当钢筋笼长度超过 4m 时，应每隔 2m 设一道直径不小于 12mm 的焊接加劲箍筋。

4.1.2 桩身混凝土及混凝土保护层厚度应符合下列要求：

1 桩身混凝土强度等级不得小于 C25，混凝土预制桩尖强度等级不得小于 C30；

2 灌注桩主筋的混凝土保护层厚度不应小于 35mm，水下灌注桩的主筋混凝土保护层厚度不得小于 50mm；

3 四类、五类环境中桩身混凝土保护层厚度应符合国家现行标准《港口工程混凝土结构设计规范》JTJ 267、《工业建筑防腐蚀设计规范》GB 50046 的相关规定。

4.1.3 扩底灌注桩扩底端尺寸应符合下列规定（见图 4.1.3）：

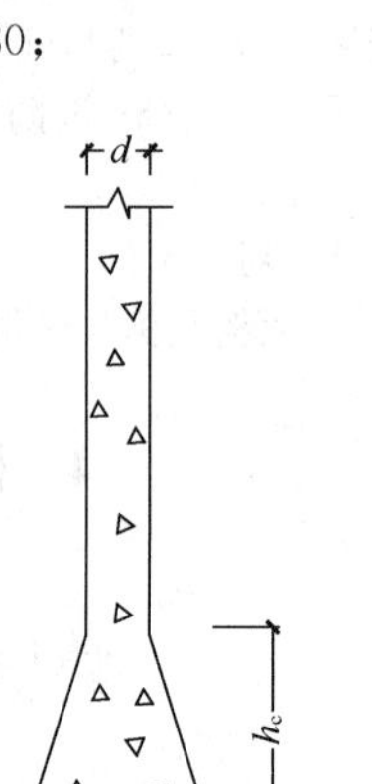

图 4.1.3 扩底桩构造

1 对于持力层承载力较高、上覆土层较差的抗压桩和桩端以上有一定厚度较好土层的抗拔桩，可采用扩底；扩底端直径与桩身直径之比 D/d，应根据承载力要求及扩底端侧面和桩端持力层土性特征以及扩底施工方法确定；挖孔桩的 D/d 不应大于 3，钻孔桩的 D/d 不应大于 2.5；

2 扩底端侧面的斜率应根据实际成孔及土体自立条件确定，a/h_c可取 1/4～1/2，砂土可取 1/4，粉土、黏性土可取 1/3～1/2；

3 抗压桩扩底端底面宜呈锅底形，矢高 h_b 可取（0.15～0.20）D。

Ⅱ 混凝土预制桩

4.1.4 混凝土预制桩的截面边长不应小于 200mm；预应力混凝土预制实心桩的截面边长不宜小于 350mm。

4.1.5 预制桩的混凝土强度等级不宜低于 C30；预应力混凝土实心桩的混凝土强度等级不应低于 C40；预制桩纵向钢筋的混凝土保护层厚度不宜小于 30mm。

4.1.6 预制桩的桩身配筋应按吊运、打桩及桩在使用中的受力等条件计算确定。采用锤击法沉桩时，预制桩的最小配筋率不宜小于 0.8%。静压法沉桩时，最小配筋率不宜小于 0.6%，主筋直径不宜小于 14mm，打入桩桩顶以下$(4\sim5)d$ 长度范围内箍筋应加密，并设置钢筋网片。

4.1.7 预制桩的分节长度应根据施工条件及运输条件确定；每根桩的接头数量不宜超过 3 个。

4.1.8 预制桩的桩尖可将主筋合拢焊在桩尖辅助钢筋上，对于持力层为密实砂和碎石类土时，宜在桩尖处包以钢钣桩靴，加强桩尖。

Ⅲ 预应力混凝土空心桩

4.1.9 预应力混凝土空心桩按截面形式可分为管桩、空心方桩；按混凝土强度等级可分为预应力高强混凝土管桩（PHC）和空心方桩（PHS）、预应力混凝土管桩（PC）和空心方桩（PS）。离心成型的先张法预应力混凝土桩的截面尺寸、配筋、桩身极限弯矩、桩身竖向受压承载力设计值等参数可按本规范附录 B 确定。

4.1.10 预应力混凝土空心桩桩尖形式宜根据地层性质选择闭口形或敞口形；闭口形分为平底十字形和锥形。

4.1.11 预应力混凝土空心桩质量要求，尚应符合国家现行标准《先张法预应力混凝土管桩》GB 13476 和《预应力混凝土空心方桩》JG 197 及其他的有关标准规定。

4.1.12 预应力混凝土桩的连接可采用端板焊接连

接、法兰连接、机械啮合连接、螺纹连接。每根桩的接头数量不宜超过3个。

4.1.13 桩端嵌入遇水易软化的强风化岩、全风化岩和非饱和土的预应力混凝土空心桩，沉桩后，应对桩端以上约2m范围内采取有效的防渗措施，可采用微膨胀混凝土填芯或在内壁预涂柔性防水材料。

Ⅳ 钢　桩

4.1.14 钢桩可采用管型、H型或其他异型钢材。

4.1.15 钢桩的分段长度宜为12～15m。

4.1.16 钢桩焊接接头应采用等强度连接。

4.1.17 钢桩的端部形式，应根据桩所穿越的土层、桩端持力层性质、桩的尺寸、挤土效应等因素综合考虑确定，并可按下列规定采用：

1 钢管桩可采用下列桩端形式：

1） 敞口：

带加强箍（带内隔板、不带内隔板）；不带加强箍（带内隔板、不带内隔板）。

2） 闭口：

平底；锥底。

2 H型钢桩可采用下列桩端形式：

1） 带端板；

2） 不带端板：

锥底；

平底（带扩大翼、不带扩大翼）。

4.1.18 钢桩的防腐处理应符合下列规定：

1 钢桩的腐蚀速率当无实测资料时可按表4.1.18确定；

2 钢桩防腐处理可采用外表面涂防腐层、增加腐蚀余量及阴极保护；当钢管桩内壁同外界隔绝时，可不考虑内壁防腐。

表4.1.18 钢桩年腐蚀速率

钢桩所处环境		单面腐蚀率（mm/y）
地面以上	无腐蚀性气体或腐蚀性挥发介质	0.05～0.1
地面以下	水位以上	0.05
	水位以下	0.03
	水位波动区	0.1～0.3

4.2 承台构造

4.2.1 桩基承台的构造，除应满足抗冲切、抗剪切、抗弯承载力和上部结构要求外，尚应符合下列要求：

1 柱下独立桩基承台的最小宽度不应小于500mm，边桩中心至承台边缘的距离不应小于桩的直径或边长，且桩的外边缘至承台边缘的距离不应小于150mm。对于墙下条形承台梁，桩的外边缘至承台梁边缘的距离不应小于75mm，承台的最小厚度不应小于300mm。

2 高层建筑平板式和梁板式筏形承台的最小厚度不应小于400mm，多层建筑墙下布桩的筏形承台的最小厚度不应小于200mm。

3 高层建筑箱形承台的构造应符合《高层建筑筏形与箱形基础技术规范》JGJ 6的规定。

4.2.2 承台混凝土材料及其强度等级应符合结构混凝土耐久性的要求和抗渗要求。

4.2.3 承台的钢筋配置应符合下列规定：

1 柱下独立桩基承台钢筋应通长配置［见图4.2.3(a)］，对四桩以上(含四桩)承台宜按双向均匀布置，对三桩的三角形承台应按三向板带均匀布置，且最里面的三根钢筋围成的三角形应在柱截面范围内［见图4.2.3(b)］。钢筋锚固长度自边桩内侧(当为圆桩时，应将其直径乘以0.8等效为方桩)算起，不应小于$35d_g$(d_g为钢筋直径)；当不满足时应将钢筋向上弯折，此时水平段的长度不应小于$25d_g$，弯折段长度不应小于$10d_g$。承台纵向受力钢筋的直径不应小于12mm，间距不应大于200mm。柱下独立桩基承台的最小配筋率不应小于0.15％。

2 柱下独立两桩承台，应按现行国家标准《混凝土结构设计规范》GB 50010中的深受弯构件配置纵向受拉钢筋、水平及竖向分布钢筋。承台纵向受力钢筋端部的锚固长度及构造应与柱下多桩承台的规定相同。

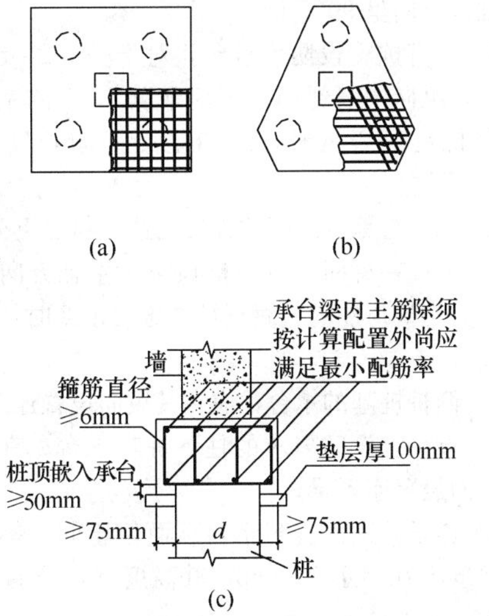

图4.2.3 承台配筋示意
(a) 矩形承台配筋；(b) 三桩承台配筋；
(c) 墙下承台梁配筋图

3 条形承台梁的纵向主筋应符合现行国家标准《混凝土结构设计规范》GB 50010关于最小配筋率的规定［见图4.2.3(c)］，主筋直径不应小于12mm，架立筋直径不应小于10mm，箍筋直径不应小于

6mm。承台梁端部纵向受力钢筋的锚固长度及构造应与柱下多桩承台的规定相同。

4 筏形承台板或箱形承台板在计算中当仅考虑局部弯矩作用时，考虑到整体弯曲的影响，在纵横两个方向的下层钢筋配筋率不宜小于 0.15%；上层钢筋应按计算配筋率全部连通。当筏板的厚度大于 2000mm 时，宜在板厚中间部位设置直径不小于 12mm、间距不大于 300mm 的双向钢筋网。

5 承台底面钢筋的混凝土保护层厚度，当有混凝土垫层时，不应小于 50mm，无垫层时不应小于 70mm；此外尚不应小于桩头嵌入承台内的长度。

4.2.4 桩与承台的连接构造应符合下列规定：

1 桩嵌入承台内的长度对中等直径桩不宜小于 50mm；对大直径桩不宜小于 100mm。

2 混凝土桩的桩顶纵向主筋应锚入承台内，其锚入长度不宜小于 35 倍纵向主筋直径。对于抗拔桩，桩顶纵向主筋的锚固长度应按现行国家标准《混凝土结构设计规范》GB 50010 确定。

3 对于大直径灌注桩，当采用一柱一桩时可设置承台或将桩与柱直接连接。

4.2.5 柱与承台的连接构造应符合下列规定：

1 对于一柱一桩基础，柱与桩直接连接时，柱纵向主筋锚入桩身内长度不应小于 35 倍纵向主筋直径。

2 对于多桩承台，柱纵向主筋应锚入承台不小于 35 倍纵向主筋直径；当承台高度不满足锚固要求时，竖向锚固长度不应小于 20 倍纵向主筋直径，并向柱轴线方向呈 90°弯折。

3 当有抗震设防要求时，对于一、二级抗震等级的柱，纵向主筋锚固长度应乘以 1.15 的系数；对于三级抗震等级的柱，纵向主筋锚固长度应乘以 1.05 的系数。

4.2.6 承台与承台之间的连接构造应符合下列规定：

1 一柱一桩时，应在桩顶两个主轴方向上设置连系梁。当桩与柱的截面直径之比大于 2 时，可不设连系梁。

2 两桩桩基的承台，应在其短向设置连系梁。

3 有抗震设防要求的柱下桩基承台，宜沿两个主轴方向设置连系梁。

4 连系梁顶面宜与承台顶面位于同一标高。连系梁宽度不宜小于 250mm，其高度可取承台中心距的 1/10～1/15，且不宜小于 400mm。

5 连系梁配筋应按计算确定，梁上下部配筋不宜小于 2 根直径 12mm 钢筋；位于同一轴线上的相邻跨连系梁纵筋应连通。

4.2.7 承台和地下室外墙与基坑侧壁间隙应灌注素混凝土或搅拌流动性水泥土，或采用灰土、级配砂石、压实性较好的素土分层夯实，其压实系数不宜小于 0.94。

5 桩 基 计 算

5.1 桩顶作用效应计算

5.1.1 对于一般建筑物和受水平力（包括力矩与水平剪力）较小的高层建筑群桩基础，应按下列公式计算柱、墙、核心筒群桩中基桩或复合基桩的桩顶作用效应：

1 竖向力

轴心竖向力作用下

$$N_{\mathrm{k}}=\frac{F_{\mathrm{k}}+G_{\mathrm{k}}}{n} \tag{5.1.1-1}$$

偏心竖向力作用下

$$N_{i\mathrm{k}}=\frac{F_{\mathrm{k}}+G_{\mathrm{k}}}{n}\pm\frac{M_{\mathrm{xk}}y_i}{\sum y_j^2}\pm\frac{M_{\mathrm{yk}}x_i}{\sum x_j^2} \tag{5.1.1-2}$$

2 水平力

$$H_{i\mathrm{k}}=\frac{H_{\mathrm{k}}}{n} \tag{5.1.1-3}$$

式中 F_{k}——荷载效应标准组合下，作用于承台顶面的竖向力；

G_{k}——桩基承台和承台上土自重标准值，对稳定的地下水位以下部分应扣除水的浮力；

N_{k}——荷载效应标准组合轴心竖向力作用下，基桩或复合基桩的平均竖向力；

$N_{i\mathrm{k}}$——荷载效应标准组合偏心竖向力作用下，第 i 基桩或复合基桩的竖向力；

M_{xk}、M_{yk}——荷载效应标准组合下，作用于承台底面，绕通过桩群形心的 x、y 主轴的力矩；

x_i、x_j、y_i、y_j——第 i、j 基桩或复合基桩至 y、x 轴的距离；

H_{k}——荷载效应标准组合下，作用于桩基承台底面的水平力；

$H_{i\mathrm{k}}$——荷载效应标准组合下，作用于第 i 基桩或复合基桩的水平力；

n——桩基中的桩数。

5.1.2 对于主要承受竖向荷载的抗震设防区低承台桩基，在同时满足下列条件时，桩顶作用效应计算可不考虑地震作用：

1 按现行国家标准《建筑抗震设计规范》GB 50011 规定可不进行桩基抗震承载力验算的建筑物；

2 建筑场地位于建筑抗震的有利地段。

5.1.3 属于下列情况之一的桩基，计算各基桩的作用效应、桩身内力和位移时，宜考虑承台（包括地下墙体）与基桩协同工作和土的弹性抗力作用，其计算方法可按本规范附录 C 进行：

1 位于8度和8度以上抗震设防区的建筑，当其桩基承台刚度较大或由于上部结构与承台协同作用能增强承台的刚度时；

2 其他受较大水平力的桩基。

5.2 桩基竖向承载力计算

5.2.1 桩基竖向承载力计算应符合下列要求：

1 荷载效应标准组合：

轴心竖向力作用下

$$N_k \leqslant R \tag{5.2.1-1}$$

偏心竖向力作用下，除满足上式外，尚应满足下式的要求：

$$N_{kmax} \leqslant 1.2R \tag{5.2.1-2}$$

2 地震作用效应和荷载效应标准组合：

轴心竖向力作用下

$$N_{Ek} \leqslant 1.25R \tag{5.2.1-3}$$

偏心竖向力作用下，除满足上式外，尚应满足下式的要求：

$$N_{Ekmax} \leqslant 1.5R \tag{5.2.1-4}$$

式中 N_k——荷载效应标准组合轴心竖向力作用下，基桩或复合基桩的平均竖向力；

N_{kmax}——荷载效应标准组合偏心竖向力作用下，桩顶最大竖向力；

N_{Ek}——地震作用效应和荷载效应标准组合下，基桩或复合基桩的平均竖向力；

N_{Ekmax}——地震作用效应和荷载效应标准组合下，基桩或复合基桩的最大竖向力；

R——基桩或复合基桩竖向承载力特征值。

5.2.2 单桩竖向承载力特征值 R_a 应按下式确定：

$$R_a = \frac{1}{K}Q_{uk} \tag{5.2.2}$$

式中 Q_{uk}——单桩竖向极限承载力标准值；

K——安全系数，取 $K=2$。

5.2.3 对于端承型桩基、桩数少于4根的摩擦型柱下独立桩基、或由于地层土性、使用条件等因素不宜考虑承台效应时，基桩竖向承载力特征值应取单桩竖向承载力特征值。

5.2.4 对于符合下列条件之一的摩擦型桩基，宜考虑承台效应确定其复合基桩的竖向承载力特征值：

1 上部结构整体刚度较好、体型简单的建（构）筑物；

2 对差异沉降适应性较强的排架结构和柔性构筑物；

3 按变刚度调平原则设计的桩基刚度相对弱化区；

4 软土地基的减沉复合疏桩基础。

5.2.5 考虑承台效应的复合基桩竖向承载力特征值可按下列公式确定：

不考虑地震作用时 $$R = R_a + \eta_c f_{ak} A_c \tag{5.2.5-1}$$

考虑地震作用时 $$R = R_a + \frac{\zeta_a}{1.25}\eta_c f_{ak} A_c \tag{5.2.5-2}$$

$$A_c = (A - nA_{ps})/n \tag{5.2.5-3}$$

式中 η_c——承台效应系数，可按表5.2.5取值；

f_{ak}——承台下1/2承台宽度且不超过5m深度范围内各层土的地基承载力特征值按厚度加权的平均值；

A_c——计算基桩所对应的承台底净面积；

A_{ps}——桩身截面面积；

A——承台计算域面积对于柱下独立桩基，A 为承台总面积；对于桩筏基础，A 为柱、墙筏板的1/2跨距和悬臂边2.5倍筏板厚度所围成的面积；桩集中布置于单片墙下的桩筏基础，取墙两边各1/2跨距围成的面积，按条形承台计算 η_c；

ζ_a——地基抗震承载力调整系数，应按现行国家标准《建筑抗震设计规范》GB 50011采用。

当承台底为可液化土、湿陷性土、高灵敏度软土、欠固结土、新填土时，沉桩引起超孔隙水压力和土体隆起时，不考虑承台效应，取 $\eta_c = 0$。

表5.2.5 承台效应系数 η_c

B_c/l \ s_a/d	3	4	5	6	>6
≤0.4	0.06～0.08	0.14～0.17	0.22～0.26	0.32～0.38	0.50～0.80
0.4～0.8	0.08～0.10	0.17～0.20	0.26～0.30	0.38～0.44	
>0.8	0.10～0.12	0.20～0.22	0.30～0.34	0.44～0.50	
单排桩条形承台	0.15～0.18	0.25～0.30	0.38～0.45	0.50～0.60	

注：1 表中 s_a/d 为桩中心距与桩径之比；B_c/l 为承台宽度与桩长之比。当计算基桩为非正方形排列时，$s_a = \sqrt{A/n}$，A 为承台计算域面积，n 为总桩数。

2 对于桩布置于墙下的箱、筏承台，η_c 可按单排桩条形承台取值。

3 对于单排桩条形承台，当承台宽度小于1.5d 时，η_c 按非条形承台取值。

4 对于采用后注浆灌注桩的承台，η_c 宜取低值。

5 对于饱和黏性土中的挤土桩基、软土地基上的桩基承台，η_c 宜取低值的0.8倍。

5.3 单桩竖向极限承载力

Ⅰ 一般规定

5.3.1 设计采用的单桩竖向极限承载力标准值应符合下列规定：

1 设计等级为甲级的建筑桩基，应通过单桩静载试验确定；

2 设计等级为乙级的建筑桩基，当地质条件简单时，可参照地质条件相同的试桩资料，结合静力触探等原位测试和经验参数综合确定；其余均应通过单桩静载试验确定；

3 设计等级为丙级的建筑桩基，可根据原位测试和经验参数确定。

5.3.2 单桩竖向极限承载力标准值、极限侧阻力标准值和极限端阻力标准值应按下列规定确定：

1 单桩竖向静载试验应按现行行业标准《建筑基桩检测技术规范》JGJ 106 执行；

2 对于大直径端承型桩，也可通过深层平板（平板直径应与孔径一致）载荷试验确定极限端阻力；

3 对于嵌岩桩，可通过直径为 0.3m 岩基平板载荷试验确定极限端阻力标准值，也可通过直径为 0.3m 嵌岩短墩载荷试验确定极限侧阻力标准值和极限端阻力标准值；

4 桩的极限侧阻力标准值和极限端阻力标准值宜通过埋设桩身轴力测试元件由静载试验确定。并通过测试结果建立极限侧阻力标准值和极限端阻力标准值与土层物理指标、岩石饱和单轴抗压强度以及与静力触探等土的原位测试指标间的经验关系，以经验参数法确定单桩竖向极限承载力。

Ⅱ 原位测试法

5.3.3 当根据单桥探头静力触探资料确定混凝土预制桩单桩竖向极限承载力标准值时，如无当地经验，可按下式计算：

$$Q_{uk} = Q_{sk} + Q_{pk} = u\sum q_{sik} l_i + \alpha p_{sk} A_p \quad (5.3.3\text{-}1)$$

当 $p_{sk1} \leqslant p_{sk2}$ 时

$$p_{sk} = \frac{1}{2}(p_{sk1} + \beta \cdot p_{sk2}) \quad (5.3.3\text{-}2)$$

当 $p_{sk1} > p_{sk2}$ 时

$$p_{sk} = p_{sk2} \quad (5.3.3\text{-}3)$$

式中 Q_{sk}、Q_{pk}——分别为总极限侧阻力标准值和总极限端阻力标准值；

u——桩身周长；

q_{sik}——用静力触探比贯入阻力值估算的桩周第 i 层土的极限侧阻力；

l_i——桩周第 i 层土的厚度；

α——桩端阻力修正系数，可按表 5.3.3-1 取值；

p_{sk}——桩端附近的静力触探比贯入阻力标准值（平均值）；

A_p——桩端面积；

p_{sk1}——桩端全截面以上 8 倍桩径范围内的比贯入阻力平均值；

p_{sk2}——桩端全截面以下 4 倍桩径范围内的比贯入阻力平均值，如桩端持力层为密实的砂土层，其比贯入阻力平均值超过 20MPa 时，则需乘以表 5.3.3-2 中系数 C 予以折减后，再计算 p_{sk}；

β——折减系数，按表 5.3.3-3 选用。

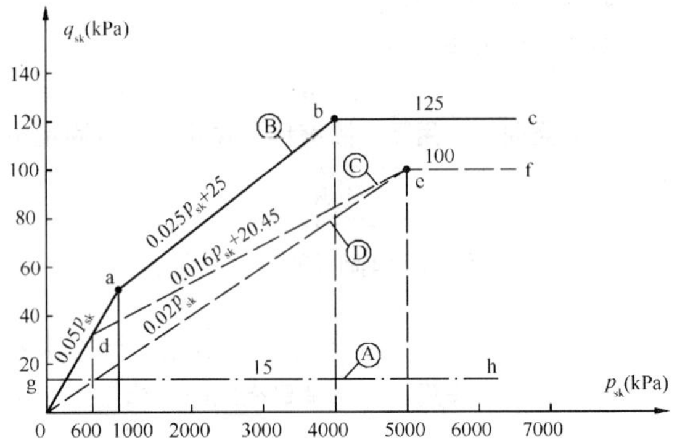

图 5.3.3 q_{sk}-p_{sk} 曲线

注：1 q_{sik} 值应结合土工试验资料，依据土的类别、埋藏深度、排列次序，按图 5.3.3 折线取值；图 5.3.3 中，直线Ⓐ（线段 gh）适用于地表下 6m 范围内的土层；折线Ⓑ（线段 oabc）适用于粉土及砂土土层以上（或无粉土及砂土土层地区）的黏性土；折线Ⓒ（线段 odef）适用于粉土及砂土土层以下的黏性土；折线Ⓓ（线段 oef）适用于粉土、粉砂、细砂及中砂。

2 p_{sk} 为桩端穿过的中密～密实砂土、粉土的比贯入阻力平均值；p_{sl} 为砂土、粉土的下卧软土层的比贯入阻力平均值。

3 采用的单桥探头，圆锥底面积为 15cm²，底部带 7cm 高滑套，锥角 60°。

4 当桩端穿过粉土、粉砂、细砂及中砂层底面时，折线Ⓓ估算的 q_{sik} 值需乘以表 5.3.3-4 中系数 η_s 值。

表 5.3.3-1 桩端阻力修正系数 α 值

桩长（m）	$l<15$	$15\leqslant l\leqslant 30$	$30<l\leqslant 60$
α	0.75	0.75～0.90	0.90

注：桩长 $15\text{m}\leqslant l\leqslant 30\text{m}$，$\alpha$ 值按 l 值直线内插；l 为桩长（不包括桩尖高度）。

表 5.3.3-2 系 数 C

p_{sk}（MPa）	20～30	35	>40
系数 C	5/6	2/3	1/2

表 5.3.3-3 折减系数 β

p_{sk2}/p_{sk1}	≤5	7.5	12.5	≥15
β	1	5/6	2/3	1/2

注：表 5.3.3-2、表 5.3.3-3 可内插取值。

表 5.3.3-4　系数 η_s 值

p_{sk}/p_{sl}	≤5	7.5	≥10
η_s	1.00	0.50	0.33

5.3.4　当根据双桥探头静力触探资料确定混凝土预制桩单桩竖向极限承载力标准值时，对于黏性土、粉土和砂土，如无当地经验时可按下式计算：

$$Q_{uk} = Q_{sk} + Q_{pk} = u\sum l_i \cdot \beta_i \cdot f_{si} + \alpha \cdot q_c \cdot A_p \quad (5.3.4)$$

式中　f_{si}——第 i 层土的探头平均侧阻力（kPa）；

q_c——桩端平面上、下探头阻力，取桩端平面以上 $4d$（d 为桩的直径或边长）范围内按土层厚度的探头阻力加权平均值（kPa），然后再和桩端平面以下 $1d$ 范围内的探头阻力进行平均；

α——桩端阻力修正系数，对于黏性土、粉土取 2/3，饱和砂土取 1/2；

β_i——第 i 层土桩侧阻力综合修正系数，黏性土、粉土：$\beta_i = 10.04(f_{si})^{-0.55}$；砂土：$\beta_i = 5.05(f_{si})^{-0.45}$。

注：双桥探头的圆锥底面积为 $15cm^2$，锥角 60°，摩擦套筒高 21.85cm，侧面积 $300cm^2$。

Ⅲ　经验参数法

5.3.5　当根据土的物理指标与承载力参数之间的经验关系确定单桩竖向极限承载力标准值时，宜按下式估算：

$$Q_{uk} = Q_{sk} + Q_{pk} = u\sum q_{sik} l_i + q_{pk} A_p \quad (5.3.5)$$

式中　q_{sik}——桩侧第 i 层土的极限侧阻力标准值，如无当地经验时，可按表 5.3.5-1 取值；

q_{pk}——极限端阻力标准值，如无当地经验时，可按表 5.3.5-2 取值。

表 5.3.5-1　桩的极限侧阻力标准值 q_{sik}（kPa）

土的名称	土的状态		混凝土预制桩	泥浆护壁钻（冲）孔桩	干作业钻孔桩
填土	—		22～30	20～28	20～28
淤泥	—		14～20	12～18	12～18
淤泥质土	—		22～30	20～28	20～28
黏性土	流塑	$I_L>1$	24～40	21～38	21～38
	软塑	$0.75<I_L\leq1$	40～55	38～53	38～53
	可塑	$0.50<I_L\leq0.75$	55～70	53～68	53～66
	硬可塑	$0.25<I_L\leq0.50$	70～86	68～84	66～82
	硬塑	$0<I_L\leq0.25$	86～98	84～96	82～94
	坚硬	$I_L\leq0$	98～105	96～102	94～104
红黏土	$0.7<a_w\leq1$		13～32	12～30	12～30
	$0.5<a_w\leq0.7$		32～74	30～70	30～70
粉土	稍密	$e>0.9$	26～46	24～42	24～42
	中密	$0.75\leq e\leq0.9$	46～66	42～62	42～62
	密实	$e<0.75$	66～88	62～82	62～82
粉细砂	稍密	$10<N\leq15$	24～48	22～46	22～46
	中密	$15<N\leq30$	48～66	46～64	46～64
	密实	$N>30$	66～88	64～86	64～86
中砂	中密	$15<N\leq30$	54～74	53～72	53～72
	密实	$N>30$	74～95	72～94	72～94
粗砂	中密	$15<N\leq30$	74～95	74～95	76～98
	密实	$N>30$	95～116	95～116	98～120
砾砂	稍密	$5<N_{63.5}\leq15$	70～110	50～90	60～100
	中密（密实）	$N_{63.5}>15$	116～138	116～130	112～130
圆砾、角砾	中密、密实	$N_{63.5}>10$	160～200	135～150	135～150
碎石、卵石	中密、密实	$N_{63.5}>10$	200～300	140～170	150～170
全风化软质岩	—	$30<N\leq50$	100～120	80～100	80～100
全风化硬质岩	—	$30<N\leq50$	140～160	120～140	120～150
强风化软质岩	—	$N_{63.5}>10$	160～240	140～200	140～220
强风化硬质岩	—	$N_{63.5}>10$	220～300	160～240	160～260

注：1　对于尚未完成自重固结的填土和以生活垃圾为主的杂填土，不计算其侧阻力；

2　a_w 为含水比，$a_w = w/w_l$，w 为土的天然含水量，w_l 为土的液限；

3　N 为标准贯入击数；$N_{63.5}$ 为重型圆锥动力触探击数；

4　全风化、强风化软质岩和全风化、强风化硬质岩系指其母岩分别为 $f_{rk}\leq15MPa$、$f_{rk}>30MPa$ 的岩石。

表 5.3.5-2　桩的极限端阻力标准值 q_{pk}（kPa）

土名称	桩型 / 土的状态		混凝土预制桩桩长 l（m）				泥浆护壁钻（冲）孔桩桩长 l（m）				干作业钻孔桩桩长 l（m）		
			$l\leqslant 9$	$9<l\leqslant 16$	$16<l\leqslant 30$	$l>30$	$5\leqslant l<10$	$10\leqslant l<15$	$15\leqslant l<30$	$30\leqslant l$	$5\leqslant l<10$	$10\leqslant l<15$	$15\leqslant l$
黏性土	软塑	$0.75<I_L\leqslant 1$	210～850	650～1400	1200～1800	1300～1900	150～250	250～300	300～450	300～450	200～400	400～700	700～950
	可塑	$0.50<I_L\leqslant 0.75$	850～1700	1400～2200	1900～2800	2300～3600	350～450	450～600	600～750	750～800	500～700	800～1100	1000～1600
	硬可塑	$0.25<I_L\leqslant 0.50$	1500～2300	2300～3300	2700～3600	3600～4400	800～900	900～1000	1000～1200	1200～1400	850～1100	1500～1700	1700～1900
	硬塑	$0<I_L\leqslant 0.25$	2500～3800	3800～5500	5500～6000	6000～6800	1100～1200	1200～1400	1400～1600	1600～1800	1600～1800	2200～2400	2600～2800
粉土	中密	$0.75\leqslant e\leqslant 0.9$	950～1700	1400～2100	1900～2700	2500～3400	300～500	500～650	650～750	750～850	800～1200	1200～1400	1400～1600
	密实	$e<0.75$	1500～2600	2100～3000	2700～3600	3600～4400	650～900	750～950	900～1100	1100～1200	1200～1700	1400～1900	1600～2100
粉砂	稍密	$10<N\leqslant 15$	1000～1600	1500～2300	1900～2700	2100～3000	350～500	450～600	600～700	650～750	500～950	1300～1600	1500～1700
	中密、密实	$N>15$	1400～2200	2100～3000	3000～4500	3800～5500	600～750	750～900	900～1100	1100～1200	900～1000	1700～1900	1700～1900
细砂	中密、密实	$N>15$	2500～4000	3600～5000	4400～6000	5300～7000	650～850	900～1200	1200～1500	1500～1800	1200～1600	2000～2400	2400～2700
中砂			4000～6000	5500～7000	6500～8000	7500～9000	850～1050	1100～1500	1500～1900	1900～2100	1800～2400	2800～3800	3600～4400
粗砂			5700～7500	7500～8500	8500～10000	9500～11000	1500～1800	2100～2400	2400～2600	2600～2800	2900～3600	4000～4600	4600～5200
砾砂		$N>15$	6000～9500		9000～10500		1400～2000		2000～3200		3500～5000		
角砾、圆砾		$N_{63.5}>10$	7000～10000		9500～11500		1800～2200		2200～3600		4000～5500		
碎石、卵石		$N_{63.5}>10$	8000～11000		10500～13000		2000～3000		3000～4000		4500～6500		
全风化软质岩		$30<N\leqslant 50$	4000～6000				1000～1600				1200～2000		
全风化硬质岩		$30<N\leqslant 50$	5000～8000				1200～2000				1400～2400		
强风化软质岩		$N_{63.5}>10$	6000～9000				1400～2200				1600～2600		
强风化硬质岩		$N_{63.5}>10$	7000～11000				1800～2800				2000～3000		

注：1　砂土和碎石类土中桩的极限端阻力取值，宜综合考虑土的密实度，桩端进入持力层的深径比 h_b/d，土愈密实，h_b/d 愈大，取值愈高；

2　预制桩的岩石极限端阻力指桩端支承于中、微风化基岩表面或进入强风化岩、软质岩一定深度条件下极限端阻力；

3　全风化、强风化软质岩和全风化、强风化硬质岩指其母岩分别为 $f_{rk}\leqslant 15$MPa、$f_{rk}>30$MPa 的岩石。

5.3.6 根据土的物理指标与承载力参数之间的经验关系，确定大直径桩单桩极限承载力标准值时，可按下式计算：

$$Q_{uk} = Q_{sk} + Q_{pk} = u\sum \psi_{si} q_{sik} l_i + \psi_p q_{pk} A_p \tag{5.3.6}$$

式中 q_{sik}——桩侧第 i 层土极限侧阻力标准值，如无当地经验值时，可按本规范表5.3.5-1取值，对于扩底桩变截面以上 $2d$ 长度范围不计侧阻力；

q_{pk}——桩径为800mm的极限端阻力标准值，对于干作业挖孔（清底干净）可采用深层载荷板试验确定；当不能进行深层载荷板试验时，可按表5.3.6-1取值；

ψ_{si}、ψ_p——大直径桩侧阻力、端阻力尺寸效应系数，按表5.3.6-2取值。

u——桩身周长，当人工挖孔桩桩周护壁为振捣密实的混凝土时，桩身周长可按护壁外直径计算。

表 5.3.6-1 干作业挖孔桩（清底干净，D=800mm）极限端阻力标准值 q_{pk}（kPa）

土名称		状态		
黏性土		$0.25<I_L\leqslant0.75$	$0<I_L\leqslant0.25$	$I_L\leqslant0$
		800～1800	1800～2400	2400～3000
粉土		—	$0.75\leqslant e\leqslant0.9$	$e<0.75$
		—	1000～1500	1500～2000
砂土、碎石类土		稍密	中密	密实
	粉砂	500～700	800～1100	1200～2000
	细砂	700～1100	1200～1800	2000～2500
	中砂	1000～2000	2200～3200	3500～5000
	粗砂	1200～2200	2500～3500	4000～5500
	砾砂	1400～2400	2600～4000	5000～7000
	圆砾、角砾	1600～3000	3200～5000	6000～9000
	卵石、碎石	2000～3000	3300～5000	7000～11000

注：1 当桩进入持力层的深度 h_b 分别为：$h_b\leqslant D$，$D<h_b\leqslant4D$，$h_b>4D$ 时，q_{pk} 可相应取低、中、高值。

2 砂土密实度可根据标贯击数判定，$N\leqslant10$ 为松散，$10<N\leqslant15$ 为稍密，$15<N\leqslant30$ 为中密，$N>30$ 为密实。

3 当桩的长径比 $l/d\leqslant8$ 时，q_{pk} 宜取较低值。

4 当对沉降要求不严时，q_{pk} 可取高值。

表 5.3.6-2 大直径灌注桩侧阻力尺寸效应系数 ψ_{si}、端阻力尺寸效应系数 ψ_p

土类型	黏性土、粉土	砂土、碎石类土
ψ_{si}	$(0.8/d)^{1/5}$	$(0.8/d)^{1/3}$
ψ_p	$(0.8/D)^{1/4}$	$(0.8/D)^{1/3}$

注：当为等直径桩时，表中 $D=d$。

Ⅳ 钢管桩

5.3.7 当根据土的物理指标与承载力参数之间的经验关系确定钢管桩单桩竖向极限承载力标准值时，可按下列公式计算：

$$Q_{uk} = Q_{sk} + Q_{pk} = u\sum q_{sik} l_i + \lambda_p q_{pk} A_p \tag{5.3.7-1}$$

当 $h_b/d<5$ 时， $\lambda_p = 0.16h_b/d$ （5.3.7-2）

当 $h_b/d\geqslant5$ 时， $\lambda_p = 0.8$ （5.3.7-3）

式中 q_{sik}、q_{pk}——分别按本规范表5.3.5-1、表5.3.5-2取与混凝土预制桩相同值；

λ_p——桩端土塞效应系数，对于闭口钢管桩 $\lambda_p=1$，对于敞口钢管桩按式（5.3.7-2）、（5.3.7-3）取值；

h_b——桩端进入持力层深度；

d——钢管桩外径。

对于带隔板的半敞口钢管桩，应以等效直径 d_e 代替 d 确定 λ_p；$d_e=d/\sqrt{n}$；其中 n 为桩端隔板分割数（见图5.3.7）。

图 5.3.7 隔板分割

Ⅴ 混凝土空心桩

5.3.8 当根据土的物理指标与承载力参数之间的经验关系确定敞口预应力混凝土空心桩单桩竖向极限承载力标准值时，可按下列公式计算：

$$Q_{uk} = Q_{sk} + Q_{pk} = u\sum q_{sik} l_i + q_{pk}(A_j + \lambda_p A_{p1}) \tag{5.3.8-1}$$

当 $h_b/d_1<5$ 时， $\lambda_p = 0.16h_b/d_1$ （5.3.8-2）

当 $h_b/d_1\geqslant5$ 时， $\lambda_p = 0.8$ （5.3.8-3）

式中 q_{sik}、q_{pk}——分别按本规范表5.3.5-1、表5.3.5-2取与混凝土预制桩相同值；

A_j——空心桩桩端净面积：

管桩：$A_j = \frac{\pi}{4}(d^2 - d_1^2)$；

空心方桩：$A_j = b^2 - \frac{\pi}{4}d_1^2$；

A_{p1}——空心桩敞口面积：$A_{p1} = \frac{\pi}{4}d_1^2$；

λ_p——桩端土塞效应系数；

d、b——空心桩外径、边长；

d_1——空心桩内径。

Ⅵ 嵌 岩 桩

5.3.9 桩端置于完整、较完整基岩的嵌岩桩单桩竖向极限承载力，由桩周土总极限侧阻力和嵌岩段总极限阻力组成。当根据岩石单轴抗压强度确定单桩竖向极限承载力标准值时，可按下列公式计算：

$$Q_{uk}=Q_{sk}+Q_{rk} \quad (5.3.9\text{-}1)$$

$$Q_{sk}=u\sum q_{sik}l_i \quad (5.3.9\text{-}2)$$

$$Q_{rk}=\zeta_r f_{rk}A_p \quad (5.3.9\text{-}3)$$

式中 Q_{sk}、Q_{rk}——分别为土的总极限侧阻力标准值、嵌岩段总极限阻力标准值；

q_{sik}——桩周第 i 层土的极限侧阻力，无当地经验时，可根据成桩工艺按本规范表 5.3.5-1 取值；

f_{rk}——岩石饱和单轴抗压强度标准值，黏土岩取天然湿度单轴抗压强度标准值；

ζ_r——桩嵌岩段侧阻和端阻综合系数，与嵌岩深径比 h_r/d、岩石软硬程度和成桩工艺有关，可按表 5.3.9 采用；表中数值适用于泥浆护壁成桩，对于干作业成桩（清底干净）和泥浆护壁成桩后注浆，ζ_r 应取表列数值的 1.2 倍。

表 5.3.9 桩嵌岩段侧阻和端阻综合系数 ζ_r

嵌岩深径比 h_r/d	0	0.5	1.0	2.0	3.0	4.0	5.0	6.0	7.0	8.0
极软岩、软岩	0.60	0.80	0.95	1.18	1.35	1.48	1.57	1.63	1.66	1.70
较硬岩、坚硬岩	0.45	0.65	0.81	0.90	1.00	1.04	—	—	—	—

注：1 极软岩、软岩指 $f_{rk}\leqslant 15$MPa，较硬岩、坚硬岩指 $f_{rk}>30$MPa，介于二者之间可内插取值。

2 h_r 为桩身嵌岩深度，当岩面倾斜时，以坡下方嵌岩深度为准；当 h_r/d 为非表列值时，ζ_r 可内插取值。

Ⅶ 后注浆灌注桩

5.3.10 后注浆灌注桩的单桩极限承载力，应通过静载试验确定。在符合本规范第 6.7 节后注浆技术实施规定的条件下，其后注浆单桩极限承载力标准值可按下式估算：

$$Q_{uk}=Q_{sk}+Q_{gsk}+Q_{gpk}=u\sum q_{sjk}l_j+u\sum \beta_{si}q_{sik}l_{gi}+\beta_p q_{pk}A_p \quad (5.3.10)$$

式中 Q_{sk}——后注浆非竖向增强段的总极限侧阻力标准值；

Q_{gsk}——后注浆竖向增强段的总极限侧阻力标准值；

Q_{gpk}——后注浆总极限端阻力标准值；

u——桩身周长；

l_j——后注浆非竖向增强段第 j 层土厚度；

l_{gi}——后注浆竖向增强段内第 i 层土厚度：对于泥浆护壁成孔灌注桩，当为单一桩端后注浆时，竖向增强段为桩端以上 12m；当为桩端、桩侧复式注浆时，竖向增强段为桩端以上 12m 及各桩侧注浆断面以上 12m，重叠部分应扣除；对于干作业灌注桩，竖向增强段为桩端以上、桩侧注浆断面上下各 6m；

q_{sik}、q_{sjk}、q_{pk}——分别为后注浆竖向增强段第 i 土层初始极限侧阻力标准值、非竖向增强段第 j 土层初始极限侧阻力标准值、初始极限端阻力标准值；根据本规范第 5.3.5 条确定；

β_{si}、β_p——分别为后注浆侧阻力、端阻力增强系数，无当地经验时，可按表 5.3.10 取值。对于桩径大于 800mm 的桩，应按本规范表 5.3.6-2 进行侧阻和端阻尺寸效应修正。

表 5.3.10 后注浆侧阻力增强系数 β_{si}，端阻力增强系数 β_p

土层名称	淤泥淤泥质土	黏性土粉土	粉砂细砂	中砂	粗砂砾砂	砾石卵石	全风化岩强风化岩
β_{si}	1.2～1.3	1.4～1.8	1.6～2.0	1.7～2.1	2.0～2.5	2.4～3.0	1.4～1.8
β_p	—	2.2～2.5	2.4～2.8	2.6～3.0	3.0～3.5	3.2～4.0	2.0～2.4

注：干作业钻、挖孔桩，β_p 按表列值乘以小于 1.0 的折减系数。当桩端持力层为黏性土或粉土时，折减系数取 0.6；为砂土或碎石土时，取 0.8。

5.3.11 后注浆钢导管注浆后可等效替代纵向主筋。

Ⅷ 液 化 效 应

5.3.12 对于桩身周围有液化土层的低承台桩基，当承台底面上下分别有厚度不小于 1.5m、1.0m 的非液化土或非软弱土层时，可将液化土层极限侧阻力乘以土层液化影响折减系数计算单桩极限承载力标准值。土层液化影响折减系数 ψ_l 可按表 5.3.12 确定。

表 5.3.12　土层液化影响折减系数ψ_l

$\lambda_N=\frac{N}{N_{cr}}$	自地面算起的液化土层深度 d_L（m）	ψ_l
$\lambda_N \leqslant 0.6$	$d_L \leqslant 10$ $10 < d_L \leqslant 20$	0 1/3
$0.6 < \lambda_N \leqslant 0.8$	$d_L \leqslant 10$ $10 < d_L \leqslant 20$	1/3 2/3
$0.8 < \lambda_N \leqslant 1.0$	$d_L \leqslant 10$ $10 < d_L \leqslant 20$	2/3 1.0

注：1　N 为饱和土标贯击数实测值；N_{cr} 为液化判别标贯击数临界值；

2　对于挤土桩当桩距不大于 $4d$，且桩的排数不少于 5 排、总桩数不少于 25 根时，土层液化影响折减系数可按表列值提高一档取值；桩间土标贯击数达到 N_{cr} 时，取 $\psi_l=1$。

当承台底面上下非液化土层厚度小于以上规定时，土层液化影响折减系数 ψ_l 取 0。

5.4　特殊条件下桩基竖向承载力验算

Ⅰ　软弱下卧层验算

5.4.1　对于桩距不超过 $6d$ 的群桩基础，桩端持力层下存在承载力低于桩端持力层承载力 1/3 的软弱下卧层时，可按下列公式验算软弱下卧层的承载力（见图 5.4.1）：

$$\sigma_z+\gamma_m z\leqslant f_{az} \tag{5.4.1-1}$$

$$\sigma_z=\frac{(F_k+G_k)-3/2(A_0+B_0)\cdot\sum q_{sik}l_i}{(A_0+2t\cdot\tan\theta)(B_0+2t\cdot\tan\theta)} \tag{5.4.1-2}$$

式中　σ_z——作用于软弱下卧层顶面的附加应力；

γ_m——软弱层顶面以上各土层重度（地下水位以下取浮重度）按厚度加权平均值；

t——硬持力层厚度；

f_{az}——软弱下卧层经深度 z 修正的地基承载力特征值；

A_0、B_0——桩群外缘矩形底面的长、短边边长；

q_{sik}——桩周第 i 层土的极限侧阻力标准值，无当地经验时，可根据成桩工艺按本规范表 5.3.5-1 取值；

θ——桩端硬持力层压力扩散角，按表 5.4.1 取值。

表 5.4.1　桩端硬持力层压力扩散角 θ

E_{s1}/E_{s2}	$t=0.25B_0$	$t\geqslant 0.50B_0$
1	4°	12°
3	6°	23°
5	10°	25°
10	20°	30°

注：1　E_{s1}、E_{s2} 为硬持力层、软弱下卧层的压缩模量；

2　当 $t<0.25B_0$ 时，取 $\theta=0°$，必要时，宜通过试验确定；当 $0.25B_0<t<0.50B_0$ 时，可内插取值。

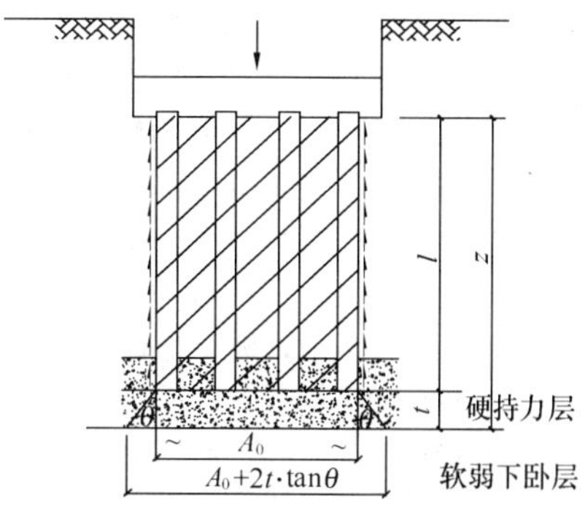

图 5.4.1　软弱下卧层承载力验算

Ⅱ　负摩阻力计算

5.4.2　符合下列条件之一的桩基，当桩周土层产生的沉降超过基桩的沉降时，在计算基桩承载力时应计入桩侧负摩阻力：

1　桩穿越较厚松散填土、自重湿陷性黄土、欠固结土、液化土层进入相对较硬土层时；

2　桩周存在软弱土层，邻近桩侧地面承受局部较大的长期荷载，或地面大面积堆载（包括填土）时；

3　由于降低地下水位，使桩周土有效应力增大，并产生显著压缩沉降时。

5.4.3　桩周土沉降可能引起桩侧负摩阻力时，应根据工程具体情况考虑负摩阻力对桩基承载力和沉降的影响；当缺乏可参照的工程经验时，可按下列规定验算。

1　对于摩擦型基桩可取桩身计算中性点以上侧阻力为零，并可按下式验算基桩承载力：

$$N_k\leqslant R_a \tag{5.4.3-1}$$

2　对于端承型基桩除应满足上式要求外，尚应考虑负摩阻力引起基桩的下拉荷载 Q_g^n，并可按下式验算基桩承载力：

$$N_k+Q_g^n\leqslant R_a \tag{5.4.3-2}$$

3　当土层不均匀或建筑物对不均匀沉降较敏感时，尚应将负摩阻力引起的下拉荷载计入附加荷载验算桩基沉降。

注：本条中基桩的竖向承载力特征值 R_a 只计中性点以下部分侧阻值及端阻值。

5.4.4　桩侧负摩阻力及其引起的下拉荷载，当无实测资料时可按下列规定计算：

1　中性点以上单桩桩周第 i 层土负摩阻力标准值，可按下列公式计算：

$$q_{si}^n=\xi_{ni}\sigma_i' \tag{5.4.4-1}$$

当填土、自重湿陷性黄土湿陷、欠固结土层产生固结和地下水降低时：$\sigma_i'=\sigma_{\gamma i}'$

当地面分布大面积荷载时：$\sigma_i'=p+\sigma_{\gamma i}'$

$$\sigma_{\gamma i}'=\sum_{e=1}^{i-1}\gamma_e\Delta z_e+\frac{1}{2}\gamma_i\Delta z_i \tag{5.4.4-2}$$

式中 q_{si}^{n}——第 i 层土桩侧负摩阻力标准值；当按式（5.4.4-1）计算值大于正摩阻力标准值时，取正摩阻力标准值进行设计；

ξ_{ni}——桩周第 i 层土负摩阻力系数，可按表 5.4.4-1 取值；

$\sigma'_{\gamma i}$——由土自重引起的桩周第 i 层土平均竖向有效应力；桩群外围桩自地面算起，桩群内部桩自承台底算起；

σ'_{i}——桩周第 i 层土平均竖向有效应力；

γ_i、γ_e——分别为第 i 计算土层和其上第 e 土层的重度，地下水位以下取浮重度；

Δz_i、Δz_e——第 i 层土、第 e 层土的厚度；

p——地面均布荷载。

表 5.4.4-1 负摩阻力系数 ξ_n

土 类	ξ_n
饱和软土	0.15～0.25
黏性土、粉土	0.25～0.40
砂土	0.35～0.50
自重湿陷性黄土	0.20～0.35

注：1 在同一类土中，对于挤土桩，取表中较大值，对于非挤土桩，取表中较小值；
2 填土按其组成取表中同类土的较大值。

2 考虑群桩效应的基桩下拉荷载可按下式计算：

$$Q_g^n = \eta_n \cdot u \sum_{i=1}^{n} q_{si}^{n} l_i \quad (5.4.4\text{-}3)$$

$$\eta_n = s_{ax} \cdot s_{ay} \Big/ \left[\pi d \left(\frac{q_s^n}{\gamma_m} + \frac{d}{4} \right) \right] \quad (5.4.4\text{-}4)$$

式中 n——中性点以上土层数；

l_i——中性点以上第 i 土层的厚度；

η_n——负摩阻力群桩效应系数；

s_{ax}、s_{ay}——分别为纵、横向桩的中心距；

q_s^n——中性点以上桩周土层厚度加权平均负摩阻力标准值；

γ_m——中性点以上桩周土层厚度加权平均重度（地下水位以下取浮重度）。

对于单桩基础或按式（5.4.4-4）计算的群桩效应系数 $\eta_n > 1$ 时，取 $\eta_n = 1$。

3 中性点深度 l_n 应按桩周土层沉降与桩沉降相等的条件计算确定，也可参照表 5.4.4-2 确定。

表 5.4.4-2 中性点深度 l_n

持力层性质	黏性土、粉土	中密以上砂	砾石、卵石	基岩
中性点深度比 l_n/l_0	0.5～0.6	0.7～0.8	0.9	1.0

注：1 l_n、l_0——分别为自桩顶算起的中性点深度和桩周软弱土层下限深度；
2 桩穿过自重湿陷性黄土层时，l_n 可按表列值增大10%（持力层为基岩除外）；
3 当桩周土层固结与桩基固结沉降同时完成时，取 $l_n = 0$；
4 当桩周土层计算沉降量小于 20mm 时，l_n 应按表列值乘以 0.4～0.8 折减。

Ⅲ 抗拔桩基承载力验算

5.4.5 承受拔力的桩基，应按下列公式同时验算群桩基础呈整体破坏和呈非整体破坏时基桩的抗拔承载力：

$$N_k \leqslant T_{gk}/2 + G_{gp} \quad (5.4.5\text{-}1)$$

$$N_k \leqslant T_{uk}/2 + G_p \quad (5.4.5\text{-}2)$$

式中 N_k——按荷载效应标准组合计算的基桩拔力；

T_{gk}——群桩呈整体破坏时基桩的抗拔极限承载力标准值，可按本规范第 5.4.6 条确定；

T_{uk}——群桩呈非整体破坏时基桩的抗拔极限承载力标准值，可按本规范第 5.4.6 条确定；

G_{gp}——群桩基础所包围体积的桩土总自重除以总桩数，地下水位以下取浮重度；

G_p——基桩自重，地下水位以下取浮重度，对于扩底桩应按本规范表 5.4.6-1 确定桩、土柱体周长，计算桩、土自重。

5.4.6 群桩基础及其基桩的抗拔极限承载力的确定应符合下列规定：

1 对于设计等级为甲级和乙级建筑桩基，基桩的抗拔极限承载力应通过现场单桩上拔静载荷试验确定。单桩上拔静载荷试验及抗拔极限承载力标准值取值可按现行行业标准《建筑基桩检测技术规范》JGJ 106 进行。

2 如无当地经验时，群桩基础及设计等级为丙级建筑桩基，基桩的抗拔极限载力取值可按下列规定计算：

1）群桩呈非整体破坏时，基桩的抗拔极限承载力标准值可按下式计算：

$$T_{uk} = \sum \lambda_i q_{sik} u_i l_i \quad (5.4.6\text{-}1)$$

式中 T_{uk}——基桩抗拔极限承载力标准值；

u_i——桩身周长，对于等直径桩取 $u = \pi d$；对于扩底桩按表 5.4.6-1 取值；

q_{sik}——桩侧表面第 i 层土的抗压极限侧阻力标准值，可按本规范表 5.3.5-1 取值；

λ_i——抗拔系数，可按表 5.4.6-2 取值。

表 5.4.6-1 扩底桩破坏表面周长 u_i

自桩底起算的长度 l_i	$\leqslant(4\sim10)d$	$>(4\sim10)d$
u_i	πD	πd

注：l_i 对于软土取低值，对于卵石、砾石取高值；l_i 取值按内摩擦角增大而增加。

表 5.4.6-2　抗拔系数 λ

土　类	λ 值
砂土	0.50～0.70
黏性土、粉土	0.70～0.80

注：桩长 l 与桩径 d 之比小于20时，λ 取小值。

2）群桩呈整体破坏时，基桩的抗拔极限承载力标准值可按下式计算：

$$T_{gk}=\frac{1}{n}u_l\sum\lambda_i q_{sik}l_i \quad (5.4.6\text{-}2)$$

式中 u_l——桩群外围周长。

5.4.7 季节性冻土上轻型建筑的短桩基础，应按下列公式验算其抗冻拔稳定性：

$$\eta_f q_f u z_0 \leqslant T_{gk}/2+N_G+G_{gp} \quad (5.4.7\text{-}1)$$

$$\eta_f q_f u z_0 \leqslant T_{uk}/2+N_G+G_p \quad (5.4.7\text{-}2)$$

式中 η_f——冻深影响系数，按表 5.4.7-1 采用；

q_f——切向冻胀力，按表 5.4.7-2 采用；

z_0——季节性冻土的标准冻深；

T_{gk}——标准冻深线以下群桩呈整体破坏时基桩抗拔极限承载力标准值，可按本规范第 5.4.6 条确定；

T_{uk}——标准冻深线以下单桩抗拔极限承载力标准值，可按本规范第 5.4.6 条确定；

N_G——基桩承受的桩承台底面以上建筑物自重、承台及其上土重标准值。

表 5.4.7-1　冻深影响系数 η_f 值

标准冻深（m）	$z_0\leqslant 2.0$	$2.0<z_0\leqslant 3.0$	$z_0>3.0$
η_f	1.0	0.9	0.8

表 5.4.7-2　切向冻胀力 q_f（kPa）值

冻胀性分类 / 土类	弱冻胀	冻胀	强冻胀	特强冻胀
黏性土、粉土	30～60	60～80	80～120	120～150
砂土、砾（碎）石（黏、粉粒含量>15%）	<10	20～30	40～80	90～200

注：1　表面粗糙的灌注桩，表中数值应乘以系数1.1～1.3；

2　本表不适用于含盐量大于0.5%的冻土。

5.4.8 膨胀土上轻型建筑的短桩基础，应按下列公式验算群桩基础呈整体破坏和非整体破坏的抗拔稳定性：

$$u\sum q_{ei}l_{ei} \leqslant T_{gk}/2+N_G+G_{gp} \quad (5.4.8\text{-}1)$$

$$u\sum q_{ei}l_{ei} \leqslant T_{uk}/2+N_G+G_p \quad (5.4.8\text{-}2)$$

式中 T_{gk}——群桩呈整体破坏时，大气影响急剧层下稳定土层中基桩的抗拔极限承载力标准值，可按本规范第 5.4.6 条计算；

T_{uk}——群桩呈非整体破坏时，大气影响急剧层下稳定土层中基桩的抗拔极限承载力标准值，可按本规范第 5.4.6 条计算；

q_{ei}——大气影响急剧层中第 i 层土的极限胀切力，由现场浸水试验确定；

l_{ei}——大气影响急剧层中第 i 层土的厚度。

5.5 桩基沉降计算

5.5.1 建筑桩基沉降变形计算值不应大于桩基沉降变形允许值。

5.5.2 桩基沉降变形可用下列指标表示：

1 沉降量；

2 沉降差；

3 整体倾斜：建筑物桩基础倾斜方向两端点的沉降差与其距离之比值；

4 局部倾斜：墙下条形承台沿纵向某一长度范围内桩基础两点的沉降差与其距离之比值。

5.5.3 计算桩基沉降变形时，桩基变形指标应按下列规定选用：

1 由于土层厚度与性质不均匀、荷载差异、体形复杂、相互影响等因素引起的地基沉降变形，对于砌体承重结构应由局部倾斜控制；

2 对于多层或高层建筑和高耸结构应由整体倾斜值控制；

3 当其结构为框架、框架-剪力墙、框架-核心筒结构时，尚应控制柱（墙）之间的差异沉降。

5.5.4 建筑桩基沉降变形允许值，应按表 5.5.4 规定采用。

表 5.5.4　建筑桩基沉降变形允许值

变形特征		允许值
砌体承重结构基础的局部倾斜		0.002
各类建筑相邻柱（墙）基的沉降差 （1）框架、框架—剪力墙、框架—核心筒结构 （2）砌体墙填充的边排柱 （3）当基础不均匀沉降时不产生附加应力的结构		 $0.002\,l_0$ $0.0007l_0$ $0.005l_0$
单层排架结构(柱距为 6m)桩基的沉降量(mm)		120
桥式吊车轨面的倾斜（按不调整轨道考虑） 纵向 横向		 0.004 0.003
多层和高层建筑的整体倾斜	$H_g\leqslant 24$	0.004
	$24<H_g\leqslant 60$	0.003
	$60<H_g\leqslant 100$	0.0025
	$H_g>100$	0.002

续表 5.5.4

变　形　特　征		允许值
高耸结构桩基的整体倾斜	$H_g \leqslant 20$	0.008
	$20 < H_g \leqslant 50$	0.006
	$50 < H_g \leqslant 100$	0.005
	$100 < H_g \leqslant 150$	0.004
	$150 < H_g \leqslant 200$	0.003
	$200 < H_g \leqslant 250$	0.002
高耸结构基础的沉降量（mm）	$H_g \leqslant 100$	350
	$100 < H_g \leqslant 200$	250
	$200 < H_g \leqslant 250$	150
体型简单的剪力墙结构高层建筑桩基最大沉降量（mm）	—	200

注：l_0 为相邻柱（墙）二测点间距离，H_g 为自室外地面算起的建筑物高度（m）。

5.5.5 对于本规范表 5.5.4 中未包括的建筑桩基沉降变形允许值，应根据上部结构对桩基沉降变形的适应能力和使用要求确定。

Ⅰ　桩中心距不大于 6 倍桩径的桩基

5.5.6 对于桩中心距不大于 6 倍桩径的桩基，其最终沉降量计算可采用等效作用分层总和法。等效作用面位于桩端平面，等效作用面积为桩承台投影面积，等效作用附加压力近似取承台底平均附加压力。等效作用面以下的应力分布采用各向同性均质直线变形体理论。计算模式如图 5.5.6 所示，桩基任一点最终沉降量可用角点法按下式计算：

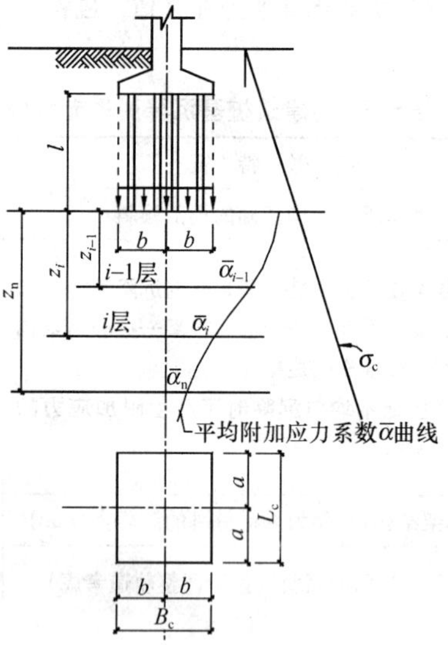

图 5.5.6　桩基沉降计算示意图

$$s = \psi \cdot \psi_e \cdot s' = \psi \cdot \psi_e \cdot \sum_{j=1}^{m} p_{0j} \sum_{i=1}^{n} \frac{z_{ij}\bar{\alpha}_{ij} - z_{(i-1)j}\bar{\alpha}_{(i-1)j}}{E_{si}} \tag{5.5.6}$$

式中　s——桩基最终沉降量（mm）；

s'——采用布辛奈斯克（Boussinesq）解，按实体深基础分层总和法计算出的桩基沉降量（mm）；

ψ——桩基沉降计算经验系数，当无当地可靠经验时可按本规范第 5.5.11 条确定；

ψ_e——桩基等效沉降系数，可按本规范第 5.5.9 条确定；

m——角点法计算点对应的矩形荷载分块数；

p_{0j}——第 j 块矩形底面在荷载效应准永久组合下的附加压力（kPa）；

n——桩基沉降计算深度范围内所划分的土层数；

E_{si}——等效作用面以下第 i 层土的压缩模量（MPa），采用地基土在自重压力至自重压力加附加压力作用时的压缩模量；

z_{ij}、$z_{(i-1)j}$——桩端平面第 j 块荷载作用面至第 i 层土、第 $i-1$ 层土底面的距离（m）；

$\bar{\alpha}_{ij}$、$\bar{\alpha}_{(i-1)j}$——桩端平面第 j 块荷载计算点至第 i 层土、第$i-1$层土底面深度范围内平均附加应力系数，可按本规范附录 D 选用。

5.5.7 计算矩形桩基中点沉降时，桩基沉降量可按下式简化计算：

$$s = \psi \cdot \psi_e \cdot s' = 4 \cdot \psi \cdot \psi_e \cdot p_0 \sum_{i=1}^{n} \frac{z_i\bar{\alpha}_i - z_{i-1}\bar{\alpha}_{i-1}}{E_{si}} \tag{5.5.7}$$

式中　p_0——在荷载效应准永久组合下承台底的平均附加压力；

$\bar{\alpha}_i$、$\bar{\alpha}_{i-1}$——平均附加应力系数，根据矩形长宽比 a/b 及深宽比 $\frac{z_i}{b}=\frac{2z_i}{B_c}$，$\frac{z_{i-1}}{b}=\frac{2z_{i-1}}{B_c}$，可按本规范附录 D 选用。

5.5.8 桩基沉降计算深度 z_n 应按应力比法确定，即计算深度处的附加应力 σ_z 与土的自重应力 σ_c 应符合下列公式要求：

$$\sigma_z \leqslant 0.2\sigma_c \tag{5.5.8-1}$$

$$\sigma_z = \sum_{j=1}^{m} a_j p_{0j} \tag{5.5.8-2}$$

式中　a_j——附加应力系数，可根据角点法划分的矩形长宽比及深宽比按本规范附录 D 选用。

5.5.9 桩基等效沉降系数 ψ_e 可按下列公式简化计算：

$$\psi_e = C_0 + \frac{n_b - 1}{C_1(n_b - 1) + C_2} \tag{5.5.9-1}$$

$$n_b = \sqrt{n \cdot B_c / L_c} \quad (5.5.9\text{-}2)$$

式中 n_b——矩形布桩时的短边布桩数，当布桩不规则时可按式（5.5.9-2）近似计算，$n_b > 1$；$n_b = 1$时，可按本规范式（5.5.14）计算；

C_0、C_1、C_2——根据群桩距径比 s_a/d、长径比 l/d 及基础长宽比 L_c/B_c，按本规范附录 E 确定；

L_c、B_c、n——分别为矩形承台的长、宽及总桩数。

5.5.10 当布桩不规则时，等效距径比可按下列公式近似计算：

圆形桩 $$s_a/d = \sqrt{A}/(\sqrt{n} \cdot d) \quad (5.5.10\text{-}1)$$

方形桩 $$s_a/d = 0.886\sqrt{A}/(\sqrt{n} \cdot b) \quad (5.5.10\text{-}2)$$

式中 A——桩基承台总面积；

b——方形桩截面边长。

5.5.11 当无当地可靠经验时，桩基沉降计算经验系数 ψ 可按表 5.5.11 选用。对于采用后注浆施工工艺的灌注桩，桩基沉降计算经验系数应根据桩端持力土层类别，乘以 0.7（砂、砾、卵石）～0.8（黏性土、粉土）折减系数；饱和土中采用预制桩（不含复打、复压、引孔沉桩）时，应根据桩距、土质、沉桩速率和顺序等因素，乘以 1.3～1.8 挤土效应系数，土的渗透性低，桩距小，桩数多，沉降速率快时取大值。

表 5.5.11 桩基沉降计算经验系数 ψ

$\overline{E}_s$(MPa)	≤10	15	20	35	≥50
ψ	1.2	0.9	0.65	0.50	0.40

注：1 $\overline{E}_s$ 为沉降计算深度范围内压缩模量的当量值，可按下式计算：$\overline{E}_s = \Sigma A_i / \Sigma \frac{A_i}{E_{si}}$，式中 A_i 为第 i 层土附加压力系数沿土层厚度的积分值，可近似按分块面积计算；

2 ψ 可根据 $\overline{E}_s$ 内插取值。

5.5.12 计算桩基沉降时，应考虑相邻基础的影响，采用叠加原理计算；桩基等效沉降系数可按独立基础计算。

5.5.13 当桩基形状不规则时，可采用等效矩形面积计算桩基等效沉降系数，等效矩形的长宽比可根据承台实际尺寸和形状确定。

Ⅱ 单桩、单排桩、疏桩基础

5.5.14 对于单桩、单排桩、桩中心距大于 6 倍桩径的疏桩基础的沉降计算应符合下列规定：

1 承台底地基土不分担荷载的桩基。桩端平面以下地基中由基桩引起的附加应力，按考虑桩径影响的明德林（Mindlin）解附录 F 计算确定。将沉降计算点水平面影响范围内各基桩对应力计算点产生的附加应力叠加，采用单向压缩分层总和法计算土层的沉降，并计入桩身压缩 s_e。桩基的最终沉降量可按下列公式计算：

$$s = \psi \sum_{i=1}^{n} \frac{\sigma_{zi}}{E_{si}} \Delta z_i + s_e \quad (5.5.14\text{-}1)$$

$$\sigma_{zi} = \sum_{j=1}^{m} \frac{Q_j}{l_j^2} [\alpha_j I_{p,ij} + (1-\alpha_j) I_{s,ij}] \quad (5.5.14\text{-}2)$$

$$s_e = \xi_e \frac{Q_j l_j}{E_c A_{ps}} \quad (5.5.14\text{-}3)$$

2 承台底地基土分担荷载的复合桩基。将承台底土压力对地基中某点产生的附加应力按 Boussinesq 解（附录 D）计算，与基桩产生的附加应力叠加，采用与本条第 1 款相同方法计算沉降。其最终沉降量可按下列公式计算：

$$s = \psi \sum_{i=1}^{n} \frac{\sigma_{zi} + \sigma_{zci}}{E_{si}} \Delta z_i + s_e \quad (5.5.14\text{-}4)$$

$$\sigma_{zci} = \sum_{k=1}^{u} \alpha_{ki} \cdot p_{c,k} \quad (5.5.14\text{-}5)$$

式中 m——以沉降计算点为圆心，0.6 倍桩长为半径的水平面影响范围内的基桩数；

n——沉降计算深度范围内土层的计算分层数；分层数应结合土层性质，分层厚度不应超过计算深度的 0.3 倍；

σ_{zi}——水平面影响范围内各基桩对应力计算点桩端平面以下第 i 层土 1/2 厚度处产生的附加竖向应力之和；应力计算点应取与沉降计算点最近的桩中心点；

σ_{zci}——承台压力对应力计算点桩端平面以下第 i 计算土层 1/2 厚度处产生的应力；可将承台板划分为 u 个矩形块，可按本规范附录 D 采用角点法计算；

Δz_i——第 i 计算土层厚度（m）；

E_{si}——第 i 计算土层的压缩模量（MPa），采用土的自重压力至土的自重压力加附加压力作用时的压缩模量；

Q_j——第 j 桩在荷载效应准永久组合作用下（对于复合桩基应扣除承台底土分担荷载），桩顶的附加荷载（kN）；当地下室埋深超过 5m 时，取荷载效应准永久组合作用下的总荷载为考虑回弹再压缩的等代附加荷载；

l_j——第 j 桩桩长（m）；

A_{ps}——桩身截面面积；

α_j——第 j 桩总桩端阻力与桩顶荷载之比，近似取极限总端阻力与单桩极限承载力之比；

$I_{p,ij}$、$I_{s,ij}$——分别为第 j 桩的桩端阻力和桩侧阻力对计算轴线第 i 计算土层 1/2 厚度处的应力影响系数，可按本规范附录 F 确定；

E_c——桩身混凝土的弹性模量；

$p_{c,k}$——第 k 块承台底均布压力，可按 $p_{c,k}=\eta_{c,k}\cdot f_{ak}$ 取值，其中 $\eta_{c,k}$ 为第 k 块承台底板的承台效应系数，按本规范表 5.2.5 确定；f_{ak} 为承台底地基承载力特征值；

α_{ki}——第 k 块承台底角点处，桩端平面以下第 i 计算土层 1/2 厚度处的附加应力系数，可按本规范附录 D 确定；

s_e——计算桩身压缩；

ξ_e——桩身压缩系数。端承型桩，取 $\xi_e=1.0$；摩擦型桩，当 $l/d\leqslant 30$ 时，取 $\xi_e=2/3$；$l/d\geqslant 50$ 时，取 $\xi_e=1/2$；介于两者之间可线性插值；

ψ——沉降计算经验系数，无当地经验时，可取 1.0。

5.5.15 对于单桩、单排桩、疏桩复合桩基础的最终沉降计算深度 Z_n，可按应力比法确定，即 Z_n 处由桩引起的附加应力 σ_z、由承台土压力引起的附加应力 σ_{zc} 与土的自重应力 σ_c 应符合下式要求：

$$\sigma_z+\sigma_{zc}=0.2\sigma_c \quad (5.5.15)$$

5.6 软土地基减沉复合疏桩基础

5.6.1 当软土地基上多层建筑，地基承载力基本满足要求（以底层平面面积计算）时，可设置穿过软土层进入相对较好土层的疏布摩擦型桩，由桩和桩间土共同分担荷载。该种减沉复合疏桩基础，可按下列公式确定承台面积和桩数：

$$A_c=\xi\frac{F_k+G_k}{f_{ak}} \quad (5.6.1\text{-}1)$$

$$n\geqslant\frac{F_k+G_k-\eta_c f_{ak}A_c}{R_a} \quad (5.6.1\text{-}2)$$

式中 A_c——桩基承台总净面积；

f_{ak}——承台底地基承载力特征值；

ξ——承台面积控制系数，$\xi\geqslant 0.60$；

n——基桩数；

η_c——桩基承台效应系数，可按本规范表 5.2.5 取值。

5.6.2 减沉复合疏桩基础中点沉降可按下列公式计算：

$$s=\psi(s_s+s_{sp}) \quad (5.6.2\text{-}1)$$

$$s_s=4p_0\sum_{i=1}^{m}\frac{z_i\overline{\alpha}_i-z_{(i-1)}\overline{\alpha}_{(i-1)}}{E_{si}} \quad (5.6.2\text{-}2)$$

$$s_{sp}=280\frac{\overline{q}_{su}}{\overline{E}_s}\cdot\frac{d}{(s_a/d)^2} \quad (5.6.2\text{-}3)$$

$$p_0=\eta_p\frac{F-nR_a}{A_c} \quad (5.6.2\text{-}4)$$

式中 s——桩基中心点沉降量；

s_s——由承台底地基土附加压力作用下产生的中点沉降（见图 5.6.2）；

s_{sp}——由桩土相互作用产生的沉降；

p_0——按荷载效应准永久值组合计算的假想天然地基平均附加压力（kPa）；

E_{si}——承台底以下第 i 层土的压缩模量，应取自重压力至自重压力与附加压力段的模量值；

m——地基沉降计算深度范围的土层数；沉降计算深度按 $\sigma_z=0.1\sigma_c$ 确定，σ_z 可按本规范第 5.5.8 条确定；

$\overline{q}_{su}$、$\overline{E}_s$——桩身范围内按厚度加权的平均桩侧极限摩阻力、平均压缩模量；

d——桩身直径，当为方形桩时，$d=1.27b$（b 为方形桩截面边长）；

s_a/d——等效距径比，可按本规范第 5.5.10 条执行；

z_i、z_{i-1}——承台底至第 i 层、第 $i-1$ 层土底面的距离；

$\overline{\alpha}_i$、$\overline{\alpha}_{i-1}$——承台底至第 i 层、第 $i-1$ 层土层底范围内的角点平均附加应力系数；根据承台等效面积的计算分块矩形长宽比 a/b 及深宽比 $z_i/b=2z_i/B_c$，由本规范附录 D 确定；其中承台等效宽度 $B_c=B\sqrt{A_c}/L$；B、L 为建筑物基础外缘平面的宽度和长度；

F——荷载效应准永久值组合下，作用于承台底的总附加荷载（kN）；

η_p——基桩刺入变形影响系数；按桩端持力层土质确定，砂土为 1.0，粉土为 1.15，黏性土为 1.30。

ψ——沉降计算经验系数，无当地经验时，可取 1.0。

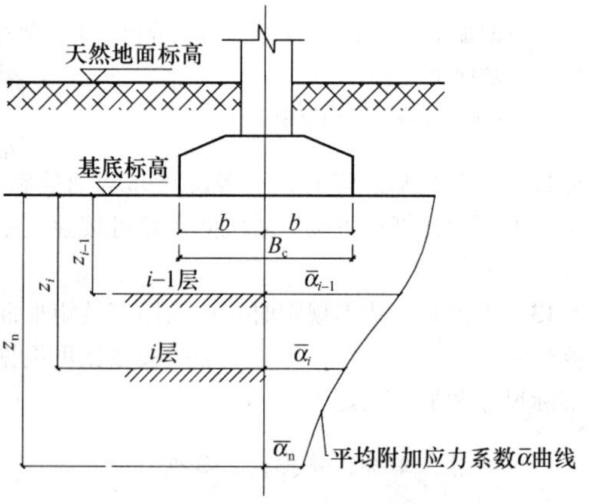

图 5.6.2 复合疏桩基础沉降计算的分层示意图

5.7 桩基水平承载力与位移计算

Ⅰ 单桩基础

5.7.1 受水平荷载的一般建筑物和水平荷载较小的

高大建筑物单桩基础和群桩中基桩应满足下式要求：

$$H_{ik} \leqslant R_h \tag{5.7.1}$$

式中 H_{ik}——在荷载效应标准组合下，作用于基桩 i 桩顶处的水平力；

R_h——单桩基础或群桩中基桩的水平承载力特征值，对于单桩基础，可取单桩的水平承载力特征值 R_{ha}。

5.7.2 单桩的水平承载力特征值的确定应符合下列规定：

1 对于受水平荷载较大的设计等级为甲级、乙级的建筑桩基，单桩水平承载力特征值应通过单桩水平静载试验确定，试验方法可按现行行业标准《建筑基桩检测技术规范》JGJ 106 执行。

2 对于钢筋混凝土预制桩、钢桩、桩身配筋率不小于 0.65％的灌注桩，可根据静载试验结果取地面处水平位移为 10mm（对于水平位移敏感的建筑物取水平位移 6mm）所对应的荷载的 75％为单桩水平承载力特征值。

3 对于桩身配筋率小于 0.65％的灌注桩，可取单桩水平静载试验的临界荷载的 75％为单桩水平承载力特征值。

4 当缺少单桩水平静载试验资料时，可按下列公式估算桩身配筋率小于 0.65％的灌注桩的单桩水平承载力特征值：

$$R_{ha} = \frac{0.75\alpha\gamma_m f_t W_0}{\nu_M}(1.25 + 22\rho_g)\left(1 \pm \frac{\zeta_N N_k}{\gamma_m f_t A_n}\right) \tag{5.7.2-1}$$

式中 α——桩的水平变形系数，按本规范第 5.7.5 条确定；

R_{ha}——单桩水平承载力特征值，±号根据桩顶竖向力性质确定，压力取"+"，拉力取"−"；

γ_m——桩截面模量塑性系数，圆形截面 $\gamma_m = 2$，矩形截面 $\gamma_m = 1.75$；

f_t——桩身混凝土抗拉强度设计值；

W_0——桩身换算截面受拉边缘的截面模量，圆形截面为：

$$W_0 = \frac{\pi d}{32}[d^2 + 2(\alpha_E - 1)\rho_g d_0^2]$$

方形截面为：

$$W_0 = \frac{b}{6}[b^2 + 2(\alpha_E - 1)\rho_g b_0^2],$$

其中 d 为桩直径，d_0 为扣除保护层厚度的桩直径；b 为方形截面边长，b_0 为扣除保护层厚度的桩截面宽度；α_E 为钢筋弹性模量与混凝土弹性模量的比值；

ν_M——桩身最大弯距系数，按表 5.7.2 取值，当单桩基础和单排桩基纵向轴线与水平力方向相垂直时，按桩顶铰接考虑；

ρ_g——桩身配筋率；

A_n——桩身换算截面积，圆形截面为：$A_n = \frac{\pi d^2}{4}[1 + (\alpha_E - 1)\rho_g]$；方形截面为：$A_n = b^2[1 + (\alpha_E - 1)\rho_g]$

ζ_N——桩顶竖向力影响系数，竖向压力取 0.5；竖向拉力取 1.0；

N_k——在荷载效应标准组合下桩顶的竖向力（kN）。

表 5.7.2 桩顶（身）最大弯矩系数 ν_M 和桩顶水平位移系数 ν_x

桩顶约束情况	桩的换算埋深（αh）	ν_M	ν_x
铰接、自由	4.0	0.768	2.441
	3.5	0.750	2.502
	3.0	0.703	2.727
	2.8	0.675	2.905
	2.6	0.639	3.163
	2.4	0.601	3.526
固 接	4.0	0.926	0.940
	3.5	0.934	0.970
	3.0	0.967	1.028
	2.8	0.990	1.055
	2.6	1.018	1.079
	2.4	1.045	1.095

注：1 铰接（自由）的 ν_M 系桩身的最大弯矩系数，固接的 ν_M 系桩顶的最大弯矩系数；

2 当 $\alpha h > 4$ 时取 $\alpha h = 4.0$。

5 对于混凝土护壁的挖孔桩，计算单桩水平承载力时，其设计桩径取护壁内直径。

6 当桩的水平承载力由水平位移控制，且缺少单桩水平静载试验资料时，可按下式估算预制桩、钢桩、桩身配筋率不小于 0.65％的灌注桩单桩水平承载力特征值：

$$R_{ha} = 0.75\frac{\alpha^3 EI}{\nu_x}\chi_{0a} \tag{5.7.2-2}$$

式中 EI——桩身抗弯刚度，对于钢筋混凝土桩，$EI = 0.85E_c I_0$；其中 E_c 为混凝土弹性模量，I_0 为桩身换算截面惯性矩：圆形截面为 $I_0 = W_0 d_0/2$；矩形截面为 $I_0 = W_0 b_0/2$；

χ_{0a}——桩顶允许水平位移；

ν_x——桩顶水平位移系数，按表 5.7.2 取值，取值方法同 ν_M。

7 验算永久荷载控制的桩基的水平承载力时，应将上述2～5 款方法确定的单桩水平承载力特征值乘以调整系数 0.80；验算地震作用桩基的水平承载力时，应将按上述 2～5 款方法确定的单桩水平承载力特征值乘以调整系数1.25。

Ⅱ 群桩基础

5.7.3 群桩基础（不含水平力垂直于单排桩基纵向轴线和力矩较大的情况）的基桩水平承载力特征值应考虑由承台、桩群、土相互作用产生的群桩效应，可按下列公式确定：

$$R_h = \eta_h R_{ha} \quad (5.7.3\text{-}1)$$

考虑地震作用且 $s_a/d \leqslant 6$ 时：

$$\eta_h = \eta_i \eta_r + \eta_l \quad (5.7.3\text{-}2)$$

$$\eta_i = \frac{\left(\frac{s_a}{d}\right)^{0.015n_2+0.45}}{0.15n_1 + 0.10n_2 + 1.9} \quad (5.7.3\text{-}3)$$

$$\eta_l = \frac{m\chi_{0a}B'_c h_c^2}{2n_1 n_2 R_{ha}} \quad (5.7.3\text{-}4)$$

$$\chi_{0a} = \frac{R_{ha}\nu_x}{\alpha^3 EI} \quad (5.7.3\text{-}5)$$

其他情况：

$$\eta_h = \eta_i \eta_r + \eta_l + \eta_b \quad (5.7.3\text{-}6)$$

$$\eta_b = \frac{\mu P_c}{n_1 n_2 R_h} \quad (5.7.3\text{-}7)$$

$$B'_c = B_c + 1 \quad (5.7.3\text{-}8)$$

$$P_c = \eta_c f_{ak}(A - nA_{ps}) \quad (5.7.3\text{-}9)$$

式中 η_h——群桩效应综合系数；

η_i——桩的相互影响效应系数；

η_r——桩顶约束效应系数（桩顶嵌入承台长度50～100mm时），按表5.7.3-1取值；

η_l——承台侧向土水平抗力效应系数（承台外围回填土为松散状态时取 $\eta_l=0$）；

η_b——承台底摩阻效应系数；

s_a/d——沿水平荷载方向的距径比；

n_1，n_2——分别为沿水平荷载方向与垂直水平荷载方向每排桩中的桩数；

m——承台侧向土水平抗力系数的比例系数，当无试验资料时可按本规范表5.7.5取值；

χ_{0a}——桩顶（承台）的水平位移允许值，当以位移控制时，可取 $\chi_{0a}=10$mm（对水平位移敏感的结构物取 $\chi_{0a}=6$mm）；当以桩身强度控制（低配筋率灌注桩）时，可近似按本规范式（5.7.3-5）确定；

B'_c——承台受侧向土抗力一边的计算宽度（m）；

B_c——承台宽度（m）；

h_c——承台高度（m）；

μ——承台底与地基土间的摩擦系数，可按表5.7.3-2取值；

P_c——承台底地基土分担的竖向总荷载标准值；

η_c——按本规范第5.2.5条确定；

A——承台总面积；

A_{ps}——桩身截面面积。

表5.7.3-1 桩顶约束效应系数 η_r

换算深度 αh	2.4	2.6	2.8	3.0	3.5	≥4.0
位移控制	2.58	2.34	2.20	2.13	2.07	2.05
强度控制	1.44	1.57	1.71	1.82	2.00	2.07

注：$\alpha=\sqrt[5]{\frac{mb_0}{EI}}$，$h$ 为桩的入土长度。

表5.7.3-2 承台底与地基土间的摩擦系数 μ

土的类别		摩擦系数 μ
黏性土	可塑	0.25～0.30
	硬塑	0.30～0.35
	坚硬	0.35～0.45
粉土	密实、中密（稍湿）	0.30～0.40
中砂、粗砂、砾砂		0.40～0.50
碎石土		0.40～0.60
软岩、软质岩		0.40～0.60
表面粗糙的较硬岩、坚硬岩		0.65～0.75

5.7.4 计算水平荷载较大和水平地震作用、风载作用的带地下室的高大建筑物桩基的水平位移时，可考虑地下室侧墙、承台、桩群、土共同作用，按本规范附录C方法计算基桩内力和变位，与水平外力作用平面相垂直的单排桩基础可按本规范附录C中表C.0.3-1计算。

5.7.5 桩的水平变形系数和地基土水平抗力系数的比例系数 m 可按下列规定确定：

1 桩的水平变形系数 α（1/m）

$$\alpha = \sqrt[5]{\frac{mb_0}{EI}} \quad (5.7.5)$$

式中 m——桩侧土水平抗力系数的比例系数；

b_0——桩身的计算宽度（m）；

圆形桩：当直径 $d \leqslant 1$m时，$b_0 = 0.9(1.5d + 0.5)$；

当直径 $d > 1$m时，$b_0 = 0.9(d + 1)$；

方形桩：当边宽 $b \leqslant 1$m时，$b_0 = 1.5b + 0.5$；

当边宽 $b > 1$m时，$b_0 = b + 1$；

EI——桩身抗弯刚度，按本规范第5.7.2条的规定计算。

2 地基土水平抗力系数的比例系数 m，宜通过单桩水平静载试验确定，当无静载试验资料时，可按

表 5.7.5 取值。

表 5.7.5 地基土水平抗力系数的比例系数 m 值

序号	地基土类别	预制桩、钢桩		灌注桩	
		m (MN/m^4)	相应单桩在地面处水平位移 (mm)	m (MN/m^4)	相应单桩在地面处水平位移 (mm)
1	淤泥；淤泥质土；饱和湿陷性黄土	2～4.5	10	2.5～6	6～12
2	流塑($I_L>1$)、软塑($0.75<I_L\leqslant 1$)状黏性土；$e>0.9$ 粉土；松散粉细砂；松散、稍密填土	4.5～6.0	10	6～14	4～8
3	可塑($0.25<I_L\leqslant 0.75$)状黏性土、湿陷性黄土；$e=0.75$～0.9 粉土；中密填土；稍密细砂	6.0～10	10	14～35	3～6
4	硬塑($0<I_L\leqslant 0.25$)、坚硬($I_L\leqslant 0$)状黏性土、湿陷性黄土；$e<0.75$ 粉土；中密的中粗砂；密实老填土	10～22	10	35～100	2～5
5	中密、密实的砾砂、碎石类土	—	—	100～300	1.5～3

注：1 当桩顶水平位移大于表列数值或灌注桩配筋率较高（≥0.65%）时，m 值应适当降低；当预制桩的水平向位移小于 10mm 时，m 值可适当提高；

2 当水平荷载为长期或经常出现的荷载时，应将表列数值乘以 0.4 降低采用；

3 当地基为可液化土层时，应将表列数值乘以本规范表 5.3.12 中相应的系数 ψ_l。

5.8 桩身承载力与裂缝控制计算

5.8.1 桩身应进行承载力和裂缝控制计算。计算时应考虑桩身材料强度、成桩工艺、吊运与沉桩、约束条件、环境类别等因素，除按本节有关规定执行外，尚应符合现行国家标准《混凝土结构设计规范》GB 50010、《钢结构设计规范》GB 50017 和《建筑抗震设计规范》GB 50011 的有关规定。

Ⅰ 受 压 桩

5.8.2 钢筋混凝土轴心受压桩正截面受压承载力应符合下列规定：

1 当桩顶以下 5d 范围的桩身螺旋式箍筋间距不大于 100mm，且符合本规范第 4.1.1 条规定时：

$$N \leqslant \psi_c f_c A_{ps} + 0.9 f'_y A'_s \qquad (5.8.2\text{-}1)$$

2 当桩身配筋不符合上述 1 款规定时：

$$N \leqslant \psi_c f_c A_{ps} \qquad (5.8.2\text{-}2)$$

式中 N——荷载效应基本组合下的桩顶轴向压力设计值；

ψ_c——基桩成桩工艺系数，按本规范第 5.8.3 条规定取值；

f_c——混凝土轴心抗压强度设计值；

f'_y——纵向主筋抗压强度设计值；

A'_s——纵向主筋截面面积。

5.8.3 基桩成桩工艺系数 ψ_c 应按下列规定取值：

1 混凝土预制桩、预应力混凝土空心桩：$\psi_c=0.85$；

2 干作业非挤土灌注桩：$\psi_c=0.90$；

3 泥浆护壁和套管护壁非挤土灌注桩、部分挤土灌注桩、挤土灌注桩：$\psi_c=0.7\sim0.8$；

4 软土地区挤土灌注桩：$\psi_c=0.6$。

5.8.4 计算轴心受压混凝土桩正截面受压承载力时，一般取稳定系数 $\varphi=1.0$。对于高承台基桩、桩身穿越可液化土或不排水抗剪强度小于 10kPa 的软弱土层的基桩，应考虑压屈影响，可按本规范式（5.8.2-1）、式（5.8.2-2）计算所得桩身正截面受压承载力乘以 φ 折减。其稳定系数 φ 可根据桩身压屈计算长度 l_c 和桩的设计直径 d（或矩形桩短边尺寸 b）确定。桩身压屈计算长度可根据桩顶的约束情况、桩身露出地面的自由长度 l_0、桩的入土长度 h、桩侧和桩底的土质条件按表 5.8.4-1 确定。桩的稳定系数 φ 可按表 5.8.4-2 确定。

表 5.8.4-1 桩身压屈计算长度 l_c

桩顶铰接			
桩底支于非岩石土中		桩底嵌于岩石内	
$h<\frac{4.0}{\alpha}$	$h\geqslant\frac{4.0}{\alpha}$	$h<\frac{4.0}{\alpha}$	$h\geqslant\frac{4.0}{\alpha}$
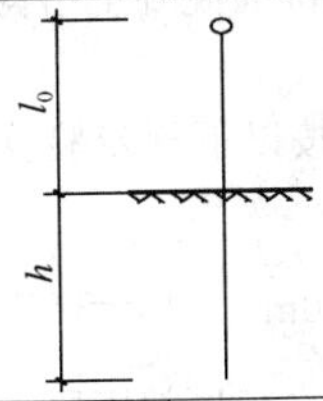		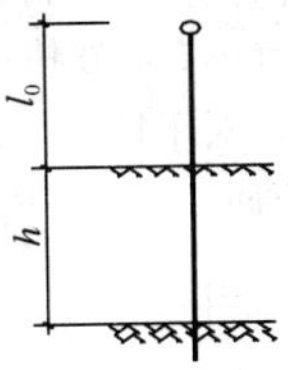	
$l_c=1.0\times(l_0+h)$	$l_c=0.7\times\left(l_0+\frac{4.0}{\alpha}\right)$	$l_c=0.7\times(l_0+h)$	$l_c=0.7\times\left(l_0+\frac{4.0}{\alpha}\right)$
桩顶固接			
桩底支于非岩石土中		桩底嵌于岩石内	
$h<\frac{4.0}{\alpha}$	$h\geqslant\frac{4.0}{\alpha}$	$h<\frac{4.0}{\alpha}$	$h\geqslant\frac{4.0}{\alpha}$

续表 5.8.4-1

<table>
<tr><td colspan="4">桩 顶 固 接</td></tr>
<tr><td colspan="2">桩底支于非岩石土中</td><td colspan="2">桩底嵌于岩石内</td></tr>
<tr><td colspan="2">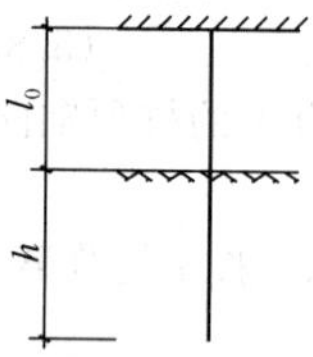</td><td colspan="2">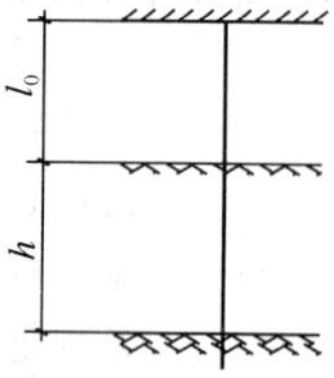</td></tr>
<tr><td>$l_c=0.7\times(l_0+h)$</td><td>$l_c=0.5\times\left(l_0+\frac{4.0}{\alpha}\right)$</td><td>$l_c=0.5\times(l_0+h)$</td><td>$l_c=0.5\times\left(l_0+\frac{4.0}{\alpha}\right)$</td></tr>
</table>

注：1 表中 $\alpha=\sqrt[5]{\frac{mb_0}{EI}}$；

2 l_0 为高承台基桩露出地面的长度，对于低承台桩基，$l_0=0$；

3 h 为桩的入土长度，当桩侧有厚度为 d_l 的液化土层时，桩露出地面长度 l_0 和桩的入土长度 h 分别调整为，$l'_0=l_0+\psi_l d_l$，$h'=h-\psi_l d_l$，ψ_l 按表 5.3.12 取值。

表 5.8.4-2 桩身稳定系数 φ

l_c/d	≤7	8.5	10.5	12	14	15.5	17	19	21	22.5	24
l_c/b	≤8	10	12	14	16	18	20	22	24	26	28
φ	1.00	0.98	0.95	0.92	0.87	0.81	0.75	0.70	0.65	0.60	0.56
l_c/d	26	28	29.5	31	33	34.5	36.5	38	40	41.5	43
l_c/b	30	32	34	36	38	40	42	44	46	48	50
φ	0.52	0.48	0.44	0.40	0.36	0.32	0.29	0.26	0.23	0.21	0.19

注：b 为矩形桩短边尺寸，d 为桩直径。

5.8.5 计算偏心受压混凝土桩正截面受压承载力时，可不考虑偏心距的增大影响，但对于高承台基桩、桩身穿越可液化土或不排水抗剪强度小于 10kPa 的软弱土层的基桩，应考虑桩身在弯矩作用平面内的挠曲对轴向力偏心距的影响，应将轴向力对截面重心的初始偏心矩 e_i 乘以偏心矩增大系数 η，偏心距增大系数 η 的具体计算方法可按现行国家标准《混凝土结构设计规范》GB 50010 执行。

5.8.6 对于打入式钢管桩，可按以下规定验算桩身局部压屈：

1 当 $t/d=\frac{1}{50}\sim\frac{1}{80}$，$d\leqslant600$mm，最大锤击压应力小于钢材强度设计值时，可不进行局部压屈验算；

2 当 $d>600$mm，可按下式验算：

$$t/d\geqslant f'_y/0.388E \tag{5.8.6-1}$$

3 当 $d\geqslant900$mm，除按（5.8.6-1）式验算外，尚应按下式验算：

$$t/d\geqslant\sqrt{f'_y/14.5E} \tag{5.8.6-2}$$

式中 t、d——钢管桩壁厚、外径；

E、f'_y——钢材弹性模量、抗压强度设计值。

Ⅱ 抗 拔 桩

5.8.7 钢筋混凝土轴心抗拔桩的正截面受拉承载力应符合下式规定：

$$N\leqslant f_yA_s+f_{py}A_{py} \tag{5.8.7}$$

式中 N——荷载效应基本组合下桩顶轴向拉力设计值；

f_y、f_{py}——普通钢筋、预应力钢筋的抗拉强度设计值；

A_s、A_{py}——普通钢筋、预应力钢筋的截面面积。

5.8.8 对于抗拔桩的裂缝控制计算应符合下列规定：

1 对于严格要求不出现裂缝的一级裂缝控制等级预应力混凝土基桩，在荷载效应标准组合下混凝土不应产生拉应力，应符合下式要求：

$$\sigma_{ck}-\sigma_{pc}\leqslant0 \tag{5.8.8-1}$$

2 对于一般要求不出现裂缝的二级裂缝控制等级预应力混凝土基桩，在荷载效应标准组合下的拉应力不应大于混凝土轴心受拉强度标准值，应符合下列公式要求：

在荷载效应标准组合下：$\sigma_{ck}-\sigma_{pc}\leqslant f_{tk}$ (5.8.8-2)

在荷载效应准永久组合下：$\sigma_{cq}-\sigma_{pc}\leqslant0$ (5.8.8-3)

3 对于允许出现裂缝的三级裂缝控制等级基桩，按荷载效应标准组合计算的最大裂缝宽度应符合下列规定：

$$w_{max}\leqslant w_{lim} \tag{5.8.8-4}$$

式中 σ_{ck}、σ_{cq}——荷载效应标准组合、准永久组合下正截面法向应力；

σ_{pc}——扣除全部应力损失后，桩身混凝土的预应力；

f_{tk}——混凝土轴心抗拉强度标准值；

w_{max}——按荷载效应标准组合计算的最大裂缝宽度，可按现行国家标准《混凝土结构设计规范》GB 50010 计算；

w_{lim}——最大裂缝宽度限值，按本规范表 3.5.3 取用。

5.8.9 当考虑地震作用验算桩身抗拔承载力时，应根据现行国家标准《建筑抗震设计规范》GB 50011 的规定，对作用于桩顶的地震作用效应进行调整。

Ⅲ 受水平作用桩

5.8.10 对于受水平荷载和地震作用的桩，其桩身受弯承载力和受剪承载力的验算应符合下列规定：

1 对于桩顶固端的桩，应验算桩顶正截面弯矩；对于桩顶自由或铰接的桩，应验算桩身最大弯矩截面处的正截面弯矩；

2 应验算桩顶斜截面的受剪承载力；

3 桩身所承受最大弯矩和水平剪力的计算，可按本规范附录C计算；

4 桩身正截面受弯承载力和斜截面受剪承载力，应按现行国家标准《混凝土结构设计规范》GB 50010执行；

5 当考虑地震作用验算桩身正截面受弯和斜截面受剪承载力时，应根据现行国家标准《建筑抗震设计规范》GB 50011的规定，对作用于桩顶的地震作用效应进行调整。

Ⅳ 预制桩吊运和锤击验算

5.8.11 预制桩吊运时单吊点和双吊点的设置，应按吊点（或支点）跨间正弯矩与吊点处的负弯矩相等的原则进行布置。考虑预制桩吊运时可能受到冲击和振动的影响，计算吊运弯矩和吊运拉力时，可将桩身重力乘以1.5的动力系数。

5.8.12 对于裂缝控制等级为一级、二级的混凝土预制桩、预应力混凝土管桩，可按下列规定验算桩身的锤击压应力和锤击拉应力：

1 最大锤击压应力 σ_p 可按下式计算：

$$\sigma_p=\frac{\alpha\sqrt{2eE\gamma_pH}}{\left[1+\frac{A_c}{A_H}\sqrt{\frac{E_c\cdot\gamma_c}{E_H\cdot\gamma_H}}\right]\left[1+\frac{A}{A_c}\sqrt{\frac{E\cdot\gamma_p}{E_c\cdot\gamma_c}}\right]} \tag{5.8.12}$$

式中 σ_p——桩的最大锤击压应力；

α——锤型系数；自由落锤为1.0；柴油锤取1.4；

e——锤击效率系数；自由落锤为0.6；柴油锤取0.8；

A_H、A_c、A——锤、桩垫、桩的实际断面面积；

E_H、E_c、E——锤、桩垫、桩的纵向弹性模量；

γ_H、γ_c、γ_p——锤、桩垫、桩的重度；

H——锤落距。

2 当桩需穿越软土层或桩存在变截面时，可按表5.8.12确定桩身的最大锤击拉应力。

表5.8.12 最大锤击拉应力 σ_t 建议值（kPa）

应力类别	桩 类	建议值	出现部位
桩轴向拉应力值	预应力混凝土管桩	$(0.33\sim0.5)\sigma_p$	①桩刚穿越软土层时；②距桩尖(0.5～0.7)倍桩长处
	混凝土及预应力混凝土桩	$(0.25\sim0.33)\sigma_p$	
桩截面环向拉应力或侧向拉应力	预应力混凝土管桩	$0.25\sigma_p$	最大锤击压应力相应的截面
	混凝土及预应力混凝土桩(侧向)	$(0.22\sim0.25)\sigma_p$	

3 最大锤击压应力和最大锤击拉应力分别不应超过混凝土的轴心抗压强度设计值和轴心抗拉强度设计值。

5.9 承台计算

Ⅰ 受弯计算

5.9.1 桩基承台应进行正截面受弯承载力计算。承台弯距可按本规范第5.9.2～5.9.5条的规定计算，受弯承载力和配筋可按现行国家标准《混凝土结构设计规范》GB 50010的规定进行。

5.9.2 柱下独立桩基承台的正截面弯矩设计值可按下列规定计算：

1 两桩条形承台和多桩矩形承台弯矩计算截面取在柱边和承台变阶处［见图5.9.2（a）］，可按下列公式计算：

$$M_x=\sum N_iy_i \tag{5.9.2-1}$$

$$M_y=\sum N_ix_i \tag{5.9.2-2}$$

式中 M_x、M_y——分别为绕 X 轴和绕 Y 轴方向计算截面处的弯矩设计值；

x_i、y_i——垂直 Y 轴和 X 轴方向自桩轴线到相应计算截面的距离；

N_i——不计承台及其上土重，在荷载效应基本组合下的第 i 基桩或复合基桩竖向反力设计值。

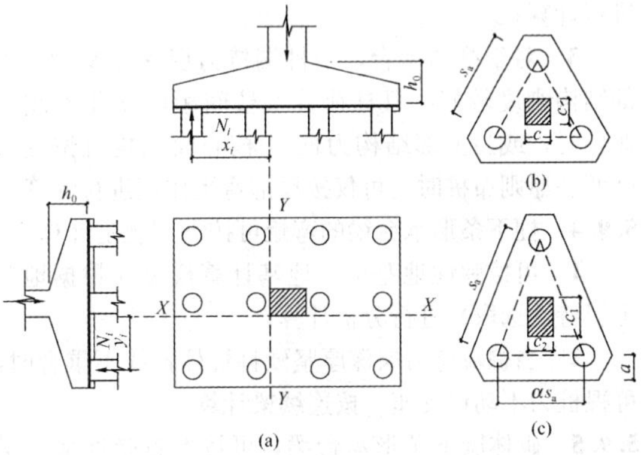

图5.9.2 承台弯矩计算示意

(a) 矩形多桩承台；(b) 等边三桩承台；(c) 等腰三桩承台

2 三桩承台的正截面弯距值应符合下列要求：

1）等边三桩承台［见图5.9.2（b）］

$$M=\frac{N_{max}}{3}\left(s_a-\frac{\sqrt{3}}{4}c\right) \tag{5.9.2-3}$$

式中 M——通过承台形心至各边边缘正交截面范围内板带的弯矩设计值；

N_{max}——不计承台及其上土重，在荷载效应基本组合下三桩中最大基桩或复合基桩竖向反力设计值；

s_a——桩中心距；

c——方柱边长，圆柱时 $c=0.8d$（d 为圆柱直径）。

2）等腰三桩承台［见图 5.9.2（c）］

$$M_1=\frac{N_{\max}}{3}\left(s_a-\frac{0.75}{\sqrt{4-\alpha^2}}c_1\right) \quad (5.9.2\text{-}4)$$

$$M_2=\frac{N_{\max}}{3}\left(\alpha s_a-\frac{0.75}{\sqrt{4-\alpha^2}}c_2\right) \quad (5.9.2\text{-}5)$$

式中 M_1、M_2——分别为通过承台形心至两腰边缘和底边边缘正交截面范围内板带的弯矩设计值；

s_a——长向桩中心距；

α——短向桩中心距与长向桩中心距之比，当 α 小于 0.5 时，应按变截面的二桩承台设计；

c_1、c_2——分别为垂直于、平行于承台底边的柱截面边长。

5.9.3 箱形承台和筏形承台的弯矩可按下列规定计算：

1 箱形承台和筏形承台的弯矩宜考虑地基土层性质、基桩分布、承台和上部结构类型和刚度，按地基—桩—承台—上部结构共同作用原理分析计算；

2 对于箱形承台，当桩端持力层为基岩、密实的碎石类土、砂土且深厚均匀时；或当上部结构为剪力墙；或当上部结构为框架-核心筒结构且按变刚度调平原则布桩时，箱形承台底板可仅按局部弯矩作用进行计算；

3 对于筏形承台，当桩端持力层深厚坚硬、上部结构刚度较好，且柱荷载及柱间距的变化不超过20%时；或当上部结构为框架-核心筒结构且按变刚度调平原则布桩时，可仅按局部弯矩作用进行计算。

5.9.4 柱下条形承台梁的弯矩可按下列规定计算：

1 可按弹性地基梁（地基计算模型应根据地基土层特性选取）进行分析计算；

2 当桩端持力层深厚坚硬且桩柱轴线不重合时，可视桩为不动铰支座，按连续梁计算。

5.9.5 砌体墙下条形承台梁，可按倒置弹性地基梁计算弯矩和剪力，并应符合本规范附录 G 的要求。对于承台上的砌体墙，尚应验算桩顶部位砌体的局部承压强度。

Ⅱ 受冲切计算

5.9.6 桩基承台厚度应满足柱（墙）对承台的冲切和基桩对承台的冲切承载力要求。

5.9.7 轴心竖向力作用下桩基承台受柱（墙）的冲切，可按下列规定计算：

1 冲切破坏锥体应采用自柱（墙）边或承台变阶处至相应桩顶边缘连线所构成的锥体，锥体斜面与承台底面之夹角不应小于 45°（见图 5.9.7）。

2 受柱（墙）冲切承载力可按下列公式计算：

$$F_l \leqslant \beta_{hp}\beta_0 u_m f_t h_0 \quad (5.9.7\text{-}1)$$

$$F_l = F-\sum Q_i \quad (5.9.7\text{-}2)$$

$$\beta_0=\frac{0.84}{\lambda+0.2} \quad (5.9.7\text{-}3)$$

式中 F_l——不计承台及其上土重，在荷载效应基本组合下作用于冲切破坏锥体上的冲切力设计值；

f_t——承台混凝土抗拉强度设计值；

β_{hp}——承台受冲切承载力截面高度影响系数，当 $h\leqslant 800$mm 时，β_{hp} 取 1.0，$h\geqslant 2000$mm 时，β_{hp} 取 0.9，其间按线性内插法取值；

u_m——承台冲切破坏锥体一半有效高度处的周长；

h_0——承台冲切破坏锥体的有效高度；

β_0——柱（墙）冲切系数；

λ——冲跨比，$\lambda=a_0/h_0$，a_0 为柱（墙）边或承台变阶处到桩边水平距离；当 $\lambda<0.25$ 时，取 $\lambda=0.25$；当 $\lambda>1.0$ 时，取 $\lambda=1.0$；

F——不计承台及其上土重，在荷载效应基本组合作用下柱（墙）底的竖向荷载设计值；

$\sum Q_i$——不计承台及其上土重，在荷载效应基本组合下冲切破坏锥体内各基桩或复合基桩的反力设计值之和。

3 对于柱下矩形独立承台受柱冲切的承载力可按下列公式计算（图 5.9.7）：

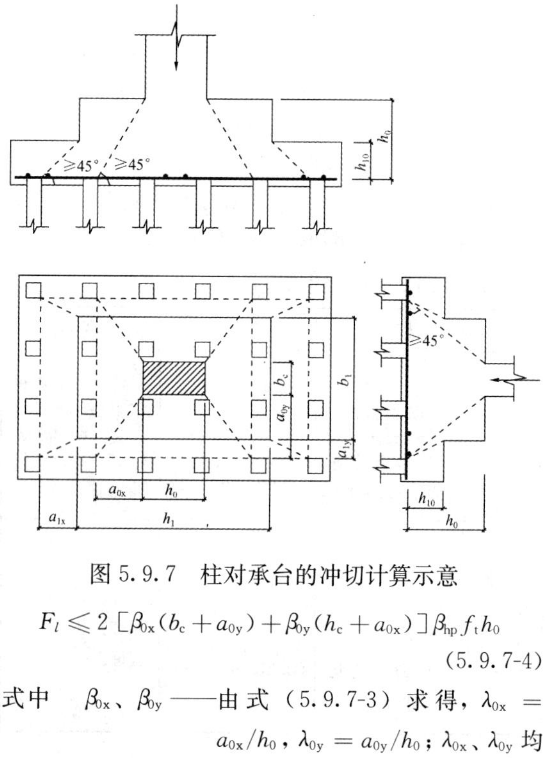

图 5.9.7 柱对承台的冲切计算示意

$$F_l \leqslant 2\left[\beta_{0x}(b_c+a_{0y})+\beta_{0y}(h_c+a_{0x})\right]\beta_{hp} f_t h_0 \quad (5.9.7\text{-}4)$$

式中 β_{0x}、β_{0y}——由式（5.9.7-3）求得，$\lambda_{0x}=a_{0x}/h_0$，$\lambda_{0y}=a_{0y}/h_0$；λ_{0x}、λ_{0y} 均

应满足 0.25～1.0 的要求；

h_c、b_c——分别为 x、y 方向的柱截面的边长；

a_{0x}、a_{0y}——分别为 x、y 方向柱边至最近桩边的水平距离。

4 对于柱下矩形独立阶形承台受上阶冲切的承载力可按下列公式计算（见图 5.9.7）：

$$F_l \leqslant 2\left[\beta_{1x}(b_1+a_{1y})+\beta_{1y}(h_1+a_{1x})\right]\beta_{hp}f_t h_{10} \quad (5.9.7\text{-}5)$$

式中 β_{1x}、β_{1y}——由式（5.9.7-3）求得，$\lambda_{1x}=a_{1x}/h_{10}$，$\lambda_{1y}=a_{1y}/h_{10}$；$\lambda_{1x}$、$\lambda_{1y}$ 均应满足 0.25～1.0 的要求；

h_1、b_1——分别为 x、y 方向承台上阶的边长；

a_{1x}、a_{1y}——分别为 x、y 方向承台上阶边至最近桩边的水平距离。

对于圆柱及圆桩，计算时应将其截面换算成方柱及方桩，即取换算柱截面边长 $b_c=0.8d_c$（d_c 为圆柱直径），换算桩截面边长 $b_p=0.8d$（d 为圆桩直径）。

对于柱下两桩承台，宜按深受弯构件（$l_0/h<5.0$，$l_0=1.15l_n$，l_n 为两桩净距）计算受弯、受剪承载力，不需要进行受冲切承载力计算。

5.9.8 对位于柱（墙）冲切破坏锥体以外的基桩，可按下列规定计算承台受基桩冲切的承载力：

1 四桩以上（含四桩）承台受角桩冲切的承载力可按下列公式计算（见图 5.9.8-1）：

$$N_l \leqslant \left[\beta_{1x}(c_2+a_{1y}/2)+\beta_{1y}(c_1+a_{1x}/2)\right]\beta_{hp}f_t h_0 \quad (5.9.8\text{-}1)$$

$$\beta_{1x}=\frac{0.56}{\lambda_{1x}+0.2} \quad (5.9.8\text{-}2)$$

$$\beta_{1y}=\frac{0.56}{\lambda_{1y}+0.2} \quad (5.9.8\text{-}3)$$

式中 N_l——不计承台及其上土重，在荷载效应基本组合作用下角桩（含复合基桩）反力设计值；

β_{1x}、β_{1y}——角桩冲切系数；

a_{1x}、a_{1y}——从承台底角桩顶内边缘引 45°冲切线与承台顶面相交点至角桩内边缘的水平距离；当柱（墙）边或承台变阶处位于该 45°线以内时，则取由柱（墙）边或承台变阶处与桩内边缘连线为冲切锥体的锥线（见图 5.9.8-1）；

h_0——承台外边缘的有效高度；

λ_{1x}、λ_{1y}——角桩冲跨比，$\lambda_{1x}=a_{1x}/h_0$，$\lambda_{1y}=a_{1y}/h_0$，其值均应满足 0.25～1.0 的要求。

2 对于三桩三角形承台可按下列公式计算受角桩冲切的承载力（见图 5.9.8-2）：

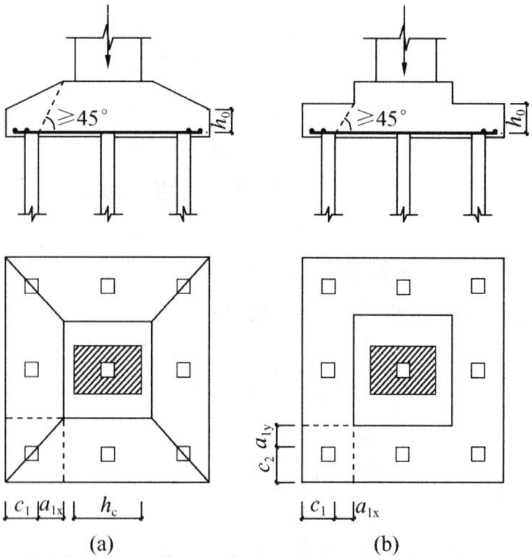

图 5.9.8-1 四桩以上（含四桩）承台角桩冲切计算示意

（a）锥形承台；（b）阶形承台

底部角桩：

$$N_l \leqslant \beta_{11}(2c_1+a_{11})\beta_{hp}\tan\frac{\theta_1}{2}f_t h_0 \quad (5.9.8\text{-}4)$$

$$\beta_{11}=\frac{0.56}{\lambda_{11}+0.2} \quad (5.9.8\text{-}5)$$

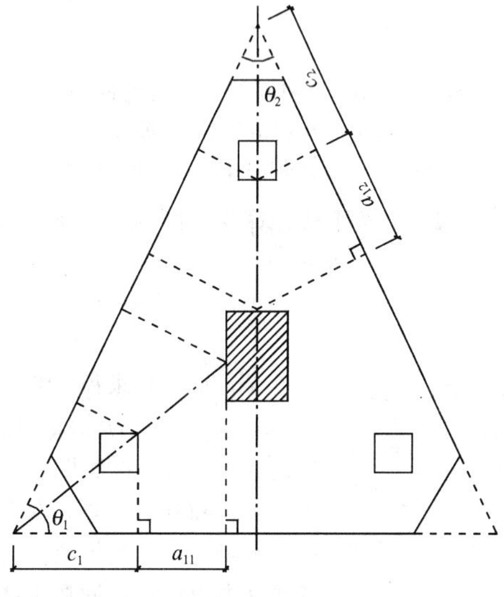

图 5.9.8-2 三桩三角形承台角桩冲切计算示意

顶部角桩：

$$N_l \leqslant \beta_{12}(2c_2+a_{12})\beta_{hp}\tan\frac{\theta_2}{2}f_t h_0 \quad (5.9.8\text{-}6)$$

$$\beta_{12}=\frac{0.56}{\lambda_{12}+0.2} \quad (5.9.8\text{-}7)$$

式中 λ_{11}、λ_{12}——角桩冲跨比，$\lambda_{11}=a_{11}/h_0$，$\lambda_{12}=a_{12}/h_0$，其值均应满足 0.25～1.0 的要求；

a_{11}、a_{12}——从承台底角桩顶内边缘引 45°冲切线与承台顶面相交点至角桩内边缘的水平距离；当柱（墙）边或承台变阶处位于该45°线以内时，则取由柱（墙）边或承台变阶处与桩内边缘连线为冲切锥体的锥线。

3 对于箱形、筏形承台，可按下列公式计算承台受内部基桩的冲切承载力：

1） 应按下式计算受基桩的冲切承载力，如图5.9.8-3（a）所示：

$$N_l \leqslant 2.8(b_p + h_0)\beta_{hp} f_t h_0 \quad (5.9.8\text{-}8)$$

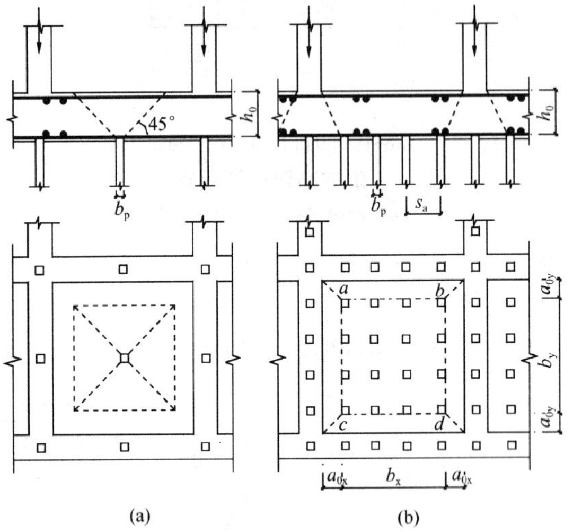

图5.9.8-3 基桩对筏形承台的冲切和墙对筏形承台的冲切计算示意

（a）受基桩的冲切；（b）受桩群的冲切

2） 应按下式计算受桩群的冲切承载力，如图5.9.8-3（b）所示：

$$\sum N_{li} \leqslant 2[\beta_{0x}(b_y + a_{0y}) + \beta_{0y}(b_x + a_{0x})]\beta_{hp} f_t h_0 \quad (5.9.8\text{-}9)$$

式中 β_{0x}、β_{0y}——由式（5.9.7-3）求得，其中 $\lambda_{0x} = a_{0x}/h_0$，$\lambda_{0y} = a_{0y}/h_0$，$\lambda_{0x}$、$\lambda_{0y}$ 均应满足0.25～1.0的要求；

N_l、$\sum N_{li}$——不计承台和其上土重，在荷载效应基本组合下，基桩或复合基桩的净反力设计值、冲切锥体内各基桩或复合基桩反力设计值之和。

Ⅲ 受剪计算

5.9.9 柱（墙）下桩基承台，应分别对柱（墙）边、变阶处和桩边联线形成的贯通承台的斜截面的受剪承载力进行验算。当承台悬挑边有多排基桩形成多个斜截面时，应对每个斜截面的受剪承载力进行验算。

5.9.10 柱下独立桩基承台斜截面受剪承载力应按下列规定计算：

1 承台斜截面受剪承载力可按下列公式计算（见图5.9.10-1）：

$$V \leqslant \beta_{hs} \alpha f_t b_0 h_0 \quad (5.9.10\text{-}1)$$

$$\alpha = \frac{1.75}{\lambda + 1} \quad (5.9.10\text{-}2)$$

$$\beta_{hs} = \left(\frac{800}{h_0}\right)^{1/4} \quad (5.9.10\text{-}3)$$

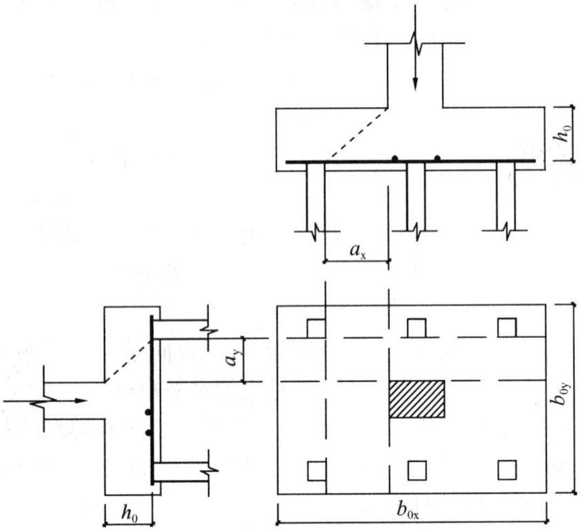

图5.9.10-1 承台斜截面受剪计算示意

式中 V——不计承台及其上土自重，在荷载效应基本组合下，斜截面的最大剪力设计值；

f_t——混凝土轴心抗拉强度设计值；

b_0——承台计算截面处的计算宽度；

h_0——承台计算截面处的有效高度；

α——承台剪切系数；按式（5.9.10-2）确定；

λ——计算截面的剪跨比，$\lambda_x = a_x/h_0$，$\lambda_y = a_y/h_0$，此处，a_x，a_y 为柱边（墙边）或承台变阶处至 y、x 方向计算一排桩的桩边的水平距离，当 $\lambda < 0.25$ 时，取 $\lambda = 0.25$；当 $\lambda > 3$ 时，取 $\lambda = 3$；

β_{hs}——受剪切承载力截面高度影响系数；当 $h_0 < 800$mm时，取 $h_0 = 800$mm；当 $h_0 > 2000$mm时，取 $h_0 = 2000$mm；其间按线性内插法取值。

2 对于阶梯形承台应分别在变阶处（$A_1 - A_1$，$B_1 - B_1$）及柱边处（$A_2 - A_2$，$B_2 - B_2$）进行斜截面受剪承载力计算（见图5.9.10-2）。

计算变阶处截面（$A_1 - A_1$，$B_1 - B_1$）的斜截面受剪承载力时，其截面有效高度均为 h_{10}，截面计算宽度分别为 b_{y1} 和 b_{x1}。

计算柱边截面（$A_2 - A_2$，$B_2 - B_2$）的斜截面受剪承载力时，其截面有效高度均为 $h_{10} + h_{20}$，截面计算宽度分别为：

对 $A_2 - A_2$ $$b_{y0} = \frac{b_{y1} \cdot h_{10} + b_{y2} \cdot h_{20}}{h_{10} + h_{20}} \quad (5.9.10\text{-}4)$$

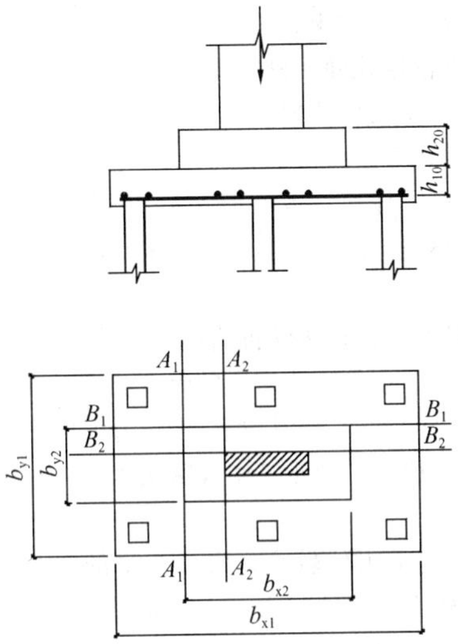

图 5.9.10-2　阶梯形承台斜截面受剪计算示意

对 $B_2—B_2$　　$b_{x0}=\dfrac{b_{x1}\cdot h_{10}+b_{x2}\cdot h_{20}}{h_{10}+h_{20}}$　　(5.9.10-5)

3　对于锥形承台应对变阶处及柱边处（$A—A$ 及 $B—B$）两个截面进行受剪承载力计算（见图 5.9.10-3），截面有效高度均为 h_0，截面的计算宽度分别为：

对 $A—A$　　$b_{y0}=\left[1-0.5\dfrac{h_{20}}{h_0}\left(1-\dfrac{b_{y2}}{b_{y1}}\right)\right]b_{y1}$　　(5.9.10-6)

对 $B—B$　　$b_{x0}=\left[1-0.5\dfrac{h_{20}}{h_0}\left(1-\dfrac{b_{x2}}{b_{x1}}\right)\right]b_{x1}$　　(5.9.10-7)

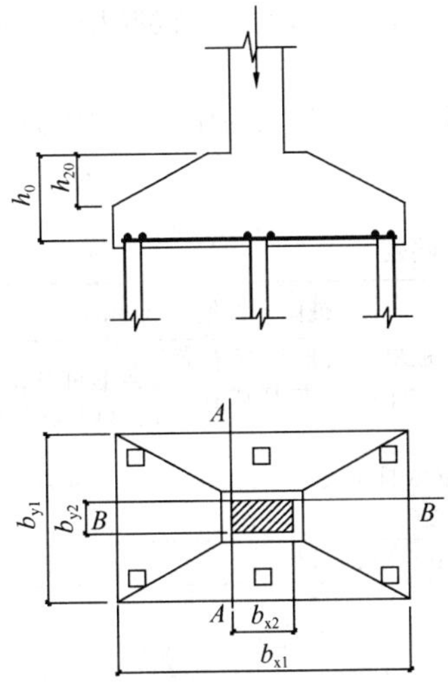

图 5.9.10-3　锥形承台斜截面受剪计算示意

5.9.11　梁板式筏形承台的梁的受剪承载力可按现行国家标准《混凝土结构设计规范》GB 50010 计算。

5.9.12　砌体墙下条形承台梁配有箍筋，但未配弯起钢筋时，斜截面的受剪承载力可按下式计算：

$$V\leqslant 0.7f_tbh_0+1.25f_{yv}\frac{A_{sv}}{s}h_0 \quad (5.9.12)$$

式中　V——不计承台及其上土自重，在荷载效应基本组合下，计算截面处的剪力设计值；

A_{sv}——配置在同一截面内箍筋各肢的全部截面面积；

s——沿计算斜截面方向箍筋的间距；

f_{yv}——箍筋抗拉强度设计值；

b——承台梁计算截面处的计算宽度；

h_0——承台梁计算截面处的有效高度。

5.9.13　砌体墙下承台梁配有箍筋和弯起钢筋时，斜截面的受剪承载力可按下式计算：

$$V\leqslant 0.7f_tbh_0+1.25f_y\frac{A_{sv}}{s}h_0+0.8f_yA_{sb}\sin\alpha_s \quad (5.9.13)$$

式中　A_{sb}——同一截面弯起钢筋的截面面积；

f_y——弯起钢筋的抗拉强度设计值；

α_s——斜截面上弯起钢筋与承台底面的夹角。

5.9.14　柱下条形承台梁，当配有箍筋但未配弯起钢筋时，其斜截面的受剪承载力可按下式计算：

$$V\leqslant\frac{1.75}{\lambda+1}f_tbh_0+f_y\frac{A_{sv}}{s}h_0 \quad (5.9.14)$$

式中　λ——计算截面的剪跨比，$\lambda=a/h_0$，a 为柱边至桩边的水平距离；当 $\lambda<1.5$ 时，取 $\lambda=1.5$；当 $\lambda>3$ 时，取 $\lambda=3$。

Ⅳ　局部受压计算

5.9.15　对于柱下桩基，当承台混凝土强度等级低于柱或桩的混凝土强度等级时，应验算柱下或桩上承台的局部受压承载力。

Ⅴ　抗 震 验 算

5.9.16　当进行承台的抗震验算时，应根据现行国家标准《建筑抗震设计规范》GB 50011 的规定对承台顶面的地震作用效应和承台的受弯、受冲切、受剪承载力进行抗震调整。

6　灌注桩施工

6.1　施 工 准 备

6.1.1　灌注桩施工应具备下列资料：

1　建筑场地岩土工程勘察报告；

2　桩基工程施工图及图纸会审纪要；

3　建筑场地和邻近区域内的地下管线、地下构筑物、危房、精密仪器车间等的调查资料；

4　主要施工机械及其配套设备的技术性能资料；

5　桩基工程的施工组织设计；

6　水泥、砂、石、钢筋等原材料及其制品的质检报告；

7　有关荷载、施工工艺的试验参考资料。

6.1.2 钻孔机具及工艺的选择，应根据桩型、钻孔深度、土层情况、泥浆排放及处理条件综合确定。

6.1.3 施工组织设计应结合工程特点，有针对性地制定相应质量管理措施，主要应包括下列内容：

1 施工平面图：标明桩位、编号、施工顺序、水电线路和临时设施的位置；采用泥浆护壁成孔时，应标明泥浆制备设施及其循环系统；

2 确定成孔机械、配套设备以及合理施工工艺的有关资料，泥浆护壁灌注桩必须有泥浆处理措施；

3 施工作业计划和劳动力组织计划；

4 机械设备、备件、工具、材料供应计划；

5 桩基施工时，对安全、劳动保护、防火、防雨、防台风、爆破作业、文物和环境保护等方面应按有关规定执行；

6 保证工程质量、安全生产和季节性施工的技术措施。

6.1.4 成桩机械必须经鉴定合格，不得使用不合格机械。

6.1.5 施工前应组织图纸会审，会审纪要连同施工图等应作为施工依据，并应列入工程档案。

6.1.6 桩基施工用的供水、供电、道路、排水、临时房屋等临时设施，必须在开工前准备就绪，施工场地应进行平整处理，保证施工机械正常作业。

6.1.7 基桩轴线的控制点和水准点应设在不受施工影响的地方。开工前，经复核后应妥善保护，施工中应经常复测。

6.1.8 用于施工质量检验的仪表、器具的性能指标，应符合现行国家相关标准的规定。

6.2 一 般 规 定

6.2.1 不同桩型的适用条件应符合下列规定：

1 泥浆护壁钻孔灌注桩宜用于地下水位以下的黏性土、粉土、砂土、填土、碎石土及风化岩层；

2 旋挖成孔灌注桩宜用于黏性土、粉土、砂土、填土、碎石土及风化岩层；

3 冲孔灌注桩除宜用于上述地质情况外，还能穿透旧基础、建筑垃圾填土或大孤石等障碍物。在岩溶发育地区应慎重使用，采用时，应适当加密勘察钻孔；

4 长螺旋钻孔压灌桩后插钢筋笼宜用于黏性土、粉土、砂土、填土、非密实的碎石类土、强风化岩；

5 干作业钻、挖孔灌注桩宜用于地下水位以上的黏性土、粉土、填土、中等密实以上的砂土、风化岩层；

6 在地下水位较高，有承压水的砂土层、滞水层、厚度较大的流塑状淤泥、淤泥质土层中不得选用人工挖孔灌注桩；

7 沉管灌注桩宜用于黏性土、粉土和砂土；夯扩桩宜用于桩端持力层为埋深不超过20m的中、低压缩性黏性土、粉土、砂土和碎石类土。

6.2.2 成孔设备就位后，必须平整、稳固，确保在成孔过程中不发生倾斜和偏移。应在成孔钻具上设置控制深度的标尺，并应在施工中进行观测记录。

6.2.3 成孔的控制深度应符合下列要求：

1 摩擦型桩：摩擦桩应以设计桩长控制成孔深度；端承摩擦桩必须保证设计桩长及桩端进入持力层深度。当采用锤击沉管法成孔时，桩管入土深度控制应以标高为主，以贯入度控制为辅。

2 端承型桩：当采用钻（冲）、挖掘成孔时，必须保证桩端进入持力层的设计深度；当采用锤击沉管法成孔时，桩管入土深度控制以贯入度为主，以控制标高为辅。

6.2.4 灌注桩成孔施工的允许偏差应满足表6.2.4的要求。

表6.2.4 灌注桩成孔施工允许偏差

成孔方法		桩径允许偏差（mm）	垂直度允许偏差（%）	桩位允许偏差（mm）：1～3根桩、条形桩基沿垂直轴线方向和群桩基础中的边桩	桩位允许偏差（mm）：条形桩基沿轴线方向和群桩基础的中间桩
泥浆护壁钻、挖、冲孔桩	$d\leqslant 1000$mm	±50	1	$d/6$且不大于100	$d/4$且不大于150
	$d>1000$mm	±50		$100+0.01H$	$150+0.01H$
锤击（振动）沉管振动冲击沉管成孔	$d\leqslant 500$mm	−20	1	70	150
	$d>500$mm			100	150
螺旋钻、机动洛阳铲干作业成孔		−20	1	70	150
人工挖孔桩	现浇混凝土护壁	±50	0.5	50	150
	长钢套管护壁	±20	1	100	200

注：1 桩径允许偏差的负值是指个别断面；

2 H为施工现场地面标高与桩顶设计标高的距离；d为设计桩径。

6.2.5 钢筋笼制作、安装的质量应符合下列要求：

1 钢筋笼的材质、尺寸应符合设计要求，制作允许偏差应符合表6.2.5的规定；

表6.2.5 钢筋笼制作允许偏差

项　　目	允许偏差（mm）
主筋间距	±10
箍筋间距	±20
钢筋笼直径	±10
钢筋笼长度	±100

2 分段制作的钢筋笼，其接头宜采用焊接或机械式接头（钢筋直径大于20mm），并应遵守国家现行标准《钢筋机械连接通用技术规程》JGJ 107、《钢筋焊接及验收规程》JGJ 18和《混凝土结构工程施工质量验收规范》GB 50204的规定；

3 加劲箍宜设在主筋外侧，当因施工工艺有特殊要求时也可置于内侧；

4 导管接头处外径应比钢筋笼的内径小100mm以上；

5 搬运和吊装钢筋笼时，应防止变形，安放应对准孔位，避免碰撞孔壁和自由落下，就位后应立即固定。

6.2.6 粗骨料可选用卵石或碎石，其粒径不得大于钢筋间最小净距的1/3。

6.2.7 检查成孔质量合格后应尽快灌注混凝土。直径大于1m或单桩混凝土量超过25m^{3}的桩，每根桩桩身混凝土应留有1组试件；直径不大于1m的桩或单桩混凝土量不超过25m^{3}的桩，每个灌注台班不得少于1组；每组试件应留3件。

6.2.8 在正式施工前，宜进行试成孔。

6.2.9 灌注桩施工现场所有设备、设施、安全装置、工具配件以及个人劳保用品必须经常检查，确保完好和使用安全。

6.3 泥浆护壁成孔灌注桩

Ⅰ 泥浆的制备和处理

6.3.1 除能自行造浆的黏性土层外，均应制备泥浆。泥浆制备应选用高塑性黏土或膨润土。泥浆应根据施工机械、工艺及穿越土层情况进行配合比设计。

6.3.2 泥浆护壁应符合下列规定：

1 施工期间护筒内的泥浆面应高出地下水位1.0m以上，在受水位涨落影响时，泥浆面应高出最高水位1.5m以上；

2 在清孔过程中，应不断置换泥浆，直至灌注水下混凝土；

3 灌注混凝土前，孔底500mm以内的泥浆相对密度应小于1.25；含砂率不得大于8%；黏度不得大于28s；

4 在容易产生泥浆渗漏的土层中应采取维持孔壁稳定的措施。

6.3.3 废弃的浆、渣应进行处理，不得污染环境。

Ⅱ 正、反循环钻孔灌注桩的施工

6.3.4 对孔深较大的端承型桩和粗粒土层中的摩擦型桩，宜采用反循环工艺成孔或清孔，也可根据土层情况采用正循环钻进，反循环清孔。

6.3.5 泥浆护壁成孔时，宜采用孔口护筒，护筒设置应符合下列规定：

1 护筒埋设应准确、稳定，护筒中心与桩位中心的偏差不得大于50mm；

2 护筒可用4～8mm厚钢板制作，其内径应大于钻头直径100mm，上部宜开设1～2个溢浆孔；

3 护筒的埋设深度：在黏性土中不宜小于1.0m；砂土中不宜小于1.5m。护筒下端外侧应采用黏土填实；其高度尚应满足孔内泥浆面高度的要求；

4 受水位涨落影响或水下施工的钻孔灌注桩，护筒应加高加深，必要时应打入不透水层。

6.3.6 当在软土层中钻进时，应根据泥浆补给情况控制钻进速度；在硬层或岩层中的钻进速度应以钻机不发生跳动为准。

6.3.7 钻机设置的导向装置应符合下列规定：

1 潜水钻的钻头上应有不小于$3d$长度的导向装置；

2 利用钻杆加压的正循环回转钻机，在钻具中应加设扶正器。

6.3.8 如在钻进过程中发生斜孔、塌孔和护筒周围冒浆、失稳等现象时，应停钻，待采取相应措施后再进行钻进。

6.3.9 钻孔达到设计深度，灌注混凝土之前，孔底沉渣厚度指标应符合下列规定：

1 对端承型桩，不应大于50mm；

2 对摩擦型桩，不应大于100mm；

3 对抗拔、抗水平力桩，不应大于200mm。

Ⅲ 冲击成孔灌注桩的施工

6.3.10 在钻头锥顶和提升钢丝绳之间应设置保证钻头自动转向的装置。

6.3.11 冲孔桩孔口护筒，其内径应大于钻头直径200mm，护筒应按本规范第6.3.5条设置。

6.3.12 泥浆的制备、使用和处理应符合本规范第6.3.1～6.3.3条的规定。

6.3.13 冲击成孔质量控制应符合下列规定：

1 开孔时，应低锤密击，当表土为淤泥、细砂等软弱土层时，可加黏土块夹小片石反复冲击造壁，孔内泥浆面应保持稳定；

2 在各种不同的土层、岩层中成孔时，可按照

表 6.3.13 的操作要点进行；

3 进入基岩后，应采用大冲程、低频率冲击，当发现成孔偏移时，应回填片石至偏孔上方 300～500mm 处，然后重新冲孔；

4 当遇到孤石时，可预爆或采用高低冲程交替冲击，将大孤石击碎或挤入孔壁；

5 应采取有效的技术措施防止扰动孔壁、塌孔、扩孔、卡钻和掉钻及泥浆流失等事故；

6 每钻进 4～5m 应验孔一次，在更换钻头前或容易缩孔处，均应验孔；

7 进入基岩后，非桩端持力层每钻进 300～500mm 和桩端持力层每钻进 100～300m 时，应清孔取样一次，并应做记录。

表 6.3.13 冲击成孔操作要点

项　目	操 作 要 点
在护筒刃脚以下 2m 范围内	小冲程 1m 左右，泥浆相对密度 1.2～1.5，软弱土层投入黏土块夹小片石
黏性土层	中、小冲程 1～2m，泵入清水或稀泥浆，经常清除钻头上的泥块
粉砂或中粗砂层	中冲程 2～3m，泥浆相对密度 1.2～1.5，投入黏土块，勤冲、勤掏渣
砂卵石层	中、高冲程 3～4m，泥浆相对密度 1.3 左右，勤掏渣
软弱土层或塌孔回填重钻	小冲程反复冲击，加黏土块夹小片石，泥浆相对密度 1.3～1.5

注：1 土层不好时提高泥浆相对密度或加黏土块；
　　2 防黏钻可投入碎砖石。

6.3.14 排渣可采用泥浆循环或抽渣筒等方法，当采用抽渣筒排渣时，应及时补给泥浆。

6.3.15 冲孔中遇到斜孔、弯孔、梅花孔、塌孔及护筒周围冒浆、失稳等情况时，应停止施工，采取措施后方可继续施工。

6.3.16 大直径桩孔可分级成孔，第一级成孔直径应为设计桩径的 0.6～0.8 倍。

6.3.17 清孔宜按下列规定进行：

1 不易塌孔的桩孔，可采用空气吸泥清孔；

2 稳定性差的孔壁应采用泥浆循环或抽渣筒排渣，清孔后灌注混凝土之前的泥浆指标应按本规范第 6.3.1 条执行；

3 清孔时，孔内泥浆面应符合本规范第 6.3.2 条的规定；

4 灌注混凝土前，孔底沉渣允许厚度应符合本规范第 6.3.9 条的规定。

Ⅳ 旋挖成孔灌注桩的施工

6.3.18 旋挖钻成孔灌注桩应根据不同的地层情况及地下水位埋深，采用干作业成孔和泥浆护壁成孔工艺，干作业成孔工艺可按本规范第 6.6 节执行。

6.3.19 泥浆护壁旋挖钻机成孔应配备成孔和清孔用泥浆及泥浆池（箱），在容易产生泥浆渗漏的土层中可采取提高泥浆相对密度，掺入锯末、增黏剂提高泥浆黏度等维持孔壁稳定的措施。

6.3.20 泥浆制备的能力应大于钻孔时的泥浆需求量，每台套钻机的泥浆储备量不应少于单桩体积。

6.3.21 旋挖钻机施工时，应保证机械稳定、安全作业，必要时可在场地辅设能保证其安全行走和操作的钢板或垫层（路基板）。

6.3.22 每根桩均应安设钢护筒，护筒应满足本规范第 6.3.5 条的规定。

6.3.23 成孔前和每次提出钻斗时，应检查钻斗和钻杆连接销子、钻斗门连接销子以及钢丝绳的状况，并应清除钻斗上的渣土。

6.3.24 旋挖钻机成孔应采用跳挖方式，钻斗倒出的土距桩孔口的最小距离应大于 6m，并应及时清除。应根据钻进速度同步补充泥浆，保持所需的泥浆面高度不变。

6.3.25 钻孔达到设计深度时，应采用清孔钻头进行清孔，并应满足本规范第 6.3.2 条和第 6.3.3 条要求。孔底沉渣厚度控制指标应符合本规范第 6.3.9 条规定。

Ⅴ 水下混凝土的灌注

6.3.26 钢筋笼吊装完毕后，应安置导管或气泵管二次清孔，并应进行孔位、孔径、垂直度、孔深、沉渣厚度等检验，合格后应立即灌注混凝土。

6.3.27 水下灌注的混凝土应符合下列规定：

1 水下灌注混凝土必须具备良好的和易性，配合比应通过试验确定；坍落度宜为 180～220mm；水泥用量不应少于 360kg/m^3（当掺入粉煤灰时水泥用量可不受此限）；

2 水下灌注混凝土的含砂率宜为 40%～50%，并宜选用中粗砂；粗骨料的最大粒径应小于 40mm；并应满足本规范第 6.2.6 条的要求；

3 水下灌注混凝土宜掺外加剂。

6.3.28 导管的构造和使用应符合下列规定：

1 导管壁厚不宜小于 3mm，直径宜为 200～250mm；直径制作偏差不应超过 2mm，导管的分节长度可视工艺要求确定，底管长度不宜小于 4m，接头宜采用双螺纹方扣快速接头；

2 导管使用前应试拼装、试压，试水压力可取为0.6～1.0MPa；

3 每次灌注后应对导管内外进行清洗。

6.3.29 使用的隔水栓应有良好的隔水性能，并应保证顺利排出；隔水栓宜采用球胆或与桩身混凝土强度等级相同的细石混凝土制作。

6.3.30 灌注水下混凝土的质量控制应满足下列要求：

1 开始灌注混凝土时，导管底部至孔底的距离宜为300～500mm；

2 应有足够的混凝土储备量，导管一次埋入混凝土灌注面以下不应少于0.8m；

3 导管埋入混凝土深度宜为2～6m。严禁将导管提出混凝土灌注面，并应控制提拔导管速度，应有专人测量导管埋深及管内外混凝土灌注面的高差，填写水下混凝土灌注记录；

4 灌注水下混凝土必须连续施工，每根桩的灌注时间应按初盘混凝土的初凝时间控制，对灌注过程中的故障应记录备案；

5 应控制最后一次灌注量，超灌高度宜为0.8～1.0m，凿除泛浆后必须保证暴露的桩顶混凝土强度达到设计等级。

6.4 长螺旋钻孔压灌桩

6.4.1 当需要穿越老黏土、厚层砂土、碎石土以及塑性指数大于25的黏土时，应进行试钻。

6.4.2 钻机定位后，应进行复检，钻头与桩位点偏差不得大于20mm，开孔时下钻速度应缓慢；钻进过程中，不宜反转或提升钻杆。

6.4.3 钻进过程中，当遇到卡钻、钻机摇晃、偏斜或发生异常声响时，应立即停钻，查明原因，采取相应措施后方可继续作业。

6.4.4 根据桩身混凝土的设计强度等级，应通过试验确定混凝土配合比；混凝土坍落度宜为180～220mm；粗骨料可采用卵石或碎石，最大粒径不宜大于30mm；可掺加粉煤灰或外加剂。

6.4.5 混凝土泵型号应根据桩径选择，混凝土输送泵管布置宜减少弯道，混凝土泵与钻机的距离不宜超过60m。

6.4.6 桩身混凝土的泵送压灌应连续进行，当钻机移位时，混凝土泵料斗内的混凝土应连续搅拌，泵送混凝土时，料斗内混凝土的高度不得低于400mm。

6.4.7 混凝土输送泵管宜保持水平，当长距离泵送时，泵管下面应垫实。

6.4.8 当气温高于30℃时，宜在输送泵管上覆盖隔热材料，每隔一段时间应洒水降温。

6.4.9 钻至设计标高后，应先泵入混凝土并停顿10～20s，再缓慢提升钻杆。提钻速度应根据土层情况确定，且应与混凝土泵送量相匹配，保证管内有一定高度的混凝土。

6.4.10 在地下水位以下的砂土层中钻进时，钻杆底部活门应有防止进水的措施，压灌混凝土应连续进行。

6.4.11 压灌桩的充盈系数宜为1.0～1.2。桩顶混凝土超灌高度不宜小于0.3～0.5m。

6.4.12 成桩后，应及时清除钻杆及泵管内残留混凝土。长时间停置时，应采用清水将钻杆、泵管、混凝土泵清洗干净。

6.4.13 混凝土压灌结束后，应立即将钢筋笼插至设计深度。钢筋笼插设宜采用专用插筋器。

6.5 沉管灌注桩和内夯沉管灌注桩

Ⅰ 锤击沉管灌注桩施工

6.5.1 锤击沉管灌注桩施工应根据土质情况和荷载要求，分别选用单打法、复打法或反插法。

6.5.2 锤击沉管灌注桩施工应符合下列规定：

1 群桩基础的基桩施工，应根据土质、布桩情况，采取消减负面挤土效应的技术措施，确保成桩质量；

2 桩管、混凝土预制桩尖或钢桩尖的加工质量和埋设位置应与设计相符，桩管与桩尖的接触应有良好的密封性。

6.5.3 灌注混凝土和拔管的操作控制应符合下列规定：

1 沉管至设计标高后，应立即检查和处理桩管内的进泥、进水和吞桩尖等情况，并立即灌注混凝土；

2 当桩身配置局部长度钢筋笼时，第一次灌注混凝土应先灌至笼底标高，然后放置钢筋笼，再灌至桩顶标高。第一次拔管高度应以能容纳第二次灌入的混凝土量为限。在拔管过程中应采用测锤或浮标检测混凝土面的下降情况；

3 拔管速度应保持均匀，对一般土层拔管速度宜为1m/min，在软弱土层和软硬土层交界处拔管速度宜控制在0.3～0.8m/min；

4 采用倒打拔管的打击次数，单动汽锤不得少于50次/min，自由落锤小落距轻击不得少于40次/min；在管底未拔至桩顶设计标高之前，倒打和轻击不得中断。

6.5.4 混凝土的充盈系数不得小于1.0；对于充盈系数小于1.0的桩，应全长复打，对可能断桩和缩颈桩，应进行局部复打。成桩后的桩身混凝土顶面应高于桩顶设计标高500mm以内。全长复打时，桩管入土深度宜接近原桩长，局部复打应超过断桩或缩颈区1m以上。

6.5.5 全长复打桩施工时应符合下列规定：

1 第一次灌注混凝土应达到自然地面；

2 拔管过程中应及时清除粘在管壁上和散落在地面上的混凝土；

3 初打与复打的桩轴线应重合；

4 复打施工必须在第一次灌注的混凝土初凝之前完成。

6.5.6 混凝土的坍落度宜为80～100mm。

Ⅱ 振动、振动冲击沉管灌注桩施工

6.5.7 振动、振动冲击沉管灌注桩应根据土质情况和荷载要求，分别选用单打法、复打法、反插法等。单打法可用于含水量较小的土层，且宜采用预制桩尖；反插法及复打法可用于饱和土层。

6.5.8 振动、振动冲击沉管灌注桩单打法施工的质量控制应符合下列规定：

1 必须严格控制最后 30s 的电流、电压值，其值按设计要求或根据试桩和当地经验确定；

2 桩管内灌满混凝土后，应先振动 5～10s，再开始拔管，应边振边拔，每拔出 0.5～1.0m，停拔，振动 5～10s；如此反复，直至桩管全部拔出；

3 在一般土层内，拔管速度宜为 1.2～1.5m/min，用活瓣桩尖时宜慢，用预制桩尖时可适当加快；在软弱土层中宜控制在 0.6～0.8m/min。

6.5.9 振动、振动冲击沉管灌注桩反插法施工的质量控制应符合下列规定：

1 桩管灌满混凝土后，先振动再拔管，每次拔管高度0.5～1.0m，反插深度 0.3～0.5m；在拔管过程中，应分段添加混凝土，保持管内混凝土面始终不低于地表面或高于地下水位 1.0～1.5m 以上，拔管速度应小于 0.5m/min；

2 在距桩尖处 1.5m 范围内，宜多次反插以扩大桩端部断面；

3 穿过淤泥夹层时，应减慢拔管速度，并减少拔管高度和反插深度，在流动性淤泥中不宜使用反插法。

6.5.10 振动、振动冲击沉管灌注桩复打法的施工要求可按本规范第 6.5.4 条和第 6.5.5 条执行。

Ⅲ 内夯沉管灌注桩施工

6.5.11 当采用外管与内夯管结合锤击沉管进行夯压、扩底、扩径时，内夯管应比外管短 100mm，内夯管底端可采用闭口平底或闭口锥底（见图 6.5.11）。

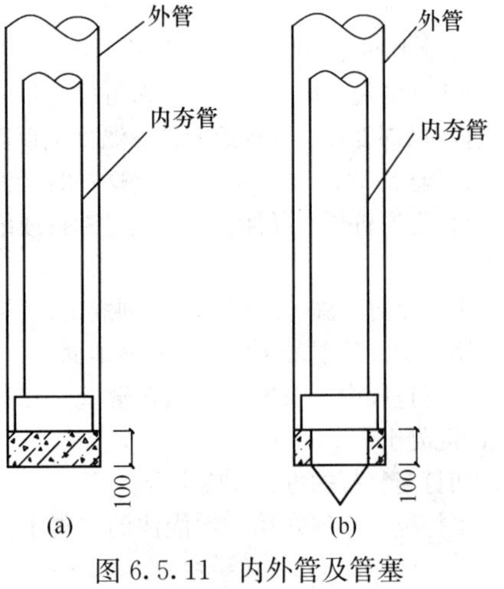

图 6.5.11 内外管及管塞

(a) 平底内夯管；(b) 锥底内夯管

6.5.12 外管封底可采用干硬性混凝土、无水混凝土配料，经夯击形成阻水、阻泥管塞，其高度可为 100mm。当内、外管间不会发生间隙涌水、涌泥时，亦可不采用上述封底措施。

6.5.13 桩端夯扩头平均直径可按下列公式估算：

一次夯扩 $$D_1 = d_0\sqrt{\frac{H_1 + h_1 - C_1}{h_1}} \quad (6.5.13\text{-}1)$$

二次夯扩 $$D_2 = d_0\sqrt{\frac{H_1 + H_2 + h_2 - C_1 - C_2}{h_2}} \quad (6.5.13\text{-}2)$$

式中 D_1、D_2——第一次、第二次夯扩扩头平均直径（m）；

d_0——外管直径（m）；

H_1、H_2——第一次、第二次夯扩工序中，外管内灌注混凝土面从桩底算起的高度（m）；

h_1、h_2——第一次、第二次夯扩工序中，外管从桩底算起的上拔高度（m），分别可取 $H_1/2$，$H_2/2$；

C_1、C_2——第一次、二次夯扩工序中，内外管同步下沉至离桩底的距离，均可取为 0.2m（见图 6.5.13）。

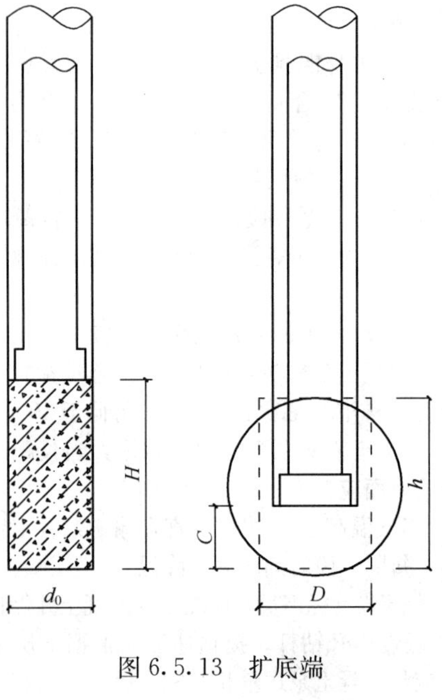

图 6.5.13 扩底端

6.5.14 桩身混凝土宜分段灌注；拔管时内夯管和桩锤应施压于外管中的混凝土顶面，边压边拔。

6.5.15 施工前宜进行试成桩，并应详细记录混凝土的分次灌注量、外管上拔高度、内管夯击次数、双管同步沉入深度，并应检查外管的封底情况，有无进水、涌泥等，经核定后可作为施工控制依据。

6.6 干作业成孔灌注桩

Ⅰ 钻孔（扩底）灌注桩施工

6.6.1 钻孔时应符合下列规定：

1 钻杆应保持垂直稳固，位置准确，防止因钻杆晃动引起扩大孔径；

2 钻进速度应根据电流值变化，及时调整；

3 钻进过程中，应随时清理孔口积土，遇到地下水、塌孔、缩孔等异常情况时，应及时处理。

6.6.2 钻孔扩底桩施工，直孔部分应按本规范第6.6.1、6.6.3、6.6.4条规定执行，扩底部位尚应符合下列规定：

1 应根据电流值或油压值，调节扩孔刀片削土量，防止出现超负荷现象；

2 扩底直径和孔底的虚土厚度应符合设计要求。

6.6.3 成孔达到设计深度后，孔口应予保护，应按本规范第6.2.4条规定验收，并应做好记录。

6.6.4 灌注混凝土前，应在孔口安放护孔漏斗，然后放置钢筋笼，并应再次测量孔内虚土厚度。扩底桩灌注混凝土时，第一次应灌到扩底部位的顶面，随即振捣密实；浇筑桩顶以下5m范围内混凝土时，应随浇筑随振捣，每次浇筑高度不得大于1.5m。

Ⅱ 人工挖孔灌注桩施工

6.6.5 人工挖孔桩的孔径（不含护壁）不得小于0.8m，且不宜大于2.5m；孔深不宜大于30m。当桩净距小于2.5m时，应采用间隔开挖。相邻排桩跳挖的最小施工净距不得小于4.5m。

6.6.6 人工挖孔桩混凝土护壁的厚度不应小于100mm，混凝土强度等级不应低于桩身混凝土强度等级，并应振捣密实；护壁应配置直径不小于8mm的构造钢筋，竖向筋应上下搭接或拉接。

6.6.7 人工挖孔桩施工应采取下列安全措施：

1 孔内必须设置应急软爬梯供人员上下；使用的电葫芦、吊笼等应安全可靠，并配有自动卡紧保险装置，不得使用麻绳和尼龙绳吊挂或脚踏井壁凸缘上下；电葫芦宜用按钮式开关，使用前必须检验其安全起吊能力；

2 每日开工前必须检测井下的有毒、有害气体，并应有相应的安全防范措施；当桩孔开挖深度超过10m时，应有专门向井下送风的设备，风量不宜少于25L/s；

3 孔口四周必须设置护栏，护栏高度宜为0.8m；

4 挖出的土石方应及时运离孔口，不得堆放在孔口周边1m范围内，机动车辆的通行不得对井壁的安全造成影响；

5 施工现场的一切电源、电路的安装和拆除必须遵守现行行业标准《施工现场临时用电安全技术规范》JGJ 46的规定。

6.6.8 开孔前，桩位应准确定位放样，在桩位外设置定位基准桩，安装护壁模板必须用桩中心点校正模板位置，并应由专人负责。

6.6.9 第一节井圈护壁应符合下列规定：

1 井圈中心线与设计轴线的偏差不得大于20mm；

2 井圈顶面应比场地高出100～150mm，壁厚应比下面井壁厚度增加100～150mm。

6.6.10 修筑井圈护壁应符合下列规定：

1 护壁的厚度、拉接钢筋、配筋、混凝土强度等级均应符合设计要求；

2 上下节护壁的搭接长度不得小于50mm；

3 每节护壁均应在当日连续施工完毕；

4 护壁混凝土必须保证振捣密实，应根据土层渗水情况使用速凝剂；

5 护壁模板的拆除应在灌注混凝土24h之后；

6 发现护壁有蜂窝、漏水现象时，应及时补强；

7 同一水平面上的井圈任意直径的极差不得大于50mm。

6.6.11 当遇有局部或厚度不大于1.5m的流动性淤泥和可能出现涌土涌砂时，护壁施工可按下列方法处理：

1 将每节护壁的高度减小到300～500mm，并随挖、随验、随灌注混凝土；

2 采用钢护筒或有效的降水措施。

6.6.12 挖至设计标高后，应清除护壁上的泥土和孔底残渣、积水，并应进行隐蔽工程验收。验收合格后，应立即封底和灌注桩身混凝土。

6.6.13 灌注桩身混凝土时，混凝土必须通过溜槽；当落距超过3m时，应采用串筒，串筒末端距孔底高度不宜大于2m；也可采用导管泵送；混凝土宜采用插入式振捣器振实。

6.6.14 当渗水量过大时，应采取场地截水、降水或水下灌注混凝土等有效措施。严禁在桩孔中边抽水边开挖，同时不得灌注相邻桩。

6.7 灌注桩后注浆

6.7.1 灌注桩后注浆工法可用于各类钻、挖、冲孔灌注桩及地下连续墙的沉渣（虚土）、泥皮和桩底、桩侧一定范围土体的加固。

6.7.2 后注浆装置的设置应符合下列规定：

1 后注浆导管应采用钢管，且应与钢筋笼加劲筋绑扎固定或焊接；

2 桩端后注浆导管及注浆阀数量宜根据桩径大小设置：对于直径不大于1200mm的桩，宜沿钢筋笼圆周对称设置2根；对于直径大于1200mm而不大于2500mm的桩，宜对称设置3根；

3 对于桩长超过15m且承载力增幅要求较高者，宜采用桩端桩侧复式注浆；桩侧后注浆管阀设置数量应综合地层情况、桩长和承载力增幅要求等因素确定，可在离桩底5～15m以上、桩顶8m以下，每隔6～12m设置一道桩侧注浆阀，当有粗粒土时，宜将注浆阀设置于粗粒土层下部，对于干作业成孔灌注桩宜设于粗粒土层中部；

4 对于非通长配筋桩，下部应有不少于2根与注浆管等长的主筋组成的钢筋笼通底；

5 钢筋笼应沉放到底，不得悬吊，下笼受阻时不得撞笼、墩笼、扭笼。

6.7.3 后注浆阀应具备下列性能：

1 注浆阀应能承受1MPa以上静水压力；注浆阀外部保护层应能抵抗砂石等硬质物的刮撞而不致使注浆阀受损；

2 注浆阀应具备逆止功能。

6.7.4 浆液配比、终止注浆压力、流量、注浆量等参数设计应符合下列规定：

1 浆液的水灰比应根据土的饱和度、渗透性确定，对于饱和土，水灰比宜为0.45～0.65；对于非饱和土，水灰比宜为0.7～0.9（松散碎石土、砂砾宜为0.5～0.6）；低水灰比浆液宜掺入减水剂；

2 桩端注浆终止注浆压力应根据土层性质及注浆点深度确定，对于风化岩、非饱和黏性土及粉土，注浆压力宜为3～10MPa；对于饱和土层注浆压力宜为1.2～4MPa，软土宜取低值，密实黏性土宜取高值；

3 注浆流量不宜超过75L/min；

4 单桩注浆量的设计应根据桩径、桩长、桩端桩侧土层性质、单桩承载力增幅及是否复式注浆等因素确定，可按下式估算：

$$G_c = \alpha_p d + \alpha_s n d \qquad (6.7.4)$$

式中 α_p、α_s——分别为桩端、桩侧注浆量经验系数，$\alpha_p=1.5\sim1.8$，$\alpha_s=0.5\sim0.7$；对于卵、砾石、中粗砂取较高值；

n——桩侧注浆断面数；

d——基桩设计直径（m）；

G_c——注浆量，以水泥质量计（t）。

对独立单桩、桩距大于6d的群桩和群桩初始注浆的数根基桩的注浆量应按上述估算值乘以1.2的系数；

5 后注浆作业开始前，宜进行注浆试验，优化并最终确定注浆参数。

6.7.5 后注浆作业起始时间、顺序和速率应符合下列规定：

1 注浆作业宜于成桩2d后开始；不宜迟于成桩30d后；

2 注浆作业与成孔作业点的距离不宜小于8～10m；

3 对于饱和土中的复式注浆顺序宜先桩侧后桩端；对于非饱和土宜先桩端后桩侧，多断面桩侧注浆应先上后下；桩侧桩端注浆间隔时间不宜少于2h；

4 桩端注浆应对同一根桩的各注浆导管依次实施等量注浆；

5 对于桩群注浆宜先外围、后内部。

6.7.6 当满足下列条件之一时可终止注浆：

1 注浆总量和注浆压力均达到设计要求；

2 注浆总量已达到设计值的75%，且注浆压力超过设计值。

6.7.7 当注浆压力长时间低于正常值或地面出现冒浆或周围桩孔串浆，应改为间歇注浆，间歇时间宜为30～60min，或调低浆液水灰比。

6.7.8 后注浆施工过程中，应经常对后注浆的各项工艺参数进行检查，发现异常应采取相应处理措施。当注浆量等主要参数达不到设计值时，应根据工程具体情况采取相应措施。

6.7.9 后注浆桩基工程质量检查和验收应符合下列要求：

1 后注浆施工完成后应提供水泥材质检验报告、压力表检定证书、试注浆记录、设计工艺参数、后注浆作业记录、特殊情况处理记录等资料；

2 在桩身混凝土强度达到设计要求的条件下，承载力检验应在注浆完成20d后进行，浆液中掺入早强剂时可于注浆完成15d后进行。

7 混凝土预制桩与钢桩施工

7.1 混凝土预制桩的制作

7.1.1 混凝土预制桩可在施工现场预制，预制场地必须平整、坚实。

7.1.2 制桩模板宜采用钢模板，模板应具有足够刚度，并应平整，尺寸应准确。

7.1.3 钢筋骨架的主筋连接宜采用对焊和电弧焊，当钢筋直径不小于20mm时，宜采用机械接头连接。主筋接头配置在同一截面内的数量，应符合下列规定：

1 当采用对焊或电弧焊时，对于受拉钢筋，不得超过50%；

2 相邻两根主筋接头截面的距离应大于35d_g（d_g为主筋直径），并不应小于500mm；

3 必须符合现行行业标准《钢筋焊接及验收规程》JGJ 18和《钢筋机械连接通用技术规程》JGJ 107的规定。

7.1.4 预制桩钢筋骨架的允许偏差应符合表7.1.4的规定。

表 7.1.4 预制桩钢筋骨架的允许偏差

项次	项　　目	允许偏差（mm）
1	主筋间距	±5
2	桩尖中心线	10
3	箍筋间距或螺旋筋的螺距	±20
4	吊环沿纵轴线方向	±20
5	吊环沿垂直于纵轴线方向	±20
6	吊环露出桩表面的高度	±10
7	主筋距桩顶距离	±5
8	桩顶钢筋网片位置	±10
9	多节桩桩顶预埋件位置	±3

7.1.5 确定桩的单节长度时应符合下列规定：

1 满足桩架的有效高度、制作场地条件、运输与装卸能力；

2 避免在桩尖接近或处于硬持力层中时接桩。

7.1.6 浇注混凝土预制桩时，宜从桩顶开始灌筑，并应防止另一端的砂浆积聚过多。

7.1.7 锤击预制桩的骨料粒径宜为5～40mm。

7.1.8 锤击预制桩，应在强度与龄期均达到要求后，方可锤击。

7.1.9 重叠法制作预制桩时，应符合下列规定：

1 桩与邻桩及底模之间的接触面不得粘连；

2 上层桩或邻桩的浇筑，必须在下层桩或邻桩的混凝土达到设计强度的30%以上时，方可进行；

3 桩的重叠层数不应超过4层。

7.1.10 混凝土预制桩的表面应平整、密实，制作允许偏差应符合表7.1.10的规定。

表 7.1.10 混凝土预制桩制作允许偏差

桩　型	项　　目	允许偏差(mm)
钢筋混凝土实心桩	横截面边长	±5
	桩顶对角线之差	≤5
	保护层厚度	±5
	桩身弯曲矢高	不大于1‰桩长且不大于20
	桩尖偏心	≤10
	桩端面倾斜	≤0.005
	桩节长度	±20
钢筋混凝土管桩	直径	±5
	长度	±0.5%桩长
	管壁厚度	−5
	保护层厚度	+10，−5
	桩身弯曲(度)矢高	1‰桩长
	桩尖偏心	≤10
	桩头板平整度	≤2
	桩头板偏心	≤2

7.1.11 本规范未作规定的预应力混凝土桩的其他要求及离心混凝土强度等级评定方法，应符合国家现行标准《先张法预应力混凝土管桩》GB 13476和《预应力混凝土空心方桩》JG 197的规定。

7.2 混凝土预制桩的起吊、运输和堆放

7.2.1 混凝土实心桩的吊运应符合下列规定：

1 混凝土设计强度达到70%及以上方可起吊，达到100%方可运输；

2 桩起吊时应采取相应措施，保证安全平稳，保护桩身质量；

3 水平运输时，应做到桩身平稳放置，严禁在场地上直接拖拉桩体。

7.2.2 预应力混凝土空心桩的吊运应符合下列规定：

1 出厂前应作出厂检查，其规格、批号、制作日期应符合所属的验收批号内容；

2 在吊运过程中应轻吊轻放，避免剧烈碰撞；

3 单节桩可采用专用吊钩勾住桩两端内壁直接进行水平起吊；

4 运至施工现场时应进行检查验收，严禁使用质量不合格及在吊运过程中产生裂缝的桩。

7.2.3 预应力混凝土空心桩的堆放应符合下列规定：

1 堆放场地应平整坚实，最下层与地面接触的垫木应有足够的宽度和高度。堆放时桩应稳固，不得滚动；

2 应按不同规格、长度及施工流水顺序分别堆放；

3 当场地条件许可时，宜单层堆放；当叠层堆放时，外径为500～600mm的桩不宜超过4层，外径为300～400mm的桩不宜超过5层；

4 叠层堆放桩时，应在垂直于桩长度方向的地面上设置2道垫木，垫木应分别位于距桩端1/5桩长处；底层最外缘的桩应在垫木处用木楔塞紧；

5 垫木宜选用耐压的长木枋或枕木，不得使用有棱角的金属构件。

7.2.4 取桩应符合下列规定：

1 当桩叠层堆放超过2层时，应采用吊机取桩，严禁拖拉取桩；

2 三点支撑自行式打桩机不应拖拉取桩。

7.3 混凝土预制桩的接桩

7.3.1 桩的连接可采用焊接、法兰连接或机械快速连接（螺纹式、啮合式）。

7.3.2 接桩材料应符合下列规定：

1 焊接接桩：钢钣宜采用低碳钢，焊条宜采用E43；并应符合现行行业标准《建筑钢结构焊接技术规程》JGJ 81要求。

2 法兰接桩：钢钣和螺栓宜采用低碳钢。

7.3.3 采用焊接接桩除应符合现行行业标准《建筑

钢结构焊接技术规程》JGJ 81 的有关规定外，尚应符合下列规定：

1 下节桩段的桩头宜高出地面 0.5m，

2 下节桩的桩头处宜设导向箍；接桩时上下节桩段应保持顺直，错位偏差不宜大于 2mm；接桩就位纠偏时，不得采用大锤横向敲打；

3 桩对接前，上下端钣表面应采用铁刷子清刷干净，坡口处应刷至露出金属光泽；

4 焊接宜在桩四周对称地进行，待上下桩节固定后拆除导向箍再分层施焊；焊接层数不得少于 2 层，第一层焊完后必须把焊渣清理干净，方可进行第二层（的）施焊，焊缝应连续、饱满；

5 焊好后的桩接头应自然冷却后方可继续锤击，自然冷却时间不宜少于 8min；严禁采用水冷却或焊好即施打；

6 雨天焊接时，应采取可靠的防雨措施；

7 焊接接头的质量检查宜采用探伤检测，同一工程探伤抽样检验不得少于 3 个接头。

7.3.4 采用机械快速螺纹接桩的操作与质量应符合下列规定：

1 接桩前应检查桩两端制作的尺寸偏差及连接件，无受损后方可起吊施工，其下节桩端宜高出地面 0.8m；

2 接桩时，卸下上下节桩两端的保护装置后，应清理接头残物，涂上润滑脂；

3 应采用专用接头锥度对中，对准上下节桩进行旋紧连接；

4 可采用专用链条式扳手进行旋紧，（臂长 1m，卡紧后人工旋紧再用铁锤敲击板臂，）锁紧后两端板尚应有 1～2mm 的间隙。

7.3.5 采用机械啮合接头接桩的操作与质量应符合下列规定：

1 将上下接头钣清理干净，用扳手将已涂抹沥青涂料的连接销逐根旋入上节桩Ⅰ型端头钣的螺栓孔内，并用钢模板调整好连接销的方位；

2 剔除下节桩Ⅱ型端头钣连接槽内泡沫塑料保护块，在连接槽内注入沥青涂料，并在端头钣面周边抹上宽度 20mm、厚度 3mm 的沥青涂料；当地基土、地下水含中等以上腐蚀介质时，桩端钣板面应满涂沥青涂料；

3 将上节桩吊起，使连接销与Ⅱ型端头钣上各连接口对准，随即将连接销插入连接槽内；

4 加压使上下节桩的桩头钣接触，完成接桩。

7.4 锤 击 沉 桩

7.4.1 沉桩前必须处理空中和地下障碍物，场地应平整，排水应畅通，并应满足打桩所需的地面承载力。

7.4.2 桩锤的选用应根据地质条件、桩型、桩的密集程度、单桩竖向承载力及现有施工条件等因素确定，也可按本规范附录 H 选用。

7.4.3 桩打入时应符合下列规定.

1 桩帽或送桩帽与桩周围的间隙应为 5～10mm；

2 锤与桩帽、桩帽与桩之间应加设硬木、麻袋、草垫等弹性衬垫；

3 桩锤、桩帽或送桩帽应和桩身在同一中心线上；

4 桩插入时的垂直度偏差不得超过 0.5%。

7.4.4 打桩顺序要求应符合下列规定：

1 对于密集桩群，自中间向两个方向或四周对称施打；

2 当一侧毗邻建筑物时，由毗邻建筑物处向另一方向施打；

3 根据基础的设计标高，宜先深后浅；

4 根据桩的规格，宜先大后小，先长后短。

7.4.5 打入桩（预制混凝土方桩、预应力混凝土空心桩、钢桩）的桩位偏差，应符合表 7.4.5 的规定。斜桩倾斜度的偏差不得大于倾斜角正切值的 15%（倾斜角系桩的纵向中心线与铅垂线间夹角）。

表 7.4.5 打入桩桩位的允许偏差

项 目	允许偏差(mm)
带有基础梁的桩：(1)垂直基础梁的中心线 (2)沿基础梁的中心线	$100+0.01H$ $150+0.01H$
桩数为 1～3 根桩基中的桩	100
桩数为 4～16 根桩基中的桩	1/2 桩径或边长
桩数大于 16 根桩基中的桩：(1)最外边的桩 (2)中间桩	1/3 桩径或边长 1/2 桩径或边长

注：H 为施工现场地面标高与桩顶设计标高的距离。

7.4.6 桩终止锤击的控制应符合下列规定：

1 当桩端位于一般土层时，应以控制桩端设计标高为主，贯入度为辅；

2 桩端达到坚硬、硬塑的黏性土、中密以上粉土、砂土、碎石类土及风化岩时，应以贯入度控制为主，桩端标高为辅；

3 贯入度已达到设计要求而桩端标高未达到时，应继续锤击 3 阵，并按每阵 10 击的贯入度不应大于设计规定的数值确认，必要时，施工控制贯入度应通过试验确定。

7.4.7 当遇到贯入度剧变，桩身突然发生倾斜、位移或有严重回弹、桩顶或桩身出现严重裂缝、破碎等情况时，应暂停打桩，并分析原因，采取相应措施。

7.4.8 当采用射水法沉桩时，应符合下列规定：

1 射水法沉桩宜用于砂土和碎石土；

2 沉桩至最后1～2m时，应停止射水，并采用锤击至规定标高，终锤控制标准可按本规范第7.4.6条有关规定执行。

7.4.9 施打大面积密集桩群时，应采取下列辅助措施：

1 对预钻孔沉桩，预钻孔孔径可比桩径（或方桩对角线）小50～100mm，深度可根据桩距和土的密实度、渗透性确定，宜为桩长的1/3～1/2；施工时应随钻随打；桩架宜具备钻孔锤击双重性能；

2 对饱和黏性土地基，应设置袋装砂井或塑料排水板；袋装砂井直径宜为70～80mm，间距宜为1.0～1.5m，深度宜为10～12m；塑料排水板的深度、间距与袋装砂井相同；

3 应设置隔离板桩或地下连续墙；

4 可开挖地面防震沟，并可与其他措施结合使用，防震沟沟宽可取0.5～0.8m，深度按土质情况决定；

5 应控制打桩速率和日打桩量，24小时内休止时间不应少于8h；

6 沉桩结束后，宜普遍实施一次复打；

7 应对不少于总桩数10%的桩顶上涌和水平位移进行监测；

8 沉桩过程中应加强邻近建筑物、地下管线等的观测、监护。

7.4.10 预应力混凝土管桩的总锤击数及最后1.0m沉桩锤击数应根据桩身强度和当地工程经验确定。

7.4.11 锤击沉桩送桩应符合下列规定：

1 送桩深度不宜大于2.0m；

2 当桩顶打至接近地面需要送桩时，应测出桩的垂直度并检查桩顶质量，合格后应及时送桩；

3 送桩的最后贯入度应参考相同条件下不送桩时的最后贯入度并修正；

4 送桩后遗留的桩孔应立即回填或覆盖；

5 当送桩深度超过2.0m且不大于6.0m时，打桩机应为三点支撑履带自行式或步履式柴油打桩机；桩帽和桩锤之间应用竖纹硬木或盘圆层叠的钢丝绳作“锤垫”，其厚度宜取150～200mm。

7.4.12 送桩器及衬垫设置应符合下列规定：

1 送桩器宜做成圆筒形，并应有足够的强度、刚度和耐打性。送桩器长度应满足送桩深度的要求，弯曲度不得大于1/1000；

2 送桩器上下两端面应平整，且与送桩器中心轴线相垂直；

3 送桩器下端面应开孔，使空心桩内腔与外界连通；

4 送桩器应与桩匹配：套筒式送桩器下端的套筒深度宜取250～350mm，套管内径应比桩外径大20～30mm；插销式送桩器下端的插销长度宜取200～300mm，杆销外径应比（管）桩内径小20～30mm，对于腔内存有余浆的管桩，不宜采用插销式送桩器；

5 送桩作业时，送桩器与桩头之间应设置1～2层麻袋或硬纸板等衬垫。内填弹性衬垫压实后的厚度不宜小于60mm。

7.4.13 施工现场应配备桩身垂直度观测仪器（长条水准尺或经纬仪）和观测人员，随时量测桩身的垂直度。

7.5 静压沉桩

7.5.1 采用静压沉桩时，场地地基承载力不应小于压桩机接地压强的1.2倍，且场地应平整。

7.5.2 静力压桩宜选择液压式和绳索式压桩工艺；宜根据单节桩的长度选用顶压式液压压桩机和抱压式液压压桩机。

7.5.3 选择压桩机的参数应包括下列内容：

1 压桩机型号、桩机质量（不含配重）、最大压桩力等；

2 压桩机的外型尺寸及拖运尺寸；

3 压桩机的最小边桩距及最大压桩力；

4 长、短船型履靴的接地压强；

5 夹持机构的型式；

6 液压油缸的数量、直径，率定后的压力表读数与压桩力的对应关系；

7 吊桩机构的性能及吊桩能力。

7.5.4 压桩机的每件配重必须用量具核实，并将其质量标记在该件配重的外露表面；液压式压桩机的最大压桩力应取压桩机的机架重量和配重之和乘以0.9。

7.5.5 当边桩空位不能满足中置式压桩机施压条件时，宜利用压边桩机构或选用前置式液压压桩机进行压桩，但此时应估计最大压桩能力减少造成的影响。

7.5.6 当设计要求或施工需要采用引孔法压桩时，应配备螺旋钻孔机，或在压桩机上配备专用的螺旋钻。当桩端需进入较坚硬的岩层时，应配备可入岩的钻孔桩机或冲孔桩机。

7.5.7 最大压桩力不宜小于设计的单桩竖向极限承载力标准值，必要时可由现场试验确定。

7.5.8 静力压桩施工的质量控制应符合下列规定：

1 第一节桩下压时垂直度偏差不应大于0.5%；

2 宜将每根桩一次性连续压到底，且最后一节有效桩长不宜小于5m；

3 抱压力不应大于桩身允许侧向压力的1.1倍；

4 对于大面积桩群，应控制日压桩量。

7.5.9 终压条件应符合下列规定：

1 应根据现场试压桩的试验结果确定终压标准；

2 终压连续复压次数应根据桩长及地质条件等因素确定。对于入土深度大于或等于8m的桩，复压次数可为2～3次；对于入土深度小于8m的桩，复压次数可为3～5次；

3 稳压压桩力不得小于终压力，稳定压桩的时间宜为5～10s。

7.5.10 压桩顺序宜根据场地工程地质条件确定，并应符合下列规定：

1 对于场地地层中局部含砂、碎石、卵石时，宜先对该区域进行压桩；

2 当持力层埋深或桩的入土深度差别较大时，宜先施压长桩后施压短桩。

7.5.11 压桩过程中应测量桩身的垂直度。当桩身垂直度偏差大于1%时，应找出原因并设法纠正；当桩尖进入较硬土层后，严禁用移动机架等方法强行纠偏。

7.5.12 出现下列情况之一时，应暂停压桩作业，并分析原因，采用相应措施：

1 压力表读数显示情况与勘察报告中的土层性质明显不符；

2 桩难以穿越硬夹层；

3 实际桩长与设计桩长相差较大；

4 出现异常响声；压桩机械工作状态出现异常；

5 桩身出现纵向裂缝和桩头混凝土出现剥落等异常现象；

6 夹持机构打滑；

7 压桩机下陷。

7.5.13 静压送桩的质量控制应符合下列规定：

1 测量桩的垂直度并检查桩头质量，合格后方可送桩，压桩、送桩作业应连续进行；

2 送桩应采用专制钢质送桩器，不得将工程桩用作送桩器；

3 当场地上多数桩的有效桩长小于或等于15m或桩端持力层为风化软质岩，需要复压时，送桩深度不宜超过1.5m；

4 除满足本条上述3款规定外，当桩的垂直度偏差小于1%，且桩的有效桩长大于15m时，静压桩送桩深度不宜超过8m；

5 送桩的最大压桩力不宜超过桩身允许抱压压桩力的1.1倍。

7.5.14 引孔压桩法质量控制应符合下列规定：

1 引孔宜采用螺旋钻干作业法；引孔的垂直度偏差不宜大于0.5%；

2 引孔作业和压桩作业应连续进行，间隔时间不宜大于12h；在软土地基中不宜大于3h；

3 引孔中有积水时，宜采用开口型桩尖。

7.5.15 当桩较密集，或地基为饱和淤泥、淤泥质土及黏性土时，应设置塑料排水板、袋装砂井消减超孔压或采取引孔等措施，并可按本规范第7.4.9条执行。在压桩施工过程中应对总桩数10%的桩设置上涌和水平偏位观测点，定时检测桩的上浮量及桩顶水平偏位值，若上涌和偏位值较大，应采取复压等措施。

7.5.16 对预制混凝土方桩、预应力混凝土空心桩、钢桩等压入桩的桩位偏差，应符合本规范表7.4.5的规定。

7.6 钢桩（钢管桩、H型桩及其他异型钢桩）施工

Ⅰ 钢桩的制作

7.6.1 制作钢桩的材料应符合设计要求，并应有出厂合格证和试验报告。

7.6.2 现场制作钢桩应有平整的场地及挡风防雨措施。

7.6.3 钢桩制作的允许偏差应符合表7.6.3的规定，钢桩的分段长度应满足本规范第7.1.5条的规定，且不宜大于15m。

表7.6.3 钢桩制作的允许偏差

项目		容许偏差（mm）
外径或断面尺寸	桩端部	±0.5%外径或边长
	桩身	±0.1%外径或边长
长度		>0
矢高		≤1‰桩长
端部平整度		≤2（H型桩≤1）
端部平面与桩身中心线的倾斜值		≤2

7.6.4 用于地下水有侵蚀性的地区或腐蚀性土层的钢桩，应按设计要求作防腐处理。

Ⅱ 钢桩的焊接

7.6.5 钢桩的焊接应符合下列规定：

1 必须清除桩端部的浮锈、油污等脏物，保持干燥；下节桩顶经锤击后变形的部分应割除；

2 上下节桩焊接时应校正垂直度，对口的间隙宜为2～3mm；

3 焊丝（自动焊）或焊条应烘干；

4 焊接应对称进行；

5 应采用多层焊，钢管桩各层焊缝的接头应错开，焊渣应清除；

6 当气温低于0℃或雨雪天及无可靠措施确保焊接质量时，不得焊接；

7 每个接头焊接完毕，应冷却1min后方可锤击；

8 焊接质量应符合国家现行标准《钢结构工程施工质量验收规范》GB 50205和《建筑钢结构焊接技术规程》JGJ 81的规定，每个接头除应按表7.6.5规定进行外观检查外，还应按接头总数的5%进行超声或2%进行X射线拍片检查，对于同一工程，探伤抽样检验不得少于3个接头。

表 7.6.5　接桩焊缝外观允许偏差

项　　目	允许偏差（mm）
上下节桩错口：	
①钢管桩外径≥700mm	3
②钢管桩外径＜700mm	2
H 型钢桩	1
咬边深度（焊缝）	0.5
加强层高度（焊缝）	2
加强层宽度（焊缝）	3

7.6.6　H 型钢桩或其他异型薄壁钢桩，接头处应加连接板，可按等强度设置。

Ⅲ　钢桩的运输和堆放

7.6.7　钢桩的运输与堆放应符合下列规定：

1　堆放场地应平整、坚实、排水通畅；

2　桩的两端应有适当保护措施，钢管桩应设保护圈；

3　搬运时应防止桩体撞击而造成桩端、桩体损坏或弯曲；

4　钢桩应按规格、材质分别堆放，堆放层数：ϕ900mm 的钢桩，不宜大于 3 层；ϕ600mm 的钢桩，不宜大于 4 层；ϕ400mm 的钢桩，不宜大于 5 层；H 型钢桩不宜大于 6 层。支点设置应合理，钢桩的两侧应采用木楔塞住。

Ⅵ　钢桩的沉桩

7.6.8　当钢桩采用锤击沉桩时，可按本规范第 7.4 节有关条文实施；当采用静压沉桩时，可按本规范第 7.5 节有关条文实施。

7.6.9　对敞口钢管桩，当锤击沉桩有困难时，可在管内取土助沉。

7.6.10　锤击 H 型钢桩时，锤重不宜大于 4.5t 级（柴油锤），且在锤击过程中桩架前应有横向约束装置。

7.6.11　当持力层较硬时，H 型钢桩不宜送桩。

7.6.12　当地表层遇有大块石、混凝土块等回填物时，应在插入 H 型钢桩前进行触探，并应清除桩位上的障碍物。

8　承　台　施　工

8.1　基坑开挖和回填

8.1.1　桩基承台施工顺序宜先深后浅。

8.1.2　当承台埋置较深时，应对邻近建筑物及市政设施采取必要的保护措施，在施工期间应进行监测。

8.1.3　基坑开挖前应对边坡支护形式、降水措施、挖土方案、运土路线及堆土位置编制施工方案，若桩基施工引起超孔隙水压力，宜待超孔隙水压力大部分消散后开挖。

8.1.4　当地下水位较高需降水时，可根据周围环境情况采用内降水或外降水措施。

8.1.5　挖土应均衡分层进行，对流塑状软土的基坑开挖，高差不应超过 1m。

8.1.6　挖出的土方不得堆置在基坑附近。

8.1.7　机械挖土时必须确保基坑内的桩体不受损坏。

8.1.8　基坑开挖结束后，应在基坑底做出排水盲沟及集水井，如有降水设施仍应维持运转。

8.1.9　在承台和地下室外墙与基坑侧壁间隙回填土前，应排除积水，清除虚土和建筑垃圾，填土应按设计要求选料，分层夯实，对称进行。

8.2　钢筋和混凝土施工

8.2.1　绑扎钢筋前应将灌注桩桩头浮浆部分和预制桩桩顶锤击面破碎部分去除，桩体及其主筋埋入承台的长度应符合设计要求；钢管桩尚应加焊桩顶连接件；并应按设计施作桩头和垫层防水。

8.2.2　承台混凝土应一次浇筑完成，混凝土入槽宜采用平铺法。对大体积混凝土施工，应采取有效措施防止温度应力引起裂缝。

9　桩基工程质量检查和验收

9.1　一 般 规 定

9.1.1　桩基工程应进行桩位、桩长、桩径、桩身质量和单桩承载力的检验。

9.1.2　桩基工程的检验按时间顺序可分为三个阶段：施工前检验、施工检验和施工后检验。

9.1.3　对砂、石子、水泥、钢材等桩体原材料质量的检验项目和方法应符合国家现行有关标准的规定。

9.2　施工前检验

9.2.1　施工前应严格对桩位进行检验。

9.2.2　预制桩（混凝土预制桩、钢桩）施工前应进行下列检验：

1　成品桩应按选定的标准图或设计图制作，现场应对其外观质量及桩身混凝土强度进行检验；

2　应对接桩用焊条、压桩用压力表等材料和设备进行检验。

9.2.3　灌注桩施工前应进行下列检验：

1 混凝土拌制应对原材料质量与计量、混凝土配合比、坍落度、混凝土强度等级等进行检查；

2 钢筋笼制作应对钢筋规格、焊条规格、品种、焊口规格、焊缝长度、焊缝外观和质量、主筋和箍筋的制作偏差等进行检查，钢筋笼制作允许偏差应符合本规范表6.2.5的要求。

9.3 施工检验

9.3.1 预制桩（混凝土预制桩、钢桩）施工过程中应进行下列检验：

1 打入（静压）深度、停锤标准、静压终止压力值及桩身（架）垂直度检查；

2 接桩质量、接桩间歇时间及桩顶完整状况；

3 每米进尺锤击数、最后1.0m进尺锤击数、总锤击数、最后三阵贯入度及桩尖标高等。

9.3.2 灌注桩施工过程中应进行下列检验：

1 灌注混凝土前，应按照本规范第6章有关施工质量要求，对已成孔的中心位置、孔深、孔径、垂直度、孔底沉渣厚度进行检验；

2 应对钢筋笼安放的实际位置等进行检查，并填写相应质量检测、检查记录；

3 干作业条件下成孔后应对大直径桩桩端持力层进行检验。

9.3.3 对于沉管灌注桩施工工序的质量检查宜按本规范第9.1.1～9.3.2条有关项目进行。

9.3.4 对于挤土预制桩和挤土灌注桩，施工过程均应对桩顶和地面土体的竖向和水平位移进行系统观测；若发现异常，应采取复打、复压、引孔、设置排水措施及调整沉桩速率等措施。

9.4 施工后检验

9.4.1 根据不同桩型应按本规范表6.2.4及表7.4.5规定检查成桩桩位偏差。

9.4.2 工程桩应进行承载力和桩身质量检验。

9.4.3 有下列情况之一的桩基工程，应采用静荷载试验对工程桩单桩竖向承载力进行检测，检测数量应根据桩基设计等级、施工前取得试验数据的可靠性因素，按现行行业标准《建筑基桩检测技术规范》JGJ 106确定：

1 工程施工前已进行单桩静载试验，但施工过程变更了工艺参数或施工质量出现异常时；

2 施工前工程未按本规范第5.3.1条规定进行单桩静载试验的工程；

3 地质条件复杂、桩的施工质量可靠性低；

4 采用新桩型或新工艺。

9.4.4 有下列情况之一的桩基工程，可采用高应变动测法对工程桩单桩竖向承载力进行检测：

1 除本规范第9.4.3条规定条件外的桩基；

2 设计等级为甲、乙级的建筑桩基静载试验检测的辅助检测。

9.4.5 桩身质量除对预留混凝土试件进行强度等级检验外，尚应进行现场检测。检测方法可采用可靠的动测法，对于大直径桩还可采取钻芯法、声波透射法；检测数量可根据现行行业标准《建筑基桩检测技术规范》JGJ 106确定。

9.4.6 对专用抗拔桩和对水平承载力有特殊要求的桩基工程，应进行单桩抗拔静载试验和水平静载试验检测。

9.5 基桩及承台工程验收资料

9.5.1 当桩顶设计标高与施工场地标高相近时，基桩的验收应待基桩施工完毕后进行；当桩顶设计标高低于施工场地标高时，应待开挖到设计标高后进行验收。

9.5.2 基桩验收应包括下列资料：

1 岩土工程勘察报告、桩基施工图、图纸会审纪要、设计变更单及材料代用通知单等；

2 经审定的施工组织设计、施工方案及执行中的变更单；

3 桩位测量放线图，包括工程桩位线复核签证单；

4 原材料的质量合格和质量鉴定书；

5 半成品如预制桩、钢桩等产品的合格证；

6 施工记录及隐蔽工程验收文件；

7 成桩质量检查报告；

8 单桩承载力检测报告；

9 基坑挖至设计标高的基桩竣工平面图及桩顶标高图；

10 其他必须提供的文件和记录。

9.5.3 承台工程验收时应包括下列资料：

1 承台钢筋、混凝土的施工与检查记录；

2 桩头与承台的锚筋、边桩离承台边缘距离、承台钢筋保护层记录；

3 桩头与承台防水构造及施工质量；

4 承台厚度、长度和宽度的量测记录及外观情况描述等。

9.5.4 承台工程验收除符合本节规定外，尚应符合现行国家标准《混凝土结构工程施工质量验收规范》GB 50204的规定。

附录A 桩型与成桩工艺选择

A.0.1 桩型与成桩工艺应根据建筑结构类型、荷载性质、桩的使用功能、穿越土层、桩端持力层、地下水位、施工设备、施工环境、施工经验、制桩材料供应等条件选择。可按表A.0.1进行。

表 A.0.1 桩型与成桩工艺选择

桩类			桩径		最大桩长（m）	穿越土层											桩端进入持力层				地下水位		对环境影响		孔底有无挤密
												黄土													
			桩身（mm）	扩底端（mm）		一般黏性土及其填土	淤泥和淤泥质土	粉土	砂土	碎石土	季节性冻土膨胀土	非自重湿陷性黄土	自重湿陷性黄土	中间有硬夹层	中间有砂夹层	中间有砾石夹层	硬黏性土	密实砂土	碎石土	软质岩石和风化岩石	以上	以下	振动和噪声	排浆	
非挤土成桩	干作业法	长螺旋钻孔灌注桩	300～800	—	28	○	×	○	△	×	○	○	△	×	△	×	○	○	△	△	○	×	无	无	无
		短螺旋钻孔灌注桩	300～800	—	20	○	×	○	△	×	○	○	×	×	△	×	○	○	×	×	○	×	无	无	无
		钻孔扩底灌注桩	300～600	800～1200	30	○	×	○	×	×	○	○	△	×	△	×	○	○	△	△	○	×	无	无	无
		机动洛阳铲成孔灌注桩	300～500	—	20	○	×	△	×	×	○	○	△	△	×	△	○	○	×	×	○	×	无	无	无
		人工挖孔扩底灌注桩	800～2000	1600～3000	30	○	×	△	△	△	○	○	○	○	△	△	○	△	△	○	○	△	无	无	无
	泥浆护壁法	潜水钻成孔灌注桩	500～800	—	50	○	○	○	△	×	△	△	×	×	△	×	○	○	△	×	○	○	无	有	无
		反循环钻成孔灌注桩	600～1200	—	80	○	○	○	△	△	△	○	○	○	○	△	○	○	△	○	○	○	无	有	无
		正循环钻成孔灌注桩	600～1200	—	80	○	○	○	△	△	△	○	○	○	○	△	○	○	△	○	○	○	无	有	无
		旋挖成孔灌注桩	600～1200	—	60	○	△	○	△	△	△	○	○	○	△	△	○	○	○	○	○	○	无	有	无
		钻孔扩底灌注桩	600～1200	1000～1600	30	○	○	○	△	△	△	○	○	○	○	△	○	△	△	△	○	○	无	有	无
	套管护壁	贝诺托灌注桩	800～1600	—	50	○	○	○	○	○	△	○	△	○	○	○	○	○	○	○	○	○	无	无	无
		短螺旋钻孔灌注桩	300～800	—	20	○	○	○	○	×	△	○	△	△	△	△	○	○	△	△	○	○	无	无	无
部分挤土成桩	灌注桩	冲击成孔灌注桩	600～1200	—	50	○	△	△	△	○	△	×	×	○	○	○	○	○	○	○	○	○	有	有	无
		长螺旋钻孔压灌桩	300～800	—	25	○	△	○	○	△	○	○	○	△	△	△	○	○	△	△	○	△	无	无	无
		钻孔挤扩多支盘桩	700～900	1200～1600	40	○	○	○	△	△	△	○	○	○	○	△	○	○	△	×	○	○	无	有	无
	预制桩	预钻孔打入式预制桩	500	—	50	○	○	○	△	×	○	○	○	○	○	△	○	○	△	△	○	○	有	无	有
		静压混凝土（预应力混凝土）敞口管桩	800	—	60	○	○	○	△	×	△	○	○	△	△	△	○	○	○	△	○	○	无	无	有
		H 型钢桩	规格	—	80	○	○	○	○	○	△	△	△	○	○	○	○	○	○	○	○	○	有	无	无
		敞口钢管桩	600～900	—	80	○	○	○	○	△	△	○	○	○	○	○	○	○	○	○	○	○	有	无	有
挤土成桩	灌注桩	内夯沉管灌注桩	325，377	460～700	25	○	○	○	△	△	○	○	○	×	△	×	○	△	△	×	○	○	有	无	有
	预制桩	打入式混凝土预制桩 闭口钢管桩、混凝土管桩	500×500 1000	—	60	○	○	○	△	△	△	○	○	○	○	△	○	○	△	△	○	○	有	无	有
		静压桩	1000	—	60	○	○	△	△	△	△	○	△	△	△	×	○	○	△	×	○	○	无	无	有

注：表中符号○表示比较合适；△表示有可能采用；×表示不宜采用。

附录 B 预应力混凝土空心桩基本参数

B.0.1 离心成型的先张法预应力混凝土管桩的基本参数可按表 B.0.1 选用。

表 B.0.1 预应力混凝土管桩的配筋和力学性能

品种	外径 *d* (mm)	壁厚 *t* (mm)	单节桩长 (m)	混凝土强度等级	型号	预应力钢筋	螺旋筋规格	混凝土有效预压应力 (MPa)	抗裂弯矩检验值 M_{cr} (kN·m)	极限弯矩检验值 M_u (kN·m)	桩身竖向承载力设计值 R_p (kN)	理论质量 (kg/m)
预应力高强混凝土管桩 (PHC)	300	70	≤11	C80	A	6ϕ7.1	$\phi^{b}4$	3.8	23	34	1410	131
					AB	6ϕ9.0		5.3	28	45		
					B	8ϕ9.0		7.2	33	59		
					C	8ϕ10.7		9.3	38	76		
	400	95	≤12	C80	A	10ϕ7.1	$\phi^{b}4$	3.6	52	77	2550	249
					AB	10ϕ9.0		4.9	63	704		
					B	12ϕ9.0		6.6	75	135		
					C	12ϕ10.7		8.5	87	174		
	500	100	≤15	C80	A	10ϕ9.0	$\phi^{b}5$	3.9	99	148	3570	327
					AB	10ϕ10.7		5.3	121	200		
					B	13ϕ10.7		7.2	144	258		
					C	13ϕ12.6		9.5	166	332		
	500	125	≤15	C80	A	10ϕ9.0	$\phi^{b}5$	3.5	99	148	4190	368
					AB	10ϕ10.7		4.7	121	200		
					B	13ϕ10.7		6.2	144	258		
					C	13ϕ12.6		8.2	166	332		
	550	100	≤15	C80	A	11ϕ9.0	$\phi^{b}5$	3.9	125	188	4020	368
					AB	11ϕ10.7		5.3	154	254		
					B	15ϕ10.7		6.9	182	328		
					C	15ϕ12.6		9.2	211	422		
	550	125	≤15	C80	A	11ϕ9.0	$\phi^{b}5$	3.4	125	188	4700	434
					AB	11ϕ10.7		4.7	154	254		
					B	15ϕ10.7		6.1	182	328		
					C	15ϕ12.6		7.9	211	422		
	600	110	≤15	C80	A	13ϕ9.0	$\phi^{b}5$	3.9	164	246	4810	440
					AB	13ϕ10.7		5.5	201	332		
					B	17ϕ10.7		7	239	430		
					C	17ϕ12.6		9.1	276	552		
	600	130	≤15	C80	A	13ϕ9.0	$\phi^{b}5$	3.5	164	246	5440	499
					AB	13ϕ10.7		4.8	201	332		
					B	17ϕ10.7		6.2	239	430		
					C	17ϕ12.6		8.2	276	552		

续表 B.0.1

品种	外径 d（mm）	壁厚 t（mm）	单节桩长（m）	混凝土强度等级	型号	预应力钢筋	螺旋筋规格	混凝土有效预压应力（MPa）	抗裂弯矩检验值 M_{cr}（kN·m）	极限弯矩检验值 M_u（kN·m）	桩身竖向承载力设计值 R_p（kN）	理论质量（kg/m）
预应力高强混凝土管桩（PHC）	800	110	≤15	C80	A	15ϕ10.7	ϕ^b6	4.4	367	550	6800	620
					AB	15ϕ12.6		6.1	451	743		
					B	22ϕ12.6		8.2	535	962		
					C	27ϕ12.6		11	619	1238		
	1000	130	≤15	C80	A	22ϕ10.7	ϕ^b6	4.4	689	1030	10080	924
					AB	22ϕ12.6		6	845	1394		
					B	30ϕ12.6		8.3	1003	1805		
					C	40ϕ12.6		10.9	1161	2322		
预应力混凝土管桩（PC）	300	70	≤11	C60	A	6ϕ7.1	ϕ^b4	3.8	23	34	1070	131
					AB	6ϕ9.0		5.2	28	45		
					B	8ϕ9.0		7.1	33	59		
					C	8ϕ10.7		9.3	38	76		
	400	95	≤12	C60	A	10ϕ7.1	ϕ^b4	3.7	52	77	1980	249
					AB	10ϕ9.0		5.0	63	104		
					B	13ϕ9.0		6.7	75	135		
					C	13ϕ10.7		9.0	87	174		
	500	100	≤15	C60	A	10ϕ9.0	ϕ^b5	3.9	99	148	2720	327
					AB	10ϕ10.7		5.4	121	200		
					B	14ϕ10.7		7.2	144	258		
					C	14ϕ12.6		9.8	166	332		
	550	100	≤15	C60	A	11ϕ9.0	ϕ^b5	3.9	125	188	3060	368
					AB	11ϕ10.7		5.4	154	254		
					B	15ϕ10.7		7.2	182	328		
					C	15ϕ12.6		9.7	211	422		
	600	110	≤15	C60	A	13ϕ9.0	ϕ^b5	3.9	164	246	3680	440
					AB	13ϕ10.7		5.4	201	332		
					B	18ϕ10.7		7.2	239	430		
					C	18ϕ12.6		9.8	276	552		

B.0.2 离心成型的先张法预应力混凝土空心方桩的基本参数可按表 B.0.2 选用。

表 B.0.2 预应力混凝土空心方桩的配筋和力学性能

品种	边长 b (mm)	内径 d_l (mm)	单节桩长 (m)	混凝土强度等级	预应力钢筋	螺旋筋规格	混凝土有效预压应力 (MPa)	抗裂弯矩 M_{cr} (kN·m)	极限弯矩 M_u (kN·m)	桩身竖向承载力设计值 R_p(kN)	理论质量 (kg/m)
预应力高强混凝土空心方桩(PHS)	300	160	≤12	C80	$8\phi^{D}7.1$	$\phi^{b}4$	3.7	37	48	1880	185
					$8\phi^{D}9.0$	$\phi^{b}4$	5.9	48	77		
	350	190	≤12	C80	$8\phi^{D}9.0$	$\phi^{b}4$	4.4	66	93	2535	245
	400	250	≤14	C80	$8\phi^{D}9.0$	$\phi^{b}4$	3.8	88	110	2985	290
					$8\phi^{D}10.7$	$\phi^{b}4$	5.3	102	155		
	450	250	≤15	C80	$12\phi^{D}9.0$	$\phi^{b}5$	4.1	135	185	4130	400
					$12\phi^{D}10.7$	$\phi^{b}5$	5.7	160	261		
					$12\phi^{D}12.6$	$\phi^{b}5$	7.9	190	352		
	500	300	≤15	C80	$12\phi^{D}9.0$	$\phi^{b}5$	3.5	170	210	4830	470
					$12\phi^{D}10.7$	$\phi^{b}5$	4.9	198	295		
					$12\phi^{D}12.6$	$\phi^{b}5$	6.8	234	406		
	550	350	≤15	C80	$16\phi^{D}9.0$	$\phi^{b}5$	4.1	237	310	5550	535
					$16\phi^{D}10.7$	$\phi^{b}5$	5.7	278	440		
					$16\phi^{D}12.6$	$\phi^{b}5$	7.8	331	582		
	600	380	≤15	C80	$20\phi^{D}9.0$	$\phi^{b}5$	4.2	315	430	6640	645
					$20\phi^{D}10.7$	$\phi^{b}5$	5.9	370	596		
					$20\phi^{D}12.6$	$\phi^{b}5$	8.1	440	782		
预应力混凝土空心方桩(PS)	300	160	≤12	C60	$8\phi^{D}7.1$	$\phi^{b}4$	3.7	35	48	1440	185
					$8\phi^{D}9.0$	$\phi^{b}4$	5.9	46	77		
	350	190	≤12	C60	$8\phi^{D}9.0$	$\phi^{b}4$	4.4	63	93	1940	245
	400	250	≤14	C60	$8\phi^{D}9.0$	$\phi^{b}4$	3.8	85	110	2285	290
					$8\phi^{D}10.7$	$\phi^{b}4$	5.3	99	155		
	450	250	≤15	C60	$12\phi^{D}9.0$	$\phi^{b}5$	4.1	129	185	3160	400
					$12\phi^{D}10.7$	$\phi^{b}5$	5.7	152	256		
					$12\phi^{D}12.6$	$\phi^{b}5$	7.8	182	331		
	500	300	≤15	C60	$12\phi^{D}9.0$	$\phi^{b}5$	3.5	163	210	3700	470
					$12\phi^{D}10.7$	$\phi^{b}5$	4.9	189	295		
					$12\phi^{D}12.6$	$\phi^{b}5$	6.7	223	388		
	550	350	≤15	C60	$16\phi^{D}9.0$	$\phi^{b}5$	4.1	225	310	4250	535
					$16\phi^{D}10.7$	$\phi^{b}5$	5.6	266	426		
					$16\phi^{D}12.6$	$\phi^{b}5$	7.7	317	558		
	600	380	≤15	C60	$20\phi^{D}9.0$	$\phi^{b}5$	4.2	300	430	5085	645
					$20\phi^{D}10.7$	$\phi^{b}5$	5.9	355	576		
					$20\phi^{D}12.6$	$\phi^{b}5$	8.0	425	735		

附录C　考虑承台（包括地下墙体）、基桩协同工作和土的弹性抗力作用计算受水平荷载的桩基

C.0.1　基本假定：

1　将土体视为弹性介质，其水平抗力系数随深度线性增加（m法），地面处为零。

对于低承台桩基，在计算桩基时，假定桩顶标高处的水平抗力系数为零并随深度增长。

2　在水平力和竖向压力作用下，基桩、承台、地下墙体表面上任一点的接触应力（法向弹性抗力）与该点的法向位移 δ 成正比。

3　忽略桩身、承台、地下墙体侧面与土之间的黏着力和摩擦力对抵抗水平力的作用。

4　按复合桩基设计时，即符合本规范第5.2.5条规定，可考虑承台底土的竖向抗力和水平摩阻力。

5　桩顶与承台刚性连接（固接），承台的刚度视为无穷大。因此，只有当承台的刚度较大，或由于上部结构与承台的协同作用使承台的刚度得到增强的情况下，才适于采用此种方法计算。

计算中考虑土的弹性抗力时，要注意土体的稳定性。

C.0.2　基本计算参数：

1　地基土水平抗力系数的比例系数 m，其值按本规范第5.7.5条规定采用。

当基桩侧面为几种土层组成时，应求得主要影响深度 $h_m=2(d+1)$ 米范围内的 m 值作为计算值（见图C.0.2）。

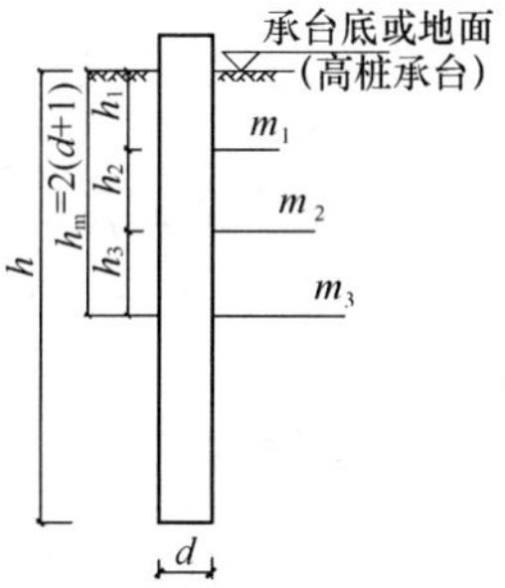

图C.0.2

当 h_m 深度内存在两层不同土时：

$$m=\frac{m_1h_1^2+m_2(2h_1+h_2)h_2}{h_m^2} \quad (C.0.2\text{-}1)$$

当 h_m 深度内存在三层不同土时：

$$m=\frac{m_1h_1^2+m_2(2h_1+h_2)h_2+m_3(2h_1+2h_2+h_3)h_3}{h_m^2} \quad (C.0.2\text{-}2)$$

2　承台侧面地基土水平抗力系数 C_n：

$$C_n=m\cdot h_n \quad (C.0.2\text{-}3)$$

式中　m——承台埋深范围地基土的水平抗力系数的比例系数（MN/m^4）；

h_n——承台埋深（m）。

3　地基土竖向抗力系数 C_0、C_b 和地基土竖向抗力系数的比例系数 m_0：

1）桩底面地基土竖向抗力系数 C_0

$$C_0=m_0h \quad (C.0.2\text{-}4)$$

式中　m_0——桩底面地基土竖向抗力系数的比例系数（MN/m^4），近似取 $m_0=m$；

h——桩的入土深度（m），当 h 小于10m时，按10m计算。

2）承台底地基土竖向抗力系数 C_b

$$C_b=m_0h_n\eta_c \quad (C.0.2\text{-}5)$$

式中　h_n——承台埋深(m)，当 h_n 小于1m时，按1m计算；

η_c——承台效应系数，按本规范第5.2.5条确定。

不随岩层埋深而增长，其值按表C.0.2采用。

表C.0.2　岩石地基竖向抗力系数 C_R

岩石饱和单轴抗压强度标准值 f_{rk}（kPa）	C_R（MN/m^3）
1000 ≥25000	300 15000

注：f_{rk} 为表列数值的中间值时，C_R 采用插入法确定。

4　岩石地基的竖向抗力系数 C_R

5　桩身抗弯刚度 EI：按本规范第5.7.2条第6款的规定计算确定。

6　桩身轴向压力传递系数 ξ_N：

$$\xi_N=0.5\sim1.0$$

摩擦型桩取小值，端承型桩取大值。

7　地基土与承台底之间的摩擦系数 μ，按本规范表5.7.3-2取值。

C.0.3　计算公式：

1　单桩基础或垂直于外力作用平面的单排桩基础，见表C.0.3-1。

2　位于（或平行于）外力作用平面的单排（或多排）桩低承台桩基，见表C.0.3-2。

3　位于（或平行于）外力作用平面的单排（或多排）桩高承台桩基，见表C.0.3-3。

C.0.4　确定地震作用下桩基计算参数和图式的几个问题：

1　当承台底面以上土层为液化层时，不考虑承台侧面土体的弹性抗力和承台底土的竖向弹性抗力与摩阻力，此时，令 $C_n=C_b=0$，可按表C.0.3-3高承台公式计算。

2　当承台底面以上为非液化层，而承台底面与承台底面下土体可能发生脱离时（承台底面以下有欠固结、自重湿陷、震陷、液化土体时），不考虑承台底地基土的竖向弹性抗力和摩阻力，只考虑承台侧面土体的弹性抗力，宜按表C.0.3-3高承台图式进行计算；但计算承台单位变位引起的桩顶、承台、地下墙体的反力和时，应考虑承台和地下墙体侧面土体弹性抗力的影响。可按表C.0.3-2的步骤5的公式计算（$C_b=0$）。

3　当桩顶以下2（$d+1$）米深度内有液化夹层时，其水平抗力系数的比例系数综合计算值 m，系将液化层的 m 值按本规范表5.3.12折减后，代入式（C.0.2-1）或式（C.0.2-2）中计算确定。

表 C.0.3-1　单桩基础或垂直于外力作用平面的单排桩基础

<table>
<tr><th colspan="4">计 算 步 骤</th><th colspan="2">内　　容</th><th>备　注</th></tr>
<tr><td>1</td><td colspan="3">确定荷载和计算图式</td><td colspan="2">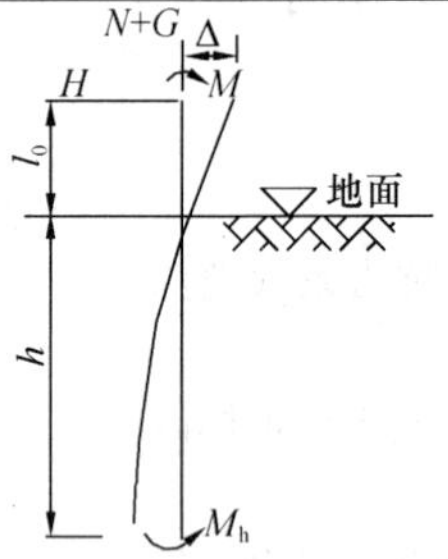
</td><td>桩底支撑在非岩石类土中或基岩表面</td></tr>
<tr><td>2</td><td colspan="3">确定基本参数</td><td colspan="2">m、EI、α</td><td>详见附录 C.0.2</td></tr>
<tr><td>3</td><td colspan="3">求地面处桩身内力</td><td>弯距（$F\times L$）
水平力（F）</td><td>$M_0=\dfrac{M}{n}+\dfrac{H}{n}l_0$　$H_0=\dfrac{H}{n}$</td><td>n——单排桩的桩数；低承台桩时，令 $l_0=0$</td></tr>
<tr><td rowspan="4">4</td><td rowspan="4">求单位力作用于桩身地面处，桩身在该处产生的变位</td><td rowspan="2">$H_0=1$ 作用时</td><td>水平位移（$F^{-1}\times L$）</td><td colspan="2">$\delta_{HH}=\dfrac{1}{\alpha^3 EI}\times\dfrac{(B_3D_4-B_4D_3)+K_h(B_2D_4-B_4D_2)}{(A_3B_4-A_4B_3)+K_h(A_2B_4-A_4B_2)}$</td><td rowspan="4">桩底支承于非岩石类土中，且当 $h\geqslant 2.5/\alpha$，可令 $K_h=0$；
桩底支承于基岩面上，且当 $h\geqslant 3.5/\alpha$，可令 $K_h=0$。
K_h 计算见本表注③。
系数 A_1……D_4、A_f、B_f、C_f 根据 $\bar{h}=\alpha h$ 查表 C.0.3-4 中相应 $\bar{h}$ 的值确定</td></tr>
<tr><td>转角（F^{-1}）</td><td colspan="2">$\delta_{MH}=\dfrac{1}{\alpha^2 EI}\times\dfrac{(A_3D_4-A_4D_3)+K_h(A_2D_4-A_4D_2)}{(A_3B_4-A_4B_3)+K_h(A_2B_4-A_4B_2)}$</td></tr>
<tr><td rowspan="2">$M_0=1$ 作用时</td><td>水平位移（F^{-1}）</td><td colspan="2">$\delta_{HM}=\delta_{MH}$</td></tr>
<tr><td>转角（$F^{-1}\times L^{-1}$）</td><td colspan="2">$\delta_{MM}=\dfrac{1}{\alpha EI}\times\dfrac{(A_3C_4-A_4C_3)+K_h(A_2C_4-A_4C_2)}{(A_3B_4-A_4B_3)+K_h(A_2B_4-A_4B_2)}$</td></tr>
<tr><td>5</td><td colspan="2">求地面处桩身的变位</td><td>水平位移（L）转角（弧度）</td><td colspan="2">$x_0=H_0\delta_{HH}+M_0\delta_{HM}$
$\varphi_0=-(H_0\delta_{MH}+M_0\delta_{MM})$</td><td></td></tr>
<tr><td>6</td><td colspan="2">求地面以下任一深度的桩身内力</td><td>弯距（$F\times L$）
水平力（F）</td><td colspan="2">$M_y=\alpha^2 EI\left(x_0A_3+\dfrac{\varphi_0}{\alpha}B_3+\dfrac{M_0}{\alpha^2 EI}C_3+\dfrac{H_0}{\alpha^3 EI}D_3\right)$
$H_y=\alpha^3 EI\left(x_0A_4+\dfrac{\varphi_0}{\alpha}B_4+\dfrac{M_0}{\alpha^2 EI}C_4+\dfrac{H_0}{\alpha^3 EI}D_4\right)$</td><td></td></tr>
<tr><td>7</td><td colspan="2">求桩顶水平位移</td><td>（L）</td><td colspan="2">$\Delta=x_0-\varphi_0 l_0+\Delta_0$ 其中 $\Delta_0=\dfrac{Hl_0^3}{3nEI}+\dfrac{Ml_0^2}{2nEI}$</td><td></td></tr>
<tr><td rowspan="2">8</td><td colspan="2" rowspan="2">求桩身最大弯距及其位置</td><td>最大弯距位置（L）</td><td colspan="2">由 $\dfrac{\alpha M_0}{H_0}=C_{\text{I}}$ 查表 C.0.3-5 得相应的 αy，$y_{M\max}=\dfrac{\alpha y}{\alpha}$</td><td rowspan="2">$C_{\text{I}}$、$D_{\text{II}}$ 查表 C.0.3-5</td></tr>
<tr><td>最大弯距（$F\times L$）</td><td colspan="2">$M_{\max}=H_0/D_{\text{II}}$</td></tr>
</table>

注：1　δ_{HH}、δ_{MH}、δ_{HM}、δ_{MM} 的图示意义：

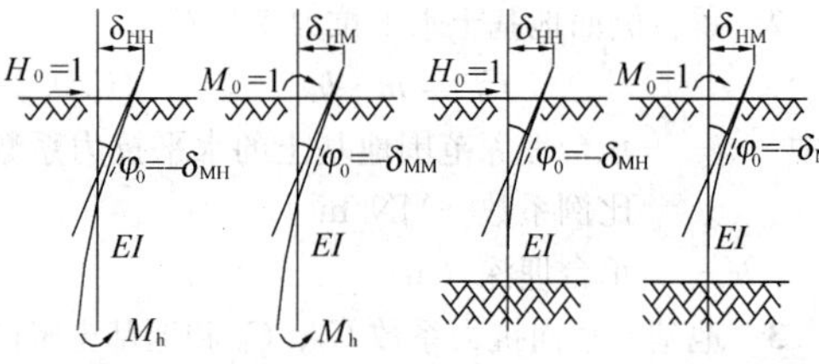

(a)桩端支承在非岩石类土中或基岩表面　(b)桩端嵌固于基岩中

2　当桩底嵌固于基岩中时，δ_{HH}……δ_{MM} 按下列公式计算：

$\delta_{HH}=\dfrac{1}{\alpha^3 EI}\times\dfrac{B_2D_1-B_1D_2}{A_2B_1-A_1B_2}$；$\delta_{MH}=\dfrac{1}{\alpha^2 EI}\times\dfrac{A_2D_1-A_1D_2}{A_2B_1-A_1B_2}$；

$\delta_{HM}=\delta_{MH}$

$\delta_{MM}=\dfrac{1}{\alpha EI}\times\dfrac{A_2C_1-A_1C_2}{A_2B_1-A_1B_2}$；

3　系数 K_h　$K_h=\dfrac{C_0 I_0}{\alpha EI}$

式中：C_0、α、E、I——详见附录 C.0.2；

I_0——桩底截面惯性矩；对于非扩底 $I_0=I$。

4　表中 F、L 分别为表示力、长度的量纲。

表 C.0.3-2 位于（或平行于）外力作用平面的单排（或多排）桩低承台桩基

	计算步骤			内容	备注
1	确定荷载和计算图式			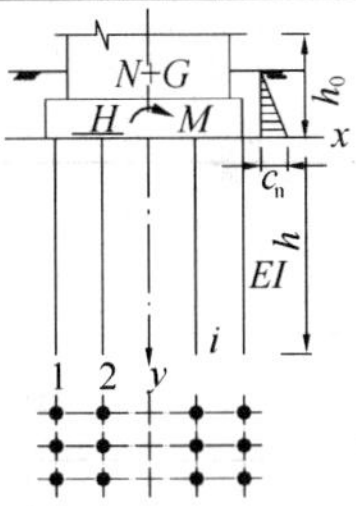	坐标原点应选在桩群对称点上或重心上
2	确定基本计算参数			m、m_0、EI、α、ξ_N、C_0、C_b、μ	详见附录 C.0.2
3	求单位力作用于桩顶时，桩顶产生的变位	$H=1$ 作用时	水平位移（$F^{-1}\times L$）	δ_{HH}	公式同表 C.0.3-1 中步骤 4，且 $K_h=0$；当桩底嵌入基岩中时，应按表 C.0.3-1 注 2 计算。
			转角（F^{-1}）	δ_{MH}	
		$M=1$ 作用时	水平位移（F^{-1}）	$\delta_{HM}=\delta_{MH}$	
			转角（$F^{-1}\times L^{-1}$）	δ_{MM}	
4	求桩顶发生单位变位时，在桩顶引起的内力	发生单位竖向位移时	轴向力（$F\times L^{-1}$）	$\rho_{NN}=\dfrac{1}{\dfrac{\zeta_N h}{EA}+\dfrac{1}{C_0A_0}}$	ξ_N、C_0、A_0——见附录 C.0.2 E、A——桩身弹性模量和横截面面积
		发生单位水平位移时	水平力（$F\times L^{-1}$）	$\rho_{HH}=\dfrac{\delta_{MM}}{\delta_{HH}\delta_{MM}-\delta_{MH}^2}$	
			弯距（F）	$\rho_{MH}=\dfrac{\delta_{MH}}{\delta_{HH}\delta_{MM}-\delta_{MH}^2}$	
		发生单位转角时	水平力（F）	$\rho_{HM}=\rho_{MH}$	
			弯距（$F\times L$）	$\rho_{MM}=\dfrac{\delta_{HH}}{\delta_{HH}\delta_{MM}-\delta_{MH}^2}$	
5	求承台发生单位变位时所有桩顶、承台和侧墙引起的反力和	发生单位竖向位移时	竖向反力（$F\times L^{-1}$）	$\gamma_{VV}=n\rho_{NN}+C_bA_b$	$B_0=B+1$ B——垂直于力作用面方向的承台宽； A_b、I_b、F^c、S^c 和 I^c——详见本表附注 3、4 n——基桩数 x_i——坐标原点至各桩的距离 K_i——第 i 排桩的桩数
			水平反力（$F\times L^{-1}$）	$\gamma_{UV}=\mu C_bA_b$	
		发生单位水平位移时	水平反力（$F\times L^{-1}$）	$\gamma_{UU}=n\rho_{HH}+B_0F^c$	
			反弯距（F）	$\gamma_{\beta U}=-n\rho_{MH}+B_0S^c$	
		发生单位转角时	水平反力（F）	$\gamma_{U\beta}=\gamma_{\beta U}$	
			反弯距（$F\times L$）	$\gamma_{\beta\beta}=n\rho_{MM}+\rho_{NN}\Sigma K_ix_i^2+B_0I^c+C_bI^c$	
6	求承台变位	竖向位移（L）		$V=\dfrac{(N+G)}{\gamma_{VV}}$	
		水平位移（L）		$U=\dfrac{\gamma_{\beta\beta}H-\gamma_{U\beta}M}{\gamma_{UU}\gamma_{\beta\beta}-\gamma_{U\beta}^2}-\dfrac{(N+G)\gamma_{UV}\gamma_{\beta\beta}}{\gamma_{VV}(\gamma_{UU}\gamma_{\beta\beta}-\gamma_{U\beta}^2)}$	
		转角（弧度）		$\beta=\dfrac{\gamma_{UU}M-\gamma_{U\beta}H}{\gamma_{UU}\gamma_{\beta\beta}-\gamma_{U\beta}^2}+\dfrac{(N+G)\gamma_{UV}\gamma_{U\beta}}{\gamma_{VV}(\gamma_{UU}\gamma_{\beta\beta}-\gamma_{U\beta}^2)}$	
7	求任一基桩桩顶内力	轴向力（F）		$N_{0i}=(V+\beta\cdot x_i)\rho_{NN}$	x_i 在原点以右取正，以左取负
		水平力（F）		$H_{0i}=U\rho_{HH}-\beta\rho_{HM}$	
		弯距（$F\times L$）		$M_{0i}=\beta\rho_{MM}-U\rho_{MH}$	
8	求任一深度桩身弯距	弯距（$F\times L$）		$M_y=\alpha^2EI\left(UA_3+\dfrac{\beta}{\alpha}B_3+\dfrac{M_0}{\alpha^2EI}C_3+\dfrac{H_0}{\alpha^3EI}D_3\right)$	A_3、B_3、C_3、D_3 查表 C.0.3-4，当桩身变截面配筋时作该项计算

续表 C.0.3-2

计算步骤			内容	备注
9	求任一基桩桩身最大弯距及其位置	最大弯矩位置（L）	y_{Mmax}	计算公式同表 C.0.3-1
		最大弯距（F×L）	M_{max}	
10	求承台和侧墙的弹性抗力	水平抗力（F）	$H_E=UB_0F^c+\beta B_0S^c$	10、11、12 项为非必算内容
		反弯距（F×L）	$M_E=UB_0S^c+\beta B_0I^c$	
11	求承台底地基土的弹性抗力和摩阻力	竖向抗力(F)	$N_b=VC_bA_b$	
		水平抗力（F）	$H_b=\mu N_b$	
		反弯距（F×L）	$M_b=\beta C_bI_b$	
12	校核水平力的计算结果		$\sum H_i+H_E+H_b=H$	

注：1 ρ_{NN}、ρ_{HH}、ρ_{MH}、ρ_{HM}和 ρ_{MM}的图示意义：

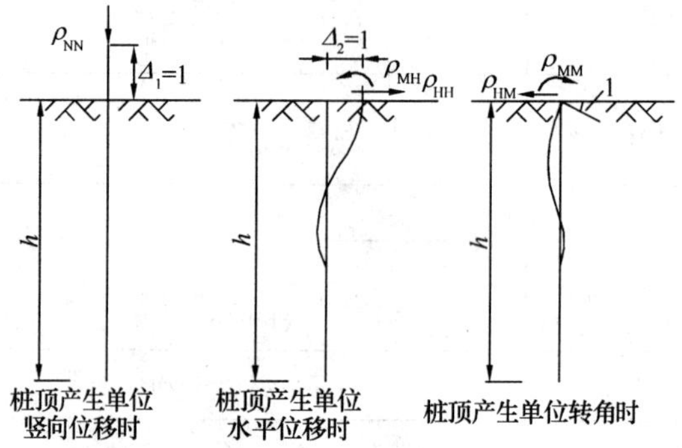

2 A_0——单桩桩底压力分布面积，对于端承型桩，A_0为单桩的底面积，对于摩擦型桩，取下列二公式计算值之较小者：

$$A_0=\pi\left(h\mathrm{tg}\frac{\varphi_m}{4}+\frac{d}{2}\right)^2 \quad A_0=\frac{\pi}{4}s^2$$

式中 h——桩入土深度；

φ_m——桩周各土层内摩擦角的加权平均值；

d——桩的设计直径；

s——桩的中心距。

3 F^c、S^c、I^c——承台底面以上侧向水平抗力系数 C 图形的面积、对于底面的面积矩、惯性矩：

$$F^c=\frac{C_nh_n}{2}$$

$$S^c=\frac{C_nh_n^2}{6}$$

$$I^c=\frac{C_nh_n^3}{12}$$

4 A_b、I_b——承台底与地基土的接触面积、惯性矩：

$$A_b=F-nA$$

$$I_b=I_F-\Sigma AK_ix_i^2$$

式中 F——承台底面积；

nA——各基桩桩顶横截面积和。

表 C.0.3-3 位于（或平行于）外力作用平面的单排（或多排）桩高承台桩基

计 算 步 骤				内 容	备 注
1	确定荷载和计算图式			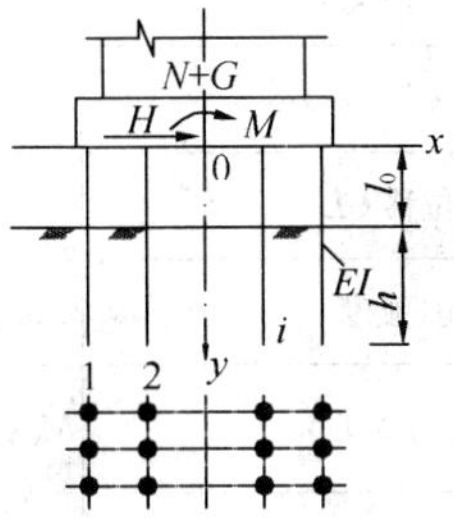	坐标原点应选在桩群对称点上或重心上
2	确定基本计算参数			m、m_0、EI、α、ξ_N、C_0	详见附录 C.0.2
3	求单位力作用于桩身地面处，桩身在该处产生的变位			δ_{HH}、δ_{MH}、δ_{HM}、δ_{MM}	公式同表 C.0.3-2
4	求单位力作用于桩顶时，桩顶产生的变位	$H_i=1$ 作用时	水平位移（$F^{-1}\times L$）	$\delta'_{HH}=\dfrac{l_0^3}{3EI}+\sigma_{MM}l_0^2+2\delta_{MH}l_0+\delta_{HH}$	
			转角（F^{-1}）	$\delta'_{HM}=\dfrac{l_0^2}{2EI}+\delta_{MM}l_0+\delta_{MH}$	
		$M_i=1$ 作用时	水平位移（F^{-1}）	$\delta'_{HM}=\delta'_{MH}$	
			转角（$F^{-1}\times L^{-1}$）	$\delta'_{MM}=\dfrac{l_0}{EI}+\delta_{MM}$	
5	求桩顶发生单位变位时，桩顶引起的内力	发生单位竖向位移时	轴向力（$F\times L^{-1}$）	$\rho_{NN}=\dfrac{1}{\dfrac{l_0+\zeta_N h}{EA}+\dfrac{1}{C_0A_0}}$	
		发生单位水平位移时	水平力（$F\times L^{-1}$）	$\rho_{HH}=\dfrac{\delta'_{MM}}{\delta'_{HM}\delta'_{MM}-\delta'^2_{MH}}$	
			弯距（F）	$\rho_{MH}=\dfrac{\delta'_{MH}}{\delta'_{HH}\delta'_{MM}-\delta'^2_{MH}}$	
		发生单位转角时	水平力（F）	$\rho_{HM}=\rho_{MH}$	
			弯距（$F\times L$）	$\rho_{MM}=\dfrac{\delta'_{HH}}{\delta'_{HH}\delta'_{MM}-\delta'^2_{MH}}$	
6	求承台发生单位变位时，所有桩顶引起的反力和	发生单位竖向位移时	竖向反力（$F\times L^{-1}$）	$\gamma_{VV}=n\rho_{NN}$	n——基桩数 x_i——坐标原点至各桩的距离 K_i——第 i 排桩的根数
		发生单位水平位移时	水平反力($F\times L^{-1}$)	$\gamma_{UU}=n\rho_{HH}$	
			反弯距(F)	$\gamma_{\beta U}=-n\rho_{MH}$	
		发生单位转角时	水平反力(F)	$\gamma_{U\beta}=\gamma_{\beta U}$	
			反弯距($F\times L$)	$\gamma_{\beta\beta}=n\rho_{MM}+\rho_{NN}\Sigma K_i x_i^2$	
7	求承台变位	竖直位移（L）		$V=\dfrac{N+G}{\gamma_{VV}}$	
		水平位移（L）		$U=\dfrac{\gamma_{\beta\beta}H-\gamma_{U\beta}M}{\gamma_{UU}\gamma_{\beta\beta}-\gamma_{U\beta}^2}$	
		转角(弧度)		$\beta=\dfrac{\gamma_{UU}M-\gamma_{U\beta}H}{\gamma_{UU}\gamma_{\beta\beta}-\gamma_{U\beta}^2}$	
8	求任一基桩桩顶内力	竖向力（F）		$N_i=(V+\beta\cdot x_i)\rho_{NN}$	x_i 在原点 O 以右取正，以左取负
		水平力（F）		$H_i=u\rho_{HH}-\beta\rho_{HM}=\dfrac{H}{n}$	
		弯距（$F\times L$）		$M_i=\beta\rho_{MM}-U\rho_{MH}$	

续表 C. 0. 3-3

计算步骤			内容	备注
9	求地面处任一基桩桩身截面上的内力	水平力（F）	$H_{0i}=H_i$	
		弯距（F×L）	$M_{0i}=M_i+H_i l_0$	
10	求地面处任一基桩桩身的变位	水平位移（L）	$x_{0i}=H_{0i}\delta_{HH}+M_{0i}\delta_{HM}$	
		转角(弧度)	$\varphi_{0i}=-(H_{0i}\delta_{MH}+M_{0i}\delta_{MM})$	
11	求任一基桩地面下任一深度桩身截面内力	弯距（F×L）	$M_{yi}=\alpha^2 EI\left(x_{0i}A_3+\frac{\varphi_{0i}}{\alpha}B_3+\frac{M_{0i}}{\alpha^2 EI}C_3+\frac{H_{0i}}{\alpha^3 EI}D_3\right)$	A_3……D_4 查表 C. 0. 3-4，当桩身变截面配筋时作该项计算
		水平力（F）	$H_{yi}=\alpha^3 EI\left(x_{0i}A_4+\frac{\varphi_{0i}}{\alpha}B_4+\frac{M_{0i}}{\alpha^2 EI}C_4+\frac{H_{0i}}{\alpha^3 EI}D_4\right)$	
12	求任一基桩桩身最大弯距及其位置	最大弯距位置（L）	y_{Mmax}	计算公式同表 C. 0. 3-1
		最大弯距（F×L）	M_{max}	

表 C. 0. 3-4　影响函数值表

换算深度 $\bar{h}=\alpha y$	A_3	B_3	C_3	D_3	A_4	B_4	C_4	D_4	$B_3D_4-B_4D_3$	$A_3B_4-A_4B_3$	$B_2D_4-B_4D_2$
0	0.00000	0.00000	1.00000	0.00000	0.00000	0.0000	0.00000	1.00000	0.00000	0.00000	1.00000
0.1	−0.00017	−0.00001	1.00000	0.10000	−0.00500	−0.00033	−0.00001	1.00000	0.00002	0.00000	1.00000
0.2	−0.00133	−0.00013	0.99999	0.20000	−0.02000	−0.00267	−0.00020	0.99999	0.00040	0.00000	1.00004
0.3	−0.00450	−0.00067	0.99994	0.30000	−0.04500	−0.00900	−0.00101	0.99992	0.00203	0.00001	1.00029
0.4	−0.01067	−0.00213	0.99974	0.39998	−0.08000	−0.02133	−0.00320	0.99966	0.00640	0.00006	1.00120
0.5	−0.02083	−0.00521	0.99922	0.49991	−0.12499	−0.04167	−0.00781	0.99896	0.01563	0.00022	1.00365
0.6	−0.03600	−0.01080	0.99806	0.59974	−0.17997	−0.07199	−0.01620	0.99741	0.03240	0.00065	1.00917
0.7	−0.05716	−0.02001	0.99580	0.69935	−0.24490	−0.11433	−0.03001	0.99440	0.06006	0.00163	1.01962
0.8	−0.08532	−0.03412	0.99181	0.79854	−0.31975	−0.17060	−0.05120	0.98908	0.10248	0.00365	1.03824
0.9	−0.12144	−0.05466	0.98524	0.89705	−0.40443	−0.24284	−0.08198	0.98032	0.16426	0.00738	1.06893
1.0	−0.16652	−0.08329	0.97501	0.99445	−0.49881	−0.33298	−0.12493	0.96667	0.25062	0.01390	1.11679
1.1	−0.22152	−0.12192	0.95975	1.09016	−0.60268	−0.44292	−0.18285	0.94634	0.36747	0.02464	1.18823
1.2	−0.28737	−0.17260	0.93783	1.18342	−0.71573	−0.57450	−0.25886	0.91712	0.52158	0.04156	1.29111
1.3	−0.36496	−0.23760	0.90727	1.27320	−0.83753	−0.72950	−0.35631	0.87638	0.72057	0.06724	1.43498
1.4	−0.45515	−0.31933	0.86575	1.35821	−0.96746	−0.90954	−0.47883	0.82102	0.97317	0.10504	1.63125
1.5	−0.55870	−0.42039	0.81054	1.43680	−1.10468	−1.11609	−0.63027	0.74745	1.28938	0.15916	1.89349
1.6	−0.67629	−0.54348	0.73859	1.50695	−1.24808	−1.35042	−0.81466	0.65156	1.68091	0.23497	2.23776
1.7	−0.80848	−0.69144	0.64637	1.56621	−1.39623	−1.61346	−1.03616	0.52871	2.16145	0.33904	2.68296
1.8	−0.95564	−0.86715	0.52997	1.61162	−1.54728	−1.90577	−1.29909	0.37368	2.74734	0.47951	3.25143
1.9	−1.11796	−1.07357	0.38503	1.63969	−1.69889	−2.22745	−1.60770	0.18071	3.45833	0.66632	3.96945
2.0	−1.29535	−1.31361	0.20676	1.64628	−1.84818	−2.57798	−1.96620	−0.05652	4.31831	0.91158	4.86824
2.2	−1.69334	−1.90567	−0.27087	1.57538	−2.12481	−3.35952	−2.84858	−0.69158	6.61044	1.63962	7.36356
2.4	−2.14117	−2.66329	−0.94885	1.35201	−2.33901	−4.22811	−3.97323	−1.59151	9.95510	2.82366	11.13130
2.6	−2.62126	−3.59987	−1.87734	0.91679	−2.43695	−5.14023	−5.35541	−2.82106	14.86800	4.70118	16.74660
2.8	−3.10341	−4.71748	−3.10791	0.19729	−2.34558	−6.02299	−6.99007	−4.44491	22.15710	7.62658	25.06510
3.0	−3.54058	−5.99979	−4.68788	−0.89126	−1.96928	−6.76460	−8.84029	−6.51972	33.08790	12.13530	37.38070
3.5	−3.91921	−9.54367	−10.34040	−5.85402	1.07408	−6.78895	−13.69240	−13.82610	92.20900	36.85800	101.36900
4.0	−1.61428	−11.7307	−17.91860	−15.07550	9.24368	−0.35762	−15.61050	−23.14040	266.06100	109.01200	279.99600

注：表中 y 为桩身计算截面的深度；α 为桩的水平变形系数。

续表 C.0.3-4

换算深度 $\bar{h}=\alpha y$	$A_2B_4-A_4B_2$	$A_3D_4-A_4D_3$	$A_2D_4-A_4D_2$	$A_3C_4-A_4C_3$	$A_2C_4-A_4C_2$	$A_f=\frac{B_3D_4-B_4D_3}{A_3B_4-A_4B_3}$	$B_f=\frac{A_3D_4-A_4D_3}{A_3B_4-A_4B_3}$	$C_f=\frac{A_3C_4-A_4C_3}{A_3B_4-A_4B_3}$	$\frac{B_2D_1-B_1D_2}{A_2B_1-A_1B_2}$	$\frac{A_2D_1-A_1D_2}{A_2B_1-A_1B_2}$	$\frac{A_2C_1-C_2A_1}{A_2B_1-A_1B_2}$
0	0.00000	0.00000	0.00000	0.00000	0.00000	∞	∞	∞	0.00000	0.00000	0.00000
0.1	0.00500	0.00033	0.00003	0.00500	0.00050	1800.00	24000.00	36000.00	0.00033	0.00500	0.10000
0.2	0.02000	0.00267	0.00033	0.02000	0.00400	450.00	3000.000	22500.10	0.00269	0.02000	0.20000
0.3	0.04500	0.00900	0.00169	0.04500	0.01350	200.00	888.898	4444.590	0.00900	0.04500	0.30000
0.4	0.07999	0.02133	0.00533	0.08001	0.03200	112.502	375.017	1406.444	0.02133	0.07999	0.39996
0.5	0.12504	0.04167	0.01302	0.12505	0.06251	72.102	192.214	576.825	0.04165	0.12495	0.49988
0.6	0.18013	0.07203	0.02701	0.18020	0.10804	50.012	111.179	278.134	0.07192	0.17893	0.59962
0.7	0.24535	0.11443	0.05004	0.24559	0.17161	36.740	70.001	150.236	0.11406	0.24448	0.69902
0.8	0.32091	0.17094	0.03539	0.32150	0.25632	28.108	46.884	88.179	0.16985	0.31867	0.79783
0.9	0.40709	0.24374	0.13685	0.40842	0.36533	22.245	33.009	55.312	0.24092	0.40199	0.89562
1.0	0.50436	0.33507	0.20873	0.50714	0.50194	18.028	24.102	36.480	0.32855	0.49374	0.99179
1.1	0.61351	0.44739	0.30600	0.61893	0.66965	14.915	18.160	25.122	0.43351	0.59294	1.08560
1.2	0.73565	0.58346	0.43412	0.74562	0.87232	12.550	14.039	17.941	0.55589	0.69811	1.17605
1.3	0.87244	0.74650	0.59910	0.88991	1.11429	10.716	11.102	13.235	0.69488	0.80737	1.26199
1.4	1.02612	0.94032	0.80887	1.05550	1.40059	9.265	8.952	10.049	0.84855	0.91831	1.34213
1.5	1.19981	1.16960	1.07061	1.24752	1.73720	8.101	7.349	7.838	1.01382	1.02816	1.41516
1.6	1.39771	1.44015	1.39379	1.47277	2.13135	7.154	6.129	6.268	1.18632	1.13380	1.47990
1.7	1.62522	1.75934	1.78918	1.74019	2.59200	6.375	5.189	5.133	1.36088	1.23219	1.53540
1.8	1.88946	2.13653	2.26933	2.06147	3.13039	5.730	4.456	4.300	1.53179	1.32058	1.58115
1.9	2.19944	2.58362	2.84909	2.45147	3.76049	5.190	3.878	3.680	1.69343	1.39688	1.61718
2.0	2.56664	3.11583	3.54638	2.92905	4.49999	4.737	3.418	3.213	1.84091	1.43979	1.64405
2.2	3.53366	4.51846	5.38469	4.24806	6.40196	4.032	2.756	2.591	2.08041	1.54549	1.67490
2.4	4.95288	6.57004	8.02219	6.28800	9.09220	3.526	2.327	2.227	2.23974	1.58566	1.68520
2.6	7.07178	9.62890	11.82060	9.46294	12.97190	3.161	2.048	2.013	2.32965	1.59617	1.68665
2.8	10.26420	14.25710	17.33620	14.40320	18.66360	2.905	1.869	1.889	2.37119	1.59262	1.68717
3.0	15.09220	21.32850	25.42750	22.06800	27.12570	2.727	1.758	1.818	2.38547	1.58606	1.69051
3.5	41.01820	60.47600	67.49820	64.76960	72.04850	2.502	1.641	1.757	2.38891	1.58435	1.71100
4.0	114.7220	176.7060	185.9960	190.8340	200.0470	2.441	1.625	1.751	2.40074	1.59979	1.73218

表 C.0.3-5　桩身最大弯距截面系数 C_{I}、最大弯距系数 D_{II}

换算深度 $\bar{h}=\alpha y$	C_{I}						D_{II}					
	$\alpha h=4.0$	$\alpha h=3.5$	$\alpha h=3.0$	$\alpha h=2.8$	$\alpha h=2.6$	$\alpha h=2.4$	$\alpha h=4.0$	$\alpha h=3.5$	$\alpha h=3.0$	$\alpha h=2.8$	$\alpha h=2.6$	$\alpha h=2.4$
0.0	∞	∞	∞	∞	∞	∞	∞	∞	∞	∞	∞	∞
0.1	131.252	129.489	120.507	112.954	102.805	90.196	131.250	129.551	120.515	113.017	102.839	90.226
0.2	34.186	33.699	31.158	29.090	26.326	22.939	34.315	33.818	31.282	29.218	26.451	23.065
0.3	15.544	15.282	14.013	13.003	11.671	10.064	15.738	15.476	14.206	13.197	11.864	10.258
0.4	8.781	8.605	7.799	7.176	6.368	5.409	9.039	8.862	8.057	7.434	6.625	5.667
0.5	5.539	5.403	4.821	4.385	3.829	3.183	5.855	5.720	5.138	4.702	4.147	3.502
0.6	3.710	3.597	3.141	2.811	2.400	1.931	4.086	3.973	3.519	3.189	2.778	2.310
0.7	2.566	2.465	2.089	1.826	1.506	1.150	2.999	2.899	2.525	2.263	1.943	1.587
0.8	1.791	1.699	1.377	1.160	0.902	0.623	2.282	2.191	1.871	1.655	1.398	1.119
0.9	1.238	1.151	0.867	0.683	0.471	0.248	1.784	1.698	1.417	1.235	1.024	0.800
1.0	0.824	0.740	0.484	0.327	0.149	−0.032	1.425	1.342	1.091	0.934	0.758	0.577
1.1	0.503	0.420	0.187	0.049	−0.100	−0.247	1.157	1.077	0.848	0.713	0.564	0.416
1.2	0.246	0.163	−0.052	−0.172	−0.299	−0.418	0.952	0.873	0.664	0.546	0.420	0.299
1.3	0.034	−0.049	−0.249	−0.355	−0.465	−0.557	0.792	0.714	0.522	0.418	0.311	0.212
1.4	−0.145	−0.229	−0.416	−0.508	−0.597	−0.672	0.666	0.588	0.410	0.319	0.229	0.148
1.5	−0.299	−0.384	−0.559	−0.639	−0.712	−0.769	0.563	0.486	0.321	0.241	0.166	0.101

续表 C.0.3-5

换算深度 $\bar{h}=\alpha y$	C_I						D_{II}					
	$\alpha h=4.0$	$\alpha h=3.5$	$\alpha h=3.0$	$\alpha h=2.8$	$\alpha h=2.6$	$\alpha h=2.4$	$\alpha h=4.0$	$\alpha h=3.5$	$\alpha h=3.0$	$\alpha h=2.8$	$\alpha h=2.6$	$\alpha h=2.4$
1.6	−0.434	−0.521	−0.634	−0.753	−0.812	−0.853	0.480	0.402	0.250	0.181	0.118	0.067
1.7	−0.555	−0.645	−0.796	−0.854	−0.898	−0.025	0.411	0.333	0.193	0.134	0.082	0.043
1.8	−0.665	−0.756	−0.896	−0.943	−0.975	−0.987	0.353	0.276	0.147	0.097	0.055	0.026
1.9	−0.768	−0.862	−0.988	−1.024	−1.043	−1.043	0.304	0.227	0.110	0.068	0.035	0.014
2.0	−0.865	−0.961	−1.073	−1.098	−1.105	−1.092	0.263	0.186	0.081	0.046	0.022	0.007
2.2	−1.048	−1.148	−1.225	−1.227	−1.210	−1.176	0.196	0.122	0.040	0.019	0.006	0.001
2.4	−1.230	−1.328	−1.360	−1.338	−1.299	0	0.145	0.075	0.016	0.005	0.001	0
2.6	−1.420	−1.507	−1.482	−1.434	0		0.106	0.043	0.005	0.001	0	
2.8	−1.635	−1.692	−1.593	0			0.074	0.021	0.001	0		
3.0	−1.893	−1.886	0				0.049	0.008	0			
3.5	−2.994	0					0.010	0				
4.0	0						0					

注：表中 α 为桩的水平变形系数；y 为桩身计算截面的深度；h 为桩长。当 $\alpha h>4.0$ 时，按 $\alpha h=4.0$ 计算。

附录 D Boussinesq（布辛奈斯克）解的附加应力系数 α、平均附加应力系数 $\bar{\alpha}$

D.0.1 矩形面积上均布荷载作用下角点的附加应力系数 α、平均附加应力系数 $\bar{\alpha}$ 应按表 D.0.1-1、D.0.1-2 确定。

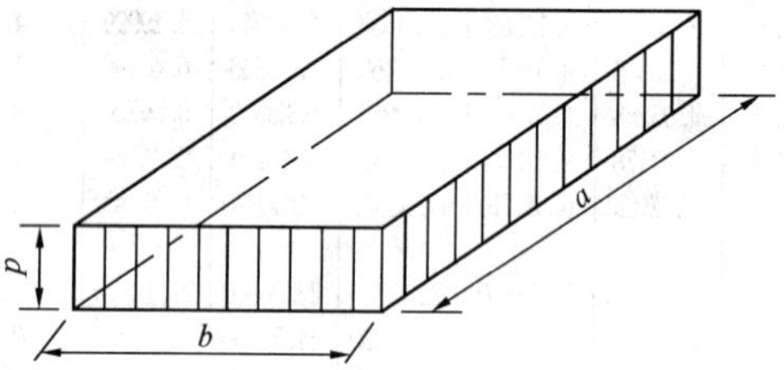

表 D.0.1-1 矩形面积上均布荷载作用下角点附加应力系数 α

z/b \ a/b	1.0	1.2	1.4	1.6	1.8	2.0	3.0	4.0	5.0	6.0	10.0	条形
0.0	0.250	0.250	0.250	0.250	0.250	0.250	0.250	0.250	0.250	0.250	0.250	0.250
0.2	0.249	0.249	0.249	0.249	0.249	0.249	0.249	0.249	0.249	0.249	0.249	0.249
0.4	0.240	0.242	0.243	0.243	0.244	0.244	0.244	0.244	0.244	0.244	0.244	0.244
0.6	0.223	0.228	0.230	0.232	0.232	0.233	0.234	0.234	0.234	0.234	0.234	0.234
0.8	0.200	0.207	0.212	0.215	0.216	0.218	0.220	0.220	0.220	0.220	0.220	0.220
1.0	0.175	0.185	0.191	0.195	0.198	0.200	0.203	0.204	0.204	0.204	0.205	0.205
1.2	0.152	0.163	0.171	0.176	0.179	0.182	0.187	0.188	0.189	0.189	0.189	0.189
1.4	0.131	0.142	0.151	0.157	0.161	0.164	0.171	0.173	0.174	0.174	0.174	0.174
1.6	0.112	0.124	0.133	0.140	0.145	0.148	0.157	0.159	0.160	0.160	0.160	0.160
1.8	0.097	0.108	0.117	0.124	0.129	0.133	0.143	0.146	0.147	0.148	0.148	0.148
2.0	0.084	0.095	0.103	0.110	0.116	0.120	0.131	0.135	0.136	0.137	0.137	0.137
2.2	0.073	0.083	0.092	0.098	0.104	0.108	0.121	0.125	0.126	0.127	0.128	0.128
2.4	0.064	0.073	0.081	0.088	0.093	0.098	0.111	0.116	0.118	0.118	0.119	0.119
2.6	0.057	0.065	0.072	0.079	0.084	0.089	0.102	0.107	0.110	0.111	0.112	0.112

续表 D.0.1-1

z/b \ a/b	1.0	1.2	1.4	1.6	1.8	2.0	3.0	4.0	5.0	6.0	10.0	条形
2.8	0.050	0.058	0.065	0.071	0.076	0.080	0.094	0.100	0.102	0.104	0.105	0.105
3.0	0.045	0.052	0.058	0.064	0.069	0.073	0.087	0.093	0.096	0.097	0.099	0.099
3.2	0.040	0.047	0.053	0.058	0.063	0.067	0.081	0.087	0.090	0.092	0.093	0.094
3.4	0.036	0.042	0.048	0.053	0.057	0.061	0.075	0.081	0.085	0.086	0.088	0.089
3.6	0.033	0.038	0.043	0.048	0.052	0.056	0.069	0.076	0.080	0.082	0.084	0.084
3.8	0.030	0.035	0.040	0.044	0.048	0.052	0.065	0.072	0.075	0.077	0.080	0.080
4.0	0.027	0.032	0.036	0.040	0.044	0.048	0.060	0.067	0.071	0.073	0.076	0.076
4.2	0.025	0.029	0.033	0.037	0.041	0.044	0.056	0.063	0.067	0.070	0.072	0.073
4.4	0.023	0.027	0.031	0.034	0.038	0.041	0.053	0.060	0.064	0.066	0.069	0.070
4.6	0.021	0.025	0.028	0.032	0.035	0.038	0.049	0.056	0.061	0.063	0.066	0.067
4.8	0.019	0.023	0.026	0.029	0.032	0.035	0.046	0.053	0.058	0.060	0.064	0.064
5.0	0.018	0.021	0.024	0.027	0.030	0.033	0.043	0.050	0.055	0.057	0.061	0.062
6.0	0.013	0.015	0.017	0.020	0.022	0.024	0.033	0.039	0.043	0.046	0.051	0.052
7.0	0.009	0.011	0.013	0.015	0.016	0.018	0.025	0.031	0.035	0.038	0.043	0.045
8.0	0.007	0.009	0.010	0.011	0.013	0.014	0.020	0.025	0.028	0.031	0.037	0.039
9.0	0.006	0.007	0.008	0.009	0.010	0.011	0.016	0.020	0.024	0.026	0.032	0.035
10.0	0.005	0.006	0.007	0.007	0.008	0.009	0.013	0.017	0.020	0.022	0.028	0.032
12.0	0.003	0.004	0.005	0.005	0.006	0.006	0.009	0.012	0.014	0.017	0.022	0.026
14.0	0.002	0.003	0.003	0.004	0.004	0.005	0.007	0.009	0.011	0.013	0.018	0.023
16.0	0.002	0.002	0.003	0.003	0.003	0.004	0.005	0.007	0.009	0.010	0.014	0.020
18.0	0.001	0.002	0.002	0.002	0.003	0.003	0.004	0.006	0.007	0.008	0.012	0.018
20.0	0.001	0.001	0.002	0.002	0.002	0.002	0.004	0.005	0.006	0.007	0.010	0.016
25.0	0.001	0.001	0.001	0.001	0.001	0.002	0.002	0.003	0.004	0.004	0.007	0.013
30.0	0.001	0.001	0.001	0.001	0.001	0.001	0.002	0.002	0.003	0.003	0.005	0.011
35.0	0.000	0.000	0.001	0.001	0.001	0.001	0.001	0.002	0.002	0.002	0.004	0.009
40.0	0.000	0.000	0.000	0.000	0.001	0.001	0.001	0.001	0.001	0.002	0.003	0.008

注：a——矩形均布荷载长度（m）；b——矩形均布荷载宽度（m）；z——计算点离桩端平面垂直距离（m）。

表 D. 0. 1-2　矩形面积上均布荷载作用下角点平均附加应力系数 $\bar{\alpha}$

z/b \ a/b	1.0	1.2	1.4	1.6	1.8	2.0	2.4	2.8	3.2	3.6	4.0	5.0	10.0
0.0	0.2500	0.2500	0.2500	0.2500	0.2500	0.2500	0.2500	0.2500	0.2500	0.2500	0.2500	0.2500	0.2500
0.2	0.2496	0.2497	0.2497	0.2498	0.2498	0.2498	0.2498	0.2498	0.2498	0.2498	0.2498	0.2498	0.2498
0.4	0.2474	0.2479	0.2481	0.2483	0.2483	0.2484	0.2485	0.2485	0.2485	0.2485	0.2485	0.2485	0.2485
0.6	0.2423	0.2437	0.2444	0.2448	0.2451	0.2452	0.2454	0.2455	0.2455	0.2455	0.2455	0.2455	0.2456
0.8	0.2346	0.2372	0.2387	0.2395	0.2400	0.2403	0.2407	0.2408	0.2409	0.2409	0.2410	0.2410	0.2410
1.0	0.2252	0.2291	0.2313	0.2326	0.2335	0.2340	0.2346	0.2349	0.2351	0.2352	0.2352	0.2353	0.2353
1.2	0.2149	0.2199	0.2229	0.2248	0.2260	0.2268	0.2278	0.2282	0.2285	0.2286	0.2287	0.2288	0.2289
1.4	0.2043	0.2102	0.2140	0.2146	0.2180	0.2191	0.2204	0.2211	0.2215	0.2217	0.2218	0.2220	0.2221
1.6	0.1939	0.2006	0.2049	0.2079	0.2099	0.2113	0.2130	0.2138	0.2143	0.2146	0.2148	0.2150	0.2152
1.8	0.1840	0.1912	0.1960	0.1994	0.2018	0.2034	0.2055	0.2066	0.2073	0.2077	0.2079	0.2082	0.2084
2.0	0.1746	0.1822	0.1875	0.1912	0.1980	0.1958	0.1982	0.1996	0.2004	0.2009	0.2012	0.2015	0.2018
2.2	0.1659	0.1737	0.1793	0.1833	0.1862	0.1883	0.1911	0.1927	0.1937	0.1943	0.1947	0.1952	0.1955
2.4	0.1578	0.1657	0.1715	0.1757	0.1789	0.1812	0.1843	0.1862	0.1873	0.1880	0.1885	0.1890	0.1895
2.6	0.1503	0.1583	0.1642	0.1686	0.1719	0.1745	0.1779	0.1799	0.1812	0.1820	0.1825	0.1832	0.1838
2.8	0.1433	0.1514	0.1574	0.1619	0.1654	0.1680	0.1717	0.1739	0.1753	0.1763	0.1769	0.1777	0.1784
3.0	0.1369	0.1449	0.1510	0.1556	0.1592	0.1619	0.1658	0.1682	0.1698	0.1708	0.1715	0.1725	0.1733
3.2	0.1310	0.1390	0.1450	0.1497	0.1533	0.1562	0.1602	0.1628	0.1645	0.1657	0.1664	0.1675	0.1685
3.4	0.1256	0.1334	0.1394	0.1441	0.1478	0.1508	0.1550	0.1577	0.1595	0.1607	0.1616	0.1628	0.1639
3.6	0.1205	0.1282	0.1342	0.1389	0.1427	0.1456	0.1500	0.1528	0.1548	0.1561	0.1570	0.1583	0.1595
3.8	0.1158	0.1234	0.1293	0.1340	0.1378	0.1408	0.1452	0.1482	0.1502	0.1516	0.1526	0.1541	0.1554
4.0	0.1114	0.1189	0.1248	0.1294	0.1332	0.1362	0.1408	0.1438	0.1459	0.1474	0.1485	0.1500	0.1516
4.2	0.1073	0.1147	0.1205	0.1251	0.1289	0.1319	0.1365	0.1396	0.1418	0.1434	0.1445	0.1462	0.1479
4.4	0.1035	0.1107	0.1164	0.1210	0.1248	0.1279	0.1325	0.1357	0.1379	0.1396	0.1407	0.1425	0.1444
4.6	0.1000	0.1070	0.1127	0.1172	0.1209	0.1240	0.1287	0.1319	0.1342	0.1359	0.1371	0.1390	0.1410
4.8	0.0967	0.1036	0.1091	0.1136	0.1173	0.1204	0.1250	0.1283	0.1307	0.1324	0.1337	0.1357	0.1379
5.0	0.0935	0.1003	0.1057	0.1102	0.1139	0.1169	0.1216	0.1249	0.1273	0.1291	0.1304	0.1325	0.1348
5.2	0.0906	0.0972	0.1026	0.1070	0.1106	0.1136	0.1183	0.1217	0.1241	0.1259	0.1273	0.1295	0.1320
5.4	0.0878	0.0943	0.0996	0.1039	0.1075	0.1105	0.1152	0.1186	0.1210	0.1229	0.1243	0.1265	0.1292
5.6	0.0852	0.0916	0.0968	0.1010	0.1046	0.1076	0.1122	0.1156	0.1181	0.1200	0.1215	0.1238	0.1266
5.8	0.0828	0.0890	0.0941	0.0983	0.1018	0.1047	0.1094	0.1128	0.1153	0.1172	0.1187	0.1211	0.1240
6.0	0.0805	0.0866	0.0916	0.0957	0.0991	0.1021	0.1067	0.1101	0.1126	0.1146	0.1161	0.1185	0.1216
6.2	0.0783	0.0842	0.0891	0.0932	0.0966	0.0995	0.1041	0.1075	0.1101	0.1120	0.1136	0.1161	0.1193
6.4	0.0762	0.0820	0.0869	0.0909	0.0942	0.0971	0.1016	0.1050	0.1076	0.1096	0.1111	0.1137	0.1171
6.6	0.0742	0.0799	0.0847	0.0886	0.0919	0.0948	0.0993	0.1027	0.1053	0.1073	0.1088	0.1114	0.1149
6.8	0.0723	0.0779	0.0826	0.0865	0.0898	0.0926	0.0970	0.1004	0.1030	0.1050	0.1066	0.1092	0.1129
7.0	0.0705	0.0761	0.0806	0.0844	0.0877	0.0904	0.0949	0.0982	0.1008	0.1028	0.1044	0.1071	0.1109
7.2	0.0688	0.0742	0.0787	0.0825	0.0857	0.0884	0.0928	0.0962	0.0987	0.1008	0.1023	0.1051	0.1090
7.4	0.0672	0.0725	0.0769	0.0806	0.0838	0.0865	0.0908	0.0942	0.0967	0.0988	0.1004	0.1031	0.1071
7.6	0.0656	0.0709	0.0752	0.0789	0.0820	0.0846	0.0889	0.0922	0.0948	0.0968	0.0984	0.1012	0.1054
7.8	0.0642	0.0693	0.0736	0.0771	0.0802	0.0828	0.0871	0.0904	0.0929	0.0950	0.0966	0.0994	0.1036
8.0	0.0627	0.0678	0.0720	0.0755	0.0785	0.0811	0.0853	0.0886	0.0912	0.0932	0.0948	0.0976	0.1020
8.2	0.0614	0.0663	0.0705	0.0739	0.0769	0.0795	0.0837	0.0869	0.0894	0.0914	0.0931	0.0959	0.1004
8.4	0.0601	0.0649	0.0690	0.0724	0.0754	0.0779	0.0820	0.0852	0.0878	0.0893	0.0914	0.0943	0.0938
8.6	0.0588	0.0636	0.0676	0.0710	0.0739	0.0764	0.0805	0.0836	0.0862	0.0882	0.0898	0.0927	0.0973
8.8	0.0576	0.0623	0.0663	0.0696	0.0724	0.0749	0.0790	0.0821	0.0846	0.0866	0.0882	0.0912	0.0959

续表 D. 0. 1-2

a/b z/b	1.0	1.2	1.4	1.6	1.8	2.0	2.4	2.8	3.2	3.6	4.0	5.0	10.0
9.2	0.0554	0.0599	0.0637	0.0670	0.0697	0.0721	0.0761	0.0792	0.0817	0.0837	0.0853	0.0882	0.0931
9.6	0.0533	0.0577	0.0614	0.0645	0.0672	0.0696	0.0734	0.0765	0.0789	0.0809	0.0825	0.0855	0.0905
10.0	0.0514	0.0556	0.0592	0.0622	0.0649	0.0672	0.0710	0.0739	0.0763	0.0783	0.0799	0.0829	0.0880
10.4	0.0496	0.0537	0.0572	0.0601	0.0627	0.0649	0.0686	0.0716	0.0739	0.0759	0.0775	0.0804	0.0857
10.8	0.0479	0.0519	0.0553	0.0581	0.0606	0.0628	0.0664	0.0693	0.0717	0.0736	0.0751	0.0781	0.0834
11.2	0.0463	0.0502	0.0535	0.0563	0.0587	0.0609	0.0664	0.0672	0.0695	0.0714	0.0730	0.0759	0.0813
11.6	0.0448	0.0486	0.0518	0.0545	0.0569	0.0590	0.0625	0.0652	0.0675	0.0694	0.0709	0.0738	0.0793
12.0	0.0435	0.0471	0.0502	0.0529	0.0552	0.0573	0.0606	0.0634	0.0656	0.0674	0.0690	0.0719	0.0774
12.8	0.0409	0.0444	0.0474	0.0499	0.0521	0.0541	0.0573	0.0599	0.0621	0.0639	0.0654	0.0682	0.0739
13.6	0.0387	0.0420	0.0448	0.0472	0.0493	0.0512	0.0543	0.0568	0.0589	0.0607	0.0621	0.0649	0.0707
14.4	0.0367	0.0398	0.0425	0.0488	0.0468	0.0486	0.0516	0.0540	0.0561	0.0577	0.0592	0.0619	0.0677
15.2	0.0349	0.0379	0.0404	0.0426	0.0446	0.0463	0.0492	0.0515	0.0535	0.0551	0.0565	0.0592	0.0650
16.0	0.0332	0.0361	0.0385	0.0407	0.0425	0.0442	0.0469	0.0492	0.0511	0.0527	0.0540	0.0567	0.0625
18.0	0.0297	0.0323	0.0345	0.0364	0.0381	0.0396	0.0422	0.0442	0.0460	0.0475	0.0487	0.0512	0.0570
20.0	0.0269	0.0292	0.0312	0.0330	0.0345	0.0359	0.0383	0.0402	0.0418	0.0432	0.0444	0.0468	0.0524

D. 0. 2 矩形面积上三角形分布荷载作用下角点的附加应力系数 α、平均附加应力系数 $\bar{\alpha}$ 应按表 D. 0. 2 确定。

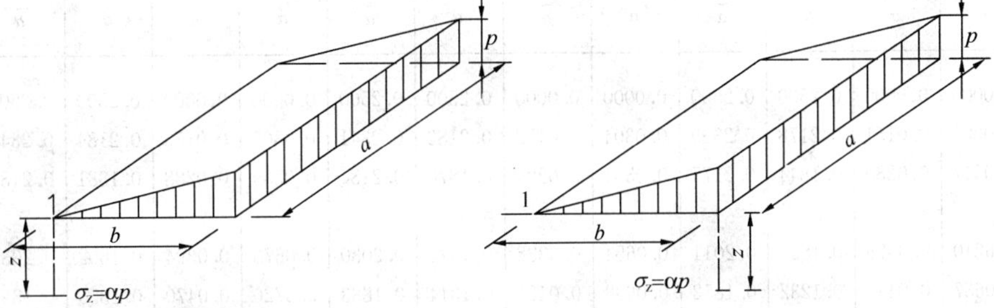

表 D. 0. 2 矩形面积上三角形分布荷载作用下的附加应力系数 α 与平均附加应力系数 $\bar{\alpha}$

a/b	0.2				0.4				0.6				a/b
点	1		2		1		2		1		2		点
系数 z/b	α	$\bar{\alpha}$	α	$\bar{\alpha}$	α	$\bar{\alpha}$	α	$\bar{\alpha}$	α	$\bar{\alpha}$	α	$\bar{\alpha}$	系数 z/b
0.0	0.0000	0.0000	0.2500	0.2500	0.0000	0.0000	0.2500	0.2500	0.0000	0.0000	0.2500	0.2500	0.0
0.2	0.0223	0.0112	0.1821	0.2161	0.0280	0.0140	0.2115	0.2308	0.0296	0.0148	0.2165	0.2333	0.2
0.4	0.0269	0.0179	0.1094	0.1810	0.0420	0.0245	0.1604	0.2084	0.0487	0.0270	0.1781	0.2153	0.4

续表 D.0.2

a/b	0.2				0.4				0.6				a/b
点	1		2		1		2		1		2		点
系数 z/b	α	$\bar{\alpha}$	α	$\bar{\alpha}$	α	$\bar{\alpha}$	α	$\bar{\alpha}$	α	$\bar{\alpha}$	α	$\bar{\alpha}$	系数 z/b
0.6	0.0259	0.0207	0.0700	0.1505	0.0448	0.0308	0.1165	0.1851	0.0560	0.0355	0.1405	0.1966	0.6
0.8	0.0232	0.0217	0.0480	0.1277	0.0421	0.0340	0.0853	0.1640	0.0553	0.0405	0.1093	0.1787	0.8
1.0	0.0201	0.0217	0.0346	0.1104	0.0375	0.0351	0.0638	0.1461	0.0508	0.0430	0.0852	0.1624	1.0
1.2	0.0171	0.0212	0.0260	0.0970	0.0324	0.0351	0.0491	0.1312	0.0450	0.0439	0.0673	0.1480	1.2
1.4	0.0145	0.0204	0.0202	0.0865	0.0278	0.0344	0.0386	0.1187	0.0392	0.0436	0.0540	0.1356	1.4
1.6	0.0123	0.0195	0.0160	0.0779	0.0238	0.0333	0.0310	0.1082	0.0339	0.0427	0.0440	0.1247	1.6
1.8	0.0105	0.0186	0.0130	0.0709	0.0204	0.0321	0.0254	0.0993	0.0294	0.0415	0.0363	0.1153	1.8
2.0	0.0090	0.0178	0.0108	0.0650	0.0176	0.0308	0.0211	0.0917	0.0255	0.0401	0.0304	0.1071	2.0
2.5	0.0063	0.0157	0.0072	0.0538	0.0125	0.0276	0.0140	0.0769	0.0183	0.0365	0.0205	0.0908	2.5
3.0	0.0046	0.0140	0.0051	0.0458	0.0092	0.0248	0.0100	0.0661	0.0135	0.0330	0.0148	0.0786	3.0
5.0	0.0018	0.0097	0.0019	0.0289	0.0036	0.0175	0.0038	0.0424	0.0054	0.0236	0.0056	0.0476	5.0
7.0	0.0009	0.0073	0.0010	0.0211	0.0019	0.0133	0.0019	0.0311	0.0028	0.0180	0.0029	0.0352	7.0
10.0	0.0005	0.0053	0.0004	0.0150	0.0009	0.0097	0.0010	0.0222	0.0014	0.0133	0.0014	0.0253	10.0

a/b	0.8				1.0				1.2				a/b
点	1		2		1		2		1		2		点
系数 z/b	α	$\bar{\alpha}$	α	$\bar{\alpha}$	α	$\bar{\alpha}$	α	$\bar{\alpha}$	α	$\bar{\alpha}$	α	$\bar{\alpha}$	系数 z/b
0.0	0.0000	0.0000	0.2500	0.2500	0.0000	0.0000	0.2500	0.2500	0.0000	0.0000	0.2500	0.2500	0.0
0.2	0.0301	0.0151	0.2178	0.2339	0.0304	0.0152	0.2182	0.2341	0.0305	0.0153	0.2184	0.2342	0.2
0.4	0.0517	0.0280	0.1844	0.2175	0.0531	0.0285	0.1870	0.2184	0.0539	0.0288	0.1881	0.2187	0.4
0.6	0.6210	0.0376	0.1520	0.2011	0.0654	0.0388	0.1575	0.2030	0.0673	0.0394	0.1602	0.2039	0.6
0.8	0.0637	0.0440	0.1232	0.1852	0.0688	0.0459	0.1311	0.1883	0.0720	0.0470	0.1355	0.1899	0.8
1.0	0.0602	0.0476	0.0996	0.1704	0.0666	0.0502	0.1086	0.1746	0.0708	0.0518	0.1143	0.1769	1.0
1.2	0.0546	0.0492	0.0807	0.1571	0.0615	0.0525	0.0901	0.1621	0.0664	0.0546	0.0962	0.1649	1.2
1.4	0.0483	0.0495	0.0661	0.1451	0.0554	0.0534	0.0751	0.1507	0.0606	0.0559	0.0817	0.1541	1.4
1.6	0.0424	0.0490	0.0547	0.1345	0.0492	0.0533	0.0628	0.1405	0.0545	0.0561	0.0696	0.1443	1.6
1.8	0.0371	0.0480	0.0457	0.1252	0.0435	0.0525	0.0534	0.1313	0.0487	0.0556	0.0596	0.1354	1.8
2.0	0.0324	0.0467	0.0387	0.1169	0.0384	0.0513	0.0456	0.1232	0.0434	0.0547	0.0513	0.1274	2.0
2.5	0.0236	0.0429	0.0265	0.1000	0.0284	0.0478	0.0318	0.1063	0.0326	0.0513	0.0365	0.1107	2.5
3.0	0.0176	0.0392	0.0192	0.0871	0.0214	0.0439	0.0233	0.0931	0.0249	0.0476	0.0270	0.0976	3.0
5.0	0.0071	0.0285	0.0074	0.0576	0.0088	0.0324	0.0091	0.0624	0.0104	0.0356	0.0108	0.0661	5.0
7.0	0.0038	0.0219	0.0038	0.0427	0.0047	0.0251	0.0047	0.0465	0.0056	0.0277	0.0056	0.0496	7.0
10.0	0.0019	0.0162	0.0019	0.0308	0.0023	0.0186	0.0024	0.0336	0.0028	0.0207	0.0028	0.0359	10.0

续表 D.0.2

a/b	1.4				1.6				1.8				a/b
点	1		2		1		2		1		2		点
系数 z/b	α	$\bar{\alpha}$	α	$\bar{\alpha}$	α	$\bar{\alpha}$	α	$\bar{\alpha}$	α	$\bar{\alpha}$	α	$\bar{\alpha}$	系数 z/b
0.0	0.0000	0.0000	0.2500	0.2500	0.0000	0.0000	0.2500	0.2500	0.0000	0.0000	0.2500	0.2500	0.0
0.2	0.0305	0.0153	0.2185	0.2343	0.0306	0.0153	0.2185	0.2343	0.0306	0.0153	0.2185	0.2343	0.2
0.4	0.0543	0.0289	0.1886	0.2189	0.0545	0.0290	0.1889	0.2190	0.0546	0.0290	0.1891	0.2190	0.4
0.6	0.0684	0.0397	0.1616	0.2043	0.0690	0.0399	0.1625	0.2046	0.0649	0.0400	0.1630	0.2047	0.6
0.8	0.0739	0.0476	0.1381	0.1907	0.0751	0.0480	0.1396	0.1912	0.0759	0.0482	0.1405	0.1915	0.8
1.0	0.0735	0.0528	0.1176	0.1781	0.0753	0.0534	0.1202	0.1789	0.0766	0.0538	0.1215	0.1794	1.0
1.2	0.0698	0.0560	0.1007	0.1666	0.0721	0.0568	0.1037	0.1678	0.0738	0.0574	0.1055	0.1684	1.2
1.4	0.0644	0.0575	0.0864	0.1562	0.0672	0.0586	0.0897	0.1576	0.0692	0.0594	0.0921	0.1585	1.4
1.6	0.0586	0.0580	0.0743	0.1467	0.0616	0.0594	0.0780	0.1484	0.0639	0.0603	0.0806	0.1494	1.6
1.8	0.0528	0.0578	0.0644	0.1381	0.0560	0.0593	0.0681	0.1400	0.0585	0.0604	0.0709	0.1413	1.8
2.0	0.0474	0.0570	0.0560	0.1303	0.0507	0.0587	0.0596	0.1324	0.0533	0.0599	0.0625	0.1338	2.0
2.5	0.0362	0.0540	0.0405	0.1139	0.0393	0.0560	0.0440	0.1163	0.0419	0.0575	0.0469	0.1180	2.5
3.0	0.0280	0.0503	0.0303	0.1008	0.0307	0.0525	0.0333	0.1033	0.0331	0.0541	0.0359	0.1052	3.0
5.0	0.0120	0.0382	0.0123	0.0690	0.0135	0.0403	0.0139	0.0714	0.0148	0.0421	0.0154	0.0734	5.0
7.0	0.0064	0.0299	0.0066	0.0520	0.0073	0.0318	0.0074	0.0541	0.0081	0.0333	0.0083	0.0558	7.0
10.0	0.0033	0.0224	0.0032	0.0379	0.0037	0.0239	0.0037	0.0395	0.0041	0.0252	0.0042	0.0409	10.0

a/b	2.0				3.0				4.0				a/b
点	1		2		1		2		1		2		点
系数 z/b	α	$\bar{\alpha}$	α	$\bar{\alpha}$	α	$\bar{\alpha}$	α	$\bar{\alpha}$	α	$\bar{\alpha}$	α	$\bar{\alpha}$	系数 z/b
0.0	0.0000	0.0000	0.2500	0.2500	0.0000	0.0000	0.2500	0.2500	0.0000	0.0000	0.2500	0.2500	0.0
0.2	0.0306	0.0153	0.2185	0.2343	0.0306	0.0153	0.2186	0.2343	0.0306	0.0153	0.2186	0.2343	0.2
0.4	0.0547	0.0290	0.1892	0.2191	0.0548	0.0290	0.1894	0.2192	0.0549	0.0291	0.1894	0.2192	0.4
0.6	0.0696	0.0401	0.1633	0.2048	0.0701	0.0402	0.1638	0.2050	0.0702	0.0402	0.1639	0.2050	0.6
0.8	0.0764	0.0483	0.1412	0.1917	0.0773	0.0486	0.1423	0.1920	0.0776	0.0487	0.1424	0.1920	0.8
1.0	0.0774	0.0540	0.1225	0.1797	0.0790	0.0545	0.1244	0.1803	0.0794	0.0546	0.1248	0.1803	1.0
1.2	0.0749	0.0577	0.1069	0.1689	0.0774	0.0584	0.1096	0.1697	0.0779	0.0586	0.1103	0.1699	1.2
1.4	0.0707	0.0599	0.0937	0.1591	0.0739	0.0609	0.0973	0.1603	0.0748	0.0612	0.0982	0.1605	1.4
1.6	0.0656	0.0609	0.0826	0.1502	0.0697	0.0623	0.0870	0.1517	0.0708	0.0626	0.0882	0.1521	1.6
1.8	0.0604	0.0611	0.0730	0.1422	0.0652	0.0628	0.0782	0.1441	0.0666	0.0633	0.0797	0.1445	1.8
2.0	0.0553	0.0608	0.0649	0.1348	0.0607	0.0629	0.0707	0.1371	0.0624	0.0634	0.0726	0.1377	2.0
2.5	0.0440	0.0586	0.0491	0.1193	0.0504	0.0614	0.0559	0.1223	0.0529	0.0623	0.0585	0.1233	2.5
3.0	0.0352	0.0554	0.0380	0.1067	0.0419	0.0589	0.0451	0.1104	0.0449	0.0600	0.0482	0.1116	3.0
5.0	0.0161	0.0435	0.0167	0.0749	0.0214	0.0480	0.0221	0.0797	0.0248	0.0500	0.0256	0.0817	5.0
7.0	0.0089	0.0347	0.0091	0.0572	0.0124	0.0391	0.0126	0.0619	0.0152	0.0414	0.0154	0.0642	7.0
10.0	0.0046	0.0263	0.0046	0.0403	0.0066	0.0302	0.0066	0.0462	0.0084	0.0325	0.0083	0.0485	10.0

续表 D.0.2

a/b 点 系数 z/b	6.0				8.0				10.0				a/b 点 系数 z/b
	1		2		1		2		1		2		
	α	$\bar{\alpha}$	α	$\bar{\alpha}$	α	$\bar{\alpha}$	α	$\bar{\alpha}$	α	$\bar{\alpha}$	α	$\bar{\alpha}$	
0.0	0.0000	0.0000	0.2500	0.2500	0.0000	0.0000	0.2500	0.2500	0.0000	0.0000	0.2500	0.2500	0.0
0.2	0.0306	0.0153	0.2186	0.2343	0.0306	0.0153	0.2186	0.2343	0.0306	0.0153	0.2186	0.2343	0.2
0.4	0.0549	0.0291	0.1894	0.2192	0.0549	0.0291	0.1894	0.2192	0.0549	0.0291	0.1894	0.2192	0.4
0.6	0.0702	0.0402	0.1640	0.2050	0.0702	0.0402	0.1640	0.2050	0.0702	0.0402	0.1640	0.2050	0.6
0.8	0.0776	0.0487	0.1426	0.1921	0.0776	0.0487	0.1426	0.1921	0.0776	0.0487	0.1426	0.1921	0.8
1.0	0.0795	0.0546	0.1250	0.1804	0.0796	0.0546	0.1250	0.1804	0.0796	0.0546	0.1250	0.1804	1.0
1.2	0.0782	0.0587	0.1105	0.1700	0.0783	0.0587	0.1105	0.1700	0.0783	0.0587	0.1105	0.1700	1.2
1.4	0.0752	0.0613	0.0986	0.1606	0.0752	0.0613	0.0987	0.1606	0.0753	0.0613	0.0987	0.1606	1.4
1.6	0.0714	0.0628	0.0887	0.1523	0.0715	0.0628	0.0888	0.1523	0.0715	0.0628	0.0889	0.1523	1.6
1.8	0.0673	0.0635	0.0805	0.1447	0.0675	0.0635	0.0806	0.1448	0.0675	0.0635	0.0808	0.1448	1.8
2.0	0.0634	0.0637	0.0734	0.1380	0.0636	0.0638	0.0736	0.1380	0.0636	0.0638	0.0738	0.1380	2.0
2.5	0.0543	0.0627	0.0601	0.1237	0.0547	0.0628	0.0604	0.1238	0.0548	0.0628	0.0605	0.1239	2.5
3.0	0.0469	0.0607	0.0504	0.1123	0.0474	0.0609	0.0509	0.1124	0.0476	0.0609	0.0511	0.1125	3.0
5.0	0.0283	0.0515	0.0290	0.0833	0.0296	0.0519	0.0303	0.0837	0.0301	0.0521	0.0309	0.0839	5.0
7.0	0.0186	0.0435	0.0190	0.0663	0.0204	0.0442	0.0207	0.0671	0.0212	0.0445	0.0216	0.0674	7.0
10.0	0.0111	0.0349	0.0111	0.0509	0.0128	0.0359	0.0130	0.0520	0.0139	0.0364	0.0141	0.0526	10.0

D.0.3 圆形面积上均布荷载作用下中点的附加应力系数 α、平均附加应力系数 $\bar{\alpha}$ 应按表 D.0.3 确定。

表 D.0.3 (d) 圆形面积上均布荷载作用下中点的附加应力系数 α 与平均附加应力系数 $\bar{\alpha}$

z/r	圆形		z/r	圆形	
	α	$\bar{\alpha}$		α	$\bar{\alpha}$
0.0	1.000	1.000	2.6	0.187	0.560
0.1	0.999	1.000	2.7	0.175	0.546
0.2	0.992	0.998	2.8	0.165	0.532
0.3	0.976	0.993	2.9	0.155	0.519
0.4	0.949	0.986	3.0	0.146	0.507
0.5	0.911	0.974	3.1	0.138	0.495
0.6	0.864	0.960	3.2	0.130	0.484
0.7	0.811	0.942	3.3	0.124	0.473
0.8	0.756	0.923	3.4	0.117	0.463
0.9	0.701	0.901	3.5	0.111	0.453
1.0	0.647	0.878	3.6	0.106	0.443
1.1	0.595	0.855	3.7	0.101	0.434
1.2	0.547	0.831	3.8	0.096	0.425
1.3	0.502	0.808	3.9	0.091	0.417
1.4	0.461	0.784	4.0	0.087	0.409
1.5	0.424	0.762	4.1	0.083	0.401
1.6	0.390	0.739	4.2	0.079	0.393
1.7	0.360	0.718	4.3	0.076	0.386
1.8	0.332	0.697	4.4	0.073	0.379
1.9	0.307	0.677	4.5	0.070	0.372
2.0	0.285	0.658	4.6	0.067	0.365
2.1	0.264	0.640	4.7	0.064	0.359
2.2	0.245	0.623	4.8	0.062	0.353
2.3	0.229	0.606	4.9	0.059	0.347
2.4	0.210	0.590	5.0	0.057	0.341
2.5	0.200	0.574			

D.0.4 圆形面积上三角形分布荷载作用下边点的附加应力系数 α、平均附加应力系数 $\bar{\alpha}$ 应按表 D.0.4 确定。

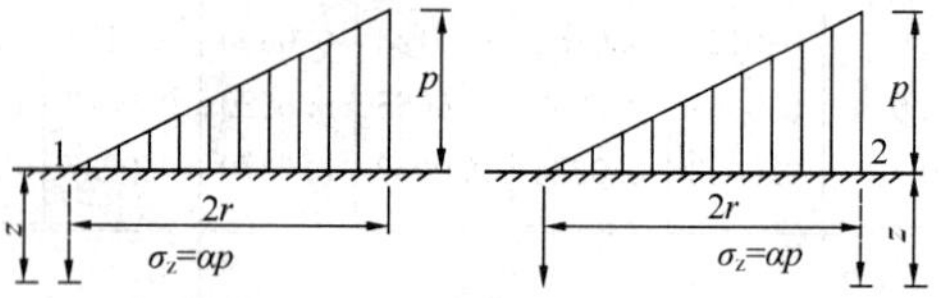

r—圆形面积的半径

表 D.0.4 圆形面积上三角形分布荷载作用下边点的附加应力系数 α 与平均附加应力系数 $\bar{\alpha}$

点 系数 z/r	1		2	
	α	$\bar{\alpha}$	α	$\bar{\alpha}$
0.0	0.000	0.000	0.500	0.500
0.1	0.016	0.008	0.465	0.483
0.2	0.031	0.016	0.433	0.466
0.3	0.044	0.023	0.403	0.450
0.4	0.054	0.030	0.376	0.435
0.5	0.063	0.035	0.349	0.420
0.6	0.071	0.041	0.324	0.406
0.7	0.078	0.045	0.300	0.393
0.8	0.083	0.050	0.279	0.380
0.9	0.088	0.054	0.258	0.368
1.0	0.091	0.057	0.238	0.356
1.1	0.092	0.061	0.221	0.344
1.2	0.093	0.063	0.205	0.333
1.3	0.092	0.065	0.190	0.323
1.4	0.091	0.067	0.177	0.313
1.5	0.089	0.069	0.165	0.303
1.6	0.087	0.070	0.154	0.294
1.7	0.085	0.071	0.144	0.286
1.8	0.083	0.072	0.134	0.278
1.9	0.080	0.072	0.126	0.270
2.0	0.078	0.073	0.117	0.263
2.1	0.075	0.073	0.110	0.255
2.2	0.072	0.073	0.104	0.249
2.3	0.070	0.073	0.097	0.242

续表 D.0.4

系数 \ 点 / z/r	1 α	1 $\bar{\alpha}$	2 α	2 $\bar{\alpha}$
2.4	0.067	0.073	0.091	0.236
2.5	0.064	0.072	0.086	0.230
2.6	0.062	0.072	0.081	0.225
2.7	0.059	0.071	0.078	0.219
2.8	0.057	0.071	0.074	0.214
2.9	0.055	0.070	0.070	0.209
3.0	0.052	0.070	0.067	0.204
3.1	0.050	0.069	0.064	0.200
3.2	0.048	0.069	0.061	0.196
3.3	0.046	0.068	0.059	0.192
3.4	0.045	0.067	0.055	0.188
3.5	0.043	0.067	0.053	0.184

续表 D.0.4

系数 \ 点 / z/r	1 α	1 $\bar{\alpha}$	2 α	2 $\bar{\alpha}$
3.6	0.041	0.066	0.051	0.180
3.7	0.040	0.065	0.048	0.177
3.8	0.038	0.065	0.046	0.173
3.9	0.037	0.064	0.043	0.170
4.0	0.036	0.063	0.041	0.167
4.2	0.033	0.062	0.038	0.161
4.4	0.031	0.061	0.034	0.155
4.6	0.029	0.059	0.031	0.150
4.8	0.027	0.058	0.029	0.145
5.0	0.025	0.057	0.027	0.140

附录 E 桩基等效沉降系数 ψ_e 计算参数

E.0.1 桩基等效沉降系数应按表 E.0.1-1～表 E.0.1-5 中列出的参数，采用本规范式（5.5.9-1）和式（5.5.9-2）计算。

表 E.0.1-1 （$s_a/d=2$）

l/d	L_c/B_c	1	2	3	4	5	6	7	8	9	10
5	C_0	0.203	0.282	0.329	0.363	0.389	0.410	0.428	0.443	0.456	0.468
	C_1	1.543	1.687	1.797	1.845	1.915	1.949	1.981	2.047	2.073	2.098
	C_2	5.563	5.356	5.086	5.020	4.878	4.843	4.817	4.704	4.690	4.681
10	C_0	0.125	0.188	0.228	0.258	0.282	0.301	0.318	0.333	0.346	0.357
	C_1	1.487	1.573	1.653	1.676	1.731	1.750	1.768	1.828	1.844	1.860
	C_2	7.000	6.260	5.737	5.535	5.292	5.191	5.114	4.949	4.903	4.865
15	C_0	0.093	0.146	0.180	0.207	0.228	0.246	0.262	0.275	0.287	0.298
	C_1	1.508	1.568	1.637	1.647	1.696	1.707	1.718	1.776	1.787	1.798
	C_2	8.413	7.252	6.520	6.208	5.878	5.722	5.604	5.393	5.320	5.259
20	C_0	0.075	0.120	0.151	0.175	0.194	0.211	0.225	0.238	0.249	0.260
	C_1	1.548	1.592	1.654	1.656	1.701	1.706	1.712	1.770	1.777	1.783
	C_2	9.783	8.236	7.310	6.897	6.486	6.280	6.123	5.870	5.771	5.689
25	C_0	0.063	0.103	0.131	0.152	0.170	0.186	0.199	0.211	0.221	0.231
	C_1	1.596	1.628	1.686	1.679	1.722	1.722	1.724	1.783	1.786	1.789
	C_2	11.118	9.205	8.094	7.583	7.095	6.841	6.647	6.353	6.230	6.128
30	C_0	0.055	0.090	0.116	0.135	0.152	0.166	0.179	0.190	0.200	0.209
	C_1	1.646	1.669	1.724	1.711	1.753	1.748	1.745	1.806	1.806	1.806
	C_2	12.426	10.159	8.868	8.264	7.700	7.400	7.170	6.836	6.689	6.568
40	C_0	0.044	0.073	0.095	0.112	0.126	0.139	0.150	0.160	0.169	0.177
	C_1	1.754	1.761	1.812	1.787	1.827	1.814	1.803	1.867	1.861	1.855
	C_2	14.984	12.036	10.396	9.610	8.900	8.509	8.211	7.797	7.605	7.446

续表 E. 0. 1-1

l/d	L_c/B_c	1	2	3	4	5	6	7	8	9	10
50	C_0	0.036	0.062	0.081	0.096	0.108	0.120	0.129	0.138	0.147	0.154
	C_1	1.865	1.860	1.909	1.873	1.911	1.889	1.872	1.939	1.927	1.916
	C_2	17.492	13.885	11.905	10.945	10.090	9.613	9.247	8.755	8.519	8.323
60	C_0	0.031	0.054	0.070	0.084	0.095	0.105	0.114	0.122	0.130	0.137
	C_1	1.979	1.962	2.010	1.962	1.999	1.970	1.945	2.016	1.998	1.981
	C_2	19.967	15.719	13.406	12.274	11.278	10.715	10.284	9.713	9.433	9.200
70	C_0	0.028	0.048	0.063	0.075	0.085	0.094	0.102	0.110	0.117	0.123
	C_1	2.095	2.067	2.114	2.055	2.091	2.054	2.021	2.097	2.072	2.049
	C_2	22.423	17.546	14.901	13.602	12.465	11.818	11.322	10.672	10.349	10.080
80	C_0	0.025	0.043	0.056	0.067	0.077	0.085	0.093	0.100	0.106	0.112
	C_1	2.213	2.174	2.220	2.150	2.185	2.139	2.099	2.178	2.147	2.119
	C_2	24.868	19.370	16.398	14.933	13.655	12.925	12.364	11.635	11.270	10.964
90	C_0	0.022	0.039	0.051	0.061	0.070	0.078	0.085	0.091	0.097	0.103
	C_1	2.333	2.283	2.328	2.245	2.280	2.225	2.177	2.261	2.223	2.189
	C_2	27.307	21.195	17.897	16.267	14.849	14.036	13.411	12.603	12.194	11.853
100	C_0	0.021	0.036	0.047	0.057	0.065	0.072	0.078	0.084	0.090	0.095
	C_1	2.453	2.392	2.436	2.341	2.375	2.311	2.256	2.344	2.299	2.259
	C_2	29.744	23.024	19.400	17.608	16.049	15.153	14.464	13.575	13.123	12.745

注：L_c——群桩基础承台长度；B_c——群桩基础承台宽度；l——桩长；d——桩径。

表 E. 0. 1-2　($s_a/d=3$)

l/d	L_c/B_c	1	2	3	4	5	6	7	8	9	10
5	C_0	0.203	0.318	0.377	0.416	0.445	0.468	0.486	0.502	0.516	0.528
	C_1	1.483	1.723	1.875	1.955	2.045	2.098	2.144	2.218	2.256	2.290
	C_2	3.679	4.036	4.006	4.053	3.995	4.007	4.014	3.938	3.944	3.948
10	C_0	0.125	0.213	0.263	0.298	0.324	0.346	0.364	0.380	0.394	0.406
	C_1	1.419	1.559	1.662	1.705	1.770	1.801	1.828	1.891	1.913	1.935
	C_2	4.861	4.723	4.460	4.384	4.237	4.193	4.158	4.038	4.017	4.000
15	C_0	0.093	0.166	0.209	0.240	0.265	0.285	0.302	0.317	0.330	0.342
	C_1	1.430	1.533	1.619	1.646	1.703	1.723	1.741	1.801	1.817	1.832
	C_2	5.900	5.435	5.010	4.855	4.641	4.559	4.496	4.340	4.300	4.267
20	C_0	0.075	0.138	0.176	0.205	0.227	0.246	0.262	0.276	0.288	0.299
	C_1	1.461	1.542	1.619	1.635	1.687	1.700	1.712	1.772	1.783	1.793
	C_2	6.879	6.137	5.570	5.346	5.073	4.958	4.869	4.679	4.623	4.577
25	C_0	0.063	0.118	0.153	0.179	0.200	0.218	0.233	0.246	0.258	0.268
	C_1	1.500	1.565	1.637	1.644	1.693	1.699	1.706	1.767	1.774	1.780
	C_2	7.822	6.826	6.127	5.839	5.511	5.364	5.252	5.030	4.958	4.899
30	C_0	0.055	0.104	0.136	0.160	0.180	0.196	0.210	0.223	0.234	0.244
	C_1	1.542	1.595	1.663	1.662	1.709	1.711	1.712	1.775	1.777	1.780
	C_2	8.741	7.506	6.680	6.331	5.949	5.772	5.638	5.383	5.297	5.226
40	C_0	0.044	0.085	0.112	0.133	0.150	0.165	0.178	0.189	0.199	0.208
	C_1	1.632	1.667	1.729	1.715	1.759	1.750	1.743	1.808	1.804	1.799
	C_2	10.535	8.845	7.774	7.309	6.822	6.588	6.410	6.093	5.978	5.883

续表 E. 0. 1-2

l/d \ L_c/B_c		1	2	3	4	5	6	7	8	9	10
50	C_0	0.036	0.072	0.096	0.114	0.130	0.143	0.155	0.165	0.174	0.182
	C_1	1.726	1.746	1.805	1.778	1.819	1.801	1.786	1.855	1.843	1.832
	C_2	12.292	10.168	8.860	8.284	7.694	7.405	7.185	6.805	6.662	6.543
60	C_0	0.031	0.063	0.084	0.101	0.115	0.127	0.137	0.146	0.155	0.163
	C_1	1.822	1.828	1.885	1.845	1.885	1.858	1.834	1.907	1.888	1.870
	C_2	14.029	11.486	9.944	9.259	8.568	8.224	7.962	7.520	7.348	7.206
70	C_0	0.028	0.056	0.075	0.090	0.103	0.114	0.123	0.132	0.140	0.147
	C_1	1.920	1.913	1.968	1.916	1.954	1.918	1.885	1.962	1.936	1.911
	C_2	15.756	12.801	11.029	10.237	9.444	9.047	8.742	8.238	8.038	7.871
80	C_0	0.025	0.050	0.068	0.081	0.093	0.103	0.112	0.120	0.127	0.134
	C_1	2.019	2.000	2.053	1.988	2.025	1.979	1.938	2.019	1.985	1.954
	C_2	17.478	14.120	12.117	11.220	10.325	9.874	9.527	8.959	8.731	8.540
90	C_0	0.022	0.045	0.062	0.074	0.085	0.095	0.103	0.110	0.117	0.123
	C_1	2.118	2.087	2.139	2.060	2.096	2.041	1.991	2.076	2.036	1.998
	C_2	19.200	15.442	13.210	12.208	11.211	10.705	10.316	9.684	9.427	9.211
100	C_0	0.021	0.042	0.057	0.069	0.097	0.087	0.095	0.102	0.108	0.114
	C_1	2.218	2.174	2.225	2.133	2.168	2.103	2.044	2.133	2.086	2.042
	C_2	20.925	16.770	14.307	13.201	12.101	11.541	11.110	10.413	10.127	9.886

注：L_c——群桩基础承台长度；B_c——群桩基础承台宽度；l——桩长；d——桩径。

表 E. 0. 1-3 （$s_a/d=4$）

l/d \ L_c/B_c		1	2	3	4	5	6	7	8	9	10
5	C_0	0.203	0.354	0.422	0.464	0.495	0.519	0.538	0.555	0.568	0.580
	C_1	1.445	1.786	1.986	2.101	2.213	2.286	2.349	2.434	2.484	2.530
	C_2	2.633	3.243	3.340	3.444	3.431	3.466	3.488	3.433	3.447	3.457
10	C_0	0.125	0.237	0.294	0.332	0.361	0.384	0.403	0.419	0.433	0.445
	C_1	1.378	1.570	1.695	1.756	1.830	1.870	1.906	1.972	2.000	2.027
	C_2	3.707	3.873	3.743	3.729	3.630	3.612	3.597	3.500	3.490	3.482
15	C_0	0.093	0.185	0.234	0.269	0.296	0.317	0.335	0.351	0.364	0.376
	C_1	1.384	1.524	1.626	1.666	1.729	1.757	1.781	1.843	1.863	1.881
	C_2	4.571	4.458	4.188	4.107	3.951	3.904	3.866	3.736	3.712	3.693
20	C_0	0.075	0.153	0.198	0.230	0.254	0.275	0.291	0.306	0.319	0.331
	C_1	1.408	1.521	1.611	1.638	1.695	1.713	1.730	1.791	1.805	1.818
	C_2	5.361	5.024	4.636	4.502	4.297	4.225	4.169	4.009	3.973	3.944
25	C_0	0.063	0.132	0.173	0.202	0.225	0.244	0.260	0.274	0.286	0.297
	C_1	1.441	1.534	1.616	1.633	1.686	1.698	1.708	1.770	1.779	1.786
	C_2	6.114	5.578	5.081	4.900	4.650	4.555	4.482	4.293	4.246	4.208
30	C_0	0.055	0.117	0.154	0.181	0.203	0.221	0.236	0.249	0.261	0.271
	C_1	1.477	1.555	1.633	1.640	1.691	1.696	1.701	1.764	1.768	1.771
	C_2	6.843	6.122	5.524	5.298	5.004	4.887	4.799	4.581	4.524	4.477

续表 E. 0. 1-3

l/d	L_c/B_c	1	2	3	4	5	6	7	8	9	10
40	C_0	0.044	0.095	0.127	0.151	0.170	0.186	0.200	0.212	0.223	0.233
	C_1	1.555	1.611	1.681	1.673	1.720	1.714	1.708	1.774	1.770	1.765
	C_2	8.261	7.195	6.402	6.093	5.713	5.556	5.436	5.163	5.085	5.021
50	C_0	0.036	0.081	0.109	0.130	0.148	0.162	0.175	0.186	0.196	0.205
	C_1	1.636	1.674	1.740	1.718	1.762	1.745	1.730	1.800	1.787	1.775
	C_2	9.648	8.258	7.277	6.887	6.424	6.227	6.077	5.749	5.650	5.569
60	C_0	0.031	0.071	0.096	0.115	0.131	0.144	0.156	0.166	0.175	0.183
	C_1	1.719	1.742	1.805	1.768	1.810	1.783	1.758	1.832	1.811	1.791
	C_2	11.021	9.319	8.152	7.684	7.138	6.902	6.721	6.338	6.219	6.120
70	C_0	0.028	0.063	0.086	0.103	0.117	0.130	0.140	0.150	0.158	0.166
	C_1	1.803	1.811	1.872	1.821	1.861	1.824	1.789	1.867	1.839	1.812
	C_2	12.387	10.381	9.029	8.485	7.856	7.580	7.369	6.929	6.789	6.672
80	C_0	0.025	0.057	0.077	0.093	0.107	0.118	0.128	0.137	0.145	0.152
	C_1	1.887	1.882	1.940	1.876	1.914	1.866	1.822	1.904	1.868	1.834
	C_2	13.753	11.447	9.911	9.291	8.578	8.262	8.020	7.524	7.362	7.226
90	C_0	0.022	0.051	0.071	0.085	0.098	0.108	0.117	0.126	0.133	0.140
	C_1	1.972	1.953	2.009	1.931	1.967	1.909	1.857	1.943	1.899	1.858
	C_2	15.119	12.518	10.799	10.102	9.305	8.949	8.674	8.122	7.938	7.782
100	C_0	0.021	0.047	0.065	0.079	0.090	0.100	0.109	0.117	0.123	0.130
	C_1	2.057	2.025	2.079	1.986	2.021	1.953	1.891	1.981	1.931	1.883
	C_2	16.490	13.595	11.691	10.918	10.036	9.639	9.331	8.722	8.515	8.339

注：L_c——群桩基础承台长度；B_c——群桩基础承台宽度；l——桩长；d——桩径。

表 E. 0. 1-4 ($s_a/d=5$)

l/d	L_c/B_c	1	2	3	4	5	6	7	8	9	10
5	C_0	0.203	0.389	0.464	0.510	0.543	0.567	0.587	0.603	0.617	0.628
	C_1	1.416	1.864	2.120	2.277	2.416	2.514	2.599	2.695	2.761	2.821
	C_2	1.941	2.652	2.824	2.957	2.973	3.018	3.045	3.008	3.023	3.033
10	C_0	0.125	0.260	0.323	0.364	0.394	0.417	0.437	0.453	0.467	0.480
	C_1	1.349	1.593	1.740	1.818	1.902	1.952	1.996	2.065	2.099	2.131
	C_2	2.959	3.301	3.255	3.278	3.208	3.206	3.201	3.120	3.116	3.112
15	C_0	0.093	0.202	0.257	0.295	0.323	0.345	0.364	0.379	0.393	0.405
	C_1	1.351	1.528	1.645	1.697	1.766	1.800	1.829	1.893	1.916	1.938
	C_2	3.724	3.825	3.649	3.614	3.492	3.465	3.442	3.329	3.314	3.301
20	C_0	0.075	0.168	0.218	0.252	0.278	0.299	0.317	0.332	0.345	0.357
	C_1	1.372	1.513	1.615	1.651	1.712	1.735	1.755	1.818	1.834	1.849
	C_2	4.407	4.316	4.036	3.957	3.792	3.745	3.708	3.566	3.542	3.522
25	C_0	0.063	0.145	0.190	0.222	0.246	0.267	0.283	0.298	0.310	0.322
	C_1	1.399	1.517	1.609	1.633	1.690	1.705	1.717	1.781	1.791	1.800
	C_2	5.049	4.792	4.418	4.301	4.096	4.031	3.982	3.812	3.780	3.754

续表 E. 0. 1-4

L_c/B_c \ l/d		1	2	3	4	5	6	7	8	9	10
30	C_0	0.055	0.128	0.170	0.199	0.222	0.241	0.257	0.271	0.283	0.294
	C_1	1.431	1.531	1.617	1.630	1.684	1.692	1.697	1.762	1.767	1.770
	C_2	5.668	5.258	4.796	4.644	4.401	4.320	4.259	4.063	4.022	3.990
40	C_0	0.044	0.105	0.141	0.167	0.188	0.205	0.219	0.232	0.243	0.253
	C_1	1.498	1.573	1.650	1.646	1.695	1.689	1.683	1.751	1.746	1.741
	C_2	6.865	6.176	5.547	5.331	5.013	4.902	4.817	4.568	4.512	4.467
50	C_0	0.036	0.089	0.121	0.144	0.163	0.179	0.192	0.204	0.214	0.224
	C_1	1.569	1.623	1.695	1.675	1.720	1.703	1.868	1.758	1.743	1.730
	C_2	8.034	7.085	6.296	6.018	5.628	5.486	5.379	5.078	5.006	4.948
60	C_0	0.031	0.078	0.106	0.128	0.145	0.159	0.171	0.182	0.192	0.201
	C_1	1.642	1.678	1.745	1.710	1.753	1.724	1.697	1.772	1.749	1.727
	C_2	9.192	7.994	7.046	6.709	6.246	6.074	5.943	5.590	5.502	5.429
70	C_0	0.028	0.069	0.095	0.114	0.130	0.143	0.155	0.165	0.174	0.182
	C_1	1.715	1.735	1.799	1.748	1.789	1.749	1.712	1.791	1.760	1.730
	C_2	10.345	8.905	7.800	7.403	6.868	6.664	6.509	6.104	5.999	5.911
80	C_0	0.025	0.063	0.086	0.104	0.118	0.131	0.141	0.151	0.159	0.167
	C_1	1.788	1.793	1.854	1.788	1.827	1.776	1.730	1.812	1.773	1.737
	C_2	11.498	9.820	8.558	8.102	7.493	7.258	7.077	6.620	6.497	6.393
90	C_0	0.022	0.057	0.079	0.095	0.109	0.120	0.130	0.139	0.147	0.154
	C_1	1.861	1.851	1.909	1.830	1.866	1.805	1.749	1.835	1.789	1.745
	C_2	12.653	10.741	9.321	8.805	8.123	7.854	7.647	7.138	6.996	6.876
100	C_0	0.021	0.052	0.072	0.088	0.100	0.111	0.120	0.129	0.136	0.143
	C_1	1.934	1.909	1.966	1.871	1.905	1.834	1.769	1.859	1.805	1.755
	C_2	13.812	11.667	10.089	9.512	8.755	8.453	8.218	7.657	7.495	7.358

注：L_c——群桩基础承台长度；B_c——群桩基础承台宽度；l——桩长；d——桩径。

表 E. 0. 1-5　($s_a/d=6$)

L_c/B_c \ l/d		1	2	3	4	5	6	7	8	9	10
5	C_0	0.203	0.423	0.506	0.555	0.588	0.613	0.633	0.649	0.663	0.674
	C_1	1.393	1.956	2.277	2.485	2.658	2.789	2.902	3.021	3.099	3.179
	C_2	1.438	2.152	2.365	2.503	2.538	2.581	2.603	2.586	2.596	2.599
10	C_0	0.125	0.281	0.350	0.393	0.424	0.449	0.468	0.485	0.499	0.511
	C_1	1.328	1.623	1.793	1.889	1.983	2.044	2.096	2.169	2.210	2.247
	C_2	2.421	2.870	2.881	2.927	2.879	2.886	2.887	2.818	2.817	2.815
15	C_0	0.093	0.219	0.279	0.318	0.348	0.371	0.390	0.406	0.419	0.423
	C_1	1.327	1.540	1.671	1.733	1.809	1.848	1.882	1.949	1.975	1.999
	C_2	3.126	3.366	3.256	3.250	3.153	3.139	3.126	3.024	3.015	3.007

续表 E.0.1-5

l/d \ L_c/B_c		1	2	3	4	5	6	7	8	9	10
20	C_0	0.075	0.182	0.236	0.272	0.300	0.322	0.340	0.355	0.369	0.380
	C_1	1.344	1.513	1.625	1.669	1.735	1.762	1.785	1.850	1.868	1.884
	C_2	3.740	3.815	3.607	3.565	3.428	3.398	3.374	3.243	3.227	3.214
25	C_0	0.063	0.157	0.207	0.024	0.266	0.287	0.304	0.319	0.332	0.343
	C_1	1.368	1.509	1.610	1.640	1.700	1.717	1.731	1.796	1.807	1.816
	C_2	4.311	4.242	3.950	3.877	3.703	3.659	3.625	3.468	3.445	3.427
30	C_0	0.055	0.139	0.184	0.216	0.240	0.260	0.276	0.291	0.303	0.314
	C_1	1.395	1.516	1.608	1.627	1.683	1.692	1.699	1.765	1.769	1.773
	C_2	4.858	4.659	4.288	4.187	3.977	3.921	3.879	3.694	3.666	3.643
40	C_0	0.044	0.114	0.153	0.181	0.203	0.221	0.236	0.249	0.261	0.271
	C_1	1.455	1.545	1.627	1.626	1.676	1.671	1.664	1.733	1.727	1.721
	C_2	5.912	5.477	4.957	4.804	4.528	4.447	4.386	4.151	4.111	4.078
50	C_0	0.036	0.097	0.132	0.157	0.177	0.193	0.207	0.219	0.230	0.240
	C_1	1.517	1.584	1.659	1.640	1.687	1.669	1.650	1.723	1.707	1.691
	C_2	6.939	6.287	5.624	5.423	5.080	4.974	4.896	4.610	4.557	4.514
60	C_0	0.031	0.085	0.116	0.139	0.157	0.172	0.185	0.196	0.207	0.216
	C_1	1.581	1.627	1.698	1.662	1.706	1.675	1.645	1.722	1.697	1.672
	C_2	7.956	7.097	6.292	6.043	5.634	5.504	5.406	5.071	5.004	4.948
70	C_0	0.028	0.076	0.104	0.125	0.141	0.156	0.168	0.178	0.188	0.196
	C_1	1.645	1.673	1.740	1.688	1.728	1.686	1.646	1.726	1.692	1.660
	C_2	8.968	7.908	6.964	6.667	6.191	6.035	5.917	5.532	5.450	5.382
80	C_0	0.025	0.068	0.094	0.113	0.129	0.142	0.153	0.163	0.172	0.180
	C_1	1.708	1.720	1.783	1.716	1.754	1.700	1.650	1.734	1.692	1.652
	C_2	9.981	8.724	7.640	7.293	6.751	6.569	6.428	5.994	5.896	5.814
90	C_0	0.022	0.062	0.086	0.104	0.118	0.131	0.141	0.150	0.159	0.167
	C_1	1.772	1.768	1.827	1.745	1.780	1.716	1.657	1.744	1.694	1.648
	C_2	10.997	9.544	8.319	7.924	7.314	7.103	6.939	6.457	6.342	6.244
100	C_0	0.021	0.057	0.079	0.096	0.110	0.121	0.131	0.140	0.148	0.155
	C_1	1.835	1.815	1.872	1.775	1.808	1.733	1.665	1.755	1.698	1.646
	C_2	12.016	10.370	9.004	8.557	7.879	7.639	7.450	6.919	6.787	6.673

注：L_c——群桩基础承台长度；B_c——群桩基础承台宽度；l——桩长；d——桩径

附录 F　考虑桩径影响的 Mindlin（明德林）解应力影响系数

F.0.1　本规范第 5.5.14 条规定基桩引起的附加应力应根据考虑桩径影响的明德林解按下列公式计算：

$$\sigma_z = \sigma_{zp} + \sigma_{zsr} + \sigma_{zst} \qquad (F.0.1\text{-}1)$$

$$\sigma_{zp} = \frac{\alpha Q}{l^2} I_p \qquad (F.0.1\text{-}2)$$

$$\sigma_{zsr} = \frac{\beta Q}{l^2} I_{sr} \qquad (F.0.1\text{-}3)$$

$$\sigma_{zst} = \frac{(1-\alpha-\beta)Q}{l^2} I_{st} \qquad (F.0.1\text{-}4)$$

式中　σ_{zp}——端阻力在应力计算点引起的附加应力；

σ_{zsr}——均匀分布侧阻力在应力计算点引起的附加应力；

σ_{zst}——三角形分布侧阻力在应力计算点引起的附加应力；

α——桩端阻力比；

β——均匀分布侧阻力比；

l——桩长；

I_p、I_{sr}、I_{st}——考虑桩径影响的明德林解应力影响系数，按 F.0.2 条确定。

F.0.2　考虑桩径影响的明德林解应力影响系数，将端阻力和侧阻力简化为图 F.0.2 的形式，求解明德林解应力影响系数。

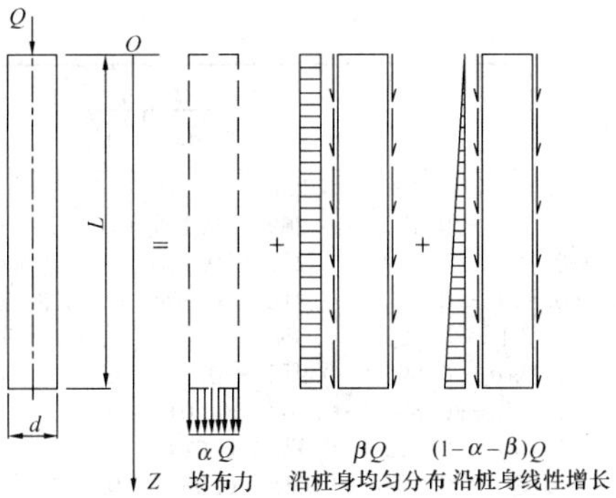

图 F.0.2 单桩荷载分担及侧阻力、端阻力分布

1 考虑桩径影响，沿桩身轴线的竖向应力系数解析式：

$$I_{\mathrm{p}}=\frac{l^2}{\pi\cdot r^2}\cdot\frac{1}{4(1-\mu)}\left\{2(1-\mu)-\frac{(1-2\mu)(z-l)}{\sqrt{r^2+(z-l)^2}}-\frac{(1-2\mu)(z-l)}{z+l}+\frac{(1-2\mu)(z-l)}{\sqrt{r^2+(z+l)^2}}-\frac{(z-l)^3}{[r^2+(z-l)^2]^{3/2}}+\frac{(3-4\mu)z}{z+l}-\frac{(3-4\mu)z(z+l)^2}{[r^2+(z+l)^2]^{3/2}}-\frac{l(5z-l)}{(z+l)^2}+\frac{l(z+l)(5z-l)}{[r^2+(z+l)^2]^{3/2}}+\frac{6lz}{(z+l)^2}-\frac{6zl(z+l)^3}{[r^2+(z+l)^2]^{5/2}}\right\} \quad (\mathrm{F.0.2\text{-}1})$$

$$I_{\mathrm{sr}}=\frac{l}{2\pi r}\cdot\frac{1}{4(1-\mu)}\left\{\frac{2(2-\mu)r}{\sqrt{r^2+(z-l)^2}}-\frac{2(2-\mu)r^2+2(1-2\mu)z(z+l)}{r\sqrt{r^2+(z+l)^2}}+\frac{2(1-2\mu)z^2}{r\sqrt{r^2+z^2}}-\frac{4z^2[r^2-(1+\mu)z^2]}{r(r^2+z^2)^{3/2}}-\frac{4(1+\mu)z(z+l)^3-4z^2r^2-r^4}{r[r^2+(z+l)^2]^{3/2}}-\frac{r^3}{[r^2+(z-l)^2]^{3/2}}-\frac{6z^2[z^4-r^4]}{r(r^2+z^2)^{5/2}}-\frac{6z[zr^4-(z+l)^5]}{r[r^2+(z+l)^2]^{5/2}}\right\} \quad (\mathrm{F.0.2\text{-}2})$$

$$I_{\mathrm{st}}=\frac{l}{\pi r}\cdot\frac{1}{4(1-\mu)}\left\{\frac{2(2-\mu)r}{\sqrt{r^2+(z-l)^2}}+\frac{2(1-2\mu)z^2(z+l)-2(2-\mu)(4z+l)r^2}{lr\sqrt{r^2+(z+l)^2}}+\frac{8(2-\mu)zr^2-2(1-2\mu)z^3}{lr\sqrt{r^2+z^2}}+\frac{12z^7+6zr^4(r^2-z^2)}{lr(r^2+z^2)^{5/2}}+\frac{15zr^4+2(5+2\mu)z^2(z+l)^3-4\mu zr^4-4z^3r^2-r^2(z+l)^3}{lr[r^2+(z+l)^2]^{3/2}}-\frac{6zr^4(r^2-z^2)+12z^2(z+l)^5}{lr[r^2+(z+l)^2]^{5/2}}+\frac{6z^3r^2-2(5+2\mu)z^5-2(7-2\mu)zr^4}{lr[r^2+z^2]^{3/2}}-\frac{zr^3+(z-l)^3r}{l[r^2+(z-l)^2]^{3/2}}+2(2-\mu)\frac{r}{l}\ln\frac{(\sqrt{r^2+(z-l)^2}+z-l)(\sqrt{r^2+(z+l)^2}+z+l)}{[\sqrt{r^2+z^2}+z]^2}\right\} \quad (\mathrm{F.0.2\text{-}3})$$

式中 μ——地基土的泊松比；

r——桩身半径；

l——桩长；

z——计算应力点离桩顶的竖向距离。

2 考虑桩径影响，明德林解竖向应力影响系数表，1）桩端以下桩身轴线上（$n=\rho/l=0$）各点的竖向应力影响系数，系按式（F.0.2-1）～式（F.0.2-3）计算，其值列于表 F.0.2-1～表 F.0.2-3。2）水平向有效影响范围内桩的竖向应力影响系数，系按数值积分法计算，其值列于表 F.0.2-1～表 F.0.2-3。表中：$m=z/l$；$n=\rho/l$；ρ 为相邻桩至计算桩轴线的水平距离。

表 F.0.2-1 考虑桩径影响，均布桩端阻力竖向应力影响系数 I_{p}

l/d	10												
m \ n	0.000	0.020	0.040	0.060	0.080	0.100	0.120	0.160	0.200	0.300	0.400	0.500	0.600
0.500				−0.600	−0.581	−0.558	−0.531	−0.468	−0.400	−0.236	−0.113	−0.037	0.004
0.550				−0.779	−0.751	−0.716	−0.675	−0.585	−0.488	−0.270	−0.119	−0.034	0.010
0.600				−1.021	−0.976	−0.922	−0.860	−0.725	−0.587	−0.297	−0.119	−0.026	0.018
0.650				−1.357	−1.283	−1.196	−1.099	−0.893	−0.694	−0.314	−0.109	−0.013	0.027
0.700				−1.846	−1.717	−1.568	−1.408	−1.086	−0.797	−0.311	−0.088	0.003	0.038
0.750				−2.589	−2.349	−2.080	−1.805	−1.289	−0.873	−0.279	−0.057	0.022	0.049
0.800				−3.781	−3.289	−2.772	−2.276	−1.448	−0.875	−0.212	−0.018	0.041	0.059
0.850				−5.787	−4.666	−3.606	−2.701	−1.434	−0.737	−0.117	0.023	0.059	0.067
0.900				−9.175	−6.341	−4.137	−2.625	−1.047	−0.426	−0.015	0.057	0.072	0.072
0.950				−13.522	−6.132	−2.699	−1.262	−0.327	−0.078	0.059	0.079	0.080	0.075
1.004	62.563	62.378	60.503	1.756	0.367	0.208	0.157	0.123	0.111	0.100	0.093	0.085	0.078
1.008	61.245	60.784	55.653	4.584	0.705	0.325	0.214	0.144	0.121	0.102	0.093	0.086	0.078
1.012	59.708	58.836	50.294	7.572	1.159	0.468	0.280	0.166	0.131	0.105	0.094	0.086	0.078
1.016	57.894	56.509	45.517	9.951	1.729	0.643	0.356	0.190	0.142	0.108	0.095	0.086	0.078
1.020	55.793	53.863	41.505	11.637	2.379	0.853	0.446	0.217	0.154	0.110	0.096	0.087	0.078
1.024	53.433	51.008	38.145	12.763	3.063	1.094	0.549	0.248	0.167	0.113	0.097	0.087	0.078
1.028	50.868	48.054	35.286	13.474	3.737	1.360	0.666	0.282	0.181	0.116	0.098	0.087	0.078
1.040	42.642	39.423	28.667	14.106	5.432	2.227	1.084	0.406	0.230	0.126	0.101	0.089	0.079
1.060	30.269	27.845	21.170	13.000	6.839	3.469	1.849	0.677	0.342	0.148	0.108	0.091	0.080
1.080	21.437	19.955	16.036	11.179	6.992	4.152	2.467	0.980	0.481	0.176	0.117	0.094	0.081
1.100	15.575	14.702	12.379	9.386	6.552	4.348	2.834	1.254	0.631	0.211	0.127	0.098	0.083
1.120	11.677	11.153	9.734	7.831	5.896	4.240	2.977	1.465	0.773	0.250	0.140	0.103	0.085
1.140	9.017	8.692	7.795	6.548	5.208	3.977	2.960	1.601	0.893	0.292	0.154	0.109	0.087
1.160	7.146	6.937	6.349	5.509	4.565	3.650	2.845	1.669	0.985	0.334	0.170	0.115	0.090
1.180	5.791	5.651	5.254	4.672	3.996	3.310	2.678	1.684	1.048	0.374	0.187	0.122	0.094
1.200	4.782	4.686	4.410	3.996	3.503	2.986	2.489	1.659	1.083	0.411	0.204	0.130	0.097
1.300	2.252	2.230	2.167	2.067	1.938	1.788	1.627	1.302	1.010	0.513	0.277	0.170	0.119
1.400	1.312	1.306	1.284	1.250	1.204	1.149	1.087	0.949	0.807	0.506	0.312	0.201	0.140
1.500	0.866	0.863	0.854	0.839	0.820	0.795	0.767	0.701	0.629	0.451	0.311	0.215	0.154
1.600	0.619	0.617	0.613	0.606	0.596	0.583	0.569	0.534	0.494	0.387	0.290	0.215	0.160

续表 F.0.2-1

l/d	15												
m \ n	0.000	0.020	0.040	0.060	0.080	0.100	0.120	0.160	0.200	0.300	0.400	0.500	0.600
0.500			−0.619	−0.605	−0.585	−0.562	−0.534	−0.471	−0.402	−0.236	−0.113	−0.037	0.004
0.550			−0.808	−0.786	−0.757	−0.721	−0.680	−0.588	−0.490	−0.269	−0.119	−0.033	0.010
0.600			−1.067	−1.032	−0.986	−0.930	−0.867	−0.729	−0.589	−0.297	−0.118	−0.025	0.018
0.650			−1.433	−1.375	−1.299	−1.208	−1.108	−0.898	−0.695	−0.312	−0.108	−0.013	0.028
0.700			−1.981	−1.876	−1.742	−1.587	−1.422	−1.091	−0.797	−0.308	−0.087	0.004	0.038
0.750			−2.850	−2.645	−2.389	−2.108	−1.820	−1.290	−0.868	−0.275	−0.056	0.023	0.049
0.800			−4.342	−3.889	−3.355	−2.805	−2.286	−1.437	−0.862	−0.207	−0.016	0.042	0.059
0.850			−7.174	−5.996	−4.747	−3.609	−2.668	−1.395	−0.713	−0.112	0.024	0.059	0.067
0.900			−13.179	−9.428	−6.231	−3.949	−2.469	−0.980	−0.401	−0.012	0.057	0.072	0.072
0.950			−25.874	−11.676	−4.925	−2.196	−1.061	−0.288	−0.067	0.060	0.079	0.080	0.076
1.004	139.202	137.028	6.771	0.657	0.288	0.189	0.151	0.122	0.111	0.100	0.093	0.085	0.078
1.008	134.212	127.885	16.907	1.416	0.502	0.283	0.201	0.141	0.120	0.102	0.093	0.086	0.078
1.012	127.849	116.582	24.338	2.473	0.771	0.392	0.256	0.161	0.130	0.105	0.094	0.086	0.078
1.016	120.095	104.985	28.589	3.784	1.109	0.522	0.320	0.184	0.140	0.107	0.095	0.086	0.078
1.020	111.316	94.178	30.723	5.224	1.516	0.677	0.394	0.209	0.152	0.110	0.096	0.087	0.078
1.024	102.035	84.503	31.544	6.655	1.981	0.858	0.478	0.236	0.164	0.113	0.097	0.087	0.078
1.028	92.751	75.959	31.545	7.976	2.487	1.062	0.575	0.267	0.177	0.116	0.098	0.087	0.078
1.040	67.984	55.962	29.127	10.814	4.040	1.776	0.927	0.379	0.223	0.126	0.101	0.089	0.079
1.060	40.837	35.291	22.966	12.108	5.919	2.983	1.625	0.627	0.328	0.147	0.108	0.091	0.080
1.080	26.159	23.586	17.507	11.187	6.586	3.808	2.255	0.914	0.460	0.174	0.116	0.094	0.081
1.100	17.897	16.610	13.391	9.640	6.442	4.160	2.679	1.187	0.605	0.208	0.127	0.098	0.083
1.120	12.923	12.226	10.406	8.106	5.921	4.162	2.881	1.406	0.746	0.246	0.139	0.103	0.085
1.140	9.737	9.332	8.241	6.781	5.281	3.962	2.911	1.555	0.868	0.288	0.153	0.108	0.087
1.160	7.588	7.339	6.652	5.693	4.648	3.666	2.827	1.637	0.963	0.329	0.169	0.115	0.090
1.180	6.075	5.915	5.463	4.813	4.073	3.340	2.678	1.663	1.030	0.369	0.185	0.122	0.093
1.200	4.973	4.866	4.558	4.104	3.570	3.019	2.499	1.647	1.070	0.406	0.202	0.130	0.097
1.300	2.291	2.269	2.202	2.097	1.962	1.807	1.640	1.307	1.010	0.511	0.276	0.170	0.118
1.400	1.325	1.318	1.296	1.261	1.214	1.157	1.094	0.953	0.809	0.505	0.311	0.201	0.139
1.500	0.871	0.868	0.859	0.844	0.824	0.799	0.770	0.704	0.630	0.451	0.310	0.215	0.154
1.600	0.621	0.620	0.615	0.608	0.598	0.586	0.571	0.536	0.496	0.388	0.290	0.215	0.160

l/d	20												
m \ n	0.000	0.020	0.040	0.060	0.080	0.100	0.120	0.160	0.200	0.300	0.400	0.500	0.600
0.500			−0.621	−0.606	−0.587	−0.563	−0.535	−0.472	−0.402	−0.236	−0.113	−0.037	0.004
0.550			−0.811	−0.789	−0.759	−0.723	−0.682	−0.589	−0.491	−0.269	−0.118	−0.033	0.010
0.600			−1.071	−1.036	−0.989	−0.933	−0.869	−0.731	−0.590	−0.296	−0.117	−0.025	0.018
0.650			−1.440	−1.381	−1.304	−1.213	−1.112	−0.899	−0.696	−0.312	−0.107	−0.013	0.028
0.700			−1.993	−1.887	−1.751	−1.594	−1.426	−1.092	−0.797	−0.307	−0.086	0.004	0.038
0.750			−2.875	−2.665	−2.404	−2.117	−1.826	−1.290	−0.867	−0.273	−0.055	0.023	0.049
0.800			−4.396	−3.927	−3.378	−2.816	−2.288	−1.432	−0.857	−0.205	−0.016	0.042	0.059
0.850			−7.309	−6.069	−4.773	−3.608	−2.656	−1.382	−0.705	−0.110	0.024	0.059	0.067
0.900			−13.547	−9.494	−6.176	−3.877	−2.414	−0.957	−0.392	−0.011	0.058	0.072	0.072
0.950			−25.714	−10.848	−4.530	−2.043	−1.000	−0.275	−0.064	0.060	0.079	0.080	0.076
1.004	244.665	222.298	2.507	0.549	0.270	0.184	0.149	0.121	0.111	0.100	0.093	0.085	0.078
1.008	231.267	181.758	6.607	1.118	0.459	0.271	0.196	0.140	0.120	0.102	0.093	0.086	0.078
1.012	213.422	152.271	11.947	1.893	0.691	0.372	0.249	0.160	0.130	0.105	0.094	0.086	0.078
1.016	192.367	130.925	17.172	2.882	0.981	0.491	0.309	0.182	0.140	0.107	0.095	0.086	0.078
1.020	170.266	114.368	21.429	4.037	1.330	0.632	0.379	0.206	0.151	0.110	0.096	0.087	0.078
1.024	148.975	100.844	24.487	5.275	1.735	0.796	0.458	0.232	0.163	0.113	0.097	0.087	0.078
1.028	129.596	89.450	26.439	6.511	2.184	0.983	0.549	0.262	0.175	0.116	0.098	0.087	0.078
1.040	85.457	63.853	27.680	9.582	3.636	1.647	0.881	0.370	0.221	0.126	0.101	0.089	0.079
1.060	46.430	38.661	23.310	11.634	5.588	2.825	1.554	0.611	0.323	0.146	0.108	0.091	0.080
1.080	28.320	25.133	17.998	11.118	6.418	3.685	2.183	0.893	0.453	0.174	0.116	0.094	0.081
1.100	18.875	17.385	13.759	9.705	6.387	4.088	2.623	1.164	0.597	0.207	0.126	0.098	0.083
1.120	13.422	12.647	10.654	8.197	5.921	4.130	2.846	1.386	0.737	0.245	0.139	0.103	0.085
1.140	10.016	9.577	8.407	6.863	5.303	3.953	2.892	1.539	0.859	0.286	0.153	0.108	0.087
1.160	7.755	7.490	6.763	5.758	4.676	3.670	2.819	1.626	0.955	0.327	0.169	0.115	0.090
1.180	6.181	6.013	5.540	4.863	4.099	3.349	2.677	1.656	1.024	0.367	0.185	0.122	0.093
1.200	5.044	4.931	4.612	4.142	3.593	3.030	2.502	1.643	1.065	0.404	0.202	0.129	0.097
1.300	2.306	2.283	2.215	2.108	1.971	1.813	1.645	1.308	1.010	0.510	0.275	0.170	0.118
1.400	1.330	1.323	1.301	1.265	1.218	1.160	1.096	0.954	0.810	0.505	0.311	0.201	0.139
1.500	0.873	0.870	0.861	0.846	0.826	0.801	0.772	0.705	0.631	0.451	0.310	0.215	0.154
1.600	0.622	0.621	0.616	0.609	0.599	0.586	0.572	0.536	0.496	0.388	0.290	0.214	0.160

续表 F.0.2-1

l/d	25												
m \ n	0.000	0.020	0.040	0.060	0.080	0.100	0.120	0.160	0.200	0.300	0.400	0.500	0.600
0.500			−0.622	−0.607	−0.588	−0.564	−0.536	−0.472	−0.402	−0.236	−0.112	−0.037	0.004
0.550			−0.812	−0.790	−0.760	−0.724	−0.683	−0.590	−0.491	−0.269	−0.118	−0.033	0.010
0.600			−1.073	−1.037	−0.991	−0.934	−0.870	−0.731	−0.590	−0.296	−0.117	−0.025	0.018
0.650			−1.444	−1.384	−1.306	−1.215	−1.113	−0.900	−0.696	−0.311	−0.107	−0.012	0.028
0.700			−1.999	−1.892	−1.755	−1.597	−1.428	−1.093	−0.796	−0.307	−0.086	0.004	0.038
0.750			−2.886	−2.674	−2.411	−2.122	−1.828	−1.290	−0.866	−0.273	−0.055	0.023	0.049
0.800			−4.422	−3.945	−3.389	−2.821	−2.290	−1.430	−0.855	−0.205	−0.016	0.042	0.059
0.850			−7.373	−6.103	−4.785	−3.607	−2.650	−1.375	−0.701	−0.109	0.024	0.059	0.067
0.900			−13.719	−9.519	−6.147	−3.843	−2.388	−0.946	−0.388	−0.011	0.058	0.072	0.072
0.950			−25.463	−10.446	−4.355	−1.975	−0.973	−0.270	−0.062	0.060	0.079	0.080	0.076
1.004	377.628	178.408	1.913	0.511	0.263	0.182	0.148	0.121	0.111	0.100	0.093	0.085	0.078
1.008	348.167	161.588	4.792	1.019	0.442	0.267	0.195	0.140	0.120	0.102	0.093	0.086	0.078
1.012	309.027	146.104	8.847	1.700	0.660	0.364	0.246	0.159	0.129	0.105	0.094	0.086	0.078
1.016	265.983	131.641	13.394	2.574	0.930	0.478	0.305	0.181	0.140	0.107	0.095	0.086	0.078
1.020	224.824	118.197	17.660	3.613	1.257	0.613	0.372	0.205	0.150	0.110	0.096	0.087	0.078
1.024	188.664	105.842	21.169	4.756	1.637	0.770	0.450	0.231	0.162	0.113	0.097	0.087	0.078
1.028	158.336	94.627	23.753	5.931	2.062	0.949	0.537	0.260	0.175	0.116	0.098	0.087	0.078
1.040	96.846	67.688	26.679	9.029	3.464	1.592	0.860	0.366	0.220	0.125	0.101	0.089	0.079
1.060	49.548	40.374	23.390	11.390	5.436	2.754	1.522	0.603	0.321	0.146	0.108	0.091	0.080
1.080	29.440	25.906	18.214	11.073	6.336	3.628	2.151	0.883	0.450	0.173	0.116	0.094	0.081
1.100	19.363	17.765	13.931	9.731	6.358	4.054	2.598	1.154	0.593	0.206	0.126	0.098	0.083
1.120	13.666	12.851	10.772	8.237	5.920	4.114	2.829	1.376	0.732	0.244	0.139	0.103	0.085
1.140	10.150	9.695	8.485	6.901	5.313	3.949	2.883	1.532	0.855	0.285	0.153	0.108	0.087
1.160	7.835	7.562	6.816	5.788	4.689	3.671	2.815	1.621	0.952	0.327	0.168	0.115	0.090
1.180	6.232	6.059	5.576	4.887	4.112	3.353	2.677	1.653	1.021	0.366	0.185	0.122	0.093
1.200	5.077	4.963	4.637	4.160	3.604	3.035	2.503	1.641	1.063	0.403	0.202	0.129	0.097
1.300	2.312	2.289	2.221	2.113	1.975	1.816	1.647	1.309	1.010	0.509	0.275	0.170	0.118
1.400	1.332	1.325	1.303	1.267	1.219	1.162	1.097	0.955	0.810	0.505	0.310	0.201	0.139
1.500	0.874	0.871	0.862	0.847	0.826	0.801	0.772	0.705	0.631	0.451	0.310	0.215	0.154
1.600	0.623	0.621	0.617	0.609	0.599	0.587	0.572	0.537	0.496	0.388	0.290	0.214	0.160

l/d	30												
m \ n	0.000	0.020	0.040	0.060	0.080	0.100	0.120	0.160	0.200	0.300	0.400	0.500	0.600
0.500		−0.631	−0.622	−0.608	−0.588	−0.564	−0.536	−0.472	−0.403	−0.236	−0.112	−0.037	0.004
0.550		−0.827	−0.813	−0.791	−0.761	−0.725	−0.683	−0.590	−0.491	−0.269	−0.118	−0.033	0.010
0.600		−1.096	−1.074	−1.038	−0.991	−0.935	−0.871	−0.732	−0.590	−0.296	−0.117	−0.025	0.018
0.650		−1.483	−1.445	−1.386	−1.308	−1.216	−1.114	−0.900	−0.696	−0.311	−0.107	−0.012	0.028
0.700		−2.071	−2.002	−1.895	−1.757	−1.598	−1.429	−1.093	−0.796	−0.306	−0.086	0.004	0.038
0.750		−3.032	−2.892	−2.679	−2.414	−2.124	−1.829	−1.290	−0.865	−0.272	−0.054	0.023	0.049
0.800		−4.764	−4.436	−3.955	−3.395	−2.824	−2.290	−1.429	−0.854	−0.204	−0.015	0.042	0.059
0.850		−8.367	−7.408	−6.122	−4.791	−3.606	−2.646	−1.372	−0.699	−0.109	0.025	0.059	0.067
0.900		−17.766	−13.813	−9.532	−6.130	−3.824	−2.374	−0.941	−0.386	−0.010	0.058	0.072	0.072
0.950		−53.070	−25.276	−10.224	−4.262	−1.940	−0.959	−0.267	−0.062	0.060	0.079	0.080	0.076
1.004	536.535	67.314	1.695	0.493	0.259	0.181	0.148	0.121	0.111	0.100	0.093	0.085	0.078
1.008	480.071	114.047	4.129	0.973	0.433	0.264	0.194	0.140	0.120	0.102	0.093	0.086	0.078
1.012	407.830	125.866	7.619	1.610	0.644	0.359	0.245	0.159	0.129	0.105	0.094	0.086	0.078
1.016	335.065	123.804	11.742	2.429	0.905	0.471	0.302	0.180	0.139	0.107	0.095	0.086	0.078
1.020	271.631	116.207	15.857	3.410	1.220	0.603	0.369	0.204	0.150	0.110	0.096	0.087	0.078
1.024	220.202	106.561	19.459	4.502	1.587	0.757	0.445	0.230	0.162	0.113	0.097	0.087	0.078
1.028	179.778	96.493	22.283	5.641	1.999	0.932	0.531	0.259	0.174	0.116	0.098	0.087	0.078
1.040	104.344	69.738	26.055	8.735	3.375	1.563	0.850	0.364	0.219	0.125	0.101	0.089	0.079
1.060	51.415	41.346	23.409	11.251	5.354	2.717	1.505	0.599	0.320	0.146	0.108	0.091	0.080
1.080	30.085	26.343	18.329	11.045	6.290	3.597	2.133	0.878	0.448	0.173	0.116	0.094	0.081
1.100	19.639	17.978	14.025	9.744	6.342	4.035	2.584	1.148	0.591	0.206	0.126	0.098	0.083
1.120	13.802	12.964	10.836	8.259	5.919	4.105	2.820	1.371	0.730	0.244	0.139	0.103	0.085
1.140	10.224	9.760	8.528	6.921	5.318	3.946	2.878	1.528	0.853	0.285	0.153	0.108	0.087
1.160	7.879	7.602	6.845	5.805	4.695	3.672	2.813	1.618	0.950	0.326	0.168	0.115	0.090
1.180	6.259	6.084	5.596	4.900	4.118	3.356	2.676	1.651	1.019	0.366	0.185	0.122	0.093
1.200	5.095	4.980	4.651	4.170	3.610	3.038	2.503	1.640	1.062	0.403	0.202	0.129	0.097
1.300	2.316	2.293	2.224	2.116	1.977	1.818	1.648	1.310	1.010	0.509	0.275	0.169	0.118
1.400	1.333	1.326	1.304	1.268	1.220	1.163	1.098	0.955	0.811	0.505	0.310	0.200	0.139
1.500	0.874	0.872	0.862	0.847	0.827	0.802	0.773	0.705	0.631	0.451	0.310	0.215	0.154
1.600	0.623	0.621	0.617	0.610	0.599	0.587	0.572	0.537	0.496	0.388	0.290	0.214	0.160

续表 F.0.2-1

l/d	40											
m \ n	0.000	0.020	0.040	0.060	0.080	0.100	0.120	0.160	0.200	0.300	0.400	0.500	0.600
0.500		-0.631	-0.622	-0.608	-0.588	-0.564	-0.536	-0.472	-0.403	-0.236	-0.112	-0.036	0.004
0.550		-0.827	-0.814	-0.791	-0.762	-0.725	-0.684	-0.590	-0.491	-0.269	-0.118	-0.033	0.010
0.600		-1.097	-1.075	-1.039	-0.992	-0.936	-0.872	-0.732	-0.591	-0.296	-0.117	-0.025	0.018
0.650		-1.485	-1.447	-1.387	-1.309	-1.217	-1.115	-0.901	-0.696	-0.311	-0.107	-0.012	0.028
0.700		-2.074	-2.006	-1.898	-1.759	-1.600	-1.431	-1.094	-0.796	-0.306	-0.086	0.004	0.038
0.750		-3.039	-2.899	-2.684	-2.418	-2.126	-1.831	-1.290	-0.865	-0.272	-0.054	0.023	0.049
0.800		-4.781	-4.449	-3.965	-3.401	-2.826	-2.291	-1.428	-0.853	-0.204	-0.015	0.042	0.059
0.850		-8.418	-7.443	-6.140	-4.797	-3.606	-2.643	-1.368	-0.696	-0.108	0.025	0.059	0.067
0.900		-17.982	-13.906	-9.543	-6.114	-3.805	-2.360	-0.935	-0.384	-0.010	0.058	0.072	0.072
0.950		-54.543	-25.054	-10.003	-4.171	-1.905	-0.945	-0.264	-0.061	0.060	0.079	0.080	0.076
1.004	924.755	26.114	1.523	0.477	0.255	0.180	0.147	0.121	0.111	0.100	0.093	0.085	0.078
1.008	769.156	68.377	3.614	0.931	0.425	0.262	0.193	0.139	0.120	0.102	0.093	0.086	0.078
1.012	595.591	97.641	6.633	1.529	0.630	0.355	0.243	0.159	0.129	0.105	0.094	0.086	0.078
1.016	449.984	109.641	10.343	2.298	0.881	0.465	0.300	0.180	0.139	0.107	0.095	0.086	0.078
1.020	341.526	110.416	14.244	3.224	1.185	0.594	0.366	0.203	0.150	0.110	0.096	0.087	0.078
1.024	263.543	105.215	17.851	4.267	1.541	0.744	0.441	0.229	0.162	0.113	0.097	0.087	0.078
1.028	207.450	97.302	20.843	5.369	1.940	0.916	0.526	0.258	0.174	0.116	0.098	0.087	0.079
1.040	112.989	71.701	25.382	8.448	3.288	1.535	0.839	0.362	0.219	0.125	0.101	0.089	0.079
1.060	53.411	42.340	23.410	11.109	5.272	2.680	1.488	0.596	0.319	0.146	0.108	0.091	0.080
1.080	30.754	26.788	18.440	11.014	6.245	3.566	2.116	0.872	0.447	0.173	0.116	0.094	0.081
1.100	19.920	18.194	14.119	9.755	6.325	4.016	2.570	1.143	0.589	0.206	0.126	0.098	0.083
1.120	13.939	13.078	10.900	8.281	5.917	4.096	2.811	1.366	0.728	0.244	0.139	0.103	0.085
1.140	10.300	9.825	8.571	6.941	5.323	3.944	2.873	1.524	0.850	0.284	0.153	0.108	0.087
1.160	7.923	7.642	6.874	5.822	4.702	3.673	2.811	1.615	0.948	0.326	0.168	0.115	0.090
1.180	6.287	6.110	5.616	4.912	4.125	3.358	2.676	1.649	1.018	0.366	0.185	0.122	0.093
1.200	5.113	4.997	4.665	4.180	3.615	3.040	2.504	1.639	1.061	0.402	0.201	0.129	0.097
1.300	2.320	2.297	2.227	2.119	1.980	1.820	1.649	1.310	1.009	0.509	0.275	0.169	0.118
1.400	1.334	1.327	1.305	1.269	1.221	1.163	1.098	0.956	0.811	0.505	0.310	0.200	0.139
1.500	0.875	0.872	0.863	0.848	0.827	0.802	0.773	0.706	0.632	0.451	0.310	0.215	0.154
1.600	0.623	0.622	0.617	0.610	0.600	0.587	0.572	0.537	0.496	0.388	0.290	0.214	0.160

l/d	50											
m \ n	0.000	0.020	0.040	0.060	0.080	0.100	0.120	0.160	0.200	0.300	0.400	0.500	0.600
0.500		-0.632	-0.623	-0.608	-0.589	-0.564	-0.537	-0.473	-0.403	-0.236	-0.112	-0.036	0.004
0.550		-0.828	-0.814	-0.792	-0.762	-0.725	-0.684	-0.590	-0.491	-0.269	-0.118	-0.033	0.010
0.600		-1.097	-1.075	-1.040	-0.993	-0.936	-0.872	-0.732	-0.591	-0.296	-0.117	-0.025	0.018
0.650		-1.486	-1.448	-1.388	-1.310	-1.217	-1.115	-0.901	-0.696	-0.311	-0.107	-0.012	0.028
0.700		-2.076	-2.007	-1.899	-1.760	-1.601	-1.431	-1.094	-0.796	-0.306	-0.086	0.004	0.038
0.750		-3.042	-2.902	-2.686	-2.420	-2.127	-1.831	-1.290	-0.865	-0.272	-0.054	0.023	0.049
0.800		-4.789	-4.456	-3.969	-3.403	-2.828	-2.291	-1.428	-0.852	-0.203	-0.015	0.042	0.059
0.850		-8.441	-7.460	-6.149	-4.800	-3.605	-2.641	-1.367	-0.696	-0.108	0.025	0.059	0.067
0.900		-18.083	-13.950	-9.548	-6.106	-3.797	-2.354	-0.933	-0.383	-0.010	0.058	0.072	0.072
0.950		-55.231	-24.939	-9.900	-4.129	-1.889	-0.938	-0.263	-0.060	0.060	0.079	0.080	0.076
1.004	1392.355	18.855	1.455	0.470	0.254	0.180	0.147	0.121	0.111	0.100	0.093	0.085	0.078
1.008	1063.621	53.265	3.413	0.913	0.421	0.261	0.192	0.139	0.120	0.102	0.093	0.086	0.078
1.012	754.349	84.366	6.241	1.495	0.623	0.353	0.242	0.159	0.129	0.105	0.094	0.086	0.078
1.016	533.576	101.473	9.768	2.241	0.871	0.462	0.299	0.180	0.139	0.107	0.095	0.086	0.078
1.020	387.082	106.414	13.556	3.143	1.170	0.590	0.364	0.203	0.150	0.110	0.096	0.087	0.078
1.024	289.666	103.778	17.142	4.164	1.520	0.738	0.438	0.229	0.161	0.113	0.097	0.087	0.078
1.028	223.218	97.234	20.188	5.248	1.914	0.908	0.523	0.257	0.174	0.116	0.098	0.087	0.079
1.040	117.472	72.569	25.055	8.317	3.249	1.522	0.835	0.361	0.219	0.125	0.101	0.089	0.079
1.060	54.386	42.810	23.404	11.042	5.235	2.663	1.481	0.594	0.318	0.146	0.108	0.091	0.080
1.080	31.073	26.999	18.490	10.999	6.223	3.552	2.108	0.870	0.446	0.173	0.116	0.094	0.081
1.100	20.053	18.296	14.162	9.760	6.317	4.007	2.563	1.140	0.588	0.206	0.126	0.098	0.083
1.120	14.004	13.132	10.930	8.290	5.916	4.092	2.806	1.364	0.727	0.244	0.139	0.103	0.085
1.140	10.335	9.856	8.591	6.951	5.325	3.942	2.870	1.522	0.849	0.284	0.153	0.108	0.087
1.160	7.944	7.660	6.887	5.829	4.705	3.673	2.810	1.613	0.947	0.326	0.168	0.115	0.090
1.180	6.300	6.122	5.625	4.918	4.128	3.359	2.676	1.648	1.017	0.365	0.185	0.122	0.093
1.200	5.122	5.005	4.672	4.184	3.618	3.042	2.504	1.639	1.060	0.402	0.201	0.129	0.097
1.300	2.321	2.298	2.229	2.120	1.981	1.821	1.650	1.310	1.009	0.509	0.275	0.169	0.118
1.400	1.335	1.328	1.305	1.269	1.221	1.164	1.099	0.956	0.811	0.505	0.310	0.200	0.139
1.500	0.875	0.872	0.863	0.848	0.827	0.802	0.773	0.706	0.632	0.451	0.310	0.215	0.154
1.600	0.623	0.622	0.617	0.610	0.600	0.587	0.572	0.537	0.497	0.388	0.290	0.214	0.160

续表 F. 0. 2-1

l/d	60											
m \ n	0.000	0.020	0.040	0.060	0.080	0.100	0.120	0.160	0.200	0.300	0.400	0.500	0.600
0.500		−0.632	−0.623	−0.608	−0.589	−0.565	−0.537	−0.473	−0.403	−0.236	−0.112	−0.036	0.004
0.550		−0.828	−0.814	−0.792	−0.762	−0.726	−0.684	−0.590	−0.491	−0.269	−0.118	−0.033	0.010
0.600		−1.098	−1.076	−1.040	−0.993	−0.936	−0.872	−0.732	−0.591	−0.296	−0.117	−0.025	0.018
0.650		−1.486	−1.448	−1.389	−1.310	−1.218	−1.116	−0.901	−0.696	−0.311	−0.107	−0.012	0.028
0.700		−2.077	−2.008	−1.900	−1.761	−1.601	−1.431	−1.094	−0.796	−0.306	−0.086	0.004	0.038
0.750		−3.044	−2.903	−2.688	−2.421	−2.128	−1.832	−1.290	−0.864	−0.272	−0.054	0.023	0.049
0.800		−4.793	−4.459	−3.972	−3.405	−2.828	−2.291	−1.427	−0.852	−0.203	−0.015	0.042	0.059
0.850		−8.454	−7.469	−6.153	−4.802	−3.605	−2.640	−1.366	−0.695	−0.108	0.025	0.059	0.067
0.900		−18.139	−13.973	−9.551	−6.101	−3.792	−2.350	−0.931	−0.382	−0.010	0.058	0.072	0.072
0.950		−55.606	−24.874	−9.844	−4.106	−1.881	−0.935	−0.262	−0.060	0.060	0.079	0.080	0.076
1.004	1919.968	16.202	1.420	0.466	0.253	0.179	0.147	0.121	0.111	0.100	0.093	0.085	0.078
1.008	1339.951	46.658	3.312	0.904	0.419	0.260	0.192	0.139	0.120	0.102	0.093	0.086	0.078
1.012	880.499	77.527	6.043	1.476	0.620	0.352	0.242	0.159	0.129	0.105	0.094	0.086	0.078
1.016	592.844	96.782	9.474	2.211	0.865	0.460	0.299	0.180	0.139	0.107	0.095	0.086	0.078
1.020	417.074	103.916	13.198	3.101	1.162	0.587	0.363	0.203	0.150	0.110	0.096	0.087	0.078
1.024	306.046	102.769	16.767	4.110	1.509	0.735	0.437	0.228	0.161	0.113	0.097	0.087	0.078
1.028	232.784	97.065	19.836	5.184	1.900	0.904	0.521	0.257	0.174	0.116	0.098	0.087	0.079
1.040	120.052	73.026	24.874	8.247	3.228	1.515	0.832	0.361	0.218	0.125	0.101	0.089	0.079
1.060	54.929	43.067	23.399	11.006	5.214	2.654	1.477	0.593	0.318	0.146	0.108	0.091	0.080
1.080	31.250	27.114	18.517	10.990	6.212	3.544	2.103	0.869	0.445	0.173	0.116	0.094	0.081
1.100	20.126	18.351	14.185	9.763	6.312	4.002	2.560	1.139	0.587	0.206	0.126	0.098	0.083
1.120	14.040	13.161	10.947	8.296	5.916	4.090	2.804	1.363	0.726	0.243	0.138	0.103	0.085
1.140	10.354	9.873	8.602	6.956	5.326	3.942	2.869	1.521	0.849	0.284	0.153	0.108	0.087
1.160	7.955	7.670	6.895	5.833	4.707	3.673	2.809	1.613	0.947	0.325	0.168	0.115	0.090
1.180	6.307	6.128	5.630	4.922	4.130	3.359	2.676	1.647	1.017	0.365	0.184	0.122	0.093
1.200	5.127	5.009	4.675	4.187	3.620	3.042	2.505	1.638	1.060	0.402	0.201	0.129	0.097
1.300	2.322	2.299	2.230	2.121	1.981	1.821	1.650	1.310	1.009	0.509	0.275	0.169	0.118
1.400	1.335	1.328	1.306	1.270	1.222	1.164	1.099	0.956	0.811	0.505	0.310	0.200	0.139
1.500	0.875	0.872	0.863	0.848	0.828	0.802	0.773	0.706	0.632	0.451	0.310	0.215	0.154
1.600	0.623	0.622	0.617	0.610	0.600	0.587	0.572	0.537	0.497	0.388	0.290	0.214	0.160

l/d	70											
m \ n	0.000	0.020	0.040	0.060	0.080	0.100	0.120	0.160	0.200	0.300	0.400	0.500	0.600
0.500		−0.632	−0.623	−0.608	−0.589	−0.565	−0.537	−0.473	−0.403	−0.236	−0.112	−0.036	0.004
0.550		−0.828	−0.814	−0.792	−0.762	−0.726	−0.684	−0.590	−0.492	−0.269	−0.118	−0.033	0.010
0.600		−1.098	−1.076	−1.040	−0.993	−0.936	−0.872	−0.732	−0.591	−0.296	−0.117	−0.025	0.018
0.650		−1.486	−1.449	−1.389	−1.310	−1.218	−1.116	−0.901	−0.696	−0.311	−0.107	−0.012	0.028
0.700		−2.078	−2.008	−1.900	−1.761	−1.601	−1.432	−1.094	−0.796	−0.306	−0.086	0.004	0.038
0.750		−3.045	−2.904	−2.688	−2.421	−2.128	−1.832	−1.290	−0.864	−0.272	−0.054	0.023	0.049
0.800		−4.795	−4.462	−3.973	−3.406	−2.829	−2.292	−1.427	−0.852	−0.203	−0.015	0.042	0.059
0.850		−8.462	−7.474	−6.156	−4.802	−3.605	−2.640	−1.365	−0.695	−0.108	0.025	0.060	0.067
0.900		−18.172	−13.987	−9.553	−6.099	−3.789	−2.348	−0.930	−0.382	−0.010	0.058	0.072	0.072
0.950		−55.833	−24.833	−9.810	−4.093	−1.876	−0.933	−0.261	−0.060	0.060	0.079	0.080	0.076
1.004	2487.589	14.895	1.400	0.464	0.252	0.179	0.147	0.121	0.111	0.100	0.093	0.085	0.078
1.008	1586.401	43.156	3.254	0.898	0.418	0.260	0.192	0.139	0.120	0.102	0.093	0.086	0.078
1.012	978.338	73.579	5.929	1.465	0.617	0.351	0.242	0.159	0.129	0.105	0.094	0.086	0.078
1.016	635.104	93.901	9.302	2.193	0.862	0.459	0.298	0.180	0.139	0.107	0.095	0.086	0.078
1.020	437.410	102.308	12.987	3.075	1.157	0.586	0.363	0.203	0.150	0.110	0.096	0.087	0.078
1.024	316.808	102.082	16.544	4.077	1.502	0.733	0.437	0.228	0.161	0.113	0.097	0.087	0.078
1.028	238.940	96.915	19.626	5.146	1.891	0.902	0.521	0.257	0.174	0.116	0.098	0.087	0.079
1.040	121.661	73.297	24.763	8.205	3.216	1.511	0.831	0.360	0.218	0.125	0.101	0.089	0.079
1.060	55.262	43.223	23.396	10.984	5.202	2.648	1.474	0.592	0.318	0.146	0.108	0.091	0.080
1.080	31.357	27.184	18.534	10.985	6.205	3.540	2.101	0.868	0.445	0.173	0.116	0.094	0.081
1.100	20.170	18.385	14.200	9.764	6.310	3.999	2.558	1.138	0.587	0.206	0.126	0.098	0.083
1.120	14.061	13.179	10.957	8.299	5.916	4.088	2.803	1.362	0.726	0.243	0.138	0.103	0.085
1.140	10.365	9.883	8.608	6.959	5.327	3.941	2.868	1.520	0.849	0.284	0.153	0.108	0.087
1.160	7.962	7.676	6.899	5.836	4.708	3.673	2.809	1.612	0.946	0.325	0.168	0.115	0.090
1.180	6.311	6.132	5.633	4.924	4.131	3.360	2.676	1.647	1.016	0.365	0.184	0.122	0.093
1.200	5.129	5.011	4.677	4.188	3.620	3.043	2.505	1.638	1.060	0.402	0.201	0.129	0.097
1.300	2.323	2.300	2.230	2.121	1.982	1.821	1.650	1.310	1.009	0.508	0.275	0.169	0.118
1.400	1.335	1.328	1.306	1.270	1.222	1.164	1.099	0.956	0.811	0.504	0.310	0.200	0.139
1.500	0.875	0.872	0.863	0.848	0.828	0.802	0.773	0.706	0.632	0.451	0.310	0.215	0.154
1.600	0.623	0.622	0.617	0.610	0.600	0.587	0.572	0.537	0.497	0.388	0.290	0.214	0.160

续表 F.0.2-1

l/d	80												
m \ n	0.000	0.020	0.040	0.060	0.080	0.100	0.120	0.160	0.200	0.300	0.400	0.500	0.600
0.500		−0.632	−0.623	−0.608	−0.589	−0.565	−0.537	−0.473	−0.403	−0.236	−0.112	−0.036	0.004
0.550		−0.828	−0.814	−0.792	−0.762	−0.726	−0.684	−0.590	−0.492	−0.269	−0.118	−0.033	0.010
0.600		−1.098	−1.076	−1.040	−0.993	−0.936	−0.872	−0.732	−0.591	−0.296	−0.117	−0.025	0.018
0.650		−1.487	−1.449	−1.389	−1.310	−1.218	−1.116	−0.901	−0.696	−0.311	−0.107	−0.012	0.028
0.700		−2.078	−2.009	−1.900	−1.761	−1.602	−1.432	−1.094	−0.796	−0.306	−0.086	0.004	0.038
0.750		−3.046	−2.905	−2.689	−2.422	−2.129	−1.832	−1.290	−0.864	−0.272	−0.054	0.023	0.049
0.800		−4.797	−4.463	−3.974	−3.406	−2.829	−2.292	−1.427	−0.852	−0.203	−0.015	0.042	0.059
0.850		−8.467	−7.478	−6.158	−4.803	−3.605	−2.639	−1.365	−0.694	−0.108	0.025	0.060	0.067
0.900		−18.194	−13.997	−9.554	−6.097	−3.787	−2.347	−0.930	−0.382	−0.010	0.058	0.072	0.072
0.950		−55.980	−24.806	−9.788	−4.084	−1.872	−0.931	−0.261	−0.060	0.060	0.079	0.080	0.076
1.004	3076.311	14.141	1.388	0.462	0.252	0.179	0.147	0.121	0.111	0.100	0.093	0.085	0.078
1.008	1799.624	41.060	3.217	0.894	0.417	0.259	0.192	0.139	0.120	0.102	0.093	0.086	0.078
1.012	1053.864	71.096	5.856	1.458	0.616	0.351	0.242	0.159	0.129	0.105	0.094	0.086	0.078
1.016	665.764	92.018	9.193	2.182	0.860	0.459	0.298	0.180	0.139	0.107	0.095	0.086	0.078
1.020	451.655	101.227	12.853	3.059	1.154	0.585	0.362	0.203	0.150	0.110	0.096	0.087	0.078
1.024	324.188	101.604	16.401	4.056	1.498	0.732	0.436	0.228	0.161	0.113	0.097	0.087	0.078
1.028	243.104	96.798	19.490	5.122	1.886	0.900	0.520	0.257	0.174	0.116	0.098	0.087	0.079
1.040	122.727	73.470	24.691	8.177	3.208	1.508	0.830	0.360	0.218	0.125	0.101	0.089	0.079
1.060	55.480	43.325	23.393	10.969	5.194	2.645	1.473	0.592	0.318	0.146	0.108	0.091	0.080
1.080	31.427	27.230	18.544	10.982	6.200	3.537	2.099	0.868	0.445	0.173	0.116	0.094	0.081
1.100	20.199	18.407	14.209	9.765	6.308	3.997	2.556	1.137	0.587	0.206	0.126	0.098	0.083
1.120	14.075	13.190	10.963	8.301	5.915	4.087	2.802	1.361	0.726	0.243	0.138	0.103	0.085
1.140	10.373	9.889	8.613	6.961	5.327	3.941	2.868	1.520	0.848	0.284	0.153	0.108	0.087
1.160	7.966	7.680	6.902	5.837	4.708	3.673	2.809	1.612	0.946	0.325	0.168	0.115	0.090
1.180	6.314	6.135	5.635	4.925	4.131	3.360	2.676	1.647	1.016	0.365	0.184	0.122	0.093
1.200	5.131	5.013	4.679	4.189	3.621	3.043	2.505	1.638	1.060	0.402	0.201	0.129	0.097
1.300	2.323	2.300	2.231	2.122	1.982	1.821	1.650	1.310	1.009	0.508	0.275	0.169	0.118
1.400	1.335	1.328	1.306	1.270	1.222	1.164	1.099	0.956	0.811	0.504	0.310	0.200	0.139
1.500	0.875	0.872	0.863	0.848	0.828	0.802	0.773	0.706	0.632	0.451	0.310	0.215	0.154
1.600	0.623	0.622	0.617	0.610	0.600	0.587	0.572	0.537	0.497	0.388	0.290	0.214	0.160

l/d	90												
m \ n	0.000	0.020	0.040	0.060	0.080	0.100	0.120	0.160	0.200	0.300	0.400	0.500	0.600
0.500		−0.632	−0.623	−0.608	−0.589	−0.565	−0.537	−0.473	−0.403	−0.236	−0.112	−0.036	0.004
0.550		−0.828	−0.814	−0.792	−0.762	−0.726	−0.684	−0.590	−0.492	−0.269	−0.118	−0.033	0.010
0.600		−1.098	−1.076	−1.040	−0.993	−0.936	−0.872	−0.732	−0.591	−0.296	−0.117	−0.025	0.018
0.650		−1.487	−1.449	−1.389	−1.311	−1.218	−1.116	−0.901	−0.696	−0.311	−0.107	−0.012	0.028
0.700		−2.078	−2.009	−1.900	−1.761	−1.602	−1.432	−1.094	−0.796	−0.306	−0.086	0.004	0.038
0.750		−3.046	−2.905	−2.689	−2.422	−2.129	−1.832	−1.290	−0.864	−0.271	−0.054	0.023	0.049
0.800		−4.798	−4.464	−3.975	−3.407	−2.829	−2.292	−1.427	−0.851	−0.203	−0.015	0.042	0.059
0.850		−8.471	−7.480	−6.159	−4.803	−3.605	−2.639	−1.365	−0.694	−0.108	0.025	0.060	0.067
0.900		−18.209	−14.003	−9.554	−6.096	−3.786	−2.346	−0.929	−0.382	−0.010	0.058	0.072	0.072
0.950		−56.081	−24.787	−9.773	−4.078	−1.870	−0.930	−0.261	−0.060	0.060	0.079	0.080	0.076
1.004	3669.635	13.662	1.379	0.461	0.252	0.179	0.147	0.121	0.111	0.100	0.093	0.085	0.078
1.008	1980.993	39.699	3.192	0.892	0.417	0.259	0.192	0.139	0.120	0.102	0.093	0.086	0.078
1.012	1112.459	69.431	5.807	1.454	0.615	0.351	0.242	0.158	0.129	0.105	0.094	0.086	0.078
1.016	688.476	90.724	9.119	2.174	0.858	0.458	0.298	0.179	0.139	0.107	0.095	0.086	0.078
1.020	461.944	100.469	12.761	3.048	1.151	0.584	0.362	0.203	0.150	0.110	0.096	0.087	0.078
1.024	329.440	101.263	16.303	4.042	1.495	0.731	0.436	0.228	0.161	0.113	0.097	0.087	0.078
1.028	246.040	96.709	19.397	5.105	1.882	0.899	0.520	0.256	0.174	0.116	0.098	0.087	0.079
1.040	123.468	73.588	24.641	8.159	3.202	1.507	0.829	0.360	0.218	0.125	0.101	0.089	0.079
1.060	55.631	43.395	23.391	10.959	5.189	2.642	1.472	0.592	0.318	0.146	0.108	0.091	0.080
1.080	31.475	27.261	18.551	10.979	6.197	3.535	2.098	0.867	0.445	0.173	0.116	0.094	0.081
1.100	20.219	18.422	14.215	9.766	6.307	3.996	2.555	1.137	0.586	0.206	0.126	0.098	0.083
1.120	14.084	13.198	10.967	8.302	5.915	4.087	2.801	1.361	0.725	0.243	0.138	0.103	0.085
1.140	10.378	9.894	8.616	6.962	5.328	3.941	2.867	1.520	0.848	0.284	0.153	0.108	0.087
1.160	7.969	7.683	6.904	5.839	4.709	3.673	2.809	1.612	0.946	0.325	0.168	0.115	0.090
1.180	6.316	6.137	5.636	4.926	4.132	3.360	2.676	1.647	1.016	0.365	0.184	0.122	0.093
1.200	5.132	5.014	4.680	4.190	3.621	3.043	2.505	1.638	1.059	0.402	0.201	0.129	0.097
1.300	2.323	2.300	2.231	2.122	1.982	1.822	1.651	1.310	1.009	0.508	0.275	0.169	0.118
1.400	1.336	1.328	1.306	1.270	1.222	1.164	1.099	0.956	0.811	0.504	0.310	0.200	0.139
1.500	0.875	0.872	0.863	0.848	0.828	0.802	0.773	0.706	0.632	0.451	0.310	0.215	0.154
1.600	0.623	0.622	0.617	0.610	0.600	0.587	0.572	0.537	0.497	0.388	0.290	0.214	0.160

续表 F. 0. 2-1

l/d	100												
m \ n	0.000	0.020	0.040	0.060	0.080	0.100	0.120	0.160	0.200	0.300	0.400	0.500	0.600
0.500		−0.632	−0.623	−0.608	−0.589	−0.565	−0.537	−0.473	−0.403	−0.236	−0.112	−0.036	0.004
0.550		−0.828	−0.814	−0.792	−0.762	−0.726	−0.684	−0.590	−0.492	−0.269	−0.118	−0.033	0.010
0.600		−1.098	−1.076	−1.040	−0.993	−0.936	−0.872	−0.732	−0.591	−0.296	−0.117	−0.025	0.018
0.650		−1.487	−1.449	−1.389	−1.311	−1.218	−1.116	−0.901	−0.696	−0.311	−0.107	−0.012	0.028
0.700		−2.078	−2.009	−1.901	−1.761	−1.602	−1.432	−1.094	−0.796	−0.306	−0.086	0.004	0.038
0.750		−3.047	−2.906	−2.689	−2.422	−2.129	−1.832	−1.290	−0.864	−0.271	−0.054	0.023	0.049
0.800		−4.799	−4.465	−3.975	−3.407	−2.829	−2.292	−1.427	−0.851	−0.203	−0.015	0.042	0.059
0.850		−8.473	−7.482	−6.160	−4.804	−3.605	−2.639	−1.364	−0.694	−0.108	0.025	0.060	0.067
0.900		−18.220	−14.007	−9.555	−6.095	−3.785	−2.345	−0.929	−0.381	−0.010	0.058	0.072	0.072
0.950		−56.153	−24.774	−9.762	−4.074	−1.868	−0.930	−0.261	−0.060	0.060	0.079	0.080	0.076
1.004	4254.172	13.337	1.373	0.461	0.252	0.179	0.147	0.121	0.111	0.100	0.093	0.085	0.078
1.008	2133.993	38.762	3.174	0.890	0.416	0.259	0.192	0.139	0.120	0.102	0.093	0.086	0.078
1.012	1158.357	68.260	5.773	1.450	0.615	0.351	0.241	0.158	0.129	0.105	0.094	0.086	0.078
1.016	705.653	89.797	9.066	2.169	0.857	0.458	0.298	0.179	0.139	0.107	0.095	0.086	0.078
1.020	469.584	99.919	12.696	3.040	1.150	0.584	0.362	0.203	0.150	0.110	0.096	0.087	0.078
1.024	333.298	101.011	16.233	4.032	1.493	0.731	0.436	0.228	0.161	0.113	0.097	0.087	0.078
1.028	248.182	96.640	19.330	5.093	1.880	0.898	0.519	0.256	0.174	0.116	0.098	0.087	0.079
1.040	124.004	73.672	24.605	8.145	3.198	1.505	0.828	0.360	0.218	0.125	0.101	0.089	0.079
1.060	55.739	43.445	23.390	10.952	5.185	2.640	1.471	0.592	0.318	0.146	0.108	0.091	0.080
1.080	31.509	27.283	18.556	10.978	6.195	3.533	2.097	0.867	0.445	0.173	0.116	0.094	0.081
1.100	20.233	18.432	14.220	9.766	6.306	3.995	2.555	1.137	0.586	0.206	0.126	0.098	0.083
1.120	14.091	13.204	10.971	8.303	5.915	4.086	2.801	1.361	0.725	0.243	0.138	0.103	0.085
1.140	10.382	9.897	8.618	6.963	5.328	3.941	2.867	1.519	0.848	0.284	0.153	0.108	0.087
1.160	7.971	7.685	6.905	5.839	4.709	3.674	2.809	1.612	0.946	0.325	0.168	0.115	0.090
1.180	6.317	6.138	5.637	4.926	4.132	3.360	2.675	1.647	1.016	0.365	0.184	0.122	0.093
1.200	5.133	5.015	4.680	4.190	3.622	3.043	2.505	1.638	1.059	0.402	0.201	0.129	0.097
1.300	2.324	2.300	2.231	2.122	1.982	1.822	1.651	1.310	1.009	0.508	0.275	0.169	0.118
1.400	1.336	1.328	1.306	1.270	1.222	1.164	1.099	0.956	0.811	0.504	0.310	0.200	0.139
1.500	0.875	0.872	0.863	0.848	0.828	0.802	0.773	0.706	0.632	0.451	0.310	0.215	0.154
1.600	0.623	0.622	0.617	0.610	0.600	0.587	0.572	0.537	0.497	0.388	0.290	0.214	0.160

表 F. 0. 2-2 考虑桩径影响，沿桩身均布侧阻力竖向应力影响系数 I_{sr}

l/d	10												
m \ n	0.000	0.020	0.040	0.060	0.080	0.100	0.120	0.160	0.200	0.300	0.400	0.500	0.600
0.500				0.498	0.490	0.480	0.469	0.441	0.409	0.322	0.241	0.175	0.125
0.550				0.517	0.509	0.499	0.488	0.460	0.428	0.340	0.257	0.189	0.137
0.600				0.550	0.541	0.530	0.517	0.487	0.452	0.358	0.271	0.201	0.147
0.650				0.600	0.589	0.575	0.559	0.523	0.482	0.376	0.284	0.211	0.156
0.700				0.672	0.656	0.638	0.617	0.569	0.518	0.395	0.296	0.220	0.163
0.750				0.773	0.750	0.723	0.692	0.626	0.559	0.413	0.305	0.226	0.169
0.800				0.921	0.883	0.839	0.791	0.694	0.604	0.428	0.312	0.231	0.173
0.850				1.140	1.071	0.994	0.916	0.769	0.647	0.440	0.316	0.235	0.177
0.900				1.483	1.342	1.196	1.060	0.838	0.680	0.446	0.318	0.237	0.179
0.950				2.066	1.721	1.415	1.183	0.879	0.695	0.447	0.319	0.238	0.181
1.004	2.801	2.925	3.549	3.062	1.969	1.496	1.214	0.885	0.696	0.446	0.318	0.238	0.183
1.008	2.797	2.918	3.484	3.010	1.966	1.495	1.213	0.885	0.695	0.445	0.318	0.238	0.183
1.012	2.789	2.905	3.371	2.917	1.959	1.493	1.212	0.884	0.695	0.445	0.318	0.238	0.183
1.016	2.776	2.882	3.236	2.807	1.948	1.490	1.211	0.884	0.695	0.445	0.318	0.238	0.183
1.020	2.756	2.850	3.098	2.696	1.932	1.485	1.209	0.883	0.694	0.445	0.318	0.238	0.183
1.024	2.730	2.808	2.966	2.589	1.912	1.480	1.207	0.882	0.694	0.445	0.317	0.238	0.183
1.028	2.696	2.757	2.843	2.489	1.887	1.473	1.204	0.881	0.693	0.444	0.317	0.238	0.183
1.040	2.555	2.569	2.525	2.232	1.797	1.442	1.190	0.877	0.691	0.444	0.317	0.238	0.183
1.060	2.247	2.223	2.121	1.907	1.627	1.365	1.154	0.865	0.685	0.442	0.316	0.238	0.184
1.080	1.940	1.910	1.817	1.661	1.467	1.273	1.102	0.847	0.677	0.440	0.315	0.238	0.184
1.100	1.676	1.652	1.579	1.465	1.325	1.179	1.043	0.823	0.666	0.437	0.314	0.237	0.184
1.120	1.462	1.443	1.389	1.304	1.200	1.089	0.981	0.794	0.652	0.433	0.313	0.237	0.184
1.140	1.289	1.275	1.234	1.171	1.092	1.006	0.920	0.762	0.635	0.428	0.311	0.236	0.184
1.160	1.148	1.138	1.107	1.059	0.998	0.931	0.861	0.729	0.616	0.423	0.309	0.235	0.184
1.180	1.032	1.024	1.001	0.964	0.917	0.863	0.806	0.695	0.596	0.417	0.307	0.235	0.183
1.200	0.936	0.930	0.911	0.882	0.845	0.802	0.756	0.662	0.575	0.410	0.304	0.233	0.183
1.300	0.628	0.626	0.619	0.609	0.595	0.578	0.559	0.517	0.472	0.367	0.286	0.225	0.180
1.400	0.465	0.464	0.461	0.456	0.450	0.442	0.432	0.411	0.386	0.321	0.262	0.213	0.174
1.500	0.364	0.364	0.362	0.360	0.356	0.352	0.347	0.334	0.320	0.278	0.236	0.198	0.165
1.600	0.297	0.296	0.295	0.294	0.292	0.289	0.286	0.278	0.269	0.241	0.211	0.182	0.155

续表 F.0.2-2

l/d	15												
m \ n	0.000	0.020	0.040	0.060	0.080	0.100	0.120	0.160	0.200	0.300	0.400	0.500	0.600
0.500			0.508	0.502	0.494	0.484	0.472	0.444	0.411	0.323	0.241	0.175	0.125
0.550			0.527	0.521	0.513	0.503	0.491	0.463	0.430	0.340	0.257	0.189	0.137
0.600			0.561	0.555	0.546	0.534	0.521	0.490	0.454	0.359	0.271	0.201	0.147
0.650			0.614	0.606	0.594	0.580	0.564	0.526	0.484	0.377	0.284	0.211	0.156
0.700			0.691	0.679	0.663	0.644	0.622	0.572	0.520	0.396	0.296	0.220	0.163
0.750			0.804	0.785	0.760	0.731	0.699	0.630	0.561	0.413	0.305	0.226	0.169
0.800			0.973	0.940	0.898	0.850	0.799	0.697	0.605	0.428	0.311	0.231	0.173
0.850			1.241	1.174	1.094	1.008	0.923	0.770	0.646	0.439	0.316	0.234	0.177
0.900			1.703	1.544	1.370	1.204	1.059	0.834	0.676	0.444	0.318	0.236	0.179
0.950			2.597	2.119	1.697	1.385	1.160	0.868	0.690	0.446	0.318	0.237	0.181
1.004	4.206	4.682	4.571	2.553	1.830	1.435	1.181	0.873	0.689	0.444	0.317	0.238	0.182
1.008	4.191	4.625	4.384	2.546	1.829	1.434	1.181	0.872	0.689	0.444	0.317	0.238	0.182
1.012	4.158	4.511	4.135	2.534	1.825	1.433	1.180	0.872	0.689	0.444	0.317	0.238	0.183
1.016	4.103	4.352	3.892	2.513	1.821	1.431	1.179	0.871	0.688	0.443	0.317	0.238	0.183
1.020	4.024	4.172	3.672	2.484	1.814	1.428	1.177	0.870	0.688	0.443	0.317	0.238	0.183
1.024	3.921	3.984	3.477	2.446	1.805	1.424	1.176	0.869	0.687	0.443	0.317	0.238	0.183
1.028	3.800	3.798	3.302	2.402	1.793	1.420	1.173	0.869	0.687	0.443	0.317	0.238	0.183
1.040	3.381	3.288	2.872	2.248	1.744	1.400	1.164	0.865	0.685	0.442	0.316	0.238	0.183
1.060	2.715	2.622	2.349	1.976	1.624	1.346	1.136	0.855	0.680	0.440	0.316	0.238	0.183
1.080	2.207	2.144	1.971	1.732	1.487	1.271	1.094	0.839	0.673	0.438	0.315	0.237	0.184
1.100	1.838	1.797	1.684	1.525	1.352	1.187	1.042	0.818	0.662	0.435	0.314	0.237	0.184
1.120	1.565	1.538	1.462	1.353	1.227	1.101	0.985	0.792	0.649	0.432	0.312	0.236	0.184
1.140	1.358	1.339	1.287	1.209	1.117	1.020	0.926	0.762	0.633	0.427	0.311	0.236	0.184
1.160	1.196	1.183	1.146	1.089	1.019	0.944	0.869	0.730	0.616	0.422	0.309	0.235	0.184
1.180	1.067	1.057	1.030	0.987	0.934	0.875	0.814	0.697	0.596	0.416	0.306	0.234	0.183
1.200	0.962	0.955	0.934	0.901	0.860	0.813	0.763	0.665	0.576	0.409	0.304	0.233	0.183
1.300	0.636	0.634	0.627	0.616	0.601	0.584	0.564	0.520	0.473	0.367	0.286	0.225	0.180
1.400	0.468	0.467	0.464	0.459	0.453	0.444	0.435	0.412	0.387	0.321	0.262	0.213	0.174
1.500	0.366	0.366	0.364	0.361	0.358	0.353	0.348	0.336	0.321	0.279	0.236	0.198	0.165
1.600	0.298	0.297	0.296	0.295	0.293	0.290	0.287	0.279	0.270	0.242	0.211	0.182	0.155

l/d	20												
m \ n	0.000	0.020	0.040	0.060	0.080	0.100	0.120	0.160	0.200	0.300	0.400	0.500	0.600
0.500			0.509	0.503	0.495	0.485	0.473	0.444	0.412	0.323	0.241	0.175	0.125
0.550			0.529	0.523	0.514	0.504	0.492	0.463	0.430	0.341	0.257	0.189	0.137
0.600			0.563	0.556	0.547	0.536	0.522	0.491	0.454	0.359	0.272	0.201	0.147
0.650			0.616	0.608	0.596	0.582	0.565	0.527	0.484	0.377	0.284	0.211	0.156
0.700			0.694	0.682	0.666	0.646	0.623	0.573	0.520	0.396	0.295	0.219	0.163
0.750			0.809	0.789	0.764	0.734	0.701	0.631	0.562	0.413	0.304	0.226	0.169
0.800			0.981	0.947	0.903	0.854	0.802	0.698	0.605	0.428	0.311	0.231	0.173
0.850			1.258	1.187	1.102	1.013	0.925	0.770	0.646	0.438	0.315	0.234	0.177
0.900			1.742	1.565	1.378	1.206	1.058	0.832	0.675	0.444	0.317	0.236	0.179
0.950			2.684	2.123	1.684	1.374	1.152	0.865	0.688	0.445	0.318	0.237	0.181
1.004	5.608	6.983	3.947	2.445	1.791	1.416	1.171	0.868	0.687	0.443	0.317	0.238	0.182
1.008	5.567	6.487	3.913	2.441	1.790	1.415	1.170	0.868	0.687	0.443	0.317	0.238	0.182
1.012	5.476	5.949	3.841	2.434	1.787	1.414	1.170	0.867	0.687	0.443	0.317	0.238	0.182
1.016	5.328	5.476	3.737	2.421	1.783	1.412	1.168	0.867	0.686	0.443	0.317	0.238	0.183
1.020	5.129	5.069	3.613	2.403	1.778	1.410	1.167	0.866	0.686	0.443	0.317	0.238	0.183
1.024	4.895	4.715	3.479	2.379	1.771	1.407	1.165	0.865	0.685	0.442	0.317	0.238	0.183
1.028	4.643	4.405	3.344	2.349	1.762	1.403	1.163	0.864	0.685	0.442	0.316	0.238	0.183
1.040	3.902	3.657	2.958	2.231	1.722	1.386	1.155	0.861	0.683	0.441	0.316	0.238	0.183
1.060	2.951	2.804	2.428	1.991	1.619	1.338	1.129	0.851	0.678	0.440	0.315	0.237	0.183
1.080	2.326	2.243	2.028	1.754	1.491	1.269	1.091	0.837	0.671	0.437	0.314	0.237	0.183
1.100	1.904	1.855	1.724	1.546	1.360	1.189	1.041	0.816	0.661	0.435	0.313	0.237	0.184
1.120	1.605	1.575	1.490	1.370	1.236	1.105	0.986	0.791	0.648	0.431	0.312	0.236	0.184
1.140	1.384	1.364	1.306	1.223	1.125	1.024	0.928	0.762	0.633	0.427	0.310	0.236	0.184
1.160	1.214	1.200	1.160	1.099	1.027	0.949	0.871	0.730	0.615	0.422	0.308	0.235	0.183
1.180	1.080	1.070	1.040	0.996	0.940	0.879	0.817	0.698	0.596	0.416	0.306	0.234	0.183
1.200	0.971	0.964	0.942	0.908	0.865	0.817	0.766	0.666	0.576	0.409	0.304	0.233	0.183
1.300	0.639	0.637	0.630	0.618	0.604	0.586	0.565	0.521	0.474	0.368	0.286	0.225	0.180
1.400	0.469	0.468	0.465	0.460	0.454	0.445	0.436	0.413	0.388	0.321	0.262	0.213	0.174
1.500	0.367	0.366	0.365	0.362	0.359	0.354	0.349	0.336	0.321	0.279	0.236	0.198	0.165
1.600	0.298	0.298	0.297	0.295	0.293	0.290	0.287	0.279	0.270	0.242	0.211	0.182	0.155

续表 F.0.2-2

l/d	25												
m \ n	0.000	0.020	0.040	0.060	0.080	0.100	0.120	0.160	0.200	0.300	0.400	0.500	0.600
0.500			0.510	0.504	0.496	0.486	0.473	0.445	0.412	0.323	0.241	0.175	0.125
0.550			0.529	0.523	0.515	0.505	0.493	0.464	0.431	0.341	0.257	0.189	0.137
0.600			0.564	0.557	0.548	0.536	0.523	0.491	0.455	0.359	0.272	0.201	0.147
0.650			0.617	0.609	0.597	0.582	0.566	0.527	0.485	0.377	0.284	0.211	0.155
0.700			0.696	0.683	0.667	0.647	0.624	0.574	0.521	0.396	0.295	0.219	0.163
0.750			0.811	0.791	0.765	0.735	0.702	0.632	0.562	0.413	0.304	0.226	0.169
0.800			0.985	0.950	0.906	0.855	0.803	0.699	0.605	0.428	0.311	0.231	0.173
0.850			1.266	1.192	1.106	1.015	0.927	0.770	0.646	0.438	0.315	0.234	0.176
0.900			1.761	1.574	1.382	1.207	1.058	0.831	0.674	0.444	0.317	0.236	0.179
0.950			2.720	2.122	1.678	1.369	1.149	0.863	0.687	0.445	0.318	0.237	0.181
1.004	7.005	9.219	3.759	2.402	1.774	1.408	1.166	0.866	0.686	0.443	0.317	0.238	0.182
1.008	6.914	7.657	3.740	2.398	1.773	1.407	1.166	0.866	0.686	0.443	0.317	0.238	0.182
1.012	6.717	6.731	3.699	2.392	1.771	1.406	1.165	0.865	0.686	0.443	0.317	0.238	0.182
1.016	6.415	6.063	3.634	2.382	1.767	1.404	1.164	0.865	0.685	0.442	0.317	0.238	0.183
1.020	6.045	5.536	3.547	2.368	1.762	1.402	1.162	0.864	0.685	0.442	0.317	0.238	0.183
1.024	5.648	5.099	3.445	2.348	1.756	1.399	1.161	0.863	0.684	0.442	0.316	0.238	0.183
1.028	5.254	4.725	3.334	2.323	1.748	1.395	1.159	0.862	0.684	0.442	0.316	0.238	0.183
1.040	4.227	3.852	2.986	2.220	1.712	1.380	1.151	0.859	0.682	0.441	0.316	0.237	0.183
1.060	3.079	2.898	2.463	1.996	1.616	1.334	1.127	0.850	0.677	0.439	0.315	0.237	0.183
1.080	2.387	2.293	2.054	1.764	1.493	1.268	1.089	0.835	0.670	0.437	0.314	0.237	0.183
1.100	1.937	1.884	1.743	1.556	1.364	1.189	1.041	0.815	0.660	0.434	0.313	0.237	0.184
1.120	1.625	1.592	1.503	1.378	1.240	1.107	0.986	0.790	0.648	0.431	0.312	0.236	0.184
1.140	1.397	1.375	1.316	1.229	1.129	1.026	0.929	0.762	0.632	0.427	0.310	0.236	0.184
1.160	1.223	1.208	1.167	1.104	1.030	0.951	0.872	0.731	0.615	0.422	0.308	0.235	0.183
1.180	1.086	1.076	1.045	1.000	0.943	0.881	0.818	0.698	0.596	0.416	0.306	0.234	0.183
1.200	0.976	0.968	0.946	0.911	0.867	0.818	0.767	0.666	0.576	0.409	0.303	0.233	0.183
1.300	0.640	0.638	0.631	0.620	0.605	0.587	0.566	0.521	0.474	0.368	0.286	0.225	0.180
1.400	0.470	0.469	0.466	0.461	0.454	0.446	0.436	0.413	0.388	0.321	0.262	0.213	0.173
1.500	0.367	0.367	0.365	0.362	0.359	0.354	0.349	0.336	0.321	0.279	0.236	0.198	0.165
1.600	0.298	0.298	0.297	0.295	0.293	0.291	0.287	0.280	0.270	0.242	0.211	0.182	0.155

l/d	30												
m \ n	0.000	0.020	0.040	0.060	0.080	0.100	0.120	0.160	0.200	0.300	0.400	0.500	0.600
0.500		0.514	0.510	0.504	0.496	0.486	0.474	0.445	0.412	0.323	0.241	0.175	0.125
0.550		0.533	0.530	0.524	0.515	0.505	0.493	0.464	0.431	0.341	0.257	0.189	0.137
0.600		0.568	0.564	0.557	0.548	0.537	0.523	0.491	0.455	0.359	0.272	0.201	0.147
0.650		0.623	0.618	0.609	0.597	0.583	0.566	0.528	0.485	0.378	0.284	0.211	0.155
0.700		0.704	0.696	0.684	0.667	0.647	0.625	0.574	0.521	0.396	0.295	0.219	0.163
0.750		0.824	0.812	0.792	0.766	0.736	0.703	0.632	0.562	0.413	0.304	0.226	0.168
0.800		1.010	0.987	0.952	0.907	0.856	0.803	0.699	0.605	0.428	0.311	0.231	0.173
0.850		1.321	1.270	1.195	1.108	1.016	0.927	0.770	0.645	0.438	0.315	0.234	0.176
0.900		1.919	1.772	1.579	1.384	1.207	1.058	0.831	0.674	0.444	0.317	0.236	0.179
0.950		3.402	2.738	2.120	1.674	1.366	1.147	0.862	0.686	0.445	0.318	0.237	0.181
1.004	8.395	8.783	3.673	2.380	1.765	1.403	1.164	0.865	0.686	0.443	0.317	0.237	0.182
1.008	8.222	7.799	3.658	2.377	1.764	1.402	1.163	0.865	0.685	0.443	0.317	0.238	0.182
1.012	7.859	6.970	3.627	2.371	1.762	1.401	1.162	0.864	0.685	0.443	0.317	0.238	0.182
1.016	7.350	6.307	3.577	2.362	1.759	1.400	1.161	0.864	0.685	0.442	0.317	0.238	0.183
1.020	6.781	5.761	3.507	2.349	1.754	1.397	1.160	0.863	0.684	0.442	0.316	0.238	0.183
1.024	6.216	5.299	3.420	2.331	1.748	1.395	1.158	0.862	0.684	0.442	0.316	0.237	0.183
1.028	5.692	4.899	3.322	2.309	1.741	1.391	1.157	0.861	0.683	0.442	0.316	0.237	0.183
1.040	4.436	3.964	2.997	2.214	1.707	1.376	1.148	0.858	0.681	0.441	0.316	0.237	0.183
1.060	3.156	2.951	2.482	1.998	1.614	1.332	1.125	0.849	0.677	0.439	0.315	0.237	0.183
1.080	2.422	2.321	2.069	1.769	1.494	1.267	1.088	0.835	0.670	0.437	0.314	0.237	0.183
1.100	1.956	1.900	1.753	1.561	1.366	1.190	1.040	0.815	0.660	0.434	0.313	0.237	0.184
1.120	1.636	1.602	1.510	1.382	1.243	1.108	0.986	0.790	0.647	0.431	0.312	0.236	0.184
1.140	1.404	1.382	1.321	1.233	1.131	1.027	0.929	0.762	0.632	0.427	0.310	0.236	0.184
1.160	1.227	1.213	1.170	1.107	1.032	0.952	0.873	0.731	0.615	0.422	0.308	0.235	0.183
1.180	1.089	1.079	1.048	1.002	0.945	0.882	0.819	0.699	0.596	0.416	0.306	0.234	0.183
1.200	0.978	0.970	0.948	0.913	0.869	0.819	0.768	0.666	0.576	0.409	0.303	0.233	0.183
1.300	0.641	0.639	0.632	0.620	0.605	0.587	0.566	0.521	0.474	0.368	0.285	0.225	0.180
1.400	0.470	0.469	0.466	0.461	0.455	0.446	0.436	0.414	0.388	0.322	0.262	0.213	0.173
1.500	0.367	0.367	0.365	0.363	0.359	0.354	0.349	0.336	0.321	0.279	0.236	0.198	0.165
1.600	0.298	0.298	0.297	0.295	0.293	0.291	0.287	0.280	0.270	0.242	0.211	0.182	0.155

续表 F.0.2-2

l/d	40												
m \ n	0.000	0.020	0.040	0.060	0.080	0.100	0.120	0.160	0.200	0.300	0.400	0.500	0.600
0.500		0.514	0.511	0.505	0.496	0.486	0.474	0.445	0.412	0.323	0.241	0.175	0.125
0.550		0.534	0.530	0.524	0.516	0.505	0.493	0.464	0.431	0.341	0.257	0.189	0.137
0.600		0.569	0.565	0.558	0.549	0.537	0.523	0.491	0.455	0.359	0.272	0.201	0.147
0.650		0.624	0.618	0.610	0.598	0.583	0.566	0.528	0.485	0.378	0.284	0.211	0.155
0.700		0.705	0.697	0.685	0.668	0.648	0.625	0.575	0.521	0.396	0.295	0.219	0.163
0.750		0.826	0.813	0.793	0.767	0.737	0.703	0.632	0.562	0.413	0.304	0.226	0.168
0.800		1.013	0.989	0.953	0.908	0.857	0.804	0.700	0.605	0.428	0.311	0.231	0.173
0.850		1.326	1.275	1.199	1.110	1.017	0.928	0.770	0.645	0.438	0.315	0.234	0.176
0.900		1.935	1.782	1.584	1.386	1.208	1.057	0.830	0.674	0.443	0.317	0.236	0.179
0.950		3.481	2.755	2.119	1.671	1.363	1.145	0.861	0.686	0.445	0.318	0.237	0.181
1.004	11.147	7.840	3.595	2.359	1.757	1.399	1.161	0.864	0.685	0.443	0.317	0.237	0.182
1.008	10.671	7.490	3.583	2.356	1.755	1.398	1.161	0.864	0.685	0.443	0.317	0.237	0.182
1.012	9.805	6.975	3.560	2.351	1.753	1.397	1.160	0.863	0.685	0.442	0.317	0.237	0.182
1.016	8.791	6.438	3.520	2.343	1.750	1.395	1.159	0.863	0.684	0.442	0.316	0.237	0.183
1.020	7.821	5.934	3.464	2.331	1.746	1.393	1.158	0.862	0.684	0.442	0.316	0.237	0.183
1.024	6.967	5.476	3.392	2.315	1.740	1.391	1.156	0.861	0.683	0.442	0.316	0.237	0.183
1.028	6.240	5.066	3.306	2.294	1.733	1.387	1.154	0.860	0.683	0.441	0.316	0.237	0.183
1.040	4.674	4.078	3.006	2.207	1.701	1.373	1.146	0.857	0.681	0.441	0.316	0.237	0.183
1.060	3.237	3.006	2.500	2.000	1.613	1.330	1.123	0.848	0.676	0.439	0.315	0.237	0.183
1.080	2.458	2.349	2.084	1.774	1.494	1.267	1.087	0.834	0.669	0.437	0.314	0.237	0.183
1.100	1.975	1.916	1.763	1.566	1.367	1.190	1.040	0.814	0.660	0.434	0.313	0.237	0.184
1.120	1.647	1.612	1.517	1.387	1.245	1.109	0.986	0.790	0.647	0.431	0.312	0.236	0.184
1.140	1.411	1.388	1.326	1.236	1.133	1.029	0.930	0.761	0.632	0.426	0.310	0.236	0.184
1.160	1.232	1.217	1.174	1.110	1.034	0.953	0.873	0.731	0.615	0.421	0.308	0.235	0.183
1.180	1.093	1.082	1.051	1.004	0.946	0.883	0.819	0.699	0.596	0.416	0.306	0.234	0.183
1.200	0.980	0.973	0.950	0.914	0.870	0.820	0.768	0.667	0.576	0.409	0.303	0.233	0.183
1.300	0.642	0.639	0.632	0.621	0.606	0.587	0.567	0.522	0.474	0.368	0.285	0.225	0.180
1.400	0.471	0.470	0.467	0.462	0.455	0.446	0.437	0.414	0.388	0.322	0.262	0.213	0.173
1.500	0.367	0.367	0.365	0.363	0.359	0.355	0.349	0.336	0.321	0.279	0.236	0.198	0.165
1.600	0.298	0.298	0.297	0.296	0.293	0.291	0.288	0.280	0.270	0.242	0.211	0.182	0.155

l/d	50												
m \ n	0.000	0.020	0.040	0.060	0.080	0.100	0.120	0.160	0.200	0.300	0.400	0.500	0.600
0.500		0.514	0.511	0.505	0.497	0.486	0.474	0.445	0.412	0.323	0.241	0.175	0.125
0.550		0.534	0.530	0.524	0.516	0.505	0.493	0.464	0.431	0.341	0.257	0.189	0.137
0.600		0.569	0.565	0.558	0.549	0.537	0.524	0.492	0.455	0.359	0.272	0.201	0.147
0.650		0.624	0.619	0.610	0.598	0.583	0.567	0.528	0.485	0.378	0.284	0.211	0.155
0.700		0.705	0.697	0.685	0.668	0.648	0.625	0.575	0.521	0.396	0.295	0.219	0.163
0.750		0.826	0.814	0.794	0.768	0.737	0.703	0.632	0.562	0.413	0.304	0.226	0.168
0.800		1.014	0.990	0.954	0.909	0.858	0.804	0.700	0.605	0.428	0.311	0.231	0.173
0.850		1.329	1.277	1.200	1.111	1.018	0.928	0.770	0.645	0.438	0.315	0.234	0.176
0.900		1.943	1.787	1.587	1.386	1.208	1.057	0.830	0.674	0.443	0.317	0.236	0.179
0.950		3.519	2.762	2.118	1.669	1.362	1.144	0.861	0.686	0.444	0.317	0.237	0.181
1.004	13.842	7.494	3.561	2.349	1.753	1.397	1.160	0.864	0.685	0.443	0.317	0.237	0.182
1.008	12.845	7.283	3.551	2.346	1.751	1.396	1.159	0.863	0.685	0.443	0.317	0.237	0.182
1.012	11.311	6.907	3.530	2.341	1.749	1.395	1.159	0.863	0.684	0.442	0.317	0.237	0.182
1.016	9.780	6.454	3.495	2.334	1.746	1.393	1.158	0.862	0.684	0.442	0.316	0.237	0.182
1.020	8.471	5.990	3.444	2.323	1.742	1.391	1.156	0.862	0.683	0.442	0.316	0.237	0.183
1.024	7.406	5.547	3.377	2.307	1.737	1.389	1.155	0.861	0.683	0.442	0.316	0.237	0.183
1.028	6.546	5.138	3.298	2.288	1.730	1.385	1.153	0.860	0.682	0.441	0.316	0.237	0.183
1.040	4.796	4.131	3.010	2.203	1.699	1.371	1.145	0.857	0.681	0.441	0.316	0.237	0.183
1.060	3.276	3.032	2.508	2.001	1.612	1.329	1.123	0.848	0.676	0.439	0.315	0.237	0.183
1.080	2.475	2.363	2.090	1.776	1.495	1.266	1.087	0.834	0.669	0.437	0.314	0.237	0.183
1.100	1.983	1.924	1.768	1.568	1.368	1.190	1.040	0.814	0.659	0.434	0.313	0.237	0.183
1.120	1.652	1.617	1.521	1.389	1.246	1.109	0.986	0.790	0.647	0.431	0.312	0.236	0.184
1.140	1.414	1.391	1.328	1.238	1.134	1.029	0.930	0.761	0.632	0.426	0.310	0.236	0.184
1.160	1.234	1.219	1.176	1.111	1.035	0.953	0.874	0.731	0.615	0.421	0.308	0.235	0.183
1.180	1.094	1.083	1.052	1.005	0.947	0.884	0.820	0.699	0.596	0.416	0.306	0.234	0.183
1.200	0.982	0.974	0.951	0.915	0.871	0.821	0.769	0.667	0.576	0.409	0.303	0.233	0.183
1.300	0.642	0.640	0.633	0.621	0.606	0.588	0.567	0.522	0.475	0.368	0.285	0.225	0.180
1.400	0.471	0.470	0.467	0.462	0.455	0.447	0.437	0.414	0.388	0.322	0.262	0.213	0.173
1.500	0.367	0.367	0.365	0.363	0.359	0.355	0.349	0.336	0.321	0.279	0.236	0.198	0.165
1.600	0.298	0.298	0.297	0.296	0.294	0.291	0.288	0.280	0.270	0.242	0.211	0.182	0.155

续表 F.0.2-2

l/d	60												
m \ n	0.000	0.020	0.040	0.060	0.080	0.100	0.120	0.160	0.200	0.300	0.400	0.500	0.600
0.500		0.515	0.511	0.505	0.497	0.486	0.474	0.446	0.412	0.323	0.241	0.175	0.125
0.550		0.534	0.530	0.524	0.516	0.506	0.493	0.465	0.431	0.341	0.257	0.189	0.137
0.600		0.569	0.565	0.558	0.549	0.537	0.524	0.492	0.455	0.359	0.272	0.201	0.147
0.650		0.624	0.619	0.610	0.598	0.584	0.567	0.528	0.485	0.378	0.284	0.211	0.155
0.700		0.705	0.698	0.685	0.668	0.648	0.626	0.575	0.521	0.396	0.295	0.219	0.163
0.750		0.826	0.814	0.794	0.768	0.737	0.704	0.632	0.562	0.413	0.304	0.226	0.168
0.800		1.014	0.991	0.955	0.909	0.858	0.805	0.700	0.606	0.428	0.311	0.231	0.173
0.850		1.330	1.278	1.201	1.111	1.018	0.928	0.770	0.645	0.438	0.315	0.234	0.176
0.900		1.947	1.789	1.588	1.387	1.208	1.057	0.830	0.674	0.443	0.317	0.236	0.179
0.950		3.540	2.766	2.117	1.668	1.361	1.144	0.860	0.685	0.444	0.317	0.237	0.181
1.004	16.456	7.330	3.543	2.344	1.751	1.396	1.159	0.863	0.685	0.443	0.317	0.237	0.182
1.008	14.714	7.168	3.534	2.341	1.749	1.395	1.159	0.863	0.685	0.443	0.317	0.237	0.182
1.012	12.449	6.856	3.514	2.336	1.747	1.394	1.158	0.863	0.684	0.442	0.317	0.237	0.182
1.016	10.458	6.451	3.481	2.329	1.744	1.392	1.157	0.862	0.684	0.442	0.316	0.237	0.182
1.020	8.890	6.013	3.433	2.318	1.740	1.390	1.156	0.861	0.683	0.442	0.316	0.237	0.183
1.024	7.677	5.581	3.369	2.303	1.735	1.388	1.154	0.861	0.683	0.442	0.316	0.237	0.183
1.028	6.729	5.175	3.293	2.284	1.728	1.384	1.152	0.860	0.682	0.441	0.316	0.237	0.183
1.040	4.865	4.161	3.011	2.202	1.697	1.370	1.145	0.856	0.680	0.441	0.316	0.237	0.183
1.060	3.298	3.047	2.513	2.001	1.611	1.329	1.122	0.848	0.676	0.439	0.315	0.237	0.183
1.080	2.484	2.370	2.094	1.778	1.495	1.266	1.087	0.834	0.669	0.437	0.314	0.237	0.183
1.100	1.988	1.928	1.771	1.570	1.369	1.190	1.040	0.814	0.659	0.434	0.313	0.237	0.183
1.120	1.655	1.619	1.523	1.390	1.246	1.109	0.987	0.790	0.647	0.431	0.312	0.236	0.184
1.140	1.416	1.393	1.330	1.239	1.135	1.029	0.930	0.761	0.632	0.426	0.310	0.236	0.184
1.160	1.236	1.220	1.177	1.112	1.035	0.954	0.874	0.731	0.615	0.421	0.308	0.235	0.183
1.180	1.095	1.084	1.053	1.006	0.948	0.884	0.820	0.699	0.596	0.416	0.306	0.234	0.183
1.200	0.982	0.974	0.951	0.916	0.871	0.821	0.769	0.667	0.576	0.409	0.303	0.233	0.183
1.300	0.642	0.640	0.633	0.621	0.606	0.588	0.567	0.522	0.475	0.368	0.285	0.225	0.180
1.400	0.471	0.470	0.467	0.462	0.455	0.447	0.437	0.414	0.388	0.322	0.262	0.213	0.173
1.500	0.367	0.367	0.365	0.363	0.359	0.355	0.349	0.336	0.321	0.279	0.236	0.198	0.165
1.600	0.298	0.298	0.297	0.296	0.294	0.291	0.288	0.280	0.270	0.242	0.211	0.182	0.155

l/d	70												
m \ n	0.000	0.020	0.040	0.060	0.080	0.100	0.120	0.160	0.200	0.300	0.400	0.500	0.600
0.500		0.515	0.511	0.505	0.497	0.486	0.474	0.446	0.413	0.323	0.241	0.175	0.125
0.550		0.534	0.530	0.524	0.516	0.506	0.493	0.465	0.431	0.341	0.257	0.189	0.137
0.600		0.569	0.565	0.558	0.549	0.537	0.524	0.492	0.455	0.359	0.272	0.201	0.147
0.650		0.624	0.619	0.610	0.598	0.584	0.567	0.528	0.485	0.378	0.284	0.211	0.155
0.700		0.705	0.698	0.685	0.669	0.648	0.626	0.575	0.521	0.396	0.295	0.219	0.163
0.750		0.827	0.814	0.794	0.768	0.737	0.704	0.632	0.562	0.413	0.304	0.226	0.168
0.800		1.015	0.991	0.955	0.909	0.858	0.805	0.700	0.606	0.428	0.311	0.231	0.173
0.850		1.331	1.278	1.201	1.111	1.018	0.928	0.770	0.645	0.438	0.315	0.234	0.176
0.900		1.949	1.791	1.589	1.387	1.208	1.057	0.830	0.674	0.443	0.317	0.236	0.179
0.950		3.552	2.768	2.117	1.668	1.361	1.143	0.860	0.685	0.444	0.317	0.237	0.181
1.004	18.968	7.238	3.533	2.341	1.749	1.395	1.159	0.863	0.685	0.443	0.317	0.237	0.182
1.008	16.288	7.100	3.523	2.338	1.748	1.394	1.158	0.863	0.684	0.443	0.317	0.237	0.182
1.012	13.303	6.822	3.504	2.334	1.746	1.393	1.158	0.862	0.684	0.442	0.317	0.237	0.182
1.016	10.933	6.445	3.473	2.326	1.743	1.392	1.157	0.862	0.684	0.442	0.316	0.237	0.182
1.020	9.170	6.024	3.426	2.316	1.739	1.390	1.155	0.861	0.683	0.442	0.316	0.237	0.183
1.024	7.853	5.601	3.365	2.301	1.734	1.387	1.154	0.860	0.683	0.442	0.316	0.237	0.183
1.028	6.845	5.197	3.290	2.282	1.727	1.384	1.152	0.860	0.682	0.441	0.316	0.237	0.183
1.040	4.909	4.178	3.012	2.200	1.697	1.370	1.144	0.856	0.680	0.441	0.316	0.237	0.183
1.060	3.311	3.055	2.515	2.001	1.611	1.328	1.122	0.847	0.676	0.439	0.315	0.237	0.183
1.080	2.490	2.375	2.096	1.778	1.495	1.266	1.086	0.833	0.669	0.437	0.314	0.237	0.183
1.100	1.991	1.930	1.772	1.570	1.369	1.190	1.040	0.814	0.659	0.434	0.313	0.237	0.183
1.120	1.657	1.621	1.524	1.391	1.247	1.109	0.987	0.790	0.647	0.431	0.312	0.236	0.184
1.140	1.417	1.394	1.330	1.239	1.135	1.029	0.930	0.761	0.632	0.426	0.310	0.236	0.183
1.160	1.236	1.221	1.177	1.112	1.035	0.954	0.874	0.731	0.615	0.421	0.308	0.235	0.183
1.180	1.095	1.085	1.053	1.006	0.948	0.884	0.820	0.699	0.596	0.415	0.306	0.234	0.183
1.200	0.983	0.975	0.952	0.916	0.871	0.821	0.769	0.667	0.576	0.409	0.303	0.233	0.183
1.300	0.642	0.640	0.633	0.621	0.606	0.588	0.567	0.522	0.475	0.368	0.285	0.225	0.180
1.400	0.471	0.470	0.467	0.462	0.455	0.447	0.437	0.414	0.388	0.322	0.262	0.213	0.173
1.500	0.367	0.367	0.365	0.363	0.359	0.355	0.349	0.337	0.321	0.279	0.236	0.198	0.165
1.600	0.298	0.298	0.297	0.296	0.294	0.291	0.288	0.280	0.270	0.242	0.211	0.182	0.155

续表 F.0.2-2

l/d	80												
m \ n	0.000	0.020	0.040	0.060	0.080	0.100	0.120	0.160	0.200	0.300	0.400	0.500	0.600
0.500		0.515	0.511	0.505	0.497	0.486	0.474	0.446	0.413	0.323	0.241	0.175	0.125
0.550		0.534	0.530	0.524	0.516	0.506	0.493	0.465	0.431	0.341	0.257	0.189	0.137
0.600		0.569	0.565	0.558	0.549	0.537	0.524	0.492	0.455	0.359	0.272	0.201	0.147
0.650		0.624	0.619	0.610	0.598	0.584	0.567	0.528	0.485	0.378	0.284	0.211	0.155
0.700		0.706	0.698	0.685	0.669	0.648	0.626	0.575	0.521	0.396	0.295	0.219	0.163
0.750		0.827	0.814	0.794	0.768	0.737	0.704	0.632	0.562	0.413	0.304	0.226	0.168
0.800		1.015	0.991	0.955	0.910	0.858	0.805	0.700	0.606	0.428	0.311	0.231	0.173
0.850		1.332	1.279	1.202	1.112	1.018	0.928	0.770	0.645	0.438	0.315	0.234	0.176
0.900		1.951	1.792	1.589	1.387	1.208	1.057	0.830	0.674	0.443	0.317	0.236	0.179
0.950		3.560	2.770	2.117	1.667	1.360	1.143	0.860	0.685	0.444	0.317	0.237	0.181
1.004	21.355	7.180	3.526	2.339	1.749	1.395	1.159	0.863	0.685	0.443	0.317	0.237	0.182
1.008	17.597	7.056	3.517	2.336	1.747	1.394	1.158	0.863	0.684	0.442	0.317	0.237	0.182
1.012	13.949	6.799	3.498	2.332	1.745	1.393	1.157	0.862	0.684	0.442	0.317	0.237	0.182
1.016	11.273	6.440	3.467	2.324	1.742	1.391	1.156	0.862	0.684	0.442	0.316	0.237	0.182
1.020	9.365	6.031	3.422	2.314	1.738	1.389	1.155	0.861	0.683	0.442	0.316	0.237	0.183
1.024	7.973	5.613	3.361	2.299	1.733	1.387	1.154	0.860	0.683	0.442	0.316	0.237	0.183
1.028	6.924	5.211	3.288	2.281	1.726	1.384	1.152	0.860	0.682	0.441	0.316	0.237	0.183
1.040	4.937	4.190	3.012	2.200	1.696	1.369	1.144	0.856	0.680	0.441	0.316	0.237	0.183
1.060	3.320	3.061	2.517	2.002	1.611	1.328	1.122	0.847	0.676	0.439	0.315	0.237	0.183
1.080	2.494	2.377	2.098	1.779	1.495	1.266	1.086	0.833	0.669	0.437	0.314	0.237	0.183
1.100	1.993	1.932	1.773	1.571	1.369	1.190	1.040	0.814	0.659	0.434	0.313	0.237	0.183
1.120	1.658	1.622	1.524	1.391	1.247	1.110	0.987	0.790	0.647	0.431	0.312	0.236	0.184
1.140	1.418	1.395	1.331	1.239	1.135	1.030	0.930	0.761	0.632	0.426	0.310	0.236	0.183
1.160	1.237	1.221	1.178	1.113	1.035	0.954	0.874	0.731	0.615	0.421	0.308	0.235	0.183
1.180	1.096	1.085	1.054	1.006	0.948	0.884	0.820	0.699	0.596	0.415	0.306	0.234	0.183
1.200	0.983	0.975	0.952	0.916	0.871	0.821	0.769	0.667	0.576	0.409	0.303	0.233	0.183
1.300	0.642	0.640	0.633	0.621	0.606	0.588	0.567	0.522	0.475	0.368	0.285	0.225	0.180
1.400	0.471	0.470	0.467	0.462	0.455	0.447	0.437	0.414	0.388	0.322	0.262	0.213	0.173
1.500	0.368	0.367	0.365	0.363	0.359	0.355	0.349	0.337	0.321	0.279	0.236	0.198	0.165
1.600	0.298	0.298	0.297	0.296	0.294	0.291	0.288	0.280	0.270	0.242	0.211	0.182	0.155

l/d	90												
m \ n	0.000	0.020	0.040	0.060	0.080	0.100	0.120	0.160	0.200	0.300	0.400	0.500	0.600
0.500		0.515	0.511	0.505	0.497	0.486	0.474	0.446	0.413	0.323	0.241	0.175	0.125
0.550		0.534	0.530	0.524	0.516	0.506	0.493	0.465	0.431	0.341	0.257	0.189	0.137
0.600		0.569	0.565	0.558	0.549	0.537	0.524	0.492	0.455	0.359	0.272	0.201	0.147
0.650		0.624	0.619	0.610	0.598	0.584	0.567	0.528	0.485	0.378	0.284	0.211	0.155
0.700		0.706	0.698	0.685	0.669	0.649	0.626	0.575	0.521	0.396	0.295	0.219	0.163
0.750		0.827	0.814	0.794	0.768	0.738	0.704	0.632	0.562	0.413	0.304	0.226	0.168
0.800		1.015	0.992	0.955	0.910	0.858	0.805	0.700	0.606	0.428	0.311	0.231	0.173
0.850		1.332	1.279	1.202	1.112	1.018	0.928	0.770	0.645	0.438	0.315	0.234	0.176
0.900		1.952	1.793	1.590	1.387	1.208	1.057	0.830	0.673	0.443	0.317	0.236	0.179
0.950		3.566	2.770	2.116	1.667	1.360	1.143	0.860	0.685	0.444	0.317	0.237	0.181
1.004	23.603	7.142	3.521	2.338	1.748	1.394	1.159	0.863	0.685	0.443	0.317	0.237	0.182
1.008	18.680	7.026	3.512	2.335	1.747	1.394	1.158	0.863	0.684	0.442	0.317	0.237	0.182
1.012	14.444	6.783	3.494	2.330	1.745	1.393	1.157	0.862	0.684	0.442	0.317	0.237	0.182
1.016	11.523	6.436	3.464	2.323	1.742	1.391	1.156	0.862	0.684	0.442	0.316	0.237	0.182
1.020	9.505	6.034	3.419	2.313	1.738	1.389	1.155	0.861	0.683	0.442	0.316	0.237	0.183
1.024	8.058	5.621	3.359	2.298	1.733	1.386	1.154	0.860	0.683	0.442	0.316	0.237	0.183
1.028	6.980	5.220	3.286	2.280	1.726	1.383	1.152	0.859	0.682	0.441	0.316	0.237	0.183
1.040	4.957	4.198	3.013	2.199	1.696	1.369	1.144	0.856	0.680	0.441	0.316	0.237	0.183
1.060	3.326	3.065	2.518	2.002	1.610	1.328	1.122	0.847	0.676	0.439	0.315	0.237	0.183
1.080	2.496	2.379	2.099	1.779	1.495	1.266	1.086	0.833	0.669	0.437	0.314	0.237	0.183
1.100	1.995	1.933	1.774	1.571	1.369	1.190	1.040	0.814	0.659	0.434	0.313	0.237	0.183
1.120	1.659	1.623	1.525	1.391	1.247	1.110	0.987	0.790	0.647	0.431	0.312	0.236	0.184
1.140	1.418	1.395	1.331	1.240	1.135	1.030	0.930	0.761	0.632	0.426	0.310	0.236	0.183
1.160	1.237	1.222	1.178	1.113	1.036	0.954	0.874	0.731	0.615	0.421	0.308	0.235	0.183
1.180	1.096	1.085	1.054	1.006	0.948	0.884	0.820	0.699	0.596	0.415	0.306	0.234	0.183
1.200	0.983	0.975	0.952	0.916	0.871	0.821	0.769	0.667	0.576	0.409	0.303	0.233	0.183
1.300	0.642	0.640	0.633	0.621	0.606	0.588	0.567	0.522	0.475	0.368	0.285	0.225	0.180
1.400	0.471	0.470	0.467	0.462	0.455	0.447	0.437	0.414	0.388	0.322	0.262	0.213	0.173
1.500	0.368	0.367	0.365	0.363	0.359	0.355	0.349	0.337	0.321	0.279	0.236	0.198	0.165
1.600	0.298	0.298	0.297	0.296	0.294	0.291	0.288	0.280	0.270	0.242	0.211	0.182	0.155

续表 F.0.2-2

l/d \ m \ n	100												
	0.000	0.020	0.040	0.060	0.080	0.100	0.120	0.160	0.200	0.300	0.400	0.500	0.600
0.500		0.515	0.511	0.505	0.497	0.486	0.474	0.446	0.413	0.323	0.241	0.175	0.125
0.550		0.534	0.530	0.524	0.516	0.506	0.493	0.465	0.431	0.341	0.257	0.189	0.137
0.600		0.569	0.565	0.558	0.549	0.537	0.524	0.492	0.455	0.359	0.272	0.201	0.147
0.650		0.624	0.619	0.610	0.598	0.584	0.567	0.528	0.485	0.378	0.284	0.211	0.155
0.700		0.706	0.698	0.685	0.669	0.649	0.626	0.575	0.521	0.396	0.295	0.219	0.163
0.750		0.827	0.814	0.794	0.768	0.738	0.704	0.633	0.562	0.413	0.304	0.226	0.168
0.800		1.015	0.992	0.955	0.910	0.858	0.805	0.700	0.606	0.428	0.311	0.231	0.173
0.850		1.332	1.279	1.202	1.112	1.018	0.928	0.770	0.645	0.438	0.315	0.234	0.176
0.900		1.953	1.793	1.590	1.388	1.208	1.057	0.830	0.673	0.443	0.317	0.236	0.179
0.950		3.570	2.771	2.116	1.667	1.360	1.143	0.860	0.685	0.444	0.317	0.237	0.181
1.004	25.703	7.115	3.518	2.337	1.748	1.394	1.159	0.863	0.685	0.443	0.317	0.237	0.182
1.008	19.574	7.004	3.509	2.334	1.746	1.393	1.158	0.863	0.684	0.442	0.317	0.237	0.182
1.012	14.827	6.771	3.491	2.329	1.744	1.392	1.157	0.862	0.684	0.442	0.317	0.237	0.182
1.016	11.710	6.433	3.461	2.322	1.741	1.391	1.156	0.862	0.684	0.442	0.316	0.237	0.182
1.020	9.609	6.037	3.417	2.312	1.737	1.389	1.155	0.861	0.683	0.442	0.316	0.237	0.183
1.024	8.121	5.626	3.358	2.298	1.732	1.386	1.153	0.860	0.683	0.442	0.316	0.237	0.183
1.028	7.020	5.227	3.285	2.279	1.726	1.383	1.152	0.859	0.682	0.441	0.316	0.237	0.183
1.040	4.971	4.203	3.013	2.199	1.695	1.369	1.144	0.856	0.680	0.441	0.316	0.237	0.183
1.060	3.330	3.068	2.519	2.002	1.610	1.328	1.122	0.847	0.676	0.439	0.315	0.237	0.183
1.080	2.498	2.381	2.099	1.779	1.495	1.266	1.086	0.833	0.669	0.437	0.314	0.237	0.183
1.100	1.995	1.934	1.775	1.571	1.369	1.190	1.040	0.814	0.659	0.434	0.313	0.237	0.183
1.120	1.659	1.623	1.525	1.391	1.247	1.110	0.987	0.790	0.647	0.431	0.312	0.236	0.184
1.140	1.418	1.395	1.332	1.240	1.135	1.030	0.930	0.761	0.632	0.426	0.310	0.236	0.183
1.160	1.237	1.222	1.178	1.113	1.036	0.954	0.874	0.731	0.615	0.421	0.308	0.235	0.183
1.180	1.096	1.085	1.054	1.006	0.948	0.885	0.820	0.699	0.596	0.415	0.306	0.234	0.183
1.200	0.983	0.975	0.952	0.916	0.871	0.821	0.769	0.667	0.576	0.409	0.303	0.233	0.183
1.300	0.642	0.640	0.633	0.622	0.606	0.588	0.567	0.522	0.475	0.368	0.285	0.225	0.180
1.400	0.471	0.470	0.467	0.462	0.455	0.447	0.437	0.414	0.388	0.322	0.262	0.213	0.173
1.500	0.368	0.367	0.365	0.363	0.359	0.355	0.349	0.337	0.321	0.279	0.236	0.198	0.165
1.600	0.298	0.298	0.297	0.296	0.294	0.291	0.288	0.280	0.270	0.242	0.211	0.182	0.155

表 F.0.2-3 考虑桩径影响，沿桩身线性增长侧阻力竖向应力影响系数 I_{st}

l/d \ m \ n	10												
	0.000	0.020	0.040	0.060	0.080	0.100	0.120	0.160	0.200	0.300	0.400	0.500	0.600
0.500				−0.899	−0.681	−0.518	−0.391	−0.209	−0.089	0.061	0.105	0.107	0.092
0.550				−0.842	−0.625	−0.464	−0.340	−0.164	−0.049	0.088	0.123	0.119	0.102
0.600				−0.753	−0.539	−0.383	−0.263	−0.097	0.007	0.122	0.143	0.132	0.111
0.650				−0.626	−0.418	−0.268	−0.156	−0.006	0.081	0.163	0.165	0.144	0.118
0.700				−0.448	−0.250	−0.111	−0.012	0.111	0.173	0.208	0.186	0.155	0.125
0.750				−0.199	−0.019	0.099	0.177	0.257	0.281	0.256	0.208	0.166	0.132
0.800				0.154	0.301	0.383	0.423	0.433	0.403	0.302	0.227	0.175	0.137
0.850				0.671	0.751	0.761	0.733	0.632	0.527	0.344	0.243	0.183	0.142
0.900				1.463	1.390	1.251	1.096	0.828	0.637	0.377	0.257	0.190	0.146
0.950				2.781	2.278	1.797	1.433	0.974	0.714	0.404	0.269	0.196	0.150
1.004	4.437	4.686	5.938	5.035	2.956	2.096	1.604	1.059	0.768	0.427	0.281	0.203	0.154
1.008	4.450	4.694	5.836	4.953	2.963	2.104	1.610	1.064	0.771	0.429	0.282	0.204	0.155
1.012	4.454	4.689	5.635	4.790	2.964	2.110	1.616	1.068	0.774	0.430	0.283	0.204	0.155
1.016	4.449	4.665	5.390	4.592	2.956	2.114	1.622	1.072	0.778	0.432	0.284	0.205	0.155
1.020	4.431	4.622	5.138	4.388	2.938	2.116	1.626	1.076	0.781	0.433	0.285	0.205	0.156
1.024	4.398	4.559	4.897	4.194	2.911	2.115	1.629	1.080	0.783	0.435	0.286	0.206	0.156
1.028	4.351	4.478	4.673	4.014	2.876	2.111	1.631	1.083	0.786	0.436	0.287	0.206	0.156
1.040	4.128	4.161	4.096	3.552	2.734	2.080	1.629	1.091	0.794	0.441	0.289	0.208	0.157
1.060	3.600	3.557	3.373	2.976	2.457	1.975	1.595	1.095	0.803	0.448	0.293	0.210	0.159
1.080	3.060	3.007	2.836	2.547	2.190	1.836	1.530	1.086	0.807	0.454	0.297	0.213	0.161
1.100	2.599	2.554	2.420	2.210	1.954	1.690	1.447	1.064	0.804	0.458	0.301	0.215	0.162
1.120	2.226	2.192	2.092	1.937	1.749	1.548	1.356	1.031	0.795	0.461	0.304	0.217	0.164
1.140	1.927	1.902	1.827	1.713	1.571	1.418	1.264	0.992	0.780	0.463	0.306	0.219	0.165
1.160	1.687	1.668	1.613	1.527	1.419	1.299	1.176	0.948	0.761	0.462	0.308	0.221	0.167
1.180	1.493	1.478	1.436	1.370	1.286	1.192	1.093	0.902	0.738	0.460	0.310	0.223	0.168
1.200	1.332	1.321	1.289	1.238	1.172	1.097	1.017	0.857	0.713	0.457	0.311	0.224	0.170
1.300	0.838	0.834	0.823	0.806	0.783	0.755	0.723	0.653	0.580	0.419	0.304	0.226	0.174
1.400	0.591	0.590	0.585	0.577	0.567	0.554	0.539	0.505	0.466	0.368	0.284	0.220	0.173
1.500	0.447	0.446	0.444	0.440	0.434	0.428	0.420	0.401	0.379	0.318	0.259	0.209	0.168
1.600	0.354	0.353	0.352	0.350	0.347	0.343	0.338	0.327	0.313	0.274	0.232	0.194	0.161

续表 F.0.2-3

l/d	15												
m \ n	0.000	0.020	0.040	0.060	0.080	0.100	0.120	0.160	0.200	0.300	0.400	0.500	0.600
0.500			−1.210	−0.892	−0.674	−0.512	−0.385	−0.204	−0.085	0.064	0.107	0.107	0.093
0.550			−1.150	−0.834	−0.617	−0.457	−0.333	−0.158	−0.045	0.091	0.125	0.120	0.102
0.600			−1.057	−0.744	−0.531	−0.374	−0.255	−0.090	0.012	0.125	0.144	0.132	0.111
0.650			−0.922	−0.614	−0.407	−0.258	−0.147	0.001	0.086	0.165	0.165	0.144	0.119
0.700			−0.731	−0.431	−0.234	−0.098	0.000	0.119	0.178	0.210	0.187	0.155	0.125
0.750			−0.459	−0.173	0.004	0.118	0.192	0.266	0.286	0.257	0.208	0.166	0.132
0.800			−0.058	0.196	0.335	0.408	0.441	0.442	0.406	0.302	0.227	0.175	0.137
0.850			0.564	0.746	0.802	0.793	0.751	0.636	0.527	0.342	0.243	0.183	0.142
0.900			1.609	1.596	1.453	1.273	1.099	0.820	0.630	0.375	0.256	0.189	0.146
0.950			3.584	2.907	2.239	1.742	1.391	0.953	0.703	0.401	0.268	0.196	0.150
1.004	7.095	8.049	7.900	4.012	2.678	1.973	1.538	1.034	0.755	0.424	0.280	0.203	0.154
1.008	7.096	7.972	7.562	4.018	2.687	1.981	1.545	1.038	0.759	0.425	0.281	0.203	0.154
1.012	7.063	7.778	7.097	4.012	2.694	1.989	1.551	1.042	0.762	0.427	0.282	0.204	0.155
1.016	6.985	7.496	6.641	3.989	2.697	1.994	1.556	1.047	0.765	0.428	0.283	0.204	0.155
1.020	6.857	7.167	6.230	3.948	2.697	1.999	1.561	1.051	0.768	0.430	0.284	0.205	0.155
1.024	6.682	6.822	5.866	3.891	2.691	2.002	1.566	1.054	0.771	0.431	0.284	0.205	0.156
1.028	6.469	6.481	5.542	3.821	2.681	2.003	1.569	1.058	0.774	0.433	0.285	0.206	0.156
1.040	5.713	5.540	4.750	3.563	2.619	1.992	1.573	1.067	0.782	0.437	0.288	0.207	0.157
1.060	4.493	4.318	3.801	3.097	2.441	1.931	1.556	1.074	0.792	0.444	0.292	0.210	0.159
1.080	3.568	3.450	3.123	2.676	2.221	1.826	1.509	1.069	0.796	0.450	0.296	0.212	0.160
1.100	2.903	2.826	2.615	2.320	2.000	1.700	1.441	1.052	0.795	0.455	0.299	0.215	0.162
1.120	2.417	2.367	2.227	2.025	1.795	1.568	1.359	1.025	0.788	0.458	0.302	0.217	0.164
1.140	2.054	2.020	1.924	1.782	1.614	1.440	1.273	0.989	0.776	0.460	0.305	0.219	0.165
1.160	1.775	1.752	1.683	1.580	1.455	1.321	1.188	0.948	0.758	0.460	0.307	0.221	0.167
1.180	1.555	1.538	1.488	1.412	1.317	1.212	1.105	0.905	0.737	0.458	0.309	0.222	0.168
1.200	1.379	1.366	1.329	1.271	1.197	1.115	1.029	0.860	0.713	0.455	0.310	0.224	0.169
1.300	0.852	0.848	0.836	0.818	0.793	0.763	0.730	0.657	0.582	0.419	0.303	0.226	0.173
1.400	0.597	0.595	0.590	0.582	0.572	0.558	0.543	0.508	0.468	0.369	0.284	0.220	0.173
1.500	0.450	0.449	0.446	0.442	0.437	0.430	0.422	0.403	0.380	0.318	0.259	0.209	0.168
1.600	0.355	0.355	0.353	0.351	0.348	0.344	0.339	0.328	0.314	0.274	0.232	0.194	0.161
l/d	20												
m \ n	0.000	0.020	0.040	0.060	0.080	0.100	0.120	0.160	0.200	0.300	0.400	0.500	0.600
0.500			−1.207	−0.890	−0.672	−0.509	−0.383	−0.202	−0.084	0.065	0.107	0.107	0.093
0.550			−1.147	−0.831	−0.615	−0.455	−0.331	−0.156	−0.043	0.092	0.125	0.120	0.102
0.600			−1.054	−0.740	−0.527	−0.371	−0.253	−0.088	0.014	0.125	0.145	0.132	0.111
0.650			−0.918	−0.609	−0.402	−0.254	−0.143	0.003	0.088	0.166	0.166	0.144	0.119
0.700			−0.725	−0.425	−0.229	−0.093	0.004	0.122	0.180	0.210	0.187	0.155	0.126
0.750			−0.448	−0.164	0.012	0.125	0.197	0.269	0.288	0.257	0.208	0.166	0.132
0.800			−0.040	0.212	0.347	0.417	0.448	0.445	0.407	0.302	0.226	0.175	0.137
0.850			0.600	0.773	0.820	0.804	0.757	0.637	0.527	0.342	0.243	0.182	0.142
0.900			1.694	1.642	1.473	1.279	1.099	0.818	0.628	0.374	0.256	0.189	0.146
0.950			3.771	2.920	2.217	1.722	1.376	0.946	0.700	0.400	0.268	0.196	0.150
1.004	9.793	12.556	6.649	3.796	2.599	1.936	1.517	1.025	0.751	0.422	0.280	0.202	0.154
1.008	9.754	11.616	6.610	3.806	2.608	1.944	1.524	1.030	0.754	0.424	0.281	0.203	0.154
1.012	9.616	10.588	6.496	3.809	2.616	1.951	1.530	1.034	0.758	0.426	0.281	0.203	0.155
1.016	9.361	9.685	6.317	3.801	2.621	1.957	1.535	1.038	0.761	0.427	0.282	0.204	0.155
1.020	9.003	8.912	6.096	3.783	2.624	1.962	1.540	1.042	0.764	0.429	0.283	0.204	0.155
1.024	8.573	8.243	5.855	3.752	2.622	1.966	1.545	1.046	0.767	0.430	0.284	0.205	0.156
1.028	8.106	7.656	5.610	3.709	2.617	1.968	1.549	1.049	0.769	0.432	0.285	0.205	0.156
1.040	6.721	6.253	4.909	3.524	2.574	1.963	1.554	1.058	0.777	0.436	0.287	0.207	0.157
1.060	4.947	4.667	3.949	3.121	2.427	1.913	1.542	1.066	0.787	0.443	0.291	0.209	0.159
1.080	3.795	3.638	3.229	2.715	2.227	1.820	1.501	1.063	0.793	0.449	0.295	0.212	0.160
1.100	3.028	2.936	2.689	2.358	2.013	1.701	1.438	1.048	0.792	0.454	0.299	0.214	0.162
1.120	2.493	2.436	2.278	2.056	1.811	1.573	1.360	1.022	0.786	0.457	0.302	0.217	0.163
1.140	2.103	2.066	1.960	1.806	1.628	1.447	1.276	0.988	0.774	0.459	0.305	0.219	0.165
1.160	1.808	1.783	1.709	1.599	1.468	1.328	1.191	0.948	0.757	0.459	0.307	0.221	0.166
1.180	1.579	1.561	1.508	1.427	1.328	1.219	1.110	0.905	0.736	0.458	0.308	0.222	0.168
1.200	1.396	1.382	1.343	1.282	1.206	1.121	1.033	0.861	0.713	0.454	0.309	0.224	0.169
1.300	0.857	0.853	0.841	0.822	0.797	0.766	0.733	0.658	0.583	0.419	0.303	0.226	0.173
1.400	0.599	0.597	0.592	0.584	0.573	0.560	0.544	0.509	0.469	0.369	0.284	0.220	0.173
1.500	0.451	0.450	0.447	0.443	0.438	0.431	0.423	0.403	0.381	0.318	0.259	0.209	0.168
1.600	0.356	0.355	0.354	0.352	0.349	0.345	0.340	0.328	0.315	0.274	0.232	0.194	0.161

续表 F. 0. 2-3

l/d	25												
m \ n	0.000	0.020	0.040	0.060	0.080	0.100	0.120	0.160	0.200	0.300	0.400	0.500	0.600
0.500			−1.206	−0.889	−0.671	−0.508	−0.382	−0.202	−0.083	0.065	0.107	0.107	0.093
0.550			−1.146	−0.830	−0.614	−0.453	−0.330	−0.155	−0.042	0.092	0.125	0.120	0.102
0.600			−1.052	−0.739	−0.526	−0.370	−0.252	−0.087	0.015	0.126	0.145	0.132	0.111
0.650			−0.916	−0.607	−0.401	−0.252	−0.142	0.005	0.089	0.166	0.166	0.144	0.119
0.700			−0.722	−0.422	−0.226	−0.091	0.006	0.123	0.181	0.210	0.187	0.155	0.126
0.750			−0.443	−0.160	0.015	0.128	0.200	0.271	0.289	0.257	0.208	0.166	0.132
0.800			−0.031	0.219	0.353	0.422	0.450	0.446	0.408	0.302	0.226	0.175	0.137
0.850			0.617	0.786	0.829	0.809	0.760	0.638	0.526	0.342	0.242	0.182	0.141
0.900			1.734	1.663	1.482	1.281	1.098	0.816	0.627	0.374	0.256	0.189	0.146
0.950			3.849	2.920	2.206	1.712	1.369	0.943	0.698	0.399	0.268	0.196	0.150
1.004	12.508	16.972	6.271	3.709	2.565	1.919	1.508	1.021	0.749	0.422	0.280	0.202	0.154
1.008	12.381	13.914	6.261	3.720	2.575	1.927	1.514	1.026	0.752	0.424	0.280	0.203	0.154
1.012	12.039	12.117	6.208	3.725	2.583	1.934	1.520	1.030	0.756	0.425	0.281	0.203	0.155
1.016	11.487	10.831	6.105	3.722	2.588	1.940	1.526	1.034	0.759	0.427	0.282	0.204	0.155
1.020	10.795	9.822	5.959	3.710	2.592	1.946	1.531	1.038	0.762	0.428	0.283	0.204	0.155
1.024	10.046	8.988	5.781	3.688	2.592	1.950	1.535	1.042	0.765	0.430	0.284	0.205	0.156
1.028	9.301	8.278	5.584	3.655	2.588	1.952	1.539	1.046	0.768	0.431	0.285	0.205	0.156
1.040	7.355	6.630	4.959	3.500	2.553	1.949	1.546	1.055	0.775	0.436	0.287	0.207	0.157
1.060	5.196	4.846	4.015	3.129	2.420	1.905	1.535	1.063	0.786	0.443	0.291	0.209	0.159
1.080	3.912	3.732	3.279	2.733	2.228	1.817	1.497	1.060	0.791	0.449	0.295	0.212	0.160
1.100	3.091	2.990	2.724	2.375	2.019	1.702	1.436	1.046	0.791	0.453	0.299	0.214	0.162
1.120	2.530	2.469	2.302	2.071	1.818	1.576	1.360	1.021	0.785	0.457	0.302	0.216	0.163
1.140	2.127	2.087	1.977	1.818	1.635	1.450	1.277	0.987	0.773	0.459	0.305	0.219	0.165
1.160	1.824	1.797	1.721	1.608	1.474	1.332	1.193	0.948	0.756	0.459	0.307	0.220	0.166
1.180	1.590	1.571	1.517	1.434	1.333	1.223	1.112	0.906	0.736	0.457	0.308	0.222	0.168
1.200	1.404	1.390	1.350	1.288	1.211	1.124	1.035	0.862	0.713	0.454	0.309	0.223	0.169
1.300	0.859	0.855	0.843	0.824	0.798	0.768	0.734	0.659	0.583	0.419	0.303	0.226	0.173
1.400	0.600	0.598	0.593	0.585	0.574	0.561	0.545	0.509	0.469	0.369	0.284	0.220	0.173
1.500	0.451	0.450	0.448	0.444	0.438	0.431	0.423	0.404	0.381	0.319	0.259	0.209	0.168
1.600	0.356	0.356	0.354	0.352	0.349	0.345	0.340	0.329	0.315	0.274	0.232	0.194	0.161

l/d	30												
m \ n	0.000	0.020	0.040	0.060	0.080	0.100	0.120	0.160	0.200	0.300	0.400	0.500	0.600
0.500		−1.759	−1.206	−0.888	−0.670	−0.508	−0.382	−0.201	−0.082	0.065	0.107	0.108	0.093
0.550		−1.698	−1.145	−0.829	−0.613	−0.453	−0.329	−0.155	−0.042	0.092	0.125	0.120	0.102
0.600		−1.603	−1.051	−0.738	−0.525	−0.369	−0.251	−0.087	0.015	0.126	0.145	0.132	0.111
0.650		−1.463	−0.915	−0.606	−0.400	−0.251	−0.141	0.005	0.089	0.166	0.166	0.144	0.119
0.700		−1.263	−0.720	−0.420	−0.225	−0.089	0.007	0.124	0.181	0.211	0.187	0.155	0.126
0.750		−0.973	−0.441	−0.157	0.017	0.129	0.201	0.272	0.289	0.257	0.208	0.166	0.132
0.800		−0.536	−0.026	0.223	0.356	0.424	0.452	0.447	0.408	0.302	0.226	0.175	0.137
0.850		0.177	0.627	0.793	0.833	0.812	0.761	0.638	0.526	0.342	0.242	0.182	0.141
0.900		1.507	1.756	1.675	1.486	1.282	1.098	0.816	0.627	0.374	0.256	0.189	0.146
0.950		4.706	3.888	2.919	2.199	1.707	1.366	0.941	0.697	0.399	0.268	0.196	0.150
1.004	15.226	16.081	6.097	3.664	2.547	1.910	1.503	1.019	0.748	0.422	0.279	0.202	0.154
1.008	14.944	14.179	6.096	3.676	2.557	1.918	1.509	1.024	0.751	0.423	0.280	0.203	0.154
1.012	14.281	12.577	6.062	3.682	2.565	1.925	1.515	1.028	0.755	0.425	0.281	0.203	0.155
1.016	13.323	11.303	5.988	3.681	2.571	1.932	1.521	1.032	0.758	0.426	0.282	0.204	0.155
1.020	12.240	10.258	5.874	3.672	2.575	1.937	1.526	1.036	0.761	0.428	0.283	0.204	0.155
1.024	11.162	9.376	5.728	3.654	2.575	1.941	1.530	1.040	0.764	0.429	0.284	0.205	0.156
1.028	10.159	8.616	5.557	3.626	2.573	1.944	1.534	1.043	0.766	0.431	0.285	0.205	0.156
1.040	7.763	6.846	4.979	3.486	2.541	1.942	1.541	1.053	0.774	0.435	0.287	0.207	0.157
1.060	5.344	4.949	4.050	3.132	2.416	1.901	1.532	1.061	0.785	0.442	0.291	0.209	0.159
1.080	3.978	3.786	3.307	2.741	2.229	1.815	1.495	1.059	0.790	0.448	0.295	0.212	0.160
1.100	3.126	3.020	2.743	2.384	2.022	1.702	1.435	1.045	0.790	0.453	0.299	0.214	0.162
1.120	2.551	2.488	2.316	2.079	1.822	1.577	1.360	1.020	0.784	0.457	0.302	0.216	0.163
1.140	2.140	2.099	1.986	1.824	1.639	1.452	1.278	0.987	0.773	0.458	0.304	0.218	0.165
1.160	1.833	1.806	1.728	1.613	1.477	1.334	1.194	0.948	0.756	0.459	0.307	0.220	0.166
1.180	1.596	1.577	1.522	1.438	1.336	1.224	1.113	0.906	0.736	0.457	0.308	0.222	0.168
1.200	1.408	1.394	1.354	1.291	1.213	1.126	1.036	0.862	0.713	0.454	0.309	0.223	0.169
1.300	0.860	0.856	0.844	0.825	0.799	0.769	0.734	0.660	0.584	0.419	0.303	0.226	0.173
1.400	0.600	0.599	0.594	0.586	0.575	0.561	0.545	0.509	0.469	0.369	0.284	0.220	0.173
1.500	0.451	0.451	0.448	0.444	0.439	0.432	0.423	0.404	0.381	0.319	0.259	0.209	0.168
1.600	0.356	0.356	0.354	0.352	0.349	0.345	0.340	0.329	0.315	0.275	0.232	0.194	0.161

续表 F.0.2-3

l/d	40												
m \ n	0.000	0.020	0.040	0.060	0.080	0.100	0.120	0.160	0.200	0.300	0.400	0.500	0.600
0.500		−1.759	−1.205	−0.888	−0.670	−0.507	−0.381	−0.201	−0.082	0.066	0.108	0.108	0.093
0.550		−1.698	−1.145	−0.829	−0.612	−0.452	−0.329	−0.154	−0.042	0.092	0.125	0.120	0.102
0.600		−1.602	−1.050	−0.737	−0.524	−0.369	−0.250	−0.086	0.015	0.126	0.145	0.132	0.111
0.650		−1.462	−0.913	−0.605	−0.399	−0.250	−0.140	0.006	0.090	0.166	0.166	0.144	0.119
0.700		−1.261	−0.718	−0.419	−0.223	−0.088	0.008	0.125	0.182	0.211	0.187	0.155	0.126
0.750		−0.970	−0.438	−0.155	0.019	0.131	0.203	0.272	0.290	0.257	0.208	0.166	0.132
0.800		−0.531	−0.022	0.227	0.359	0.426	0.454	0.448	0.408	0.302	0.226	0.175	0.137
0.850		0.188	0.636	0.799	0.838	0.814	0.763	0.638	0.526	0.341	0.242	0.182	0.141
0.900		1.542	1.778	1.686	1.491	1.284	1.098	0.815	0.626	0.373	0.256	0.189	0.146
0.950		4.869	3.924	2.917	2.193	1.702	1.362	0.940	0.696	0.399	0.268	0.196	0.150
1.004	20.636	14.185	5.940	3.622	2.530	1.901	1.498	1.017	0.747	0.421	0.279	0.202	0.154
1.008	19.770	13.545	5.945	3.634	2.539	1.909	1.504	1.021	0.750	0.423	0.280	0.203	0.154
1.012	18.119	12.571	5.925	3.641	2.548	1.916	1.510	1.026	0.754	0.425	0.281	0.203	0.155
1.016	16.165	11.550	5.873	3.642	2.554	1.923	1.516	1.030	0.757	0.426	0.282	0.204	0.155
1.020	14.288	10.589	5.786	3.635	2.558	1.928	1.521	1.034	0.760	0.428	0.283	0.204	0.155
1.024	12.638	9.718	5.667	3.621	2.559	1.933	1.526	1.038	0.763	0.429	0.284	0.205	0.156
1.028	11.236	8.937	5.522	3.597	2.557	1.936	1.530	1.041	0.765	0.431	0.284	0.205	0.156
1.040	8.228	7.066	4.993	3.470	2.530	1.935	1.537	1.051	0.773	0.435	0.287	0.207	0.157
1.060	5.500	5.055	4.083	3.134	2.411	1.896	1.528	1.059	0.784	0.442	0.291	0.209	0.159
1.080	4.047	3.840	3.334	2.750	2.230	1.814	1.493	1.057	0.789	0.448	0.295	0.212	0.160
1.100	3.162	3.051	2.762	2.393	2.025	1.702	1.434	1.044	0.789	0.453	0.298	0.214	0.162
1.120	2.572	2.506	2.329	2.086	1.825	1.578	1.360	1.019	0.784	0.456	0.302	0.216	0.163
1.140	2.153	2.111	1.996	1.830	1.642	1.454	1.278	0.987	0.772	0.458	0.304	0.218	0.165
1.160	1.842	1.814	1.735	1.618	1.480	1.335	1.195	0.948	0.756	0.458	0.306	0.220	0.166
1.180	1.602	1.583	1.526	1.442	1.338	1.226	1.114	0.906	0.736	0.457	0.308	0.222	0.168
1.200	1.413	1.399	1.357	1.294	1.215	1.127	1.037	0.863	0.713	0.454	0.309	0.223	0.169
1.300	0.862	0.858	0.845	0.826	0.800	0.769	0.735	0.660	0.584	0.419	0.303	0.226	0.173
1.400	0.601	0.599	0.594	0.586	0.575	0.562	0.546	0.510	0.469	0.369	0.284	0.220	0.173
1.500	0.452	0.451	0.448	0.444	0.439	0.432	0.424	0.404	0.381	0.319	0.259	0.209	0.168
1.600	0.356	0.356	0.355	0.352	0.349	0.345	0.340	0.329	0.315	0.275	0.232	0.194	0.161

l/d	50												
m \ n	0.000	0.020	0.040	0.060	0.080	0.100	0.120	0.160	0.200	0.300	0.400	0.500	0.600
0.500		−1.758	−1.205	−0.887	−0.669	−0.507	−0.381	−0.200	−0.082	0.066	0.108	0.108	0.093
0.550		−1.697	−1.144	−0.828	−0.612	−0.452	−0.329	−0.154	−0.041	0.093	0.125	0.120	0.102
0.600		−1.601	−1.050	−0.737	−0.524	−0.368	−0.250	−0.086	0.016	0.126	0.145	0.132	0.111
0.650		−1.461	−0.913	−0.605	−0.398	−0.250	−0.140	0.006	0.090	0.166	0.166	0.144	0.119
0.700		−1.260	−0.718	−0.418	−0.223	−0.088	0.008	0.125	0.182	0.211	0.187	0.155	0.126
0.750		−0.969	−0.437	−0.154	0.020	0.132	0.203	0.273	0.290	0.257	0.208	0.166	0.132
0.800		−0.528	−0.020	0.229	0.360	0.427	0.454	0.448	0.409	0.302	0.226	0.175	0.137
0.850		0.193	0.641	0.803	0.840	0.816	0.763	0.638	0.526	0.341	0.242	0.182	0.141
0.900		1.558	1.789	1.691	1.493	1.284	1.098	0.815	0.626	0.373	0.256	0.189	0.146
0.950		4.947	3.940	2.916	2.190	1.699	1.360	0.939	0.696	0.398	0.268	0.196	0.150
1.004	25.958	13.491	5.873	3.603	2.522	1.897	1.495	1.016	0.747	0.421	0.279	0.202	0.154
1.008	24.069	13.126	5.879	3.615	2.532	1.905	1.502	1.020	0.750	0.423	0.280	0.203	0.154
1.012	21.098	12.429	5.864	3.622	2.540	1.912	1.508	1.025	0.753	0.424	0.281	0.203	0.155
1.016	18.118	11.575	5.820	3.624	2.546	1.919	1.513	1.029	0.756	0.426	0.282	0.204	0.155
1.020	15.572	10.695	5.745	3.619	2.551	1.924	1.519	1.033	0.759	0.427	0.283	0.204	0.155
1.024	13.503	9.854	5.638	3.605	2.552	1.929	1.523	1.037	0.762	0.429	0.284	0.205	0.156
1.028	11.836	9.077	5.503	3.583	2.551	1.932	1.527	1.040	0.765	0.431	0.284	0.205	0.156
1.040	8.466	7.170	4.998	3.463	2.524	1.931	1.535	1.050	0.773	0.435	0.287	0.207	0.157
1.060	5.577	5.105	4.098	3.135	2.409	1.894	1.527	1.058	0.783	0.442	0.291	0.209	0.159
1.080	4.080	3.866	3.347	2.754	2.230	1.813	1.492	1.057	0.789	0.448	0.295	0.212	0.160
1.100	3.179	3.065	2.771	2.397	2.027	1.702	1.434	1.043	0.789	0.453	0.298	0.214	0.162
1.120	2.581	2.515	2.335	2.090	1.827	1.579	1.360	1.019	0.783	0.456	0.302	0.216	0.163
1.140	2.159	2.117	2.000	1.833	1.644	1.455	1.279	0.987	0.772	0.458	0.304	0.218	0.165
1.160	1.846	1.818	1.738	1.620	1.481	1.336	1.195	0.948	0.756	0.458	0.306	0.220	0.166
1.180	1.605	1.585	1.529	1.443	1.340	1.227	1.114	0.906	0.736	0.457	0.308	0.222	0.168
1.200	1.415	1.401	1.359	1.296	1.216	1.128	1.037	0.863	0.713	0.454	0.309	0.223	0.169
1.300	0.862	0.858	0.846	0.826	0.801	0.770	0.735	0.660	0.584	0.419	0.303	0.226	0.173
1.400	0.601	0.599	0.594	0.586	0.575	0.562	0.546	0.510	0.469	0.369	0.284	0.220	0.173
1.500	0.452	0.451	0.449	0.444	0.439	0.432	0.424	0.404	0.381	0.319	0.259	0.209	0.168
1.600	0.356	0.356	0.355	0.352	0.349	0.345	0.340	0.329	0.315	0.275	0.233	0.194	0.161

续表 F.0.2-3

l/d	60											
m \ n	0.000	0.020	0.040	0.060	0.080	0.100	0.120	0.160	0.200	0.300	0.400	0.500	0.600
0.500		−1.758	−1.205	−0.887	−0.669	−0.507	−0.381	−0.200	−0.082	0.066	0.108	0.108	0.093
0.550		−1.697	−1.144	−0.828	−0.612	−0.452	−0.328	−0.154	−0.041	0.093	0.125	0.120	0.102
0.600		−1.601	−1.050	−0.737	−0.524	−0.368	−0.250	−0.086	0.016	0.126	0.145	0.132	0.111
0.650		−1.461	−0.913	−0.604	−0.398	−0.250	−0.140	0.006	0.090	0.166	0.166	0.144	0.119
0.700		−1.260	−0.717	−0.417	−0.222	−0.087	0.008	0.125	0.182	0.211	0.187	0.155	0.126
0.750		−0.968	−0.436	−0.153	0.021	0.132	0.203	0.273	0.290	0.257	0.208	0.166	0.132
0.800		−0.527	−0.018	0.230	0.361	0.428	0.455	0.448	0.409	0.302	0.226	0.175	0.137
0.850		0.196	0.643	0.804	0.841	0.816	0.764	0.638	0.526	0.341	0.242	0.182	0.141
0.900		1.566	1.794	1.694	1.494	1.284	1.098	0.814	0.626	0.373	0.256	0.189	0.146
0.950		4.990	3.948	2.915	2.188	1.698	1.360	0.938	0.695	0.398	0.267	0.196	0.150
1.004	31.136	13.161	5.837	3.593	2.518	1.895	1.494	1.015	0.746	0.421	0.279	0.202	0.154
1.008	27.775	12.894	5.845	3.604	2.527	1.903	1.500	1.020	0.750	0.423	0.280	0.203	0.154
1.012	23.351	12.325	5.832	3.612	2.536	1.910	1.507	1.024	0.753	0.424	0.281	0.203	0.155
1.016	19.460	11.565	5.792	3.614	2.542	1.917	1.512	1.028	0.756	0.426	0.282	0.204	0.155
1.020	16.399	10.738	5.722	3.610	2.547	1.922	1.517	1.032	0.759	0.427	0.283	0.204	0.155
1.024	14.037	9.920	5.621	3.597	2.548	1.927	1.522	1.036	0.762	0.429	0.284	0.205	0.156
1.028	12.197	9.149	5.493	3.576	2.547	1.930	1.526	1.040	0.765	0.430	0.284	0.205	0.156
1.040	8.602	7.226	5.000	3.459	2.522	1.930	1.533	1.049	0.773	0.435	0.287	0.207	0.157
1.060	5.619	5.133	4.106	3.135	2.408	1.893	1.526	1.058	0.783	0.442	0.291	0.209	0.159
1.080	4.098	3.880	3.354	2.756	2.230	1.812	1.492	1.056	0.789	0.448	0.295	0.212	0.160
1.100	3.188	3.073	2.776	2.400	2.028	1.702	1.434	1.043	0.789	0.453	0.298	0.214	0.162
1.120	2.587	2.520	2.339	2.092	1.828	1.579	1.360	1.019	0.783	0.456	0.302	0.216	0.163
1.140	2.162	2.120	2.003	1.835	1.645	1.455	1.279	0.987	0.772	0.458	0.304	0.218	0.165
1.160	1.848	1.820	1.740	1.622	1.482	1.337	1.196	0.948	0.756	0.458	0.306	0.220	0.166
1.180	1.606	1.587	1.530	1.444	1.340	1.227	1.114	0.906	0.736	0.457	0.308	0.222	0.168
1.200	1.416	1.402	1.360	1.296	1.217	1.129	1.037	0.863	0.713	0.454	0.309	0.223	0.169
1.300	0.862	0.858	0.846	0.827	0.801	0.770	0.735	0.660	0.584	0.419	0.303	0.226	0.173
1.400	0.601	0.600	0.595	0.586	0.575	0.562	0.546	0.510	0.470	0.369	0.284	0.220	0.173
1.500	0.452	0.451	0.449	0.445	0.439	0.432	0.424	0.404	0.381	0.319	0.259	0.209	0.168
1.600	0.356	0.356	0.355	0.352	0.349	0.345	0.340	0.329	0.315	0.275	0.233	0.194	0.161

l/d	70											
m \ n	0.000	0.020	0.040	0.060	0.080	0.100	0.120	0.160	0.200	0.300	0.400	0.500	0.600
0.500		−1.758	−1.204	−0.887	−0.669	−0.507	−0.381	−0.200	−0.082	0.066	0.108	0.108	0.093
0.550		−1.697	−1.144	−0.828	−0.612	−0.452	−0.328	−0.154	−0.041	0.093	0.125	0.120	0.102
0.600		−1.601	−1.050	−0.736	−0.524	−0.368	−0.250	−0.086	0.016	0.126	0.145	0.132	0.111
0.650		−1.461	−0.912	−0.604	−0.398	−0.250	−0.140	0.006	0.090	0.166	0.166	0.144	0.119
0.700		−1.260	−0.717	−0.417	−0.222	−0.087	0.009	0.125	0.182	0.211	0.187	0.155	0.126
0.750		−0.968	−0.436	−0.153	0.021	0.133	0.204	0.273	0.290	0.257	0.208	0.166	0.132
0.800		−0.526	−0.018	0.230	0.362	0.428	0.455	0.448	0.409	0.302	0.226	0.175	0.137
0.850		0.198	0.645	0.805	0.842	0.817	0.764	0.638	0.526	0.341	0.242	0.182	0.141
0.900		1.572	1.798	1.696	1.495	1.285	1.098	0.814	0.626	0.373	0.256	0.189	0.146
0.950		5.016	3.953	2.915	2.187	1.697	1.359	0.938	0.695	0.398	0.267	0.196	0.150
1.004	36.118	12.976	5.816	3.587	2.515	1.894	1.493	1.015	0.746	0.421	0.279	0.202	0.154
1.008	30.900	12.756	5.824	3.598	2.525	1.902	1.500	1.020	0.749	0.423	0.280	0.203	0.154
1.012	25.046	12.255	5.813	3.606	2.533	1.909	1.506	1.024	0.753	0.424	0.281	0.203	0.155
1.016	20.400	11.552	5.775	3.608	2.540	1.915	1.511	1.028	0.756	0.426	0.282	0.204	0.155
1.020	16.954	10.759	5.708	3.604	2.544	1.921	1.517	1.032	0.759	0.427	0.283	0.204	0.155
1.024	14.385	9.957	5.611	3.592	2.546	1.925	1.521	1.036	0.762	0.429	0.284	0.205	0.156
1.028	12.427	9.191	5.486	3.571	2.545	1.929	1.525	1.040	0.764	0.430	0.284	0.205	0.156
1.040	8.687	7.261	5.002	3.457	2.520	1.929	1.533	1.049	0.772	0.435	0.287	0.207	0.157
1.060	5.645	5.150	4.111	3.135	2.407	1.892	1.525	1.058	0.783	0.442	0.291	0.209	0.159
1.080	4.109	3.888	3.358	2.757	2.230	1.812	1.491	1.056	0.789	0.448	0.295	0.212	0.160
1.100	3.194	3.078	2.779	2.401	2.028	1.702	1.434	1.043	0.789	0.453	0.298	0.214	0.162
1.120	2.590	2.523	2.341	2.093	1.829	1.579	1.360	1.019	0.783	0.456	0.302	0.216	0.163
1.140	2.164	2.122	2.004	1.836	1.645	1.455	1.279	0.987	0.772	0.458	0.304	0.218	0.165
1.160	1.849	1.821	1.741	1.622	1.483	1.337	1.196	0.948	0.756	0.458	0.306	0.220	0.166
1.180	1.607	1.588	1.531	1.445	1.341	1.228	1.114	0.906	0.736	0.457	0.308	0.222	0.168
1.200	1.417	1.402	1.361	1.297	1.217	1.129	1.037	0.863	0.713	0.454	0.309	0.223	0.169
1.300	0.863	0.859	0.846	0.827	0.801	0.770	0.736	0.660	0.584	0.419	0.303	0.226	0.173
1.400	0.601	0.600	0.595	0.586	0.575	0.562	0.546	0.510	0.470	0.369	0.284	0.220	0.173
1.500	0.452	0.451	0.449	0.445	0.439	0.432	0.424	0.404	0.381	0.319	0.259	0.209	0.168
1.600	0.356	0.356	0.355	0.352	0.349	0.345	0.340	0.329	0.315	0.275	0.233	0.194	0.161

续表 F.0.2-3

l/d	80												
m \ n	0.000	0.020	0.040	0.060	0.080	0.100	0.120	0.160	0.200	0.300	0.400	0.500	0.600
0.500		−1.758	−1.204	−0.887	−0.669	−0.507	−0.381	−0.200	−0.082	0.066	0.108	0.108	0.093
0.550		−1.697	−1.144	−0.828	−0.612	−0.452	−0.328	−0.154	−0.041	0.093	0.125	0.120	0.102
0.600		−1.601	−1.050	−0.736	−0.524	−0.368	−0.250	−0.086	0.016	0.126	0.145	0.132	0.111
0.650		−1.461	−0.912	−0.604	−0.398	−0.249	−0.139	0.006	0.090	0.166	0.166	0.144	0.119
0.700		−1.259	−0.717	−0.417	−0.222	−0.087	0.009	0.125	0.182	0.211	0.187	0.155	0.126
0.750		−0.968	−0.436	−0.153	0.021	0.133	0.204	0.273	0.290	0.257	0.208	0.166	0.132
0.800		−0.526	−0.017	0.230	0.362	0.428	0.455	0.448	0.409	0.302	0.226	0.175	0.137
0.850		0.199	0.646	0.806	0.842	0.817	0.764	0.638	0.526	0.341	0.242	0.182	0.141
0.900		1.575	1.800	1.697	1.495	1.285	1.098	0.814	0.625	0.373	0.256	0.189	0.146
0.950		5.032	3.956	2.914	2.186	1.697	1.359	0.938	0.695	0.398	0.267	0.196	0.150
1.004	40.860	12.861	5.803	3.583	2.513	1.893	1.493	1.015	0.746	0.421	0.279	0.202	0.154
1.008	33.500	12.667	5.811	3.594	2.523	1.901	1.499	1.019	0.749	0.423	0.280	0.203	0.154
1.012	26.328	12.207	5.800	3.602	2.532	1.908	1.505	1.024	0.753	0.424	0.281	0.203	0.155
1.016	21.074	11.541	5.765	3.605	2.538	1.915	1.511	1.028	0.756	0.426	0.282	0.204	0.155
1.020	17.339	10.770	5.699	3.601	2.543	1.920	1.516	1.032	0.759	0.427	0.283	0.204	0.155
1.024	14.622	9.979	5.604	3.589	2.544	1.925	1.521	1.036	0.762	0.429	0.284	0.205	0.156
1.028	12.582	9.218	5.482	3.568	2.543	1.928	1.525	1.039	0.764	0.430	0.284	0.205	0.156
1.040	8.743	7.283	5.002	3.455	2.519	1.928	1.532	1.049	0.772	0.435	0.287	0.207	0.157
1.060	5.662	5.161	4.114	3.136	2.407	1.892	1.525	1.058	0.783	0.442	0.291	0.209	0.159
1.080	4.116	3.894	3.360	2.758	2.230	1.812	1.491	1.056	0.788	0.448	0.295	0.212	0.160
1.100	3.197	3.081	2.781	2.402	2.028	1.702	1.433	1.043	0.789	0.453	0.298	0.214	0.162
1.120	2.592	2.524	2.342	2.094	1.829	1.580	1.360	1.019	0.783	0.456	0.301	0.216	0.163
1.140	2.166	2.123	2.005	1.836	1.646	1.455	1.279	0.986	0.772	0.458	0.304	0.218	0.165
1.160	1.850	1.822	1.741	1.623	1.483	1.337	1.196	0.948	0.756	0.458	0.306	0.220	0.166
1.180	1.608	1.588	1.531	1.445	1.341	1.228	1.115	0.906	0.736	0.457	0.308	0.222	0.168
1.200	1.417	1.403	1.361	1.297	1.217	1.129	1.038	0.863	0.713	0.454	0.309	0.223	0.169
1.300	0.863	0.859	0.847	0.827	0.801	0.770	0.736	0.660	0.584	0.419	0.303	0.226	0.173
1.400	0.601	0.600	0.595	0.587	0.575	0.562	0.546	0.510	0.470	0.369	0.284	0.220	0.173
1.500	0.452	0.451	0.449	0.445	0.439	0.432	0.424	0.404	0.381	0.319	0.259	0.209	0.168
1.600	0.356	0.356	0.355	0.352	0.349	0.345	0.340	0.329	0.315	0.275	0.233	0.194	0.161

l/d	90												
m \ n	0.000	0.020	0.040	0.060	0.080	0.100	0.120	0.160	0.200	0.300	0.400	0.500	0.600
0.500		−1.758	−1.204	−0.887	−0.669	−0.507	−0.381	−0.200	−0.082	0.066	0.108	0.108	0.093
0.550		−1.697	−1.144	−0.828	−0.612	−0.452	−0.328	−0.154	−0.041	0.093	0.125	0.120	0.102
0.600		−1.601	−1.050	−0.736	−0.524	−0.368	−0.249	−0.086	0.016	0.126	0.145	0.132	0.111
0.650		−1.460	−0.912	−0.604	−0.398	−0.249	−0.139	0.006	0.090	0.166	0.166	0.144	0.119
0.700		−1.259	−0.717	−0.417	−0.222	−0.087	0.009	0.125	0.182	0.211	0.187	0.155	0.126
0.750		−0.967	−0.435	−0.152	0.022	0.133	0.204	0.273	0.290	0.257	0.208	0.166	0.132
0.800		−0.525	−0.017	0.231	0.362	0.428	0.455	0.448	0.409	0.302	0.226	0.175	0.137
0.850		0.200	0.646	0.807	0.842	0.817	0.764	0.639	0.526	0.341	0.242	0.182	0.141
0.900		1.578	1.801	1.697	1.495	1.285	1.098	0.814	0.625	0.373	0.256	0.189	0.146
0.950		5.044	3.958	2.914	2.186	1.696	1.358	0.938	0.695	0.398	0.267	0.196	0.150
1.004	45.330	12.784	5.793	3.580	2.512	1.892	1.492	1.015	0.746	0.421	0.279	0.202	0.154
1.008	35.651	12.606	5.802	3.592	2.522	1.900	1.499	1.019	0.749	0.423	0.280	0.203	0.154
1.012	27.309	12.174	5.792	3.600	2.530	1.908	1.505	1.024	0.752	0.424	0.281	0.203	0.155
1.016	21.569	11.532	5.757	3.602	2.537	1.914	1.511	1.028	0.756	0.426	0.282	0.204	0.155
1.020	17.616	10.777	5.693	3.598	2.541	1.920	1.516	1.032	0.759	0.427	0.283	0.204	0.155
1.024	14.790	9.994	5.600	3.587	2.543	1.924	1.521	1.036	0.761	0.429	0.283	0.205	0.156
1.028	12.691	9.236	5.479	3.566	2.542	1.927	1.525	1.039	0.764	0.430	0.284	0.205	0.156
1.040	8.782	7.298	5.003	3.454	2.518	1.927	1.532	1.049	0.772	0.435	0.287	0.207	0.157
1.060	5.674	5.168	4.116	3.136	2.406	1.891	1.525	1.057	0.783	0.442	0.291	0.209	0.159
1.080	4.121	3.898	3.362	2.759	2.230	1.812	1.491	1.056	0.788	0.448	0.295	0.212	0.160
1.100	3.200	3.083	2.783	2.402	2.029	1.702	1.433	1.043	0.789	0.453	0.298	0.214	0.162
1.120	2.594	2.526	2.343	2.094	1.829	1.580	1.360	1.019	0.783	0.456	0.301	0.216	0.163
1.140	2.166	2.124	2.006	1.837	1.646	1.456	1.279	0.986	0.772	0.458	0.304	0.218	0.165
1.160	1.851	1.822	1.742	1.623	1.483	1.337	1.196	0.948	0.756	0.458	0.306	0.220	0.166
1.180	1.608	1.589	1.532	1.446	1.341	1.228	1.115	0.906	0.736	0.457	0.308	0.222	0.168
1.200	1.417	1.403	1.361	1.297	1.218	1.129	1.038	0.863	0.713	0.454	0.309	0.223	0.169
1.300	0.863	0.859	0.847	0.827	0.801	0.770	0.736	0.660	0.584	0.419	0.303	0.226	0.173
1.400	0.601	0.600	0.595	0.587	0.576	0.562	0.546	0.510	0.470	0.369	0.284	0.220	0.173
1.500	0.452	0.451	0.449	0.445	0.439	0.432	0.424	0.404	0.381	0.319	0.259	0.209	0.168
1.600	0.356	0.356	0.355	0.352	0.349	0.345	0.340	0.329	0.315	0.275	0.233	0.194	0.161

续表 F.0.2-3

l/d	100												
m \ n	0.000	0.020	0.040	0.060	0.080	0.100	0.120	0.160	0.200	0.300	0.400	0.500	0.600
0.500		−1.758	−1.204	−0.887	−0.669	−0.507	−0.381	−0.200	−0.082	0.066	0.108	0.108	0.093
0.550		−1.697	−1.144	−0.828	−0.612	−0.452	−0.328	−0.154	−0.041	0.093	0.125	0.120	0.102
0.600		−1.601	−1.049	−0.736	−0.524	−0.368	−0.249	−0.085	0.016	0.127	0.145	0.132	0.111
0.650		−1.460	−0.912	−0.604	−0.397	−0.249	−0.139	0.007	0.090	0.166	0.166	0.144	0.119
0.700		−1.259	−0.717	−0.417	−0.222	−0.087	0.009	0.125	0.182	0.211	0.187	0.155	0.126
0.750		−0.967	−0.435	−0.152	0.022	0.133	0.204	0.273	0.290	0.257	0.208	0.166	0.132
0.800		−0.525	−0.017	0.231	0.362	0.428	0.455	0.448	0.409	0.302	0.226	0.175	0.137
0.850		0.201	0.647	0.807	0.843	0.817	0.764	0.639	0.526	0.341	0.242	0.182	0.141
0.900		1.579	1.803	1.698	1.495	1.285	1.098	0.814	0.625	0.373	0.256	0.189	0.146
0.950		5.052	3.960	2.914	2.186	1.696	1.358	0.938	0.695	0.398	0.267	0.196	0.150
1.004	49.507	12.730	5.787	3.578	2.511	1.892	1.492	1.015	0.746	0.421	0.279	0.202	0.154
1.008	37.430	12.563	5.795	3.590	2.521	1.900	1.499	1.019	0.749	0.423	0.280	0.203	0.154
1.012	28.070	12.149	5.786	3.598	2.530	1.907	1.505	1.024	0.752	0.424	0.281	0.203	0.155
1.016	21.941	11.524	5.752	3.600	2.536	1.914	1.510	1.028	0.755	0.426	0.282	0.204	0.155
1.020	17.820	10.782	5.689	3.596	2.541	1.919	1.516	1.032	0.759	0.427	0.283	0.204	0.155
1.024	14.913	10.005	5.596	3.585	2.543	1.924	1.520	1.036	0.761	0.429	0.283	0.205	0.156
1.028	12.771	9.249	5.477	3.565	2.541	1.927	1.524	1.039	0.764	0.430	0.284	0.205	0.156
1.040	8.810	7.309	5.003	3.453	2.517	1.927	1.532	1.048	0.772	0.435	0.287	0.207	0.157
1.060	5.682	5.174	4.118	3.136	2.406	1.891	1.525	1.057	0.783	0.442	0.291	0.209	0.159
1.080	4.125	3.900	3.364	2.759	2.230	1.812	1.491	1.056	0.788	0.448	0.295	0.212	0.160
1.100	3.202	3.085	2.783	2.403	2.029	1.702	1.433	1.043	0.789	0.453	0.298	0.214	0.162
1.120	2.595	2.527	2.344	2.095	1.829	1.580	1.360	1.019	0.783	0.456	0.301	0.216	0.163
1.140	2.167	2.124	2.006	1.837	1.646	1.456	1.279	0.986	0.772	0.458	0.304	0.218	0.165
1.160	1.851	1.823	1.742	1.623	1.483	1.337	1.196	0.948	0.756	0.458	0.306	0.220	0.166
1.180	1.609	1.589	1.532	1.446	1.341	1.228	1.115	0.906	0.736	0.457	0.308	0.222	0.168
1.200	1.417	1.403	1.361	1.297	1.218	1.129	1.038	0.863	0.713	0.454	0.309	0.223	0.169
1.300	0.863	0.859	0.847	0.827	0.801	0.770	0.736	0.660	0.584	0.419	0.303	0.226	0.173
1.400	0.601	0.600	0.595	0.587	0.576	0.562	0.546	0.510	0.470	0.369	0.284	0.220	0.173
1.500	0.452	0.451	0.449	0.445	0.439	0.432	0.424	0.404	0.381	0.319	0.259	0.209	0.168
1.600	0.356	0.356	0.355	0.352	0.349	0.345	0.340	0.329	0.315	0.275	0.233	0.194	0.161

F.0.3 桩侧阻力分布可采用下列模式：

基桩侧阻力分布简化为沿桩身均匀分布模式，即取 $\beta=1-\alpha$[式(F.0.1-1) 中 $\sigma_{zst}=0$]。当有测试依据时，可根据测试结果分别采用沿深度线性增长的正三角形分布 [$\beta=0$，式(F.0.1-1) 中 $\sigma_{zsr}=0$]、正梯形分布（均布＋正三角形分布）或倒梯形分布（均布－正三角形分布）等。

F.0.4 长、短桩竖向应力影响系数应按下列原则计算：

1 计算长桩 l_1 对短桩 l_2 影响时，应以长桩的 $m_1=z/l_1=l_2/l_1$ 为起始计算点，向下计算对短桩桩端以下不同深度产生的竖向应力影响系数；

2 计算短桩 l_2 对长桩 l_1 影响时，应以短桩的 $m_2=z/l_2=l_1/l_2$ 为起始计算点，向下计算对长桩桩端以下不同深度产生的竖向应力影响系数；

3 当计算点下正应力叠加结果为负值时，应按零取值。

附录 G 按倒置弹性地基梁计算砌体墙下条形桩基承台梁

G.0.1 按倒置弹性地基梁计算砌体墙下条形桩基连续承台梁时，先求得作用于梁上的荷载，然后按普通连续梁计算其弯距和剪力。弯距和剪力的计算公式可根据图 G.0.1 所示计算简图，分别按表 G.0.1 采用。

表 G.0.1 砌体墙下条形桩基连续承台梁内力计算公式

内力	计算简图编号	内力计算公式
支座弯距	(a)、(b)、(c)	$M=-p_0\frac{a_0^2}{12}\left(2-\frac{a_0}{L_c}\right)$ (G.0.1-1)
	(d)	$M=-q\frac{L_c^2}{12}$ (G.0.1-2)
跨中弯距	(a)、(c)	$M=p_0\frac{a_0^3}{12L_c}$ (G.0.1-3)
	(b)	$M=\frac{p_0}{12}\left[L_c\left(6a_0-3L_c+0.5\frac{L_c^2}{a_0}\right)-a_0^2\left(4-\frac{a_0}{L_c}\right)\right]$ (G.0.1-4)
	(d)	$M=\frac{qL_c^2}{24}$ (G.0.1-5)
最大剪力	(a)、(b)、(c)	$Q=\frac{p_0a_0}{2}$ (G.0.1-6)
	(d)	$Q=\frac{qL}{2}$ (G.0.1-7)

注：当连续承台梁少于 6 跨时，其支座与跨中弯距应按实际跨数和图 G.0.1-1 求计算公式。

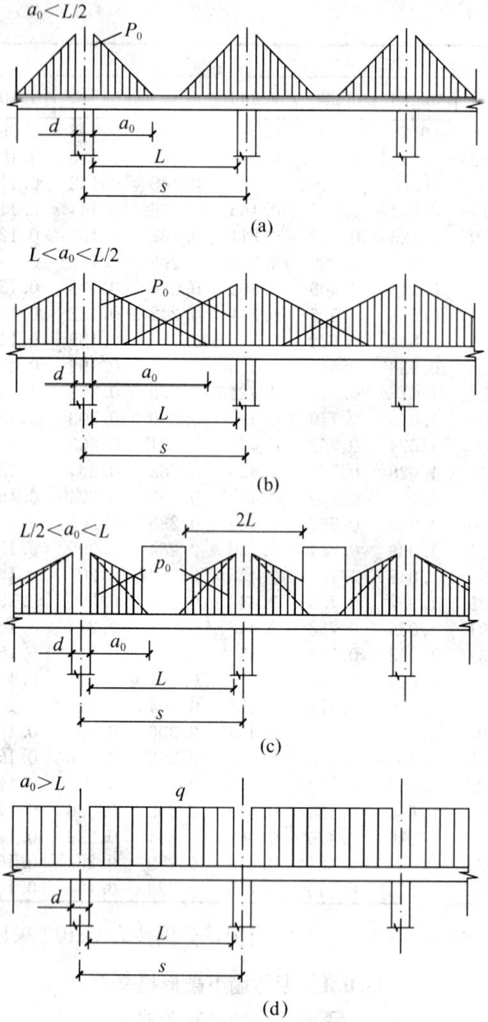

图 G.0.1 砌体墙下条形桩基连续承台梁计算简图

式（G.0.1-1）～式（G.0.1-7）中：

p_0——线荷载的最大值（kN/m），按下式确定：

$$p_0 = \frac{qL_c}{a_0} \tag{G.0.1-8}$$

a_0——自桩边算起的三角形荷载图形的底边长度，分别按下列公式确定：

中间跨 $$a_0 = 3.14\sqrt[3]{\frac{E_n I}{E_k b_k}} \tag{G.0.1-9}$$

边　跨 $$a_0 = 2.4\sqrt[3]{\frac{E_n I}{E_k b_k}} \tag{G.0.1-10}$$

式中 L_c——计算跨度，$L_c=1.05L$；

L——两相邻桩之间的净距；

s——两相邻桩之间的中心距；

d——桩身直径；

q——承台梁底面以上的均布荷载；

$E_n I$——承台梁的抗弯刚度；

E_n——承台梁混凝土弹性模量；

I——承台梁横截面的惯性矩；

E_k——墙体的弹性模量；

b_k——墙体的宽度。

当门窗口下布有桩，且承台梁顶面至门窗口的砌体高度小于门窗口的净宽时，则应按倒置的简支梁计算该段梁的弯距，即取门窗净宽的1.05倍为计算跨度，取门窗下桩顶荷载为计算集中荷载进行计算。

附录 H　锤击沉桩锤重的选用

H.0.1　锤击沉桩的锤重可根据表 H.0.1 选用。

表 H.0.1　锤重选择表

锤　　型		柴油锤（t）						
		D25	D35	D45	D60	D72	D80	D100
锤的动力性能	冲击部分质量（t）	2.5	3.5	4.5	6.0	7.2	8.0	10.0
	总质量（t）	6.5	7.2	9.6	15.0	18.0	17.0	20.0
	冲击力（kN）	2000～2500	2500～4000	4000～5000	5000～7000	7000～10000	>10000	>12000
	常用冲程（m）	1.8～2.3						
	预制方桩、预应力管桩的边长或直径（mm）	350～400	400～450	450～500	500～550	550～600	600以上	600以上
	钢管桩直径（mm）	400	600	900	900～1000	900以上	900以上	
持力层 黏性土粉土	一般进入深度（m）	1.5～2.5	2.0～3.0	2.5～3.5	3.0～4.0	3.0～5.0		
	静力触探比贯入阻力 P_s 平均值（MPa）	4	5	>5	>5	>5		
持力层 砂土	一般进入深度（m）	0.5～1.5	1.0～2.0	1.5～2.5	2.0～3.0	2.5～3.5	4.0～5.0	5.0～6.0
	标准贯入击数 $N_{63.5}$（未修正）	20～30	30～40	40～45	45～50	50	>50	>50
锤的常用控制贯入度（cm/10击）		2～3		3～5	4～8		5～10	7～12
设计单桩极限承载力（kN）		800～1600	2500～4000	3000～5000	5000～7000	7000～10000	>10000	>10000

注：1　本表仅供选锤用；

2　本表适用于桩端进入硬土层一定深度的长度为20～60m的钢筋混凝土预制桩及长度为40～60m的钢管桩。

本规范用词说明

1 为了便于在执行本规范条文时区别对待，对于要求严格程度不同的用词说明如下：

1) 表示很严格，非这样做不可的：

正面词采用“必须”，反面词采用“严禁”。

2) 表示严格，在正常情况下均应这样做的：

正面词采用“应”，反面词采用“不应”或“不得”。

3) 表示允许稍有选择，在条件允许时首先应这样做的：

正面词采用“宜”，反面词采用“不宜”。

表示有选择，在一定条件下可以这样做的，采用“可”。

2 条文中指明应按其他有关标准、规范执行的，写法为：“应按……执行”或“应符合……的规定（或要求）”。

中华人民共和国行业标准

建筑桩基技术规范

JGJ 94—2008

条 文 说 明

前　　言

《建筑桩基技术规范》JGJ 94—2008，经住房和城乡建设部2008年4月22日以第18号公告批准、发布。

本规范的主编单位是中国建筑科学研究院，参编单位是北京市勘察设计研究院有限公司、现代设计集团华东建筑设计研究院有限公司、上海岩土工程勘察设计研究院有限公司、天津大学、福建省建筑科学研究院、中冶集团建筑研究总院、机械工业勘察设计研究院、中国建筑东北设计院、广东省建筑科学研究院、北京筑都方圆建筑设计有限公司、广州大学。

为便于广大设计、施工、科研、学校等单位有关人员在使用本标准时能正确理解和执行条文规定，《建筑桩基技术规范》编制组按章、节、条顺序编制了本规范的条文说明，供使用者参考。在使用中如发现本条文说明有不妥之处，请将意见函寄中国建筑科学研究院。

目　次

1　总则 …………………………………… 2—5—95
2　术语、符号…………………………… 2—5—95
2.1　术语……………………………… 2—5—95
2.2　符号……………………………… 2—5—95
3　基本设计规定 ……………………… 2—5—95
3.1　一般规定………………………… 2—5—95
3.2　基本资料 ……………………… 2—5—100
3.3　桩的选型与布置 ……………… 2—5—100
3.4　特殊条件下的桩基 …………… 2—5—102
3.5　耐久性规定 …………………… 2—5—103
4　桩基构造 …………………………… 2—5—103
4.1　基桩构造 ……………………… 2—5—103
4.2　承台构造 ……………………… 2—5—104
5　桩基计算 …………………………… 2—5—105
5.1　桩顶作用效应计算 …………… 2—5—105
5.2　桩基竖向承载力计算 ………… 2—5—105
5.3　单桩竖向极限承载力 ………… 2—5—108
5.4　特殊条件下桩基竖向承载力验算 …………………… 2—5—112
5.5　桩基沉降计算 ………………… 2—5—114
5.6　软土地基减沉复合疏桩基础 …… 2—5—121
5.7　桩基水平承载力与位移计算 …… 2—5—122
5.8　桩身承载力与裂缝控制计算 …… 2—5—123
5.9　承台计算 ……………………… 2—5—126
6　灌注桩施工 ………………………… 2—5—128
6.2　一般规定 ……………………… 2—5—128
6.3　泥浆护壁成孔灌注桩 ………… 2—5—128
6.4　长螺旋钻孔压灌桩 …………… 2—5—128
6.5　沉管灌注桩和内夯沉管灌注桩 … 2—5—129
6.6　干作业成孔灌注桩 …………… 2—5—129
6.7　灌注桩后注浆 ………………… 2—5—129
7　混凝土预制桩与钢桩施工 ……… 2—5—129
7.1　混凝土预制桩的制作 ………… 2—5—129
7.3　混凝土预制桩的接桩 ………… 2—5—129
7.4　锤击沉桩 ……………………… 2—5—130
7.6　钢桩（钢管桩、H型桩及其他异型钢桩）施工 ……………… 2—5—130
8　承台施工 …………………………… 2—5—130
8.1　基坑开挖和回填 ……………… 2—5—130
8.2　钢筋和混凝土施工 …………… 2—5—131
9　桩基工程质量检查和验收 ……… 2—5—131

1 总　　则

1.0.1～1.0.3 桩基的设计与施工要实现安全适用、技术先进、经济合理、确保质量、保护环境的目标，应综合考虑下列诸因素，把握相关技术要点。

1 地质条件。建设场地的工程地质和水文地质条件，包括地层分布特征和土性、地下水赋存状态与水质等，是选择桩型、成桩工艺、桩端持力层及抗浮设计等的关键因素。因此，场地勘察做到完整可靠，设计和施工者对于勘察资料做出正确解析和应用均至关重要。

2 上部结构类型、使用功能与荷载特征。不同的上部结构类型对于抵抗或适应桩基差异沉降的性能不同，如剪力墙结构抵抗差异沉降的能力优于框架、框架-剪力墙、框架-核心筒结构；排架结构适应差异沉降的性能优于框架、框架-剪力墙、框架-核心筒结构。建筑物使用功能的特殊性和重要性是决定桩基设计等级的依据之一；荷载大小与分布是确定桩型、桩的几何参数与布桩所应考虑的主要因素。地震作用在一定条件下制约桩的设计。

3 施工技术条件与环境。桩型与成桩工艺的优选，在综合考虑地质条件、单桩承载力要求前提下，尚应考虑成桩设备与技术的既有条件，力求既先进且实际可行、质量可靠；成桩过程产生的噪声、振动、泥浆、挤土效应等对于环境的影响应作为选择成桩工艺的重要因素。

4 注重概念设计。桩基概念设计的内涵是指综合上述诸因素制定该工程桩基设计的总体构思。包括桩型、成桩工艺、桩端持力层、桩径、桩长、单桩承载力、布桩、承台形式、是否设置后浇带等，它是施工图设计的基础。概念设计应在规范框架内，考虑桩、土、承台、上部结构相互作用对于承载力和变形的影响，既满足荷载与抗力的整体平衡，又兼顾荷载与抗力的局部平衡，以优化桩型选择和布桩为重点，力求减小差异变形，降低承台内力和上部结构次内力，实现节约资源、增强可靠性和耐久性。可以说，概念设计是桩基设计的核心。

2 术语、符号

2.1 术　　语

术语以《建筑桩基技术规范》JGJ94—94 为基础，根据本规范内容，作了相应的增补、修订和删节；增加了减沉复合疏桩基础、变刚度调平设计、承台效应系数、灌注桩后注浆、桩基等效沉降系数。

2.2 符　　号

符号以沿用《建筑桩基技术规范》JGJ 94—94 既有符号为主，根据规范条文的变化作了相应调整，主要是由于桩基竖向和水平承载力计算由原规范按荷载效应基本组合改为按标准组合。共有四条：2.2.1 作用和作用效应；2.2.2 抗力和材料性能：用单桩竖向承载力特征值、单桩水平承载力特征值取代原规范的竖向和水平承载力设计值；2.2.3 几何参数；2.2.4 计算系数。

3 基本设计规定

3.1 一 般 规 定

3.1.1 本条说明桩基设计的两类极限状态的相关内容。

1 承载能力极限状态

原《建筑桩基技术规范》JGJ 94－94 采用桩基承载能力概率极限状态分项系数的设计法，相应的荷载效应采用基本组合。本规范改为以综合安全系数 K 代替荷载分项系数和抗力分项系数，以单桩极限承载力和综合安全系数 K 为桩基抗力的基本参数。这意味着承载能力极限状态的荷载效应基本组合的荷载分项系数为 1.0，亦即为荷载效应标准组合。本规范作这种调整的原因如下：

1）与现行国家标准《建筑地基基础设计规范》(GB 50007）的设计原则一致，以方便使用。

2）关于不同桩型和成桩工艺对极限承载力的影响，实际上已反映于单桩极限承载力静载试验值或极限侧阻力与极限端阻力经验参数中，因此承载力随桩型和成桩工艺的变异特征已在单桩极限承载力取值中得到较大程度反映，采用不同的承载力分项系数意义不大。

3）鉴于地基土性的不确定性对基桩承载力可靠性影响目前仍处于研究探索阶段，原《建筑桩基技术规范》JGJ 94—94 的承载力概率极限状态设计模式尚属不完全的可靠性分析设计。

关于桩身、承台结构承载力极限状态的抗力仍采用现行国家标准《混凝土结构设计规范》GB 50010、《钢结构设计规范》GB 50017（钢桩）规定的材料强度设计值，作用力采用现行国家标准《建筑结构荷载规范》GB 50009 规定的荷载效应基本组合设计值计算确定。

2 正常使用极限状态

由于问题的复杂性，以桩基的变形、抗裂、裂缝宽度为控制内涵的正常使用极限状态计算，如同上部结构一样从未实现基于可靠性分析的概率极限状态设计。因此桩基正常使用极限状态设计计算维持原《建筑桩基技术规范》JGJ 94－94 规范的规定。

3.1.2 划分建筑桩基设计等级，旨在界定桩基设计的复杂程度、计算内容和应采取的相应技术措施。桩基设计等级是根据建筑物规模、体型与功能特征、场地地质与环境的复杂程度，以及由于桩基问题可能造成建筑物破坏或影响正常使用的程度划分为三个等级。

甲级建筑桩基，第一类是（1）重要的建筑；（2）30层以上或高度超过100m的高层建筑。这类建筑物的特点是荷载大、重心高、风载和地震作用水平剪力大，设计时应选择基桩承载力变幅大、布桩具有较大灵活性的桩型，基础埋置深度足够大，严格控制桩基的整体倾斜和稳定。第二类是（3）体型复杂且层数相差超过10层的高低层（含纯地下室）连体建筑物；（4）20层以上框架-核心筒结构及其他对于差异沉降有特殊要求的建筑物。这类建筑物由于荷载与刚度分布极为不均，抵抗和适应差异变形的性能较差，或使用功能上对变形有特殊要求（如冷藏库、精密生产工艺的多层厂房、液面控制严格的贮液罐体、精密机床和透平设备基础等）的建（构）筑物桩基，须严格控制差异变形乃至沉降量。桩基设计中，首先，概念设计要遵循变刚度调平设计原则；其二，在概念设计的基础上要进行上部结构——承台——桩土的共同作用分析，计算沉降等值线、承台内力和配筋。第三类是（5）场地和地基条件复杂的7层以上的一般建筑物及坡地、岸边建筑；（6）对相邻既有工程影响较大的建筑物。这类建筑物自身无特殊性，但由于场地条件、环境条件的特殊性，应按桩基设计等级甲级设计。如场地处于岸边高坡、地基为半填半挖、基底同置于岩石和土质地层、岩溶极为发育且岩面起伏很大、桩身范围有较厚自重湿陷性黄土或可液化土等等，这种情况下首先应把握好桩基的概念设计，控制差异变形和整体稳定、考虑负摩阻力等至关重要；又如在相邻既有工程的场地上建造新建筑物，包括基础跨越地铁、基础埋深大于紧邻的重要或高层建筑物等，此时如何确定桩基传递荷载和施工不致影响既有建筑物的安全成为设计施工应予控制的关键因素。

丙级建筑桩基的要素同时包含两方面，一是场地和地基条件简单，二是荷载分布较均匀、体型简单的7层及7层以下一般建筑；桩基设计较简单，计算内容可视具体情况简略。

乙级建筑桩基，为甲级、丙级以外的建筑桩基，设计较甲级简单，计算内容应根据场地与地基条件、建筑物类型酌定。

3.1.3 关于桩基承载力计算和稳定性验算，是承载能力极限状态设计的具体内容，应结合工程具体条件有针对性地进行计算或验算，条文所列6项内容中有的为必算项，有的为可算项。

3.1.4、3.1.5 桩基变形涵盖沉降和水平位移两大方面，后者包括长期水平荷载、高烈度区水平地震作用以及风荷载等引起的水平位移；桩基沉降是计算绝对沉降、差异沉降、整体倾斜和局部倾斜的基本参数。

3.1.6 根据基桩所处环境类别，参照现行《混凝土结构设计规范》GB 50010 关于结构构件正截面的裂缝控制等级分为三级：一级严格要求不出现裂缝的构件，按荷载效应标准组合计算的构件受拉边缘混凝土不应产生拉应力；二级一般要求不出现裂缝的构件，按荷载效应标准组合计算的构件受拉边缘混凝土拉应力不应大于混凝土轴心抗拉强度标准值；按荷载效应准永久组合计算构件受拉边缘混凝土不宜产生拉应力；三级允许出现裂缝的构件，应按荷载效应标准组合计算裂缝宽度。最大裂缝宽度限值见本规范表3.5.3。

3.1.7 桩基设计所采用的作用效应组合和抗力是根据计算或验算的内容相适应的原则确定。

1 确定桩数和布桩时，由于抗力是采用基桩或复合基桩极限承载力除以综合安全系数 $K=2$ 确定的特征值，故采用荷载分项系数 γ_G、$\gamma_Q=1$ 的荷载效应标准组合。

2 计算荷载作用下基桩沉降和水平位移时，考虑土体固结变形时效特点，应采用荷载效应准永久组合；计算水平地震作用、风荷载作用下桩基的水平位移时，应按水平地震作用、风载作用效应的标准组合。

3 验算坡地、岸边建筑桩基整体稳定性采用综合安全系数，故其荷载效应采用 γ_G、$\gamma_Q=1$ 的标准组合。

4 在计算承台结构和桩身结构时，应与上部混凝土结构一致，承台顶面作用效应应采用基本组合，其抗力应采用包含抗力分项系数的设计值；在进行承台和桩身的裂缝控制验算时，应与上部混凝土结构一致，采用荷载效应标准组合和荷载效应准永久组合。

5 桩基结构作为结构体系的一部分，其安全等级、结构设计使用年限，应与混凝土结构设计规范一致。考虑到桩基结构的修复难度更大，故结构重要性系数 γ_0 除临时性建筑外，不应小于1.0。

3.1.8 本条说明关于变刚度调平设计的相关内容。

变刚度调平概念设计旨在减小差异变形、降低承台内力和上部结构次内力，以节约资源，提高建筑物使用寿命，确保正常使用功能。以下就传统设计存在的问题、变刚度调平设计原理与方法、试验验证、工程应用效果进行说明。

1 天然地基箱基的变形特征

图1所示为北京中信国际大厦天然地基箱形基础竣工时和使用3.5年相应的沉降等值线。该大厦高104.1m，框架-核心筒结构；双层箱基，高11.8m；地基为砂砾与黏性土交互层；1984年建成至今20年，最大沉降由6.0cm发展至12.5cm，最大差异沉

降 $\Delta s_{max}=0.004L_0$，超过规范允许值 $[\Delta s_{max}]=0.002L_0$（$L_0$ 为二测点距离）一倍，碟形沉降明显。这说明加大基础的抗弯刚度对于减小差异沉降的效果并不突出，但材料消耗相当可观。

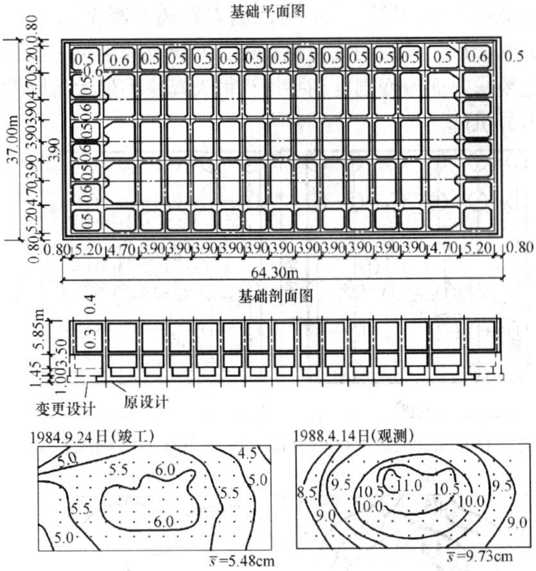

图 1　北京中信国际大厦箱基沉降等值线（s 单位：cm）

2　均匀布桩的桩筏基础的变形特征

图 2 为北京南银大厦桩筏基础建成一年的沉降等值线。该大厦高 113m，框架-核心筒结构；采用 ϕ400PHC 管桩，桩长 $l=11$m，均匀布桩；考虑到预制桩沉桩出现上浮，对所有桩实施了复打；筏板厚 2.5m；建成一年，最大差异沉降 $[\Delta s_{max}]=0.002L_0$。由于桩端以下有黏性土下卧层，桩长相对较短，预计最终最大沉降量将达 7.0cm 左右，Δs_{max} 将超过允许值。沉降分布与天然地基上箱基类似，呈明显碟形。

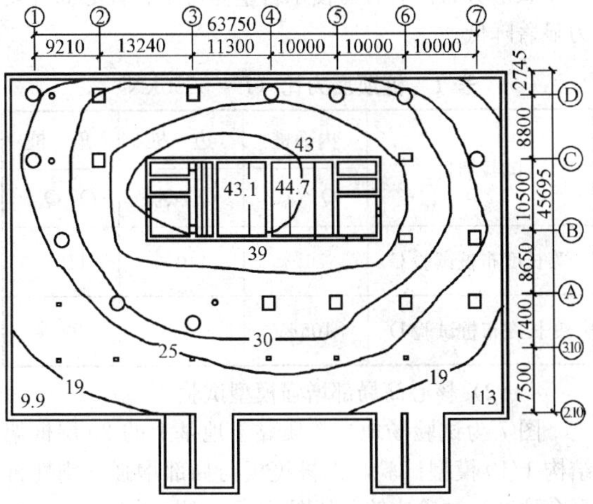

图 2　南银大厦桩筏基础沉降等值线（建成一年，s 单位：mm）

3　均匀布桩的桩顶反力分布特征

图 3 所示为武汉某大厦桩箱基础的实测桩顶反力分布。该大厦为 22 层框架-剪力墙结构，桩基为 ϕ500PHC 管桩，桩长 22m，均匀布桩，桩距 $3.3d$，桩数 344 根，桩端持力层为粗中砂。由图 3 看出，随荷载和结构刚度增加，中、边桩反力差增大，最终达 1∶1.9，呈马鞍形分布。

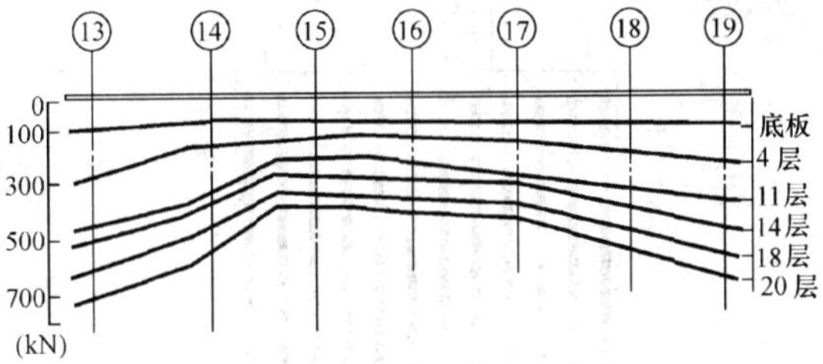

图 3　武汉某大厦桩箱基础桩顶反力实测结果

4　碟形沉降和马鞍形反力分布的负面效应

1）碟形沉降

约束状态下的非均匀变形与荷载一样也是一种作用，受作用体将产生附加应力。箱筏基础或桩承台的碟形沉降，将引起自身和上部结构的附加弯、剪内力乃至开裂。

2）马鞍形反力分布

天然地基箱筏基础土反力的马鞍形反力分布的负面效应将导致基础的整体弯矩增大。以图 1 北京中信国际大厦为例，土反力按《高层建筑箱形与筏形基础技术规范》JGJ 6－99 所给反力系数，近似计算中间单位宽板带核心筒一侧的附加弯矩较均布反力增加 16.2%。根据图 3 所示桩箱基础实测反力内外比达 1∶1.9，由此引起的整体弯矩增量比中信国际大厦天然地基的箱基更大。

5　变刚度调平概念设计

天然地基和均匀布桩的初始竖向支承刚度是均匀分布的，设置于其上的刚度有限的基础（承台）受均布荷载作用时，由于土与土、桩与桩、土与桩的相互作用导致地基或桩群的竖向支承刚度分布发生内弱外强变化，沉降变形出现内大外小的碟形分布，基底反力出现内小外大的马鞍形分布。

当上部结构为荷载与刚度内大外小的框架-核心筒结构时，碟形沉降会更趋明显[见图 4(a)]，上述工程实例证实了这一点。为避免上述负面效应，突破传统设计理念，通过调整地基或基桩的竖向支承刚度分布，促使差异沉降减到最小，基础或承台内力和上部结构次应力显著降低。这就是变刚度调平概念设计的内涵。

1）局部增强变刚度

在天然地基满足承载力要求的情况下，可对荷载集度高的区域如核心筒等实施局部增强处理，包括采用局部桩基与局部刚性桩复合地基[见图 4(c)]。

2）桩基变刚度

对于荷载分布较均匀的大型油罐等构筑物，宜按变桩距、变桩长布桩（图 5）以抵消因相互作用对中心区支承刚度的削弱效应。对于框架-核心筒和框架-剪力墙结构，应按荷载分布考虑相互作用，将桩相对集中布置于核心筒和柱下，对于外围框架区应适当弱化，按复合桩基设计，桩长宜减小（当有合适桩端持力层时），如图 4(b)所示。

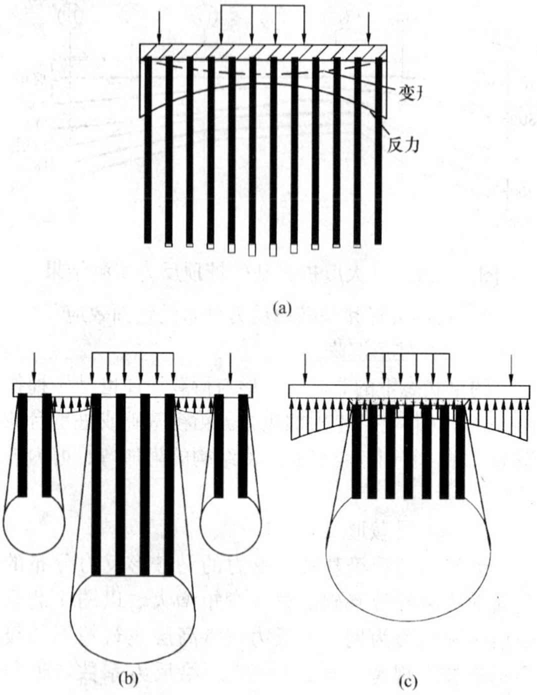

图 4　框架-核心筒结构均匀布桩与变刚度布桩

（a）均匀布桩；（b）桩基-复合桩基；（c）局部刚性桩复合地基或桩基

3）主裙连体变刚度

对于主裙连体建筑基础，应按增强主体（采用桩基）、弱化裙房（采用天然地基、疏短桩、复合地基、褥垫增沉等）的原则设计。

4）上部结构—基础—地基（桩土）共同工作分析

在概念设计的基础上，进行上部结构—基础—地基（桩土）共同作用分析计算，进一步优化布桩，并确定承台内力与配筋。

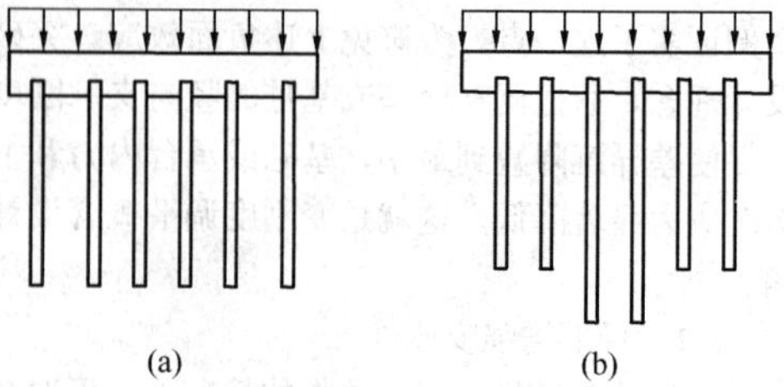

图 5　均布荷载下变刚度布桩模式

（a）变桩距；（b）变桩长

6　试验验证

1）变桩长模型试验

在石家庄某现场进行了 20 层框架-核心筒结构 1/10现场模型试验。从图 6 看出，等桩长布桩（d＝150mm，l＝2m）与变桩长（d＝150mm，l＝2m、3m、4m）布桩相比，在总荷载 F－3250kN 下，其最大沉降由 s_{max}＝6mm 减至 s_{max}＝2.5mm，最大沉降差由 $\Delta s_{max} \leqslant 0.012L_0$（$L_0$ 为二测点距离）减至 $\Delta s_{max} \leqslant 0.0005L_0$。这说明按常规布桩，差异沉降难免超出规范要求，而按变刚度调平设计可大幅减小最大沉降和差异沉降。

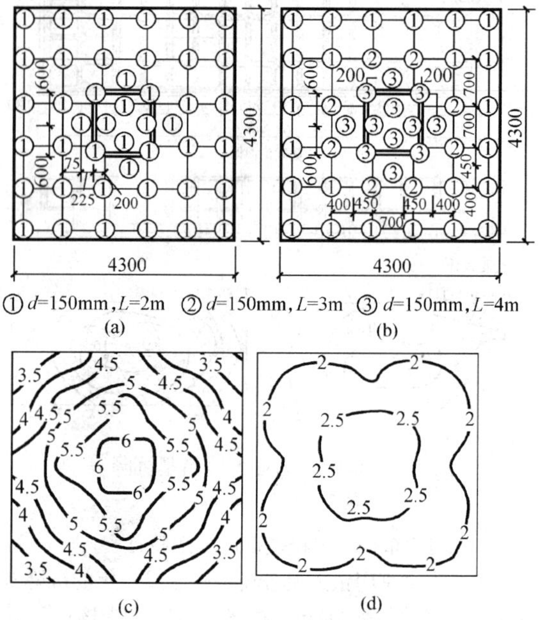

图 6　等桩长与变桩长桩基模型试验（P＝3250kN）

（a）等长度布桩试验 C；（b）变长度布桩试验 D；（c）等长度布桩沉降等值线；（d）变长度布桩沉降等值线

由表 1 桩顶反力测试结果看出，等桩长桩基桩顶反力呈内小外大马鞍形分布，变桩长桩基转变为内大外小碟形分布。后者可使承台整体弯矩、核心筒冲切力显著降低。

表 1　桩顶反力比（F＝3250kN）

试验细目	内部桩	边　桩	角　桩
	Q_i/Q_{av}	Q_b/Q_{bv}	Q_c/Q_{av}
等长度布桩试验 C	76%	140%	115%
变长度布桩试验 D	105%	93%	92%

2）核心筒局部增强模型试验

图 7 为试验场地在粉质黏土地基上的 20 层框架结构 1/10 模型试验，无桩筏板与局部增强（刚性桩复合地基）试验比较。从图 7(a)、(b)可看出，在相同荷载（F＝3250kN）下，后者最大沉降量 s_{max}＝8mm，外围沉降为 7.8mm，差异沉降接近于零；而前者最大沉降量 s_{max}＝20mm，外围最大沉降量 s_{min}＝10mm，最大相对差异沉降 $\Delta s_{max}/L_0$＝0.4%＞容许值

0.2%。可见，在天然地基承载力满足设计要求的情况下，采用对荷载集度高的核心区局部增强措施，其调平效果十分显著。

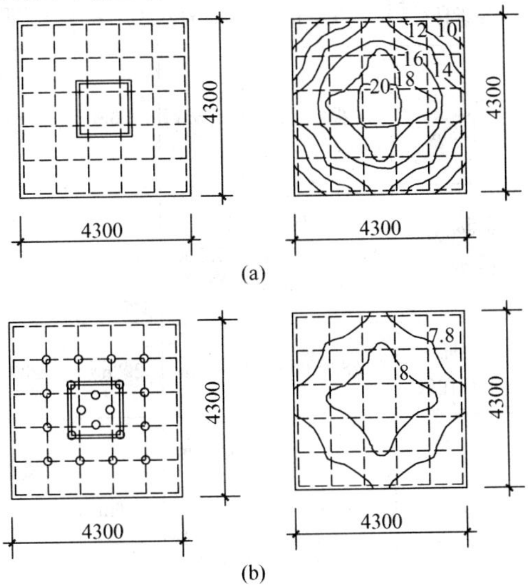

图7 核心筒区局部增强（刚性桩复合地基）与无桩筏板模型试验（$P=3250\text{kN}$）
（a）无桩筏板；
（b）核心区刚性桩复合地基（$d=150\text{mm}$，$L=2\text{m}$）

7 工程应用

采用变刚度调平设计理论与方法结合后注浆技术对北京皂君庙电信楼、山东农行大厦、北京长青大厦、北京电视台、北京呼家楼等27项工程的桩基设计进行了优化，取得了良好的技术经济效益（部分工程见表2）。最大沉降 $s_{max}\leqslant 38\text{mm}$，最大差异沉降 $\Delta s_{max}\leqslant 0.0008L_0$，节约投资逾亿元。

3.1.9 软土地区多层建筑，若采用天然地基，其承载力许多情况下满足要求，但最大沉降往往超过20cm，差异变形超过允许值，引发墙体开裂者多见。20世纪90年代以来，首先在上海采用以减小沉降为目标的疏布小截面预制桩复合桩基，简称为减沉复合疏桩基础，上海称其为沉降控制复合桩基。近年来，这种减沉复合疏桩基础在温州、天津、济南等地也相继应用。

对于减沉复合疏桩基础应用中要注意把握三个关键技术，一是桩端持力层不应是坚硬岩层、密实砂、卵石层，以确保基桩受荷能产生刺入变形，承台底基土能有效分担份额很大的荷载；二是桩距应在5～6d以上，使桩间土受桩牵连变形较小，确保桩间土较充分发挥承载作用；三是由于基桩数量少而疏，成桩质量可靠性应严加控制。

表2 变刚度调平设计工程实例

工程名称	层数（层）/高度（m）	建筑面积（m^2）	结构形式	桩数		承台板厚		节约投资（万元）
				原设计	优化	原设计	优化	
农行山东省分行大厦	44/170	80000	框架-核心筒，主裙连体	377ϕ1000	146ϕ1000	—	—	300
北京皂君庙电信大厦	18/150	66308	框架-剪力墙，主裙连体	373ϕ800 391ϕ1000	302ϕ800	—	—	400
北京盛富大厦	26/100	60000	框架-核心筒，主裙连体	365ϕ1000	120ϕ1000	—	—	150
北京机械工业经营大厦	27/99.8	41700	框架-核心筒，主裙连体	桩基	复合地基	—	—	60
北京长青大厦	26/99.6	240000	框架-核心筒，主裙连体	1251ϕ800	860ϕ800	—	1.4m	959
北京紫云大厦	32/113	68000	框架-核心筒，主裙连体	—	92ϕ1000	—	—	50
BTV综合业务楼	41/255	—	框架-核心筒	—	126ϕ1000	3m	2m	—
BTV演播楼	11/48	183000	框架-剪力墙	—	470ϕ800	—	—	1100
BTV生活楼	11/52	—	框架-剪力墙	—	504ϕ600	—	—	—
万豪国际大酒店	33/128	—	框架-核心筒，主裙连体	—	162ϕ800	—	—	—

续表 2

工程名称	层数（层）/高度（m）	建筑面积（m²）	结构形式	桩数		承台板厚		节约投资（万元）
				原设计	优　化	原设计	优　化	
北京嘉美风尚中心公寓式酒店	28/99.8	180000	框架-剪力墙，主群连体	233ϕ800，l=38m	ϕ800，64 根 l=38m 152 根 l=18m	1.5m	1.5m	150
北京嘉美风尚中心办公楼	24/99.8		框架-剪力墙，主群连体	194ϕ800，l=38m	ϕ800，65 根 l=38m 117 根 l=18m	1.5m	1.5m	200
北京财源国际中心西塔	36/156.5	220000	框架-核心筒	ϕ800 桩，扩底后注浆	280ϕ1000	3.0m	2.2m	200
北京悠乐汇B区酒店、商业及写字楼（共 3 栋塔楼）	28/99.15	220000	框架-核心筒，主群连体	—	558ϕ800	核心下 3.0m 外围柱下 2.2m	1.6m	685

3.1.10 对于按规范第 3.1.4 条进行沉降计算的建筑桩基，在施工过程及建成后使用期间，必须进行系统的沉降观测直至稳定。系统的沉降观测，包含四个要点：一是桩基完工之后即应在柱、墙脚部位设置测点，以测量地基的回弹再压缩量。待地下室建造出地面后，将测点移至地面柱、墙脚部成为长期测点，并加设保护措施；二是对于框架-核心筒、框架-剪力墙结构，应于内部柱、墙和外围柱、墙上设置测点，以获取建筑物内、外部的沉降和差异沉降值；三是沉降观测应委托专业单位负责进行，施工单位自测自检平行作业，以资校对；四是沉降观测应事先制定观测间隔时间和全程计划，观测数据和所绘曲线应作为工程验收内容，移交建设单位存档，并按相关规范观测直至稳定。

3.2 基 本 资 料

3.2.1、3.2.2 为满足桩基设计所需的基本资料，除建筑场地工程地质、水文地质资料外，对于场地的环境条件、新建工程的平面布置、结构类型、荷载分布、使用功能上的特殊要求、结构安全等级、抗震设防烈度、场地类别、桩的施工条件、类似地质条件的试桩资料等，都是桩基设计所需的基本资料。根据工程与场地条件，结合桩基工程特点，对勘探点间距、勘探深度、原位试验这三方面制定合理完整的勘探方案，以满足桩型、桩端持力层、单桩承载力、布桩等概念设计阶段和施工图设计阶段的资料要求。

3.3 桩的选型与布置

3.3.1、3.3.2 本条说明桩的分类与选型的相关内容。

1 应正确理解桩的分类内涵

1）按承载力发挥性状分类

承载性状的两个大类和四个亚类是根据其在极限承载力状态下，总侧阻力和总端阻力所占份额而定。承载性状的变化不仅与桩端持力层性质有关，还与桩的长径比、桩周土层性质、成桩工艺等有关。对于设计而言，应依据基桩竖向承载性状合理配筋、计算负摩阻力引起的下拉荷载、确定沉降计算图式、制定灌注桩沉渣控制标准和预制桩锤击和静压终止标准等。

2）按成桩方法分类

按成桩挤土效应分类，经大量工程实践证明是必要的，也是借鉴国外相关标准的规定。成桩过程中有无挤土效应，涉及设计选型、布桩和成桩过程质量控制。

成桩过程的挤土效应在饱和黏性土中是负面的，会引发灌注桩断桩、缩颈等质量事故，对于挤土预制混凝土桩和钢桩会导致桩体上浮，降低承载力，增大沉降；挤土效应还会造成周边房屋、市政设施受损；在松散土和非饱和填土中则是正面的，会起到加密、提高承载力的作用。

对于非挤土桩，由于其既不存在挤土负面效应，又具有穿越各种硬夹层、嵌岩和进入各类硬持力层的能力，桩的几何尺寸和单桩的承载力可调空间大。因此钻、挖孔灌注桩使用范围大，尤以高重建筑物更为合适。

3）按桩径大小分类

桩径大小影响桩的承载力性状，大直径钻（挖、冲）孔桩成孔过程中，孔壁的松弛变形导致侧阻力降低的效应随桩径增大而增大，桩端阻力则随直径增大而减小。这种尺寸效应与土的性质有关，黏性土、粉土与砂土、碎石类土相比，尺寸效应相对较弱。另外侧阻和端阻的尺寸效应与桩身直径 d、桩底直径 D 呈双曲线函数关系，尺寸效应系数：$\psi_{si}=(0.8/d)^m$；$\psi_p=(0.8/D)^n$。

2 应避免基桩选型常见误区

1） 凡嵌岩桩必为端承桩

将嵌岩桩一律视为端承桩会导致将桩端嵌岩深度不必要地加大，施工周期延长，造价增加。

2） 挤土灌注桩也可应用于高层建筑

沉管挤土灌注桩无需排土排浆，造价低。20世纪80年代曾风行于南方各省，由于设计施工对于这类桩的挤土效应认识不足，造成的事故极多，因而21世纪以来趋于淘汰。然而，重温这类桩使用不当的教训仍属必要。某28层建筑，框架-剪力墙结构；场地地层自上而下为饱和粉质黏土、粉土、黏土；采用 $\phi500$、$l=22$m、沉管灌注桩，梁板式筏形承台，桩距 $3.6d$，均匀满堂布桩；成桩过程出现明显地面隆起和桩上浮；建至12层底板即开裂，建成后梁板式筏形承台的主次梁及部分与核心筒相连的框架梁开裂。最后采取加固措施，将梁板式筏形承台主次梁两侧加焊钢板，梁与梁之间充填混凝土变为平板式筏形承台。

鉴于沉管灌注桩应用不当的普遍性及其严重后果，本次规范修订中，严格控制沉管灌注桩的应用范围，在软土地区仅限于多层住宅单排桩条基使用。

3） 预制桩的质量稳定性高于灌注桩

近年来，由于沉管灌注桩事故频发，PHC和PC管桩迅猛发展，取代沉管灌注桩。毋庸置疑，预应力管桩不存在缩颈、夹泥等质量问题，其质量稳定性优于沉管灌注桩，但是与钻、挖、冲孔灌注桩比较则不然。首先，沉桩过程的挤土效应常常导致断桩（接头处）、桩端上浮、增大沉降，以及对周边建筑物和市政设施造成破坏等；其次，预制桩不能穿透硬夹层，往往使得桩长过短，持力层不理想，导致沉降过大；其三，预制桩的桩径、桩长、单桩承载力可调范围小，不能或难于按变刚度调平原则优化设计。因此，预制桩的使用要因地、因工程对象制宜。

4） 人工挖孔桩质量稳定可靠

人工挖孔桩在低水位非饱和土中成孔，可进行彻底清孔，直观检查持力层，因此质量稳定性较高。但是，设计者对于高水位条件下采用人工挖孔桩的潜在隐患认识不足。有的边挖孔边抽水，以至将桩侧细颗粒淘走，引起地面下沉，甚至导致护壁整体滑脱，造成人身事故；还有的将相邻桩新灌注混凝土的水泥颗粒带走，造成离析；在流动性淤泥中实施强制性挖孔，引起大量淤泥发生侧向流动，导致土体滑移将桩体推歪、推断。

5） 凡扩底可提高承载力

扩底桩用于持力层较好、桩较短的端承型灌注桩，可取得较好的技术经济效益。但是，若将扩底不适当应用，则可能走进误区。如：在饱和单轴抗压强度高于桩身混凝土强度的基岩中扩底，是不必要的；在桩侧土层较好、桩长较大的情况下扩底，一则损失扩底端以上部分侧阻力，二则增加扩底费用，可能得失相当或失大于得；将扩底端放置于有软弱下卧层的薄硬土层上，既无增强效应，还可能留下安全隐患。

近年来，全国各地研发的新桩型，有的已取得一定的工程应用经验，编制了推荐性专业标准或企业标准，各有其适用条件。由于选用不当，造成事故者也不少见。

3.3.3 基桩的布置是桩基概念设计的主要内涵，是合理设计、优化设计的主要环节。

1 基桩的最小中心距。基桩最小中心距规定基于两个因素确定。第一，有效发挥桩的承载力，群桩试验表明对于非挤土桩，桩距3～$4d$时，侧阻和端阻的群桩效应系数接近或略大于1；砂土、粉土略高于黏性土。考虑承台效应的群桩效率则均大于1。但桩基的变形因群桩效应而增大，亦即桩基的竖向支承刚度因桩土相互作用而降低。

基桩最小中心距所考虑的第二个因素是成桩工艺。对于非挤土桩而言，无需考虑挤土效应问题；对于挤土桩，为减小挤土负面效应，在饱和黏性土和密实土层条件下，桩距应适当加大。因此最小桩距的规定，考虑了非挤土、部分挤土和挤土效应，同时考虑桩的排列与数量等因素。

2 考虑力系的最优平衡状态。桩群承载力合力点宜与竖向永久荷载合力作用点重合，以减小荷载偏心的负面效应。当桩基受水平力时，应使基桩受水平力和力矩较大方向有较大的抗弯截面模量，以增强桩基的水平承载力，减小桩基的倾斜变形。

3 桩箱、桩筏基础的布桩原则。为改善承台的受力状态，特别是降低承台的整体弯矩、冲切力和剪切力，宜将桩布置于墙下和梁下，并适当弱化外围。

4 框架-核心筒结构的优化布桩。为减小差异变形、优化反力分布、降低承台内力，应按变刚度调平原则布桩。也就是根据荷载分布，作到局部平衡，并考虑相互作用对于桩土刚度的影响，强化内部核心筒和剪力墙区，弱化外围框架区。调整基桩支承刚度的具体作法是：对于刚度强化区，采取加大桩长（有多层持力层）、或加大桩径（端承型桩）、减小桩距（满足最小桩距）；对于刚度相对弱化区，除调整桩的几何尺寸外，宜按复合桩基设计。由此改变传统设计带来的碟形沉降和马鞍形反力分布，降低冲切力、剪切力和弯矩，优化承台设计。

5 关于桩端持力层选择和进入持力层的深度要求。桩端持力层是影响基桩承载力的关键性因素，不仅制约桩端阻力而且影响侧阻力的发挥，因此选择较硬土层为桩端持力层至关重要；其次，应确保桩端进入持力层的深度，有效发挥其承载力。进入持力层的深度除考虑承载性状外尚应同成桩工艺可行性相结合。本款是综合以上二因素结合工程经验确定的。

6 关于嵌岩桩的嵌岩深度原则上应按计算确定，计算中综合反映荷载、上覆土层、基岩性质、桩径、桩长诸因素，但对于嵌入倾斜的完整和较完整岩的深度不宜小于 $0.4d$（以岩面坡下方深度计），对于倾斜度大于30%的中风化岩，宜根据倾斜度及岩石完整程度适当加大嵌岩深度，以确保基桩的稳定性。

3.4 特殊条件下的桩基

3.4.1 本条说明关于软土地基桩基的设计原则。

1 软土地基特别是沿海深厚软土区，一般坚硬地层埋置很深，但选择较好的中、低压缩性土层作为桩端持力层仍有可能，且十分重要。

2 软土地区桩基因负摩阻力而受损的事故不少，原因各异。一是有些地区覆盖有新近沉积的欠固结土层；二是采取开山或吹填围海造地；三是使用过程地面大面积堆载；四是邻近场地降低地下水；五是大面积挤土沉桩引起超孔隙水压和土体上涌等等。负摩阻力的发生和危害是可以预防、消减的。问题是设计和施工者的事先预测和采取应对措施。

3 挤土沉桩在软土地区造成的事故不少，一是预制桩接头被拉断、桩体侧移和上涌，沉管灌注桩发生断桩、缩颈；二是邻近建筑物、道路和管线受到破坏。设计时要因地制宜选择桩型和工艺，尽量避免采用沉管灌注桩。对于预制桩和钢桩的沉桩，应采取减小孔压和减轻挤土效应的措施，包括施打塑料排水板、应力释放孔、引孔沉桩、控制沉桩速率等。

4 关于基坑开挖对已成桩的影响问题。在软土地区，考虑到基桩施工有利的作业条件，往往采取先成桩后开挖基坑的施工程序。由于基坑开挖得不均衡，形成“坑中坑”，导致土体蠕变滑移将基桩推歪推断，有的水平位移达1m多，造成严重的质量事故。这类事故自20世纪80年代以来，从南到北屡见不鲜。因此，软土场地在已成桩的条件下开挖基坑，必须严格实行均衡开挖，高差不应超过1m，不得在坑边弃土，以确保已成基桩不因土体滑移而发生水平位移和折断。

3.4.2 本条说明湿陷性黄土地区桩基的设计原则。

1 湿陷性黄土地区的桩基，由于土的自重湿陷对基桩产生负摩阻力，非自重湿陷性土由于浸水削弱桩侧阻力，承台底土抗力也随之消减，导致基桩承载力降低。为确保基桩承载力的安全可靠性，桩端持力层应选择低压缩性的黏性土、粉土、中密和密实土以及碎石类土层。

2 湿陷性黄土地基中的单桩极限承载力的不确定性较大，故设计等级为甲、乙级桩基工程的单桩极限承载力的确定，强调采用浸水载荷试验方法。

3 自重湿陷性黄土地基中的单桩极限承载力，应视浸水可能性、桩端持力层性质、建筑桩基设计等级等因素考虑负摩阻力的影响。

3.4.3 本条说明季节性冻土和膨胀土地基中的桩基的设计原则。

主要应考虑冻胀和膨胀对于基桩抗拔稳定性问题，避免冻胀或膨胀力作用下产生上拔变形，乃至因累积上拔变形而引起建筑物开裂。因此，对于荷载不大的多层建筑桩基设计应考虑以下诸因素：桩端进入冻深线或膨胀土的大气影响急剧层以下一定深度；宜采用无挤土效应的钻、挖孔桩；对桩基的抗拔稳定性和桩身受拉承载力进行验算；对承台和桩身上部采取隔冻、隔胀处理。

3.4.4 本条说明岩溶地区桩基的设计原则。

主要考虑岩溶地区的基岩表面起伏大，溶沟、溶槽、溶洞往往较发育，无风化岩层覆盖等特点，设计应把握三方面要点：一是基桩选型和工艺宜采用钻、冲孔灌注桩，以利于嵌岩；二是应控制嵌岩最小深度，以确保倾斜基岩上基桩的稳定；三是当基岩的溶蚀极为发育，溶沟、溶槽、溶洞密布，岩面起伏很大，而上覆土层厚度较大时，考虑到嵌岩桩桩长变异性过大，嵌岩施工难以实施，可采用较小桩径（$\phi500$～$\phi700$）密布非嵌岩桩，并后注浆，形成整体性和刚度很大的块体基础。如宜春邮电大楼即是一例，楼高80m，框架-剪力墙结构，地质条件与上述情况类似，原设计为嵌岩桩，成桩过程出现个别桩充盈系数达20以上，后改为Φ700灌注桩，利用上部20m左右较好的土层，实施桩端桩侧后注浆，筏板承台。建成后沉降均匀，最大不超过10mm。

3.4.5 本条说明坡地、岸边建筑桩基的设计原则。

坡地、岸边建筑桩基的设计，关键是确保其整体稳定性，一旦失稳既影响自身建筑物的安全也会波及相邻建筑的安全。整体稳定性涉及这样三个方面问题：一是建筑场地必须是稳定的，如果存在软弱土层或岩土界面等潜在滑移面，必须将桩支承于稳定岩土层以下足够深度，并验算桩基的整体稳定性和基桩的水平承载力；二是建筑桩基外缘与坡顶的水平距离必须符合有关规范规定；边坡自身必须是稳定的或经整治后确保其稳定性；三是成桩过程不得产生挤土效应。

3.4.6 本条说明抗震设防区桩基的设计原则。

桩基较其他基础形式具有较好的抗震性能，但设计中应把握这样三点：一是基桩进入液化土层以下稳定土层的长度不应小于本条规定的最小值；二是为确保承台和地下室外墙土抗力能分担水平地震作用，肥槽回填质量必须确保；三是当承台周围为软土和可液化土，且桩基水平承载力不满足要求时，可对外侧土体进行适当加固以提高水平抗力。

3.4.7 本条说明可能出现负摩阻力的桩基的设计原则。

1 对于填土建筑场地，宜先填土后成桩，为保证填土的密实性，应根据填料及下卧层性质，对低水位场地应分层填土分层辗压或分层强夯，压实系数不应小于0.94。为加速下卧层固结，宜采取插塑料排水板等措施。

2 室内大面积堆载常见于各类仓库、炼钢、轧钢车间，由堆载引起上部结构开裂乃至破坏的事故不少。要防止堆载对桩基产生负摩阻力，对堆载地基进行加固处理是措施之一，但造价往往偏高。对与堆载相邻的桩基采用刚性排桩进行隔离，对预制桩表面涂层处理等都是可供选用的措施。

3 对于自重湿陷性黄土，采用强夯、挤密土桩等处理，消除土层的湿陷性，属于防止负摩阻力的有效措施。

3.4.8 本条说明关于抗拔桩基的设计原则。

建筑桩基的抗拔问题主要出现于两种情况，一种是建筑物在风荷载、地震作用下的局部非永久上拔力；另一种是抵抗超补偿地下室地下水浮力的抗浮桩。对于前者，抗拔力与建筑物高度、风压强度、抗震设防等级等因素相关。当建筑物设有地下室时，由于风荷载、地震引起的桩顶拔力显著减小，一般不起控制作用。

随着近年地下空间的开发利用，抗浮成为较普遍的问题。抗浮有多种方式，包括地下室底板上配重(如素混凝土或钢渣混凝土)、设置抗浮桩。后者具有较好的灵活性、适用性和经济性。对于抗浮桩基的设计，首要问题是根据场地勘察报告关于环境类别，水、土腐蚀性，参照现行《混凝土结构设计规范》GB 50010确定桩身的裂缝控制等级，对于不同裂缝控制等级采取相应设计原则。对于抗浮荷载较大的情况宜采用桩侧后注浆、扩底灌注桩，当裂缝控制等级较高时，可采用预应力桩；以岩层为主的地基宜采用岩石锚杆抗浮。其次，对于抗浮桩承载力应按本规范进行单桩和群桩抗拔承载力计算。

3.5 耐久性规定

3.5.2 二、三类环境桩基结构耐久性设计，对于混凝土的基本要求应根据现行《混凝土结构设计规范》GB 50010规定执行，最大水灰比、最小水泥用量、混凝土最低强度等级、混凝土的最大氯离子含量、最大碱含量应符合相应的规定。

3.5.3 关于二、三类环境桩基结构的裂缝控制等级的判别，应按现行《混凝土结构设计规范》GB 50010规定的环境类别和水、土对混凝土结构的腐蚀性等级制定，对桩基结构正截面尤其是对抗拔桩的抗裂和裂缝宽度控制进行设计计算。

4 桩基构造

4.1 基桩构造

4.1.1 本条说明关于灌注桩的配筋率、配筋长度和箍筋的配置的相关内容。

灌注桩的配筋与预制桩不同之处是无需考虑吊装、锤击沉桩等因素。正截面最小配筋率宜根据桩径确定，如ϕ300mm桩，配6ϕ10mm，$A_g=471mm^2$，$\mu_g=A_g/A_{ps}=0.67\%$；又如ϕ2000mm桩，配16ϕ22mm，$A_g=6280mm^2$，$\mu_g=A_g/A_{ps}=0.2\%$。另外，从承受水平力的角度考虑，桩身受弯截面模量为桩径的3次方，配筋对水平抗力的贡献随桩径增大显著增大。从以上两方面考虑，规定正截面最小配筋率为0.2%～0.65%，大桩径取低值，小桩径取高值。

关于配筋长度，主要考虑轴向荷载的传递特征及荷载性质。对于端承桩应通长等截面配筋，摩擦型桩宜分段变截面配筋；当桩较长也可部分长度配筋，但不宜小于2/3桩长。当受水平力时，尚不应小于反弯点下限$4.0/\alpha$；当有可液化层、软弱土层时，纵向主筋应穿越这些土层进入稳定土层一定深度。对于抗拔桩应根据桩长、裂缝控制等级、桩侧土性等因素通长等截面或变截面配筋。对于受水平荷载桩，其极限承载力受配筋率影响大，主筋不应小于8ϕ12，以保证受拉区主筋不小于3ϕ12。对于抗压桩和抗拔桩，为保证桩身钢筋笼的成型刚度以及桩身承载力的可靠性，主筋不应小于6ϕ10；$d\leqslant400$mm时，不应小于4ϕ10。

关于箍筋的配置，主要考虑三方面因素。一是箍筋的受剪作用，对于地震设防地区，基桩桩顶要承受较大剪力和弯矩，在风载等水平力作用下也同样如此，故规定桩顶5d范围箍筋应适当加密，一般间距为100mm；二是箍筋在轴压荷载下对混凝土起到约束加强作用，可大幅提高桩身受压承载力，而桩顶部分荷载最大，故桩顶部位箍筋应适当加密；三是为控制钢筋笼的刚度，根据桩身直径不同，箍筋直径一般为ϕ6～ϕ12，加劲箍为ϕ12～ϕ18。

4.1.2 桩身混凝土的最低强度等级由原规定C20提高到C25，这主要是根据《混凝土结构设计规范》GB 50010规定，设计使用年限为50年，环境类别为二a时，最低强度等级为C25；环境类别为二b时，最低强度等级为C30。

4.1.13 根据广东省采用预应力管桩的经验，当桩端持力层为非饱和状态的强风化岩时，闭口桩沉桩后一定时间由于桩端构造缝隙浸水导致风化岩软化，端阻力有显著降低现象。经研究，沉桩后立刻灌入微膨胀性混凝土至桩端以上约2m，能起到防止渗水软化现象发生。

4.2 承 台 构 造

4.2.1 承台除满足抗冲切、抗剪切、抗弯承载力和上部结构的需要外，尚需满足如下构造要求才能保证实现上述要求。

1 承台最小宽度不应小于 500mm，桩中心至承台边缘的距离不宜小于桩直径或边长，边缘挑出部分不应小于 150mm，主要是为满足嵌固及斜截面承载力（抗冲切、抗剪切）的要求。对于墙下条形承台梁，其边缘挑出部分可减少至 75mm，主要是考虑到墙体与承台梁共同工作可增强承台梁的整体刚度，受力情况良好。

2 承台的最小厚度规定为不应小于 300mm，高层建筑平板式筏形基础承台最小厚度不应小于 400mm，是为满足承台基本刚度、桩与承台的连接等构造需要。

4.2.2 承台混凝土强度等级应满足结构混凝土耐久性要求，对设计使用年限为 50 年的承台，根据现行《混凝土结构设计规范》GB 50010 的规定，当环境类别为二 a 类别时不应低于 C25，二 b 类别时不应低于 C30。有抗渗要求时，其混凝土的抗渗等级应符合有关标准的要求。

4.2.3 承台的钢筋配置除应满足计算要求外，尚需满足构造要求。

1 柱下独立桩基承台的受力钢筋应通长配置，主要是为保证桩基承台的受力性能良好，根据工程经验及承台受弯试验对矩形承台将受力钢筋双向均匀布置；对三桩的三角形承台应按三向板带均匀布置，为提高承台中部的抗裂性能，最里面的三根钢筋围成的三角形应在柱截面范围内。承台受力钢筋的直径不宜小于 12mm，间距不宜大于 200mm。主要是为满足施工及受力要求。独立桩基承台的最小配筋率不应小于 0.15%。具体工程的实际最小配筋率宜考虑结构安全等级、基桩承载力等因素综合确定。

2 柱下独立两桩承台，当桩距与承台有效高度之比小于 5 时，其受力性能属深受弯构件范畴，因而宜按现行《混凝土结构设计规范》GB 50010 中的深受弯构件配置纵向受拉钢筋、水平及竖向分布钢筋。

3 条形承台梁纵向主筋应满足现行《混凝土结构设计规范》GB 50010 关于最小配筋率 0.2%的要求以保证具有最小抗弯能力。关于主筋、架立筋、箍筋直径的要求是为满足施工及受力要求。

4 筏板承台在计算中仅考虑局部弯矩时，由于未考虑实际存在的整体弯距的影响，因此需要加强构造，故规定纵横两个方向的下层钢筋配筋率不宜小于 0.15%；上层钢筋按计算钢筋全部连通。当筏板厚度大于 2000mm 时，在筏板中部设置直径不小于 12mm、间距不大于 300mm 的双向钢筋网，是为减小大体积混凝土温度收缩的影响，并提高筏板的抗剪承载力。

5 承台底面钢筋的混凝土保护层厚度除应符合现行《混凝土结构设计规范》GB 50010 的要求外，尚不应小于桩头嵌入承台的长度。

4.2.4 本条说明桩与承台的连接构造要求。

1 桩嵌入承台的长度规定是根据实际工程经验确定。如果桩嵌入承台深度过大，会降低承台的有效高度，使受力不利。

2 混凝土桩的桩顶纵向主筋锚入承台内的长度一般情况下为 35 倍直径，对于专用抗拔桩，桩顶纵向主筋的锚固长度应按现行《混凝土结构设计规范》GB 50010 的受拉钢筋锚固长度确定。

3 对于大直径灌注桩，当采用一柱一桩时，连接构造通常有两种方案：一是设置承台，将桩与柱通过承台相连接；二是将桩与柱直接相连。实际工程根据具体情况选择。

关于桩与承台连接的防水构造问题：

当前工程实践中，桩与承台连接的防水构造形式繁多，有的用防水卷材将整个桩头包裹起来，致使桩与承台无连接，仅是将承台支承于桩顶；有的虽设有防水措施，但在钢筋与混凝土或底板与桩之间形成渗水通道，影响桩及底板的耐久性。本规范建议的防水构造如图 8。

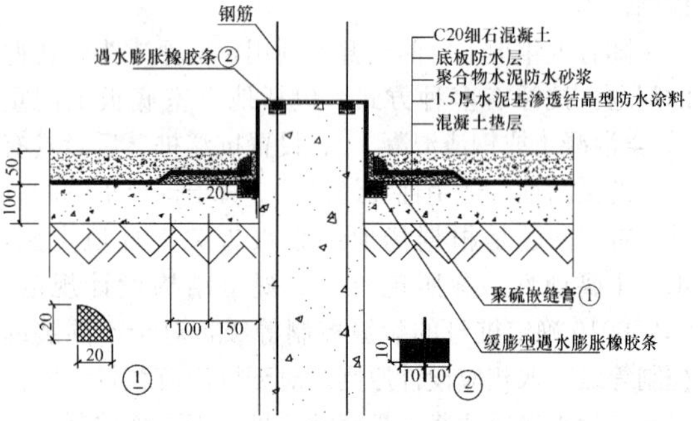

图 8　桩与承台连接的防水构造

具体操作时要注意以下几点：

1）桩头要剔凿至设计标高，并用聚合物水泥防水砂浆找平；桩侧剔凿至混凝土密实处；

2）破桩后如发现渗漏水，应采取相应堵漏措施；

3）清除基层上的混凝土、粉尘等，用清水冲洗干净；基面要求潮湿，但不得有明水；

4）沿桩头根部及桩头钢筋根部分别剔凿 20mm×25mm 及 10mm×10mm 的凹槽；

5）涂刷水泥基渗透结晶型防水涂料必须连续、均匀，待第二层涂料呈半干状态后开始喷水养护，养护时间不小于三天；

6）待膨胀型止水条紧密、连续、牢固地填塞于凹槽后，方可施工聚合物水泥防水砂浆层；

7）聚硫嵌缝膏嵌填时，应保护好垫层防水层，并与之搭接严密；

8）垫层防水层及聚硫嵌缝膏施工完成后，应及时做细石混凝土保护层。

4.2.6 本条说明承台与承台之间的连接构造要求。

1 一柱一桩时，应在桩顶两个相互垂直方向上设置连系梁，以保证桩基的整体刚度。当桩与柱的截面直径之比大于2时，在水平力作用下，承台水平变位较小，可以认为满足结构内力分析时柱底为固端的假定。

2 两桩桩基承台短向抗弯刚度较小，因此应设置承台连系梁。

3 有抗震设防要求的柱下桩基承台，由于地震作用下，建筑物的各桩基承台所受的地震剪力和弯矩是不确定的，因此在纵横两方向设置连系梁，有利于桩基的受力性能。

4 连系梁顶面与承台顶面位于同一标高，有利于直接将柱底剪力、弯矩传递至承台。

连系梁的截面尺寸及配筋一般按下述方法确定：以柱剪力作用于梁端，按轴心受压构件确定其截面尺寸，配筋则取与轴心受压相同的轴力（绝对值），按轴心受拉构件确定。在抗震设防区也可取柱轴力的1/10为梁端拉压力的粗略方法确定截面尺寸及配筋。联系梁最小宽度和高度尺寸的规定，是为了确保其平面外有足够的刚度。

5 连系梁配筋除按计算确定外，从施工和受力要求，其最小配筋量为上下配置不小于2ϕ12钢筋。

4.2.7 承台和地下室外墙的肥槽回填土质量至关重要。在地震和风载作用下，可利用其外侧土抗力分担相当大份额的水平荷载，从而减小桩顶剪力分担，降低上部结构反应。但工程实践中，往往忽视肥槽回填质量，以至出现浸水湿陷，导致散水破坏，给桩基结构在遭遇地震工况下留下安全隐患。设计人员应加以重视，避免这种情况发生。一般情况下，采用灰土和压实性较好的素土分层夯实；当施工中分层夯实有困难时，可采用素混凝土回填。

5 桩基计算

5.1 桩顶作用效应计算

5.1.1 关于桩顶竖向力和水平力的计算，应是在上部结构分析将荷载凝聚于柱、墙底部的基础上进行。这样，对于柱下独立桩基，按承台为刚性板和反力呈线性分布的假定，得到计算各基桩或复合基桩的桩顶竖向力和水平力公式(5.1.1-1)～(5.1.1-3)。对于桩筏、桩箱基础，则按各柱、剪力墙、核心筒底部荷载分别按上述公式进行桩顶竖向力和水平力的计算。

5.1.3 属于本条所列的第一种情况，为了考虑其在高烈度地震作用或风载作用下桩基承台和地下室侧墙的侧向土抗力，合理的计算基桩的水平承载力和位移，宜按附录C进行承台——桩——土协同作用分析。属于本条所列的第二种情况，高承台桩基（使用要求架空的大型储罐、上部土层液化、湿陷）和低承台桩基，在较大水平力作用下，为使基桩桩顶竖向力、剪力、弯矩分配符合实际，也需按附录C进行计算，尤其是当桩径、桩长不等时更为必要。

5.2 桩基竖向承载力计算

5.2.1、5.2.2 关于桩基竖向承载力计算，本规范采用以综合安全系数$K=2$取代原规范的荷载分项系数γ_G、γ_Q和抗力分项系数γ_s、γ_p，以单桩竖向极限承载力标准值Q_{uk}或极限侧阻力标准值q_{sik}、极限端阻力标准值q_{pk}、桩的几何参数a_k为参数确定抗力，以荷载效应标准组合S_k为作用力的设计表达式：

$$S_k \leqslant R(Q_{uk}, K)$$

$$或\ S_k \leqslant R(q_{sik}, q_{pk}, a_k, K)$$

采用上述承载力极限状态设计表达式，桩基安全度水准与《建筑桩基技术规范》JGJ 94－94相比，有所提高。这是由于（1）建筑结构荷载规范的均布活载标准值较前提高了1/4（办公楼、住宅），荷载组合系数提高了17%；由此使以土的支承阻力制约的桩基承载力安全度有所提高；（2）基本组合的荷载分项系数由1.25提高至1.35（以永久荷载控制的情况）；（3）钢筋和混凝土强度设计值略有降低。以上（2）、（3）因素使桩基结构承载力安全度有所提高。

5.2.4 对于本条规定的考虑承台竖向土抗力的四种情况：一是上部结构刚度较大、体形简单的建（构）筑物，由于其可适应较大的变形，承台分担的荷载份额往往也较大；二是对于差异变形适应性较强的排架结构和柔性构筑物桩基，采用考虑承台效应的复合桩基不致降低安全度；三是按变刚度调平原则设计的核心筒外围框架柱桩基，适当增加沉降、降低基桩支承刚度，可达到减小差异沉降、降低承台外围基桩反力、减小承台整体弯距的目标；四是软土地区减沉复合疏桩基础，考虑承台效应按复合桩基设计是该方法的核心。以上四种情况，在近年工程实践中的应用已取得成功经验。

5.2.5 本条说明关于承台效应及复合桩基承载力计算的相关内容

1 承台效应系数

摩擦型群桩在竖向荷载作用下，由于桩土相对位移，桩间土对承台产生一定竖向抗力，成为桩基竖向承载力的一部分而分担荷载，称此种效应为承台效应。承台底地基土承载力特征值发挥率为承台效应系数。承台效应和承台效应系数随下列因素影响而变化。

1）桩距大小。桩顶受荷载下沉时，桩周土受桩侧剪应力作用而产生竖向位移w_r

$$w_r = \frac{1+\mu_s}{E_o} q_s d \ln \frac{nd}{r}$$

由上式看出，桩周土竖向位移随桩侧剪应力 q_s 和桩径 d 增大而线性增加，随与桩中心距离 r 增大，呈自然对数关系减小，当距离 r 达到 nd 时，位移为零；而 nd 根据实测结果约为（6～10）d，随土的变形模量减小而减小。显然，土竖向位移愈小，土反力愈大，对于群桩，桩距愈大，土反力愈大。

2）承台土抗力随承台宽度与桩长之比 B_c/l 减小而减小。现场原型试验表明，当承台宽度与桩长之比较大时，承台土反力形成的压力泡包围整个桩群，由此导致桩侧阻力、端阻力发挥值降低，承台底土抗力随之加大。由图 9 看出，在相同桩数、桩距条件下，承台分担荷载比随 B_c/l 增大而增大。

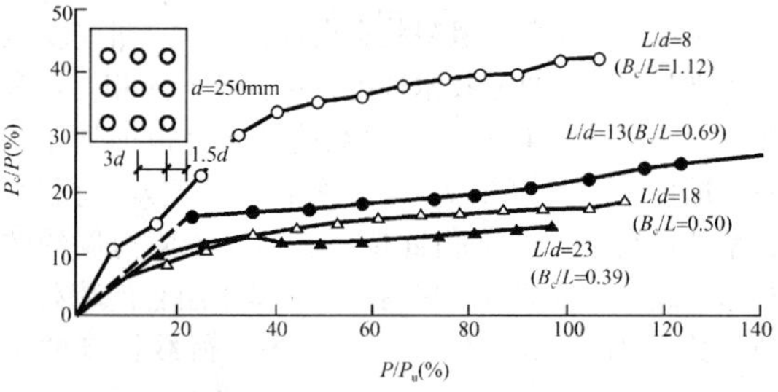

图 9　粉土中承台分担荷载比 P_c/P 随承台宽度与桩长比 B_c/L 的变化

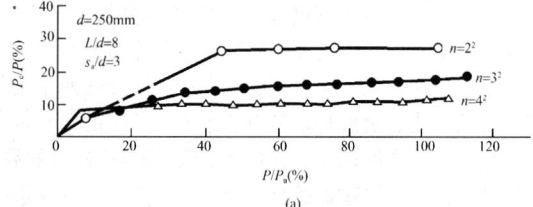

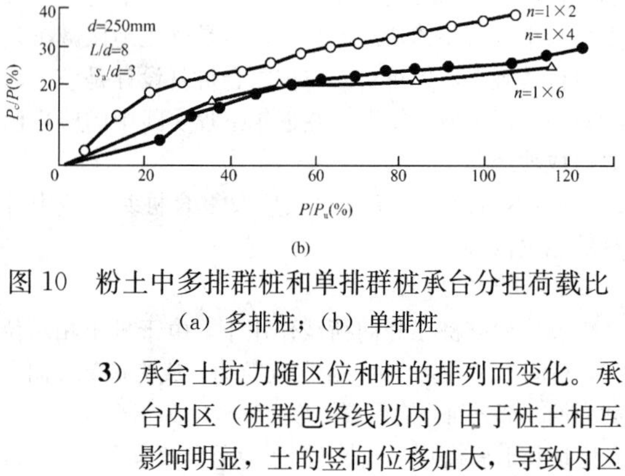

图 10　粉土中多排群桩和单排群桩承台分担荷载比

（a）多排桩；（b）单排桩

3）承台土抗力随区位和桩的排列而变化。承台内区（桩群包络线以内）由于桩土相互影响明显，土的竖向位移加大，导致内区土反力明显小于外区（承台悬挑部分），即呈马鞍形分布。从图 10（a）还可看出，桩数由 2^2 增至 3^2、4^2，承台分担荷载比 P_c/P 递减，这也反映出承台内、外区面积比随桩数增多而增大导致承台土抗力随之降低。对于单排桩条基，由于承台外区面积比大，故其土抗力显著大于多排桩桩基。图 10 所示多排和单排桩基承台分担荷载比明显不同证实了这一点。

4）承台土抗力随荷载的变化。由图 9、图 10 看出，桩基受荷后承台底产生一定土抗力，随荷载增加土抗力及其荷载分担比的变化分二种模式。一种模式是，到达工作荷载（$P_u/2$）时，荷载分担比 P_c/P 趋于稳值，也就是说土抗力和荷载增速是同步的；这种变化模式出现于 $B_c/l \leqslant 1$ 和多排桩。对于 $B_c/l > 1$ 和单排桩桩基属于第二种变化模式，P_c/P 在荷载达到 $P_u/2$ 后仍随荷载水平增大而持续增长；这说明这两种类型桩基承台土抗力的增速持续大于荷载增速。

5）承台效应系数模型试验实测、工程实测与计算比较（见表 3、表 4）。

2　复合基桩承载力特征值

根据粉土、粉质黏土、软土地基群桩试验取得的承台土抗力的变化特征（见表 3），结合 15 项工程桩基承台土抗力实测结果（见表 4），给出承台效应系数 η_c。承台效应系数 η_c 按距径比 s_a/d 和承台宽度与桩长比 B_c/l 确定（见本规范表 5.2.5）。相应于单根桩的承台抗力特征值为 $\eta_c f_{ak} A_c$，由此得规范式（5.2.5-1）、式（5.2.5-2）。对于单排条形桩基的 η_c，如前所述大于多排桩群桩，故单独给出其 η_c 值。但对于承台宽度小于 1.5d 的条形基础，内区面积比大，故 η_c 按非条基取值。上述承台土抗力计算方法，较 JGJ 94—94 简化，不区分承台内外区面积比。按该法计算，对于柱下独立桩基计算值偏小，对于大桩群筏形承台差别不大。A_c 为计算基桩对应的承台底净面积。关于承台计算域 A、基桩对应的承台面积 A_c 和承台效应系数 η_c，具体规定如下：

1）柱下独立桩基：A 为全承台面积。

2）桩筏、桩箱基础：按柱、墙侧 1/2 跨距，悬臂边取 2.5 倍板厚处确定计算域，桩距、桩径、桩长不同，采用上式分区计算，或取平均 s_a、B_c/l 计算 η_c。

3）桩集中布置于墙下的剪力墙高层建筑桩筏基础：计算域自墙两边外扩各 1/2 跨距，对于悬臂板自墙边外扩 2.5 倍板厚，按条基计算 η_c。

4）对于按变刚度调平原则布桩的核心筒外围平板式和梁板式筏形承台复合桩基：计算域为自柱侧 1/2 跨，悬臂板边取 2.5 倍板厚处围成。

表 3　承台效应系数模型试验实测与计算比较

序号	土类	桩径	长径比	距径比	桩数	承台宽与桩长比	承台底土承载力特征值	桩端持力层	实测土抗力平均值	承台效应系数	
		d(mm)	l/d	s_a/d	$r\times m$	B_c/l	f_{ak}(kPa)		(kPa)	实测 η_c	计算 η_c
1	粉土	250	18	3	3×3	0.50	125	粉黏	32	0.26	0.16
2		250	8	3	3×3	1.125	125		40	0.32	0.18
3		250	13	3	3×3	0.692	125		35	0.28	0.16
4		250	23	3	3×3	0.391	125		30	0.24	0.14
5		250	18	4	3×3	0.611	125		34	0.27	0.22
6		250	18	6	3×3	0.833	125		60	0.48	0.44
7		250	18	3	1×4	0.167	125		40	0.32	0.30
8		250	18	3	2×4	0.333	125		32	0.26	0.14
9		250	18	3	3×4	0.507	125		30	0.24	0.15
10		250	18	3	4×4	0.667	125		29	0.23	0.16
11		250	18	3	2×2	0.333	125		40	0.32	0.14
12		250	18	3	1×6	0.167	125		32	0.26	0.14
13		250	18	3	3×3	0.500	125		28	0.22	0.15
14	粉黏	150	11	3	6×6	1.55	75	砾砂	13.3	0.18	0.18
15		150	11	3.75	5×5	1.55	75	砾砂	21.1	0.28	0.23
16		150	11	5	4×4	1.55	75	砾砂	27.7	0.37	0.37
17		114	17.5	3.5	3×9	0.50	200	粉黏	48	0.24	0.19
18	粉土	325	12.3	4	2×2	1.55	150	粉土	51	0.34	0.24
19	淤泥质黏土	100	45	3	4×4	0.267	40	黏土	11.2	0.28	0.13
20		100	45	4	4×4	0.333	40	黏土	12.0	0.30	0.21
21		100	45	6	4×4	0.467	40	黏土	14.4	0.36	0.38
22		100	45	6	3×3	0.333	40	黏土	16.4	0.41	0.36

表 4　承台效应系数工程实测与计算比较

序号	建筑结构	桩径	桩长	距径比	承台平面尺寸	承台宽与桩长比	承台底土承载力特征值	计算承台效应系数	承台土抗力		实测 p'_c / 计算 p_c
		d(mm)	l(m)	s_a/d	(m²)	B_c/l	f_{ak}(kPa)		计算 p_c	实测 p'_c	
1	22 层框架—剪力墙	550	22.0	3.29	42.7×24.7	1.12	80	0.15	12	13.4	1.12
2	25 层框架—剪力墙	450	25.8	3.94	37.0×37.0	1.44	90	0.20	18	25.3	1.40
3	独立柱基	400	24.5	3.55	5.6×4.4	0.18	60	0.21	17.1	17.7	1.04
4	20 层剪力墙	400	7.5	3.75	29.7×16.7	2.95	90	0.20	18.0	20.4	1.13
5	12 层剪力墙	450	25.5	3.82	25.5×12.9	0.506	80	0.80	23.2	33.8	1.46
6	16 层框架—剪力墙	500	26.0	3.14	44.2×12.3	0.456	80	0.23	16.1	15	0.93
7	32 层剪力墙	500	54.6	4.31	27.5×24.5	0.453	80	0.27	18.9	19	1.01
8	26 层框架—核心筒	609	53.0	4.26	38.7×36.4	0.687	80	0.33	26.4	29.4	1.11
9	7 层砖混	400	13.5	4.6	439	0.163	79	0.18	13.7	14.4	1.05
10	7 层砖混	400	13.5	4.6	335	0.111	79	0.18	14.2	18.5	1.30
11	7 层框架	380	15.5	4.15	14.7×17.7	0.98	110	0.17	19.0	19.5	1.03
12	7 层框架	380	15.5	4.3	10.5×39.6	0.73	110	0.16	18.0	24.5	1.36
13	7 层框架	380	15.5	4.4	9.1×36.3	0.61	110	0.18	19.3	32.1	1.66
14	7 层框架	380	15.5	4.3	10.5×39.6	0.73	110	0.16	19.1	19.4	1.02
15	某油田塔基	325	4.0	5.5	ϕ=6.9	1.4	120	0.50	60	66	1.10

不能考虑承台效应的特殊条件：可液化土、湿陷性土、高灵度软土、欠固结土、新填土、沉桩引起孔隙水压力和土体隆起等，这是由于这些条件下承台土抗力随时可能消失。

对于考虑地震作用时，按本规范式（5.2.5-2）计算复合基桩承载力特征值。由于地震作用下轴心竖向力作用下基桩承载力按本规范式（5.2.1-3）提高25%，故地基土抗力乘以 $\zeta_a/1.25$ 系数，其中 ζ_a 为地基抗震承载力调整系数；除以 1.25 是与本规范式（5.2.1-3）相适应的。

3 忽略侧阻和端阻的群桩效应的说明

影响桩基的竖向承载力的因素包含三个方面，一是基桩的承载力；二是桩土相互作用对于桩侧阻力和端阻力的影响，即侧阻和端阻的群桩效应；三是承台底土抗力分担荷载效应。对于第三部分，上面已就条文的规定作了说明。对于第二部分，在《建筑桩基技术规范》JGJ 94—94 中规定了侧阻的群桩效应系数 η_s，端阻的群桩效应系数 η_p。所给出的 η_s、η_p 源自不同土质中的群桩试验结果。其总的变化规律是：对于侧阻力，在黏性土中因群桩效应而削弱，即非挤土桩在常用桩距条件下 η_s 小于1，在非密实的粉土、砂土中因群桩效应产生沉降硬化而增强，即 η_s 大于 1；对于端阻力，在黏性土和非黏性土中，均因相邻桩桩端土互逆的侧向变形而增强，即 $\eta_p>1$。但侧阻、端阻的综合群桩效应系数 η_{sp} 对于非单一黏性土大于 1，单一黏性土当桩距为 3～4d 时略小于 1。计入承台土抗力的综合群桩效应系数略大于 1，非黏性土群桩较黏性土更大一些。就实际工程而言，桩所穿越的土层往往是两种以上性质土层交互出现，且水平向变化不均，由此计算群桩效应确定承载力较为繁琐。另据美国、英国规范规定，当桩距 $s_a \geqslant 3d$ 时不考虑群桩效应。本规范第 3.3.3 条所规定的最小桩距除桩数少于 3 排和 9 根桩的非挤土端承桩群桩外，其余均不小于 3d。鉴于此，本规范关于侧阻和端阻的群桩效应不予考虑，即取 $\eta_s=\eta_p=1.0$。这样处理，方便设计，多数情况下可留给工程更多安全储备。对单一黏性土中的小桩距低承台桩基，不应再另行计入承台效应。

关于群桩沉降变形的群桩效应，由于桩—桩、桩—土、土—桩、土—土的相互作用导致桩群的竖向刚度降低，压缩层加深，沉降增大，则是概念设计布桩应考虑的问题。

5.3 单桩竖向极限承载力

5.3.1 本条说明不同桩基设计等级对于单桩竖向极限承载力标准值确定方法的要求。

目前对单桩竖向极限承载力计算受土强度参数、成桩工艺、计算模式不确定性影响的可靠度分析仍处于探索阶段的情况下，单桩竖向极限承载力仍以原位原型试验为最可靠的确定方法，其次是利用地质条件相同的试桩资料和原位测试及端阻力、侧阻力与土的物理指标的经验关系参数确定。对于不同桩基设计等级应采用不同可靠性水准的单桩竖向极限承载力确定的方法。单桩竖向极限承载力的确定，要把握两点，一是以单桩静载试验为主要依据，二是要重视综合判定的思想。因为静载试验一则数量少，二则在很多情况下如地下室土方尚未开挖，设计前进行完全与实际条件相符的试验不可能。因此，在设计过程中，离不开综合判定。

本规范规定采用单桩极限承载力标准值作为桩基承载力设计计算的基本参数。试验单桩极限承载力标准值指通过不少于 2 根的单桩现场静载试验确定的，反映特定地质条件、桩型与工艺、几何尺寸的单桩极限承载力代表值。计算单桩极限承载力标准值指根据特定地质条件、桩型与工艺、几何尺寸、以极限侧阻力标准值和极限端阻力标准值的统计经验值计算的单桩极限承载力标准值。

5.3.2 本条主旨是说明单桩竖向极限承载力标准值及其参数包括侧阻力、端阻力以及嵌岩桩嵌岩段的侧阻力、端阻力如何根据具体情况通过试验直接测定，并建立承载力参数与土层物性指标、静探等原位测试指标的相关关系以及岩石侧阻、端阻与饱和单轴抗压强度等的相关关系。直径为 0.3m 的嵌岩短墩试验，其嵌岩深度根据岩层软硬程度确定。

5.3.5 根据土的物理指标与承载力参数之间的经验关系计算单桩竖向极限承载力，核心问题是经验参数的收集，统计分析，力求涵盖不同桩型、地区、土质，具有一定的可靠性和较大适用性。

原《建筑桩基技术规范》JGJ 94—94 收集的试桩资料经筛选得到完整资料 229 根，涵盖 11 个省市。本次修订又共收集试桩资料 416 根，其中预制桩资料 88 根，水下钻（冲）孔灌注桩资料 184 根，干作业钻孔灌注桩资料 144 根。前后合计总试桩数为 645 根。以原规范表列 q_{sik}、q_{pk} 为基础对新收集到的资料进行试算调整，其间还参考了上海、天津、浙江、福建、深圳等省市地方标准给出的经验值，最终得到本规范表 5.3.5-1、表 5.3.5-2 所列各桩型的 q_{sik}、q_{pk} 经验值。

对按各桩型建议的 q_{sik}、q_{pk} 经验值计算统计样本的极限承载力 Q_{uk}，各试桩的极限承载力实测值 Q'_u 与计算值 Q_{uk} 比较，$\eta=Q'_u/Q_{uk}$，将统计得到预制桩（317 根）、水下钻（冲）孔桩（184 根）、干作业钻孔桩（144 根）的 η 按 0.1 分位与其频数 N 之间的关系，Q'_u/Q_{uk} 平均值及均方差 S_n 分别表示于图 11～图 13。

5.3.6 本条说明关于大直径桩（$d\geqslant 800$mm）极限侧阻力和极限端阻力的尺寸效应。

1）大直径桩端阻力的尺寸效应。大直径桩静载试验 Q-S 曲线均呈缓变型，反映出

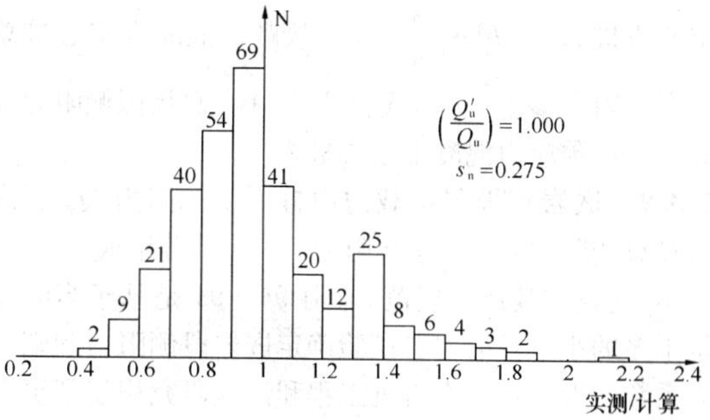

图 11　预制桩（317 根）极限承载力实测/计算频数分布

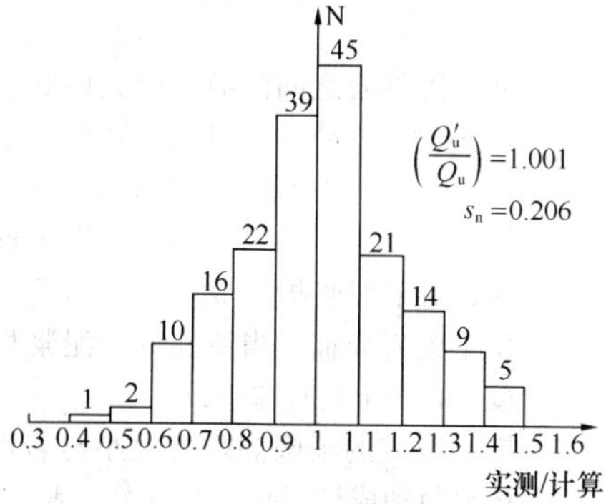

图 12　水下钻(冲)孔桩(184 根)极限承载力实测/计算频数分布

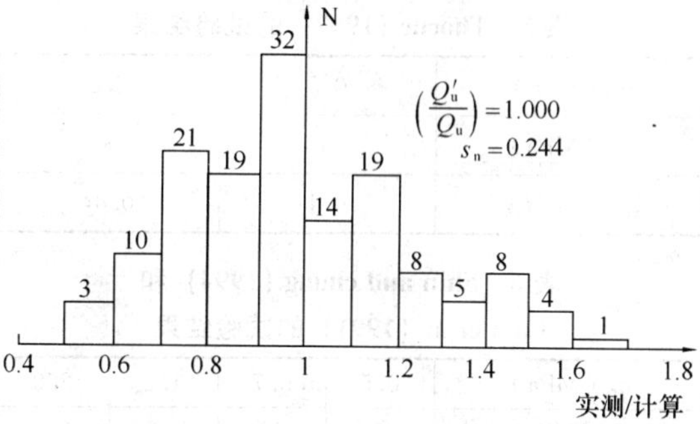

图 13　干作业钻孔桩（144 根）极限承载力实测/计算频数分布

其端阻力以压剪变形为主导的渐进破坏。G. G. Meyerhof（1998）指出，砂土中大直径桩的极限端阻随桩径增大而呈双曲线减小。根据这一特性，将极限端阻的尺寸效应系数表示为：

$$\psi_p=\left(\frac{0.8}{D}\right)^n$$

式中　D——桩端直径；

n——经验指数，对于黏性土、粉土，$n=1/4$；对于砂土、碎石土，$n=1/3$。

图 14 为试验结果与上式计算端阻尺寸效应系数 ψ_p 的比较。

2）大直径桩侧阻尺寸效应系数

桩成孔后产生应力释放，孔壁出现松弛变形，导

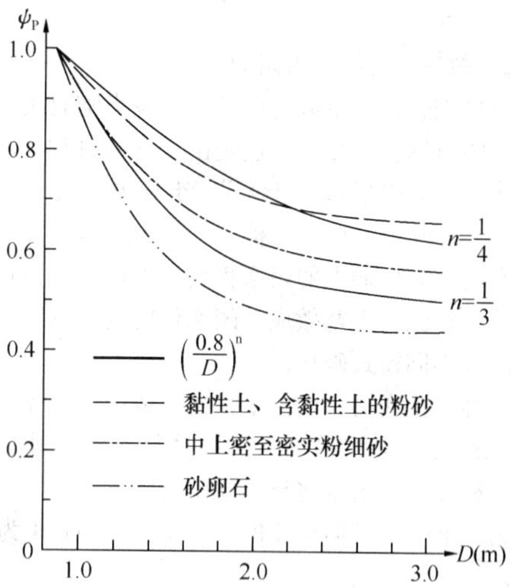

图 14　大直径桩端阻尺寸效应系数 ψ_p 与桩径 D 关系计算与试验比较

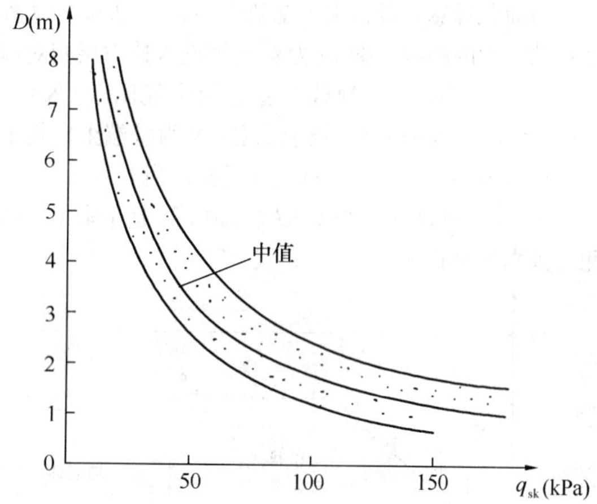

图 15　砂、砾土中极限侧阻力随桩径的变化

致侧阻力有所降低，侧阻力随桩径增大呈双曲线型减小（图 15 H. Brandl. 1988）。本规范建议采用如下表达式进行侧阻尺寸效应计算。

$$\psi_s=\left(\frac{0.8}{d}\right)^m$$

式中　d——桩身直径；

m——经验指数；黏性土、粉土 $m=1/5$；砂土、碎石 $m=1/3$。

5.3.7　本条说明关于钢管桩的单桩竖向极限承载力的相关内容。

1　闭口钢管桩

闭口钢管桩的承载变形机理与混凝土预制桩相同。钢管桩表面性质与混凝土桩表面虽有所不同，但大量试验表明，两者的极限侧阻力可视为相等，因为除坚硬黏性土外，侧阻剪切破坏面是发生于靠近桩表面的土体中，而不是发生于桩土介面。因此，闭口钢管桩承载力的计算可采用与混凝土预制桩相同的模式

与承载力参数。

2　敞口钢管桩的端阻力

敞口钢管桩的承载力机理与承载力随有关因素的变化比闭口钢管桩复杂。这是由于沉桩过程，桩端部分土将涌入管内形成“土塞”。土塞的高度及闭塞效果随土性、管径、壁厚、桩进入持力层的深度等诸多因素变化。而桩端土的闭塞程度又直接影响桩的承载力性状。称此为土塞效应。闭塞程度的不同导致端阻力以两种不同模式破坏。

一种是土塞沿管内向上挤出，或由于土塞压缩量大而导致桩端土大量涌入。这种状态称为非完全闭塞，这种非完全闭塞将导致端阻力降低。

另一种是如同闭口桩一样破坏，称其为完全闭塞。

土塞的闭塞程度主要随桩端进入持力层的相对深度 h_b/d（h_b 为桩端进入持力层的深度，d 为桩外径）而变化。

为简化计算，以桩端土塞效应系数 λ_p 表征闭塞程度对端阻力的影响。图 16 为 λ_p 与桩进入持力层相对深度 h_b/d 的关系，λ_p＝静载试验总极限端阻/30 NA_p。其中 30 NA_p 为闭口桩总极限端阻，N 为桩端土标贯击数，A_p 为桩端投影面积。从该图看出，当 $h_b/d \leqslant 5$ 时，λ_p 随 h_b/d 线性增大；当 $h_b/d > 5$ 时，λ_p 趋于常量。由此得到本规范式（5.3.7-2）、式（5.3.7-3）。

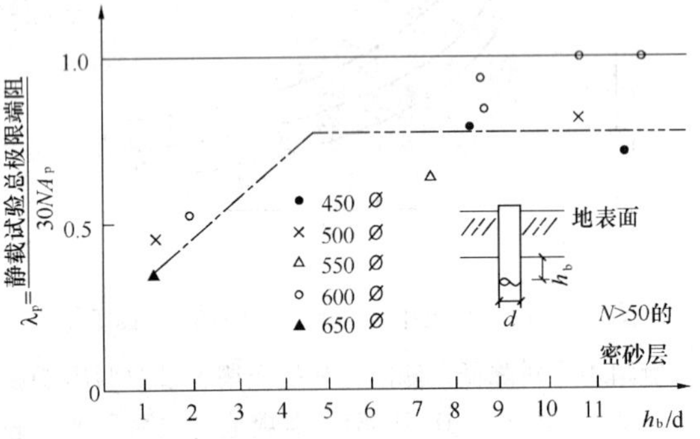

图 16　λ_p 与 h_b/d 关系

（日本钢管桩协会，1986）

5.3.8　混凝土敞口空心桩单桩竖向极限承载力的计算。与实心混凝土预制桩相同的是，桩端阻力由于桩端敞口，类似于钢管桩也存在桩端的土塞效应；不同的是，混凝土空心桩壁厚度较钢管桩大得多，计算端阻力时，不能忽略空心壁端部提供的端阻力，故分为两部分：一部分为空心壁端部的端阻力，另一部分为敞口部分端阻力。对于后者类似于钢管桩的承载机理，考虑桩端土塞效应系数 λ_p，λ_p 随桩端进入持力层的相对深度 h_b/d 而变化（d 为空心桩内径），按本规范式(5.3.8-2)、式(5.3.8-3)计算确定。敞口部分端阻力为 $\lambda_p q_{pk} A_{p1}$ $\left(A_{p1} = \frac{\pi}{4} d_1^2, d_1 \text{ 为空心内径}\right)$，管壁端部端阻力为 $q_{pk} A_j$（A_j 为桩端净面积，圆形管桩 $A_j = \frac{\pi}{4}(d^2 - d_1^2)$，空心方桩 $A_j = b^2 - \frac{\pi}{4} d_1^2$）。故敞口混凝土空心桩总极限端阻力 $Q_{pk} = q_{pk}(A_j + \lambda_p A_{p1})$。总极限侧阻力计算与闭口预应力混凝土空心桩相同。

5.3.9　嵌岩桩极限承载力由桩周土总阻力 Q_{sk}、嵌岩段总侧阻力 Q_{rk} 和总端阻力 Q_{pk} 三部分组成。

《建筑桩基技术规范》JGJ 94－94 是基于当时数量不多的小直径嵌岩桩试验确定嵌岩段侧阻力和端阻力系数，近十余年嵌岩桩工程和试验研究积累了更多资料，对其承载性状的认识进一步深化，这是本次修订的良好基础。

1　关于嵌岩段侧阻力发挥机理及侧阻力系数 $\zeta_s(q_{rs}/f_{rk})$

1）嵌岩段桩岩之间的剪切模式即其剪切面可分为三种，对于软质岩（$f_{rk} \leqslant$ 15MPa），剪切面发生于岩体一侧；对于硬质岩（$f_{rk} >$ 30MPa），发生于桩体一侧；对于泥浆护壁成桩，剪切面一般发生于桩岩介面，当清孔好，泥浆相对密度小，与上述规律一致。

2）嵌岩段桩的极限侧阻力大小与岩性、桩体材料和成桩清孔情况有关。表 5～表 8 是部分不同岩性嵌岩段极限侧阻力 q_{rs} 和侧阻系数 ζ_s。

表 5　Thorne（1997）的试验结果

q_{rs}（MPa）	0.5	2.0
f_{rk}（MPa）	5	50
$\zeta_s = q_{rs}/f_{rk}$	0.1	0.04

表 6　Shin and chung（1994）和 Lam et al（1991）的试验结果

q_{rs}（MPa）	0.5	0.7	1.2	2.0
f_{rk}（MPa）	5	10	40	100
$\zeta_s = q_{rs}/f_{rk}$	0.1	0.07	0.03	0.02

表 7　王国民论文所述试验结果

岩　类	砂砾岩	中粗砂岩	中细砂岩	黏土质粉砂岩	粉细砂岩
q_{rs}（MPa）	0.7～0.8	0.5～0.6	0.8	0.7	0.6
f_{rk}（MPa）	7.5	—	4.76	7.5	8.3
$\zeta_s = q_{rs}/f_{rk}$	0.1	—	0.168	0.09	0.072

表 8　席宁中论文所述试验结果

模拟材料	M5 砂浆		C30 混凝土	
q_{rs}（MPa）	1.3	1.7	2.2	2.7
f_{rk}（MPa）	3.34		20.1	
$\zeta_s = q_{rs}/f_{rk}$	0.39	0.51	0.11	0.13

由表 5～表 8 看出实测 ζ_s 较为离散，但总的规律是岩石强度愈高，ζ_s 愈低。作为规范经验值，取嵌岩段极限侧阻力峰值，硬质岩 $q_{s1}=0.1f_{rk}$，软质岩 $q_{s1}=0.12f_{rk}$。

3）根据有限元分析，硬质岩（$E_r>E_p$）嵌岩段侧阻力分布呈单驼峰形分布，软质岩（$E_r<E_p$）嵌岩段呈双驼峰形分布。为计算侧阻系数 ζ_s 的平均值，将侧阻力分布概化为图 17。各特征点侧阻力为：

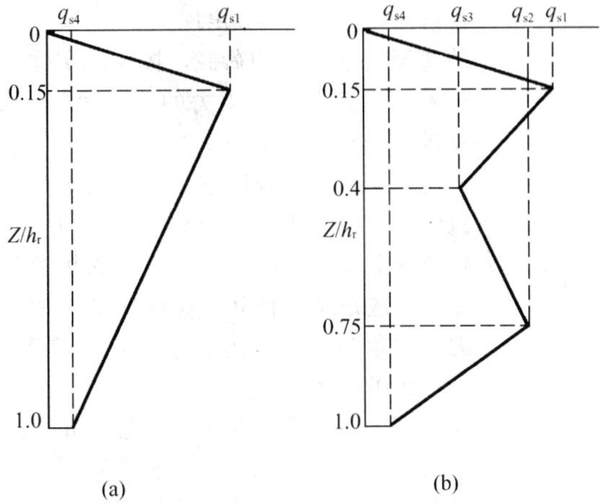

图 17　嵌岩段侧阻力分布概化

（a）硬质岩；（b）软质岩

硬质岩　$q_{s1}=0.1f_r$，$q_{s4}=\dfrac{d}{4h_r}q_{s1}$

软质岩　$q_{s1}=0.12f_r$，$q_{s2}=0.8q_{s1}$，$q_{s3}=0.6q_{s1}$，$q_{s4}=\dfrac{d}{4h_r}q_{s1}$

分别计算出硬质岩 $h_r=0.5d$，$1d$，$2d$，$3d$，$4d$；软质岩 $h_r=0.5d$，$1d$，$2d$，$3d$，$4d$，$5d$，$6d$，$7d$，$8d$ 情况下的嵌岩段侧阻力系数 ζ_s 如表 9 所示。

2　嵌岩桩极限端阻力发挥机理及端阻力系数 ζ_p（$\zeta_p=q_{rp}/f_{rk}$）。

1）嵌岩桩端阻性状

图 18 所示不同桩、岩刚度比（E_p/E_r）干作业条件下，桩端分担荷载比 F_b/F_t（F_b——总桩端阻力；F_t——岩面桩顶荷载）随嵌岩深径比 d_r/r_0（$2h_r/d$）的变化。从图中看出，桩端总阻力 F_b 随 E_p/E_r 增大而增大，随深径比 d_r/r_0 增大而减小。

2）端阻系数 ζ_p

Thorne（1997）所给端阻系数 $\zeta_p=0.25\sim0.75$；吴其芳等通过孔底载荷板（$d=0.3$m）试验得到 $\zeta_p=1.38\sim4.50$，相应的岩石 $f_{rk}=1.2\sim5.2$MPa，载荷板在岩石中埋深 0.5～4m。总的说来，ζ_p 是随岩石饱和单轴抗压强度 f_{rk} 降低而增大，随嵌岩深度增加而减小，受清底情况影响较大。

基于以上端阻性状及有关试验资料，给出硬质岩

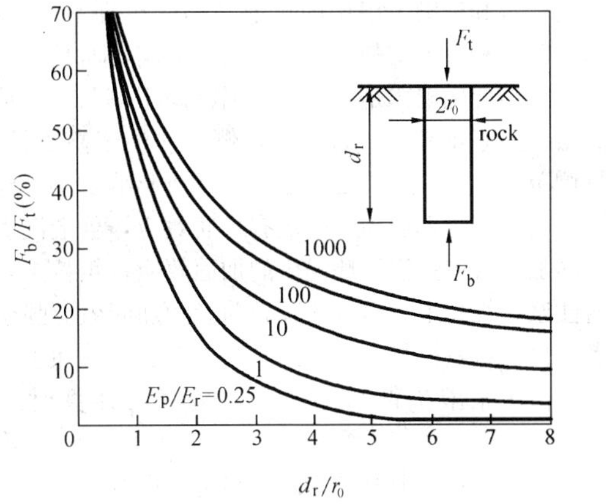

图 18　嵌岩桩端阻分担荷载比随桩岩刚度比和嵌岩深径比的变化（引自 Pells and Turner，1979）

和软质岩的端阻系数 ζ_p 如表 9 所示。

3　嵌岩段总极限阻力简化计算

嵌岩段总极限阻力由总极限侧阻力和总极限端阻力组成：

$$
\begin{aligned}
Q_{rk} &= Q_{rs}+Q_{rp}\\
&= \zeta_s f_{rk}\pi d h_r+\zeta_p f_{rk}\frac{\pi}{4}d^2\\
&= \left[\zeta_s\frac{4h_r}{d}+\zeta_{rp}\right]f_{rk}\frac{\pi}{4}d^2
\end{aligned}
$$

令
$$\zeta_s\frac{4h_r}{d}+\zeta_{rp}=\zeta_r$$

称 ζ_r 为嵌岩段侧阻和端阻综合系数。故嵌岩段总极限阻力标准值可按如下简化公式计算：

$$Q_{rk}=\zeta_r f_{rk}\frac{\pi}{4}d^2$$

其中 ζ_r 可按表 9 确定。

表 9　嵌岩段侧阻力系数 ζ_s、端阻系数 ζ_p 及侧阻和端阻综合系数 ζ_r

嵌岩深径比 h_r/d		0	0.5	1.0	2.0	3.0	4.0	5.0	6.0	7.0	8.0
极软岩软岩	ζ_s	0.0	0.052	0.056	0.056	0.054	0.051	0.048	0.045	0.042	0.040
	ζ_p	0.60	0.70	0.73	0.73	0.70	0.66	0.61	0.55	0.48	0.42
	ζ_r	0.60	0.80	0.95	1.18	1.35	1.48	1.57	1.63	1.66	1.70
较硬岩坚硬岩	ζ_s	0.0	0.050	0.052	0.050	0.045	0.040	—	—	—	—
	ζ_p	0.45	0.55	0.60	0.50	0.46	0.40	—	—	—	—
	ζ_r	0.45	0.65	0.81	0.90	1.00	1.04	—	—	—	—

5.3.10　后注浆灌注桩单桩极限承载力计算模式与普通灌注桩相同，区别在于侧阻力和端阻力乘以增强系数 β_{si} 和 β_p。β_{si} 和 β_p 系通过数十根不同土层中的后注浆灌注桩与未注浆灌注桩静载对比试验求得。浆液在

不同桩端和桩侧土层中的扩散与加固机理不尽相同，因此侧阻和端阻增强系数 β_{si} 和 β_p 不同，而且变幅很大。总的变化规律是：端阻的增幅高于侧阻，粗粒土的增幅高于细粒土。桩端、桩侧复式注浆高于桩端、桩侧单一注浆。这是由于端阻受沉渣影响敏感，经后注浆后沉渣得到加固且桩端有扩底效应，桩端沉渣和土的加固效应强于桩侧泥皮的加固效应；粗粒土是渗透注浆，细粒土是劈裂注浆，前者的加固效应强于后者。另一点是桩侧注浆增强段对于泥浆护壁和干作业桩，由于浆液扩散特性不同，承载力计算时应有区别。

收集北京、上海、天津、河南、山东、西安、武汉、福州等城市后注浆灌注桩静载试桩资料 106 份，根据本规范第 5.3.10 条的计算公式求得 $Q_{u计}$，其中 q_{sik}、q_{pk} 取勘察报告提供的经验值或本规范所列经验值；增强系数 β_{si}、β_p 取本规范表 5.3.10 所列上限值。计算值 $Q_{u计}$ 与实测值 $Q_{u实}$ 散点图如图 19 所示。该图显示，实测值均位于 45°线以上，即均高于或接近于计算值。这说明后注浆灌注桩极限承载力按规范第 5.3.10 条计算的可靠性是较高的。

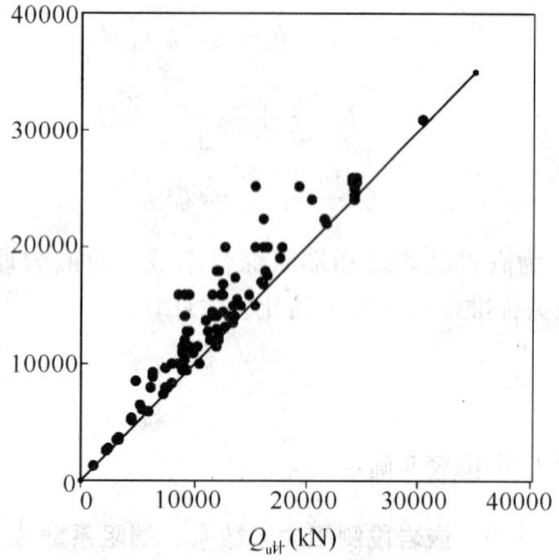

图 19　后注浆灌注桩单桩极限承载力实测值与计算值关系

5.3.11　振动台试验和工程地震液化实际观测表明，首先土层的地震液化严重程度与土层的标贯数 N 与液化临界标贯数 N_{cr} 之比 λ_N 有关，λ_N 愈小液化愈严重；其二，土层的液化并非随地震同步出现，而显示滞后，即地震过后若干小时乃至一二天后才出现喷水冒砂。这说明，桩的极限侧阻力并非瞬间丧失，而且并非全部损失，而上部有无一定厚度非液化覆盖层对此也有很大影响。因此，存在 3.5m 厚非液化覆盖层时，桩侧阻力根据 λ_N 值和液化土层埋深乘以不同的折减系数。

5.4　特殊条件下桩基竖向承载力验算

5.4.1　桩距不超过 $6d$ 的群桩，当桩端平面以下软弱下卧层承载力与桩端持力层相差过大（低于持力层的1/3）且荷载引起的局部压力超出其承载力过多时，将引起软弱下卧层侧向挤出，桩基偏沉，严重者引起整体失稳。对于本条软弱下卧层承载力验算公式着重说明四点：

1）验算范围。规定在桩端平面以下受力层范围存在低于持力层承载力 1/3 的软弱下卧层。实际工程持力层以下存在相对软弱土层是常见现象，只有当强度相差过大时才有必要验算。因下卧层地基承载力与桩端持力层差异过小，土体的塑性挤出和失稳也不致出现。

2）传递至桩端平面的荷载，按扣除实体基础外表面总极限侧阻力的 3/4 而非 1/2 总极限侧阻力。这是主要考虑荷载传递机理，在软弱下卧层进入临界状态前基桩侧阻平均值已接近于极限。

3）桩端荷载扩散。持力层刚度愈大扩散角愈大，这是基本性状，这里所规定的压力扩散角与《建筑地基基础设计规范》GB 50007 一致。

4）软弱下卧层承载力只进行深度修正。这是因为下卧层受压区应力分布并非均匀，呈内大外小，不应作宽度修正；考虑到承台底面以上土已挖除且可能和土体脱空，因此修正深度从承台底部计算至软弱土层顶面。另外，既然是软弱下卧层，即多为软弱黏性土，故深度修正系数取 1.0。

5.4.3　桩周负摩阻力对基桩承载力和沉降的影响，取决于桩周负摩阻力强度、桩的竖向承载类型，因此分三种情况验算。

1　对于摩擦型桩，由于受负摩阻力沉降增大，中性点随之上移，即负摩阻力、中性点与桩顶荷载处于动态平衡。作为一种简化，取假想中性点（按桩端持力层性质取值）以上摩阻力为零验算基桩承载力。

2　对于端承型桩，由于桩受负摩阻力后桩不发生沉降或沉降量很小，桩土无相对位移或相对位移很小，中性点无变化，故负摩阻力构成的下拉荷载应作为附加荷载考虑。

3　当土层分布不均匀或建筑物对不均匀沉降较敏感时，由于下拉荷载是附加荷载的一部分，故应将其计入附加荷载进行沉降验算。

5.4.4　本条说明关于负摩阻力及下拉荷载计算的相关内容。

1　负摩阻力计算

负摩阻力对基桩而言是一种主动作用。多数学者认为桩侧负摩阻力的大小与桩侧土的有效应力有关，不同负摩阻力计算式中也多反映有效应力因素。大量试验与工程实测结果表明，以负摩阻力有效应力法计算较接近于实际。因此本规范规定如下有效应力法为负摩阻力计算方法。

$$q_{ni}=k\cdot \mathrm{tg}\varphi'\cdot\sigma_i'=\zeta_n\cdot\sigma'_i$$

式中 q_{ni}——第 i 层土桩侧负摩阻力；

k——土的侧压力系数；

φ'——土的有效内摩擦角；

σ'_i——第 i 层土的平均竖向有效应力；

ζ_n——负摩阻力系数。

ζ_n 与土的类别和状态有关，对于粗粒土，ζ_n 随土的粒度和密实度增加而增大；对于细粒土，则随土的塑性指数、孔隙比、饱和度增大而降低。综合有关文献的建议值和各类土中的测试结果，给出如本规范表 5.4.4-1 所列 ζ_n 值。由于竖向有效应力随上覆土层自重增大而增加，当 $q_{ni}=\zeta_n\cdot\sigma'_i$ 超过土的极限侧阻力 q_{sk} 时，负摩阻力不再增大。故当计算负摩阻力 q_{ni} 超过极限侧摩阻力时，取极限侧摩阻力值。

下面列举饱和软土中负摩阻力实测与按规范方法计算的比较（图 20）。

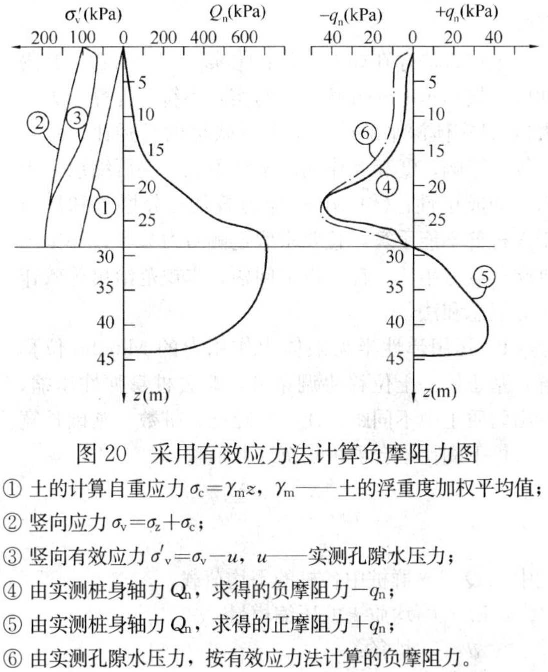

图 20 采用有效应力法计算负摩阻力图

① 土的计算自重应力 $\sigma_c=\gamma_m z$，γ_m——土的浮重度加权平均值；

② 竖向应力 $\sigma_v=\sigma_z+\sigma_c$；

③ 竖向有效应力 $\sigma'_v=\sigma_v-u$，u——实测孔隙水压力；

④ 由实测桩身轴力 Q_n，求得的负摩阻力 $-q_n$；

⑤ 由实测桩身轴力 Q_n，求得的正摩阻力 $+q_n$；

⑥ 由实测孔隙水压力，按有效应力法计算的负摩阻力。

某电厂的贮煤场位于厚 70～80m 的第四系全新统海相地层上，上部为厚 20～35m 的低强度、高压缩性饱和软黏土。用底面积为 35m×35m、高度为 4.85m 的土石堆载模拟煤堆荷载，堆载底面压力为 99kPa，在堆载中心设置了一根入土 44m 的 ϕ610 闭口钢管桩，桩端进入超固结黏土、粉质黏土和粉土层中。在钢管桩内采用应变计量测了桩身应变，从而得到桩身正、负摩阻力分布图、中性点位置；在桩周土中埋设了孔隙水压力计，测得地基中不同深度的孔隙水压力变化。

按本规范式（5.4.4-1）估算，得图 20 所示曲线。

由图中曲线比较可知，计算值与实测值相近。

2 关于中性点的确定

当桩穿越厚度为 l_0 的高压缩土层，桩端设置于较坚硬的持力层时，在桩的某一深度 l_n 以上，土的沉降大于桩的沉降，在该段桩长内，桩侧产生负摩阻力；l_n 深度以下的可压缩层内，土的沉降小于桩的沉降，土对桩产生正摩阻力，在 l_n 深度处，桩土相对位移为零，既没有负摩阻力，又没有正摩阻力，习惯上称该点为中性点。中性点截面桩身的轴力最大。

一般来说，中性点的位置，在初期多少是有变化的，它随着桩的沉降增加而向上移动，当沉降趋于稳定，中性点也将稳定在某一固定的深度 l_n 处。

工程实测表明，在高压缩性土层 l_0 的范围内，负摩阻力的作用长度，即中性点的稳定深度 l_n，是随桩端持力层的强度和刚度的增大而增加的，其深度比 l_n/l_0 的经验值列于本规范表 5.4.4-2 中。

3 关于负摩阻力的群桩效应的考虑

对于单桩基础，桩侧负摩阻力的总和即为下拉荷载。

对于桩距较小的群桩，其基桩的负摩阻力因群桩效应而降低。这是由于桩侧负摩阻力是由桩侧土体沉降而引起，若群桩中各桩表面单位面积所分担的土体重量小于单桩的负摩阻力极限值，将导致基桩负摩阻力降低，即显示群桩效应。计算群桩中基桩的下拉荷载时，应乘以群桩效应系数 $\eta_n<1$。

本规范推荐按等效圆法计算其群桩效应，即独立单桩单位长度的负摩阻力由相应长度范围内半径 r_e 形成的土体重量与之等效，得

$$\pi d q_s^n=\left(\pi r_e^2-\frac{\pi d^2}{4}\right)\gamma_m$$

解上式得

$$r_e=\sqrt{\frac{dq_s^n}{\gamma_m}+\frac{d^2}{4}}$$

式中 r_e——等效圆半径（m）；

d——桩身直径（m）；

q_s^n——单桩平均极限负摩阻力标准值（kP_a）；

γ_m——桩侧土体加权平均重度（kN/m^3）；地下水位以下取浮重度。

以群桩各基桩中心为圆心，以 r_e 为半径做圆，由各圆的相交点作矩形。矩形面积 $A_r=s_{ax}\cdot s_{ay}$ 与圆面积 $A_e=\pi r_e^2$ 之比，即为负摩阻力群桩效应系数。

$$\eta_n=A_r/A_e=\frac{s_{ax}\cdot s_{ay}}{\pi r_e^2}=s_{ax}\cdot s_{ay}/\pi d\left(\frac{q_s^n}{\gamma_m}+\frac{d}{4}\right)$$

式中 s_{ax}、s_{ay}——分别为纵、横向桩的中心距。$\eta_n\leqslant 1$，当计算 $\eta_n>1$ 时，取 $\eta_n=1$。

5.4.5 桩基的抗拔承载力破坏可能呈单桩拔出或群桩整体拔出，即呈非整体破坏或整体破坏模式，对两

种破坏的承载力均应进行验算。

5.4.6 本条说明关于群桩基础及其基桩的抗拔极限承载力的确定问题。

1 对于设计等级为甲、乙级建筑桩基应通过单桩现场上拔试验确定单桩抗拔极限承载力。群桩的抗拔极限承载力难以通过试验确定，故可通过计算确定。

2 对于设计等级为丙级建筑桩基可通过计算确定单桩抗拔极限承载力，但应进行工程桩抗拔静载试验检测。单桩抗拔极限承载力计算涉及如下三个问题：

1） 单桩抗拔承载力计算分为两大类：一类为理论计算模式，以土的抗剪强度及侧压力系数为参数按不同破坏模式建立的计算公式；另一类是以抗拔桩试验资料为基础，采用抗压极限承载力计算模式乘以抗拔系数 λ 的经验性公式。前一类公式影响其剪切破坏面模式的因素较多，包括桩的长径比、有无扩底、成桩工艺、地层土性等，不确定因素多，计算较为复杂。为此，本规范采用后者。

2） 关于抗拔系数 λ（抗拔极限承载力/抗压极限承载力）。

从表 10 所列部分单桩抗拔抗压极限承载力之比即抗拔系数 λ 看出，灌注桩高于预制桩，长桩高于短桩，黏性土高于砂土。本规范表 5.4.6-2 给出的 λ 是基于上述试验结果并参照有关规范给出的。

表 10 抗拔系数 λ 部分试验结果

资料来源	工艺	桩径 d(m)	桩长 l(m)	l/d	土质	λ
无锡国棉一厂	钻孔桩	0.6	20	33	黏性土	0.6～0.8
南通 200kV 泰刘线	反循环	0.45	12	26.7	粉土	0.9
南通 1979 年试验	反循环	—	9 12		黏性土 黏性土	0.79 0.98
四航局广州试验	预制桩	—	—	13～33	砂土	0.38～0.53
甘肃建研所	钻孔桩	—	—	—	天然黄土 饱和黄土	0.78 0.5
《港口工程桩基规范》(JTJ 254)	—	—	—	—	黏性土	0.8

3） 对于扩底抗拔桩的抗拔承载力。扩底桩的抗拔承载力破坏模式，随土的内摩擦角大小而变，内摩擦角愈大，受扩底影响的破坏柱体愈长。桩底以上长度约 4～10d 范围内，破裂柱体直径增大至扩底直径 D；超过该范围以上部分，破裂面缩小至桩土界面。按此模型给出扩底抗拔承载力计算周长 u_i，如本规范表 5.4.6-1。

5.5 桩基沉降计算

5.5.6～5.5.9 桩距小于和等于 6 倍桩径的群桩基础，在工作荷载下的沉降计算方法，目前有两大类。一类是按实体深基础计算模型，采用弹性半空间表面荷载下 Boussinesq 应力解计算附加应力，用分层总和法计算沉降；另一类是以半无限弹性体内部集中力作用下的 Mindlin 解为基础计算沉降。后者主要分为两种，一种是 Poulos 提出的相互作用因子法；第二种是 Geddes 对 Mindlin 公式积分而导出集中力作用于弹性半空间内部的应力解，按叠加原理，求得群桩桩端平面下各单桩附加应力和，按分层总和法计算群桩沉降。

上述方法存在如下缺陷：①实体深基础法，其附加应力按 Boussinesq 解计算与实际不符（计算应力偏大），且实体深基础模型不能反映桩的长径比、距径比等的影响；②相互作用因子法不能反映压缩层范围内土的成层性；③Geddes 应力叠加—分层总和法对于大桩群不能手算，且要求假定侧阻力分布，并给出桩端荷载分担比。针对以上问题，本规范给出等效作用分层总和法。

1 运用弹性半无限体内作用力的 Mindlin 位移解，基于桩、土位移协调条件，略去桩身弹性压缩，给出匀质土中不同距径比、长径比、桩数、基础长宽比条件下刚性承台群桩的沉降数值解：

$$w_M = \frac{\overline{Q}}{E_s d}\overline{w}_M \quad (1)$$

式中 $\overline{Q}$——群桩中各桩的平均荷载；

E_s——均质土的压缩模量；

d——桩径；

$\overline{w}_M$——Mindlin 解群桩沉降系数，随群桩的距径比、长径比、桩数、基础长宽比而变。

2 运用弹性半无限体表面均布荷载下的 Boussinesq 解，不计实体深基础侧阻力和应力扩散，求得实体深基础的沉降：

$$w_B = \frac{P}{aE_s}\overline{w}_B \quad (2)$$

式中

$$\overline{w}_B = \frac{1}{4\pi}\left[\ln\frac{\sqrt{1+m^2}+m}{\sqrt{1+m^2}-m} + m\ln\frac{\sqrt{1+m^2}+1}{\sqrt{1+m^2}-1}\right] \quad (3)$$

m——矩形基础的长宽比；$m=a/b$；

P——矩形基础上的均布荷载之和。

由于数据过多，为便于分析应用，当 $m\leqslant 15$ 时，式（3）经统计分析后简化为

$$\overline{w_B}=(m+0.6336)/(1.1951m+4.6275) \quad (4)$$

由此引起的误差在2.1%以内。

3 两种沉降解之比：

相同基础平面尺寸条件下，对于按不同几何参数刚性承台群桩Mindlin位移解沉降计算值 w_M 与不考虑群桩侧面剪应力和应力不扩散实体深基础Boussinesq解沉降计算值 w_B 二者之比为等效沉降系数 ψ_e。按实体深基础Boussinesq解分层总和法计算沉降 w_B，乘以等效沉降系数 ψ_e，实质上纳入了按Mindlin位移解计算桩基础沉降时，附加应力及桩群几何参数的影响，称此为等效作用分层总和法。

$$\psi_e=\frac{w_M}{w_B}=\frac{\dfrac{\overline{Q}}{E_s\cdot d}\cdot\overline{w}_M}{\dfrac{n_a\cdot n_b\cdot\overline{Q}\cdot\overline{w}_B}{a\cdot E_s}}=\frac{\overline{w}_M}{\overline{w}_B}\cdot\frac{a}{n_a\cdot n_b\cdot d} \quad (5)$$

式中 n_a、n_b——分别为矩形桩基础长边布桩数和短边布桩数。

为应用方便，将按不同距径比 $s_a/d=2$、3、4、5、6，长径比 $l/d=5$、10、15…100，总桩数 $n=4$…600，各种布桩形式（$n_a/n_b=1$，2，…10），桩基承台长宽比 $L_c/B_c=1$、2…10，对式（5）计算出的 ψ_e 进行回归分析，得到本规范式（5.5.9-1）。

4 等效作用分层总和法桩基最终沉降量计算式

$$s=\psi\cdot\psi_e\cdot s'=\psi\cdot\psi_e\cdot\sum_{j=1}^{m}p_{oj}\sum_{i=1}^{n}\frac{z_{ij}\overline{\alpha}_{ij}-z_{(i-1)j}\overline{\alpha}_{(i-1)j}}{E_{si}} \quad (6)$$

沉降计算公式与习惯使用的等代实体深基础分层总和法基本相同，仅增加一个等效沉降系数 ψ_e。其中要注意的是：等效作用面位于桩端平面，等效作用面积为桩基承台投影面积，等效作用附加压力取承台底附加压力，等效作用面以下（等代实体深基底以下）的应力分布按弹性半空间Boussinesq解确定，应力系数为角点下平均附加应力系数 $\overline{\alpha}$。各分层沉降量 $\Delta s'_i=p_0\dfrac{z_i\overline{\alpha_i}-z_{(i-1)}\overline{\alpha}_{(i-1)}}{E_{si}}$，其中 z_i、$z_{(i-1)}$ 为有效作用面至 i、$i-1$ 层层底的深度；$\overline{\alpha_i}$、$\overline{\alpha}_{(i-1)}$ 为按计算分块长宽比 a/b 及深宽比 z_i/b、$z_{(i-1)}/b$，由附录D确定。p_0 为承台底面荷载效应准永久组合附加压力，将其作用于桩端等效作用面。

5.5.11 本条说明关于桩基沉降计算经验系数 ψ。本次规范修编时，收集了软土地区的上海、天津，一般第四纪土地区的北京、沈阳，黄土地区的西安等共计150份已建桩基工程的沉降观测资料，得出实测沉降与计算沉降之比 ψ 与沉降计算深度范围内压缩模量当量值 $\overline{E_s}$ 的关系如图21所示，同时给出 ψ 值列于本规范表5.5.11。

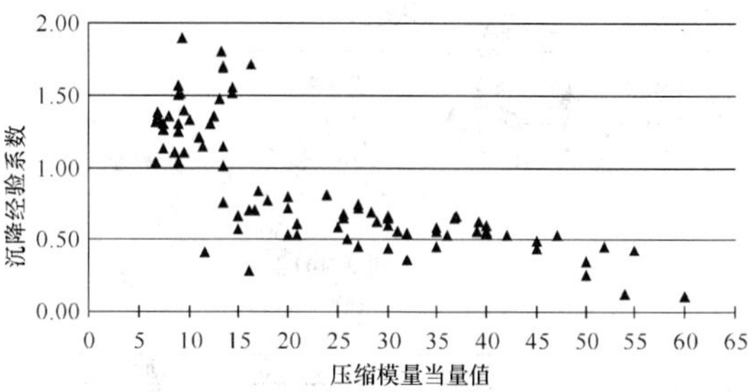

图21 沉降经验系数 ψ 与压缩模量当量值 $\overline{E_s}$ 的关系

关于预制桩沉桩挤土效应对桩基沉降的影响问题。根据收集到的上海、天津、温州地区预制桩和灌注桩基础沉降观测资料共计110份，将实测最终沉降量与桩长关系散点图分别表示于图22（a）、（b）、（c）。图22反映出一个共同规律：预制桩基础的最终沉降量显著大于灌注桩基础的最终沉降量，桩长愈小，其差异愈大。这一现象反映出预制桩因挤土沉桩产生桩土上涌导致沉降增大的负面效应。由于三个地区地层条件存在差异，桩端持力层、桩长、桩距、沉桩工艺流程等因素变化，使得预制桩挤土效应不同。为使计算沉降更符合实际，建立以灌注桩基础实测沉降与计算沉降之比 ψ 随桩端压缩层范围内模量当量值 $\overline{E_s}$ 而变的经验值，对于饱和土中未经复打、复压、引孔沉桩的预制桩基础按本规范表5.5.11所列值再乘以挤土效应系数1.3～1.8，对于桩数多、桩距小、沉桩速率快、土体渗透性低的情况，挤土效应系数取大值；对于后注浆灌注桩则乘以0.7～0.8折减系数。

5.5.14 本条说明关于单桩、单排桩、疏桩（桩距大于6d）基础的最终沉降量计算。工程实际中，采用一柱一桩或一柱两桩、单排桩、桩距大于6d的疏桩基础并非罕见。如：按变刚度调平设计的框架-核心筒结构工程中，刚度相对弱化的外围桩基，柱下布1～3桩者居多；剪力墙结构，常采取墙下布桩（单排桩）；框架和排架结构建筑桩基按一柱一桩或一柱二桩布置也不少。有的设计考虑承台分担荷载，即设计为复合桩基，此时承台多数为平板式或梁板式筏形承台；另一种情况是仅在柱、墙下单独设置承台，或即使设计为满堂筏形承台，由于承台底土层为软土、欠固结土、可液化、湿陷性土等原因，承台不分担荷载，或因使用要求，变形控制严格，只能考虑桩的承载作用。首先，就桩数、桩距等而言，这类桩基不能应用等效作用分层总和法，需要另行给出沉降计算方法。其次，对于复合桩基和普通桩基的计算模式应予区分。

单桩、单排桩、疏桩复合桩基沉降计算模式是基于新推导的Mindlin解计入桩径影响公式计算桩的附加应力，以Boussinesq解计算承台底压力引起的附加应力，将二者叠加按分层总和法计算沉降，计算式为

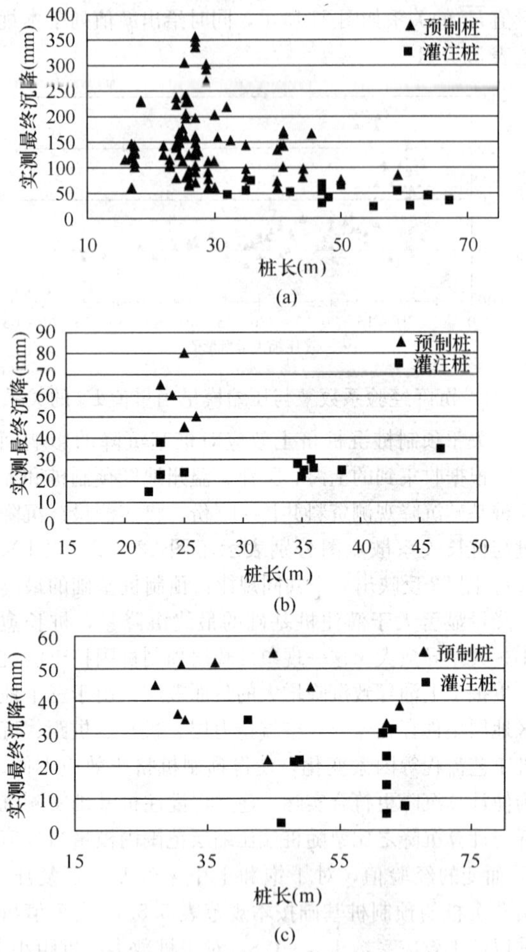

图 22　预制桩基础与灌注桩基础
实测沉降量与桩长关系

（a）上海地区；（b）天津地区；（c）温州地区

本规范式（5.5.14-1）～式（5.5.14-5）。

计算时应注意，沉降计算点取底层柱、墙中心点，应力计算点应取与沉降计算点最近的桩中心点，见图 23。当沉降计算点与应力计算点不重合时，二者的沉降并不相等，但由于承台刚度的作用，在工程实践的意义上，近似取二者相同。本规范中，应力计算点的沉降包含桩端以下土层的压缩和桩身压缩，桩端以下土层的压缩应按桩端以下轴线处的附加应力计算（桩身以外土中附加应力远小于轴线处）。

承台底压力引起的沉降实际上包含两部分，一部分为回弹再压缩变形，另一部分为超出土自重部分的附加压力引起的变形。对于前者的计算较为复杂，一是回弹再压缩量对于整个基础而言分布是不均的，坑中央最大，基坑边缘最小；二是再压缩层深度及其分布难以确定。若将此二部分压缩变形分别计算，目前尚难解决。故计算时近似将全部承台底压力等效为附加压力计算沉降。

这里应着重说明三点：一是考虑单排桩、疏桩基础在基坑开挖（软土地区往往是先成桩后开挖；非软

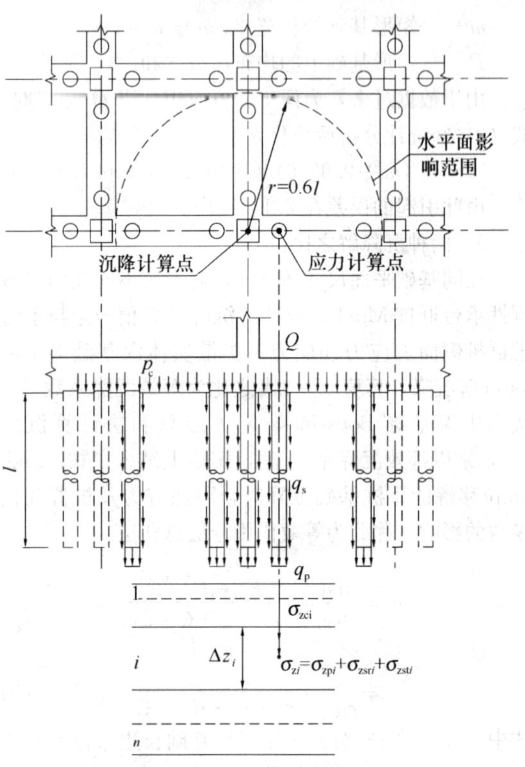

图 23　单桩、单排桩、疏桩基础沉降计算示意图

土地区，则是开挖一定深度后再成桩）时，桩对土体的回弹约束效应小，故应将回弹再压缩计入沉降量；二是当基坑深度小于 5m 时，回弹量很小，可忽略不计；三是中、小桩距桩基的桩对于土体回弹的约束效应导致回弹量减小，故其回弹再压缩可予忽略。

计算复合桩基沉降时，假定承台底附加压力为均布，$p_c=\eta_c f_{ak}$，η_c 按 $s_a>6d$ 取值，f_{ak} 为地基承载力特征值，对全承台分块按式（5.5.14-5）计算桩端平面以下土层的应力 σ_{zci}，与基桩产生的应力 σ_{zi} 叠加，按本规范式（5.5.14-4）计算最终沉降量。若核心筒桩群在计算点 0.6 倍桩长范围以内，应考虑其影响。

单桩、单排桩、疏桩常规桩基，取承台压力 $p_c=0$，即按本规范式（5.5.14-1）进行沉降计算。

这里应着重说明上述计算式有关的五个问题：

1　单桩、单排桩、疏桩桩基沉降计算深度相对于常规群桩要小得多，而由 Mindlin 解导出得 Geddes 应力计算式模型是作用于桩轴线的集中力，因而其桩端平面以下一定范围内应力集中现象极明显，与一定直径桩的实际性状相差甚大，远远超出土的强度，用于计算压缩层厚度很小的桩基沉降显然不妥。Geddes 应力系数与考虑桩径的 Mindlin 应力系数相比，其差异变化的特点是：愈近桩端差异愈大，桩端下 $l/10$ 处二者趋向接近；桩的长径比愈小差异愈大，如 $l/d=10$ 时，桩端以下 0.008 l 处，Geddes 解端阻产生的竖向应力为考虑桩径的 44 倍，侧阻（按均布）产生的竖向应力为考虑桩径的 8 倍。而单桩、单排桩、疏桩

的桩端以下压缩层又较小，由此带来的误差过大。故对 Mindlin 应力解考虑桩径因素求解，桩端、桩侧阻力的分布如附录 F 图 F.0.2 所示。为便于使用，求得基桩长径比 $l/d=10,15,20,25,30,40\sim100$ 的应力系数 I_p、I_{sr}、I_{st} 列于附录 F。

2 关于土的泊松比 ν 的取值。土的泊松比 $\nu=0.25\sim0.42$；鉴于对计算结果不敏感，故统一取 $\nu=0.35$ 计算应力系数。

3 关于相邻基桩的水平面影响范围。对于相邻基桩荷载对计算点竖向应力的影响，以水平距离 $\rho=0.6l$（l 为计算点桩长）范围内的桩为限，即取最大 $n=\rho/l=0.6$。

4 沉降计算经验系数 ψ。这里仅对收集到的部分单桩、双桩、单排桩的试验资料进行计算。若无当地经验，取 $\psi=1.0$。对部分单桩、单排桩沉降进行计算与实测的对比，列于表 11。

5 关于桩身压缩。由表 11 单桩、单排桩计算与实测沉降比较可见，桩身压缩比 s_e/s 随桩的长径比 l/d 增大和桩端持力层刚度增大而增加。如 CCTV 新台址桩基，长径比 l/d 为 43 和 28，桩端持力层为卵砾、中粗砂层，$E_s\geqslant100$MPa，桩身压缩分别为 22mm，$s_e/s=88\%$；14.4mm，$s_e/s=59\%$。因此，本规范第 5.5.14 条规定应计入桩身压缩。这是基于单桩、单排桩总沉降量较小，桩身压缩比例超过 50%，若忽略桩身压缩，则引起的误差过大。

6 桩身弹性压缩的计算。基于桩身材料的弹性假定及桩侧阻力呈矩形、三角形分布，由下式可简化计算桩身弹性压缩量：

$$s_e=\frac{1}{AE_p}\int_0^l\left[Q_0-\pi d\int_0^z q_s(z)\mathrm{d}z\right]\mathrm{d}z=\xi_e\frac{Q_0 l}{AE_p}$$

对于端承型桩，$\xi_e=1.0$；对于摩擦型桩，随桩侧阻力份额增加和桩长增加，ξ_e 减小；$\xi_e=1/2\sim2/3$。

表 11 单桩、单排桩计算与实测沉降对比

项目		桩顶特征荷载（kN）	桩长/桩径（m）	压缩模量（MPa）	计算沉降（mm）桩端土压缩（mm）	计算沉降（mm）桩身压缩（mm）	计算沉降（mm）预估总沉降量（mm）	实测沉降（mm）	$S_{实测}/S_{计}$	备注
长青大厦	4#	2400	17.8/0.8	100	0.8	1.4	2.2	1.76	0.80	—
	3#	5600			2.9	3.4	6.3	5.60	0.89	—
	2#	4800			2.3	2.9	5.2	5.66	1.09	—
	1#	4000			1.8	2.4	4.2	4.93	1.17	—
		2400			0.9	1.5	2.4	3.04	1.27	—
皇冠大厦	465#	6000	15/0.8	100	3.6	2.8	6.4	4.74	0.74	—
	467#	5000			2.9	2.3	5.2	4.55	0.88	—
北京SOHO	S1	8000	29.5/1.0	70	2.8	4.7	7.5	13.30	1.77	—
	S2	6500	29.5/0.8		3.8	6.5	10.3	9.88	0.96	—
	S3	8000	29.5/1.0		2.8	4.7	7.5	9.61	1.28	—
洛口试桩①	D-8	316	4.5/0.25	8	16.0			20	1.25	—
	G-19	280	4.5/0.25		28.7			23.9	0.83	—
	G-24	201.7	4.5/0.25		28.0			30	1.07	—
北京电视中心	S1	7200	27/1.0	70	2.6	3.9	6.5	7.41	1.14	—
	S2	7200	27/1.0		2.6	3.9	6.5	9.59	1.48	—
	S3	7200	27/1.0		2.6	3.9	6.5	6.48	1.00	—
	S4	5600	27/0.8		2.5	4.8	7.3	8.84	1.21	—
	S5	5600	27/0.8		2.5	4.8	7.3	7.82	1.07	—
	S6	5600	27/0.8		2.5	4.8	7.3	8.18	1.12	—

续表 11

项目		桩顶特征荷载（kN）	桩长/桩径（m）	压缩模量（MPa）	计算沉降（mm）			实测沉降（mm）	$s_{实测}/s_{计}$	备注
					桩端土压缩（mm）	桩身压缩（mm）	预估总沉降量（mm）			
北京银泰中心	A-S1	9600	30/1.1	70	2.9	4.5	7.4	3.99	0.54	—
	A-S1-1	6800			1.6	3.2	4.8	2.59	0.54	—
	A-S1-2	6800			1.6	3.2	4.8	3.16	0.66	—
	B-S3	9600			2.9	4.5	7.4	3.87	0.52	—
	B1-14	5100			1.0	2.4	3.4	1.53	0.45	—
	B-S1-2	5100			1.0	2.4	3.4	1.96	0.58	—
	C-S2	9600			2.9	4.5	7.4	4.28	0.58	—
	C-S1-1	5100			1.0	2.4	3.4	3.09	0.91	—
	C-S1-2	5100			1.0	2.4	3.4	2.85	0.84	—
CCTV②	TP-A1	33000	51.7/1.2	120	3.3	22.5	25.8	21.78	0.85	1.98
	TP-A2	30250	51.7/1.2		2.5	20.6	23.1	21.44	0.93	5.22
	TP-A3	33000	53.4/1.2		3.0	23.2	26.2	18.78	0.72	1.78
	TP-B1	33000	33.4/1.2	100	10.0	14.5	24.5	20.92	0.85	5.38
	TP-B2	33000	33.4/1.2		10.0	14.5	24.5	14.50	0.59	3.79
	TP-B3	35000	33.4/1.2		11.0	15.4	26.4	21.80	0.83	3.32

注：① 洛口试桩为单排桩（分别是单排 2 桩、4 桩、6 桩），采用桩顶极限荷载。

② CCTV 试桩备注栏为实测桩端沉降，采用桩顶极限荷载。

5.5.15 上述单桩、单排桩、疏桩基础及其复合桩基的沉降计算深度均采用应力比法，即按 $\sigma_z+\sigma_{zc}=0.2\sigma_c$ 确定。

关于单桩、单排桩、疏桩复合桩基沉降计算方法的可靠性问题。从表 11 单桩、单排桩静载试验实测与计算比较来看，还是具有较大可靠性。采用考虑桩径因素的 Mindlin 解进行单桩应力计算，较之 Geddes 集中应力公式应该说是前进了一大步。其缺陷与其他手算方法一样，不能考虑承台整体和上部结构刚度调整沉降的作用。因此，这种手算方法主要用于初步设计阶段，最终应采用上部结构—承台—桩土共同作用有限元方法进行分析。

为说明本规范第 3.1.8 条变刚度调平设计要点及本规范第 5.5.14 条疏桩复合桩基沉降计算过程，以某框架-核心筒结构为例，叙述如下。

1 概念设计

1）桩型、桩径、桩长、桩距、桩端持力层、单桩承载力

该办公楼由地上 36 层、地下 7 层与周围地下 7 层车库连成一体，基础埋深 26m。框架-核心筒结构。建筑标准层平面图见图 24，立面图见图 25，主体高度 156m。拟建场地地层柱状土如图 26 所示，第⑨层为卵石—圆砾，第⑬层为细—中砂，是桩基础良好持力层。采用后注浆灌注桩桩筏基础，设计桩径 1000mm。按强化核心筒桩基的竖向支承刚度、相对弱化外围框架柱桩基竖向支承刚度的总体思路，核心筒采用常规桩基，桩长 25m，外围框架采用复合桩基，桩长 15m。核心筒桩端持力层选为第⑬层细—中砂，单桩承载力特征值 $R_a=9500$kN，桩距 $s_a=3d$；外围边框架柱采用复合桩基础，荷载由桩土共同承担，单桩承载力特征值 $R_a=7000$kN。

2）承台结构形式

由于变刚度调平布桩起到减小承台筏板整体弯距和冲切力的作用，板厚可减少。核心筒承台采用平板式，厚度 $h_1=2200$mm；外围框架采用梁板式筏板承台，梁截面 $b_b\times h_b=2000\text{mm}\times 2200\text{mm}$，板厚 $h_2=1600$mm。与主体相连裙房（含地下室）采用天然地基，梁板式片筏基础。

2 基桩承载力计算与布桩

1）核心筒

荷载效应标准组合(含承台自重)：$N_{ck}=843592$kN；

基桩承载力特征值 $R_a=9500$kN，每个核心筒布桩 90 根，并使桩反力合力点与荷载重心接近重合。偏心距如下：

左核心筒荷载偏心距离：$\Delta X=-0.04$m；$\Delta Y=0.26$m

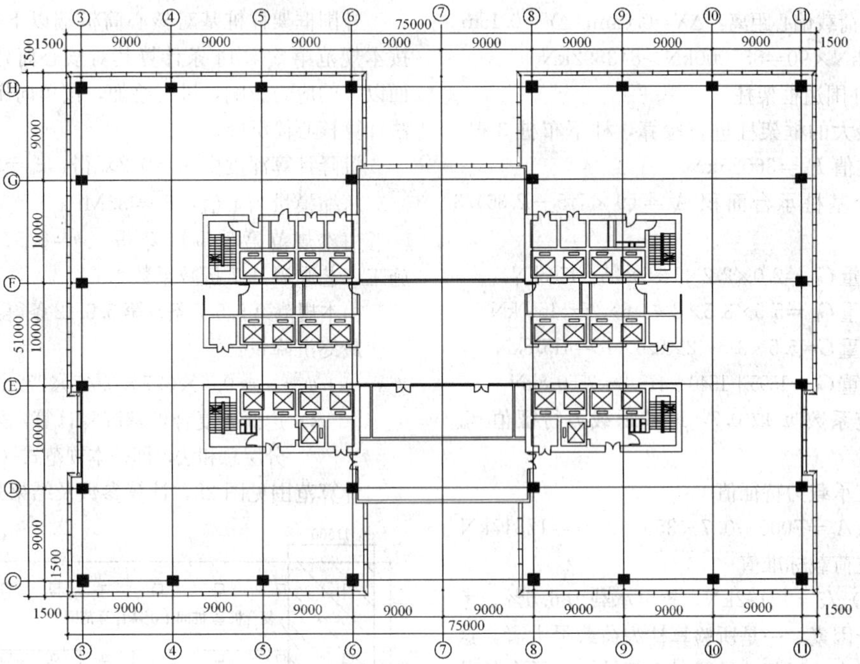

图 24　标准层平面图

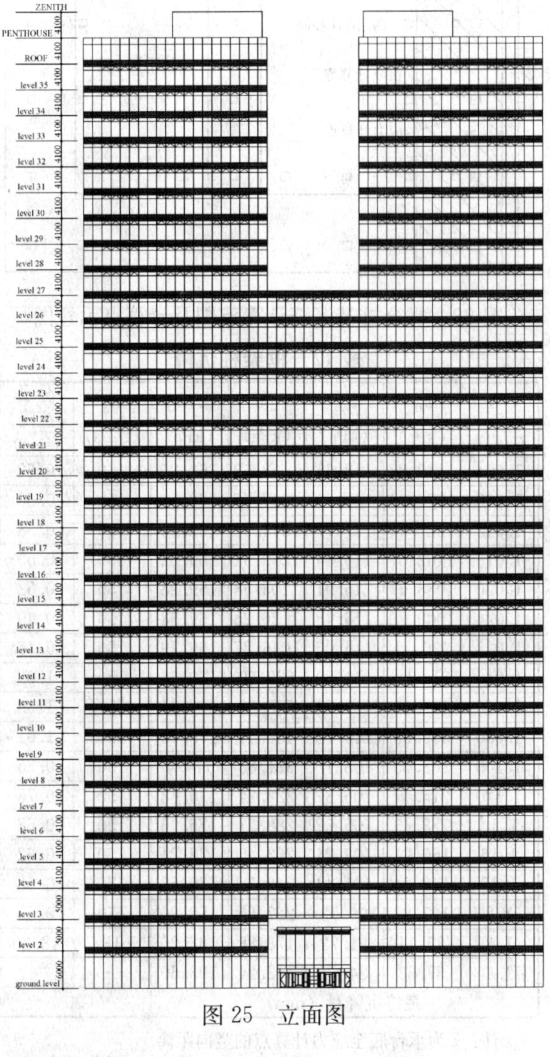

图 25　立面图

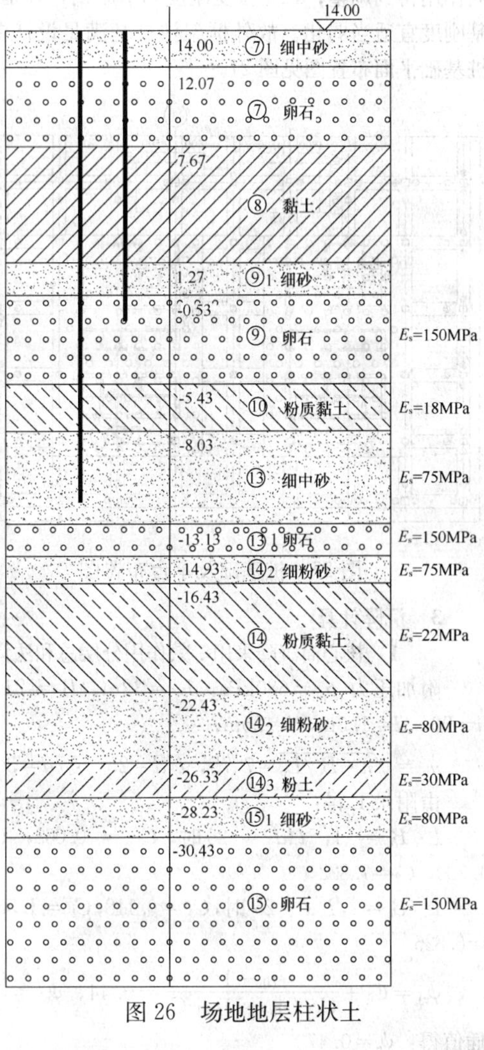

图 26　场地地层柱状土

右核心筒荷载偏心距离：$\Delta X=0.04\text{m}$；$\Delta Y=0.15\text{m}$

$$9500\text{kN}\times 90=855000\text{kN}>843592\text{kN}$$

2）外围边框架柱

选荷载最大的框架柱进行验算，柱下布桩 3 根。桩底荷载标准值 $F_k=36025\text{kN}$，

单根复合基桩承台面积 $A_c=(9\times 7.5-2.36)/3=21.7\text{m}^2$

承台梁自重 $G_{kb}=2.0\times 2.2\times 14.5\times 25=1595\text{kN}$

承台板自重 $G_{ks}=5.5\times 3.5\times 2\times 1.6\times 25=1540\text{kN}$

承台上土重 $G=5.5\times 3.5\times 2\times 0.6\times 18=415.8\text{kN}$

$$总重\ G_k=1595+1540+415.8=3550.8\text{kN}$$

承台效应系数 η_c 取 0.7，地基承载力特征值 $f_{ak}=350\text{kPa}$

复合基桩承载力特征值

$$R=R_a+\eta_c f_{ak}A_c=7000+0.7\times 350\times 21.7=12317\text{kN}$$

复合基桩荷载标准值

$(F_k+G_k)/3=13192\text{kN}$，超出承载力 6.6%。考虑到以下二个因素，一是所验算柱为荷载最大者，这种荷载与承载力的局部差异通过上部结构和承台的共同作用得到调整；二是按变刚度调平原则，外框架桩基刚度宜适当弱化。故外框架柱桩基满足设计要求。桩基础平面布置图见图 27。

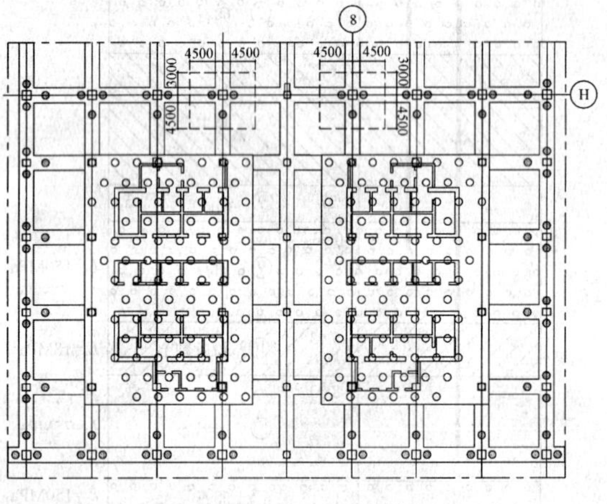

图 27　桩基础及承台布置图

3　沉降计算

1）核心筒沉降采用等效作用分层总和法计算

附加压力 $p_0=680\text{kPa}$，$L_c=32\text{m}$，$B_c=21.5\text{m}$，$n=90$，$d=1.0\text{m}$，$l=25\text{m}$；

$n_b=\sqrt{n\cdot B_c/L_c}=7.75$，$l/d=25$，$s_a/d=3$

由附录 E 得：

$L_c/B_c=1$，$l/d=25$ 时，$C_0=0.063$，$C_1=1.500$，$C_2=7.822$

$L_c/B_c=2$，$l/d=25$ 时，$C_0=0.118$，$C_1=1.565$，$C_2=6.826$

$$\psi_{e1}=C_0+\frac{n_b-1}{C_1(n_b-1)+C_2}=0.44，\psi_{e2}=0.50，$$

插值得：$\psi_e=0.47$

外围框架柱桩基对核心筒桩端以下应力的影响，按本规范第 5.5.14 条计算其对核心筒计算点桩端平面以下的应力影响，进行叠加，按单向压缩分层总和法计算核心筒沉降。

沉降计算深度由 $\sigma_z=0.2\sigma_c$ 得：$z_n=20\text{m}$

压缩模量当量值：$\overline{E_s}=35\text{MPa}$

由本规范第 5.5.11 条得：$\psi=0.5$；采用后注浆施工工艺乘以 0.7 折减系数

由本规范第 5.5.7 条及第 5.5.12 条得：$s'=272\text{mm}$

最终沉降量：

$$s=\psi\cdot\psi_e\cdot s'=0.5\times 0.7\times 0.47\times 272\text{mm}=45\text{mm}$$

2）边框架复合桩基沉降计算，采用复合应力分层总和法，即按本规范式（5.5.14-4）

计算范围见图 28，计算参数及结果列于表 12。

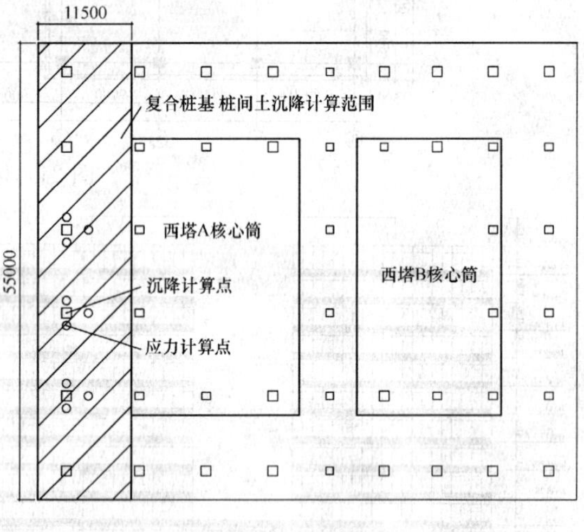

图 28　复合桩基沉降计算范围及计算点示意图

表 12　框架柱沉降

σ / z/l	σ_{zi} (kPa)	σ_{zci} (kPa)	$\Sigma\sigma$ (kPa)	$0.2\sigma_{ci}$ (kPa)	E_s (MPa)	分层沉降 (mm)
1.004	1319.87	118.65	1438.52	168.25	150	0.62
1.008	1279.44	118.21	1397.65	168.51	150	0.60
1.012	1227.14	117.77	1344.91	168.76	150	0.58
1.016	1162.57	117.34	1279.91	169.02	150	0.55
1.020	1088.67	116.91	1205.58	169.28	150	0.52
1.024	1009.80	116.48	1126.28	169.53	150	0.49
1.028	930.21	116.06	1046.27	169.79	150	0.46
1.040	714.80	114.80	829.60	170.56	150	1.09
1.060	473.19	112.74	585.93	171.84	150	1.30
1.080	339.68	110.73	450.41	173.12	150	1.01
1.100	263.05	108.78	371.83	174.4	150	0.85
1.120	215.47	106.87	322.34	175.68	150	0.75
1.14	183.49	105.02	288.51	176.96	150	0.68
1.16	160.24	103.21	263.45	178.24	150	0.62
1.18	142.34	101.44	243.78	179.52	150	0.58
1.2	127.88	99.72	227.60	180.80	150	0.55
1.3	82.14	91.72	173.86	187.20	18	18.30
1.4	57.63	84.61	142.24	193.60	—	—
最终沉降量（mm）					30	

注：z 为承台底至应力计算点的竖向距离。

沉降计算荷载应考虑回弹再压缩，采用准永久荷载效应组合的总荷载为等效附加荷载；桩顶荷载取 $Q=7000\text{kN}$；

承台土压力，近似取 $p_{\mathrm{ck}}=\eta_{\mathrm{c}} f_{\mathrm{ak}}=245\text{kPa}$；

用应力比法得计算深度：$z_{\mathrm{n}}=6.0\text{m}$，桩身压缩量 $s_{\mathrm{e}}=2\text{mm}$。

最终沉降量，$s=\psi\cdot s'+s_{\mathrm{e}}=0.7\times30.0+2.0=23\text{mm}$（采用后注浆乘以 0.7 折减系数）。

上述沉降计算只计入相邻基桩对桩端平面以下应力的影响，未考虑筏板整体刚度和上部结构刚度对调整差异沉降的贡献，故实际差异沉降比上述计算值要小。

4 按上部结构刚度—承台—桩土相互作用有限元法计算沉降。按共同作用有限元分析程序计算所得沉降等值线如图 29 所示。从中看出，最大沉降为 40mm，最大差异沉降 $\Delta s_{\max}=0.0005L_0$，仅为规范允许值的 1/4。

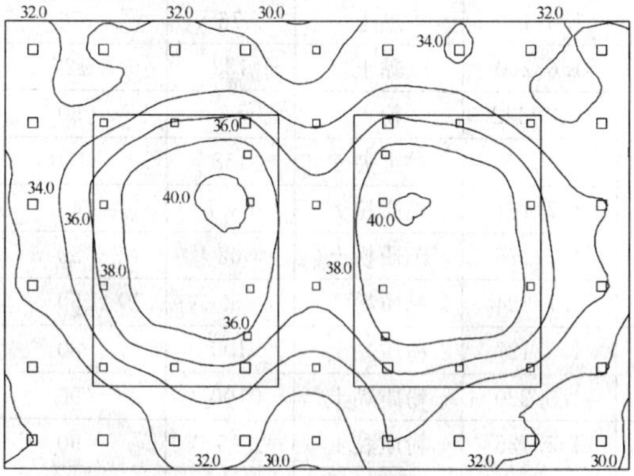

图 29 共同作用分析沉降等值线

5.6 软土地基减沉复合疏桩基础

5.6.1 软土地基减沉复合疏桩基础的设计应遵循两个原则，一是桩和桩间土在受荷变形过程中始终确保两者共同分担荷载，因此单桩承载力宜控制在较小范围，桩的横截面尺寸一般宜选择 ϕ200～ϕ400（或 200mm×200mm～300mm×300mm），桩应穿越上部软土层，桩端支承于相对较硬土层；二是桩距 $s_{\mathrm{a}}>(5\sim6)d$，以确保桩间土的荷载分担比足够大。

减沉复合疏桩基础承台型式可采用两种，一种是筏式承台，多用于承载力小于荷载要求和建筑物对差异沉降控制较严或带有地下室的情况；另一种是条形承台，但承台面积系数（承台与首层面积相比）较大，多用于无地下室的多层住宅。

桩数除满足承载力要求外，尚应经沉降计算最终确定。

5.6.2 本条说明减沉复合疏桩基础的沉降计算。

对于复合疏桩基础而言，与常规桩基相比其沉降性状有两个特点。一是桩的沉降发生塑性刺入的可能性大，在受荷变形过程中桩、土分担荷载比随土体固结而使其在一定范围变动，随固结变形逐渐完成而趋于稳定。二是桩间土体的压缩固结受承台压力作用为主，受桩、土相互作用影响居次。由于承台底面桩、土的沉降是相等的，桩基的沉降既可通过计算桩的沉降，也可通过计算桩间土沉降实现。桩的沉降包含桩端平面以下土的压缩和塑性刺入（忽略桩的弹性压缩），同时应考虑承台土反力对桩沉降的影响。桩间土的沉降包含承台底土的压缩和桩对土的影响。为了回避桩端塑性刺入这一难以计算的问题，本规范采取计算桩间土沉降的方法。

基础平面中点最终沉降计算式为：$s=\psi(s_{\mathrm{s}}+s_{\mathrm{sp}})$。

1 承台底地基土附加应力作用下的压缩变形沉降 s_{s}。按 Boussinesq 解计算土中的附加应力，按单向压缩分层总和法计算沉降，与常规浅基沉降计算模式相同。

关于承台底附加压力 p_0，考虑到桩的刺入变形导致承台分担荷载量增大，故计算 p_0 时乘以刺入变形影响系数，对于黏性土 $\eta_{\mathrm{p}}=1.30$，粉土 $\eta_{\mathrm{p}}=1.15$，砂土 $\eta_{\mathrm{p}}=1.0$。

2 关于桩对土影响的沉降增加值 s_{sp}。桩侧阻力引起桩周土的沉降，按桩侧剪切位移传递法计算，桩侧土离桩中心任一点 r 的竖向位移为：

$$w_{\mathrm{r}}=\frac{\tau_0 r_0}{G_{\mathrm{s}}}\int_r^{r_{\mathrm{m}}}\frac{\mathrm{d}r}{r}=\frac{\tau_0 r_0}{G_{\mathrm{s}}}\ln\frac{r_{\mathrm{m}}}{r} \tag{7}$$

减沉桩桩端阻力比例较小，端阻力对承台底地基土位移的影响也较小，予以忽略。

式（7）中，τ_0 为桩侧阻力平均值；r_0 为桩半径；G_{s} 为土的剪切模量，$G_{\mathrm{s}}=E_0/2(1+\nu)$，$\nu$ 为泊松比，软土取 $\nu=0.4$；E_0 为土的变形模量，其理论关系式 $E_0=1-\frac{2\nu^2}{(1-\nu)}E_{\mathrm{s}}\approx0.5E_{\mathrm{s}}$，$E_{\mathrm{s}}$ 为土的压缩模量；软土桩侧土剪切位移最大半径 r_{m}，软土地区取 $r_{\mathrm{m}}=8d$。将式（7）进行积分，求得任一基桩桩周碟形位移体积，为：

$$V_{\mathrm{sp}}=\int_0^{2\pi}\int_{r_0}^{r_{\mathrm{m}}}\frac{\tau_0 r_0}{G_{\mathrm{s}}}r\ln\frac{r_{\mathrm{m}}}{r}\mathrm{d}r\mathrm{d}\theta$$

$$=\frac{2\pi\tau_0 r_0}{G_{\mathrm{s}}}\left(\frac{r_0^2}{2}\ln\frac{r_0}{r_{\mathrm{m}}}+\frac{r_{\mathrm{m}}^2}{4}-\frac{r_0^2}{4}\right) \tag{8}$$

桩对土的影响值 s_{sp} 为单一基桩桩周位移体积除以圆面积 $\pi(r_{\mathrm{m}}^2-r_0^2)$；另考虑桩距较小时剪切位移的重叠效应，当桩侧土剪切位移最大半径 r_{m} 大于平均桩距 $\bar{s}_{\mathrm{a}}$ 时，引入近似重叠系数 $\pi(r_{\mathrm{m}}/\bar{s}_{\mathrm{a}})^2$，则

$$s_{\mathrm{sp}}=\frac{V_{\mathrm{sp}}}{\pi(r_{\mathrm{m}}^2-r_0^2)}\cdot\pi\frac{r_{\mathrm{m}}^2}{\bar{s}_{\mathrm{a}}}$$

$$=\frac{\dfrac{8(1+\nu)\pi\tau_0 r_0}{E_{\mathrm{s}}}\left(\dfrac{r_0^2}{2}\ln\dfrac{r_0}{r_{\mathrm{m}}}+\dfrac{r_{\mathrm{m}}^2}{4}-\dfrac{r_0^2}{4}\right)}{\pi(r_{\mathrm{m}}^2-r_0^2)}\cdot\pi\frac{r_{\mathrm{m}}^2}{\bar{s}_{\mathrm{a}}{}^2}$$

$$=\frac{(1+\nu)8\pi\tau_0}{4E_{\mathrm{s}}}\cdot\frac{1}{(\bar{s}_{\mathrm{a}}/d)^2}\cdot\frac{r_{\mathrm{m}}^2\left(\dfrac{r_0^2}{2}\ln\dfrac{r_0}{r_{\mathrm{m}}}+\dfrac{r_{\mathrm{m}}^2}{4}-\dfrac{r_0^2}{4}\right)}{(r_{\mathrm{m}}^2-r_0^2)r_{\mathrm{o}}}$$

因 $r_m=8d\gg r_0$，且 $\tau_0=q_{su}$，$\upsilon=0.4$，故上式简化为：

$$s_{sp}=\frac{280q_{su}}{E_s}\cdot\frac{d}{(s_a/d)^2}$$

因此，$s=\psi(s_s+s_{sp})$；$s_s=4p_0\sum_{i=1}^{m}\frac{z_i\overline{\alpha}_i-z_{(i-1)}\overline{\alpha}_{(i-1)}}{E_{si}}$，

$$s_{sp}=280\frac{\overline{q_{su}}}{\overline{E_s}}\cdot\frac{d}{(s_a/d)^2}$$

一般地，$\overline{q_{su}}=30$kPa，$\overline{E_s}=2$MPa，$s_a/d=6$，$d=0.4$m

$$s_{sp}=\frac{280\overline{q_{su}}}{\overline{E_s}}\cdot\frac{d}{(s_a/d)^2}=280\times\frac{30\ (\text{kPa})}{2\ (\text{MPa})}\times\frac{1}{36}\times0.4\ (\text{m})=47\text{mm}。$$

3　条形承台减沉复合疏桩基础沉降计算

无地下室多层住宅多数将承台设计为墙下条形承台板，条基之间净距较小，若按实际平面计算相邻影响十分繁锁，为此，宜将其简化为等效平板式承台，按角点法分块计算基础中点沉降。

4　工程验证

表 13　软土地基减沉复合疏桩基础计算沉降与实测沉降

名称（编号）	建筑物层数（地下）/附加压力（kN）	基础平面尺寸（m×m）	桩径 d(m)/桩长 L(m)	承台埋深（m)/桩数	桩端持力层	计算沉降（mm）	按实测推算的最终沉降（mm）
上海×××	6/61210	53×11.7	0.2×0.2/16	1.6/161	黏土	108	77
上海×××	6/52100	52.5×11	0.2×0.2/16	1.6/148	黏土	76	81
上海×××	6/49718	42×11	0.2×0.2/16	1.6/118	黏土	120	69
上海×××	6/43076	40×10	0.2×0.2/16	1.6/139	黏土	76	76
上海×××	6/45490	58×12	0.2×0.2/16	1.6/250	黏土	132	127
绍兴×××	6/49505	35×10	ϕ0.4/12	1.45/142	粉土	55	50
上海×××	6/43500	40×9	0.2× 0.2/16	1.27/152	黏土夹砂	158	150
天津×××	—/56864	46×16	ϕ0.42/10	1.7/161	黏质粉土	63.7	40
天津×××	—/62507	52×15	ϕ0.42/10	1.7/176	黏质粉土	62	50
天津×××	—/74017	62×15	ϕ0.42/10	1.7/224	黏质粉土	55	50
天津×××	—/62000	52×14	0.35× 0.35/17	1.5/127	粉质黏土	100	80
天津×××	—/106840	84×15	0.35× 0.35/17	1.5/220	粉质黏土	100	90
天津×××	—/64200	54×14	0.35× 0.35/17	1.5/135	粉质黏土	95	90
天津×××	—/82932	56×18	0.35× 0.35/12.5	1.5/155	粉质黏土	161	120

5.7　桩基水平承载力与位移计算

5.7.2　本条说明单桩水平承载力特征值的确定。

影响单桩水平承载力和位移的因素包括桩身截面抗弯刚度、材料强度、桩侧土质条件、桩的入土深度、桩顶约束条件。如对于低配筋率的灌注桩，通常是桩身先出现裂缝，随后断裂破坏；此时，单桩水平承载力由桩身强度控制。对于抗弯性能强的桩，如高配筋率的混凝土预制桩和钢桩，桩身虽未断裂，但由于桩侧土体塑性隆起，或桩顶水平位移大大超过使用允许值，也认为桩的水平承载力达到极限状态。此时，单桩水平承载力由位移控制。由桩身强度控制和桩顶水平位移控制两种工况均受桩侧土水平抗力系数的比例系数 m 的影响，但是，前者受影响较小，呈 $m^{1/5}$ 的关系；后者受影响较大，呈 $m^{3/5}$ 的关系。对于受水平荷载较大的建筑桩基，应通过现场单桩水平承载力试验确定单桩水平承载力特征值。对于初设阶段可通过规范所列的按桩身承载力控制的本规范式（5.7.2-1）和按桩顶水平位移控制的本规范式（5.7.2-2）进行计算。最后对工程桩进行静载试验检测。

5.7.3　建筑物的群桩基础多数为低承台，且多数带地下室，故承台侧面和地下室外墙侧面均能分担水平荷载，对于带地下室桩基受水平荷载较大时应按本规范附录C计算基桩、承台与地下室外墙水平抗力及位移。本条适用于无地下室，作用于承台顶面的弯矩较小的情况。本条所述群桩效应综合系数法，是以单桩水平承载力特征值 R_{ha} 为基础，考虑四种群桩效应，求得群桩综合效应系数 η_h，单桩水平承载力特征值乘以 η_h 即得群桩中基桩的水平承载力特征值 R_h。

1　桩的相互影响效应系数 η_i

桩的相互影响随桩距减小、桩数增加而增大，沿荷载方向的影响远大于垂直于荷载作用方向，根据23组双桩、25组群桩的水平荷载试验结果的统计分析，得到相互影响系数 η_i，见本规范式（5.7.3-3）。

2　桩顶约束效应系数 η_r

建筑桩基桩顶嵌入承台的深度较浅，为5～10cm，实际约束状态介于铰接与固接之间。这种有限约束连接既能减小桩顶水平位移（相对于桩顶自由），又能降低桩顶约束弯矩（相对于桩顶固接），重

新分配桩身弯矩。

根据试验结果统计分析表明，由于桩顶的非完全嵌固导致桩顶弯矩降低至完全嵌固理论值的40%左右，桩顶位移较完全嵌固增大约25%。

为确定桩顶约束效应对群桩水平承载力的影响，以桩顶自由单桩与桩顶固接单桩的桩顶位移比 R_x、最大弯矩比 R_M 基准进行比较，确定其桩顶约束效应系数为：

当以位移控制时

$$\eta_r = \frac{1}{1.25}R_x$$

$$R_x = \frac{\chi_0^o}{\chi_0^r}$$

当以强度控制时

$$\eta_r = \frac{1}{0.4}R_M$$

$$R_M = \frac{M_{max}^o}{M_{max}^r}$$

式中 χ_0^o、χ_0^r——分别为单位水平力作用下桩顶自由、桩顶固接的桩顶水平位移；

M_{max}^o、M_{max}^r——分别为单位水平力作用下桩顶自由的桩，其桩身最大弯矩；桩顶固接的桩，其桩顶最大弯矩。

将 m 法对应的桩顶有限约束效应系数 η_r 列于本规范表5.7.3-1。

3 承台侧向土抗力效应系数 η_l

桩基发生水平位移时，面向位移方向的承台侧面将受到土的弹性抗力。由于承台位移一般较小，不足以使其发挥至被动土压力，因此承台侧向土抗力应采用与桩相同的方法——线弹性地基反力系数法计算。该弹性总土抗力为：

$$\Delta R_{hl} = \chi_{0a}B'_c\int_0^{h_c}K_n(z)\mathrm{d}z$$

按 m 法，$K_n(z)=mz$（m 法），则

$$\Delta R_{hl} = \frac{1}{2}m\chi_{0a}B'_c h_c^2$$

由此得本规范式（5.7.3-4）承台侧向土抗力效应系数 η_l。

4 承台底摩阻效应系数 η_b

本规范规定，考虑地震作用且 $s_a/d\leqslant 6$ 时，不计入承台底的摩阻效应，即 $\eta_b=0$；其他情况应计入承台底摩阻效应。

5 群桩中基桩的群桩综合效应系数分别由本规范式（5.7.3-2）和式（5.7.3-6）计算。

5.7.5 按 m 法计算桩的水平承载力。桩的水平变形系数 α，由桩身计算宽度 b_0、桩身抗弯刚度 EI、以及土的水平抗力系数沿深度变化的比例系数 m 确定，$\alpha=\sqrt[5]{\frac{mb_0}{EI}}$。$m$ 值，当无条件进行现场试验测定时，可采用本规范表5.7.5的经验值。这里应指出，m 值对于同一根桩并非定值，与荷载呈非线性关系，低荷载水平下，m 值较高；随荷载增加，桩侧土的塑性区逐渐扩展而降低。因此，m 取值应与实际荷载、允许位移相适应。如根据试验结果求低配筋率桩的 m，应取临界荷载 H_{cr} 及对应位移 χ_{cr} 按下式计算

$$m = \frac{\left(\frac{H_{cr}}{\chi_{cr}}v_x\right)^{\frac{5}{3}}}{b_0\ (EI)^{\frac{2}{3}}} \tag{9}$$

对于配筋率较高的预制桩和钢桩，则应取允许位移及其对应的荷载按上式计算 m。

根据所收集到的具有完整资料参加统计的试桩，灌注桩114根，相应桩径 d=300～1000mm，其中 d=300～600mm占60%；预制桩85根。统计前，将水平承载力主要影响深度[2(d+1)]内的土层划分为5类，然后分别按上式（9）计算 m 值。对各类土层的实测 m 值采用最小二乘法统计，取 m 值置信区间按可靠度大于95%，即 $m=\overline{m}-1.96\sigma_m$，$\sigma_m$ 为均方差，统计经验值 m 值列于本规范表5.7.5。表中预制桩、钢桩的 m 值系根据水平位移为10mm时求得，故当其位移小于10mm时，m 应予适当提高；对于灌注桩，当水平位移大于表列值时，则应将 m 值适当降低。

5.8 桩身承载力与裂缝控制计算

5.8.2、5.8.3 钢筋混凝土轴向受压桩正截面受压承载力计算，涉及以下三方面因素：

1 纵向主筋的作用。轴向受压桩的承载性状与上部结构柱相近，较柱的受力条件更为有利的是桩周受土的约束，侧阻力使轴向荷载随深度递减，因此，桩身受压承载力由桩顶下一定区段控制。纵向主筋的配置，对于长摩擦型桩和摩擦端承桩可随深度变断面或局部长度配置。纵向主筋的承压作用在一定条件下可计入桩身受压承载力。

2 箍筋的作用。箍筋不仅起水平抗剪作用，更重要的是对混凝土起侧向约束增强作用。图30是带箍筋与不带箍筋混凝土轴压应力-应变关系。由图看出，带箍筋的约束混凝土轴压强度较无约束混凝土提高80%左右，且其应力-应变关系改善。因此，本规范明确规定凡桩顶5d范围箍筋间距不大于100mm者，均可考虑纵向主筋的作用。

3 成桩工艺系数 ψ_c。桩身混凝土的受压承载力

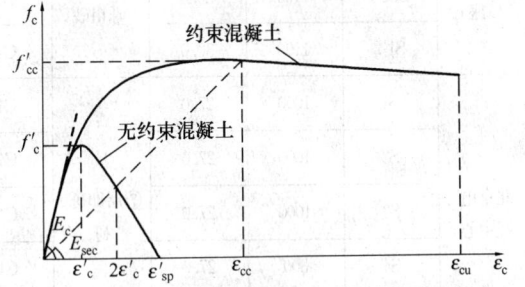

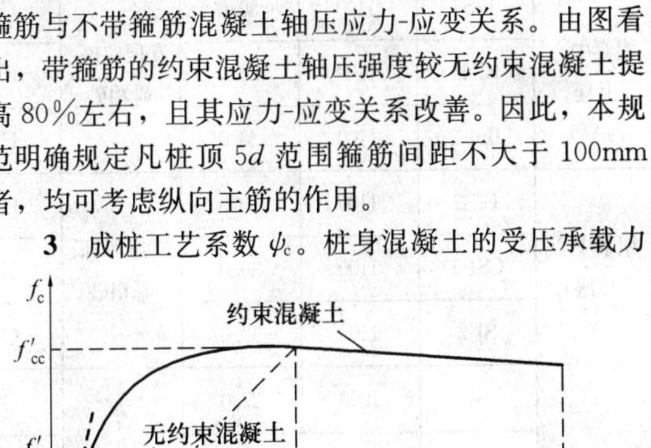

图30 约束与无约束混凝土应力-应变关系
（引自 Mander et al 1984）

是桩身受压承载力的主要部分，但其强度和截面变异受成桩工艺的影响。就其成桩环境、质量可控度不同，将成桩工艺系数 ψ_c 规定如下。ψ_c 取值在原 JGJ 94－94 规范的基础上，汲取了工程试桩的经验数据，适当提高了安全度。

混凝土预制桩、预应力混凝土空心桩：$\psi_c = 0.85$；主要考虑在沉桩后桩身常出现裂缝。

干作业非挤土灌注桩（含机钻、挖、冲孔桩、人工挖孔桩）：$\psi_c = 0.90$；泥浆护壁和套管护壁非挤土灌注桩、部分挤土灌注桩、挤土灌注桩：$\psi_c = 0.7 \sim 0.8$；软土地区挤土灌注桩：$\psi_c = 0.6$。对于泥浆护壁非挤土灌注桩应视地层土质取 ψ_c 值，对于易塌孔的流塑状软土、松散粉土、粉砂，ψ_c 宜取 0.7。

4　桩身受压承载力计算及其与静载试验比较

本规范规定，对于桩顶以下 $5d$ 范围箍筋间距不大于 100mm 者，桩身受压承载力设计值可考虑纵向主筋按本规范式(5.8.2-1)计算，否则只考虑桩身混凝土的受压承载力。对于按本规范式（5.8.2-1）计算桩身受压承载力的合理性及其安全度，从所收集到的 43 根泥浆护壁后注浆钻孔灌注桩静载试验结果与桩身极限受压承载力计算值 R_u 进行比较，以检验桩身受压承载力计算模式的合理性和安全性（列于表 14）。其中 R_u 按如下关系计算：

$$R_u = \frac{2R_p}{1.35}$$

$$R_p = \psi_c f_c A_{ps} + 0.9 f'_y A'_s$$

其中 R_p 为桩身受压承载力设计值；ψ_c 为成桩工艺系数；f_c 为混凝土轴心抗压强度设计值；f'_y 为主筋受压强度设计值；A_{ps}、A'_s 为桩身和主筋截面积，其中 A'_s 包含后注浆钢管截面积；1.35 系数为单桩承载力特征值与设计值的换算系数（综合荷载分项系数）。

从表 14 可见，虽然后注浆桩由于土的支承阻力（侧阻、端阻）大幅提高，绝大部分试桩未能加载至破坏，但其荷载水平是相当高的。最大加载值 Q_{max} 与桩身受压承载力极限值 R_u 之比 Q_{max}/R_u 均大于 1，且无一根桩桩身被压坏。

以上计算与试验结果说明三个问题：一是影响混凝土受压承载力的成桩工艺系数，对于泥浆护壁非挤土桩一般取 $\psi_c = 0.8$ 是合理的；二是在桩顶 $5d$ 范围箍筋加密情况下计入纵向主筋承载力是合理的；三是按本规范公式计算桩身受压承载力的安全系数高于由土的支承阻力确定的单桩承载力特征值安全系数 $K=2$，桩身承载力的安全可靠性处于合理水平。

表 14　灌注桩（泥浆护壁、后注浆）桩身受压承载力计算与试验结果

工程名称	桩号	桩径 d（mm）	桩长 L（m）	桩端持力层	桩身混凝土等级	主筋	桩顶 $5d$ 箍筋	最大加载 Q_{max}（kN）	沉降（mm）	桩身受压极限承载力 R_u（kN）	$\frac{Q_{max}}{R_u}$
银泰中心A座	A-S1	1100	30.0	⑨层卵砾、砾粗砂	C40	10ϕ22	ϕ8@100	24×10^3	16.31	22.76×10^3	>1.05
	AS1-1	1100	30.0		C40	10ϕ22	ϕ8@100	17×10^3	7.65	22.76×10^3	
	AS1-2	1100	30.0		C40	10ϕ22	ϕ8@100	17×10^3	10.11	22.76×10^3	
银泰中心B座	B-S3	1100	30.0	⑨层卵砾、砾粗砂	C40	10ϕ22	ϕ8@100	24×10^3	16.70	22.76×10^3	>1.05
	B1-14	1100	30.0		C40	10ϕ22	ϕ8@100	17×10^3	10.34	22.76×10^3	
	BS1-2	1100	30.0		C40	10ϕ22	ϕ8@100	17×10^3	10.62	22.76×10^3	
银泰中心C座	C-S2	1100	30.0	⑨层卵砾、砾粗砂	C40	10ϕ22	ϕ8@100	24×10^3	18.71	22.76×10^3	>1.05
	CS1-1	1100	30.0		C40	10ϕ22	ϕ8@100	17×10^3	14.89	22.76×10^3	
	S1-2	1100	30.0		C40	10ϕ22	ϕ8@100	17×10^3	13.14	22.76×10^3	
北京电视中心	S1	1000	27.0	⑦层卵砾、砾	C40	12ϕ20	ϕ8@100	18×10^3	21.94	19.01×10^3	—
	S2	1000	27.0		C40	12ϕ20	ϕ8@100	18×10^3	27.38	19.01×10^3	—
	S3	1000	27.0		C40	12ϕ20	ϕ8@100	18×10^3	24.78	19.01×10^3	—
	S4	800	27.0		C40	10ϕ20	ϕ8@100	14×10^3	25.81	12.40×10^3	>1.13
	S6	800	27.0		C40	10ϕ20	ϕ8@100	16.8×10^3	29.86	12.40×10^3	>1.35

续表 14

工程名称	桩号	桩径 d（mm）	桩长 L（m）	桩端持力层	桩身混凝土等级	主筋	桩顶 $5d$ 箍筋	最大加载 Q_{max}（kN）	沉降（mm）	桩身受压极限承载力 R_u（kN）	$\frac{Q_{max}}{R_u}$
财富中心一期公寓	22#	800	24.6	⑦层卵砾	C40	$12\phi18$	$\phi8@100$	13.8×10^3	12.32	11.39×10^3	>1.12
	21#	800	24.6		C40	$12\phi18$	$\phi8@100$	13.8×10^3	12.17	11.39×10^3	>1.12
	59#	800	24.6		C40	$12\phi18$	$\phi8@100$	13.8×10^3	14.98	11.39×10^3	>1.12
财富中心二期办公楼	64#	800	25.2	⑦层卵砾	C40	$12\phi18$	$\phi8@100$	13.7×10^3	17.30	11.39×10^3	>1.11
	1#	800	25.2		C40	$12\phi18$	$\phi8@100$	13.7×10^3	16.12	11.39×10^3	>1.11
	127#	800	25.2		C40	$12\phi18$	$\phi8@100$	13.7×10^3	16.34	11.39×10^3	>1.11
财富中心二期公寓	402#	800	21.0	⑦层卵砾	C40	$12\phi18$	$\phi8@100$	13.0×10^3	18.60	11.39×10^3	>1.05
	340#	800	21.0		C40	$12\phi18$	$\phi8@100$	13.0×10^3	14.35	11.39×10^3	>1.05
	93#	800	21.0		C40	$12\phi18$	$\phi8@100$	13.0×10^3	12.64	11.39×10^3	>1.05
财富中心酒店	16#	800	22.0	⑦层卵砾	C40	$12\phi18$	$\phi8@100$	13.0×10^3	13.72	11.39×10^3	>1.05
	148#	800	22.0		C40	$12\phi18$	$\phi8@100$	13.0×10^3	14.27	11.39×10^3	>1.05
	226#	800	22.0		C40	$12\phi18$	$\phi8@100$	13.0×10^3	13.66	11.39×10^3	>1.05
首都国际机场航站楼	NB-T	800	30.8	粉砂、粉土	C40	$10\phi22$	$\phi8@100$	16.0×10^3	37.43	19.89×10^3	>1.26
	NB-T	800	41.8		C40	$16\phi22$	$\phi8@100$	28.0×10^3	53.72	19.89×10^3	>1.57
	NB-T	1000	30.8		C40	$16\phi22$	$\phi8@100$	18.0×10^3	37.65	11.70×10^3	—
	NC-T	800	25.5		C40	$10\phi22$	$\phi8@100$	12.8×10^3	43.50	18.30×10^3	>1.12
	NC-T	1000	25.5		C40	$12\phi22$	$\phi8@100$	16.0×10^3	68.44	11.70×10^3	>1.13
	ND-T	800	27.65		C40	$10\phi22$	$\phi8@100$	14.4×10^3	62.33	11.70×10^3	>1.23
	ND-T	1000	38.65		C40	$16\phi22$	$\phi8@100$	24.5×10^3	61.03	19.89×10^3	>1.03
	ND-T	1000	27.65		C40	$12\phi22$	$\phi8@100$	20.0×10^3	67.56	19.39×10^3	>1.40
	ND-T	800	38.65		C40	$12\phi22$	$\phi8@100$	18.0×10^3	69.27	12.91×10^3	>1.42
中央电视台	TP-A1	1200	51.70	中粗砂、卵砾	C40	$24\phi25$	$\phi10@100$	33.0×10^3	21.78	29.4×10^3	>1.12
	TP-A2	1200	51.70		C40	$24\phi25$	$\phi10@100$	30.0×10^3	31.44	29.4×10^3	>1.03
	TP-A3	1200	53.40		C40	$24\phi25$	$\phi10@100$	33.0×10^3	18.78	29.4×10^3	>1.12
	TP-B2	1200	33.40		C40	$24\phi25$	$\phi10@100$	33.0×10^3	14.50	29.4×10^3	>1.12
	TP-B3	1200	33.40		C40	$24\phi25$	$\phi8@100$	35.0×10^3	21.80	29.4×10^3	>1.19
	TP-C1	800	23.40		C40	$16\phi20$	$\phi8@100$	17.6×10^3	18.50	13.0×10^3	>1.35
	TP-C2	800	22.60		C40	$16\phi20$	$\phi8@100$	17.6×10^3	18.65	13.0×10^3	>1.35
	TP-C3	800	22.60		C40	$16\phi20$	$\phi8@100$	17.6×10^3	18.14	13.0×10^3	>1.35

这里应强调说明一个问题，在工程实践中常见有静载试验中桩头被压坏的现象，其实这是试桩桩头处理不当所致。试桩桩头未按现行行业标准《建筑基桩检测技术规范》JGJ 106规定进行处理，如：桩顶千斤顶接触不平整引起应力集中；桩顶混凝土再处理后强度过低；桩顶未加钢板围裹或未设箍筋等，由此导致桩头先行破坏。很明显，这种由于试验处置不当而引发无法真实评价单桩承载力的现象是应该而且完全可以杜绝的。

5.8.4 本条说明关于桩身稳定系数的相关内容。工程实践中，桩身处于土体内，一般不会出现压屈失稳问题，但下列两种情况应考虑桩身稳定系数确定桩身受压承载力，即将按本规范第5.8.2条计算的桩身受压承载力乘以稳定系数 φ。一是桩的自由长度较大（这种情况只见于少数构筑物桩基）、桩周围为可液化土；二是桩周围为超软弱土，即土的不排水抗剪强度小于10kPa。当桩的计算长度与桩径比 $l_c/d>7.0$ 时要按本规范表5.8.4-2确定 φ 值。而桩的压屈计算长度 l_c 与桩顶、桩端约束条件有关，l_c 的具体确定方法按本规范表5.8.4-1规定执行。

5.8.7、5.8.8 对于抗拔桩桩身正截面设计应满足受拉承载力，同时应按裂缝控制等级，进行裂缝控制计算。

1 桩身承载力设计

本规范式（5.8.7）中预应力筋的受拉承载力为 $f_{py}A_{py}$，由于目前工程实践中多数为非预应力抗拔桩，故该项承载力为零。近来较多工程将预应力混凝土空心桩用于抗拔桩，此时桩顶与承台连接系通过桩顶管中埋设吊筋浇注混凝土芯，此时应确保加芯的抗拔承载力。对抗拔灌注桩施加预应力，由于构造、工艺较复杂，实践中应用不多，仅限于单桩承载力要求高的条件。从目前既有工程应用情况看，预应力灌注桩要处理好两个核心问题，一是无粘结预应力筋在桩身下部的锚固：宜于端部加锚头，并剥掉2m长左右塑料套管，以确保端头有效锚固。二是张拉锁定，有两种模式，一种是于桩顶预埋张拉锁定垫板，桩顶张拉锁定；另一种是在承台浇注预留张拉锁定平台，张拉锁定后，第二次浇注承台锁定锚头部分。

2 裂缝控制

首先根据本规范第3.5节耐久性规定，参考现行《混凝土结构设计规范》GB 50010，按环境类别和腐蚀性介质弱、中、强等级诸因素划分抗拔桩裂缝控制等级，对于不同裂缝控制等级桩基采取相应措施。对于严格要求不出现裂缝的一级和一般要求不出现裂缝的二级裂缝控制等级基桩，宜设预应力筋；对于允许出现裂缝的三级裂缝控制等级基桩，应按荷载效应标准组合计算裂缝最大宽度 w_{max}，使其不超过裂缝宽度限值，即 $w_{max}\leqslant w_{lim}$。

5.8.10 当桩处于成层土中且土层刚度相差大时，水平地震作用下，软硬土层界面处的剪力和弯距将出现突增，这是基桩震害的主要原因之一。因此，应采用地震反应的时程分析方法分析软硬土层界面处的地震作用效应，进而采取相应的措施。

5.9 承台计算

5.9.1 本条对桩基承台的弯矩及其正截面受弯承载力和配筋的计算原则作出规定。

5.9.2 本条对柱下独立桩基承台的正截面弯矩设计值的取值计算方法系依据承台的破坏试验资料作出规定。20世纪80年代以来，同济大学、郑州工业大学（郑州工学院）、中国石化总公司、洛阳设计院等单位进行的大量模型试验表明，柱下多桩矩形承台呈“梁式破坏”，即弯曲裂缝在平行于柱边两个方向交替出现，承台在两个方向交替呈梁式承担荷载（见图31），最大弯矩产生在平行于柱边两个方向的屈服线处。利用极限平衡原理导得柱下多桩矩形承台两个方向的承台正截面弯矩为本规范式（5.9.2-1）、式（5.9.2-2）。

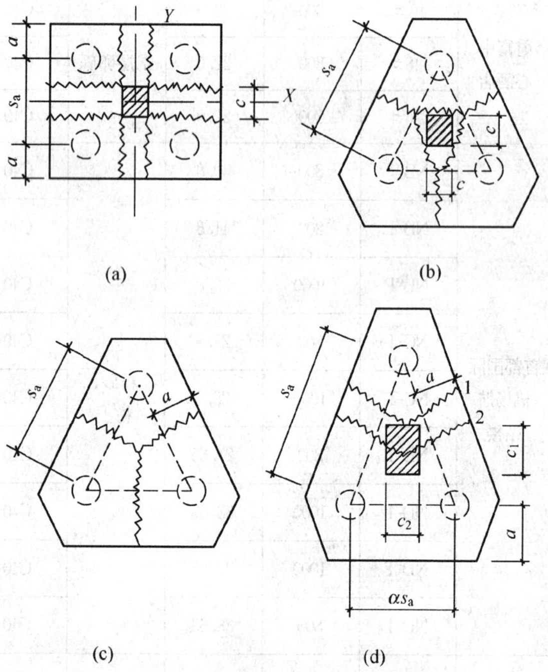

图31 承台破坏模式

（a）四桩承台；（b）等边三桩承台；

（c）等边三桩承台；（d）等腰三桩承台

对柱下三桩三角形承台进行的模型试验，其破坏模式也为“梁式破坏”。由于三桩承台的钢筋一般均平行于承台边呈三角形配置，因而等边三桩承台具有代表性的破坏模式见图31（b），可利用钢筋混凝土板的屈服线理论按机动法基本原理推导，得通过柱边屈服曲线的等边三桩承台正截面弯矩计算公式：

$$M=\frac{N_{max}}{3}\left(s_a-\frac{\sqrt{3}}{2}c\right) \quad (10)$$

由图 31（c）的等边三桩承台最不利破坏模式，可得另一公式：

$$M=\frac{N_{\max}}{3}s_{a} \tag{11}$$

考虑到图 31（b）的屈服线产生在柱边，过于理想化，而图 31（c）的屈服线未考虑柱的约束作用，其弯矩偏于安全。根据试件破坏的多数情况采用式（10）、式（11）两式的平均值作为本规范的弯矩计算公式，即得到本规范式（5.9.2-3）。

对等腰三桩承台，其典型的屈服线基本上都垂直于等腰三桩承台的两个腰，试件通常在长跨发生弯曲破坏，其屈服线见图 31（d）。按梁的理论可导出承台正截面弯矩的计算公式：

当屈服线 2 通过柱中心时 $$M_1=\frac{N_{\max}}{3}s_{a} \tag{12}$$

当屈服线 1 通过柱边时 $$M_2=\frac{N_{\max}}{3}\left(s_{a}-\frac{1.5}{\sqrt{4-\alpha^2}}c_1\right) \tag{13}$$

式（12）未考虑柱的约束影响，偏于安全；而式（13）又不够安全，因而本规范采用该两式的平均值确定等腰三桩承台的正截面弯矩，即本规范式（5.9.2-4）、式（5.9.2-5）。

上述关于三桩承台计算的 M 值均指通过承台形心与相应承台边正交截面的弯矩设计值，因而可按此相应宽度采用三向均匀配筋。

5.9.3 本条对箱形承台和筏形承台的弯矩计算原则进行规定。

1 对箱形承台及筏形承台的弯矩宜按地基——桩——承台——上部结构共同作用的原理分析计算。这是考虑到结构的实际受力情况具有共同作用的特性，因而分析计算应反映这一特性。

2 对箱形承台，当桩端持力层为基岩、密实的碎石类土、砂土且深厚均匀时；或当上部结构为剪力墙；或当上部结构为框架－核心筒结构且按变刚度调平原则布桩时，由于基础各部分的沉降变形较均匀，桩顶反力分布较均匀，整体弯矩较小，因而箱形承台顶、底板可仅考虑局部弯矩作用进行计算、忽略基础的整体弯矩，但需在配筋构造上采取措施承受实际上存在的一定数量的整体弯矩。

3 对筏形承台，当桩端持力层深厚坚硬、上部结构刚度较好，且柱荷载及柱间距变化不超过 20％时；或当上部结构为框架－核心筒结构且按变刚度调平原则布桩时，由于基础各部分的沉降变形均较均匀，整体弯矩较小，因而可仅考虑局部弯矩作用进行计算，忽略基础的整体弯矩，但需在配筋构造上采取措施承受实际上存在的一定数量的整体弯矩。

5.9.4 本条对柱下条形承台梁的弯矩计算方法根据桩端持力层情况不同，规定可按下列两种方法计算。

1 按弹性地基梁（地基计算模型应根据地基土层特性选取）进行分析计算，考虑桩、柱垂直位移对承台梁内力的影响。

2 当桩端持力层深厚坚硬且桩柱轴线不重合时，可将桩视为不动铰支座，采用结构力学方法，按连续梁计算。

5.9.5 本条对砌体墙下条形承台梁的弯矩和剪力计算方法规定可按倒置弹性地基梁计算。将承台上的砌体墙视为弹性半无限体，根据弹性理论求解承台梁上的荷载，进而求得承台梁的弯矩和剪力。为方便设计，附录 G 已列出承台梁不同位置处的弯矩和剪力计算公式。对于承台上的砌体墙，尚应验算桩顶以上部分砌体的局部承压强度，防止砌体发生压坏。

5.9.7 本条对桩基承台受柱（墙）冲切承载力的计算方法作出规定：

1 根据冲切破坏的试验结果进行简化计算，取冲切破坏锥体为自柱（墙）边或承台变阶处至相应桩顶边缘连线所构成的锥体。锥体斜面与承台底面之夹角不小于 45°。

2 对承台受柱的冲切承载力按本规范式（5.9.7-1）～式（5.9.7-3）计算。依据现行国家标准《混凝土结构设计规范》GB 50010，对冲切系数作了调整。对混凝土冲切破坏承载力由 $0.6f_{t}u_{m}h_{o}$ 提高至 $0.7f_{t}u_{m}h_{o}$，即冲切系数 β_0 提高了 16.7％，故本规范将其表达式 $\beta_0=0.72/(\lambda+0.2)$ 调整为 $\beta_0=0.84/(\lambda+0.2)$。

3 关于最小冲跨比取值，由原 $\lambda=0.2$ 调整为 $\lambda=0.25$，λ 满足 0.25～1.0。

根据现行《混凝土结构设计规范》GB 50010 的规定，需考虑承台受冲切承载力截面高度影响系数 β_{hp}。

必须强调对圆柱及圆桩计算时应将其截面换算成方柱或方桩，即取换算柱截面边长 $b_c=0.8d_c$（d_c 为圆柱直径），换算桩截面边长 $b_p=0.8d$，以确定冲切破坏锥体。

5.9.8 本条对承台受柱冲切破坏锥体以外基桩的冲切承载力的计算方法作出规定，这些规定与《建筑桩基技术规范》JGJ 94—94 的计算模式相同。同时按现行《混凝土结构设计规范》GB 50010 规定，对冲切系数 β_0 进行调整，并增加受冲切承载力截面高度影响系数 β_{hp}。

5.9.9 本条对柱（墙）下桩基承台斜截面的受剪承载力计算作出规定。由于剪切破坏面通常发生在柱边（墙边）与桩边连线形成的贯通承台的斜截面处，因而受剪计算斜截面取在柱边处。当柱（墙）承台悬挑边有多排基桩时，应对多个斜截面的受剪承载力进行计算。

5.9.10 本条说明柱下独立桩基承台的斜截面受剪承载力的计算。

1 斜截面受剪承载力的计算公式是以《建筑桩基

技术规范》JGJ 94－94 计算模式为基础，根据现行《混凝土结构设计规范》GB 50010 规定，斜截面受剪承载力由按混凝土受压强度设计值改为按受拉强度设计值进行计算，作了相应调整。即由原承台剪切系数 $\alpha=0.12/(\lambda+0.3)(0.3\leqslant\lambda<1.4)$、$\alpha=0.20/(\lambda+1.5)(1.4\leqslant\lambda<3.0)$ 调整为 $\alpha=1.75/(\lambda+1)(0.25\leqslant\lambda\leqslant3.0)$。最小剪跨比取值由 $\lambda=0.3$ 调整为 $\lambda=0.25$。

2 对柱下阶梯形和锥形、矩形承台斜截面受剪承载力计算时的截面计算有效高度和宽度的确定作出相应规定，与《建筑桩基技术规范》JGJ 94－94 规定相同。

5.9.11 本条对梁板式筏形承台的梁的受剪承载力计算作出规定，求得各计算斜截面的剪力设计值后，其受剪承载力可按现行《混凝土结构设计规范》GB 50010 的有关公式进行计算。

5.9.12 本条对配有箍筋但未配弯起钢筋的砌体墙下条形承台梁，规定其斜截面的受剪承载力可按本规范式（5.9.12）计算。该公式来源于《混凝土结构设计规范》GB 50010－2002。

5.9.13 本条对配有箍筋和弯起钢筋的砌体墙下条形承台梁，规定其斜截面的受剪承载力可按本规范式（5.9.13）计算，该公式来源同上。

5.9.14 本条对配有箍筋但未配弯起钢筋的柱下条形承台梁，由于梁受集中荷载，故规定其斜截面的受剪承载力可按本规范式（5.9.14）计算，该公式来源同上。

5.9.15 承台混凝土强度等级低于柱或桩的混凝土强度等级时，应按现行《混凝土结构设计规范》GB 50010 的规定验算柱下或桩顶承台的局部受压承载力，避免承台发生局部受压破坏。

5.9.16 对处于抗震设防区的承台受弯、受剪、受冲切承载力进行抗震验算时，应根据现行《建筑抗震设计规范》GB 50011，将上部结构传至承台顶面的地震作用效应乘以相应的调整系数；同时将承载力除以相应的抗震调整系数 γ_{RE}，予以提高。

6 灌注桩施工

6.2 一 般 规 定

6.2.1 在岩溶发育地区采用冲、钻孔桩应适当加密勘察钻孔。在较复杂的岩溶地段施工时经常会发生偏孔、掉钻、卡钻及泥浆流失等情况，所以应在施工前制定出相应的处理方案。

人工挖孔桩在地质、施工条件较差时，难以保证施工人员的安全工作条件，特别是遇有承压水、流动性淤泥层、流砂层时，易引发安全和质量事故，因此不得选用此种工艺。

6.2.3 当很大深度范围内无良好持力层时的摩擦桩，应按设计桩长控制成孔深度。当桩较长且桩端置于较好持力层时，应以确保桩端置于较好持力层作主控标准。

6.3 泥浆护壁成孔灌注桩

6.3.2 清孔后要求测定的泥浆指标有三项，即相对密度、含砂率和黏度。它们是影响混凝土灌注质量的主要指标。

6.3.9 灌注混凝土之前，孔底沉渣厚度指标规定，对端承型桩不应大于 50mm；对摩擦型桩不应大于 100mm。首先这是多年灌注桩的施工经验；其二，近年对于桩底不同沉渣厚度的试桩结果表明，沉渣厚度大小不仅影响端阻力的发挥，而且也影响侧阻力的发挥值。这是近年来灌注桩承载性状的重要发现之一，故对原规范关于摩擦桩沉渣厚度≤300mm 作修订。

6.3.18～6.3.24 旋挖钻机重量较大、机架较高、设备较昂贵，保证其安全作业很重要。强调其作业的注意事项，这是总结近几年的施工经验后得出的。

6.3.25 旋挖钻机成孔，孔底沉渣（虚土）厚度较难控制，目前积累的工程经验表明，采用旋挖钻机成孔时，应采用清孔钻头进行清渣清孔，并采用桩端后注浆工艺保证桩端承载力。

6.3.27 细骨料宜选用中粗砂，是根据全国多数地区的使用经验和条件制订，少数地区若无中粗砂而选用其他砂，可通过试验进行选定，也可用合格的石屑代替。

6.3.30 条文中规定了最小的埋管深度宜为 2～6m，是为了防止导管拔出混凝土面造成断桩事故，但埋管也不宜太深，以免造成埋管事故。

6.4 长螺旋钻孔压灌桩

6.4.1～6.4.13 长螺旋钻孔压灌桩成桩工艺是国内近年开发且使用较广的一种新工艺，适用于地下水位以上的黏性土、粉土、素填土、中等密实以上的砂土，属非挤土成桩工艺，该工艺有穿透力强、低噪声、无振动、无泥浆污染、施工效率高、质量稳定等特点。

长螺旋钻孔压灌桩成桩施工时，为提高混凝土的流动性，一般宜掺入粉煤灰。每方混凝土的粉煤灰掺量宜为 70～90kg，坍落度应控制在 160～200mm，这主要是考虑保证施工中混合料的顺利输送。坍落度过大，易产生泌水、离析等现象，在泵压作用下，骨料与砂浆分离，导致堵管。坍落度过小，混合料流动性差，也容易造成堵管。另外所用粗骨料石子粒径不宜大于 30mm。

长螺旋钻孔压灌桩成桩，应准确掌握提拔钻杆时间，钻至预定标高后，开始泵送混凝土，管内空气从排气阀排出，待钻杆内管及输送软、硬管内混凝土达到连续时提钻。若提钻时间较晚，在泵送压力下钻头处的水泥浆液被挤出，容易造成管路堵塞。应杜绝在泵送混凝土前提拔钻杆，以免造成桩端处存在虚土或桩端混合料离析、端阻力减小。提拔钻杆中应连续泵料，特别是在饱和砂土、饱和粉土层中不得停泵待料，避免造成混凝土离析、桩身缩径和断桩，目前施工多采用商品混凝土或现场用两台 $0.5m^3$ 的强制式搅拌机拌制。

灌注桩后插钢筋笼工艺近年有较大发展，插笼深度提高到目前 20～30m，较好地解决了地下水位以下压灌桩的配筋问题。但后插钢筋笼的导向问题没有得到很好的解决，施工时应注意根据具体条件采取综合措施控制钢筋笼的垂直度和保护层有效厚度。

6.5 沉管灌注桩和内夯沉管灌注桩

振动沉管灌注成桩若混凝土坍落度过大，将导致桩顶浮浆过多，桩体强度降低。

6.6 干作业成孔灌注桩

人工挖孔桩在地下水疏干状态不佳时，对桩端及时采用低水混凝土封底是保证桩基础承载力的关键之一。

6.7 灌注桩后注浆

灌注桩桩底后注浆和桩侧后注浆技术具有以下特点：一是桩底注浆采用管式单向注浆阀，有别于构造复杂的注浆预载箱、注浆囊、U形注浆管，实施开敞式注浆，其竖向导管可与桩身完整性声速检测兼用，注浆后可代替纵向主筋；二是桩侧注浆是外置于桩土界面的弹性注浆管阀，不同于设置于桩身内的袖阀式注浆管，可实现桩身无损注浆。注浆装置安装简便、成本较低、可靠性高，适用于不同钻具成孔的锥形和平底孔型。

6.7.1 灌注桩后注浆（Cast-in-place pile post grouting，简写 PPG）是灌注桩的辅助工法。该技术旨在通过桩底桩侧后注浆固化沉渣（虚土）和泥皮，并加固桩底和桩周一定范围的土体，以大幅提高桩的承载力，增强桩的质量稳定性，减小桩基沉降。对于干作业的钻、挖孔灌注桩，经实践表明均取得良好成效。故本规定适用于除沉管灌注桩外的各类钻、挖、冲孔灌注桩。该技术目前已应用于全国二十多个省市的数以千计的桩基工程中。

6.7.2 桩底后注浆管阀的设置数量应根据桩径大小确定，最少不少于 2 根，对于 $d>1200$mm 桩应增至 3 根。目的在于确保后注浆浆液扩散的均匀对称及后注浆的可靠性。桩侧注浆断面间距视土层性质、桩长、承载力增幅要求而定，宜为 6～12m。

6.7.4～6.7.5 浆液水灰比是根据大量工程实践经验提出的。水灰比过大容易造成浆液流失，降低后注浆的有效性，水灰比过小会增大注浆阻力，降低可注性，乃至转化为压密注浆。因此，水灰比的大小应根据土层类别、土的密实度、土是否饱和诸因素确定。当浆液水灰比不超过 0.5 时，加入减水、微膨胀等外加剂在于增加浆液的流动性和对土体的增强效应。确保最佳注浆量是确保桩的承载力增幅达到要求的重要因素，过量注浆会增加不必要的消耗，应通过试注浆确定。这里推荐的用于预估注浆量公式是以大量工程经验确定有关参数推导提出的。关于注浆作业起始时间和顺序的规定是大量工程实践经验的总结，对于提高后注浆的可靠性和有效性至关重要。

6.7.6～6.7.9 规定终止注浆的条件是为了保证后注浆的预期效果及避免无效过量注浆。采用间歇注浆的目的是通过一定时间的休止使已压入浆提高抗浆液流失阻力，并通过调整水灰比消除规定中所述的两种不正常现象。实践过程曾发生过高压输浆管接口松脱或爆管而伤人的事故，因此，操作人员应采取相应的安全防护措施。

7 混凝土预制桩与钢桩施工

7.1 混凝土预制桩的制作

7.1.3 预制桩在锤击沉桩过程中要出现拉应力，对于受水平、上拔荷载桩桩身拉应力是不可避免的，故按现行《混凝土结构工程施工质量验收规范》GB 50204 的规定，同一截面的主筋接头数量不得超过主筋数量的 50%，相邻主筋接头截面的距离应大于 $35d_g$。

7.1.4 本规范表 7.1.4 中 7 和 8 项次应予以强调。按以往经验，如制作时质量控制不严，造成主筋距桩顶面过近，甚至与桩顶齐平，在锤击时桩身容易产生纵向裂缝，被迫停锤。网片位置不准，往往也会造成桩顶被击碎事故。

7.1.5 桩尖停在硬层内接桩，如电焊连接耗时较长，桩周摩阻得到恢复，使进一步锤击发生困难。对于静力压桩，则沉桩更困难，甚至压不下去。若采用机械式快速接头，则可避免这种情况。

7.1.8 根据实践经验，凡达到强度与龄期的预制桩大都能顺利打入土中，很少打裂；而仅满足强度不满足龄期的预制桩打裂或打断的比例较大。为使沉桩顺利进行，应做到强度与龄期双控。

7.3 混凝土预制桩的接桩

管桩接桩有焊接、法兰连接和机械快速连接三种方式。本规范对不同连接方式的技术要点和质量控制环节作出相应规定，以避免以往工程实践中常见的由于接桩质量问题导致沉桩过程由于锤击拉应力和土体上涌接头被拉断的事故。

7.4 锤击沉桩

7.4.3 桩帽或送桩帽的规格应与桩的断面相适应，太小会将桩顶打碎，太大易造成偏心锤击。插桩应控制其垂直度，才能确保沉桩的垂直度，重要工程插桩均应采用二台经纬仪从两个方向控制垂直度。

7.4.4 沉桩顺序是沉桩施工方案的一项重要内容。以往施工单位不注意合理安排沉桩顺序造成事故的事例很多，如桩位偏移、桩体上涌、地面隆起过多、建筑物破坏等。

7.4.6 本条所规定的停止锤击的控制原则适用于一般情况，实践中也存在某些特例。如软土中的密集桩群，由于大量桩沉入土中产生挤土效应，对后续桩的沉桩带来困难，如坚持按设计标高控制很难实现。按贯入度控制的桩，有时也会出现满足不了设计要求的情况。对于重要建筑，强调贯入度和桩端标高均达到设计要求，即实行双控是必要的。因此确定停锤标准是较复杂的，宜借鉴经验与通过静载试验综合确定停锤标准。

7.4.9 本条列出的一些减少打桩对邻近建筑物影响的措施是对多年实践经验的总结。如某工程，未采取任何措施沉桩地面隆起达 15～50cm，采用预钻孔措施后地面隆起则降为 2～10cm。控制打桩速率减少挤土隆起也是有效措施之一。对于经检测，确有桩体上涌的情况，应实施复打。具体用哪一种措施要根据工程实际条件，综合分析确定，有时可同时采用几种措施。即使采取了措施，也应加强监测。

7.6 钢桩（钢管桩、H型桩及其他异型钢桩）施工

7.6.3 钢桩制作偏差不仅要在制作过程中控制，运到工地后在施打前还应检查，否则沉桩时会发生困难，甚至成桩失败。这是因为出厂后在运输或堆放过程中会因措施不当而造成桩身局部变形。此外，出厂成品均为定尺钢桩，而实际施工时都是由数根焊接而成，但不会正好是定尺桩的组合，多数情况下，最后一节为非定尺桩，这就要进行切割。因此要对切割后的节段及拼接后的桩进行外形尺寸检验。

7.6.5 焊接是钢桩施工中的关键工序，必须严格控制质量。如焊丝不烘干，会引起烧焊时含氢量高，使焊缝容易产生气孔而降低其强度和韧性，因而焊丝必须在 200～300℃温度下烘干 2h。据有关资料，未烘干的焊丝其含氢量为 12ml/100gm，经过 300℃温度烘干 2h 后，减少到 9.5mL/100gm。

现场焊接受气候的影响较大，雨天烧焊时，由于水分蒸发会有大量氢气混入焊缝内形成气孔。大于 10m/s 的风速会使自保护气体和电弧火焰不稳定。雨天或刮风条件下施工，必须采取防风避雨措施，否则质量不能保证。

焊缝温度未冷却到一定温度就锤击，易导致焊缝出现裂缝。浇水骤冷更易使之发生脆裂。因此，必须对冷却时间予以限定且要自然冷却。有资料介绍，1min 停歇，母材温度即降至 300℃，此时焊缝强度可以经受锤击压力。

外观检查和无破损检验是确保焊接质量的重要环节。超声或拍片的数量应视工程的重要程度和焊接人员的技术水平而定，这里提供的数量，仅是一般工程的要求。还应注意，检验应实行随机抽样。

7.6.6 H型钢桩或其他薄壁钢桩不同于钢管桩，其断面与刚度本来很小，为保证原有的刚度和强度不致因焊接而削弱，一般应加连接板。

7.6.7 钢管桩出厂时，两端应有防护圈，以防坡口受损；对 H 型桩，因其刚度不大，若支点不合理，堆放层数过多，均会造成桩体弯曲，影响施工。

7.6.9 钢管桩内取土，需配以专用抓斗，若要穿透砂层或硬土层，可在桩下端焊一圈钢箍以增强穿透力，厚度为 8～12mm，但需先试沉桩，方可确定采用。

7.6.10 H型钢桩，其刚度不如钢管桩，且两个方向的刚度不一，很容易在刚度小的方向发生失稳，因而要对锤重予以限制。如在刚度小的方向设约束装置有利于顺利沉桩。

7.6.11 H型钢桩送桩时，锤的能量损失约 1/3～4/5，故桩端持力层较好时，一般不送桩。

7.6.12 大块石或混凝土块容易嵌入H钢桩的槽口内，随桩一起沉入下层土内，如遇硬土层则使沉桩困难，甚至继续锤击导致桩体失稳，故应事先清除桩位上的障碍物。

8 承台施工

8.1 基坑开挖和回填

8.1.3 目前大型基坑越来越多，且许多工程位于建筑群中或闹市区。完善的基坑开挖方案，对确保邻近建筑物和公用设施（煤气管线、上下水道、电缆等）的安全至关重要。本条中所列的各项工作均应慎重研究以定出最佳方案。

8.1.4 外降水可降低主动土压力，增加边坡的稳定；内降水可增加被动土压，减少支护结构的变形，且利于机具在基坑内作业。

8.1.5 软土地区基坑开挖分层均衡进行极其重要。某电厂厂房基础，桩断面尺寸为 450mm ×450mm，基坑开挖深度 4.5m。由于没有分层挖土，由基坑的一边挖至另一边，先挖部分的桩体发生很大水平位移，有些桩由于位移过大而断裂。类似的由于基坑开挖失当而引起的事故在软土地区屡见不鲜。因此对挖土顺序必须合理适当，严格均衡开挖，高差不应超过 1m；不得于坑边弃土；对已成桩须妥善保护，不得

让挖土设备撞击；对支护结构和已成桩应进行严密监测。

8.2 钢筋和混凝土施工

8.2.2 大体积承台日益增多，钢厂、电厂、大型桥墩的承台一次浇注混凝土量近万方，厚达3～4m。对这种桩基承台的浇注，事先应作充分研究。当浇注设备适应时，可用平铺法；如不适应，则应从一端开始采用滚浇法，以减少混凝土的浇注面。对水泥用量，减少温差措施均需慎重研究；措施得当，可实现一次浇注。

9 桩基工程质量检查和验收

9.1.1～9.1.3 现行国家标准《建筑地基基础工程施工质量验收规范》GB 50202和行业标准《建筑基桩检测技术规范》JGJ 106以强制性条文规定必须对基桩承载力和桩身完整性进行检验。桩身质量与基桩承载力密切相关，桩身质量有时会严重影响基桩承载力，桩身质量检测抽样率较高，费用较低，通过检测可减少桩基安全隐患，并可为判定基桩承载力提供参考。

9.2.1～9.4.5 对于具体的检测项目，应根据检测目的、内容和要求，结合各检测方法的适用范围和检测能力，考虑工程重要性、设计要求、地质条件、施工因素等情况选择检测方法和检测数量。影响桩基承载力和桩身质量的因素存在于桩基施工的全过程中，仅有施工后的试验和施工后的验收是不全面、不完整的。桩基施工过程中出现的局部地质条件与勘察报告不符、工程桩施工参数与施工前的试验参数不同、原材料发生变化、设计变更、施工单位变更等情况，都可能产生质量隐患，因此，加强施工过程中的检验是有必要的。不同阶段的检验要求可参照现行《建筑地基基础工程施工质量验收规范》GB 50202和现行《建筑基桩检测技术规范》JGJ 106执行。

中华人民共和国行业标准

塑料门窗工程技术规程

Technical specification for PVC-U doors and windows engineering

JGJ 103—2008
J 811—2008

批准部门：中华人民共和国住房和城乡建设部
施行日期：2 0 0 8 年 1 1 月 1 日

中华人民共和国住房和城乡建设部
公　告

第73号

关于发布行业标准《塑料门窗工程技术规程》的公告

现批准《塑料门窗工程技术规程》为行业标准，编号为JGJ 103—2008，自2008年11月1日起实施。其中，第3.1.2、6.2.8、6.2.19、6.2.23、7.1.2条为强制性条文，必须严格执行。原行业标准《塑料门窗安装及验收规程》JGJ 103—96同时废止。

本规程由我部标准定额研究所组织中国建筑工业出版社出版发行。

中华人民共和国住房和城乡建设部

2008年8月5日

前　言

根据建设部关于印发《二〇〇四年度工程建设城建、建工行业标准制订、修订计划》的通知（建标[2004] 66号）的要求，标准编制组在广泛调查研究，认真总结实践经验，并广泛征求意见的基础上，对《塑料门窗安装及验收规程》JGJ 103—93进行了全面修订。

本规程的主要技术内容是：1. 总则；2. 术语；3. 工程设计；4. 质量要求；5. 安装前要求；6. 门窗安装；7. 施工安全与安装后的门窗保护；8. 门窗工程的验收与保养维修。

修订的主要技术内容是：修改了规范的名称，将《塑料门窗安装及验收规程》更名为《塑料门窗工程技术规程》。新增了术语、工程设计及保养维修的相关内容，其中包括：1. 增加了术语一章，对安全玻璃、相容性、定位垫块、承重垫块、附框、遮蔽条等名词术语作了解释；2. 新增了工程设计一章，增加了安全玻璃的使用要求，并对抗风压性能、水密性能、气密性能、隔声性能、保温与隔热性能、采光性能等方面提出了设计要求；3. 第四章增加了对增强型钢、中空玻璃、密封胶、聚氨酯发泡胶、附框、拼樘料连接件等材料的质量要求，取消了安装五金配件时增设金属衬板及不宜使用工艺木衬的要求，取消了滑撑铰链不得使用铝合金材料的要求，将五金件的装配要求放入第六章；4. 第五章增加了门窗进场复验的要求及对塑料门窗扇及分格杆件作封闭型保护要求；5. 第六章新增了旧窗改造、直接固定法、附框安装、保温墙体洞口的安装、窗台板安装等新的安装方法及安装节点图，细化了固定片的使用及安装要求、拼樘料与墙体的连接、聚氨酯发泡胶及密封胶的打注等操作步骤，使门窗安装可操作性更强；6. 细化了施工安全及门窗成品保护的要求；7. 第八章取消了门窗验收的具体内容，工程验收按国家标准《建筑装饰装修工程质量验收规范》GB 50210执行，新增了门窗保养与维修的相关内容。

本规程中以黑体字标志的条文为强制性条文，必须严格执行。

本规程由住房和城乡建设部负责管理及对强制性条文的解释，由中国建筑科学研究院负责具体技术内容的解释。

本规程主编单位：中国建筑科学研究院（地址：北京市北三环东路30号；邮政编码：100013）。

本规程参编单位：中国建筑金属结构协会塑料门窗委员会
深圳中航幕墙工程有限公司
哈尔滨中大化学建材有限公司
北新建塑有限公司
大庆奥维型材有限公司

大连实德集团有限公司
芜湖海螺型材科技股份有限公司

本规程主要起草人：龚万森　丛敬梅　刘晓烽
宗小丹　项旭东　李柏祥
程先胜　胡六平

目　次

1　总则 ………………………………… 2—6—5
2　术语 ………………………………… 2—6—5
3　工程设计 …………………………… 2—6—5
3.1　一般规定 …………………………… 2—6—5
3.2　抗风压性能设计 …………………… 2—6—5
3.3　水密性能设计 ……………………… 2—6—6
3.4　气密性能设计 ……………………… 2—6—6
3.5　隔声性能设计 ……………………… 2—6—6
3.6　保温与隔热性能设计 ……………… 2—6—7
3.7　采光性能设计 ……………………… 2—6—7
4　质量要求 …………………………… 2—6—7
4.1　门窗及其材料质量要求 …………… 2—6—7
4.2　安装材料质量要求 ………………… 2—6—7
5　安装前要求 ………………………… 2—6—8
5.1　墙体、洞口质量要求 ……………… 2—6—8
5.2　其他要求 …………………………… 2—6—8
6　门窗安装 …………………………… 2—6—9
6.1　门窗安装工序 ……………………… 2—6—9
6.2　门窗安装要求 ……………………… 2—6—9
7　施工安全与安装后的门窗保护 ……………………………… 2—6—13
7.1　施工安全……………………………… 2—6—13
7.2　安装后的门窗保护………………… 2—6—13
8　门窗工程的验收与保养维修 …… 2—6—13
8.1　门窗工程的验收…………………… 2—6—13
8.2　门窗工程的保养与维修…………… 2—6—13
本规程用词说明 ……………………… 2—6—13
附：条文说明 ………………………… 2—6—15

1 总　　则

1.0.1 为保证塑料门窗工程的质量，做到技术先进，经济合理，安全可靠，制定本规程。

1.0.2 本规程适用于未增塑聚氯乙烯（PVC—U）塑料门窗的设计、施工、验收及保养维修。

1.0.3 塑料门窗的设计、施工、验收及保养维修，除应符合本规程外，尚应符合国家现行有关标准的规定。

2 术　　语

2.0.1 安全玻璃　safe glass

指应用和破坏时对人的伤害达到最小的玻璃。

2.0.2 相容性　compatibility

密封材料之间或密封材料与其他材料接触时，相互不产生有害的物理或化学反应的性能。

2.0.3 定位垫块　location blocks

位于玻璃边缘与槽之间，防止玻璃和槽产生相对运动的弹性材料块。

2.0.4 承重垫块　setting blocks

位于玻璃边缘与槽之间，起支承作用，并使玻璃位于槽内正中的弹性材料块。

2.0.5 附框　auxiliary frame

安装门窗前在墙体洞口预先安装的结构件，门窗通过该构件与墙体相连。

2.0.6 遮蔽条　masking tape

打密封胶时，为防止密封胶污染基材，而在基材表面粘贴的不干胶带或其他材料。

3 工 程 设 计

3.1 一 般 规 定

3.1.1 塑料门窗的性能指标及有关设计要求应根据建筑物所在地区的气候、环境等具体条件和建筑物的功能要求合理确定。

3.1.2 **门窗工程有下列情况之一时，必须使用安全玻璃：**

1　面积大于 1.5m² 的窗玻璃；

2　距离可踏面高度 900mm 以下的窗玻璃；

3　与水平面夹角不大于 75°的倾斜窗，包括天窗、采光顶等在内的顶棚；

4　7 层及 7 层以上建筑外开窗。

3.1.3 门玻璃应在视线高度设置明显的警示标志。

3.1.4 塑料门窗的热工性能设计应符合国家居住建筑和公共建筑节能设计标准的有关规定。

3.1.5 门窗主要受力杆件内衬增强型钢的惯性矩应满足受力要求，增强型钢应与型材内腔紧密吻合。

3.1.6 由单樘窗拼接而成的组合窗，拼接方式应符合设计要求，拼接处应考虑窗的伸缩变位。组合门窗洞口应在拼樘料的对应位置设置拼樘料连接件或预留洞。

3.1.7 轻质砌块或加气混凝土墙洞口应在门窗框与墙体的连接部位设置预埋件。

3.1.8 玻璃承重垫块应选用邵氏硬度为 70～90（A）的硬橡胶或塑料，不得使用硫化再生橡胶、木片或其他吸水性材料。垫块长度宜为 80～100mm，宽度应大于玻璃厚度 2mm 以上，厚度应按框、扇（梃）与玻璃的间隙确定，并不宜小于 3mm。定位垫块应能吸收温度变化产生的变形。

3.1.9 塑料门窗设计宜考虑防蚊蝇措施。门窗用窗纱应使用耐老化、耐锈蚀、耐燃的材料。

3.2 抗风压性能设计

3.2.1 塑料外门窗所承受的风荷载应按现行国家标准《建筑结构荷载规范》GB 50009 规定的围护结构风荷载标准值进行计算确定，且不应小于 1000Pa。

3.2.2 塑料门窗玻璃的抗风压设计及玻璃的厚度、最大许用面积、安装尺寸等，应按国家现行标准《建筑玻璃应用技术规程》JGJ 113 的规定执行。单片玻璃厚度不宜小于 4mm。

3.2.3 门窗构件在风荷载标准值作用下产生的最大挠度值应符合下式要求：

$$f_{max} \leqslant [f] \qquad (3.2.3)$$

式中　f_{max}——构件弯曲最大挠度值；

$[f]$——构件弯曲允许挠度值，门窗镶嵌单层玻璃挠度按 $L/120$ 计算，门窗镶嵌夹层玻璃、中空玻璃挠度按 $L/180$ 计算。

3.2.4 门窗构件的连接计算应符合下式要求：

$$\sigma_k \leqslant \frac{f_k}{K} \qquad (3.2.4)$$

式中　σ_k——荷载（标准值）作用所产生的应力；

f_k——连接材料强度标准值；

K——安全系数。

3.2.5 门窗连接材料的强度标准值和安全系数应符合表 3.2.5 的规定。

表 3.2.5　门窗连接材料强度标准值和安全系数

连接件	材料强度标准值(f_k)	应　力	安全系数
不锈钢连接螺栓、螺钉	A1-50、A2-50、A4-50　$\sigma_{P0.2}$=210MPa A1-70、A2-70、A4-70　$\sigma_{P0.2}$=450MPa A1-80、A2-80、A4-80　$\sigma_{P0.2}$=600MPa	抗拉	1.55
		抗剪	2.67

续表 3.2.5

连接件	材料强度标准值(f_k)	应 力	安全系数
碳钢连接件	Q235 $\sigma_s=235MPa$ Q345 $\sigma_s=345MPa$	抗拉(压)	1.55
		抗剪	2.67
		抗挤压	1.10
不锈钢连接件	0Cr18Ni9 $\sigma_{P0.2}=205MPa$ 0Cr17Ni12Mo2 $\sigma_{P0.2}=205MPa$	抗拉(压)	1.55
		抗 剪	2.67
		抗挤压	1.10
铝合金连接件	合金牌号 6061 状态 T4 $\sigma_{P0.2}=110MPa$ 合金牌号 6061 状态 T6 $\sigma_{P0.2}=245MPa$ 合金牌号 6063 状态 T5 $\sigma_{P0.2}=110MPa$ 合金牌号 6063 状态 T6 $\sigma_{P0.2}=180MPa$ 合金牌号 6063A 状态 T5 壁厚小于 10mm $\sigma_{P0.2}=160MPa$ 合金牌号 6063A 状态 T6 壁厚小于 10mm $\sigma_{P0.2}=190MPa$	抗拉(压)	1.80
		抗 剪	3.10
		抗挤压	1.10

3.2.6 用于门窗框、扇连接的配件，其设计承载力应小于承载力许用值。对于不能提供承载力许用值的配件，应进行试验确定其承载力，并根据安全使用的最小荷载值除以安全系数 K（取 1.65）来换算承载力许用值。

3.3 水密性能设计

3.3.1 塑料门窗的水密性能应符合现行国家标准《建筑外窗水密性能分级及检测方法》GB/T 7018 的有关规定。水密性设计值应按下式计算，且不得小于 100Pa。

$$P=0.9\rho\mu_Z V_0^2 \qquad (3.3.1\text{-}1)$$

式中 P——水密性设计值（Pa）；

ρ——空气密度，按现行国家标准《建筑结构荷载规范》GB 50009 的规定采用；

μ_Z——风压高度变化系数，按现行国家标准《建筑结构荷载规范》GB 50009 的规定采用；

V_0——根据气象资料和建筑物重要性确定的水密性能设计风速（m/s）。

当缺少气象资料无法确定水密性能设计风速时，水密性设计值也可按下式计算：

$$P\geqslant C\mu_Z W_0 \qquad (3.3.1\text{-}2)$$

式中 C——水密性能设计计算系数，受热带风暴和台风袭击的地区取值为 0.5，其他地区取值为 0.4；

W_0——基本风压（Pa），按现行国家标准《建筑结构荷载规范》GB 50009 的规定采用。

3.3.2 门窗水密性能构造设计应符合下列要求：

1 在外门、外窗的框、扇下横边应设置排水孔，并应根据等压原理设置气压平衡孔槽；排水孔的位置、数量及开口尺寸应满足排水要求，内外侧排水槽应横向错开，避免直通；排水孔宜加盖排水孔帽；

2 拼樘料与窗框连接处应采取有效可靠的防水密封措施；

3 门窗框与洞口墙体安装间隙应有防水密封措施；

4 在带外墙外保温层的洞口安装塑料门窗时，宜安装室外披水窗台板，且窗台板的边缘与外墙间应妥善收口。

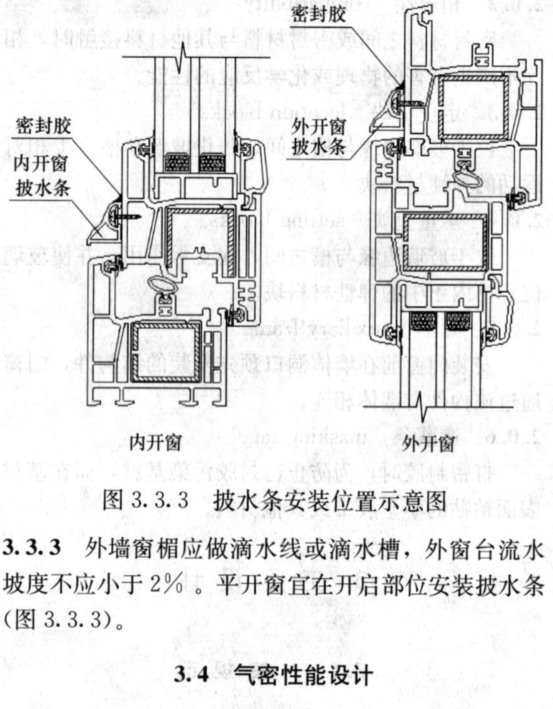

图 3.3.3 拔水条安装位置示意图

3.3.3 外墙窗楣应做滴水线或滴水槽，外窗台流水坡度不应小于 2%。平开窗宜在开启部位安装拔水条（图 3.3.3）。

3.4 气密性能设计

3.4.1 居住建筑和公共建筑的外窗、外门气密性能设计指标应根据使用要求确定，其外窗、外门气密性能必须满足国家相应的建筑节能设计标准。

3.4.2 门窗四周的密封应完整、连续，并应形成封闭的密封结构。

3.5 隔声性能设计

3.5.1 塑料门窗的隔声性能应符合现行国家标准《建筑外窗空气声隔声性能分级及检测方法》GB/T 8485 的有关规定，其隔声性能的级别应按照现行国家标准《民用建筑隔声设计规范》GBJ 118 的规定，根据使用要求和环境噪声情况确定。

3.5.2 对隔声性能要求高的塑料门窗宜采取以下措施：

1 采用密封性能好的门窗构造；

2 采用隔声性能好的中空玻璃或夹层玻璃；

3 采用双层窗构造。

3.6 保温与隔热性能设计

3.6.1 有保温要求的塑料门窗，其性能应符合现行国家标准《建筑外窗保温性能分级及检测方法》GB/T 8484的有关规定。保温性能的级别应根据建筑所在地区的气候分区及建筑使用要求确定，并应符合现行相关节能标准中对建筑外窗的有关要求。

3.6.2 有隔热要求的塑料门窗遮阳系数应根据建筑所在地区的气候分区及建筑使用要求确定，并应符合现行相关节能标准中对建筑外窗的有关要求。

3.6.3 有保温和隔热要求的门窗工程应采用中空玻璃，中空玻璃气体层厚度不宜小于9mm。严寒地区宜使用中空Low-E镀膜玻璃或单框三玻中空玻璃窗，不宜使用推拉窗；窗框与窗扇间宜采用三级密封；当采用附框法与墙体连接时，附框应采取隔热措施。

3.6.4 在墙体采取保温措施时，窗框与保温层构造应协调，不得形成热桥。

3.6.5 有遮阳要求的门窗可采用遮阳系数较低的玻璃或设计适宜的活动外遮阳装置。外遮阳装置应与建筑的整体外观相协调，且其开关操作应易于在室内进行。遮阳装置应安装牢固可靠。

3.7 采光性能设计

3.7.1 塑料门窗的采光性能应符合现行国家标准《建筑外窗采光性能分级及检测方法》GB/T 11976的有关规定。其采光性能的级别应根据建筑使用要求确定。

3.7.2 建筑外窗采光面积设计应满足建筑热工要求及相关节能设计标准要求。

4 质 量 要 求

4.1 门窗及其材料质量要求

4.1.1 塑料门窗质量应符合国家现行标准《未增塑聚氯乙烯（PVC-U）塑料门》JG/T 180、《未增塑聚氯乙烯（PVC-U）塑料窗》JG/T 140的有关规定。门窗产品应有出厂合格证。

4.1.2 塑料门窗采用的型材应符合现行国家标准《门、窗用未增塑聚氯乙烯（PVC-U）型材》GB/T 8814的有关规定，其老化性能应达到S类的技术指标要求。型材壁厚应符合国家现行标准《未增塑聚氯乙烯（PVC-U）塑料门》JG/T 180、《未增塑聚氯乙烯（PVC-U）塑料窗》JG/T 140的有关规定。

4.1.3 塑料门窗采用的密封条、紧固件、五金配件等应符合国家现行标准的有关规定。

4.1.4 增强型钢的质量应符合国家现行标准《聚氯乙烯（PVC）门窗增强型钢》JG/T 131的有关规定。增强型钢的装配应符合国家现行标准《未增塑聚氯乙烯（PVC-U）塑料门》JG/T 180、《未增塑聚氯乙烯（PVC-U）塑料窗》JG/T 140的有关规定。

4.1.5 塑料门窗用钢化玻璃的质量应符合现行国家标准《钢化玻璃》GB 15763.2的有关要求。

4.1.6 塑料门窗用中空玻璃除应符合现行国家标准《中空玻璃》GB/T 11944的有关规定外，尚应符合下列规定：

1 中空玻璃用的间隔条可采用连续折弯型或插角型且内含干燥剂的铝框，也可使用热压复合式胶条；

2 用间隔铝框制备的中空玻璃应采用双道密封，第一道密封必须采用热熔性丁基密封胶。第二道密封应采用硅酮、聚硫类中空玻璃密封胶，并应采用专用打胶机进行混合、打胶。

4.1.7 用于中空玻璃第一道密封的热熔性丁基密封胶应符合国家现行标准《中空玻璃用丁基热熔密封胶》JC/T 914的有关规定。第二道密封胶应符合国家现行标准《中空玻璃用弹性密封胶》JC/T 486的有关规定。

4.1.8 塑料门窗用镀膜玻璃应符合现行国家标准《镀膜玻璃　第1部分：阳光控制镀膜玻璃》GB/T 18915.1及《镀膜玻璃　第2部分：低辐射镀膜玻璃》GB/T 18915.2的有关规定。

4.2 安装材料质量要求

4.2.1 安装塑料门窗用固定片应符合国家现行标准《聚氯乙烯（PVC）门窗固定片》JG/T 132的有关规定。

4.2.2 塑料组合门窗使用的拼樘料截面尺寸及内衬增强型钢的形状、壁厚应符合设计要求。承受风荷载的拼樘料应采用与其内腔紧密吻合的增强型钢作为内衬，型钢两端应比拼樘料略长，其长度应符合设计要求。

4.2.3 用于组合门窗拼樘料与墙体连接的钢连接件，厚度应经计算确定，并不应小于2.5mm。连接件表面应进行防锈处理。

4.2.4 钢附框应采用壁厚不小于1.5mm的碳素结构钢或低合金结构钢制成。附框的内、外表面均应进行防锈处理。

4.2.5 塑料门窗用密封条等原材料应符合国家现行标准的有关规定。密封胶应符合国家现行标准《硅酮建筑密封胶》GB/T 14683、《建筑窗用弹性密封剂》JC 485及《混凝土建筑接缝用密封胶》JC/T 881的有关规定。密封胶与聚氯乙烯型材应具有良好的粘结性。

4.2.6 门窗安装用聚氨酯发泡胶应符合国家现行标

准《单组分聚氨酯泡沫填缝剂》JC 936 的有关规定。

4.2.7 与聚氯乙烯型材直接接触的五金件、紧固件、密封条、玻璃垫块、密封胶等材料应与聚氯乙烯塑料相容。

5 安装前要求

5.1 墙体、洞口质量要求

5.1.1 门窗应采用预留洞口法安装，不得采用边安装边砌口或先安装后砌口的施工方法。

5.1.2 门窗及玻璃的安装应在墙体湿作业完工且硬化后进行；当需要在湿作业前进行时，应采取保护措施。门的安装应在地面工程施工前进行。

5.1.3 应测出各窗洞口中线，并应逐一作出标记。对多层建筑，可从最高层一次垂吊。对高层建筑，可用经纬仪找垂直线，并根据设计要求弹出水平线。对于同一类型的门窗洞口，上下、左右方向位置偏差应符合下列要求：

1 处于同一垂直位置的相邻洞口，中线左右位置相对偏差不应大于 10mm；全楼高度内，所有处于同一垂直线位置的各楼层洞口，左右位置相对偏差不应大于 15mm（全楼高度小于 30m）或 20mm（全楼高度大于或等于 30m）；

2 处于同一水平位置的相邻洞口，中线上下位置相对偏差不应大于 10mm；全楼长度内，所有处于同一水平线位置的各单元洞口，上下位置相对偏差不应大于 15mm（全楼长度小于 30m）或 20mm（全楼长度大于或等于 30m）。

5.1.4 门窗洞口宽度与高度尺寸的允许偏差应符合表 5.1.4 的规定。门窗的安装应在洞口尺寸检验合格，并办好工种间交接手续后方可进行。

5.1.5 门、窗的构造尺寸应考虑预留洞口与待安装门、窗框的伸缩缝间隙及墙体饰面材料的厚度。伸缩缝间隙应符合表 5.1.5 的规定。

5.1.6 门的构造尺寸除应符合本规程表 5.1.5 的规定外，还应符合下列要求：

1 无下框平开门，门框高度应比洞口高度大10～15mm；

2 带下框平开门或推拉门，门框高度应比洞口高度小5～10mm。

表 5.1.4 洞口宽度或高度尺寸的允许偏差（mm）

洞口类型 \ 洞口宽度或高度		＜2400	2400～4800	＞4800
不带附框洞口	未粉刷墙面	±10	±15	±20
	已粉刷墙面	±5	±10	±15
已安装附框的洞口		±5	±10	±15

表 5.1.5 洞口与门、窗框伸缩缝间隙（mm）

墙体饰面层材料	洞口与门、窗框的伸缩缝间隙
清水墙及附框	10
墙体外饰面抹水泥砂浆或贴陶瓷锦砖	15～20
墙体外饰面贴釉面瓷砖	20～25
墙体外饰面贴大理石或花岗石板	40～50
外保温墙体	保温层厚度＋10

注：窗下框与洞口的间隙可根据设计要求选定。

5.1.7 安装前，应清除洞口周围松动的砂浆、浮渣及浮灰。必要时，可在洞口四周涂刷一层防水聚合物水泥胶浆。

5.2 其 他 要 求

5.2.1 门窗及所有材料进场时，均应按设计要求对其品种、规格、数量、外观和尺寸进行验收，材料包装应完好，并应有产品合格证、使用说明书及相关性能的检测报告。门窗成品包装应符合国家现行标准《未增塑聚氯乙烯（PVC-U）塑料门》JG/T 180、《未增塑聚氯乙烯（PVC-U）塑料窗》JG/T 140 的有关规定。

5.2.2 塑料门窗部件、配件、材料等在运输、保管和施工过程中，应采取防止其损坏或变形的措施。

5.2.3 门窗应放置在清洁、平整的地方，且应避免日晒雨淋。门窗不应直接接触地面，下部应放置垫木，且均应立放；门窗与地面所成角度不应小于 70°，并应采取防倾倒措施。门窗放置时不得与腐蚀物质接触。

5.2.4 贮存门窗的环境温度应低于 50℃；与热源的距离不应小于 1m。当存放门窗的环境温度为 5℃以下时，安装前应将门窗移至室内，在不低于 15℃的环境下放置 24h。门窗在安装现场放置的时间不宜超过 2 个月。

5.2.5 装运门窗的运输工具应设有防雨措施，并保持清洁。运输门窗时，应竖立排放并固定牢靠，防止颠震损坏。樘与樘之间应用非金属软质材料隔开；五金配件也应采取保护措施，以免相互磨损。

5.2.6 装卸门窗时，应轻拿、轻放；不得撬、甩、摔。吊运门窗时，其表面应采用非金属软质材料衬垫，并在门窗外缘选择牢靠平稳的着力点，不得在框扇内插入抬杠起吊。

5.2.7 安装用的主要机具和工具应完备；材料应齐全。量具应定期检验，当达不到要求时，应及时更换。

5.2.8 门窗安装前，应按设计图纸的要求检查门窗的品种、规格、开启方向、外形等；门窗五金件、密封条、紧固件等应齐全，不合格者应予以更换。

5.2.9 安装前，塑料门窗扇及分格杆件宜作封闭型保护。门、窗框应采用三面保护，框与墙体连接面不应有保护层。保护膜脱落的，应补贴保护膜。

5.2.10 当洞口需要设置预埋件时，应检查预埋件的种类、数量、规格及位置；预埋件的数量应和固定点的数量一致，其标高和坐标位置应准确。预埋件位置及数量不符合要求时，应补装后置埋件。

5.2.11 应将不同规格的塑料门、窗搬到相应的洞口旁竖放，门、窗框的上下边框应作中线标记。

5.2.12 安装门窗时，其环境温度不应低于5℃。

6 门窗安装

6.1 门窗安装工序

6.1.1 门窗安装的工序宜符合表6.1.1的规定。

表6.1.1 门窗的安装工序

序号	门窗类型 / 工序名称	单樘窗	组合门窗	普通门
1	洞口找中线	+	+	+
2	补贴保护膜	+	+	+
3	安装后置埋件	—	*	—
4	框上找中线	+	+	+
5	安装附框	*	*	*
6	抹灰找平	*	*	*
7	卸玻璃（或门、窗扇）	*	*	*
8	框进洞口	+	+	+
9	调整定位	+	+	+
10	门窗框固定	+	+	+
11	盖工艺孔帽及密封处理	+	+	+
12	装拼樘料	—	+	—
13	打聚氨酯发泡胶	+	+	+
14	装窗台板	*	*	—
15	洞口抹灰	+	+	+
16	清理砂浆	+	+	+
17	打密封胶	+	+	+
18	安装配件	+	+	+
19	装玻璃（或门、窗扇）	+	+	+
20	装纱窗（门）	*	*	*
21	表面清理	+	+	+
22	去掉保护膜	+	+	+

注：1 序号1～4为安装前准备工序；
2 表中“+”号表示应进行的工序；
3 表中“*”号表示可选择工序。

6.2 门窗安装要求

6.2.1 塑料门窗应采用固定片法安装。对于旧窗改造或构造尺寸较小的窗型，可采用直接固定法进行安装，窗下框应采用固定片法安装。

6.2.2 根据设计要求，可在门、窗框安装前预先安装附框。附框宜采用固定片法与墙体连接牢固。固定方法应符合本规程第6.2.9条的有关规定。附框安装后应用水泥砂浆将洞口抹至与附框内表面平齐。附框与门、窗框间应预留伸缩缝，门、窗框与附框的连接应采用直接固定法，但不得直接在窗框排水槽内进行钻孔。

6.2.3 安装门窗时，如果玻璃已装在门窗上，宜卸下玻璃（或门、窗扇），并作标记。

6.2.4 应根据设计图纸确定门窗框的安装位置及门扇的开启方向。当门窗框装入洞口时，其上下框中线应与洞口中线对齐；门窗的上下框四角及中横梃的对称位置应用木楔或垫块塞紧作临时固定；当下框长度大于0.9m时，其中央也应用木楔或垫块塞紧，临时固定；然后应按设计图纸确定门窗框在洞口墙体厚度方向的安装位置。

6.2.5 安装门时应采取防止门框变形的措施，无下框平开门应使两边框的下脚低于地面标高线，其高度差宜为30mm，带下框平开门或推拉门应使下框底面低于最终装修地面10mm。安装时，应先固定上框的一个点，然后调整门框的水平度、垂直度和直角度，并应用木楔临时定位。

6.2.6 门窗的安装允许偏差应符合表6.2.6的规定。

表6.2.6 门窗的安装允许偏差

项目		允许偏差(mm)	检验方法
门、窗框外形（高、宽）尺寸长度差	≤1500mm	2	用精度1mm钢卷尺，测量外框两相对外端面，测量部位距端部100mm
	>1500mm	3	
门、窗框两对角线长度差	≤2000mm	3	用精度1mm钢卷尺，测量内角
	>2000mm	5	
门、窗框（含拼樘料）正、侧面垂直度		3	用1m垂直检测尺检查
门、窗框（含拼樘料）水平度		3.0	用1m水平尺和精度0.5mm塞尺检查
门、窗下横框的标高		5	用精度1mm钢直尺检查，与基准线比较

续表 6.2.6

项目		允许偏差(mm)	检验方法
双层门、窗内外框间距		4.0	用精度 0.5mm 钢直尺检查
门、窗竖向偏离中心		5.0	用精度 0.5mm 钢直尺检查
平开门窗及上悬、下悬、中悬窗	门、窗扇与框搭接量	2.0	用深度尺或精度 0.5mm 钢直尺检查
	同樘门、窗相邻扇的水平高度差	2.0	用靠尺和精度 0.5mm 钢直尺检查
	门、窗框扇四周的配合间隙	1.0	用楔形塞尺检查
推拉门窗	门、窗扇与框搭接量	2.0	用深度尺或精度 0.5mm 钢直尺检查
	门、窗扇与框或相邻扇立边平行度	2.0	用精度 0.5mm 钢直尺检查
组合门窗	平面度	2.5	用 2m 靠尺和精度 0.5mm 钢直尺检查
	竖缝直线度	2.5	用 2m 靠尺和精度 0.5mm 钢直尺检查
	横缝直线度	2.5	用 2m 靠尺和精度 0.5mm 钢直尺检查

6.2.7 门窗在安装时应确保门窗框上下边位置及内外朝向准确，安装应符合下列要求：

1 当门窗框与墙体间采用固定片固定时，应使用单向固定片，固定片应双向交叉安装。与外保温墙体固定的边框固定片宜朝向室内。固定片与窗框连接应采用十字槽盘头自钻自攻螺钉直接钻入固定，不得直接锤击钉入或仅靠卡紧方式固定。

2 当门窗框与墙体间采用膨胀螺钉直接固定时，应按膨胀螺钉规格先在窗框上打好基孔，安装膨胀螺钉时应在伸缩缝中膨胀螺钉位置两边加支撑块。膨胀螺钉端头应加盖工艺孔帽（图 6.2.7-1），并应用密封胶进行密封。

3 固定片或膨胀螺钉的位置应距门窗端角、中竖梃、中横梃 150～200mm，固定片或膨胀螺钉之间的间距应符合设计要求，并不得大于 600mm（见图 6.2.7-2）。不得将固定片直接装在中横梃、中竖梃的端头上。平开门安装铰链的相应位置宜安装固定片或采用直接固定法固定。

6.2.8 建筑外窗的安装必须牢固可靠，在砖砌体上安装时，严禁用射钉固定。

6.2.9 附框或门窗与墙体固定时，应先固定上框，

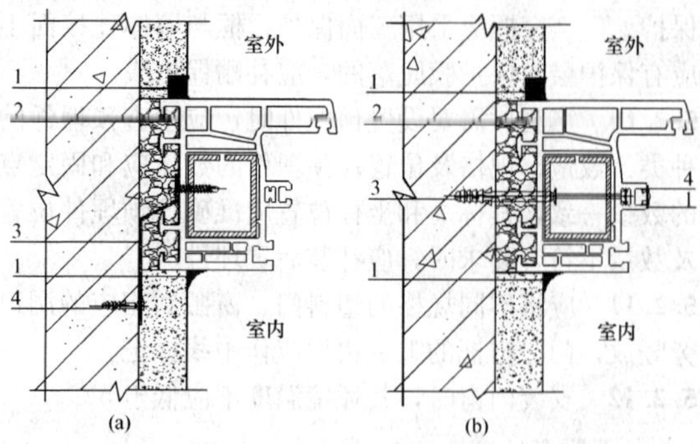

1—密封胶；2—聚氨酯发泡胶；3—固定片；4—膨胀螺钉　　1—密封胶；2—聚氨酯发泡胶；3—膨胀螺钉；4—工艺孔帽

图 6.2.7-1　窗安装节点图

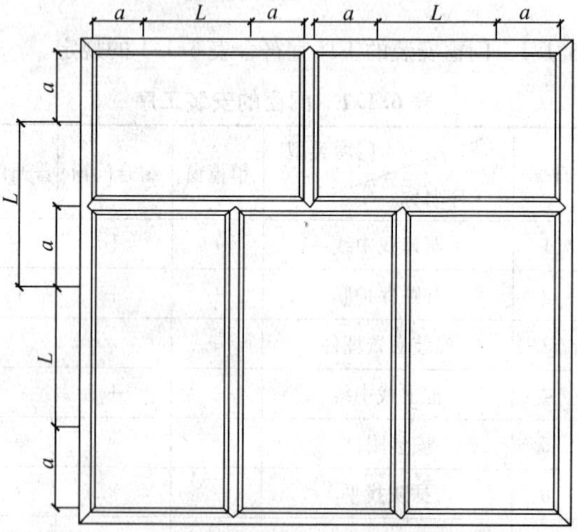

图 6.2.7-2　固定片或膨胀螺钉的安装位置

a—端头（或中框）至固定片（或膨胀螺钉）的距离；L—固定片（或膨胀螺钉）之间的间距

后固定边框。固定片形状应预先弯曲至贴近洞口固定面，不得直接锤打固定片使其弯曲。固定片固定方法应符合下列要求：

1 混凝土墙洞口应采用射钉或膨胀螺钉固定；

2 砖墙洞口或空心砖洞口应用膨胀螺钉固定，并不得固定在砖缝处；

3 轻质砌块或加气混凝土洞口可在预埋混凝土块上用射钉或膨胀螺钉固定；

4 设有预埋铁件的洞口应采用焊接的方法固定，也可先在预埋件上按紧固件规格打基孔，然后用紧固件固定；

5 窗下框与墙体的固定可按照图 6.2.9 进行。

6.2.10 安装组合窗时，应从洞口的一端按顺序安装，拼樘料与洞口的连接应符合下列要求：

1 不带附框的组合窗洞口，拼樘料连接件与混凝土过梁或柱的连接应符合本规程第 6.2.9 条第 4 款的规定。拼樘料可与连接件搭接（图 6.2.10-1），也可与预埋件或连接件焊接（图 6.2.10-2）。拼樘料与连接件的搭接量不应小于 30mm。

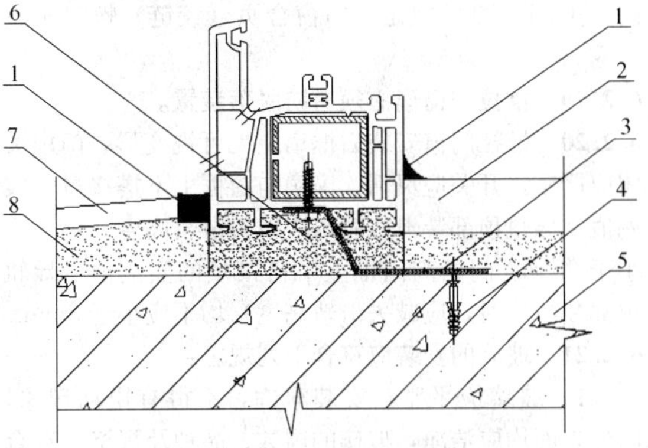

图 6.2.9　窗下框与墙体固定节点图

1—密封胶；2—内窗台板；3—固定片；4—膨胀螺钉；5—墙体；6—防水砂浆；7—装饰面；8—抹灰层

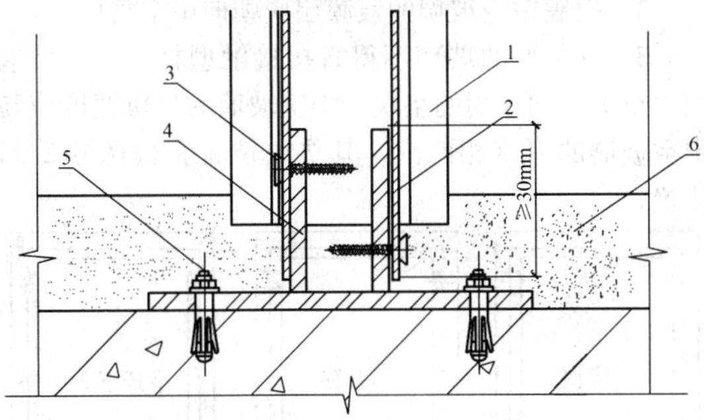

图 6.2.10-1　拼樘料安装节点图

1—拼樘料；2—增强型钢；3—自攻螺钉；4—连接件；5—膨胀螺钉或射钉；6—伸缩缝填充物

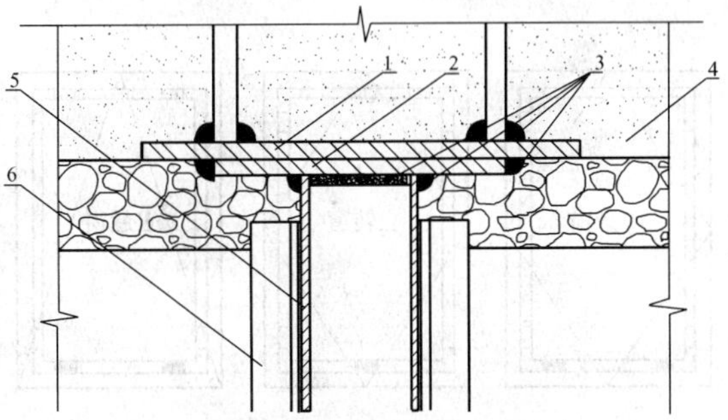

图 6.2.10-2　拼樘料安装节点图

1—预埋件；2—调整垫块；3—焊接点；4—墙体；5—增强型钢；6—拼樘料

2　当拼樘料与砖墙连接时，应采用预留洞口法安装。拼樘料两端应插入预留洞中，插入深度不应小于30mm，插入后应用水泥砂浆填充固定（图 6.2.10-3）。

6.2.11　当门窗与拼樘料连接时，应先将两窗框与拼樘料卡接，然后用自钻自攻螺钉拧紧，其间距应符合设计要求并不得大于 600mm；紧固件端头应加盖工艺孔帽（图 6.2.11），并用密封胶进行密封处理。拼樘料与窗框间的缝隙也应采用密封胶进行密封处理。

6.2.12　当门连窗的安装需要门与窗拼接时，应采用拼樘料，其安装方法应符合本规程第 6.2.10 条及 6.2.11 条的规定。拼樘料下端应固定在窗台上。

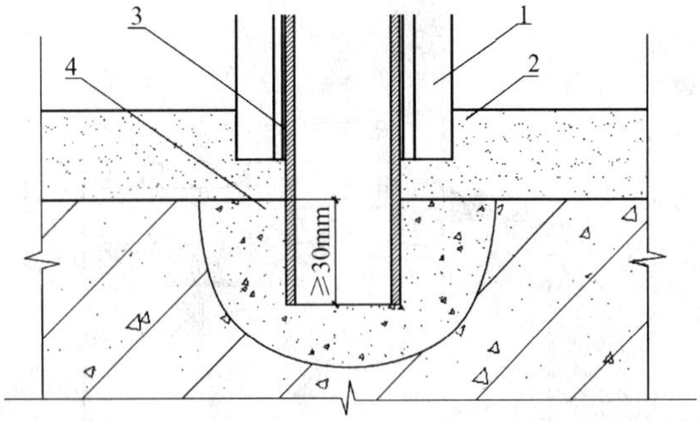

图 6.2.10-3　预留洞口法拼樘料与墙体的固定

1—拼樘料；2—伸缩缝填充物；3—增强型钢；4—水泥砂浆

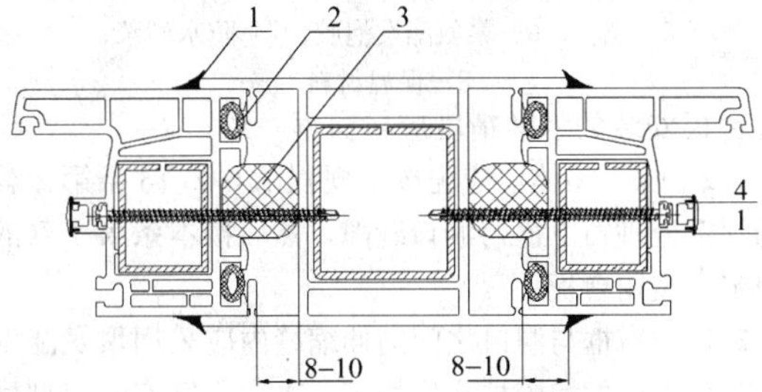

图 6.2.11　拼樘料连接节点图

1—密封胶；2—密封条；3—泡沫棒；4—工艺孔帽

6.2.13　窗下框与洞口缝隙的处理应符合下列规定：

1　普通墙体：应先将窗下框与洞口间缝隙用防水砂浆填实，填实后撤掉临时固定用木楔或垫块，其空隙也应用防水砂浆填实，并在窗框外侧做相应的防水处理。当外侧抹灰时，应做出披水坡度，并应采用片材将抹灰层与窗框临时隔开，留槽宽度及深度宜为 5～8mm。抹灰面应超出窗框（图 6.2.9），但厚度不应影响窗扇的开启，并不得盖住排水孔。待外侧抹灰层硬化后，应撤去片材，然后将密封胶挤入沟槽内填实抹平。打胶前应将窗框表面清理干净，打胶部位两侧的窗框及墙面均应用遮蔽条遮盖严密，密封胶的打注应饱满，表面应平整光滑，刮胶缝的余胶不得重复使用。密封胶抹平后，应立即揭去两侧的遮蔽条。内侧抹灰应略高于外侧，且内侧与窗框之间也应采用密封胶密封。

2　保温墙体：应将窗下框与洞口间缝隙全部用聚氨酯发泡胶填塞饱满。外侧防水密封处理应符合设计要求。外贴保温材料时，保温材料应略压住窗下框（图 6.2.13），其缝隙应用密封胶进行密封处理。当外侧抹灰时，应做出披水坡度，并应采用片材将抹灰层与窗框临时隔开，留槽宽度及深度宜为 5～8mm。抹灰及密封胶的打注应符合本条第 1 款的规定。

6.2.14　当需要安装窗台板时，其安装方法应符合下列规定：

1　普通墙体：应先按本规程第 6.2.13 条第 1 款的规定处理窗下框与洞口缝隙，然后将窗台板顶住窗下框下边缘 5～10mm，不得影响窗扇的开启。

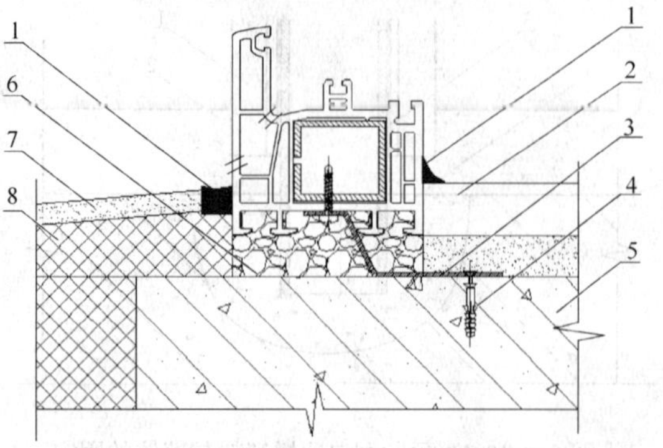

图 6.2.13　外保温墙体窗下框安装节点图
1—密封胶；2—内窗台板；3—固定片；4—膨胀螺钉；
5—墙体；6—聚氨酯发泡胶；7—防水砂浆；
8—保温材料

窗台板安装的水平精度应与窗框一致；

2　保温墙体：应先按本规程第 6.2.13 条第 2 款的规定处理窗下框与洞口缝隙，然后按本条第 1 款的规定安装窗台板。

6.2.15　窗框与洞口之间的伸缩缝内应采用聚氨酯发泡胶填充，发泡胶填充应均匀、密实。发泡胶成型后不宜切割。打胶前，框与墙体间伸缩缝外侧应用挡板盖住；打胶后，应及时拆下挡板，并在 10～15min 内将溢出泡沫向框内压平。对于保温、隔声等级要求较高的工程，应先按设计要求采用相应的隔热、隔声材料填塞，然后再采用聚氨酯发泡胶封堵。填塞后，撤掉临时固定用木楔或支撑垫块，其空隙也应用聚氨酯发泡胶填塞。

6.2.16　门、窗洞口内外侧与门、窗框之间缝隙的处理应在聚氨酯发泡胶固化后进行，处理过程应符合下列要求：

1　普通门窗工程：其洞口内外侧与窗框之间均应采用普通水泥砂浆填实抹平，抹灰及密封胶的打注应符合本规程第 6.2.13 条第 1 款的规定；

2　装修质量要求较高的门窗工程，室内侧窗框与抹灰层之间宜采用与门窗材料一致的塑料盖板掩盖接缝。外侧抹灰及密封胶的打注应符合本规程第 6.2.13 条第 1 款的规定。

6.2.17　门窗（框）扇表面及框槽内粘有水泥砂浆时，应在其硬化前，用湿布擦拭干净，不得使用硬质材料铲刮门窗（框）扇表面。

6.2.18　门窗扇应待水泥砂浆硬化后安装；安装平开门窗时，宜将门窗扇吊高 2～3mm，门扇的安装宜采用可调节门铰链，安装后门铰链的调节余量应放在最大位置。平开门窗固定合页（铰链）的螺钉宜采用自钻自攻螺钉。门窗安装后，框扇应无可视变形，门窗扇关闭应严密，搭接量应均匀，开关应灵活。铰链部位配合间隙的允许偏差及框、扇的搭接量、开关力等应符合国家现行标准《未增塑聚氯乙烯（PVC-U）塑料窗》JG/T 140、《未增塑聚氯乙烯（PVC-U）塑料门》JG/T 180 的规定。门窗合页（铰链）螺钉不得外露。

6.2.19　推拉门窗扇必须有防脱落装置。

6.2.20　推拉门窗安装后框扇应无可视变形，门扇关闭应严密，开关应灵活。窗扇与窗框上下搭接量的实测值（导轨顶部装滑轨时，应减去滑轨高度）均不应小于 6mm。门扇与门框上下搭接量的实测值（导轨顶部装滑轨时，应减去滑轨高度）均不应小于 8mm。

6.2.21　玻璃的安装应符合下列规定：

1　玻璃应平整，安装牢固，不得有松动现象，内外表面均应洁净，玻璃的层数、品种及规格应符合设计要求。单片镀膜玻璃的镀膜层及磨砂玻璃的磨砂层应朝向室内；

2　镀膜中空玻璃的镀膜层应朝向中空气体层；

3　安装好的玻璃不得直接接触型材，应在玻璃四边垫上不同作用的垫块，中空玻璃的垫块宽度应与中空玻璃的厚度相匹配，其垫块位置宜按图 6.2.21 放置；

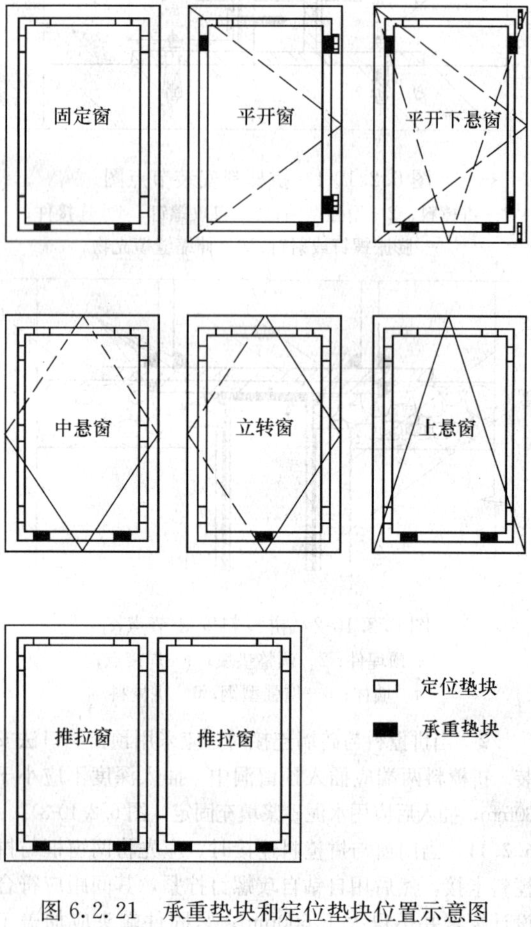

图 6.2.21　承重垫块和定位垫块位置示意图

4　竖框（扇）上的垫块，应用胶固定；

5　当安装玻璃密封条时，密封条应比压条略长，密封条与玻璃及玻璃槽口的接触应平整，不得卷边、脱槽，密封条断口接缝应粘接；

6　玻璃装入框、扇后，应用玻璃压条将其固定，玻璃压条必须与玻璃全部贴紧，压条与型材的接缝处应无明显缝隙，压条角部对接缝隙应小于 1mm，不得在一边使用 2 根（含 2 根）以上压条，且压条应在室内侧。

6.2.22 安装窗五金配件时，应将螺钉固定在内衬增强型钢或内衬局部加强钢板上，或使螺钉至少穿过塑料型材的两层壁厚。紧固件应采用自钻自攻螺钉一次钻入固定，不得采用预先打孔的固定方法。五金件应齐全，位置应正确，安装应牢固，使用应灵活，达到各自的使用功能。平开窗扇高度大于 900mm 时，窗扇锁闭点不应少于 2 个。

6.2.23 安装滑撑时，紧固螺钉必须使用不锈钢材质，并应与框扇增强型钢或内衬局部加强钢板可靠连接。螺钉与框扇连接处应进行防水密封处理。

6.2.24 安装门锁与执手等五金配件时，应将螺钉固定在内衬增强型钢或内衬局部加强钢板上。五金件应齐全，位置应正确，安装应牢固，使用应灵活，达到各自的使用功能。

6.2.25 窗纱应固定牢固，纱扇关闭应严密。安装五金件、纱窗铰链及锁扣后，应整理纱网和压实压条。

6.2.26 安装后的门窗关闭时，密封面上的密封条应处于压缩状态，密封层数应符合设计要求。密封条应是连续完整的，装配后应均匀、牢固，无脱槽、收缩、虚压等现象；密封条接口应严密，且应位于窗的上方。门窗表面应洁净、平整、光滑，颜色应均匀一致。可视面应无划痕、碰伤等影响外观质量的缺陷，门窗不得有焊角开裂、型材断裂等损坏现象。

6.2.27 应在所有工程完工后及装修工程验收前去掉保护膜。

7 施工安全与安装后的门窗保护

7.1 施 工 安 全

7.1.1 施工现场成品及辅助材料应堆放整齐、平稳，并应采取防火等安全措施。

7.1.2 安装门窗、玻璃或擦拭玻璃时，严禁手攀窗框、窗扇、窗梃和窗撑；操作时，应系好安全带，且安全带必须有坚固牢靠的挂点，严禁把安全带挂在窗体上。

7.1.3 应经常检查电动工具，不得有漏电现象，当使用射钉枪时应采取安全保护措施。

7.1.4 劳动保护、防火防毒等施工安全技术，应按国家现行标准《建筑施工高处作业安全技术规范》JGJ 80 执行。

7.1.5 施工过程中，楼下应设警示区域，并应设专人看守，不得让行人进入。

7.1.6 施工中使用电、气焊等设备时，应做好木质品等易燃物的防火措施。

7.1.7 施工中使用的角磨机设备应设有防护罩。

7.2 安装后的门窗保护

7.2.1 塑料门窗在安装过程中及工程验收前，应采取防护措施，不得污损。门窗下框宜加盖防护板。边框宜使用胶带密封保护，不得损坏保护膜。

7.2.2 已装门窗框、扇的洞口，不得再作运料通道。

7.2.3 严禁在门窗框、扇上安装脚手架、悬挂重物；外脚手架不得顶压在门窗框、扇或窗撑上；严禁蹬踩窗框、窗扇或窗撑。

7.2.4 应防止利器划伤门窗表面，并应防止电、气焊火花烧伤或烫伤面层。

7.2.5 立体交叉作业时，严禁碰撞门窗。

7.2.6 安装窗台板或进行装修时严禁撞、挤门窗。

8 门窗工程的验收与保养维修

8.1 门窗工程的验收

8.1.1 塑料门窗工程的验收应按现行国家标准《建筑工程施工质量验收统一标准》GB 50300 及《建筑装饰装修工程质量验收规范》GB 50210 的有关规定执行。有特殊要求的门窗工程，可按合同约定的相关条款执行。

8.2 门窗工程的保养与维修

8.2.1 塑料门窗工程验收前，应为用户提供门窗使用、维修、维护说明，并应明确保修的责任范围。

8.2.2 塑料门窗工程验收交工后，使用单位应及时制定门窗保养、维修计划与制度。

8.2.3 应保持门窗玻璃及型材表面的整洁。根据积灰、污染程度确定门窗的清洗周期和次数。

8.2.4 门窗五金配件应避免腐蚀性介质的侵蚀。滑轮、传动机构、铰链、执手等要求开启灵活的部位应经常采取除灰、注油等保养措施，五金配件应清洁、润滑。当发现门窗开启不灵活或五金配件松动、损坏等现象时，应及时修理或更换。

8.2.5 门窗表面如有油污、积尘等，可用软布蘸洗涤剂清洗，不得使用腐蚀性溶剂清洗，不得用钢刷等利器擦拭型材、玻璃。

8.2.6 应定期检查门窗排水系统是否通畅，发现堵塞应及时疏通。

8.2.7 当发现密封胶和密封条有老化开裂、缩短、脱落等现象时，应及时进行修补或更换。

8.2.8 当发现玻璃松动、开裂、破损时，应及时修复或更换。

本规程用词说明

1 为了便于在执行本规程条文时区别对待，对要求严格程度不同的用词说明如下：

1）表示很严格，非这样做不可的：
正面词采用“必须”，反面词采用“严禁”；

2）表示严格，在正常情况下均应这样做的：
正面词采用“应”，反面词采用“不应”或“不得”；

3）表示允许稍有选择，在条件许可时首先应这样做的：
正面词采用“宜”，反面词采用“不宜”；
表示有选择，在一定条件下可以这样做的，采用“可”。

2 条文中指定应按其他有关标准执行的写法为：“应符合……的规定”或“应按……执行”。

中华人民共和国行业标准

塑料门窗工程技术规程

JGJ 103—2008

条 文 说 明

1 总　　则

1.0.2 在塑料门窗的安装及使用中，塑料门窗的设计一直是人们较为关注的问题，但目前尚无可执行的相关标准、规范给予指导。根据这一情况，本规程在修订过程中新增了门窗设计的相应章节，对塑料门窗的抗风压、气密、水密、保温隔热、隔声、采光等性能从设计上提出了相关的要求。

1.0.3 与塑料门窗设计、施工与验收有关的国家现行标准、规范主要有：

《紧固件机械性能　螺母、细牙螺纹》GB/T 3098.4

《建筑外窗抗风压性能分级及检测方法》GB/T 7106

《建筑外窗水密性能分级及检测方法》GB/T 7108

《建筑外窗保温性能分级及检测方法》GB/T 8484

《建筑外窗空气声隔声性能分级及检测方法》GB/T 8485

《门、窗用未增塑聚氯乙烯（PVC-U）型材》GB/T 8814

《夹层玻璃》GB 9962

《中空玻璃》GB/T 11944

《建筑外窗采光性能分级及检测方法》GB/T 11976

《硅酮建筑密封胶》GB/T 14683

《建筑用安全玻璃　防火玻璃》GB 15763.1

《建筑用安全玻璃　第2部分：钢化玻璃》GB15763.2

《十字槽盘头自钻自攻螺钉》GB/T 15856.1

《十字槽沉头自钻自攻螺钉》GB/T 15856.2

《镀膜玻璃　第1部分：阳光控制镀膜玻璃》GB/T 18915.1

《镀膜玻璃　第2部分：低辐射镀膜玻璃》GB/T 18915.2

《建筑结构荷载规范》GB 50009

《公共建筑节能设计标准》GB 50189

《建筑装饰装修工程质量验收规范》GB 50210

《民用建筑设计通则》GB 50352

《民用建筑节能设计标准（采暖居住部分）》JGJ 26

《夏热冬暖地区居住建筑节能设计标准》JGJ 75

《建筑施工高处作业安全技术规范》JGJ 80

《玻璃幕墙工程技术规范》JGJ 102

《建筑玻璃应用技术规程》JGJ 113

《既有采暖居住建筑节能改造技术规程》JGJ 129

《夏热冬冷地区居住建筑节能设计标准》JGJ 134

《建筑门窗五金件　传动机构用执手》JG/T 124

《建筑门窗五金件　合页（铰链）》JG/T 125

《建筑门窗五金件　传动锁闭器》JG/T 126

《建筑门窗五金件　滑撑》JG/T 127

《建筑门窗五金件　撑挡》JG/T 128

《建筑门窗五金件　滑轮》JG/T 129

《建筑门窗五金件　单点锁闭器》JG/T 130

《聚氯乙烯（PVC）门窗增强型钢》JG/T 131

《聚氯乙烯（PVC）门窗固定片》JG/T 132

《未增塑聚氯乙烯（PVC-U）塑料窗》JG/T 140

《建筑门窗内平开下悬五金系统》JG/T 168

《未增塑聚氯乙烯（PVC-U）塑料门》JG/T 180

《建筑门窗用密封条》JG/T 187

《建筑窗用弹性密封剂》JC 485

《中空玻璃用弹性密封胶》JC/T 486

《建筑门窗密封毛条技术条件》JC/T 635

《混凝土建筑接缝用密封胶》JC/T 881

《中空玻璃用丁基热熔密封胶》JC/T 914

《单组分聚氨酯泡沫填缝剂》JC 936

2 术　　语

2.0.1～2.0.6 在塑料门窗的自身发展过程中，出现了许多新的安装方法及新的安装材料，但人们对这些新方法和新材料所使用的名词概念却不是非常清楚，为了便于门窗安装及使用人员的理解，特增加本章内容。

3 工程设计

3.1 一般规定

3.1.1 塑料门窗的性能指标是以满足建筑物的功能为目标的，故塑料门窗的性能指标应根据实际需求合理确定。

3.1.2 由中华人民共和国国家发展和改革委员会、中华人民共和国建设部、中华人民共和国质量监督检验检疫总局和中华人民共和国国家工商行政管理总局四部委联合下发的“发改运行［2003］2116号”文件“关于印发《建筑安全玻璃管理规定》的通知”明确规定：7层及7层以上建筑外开窗、面积大于1.5m^2的窗玻璃或玻璃底边离最终装修面小于500mm的落地窗及倾斜装配窗、各类顶棚（含天窗、采光顶）吊顶等部位必须使用安全玻璃。本条参照四部委规定，提出安全玻璃的使用要求，并将“离最终装修面小于500mm的落地窗”改为：“距离可踏面高度900mm以下的窗玻璃”。这是因为可踏面比最终装修面更易理解，也更准确。依据国家标准《民用建筑设计通则》GB 50352－2005第6.6.3条的注：“栏杆高度应从楼地面或屋面至栏杆扶手顶面垂直高度计算，如底部有宽度大于或等于0.22m，且高度低于或等于0.45m的可踏部位，应从可踏部位顶面起计算”。依据国家标准《住宅设计规范》GB 50096—1999（2003年版）第3.9.1条，“外窗窗台距楼面、地面的高度低于0.90m时，应有防护设施，窗外有阳台或平台时可不受此限制。窗台的净高度或防护栏杆的高度均应从可踏面起算”。由此可以看出，从可踏面向上900mm的窗玻璃是非安全区域，900mm以上的窗玻璃与普通窗玻璃一样，可按其他3款的规定执行。

3.1.3 由于大部分玻璃是无色透明的，人们有时会忽略它的存在，特别是对于面积较大的门玻璃。这时极易发生人体对玻璃的冲击，对人体造成伤害。为了防止这种惨剧的发生，最有效的方法就是在玻璃上设置明显的标志，在人靠近它时起到警示作用。

3.1.5 为了保证增强型钢插入型材能够直接承受风荷载的压力，当增强型钢与型材内腔结合不紧密时，宜对增强型钢进行预弯处理，这种预弯曲的增强型钢插入聚氯乙稀型材中，可保证增强型钢有效承受荷载。

3.1.6 当组合窗总体尺寸较大时，不能忽略塑料型材因为温度变化或其他原因导致的伸缩和变位，因此，在单樘窗之间拼接时应采取相应的措施，解决由于型材胀缩导致的变形。

3.1.7 轻质砌块或加气混凝土的强度不够，无法直接采用射钉或膨胀螺栓连接固定，故应在门窗框与墙体的连接部位设置预埋件。空心砖根据其边缘厚度不同可选用不同的连接方法，如果其边缘厚度较大，可以直接用膨胀螺钉固定；若边缘厚度不够，则需设置预埋件。

3.1.8 为了避免塑料窗底边因承受玻璃重量而变形，并使玻璃不在框扇中发生位移且具有防震功能，应在玻璃四周塞入硬度适中的垫块加以支撑，若垫块过硬无法吸收玻璃因温度变化产生的变形，也起不到防震作用；过软或过窄则达不到支撑的目的。多片玻璃要保证其底边与垫块充分接触。但垫块不应阻滞排水槽中水的流出，必要时可在垫块下放置垫桥。垫块不得使用硫化再生橡胶、木片或其他吸水性材料，因为硫化再生橡胶会与PVC型材发生有害化学反应，使型材变色、降解。木片或其他吸水性材料会因受潮、吸水产生体积膨胀，使玻璃受到挤压而破裂。

3.2 抗风压性能设计

3.2.1 本条是根据现行国家标准《建筑结构荷载规范》GB 50009—2001（2006年版）规定，按围护结构风荷载计算方法，直接按该规范的公式7.1.1计算风荷载标准值。

建筑外窗抗风压性能分级的最低指标值是1000Pa，所以本条规定塑料门窗所承受的风荷载不低于1000Pa。

3.2.2 本条是按照《建筑玻璃应用技术规程》JGJ 113-2003第4章“玻璃抗风压设计”的内容执行。

3.2.3 门窗的主要受力构件应根据受荷情况和支撑条件，按照《未增塑聚氯乙烯（PVC-U）塑料窗》JG/T 140-2005附录D“建筑外窗抗风强度计算方法”进行计算。

本条根据《建筑外窗抗风压性能分级及其检测方法》GB/T 7106确定采用单层玻璃的门窗主受力构件在风荷载标准值作用下的挠度相对值应不大于$L/120$；考虑到中空玻璃及夹层玻璃等组合玻璃结构受力情况，确定当采用组合玻璃时，门窗主受力构件的相对挠度值应不大于$L/180$。

3.2.4～3.2.6 门、窗的框和扇之间通过合页（铰链）等连接配件传递荷载时，连接点应有足够的强度保证构件结构体系的受力和传力。框、扇自身采用机械连接的方法组装时，连接构件和紧固件也需要根据其所承受的荷载进行设计计算。

材料强度标准值f_k对于不锈钢和铝合金材料用材料变形0.2%的屈服强度$\sigma_{P0.2}$表示，对于碳素钢用材料的屈服强度σ_s表示。

连接计算采用许用应力法，以材料的强度标准值除以安全系数作为标准，评判连接强度是否满足要求。由于玻璃以及门窗杆件均采用风荷载标准值进行计算，所以连接计算也采用标准值进行计算。计算时采用单系数法，安全系数的确定规则如下：

1 抗拉（压）许用应力：铝合金材料连接件安全系数参照《玻璃幕墙工程技术规范》JGJ 102取1.8，钢及不锈钢材料连接件、螺栓、螺钉安全系数取1.55；

2 抗挤压（承重）许用应力：安全系数均为1.10。

抗剪切允许应力：均按抗拉（压）允许应力的0.58倍确定。

当连接配件许用承载值不易通过计算确定时，也可根据试验确定。可取试验中连接配件安全使用承载力有效测量限值中的最小荷载值，除以安全系数K（取1.65）来换算承载力许用值。

3.3 水密性能设计

3.3.1 门窗的水密性能是由建筑物自身的情况、用途及其重要性等因素决定的。可以根据在某一降雨强度时的设防风力等级来换算相应的水密性能设计风速，并依据设计风速来计算风压，确定门窗所需达到的水密性能指标。

在工程设计时可能会因为当地的气象资料不全而无法得到水密性能设计风速的数值，这样就不能通过上述的方法计算门窗的水密性能指标。考虑到受热带风暴和台风袭击的地区，暴雨多数由热带风暴和台风引起，所以也可以按照风荷载的频遇值作为水密性的定级依据，频遇值一般为标准值的40%。在风荷载标准值计算中的阵风系数主要是考虑脉动风压的瞬时增大因素，而门窗水密性能失效通常界定为稳定风荷载（静态压力）的持续作用，因而此项可以忽略不计；根据《建筑结构荷载规范》GB 50009—2001（2006年版），围护结构的体形系数取1.2（大面）；风荷载标准值中的高度系数不变化，仍然按照《建筑结构荷载规范》GB 50009—2001（2006年版）取值。则水密性设计计算系数=0.4×1.2=0.48，取整后将该系数简化为0.5，得出本条的水密性设计计算系数。

其他地区大风和下雨同时出现的概率很小，所以可按照本规范计算值的80%设计。

受热带风暴和台风袭击的地区是指《建筑气候区划标准》GB 50178中规定的ⅢA和ⅣA地区。

3.3.2～3.3.3 塑料门窗的水密性能是靠其具体的构造实现的。固定窗的窗框也应设置排水孔，防止框内积水。采用等压原理的设计思路是消除导致渗漏的压力差。导致渗漏的另外一个原因是毛细现象，这在拼樘料与窗框拼接的部位最容易发生。所以在构造设计上及连接工艺处理上应采取措施，以消除毛细现象。安装室外披水窗台板时，窗台板的边缘与外墙间妥善收口，亦可以有效防止渗漏。

减少和避免水与门窗接触也是提高水密性的好方法。窗楣设置滴水槽、开启扇上檐口安装披水条都能达到减少水与门窗接触的效果。而带有适当坡度的外窗台可以迅速排走积水，减少雨水对门窗的浸泡。

3.4 气密性能设计

3.4.1 门窗的气密性能是影响有采暖或空调建筑的热工性能的重要指标。在有节能要求的建筑中，由于门窗缝隙的空气渗透造成的能耗损失较大，所以不同地区的门窗气密性要求要满足相应的节能设计标准。居住建筑采暖地区、夏热冬冷地区、夏热冬暖地区及既有建筑和公共建筑应符合下列节能设计标准的有关规定：

《公共建筑节能设计标准》GB 50189

《民用建筑节能设计标准（采暖居住部分）》JGJ 26

《夏热冬暖地区居住建筑节能设计标准》JGJ 75

《既有采暖居住建筑节能改造技术规程》JGJ 129

《夏热冬冷地区居住建筑节能设计标准》JGJ 134

3.4.2 根据以往积累的经验，很多建筑外门（窗）在使用过程中由于使用了弹性差、耐久性能不好的密封胶条，在使用很短一段时间内即出现气密性能急剧下降，无法保证长期的密封节能效果。因此，密封条不宜采用性能低、易老化的改性PVC塑料，而应采用合成橡胶类的三元乙丙橡胶、氯丁橡胶、硅橡胶等耐久性好的材料。使用的密封条应连续完整，无断开，形成封闭的密封结构。

3.5 隔声性能设计

3.5.2 塑料门窗的隔声性能主要取决于门窗构造及面层玻璃材料的选用、门窗玻璃镶嵌缝隙以及框、扇开启缝隙的密封。

门窗面层玻璃对门窗隔声效果起控制作用。可以通过增加玻璃厚度、采用不等厚度的夹层玻璃或中空玻璃等途径来有效提高门窗的隔声性能。

门窗玻璃镶嵌缝隙以及框、扇开启缝隙的密封对隔声，尤其是低频率的噪声影响较大。所以采用耐久性及弹性好的密封材料对门窗进行密封，是保证隔声性能的有效措施。

3.6 保温与隔热性能设计

3.6.1 我国不同地区的气候条件对建筑的影响有很大不同，对塑料门窗热工性能设计的要求和指标也不相同。塑料门窗的热工性能设计可参照相关地区的建筑节能设计标准执行。

3.6.2 有隔热要求的建筑主要是需要阻挡夏季太阳辐射得热、室外高温辐射得热以及温差传热。由于一般情况下室内外的温差不大，所以阻挡辐射得热是主要环节。对于塑料门窗而言，根据不同地区的气候条件选择适当的遮阳系数是隔热设计的重点。

3.6.3～3.6.4 门窗的传热系数远高于建筑墙体，所以是采暖建筑热量损失的主要部位。门窗相对于外墙内凹越深，其室外表面的空气流速越低，越利于保温。一般窗框外侧面与外墙立面的距离不宜小于100mm；严寒地区窗框的安装位置宜靠近室内方向安装，窗框外侧面与外墙立面的距离不宜小于150mm。当外墙有外保温层时，保温层应盖住外窗台，且窗框应尽量靠近保温层，以避免在窗框和保温层之间形成热桥，影响保温性能。

塑料窗的保温性能主要取决于面层玻璃的传热系数、门窗的密闭性能以及它与墙体连接部位的传热性能。中空玻璃较单层玻璃具有更低的传热系数，若需要更进一步降低传热系数，可采用Low-E镀膜中空玻璃以及三玻中空玻璃等玻璃品种。

国内使用的中空玻璃气体层最小厚度为6mm，气体层过薄或过厚均会导致层内气体的流动而使中空玻璃的传热系数上升，从而降低中空玻璃的保温性能。试验证明，当中空玻璃气体层厚度小于15mm时，玻璃的传热系数与气体层厚度呈线性反比关系，气体层厚度在15～25mm之间时，传热系数下降趋势变缓；气体层厚度在25～30mm之间时，传热系数基本不随气体层厚度的增加而变化；当气体层厚度大于30mm时，传热系数反而上升。说明并不是气体层厚度越大越好。综合其他因素（生产成本及工艺等），气体层的最佳厚度以12～18mm为宜。考虑到目前国家提倡保温节能的大趋势及塑料门窗本身节能效果好的特点，同时结合我国国情，特规定与塑料门窗配套使用的中空玻璃最小气体层厚度不宜小于9mm。

降低冷空气的渗透也是提高塑料门窗保温性能的重要途径。除了采用更好的密封材料外，增加密封级数可以取得进一步的密封效果。

塑料门窗的骨架具有良好的保温能力，但其与墙体连接的部位往往是保温的薄弱环节。当采用附框安装法时，由于附框一般具有很高的传热能力，非常不利于塑料门窗的保温，所以需要采取隔热措施以降低其传热系数。

3.6.5 采用外遮阳装置可以非常有效地提高塑料门窗的隔热能力。由于需要兼顾到室内的采光要求，所以遮阳装置宜设计成活动构造，且宜方便在室内进行操作。

3.7 采光性能设计

3.7.2 很多建筑为提高室内的采光性能及室内景观效果采用了较大面积的门窗。由于门窗的热工性能较建筑墙体差很多，所以过大面积的外墙门窗往往导致热损失。根据建筑所处的气候分区，窗墙比与塑料门窗的传热系数或遮阳系数存在对应关系，而且一般情况下应满足窗墙比小于0.7；如果不能满足，应通过热工性能的权衡计算判断。

4 质量要求

4.1 门窗及其材料质量要求

4.1.3 塑料门窗采用的密封条、紧固件、五金配件等现行的国家标准和行业标准主要有：

《紧固件机械性能　螺母、细牙螺纹》GB/T 3098.4

《十字槽盘头自钻自攻螺钉》GB/T 15856.1

《十字槽沉头自钻自攻螺钉》GB/T 15856.2

《建筑门窗五金件　传动机构用执手》JG/T 124

《建筑门窗五金件　合页（铰链）》JG/T 125

《建筑门窗五金件　传动锁闭器》JG/T 126

《建筑门窗五金件　滑撑》JG/T 127

《建筑门窗五金件　撑挡》JG/T 128

《建筑门窗五金件　滑轮》JG/T 129

《建筑门窗五金件　单点锁闭器》JG/T 130

《建筑门窗内平开下悬五金系统》JG/T 168

《建筑门窗用密封条》JG/T 187

《建筑门窗五金件　通用要求》JG/T 212

《建筑门窗五金件　旋压执手》JG/T 213

《建筑门窗五金件　插销》JG/T 214

《建筑门窗五金件　多点锁闭器》JG/T 215

《建筑门窗密封毛条技术条件》JC/T 635

4.1.6 为了保证中空玻璃气体层干燥、清洁，同时为了保证中空玻璃的密封效果和使用寿命，特别规定用间隔铝框制备的中空玻璃应采用双道密封。第一道密封必须采用热熔性丁基密封胶，因为丁基胶的非硫化性状使其具有优异的密封性能，可以有效防止灰尘及水汽的进入。第二道密封则应采用硅酮、聚硫类中空玻璃密封胶。如果仅使用硅酮胶或聚硫胶进行单道密封，则中空玻璃的气密性较差，水汽易进入中空层。

4.1.8 生产低辐射镀膜玻璃分为在线法和离线法两种生产工艺，离线法生产的镀膜玻璃膜层不够稳定，暴露在空气中极易氧化，故宜加工成中空玻璃使用，且镀膜层应朝向中空气体层。在线法生产的热喷涂镀膜玻璃性能较稳定，可以作为单片玻璃使用。

4.2 安装材料质量要求

4.2.2 拼樘料内衬增强型钢是组合门窗承受该地区风荷载的主要构件，其截面尺寸及壁厚直接影响到门窗的抗风压性能。型钢两端略长于拼樘料是为了型钢与连接件、预埋件或预留洞连接牢固。

4.2.3 拼樘料连接件是连接洞口与拼樘料内衬型钢的主要受力杆件，其壁厚也应经计算确定，为了保证连接件具有足够的连接强度，特规定其最小壁厚不得小于2.5mm。当计算值小于2.5mm时，应按2.5mm的最小壁厚选择连接件。

4.2.4 钢附框是连接洞口与窗框的主要构件，连接时紧固件需直接固定在附框上，为了保证连接牢度，其最小壁厚应大于紧固件螺距的1.5倍。为了防止表面锈蚀造成的紧固件脱落，其表面应进行防锈处理。

4.2.5 为了保证密封胶与玻璃、墙体及窗框的粘结强度，并满足因温度变化导致的伸缩变形，密封胶在与粘结面具有良好粘结性的同时，还应满足位移能力的要求。故门窗玻璃用密封胶应满足《硅酮建筑密封胶》GB/T 14683和《建筑窗用弹性密封剂》JC 485的有关要求，窗框与墙体密封用密封胶应满足《混凝土建筑接缝用密封胶》JC/T 881的有关要求。同时，密封胶还应与聚氯乙烯型材具有良好的粘结性。

4.2.7 与PVC型材直接紧密接触的材料，若与PVC不相容，将会引起PVC的降解、变色、变脆、变软及开裂，影响门窗的外观及使用寿命。

5 施工前准备

5.1 墙体、洞口质量要求

5.1.1～5.1.2 塑料门窗安装后即为成品，无需进一步涂饰，为了保持其表面洁净，应在墙体湿作业完工后进行安装，如必须在湿作业前进行，则应采取好保护措施。因为若水泥砂浆粘到型材上，铲刮时极易损伤型材表面，影响外观。

安装门框时，门框的下脚或下框需埋入地下一定深度，即在地面标高线以下。如在地面工程完工后进行，则需重新凿开地面，既给施工带来不必要的麻烦，又会破坏地面的整体美观。故地面工程应在门安装后进行，但要注意对门的成品保护。

5.1.3 若相邻的上下左右洞口中线偏差过大，会影响建筑的整体美观性，故规定此条。

5.1.4 若洞口尺寸达不到要求，将会给门窗安装带来很大困难，有的门窗可能因为洞口尺寸太小放不进去或因无伸缩缝造成门窗使用过程中变形；有的门窗可能因为洞口太大，造成连接困难，使安装强度降低，且伸缩缝太宽会加大聚氨酯发泡胶的用量，使安装成本上升。

5.1.5 由于塑料门窗的线性膨胀系数较大，为(70～80)$\times 10^{-6}$[m/(m·℃)]，受冬、夏日及室内、外温差影响，门窗框的长度会发生较大变化。以温差50℃计算，长度2m的窗框，长度变化可达8mm。因此，安装塑料门窗要在窗框及洞口间预留伸缩缝，调节门窗因温度变化导致的变形。对于一般的单樘窗，两边各留出10mm的缝隙即可满足要求。但对于带饰面的墙体材料，如陶瓷面砖、大理石、保温材料等，若仍留10mm的缝隙，必然给安装带来困难，也会影响到门窗的开启等使用功能。因此，当饰面材料厚度大于5mm时，窗框和洞口间的预留间隙也应相应增加。

5.1.6 门的构造尺寸除应考虑框与洞口的伸缩缝间隙外，还应考虑门框下部埋入地面的深度。一般无下框平开门侧框应埋入地面标高线约25～30mm，门上框应与洞口预留10～15mm间隙，故无下框平开门门框高度应为洞口高度加10～15mm。而对于带下框平开门及推拉门，其下框应埋入地面标高线约10～15mm，门上框亦应与洞口预留10～15mm间隙，故带下框平开门或推拉门门框高度应为洞口高度减5～10mm。

5.1.7 洞口周围松动的砂浆、浮渣及浮灰会影响聚氨酯发泡胶及密封胶与洞口的粘结性能，使其密封性下降，故安装前应及时清除。

5.2 其他要求

5.2.1 根据《建筑装饰装修工程质量验收规范》GB 50210，所有材料进场时均应对品种、规格、数量、外观和尺寸进行验收，塑料门窗还应对外窗的抗风压性能、气密性能和水密性能进行复验，其目的是为了保证门窗工程的安装质量。复验数量可参照《建筑装饰装修工程质量验收规范》GB 50210的有关规定执行。

5.2.4 塑料门窗属于热塑性材料，当贮存门窗的环境温度高于50℃，或与热源的距离小于1m时，门窗极易受热变形，影响门窗的美观、物理性能及使用功能。反之，门窗在低温下材质较脆，若低温存放后直接安装，极易造成门窗开裂损坏。所以当存放门窗的环境温度为5℃以下时，安装前应将门窗移至室内，在不低于15℃的环境下放置24h。另外，受施工环境及温度的影响，门窗在施工现场长期存放，极易造成门窗沾污、变形或损坏。根据施工经验，门窗在现场存放时间不宜超过2个月。

5.2.6 为了避免门窗在装卸时表面磨损，吊运门窗时，其表面应采用非金属软质材料衬垫。吊运门窗的着力点应在门窗竖框的下部，以防门窗受力变形，同时也可避免门窗焊角开裂及横框断裂。

5.2.9 为了保证门窗在施工交叉作业中不被污损，门窗框、扇及分格杆件均应作封闭型保护。但门、窗框应采用三面保护，框与墙体连接面不应有保护层，因为框与洞口连接面若用其他材料保护，在打注聚氨酯发泡胶时，胶与框之间不能有效粘结，保护层与窗框间产生的缝隙，可构成“热桥”通道，影响密封及保温效果。

6 门窗安装

6.1 门窗安装工序

6.1.1 本节根据门窗的安装特点，重新调整了门窗类型，将平开窗和推拉窗合并成单樘窗，平开门和推拉门合并成普通门，将组合窗和连窗门合并成组合门窗。另外根据门窗安装工艺，新增了安装后置埋件、安装附框、抹灰找平、打聚氨酯发泡胶、打密封胶等工序。

6.2 门窗安装要求

6.2.1 塑料门窗采用固定片法安装属于弹性连接方式，可减少塑料门窗由于热胀冷缩而产生的弯曲变形。某些旧窗改造工程，无法使用固定片法安装时，可采用直接固定法安装。另外，对于构造尺寸较小的窗型，因其伸缩变形较小，也可采用直接固定法安装，但窗下框应采用固定片法安装。因为窗下框若采用直接固定法安装，当安装孔密封不严时，雨水会顺固定螺钉缝隙渗入型材内腔，腐蚀增强型钢。

6.2.2 当设计要求安装附框时，应按此规定执行。门窗框与附框间采用预留伸缩缝是为给门窗框安装及门窗框因热胀冷缩产生变形提供空间。预留伸缩缝尺寸可视门窗的大小、制作精度及附框安装精度而定，一般宜为10mm。门窗框与附框的连接可采用直接固定法，安装时，应在固定点两侧加塞支撑块，以防止在紧固螺钉时使窗框产生变形。窗下框与附框连接时，自钻自攻螺钉不得打在排水槽内，以免螺钉遇水锈蚀，降低连接强度。

6.2.3 为了安装方便，避免施工损坏玻璃，规定此条。

6.2.4 为了保证安装后的门窗整体美观性，并使门窗两侧伸缩缝均匀，门窗框装入洞口时，其上下框中线应与洞口中线对齐；作临时定位用的木楔或垫块应放在门窗上下框的四角和中横梃或中竖梃的档头上，让力的传递得到平衡，当下框长度大于0.9m时，其中央也应用木楔或垫块塞紧，避免因受力不均使窗框产生变形。

6.2.5 因为门的高度一般在2m左右，安装时门框中部易弯曲变形，影响门扇的启闭功能。安装时可在门框中部用若干与门同宽度的木撑临时撑住门框（注意不要划伤型材），也可在门框中部用螺钉直接与墙体固定。另外，根据施工经验，无下框平开门门侧框下脚应低于地面标高线25～30mm，带下框平开门及推拉门下横框应低于地面标高线10～15mm，在地面施工时，将门下框与地面固定成一体，以保证门框的安装牢度。同时，为使门窗开关灵活、美观、耐用，安装过程中，需保证一定的安装精度。门窗框安装应保证垂直度、水平度、直角度符合要求，否则将影响门窗扇的开启、门窗的密封性能、保温性能、使用功能及外观效果。

6.2.7 安装前确认窗框上下边位置及内外朝向准确非常重要。可以从以下几个方面进行检查，首先为了达到正常排水，排水孔应设在窗框外下方，另外，扇的开启方向及亮窗位置应符合设计要求，玻璃压条应在室内侧。

1 单向固定片可以更好地调节门窗胀缩带来的变形，并可有效防止雨水渗漏，故普通墙体应使用单向固定片双向固定，保温墙体固定片朝向室内是为了避免由于固定片与室外连接造成的热桥效应，影响密封及保温效果。安装时，应根据伸缩缝宽度先将固定片调整到所需角度，不得在安装时直接锤打固定片使其变形，因为直接锤打固定片使其弯曲，易导致框受冲击力和固定片的拉力变形，甚至造成角部焊缝开裂。另外，由于塑料型材特性，安装固定片时，如用螺钉直接钉入易造成型材开裂，采用自钻自攻螺钉直接钻入，可保证螺钉与型材及增强型钢的紧固力。

2 窗框与墙体间采用膨胀螺钉直接固定，主要适用于尺寸较小的单樘窗型。在膨胀螺钉固定位置两边加塞支撑块是为了保证在紧固螺钉时，不易使窗框在受力时弯曲变形。膨胀螺钉端头加盖工艺孔帽并作密封处理，是为了防止雨水顺螺钉孔进入型材腔内腐蚀增强型钢。

3 固定片或膨胀螺钉的安装位置应尽量靠近铰链位置，以便将窗扇通过铰链传至窗框的力直接传递给墙体，但绝不可将固定片或膨胀螺钉安装在中竖梃和中横梃的档头上，并且还要与其保持至少150mm的距离，以避免与紧固螺钉呈垂直方向的中梃或部分外框的膨胀受到阻碍，使塑料窗安装后不能自由胀缩。

根据塑料门窗的抗风压值，用内衬增强型钢的型材进行简支梁试验，可以得出，固定片与墙体连接时，其间距应不超过600mm。在东南沿海地区，为了防止窗框变形导致的雨水渗漏，根据设计要求，可以适当缩小固定片间距，以不大于400mm为宜。

6.2.8 在砖墙等砌体上，若用射钉，极易把砌体击碎，起不到固定作用，使门窗达不到应有的安装强度，留下安全隐患。所以砖墙砌体只能用膨胀螺钉固定，严禁射钉。

6.2.9 根据施工经验，在窗与墙体连接时，为了便于定位，应先固定上边框，后固定两侧边框。对于不同材质的墙体，其固定方法亦不相同。在混凝土墙或预埋混凝土块上可以用膨胀螺钉或射钉固定；在砖墙等砌体上只能用膨胀螺钉固定，并不得固定在砖缝处，严禁射钉；设有预埋铁件的洞口，既可以采取焊接的方法固定，也可以先在预埋件上打基孔，然后用紧固件固定。

6.2.10 为了保证组合窗的抗风压强度及安装强度，安装组合窗时，拼樘料必须与建筑主体结构连接牢固。拼樘料与墙体可以选择不同的连接方式固定：既可采用预留洞埋入法，也可采用与预埋件焊接的方法，还可采用后置埋件的方法。安装时，先将连接件用膨胀螺栓与墙体固定，再将拼樘料与连接件搭接固定。为了保证拼樘料安装牢固，拼樘料与连接件的搭接长度或埋入预留洞的深度均应大于30mm。

6.2.11 与洞口连接牢固的拼樘料将组合窗洞口分割成若干个单樘窗的独立窗口，拼樘料可视为洞口的一个边，故螺钉间距应与洞口安装固定片的间距一致。框与拼樘料卡接后，应用自钻自攻螺钉拧紧。为了防止雨水顺紧固件进入腔体内锈蚀增强型钢，紧固件端头应加盖工艺孔帽，并用密封胶进行密封处理。组合窗的安装亦应考虑窗框的伸缩变形，在窗框与拼樘料主型材（插入增强型钢的部分）间应预留伸缩缝。另外，为了保证整个组合窗的密封性能，拼樘料与窗框间的缝隙也应采用密封胶进行密封处理。

6.2.13 窗下框与洞口缝隙处理在施工交叉作业中始终存在问题，由于密封不严，墙体渗水、结露、结霜等现象经常发生。特规定以下两条：

1 窗下框与普通墙体固定时，为避免窗框下垂变形以及雨水渗入室内，下框与洞口间的缝隙必须用防水水泥砂浆严密填实。另外，砂浆与塑料窗之间由于温度的变化极易产生裂缝，影响密封效果，所以外侧抹灰时，窗框与抹灰层之间应打注密封胶进行密封处理。室外不采用直接打胶而采用嵌缝的方法，一是为了防止密封胶伸缩变形时产生开裂，影响密封效果，二是为了建筑物的整体美观。密封胶的打注一般在湿作业完成后进行，室内侧打胶则宜在刷涂料前进行，以防涂层与基层开裂影响密封效果。采用遮蔽条遮盖，是为保证窗框和墙体外表面清洁干净。

2 窗下框与保温墙体固定时，由于水泥砂浆的导热性高，应考虑隔绝"热桥"措施。所以应采用聚氨酯发泡胶全面封闭，以满足严寒、寒冷地区窗下框保温性能要求。保温板与窗下框之间的缝隙应用密封胶进行密封处理，以防止雨水从保温板与墙体间的空隙内渗入。

6.2.14 内侧窗台板的安装方法有所改变，原方法是将窗台板插入窗框下方，若下框与墙体密封性不好，极易造成雨水渗漏。现改为将窗台板顶住窗下框边缘5～10mm，以不影响窗扇的开启为宜，这样可以有效防止雨水向室内侧渗漏。

6.2.15 塑料异型材具有热胀冷缩的性能，根据德国DIN7706标准，窗框用PVC型材的线膨胀系数$K=(70\sim80)\times10^{-6}$[m/(m·℃)]。在我国温差变化范围一般为40～50℃之间，但塑料门窗在温度变化下的胀缩值大小，除取决于塑料门窗型材自身的线膨胀系数、气温变化情况外，还与塑料门窗的色彩和尺寸有关，由此可以计算出塑料门窗的膨胀值最大可达10mm以上。所以，为了保证塑料门窗安装后可自由胀缩，门窗与墙体缝隙的内腔应填充弹性材料。为了防止填充材料吸水，弹性材料必须是闭孔结构。但单纯填塞闭孔弹性材料，因其不能与墙体及门窗框粘结密封，就不能完全阻断热桥效应，使塑料门窗达不到预期的保温效果。近年来聚氨酯发泡胶的应用，较好地解决了这一问题，它既属于闭孔弹性材料，可吸收塑料门窗胀缩产生的变形，又可与门窗框及洞口粘结密封。但如果打胶后切割发泡层，当外侧密封胶开裂失效后，其切断的气泡会吸收湿气或水分使固定片或紧固件产生锈蚀，所以打胶成型后，不宜切割面层。

6.2.16 聚氨酯发泡胶打注后不得直接暴露在空气中，其外部应用水泥砂浆掩盖，因为聚氨酯发泡胶耐候性较差，若暴露在空气中极易变色、粉化。另外，塑料门窗与墙体界面的密封是运动状态的密封，选择密封材料必须满足塑料门窗在温度变化条件下与墙体产生相对运动的要求，若单用水泥砂浆密封，则不能满足这一要求，而配合使用密封胶密封处理后，便可较好地解决上述问题。对于装修质量要求较高的门窗工程，为了达到整体美观，室内侧门窗框与抹灰层之间宜采用与门窗材料一致的塑料盖板掩盖接缝。

6.2.17 水泥砂浆硬化后，不易清除，若用硬质材料铲刮，易将门窗框表面损坏，所以应在其硬化前，清除干净。

6.2.18 因门扇较重，安装后，使用一段时间，有可能出现门扇下垂现象，使门开关困难。使用可调节铰链，可以在出现门扇下垂时，适当调节铰链，使门扇重新回到正确位置，以保证门的正常使用。另外，门窗扇应保持足够的刚性，型材壁厚及内衬增强型钢必须满足产品标准的要求。从防腐和美观角度考虑，特规定外门窗铰链螺钉不得外露。

6.2.19 为了保证推拉窗安装后使用的安全性，特参照门窗产品标准规定此条。

6.2.20 塑料门窗的热膨胀系数较大，当门窗遇冷收缩时，若推拉门窗搭接量过小，会导致窗扇脱落。故规定此条。

6.2.21

1、2 根据建设部推广和禁用项目技术公告的规定，塑料门窗使用双层以上（含双层）玻璃的必须使用中空玻璃。为了防止镀膜玻璃被雨水浸蚀、磨砂玻璃被污染，特规定镀膜玻璃的镀膜层和磨砂玻璃的磨砂层应朝向室内。当使用Low-E中空玻璃时，对于以遮阳、隔热为主的南方，镀膜面宜放置在第二面（从室外侧算）；对于以保温为主的严寒地区，镀膜面宜放置在第三面。

3 不同作用的玻璃垫块在不同使用功能的门窗中起着承重、支撑、防倾斜、防掉角等作用。为了保证门窗的使用功能，根据施工及使用经验，承重、定位垫块宜按图6.2.21中所示位置安装。

4 为了防止竖框（扇）上的玻璃垫块脱落，垫块应用胶加以固定。

5 密封条质量与安装质量直接影响窗的密封性能，由于密封条老化后易收缩、开裂，所以安装时应使密封条略长于玻璃压条，使其在压力的作用下嵌入型材，这样可以减少由于密封条收缩产生的气密、水密性能下降现象。

6 为了保证安装后窗的密封性和美观性，玻璃压条必须与玻璃全部贴紧，压条与型材的接缝处应无明显缝隙，压条角部对接缝隙应小于1mm，不得在一边使用2根（含2根）以上压条。从防盗及更换玻璃等安全性考虑，玻璃压条应在室内一侧。

6.2.22 为了保证五金件的安装强度，五金件应采用与增强型钢或内衬局部加强钢板相连接或使固定螺钉穿透二道以上型材内筋等可靠的连接措施。且紧固件应采用自钻自攻螺钉一次钻入，并应保证紧固件固定长度在2个以上螺纹间距，不允许采用自攻螺钉预先打孔固定。因在使用中，频繁开启受力易使自攻螺钉松动脱落，使五金件丧失使用功能。

平开窗扇高度大于900mm时，若锁闭点太少，窗框中间易弯曲变形，影响窗的密封功能。增加锁闭点可保证窗扇在关闭状态下受力均衡，达到应有的密封性能。

6.2.23 为了保证窗的安装强度，防止窗扇脱落，安装滑撑（摩擦铰链）时，紧固螺钉必须使用不锈钢材质，且螺钉应与框扇增强型钢可靠连接。使用不锈钢螺钉是因为普通螺钉与不锈钢的摩擦铰链由于材质不同产生的电位差会使螺钉锈蚀，最终导致窗扇脱落，给安全带来隐患。

为了防止雨水顺螺钉进入框扇内腐蚀增强型钢，螺钉与框扇连接处应进行防水密封处理。

6.2.24 由于门扇较重，为了保证五金件的安装强度，五金件应与增强型钢或内衬局部加强钢板相连接，不能像窗扇一样采用螺钉穿透二道以上型材内筋的连接方式。

6.2.25 为保证窗纱的安装质量，达到防蚊、防蝇的目的，规定此条。

6.2.26 为了保证门窗的密封效果，安装后的门窗关闭时，密封面上的密封条均应处于压缩状态，且密封层数应符合设计要求。因为不同地区，对门窗保温性能的要求不同，对于东北等严寒地区，框与扇之间需采取三道密封。为保证门窗安装后的使用功能及外观质量，密封条应是连续完整的，装配后应均匀、牢固，无脱槽、收缩、虚压等现象；密封条接口应严密，且应位于窗的上方。门窗表面应洁净、平整、光滑，颜色均匀一致，可视面无划痕、碰伤等影响外观质量的缺陷，门窗不得有焊角开焊、型材断裂等损坏现象。

6.2.27 为了防止其他工序污染安装后的门窗，保证门窗的外观质量，特规定此条。

7 施工安全与安装后的门窗保护

7.1 施 工 安 全

7.1.1 塑料门窗属于热塑性材料，若不码放整齐、平稳，极易变形损坏。另外，塑料门窗遇火燃烧易释放出有毒有害气体，危害人体健康，并对环境造成污染。故规定此条。

7.1.2 由于塑料门窗窗角大部分是采用焊接的方法连接，当人体重量整个施于窗扇、窗框或窗撑上时，极易使焊角开裂、损坏，造成人身坠落。

7.1.3 当使用射钉枪时，若不采取防护措施，射钉时打出的火花及碎屑极易烫伤或溅伤施工人员脸部。

7.1.5 为防落下的物体砸伤他人，特规定此条。

7.2 安装后的门窗保护

7.2.1 塑料门窗安装后，若被水泥砂浆等污损，不易清除。若用铲刀等铲刮，易将窗框表面划伤，影响外观质量，所以为了防止塑料门窗表面污损，门窗下框宜加盖防护板，边框宜使用胶带密封保护。

7.2.2 为了防止运料时污损门窗框扇，已装门窗框、扇的洞口，不得再作运料通道。

7.2.3 若在已安装门窗上安放脚手架，悬挂重物及在框扇内穿物起吊，或将外脚手顶压在门窗框扇及门撑上，均易造成门窗变形损坏。

8 门窗工程的验收与保养、维修

8.1 门窗工程的验收

8.1.1 塑料门窗工程验收时应检查的文件、记录，检验批的划分、检查数量及检查的主控项目、一般项目等均应按《建筑工程施工质量验收统一标准》GB 50300及《建筑装饰装修工程质量验收规范》GB 50210的有关规定执行。有特殊要求的门窗工程，可按合同约定的相关条款执行。

8.2 门窗工程的保养与维修

8.2.1～8.2.2 工程验收前，施工单位应就塑料门窗玻璃、密封条、执手、锁闭器、铰链、滑轮等易损件的维护、保养及更换方法对业主指定的门窗维修、维护人员进行培训。并明确承包方保修的责任范围。验收交工后，为了保证门窗的正常使用及建筑物的外观质量，使用单位应针对当地的气候条件及时制定门窗保养、维修计划与制度。

8.2.4 门窗五金配件应避免腐蚀性介质的侵蚀。滑轮、传动机构、铰链、执手等要求开启灵活的部位应经常采取除灰、注油等保养措施，保持五金配件的清洁、润滑。当发现门窗开启不灵活或五金配件松动、损坏等现象时，应及时修理或更换。

8.2.5 由于塑料门窗表面易吸附灰尘，应定期进行清洗，清洗周期和次数可根据各地区的环境及积灰、污染程度确定。清洗时不得使用腐蚀性溶剂，以防溶剂腐蚀五金件。不得使用利器铲刮玻璃及型材表面，以防划伤玻璃、型材。

8.2.6 排水系统堵塞将会导致排水不畅，当风雨较大时，容易使雨水沿型材渗入室内。

8.2.7～8.2.8 玻璃松动、破损及密封条老化开裂、缩短、脱落，会导致门窗密封效果降低，应及时进行修补或更换。

中华人民共和国行业标准

建筑工程饰面砖粘结强度检验标准

Testing standard for adhesive strength of tapestry brick of construction engineering

JGJ 110—2008

J 787—2008

批准部门：中华人民共和国建设部

施行日期：2008年8月1日

中华人民共和国建设部
公　告

第826号

建设部关于发布行业标准《建筑工程饰面砖粘结强度检验标准》的公告

现批准《建筑工程饰面砖粘结强度检验标准》为行业标准，编号为JGJ 110－2008，自2008年8月1日起实施。其中，第3.0.2、3.0.5条为强制性条文，必须严格执行。原行业标准《建筑工程饰面砖粘结强度检验标准》JGJ 110－97同时废止。

本标准由建设部标准定额研究所组织中国建筑工业出版社出版发行。

中华人民共和国建设部
2008年3月12日

前　言

根据建设部建标［2004］66号文的要求，本标准修订组在广泛调查研究，认真总结实践经验，参考有关国外先进标准，并广泛征求意见的基础上，修订了本标准。

本标准的主要技术内容是：1. 总则；2. 术语；3. 基本规定；4. 检验方法；5. 粘结强度计算；6. 粘结强度检验评定及饰面砖粘结强度检测记录和试件断开状态。本标准修订的主要技术内容是：基本规定中增加了强制性条文；增加了现场粘贴外墙饰面砖施工前应粘贴饰面砖样板件并对其粘结强度进行检验的要求，对带饰面砖的预制墙板和现场粘贴外墙饰面砖的检验批和取样位置进行了调整；检验方法中增加了对有加强处理措施的加气混凝土、轻质砌块、轻质墙板和外墙外保温系统上粘贴的外墙饰面砖断缝的规定，并增加了带保温系统的标准块粘贴示意图；粘结强度计算中将单个试样粘结强度和每组试样平均粘结强度计算结果均修约到小数点后一位；粘结强度检验评定中对现场粘贴饰面砖和带饰面砖的预制墙板的饰面砖粘结强度检验评定分别提出要求；附录A中增加了带保温系统的饰面砖粘结强度试件断开状态表。

本标准以黑体字标志的条文为强制性条文，必须严格执行。

本标准由建设部负责管理和对强制性条文的解释，由主编单位负责具体技术内容的解释。

本标准主编单位：中国建筑科学研究院（地址：北京市北三环东路30号，邮政编码：100013）。

本标准参加单位：北京市建设工程质量检测中心
珠海市建设工程质量监督检测站
哈尔滨市建筑工程设计研究院
北京国维建联检测技术开发中心

本标准主要起草人员：熊　伟　张元勃　黄春晓　张晓敏　于长江　张建平　杜习平

目　次

1　总则 ………………………………………… 2—7—4
2　术语 ………………………………………… 2—7—4
3　基本规定 …………………………………… 2—7—4
4　检验方法 …………………………………… 2—7—4
5　粘结强度计算 ……………………………… 2—7—5
6　粘结强度检验评定 ………………………… 2—7—5
附录 A　饰面砖粘结强度检测记录和试件断开状态 ……………………… 2—7—6
本标准用词说明 ……………………………… 2—7—7
附：条文说明 ………………………………… 2—7—8

1 总 则

1.0.1 为统一建筑工程饰面砖粘结强度的检验方法，保证建筑工程饰面砖的粘结质量，制定本标准。

1.0.2 本标准适用于建筑工程外墙饰面砖粘结强度的检验。

1.0.3 建筑工程外墙饰面砖粘结强度的检验除应符合本标准外，尚应符合国家现行有关标准的规定。

2 术 语

2.0.1 标准块 standard test block

按长、宽、厚的尺寸为95mm×45mm×（6～8）mm或40mm×40mm×（6～8）mm，用45号钢或铬钢材料所制作的标准试件。

2.0.2 基体 base

作为建筑物的主体结构或围护结构的混凝土墙体或砌体。

2.0.3 断缝 joint

以标准块的长、宽为基准，采用切割锯，从饰面砖表面切割至基体表面的矩形缝或正方形缝。

2.0.4 粘结层 bonding coat

固定饰面砖的粘结材料层。

2.0.5 粘结力 cohesive force

饰面砖与粘结层界面、粘结层自身、粘结层与找平层界面、找平层自身、找平层与基体界面，在垂直于表面的拉力作用下断开时的拉力值。

2.0.6 粘结强度 cohesive strength

饰面砖与粘结层界面、粘结层自身、粘结层与找平层界面、找平层自身、找平层与基体界面上单位面积上的粘结力。

3 基 本 规 定

3.0.1 粘结强度检测仪应每年至少检定一次，发现异常时应随时维修、检定。

3.0.2 带饰面砖的预制墙板进入施工现场后，应对饰面砖粘结强度进行复验。

3.0.3 带饰面砖的预制墙板应符合下列要求：

1 生产厂应提供含饰面砖粘结强度检测结果的型式检验报告，饰面砖粘结强度检测结果应符合本标准的规定。

2 复验应以每 1000m^2 同类带饰面砖的预制墙板为一个检验批，不足 1000m^2 应按 1000m^2 计，每批应取一组，每组应为3块板，每块板应制取1个试样对饰面砖粘结强度进行检验。

3.0.4 现场粘贴外墙饰面砖应符合下列要求：

1 施工前应对饰面砖样板件粘结强度进行检验。

2 监理单位应从粘贴外墙饰面砖的施工人员中随机抽选一人，在每种类型的基层上应各粘贴至少1m^2 饰面砖样板件，每种类型的样板件应各制取一组3个饰面砖粘结强度试样。

3 应按饰面砖样板件粘结强度合格后的粘结料配合比和施工工艺严格控制施工过程。

3.0.5 现场粘贴的外墙饰面砖工程完工后，应对饰面砖粘结强度进行检验。

3.0.6 现场粘贴饰面砖粘结强度检验应以每 1000m^2 同类墙体饰面砖为一个检验批，不足 1000m^2 应按 1000m^2 计，每批应取一组3个试样，每相邻的三个楼层应至少取一组试样，试样应随机抽取，取样间距不得小于500mm。

3.0.7 采用水泥基胶粘剂粘贴外墙饰面砖时，可按胶粘剂使用说明书的规定时间或在粘贴外墙饰面砖14d及以后进行饰面砖粘结强度检验。粘贴后28d以内达不到标准或有争议时，应以28～60d内约定时间检验的粘结强度为准。

4 检 验 方 法

4.0.1 检测仪器、辅助工具及材料应符合下列要求：

1 采用的粘结强度检测仪，应符合现行行业标准《数显式粘结强度检测仪》JG 3056 的规定。

2 钢直尺的分度值应为1mm。

3 应具备下列辅助工具及材料：

1）手持切割锯；

2）胶粘剂，粘结强度宜大于3.0MPa；

3）胶带。

4.0.2 断缝应符合下列要求：

1 断缝应从饰面砖表面切割至混凝土墙体或砌体表面，深度应一致。对有加强处理措施的加气混凝土、轻质砌块、轻质墙板和外墙外保温系统上粘贴的外墙饰面砖，在加强处理措施或保温系统符合国家有关标准的要求，并有隐蔽工程验收合格证明的前提下，可切割至加强抹面层表面。

2 试样切割长度和宽度宜与标准块相同，其中有两道相邻切割线应沿饰面砖边缝切割。

4.0.3 标准块粘贴应符合下列要求：

1 在粘贴标准块前，应清除饰面砖表面污渍并保持干燥。当现场温度低于5℃时，标准块宜预热后再进行粘贴。

2 胶粘剂应按使用说明书规定的配比使用，应搅拌均匀、随用随配、涂布均匀，胶粘剂硬化前不得受水浸。

3 在饰面砖上粘贴标准块可按图4.0.3-1和图4.0.3-2进行，胶粘剂不应粘连相邻饰面砖。

4 标准块粘贴后应及时用胶带固定。

4.0.4 粘结强度检测仪的安装（图4.0.4）和测试

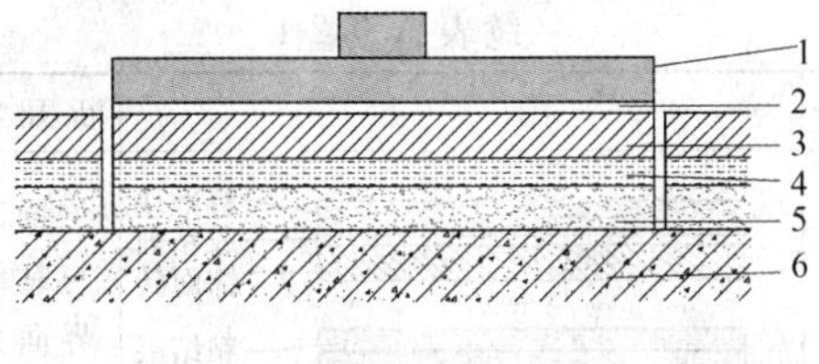

图 4.0.3-1 不带保温加强系统的标准块粘贴示意图

1—标准块；2—胶粘剂；3—饰面砖；

4—粘结层；5—找平层；6—基体

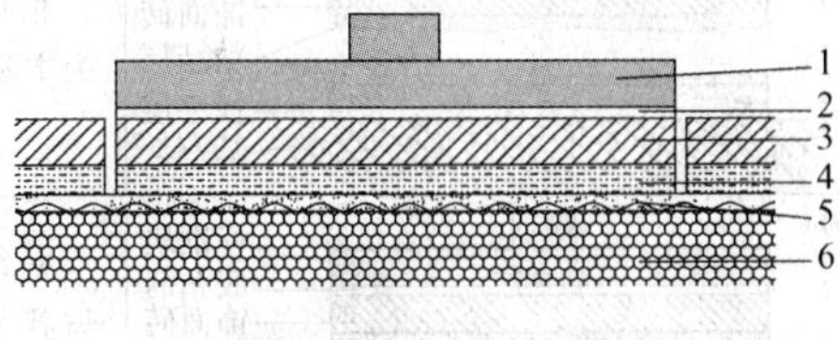

图 4.0.3-2 带保温或加强系统的标准块粘贴示意图

1—标准块；2—胶粘剂；3—饰面砖；

4—粘结层；5—加强抹面层；6—保温层或被加强的基体

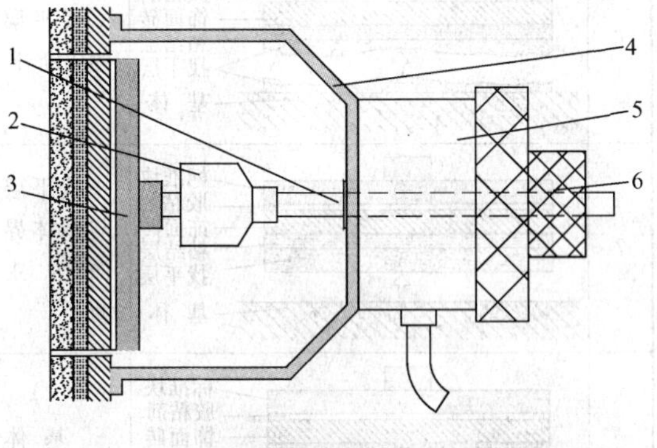

图 4.0.4 粘结强度检测仪安装示意图

1—拉力杆；2—万向接头；3—标准块；

4—支架；5—穿心式千斤顶；6—拉力杆螺母

程序应符合下列要求：

1 检测前在标准块上应安装带有万向接头的拉力杆。

2 应安装专用穿心式千斤顶，使拉力杆通过穿心千斤顶中心并与标准块垂直。

3 调整千斤顶活塞时，应使活塞升出 2mm 左右，并将数字显示器调零，再拧紧拉力杆螺母。

4 检测饰面砖粘结力时，匀速摇转手柄升压，直至饰面砖试样断开，并应按本标准附表 A 的格式记录粘结强度检测仪的数字显示器峰值，该值即是粘结力值。

5 检测后降压至千斤顶复位，取下拉力杆螺母及拉杆。

4.0.5 饰面砖粘结力检测完毕后，应按受力断开的性质及本标准附录 A 表 A.0.2 的格式确定断开状态，测量试样断开面每对切割边的中部长度（精确到 1mm）作为试样断面边长，并应按本标准附录 A 表 A.0.1 的格式记录。当检测结果为表 A.0.2 第 1、2 种断开状态且粘结强度小于标准平均值要求时，应分析原因并重新选点检测。

4.0.6 标准块处理应符合下列要求：

1 粘结力检测完毕，应将标准块表面胶粘剂清理干净，用 50 号砂布摩擦标准块粘贴面至出现光泽。

2 应将标准块放置干燥处，再次使用前应将标准块粘贴面的锈迹、油污清除。

5 粘结强度计算

5.0.1 试样粘结强度应按下式计算：

$$R_i = \frac{X_i}{S_i} \times 10^3 \quad (5.0.1)$$

式中 R_i——第 i 个试样粘结强度（MPa），精确到 0.1MPa；

X_i——第 i 个试样粘结力（kN），精确到 0.01kN；

S_i——第 i 个试样断面面积（mm^2），精确到 $1mm^2$。

5.0.2 每组试样平均粘结强度应按下式计算：

$$R_m = \frac{1}{3}\sum_{i=1}^{3} R_i \quad (5.0.2)$$

式中 R_m——每组试样平均粘结强度（MPa），精确到 0.1MPa。

6 粘结强度检验评定

6.0.1 现场粘贴的同类饰面砖，当一组试样均符合下列两项指标要求时，其粘结强度应定为合格；当一组试样均不符合下列两项指标要求时，其粘结强度应定为不合格；当一组试样只符合下列两项指标的一项要求时，应在该组试样原取样区域内重新抽取两组试样检验，若检验结果仍有一项不符合下列指标要求时，则该组饰面砖粘结强度应定为不合格：

1 每组试样平均粘结强度不应小于 0.4MPa；

2 每组可有一个试样的粘结强度小于 0.4MPa，但不应小于 0.3MPa。

6.0.2 带饰面砖的预制墙板，当一组试样均符合下列两项指标要求时，其粘结强度应定为合格；当一组试样均不符合下列两项指标要求时，其粘结强度应定为不合格；当一组试样只符合下列两项指标的一项要求时，应在该组试样原取样区域内重新抽取两组试样检验，若检验结果仍有一项不符合下列指标要求时，则该组饰面砖粘结强度应定为不合格：

1 每组试样平均粘结强度不应小于 0.6MPa；

2 每组可有一个试样的粘结强度小于 0.6MPa，但不应小于 0.4MPa。

附录A 饰面砖粘结强度检测记录和试件断开状态

A.0.1 饰面砖粘结强度检测可采用表A.0.1的格式记录。

表A.0.1 饰面砖粘结强度检测记录表

委托单位						检测日期		
工程名称						环境温度		
仪器及编号						胶粘剂		
基体类型			饰面砖粘结料			饰面砖品种及牌号		
试样编号	龄期(d)	断面边长(mm)	断面面积(mm^2)	粘结力(kN)	粘结强度(MPa)	断开状态	抽样部位	备注

审核： 记录： 检测：

A.0.2 饰面砖粘结强度试件断开状态应按表A.0.2-1和表A.0.2-2确定。

表A.0.2-1 不带保温加强系统的饰面砖粘结强度试件断开状态表

序号	图示	断开状态
1	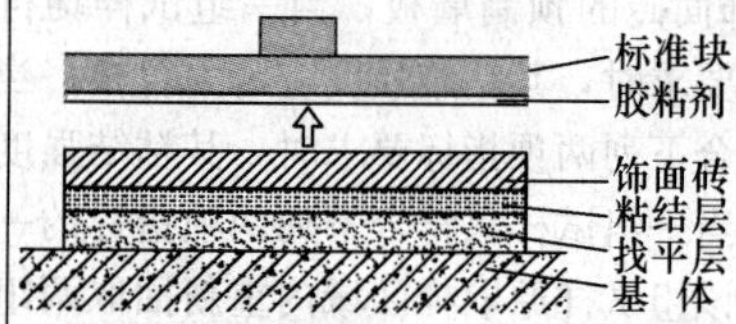	胶粘剂与饰面砖界面断开
2	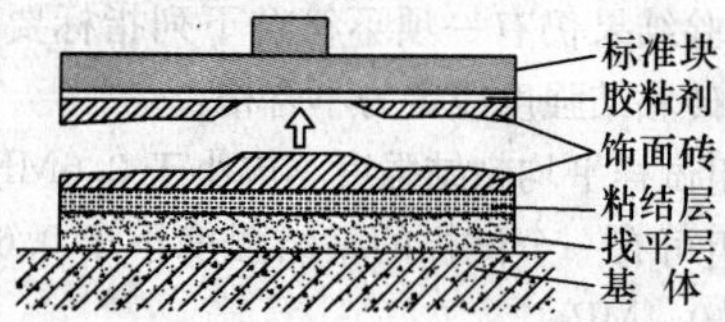	饰面砖为主断开

续表A.0.2-1

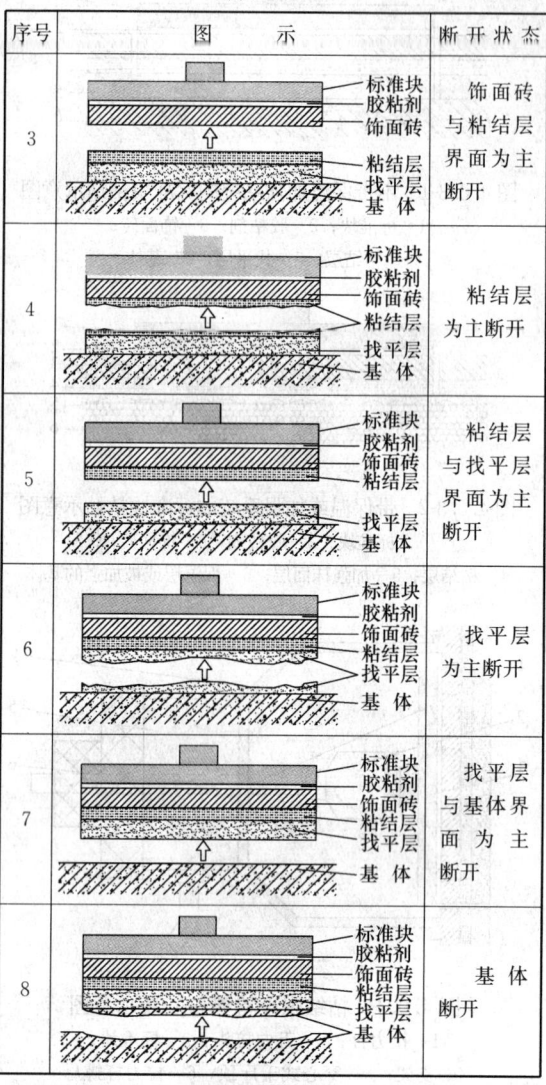

序号	图示	断开状态
3	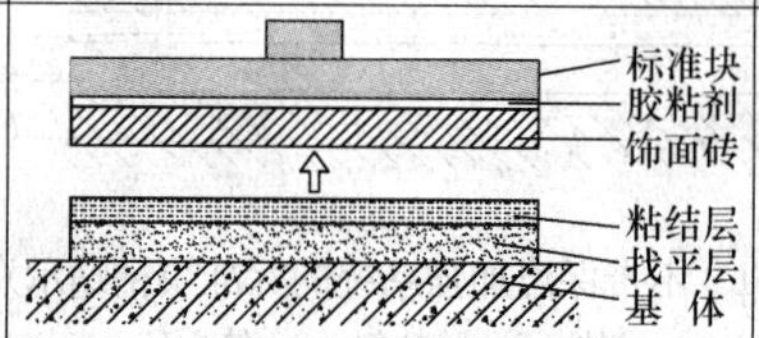	饰面砖与粘结层界面为主断开
4	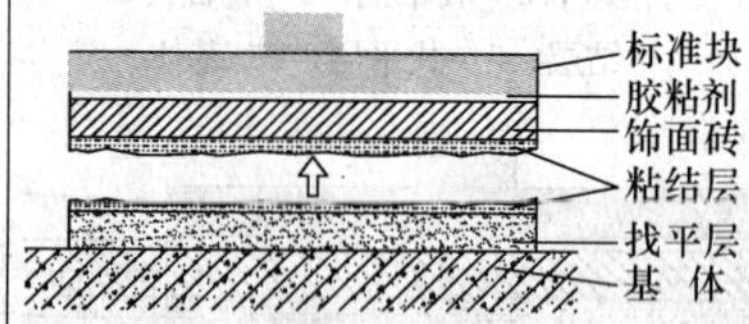	粘结层为主断开
5	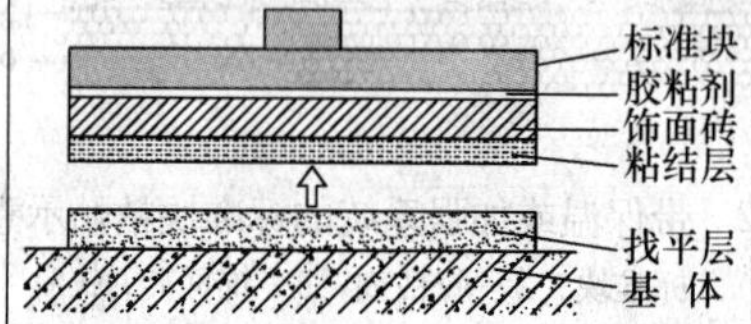	粘结层与找平层界面为主断开
6	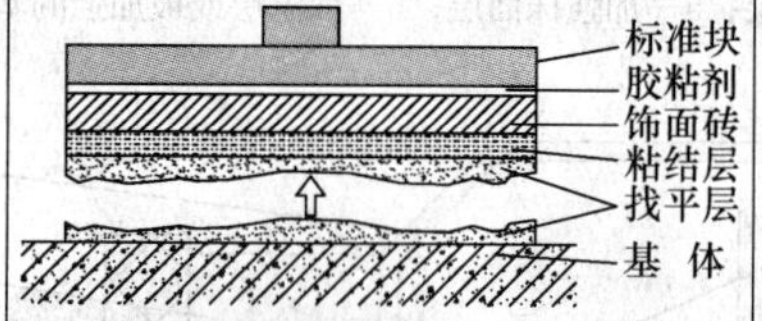	找平层为主断开
7	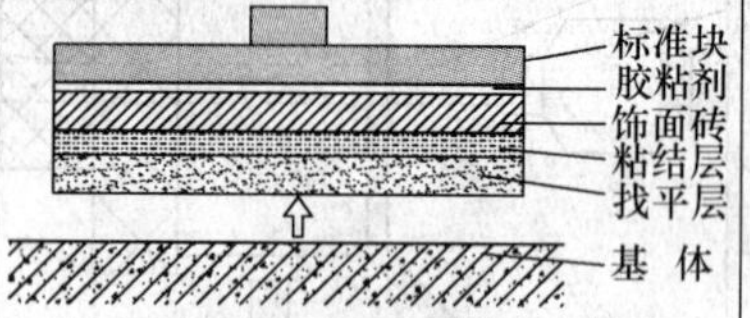	找平层与基体界面为主断开
8	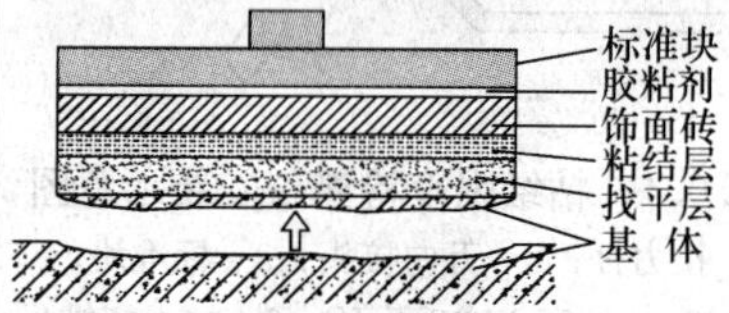	基体断开

表A.0.2-2 带保温系统的饰面砖粘结强度试件断开状态表

序号	图示	断开状态
1	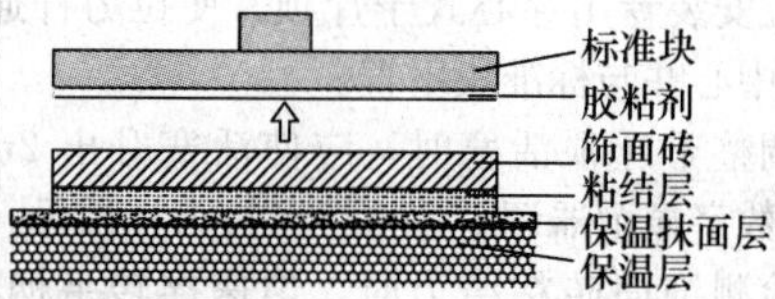	胶粘剂与饰面砖界面断开
2	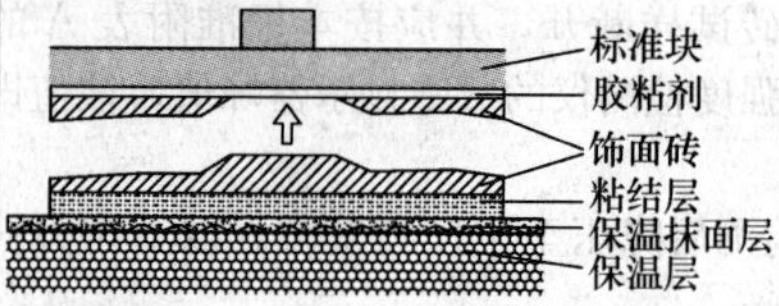	饰面砖为主断开
3	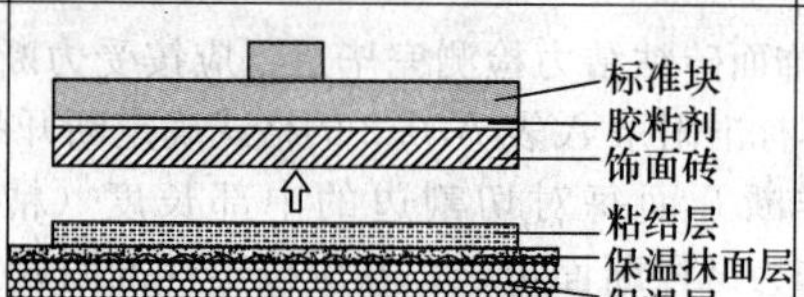	饰面砖与粘结层界面为主断开

续表 A.0.2-2

序号	图示	断开状态
4	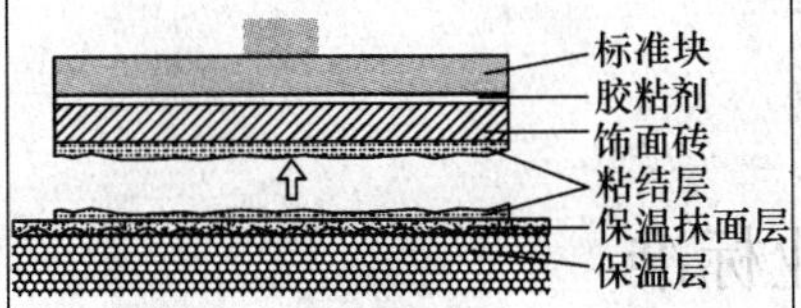	粘结层为主断开
5	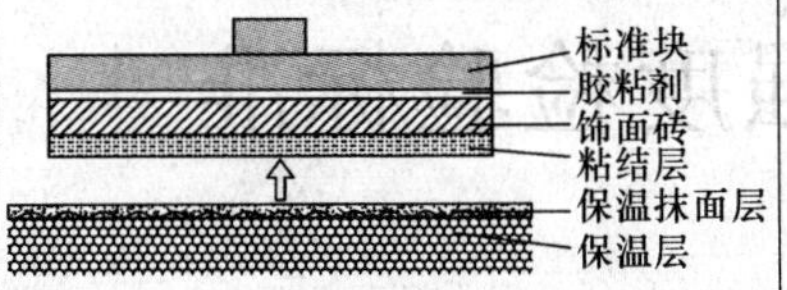	粘结层与保温抹面层界面为主断开
6	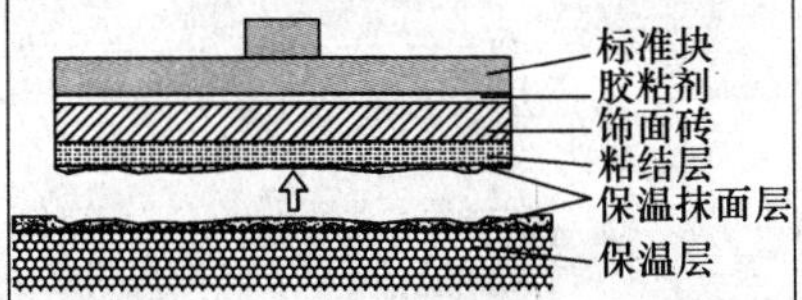	保温抹面层为主断开

本标准用词说明

1　为便于在执行本标准条文时区别对待，对要求严格程度不同的用词，说明如下：

1）表示很严格，非这样做不可的：
正面词采用“必须”，反面词采用“严禁”。

2）表示严格，在正常情况下均应这样做的：
正面词采用“应”，反面词采用“不应”或“不得”。

3）表示允许稍有选择，在条件许可时首先应这样做的：
正面词采用“宜”，反面词采用“不宜”。
表示有选择，在一定条件下可以这样做的，采用“可”。

2　条文中指明应按其他有关标准执行的写法为：“应符合……的规定”或“应按……执行”。

中华人民共和国行业标准

建筑工程饰面砖粘结强度检验标准

JGJ 110—2008

条　文　说　明

前　言

《建筑工程饰面砖粘结强度检验标准》JGJ 110—2008，经建设部2008年3月12日以第826号公告批准、发布。

本标准第一版的主编单位是国家建筑工程质量监督检验中心，参加单位是北京市建设工程质量检测中心、珠海市建设工程质量监督检测站、河南省建筑工程质量检测中心站、哈尔滨市建筑工程设计研究院、北京市建筑工程研究院、福建省南安市中南机械有限公司、北京天竺试验仪器技术服务中心。

为便于广大设计、施工、科研、学校等单位有关人员在使用本标准时能正确理解和执行条文规定，《建筑工程饰面砖粘结强度检验标准》编制组按章、节、条顺序编制了本标准的条文说明，供使用者参考。在使用中如发现本条文说明有不妥之处，请将意见函寄中国建筑科学研究院。

目　次

1　总则 …………………………………… 2—7—11
2　术语 …………………………………… 2—7—11
3　基本规定 ……………………………… 2—7—11
4　检验方法 ……………………………… 2—7—11
5　粘结强度计算 ………………………… 2—7—12
6　粘结强度检验评定 …………………… 2—7—12
附录A　饰面砖粘结强度检测记录和试件断开状态 ………………… 2—7—12

1 总 则

1.0.1 本条阐明了制定本标准的目的。建筑工程饰面砖粘结强度关系到人民生命财产的安全，建筑物外墙饰面砖因粘结强度问题造成脱落伤人毁物的事故时有发生。1997年参照国外有关标准，依据国内不同气候环境条件下建筑工程饰面砖粘结强度的现场实测和试验室试验数据，制定了中华人民共和国行业标准《建筑工程饰面砖粘结强度检验标准》JGJ 110－97，该标准为我国提供了统一的饰面砖粘结强度检验评定标准和检测手段。但原标准也存在缺少施工前饰面砖粘结强度检验和施工质量过程控制，对有加强措施的加气混凝土、轻质砌块、轻质墙板和外墙外保温系统等基体上粘贴外墙饰面砖没有明确的粘结强度检验方法，严重影响了饰面砖粘结质量的检验和控制，因此有必要对原标准进行修订。

1.0.2 本条规定了本标准的适用范围。不仅适用于一般气候条件，也适用于高温、高湿等气候条件。

2 术 语

本标准的术语分三类：

1）在国家标准或行业标准中没有出现过，本标准给出具体定义。如标准块、断缝。

2）在国家标准或行业标准中虽然出现过，但具体内容不一样，本标准再详尽给出定义，如基体、粘结强度。

3）在国家标准或行业标准中虽然出现过，但比较生疏，本标准尽量与其协调，如粘结层、粘结力等。

2.0.1 考虑到工程上常用的饰面砖规格尺寸，切割试样时的受力边界条件，仪器的轻便性和标准规定的仪器量程范围，规定了两种尺寸的标准块。95mm×45mm标准块适用于除陶瓷锦砖以外的饰面砖试样，40mm×40mm标准块适用于陶瓷锦砖试样。

2.0.5、2.0.6 外墙外保温系统的抹面层以里按基体对待，混凝土墙基体上直接粘贴饰面砖也没有找平层，没有找平层的粘结力和粘结强度则不含找平层内容。

3 基 本 规 定

3.0.1 根据《中华人民共和国计量法》规定的有关要求，按照计量器具的种类划分和项目属性的归类，粘结强度检测仪检定周期定为一年。当发现异常时应及时维修、检定。

3.0.4 为了避免大面积粘贴外墙饰面砖后出现饰面砖粘结强度不达标造成的严重损失，本条规定现场粘贴外墙饰面砖施工前，监理单位应从粘贴外墙饰面砖的施工人员中随机抽选一人，在每种类型的基层上各粘贴饰面砖制作样板件，对饰面砖粘结强度进行检验，按饰面砖粘结强度合格后的粘结料配合比和施工工艺严格控制施工过程。目的是加强施工单位的责任心，完善对施工质量过程控制，防患于未然。

3.0.5、3.0.6 根据饰面砖工程的特点，在施工前制作的样板件饰面砖粘结强度合格的基础上，为了督促施工单位按样板件饰面砖粘结强度合格后的粘结料配合比和施工工艺严格控制施工过程，保证完工的饰面砖安全可靠，加上大量在外墙外保温系统上粘贴外墙饰面砖的粘结质量受施工影响较大，有必要对完工后的外墙饰面砖粘结强度进行抽检，约束施工行为，抽检数量调整为："每1000m^2 同类墙体饰面砖为一个检验批，不足1000m^2 应按1000m^2 计，每批应取一组3个试样，每相邻的三个楼层至少取一组试样"。在有施工前样板件饰面砖粘结强度检验合格的基础上，抽样数量不到原标准的三分之一，抽样位置也比原标准可操作性更好。

考虑到试样的代表性以及边界条件对粘结力的影响，规定了试样取样间距不得小于500mm。

3.0.7 普通水泥基胶粘剂一般在龄期28d时达到设计强度，原标准规定："当在7d或14d进行检验时，应通过对比试验确定其粘结强度的修正系数。"实际工作中该修正系数很难确定，容易出现差错，故将这些内容去除。考虑到工程验收希望尽快进行外墙饰面砖粘结强度检验的要求，通过实验室验证在正常条件下龄期14d时已经接近设计粘结强度，因此，在施工前样板件龄期14d测定饰面砖粘结强度达标的基础上，可以选择龄期14d及以后的其他时间进行饰面砖粘结强度检验，也可按照快速硬化水泥基胶粘剂等使用说明书的规定时间进行饰面砖粘结强度检验，龄期28d以内达不到标准或有争议时，以龄期达到28～60d内约定时间检验的粘结强度为准。现行行业标准《外墙饰面砖工程施工及验收规程》JGJ 126－2000规定外墙饰面砖粘贴不得采用有机物作为主要粘结材料，故本标准不考虑这类粘结材料。

4 检 验 方 法

4.0.1 本条指出了一般情况下所采用的仪器、工具、材料及其应满足的要求。测量试样断开面每对切割边的长度用分度值为1mm的钢直尺即可，没必要用易损伤断开面边且不易操作的游标卡尺。标准块胶粘剂不再限定用环氧系胶粘剂，其他快速固化胶粘剂如双组分改性丙烯酸酯胶也可用，但粘结强度宜大于3.0MPa。

4.0.2 加气混凝土、轻质砌块和轻质墙板等基体强度较低，如果要粘贴外墙饰面砖，必须进行可靠的加强处理，断缝时可切割至合格的加强层表面。普通的粘贴法外墙外保温系统不应粘贴外墙饰面砖，只有在保温层密度、与墙体粘结面积、加强处理措施、饰面砖粘结和勾缝等符合国家行业标准有关外墙外保温系统粘贴外墙饰面砖的要求，并有隐蔽工程验收合格证明的前提下，断缝时才可切割至保温系统抹面层表面，否则，应切割至混凝土墙体或砌体表面。现行行业标准《胶粉聚苯颗粒外墙外保温系统》JG 158－2004已经有外墙外保温粘贴饰面砖要求。

4.0.3 表面不平整的饰面砖可先用胶粘剂补平表面后，再用胶粘剂粘贴标准块，也可用合适的厚涂层胶粘剂直接粘贴标准块，打磨表面不平整的饰面砖不可取。

4.0.5 试样断面面积取断缝所包围的区域承受法向拉力实际断开面面积，试样断面边长取试样断开面每对切割边的中部长度，测量精确到1mm，切割边的中部长度值一般接近两端和中部三个测量值的平均值。陶瓷锦砖试样粘结强度包括陶瓷锦砖之间的灰缝。当检测结果为表A.0.2第1、2种断开状态且粘结强度不小于标准平均值且断缝符合要求时，检测结果取断开时的检测值，能表明该试样粘结强度符合标准要求。当饰面砖以里的粘结层等粘结强度很高时，按原标准重新选点检测会持续出现胶粘剂与饰面砖界面断开的第1种断开状态或饰面砖为主断开的第2种断开状态，设法选点检测出表A.0.2第1、2种以外的断开状态难实现也没有必要。故只要求当检测结果为表A.0.2第1、2种断开状态且粘结强度小于标准平均值要求时，才应分析原因，采取对光滑饰面砖试样表面切浅道等增强胶粘剂粘结措施，并重新选点检测。当基体以外的各层粘结强度很高时，出现表A.0.2-1第8种断开状态即基体断开是正常现象，除非断缝时切坏了基体表面层且粘结强度小于标准平均值要求时需要重新选点检测外，基体断开时的检测值也作为粘结强度是否合格的结果。

5 粘结强度计算

5.0.1、5.0.2 某个试样粘结强度和每组试样平均粘结强度都精确到0.1MPa，与粘结强度检验评定一致。公式中的字母也调整成前后一致。

6 粘结强度检验评定

将原标准粘结强度检验改为粘结强度检验评定更贴合本章标题所涵盖的内容。

6.0.1 外墙饰面砖粘结强度指标值的确定依据：

1 根据在北京、哈尔滨、珠海、河南等省市不同气候条件下对不同工程的实测和试验室的验证，从以下几方面考虑：

1） 气候的特征。具体做法是分别选哈尔滨、北京、珠海、河南四省市作试件实测统计分析，使之满足《建筑气候区划标准》GB 50178的气候特征要求。

2） 工程现场和试验室两类试样的统计分析，分别求出饰面砖脱落的临界值，及未脱落的指标值，并确定其概率。

3） 对饰面砖进行力学计算，考虑面砖的吸水率、温度变形、风压的正负作用，并按设计周期50年计算，确定其指标值。

4） 急冷急热、耐候作用、台风作用的饰面砖强度指标确定。

5） 国内有关单位对外墙外保温系统粘贴饰面砖的实验结果。

综合上述因素，确定标准指标值。

2 参照了日本《建筑工事共通仕样书》的第11.2.1和11.2.7条款及《建筑工事施工监理指针》第11.5.2条款中（a）和（b）条的粘结强度指标值。

附录A 饰面砖粘结强度检测记录和试件断开状态

A.0.1 表A.0.1饰面砖粘结强度检测记录表可根据当地实际情况，增加记录项目，调整记录格式。

A.0.2 表A.0.2-1和表A.0.2-2饰面砖粘结强度试件断开状态表中的断开状态所称“…为主断开”，是指试样该种断开形式的断面面积占试样断面面积的50%以上。

中华人民共和国行业标准

建筑照明术语标准

Standard for terminology of architectural lighting

JGJ/T 119—2008
J 827—2008

批准部门：中华人民共和国住房和城乡建设部
施行日期：2 0 0 9 年 6 月 1 日

中华人民共和国住房和城乡建设部
公　　告

第144号

关于发布行业标准《建筑照明术语标准》的公告

现批准《建筑照明术语标准》为建筑工程行业标准，编号为JGJ/T 119—2008，自2009年6月1日起实施。原《建筑照明术语标准》JGJ/T 119—98同时废止。

本标准由我部标准定额研究所组织中国建筑工业出版社出版发行。

中华人民共和国住房和城乡建设部

2008年11月13日

前　　言

根据建设部《关于印发〈2005年工程建设标准规范制订、修订计划（第一批）〉的通知》（建标[2005] 84号）的要求，修订组对国内外相关照明术语标准文献资料进行了深入调查和分析研究，认真总结实践经验，并在广泛征求意见的基础上修订了本标准。

本标准主要内容是：1. 总则；2. 辐射和光、视觉和颜色；3. 照明技术；4. 电光源及其附件；5. 灯具及其附件；6. 建筑采光和日照；7. 材料的光学特性和照明测量等。

本标准修订的主要内容是：新增一般术语、夜景照明、道路照明、采光方式等方面的内容，对一些内容作了局部的删减或修改。

本标准由住房和城乡建设部负责管理，由中国建筑科学研究院负责具体技术内容的解释（地址：北京市西城区车公庄大街19号；中国建筑科学研究院建筑物理研究所《建筑照明术语标准》规范管理组；邮编：100044）。

本标准主编单位：中国建筑科学研究院

本标准参编单位：中国航空工业规划设计研究院
欧司朗（中国）照明有限公司
佛山电器照明股份有限公司
广州市九佛电器有限公司

本标准主要起草人：赵建平　张绍纲　李景色
任元会　肖辉乾　刘剑平
钟信才　钟学周

目　　次

1　总则 ………………………………………… 2—8—4
2　辐射和光、视觉和颜色 ………………… 2—8—4
2.1　辐射和光 …………………………… 2—8—4
2.2　视觉 ………………………………… 2—8—5
2.3　颜色 ………………………………… 2—8—6
3　照明技术 ………………………………… 2—8—8
3.1　一般术语 …………………………… 2—8—8
3.2　照明评价指标 ……………………… 2—8—8
3.3　照明方式和种类 …………………… 2—8—9
3.4　照明设计计算……………………… 2—8—10
4　电光源及其附件 ……………………… 2—8—11
4.1　电光源……………………………… 2—8—11
4.2　附件………………………………… 2—8—12
4.3　光源特性参数……………………… 2—8—13
5　灯具及其附件 ………………………… 2—8—13
5.1　灯具………………………………… 2—8—13
5.2　附件………………………………… 2—8—15
5.3　灯具特性参数……………………… 2—8—15
6　建筑采光和日照 ……………………… 2—8—15
6.1　光气候……………………………… 2—8—15
6.2　采光方式…………………………… 2—8—16
6.3　采光计算…………………………… 2—8—16
6.4　建筑日照…………………………… 2—8—17
7　材料的光学特性和照明测量 ………… 2—8—17
7.1　材料的光学特性…………………… 2—8—17
7.2　照明测量…………………………… 2—8—18
附录A　汉语拼音术语条目索引 ………… 2—8—19
附录B　英文术语条目索引 ……………… 2—8—25
本标准用词说明 …………………………… 2—8—31
附：条文说明 ……………………………… 2—8—32

1 总　　则

1.0.1 为统一规范建筑照明专业术语及其定义，制定本标准。

1.0.2 本标准适用于工业与民用建筑照明、城市照明、室外场地照明及有关领域。

1.0.3 本标准包括建筑的人工照明（简称照明）和天然采光（简称采光）。

1.0.4 建筑照明专业术语及其定义除应符合本标准的规定外，尚应符合国家现行有关标准的规定。

2 辐射和光、视觉和颜色

2.1 辐射和光

2.1.1 电磁辐射　electromagnetic radiation

能量以电磁波或光子形式的发射、传输的过程或电磁波或光子本身。简称"辐射"。

2.1.2 光学辐射　optical radiation

波长位于向X射线过渡区（$\lambda \approx 1$nm）和向无线电波过渡区（$\lambda \approx 1$mm）之间的电磁辐射。简称"光辐射"。

2.1.3 可见辐射　visible radiation

能直接引起视感觉的光学辐射。通常将波长范围限定在380～780nm之间。

2.1.4 红外辐射　infrared radiation

波长大于可见辐射波长的光学辐射。通常将波长范围在780nm～1mm之间的红外辐射细分为：

IR—A　780～1400nm

IR—B　1.4～3μm

IR—C　3μm～1mm

2.1.5 紫外辐射　ultraviolet radiation

波长小于可见辐射波长的光学辐射。通常将波长在100～400nm之间的紫外辐射细分为：

UV—A　315～400nm

UV—B　280～315nm

UV—C　100～280nm

2.1.6 光　light

1 被感知的光（perceived light），它是人的视觉系统特有的所有知觉或感觉的普遍和基本的属性。

2 光刺激（light stimulus），进入人眼睛并引起光感觉的可见辐射。

2.1.7 单色辐射　monochromatic radiation

具有单一频率的辐射。实际上，频率范围甚小的辐射即可看成单色辐射，也可用空气中或真空中光的波长来表征单色辐射。

2.1.8 光谱　spectrum

组成辐射的单色成分按波长或频率顺序排列或说明。在光谱学中分为线状光谱、连续光谱和同时显示这两种特征的光谱。

2.1.9 （光）谱线　spectral line

光谱中表现为线状的成分，它相应于在两个能级之间跃迁时发射或吸收的单色辐射。

2.1.10 光谱（密）集度，光谱分布　spectral concentration，spectral distribution

在波长λ处，包含λ的波长区元$d\lambda$内的辐射量或光度量$dX(\lambda)$除以该区元之商，即

$$X_\lambda = \frac{dX(\lambda)}{d\lambda} \qquad (2.1.10)$$

该量的符号为X_λ，单位为$W \cdot m^{-1}$或$lm \cdot m^{-1}$。

2.1.11 相对光谱分布　relative spectral distribution

辐射量或光度量$X(\lambda)$的光谱分布$X_\lambda(\lambda)$与某一选定参考值R之比。R可以是该光谱分布的平均值、最大值或任意选定的值。

$$S(\lambda) = \frac{X_\lambda(\lambda)}{R} \qquad (2.1.11)$$

该量的符号为$S(\lambda)$，单位为1。

2.1.12 辐(射)通量，辐射功率　radiant flux，radiant power

以辐射的形式发射、传输或接收的功率，该量的符号为Φ_e、Φ或者P，单位为W。

2.1.13 光谱光（视）效率　spectral luminous efficiency

波长为λ_m与λ的两束辐射，在特定光度条件下产生相等光感觉时，该两束辐射的辐射通量之比。其比值最大值等于1时的λ_m分别为555nm（明视觉）或507nm（暗视觉）。符号为$V(\lambda)$(用于明视觉)和$V'(\lambda)$(用于暗视觉)。

$$V(\lambda) = K(\lambda)/K_m \qquad (2.1.13\text{-}1)$$

$$V'(\lambda) = K'(\lambda)/K'_m \qquad (2.1.13\text{-}2)$$

式中　$K_m = 683$lm/W（$\lambda_m = 555$nm）

$K'_m = 1700$lm/W（$\lambda'_m = 507$nm）

2.1.14 CIE标准光度观察者　CIE standard photometric observer

相对光谱响应度曲线符合明视觉的$V(\lambda)$函数或者暗视觉的$V'(\lambda)$函数的理想观察者，并且遵从光通量定义中所含的相加律。

2.1.15 光通量　luminous flux

根据辐射对CIE标准光度观察者的作用，从辐射通量Φ_e导出的光度量。该量的符号为Φ，单位为lm（流明）。

对于明视觉：

$$\Phi = K_m \int_0^\infty \frac{d\Phi_e(\lambda)}{d\lambda} \cdot V(\lambda) \cdot d\lambda \qquad (2.1.15)$$

式中　$d\Phi_e(\lambda)/d\lambda$——辐射通量的光谱分布；

$V(\lambda)$——光谱光(视)效率；

K_m——辐射的最大光谱光(视)效能。

2.1.16 辐射的光(视)效能，最大光谱光(视)效能

luminous efficacy of radiation, maximum value of spectral efficacy of radiation

光通量Φ除以相应的辐射通量Φ_e之商，即

$$K=\frac{\Phi}{\Phi_e} \tag{2.1.16}$$

该量的符号为K，单位为lm/W。

对于单色辐射，明视觉条件下$K(\lambda)$的最大值用K_m表示：

$$K_m=683\ \mathrm{lm/W}(\lambda_m=555\mathrm{nm})$$

暗视条件下：$K'_m=1700\ \mathrm{lm/W}$（$\lambda'_m=507\mathrm{nm}$）

2.1.17 发光强度 luminous intensity

光源在指定方向上的发光强度是该光源在该方向的立体角元$d\Omega$内传输的光通量$d\Phi$，除以该立体角元之商，即单位立体角的光通量，即

$$I=\frac{d\Phi}{d\Omega} \tag{2.1.17}$$

该量的符号为I，单位为cd。

2.1.18 （光）亮度 luminance

由公式$L=d\Phi/(dA\cdot\cos\theta\cdot d\omega)$定义的量。

式中 $d\Phi$——由指定点的光束元在包含指定方向的立体角$d\omega$内传播的光通量；

dA——包括给定点的光束截面积；

θ——光束截面法线与光束方向间的夹角。

该量的符号为L，单位为cd/m^2。

2.1.19 （光）照度 illuminance

表面上一点处的光照度是入射在包含该点的面元上的光通量$d\Phi$除以该面元面积dA之商，即

$$E=\frac{d\Phi}{dA} \tag{2.1.19}$$

该量的符号为E，单位为lx。

2.1.20 （光）出射度 luminous exitance

表面上一点处的出射度是射出在包含该点的面元上的光通量$d\Phi$除以该面元面积dA之商，即

$$M=\frac{d\Phi}{dA} \tag{2.1.20}$$

该量的符号为M，单位为lm/m^2。

2.1.21 坎德拉 candela

发光强度的国际单位制(SI)单位。坎德拉是发出频率为540×10^{12}Hz辐射的光源在指定方向的发光强度，光源在该方向的辐射强度为(1/683)W/sr。该单位的符号为cd，cd=lm/sr。

2.1.22 流明 lumen

光通量的国际单位制（SI）单位。发光强度为1cd的各向均匀发光的点光源在单位立体角（球面度）内发出的光通量。其等效定义是频率为540×10^{12}Hz，辐射通量为（1/683）W的单色辐射束的光通量，该单位的符号为lm。

2.1.23 勒克斯 lux

（光）照度的国际单位制（SI）单位。1lm的光通量均匀分布在$1m^2$的表面上所产生的照度。该单位的符号为lx，$lx=lm/m^2$。

2.2 视 觉

2.2.1 视觉 vision

由进入人眼的辐射所产生的光感觉而获得的对外界的认识。

2.2.2 明视觉 photopic vision

正常人眼适应高于几个坎德拉每平方米以上的光亮度水平时的视觉。这时，视网膜上的锥状细胞是起主要作用的感受器。

2.2.3 暗视觉 scotopic vision

正常人眼适应低于百分之几坎德拉每平方米以下的光亮度水平时的视觉。这时，视网膜上柱状细胞是起主要作用的感受器。

2.2.4 中间视觉 mesopic vision

介于明视觉和暗视觉之间的视觉。这时，视网膜上的锥状细胞和柱状细胞同时起作用。

2.2.5 适应 adaptation

视觉系统的状态由于先前或当前受到刺激而引起的调节过程，该刺激可能有不同的光亮度、光谱分布和视张角。

2.2.6 明适应 light adaptation

视觉系统适应高于几个坎德拉每平方米刺激亮度的变化过程及终极状态。

2.2.7 暗适应 dark adaptation

视觉系统适应低于百分之几坎德拉每平方米刺激亮度的变化过程及终极状态。

2.2.8 视野 visual field

当头和眼睛位置不动时，人眼能察觉到空间的范围。用立体角表示。

2.2.9 视角 visual angle

识别对象对人眼所形成的张角，通常以弧度单位来度量。

2.2.10 视觉敏锐度，视力 visual acuity, visual resolution

1 定性的：清晰观看分离角很小的细部的能力。

2 定量的：观察者刚可感知分离的两相邻物体（点或线或其他特定刺激）以弧分为单位的视角的倒数。

2.2.11 亮度对比 luminance contrast

视野中识别对象和背景的亮度差与背景亮度之比，即

$$C=\frac{L_o-L_b}{L_b} \quad 或 \quad C=\frac{\Delta L}{L_b} \tag{2.2.11}$$

式中 C——亮度对比；

L_o——识别对象亮度；

L_b——识别对象的背景亮度；

ΔL——识别对象与背景的亮度差。

当 $L_o>L_b$时为正对比；

$L_o < L_b$时为负对比。

2.2.12 可见度 visibility

表征人眼辨认物体存在或形状的难易程度。用实际亮度对比高于阈限亮度对比的倍数来表示。在室外应用时，也可以人眼恰可感知一个对象存在的距离来表示。

2.2.13 视觉作业 visual task

在工作和活动中，对呈现在背景前的细部和目标的观察过程。

2.2.14 视觉功效 visual performance

人借助视觉器官完成一定视觉工作的能力和效率。以完成视觉作业的速度和精确度评价的视觉能力。

2.2.15 闪烁 flicker

因亮度或光谱分布随时间波动的光刺激引起的不稳定的视觉现象。

2.2.16 频闪效应 stroboscopic effect

在以一定频率变化的光照射下，使人们观察到的物体运动显现出不同于其实际运动的现象。

2.2.17 眩光 glare

由于视野中的亮度分布或亮度范围的不适宜，或存在极端的亮度对比，以致引起不舒适感觉或降低观察细部或目标能力的视觉现象。

2.2.18 直接眩光 direct glare

由处于视野中，特别是在靠近视线方向存在的发光体所产生的眩光。

2.2.19 反射眩光 glare by reflection

由视野中的反射所引起的眩光，特别是在靠近视线方向看见反射像所产生的眩光。

2.2.20 不舒适眩光 discomfort glare

产生不舒适感觉，但并不一定降低视觉对象的可见度的眩光。

2.2.21 失能眩光 disability glare

降低视觉对象的可见度，但并不一定产生不舒适感觉的眩光。

2.2.22 光幕反射 veiling reflection

出现在被观察物体上的镜面反射，使对比度降低到部分或全部看不清物体的细部。

2.2.23 光幕亮度 veiling luminance

由视野内光源所产生的重叠在视网膜象上的亮度，它降低视觉对象与背景的亮度对比度，导致降低视觉功效和可见度。

2.2.24 视亮度 brightness

人眼知觉一个区域所发出光的多少的视觉属性。

2.2.25 统一眩光值（UGR） unified glare rating

它是度量室内视觉环境中的照明装置发出的光对人眼睛引起不舒适感而导致的主观反应的心理参量，其值可按CIE统一眩光值公式计算，即

$$UGR = 8\lg \frac{0.25}{L_b} \sum \frac{L_\alpha^2 \cdot \omega}{P^2} \qquad (2.2.25)$$

式中 L_b——背景亮度，cd/m²；

L_α——每个灯具在观察者方向的亮度，cd/m²；

ω——每个灯具发光部分对观察者眼睛所形成的立体角，sr；

P——每个单独灯具的位置指数。

2.2.26 眩光值（GR） glare rating

它是度量室外体育场地和其他室外场地照明装置对人眼睛引起可见度降低和不舒适感觉而导致的主观反应的心理参量，其值可按CIE眩光值公式计算，即

$$GR = 27 + 24\lg\left(\frac{L_{vl}}{L_{ve}^{0.9}}\right) \qquad (2.2.26)$$

式中 L_{vl}——由灯具发出的光直接射向眼睛所产生的光幕亮度，cd/m²；

L_{ve}——由环境引起直接入射到眼睛的光所产生的光幕亮度，cd/m²。

2.2.27 上射光输出比（ULOR） upward light output ratio

当灯具安装在规定的设计位置时，灯具发射到水平面以上的光通量与灯具中全部光源发出的总光通量之比。

2.2.28 下射光输出比（DLOR） downward light output ratio

当灯具安装在规定的设计位置时，灯具发射到水平面以下的光通量与灯具中全部光源发出的总光通量之比。

2.2.29 溢散光 spill light，spray light

照明装置发出的光线中照射到被照目标范围外的那部分光线。

2.2.30 干扰光 obtrusive light

由于光的数量、方向或光谱特性，在特定场合中引起人的不舒适、分散注意力或视觉能力下降的溢散光。

2.2.31 光污染 light pollution

指干扰光或过量的光辐射（含可见光、紫外光和红外光辐射）对人和生态环境造成的负面影响的总称。

2.2.32 天空辉光 sky glow

大气中各种成分（气体分子、气溶胶和颗粒物质）引起天空光的散射辐射反射（可见和非可见），它成为在天文观测星体时看到的夜空变亮的现象。

2.3 颜 色

2.3.1 颜色，色 colour，color

1 感知意义：包括彩色和无彩色及其任意组合的视知觉属性。该属性可以用诸如黄、橙、棕、红、粉红、绿、蓝、紫等区分彩色的名词来描述，或用诸如白、灰、黑等说明无彩色名词来描述，还可用明或亮和暗等词来修饰，也可用上述各种词的组合词来描述。

2 心理物理意义：用例如三刺激值定义的可计算值对色刺激所做的定量描述。

2.3.2 色刺激 colour stimulus

进入人眼并产生颜色（包括彩色和无彩色）感觉的可见辐射。

2.3.3 三色系统 trichromatic system

基于三种适当选择的参比色刺激相加混合来匹配色，并用三刺激值来表征色刺激的系统。

2.3.4 （色刺激的）三刺激值 tristimulus values (of a colour stimulus)

在给定的三色系统中，与所考虑刺激达到色匹配所需要的三参比色刺激量。在CIE标准色度系统中，用符号X、Y、Z和X_{10}、Y_{10}、Z_{10}表示三刺激值。

2.3.5 色感觉 colour sensation

眼睛接受色刺激后产生的视觉。

2.3.6 色适应 chromatic adaptation

在明适应状态下，视觉系统对视野颜色的适应过程或适应状态。

2.3.7 物体色 object colour

被感知为某一物体所具有的颜色。

2.3.8 表面色 surface colour

被感知为某一漫反射或发射光的表面所具有的颜色。

2.3.9 发光色 luminous colour

被感知为某一发光区域（如光源）或镜面反射光区域所具有的颜色。

2.3.10 （感知的）无彩色 achromatic (perceived) colour

在感知意义上是指所感知的颜色无色调，通常用白、灰、黑来描述或对透明物体用消色和中性来描述。

2.3.11 （感知的）有彩色 chromatic (perceived) colour

是指所感知的颜色具有的色调。

2.3.12 色调，色相 hue, tone

根据所观察区域呈现的感知色与红、绿、黄、蓝的一种或两种组合的相似程度来判定的视觉属性，亦称“色相”。

2.3.13 饱和度 saturation

用以估价纯彩色在整个视觉中的成分的视觉属性。

2.3.14 彩度 chroma

用距离等明度无彩色点的视知觉特性来表示物体表面颜色的浓淡，并给予分度。

2.3.15 相关色的明度 lightness of a related colour

1 物体表面相对明暗的特性。

2 在同样条件下，以白板作为基准，对物体表面的视知觉特性给予的分度。简称“明度”。

2.3.16 色对比 colour contrast

同时或相继观察视野中相邻两部分颜色差异的主观评价。

2.3.17 色品坐标 chromaticity coordinates

每个三刺激值与其总和之比。在X、Y、Z色度系统中，由三刺激值可算出色品坐标x、y、z。

2.3.18 色品 chromaticity

用CIE标准色度系统所表示的颜色性质。由色品坐标定义的色刺激性质。

2.3.19 色品图 chromaticity diagram

表示颜色色品坐标的平面图。

2.3.20 普朗克轨迹 Planckian locus

色品图上表示不同温度时普朗克辐射体（黑体）光色色品的点在色品图上形成的轨迹。

2.3.21 色温（度） colour temperature

当光源的色品与某一温度下黑体的色品相同时，该黑体的绝对温度为此光源的色温度。亦称“色度”。该量的符号为T_c，单位为K。

2.3.22 相关色温（度） correlated colour temperature

当光源的色品点不在黑体轨迹上，且光源的色品与某一温度下的黑体的色品最接近时，该黑体的绝对温度为此光源的相关色温。该量的符号为T_{cp}，单位为K。

2.3.23 色表，色貌 colour appearance

与色刺激和材料质地有关的颜色的主观感知特性。

2.3.24 冷色表 cold colour appearance

色温大于5300K的光源的色表。

2.3.25 暖色表 warm colour appearance

色温小于3300K的光源的色表。

2.3.26 中间色表 intermediate colour appearance

介于冷色表和暖色表之间的光源的色表。

2.3.27 显色性 colour rendering

与参考标准光源相比较，光源显现物体颜色的特性。

2.3.28 显色指数 colour rendering index

光源显色性的度量。以被测光源下物体颜色和参考标准光源下物体颜色的相符合程度来表示。该量的符号为R。

2.3.29 CIE特殊显色指数 CIE special colour rendering index

光源对国际照明委员会（CIE）某一选定的标准颜色样品的显色指数。该量的符号为R_i。

2.3.30 CIE一般显色指数 CIE general colour rendering index

光源对国际照明委员会（CIE）规定的八种标准颜色样品特殊显色指数的平均值。通称显色指数。该量的符号为R_a。

3 照明技术

3.1 一般术语

3.1.1 照明 lighting，illumination

光照射到场景、物体及其环境使其可以被看见的过程。

3.1.2 视觉环境 visual environment

通过视觉，在人们所处的环境中，对空间和各种物体的认识，用大脑的反映程度所描画的外界环境。

3.1.3 光环境 luminous environment

从生理和心理效果来评价的视觉环境。

3.1.4 绿色照明 green lights

节约能源、保护环境，有益于提高人们生产、工作、学习效率和生活质量，保护身心健康的照明。

3.1.5 夜间景观 landscape in night，nightscape

在夜间，通过自然光和灯光塑造的景观，简称夜景。

3.1.6 夜景照明 nightscape lighting

泛指除体育场场地、建筑工地、道路照明和室外安全等功能性照明以外，所有室外活动空间或景物夜间的照明，亦称“景观照明”（landscape lighting）。

3.1.7 （亮或暗）环境区域 （bright or dark）environment zones

为限制光污染，根据环境亮度状况和活动的内容，对相应地区所作的划分。

3.2 照明评价指标

3.2.1 平均照度 average illuminance

规定表面上各点的照度平均值。

3.2.2 平均亮度 average luminance

规定表面上各点的亮度平均值。

3.2.3 最小照度 minimum illuminance

规定表面上的照度最小值。

3.2.4 最大照度 maximum illuminance

规定表面上的照度最大值。

3.2.5 法向照度 normal illuminance

垂直于光的入射方向的平面上的照度值。

3.2.6 水平照度 horizontal illuminance

水平面上的照度。

3.2.7 垂直照度 vertical illuminance

垂直面上的照度。

3.2.8 维持平均照度 maintained average illuminance

照明装置必须进行维护时，在规定表面上的平均照度值。

3.2.9 初始平均照度 initial average illuminance

照明装置新装时在规定表面上的平均照度。初始平均照度由规定的维持平均照度值除以维护系数值求出。

3.2.10 照度均匀度 uniformity ratio of illuminance

通常指规定表面上的最小照度与平均照度之比。有时也用最小照度与最大照度之比。

3.2.11 平均柱面照度 average cylindrical illuminance

光源在给定的空间一点上一个假想的很小圆柱面上产生的平均照度。圆柱体轴线通常是竖直的。该量的符号为 E_c。

3.2.12 平均半柱面照度 average semi-cylindrical illuminance

光源在给定的空间一点上一个假想的很小半个圆柱面上产生的平均照度。圆柱体轴线通常是竖直的。该量的符号为 E_{sc}。

3.2.13 平均球面照度，标量照度 average spherical illuminance，scalar illuminance

光源在给定的空间一点上一个假想的很小球整个表面上产生的平均照度。该量的符号为 E_s。

3.2.14 照度矢量 illuminance vector

用于描述在空间一点上的光的方向特性，它的量值为一个通过该点的表面正反两侧的最大照度差值，由高照度向低照度的矢量方向为正。该量的符号为 E。

3.2.15 照度比 illuminance ratio

某一表面上的照度与参考面上一般照明的平均照度之比。

3.2.16 照明功率密度（LPD） lighting power density

单位面积上的照明安装功率（包括光源、镇流器或变压器等），单位为瓦特每平方米（W/m^2）。

3.2.17 路面平均亮度 average road surface luminance

在路面上预先设定的点上测得的或计算得到的各点亮度的平均值。该量的符号为 L_{av}。

3.2.18 路面亮度总均匀度 overall uniformity of road surface luminance

路面上最小亮度与平均亮度比值。该量的符号为 U_o。

3.2.19 路面亮度纵向均匀度 longitudinal uniformity of road surface luminance

同一条车道中心线上最小亮度与最大亮度的比值。该量的符号为 U_L。

3.2.20 路面平均照度 average road surface illuminance

在路面预先设定的点上测得的或计算得到的各点照度的平均值。该量的符号为 E_{av}。

3.2.21 路面照度均匀度 uniformity of road surface illuminance

路面上最小照度与平均照度的比值。该量的符号为U_E。

3.2.22 路面维持平均亮度（照度） maintained average luminance (illuminance) of road surface

即路面平均亮度（照度）维持值，它是在计入光源计划更换时光通量的衰减以及灯具因污染造成效率下降等因素（即维护系数）后设计计算时所采用的平均亮度（照度）值。

3.2.23 阈值增量 threshold increment

失能眩光的度量。表示为存在眩光源时，为了达到同样看清物体的目的，在物体及背景之间的对比所需增加的百分比。该量的符号为*TI*。

3.2.24 （道路照明）环境比 surround ratio (of road lighting)

车行道外边5m宽的带状区域内的平均水平照度与相邻的5m宽的车行道上平均水平照度之比。该量的符号为*SR*。

3.3 照明方式和种类

3.3.1 一般照明 general lighting

为照亮整个场所而设置的均匀照明。

3.3.2 局部照明 local lighting

特定视觉工作用的、为照亮某个局部而设置的照明。

3.3.3 分区一般照明 localized lighting

对某一特定区域，设计成不同的照度来照亮该一区域的一般照明。

3.3.4 混合照明 mixed lighting

由一般照明与局部照明组成的照明。

3.3.5 常设辅助人工照明 permanent supplementary artificial lighting

当天然光不足和不适宜时，为补充室内天然光而日常固定使用的人工照明。

3.3.6 正常照明 normal lighting

在正常情况下使用的室内外照明。

3.3.7 应急照明 emergency lighting

因正常照明的电源失效而启用的照明。

3.3.8 疏散照明 escape lighting

作为应急照明的一部分，用于确保疏散通道被有效地辨认和使用的照明。

3.3.9 安全照明 safety lighting

作为应急照明的一部分，用于确保处于潜在危险之中的人员安全的照明。

3.3.10 备用照明 stand-by lighting

作为应急照明的一部分，用于确保正常活动继续进行的照明。

3.3.11 值班照明 on-duty lighting

非工作时间，为值班所设置的照明。

3.3.12 警卫照明 security lighting

在夜间为改善对人员、财产、建筑物、材料和设备的保卫，用于警戒而安装的照明。

3.3.13 障碍照明 obstacle lighting

为保障航空飞行安全，在高大建筑物和构筑物上安装的障碍标志灯。

3.3.14 直接照明 direct lighting

由灯具发射的光通量的90%～100%部分，直接投射到假定工作面上的照明。

3.3.15 半直接照明 semi-direct lighting

由灯具发射的光通量的60%～90%部分，直接投射到假定工作面上的照明。

3.3.16 一般漫射照明 general diffused lighting

由灯具发射的光通量的40%～60%部分，直接投射到假定工作面上的照明。

3.3.17 半间接照明 semi-indirect lighting

由灯具发射光通量的10%～40%部分，直接投射到假定工作面上的照明。

3.3.18 间接照明 indirect lighting

由灯具发射光的通量的10%以下部分，直接投射到假定工作面上的照明。

3.3.19 定向照明 directional lighting

光主要从某一特定方向投射到工作面或目标上的照明。

3.3.20 漫射照明 diffused lighting

光无显著特定方向投射到工作面或目标上的照明。

3.3.21 泛光照明 floodlighting

通常由投光灯来照射某一情景或目标，使其照度比其周围照度明显高的照明。

3.3.22 重点照明 accent lighting

为提高指定区域或目标的照度，使其比周围区域亮的照明。

3.3.23 聚光照明 spot lighting

使用光束角小的灯具，使一限定面积或物体的照度明显高于周围环境的照明。

3.3.24 发光顶棚照明 luminous ceiling lighting

光源隐蔽在顶棚内，使顶棚成发光面的照明方式。

3.3.25 常规道路照明 conventional road lighting

将灯具安装在高度通常为15m以下的灯杆上，按一定间距有规律地连续设置在道路的一侧、两侧或中央分车带上的照明。

3.3.26 高杆照明 high mast lighting

一组灯具安装在高度为20m（含20m）以上的灯杆上进行大面积照明的方式。

3.3.27 半高杆照明，中杆照明 semi-high mast lighting

一组灯具安装在高度为15～20m（不含20m）的灯杆上进行照明的一种方式，亦称“中杆照明”。

3.3.28 检修照明 inspection lighting

为检修工作而设置的照明。

3.3.29 栏杆照明 parapet lighting

把灯具直接安装在栏杆上对地面进行照明的一种照明方式。

3.3.30 轮廓照明 contour lighting

利用灯光直接勾画建筑物和构筑物等被照对象的轮廓的照明方式。

3.3.31 内透光照明 lighting from interior lights

利用室内光线向室外透射的夜景照明方式。

3.3.32 剪影照明 silhouette lighting

指利用灯光将景物和它的背景分开，一般是将背景照亮，使景物保持黑暗，从而在背景上形成轮廓清晰的影像的照明方式，也称“背光照明”。

3.3.33 动态照明 dynamic lighting

通过照明装置的光输出的控制形成场景明、暗或色彩等变化的照明方式。

3.4 照明设计计算

3.4.1 光强分布，配光 distribution of luminous intensity

用曲线或表格表示光源或灯具在空间各方向上的发光强度值，亦称“配光”。

3.4.2 对称光强分布 symmetrical luminous intensity distribution

有对称轴线或至少有一个对称面时的光强分布。

3.4.3 旋转对称光强分布 rotationally symmetrical luminous intensity distribution

平面上极坐标的光强分布曲线绕轴旋转所得的光强分布。

3.4.4 总光通量 total luminous flux

光源在 4π 球面立体角内的光通量总和。

3.4.5 下射光通量 downward luminous flux

光源或灯具在水平面以下的 2π 立体角内的总光通量。

3.4.6 上射光通量 upward luminous flux

光源或灯具在水平面以上的 2π 立体角内的总光通量。

3.4.7 直接光通量 direct luminous flux

表面上直接得到来自照明装置的光通量。

3.4.8 间接光通量 indirect luminous flux

表面上由其他表面反射之后所得到的光通量。

3.4.9 参考平面 reference surface

测量或规定照度的平面。

3.4.10 工作面 working plane

在其表面上进行工作的平面。

3.4.11 灯具计算高度 calculating height of luminaire

灯具的光中心到工作面的距离。

3.4.12 利用系数 utilization factor

投射到参考平面上的光通量与照明装置中的光源的光通量之比。

3.4.13 室空间比 room cavity ratio

表征房间几何形状的数值，其计算公式为：

$$RCR = 5h(a+b)/(a \cdot b) \tag{3.4.13}$$

式中 RCR——室空间比；

a——房间宽度；

b——房间长度；

h——灯具计算高度。

3.4.14 室形指数 room index

表征房间几何形状的数值，其计算公式为：

$$RI = a \cdot b/h(a+b) \tag{3.4.14}$$

式中 RI——室形指数；

a——房间宽度；

b——房间长度；

h——灯具计算高度。

3.4.15 维护系数 maintenance factor

照明装置在使用一定周期后，在规定表面上的平均照度或平均亮度与该装置在相同条件下新装时在规定表面上所得到的平均照度或平均亮度之比。

3.4.16 点光源 point light source

发光体的最大尺寸与它至被照面的距离相比较非常小的光源。

3.4.17 线光源 line light source

一个连续的带状发光体的总长度数倍于其到照度计算点之间距离的光源。

3.4.18 面光源 area (surface) light source

发光体宽度与长度均大于发光面至受照面之间距离的光源。

3.4.19 光中心 light center (of a light source or luminaire)

测定和计算时，将光源或灯具作为原点用的光点。

3.4.20 灯具间距 spacing of luminaire

相邻灯具的中心线间的距离。

3.4.21 灯具安装高度 mounting height of luminaire

灯具底部至地面的距离。

3.4.22 灯具距高比 spacing height ratio of luminaire

灯具的间距与灯具计算高度之比。

3.4.23 灯具最大允许距高比 maximum permissible spacing height ratio of luminaire

保证所需的照度均匀度时的灯具间距与灯具计算高度比的最大允许值。

3.4.24 利用系数法，流明法 method of utilization factor, lumen method

使用利用系数计算平均照度的计算方法。

3.4.25 逐点法 point method

使用灯具的光度数据，逐一算出各点直射光照度的计算方法。

3.4.26 等光强曲线 iso-luminous intensity curve

在以光源的光中心为球心的假想球面上，将发光强度相等的那些方向所对应的点连接成的曲线，或是该曲线的平面投影。

3.4.27 等照度曲线 iso-illuminance curve

连接一个面上等照度点的一组曲线。

3.4.28 等亮度曲线 iso-luminance curve

连接一个面上等亮度点的一组曲线。

3.4.29 仰角 tilt (inclination)

灯具出光口平面自水平面向上倾斜的角度。

3.4.30 悬挑长度 overhang

灯具的光中心至邻近一侧路缘石的水平距离。

3.4.31 灯臂长度 bracket projection

从灯杆的垂直中心线至灯臂插入灯具那一点之间的水平距离。

3.4.32 路面的有效宽度 effective road width of road surface

用于道路照明设计的路面理论宽度。它与道路的实际宽度，灯具的悬挑长度和灯具的布置方式等有关。该量的符号为 W_{eff}。

3.4.33 （道路照明）亮度系数 luminance coefficient of road lighting

路面上某一点的亮度（L）和该点的水平照度（E）之比。该量的符号为 q。

3.4.34 （道路照明）简化亮度系数 reduced luminance coefficient of road lighting

为便于计算路面亮度而导出的一个系数。该量的符号为 r。

3.4.35 （道路照明）平均亮度系数 average luminance coefficient of road lighting

亮度系数按立体角的计权平均值。该量的符号为 Q_0。

4 电光源及其附件

4.1 电 光 源

4.1.1 电光源 electric light source

将电能转换成光学辐射能的器件。

4.1.2 白炽灯 incandescent lamp

用通电的方法，将灯丝元件加热到白炽态而发光的光源。

4.1.3 钨丝灯 tungsten filament lamp

发光元件为钨丝的白炽灯。

4.1.4 真空灯 vacuum lamp

发光元件在真空玻壳中工作的白炽灯。

4.1.5 充气（白炽）灯 gas-filled (incandescent) lamp

发光元件在充有惰性气体的玻壳中工作的白炽灯。

4.1.6 普通照明白炽灯 general lighting incandescent lamp

作为一般照明用的白炽灯。其玻壳可以是透明的，也可以是磨砂的、乳白的或内涂白的。

4.1.7 磨砂灯泡 frosted lamp

玻壳为磨砂玻璃的白炽灯。

4.1.8 涂白灯泡 white coating lamp

玻壳涂敷白色涂料的白炽灯。

4.1.9 乳白灯泡 opal lamp

玻壳为乳白玻璃的白炽灯。

4.1.10 反射型灯泡 reflector lamp

在玻壳内装有专门反光器，或在具有适当形状的玻壳内表面部分覆以反射性薄膜，使之具有定向发光性能的灯。

4.1.11 封闭型光束灯泡 sealed beam lamp

一种压制成型的玻壳能严格控制光束发散方向的灯。

4.1.12 聚光灯泡 prefocus lamp

发光体在灯内位置被精确定位，起聚光作用的灯。

4.1.13 装饰灯泡 decorative lamp

玻壳制成不同形状或不同颜色，起装饰作用的灯。

4.1.14 管形白炽灯 tubular incandescent lamp

灯丝沿管轴方向安装的白炽灯。

4.1.15 卤钨灯 tungsten halogen lamp

充有卤族元素或卤素化合物的钨丝灯。

4.1.16 低压卤钨灯 low-voltage tungsten halogen lamp

用低电压供电的卤钨灯。

4.1.17 放电灯 discharge lamp

直接或间接由气体、金属蒸气或其混合物放电而发光的灯。

4.1.18 高强度气体放电灯（HID灯） high intensity discharge lamp

借助高压气体放电产生稳定的电弧，其放电管壁的负荷超过 $3W/cm^2$ 的气体放电灯。

4.1.19 高压汞（蒸气）灯 high pressure mercury (vapour) lamp

直接或间接由分压超过 100kPa 的汞蒸气放电而发光的 HID 灯。

4.1.20 荧光高压汞（蒸气）灯 fluorescent high pressure mercury (vapour) lamp

外玻壳内壁涂有荧光物质的高压汞灯。

4.1.21 自镇流汞灯 blended lamp, self-ballasted mercury lamp

在玻壳内装有串联连接的汞灯放电管和白炽灯丝的灯。

4.1.22 高压钠（蒸气）灯 high pressure sodium (vapour) lamp

由分压为 10kPa 数量级的钠蒸气放电而发光的HID灯。

4.1.23 低压钠（蒸气）灯 low pressure sodium (vapour) lamp

由分压为 0.7～1.5Pa 的钠蒸气放电而发光的放电灯。

4.1.24 金属卤化物灯 metal halide lamp

由金属蒸气、金属卤化物和其分解物的混合气体放电而发光的放电灯。

4.1.25 氙灯 xenon lamp

由氙气放电而发光的放电灯。

4.1.26 霓虹灯 neon tubing

利用惰性气体辉光放电的正柱区发光和放电正柱区紫外辐射激发荧光粉涂层发光的低气压放电灯。

4.1.27 荧光灯 fluorescent lamp

由汞蒸气放电产生的紫外辐射激发荧光粉涂层而发光的低压放电灯。

4.1.28 冷阴极荧光灯 cold cathode fluorescent lamp

由辉光放电的正柱区产生光的放电灯。

4.1.29 热阴极荧光灯 hot cathode fluorescent lamp

由弧光放电的正柱区产生光的放电灯。

4.1.30 预热启动式荧光灯 preheat start fluorescent lamp

用预先加热阴极的方法使灯启动的荧光灯。

4.1.31 快速启动式荧光灯 quick start fluorescent lamp

利用灯的构造和附属装置，使灯一接通电源就能很快启动的荧光灯。

4.1.32 瞬时启动式荧光灯 instant-start fluorescent lamp

不需预热阴极而能直接启动的热阴极荧光灯。

4.1.33 三基色荧光灯 three-band fluorescent lamp

由蓝、绿、红谱带区域发光的三种稀土荧光粉制成的荧光灯。

4.1.34 直管形荧光灯 straight tubular fluorescent lamp

玻壳为细长形管状的荧光灯。又称双端荧光灯。

4.1.35 环形荧光灯 circular fluorescent lamp

管形玻壳制成圆环形的荧光灯。

4.1.36 紧凑型荧光灯 compact fluorescent lamp

将放电管弯曲或拼接成一定形状，以缩小放电管线形长度的荧光灯。包括自镇流荧光灯和单端荧光灯。

4.1.37 自镇流荧光灯 self-ballasted fluorescent lamp

镇流器和灯管成为一体的紧凑型荧光灯。

4.1.38 单端荧光灯 single-capped fluorescent lamp

不带镇流器、引线在一端的紧凑型荧光灯。

4.1.39 无极感应灯 induction lamp

不用电极利用气体放电管内建立高频或微波电磁场，使管内气体放电产生紫外辐射激发玻壳内荧光粉层发光或自身发光的气体放电灯。

4.1.40 弧光灯 arc lamp

由电弧放电和/或由电极产生光的放电灯。

4.1.41 黑光灯 black light lamp

用来发射 A 波段紫外辐射、可见光甚少的灯。通常为汞蒸气放电灯。

4.1.42 场致发光光源 electroluminescent source

由场致发光而产生光的光源

4.1.43 红外灯 infrared lamp

产生红外辐射的灯。

4.1.44 紫外灯 ultraviolet lamp

产生紫外辐射的灯。用于光生物学、光化学和生物医学等。

4.1.45 杀菌灯 bactericidal lamp, germicidal lamp

产生 C 波段紫外辐射，用于杀菌的低压汞蒸气灯。

4.1.46 发光二极管（LED） light emitting diode

由电致固体发光的一种半导体器件。

4.2 附 件

4.2.1 灯头 cap (base)

将光源固定在灯座上，使灯与电源相连接的灯的部件。灯头及相应灯座，通常用一个字母及其后的数字来命名，字母表示灯头形式，数字表示灯头尺寸（通常指直径）的毫米数。

4.2.2 螺口式灯头 screw cap (screw base)

用圆螺纹与灯座进行连接的灯头，用“E＊＊”标志。

4.2.3 卡口式灯头 bayonet cap (bayonet base)

用插销与灯座进行连接的灯头，用“B＊＊”标志。

4.2.4 插脚式灯头 pin cap (pin base)

用插脚与灯座进行连接的灯头，用“G＊＊”（对双插脚与多插脚灯头）或“F＊＊”（对单插脚灯头）标志。

4.2.5 灯座 lampholder

保持灯的位置固定，使灯与电源相连接的器件。

4.2.6 防潮灯座 moisture-proof lampholder

供潮湿环境和户外使用的灯座。这种灯座在使用时其性能不受雨水和潮湿气候的影响。

4.2.7 启动器 starter

为电极提供所需的预热。并且与镇流器串联使施加在灯的电压产生脉冲的装置，通常用于预热式荧光灯。

4.2.8 触发器 ignitor

其自身或与其他部件配套产生启动放电灯所需的电压脉冲，但对电极不提供预热的装置。

4.2.9 镇流器 ballast

连接于电源和一支或几支放电灯之间，主要用于将灯电流限制到规定值。

注：镇流器也可以装有转换电源电压。校正功率因数的装置，其自身或与启动装置配套为启动灯提供所需的条件。

4.2.10 电子镇流器 electronic ballast

由电子器件和稳定性元件组成，给放电灯供电的镇流器。

4.2.11 调光器 dimmer

为改变照明装置中光源的光通量而安装在电路中的装置。

4.3 光源特性参数

4.3.1 （灯的）额定值 rating (of a lamp)

在设计所规定的条件下灯的参数值。

4.3.2 额定光通量 rated luminous flux

由制造商给定的某一型号灯在规定条件下的初始光通量值。单位为 lm。

4.3.3 额定功率 rated power

由制造商给定的某一型号灯在规定条件下的功率值。单位为 W。

4.3.4 （灯的）线路功率 circuit power (of a lamp)

气体放电灯的功率与其镇流器消耗功率之和。单位为 W。

4.3.5 （灯的）寿命 life (of a lamp)

灯工作到失效时或根据标准规定认为其已失效时的累计点燃时间。单位为 h。

4.3.6 平均寿命 average life

在规定条件下，同批寿命试验灯所测得寿命的算术平均值。

4.3.7 （灯的）光通量维持率 luminous flux maintenance factor (of a lamp)

灯在规定的条件下，按给定时间点燃后的光通量与其初始光通量之比。

4.3.8 （灯的）发光效能 luminous efficacy (of a lamp)

灯的光通量除以灯消耗电功率之商。简称光源的光效。单位为 lm/W（流明每瓦特）。

4.3.9 （放电灯的）启动电压 starting voltage (of a discharge lamp)

灯启动放电需要的电极间的电压。单位为 V。

4.3.10 （放电灯的）灯电压 lamp voltage (of a discharge lamp)

在稳定的工作条件下，灯电极之间的电压（在交流时为有效值）。

4.3.11 额定电压 rated voltage

灯泡（管）的设计电压。

4.3.12 启动电流 starting current

灯启动时的电流。

4.3.13 （弧光放电灯的）启动时间 starting time (of an arc discharge lamp)

弧光放电灯达到规定的稳定弧光放电所需的时间。放电灯要在特定的条件下工作，启动时间应在线路接通电源时进行测量。

4.3.14 （灯电流的）波峰比 crest factor (of lamp current)

正常工作时灯电流峰值与有效值之比。

4.3.15 再启动时间 re-starting time

气体放电灯稳定工作后断开电源，从再次接通电源开关到灯重新开始正常工作所需的时间。单位为 min。

4.3.16 灯电流 lamp current

灯稳定工作时，通过灯的电流。

4.3.17 （灯的）额定电流 rated current (of a lamp)

由制造商给定的某一型号灯在规定条件下的电流值。单位为 A。

4.3.18 镇流器的流明系数 ballast lumen factor

基准灯和待测镇流器配套工作时发出的光通量，与同一只灯和其基准镇流器配套工作时发出的光通量之比。

4.3.19 线路功率因数 power factor of a circuit

镇流器和与之配套的光源整体消耗之有功功率与电源提供的视在功率之比。

4.3.20 镇流器能效因数（BEF） ballast efficacy factor

镇流器流明系数与线路功率的比值。

5 灯具及其附件

5.1 灯 具

5.1.1 灯具 luminaire

能透光、分配和改变光源光分布的器具，包括除光源外所有用于固定和保护光源所需的全部零、部件，以及与电源连接所必需的线路附件。

5.1.2 对称配光型（非对称配光型）灯具 symmetrical (asymmetrical) luminaire

具有对称（非对称）光强分布的灯具。对称性可以是轴对称或平面对称。

5.1.3 直接型灯具 direct luminaire

向下半球发射出 90%～100% 直接光通量的

灯具。

5.1.4 半直接型灯具 semi-direct luminaire

向下半球发射出60%~90%直接光通量的灯具。

5.1.5 漫射型灯具 diffused luminaire

向下半球发射出40%~60%光通量的灯具。

5.1.6 半间接型灯具 semi-indirect luminaire

向下半球发射出10%~40%直接光通量的灯具。

5.1.7 间接型灯具 indirect luminaire

向下半球发射出10%以下的直接光通量的灯具。

5.1.8 广照型灯具 wide angle luminaire

使光分布在比较大的立体角内的灯具。

5.1.9 中照型灯具 middle angle luminaire

使光分布在中等立体角内的灯具。

5.1.10 深照型灯具 narrow angle luminaire

使光分布在较小立体角内的灯具。

5.1.11 普通灯具 ordinary luminaire

不具备特殊防护功能的灯具。

5.1.12 防护型灯具 protected luminaire

具有特殊防尘、防潮和防水功能的灯具。

表示防护等级的代号通常由特征字母"IP"和两个特征数字组成。即IP××，前一个数字表示防尘等级，后一个数字表示防潮和防水的等级。

5.1.13 防尘灯具 dust-proof luminaire

不能完全防止灰尘进入，但进入量不妨碍正常使用的灯具。

5.1.14 尘密型灯具 dust-tight luminaire

灰尘不能进入的灯具。

5.1.15 防水灯具 water-proof luminaire

在构造上具有防止水浸入功能的灯具。

5.1.16 水密型灯具 water-tight luminaire

一定条件下能防止水进入的灯具。

5.1.17 水下灯具 underwater luminaire

能在一定压力下的水中长期使用的灯具。

5.1.18 防爆灯具 luminaire for explosive atmosphere

用于有爆炸危险场所，具有符合防爆规范要求的灯具。

5.1.19 隔爆型灯具 flame-proof luminaire

能承受灯具内部爆炸性气体混合物的爆炸压力，并能阻止内部的爆炸向灯具外罩周围爆炸性混合物传播的灯具。

5.1.20 增安型灯具 increased safety luminaire

在正常运行条件下，不能产生火花或可能点燃爆炸性混合物的高温的灯具结构上，采取措施提高安全度，以避免在正常条件下或认可的不正常的条件下出现上述现象的灯具。

5.1.21 可调式灯具 adjustable luminaire

利用适当装置使灯具的主要部件可转动或移动的灯具。

5.1.22 可移式灯具 portable luminaire

在接上电源后，可轻易地由一处移至另一处的灯具。

5.1.23 悬吊式灯具 pendant luminaire

用吊绳、吊链、吊管等悬吊在顶棚上或墙支架上的灯具。

5.1.24 升降悬吊式灯具 rise and fall pendant luminaire

利用滑轮、平衡锤等可以调节高度的悬吊式灯具。

5.1.25 嵌入式灯具 recessed luminaire

完全或部分地嵌入安装表面内的灯具。

5.1.26 吸顶灯具 ceiling luminaire，surface mounted luminaire

直接安装在顶棚表面上的灯具。

5.1.27 下射式灯具 downlight

通常向下直射的小型聚光灯具。

5.1.28 壁灯 wall luminaire

直接固定在墙上或柱子上的灯具。

5.1.29 落地灯 floor lamp

装在高支柱上并立于地面上的可移式灯具。

5.1.30 台灯 table lamp

放在桌子上或其他家具上的可移式灯具。

5.1.31 手提灯 hand lamp

带手柄的便携式灯具。

5.1.32 投光灯 projector

利用反射器和折射器在限定的立体角内获得高光强的灯具。

5.1.33 探照灯 searchlight

通常具有直径大于0.2m的出光口并产生近似平行光束的高光强投光灯。

5.1.34 泛光灯 floodlight

光束发散角（光束宽度）大于10°的投光灯，通常可转动并指向任意方向。

5.1.35 聚光灯，射灯 spotlight

通常具有直径小于0.2m的出光口并形成一般不大于0.35rad（20°）发散角的集中光束的投光灯。

5.1.36 应急灯 emergency luminaire

应急照明用的灯具的总称。

5.1.37 疏散标志灯 escape sign luminaire

灯罩上有疏散标志的应急照明灯具，包括出口标志灯或指向标志灯。

5.1.38 出口标志灯 exit sign luminaire

直接装在出口上方或附近指示出口位置的标志灯。

5.1.39 指向标志灯 direction sign luminaire

装在疏散通道上指示出口方向的标志灯。

5.1.40 道路照明灯具 luminaire for road lighting

常规道路照明所采用的灯具，按其配光分成截光型、半截光型和非截光型灯具。

5.1.41 截光型灯具 full cut-off luminaire

灯具最大光强方向与灯具向下垂直轴夹角在0°～65°之间，90°角和80°角方向上的光强最大允许值分别为10cd/1000lm和30cd/1000lm，且不论光源光通量的大小，其在90°角方向上的光强最大值不得超过1000cd。

5.1.42 半截光型灯具 semi-cut-off luminaire

灯具最大光强方向与灯具向下垂直轴夹角在0°～75°之间，90°角和80°角方向上的光强最大允许值分别为50cd/1000lm和100cd/1000lm，且不论光源光通量的大小，其在90°角方向上的光强最大值不得超过1000cd。

5.1.43 非截光型灯具 non-cut-off luminaire

灯具最大光强方向不受限制，其在90°角方向上的光强最大值不得超过1000cd。

5.1.44 Ⅰ类灯具 class Ⅰ luminaire

灯具的防触电保护不仅依靠基本绝缘，而且还包括附加的安全措施，即把易触及的导电部件连接到设施的固定线路中的保护接地导体上，使易触及的导电部件在万一基本绝缘失效时不致带电。

5.1.45 Ⅱ类灯具 class Ⅱ luminaire

灯具的防触电保护不仅依靠基本绝缘，而且具有附加安全措施，例如双重绝缘或加强绝缘，但没有保护接地的措施或依赖安装条件。

5.1.46 Ⅲ类灯具 class Ⅲ luminaire

灯具的防触电保护依靠电源电压为安全特低电压，并且不会产生高于SELV电压的灯具。

5.1.47 导轨灯 track-mounted luminaire

将灯具嵌入导轨，可在导轨上移动、变换位置和调节投光角度，以实现对目标的重点照明。常用在博展馆以及高档商品架、展示橱窗等场所。

5.1.48 墙面布光灯，洗墙灯 wall washer, wall washing

通常将灯具安装在距墙面有一定距离（通常大于300mm）处对墙面进行均匀照明的灯具。

5.1.49 矮柱灯 bollard

光源安装在很矮（通常不超过1m）的灯柱、灯墩、灯台的上端，通常用于公园、花园、绿地、人行道等场所的照明。

5.1.50 埋地灯 recessed ground (floor) luminaire

完全或部分嵌入地表面的灯具。

5.2 附 件

5.2.1 折射器 refractor

利用折射现象来改变光源发出的光通量的空间分布的装置。

5.2.2 反射器 reflector

利用反射现象来改变光源发出的光通量的空间分布的装置。

5.2.3 遮光格栅 louvre, louver

由半透明或不透明组件构成的遮光体，组件的几何尺寸和布置应使在给定的角度内看不见灯光。

5.2.4 保护玻璃 protective glass

用于防止粉尘、液体和气体进入灯具而影响灯具正常使用的玻璃。

5.2.5 灯具保护网 luminaire guard

防止光源和灯具受撞击或坠落而装在灯具上的网状部件。

5.3 灯具特性参数

5.3.1 截光 cut-off

为遮挡人眼直接看到高亮度的发光体，以减少眩目作用的技术。

5.3.2 截光角 cut-off angle

灯具垂直轴与刚好看不见高亮度的发光体的视线之间的夹角。

5.3.3 遮光角 shielding angle

截光角的余角。

5.3.4 光束角 beam angle

在给定平面上，以极坐标表示的发光强度曲线的两矢径间所夹的角度。该矢径的发光强度值通常等于10%或50%的发光强度最大值。

5.3.5 灯具效率 luminaire efficiency

在相同的使用条件下，灯具发出的总光通量与灯具内所有光源发出的总光通量之比。

6 建筑采光和日照

6.1 光 气 候

6.1.1 光气候 light climate

由直射日光、天空（漫射）光和地面反射光形成的天然光状况。

6.1.2 日辐射 solar radiation

来自太阳的电磁辐射。

6.1.3 直接日辐射 direct solar radiation

经大气层的选择性衰减后，以平行光束的方式到达地球表面的日辐射部分。

6.1.4 天空漫射辐射 diffuse sky radiation

由于大气分子、移动的尘粒子、云的粒子和其他粒子散射结果到达地球表面上的日辐射部分。

6.1.5 总日辐射 global solar radiation

由直接日辐射和天空漫辐射组成的辐射。

6.1.6 阳光，直射日光 sunlight

直接日辐射的可见部分。

6.1.7 天空（漫射）光 skylight

天空漫射辐射的可见部分。

6.1.8 昼光 daylight

总日辐射的可见部分。

6.1.9 反射(总)日辐射 reflected(global)solar radiation

由地球表面和任意受到辐射的表面所反射的总日辐射。

6.1.10 总昼光照度 global daylight illuminance

昼光在地球水平面上所产生的照度。

6.1.11 CIE标准全阴天空 CIE standard overcast sky

天空相对亮度分布满足式(6.1.11)条件的完全被云所遮盖的天空。

$$\frac{L_{oc}(\gamma)}{L_{zoc}}=\frac{1+2\sin\gamma}{3} \quad (6.1.11)$$

式中 γ——天空某点在地平面上的高度角，rad；

$L_{oc}(\gamma)$——天空某点在全阴天空下的亮度，cd/m^2；

L_{zoc}——全阴天空的天顶亮度，cd/m^2。

6.1.12 CIE标准全晴天空 CIE standard clear sky

天空相对亮度分布满足式(6.1.12)条件的无云天空。

$$\frac{L_{cl}(\gamma_s,\gamma,\zeta)}{L_{zcl}(\gamma_s)}=\frac{f(\zeta)\cdot\Phi(\gamma)}{f\left(\frac{\pi}{2}-\gamma_s\right)\cdot\Phi\left(\frac{\pi}{2}\right)} \quad (6.1.12)$$

式中 γ——天空某点在地平面上的高度角，rad；

γ_s——太阳在地平面上的高度角，rad；

$f(\zeta)$——晴天郊区大气的相对漫射指标；

$\Phi(\gamma)$——大气透明度函数；

ζ——天空某点与太阳之间的夹角，rad；

L_{cl}——天空某点晴天天空下的亮度，cd/m^2；

L_{zcl}——晴天天空的天顶亮度，cd/m^2。

6.1.13 CIE 标 准 一 般 天 空 CIE standard general sky

它包括CIE标准全晴天空与CIE标准全阴天空，以及两者之间从晴天到全阴天的共15种类型的天空亮度分布。

6.1.14 天顶亮度 zenith luminance

用来表示CIE标准全阴天空、CIE标准全晴天空及CIE标准一般天空等的天空亮度分布的参数。

6.1.15 室外临界照度 exterior critical illuminance

全部利用天然光进行照明时的室外最低照度。

6.1.16 总云量 total cloud amount

覆盖有云彩的天空部分所张的立体角总和与整个天空2π立体角之比。

6.2 采光方式

6.2.1 侧面采光 side daylighting

利用侧窗(含低侧窗和高侧窗)采光的方式，亦称“侧窗采光”。

6.2.2 顶部采光 top daylighting

利用屋顶设置的天窗(含矩形天窗、锯齿形天窗、平天窗、横向天窗、三角形天窗、井式天窗或采光罩天窗等)的采光方式，亦称“天窗采光”。

6.2.3 混合采光 mixed daylighting

同时利用侧窗和天窗的采光方式。

6.2.4 镜面反射采光 specular reflection daylighting

利用平面或曲面镜作反射面，将阳光或天空光经一次或多次反射，再将光线传送到室内需要照明部位的采光方式。

6.2.5 反射光束采光 reflective beam daylighting

利用侧窗或天窗部位高反射比的反光板或反光百叶，将阳光或天空光的光束反射到建筑深处，或离窗远的部位的采光方式。

6.2.6 导光管采光 hollow light guide daylighting

利用导光管(含反射式和棱镜式导光管)将采光器采集的光线(一般指阳光光线)传送到建筑室内需要照明部位的采光方式。

6.2.7 导光纤维采光 optical fiber daylighting

利用导光纤维(含石英玻璃导光纤维和塑料导光纤维)将采光器采集的光线(一般指阳光光线)传送到建筑室内需要照明的部位的采光方式。

6.2.8 定日镜采光器 heliostat daylighting device

能跟踪太阳运动并采集阳光的采光设备。

6.2.9 自动调光采光，智能采光 automatic dimming daylighting，intelligent daylighting

在建筑室内的顶棚或墙面的适当位置安装光传感器，监控室内照度，根据室内照度变化自动调整天然采光量的采光方式。

6.3 采光计算

6.3.1 窗洞口 daylight opening

建筑外墙或屋顶能使天然光进入室内，并不装玻璃窗的开口。

6.3.2 采光系数 daylight factor

在室内给定平面上的一点上，由直接或间接地接收来自假定和已知天空亮度分布的天空漫射光而产生的照度与同一时刻该天空半球在室外无遮挡水平面上产生的天空漫射光照度之比。

6.3.3 采光系数的天空光分量 sky component of daylight factor

在室内给定平面上的一点上，直接接受来自假定和已知天空亮度分布的天空漫射光照度与该天空半球在室外无遮挡水平面上产生的天空漫射光照度之比。

6.3.4 采光系数的室外反射光分量 externally reflected component of daylight factor

在室内给定平面上的一点上，在假定和已知天空亮度分布的直接和间接照射下，直接接受来自室外反射面反射光产生的照度与该天空半球在室外无遮挡水平面上产生的天空漫射光照度之比。

6.3.5 采光系数的室内反射光分量 internally reflected component of daylight factor

在室内给定平面上的一点上，在假定和已知天空亮度分布的直接和间接照射下，直接接受来自室内反射面反射光产生的照度与该天空半球在室外无遮挡水平面上产生的天空漫射光照度之比。

6.3.6 天空遮挡物 obstruction

在建筑物外的直接遮挡可看见部分天空的物体。

6.3.7 窗地面积比 ratio of glazing to floor area

窗洞口面积与室内地面面积之比。

6.3.8 采光均匀度 uniformity of daylighting

假定工作面上的采光系数的最低值与平均值之比。

6.3.9 光气候系数 daylight climate coefficient

根据光气候特点，按年平均总照度值确定的分区系数。

6.3.10 窗洞口采光系数 daylight factor of daylight opening

不考虑各种参数的影响，由采光计算图表直接查出的未安装窗时的窗洞口的采光系数。

6.3.11 采光的总透射比 total transmittance of daylighting

考虑采光材料透光性能以及窗结构挡光、窗玻璃污染、室内构件挡光对采光综合影响的系数。用符号K_τ表示。按式(6.3.11)计算：

$$K_\tau = \tau \cdot \tau_c \cdot \tau_w \cdot \tau_j \quad (6.3.11)$$

式中 τ——采光材料的透射比；

τ_c——窗结构的挡光折减系数；

τ_w——窗玻璃的污染系数；

τ_j——室内构件挡光折减系数。

6.3.12 室内反射光增量系数 increment coefficient due to interior reflected light

采光计算时，考虑室内各表面的反射光使室内采光系数增加的系数。

6.3.13 室外建筑挡光折减系数 light loss coefficient due to obstruction of exterior building

采光计算时，考虑室外对面建筑物遮挡影响使室内采光系数降低的系数。

6.3.14 高跨比修正系数 correction coefficient of height-span ratio

顶部采光计算时，考虑由于天窗类型、窗高和跨宽的不同对室内采光系数影响的系数。

6.3.15 晴天方向系数 orientation coefficient of clear day

采光系数计算时，考虑因晴天时不同纬度地区和不同朝向的窗使室内采光系数增加的系数。

6.3.16 窗宽修正系数 correction coefficient of window width

侧面采光计算时，考虑不同窗宽对室内采光系数影响的系数。

6.4 建筑日照

6.4.1 日照 sunshine

太阳光直接照射到物体表面的现象。

6.4.2 太阳高度角 altitude

太阳光线与地平面的夹角。

6.4.3 太阳方位角 azimuth

在地平面上观察，经过太阳位置及天顶的圈称为方位圈，它与地面正南的夹角。

6.4.4 冬至日 winter solstice

赤纬为 23°27′的日子。冬至日一般为 12 月 22 日。

6.4.5 大寒日 great cold

赤纬为 20°00′的日子。大寒日一般为 1 月 21 日。

6.4.6 建筑日照 sunshine on building

太阳光直接照射到建筑地段、建筑物围护结构表面和房间内部的状况。

6.4.7 日照时数 sunshine duration

在一定的时间段内(时、日、月、年)，投射到与太阳光线垂直平面上的直接日辐射量超过 $200W/m^2$ 的累计时间。

6.4.8 可照时数 possible sunshine duration

在一定的时间段内，太阳光照射在某一特定地点的建筑物上的累计时间。

6.4.9 相对日照时数，日照率 relative sunshine duration

在同一时间段内，日照时数与可照时数之比。

6.4.10 日照间距 sunshine spacing

两平行建筑间的相对的两墙面之间，由前栋建筑物计算高度、太阳高度角和后栋建筑物墙面法线与太阳方位所夹的角确定的距离。

6.4.11 最小日照间距 minimum sunshine spacing

为保证得到规定的日照时数，前后两栋建筑物间的最小间距。

6.4.12 日照间距系数 coefficient of sunshine spacing

日照间距与前栋建筑物计算高度之比值。

7 材料的光学特性和照明测量

7.1 材料的光学特性

7.1.1 反射 reflection

光线在不改变单色成分的频率时被表面或介质折回的过程。

7.1.2 透射 transmission

光线在不改变单色成分的频率时穿过介质的

过程。

7.1.3 折射 refraction

光线通过非光学均匀介质时，由于光线的传播速度变化而引起传播方向变化的过程。

7.1.4 漫射，散射 diffusion, scattering

光线束在不改变其单色成分的频率时，被表面或介质分散在许多方向的空间分布过程。

7.1.5 规则反射，镜面反射 regular reflection, specular reflection

在无漫射的情形下，按照几何光学的定律进行的反射。

7.1.6 规则透射，直接透射 regular transmission, direct transmission

在无漫射的情形下，按照几何光学的定律进行的透射。

7.1.7 漫反射 diffuse reflection

在宏观尺度上不存在规则反射时，由反射造成的弥散过程。

7.1.8 漫透射 diffuse transmission

在宏观尺度上不存在规则透射时，由透射造成的弥散过程。

7.1.9 混合反射 mixed reflection

规则反射和漫反射兼有的反射。

7.1.10 混合透射 mixed transmission

规则透射和漫透射兼有的透射。

7.1.11 各向同性漫反射 isotropic diffuse reflection

被反射的光线在反射半球的各个方向上产生相同的光亮度的漫反射。

7.1.12 各向同性漫透射 isotropic diffuse transmisson

透过的光线在透射半球的各个方向上产生相同的光亮度的漫透射。

7.1.13 漫射体 diffuser

主要靠漫射现象改变光线的空间分布的器件。

7.1.14 理想漫反射体 perfect reflecting diffuser

反射比等于1的各向同性漫射体。

7.1.15 理想漫透射体 perfect transmitting diffuser

透射比等于1的各向同性透射体。

7.1.16 朗伯(余弦)定律 lambert's (cosine) law

一个面元的光亮度在其表面上半球空间的所有方向相等时，则有

$$I_\theta = I_n \cos\theta \quad (7.1.16)$$

式中 I_θ——面元在θ角方向的发光强度；

I_n——面元在其法线方向的发光强度。

7.1.17 朗伯面 Lambert surface

光辐射空间分布符合朗伯定律的理想表面。

对于朗伯面有 $M=\pi L$，M是光出射度；L是光亮度。

7.1.18 反射比 reflectance

在入射光线的光谱组成、偏振状态和几何分布指定条件下，反射的光通量与入射光通量之比。符号为ρ，单位为1。

7.1.19 透射比 transmittance

在入射辐射的光谱组成、偏振状态和几何分布指定条件下，透射的光通量与入射光通量之比。符号为τ，单位为1。

7.1.20 规则反射比 regular reflectance

（总）反射光通量中的规则反射成分与入射光通量之比，符号为ρ_r，单位为1。

7.1.21 规则透射比 regular transmittance

（总）透射光通量中的规则透射成分与入射光通量之比，符号为τ_r，单位为1。

7.1.22 漫反射比 diffuse reflectance

（总）反射光通量中的漫反射成分与入射光通量之比，符号为ρ_d，单位为1。ρ_r和ρ_d之值取决于所用仪器和测量技术，且有$\rho=\rho_r+\rho_d$。

7.1.23 漫透射比 diffuse transmittance

（总）透射光通量中的漫透射成分与入射光通量之比，符号为τ_d，单位为1。τ_r和τ_d之值取决于所用仪器和测量技术，且有$\tau=\tau_r+\tau_d$。

7.1.24 逆反射 retroreflection

反射光线沿靠近入射光的反方向返回的反射，当入射光的方向在较大范围内变化时，仍能保持这种性质。

7.1.25 逆反射器 retroreflector

显示逆反射的表面或器件。

7.1.26 逆反射比 retroreflectance

入射和反射条件限制在很狭窄的范围内，反射光通量和入射光通量之比。

7.1.27 光泽 gloss

表面的外观模式，由于表面的方向选择性，感觉到物体的反射亮光好像重叠在该表面上。

7.2 照明测量

7.2.1 光度测量 photometry

按约定的光谱光（视）效率函数$V(\lambda)$和$V'(\lambda)$评价光辐射量的测量技术。

7.2.2 色度测量 colorimetry

建立在一组协议上有关颜色的测量技术。

7.2.3 照度计 illuminance meter

测量（光）照度的仪器。

7.2.4 亮度计 luminance meter

测量（光）亮度的仪器。

7.2.5 测光导轨，光度测量装置 photometric bench

简称光轨，由直线导轨、测距标尺、滑车、光度计台、灯架和光阑等组成。主要用于按照距离平方反比法则测量发光强度和校准光度计的装置。

7.2.6 分布光度计，变角光度计 goniophotometer

测量光源、灯具、介质或表面的光的空间分布特性的光度计。

7.2.7 积分球 integrating sphere

作为辐射计、光度计或光谱光度计的部件使用的中空球，其内表面覆以在使用光谱区几乎没有光谱选择性的漫反射材料。

7.2.8 球形光度计 integrating (sphere) photometer

配有积分球的光度计，主要用于相对法（比较法）测量光源的总光通量。

7.2.9 反射计 reflectometer

有关反射量的测量仪器。

7.2.10 光泽度计 gloss meter

测量光泽表面的光度性质的仪器。

7.2.11 光谱光度计，分光光度计 spectrophotometer

在相同波长上，测量同一辐射量的两个值之比的仪器。

7.2.12 色度计 colorimeter

测量色刺激的三刺激值和色度坐标等色度量的仪器。

7.2.13 色卡 colour chip

表示颜色的标准样品卡。

7.2.14 色(谱)集 colour atlas

按照一定规则排列和识别的色样图集。

7.2.15 光电探测器 photoelectric detector

利用辐射与物质的相互作用，吸收光子并把光子从平衡状态释放出来产生电势、电流或其他电参数变化的探测器。

7.2.16 光电池 photocell

吸收光辐射而产生电动势的光电探测器件。

7.2.17 光谱失配修正因数，色修正 spectral mismatch correction factor, colour correction

当待测辐射体的相对光谱功率分布与标准辐射体的相对光谱功率分布不同时，用于与物理光度计的读数相乘的因数。

7.2.18 余弦修正 cosine correction

为校正光度计的探测器的角度响应特性不符合余弦特性，利用余弦修正器对光度计的探测器进行的修正。

附录A 汉语拼音术语条目索引

汉语拼音术语条目　　汉语术语条目　　页次

A

aizhudeng ………… 矮柱灯（2—8—15）

anquan zhaoming ………… 安全照明（2—8—9）

anshijue ………… 暗视觉（2—8—5）

anshiying ………… 暗适应（2—8—5）

B

baichideng ………… 白炽灯（2—8—11）

bangaogan zhaoming, zhonggan zhaoming …… 半高杆照明，中杆照明（2—8—9）

banjianjie zhaoming ………… 半间接照明（2—8—9）

banjianjiexing dengju …… 半间接型灯具（2—8—14）

banjieguangxing dengju …… 半截光型灯具（2—8—15）

banzhijie zhaoming ………… 半直接照明（2—8—9）

banzhijiexing dengju …… 半直接型灯具（2—8—14）

baohedu ………… 饱和度（2—8—7）

baohuboli ………… 保护玻璃（2—8—15）

beiyong zhaoming ………… 备用照明（2—8—9）

biaomianse ………… 表面色（2—8—7）

bideng ………… 壁灯（2—8—14）

bushushi xuanguang ………… 不舒适眩光（2—8—6）

C

caidu ………… 彩度（2—8—7）

caiguang junyundu ………… 采光均匀度（2—8—17）

caiguang de zongtoushebi ………… 采光的总透射比（2—8—17）

caiguangxishu de shineifansheguang fenliang … 采光系数的室内反射光分量（2—8—17）

caiguangxishu de shiwaifansheguang fenliang … 采光系数的室外反射光分量（2—8—16）

caiguangxishu de tiankongguang fenliang …… 采光系数的天空光分量（2—8—16）

caiguangxishu ………… 采光系数（2—8—16）

cankaopingmian ………… 参考平面（2—8—10）

ceguang daogui, guangdu celiang zhuangzhi ………… 测光导轨，光度测量装置（2—8—18）

cemian caiguang ………… 侧面采光（2—8—16）

chajiaoshi dengtou ………… 插脚式灯头（2—8—12）

changshe fuzhu rengong zhaoming ………… 常设辅助人工照明（2—8—9）

changzhi faguang guangyuan ………… 场致发光光源（2—8—12）

changgui daolu zhaoming ………… 常规道路照明（2—8—9）

chenmixing dengju ………… 尘密型灯具（2—8—14）

chongqi deng ………… 充气灯（2—8—11）

chuangdi mianjibi ………… 窗地面积比（2—8—17）

chuangdongkou ………… 窗洞口（2—8—16）

chuangdongkou caiguangxishu ………… 窗洞口采光系数（2—8—17）

chuangkuan xiuzhengxishu ………… 窗宽修正系数（2—8—17）

chufaqi …………………………… 触发器（2—8—13）
chuizhi zhaodu ………………… 垂直照度（2—8—8）
chukou biaozhidong　出口标志灯（2—8—14）
chushi pingjun zhaodu …… 初始平均照度（2—8—8）
CIE yiban xiansezhishu
…………………… CIE 一般显色指数（2—8—7）
CIE teshuxiansezhishu
…………………… CIE 特殊显色指数（2—8—7）
CIE biaozhun guangdu guanchazhe
………………… CIE 标准光度观察者（2—8—4）
CIE biaozhun quanqing tiankong
………………… CIE 标准全晴天空（2—8—16）
CIE biaozhun quanyin tiankong
…………………… CIE 标准全阴天空（2—8—16）
CIE biaozhun yiban tiankong
…………………… CIE 标准一般天空（2—8—16）

D

(dengde) eding dianliu
……………………（灯的）额定电流（2—8—13）
(dengde) faguang xiaoneng
……………………（灯的）发光效能（2—8—13）
(dengde) guangtongliang weichilu
…………………（灯的）光通量维持率（2—8—13）
(dengde) shouming ………（灯的）寿命（2—8—13）
(dengde) xianlu gonglu
……………………（灯的）线路功率（2—8—13）
dianci fushe …………………… 电磁辐射（2—8—4）
dahanri ………………………… 大寒日（2—8—17）
dansefushe …………………… 单色辐射（2—8—4）
danduan yingguangdeng …… 单端荧光灯（2—8—12）
daoguang qianwei caiguang
…………………… 导光纤维采光（2—8—16）
daoguangguan caiguang …… 导光管采光（2—8—16）
daoguideng …………………… 导轨灯（2—8—15）
daoluzhaoming dengju … 道路照明灯具（2—8—14）
(deng dianliu de) bofengbi
…………………（灯电流的）波峰比（2—8—13）
dengbi changdu ……………… 灯臂长度（2—8—11）
dengdianliu ………………………… 灯电流（2—8—13）
dengguangqiang quxian …… 等光强曲线（2—8—11）
dengju anzhuanggaodu … 灯具安装高度（2—8—10）
dengju baohuwang ……… 灯具保护网（2—8—15）
dengju jianju ……………… 灯具间距（2—8—10）
dengju jisuangaodu ……… 灯具计算高度（2—8—10）
dengju jugaobi …………… 灯具距高比（2—8—10）
dengju xiaolu ……………… 灯具效率（2—8—15）
dengju zuida yunxu jugaobi
……………… 灯具最大允许距高比（2—8—10）
dengju …………………………… 灯具（2—8—13）
dengliangdu quxian ……… 等亮度曲线（2—8—11）
dengtou ……………………………… 灯头（2—8—12）
dengzhaodu quxian ……… 等照度曲线（2—8—11）
dengzuo ……………………………… 灯座（2—8—12）
dianguangyuan ……………………… 电光源（2—8—11）
dianguangyuan …………………… 点光源（2—8—10）
dianzi zhenliuqi ……………… 电子镇流器（2—8—13）
dingbucaiguang ……………… 顶部采光（2—8—16）
dingrijing caiguangqi …… 定日镜采光器（2—8—16）
dingxiang zhaoming ……………… 定向照明（2—8—9）
diya luwudeng ……………… 低压卤钨灯（2—8—11）
diya na(zhengqi)deng
…………………… 低压钠(蒸气)灯（2—8—12）
dongtai zhaoming ……………… 动态照明（2—8—10）
dongzhiri ……………………………… 冬至日（2—8—17）
duicheng guangqiangfenbu
……………………… 对称光强分布（2—8—10）
duicheng peiguangxing(feiduicheng peiguangxing)dengju
…… 对称配光型(非对称配光型)灯具（2—8—13）

E

eding dianya …………………… 额定电压（2—8—13）
edingzhi(dengde) ………（灯的）额定值（2—8—13）
eding gonglu …………………… 额定功率（2—8—13）
eding guangtongliang …… 额定光通量（2—8—13）
er(Ⅱ)lei dengju ………………… Ⅱ类灯具（2—8—15）

F

faguang erjiguan …… 发光二极管(LED)（2—8—12）
faguangdingpeng zhaoming … 发光顶棚照明（2—8—9）
faguangqiangdu …………………… 发光强度（2—8—5）
faguangse ……………………………… 发光色（2—8—7）
fangbaodengju …………………… 防爆灯具（2—8—14）
fangchaodengzuo ………………… 防潮灯座（2—8—12）
fangchendengju …………………… 防尘灯具（2—8—14）
fangdiandeng ……………………… 放电灯（2—8—11）
(fang diandengde) deng dianya
……………………（放电灯的）灯电压（2—8—13）
(fang diandengde) qidong dianya
…………………（放电灯的）启动电压（2—8—13）
fanghuxing dengju ………… 防护型灯具（2—8—14）
fangshui dengju …………………… 防水灯具（2—8—14）
fanguangdeng ………………………… 泛光灯（2—8—14）
fanguangzhaoming ……………… 泛光照明（2—8—9）
fanshe ……………………………………… 反射（2—8—17）
fanshe guangshu caiguang
……………………… 反射光束采光（2—8—16）

fanshe xuanguang …………… 反射眩光（2—8—6）
fanshe(zong)rifushe … 反射(总)日辐射（2—8—16）
fanshebi ………………………… 反射比（2—8—18）
fansheji ………………………… 反射计（2—8—19）
fansheqi ………………………… 反射器（2—8—15）
fanshexing dengpao ……… 反射型灯泡（2—8—11）
faxiang zhaodu ………………… 法向照度（2—8—8）
feijieguangxing dengju … 非截光型灯具（2—8—15）
fenbu guangduji，bianjiao guangduji
…………… 分布光度计，变角光度计（2—8—19）
fengbixing guangshudengpao
…………………… 封闭型光束灯泡（2—8—11）
fenqu yibanzhaoming …… 分区一般照明（2—8—9）
fushe de guang(shi)xiaoneng，zuida guangpu guang(shi) xiaoneng
辐射的光(视)效能，最大光谱光(视)效能（2—8—4）
fu(she) tongliang，fushe gonglu
……………… 辐(射)通量，辐射功率（2—8—4）

G

(ganzhi de)wucaise …… (感知的)无彩色（2—8—7）
(ganzhi de)youcaise …… (感知的)有彩色（2—8—7）
guangzhongxin ………………… 光中心（2—8—10）
(guang)chushedu …………… (光)出射度（2—8—5）
guangduceliang ……………… 光度测量（2—8—18）
(guang)liangdu …………… (光)亮度（2—8—5）
(guang)zhaodu ……………… (光)照度（2—8—5）
ganraoguang ……………………… 干扰光（2—8—6）
gaogan zhaoming ……………… 高杆照明（2—8—9）
gaokuabi xiuzheng xishu
…………………… 高跨比修正系数（2—8—17）
gaoqiangdu qitifangdiandeng(HID灯)
…………… 高强度气体放电(HID)灯（2—8—11）
gaoya gong(zhengqi)deng
…………………… 高压汞(蒸气)灯（2—8—11）
gaoya na(zhengqi)deng
…………………… 高压钠(蒸气)灯（2—8—12）
gebaoxing dengju ………… 隔爆型灯具（2—8—14）
gexiang tongxing manfanshe
…………………… 各向同性漫反射（2—8—18）
gexiang tongxing mantoushe
…………………… 各向同性漫透射（2—8—18）
gongzuomian …………………… 工作面（2—8—10）
guang ……………………………… 光（2—8—4）
guangdianchi ………………… 光电池（2—8—19）
guangdian tanceqi ………… 光电探测器（2—8—19）
guanghuanjing ………………… 光环境（2—8—8）
guangmu fanshe ……………… 光幕反射（2—8—6）
guangmu liangdu ……………… 光幕亮度（2—8—6）
guangpu guang(shi)xiaolu
…………………… 光谱光(视)效率（2—8—4）
guangpu guangduji，fenguang guangduji
…………… 光谱光度计，分光光度计（2—8—19）
guangpu(mi)jidu，guangpufenbu
…………… 光谱(密)集度，光谱分布（2—8—4）
guangpu
…………………………………… 光谱（2—8—4）
(guang)puxian ……………… (光)谱线（2—8—4）
guangpushipei xiuzhengyinshu；sexiuzheng
………… 光谱失配修正因数，色修正（2—8—19）
guangqiangfenbu，peiguang
…………………… 光强分布，配光（2—8—10）
guangqihou ……………………… 光气候（2—8—15）
guangqihou xishu ………… 光气候系数（2—8—17）
guangshujiao …………………… 光束角（2—8—15）
guangtongliang ……………… 光通量（2—8—4）
guangwuran ……………………… 光污染（2—8—6）
guangxuefushe ……………… 光学辐射（2—8—4）
guangze ………………………… 光泽（2—8—18）
guangzeduji ………………… 光泽度计（2—8—19）
guangzhaoxing dengju …… 广照型灯具（2—8—14）
guanxing baichideng ……… 管形白炽灯（2—8—11）
guizefanshe，jingmianfanshe
……………… 规则反射，镜面反射（2—8—18）
guizefanshebi ……………… 规则反射比（2—8—18）
guizetoushe，zhijietoushe
……………… 规则透射，直接透射（2—8—18）
guizetoushebi ……………… 规则透射比（2—8—18）

H

heiguangdeng …………………… 黑光灯（2—8—12）
hongwai fushe ………………… 红外辐射（2—8—4）
hongwaideng …………………… 红外灯（2—8—12）
huanjingbi …………… (道路照明)环境比（2—8—9）
huanxing yingguangdeng … 环形荧光灯（2—8—12）
huguangdeng …………………… 弧光灯（2—8—12）
(huguang fangdiandeng de) qidong shijian
…………… (弧光放电灯的)启动时间（2—8—13）
hunhe caiguang ……………… 混合采光（2—8—16）
hunhe fanshe ………………… 混合反射（2—8—18）
hunhe toushe ………………… 混合透射（2—8—18）
hunhe zhaoming ……………… 混合照明（2—8—9）

J

jianhua liangdu xishu
………… (道路照明)简化亮度系数（2—8—11）
jianjie guangtongliang …… 间接光通量（2—8—10）
jianjie zhaoming …………… 间接照明（2—8—9）

jianjiexing dengju ………… 间接型灯具（2—8—14）
jianxiu zhaoming …………… 检修照明（2—8—10）
jianying zhaoming …………… 剪影照明（2—8—10）
jianzhu rizhao ………………… 建筑日照（2—8—17）
jieguang ………………………… 截光（2—8—15）
jieguangjiao ……………………… 截光角（2—8—15）
jieguangxing dengju ……… 截光型灯具（2—8—15）
jifenqiu ………………………… 积分球（2—8—19）
jincouxing yingguangdeng
……………………… 紧凑型荧光灯（2—8—12）
jingmian fanshe caiguang
………………………… 镜面反射采光（2—8—16）
jingwei zhaoming ……………… 警卫照明（2—8—9）
jinshu luhuawudeng …… 金属卤化物灯（2—8—12）
jubu zhaoming ………………… 局部照明（2—8—9）
juguang dengpao …………… 聚光灯泡（2—8—11）
juguangdeng，shedeng …… 聚光灯，射灯（2—8—14）
juguang zhaoming …………… 聚光照明（2—8—9）

K

kandela ………………………… 坎德拉（2—8—5）
kakoushi dengtou ………… 卡口式灯头（2—8—12）
kejiandu ………………………… 可见度（2—8—6）
kejianfushe …………………… 可见辐射（2—8—4）
ketiaoshi dengju …………… 可调式灯具（2—8—14）
keyishi dengju ……………… 可移式灯具（2—8—14）
kezhaoshishu ………………… 可照时数（2—8—17）
kuaisu qidongshi yingguangdeng
………………… 快速启动式荧光灯（2—8—12）

L

langan zhaoming ……………… 栏杆照明（2—8—10）
langbo(yuxuan)dinglu … 朗伯(余弦)定律（2—8—18）
langbomian …………………… 朗伯面（2—8—18）
lekesi …………………………… 勒克斯（2—8—5）
lengsebiao ……………………… 冷色表（2—8—7）
lengyinji yingguangdeng …… 冷阴极荧光灯（2—8—12）
liangdu xishu ………………… 亮度系数（2—8—11）
liangduduibi ………………… 亮度对比（2—8—5）
liangduji ……………………… 亮度计（2—8—18）
(lianghuoan)huanjing quyu
…………………… (亮或暗)环境区域（2—8—8）
liuming ………………………… 流明（2—8—5）
lixiang manfansheti …… 理想漫反射体（2—8—18）
lixiang mantousheti …… 理想漫透射体（2—8—18）
liyongxishu …………………… 利用系数（2—8—10）
liyongxishufa，liumingfa
………………… 利用系数法，流明法（2—8—10）
luodideng ……………………… 落地灯（2—8—14）
lumian de youxiaokuandu
…………………… 路面的有效宽度（2—8—11）
lumian liangdu zongxiang junyundu
………………… 路面亮度纵向均匀度（2—8—8）
lumian pingjun liangdu … 路面平均亮度（2—8—8）
lumian pingjun zhaodu …… 路面平均照度（2—8—8）
lumian weichi pingjun liangdu(zhaodu)
…………… 路面维持平均亮度(照度)（2—8—9）
lumian zhaodu junyundu
……………………… 路面照度均匀度（2—8—8）
lumian liangdu zongjunyundu
…………………… 路面亮度总均匀度（2—8—8）
lunkuo zhaoming …………… 轮廓照明（2—8—10）
luokoushi dengtou ………… 螺口式灯头（2—8—12）
luse zhaoming ………………… 绿色照明（2—8—8）
luwudeng ………………………… 卤钨灯（2—8—11）

M

maidideng ……………………… 埋地灯（2—8—15）
manfanshe ……………………… 漫反射（2—8—18）
manfanshebi ………………… 漫反射比（2—8—18）
manshe，sanshe …………… 漫射，散射（2—8—18）
manshe zhaoming …………… 漫射照明（2—8—9）
mansheti ……………………… 漫射体（2—8—18）
manshexing dengju ……… 漫射型灯具（2—8—14）
mantoushe ……………………… 漫透射（2—8—18）
mantoushebi ………………… 漫透射比（2—8—18）
mianguangyuan ……………… 面光源（2—8—10）
mingshijue …………………… 明视觉（2—8—5）
mingshiying ………………… 明适应（2—8—5）
moshadengpao ……………… 磨砂灯泡（2—8—11）

N

neitouguang zhaoming …… 内透光照明（2—8—10）
nifanshe ………………………… 逆反射（2—8—18）
nifanshebi …………………… 逆反射比（2—8—18）
nifansheqi …………………… 逆反射器（2—8—18）
nihongdeng …………………… 霓虹灯（2—8—12）
nuansebiao …………………… 暖色表（2—8—7）

P

pingjun banzhumian zhaodu
…………………… 平均半柱面照度（2—8—8）
pingjun liangdu ……………… 平均亮度（2—8—8）
pingjun liangdu xishu … 平均亮度系数（2—8—11）
pingjun qiumian zhaodu，biaoliang zhaodu
…………… 平均球面照度，标量照度（2—8—8）
pingjun shouming ………… 平均寿命（2—8—13）
pingjun zhaodu ……………… 平均照度（2—8—8）

pingjun zhumian zhaodu …… 平均柱面照度（2—8—8）
pinshanxiaoying ……………… 频闪效应（2—8—6）
pulangke guiji ……………… 普朗克轨迹（2—8—7）
putong dengju ………………… 普通灯具（2—8—14）
putong zhaoming baichideng
………………… 普通照明白炽灯（2—8—11）

Q

qianrushi dengju …………… 嵌入式灯具（2—8—14）
qiangmiam buguangdeng，xiqiangdeng
……………… 墙面布光灯，洗墙灯（2—8—15）
qidong dianliu ………………… 启动电流（2—8—13）
qidongqi ……………………… 启动器（2—8—12）
qingtian fangxiangxishu …… 晴天方向系数（2—8—17）
qiuxing guangduji ………… 球形光度计（2—8—19）

R

reyinji yingguang deng …… 热阴极荧光灯（2—8—12）
rifushe ………………………… 日辐射（2—8—15）
rizhao ………………………… 日照（2—8—17）
rizhaojianju xishu ……… 日照间距系数（2—8—17）
rizhaojianju …………………… 日照间距（2—8—17）
rizhaoshishu ………………… 日照时数（2—8—17）
rubaidengpao ………………… 乳白灯泡（2—8—11）

S

(secijide)sancijizhi
………………（色刺激的）三刺激值（2—8—7）
sanjise yingguangdeng … 三基色荧光灯（2—8—12）
san(Ⅲ)lei dengju …………… Ⅲ类灯具（2—8—15）
sanse xitong ………………… 三色系统（2—8—7）
se(pu)ji ……………………… 色（谱）集（2—8—19）
sebiao，semao ……………… 色表，色貌（2—8—7）
seciji ………………………… 色刺激（2—8—7）
sediao，sexiang …………… 色调，色相（2—8—7）
sedu celiang ……………… 色度测量（2—8—18）
seduibi ……………………… 色对比（2—8—7）
seduji ………………………… 色度计（2—8—19）
seganjue ……………………… 色感觉（2—8—7）
seka …………………………… 色卡（2—8—19）
sepin ………………………… 色品（2—8—7）
sepin zuobiao ……………… 色品坐标（2—8—7）
sepintu ……………………… 色品图（2—8—7）
seshiying …………………… 色适应（2—8—7）
sewen ……………………… 色温（度）（2—8—7）
shajundeng ………………… 杀菌灯（2—8—12）
shangshe guang shuchubi
……………………… 上射光输出比（2—8—6）
shangshe guangtongliang … 上射光通量（2—8—10）
shanshuo …………………………… 闪烁（2—8—6）
shengjiang xuandiaoshi dengju
…………………… 升降悬吊式灯具（2—8—14）
shenzhaoxing dengju ……… 深照型灯具（2—8—14）
shijiao ……………………………… 视角（2—8—5）
shijue ……………………………… 视觉（2—8—5）
shijuegongxiao ……………… 视觉功效（2—8—6）
shijuehuanjing ……………… 视觉环境（2—8—8）
shijueminruidu，shili
……………… 视觉敏锐度，视力（2—8—5）
shijuezuoye ………………… 视觉作业（2—8—6）
shikongjianbi ……………… 室空间比（2—8—10）
shiliangdu …………………… 视亮度（2—8—6）
shinei fansheguang zengliangxishu
……………… 室内反射光增量系数（2—8—17）
shineng xuanguang ………… 失能眩光（2—8—6）
shiwai jianzhu dangguang zhejianxishu
……………… 室外建筑挡光折减系数（2—8—17）
shiwai linjiezhaodu ……… 室外临界照度（2—8—16）
shixingzhishu ……………… 室形指数（2—8—10）
shiye ………………………………… 视野（2—8—5）
shiying …………………………… 适应（2—8—5）
shoutideng ……………………… 手提灯（2—8—14）
shuimixing dengju ………… 水密型灯具（2—8—14）
shuipin zhaodu ……………… 水平照度（2—8—8）
shuixiadengju ……………… 水下灯具（2—8—14）
shunshi qidongshi yingguangdeng
………………… 瞬时启动式荧光灯（2—8—12）
shusan zhaoming …………… 疏散照明（2—8—9）
shusanbiaozhideng ………… 疏散标志灯（2—8—14）

T

taideng ……………………………… 台灯（2—8—14）
taiyang gaodujiao ………… 太阳高度角（2—8—17）
taiyang fangweijiao ……… 太阳方位角（2—8—17）
tanzhaodeng …………………… 探照灯（2—8—14）
tianding liangdu …………… 天顶亮度（2—8—16）
tiankong huiguang ………… 天空辉光（2—8—6）
tiankong manshe fushe …… 天空漫射辐射（2—8—15）
tiankong zhedangwu ……… 天空遮挡物（2—8—17）
tiankong(manshe)guang … 天空（漫射）光（2—8—15）
tiaoguangqi ……………………… 调光器（2—8—13）
tongyi xuanguangzhi ……… 统一眩光值（2—8—6）
touguangdeng …………………… 投光灯（2—8—14）
toushe ……………………………… 透射（2—8—17）
toushebi ………………………… 透射比（2—8—18）
tubaidengpao ………………… 涂白灯泡（2—8—11）

W

weichi pingjun zhaodu …… 维持平均照度（2—8—8）

weihuxishu …………………… 维护系数（2—8—10）
wujiganyingdeng …………… 无极感应灯（2—8—12）
wusideng ……………………… 钨丝灯（2—8—11）
wutise ………………………… 物体色（2—8—7）

X

xiangguansede mingdu …… 相关色的明度（2—8—7）
xiandeng ……………………… 氙灯（2—8—12）
xiangdui guangpufenbu … 相对光谱分布（2—8—4）
xiangdui rizhaoshijian，rizhaolu
……………… 相对日照时数，日照率（2—8—17）
xiangguan sewendu …… 相关色温（度）（2—8—7）
xianguangyuan ………………… 线光源（2—8—10）
xianlu gongluyinshu …… 线路功率因数（2—8—13）
xiansexing ……………………… 显色性（2—8—7）
xiansezhishu …………………… 显色指数（2—8—7）
xiashe guangtongliang …… 下射光通量（2—8—10）
xiasheguang shuchubi …… 下射光输出比（2—8—6）
xiasheshi dengju ………… 下射式灯具（2—8—14）
xiding dengju ………………… 吸顶灯具（2—8—14）
xuandiaoshi dengju ………… 悬吊式灯具（2—8—14）
xuanguang ……………………… 眩光（2—8—6）
xuanguangzhi ………………… 眩光值（2—8—6）
xuantiao changdu …………… 悬挑长度（2—8—11）
xuanzhuan duicheng guangqiangfenbu
…………………… 旋转对称光强分布（2—8—10）

Y

yangguang，zhisheriguang
…………………… 阳光，直射日光（2—8—15）
yangjiao ………………………… 仰角（2—8—11）
yanse；se ……………………… 颜色；色（2—8—6）
yejianjingguan ……………… 夜间景观（2—8—8）
yejing zhaoming …………… 夜景照明（2—8—8）
yiban manshe zhaoming … 一般漫射照明（2—8—9）
yiban zhaoming …………… 一般照明（2—8—9）
yi（Ⅰ）lei dengju ………… Ⅰ类灯具（2—8—15）
yingguang gaoya gong（zhengqi）deng
……………… 荧光高压汞（蒸气）灯（2—8—11）
yingguangdeng ……………… 荧光灯（2—8—12）
yingji zhaoming …………… 应急照明（2—8—9）
yingjideng …………………… 应急灯（2—8—14）
yisanguang …………………… 溢散光（2—8—6）
yure qidongshi yingguangdeng
…………………… 预热启动式荧光灯（2—8—12）
yuxuanxiuzheng …………… 余弦修正（2—8—19）
yuzhizengliang ……………… 阈值增量（2—8—9）

Z

zaiqidongshijian …………… 再启动时间（2—8—13）
zenganxing dengju ………… 增安型灯具（2—8—14）
zhangai zhaoming ………… 障碍照明（2—8—9）
zhaodu junyundu ………… 照度均匀度（2—8—8）
zhaodubi ……………………… 照度比（2—8—8）
zhaoduji ……………………… 照度计（2—8—18）
zhaodushiliang …………… 照度矢量（2—8—8）
zhaoming ……………………… 照明（2—8—8）
zhaoming gonglu midu …… 照明功率密度（2—8—8）
zheguang geshan …………… 遮光格栅（2—8—15）
zhengchang zhaoming ………… 正常照明（2—8—9）
zhenkong deng ……………… 真空灯（2—8—11）
zhenliuqi ……………………… 镇流器（2—8—13）
zhenliuqi de liumingxishu
………………… 镇流器的流明系数（2—8—13）
zhenliuqi nengxiaoyinshu
……………………… 镇流器能效因数（2—8—13）
zheshe ………………………… 折射（2—8—18）
zheguangjiao ………………… 遮光角（2—8—15）
zhesheqi ……………………… 折射器（2—8—15）
zhiban zhaoming …………… 值班照明（2—8—9）
zhiguanxing yingguangdeng
……………………… 直管形荧光灯（2—8—12）
zhijie guangtongliang ……… 直接光通量（2—8—10）
zhijie rifushe ……………… 直接日辐射（2—8—15）
zhijie xuanguang ………… 直接眩光（2—8—6）
zhijie zhaoming …………… 直接照明（2—8—9）
zhijiexing dengju ………… 直接型灯具（2—8—13）
zhixiangbiaozhideng ……… 指向标志灯（2—8—14）
zhongdian zhaoming ……… 重点照明（2—8—9）
zhongjiansebiao …………… 中间色表（2—8—7）
zhongjianshijue …………… 中间视觉（2—8—5）
zhongzhaoxing dengju …… 中照型灯具（2—8—14）
zhouguang ……………………… 昼光（2—8—16）
zhuangshidengpao ………… 装饰灯泡（2—8—11）
zhudianfa …………………… 逐点法（2—8—10）
zidong tiaoguang caiguang，zhineng caiguang
…………… 自动调光采光，智能采光（2—8—16）
ziwaifushe ………………… 紫外辐射（2—8—4）
ziwaideng …………………… 紫外灯（2—8—12）
zizhenliu gongdeng ……… 自镇流汞灯（2—8—11）
zizhenliu yingguangdeng
……………………… 自镇流荧光灯（2—8—12）
zong guangtongliang ……… 总光通量（2—8—10）
zongrifushe ………………… 总日辐射（2—8—15）
zongyunliang ………………… 总云量（2—8—16）
zongzhouguang zhaodu …… 总昼光照度（2—8—16）
zuida zhaodu ……………… 最大照度（2—8—8）
zuixiao rizhaojianju …… 最小日照间距（2—8—17）
zuixiao zhaodu …………… 最小照度（2—8—8）

附录B　英文术语条目索引

英文术语条目　　　　　汉语术语条目　页次

A

accent lighting …………………… 重点照明（2—8—9）
achromatic（perceived）colour
…………………（感知的）无彩色（2—8—7）
adaptation ……………………………… 适应（2—8—5）
adjustable luminaire ……… 可调式灯具（2—8—14）
altitude ……………………… 太阳高度角（2—8—17）
arc lamp ………………………………… 弧光灯（2—8—12）
area（surface）light source …… 面光源（2—8—10）
automatic dimming daylighting，intelligent daylighting
…………… 自动调光采光，智能采光（2—8—16）
average cylindrical illuminance
…………………………… 平均柱面照度（2—8—8）
average illuminance …………… 平均照度（2—8—8）
average life ……………………… 平均寿命（2—8—13）
average luminance ……………… 平均亮度（2—8—8）
average luminance coefficient（of road lighting）
…………（道路照明）平均亮度系数（2—8—11）
average road surface illuminance
…………………………… 路面平均照度（2—8—8）
average road surface luminance
…………………………… 路面平均亮度（2—8—8）
average semi-cylindrical illuminance
………………………… 平均半柱面照度（2—8—8）
average spherical illuminance，scalar illumine
…………… 平均球面照度，标量照度（2—8—8）
azimuth …………………… 太阳方位角（2—8—17）

B

bactericidal lamp，germicidal lamp
……………………………… 杀菌灯（2—8—12）
ballast ……………………………… 镇流器（2—8—13）
ballast efficacy factor
X ………… 镇流器能效因数（BEF）（2—8—13）
ballast lumen factor … 镇流器的流明系数（2—8—13）
bayonet cap ………………… 卡口式灯头（2—8—12）
beam angle ……………………… 光束角（2—8—15）
black light lamp ………………… 黑光灯（2—8—12）
blended lamp，self-ballasted mercury lamp
…………………………… 自镇流汞灯（2—8—11）
bollard ……………………………… 矮柱灯（2—8—15）
bracket projection …………… 灯臂长度（2—8—11）
brightness ……………………… 视亮度（2—8—6）
（bright or dark）environment zones
……………………（亮或暗）环境区域（2—8—8）

C

calculating height of luminaire
……………………… 灯具计算高度（2—8—10）
candela ……………………………… 坎德拉（2—8—5）
cap ………………………………………… 灯头（2—8—12）
ceiling luminaire，surface mounted luminaire
……………………………… 吸顶灯具（2—8—14）
chroma …………………………………… 彩度（2—8—7）
chromatic adaptation …………… 色适应（2—8—7）
chromatic（perceived）colour
……………………（感知的）有彩色（2—8—7）
chromaticity ………………………… 色品（2—8—7）
chromaticity coordinates ……… 色品坐标（2—8—7）
chromaticity diagram …………… 色品图（2—8—7）
CIE general colour rendering index
………………… CIE一般显色指数（2—8—7）
CIE special colour rendering index
………………… CIE特殊显色指数（2—8—7）
CIE standard clear sky
…………………… CIE标准全晴天空（2—8—16）
CIE standard general sky
…………………… CIE标准一般天空（2—8—16）
CIE standard overcast sky
…………………… CIE标准全阴天空（2—8—16）
CIE standard photometric observer
…………………… CIE标准光度观察者（2—8—4）
circuit power（of a lamp）
……………………（灯的）线路功率（2—8—13）
circular fluorescent lamp … 环形荧光灯（2—8—12）
class Ⅰ luminaire …………… Ⅰ类灯具（2—8—15）
class Ⅱ luminaire …………… Ⅱ类灯具（2—8—15）
class Ⅲ luminaire …………… Ⅲ类灯具（2—8—15）
crest factor（of lamp current）
…………………（灯电流的）波峰比（2—8—13）
coefficient of sunshine spacing
……………………… 日照间距系数（2—8—17）
cold cathode fluorescent lamp
……………………… 冷阴极荧光灯（2—8—12）
cold colour appearance ………… 冷色表（2—8—7）
colorimeter ………………………… 色度计（2—8—19）
colorimetry …………………… 色度测量（2—8—18）
colour appearance …………… 色表，色貌（2—8—7）
colour atlas ……………………… 色（谱）集（2—8—19）
colour chip ………………………… 色卡（2—8—19）
colour contrast …………………… 色对比（2—8—7）
colour rendering ………………… 显色性（2—8—7）
colour rendering index ……… 显色指数（2—8—7）

colour sensation …… 色感觉（2—8—7）
colour stimulus …… 色刺激（2—8—7）
colour temperature …… 色温（度）（2—8—7）
colour, color …… 颜色，色（2—8—6）
compact fluorescent lamp …… 紧凑型荧光灯（2—8—12）
contour lighting …… 轮廓照明（2—8—10）
conventional road lighting …… 常规道路照明（2—8—9）
correction coefficient for height-span ratio …… 高跨比修正系数（2—8—17）
correction coefficient of window width …… 窗宽修正系数（2—8—17）
correlated colour temperature …… 相关色温（度）（2—8—7）
cosine correction …… 余弦修正（2—8—19）
cut-off …… 截光（2—8—15）
cut-off angle …… 截光角（2—8—15）

D

dark adaptation …… 暗适应（2—8—5）
daylight …… 昼光（2—8—16）
daylight climate coefficient …… 光气候系数（2—8—17）
daylight factor …… 采光系数（2—8—16）
daylight factor of daylight opening …… 窗洞口采光系数（2—8—17）
daylight opening …… 窗洞口（2—8—16）
decorative lamp …… 装饰灯泡（2—8—11）
diffuse reflectance …… 漫反射比（2—8—18）
diffuse reflection …… 漫反射（2—8—18）
diffuse sky radiation …… 天空漫射辐射（2—8—15）
diffuse transmission …… 漫透射（2—8—18）
diffuse transmittance …… 漫透射比（2—8—18）
diffused lighting …… 漫射照明（2—8—9）
diffused luminaire …… 漫射型灯具（2—8—14）
diffuser …… 漫射体（2—8—18）
diffusion, scattering …… 漫射，散射（2—8—18）
dimmer …… 调光器（2—8—13）
direct luminous flux …… 直接光通量（2—8—10）
direct glare …… 直接眩光（2—8—6）
direct lighting …… 直接照明（2—8—9）
direct luminaire …… 直接型灯具（2—8—13）
direct solar radiation …… 直接日辐射（2—8—15）
direction sign luminaire …… 指向标志灯（2—8—14）
directional lighting …… 定向照明（2—8—9）
disability glare …… 失能眩光（2—8—6）
discharge lamp …… 放电灯（2—8—11）
discomfort glare …… 不舒适眩光（2—8—6）
distribution of luminous intensity …… 光强分布，配光（2—8—10）
downlight …… 下射式灯具（2—8—14）
downward luminous flux …… 下射光通量（2—8—10）
downward light output ratio …… 下射光输出比（DLOR）（2—8—6）
dust-proof luminaire …… 防尘灯具（2—8—14）
dust-tight luminaire …… 尘密型灯具（2—8—14）
dynamic lighting …… 动态照明（2—8—10）

E

electromagnetic radiation …… 电磁辐射（2—8—4）
effective road width of road surface …… 路面的有效宽度（2—8—11）
electric light source …… 电光源（2—8—11）
electroluminescent source …… 场致发光光源（2—8—12）
electronic ballast …… 电子镇流器（2—8—13）
emergency lighting …… 应急照明（2—8—9）
emergency luminaire …… 应急灯（2—8—14）
escape lighting …… 疏散照明（2—8—9）
escape sign luminaire …… 疏散标志灯（2—8—14）
exit sign luminaire …… 出口标志灯（2—8—14）
exterior critical illuminance …… 室外临界照度（2—8—16）
externally reflected component of daylight factor …… 采光系数的室外反射光分量（2—8—16）

F

flame-proof luminaire …… 隔爆型灯具（2—8—14）
flicker …… 闪烁（2—8—6）
floodlight …… 泛光灯（2—8—14）
floodlighting …… 泛光照明（2—8—9）
floor lamp …… 落地灯（2—8—14）
fluorescent high pressure mercury (vapour) lamp …… 荧光高压汞（蒸气）灯（2—8—11）
fluorescent lamp …… 荧光灯（2—8—12）
frosted lamp …… 磨砂灯泡（2—8—11）
full cut-off luminaire …… 截光型灯具（2—8—15）

G

gas-filled (incandescent) lamp …… 充气（白炽）灯（2—8—11）
general diffused lighting …… 一般漫射照明（2—8—9）
general lighting incandescent lamp …… 普通照明白炽灯（2—8—11）
general lighting …… 一般照明（2—8—9）
glare …… 眩光（2—8—6）

glare by reflection ··············· 反射眩光（2—8—6）
glare rating ················· 眩光值（GR）（2—8—6）
global daylight illuminance ······ 总昼光照度（2—8—16）
global solar radiation ············ 总日辐射（2—8—15）
gloss ································ 光泽（2—8—18）
gloss meter ······················ 光泽度计（2—8—19）
goniophotometer
··············· 分布光度计，变角光度计（2—8—19）
great cold ··························· 大寒日（2—8—17）
green lights ······················· 绿色照明（2—8—8）

H

hand lamp ·························· 手提灯（2—8—14）
heliostat daylighting device
························· 定日镜采光器（2—8—16）
high intensity discharge lamp
············ 高强度气体放电灯（HID灯）（2—8—11）
high mast lighting ··············· 高杆照明（2—8—9）
high pressure mercury（vapour）lamp
····················· 高压汞（蒸气）灯（2—8—11）
high pressure sodium（vapour）lamp
······················· 高压钠（蒸气）灯（2—8—11）
hollow light guide daylighting
······························· 导光管采光（2—8—16）
horizontal illuminance ············ 水平照度（2—8—8）
hot cathode lamp ········· 热阴极荧光灯（2—8—12）
hue，tone ························ 色调，色相（2—8—7）

I

ignitor ······························ 触发器（2—8—13）
illuminance ····················· （光）照度（2—8—5）
illuminance meter ················· 照度计（2—8—18）
illuminance ratio ··················· 照度比（2—8—8）
illuminance vector ·············· 照度矢量（2—8—8）
incandescent lamp ················· 白炽灯（2—8—11）
increased safety luminaire ······ 增安型灯具（2—8—14）
increment coefficient due to interior
reflected light ······ 室内反射光增量系数（2—8—17）
indirect luminous flux ······ 间接光通量（2—8—10）
indirect lighting ················· 间接照明（2—8—9）
indirect luminaire ············ 间接型灯具（2—8—14）
induction lamp ············· 无极感应灯（2—8—12）
infrared lamp ························ 红外灯（2—8—12）
infrared radiation ················· 红外辐射（2—8—4）
initial average illuminance
································ 初始平均照度（2—8—8）
inspection lighting ················ 检修照明（2—8—10）
instant-start fluorescent lamp
······················· 瞬时启动式荧光灯（2—8—12）
integrating sphere
······································ 积分球（2—8—19）
integrating（sphere）pho tomet er
································ 球形光度计（2—8—19）
intermediate colour appearance
···································· 中间色表（2—8—7）
internally reflected component of daylight factor
············ 采光系数的室内反射光分量（2—8—17）
iso-illuminance curve ········· 等照度曲线（2—8—11）
iso-intensity curve ············ 等光强曲线（2—8—11）
iso-luminance curve ········· 等亮度曲线（2—8—11）
isotropic diffuse reflection
··························· 各向同性漫反射（2—8—18）
isotropic diffuse transmission
··························· 各向同性漫透射（2—8—18）

L

Lambert's（cosine）law
······················· 朗伯（余弦）定律（2—8—18）
Lambert surface ····················· 朗伯面（2—8—18）
lamp current ························ 灯电流（2—8—13）
lamp voltage（of discharge lamp）
····················（放电灯的）灯电压（2—8—13）
lampholder ····························· 灯座（2—8—12）
landscape in night，nightscape
··································· 夜间景观（2—8—8）
life（of a lamp） ············（灯的）寿命（2—8—13）
light ·· 光（2—8—4）
light adaptation ···················· 明适应（2—8—5）
light center ························ 光中心（2—8—10）
light climate ························ 光气候（2—8—15）
light emitting diode ···
···················· 发光二极管（LED）（2—8—12）
light loss coefficient due to obstruction
of exterior building
················· 室外建筑挡光折减系数（2—8—17）
light pollution ······················ 光污染（2—8—6）
lighting，illumination ················· 照明（2—8—8）
lighting form interior lights
································ 内透光照明（2—8—10）
lighting power density
···················· 照明功率密度（LPD）（2—8—8）
lightness of a related colour
······························ 相关色的明度（2—8—7）
line light source ···················· 线光源（2—8—10）
local lighting ····················· 局部照明（2—8—9）
localized lighting ··········· 分区一般照明（2—8—9）
longitudeinal uniformity of road surface luminance
····················· 路面亮度纵向均匀度（2—8—8）

louvre，louver …………………… 遮光格栅（2—8—15）
low pressure sodium（vapour）lamp
………………………… 低压钠(蒸气)灯（2—8—12）
low-voltage tungsten halogen lamp
……………………………… 低压卤钨灯（2—8—11）
lumen ……………………………… 流明（2—8—5）
luminaire ……………………………… 灯具（2—8—13）
luminaire efficiency ………… 灯具效率（2—8—15）
luminaire for explosive atmosphere
……………………………… 防爆灯具（2—8—14）
luminaire for road lighting
………………………… 道路照明灯具（2—8—14）
luminaire guard …………… 灯具保护网（2—8—15）
luminance …………………… （光）亮度（2—8—5）
luminance coefficient（of road lighting）
……………… （道路照明）亮度系数（2—8—11）
luminance contrast …………… 亮度对比（2—8—5）
luminance meter ………………… 亮度计（2—8—18）
luminous ceiling lighting …… 发光顶棚照明（2—8—9）
luminous colour ………………… 发光色（5—8—7）
luminous efficacy of radiation，maximum value
of spectral efficacy of radiation
辐射的光（视）效能，
……………… 最大光谱光（视）效能（2—8—5）
luminous efficacy（of a lamp）
…………………… （灯的）发光效能（2—8—13）
luminous exitance ………… （光）出射度（2—8—5）
luminous environment …………… 光环境（2—8—8）
luminous flux …………………… 光通量（2—8—4）
luminous flux maintenance factor（of a lamp）
……………… （灯的）光通量维持率（2—8—13）
luminous intensity …………… 发光强度（2—8—5）
lux ……………………………… 勒克斯（2—8—5）

M

maintained average illuminance
………………………… 维持平均照度（2—8—8）
maintained average luminance（illuminance）of road
surface … 路面维持平均亮度（照度）（2—8—9）
maintenance factor …………… 维护系数（2—8—10）
maximum illuminance ………… 最大照度（2—8—8）
maximum permissible spacing height ratio of luminaire
………………… 灯具最大允许距高比（2—8—10）
mesopic vision ………………… 中间视觉（2—8—5）
metal halide lamp ……… 金属卤化物灯（2—8—12）
method of utilization factor，lumen method
……………… 利用系数法，流明法（2—8—10）
middle angle luminaire …… 中照型灯具（2—8—14）
minimum illuminance ………… 最小照度（2—8—8）
minimum sunshine spacing
………………………… 最小日照间距（2—8—17）
mixed daylighting …………… 混合采光（2—8—16）
mixed lighting ………………… 混合照明（2—8—9）
mixed reflection ……………… 混合反射（2—8—18）
mixed transmission ………… 混合透射（2—8—18）
moisture-proof lampholder
……………………………… 防潮灯座（2—8—12）
monochromatic radiation
……………………………… 单色辐射（2—8—4）
mounting height of luminaire
………………………… 灯具安装高度（2—8—10）

N

narrow angle luminaire …… 深照型灯具（2—8—14）
neon tubing …………………… 霓虹灯（2—8—12）
nightscape lighting …………… 夜景照明（2—8—8）
non-cut-off luminaire …… 非截光型灯具（2—8—15）
normal illuminance …………… 法向照度（2—8—8）
normal lighting ……………… 正常照明（2—8—9）

O

object colour ……………………… 物体色（2—8—7）
obstacle lighting ……………… 障碍照明（2—8—9）
obstruction ………………… 天空遮挡物（2—8—17）
obtrusive light …………………… 干扰光（2—8—6）
on-duty lighting ……………… 值班照明（2—8—9）
opal lamp …………………… 乳白灯泡（2—8—11）
optical fiber daylighting …… 导光纤维采光（2—8—16）
optical radiation ……………… 光学辐射（2—8—4）
ordinary luminaire …………… 普通灯具（2—8—14）
orientation coefficient of clear sky
………………………… 晴天方向系数（2—8—17）
overall uniformity of road surface luminance
……………………… 路面亮度总均匀（2—8—8）
overhang ……………………… 悬挑长度（2—8—11）

P

parapet lighting ……………… 栏杆照明（2—8—10）
pendant luminaire ………… 悬吊式灯具（2—8—14）
perfect reflecting diffuser
………………………… 理想漫反射体（2—8—18）
perfect transmitting diffuser
………………………… 理想漫透射体（2—8—18）
permanent supplementary artificial lighting
…………………… 常设辅助人工照明（2—8—9）
photocell ………………………… 光电池（2—8—19）
photometric bench
…………… 测光导轨，光度测量装置（2—8—18）

photoelectric detector
…………………………… 光电探测器（2—8—19）
photometry …………………… 光度测量（2—8—18）
photopic vision …………………… 明视觉（2—8—5）
pin cap …………………… 插脚式灯头（2—8—12）
Planckian locus …………… 普朗克轨迹（2—8—7）
point light source ……………… 点光源（2—8—10）
point method …………………… 逐点法（2—8—10）
portable luminaire ………… 可移式灯具（2—8—14）
possible sunshine duration … 可照时数（2—8—17）
power factor of a circuit … 线路功率因素（2—8—13）
prefocus lamp ………………… 聚光灯泡（2—8—11）
preheat start fluorescent lamp
…………………… 预热启动式荧光灯（2—8—12）
projector ……………………… 投光灯（2—8—14）
protected luminaire ……… 防护型灯具（2—8—14）
protective glass ……………… 保护玻璃（2—8—15）

Q

quick start fluorescent lamp
…………………… 快速启动式荧光灯（2—8—12）

R

radiant flux，radiant power
…………… 辐（射）通量，辐射功率（2—8—4）
rated current（of a lamp）
…………………… （灯的）额定电流（2—8—13）
rated luminous flux ……… 额定光通量（2—8—13）
rated power ………………… 额定功率（2—8—13）
rated voltage ……………… 额定电压（2—8—13）
rating（of a lamp）……（灯的）额定值（2—8—13）
ratio of glazing to floor area
…………………………… 窗地面积比（2—8—17）
recessed ground（floor）luminaire
……………………………… 埋地灯（2—8—15）
recessed luminaire ………… 嵌入式灯具（2—8—14）
reduced luminance coefficient（of road lighting）
…………（道路照明）简化亮度系数（2—8—11）
reference surface …………… 参考平面（2—8—10）
reflectance ………………………… 反射比（2—8—18）
reflected（global）solar radiation
…………………… 反射（总）日辐射（2—8—16）
reflection ……………………………… 反射（2—8—17）
reflective beam daylighting
………………………… 反射光束采光（2—8—16）
reflectometer …………………… 反射计（2—8—19）
reflector ………………………… 反射器（2—8—15）
reflector lamp ……………… 反射型灯泡（2—8—11）
refraction ……………………………… 折射（2—8—18）
refractor ………………………… 折射器（2—8—15）
regular reflectance ………… 规则反射比（2—8—18）
regular reflection，specular reflection
……………………… 规则反射，镜面反射（2—8—18）
regular transmission，direct transmission
……………………… 规则透射，直接透射（2—8—18）
regular transmittance …… 规则透射比（2—8—18）
relative spectral distribution
………………………… 相对光谱分布（2—8—4）
relative sunshine duration
……………… 相对日照时数，日照率（2—8—17）
re-starting time …………… 再启动时间（2—8—13）
retroreflectance ……………… 逆反射比（2—8—18）
retroreflection ………………… 逆反射（2—8—18）
retroreflector ……………… 逆反射器（2—8—18）
rise and fall pendant luminaire
……………………… 升降悬吊式灯具（2—8—14）
room cavity ratio …………… 室空间比（2—8—10）
room index …………………… 室形指数（2—8—10）
rotationally symmetrical luminous intensity distribution
…………………… 旋转对称光强分布（2—8—10）

S

safety lighting ……………… 安全照明（2—8—9）
saturation …………………………… 饱和度（2—8—7）
scotopic vision ……………………… 暗视觉（2—8—5）
screw cap ………………… 螺口式灯头（2—8—12）
sealed beam lamp …… 封闭型光束灯泡（2—8—11）
searchlight ………………………… 探照灯（2—8—14）
security lighting ……………… 警卫照明（2—8—9）
self-ballasted fluorescent lamp
………………………… 自镇流荧光灯（2—8—12）
semi-cut-off luminaire … 半截光型灯具（2—8—15）
semi-direct lighting ………… 半直接照明（2—8—9）
semi-direct luminaire …… 半直接型灯具（2—8—14）
semi-high mast lighting
……………… 半高杆照明，中杆照明（2—8—9）
semi-indirect lighting ……… 半间接照明（2—8—9）
semi-indirect luminaire …… 半间接型灯具（2—8—14）
shielding angle ……………………… 遮光角（2—8—15）
side daylighting ……………… 侧面采光（2—8—16）
silhouette lighting …………… 剪影照明（2—8—10）
single-capped fluorescent lamp
………………………… 单端荧光灯（2—8—12）
sky component of daylight factor
……………… 采光系数的天空光分量（2—8—16）
sky glow ……………………… 天空辉光（2—8—6）
skylight ……………… 天空（漫射）光（2—8—15）
solar radiation …………………… 日辐射（2—8—15）

spacing of luminaire ………… 灯具间距（2—8—10）
spacingg height ratio of luminaire
…………………………… 灯具距高比（2—8—10）
spectral concentration，spectral distribution
………… 光谱（密）集度，光谱分布（2—8—4）
spectral line ………………… （光）谱线（2—8—4）
spectral luminous efficiency
…………………… 光谱光（视）效率（2—8—4）
spectral mismatch correction factor，colour correction
………… 光谱失配修正因数，色修正（2—8—19）
spectrophotometer
…………… 光谱光度计，分光光度计（2—8—19）
spectrum …………………………… 光谱（2—8—4）
specular reflection daylighting
………………………… 镜面反射采光（2—8—16）
spill light，spray light ………… 溢散光（2—8—6）
spot lighting …………………… 聚光照明（2—8—9）
spotlight ………………… 聚光灯，射灯（2—8—14）
stand-by lighting ……………… 备用照明（2—8—9）
starter …………………………… 启动器（2—8—12）
starting current ……………… 启动电流（2—8—13）
starting time（of an arc discharge lamp）
…………（弧光放电灯的）启动时间（2—8—13）
starting voltage（of a discharge lamp）
………………（放电灯的）启动电压（2—8—13）
straight tubular fluorescent lamp
………………………… 直管形荧光灯（2—8—12）
stroboscopic effect …………… 频闪效应（2—8—6）
sunlight ……………… 阳光，直射日光（2—8—15）
sunshine ………………………… 日照（2—8—17）
sunshine duration …………… 日照时数（2—8—17）
sunshine on building ………… 建筑日照（2—8—17）
sunshine spacing …………… 日照间距（2—8—17）
surface colour …………………… 表面色（2—8—7）
surround ratio（of road lighting）
……………………（道路照明）环境比（2—8—9）
symmetrical（asymmetrical）luminaire
… 对称配光型（非对称配光型）灯具（2—8—13）
symmetrical luminous intensity distribution
………………………… 对称光强分布（2—8—10）

T

table lamp ………………………… 台灯（2—8—14）
three-band fluorescent lamp
………………………… 三基色荧光灯（2—8—12）
threshold increment …………… 阈值增量（2—8—9）
tilt inclination ………………………… 仰角（2—8—11）
top daylighting ……………… 顶部采光（2—8—16）
total cloud amount ……………… 总云量（2—8—16）
total luminous flux ………… 总光通量（2—8—10）
total transmittance of daylighting
…………………………… 采光的总透射比（2—8—17）
track-mounted luminaire ……… 导轨灯（2—8—15）
transmission ……………………… 透射（2—8—17）
transmittance ……………………… 透射比（2—8—18）
trichromatic system …………… 三色系统（2—8—7）
tristimulus values（of a colour stimulus）
…………………（色刺激的）三刺激值（2—8—7）
tubular incandescent lamp …… 管形白炽灯（2—8—11）
tungsten filament lamp ………… 钨丝灯（2—8—11）
tungsten halogen lamp ………… 卤钨灯（2—8—11）

U

ultraviolet lamp ………………… 紫外灯（2—8—12）
ultraviolet radiation …………… 紫外辐射（2—8—4）
underwater luminaire ………… 水下灯具（2—8—14）
unified glare rating ………… 统一眩光值（2—8—6）
uniformity of daylighting …… 采光均匀度（2—8—17）
uniformity of road surface illuminance
……………………… 路面照度均匀度（2—8—8）
uniformity ratio of illuminance
…………………………… 照度均匀度（2—8—8）
upward luminous flux …… 上射光通量（2—8—10）
upward light output ratio
……………… 上射光输出比（ULOR）（2—8—6）
utilization factor ………………… 利用系数（2—8—10）

V

vacuum lamp …………………… 真空灯（2—8—11）
veiling luminance ……………… 光幕亮度（2—8—6）
veiling reflection ……………… 光幕反射（2—8—6）
vertical illuminance …………… 垂直照度（2—8—8）
visibility ………………………… 可见度（2—8—6）
visible radiation ……………… 可见辐射（2—8—4）
vision ……………………………… 视觉（2—8—5）
visual acuity，visual resolution
…………………… 视觉敏锐度，视力（2—8—5）
visual angle ……………………… 视角（2—8—5）
visual environment …………… 视觉环境（2—8—8）
visual field ……………………… 视野（2—8—5）
visual performance …………… 视觉功效（2—8—6）
visual task …………………… 视觉作业（2—8—6）

W

wall luminaire …………………… 壁灯（2—8—14）
wall washer，wall washing
…………………… 墙面布光灯，洗墙灯（2—8—15）
warm colour appearance ………… 暖色表（2—8—7）

water-proof luminaire ········· 防水灯具（2—8—14）
water-tight luminaire ········· 水密型灯具（2—8—14）
white coating lamp ············ 涂白灯泡（2—8—11）
wide angle luminaire ········· 广照型灯具（2—8—14）
winter solstice ······················ 冬至日（2—8—17）
working plane ······················ 工作面（2—8—10）

X

xenon lamp ······························ 氙灯（2—8—12）

Z

zenith luminance ················ 天顶亮度（2—8—16）

本标准用词说明

1 为便于在执行本标准条文时区别对待，对于要求严格程度不同的用词说明如下：

1) 表示很严格，非这样做不可的：
正面词采用“必须”；
反面词采用“严禁”。

2) 表示严格，在正常情况下均应这样做的：
正面词采用“应”；
反面词采用“不应”或“不得”。

3) 表示允许稍有选择，在条件许可时首先应这样做的：
正面词采用“宜”或“可”；
反面词采用“不宜”。

2 标准中指明应按其他有关标准执行时，写法为“应按……执行”或“应符合……的要求（或规定)”。

中华人民共和国行业标准

建筑照明术语标准

JGJ/T 119—2008

条 文 说 明

前　言

根据建设部［2005］建标［2005］84号文的要求，由中国建筑科学研究院主编，与中国航空工业规划设计研究院等单位共同修订的《建筑照明术语标准》JGJ/T 119—2008经建设部2008年11月13日以第144号公告批准、发布。

为便于广大设计、施工、科研、学校等单位的有关人员在使用本标准时能正确理解和执行条文规定，《建筑照明术语标准》修订组按章、节、条顺序编制了本标准的条文说明，供使用者参考。在使用中如发现条文说明中有欠妥之处，请将意见函寄中国建筑科学研究院建筑物理研究所（北京市西城区车公庄大街19号；邮政编码：100044）。

目　次

1　总则 …………………………………… 2—8—35
2　辐射和光、视觉和颜色 ………… 2—8—35
2.1　辐射和光 …………………………… 2—8—35
2.2　视觉 ………………………………… 2—8—35
2.3　颜色 ………………………………… 2—8—36
3　照明技术 ………………………………… 2—8—37
3.1　一般术语 …………………………… 2—8—37
3.2　照明评价指标 ……………………… 2—8—37
3.3　照明方式和种类 …………………… 2—8—37
3.4　照明设计计算 ……………………… 2—8—38
4　电光源及其附件 ……………………… 2—8—38
4.1　电光源 ……………………………… 2—8—38
4.2　附件 ………………………………… 2—8—39
4.3　光源特性参数 ……………………… 2—8—39
5　灯具及其附件 ………………………… 2—8—39
5.1　灯具 ………………………………… 2—8—39
5.2　附件 ………………………………… 2—8—40
5.3　灯具特性参数 ……………………… 2—8—40
6　建筑采光和日照 ……………………… 2—8—41
6.1　光气候 ……………………………… 2—8—41
6.2　采光方式 …………………………… 2—8—42
6.3　采光计算 …………………………… 2—8—42
6.4　建筑日照 …………………………… 2—8—42
7　材料的光学特性和照明测量 …… 2—8—42
7.1　材料的光学特性 …………………… 2—8—42
7.2　照明测量 …………………………… 2—8—42

1 总　　则

本术语标准适用于工业与民用建筑照明、道路照明、室外场地照明（如广场、码头、货场、运动场地等的照明），同时也适用于其他与照明有关的领域。

本标准包括建筑的人工照明（简称照明）和天然采光（简称采光）两个方面的内容，其中包括辐射和光、视觉和颜色、照明技术、电光源及其附件、灯具及其附件、建筑采光和日照、材料的光学特性和照明测量等方面的术语条目。

制订本标准的目的是将有关照明的术语加以合理统一，使之规范化，以利于照明技术的发展和国内外交流。

本标准参照采用了已有的相关国家标准，同时也积极采用了国际权威机构国际电工委员会（IEC）和国际照明委员会（CIE）所推荐的最新照明术语。

各术语的定义力求通俗易懂，对于含混和产生不同理解的条目以及有多种不同的定义的条目将在本条文说明中加以解释。

2 辐射和光、视觉和颜色

2.1 辐 射 和 光

2.1.1 电磁辐射

这一术语有两种含义，其定义如条文所述。

2.1.2 光学辐射

常简称光辐射。

2.1.3 可见辐射

可见辐射的光谱范围，设有一个明确的界限，因为它既与到达视网膜的辐射功率有关，也与观察者的响应度有关。在一般情况下，可见辐射的下限取在360nm到400nm之间，而上限在760nm到830nm之间。通常把它们分别限定在380nm和780nm之间。

2.1.5 紫外辐射

在某些应用场合，也可将条文中三种紫外辐射称为近紫外、远紫外和极紫外（真空紫外）辐射。100～200nm之间的紫外辐射在空气中易被吸收。

2.1.6 光

在光度学和色度学中，光被赋予两种含义。照明是通过光来实现的，在照明中所指的光为可见辐射，而可见辐射属光学辐射，而光学辐射属电磁辐射。

2.1.13 光谱光（视）效率

人眼在看同样功率的辐射时，在不同波长时，感觉到的亮度不同，人眼的这种特性称为光谱光（视）效率。

明视觉的光谱光（视）效率是CIE于1924年取得同意，然后通过内插与外推方法加以完善。最后，由国际计量委员会（CIPM）于1976年加以推荐的值，由它确定了$V(\lambda)$函数或曲线。

暗视觉的光谱光（视）效率是CIE于1951年采用青年观察者的光谱光（视）效率值，然后由CIPM于1976年认可，由它确定$V'(\lambda)$函数或曲线。

2.1.15 光通量

由于人眼睛对不同波长的光具有不同的灵敏度，我们不能直接用辐射功率和辐射通量来衡量光能量，因此必须采用以人眼睛对光的感觉量为基准的基本量——光通量来衡量。

2.1.17 发光强度

简称光强，它表征光通量的空间分布的特性。

2.1.18 （光）亮度

为区别于辐亮度，又称光亮度，在照明工程中常称为亮度。

2.1.19 （光）照度

为区别于辐照度，又称光照度，在照明工程中常称为照度。

2.2 视　　觉

2.2.2 明视觉

主要是由视网膜的锥状细胞起作用的视觉。明视觉能够辨认很小的细节，并有颜色感觉。指背景亮度约$2cd/m^2$以上的情况。

2.2.3 暗视觉

主要是由视网膜的柱状细胞起作用的视觉。暗视觉只有明暗感觉而无颜色感觉。指背景亮度在0.01～0.005cd/m^2以下的情况。

2.2.4 中间视觉

由视网膜的锥状细胞和柱状细胞同时起作用的视觉。指背景亮度在0.01～$2cd/m^2$之间的情况。

2.2.9 视角

视角可近似地由下式求出：

$$\alpha = 3440d/l \quad（弧分）$$

式中　α——视角，识别对象对人眼所形成的张角；

d——识别对象的尺寸大小；

l——识别对象对人眼的距离。

2.2.10 视觉敏锐度，视力

视力V在数量上等于人眼刚能区分物体的最小视角α_{min}（以分为单位）的倒数。

当α_{min}为$1'$时，则视为1.0；当α_{min}为$2'$时，则视力为0.5。

2.2.11 亮度对比

CIE定义为与感知的视亮度对比有关的量，在亮度阈附近时用$\Delta L/L$表示，在更高亮度时，则用L_1/L_2表示，而在我国的标准和书刊中常用本条所用的公式，这样可以表示出是正对比，还是负对比，因为对比正负不同，其视觉功效是不同的。

2.2.12 可见度

可见度在定量上等于物体的实际亮度对比与刚能识别物体的阈限亮度对比之比。

2.2.14 视觉功效

过去习惯常称“视觉功能”，而本标准用“视觉功效”词名更符合定义。

2.2.16 频闪效应

气体放电灯点燃后，由于交流电的频率影响，使发射出的光线产生相应的频率效应。

2.2.21 失能眩光

我国现有的照明标准中均采用失能眩光这一术语，然而从定义上理解称失能，似乎眩光太严重了。因此，我国有人主张称“碍视眩光”或“减视眩光”，日本称“减能眩光”。考虑到在我国此术语已沿用多年，故仍采用本条的称谓。

2.2.24 视亮度

人眼对物体明亮程度的主观感觉，它与亮度的物理量不相符，它受视觉感受性、适应亮度水平和过去经验的影响。

2.2.25 统一眩光值

来源于CIE第117号（1995）出版物《室内照明的不舒适眩光》。

2.2.26 眩光值

来源于CIE第112号（1994）出版物《室外体育场和区域照明的眩光评价系统》。

2.2.27～2.2.30 显色性；显色指数；特殊显色指数；一般显色指数

来源于CIE第150号（2003）出版物《限制室外照明设施产生的干扰光影响指南》。

2.3 颜　　色

2.3.1 颜色，色

人眼的基本特性之一，不同波长的可见光引起人眼不同的颜色感觉，在明视觉条件下，感知色取决于色刺激的光谱分布、刺激面大小、形状、构成、周边、观测者的视觉适应状态以及观测者的观测经验等。它用三刺激值计算式所规定的色刺激值来表征。

2.3.11 （感知的）有彩色

在日常生活中所用的色的意思，是白、灰、黑的对立词。

2.3.12 色调，色相

在我国现有标准中均将hue译为“色调”，实际上色调的英文名称为tone，而hue应译为色相，严格讲色调和色相的含义是不同的。考虑到与现行国家标准《颜色术语》GB/T 5698的名词相一致，故用本条的两种称谓。色调是彩色相互区分的特性，可见光谱中各个不同波长的辐射，在视觉上表现为各种色调，例如红、黄、绿、蓝等。

2.3.13 饱和度

指色彩的纯洁性，可见光谱中的各种单色光是最饱和的色彩，物体色的饱和度决定该物体表面反射光谱辐射的选择性。在给定的观察条件下，除非视亮度很高，色品一定的色刺激在产生明视觉的光亮度范围内呈现大体不变的饱和度。

2.3.14 彩度

在给定的观察条件下，除非视亮度很高，来自亮度因素确定的表面且色品确定的相关色刺激，在产生明视觉的光亮度范围内呈现大体不变的彩度；在同样环境和给定照度下，若亮度因素增加，彩度通常也增大。

2.3.17 色品坐标

1 因为三个色品坐标之和等于1，所以只用其中两个色品坐标就足以定义色品，并在色品图上标定其位置。

2 在CIE标准色度系统中，色品坐标分别用符号x、y、z和x_0、y_0、z_0表示。前一组为2°视场的，后一组为10°视场的。

2.3.18 色品

色品或色度是用CIE1931标准色度系统所表示的颜色性质。利用CIE1931采纳的三个色匹配函数$X(\lambda)$,$Y(\lambda)$,$Z(\lambda)$和参比色刺激$[X]$,$[Y]$,$[Z]$确定任意光谱功率分布三刺激值的系统。三刺激值是在给定的三色系统中，所考虑刺激的色匹配所需要的三参比色刺激量。

2.3.19 色品图

在CIE标准色度系统中，通常把y画成垂直坐标和把x画成水平坐标来得到x，y色品图。它是用平面坐标表示颜色位置的图。

2.3.22 相关色温度

计算色刺激相关色温度的方法是在色品图上确定出含刺激点约定的等温线与普朗克轨迹的相交点对应的温度。

2.3.23 色表，色貌

色表是与色刺激和材料质地有关的颜色的主观印象，它有冷色表、暖色表和介于前两种之间的中间色表之分。对于光源色用光源的色温来划分色表，对于物体色用色调或色相来划分色表。

2.3.29 CIE特殊显色指数

特殊显色指数R_i是指光源对CIE规定的14种中的某一选定的标准颜色样品的显色指数，其计算式如下：

$$R_i = 100 - 4.6\Delta E_i$$

ΔE_i是在被测光源照射下和在参照标准光源照射下第i个检验色样的色表。

2.3.30 CIE一般显色指数

一般显色指数R_a是指被测光源对CIE规定的1～8号为一组的检验色样的特殊显色指数R_i的平均值，其计算式如下：

$$R_a = 1/8\sum_{i=1}^{8} R_i$$

CIE 规定参照标准光源的显色指数 R_a 为 100。

3 照 明 技 术

3.1 一 般 术 语

3.1.1 照明

日常中，“照明”一词也含有“照明系统”或“照明装置”的意思。

3.1.4 绿色照明

绿色照明是指通过科学的照明设计，采用效率高、寿命长、安全和性能稳定的照明电器产品（电光源、灯用电器附件、灯具、配线器材，以及调光控制调和控光器件），改善提高人们工作、学习、生活的条件和质量，从而创造一个高效、舒适、安全、经济、有益的环境并充分体现现代文明的照明。

3.1.5 夜间景观

本条术语中的自然光指月光、星光和黄道光等；灯光指夜景照明用的各种人造光源。

3.1.7 （亮或暗）环境区域

来源于 CIE 第 150 号（2003）出版物《限制室外照明设施产生的干扰光影响指南》。根据环境亮度状况按规划或活动的内容，对限制干扰光的光污染提出相应要求的区域。区域划分为 E1 至 E4 共 4 个区域：

E1 区为天然暗环境区，如国家公园、自然保护区和天文观象台等；

E2 区为低亮度环境区，如乡村的工业区或居住区等；

E3 区为中等亮度环境区，如城郊工业区或居住区等；

E4 区为高亮度环境区，如城市中心区和商业区等。

3.2 照明评价指标

3.2.1 平均照度

指近似于表面上有代表性的多点照度的平均值。这些点的数量和位置应在有关应用指南和测量方法标准中规定。这一规定必须包含明确指明各点的何种平均照度，如水平的、垂直的、柱面的或是半柱面的照度。

3.2.2 平均亮度

指近似于表面上有代表性的多点亮度的平均值，这些点的数量和位置应在有关应用指南和测量方法标准中规定。

3.2.22 路面维持平均亮度（照度）

道路照明标准中，规定的是平均亮度、平均照度的维持值，以确保灯具和光源在维护前，平均亮度和平均照度值均能符合标准要求。

3.2.23 阈值增量

阈值增量是度量失能眩光的量，用它来评价道路照明的眩光控制程度。由于存在眩光源时，在视网膜上形成一种光幕，降低了视网膜上物象的对比使人眼的可见度阈提高。这个增加的量与视线垂直面上的照度以及各表面的平均亮度有关。

3.2.24 （道路照明）环境比

环境比是 CIE 新增加的道路照明评价指标，它影响到驾驶员的视觉适应，因而和安全驾驶紧密相关。

3.3 照明方式和种类

3.3.1 一般照明

不考虑局部特殊要求，为照亮整个场所而设置的均匀照明。

3.3.2 局部照明

局部照明是作为对一般照明的补充并单独控制的照明。房间中不能只装局部照明（宾馆客房除外）。

3.3.3 分区一般照明

对某一特定区域设计成不同照度是指较高的或较低的照度。

3.3.5 常设辅助人工照明

当单独利用天然光照明不充足和不适宜时，为补充天然光而日常固定使用的照明，这是一种天然采光和人工照明相结合的辅助照明系统，常设人工辅助照明通常设在进深较大的建筑物中。

3.3.7 应急照明

过去常称为事故照明，应急照明是在正常照明系统失效时，为保证人员疏散继续工作和人身安全而设置的照明，因此，应急照明又细分为疏散照明、备用照明和安全照明。

3.3.19 定向照明

光源主要从优选方向投射到工作面上和物体上的照明，在定向照明下，物体有清晰的轮廓和阴影。

3.3.20 漫射照明

投射到工作面和物体上的光，在任何方向均无明显差别的照明。在漫射光照明下，光线柔和，物体几乎无阴影。

3.3.21 泛光照明

为照亮某一场地或目标，使其视亮度明显高于周围环境的照明，主要用于建筑夜景照明和各种场馆照明。

3.3.22 重点照明

为突出特定的目标或引起对视野中某一部分注意而设置的照明，它加强光的表现效果，造成生动活泼的光气氛。

3.3.29 栏杆照明

栏杆照明是桥梁照明的一种方式，它有许多难于克服的缺点，一般不宜采用。

3.3.30～3.3.33 轮廓照明；内透光照明；剪影照明；动态照明

是几个常用的夜景照明方式。术语的英文名称和定义是参考 CIE 第 94 号（1993）出版物等确定的。

3.4 照明设计计算

3.4.1 光强分布，配光

严格讲只用光强分布这一术语即可，考虑到配光这一术语在我国已沿用多年，而且日本也称配光，故增加配光的称谓。配光曲线场统一按光通量为 1000lm 绘制。

3.4.9 参考平面

是假定的工作面，用在室内照明时，一般指距地面 0.75m 高的水平面；在天然采光情况下，一般指距地面 1m 高的水平面。

3.4.10 工作面

通常为在其上进行工作的实际工作面，其高度由实际情况而定，工作面也可以是水平的、倾斜的和垂直的。一般工作面指距地面 0.75m 或 1m 的水平面。

3.4.13 室空间比

美国照度计算用带腔法求取利用系数时采用室空间比，我国的灯具计算图表也均采用室空间比，它与室形指数相比较，为十个简单连续整数，利用插入法计算简便，不易同利用系数混淆，可用来校核利用系数。

3.4.15 维护系数

过去有的称减光系数，在现有的国家标准中均采用本条的称谓，它是小于 1 的系数。

3.4.16 点光源

通常当光源的尺寸 d 与它至被照面的距离 l 相比较小于 1/5（即 $5d<l$）时，可视为点光源。

3.4.17 线光源

若光源到被照面的距离为 l，灯具的长度为 a，宽度为 b，当 $5a>l$，且 $5b\leqslant l$ 时，可视为线光源。

3.4.18 面光源

若光源到被照面的距离为 l，灯具的长度为 a，宽度为 b，当 $5a>l$，且 $5b>l$ 时，可视为面光源。

3.4.29～3.4.31 仰角；悬挑长度；灯臂长度

灯具仰角、悬挑长度和灯臂长度等一起是道路照明中设计计算的几何参数，它们影响到照明的数量和质量。

3.4.32 路面的有效宽度

路面的有效宽度，是在道路照明设计中为了确保路面的亮度、照度达到一定的均匀度而确定灯具安装高度时要用到的一个参数。

当灯具采用单侧布置方式时，道路有效宽度为实际路宽减去 1 个悬挑长度；当灯具采用双侧（包括交错和相对）布置方式时，道路有效宽度为实际路宽减去 2 个悬挑长度；当灯具在双幅路中间分车带上采用中心对称布置方式时，道路有效宽度就是道路实际宽度。

3.4.33～3.4.35

亮度系数、简化亮度系数、平均亮度系数为描述路面反光性能的参数，道路照明亮度及其均匀度计算时需用这些系数。

4 电光源及其附件

4.1 电 光 源

4.1.1 电光源

是电能转换成光辐射能器件的总称，包括固体发光光源和气体放电光源两大类，而固体发光光源又包括热辐射光源（白炽灯、卤钨灯）和电致发光光源（如发光二极管）。

4.1.2 白炽灯

将发光元件（通常为钨丝）通电流加热而发光的灯。按灯泡内是否充惰性气体可分为真空灯和充气灯；按玻壳材料不同，有透明灯泡，也有磨砂灯泡、乳白灯泡、涂白灯泡等；按光束分散分为反射型灯泡、封闭型光束灯泡、聚光灯泡等；玻壳制成不同颜色的，有装饰灯泡。各种白炽灯分别见 4.1.4 条至 4.1.14 条。

4.1.3 钨丝灯

灯丝所耗电能，只有一小部分转换为可见光，故其发光效能很低。

4.1.4 真空灯

一般为 15W 和 25W 的灯泡，其优点是没有气体造成的热损耗；但是钨丝蒸发，使泡壳内壁有沉积发黑的缺点。

4.1.5 充气灯

充气能降低钨蒸发，但在泡壳内引起热对流，增加热损耗。

4.1.11 封闭型光束灯泡

灯丝位于泡壳内抛物面的焦点上，将光束集中投射，主要用作投光灯和泛光灯。

4.1.15 卤钨灯

充入卤族元素，并保持某个温度和采取一定的设计条件后，可形成卤钨循环。其光效和寿命都比钨丝灯有一定提高，外形尺寸也大为缩小。碘钨灯、溴钨灯均属于此类。

4.1.16 低压卤钨灯

通常用 12V 电压供电的小型卤钨灯。

4.1.17 放电灯

气体放电灯包括辉光放电灯（有氖灯、霓虹灯）和弧光放电灯两类；用于建筑照明的主要是弧光放电灯，又包括高强度气体放电灯和低压气体放电灯。由于所充气体的不同，所发出的辐射谱线范围也不同。

4.1.22 高压钠（蒸气）灯

这种灯色温约为2100K，显色指数约为23～25，光效可达70～130lm/W，是道路照明的主要光源，也可用于显色要求不高的工业场所。

另外，为了改善显色性能，研制了中显色高压钠灯（显色指数为60）和高显色高压钠灯（显色指数达80以上），但其光效有不同程度下降。

4.1.23 低压钠（蒸气）灯

属低压气体放电灯的一种，是高光效、低色温、低显色性的光源。其辐射近乎单色，集中在580.0nm和589.6nm的黄色谱线，可用于不需分辨颜色的场合。

4.1.24 金属卤化物灯

充金属卤化物用来提高灯的光效和显色性，发光的颜色由添加的金属元素决定。

4.1.25 氙灯

氙灯发射连续光谱，其光色接近太阳光，其光效不很高，约20～50lm/W，其控制装置大而重，成本高，故使用较少。

4.1.26 霓虹灯

也可以是由汞蒸气放电产生紫外辐射激发荧光粉涂层的细长状低气压放电霓虹灯。可以制成各种形状，充入不同惰性气体，发出各种彩色光，用于广告、标识和装饰照明。

4.1.27 荧光灯

荧光灯包含多种形式和品种。从启动方式可分为预热启动式、快速启动式、瞬时启动式；按使用的荧光粉可分为普通卤粉荧光灯和三基色荧光灯；按灯管形状可分为直管形、环形、紧凑型等。

各种荧光灯分别见4.1.28条至4.1.36条。荧光灯的结构适宜于大批量生产，因而价格较低廉，加之光效高，显色性好（三基色荧光灯），具有多种光色，从而是使用最广泛的光源。

4.1.33 三基色荧光灯

这种灯光色好，寿命更长，显色性大大提高，其显色指数大于80以上，最高的可达96。

4.1.39 无极感应灯

这种灯由于取消了电极，故寿命很长是其主要优点。

4.1.40 弧光灯

弧光灯具有强烈的辐射能，通常作强光源使用，如探照灯、电影放映灯等。

4.1.44 紫外灯

这种灯辐射的波长很重要，如用于杀菌的其最小波长为260nm；用于一般保健的约为297nm；不同用途的灯管要求有不同功率和不同尺寸。

4.1.46 发光二极管（LED）

是一种具有多种彩色和白色的新型光源。当前主要用于交通信号灯、建筑标志灯、汽车标志灯、建构筑物夜景照明等。根据所用半导体材料的不同，发出的光的颜色不同，其效率也不同。

4.2 附　　件

4.2.1 灯头

灯头有多种形式，以适应不同种类和不同功率光源的需要，从结构上分有螺口式、卡口式、插脚式等，并且有不同的尺寸。

4.2.9 镇流器

镇流器可以是电感式、电容式、电阻式或它们的组合方式，也可以是电子式的。照明工程中较普遍应用的是电感镇流器，又包括普通电感镇流器和节能电感镇流器，后者的自身功耗低于一定数值。

4.2.10 电子镇流器

由电子器件和稳定性元件组成，将工频（50～60Hz）变换成高频（通常为20～100kHz）电流（有时也变换成低频电流）供给放电灯的镇流器。它同时兼有启动器和补偿电容器的作用。

4.3 光源特性参数

4.3.4 （灯的）线路功率

有的称（灯的）输入功率和（灯的）线路输入功率，指灯的额定功率加镇流器消耗功率之和，即电源端输入功率值。

5 灯具及其附件

5.1 灯　　具

5.1.1 灯具

本条按CIE的术语给出了灯具的定义，而与美国的定义差别在于不包括光源。美国的定义包括光源，有时还包括镇流器和光电池。

5.1.2～5.1.7 对称配光型（非对称）灯具；直接型灯具；半直接型灯具；漫射型灯具；半间接型灯具；间接型灯具

将室内照明灯具按照它们的光分布进行分类。这种分类是根据灯具上、下半球光通量比来确定的。这种分类对正确选择灯具大有好处。

5.1.8～5.1.10 广照型灯具；中照型灯具；深照型灯具

这种分类与灯具外形和灯具光分布有关。

5.1.12 防护型灯具

表示防护等级的代号通常由特征字母IP和两个特征数字组成。即IP××。

特征字母Ⅰ的数字是防止人体触及或接近外壳内部的带电部分，防止固体异物进入灯具外壳内部的保护等级，它分为7个等级，每级有规定的含义。本标准中仅列入防尘灯具（其Ⅰ为5）和尘密型灯具（其Ⅰ

为6）的词条。还有无防护（I为0）到防大于1mm的固体异物（I为4）。

特征字母P的数字是指防止水进入外壳内部造成的有害程度的防护等级，它分为9个等级，每级有规定的含义，本标准中仅列入水密型防浸水灯具（其P为7）和水下防潜水灯具（其P为8）的词条。此外，还有无防护（P为0）、防滴水（P为1）、15°防滴（P为2）、防淋水（P为3）、防溅水（P为4）、防喷水（P为5）、防猛烈海浪（P为6）、防浸水影响（P为7）、防潜水影响（P为8）等灯具。

5.1.18 防爆灯具

在本标准中仅列入常用的隔爆型灯具和增安型灯具的词条。

5.1.21 可调式灯具

通过铰链、升降装置、套筒或类似装置可使灯具主要部件回转或移动的灯具。可调式灯具可以是固定式的，也可以是可移动式的。

5.1.22 可移式灯具

备有不可拆卸的软缆或软线和供电电源的插头，安装在墙上的灯具，以及用蝶形螺丝、钢夹、钓钩等将灯具固定，而使得可以很方便地用手搬离支撑物的灯具，均称作可移式灯具。

5.1.32～5.1.35 投光灯；探照灯；泛光灯；聚光灯，射灯

投光灯是泛光灯、探照灯和聚光灯的总称。光束角大于10°的投光灯称泛光灯；光束角小于10°的包括探照灯和聚光灯。这两种灯主要区别在于出光口的大小。

5.1.40～5.1.43 道路照明灯具；截光型灯具；半截光型灯具；非截光型灯具

1965年CIE将道路照明灯具按光强分布分成截光、半截光、非截光三类。有利于道路照明按照眩光限制的不同要求选择不同的灯具。

5.1.44 Ⅰ类灯具

来源于《灯具一般安全要求与试验》IEC 60598-1：2003。IEC对该类灯具尚有3点附加说明：

1 对于使用软缆或软线的灯具，这种预防措施包括保护导体，是软缆或软线的一部分。

2 Ⅰ类灯具可以有双重绝缘或加强绝缘的部件。

3 Ⅰ类灯具可能含有依靠在安全特低电压（SELV）进行防触电保护的部件。

5.1.45 Ⅱ类灯具

来源于《灯具一般安全要求与试验》IEC 60598-1：2003。IEC对该类灯具尚有5点附加说明：

1 这样的灯具可以具有下列基本形式之一：

1） 具有耐用和坚固的完整绝缘材料外壳的灯具，该外壳包住除诸如铭牌、螺钉和铆钉之类小的部件以外的所有金属部件，这些小的部件用至少相当于加强绝缘的绝缘材料与带电部件隔离。这样的灯具称为绝缘外壳式Ⅱ类灯具。

2） 有坚固的全金属外壳的灯具，除了那些使用双重绝缘明显不行的部件采用加强绝缘外，其内部全部采用双重绝缘。这样的灯具称为金属外壳式Ⅱ类灯具。

3） 上述1）和2）的组合形成的灯具。

2 绝缘外壳式Ⅱ类灯具的外壳可以成为附加绝缘或加强绝缘的一部分或全部。

3 如接地是为了帮助启动，而不接到易触及金属部件，该灯具仍然被认为是Ⅱ类灯具。灯头、外壳和光源的启动并不被看作易触及金属部件，但经试验确定为带电部件的除外。

4 如果一个全部是双重绝缘或加强绝缘的灯具有接地接线端子或接地触点，该灯具为Ⅰ类结构。然而，一个Ⅱ类固定式灯具打算环路安装的话，为使接地导体的电气连续性不在该灯具内终止，在灯具内可以有一个内部接线端子，该灯具提供Ⅱ类绝缘使这个内部接线端子与容易触及的金属部件隔离。

5 Ⅱ类灯具内可以有依靠在安全特低电压（SELV）下工作来达到防触电保护的部件。

5.1.46 Ⅲ类灯具

来源于《灯具一般安全要求与试验》IEC 60598-1：2003。IEC对于该类灯具不应提供保护接地措施。

5.1.48 墙面布光灯，洗墙灯

注意洗墙灯和掠射灯的区别。洗墙灯因为距墙面较远，光线可均匀分布在墙面上，墙面在视觉上浑为一体。而掠射灯距墙面较近，光线射到墙面上能凸现墙面的纹理。

5.1.49 矮柱灯

这种灯的英文为叫 bollard，在室外照明中应用很多，室内照明也有使用，国内至今无明确的译名。把它称为草坪灯肯定是不妥的，而本标准的称谓符合实际。

5.1.50 埋地灯

广泛用于室外景观照明，有时也兼作功能照明。应根据不同场所对照明的不同要求，分别选择带或不带防眩光板或格栅、不同光束角、不同防护（IP）等级以及不同的耐压性能的埋地灯。

5.2 附　　件

5.2.3 遮光格栅

遮光格栅包括在灯具底部的长和宽两个方向有格片，也可能只在一个方向有格片。

5.3 灯具特性参数

5.3.2 截光角

即灯丝（或发光体）最边缘的一点和灯具出光口的连线与灯丝（或发光体）中心的垂线之间的夹角。

5.3.3 遮光角

过去常称保护角，因词名与定义不太符合，故现均改用遮光角这一词名。它是截光角的余角。

6 建筑采光和日照

6.1 光 气 候

6.1.1 光气候

泛指室外光线变化的规律。影响室外光线的因素有：太阳高度角、云状、云量、日照率、大气透明度、地球位置和季节等。它是随时间、地点、气候条件变化的，需长时间观测积累而成的。

6.1.13 CIE 标准一般天空

CIE 自 1955 年提出 CIE 标准全阴天空亮度分布的数字模型后，1973 年又提出了 CIE 标准全晴天空的亮度分布数字模型，国际标准化组织和国际照明委员会于 1997 年将以上二种天空亮度分布的数学模型集中在一起提出了《全阴天空和全晴天空的天然光亮度的空间分布》。

由于世界各地的绝大部分实际天空亮度分布，既不属于全阴天空，也不属于全晴天空。为了便于确定天然采光计算所需的实际天空状况，人们先后提出了中间天空和平均天空等各种不同的天空亮度分布的数字模型。1994 年公布了 CIE 第 110 号（1994）出版物《CIE 的各种参考天空的天然光亮度的空间分布》。

随后 CIE 和国际标准化组织 ISO 联合将各种不同天空的亮度分布的数学模型进行了系统的整理，最后归纳为 15 种不同的一般天空，见表 1，并形成 ISO 第 15469 号、CIE S 011 号出版物《一般天空的天然采光亮度的空间分布》ISO 15469：2004/CIE S 011：2003。本条术语就是根据 ISO/CIE 的这一标准文件编写的。

若任意天空要素的天顶角为 Z（rad），方位角为 α（rad），亮度为 L_α（cd/m^2），太阳的天顶角为 Z_s（rad），方位角为 d_s（rad），则 15 种天空亮度分布表示如式（1）所示：

$$\frac{L_\alpha}{L_z}=\frac{f(\chi)\cdot\varphi(Z)}{f(Z_s)\cdot\varphi(0)} \qquad (1)$$

$\varphi(Z)$ 被称为亮度渐变函数，表示公式如式（2）所示：

$$\varphi(Z)=1+a\cdot\exp\left(\frac{b}{\cos Z}\right) \qquad (2)$$

式中，系数 a 与 b 根据不同天空分类取值。天顶处的数值为：

$$\varphi\left(\frac{\pi}{2}\right)=1 \qquad (3)$$

$f(\chi)$ 为相对散射指数，按下式计算

$$f(\chi)=1+c\left[\exp(d\chi)-\exp\left(d\,\frac{\pi}{2}\right)\right]+e\cdot\cos^2\chi \qquad (4)$$

式中，系数 c，d，e 的取值与系数 a，b 一样。天顶处的数值为：

$$f(Z_s)=1+c\left[\exp(dZ_s)-\exp\left(d\,\frac{\pi}{2}\right)\right]+e\cdot\cos^2 Z_s \qquad (5)$$

表 1 CIE 标准一般天空的参数

分类	系数 a	系数 b	系数 c	系数 d	系数 e	天空亮度分布
1	4.0	−0.70	0	−1.0	0	全阴天空（近似值），朝向天顶亮度发生急剧渐变，但各方位相同
2	4.0	−0.70	2	−1.5	0.15	全阴天空的亮度发生急剧的渐变，朝向太阳的一侧稍亮
3	1.1	−0.8	0	−1.0	0	全阴天空的亮度发生平缓的渐变，但各方位相同
4	1.1	−0.8	2	−1.5	0.15	全阴天空的亮度发生平缓的渐变，朝向太阳的一侧稍亮
5	0	−1.0	0	−1.0	0	均匀天空
6	0	−1.0	2	−1.5	0.15	部分存在云的天空，朝向天顶无渐变
7	0	−1.0	5	−2.5	0.30	部分存在云的天空，太阳的周边较亮
8	0	−1.0	10	−3.0	0.45	部分存在云的天空，朝向天顶无渐变，但有明显的光环
9	−1.0	−0.55	2	−1.5	0.15	部分存在云的天空，看不见太阳
10	−1.0	−0.55	5	−2.5	0.30	部分存在云的天空，太阳的周边亮
11	−1.0	−0.55	10	−3.0	0.45	白色晴天空，有明显的光环
12	−1.0	−0.32	10	−3.0	0.45	全晴天空，清澄大气
13	−1.0	−0.32	16	−3.0	0.30	全晴天空，浑浊大气
14	−1.0	−0.15	16	−3.0	0.30	无云浑浊天空，大范围光环
15	−1.0	−0.15	24	−2.8	0.15	白色混浊晴天空，大范围光环

注：引自 ISO 第 15469 号、CIE S 011 号出版物《一般天空的天然采光亮度的空间分布》

6.1.14 天顶亮度

CIE 标准全阴天空、CIE 标准全晴天空和 CIE 标准一般天空的天空亮度分布都是用天顶亮度的相对值表示的。如果想知道天空亮度的实际值，就必须先求出天顶亮度。为了便于采光设计时，计算天空的实际亮度，增加了这一术语。本术语中的式（6）来源于 1986 年国际天然光会议论文集的 61～66 页。式（7）来源 1990 年日本建筑学会研究报告第 169～172 页。

式（8）来源于ISO第15469号、CIE S 011号出版物《一般天空的天然采光亮度的空间分布》。

天顶亮度的绝对数值为：

全阴天空天顶亮度 L_{zo}（kcd/m²），可按式（6）计算。

$$L_{zo}=15.0\cdot\sin^{1.68}\gamma_s+0.07 \quad (6)$$

一般天空天顶亮度 L_{zi}（kcd/m²），可按式（7）计算。

$$L_{zi}=9.90\cdot\sin^{1.68}\gamma_s+3.01\cdot\tan^{1.18}(0.84b\cdot\gamma_s)+0.112 \quad (7)$$

晴天天空天顶亮度 L_{zc}（kcd/m²），可按式（8）计算。

$$L_{zc}=6.4\cdot\tan^{1.18}(0.84b\cdot\gamma_s)+0.14 \quad (8)$$

式中，γ_s 为太阳高度角。

6.1.15 室外临界照度

采光系数和室内天然光照度值是通过室外临界照度来联系的。室外临界照度是室内天然光照度等于各级视觉工作的室内天然光照度时的室外照度值，即室内需要开或关灯时的室外照度值。它指一个地区可以利用天然光时间内，室外水平面在无遮挡情况下，受无云全阴天空漫射光照射下的室外最低照度值。室外临界照度决定各地区的光气候。我国分为5个光气候区，它们的临界照度分别为：4000lx、4500lx、5000lx、5500lx、6000lx，其天然光的利用时数平均每天达10小时。

6.2 采光方式

考虑到近年来各种新型采光方式的出现，新增了采光方式一节。本节术语的来源是国际照明委员会（CIE）第17.4号（1987）出版物《国际照明词典》。

6.3 采光计算

6.3.2 采光系数

采光系数的英文原义应译为采光因数，鉴于采光系数这一术语在我国已使用几十年，故仍保留采光系数的称谓。

6.3.6 天空遮挡物

这里主要指建筑物、构筑物以及树木等挡住光线从窗户进入室内的物体。

6.3.9 光气候系数

根据我国5个光气候区的年平均总照度值确定的系数值。用于确定该地区的采光系数标准值。规定Ⅲ类地区（如北京地区）为1，Ⅰ类地区（如西藏地区）、Ⅱ类地区（如新疆地区）的系数小于1，而Ⅳ类地区（如华中、华南地区）、Ⅴ类地区（如成都、重庆等西南地区）的系数大于1。在采光计算时，各类地区的采光系数标准值应乘以相应的光气候系数。

6.4 建筑日照

6.4.4、6.4.5 冬至日；大寒日

冬至日和大寒日为新增术语，原因是根据现行国家标准《城市居住区规划设计规范》GB 50180的规定，将过去全国各地一律以冬至日为日照标准日，改为采用冬至日和大寒日两级标准日。

6.4.7 日照时数

指在一定的时间段内，太阳光不被其他建筑物、山丘、树木等遮挡直接照在被照建筑物上的累计时间，其中原标准的直接日辐射量为120W/m²，按现行国家标准《电工术语　照明》GB/T 2900.65－2004的定义，改为200W/m²。

7 材料的光学特性和照明测量

7.1 材料的光学特性

7.1.1 反射

落在媒质上的一部分辐射在介质的表面上被反射，称此反射为表面反射；另一部分辐射可能被介质的内部散射回去，称此反射为体反射。只有当折回辐射的材料不存在多普勒效应时，才不改变辐射的频率。

7.1.4 漫射，散射

漫射分为选择性漫射和非选择性漫射，它有无漫射性质的变化取决于入射辐射的波长。

7.1.18 反射比

反射比为规则反射比和漫反射比之和。

7.1.19 透射比

透射比为规则透射比和漫透射比之和。

7.2 照明测量

7.2.6 分布光度计，变角光度计

过去习惯上常称分布光度计，也称配光曲线仪，只用于测定光源和灯具的光的方向分布特性，而变角光度计除用于测光源和灯具的光的方向分布特性外，还用于测介质和表面的光的方向分布特性。

7.2.16 光电池

在两个半导体间的 P-N 结附近，或在半导体与金属触点附近吸收辐射而产生电动势的光电探测器。

中华人民共和国行业标准

擦窗机安装工程质量验收规程

Specification for construction and acceptance
of installation of permanently installed
suspended access equipment

JGJ 150—2008
J 779—2008

批准部门：中华人民共和国建设部
施行日期：2008 年 7 月 1 日

中华人民共和国建设部
公　　告

第 798 号

建设部关于发布行业标准《擦窗机安装工程质量验收规程》的公告

现批准《擦窗机安装工程质量验收规程》为行业标准，编号为 JGJ 150－2008，自 2008 年 7 月 1 日起实施。其中，第 4.2.3、4.6.3、4.6.6、4.7.1、4.8.1、4.8.2、4.8.3、4.8.6、4.11.4、4.11.5、4.13.1（1、2）、4.13.2（1、2）、4.13.4（1、2）、4.14.1、4.15.4（1、2）条（款）为强制性条文，必须严格执行。

本规程由建设部标准定额研究所组织中国建筑工业出版社出版发行。

中华人民共和国建设部

2008 年 1 月 31 日

前　言

根据建设部《关于印发〈二〇〇四年度工程建设城建、建工行业标准制订、修订计划〉的通知》（建标［2004］66 号）的要求，标准编制组经广泛调查研究，认真总结我国擦窗机安装工程施工及验收的实践经验，同时参考了国外标准和国际标准，并在广泛征求意见的基础上制定了本规程。

本规程主要技术内容是：1. 总则；2. 术语；3. 基本规定；4. 擦窗机安装工程质量验收。

本规程由建设部负责管理和对强制性条文的解释，由主编单位负责具体技术内容的解释。

本规程主编单位：中国建筑科学研究院（地址：北京市北三环东路 30 号；邮政编码：100013）

本规程参编单位：北京凯博擦窗机械技术公司
北京北辰机械厂
北京市建筑工程研究院
北京施捷达通机电技术有限公司
北京双圆工程咨询监理有限公司
上海普英特高层设备有限公司
无锡申锡建筑机械有限公司
无锡小天鹅建筑机械厂
无锡通天建筑机械有限公司
无锡博宇建筑机械有限公司

本规程主要起草人：张　华　霍玉兰　薛抱新
喻惠业　兰阳春　平福泉
刘正才　吴仁山　杜景鸣
陈敏华　高智鹏　常云杰

目　次

1　总则 ………………………………… 2—9—4
2　术语 ………………………………… 2—9—4
3　基本规定 …………………………… 2—9—4
4　擦窗机安装工程质量验收 ………… 2—9—4
4.1　擦窗机进场验收 …………………… 2—9—4
4.2　擦窗机基础检验 …………………… 2—9—4
4.3　轨道 ………………………………… 2—9—4
4.4　预埋件及基础锚栓 ………………… 2—9—5
4.5　插杆装置 …………………………… 2—9—5
4.6　台车、滑梯和爬轨器 ……………… 2—9—5
4.7　吊臂 ………………………………… 2—9—5
4.8　卷扬式起升机构 …………………… 2—9—6
4.9　回转机构 …………………………… 2—9—6
4.10　行走机构 ………………………… 2—9—6
4.11　吊船 ……………………………… 2—9—6
4.12　钢丝绳 …………………………… 2—9—7
4.13　电气控制系统 …………………… 2—9—7
4.14　液压系统 ………………………… 2—9—7
4.15　爬升式起升机构、安全锁 ……… 2—9—7
4.16　整机安装验收 …………………… 2—9—8
附录A　安装单位资质报审表 ……… 2—9—8
附录B　工程技术文件报审表………… 2—9—9
附录C　工程动工报审表 …………… 2—9—10
附录D　工程物资进场报验表 ……… 2—9—11
附录E　进场检验记录表 …………… 2—9—12
附录F　擦窗机设备基础尺寸和位置的允许偏差…………………………… 2—9—13
附录G　擦窗机基础检验记录表 …… 2—9—13
附录H　隐蔽工程检查记录表 ……… 2—9—14
附录J　预检记录表 ………………… 2—9—14
附录K　擦窗机安装工程质量检验报告记录表 ……………………………… 2—9—15
附录L　擦窗机工程竣工报验表 …… 2—9—19
附录M　设备单机试运转记录表…… 2—9—20
本规程用词说明 …………………… 2—9—20
附：条文说明 ……………………… 2—9—21

1 总　　则

1.0.1 为了加强擦窗机安装工程的质量管理，统一擦窗机安装工程的质量要求，制订本规程。

1.0.2 本规程适用于建筑物或构筑物的各种擦窗机安装工程质量的验收；本规程不适用于自动擦窗机器人安装工程质量的验收。

1.0.3 擦窗机安装工程质量验收除应执行本规程外，尚应符合国家现行有关标准的规定。

2 术　语

2.0.1 擦窗机　permanently installed suspended access equipment

用于建筑物或构筑物窗户和外墙清洗、维护等作业的常设悬吊接近设备。

2.0.2 擦窗机安装工程　installation of permanently installed suspended access equipment

擦窗机生产单位出厂后的产品，在施工现场装配成整机至交付使用的过程。

2.0.3 擦窗机安装工程质量验收　acceptance of installation quality of permanently installed suspended access equipment

擦窗机安装的各项工程在履行质量检验的基础上，由监理单位（或建设单位）、土建施工单位、安装单位等几方共同对安装工程的质量控制资料、隐蔽工程和施工检查记录等档案材料进行审查，对安装工程进行普查和整机运行考核，并对所检项目进行检验，根据本规程以书面形式对擦窗机安装工程质量的检验结果做出确认。

2.0.4 擦窗机基础交接检验　handing over inspection of foundation of permanently installed suspended access equipment

擦窗机安装前，由监理单位（或建设单位）、土建施工单位、安装单位共同对擦窗机设备机座基础按本规程的要求进行检查，对擦窗机安装条件做出确认。

3 基 本 规 定

3.0.1 总承包单位施工前应向监理单位提供安装单位资质报审表（按本规程附录 A）、工程技术文件报审表（按本规程附录 B）以及工程动工报审表（按本规程附录 C），经监理单位审核同意后方可进场安装施工。

3.0.2 擦窗机主机、构配件和材料等进场物资，应符合设计要求和国家有关标准的规定，并应有质量合格证明，报监理单位审核批准后方可安装施工（按本规程附录 D 和附录 E）。

3.0.3 擦窗机安装工程施工质量控制应符合下列规定：

1 擦窗机安装前应按本规程附录 F 进行擦窗机基础交接检验，并应按本规程附录 G 记录；

2 擦窗机设备安装中的隐蔽工程（如擦窗机承重梁、轨道基础埋件、轨道支架焊接等），应在工程隐蔽前进行检验，并应按本规程附录 H 记录，合格后方可继续安装；

3 擦窗机设备安装前，尚应对设备基础位置、混凝土强度、标高、几何尺寸、预留孔、预埋件及与结构焊接的重要部位进行预检，并按本规程附录 J 进行检验和记录；

4 擦窗机设备安装完毕后，应由专业检测单位或监理单位按本规程附录 K 的要求进行检验，出具检验报告，并应由建设单位、总承包单位、监理单位和安装单位按本规程附录 L 进行竣工验收。

4 擦窗机安装工程质量验收

4.1 擦窗机进场验收

4.1.1 擦窗机进场的随机文件应包括：

1 擦窗机施工安装图；

2 产品出厂合格证；

3 产品出厂检验报告；

4 产品使用维护说明书；

5 产品电气原理图、符号说明；

6 产品安全操作规程；

7 产品装箱单。

4.1.2 擦窗机的设备外观不应存在明显的损坏。

4.2 擦窗机基础检验

4.2.1 擦窗机基础预埋件或钢结构及布置必须符合擦窗机基础布置图的要求。

4.2.2 擦窗机设备基础的允许偏差应符合本规程附录 F 的规定。

4.2.3 当擦窗机安装在屋面、女儿墙或其他建筑结构上时，屋面、女儿墙或其他建筑结构应能承受擦窗机及其附件的重量和工作载荷。

4.2.4 擦窗机电源插座的型号、数量及位置应符合擦窗机基础布置图的要求。

4.3 轨　　道

4.3.1 轨道应符合下列基本要求：

1 水平轨道在任意 6m 长度内，其表面标高差不应大于 10mm；

2 在最大荷载作用下，轨道两个支撑点之间的挠度不应大于其跨距的 1/250；

3 轨道接缝处的接口上下错位和左右错位不应大于2mm；

4 每根轨道长度不应大于12m，在轨道6～18m处应设置伸缩缝，伸缩缝的宽度不应大于3mm；

5 当轨道焊接口不在预埋钢板上时，在焊接口的下部必须焊加强垫板，垫板厚度不应小于轨道腹板的厚度；

6 焊缝表面不得有夹渣、气孔、裂纹等缺陷；

7 轨道接口的上表面和翼缘应磨平，切口应平整美观；

8 轨道表面应做防锈、防腐处理；

9 在轨道的起点和终点应设置限位挡块；

10 转弯轨道轨面圆弧应平整，不得有凸起、损伤、裂纹现象；

11 轨道道岔和转盘应能灵活扳动，定位应准确可靠，在转向点和分岔点处应设置定位装置。

4.3.2 屋面上水平及倾斜轨道应符合下列要求：

1 轨道直线段轨距的偏差不应大于轨距的1/150；曲线段的轨道应保证擦窗机正常运行；

2 同一横截面处二根轨道的表面高差不应大于轨距的1/400。

4.3.3 屋面上立式轨道应符合下列要求：

1 轨道轨距的偏差不应大于轨距的1/150；

2 在最大荷载作用下，轨道两个支撑点之间的挠度不应大于其跨距的1/250。

4.3.4 屋顶单悬水平轨道的中心线在任意6m长度内的偏差不应大于10mm。

4.4 预埋件及基础锚栓

4.4.1 预埋件的埋设应符合下列要求：

1 预埋件的坐标及尺寸应符合施工图的要求；

2 预埋件基础的底板边缘与墙壁边缘的距离应大于50mm；

3 预埋件螺栓及基础底板的表面应做防锈处理。

4.4.2 基础锚栓应符合下列要求：

1 锚栓的中心至基础或构件边缘的距离不得小于锚栓公称直径（d）的7倍，底端至基础底面的距离不得小于3倍锚栓公称直径，且不得小于30mm；相邻两根锚栓的中心距离不得小于10倍锚栓公称直径；

2 装设锚栓的钻孔不得与基础或构件中的钢筋、预埋管和电缆等埋设物相碰；不得采用预留孔；

3 锚栓基础的混凝土强度不得小于10MPa；

4 在基础混凝土有裂缝的部位不得使用锚栓；

5 锚栓钻孔的直径和深度应符合设计的规定。

4.5 插杆装置

4.5.1 插杆结构件不得有变形、开焊、裂纹和破损现象。

4.5.2 插杆与基座的连接应牢固可靠。在移位或拆卸时，插杆不得倒向女儿墙外侧。

4.5.3 插杆与插座间应安装定位装置，插杆在悬挂工作状态时不得转动。

4.5.4 插杆应有足够高度。

4.5.5 对于吊船不收回楼顶的插杆装置，当插杆悬臂超过1500mm时，应设置用以收放钢丝绳的外伸支承装置。

4.6 台车、滑梯和爬轨器

4.6.1 对于非封闭轨道的台车、滑梯或爬轨器应设置可靠的行程限位开关。

4.6.2 台车、滑梯或爬轨器必须在吊船位于最高设计位置或有关保护装置和互锁装置在设定的位置上时方能运行。

4.6.3 在使用台车、滑梯或爬轨器前，应对后备保护装置进行检查，后备保护装置动作必须准确可靠。

4.6.4 台车、滑梯应设有定位装置，在吊船处于停放位置时，台车或滑梯应能被可靠固定。

4.6.5 台车内的平衡配重物应可靠固定。

4.6.6 台车抗倾覆系数不应小于2。

4.6.7 当依靠楼顶固定装置保证台车、滑梯或爬轨器的稳定性时，固定装置应牢固可靠，不得有明显的弯曲和变形。

4.6.8 带升降机构的台车或滑梯，应保证其各运动部件能灵活运动，台车、滑梯或臂架的升降应平稳，不得出现跳跃式升降现象和卡阻现象。

4.6.9 对于带升降机构的台车、滑梯，应检查其升降机构的上下限位装置，上下限位装置应能正常动作。

4.6.10 对于靠钢丝绳或链传动实现升降运动的台车、滑梯，其系统应设置可靠的后备保护装置。由单根钢丝绳或链条传动的绳链的安全系数不应小于8；由双根绳链传动的绳链的安全系数不应小于12。对于靠齿轮和齿条实现升降运动的台车、滑梯，应设置防止台车、滑梯或臂架自重引起下滑的制动保护装置。对于靠液压系统实现升降运动的台车、滑梯，应设置防止台车、滑梯或臂架自重引起下滑或因管路破裂、泄漏而导致下坠的装置。

4.6.11 应保证台车与吊船间的通信设备能正常使用。

4.6.12 台车的罩壳应封闭，安装应牢固可靠。

4.6.13 台车、滑梯和爬轨器在额定荷载下，应能平稳运行并可靠制动，结构在工作时不得有明显扭曲、变形，部件不得有开焊、裂纹、破损现象。

4.7 吊臂

4.7.1 在使用伸缩变幅的吊臂或仰俯变幅的吊臂前，应对其伸缩限位装置或上下限位装置进行检查，其限

位装置动作必须准确可靠。

4.7.2 对于靠钢丝绳或链传动实现变幅运动的吊臂，其系统应设置可靠的后备保护装置。由单根钢丝绳或链条传动的绳链的安全系数不应小于8；由双根绳链传动的绳链的安全系数不应小于12。对于靠齿轮、齿条或丝杠实现变幅运动的吊臂，应设置防止臂架自重引起下滑的制动保护装置。对于靠液压系统实现变幅运动的吊臂，应设置防止因臂架自重引起下滑或因管路破裂、泄漏而导致下坠的装置。

4.7.3 当台车上装有变幅双吊臂时，两个臂架的运动应保持同步。

4.8 卷扬式起升机构

4.8.1 在停电或电源故障时，手动升降机构应能正常工作。

4.8.2 在使用吊船前，应检查其上下限位保护装置，上下限位保护装置动作必须准确可靠。

4.8.3 卷扬式起升机构的制动器应符合下列规定：

1 主制动器或后备制动器应能制动悬吊总载荷的1.25倍；

2 主制动器应为常闭式，在停电或紧急状态下，应能手动打开制动器。后备制动器（或超速保护装置）必须独立于主制动器，在主制动器失效时应能使吊船在1m的距离内可靠停住。

4.8.4 对于多层缠绕的卷筒，在吊船处于最高位置时，卷筒两端侧缘的高度应超过最外层钢丝绳，其超出高度不应小于钢丝绳直径的2.5倍。

4.8.5 钢丝绳的固定装置应安全可靠，并应易于检查。在吊船处于最低位置时，卷筒上的钢丝绳安全圈数不应少于3圈；在保留3圈的状态下，固定装置应能承受不小于1.25倍钢丝绳的额定拉力。

4.8.6 卷扬机构必须设置钢丝绳的防松装置，当钢丝绳发生松弛、乱绳、断绳时，卷筒应能立即自动停止转动。

4.8.7 滑轮上应设置防止钢丝绳脱槽的装置，该装置与滑轮最外缘的间隙，不得超过钢丝绳直径的1/5。

4.8.8 排绳机构应能使钢丝绳安全无障碍地通过，使钢丝绳整齐地缠绕在卷筒上。在采用链轮链条传动时，应能调节链条的张紧度。

4.8.9 制动器应便于检修和调整，其制动动作应准确可靠。

4.8.10 卷筒的安装应牢固可靠，并应转动灵活。

4.8.11 滑轮应转动灵活，其侧向摆动的幅度不得超过滑轮直径的1/1000。

4.8.12 卷扬装置应保证吊船在工作中的纵向倾斜角度不大于8°。

4.9 回转机构

4.9.1 回转机构的外露转动部件应设置防护罩。

4.9.2 回转机构限位装置的动作必须准确可靠。

4.9.3 只有在吊船升至设计的最高位置或其他预定位置时，方可进行回转操作。

4.9.4 回转机构应转动灵活，其起动和制动动作应准确可靠。

4.10 行走机构

4.10.1 擦窗机在所规定的工况下行走时，应能保证平稳地启动和制动。

4.10.2 当擦窗机设有防倾覆装置时，应保证擦窗机在工作或非工作时符合本规程第4.6.6条的规定。当擦窗机设有卡轨钳时，应保证擦窗机在停放状态下不被风吹动。

4.10.3 擦窗机行走轮的位置应安装准确，转动灵活，与擦窗机底架的连接应可靠。

4.10.4 轮载式擦窗机应采用实心轮。

4.11 吊船

4.11.1 吊船四周应装有固定式的安全护栏，护栏应设有腹杆。护栏高度靠建筑物的一侧不应低于0.8m，其他部位不应低于1.1m，护栏应能承受1000N的水平集中荷载。护栏下部四周应设有高度不小于150mm的挡板，挡板与底板间隙不得大于5mm。

4.11.2 吊船内的工作宽度不应小于0.4m，并应设置防滑底板，底板有效面积不应小于$0.25m^2$/人。底板应坚固、可靠，除排水孔外，不得有缝隙。排水孔直径不应大于10mm。

4.11.3 吊船上的进出小门不得朝外开，并应有可靠的锁定装置。

4.11.4 吊船底部必须设置防撞杆，并应保证防撞杆的动作准确可靠。

4.11.5 吊船上必须设有超载保护装置，当工作载重量超过额定载重量的1.25倍时，应能制止吊船运动。

4.11.6 当额定载重量从吊船内侧移向外侧时，其横向倾斜角度应小于15°。

4.11.7 对于伸缩式吊船，应保证吊船与其配重之间的平衡。

4.11.8 当吊船承受2倍的均布额定载重量时，不得出现焊缝裂纹以及螺栓、铆钉松动和结构件破坏等现象。

4.11.9 当在允许乘载人数范围内的人员聚集在吊船变幅最大位置或伸出平台悬出端时，吊船应能保持平衡，并应有足够的稳定性。

4.11.10 吊船上应设有系安全带的挂钩或其他可靠连接点。

4.11.11 擦窗机宜配置独立的安全绳。

4.11.12 吊船应设有靠墙轮或导向、缓冲装置。

4.11.13 应在吊船的明显部位醒目地注明额定载重量和允许乘载的人数及其他注意事项。

4.12 钢 丝 绳

4.12.1 钢丝绳的最小直径不应小于 6mm。

4.12.2 钢丝绳端部的固定应符合下列要求：

1 用钢丝绳绳夹固接时，其固接强度不应小于钢丝绳破断拉力的 85%；

2 用编结方式固接时，编结长度不应小于钢丝绳直径的 20 倍，且不应小于 300mm；其固接强度不应小于钢丝绳破断拉力的 75%；

3 用楔与楔套固接时，其固接强度不应小于钢丝绳破断拉力的 85%；

4 用锥形套浇注法固接时，其固接强度不应小于钢丝绳的破断拉力；

5 用铝合金压制法固接时，应采取可靠的工艺使铝合金套与钢丝绳紧密贴合，其固接强度不应小于钢丝绳破断拉力的 90%；

6 用压板固接时，其固接强度不应小于钢丝绳的破断拉力。

4.13 电气控制系统

4.13.1 擦窗机的绝缘性能应符合下列要求：

1 主电路相间绝缘电阻不小于 0.5MΩ；

2 电气线路绝缘电阻不小于 2MΩ；

3 引入电控箱内的橡胶绝缘电缆的芯线应采用外套绝缘管保护。

4.13.2 擦窗机的接地性能应符合下列规定：

1 擦窗机的主体结构、电机及所有电气设备的金属外壳和护套必须接地；

2 接地电阻不大于 4Ω；

3 二次回路接地应设专用螺栓；在接地处必须有接地标志；

4 用于固定轨道、插座等金属构件的锚固件必须与建筑物或构筑物的金属结构或混凝土结构内的钢筋焊接，并应采用搭接焊，其搭接引线的截面尺寸及搭接长度应符合下列规定：

1）圆钢的直径不得小于 8mm，扁钢、角钢和钢管的厚度不得小于 2.5mm；

2）扁钢的搭接长度应为其宽度的 2 倍，且焊接的棱边不得少于 3 个；

3）圆钢搭接长度应为其直径的 6 倍；

4）当圆钢与扁钢搭接时，搭接长度应为圆钢直径的 6 倍。

5 轨道两端应各设 1 组接地引线；两条轨道应做环形电气连接；轨道接头处应做电气连接；较长轨道每隔 30m 应加 1 组接地引线。

4.13.3 擦窗机应安装在建筑物或构筑物的防雷装置的保护范围内。

4.13.4 擦窗机的电气保护装置及保护功能应符合下列规定：

1 电气系统必须设置过载、短路、漏电等保护装置；

2 必须设置在紧急状态下能切断主电源控制回路的急停按钮；急停按钮不得自动复位；

3 三相电力系统应具有错相和断相保护功能；

4 吊船内的控制系统和屋顶台车控制系统应能互锁；起升、行走、回转和变幅的动作之间应能保证电气的互锁；

5 楼顶台车应设置擦窗机各种动作的控制按钮和报警装置。

4.13.5 电气控制系统的供电应采用三相五线制，接零、接地线应始终分开，接地线应采用黄绿相间线。

4.13.6 电器元件的型号、规格应符合设计要求，并应做到外观完好、附件齐全、排列整齐、固定牢靠、密封良好。

4.13.7 电器控制箱应符合下列要求：

1 应能保证控制按钮的动作准确可靠，标识清晰，外露部份绝缘；

2 控制箱门应能上锁。

4.14 液 压 系 统

4.14.1 在液压系统中必须设平衡阀或液压锁。平衡阀或液压锁应直接安装在液压缸上。

4.14.2 液压泵和液压马达的外露旋转部分必须设置防护罩。

4.14.3 液压传动应保持平稳，不得发出异常声响。

4.15 爬升式起升机构、安全锁

4.15.1 提升机的制动器应预先在吊船均布 1.25 倍额定载荷的条件下进行行程为 5m 的上下运行试验，当确认其制动正常可靠后，方可使用。制动器必须设有手动释放装置，动作应灵敏可靠。

4.15.2 提升机应能承受 1.25 倍的额定提升力。

4.15.3 手动提升机的闭锁装置在变换方向时，应保证其动作准确，安全可靠。

4.15.4 擦窗机采用爬升式提升机时必须设置安全锁或具有相同作用的独立安全装置，其功能应满足下列要求：

1 对于离心触发式安全锁，当吊船运行速度达到安全锁锁绳速度时，应能自动锁住安全钢丝绳，使吊船在 200mm 范围内锁住；

2 对于摆臂式防倾斜安全锁，吊船工作时的纵向倾斜角度不得大于 8°；当大于 8°时，应能自动锁住并停止运行；

3 对于安全锁或具有相同作用的独立安全装置，应保证其在锁绳状态下不能自动复位；

4 在安全锁进行静载荷试验时，其静置 10min 不得出现任何滑移现象；

5　离心触发式安全锁锁绳速度不得大于30m/min；

6　安全锁与吊船应连接可靠，在进行锁绳试验后，其连接处不应有异常变形、裂纹和损坏现象；

7　安全锁必须在有效标定期限内使用。

4.15.5　爬升式起升机构必须设置相互独立的工作钢丝绳和安全钢丝绳。

4.15.6　人力驱动提升机的设计操作力不应大于250N。

4.15.7　提升机应具有良好的穿绳性能，不得卡绳和堵绳。

4.15.8　提升机所有转动的外露部分应设置机罩或防护装置。

4.15.9　应设置收绳装置，该装置与吊船的连接必须可靠。

4.15.10　吊船在进行静载荷试验达15min时，爬升式提升机的钢丝绳在牵引盘中不应出现滑移现象。提升机的承载件不应失效、变形和裂纹。在卸载后起升机构应能立即正常工作。

4.16　整机安装验收

4.16.1　整机安装调试完毕后应进行设备的试运行试验，由安装单位自检，并应将检查结果填入本规程附录M。

4.16.2　整机安装调试完毕后应进行整机安装工程质量检查验收，并应达到本规程附录K规定的要求。

4.16.3　判定规则应符合下列规定：

1　按本规程附录K进行检查验收时，在强制性检验项目和重要检验项目中任一项不合格，或一般项目中超过6项不合格，均应判定为不合格；

2　一般项目中不合格的项目不超过6项，则可调整修复，调整修复后应再进行补检；最终当一般项目中的不合格项目不超过3项时，可判定为合格，并准予验收；

3　对于判定为安装不合格的擦窗机，应全面修复，在修复后方可再次报请验收。

附录A　安装单位资质报审表

表A　安装单位资质报审表

<table>
<tr><td colspan="2">安装单位资质报审表</td><td colspan="2">编　号</td><td></td></tr>
<tr><td>工程名称</td><td></td><td colspan="2">日　期</td><td></td></tr>
<tr><td colspan="5">致：__________（监理单位）：
经考察，我方认为拟选择的__________（安装单位）具有承担下列工程的施工资质和施工能力，可以保证本工程项目按合同的约定进行施工。安装后，我方仍然承担总承包单位的责任。请予以审查和批准。
附：
1. □　分包单位资质材料
2. □　分包单位业绩材料
3. □　中标通知书</td></tr>
<tr><td>安装工程名称(部位)</td><td>单位</td><td colspan="2">工程数量</td><td>其他说明</td></tr>
<tr><td></td><td></td><td colspan="2"></td><td></td></tr>
<tr><td></td><td></td><td colspan="2"></td><td></td></tr>
<tr><td></td><td></td><td colspan="2"></td><td></td></tr>
<tr><td colspan="5">总承包单位名称：　　　　　　　　项目经理(签字)：</td></tr>
<tr><td colspan="5">专业监理工程师审查意见：

专业监理工程师(签字)：　　日期：</td></tr>
<tr><td colspan="5">总监理工程师审核意见：

监理单位名称：　　　　总监理工程师(签字)：　　日期：</td></tr>
</table>

注：本表由总承包单位填报，建设单位、监理单位、总承包单位各保存一份。

附录B　工程技术文件报审表

表B　工程技术文件报审表

<table>
<tr><td colspan="3">工程技术文件报审表</td><td>编　号</td><td></td></tr>
<tr><td>工程名称</td><td colspan="2"></td><td>日　期</td><td></td></tr>
<tr><td colspan="5">现报上关于______________________工程技术管理文件，请予以审定。</td></tr>
<tr><td></td><td>类　　别</td><td>编制人</td><td>册数</td><td>页　数</td></tr>
<tr><td>1</td><td>施工组织方案</td><td></td><td></td><td></td></tr>
<tr><td>2</td><td>设备吊装方案</td><td></td><td></td><td></td></tr>
<tr><td>3</td><td>施工进度计划表</td><td></td><td></td><td></td></tr>
<tr><td>4</td><td></td><td></td><td></td><td></td></tr>
<tr><td colspan="5">编制单位名称：
技术负责人（签字）：　　　　申报人（签字）：</td></tr>
<tr><td colspan="5">总承包单位审核意见：
□有/□无　附页

总承包单位名称：　　　　审核人（签字）：　　　　审核日期：</td></tr>
<tr><td colspan="5">监理单位审核意见：

审定结论：　□ 同意　　□修改后再报　　□ 重新编制

监理单位名称：　　　　总监理工程师（签字）：　　　　日期：</td></tr>
</table>

注：本表由安装单位填报，建设单位、监理单位、总承包单位各保存一份。

附录C 工程动工报审表

表C 工程动工报审表

<table>
<tr><td colspan="2">工程动工报审表</td><td>编 号</td><td></td></tr>
<tr><td>工程名称</td><td></td><td>日 期</td><td></td></tr>
<tr><td colspan="4">致：____________________（监理单位）：
根据合同约定，安装单位已完成了开工前的各项准备工作，计划于_____年_____月_____日开工，请审批。
已完成报审的条件有：
1. □ 分包单位资质材料（复印件）
2. □ 施工组织设计（含主要管理人员和特殊工种资格证明）
3. □ 施工测量放线
4. □ 主要人员、材料、设备进场
5. □ 施工现场道路、水、电、通信等已达到开工条件
6. □

安装单位名称： 项目经理（签字）：</td></tr>
<tr><td colspan="4">审查意见：

监理工程师（签字）： 日期：</td></tr>
<tr><td colspan="4">审定结论：

□ 同意 □ 不同意
监理单位名称： 总监理工程师（签字）： 日期：</td></tr>
</table>

注：本表由安装单位填报，建设单位、监理单位、总承包单位各保存一份。

附录D 工程物资进场报验表

表D 工程物资进场报验表

<table>
<tr><td colspan="4">工程物资进场报验表</td><td>编 号</td><td></td></tr>
<tr><td>工程名称</td><td colspan="3"></td><td>日 期</td><td></td></tr>
<tr><td colspan="6">现报上关于________工程的物资进场检验记录，该批物资经我方检验符合设计、规范及合约要求，请予以批准使用。</td></tr>
<tr><td>物资名称</td><td>主要规格</td><td>单位</td><td>数量</td><td>选样报审表编号</td><td>使用部位</td></tr>
<tr><td></td><td></td><td></td><td></td><td></td><td></td></tr>
<tr><td></td><td></td><td></td><td></td><td></td><td></td></tr>
<tr><td></td><td></td><td></td><td></td><td></td><td></td></tr>
<tr><td></td><td></td><td></td><td></td><td></td><td></td></tr>
<tr><td colspan="6">附件： 名 称 页 数 编 号
1. □ 出厂合格证 ______页
2. □ 厂家质量检验报告 ______页
3. □ 厂家质量保证书 ______页
4. □ 商检证 ______页
5. □ 进场检验记录 ______页
6. □ 进场复试报告 ______页
7. □ 备案情况 ______页
8. □ ______页
申报单位名称： 申报人（签字）：</td></tr>
<tr><td colspan="6">总包单位检验意见：

□有/ □无 附页
总包单位名称： 技术负责人（签字）： 审核日期：</td></tr>
<tr><td colspan="6">验收意见：

审定结论： □ 同意使用 □ 补报资料 □ 重新检验 □ 退场

监理单位名称： 监理工程师（签字）： 验收日期：</td></tr>
</table>

注：本表由安装单位填报，建设单位、监理单位、总包单位各保存一份。

附录E　进场检验记录表

表E　进场检验记录表

进场检验记录表					编 号		
工程名称					检验日期		
序号	名 称	规格 型号	进场 数量	生产厂家 合格证号	检验项目	检验结果	备 注
检验结论：							

签字栏	建设（监理）单位	施工单位		
		专业质检员	专业工长	检验员

注：本表由施工单位填写并保存。

附录F 擦窗机设备基础尺寸和位置的允许偏差

表F 擦窗机设备基础尺寸和位置的允许偏差

擦窗机设备基础尺寸和位置的允许偏差		
项 目 内 容		允许偏差（mm）
坐标位置（纵、横轴线）		±20
不同平面的标高		±20
平面外形尺寸		±20
凸台上平面外形尺寸		−20
凹穴尺寸		+20
平面的水平度（包括地坪上需安装设备的部分）	每米	5
	全长	10
垂直度	每米	5
	全长	10
预埋件（或预埋螺栓）	标高	+20
	中心距	±2
预埋地脚螺栓孔	中心位置	±10
	深度	+20
	孔壁铅垂度每米	10
预埋地脚螺栓锚板	标高	+20
	中心位置	±5
	水平度（带槽的锚板）每米	5
	水平度（带螺纹孔的锚板）每米	2

附录G 擦窗机基础检验记录表

表G 擦窗机基础检验记录表

擦窗机基础检验记录表			编号	
工程名称			日期	
安装部位				
总包单位		项目负责人		
安装单位		项目负责人		
监理(建设)单位		监理工程师		
执行标准名称及编号				
检 验 项 目		检 验 结 果		
		合格	不合格	
验 收 结 论				
参加验收单位	总包单位	安装单位	监理（建设）单位	
	项目负责人： 年 月 日	项目负责人： 年 月 日	监理工程师： 年 月 日	

注：本表由安装单位填报，建设单位、监理单位、总包单位各保存一份。

附录H 隐蔽工程检查记录表

表H 隐蔽工程检查记录表

隐蔽工程检查记录表		编 号		
工程名称				
隐检项目		隐检日期		
隐检部位	层 轴线 标高			
隐检依据：施工图纸（施工图图号____________________）、设计变更/洽商（编号________________）及国家有关现行标准等。 主要材料名称及规格/型号：________________________				
隐检内容： 申报人：				
检查意见： 检查结论： □同意隐蔽 □不同意，修改后进行复查				
复查意见： 复查人： 复查日期：				
签字栏	建设（监理）单位	施工单位		
		专业技术负责人	专业质检员	专业工长

注：本表由安装单位填报，建设单位、监理单位、总包单位各保存一份。

附录J 预检记录表

表J 预检记录表

预检记录表		编 号	
工程名称		预检项目	
预检部位		检查日期	
依据：施工图纸（施工图图号________________________________）、 设计变更/洽商（编号________________________）和有关规范、规程。 主要材料或设备：______________________________ 规格/型号：______________________________			
预检内容：			
检查意见：			
复查意见： 复查人： 复查日期：			
安装单位			
专业技术负责人	专业质检员	专业工长	

注：本表由安装单位填写并保存。

附录K　擦窗机安装工程质量检验报告记录表

表K　擦窗机安装工程质量检验报告记录表

擦窗机安装工程质量检验报告记录表			编　号		
工程名称			检验时间		
设备名称			安装部位		
型号规格			安装单位		
检查部位	序号	检查项目	标准值/规定	检查结论	备注
轨道	1	轨距偏差	≤1/150轨距		
	2	同截面两轨面标高差	≤1/400轨距		
	3	轨道支撑点间最大挠度	≤1/250跨距		○
	4	水平轨道任意6m内标高差	≤10mm		
	5	单悬轨道中心线在水平面内任意6m内偏差	≤10mm		
	6	接口	错位：上下≤2mm； 左右≤2mm		
	7	轨节长度	≤12m		
	8	伸缩缝（转向轨道不设）	① 6～18m内设1处 ② 间隙≤3mm		
	9	始点、终点；道岔	设置限位挡块；设置定位装置		○
	10	轨道表面	焊缝符合规定、表面防锈防腐处理		○
预埋件及基础胀锚螺栓	11	基础底板边与墙壁边距离	＞50mm		○
	12	锚栓中心至基础或构件边距 底端至基础底面的距离 相邻锚栓中心距	≥7*d*（*d*锚栓公称直径） ≥3*d*，且≥30mm ≥10*d*		○
插杆装置	13	结构件	无变形、开焊、裂纹、破损		○
	14	插杆移位或拆卸时	不得倒向女儿墙外侧		
	15	插杆与插座间	应安装定位装置		○
	16	悬臂超过1.5m的插杆	应设收放钢丝绳支承装置		
台车、滑梯和爬轨器	17	非封闭轨道的台车、滑车或爬轨器	应设行程限位开关并动作正常		○
	18	台车、滑车或爬轨器运行	① 吊船位于最高设计位置 ② 有关保护装置和互锁装置必须在设定的位置上		○
			③ 运行前，检查后备保护装置必须动作准确、可靠		*
	19	台车、滑梯	停放位置应设定位装置		○
		台车抗倾覆系数	≥2		*
	20	依靠楼顶固定装置来保证稳定时	应牢固可靠，在承受2倍额定载荷下试验时没有明显的弯曲、变形等不正常现象		○
	21	台车与吊船间	应设置通信设备		
	22	带升降机构的台车或滑梯	应有上下限位和后备保护装置，动作正常		○
	23	台车、滑梯和爬轨器在额定载荷下	应运行平稳、制动可靠。结构无明显扭曲、变形现象，部件无开焊、裂纹、破损		○

续表 K

检查部位	序号	检查项目	标准值/规定	检查结论	备注
吊臂	24	变幅吊臂	伸缩或上下限位装置动作必须准确可靠		*
	25	变幅吊臂	应有可靠的后备保护装置		○
卷扬式起升机构	26	起升机构	① 手动升降机构停电或电源故障时应能正常工作 ② 吊船上下限位保护装置动作必须准确可靠 ③ 应保证吊船在工作中的纵向倾斜角度≤8°		*
	27	制动器	① 两套制动器均能制动悬吊总载荷的1.25倍 ② 主制动器为常闭式，能手动打开 ③ 后备制动器必须能使吊船在1m内停住		*
	28	卷筒	① 多层绕卷筒侧缘超过外层钢绳高度≥2.5d（d钢丝绳直径） ② 钢丝绳安全圈数≥3		○
			③ 必须设置防松绳装置，当钢丝绳发生松弛、乱绳、断绳时，卷筒应立即停止转动		*
	29	滑轮	防脱槽装置与滑轮外缘间隙≤1/5d（d钢丝绳直径）		○
回转机构	30	外露转动部件	应设置防护罩		○
	31	限位装置	应根据使用要求设置，并且动作准确可靠		○
	32	互锁装置	吊船位于最高位置方可回转		○
	33	转动	灵活，启制动准确可靠		○
行走机构	34	行走时	应保证启动、制动平稳		○
	35	卡轨钳及防倾装置	应保证设备安全可靠		○
	36	轮载式擦窗机	应采用实心轮		○
	37	行走轮位置	应准确，转动灵活，连接可靠		○
吊船	38	护栏	① 工作侧高度≥0.8m，其他高度≥1.1m ② 挡板高度≥150mm ③ 挡板与底板间隙≤5mm ④ 承载≥1000N水平集中载荷		○
	39	底板	① 有效面积≥0.25m²/人 ② 排水孔直径≤10mm		
			③ 防滑底板坚固、可靠无缝隙		○
	40	内部工作宽度	≥0.4m		
	41	进出小门	不得朝外开，且应有锁定装置		○
	42	底部	必须设置防撞杆，且动作准确可靠		*
	43	超载保护装置	能制止超载25%的吊船运动		*
	44	吊船倾斜限制	① 横向倾斜角度≤15° ② 伸缩式吊船与配重应平衡		○
	45	强度和刚度	能承受2倍均布额定载重量		○
	46	应设置	① 安全带挂钩或连接点 ② 靠墙轮或导向、缓冲装置		○
	47	在明显部位应醒目注明	额定载重量、人数及注意事项		○

续表 K

检查部位	序号	检查项目	标准值/规定	检查结论	备注
钢丝绳	48	最小直径	≥6mm		○
	49	绳端固定	检查固接强度，连接可靠		○
电气控制系统	50	绝缘性能	① 主电路相间绝缘电阻≥0.5MΩ ② 电气线路绝缘电阻≥2MΩ		*
	51	接地性能	① 主体结构、电机及所有电气设备金属外壳和护套必须接地 ② 接地电阻≤4Ω		*
			③ 应设专用接地螺栓及接地标志		○
	52	防雷避雷	轨道、插座与建筑避雷系统间有效连接		○
	53	电气保护装置	① 必须设置过载、短路、漏电等保护装置 ② 必须设置急停按钮		*
			③ 应设错相断相保护装置 ④ 两控制系统间及各动作间应设电气互锁 ⑤ 台车上应设置控制按钮和报警装置		○
	54	电气控制系统供电	应采用三相五线制		○
	55	电器控制箱要求	① 控制按钮标识清晰 ② 控制箱门应上锁		
液压系统	56	平衡阀、液压锁	必须直接装在液压缸上		*
	57	外露旋转部分	必须设置防护罩		○
	58	液压传动	应平稳，不得有异常声响		
爬升式起升机构、安全锁	59	提升机制动器	① 在吊船均布125%额定载荷下进行上下5m内行程试验，制动正常、可靠 ② 必须设手动释放装置，动作应灵敏可靠		○
	60	提升机提升力	能承受125%额定提升力		○
	61	手动提升机	必须设有闭锁装置，当提升机变换方向时，应动作准确，安全可靠		○
	62	离心触发式安全锁	在锁绳速度≤30m/min时能锁住，使平台在200mm范围内停住		*
	63	摆臂式防倾斜安全锁	在悬吊平台纵向倾斜角度≤8°时，能锁住并停止运行		*
	64	安全锁承受150%额定荷载	静置10min不得有任何滑移现象		○
	65	安全锁与悬吊平台连接强度	进行锁绳试验后其连接处没有异常变形、裂纹和损坏现象		○

续表 K

检查部位	序号	检查项目	标准值/规定	检查结论	备注
爬升式起升机构、安全锁	66	安全锁	必须在有效标定期限内使用		*
	67	手动提升手柄操作力	≤250N		
	68	提升机承受150%额载	静置15min不应出现滑移		○
	69	与爬升式提升机配套的吊船	① 应设置收绳装置 ② 应配置独立悬挂的安全绳		○

检验结论：

检验单位盖章

年　月　日

参加检验人员：

检验单位负责人批准：	检验单位技术负责人审核：	检验单位报告编制人员：
年　月　日	年　月　日	年　月　日

注：1　表中备注栏中带“*”为强制性检验项目，备注栏中带“○”为重要检验项目，其余为一般检验项目；
2　本表由检验单位填报。

附录L　擦窗机工程竣工报验表

表L　擦窗机工程竣工报验表

<table>
<tr><td colspan="3">擦窗机工程竣工报验表</td><td>编号</td><td></td></tr>
<tr><td>工程名称</td><td colspan="2"></td><td>日期</td><td></td></tr>
<tr><td colspan="5">现我方已完成＿＿＿＿＿（层）＿＿＿＿＿（轴线或房间）＿＿＿＿＿（高程）＿＿＿＿＿（部位）＿＿＿＿＿的工程，经我方检验符合设计、规范要求，请予以验收。
附件：　　名　称　　　　页数　　编号
1.□　质量控制资料汇总表　＿＿＿页
2.□　隐蔽工程检查记录　＿＿＿页
3.□　预检记录　＿＿＿页
4.□　施工记录　＿＿＿页
5.□　施工试验记录　＿＿＿页
6.□　设备单机试运转记录　＿＿＿页
7.□＿＿＿＿＿　＿＿＿页
8.□＿＿＿＿＿　＿＿＿页
质量检查员（签字）：
安装单位名称：　　　　技术负责人（签字）：</td></tr>
<tr><td rowspan="3">参加验收单位</td><td>总承包单位</td><td colspan="3">审查意见：

□合格　　□不合格
项目负责人：　　　　年　月　日</td></tr>
<tr><td>监理单位</td><td colspan="3">审查意见：

□合格　　□不合格
监理工程师：　　　　年　月　日</td></tr>
<tr><td>建设单位</td><td colspan="3">审查意见：

□合格　　□不合格
项目负责人：　　　　年　月　日</td></tr>
</table>

注：本表由安装单位填报，总承包单位、监理单位、建设单位和安装单位各保存一份。

附录M 设备单机试运转记录表

表M 设备单机试运转记录表

设备单机试运转记录表				编 号	
工程名称				试运转时间	
设备部位图号		设备名称		规格型号	
试验单位		设备所在系统		额定数据	

序号	试验项目	试验要求	试验结论
1	设备前后行走	沿轨道范围内，工作平稳、正常	
2	大臂左右回转	在作业范围内，工作平稳、正常	
3	臂头左右回转	在作业范围内，工作平稳、正常	
4	吊篮升降运行	在作业范围内，额定载荷下工作正常	
5	吊臂伸缩（或上下）变幅	在作业范围内，工作平稳、正常	
6	吊臂回转限位	在作业范围内，工作正常	
7	超载装置	大于额定载荷25%时能停止工作	
8	电控系统操作按钮	各按钮工作正常	
9	手动释放下降	在2m范围内，工作正常	
10	安全锁试验	能使平台在200mm范围内停住或在悬吊平台纵向倾斜角度≤8°时，能锁住并停止运行	
11	主制动器试验	能使125%额定载重量及钢丝绳全部重量的吊船停住	
12	后备制动器试验	能使吊船在1m内停住	

试运转结论：

签字栏	建设（监理）单位	安装单位		
		专业技术负责人	专业质检员	专业工长

注：本表由安装单位填报，监理单位、总包单位、建设单位各保存一份。

本规程用词说明

1 为便于在执行本规程条文时区别对待，对要求严格程度不同的用词说明如下：

1） 表示很严格，非这样做不可的用词：
正面词采用“必须”；反面词采用“严禁”。

2） 表示严格，在正常情况均应这样做的用词：
正面词采用“应”；反面词采用“不应”或“不得”。

3） 表示允许稍有选择，在条件许可时首先应这样做的用词：
正面词采用“宜”；反面词采用“不宜”。
表示有选择，在一定条件下可以这样做的用词，采用“可”。

2 在条文中按指定的标准、规范执行时，写法为“应符合……的要求”或“应按……的规定执行”。

中华人民共和国行业标准

擦窗机安装工程质量验收规程

JGJ 150—2008

条 文 说 明

前　　言

《擦窗机安装工程质量验收规程》JGJ 150-2008，经建设部2008年1月31日以第798号公告批准发布。

为便于广大设计、施工、科研、学校、监理、检测和管理等单位有关人员在使用本规程时能够正确理解和执行条文规定，《擦窗机安装工程质量验收规程》编制组按章、节、条顺序编制了本规程的条文说明，供使用者参考。在使用中如发现条文说明有不妥之处，请将意见函寄中国建筑科学研究院。

目　次

1　总则 ………………………………… 2—9—24
2　术语 ………………………………… 2—9—24
3　基本规定 …………………………… 2—9—24
4　擦窗机安装工程质量验收………… 2—9—25
4.1　擦窗机进场验收………………… 2—9—25
4.2　擦窗机基础检验………………… 2—9—25
4.3　轨道……………………………… 2—9—25
4.4　预埋件及基础锚栓……………… 2—9—25
4.5　插杆装置………………………… 2—9—25
4.6　台车、滑梯和爬轨器…………… 2—9—25
4.7　吊臂………………………………… 2—9—25
4.8　卷扬式起升机构～4.10 行走机构…………………………………… 2—9—26
4.11　吊船 …………………………… 2—9—26
4.12　钢丝绳 ………………………… 2—9—26
4.13　电气控制系统 ………………… 2—9—26
4.14　液压系统 ……………………… 2—9—26
4.15　爬升式起升机构、安全锁 ……… 2—9—26
4.16　整机安装验收 ………………… 2—9—26
附录 ……………………………………… 2—9—26

1 总 则

1.0.1 本条说明制订本规程的目的。

擦窗机作为建筑物内外墙清洗和维护设备，其总装配是在施工现场完成的，擦窗机又是高空作业载人设备，其安装工程质量对于提高工程的整体质量水平至关重要。因此本规程的制订，对提高擦窗机安装工程质量、保证设备安全使用具有重要意义。

2 术 语

2.0.1～2.0.4 列出了理解和执行本规程应掌握的几个基本的术语。

2.0.1 首先给出了擦窗机术语，并按照《擦窗机》GB 19154－2003 给出的定义，按照《擦窗机》GB 19154－2003 的标准要求，擦窗机标准是不包括自动擦窗机机器人的。因此，本规程也不包括自动擦窗机机器人的安装工程质量验收。

2.0.2 给出了擦窗机安装工程的术语和定义。擦窗机虽然是在工厂加工组装完成的，但最终要在建筑物上进行安装和调试，因此擦窗机安装工程是指擦窗机从生产厂出厂后在施工现场装配成整机至交付使用的过程。

2.0.3 给出了擦窗机安装工程质量验收的术语和定义。按照我国《建筑工程施工质量验收统一标准》GB 50300－2001，进入建筑工地安装的设备，应在履行质量检验的基础上，由监理单位（或建设单位）、土建施工单位、安装单位等各方共同对安装工程的质量控制资料、隐蔽工程和施工检查记录等档案材料进行审查，对安装工程进行普查和整机运行考核，并由专业检验单位对设备进行抽验，然后根据本规程以书面形式对擦窗机安装工程质量的检验结果做出确认。

2.0.4 给出了擦窗机基础交接检验的术语和定义。由于在擦窗机安装前，擦窗机的设备基础（如轨道预埋件、插杆基座预埋件等）都是由土建承包单位配合完成的，这就需要对土建承包单位完成的擦窗机基础按设计院批准的图样和本规程的要求进行检验和确认，检验和确认工作由监理单位（或建设单位）、土建施工单位、安装单位共同完成，合格后方可进行擦窗机的安装。

3 基 本 规 定

3.0.1 本条规定了安装单位施工前应向总承包单位和监理单位提供的进场资料报审。按照《建筑工程监理规范》GB 50319－2000、《建筑工程施工质量验收统一标准》GB 50300－2001 规定，设备安装单位进入工地前，应先进行资质报验，提供设备安装单位的业绩材料、中标通知书、安装人员特殊工种证件及安装单位的资质材料。由于建设部在资质等级标准中没有单列擦窗机专业承包这一项，只有机电设备安装和起重设备安装专业承包资质，而机电设备安装专业承包资质主要是指锅炉、通风空调、制冷、电气、仪表、电机、压缩机组和广播电影、电视播控等设备，设备性能和安装要求也相差较大，而起重设备安装工程和擦窗机在许多性能和安装要求上是一样的。本条要求主要参照了《建设工程监理规范》GB 50319－2000 编制而成。

3.0.2 本条规定了擦窗机安装中物资进场所需报验的资料。按照《建设工程监理规范》GB 50319－2000 和《建筑工程施工质量验收统一标准》GB 50300－2001 要求，进入建筑工地的擦窗机设备（包括预埋件、轨道、插杆、基座）等物资都要先按附录 E 对物资名称、规格型号、进场数量、合格证、物资外观等进行自检确认，然后按附录 D 向总包和监理进行报验。

3.0.3 本条规定了擦窗机安装工程施工质量控制和验收的要求。主要参照《机械设备安装工程施工及验收通用规范》GB 50231－98 和《起重设备安装工程施工及验收规范》GB 50278－98 编制而成。

1 擦窗机基础交接检验：见本条文说明第 2.0.4 条。

2 擦窗机设备安装中的隐蔽工程：在擦窗机基础（如轨道、基座）等安装中，有些承重梁、轨道基础埋件、轨道支架焊接属于隐蔽工程，按照《建设工程监理规范》GB 50319－2000 要求，应在工程隐蔽前进行检验。因此，安装单位必须按附录 H 要求进行记录并报监理单位及时审查，以确保安装质量得到控制。本附录 H 是参照北京市地方标准《建筑工程资料管理规程》DBJ 01－51－2003 编制而成。

3 擦窗机设备安装中预检：预检记录是对施工重要工序进行预先质量控制的检查记录。对擦窗机来说应对设备基础位置、混凝土强度、标高、几何尺寸、预留孔、预埋件、轨道焊接及与基础结构焊接的重要部位进行预检，本附录 J 是参照北京市地方标准《建筑工程资料管理规程》DBJ 01－51－2003 编制而成，本附录 J 记录和隐蔽工程检查记录附录 H 共同作为最后竣工验收报验表附录 L 的附件，是构成擦窗机安装中过程质量控制的主要内容。

4 擦窗机竣工检验：擦窗机安装完毕后，应由专业检测单位或监理单位按附录 K 的要求进行检验，出具检验报告，并由建设单位、总承包单位、监理单位和安装单位按附录 L 进行竣工验收，至此，擦窗机可以交付使用。

4 擦窗机安装工程质量验收

4.1 擦窗机进场验收

擦窗机进场验收是保证擦窗机安装工程质量的重要环节之一。全面、准确地进行进场验收能够及时发现问题，解决问题，为即将开始的擦窗机安装工程奠定良好的基础，也是体现过程控制的必要手段。

4.1.1 随机文件是擦窗机产品供应商应移交给建设单位及安装单位的文件，这些文件针对所安装的擦窗机产品，能指导通过培训的擦窗机使用人员使用和维护本产品，或指导安装人员准确地进行本设备的安装作业，是保证擦窗机安装工程质量的关键。

5 电气原理图是擦窗机设备安装、接线、调试及交付使用后维修所必备的文件。

4.1.2 本条规定擦窗机设备进场时应进行观感检查，损坏是指因人为或意外而造成明显的凹凸、断裂、永久变形、表面涂层脱落等缺陷。这是擦窗机外观的最基本要求。

4.2 擦窗机基础检验

4.2.1～4.2.4 是保证擦窗机安装工程顺利进行和确保擦窗机安装工程质量的重要环节。

4.2.1 擦窗机的基础预埋件或钢结构及布置图必须经过建筑设计师的审批，审批后的图样无论是总承包进行基础预埋件施工还是擦窗机安装单位进行轨道和基座的安装都应符合图样要求。

4.2.2 擦窗机设备基础的允许偏差是根据《机械设备安装工程施工及验收通用规范》GB 50231－98 制定的。

4.2.3 擦窗机生产企业在提交方案时，其擦窗机自重、轮压等荷载是要经过建筑设计师或业主、建设方及监理审核的，只有当自重、轮压等荷载在建筑设计允许的范围内，才能进行擦窗机设备安装。

4.3 轨　　道

4.3.1～4.3.4 轨道是擦窗机设备安装的基础，根据目前国内外擦窗机技术的发展，除规定了屋面水平直线轨道、屋面立式轨道外，增加了屋面倾斜轨道和屋面单悬轨道的安装及验收要求。本规程参照《起重设备安装工程施工及验收规范》GB 50278－98，结合擦窗机产品的实际规定了轨道安装及验收要求。

4.3.1 轨道基本要求：主要对轨道的标高差、挠度、接缝、伸缩缝、焊接口、防锈防腐、焊接表面质量、轨道始点、终点止挡、道岔等安装情况进行质量控制。

4.3.2 屋面水平及倾斜轨道：主要对轨道直线段的轨距偏差进行质量控制，考虑到曲线段的轨道（如转弯轨道）圆心可以不同心，因此，只规定了轨道应保证擦窗机正常运行最基本的条件。为保证擦窗机底架的所有行走轮与轨面共同接触，规定了同一横截面处轨道面的标高差。

4.3.3 屋面立式轨道：立式轨道的两个主要控制指标为轨距偏差和挠度。轨距偏差过大或过小都会影响设备正常行走，挠度太大则会影响设备的安全使用。因此，必须对这两个指标进行控制。

4.4 预埋件及基础锚栓

4.4.1、4.4.2 预埋件及基础锚栓是擦窗机设备的基础，本规程参照《机械设备安装工程施工及验收通用规范》GB 50231－98，规定了预埋件及基础锚栓的安装及验收要求。

4.4.1 预埋件埋设是按经建筑设计师批准的图样由土建总承包进行施工的，预埋件的坐标及相互尺寸、预埋件基础底板边与墙壁边缘距会直接影响擦窗机的安装质量，因此，必须进行质量控制。预埋件螺栓及基础底板如不进行防锈处理也将影响质量。

4.4.2 基础锚栓是在没有预埋件情况下进行擦窗机基础安装中采取的一种施工方法，关于基础锚栓的要求参照《机械设备安装工程施工及验收通用规范》GB 50231－98 制定。其中包括边距、钻孔、混凝土强度、钻孔的直径和深度等内容。

4.5 插 杆 装 置

4.5 关于插杆安装验收的要求，参照《擦窗机》GB 19154－2003 的有关规定制定。

4.6 台车、滑梯和爬轨器

4.6.1～4.6.13 是参照《擦窗机》GB 19154－2003 制定。在第 4.6.3 条中增加了在倾斜轨道或垂直轨道上行走时，后备保护装置必须动作准确可靠的要求，该条为强制性条文，安全要求很高。第 4.6.6 条台车抗倾覆系数不小于 2，也是强制性条文，是由设计保证的。进行验证时可参照《擦窗机》GB 19154－2003 规定的试验方法进行。在第 4.6.10 条和第 4.6.11 条中增加了带升降机构的台车、滑梯的行程限位和后备保护装置要求。上述内容主要参照《悬吊接近设备》prEN1808：1999 和《常设式悬吊接近设备》BS6037：1990 制定。

4.7 吊　　臂

4.7.1～4.7.3 参照《擦窗机》GB 19154－2003 制定。在第 4.7.1 条中吊臂变幅的极限限位装置非常关键，对安全的要求很高，为强制性条文。在第 4.7.2 条中增加了变幅装置的后备保护要求，主要参照《悬吊接近设备》prEN1808：1999 和《常设式悬吊接近设备》BS6037：1990 制定。

4.8 卷扬式起升机构～4.10行走机构

4.8～4.10 参照《擦窗机》GB 19154－2003 制定。第4.8.1条、4.8.2条、4.8.3条和4.8.6条为强制性条文，对安全的要求很高，在《擦窗机》GB 19154－2003 中也为强制性条文。在第4.8.1条中手动升降机构是指在卷扬机构中制动电机的手动释放机构或手摇升降机构，当悬吊吊船在高空作业遇到停电或电源故障时，作业人员可以通过该手动释放机构或手摇升降机构安全升降到楼面或地面以达到安全撤离目的。

4.11 吊 船

4.11.1～4.11.13 参照《擦窗机》GB 19154－2003 制定。第4.11.4条、4.11.5条为强制性条文，安全要求很高，在《擦窗机》GB 19154－2003 中也为强制性条文。

4.12 钢丝绳

第4.12.1条参照《擦窗机》GB 19154－2003 制定，在第4.12.2条中对钢丝绳的绳端固定参照了《塔式起重机安全规程》GB 5144－2006 中第5.2.3条制定。

4.13 电气控制系统

本节内容除参照《擦窗机》GB 19154－2003 之外，还参照了以下标准：其中第4.13.1条参照了《电气装置安装工程盘、柜及二次回路结线施工及验收规范》GB 50171－1992 制定；第4.13.2条参照了《电气装置安装工程接地装置施工及验收规范》GB 50169－2006；第4.13.2条中规定了擦窗机基础接地要求，主要目的是为擦窗机防雷避雷，在本条中参照了《施工现场临时用电安全技术规范》JGJ 46－2005，对装在建筑物上的擦窗机与防雷装置的环境进行规定。

第4.13.6、4.13.7条参照《电气装置安装工程盘、柜及二次回路结线施工及验收规范》GB 50171－1992 制定。

本节中第4.13.1条中第1款、第2款，第4.13.2条中第1款、第2款，第4.13.4条中第1款、第2款为强制性条文，安全要求很高，在《擦窗机》GB 19154－2003 中也为强制性条文。

4.14 液压系统

本节参照《擦窗机》GB 19154－2003 制定。其中第4.14.1为强制性条文，对安全的要求很高，在《擦窗机》GB 19154－2003 中也为强制性条文。

4.15 爬升式起升机构、安全锁

本节除参照《擦窗机》GB 19154－2003 之外，还参照《高处作业吊篮》GB 19155－2003。其中第4.15.4条中第1款和第2款为强制性条文，安全要求很高，在《擦窗机》GB 19154－2003 中也为强制性条文。

4.15.6 人力驱动提升机主要是指利用手摇、手压或脚蹬驱动的提升机。其设计操作力是手或脚施加在提升机曲柄上的力。

4.16 整机安装验收

4.16.1 整机安装调试完毕后安装单位应对设备进行试运行试验，这是安装单位的自检过程，自检合格后才能提交专业检验单位或监理单位进行竣工检验。附录M给出了擦窗机最常用试运转的内容，如有其他内容可在表中增加。

4.16.2 整机安装调试完毕应进行整机安装工程质量检查验收，该检查验收为擦窗机的竣工检验，由专业检验单位或监理单位进行。

4.16.3 判定规则主要参照《电梯工程施工质量验收规范》GB 50310－2002和《电梯安装验收规范》GB 10060－1993 制定。由于擦窗机为高空载人设备，安全要求很高。本规程除按《擦窗机》GB 19154－2003 要求给出强制性检验项目外，对于涉及擦窗机质量的重要内容，在附录K中给出了重要检验项目，它的重要性仅次于强制性检验项目，但检验中也必须全部合格。对于一般检验项目，由于不涉及正常使用及安全，规定了最终不合格项不超过3项即为合格的判定原则。

附 录

编制附录的目的是对照标准正文的条款便于对擦窗机安装工程质量进行全面检查和控制。

中华人民共和国行业标准

建筑门窗玻璃幕墙热工计算规程

Calculation specification for thermal performance of windows，doors and glass curtain-walls

JGJ/T 151—2008
J 828—2008

批准部门：中华人民共和国主房和城乡建设部
施行日期：2 0 0 9 年 5 月 1 日

中华人民共和国住房和城乡建设部
公　告

第143号

关于发布行业标准《建筑门窗玻璃幕墙热工计算规程》的公告

现批准《建筑门窗玻璃幕墙热工计算规程》为行业标准，编号为JGJ/T 151—2008，自2009年5月1日起实施。

本规程由我部标准定额研究所组织中国建筑工业出版社出版发行。

中华人民共和国住房和城乡建设部

2008年11月13日

前　言

根据建设部《关于印发〈二〇〇四年度工程建设城建、建工行业标准制订、修订计划〉的通知》（建标［2004］66号）的要求，规程编制组经广泛调查研究，认真总结实践经验，参考有关国际标准和国外先进标准，并在广泛征求意见的基础上，制定了本规程。

本规程的主要技术内容：1. 总则；2. 术语、符号；3. 整樘窗热工性能计算；4. 玻璃幕墙热工计算；5. 结露性能评价；6. 玻璃光学热工性能计算；7. 框的传热计算；8. 遮阳系统计算；9. 通风空气间层的传热计算；10. 计算边界条件；以及相关附录。

本规程由住房和城乡建设部负责管理，由主编单位负责具体技术内容的解释。

本规程主编单位：广东省建筑科学研究院（地址：广州市先烈东路121号；邮政编码：510500）
广东省建筑工程集团有限公司

本规程参加单位：中国建筑科学研究院
华南理工大学
广州市建筑科学研究院
深圳市建筑科学研究院
清华大学建筑学院
福建省建筑科学研究院
深圳南玻工程玻璃有限公司
秦皇岛耀华玻璃股份有限公司
美国创奇公司北京代表处

本规程主要起草人员：杨仕超　林海燕　孟庆林　任　俊　刘俊跃　王　馨　刘忠伟　黄夏东　许武毅　鲁大学　刘　军　刘月莉　马　扬

目　　次

1　总则 ………………………………… 2—10—4
2　术语、符号…………………………… 2—10—4
2.1　术语 ………………………………… 2—10—4
2.2　符号 ………………………………… 2—10—4
3　整樘窗热工性能计算 ……………… 2—10—5
3.1　一般规定 …………………………… 2—10—5
3.2　整樘窗几何描述 ………………… 2—10—5
3.3　整樘窗传热系数 ………………… 2—10—6
3.4　整樘窗遮阳系数 ………………… 2—10—6
3.5　整樘窗可见光透射比 …………… 2—10—6
4　玻璃幕墙热工计算 ………………… 2—10—6
4.1　一般规定 …………………………… 2—10—6
4.2　幕墙几何描述 …………………… 2—10—6
4.3　幕墙传热系数 …………………… 2—10—8
4.4　幕墙遮阳系数 …………………… 2—10—9
4.5　幕墙可见光透射比 ……………… 2—10—9
5　结露性能评价 ……………………… 2—10—9
5.1　一般规定 …………………………… 2—10—9
5.2　露点温度的计算 ………………… 2—10—9
5.3　结露的计算与评价 ……………… 2—10—9
6　玻璃光学热工性能计算 ………… 2—10—10
6.1　单片玻璃的光学热工性能 ……… 2—10—10
6.2　多层玻璃的光学热工性能 ……… 2—10—10
6.3　玻璃气体间层的热传递 ………… 2—10—11
6.4　玻璃系统的热工参数 …………… 2—10—13
7　框的传热计算 ……………………… 2—10—14
7.1　框的传热系数及框与面板接缝的线传热系数 …………………………… 2—10—14
7.2　传热控制方程 …………………… 2—10—14
7.3　玻璃气体间层的传热 …………… 2—10—15
7.4　封闭空腔的传热 ………………… 2—10—15
7.5　敞口空腔、槽的传热 …………… 2—10—17
7.6　框的太阳光总透射比 …………… 2—10—17
8　遮阳系统计算 ……………………… 2—10—17
8.1　一般规定 …………………………… 2—10—17
8.2　光学性能 …………………………… 2—10—18
8.3　遮阳百叶的光学性能 …………… 2—10—18
8.4　遮阳帘与门窗或幕墙组合系统的简化计算 …………………………… 2—10—19
8.5　遮阳帘与门窗或幕墙组合系统的详细计算 …………………………… 2—10—20
9　通风空气间层的传热计算 ……… 2—10—20
9.1　热平衡方程 ……………………… 2—10—20
9.2　通风空气间层的温度分布 ……… 2—10—21
9.3　通风空气间层的气流速度 ……… 2—10—21
10　计算边界条件 ……………………… 2—10—22
10.1　计算环境边界条件 …………… 2—10—22
10.2　对流换热 ………………………… 2—10—22
10.3　长波辐射换热 ………………… 2—10—23
10.4　综合对流和辐射换热 ………… 2—10—24
附录A　典型窗的传热系数………… 2—10—24
附录B　典型窗框的传热系数……… 2—10—25
附录C　典型玻璃系统的光学热工参数 ………………………………… 2—10—27
附录D　太阳光谱、人眼视见函数、标准光源 ………………………… 2—10—27
附录E　常用气体热物理性能……… 2—10—28
附录F　常用材料的热工计算参数 ……………………………… 2—10—29
附录G　表面发射率的确定………… 2—10—30
本规程用词说明 …………………… 2—10—30
附：条文说明………………………… 2—10—31

1 总　　则

1.0.1 为贯彻执行国家的建筑节能政策，促进建筑门窗、玻璃幕墙工程的节能设计和产品设计，规范门窗、玻璃幕墙产品的节能性能评价，制定本规程。

1.0.2 本规程适用于建筑外围护结构中使用的门窗和玻璃幕墙的传热系数、遮阳系数、可见光透射比以及结露性能评价的计算。

1.0.3 本规程规定的计算是在建筑门窗、玻璃幕墙空气渗透量为零，且采用稳态传热计算方法进行的计算。

1.0.4 实际工程所用建筑门窗、玻璃幕墙的室内外热工计算边界条件应符合相应的建筑热工设计标准和建筑节能设计标准的要求。

1.0.5 建筑门窗、玻璃幕墙所用材料的热工计算参数除可使用本规程给出的参数外，尚应符合国家现行有关标准的规定。

2 术语、符号

2.1 术　　语

2.1.1 夏季标准计算环境条件　standard summer environmental condition

用于门窗或玻璃幕墙产品设计、性能评价的夏季热工计算环境条件。

2.1.2 冬季标准计算环境条件　standard winter environmental condition

用于门窗或玻璃幕墙产品设计、性能评价的冬季热工计算环境条件。

2.1.3 传热系数　thermal transmittance

两侧环境温度差为1K（℃）时，在单位时间内通过单位面积门窗或玻璃幕墙的热量。

2.1.4 面板传热系数　thermal transmittance of panel

指面板中部区域的传热系数，不考虑边缘的影响。如玻璃传热系数，是指玻璃面板中部区域的传热系数。

2.1.5 线传热系数　linear thermal transmittance

表示门窗或幕墙玻璃（或者其他镶嵌板）边缘与框的组合传热效应所产生附加传热量的参数，简称“线传热系数”。

2.1.6 太阳光总透射比　total solar energy transmittance，solar factor

通过玻璃、门窗或玻璃幕墙成为室内得热量的太阳辐射部分与投射到玻璃、门窗或玻璃幕墙构件上的太阳辐射照度的比值。成为室内得热量的太阳辐射部分包括太阳辐射通过辐射透射的得热量和太阳辐射被构件吸收再传入室内的得热量两部分。

2.1.7 遮阳系数　shading coefficient

在给定条件下，玻璃、门窗或玻璃幕墙的太阳光总透射比，与相同条件下相同面积的标准玻璃（3mm厚透明玻璃）的太阳光总透射比的比值。

2.1.8 可见光透射比　visible transmittance

采用人眼视见函数进行加权，标准光源透过玻璃、门窗或玻璃幕墙成为室内的可见光通量与投射到玻璃、门窗或玻璃幕墙上的可见光通量的比值。

2.1.9 露点温度 dew point temperature

在一定压力和水蒸气含量的条件下，空气达到饱和水蒸气状态时（相对湿度等于100%）的温度。

2.2 符　　号

2.2.1 本规程采用如下符号：

A——面积；

A_i——第 i 层玻璃的太阳辐射吸收比；

c_p——常压下的比热容；

d——厚度；

D_λ——标准光源（CIE D65，ISO 10526）光谱函数；

E——空气的饱和水蒸气压力；

f——空气的相对湿度；

g——太阳光总透射比；

G——重力加速度；

h——表面换热系数；

H——气体间层高度；

$I_i^+(\lambda)$——在第 i 层和第 $i+1$ 层玻璃层之间向室外侧方向的辐射照度；

$I_i^-(\lambda)$——在第 i 层和第 $i+1$ 层玻璃层之间向室内侧方向的辐射照度；

I——太阳辐射照度；

J——辐射强度；

l——长度；

L——气体间层长度；

L^{2D}——二维传热计算的截面线传热系数；

$\hat{M}$——气体的摩尔质量；

N——玻璃层数加2；

Nu——努谢尔特数（Nusselt number）；

p——压力；

q——热流密度；

Q——热流量；

$\mathcal{R}$——气体常数；

R——热阻；

Ra——瑞利数（Rayleigh number）；

SC——遮阳系数；

S_i——第 i 层玻璃吸收的太阳辐射热流密度；

S_λ——标准太阳辐射光谱函数；

t——厚度，温度；

t_{perp}——框内空腔垂直于热流的最大尺寸；

T——温度；

T_{10}——结露性能评价指标；

u——邻近表面的气流速度；

U——传热系数；

V——窗或幕墙附近自由气流流速，或某个部位的平均气流速度；

$V(\lambda)$——视见函数（ISO/CIE 10527）；

α——材料表面太阳辐射吸收系数；

β——填充气体热膨胀系数；

γ——气体密度；

λ——导热系数；

μ——流体运动黏度；

ε——远红外线半球发射率，方位角度；

ρ——反射比；

σ——斯蒂芬-玻尔兹曼常数，5.67×10^{-8} W/($m^2\cdot K^4$)；

ψ——附加线传热系数；

τ——透射比。

2.2.2 本规程的符号采用表 2.2.2 所列举的注脚。

表 2.2.2 注 脚

注脚	名 称
ave	平均
air	空气
bot	底部
b	背面
B	遮阳帘（百叶、织物帘）
c	对流
cg	玻璃中心
cold	冷侧条件
crit	临界
CW	幕墙
dif	散射
dir	直射
eff	有效的，当量的
eq	相等的
f	前面或框
g	玻璃或透明部分
h	水平
hot	热侧条件
i	室内
in	室内，或空气间层的入口
m	平均值
mix	混合物
n	环境
ne	室外环境
ni	室内环境
out	室外，或空气间层的出口
p	平板
r	辐射或发射
red	长波（远红外）辐射
s	太阳、源头或表面
std	标准的
surf	表面
t	全部
top	顶部
V	垂直
v	可见光
x	距离

3 整樘窗热工性能计算

3.1 一 般 规 定

3.1.1 整樘窗（或门，下同）的传热系数、遮阳系数、可见光透射比应采用各部分的相应数值按面积进行加权平均计算。典型窗的传热系数可按本规程附录 A 确定。

3.1.2 窗的线传热系数应按照本规程第 7 章的规定进行计算。

3.1.3 窗框的传热系数、太阳光总透射比应按照本规程第 7 章的规定进行计算。典型窗框的传热系数可按本规程附录 B 进行简化计算。

3.1.4 窗玻璃（或其他透明板材）的传热系数、太阳光总透射比、可见光透射比应按照本规程第 6 章的规定进行计算。典型玻璃系统的光学热工参数可按本规程附录 C 确定。

3.1.5 计算窗产品的热工性能时，框与墙相接的边界应作为绝热边界处理。

3.2 整樘窗几何描述

3.2.1 整樘窗应根据框截面的不同对窗框进行分类，每个不同类型窗框截面均应计算框传热系数、线传热系数。

不同类型窗框相交部分的传热系数宜采用邻近框中较高的传热系数代替。

3.2.2 窗在进行热工计算时应按下列规定进行面积划分（图 3.2.2）：

1 窗框投影面积 A_f：指从室内、外两侧分别投影，得到的可视框投影面积中的较大值，简称“窗框面积”；

2 玻璃投影面积 A_g（或其他镶嵌板的投影面积 A_p）：指从室内、外侧可见玻璃（或其他镶嵌板）边缘围合面积的较小值，简称“玻璃面积”（或“镶嵌

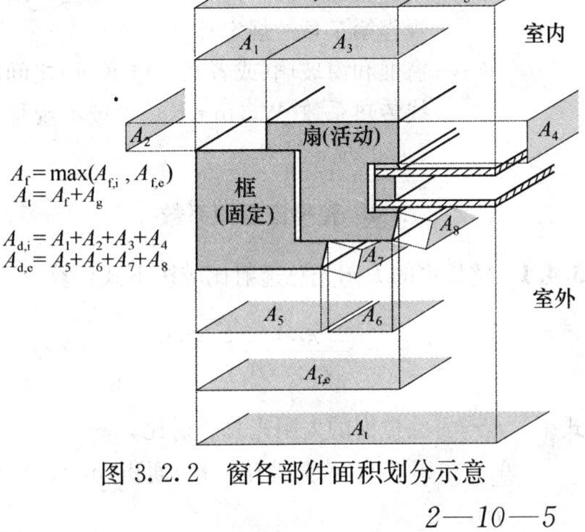

图 3.2.2 窗各部件面积划分示意

板面积”）；

3 整樘窗总投影面积 A_t：指窗框面积 A_f 与窗玻璃面积 A_g（或其他镶嵌板的面积 A_p）之和，简称“窗面积”。

3.2.3 玻璃和框结合处的线传热系数对应的边缘长度 l_ψ 应为框与玻璃接缝长度，并应取室内、室外值中的较大值（图 3.2.3）。

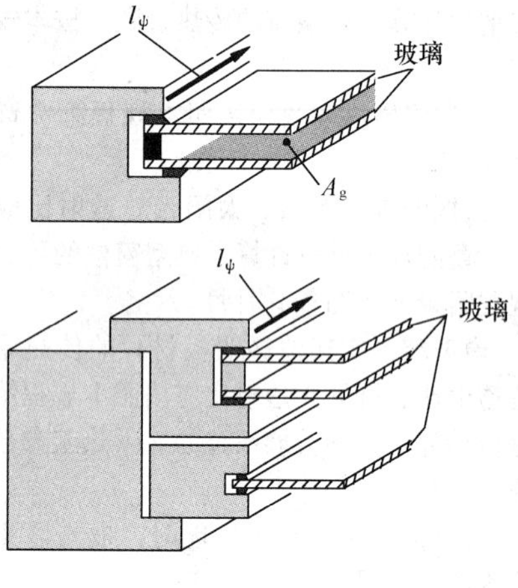

图 3.2.3 窗玻璃区域周长示意

3.3 整樘窗传热系数

3.3.1 整樘窗的传热系数应按下式计算：

$$U_t=\frac{\sum A_gU_g+\sum A_fU_f+\sum l_\psi\psi}{A_t} \quad (3.3.1)$$

式中 U_t——整樘窗的传热系数[W/(m²·K)]；

A_g——窗玻璃（或者其他镶嵌板）面积(m²)；

A_f——窗框面积(m²)；

A_t——窗面积(m²)；

l_ψ——玻璃区域（或者其他镶嵌板区域）的边缘长度(m)；

U_g——窗玻璃（或者其他镶嵌板）的传热系数[W/(m²·K)]，按本规程第 6 章的规定计算；

U_f——窗框的传热系数[W/(m²·K)]，按本规程第 7 章的规定计算；

ψ——窗框和窗玻璃（或者其他镶嵌板）之间的线传热系数[W/(m·K)]，按本规程第 7 章的规定计算。

3.4 整樘窗遮阳系数

3.4.1 整樘窗的太阳光总透射比应按下式计算：

$$g_t=\frac{\sum g_gA_g+\sum g_fA_f}{A_t} \quad (3.4.1)$$

式中 g_t——整樘窗的太阳光总透射比；

A_g——窗玻璃（或其他镶嵌板）面积(m²)；

A_f——窗框面积(m²)；

g_g——窗玻璃（或其他镶嵌板）区域太阳光总透射比，按本规程第 6 章的规定计算；

g_f——窗框太阳光总透射比；

A_t——窗面积(m²)。

3.4.2 整樘窗的遮阳系数应按下式计算：

$$SC=\frac{g_t}{0.87} \quad (3.4.2)$$

式中 SC——整樘窗的遮阳系数；

g_t——整樘窗的太阳光总透射比。

3.5 整樘窗可见光透射比

3.5.1 整樘窗的可见光透射比应按下式计算：

$$\tau_t=\frac{\sum \tau_vA_g}{A_t} \quad (3.5.1)$$

式中 τ_t——整樘窗的可见光透射比；

τ_v——窗玻璃（或其他镶嵌板）的可见光透射比，按本规程第 6 章的规定计算；

A_g——窗玻璃（或其他镶嵌板）面积(m²)；

A_t——窗面积(m²)。

4 玻璃幕墙热工计算

4.1 一般规定

4.1.1 玻璃幕墙整体的传热系数、遮阳系数、可见光透射比应采用各部件的相应数值按面积进行加权平均计算。

4.1.2 玻璃幕墙的线传热系数应按本规程第 7 章的规定进行计算。

4.1.3 幕墙框的传热系数、太阳光总透射比应按本规程第 7 章的规定进行计算。

4.1.4 幕墙玻璃（或其他透明面板）的传热系数、太阳光总透射比、可见光透射比应按本规程第 6 章的规定进行计算。典型玻璃系统的光学热工参数可按本规程附录 C 确定。

4.1.5 非透明多层面板的传热系数应按照各个材料层热阻相加的方法进行计算。

4.1.6 计算幕墙水平和垂直转角部位的传热时，可将幕墙展开，将转角框简化为传热等效的框进行计算。

4.2 幕墙几何描述

4.2.1 应根据框截面、镶嵌面板类型的不同将幕墙框节点进行分类，不同种类的框截面节点均应计算其传热系数及对应框和镶嵌面板接缝的线传热系数。

4.2.2 在进行幕墙热工计算时应按下列规定进行面积划分(图 4.2.2)：

1 框投影面积 A_f：指从室内、外两侧分别投影，得到的可视框投影面积中的较大值，简称“框面积”；

2 玻璃投影面积 A_g（或其他镶嵌板的投影面积 A_p）：指室内、外侧可见玻璃（或其他镶嵌板）边缘围合面积的较小值，简称“玻璃面积”（或“镶嵌板面积”）；

3 幕墙总投影面积 A_t：指框面积 A_f 与玻璃面积 A_g（和其他面板面积 A_p）之和，简称“幕墙面积”。

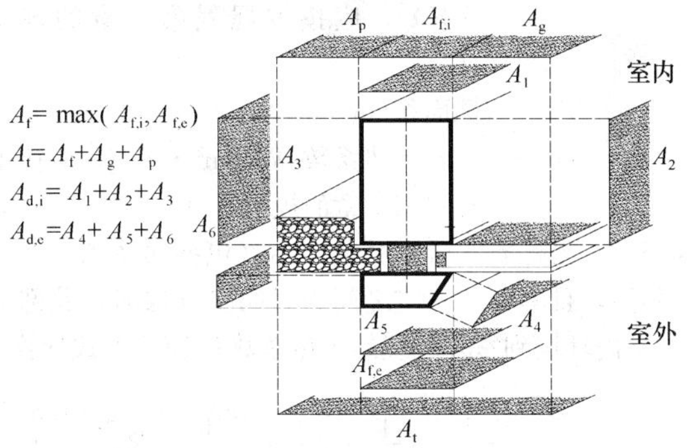

图 4.2.2 各部件面积划分示意

4.2.3 幕墙玻璃（或其他镶嵌板）和框结合的线传热系数对应的边缘长度 l_ψ 应为框与面板的接缝长度，并应取室内、室外接缝长度的较大值（图 4.2.3）。

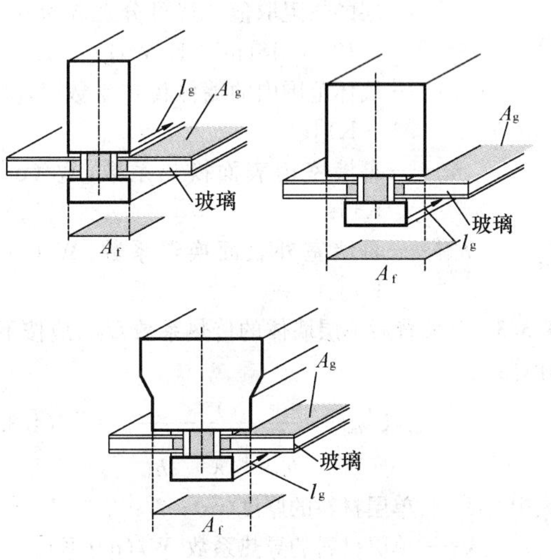

图 4.2.3 框与面板结合的几种情况示意

4.2.4 幕墙计算的边界和单元的划分应根据幕墙形式的不同而采用不同的方式。幕墙计算单元的划分应符合下列规定：

1 构件式幕墙计算单元可从型材中线剖分（图 4.2.4-1）；

2 单元式幕墙计算单元可从单元间的拼缝处剖分（图 4.2.4-2）。

4.2.5 幕墙计算的节点应包括幕墙所有典型的节点，对于复杂的节点可拆分计算（图 4.2.5）。

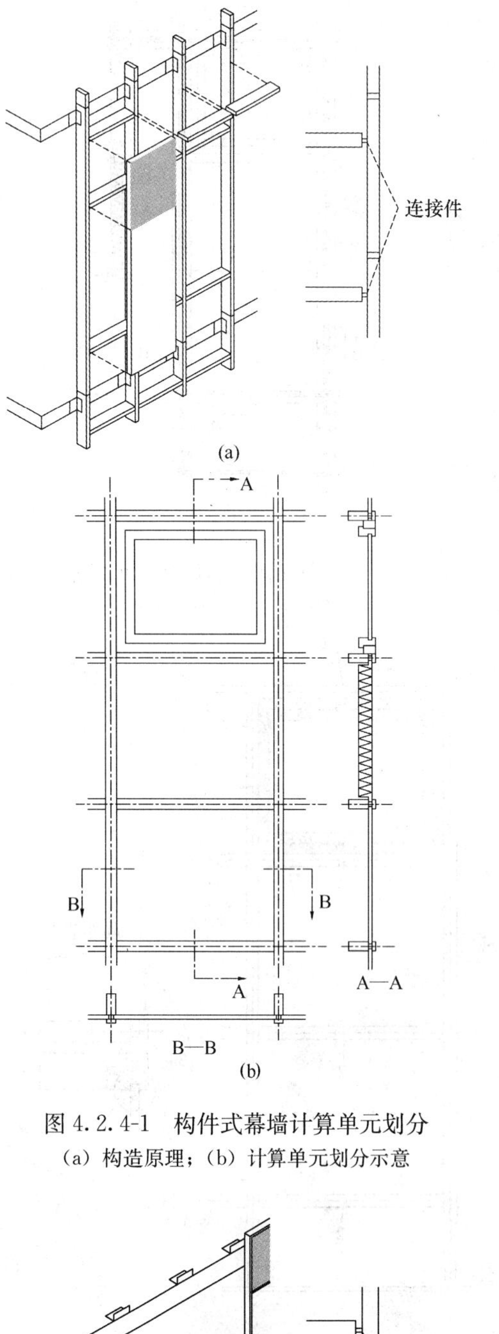

图 4.2.4-1 构件式幕墙计算单元划分

（a）构造原理；（b）计算单元划分示意

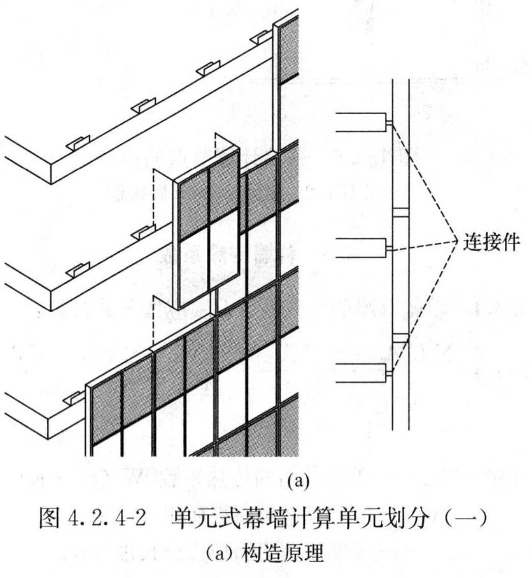

图 4.2.4-2 单元式幕墙计算单元划分（一）

(a) 构造原理

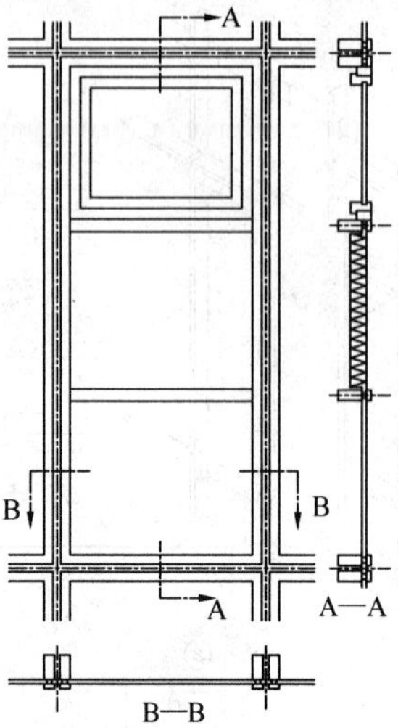

(b)

图 4.2.4-2 单元式幕墙计算单元划分（二）

(b) 计算单元划分示意

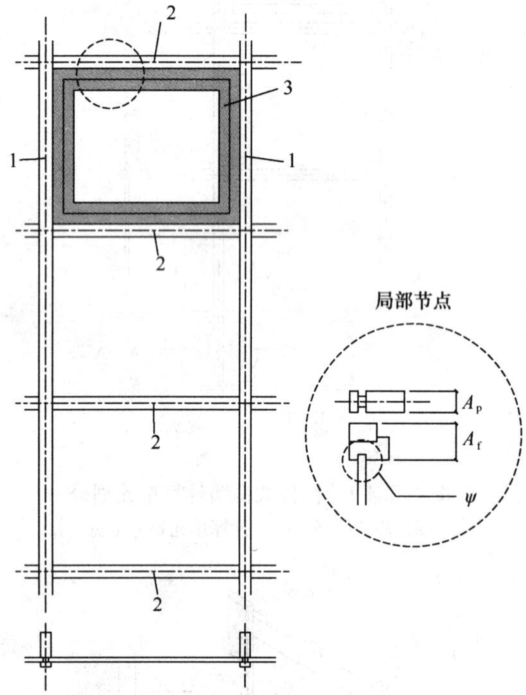

图 4.2.5 幕墙计算节点的拆分

1—立柱；2—横梁；3—开启扇框

4.3 幕墙传热系数

4.3.1 单幅幕墙的传热系数 U_{CW} 应按下式计算：

$$U_{CW}=\frac{\sum U_g A_g+\sum U_p A_p+\sum U_f A_f+\sum \psi_g l_g+\sum \psi_p l_p}{\sum A_g+\sum A_p+\sum A_f} \tag{4.3.1}$$

式中 U_{CW}——单幅幕墙的传热系数[W/(m^2·K)]；

A_g——玻璃或透明面板面积(m^2)；

l_g——玻璃或透明面板边缘长度(m)；

U_g——玻璃或透明面板传热系数[W/(m^2·K)]，应按本规程第 6 章的规定计算；

ψ_g——玻璃或透明面板边缘的线传热系数[W/(m·K)]，应按本规程第 7 章的规定计算；

A_p——非透明面板面积(m^2)；

l_p——非透明面板边缘长度(m)；

U_p——非透明面板传热系数[W/(m^2·K)]；

ψ_p——非透明面板边缘的线传热系数[W/(m·K)]，应按本规程第 7 章的规定计算；

A_f——框面积(m^2)；

U_f——框的传热系数[W/(m^2·K)]，应按本规程第 7 章的规定计算。

4.3.2 当幕墙背后有其他墙体（包括实体墙、装饰墙等），且幕墙与墙体之间为封闭空气层时，此部分的室内环境到室外环境的传热系数 U 应按下式计算：

$$U=\frac{1}{\frac{1}{U_{CW}}-\frac{1}{h_{in}}+\frac{1}{U_{Wall}}-\frac{1}{h_{out}}+R_{air}} \tag{4.3.2}$$

式中 U_{CW}——在墙体范围内外层幕墙的传热系数[W/(m^2·K)]；

R_{air}——幕墙与墙体间封闭空气间层的热阻，30、40、50mm 及以上厚度封闭空气层的热阻取值一般可分别取为 0.17、0.18、0.18(m^2·K/W)；

U_{Wall}——墙体范围内的墙体传热系数[W/(m^2·K)]；

h_{in}——幕墙室内表面换热系数[W/(m^2·K)]；

h_{out}——幕墙室外表面换热系数[W/(m^2·K)]。

4.3.3 幕墙背后单层墙体的传热系数 U_{Wall} 应按下式计算：

$$U_{Wall}=\frac{1}{\frac{1}{h_{out}}+\frac{d}{\lambda}+\frac{1}{h_{in}}} \tag{4.3.3}$$

式中 d——单层材料的厚度(m)；

λ——单层材料的导热系数[W/(m·K)]。

4.3.4 幕墙背后多层墙体的传热系数 U_{Wall} 应按下式计算：

$$U_{Wall}=\frac{1}{\frac{1}{h_{out}}+\sum_i \frac{d_i}{\lambda_i}+\frac{1}{h_{in}}} \tag{4.3.4}$$

式中 d_i——各单层材料的厚度(m)；

λ_i——各单层材料的导热系数[W/(m·K)]。

4.3.5 若幕墙与墙体之间存在热桥，当热桥的总面积不大于墙体部分面积 1%时，热桥的影响可忽略；当热桥的总面积大于实体墙部分面积 1%时，应计算热桥的影响。

计算热桥的影响，可采用当量热阻 R_{eff} 代替本规程公式(4.3.2)中的空气间层热阻 R_{air}。当量热阻 R_{eff} 应按下式计算：

$$R_{eff}=\frac{A}{\frac{A-A_b}{R_{air}}+\frac{A_b\lambda_b}{d}} \tag{4.3.5}$$

式中 A_b——热桥元件的总面积；

A——计算墙体范围内幕墙的面积；

λ_b——热桥材料的导热系数[W/(m·K)]；

R_{air}——空气间层的热阻(m^2·K/W)；

d——空气间层的厚度(m)。

4.4 幕墙遮阳系数

4.4.1 单幅幕墙的太阳光总透射比 g_{CW} 应按下式计算：

$$g_{CW}=\frac{\sum g_g A_g+\sum g_p A_p+\sum g_f A_f}{A} \tag{4.4.1}$$

式中 g_{CW}——单幅幕墙的太阳光总透射比；

A_g——玻璃或透明面板面积(m^2)；

g_g——玻璃或透明面板的太阳光总透射比；

A_p——非透明面板面积(m^2)；

g_p——非透明面板的太阳光总透射比；

A_f——框面积(m^2)；

g_f——框的太阳光总透射比；

A——幕墙单元面积(m^2)。

4.4.2 单幅幕墙的遮阳系数 SC_{CW} 应按下式计算：

$$SC_{CW}=\frac{g_{CW}}{0.87} \tag{4.4.2}$$

式中 SC_{CW}——单幅幕墙的遮阳系数；

g_{CW}——单幅幕墙的太阳光总透射比。

4.5 幕墙可见光透射比

4.5.1 幕墙单元的可见光透射比 τ_{CW} 应按下式计算：

$$\tau_{CW}=\frac{\sum \tau_v A_g}{A} \tag{4.5.1}$$

式中 τ_{CW}——幕墙单元的可见光透射比；

τ_v——透光面板的可见光透射比；

A——幕墙单元面积(m^2)；

A_g——透光面板面积(m^2)。

5 结露性能评价

5.1 一般规定

5.1.1 评价实际工程中建筑门窗、玻璃幕墙的结露性能时，所采用的计算条件应符合相应的建筑设计标准，并满足工程设计要求；评价门窗、玻璃幕墙产品的结露性能时应采用本规程第10章规定的结露性能评价计算标准条件，并应在给出计算结果时注明计算条件。

5.1.2 室外和室内的对流换热系数应根据所选定的计算条件，按本规程第10章的规定计算确定。

5.1.3 门窗、玻璃幕墙的结露性能评价指标，应采用各个部件内表面温度最低的10%面积所对应的最高温度值(T_{10})。

5.1.4 应按本规程第7章的规定，采用二维稳态传热计算程序进行典型节点的内表面温度计算。门窗、玻璃幕墙所有典型节点均应进行计算。

5.1.5 对于每一个二维截面，室内表面的展开边界应细分为若干分段，其尺寸不应大于计算软件中使用的网格尺寸，且应给出所有分段的温度计算值。

5.2 露点温度的计算

5.2.1 水表面(高于0℃)的饱和水蒸气压应按下式计算：

$$E_s=E_0\times 10^{\frac{a\cdot t}{b+t}} \tag{5.2.1}$$

式中 E_s——空气的饱和水蒸气压(hPa)；

E_0——空气温度为0℃时的饱和水蒸气压，取 $E_0=6.11$hPa；

t——空气温度(℃)；

a、b——参数，$a=7.5$，$b=237.3$。

5.2.2 在一定空气相对湿度 f 下，空气的水蒸气压 e 可按下式计算：

$$e=f\cdot E_s \tag{5.2.2}$$

式中 e——空气的水蒸气压(hPa)；

f——空气的相对湿度(%)；

E_s——空气的饱和水蒸气压(hPa)。

5.2.3 空气的露点温度可按下式计算：

$$T_d=\frac{b}{\frac{a}{\lg\left(\frac{e}{6.11}\right)}-1} \tag{5.2.3}$$

式中 T_d——空气的露点温度(℃)；

e——空气的水蒸气压(hPa)；

a、b——参数，$a=7.5$，$b=237.3$。

5.3 结露的计算与评价

5.3.1 在进行门窗、玻璃幕墙结露计算时，计算节点应包括所有的框、面板边缘以及面板中部。

5.3.2 面板中部的结露性能评价指标 T_{10} 应为采用二维稳态传热计算得到的面板中部区域室内表面的温度值；玻璃面板中部的结露性能评价指标 T_{10} 可采用按本规程第6章计算得到的室内表面温度值。

5.3.3 框、面板边缘区域各自结露性能评价指标 T_{10} 应按照下列方法确定：

1 采用二维稳态传热计算程序，计算框、面板边缘区域的二维截面室内表面各分段的温度；

2 对于每个部件，按照截面室内表面各分段温度的高低进行排序；

3　由最低温度开始，将分段长度进行累加，直至统计长度达到该截面室内表面对应长度的10%；

4　所统计分段的最高温度即为该部件截面的结露性能评价指标值 T_{10}。

5.3.4　在进行工程设计或工程应用产品性能评价时，应以门窗、幕墙各个截面中每个部件的结露性能评价指标 T_{10} 均不低于露点温度为满足要求。

5.3.5　进行产品性能分级或评价时，应按各个部件最低的结露性能评价指标 $T_{10,\min}$ 进行分级或评价。

5.3.6　采用产品的结露性能评价指标 $T_{10,\min}$ 确定门窗、玻璃幕墙在实际工程中是否结露，应以内表面最低温度不低于室内露点温度为满足要求，可按下式计算判定：

$$(T_{10,\min}-T_{\mathrm{out,std}})\cdot\frac{T_{\mathrm{in}}-T_{\mathrm{out}}}{T_{\mathrm{in,std}}-T_{\mathrm{out,std}}}+T_{\mathrm{out}}\geqslant T_{\mathrm{d}} \tag{5.3.6}$$

式中　$T_{10,\min}$——产品的结露性能评价指标(℃)；

$T_{\mathrm{in,std}}$——结露性能计算时对应的室内标准温度(℃)；

$T_{\mathrm{out,std}}$——结露性能计算时对应的室外标准温度(℃)；

T_{in}——实际工程对应的室内计算温度(℃)；

T_{out}——实际工程对应的室外计算温度(℃)；

T_{d}——室内设计环境条件对应的露点温度(℃)。

6　玻璃光学热工性能计算

6.1　单片玻璃的光学热工性能

6.1.1　单片玻璃(包括其他透明材料，下同)的光学、热工性能应根据测定的单片玻璃光谱数据进行计算。

测定的单片玻璃光谱数据应包括其各个光谱段的透射比、前反射比和后反射比，光谱范围应至少覆盖300～2500nm波长范围，不同波长范围的数据间隔应满足下列要求：

1　波长为300～400nm时，数据点间隔不应超过5nm；

2　波长为400～1000nm时，数据点间隔不应超过10nm；

3　波长为1000～2500nm时，数据点间隔不应超过50nm。

6.1.2　单片玻璃的可见光透射比 τ_{v} 应按下式计算：

$$\tau_{\mathrm{v}}=\frac{\int_{380}^{780}D_{\lambda}\tau(\lambda)V(\lambda)\mathrm{d}\lambda}{\int_{380}^{780}D_{\lambda}V(\lambda)\mathrm{d}\lambda}\approx\frac{\sum\limits_{\lambda=380}^{780}D_{\lambda}\tau(\lambda)V(\lambda)\Delta\lambda}{\sum\limits_{\lambda=380}^{780}D_{\lambda}V(\lambda)\Delta\lambda} \tag{6.1.2}$$

式中　D_{λ}——D65标准光源的相对光谱功率分布，见本规程附录D；

$\tau(\lambda)$——玻璃透射比的光谱数据；

$V(\lambda)$——人眼的视见函数，见本规程附录D。

6.1.3　单片玻璃的可见光反射比 ρ_{v} 应按下式计算：

$$\rho_{\mathrm{v}}=\frac{\int_{380}^{780}D_{\lambda}\rho(\lambda)V(\lambda)\mathrm{d}\lambda}{\int_{380}^{780}D_{\lambda}V(\lambda)\mathrm{d}\lambda}\approx\frac{\sum\limits_{\lambda=380}^{780}D_{\lambda}\rho(\lambda)V(\lambda)\Delta\lambda}{\sum\limits_{\lambda=380}^{780}D_{\lambda}V(\lambda)\Delta\lambda} \tag{6.1.3}$$

式中　$\rho(\lambda)$——玻璃反射比的光谱数据。

6.1.4　单片玻璃的太阳光直接透射比 τ_{s} 应按下式计算：

$$\tau_{\mathrm{s}}=\frac{\int_{300}^{2500}\tau(\lambda)S_{\lambda}\mathrm{d}\lambda}{\int_{300}^{2500}S_{\lambda}\mathrm{d}\lambda}\approx\frac{\sum\limits_{\lambda=300}^{2500}\tau(\lambda)S_{\lambda}\Delta\lambda}{\sum\limits_{\lambda=300}^{2500}S_{\lambda}\Delta\lambda} \tag{6.1.4}$$

式中　$\tau(\lambda)$——玻璃透射比的光谱；

S_{λ}——标准太阳光谱，见本规程附录D。

6.1.5　单片玻璃的太阳光直接反射比 ρ_{s} 应按下式计算：

$$\rho_{\mathrm{s}}=\frac{\int_{300}^{2500}\rho(\lambda)S_{\lambda}\mathrm{d}\lambda}{\int_{300}^{2500}S_{\lambda}\mathrm{d}\lambda}\approx\frac{\sum\limits_{\lambda=300}^{2500}\rho(\lambda)S_{\lambda}\Delta\lambda}{\sum\limits_{\lambda=300}^{2500}S_{\lambda}\Delta\lambda} \tag{6.1.5}$$

式中　$\rho(\lambda)$——玻璃反射比的光谱。

6.1.6　单片玻璃的太阳光总透射比 g 应按下式计算：

$$g=\tau_{\mathrm{S}}+\frac{A_{\mathrm{s}}\cdot h_{\mathrm{in}}}{h_{\mathrm{in}}+h_{\mathrm{out}}} \tag{6.1.6}$$

式中　h_{in}——玻璃室内表面换热系数[W/(m²·K)]；

h_{out}——玻璃室外表面换热系数[W/(m²·K)]；

A_{s}——单片玻璃的太阳光直接吸收比。

6.1.7　单片玻璃的太阳光直接吸收比 A_{s} 应按下式计算：

$$A_{\mathrm{s}}=1-\tau_{\mathrm{s}}-\rho_{\mathrm{s}} \tag{6.1.7}$$

式中　τ_{s}——单片玻璃的太阳光直接透射比；

ρ_{s}——单片玻璃的太阳光直接反射比。

6.1.8　单片玻璃的遮阳系数 SC_{cg} 应按下式计算：

$$SC_{\mathrm{cg}}=\frac{g}{0.87} \tag{6.1.8}$$

式中　g——单片玻璃的太阳光总透射比。

6.2　多层玻璃的光学热工性能

6.2.1　太阳光透过多层玻璃系统的计算应采用如下计算模型(图6.2.1-1)：

一个具有 n 层玻璃的系统，系统分为 $n+1$ 个气体间层，最外层为室外环境($i=1$)，最内层为室内环境($i=n+1$)。对于波长 λ 的太阳光，系统的光学分析应以第 $i-1$ 层和第 i 层玻璃之间辐射能量 $I_i^+(\lambda)$ 和 $I_i^-(\lambda)$ 建立能量平衡方程，其中角标“+”和“−”分别表

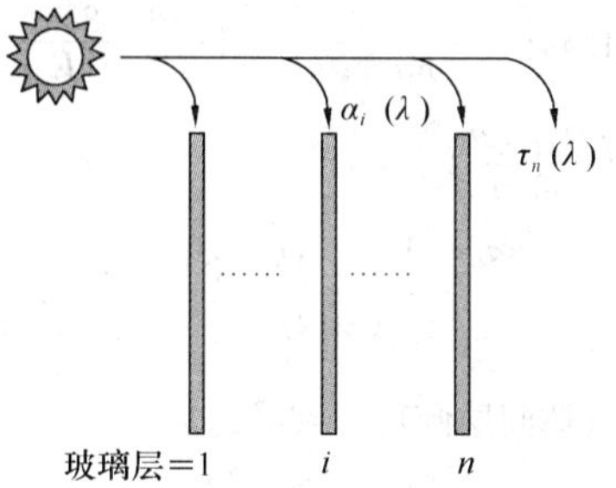

图 6.2.1-1　玻璃层的吸收率和太阳光透射比

示辐射流向室外和流向室内（图 6.2.1-2）。

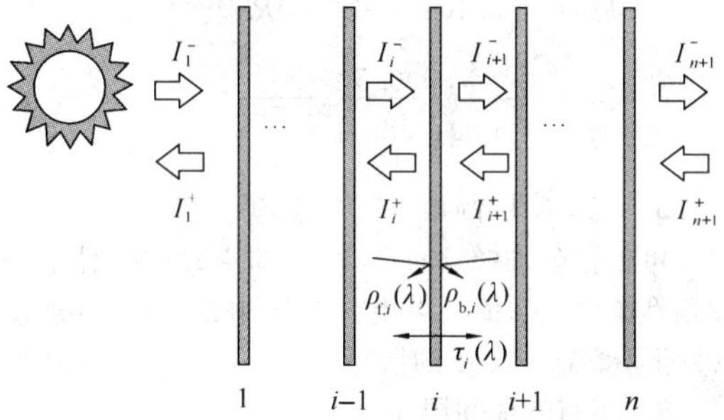

图 6.2.1-2　多层玻璃体系中太阳辐射热的分析

可设定室外只有太阳辐射，室外和室内环境的反射比为零。

当 $i=1$ 时：

$$I_1^+(\lambda)=\tau_1(\lambda)I_2^+(\lambda)+\rho_{f,1}(\lambda)I_s(\lambda) \quad (6.2.1\text{-}1)$$

$$I_1^-(\lambda)=I_s(\lambda) \quad (6.2.1\text{-}2)$$

当 $i=n+1$ 时：

$$I_{n+1}^-(\lambda)=\tau_n(\lambda)I_n^-(\lambda) \quad (6.2.1\text{-}3)$$

$$I_{n+1}^+(\lambda)=0 \quad (6.2.1\text{-}4)$$

当 $i=2\sim n$ 时：

$$I_i^+(\lambda)=\tau_i(\lambda)I_{i+1}^+(\lambda)+\rho_{f,i}(\lambda)I_i^-(\lambda) \quad (6.2.1\text{-}5)$$

$$I_i^-(\lambda)=\tau_{i-1}(\lambda)I_{i-1}^-(\lambda)+\rho_{b,i-1}(\lambda)I_i^+(\lambda) \quad (6.2.1\text{-}6)$$

利用线性方程组计算各个气体层的 $I_i^-(\lambda)$ 和 $I_i^+(\lambda)$ 值。传向室内的直接透射比应按下式计算：

$$\tau(\lambda)\cdot I_s(\lambda)=I_{n+1}^-(\lambda) \quad (6.2.1\text{-}7)$$

反射到室外的直接反射比应按下式计算：

$$\rho(\lambda)\cdot I_s(\lambda)=I_1^+(\lambda) \quad (6.2.1\text{-}8)$$

第 i 层玻璃的太阳辐射吸收比 $A_i(\lambda)$ 应按下式计算：

$$A_i(\lambda)=\frac{I_i^-(\lambda)-I_i^+(\lambda)+I_{i+1}^+(\lambda)-I_{i+1}^-(\lambda)}{I_s(\lambda)} \quad (6.2.1\text{-}9)$$

6.2.2　对整个太阳光谱进行数值积分，应按下列公式计算得到第 i 层玻璃吸收的太阳辐射热流密度 S_i：

$$S_i=A_i\cdot I_s \quad (6.2.2\text{-}1)$$

$$A_i=\frac{\int_{300}^{2500}A_i(\lambda)S_\lambda d\lambda}{\int_{300}^{2500}S_\lambda d\lambda}\approx\frac{\sum_{\lambda=300}^{2500}A_i(\lambda)S_\lambda\Delta\lambda}{\sum_{\lambda=300}^{2500}S_\lambda\Delta\lambda} \quad (6.2.2\text{-}2)$$

式中　A_i——太阳辐射照射到玻璃系统时，第 i 层玻璃的太阳辐射吸收比。

6.2.3　多层玻璃的可见光透射比应按本规程公式(6.1.2)计算，可见光反射比应按本规程公式(6.1.3)计算。

6.2.4　多层玻璃的太阳光直接透射比应按本规程公式(6.1.4)计算，太阳光直接反射比应按本规程公式(6.1.5)计算。

6.3　玻璃气体间层的热传递

6.3.1　玻璃间气体间层的能量平衡可用如下基本关系式表达（图 6.3.1）：

$$q_i=h_{c,i}(T_{f,i}-T_{b,i-1})+J_{f,i}-J_{b,i-1} \quad (6.3.1\text{-}1)$$

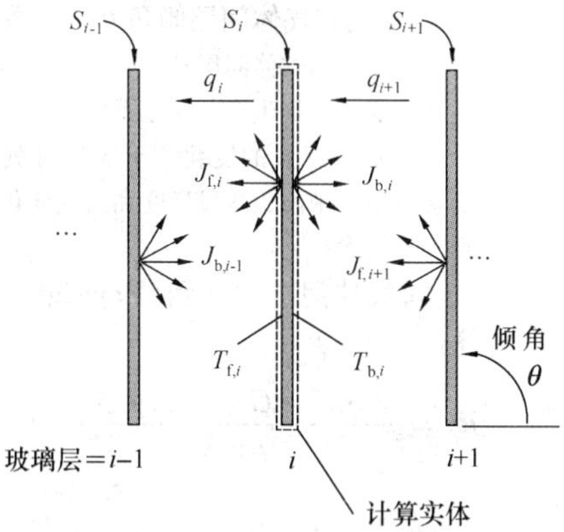

图 6.3.1　第 i 层玻璃的能量平衡

式中　$T_{f,i}$——第 i 层玻璃前表面温度(K)；

$T_{b,i-1}$——第 $i-1$ 层玻璃后表面温度(K)；

$J_{f,i}$——第 i 层玻璃前表面辐射热(W/m^2)；

$J_{b,i-1}$——第 $i-1$ 层玻璃后表面辐射热(W/m^2)。

1　在每一层气体间层中，应按下列公式计算：

$$q_i=S_i+q_{i+1} \quad (6.3.1\text{-}2)$$

$$J_{f,i}=\varepsilon_{f,i}\sigma T_{f,i}^4+\tau_i J_{f,i+1}+\rho_{f,i}J_{b,i-1} \quad (6.3.1\text{-}3)$$

$$J_{b,i}=\varepsilon_{b,i}\sigma T_{b,i}^4+\tau_i J_{b,i-1}+\rho_{b,i}J_{f,i+1} \quad (6.3.1\text{-}4)$$

$$T_{b,i}-T_{f,i}=\frac{t_{g,i}}{2\lambda_{g,i}}(2q_{i+1}+S_i) \quad (6.3.1\text{-}5)$$

式中　$t_{g,i}$——第 i 层玻璃的厚度(m)；

S_i——第 i 层玻璃吸收的太阳辐射热(W/m^2)；

τ_i——第 i 层玻璃的远红外透射比；

$\rho_{f,i}$——第 i 层前玻璃的远红外反射比；

$\rho_{b,i}$——第 i 层后玻璃的远红外反射比；

$\varepsilon_{b,i}$——第 i 层后表面半球发射率；

$\varepsilon_{f,i}$——第 i 层前表面半球发射率；

$\lambda_{g,i}$——第 i 层玻璃的导热系数[W/(m·K)]。

2　在计算传热系数时，应设定太阳辐射 $I_S=0$。在每层材料均为玻璃（或远红外透射比为零的材料）的系统中，可按如下热平衡方程计算气体间层的传热：

$$q_i = h_{c,i}(T_{f,i} - T_{b,i-1}) + h_{r,i}(T_{f,i} - T_{b,i-1}) \tag{6.3.1-6}$$

式中 $h_{r,i}$——第 i 层气体层的辐射换热系数，按本规程公式(6.3.7)计算；

$h_{c,i}$——第 i 层气体层的对流换热系数，按本规程公式(6.3.2)计算。

6.3.2 玻璃层间气体间层的对流换热系数可按下式由无量纲的努谢尔特数 Nu_i 确定：

$$h_{c,i} = Nu_i \left(\frac{\lambda_{g,i}}{d_{g,i}}\right) \tag{6.3.2}$$

式中 $d_{g,i}$——气体间层 i 的厚度(m)；

$\lambda_{g,i}$——所充气体的导热系数[W/(m·K)]；

Nu_i——努谢尔特数，是瑞利数 Ra_j、气体间层高厚比和气体间层倾角 θ 的函数。

注：在计算高厚比大的气体间层时，应考虑玻璃发生弯曲对厚度的影响。发生弯曲的原因包括：空腔平均温度、空气湿度含量的变化、干燥剂对氮气的吸收、充氮气过程中由于海拔高度和天气变化造成压力的改变等因素。

6.3.3 玻璃层间气体间层的瑞利(Rayleigh)数可按下列公式计算：

$$Ra = \frac{\gamma^2 \cdot d^3 \cdot G \cdot \beta \cdot c_p \cdot \Delta T}{\mu \cdot \lambda} \tag{6.3.3-1}$$

$$\beta = \frac{1}{T_m} \tag{6.3.3-2}$$

$$A_{g,i} = \frac{H}{d_{g,i}} \tag{6.3.3-3}$$

式中 Ra——瑞利(Rayleigh)数；

γ——气体密度(kg/m³)；

G——重力加速度(m/s²)，可取 9.80(m/s²)；

c_p——常压下气体的比热容[J/(kg·K)]；

μ——常压下气体的黏度[kg/(m·s)]；

λ——常压下气体的导热系数[W/(m·K)]；

d——气体间层的厚度(m)；

ΔT——气体间层前后玻璃表面的温度差(K)；

β——将填充气体作理想气体处理时的气体热膨胀系数；

T_m——填充气体的平均温度(K)；

$A_{g,i}$——第 i 层气体间层的高厚比；

H——气体间层顶部到底部的距离(m)，通常应和窗的透光区域高度相同。

6.3.4 应对应于不同的倾角 θ 值或范围，定量计算通过玻璃气体间层的对流热传递。以下计算假设空腔从室内加热(即 $T_{f,i} > T_{b,i-1}$)，若实际上室外温度高于室内($T_{f,i} < T_{b,i-1}$)，则要将(180°−θ)代替 θ。

空腔的努谢尔特数 Nu_i 应按下列公式计算：

1 气体间层倾角 $0 \leqslant \theta < 60°$

$$Nu_i = 1 + 1.44\left[1 - \frac{1708}{Ra\cos\theta}\right]^* \left[1 - \frac{1708\sin^{1.6}(1.8\theta)}{Ra\cos\theta}\right] + \left[\left(\frac{Ra\cos\theta}{5830}\right)^{\frac{1}{3}} - 1\right]^*$$

$$Ra < 10^5 \quad 且 \quad A_{g,i} > 20 \tag{6.3.4-1}$$

式中 函数 $[x]^*$ 表达式为：$[x]^* = \dfrac{x + |x|}{2}$。

2 气体间层倾角 $\theta = 60°$

$$Nu = (Nu_1, Nu_2)_{max} \tag{6.3.4-2}$$

式中 $$Nu_1 = \left[1 + \left(\frac{0.0936Ra^{0.314}}{1 + G_N}\right)^7\right]^{\frac{1}{7}}$$

$$Nu_2 = \left(0.104 + \frac{0.175}{A_{g,i}}\right)Ra^{0.283}$$

$$G_N = \frac{0.5}{\left[1 + \left(\frac{Ra}{3160}\right)^{20.6}\right]^{0.1}}$$

3 气体间层倾角 $60° < \theta < 90°$

可根据公式(6.3.4-2)和(6.3.4-3)的计算结果按倾角 θ 作线性插值。以上公式适用于 $10^2 < Ra < 2 \times 10^7$ 且 $5 < A_{g,i} < 100$ 的情况。

4 垂直气体间层($\theta = 90°$)

$$Nu = (Nu_1, Nu_2)_{max} \tag{6.3.4-3}$$

$$Nu_1 = 0.0673838Ra^{\frac{1}{3}} \quad Ra > 5 \times 10^4$$

$$Nu_1 = 0.028154Ra^{0.4134} \quad 10^4 < Ra \leqslant 5 \times 10^4$$

$$Nu_1 = 1 + 1.7596678 \times 10^{-10} Ra^{2.2984755} \quad Ra \leqslant 10^4$$

$$Nu_2 = 0.242\left(\frac{Ra}{A_{g,i}}\right)^{0.272}$$

5 气体间层倾角 $90° < \theta < 180°$

$$Nu = 1 + (Nu_v - 1)\sin\theta \tag{6.3.4-4}$$

式中 Nu_v——按公式(6.3.4-3)计算的垂直气体间层的努谢尔特数。

6.3.5 填充气体的密度应按理想气体定律计算：

$$\gamma = \frac{p \cdot \hat{M}}{\mathcal{R} \cdot T_m} \tag{6.3.5}$$

式中 p——气体压力，标准状态下 $p = 101300$Pa；

γ——气体密度(kg/m³)；

T_m——气体的温度，标准状态下 $T_m = 293$K；

$\mathcal{R}$——气体常数[J/(kmol·K)]；

$\hat{M}$——气体的摩尔质量(kg/mol)。

气体的定压比热容 c_p、运动黏度 μ、导热系数 λ 是温度的线性函数，典型气体的参数应按本规程附录E给出的公式和相关参数计算。

6.3.6 混合气体的密度、导热系数、运动黏度和比热容是各气体相应比例的函数，应按下列公式和规定计算：

1 摩尔质量

$$\hat{M}_{mix} = \sum_{i=1}^{v} x_i \cdot \hat{M}_i \tag{6.3.6-1}$$

式中 x_i——混合气体中某一气体的摩尔数。

2 密度

$$\gamma_{\text{mix}} = \frac{p \cdot \hat{M}_{\text{mix}}}{\mathscr{R} \cdot T_{\text{m}}} \quad (6.3.6\text{-}2)$$

3 比热容

$$c_{\text{p,mix}} = \frac{\hat{c}_{\text{p,mix}}}{\hat{M}_{\text{mix}}} \quad (6.3.6\text{-}3)$$

$$\hat{c}_{\text{p,mix}} = \sum_{i=1}^{v} x_i \cdot \hat{c}_{\text{p},i} \quad (6.3.6\text{-}4)$$

$$\hat{c}_{\text{p},i} = c_{\text{p},i}\hat{M}_i \quad (6.3.6\text{-}5)$$

4 运动黏度

$$\mu_{\text{mix}} = \sum_{i=1}^{v} \frac{\mu_i}{\left[1 + \sum\limits_{\substack{j=1 \\ j \neq i}}^{v} \left(\phi^{\mu}_{i,j} \cdot \frac{x_j}{x_i}\right)\right]} \quad (6.3.6\text{-}6)$$

$$\phi^{\mu}_{i,j} = \frac{\left[1 + \left(\frac{\mu_i}{\mu_j}\right)^{\frac{1}{2}} \left(\frac{\hat{M}_j}{\hat{M}_i}\right)^{\frac{1}{4}}\right]^2}{2\sqrt{2}\left[1 + \left(\frac{\hat{M}_i}{\hat{M}_j}\right)\right]^{\frac{1}{2}}} \quad (6.3.6\text{-}7)$$

5 导热系数

$$\lambda_{\text{mix}} = \lambda'_{\text{mix}} + \lambda''_{\text{mix}} \quad (6.3.6\text{-}8)$$

$$\lambda'_{\text{mix}} = \sum_{i=1}^{v} \frac{\lambda'_i}{1 + \sum\limits_{\substack{j=1 \\ j \neq i}}^{v} \left(\psi_{i,j} \frac{x_j}{x_i}\right)} \quad (6.3.6\text{-}9)$$

$$\psi_{i,j} = \frac{\left[1 + \left(\frac{\lambda'_i}{\lambda'_j}\right)^{\frac{1}{2}} \left(\frac{\hat{M}_i}{\hat{M}_j}\right)^{\frac{1}{4}}\right]^2}{2\sqrt{2}\left[1 + \left(\frac{\hat{M}_i}{\hat{M}_j}\right)\right]^{\frac{1}{2}}} \left[1 + 2.41\frac{(\hat{M}_i - \hat{M}_j)(\hat{M}_i - 0.142\hat{M}_j)}{(\hat{M}_i + \hat{M}_j)^2}\right] \quad (6.3.6\text{-}10)$$

$$\lambda''_{\text{mix}} = \sum_{i=1}^{v} \frac{\lambda''_i}{\left[1 + \sum\limits_{\substack{j=1 \\ j \neq i}}^{v} \left(\phi^{\lambda}_{i,j} \frac{x_j}{x_i}\right)\right]} \quad (6.3.6\text{-}11)$$

$$\phi^{\lambda}_{i,j} = \frac{\left[1 + \left(\frac{\lambda'_i}{\lambda'_j}\right)^{\frac{1}{2}} \left(\frac{\hat{M}_i}{\hat{M}_j}\right)^{\frac{1}{4}}\right]^2}{2\sqrt{2}\left[1 + \left(\frac{\hat{M}_i}{\hat{M}_j}\right)\right]^{\frac{1}{2}}} \quad (6.3.6\text{-}12)$$

式中 λ'_i——单原子气体的导热系数[W/(m·K)]；

λ''_i——多原子气体由于内能的散发所产生运动的附加导热系数[W/(m·K)]。

应按以下步骤求取 λ_{mix}：

1) 计算 λ'_i

$$\lambda'_i = \frac{15}{4} \cdot \frac{\mathscr{R}}{\hat{M}_i}\mu_i \quad (6.3.6\text{-}13)$$

2) 计算 λ''_i

$$\lambda''_i = \lambda_i - \lambda'_i \quad (6.3.6\text{-}14)$$

式中 λ_i——第 i 种填充气体的导热系数[W/(m·K)]。

3) 用 λ'_i 计算 λ'_{mix}

4) 用 λ''_i 计算 λ''_{mix}

5) 取 $\lambda_{\text{mix}} = \lambda'_{\text{mix}} + \lambda''_{\text{mix}}$

6.3.7 玻璃（或其他远红外辐射透射比为零的板材），气体间层两侧玻璃的辐射换热系数 h_{r}应按下式计算：

$$h_{\text{r}} = 4\sigma\left(\frac{1}{\varepsilon_1} + \frac{1}{\varepsilon_2} - 1\right)^{-1} \times T_{\text{m}}^3 \quad (6.3.7)$$

式中 σ——斯蒂芬-玻尔兹曼常数；

T_{m}——气体间层中两个表面的平均绝对温度（K）；

ε_1、ε_2——气体间层中的两个玻璃表面在平均绝对温度 T_{m}下的半球发射率。

6.4 玻璃系统的热工参数

6.4.1 计算玻璃系统的传热系数时，应采用简单的模拟环境条件，仅考虑室内外温差，没有太阳辐射，应按下式计算：

$$U_{\text{g}} = \frac{q_{\text{in}}(I_{\text{s}} = 0)}{T_{\text{ni}} - T_{\text{ne}}} \quad (6.4.1\text{-}1)$$

$$U_{\text{g}} = \frac{1}{R_{\text{t}}} \quad (6.4.1\text{-}2)$$

式中 $q_{\text{in}}(I_{\text{s}} = 0)$——没有太阳辐射热时，通过玻璃系统传向室内的净热流（W/m^2）；

T_{ne}——室外环境温度（K），按公式(6.4.1-6)计算；

T_{ni}——室内环境温度（K），按公式(6.4.1-6)计算。

1 玻璃系统的传热阻 R_{t}应为各层玻璃、气体间层、内外表面换热阻之和，应按下列公式计算：

$$R_{\text{t}} = \frac{1}{h_{\text{out}}} + \sum_{i=2}^{n} R_i + \sum_{i=1}^{n} R_{\text{g},i} + \frac{1}{h_{\text{in}}} \quad (6.4.1\text{-}3)$$

$$R_{\text{g},i} = \frac{t_{\text{g},i}}{\lambda_{\text{g},i}} \quad (6.4.1\text{-}4)$$

$$R_i = \frac{T_{\text{f},i} - T_{\text{b},i-1}}{q_i} \quad i = 2 \sim n \quad (6.4.1\text{-}5)$$

式中 $R_{\text{g},i}$——第 i 层玻璃的固体热阻（$\text{m}^2 \cdot \text{K/W}$）；

R_i——第 i 层气体间层的热阻（$\text{m}^2 \cdot \text{K/W}$）；

$T_{\text{f},i}$、$T_{\text{b},i-1}$——第 i 层气体间层的外表面和内表面温度（K）；

q_i——第 i 层气体间层的热流密度，应按本规程第 6.3.1 条的规定计算。

其中，第 1 层气体间层为室外，最后一层气体间层($n+1$)为室内。

2 环境温度应是周围空气温度 T_{air} 和平均辐射温度 T_{rm} 的加权平均值，应按下式计算：

$$T_n = \frac{h_c T_{air} + h_r T_{rm}}{h_c + h_r} \quad (6.4.1\text{-}6)$$

式中 h_c、h_r——应按本规程第 10 章的规定计算。

6.4.2 玻璃系统的遮阳系数的计算应符合下列规定：

1 各层玻璃室外侧方向的热阻应按下式计算：

$$R_{out,i} = \frac{1}{h_{out}} + \sum_{k=2}^{i} R_k + \sum_{k=1}^{i-1} R_{g,k} + \frac{1}{2} R_{g,i} \quad (6.4.2\text{-}1)$$

式中 $R_{g,i}$——第 i 层玻璃的固体热阻($m^2 \cdot K/W$)；

$R_{g,k}$——第 k 层玻璃的固体热阻($m^2 \cdot K/W$)；

R_k——第 k 层气体间层的热阻($m^2 \cdot K/W$)。

2 各层玻璃向室内的二次传热应按下式计算：

$$q_{in,i} = \frac{A_{s,i} \cdot R_{out,i}}{R_t} \quad (6.4.2\text{-}2)$$

3 玻璃系统的太阳光总透射比应按下式计算：

$$g = \tau_s + \sum_{i=1}^{n} q_{in,i} \quad (6.4.2\text{-}3)$$

4 玻璃系统的遮阳系数应按本规程公式(6.1.8)计算。

7 框的传热计算

7.1 框的传热系数及框与面板接缝的线传热系数

7.1.1 应采用二维稳态热传导计算软件进行框的传热计算。软件中的计算程序应包括本规程所规定的复杂灰色体漫反射模型和玻璃气体间层内、框空腔内的对流换热计算模型。

7.1.2 计算框的传热系数 U_f 时应符合下列规定：

1 框的传热系数 U_f 应在计算窗或幕墙的某一框截面的二维热传导的基础上获得；

2 在框的计算截面中，应用一块导热系数 λ=0.03W/(m·K)的板材替代实际的玻璃(或其他镶嵌板)，板材的厚度等于所替代面板的厚度，嵌入框的深度按照面板嵌入的实际尺寸，可见部分的板材宽度 b_p 不应小于 200mm(图 7.1.2)；

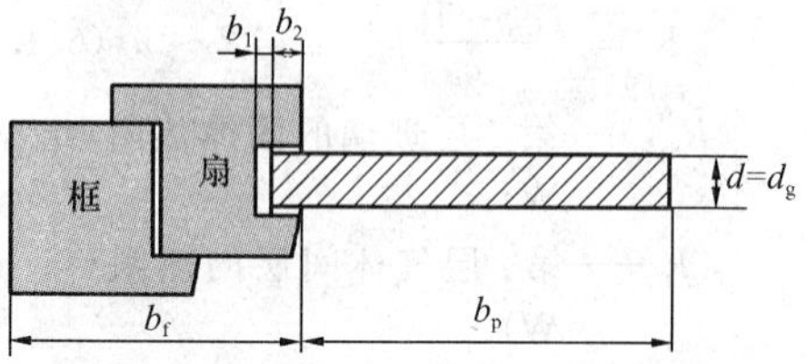

图 7.1.2 框传热系数计算模型示意

3 在室内外标准条件下，用二维热传导计算程序计算流过图示截面的热流 q_w，并应按下式整理：

$$q_w = \frac{(U_f \cdot b_f + U_p \cdot b_p) \cdot (T_{n,in} - T_{n,out})}{b_f + b_p} \quad (7.1.2\text{-}1)$$

$$U_f = \frac{L_f^{2D} - U_p \cdot b_p}{b_f} \quad (7.1.2\text{-}2)$$

$$L_f^{2D} = \frac{q_W (b_f + b_p)}{T_{n,in} - T_{n,out}} \quad (7.1.2\text{-}3)$$

式中 U_f——框的传热系数[W/(m^2·K)]；

L_f^{2D}——框截面整体的线传热系数[W/(m·K)]；

U_p——板材的传热系数[W/(m^2·K)]；

b_f——框的投影宽度（m）；

b_p——板材可见部分的宽度（m）；

$T_{n,in}$——室内环境温度（K）；

$T_{n,out}$——室外环境温度（K）。

7.1.3 计算框与玻璃系统（或其他镶嵌板）接缝的线传热系数 ψ 时应符合下列规定：

1 用实际的玻璃系统（或其他镶嵌板）替代导热系数 λ=0.03W/(m·K)的板材，其他尺寸不改变(图 7.1.3)；

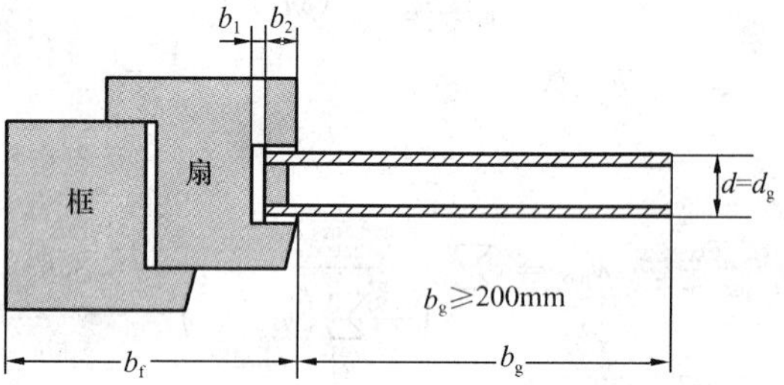

图 7.1.3 框与面板接缝线传热系数计算模型示意

2 用二维热传导计算程序，计算在室内外标准条件下流过图示截面的热流 q_ψ，并应按下式整理：

$$q_\psi = \frac{(U_f \cdot b_f + U_g \cdot b_g + \psi) \cdot (T_{n,in} - T_{n,out})}{b_f + b_g} \quad (7.1.3\text{-}1)$$

$$\psi = L_\psi^{2D} - U_f \cdot b_f - U_g \cdot b_g \quad (7.1.3\text{-}2)$$

$$L_\psi^{2D} = \frac{q_\psi (b_f + b_g)}{T_{n,in} - T_{n,out}} \quad (7.1.3\text{-}3)$$

式中 ψ——框与玻璃（或其他镶嵌板）接缝的线传热系数[W/(m·K)]；

L_ψ^{2D}——框截面整体线传热系数[W/(m·K)]；

U_g——玻璃的传热系数[W/(m^2·K)]；

b_g——玻璃可见部分的宽度（m）；

$T_{n,in}$——室内环境温度（K）；

$T_{n,out}$——室外环境温度（K）。

7.2 传热控制方程

7.2.1 框（包括固体材料、空腔和缝隙）的二维稳态热传导计算程序应采用如下基本方程：

$$\frac{\partial^2 T}{\partial x^2}+\frac{\partial^2 T}{\partial y^2}=0 \quad (7.2.1\text{-}1)$$

1　窗框内部任意两种材料相接表面的热流密度q应按下式计算：

$$q=-\lambda\left(\frac{\partial T}{\partial x}e_{x}+\frac{\partial T}{\partial y}e_{y}\right) \quad (7.2.1\text{-}2)$$

式中　λ——材料的导热系数；

e_x、e_y——两种材料交界面单位法向量在x和y方向的分量。

2　在窗框的外表面，热流密度q应按下式计算：

$$q=q_c+q_r \quad (7.2.1\text{-}3)$$

式中　q_c——热流密度的对流换热部分；

q_r——热流密度的辐射换热部分。

7.2.2　采用二维稳态热传导方程求解框截面的温度和热流分布时，截面的网格划分原则应符合下列规定：

1　任何一个网格内部只能含有一种材料；

2　网格的疏密程度应根据温度分布变化的剧烈程度而定，应根据经验判断，温度变化剧烈的地方网格应密些，温度变化平缓的地方网格可稀疏一些；

3　当进一步细分网格，流经窗框横截面边界的热流不再发生明显变化时，该网格的疏密程度可认为是适当的；

4　可用若干段折线近似代替实际的曲线。

7.2.3　固体材料的导热系数可选用本规程附录F的数值，也可直接采用检测的结果。在求解二维稳态传热方程时，应假定所有材料导热系数均不随温度变化。

固体材料的表面发射率数值应按照本规程附录G确定；若表面发射率为固定值，也可直接采用表F.0.1中的数值。

7.2.4　当有热桥存在时，应按下列公式计算热桥部位（例如螺栓、螺钉等部位）固体的当量导热系数：

$$\lambda_{eff}=F_b\cdot\lambda_b+(1-F_b)\lambda_n \quad (7.2.4\text{-}1)$$

$$F_b=\frac{S}{A_d} \quad (7.2.4\text{-}2)$$

式中　S——热桥元件的面积（例如螺栓的面积）(m^2)；

A_d——热桥元件的间距范围内材料的总面积(m^2)；

λ_b——热桥材料导热系数[W/(m·K)]；

λ_n——无热桥材料时材料的导热系数[W/(m·K)]。

7.2.5　判断是否需要考虑热桥影响的原则应符合下列规定：

1　当$F_b\leqslant1\%$时，忽略热桥影响；

2　当$1\%<F_b\leqslant5\%$，且$\lambda_b>10\lambda_n$时，应按本规程第7.2.4条的规定计算；

3　当$F_b>5\%$时，必须按本规程第7.2.4条的规定计算。

7.3　玻璃气体间层的传热

7.3.1　计算框与玻璃系统（或其他镶嵌板）接缝处的线传热系数ψ时，应计算玻璃空气间层的传热。可将玻璃的空气间层当作一种不透明的固体材料，导热系数可采用当量导热系数代替，第i个气体间层的当量导热系数应按下式计算：

$$\lambda_{eff,i}=q_i\left(\frac{d_{g,i}}{T_{f,i}-T_{b,i-1}}\right) \quad (7.3.1)$$

式中　$d_{g,i}$——第i个气体间层的厚度（m）；

q_i、$T_{f,i}$、$T_{b,i-1}$——按本规程第6章第6.3节的规定计算确定。

7.4　封闭空腔的传热

7.4.1　计算框内封闭空腔的传热时，应将封闭空腔当作一种不透明的固体材料，其当量导热系数应考虑空腔内的辐射和对流换热，应按下列公式计算：

$$\lambda_{eff}=(h_c+h_r)\cdot d \quad (7.4.1\text{-}1)$$

$$h_c=Nu\frac{\lambda_{air}}{d} \quad (7.4.1\text{-}2)$$

式中　λ_{eff}——封闭空腔的当量导热系数[W/(m·K)]；

h_c——封闭空腔内空气对流换热系数[W/(m^2·K)]，应根据努谢尔特数来计算，并应依据热流方向是朝上、朝下或水平分别考虑三种不同情况的努谢尔特数；

h_r——封闭空腔内辐射换热系数[W/(m^2·K)]，应按本规程第7.4.10条的规定计算；

d——封闭空腔在热流方向的厚度(m)；

Nu——努谢尔特数；

λ_{air}——空气的导热系数[W/(m·K)]。

7.4.2　热流朝下的矩形封闭空腔（图7.4.2）的努谢尔特数应为：

$$Nu=1.0 \quad (7.4.2)$$

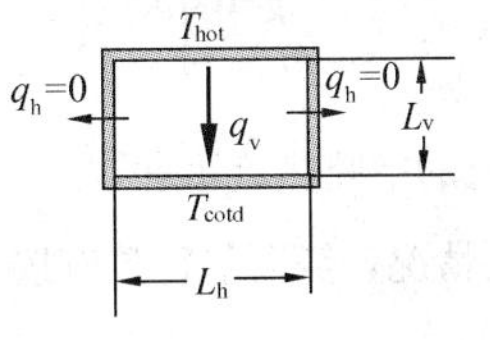

图7.4.2　热流朝下的空腔热流示意

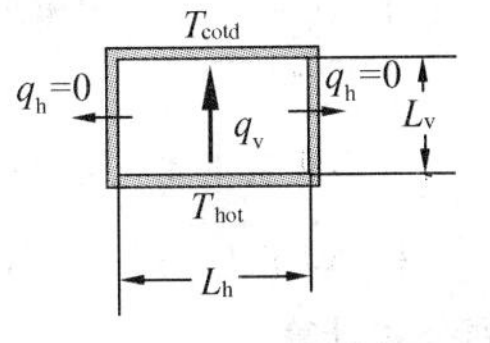

图7.4.3　热流朝上的空腔热流示意

7.4.3　热流朝上的矩形封闭空腔（图7.4.3）的努谢尔特数取决于空腔的高宽比L_v/L_h，其中L_v和L_h为空腔垂直和水平方向的尺寸。

1　当$L_v/L_h\leqslant1$时，其努谢尔特数应为：

$$Nu=1.0 \quad (7.4.3\text{-}1)$$

2　当$1<L_v/L_h\leqslant5$时，其努谢尔特数应按下列

公式计算：

$$Nu=1+\left(1-\frac{Ra_{\text{crit}}}{Ra}\right)^{*}\left(k_1+2k_2^{1-\ln k_2}\right)$$
$$+\left[\left(\frac{Ra}{5380}\right)^{\frac{1}{3}}-1\right]^{*}\left\{1-e^{-0.95\left[\left(\frac{Ra_{\text{crit}}}{Ra}\right)^{\frac{1}{3}}-1\right]^{*}}\right\} \quad (7.4.3\text{-}2)$$

$$k_1=1.40 \quad (7.4.3\text{-}3)$$

$$k_2=\frac{Ra^{\frac{1}{3}}}{450.5} \quad (7.4.3\text{-}4)$$

$$Ra_{\text{crit}}=e^{\left(0.721\frac{L_h}{L_v}\right)+7.46} \quad (7.4.3\text{-}5)$$

$$Ra=\frac{\gamma_{\text{air}}^2\cdot L_v^3\cdot G\cdot\beta\cdot c_{\text{p,air}}(T_{\text{hot}}-T_{\text{cold}})}{\mu_{\text{air}}\cdot\lambda_{\text{air}}} \quad (7.4.3\text{-}6)$$

式中 γ_{air}——空气密度（kg/m^3）；

L_v——空腔的高宽比；

G——重力加速度（m/s^2），可取 9.80（m/s^2）；

β——气体热胀膨系数，按本规程公式（6.3.3-2）计算；

$c_{\text{p,air}}$——常压下空气比热容[J/(kg·K)]；

μ_{air}——常压下空气运动黏度[kg/(m·s)]；

λ_{air}——常压下空气导热系数[W/(m·K)]；

T_{hot}——空腔热侧温度(K)；

T_{cold}——空腔冷侧温度(K)；

Ra_{crit}——临界瑞利数；

Ra——空腔的瑞利数；

函数 $[x]^*$ 的表达式为 $[x]^*=\frac{x+|x|}{2}$。

3 当 $L_v/L_h>5$ 时，努谢尔特数应按下式计算：

$$Nu=1+1.44\left(1-\frac{1708}{Ra}\right)^{*}+\left[\left(\frac{Ra}{5830}\right)^{\frac{1}{3}}-1\right]^{*} \quad (7.4.3\text{-}7)$$

7.4.4 水平热流的矩形封闭空腔（图 7.4.4）的努谢尔特数应按下列规定计算：

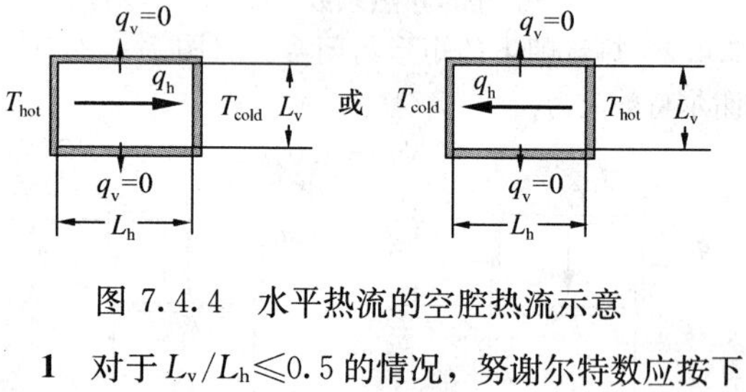

图 7.4.4 水平热流的空腔热流示意

1 对于 $L_v/L_h\leqslant0.5$ 的情况，努谢尔特数应按下列公式计算：

$$Nu=1+\left\{\left[2.756\times10^{-6}Ra^2\left(\frac{L_v}{L_h}\right)^8\right]^{-0.386}+\left[0.623Ra^{\frac{1}{5}}\left(\frac{L_h}{L_v}\right)^{\frac{2}{5}}\right]^{-0.386}\right\}^{-2.59} \quad (7.4.4\text{-}1)$$

$$Ra=\frac{\gamma_{\text{air}}^2\cdot L_h^3\cdot G\cdot\beta\cdot c_{\text{p,air}}(T_{\text{hot}}-T_{\text{cold}})}{\mu_{\text{air}}\cdot\lambda_{\text{air}}} \quad (7.4.4\text{-}2)$$

式中 γ_{air}、L、G、β、$c_{\text{p,air}}$、μ_{air}、λ_{air}、T_{hot}、T_{cold} 按本章第 7.4.3 条定义及计算。

2 当 $L_v/L_h\geqslant5$ 时，其努谢尔特数应取下列三式计算结果的最大值：

$$Nu_{\text{ct}}=\left\{1+\left[\frac{0.104Ra^{0.293}}{1+\left(\frac{6310}{Ra}\right)^{1.36}}\right]^{3}\right\}^{\frac{1}{3}} \quad (7.4.4\text{-}3)$$

$$Nu_i=0.242\left(Ra\frac{L_h}{L_v}\right)^{0.273} \quad (7.4.4\text{-}4)$$

$$Nu_{\text{t}}=0.0605Ra^{\frac{1}{3}} \quad (7.4.4\text{-}5)$$

3 当 $0.5<L_v/L_h<5$ 时，应先取 $L_v/L_h=0.5$ 按本条第 1 款计算，再取 $L_v/L_h=5$ 按本条第 2 款计算，分别得到努谢尔特数，然后按 L_v/L_h 作线性插值计算。

7.4.5 当框的空腔是垂直方向时，可假定其热流为水平方向且 $L_v/L_h\geqslant5$，应按本规程第 7.4.4 条第 2 款计算努谢尔特数。

7.4.6 开始计算努谢尔特数时，温度 T_{hot} 和 T_{cold} 应预先估算，可先采用 $T_{\text{hot}}=10℃$、$T_{\text{cold}}=0℃$ 开始进行迭代计算。每次计算后，应根据已得温度分布对其进行修正，并按此重复，直到两次连续计算得到的温度差值在 1℃以内。

每次计算都应检查计算初始时假定的热流方向，如果与计算初始时假定的热流方向不同，则应在下次计算中予以修正。

7.4.7 对于形状不规则的封闭空腔，可将其转换为相当的矩形空腔来计算其当量导热系数。转换应使用下列方法来将实际空腔的表面转换成相应矩形空腔的垂直表面或水平表面（图 7.4.7-1、图 7.4.7-2）：

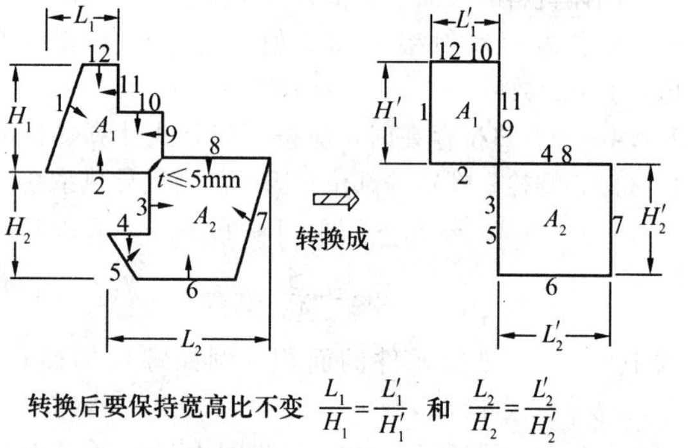

图 7.4.7-1 形状不规则的封闭空腔转换成相应的矩形空腔示意

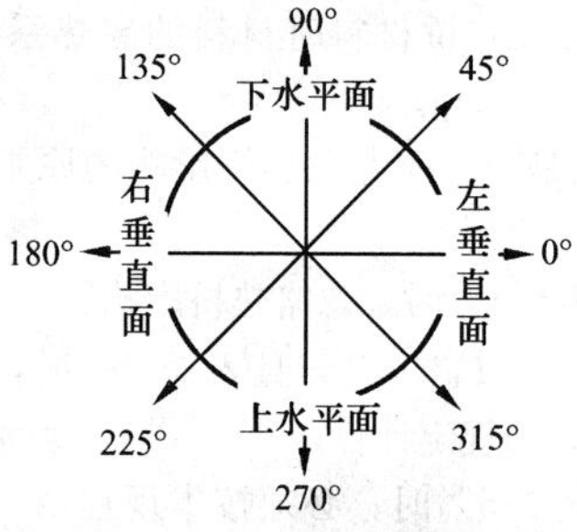

图 7.4.7-2 内法线与表面位置示意

1　内法线在 315°和 45°之间的任何表面应转换为向左的垂直表面；

2　内法线在 45°和 135°之间的任何表面应转换为向上的水平表面；

3　内法线在 135°和 225°之间的任何表面应转换为向右的垂直表面；

4　内法线在 225°和 315°之间的任何表面应转换为向下的水平表面；

5　如果两个相对立表面的最短距离小于 5mm，则应在此处分割框内空腔。

7.4.8　转换后空腔的垂直和水平表面的温度应取该表面的平均温度。

7.4.9　转换后空腔的热流方向应由空腔的垂直和水平表面之间温差来确定，并应符合下列规定：

1　如果空腔垂直表面之间温度差的绝对值大于水平表面之间的温度差的绝对值，则热流是水平的；

2　如果空腔水平表面之间温度差的绝对值大于垂直表面之间温度差的绝对值，则热流方向由上下表面的温度确定。

7.4.10　当热流为水平方向时，封闭空腔的辐射传热系数 h_r 应按下列公式计算：

$$h_r=\frac{4\sigma T_{ave}^3}{\frac{1}{\varepsilon_{cold}}+\frac{1}{\varepsilon_{hot}}-2+\frac{1}{\frac{1}{2}\left\{\left[1+\left(\frac{L_h}{L_v}\right)^2\right]^{\frac{1}{2}}-\frac{L_h}{L_v}+1\right\}}}\tag{7.4.10-1}$$

$$T_{ave}=\frac{T_{cold}+T_{hot}}{2}\tag{7.4.10-2}$$

式中　T_{ave}——冷、热两个表面的平均温度(K)；

ε_{cold}——冷表面的发射率；

ε_{hot}——热表面的发射率。

当热流是垂直方向时，应将式(7.4.10-1)中的宽高比 L_h/L_v 改为高宽比 L_v/L_h。

7.5　敞口空腔、槽的传热

7.5.1　小面积的沟槽或由一条宽度大于 2mm 但小于 10mm 的缝隙连通到室外或室内环境的空腔可作为轻微通风空腔来处理(图 7.5.1)。轻微通风空腔应作为固体处理，其当量导热系数应取相同截面封闭空腔的等效导热系数的 2 倍，表面发射率可取空腔内表面的发射率。

当轻微通风空腔的开口宽度小于或等于 2mm 时，可作为封闭空腔来处理。

7.5.2　大面积的沟槽或连通到室外或室内环境的缝隙宽度大于 10mm 的空腔应作为通风良好的空腔来处理(图 7.5.2)。通风良好的空腔应将其整个表面视为暴露于外界环境中，表面换热系数 h_{in} 和 h_{out} 应按本规程第 10 章的规定计算。

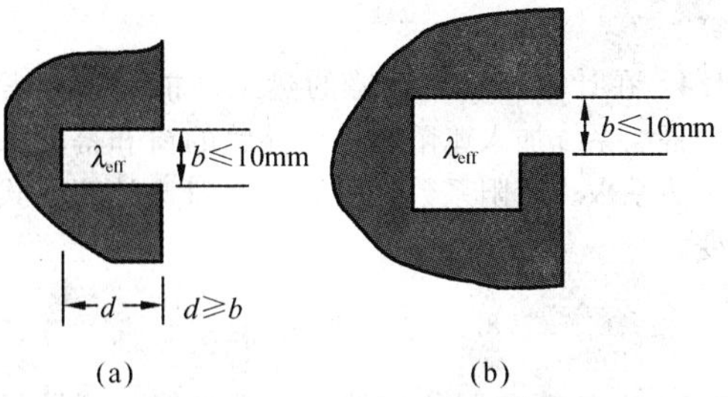

图 7.5.1　轻微通风的沟槽和空腔
(a) 小开口沟槽；(b) 小开口空腔

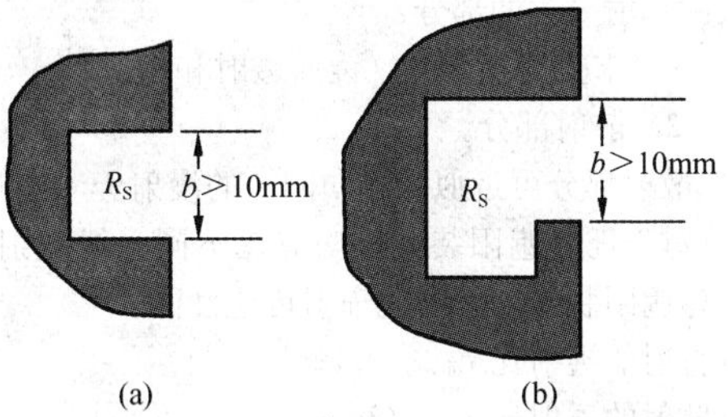

图 7.5.2　通风良好的沟槽和空腔
(a) 大开口沟槽；(b) 大开口空腔

7.6　框的太阳光总透射比

7.6.1　框的太阳光总透射比应按下式计算：

$$g_f=\alpha_f\cdot\frac{U_f}{\frac{A_{surf}}{A_f}h_{out}}\tag{7.6.1}$$

式中　h_{out}——室外表面换热系数，应按本规程第 10 章的规定计算；

α_f——框表面太阳辐射吸收系数；

U_f——框的传热系数[W/(m²·K)]；

A_{surf}——框的外表面面积(m²)；

A_f——框投影面积(m²)。

8　遮阳系统计算

8.1　一般规定

8.1.1　本规程所规定的遮阳系统计算仅适用于平行或近似平行于玻璃表面的平板型遮阳装置。

8.1.2　遮阳可分为三种基本形式：

1　内遮阳：平行于玻璃面，位于玻璃系统的室内侧，与窗玻璃有紧密的光、热接触；

2　外遮阳：平行于玻璃面，位于玻璃系统的室外侧，与窗玻璃有紧密的光、热接触；

3　中间遮阳：平行于玻璃面，位于玻璃系统的内部或两层平行或接近平行的门窗、玻璃幕墙之间。

8.1.3　遮阳装置在计算处理时，可简化为一维模型，计算时应确定遮阳装置的光学性能、传热系数，并应依据遮阳装置材料的光学性能、几何形状和部位进行计算。

8.1.4 在计算门窗、幕墙的热工性能时，应考虑窗和幕墙系统加入遮阳装置后导致的窗和幕墙系统的传热系数、遮阳系数、可见光透射比计算公式的改变。

8.2 光学性能

8.2.1 在计算遮阳装置的光学性能时，可做下列近似：

1 将被遮阳装置反射的或通过遮阳装置传入室内的太阳辐射分为两部分：

1）未受干扰部分（镜面透射和反射）；

2）散射部分。

2 散射部分可近似为各向同性的漫射。

8.2.2 对于任一遮阳装置，均应在不同光线入射角时，计算遮阳装置的下列光辐射传递性能：

直射—直射的透射比 $\tau_{\mathrm{dir,dir}}(\lambda_j)$；

直射—散射的透射比 $\tau_{\mathrm{dir,dif}}(\lambda_j)$；

散射—散射的透射比 $\tau_{\mathrm{dif,dif}}(\lambda_j)$；

直射—直射的反射比 $\rho_{\mathrm{dir,dir}}(\lambda_j)$；

直射—散射的反射比 $\rho_{\mathrm{dir,dif}}(\lambda_j)$；

散射—散射的反射比 $\rho_{\mathrm{dif,dif}}(\lambda_j)$。

8.2.3 遮阳装置对光辐射的吸收比应按下列公式计算：

1 对直射辐射的吸收比

$$\alpha_{\mathrm{dir}}(\lambda_j)=1-\tau_{\mathrm{dir,dir}}(\lambda_j)-\rho_{\mathrm{dir,dir}}(\lambda_j)-\tau_{\mathrm{dir,dif}}(\lambda_j)-\rho_{\mathrm{dir,dif}}(\lambda_j) \tag{8.2.3-1}$$

2 对散射辐射的吸收比

$$\alpha_{\mathrm{dif}}(\lambda_j)=1-\tau_{\mathrm{dif,dif}}(\lambda_j)-\rho_{\mathrm{dif,dif}}(\lambda_j) \tag{8.2.3-2}$$

8.3 遮阳百叶的光学性能

8.3.1 光在遮阳装置上透射或反射时可分解为直射和散射部分，直射、散射部分继续通过前面或后面的门窗（或玻璃幕墙），应通过测试或计算得到所有玻璃、薄膜和遮阳装置的相关光学参数值。

8.3.2 计算由平行板条构成的遮阳百叶的光学性能时，应考虑板条的光学性能、几何形状和位置等因素（图 8.3.2）。

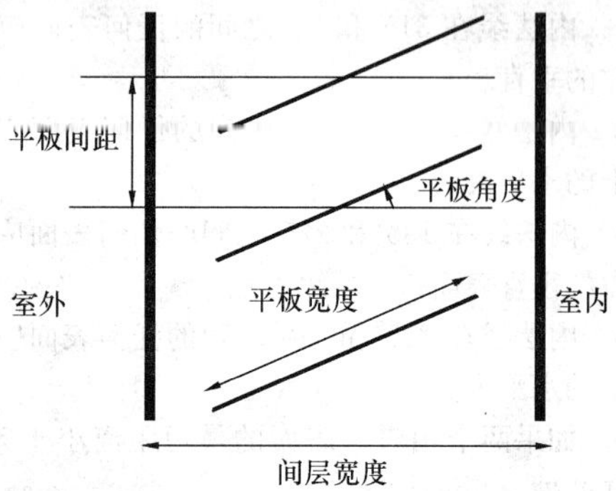

图 8.3.2 板条的几何形状示意

8.3.3 计算遮阳百叶光学性能时可采用以下模型和假设：

1 板条为漫反射表面，并可忽略窗户边缘的作用；

2 模型考虑两个邻近的板条，每条可划分为 5 个相等部分（图 8.3.3）；

3 可忽略板条长度方向的轻微挠曲。

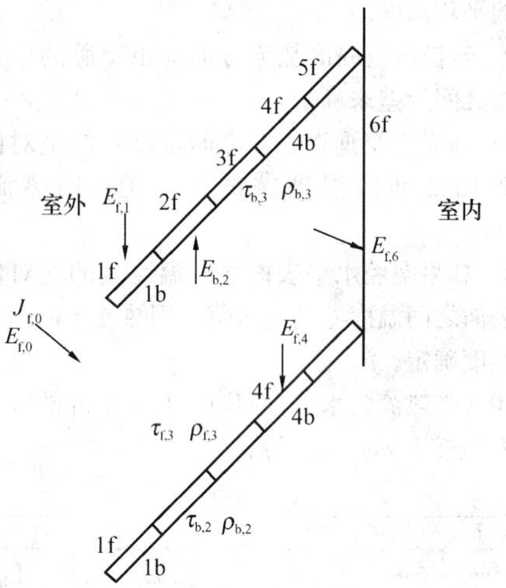

图 8.3.3 模型中分割示意

8.3.4 对确定后的模型应按下列公式进行计算。对于每层 f,i 和 b,i,i 由 0 到 n(这里 $n=6$)，对每一光谱间隔 λ_j ($\lambda \to \lambda+\Delta\lambda$)：

$$E_{\mathrm{f},i}=\sum_k[(\rho_{\mathrm{f},k}+\tau_{\mathrm{b},k})E_{\mathrm{f},k}F_{\mathrm{f},k\to\mathrm{f},i}+(\rho_{\mathrm{b},k}+\tau_{\mathrm{f},k})E_{\mathrm{b},k}F_{\mathrm{b},k\to\mathrm{f},i}] \tag{8.3.4-1}$$

$$E_{\mathrm{b},i}=\sum_k[(\rho_{\mathrm{b},k}+\tau_{\mathrm{f},k})E_{\mathrm{b},k}F_{\mathrm{b},k\to\mathrm{b},i}+(\rho_{\mathrm{f},k}+\tau_{\mathrm{b},k})E_{\mathrm{f},k}F_{\mathrm{f},k\to\mathrm{b},i}] \tag{8.3.4-2}$$

$$E_{\mathrm{f},0}=J_0(\lambda_j) \tag{8.3.4-3}$$

$$E_{\mathrm{b},n}=J_n(\lambda_j)=0 \tag{8.3.4-4}$$

式中 $F_{\mathrm{p}\to\mathrm{q}}$——由表面 p 到表面 q 的角系数；

k——百叶板被划分的块序号；

$E_{\mathrm{f},0}$——入射到遮阳百叶的光辐射；

$E_{\mathrm{b},n}$——从遮阳百叶反射出来的光辐射；

$E_{\mathrm{f},i}$——百叶板第 i 段上表面接收到的光辐射；

$E_{\mathrm{b},i}$——百叶板第 i 段下表面接收到的光辐射；

$E_{\mathrm{f},6}$——通过遮阳百叶的太阳辐射；

$\rho_{\mathrm{f},i}$、$\rho_{\mathrm{b},i}$——百叶板第 i 段上、下表面的反射比，与百叶板材料特性有关；

$\tau_{\mathrm{f},i}$、$\tau_{\mathrm{b},i}$——百叶板第 i 段上、下表面的透射比，与百叶板材料特性有关；

J_0——外部环境来的光辐射；

J_n——室内环境来的反射。

8.3.5 散射—散射透射比应按下式计算：

$$\tau_{\mathrm{dif,dif}}(\lambda_j) = E_{\mathrm{f},n}(\lambda_j)/J_0(\lambda_j) \qquad (8.3.5)$$

8.3.6 散射—散射反射比应按下式计算：

$$\rho_{\mathrm{dif,dif}}(\lambda_j) = E_{\mathrm{b},0}(\lambda_j)/J_0(\lambda_j) \qquad (8.3.6)$$

8.3.7 直射—直射的透射比和反射比应依据百叶的角度和高厚比，按投射的几何计算方法，可计算给定入射角 ϕ 时穿过百叶未被遮挡光束的照度（图8.3.7）。

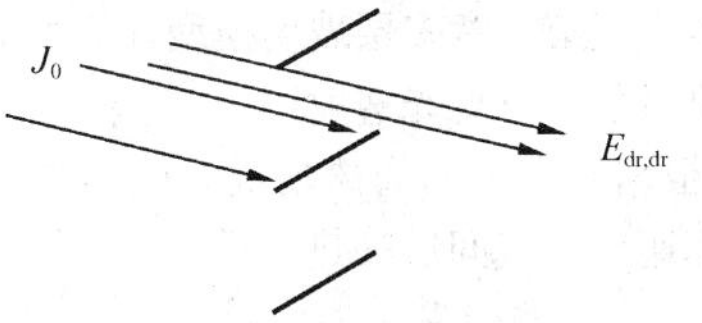

图 8.3.7 直射—直射透射比示意

1 对于任何波长 λ_j，倾角 ϕ 的直射—直射的透射比应按下式计算：

$$\tau_{\mathrm{dir,dir}}(\phi) = E_{\mathrm{dir,dir}}(\lambda_j,\phi)/J_0(\lambda_j,\phi) \qquad (8.3.7\text{-}1)$$

2 可假设遮阳百叶透空的部分没有反射，即：

$$\rho_{\mathrm{dir,dir}}(\phi) = 0 \qquad (8.3.7\text{-}2)$$

8.3.8 直射—散射的透射比和反射比应按下列规定计算：

对给定入射角 ϕ，计算遮阳装置中直接为 $J_{\mathrm{f},0}$ 所辐射的部分 k（图 8.3.8）。

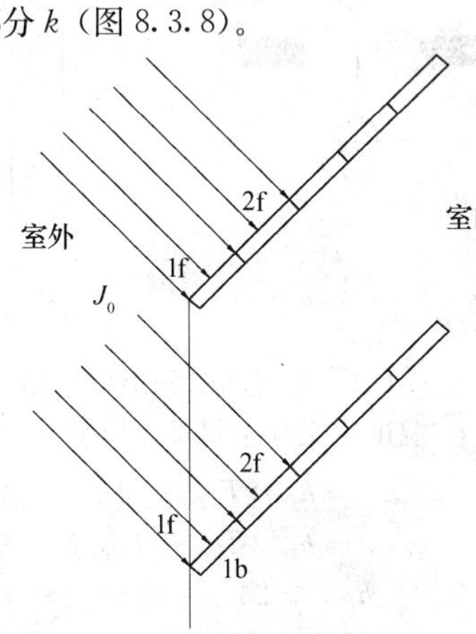

图 8.3.8 遮阳装置中受到直射辐射的部分

在入射辐射 J_0 和直接受到辐射部分 k 之间的角系数为 1，即：

$$F_{\mathrm{f},0\to\mathrm{f},k} = 1 \text{ 和 } F_{\mathrm{f},0\to\mathrm{b},k} = 1$$

内、外环境之间散射（除直射外）角系数为 0，即：

$$F_{\mathrm{f},0\to\mathrm{b},n} = 0 \text{ 和 } F_{\mathrm{b},0\to\mathrm{f},n} = 0$$

直射—散射的透射比和反射比应按下式计算：

$$\tau_{\mathrm{dir,dif}}(\lambda_j,\phi) = E_{\mathrm{f},n}(\lambda_j,\phi)/J_0(\lambda_j,\phi) \qquad (8.3.8\text{-}1)$$

$$\rho_{\mathrm{dir,dif}}(\lambda_j,\phi) = E_{\mathrm{b},n}(\lambda_j,\phi)/J_0(\lambda_j,\phi) \qquad (8.3.8\text{-}2)$$

散射的吸收比应按本规程第 8.2.3 条的规定计算。

8.3.9 在精确计算传热系数时，应详细计算遮阳百叶远红外的透射特性。计算给定条件下遮阳百叶的透射比和反射比应与计算散射—散射透射比和反射比的模型相同，可将遮阳百叶的光学性能替换为远红外辐射特性进行计算。

遮阳百叶表面的标准发射率数值应按附录 G 的规定确定，若表面发射率为固定值，也可直接采用表 F.0.1 中的数值。

8.4 遮阳帘与门窗或幕墙组合系统的简化计算

8.4.1 遮阳帘类的遮阳装置按类型可分为匀质遮阳帘和百叶遮阳帘。遮阳帘的光学性能可用下列参数表示：

1 遮阳帘太阳辐射透射比 $\tau_{\mathrm{e,B}}$，包括直射—直射透射和直射—散射透射；

2 遮阳帘室外侧太阳光反射比 $\rho_{\mathrm{e,B}}$，即直射—散射反射；

3 遮阳帘室内侧太阳光反射比 $\rho'_{\mathrm{e,B}}$，即散射—散射反射；

4 遮阳帘可见光透射比 $\tau_{\mathrm{v,B}}$，包括直射—直射透射和直射—散射透射；

5 遮阳帘室外侧可见光反射比 $\rho_{\mathrm{v,B}}$，即直射—散射反射；

6 遮阳帘室内侧可见光反射比 $\rho'_{\mathrm{v,B}}$，即散射—散射反射。

这些参数应采用适当的方法在垂直入射辐射下计算或测试，其中百叶遮阳帘可在辐射以某一入射角入射的条件下按本规程第 8.2、8.3 节的规定计算。

8.4.2 遮阳帘置于门窗（或玻璃幕墙）室外侧时，太阳光总透射比 g_{total} 应按下列公式计算：

$$g_{\mathrm{total}} = \tau_{\mathrm{e,B}} \cdot g + \alpha_{\mathrm{e,B}} \frac{\Lambda}{\Lambda_2} + \tau_{\mathrm{e,B}}(1-g)\frac{\Lambda}{\Lambda_1} \qquad (8.4.2\text{-}1)$$

$$\alpha_{\mathrm{e,B}} = 1 - \tau_{\mathrm{e,B}} - \rho_{\mathrm{e,B}} \qquad (8.4.2\text{-}2)$$

$$\Lambda = \frac{1}{1/U + 1/\Lambda_1 + 1/\Lambda_2} \qquad (8.4.2\text{-}3)$$

式中 Λ_1——遮阳帘的传热系数[W/(m² · K)]，可取 6W/(m² · K)；

Λ_2——遮阳帘与门窗（或玻璃幕墙）之间空气间层的传热系数[W/(m² · K)]，可取 18W/(m² · K)；

U——门窗（或玻璃幕墙）的传热系数[W/(m² · K)]；

g——门窗（或玻璃幕墙）的太阳光总透射比。

8.4.3 遮阳帘置于门窗（或玻璃幕墙）室内侧时，太阳光总透射比 g_{total} 应按下列公式计算：

$$g_{total} = g \cdot \left(1 - g \cdot \rho_{e,B} - \alpha_{e,B} \frac{\Lambda}{\Lambda_2}\right) \tag{8.4.3-1}$$

$$\alpha_{e,B} = 1 - \tau_{e,B} - \rho_{e,B} \tag{8.4.3-2}$$

$$\Lambda = \frac{1}{1/U + 1/\Lambda_2} \tag{8.4.3-3}$$

式中 Λ_2——遮阳帘与门窗（或玻璃幕墙）之间空气间层的传热系数[W/(m²·K)]，可取18W/(m²·K)；

U——门窗（或玻璃幕墙）的传热系数[W/(m²·K)]。

8.4.4 遮阳帘置于两片玻璃或封闭的两层门窗（或玻璃幕墙）之间时，太阳光总透射比 g_{total} 应按下列公式计算：

$$g_{total} = g \cdot \tau_{e,B} + g[\alpha_{e,B} + (1-g) \cdot \rho_{e,B}] \cdot \frac{\Lambda}{\Lambda_3} \tag{8.4.4-1}$$

$$\alpha_{e,B} = 1 - \tau_{e,B} - \rho_{e,B} \tag{8.4.4-2}$$

$$\Lambda = \frac{1}{1/U + 1/\Lambda_3} \tag{8.4.4-3}$$

式中 Λ_3——封闭间层内遮阳帘的传热系数[W/(m²·K)]，可取 3W/(m²·K)；

U——门窗（或玻璃幕墙）的传热系数[W/(m²·K)]。

8.4.5 对内遮阳帘和外遮阳帘，遮阳帘与门窗或幕墙组合系统的可见光总透射比应按下式计算：

$$\tau_{v,total} = \frac{\tau_v \cdot \tau_{v,B}}{1 - \rho_v \cdot \rho_{v,B}} \tag{8.4.5}$$

式中 τ_v——玻璃可见光透射比；

ρ_v——玻璃面向遮阳侧的可见光反射比；

$\tau_{v,B}$——遮阳帘可见光透射比；

$\rho_{v,B}$——遮阳帘面向玻璃侧的可见光反射比。

8.4.6 对内遮阳帘和外遮阳帘，遮阳帘与门窗或幕墙组合系统的太阳光直接透射比应按下式计算：

$$\tau_{e,total} = \frac{\tau_e \cdot \tau_{e,B}}{1 - \rho_e \cdot \rho_{e,B}} \tag{8.4.6}$$

式中 τ_e——玻璃太阳光透射比；

ρ_e——玻璃面向遮阳侧的太阳光反射比；

$\tau_{e,B}$——遮阳帘太阳光透射比；

$\rho_{e,B}$——遮阳帘面向玻璃侧的太阳光反射比。

8.5 遮阳帘与门窗或幕墙组合系统的详细计算

8.5.1 遮阳帘与门窗或幕墙组合系统的详细计算，应按本规程第6章和第9章的规定进行。

8.5.2 当按本规程第6章多层玻璃模型进行计算时，应对给出的公式进行下列补充：

1 本规程第6.2节中的辐射应分解为三类，即将相应的透射比 τ、反射比 ρ 和吸收比 α 分别分为："直射—直射"、"直射—散射"、"散射—散射"的值；

2 透射比应分解为向前和向后两个值。

8.5.3 当遮阳帘置于室外侧或室内侧，可将门窗（或玻璃幕墙）与遮阳帘分别等效为一层玻璃，应按本规程第6章多层玻璃模型计算太阳光总透射比、传热系数、可见光透射比。

8.5.4 遮阳帘置于两层门窗（或玻璃幕墙）中间时，可将门窗（或玻璃幕墙）与遮阳帘分别等效为一层玻璃，应按本规程第6章多层玻璃模型计算太阳光总透射比、传热系数、可见光透射比。

8.5.5 应根据遮阳帘的通风情况，按本规程第9章的方法计算通风空气间层的热传递。

9 通风空气间层的传热计算

9.1 热平衡方程

9.1.1 空气间层可分为封闭空气间层和通风空气间层。封闭空气间层的传热应按本规程第6章的规定进行计算。

9.1.2 通风空气间层中由空气的流动而产生的对流换热（图9.1.2）应按下列公式计算：

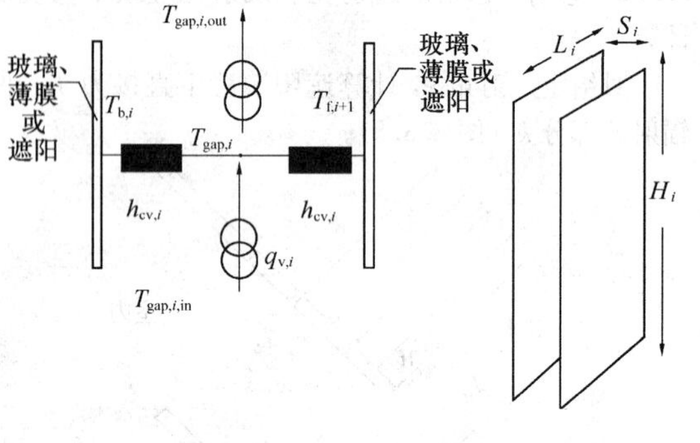

图9.1.2 空气间层和出口平均温度定义和主要尺寸模型

$$q_{c,f,i+1} = h_{cv,i}(T_{gap,i} - T_{f,i+1}) \tag{9.1.2-1}$$

$$q_{c,b,i} = h_{cv,i}(T_{b,i} - T_{gap,i}) \tag{9.1.2-2}$$

$$h_{cv,i} = 2h_{c,i} + 4V_i \tag{9.1.2-3}$$

式中 $h_{cv,i}$——通风空气间层的壁面对流换热系数[W/m²·K]；

$q_{c,f,i+1}$——从间层空气到 $i+1$ 表面的对流换热热流量(W/m²)；

$q_{c,b,i}$——从 i 表面到间层空气的对流换热热流量(W/m²)；

$h_{c,i}$——不通风间层表面到表面的对流换热系数[W/(m²·K)]，应按本规程第6.3节的规定计算；

V_i——间层的平均气流速度(m/s)；

$T_{gap,i}$——间层 i 中空气当量平均温度(℃)；

$T_{f,i+1}$——层面 $i+1$(玻璃、薄膜或遮阳装置)面向间层的温度(℃)；

$T_{b,i}$——层面 i(玻璃、薄膜或遮阳装置)面向间层的温度(℃)。

9.1.3 空气间层的远红外辐射换热应按本规程第6.3节的规定计算。

9.1.4 通风产生的通风热流密度应按下式计算：

$$q_{v,i}=\gamma_i c_p \varphi_{v,i}(T_{gap,i,in}-T_{gap,i,out})/(H_i\times L_i) \quad (9.1.4\text{-}1)$$

式(9.1.4-1)应满足下列能量平衡方程：

$$q_{v,i}=q_{c,f,i+1}-q_{c,b,i} \quad (9.1.4\text{-}2)$$

式中 $q_{v,i}$——通风传到间层的热流密度(W/m^2)；

γ_i——在温度为 $T_{gap,i}$ 的条件下通风间层的空气密度(kg/m^3)；

c_p——空气的比热容[J/(kg·K)]；

$\varphi_{v,i}$——通风间层的空气流量(m^3/s)；

$T_{gap,i,out}$——通风间层出口处温度(℃)；

$T_{gap,i,in}$——通风间层入口处的温度(℃)；

L_i——通风间层 i 的长度(m)，见图9.1.2；

H_i——通风间层 i 的高度(m)，见图9.1.2。

9.1.5 通风空气间层可按气流流动的方向分为若干个计算子单元，前一个通风间层的出口温度可作为后一个通风间层的入口温度。

进口处空气温度 $T_{gap,i,in}$ 可按空气来源(室内、室外，或是与间层 i 交换空气的间层 k 出口温度 $T_{gap,k,out}$)取值。

9.1.6 通风空气间层与室内环境的热传递可按本规程第6章多层玻璃模型的设定，$i=n+1$ 为室内环境，对于所有间层 i，随空气流进室内环境 $n+1$ 的通风热流密度可按下式计算：

$$q_{v,n}=\sum_i \gamma_i c_p \varphi_{v,i}(T_{gap,i,out}-T_{air,in})/(H_i\times L_i) \quad (9.1.6)$$

式中 γ_i——温度为 $T_{gap,i}$ 的条件下间层的空气密度(kg/m^3)；

c_p——空气的比热容[J/(kg·K)]；

$\varphi_{v,i}$——间层的空气流量(m^3/s)；

$T_{gap,i,out}$——间层出口处的空气温度(℃)；

$T_{air,in}$——室内空气温度(℃)；

L_i——间层 i 的长度(m)；

H_i——间层 i 的高度(m)。

9.2 通风空气间层的温度分布

9.2.1 在已知间层空气的平均气流速度时，可根据本规程的简易模型计算温度分布和热流密度。

9.2.2 气流通过间层，在间层 i 中的温度分布(图9.2.2)应按下式计算：

$$T_{gap,i}(h)=T_{av,i}-(T_{av,i}-T_{gap,i,in})e^{-\frac{h}{H_{0,i}}} \quad (9.2.2\text{-}1)$$

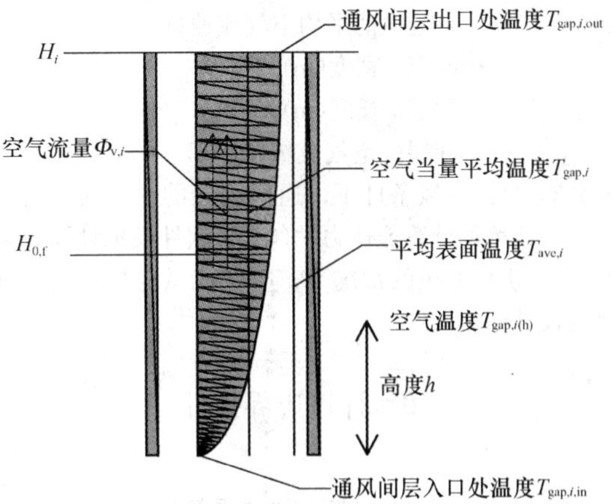

图9.2.2 窗户间层的空气流

式中 $T_{gap,i}(h)$——间层 i 高度 h 处的空气温度(℃)；

$H_{0,i}$——特征高度(间层平均温度对应的高度)(m)；

$T_{gap,i,in}$——进入间层 i 的空气温度(℃)；

$T_{av,i}$——表面 i 和 $i+1$ 的平均温度(℃)。

1 平均温度 $T_{av,i}$ 应按下式计算：

$$T_{av,i}=(T_{b,i}+T_{f,i+1})/2 \quad (9.2.2\text{-}2)$$

式中 $T_{b,i}$——层面 i(玻璃、薄膜或遮阳装置)面向间层 i 表面的温度(℃)；

$T_{f,i+1}$——层面 $i+1$(玻璃、薄膜或遮阳装置)面向间层 i 表面的温度(℃)。

2 空间温度特征高度 $H_{0,i}$ 应按下式计算：

$$H_{0,i}=\frac{\gamma_i\cdot c_p\cdot s_i}{2\cdot h_{cv,i}}\cdot V_i \quad (9.2.2\text{-}3)$$

式中 γ_i——温度为 $T_{gap,i}$ 的空气密度(kg/m^3)；

c_p——空气的比热容[J/(kg·K)]；

s_i——间层 i 的宽度(m)；

V_i——间层 i 的平均气流速度(m/s)；

$h_{cv,i}$——通风间层 i 的换热系数[$W/(m^2\cdot K)$]。

3 离开间层的空气温度 $T_{gap,i,out}$ 应按下式计算：

$$T_{gap,i,out}=T_{av,i}-(T_{av,i}-T_{gap,i,in})\cdot e^{-\frac{H_i}{H_{0,i}}} \quad (9.2.2\text{-}4)$$

4 间层 i 空气的等效平均温度 $T_{gap,i}$ 应按下式计算：

$$T_{gap,i}=\frac{1}{H_i}\int_0^H T_{gap,i}(h)\,dh = T_{av,i}-\frac{H_{0,i}}{H_i}(T_{gap,i,out}-T_{gap,i,in}) \quad (9.2.2\text{-}5)$$

9.3 通风空气间层的气流速度

9.3.1 已知空气流量时，通风空气间层的气流速度应按下式计算：

$$V_i=\frac{\varphi_{v,i}}{s_i L_i} \quad (9.3.1)$$

式中 V_i——间层 i 的平均空气流速(m/s)；

s_i——间层 i 宽度(m)；

L_i——间层 i 长度(m)；

$\varphi_{v,i}$——间层的空气流量(m^3/s)。

9.3.2 自然通风条件下，通风间层的空气流量可采用经过认可的计算流体力学(CFD)软件模拟计算。

9.3.3 机械通风的情况下，空气流量应根据机械通风的设计流量确定。

10 计算边界条件

10.1 计算环境边界条件

10.1.1 设计或评价建筑门窗、玻璃幕墙定型产品的热工性能时，应统一采用本规程规定的标准计算条件进行计算。

10.1.2 在进行实际工程设计时，门窗、玻璃幕墙热工性能计算所采用的边界条件应符合相应的建筑设计或节能设计标准的规定。

10.1.3 冬季标准计算条件应为：

室内空气温度 $T_{in}=20℃$

室外空气温度 $T_{out}=-20℃$

室内对流换热系数 $h_{c,in}=3.6W/(m^2\cdot K)$

室外对流换热系数 $h_{c,out}=16W/(m^2\cdot K)$

室内平均辐射温度 $T_{rm,in}=T_{in}$

室外平均辐射温度 $T_{rm,out}=T_{out}$

太阳辐射照度 $I_s=300W/m^2$

10.1.4 夏季标准计算条件应为：

室内空气温度 $T_{in}=25℃$

室外空气温度 $T_{out}=30℃$

室内对流换热系数 $h_{c,in}=2.5W/(m^2\cdot K)$

室外对流换热系数 $h_{c,out}=16W/(m^2\cdot K)$

室内平均辐射温度 $T_{rm,in}=T_{in}$

室外平均辐射温度 $T_{rm,out}=T_{out}$

太阳辐射照度 $I_s=500W/m^2$

10.1.5 传热系数计算应采用冬季标准计算条件，并取 $I_s=0W/m^2$。计算门窗的传热系数时，门窗周边框的室外对流换热系数 $h_{c,out}$ 应取 $8W/(m^2\cdot K)$，周边框附近玻璃边缘(65mm 内)的室外对流换热系数 $h_{c,out}$ 应取 $12W/(m^2\cdot K)$。

10.1.6 遮阳系数、太阳光总透射比计算应采用夏季标准计算条件。

10.1.7 结露性能评价与计算的标准计算条件应为：

室内环境温度：20℃；

室内环境湿度：30%，60%；

室外环境温度：0℃，-10℃，-20℃；

室外对流换热系数：$20W/(m^2\cdot K)$。

10.1.8 框的太阳光总透射比 g_f 计算应采用下列边界条件：

$$q_{in}=\alpha\cdot I_s \tag{10.1.8}$$

式中 α——框表面太阳辐射吸收系数；

I_s——太阳辐射照度(W/m^2)；

q_{in}——框吸收的太阳辐射热(W/m^2)。

10.2 对 流 换 热

10.2.1 当室内气流速度足够小（小于 0.3m/s）时，内表面的对流换热应按自然对流换热计算；当气流速度大于 0.3m/s 时，应按强迫对流和混合对流计算。

设计或评价门窗、玻璃幕墙定型产品的热工性能时，室内表面的对流换热系数应符合本规程第 10.1 节的规定。

10.2.2 内表面的对流换热按自然对流计算时应符合下列规定：

1 自然对流换热系数 $h_{c,in}$ 应按下式计算：

$$h_{c,in}=Nu\left(\frac{\lambda}{H}\right) \tag{10.2.2-1}$$

式中 λ——空气导热系数[$W/(m\cdot K)$]；

H——自然对流特征高度，也可近似为窗高(m)。

2 努谢尔特数 Nu 是基于门窗(或玻璃幕墙)高 H 的瑞利数 Ra_H 的函数，瑞利数 Ra_H 应按下列公式计算：

$$Ra_H=\frac{\gamma^2\cdot H^3\cdot G\cdot c_p\,|T_{b,n}-T_{in}|}{T_{m,f}\cdot\mu\cdot\lambda} \tag{10.2.2-2}$$

$$T_{m,f}=T_{in}+\frac{1}{4}(T_{b,n}-T_{in}) \tag{10.2.2-3}$$

式中 $T_{b,n}$——门窗(或玻璃幕墙)内表面温度；

T_{in}——室内空气温度(℃)；

γ——空气密度(kg/m^3)；

c_p——空气的比热容[$J/(kg\cdot K)$]；

G——重力加速度(m/s^2)，可取 $9.80m/s^2$；

μ——空气运动黏度[$kg/(m\cdot s)$]；

$T_{m,f}$——内表面平均气流温度。

3 努谢尔特数 Nu 是表面倾斜角度 θ 的函数，当室内空气温度高于门窗(或玻璃幕墙)内表面温度(即 $T_{in}>T_{b,n}$)时，内表面的努谢尔特数 Nu_{in} 应按下列公式计算：

1) 表面倾角 $0°\leqslant\theta<15°$：

$$Nu_{in}=0.13Ra_H^{\frac{1}{3}} \tag{10.2.2-4}$$

2) 表面倾角 $15°\leqslant\theta\leqslant90°$：

$$Ra_c=2.5\times10^5\left(\frac{e^{0.72\theta}}{\sin\theta}\right)^{\frac{1}{5}}\quad \theta\text{的单位采用度(°)} \tag{10.2.2-5}$$

$$Nu_{in}=0.56\,(Ra_H\sin\theta)^{\frac{1}{4}}\qquad Ra_H\leqslant Ra_c \tag{10.2.2-6}$$

$$Nu_{in}=0.13(Ra_H^{\frac{1}{3}}-Ra_c^{\frac{1}{3}})+0.56\,(Ra_c\sin\theta)^{\frac{1}{4}}\qquad Ra_H>Ra_c \tag{10.2.2-7}$$

3）表面倾角 $90° < \theta \leqslant 179°$：

$$Nu_{in} = 0.56 (Ra_{H} \sin\theta)^{\frac{1}{4}} \qquad 10^5 \leqslant Ra_{H} \sin\theta < 10^{11}$$

（10.2.2-8）

4）表面倾角 $179° < \theta \leqslant 180°$：

$$Nu_{in} = 0.58 Ra_{H}^{\frac{1}{5}} \quad Ra_{H} \leqslant 10^{11}$$

（10.2.2-9）

当室内空气温度低于门窗（或玻璃幕墙）内表面温度（$T_{in} < T_{b,n}$）时，应以（$180° - \theta$）代替 θ，按以上公式进行计算。

10.2.3 在实际工程中，当内表面有较高速度气流时，室内对流换热应按强制对流计算。门窗（或玻璃幕墙）内表面对流换热系数应按下式计算：

$$h_{c,in} = 4 + 4V_s \tag{10.2.3}$$

式中 V_s——门窗（或玻璃幕墙）内表面附近的气流速度（m/s）。

10.2.4 外表面对流换热应按强制对流换热计算。设计或评价建筑门窗、玻璃幕墙定型产品的热工性能时，室外表面的对流换热系数应符合本规程第 10.1 节的规定。

10.2.5 当进行工程设计或评价实际工程用建筑门窗、玻璃幕墙产品性能计算时，外表面对流换热系数应按下式计算：

$$h_{c,out} = 4 + 4V_s \tag{10.2.5}$$

式中 V_s——门窗（或玻璃幕墙）外表面附近的气流速度（m/s）。

10.2.6 当进行建筑的全年能耗计算时，门窗或幕墙构件外表面对流换热系数应按下列公式计算：

$$h_{c,out} = 4.7 + 7.6V_s \tag{10.2.6-1}$$

门窗（或玻璃幕墙）附近的风速应按门窗（或玻璃幕墙）的朝向和吹向建筑的风向和风速确定。

1 当门窗（或玻璃幕墙）外表面迎风时，V_s 应按下式计算：

$$V_s = 0.25V \qquad V > 2 \tag{10.2.6-2}$$

$$V_s = 0.5 \qquad V \leqslant 2 \tag{10.2.6-3}$$

式中 V——在开阔地上测出的风速（m/s）。

2 当门窗（或玻璃幕墙）外表面为背风时，V_s 应按下式计算：

$$V_s = 0.3 + 0.05V \tag{10.2.6-4}$$

3 确定表面是迎风还是背风，应按下式计算相对于门窗（或玻璃幕墙）外表面的风向 γ（图 10.2.6）：

$$\gamma = \varepsilon + 180° - \theta \tag{10.2.6-5}$$

当 $|\gamma| > 180°$ 时，$\gamma = 360° - |\gamma|$；

当 $-45° \leqslant |\gamma| \leqslant 45°$ 时，表面为迎风向，否则表面为背风向。

式中 θ——风向（由北朝顺时针测量的角度，见图 10.2.6）；

ε——墙的方位（由南向西为正，反之为负，见图 10.2.6）。

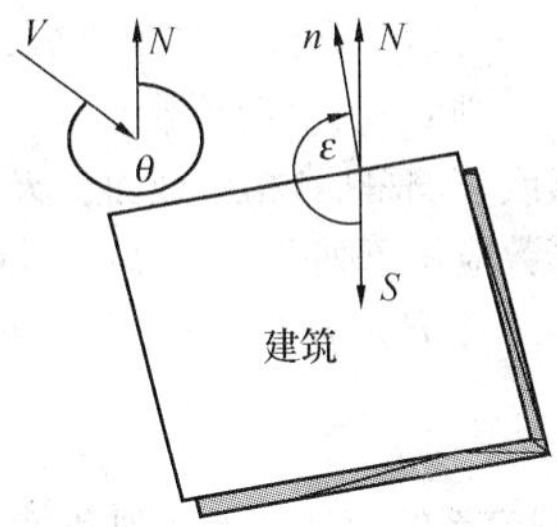

图 10.2.6 确定风向和墙的方位示意

n—墙的法向方向；N—北向；S—南向

10.2.7 当外表面风速较低时，外表面自然对流换热系数 $h_{c,out}$ 应按下式计算：

$$h_{c,out} = Nu\left(\frac{\lambda}{H}\right) \tag{10.2.7-1}$$

式中 λ——空气的导热系数[W/(m·K)]；

H——表面的特征高度（m）。

努谢尔特数 Nu 是瑞利数 Ra_H 和特征高度 H 的函数，瑞利数 Ra_H 应按下式计算：

$$Ra_{H} = \frac{\gamma^2 \cdot H^3 \cdot G \cdot c_p |T_{s,out} - T_{out}|}{T_{m,f} \cdot \mu \cdot \lambda} \tag{10.2.7-2}$$

式中 γ——空气密度（kg/m^3）；

c_p——空气的比热容[J/(kg·K)]；

G——重力加速度（m/s^2），可取 $9.80m/s^2$；

μ——空气运动黏度[kg/(m·s)]；

T_{out}——室外空气温度（℃）；

$T_{s,out}$——幕墙、门窗外表面温度（℃）；

$T_{m,f}$——外表面平均气流温度（℃），应按下式计算：

$$T_{m,f} = T_{out} + \frac{1}{4}(T_{s,out} - T_{out}) \tag{10.2.7-3}$$

努谢尔特数的计算应与本规程第 10.2.2 条内表面计算相同，其中倾角 θ 应以（$180° - \theta$）代替。

10.3 长波辐射换热

10.3.1 室外平均辐射温度的取值应分为下列两种应用条件：

1 实际工程条件；

2 用于定型产品性能设计或评价的计算标准条件。

10.3.2 对于实际工程计算条件，室外辐射照度 G_{out} 应按下列公式计算：

$$G_{out} = \sigma T_{rm,out}^4 \tag{10.3.2-1}$$

$$T_{rm,out} = \left\{\frac{[F_{grd} + (1 - f_{clr})F_{sky}]\sigma T_{out}^4 + f_{clr}F_{sky}J_{sky}}{\sigma}\right\}^{\frac{1}{4}} \tag{10.3.2-2}$$

式中 $T_{rm,out}$——室外平均辐射温度（K）；

F_{grd}、F_{sky}——门窗系统相对地面（即水平线以下区域）和天空的角系数；

f_{clr}——晴空的比例系数。

1 门窗（或玻璃幕墙）相对地面、天空的角系数、晴空的比例系数应按下列公式计算：

$$F_{grd} = 1 - F_{sky} \quad (10.3.2\text{-}3)$$

$$F_{sky} = \frac{1+\cos\theta}{2} \quad (10.3.2\text{-}4)$$

式中 θ——门窗系统对地面的倾斜角度。

2 当已知晴空辐射照度 J_{sky} 时，应直接按下列公式计算：

$$J_{sky} = \varepsilon_{sky}\sigma T_{out}^4 \quad (10.3.2\text{-}5)$$

$$\varepsilon_{sky} = \frac{R_{sky}}{\sigma T_{out}^4} \quad (10.3.2\text{-}6)$$

$$R_{sky} = 5.31 \times 10^{-13} T^6 \quad (10.3.2\text{-}7)$$

10.3.3 室内辐射照度应为：

$$G_{in} = \sigma T_{rm,in}^4 \quad (10.3.3)$$

门窗（或玻璃幕墙）内表面可认为仅受到室内建筑表面的辐射，墙壁和楼板可作为在室内温度中的大平面。

10.3.4 内表面计算时，应按下列公式简化计算玻璃部分和框部分表面辐射热传递：

$$q_{r,in} = h_{r,in}(T_{s,in} - T_{rm,in}) \quad (10.3.4\text{-}1)$$

$$h_{r,in} = \frac{\varepsilon_s\sigma(T_{s,in}^4 - T_{rm,in}^4)}{T_{s,in} - T_{rm,in}} \quad (10.3.4\text{-}2)$$

$$\varepsilon_s = \frac{1}{\dfrac{1}{\varepsilon_{surf}} + \dfrac{1}{\varepsilon_{in}} - 1} \quad (10.3.4\text{-}3)$$

式中 $T_{rm,in}$——室内辐射温度（K）；

$T_{s,in}$——室内玻璃面或框表面温度（K）；

ε_{surf}——玻璃面或框材料室内表面发射率；

ε_{in}——室内环境材料的平均发射率，一般可取 0.9。

设计或评价建筑门窗、玻璃幕墙定型产品的热工性能时，门窗或幕墙室内表面的辐射换热系数应按下式计算：

$$h_{r,in} = \frac{4.4\varepsilon_s}{0.837} \quad (10.3.4\text{-}4)$$

10.3.5 进行外表面计算时，应按下列公式简化玻璃面上和框表面上的辐射传热计算：

$$q_{r,out} = h_{r,out}(T_{s,out} - T_{rm,out}) \quad (10.3.5\text{-}1)$$

$$h_{r,out} = \frac{\varepsilon_{s,out}\sigma(T_{s,out}^4 - T_{rm,out}^4)}{T_{s,out} - T_{rm,out}} \quad (10.3.5\text{-}2)$$

式中 $T_{rm,out}$——室外平均辐射温度（K）；

$T_{s,out}$——室外玻璃面或框表面温度（K）；

$\varepsilon_{s,out}$——玻璃面或框材料室外表面半球发射率。

设计或评价建筑门窗、玻璃幕墙定型产品的热工性能时，门窗或幕墙室外表面的辐射换热系数应按下式计算：

$$h_{r,out} = \frac{3.9\varepsilon_{s,out}}{0.837} \quad (10.3.5\text{-}3)$$

10.4 综合对流和辐射换热

10.4.1 外表面或内表面的换热应按下式计算：

$$q = h(T_s - T_n) \quad (10.4.1\text{-}1)$$

$$h = h_r + h_c \quad (10.4.1\text{-}2)$$

$$T_n = \frac{T_{air}h_c + T_{rm}h_r}{h_c + h_r} \quad (10.4.1\text{-}3)$$

式中 h_r——辐射换热系数；

h_c——对流换热系数；

T_s——表面温度（K）；

T_n——环境温度（K）。

10.4.2 对于在计算中进行了近似简化的表面，其表面换热系数应根据面积按下式修正：

$$h_{adjusted} = \frac{A_{real}}{A_{approximated}} h \quad (10.4.2)$$

式中 $h_{adjusted}$——修正后的表面换热系数；

A_{real}——实际的表面积；

$A_{approximated}$——近似后的表面积。

附录 A 典型窗的传热系数

A.0.1 在没有精确计算的情况下，典型窗的传热系数可采用表 A.0.1-1 和表 A.0.1-2 近似计算。

表 A.0.1-1 窗框面积占整樘窗面积 30% 的窗户传热系数

玻璃传热系数 U_g [W/(m²·K)]	U_f[W/(m²·K)] 窗框面积占整樘窗面积 30%								
	1.0	1.4	1.8	2.2	2.6	3.0	3.4	3.8	7.0
5.7	4.3	4.4	4.5	4.6	4.8	4.9	5.0	5.1	6.1
3.3	2.7	2.8	2.9	3.1	3.2	3.4	3.5	3.6	4.4
3.1	2.6	2.7	2.8	2.9	3.1	3.2	3.3	3.5	4.3
2.9	2.4	2.5	2.7	2.8	3.0	3.1	3.2	3.3	4.1
2.7	2.3	2.4	2.5	2.6	2.8	2.9	3.1	3.2	4.0
2.5	2.2	2.3	2.4	2.6	2.7	2.8	3.0	3.1	3.9
2.3	2.1	2.2	2.3	2.4	2.6	2.7	2.8	2.9	3.8
2.1	1.9	2.0	2.2	2.3	2.4	2.6	2.7	2.8	3.6
1.9	1.8	1.9	2.0	2.1	2.3	2.4	2.5	2.7	3.5
1.7	1.6	1.8	1.9	2.0	2.2	2.3	2.4	2.5	3.3
1.5	1.5	1.6	1.7	1.9	2.0	2.1	2.3	2.4	3.2
1.3	1.4	1.5	1.6	1.7	1.9	2.0	2.1	2.2	3.1

续表 A. 0. 1-1

玻璃传热系数 U_g [W/(m²·K)]	U_f[W/(m²·K)] 窗框面积占整樘窗面积 30%								
	1.0	1.4	1.8	2.2	2.6	3.0	3.4	3.8	7.0
1.1	1.2	1.3	1.5	1.6	1.7	1.9	2.0	2.1	2.9
2.3	2.0	2.1	2.2	2.4	2.5	2.7	2.8	2.9	3.7
2.1	1.9	2.0	2.1	2.2	2.4	2.5	2.6	2.8	3.6
1.9	1.7	1.8	2.0	2.1	2.3	2.4	2.5	2.6	3.4
1.7	1.6	1.7	1.8	1.9	2.1	2.2	2.4	2.5	3.3
1.5	1.5	1.6	1.7	1.9	2.0	2.1	2.3	2.4	3.2
1.3	1.4	1.5	1.6	1.7	1.9	2.0	2.1	2.2	3.1
1.1	1.2	1.3	1.5	1.6	1.7	1.9	2.0	2.1	2.9
0.9	1.1	1.2	1.3	1.4	1.6	1.7	1.8	2.0	2.8
0.7	0.9	1.1	1.2	1.3	1.5	1.6	1.7	1.8	2.6
0.5	0.8	0.9	1.0	1.2	1.3	1.4	1.6	1.7	2.5

表 A. 0. 1-2 窗框面积占整樘窗面积 20%的窗户传热系数

玻璃传热系数 U_g [W/(m²·K)]	U_f[W/(m²·K)] 窗框面积占整樘窗面积 20%								
	1.0	1.4	1.8	2.2	2.6	3.0	3.4	3.8	7.0
5.7	4.8	4.8	4.9	5.0	5.1	5.2	5.2	5.3	5.9
3.3	2.9	3.0	3.1	3.2	3.3	3.4	3.4	3.5	4.0
3.1	2.8	2.8	2.9	3.0	3.1	3.2	3.3	3.4	3.9
2.9	2.6	2.7	2.8	2.8	3.0	3.0	3.1	3.2	3.7
2.7	2.4	2.5	2.6	2.7	2.8	2.9	3.0	3.0	3.6
2.5	2.3	2.4	2.5	2.6	2.7	2.7	2.8	2.9	3.4
2.3	2.1	2.2	2.3	2.4	2.5	2.6	2.7	2.7	3.3
2.1	2.0	2.1	2.2	2.2	2.3	2.4	2.5	2.6	3.1
1.9	1.8	1.9	2.0	2.1	2.2	2.3	2.3	2.4	3.0
1.7	1.7	1.8	1.8	1.9	2.0	2.1	2.2	2.3	2.8
1.5	1.5	1.6	1.7	1.8	1.9	1.9	2.0	2.1	2.6
1.3	1.4	1.4	1.5	1.6	1.7	1.8	1.9	2.0	2.5
1.1	1.2	1.3	1.4	1.4	1.5	1.6	1.7	1.8	2.3
2.3	2.1	2.2	2.3	2.4	2.5	2.6	2.6	2.7	3.2
2.1	2.0	2.0	2.1	2.2	2.3	2.4	2.5	2.6	3.1
1.9	1.8	1.9	2.0	2.0	2.2	2.2	2.3	2.4	2.9
1.7	1.6	1.7	1.8	1.9	2.0	2.1	2.2	2.2	2.8
1.5	1.5	1.6	1.7	1.8	1.9	1.9	2.0	2.1	2.6
1.3	1.4	1.4	1.5	1.6	1.7	1.8	1.9	2.0	2.5
1.1	1.2	1.3	1.4	1.4	1.5	1.6	1.7	1.8	2.3
0.9	1.0	1.1	1.2	1.3	1.4	1.5	1.6	1.6	2.2
0.7	0.9	1.0	1.0	1.1	1.2	1.3	1.4	1.5	2.0
0.5	0.7	0.8	0.9	1.0	1.1	1.2	1.2	1.3	1.8

附录 B 典型窗框的传热系数

B. 0. 1 根据本规程第 7 章，可以输入图形及相关参数，用二维有限单元法进行数字计算得到窗框的传热系数。在没有详细的计算结果可以应用时，可以应用本附录的计算方法近似得到窗框的传热系数。

B. 0. 2 本附录中给出的数值都是对应窗垂直安装的情况。传热系数的数值包括了外框面积的影响。计算传热系数的数值时取 $h_{in}=8.0\text{W/(m}^2\cdot\text{K)}$ 和 $h_{out}=23\text{W/(m}^2\cdot\text{K)}$。

1 塑料窗框

表 B. 0. 2 带有金属钢衬的塑料窗框的传热系数

窗框材料	窗 框 种 类	U_f[W/(m²·K)]
聚氨酯	带有金属加强筋，型材壁厚的净厚度≥5mm	2.8
PVC 腔体截面	从室内到室外为两腔结构，无金属加强筋	2.2
	从室内到室外为两腔结构，带金属加强筋	2.7
	从室内到室外为三腔结构，无金属加强筋	2.0

2 木窗框

木窗框的 U_f 值是在含水率在 12%的情况下获得，窗框厚度应根据框扇的不同构造，采用平均的厚度（图 B. 0. 2-1、图 B. 0. 2-2）。

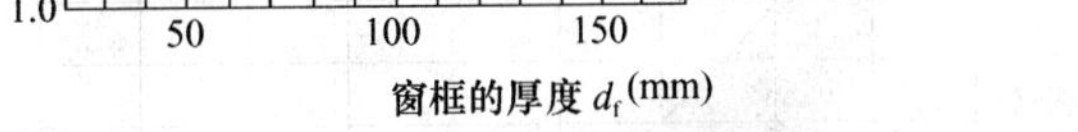

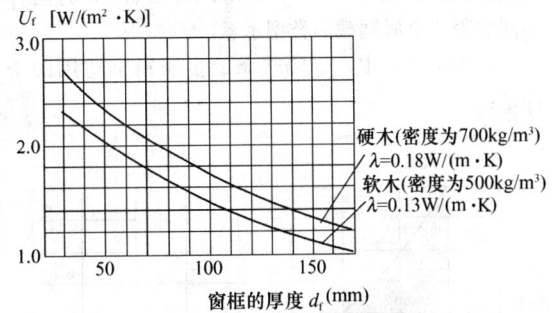

图 B. 0. 2-1 木窗框以及金属-木窗框的热传递与窗框厚度 d_f 的关系

3 金属窗框

框的传热系数 U_f 的数值可通过下列步骤计算获得：

1）金属窗框的传热系数 U_f 应按下式计算：

$$U_f=\frac{1}{\dfrac{A_{f,i}}{h_iA_{d,i}}+R_f+\dfrac{A_{f,e}}{h_eA_{d,e}}} \quad (B.0.2\text{-}1)$$

式中 $A_{d,i}, A_{d,e}, A_{f,i}, A_{f,e}$——本规程第 3 章中定义的面

积（m^2）；

h_i——窗框的内表面换热系数 [$W/(m^2 \cdot K)$]；

h_e——窗框的外表面换热系数 [$W/(m^2 \cdot K)$]；

R_f——窗框截面的热阻[当隔热条的导热系数为 0.2～0.3$W/(m \cdot K)$时]（$m^2 \cdot K/W$）。

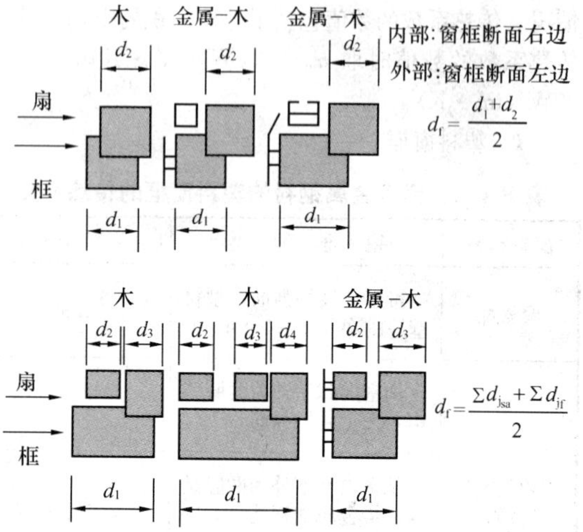

图 B.0.2-2　不同窗户系统窗框厚度 d_f的定义

2）金属窗框截面的热阻 R_f按下式计算：

$$R_f = \frac{1}{U_{f0}} - 0.17 \qquad (B.0.2\text{-}2)$$

没有隔热的金属框，$U_{f0} = 5.9W/(m^2 \cdot K)$；具有隔热的金属窗框，$U_{f0}$的数值按图 B.0.2-3 中阴影区域上限的粗线选取，图 B.0.2-4、B.0.2-5 为两种不同的隔热金属框截面类型示意。

图 B.0.2-3 中，带隔热条的金属窗框适用的条件是：

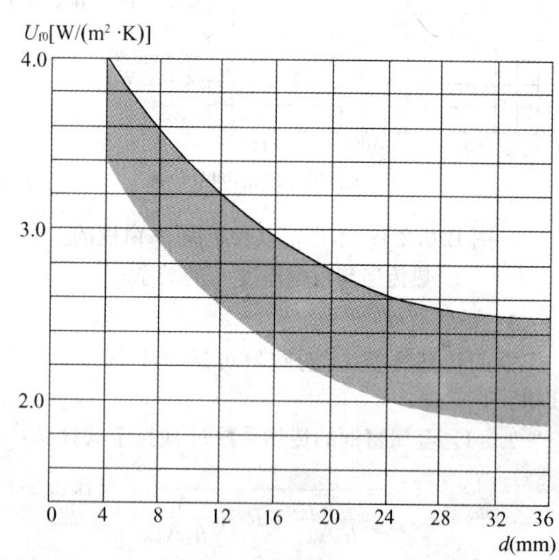

图 B.0.2-3　带隔热的金属窗框的传热系数值

$$\sum_j b_j \leqslant 0.2 b_f \qquad (B.0.2\text{-}3)$$

式中　d——热断桥对应的铝合金截面之间的最小距离（mm）；

b_j——热断桥 j 的宽度（mm）；

b_f——窗框的宽度（mm）。

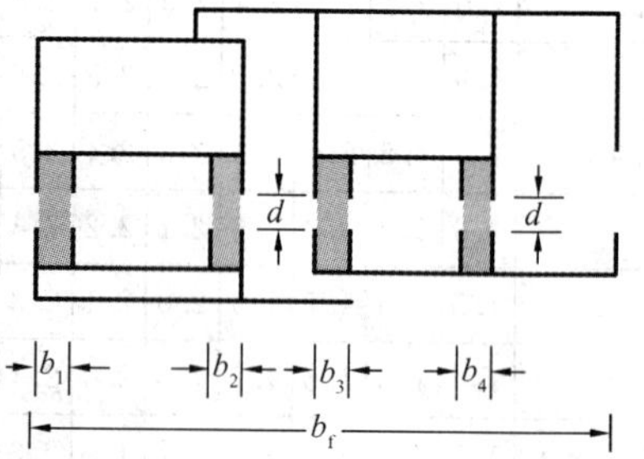

图 B.0.2-4　隔热金属框截面类型 1

[采用导热系数低于 0.30$W/(m \cdot K)$的隔热条]

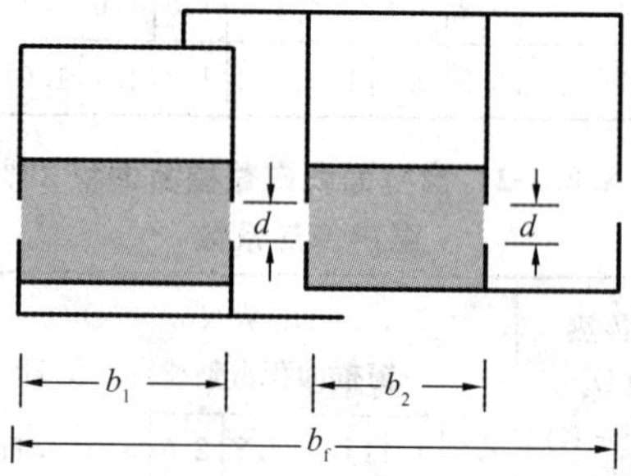

图 B.0.2-5　隔热金属框截面类型 2

[采用导热系数低于 0.20$W/(m \cdot K)$的泡沫材料]

图 B.0.2-3 中，采用泡沫材料隔热金属框的适用条件是：

$$\sum_j b_j \leqslant 0.3 b_f \qquad (B.0.2\text{-}4)$$

式中　d——热断桥对应的铝合金截面之间的最小距离(mm)；

b_j——热断桥 j 的宽度(mm)；

b_f——窗框的宽度(mm)。

B.0.3　窗框与玻璃结合处的线传热系数 ψ，在没有精确计算的情况下，可采用表 B.0.3 中的估算值。

表 B.0.3　铝合金、钢(不包括不锈钢)与中空玻璃结合的线传热系数ψ

窗框材料	双层或三层未镀膜中空玻璃 ψ[$W/(m \cdot K)$]	双层 Low-E 镀膜或三层(其中两片 Low-E 镀膜)中空玻璃 ψ[$W/(m \cdot K)$]
木窗框和塑料窗框	0.04	0.06
带热断桥的金属窗框	0.06	0.08
没有断桥的金属窗框	0	0.02

附录C 典型玻璃系统的光学热工参数

C.0.1 在没有精确计算的情况下，以下数值可作为玻璃系统光学热工参数的近似值。

表 C.0.1 典型玻璃系统的光学热工参数

玻璃品种		可见光透射比 τ_v	太阳光总透射比 g_g	遮阳系数 SC	传热系数 U_g[W/(m²·K)]
透明玻璃	3mm 透明玻璃	0.83	0.87	1.00	5.8
	6mm 透明玻璃	0.77	0.82	0.93	5.7
	12mm 透明玻璃	0.65	0.74	0.84	5.5
吸热玻璃	5mm 绿色吸热玻璃	0.77	0.64	0.76	5.7
	6mm 蓝色吸热玻璃	0.54	0.62	0.72	5.7
	5mm 茶色吸热玻璃	0.50	0.62	0.72	5.7
	5mm 灰色吸热玻璃	0.42	0.60	0.69	5.7
热反射玻璃	6mm 高透光热反射玻璃	0.56	0.56	0.64	5.7
	6mm 中等透光热反射玻璃	0.40	0.43	0.49	5.4
	6mm 低透光热反射玻璃	0.15	0.26	0.30	4.6
	6mm 特低透光热反射玻璃	0.11	0.25	0.29	4.6
单片 Low-E 玻璃	6mm 高透光 Low-E 玻璃	0.61	0.51	0.58	3.6
	6mm 中等透光型 Low—E 玻璃	0.55	0.44	0.51	3.5
中空玻璃	6 透明+12 空气+6 透明	0.71	0.75	0.86	2.8
	6 绿色吸热+12 空气+6 透明	0.66	0.47	0.54	2.8
	6 灰色吸热+12 空气+6 透明	0.38	0.45	0.51	2.8
	6 中等透光热反射+12 空气+6 透明	0.28	0.29	0.34	2.4
	6 低透光热反射+12 空气+6 透明	0.16	0.16	0.18	2.3
	6 高透光 Low-E+12 空气+6 透明	0.72	0.47	0.62	1.9
	6 中透光 Low-E+12 空气+6 透明	0.62	0.37	0.50	1.8
	6 较低透光 Low-E+12 空气+6 透明	0.48	0.28	0.38	1.8

续表 C.0.1

玻璃品种		可见光透射比 τ_v	太阳光总透射比 g_g	遮阳系数 SC	传热系数 U_g[W/(m²·K)]
中空玻璃	6 低透光 Low-E+12 空气+6 透明	0.35	0.20	0.30	1.8
	6 高透光 Low-E+12 氩气+6 透明	0.72	0.47	0.62	1.5
	6 中透光 Low-E+12 氩气+6 透明	0.62	0.37	0.50	1.4

附录D 太阳光谱、人眼视见函数、标准光源

D.0.1 表 D.0.1 按波长给出了 D65 标准光源、视见函数、光谱间隔三者的乘积，可用于材料的有关可见光反射、透射、吸收等性能的计算。

表 D.0.1 D65 标准光源、视见函数、光谱间隔乘积

λ (nm)	$D_\lambda V(\lambda)\ \Delta\lambda \times 10^2$	λ (nm)	$D_\lambda V(\lambda)\ \Delta\lambda \times 10^2$
380	0.0000	600	5.3542
390	0.0005	610	4.2491
400	0.0030	620	3.1502
410	0.0103	630	2.0812
420	0.0352	640	1.3810
430	0.0948	650	0.8070
440	0.2274	660	0.4612
450	0.4192	670	0.2485
460	0.6663	680	0.1255
470	0.9850	690	0.0536
480	1.5189	700	0.0276
490	2.1336	710	0.0146
500	3.3491	720	0.0057
510	5.1393	730	0.0035
520	7.0523	740	0.0021
530	8.7990	750	0.0008
540	9.4457	760	0.0001
550	9.8077	770	0.0000
560	9.4306	780	0.0000
570	8.6891	—	—
580	7.8994	—	—
590	6.3306	—	—

注：表中的数据为 D65 光源标准的相对光谱分布 D_λ 乘以视见函数 $V(\lambda)$ 以及波长间隔 $\Delta\lambda$。

D.0.2 表D.0.2按波长给出了太阳辐射、光谱间隔的乘积，可用于材料的有关太阳光反射、透射、吸收等性能的计算。

表D.0.2 地面上标准的太阳光相对光谱分布

λ (nm)	$S_\lambda\Delta\lambda$	λ (nm)	$S_\lambda\Delta\lambda$
300	0	560	0.015590
305	0.000057	570	0.015256
310	0.000236	580	0.014745
315	0.000554	590	0.014330
320	0.000916	600	0.014663
325	0.001309	610	0.015030
330	0.001914	620	0.014859
335	0.002018	630	0.014622
340	0.002189	640	0.014526
345	0.002260	650	0.014445
350	0.002445	660	0.014313
355	0.002555	670	0.014023
360	0.002683	680	0.012838
365	0.003020	690	0.011788
370	0.003359	700	0.012453
375	0.003509	710	0.012798
380	0.003600	720	0.010589
385	0.003529	730	0.011233
390	0.003551	740	0.012175
395	0.004294	750	0.012181
400	0.007812	760	0.009515
410	0.011638	770	0.010479
420	0.011877	780	0.011381
430	0.011347	790	0.011262
440	0.013246	800	0.028718
450	0.015343	850	0.048240
460	0.016166	900	0.040297
470	0.016178	950	0.021384
480	0.016402	1000	0.036097
490	0.015794	1050	0.034110
500	0.015801	1100	0.018861
510	0.015973	1150	0.013228
520	0.015357	1200	0.022551
530	0.015867	1250	0.023376
540	0.015827	1300	0.017756
550	0.015844	1350	0.003743

续表D.0.2

λ (nm)	$S_\lambda\Delta\lambda$	λ (nm)	$S_\lambda\Delta\lambda$
1400	0.000741	2000	0.003024
1450	0.003792	2050	0.003988
1500	0.009693	2100	0.004229
1550	0.013693	2150	0.004142
1600	0.012203	2200	0.003690
1650	0.010615	2250	0.003592
1700	0.007256	2300	0.003436
1750	0.007183	2350	0.003163
1800	0.002157	2400	0.002233
1850	0.000398	2450	0.001202
1900	0.000082	2500	0.000475
1950	0.001087		

注：空气质量为1.5时地面上标准的太阳光（直射＋散射）相对光谱分布出自ISO 9845-1：1992。表中数据为标准的相对光谱乘以波长间隔。

D.0.3 表D.0.3按波长给出了太阳光紫外线辐射、光谱间隔的乘积，可用于材料的有关太阳光紫外线的反射、透射、吸收等性能的计算。

表D.0.3 地面上太阳光紫外线部分的标准相对光谱分布

λ (nm)	$S_\lambda\Delta\lambda$	λ (nm)	$S_\lambda\Delta\lambda$
300	0	345	0.073326
305	0.001859	350	0.079330
310	0.007665	355	0.082894
315	0.017961	360	0.087039
320	0.029732	365	0.097963
325	0.042466	370	0.108987
330	0.0262108	375	0.113837
335	0.065462	380	0.058351
340	0.071020		

注：空气质量为1.5时地面上太阳光紫外线部分（直射＋散射）的标准相对光谱分布出自ISO 9845-1：1992。表中数据为标准的相对光谱乘以波长间隔。

附录E 常用气体热物理性能

E.0.1 表E.0.1给出的线性公式及系数可以用于计算填充空气、氩气、氪气、氙气四种气体空气层的导热系数、运动黏度和常压比热容。传热计算时，假设所充气体是不发射辐射或吸收辐射的气体。

表 E.0.1-1　气体的导热系数

气体	系数 a	系数 b	λ(273K 时)［W/(m・K)］	λ(283K 时)［W/(m・K)］
空气	2.873×10^{-3}	7.760×10^{-5}	0.0241	0.0249
氩气	2.285×10^{-3}	5.149×10^{-5}	0.0163	0.0168
氪气	9.443×10^{-4}	2.826×10^{-5}	0.0087	0.0090
氙气	4.538×10^{-4}	1.723×10^{-5}	0.0052	0.0053
其中：$\lambda=a+b\cdot T$［W/(m・K)］				

表 E.0.1-2　气体的运动黏度

气体	系数 a	系数 b	μ(273K 时)［kg/(m・s)］	μ(283K 时)［kg/(m・s)］
空气	3.723×10^{-6}	4.940×10^{-8}	1.722×10^{-5}	1.771×10^{-5}
氩气	3.379×10^{-6}	6.451×10^{-8}	2.100×10^{-5}	2.165×10^{-5}
氪气	2.213×10^{-6}	7.777×10^{-8}	2.346×10^{-5}	2.423×10^{-5}
氙气	1.069×10^{-6}	7.414×10^{-8}	2.132×10^{-5}	2.206×10^{-5}
其中：$\mu=a+b$［kg/(m・s)］				

表 E.0.1-3　气体的常压比热容

气体	系数 a	系数 b	c_p(273K 时)［J/(kg・K)］	c_p(283K 时)［J/(kg・K)］
空气	1002.7370	1.2324×10^{-2}	1006.1034	1006.2266
氩气	521.9285	0	521.9285	521.9285
氪气	248.0907	0	248.0917	248.0917
氙气	158.3397	0	158.3397	158.3397
其中：$c_p=a+b\cdot T$［J/(kg・K)］				

表 E.0.1-4　气体的摩尔质量

气　体	摩尔质量(kg/kmol)
空气	28.97
氩气	39.948
氪气	83.80
氙气	131.30

附录 F　常用材料的热工计算参数

F.0.1　门窗、玻璃幕墙常用材料的热工计算参数可采用表 F.0.1 中的数值。

表 F.0.1　常用材料的热工计算参数

用途	材料	密度(kg/m³)	导热系数［W/(m・K)］	表面发射率	
框	铝	2700	237.00	涂漆	0.90
				阳极氧化	0.20～0.80
	铝合金	2800	160.00	涂漆	0.90
				阳极氧化	0.20～0.80
	铁	7800	50.00	镀锌	0.20
				氧化	0.80
	不锈钢	7900	17.00	浅黄	0.20
				氧化	0.80
	建筑钢材	7850	58.20	镀锌	0.20
				氧化	0.80
				涂漆	0.90
	PVC	1390	0.17	0.90	
	硬木	700	0.18	0.90	
	软木(常用于建筑构件中)	500	0.13	0.90	
	玻璃钢(UP 树脂)	1900	0.40	0.90	
透明材料	建筑玻璃	2500	1.00	玻璃面	0.84
				镀膜面	0.03～0.80
	丙烯酸(树脂玻璃)	1050	0.20	0.90	
	PMMA(有机玻璃)	1180	0.18	0.90	
	聚碳酸酯	1200	0.20	0.90	
隔热	聚酰氨(尼龙)	1150	0.25	0.90	
	尼龙 66+25%玻璃纤维	1450	0.30	0.90	
	高密度聚乙烯 HD	980	0.52	0.90	
	低密度聚乙烯 LD	920	0.33	0.90	
	固体聚丙烯	910	0.22	0.90	
	带有 25%玻璃纤维的聚丙烯	1200	0.25	0.90	
	PU(聚亚氨酯树脂)	1200	0.25	0.90	
	刚性 PVC	1390	0.17	0.90	

续表 F.0.1

用途	材料	密度(kg/m³)	导热系数[W/(m·K)]	表面发射率
防水密封条	氯丁橡胶(PCP)	1240	0.23	0.90
	EPDM(三元乙丙)	1150	0.25	0.90
	纯硅胶	1200	0.35	0.90
	柔性 PVC	1200	0.14	0.90
	聚酯马海毛	—	0.14	0.90
	柔性人造橡胶泡沫	60～80	0.05	0.90
密封剂	PU(刚性聚氨酯)	1200	0.25	0.90
	固体/热融异丁烯	1200	0.24	0.90
	聚硫胶	1700	0.40	0.90
	纯硅胶	1200	0.35	0.90
	聚异丁烯	930	0.20	0.90
	聚酯树脂	1400	0.19	0.90
	硅胶(干燥剂)	720	0.13	0.90
	分子筛	650～750	0.10	0.90
	低密度硅胶泡沫	750	0.12	0.90
	中密度硅胶泡沫	820	0.17	0.90

附录 G 表面发射率的确定

G.0.1 对远红外线不透明镀膜表面的标准发射率 ε_n 的计算，应在接近正入射状况下利用红外谱仪测出其谱线的反射系数曲线，并应按下列步骤计算：

1 按照表 G.0.1 给出的 30 个波长值，测定相应的反射系数 $R_n(\lambda_i)$ 曲线，取其数学平均值，得到 283K 温度下的常规反射系数。

$$R_n = \frac{1}{30}\sum_{i=1}^{30} R_n(\lambda_i) \qquad (G.0.1\text{-}1)$$

2 在 283K 温度下的标准发射率按下式计算：

$$\varepsilon_n = 1 - R_n \qquad (G.0.1\text{-}2)$$

表 G.0.1 用于测定 283K 下标准反射系数 R_n 的波长(μm)

序　号	波　长	序　号	波　长
1	5.5	9	10.7
2	6.7	10	11.3
3	7.4	11	11.8
4	8.1	12	12.4
5	8.6	13	12.9
6	9.2	14	13.5
7	9.7	15	14.2
8	10.2	16	14.8

续表 G.0.1

序　号	波　长	序　号	波　长
17	15.6	24	23.3
18	16.3	25	25.2
19	17.2	26	27.7
20	18.1	27	30.9
21	19.2	28	35.7
22	20.3	29	43.9
23	21.7	30	50.0

注：当测试的波长仅达到 25μm 时，25μm 以上波长的反射系数可用 25μm 波长的发射系数替代。

G.0.2 校正发射率 ε 的确定：

用表 G.0.2 给出的系数乘以标准发射率 ε_n 即得出校正发射率 ε。

表 G.0.2 校正发射率与标准发射率之间的关系

标准发射率 ε_n	系数 $\varepsilon/\varepsilon_n$
0.03	1.22
0.05	1.18
0.1	1.14
0.2	1.10
0.3	1.06
0.4	1.03
0.5	1.00
0.6	0.98
0.7	0.96
0.8	0.95
0.89	0.94

注：其他值可以通过线性插值或外推获得。

本规程用词说明

1 为便于在执行本规程条文时区别对待，对要求严格程度不同的用词说明如下：

1）表示很严格，非这样做不可的用词：
正面词采用“必须”，反面词采用“严禁”；

2）表示严格，在正常情况下均应这样做的用词：
正面词采用“应”，反面词采用“不应”或“不得”；

3）表示允许稍有选择，在条件许可时首先应这样做的用词：
正面词采用“宜”，反面词采用“不宜”；
表示有选择，在一定条件下可以这样做的用词，采用“可”。

2 本规程中指明应按其他有关标准执行的写法为“应按……执行”或“应符合……要求（规定）”。

中华人民共和国行业标准

建筑门窗玻璃幕墙热工计算规程

JGJ/T 151—2008

条　文　说　明

前言

《建筑门窗玻璃幕墙热工计算规程》JGJ/T 151—2008，经住房和城乡建设部2008年11月13日以第143号公告批准、发布。

为便于广大勘察、设计、施工、管理和科研院校等单位的有关人员在使用本规程时能正确理解和执行条文规定，《建筑门窗玻璃幕墙热工计算规程》编制组按章、节、条顺序编制了本规程的条文说明，供使用者参考。在使用中如发现有不妥之处，请将意见函寄广东省建筑科学研究院（地址：广州市先烈东路121号；邮政编码：510500）。

目　次

1　总则 …………………………… 2—10—34

2　术语、符号 …………………… 2—10—34

2.1　术语 ……………………………… 2—10—34

2.2　符号 ……………………………… 2—10—35

3　整樘窗热工性能计算 ………… 2—10—35

3.1　一般规定 ………………………… 2—10—35

3.2　整樘窗几何描述 ………………… 2—10—35

3.3　整樘窗传热系数 ………………… 2—10—36

3.4　整樘窗遮阳系数 ………………… 2—10—36

3.5　整樘窗可见光透射比 …………… 2—10—36

4　玻璃幕墙热工计算 …………… 2—10—37

4.1　一般规定 ………………………… 2—10—37

4.2　幕墙几何描述 …………………… 2—10—37

4.3　幕墙传热系数 …………………… 2—10—37

4.4　幕墙遮阳系数 …………………… 2—10—37

4.5　幕墙可见光透射比 ……………… 2—10—37

5　结露性能评价 ………………… 2—10—40

5.1　一般规定 ………………………… 2—10—40

5.2　露点温度的计算 ………………… 2—10—40

5.3　结露的计算与评价 ……………… 2—10—41

6　玻璃光学热工性能计算 ……… 2—10—41

6.1　单片玻璃的光学热工性能 ……… 2—10—41

6.2　多层玻璃的光学热工性能 ……… 2—10—41

6.3　玻璃气体间层的热传递 ………… 2—10—41

6.4　玻璃系统的热工参数 …………… 2—10—42

7　框的传热计算 ………………… 2—10—42

7.1　框的传热系数及框与面板接缝的线传热系数 ………………………… 2—10—42

7.2　传热控制方程 …………………… 2—10—42

7.3　玻璃气体间层的传热 …………… 2—10—42

7.4　封闭空腔的传热 ………………… 2—10—42

7.5　敞口空腔、槽的传热 …………… 2—10—42

7.6　框的太阳光总透射比 …………… 2—10—42

8　遮阳系统计算 ………………… 2—10—42

8.1　一般规定 ………………………… 2—10—42

8.2　光学性能 ………………………… 2—10—42

8.3　遮阳百叶的光学性能 …………… 2—10—42

8.4　遮阳帘与门窗或幕墙组合系统的简化计算 ………………………… 2—10—43

8.5　遮阳帘与门窗或幕墙组合系统的详细计算 ………………………… 2—10—43

9　通风空气间层的传热计算 …… 2—10—43

9.1　热平衡方程 ……………………… 2—10—43

9.2　通风空气间层的温度分布 ……… 2—10—43

9.3　通风空气间层的气流速度 ……… 2—10—43

10　计算边界条件 ………………… 2—10—43

10.1　计算环境边界条件 …………… 2—10—43

10.2　对流换热 ……………………… 2—10—43

10.3　长波辐射换热 ………………… 2—10—43

10.4　综合对流和辐射换热 ………… 2—10—43

1 总　　则

1.0.1 在建筑围护结构的节能中，建筑门窗、玻璃幕墙的能耗均比较大，是节能的重点之一。已经颁布的《公共建筑节能设计标准》GB 50189－2005、《民用建筑节能设计标准（采暖居住建筑部分）》JGJ 26－95、《夏热冬冷地区居住建筑节能设计标准》JGJ 134－2001、《夏热冬暖地区居住建筑节能设计标准》JGJ 75－2003 均对门窗的热工性能提出了明确的要求。

由于我国一直没有门窗的热工计算规程，所以在实际工程中，门窗的传热系数都是由实验室测试得到的。即使这样，由于测试的条件并不是实际工程所在的环境条件，测试的数据用于实际工程也不完全正确。而且，由于实际工程的窗的大小、分格往往与测试样品不一致，所以传热系数与测试值也不一样，无法对测试数据进行修正。

要在建筑门窗和幕墙工程中贯彻执行国家的建筑节能标准，只有测试方法是不够的。而且，随着南方建筑节能标准的出台，遮阳系数成为非常重要的指标，而遮阳系数很难在实验室进行测试，这样，实验室的测试更加无法满足广大建筑工程的节能设计需要。

本规程的编制，规定了门窗和玻璃幕墙的传热系数、遮阳系数、可见光透射比等热工参数的有关计算方法，并给出了详细的计算公式，这对于门窗、幕墙工程的节能设计非常方便。因为产品设计过程中不需要实际产品生产出来，也不需要进行大量的物理测试，仅仅由计算机模拟计算就可以预知产品的性能，这将大大加快产品设计的速度。对于建筑节能工程设计，选择、设计门窗或者幕墙都很方便。设计人员可以预先进行玻璃、型材、配件的选择，选择的范围可以很宽，速度也可以大大加快。

本规程还规定了门窗的结露性能的评价方法，这对于满足《公共建筑节能设计标准》GB 50189－2005 的要求和《民用建筑节能设计标准（采暖居住建筑部分）》JGJ 26－95 的要求都是非常重要的。

1.0.2 本规程主要以规则的玻璃门窗和玻璃幕墙为计算对象，适当地考虑非透明的面板采用本规程的方法计算的可能性。对于复杂的建筑幕墙、门窗，本规程不完全适用。而且，本规程也只能适用于门窗和玻璃幕墙自身的计算，并不适用于门窗、玻璃幕墙与周边墙体复杂连接边界的计算。

本规程参照国际标准 ISO 15099、ISO 10077、ISO 9050 等系列标准，结合我国现行的相关标准制定。本规程以下列标准为参照标准：

ISO 15099：Thermal performance of windows, doors and shading devices-Detailed calculations；

ISO 10077-1：Thermal performance of windows, doors and shutters-Calculation of thermal transmittance-Part 1：Simplified method；

ISO 10077-2：Thermal performance of windows, doors and shutters-Calculation of thermal transmittance-Part 2：Numerical method for frames；

ISO 10292：Glass in building-Calculation of steady state U-values（thermal transmittance）of multiple glazing；

ISO 9050：Glass in building-Determination of light transmittance, solar direct transmittance, total solar energy transmittance, ultraviolet transmittance and related glazing factors.

1.0.3 门窗的热惰性不大，因而采用稳态的方法进行有关计算。在 ISO 系列标准和各个发达国家的相关标准中均是如此。例如 ISO 10077-1、ISO 10077-2、ISO 15099 等。

空气渗透会影响门窗和幕墙的传热和结露的性能。由于空气渗透与门窗的质量有关，一般在计算中很难知道渗漏的部位，因而传热的计算不考虑空气渗透的影响。实际使用时应考虑空气渗透对热工性能和节能计算的影响。

1.0.4 为了各种产品之间的性能对比，条件相同才有可比性，本规程规定了计算门窗和玻璃幕墙热工性能参数的标准计算条件。但标准计算条件并不能反映工程的实际情况，虽然计算条件的一般变化对热工性能参数的影响不太大，但若需要详细计算，计算条件仍应该按照实际工程所使用的计算条件，因而实际工程并不能使用标准计算条件。

实际的工程节能设计标准中都会规定室内计算条件，室外计算条件可以通过当地的建筑气象数据来确定。

1.0.5 本规程给出了部分建筑门窗、玻璃幕墙计算所用的材料热工参数，但这些参数还应符合其他国家现行有关标准的规定要求。实际工程中所使用的材料热工参数如果与本规程没有冲突，可以使用本规程的数据。

对于本规程没有列入的材料，应该进行测试，按照测试结果选取。

2 术语、符号

2.1 术　　语

本规程所列出的术语是本规程所特有的。给出的术语尽可能考虑了与其他标准的一致性和协调性，但可能与其他标准不一致，有本规程特殊的涵义，应用时应该注意。

每个术语均给出了英文翻译，但该翻译不一定与国际上的标准术语一致，仅供参考。

2.2 符　　号

本规程的符号采用ISO系列标准的符号，与我国的标准所采用的符号可能不一致，采用时应根据其物理意义进行对应。

3　整樘窗热工性能计算

3.1　一 般 规 定

3.1.1　本节的有关规定主要参照ISO 10077的相应规定。窗由多个部分组成，窗框、玻璃（或其他面板）等部分的光学性能和传热特性各不一样，在计算整窗的传热系数、遮阳系数以及可见光透射比时采用各部分按面积加权平均的方式，可以简化计算，而且物理概念清晰。这种方法也都是ISO系列标准所普遍采用的。

3.1.2　关于玻璃（或其他面板）边缘与窗框组合产生的传热效应，采用附加传热系数的方式表示。这样的做法与ISO 10077相同。

窗框与玻璃结合处的线传热系数 ψ 主要描述了在窗框、玻璃和间隔层之间相互作用下附加的热传递，附加线传热系数 ψ 主要受玻璃间隔层材料导热系数的影响。在没有精确计算的情况下，可采用附录B中线传热系数 ψ 的参考值。

3.1.3　关于窗框的传热系数、太阳能总透射比的计算，在第7章有详细的规定。

3.1.4　关于窗户玻璃的传热系数、太阳光总透射比、可见光透射比的计算方法，在第6章有详细的规定。

3.2　整樘窗几何描述

3.2.1　本节的有关规定采用ISO 10077的相应规定。

每条窗框的传热系数按第7章规定进行计算。为了简化计算，在两条框相交处的传热不作三维传热现象考虑，简化为其中的一条框来处理，且忽略建筑与窗框之间的热桥效应，即窗框与墙相接边界作绝热处理。

如图1所示的窗，应计算1-1、2-2、3-3、4-4、5-5、6-6六个框段的框传热系数及对应的框和玻璃接缝线传热系数。两条框相交部分简化为其中的一条框来处理。

计算1-1、2-2、4-4截面的二维传热时，与墙面相接的边界作为绝热边界处理。

计算3-3、5-5、6-6截面的二维传热时，与相邻框相接的边界作为绝热边界处理。

如图2所示的推拉窗，应计算1-1、2-2、3-3、4-4、5-5五个框的框传热系数和对应的框和玻璃接缝线传热系数。两扇窗框叠加部分5-5作为一个截面进行计算。

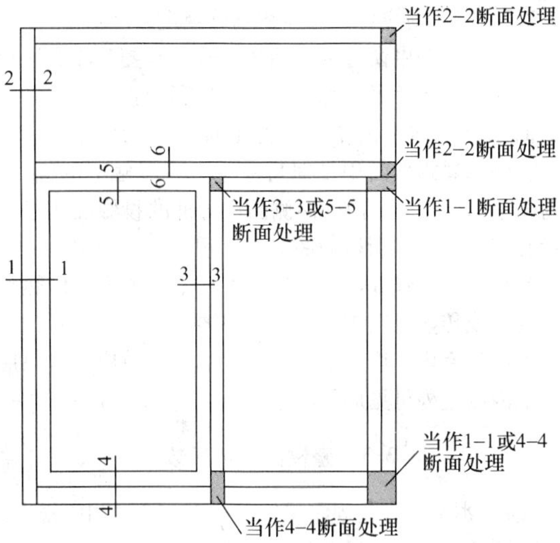

图1　窗的几何分段

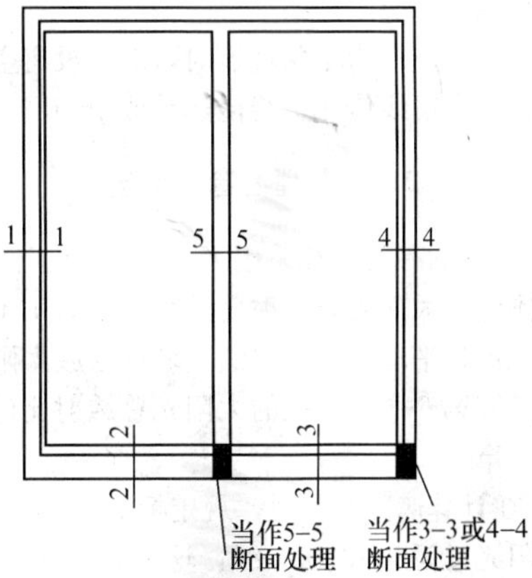

图2　推拉窗几何分段

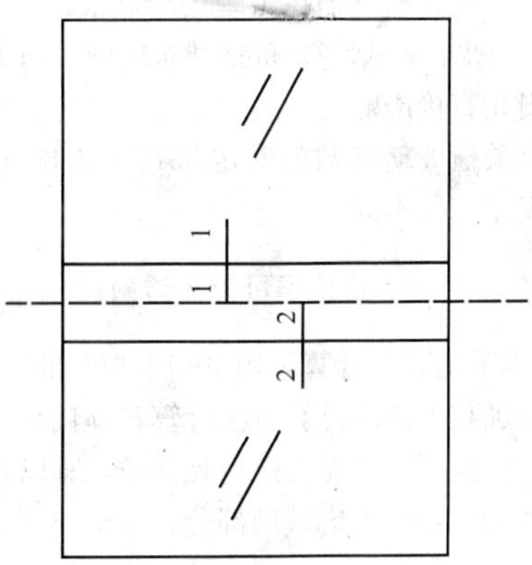

图3　窗横隔几何分段

一个框两边均有玻璃的情况，可以分别附加框两边的附加线传热系数。如图3所示窗框两边均有玻璃，框的传热系数为框两侧均镶嵌保温材料时的传热系数，框1-1和2-2的宽度可以分别是框宽度的1/2。框1-1和2-2的附加线传热系数可分别将其换成玻璃进行计算。如果对称，则两边的附加线传热系数应该是相同的。

3.2.2 关于窗户各部分面积划分规定。

参照本条中窗各部件面积划分示意图，注意区分窗框的内外表面暴露部分面积和投影面积。内部暴露框面积是框与室内空气接触的面积，为图中 $A_{d,i}$ 部分；外部暴露框面积是框与室外空气接触框的面积，为图中 $A_{d,e}$ 部分。内外两侧凸出的框的投影面积是指投影到平行于玻璃板面的框的面积。

3.2.3 关于玻璃区域周长，由于玻璃的边缘传热均以附加线传热系数表示，所以只要见到边缘，不论是室外还是室内，均需要考虑其附加传热效应，所以应取室内或室外可见周长的最大值。

3.3 整樘窗传热系数

3.3.1 本节的有关规定采用 ISO 10077 的相应规定。

该计算式为单层窗整窗传热系数计算公式。按第 3.1.1 条规定，采用面积加权平均的计算方法计算整窗的传热系数。

当所用的玻璃为单层玻璃时，由于没有空气间层的影响，不考虑线传热，线传热系数 $\psi=0$。

3.4 整樘窗遮阳系数

3.4.1 本节的有关计算采用 ISO 15099 的计算方法。

整体门窗太阳光总透射比计算按第 3.1.1 条规定采用面积加权平均的计算方法。玻璃区域太阳光透射比计算按照第 6 章，窗框的太阳光总透射比计算方法按照第 7 章。

3.4.2 在计算遮阳系数时，规定标准的 3mm 透明玻璃的太阳光总透射比为 0.87，这主要是为了与国际方法接轨，使得我国的玻璃遮阳系数与国际上惯用的遮阳系数一致，不至于在工程中引起混淆。但这样规定与我国的玻璃测试计算标准《建筑玻璃 可见光透射比、太阳光直接透射比、太阳能总透射比、紫外线透射比及有关窗玻璃参数的测定》GB/T 2680 有关遮蔽系数的规定有所不同。

3.5 整樘窗可见光透射比

3.5.1 本节的有关计算采用 ISO 15099 的计算方法。采用面积加权平均的计算方法计算整体门窗的可见光透射比。窗框部分可见光透射比为 0，所以在进行面积加权平均时，只考虑玻璃部分。

整樘窗热工性能计算实例

整窗热工性能可按照以下参考步骤计算。以 PVC 窗为例：

1 窗的有关参数

尺寸：1500mm×1800mm，如图 4 所示；

框型材：PVC 两腔体构造；

玻璃：Low-E 中空玻璃，玻璃厚度 4mm，空气层厚度 12mm；

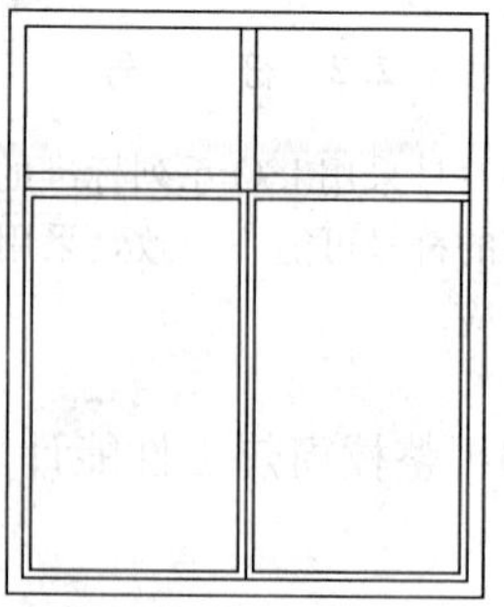

图 4 窗户示意

玻璃面积：2.22m^2；

窗框面积：0.48m^2；

玻璃区域周长：12m。

2 窗框传热系数

根据附录 B 查得，窗框的传热系数 U_f 为 2.2W/(m^2·K)，线传热系数 ψ 为 0.06W/(m·K)。

3 玻璃参数

计算玻璃的传热系数 U_g 为 1.896W/(m^2·K)，太阳光总透射比 g_g 为 0.758，可见光透射比 τ_v 为 0.755。

4 整窗传热系数计算

由第 3 章公式计算窗传热系数 U_t：

$$U_t=\frac{\sum A_g U_g+\sum A_f U_f+\sum l_\psi \psi}{A_t}$$

$$=\frac{2.22\times 1.896+0.48\times 2.2+12\times 0.06}{2.7}$$

$$=2.217[\mathrm{W/(m^2\cdot K)}]$$

5 太阳光透射比及遮阳系数计算

按第 7.6 节计算框的太阳光总透射比，窗框表面太阳辐射吸收系数 α_f 取 0.4：

$$g_f=\alpha_f\cdot\frac{U_f}{\frac{A_{surf}}{A_f}h_{out}}$$

$$=0.4\times\frac{2.2}{\frac{0.57}{0.48}\times 19}=0.039$$

由公式（3.4.1）计算整窗太阳能总透过比：

$$g_t=\frac{\sum g_g A_g+\sum g_f A_f}{A_t}$$

$$=\frac{0.758\times 2.22+0.039\times 0.48}{2.7}=0.63$$

由公式（3.4.2）计算整窗遮阳系数 SC：

$$SC=\frac{g_t}{0.87}$$

$$=\frac{0.63}{0.87}=0.72$$

6 可见光透射比计算

由公式（3.5.1）计算整窗可见光透射比

$$\tau_t=\frac{\sum \tau_v A_g}{A_t}$$

$$=\frac{0.755\times 2.2}{2.7}=0.62$$

4 玻璃幕墙热工计算

4.1 一般规定

4.1.1 本节的有关规定与整窗的计算一样，也主要参照 ISO 10077 的有关规定进行相应的规定。采用按面积加权平均的方法计算幕墙的传热系数、遮阳系数以及可见光透射比。

4.1.2 关于玻璃（或其他面板）边缘与窗框组合产生的传热效应，采用附加线传热系数的方式表示。这样的做法与 ISO 10077 相同。

4.1.3 关于框的传热系数、太阳光总透射比的计算，在第 7 章有详细的规定。

4.1.4 关于玻璃传热系数、太阳光总透射比、可见光透射比的计算方法，在第 6 章有详细的规定。

4.1.6 对于幕墙水平和垂直转角部位的传热，其简化方法可见图 5 所示。

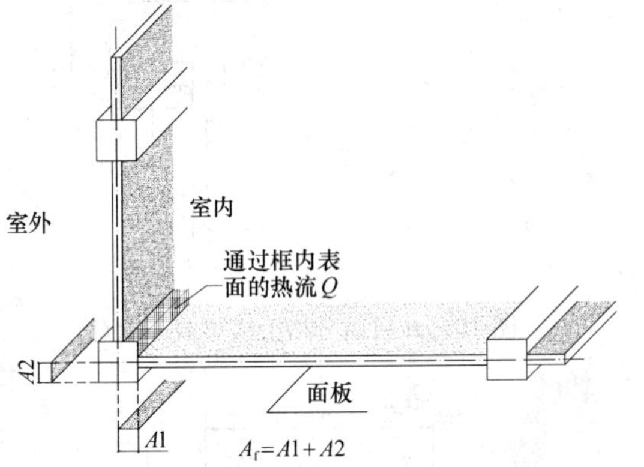

图 5 幕墙转角部位简化处理示意

框的投影面积可近似为 $A_f=A1+A2$；

框的传热系数可近似为 $U_f=\dfrac{Q}{A_f}$。

4.2 幕墙几何描述

4.2.1 本节的有关规定主要参考了欧洲标准 prEN 13947。根据幕墙框截面的不同将幕墙框进行分段，对不同的框截面均应计算其传热系数及对应框和玻璃接缝的线传热系数，这样才能保证幕墙的各光学热工性能可按面积加权平均的方式简化计算。

4.2.2 幕墙在进行热工计算时面积的划分与整窗的计算基本相同，采用了相同的原则。

4.2.4 幕墙计算的边界和单元的划分应根据幕墙形式的不同而采用不同的方式。单元式幕墙和构件式幕墙的立柱和横梁的结构是不同的。单元式幕墙是由一个一个的单元拼接而成，所以单元边缘的立柱和横梁是拼接的。而构件式幕墙的立柱和横梁则是一个完整的。

由于幕墙是连续的，单元边缘的立柱和横梁一般是两边对称的，所以边缘的立柱和横梁需要进行对称划分，面积只能计算一半。

4.2.5 为了保证幕墙的各光学热工性能可按面积加权平均的方式简化计算，幕墙计算的节点应该包括幕墙所有典型的节点。复杂的节点可能由多个型材拼接而成，所以应拆分计算。

4.3 幕墙传热系数

4.3.1 本节的有关计算主要采用 ISO 10077 的计算方法。

计算式（4.3.1）根据规定，采用面积加权平均的计算方法计算幕墙的传热系数。

4.3.2 当幕墙背后有实体墙时，幕墙的计算比较复杂。这里只针对幕墙与实体墙之间为封闭空气层的情况，这样可以简化计算。实际上，由于幕墙金属热桥的存在，当幕墙背后有实体墙时，幕墙的计算比较复杂。为了计算有实体墙的情况，简化是有必要的。

简化的方法是将实体墙部分和幕墙部分看成是两层幕墙，中间隔一个空气间层。由于幕墙的空气层一般超过 30mm，所以根据《民用建筑热工设计规范》GB 50176－93 的计算数据表，30mm，40mm，50mm 及以上厚度封闭空气间层的热阻分别取 0.17m^2·K/W，0.18m^2·K/W，0.18m^2·K/W。

4.3.5 若幕墙与实体墙之间存在明显的冷桥（热桥），应计算冷桥（热桥）的影响。具体的计算方法是采用加权平均的办法。

4.4 幕墙遮阳系数

4.4.1 本节的有关计算采用 ISO 15099 的计算方法。

幕墙太阳光总透射比计算按第 4.1.1 条规定采用面积加权平均的计算方法。

玻璃的太阳光透射比计算按照第 6 章，窗框的太阳光透射比计算方法按照第 7 章。

4.4.2 在计算遮阳系数时，也规定标准的 3mm 透明玻璃的太阳光总透射比为 0.87。

4.5 幕墙可见光透射比

4.5.1 本节的有关计算采用 ISO 15099 的计算方法。幕墙可见光透射比计算采用按面积加权平均的计算方法。

幕墙热工性能计算实例

幕墙热工性能计算可按照以下参考步骤计算。以一个单元式横明竖隐框玻璃幕墙为例：

幕墙热工性能计算需先确定计算单元，计算每种计算单元的热工性能参数，然后按照每种计算单元所占面积比例，进行加权平均计算整幅幕墙的热工性能参数。此处只做示范，故假设一个尺寸宽 4768mm×

高 2856mm 的幕墙，如图 6 所示。

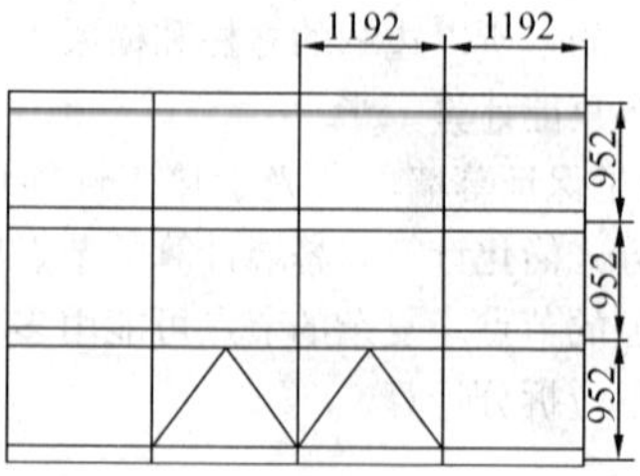

图 6　幕墙示意

1　幕墙的有关参数

尺寸：固定玻璃分格宽 1192mm×高 952mm，开启扇分格宽 1192mm×高 952mm；

框型材：立柱为普通铝合金构造，横梁为断热铝合金构造，截面尺寸见图 7～图 11；

只采用玻璃面板：厚度为（6＋12A＋6）mm 的 Low-E 中空玻璃，外片为 Low-E 玻璃，内片为普通透明玻璃。

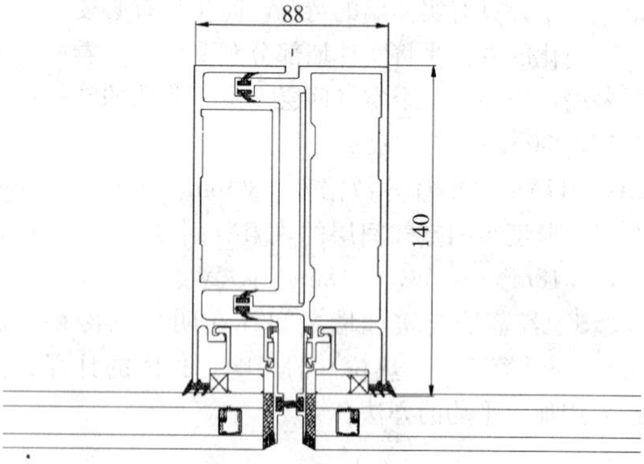

图 7　固定分格立柱截面示意

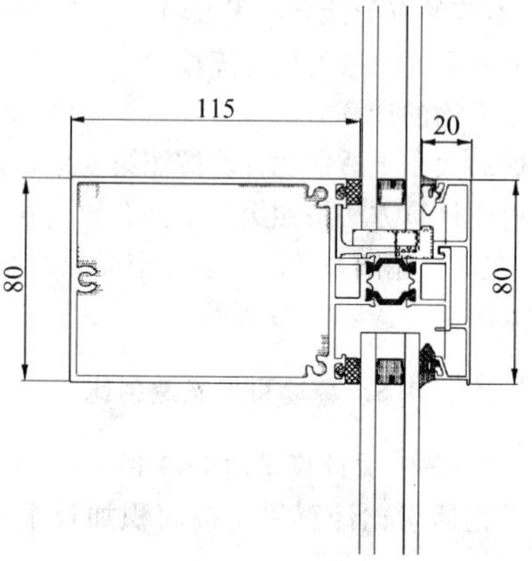

图 8　固定分格横梁截面示意

根据幕墙分格图，可以选择 2 个幕墙计算单元：竖向 3 块固定分格作为计算单元 D1，竖向 2 块固定分格＋1 块开启扇分格作为计算单元 D2。

2　幕墙单元 D1（竖向 3 块固定分格）

1）单元几何参数：

计算单元：宽 1192mm×高 2856mm；

立柱面积：0.250m²；横梁面积：0.265m²；

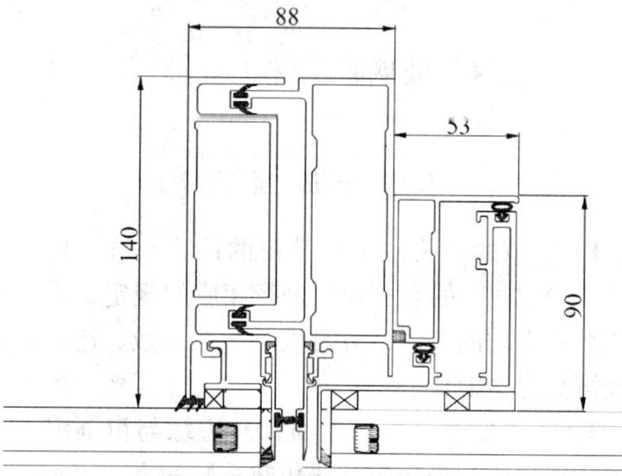

图 9　开启扇分格立柱截面示意

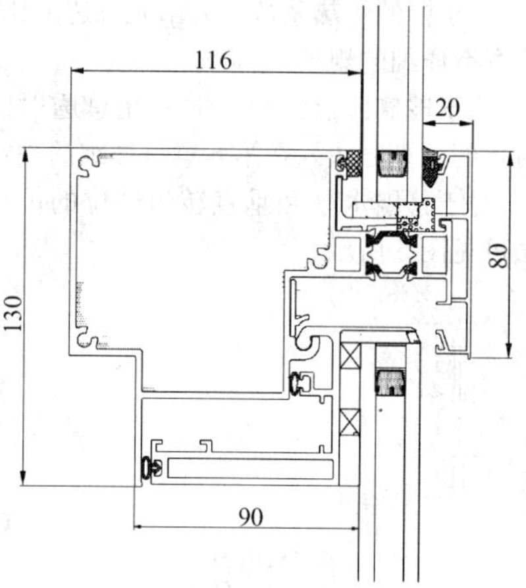

图 10　开启扇分格上横梁截面示意

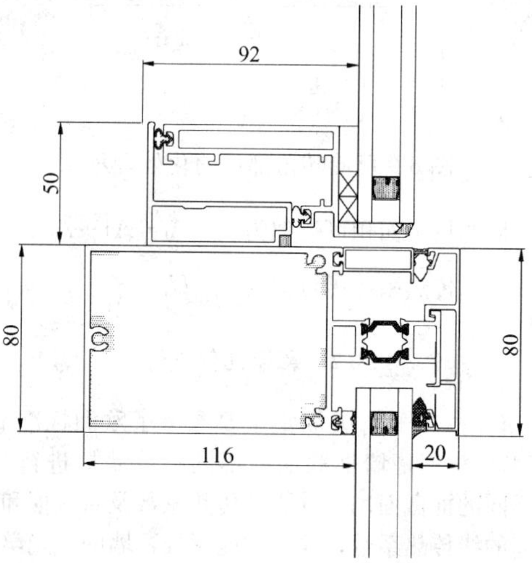

图 11　开启扇分格下横梁截面示意

玻璃面积：2.889m²；

玻璃区域周长：5.232m（竖直方向），6.624m（水平方向）。

2）计算框传热系数 U_f：

按照第 7.1.2 条，用一块导热系数 $\lambda=0.03$W/(m·K)的板材替代实际的玻璃，板材的厚度等于替代面板的厚度，嵌入框的深度按照实际尺寸，可见板宽应超过 190mm。采用二维稳态热传导计算软件进行框的传热计算，分别对立柱节点(图 7)、横梁节点(图 8)进行计算，计算结果为：

立柱节点：$U_f=10.07\text{W}/(\text{m}^2\cdot\text{K})$；

横梁节点：$U_f=3.97\text{W}/(\text{m}^2\cdot\text{K})$。

3）计算附加线传热系数 ψ：

按照第 7.1.3 条，在 U_f 计算模型中，用实际的玻璃系统替代导热系数 $\lambda=0.03\text{W}/(\text{m}\cdot\text{K})$ 的板材，采用二维稳态热传导计算软件进行框的传热计算，分别对立柱节点（图 7）、横梁节点（图 8）进行计算，计算结果为：

立柱节点：$\psi=0.017\text{W}/(\text{m}\cdot\text{K})$；

横梁节点：$\psi=0.072\text{W}/(\text{m}\cdot\text{K})$。

4）计算玻璃光学热工参数：

按照第 6 章，采用多层玻璃的光学热工计算模型进行玻璃的光学热工计算，计算结果为：

玻璃传热系数：$U_g=1.896\text{W}/(\text{m}^2\cdot\text{K})$；

太阳光总透射比：$g_g=0.758$；

可见光透射比：$\tau_v=0.755$。

5）计算幕墙单元传热系数 U_{CW}：

由第 4 章公式计算幕墙单元传热系数，计算结果为：

$$U_{CW}=\frac{\sum A_g U_g+\sum A_f U_f+\sum l_\psi \psi}{A_t}$$

$$=\frac{2.889\times1.896+(0.250\times10.07+0.265\times3.97)+(5.232\times0.017+6.624\times0.072)}{1.192\times2.856}$$

$$=2.824[\text{W}/(\text{m}^2\cdot\text{K})]$$

6）计算幕墙单元太阳光总透射比 g_f：

按 7.6 节计算框的太阳光总透射比，窗框表面太阳辐射吸收系数 α_f 取 0.6。

$$g_f=\alpha_f\cdot\frac{U_f}{\frac{A_{surf}}{A_f}h_{out}}$$

$$=0.6\times\frac{5.9}{\frac{0.397}{0.515}\times19}=0.241$$

7）计算太阳光总透过比 g_{CW}：

由公式（4.4.1）计算太阳光总透过比，计算结果为：

$$g_{CW}=\frac{\sum g_g A_g+\sum g_f A_f}{A_t}$$

$$=\frac{0.758\times2.889+0.241\times0.515}{3.4}=0.681$$

8）计算可见光透射比 τ_{CW}：

由公式（4.5.1）计算幕墙单元的可见光透射比 τ_{CW}，计算结果为：

$$\tau_{CW}=\frac{\sum\tau_v A_g}{A_t}$$

$$=\frac{0.755\times2.889}{3.4}=0.642$$

3　幕墙单元 D2（竖向 2 块固定分格＋1 块开启扇分格）

1）单元几何参数：

计算单元：宽 1192mm×高 2856mm；

固定立柱面积：0.152m^2；固定横梁面积：0.133m^2；

开启扇竖框面积：0.127m^2；开启扇上横框面积：0.069m^2；开启扇下横框面积：0.069m^2；

玻璃面积：2.810m^2；

玻璃区域周长：3.438m（固定分格竖直方向），3.336m（固定分格水平方向）；1.644m（开启扇分格竖直方向），1.059m（开启扇分格上水平方向），1.059m（开启扇分格上水平方向）。

2）计算框传热系数 U_f：

按照第 7.1.2 条，用一块导热系数 $\lambda=0.03\text{W}/(\text{m}\cdot\text{K})$ 的板材替代实际的玻璃，板材的厚度等于替代面板的厚度，嵌入框的深度按照实际尺寸，可见板宽应超过 190mm。采用二维稳态热传导计算软件进行框的传热计算，分别对开启扇竖框节点(图 9)、开启扇上横框节点(图 10)、开启扇下横框节点(图 11)进行计算，固定分格立柱节点、横梁节点可采用计算单元 D2 的计算结果，计算结果为：

固定分格立柱节点：$U_f=10.07\text{W}/(\text{m}^2\cdot\text{K})$；

固定分格横梁节点：$U_f=3.97\text{W}/(\text{m}^2\cdot\text{K})$；

开启扇竖框节点：$U_f=10.72\text{W}/(\text{m}^2\cdot\text{K})$；

开启扇上横框节点：$U_f=5.90\text{W}/(\text{m}^2\cdot\text{K})$；

开启扇下横框节点：$U_f=5.59\text{W}/(\text{m}^2\cdot\text{K})$。

3）计算附加线传热系数 ψ：

按照第 7.1.3 条，在 U_f 计算模型中，用实际的玻璃系统替代导热系数 $\lambda=0.03\text{W}/(\text{m}\cdot\text{K})$ 的板材，采用二维稳态热传导计算软件进行框的传热计算，分别对开启扇竖框节点（图 9）、开启扇上横框节点（图 10）、开启扇下横框节点（图 11）进行计算，固定分格立柱节点、横梁节点可采用计算单元 D2 的计算结果，计算结果为：

固定分格立柱节点：$\psi=0.017\text{W}/(\text{m}\cdot\text{K})$；

固定分格横梁节点：$\psi=0.072\text{W}/(\text{m}\cdot\text{K})$；

开启扇竖框节点：$\psi=0.016\text{W}/(\text{m}\cdot\text{K})$；

开启扇上横框节点：$\psi=0.055\text{W}/(\text{m}\cdot\text{K})$；

开启扇下横框节点：$\psi=0.067\text{W}/(\text{m}\cdot\text{K})$。

4）计算玻璃光学热工参数：

玻璃的光学热工参数可采用计算单元 D2 的计算结果：

玻璃传热系数：$U_g=1.896\text{W}/(\text{m}^2\cdot\text{K})$；

太阳光总透射比：$g_g=0.758$；

可见光透射比：$\tau_v=0.755$。

5）计算幕墙单元传热系数 U_{CW}：

由第 4 章公式计算幕墙单元传热系数，计算结果为：

$$\sum A_g U_g = 2.810 \times 1.896 = 5.328$$

$$\sum A_f U_f = 0.152 \times 10.07 + 0.133 \times 3.97 + 0.127 \times 10.72 + 0.069 \times 5.90 + 0.069 \times 5.59 = 4.213$$

$$\sum l_\psi \psi = 3.438 \times 0.017 + 3.336 \times 0.072 + 1.644 \times 0.016 + 1.059 \times 0.055 + 1.059 \times 0.067 = 0.454$$

$$U_{CW} = \frac{\sum A_g U_g + \sum A_f U_f + \sum l_\psi \psi}{A_t} = \frac{5.328 + 4.213 + 0.454}{1.192 \times 2.856} = 2.936[W/(m^2 \cdot K)]$$

6） 计算幕墙单元太阳光总透射比 g_f：

按 7.6 节计算框的太阳光总透射比，窗框表面太阳辐射吸收系数 α_f 取 0.6。

$$g_f = \alpha_f \cdot \frac{U_f}{\frac{A_{surf}}{A_f} h_{out}} = 0.6 \times \frac{5.9}{\frac{0.397}{0.55} \times 19} = 0.258$$

7） 计算太阳光总透过比 g_{CW}：

由公式（4.4.1）计算太阳光总透过比，计算结果为：

$$g_{CW} = \frac{\sum g_g A_g + \sum g_f A_f}{A_t} = \frac{0.758 \times 2.889 + 0.241 \times 0.55}{3.4} = 0.683$$

8） 计算可见光透射比 τ_{CW}：

由公式（4.5.1）计算幕墙单元的可见光透射比 τ_{CW}，计算结果为：

$$\tau_{CW} = \frac{\sum \tau_v A_g}{A_t} = \frac{0.755 \times 2.810}{3.4} = 0.624$$

4　整幅幕墙

根据计算单元 D1、D2 的计算结果，按照面积加权平均，可计算整幅幕墙的传热系数、遮阳系数及可见光透射比。

1） 计算传热系数：

$$U = \frac{\sum A_{CW} U_{CW}}{A} = \frac{(3.4+3.4) \times 2.824 + (3.4+3.4) \times 2.936}{3.4+3.4+3.4+3.4} = 2.88[W/(m^2 \cdot K)]$$

2） 计算遮阳系数：

$$SC = \frac{\sum A_{CW} g_{CW}}{A} = \frac{(3.4+3.4) \times 0.681 + (3.4+3.4) \times 0.683}{3.4+3.4+3.4+3.4} = 0.682$$

3） 计算可见光透射比：

$$\tau = \frac{\sum A_{CW} \tau_{CW}}{A} = \frac{(3.4+3.4) \times 0.642 + (3.4+3.4) \times 0.624}{3.4+3.4+3.4+3.4} = 0.633$$

5　结露性能评价

5.1　一 般 规 定

5.1.1、5.1.2　计算实际工程的建筑门窗、玻璃幕墙的结露时，所采用的计算条件应按照工程设计的要求取值。

评价产品的结露性能时，为了统一条件，便于应用，应采用第 10 章规定的计算标准条件。由于结露性能计算的标准条件包括了多个室外温度，所以在给出产品性能时，应该注明计算的条件。

5.1.3　空气渗透和其他热源等均会影响结露，实际应用时应予以考虑。空气渗透会降低门窗或幕墙内表面的温度，可能使得结露更加严重。但对于多层构造而言，外层构造的空气渗透有可能降低内部结露的风险。

热源可能会造成较高的温度和较大的绝对湿度，使得结露加剧。当门窗或幕墙附近有热源时，抗结露性能要求更高。

另外，湿热的风也会使得结露加剧。如果室内有湿热的风吹到门窗或幕墙上，应考虑换热系数的变化、湿度的变化等问题对结露的影响。

5.1.4、5.1.5　结露性能与每个节点均有关系，所以每个节点均需要计算。

由于结露是个比较长时间的效果，所以典型节点的温度场仍可以按照第 7 章的稳态方法进行计算。由于门窗、幕墙的面板相对比较大，所以典型节点的计算可以采用二维传热计算程序进行计算。

为了评价每一个二维截面的结露性能，统计结露的面积，在二维计算的情况下，将室内表面的展开边界细分为许多尺寸不大的小段，来计算截面各个分段长度的温度，这些分段的长度不大于计算软件程序中使用的网格尺寸。

5.2　露点温度的计算

5.2.1　水（冰）表面的饱和水蒸气压采用国际上通用的计算公式。

5.2.2　饱和水蒸气压的计算采用 Magnus 公式。

相对湿度的定义：

$$f=\left(\frac{e}{e_{sw}}\right)_{P,T}\times 100\%$$

式中　e——水蒸气压，hPa；

e_{sw}——水面饱和水蒸气压，hPa。

露点温度，即对于一定质量、温度 T、相对湿度为 f 的湿空气，维持水蒸气压 P 不变，冷却降温达到水面饱和时的温度。

参考文献：[1] 刘树华. 环境物理学. 北京：化学工业出版社，2004.

5.2.3　空气的露点温度即是达到100%相对湿度时的温度，如果门窗、幕墙的内表面温度低于这一温度，内表面就会结露。

5.3　结露的计算与评价

5.3.1～5.3.3　为了评价产品性能和便于进行结露验算，定义了结露性能评价指标 T_{10}。T_{10} 的物理意义是指在规定的条件下门窗或幕墙的各个部件（如框、面板中部及面板边缘区域）有且只有10%的面积出现低于某个温度的温度值。

门窗、幕墙的各个部件划分示意见图12。

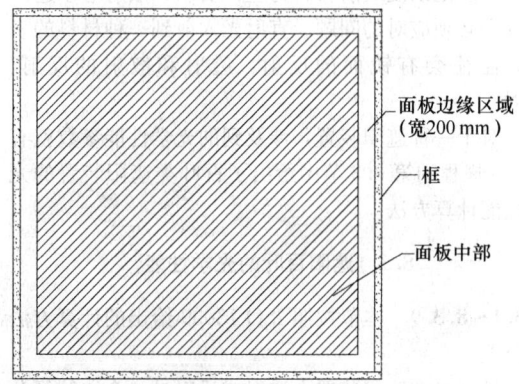

图12　门窗、幕墙各部件划分示意

可采用二维稳态传热程序计算门窗或幕墙各个框、面板及面板边缘区域各自对应的 T_{10}。在规定的条件下计算出门窗、幕墙内表面的温度场，再按照由低到高对每个分段排序，刚好达到10%面积时，所对应分段的温度就是该部件所对应的 T_{10}。

为了评价产品的结露性能，所有的部件均应进行计算。计算的部件包括所有的框、面板边缘以及面板中部。

5.3.4　在工程设计或评价时，门窗、幕墙某个部件出现10%低于露点温度的情况，说明门窗、幕墙的结露性能不满足要求，反之为满足要求。

5.3.5、5.3.6　进行产品性能分级或评价时，按各个部分最低的评价指标 $T_{10,min}$ 进行分级或评价。在实际工程中，按公式（5.3.6）进行计算，来保证内表面所有的温度均不低于 $T_{10,min}$。

在已知产品的结露性能评价指标 $T_{10,min}$ 的情况下，按照标准计算条件对应的室内外温差进行计算，计算出实际条件下的室内表面和室外的温差，则可以得到实际条件下的内表面最低的温度（只有某个部件的10%可能低于这一温度）。只要计算出来的温度高于实际条件下室内的露点温度，则可以判断产品的结露性能满足实际的要求。

6　玻璃光学热工性能计算

6.1　单片玻璃的光学热工性能

6.1.1～6.1.7　单片玻璃的光学、热工性能是按照ISO 9050的有关规定进行计算的。单层玻璃（包括其他透明材料）的光学性能根据单片玻璃的测定光谱数据进行计算。

在我国的标准《建筑玻璃　可见光透射比、太阳光直接透射比、太阳能总透射比、紫外线透射比及有关窗玻璃参数的测定》GB/T 2680－1994中虽然也给出了玻璃的光学性能计算，其方法与ISO 9050一致，但其光谱范围略有不同。为了与国际ISO系列标准一致，所以本规程采用ISO 9050进行计算。

6.1.8　“遮阳系数”是本规程在ISO 9050基础上的增加条款，这主要是因为遮阳系数是我国空调规范已经习用的参数。

在计算遮阳系数时，规定标准的3mm透明玻璃的太阳光总透射比为0.87，而没有采用《建筑玻璃　可见光透射比、太阳光直接透射比、太阳能总透射比、紫外线透射比及有关窗玻璃参数的测定》GB/T 2680－1994中的0.889，这主要是为了与国际上通用的数据接轨，使得我国的玻璃遮阳系数与国际上惯用的遮阳系数一致，不至于在工程使用中引起混淆。

6.2　多层玻璃的光学热工性能

6.2.1～6.2.4　多层玻璃的光学热工性能是按照ISO 15099的通用方法进行计算的。本规程将这一方法进行了归纳，将ISO 15099的多层玻璃计算方法进行了整合，计算公式更加明确。

这一方法也可以适用于多层窗、多层幕墙等的光学性能计算。只是计算时将窗、幕墙、遮阳装置按照玻璃来处理。

6.3　玻璃气体间层的热传递

6.3.1～6.3.6　玻璃气体间层的热传递计算按照ISO 15099的计算方法进行。本节规定了气体间层的热平衡方程，给出了对流换热和辐射换热两方面的计算，并且给出了混合气体的气体间层对流换热计算。

6.3.7　当气体间层两侧全部为玻璃时，由于普通玻璃的红外透射比为零，所以可以将透过玻璃的红外热辐射忽略，这样就可视为无限大板之间的热辐射。

6.4 玻璃系统的热工参数

6.4.1 本条给出了玻璃系统的总热阻和传热系数的计算方法。在玻璃气体间层的传热和内外层换热计算完成之后，玻璃系统传热就可以采用本条的公式直接进行计算了。

6.4.2 本条给出太阳光总透射比和遮阳系数的计算方法。

7 框的传热计算

7.1 框的传热系数及框与面板接缝的线传热系数

7.1.1～7.1.3 框的传热系数及框与面板接缝的线传热系数采用了 ISO 10077 给出的计算方法。

7.2 传热控制方程

7.2.1～7.2.3 本节采用了 ISO 15099 的有关规定。

7.2.4 热桥的计算采用了平均的等效传热系数，这对于计算传热系数是合适的。如果计算结露性能，尤其是对于木窗、塑料窗等，可能会有些不同，但一般也允许有 10%的面积结露，所以影响也不大。

7.3 玻璃气体间层的传热

7.3.1 玻璃空气层采用当量导热系数来代替空气层导热系数，这主要是为了统一计算，方便编程。

7.4 封闭空腔的传热

7.4.1～7.4.10 本节按照 ISO 15099 给出的计算方法和公式。为了简化框内部封闭空腔传热的计算，也采用当量传热系数的处理办法。

7.5 敞口空腔、槽的传热

7.5.1、7.5.2 本节按照 ISO 15099 给出的计算方法和公式。

7.6 框的太阳光总透射比

7.6.1 本条按照 ISO 15099 给出的计算公式。

8 遮阳系统计算

8.1 一 般 规 定

8.1.1～8.1.3 遮阳装置有很多种，其计算也是非常复杂的。但仅仅给出平行或近似平行于玻璃面的平板型遮阳装置，已经能够解决很多门窗和幕墙的遮阳计算问题。而且，这类遮阳装置可以简化为一维计算，计算方法可以统一。

遮阳可分为 3 种基本形式：内遮阳、外遮阳和中间遮阳。这三类遮阳有共同的特点：平行于玻璃面，与玻璃有紧密的热光接触。这样，遮阳装置可以简化为一层玻璃来计算，从而大大简化计算过程。这样的遮阳装置如幕帘、软百页帘等。

正是以上的遮阳装置，在计算时才能将二维或三维的特性简化为一维模型处理。这样，计算时只要确定了遮阳装置的光学性能、传热系数，即可以把遮阳装置作为一层玻璃参与到门窗或幕墙的热工计算中。

8.1.4 如果窗和幕墙系统加入了遮阳装置，系统的传热系数、遮阳系数、可见光透射比都会改变。在把遮阳装置作为一层玻璃来进行处理时，许多的计算公式会发生相应的改变。第 8.4 节给出了加入遮阳装置后的简化计算方法，第 8.5 节则说明了详细的计算所采用的方法。

8.2 光 学 性 能

8.2.1～8.2.3 要将遮阳装置作为一层玻璃处理，则需要给出这层玻璃的有关性能。由于遮阳设施的材料表面往往是以漫反射材料为主，所以，散射对于遮阳装置是必须应对的问题。直射光入射到一种材料的表面，往往会有镜面的反射、透射和散射的反射、透射。

对于一种遮阳装置，涉及到的光学性能参数就有 6 个。规程的第 8.3 节中给出了百叶类遮阳装置的光学性能计算方法。

8.3 遮阳百叶的光学性能

8.3.1～8.3.9 本节按照 ISO 15099 给出的计算方法和公式。

计算光在遮阳装置上透射或反射是一个比较复杂的过程。光在通过百叶后分解为直射和散射部分，直射是直接透射的或是镜面的反射，而散射则比较复杂。

为了将问题简单化，在计算时将采用以下模型和假设：

1）将板条假设为全部的非镜面反射，并忽略窗户边缘的作用；

2）将板条视为无限重复，所以模型可以只考虑两个邻近的板条，而且采用二维光学计算；

3）为了进一步简化计算，将每条分为 5 个相等部分，而且忽略板条的轻微挠曲影响。

由于计算的结果与板条的光学性能、几何形状和位置等因素均有关系，所以计算平行板条构成的百叶遮阳装置的光学性能时均应予以考虑。板条的远红外反射率的透射特性对传热系数的精确计算有很大影响，所以应详细计算。

8.4 遮阳帘与门窗或幕墙组合系统的简化计算

8.4.1～8.4.6 遮阳装置与门窗、幕墙组合系统的简化计算主要按照 prEN 13363－1：1998 给出的计算方法。

计算遮阳帘一类的遮阳装置统一用太阳辐射透射比和反射比，以及可见光透射比和反射比表示。这些值都可以采用适当的方法在垂直入射辐射下计算或测定。百叶类遮阳窗帘可以在辐射以某一入射角入射的条件下，依据本规程第 8.2、8.3 节的方法计算。

8.5 遮阳帘与门窗或幕墙组合系统的详细计算

8.5.1～8.5.5 详细计算遮阳装置是比较繁琐的。为了简化，可以将遮阳装置简化为一层玻璃，门窗或幕墙则是另一层玻璃。这样，就可以采用第 6 章多层玻璃和第 9 章通风空气间层的计算方法，对门窗、幕墙与遮阳装置的相互光热作用进行计算。

当遮阳装置是透空的装置时，如百叶、挡板、窗帘等，遮阳装置有不同的通风情况，可以采用第 9 章的方法计算通风空气间层的热传递。

9 通风空气间层的传热计算

9.1 热平衡方程

本节按照 ISO 15099 给出的计算方法和公式。

9.2 通风空气间层的温度分布

本节按照 ISO 15099 给出的计算方法和公式。

9.3 通风空气间层的气流速度

本节规定的气流量和速度的关系，给出的是一个平均效果。这样处理对于传热计算也是一个平均的效果，应用于第 6.3 节是比较合适的，符合第 6.3 节的计算模型条件。

空气间层的空气流量计算是一个复杂的问题。强制通风可以比较准确地预知空气的流量，但自然条件下的对流、烟囱效应对流等均比较复杂。在各种情况下，进、出口的阻力和通风间层的阻力都是未知数，很难估计。对于这些复杂的情况，采用数字流体模拟计算软件进行分析是一个可行的途径。

10 计算边界条件

10.1 计算环境边界条件

10.1.1、10.1.2 本规程规定了计算门窗和玻璃幕墙节能指标的标准计算条件，但这些条件并不能在实际工程使用，仅用于建筑门窗、玻璃幕墙产品的设计、评价。

实际的工程节能设计标准中都会规定室内计算条件，室外计算条件可以通过当地的建筑气象数据来确定。

10.1.3～10.1.6 规定了用于建筑门窗、玻璃幕墙产品的设计、评价的标准计算条件。这些条件是参照 ISO 15099 确定的。其中，为与门窗保温性能检测标准一致，冬季的室外气温改为－20℃；为与我国现行的《民用建筑热工设计规范》GB 50176－93 相一致，夏季室外的外表面换热系数适当增大，取为16W/(m^2·K)。

计算传热系数之所以采用冬季计算标准条件，并取 $I_s=0W/m^2$，主要是因为传热系数对于冬季节能计算很重要。夏季传热系数虽然与冬季不同，但传热系数随计算条件的变化不是很大，对夏季的节能和负荷计算所带来的影响也不大。

计算遮阳系数、太阳能总透射比采用夏季计算标准条件，这样规定是因为遮阳系数对于夏季节能和空调负荷的计算是非常重要的。冬季的遮阳系数的不同对采暖负荷所带来的变化不大。

以上这样规定与美国 NFRC 的规定是类似的，也与欧洲标准的规定接近。

10.1.7 结露性能计算的条件参照了美国 NFRC 的计算标准。

10.2 对 流 换 热

本节等同于 ISO 15099 的计算方法，所采用的公式均与ISO 15099相同。在写法和格式方面符合工程建设标准的规定。

本节主要规定了窗和幕墙室内和室外表面对流换热计算的有关方法和具体公式。这些公式主要用于实际工程的设计、计算。设计或评价建筑门窗、玻璃幕墙定型产品的热工参数时，门窗或幕墙室内、外表面的对流换热系数应符合第 10.1 节的规定。

10.3 长波辐射换热

本节参照采用 ISO 15099 的计算方法。产品的辐射换热系数参考了欧洲标准和 ISO 10292。

10.4 综合对流和辐射换热

本节等同于 ISO 15099 的计算方法，所采用的公式均与ISO 15099相同。

中华人民共和国行业标准

混凝土中钢筋检测技术规程

Technical specification for test of reinforcing steel bar in concrete

JGJ/T 152—2008
J 794—2008

批准部门：中华人民共和国住房和城乡建设部
施行日期：2 0 0 8 年 1 0 月 1 日

中华人民共和国住房和城乡建设部
公　告

第20号

关于发布行业标准《混凝土中钢筋检测技术规程》的公告

现批准《混凝土中钢筋检测技术规程》为行业标准，编号为JGJ/T 152—2008，自2008年10月1日起实施。

本规程由我部标准定额研究所组织中国建筑工业出版社出版发行。

中华人民共和国住房和城乡建设部

2008年4月28日

前　言

根据建设部建标［2002］84号文的要求，规程编制组经广泛调查研究，认真总结实践经验，参考有关国际标准和国外先进标准，并在广泛征求意见的基础上，制定了本规程。

本规程的主要技术内容：1. 总则；2. 术语、符号；3. 钢筋间距和保护层厚度检测；4. 钢筋直径检测；5. 钢筋锈蚀性状检测。

本规程由住房和城乡建设部负责管理，由主编单位负责具体技术内容的解释。

本规程主编单位：中国建筑科学研究院（地址：北京市北三环东路30号，邮政编码：100013）

本规程参加单位：福建省建筑科学研究院
安徽省水利科学研究院
山东省建筑科学研究院
欧美大地仪器设备中国有限公司
北京盛世伟业科技有限公司
喜利得（中国）有限公司

本规程主要起草人员：张仁瑜　陈　松　崔德密　崔士起　叶　健　何春凯　陈　涛　李劲松　张今阳　成　勃　徐凯讯

目　次

1　总则 ………………………………… 2—11—4
2　术语、符号…………………………… 2—11—4
2.1　术语 ………………………………… 2—11—4
2.2　符号 ………………………………… 2—11—4
3　钢筋间距和保护层厚度检测 …… 2—11—4
3.1　一般规定 …………………………… 2—11—4
3.2　仪器性能要求 ……………………… 2—11—4
3.3　钢筋探测仪检测技术 …………… 2—11—4
3.4　雷达仪检测技术 ………………… 2—11—5
3.5　检测数据处理 ……………………… 2—11—5
4　钢筋直径检测 ……………………… 2—11—5
4.1　一般规定 …………………………… 2—11—5
4.2　检测技术 …………………………… 2—11—5
5　钢筋锈蚀性状检测 ……………… 2—11—6
5.1　一般规定 …………………………… 2—11—6
5.2　仪器性能要求 ……………………… 2—11—6
5.3　钢筋锈蚀检测仪的保养、维护与校准 ………………………………… 2—11—6
5.4　钢筋半电池电位检测技术 ……… 2—11—6
5.5　半电池电位法检测结果评判 …… 2—11—7
附录A　检测记录表 ………………… 2—11—7
附录B　电磁感应法钢筋探测仪的校准方法 ……………………………… 2—11—8
B.1　校准试件的制作 ………………… 2—11—8
B.2　校准项目及指标要求 ………… 2—11—9
B.3　校准步骤 ………………………… 2—11—9
附录C　雷达仪校准方法 ………… 2—11—9
C.1　校准试件的制作 ………………… 2—11—9
C.2　校准项目及指标要求 ………… 2—11—9
C.3　校准步骤 ………………………… 2—11—9
本规程用词说明 ……………………… 2—11—9
附：条文说明………………………… 2—11—10

1 总　　则

1.0.1 为规范混凝土结构及构件中钢筋检测及检测结果的评价方法，提高检测结果的可靠性和可比性，制定本规程。

1.0.2 本规程适用于混凝土结构及构件中钢筋的间距、公称直径、锈蚀性状及混凝土保护层厚度的现场检测。

1.0.3 检测前宜具备下列资料：

1 工程名称、结构及构件名称以及相应的钢筋设计图纸；

2 建设、设计、施工及监理单位名称；

3 混凝土中含有的铁磁性物质；

4 检测部位钢筋品种、牌号、设计规格、设计保护层厚度，结构构件中预留管道、金属预埋件等；

5 施工记录等相关资料；

6 检测原因。

1.0.4 对混凝土中钢筋进行检测时，除应符合本规程外，尚应符合国家现行有关标准的规定。

2 术语、符号

2.1 术　　语

2.1.1 电磁感应法　electromagnetic test method

用电磁感应原理检测混凝土结构及构件中钢筋间距、混凝土保护层厚度及公称直径的方法。

2.1.2 雷达法　radar test method

通过发射和接收到的毫微秒级电磁波来检测混凝土结构及构件中钢筋间距、混凝土保护层厚度的方法。

2.1.3 半电池电位法　half-cell potentials test method

通过检测钢筋表面层上某一点的电位，并与铜-硫酸铜参考电极的电位作比较，以此来确定钢筋锈蚀性状的方法。

2.2 符　　号

c_1^t、c_2^t——第 1、2 次检测的混凝土保护层厚度检测值；

c_0——探头垫块厚度；

$c_{m,i}^t$——第 i 个测点混凝土保护层厚度平均检测值；

c_c——混凝土保护层厚度修正值；

s_i——第 i 个钢筋间距；

$s_{m,i}$——钢筋平均间距；

T——检测环境温度；

V——温度修正后电位值；

V_R——温度修正前电位值。

3 钢筋间距和保护层厚度检测

3.1 一 般 规 定

3.1.1 本章所规定检测方法不适用于含有铁磁性物质的混凝土检测。

3.1.2 应根据钢筋设计资料，确定检测区域内钢筋可能分布的状况，选择适当的检测面。检测面应清洁、平整，并应避开金属预埋件。

3.1.3 对于具有饰面层的结构及构件，应清除饰面层后在混凝土面上进行检测。

3.1.4 钻孔、剔凿时，不得损坏钢筋，实测应采用游标卡尺，量测精度应为 0.1mm。

3.1.5 钢筋间距和混凝土保护层厚度检测结果可按本规程附录 A 中表 A.0.1 和表 A.0.2 记录。

3.2 仪器性能要求

3.2.1 电磁感应法钢筋探测仪（以下简称钢筋探测仪）和雷达仪检测前应采用校准试件进行校准，当混凝土保护层厚度为10～50mm 时，混凝土保护层厚度检测的允许误差为±1mm，钢筋间距检测的允许误差为±3mm。

3.2.2 钢筋探测仪的校准应按本规程附录 B 的规定进行，雷达仪的校准应按本规程附录 C 的规定进行。正常情况下，钢筋探测仪和雷达仪校准有效期可为一年。发生下列情况之一时，应对钢筋探测仪和雷达仪进行校准：

1 新仪器启用前；

2 检测数据异常，无法进行调整；

3 经过维修或更换主要零配件。

3.3 钢筋探测仪检测技术

3.3.1 钢筋探测仪可用于检测混凝土结构及构件中钢筋的间距和混凝土保护层厚度。

3.3.2 检测前，应对钢筋探测仪进行预热和调零，调零时探头应远离金属物体。在检测过程中，应核查钢筋探测仪的零点状态。

3.3.3 进行检测前，宜结合设计资料了解钢筋布置状况。检测时，应避开钢筋接头和绑丝，钢筋间距应满足钢筋探测仪的检测要求。探头在检测面上移动，直到钢筋探测仪保护层厚度示值最小，此时探头中心线与钢筋轴线应重合，在相应位置作好标记。按上述步骤将相邻的其他钢筋位置逐一标出。

3.3.4 钢筋位置确定后，应按下列方法进行混凝土保护层厚度的检测：

1 首先应设定钢筋探测仪量程范围及钢筋公称直径，沿被测钢筋轴线选择相邻钢筋影响较小的位置，并应避开钢筋接头和绑丝，读取第 1 次检测的混凝土保护层厚度检测值。在被测钢筋的同一位置应重复检测1次，读取第2次检测的混凝土保护层厚度检测值。

2 当同一处读取的2个混凝土保护层厚度检测值相差大于1mm时，该组检测数据应无效，并查明原因，在该处应重新进行检测。仍不满足要求时，应更换钢筋探测仪或采用钻孔、剔凿的方法验证。

注：大多数钢筋探测仪要求钢筋公称直径已知方能准确检测混凝土保护层厚度，此时钢筋探测仪必须按照钢筋公称直径对应进行设置。

3.3.5 当实际混凝土保护层厚度小于钢筋探测仪最小示值时，应采用在探头下附加垫块的方法进行检测。垫块对钢筋探测仪检测结果不应产生干扰，表面应光滑平整，其各方向厚度值偏差不应大于0.1mm。所加垫块厚度在计算时应予扣除。

3.3.6 钢筋间距检测应按本规程第3.3.3条的规定进行。应将检测范围内的设计间距相同的连续相邻钢筋逐一标出，并应逐个量测钢筋的间距。

3.3.7 遇到下列情况之一时，应选取不少于30%的已测钢筋，且不应少于6处（当实际检测数量不到6处时应全部选取），采用钻孔、剔凿等方法验证。

1 认为相邻钢筋对检测结果有影响；

2 钢筋公称直径未知或有异议；

3 钢筋实际根数、位置与设计有较大偏差；

4 钢筋以及混凝土材质与校准试件有显著差异。

3.4 雷达仪检测技术

3.4.1 雷达法宜用于结构及构件中钢筋间距的大面积扫描检测；当检测精度满足要求时，也可用于钢筋的混凝土保护层厚度检测。

3.4.2 根据被测结构及构件中钢筋的排列方向，雷达仪探头或天线应沿垂直于选定的被测钢筋轴线方向扫描，应根据钢筋的反射波位置来确定钢筋间距和混凝土保护层厚度检测值。

3.4.3 遇到下列情况之一时，应选取不少于30%的已测钢筋，且不应少于6处（当实际检测数量不到6处时应全部选取），采用钻孔、剔凿等方法验证。

1 认为相邻钢筋对检测结果有影响；

2 钢筋实际根数、位置与设计有较大偏差或无资料可供参考；

3 混凝土含水率较高；

4 钢筋以及混凝土材质与校准试件有显著差异。

3.5 检测数据处理

3.5.1 钢筋的混凝土保护层厚度平均检测值应按下式计算：

$$c_{m,i}^{t} = (c_1^t + c_2^t + 2c_c - 2c_0)/2 \qquad (3.5.1)$$

式中 $c_{m,i}^{t}$——第i测点混凝土保护层厚度平均检测值，精确至1mm；

c_1^t、c_2^t——第1、2次检测的混凝土保护层厚度检测值，精确至1mm；

c_c——混凝土保护层厚度修正值，为同一规格钢筋的混凝土保护层厚度实测验证值减去检测值，精确至0.1mm；

c_0——探头垫块厚度，精确至0.1mm；不加垫块时$c_0=0$。

3.5.2 检测钢筋间距时，可根据实际需要采用绘图方式给出结果。当同一构件检测钢筋不少于7根钢筋（6个间隔）时，也可给出被测钢筋的最大间距、最小间距，并按下式计算钢筋平均间距：

$$s_{m,i} = \frac{\sum_{i=1}^{n} s_i}{n} \qquad (3.5.2)$$

式中 $s_{m,i}$——钢筋平均间距，精确至1mm；

s_i——第i个钢筋间距，精确至1mm。

4 钢筋直径检测

4.1 一般规定

4.1.1 应采用以数字显示示值的钢筋探测仪来检测钢筋公称直径，钢筋探测仪及检测应符合本规程第3.1节和第3.2节的要求。

4.1.2 对于校准试件，钢筋探测仪对钢筋公称直径的检测允许误差为±1mm。当检测误差不能满足要求时，应以剔凿实测结果为准。

4.1.3 钢筋直径的检测结果可按本规程附录A中表A.0.3记录。

4.2 检测技术

4.2.1 检测的准备应按本规程第3.1节的要求进行。

4.2.2 钢筋探测仪的操作应按本规程第3.3节的要求进行。

4.2.3 钢筋的公称直径检测应采用钢筋探测仪检测并结合钻孔、剔凿的方法进行，钢筋钻孔、剔凿的数量不应少于该规格已测钢筋的30%且不应少于3处（当实际检测数量不到3处时应全部选取）。钻孔、剔凿时，不得损坏钢筋，实测应采用游标卡尺，量测精度应为0.1mm。

4.2.4 实测时，根据游标卡尺的测量结果，可通过相关的钢筋产品标准查出对应的钢筋公称直径。

4.2.5 当钢筋探测仪测得的钢筋公称直径与钢筋实际公称直径之差大于1mm时，应以实测结果为准。

4.2.6 应根据设计图纸等资料，确定被测结构及构件中钢筋的排列方向，并采用钢筋探测仪按本规程第3.3节的要求对被测结构及构件中钢筋及其相邻钢筋进行准确定位并作标记。

4.2.7 被测钢筋与相邻钢筋的间距应大于100mm，

且其周边的其他钢筋不应影响检测结果，并应避开钢筋接头及绑丝。在定位的标记上，应根据钢筋探测仪的使用说明书操作，并记录钢筋探测仪显示的钢筋公称直径。每根钢筋重复检测2次，第2次检测时探头应旋转180°，每次读数必须一致。

4.2.8 对需依据钢筋混凝土保护层厚度值来检测钢筋公称直径的仪器，应事先钻孔确定钢筋的混凝土保护层厚度。

5 钢筋锈蚀性状检测

5.1 一般规定

5.1.1 本章适用于采用半电池电位法来定性评估混凝土结构及构件中钢筋的锈蚀性状，不适用于带涂层的钢筋以及混凝土已饱水和接近饱水的构件检测。

5.1.2 钢筋的实际锈蚀状况宜进行剔凿实测验证。

5.1.3 钢筋半电池电位的检测结果可按本规程附录A中表A.0.4记录。

5.2 仪器性能要求

5.2.1 检测设备应包括半电池电位法钢筋锈蚀检测仪（以下简称钢筋锈蚀检测仪）和钢筋探测仪等，钢筋探测仪的技术要求应符合本规程第3章相关规定。

5.2.2 钢筋锈蚀检测仪应由铜-硫酸铜半电池（以下简称半电池）、电压仪和导线构成。铜-硫酸铜半电池如图5.2.2所示。

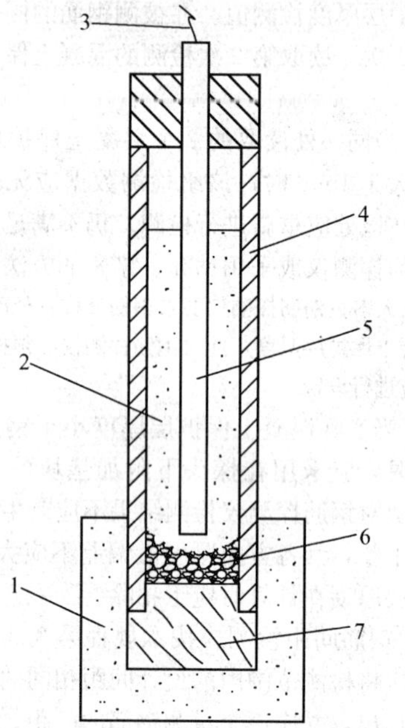

图5.2.2 铜-硫酸铜半电池剖面

1—电连接垫（海绵）；2—饱和硫酸铜溶液；3—与电压仪导线连接的插头；4—刚性管；5—铜棒；6—少许硫酸铜结晶；7—多孔塞（软木塞）

5.2.3 饱和硫酸铜溶液应采用分析纯硫酸铜试剂晶体溶解于蒸馏水中制备。应使刚性管的底部积有少量未溶解的硫酸铜结晶体，溶液应清澈且饱和。

5.2.4 半电池的电连接垫应预先浸湿，多孔塞和混凝土构件表面应形成电通路。

5.2.5 电压仪应具有采集、显示和存储数据的功能，满量程不宜小于1000mV。在满量程范围内的测试允许误差为±3%。

5.2.6 用于连接电压仪与混凝土中钢筋的导线宜为铜导线，其总长度不宜超过150m、截面面积宜大于0.75mm²，在使用长度内因电阻干扰所产生的测试回路电压降不应大于0.1mV。

5.3 钢筋锈蚀检测仪的保养、维护与校准

5.3.1 钢筋锈蚀检测仪使用后，应及时清洗刚性管、铜棒和多孔塞，并应密闭盖好多孔塞。

5.3.2 铜棒可采用稀释的盐酸溶液轻轻擦洗，并用蒸馏水清洗干净。不得用钢毛刷擦洗铜棒及刚性管。

5.3.3 硫酸铜溶液应根据使用时间给予更换，更换后宜采用甘汞电极进行校准。在室温（22±1)℃时，铜-硫酸铜电极与甘汞电极之间的电位差应为（68±10）mV。

5.4 钢筋半电池电位检测技术

5.4.1 在混凝土结构及构件上可布置若干测区，测区面积不宜大于5m×5m，并应按确定的位置编号。每个测区应采用矩阵式(行、列)布置测点，依据被测结构及构件的尺寸，宜用100mm×100mm～500mm×500mm划分网格，网格的节点应为电位测点。

5.4.2 当测区混凝土有绝缘涂层介质隔离时，应清除绝缘涂层介质。测点处混凝土表面应平整、清洁。必要时应采用砂轮或钢丝刷打磨，并应将粉尘等杂物清除。

5.4.3 导线与钢筋的连接应按下列步骤进行：

1 采用钢筋探测仪检测钢筋的分布情况，并应在适当位置剔凿出钢筋；

2 导线一端应接于电压仪的负输入端，另一端应接于混凝土中钢筋上；

3 连接处的钢筋表面应除锈或清除污物，并保证导线与钢筋有效连接；

4 测区内的钢筋（钢筋网）必须与连接点的钢筋形成电通路。

5.4.4 导线与半电池的连接应按下列步骤进行：

1 连接前应检查各种接口，接触应良好；

2 导线一端应连接到半电池接线插头上，另一端应连接到电压仪的正输入端。

5.4.5 测区混凝土应预先充分浸湿。可在饮用水中

加入适量（约 2%）家用液态洗涤剂配制成导电溶液，在测区混凝土表面喷洒，半电池的电连接垫与混凝土表面测点应有良好的耦合。

5.4.6 半电池检测系统稳定性应符合下列要求：

1 在同一测点，用相同半电池重复 2 次测得该点的电位差值应小于 10mV；

2 在同一测点，用两只不同的半电池重复 2 次测得该点的电位差值应小于 20mV。

5.4.7 半电池电位的检测应按下列步骤进行：

1 测量并记录环境温度；

2 应按测区编号，将半电池依次放在各电位测点上，检测并记录各测点的电位值；

3 检测时，应及时清除电连接垫表面的吸附物，半电池多孔塞与混凝土表面应形成电通路；

4 在水平方向和垂直方向上检测时，应保证半电池刚性管中的饱和硫酸铜溶液同时与多孔塞和铜棒保持完全接触；

5 检测时应避免外界各种因素产生的电流影响。

5.4.8 当检测环境温度在 (22±5)℃之外时，应按下列公式对测点的电位值进行温度修正：

当 $T \geqslant 27$℃：

$$V = 0.9 \times (T - 27.0) + V_R \quad (5.4.8\text{-}1)$$

当 $T \leqslant 17$℃：

$$V = 0.9 \times (T - 17.0) + V_R \quad (5.4.8\text{-}2)$$

式中 V——温度修正后电位值，精确至 1mV；

V_R——温度修正前电位值，精确至 1mV；

T——检测环境温度，精确至 1℃；

0.9——系数（mV/℃）。

5.5 半电池电位法检测结果评判

5.5.1 半电池电位检测结果可采用电位等值线图表示被测结构及构件中钢筋的锈蚀性状。

5.5.2 宜按合适比例在结构及构件图上标出各测点的半电池电位值，可通过数值相等的各点或内插等值的各点绘出电位等值线。电位等值线的最大间隔宜为 100mV，如图 5.5.2 所示。

5.5.3 当采用半电池电位值评价钢筋锈蚀性状时，应根据表 5.5.3 进行判断。

表 5.5.3 半电池电位值评价钢筋锈蚀性状的判据

电位水平（mV）	钢筋锈蚀性状
>−200	不发生锈蚀的概率>90%
−200～−350	锈蚀性状不确定
<−350	发生锈蚀的概率>90%

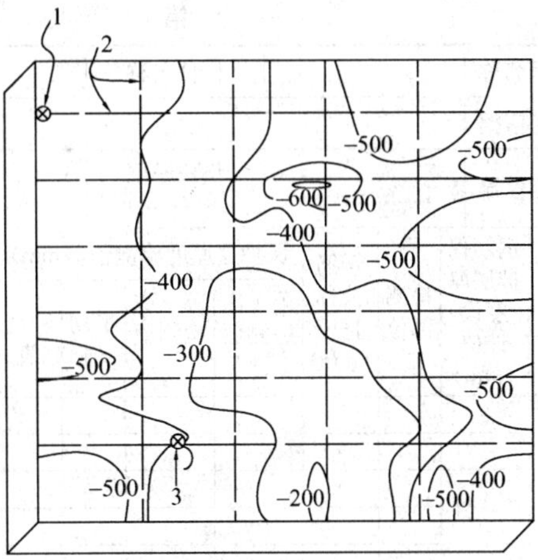

图 5.5.2 电位等值线示意

1—钢筋锈蚀检测仪与钢筋连接点；2—钢筋；3—铜-硫酸铜半电池

附录 A 检测记录表

A.0.1 钢筋间距检测记录表可采用表 A.0.1 的格式。

表 A.0.1 钢筋间距检测记录表

第 页共 页

工程名称					构件名称					
检测依据										
检测仪器										
序号	设计配筋间距（mm）	检测部位	钢筋间距 s_i（mm）						验证值（mm）	备注
			1	2	3	4	5	6		
检测部位示意图										
备注										

校对： 检测： 记录：

检测日期： 年 月 日

A.0.2 钢筋混凝土保护层厚度检测记录表可采用表 A.0.2 的格式。

表 A.0.2　钢筋混凝土保护层厚度检测记录表

第　　页共　　页

工程名称				构件名称				
检测依据								
检测仪器				垫块厚度 c_0（mm）				
序号	钢筋保护层厚度设计值（mm）	检测部位	钢筋公称直径（mm）	保护层厚度检测值（mm）				备注
				第 1 次检测值 c_1^t	第 2 次检测值 c_2^t	平均值	验证值	
检测部位示意图								
备注								

校　对：　　　　检测：　　　　记录：

检测日期：　　　　　　　　年　　月　　日

A.0.3　钢筋公称直径检测记录表可采用表 A.0.3 的格式。

表 A.0.3　钢筋公称直径检测记录表

第　　页共　　页

工程名称				构件名称		
检测依据						
检测仪器						
序号	设计配筋直径（mm）	检测部位	检测结果（mm）			备　注
			第 1 次	第 2 次	实测参数（　）	
检测部位示意图						
备注						

校对：　　　　检测：　　　　记录：

检测日期：　　　　年　　月　　日

A.0.4　钢筋半电池电位检测记录表可采用表 A.0.4 的格式。

表 A.0.4　钢筋半电池电位检测记录表

第　　页共　　页

工程名称				构件名称			
检测依据							
检测仪器					检测环境温度（℃）		
检测部位	测点电位值（mV）						
	1	2	3	4	5	6	7
检测部位示意图							
备注							

校对：　　　　检测：　　　　记录：

检测日期：　　　　　　　　年　　月　　日

附录 B　电磁感应法钢筋探测仪的校准方法

B.1　校准试件的制作

B.1.1　制作校准试件的材料不得对仪器产生电磁干扰，可采用混凝土、木材、塑料、环氧树脂等。宜优先采用混凝土材料，且在混凝土龄期达到 28d 后使用。

B.1.2　制作校准试件时，宜将钢筋预埋在校准试件中，钢筋埋置时两端应露出试件，长度宜为 50mm 以上。试件表面应平整，钢筋轴线应平行于试件表面，从试件 4 个侧面量测其钢筋的埋置深度应不相同，并且同一钢筋两外露端轴线至试件同一表面的垂直距离差应在 0.5mm 之内。

B.1.3 校准的试件尺寸、钢筋公称直径和钢筋保护层厚度可根据钢筋探测仪的量程进行设置，并应与工程中被检钢筋的实际参数基本相同。钢筋间距校准试件的制作可按本规程附录C第C.1.2条进行。

B.2 校准项目及指标要求

B.2.1 应对钢筋间距、混凝土保护层厚度和公称直径3个检测项目进行校准。

B.2.2 校准项目的指标应满足本规程第3.2.1条和第4.1.2条的要求。

B.3 校 准 步 骤

B.3.1 应在试件各测试表面标记出钢筋的实际轴线位置，用游标卡尺量测两外露钢筋在各测试面上的实际保护层厚度值，取其平均值，精确至0.1mm。

B.3.2 应采用游标卡尺量测钢筋，精确至0.1mm，并通过相关的钢筋产品标准查出其对应的公称直径。

B.3.3 校准时，钢筋探测仪探头应在试件上进行扫描，并标记出仪器所指定的钢筋轴线，应采用直尺量测试件表面钢筋探测仪所测定的钢筋轴线与实际钢筋轴线之间的最大偏差。记录钢筋探测仪指示的保护层厚度检测值。对于具有钢筋公称直径检测功能的钢筋探测仪，应进行钢筋公称直径检测。

B.3.4 钢筋探测仪检测值和实际量测值的对比结果均符合本规程附录第B.2节的要求时，应判定钢筋探测仪合格。当部分项目指标以及一定量程范围内符合本规程附录第B.2节的要求时，应判定其相应部分合格，但应限定钢筋探测仪的使用范围，并应指明其符合的项目和量程范围以及不符合的项目和量程范围。

B.3.5 经过校准合格或部分合格的钢筋探测仪，应注明所采用的校准试件的钢筋牌号、规格以及校准试件材质。

附录C 雷达仪校准方法

C.1 校准试件的制作

C.1.1 应选择当地常用的原材料及强度等级制作混凝土板，并宜采用同盘混凝土拌合物同时制作校正混凝土介电常数的素混凝土试块，其大小应参考雷达仪说明书的要求。当试件较多时，校准用混凝土板应和校正介电常数的试块逐一对应。

C.1.2 混凝土板应采用单层钢筋网，宜采用直径为8～12mm的圆钢制作，其间距宜为100～150mm，钢筋的混凝土保护层厚度应覆盖15mm、40mm、65mm、90mm四个区段，每个混凝土保护层厚度的钢筋网至少应有8个间距。钢筋两端应外露，其两端混凝土保护层厚度差不应大于0.5mm，两端的间距差不应大于1mm，否则应重新制作试件。也可根据工程实际制作相应的试件。

C.1.3 制作混凝土试件的原材料均不得含有铁磁性物质，试件浇筑后7d内应浇水并覆盖养护，7d后采用自然养护，试件龄期应达到28d且在自然风干后使用。

C.2 校准项目及指标要求

C.2.1 应对钢筋间距和混凝土保护层厚度2个项目进行校准。

C.2.2 校准项目的指标应满足本规程第3.2.1条的要求。

C.3 校 准 步 骤

C.3.1 校准过程中应避免外界的电磁干扰。

C.3.2 应先校正试件的介电常数，然后再进行雷达仪校准。

C.3.3 在外露钢筋的两端，应采用钢卷尺量测6段钢筋间距内的总长度，取平均值，并作为钢筋的实际平均间距。同时用游标卡尺量测钢筋两外露端实际混凝土保护层厚度值，取其平均值。

C.3.4 应根据雷达仪在试件上的扫描结果，标记出雷达仪所指定的钢筋轴线，并应根据扫描结果计算钢筋平均间距及混凝土保护层厚度检测值。

C.3.5 当雷达仪检测值和实际量测值的对比结果均符合本规程附录第C.2节的要求时，应判定雷达仪合格。当部分项目指标以及一定量程范围内符合本规程附录第C.2节的要求时，应判定其相应部分合格，但应限定雷达仪的使用范围，并应指明其符合的项目和量程范围以及不符合的项目和量程范围。

C.3.6 经过校准合格或部分合格的雷达仪，应注明所采用的校准试件的钢筋牌号、规格以及混凝土材质。

本规程用词说明

1 为便于在执行本规程条文时区别对待，对要求严格程度不同的用词说明如下：

1）表示很严格，非这样做不可的用词：
正面词采用“必须”，反面词采用“严禁”；

2）表示严格，在正常情况下均应这样做的用词：
正面词采用“应”，反面词采用“不应”或“不得”；

3）表示允许稍有选择，在条件许可时首先应这样做的用词：
正面词采用“宜”，反面词采用“不宜”；
表示有选择，在一定条件下可以这样做的用词，采用“可”。

2 本规程中指明应按其他有关标准执行的写法为“应按……执行”或“应符合……要求（规定）”。

中华人民共和国行业标准

混凝土中钢筋检测技术规程

JGJ/T 152—2008

条 文 说 明

前　言

《混凝土中钢筋检测技术规程》JGJ/T 152—2008，经住房和城乡建设部2008年4月28日以第20号公告批准、发布。

为便于广大设计、施工、科研、质检、学校等单位的有关人员在使用本规程时能正确理解和执行条文规定，《混凝土中钢筋检测技术规程》编制组按章、节、条顺序编制了本规程的条文说明，供使用者参考。在使用中如发现条文说明有不妥之处，请将意见函寄中国建筑科学研究院（地址：北京市北三环东路30号，邮政编码：100013）。

目　次

1　总则 ………………………………… 1—11—13
3　钢筋间距和保护层厚度检测 …… 1—11—13
3.1　一般规定 ……………………………… 1—11—13
3.2　仪器性能要求 ………………………… 1—11—13
3.3　钢筋探测仪检测技术 ……………… 1—11—13
3.4　雷达仪检测技术 ……………………… 1—11—13
3.5　检测数据处理 ………………………… 1—11—13
4　钢筋直径检测 ……………………… 1—11—13
4.1　一般规定 ……………………………… 1—11—13
4.2　检测技术 ……………………………… 1—11—14
5　钢筋锈蚀性状检测……………………… 1—11—14
5.1　一般规定 ……………………………… 1—11—14
5.2　仪器性能要求 ………………………… 1—11—14
5.3　钢筋锈蚀检测仪的保养、维护与校准 ……………………………… 1—11—14
5.4　钢筋半电池电位检测技术 ……… 1—11—14
5.5　半电池电位法检测结果评判 …… 1—11—14

1 总　　则

1.0.1、1.0.2 混凝土结构及构件通常由混凝土和置于混凝土内的钢筋组成。钢筋在混凝土结构中主要承受拉力并赋予结构以延性，补偿混凝土抗拉能力低下、容易开裂和脆断的缺陷，而混凝土则主要承受压力并保护内部的钢筋不致发生锈蚀。因此，混凝土中的钢筋直接关系到建筑物的结构安全和耐久性。混凝土中的钢筋已成为工程质量鉴定和验收所必检的项目，本规程的制定将规范混凝土结构及构件中钢筋的现场检测技术及检测结果的评价方法，提高检测结果的可靠性和可比性。

现行的较为成熟的检测内容主要有钢筋的间距、混凝土保护层厚度、公称直径以及锈蚀性状。采用的方法主要有电磁感应法钢筋探测仪、雷达仪和半电池电位法钢筋锈蚀检测仪。

3 钢筋间距和保护层厚度检测

3.1 一 般 规 定

3.1.1 铁磁性物质会对仪器造成干扰，对于混凝土保护层厚度的检测具有很大的影响。

3.1.2 钢筋在混凝土结构中属于隐蔽工程，检测前应充分了解设计资料以及委托单位意图，有助于检测人员制订较为妥善的检测方案，取得准确的检测结果。

3.1.3 在对既有建筑进行检测时，构件通常具有饰面层，应将饰面层清除后进行检测。对于设计和验收来说，需要检测的是钢筋的混凝土保护层厚度，不清除饰面层难以得到准确的检测值。

3.2 仪器性能要求

3.2.1 现行国家标准《混凝土结构工程施工质量验收规范》GB 50204－2002 附录 E“结构实体保护层厚度检测”中，对钢筋保护层厚度的检测误差规定不应大于 1mm，考虑到通常混凝土保护层厚度设计值以及现行验收规范所允许的实际施工误差，因此提出 10～50mm 范围内其检测允许误差为 1mm，多数钢筋探测仪在此量程范围内是可以满足要求的。需要指出的是，本条规定的是校准时的允许误差，在工程检测中的误差有时会更大一点。

3.2.2 校准是为了保证仪器的正常工作状态和检测精度。仪器的主要零配件包括探头、天线等。

3.3 钢筋探测仪检测技术

3.3.2 预热可以使钢筋探测仪达到稳定的工作状态。对于电子仪器，使用中难免受到各种干扰导致读数漂移，为保证钢筋探测仪读数的准确，应时常检查钢筋探测仪是否偏离调零时的零点状态。

3.3.3 应根据设计图纸或者结构知识，了解所检测结构及构件中可能的钢筋品种、排列方式，比如框架柱一般有纵筋、箍筋，然后用钢筋探测仪探头在构件上预先扫描检测，了解其大概的位置，以便于在进一步的检测中尽可能避开钢筋间的相互干扰。在尽可能避开钢筋相互干扰并大致了解所检钢筋分布状况的前提下，即可根据钢筋探测仪显示的最小保护层厚度检测值来判断钢筋轴线，此步骤便完成了钢筋的定位。

3.3.4 对于钢筋探测仪，其基本原理是根据钢筋对仪器探头所发出的电磁场的感应强度来判定钢筋的大小和深度，而钢筋公称直径和深度是相互关联的，对于同样强度的感应信号，当钢筋公称直径较大时，其混凝土保护层厚度较深，因此，为了准确得到钢筋的混凝土保护层厚度值，应该按照钢筋实际公称直径进行设定。当 2 次检测的误差超过允许值时，应检查零点是否出现漂移并采取相应的处理措施。

3.3.5 当混凝土保护层厚度值过小时，有些钢筋探测仪无法进行检测或示值偏差较大，可采用在探头下附加垫块来人为增大保护层厚度的检测值。

3.4 雷达仪检测技术

3.4.1 雷达法的特点是一次扫描后能形成被测部位的断面图象，因此可以进行快速、大面积的扫描。因为雷达法需要利用雷达波（电磁波的一种）在混凝土中的传播速度来推算其传播距离，而雷达波在混凝土中的传播速度和其介电常数有关，故为达到检测所需的精度要求，应根据被检结构及构件所采用的素混凝土，对雷达仪进行介电常数的校正。

3.5 检测数据处理

3.5.1 当混凝土保护层厚度很小时，例如混凝土保护层厚度检测值只有 1～2mm，而混凝土保护层厚度修正值也为 1～2mm 时，公式（3.5.1）的计算结果有可能会出现负值。但在混凝土保护层厚度很小时，一般是不需要修正的。

4 钢筋直径检测

4.1 一 般 规 定

4.1.2 一般建筑结构及构件常用的钢筋公称直径最小也是以 2mm 递增的，因此对于钢筋公称直径的检测，如果误差超过 2mm 则失去了检测意义。由于钢筋探测仪容易受到邻近钢筋的干扰而导致检测误差的增大，因此当误差较大时，应以剔凿实测结果为准。

4.2 检测技术

4.2.3 对于结构及构件来说，其钢筋即使仅仅相差一个规格，都会对结构安全带来重大影响，因此必须慎重对待。当前的技术手段还不能完全满足对钢筋公称直径进行非破损检测的要求，采用局部剔凿实测相结合的办法是很有必要的。

4.2.4 在用游标卡尺进行钢筋直径实测时，应根据相关的钢筋产品标准如《钢筋混凝土用钢　第2部分：热轧带肋钢筋》GB 1499.2等来确定量测部位，并根据量测结果通过产品标准查出其对应的公称直径。

4.2.7 此规定的主要目的是尽量避开干扰，降低影响因素。为保证检测精度，对检测数据的重复性要求较高，也是为了避免错判。

5 钢筋锈蚀性状检测

5.1 一般规定

5.1.1 半电池电位法是一种电化学方法。考虑到在一般的建筑物中，混凝土结构及构件中钢筋腐蚀通常是由于自然电化学腐蚀引起的，因此采用测量电化学参数来进行判断。在本方法中，规定了一种半电池，即铜-硫酸铜半电池；同时将混凝土与混凝土中的钢筋看作是另一个半电池。测量时，将铜-硫酸铜半电池与钢筋混凝土相连接检测钢筋的电位，根据研究积累的经验来判断钢筋的锈蚀性状。所以这种方法适用于已硬化混凝土中钢筋的半电池电位的检测，它不受混凝土构件尺寸和钢筋保护层厚度的限制。

5.2 仪器性能要求

5.2.1 使用钢筋探测仪是要在检测前找到钢筋的位置，有利于提高工作效率。

5.2.4 将预先浸湿的电连接垫安装在刚性管底端，以使多孔塞和混凝土构件表面形成电通路，从而在混凝土表面和半电池之间提供一个低电阻的液体桥路。

5.3 钢筋锈蚀检测仪的保养、维护与校准

5.3.1 多孔塞一般为软木塞，一旦干燥收缩，将会产生很大变形，影响其使用寿命。

5.4 钢筋半电池电位检测技术

5.4.1 为了便于操作，建议测区面积不宜大于5m×5m。一般碰到尺寸较大结构及构件时，测区面积控制在5m×5m，测点间距可取大值，如500mm×500mm；而构件尺寸相对较小时，如梁、柱等，测区面积相应较小，测点间距可取小值，如100mm×100mm。

5.4.2 当混凝土表面有绝缘涂层介质隔离时，为了能让2个半电池形成通路，应清除绝缘层介质。为了保证半电池的电连接垫与测点处混凝土有良好接触，测点处混凝土表面应平整、清洁。如果表面有水泥浮浆或其他杂物时，应该用砂轮或钢丝刷打磨，把其清除掉。

5.4.3 选定好被测构件后，用钢筋探测仪扫描钢筋的分布情况，在合适的位置凿出2处钢筋。用万用表测量这2根钢筋是否连通，用以验证测区内的钢筋（钢筋网）是否与连接点的钢筋形成通路。然后选择其中1根钢筋用于连接电压仪。

5.5 半电池电位法检测结果评判

5.5.1、5.5.2 采用电位等值线图后，可以较直观地反映不同锈蚀性状的钢筋分布情况。

5.5.3 半电池电位法检测结果评判采用《Standard Test Method for Half-Cell Potentials of Uncoated Reinforcing Steel in Concrete》ASTM C876-91(Reapproved 1999)中的判据。

中华人民共和国行业标准

镇(乡)村文化中心建筑设计规范

Code for design of cultural center buildings
in towns and villages

JGJ 156—2008
J 797—2008

批准部门：中华人民共和国住房和城乡建设部
施行日期：2 0 0 8 年 1 0 月 1 日

中华人民共和国住房和城乡建设部
公　告

第50号

关于发布行业标准《镇（乡）村文化中心建筑设计规范》的公告

现批准《镇（乡）村文化中心建筑设计规范》为行业标准，编号为JGJ 156—2008，自2008年10月1日起实施。其中，第3.1.2、7.0.2、7.0.6条为强制性条文，必须严格执行。

本规范由我部标准定额研究所组织中国建筑工业出版社出版发行。

中华人民共和国住房和城乡建设部

2008年6月13日

前　言

根据建设部《关于印发〈二〇〇四年度工程建设城建、建工行业标准制订、修订计划〉的通知》（建标［2004］66号）的要求，规范编制组经广泛调查研究，认真总结实践经验，参考有关国际及国外先进标准，并在广泛征求意见的基础上，制订了本规范。

本规范主要技术内容：1. 总则；2. 术语；3. 建设场地选定和环境设计；4. 基本项目配置；5. 建筑物设计；6. 文体活动场地设计；7. 防火和疏散；8. 室内声、光、热环境；9. 建筑设备。

本规范以黑体标志的条文为强制性条文，必须严格执行。

本规范由住房和城乡建设部负责管理和对强制性条文的解释，由中国建筑设计研究院负责具体技术内容的解释。

本规范主编单位：中国建筑设计研究院（地址：北京市西城区车公庄大街19号；邮政编码：100044）

本规范参加单位：长安大学
吉林省城乡规划设计研究院
河北农业大学城乡建设学院

本规范主要起草人员：方　明　董艳芳　白小羽　赵柏年　刘乃齐　胡　桃　乔　兵　丁再励　赵保中　赵东坤　杨　涛　宗羽飞　邓竞成　王　宁　郭文霞　刘宝华

目　次

1　总则 ………………………………… 2—12—4
2　术语 ………………………………… 2—12—4
3　建设场地选定和环境设计………… 2—12—4
3.1　场地选定 ……………………… 2—12—4
3.2　场地布置和环境设计 ………… 2—12—4
4　基本项目配置 ……………………… 2—12—4
5　建筑物设计………………………… 2—12—5
5.1　一般规定 ……………………… 2—12—5
5.2　专业活动用房 ………………… 2—12—5
5.3　展览、阅览用房 ……………… 2—12—6
5.4　娱乐活动用房 ………………… 2—12—6
5.5　健身活动用房 ………………… 2—12—6
5.6　办公、管理用房 ……………… 2—12—6
5.7　服务、附属用房 ……………… 2—12—6
6　文体活动场地设计 ……………… 2—12—7
6.1　一般规定 ……………………… 2—12—7
6.2　放映和表演场 ………………… 2—12—7
6.3　篮球、排球、羽毛球和门球场 … 2—12—7
6.4　武术、举重和摔跤场 ………… 2—12—7
6.5　游泳、滑冰和轮滑场 ………… 2—12—7
6.6　服务、附属用房 ……………… 2—12—8
7　防火和疏散………………………… 2—12—8
8　室内声、光、热环境 …………… 2—12—8
8.1　隔声 …………………………… 2—12—8
8.2　采光 …………………………… 2—12—8
8.3　保温、隔热和通风 …………… 2—12—9
9　建筑设备 ………………………… 2—12—9
9.1　给水和排水 …………………… 2—12—9
9.2　暖通和空调 …………………… 2—12—9
9.3　电气 …………………………… 2—12—9
本规范用词说明 ……………………… 2—12—10
附：条文说明………………………… 2—12—11

1 总 则

1.0.1 为满足广大镇（乡）村居民开展文化活动的基本要求，提高镇（乡）村文化中心建筑设计的质量，制定本规范。

1.0.2 本规范适用于新建、改建、扩建的县级人民政府驻地以外的镇和乡、村文化中心建筑设计。

1.0.3 镇(乡)村文化中心建筑设计，应符合下列要求：

1 应贯彻环境保护、安全卫生、节约用地、节约能源、节约用水、节约材料的有关规定；

2 应以人为本，适合不同人群，特别是儿童、老年人、残疾人文化活动的特点和要求；

3 应符合当地经济和社会发展水平；

4 应体现因地制宜、就地取材、地域风格、民族特色；

5 应在满足近期使用的同时，兼顾今后改造的可能。

1.0.4 镇（乡）村文化中心建筑设计除应符合本规范外，尚应符合国家现行有关标准的规定。

2 术 语

2.0.1 镇（乡）村文化中心 cultural center in towns and villages

镇(乡)村居民开展多种文化活动的综合性公共场所。

2.0.2 建设场地 construction site

为修建工程规定的建设用地。

2.0.3 地方性竞赛 contest of local activities

镇(乡)村举办的个体或团体参与的体育竞赛活动。

2.0.4 群众性竞赛 contest of mass activities

镇（乡）村广大群众参与的体育竞赛活动。

2.0.5 群众性健身活动 mass physical exercise

镇（乡）村广大群众参与的休闲健身活动。

2.0.6 竞赛区 arena

由观众区围合的运动场地及其辅助区域，包括竞技场地和缓冲区。

2.0.7 组装式表演台 movable combination stage

可拆除和组合的舞台。

3 建设场地选定和环境设计

3.1 场 地 选 定

3.1.1 镇（乡）村文化中心的建设场地选定，应符合下列规定：

1 应符合镇（乡）村规划的规定；

2 宜为独用的建设场地；

3 应有通往建设场地外围道路的独立出入口；

4 应选择交通方便，利于安全疏散的地段；

5 应避免与交通繁杂的地段和要求环境噪声小的建筑毗邻。

3.1.2 镇（乡）村文化中心的建设场地应远离易受污染、发生危险和灾害的地段。

3.2 场地布置和环境设计

3.2.1 镇（乡）村文化中心的场地布置，应符合下列规定：

1 应合理利用地形、地物；

2 应明确功能分区，喧闹与安静的区域或用地应进行隔离；

3 道路布置应符合人流、车流和安全疏散的要求，连接外围道路的出入口不应少于2处；

4 应考虑救灾避难的需要；

5 应利于改建和分期建设。

3.2.2 镇（乡）村文化中心的环境设计，应符合下列规定：

1 应在镇（乡）村统一的环境规划下，综合考虑建设场地内已有的树木、草地、山石、水面、桥涵等，结合新建的设施进行环境设计；

2 建设场地的环境设计可按现行行业标准《公园设计规范》CJJ 48的有关规定执行。

3.2.3 建设场地的文物古迹的保护和利用应符合现行国家标准《镇规划标准》GB 50188 和《历史文化名城保护规划规范》GB 50357 的有关规定。

3.2.4 建设场地宜设置无障碍道路、停车位、标志等，其设计应符合现行行业标准《城市道路和建筑物无障碍设计规范》JGJ 50的有关规定。

4 基本项目配置

4.0.1 镇（乡）村文化中心宜为开展文学、艺术、娱乐、体育、健身、科技、教育、展示和宣传等活动配置多种空间和设施。在进行设计时，其基本项目的配置可按表4.0.1选定。

表 4.0.1 文化中心基本项目配置

类 型	基本项目	内 容
一、场地环境	1 环境设施	绿化、小品、道路、水域、线杆、灯饰、引导标志、警示标牌、休闲座椅、围墙等
二、建筑物	2 专业活动用房	① 普通讲授用房
		② 语言讲授用房
		③ 计算机用房
		④ 创作和排练用房——美术、书法创作室，舞蹈、戏剧排练室，器乐活动室
		⑤ 音像和摄影用房——音像室、摄影室

续表 4.0.1

类型	基本项目	内容
二、建筑物	3 展览、阅览用房	① 展览用房——展室、展廊、储藏室
		② 阅览用房——书刊阅览室、电子阅览室、储藏室、管理室
	4 娱乐活动用房	① 观演用房——观众厅、表演台、化妆室、放映室、储藏室、休息廊
		② 游艺用房——棋牌室、电子游艺室、管理室
		③ 交谊用房——歌舞厅、茶室、管理室、服务处
	5 健身活动用房	① 乒乓球活动用房
		② 台球活动用房
		③ 器械健身用房
	6 办公、管理用房	①办公用房——办公室，保健室，值班、传达室，售票处等
		② 管理用房——库房、维修室、配电室、水泵房、锅炉房等
	7 服务、附属用房	①服务用房——小卖部、饮水间（饮水处）、卫生间等
		②附属用房——运动员室、教练员室、裁判员室、更衣室、淋浴室、储藏室等
三、文体活动场地	8 放映和表演场	放映场、表演场
	9 篮球、排球、羽毛球、门球场	① 篮球场
		② 排球场
		③ 羽毛球场
		④门球场
	10 武术、举重、摔跤场	① 武术场
		② 举重场
		③ 摔跤场
	11 游泳、滑冰、轮滑场	① 游泳场——普通游泳场、儿童游泳场
		② 滑冰场——普通滑冰场、儿童滑冰场
		③ 轮滑场——普通轮滑场、儿童轮滑场
	12 服务、附属用房	① 服务用房——小卖部、饮水间（饮水处）、卫生间等
		② 附属用房——运动员室、教练员室、裁判员室、更衣室、淋浴室，救护站、储藏室等，游泳场更衣室、强制式淋浴室、消毒洗脚池，滑冰场和轮滑场存物处等

4.0.2 具有地域优势和民族特点的项目，可因地制宜设置。

5 建筑物设计

5.1 一般规定

5.1.1 镇（乡）村文化中心建筑物宜包括专业活动用房，展览、阅览用房，娱乐活动用房，健身活动用房，办公、管理用房，服务、附属用房等。

5.1.2 建筑物的使用空间设计，宜符合下列规定：

1 使用空间宜具有一室多用性或多室组合的灵活性以及经营管理的独立性；

2 功能空间组织，宜将喧闹和安静的用房分区布置；

3 儿童、老年人、残疾人参加活动的用房，宜布置在建筑物的首层或交通方便的部位。

5.1.3 建筑物的走廊、楼梯间和电梯间的设计，应符合下列规定：

1 建筑内的同一层走廊，宜采用同一标高；

2 楼梯间不得设一跑楼梯和扇形踏步；

3 建筑层数大于或等于 4 层的，宜设公众电梯；暂时不能安装电梯的，应预留电梯间。

5.1.4 建筑物应设置无障碍入口、走廊，并宜设置无障碍卫生间等，其设计应符合现行行业标准《城市道路和建筑物无障碍设计规范》JGJ 50 的有关规定；当受条件限制时，应预留无障碍设施的位置。

5.2 专业活动用房

5.2.1 专业活动用房宜包括普通讲授用房、语言讲授用房、计算机用房、创作和排练用房、音像和摄影用房等。

5.2.2 普通讲授、语言讲授、计算机用房的设计，宜符合下列规定：

1 宜布置在建筑中环境安静的部位；

2 普通讲授用房，每人使用面积不宜小于 $1.4m^2$；

3 语言讲授用房，宜采用洁净地面，每人使用面积不宜小于 $2.2m^2$；

4 计算机用房，宜采用防静电洁净地面，每人使用面积不宜小于 $2.5m^2$；

5 宜符合现行国家标准《中小学校建筑设计规范》GBJ 99 的有关规定。

5.2.3 创作和排练用房的设计，宜符合下列规定：

1 美术创作室宜采用北向窗或屋顶采光；美术、书法创作室，每人使用面积不宜小于 $2.8m^2$；

2 舞蹈、戏剧排练室：

1) 地面宜铺设弹性木地板，每人使用面积不宜小于 $6m^2$；

2）墙面宜安装练功设施；

3）室内净高不宜小于 5m；

3 器乐活动室的墙面、吊顶、门窗，宜作吸声和隔声处理，每人使用面积宜为 2～4m^2。

5.2.4 音像和摄影室的设计，应符合下列规定：

1 音像室应具备隔声、照明和录放设施；

2 摄影室应附设暗室和制作室。

5.3 展览、阅览用房

5.3.1 展览用房的设计，宜符合下列规定：

1 宜设置展室、展廊、储藏室等；

2 展室的使用面积不宜小于 50m^2；

3 展室宜以自然采光为主，并辅以局部照明，宜避免眩光和直射光；

4 利用建筑走廊兼作展览时，其净宽不宜小于 3.5m。

5.3.2 阅览用房的设计，宜符合下列规定：

1 宜设置书刊阅览室、电子阅览室、储藏室、管理室等；

2 阅览用房宜布置在建筑物中环境安静的部位；

3 宜符合现行行业标准《图书馆建筑设计规范》JGJ 38 的有关规定。

5.4 娱乐活动用房

5.4.1 娱乐活动用房，宜包括观演用房、游艺用房、交谊用房等。

5.4.2 观演用房的设计，宜符合下列规定：

1 宜设置观众厅、表演台、化妆室、放映室、储藏室、声光控制设施和休息廊等；

2 观众厅：

1）宜采用多功能厅，容纳人数不宜超过 300 人；

2）宜采用平地面、移动式座椅和组装式表演台，表演台的高度不宜大于 0.6m；

3）表演区的净高不宜小于 5m；

4）宜符合现行行业标准《剧场建筑设计规范》JGJ 57 的有关规定；

3 放映室宜符合现行行业标准《电影院建筑设计规范》JGJ 58 的有关规定；

4 休息廊的净面积，可按每一观众 0.1～0.15m^2计算，其净宽不宜小 3m。

5.4.3 游艺用房的设计，宜符合下列规定：

1 宜设置成年人、儿童、老年人棋牌室，电子游艺室，管理室等；

2 棋牌室的使用面积不宜小于 20m^2；

3 电子游艺室的使用面积不宜小于 40m^2。

5.4.4 交谊用房的设计，宜符合下列规定：

1 宜设置歌舞厅、茶室、管理室和服务处等；

2 歌舞厅：

1）宜设置舞池、桌椅、演奏台、服务处和声光控制台等；

2）宜满足音质和灯光要求；

3）每人使用面积不宜小于 3m^2；

3 茶室宜设桌椅、服务处，每人使用面积不宜小于 1.2m^2。

5.5 健身活动用房

5.5.1 健身活动用房，宜包括乒乓球、台球活动用房和器械健身用房等。

5.5.2 乒乓球、台球活动用房宜按地方性、群众性竞赛或群众性健身活动的要求设置。

5.5.3 乒乓球、台球活动的地方性、群众性竞赛区设计，宜符合下列规定：

1 乒乓球竞赛区：

1）竞技场地尺寸宜为 14m×7m 或 12m×6m；

2）竞技台面上空的净高度不宜低于 4m；

2 台球竞赛区：

1）竞技场地尺寸宜为 7m×5m 或 6m×4m；

2）竞技台面上空的净高度不宜低于 3m；

3 竞赛区的照明标准宜符合现行国家标准《建筑照明设计标准》GB 50034 的有关规定。

5.5.4 乒乓球、台球活动的竞赛区外观众站位区的宽度宜分别为 5m 和 4m，观众站位区也可按预测观众数量所需的面积划定。

5.5.5 乒乓球、台球的群众性健身活动用房的竞赛区设计可简化。

5.5.6 器械健身用房的设计，宜符合下列规定：

1 宜按不同使用人群的特点分设健身活动用房；

2 宜选用中、小型的健身器械，并宜按其规格、类型、分区布置；

3 每一用房的使用面积不宜小于 40m^2。

5.6 办公、管理用房

5.6.1 办公用房的设计，宜符合下列规定：

1 宜设置办公室，保健室，值班、传达室，售票处等；

2 宜设在文化中心对外联系和对内管理方便的地段；

3 宜设直接通往建筑物外部的出口。

5.6.2 管理用房的设计，应符合下列规定：

1 宜设置库房、维修室、配电室、水泵房和锅炉房等；

2 宜设在便于管理和操作的地段；

3 应安装防护围栏和警示牌。

5.7 服务、附属用房

5.7.1 服务用房的设计，应符合下列规定：

1 建筑物的各层和公众活动密集的部位，应设小卖部、饮水间（饮水处）；

2 建筑物的各层，应设男女卫生间。

5.7.2 附属用房宜设置乒乓球、台球运动员室，教练员室，裁判员室，更衣室、淋浴室和储藏室等。

6 文体活动场地设计

6.1 一般规定

6.1.1 镇（乡）村文化中心的文体活动场地，宜包括放映和表演场，篮球、排球、羽毛球和门球场，武术、举重和摔跤场，游泳、滑冰和轮滑场。

6.1.2 晚间使用的文体活动场地，应设照明设施，其照明标准宜符合现行国家标准《建筑照明设计标准》GB 50034 的有关规定。

6.1.3 建设场地主要道路通往文体活动场地的支路，宜设置无障碍道路、标志等，其设计应符合现行行业标准《城市道路和建筑物无障碍设计规范》JGJ 50 的有关规定。

6.2 放映和表演场

6.2.1 放映和表演场的设计，宜符合下列规定：

1 宜设计为多功能场地；

2 可利用球场、轮滑场等作为临时放映和表演场地；

3 表演场宜采用组装式表演台。

6.2.2 观众站位区的面积可按预测观众数量所需的面积划定，但不应占用绿地。

6.3 篮球、排球、羽毛球和门球场

6.3.1 篮球、排球、羽毛球和门球场，宜按地方性、群众性竞赛或群众性健身活动的要求设置。

6.3.2 地方性、群众性竞赛的竞赛区设计，应符合下列规定：

1 篮球竞赛区：

1）竞技场地的尺寸宜为28m×15m或26m×14m；

2）竞技场地端线外的缓冲区宽度宜为4～5m，边线外的缓冲区宽度宜为3～4m；

2 排球竞赛区：

1）竞技场地的尺寸宜为18m×9m；

2）竞技场地端线外的缓冲区宽度宜为3～9m，边线外的缓冲区宽度宜为3～6m；

3 羽毛球竞赛区：

1）竞技场地的尺寸，单打场地宜为13.4m×5.18m；双打场地宜为13.4m×6.1m；

2）竞技场地四周的缓冲区宽度不宜小于3m；

4 门球竞赛区：

1）竞技场地的尺寸宜为25m×20m或20m×15m；

2）竞技场地四周的缓冲区宽度不宜小于3m；

5 一种球的运动场地可兼作其他球的活动场地；

6 球类竞技场地的长轴宜采用南北向。

6.3.3 篮球、排球、羽毛球、门球竞赛区周边的观众站位宽度，宜分别为5m、5m、4m、2m，也可按预测观众数量所需的面积划定。

6.3.4 群众性健身活动的球类运动场地，可因地制宜地选定。

6.4 武术、举重和摔跤场

6.4.1 武术、举重和摔跤场，宜按地方性、群众性竞赛或群众性健身活动的要求设置。

6.4.2 地方性、群众性竞赛的竞赛区设计，应符合下列规定：

1 武术竞赛区：

1）竞技场地的尺寸不宜小于16m×14m；

2）竞技场地四周应留有不小于3m宽的保护区；

3）保护区四周宜留有宽度不小于5m的运动员、教练员或裁判员和竞赛设施用地；

4）竞技场地宜平整，竞技时应铺设毡垫或棉垫；

2 举重竞赛区：

1）竞技场地的尺寸不宜小于4m×4m；

2）竞技场地四周应留有不小于2m宽的保护区；

3）保护区四周宜设置宽度不小于6m的运动员、教练员或裁判员和竞技设施用地；

4）竞技场地应为平整的沙地或草地；

3 摔跤竞赛区：

1）竞技场地的尺寸不宜小于8m×8m；

2）竞技场地四周应留有不小于5m宽的保护区；

3）竞技场地应平整，竞技时应铺设摔跤垫。

6.4.3 武术、举重、摔跤竞赛区周边的观众站位区宽度，宜分别为5m、5m、4m，观众站位区的面积也可按预测观众数量所需的面积划定。

6.4.4 群众性健身活动的武术、举重和摔跤场地，可因地制宜地选定，并应具备保护性措施。

6.5 游泳、滑冰和轮滑场

6.5.1 游泳、滑冰和轮滑场，宜按群众性健身活动的要求设置。

6.5.2 游泳场的设计，应符合下列规定：

1 宜设置普通游泳池和儿童游泳池；

2 普通游泳池：

1）宜选用矩形，尺寸不宜小于25m×21m；

2）池水深度应为0.90～1.35m；

3）池身内侧嵌入池壁的攀梯应均匀分布，不应少于4个，并不得突出池壁；

3 儿童游泳池：

1）宜选用圆形、椭圆形；

2）池水深度应为0.60～1.10m；

3）池身内侧嵌入池壁的攀梯应均匀分布，不应少于4个，并不得突出池壁；

4 池壁、池岸和池底应采用防滑材料砌筑；

5 池岸外的休息区宽度不宜小于6m，并宜设休息凳和遮阳设施。

6.5.3 滑冰场的设计，宜符合下列规定：

1 宜设置普通滑冰场和儿童滑冰场；

2 宜选用圆形、椭圆形或矩形，矩形的尺寸宜为60m×30m，并不宜小于40m×20m；

3 外缘冰面的宽度不宜小于5m；

4 外缘冰面外的休息区宽度不宜小于6m。

6.5.4 轮滑场的设计，应符合下列规定：

1 宜设普通轮滑场和儿童轮滑场；

2 宜选用圆形、椭圆形或矩形，矩形的尺寸宜为60m×30m，并不宜小于40m×20m；

3 应采用刚性和耐磨地面；

4 轮滑场外的休息区宽度不宜小于6m。

6.6 服务、附属用房

6.6.1 文体活动场地的服务用房，应包括小卖部、饮水间（饮水处）、卫生间等。

6.6.2 文体活动场地的附属用房设置，应符合下列规定：

1 宜设运动员室、教练员室、裁判员室、更衣室、淋浴室、救护站、储藏室等；

2 邻近游泳场应设男女更衣室、强制式淋浴室和消毒洗脚池；

3 邻近滑冰场和轮滑场宜设存物处。

7 防火和疏散

7.0.1 镇（乡）村文化中心的防火和疏散设计，应符合现行国家标准《建筑设计防火规范》GB 50016和《村镇建筑设计防火规范》GBJ 39的有关规定。

7.0.2 镇（乡）村文化中心建筑物的耐火等级不得低于二级。

7.0.3 观演、展览、乒乓球、台球等公众活动密集的用房的设置，应符合下列规定：

1 宜布置在建筑的首层；

2 宜设直接通往建筑外部的安全出口，安全出口的数量不应少于2个，每个安全出口的净宽度不应小于1.4m。

7.0.4 建筑内走廊的最小净宽度，应符合表7.0.4的规定。

表7.0.4 建筑内走廊的最小净宽度（m）

用房名称	双面布置房间	单面布置房间
展览、观演、交谊、乒乓球、台球	2.4	1.8
讲授、阅览、计算机、创作、排练、美术、书法、健身、游艺	2.1	1.5
办公	1.8	1.2

7.0.5 公众活动用房的房门应采用向疏散方向开启的平开门，不得采用旋转门、升降门、推拉门和设置门槛。

7.0.6 镇（乡）村文化中心建筑物的平屋顶作为公众活动场所时，应符合下列规定：

1 围墙高度不得低于1.2m，围墙外缘与建筑物檐口的距离不得小于1.0m；围墙内侧应设固定式金属栏杆，围墙与栏杆的水平距离不得小于0.3m；

2 直接通往室外地面的安全出口不得少于2个，楼梯的净宽度不应小于1.3m，楼梯的栏杆（栏板）高度不应低于1.1m。

7.0.7 镇（乡）村文化中心建设场地的主要道路和通往外围道路的出口宽度应具有疏散和消防车辆通行的能力，道路尽端应符合消防车辆转向和回车的规定。

8 室内声、光、热环境

8.1 隔 声

8.1.1 镇（乡）村文化中心的建筑主要用房的隔声设计宜符合现行国家标准《民用建筑隔声设计规范》GBJ 118的有关规定。

8.1.2 建筑的主要用房昼间室内允许噪声级，宜符合表8.1.2的规定。

表8.1.2 昼间室内允许噪声级（A声级，dB）

用房名称	允许噪声级
语言讲授、计算机、音像	≤40
普通讲授、展览、阅览、美术、书法、摄影、办公	≤50
舞蹈、观演、游艺、交谊、器械健身、台球	≤55
戏剧、器乐、乒乓球	≤60

8.2 采 光

8.2.1 镇（乡）村文化中心的建筑采光设计，宜符合现行国家标准《建筑采光设计标准》GB/T 50033

的有关规定。

8.2.2 在进行建筑方案设计时，单层侧窗采光窗洞口与房间地面面积比，宜符合表8.2.2窗地面积比的规定。

表8.2.2 单层侧窗采光窗洞口与房间地面面积比

用房名称	窗地面积比
计算机、展览、阅览、美术、书法	1/4
讲授、语言、舞蹈、戏剧、器乐、乒乓球、台球、办公	1/5
游艺、交谊、音像、摄影、观演	1/6
门厅、公共通道、卫生间	1/10

8.3 保温、隔热和通风

8.3.1 镇（乡）村文化中心的建筑保温、隔热和通风设计，宜符合现行国家标准《公共建筑节能设计标准》GB 50189的有关规定。

8.3.2 严寒、寒冷地区的建筑，应控制体形系数，减少外表面积。

8.3.3 严寒地区的建筑外门应设门斗；寒冷地区的建筑外门宜设门斗或采取减少冷风渗透的措施。

8.3.4 夏热冬暖、夏热冬冷地区的建筑，宜设置外部遮阳设施。

8.3.5 自然条件适宜地区的建筑，宜采用垂直绿化、屋顶绿化等隔热措施。

8.3.6 建筑的平面、剖面设计和门窗设置，应有利于组织自然通风。

9 建筑设备

9.1 给水和排水

9.1.1 镇（乡）村文化中心的给水和排水设计，宜符合现行国家标准《建筑给水排水设计规范》GB 50015、《室外给水设计规范》GB 50013和《室外排水设计规范》GB 50014的有关规定。

9.1.2 给水设计应符合下列规定：

1 给水系统宜根据镇（乡）村的供水能力设置，并宜优先采用分质供水和循环利用的给水系统；

2 公众饮用水和游泳池用水的水质，应符合现行国家标准《生活饮用水卫生标准》GB 5749的有关规定；

3 用水处应采用节水型器具。

9.1.3 排水设计应符合下列规定：

1 排水系统宜根据镇（乡）村排水体制和环境保护等要求设置，并宜采用雨水、污水分流系统；

2 排水的水质达不到镇（乡）村排水管网或接纳水体的排放标准时，应进行水质处理，并达到排放标准；

3 建设场地和建筑屋面的雨水，宜采取有组织的排放，并宜采用暗管或明沟加盖排放；

4 水源紧缺地区宜收集利用雨水。

9.2 暖通和空调

9.2.1 镇（乡）村文化中心建筑的暖通和空调设计，宜符合现行国家标准《采暖通风与空气调节设计规范》GB 50019和《公共建筑节能设计标准》GB 50189的有关规定。

9.2.2 采暖地区的供暖设施，应符合下列规定：

1 宜采用地区热力网或设锅炉房供暖；

2 宜利用太阳能、风能、地热等供暖；

3 儿童、老年人活动用房的散热器应采取防护措施；

4 采暖系统应设置热计量装置。

9.2.3 建筑物的主要用房的采暖室内设计温度，宜符合表9.2.3的规定。

表9.2.3 采暖室内设计温度

用房名称	采暖室内设计温度
表演台、化妆室，舞蹈、戏剧	20～22℃
讲授、计算机、阅览、美术、书法、音像、摄影、器乐、台球、行政	18～20℃
展览、观众厅、游艺、乒乓球、器械健身	16～18℃
门厅、公共通道、卫生间	12～15℃

9.2.4 通风系统应符合下列规定：

1 建筑内应充分利用自然通风；当自然通风不能满足要求时，宜设置机械通风系统；

2 进风口宜设在室外空气清新的位置；

3 通风管道应采用不燃材料。

9.2.5 空气调节系统应符合下列规定：

1 设置空调的房间宜集中布置；

2 围护结构和门窗应采取保温隔热措施。

9.3 电　气

9.3.1 镇（乡）村文化中心的电气设计，宜符合现行行业标准《民用建筑电气设计规范》JGJ 16的有关规定。

9.3.2 供电电源应安全可靠，用电负荷等级不应低于二级。

9.3.3 文化中心的配电宜符合下列规定：

1 宜为低压配电；

2 具有动力用电负荷的，其动力和照明电源宜分别进户和分设配电箱（柜）；

3 配电箱（柜）宜设在隐蔽安全并接近负荷中

心的地方；

4 宜按不同的用电场所分别划分配电线路；

5 宜采用穿管暗敷设。

9.3.4 照明设计应符合下列规定：

1 宜采用高效节能光源、灯具和选择利于节能的控制方式；

2 建筑的出入口和公众密集场所的疏散通道等处应设应急照明；

3 宜采用集中蓄电池装置或带蓄电池的照明装置，其连续供电时间不应少于20min。

9.3.5 防雷设计应符合现行国家标准《建筑物防雷设计规范》GB 50057的有关规定。

9.3.6 通信、广播和电视的设置，宜符合下列规定：

1 宜与所在地区或县（市）和镇（乡）的通信、广播和电视系统的规划相协调；

2 宜设办公电话和公用电话；

3 宜设服务型广播和应急广播等有线广播；

4 宜设有线电视，公众活动的主要用房和文体活动场地宜设电视出线口；

5 线路宜采用穿管暗线敷设，并宜预留发展余地。

9.3.7 文化中心宜设置计算机网络系统，讲授、计算机和办公等用房宜预留网络出线口。

9.3.8 镇（乡）村文化中心的建筑和文体活动场地的重要部位，宜设视频监视器。

本规范用词说明

1 为便于在执行本规范条文时区别对待，对要求严格程度不同的用词说明如下：

1）表示很严格，非这样做不可的：
正面词采用“必须”，反面词采用“严禁”；

2）表示严格，在正常情况下均应这样做的：
正面词采用“应”，反面词采用“不应”或“不得”；

3）表示允许稍有选择，在条件许可时首先应这样做的：
正面词采用“宜”，反面词采用“不宜”；
表示有选择，在一定条件下可以这样做的，采用“可”。

2 条文中指明应按其他有关标准、规范执行时的写法为：“应符合……的规定”或“应按……执行”。

中华人民共和国行业标准

镇（乡）村文化中心建筑设计规范

JGJ 156—2008

条 文 说 明

前　言

《镇(乡)村文化中心建筑设计规范》JGJ 156—2008，经住房和城乡建设部2008年6月13日以第50号公告批准、发布。

为便于广大设计、施工、科研、学校等单位有关人员在使用本规范时能正确理解和执行条文规定，《镇（乡）村文化中心建筑设计规范》编制组按章、节、条顺序编制了本规范的条文说明，供使用者参考。在使用中如发现条文说明有不妥之处，请将意见函寄中国建筑设计研究院城镇规划设计研究院（地址：北京市西城区车公庄大街19号；邮政编码：100044)。

目　次

1　总则 ………………………………… 2—12—14
3　建设场地选定和环境设计 ……… 2—12—14
3.1　场地选定 ……………………… 2—12—14
3.2　场地布置和环境设计 ………… 2—12—14
4　基本项目配置 ……………………… 2—12—14
5　建筑物设计 ………………………… 2—12—15
5.1　一般规定 ……………………… 2—12—15
5.2　专业活动用房 ………………… 2—12—15
5.3　展览、阅览用房 ……………… 2—12—15
5.4　娱乐活动用房 ………………… 2—12—16
5.5　健身活动用房 ………………… 2—12—16
5.6　办公、管理用房 ……………… 2—12—16
6　文体活动场地设计………………… 2—12—16
6.1　一般规定 ……………………… 2—12—16
6.2　放映和表演场 ………………… 2—12—16
6.3　篮球、排球、羽毛球和门球场 ………………………… 2—12—16
6.4　武术、举重和摔跤场 ………… 2—12—17
6.5　游泳、滑冰和轮滑场 ………… 2—12—17
7　防火和疏散 ………………………… 2—12—17
8　室内声、光、热环境 …………… 2—12—17
8.1　隔声 …………………………… 2—12—17
8.2　采光 …………………………… 2—12—17
8.3　保温、隔热和通风 …………… 2—12—17
9　建筑设备 …………………………… 2—12—17
9.1　给水和排水 …………………… 2—12—17
9.2　暖通和空调 …………………… 2—12—18
9.3　电气 …………………………… 2—12—18

1 总 则

1.0.1 随着我国广大镇（乡）村居民生活水平的不断提高和文化活动的日益丰富，各类文化设施建设的数量在迅速增加，质量在逐步提高。为适应各地镇（乡）村文化设施建设形势发展的需要，提高建筑设计的质量，编制了这本综合文学、艺术、娱乐、体育、健身、科技、教育、展示、宣传等多种文化活动为一体的《镇（乡）村文化中心建筑设计规范》。

由于各地镇（乡）村公益性文化设施的内容和规模、管理和经营、传统和习俗等的差异，采用的文化设施名称也有所不同，各地仍可沿用已有的或公众喜闻乐见的名称，如文化大院、公共服务中心等，而不拘于统一使用“文化中心”这一名称。同时，各地镇（乡）村也可根据经济状况或实际需要，增设一些文化活动的设施。

1.0.2 本规范的适用范围是：全国的村、乡和县级人民政府驻地以外的镇的新建、改建和扩建的文化中心建筑设计。

1.0.3 对镇（乡）村文化中心设计的要求：一是，应贯彻执行国家和地方政府颁布的环境保护、安全卫生、节约用地、节约能源、节约用水、节约材料的规定；二是，应以人为本，适合不同人群，特别是儿童、老年人和残疾人等的特点和需求，如针对弱势人群设置无障碍设施等；三是，应适合当地经济和社会发展水平，避免超越现实条件进行建设；四是，应体现因地制宜，就地取材，创造具有地域风格、民族特色，群众喜闻乐见的建筑；五是，应在满足近期使用的同时，兼顾今后改造的可能，对暂时不能实现的，预留改造和扩建的余地。

1.0.4 本规范是一项综合性的建筑设计规范，内容涉及多种专业，针对这些专业都颁布了相应的设计标准、规范或规程。因此，在进行镇（乡）村文化中心建筑设计时，除应执行本规范的规定外，还应遵守国家现行的有关标准的规定。同时，本规范在有关条文中，也直接列出了一些应该遵守的国家现行标准的名称，并在本规范的条文说明中，也大都给出了需要遵守的该项标准的主要相关章节名称，以便于设计和建设者查找。

3 建设场地选定和环境设计

3.1 场 地 选 定

3.1.1 本条对镇（乡）村文化中心建设场地提出了选定和设计的条件。一是，建设场地的方位、用地界限、占地面积要求等应遵守经基本建设行政主管部门批准的镇（乡）村规划和设计的规定；二是，为便于组织管理和开展各项活动，宜有独用的建设场地；三是，当建设场地同某单位合用时，为便于公众使用和经营管理，独用或合用的建设场地均应有独自通往建设场地外围道路的出入口，特别是镇（乡）文化中心，由于参加活动的人数众多，尤为重要；四是，建设场地应选在交通方便、利于公众聚集和疏散的地段；五是，为免于干扰，建设场地应避免靠近集市、车站、桥头等交通繁杂的地方，也不应同环境要求噪声小的医院、学校等公共建筑相邻。

3.1.2 本条是强制性条文，建设场地应远离易受污染（如排放有害物的工厂）、产生危险（如邻近危险品仓库）和易于发生地质灾害等的地段。

3.2 场地布置和环境设计

3.2.1 本条提出了镇（乡）村文化中心建设场地布置应遵守的规定：一是，应合理利用建设场地内的地形和地面原有物；二是，功能分区明确，产生喧闹和需要安静的部分应分别相对集中，并采取隔离措施，以避免使用中的相互干扰；三是，道路布置应符合人流、车流和安全疏散的要求，连接外围道路的出入口不应少于 2 处，以利于安全疏散；四是，应考虑火灾、震灾、洪灾等群众临时避难的需要，而作为镇（乡）文化中心尤为必要；五是，在进行建设场地规划和建筑设计时应为改造和分期建设创造条件。

3.2.2 本条提出了镇（乡）村文化中心建设场地环境设计应遵守的规定：一是，镇（乡）村文化中心的环境设计应在统一的环境规划下，充分利用建设场地内的树木、草地、山石、水面、桥梁、涵洞等，结合新建的各项设施，对建设场地的环境进行统一规划设计。二是，建设场地环境设计，可按现行行业标准《公园设计规范》CJJ 48 中有关“总体设计”、“地形设计”、“园路及铺装场地设计”、“建筑物及其他设施设计”等的规定执行。

3.2.3 本条规定了建设场地内文物古迹的保护，应符合现行国家标准《镇规划标准》GB 50188 和《历史文化名城保护规划规范》GB 50357 的有关规定。本条所指的文物古迹主要是指不可移动的历史文物，对于尚未确定为保护对象的不可移动的历史文物，也应先行保护，并提请文物行政主管部门审定。

3.2.4 本条规定了建设场地宜设置的无障碍设施，其设计应符合现行行业标准《城市道路和建筑物无障碍设计规范》JGJ 50 中的有关“缘石坡道”、“盲道”、“停车车位”、“标志”等的规定。

4 基本项目配置

4.0.1 本条提出了镇（乡）村文化中心宜为开展文学、艺术、娱乐、体育、健身、科技、教育、展示和宣传等活动配置需要的多种空间和设施，分为3大类型、12种基本项目。表4.0.1列出的基本项目和内容，供进行文化中心设计时选用。

表4.0.1中所列的基本项目和内容是在总结各地镇（乡）村文化设施建设实践的基础上而提出的，具有普遍性和使用效率较高的特点，同时考虑了发展的需求。

表4.0.1中列出的基本项目和内容，未按镇（乡）村的等级和服务人口的规模等因素，分别规定适于建设的项目、内容、规模，原因是由于我国各地镇（乡）村情况千差万别，不宜进行具体设限，以避免在建设中导致脱离实际的现象。因此，要求每个镇（乡）村在建设文化中心时，可根据自身的具体条件，包括现状情况、服务范围、服务人口、经济条件和发展需求等因素，因地制宜地进行选定。

4.0.2 对于具有地域优势和民族特色的群众性和传统性的一些文化设施，考虑到我国农村幅员辽阔，各地文化活动的需求不一、种类繁多、形式各异，即使同一种活动内容，其表现形式、竞赛规则和场地要求等，也有所不同，本规范均未列入，也不设限。各地镇（乡）村可结合实际需求，因地制宜地进行设置。同时，建议对于一些大型的、占地多的和一些季节性的文化活动项目，仍在原有的竞赛和表演场地开展活动为宜。

5 建筑物设计

本规范的第5章“建筑物设计”、第6章“文体活动场地设计”和第7章“防火和疏散”中有关条文规定了包括使用面积、净高度、净宽度、竞技场地尺寸、容纳人数等多项具体指标的数值，其来源有五个方面：一是，各地文化设施采用的数据；二是，设计单位和专家建议的标准；三是，本规范编制组选定的数值；四是，国家现行标准规定的指标；五是，有关文化设施专著和文献的研究成果。这些指标和数据，通过整理、筛选、调整，被列入本规范的条文。其中有些直接引自国家现行标准，如第5.2.3条2款1项中的“6m²”引自现行行业标准《文化馆建筑设计规范》JGJ 41；又如第6.5.2条2款2项中的“0.90～1.35m”和3款2项中的“0.60～1.10m”，引自现行行业标准《体育建筑设计规范》JGJ 31。在规定的各项数据中，除了如一些竞技场地规定了标准尺寸外，其余大部分采用了低限值，或在限定的条件下，允许因地制宜地确定。

5.1 一般规定

5.1.2 本条提出了镇（乡）村文化中心建筑中使用空间设计的要求。

1 建筑的使用空间宜考虑一室多用性或多室组合使用的灵活性以及经营管理的独立性。如观演用房的观众厅宜设计为多功能厅，以满足演出、集会、庆典等多种用途的需要；又如，不同人群使用的棋牌室，可合并为较大的空间，作为大型游乐活动之用。在设计文化中心建筑时，对有大量公众参与的使用空间，如展览用房、观演用房、乒乓球活动等用房宜设在建筑的首层或独立的地段，为单独经营和管理提供便利条件。

2 建筑物的使用空间宜将喧闹的用房和安静的用房分别集中布置，以避免或减少干扰。如将舞蹈、戏剧排练和器乐活动等用房同讲授等用房分别集中隔离；为防止楼板的传声，交谊用房宜设在建筑的首层或独立地段等。

3 有儿童、老年人、残疾人活动的用房，如阅览用房，宜布置在建筑的首层或交通方便的部位。

5.1.4 本条规定的建筑物应设置的无障碍设施，其设计应符合现行行业标准《城市道路和建筑物无障碍设计规范》JGJ 50中有关“建筑物无障碍设计”、“建筑物无障碍标志和盲道”等的规定。如因条件限制，暂时不能设置时，应预留无障碍设施位置。

5.2 专业活动用房

5.2.2 普通讲授、语言讲授、计算机用房的设计，宜符合现行国家标准《中小学校建筑设计规范》GBJ 99中有关“普通教室”、“语言教室”、“微型电子计算机教室”等的规定。

普通讲授用房应满足普及知识、专业讲座和宣传教育等多种用途的使用。在设施配置上，宜适合多种讲授的需要，不仅设有一般的教具，还要具备播放录像、计算机投影等条件。

5.2.3 创作和排练活动形式多样，本规范仅就美术、书法、舞蹈、戏剧、器乐等活动用房作了规定，对于具有传统特色的一些文化活动内容，如泥塑、木雕、剪纸等地方传统工艺活动用房，各地可自行设置。

创作和排练用房中的喧闹部分应集中布置，并与阅览、讲授等需要安静的用房保持一定的距离，特别要处理好噪声的干扰。

5.2.4 音像室的设置要求较高，应具备良好的隔声、照明条件和录放等设备；摄影学习室应设置暗室和制作室，配备相应的拍照、洗印、复制等设备，满足遮光、照明等要求。

5.3 展览、阅览用房

5.3.1 展览用房宜包括展室或展廊和储藏室等。展览用房宜有较好的采光条件，展室首先应利用自然光，必要时辅以局部照明，宜避免眩光和直射光。

展廊可利用建筑物的走廊，也可利用开敞式走廊进行展出活动。利用建筑物的走廊进行展览活动时，不得影响正常的通行能力。考虑到展板、展柜和观众流动以及安全等情况，对展室面积和展廊的宽度都作了具体规定。

5.3.2 阅览用房宜设置书刊阅览室、电子阅览室、藏书室和管理室等。镇（乡）文化中心的阅览人数较多，可分设成人和儿童阅览室，并为残疾人设置专用阅览席位；书刊数量较大时，可分设图书、报刊阅览室。

阅览用房的设计宜符合现行行业标准《图书馆建筑设计规范》JGJ 38 中有关“阅览空间”等的规定。

5.4 娱乐活动用房

5.4.2 观演用房主要由观众厅、表演台、化妆室、放映室、储藏室、声光控制设施和休息廊等组成，其设计要求主要有以下几点：

1 观众厅宜设计为多功能厅，以满足演出、集会、联欢和庆典等多种使用要求。由于镇（乡）村文化中心是一个综合性的适合多种文化活动的公共场所，需要设置多种活动的用房，观众厅规模不宜过大，容纳人数以不超过 300 人为宜。如遇大、中型活动，可在镇（乡）村中的其他公共设施中进行。

观众厅为多功能厅时，宜采用移动式座椅，采用平地面和组装式表演台，以适应多种用途的需要。

观众厅的设计宜符合现行行业标准《剧场建筑设计规范》JGJ 57 中有关“座席”、“走道”等的规定。

2 放映室的设计宜符合现行行业标准《电影院建筑设计规范》JGJ 58 中有关“放映机房”等的规定。

3 储藏室的面积应依据存放物品和器材的情况确定，观众厅采用移动式座椅和组装式表演台时，宜考虑座椅等的储存面积。

4 为满足演出、集会等活动开始前和中间休息时公众活动的需要，观众厅宜附设休息廊，条文中对休息廊的面积和净宽度都作了规定。当观众厅设有直接通向建筑外部的出口时，可不设休息廊。

5.4.3 棋牌是我国广大群众普遍喜爱和参加活动人数多的一项文娱形式，宜按参加活动的人群情况和人数的多少确定分室或合室活动。

为避免参加活动的人数过多而相互干扰，每一棋牌室的面积不宜过大。小型棋牌室可按 3～4 组桌椅设置，包括竞赛人员和少量观众活动需要的面积，每一棋牌室的使用面积不宜小于 $20m^2$。

电子游艺室的面积宜按游戏机类型、布置方式和辅助设施（如动力配电柜）和通行等因素确定。每一游戏机室的最小使用面积不宜小于 $40m^2$。

5.4.4 歌舞厅的设施要求较高，投资较大，宜在镇（乡）文化中心中设置。为满足公众学习交谊舞的要求，可利用露天场地举办。

茶室主要是公众，特别是老年人群饮茶聚会和谈天的场所，也可兼作小型说唱表演之用。

5.5 健身活动用房

5.5.3、5.5.4 乒乓球、台球竞赛的地方性、群众性竞赛活动场地的设计规定，主要包括：

1 竞技场地尺寸、竞赛台面上空的净高度；

2 竞技台面上空的照明标准宜符合国家现行标准《建筑照明设计标准》GB 50034 中有关“照明标准值”等的规定；

3 观众站位区的宽度，观众站位区（含本规范第 6.3 节和 6.4 节规定的观众站位区）也可按每一观众 0.18～$0.22m^2$ 或按 5 人/m^2 估算进行划定。

5.5.5 按群众性健身活动设置的乒乓球、台球竞赛区有关尺寸可以减小，也可在室外因地制宜地设置活动场地。

5.6 办公、管理用房

5.6.1、5.6.2 办公、管理用房主要规定了两部分用房的基本内容和要求，在进行设计时，应根据文化中心建设的内容、规模和管理的实际需要进行选定。

6 文体活动场地设计

6.1 一般规定

6.1.2 本条规定了晚间演出和竞赛使用的文体活动场地应安装必要的声、光设施，其照明标准宜符合现行国家标准《建筑照明设计标准》GB 50034 中有关“照明标准值”等的规定。

6.1.3 本条规定通往文体活动场地的支路宜设置的无障碍设施，其设计应符合现行行业标准《城市道路和建筑物无障碍设计规范》JGJ 50 中有关“缘石坡道”、“标志”等的规定。

6.2 放映和表演场

6.2.2 放映和表演场地的观众站位区面积，可按每一观众 0.18～$0.22m^2$ 或按 5 人/m^2 估算，划定站位区，但不应占用绿地。

6.3 篮球、排球、羽毛球和门球场

6.3.2、6.3.3 篮球、排球、羽毛球和门球竞赛的地方性、群众性竞赛活动场地的设计规定，主要包括：

1 竞技场地的尺寸、缓冲区的尺寸、观众站位区的最小宽度，后者也可按预测观众数量所需的面积确定（参见本规范第 5.5.3、5.5.4 条的条文说明）；

2 如受建设场地条件的限制，或为充分发挥场地使用效率，可考虑一种球的活动场地兼作其他球的活动使用；

3 为了避免眩目，球类竞技场地的长轴宜为南

北向，当不能满足这一要求时，根据镇（乡）村所处的地理纬度可略偏离南北向。

6.3.4 为适应广大群众健身活动的需要，根据建设场地的具体情况，可因地制宜地设置非标准尺寸的球类活动场地。

6.4 武术、举重和摔跤场

6.4.2、6.4.3 武术、举重和摔跤竞赛的地方性、群众性竞赛活动场地的设计规定，主要包括：

1 竞技场地尺寸、保护区宽度；

2 竞技设施用地，对竞技场地地面和铺设器材的要求；

3 观众站位区的宽度，观众站位区也可按预测观众数量所需的面积确定（参见本规范第5.3.3、5.3.4条的条文说明）。

6.4.4 群众性健身活动的场地，可因地制宜地进行设置。为确保安全，这类项目的活动场地，应具备保护性措施。

6.5 游泳、滑冰和轮滑场

6.5.1～6.5.4 游泳、滑冰和轮滑是日趋增多的公众运动项目。由于场地占地面积较大，设施比较复杂和投入较多等原因，本规范规定不按举办地方性、群众性竞赛的要求设置，而按群众性健身活动的要求提出了设置这类项目的一些规定。

游泳池、滑冰场的使用，具有季节性的特点。游泳池的建设还涉及大量用水、水质标准、水的回收利用和严格的组织管理等因素，建设这一设施需要慎重从事。

7 防火和疏散

7.0.1～7.0.7 文化中心是镇（乡）村居民比较密集的公共活动场所，为了确保公众活动的安全，对防火和安全疏散设计提出了严格的要求，包括建筑的耐火等级，建筑中公众活动密集用房设置的部位、安全出口的数量、走廊的宽度、房门的设置、平屋顶的使用，建设场地道路通行能力等，在进行设计时除应符合本规范的各项规定外，尚应符合现行国家标准《建筑设计防火规范》GB 50016和《村镇建筑设计防火规范》GBJ 39的有关规定。

规定镇（乡）村文化中心建筑物的耐火等级不得低于二级，并作为强制性条文，主要由于这类建筑是广大群众进行文体活动的场所，不仅要经常开放，还考虑到老年人、儿童、残疾人活动的特点（如动作迟缓），以及作为避难场所的安全要求。

对镇（乡）村文化中心建筑物的平屋顶作为公众活动场所作了强制性条文的规定，在设计时必须严格遵守。

8 室内声、光、热环境

8.1 隔 声

8.1.1 建筑隔声设计宜符合现行国家标准《民用建筑隔声设计规范》GBJ 118中有关“学校建筑”的“隔声标准”和“隔声减噪设计”等的规定。

8.1.2 本条提出了镇（乡）村文化中心建筑的主要用房昼间室内允许噪声级（dB），宜符合表8.1.2的规定。

8.2 采 光

8.2.1 提出建筑采光设计宜符合现行国家标准《建筑采光设计标准》GB/T 50033中有关“采光系数”和“采光计算”等的规定。

8.2.2 规定在进行建筑方案设计时，单层侧窗采光窗洞口的面积可先按窗地面积比进行估算，但最终确定主要用房（如展览、阅览、美术、讲授等）采光窗洞口面积时，仍需按本规范第8.2.1条的规定进行复核。

为便于建筑方案设计时估算采光窗洞口面积，表8.2.2提出了文化中心的建筑内主要用房采用单层侧窗时的窗地面积比的比值。当采用双层侧窗或其他形式的采光窗时，宜按本规范第8.2.1条的规定执行。

8.3 保温、隔热和通风

8.3.1 提出建筑保温、隔热和通风设计，宜符合现行国家标准《公共建筑节能设计标准》GB 50189的有关规定。

8.3.2 严寒和寒冷地区的建筑体形直接影响采暖能耗的大小，体形系数越大，单位建筑面积对应的建筑外表面积越大，外围护结构传热损失越大。

对于夏热冬暖和夏热冬冷地区，体形系数对采暖能耗不如严寒和寒冷地区大，同时考虑夏季夜间散热问题，建筑体形宜根据具体情况确定。

8.3.3 门斗的设置可减少冷风的渗透，降低采暖能耗。门斗开启的方向应考虑风向的影响。

8.3.4 外部遮阳设施可降低夏季建筑物因日照产生的热量，也可利用地形、地物遮阳，如栽种高大落叶乔木等。

9 建筑设备

9.1 给水和排水

9.1.2 本条提出了给水设计的要求。

1 分质供水和循环利用的给水系统有利节能和节水，宜优先考虑；

2 为保证公众的身体健康，公众饮用水和游泳池用水水质应符合现行国家标准《生活饮用水卫生标准》GB 5749 中有关“水质标准和卫生要求”等的规定；游泳池水质标准正在制订，待出版实施后尚应遵守该标准的有关规定。

9.1.3 本条提出了排水设计的要求。

1 雨水、污水分流系统有利于雨水回收利用及污水处理，宜优先采用分流系统；

2 组织屋面和场地雨水的排放，有利于雨水回收和利用，也有利于建设场地和环境的保护；

3 雨水的回收利用是国家大力提倡的节水措施，尤其是水源紧缺地区，宜结合实际情况对雨水进行回收利用。

9.2 暖通和空调

9.2.2 采暖地区供热设施应结合地区条件因地制宜地选定。根据国家节能政策的要求，集中采暖系统应设置热计量装置。

9.2.4、9.2.5 在自然通风不能满足要求时，宜设置机械通风或空气调节系统。

9.3 电　气

9.3.2 文化中心是公众密集的场所，在紧急情况下的安全疏散至关重要，因此强调了负荷等级的要求。

为满足二级负荷的供电要求，可采用蓄电池作为第二电源。

9.3.3 本条提出了文化中心的配电要求。

动力和照明用电的电源宜各自单独进户并计量，负荷容量较小或单独进户有困难时，可为一路电源进户，但应分别计量。

为安全和美观，线路宜用金属管或 PVC 管等穿管暗敷设。

9.3.4 本条提出了文化中心的照明要求。

为节约电能，在人工照明的光源、灯具和控制方式等方面体现节能降耗的措施。

文化中心宜采用集中蓄电池装置或带蓄电池的照明装置，其连续供电时间不应少于 20min。

9.3.5 文化中心是镇（乡）村中的重要建筑，应设防雷装置，并应按现行国家标准《建筑物防雷设计规范》GB 50057 中有关“建筑物的防雷分类”，确定文化中心的防雷类别进行设防。

9.3.7 计算机技术的快速发展，推动了网络的普及，文化中心宜设置计算机网络系统。

中华人民共和国行业标准

建筑轻质条板隔墙技术规程

Technical specification of light longish panel partition walls in buildings

JGJ/T 157—2008

J 786—2008

批准部门：中华人民共和国建设部

施行日期：2008年8月1日

中华人民共和国建设部
公　　告

第821号

建设部关于发布行业标准《建筑轻质条板隔墙技术规程》的公告

现批准《建筑轻质条板隔墙技术规程》为行业标准，编号为JGJ/T 157—2008，自2008年8月1日起实施。

本规程由建设部标准定额研究所组织中国建筑工业出版社出版发行。

中华人民共和国建设部

2008年2月29日

前　言

根据建设部建标［1999］309号文要求，标准编制组经广泛调查研究、认真总结工程实践经验，参考有关国家标准，并在广泛充份征求意见的基础上制定了本规程。

本规程的主要技术内容是：1. 总则；2. 术语；3. 原材料及条板；4. 条板隔墙设计；5. 条板隔墙施工；6. 条板隔墙工程验收。

本规程由建设部负责管理，由主编单位负责具体技术内容的解释。

本规程主编单位、参编单位和主要起草人：

本规程主编单位：国家住宅与居住环境工程技术研究中心
（地址：北京市西城区车公庄大街19号邮政编码：100044）

本规程参编单位：北京市建筑节能与墙体材料革新办公室
天津市墙体材料革新和建筑节能管理中心
广东东莞市墙体材料革新和建筑节能办公室
广州大学工程材料研究所
北京华丽联合高科技（集团）公司
廊坊市建宁墙业科技开发有限公司
岳阳（湖南）华强新型建材研究所
北京大森林明辰新型建材有限公司
合肥市恒远置业发展有限公司三力新型建材厂
西安万凯工贸有限公司咸阳绿得新型建材厂
开平松本绿色板业有限公司
广州市壁神新型建材有限公司
河南玛纳建筑模板有限公司
安徽省万达墙板机械有限公司

本规程主要起草人：高宝林　赵国强　张传镁
李卫国　宋广春　王俊清
朱恒杰　仇国辉　陈炳军
李　轩　张明辰　孙峰军
王　智　陈汉平　刘　毅
姚　刚　鲍　威

目　次

1. 总则 …………………………… 2—13—4
2. 术语 …………………………… 2—13—4
3. 原材料及条板………………………… 2—13—4
3.1 一般规定 ……………………… 2—13—4
3.2 原材料和施工配套材料 ………… 2—13—4
3.3 条板 ………………………………… 2—13—4
4 条板隔墙设计 ……………………… 2—13—4
4.1 一般规定 ……………………… 2—13—4
4.2 隔墙设计与构造要求 ………… 2—13—5
5 条板隔墙施工 ……………………… 2—13—6
5.1 一般规定 ……………………… 2—13—6
5.2 施工准备 ……………………… 2—13—6
5.3 条板隔墙安装 ………………… 2—13—7
5.4 门、窗框板安装 ……………… 2—13—7
5.5 管、线安装 …………………… 2—13—7
5.6 接缝及墙面处理 ……………… 2—13—8
5.7 成品保护 ……………………… 2—13—8
6 条板隔墙工程验收 ……………… 2—13—8
6.1 一般规定 ……………………… 2—13—8
6.2 工程验收 ……………………… 2—13—8
附录A 条板隔墙施工现场质量管理检查记录 ……………… 2—13—9
附录B 检验批质量验收记录 ……… 2—13—9
附录C 条板隔墙施工分项工程验收记录 …………………… 2—13—10
本规程用词说明 ……………………… 2—13—10
附：条文说明 ………………………… 2—13—11

1 总 则

1.0.1 为提高建筑轻质条板隔墙设计、施工及验收的技术水平，贯彻执行国家相关的技术经济政策，做到技术先进、安全适用、经济合理、确保质量，制定本规程。

1.0.2 本规程适用于抗震设防烈度为8度和8度以下的地区及非抗震设防地区，以轻质条板隔墙（以下简称条板隔墙）作为居住建筑、公共建筑和一般工业建筑工程的非承重板材隔墙的设计、施工及验收。

1.0.3 条板隔墙工程的设计、施工及质量验收，除应执行本规程外，尚应符合国家现行有关标准的规定。

2 术 语

2.0.1 轻质条板 lightweight panel

面密度不大于 110kg/m²，长宽比不小于 2.5，采用轻质材料或大孔洞轻型构造制作成的，用于非承重内隔墙的预制条板。

2.0.2 空心条板 hollow cores panel

沿板材长度方向布置有若干贯通孔洞的轻质条板。

2.0.3 实心条板 solid panel

用同类材料制作的无孔洞轻质条板。

2.0.4 复合夹芯条板 composite sandwich panel

由两种及两种以上不同功能材料复合或由面板（包括浇注面层）与夹芯层材料复合制成的轻质条板。

2.0.5 企口 out heed and inter orifice

设置于条板两侧面的榫头、榫槽及接缝槽的总称。

2.0.6 轻质条板隔墙 lightweight panel partition

用轻质条板组装的非承重内隔墙。

3 原材料及条板

3.1 一 般 规 定

3.1.1 条板应采用节地、节能、利废、性能稳定、无放射性，以及对环境无污染的原材料。严禁使用国家明令淘汰、限制使用的材料。

3.1.2 条板生产企业应具备稳定的生产条件和完善、有效的质量保证体系。条板生产企业应对进厂主要原材料进行复检。

3.1.3 当对条板的质量发生争议或合同约定对产品进行见证取样检测时，应进行见证取样检测，承担检测的单位应是具备相应资质的检测单位。

3.2 原材料和施工配套材料

3.2.1 条板隔墙安装中采用的配套材料应符合国家现行标准的有关规定。

3.2.2 条板接缝的密封、嵌缝、粘结及防裂增强材料的性能应与条板材料性能相适应。

3.2.3 木楔宜采用三角形硬木楔，预埋木砖应做防腐处理。

3.2.4 配合安装隔墙使用的镀锌钢卡和普通钢卡、销钉、拉结钢筋、钢板预埋件等应符合国家现行有关标准的规定。钢卡厚度不应小于 1.5mm，普通钢卡应做防锈处理。

3.3 条 板

3.3.1 条板的各项性能指标应符合国家现行标准《建筑隔墙用轻质条板》JG/T 169 的规定。

3.3.2 条板按构件用途的不同可分为普通条板、门、窗框板和与之配套的异形板等辅助板材。

3.3.3 条板主要规格尺寸应符合下列规定：

1 条板的长度标志尺寸（L）应为楼层高减去梁高或楼板厚度及安装预留空间。宜为 2200～3500mm。

2 条板的宽度标志尺寸（B）宜按 100mm 递增。

3 条板的厚度标志尺寸（T）宜按 10mm 递增。

4 两侧为凹凸榫槽的条板，其凹凸榫槽不得有缺损，对接应吻合。

3.3.4 门、窗框板靠门、窗框一侧为平口，距板边 120～150mm 处应为实心。门、窗框板靠门、窗框一侧可加设预埋件与门、窗固定。

3.3.5 复合夹芯条板的面板与芯层应粘结密实、牢固，不得出现空鼓和剥落。

4 条板隔墙设计

4.1 一 般 规 定

4.1.1 条板隔墙安装前，工程设计单位应完成隔墙的设计技术文件。设计技术文件应符合下列要求：

1 应确定条板隔墙的种类和轴线分布、隔墙的厚度、门窗位置和洞口尺寸以及配电箱、控制柜和插座、开关盒、水电管线分布位置及开槽和留洞尺寸。

2 应规定条板隔墙的防火、隔声、防水、保温等技术性能要求和相应的防火、隔声、防水防渗、保温及防裂等措施。

3 应规定条板隔墙的吊挂重物要求和采取相应的加固措施。

4 应明确条板隔墙的抗震性能要求和相应抗震、

加固措施。

4.1.2 施工单位应根据设计单位提交的设计技术文件、资料，编制条板隔墙分项工程施工技术文件。分项工程施工技术文件应由施工单位技术负责人批准，经监理单位审核后实施。

4.2 隔墙设计与构造要求

4.2.1 条板隔墙按使用功能要求可分为普通隔墙、防火隔墙、隔声隔墙；按使用部位的不同可分为分户隔墙、分室隔墙。应根据隔墙使用功能和使用部位的不同分别设计单层条板隔墙、双层条板隔墙、接板拼装条板隔墙。60mm 及以下厚度的条板不得单独用作隔墙使用。

4.2.2 条板隔墙厚度应满足建筑物抗震、防火、隔声、保温等功能要求。单层条板隔墙用作分户墙时，其厚度不应小于 120mm；用作户内分室隔墙时，不宜小于 90mm。双层条板隔墙选用条板的厚度不宜小于 60mm。

4.2.3 双层条板隔墙的两板间距宜为 10～50mm，可作为空气层或填入吸声、保温材料等功能材料。

4.2.4 接板安装的条板隔墙，其安装高度应符合下列要求：

1 90mm 厚条板隔墙接板安装高度不应大于 3.6m。

2 120mm 厚条板隔墙接板安装高度不应大于 4.2m。

3 其他厚度的条板隔墙接板安装高度，可由设计单位与安装单位协商确定。

4.2.5 在限高以内安装条板隔墙时，竖向接板不宜超过一次，相邻条板接头位置应错开 300mm 以上，错缝范围可为 300～500mm。条板对接部位应加连接件、定位钢卡，做好定位、加固、防裂处理。

超过本条文规定的高度接板安装隔墙，应由工程设计单位另行设计。

4.2.6 条板隔墙安装长度超过 6m，应采取加强防裂措施。

4.2.7 安装条板隔墙时，条板应按隔墙长度方向竖向排列，排板应采用标准板。当隔墙端部尺寸不足一块标准板宽时，可按尺寸要求切割补板，补板宽度不应小于 200mm。

4.2.8 条板隔墙下端与楼地面结合处宜留出安装空间，预留空隙在 40mm 及以下的宜填入 1∶3 水泥砂浆，40mm 以上的宜填入干硬性细石混凝土，撤除木楔的预留空隙应采用相同强度等级的砂浆或细石混凝土填塞、捣实。

4.2.9 对有安静要求的房间，应设计隔声隔墙，宜选用隔声性能好的复合夹芯条板或双层条板隔墙，双板间宜留出空气隔声层或填充吸声功能材料。条板隔墙应满足下列隔声指标要求：

1 分室隔墙空气声计权隔声量：实验室测量值不应小于 35dB；

2 分户隔墙空气声计权隔声量：实验室测量值不应小于 45dB；

3 隔声隔墙空气声计权隔声量：实验室测量值不应小于 50dB。

4.2.10 在抗震设防地区，条板隔墙与顶板、结构梁、主体墙和柱的连接应采用镀锌钢板卡件，并使用胀管螺钉、射钉固定。钢板卡件固定应符合下列要求：

1 条板隔墙与顶板、结构梁的接缝处，钢卡间距不应大于 600mm。

2 条板隔墙与主体墙、柱的接缝处，钢卡可间断布置，间距不应大于 1m。

3 接板安装的条板隔墙，条板上端与顶板、结构梁的接缝处应加设钢卡，每块条板不应少于 2 个。

4.2.11 在抗震设防地区，条板隔墙安装长度超过 6m 时，应设置构造柱，并应采取加固、防裂处理措施。

4.2.12 当在条板隔墙上横向开槽、开洞敷设电气暗线、暗管、开关盒时，所选用隔墙的厚度应大于 90mm。墙面开槽深度不应大于墙厚的 2/5，开槽长度不得大于隔墙长度的 1/2。

严禁在隔墙两侧同一部位开槽、开洞，其间距应错开 150mm 以上。开槽、开洞的时间应在隔墙安装 7d 后进行。

4.2.13 单层条板隔墙内不宜设计暗埋配电箱、控制柜，可采用明装方式或局部设计双层条板，严禁穿透隔墙安装。配电箱、控制柜宜选用薄型箱体。

4.2.14 单层条板隔墙内不宜横向暗埋水管，可采用明装方式或采用双层板墙设计。当低温环境下，管线可能产生冰冻或结露时，应进行防冻或防结露设计。

4.2.15 在住宅建筑中，当需暗埋布置水管时，设计单位应选用厚度大于 120mm 的隔墙，开槽深度不应大于墙厚的 2/5，长度不应大于墙长的 1/2；必须做好防渗漏措施，应尽快完成管线铺设和回填、补强、加固，并做好防裂处理。

4.2.16 条板隔墙上需要吊挂重物和设备时，不得单点固定，应在设计时考虑加固措施，两点的间距应大于 300mm。预埋件和锚固件均应做防腐或防锈处理，并避免预埋铁件外露。

4.2.17 条板隔墙用于厨房、卫生间及有防潮、防水要求的环境时，应设计防潮、防水的构造措施：凡附设水池、水箱、洗手盆等设施的墙体，墙面应做防水处理，高度不宜低于 1.8m。

4.2.18 石膏条板（防水型）隔墙及其他有防水要求的条板隔墙用于潮湿环境时，下端应做 C20 细石混凝土条形墙垫，墙垫高度不应小于 100mm，并应做泛水处理。防潮墙垫可用细石混凝土现浇，不宜采用预制墙垫。

4.2.19 普通型石膏条板和防水性能较差的轻质条板不宜应用于潮湿环境及有防潮、防水要求的环境。普通型石膏条板隔墙用于无地下室的首层时，宜在隔墙下部采取防潮措施。

4.2.20 分户隔墙、走廊隔墙和楼梯间隔墙应有防火要求，条板隔墙的燃烧性能和耐火极限指标应符合现行国家标准《建筑设计防火规范》GB 50016 和《高层民用建筑设计防火规范》GB 50045 的相关规定，并应满足工程设计要求。

4.2.21 对有保温要求的分户隔墙、走廊隔墙和楼梯间隔墙，应采取相应保温措施，可设计复合夹芯条板隔墙或双层条板隔墙。

4.2.22 顶端为自由端的条板隔墙，应做压顶，埋设通长角钢圈梁，用水泥砂浆覆盖抹平；空心条板顶端孔洞均应局部灌实，每块板应埋设不少于一根钢筋与上部水平角钢圈梁连接；也可设计混凝土圈梁，混凝土圈梁应与板内预埋钢筋连接。同时，隔墙上端应间断设置拉杆与主体结构固定；所有外露铁件均应做防锈处理。

4.2.23 条板隔墙板与板之间可采用榫接、平接、双凹槽对接方式。并应根据其不同材质、不同构造、不同部位按下列规定采用相应的防裂措施：

1 应在板与板之间对接缝隙内填满、灌实粘结材料。企口接缝处应粘贴耐碱玻璃纤维网格布条或无纺布条防裂。

2 可采用全墙面粘贴纤维网格布、无纺布或挂钢丝网抹灰处理墙面。

3 沿隔墙长度方向，可在板与板之间间断设置伸缩缝，接缝处使用柔性粘结材料处理。

4 可采用加设拉结筋加固及其他防裂措施。

5 条板隔墙阴阳角处以及条板与建筑主体结构结合处应做专门防裂处理。如加设塑胶护角或局部粘贴防裂网布、挂钢丝网抹灰处理等。

4.2.24 确定条板隔墙上预留门、窗洞口位置及尺寸时，应选用与隔墙厚度相适应的门、窗框。采用空心条板作门、窗框板时，距板边 120～150mm 不得有空心孔洞，可将空心条板的第一孔用细石混凝土灌实。

4.2.25 工厂预制的门、窗框板靠门、窗框一侧应设置预埋件，以便与门、窗框固定。在施工现场切割制作的门、窗框板可采用胀管螺钉与门窗框固定。应根据门窗洞口大小确定固定位置和数量，每侧的固定点不应少于 3 处。

4.2.26 门、窗框板上部墙体高度大于 600mm 或门窗洞口宽度超过 1.5m 时，应采用配有钢筋的过梁板或采取其他加固措施。门框板、窗框板与门、窗框的接缝处应采取专门密封、隔声、防裂等措施。

5 条板隔墙施工

5.1 一般规定

5.1.1 条板隔墙安装前，施工单位应编制完成条板隔墙分项工程施工技术文件。施工技术文件应符合下列规定：

1 编制隔墙排板图（立面、平面图），图中应标明条板种类、规格尺寸；门、窗洞口的位置、尺寸；管线、配电箱、插座及开关盒的位置、尺寸、数量；预埋件及钢板卡件位置、数量、规格种类等。

2 编制条板隔墙安装构造图及相关技术资料，应包括条板与条板间的连接构造，条板隔墙与梁板、顶板、地面、防潮垫层的连接做法，条板隔墙与主体墙柱的连接做法，条板隔墙门、窗洞口处的构造做法，钢板卡件、预埋件做法，条板隔墙内暗埋管线及吊挂重物的加固构造和修补措施等。

3 编制条板隔墙具体施工方案，应包括施工安装人员、机械机具的组织调配、条板产品的运输、贮存，辅助材料的制备；墙体的安装工艺要求、安装顺序、工期进度要求、安装质量、安全措施要求；墙体安装各工序的检查、验收及整改。

5.1.2 条板隔墙安装工程应在做地面找平层之前进行。承接安装大型条板隔墙工程，宜先做样板间，经有关方确认选用后，方可进场施工。

5.1.3 条板隔墙安装前，施工单位应对墙板安装人员进行培训，安装人员应熟悉施工图及其相关的技术文件；项目经理应对安装班组操作人员进行技术交底。

5.1.4 施工单位应遵守国家有关环境保护的法规和标准，采取有效措施控制施工现场的各种粉尘、废弃物、噪声等对周围环境造成的污染和危害。

5.1.5 施工现场环境温度不应低于 5℃。如需在低于 5℃环境下施工时，应采取冬期施工措施。

5.1.6 安装企业应建立墙板安装质量保证体系，设专人对各工序进行验收和保存验收记录，并应按施工程序组织隐蔽工程的验收和保存施工及验收记录。

5.1.7 施工现场质量管理检查应先由施工单位自检后，按本规程附录 A 表 A.0.1 填写相关内容，监理工程师（建设单位项目专业负责人）应进行检查并作出检查结论。

5.1.8 施工单位应制定安全施工技术措施，施工中的劳动保护应执行国家相关标准的规定。工人搬运条板应采用侧立方式，重量较大的条板应使用轻型机具辅助施工安装。

5.2 施工准备

5.2.1 安装隔墙施工作业前，施工现场条板隔墙安装部位的结构应已验收完毕，现场杂物应已清理，场地应平整。

5.2.2 安装前准备工作应符合下列规定：

1 条板和配套材料进场时，应由专人验收，生产企业应提供产品合格证和有效检验报告。材料和条板的进场验收记录和试验报告应归入工程档案。不合格的条板和配套材料不得进入施工现场。

2 条板、配套材料应分别堆放在相应的安装区域，按不同种类、规格堆放，条板下面应放置垫木；条板宜侧立堆放，高度不应超过两层。现场存放的条板不得被水冲淋和浸湿，不应被其他物料污染。条板露天堆放时，应做好防雨淋措施。

3 现场配制的嵌缝材料、粘结材料，以及开洞后填实补强的专用砂浆应有使用说明书，并提供检测报告。上述粘结材料应按设计要求和说明书配置和使用。

4 钢卡、铆钉等安装辅助材料进场应提供产品合格证，安装工具、机具应保证能正常使用。安装使用的材料、工具应分类管理并根据现场需要数量备好。

5.2.3 隔墙安装前，应先清理基层，对需要处理的光滑地面应进行凿毛处理；然后按安装排板图弹墨线，标出每块条板安装位置，标出门窗洞口位置，弹线应清晰，位置应准确。放线后，经检查无误，方可进行下道工序。

5.2.4 有防潮、防水要求的条板隔墙应做好条形墙垫或防潮、防水等构造措施。

5.2.5 条板隔墙安装前，宜对预埋件、吊挂件、连接件工序施工的数量、位置、固定方法，以及双层条板隔墙板间芯层材料的铺装进行核查，并应符合条板隔墙设计技术文件的相关要求。

5.3 条板隔墙安装

5.3.1 条板隔墙安装应符合下列要求：

1 首先应按排板图在地面及顶棚板面上弹上安装位置墨线，条板应从主体墙、柱的一端向另一端顺序安装；有门洞口时，宜从门洞口向两侧安装。

2 应先安装定位板。可在条板的企口处、板的顶面均匀满刮粘结材料，空心条板的上端宜局部封孔，上下对准墨线立板；条板下端距地面的预留安装间隙宜保持在30～60mm，根据需要调整；在条板隔墙与楼地面空隙处，可采用干硬性细石混凝土填实。

3 可在条板下部打入木楔，并楔紧，打入木楔的位置应选择在条板的实心肋位置。

4 应利用木楔调整位置，两个木楔为一组，使条板就位，可将条板垂直向上挤压，顶紧梁、板底部，调整好条板的垂直度并固定好。

5 应按拼装顺序安装第二块条板，将板榫槽对准榫头拼接，保持条板与条板之间紧密连接，之后调整好垂直度和相邻板面的平整度。待条板的垂直度、平整度等检验合格后，重复进行本道工序。

6 应在条板与条板之间对接缝隙内填满、灌实粘结材料，板缝间隙应揉挤严密，把挤出的粘结材料刮平。条板企口接缝处应采取防裂措施。

7 在条板与顶板、结构梁和主体墙、柱的连接处应按排板图要求设置定位钢卡、抗震钢卡。

8 木楔可在立板养护3d后取出并填实楔孔。

5.3.2 双层条板隔墙的安装可按照本规程第5.3.1条的要求进行。应先安装好一侧条板，确认墙体外表面平整，墙面板与板之间接缝处粘结处理完毕，再按设计要求安装另一侧条板隔墙。双层条板隔墙两侧条板的竖向接缝应错开1/2板宽。

5.3.3 双层条板隔墙设计为隔声隔墙或保温隔墙时，安装好一侧条板后，可根据设计要求安装固定好墙内管线，留出空气层，铺装吸声或保温功能材料，验收合格后再安装另一侧条板隔墙。

5.3.4 条板隔墙接板安装工程应按本规程第4.2.5条相关要求做加固设计；安装时，卡件、连接件应定位准确、固定牢固。条板与条板对接部位应做好定位、加固、防裂处理。

5.3.5 当合同约定或设计要求对接板隔墙工程进行见证检测时，应进行隔墙抗冲击性能检测。承接接板安装隔墙的施工单位应做样板墙，由具备相应资质的检测单位检测。

5.4 门、窗框板安装

5.4.1 应按排板图标出的门、窗洞口位置，先安装门窗框板定位，然后从门窗洞口向两侧安装隔墙。门、窗框板安装应牢固，与条板或主体结构连接应采用专用粘结材料粘结，并应采取加网防裂措施，连接部位应密实、无裂缝。

5.4.2 预制门、窗框板中预埋有木砖或钢连接件，可与木制、钢制或塑钢门、窗框连接固定。门、窗框板也可在施工现场切割制作，使用金属膨胀螺栓与门、窗框现场固定。具体连接固定要求应按本规程第4.2.25条规定执行。

5.4.3 门、窗框有特殊要求时，可采用钢板加固等措施，但应与门、窗框板的预埋件连接牢固。

5.4.4 安装门头横板时，应在门角的接缝处采取加网防裂措施。门、窗框与洞口周边的连接缝应采用聚合物砂浆或弹性密封材料填实，并应采取加网增强、防裂措施。

5.4.5 门、窗框的安装应在条板隔墙安装完成7d后进行。

5.5 管、线安装

5.5.1 水电管、线安装、敷设应与条板隔墙安装配合进行，应在条板隔墙安装完成7d后进行。

5.5.2 根据施工技术文件的相关要求，应先在隔墙上弹墨线定位。应按弹出的墨线位置切割横向、纵向线槽和开关盒洞口。应使用专用切割工具按设计规定的尺寸单面开槽切割。不得在条板隔墙上任意开槽、开洞。具体开槽要求应执行本规程第4章相关规定。

5.5.3 切割完线槽、开关盒洞口后，应按设计要求敷设管线、插座、开关盒，应先做好定位，可用螺钉、卡件将管线、开关盒固定在条板的实心部位上。宜用与条板相适应的材料补强修复。开关盒、插座四周应用粘结材料填实、粘牢，其表面与隔墙面齐平。空心条板隔墙纵向布线可沿条板的孔洞穿行。

5.5.4 应尽快敷设管线、开关，及时回填、补强。水泥条板隔墙上开的槽孔宜采用聚合物水泥砂浆或专用填充材料填充密实：开槽墙面可采用聚合物水泥浆粘贴耐碱玻璃纤维网格布、无纺布或采取局部挂钢丝网等补强、防裂措施。

空心条板隔墙可在局部堵塞横槽下部孔洞后，再做补强、修复。石膏条板宜采用同类材料补强。

5.5.5 水管的安装可按工程设计要求进行。

5.5.6 设备控制柜、配电箱的安装可按工程设计要求进行。

5.6 接缝及墙面处理

5.6.1 条板的接缝处理应在门、窗框及管线安装完毕7d后进行。应检查所有的板缝，清理接缝部位，补满破损孔隙，清洁墙面。

5.6.2 条板墙体接缝处应采用粘结砂浆填实，表层应采用与隔墙板材相适应的材料抹面并刮平压光，颜色应与板面相近。在条板的企口接缝部位应先用粘结材料打底，再粘贴盖缝材料。墙面接缝防裂处理可按照本规程第4章相关规定执行。

5.6.3 对有防潮、防渗漏要求的隔墙，应采用防水密封胶嵌缝，并应按没计要求进行墙面防水处理。

5.7 成品保护

5.7.1 条板隔墙施工中各专业工种应加强配合，不得颠倒工序。交叉作业时，有关人员应做好工序交接，合理安排工序，不得对已完成工序的成品、半成品造成破坏。

5.7.2 对刮完腻子的条板隔墙不得再进行任何剔凿。

5.7.3 在安装施工过程中及工程验收前，条板隔墙应采取防护措施，严禁受到施工机具碰撞。安装后的条板隔墙7d内不得承受任何侧向作用力，施工梯架、工程用的物料等不得支撑、顶压或斜靠在墙体上。

5.7.4 在进行混凝土地面等施工时，应防止物料污染、损坏成品隔墙墙面。

6 条板隔墙工程验收

6.1 一般规定

6.1.1 条板隔墙工程质量验收应检查下列文件和记录：

1 条板隔墙施工图、设计说明及其他设计文件；

2 条板制品和主要配套材料出厂合格证、性能检验报告及现场验收记录和实验报告；

3 隔墙分项工序施工记录、隐蔽工程验收记录；

4 施工过程中重大技术问题的处理文件、工作记录和工程变更记录。

6.1.2 条板隔墙工程应对下列隐蔽工程项目进行验收：

1 隔墙中预埋件、吊挂件、拉结筋等的安装验收记录；

2 配电箱、开关盒及管线开槽、敷设、安装现场验收记录；

3 双层复合隔墙中隔声、防火、保温等填充材料的设置验收记录。

6.1.3 条板隔墙的检验批应以同一品种的轻质隔墙工程每50间（大面积房间和走廊按轻质隔墙的墙面$30m^2$为一间）划分为一个检验批，不足50间也应划分为一个检验批。

6.1.4 条板隔墙工程质量验收应按本规程附录B、附录C的要求填写验收记录。

6.1.5 条板隔墙工程质量验收应符合现行国家标准《建筑装饰装修工程质量验收规范》GB 50210的有关规定。

6.1.6 民用建筑轻质条板隔墙工程的隔声性能应符合现行国家标准《民用建筑隔声设计规范》GBJ 118及相关产品标准的规定。

6.2 工程验收

6.2.1 检验批质量合格应符合下列规定：

1 主控项目和一般项目的质量经抽样检验合格；

2 具有完整的施工操作依据、质量检查记录。

6.2.2 检查数量：每个检验批应至少抽查10%，但不得少于3间，不足3间时应全数检查。

主控项目

6.2.3 隔墙条板的品种、规格、性能、外观应符合设计要求。有隔声、保温、防火、防潮等特殊要求的工程，板材应有满足相应性能等级的检测报告。

检验方法：观察；检查产品合格证书、进场验收记录和性能检测报告。

6.2.4 条板隔墙安装所需预埋件、连接件的位置、规格、数量和连接方法应符合设计要求。

检验方法：观察；尺量检查；检查隐蔽工程验收纪录。

6.2.5 条板之间、条板与建筑结构间结合应牢固、稳定，连接方法应符合设计要求。

检验方法：观察；手扳检查。

6.2.6 条板隔墙安装所用接缝材料的品种及接缝方法应符合设计要求。

检验方法：观察；检查产品合格证书和施工记录。

一 般 项 目

6.2.7 条板安装应垂直、平整、位置正确，转角应规正，板材不得有缺边、掉角，开裂等缺陷。

检验方法：观察；尺量检查。

6.2.8 条板隔墙表面应平整、接缝应顺直、均匀，不应有裂纹、裂缝。

检验方法：观察；手摸检查。

6.2.9 隔墙上开的孔洞、槽、盒应位置准确、套割方正、边缘整齐。

检验方法：观察。

6.2.10 条板隔墙安装的允许偏差和检验方法应符合表 6.2.10 的规定。

表 6.2.10 条板隔墙安装的允许偏差和检验方法

项 目	允许偏差（mm）	检 验 方 法
墙体轴线位移	5	用经纬仪或拉线和尺检查
表面平整度	3	用 2m 靠尺和楔形塞尺检查
立面垂直度	3	用 2m 垂直检测尺检查
接缝高低	2	用直尺和楔形塞尺检查
阴阳角方正	3	用方尺及楔形塞尺检查

6.2.11 当条板隔墙安装质量不符合要求时，应按下列规定进行处理：

1 经返工重做的检验批，应重新进行验收。

2 经部分返修后，能满足使用要求的工程，可按技术方案和协商文件进行验收。

3 经返工重做，重新验收仍不满足要求的工程，不得进行验收。

附录 A 条板隔墙施工现场质量管理检查记录

A.0.1 施工现场质量管理检查记录应先由施工单位进行自检，按表 A.0.1 填写相关内容，监理工程师（建设单位项目专业负责人）进行检查，并作出检查结论。

表 A.0.1 施工现场质量管理检查记录

开工日期：

工程名称		开工证	
建设单位		项目负责人	
设计单位		项目负责人	
监理单位		监理工程师	
施工单位		项目负责人	
序号	项 目	内 容	
1	施工现场质量管理制度		
2	安装工人操作上岗培训记录		
3	条板隔墙分项工程施工组织技术文件及审核		
4	施工技术标准		
5	工程质量检查制度		
6	现场材料、制品、设备进场验收与管理		
7	其他		
检查结论			
施工单位项目负责人 年 月 日		监理工程师 （建设单位项目专业负责人） 年 月 日	

附录 B 检验批质量验收记录

B.0.1 检验批质量验收记录应由施工单位项目专业质量检查员按表 B.0.1 填写，监理工程师（建设单位项目专业负责人）组织施工单位项目专业质量检查员进行验收。

表 B.0.1　检验批质量验收记录

<table>
<tr><td colspan="3">工程名称</td><td></td><td>开工时间</td><td></td></tr>
<tr><td colspan="3">分项工程名称</td><td></td><td>验收部位</td><td></td></tr>
<tr><td colspan="3">施工单位</td><td></td><td>项目经理</td><td></td></tr>
<tr><td colspan="3">分包单位</td><td></td><td>项目经理</td><td></td></tr>
<tr><td colspan="3">施工执行标准</td><td></td><td>标准编号</td><td></td></tr>
<tr><td rowspan="6">主控项目</td><td colspan="2">质量验收规程的规定</td><td>施工单位检查评定记录</td><td colspan="2">监理（建设）单位验收记录</td></tr>
<tr><td>1</td><td></td><td></td><td colspan="2"></td></tr>
<tr><td>2</td><td></td><td></td><td colspan="2"></td></tr>
<tr><td>3</td><td></td><td></td><td colspan="2"></td></tr>
<tr><td>4</td><td></td><td></td><td colspan="2"></td></tr>
<tr><td></td><td></td><td></td><td colspan="2"></td></tr>
<tr><td rowspan="5">一般项目</td><td>1</td><td></td><td></td><td colspan="2"></td></tr>
<tr><td>2</td><td></td><td></td><td colspan="2"></td></tr>
<tr><td>3</td><td></td><td></td><td colspan="2"></td></tr>
<tr><td>4</td><td></td><td></td><td colspan="2"></td></tr>
<tr><td></td><td></td><td></td><td colspan="2"></td></tr>
<tr><td colspan="3">施工单位检查评定结果</td><td colspan="3">项目专业质量检查员
年　月　日</td></tr>
<tr><td colspan="3">监理(建设)单位检查评定结果</td><td colspan="3">监理工程师
（建设单位专业技术负责人）
年　月　日</td></tr>
</table>

附录C　条板隔墙施工分项工程验收记录

C.0.1　分项工程验收记录核查应由监理工程师（建设单位项目专业负责人）组织施工单位项目经理和有关设计人员进行验收，并按表 C.0.1 记录。

表 C.0.1　分项工程验收记录

<table>
<tr><td>工程名称</td><td></td><td>结构类型</td><td></td><td>检验批数</td><td></td></tr>
<tr><td>施工单位</td><td></td><td>项目负责人</td><td></td><td>项目技术负责人</td><td></td></tr>
<tr><td>分包单位</td><td></td><td>分包单位负责人</td><td></td><td>分包项目经理</td><td></td></tr>
<tr><td>序号</td><td>检验批部位、区段</td><td colspan="2">施工单位检查评定结果</td><td colspan="2">监理(建设)单位验收结论</td></tr>
<tr><td>1</td><td></td><td colspan="2"></td><td colspan="2"></td></tr>
<tr><td>2</td><td></td><td colspan="2"></td><td colspan="2"></td></tr>
<tr><td>3</td><td></td><td colspan="2"></td><td colspan="2"></td></tr>
<tr><td>4</td><td></td><td colspan="2"></td><td colspan="2"></td></tr>
<tr><td>5</td><td></td><td colspan="2"></td><td colspan="2"></td></tr>
<tr><td>6</td><td></td><td colspan="2"></td><td colspan="2"></td></tr>
<tr><td>7</td><td></td><td colspan="2"></td><td colspan="2"></td></tr>
<tr><td>8</td><td></td><td colspan="2"></td><td colspan="2"></td></tr>
<tr><td>9</td><td></td><td colspan="2"></td><td colspan="2"></td></tr>
<tr><td></td><td></td><td colspan="2"></td><td colspan="2"></td></tr>
<tr><td>检查结论</td><td colspan="2">项目专业技术负责人
年　月　日</td><td>验收结论</td><td colspan="2">监理工程师
（建设单位项目专业负责人）
年　月　日</td></tr>
</table>

本规程用词说明

1　为了便于在执行本规程条文时区别对待，对要求严格程度不同的用词说明如下：

1） 表示很严格，非这样做不可的：
正面词采用“必须”，反面词采用“严禁”。

2） 表示严格，在正常情况下均应这样做的：
正面词采用“应”，反面词采用“不应”或“不得”。

3） 表示允许稍有选择，在条件许可时首先应这样做的：
正面词采用“宜”，反面词采用“不宜”。
表示有选择，在一定条件下可以这样做的词，正面词采用“可”。

2　条文中指明应按其他有关标准执行的写法为“应符合……的规定”或“应按……执行”。

中华人民共和国行业标准

建筑轻质条板隔墙技术规程

JGJ/T 157—2008

条 文 说 明

前　言

《建筑轻质条板隔墙技术规程》JGJ/T 157—2008，经建设部2008年2月29日以第821号公告发布。

为便于广大勘察、设计、施工、管理和科研院校等单位的有关人员在使用本规程时能正确理解和执行条文规定，《建筑轻质条板隔墙技术规程》编制组按章、节、条顺序编制了本规程的条文说明，供使用者参考。在使用中如发现有不妥之处，请将意见函寄国家住宅与居住环境工程技术研究中心（北京市西城区车公庄大街19号，邮编：100044）。

目　次

1　总则 …………………………… 2—13—14
3　原材料及条板 ………………… 2—13—14
3.1　一般规定 ……………………… 2—13—14
3.2　原材料和施工配套材料 ……… 2—13—14
3.3　条板 …………………………… 2—13—15
4　条板隔墙设计 ………………… 2—13—15
4.1　一般规定 ……………………… 2—13—15
4.2　隔墙设计与构造要求 ………… 2—13—15
5　条板隔墙施工 ………………… 2—13—16
5.1　一般规定 ……………………… 2—13—16
5.2　施工准备 ……………………… 2—13—16
5.3　条板隔墙安装 ………………… 2—13—16
5.4　门、窗框板安装 ……………… 2—13—17
5.5　管、线安装 …………………… 2—13—17
5.6　接缝及墙面处理 ……………… 2—13—17
5.7　成品保护 ……………………… 2—13—17
6　条板隔墙工程验收 …………… 2—13—17
6.1　一般规定 ……………………… 2—13—17
6.2　工程验收 ……………………… 2—13—17

1 总　　则

1.0.1 近些年我国新型墙体材料发展迅速，其中建筑轻质条板的生产与应用规模逐年扩大。轻质条板隔墙主要用于居住建筑、公共建筑和一般工业建筑工程中的非承重分室隔墙和分户隔墙。为了提高条板隔墙设计、施工与验收的技术水平，规范轻质条板的生产与应用，在总结国内多年工程实践经验的基础上制定了本规程。《建筑轻质条板隔墙技术规程》的制定从设计、施工安装、工程验收各方面为控制条板隔墙工程质量提供依据。本条为轻质条板隔墙施工及验收时应遵守的总原则。

1.0.2 本条规定了本规程的适用范围。经调查表明，非承重轻质条板隔墙广泛应用于非抗震设防地区及抗震设防8度以下地区各种类型的居住建筑、公共建筑和一般工业建筑工程施工中。抗震设防8度以上的地区及抗震标准高的建筑如采用条板隔墙，应由工程设计单位提出加强措施及构造图，施工单位按图施工、验收。

在建筑工程中应用量较大的轻质条板产品包括混凝土轻质条板、玻璃纤维增强水泥条板、玻璃纤维增强石膏空心条板、钢丝（钢丝网）增强水泥条板、硅镁加气混凝土空心轻质隔墙板、复合夹芯轻质条板等。

设计单位、建设单位应选用已通过当地省（市）级以上建设主管部门组织专家进行了技术评估或投产验收，并准许推广应用的产品。

1.0.3 轻质条板隔墙应满足建筑使用功能要求。轻质条板隔墙安装工程在建筑施工中属分项工程，应与国家标准《建筑工程施工质量验收统一标准》GB 50300－2001和《建筑装饰装修工程质量验收规范》GB 50210配套使用。工程验收时，除满足本规程各项规定外，亦应符合相关的国家现行标准规范的规定。

3 原材料及条板

3.1 一 般 规 定

3.1.1 要求生产条板使用的原材料应符合国家节约土地、节能、节材、环保的产业政策，原材料不仅应性能稳定，对人体无害，而且对环境不造成污染、可实现资源综合利用。生产企业、设计单位不得采用国家限制和禁止使用的材料和制品，如黏土制品、石棉及其制品、未经改性的菱苦土及其制品以及含有辐射超标的各类工业废渣等。

3.1.2 部分条板生产企业不具备稳定的生产条件，没有配套的生产设备，生产的条板产品质量很差。这些低质产品进入建设市场后造成了很坏的影响，阻碍了新型墙材制品的推广和应用。设计单位和建设方选用条板产品时，应对生产企业及产品进行调研。

3.1.3 本条对用户方在必要的情况下对条板进行见证取样检测予以支持。并明确要求应由具备相应资质的检测单位承担检测任务，这将对限制劣质产品进入工地起到保证作用。

3.2 原材料和施工配套材料

3.2.1 为保证条板的质量满足工程设计要求，选用原材料的技术性能必须符合现行相关国家标准、行业标准的要求。目前条板原材料常用的国家标准、行业标准如下：

1 普通硅酸盐水泥的主要技术指标应符合国家标准《通用硅酸盐水泥》GB 175的要求。

2 材料放射性核素限量技术指标应符合国家标准《建筑材料放射性核素限量》GB 6566要求。

3 石膏的技术指标应符合国家标准《建筑石膏》GB 9776的要求。

4 硫铝酸盐水泥的主要技术指标应符合国家标准《硫铝酸盐水泥》GB 20472的要求。

5 低碳钢热轧圆盘条的技术指标应符合国家标准《低碳钢热轧圆盘条》GB/T 701要求。

6 粉煤灰的主要技术指标应符合国家标准《用于水泥和混凝土中的粉煤灰》GB/T 1596的要求。

7 条板耐火极限技术指标应符合国家标准《建筑构件耐火试验方法》GB/T 9978要求。

8 砂的技术指标应符合国家标准《建筑用砂》GB/T 14684要求。

9 混凝土拌合用水的技术指标应符合行业标准《混凝土用水标准》JGJ 63标准要求。

10 膨胀珍珠岩的主要技术指标应符合《膨胀珍珠岩》JC 209－1992中大于或等于100号要求。

11 低碱度硫铝酸盐水泥的技术指标应符合行业标准《低碱度硫铝酸盐水泥》JC/T 659的要求。

12 玻纤涂塑网格布的技术指标应符合行业标准《耐碱玻璃纤维网布》JC/T 841要求。

条板隔墙施工配套材料的选用是保证隔墙质量的重要因素。鉴于各地在配套材料的选用和做法上不尽相同，本条规定所用配套材料必须符合国家现行相关标准要求，并满足设计要求。

1 填充用的水泥砂浆或细石混凝土、条板接缝的密封、嵌缝、粘结材料及条板的防裂盖缝材料的技术要求均应符合现行国家标准的规定。

2 现场配制的用于条板与条板嵌缝、条板与主体结构的粘结，以及条板隔墙吊挂件、预埋件开洞后填实补强的粘结材料、专用砂浆等，应满足工程设计要求并符合相关国家现行标准的规定。

3.2.2 条板接缝部位使用的密封、嵌缝、粘结材料及条板的防裂盖缝材料，以及墙面抹灰材料必须与条板材料相适应，以减少和避免出现墙面开裂、空鼓、脱落等质量问题。

3.2.4 隔墙施工过程中所用配套卡件、预埋件的材质应符合国家现行相关标准要求。要求对普通钢卡做防锈处理，避免出现锈蚀。条文对钢卡厚度作出规定，使用卡件厚度过薄，会因钢卡刚度差，造成隔墙与顶板、主体结构固定不牢。

3.3 条　板

3.3.1 目前存在多个轻质条板的行业标准，同一检测项目，规定的技术指标不同，检测方法不同。为便于设计、施工单位了解和选用产品，本规程规定轻质条板的各项性能指标应符合《建筑隔墙用轻质条板》JG/T 169－2005的要求。

3.3.2 为方便设计人员选用，本条对隔墙工程中采用的条板品种作了简要介绍。普通板即工厂大批量生产的标准板。门、窗框板和异形板可在工厂预制生产，也可在施工现场切割标准板制作。

3.3.3 规定了轻质条板长度、宽度、厚度的主规格尺寸。目前条板隔墙多采用榫接方式拼接的，条板两侧的凹凸面应保证对接吻合，不得缺损。

3.3.4 为保证门窗的使用功能，对门窗框板和与之配套的预埋件、固定件提出了要求。

4　条板隔墙设计

4.1　一 般 规 定

4.1.1 要求工程设计单位针对条板隔墙主要建筑功能、使用功能，提出主要指标要求及构造要求，使隔墙性能满足工程设计要求。

目前不同材质的条板产品种类较多，设计单位应根据建筑物的使用性质，确定条板隔墙的种类和构造形式，选择与之适应的条板，避免出现质量问题或达不到设计要求。

4.1.2 隔墙施工单位应根据设计单位提交的隔墙工程设计技术文件和现场条件编制条板隔墙分项工程施工技术文件。编制好分项工程施工技术文件是隔墙施工准备工作中的重要环节。

4.2　隔墙设计与构造要求

4.2.1 目前常用的条板隔墙的构造形式主要有单层、双层隔墙和竖向接板隔墙三种形式，设计单位可根据工程具体情况选用，应用于各类建筑分室、分户隔墙。

4.2.2～4.2.3 确定条板隔墙的厚度是满足工程设计要求的重要因素，条文分别规定了常用分户隔墙、户内隔墙及双层隔墙的最小厚度。目前在各类建筑中应用的还有75mm、100mm、150mm等厚度的条板隔墙，设计单位可根据工程设计需要与建设方、施工方协商选用。

4.2.4～4.2.5 近几年在部分公共建筑和工业建筑中，设计接板安装条板隔墙的工程逐渐增多。为保证接板隔墙的安全性能，条文规定了目前常用的90mm厚隔墙和120mm厚隔墙接板条板墙体的限高，并提出了安装方法和加固要求。建设市场中还存在有75mm、100mm、150mm厚条板隔墙接板安装工程，设计单位可与施工单位协商确定以上规格隔墙的加固方法和安装高度，并根据工程需要设计选用。

4.2.6 本条要求对超长墙体采取加强处理措施，以保证条板隔墙的安全性能，同时减少板间裂缝的产生。条板隔墙安装长度超长，墙面易产生微细裂缝，也将影响墙体的安全性能。宜加设构造柱和对板间接缝部位采取加强防裂措施，如：安装隔墙时可间断预留伸缩缝，后期用弹性腻子填实，也可粘贴防裂网带、防裂胶带等加强处理。

4.2.7 标准条板即在工厂大批量预制生产的规格相同的条板。为保证隔墙的使用功能，要求尽量采用标准条板拼装隔墙，避免过多切割标准板，同时对隔墙补板的宽度提出要求，因为补板宽度过窄，将因板的刚度差造成损坏。

4.2.9 随着人民生活水平的提高，对居住环境及居住质量的要求随之提高，不同建筑、不同位置的隔墙应有不同的隔声标准。本条文对建筑物的分户隔墙、分室隔墙空气声隔声量指标提出不同的标准，并规定了隔声隔墙的设计、施工做法。

4.2.10～4.2.11 在非抗震设防地区，条板隔墙与建筑结构连接可采用刚性连接。对有抗震设防要求的地区，条板隔墙与建筑结构连接应采用有一定延性的柔性连接措施。本条文对在抗震设防烈度为8度和8度以下地区条板隔墙的安装方法、抗震钢卡的设置和固定作了明确规定。对超长隔墙的抗震做法也提出了具体要求。

抗震设防烈度8度以上地区，安装条板隔墙应由工程设计单位另做加固、抗震设计，安装单位应按图施工、验收。

4.2.12～4.2.13 目前，多数工程选用的轻质条板墙体自身厚度较薄，在条板隔墙上横向开槽后，条板的抗折强度明显下降，即使进行修补、加强处理，强度损失仍较严重。特别是在空心条板隔墙上水平方向开槽，将削弱墙体的刚度和整体性能。

经对各地的工程实践调查表明，安装条板隔墙时，通常要求开槽深度不大于墙厚的2/5，开槽宽度则按所敷设管线的管径加30mm控制。敷设管线、开关盒后，要求尽快做好定位和固定，用聚合物砂浆、纤维网布补强修复。

为减轻电气管线施工对隔墙性能造成的负面影

响，本条文规定，条板隔墙墙厚应大于 90mm。同时对条板隔墙开槽、固定管线、补强加固都作了明确规定，避免影响其隔声、抗冲击、抗振动等使用性能。

控制柜、配电箱安装完成后，与墙体接缝处应重点补强修复。特别强调配电箱、设备控制柜不得穿透隔墙安装。

4.2.14～4.2.15 条文提出轻质条板隔墙内不宜横向布置水管，避免铺设管线对墙体造成损害，并规定了应采取的安装措施和要求。根据部分设计、施工、建设单位的反映，目前在一些住宅建筑中，用户为了墙壁美观和使用方便强烈要求暗埋安装水管。考虑到住宅厨房、厕浴间墙面面积较小，开槽面积小，为推动和规范轻质条板的应用，条文对需要暗装水管的住宅隔墙工程提出具体规定和要求。

4.2.16 由于条板承受吊挂的能力不仅与其自身力学性能有关，而且与吊挂点的位置有关，在工程中经常出现吊点位置不好或吊挂物较重，造成质量问题。因此必须对吊点位置作出规定并采取必要的加固措施。

4.2.17～4.2.19 某些材质的条板墙体在潮湿环境下，会引起强度降低。部分轻质墙还会出现烂根、起鼓、脱皮等问题。本条文对防水性能差的条板墙体提出相关的处理措施和规定。

4.2.20 应满足建筑对不同隔墙的防火功能要求。条板隔墙的燃烧性能及耐火极限应符合现行国家相关标准的要求。

4.2.21 本条对分户隔墙、走廊隔墙、楼梯间隔墙提出保温、隔热要求，可采用保温性能好的复合夹芯条板隔墙或双层条板隔墙。具体做法和指标参照各省、区的建筑节能实施细则。

4.2.22 在部分公共建筑和工业建筑中设计有安装不到顶，顶端为自由端的条板隔墙。本条文对此类隔墙的构造及加固方法作了规定，以提高隔墙的安全性能。

4.2.23 为解决条板隔墙的墙面开裂问题，本条鼓励采用多种拼接形式，并指出应对条板隔墙易开裂部位做重点防裂处理。

根据各地的工程实践，可采用多种方法对轻质条板墙体接缝部位进行防裂处理，如采用预留伸缩缝用柔性粘结材料填实密封，全墙面粘贴挂胶玻璃纤维网格布或粘贴防裂网带、防裂胶带处理条板接缝部位等措施。

在安装条板墙体时，宜根据所用条板的材质，选用适宜的板与板拼装方式和嵌缝材料。根据隔墙材料、构造、部位的不同选择不同的粘结材料和防裂处理措施是提高条板隔墙安装质量的重要因素。

4.2.24～4.2.26 各地工程实践证明，门窗洞口的尺寸及位置对条板的受力破坏产生重要影响。门框板、窗框板、过梁板长期处于铰接状态下，反复承受疲劳性剪拉力，其受破坏因素在设计时必须给予考虑。因此本条文作了相应的规定。规定了安装条板隔墙时，选用门、窗框板的要求，以及门、窗过梁板的安装、固定和防开裂的要求。

5 条板隔墙施工

5.1 一 般 规 定

5.1.1 要求施工企业按本规程 4.1.2 条要求编制条板隔墙分项工程施工技术文件，提交隔墙排板图设计、施工组织技术方案。编制好条板隔墙施工技术文件是保证条板隔墙安装质量的有效措施。

5.1.3 目前条板隔墙施工企业工人流动较快，施工企业应对安装人员进行专业知识及安装技能培训。条文要求项目经理应对安装班组操作人员进行技术交底。

5.1.4 要求安装企业实行文明施工、安全施工，并对条板隔墙安装过程中产生的环保问题，提出了相关要求。

5.1.5 因为冬期施工考虑因素较多，本条文无法过多阐述，仅强调施工企业应在规定温度下施工，如在低温条件下施工，应采取冬期施工措施。

5.1.6 施工企业应建立完善、有效的条板隔墙安装质量保证体系，能够全过程控制隔墙安装的各工序工程质量。要求在安装过程中各工序均设专人验收并保存记录，特别是对隐蔽项目（管、线施工等）、防水层、防潮层的验收记录提出了相关要求。

5.1.8 条文对施工企业现场安全施工和劳动保护提出要求。目前条板隔墙现场安装多采用人工作业，工人劳动强度较大，必须加强安全施工教育，制定相关防护措施。

5.2 施 工 准 备

5.2.1 安装条板隔墙前，施工企业应确认施工现场已具备安装条板隔墙的作业条件。

5.2.2 条文对条板和配套材料进场验收提出要求，规定了存放条件。对现场配制的嵌缝材料、粘结材料提出了质量要求。做好以上施工准备工作对条板隔墙的安装质量将起到保证作用。

5.2.4 石膏条板隔墙等耐水性能差的墙体如用于潮湿环境下必须先做好防潮、防水等构造措施。

5.2.5 在条板隔墙安装过程中，隐蔽工程施工质量直接影响墙体的性能，条文为此提出核查要求。

5.3 条板隔墙安装

5.3.1 目前在建筑隔墙工程中，单层条板隔墙的应用量最多，已积累了丰富的安装经验。要严格按照排板图，按施工程序安装条板隔墙，才能保证条板隔墙质量。条文简单介绍了常用的下楔顶板安装条板隔墙的方法。

现在有部分施工企业采用上楔法安装条板隔墙。先按排板图要求弹墨线，在楼地面依据安装控制线铺上粘结材料，将条板下端对准安装控制线直接放置在楼地面上，然后调整隔墙的平整度、垂直度。之后在隔墙上部用木楔临时固定，再按设计要求安装钢卡，用专用粘结材料将条板隔墙上口与梁或顶板缝隙填实。木楔应在立板养护 3d 后取出并用粘结材料填实楔孔。

5.3.2～5.3.3 双层条板隔墙通常作为隔声隔墙、保温隔墙、防火隔墙等特殊功能隔墙选用，可参照单层条板墙体安装工法，同时补充规定了双层条板墙体的安装方法和质量要求，例如：安装隔声隔墙、保温隔墙、防火隔墙应按设计要求铺装吸声、保温材料等功能材料，以保证隔墙的隔声或保温、隔热性能满足工程设计要求。

5.3.4～5.3.5 近年来，在公共建筑和工业建筑中条板隔墙应用量不断扩大，接板安装隔墙的工程也越来越多。有的接板隔墙高达 10m。接板安装隔墙的安全性能引起各方关注，本条文对接板安装隔墙提出设计、施工要求和加固措施。

由于涉及安全问题，如设计方提出或合同约定，应对接板轻质条板隔墙工程进行见证检测抗冲击性能试验，本条文予以支持。并要求由具备相应资质的检测单位做出墙体抗冲击性能测试。具体试验方法参照《建筑隔墙用轻质条板》JG/T 169—2005 第 6 章第 6.4.1 条。检测仅适用于本规程规定限高尺寸以内的接板安装条板隔墙。检测报告应附竖向接板隔墙安装示意图。

5.4 门、窗框板安装

5.4.1～5.4.5 在轻质条板隔墙安装中，门窗框板必须安装牢固、可靠。门窗框条板与门窗框的连接、固定是隔墙安装的重要工序。本条对门窗框板与不同材料门窗安装、固定、接缝处理方法及对在隔墙上安装门窗的时间都作了规定。

5.5 管、线安装

5.5.1～5.5.4 管线的敷设应与条板隔墙安装配合进行。本条文对轻质条板隔墙管线安装、固定、开槽、板面修补、加固均作出明确规定。

在条板隔墙上开槽、留洞，必须采用专用切割工具，不得随意敲砸。为保证隔墙使用性能，开槽、留洞后宜尽快敷设管线，同时对回填、补强作了规定。

5.5.5～5.5.6 水管、配电箱的安装应根据工程设计要求处理。

5.6 接缝及墙面处理

5.6.1～5.6.3 条板隔墙墙面易产生裂缝是隔墙安装普遍存在的问题，应在条板生产、施工安装过程中都严格控制质量才能解决这个问题。条文对施工过程中条板接缝部位的做法及选用材料提出具体要求。并对有防水要求的条板隔墙接缝部位处理作出专门规定。

5.7 成品保护

5.7.1～5.7.4 条板隔墙的成品保护是隔墙安装过程中的重要环节，要求在施工全过程中对隔墙进行保护。本条文对在施工安装过程中及工程验收前，条板墙体的成品保护提出相关规定和具体防范措施。

6 条板隔墙工程验收

6.1 一般规定

6.1.1 条板隔墙工程质量验收时应对提交的技术文件和资料进行认真核查。

6.1.2 条板隔墙工程的隐蔽工程施工质量验收是此分项工程质量验收的重要部分。本条规定了隐蔽工程验收内容。

在墙板安装工程中，有时由水电专业安装单位承担条板隔墙配电箱、控制柜、水电管线开槽、敷设、安装等工作。这种情况下，更应加强验收和归档验收记录。

6.1.3 条文依据国家标准《建筑装饰装修工程质量验收规范》GB 50210 中的相关内容规定了条板隔墙检验批划分方法。

6.1.6 目前的条板隔墙隔声验收，应要求提供实验室检测报告，但在有争议或合同约定的情况下可做现场隔声检测，并提交检测报告和相关技术资料。现场隔声检测依据国家标准《民用建筑隔声设计规范》GBJ 118 的相关规定。

6.2 工程验收

6.2.1～6.2.10 条板隔墙工程属建筑装饰装修工程的分项工程，本节规定的验收内容主要依据国家标准《建筑装饰装修工程质量验收规范》GB 50210 中板材隔墙工程的相关要求。

6.2.11 针对不同的条板隔墙安装质量验收不合格工程，分别提出了工程验收的处理方法。

中华人民共和国行业标准

蓄冷空调工程技术规程

Technical specification for cool storage air-conditioning system

JGJ 158—2008

J 812—2008

批准部门：中华人民共和国住房和城乡建设部

施行日期：2 0 0 8 年 1 2 月 1 日

中华人民共和国住房和城乡建设部
公　　告

第74号

关于发布行业标准《蓄冷空调工程技术规程》的公告

现批准《蓄冷空调工程技术规程》为行业标准，编号为JGJ 158—2008，自2008年12月1日起实施。其中，第3.3.12、3.3.25条为强制性条文，必须严格执行。

本规程由我部标准定额研究所组织中国建筑工业出版社出版发行。

中华人民共和国住房和城乡建设部

2008年8月5日

前　　言

根据建设部《关于印发〈二〇〇四年度工程建设城建、建工行业标准制订、修订计划〉的通知》（建标［2004］66号）的要求，标准编制组经广泛调查研究，认真总结实践经验，参考有关国际标准和国外先进标准，并在广泛征求意见的基础上，制定了本规程。

本规程的主要技术内容是：1　总则；2　术语；3　设计；4　施工安装；5　调试、检测及验收；6　蓄冷空调系统的运行管理。

本规程中以黑体字标志的条文为强制性条文，必须严格执行。

本规程由住房和城乡建设部负责管理和对强制性条文的解释，由中国建筑科学研究院负责具体技术内容的解释。

本规程主编单位：中国建筑科学研究院（地址：北京市北三环东路30号；邮政编码100013）

本规程参编单位：际高建业有限公司
北京市建筑设计研究院
中国建筑设计研究院
清华大学
同济大学
华东建筑设计研究院有限公司
中国建筑西北设计研究院
中南建筑设计院
广东省建筑设计研究院
国家电网公司电力需求侧管理指导中心
美国巴尔的摩空气盘管有限公司（BAC）
特灵空调系统（江苏）有限公司
约克（无锡）空调冷冻科技有限公司

本规程主要起草人员：徐　伟　丛旭日　邹　瑜　朱清宇　陈凤君　孙宗宇　徐宏庆　宋孝春　赵庆珠　吴喜平　杨　光　周　敏　马友才　王业纲　王智超　袁东立　宋宏坤　徐　飞　施敏琪　施　雯

目　次

1　总则 ………………………………… 2—14—4
2　术语 ………………………………… 2—14—4
3　设计 ………………………………… 2—14—4
3.1　一般规定 ……………………… 2—14—4
3.2　负荷计算 ……………………… 2—14—5
3.3　冷源系统设计 ………………… 2—14—5
3.4　末端空调系统 ………………… 2—14—7
3.5　系统监测与控制 ……………… 2—14—7
4　施工安装 …………………………… 2—14—7
4.1　一般规定 ……………………… 2—14—7
4.2　设备安装 ……………………… 2—14—8
4.3　控制系统的安装 ……………… 2—14—8
5　调试、检测及验收 ………………… 2—14—8
5.1　一般规定 ……………………… 2—14—8
5.2　设备调试 ……………………… 2—14—8
5.3　控制系统的调试 ……………… 2—14—8
5.4　系统调试和验收 ……………… 2—14—9
6　蓄冷空调系统的运行管理 ………… 2—14—9
本规程用词说明 ……………………… 2—14—10
附：条文说明 ………………………… 2—14—11

1 总　　则

1.0.1 为使蓄冷空调工程的设计、施工、调试、验收及运行管理做到技术先进、经济适用、安全可靠，确保工程质量，制定本规程。

1.0.2 本规程适用于新建、改建、扩建的工业与民用建筑的蓄冷空调工程的设计、施工、调试、验收及运行管理。本规程不适用于共晶盐蓄冷空调系统及季节性蓄冷空调系统。

1.0.3 蓄冷空调工程的设计、施工、调试、验收及运行管理，除应执行本规程外，尚应符合国家现行有关标准的规定。

2 术　语

2.0.1 蓄冷空调系统　cool storage air-conditioning system

将冷量以显热、潜热的形式蓄存在某种介质中，并能够在需要时释放出冷量的空调系统。

2.0.2 冰蓄冷系统　ice thermal storage system

通过制冰方式，以冰的相变潜热为主蓄存冷量的蓄冷系统。

2.0.3 载冷剂　coolant

在蓄冷系统中，用以传递制冷、蓄冷装置冷量的中间介质。

2.0.4 蓄冷介质　cool storage medium

在蓄冷系统中，以显热、潜热形式储存制冷机所产生的冷量的介质。常用的蓄冷介质有水、冰等。

2.0.5 蓄冷方式　manner of cool storage

蓄存冷量的方式。包括水蓄冷、盘管式蓄冰（内融冰、外融冰）、封装式（冰球、冰板式）蓄冰、冰片滑落式蓄冰、冰晶式蓄冰等。

2.0.6 蓄冷装置　cool storage device

由蓄冷设备及附属阀门、配管、传感器等相关附件组成的蓄存冷量的装置。

2.0.7 水蓄冷系统　chilled-water storage system

利用水的显热蓄存冷量的蓄冷系统。

2.0.8 盘管式蓄冰系统(内融冰、外融冰)　ice-on-coil system(internal and external melt)

由浸没在充满水的蓄冰槽内的金属或塑料盘管作为蓄冷介质与载冷剂的换热面，通过载冷剂在盘管内的流动使盘管外表面结冰，以蓄存冷量的蓄冷系统。因融冰方式不同分为外融冰和内融冰。

2.0.9 封装式（冰球、冰板式）蓄冰系统　encapsulated ice system

将封装蓄冷介质的蓄冷容器密集地放置在蓄冰装置中，由低温载冷剂流经蓄冰装置，使蓄冷容器内的蓄冷介质结冰来蓄存冷量的蓄冷系统。

2.0.10 冰片滑落式蓄冰系统　ice harvesting system

在制冷机的板式蒸发器表面上不断冻结薄冰片，然后滑落至蓄冰槽内蓄存冷量的蓄冷系统，又称收冰式或片冰式蓄冰系统。

2.0.11 冰晶式蓄冰系统　slurry system

将低浓度载冷剂冷却至0℃以下，产生细小而均匀的冰晶，与载冷剂形成冰浆状的物质蓄存在蓄冷槽内的蓄冷系统。

2.0.12 蓄冷—释冷周期　period of charge and discharge

蓄冷空调系统经一个蓄冷—释冷循环所运行的时间。

2.0.13 全负荷蓄冷　full cool storage

蓄冷装置承担设计周期内平、峰段的全部空调负荷。

2.0.14 部分负荷蓄冷　partial cool storage

蓄冷装置只承担设计周期内平、峰段的部分空调负荷。

2.0.15 双工况制冷机　refrigerating unit with dual duty

能在制冷工况和制冰工况下稳定运行，并均能达到较高能效比的制冷机。

2.0.16 基载负荷　base load

在蓄冷—释冷周期内冷负荷中较为恒定的部分。

2.0.17 基载制冷机　refrigerating unit for base load

用于满足基载负荷需求而设置的制冷机。

2.0.18 蓄冷温度　charge temperature

蓄冷工况时，载冷剂进入蓄冷装置中的温度。

2.0.19 释冷温度　discharge temperature

释冷工况时，载冷剂流出蓄冷装置的温度。

2.0.20 蓄冷速率　instantaneous storage capacity

蓄冷工况时，蓄冷装置瞬时的单位时间蓄冷量的大小。

2.0.21 释冷速率　instantaneous discharge capacity

释冷工况时，蓄冷装置瞬时的单位时间释冷量的大小。

2.0.22 低温送风　cold air distribution

送风温度不高于10℃的空调送风方式。

2.0.23 运行模式　operating mode

蓄冷空调系统本身所能实现的各种运行工况。

2.0.24 控制策略　control strategy

根据控制指令和监控参数的变化，采用一定的控制逻辑和算法，设置制冷机、蓄冷装置、水泵、阀门等设备的运行状态，以达到某种控制目标的方法。

3 设　　计

3.1 一 般 规 定

3.1.1 蓄冷空调系统设计前，应对建筑物的冷负荷、空调系统的运行时间和运行特点，以及当地电力供应相关政策和分时电价情况进行调查。

3.1.2 以电力制冷的空调工程，当符合下列条件之一且经技术经济分析合理时，宜设置蓄冷空调系统：

1 执行峰谷电价，且差价较大的地区；

2 空调冷负荷高峰与电网高峰时段重合，且在电网低谷时段空调负荷较小的空调工程；

3 逐时负荷的峰谷悬殊，使用常规空调系统会导致装机容量过大，且大部分时间处于部分负荷下运行的空调工程；

4 电力容量或电力供应受到限制的空调工程；

5 要求部分时段备用制冷量的空调工程；

6 要求提供低温冷水，或要求采用低温送风的空调工程；

7 区域性集中供冷的空调工程。

3.1.3 蓄冷空调系统的设计应包括下列内容：

1 空调冷负荷计算；

2 确定蓄冷方式和蓄冷介质；

3 确定系统流程、运行模式和控制策略；

4 计算制冷设备、蓄冷装置的容量；

5 确定其他辅助设备的形式和容量；

6 编制蓄冷—释冷负荷逐时分配表；

7 计算蓄冷—释冷周期内的移峰电量、减少的电力负荷以及总能效比。

3.1.4 应根据蓄冷—释冷周期内冷负荷曲线、电网峰谷时段及电价、建筑物能够提供的设置蓄冷设备的空间等因素，经综合比较后确定采用全负荷蓄冷或部分负荷蓄冷。

3.1.5 根据工程需要经技术经济比较后，蓄冷装置可采用下列类型：

1 水蓄冷装置；

2 盘管式蓄冰（内融冰、外融冰）装置；

3 封装式蓄冰装置；

4 冰片滑落式蓄冰装置；

5 冰晶式蓄冰装置。

3.1.6 蓄冷空调系统设计宜进行全年动态负荷计算和能耗分析。

3.1.7 对于改、扩建的蓄冷空调系统，应根据设备重量对放置部位的结构进行校核。

3.2 负 荷 计 算

3.2.1 应对蓄冷空调系统一个蓄冷—释冷周期的冷负荷进行逐时计算。蓄冷—释冷周期应根据空调系统冷负荷的特点、电网峰谷时段等因素经技术经济比较确定。

3.2.2 负荷计算方法应符合现行国家标准《采暖通风与空气调节设计规范》GB 50019 的有关规定；并应提供蓄冷—释冷周期内逐时负荷和总负荷。

3.2.3 蓄冷—释冷周期内逐时负荷中，应计入水泵的发热量以及蓄冷槽和冷水管路的得热量。当采用低温送风空调系统时，应根据室内外参数计算是否产生附加的潜热冷负荷。

3.2.4 间歇运行的蓄冷空调系统负荷计算时，应计算初始降温冷负荷。

3.2.5 对于改建、扩建工程，蓄冷空调负荷宜采用实测和计算相结合的方法得出。

3.2.6 在方案设计和初步设计阶段，可采用冷负荷系数法或平均法对逐时冷负荷进行估算。

3.3 冷源系统设计

3.3.1 在设计阶段，应根据经济技术分析和冷负荷曲线，确定蓄冷—释冷周期内系统的逐时运行模式，以及对应的制冷机和蓄冷装置的状态。

3.3.2 全部负荷蓄冷时的总蓄冷量，应按在设计工况下平、峰段的逐时空调冷负荷的叠加值确定。

3.3.3 部分负荷蓄冷时的总蓄冷量，应根据工程的冷负荷曲线、电力峰谷时段划分、用电初装费、设备初投资费及其回收周期和设备占地面积等因素，通过经济技术分析确定。

3.3.4 蓄冷时段仍需供冷时，宜设置直接向空调系统供冷的基载制冷机；蓄冷时段所需冷量较少时，也可不设基载制冷机，由蓄冷系统同时蓄冷和供冷。

3.3.5 制冷机、蓄冷装置的容量应按下列原则确定：

1 制冷机、蓄冷装置的容量应保证在设计蓄冷时段内完成全部预定蓄冷量的储存；

2 蓄冰空调系统的制冷机应能适应制冷和制冰两种工况，其制冷量应根据生产厂商提供的性能资料，对不同工况分别计算；

3 基载制冷机容量应保证蓄冷时段空调系统需要的供冷量。

3.3.6 冷源系统设计时，制冷机应根据蓄冷方式和蓄冷温度合理选择。对于双工况制冷机，应按制冰工况的制冷量选型，同时应满足按制冷工况运行时的要求。

3.3.7 当地电力部门有其他限电政策时，所选蓄冷装置的最大小时释冷量应满足限电时段的最大小时冷负荷的要求。

3.3.8 冷源系统设计时，应对不同运行模式下蓄冷装置与制冷机的进、出介质温度进行校核。蓄冷时，应保证在蓄冷时段内储存充足的冷量；释冷时，应保证能取出足够的冷量，且释冷速率应能满足蓄冷空调系统的用冷需求。

3.3.9 制冷机的逐时制冷量宜根据白天和夜间的室外温、湿度，选用不同的冷凝器入口温度进行计算。

3.3.10 蓄冷空调系统的蓄冷方式应根据建筑物蓄冷周期和负荷曲线、蓄冷系统规模、蓄冷装置的蓄冷和释冷特性以及现场条件等因素，经技术、经济比较后确定；蓄冷装置的蓄冷和释冷特性应满足蓄冷空调系统的需求。

3.3.11 水蓄冷系统设计应符合下列规定：

1 建筑物中具有可利用的消防水池时，应尽可能考虑其兼做蓄冷水池；

2 蓄冷混凝土水池不宜小于100m³；

3 确定蓄冷混凝土水池深度时，应考虑到水池中冷热掺混热损失，在条件允许时宜尽可能加深；

4 供回水温差不宜小于7℃，蓄冷容积不宜大于0.048m³/kWh；

5 水蓄冷蓄水温度在4～7℃时，宜采用常规制冷机组；

6 蓄冷水槽宜采用温度分层法，也可采用多水槽法、隔膜法或迷宫与折流法；

7 采用分层法的蓄冷水槽，应合理设计水流分配器，使供回水于蓄冷和释冷循环中在槽内形成重力流，并保持一个合理稳定的斜温层；

8 蓄冷时，蓄冷水槽的进水温度应保持恒定；

9 水路设计时，应采用防止系统中水倒灌的措施；

10 蓄冷水槽宜远离振动设备，当与振源较近时，应对振源采取相应的减、隔振措施。

3.3.12 水蓄冷系统的蓄冷、蓄热共用水池不应与消防水池合用。

3.3.13 盘管式蓄冰系统设计应符合下列规定：

1 应对各蓄冰单元内的冰层厚度或蓄冰量进行监控；

2 外融冰蓄冰槽应采用合理的蓄冷温度和控制措施，防止管簇间形成冰桥；对内融冰蓄冰槽，应防止膨胀容积部分形成冰帽；

3 当设置空气泵时，应设置除油过滤器，以避免压缩空气中的油液进入冰槽；空气泵的发热量应计入蓄冰槽的冷量损失；并应对钢制蓄冰槽和钢制盘管采取必要的防腐保护措施；

4 外融冰蓄冰槽的数量大于2个时，水侧宜采用并联连接。

3.3.14 封装式蓄冰系统设计应符合下列规定：

1 宜采用闭式蓄冰装置，膨胀水箱应能容纳冰水相变及载冷剂温度变化引起的体积膨胀量；当采用开式蓄冰装置时，应采取防止载冷剂溢流的措施；

2 封装冰容器配置应保证其膨胀和收缩不产生短路循环；

3 当配置矩形封装冰容器时，宜在槽内中间高度加装折流板。加装折流板的蓄冰槽，其进出口压差不应过大；

4 当配置球形封装冰容器时，可采用冰球隔网保护措施；其蓄冰槽的进出口应设集管或分配器；

5 蓄冷槽宜采用外保温；

6 出水温度控制宜采用旁通法，应设置三通阀门或联动的两通阀门进行控制。

3.3.15 冰片滑落式蓄冰系统设计应符合下列规定：

1 应合理设置制冰与脱冰循环周期；

2 蓄冰槽宜采用外保温；

3 应采取措施减少蓄冰槽内空穴的形成；

4 出水集管宜在槽底贴外壁设置，当其立管位于槽体内部时，应采取防止冰片划伤管道的遮护措施；

5 冷却塔应满足蒸发温度较高时制冷机的排热量。

3.3.16 蓄冷装置保冷层的表面温度不应低于空气的露点温度，保冷设计应符合现行国家标准《采暖通风与空气调节设计规范》GB 50019、《设备及管道保冷设计导则》GB/T 15586及《设备及管道保温设计导则》GB/T 8175的规定。

3.3.17 现场制作开式蓄冷槽时，材料可采用钢板、混凝土或玻璃钢，并应符合下列规定：

1 蓄冷槽必须满足系统承压要求，埋地蓄冷槽还应能承受土壤等荷载；

2 蓄冷槽应严密、无渗漏；

3 蓄冷槽及内部部件应做耐腐蚀处理；

4 蓄冷槽应进行槽体结构和保温结构的设计。

3.3.18 当开式系统的最高点高于蓄冷槽水位时，应采取措施以防止水泵停止时管路中发生倒空。

3.3.19 空调水系统规模较小、工作压力较低时，可采用载冷剂作为冷媒直接进入空调系统供冷；否则宜采用间接连接的蓄冷空调系统。

3.3.20 采用间接连接的冰蓄冷系统中，换热器二次水侧应采取以下防冻保护措施：

1 载冷剂侧应设置关断阀和旁通阀；

2 当载冷剂侧温度低于2℃时，应开启二次侧水泵。

3.3.21 冰蓄冷系统设计中，应明确所使用的载冷剂种类及浓度。载冷剂的选择应符合下列规定：

1 载冷剂的凝固点应低于制冷机制冰时的蒸发温度，沸点应高于系统最高温度；

2 载冷剂的物理化学性能应稳定；

3 载冷剂应比热大、密度小、黏度低、导热好；

4 载冷剂应无公害；

5 载冷剂中应添加防腐剂和防泡沫剂。

3.3.22 当采用乙烯乙二醇水溶液作为冰蓄冷系统的载冷剂时，应选用专门配方的工业级缓蚀性乙烯乙二醇水溶液，其配比浓度应根据蓄冰系统工作温度范围确定。

3.3.23 载冷剂管路系统的水力计算应根据选用的载冷剂物理特性进行；双工况制冷机的制冷量和换热器的传热量应根据选用的载冷剂的传热特性进行修正。

3.3.24 载冷剂管路系统应设置存液箱、补液泵、膨胀箱等设备。膨胀箱宜采用闭式，溢流管应与溶液收集箱连接。

3.3.25 乙烯乙二醇的载冷剂管路系统不应选用内壁镀锌的管材及配件。

3.3.26 载冷剂管路循环泵宜采用机械密封型。

3.3.27 载冷剂系统设计时，应使循环泵的性能参数与不同工况对应的需求相适应。

3.3.28 应根据运行模式、控制策略合理设计系统配置和流程，蓄冷空调系统的基本流程应包括：

1 蓄冷装置与制冷机并联布置；

2 蓄冷装置与制冷机串联布置，制冷机位于上游；

3 蓄冷装置与制冷机串联布置，制冷机位于下游。

3.3.29 多台蓄冰装置并联时，宜采用同程式配管；当采用异程式配管时，每个蓄冰槽进液管宜设平衡阀。

3.4 末端空调系统

3.4.1 蓄冷空调系统宜使用大温差供水及低温送风空调系统。

3.4.2 蓄冷空调系统的末端表冷器出风干球温度与冷媒进口温度之间的温差不宜小于3℃，出风温度宜采用4～10℃。

3.4.3 采用大温差低温供水的风机盘管机组，应符合现行国家标准《风机盘管机组》GB/T 19232的规定，并应满足设计低温运行工况下的性能要求。

3.4.4 低温送风空调系统的空气处理机组，应符合现行国家标准《组合式空调机组》GB/T 14294的规定，并应满足设计低温运行工况下的性能要求。

3.4.5 低温送风空调系统送风管道的保冷构造应有可靠的隔汽措施，送风管道的法兰、阀门及其他连接附件也应采取保冷措施，并应符合现行国家标准《采暖通风与空气调节设计规范》GB 50019的相关规定。

3.4.6 低温送风空调系统采用的风管，其漏风量应符合国家现行标准《通风管道技术规程》JGJ 141的相关规定。

3.4.7 低温送风空调系统在空调房间送冷风的初期，应采取逐渐降低送风温度的控制策略。

3.4.8 低温送风空调系统应使送风口表面温度高于室内露点温度1～2℃。

3.5 系统监测与控制

3.5.1 蓄冷空调系统应配置自动控制系统，并宜实现下列控制内容：

1 参数监测与设备状态显示；

2 载冷剂及空调供回水温度的控制；

3 空调负荷的预测、记忆；

4 各运行模式的控制和转换；

5 用电量、冷量的计量与管理；

6 自动保护与报警。

3.5.2 蓄冷空调系统中，宜对下列参数和设备状态进行监测：

1 制冷机的进、出口温度和流量；

2 蓄冷装置的进、出口温度和流量，蓄冷量和释冷量；

3 空调系统供、回水温度和流量；

4 各电动阀门的阀位；

5 变频泵的频率；

6 其他必须监测的设备状态参数；

7 室外空气温湿度。

3.5.3 运行模式为制冷机蓄冷时，蓄冷工况的结束宜按下列方式确定：

1 依据设定的制冷机进口或出口温度或温度差，当低于该设定值时蓄冷工况结束；

2 依据监测的蓄冷装置蓄冷量；

3 依据设定的时间。

3.5.4 运行模式为制冷机蓄冷同时供冷时，可通过控制载冷剂侧三通调节阀或两个联动的两通调节阀，调节进入板式换热器载冷剂的流量，来保证空调水侧供水温度的恒定。

3.5.5 运行模式为制冷机单独供冷时，可根据设定的制冷机出口水温调整单台制冷机的制冷量，同时根据负荷变化进行制冷机启停台数控制。

3.5.6 运行模式为蓄冷装置单独供冷时，应根据空调水侧供水温度，控制载冷剂侧三通调节阀或两个联动的两通调节阀，调节蓄冷装置的释冷量。

3.5.7 运行模式为制冷机与蓄冷装置联合供冷时，宜根据系统效率、运行费用及系统流程，采用下列控制方式：

1 制冷机优先：设定制冷机出口温度，使其满负荷运行或限定制冷量运行；当空调系统的负荷超出制冷机的制冷量时，调节蓄冷装置的流量，以实现供水温度的恒定。

2 蓄冷装置优先：设定蓄冷装置的进、出水流量，使其满负荷运行或限定释冷量运行；当空调系统的负荷超出释冷量时，按设定的出口温度开启并运行制冷机，以实现供水温度的恒定。

3 比例控制：根据蓄冷装置的剩余冷量和融冰率，按单位时段调节制冷机与蓄冷装置的投入比例，投入比例可以通过调节限定制冷机制冷量，或调节限定的蓄冷装置释冷量。

3.5.8 蓄冷—释冷周期内运行策略应根据周期内空调负荷与电价制定；全年运行策略应根据全年负荷、电价及运行费用变化情况进行相应调整。

4 施工安装

4.1 一般规定

4.1.1 蓄冷空调工程施工前应有完备的设计施工图

纸和有关技术文件，以及较完善的施工方案、施工组织设计，并已完成技术交底。

4.1.2 所有进场材料、产品的技术文件应齐全，产品合格证标志应清晰，外观检查应合格，并应按有关要求进行抽样检测。

4.1.3 设备及管道系统安装应符合现行国家标准《制冷设备、空气分离设备安装工程施工及验收规范》GB 50274、《通风与空调工程施工质量验收规范》GB 50243 以及《建筑给水排水及采暖工程施工质量验收规范》GB 50242 的规定。

4.2 设备安装

4.2.1 重大设备运输及吊装时，应制定安装方案并采取防护措施，保证施工安全。

4.2.2 制冷机、蓄冷设备及其他设备安装前的准备工作应符合下列规定：

1 机组安装前应进行设备基础验收；

2 设备到场后，建设单位、监理单位、施工单位及生产厂家应联合进行设备开箱验收，并做好验收记录；

3 设备如暂时不能安装需临时存放时，应做好防潮、防磕碰等措施；制冷机组还应避免在高温、低温环境下存放时间过长；

4 设备安装应符合说明书及安装手册要求。

4.2.3 蓄冷装置的安装应符合下列规定：

1 盘管式蓄冷设备在运输及安装时，应保持水平；

2 封装式蓄冷设备安装时，冰球装罐时应防止冰球与钢铁、混凝土等物体相碰击或冰球之间的互相撞击，安装时严禁杂物进入罐内；

3 整装蓄冷设备在临时存放及运输过程中，与设备底面的接触面应平整；

4 整装蓄冷设备的基础应平整，倾斜度不应大于 0.001；

5 设备安装应采用加垫片的方式进行找平；

6 整装蓄冷设备底部与基础之间应加设绝热保温措施；

7 系统冲洗时，不应经过蓄冷设备；

8 蓄冷装置安装完毕应做水压试验和气密性试验。

4.2.4 现场制作开式蓄冷装置时应符合下列规定：

1 顶部应预留检修口；

2 槽内宜做集水坑；

3 排水泵可采用固定安装或移动安装方式；

4 应安装注水管，最低处应设置排污管，并在排污管上加设阀门。

4.2.5 闭式蓄冰槽应符合现行国家标准《钢制压力容器》GB 150 的规定。

4.2.6 冰片滑落式蓄冷系统的散装机组现场安装时，布水器水平度误差不应大于 0.001，蒸发板垂直误差不应大于 0.001，各管道应按设备说明书连接。

4.2.7 大温差低温供水的风机盘管，应按照现行国家标准《风机盘管机组》GB/T 19232 在相应低温工况下逐项检验合格。

4.2.8 安装于低温送风系统的风管和风口，均应具有可以证明在设计送风温度下表面不会发生结露的检验报告。

4.3 控制系统的安装

4.3.1 承担蓄冷控制系统安装的承包方应根据设计单位提供的设计文件进行控制系统的深化设计，并应在系统安装前提供深化设计图纸。

4.3.2 蓄冷系统低温液体管路控制设备安装时，应防止传感器使用时结露，并做好测量电路和外部的隔离保温措施。

5 调试、检测及验收

5.1 一般规定

5.1.1 蓄冷空调系统调试及检测应在设备、管道、保温、配套电气等施工全部完成后进行。

5.1.2 蓄冷空调系统调试及检测宜在夏季进行，联合调试宜在最热月或与设计室外参数相近的条件下进行。

5.1.3 施工单位应负责系统调试，并提供书面报告。

5.1.4 蓄冷空调系统的调试、检测及验收除按本规程执行外，还应符合国家现行有关标准的规定及设计文件的要求。

5.1.5 检测、调试所采用的测试仪器仪表，应经国家技术质量监督部门标定，并提供相应测量范围、精度的标定证明。

5.2 设备调试

5.2.1 蓄冷空调系统调试前，应进行制冷机、水泵、蓄冷装置、换热器、末端空调系统等单体设备的试运行和调试。

5.2.2 首次启动制冰循环前，应符合下列规定：

1 蓄冷空调系统使用载冷剂的性质及浓度应符合设计要求；

2 所有循环水泵试运行完毕；

3 所有操作和安全控制器的接线正确；

4 有足够的负荷消耗冰槽内所蓄的冰；

5 混凝土蓄冷槽在初次使用时，应使槽内水温逐渐降到设计工况。

5.3 控制系统的调试

5.3.1 控制系统的调试应在满足下列条件后进行：

1 蓄冷系统的设备全部安装完毕，线路敷设和接线均应符合设计图纸要求；

2　蓄冷系统的受控设备、子系统单体及自身系统的调试结束，设备或子系统的测试数据应符合设计和工艺要求；

3　系统的调试环境和工业卫生条件（温度、湿度、防静电、电磁干扰等）应符合设备的要求。

5.3.2　控制系统设备的单体调试应符合下列规定：

1　设备的外观和安装状况应符合要求；

2　按照控制器的要求应已进行过运行可靠性测试；

3　控制器、输入输出组件和监控点元件的硬件、接线的位置与软件的地址、型号、状态等应完全一致；

4　应使用计算机或现场测试仪器，对控制器和现场控制设备以手动控制方式，按照设计要求对模拟量、数字量输入输出进行测试，并作记录。

5.3.3　蓄冷控制系统通过调试宜具备下列功能：

1　应具备与其他子系统进行通信的能力；

2　对蓄冷系统内各类设备的控制应安全、可靠；

3　应具备实时采集、记录和保存设备、关键点的运行数据的能力。

5.4　系统调试和验收

5.4.1　载冷剂兑制时，水的总硬度值应低于100mg/L，氯化物和硫酸盐的含量宜分别小于25mg/L。

5.4.2　载冷剂的充灌应在系统冲洗和试压完毕后进行，充灌前应保证管路及设备中的水及冲洗液排净，泄水阀应关闭，排气阀应开启。

5.4.3　载冷剂的浓度检测及调整时，应开启载冷剂循环泵，从不同的泄水点取液进行相对密度检测，并应根据浓度进行补液调整，系统中载冷剂的浓度应达到设计要求。

5.4.4　盘管式蓄冰槽应保证其蓄冰量为零时的水量，应检查液位量符合设备要求。

5.4.5　蓄冷空调系统联合调试前，应对设计文件要求的各运行模式进行试运转。试运转一个蓄冷—释冷周期结束后，应做不少于两个蓄冷—释冷周期的工况测试。

5.4.6　蓄冷—释冷周期的工况检测和验收应包括以下内容：

1　系统的运行模式；

2　制冷机、蓄冷装置、水泵、阀门等各设备的运行状态；

3　载冷剂及空调供、回水温度；

4　制冷机、水泵等设备的耗电量。

5.4.7　制冷机单独供冷工况调试和验收应符合下列规定：

1　系统连续运行应正常、平稳，水泵压力及电流不应出现大幅波动，系统运行噪声应符合设计要求；

2　冷冻水及冷却水系统压力、温度、流量应满足设计要求；

3　多台制冷机及冷却塔并联运行时，各制冷机及冷却塔的水流量与设计流量的偏差不应大于10%。

5.4.8　制冷机蓄冷及蓄冷装置单独供冷运行模式的调试和验收应符合下列规定：

1　系统载冷剂的流量、压力、温度应与设计参数相符；

2　系统实际蓄冷量和释冷量应达到设计要求；

3　系统的蓄冷速率和释冷速率应满足设计要求；

4　系统在蓄冷、释冷过程中应运行正常、平稳，水泵压力及电流不应出现大幅波动，系统运行噪声应符合设计要求。

5.4.9　蓄冷空调系统联合调试和验收应符合下列规定：

1　单体设备及主要部件联动应符合设计要求，动作协调、正确，无异常；

2　各运行模式下系统运行应正常、平稳，所有运行参数应满足设计要求；各运行模式转换时应动作灵敏、正确；

3　系统运行过程中管路不应有泄漏以及产生凝结水等现象；

4　系统各项保护措施应反应灵敏、动作可靠；

5　各自控计量检测元件及执行机构应工作正常，对系统各项参数的反馈及动作应正确、及时。

6　蓄冷空调系统的运行管理

6.0.1　蓄冷空调系统应经调试验收后方可正式投入运行。

6.0.2　运行人员应经培训、考核合格，并应按规定取得相应级别的操作证后方可上岗操作。运行操作应按照安装单位和产品制造厂家提供的使用说明、操作规程以及设计文件的规定进行。

6.0.3　使用单位应根据冷负荷特点、系统特性及电力供应状况等因素经技术经济比较后，制定合理的全年运行策略，并应制定相应的操作规程。在日常运行中，应根据日冷负荷变化的特点选择合理的运行模式。

6.0.4　蓄冷空调系统应优先利用电网的低谷时段电力蓄冷，优化平价时段的运行方式。

6.0.5　在设有基载制冷机的蓄冷空调系统中，在用电低谷段时应优先利用基载制冷机直接供冷。在用电高峰时段，宜少开或停止制冷机的直接供冷。

6.0.6　应定期检修、保养制冷机，提高其制冷性能系数（COP）。

6.0.7　应定期检查和维修水、空气输送系统。

6.0.8　蓄冷装置的维护应符合下列规定：

1　应定期检查蓄冷装置内外紧固件是否牢固，

槽体构架和支撑架是否腐蚀；

2 应定期检查蓄冷装置内部管束是否结垢和腐蚀，是否有微生物滋生等；

3 应定期对设置的高低液位报警装置进行检查、维护；

4 每个供冷季前应对蓄冷装置水位进行校准。

6.0.9 表冷器、板式换热器、风机盘管机组、冷却塔、水过滤器及空气过滤器等应定期检查、清洗。

6.0.10 蓄冷空调系统的载冷剂应每年进行一次抽样测试分析，其浓度和碱度应满足要求。

6.0.11 盘管式蓄冰槽应保证无冰时的水量，液位应符合产品要求。检查液位量时，应将冰槽中的冰完全融化，检查视管中的液位，根据需要对冰槽进行加水或放水。

6.0.12 应定期检查和改善蓄冷装置等其他设备及各类输送管道的保温性能，并应按现行国家标准《设备及管道保温效果的测试与评价》GB/T 8174 执行。

6.0.13 冷冻水和冷却水应定期进行处理，并应按现行国家标准《工业循环冷却水处理设计规范》GB 50050 执行。

6.0.14 自动控制设备及监测计量仪表应定期维修、校核。

6.0.15 应建立运行管理、维修等规章制度，以及运行日志和设备的技术档案。

本规程用词说明

1 为便于在执行本规程条文时区别对待，对要求严格程度不同的用词说明如下：

1）表示很严格，非这样做不可的：
正面词采用"必须"，反面词采用"严禁"；

2）表示严格，在正常情况下均应这样做的：
正面词采用"应"，反面词采用"不应"或"不得"；

3）表示允许稍有选择，在条件许可时首先应这样做的：
正面词采用"宜"，反面词采用"不宜"；
表示有选择，在一定条件下可以这样做的，采用"可"。

2 条文中指明应按其他有关标准执行的写法为："应符合……的规定"或"应按……执行"。

中华人民共和国行业标准

蓄冷空调工程技术规程

JGJ 158—2008

条 文 说 明

前　言

《蓄冷空调工程技术规程》JGJ 158—2008 经住房和城乡建设部 2008 年 8 月 5 日以第 74 号公告批准、发布。

为便于广大设计、施工、科研、学校等单位有关人员在使用本规程时能正确理解和执行条文规定，《蓄冷空调工程技术规程》编制组按章、节、条顺序编制了本规程的条文说明，供使用者参考。在使用中如发现本条文说明有不妥之处，请将意见函寄中国建筑科学研究院空气调节研究所标准规范室（地址：北京北三环东路 30 号；邮编：100013；E-mail：kts@cabr.com.cn）。

目　次

1　总则 ………………………………… 2—14—14
2　术语 ………………………………… 2—14—14
3　设计 ………………………………… 2—14—14
3.1　一般规定 ………………………… 2—14—14
3.2　负荷计算 ………………………… 2—14—15
3.3　冷源系统设计 …………………… 2—14—16
3.4　末端空调系统 …………………… 2—14—18
3.5　系统监测与控制 ………………… 2—14—18
4　施工安装 …………………………… 2—14—19
4.2　设备安装 ………………………… 2—14—19
4.3　控制系统的安装 ………………… 2—14—19
5　调试、检测及验收………………… 2—14—19
5.1　一般规定 ………………………… 2—14—19
5.2　设备调试 ………………………… 2—14—19
5.3　控制系统的调试 ………………… 2—14—19
5.4　系统调试和验收 ………………… 2—14—19
6　蓄冷空调系统的运行管理 ……… 2—14—20

1 总　　则

1.0.1 近年来，虽然电力工业有了较大的发展，但我国电力紧张的局面仍未得到根本的缓和，其中主要的原因是电网负荷率低，高峰电力严重不足，低谷电力不能充分利用。与此同时，我国的城市用电结构也不断发生变化，建筑物空调系统的负荷比例日益增加。为充分利用现有电力资源，鼓励夜间使用低谷电，国家和各地区电力部门制定了峰谷电价差政策。蓄冷空调系统对转移电力高峰、平衡电网负荷，有积极作用，因此，近年在国内得到了日益广泛的应用。但是由于缺乏相应标准规范的约束，蓄冷空调系统的推广呈现出很大的盲目性。为了规范蓄冷空调系统的设计、施工、调试、验收和运行管理，确保系统安全可靠的运行，特制定本规程。

1.0.2 共晶盐蓄冷是利用相变温度为5～8℃的无机盐溶液作为载冷剂的一种蓄冷方式。季节性蓄冷是指利用冬季时蓄存的冰、雪等天然冷源作为夏季冷源的空调方式。这两种方法目前在国内应用较少，所以暂不含在本规程范围内。

1.0.3 根据国家主管部门有关编制和修订工程建设标准、规范等的统一规定，为了精简规程内容，已有的相关国家和行业标准、规范等明确规定的内容，除确有必要明确说明的部分外，本规程均不再另设条文。本条文的目的是强调在执行本规程的同时，还应注意贯彻执行相关标准、规范等的有关规定。

2 术　　语

2.0.3 冰蓄冷系统中，一般是指按一定比例配制的防冻剂溶液。

2.0.8 外融冰方式是由温度较高的空调回水直接进入盘管外的蓄冰槽内流动，由外向内融化盘管外表面的冰层。内融冰方式是由温度较高的载冷剂在盘管内流动，由内向外融化盘管外表面的冰层。

2.0.15 各种双工况制冷机COP值参见表2。

2.0.22 本规程定义送风温度不高于10℃是低温送风。

2.0.23 蓄冷空调系统的运行模式主要包括：

1 制冷机蓄冷；

2 制冷机单独供冷；

3 蓄冷装置单独供冷；

4 制冷机同时蓄冷和供冷；

5 制冷机与蓄冷装置联合供冷。

2.0.24 包括以下两个层次的控制内容：

1 在某种运行模式下，定义各控制回路如何作用，各被控变量的设定值如何根据负荷和系统状态变化，以满足该运行模式的系统要求。

2 定义蓄冷空调系统的总体控制方法，包括在不同时期不同时段选择何种运行模式，以及选择何种控制手段实现各运行模式的控制，以使蓄冷空调系统能够经济、安全地运行。

3 设　　计

3.1 一 般 规 定

3.1.1 本条所列内容是蓄冷空调系统设计的依据，也是蓄冷空调系统技术经济性比较的依据。

3.1.2 当空调系统的一次能源为除电以外的其他能源时，由于不存在电力需求与电量的费用，一般不宜采用蓄冷系统。除非制冷机等设备的容量能够有效地减小，达到合理的初投资和运行费用，如采用大温差的低温水区域供冷时。

在对蓄冷空调系统进行技术经济分析时，需要考虑以下因素对空调系统初投资的影响：

1 增加蓄冷装置、相应自动控制系统及其他设备（蓄冰空调系统主要有换热器和载冷剂）所增加的一次投资；

2 制冷机、水泵等设备及输配系统容量变化所带来的投资变化；

3 采用低温送风系统时所节省的空调送风系统的一次投资；

4 空调系统电力容量减小对一次投资的影响；

5 考虑当地蓄冷空调电力优惠政策对一次投资的影响。

还需要考虑以下因素对运行费用的影响：

1 峰谷电价差对运行费用的影响；

2 夜间蓄冷时制冷机的冷凝温度降低，制冷机COP提高对运行费用的影响；

3 夜间蓄冷和间接系统制冷机供冷时的蒸发温度降低，制冷机COP降低对运行费用的影响；

4 蓄冷空调系统的冷量损失增加对运行费用的影响；

5 水系统和风系统输配能耗减小对运行费用的影响；

6 蓄冷系统额外的维护。

3.1.3 本条列出了蓄冷空调系统不同于其他空调系统的一些设计内容。由于每一个具体的工程设计都有其各自的特点，工程设计所包括的内容也必将各有差异。本条列出的只是蓄冷空调系统设计中通常包括的内容。第7款的“移峰电量”是指蓄冷—释冷周期内转移的电力高峰时段电量，单位为kW・h；“减少的电力负荷”即指与采用非蓄冷空调系统相比较，制冷机功率减少的数量，单位为kW；“总能效比”是指一个蓄冷—释冷周期内，蓄冷空调系统的总供冷量与总耗电量的比值。

3.1.4 对于用冷时间短，并且在用电高峰时段需冷量相对较大的系统，可以采用全负荷蓄冷；一般工程建议采用部分负荷蓄冷。在设计蓄冷—释冷周期内采用部分负荷的蓄冷空调系统，应考虑其在负荷较小时能够以全负荷蓄冷方式运行。

3.1.6 对蓄冷空调系统，本规程推荐进行全年动态负荷计算和能耗分析。以全年动态负荷逐时计算为基础，进行全年能耗计算和运行费用评估，可以为蓄冷空调系统的设计和决策提供可靠的依据。但鉴于目前我国动态负荷计算软件还没有完全普及，因此本条未做硬性规定。

3.2 负 荷 计 算

3.2.1 一般选择以一个设计日为空调系统的蓄冷—释冷周期；根据空调负荷的周期性变化规律，也有以更长的时间作为一个蓄冷—释冷周期的。

3.2.2 对于蓄冷—释冷周期大于一个设计日的蓄冷空调系统，在进行蓄冷—释冷周期内逐时负荷计算时，其室外气象参数以当地标准年气象数据为准，并选择平均温度最高的时间段，以该时间段内的室外逐时温度作为蓄冷—释冷周期内各天的室外计算逐时温度。

3.2.3 在常规空调制冷系统中被忽视的相对较小的得热量，其在最大小时负荷中有可能只占很小的比例，但在蓄冷空调系统的累计负荷中却可能占有很大的量。所以蓄冷空调的冷负荷应充分考虑各种附加得热。

当空调末端采用低温送风方式时，室内湿度一般较常规空调系统低，当室内设计干球温度不变时，将产生附加的渗透潜热冷负荷，要将这部分计算到空调冷负荷。同时也有研究表明，当室内湿度降低时，适当提高室内设计干球温度不会改变室内的舒适度，这时空调负荷可相应减少。

在方案设计或初步设计阶段，无法对附加得热进行详细计算时，可以按设计蓄冷—释冷周期内总负荷的5%～10%估算总的附加得热。

3.2.4 在空调系统运行开始后的1～2h内，它一般还要满足房间不使用时的得热量所形成的冷负荷。这样的负荷一般不会影响非蓄冷空调系统的负荷大小，但在蓄冷空调系统中应该予以考虑。推荐采用动态能耗计算软件对间歇期和空调运行期进行模拟计算，或将开启空调系统前0.5～1.5h的负荷计入蓄冷系统负荷。

3.2.5 对于已建成的原有建筑物改造工程，原有负荷数据的主要来源包括：

1 原空调系统控制系统的历史记录；

2 原空调系统冷水机组运行记录；

3 在与设计气象数据相近的条件下进行测试得到的数据；

4 根据非设计气象条件下的测试数据建立数学模型，计算设计气象条件下的负荷。

3.2.6 在蓄冷空调的方案设计阶段和初步设计阶段，蓄冷空调的负荷计算可采用系数法和平均法估算出设计周期内的逐时冷负荷。而在蓄冷空调系统的施工图设计阶段，负荷计算不应再采用估算得出。现阶段空调冷负荷的计算软件，应用极其普及和简便、快捷。对于常用的蓄冷—释冷周期为24h的蓄冷空调负荷的计算，采用计算机软件对逐时负荷进行计算既快又准确，建议在蓄冷空调的方案设计阶段和初步设计阶段均可采用逐时冷负荷计算法。

1 系数法

$$q_i = K \cdot q_{max} \tag{1}$$

式中 q_i ——i 时刻空调冷负荷（kW）；

K ——逐时冷负荷系数，可参考表1取值；

q_{max} ——高峰小时冷负荷（kW）。

表1 逐时冷负荷系数K取值表

时间	写字楼	宾馆	商场	餐厅	咖啡厅	夜总会	保龄球
1：00	0	0.16	0	0	0	0	0
2：00	0	0.16	0	0	0	0	0
3：00	0	0.25	0	0	0	0	0
4：00	0	0.25	0	0	0	0	0
5：00	0	0.25	0	0	0	0	0
6：00	0	0.50	0	0	0	0	0
7：00	0.31	0.59	0	0	0	0	0
8：00	0.43	0.67	0.40	0.34	0.32	0	0
9：00	0.70	0.67	0.50	0.40	0.37	0	0
10：00	0.89	0.75	0.76	0.54	0.48	0	0.30
11：00	0.91	0.84	0.80	0.72	0.70	0	0.38
12：00	0.86	0.90	0.88	0.91	0.86	0.40	0.48
13：00	0.86	1.00	0.94	1.00	0.97	0.40	0.62
14：00	0.89	1.00	0.96	0.98	1.00	0.40	0.76
15：00	1.00	0.92	1.00	0.86	1.00	0.41	0.80
16：00	1.00	0.84	0.96	0.72	0.96	0.47	0.84
17：00	0.90	0.84	0.85	0.62	0.87	0.60	0.84
18：00	0.57	0.74	0.80	0.61	0.81	0.76	0.86
19：00	0.31	0.74	0.64	0.65	0.75	0.89	0.93
20：00	0.22	0.50	0.50	0.69	0.65	1.00	1.00
21：00	0.18	0.50	0.40	0.61	0.48	0.92	0.98
22：00	0.18	0.33	0	0	0	0.87	0.85
23：00	0	0.16	0	0	0	0.78	0.48
24：00	0	0.16	0	0	0	0.71	0.30

2 平均法：

设计日总冷量可以按下式计算：

$$Q = \sum_{i=1}^{n} q_i = n \cdot m \cdot q_{max} = n \cdot q_p \tag{2}$$

式中　q_i——i时刻空调冷负荷（kW）；

q_{max}——峰值小时冷负荷（kW）；

q_p——日平均冷负荷（kW）；

n——典型设计日空调运行小时数；

m——平均负荷系数，等于日平均冷负荷与峰值小时冷负荷的比值，一般取0.75～0.85。

3.3　冷源系统设计

3.3.2～3.3.5　全负荷蓄冷时：

1　蓄冷装置有效容量：

$$Q_s=\sum_{i=1}^{24}q_i=n_1\times c_f\times q_c \quad (3)$$

2　蓄冷装置名义容量：　$Q_{so}=\varepsilon\times Q_s$　(4)

3　制冷机标定制冷量：

$$q_c=\frac{\sum_{i=1}^{24}q_i}{n_1\times c_f} \quad (5)$$

式中　Q_s——蓄冷装置有效容量（kW·h）；

Q_{so}——蓄冷装置名义容量（kW·h）；

q_i——建筑物逐时冷负荷（kW）；

n_1——夜间制冷机在蓄冷工况下运行的小时数（h）；

c_f——制冷机蓄冷时制冷能力的变化率，即实际制冷量与标定制冷量的比值；

q_c——制冷机的标定制冷量（空调工况）（kW）；

ε——蓄冷装置的实际放大系数（无因次）。

部分负荷蓄冷时：

1　蓄冷装置有效容量：　$Q_s=n_1\times c_f\times q_c$　(6)

2　蓄冷装置名义容量：　$Q_{so}=\varepsilon\times Q_s$　(7)

3　制冷机名义制冷量：

$$q_c=\frac{\sum_{i=1}^{24}q_i}{n_2+n_1\times c_f} \quad (8)$$

式中　n_2——白天制冷机在空调工况下运行的小时数（h）。

当白天制冷机在空调工况下运行时，如果计算得到的制冷机名义制冷量q_c大于该时段内的n个小时制冷机承担的逐时冷负荷q_j、q_k、…则需对白天制冷机在空调工况下运行的小时数n_2进行实际修正变为n_2'，并将其代入以上公式。n_2的实际修正值n_2'可以按以下公式计算：

$$n_2'=(n_2-n)+\frac{q_j+q_k+\cdots}{q_c} \quad (9)$$

3.3.6　蓄冷系统的双工况制冷机是在空调工况和制冰工况下运行，要兼顾这两种工况都能达到较高的能效比（COP）。

制冷机在制冰工况的产冷量小于空调工况制冷量，一般蒸发温度每降低1℃，产生冷量会减少2%～3%。另外，冷凝温度每降低1℃，产冷量可提高1.5%。

设计时要确定制冷机组蒸发温度和冷凝温度的范围，并由设备厂商提供该范围内的设备性能参数。常用的冷水机组特性参见表2。

表2　蓄冷制冷机特性

制冷机	最低供冷温度（℃）	制冷机效率（COP值）		典型选用容量范围（空调工况下）	
		制冷工况	制冰工况	（kW）	（RT）
往复式	−12～−10	4.1～5.4	2.9～3.9	90～530	25～150
螺杆式	−12～−7	4.1～5.4	2.9～3.9	180～1900	50～550
离心式	−15～−6	5.0～5.9	3.5～4.5	700～7000	200～2000
蜗旋式	−9.0	3.8～4.5	1.2～1.3	70～210	20～60
吸收式	4.4	0.65～1.23	—	700～5600	200～1600

3.3.7　为满足限电要求时，蓄冷装置有效容量：

$$Q_s'\geqslant\frac{q_{imax}'}{\eta_{max}} \quad (10)$$

为满足限电要求，修正后的制冷机标定制冷量：

$$q_c'\geqslant\frac{Q_s'}{n_1\cdot c_f} \quad (11)$$

式中　Q_s'——为满足限电要求所需的蓄冷装置容量（kWh）；

η_{max}——所选蓄冰设备的最大小时取冷率；

q_{imax}'——限电时段空气调节系统的最大小时冷负荷（kW）；

q_c'——修正后的制冷机标定制冷量（kW）。

3.3.8　在选定制冷机和蓄冷装置后，根据其设备性能参数，需要对制冷机和蓄冷装置逐时状态及对应进出口温度进行校核。

3.3.9　对于双工况制冷机，一般来说，冷凝温度每降低1℃，产冷量可提高1.5%。用于蓄冷空调系统的冷水机组，多数夜间用于蓄冷工况的运行。由于夜间室外干球和湿球温度均较白天有所下降，因此根据冷水机组夜间蓄冷运行时间长的实际情况，可将冷水机的冷凝器入口温度分别取值。

对于水冷式冷水机，选择冷水机冷量时白天建议按进水温度32℃考虑，夜间蓄冷工况可以按进水温度30℃选择冷水机组冷量，或根据当地的晚间实际气象统计参数确定。

3.3.10　目前国内应用较多，比较成熟的蓄冷方式有水蓄冷、盘管式蓄冰、封装式（冰球、冰板式）蓄冰。动态制冰（又称冰片滑落式或收冰式）蓄冰、冰晶式蓄冰以及优态盐蓄冰方式目前应用较少。各种常见蓄冷方式的特性及特点参见表3。

表 3　各种常见蓄冷方式的特性及特点

对比内容	水蓄冷系统	冰片滑落式系统	外融冰系统	内融冰系统	封装冰系统
制冷(冰)方式	静态	动态	静态	静态	静态
制冷机	标准单工况制冷机	分装式或组装式制冷机	直接蒸发式或双工况制冷机	双工况制冷机	双工况制冷机
蓄冷容积(m^3/kWh)	0.048～0.169	0.024～0.027	0.03	0.019～0.023	0.019～0.023
蓄冷温度(℃)	4～6	−9～−4	−9～−4	−6～−3	−6～−3
释冷温度(℃)	4～7	1～2	1～3	2～6	2～6
释冷速率	中	快	快	慢	慢
释冷液体	水	水	水	载冷剂	载冷剂
蓄冷工况下制冷机能效比(COP值)	5.0～5.9	2.7～3.7	2.5～4.1	2.9～4.1	2.9～4.1
蓄冷结构形式	开式	开式	开式	闭式	开式或闭式
特　点	可选用标准制冷机并可兼用消防水池	瞬时释冷速率高	瞬时释冷速率高	模块式槽形，适用于各种规模	槽体外形设置灵活
适用范围	空调	空调、食品加工	空调、工艺制冷	空调	空调

不同的蓄冷装置其蓄冷、释冷特性不同。同一蓄冷装置，随着蓄冷百分比的增加，蓄冷速率一般会有所下降，所需要的蓄冷温度也随之降低；释冷时，随着释冷百分比的增加，释冷速率下降，释冷温度随之上升。设计时需要由制造厂商提供详细的蓄冷、释冷特性曲线图表。

3.3.11　水蓄冷槽容积可以按下式计算：

$$L=\frac{3600Q}{K\cdot\rho\cdot c\cdot\Delta t} \tag{12}$$

式中　L——水槽的设计容积（m^3）；

Q——水槽的设计蓄冷量（kWh）；

K——水槽的性能指数，指在一个蓄冷放冷周期内水槽的输出与输入能量之比，可以取 0.85～0.9；

ρ——水的密度(kg/m^3)；

c——水的比热容[kJ/(kg·K)]；

Δt——水槽的供回水温差(K)。

采用分层式蓄冷水槽时，在条件允许时要尽可能加高，以减少冷热掺混。水流分配器一般为八角形或H形，分配器进口雷诺数（Re）在 240～850 之间，流速要均匀并小于 0.3m/s，分支流量分配均匀。

3.3.13　外融冰蓄冷系统可提供 1～2℃的供水温度，冰层厚度应根据供水温度要求和制冷系统工作温度合理配置。冰桥的产生会导致释冷周期内部分冰不能融化，造成效率损失，因此需采取合理措施和控制策略加以避免。设置搅拌装置，并采用合理的蓄冷温度和控制措施，以防止管簇间形成冰桥；当一个蓄冰槽内置有多个蓄冰单元时，要安装折流板，使冷水蜿蜒均匀地流过盘管。当采用制冷剂直接制冰的外融冰蓄冷系统时，需要对制冷剂管路进行合理的设计，并要符合《冷库设计规范》GB 50072 中制冷部分的规定。

3.3.14　封装冰容器一般包括表面带凹凸波纹的软质容器，或由高密度聚氯乙烯制成的硬质容器。当采用软质容器时，需考虑冰—水相变体积膨胀挤占载冷剂容积。加装折流板的蓄冰槽，当进出口压差过大时，可能使折流板受损。由于封装冰容器的移动可能磨损内保温，因此当采用内保温时，要确保内表面有足够的硬度。在槽内中间高度加装折流板，可改善传热效果。蓄冰槽的进出口要设集管或分配器，使流体能均匀流通。

3.3.15　采用冰片滑落式蓄冰装置时，由于冰片是靠自重落入蓄冷槽内的，冰片堆积形成冰锥形，建议其静角在 20°～40°的范围内。蓄冷槽内的起止水位对槽内冰的分布也有影响，需选择合适的起止水位，过高的水位能使冰浮起，在蓄冷槽底部形成空白区，而过低的水位会增加冰锥的静止角。可以增加槽体高度、采用多个落冰口、降低初次充水水位或采用机械手段，以减少蓄冰槽内空穴的形成。当槽体采用内保温时，要确保内表面有足够的硬度。根据蓄冷—释冷周期，合理设置制冰与融霜周期，使融霜能够及时剥落，并保证效率。

3.3.16　保冷设计要保证冷量损失最大不超过每日蓄冷量的 5%。蓄冷槽的冷量损失取决于表面积、槽壁导热系数、槽周围物质温度和槽体内蓄冷介质温度。保冷需采用闭孔型材料。设置在室外的蓄冷槽要在外表面做防水处理。暴露于阳光下的蓄冷槽，表面需为浅色或反射面，以减少辐射得热。

在进行保冷设计时要考虑蓄冷槽底部、槽壁的绝热。对于水蓄冷槽如果由底部传入的热量大于从侧壁导入的热量，则可能形成水温分布的逆转从而诱发对流，破坏分层效果，因此要特别注意。

3.3.17　蓄冷槽一般用钢板、混凝土、玻璃纤维或塑料制作。为确保建筑物的安全，当采用建筑物的外围护结构作蓄冷槽池壁时，需要事先与土建工程师进行商榷，对于湿陷性黄土地上的建筑物尤为重要。

3.3.18　在外融冰系统和水蓄冷系统中，采用开式系统或闭式系统需根据系统供水温度、水泵能耗等因素确定；如果采用开式系统直接连接蓄冷槽与空调末端时，当水泵停止运转时要保证系统管路与设备不发生倒空。

3.3.19 对于以全空气为主的空调系统，推荐采用直接连接，通常采用此连接方式可降低设备的初投资和系统今后运行的费用。当空调系统最大冷负荷大于700kW时，一般要采用间接连接。

3.3.20 在蓄冷期如有空调负荷时，不能全部旁通。

3.3.22 冰蓄冷空调系统中最常用的载冷剂为乙烯乙二醇水溶液。非缓蚀性乙烯乙二醇溶液一般腐蚀性较强，因此不要采用。冰蓄冷系统经常采用的乙烯乙二醇水溶液浓度为25%～30%（质量比）。

3.3.23 不同浓度的乙烯乙二醇水溶液，其密度、黏度、比热、传热系数等特性参数也不同。对管路系统的水力计算影响较大，不可以按常规的水管路进行水力计算。对制冷机的制冷量和板式换热器的传热系统也有影响。一般双工况主机制冷量下降约2%，板式换热器传热系数下降约10%，所以在满足蓄冰温度的前提下，要尽可能降低溶液的浓度。

载冷剂系统管道阻力和流量的水力计算，也可以按常规系统的计算方法进行，但其流量和管道阻力要按表4提供的系数进行修正。

表4 乙烯乙二醇水溶液管道的流量和阻力修正系数

重量百分比浓度(%)	相变温度(℃)	流量修正系数	管道阻力修正系数	
			5℃	−5℃
25	−10.7	1.08	1.22	1.36
30	−14.1	1.1	1.257	1.386

3.3.27 蓄冷空调系统在不同的运行模式和运行工况下，其载冷剂管路系统可能需要不同的流量和扬程，此时需采取变频、双级泵或其他措施，使循环泵的参数与不同工况对应的环路阻力损失和流量相适应。

3.4 末端空调系统

3.4.1 蓄冷空调系统采用低温送风有利于节省风机和水泵的输送能耗，但是低温送风后，会造成室内相对湿度偏低，因此对于有特殊要求的工艺性空调不建议使用低温送风系统。

3.4.2 为了减少水泵和风机的输送能耗，因此设定这几个系统温度。

3.4.3 低温送风系统采用的风机盘管，进水温度和出风温度偏低。因此，其设计指标不同于普通风机盘管。其表冷盘管迎风面风速一般采用1.5～2.3m/s的处理风速，低于普通用风机盘管。另外，其凝露条件更为恶劣。因此，低温送风系统推荐选用专门为低温送风设计的低温送风风机盘管，并满足《风机盘管机组》GB/T 19232在相应低温工况下的性能要求。

3.4.5 风道中的送风温度更低，风管及其配件的保温要求相应要提高。

3.4.6 风管漏风会造成大量的能量损失，而且在泄漏点会造成凝露。

3.4.7 当房间内初始温、湿度较高时，较低的送风温度可能导致风口等部位发生结露，因此需要采取措施加以避免。可以通过逐渐调节末端空气处理设备的旁通水量或风量的方法。

3.4.8 普通风口会造成吹风感，而且送风温度偏低也易在风口造成凝露和吹雾现象，所以应该采用相应的技术措施避免这一问题发生，例如采用高扩散诱导风口。但无论采用任何技术措施，其根本目的是防止凝露的发生。

3.5 系统监测与控制

3.5.1 监测及自动控制系统需要根据蓄冷—释冷周期内系统状态、负荷状况和时段切换运行模式，采取相应的控制策略。

3.5.2 对于水蓄冷系统，一般在蓄冷水槽内垂直方向设置温度传感器，检测垂直方向的水温分布，并由此得到蓄冷量，传感器间距建议不小于200mm。

对于盘管式蓄冰装置，一般设置水位传感器、冰量传感器或冰层厚度传感器，当蓄冰槽内配置有空气泵时，要考虑其对水位传感器的影响。

对于封装式蓄冰设备一般根据蓄冰槽是开式或闭式、封装冰容器是硬质或软质、有无波纹等情况，分别采用监测静压水位，监测膨胀蓄液槽的水位，或监测蓄冰槽的流量与温度的方法，对蓄冰量进行监测。

3.5.3 一般在电力低谷时段且无空调负荷，或设有基载制冷机承担非峰负荷的情况下，切换到“制冷机蓄冷”模式。蓄冷结束的控制由蓄冷装置的特性确定。在过渡季空调负荷较小，只需要部分的蓄冷量时，可以采取限定制冷机制冷量，或调整台数的方法蓄冷。

3.5.4 一般在电力非峰时段有空调负荷，且无基载制冷机的情况下，切换到“制冷机蓄冷同时供冷”模式。一般通过控制换热器的旁通流量控制空调供水温度，蓄冷控制方法与第3.5.3条类似。

3.5.5 一般在基载制冷机供冷，或电力平段，或蓄冷装置检修时，启动“制冷机组单独供冷”模式。

3.5.6 运行策略为全负荷蓄冷的电力高峰时段，启动“蓄冷装置单独供冷”模式。

3.5.7 运行策略为部分负荷蓄冷的电力高峰时段，启动“制冷机与蓄冷装置联合供冷”模式。

制冷机优先的控制策略和控制方法简单，但建议采取有效方法充分地利用蓄冷装置的蓄冷量，如在负荷预测的基础上限定制冷机的制冷量。

采用蓄冷装置优先的控制策略时，要防止蓄冷量过早地释放，以致空调负荷高峰时供水温度失控和供冷量失控，因此需要采取在负荷预测基础上限定制冷机制冷量的优化控制方法。

比例控制方法是根据对系统的负荷预测和实际监测到的蓄冷装置的剩余冷量和融冰率，控制制冷机或蓄冷装置的限定值，调整制冷机与蓄冷装置的投入比例，特别是大温差低温供水蓄冷系统比例的分配尤为重要。

4 施工安装

4.2 设备安装

4.2.2 设备开箱验收主要包括：设备型号及参数是否与设计相符、机组外观是否完好、机组有无漏油情况、机组锈蚀情况等。

基础验收要求：基础定位位置、外形尺寸、标高、预留孔洞尺寸及深度需满足设计及厂家技术文件要求，同时要求基础面坡度不大于0.2%，并不能有坑洼等情况。基础干燥程度达到75%以上，方可进行机组的就位安装。

蓄冷设备的检验项目主要包括：

1 外观应无磕碰、变形等缺陷；

2 各管路接口无变形，封堵严密；

3 随机配件无缺失；

4 设备气压试验按照现行国家标准《钢制压力容器》GB 150进行。

4.2.3 蓄冷装置的水压试验和气密性试验要符合现行国家标准《制冷设备、空气分离设备安装工程施工及验收规范》GB 50274 的相关要求。

4.2.4 蓄冰槽顶部的检修口可根据不同蓄冰装置的安装要求，预留不同形式的检修口。排水泵可以固定安装在集水坑内，排水管从蓄冰槽上引出至排放位置；排水泵也可以在其应用时将其放入蓄冰槽的集水坑内，用排水软管将水引至最近的排水位置。采用后者时，要在集水坑对应的蓄冰槽顶部预留检修口。

4.3 控制系统的安装

4.3.1 根据现行建设部编制的《建筑工程设计文件编制深度规定》(2003 年 6 月实施）要求，承担控制系统安装的承包方，需要提供控制系统的深化设计图纸，设计单位负责审查与此相关的深化设计图。控制系统的安装还要满足现行控制系统主要技术标准与规范。

4.3.2 对于双工况制冷机的控制以及运行参数的监测通常有以下两种连接方式：

1 直接通过机组上控制柜预留的远程接点（启停、状态、故障、温度等），单点连接到现场控制器上。

2 通过各制冷机生产厂商提供的通信接口直接连接到管理计算机，监测制冷机各工况下的运行参数。但必须符合自控系统的通讯标准和协议，能够作为系统数据点统一监控编程。

5 调试、检测及验收

5.1 一般规定

5.1.2 系统调试需要有足够的负荷以消耗调试过程的制冷量，保证调试的正常进行，建议调试不要安排在冬季进行。如果冬季进行调试，要有可靠的防冻措施和足够的冷负荷消耗。

5.1.3 系统调试由施工单位负责进行，监理单位组织各相关专业进行并做好记录，建设单位负责验收。

5.2 设备调试

5.2.1 制冷机的调试一般以设备生产厂家技术人员为主，建设单位、监理单位、设计单位及施工单位共同参与，做好调试记录并进行最终验收。蓄冰装置是冰蓄冷系统中的主要设备，调试的重点是保证蓄冰装置的制冰及融冰能力满足设计要求。

5.2.2 第5款是为了避免槽内水的温度骤变引起槽体开裂产生渗漏水。

5.3 控制系统的调试

5.3.1 主控设备要设置在防静电的场所内，现场控制设备和线路敷设要避开电磁干扰源，与干扰源线路垂直交叉或采取防干扰措施。环境湿度：10%～85%（相对湿度），并无结露现象；环境温度：0～40℃。

控制系统的调试一般在水系统和风系统静态调试后进行。

5.3.2 系统设备的单体调试包括以下内容：

1 控制器单体设备点对点测试；

2 数字量输入测试；

3 数字量输出测试；

4 模拟量输入测试；

5 模拟量输出测试；

6 控制器功能测试。

5.4 系统调试和验收

5.4.1 乙烯乙二醇水溶液建议采用蒸馏水兑制，现场不具备条件的要满足本条规定的水质要求。乙烯乙二醇水溶液兑制一般在乙烯乙二醇补水箱中进行，采用比重计进行相对密度检测。载冷剂的性能参数是保证冰蓄冷系统正常运行的重要环节，要严格地按照设计文件及厂家技术文件的要求进行载冷剂的配制及充注。盘管式蓄冰槽中的水需采用洁净自来水，并要求不做或尽量少做水处理，以保证水具有一定的抗腐蚀性和氧化性。不建议使用化学物质处理蓄冰槽中的水，否则会改变水的冰点温度，影响系统的蓄冰效果。蓄冰槽中的水要求保证水的正常冰点温度，以洁净的自来水为宜。如蓄冰槽中杂质较多，在水充灌前需进行冲洗，以保证水的洁净度。如蓄冰槽长时间不运行，要定期检查水质、水量，根据需要对蓄冰槽进行加水或放水，如有必要，更换蓄冰槽内的水，防止水变质或氧化。

5.4.2 采用乙烯乙二醇补水泵进行乙烯乙二醇水溶液的充注，要使系统充满并达到设计工作压力。载冷剂的充灌前管路系统需进行多次清洗，并检查过滤器无脏物为止。

6 蓄冷空调系统的运行管理

6.0.5 当需要开启蓄冷空调系统中的蓄冷制冷机或基载制冷机供冷时，因基载制冷机较蓄冷制冷机在相同供冷量时的制冷性能系数（COP）高，所以在需要制冷机供冷时要尽可能先开启基载制冷机，而尽量少开启蓄冷制冷机进行供冷。

中华人民共和国行业标准

施工现场机械设备检查技术规程

Technical specification for inspection of machinery and equipment on construction site

JGJ 160—2008
J 817—2008

批准部门：中华人民共和国住房和城乡建设部
施行日期：2 0 0 8 年 1 2 月 1 日

中华人民共和国住房和城乡建设部
公　告

第84号

关于发布行业标准《施工现场机械设备检查技术规程》的公告

现批准《施工现场机械设备检查技术规程》为行业标准，编号为JGJ 160—2008，自2008年12月1日起实施。其中，第3.1.5、3.3.2、3.3.4、3.3.5、3.3.12、6.1.17、6.5.3、6.5.7、6.5.16、6.5.20、6.5.21、6.5.22、6.6.14、6.6.15、6.7.1、6.9.2、6.9.5、6.11.4、6.12.3、8.9.7条为强制性条文，必须严格执行。

本规程由我部标准定额研究所组织中国建筑工业出版社出版发行。

中华人民共和国住房和城乡建设部
2008年8月11日

前　言

根据建设部《关于印发〈二〇〇一～二〇〇二年度工程建设城建、建工行业标准制订、修订计划〉》(建标［2002］84)的要求，规程编制组经广泛调查研究，认真总结实践经验，参考有关国际标准和国外先进标准，并在广泛征求意见的基础上，制定了本规程。

本规程的主要技术内容是：1. 总则；2. 术语；3. 动力设备及低压配电系统；4. 土方及筑路机械；5. 桩工机械；6. 起重机械与垂直运输机械；7. 混凝土机械；8. 焊接机械；9. 钢筋加工机械；10. 木工机械及其他机械；11. 装修机械；12. 掘进机械。

本规程以黑体字标志的条文为强制性条文，必须严格执行。

本规程由住房和城乡建设部负责管理和对强制性条文的解释，由中国建筑业协会机械管理与租赁分会负责具体内容的解释。

本规程主编单位：中国建筑业协会机械管理与租赁分会（地址：北京市西城区阜外大街41号富城大厦；邮政编码：100037）

本规程参编单位：江苏省建筑工程管理局
江苏省建筑安全与设备管理协会
中国铁路工程总公司
北京建工集团有限责任公司

本规程主要起草人员：贾立才　顾建生　罗德潭
强南山　陈永池　成国华
王锁炳　丁阳华　黄宝良
佘强夫　陈　冲　马恒晞
成　军　钱爱成　杨路帆
李文波　陈　璋

目　次

1　总则 …………………………… 2—15—5
2　术语 …………………………… 2—15—5
3　动力设备及低压配电系统………… 2—15—6
3.1　柴油发电机组 ………………… 2—15—6
3.2　空气压缩机及附属设备 ……… 2—15—6
3.3　低压配电系统 ………………… 2—15—7
4　土方及筑路机械………………… 2—15—8
4.1　一般规定 ……………………… 2—15—8
4.2　推土机 ……………………… 2—15—10
4.3　履带式单斗液压挖掘机 …… 2—15—10
4.4　光轮压路机 ………………… 2—15—10
4.5　轮胎驱动振动压路机 ……… 2—15—10
4.6　轮胎压路机 ………………… 2—15—11
4.7　平地机 ……………………… 2—15—11
4.8　轮胎式装载机 ……………… 2—15—11
4.9　稳定土拌和机 ……………… 2—15—11
4.10　履带式沥青混凝土摊铺机 … 2—15—12
4.11　沥青混凝土搅拌设备 ……… 2—15—12
5　桩工机械 ……………………… 2—15—13
5.1　一般规定 …………………… 2—15—13
5.2　履带式打桩架（三支点式） …… 2—15—14
5.3　步履式打桩架 ……………… 2—15—15
5.4　静力压桩机 ………………… 2—15—15
5.5　转盘钻孔机 ………………… 2—15—15
5.6　螺旋钻孔机 ………………… 2—15—15
5.7　筒式柴油打桩锤 …………… 2—15—15
5.8　振动桩锤 …………………… 2—15—16
6　起重机械与垂直运输机械 ……… 2—15—16
6.1　一般规定 …………………… 2—15—16
6.2　履带式起重机 ……………… 2—15—19
6.3　轮胎式起重机 ……………… 2—15—20
6.4　汽车式起重机 ……………… 2—15—20
6.5　塔式起重机 ………………… 2—15—20
6.6　施工升降机 ………………… 2—15—22
6.7　电动卷扬机 ………………… 2—15—22
6.8　桅杆式起重机 ……………… 2—15—23
6.9　物料提升机 ………………… 2—15—23
6.10　桥（门）式起重机 ………… 2—15—24
6.11　高处作业吊篮 ……………… 2—15—25
6.12　附着整体升降脚手架 ……… 2—15—25
7　混凝土机械 …………………… 2—15—26
7.1　一般规定 …………………… 2—15—26
7.2　混凝土搅拌站（楼） ………… 2—15—27
7.3　混凝土搅拌机 ……………… 2—15—28
7.4　混凝土喷射机组 …………… 2—15—28
7.5　混凝土输送泵（拖泵、车载泵） ………………………… 2—15—29
7.6　混凝土输送泵车（汽车泵） …… 2—15—29
7.7　混凝土搅拌运输车 ………… 2—15—29
8　焊接机械 ……………………… 2—15—30
8.1　一般规定 …………………… 2—15—30
8.2　交流电焊机 ………………… 2—15—30
8.3　直流电焊机 ………………… 2—15—30
8.4　钢筋点焊机 ………………… 2—15—30
8.5　钢筋对焊机 ………………… 2—15—30
8.6　竖向钢筋电渣压力焊机 …… 2—15—31
8.7　埋弧焊机 …………………… 2—15—31
8.8　二氧化碳气体保护焊机 …… 2—15—31
8.9　气焊（割）设备 …………… 2—15—31
9　钢筋加工机械 ………………… 2—15—31
9.1　一般规定 …………………… 2—15—31
9.2　钢筋调直机 ………………… 2—15—32
9.3　钢筋切断机 ………………… 2—15—32
9.4　钢筋弯曲机 ………………… 2—15—32
9.5　钢筋冷拉机 ………………… 2—15—32
9.6　冷镦机 ……………………… 2—15—32
9.7　钢筋冷拔机 ………………… 2—15—32
9.8　钢筋套筒冷挤压连接机 …… 2—15—32
9.9　钢筋直（锥）螺纹成型机 … 2—15—32
10　木工机械及其他机械 ………… 2—15—33
10.1　一般规定 ………………… 2—15—33
10.2　木工平刨机 ……………… 2—15—33
10.3　木工压刨机 ……………… 2—15—33
10.4　木工带锯机（木工跑车带锯机） ……………………… 2—15—33
10.5　立式榫槽机 ……………… 2—15—33
11　装修机械……………………… 2—15—33
11.1　一般规定 ………………… 2—15—33

11.2 灰浆搅拌机 …………………… 2—15—34
11.3 灰浆泵 ………………………… 2—15—34
11.4 喷浆泵 ………………………… 2—15—34
11.5 水磨石机 ……………………… 2—15—34
11.6 地板整修机械 ………………… 2—15—34
12 掘进机械……………………………… 2—15—35
12.1 一般规定 ……………………… 2—15—35
12.2 土压平衡盾构机、泥水加压盾构机 ………………………………… 2—15—35
12.3 凿岩台车 ……………………… 2—15—36
本规程用词说明 ………………………… 2—15—37
附：条文说明………………………………… 2—15—38

1 总 则

1.0.1 为加强施工现场机械设备管理，保证进入施工现场机械设备完好，确保施工现场机械设备的使用安全，防止和减少机械事故的发生，制定本规程。

1.0.2 本规程适用于新建、改建和扩建的工业与民用建筑及市政基础设施施工现场使用的机械设备检查。

1.0.3 施工现场机械设备使用单位应建立健全施工现场机械设备安全使用管理制度和岗位责任制度，并应对现场机械设备进行检查。

1.0.4 施工现场机械设备的检查除应符合本规程外，尚应符合国家现行有关标准的规定。

2 术 语

2.0.1 桩工机械 pile driving machinery

实现各种桩基础的施工机械。

2.0.2 桩架 pile frame

和打桩锤配套使用的设备。

2.0.3 起落架 up-down frame

安装在桩机立柱的桩锤导杆上，用以提升柴油锤上活塞的部件。

2.0.4 筒式柴油打桩锤 tubular diesel pile hammer

以柴油为燃料，以冲击作用方式进行打桩施工的桩工机械。

2.0.5 振动桩锤 vibratory pile hammer

依靠电动机或液压动力带动振动箱产生高频振动，以克服桩和土体间摩擦阻力而进行沉拔桩的机械。

2.0.6 静力压桩机 hydraulic pile driver

以压桩机的自重克服沉桩过程中桩土之间的阻力使桩沿着压梁的轴线方向下沉的设备。

2.0.7 钻具组 boring tools

装在一起的钻头、潜水动力装置、潜水砂石泵、配重、钻杆、水龙头等的统称。

2.0.8 钻架 boring frame

提升钻具并为之导向使钻头（具）灵活地对准桩位作业的装置。

2.0.9 塔顶 cat head

位于塔身的顶部，主要用以支承臂架及平衡臂的拉索等的结构件。

2.0.10 顶升机构 climbing mechanism

自升式塔式起重机中，增减标准节的机构。

2.0.11 附着装置 anchorage device

将附着式塔式起重机的塔身按一定距离的要求，锚固于建筑物或基础上的支承件系统。

2.0.12 施工升降机 builder's hoist

用吊笼、平台、料斗等装置载人、载物沿导轨架作上下垂直运输的施工机械。

2.0.13 导轨架 mast

用以支承和引导吊笼、平台、料斗等装置运行的金属构架。

2.0.14 吊笼 cage

用来运载人员或物料的笼形部件。

2.0.15 极限开关 ultimate limit switch

吊笼、平台、料斗等装置超越行程终点时自动切断电源电路的安全开关。

2.0.16 防坠安全器 safety device

非电气、气动和手动控制的防止吊笼、平台或料斗坠落的机械式安全保护装置。

2.0.17 安全钩 safety hook

防止施工升降机吊笼脱离导轨架或安全器输出端齿轮脱离齿条的钩状挡块。

2.0.18 挖掘机工作装置 work device

安装在机体上直接完成作业的装置。

2.0.19 挖掘机操纵装置 control device

用来控制挖掘机各部分运动的装置。

2.0.20 挖掘机先导操纵装置 pre-control device

以全功率变量系统，先导液压操纵，以液压油由空气预压油箱，经过整体式多路阀、控制阀，进行全机动作控制的装置。

2.0.21 罐体连接装置 tank connective fitting

实现罐体和运载工具紧固连接的专用装置。

2.0.22 罐体输送装置 tank transportation device

实现罐体内粉粒物料气力输送的气体输送管道、物料输送管道及与管道相连接的各类接头、阀门、仪表等。

2.0.23 罐体安全装置 tank safety equipment

罐体在实施装料及卸料过程中，为保证人身安全而配置的安全设施。

2.0.24 浮动密封 floating seal

随搅拌机轴浮动，防止轴端漏浆的组合式密封件。

2.0.25 蓄能器 accumulator

贮存能量的压力容器。

2.0.26 盾构机 shields

是在软土、软岩和破碎含水的地层中修建隧道时，进行开挖和衬砌的一种专用机械设备。

2.0.27 泥水加压平衡式盾构机 pressurized slurry shields

通过施加略高于开挖面水土压力的泥浆压力来维持开挖面的稳定性，并通过循环泥浆将切削土沙以流体方式输出的盾构形式。

2.0.28 土压平衡式盾构机 earth pressure balanced shields or soil pressure balancing shields

利用搅拌方式，将开挖的泥沙泥土化，并通过控制泥土的压力以保证开挖面的稳定性的盾构形式。

2.0.29 液压凿岩机 hydraulic rock drilling machine

以循环液压油为动力，驱动钎杆、钎头，以冲击回转方式在岩体中凿孔的机械。

2.0.30 凿岩台车 drill jumbo or rock drilling jumbo

将数台中、重型高频或冲击式凿岩机，连同推进装置一起安装在钻臂导轨上，配以行走机构的一种机械化凿岩设备。

3 动力设备及低压配电系统

3.1 柴油发电机组

3.1.1 施工现场柴油发电机的额定电压必须与外电线路电源电压等级相符。

3.1.2 固定式柴油发电机组应安装在室内符合规定的基础上，并应高出室内地面 0.25～0.30m。移动式柴油发电机组应处于水平状态，放置稳固，其拖车应可靠接地，前后轮应卡住。室外使用的柴油发电机组应搭设防护棚。

3.1.3 柴油发电机组及其控制、配电、修理室等的设置应保证电气安全距离和满足防火要求；排烟管道应伸出室外，且严禁在室内和排烟管道附近存放贮油桶。

3.1.4 施工现场的柴油发电机组的安装环境应选择靠近负荷中心，进出线方便，周边道路畅通及避开污染源的下风侧和易积水的地方。

3.1.5 发电机组电源必须与外电线路电源连锁，严禁与外电线路并列运行；当2台及2台以上发电机组并列运行时，必须装设同步装置，并应在机组同步后再向负载供电。

3.1.6 柴油发电机组整机应符合下列规定：

1 柴油机及发电机的主要参数应达到说明书规定指标，输出功率不得低于额定功率的 85%；

2 机组外表应整洁，不应有明显锈蚀；

3 机组运行不应有异响、剧烈振动、超温；

4 机组辅助设施配备应合理，运行应达到规定要求；

5 各种仪表应齐全、灵敏可靠，数据指示应准确。

3.1.7 柴油机应符合下列规定：

1 柴油机启动、加速性能应良好，怠速平稳；

2 运转不应有异响，油压宜为 0.15～0.30MPa，水温、仪表指示数据应准确，符合说明书的规定；

3 柴油机曲轴箱内机油量不应过低或过高，宜在机油尺上、下刻度中间稍上位置；

4 空气、机油、柴油滤清器应保持清洁，更换滤芯的时间应按使用说明书要求执行；

5 水箱应定期清洗，保持水箱内外清洁；

6 当水温超过规定值时，节温装置应能自动打开；

7 风扇皮带松紧应适度；

8 电气线路、油管管路应排列整齐、卡固牢靠；

9 柴油机地脚螺栓不应松动、缺损；

10 柴油机负荷调节器配备应合理。

3.1.8 润滑系统应符合下列规定：

1 机组润滑装置应齐全，运转时不得漏油；

2 柴油机滤清装置应齐全，清洁完好，油路畅通；各润滑部位润滑良好；机组润滑系统油压正常；润滑油厂牌、型号、黏度等级（SAE）、油质量等级（API）、油量应符合说明书的要求。

3.1.9 电气系统应符合下列规定：

1 柴油发电机组应采用电源中性点直接接地的三相四线制供电系统和独立设置的与原供电系统一致的接零（接地）保护系统，接地装置敷设应符合国家现行标准《施工现场临时用电安全技术规范》JGJ 46 的规定，接地体（线）连接应正确、牢固，其接地电阻应符合国家现行标准《施工现场临时用电安全技术规范》JGJ 46 的规定；

2 柴油发电机组馈电线路连接后，两端的相序应与原供电系统的相序一致；

3 柴油发电机组至低压配电装置馈电线路的相间、相地间的绝缘应良好，且绝缘电阻值应大于 0.5MΩ；

4 励磁调压、灭弧装置、继电保护装置应齐全、可靠；

5 供电系统应设置电源隔离开关及短路、过载、漏电保护电器；电源隔离开关分断时应有明显可见的分断点。

3.1.10 冷却系统应符合下列规定：

1 冷却装置齐全可靠，运转时不得泄漏；

2 冷却系统的水质应经软化处理，并应保持洁净；

3 排水温度应达到说明书的要求。

3.1.11 柴油发电机组紧急保险装置应配置齐全，工作可靠；各种防护装置应齐全有效。

3.2 空气压缩机及附属设备

3.2.1 施工现场的电动空气压缩机电动机的额定电压应与电源电压等级相符。

3.2.2 固定式空气压缩机应安装在室内符合规定的基础上，并应高出室内地面 0.25～0.30m。移动式空气压缩机应处于水平状态，放置稳固，其拖车应可靠接地，工作前应将前后轮卡住，不应有窜动。

3.2.3 室外使用的空气压缩机应搭设防护棚。

3.2.4 空气压缩机整机应符合下列规定：

1 排气量、工作压力参数均应达到额定指标；

2 整机不得有油污、明显锈蚀，管路敷设应合理、固定可靠；

3 零部件及附属机具应齐全；

4 进排气阀不应漏气，不得有严重积炭、积灰；

5 电器和电控装置应齐全、可靠，电气系统绝缘应良好，接地装置敷设、接地体（线）连接正确、牢固，接地电阻应符合国家现行标准《施工现场临时用电安全技术规范》JGJ46 的有关规定；

6 贮气罐焊缝不得有开焊、裂纹及变形，并应有出厂合格证；罐体内不得有油污和冷凝水；承受压力的贮气罐罐体应在检定期内。

3.2.5 空气压缩机的内燃机启动性能应良好、怠速平稳，运转不应有异响，油压表、水温表指示数据应正确；油压表应按计量管理规定定期检定。

3.2.6 空气压缩机的电机应匹配合理；运转不得有异响；温升应符合说明书的规定。

3.2.7 空气压缩机的润滑系统应符合下列规定：

1 内燃机滤清装置应齐全、有效、清洁完好、油路畅通；各润滑部位应润滑良好；润滑油厂牌、型号、黏度等级（SAE）、油质量等级（API）、油量应符合说明书的规定；

2 内燃机的滤油器效果应良好，油压不得低于 0.1MPa，机油泵供油应正常。当油压低于 0.08 MPa 时，油压开关应能切断至停车电磁铁的电路。

3.2.8 空气压缩机的安全装置应符合下列规定：

1 各安全阀动作应灵敏可靠；

2 自动调节器调节功能应良好；

3 压力表应灵敏可靠，计测正确，且在检定期内。

3.3 低压配电系统

3.3.1 在 TN 接零保护系统中，通过总漏电保护器的工作零线与保护零线之间不应再作电气连接。保护零线应单独敷设，重复接地线应与保护零线相连接，不应与工作零线相连接。

3.3.2 施工现场临时用电的电力系统严禁利用大地和动力设备金属结构体作相线或工作零线。

3.3.3 保护零线上不应装设开关或熔断器，不应通过工作电流，且不应断线。

3.3.4 用电设备的保护地线或保护零线应并联接地，严禁串联接地或接零。

3.3.5 每台用电设备应有各自专用的开关箱，严禁用同一个开关箱直接控制 2 台及 2 台以上用电设备(含插座)。

3.3.6 动力设备及低压配电装置的负荷线应按计算负荷选用无接头的橡皮护套铜芯软电缆。电缆的芯线数应根据负荷及其控制电器的相数和线数确定：三相四线时，应选用五芯电缆；三相三线时，应选用四芯电缆；当三相用电设备中配置有单相用电器具时，应选用五芯电缆；单相二线时，应选用三芯电缆。电缆芯线应符合国家现行标准《施工现场临时用电安全技术规范》JGJ 46 的有关规定，其中 PE 线应采用绿/黄双色绝缘导线。

3.3.7 电气系统的绝缘应良好，接地装置敷设和接地电阻应符合国家现行标准《施工现场临时用电安全技术规范》JGJ 46 的有关规定，接地体（线）连接应正确、牢固。

3.3.8 配电室（房）应符合下列规定：

1 成列的配电柜和控制柜两端应与重复接地线及保护零线作电气连接；

2 配电柜应装设电源隔离开关，以及短路、过载、漏电保护电器；电源隔离开关分断时应有明显可见分断点；电器设置应符合下列要求：

1）当总路设置总漏电保护器时，还应装设总路、分路隔离开关和总路、分路断路器或总路、分路熔断器；

2）当所设总漏电保护器同时具备短路、过载、漏电保护功能时，总路上不应再设断路器或熔断器；

3）隔离开关应设置于电源进线端，采用分断时应具有可见分断点，并应能同时断开电源所有极的隔离电器；

4）熔断器应选用具有可靠灭弧分断功能的产品；

5）总开关电器的额定值、动作整定值应与分路开关电器的额定值、动作整定值相适应。

3 配电室（房）内的母线应按相序涂刷有色油漆，其涂色应符合表 3.3.8 的规定；

4 配电室（房）内地面排水坡度不应小于 0.5%；

5 配电室（房）的建筑物和构筑物应能防雨、防风沙；防火等级不应低于 3 级；室内应配置沙箱和可用于扑灭电气火灾的灭火器；当采用百叶窗或窗口安装金属网时，金属网孔不应大于 10mm×10mm；

表 3.3.8 母线涂色

相 别	颜色	垂直排列	水平排列	引下排列
L1（A）	黄	上	后	左
L2（B）	绿	中	中	中
L3（C）	红	下	前	右
N	淡蓝	—	—	—

6 配电室（房）的照明应分别设置正常照明和事故照明；

7 配电柜正面的操作通道宽度：单列布置或双列背对背布置不应小于1.5m；双列面对面布置不应小于2m；后面的维护通道宽度：单列布置或双列面对面布置不应小于0.8m；双列背对背布置不应小于1.5m；侧面的维护通道宽度不应小于1m；配电室（房）的顶棚与地面的距离不应低于3m。

3.3.9 低压配电系统的配电线路应符合下列规定：

1 当动力、照明线在同一横担上架设时，导线相序排列应面向负荷从左侧起依次为L1、N、L2、L3、PE；

2 当动力、照明线在两层横担上分别架设时，导线相序排列：上层横担面向负荷从左侧起依次为L1、L2、L3，下层横担面向负荷从左侧起依次为L1（L2、L3）、N、PE；

3 电杆埋设深度宜为杆长的1/10加0.6m，回填土应分层夯实，在松软土质处宜加大埋入深度或采用卡盘等加固；

4 导线中的计算负荷电流不应大于其长期连续负荷允许载流量，线路末端电压偏移不应大于其额定电压的5%；

5 供电线路路径的选择应避开易撞、易碰、易受雨水冲刷和气体腐蚀的地带，并应避开热力管道、河道和施工中交通频繁的场所；

6 电缆线路应采用埋地或架空敷设，架空线必须设在专用电杆上，不得架设在树木、脚手架及其他设施上；

7 当埋地敷设时，埋地电缆路径应设方位标志，深度不应小于0.7m，电缆上、下、左、右侧均应敷设不小于50mm厚的细砂，并铺盖板保护，引出地面从2m高到地下0.2m处应加设保护套管；

8 当架空敷设时，应沿电杆、支架或墙壁敷设，采用绝缘子固定，绑扎线应采用绝缘线，固定点间距应保证电缆能承受自重所带来的荷载，当沿墙壁敷设时最大弧垂距地不应小于2m。

3.3.10 低压配电系统的接地系统应符合下列规定：

1 在施工现场专用变压器供电的TN-S接零保护系统中，电气设备的金属外壳应与保护零线连接；保护零线应由工作接地线、配电室（总配电箱）电源侧零线或总漏电保护器电源侧零线处引出；

2 当施工现场与外电线路共用同一供电系统时，电气设备的接地、接零保护应与原系统保持一致；

3 TN系统中的保护零线除应在配电室或总配电箱处作重复接地外，还应在配电系统的中间处和末端处作重复接地；重复接地电阻值不应大于10Ω；在工作接地电阻允许达到10Ω的电力系统中，重复接地等效电阻值不应大于10Ω；不应将单独敷设的工作零线作重复接地；

4 每一接地装置的接地线应采用2根及以上导体，在不同点与接地体作电气连接。不应采用铝导体作接地体或地下接地线；垂直接地体宜采用角钢、钢管或光面圆钢，不应采用螺纹钢，工作接地电阻不应大于4Ω；接地也可利用自然接地体，但应保证其电气连接和热稳定；

5 保护地线或保护零线应采用焊接、压接、螺栓连接或其他可靠方法连接，不应缠绕或钩挂；

6 保护地线或保护零线应采用绝缘导线；配电装置和电动机械相连接的PE线应采用截面不小于$2.5mm^2$的绝缘多股铜线；手持式电动工具的PE线应采用截面不小于$1.5mm^2$的绝缘多股铜线；

7 作防雷接地机械上的电气设备，所连接的PE线应同时作重复接地，同一台机械电气设备的重复接地和机械的防雷接地可共用同一接地体，接地电阻应符合重复接地电阻值的要求。

3.3.11 低压配电系统的开关箱应符合下列规定：

1 开关箱与分配电箱的距离不应超过30m，与其控制的固定式用电设备的水平距离不宜超过3m，且安装在干燥、通风及常温场所；周围应有足够2人同时工作的空间和通道，不应堆放任何妨碍操作、维修的物品；不应有灌木、杂草；

2 开关箱应装设端正、牢固；固定式开关箱的中心点与地面的垂直距离应为1.4～1.6m；移动式配电箱、开关箱应装设在坚固、稳定的支架上，其中心点与地面的垂直距离宜为0.8～1.6m。

3.3.12 开关箱中必须安装漏电保护器，且应装设在靠近负荷的一侧，额定漏电动作电流不应大于30mA，额定漏电动作时间不应大于0.1s；潮湿或腐蚀场所应采用防溅型产品，其额定漏电动作电流不应大于15mA，额定漏电动作时间不应大于0.1s。

4 土方及筑路机械

4.1 一般规定

4.1.1 土方及筑路机械主要工作性能应达到使用说明书中各项技术参数指标。

4.1.2 技术资料应齐全；机械的使用、维修、保养、事故记录应及时、准确、完整、字迹清晰。

4.1.3 机械在靠近架空高压输电线路附近作业或停放时，与架空高压输电线路之间的距离应符合国家现行标准《施工现场临时用电安全技术规范》JGJ46的规定。

4.1.4 液压油应符合下列规定：

1 应按机械使用说明书的规定，选用适当品种的液压油；

2 说明书中未作规定的可按表4.1.4选用液压油；

表 4.1.4 选用液压油参考表

液压系统压力 \ 温度	黏度(40℃)，mm^2/s		适用的液压油	
	5～40℃	40～80℃	5～40℃	40～80℃
7MPa 以下	19～29	25～44	32＃，46＃HL 油	46＃，68＃HL 油
7MPa 及以上	31～42	35～55	46＃，68＃HM 油	68＃，100＃HM 油

注：1 温度系指液压系统工作温度；
2 高压时选用 HM 油。

3 应定期化验检查液压油的清洁度，当清洁度低于规定的要求时，应及时更换。正常情况下应每两个月取样化验一次；当不具备化验条件时，应按机械使用说明书规定的时间换油。

4.1.5 润滑油（脂）应符合下列规定：

1 应按机械使用说明书的规定，选用适当品种和级别的内燃机机油、齿轮油、润滑油（脂）；

2 在启动内燃机前应检查机油油量、油质，并应按机械使用说明书规定的时间换油；

3 不同品种和级别的齿轮油不应相互混用，也不应与其他厚质内燃机油混用；

4 不同品种和级别的润滑油不应相互混用；

5 不同种类的润滑脂不应混合使用。

4.1.6 燃油应符合下列规定：

1 应根据当地气温情况，按内燃机使用说明书要求选用适当牌号的柴油；

2 柴油加入油箱前，沉淀不应少于 4h，加油时应过滤除去杂质；

3 使用柴油时不得加入汽油。

4.1.7 冷却液应符合下列规定：

1 内燃机冷却水不应使用硬水或不洁水；

2 可使用长效性防冻液；在不需使用时，应将防冻液全部放掉，将冷却系统冲洗干净再加冷却水；

3 冬季未使用防冻液的，每日工作完毕后应将缸体、油冷却器及水箱里的水全部放净。

4.1.8 土方机械整机应符合下列规定：

1 各总成件、零部件、附件及附属装置应齐全完整，安装应牢固；

2 整机内外应整洁，不得有油污、漏水、漏油、漏气、漏电；

3 驾驶室门窗开关应自如，雨刮器、门锁应完好，玻璃不应有破损，视野清楚；

4 各部操纵杆、制动踏板的行程应符合使用说明书规定，动作应灵活、准确；

5 金属构件不得有弯曲、变形、开焊、裂纹；轴销安装应可靠，各螺栓连接应紧固；

6 黄油嘴应齐全无缺，润滑油路应畅通，润滑部位应润滑良好；

7 上下车扶手及踏板应完好，不应有开焊、腐蚀；

8 各种仪表指示数据应准确。

4.1.9 柴油机应符合本规程第 3.1.7 条的规定。

4.1.10 传动系统应符合下列规定：

1 液力变矩器工作时不应有过热，传递动力应平稳有效；滤清器清洁；各连接部分应密封良好，不应漏油；

2 变速器档位应准确、定位可靠，工作时不应有异响；

3 变速箱不应有渗漏；润滑油油面应达到油位检查孔标线；

4 转向盘的自由行程应符合使用说明书规定，转动及回位应灵活、准确；

5 各部传动齿轮啮合应良好、运转平稳，不应有异响。

4.1.11 液压系统应符合下列规定：

1 液压系统应设有防止过载和液压冲击的安全装置；安全溢流阀的调整压力不得大于系统的额定工作压力的 110%；系统的额定工作压力不得大于液压泵的额定压力；

2 液压油泵不应有过热和泄漏；

3 液压缸内壁、活塞杆表面应光洁，不得有损伤；应运行平稳、密封良好；

4 溢流阀、安全阀、单向阀、换向阀、液压控制元件应齐全完好；油管及接头不得有渗漏；

5 散热器应清洁，工作时油温不应大于 80℃；滤清器应清洁完好，液压油量应在油箱上下刻线标记之间。

4.1.12 电气系统应符合下列规定：

1 电气线路应排列整齐、卡固牢靠，不得有破损、老化、短路、断路；

2 电机启动性能应良好，发电机应工作正常；

3 各种电控元件、指示灯、警示灯及报警装置工作应有效；

4 各类照明灯、仪表灯、喇叭等应齐全完好；

5 电瓶应清洁、固定牢靠，电解液液面应高出极板 10～15mm，免维护电瓶标志应符合规定。

4.1.13 行走机构应符合下列规定：

1 行走架不应有开裂、变形；

2 驱动轮、引导轮、支重轮、托链轮应齐全完好，不应有漏油、啃轨、偏磨；

3 履带松紧度应符合使用说明书规定，履带张紧装置应有效；

4 履带板螺栓应齐全，不应有松动；链轨磨损不应超限，销套不得有断裂；

5 履带行驶跑偏量不应大于测量距离的 5%。

4.1.14 制动及安全装置应符合下列规定：

1 制动踏板行程应符合使用说明书的规定；

2 制动液型号、规格应符合使用说明书的规定；

制动液液面应在标记位置；

3 制动总泵、分泵及连接管路不应有漏气、漏油；

4 空气压缩机应运转正常，气压调节阀工作正常；当系统压力超过规定值时，安全阀应能自动打开；

5 制动蹄片与制动毂间隙应调整适宜，制动毂不应过热，制动应可靠有效；

6 驻车制动摩擦片不应有油污、烧伤，驻车制动应可靠有效；

7 制动块、制动盘应清洁，不应有油污，制动应可靠有效。

4.2 推 土 机

4.2.1 万向节不应松旷，固定螺栓应紧固。

4.2.2 后桥箱不应有裂纹、渗漏。

4.2.3 转向离合器操纵应轻便，动力传递、切断应可靠。

4.2.4 铲刀操纵控制阀应准确有效地控制铲刀处于保持、提升、下降、浮动等状态。

4.2.5 铲刀架、撑杆应完好，不应有变形、开裂。

4.2.6 刀角、刀片磨损不应超限；螺栓应紧固。

4.2.7 制动及安全装置应符合下列规定：

1 脚制动刹车工作应可靠有效，两踏板的行程应相同；

2 制动闭锁装置、变速操纵闭锁装置、铲刀操纵闭锁装置工作应可靠。

4.3 履带式单斗液压挖掘机

4.3.1 回转机构应符合下列规定：

1 回转驱动装置工作应平稳，不应过热；

2 回转平台旋转应平稳，不应有阻滞、冲击，回转齿轮啮合、润滑应良好；

3 回转减速装置齿轮油油面应达到油位标记高度。

4.3.2 行走驱动马达、回转驱动马达工作时不应有异响、过热、泄漏。

4.3.3 工作装置动作速度应正常，工作装置液压缸活塞杆的下沉量不应大于100mm/h。

4.3.4 操纵控制阀应能有效地控制回转平台左右旋转、斗杆伸出及回缩、动臂上升及下降等各种动作。

4.3.5 工作装置应符合下列规定：

1 动臂、斗杆、铲斗不应有变形、裂纹、开焊；

2 斗齿应齐全、完整，不应松动；

3 动臂、斗杆、铲斗的连接轴销等应润滑良好，轴销固定应牢靠。

4.3.6 制动及安全装置应符合下列规定：

1 当行走踏板处于自由状态、行走操纵杆处于中立位置时，行走制动器应自动处于制动状态；

2 放开多路换向阀操纵杆后，操纵杆应自动更换位置，挖掘机的工作功能应能停止；

3 先导控制开关杆工作应可靠有效。

4.4 光轮压路机

4.4.1 转向盘的自由行程应符合使用说明书规定，转动及回位应灵活、准确。

4.4.2 传动系统应符合下列规定：

1 主离合器接合应平稳、分离彻底，传递动力有效；

2 变速器档位应准确、定位可靠，不应有跳档现象；变速器工作时不应有异响；

3 差速连锁装置应能克服单一后轮打滑；

4 变速箱不应有渗漏；变速箱齿轮油油面应达到油位标记位置；

5 侧传动运转应平稳，不应有冲击，齿轮润滑应良好。

4.4.3 工作装置应符合下列规定：

1 压路机行驶时，前后轮不应有摆动；

2 碾压工作时，刮泥板应紧贴轮面；

3 刮泥板支架应牢固、完好；弹簧及支架应完好；固定螺栓应紧固。

4.4.4 制动装置应符合下列规定：

1 行车制动、驻车制动应可靠有效；

2 行车制动踏板行程应符合使用说明书规定。

4.5 轮胎驱动振动压路机

4.5.1 传动系统应符合下列规定：

1 分动箱齿轮啮合应良好、运转平稳，不应有异响；分动箱不应有渗漏；齿轮油油面应达到油位标记线；

2 差速器运转不应有异响；齿轮油油面应达到油位检查孔标线；

3 轮边减速器运转应平稳，不应有异响、过热；齿轮油油面应达到油位检查孔标线。

4.5.2 行走驱动马达和振动马达工作不应有异响、泄漏。

4.5.3 行走机构应符合下列规定：

1 轮辋不应有裂纹、变形；轮毂转动应灵活，不应有异响；

2 轮胎气压应符合使用说明书规定；轮胎螺栓和螺母应齐全、紧固；

3 轮胎有下列现象之一时，应予更换：

1）胎侧有连续裂纹；

2）胎面花纹已磨平，并有大破洞，失去翻新条件，已不能继续使用；

3）胎体帘线层有环形破裂及整圈分离；

4）胎圈钢丝断裂或扯口大爆破；

5）其他损坏不堪使用和修复。

4 行驶时车轮不应有偏摆。

4.5.4 工作装置应符合下列规定：

1 钢轮高、低振幅工作装置应完好；

2 减振块应齐全，不应有裂纹、缺损；紧固螺栓不应松动；

3 刮泥板不应有变形，与钢轮的间隙应符合使用说明书规定。

4.6 轮胎压路机

4.6.1 传动系统应符合下列规定：

1 驱动桥齿轮啮合应良好，运转平稳不应有异响及过热；

2 驱动桥桥壳不应有裂纹和渗漏；连接螺栓应紧固；

3 驱动桥齿轮油油面应达到油位检查孔标线；

4 左右半轴锁紧螺母应紧固牢靠；

5 链轮紧固不应松旷，轮齿磨损量应符合使用说明书规定；

6 链节不应松旷，链条工作时不应有爬齿；

7 链条调整装置应完好，链条松紧度应符合使用说明书规定。

4.6.2 工作装置应符合下列规定：

1 轮毂不应有裂纹和变形；

2 轮胎气压应符合使用说明书规定，轮胎螺栓和螺母应完整齐全、紧固；

3 胎面不应有气鼓、裂伤、老化、变形；

4 前轮机械摇摆悬挂装置应能保持机架水平，保证每个轮胎负荷均匀；

5 刮泥板应符合使用要求，支架不应有变形和裂纹；刮泥板固定螺栓应紧固；

6 配重块应齐全、完整。

4.6.3 洒水系统应符合下列规定：

1 水泵及水泵离合器应完好；

2 水路应畅通，水管及喷头不应有堵塞；水管及附件等应齐全；

3 抽水、洒水功能应完好；

4 冬季停止使用时应放净系统内积水。

4.7 平 地 机

4.7.1 驱动桥齿轮运转应平稳，不应有异响及过热。

4.7.2 链节不应松旷，链条工作时不应有异响。

4.7.3 平衡箱齿轮油油面应达到油位标记高度。

4.7.4 液压系统应符合下列规定：

1 回转圈液压驱动马达工作时不应有过热、泄漏；

2 操纵控制阀应能准确有效地控制铲刀左右移动、回转、前轮左右倾斜等各种动作。

4.7.5 工作装置应符合下列规定：

1 牵引架、回转圈、摆架等不应有变形、裂纹；

2 铲刀应能升降、倾斜、侧移、引出和做360°全回转，回转应平稳、不应有阻滞；

3 回转驱动装置应工作平稳，不应有异响；齿轮油油面应达到油位检查孔标线；

4 铲刀架、滑轨应完好，不应有变形；

5 刀片磨损不应超限，固定螺栓应紧固。

4.8 轮胎式装载机

4.8.1 驱动桥齿轮应运转平稳，不应有异响，桥壳不应有裂纹，连接螺栓应紧固；齿轮油油面应达到油位标记高度。

4.8.2 轮边减速器运转应平稳，不应有异响及过热。

4.8.3 操纵控制阀应能准确有效地控制动臂升降及浮动、铲斗上转及下翻等各种动作。

4.8.4 工作装置应符合下列规定：

1 动臂、摇臂和拉杆不应有变形和裂纹，轴销应固定牢靠，润滑应良好；

2 铲斗应完好，不应有裂纹，斗齿应齐全、完整，不应松动。

4.8.5 制动及安全装置应符合下列规定：

1 制动应可靠有效；制动块、制动盘应清洁，不应有油污；制动踏板行程应符合使用说明书规定；

2 制动液型号、规格应符合使用说明书规定；制动液液位应在标记位置；

3 驻车制动摩擦片不应有油污和烧伤，驻车制动应可靠有效；

4 空气压缩机运转应正常，气压调节阀工作应正常；当系统压力超过规定值时，安全阀应能自动打开；

5 制动总泵、分泵及连接管路不应有漏气和漏油。

4.9 稳定土拌和机

4.9.1 传动系统应符合下列规定：

1 万向节不应松旷，固定螺栓应紧固，润滑应良好；

2 分动箱齿轮啮合应良好、运转平稳，不应有异响、渗漏；齿轮油油面应达到油位标记线；

3 驱动桥齿轮啮合应良好，运转应平稳，不得有异响及过热；

4 驱动桥桥壳不得有裂纹、渗漏，连接螺栓应紧固；

5 驱动桥齿轮油油面应达到油位标记高度。

4.9.2 行走驱动马达和转子马达工作时不应有过热和泄漏。

4.9.3 操纵控制阀应能准确有效地控制工作装置升降、斗门开启及关闭等各种动作。

4.9.4 工作装置应符合下列规定：

1 转子旋转应平稳，不应有抖动；

2　转子轴不应变形，转子轴轴承应完好，转动应平稳，不应有异响；

3　刀盘不应变形，刀库应齐全完好，刀库焊缝不应有开裂、开焊；

4　刀片应齐全完好，不应有折断、缺失；

5　转子罩壳应完好，不应有破损、变形、开裂、开焊。

4.10　履带式沥青混凝土摊铺机

4.10.1　动力装置应符合下列规定：

1　水冷柴油发动机应符合本规程第3.1.7条的规定；

2　风冷发动机机体、缸盖散热片、缸套及机油散热器翼片应清洁。

4.10.2　行走驱动、输料分料驱动、振捣、振动马达等工作时应无过热和泄漏。

4.10.3　操纵控制阀应能控制机械左右转向、料门收放、振动及振捣、熨平板伸缩及升降等各种动作。

4.10.4　电加热系统中的加热管应齐全完好，当打开加热开关时，电加热系统应能自动加热，且加热温度应能达到使用要求。

4.10.5　操纵系统各控制开关应能定位准确、操作灵敏。

4.10.6　履带板螺栓应紧固，链轨轴销应固定良好，橡胶块应完整无缺。

4.10.7　驱动链条不应松旷，工作时链轮与链条啮合应正常。

4.10.8　工作装置应符合下列规定：

1　刮板输送器应完好，刮板应齐全，不应变形，链条不应松旷；

2　输料减速装置工作不应有异响，润滑油油面应达到油位标记高度；

3　螺旋分料器螺旋轴不应变形，螺旋叶片应齐全，不应有缺损；

4　振捣梁、熨平板应工作正常，工作面平整，不应变形；端面挡板应完好；

5　厚度调整机构和拱度调整机构应操纵轻便、准确有效；

6　接收料斗不应有变形、开裂、破损；

7　自动调平装置应完好。

4.10.9　当关闭液压行驶驱动泵电磁阀时，摊铺机应能停止行驶，并应能同时关闭自动调平装置，停止熨平板升降油缸浮动、振捣、振动、输料、分料工作功能。

4.11　沥青混凝土搅拌设备

4.11.1　整机应符合下列规定：

1　整体应稳定，各结构件连接应牢固；高强度螺栓连接应有足够的预紧力；

2　各总成件、零部件、附属装置应齐全完整；

3　搅拌设备内外应清洁，不应有漏电、漏油、漏水、漏气；

4　受力构件不应有变形、开裂、开焊；

5　受力构件断面腐蚀深度不应超过原厚度的10%；

6　行走通道、上下楼梯及扶手、设备安装平台等应完好，不应有开焊、腐蚀。

4.11.2　输送系统应符合下列规定：

1　皮带给料机、集料机工作时皮带应处于中位，不应跑偏、打滑；皮带应清洁，不应粘附泥土、碎石等杂物；

2　皮带不应有破损、撕裂；皮带松紧度应符合使用说明书规定，张紧调整装置应有效；

3　机架固定应牢靠，不应有变形、裂纹、开焊；

4　热料提升减速机运转不应有异响；润滑油油面应达到油位标记高度；

5　链条不应松旷，链轮磨损不应超限，应符合使用说明书规定；

6　链条、链销及其保险插销应完好；料斗与链条的连接螺栓应紧固，料斗应完好。

4.11.3　烘干系统应符合下列规定：

1　干燥滚筒不应有变形，旋转应平稳，倾角应符合使用说明书规定；

2　主摩擦轮与干燥滚筒圈表面应清洁，不应有油污；

3　干燥滚筒内翻料槽应齐全完整；

4　减速机运转不应有异响；润滑油油面应达到油位标记高度；

5　燃烧器应清洁，燃油消耗率应在使用说明书规定的范围内；

6　燃烧器喷嘴应清洁，燃油雾化应良好，燃烧应充分；

7　点火喷嘴安装角度应符合说明书规定，电磁阀应完好，点火系统工作应正常，系统不应有漏油；

8　燃油泵、流量计、减压阀、过滤器、压力表、流量控制阀、油管等应完好；燃油供给系统工作应正常，系统不应有泄漏；

9　空气压缩机、空气滤清器、电磁阀、减压阀、压力继电器、气管等应完好；空气供给系统工作应正常；

10　供油量、供气量调整装置应完好有效。

4.11.4　振动筛及热料仓应符合下列规定：

1　振动筛筛网不应有破损、断裂，网眼不应堵塞；筛网应夹紧，固定螺栓应紧固；

2　振动器工作应正常，主轴不应有变形，轴承润滑应良好；

3　减振弹簧应完好，不得有断裂；

4　传动皮带的张紧度应符合使用说明书规定，

皮带应成组更换，不应单根更换；

5 筛箱不得有裂纹、开焊，固定螺栓应紧固，密封应良好，不得有粉尘外漏；

6 热料仓隔板应完好，骨料不应有串仓；

7 放料门应完好，不应有变形、漏料；

8 溢料仓不应有堵塞。

4.11.5 供给系统应符合下列规定：

1 粉料仓密封应完好，不应有粉尘漏出；

2 粉料仓安全阀应完好有效，仓内压力过大时，安全阀应能顶开；

3 粉料疏松器、转阀应完好有效；

4 螺旋输送机运转应正常，不应有堵塞；

5 沥青管路连接应牢固，不应有泄漏；三通阀、二通阀等阀门应完好、转动灵活；

6 沥青泵应完好；运转不应有异响、泄漏。

4.11.6 搅拌器应符合下列规定：

1 搅拌器应完好，工作不应有异响；

2 联轴器及搅拌轴应工作平稳，不应有抖动；搅拌轴端密封应良好，不应有泄漏；

3 搅拌器叶浆臂、叶浆头、衬板应完好，叶浆头与衬板间隙应符合使用说明书规定；叶浆头、臂紧固不应松动。

4.11.7 除尘系统应符合下列规定：

1 系统密封应完好，排放的烟气含灰浓度应低于 $50mg/m^3$；

2 粉灰回收螺旋输送机应完好，运转不应有异响；

3 大气反吹装置应完好有效；

4 除尘布袋应清洁，不应有破损、缺失；

5 引风机叶片应清洁，工作时不应有抖动；传动皮带松紧应适度，更换皮带应成组，不应单根更换。

4.11.8 导热油系统应符合下列规定：

1 导热油加热燃烧器燃油雾化应良好；

2 燃油泵工作应正常；燃油管路连接应牢固，不应渗漏；滤清器应清洁有效；

3 导热油泵工作应正常；导热油管路连接应牢固，不应渗漏；滤清器应清洁。

4.11.9 电气系统应符合下列规定：

1 热料计量、沥青计量、粉料计量、冷料给料、点火及温度、计算机管理等各控制单元工作应正常有效；

2 管线排列应整齐有序，电线电缆卡固应牢靠，不应有破损、老化；根据电网要求做好保护接零或保护接地，接地电阻应符合规范要求；控制柜、配电柜等电器设备应清洁；

3 振动、变频调整、干燥滚筒驱动、热料提升、振动筛、搅拌器、转阀驱动、除尘螺旋、粉料及布袋叶轮给料、引风机等电机工作应正常；

4 火焰监控器、称量系统传感器、沥青称量电加热装置、热料仓及成品料仓料位器、热料仓温度传感器、成品料仓电加热装置应有效。

4.11.10 气压系统应符合下列规定：

1 空气压缩机工作应正常；润滑油油面应达到油位标记高度；

2 气压系统管路连接应牢固，不应有漏气；系统压力应符合使用说明书规定；

3 油水分离器内不应有油污、积水；

4 气缸活塞杆表面应光洁，密封应良好，不应有漏气；各仓放料门、称量斗门及搅拌器放料门开闭应正常，速度应符合使用说明书规定；

5 各气动元件、控制阀应齐全有效。

4.11.11 运料车应符合下列规定：

1 钢丝绳使用报废断丝根数的控制标准应符合本规程表 6.1.8-1 的规定；

2 运料车应完好，不应有漏料；轨道平整不应变形；

3 滑轮、斗门轴销、轨道等部件润滑应良好。

4.11.12 制动及安全装置应符合下列规定：

1 冷料输送紧急停车装置应完好有效；

2 热料提升逆止装置应完好有效；

3 运料车刹车装置制动应可靠有效；制动盘不应有油污及烧伤；

4 布袋温度超过设定温度时，布袋温度控制器应能切断燃烧器工作；

5 电气系统中设置的短路、失压、过载和跳闸反馈保护装置应完好有效；

6 漏电保护器参数应匹配，安装应正确，动作应灵敏可靠；

7 避雷器应定期检测。

5 桩 工 机 械

5.1 一 般 规 定

5.1.1 桩工机械主要工作性能应达到说明书中所规定的各项技术参数。

5.1.2 打桩机操作、指挥人员应持有效证件上岗。

5.1.3 桩工机械使用的钢丝绳、电缆、夹头、卸甲、螺栓等材料及标准件应有制造厂签发的出厂产品合格证、质量保证书、技术性能参数等文件。

5.1.4 桩工机械所使用的燃油、润滑油、液压油、二硫化钼等油脂应符合设备使用说明书规定要求；冷却水不应使用硬水或不洁水。

5.1.5 施工现场配置的供电系统功率、电压、电流应符合桩工机械设备的规定要求。

5.1.6 桩工机械所使用的电缆、电线应有制造单位签发的出厂产品合格证，且技术参数应匹配合理，符合规定要求。

5.1.7 桩工机械配置的各类安全保护装置，应齐全完好、灵敏可靠，不应随意调整或拆除。

5.1.8 漏电保护器参数应匹配；安装应正确，动作应灵敏可靠。

5.1.9 桩工机械在靠近架空高压输电线路附近作业时，与架空高压输电线路之间的距离应符合本规程表6.1.3的规定。

5.1.10 施工现场的地基承载力应满足桩工机械安全作业的要求；打桩机作业时与河流、基坑坡沟的安全距离不宜小于4m。

5.1.11 桩工机械零部件应齐全，各分支系统性能应完好，并能满足使用要求，不应带病作业。

5.1.12 桩工机械外观应整洁，不应有油污、锈蚀、漏油、漏气、漏电、漏水。

5.1.13 整机应符合下列规定：

1 打桩机结构件、附属部件应齐全，主要受力构件不应有失稳及明显变形；

2 金属结构件焊缝不应有开焊和焊接缺陷；

3 金属结构件锈蚀（或腐蚀）的深度不应超过原厚度的10%；

4 金属结构杆件螺栓连接或铆接不应松动；不应有缺损，关键部件连接螺栓应配有防松、防脱落装置，使用高强度螺栓时应有足够的预紧力矩；

5 钢丝绳的使用应符合本规程第6.1.8条的规定。

5.1.14 传动系统应符合下列规定：

1．离合器接合应平稳，传递和切断动力应有效，不应有异响及打滑；

2 传动机构的齿轮、链轮、链条等部件应能有效传递动力，齿轮啮合应平稳，不应有异响、干磨、过热；

3 联轴器不应缺损，连接应牢固，橡胶圈不应老化，运转时不应有剧烈撞击声；

4 传动机构的防护罩、盖板、防护栏杆应齐全，不应有变形、破损。

5.1.15 液压系统应符合下列规定：

1 液压系统运转应平稳，系统内应设防止过载和冲击的安全装置，其调定压力应符合机械产品使用说明书的规定；

2 液压泵、液压马达工作时不应有异响，其他液压元器件应满足使用要求；

3 液压管路不得有泄漏，管接头、各类控制阀等液压元件不应漏油，液压软管不得有破损、老化，易受到损坏的外露软管应加防护套；

4 使用的液压油应符合说明书要求，进口桩机选用国产液压油应选择技术参数相近的标号；工作时，液压油油温不应大于80℃，油量应符合规定要求；

5 过滤装置应齐全，滤芯、滤网应保持清洁，不应有破损。

5.1.16 吊钩和吊环应符合本规程第6.1.4条的规定。

5.1.17 卷筒和滑轮应符合本规程第6.1.5条的规定。

5.1.18 电气系统应符合下列规定：

1 电气管线排列应整齐，连接卡固应牢靠，电线电缆应按规定配置，绝缘性能应良好，不应有损伤、老化、裸露；

2 电气开关、按钮、接触器等电气元器件动作应灵敏，操作应可靠；

3 各类电气指示仪表不应有破损，性能应良好，指示数据应准确；

4 电气箱安装应牢固，门锁应完好，并有防雨防潮措施。

5.1.19 制动系统应符合下列规定：

1 在额定载荷下，桩基常闭式制动器应能有效地制动；

2 制动器的零部件不应有裂纹、过度磨损、塑性变形、开焊、缺件等缺陷；

3 制动轮与制动摩擦片之间应接触均匀，不应有污垢，制动片磨损不应超过原厚度的50%且不应露出铆钉，制动轮的凹凸不平度不应大于1.5mm；

4 制动踏板行程调整应适宜，制动应平稳可靠。

5.2 履带式打桩架（三支点式）

5.2.1 桩架立柱的后支撑杆、中间节应具有互换性，立柱竖立时应保持垂直。

5.2.2 桩架立柱导向管磨损量不宜超过2mm，导向抱板与桩架立柱导向管的配合间隙应小于7mm。

5.2.3 柴油机应符合本规程第3.1.7条的规定。

5.2.4 蓄能器的工作压力应达到使用说明书的规定。

5.2.5 电气系统应符合下列规定：

1 电气管线、元件不应有损伤、老化，连接卡固应可靠，绝缘性能应良好；

2 电气开关、按钮、电磁阀等电气元件动作应灵敏，定位应准确，操作应可靠；

3 各类电气指示仪表不应有破损，性能应完好，指示数据应准确；

4 电瓶固定应牢固，电解液液面应高出极板10～15mm；免维护电瓶的标志应符合规定；

5 配置的照明灯、喇叭应齐全，功能应有效。

5.2.6 操纵室门窗开关应自如，门锁应完好，玻璃不应有破损，视野清楚。

5.2.7 各类操纵手柄、按钮动作应灵活，行程定位应准确可靠，不应因振动而产生离位。

5.2.8 回转机构工作应平稳，转向时不应有明显晃动或抖动。

5.2.9 履带板不应有缺损和严重磨损，行走链条与轮齿啮合位置应准确，不应有偏磨。

5.2.10 上部履带挠度应控制在40～60mm范围内，行走不应跑偏。

5.2.11 驱动轮、引导轮、链轮、支重轮、托链轮、轴套的磨损不应超过耐磨层的50%。

5.2.12 电磁阀制动开关应灵敏可靠，制动性能应良好。

5.3 步履式打桩架

5.3.1 动力装置应符合下列规定：

1 配置的卷扬机应符合本规程第6.7节的规定；

2 机架安装牢靠，各部件连接螺栓不应有松动，机座底部的地脚螺栓不应缺损；

3 电机运行应平稳，不得有异响及过热。

5.3.2 操作手柄、电气按钮动作应灵敏，行程定位应准确可靠，不应因振动而产生移位。

5.3.3 回转机构工作应平稳，回转时不应有明显抖动、卡滞。

5.3.4 蝶形弹簧不得有塑性变形，小滑船提起时应能自动回位。

5.3.5 大小滑船不应缺损、明显变形；焊缝不应有开裂；支重轮、托轮转动应自如；轴套磨损不应超过耐磨层的50%。

5.3.6 液压顶升缸配置的液压锁应性能良好，顶升、滑轮缸不应有内泄外漏。

5.3.7 安全装置应符合下列规定：

1 电气系统应有短路、过载和失压保护装置，且灵敏可靠；

2 卷扬机配置的棘轮、棘爪不应有裂纹，动作应灵敏可靠。

5.4 静力压桩机

5.4.1 压桩机配置的起重机附属部件应齐全，外观应整洁，不应有明显变形、缺损，起重性能应能达到额定要求。

5.4.2 起重装置配置的柴油机应符合本规程第3.1.7条的规定。

5.4.3 配重块安装应稳固，排列应整齐有序。

5.4.4 电机运行应平稳，不得有异响及过热。

5.4.5 顶升、滑移、夹持机构的液压缸、液压管路、各类控制阀等液压元件不应有泄漏。

5.4.6 压力表应能准确指示数据。

5.4.7 夹持机构应符合下列规定：

1 夹持机构运行应灵活，夹持力应达到额定指标；

2 夹持板不应有变形和裂纹。

5.4.8 电气系统中设置的短路、过载和漏电保护装置应齐全，且灵敏可靠。

5.5 转盘钻孔机

5.5.1 整机应符合下列规定：

1 钻杆应无弯曲变形；不应有严重锈蚀、破损；磨损量不应超过使用要求；

2 钻架的吊重中心和转盘的卡孔及与护筒管中心应在同一轴线上，其偏差应小于20mm；

3 水龙头密封性能应良好，不应有泄漏，转动应自如；导向轮应转动灵活，钻进时，在导向槽中不应有卡阻。

5.5.2 电机运行应平稳，不应有异响及过热。

5.5.3 行走机构应符合下列规定：

1 用于行走、滑移的滚筒应平直，几何尺寸应符合要求，不应有严重塑性变形和裂纹；道木铺垫应平整；

2 卡瓦与走管结合面应良好，安装应牢固，行走、滑移不应有卡阻。

5.5.4 转动部位和传动带配置的防护罩应齐全，安装应牢靠。

5.6 螺旋钻孔机

5.6.1 整机应符合下列规定：

1 钻杆不应有弯曲，钻头、螺旋叶片磨损不应超过20mm；

2 动力箱钻杆中心、中间稳定器和下部导向圈应在同一条轴线上，中心偏差不应超过20mm。

5.6.2 动力箱配置的电机运行应平稳，不应有异响及过热。

5.6.3 动力箱传送动力的三角带松紧应适度，不应打滑、缺损、老化。

5.7 筒式柴油打桩锤

5.7.1 整机应符合下列规定：

1 筒式柴油打桩锤附属部件应齐全，上下缸体不应有裂痕和严重锈蚀；

2 燃油泵、机油泵等附属部件连接应牢固；

3 燃油系统、润滑系统管路固接应良好，油路应畅通，管接头不应有渗漏，橡胶管不应老化；

4 水冷式柴油打桩锤不应有内泄、外漏，冷却水量应符合要求；

5 风冷式柴油打桩锤下汽缸散热片应保持清洁，不应有油污；

6 活塞环、阻挡环、导向环、半圆挡环磨损量不应超过说明书规定，缸体内应清洁，不应有异物；

7 起落架、导向抱板磨损量不应大于4mm，抱板与桩架立柱导向杆间隙不应大于7mm。

5.7.2 缸体应符合下列规定：

1 上下缸体应保持同轴，内壁应平滑，上下缸体连接螺栓紧固并应安装防松装置，锤工作时汽缸连接螺栓不应松动；

2 橡胶缓冲垫圈卡固应牢靠，锤钻与橡胶缓冲垫圈的接触面不应小于缓冲垫圈原底面积的2/3；

3 下缸体法兰与钻座间隙不应小于7mm；

4 缸体密封性能应良好，下缸体下方不应漏气。

5.7.3 燃油系统应符合下列规定：

1 燃油泵供油柱塞不应严重内泄，供油量应达到规定要求，油量控制档位操作应灵活准确；

2 供油曲臂磨损不应超过说明书的规定，紧急停锤装置操作应灵活可靠，控制拉绳粗细应适当，承受拉力应达到说明书的要求。

5.7.4 润滑系统应符合下列规定：

1 机油泵不应有内、外泄漏；

2 各部油嘴应齐全、完好、油路畅通；

3 润滑油厂牌、型号、黏度等级（SAE）、质量等级（API）及油量应符合说明书的要求。

5.7.5 起落架应符合下列规定：

1 附件应齐全，起吊锤芯的吊钩运行应灵活有效，吊钩与锤芯接触线距离应在5～10mm之间；

2 滑轮与支架连接应牢固，滑轮润滑应良好，转动应灵活，不应松旷及转动受阻；

3 滑轮不应出现缺损、裂纹等损伤；

4 滑动抱板与支架的连接应牢靠，连接螺栓应有防松装置。

5.8 振动桩锤

5.8.1 整机应符合下列规定：

1 主要工作性能应达到额定指标；

2 附属部件应齐全，金属结构件不应有开焊、裂纹等和明显变形；

3 附件安装应牢固，工作时不应松动；

4 外观应清洁，不应有油污、严重锈蚀；振动箱润滑油不应有明显渗漏。

5.8.2 工作机构应符合下列规定：

1 振动器振动偏心块安装应牢靠，振动箱内不得有异常响声，偏心轴高速运转时，轴承不应过热；

2 润滑油面应在规定范围内；

3 皮带盘不应有裂纹、缺损；传动三角胶带松紧应适度，不应打滑，磨损不应超过说明书的要求；防护罩不应变形、破损；

4 隔振装置的弹簧、轴销应齐全，不应有塑性变形和裂纹；

5 导向滚轮安装应紧固，转动应灵活，不应有缺损；与桩机立柱导管之间的间隙不应大于7mm；

6 提升滑轮组外观应整齐，滑轮转动应灵活、轻便，不应有裂纹、缺损等损伤；钢丝绳使用应符合本规程第6.1.8条规定；

7 不应有横振。

5.8.3 过热、过载、失压等安全保护装置配置应齐全、可靠。

6 起重机械与垂直运输机械

6.1 一般规定

6.1.1 各类起重机应装有音响清晰的喇叭、电铃或汽笛等信号装置；在起重臂、吊钩、平衡臂等转动体上应标以明显的色彩标志。

6.1.2 起重机的变幅指示器、力矩限制器、起重量限制器以及各种行程限位开关等安全保护装置，应完好齐全、灵敏可靠，不应随意调整或拆除；严禁利用限制器和限位装置代替操纵机构。

6.1.3 起重机的任何部位、吊具、辅具、钢丝绳、缆风绳和重物与架空输电线路之间的距离不得小于表6.1.3的规定，否则应与有关部门协商，并采取安全防护措施后方可架设。

表6.1.3 起重机械与架空输电线路的安全距离

电压(kV) / 安全距离(m)	<1	1～15	20～40	60～110	220
沿垂直方向	1.5	3	4	5	6
沿水平面	1	1.5	2	4	6

6.1.4 吊钩应符合下列规定：

1 起重机不得使用铸造的吊钩；

2 吊钩严禁补焊；

3 吊钩表面应光洁，不应有剥裂、锐角、毛刺、裂纹；

4 吊钩应设有防脱装置；防脱棘爪在吊钩负载时不得张开，安装棘爪后钩口尺寸减小值不得超过钩口尺寸的10%；防脱棘爪的形态应与钩口端部相吻合；

5 吊钩出现下列情况之一时应予报废：

1）表面有裂纹或破口；

2）钩尾和螺纹部分等危险截面及钩筋有永久性变形；

3）挂绳处截面磨损量超过原高度的10%；

4）开口度比原尺寸增加15%；开口扭转变形超过10°；

5）板钩衬套磨损达原尺寸的50%时，应报废衬套；

6）板钩芯轴磨损达原尺寸的5%时，应报废芯轴。

6.1.5 卷筒和滑轮应符合下列规定：

1 卷筒两侧边缘的高度应超过最外层钢丝绳，其值不应小于钢丝绳直径的2倍；

2 卷筒上钢丝绳尾端的固定装置，应有防松或自紧性能；

3　滑轮槽应光洁平滑，不应有损伤钢丝绳的缺陷；

4　滑轮应有防止钢丝绳跳出轮槽的装置；

5　当卷筒和滑轮出现下列情况之一时应予报废：

1）裂纹或轮缘破损；

2）卷筒壁磨损量达到原壁厚的10%；

3）滑轮槽不均匀磨损达3mm；

4）滑轮绳槽壁厚磨损量达到原壁厚的20%；

5）滑轮槽底的磨损量超过相应钢丝绳直径的25%；

6）其他能损害钢丝绳的缺陷。

6.1.6　制动器和制动轮应符合下列规定：

1　起重机上的每一套机构都必须设制动器或具有同等功能的装置；对于电力驱动的起重机，在产生大的电压降或在电气保护元件动作时，不得发生导致各机构的动作失控；如变速机构有中间位置，必须在换档时使用制动器或其他能自动停住载荷的装置；

2　制动器应有符合操作频度的热容量；操纵部位应有防滑性能；对制动带摩擦垫片的磨损量应有调整能力；

3　制动带摩擦垫片与制动轮的实际接触面积，不应小于理论接触面积的70%；

4　带式制动器背衬钢带的端部与固定部分应采用铰接；

5　制动轮的摩擦面，不应有妨碍制动性能的缺陷或油污；

6　当制动器和制动轮出现下列情况之一时应予报废：

1）制动轮出现可见裂纹；

2）制动块（带）摩擦衬垫磨损量达原厚度的50%，或露出铆钉应报废更换摩擦衬垫；

3）弹簧出现塑性变形；

4）电磁铁杠杆系统空行程超过额定行程的10%；

5）小轴或轴孔直径磨损达原直径的5%；

6）起升、变幅机构的制动轮轮缘厚度磨损量达原厚度的40%；其他机构制动轮轮缘厚度磨损量达原厚度的50%；

7）制动轮轮面凹凸不平度达1.5mm，且不能修复；轮面磨损量达1.5～2mm（直径300mm以上的取大值，否则取小值）。

7　制动片与制动轮之间的接触面应均匀，间隙调整应适宜，制动应平稳可靠。

6.1.7　用于轨道式安装的车轮出现下列情况之一的应予以报废：

1　可见裂纹；

2　车轮踏面厚度磨损量达原厚度的15%；

3　轮缘厚度磨损量达原厚度的50%；轮缘厚度弯曲变形达原厚度的20%。

6.1.8　钢丝绳使用应符合下列规定：

1　起重机使用的钢丝绳，应有钢丝绳制造厂签发的产品技术性能和质量证明文件；

2　起重机使用的钢丝绳的规格、型号应符合该机说明书要求，并应与滑轮和卷筒相匹配，穿绕正确；

3　钢丝绳不得有扭结、压扁、弯折、断股、断丝、断芯、笼状畸变等变形；

4　圆股钢丝绳断丝根数的控制标准应按表6.1.8-1的规定执行；

表 6.1.8-1　圆股钢丝绳中断丝根数的控制标准

外层绳股承载钢丝数 n	钢丝绳典型结构示例（GB 8918—2006 GB/T 20118—2006）	起重机用钢丝绳必须报废时与疲劳有关的可见断丝数							
		机构工作级别 M1、M2、M3、M4				机构工作级别 M5、M6、M7、M8			
		交互捻		同向捻		交互捻		同向捻	
		长度范围				长度范围			
		≤6d	≤30d	≤6d	≤30d	≤6d	≤30d	≤6d	≤30d
≤50	6×7	2	4	1	2	4	8	2	4
51～75	6×19S*	3	6	2	3	6	12	3	6
76～100		4	8	2	4	8	15	4	8
101～120	8×19S* 6×25Fi	5	10	2	5	10	19	5	10
121～140		6	11	3	6	11	22	6	11
141～160	8×25Fi	6	13	3	6	13	26	6	13
161～180	6×36WS*	7	14	4	7	14	29	7	14
181～200		8	16	4	8	16	32	8	16

续表 6.1.8-1

外层绳股承载钢丝数 n	钢丝绳典型结构示例（GB 8918—2006 GB/T 20118—2006）	起重机用钢丝绳必须报废时与疲劳有关的可见断丝数							
		机构工作级别 M1、M2、M3、M4				机构工作级别 M5、M6、M7、M8			
		交互捻		同向捻		交互捻		同向捻	
		长度范围				长度范围			
		≤6d	≤30d	≤6d	≤30d	≤6d	≤30d	≤6d	≤30d
201～220	6×41WS*	8	18	4	9	18	38	9	18
221～240	6×37	10	19	5	10	19	38	10	19
241～260		10	21	5	10	21	42	10	21
261～280		11	22	6	11	22	45	11	22
281～300		12	24	6	12	24	48	12	24
＞300		0.04n	0.08n	0.02n	0.04n	0.08n	0.16n	0.04n	0.08n

a 填充钢丝不是承载钢丝，因此检验中要予以扣除。多层绳股钢丝绳仅考虑可见的外层，带钢芯的钢丝绳，其绳芯看作内部绳股而不予考虑。

b 统计绳中的可见断丝数时，圆整至整数时，对外层绳股的钢丝直径大于标准直径的特定结构的钢丝绳，在表中作降低等级处理，并以 * 号表示。

c 一根断丝可能有两处可见端。

d d 为钢丝绳公称直径。

e 钢丝绳典型结构与国际标准的钢丝绳典型结构是一致的。

注：本表引用《起重机械用钢丝绳检验和报废实用规范》GB 5972—2006。

5 钢丝绳润滑应良好，并保持清洁；

6 钢丝绳与卷筒连接应牢固，钢丝绳放出时，卷筒上应保留三圈以上；

7 钢丝绳端部固接应达到说明书规定的强度：

1）用楔与楔套固接时，固接强度不应小于钢丝绳破断拉力的 75%；楔套不应有裂纹，楔块不应有松动；

2）用锥形套浇铸固接时，固接强度应达到钢丝绳的破断拉力；

3）用铝合金压制固接时，固接强度应达到钢丝绳的破断拉力；接头不应有裂纹；

4）编插固接时，固接强度应符合以下规定：

①d15mm 以下，固接强度不应小于钢丝绳破断拉力的 90%；

②d16～26mm，固接强度不应小于钢丝绳破断拉力的 85%；

③d28～36mm，固接强度不应小于钢丝绳破断拉力的 80%；

④d39mm 以上，固接强度不应小于钢丝绳破断拉力的 75%。

其编插长度不应小于钢丝绳直径的 20～25 倍，且最短编插长度不应小于 300mm；编插部分应捆扎细钢丝，细钢丝的捆扎长度应大于钢丝绳直径的 20 倍。

5）用压板固接时，固接强度应达到钢丝绳的破断拉力；

6）用绳卡固接时，固接强度不应小于钢丝绳破断拉力的 85%；绳卡与钢丝绳的直径应匹配，规格、数量应符合表 6.1.8-2 的规定。

表 6.1.8-2 与绳径匹配的绳卡数

钢丝绳直径(mm)	10 以下	10～20	21～26	28～36	36～40
最少绳卡数(个)	3	4	5	6	7
绳卡间距(mm)	80	140	160	220	240

最后一个绳卡距绳头的长度不应小于 140mm，卡滑鞍（夹板）应在钢丝绳承载时受力的一侧；“U”型栓应在钢丝绳的尾端，并不应正反交错。

6.1.9 油料及水应符合下列规定：

1 起重机使用的各类油料及水应符合该机说明书要求；

2 冬期施工时，应根据当地气温情况，按内燃机使用说明书要求，选用适当牌号柴油；

3 使用柴油时不应掺入汽油；

4 润滑油和油脂的厂牌、型号、黏度等级（SAE）、质量等级（API）及油量应符合该机说明书的要求，不应混合使用；

5 不得使用硬水或不洁水；

6 水的加入量宜加到离水箱上室顶 30mm；

7 冬期施工时，为防冻可使用长效防冻液；如不需使用防冻液时，应将防冻液全部放掉，将冷却系统冲洗干净再加清水；

8 冬期未使用防冻液的，每日工作完毕后应将缸体、油冷却器和水箱里的水全部放净；

9 施工现场使用的各类油料应集中存放，并应配备相应的灭火器材。

6.1.10 柴油机应符合本规程第3.1.7条的规定。

6.1.11 传动系统应符合下列规定：

1 离合器接合应平稳、传递动力应有效，分离应彻底；

2 各传动部件运转不应有冲击、振动、异响及过热；

3 齿轮箱内齿轮啮合应完好，油量适当；

4 工作时，齿轮箱不应有异常声响、振动、发热和漏油；

5 变速器档位应正确，换档应轻便；

6 联轴器零件不应有缺损；连接不应松动；运转时不得有剧烈撞击声；

7 卷筒上的钢丝绳排列应整齐；

8 齿轮箱地脚螺栓、壳体连接螺栓不应有松动、缺损；

9 减速齿轮箱运转不得有异响，温升应符合说明书规定。

6.1.12 液压（气压）系统应符合下列规定：

1 液压（气压）系统中应设置过滤和防止污染装置，保证液压（气压）系统工作平稳，液（气）压泵内外不应有泄漏，元件应完好，不得有振动及异响；

2 液压（气压）仪表应齐全，工作应可靠，指示数据应准确；

3 液压油箱应保持清洁，应定期更换滤芯，更换时间应按使用说明书要求执行。

6.1.13 电气系统应符合下列规定：

1 电气管线排列应整齐，卡固应牢靠，不应有损伤、老化；

2 电控装置应灵敏；熔断器配置应合理、正确；各电器仪表指示数据应准确，绝缘应良好；

3 启动装置反应应灵敏，与发动机飞轮啮合应良好；

4 电瓶应清洁，固定应牢靠；液面应高于电极板10～15mm；免维护电瓶标志应符合规定；

5 照明装置应齐全，亮度应符合使用要求；

6 线路应整齐，不应损伤、老化，包扎、卡固应可靠；绝缘应良好，电缆电线不应有老化、裸露；

7 电器元件性能应良好，动作应灵敏可靠，集电环集电性能应良好；

8 仪表指示数据应正确；

9 电机运行不应有异响；温升应正常。

6.1.14 漏电保护器参数应匹配，安装应正确，动作应灵敏可靠。

6.1.15 起升高度大于50m的起重机在臂架头部应安装风速仪；当风速大于工作极限风速时，应能发出停止作业的警报。

6.1.16 起重机内、外应整洁，不应有锈蚀、漏水、漏油、漏气、漏电等。

6.1.17 塔式起重机的主要承载结构件出现下列情况之一时应报废：

1 塔式起重机的主要承载结构件失去整体稳定性，且不能修复时；

2 塔式起重机的主要承载结构件，由于腐蚀而使结构的计算应力提高，当超过原计算应力的15%时；对无计算条件的，当腐蚀深度达原厚度的10%时；

3 塔式起重机的主要承载结构件产生无法消除裂纹影响时。

6.1.18 各总成件、零部件、附件及附属装置应齐全完整。

6.1.19 金属结构件螺栓或铆钉连接不应松动，不应有缺件、损坏等缺陷；高强度螺栓连接的预紧力应符合说明书规定。

6.1.20 整机主要工作性能应能达到额定指标。

6.1.21 各部位润滑装置应齐全，润滑应良好。

6.1.22《特种设备安全监察条例》规定的起重机械必须经有相应资质的检验检测机构检测合格后方可使用。

6.1.23 起重机械的操作、司索、指挥人员应经过专业培训，考核合格后，持有效证件上岗。

6.1.24 司机室内应配备灭火器。

6.2 履带式起重机

6.2.1 起重机的主要工作性能应达到额定指标。

6.2.2 各操纵杆动作应灵活，回位应正确。

6.2.3 回转机构各部间隙调整应适当，回转时不应有明显晃动或抖动，并具有滑转性能，行走时转台应能锁定。

6.2.4 行走链条不应有偏磨、损伤；上部履带挠度应在40～60mm之间。

6.2.5 起重机的行驶跑偏量（前进或后退20m的轨迹偏差）不应大于25cm。

6.2.6 司机室在门窗关闭的状态下司机耳旁噪声不应大于85dB（A）。

6.2.7 行走转向应灵活，操作应轻便。

6.2.8 起重机设置的重量限制器、力矩限制器、高度限位器等安全装置工作应可靠有效。

6.2.9 安全装置应符合下列规定：

1 液压系统中应设有防止过载和液压冲击的安全装置，安全溢流阀的调整压力不得大于系统额定工作压力的110%；系统的额定工作压力不得大于液压泵的额定压力；

2 液压系统中，限制负载下降速度、保持工作机构平稳下降和微动下降的平衡阀应可靠有效；

3 各液压阀不应有内外泄漏，工作应可靠有效；

4 所有外露的传动部件均应装设防护罩且固定牢靠；制动器应装有防雨罩；

5 起重机应设幅度限位装置和防止起重臂后倾装置，且工作可靠有效；

6 起重机应装有读数清晰的幅度指示器（角度指示器）。

6.3 轮胎式起重机

6.3.1 采用取力器、油泵传递动力的起重机，动力传递与分离应平稳、有效；油泵工作不应有异响。

6.3.2 作业前，应全部伸出支腿，确认地基承载力后在撑脚板下垫方木，保证车架上安装的回转支承平面处于水平状态，其倾斜度不应大于0.5%。

6.3.3 主要工作性能应达到该机额定指标。

6.3.4 行驶机构应符合下列规定：

1 行驶转向应轻便灵活，不应有阻滞；转向盘自由转动量不应大于30°；

2 转向节及臂、转向横竖拉杆不应有裂纹、损伤，球销不应松旷；

3 轮胎应符合本规程第4.5.3条的规定；

4 制动应可靠有效，不应跑偏；压印、拖印应符合验车规定；制动踏板自由行程应符合该车使用说明书规定。

6.4 汽车式起重机

6.4.1 起重机的主要工作性能应达到说明书中的额定指标。

6.4.2 作业前，应全部伸出支腿，确认地基承载力后在撑脚板下垫方木，使回转支承平面处于水平状态，水准泡居中，其倾斜度不应大于0.5%。

6.4.3 各种灯光、信号、标志应齐全清晰，大灯光度光束应符合照明要求；后视镜安装应正确，喇叭音响应符合说明书规定。

6.4.4 传递动力的分动箱取力器结合与分离应平稳，传递动力应有效；油泵工作不应有异响。

6.4.5 工作时起重臂和起升钢丝绳不应有冲击、抖动。

6.4.6 行驶机构应符合下列规定：

1 转向盘转动应灵活、操作应轻便，不应有阻滞；转向盘自由转动量不应大于30°；

2 转向节及臂、转向横、竖拉杆不应有裂纹、损伤，球销不应有松旷；

3 轮胎应符合本规程第4.5.3条的规定。

6.4.7 制动机构应符合下列规定：

1 制动系统各管路、部件连接应可靠；管路应畅通；不应漏气、漏油；

2 制动应可靠有效，不应跑偏；压印、拖印应符合验车规定；制动踏板自由行程应符合该车使用说明书规定。

6.4.8 底盘应符合下列规定：

1 前、后桥不应有变形和裂纹；

2 独立悬挂装置应完好，功能应有效；

3 钢板弹簧不应有裂纹和断片。

6.4.9 安全装置应符合下列规定：

1 液压系统中应设有防止过载和液压冲击的安全装置；安全溢流阀的调整压力不得大于系统额定工作压力的110%；系统额定工作压力不得大于液压泵的额定压力；

2 液压系统中，限制负载下降速度、保持工作机构平衡下降和微动下降的平衡阀工作应可靠有效；

3 各液压阀装置不应有内外泄漏，工作应可靠有效；

4 起重机的重量限制器、力矩限制器、高度限制器等安全装置部件应齐全、完整，动作应灵敏、可靠。

6.5 塔式起重机

6.5.1 塔式起重机尾部与周围建筑物及其他外围施工设施之间的安全操作距离不应小于0.60m。

6.5.2 两台塔机之间的最小架设距离应保证处于低位的塔机的起重臂端部与另一台塔机的塔身之间至少有2m的距离；处于高位塔机的最低位置的部件（吊钩升至最高点或平衡臂的最低部位）与低位塔机中处于最高位置部件之间的垂直距离不应小于2m。

6.5.3 动臂式和尚未附着的自升式塔式起重机，塔身上不得悬挂标语牌。

6.5.4 轨道基础应符合下列规定：

1 当塔机轨道敷设在地下建筑物（如暗沟、防空洞等）的上面时，应采取加固措施；

2 铺设碎石前的路面应按设计要求压实，碎石基础应整平捣实，轨枕之间应填满碎石；

3 路基两侧或中间应设排水沟，路基不应有积水。

6.5.5 轨道敷设应符合下列规定：

1 轨道通过垫块与轨枕应可靠地连接，每间隔6m应设一个轨距拉杆；钢轨接头处应有轨枕支承，不应悬空；在使用过程中轨道不应移动；

2 轨距允许误差不应大于公称值的1/1000，其绝对值不应大于6mm；

3 钢轨接头间隙不应大于4mm；与另一侧钢轨接头的错开距离不应小于1.5m；接头处两轨顶高度差不应大于2mm；

4 塔机安装后，轨道顶面纵、横方向上的倾斜度，对于上回转的塔机不应大于3/1000；对下回转的塔机不应大于5/1000；在轨道全程中，轨道顶面任意两点的高度差应小于100mm；

5 轨道行程两端的轨顶高度宜不低于其余部位中最高点的轨顶高度。

6.5.6 混凝土基础应符合下列规定：

1 混凝土基础应能承受工作状态和非工作状态下的最大载荷，并应满足塔机抗倾翻稳定性的要求；

2 对混凝土基础的抗倾翻稳定性计算及地面压应力的计算应符合塔机在各种工况下的技术条件规定；

3 使用单位应根据塔机制造商提供的载荷参数制作混凝土基础；

4 若采用塔机原制造商推荐的混凝土基础，固定支腿、预埋节和地脚螺栓应按原制造商规定，应由有生产资质的单位加工，并取得产品合格证书后，按原制造商规定的方法使用。

6.5.7 塔式起重机安装到设计规定的基本高度时，在空载无风状态下，塔身轴心线对支承面的侧向垂直度偏差不应大于0.4%；附着后，最高附着点以下的垂直度偏差不应大于0.2%。

6.5.8 塔机在工作时，司机室在门窗关闭的状态下噪声不应大于80dB（A）；塔机正常工作时，在距各传动机构边缘1m、底面上方1.5m处测得的噪声值不应大于90dB（A）。

6.5.9 塔机高度超过规定时应安装附墙装置，附墙装置应符合说明书要求。

6.5.10 高强度螺栓连接应按说明书要求，采用专用工具拧紧到规定的力矩。

6.5.11 驾驶室与悬挂或支承部分的连接应牢固。

6.5.12 栏杆和走台应符合说明书要求。

6.5.13 爬梯和护圈应符合说明书要求。

6.5.14 司机室应设有表明塔式起重机性能的图表或文字说明。

6.5.15 司机室应装设绝缘底板；内壁应采用防火材料；应通风、保暖、防雨。

6.5.16 塔式起重机金属结构、轨道及所有电气设备的金属外壳、金属管线，安全照明的变压器低压侧等应可靠接地，接地电阻不应大于4Ω；重复接地电阻不应大于10Ω。

6.5.17 塔顶高度大于30m且高于周围建筑物的塔机，应在塔顶和臂架端部安装红色障碍指示灯，该指示灯的供电不应受停机的影响。

6.5.18 塔式起重使用的开关箱应符合本规程第3.3.5条的规定。

6.5.19 在电气线路中，应设置短路、过流、欠压、过压及失压保护、零位保护、电源错相及断相保护。

6.5.20 当塔式起重机的起重力矩大于相应工况下的额定值并小于额定值的110%时，应切断上升和幅度增大方向的电源，但机构可作下降和减小幅度方向的运动。

6.5.21 塔式起重机的吊钩装置起升到下列规定的极限位置时，应自动切断起升的动作电源：

1 对于动臂变幅的塔式起重机，吊钩装置顶部至臂架下端的极限距离应为800mm；

2 对于上回转的小车变幅的塔式起重机，吊钩装置顶部至小车架下端的极限位置应符合下列规定：

1）起升钢丝绳的倍率为2倍率时，其极限位置应为1000mm；

2）起升钢丝绳的倍率为4倍率时，其极限位置应为700mm。

3 对于下回转的小车变幅的塔式起重机，吊钩装置顶部至小车架下端的极限位置应符合下列规定：

1）起升钢丝绳的倍率为2倍率时，其极限位置应为800mm；

2）起升钢丝绳的倍率为4倍率时，其极限位置应为400mm。

6.5.22 塔式起重机应安装起重量限制器。当起重量大于相应挡位的额定值并小于额定值的110%时，应切断上升方向的电源，但机构可作下降方向的运动。

6.5.23 幅度限制器，对动臂变幅的塔机，应设置臂架低位置和臂架高位置的幅度限位开关和防止臂架反弹后翻的装置；小车变幅的塔机，应设置小车变幅限位行程开关和缓冲装置，变幅限位行程开关动作后与缓冲器的距离应符合该塔机说明书要求。

6.5.24 小车变幅的塔机变幅的双向均应设置断绳保护装置和断轴保护装置，且动作灵敏、有效。

6.5.25 对轨道式塔机行走机构应在每个运行方向设置行程限位开关；在轨道上应安装限位开关碰铁，保证塔机在与止挡装置或与同一轨道上其他塔机相距不小于1m处时能完全停住，同时还应安装夹轨器。

6.5.26 安全装置应符合下列规定：

1 动臂变幅的塔式起重机，应装设幅度指示器，应能正确指示吊具所在的幅度；

2 动臂的支承停止器与动臂变幅机构之间，应设连锁保护装置；

3 轨道上露天作业的起重机，应安装锚定装置或铁靴；

4 起重臂根部铰点高度大于50m时，应安装风速仪，当风速大于工作极限风速时，应能发出停止作业警报；

5 对回转部分不设集电环（器）的，应设置回转限制器，左右回转应控制在1.5圈。

6.5.27 液压顶升装置应符合下列规定：

1 液压顶升系统中应设有防过载的安全装置；系统的额定工作压力不得大于液压泵的额定压力；

2 顶升油缸应有可靠的平衡阀或液压锁；平衡阀或液压锁与油缸之间不应用软管连接；油缸固定销

轴应安装到位，不应有磨损；油缸不应有内泄、外漏、溜缸；

3 顶升横梁不应有变形；挂靴不应有磨损；安全销（楔）应齐全、有效；

4 操作杆动作应灵敏、有效。

6.6 施工升降机

6.6.1 升降机应设置高度不低于1.8m的地面防护围栏，围栏门应装有机电连锁装置。

6.6.2 各导轨架标准节组合时，每根立管接缝处相互错位形成的阶差不应大于0.8mm。

6.6.3 导轨架轴心线对底座水平基准面的安装垂直度应符合表6.6.3的规定。

表6.6.3 安装垂直度公差值

导轨架架设高度 h（m）	h≤70	70＜h≤100	100＜h≤150	150＜h≤200	h＞200
垂直度公差值（mm）	不大于导轨架架设高度的1/1000	≤70	≤90	≤110	≤130

6.6.4 附墙架与建筑物的连接应牢固可靠，角度应符合说明书的要求。

6.6.5 吊笼运行应平稳，停层应准确，不应有异常振动及过热。

6.6.6 电缆和滑触架在吊笼运行中应能自由拖行，不应受阻。

6.6.7 SS型人货两用升降机，吊笼提升钢丝绳不应少于2根，且应是彼此独立的；钢丝绳的安全系数不应小于12，直径不应小于9mm。

6.6.8 SS型货用升降机当吊笼用1根钢丝绳时，其安全系数不应小于8。

6.6.9 层门和安装吊杆的提升钢丝绳安全系数不应小于8，直径不应小于5mm。

6.6.10 传动系统齿轮与齿条、滚轮运转应平稳，不应有冲击、振动及异常响声。

6.6.11 SC型升降机传动系统和限速安全器的输出端齿轮与齿条啮合时的接触长度，沿齿高不应小于40%，沿齿长不应小于50%，齿面侧隙应为0.2～0.5mm。

6.6.12 SC型升降机标准节上的齿条连接应牢固，相邻两齿条的对接处，沿齿高方向的阶差不应大于0.3mm，沿长度方向的齿周节误差不应大于0.6mm；齿轮与齿条、滚轮与立管运行应平稳；不应有冲击、振动、异响。

6.6.13 卷扬机传动应仅用于无对重升降机。

6.6.14 施工升降机安全防护装置必须齐全，工作可靠有效。

6.6.15 施工升降机防坠安全器必须灵敏有效、动作可靠，且在检定有效期内。

6.6.16 安全装置应符合下列规定：

1 吊笼停留时不应有下滑，在空中再启动上升时，不应有瞬时下滑；

2 SC型升降机的每个吊笼上应装有渐进式安全器，其制动距离应为0.25～1.2m，不应采用瞬时式安全器；

3 吊笼门升降应自如，连锁性能应良好，只有当吊笼门完全关闭后，吊笼才能启动；

4 人货两用升降机和额定载重在400kg以上的货用升降机，其底座上应安装吊笼和对重的缓冲装置；

5 断绳保护装置应完好、反应应灵敏，动作应可靠；

6 SC型升降机均应设置一对以上防坠安全钩；

7 限位开关的设置应符合下列规定：

1）升降机应设置自动复位型的上、下限位开关；

2）上限位开关的安装位置，当提升速度小于0.8m/s时，上限位开关的安装位置应保证吊笼触发限位开关后，留有的上部安全距离不应小于1.8m；当提升速度大于0.8m/s时，上限位开关的安装位置应保证吊笼触发限位开关后，上部安全距离应能满足下式的计算值：

$$L = 1.8 + 0.1v^2 \quad (6.6.16)$$

式中 L——上部安全距离（m）；

v——提升速度（m/s）。

3）下限位开关安装位置应能保证吊笼额定载荷下降时触板触发该开关，使吊笼制停，此时触板离触发下极限开关还应有一定行程。

8 极限开关的设置应符合下列规定：

1）极限开关应能切断总电源；

2）非自动复位型的极限开关，其动作后必须手动复位后才能使吊笼重新启动；

3）在正常工作状态下，上极限开关的安装位置应保证上极限开关与上限位开关之间的行程距离：SS型升降机为0.5m；SC型升降机为0.15m；

4）在正常工作状态下，吊笼碰到缓冲器之前，下极限开关应首先动作。

6.6.17 施工升降机运动部件与建筑物和固定施工设备之间的距离不应小于0.25m。

6.6.18 安全防护网应完整，不应破损。

6.7 电动卷扬机

6.7.1 卷扬机不得用于运送人员。

6.7.2 露天作业的卷扬机应有防雨措施。

6.7.3 卷扬机安装地点应平整，与基础或底架的连接应牢固，并应符合使用说明书的规定。

6.7.4 卷扬机安装时应与定滑轮对中，钢丝绳出绳偏角 α 应符合下列规定：

1 自然排绳：$\alpha \leqslant 1°30'$；

2 排绳器排绳：$\alpha \leqslant 2°$；

3 对于光卷筒，从卷筒中心到导向轮的距离不应小于卷筒长的 20 倍；对有槽卷筒，从卷筒中心到导向轮的距离不应小于卷筒长的 15 倍。

6.7.5 卷扬机用于起吊重物时，应安装上升行程限位开关且灵敏可靠，根据施工情况，如使用超载保护、超速保护、下降行程限位开关时，应保证其灵敏可靠。

6.7.6 外露传动部位防护罩应齐全完好。

6.7.7 短路和过载保护、失压保护、零位保护装置工作应灵敏可靠。

6.7.8 滑轮与钢丝绳应匹配。

6.8 桅杆式起重机

6.8.1 组装桅杆的连接螺栓应紧固可靠，应满足使用要求。

6.8.2 桅杆的基础应平整坚实，不应有下沉、积水。

6.8.3 桅杆连接板、桅杆头部和回转部分不应有永久变形、锈蚀。

6.8.4 新桅杆组装时，中心线偏差应不大于总支承长度的1/1000；多次使用过的桅杆，在重新组装时，每 5m 长度内中心线与局部塑性变形允许偏差值不应大于 40mm；在桅杆全长内，中心线与总支承长度的允许偏差应为 1/200。

6.8.5 配置的卷扬机应符合本规程第 6.7 节的规定。

6.8.6 缆风绳应符合下列规定：

1 缆风绳宜采用 4～8 根；布置应合理，松紧应均匀；

2 缆风绳的规格、数量及地锚的拉力、埋设深度等，应按照起重机性能经计算确定；缆风绳与地面夹角应在 30°～45°之间，缆风绳与桅杆和地锚的连接应牢固；如越过公路或街道时，架空高度不应小于 7m；

3 地锚的埋设，应与现场的土质情况和地锚的受力情况相适应，缆风绳地锚的埋设应经设计，当无设计规定时，地锚应采用不少于 2 根钢管（D48～53mm）并排设置（与钢丝绳受力垂直），其间距应小于 0.5m，打入深度不应小于 1.7m，桩顶应有钢丝绳防滑措施；

4 缆风绳的架设应避开架空线路，在靠近电线附近，应装有绝缘材料制作的护线架。

6.9 物料提升机

6.9.1 卷扬机应符合本规程第 6.7 节规定。

6.9.2 严禁使用倒顺开关作为物料提升机卷扬机的控制开关。

6.9.3 手持控制按钮应使用安全电压，其接线长度不应大于 5m。

6.9.4 基础应符合下列规定：

1 应能承载设计载荷；

2 承台应符合说明书要求，预埋件埋设应正确；

3 无设计要求的低架提升机，土层压实后的承载力不应小于 80kPa，浇筑混凝土强度等级不应小于 C20，厚度应为 300mm；

4 基础表面应平整，水平度偏差值不应大于 10mm；

5 应有排水措施。

6.9.5 附墙架与物料提升机架体之间及建筑物之间应采用刚性连接；附墙架及架体不得与脚手架连接。

6.9.6 附墙架应符合下列规定：

1 附墙架的设置应符合设计要求，其间隔不宜大于 9m，且在建筑物顶部应设置一组附墙架，悬高高度应符合说明书要求；

2 附墙架的材质应与架体相同，不应采用木质和竹竿等做附墙架。

6.9.7 缆风绳应符合下列规定：

1 当提升机无法用附墙架时，应采用缆风绳稳固架体；

2 缆风绳安全系数应选用 3.5，并应经计算确定，直径不应小于 9.30mm；提升机高度在 20m 及以下时，缆风绳不应少于 1 组，提升机高度在 21～30m 时，缆风绳不应少于 2 组；

3 缆风绳与地面夹角不应大于 60°；

4 高架提升机不应使用缆风绳。

6.9.8 吊篮应装安全门，安全门应定型化、工具化。

6.9.9 安全装置应符合下列规定：

1 安全停靠装置：吊篮运行到位后，停靠装置应将吊篮定位，该装置应能承受所有载荷；

2 断绳保护装置应能使满载断绳时，吊篮的滑落行程不大于 1m；

3 吊篮安全门应采用机电连锁装置，当门打开时，吊笼不应工作；

4 上料口防护宽度应大于提升机最外部尺寸长度，低架提升机应大于 3m，高架应大于 5m；应能承受 100N/m^2 均布荷载；

5 上极限限位器安装位置为：到天梁最低处的距离不应小于 3m；

6 非自动复位型紧急停电开关安装位置应能使司机及时切断提升机的总控制电源，但工作照明不应断电；

7 信号装置：由司机控制的音响信号，各楼层装卸人员应都能听到；

8 高架提升机（30m 以上）除具有低架提升机

所有安全装置外，还应有下列安全装置：

1）下极限限位器：应满足在吊篮碰到缓冲器之前限位器能够动作，吊笼停止下降；

2）缓冲器：应采用弹簧或弹性实体；

3）超载限制器：当超过额定载荷时，应能切断起升控制电源；

4）通讯装置：司机应能与每一站对讲联系。

9 提升机架体地面进料口处应搭设防护棚，防护棚两侧应挂立网。

6.9.10 当提升高度超过相邻建筑物的避雷装置的保护范围时，应设置避雷装置，所连接的PE线应作重复接地，其接地电阻不应大于10Ω。

6.10 桥（门）式起重机

6.10.1 桥（门）式起重机主梁、端梁、平衡梁（支腿）、小车架不应有裂纹和明显变形；腐蚀超过原厚度的10%应予报废。

6.10.2 主梁跨中上拱度应为：（0.09%～0.14%）S，且最大上拱度应控制在$S/10$范围内；主梁跨中的下挠值应控制在跨度的1/700范围内；端梁有效悬臂处的上翘度应为：（0.9/350～1.4/350）L_1或L_2（S：表示跨度；L_1、L_2：表示有效悬臂长度）。

6.10.3 刚性支腿与主梁在跨度方向的垂直度应为$h_1 \leqslant H_1/2000$（h_1：表示下沉深度；H_1：表示起升高度）。

6.10.4 通用门式起重机跨度极限偏差应为：

1 当$S \leqslant 26$m时，$\Delta_S = \pm 8$mm，相对差不应大于8mm；

2 当$S > 26$m时，$\Delta_S = \pm 10$mm，相对差不应大于10mm。

6.10.5 行走机构应符合下列规定：

1 在轨道接头未焊为一体的情况下，应满足以下要求：

1）接头处的高低差不应大于1mm；

2）接头处的头部间隙不应大于2mm；

3）接头处的侧向错位不应大于1mm；

4）对正轨箱形梁及半偏轨箱形梁，轨道接缝应放在筋板上，允许误差不应大于15mm；

5）两端最短一段轨道长度应在不小于1.5m处加挡铁；

6）轨道纵向坡度不应超过0.5%；

7）固定轨道的螺栓和压板不应缺少，垫片不应窜动，压板应固定牢固；

8）轨道不应有裂纹或严重磨损等影响安全运行的缺陷；

9）当大车运行出现啃轨或大车轨距：$S \leqslant 10$m时，$\Delta_S = \pm 3$mm；$S > 10$m，$\Delta_S = \pm[3 + 0.25(S - 10)]$mm，且最大不应超过±15mm。

2 大车运行出现啃轨时，跨度极限偏差应符合下列要求：

1）采用可分离式端梁并镗孔直接装车轮结构的跨度极限偏差应为：

①$S \leqslant 10$m时，$\Delta_S = \pm 2$mm；

②$S > 10$m，$\Delta_S = \pm[2 + 0.1(S - 10)]$mm。

2）采用焊接连接的端梁及角型轴承箱装车轮的跨度极限偏差：（通用桥式起重机）$\Delta_S = \pm 5$mm，每对车轮测出的跨度相对差不应大于5mm。

6.10.6 传动系统的驱动轮应同向同步转动。

6.10.7 制动及安全装置应符合下列规定：

1 运行终点应设置四套终点止挡架和灵敏、有效的行程限位装置；

2 各限位器应齐全、灵敏、有效；

3 导绳器移动应灵活，自动限位应灵敏可靠；

4 外露传动部分防护罩（盖）应完好齐全；应装有防雨罩；

5 进入起重机的门和司机室到桥架上的门，应设有电器连锁保护装置，当任何一个门打开时，起重机所有机构均应停止工作；

6 大车轨道铺设在工作面或地面时，起重机应设置扫轨板；扫轨板距轨面不应大于10mm；

7 应设置非自动复位型的紧急断电开关，并保证司机操作方便；

8 在主梁一侧落钩的单主梁起重机应设置防倾翻安全钩；小车正常运行时，应保证安全钩与主梁的间隙适宜，运行不应有卡阻；

9 吊运炽热金属的起升机构应装两套高度限位器，两套开关动作应有先后，并应控制不同的断路装置或采用不同的结构形式，功能应可靠、有效；

10 桥式起重机司机室位于大车滑线端时，通向起重机的梯子和走台与滑线间应设置防护板；滑线端的端梁下，应设置防护板。

6.10.8 电气系统应符合下列规定：

1 供电电源总开关应设在靠近起重机地面易操作的地方，并加锁；

2 电气设备及电器元件应齐全、完好，绝缘性能应良好，应固定牢固；动作应灵敏、有效，符合说明书的要求；额定电压不大于500V时，电气线路对地的绝缘电阻，一般环境下不应低于0.8MΩ；潮湿环境下不应低于0.14MΩ；

3 总电源回路至少应设置一级短路保护，应由自动断路器或熔断器来实现；自动断路器每相均应有瞬时动作的过流脱扣器，其整定值应随自动开关的类型来定；熔断器熔体的额定电流应按起重机尖峰电流的1/2～1/1.6选取；

4 总电源应设置非自动复位型失压保护装置；

5 每个机构应单独设置过流保护装置：

1）交流绕线式异步电机应采用电流继电器；在两相中设置的过电流继电器的整定值不应大于电机额定电流的2.5倍，在第三相中的总过电流继电器的整定值不应大于电机额定电流的2.25倍加上其余各机构电机额定电流之和；

2）鼠笼型交流电机应采用热继电器或带热脱扣器的自动断路器作过载保护，其整定值不应大于电机额定电流的1.1倍。

6 主起升机构应设有超速保护装置；

7 大、小车的馈电装置应符合说明书要求。

6.11 高处作业吊篮

6.11.1 悬挂机构应符合下列规定：

1 定位应正确，建筑结构应能承受悬挂机构负载后施加于支承处的作用力；

2 悬挂机构的梁连接应牢靠，其结构应具有足够的强度和刚度；

3 配重块数量应符合说明书的规定，码放应整齐并防盗。

6.11.2 悬吊平台应符合下列规定：

1 悬吊平台应有足够的强度和刚度，不应出现焊缝、裂纹、严重锈蚀，螺栓、铆钉不应松动，结构不应破损；使用长度应符合说明书规定；

2 安全护栏应齐全完好并设有腹杆；其高度在建筑物一侧不应小于0.8m，其余三个面不应小于1.1m，护栏应能承受1000N水平移动的集中荷载；

3 底板应完好并有防滑措施；应有排水孔，且不应堵塞；悬吊平台四周应装有高度不低于150mm的挡板，且挡板与底板的间隙不应大于5mm；

4 在靠建筑物的一面应设有靠墙轮、导向轮和缓冲装置；

5 在工作中平台的纵向倾斜角度不应大于8°，但不同机型还应符合本机说明书规定。

6.11.3 提升机应符合下列规定：

1 爬升式提升机：

1）传动系统在绳轮之前不应采用离合器、摩擦装置和皮带传动；

2）手动提升机应设有闭锁装置；当提升机变换方向时，动作应准确和安全可靠；

3）提升机应具有良好的穿绳性能，不应卡绳和堵绳；

4）提升机与悬吊平台应连接牢固并垂直。

2 卷扬式提升机：

1）卷绕在卷筒上的钢丝绳应排列整齐；

2）卷筒应设有挡线盘，当提升高度达到最大行程时，挡线盘高出卷筒上的最后一层钢丝绳的高度应为钢丝绳直径的2倍；

3）工作时，不应明显振动；

4）工作钢丝绳应安装上限位装置；

5）工作钢丝绳、安全钢丝绳在距地面15～20mm处应安装坠铁；

6）在建筑物的适当处应安装保险绳。

6.11.4 吊篮的安全锁应灵敏可靠，当吊篮平台下滑速度大于25m/min时，安全锁应在不超过100mm距离内自动锁住悬吊平台的钢丝绳；安全锁应在有效检定期内。

6.11.5 安全装置应符合下列规定：

1 安全锁或具有相同作用的独立安全装置，在锁绳状态下不应自动复位；

2 安全钢丝绳应独立于工作钢丝绳另行悬挂；

3 行程限位装置和同时发出的报警信号装置应灵敏可靠；

4 钢丝绳安全系数不应小于9，并应符合说明书规定；

5 应设置紧急状态下能切断主电源控制回路的急停按钮。

6.11.6 电气控制系统应符合下列规定：

1 电气控制系统供电应采用三相五线制；接零、接地线应始终分开，接地线应采用黄绿相间线；

2 电气控制部分应有防水、防振、防尘措施；元件排列应整齐，连接应牢固，绝缘应可靠，电控柜门应装锁；

3 主电源控制回路应独立于各控制电路；

4 漏电保护器参数应匹配，安装应正确，动作应灵敏可靠。

6.12 附着整体升降脚手架

6.12.1 升降脚手架无论在工作状态和非工作状态下，应具有承受规定荷载而不倾翻的稳定性能。

6.12.2 竖向主框架和水平梁架应采用焊接或螺栓连接的定型加强的片式框架或结构，应具有足够的承载力、刚度和稳定性，不应使用钢管扣件或扣架等脚手架杆件组装。

6.12.3 附着整体升降脚手架应具有安全可靠的防倾斜装置、防坠落装置以及保证架体同步升降和监控升降载荷的控制系统。

6.12.4 升降脚手架架体高度不应大于5倍标准楼层高；架体宽度不应大于1.2m；直线布置的架体支承跨度不应大于8m；折线或曲线布置的架体支承跨度不应大于5.4m。

6.12.5 升降和使用工况下，架体的悬臂高度不应大于2/5架体高度，且不应大于6m。

6.12.6 整体式升降脚手架架体的悬挑长度不应大于1/2水平支承跨度，且不应大于3m；单片式升降脚手架架体的悬挑长度不应大于1/4水平支承跨度。悬挑端以定型主框架为中心成对设置对称斜拉杆，其水平夹角不应小于45°。

6.12.7 架体全高与支承跨度的乘积不应大于$110m^2$。

6.12.8 架体的垂直度偏差不应大于5/1000，且不应大于60mm。

6.12.9 相邻机位的高差不应大于20mm。

6.12.10 架体外立面沿全高设置剪刀撑，剪刀撑跨度不应大于6m；其水平夹角宜为45°～60°，应将定型主框架、水平梁架和架体连成一体。

6.12.11 架体外侧应用密目安全网围挡，应可靠地固定在架体上。

6.12.12 架体底层应用脚手板铺设，并用平网及密目安全网兜底；架体底层应设置可折起的翻板，防止物料坠落。

6.12.13 在每一作业层架体外侧应设置上、下两道防护栏杆，上杆高度宜为1.2m，下杆高度宜为0.6m；挡脚板高度宜为180mm。

6.12.14 升降动力设备应符合下列规定：

1 升降动力设备应满足升降脚手架工作性能的要求；

2 各机构运转、制动应可靠，不应有下滑；

3 电动环链葫芦的链条不应有卡阻和扭曲；

4 同时使用的升降动力设备应采用同一厂家、同一规格型号的产品；

5 升降动力设备应具有防雨、防尘等防护措施；

6 主要升降承力构件不应有扭曲、变形、裂纹、严重锈蚀等缺陷，焊口不应有裂纹；

7 拉杆不应有弯曲，螺纹应完好，不应锈蚀；

8 穿墙螺栓应采用双螺母固定，螺纹应露出螺母0～3牙；垫板规格不应小于8mm×80mm×80mm。

6.12.15 电气系统应符合下列规定：

1 电气系统应有缺相、短路、失压、漏电等电气保护装置，且工作应可靠；

2 控制电路中的绝缘电阻不应小于0.5MΩ；

3 电气元件设置在单独的操作柜中，操作柜应有门锁，门处应标有危险警示标志；

4 操纵手柄及操纵按钮应标明动作方向，并设有零位保护；

5 操作柜面板的灯光、仪表显示应正常，应设置有紧急开关；

6 电气控制系统应设置必要的音响、灯光信号与通信联络装置；

7 电动机电源线的截面积不应小于$0.75mm^2$，总电源线截面积不应小于$16mm^2$；

8 电动机电源线应成束捆扎分布，并悬挂在架体踏步外侧上方，不应散乱于踏步上；每根电源线的两端头应有统一编号标志；

9 垂直悬挂的总电源电缆，其自重产生的抗拉力不应超过所选电缆的机械强度；

10 电气系统的安装除应符合本规程外，还应符合国家现行标准《施工现场临时用电安全技术规范》JGJ 46的有关规定。

6.12.16 架体应符合下列规定：

1 定型竖向主框架、水平梁架和钢管等结构部件不应有扭曲、变形、严重锈蚀等缺陷；焊缝应完整，不应有裂纹；

2 扣件不应有严重锈蚀；螺杆不应变形、裂纹，螺纹不应损坏；

3 扣件螺栓的紧固力矩应为40～50N·m；

4 定型竖向主框架和水平梁架各连接点的连接螺栓、销轴、垫圈、螺母、开口销应按规定安装，不应漏装和以小代大；

5 架体框架的搭设应横平竖直，立杆的垂直度误差不应大于1/500；相邻立杆的接头不应在同一个平面内。

6.12.17 防坠落装置应符合下列规定：

1 每一个定型竖向主框架升降动力设备处都应设置一个防坠落装置，且不与升降设备设置在同一支承结构上；

2 防坠落装置应采用同一厂家、同一规格型号的产品，并在有效标定使用期内；

3 防坠落装置应有防雨、防尘等防护措施。

6.12.18 防倾斜装置应符合下列规定：

1 防倾斜装置应用螺栓与定型竖向主框架或附着支承结构连接，不应采用钢管扣件或碗扣方式连接；

2 在升降和使用两种工况下，位于同一竖向平面的防倾斜装置不应少于2处，并且其最上和最下一个防倾斜装置支承点之间的最小距离不应小于架体全高的1/3；

3 防倾斜装置的导向间隙不应大于5mm。

6.12.19 同步及荷载控制系统应符合下列规定：

1 应通过控制各升降动力设备间的升降差和荷载来控制升降动力设备的同步性，且应具有超载报警停机、欠载报警功能；

2 每个升降动力设备都应在同步及荷载控制系统范围内；

3 相邻机位的同步差超出30mm时，应能报警显示；

4 同步及荷载控制系统应有可靠的防雨、防尘等防护措施。

7 混凝土机械

7.1 一般规定

7.1.1 固定式混凝土机械应有良好的设备基础，移动式混凝土机械应安放在平坦坚实的地坪上，地基承载力应能承受工作荷载和振动荷载，其场地周边应有良好的排水条件。

7.1.2 混凝土机械的临时用电应符合国家现行标准《施工现场临时用电安全技术规范》JGJ 46 的有关规定。

7.1.3 混凝土机械在生产过程中产生的噪声应控制在《建筑施工场界噪声限值》GB 12523 范围内，其粉尘、尾气、污水、固体废弃物排放应符合国家环保部门所规定的排放标准。

7.1.4 整机应符合下列规定：

1 主要工作性能应达到说明书规定的额定指标；

2 金属结构不应有开焊、裂纹、变形、严重锈蚀，各连接螺栓应紧固；

3 工作装置性能应可靠，附件应齐全完整；

4 整机应清洁，不应漏油、漏气、漏水。

7.1.5 电动机的碳刷与滑环接触应良好，转动中不应有异响、漏电，绝缘性能应符合说明书规定，其绝缘电阻值不应小于 0.5MΩ，在运转中电动机轴承允许最高温度应按下列情况取值：滑动轴承 80℃，滚动轴承 95℃；正常温度取值应为：滑动轴承 40℃，滚动轴承 55℃。

7.1.6 柴油机应符合本规程第 3.1.7 条的规定。

7.1.7 电气系统应符合下列规定：

1 电气箱应完好；箱内元器件应完好，电气线路排列应整齐；卡固应牢靠符合规定；电缆电线不应有老化、裸露、损伤；

2 各种电器、仪表、信号装置应齐全完好，指示数据应准确。

7.1.8 电动润滑装置及手动润滑装置的各润滑管路应畅通，各润滑部位润滑应良好，润滑油（脂）厂牌型号、黏度等级（SAE）、质量等级（API）及油量应符合说明书的规定。

7.2 混凝土搅拌站（楼）

7.2.1 传动系统应符合下列规定：

1 主电机与行星减速机构（或采用摆线针轮减速器、联轴器、过桥齿轮传递动力的）连接应可靠，运转应平稳，不应有异响；

2 爬升式轨道上料机构安全挂钩和锁销应齐全；上料斗滚轮、传动齿轮磨损不应超过该机说明书规定的要求；

3 斗式提升机、螺旋输送机传输应平稳，不得有异响、泄漏、水泥积块；

4 拉铲式配料系统回转机构齿轮磨损应在该机说明书规定的范围内，且钢丝绳应符合本规程第 6.1.8 条的相关规定；

5 料仓式配料系统皮带输送机运转应平稳，不应跑偏、打滑，不应有异响，胶带不应断层、开裂。

7.2.2 搅拌系统应符合下列规定：

1 搅拌机内铲片及衬板不应有严重磨损，刮片与衬板间隙应符合说明书的规定；

2 搅拌机轴端浮动密封应良好，联轴器传动不应有异响、抖动；传动皮带不应断裂，松紧应适宜。

7.2.3 搅拌楼（站）所需的供配电线路的架设和安装应符合国家现行标准《施工现场临时用电安全技术规范》JGJ 46 的有关规定。

7.2.4 供气与供水应符合下列规定：

1 空压机作业时贮气罐压力不应超过铭牌额定压力，安全阀应灵敏、可靠；进、排气阀、轴承及各部件不应有异响、过热；

2 电动空压机的压力调节器、减荷阀和机动空压机的额定载荷调节器，工作应正常可靠，在各气动部件分别或同时工作时，工作压力应符合说明书的规定；

3 电磁阀及气压元件的规格、型号应符合说明书的规定，动作应灵敏可靠，电磁阀切换时间应符合说明书要求；气动传输管路应完好，不应有泄漏；

4 气路中注油器、油水分离器和油路中的滤清器应齐全完好；

5 供水系统水泵及管道部件应齐全完整，应采用防锈管件，管路不应有泄漏；计量应准确；

6 添加剂系统部件应齐全完整，应采用防锈、耐腐管件，工作时不应有泄漏；计量应准确。

7.2.5 环保应符合下列规定：

1 散装水泥罐、搅拌站（楼）应设有粉尘回收装置，在工作正常时正对搅拌站（楼）下风口 20m 远、1.10m 高处的粉尘浓度不应大于 $10mg/m^3$；

2 生产废料宜采用专用设备进行分离回收，砂、石分离后再利用；浆水应经过多级沉淀符合环保标准后排放。

7.2.6 控制仪表与计量应符合下列规定：

1 微机显示器画面应清晰，程序控制系统工作应正常，元器件、仪表应齐全有效，摄像头监控应有效；

2 各计量、称量装置应齐全完好、计量准确，计量精度应符合标准，应定期实施计量检测；

3 混凝土养护室、混凝土检测仪器、量器具应符合标准并定期检测。

7.2.7 安全装置应符合下列规定：

1 料斗上、下限位及各部限位开关动作应灵敏可靠；

2 上料斗钢丝绳应符合本规程第 6.1.8 条的相关规定；

3 各防护罩及安全防护设施应齐全、完好、可靠；

4 搅拌站（楼）应设有防雷装置；作防雷接地的设备所连接的 PE 线应同时作重复接地，其接地电阻不应大于10Ω；

5 搅拌站（楼）应配置适用的灭火器材；

6 漏电保护器参数应匹配，安装应正确，动作应灵敏可靠。

7.3 混凝土搅拌机

7.3.1 传动系统应符合下列规定：

1 传动装置运转应平稳，各部连接应可靠；采用齿轮传动方式的其齿轮啮合应良好，侧向间隙不应大于1.5～3mm，径向间隙不应大于4～6mm，大齿轮的径向跳动不应大于3mm；小齿轮的径向跳动不应大于0.05mm；JZM型的橡胶托轮与滚道应接触良好，运转时不应有跳动和跑偏，托轮和滚道磨损量不应超过原厚度的30%；

2 皮带松紧应适宜，受力应均匀、不应有断裂；链条、链轮不应有咬齿；

3 上料斗滚轮、托轮应完好，磨损不应超过规定；

4 减速箱运转不应有异响，密封应良好，不应有漏油；

5 装有轮胎的混凝土搅拌机，其轮胎气压应符合说明书规定，固定螺栓应完好、齐全，不应松动；

6 离合器动力传递应有效，分离应彻底；制动器应灵敏可靠。

7.3.2 搅拌系统应符合下列规定：

1 JZ型搅拌机的拌筒与托轮接触应良好，不应有跑偏、窜动，磨损不应超过说明书规定；

2 JS型搅拌机的拌筒内铲臂紧固不应松动，刮板与衬板间隙应符合说明书要求，磨损不应超过说明书规定；

3 拌筒内不应有积灰，叶片不应松动和变形，上料斗和卸料斗不应有明显变形。

7.3.3 搅拌机供配电电源的架设应符合国家现行标准《施工现场临时用电安全技术规范》JGJ 46的有关规定。

7.3.4 操作控制柜面板上的仪表、指示灯、按钮应齐全完好。

7.3.5 上料斗钢丝绳润滑应充分，应符合本规程第6.1.8条的规定。

7.3.6 供水系统应符合下列规定：

1 供水系统水泵、管道部件应齐全完整，供水管路不应有泄漏，并采用防锈管件；

2 在水温达到50℃时，供水系统应仍能保证正常工作；

3 供水仪表计量数据应准确，且在有效标定期内。

7.3.7 搅拌机作业中产生的污水应通过设置沉淀池，经沉淀后达标排放。

7.3.8 制动及安全装置应符合下列规定：

1 上料斗应能保证在任意位置可靠制动，料斗不应下滑；上、下限位装置动作应灵敏可靠；

2 开式齿轮及皮带的安全防护罩应齐全、完好，上料斗安全挂钩及轨道上的安全插销应完好、齐全；

3 漏电保护器参数应匹配，安装应正确，动作应灵敏可靠。

7.4 混凝土喷射机组

7.4.1 传动系统应符合下列规定：

1 主电机与机架连接应紧固，工作时不应有异响，温升应正常；

2 减速箱工作时不应有异响和明显漏油；

3 料斗密封条及清扫板应齐全完好，橡胶板与衬板厚度和配合间隙应符合说明书的规定；

4 速凝剂调节螺杆应完好，混合料调节应有效。

7.4.2 液压及输送装置应符合下列规定：

1 机械手动主油泵工作应有效，系统工作压力应符合说明书要求；

2 液压油型号、油质及油量应符合说明书规定，油温不应超过80℃，管路连接应可靠，不应有锈蚀、变形、老化、破损、渗油；

3 各液压操纵部分运动应灵活、连接应可靠；

4 皮带运输机运转应平稳、不跑偏，托辊应完好。

7.4.3 气压系统应符合下列规定：

1 送风空压机作业时贮气罐压力不应超过铭牌额定压力，进、排气阀、轴承及各部件不应有异响过热；

2 电动空压机的压力调节器、减荷阀和机动空压机的额定载荷调节器工作应有效可靠，在各气动部件分别或同时工作时，工作压力应符合说明书规定；

3 电磁阀及气压元件应符合产品规定且动作应灵敏可靠，气动传输管路应完好，不应漏气，电磁阀切换时间不应超过0.1s。

7.4.4 供水系统水泵工作不应有异响，管路应完好，不应有破损、泄漏。

7.4.5 工作装置应符合下列规定：

1 振动器工作应有效，卡固应牢靠，振动筛应完好；

2 喷嘴水环眼应畅通，混凝土输送胶管应完好，不应有破损、泄漏；

3 轮胎应符合本规程第4.5.3条的规定。

7.4.6 安全装置应符合下列规定：

1 液压系统中应设有防止过载和液压冲击的安全装置；安全溢流阀的调整压力不得大于系统额定工作压力的110%；系统的额定工作压力不得大于液压泵的额定压力；

2 送风空压机的安全阀应灵敏可靠，压力应符合说明书规定要求；

3 各安全限位装置应齐全、完好、有效；

4 报警提示装置应完好有效。

7.5 混凝土输送泵（拖泵、车载泵）

7.5.1 蓄能器压力应符合使用说明书要求。

7.5.2 搅拌系统应符合下列规定：

1 料斗上部应设置隔板；

2 搅拌装置的叶片与搅拌筒间的间隙应符合说明书规定，搅拌轴轴端不应漏浆。

7.5.3 电瓶应清洁，卡固应可靠，电解液液面应高出极板10～15mm，免维护电瓶标志应符合规定。

7.5.4 手动、遥控控制装置动作应灵敏、可靠。

7.5.5 液压系统应符合下列规定：

1 主油泵工作能力应达到额定值，运转应平稳，不应有泄漏；

2 液压系统阀组工作应灵敏，不应有中位；系统工作压力应符合说明书要求；

3 液压油型号、油质、油量及使用应符合有关规定；散热泵工作应有效，油温不应超过80℃，管路连接应可靠，不应有锈蚀、变形、老化、破损、渗油；

4 各液压操纵部分运动应灵活、连接应可靠；

5 液压缸活塞工作应有力，调节阀、溢流阀工作应有效。

7.5.6 混凝土泵送系统应符合下列规定：

1 混凝土泵的活塞的行程应符合说明书规定；

2 混凝土泵的活塞与缸筒的间隙应符合说明书规定；不应漏浆，漂洗箱中的冷却水不应浑浊；

3 分配阀与眼睛板的调整间隙应符合说明书规定，保证泵送、回抽有力，不应滞后；

4 切割环（条）磨损量应在说明书规定范围内，磨损超标应更换。

7.5.7 冷却系统工作有效，应符合说明书规定；部件应齐全完整，管路不应泄漏。

7.5.8 水泵（油泵）工作不应有异响，水质（油质）不应浑浊。

7.5.9 安全装置应符合下列规定：

1 液压系统中应设有防止过载和液压冲击的安全装置；安全溢流阀的调整压力不得大于系统额定工作压力的110%；系统的额定工作压力不得大于液压泵的额定压力；

2 安全阀及过载保护装置应齐全、灵敏、有效；压力表应有效且在检定期内；

3 漏电保护器参数应匹配，安装应正确，动作应灵敏可靠；

4 料斗上应安装连锁安全装置。

7.5.10 柴油机应符合本规程第3.1.7条中的相关规定。

7.5.11 电动输送泵的电气系统和电器元件应符合说明书要求，应灵敏、有效。

7.6 混凝土输送泵车（汽车泵）

7.6.1 柴油机应符合本规程第3.1.7条的相关规定。

7.6.2 搅拌系统应符合本规程第7.5.2条的相关规定

7.6.3 回转布料系统应符合下列规定：

1 回转支承转动应灵敏可靠，内、外圈间隙应符合说明书的规定；油马达、减速箱运转不应有异响、脱档、泄漏，制动器应灵敏可靠，各连接螺栓的连接应牢固；

2 布料杆伸、缩动作应灵敏可靠，结构应完好，不应变形，输送管道不应有漏浆、开焊，卡固应牢靠；臂架液压油缸不应渗油、内泄下滑。

7.6.4 液压系统应符合下列规定：

1 应符合本规程第7.5.5条的相关规定；

2 臂架电磁阀组、支腿操作阀、回转制动阀动作应灵敏、可靠；

3 各支腿结构应完好不应变形，伸、缩动作应灵敏可靠，支腿液压油缸不应渗油、内泄、下沉。

7.6.5 供水水泵运转应正常，部件应齐全完整，管路不应有渗漏。

7.6.6 安全装置应符合下列规定：

1 液压系统中应设有防止过载和液压冲击的安全装置；安全溢流阀的调整压力不得大于系统额定工作压力的110%；系统的额定工作压力不得大于液压泵的额定压力；

2 制动应灵敏可靠、有效、不跑偏；压印、拖印应符合验车要求，制动踏板自由行程应符合使用说明书规定要求；

3 报警装置及紧急制动开关工作应可靠；

4 走台板、防护栏杆应齐全、完好，安全警示牌和相关操作指示牌应齐全、醒目，操作室应配备灭火器材。

7.7 混凝土搅拌运输车

7.7.1 搅拌系统应符合下列规定：

1 筒体与托轮接触应良好，不应跑偏、窜动和严重变形；

2 搅拌筒机架缓冲件不应有裂纹或损伤；搅拌筒内叶片、进料斗、主辅卸料槽不应严重磨损和变形；

3 搅拌筒、进料斗和主辅卸槽内不应有明显的混凝土积块。

7.7.2 液压系统应符合下列规定：

1 取力器工作时，应结合平稳，压力应达到设计的额定要求，不应渗漏；

2 液压系统零部件应齐全完好，系统工作压力应符合说明书要求；

3 液压油型号、油质、油量及使用应符合有关规定；散热泵工作时油温不应超过 80℃；管路连接应可靠；不应锈蚀、变形、老化、破损、渗油；

4 各液压操纵部分运动应灵活、连接可靠。

7.7.3 供水系统水泵及部件应齐全完整，不应泄漏。

7.7.4 安全装置应符合下列规定：

1 液压系统中应设有防止过载和液压冲击的安全装置；安全溢流阀的调整压力不得大于液压泵的额定压力；

2 混凝土搅拌运输车侧面、后部的防护装置应齐全、完好；

3 混凝土搅拌运输车应配备灭火器材。

8 焊接机械

8.1 一般规定

8.1.1 焊接机械的用电应符合国家现行标准《施工现场临时用电安全技术规范》JGJ 46 的有关规定；焊接机械的零部件应完整，不应有缺损。

8.1.2 电焊机导线应具有良好的绝缘，绝缘电阻不得小于 1MΩ，接地线接地电阻不得大于 4Ω；当长期停用的电焊机恢复使用时，其绝缘电阻不得小于 0.5MΩ，接线部分不得有腐蚀和受潮。

8.1.3 电焊钳应有良好的绝缘和隔热能力；电焊钳握柄应绝缘良好，握柄和导线连接应牢靠，接触应良好。

8.1.4 电焊机的二次线应采用防水橡皮护套铜芯软电缆，电缆长度不宜大于 30m。当需要加长电缆时，应相应增加截面。

8.1.5 焊接铜、铝、锌、锡等有色金属时，应配备有效的通风设备及防毒面罩、呼吸滤清器或采取其他防毒措施。

8.1.6 当焊接预热焊件温度达 150～700℃时，应设挡板隔离焊件发出的辐射热，焊接人员应穿戴隔热的石棉服装和鞋、帽等。

8.1.7 在载荷运行中，电焊机的温升值应在 60～80℃范围内。

8.1.8 润滑装置应齐全完整，油路应畅通，润滑应良好，润滑油（脂）型号、油质及油量应符合说明书的要求。

8.1.9 安全防护装置应齐全、有效；漏电保护器参数应匹配，安装应正确，动作应灵敏可靠；接地（接零）应良好，应配装二次侧漏电保护器。

8.1.10 各类电焊机的整机应符合下列规定：

1 焊机内、外应整洁，不应有明显锈蚀；

2 各部连接螺栓应紧固牢靠，不应有缺损；

3 机架、机壳、盖罩不应有变形、开焊、开裂；

4 行走轮及牵引件应完整，行走轮润滑应良好。

8.2 交流电焊机

8.2.1 接线装置应符合下列规定：

1 一、二次接线保护板应完好，接线柱表面应平整，不应有烧蚀、破裂；

2 接线柱的螺帽、铜垫圈、母线应紧固，螺母不应有缺损、烧蚀、松动；

3 接线保护应完好。

8.2.2 调节器及防振装置应符合下列规定：

1 调节丝杆及螺母应转动灵活，不应有弯曲、卡阻，紧固件不应松动；

2 防振弹簧弹力应良好有效；

3 手摇把不应松旷、丢失。

8.2.3 电焊机罩壳应能防雨、防尘、防潮。

8.3 直流电焊机

8.3.1 分级变阻器应符合下列规定：

1 变阻器各触点不应烧损，接触应良好，滑动触点转动应灵活有效；

2 输入、输出线的接线板应完好、接线柱不应烧损和松动，接头垫圈应齐全。

8.3.2 换向器应符合下列规定：(无刷电机除外)

1 刷盒位置调整应适当；不应锈蚀；刷盒应离开换向器表面 2～3mm；

2 碳刷与换向器接触应良好，位置调整应适度；

3 碳刷滑移应灵活无阻，磨损不应超过原厚度的 2/3。

8.3.3 安全防护应符合下列规定：

1 各线路均应绝缘良好，输入线应符合接电要求，输出线断面应大于输入线断面的 40%以上；

2 接地电阻值不应大于 4Ω；

3 接线板护罩、开关的消弧罩应完整。

8.4 钢筋点焊机

8.4.1 气压系统应符合下列规定：

1 空压机应符合本规程第 3.2 节的相关规定；

2 气动装置及各种阀门均应灵活可靠，润滑应良好，管路应畅通，不应漏气。

8.4.2 冷却装置水路应畅通，不应漏水。

8.4.3 电气系统应符合下列规定：

1 线路接头应牢靠，各种开关、控制箱应完好；

2 接线板、接线柱不应有烧损、裂纹；

3 变压器防护应可靠、清洁；其绝缘电阻值不应小于 1MΩ；

4 操作、控制等装置应齐全、灵敏、可靠。

8.5 钢筋对焊机

8.5.1 钢筋对焊机的工作装置应符合下列规定：

1 活动横梁移动应平稳，焊机钳口不应有油污；

2 正负电极接触面烧损面积不应超过2/3；

3 夹具螺杆与螺母之间的游移间隙不应大于0.4mm，内螺母磨损量不应超过螺纹高度的30%。

8.5.2 冷却装置水路应畅通，不应有漏水。

8.5.3 变压器一次线圈绝缘应良好，并应有安全保护接地。

8.5.4 闪光区应设置挡板。

8.6 竖向钢筋电渣压力焊机

8.6.1 焊接电源应符合下列规定：

1 焊接电压、电流、焊接时间应调节方便、灵敏；

2 电源电压应稳定，波动值应在380±5V范围内。

8.6.2 焊接机头应符合下列规定：

1 上夹头升降不应有卡滞；

2 夹头定位应准确，对中应迅速；

3 电极钳口、夹具不应有磨损、变形。

8.6.3 电气系统应符合下列规定：

1 焊接导线长度不应大于30m，截面积不应小于$50mm^2$；

2 电源及控制电路正常，定时应准确，误差不应大于5%；

3 电源电缆和控制电缆连接应正确、牢固；控制箱的外壳应可靠接地。

8.6.4 焊剂填装盒不应有破损、变形；规格尺寸应与钢筋直径匹配。

8.7 埋弧焊机

8.7.1 传动机构应符合下列规定：

1 减速箱油槽中的润滑油油量、油质应符合说明书要求；

2 送丝滚轮沟槽、齿纹应完好，滚轮、导电嘴（块）应接触良好，不应有磨损；

3 软管式送丝机的软管槽孔应清洁，应定期吹洗。

8.7.2 电气系统应符合下列规定：

1 焊接导线长度不应大于30m，截面积不应小于$50mm^2$；

2 电源及控制电路定时应准确，允许误差不应大于5%；

3 电源电缆和控制电缆连接应正确、牢固；控制箱的外壳应可靠接地；控制箱的外壳和接线板上的罩壳应盖好。

8.8 二氧化碳气体保护焊机

8.8.1 整机应具备防尘、防水、防烟雾等功能。

8.8.2 减速机传动应平稳，送丝应匀速。

8.8.3 电弧燃烧应稳定。

8.8.4 电压、电流调节装置应完好，调节应灵敏、高精度。

8.8.5 熔滴与熔池短路过渡应良好。

8.9 气焊（割）设备

8.9.1 外观应清洁，润滑应良好，不应漏水、漏电、漏油、漏气。

8.9.2 各附属装置和设备（空压机、气瓶、送丝机、焊接架）应符合相应的检验技术要求。

8.9.3 冷却、散热、通风系统应齐全、完整，效果良好。

8.9.4 电气控制系统应符合下列规定：

1 电源装置、控制装置应完好，调整应方便，操作应灵活；

2 各元器件应齐全完好、运行可靠；

3 机组元件工作温度应符合说明书规定；

4 各仪表应齐全完好，指示数据应准确。

8.9.5 氧气瓶及其附件、胶管工具均不应沾染油污，软管接头不应采用含铜量大于70%的铜质材料制造。

8.9.6 气瓶（乙炔瓶、氧气瓶）与焊炬相互间的距离不应小于10m。

8.9.7 严禁使用未安装减压器的氧气瓶。

9 钢筋加工机械

9.1 一般规定

9.1.1 整机应符合下列规定：

1 机械的安装应坚实稳固，保持水平位置；

2 金属结构不应有开焊、裂纹；

3 零部件应完整，随机附件应齐全；

4 外观应清洁，不应有油垢和锈蚀；

5 操作系统应灵敏可靠，各仪表指示数据应准确；

6 传动系统运转应平稳，不应有异常冲击、振动、爬行、窜动、噪声、超温、超压；

7 机身不应有破损、断裂及变形；

8 各部位连接应牢靠，不应松动。

9.1.2 电气系统及润滑系统应符合下列规定：

1 钢筋加工机械的用电应符合国家现行标准《施工现场临时用电安全技术规范》JGJ 46的有关规定；

2 电气系统装置应齐全，线路排列应整齐，卡固应牢靠；

3 电气设备安装应牢固，电气接触应良好；

4 电机运行时不应有异常响声、抖动及过热；

5 电气控制设备和元件应置于柜（箱）内，电气柜（箱）门锁应齐全有效；

6 油泵工作应有效；油路、油嘴应畅通；油杯、油线、油毡应齐全，不应有破损；油标应醒目，刻线应正确，油质、油量应符合说明书的要求；

7 润滑系统工作应有效，油路应畅通，润滑应良好；各滑润部位及零件不应严重拉毛、磨损、碰伤；

8 润滑油型号、油质及油量应符合说明书的要求。

9.1.3 安全防护应符合下列规定：

1 安全防护装置及限位应齐全、灵敏可靠，防护罩、板安装应牢固，不应破损；

2 接地（接零）应符合用电规定，接地电阻不应大于4Ω；

3 漏电保护器参数应匹配，安装应正确，动作应灵敏可靠；电气保护（短路、过载、失压）应齐全有效。

9.1.4 液压系统应符合下列规定：

1 各液压元件固定应牢固，不应有渗漏；

2 液压系统应清洁，不应有油垢；

3 各液压元件的调定压力应符合说明书的要求；

4 各液压元件应定期校准和检验。

9.2 钢筋调直机

9.2.1 传动系统应符合下列规定：

1 传动机构运转应平稳，不应有异响，传动齿轮及花键轴不应有断齿、啃齿、裂纹及表面脱落；

2 传动皮带数量应齐全，不应有破损、断裂，松紧度应适宜。

9.2.2 调直系统及牵引和落料机构应符合下列规定：

1 调直筒、轴不应有弯曲、裂纹和轴销磨损等；

2 离合器应灵敏可靠，结合时应吻合，不应咬边；调速滑动齿轮滑动应灵活，不应窜动；

3 自动落料机构开闭应灵活，落料应准确，落料架各部件连接应牢固；

4 牵引轮工作应有效，调节机构应灵敏，滑块移动不应有卡阻；

5 调节螺母、回位弹簧及链轮机构应灵敏、可靠。

9.2.3 机座、电机、轴承座和调直筒等连接应牢固，各轴、销应齐全完好。

9.3 钢筋切断机

9.3.1 传动及切断系统应符合下列规定：

1 传动机构应运转平稳，不应有异响，曲轴、连杆不应有裂纹、扭曲；

2 开式传动齿轮齿面不应有裂纹、点蚀和变形，啮合应良好，磨损量不应超过齿厚的25%；滑动轴承不应有刮伤、烧蚀，径向磨损不应大于0.5mm；

3 滑块与导轨纵向游动间隙应小于0.5mm，横向间隙应小于0.2mm；

4 刀具安装牢固不应松动；刀口不应有缺损、裂纹，衬刀和冲切间隙应正常。

9.4 钢筋弯曲机

9.4.1 传动系统及工作机构应符合下列规定：

1 传动齿轮啮合应良好，位置不应偏移、松旷；

2 芯轴和成型轴、挡铁轴、轴套应完整，安装应牢固，工作台转动应灵活，不应有卡阻；

3 芯轴和成型轴、挡铁轴的规格与加工钢筋的直径和弯曲半径应相适应；芯轴直径应为钢筋直径的2.5倍；挡铁轴应有轴套。

9.4.2 芯轴、挡铁轴、转盘等不应有裂纹和损伤，防护罩应坚固可靠。

9.5 钢筋冷拉机

9.5.1 传动齿轮啮合应良好，弹性联轴节不应松旷。

9.5.2 制动块磨损量不应大于原厚度的50%，制动应灵敏。

9.5.3 冷拉夹具、夹齿应完好，夹持功能应有效。

9.6 冷 镦 机

9.6.1 传动齿轮啮合应良好，位置不应偏移、松旷。

9.6.2 模具、中心冲头不应有裂纹。

9.6.3 上下模与中心冲头的同心度、冲头与夹具的间隙应符合说明书的要求。

9.7 钢筋冷拔机

9.7.1 传动及工作装置应符合下列规定：

1 传动齿轮啮合应良好，弹性联轴节不应松旷；

2 模具不应有裂纹，轧头和模具的规格应配套。

9.7.2 冷却与通风装置应符合下列规定：

1 冷却水应畅通，流量应适宜；

2 风道应畅通，风量应合适。

9.8 钢筋套筒冷挤压连接机

9.8.1 超高压油管的弯曲半径不应小于250mm，扣压接头处不应有扭转和死弯。

9.8.2 压力表应定期检查、测定，误差不应大于5%。

9.9 钢筋直（锥）螺纹成型机

9.9.1 机体内外应清洁，不应有锈垢、油垢、锈蚀。

9.9.2 机架应有足够的强度和刚度，不应有明显的翘曲和变形。

9.9.3 各传动面、导轨面、接触面不应有严重锈蚀、油垢、积灰，外壳各表面应清洁，不应有锈垢。

9.9.4 整机不应漏油，对因制造缺陷引起的漏油应采取回流措施。

9.9.5 传动系统应符合下列规定：

1 摆线针轮减速机运转应平稳，设备运行时不应有异常冲击、振动、爬行、窜动、噪声和超温、超压；

2 箱体内外应清洁，油质应清洁，油量应充足；密封装置应有效，不应漏油；

3 进给机构各档变速应正常、灵活、可靠、齐全；

4 自动开合机构应开合自如、自锁良好。

9.9.6 冷却系统应符合下列规定：

1 冷却水泵工作应有效；

2 冷却液体箱应清洁，并应定期清理。

10 木工机械及其他机械

10.1 一 般 规 定

10.1.1 整机应符合下列规定：

1 机械安装应坚实稳固，保持水平位置；

2 金属结构不应有开焊、裂纹；

3 机构应完整，零部件应齐全，连接应可靠；

4 外观应清洁，不应有油垢和明显锈蚀；

5 传动系统运转应平稳，不应有异常冲击、振动、爬行、窜动、噪声、超温、超压；传动皮带应完好，不应破损，松紧应适度；

6 变速系统换档应自如，不应有跳档；各档速度应正常；

7 操作系统应灵敏可靠，配置操作按钮、手轮、手柄应齐全，反应应灵敏；各仪表指示数据应准确；

8 各导轨及工作面不应严重磨损、碰伤、变形；

9 刀具安装应牢固，定位应准确有效；

10 积尘装置应完好，工作应可靠。

10.1.2 电气系统及润滑应符合下列规定：

1 木工机械及其他机械的用电应符合国家现行标准《施工现场临时用电安全技术规范》JGJ 46 的有关规定；

2 电气系统装置应齐全，线路排列应整齐，包扎、卡固应牢靠，绝缘应良好，电缆、电线不应有损伤、老化、裸露；

3 电机运转应平稳，不应有异常响声、振动及过热；

4 润滑装置应齐全完整，油路应通畅，润滑应良好，润滑油（脂）型号、油质及油量应符合说明书规定。

10.1.3 安全防护装置应符合下列规定：

1 接地（接零）应正确，接地电阻应符合用电规定；

2 短路保护、过载保护、失压保护装置动作应灵敏、有效；

3 漏电保护器参数应匹配，安装应正确，动作应灵敏可靠；

4 外露传动部分防护罩壳应齐全完整，安装应牢靠；

5 防护压板、护罩等安全防护装置应齐全、可靠，指示标志应醒目有效。

10.2 木工平刨机

10.2.1 工作台升降应灵活。

10.3 木工压刨机

10.3.1 工作台升降应灵活，变速应齐全，定位应准确。

10.3.2 送料装置应灵敏可靠，压紧回弹装置应完整齐全。

10.4 木工带锯机（木工跑车带锯机）

10.4.1 工作台升降应灵活，变速应齐全，定位应准确。

10.4.2 上下锯轮的平行度、垂直度及径向跳动应符合设计要求。

10.4.3 锯条焊接应牢固，安装定位应准确，松紧度应适宜。

10.4.4 跑车运行应平稳，摇头应准确，且与锯轮的平行度应符合设计要求。

10.4.5 卡料装置应灵活可靠。

10.5 立式榫槽机

10.5.1 工作机构应符合下列规定：

1 工作台往复运行应平稳，不应有明显爬行，行程调节应灵活，定位应准确；

2 刀具安装应牢固、安全可靠；调节应方便。

10.5.2 液压系统应符合下列规定：

1 各液压元件固定应牢固，油管及密封圈不应有渗漏；

2 压力表配置应齐全，指示应灵敏；

3 溢流阀的设定压力不应超过液压系统的最高压力；

4 液压油油质、油量应符合说明书的要求，油温应正常。

11 装 修 机 械

11.1 一 般 规 定

11.1.1 装修机械整机应符合下列规定：

1 金属结构不应有开焊、裂纹；

2 零部件应完整，随机附件应齐全；

3 外观应清洁，不应有油垢和明显锈蚀；

4 传动系统运转应平稳，不应有异常冲击、振动、爬行、窜动、噪声、超温、超压；

5 传动皮带应齐全完好，松紧应适度；

6 操作系统应灵敏可靠，各仪表指示数据应准确。

11.1.2 电气系统及润滑系统应符合下列规定：

1 装修机械的用电应符合国家现行标准《施工现场临时用电安全技术规范》JGJ 46的有关规定；

2 电气系统装置应齐全，线路排列应整齐，卡固应牢靠；

3 电气设备安装应牢固，电气接触应良好，不应松动；

4 电机运转应平稳，不应有异常响声、抖动及过热；

5 电气控制设备和元件应置于柜（箱）内，电气柜（箱）门锁应齐全有效；

6 润滑系统油路应畅通，润滑应良好；各滑导部位及零件不应有严重拉毛、磨损、碰伤；

7 润滑油型号、油质及油量应符合说明书要求。

11.1.3 安全防护装置应符合下列规定：

1 漏电保护器参数应匹配，安装应正确，动作应灵敏可靠；电气保护装置（短路、过载、失压）应齐全有效；

2 接地（接零）应符合规范，接地电阻不应大于4Ω；

3 安全防护装置及限位应齐全、灵敏可靠；防护罩、板安装应牢靠，不应破损。

11.1.4 液压系统应符合下列规定：

1 液压系统各液压元件固定应牢靠，不应渗漏；液压系统应清洁，不应有污垢；各液压元件的调定压力应符合说明书要求；

2 油泵工作时，油路、油嘴应畅通，油杯、油线、油毡应齐全，不应破损，作用应良好；油标应醒目，刻线应正确，油质、油量应符合说明书的要求。

11.2 灰浆搅拌机

11.2.1 搅拌轴两端密封应良好，不应漏浆。

11.2.2 传动装置应符合下列规定：

1 工作应平稳，不应有冲击、振动及噪声；

2 传动皮带配置应齐全，张紧应适度，不应有破裂、毛边；

3 离合器结合应平稳，分离应彻底，传递动力应有效；

4 制动器零件应齐全，制动应可靠。

11.2.3 搅拌及出料系统应符合下列规定：

1 搅拌筒及搅拌叶片不应有明显磨损及变形，叶片与搅拌筒壁间的间隙不应超过3～5mm；

2 出料机构应操作灵活，零件不应有缺损；

3 量水器计量应准确，误差不应超过规定。

11.3 灰浆泵

11.3.1 外观应清洁，零部件不应缺失、损坏。

11.3.2 灰浆料流应稳定，工作压力不应超过1.5MPa。

11.3.3 输送管道接头连接应紧密，不应破损、渗漏。

11.3.4 压力表应完好，且在检定有效期内。

11.3.5 各传动装置工作应平稳，不应超温、超压。

11.3.6 传动皮带应齐全、完好，张紧应适度，不应有缺失、破裂、毛边等缺陷。

11.3.7 过载安全装置（安全阀）应完好，工作应可靠。

11.4 喷浆泵

11.4.1 外观应清洁，料斗、料罐内不应有结浆。

11.4.2 零部件不应有缺失、损坏。

11.4.3 压力表应完好，且在检定有效期内。

11.4.4 传动装置应符合下列规定：

1 传动机构运行应平稳，噪声不应超标，温升不应超限；

2 柱塞泵工作应可靠，料流应稳定，不应超温、超压；

3 减速器润滑油型号、油质及油量应符合规定，不应渗漏。

11.4.5 工作装置应符合下列规定：

1 喷杆气阀、喷雾头等零部件应有效、通畅，且不应漏浆；

2 输浆管不应有老化、破损，接头处不应渗漏。

11.5 水磨石机

11.5.1 动力及传动装置应符合下列规定：

1 减速器运转应平稳，不应渗漏，噪声不应超标；

2 各销轴不应缺失，润滑应良好，油路应畅通。

11.5.2 工作装置应符合下列规定：

1 磨石不应有裂纹、破损；

2 冷却水管不应有破损、老化、渗漏；

3 磨石夹具不应有缺陷，夹持应牢固；

4 磨石机的质量应与本机型工作能力匹配。

11.6 地板整修机械

11.6.1 动力及传动装置应符合下列规定：

1 传动装置工作应平稳，不应有异常噪声，温升不应超限；

2 传动带配置应齐全，不应有破边磨损，张紧应适度；

3 吸尘器排屑应通畅；

4 润滑装置应齐全、完好，油路应畅通，润滑应良好。

11.6.2 工作装置应符合下列规定：

1 刃具、磨具应锋利，修正量应符合说明书规定；夹持应可靠，不应松动，润滑应适当；

2 刨刀滚筒（磨削滚筒）的动平衡阀调试应准确，工作中不应松动，满足地板光洁度要求。

12 掘进机械

12.1 一般规定

12.1.1 掘进机械应按照使用说明书规定的技术性能和使用条件合理使用，严禁任意扩大使用范围。

12.1.2 隧道施工应加强电器的绝缘，选用特殊绝缘构造的加强型电器，或选用额定电压高一级的电器；在有瓦斯的隧道中应设有防护措施；高海拔地区应选用高原电器设备。

12.1.3 盾构机的选用应与周围岩土条件相适应。

12.1.4 整机应符合下列规定：

1 外观应清洁，警示标记应明显；

2 主要工作性能应能达到额定指标；

3 各总成件、零部件及附属装置应齐全、完整；试运转时，不得有漏油、异响、发热；

4 钢结构不应有变形，主要受力构件的焊缝不应有开焊、裂纹，螺栓连接及销连接应牢靠。

12.1.5 液压系统应符合下列规定：

1 各部液压元件应齐全完好；

2 系统应设有防止过载和液压冲击的安全装置，溢流阀工作应可靠；系统工作压力不应大于液压泵的额定压力；

3 液压缸应设有可靠的平衡阀或液压锁；

4 管路连接应可靠，不应渗漏；

5 液压系统运行应平稳，工作应可靠；

6 液压油型号、油质及油量应符合要求，油压、油温应正常；

7 应具备油水检测体系及相应规章。

12.1.6 电器装置应符合下列规定：

1 配电柜内电缆连接应牢靠，温度应正常；

2 电器设备应保证传动性能和控制性能准确可靠，在紧急情况下应能切断总控制电源，安全停车，各工作部分应立即停止工作并停止在安全位置上；

3 电器连接应牢靠，不应松脱；导线、线束卡固应牢靠；

4 保护零线和接地线应分开，并不应做载流回路；

5 各种仪表、照明、信号、喇叭、音响应齐全有效；

6 电瓶应清洁，固定应牢靠，电解液液面应高出极板10～15mm；免维护电瓶的标志应符合规定；

7 传感器接线应可靠，表面不应有污水和污渍，应有防护措施；

8 控制面板应始终正确显示出各设备的运行状态，发生异常时，应能清楚显示出其信息；面板上按钮与旋钮动作应灵敏可靠；

9 各项检测设备工作应正常。

12.2 土压平衡盾构机、泥水加压盾构机

12.2.1 变压器应符合下列规定：

1 高压电缆外表不应有破损、老化，电缆卷筒侧盖密封应良好，电缆敷设卡固应牢靠；

2 变压器密封应良好，不应泄漏。

12.2.2 电器系统应符合下列规定：

1 每个回路在导电部分与大地之间的绝缘电阻值应符合说明书规定；

2 数据采集系统工作应正常；各部位传感器应灵敏可靠。

12.2.3 盾构壳体应符合下列规定：

1 盾体内径、外径尺寸应在允许范围内，各部位钢结构厚度、强度应符合说明书要求；

2 盾尾密封油脂注入系统工作应正常，盾尾止水带密封应良好；各种管道应完好，不应阻塞；

3 壁后注浆设备功能应正常，注浆管路内不应固结。

12.2.4 开挖系统应符合下列规定：

1 刀盘开口度应符合说明书规定的允许范围；刀盘密封油脂密封应良好；

2 刀具不应偏磨、崩刃，磨损应在允许范围内；各刀体应能自由转动，刀具与刀座连接应牢固，刀座与刀盘焊缝不应有缺陷；

3 驱动系统正转、反转、速度调节等功能应正常；

4 压力舱上的开口、盾壳上的阀门等不应有堵塞、缺损；

5 超挖装置调整应方便、可靠，应能准确控制超挖量、超挖范围；

6 螺旋输送机运转应正常，伸缩机构工作应完好，观测窗口不应有堵塞，卸土门在动力失去时应能紧急关闭，土压力传感器显示应准确；

7 发泡装置工作应正常。

12.2.5 推进系统应符合下列规定：

1 各推进油缸安装应牢固，推进速度、行程、压力应达到说明书要求；

2 铰接系统伸出、缩回动作应符合说明书规定，行程显示应正确；

3 主轴承润滑油脂系统工作应正常；轴承止水带安装应牢固，密封应良好。

12.2.6 管片安装机构应符合下列规定：

1 管片安装机构前后运动、回旋、伸缩等动作

应灵敏；推压力、旋转速度、前后滑动距离应符合说明书规定；

2 真圆保持器工作应正常；

3 管片贮运装置运转应完好。

12.2.7 渣土、泥浆排出设备应符合下列规定：

1 土压平衡盾构机：传送带驱动马达性能应良好，张紧装置工作应能适合规定的曲线工作；

2 泥水平衡盾构机：泥水循环及泥水处理系统工作应正常；送泥水管、排泥浆管管道密封应良好，不应有严重磨损；泥浆泵、分离机、振动筛性能应良好，工作压力应正常；砾石破碎设备性能应符合说明书要求；流量监控装置性能应良好；泥浆设备与泥水分离系统运转应正常。

12.2.8 后续台车应符合下列要求：

1 台车专用轨道铺设应牢固，轨距应符合说明书的要求；

2 各台车运转应平稳，制动应良好。

12.2.9 导向装置应符合下列要求：

1 定期用人工测量方法对导向系统的数据进行复核，包括系统的测量结果、测点坐标等，复核结果应符合施工要求；

2 系统的测站点和后视点安装在隧道管片的固定支架上，支架应稳固，不应晃动。

12.2.10 人仓应符合下列规定：

1 密封面应干净，不应有损坏；

2 人仓所有部件（显示仪、条形记录器、热系统、时钟、温度计、密封阀）的功能应正常；电话和紧急电话设备应能按照规定要求工作；条形记录器供纸应充足。

12.2.11 后配套管线应符合下列规定：

1 水管卷筒应能正常转动，并应有足够的存贮量；

2 电缆位置应可靠牢固，防止其被突出物损坏，应有足够的存贮量；

3 盾构本体与台车之间的软管、电线连接应正常。

12.2.12 通风设备应符合下列规定：

1 通风管道安装应牢固，不应有破损，连接处密封应良好；

2 送风量应符合说明书规定的要求，消声器工作应正常。

12.2.13 给排水设备应符合下列规定：

1 水泵、阀门等性能应良好，管道不应破损；

2 备用设备性能应良好。

12.2.14 气路系统应符合下列规定：

1 应设有安全阀和油水分离装置，系统最低压力不应低于说明书要求，安全阀压力应按要求调整；

2 电磁阀动作应灵敏、可靠，不应漏气；

3 贮气筒及气压元件应符合说明书要求。

12.2.15 润滑应符合下列规定：

1 润滑装置应齐全完整，油路应畅通；

2 各润滑部位润滑应良好，润滑油型号、油质及油量应符合说明书的要求。

12.2.16 安全保护装置应符合下列要求：

1 供紧急情况使用的通信联络设备、避难用设备器具、急救设备、器材、应急医疗设备应齐全，并在有效期内；

2 消防、防火设备应齐全，并在有效期内；

3 有害气体测量、记录、报警装置工作应正常；

4 安全通道扶手应牢固，升降装置应安全可靠。

12.3 凿岩台车

12.3.1 工作时支腿应稳定可靠。

12.3.2 配置的柴油发动机应符合本规程第3.1.7条的相关规定；配置的电动机运行应正常，不应有异响及过热。

12.3.3 凿岩机应符合下列规定：

1 各螺栓连接（凿岩机的拉紧螺栓和安装螺栓、蓄能器螺栓、阀盖螺栓等）应牢靠紧固，不应有松动；

2 各软管接头连接应牢靠，不应泄漏；

3 冲洗水压和润滑空气压力应正常；

4 润滑器应有足够的润滑油，供油量应适量；

5 钎尾接头应完好，不应断裂；

6 蓄能器充气压力应符合说明书的要求，隔膜不应破损。

12.3.4 推进器应符合下列规定：

1 凿岩机在滑架上应能沿推进器的全长滑动，润滑应良好；

2 推进器延伸油缸动作应准确，快慢应适度，不应有泄漏；

3 钻杆衬套磨损应符合规定，支架连接应紧固；钻杆不应有弯曲变形；螺纹不应严重磨损；工作时导向应良好，不应摆动；

4 推进机构使用的钢丝绳应符合本规程第6.1.8条的相关规定；

5 软管不应有老化、破损。

12.3.5 钻臂应符合下列规定：

1 液压缸不应跳动；

2 液压泵不应有噪声、跳动；

3 钻臂应保持垂直面内的平行度；

4 钻臂工作应平稳，各项动作应灵敏准确。

12.3.6 行走机构应符合下列规定：

1 轮胎应符合本规程第4.5.3条的规定；

2 轨道铺设应平稳，线路应平顺，铺设的钢轨型号应与凿岩台车匹配，且止轮设施齐全（轮轨式）。

12.3.7 电气系统应符合下列规定：

1 所有指示灯工作应正常，漏电保护器参数应匹配，安装应正确，动作应灵敏可靠；

2 电缆不应有老化、破损；

3 配电箱和控制盘应有防水装置。

本规程用词说明

1 为便于在执行本规程条文时区别对待，对要求严格程度不同的用词说明如下：

1）表示很严格，非这样做不可的：

正面词采用“必须”；

反面词采用“严禁”。

2）表示严格，在正常情况下均应这样做的：

正面词采用“应”；

反面词采用“不应”或“不得”。

3）表示允许稍有选择，在条件许可时首先应这样做的：

正面词采用“宜”；

反面词采用“不宜”；

表示有选择，在一定条件下可以这样做的，采用“可”。

2 条文中指定应按其他有关标准执行的，写法为“应按……执行”或“应符合……规定（要求）”。

中华人民共和国行业标准

施工现场机械设备检查技术规程

JGJ 160—2008

条　文　说　明

前　　言

《施工现场机械设备检查技术规程》JGJ 160—2008 经住房和城乡建设部 2008 年 8 月 11 日以第 84 公告批准发布。

本规程主编单位是中国建筑业协会机械管理与租赁分会，参编单位江苏省建筑工程管理局、江苏省建筑安全与设备管理协会、中国铁路工程总公司、北京建工集团有限责任公司。

为便于广大建设施工单位、安全生产监督机构等单位的有关人员在使用本规程时能正确理解和执行条文规定，《施工现场机械设备检查技术规程》编制组按章、节、条、款顺序编制了本规程的条文说明，供国内使用者参考。在使用中如发现本条文说明有不妥之处，请将意见函寄中国建筑业协会机械管理与租赁分会。

目　次

3　动力设备及低压配电系统 ……… 2—15—41
3.1　柴油发电机组 ………………………… 2—15—41
3.2　空气压缩机及附属设备 ………… 2—15—41
3.3　低压配电系统 ………………………… 2—15—41
4　土方及筑路机械 ……………………… 2—15—42
4.1　一般规定 ……………………………… 2—15—42
4.2　推土机 ………………………………… 2—15—43
4.3　履带式单斗液压挖掘机 ………… 2—15—43
4.4　光轮压路机 ………………………… 2—15—43
4.8　轮胎式装载机 ……………………… 2—15—43
4.9　稳定土拌和机 ……………………… 2—15—43
4.10　履带式沥青混凝土摊铺机 …… 2—15—43
4.11　沥青混凝土搅拌设备 ………… 2—15—43
5　桩工机械 ……………………………… 2—15—44
5.1　一般规定 ……………………………… 2—15—44
5.2　履带式打桩架（三支点式） …… 2—15—44
5.3　步履式打桩架 ……………………… 2—15—44
5.4　静力压桩机 ………………………… 2—15—44
5.5　转盘钻孔机 ………………………… 2—15—44
5.7　筒式柴油打桩锤 ………………… 2—15—44
5.8　振动桩锤 …………………………… 2—15—44
6　起重机械与垂直运输机械 ……… 2—15—45
6.1　一般规定 ……………………………… 2—15—45
6.2　履带式起重机 ……………………… 2—15—45
6.4　汽车式起重机 ……………………… 2—15—45
6.5　塔式起重机 ………………………… 2—15—45
6.6　施工升降机 ………………………… 2—15—46
6.7　电动卷扬机 ………………………… 2—15—46
6.8　桅杆式起重机 ……………………… 2—15—46
6.9　物料提升机 ………………………… 2—15—46
6.11　高处作业吊篮 …………………… 2—15—46
6.12　附着整体升降脚手架 ………… 2—15—46
7　混凝土机械 …………………………… 2—15—46
7.1　一般规定 ……………………………… 2—15—46
7.2　混凝土搅拌站（楼） …………… 2—15—46
7.3　混凝土搅拌机 ……………………… 2—15—47
7.4　混凝土喷射机组 ………………… 2—15—47
7.6　混凝土输送泵车（汽车泵） …… 2—15—47
8　焊接机械 ……………………………… 2—15—47
8.1　一般规定 ……………………………… 2—15—47
8.2　交流电焊机 ………………………… 2—15—47
8.3　直流电焊机 ………………………… 2—15—47
8.5　钢筋对焊机 ………………………… 2—15—47
8.6　竖向钢筋电渣压力焊机 ………… 2—15—47
8.7　埋弧焊机 …………………………… 2—15—47
8.8　二氧化碳气体保护焊机 ………… 2—15—47
8.9　气焊（割）设备 ………………… 2—15—47
9　钢筋加工机械 ……………………… 2—15—48
9.4　钢筋弯曲机 ………………………… 2—15—48
9.7　钢筋冷拔机 ………………………… 2—15—48
9.8　钢筋套筒冷挤压连接机 ………… 2—15—48
9.9　钢筋直（锥）螺纹成型机 …… 2—15—48
10　木工机械及其他机械 …………… 2—15—48
10.4　木工带锯机（木工跑车带锯机） ……………………………… 2—15—48
11　装修机械 …………………………… 2—15—48
11.2　灰浆搅拌机 ……………………… 2—15—48
11.5　水磨石机 ………………………… 2—15—48
12　掘进机械 …………………………… 2—15—48
12.1　一般规定 ………………………… 2—15—48
12.2　土压平衡盾构机、泥水加压盾构机 ……………………………… 2—15—48

3 动力设备及低压配电系统

3.1 柴油发电机组

3.1.2 固定式柴油发电机，工作中产生振动和冲击，安装时需要放置平稳、固定良好；为防止发电机绝缘损坏导致人员触电，应采取拖车接地措施；接地可单独设临时接地极，也可接到埋设在地下无可燃性气体或无爆炸物质的金属管道上，以及与大地有可靠连接的建筑物的金属构架上。

3.1.3 本条的电气安全距离应符合本规程第 3.3.8 条第 7 款的规定；防火等级要求不低于 3 级，并配置沙箱和可用于电气灭火的灭火器。

排烟管应伸出室外，应将汽缸内的废气排出，减少排烟系统的背压，降低废气阻力和温度，提高柴油机的工作效率和工作性能；同时，确保发电机组具有良好的工作环境，应保证操作人员的安全和减少对建筑物外观的影响及对周围环境的污染。

严禁在室内和排烟管道附近存放贮油桶主要原因是：由于室内温度很高，尤其在排烟管道（一般为 350～550℃）附近，使存放的贮油桶内燃油达到燃点而引起火灾和爆炸。

3.1.4 发电机组应靠近负荷中心，以节省有色金属，减少投资和电能损耗，应确保电压质量，提高供电的可靠性；应设在下风侧主要考虑污染源对逆风方向的设施污染小，以减少污染危害。

3.1.5 本条对发电机组电源与外电源线路的电气隔离措施及保证发电机组不致因与外电线路并列运行而发生倒送电烧毁事故所作出的规定。

3.1.7 柴油机应符合下列规定：

发动机在运行过程中，司机应经常目视机油压力表，发现不正常时，应立即停机检查，待故障排除后，方可再行启动；否则会造成严重的机械事故。

每日例保时，司机应检查机油尺所示机油量；油量过少会导致机油压力低，发动机因得不到良好润滑而发生机械事故；油量过多会导致串油，发动机冒蓝烟，造成输出功率下降；曲轴箱内机油超出油尺上刻度会导致排气管喷出机油。

发动机的节温器是保持发动机水温的一种装置，当水温达不到 80℃时，节温器关闭；当水温超过 80℃时，节温器打开，发动机水套内的水流向散热器，散热器开始散热，以保持发动机正常运转。

3.1.9 电气系统应符合下列规定：

对柴油发电机组的接地形式所作出了规定，应符合《施工现场临时用电安全技术规范》JGJ 46—2005 的规定，其中，当单台容量超过 100kVA 或使用同一接地装置并联运行且总容量超过 100kVA 的发电机的工作接地电阻值不应大于 4Ω；当单台容量不超过 100kVA 或使用同一接地装置并联运行且总容量不超过 100kVA 的电力变压器或发电机的工作接地电阻值不应大于 10Ω；在土壤电阻率大于 1000Ω·m 的地区，当达到上述接地电阻值有困难时，工作接地电阻值可提高到 30Ω。

核准相序是两个电源向同一供电系统供电的必经手续，相序一致才能确保用电设备的性能和安全，应符合《建筑电气工程施工质量验收规范》GB 50303—2002 的规定。

在供电系统设置电源隔离开关及短路、过载、漏电保护器是为了强调适应施工用电工程的需要，应符合《施工现场临时用电安全技术规范》JGJ 46—2005 的规定。

3.1.10 硬水中含有大量矿物质，在高温作用下会产生水垢，附着于冷却系统的金属表面，堵塞水道，降低散热功能，所以需要作软化处理。

3.2 空气压缩机及附属设备

3.2.2 固定式空气压缩机，在工作中会产生振动和冲击，因此，安装时必须放置平稳、固定良好；移动式空气压缩机为防止电动机绝缘损坏导致人员触电，故采取拖车接地措施。

3.3 低压配电系统

3.3.1 符合《施工现场临时用电安全技术规范》JGJ 46—2005 第 5.1.3 和 5.1.4 条的要求，是保证 TN-S 系统不被改变的补充规定，还应符合现行国家标准《系统接地的型式及安全技术要求》GB 14050—93。

3.3.2 利用大地或动力设备的金属结构体作相线或工作零线时，会使漏电设备的相零回路阻抗增大，短路电流不够大，不能确保漏电设备的保护装置迅速灵敏的动作，增加了触电的危险；使施工现场的漏电保护器无法正常运行，无法实行三级配电两级漏电保护。

3.3.3 如在保护接零的零线上串接熔断器或开关，将使零线失去保护功能，故为提高保护接零的可靠性，防止保护零线断线，确保用电安全而作出的规定。

3.3.4 为了不因某一设备保护地线或保护零线接触不良或断线而使以下所有设备失去保护，故规定只能并联接地，不能串联接地。

3.3.5 根据《施工现场临时用电安全技术规范》JGJ 46—2005 的规定，开关箱应采用“一机、一闸、一漏、一箱”制原则，主要是防止发生误操作事故。

3.3.6 根据《施工现场临时用电安全技术规范》JGJ 46—2005 的要求，对施工现场动力设备及低压配电装置的负荷电缆芯线的选择作出规定；三相用电设备中配置有单相用电器具，如指示灯即为单相用电器具。

3.3.8 配电室（房）应符合下列规定：

应符合“每一接地装置的接地线应采用两根及以上导体，在不同点与接地装置作电气连接”，防止一端断线，另一端仍然可起作用。

本条按照现行国家标准《低压配电设计规范》GB 50054—95 的一般规定，结合施工现场临时用电工程对电源隔离以及短路、过载、漏电保护功能的要求，对总配电箱的电器配置作出综合性规范化规定。其中，用作隔离开关的隔离电器可采用刀型开关、隔离插头，也可采用分断时具有明显可见分断点的断路器如 DZ20 系列透明的塑料外壳式断路器，这种断路器可以兼作隔离开关，不需要另设隔离开关。不可采用分断时无明显可见分断点的断路器兼作隔离开关。

为避免配电室内积水和雨水进入室内，影响设备的正常运行，规定室内地面排水坡度不应小于 0.5%，应符合《建设工程施工现场供用电安全规范》GB 50194—93 的规定。

施工用电受临时性和投资的限制，应根据国家标准《10kV 及以下变电所设计规范》GB 50053—94 的规定，在保证安全的前提下，确定控制室、配电室的耐火等级，并要求配置一定的消防器材。

3.3.9 低压配电系统的配电线路应符合下列规定：

应符合《民用建筑电气设计规范》JGJ 16—2008 关于低压架空线相序排列的规定，以防止相线、工作零线、保护零线混用、错接而造成短路或触电事故；其中，保护零线（PE 线）架设位置应统一规定靠近在最右侧。

保证电杆的埋设深度与采取卡盘等加固措施都是确保电杆性能稳定，防止其倾斜、倒塌，以致影响供电可靠性或发生触电事故；装设变压器的电杆，其埋设深度不宜小于 2m。

由于线路存在着阻抗，所以在负荷电流通过线路时要产生电压损耗，线路末端电压偏移不应大于额定电压的 5%；如超过允许值，则会影响设备的正常启动和运转，应适当加大导线的截面，并校验电压损失，使之满足允许的电压损耗要求。

不应沿地面明设或沿脚手架等敷设，主要是防止电缆受机械损伤而使脚手架等设施带电发生触电事故，并能避免介质腐蚀。

结合施工现场实际情况和特点，考虑到施工现场电缆埋地时间短，负荷容量较小，适当降低了埋设深度（0.70m）而作出的规定。

3.3.10 低压配电系统的接地系统应符合下列规定：

根据《施工现场临时用电安全技术规范》JGJ 46—2005 的要求，结合施工现场实际，规定了施工现场临时用电工程系统接地的基本形式，强调专用的电力系统（专用变压器）应采用 TN-S 接零保护系统，不应采用 TN-C 系统，明确规定 TN-S 系统的形成方式和方法，专用保护零线的引出方式，应符合现行国家标准《系统接地的型式及安全技术要求》GB 14050—93 的规定。

在保护接零系统中，如果个别设备接地未接零，且该设备相线碰壳，则该设备及所有接零设备的外壳都会出现危险电压；尤其是当接地线或接零保护的两个设备距离较近，一个人同时接触这两个设备时，其接触电压可达 220V 的数值，触电危险就更大；因此，在同一供电系统中，不应同时采用接零和接地两种保护方法。

本条是根据现行国家标准《系统接地的型式及安全技术要求》GB 14050—93 规定的原则，对 TN 系统保护零线接地要求作出的规定；其中对 TN 系统保护零线重复接地、接地电阻值的规定是考虑到一旦 PE 线在某处断线，而其后的电气设备相导体与保护导体（或设备外露可导电部分）又发生短路或漏电时，降低保护导体对地电压并保证系统所设的保护电器应在规定时间内切断电源。

应符合《民用建筑电气设计规范》JGJ 16—2008 的规定，其中，用作人工接地体材料的最小规格尺寸为：角钢不应小于 4mm×25mm，钢管壁厚不应小于 3.50mm，圆钢直径不应小于 10mm；不应采用螺纹钢的规定主要是因其难于与土壤紧密接触、接地电阻不稳定之故。

应符合《施工现场临时用电安全技术规范》JGJ 46—2005 的规定，其中综合接地电阻值应满足现行国家标准《塔式起重机安全规程》GB 5144—2006 关于起重机接地电阻不应大于 4Ω 的要求。

3.3.11、3.3.12 低压配电系统的开关箱应符合下列规定：

由于临时用电工程中的漏电保护器主要用于防止人体间接触电危害，应按照《剩余电流动作保护器的一般要求》GB 6829—1995 的要求，所选择的漏电保护器应是高速、高灵敏、电流动作型产品；即设置于开关箱中的漏电保护器，一般场所其额定漏电动作电流不应大于 30mA，潮湿和有腐蚀介质场所其额定漏电动作电流不应大于 15mA，其结构是符合《外壳防护等级（IP 代码）》GB 4208—93 的防溅型电器，而额定漏电动作时间不应大于 0.1s。

根据《施工现场临时用电安全技术规范》JGJ 46—2005 的规定，考虑到便于操作维修，防止地面杂物、溅水危害，应适应施工现场作业环境，对开关箱的装设高度作出规定。

4 土方及筑路机械

4.1 一般规定

4.1.1 主要工作性能是指：

——推土机：最大牵引力；

——挖掘机：挖掘能力；

——光轮压路机：工作质量；

——轮胎驱动振动压路机：激振力；

——轮胎压路机：工作质量；

——平地机：最大牵引力；

——轮胎式装载机：额定载重量；

——稳定土拌和机：拌和宽度、最大拌深；

——沥青混凝土摊铺机：摊铺宽度、摊铺厚度；

——沥青混凝土搅拌设备：额定生产能力。

机械在使用中其主要工作性能应达到使用说明书中规定的技术参数。

4.1.4 使用黏度不适宜、不洁、乳化的液压油，会导致液压元件磨损加速，提前老化，密封不良；故制定本条规定以保证液压系统应能实现准确、灵敏、平稳的传递液压效果。

4.1.10 风扇皮带松、油冷却器堵塞、内泄过大及齿轮泵的过度磨损造成循环流量不足等都是液力变矩器产生过热的原因，当发现有上述故障之一时应予以排除才能保证传递动力平稳有效。

齿轮磨损过度、变速杆及前进倒退杆定位装置弹簧弹力不足，调整不当，是造成变速器跳档的主要原因；轴承、齿轮、花键轴磨损过度，伞齿间隙不当，润滑油不足或过稀，会造成变速器异响；当发生上述现象时，应停机检查，排除故障后再开机。

4.1.11 系统内设防止过载和冲击的的装置，为了使液压系统运转平稳，在变量泵油路系统中，安全阀的调定压力不应大于系统额定工作压力的110%；在定量泵油路系统中，安全阀调定压力不应大于系统额定工作压力。

各类阀的压力设定应符合原生产厂规定，使用中因磨损过度或异物卡住等原因将会造成系统压力过低或过高、工作滞缓及无动作、爆管及损坏密封件等故障；阀的压力如需调整，应由专业技术人员使用专用工具进行。

4.1.14 本条文的规定包含：轮胎驱动振动压路机、轮胎压路机、轮胎式装载机、稳定土拌和机、履带式沥青混凝土摊铺机等机械。

4.2 推 土 机

4.2.6 刀角、刀片磨损过度，机械工作效率下降，严重时将使基板磨损，无法安装新刀角、刀片，造成基板报废；使用中应注意检查，防止刀角、刀片磨损超限。

4.2.7 制动衬片磨损后，导致制动踏板行程加大，此时，应按使用说明书规定对制动带与制动毂之间的标准间隙进行调整；以保证两侧制动灵活性一致，两踏板的行程应相同。

各类闭锁装置的作用是防止误操作时起保险作用。

4.3 履带式单斗液压挖掘机

4.3.3 本条应符合《液压挖掘机技术条件》GB/T 9139.2 的规定；液压泵及油缸内泄严重、安全阀压力过低、液压油油量不足、油箱滤油器堵塞等是造成液压缸活塞杆下降量过大的主要原因，其后果将造成挖掘机工作装置动作速度缓慢，液压缸提升负载困难，生产效率下降；当发现上述故障时，操作者一般不宜自行排除，应由专业人员或厂家维修。

4.4 光轮压路机

4.4.2 当发现主离合器分离不彻底、传递动力失效时，应查明是否有下列情况：主离合器压板与摩擦片表面有油污；压板与摩擦片接触不均匀；摩擦片过度磨损；压板弹簧弹力不足及离合器摩擦面未全面接触等。

4.8 轮胎式装载机

4.8.5 装载机在使用过程中，经常会出现制动力不足现象，其主要原因有制动器衬块磨损过度或有油污、气压过低、助力器皮碗磨损、制动阀的排气阀漏气、进气阀进气迟缓、制动液压管漏油、制动液压管路中有空气、刹车油油量不足、制动总泵进油孔堵塞等；操作人员应能辨别具体原因，及时排除故障，消除安全隐患。

4.9 稳定土拌和机

4.9.4 工作装置主要由转子和罩壳组成；转子旋转不平稳，有抖动现象或转子轴变形等，将加剧机件磨损，造成机械损坏，同时降低刀具切屑土壤的工作效率。罩壳和转子形成拌和间，被切屑抛掷的土壤与罩壳碰撞落地后由后续刀具二次破碎，为保证机械工作效率，防止拌和间的土壤被甩出，要求罩壳完好，不应破损、开裂等。

4.10 履带式沥青混凝土摊铺机

4.10.1 由于沥青混凝土的出料温度高达约170℃，摊铺机始终处在较高的环境温度下作业，故摊铺机一般较多地选用风冷发动机，以保证其工作可靠性。

4.10.8 摊铺机的主要工作装置是熨平装置；熨平装置由刮料板、振捣梁、熨平板、拱度调整机构、厚度调整机构、牵引臂、加热系统等组成；振捣梁、熨平板工作面不平整，影响沥青混凝土铺层的密实度及表面平整度，且会在表面产生拖痕；摊铺厚度值及拱度值调整不准确，则达不到施工要求；因此机操人员应使熨平装置处于完好状态。

4.11 沥青混凝土搅拌设备

4.11.3 干燥滚筒的倾角达到所要求的角度时，可保证设备产生最大热效率和最大生产率；设备经过一段时间的运转，其倾角会发生一定的变化，应定期检查，及时调整。

燃烧器工作过程中燃烧油与空气的比率应匹配合理；如供气量过大或供油不足，则出料温度不够；如供油量过大或供气不足，则燃烧火焰发红，除尘烟囱冒黑烟；故操作者应视情况经常调整供油量和供气量，使其配比合理。

5 桩工机械

5.1 一般规定

5.1.1 施工前，技术人员应根据设计要求按桩工机械的额定技术性能合理选择桩工机械。超负荷或任意扩大使用范围，对桩工机械易造成损坏，同时易发生设备安全事故。

5.1.2 操作人员和指挥人员经专业培训持证上岗，是延长机械使用寿命，保证使用安全的基本要求。

5.1.3 桩工机械选用的材料及标准件应是合格产品，技术参数应符合要求，才能保证桩工机械的安全运行。

5.1.7 桩工机械配置的各类安全保护装置齐全完好、灵敏可靠是保证机械安全运行的首要条件，随意调整或拆除安全保护装置的行为，本身就是安全事故隐患。

5.1.8 漏电保护器应安装在电源隔离开关的负载侧，总配电箱内漏电保护器的额定漏电动作应大于30mA，额定漏电动作时间应大于0.1s，但其额定漏电动作电流与额定漏电动作时间的乘积不应大于30mA·s；开关箱内安装的漏电保护器一般场所其额定漏电动作电流应不大于30mA，潮湿和有腐蚀介质场所其额定漏电动作电流不应大于15mA，额定漏电动作时间不应大于0.1s。

5.1.10 本条规定是为了保证桩机的自身安全。

5.2 履带式打桩架（三支点式）

5.2.2 对立柱导向管磨损量和导向管与抱板配合间隙作出规定，一是保证落锤的垂直度，在跳动中不严重晃动；二是确保工作装置不从桩架上分离坠落而造成事故。因此，当配合间隙超过规定时应及时更换抱板（或导向管）。

5.2.4 当发动机工作性能下降时，蓄能器应能及时发挥作用，保证机械的安全运行。

5.2.12 关闭电磁阀制动开关，桩锤应停止在任何高度；操作者应经常检查其可靠性，以防止操作失误引起桩锤坠落事故。

5.3 步履式打桩架

5.3.1 电动卷扬机是步履式打桩机的动力源，电机运转应正常，各部件应齐全完整，机架安装应牢固，才能保证施工安全。

5.4 静力压桩机

5.4.3 压桩机的配重排列整齐有序是为了保证压桩机稳定，如安装不稳固，会使承载配重的构件因受力不均匀而变形。

5.5 转盘钻孔机

5.5.1 钻杆弯曲、钻架的吊重中心、转盘的卡孔、护筒管中心不在同一直线上，钻进时，将导致孔径偏心，造成质量事故；钻杆弯曲时应予以调直或更换，吊重中心、卡孔、护筒管不在同一中心线时应予以调整，以保证成孔质量。

5.5.3 本条规定是为了防止桩机移动时失稳，造成桩机倾翻事故而制定。

5.7 筒式柴油打桩锤

5.7.1 整机应符合下列规定：

为预防在强烈振冲过程中部件脱落，造成意外事故，故要求附属部件连接牢固；

良好的润滑才能保证柴油打桩锤在高温下正常工作，且可防止其非正常磨损，延长锤的使用寿命；

为防止水冷式柴油打桩锤缺水干烧，应经常检查其水量；

为使柴油打桩锤在施打过程中不至于产生过热、提前燃烧现象，风冷式柴油打桩锤应保持良好的散热性能；

活塞环半圆挡环产生过度磨损，会造成上下漏气使能量过度损失，影响锤的爆发能量；导向环磨损严重，会使锤芯在跳动中晃动，使上缸体非正常磨损；阻挡环磨损严重，有可能使锤芯跳出缸体外造成事故；故要求各种环磨损量超过规定时应及时更换。

5.7.2 缸体应符合下列规定：

柴油打桩锤在施打过程中产生剧烈的振动，为使缸体不致损坏，使用者应按本规定执行。

5.7.3 燃油系统应符合下列规定：

当桩尖底部出现不明物体或其他特殊情况时，拉动控制绳，柴油锤应能紧急停止跳动，保证不发生意外事故。

5.7.5 起落架应符合下列规定：

本条是为了防止连接螺栓等从高空坠落，造成人身伤害事故。

5.8 振动桩锤

5.8.1 主要工作性能是指振动桩锤的激振力。

5.8.2 工作机构应符合下列规定：

振动器是振动桩锤的核心部件而且高速转动，振动箱内有响声或轴承过热意味着机件出现了故障，应停机检查。待查明原因，排除故障后方可再行启动；

润滑油对振动器在高速运转中产生的高热具有润滑和散热作用，因此，应经常检查振动箱内的油量，不足时应及时添加，以保证振动打桩锤工作正常；

皮带盘出现裂纹、缺损时，会因搅断三角胶带或造成飞盘事故，伤及人身安全。因此，应经常检查其完好性；如有裂纹或缺损时应予以更换；设置防护罩是防止出现上述意外情况时起安全防护作用，如检查中发现有变形或破损时应及时修复或更换；

隔振弹簧具有保护振动锤及其振动力有效传递的功能，如有塑性变形或裂纹时将丧失上述功效，应及时更换。

6 起重机械与垂直运输机械

6.1 一 般 规 定

6.1.2 本条规定是起重机必备的，否则不能使用；利用限位装置或限位器代替停车等动作，将造成失误而发生事故。

6.1.3 本条是《施工现场临时用电安全技术规范》JGJ 46—2005 所要求的，如达不到这条规定要求，应采取绝缘隔离防护措施，并应悬挂醒目的警告标志。

6.1.4 本条是依据《起重设备吊钩防脱棘爪的设计要求》JG/T 89—1999 的规定，所以塔式起重机在更换吊钩时应符合表 1 的要求。

表 1 吊钩防脱棘爪应能承受的力

钩 号	最大起重量 (t)	力 (N)	凸座尺寸（mm）		
			A	F	r'_3
006	0.32	200	37.5	11.2	4.0
010	0.50	250	42.5	12.5	4.5
012	0.63	280	45	13.2	4.7
020	1.00	360	50	15	5.3
025	1.25	400	53	16	5.6
04	2.00	500	60	18	6.3
05	2.50	630	63	19	6.7
08	4.00	1000	71	21.2	7.5
1	5.00	1250	75	22.4	8
1.6	8.00	2000	90	26.5	9.5
2.5	12.50	3150	112	33.5	11.5
4	20.00	5000	140	42.5	15
5	25.00	5600	160	47.5	17

6.1.5 本条是依据《塔式起重机安全规程》GB 5144—2006 和《起重机械安全规程》GB 6067—85 的规定对起重机主要零部件所提出的要求。

6.1.8 钢丝绳使用应符合下列规定：

规定起重机使用的钢丝绳必须有制造厂签发的产品技术性能和质量证明文件，是为了确保安全使用；

本条规定是依据《起重机械钢丝绳检验和报废实用规范》GB 5972—2006 而定。

6.1.9 油料及水应符合下列规定：

发动机使用硬水（井水）或不洁水会造成散热器、发动机水套、水管内大量结垢，影响发动机散热效果，导致发动机过热；

未使用防冻液的发动机，每日工作完毕后务必放净缸体、油冷却器和水箱里的水，以免发生冻缸事故。

6.1.15 高度越高，风载越大，这条是针对高塔而言的。

6.1.17 本条是根据《起重机械安全规程》GB 6067—85 对起重机械主要结构件做出的规定，如超过规定，就应该报废。

6.1.20 主要工作性能是指起重量（最大起重量、臂端起重量）、工作幅度、起重力矩、起升高度、工作速度等。

6.1.22 《特种设备安全监察条例》国务院令第 373 号中规定的施工起重机“是指用于垂直升降或者垂直升降并水平移动重物的机电设备，其范围规定为额定起重量大于或等于 0.5t 的升降机；额定起重量大于或等于 1t，且提升高度大于或者等于 2m 的起重机和承重形式固定的电动葫芦等”；

关于对起重机械检测规定是依据《建设工程安全生产管理条例》国务院令第 393 号中第 35 条的规定而定的。

6.1.23 起重机械的作业人员必须掌握所操作的起重机械的基本知识和安全作业要点才能保证安全生产。

6.2 履带式起重机

6.2.1 主要工作性能是指起重机的起重能力，即：在起重机处于基本臂最小工作幅度工况时，起重机的起吊能力应达到该机的最大额定起重量；在起重机处于最长主臂最大工作幅度工况时，起重机的起吊能力应达到该工况下额定起重量。

6.2.9 规定设置后倾装置是为了防止起重臂最大仰角超过规定限度发生后倾而造成重大事故。

6.4 汽车式起重机

6.4.2 这条规定是为了保证汽车式起重机在各种工况下的整机稳定性。

6.5 塔式起重机

6.5.1 本条规定了保证塔式起重机回转时不应碰到其他建筑物。

6.5.2 建筑工地群塔作业较多，这条规定主要是防止在群塔作业时塔机互相碰撞。

6.5.3 为了防止大风时，塔身迎风阻力加大而发生事故。

6.5.5 本条规定是为了增加稳定性，防止大风时起重机倾翻。

6.5.7 测量垂直度时，经纬仪应放置在与起重臂平行和垂直的两个位置，测量两个方向垂直度；《塔式起重机操作使用规程》ZBJ 80012 中第 6.3.3 条规定："附着后最高附着点以下塔身轴线垂直度偏差不应大于相应高度的 2/10000……"，我们已向长沙所有关专家询问，称原稿 2/10000 是笔误，实际要求是 2/1000。

6.5.20、6.5.21 这两项装置是塔式起重机最关键的两项安全防护装置；力矩限制器失灵时，会导致超载而酿成重大事故；起升高度限位器失灵时，会导致折臂或重物坠落事故；因此，使用者应经常检查，使其符合本条的规定。

6.6 施工升降机

6.6.15 防坠安全器是安全运行的关键机构，应能保证吊笼出现不正常超速运行时及时动作，将吊笼制停；安全器的有效标定期不应超过两年。

6.6.16 安全钩的作用是防止吊笼脱离导轨架或安全器输出端齿轮脱离齿条；

限位开关是起保护作用而不是制停开关，限位开关不应当停层开关使用，否则会造成误动作。

6.7 电动卷扬机

6.7.4 钢丝绳应垂直于卷筒轴心，其出绳偏角 α：自然排绳，$\alpha \leqslant 1°30'$；排绳器排绳，$\alpha \leqslant 2°$；同时，第一个导向滑轮与卷筒距离：光卷筒不应小于卷筒长度的 20 倍；有槽卷筒不应小于卷筒长度的 15 倍。

6.8 桅杆式起重机

6.8.6 桅杆式起重机缆风绳与地面的夹角关系到起重机的稳定性，夹角小，缆风绳受力小，起重机稳定性好。

6.9 物料提升机

6.9.2 倒顺开关触点易被烧坏，有时还会误动作而发生事故；因此，作出本条强制性规定。

6.9.4 本条是对物料提升机基础制作提出的要求；只有基础符合规定，才能保证架体稳定。

6.9.9 本条规定是为了保证进（出）料人员的安全。

6.11 高处作业吊篮

6.11.1 吊篮靠配重起平衡作用。配重一般装在楼顶，如其数量缺少，则会带来不平衡，容易发生事故，所以配重数量应符合规定；因配重为块状形，容易散失，为了防盗，配重块应锁死，且每次作业前应对配重进行检查。

6.11.4 当吊篮工作绳断裂或工作平台发生倾斜时，安全锁应自动锁住钢丝绳，它是吊篮最主要的安全保护装置。

6.12 附着整体升降脚手架

6.12.3 升降脚手架防倾装置是防止整片架体发生倾翻的安全装置；防坠落装置是避免连墙或提升装置失效而造成架体坠落的安全装置，因此必须安全可靠。

提升设备不同步会造成提升设备载荷值出现差异进而导致架体变形解体，故本条不但要求架体升降同步，同时要求控荷系统必须安全可靠；当提升设备载荷值出现差异时，应能超载报警。

7 混凝土机械

7.1 一 般 规 定

7.1.1 本条规定应严格按照说明书规定的要求制作设备基础。

7.1.2 本条要求混凝土机械的临时用电应符合《施工现场临时用电安全技术规范》JGJ 46—2005 的要求。认真执行规范中体现的三项基本安全技术原则：①采用三级配电系统；②采用 TN—S 接零保护系统；③采用漏电保护系统；是保障用电安全，防止触电和电气火灾事故的重要技术措施。

7.1.3 本条规定对混凝土机械在生产过程中产生的噪声、粉尘、尾气、污水、固体废弃物应采取措施予以控制，以减少环境污染和干扰居民的正常生活，做到保护环境，保障人民身体健康。

7.1.4 额定指标是指混凝土机械说明书规定的性能指标，如：混凝土搅拌机生产能力、搅拌站生产能力、固定泵泵送能力、汽车泵泵送能力、喷射机组喷射能力、混凝土搅拌运输车运送能力。

7.1.7 对混凝土机械电源引线的敷设和电缆线的选择都提出了要求，目的是为了合理配置供电电缆，以避免因电缆配置过小造成线路超载过热，导致绝缘损坏引发电线火灾事故，或因电压过低造成电机无法启动和烧毁的故障；因此，要求供电电缆线的敷设和选配应满足所用设备的需求，才能保证设备安全运行。

同时，本条规定混凝土机械设备的所有供、配电箱和箱内的电器连接线应符合现行国家标准《用电安全导则》GB/T 13869—2008 规定，便于识别和维修，以防止因连接错误而导致触电事故的发生。

7.2 混凝土搅拌站（楼）

7.2.1 对采用爬升式上料方式的搅拌机，其轨道上安全锁销和料斗上的安全挂钩是搅拌机中途停机、检修、清理机坑时必须采用的安全保护设施，应确保齐全、完好，以避免发生料斗坠落，造成对人员的伤害；上料斗滚轮磨损超过规定，若不及时更换，将会使卸料门碰擦轨道横梁，自动开启，引发机械事故，因此，应及时更换；传动齿轮磨损将导致机械噪声增大，严重时会导致机械故障，造成碎齿，因此，应适时调整，及时更换。

7.2.2 本条规定是保证搅拌机正常运行和混凝土的和易性而制定。

7.2.5 本条要求搅拌站（楼）应具有粉尘回收装置和对生产废料采用专用设备进行分离回收，目的是防范和避免对周边环境造成污染，对人民健康造成危害。

7.2.7 搅拌站的防护设施是指：皮带运输机侧面的检修楼梯，砂、石落料槽、平台防护栏杆、传送皮带的防护罩等，它是保证操作人员工作和检修时所必须具备的防护设施，应确保其齐全、完好，以避免发生人员坠落和落石伤人事故。

设备接地和防雷装置应设置有效，当绝缘损坏或遭雷击时，电流经接地网传入大地，不会对人体造成危害。

7.3 混凝土搅拌机

7.3.8 搅拌机设置的安全挂钩和插销，是设备停机检修、清理机坑时的有效安全防护装置，应确保其齐全、完好；上、下限位是控制上料斗有效卸料和接料的保护装置，若失灵，将会引起料斗提升机无限制提升，导致钢丝绳被绞断，发生料斗坠落伤人事故。

7.4 混凝土喷射机组

7.4.5 本条要求混凝土输送胶管应完好，因为输送管如存在破损或管壁磨损超限的隐患，将会造成输送管破裂，导致高压的混凝土从输送管喷出，对人体造成伤害事故。

7.6 混凝土输送泵车（汽车泵）

7.6.4 本条是为了保证泵车工作时的稳定性。

8 焊接机械

8.1 一般规定

8.1.2 长期停用的电焊机如绕组受潮、绝缘损坏，电焊机外壳将会漏电；在外壳缺乏良好的保护接地或接零时，人体碰及将会发生触电事故；因此，长期停用后重新启用的焊机应检查其绝缘性能。

8.1.3 本条规定是为了防止触电。

8.1.5 焊接青铜、铅等有色金属时，会产生一些氧化物、烟尘等有毒物质，影响工人健康；因此，应有排烟、通风装置和防毒面罩。

8.1.9 交流电焊机除在开关箱内装设一次侧漏电保护器以外，还应在二次侧装设漏电保护器，是为了防止电焊机二次空载电压可能对人体构成的触电伤害；当前施工现场普遍使用JZ型弧焊机漏电保护器，它可以兼作一次和二次侧的漏电保护。

8.2 交流电焊机

8.2.2 本条规定是为了防止在焊接过程中产生强烈的噪声以及因铁芯随焊机的振动而移动，使焊接时电流忽大忽小。

8.3 直流电焊机

8.3.2 刷盒位置调整不当，将导致电刷与换向器接触不良，使换向器发热或烧灼。

8.5 钢筋对焊机

8.5.2 由于超载过热及冷却水路堵塞，造成停供，使冷却作用失效等，有可能造成一次线圈的绝缘破坏。

8.5.3 对焊机的主要危险是触电，这种事故主要是变压器的一次线圈绝缘损坏时发生的；因此，应有良好的保护接地。

8.6 竖向钢筋电渣压力焊机

8.6.1、**8.6.2**、**8.6.4** 三条规定是为了保证焊接质量。

8.7 埋弧焊机

8.7.2 埋弧焊机在操作盘上一般都是安全电压，但在控制箱上有380V或220V电源，所以焊接要有安全接地线；盖好控制箱的外壳和接线板上的罩壳是为了防止导线扭转及被熔渣烧坏。

8.8 二氧化碳气体保护焊机

8.8.1 焊枪水冷却系统漏水将破坏绝缘，发生触电事故。

8.9 气焊（割）设备

8.9.5 当压缩氧气与矿物油、油脂或细微分散的可燃粉尘等接触时，由于剧烈的氧化升温、炽热而发生自燃，构成火灾或爆炸；乙炔与铜等金属长期接触时能生成乙炔铜等爆炸物质，所以，凡是供乙炔用的器具、管接头不能用含铜量70%以上的铜合金制造。

8.9.7 减压器是保证氧气瓶安全作用的安全装置；当氧气瓶因高温等原因导致瓶内气体膨胀、压力增高，此时，减压阀将自动开启，释放出瓶内膨胀气体，降低瓶内压力，以防止氧气瓶爆炸。

9 钢筋加工机械

9.4 钢筋弯曲机

9.4.2 芯轴、挡铁轴、转盘等不应有裂纹和损伤，是防止在工作时受力后破裂飞出击伤作业人员；如发现上述部件有裂纹及损伤时应予以更换。

9.7 钢筋冷拔机

9.7.2 冷却、通风应良好，否则，冷拔时产生的高温会使钢筋与模具粘结。

9.8 钢筋套筒冷挤压连接机

9.8.1 超高压油管的弯曲半径如果小于250mm，其耐压力将迅速下降；同时，液体流向发生突然变化时，液压系统液压能量损失也明显加大。

9.9 钢筋直（锥）螺纹成型机

9.9.5 液压系统出现异常冲击、振动、爬行、窜动、噪声和超温超压，是由多方面原因造成的，检查的方法一是平稳操纵换向阀使变速缓慢；二是检查液压系统中是否混入空气；三是检查液压油黏度是否适宜；四是检查液压系统原件配置是否合理，安装是否正确，参数调整是否适当。确认故障后应及时排除。

10 木工机械及其他机械

10.4 木工带锯机（木工跑车带锯机）

10.4.4 上下锯轮的平行度、垂直度及径向跳动超过设计要求，会导致锯条随锯轮转动前后移动或运行中突然掉条，使锯出的木料弯曲、偏楞等；操作者应经常注意调整锯轮的平行度和垂直度，并消除径向跳动。

11 装修机械

11.2 灰浆搅拌机

11.2.3 搅拌叶片与搅拌筒壁间的间隙宜调整至3～5mm，过大会出料不净；过小会造成搅拌卡阻，使搅拌轴、搅拌叶片弯曲、变形。

11.5 水磨石机

11.5.2 磨石如有裂纹，在使用中受高转速离心力影响，会导致磨石飞出磨盘，造成伤人事故；如发现磨石有裂纹时，应立即更换。

12 掘进机械

12.1 一般规定

12.1.2 在瓦斯隧道，设有防护措施是指洞内车辆、机械、工作和电力、照明、通信以及电压超过1.2V，电流超过0.1A，能量超过20μJ，功率超过25mW的电器设备，仪器、仪表均应采取防爆型和有关作业的防爆措施；这些措施包括：机械设备和工具应使用防爆型，禁止电火花与冲击、摩擦火花的出现；应按有关矿井保护接地装置的安装、检查与测定工作细则执行；36V以上的和由于绝缘损坏可能带有危险电压的电气设备的金属外壳、构架等，应有保护接地。

在缺乏高原型电器设备的情况下，非高原电器在高海拔地区使用时，对于电压在35kV及以下的电力变压器、开关、互感器等电气设备，可按下列原则选用：

1 在海拔2000m以下，按一般情况选用（即可不考虑高海拔的影响）；

2 当海拔高度在2000～4000m内时，可按提高一级绝缘水平选用。

12.1.3 根据周围岩土条件选择适宜的刀盘形式、推进系统、土压或泥水平衡系统等设备。

12.1.4 整机应满足下列规定：

凿岩台车工作性能主要包括以下内容：

——盾构：盾构内外径、推进速度；

——冲击功率：推进行程、驱动功率。

12.1.6 对开挖面、组装机、各种机械的操作部位、注浆处、皮带输送机等直接作业的照明需确保安全作业的充足照明度，最低照明度宜在70lx以上。作为通道使用的区段，为确保作业人员行走安全和轨道车辆的行驶安全，也应进行必要的照明，最暗处需保证在20lx左右；有的照明根据隧道断面大小而定，一般多采用40W的荧光灯，配置间距宜为5～8m。

12.2 土压平衡盾构机、泥水加压盾构机

12.2.2 对于每个回路，在导电部分与大地之间所进行的绝缘电阻试验值，可参考日本《隧道标准规范（盾构篇）及解说》中的数值，若试验值在表2所示值以上，则为合格。

表2 绝缘电阻值

电路工作电压分类		绝缘电阻值
300V以下	对地电压150V以下	0.1MΩ
	其他场合	0.2MΩ
300V以上		0.4MΩ

12.2.3 盾构钢结构的变形可参考日本《隧道标准规

范（盾构篇）及解说》中关于制造时的真圆度（表3）及盾构本体轴间的弯曲允许误差（表4）。

表3 真圆度允许误差

盾构直径	内径误差（mm）	
	最小	最大
<2m	0	+8
2～4m	0	+10
4～6m	0	+22
6～8m	0	+16
8～10m	0	+20
10～12m	0	+24

表4 盾构本体轴间的弯曲允许误差

盾构全长	弯曲误差（mm）
<3m	±5.0
3～4m	±6.0
4～5m	±7.5
5～6m	±9.0
6～7m	±12.0
>7m	±15.0

中华人民共和国行业标准

镇(乡)村建筑抗震技术规程

Seismic technical specification for building construction in town and village

JGJ 161—2008
J 798—2008

批准部门：中华人民共和国住房和城乡建设部
施行日期：2 0 0 8 年 1 0 月 1 日

中华人民共和国住房和城乡建设部
公　　告

第49号

关于发布行业标准《镇（乡）村建筑抗震技术规程》的公告

现批准《镇(乡)村建筑抗震技术规程》为行业标准，编号为JGJ 161—2008，自2008年10月1日起实施。其中，第1.0.4、1.0.5条为强制性条文，必须严格执行。

本规程由我部标准定额研究所组织中国建筑工业出版社出版发行。

中华人民共和国住房和城乡建设部

2008年6月13日

前　　言

根据建设部《关于印发〈二〇〇四年度工程建设城建、建工行业标准制订、修订计划〉的通知》（建标［2004］66号）的要求，编制组经过广泛调查研究，认真总结近些年国内村镇建筑的抗震经验和专题试验研究，采纳新的科研成果，考虑我国农村当前的经济状况，并在广泛征求意见的基础上，制定了本规程。

本规程的主要技术内容是：1. 总则；2. 术语、符号；3. 抗震基本要求；4. 场地、地基和基础；5. 砌体结构房屋；6. 木结构房屋；7. 生土结构房屋；8. 石结构房屋；9. 附录。

本规程以黑体字标志的条文为强制性条文，必须严格执行。

本规程由住房和城乡建设部负责管理和对强制性条文的解释，由主编单位负责具体技术内容的解释。

本规程主编单位：中国建筑科学研究院（地址：北京北三环东路30号，邮政编码：100013）

本规程参加单位：北京工业大学
长安大学
福建省抗震防灾技术中心
广州大学
昆明理工大学
河北工业大学
云南大学
山东建工学院
辽宁省建设科学研究院

本规程主要起草人：葛学礼　王毅红　张小云
苏经宇　周　云　朱立新
潘　文　池家祥　窦远明
缪　升　傅传国　王敏权

目　次

1　总则 ………………………………… 2—16—4
2　术语、符号……………………………… 2—16—4
2.1　术语………………………………… 2—16—4
2.2　符号………………………………… 2—16—4
3　抗震基本要求 ………………………… 2—16—5
3.1　建筑设计和结构体系……………… 2—16—5
3.2　整体性连接和抗震构造措施……… 2—16—5
3.3　结构材料和施工要求……………… 2—16—5
4　场地、地基和基础 …………………… 2—16—6
4.1　场地………………………………… 2—16—6
4.2　地基和基础………………………… 2—16—6
5　砌体结构房屋 ………………………… 2—16—8
5.1　一般规定…………………………… 2—16—8
5.2　抗震构造措施……………………… 2—16—9
5.3　施工要求 ………………………… 2—16—10
6　木结构房屋 ………………………… 2—16—11
6.1　一般规定 ………………………… 2—16—11
6.2　抗震构造措施 …………………… 2—16—12
6.3　施工要求 ………………………… 2—16—15
7　生土结构房屋 ……………………… 2—16—15
7.1　一般规定 ………………………… 2—16—15
7.2　抗震构造措施 …………………… 2—16—16
7.3　施工要求 ………………………… 2—16—18
8　石结构房屋 ………………………… 2—16—18
8.1　一般规定 ………………………… 2—16—18
8.2　抗震构造措施 …………………… 2—16—19
8.3　施工要求 ………………………… 2—16—21
附录A　墙体截面抗震受剪极限承载力验算方法……………… 2—16—21
A.1　水平地震作用标准值计算 ……… 2—16—21
A.2　墙体截面抗震受剪极限承载力验算 ……………………… 2—16—22
附录B　砌体结构房屋抗震横墙间距(L)和房屋宽度(B)限值 …………………………… 2—16—23
附录C　木结构房屋抗震横墙间距(L)和房屋宽度(B)限值 …………………………… 2—16—73
附录D　生土结构房屋抗震横墙间距(L)和房屋宽度(B)限值 …………………………… 2—16—90
附录E　石结构房屋抗震横墙间距(L)和房屋宽度(B)限值 …………………………… 2—16—92
附录F　过梁计算 …………………… 2—16—101
附录G　砂浆配合比 ………………… 2—16—102
附录H　砂浆、砖、混凝土的强度等级与标号对应关系 …………………… 2—16—103
本规程用词说明 ……………………… 2—16—104
附：条文说明 ………………………… 2—16—105

1 总　　则

1.0.1 为贯彻执行《中华人民共和国建筑法》和《中华人民共和国防震减灾法》并实行以预防为主的方针，减轻地震破坏，减少人员伤亡及经济损失，制定本规程。

1.0.2 本规程适用于抗震设防烈度为6、7、8和9度地区镇（乡）村（以下简称村镇）建筑的抗震设计与施工。

村镇建筑系指乡镇与农村中层数为一、二层，采用木或冷轧带肋钢筋预应力圆孔板楼（屋）盖的一般民用房屋。对于村镇中三层及以上的房屋，或采用钢筋混凝土圈梁、构造柱和楼（屋）盖的房屋，应按现行国家标准《建筑抗震设计规范》GB 50011进行设计。

1.0.3 按本规程进行抗震设防的建筑，其设防目标是：当遭受低于本地区抗震设防烈度的多遇地震影响时，一般不需修理可继续使用；当遭受相当于本地区抗震设防烈度的地震影响时，主体结构不致严重破坏，围护结构不发生大面积倒塌。

1.0.4 抗震设防烈度为6度及以上地区的村镇建筑，必须采取抗震措施。

1.0.5 抗震设防烈度必须按国家规定的权限审批、颁发的文件（图件）确定。

1.0.6 一般情况下，抗震设防烈度可采用中国地震动参数区划图的地震基本烈度；已编制抗震防灾规划的村镇，可按批准的抗震设防烈度进行抗震设防。

1.0.7 村镇建筑的抗震设计与施工，除应符合本规程要求外，尚应符合国家现行有关标准的规定。

2 术语、符号

2.1 术　　语

2.1.1 抗震设防烈度　seismic fortification intensity

按国家规定的权限批准作为一个地区抗震设防依据的地震烈度。

注：本规程中为避免重复，“抗震设防烈度为6度、7度……”，一般简写为“6度、7度……”，而省略“抗震设防烈度”字样。

2.1.2 地震作用　earthquake action

由地震动引起的结构动态作用，包括水平地震作用和竖向地震作用。

2.1.3 抗震措施　seismic fortification measures

除地震作用计算和抗力计算以外的抗震设计内容，包括抗震构造措施。

2.1.4 抗震构造措施　details of seismic design

根据抗震概念设计原则，一般不需要计算而对结构和非结构各部分必须采取的各种细部要求。

2.1.5 场地　site

工程群体所在地，具有相似的工程地质条件。其范围大体相当于自然村或不小于$1km^2$的平面面积。

2.1.6 砌体结构房屋　masonry structure

由砖或砌块和砂浆砌筑而成的墙、柱作为主要承重构件的房屋。砖包括烧结普通砖、烧结多孔砖、蒸压灰砂砖和蒸压粉煤灰砖等，砌块指混凝土小型空心砌块。主要包括实心砖墙、多孔砖墙、蒸压砖墙、小砌块墙和空斗砖墙等砌体承重房屋。

2.1.7 木结构房屋　timber structure

由木柱作为主要承重构件，生土墙（土坯墙或夯土墙）、砌体墙和石墙作为围护墙的房屋。主要包括穿斗木构架、木柱木屋架、木柱木梁房屋。

2.1.8 生土结构房屋　raw soil structure

由生土墙（土坯墙或夯土墙）作为主要承重构件的木楼（屋）盖房屋。主要指土坯墙和夯土墙承重房屋。

2.1.9 石结构房屋　stone structure

由石砌体作为主要承重构件的房屋。主要指料石和平毛石砌体承重房屋。

2.1.10 结构体系　structural system

房屋承受竖向和水平荷载的构件及其相互连接形式的总称。

2.1.11 结构单元　structural cell

能够独立地承受竖向和水平荷载的房屋单元，通常由伸缩缝、沉降缝相隔离。

2.1.12 木构造柱　wood constructional column

为加强结构整体性和提高墙体的抗倒塌能力，在房屋墙体的规定部位设置的木柱。

2.1.13 配筋砖圈梁　reinforced brick ring beam

为加强结构整体性和提高墙体的抗倒塌能力，在承重墙体的底部或顶部，在两皮或多皮砖砌筑砂浆中配置水平钢筋所构成的水平约束构件。

2.1.14 配筋砂浆带　reinforced mortar band

为加强结构整体性和提高墙体的抗倒塌能力，在承重墙体沿竖向的中部设置50～60mm厚的水平砂浆带，砂浆带中配置通长水平钢筋。

2.1.15 抗震墙　seismic structural wall

主要用以抵抗地震水平作用的墙体。

2.1.16 水平系杆　horizontal rigid tie bar

沿房屋纵向在跨中屋檐高度处设置的联系杆件，通常采用木杆或角钢制作。

2.2 符　　号

2.2.1 作用和作用效应

F_{Ekb}——基本烈度地震作用下的结构总水平地震作用标准值；

V_b——基本烈度地震作用下墙体剪力标

准值。

2.2.2 材料性能和抗力

$f_{v,m}$——非抗震设计的砌体抗剪强度平均值；

f_2——生土墙砌筑泥浆的抗压强度平均值；

MU——砌块（砖）的强度等级；

M——砌筑砂浆的强度等级；

Cb——混凝土小型空心砌块灌孔混凝土的强度等级；

Mb——混凝土小型空心砌块砌筑砂浆的强度等级。

2.2.3 几何参数

B——房屋总宽度或矩形木柱宽度；

b——基础底面宽度或矩形构件截面宽度或门窗洞口宽度；

D——圆形截面木柱直径；

D'——圆形截面木柱开榫一端直径；

d——钢筋直径或圆形截面木构件直径；

h——矩形构件截面高度；

h_w——过梁上墙体高度；

L——抗震横墙间距；

l_n——过梁净跨度；

t——墙体厚度。

2.2.4 计算系数

α_{maxb}——基本烈度地震作用下的水平地震影响系数最大值；

γ_{bE}——极限承载力抗震调整系数；

ξ_N——砌体抗震抗剪强度的正应力影响系数。

3 抗震基本要求

3.1 建筑设计和结构体系

3.1.1 房屋体形应简单、规整，平面不宜局部突出或凹进，立面不宜高度不等。

3.1.2 房屋的结构体系应符合下列要求：

1 纵横墙的布置宜均匀对称，在平面内宜对齐，沿竖向应上下连续；在同一轴线上，窗间墙的宽度宜均匀；

2 抗震墙层高的1/2处门窗洞口所占的水平横截面面积：对承重横墙，不应大于总截面面积的25%；对承重纵墙，不应大于总截面面积的50%；

3 烟道、风道和垃圾道不应削弱承重墙体；当承重墙体被削弱时，应对墙体采取加强措施；

4 二层房屋的楼层不应错层，楼梯间不宜设在房屋的尽端和转角处，且不宜设置悬挑楼梯；

5 不应采用无锚固的钢筋混凝土预制挑檐；

6 木屋架不得采用无下弦的人字屋架或无下弦的拱形屋架。

3.1.3 同一房屋不应采用木柱与砖柱、木柱与石柱混合的承重结构；也不应在同一高度采用砖（砌块）墙、石墙、土坯墙、夯土墙等不同材料墙体混合的承重结构。

3.2 整体性连接和抗震构造措施

3.2.1 楼（屋）盖构件的支承长度不应小于表3.2.1的规定。

表3.2.1 楼（屋）盖构件的最小支承长度（mm）

构件名称	预应力圆孔板		木屋架、木梁	对接木龙骨、木檩条		搭接木龙骨、木檩条
位置	墙上	混凝土梁上	墙上	屋架上	墙上	屋架上、墙上
支承长度与连接方式	80(板端钢筋连接并灌缝)	60(板端钢筋连接并灌缝)	240(木垫板)	60(木夹板与螺栓)	120(砂浆垫层、木夹板与螺栓)	满搭

3.2.2 木屋架、木梁在外墙上的支承部位应符合下列要求：

1 搁置在砖（砌块）墙和石墙上的木屋架或木梁下应设置木垫板或混凝土垫块，木垫板的长度和厚度分别不宜小于500mm、60mm，宽度不宜小于240mm或墙厚；

2 搁置在生土墙上的木屋架或木梁在外墙上的支承长度不应小于370mm，且宜满搭，支承处应设置木垫板；木垫板的长度、宽度和厚度分别不宜小于500mm、370mm和60mm；

3 木垫板下应铺设砂浆垫层；木垫板与木屋架、木梁之间应采用铁钉或扒钉连接。

3.2.3 突出屋面无锚固的烟囱、女儿墙等易倒塌构件的出屋面高度，8度及8度以下时不应大于500mm；9度时不应大于400mm。当超出时，应采取拉结措施。

注：坡屋面上的烟囱高度由烟囱的根部上沿算起。

3.2.4 横墙和内纵墙上的洞口宽度不宜大于1.5m；外纵墙上的洞口宽度不宜大于1.8m或开间尺寸的一半。

3.2.5 门窗洞口过梁的支承长度，6～8度时不应小于240mm，9度时不应小于360mm。

3.2.6 墙体门窗洞口的侧面应均匀分布预埋木砖，门洞每侧宜埋置3块，窗洞每侧宜埋置2块，门窗框应采用圆钉与预埋木砖钉牢。

3.2.7 当采用冷摊瓦屋面时，底瓦的弧边两角应设置钉孔，可采用铁钉与椽条钉牢；盖瓦与底瓦宜采用石灰或水泥砂浆压垄等做法与底瓦粘结牢固。

3.2.8 当采用硬山搁檩屋盖时，山尖墙墙顶处应采用砂浆顺坡塞实找平。

3.2.9 屋檐外挑梁上不得砌筑砌体。

3.3 结构材料和施工要求

3.3.1 结构材料性能指标应符合下列要求：

1 砖及砌块的强度等级：烧结普通砖、烧结多孔砖、混凝土小型空心砌块不应低于 MU7.5；蒸压灰砂砖、蒸压粉煤灰砖不应低于 MU15；

2 砌筑砂浆强度等级：烧结普通砖、烧结多孔砖、料石和平毛石砌体不应低于 M1；混凝土小型空心砌块不应低于 Mb5；蒸压灰砂砖、蒸压粉煤灰砖不应低于 M2.5；

3 钢筋宜采用 HPB235（Ⅰ级）和 HRB335（Ⅱ级）热轧钢筋；

4 铁件、扒钉等连接件宜采用 Q235 钢材；

5 木构件应选用干燥、纹理直、节疤少、无腐朽的木材；

6 生土墙体土料应选用杂质少的黏性土；

7 石材应质地坚实，无风化、剥落和裂纹；

8 混凝土小型空心砌块孔洞的灌注，应采用专用灌孔混凝土，强度等级不应低于 Cb20；

9 混凝土构件的强度等级不应低于 C20；

10 不同强度等级砂浆的配合比可按附录 G 进行配制。

3.3.2 施工除应符合各章要求外，还应符合以下要求：

1 HPB235（光圆）钢筋端头应设置 180°弯钩；

2 外露铁件应做防锈处理；

3 嵌在墙内的木柱宜采取防腐措施；木柱伸入基础内部分必须采取防腐和防潮措施；

4 配筋砖圈梁和配筋砂浆带中的钢筋应完全包裹在砂浆中，不得露筋；砂浆层应密实；

5 设有纵横墙连接钢筋的灰缝处，勾缝砂浆强度等级不应低于 M5，并应抹压密实。

4 场地、地基和基础

4.1 场 地

4.1.1 选择建筑场地时，应按表 4.1.1 的规定划分对建筑抗震有利、不利和危险的地段。

表 4.1.1 对建筑抗震有利、不利和危险地段的划分

地段类型	地质、地形、地貌
有利地段	稳定基岩，坚硬土，开阔、平坦、密实、均匀的中硬土等
不利地段	软弱土，液化土，条状突出的山嘴，高耸孤立的山丘，非岩质的陡坡，河岸和边坡的边缘，平面分布上成因、岩性、状态明显不均匀的土层（如故河道、疏松的断层破碎带、暗埋的塘浜沟谷和半填半挖地基）等
危险地段	地震时可能发生滑坡、崩塌、地陷、地裂、泥石流等及发震断裂带上可能发生地表错位的部位

4.1.2 建筑场地宜选择对建筑抗震有利的地段，宜避开不利地段；当无法避开时，应采取有效措施；不应在危险地段建造房屋。

4.2 地基和基础

4.2.1 地基和基础应符合下列要求：

1 同一结构单元的基础不宜设置在性质明显不同的地基土上；

2 同一结构单元不宜采用不同类型的基础；

3 当同一结构单元基础底面不在同一标高时，应按 1：2 的台阶逐步放坡；

4 基础材料可采用砖、石、灰土或三合土等；砖基础应采用实心砖砌筑，对灰土或三合土应夯实。

4.2.2 当地基有淤泥、可液化土或严重不均匀土层时，应采取垫层换填方法进行处理；换填材料和垫层厚度、处理宽度应符合下列要求：

1 垫层换填可选用砂石、黏性土、灰土或质地坚硬的工业废渣等材料，并应分层夯实；

2 换填材料砂石级配应良好，黏性土中有机物含量不得超过 5%；灰土体积配合比宜为 2：8 或 3：7，灰土宜用新鲜的消石灰，颗粒粒径不得大于 5mm；

3 垫层的底面宜至老土层，垫层厚度不宜大于 3m；

4 垫层在基础底面以外的处理宽度：垫层底面每边应超过垫层厚度的 1/2 且不小于基础宽度的1/5；垫层顶面宽度可从垫层底面两侧向上，按基坑开挖期间保持边坡稳定的当地经验放坡确定，垫层顶面每边超出基础底边不宜小于 300mm。

4.2.3 当地基土为湿陷性黄土或膨胀土时，宜分别按现行国家标准《湿陷性黄土地区建筑规范》GB 50025 或《膨胀土地区建筑技术规范》GBJ 112 中的有关规定处理。

4.2.4 基础的埋置深度应符合下列规定：

1 除岩石地基外，基础埋置深度不宜小于 500mm；

2 当为季节性冻土时，宜埋置在冻深以下或采取其他防冻措施；

3 基础宜埋置在地下水位以上；当地下水位较高，基础不能埋置在地下水位以上时，宜将基础底面设置在最低地下水位 200mm 以下，施工时尚应考虑基坑排水。

4.2.5 石砌基础应符合下列要求（图 4.2.5）：

1 基础放脚及刚性角要求：

1）石砌基础的高度应符合下式要求：

$$H_0 \geqslant (b-b_1)/3 \quad (4.2.5\text{-}1)$$

式中 H_0——基础的高度；

b——基础底面的宽度；

b_1——墙体的厚度。

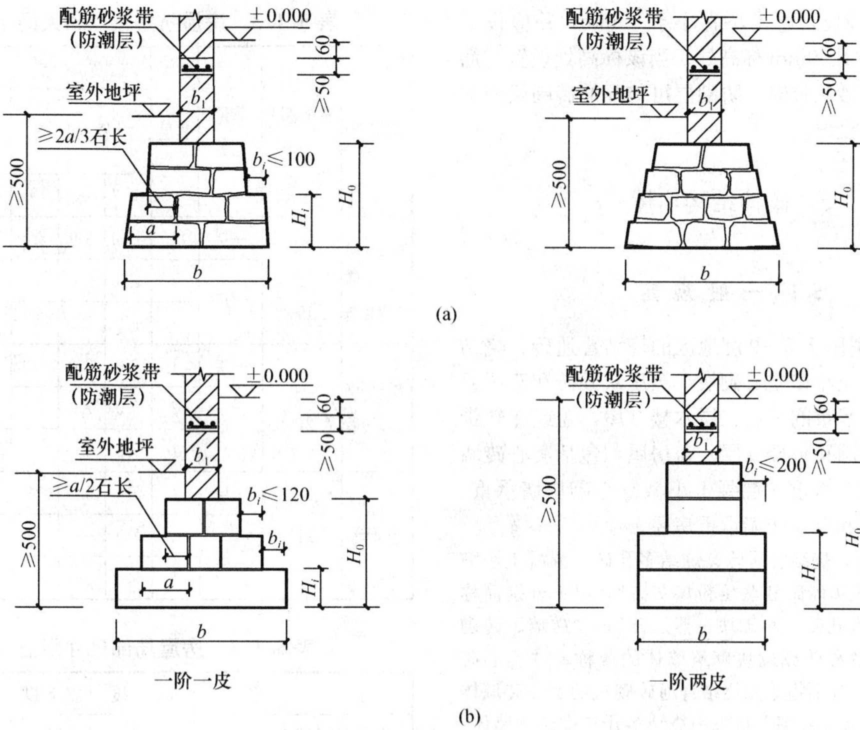

图 4.2.5 平毛石、毛料石基础做法

(a) 平毛石基础；(b) 毛料石基础

2）阶梯形石基础的每阶放出宽度，平毛石不宜大于 100mm，每阶不应少于两层。当毛料石采用一阶两皮时，宽度不宜大于 200mm；采用一阶一皮时，宽度不宜大于 120mm。基础阶梯应满足下式要求：

$$H_i/b_i \geqslant 1.5 \qquad (4.2.5\text{-}2)$$

式中 H_i——基础阶梯的高度；

b_i——基础阶梯收进宽度。

2 平毛石基础砌体的第一皮块石应坐浆，并将大面朝下；阶梯形平毛石基础，上阶平毛石压砌下阶平毛石长度不应小于下阶平毛石长度的 2/3；相邻阶梯的毛石应相互错缝搭砌；

3 料石基础砌体的第一皮应坐浆丁砌；阶梯形料石基础，上阶石块与下阶石块搭接长度不应小于下阶石块长度的 1/2；

4 当采用卵石砌筑基础时，应将其凿开使用。

4.2.6 实心砖或灰土（三合土）基础应符合下列要求(图 4.2.6)：

1 砌筑基础的材料不应低于上部墙体的砂浆和砖的强度等级。砂浆强度等级不应低于 M2.5；

2 灰土（三合土）基础厚度不宜小于 300mm，宽度不宜小于 700mm。

4.2.7 当上部墙体为生土墙时，基础砖（石）墙砌筑高度应取室外地坪以上 500mm 和室内地面以上 200mm 中的较大者。

4.2.8 基础的防潮层宜采用 1：2.5 的水泥砂浆内掺

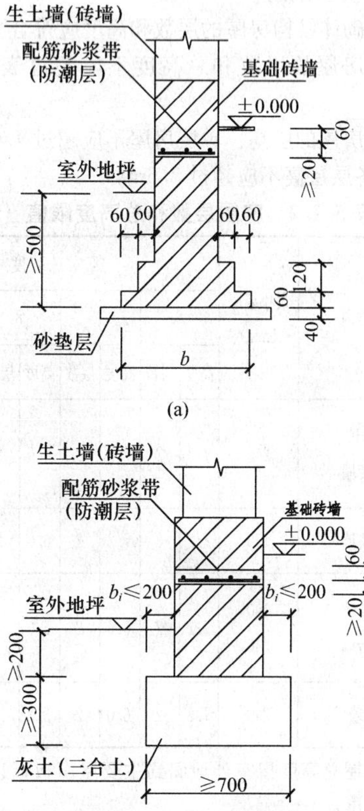

图 4.2.6 砖、灰土基础做法

(a) 砖基础；(b) 灰土（三合土）基础

5%的防水剂铺设，厚度不宜小于 20mm，并应设置在室内地面以下 60mm 标高处；当该标高处设置配筋砖圈梁或配筋砂浆带时，防潮层可与配筋砖圈梁或配筋砂浆带合并设置。

5　砌体结构房屋

5.1　一 般 规 定

5.1.1　本章适用于 6～9 度地区的烧结普通砖、烧结多孔砖、混凝土小型空心砌块、蒸压灰砂砖和蒸压粉煤灰砖等砌体承重的一、二层木楼（屋）盖或冷轧带肋钢筋预应力圆孔板楼（屋）盖房屋，包括实心砖墙承重、多孔砖墙承重、混凝土小型空心砌块墙承重、蒸压砖墙承重和空斗砖墙承重房屋。

注：本章中“烧结普通砖、烧结多孔砖、混凝土小型空心砌块、蒸压灰砂砖和蒸压粉煤灰砖”，以下分别简称为“普通砖、多孔砖、小砌块、蒸压砖”；“砖墙、砖砌体”泛指上述各种砖或砌块砌筑墙体的统称；“实心砖墙”、“空斗墙”分别指采用烧结普通砖砌筑的实心砖墙体和空斗墙体；“多孔砖墙”指采用烧结多孔砖砌筑的墙体；“小砌块墙”指采用混凝土小型空心砌块砌筑的墙体，小砌块的规格应为 390mm×190mm×190mm，孔洞率不应大于 35%；“蒸压砖墙”指采用蒸压灰砂砖或蒸压粉煤灰砖砌筑的实心墙体。

5.1.2　砌体结构房屋的层数和高度应符合下列要求：

1　房屋的层数和总高度不应超过表 5.1.2 的规定；

2　房屋的层高：单层房屋不应超过 4.0m；两层房屋其各层层高不应超过 3.6m。

表 5.1.2　房屋层数和总高度限值（m）

墙体类别	最小墙厚（mm）	烈度 6		7		8		9	
		高度	层数	高度	层数	高度	层数	高度	层数
实心砖墙、多孔砖墙	240	7.2	2	7.2	2	6.6	2	3.3	1
小砌块墙	190	7.2	2	7.2	2	6.6	2	3.3	1
多孔砖墙 蒸压砖墙	190 240	7.2	2	6.6	2	6.0	2	3.0	1
空斗墙	240	7.2	2	6.0	2	3.3	1	—	—

注：房屋总高度指室外地面到主要屋面板板顶或檐口的高度。

5.1.3　房屋抗震横墙间距不应超过表 5.1.3 的要求。

5.1.4　砌体结构房屋的局部尺寸限值宜符合表 5.1.4 的要求。

表 5.1.3　房屋抗震横墙最大间距（m）

墙体类别	最小墙厚（mm）	房屋层数	楼层	烈度 木楼（屋）盖 6、7	8	9	预应力圆孔板楼(屋)盖 6、7	8	9
实心砖墙 多孔砖墙 小砌块墙	240 240 190	一层	1	11.0	9.0	5.0	15.0	12.0	6.0
		二层	2	11.0	9.0	—	15.0	12.0	—
			1	9.0	7.0	—	11.0	9.0	—
多孔砖墙 蒸压砖墙	190 240	一层	1	9.0	7.0	5.0	11.0	9.0	6.0
		二层	2	9.0	7.0	—	11.0	9.0	—
			1	7.0	5.0	—	9.0	7.0	—
空斗墙	240	一层	1	7.0	5.0	—	9.0	7.0	—
		二层	2	7.0	—	—	9.0	—	—
			1	5.0	—	—	7.0	—	—

表 5.1.4　房屋局部尺寸限值（m）

部　　位	6、7 度	8 度	9 度
承重窗间墙最小宽度	0.8	1.0	1.3
承重外墙尽端至门窗洞边的最小距离	0.8	1.0	1.3
非承重外墙尽端至门窗洞边的最小距离	0.8	0.8	1.0
内墙阳角至门窗洞边的最小距离	0.8	1.2	1.8

5.1.5　砌体结构房屋的结构体系应符合下列要求：

1　应优先采用横墙承重或纵横墙共同承重的结构体系；

2　当为 8、9 度时不应采用硬山搁檩屋盖。

5.1.6　砌体结构房屋应在下列部位设置配筋砖圈梁：

1　所有纵横墙的基础顶部、每层楼（屋）盖（墙顶）标高处；

2　当 8 度为空斗墙房屋和 9 度时尚应在层高的中部设置一道。

5.1.7　木楼（屋）盖砌体结构房屋应在下列部位采取拉结措施：

1　两端开间和中间隔开间的屋架间或硬山搁檩屋盖的山尖墙之间应设置竖向剪刀撑；

2　山墙、山尖墙应采用墙揽与木屋架或檩条拉结；

3　内隔墙墙顶应与梁或屋架下弦拉结。

5.1.8　承重(抗震)墙厚度：实心砖墙、蒸压砖墙不应小于 240mm；多孔砖墙不应小于 190mm；小砌块墙不应小于 190mm；空斗墙不应小于 240mm。

5.1.9　当屋架或梁的跨度大于或等于下列数值时，

支承处宜加设壁柱，或采取其他加强措施：

1　240mm 以上厚实心砖墙、蒸压砖墙、多孔砖墙为 6m；190mm 厚多孔砖墙为 4.8m；

2　190mm 厚小砌块墙为 4.8m；

3　240mm 厚空斗墙为 4.8m。

5.1.10　砌体结构房屋的抗震设计计算可按本规程附录 A 的方法进行，也可按本规程附录 B 确定抗震横墙间距（L）和房屋宽度（B）。

5.2　抗震构造措施

5.2.1　配筋砖圈梁的构造应符合下列要求：

1　砂浆强度等级：6、7 度时不应低于 M5，8、9 度时不应低于 M7.5；

2　配筋砖圈梁砂浆层的厚度不宜小于 30mm；

3　配筋砖圈梁的纵向钢筋配置不应低于表 5.2.1 的要求；

表 5.2.1　配筋砖圈梁最小纵向配筋

墙体厚度 t（mm）	6、7 度	8 度	9 度
≤240	2ϕ6	2ϕ6	2ϕ6
370	2ϕ6	2ϕ6	3ϕ8
490	2ϕ6	3ϕ6	3ϕ8

4　配筋砖圈梁交接（转角）处的钢筋应搭接（图 5.2.1）；

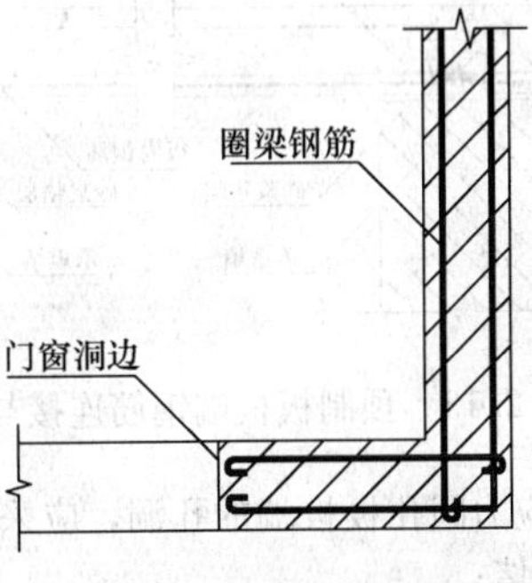

图 5.2.1　配筋砖圈梁在洞口边、转角处钢筋搭接做法

5　当采用小砌块墙体时，在配筋砖圈梁高度处应卧砌不少于两皮普通砖。

5.2.2　纵横墙交接处的连接应符合下列要求：

1　7 度时空斗墙房屋、其他房屋中长度大于 7.2m 的大房间，及 8 度和 9 度时，外墙转角及纵横墙交接处，应沿墙高每隔 750mm 设置 2ϕ6 拉结钢筋或 ϕ4@200 拉结铁丝网片，拉结钢筋或网片每边伸入墙内的长度不宜小于 750mm 或伸至门窗洞边（图 5.2.2-1、图 5.2.2-2）；

2　突出屋顶的楼梯间的纵横墙交接处，应沿墙高每隔 750mm 设 2ϕ6 拉结钢筋，且每边伸入墙内的长度不宜小于 750mm（图 5.2.2-1、图 5.2.2-2）。

5.2.3　8、9 度时，顶层楼梯间的横墙和外墙，宜沿

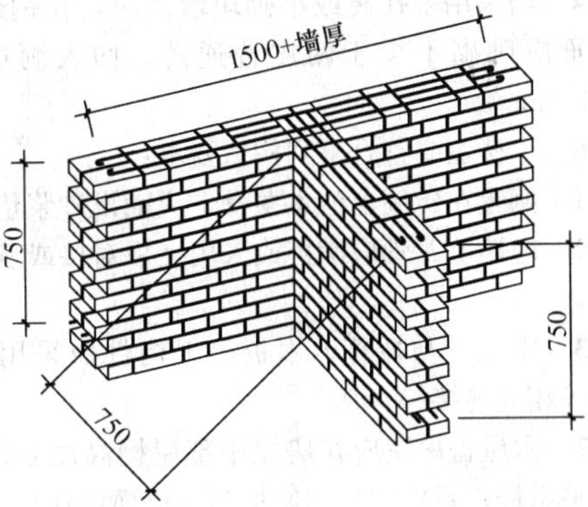

图 5.2.2-1　纵横墙交接处拉结（T 形墙）

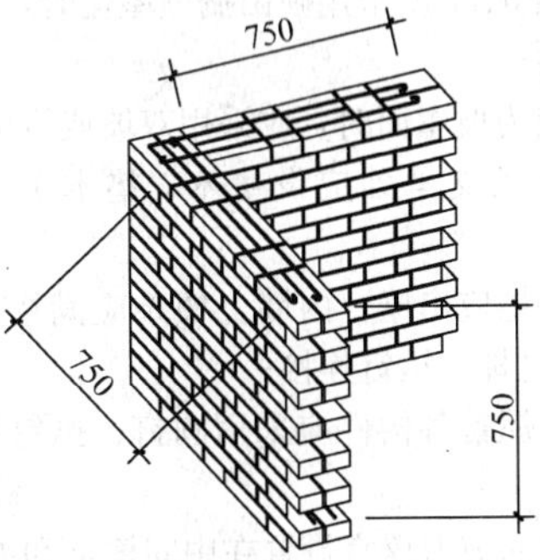

图 5.2.2-2　纵横墙交接处拉结（L 形墙）

墙高每隔 750mm 设置 2ϕ6 通长钢筋。

5.2.4　后砌非承重隔墙应沿墙高每隔 750mm 设置 2ϕ6 拉结钢筋或 ϕ4@200 铁丝网片与承重墙拉结，拉结钢筋或铁丝网片每边伸入墙内的长度不宜小于 500mm；长度大于 5m 的后砌隔墙，墙顶应与梁、楼板或檩条连接，连接做法应符合本规程第 6 章的有关规定。

5.2.5　钢筋混凝土楼（屋）盖房屋，门窗洞口宜采用钢筋混凝土过梁；木楼（屋）盖房屋，门窗洞口可采用钢筋混凝土过梁或钢筋砖过梁。当门窗洞口采用钢筋砖过梁时，钢筋砖过梁的构造应符合下列规定：

1　钢筋砖过梁底面砂浆层中的纵向钢筋配筋量不应低于表 5.2.5 的要求，也可按附录 F 的方法计算确定；钢筋直径不应小于 6mm，间距不宜大于 100mm；钢筋伸入支座砌体内的长度不宜小于 240mm；

2　钢筋砖过梁底面砂浆层的厚度不宜小于 30mm，砂浆层的强度等级不应低于 M5；

3　钢筋砖过梁截面高度内的砌筑砂浆强度等级不宜低于 M5；

表 5.2.5　钢筋砖过梁底面砂浆层最小配筋

过梁上墙体高度 h_w（m）	门窗洞口宽度 b（m）	
	$b\leqslant1.5$	$1.5<b\leqslant1.8$
$h_w\geqslant b/3$	3ϕ6	3ϕ6
$0.3<h_w<b/3$	4ϕ6	3ϕ8

4　当采用多孔砖或小砌块墙体时，在钢筋砖过梁底面应卧砌不少于两皮普通砖，伸入洞边不小于240mm。

5.2.6　木楼盖应符合下列构造要求：

1　搁置在砖墙上的木龙骨下应铺设砂浆垫层；

2　内墙上龙骨应满搭或采用夹板对接或燕尾榫、扒钉连接；

3　木龙骨与搁栅、木板等木构件应采用圆钉、扒钉等相互连接。

5.2.7　木屋盖房屋应在房屋中部屋檐高度处设置纵向水平系杆，系杆应采用墙揽与各道横墙连接或与屋架下弦杆钉牢。

5.2.8　当6、7度采用硬山搁檩屋盖时，应符合下列构造要求：

1　当为坡屋面时，应采用双坡或拱形屋面；

2　檩条支承处应设垫木，垫木下应铺设砂浆垫层；

3　端檩应出檐，内墙上檩条应满搭或采用夹板对接或燕尾榫、扒钉连接；

4　木屋盖各构件应采用圆钉、扒钉或铁丝等相互连接；

5　竖向剪刀撑宜设置在中间檩条和中间系杆处；剪刀撑与檩条、系杆之间及剪刀撑中部宜采用螺栓连接；剪刀撑两端与檩条、系杆应顶紧不留空隙（图5.2.8）；

6　木檩条宜采用8号铁丝与配筋砖圈梁中的预埋件拉结。

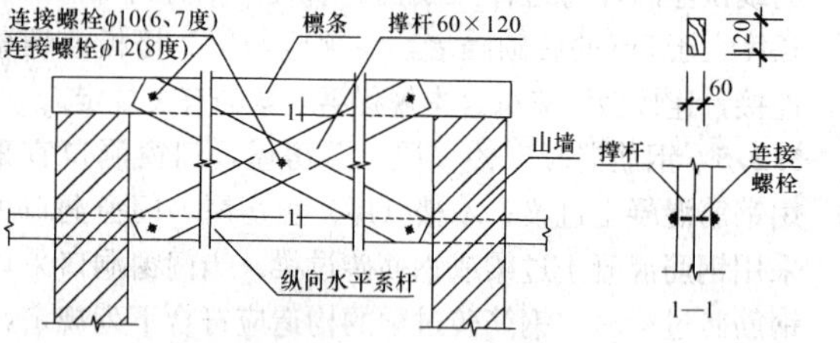

图5.2.8　硬山搁檩屋盖山尖墙竖向剪刀撑

5.2.9　当采用木屋架屋盖时，应符合下列构造要求：

1　木屋架上檩条应满搭或采用夹板对接或燕尾榫、扒钉连接；

2　屋架上弦檩条搁置处应设置檩托，檩条与屋架应采用扒钉或铁丝等相互连接；

3　檩条与其上面的椽子或木望板应采用圆钉、铁丝等相互连接；

4　竖向剪刀撑的构造做法应符合本规程第6.2.10条的规定。

5.2.10　空斗墙体的下列部位，应卧砌成实心砖墙：

1　转角处和纵横墙交接处距墙体中心线不小于300mm宽度范围内墙体；

2　室内地面以上不少于三皮砖、室外地面以上不少于十皮砖标高处以下部分墙体；

3　楼板、龙骨和檩条等支承部位以下通长卧砌四皮砖；

4　屋架或大梁支承处沿全高，且宽度不小于490mm范围内的墙体；

5　壁柱或洞口两侧240mm宽度范围内；

6　屋檐或山墙压顶下通长卧砌两皮砖；

7　配筋砖圈梁处通长卧砌两皮砖。

5.2.11　小砌块墙体的下列部位，应采用不低于Cb20灌孔混凝土，沿墙全高将孔洞灌实作为芯柱：

1　转角处和纵横墙交接处距墙体中心线不小于300mm宽度范围内墙体；

2　屋架、大梁的支承处墙体，灌实宽度不应小于500mm；

3　壁柱或洞口两侧不小于300mm宽度范围内。

5.2.12　小砌块房屋的芯柱竖向插筋不应小于$\phi 12$，并应贯通墙身；芯柱与墙体配筋砖圈梁交叉部位局部采用现浇混凝土，在灌孔时应同时浇筑，芯柱的混凝土和插筋、配筋砖圈梁的水平配筋应连续通过。

5.2.13　预应力圆孔板楼（屋）盖的整体性连接及构造，应符合下列要求：

1　支承在墙或混凝土梁上的预应力圆孔板，板端钢筋应搭接，并应在板端缝隙中设置直径不小于$\phi 8$的拉结钢筋与板端钢筋焊接（图5.2.13）；

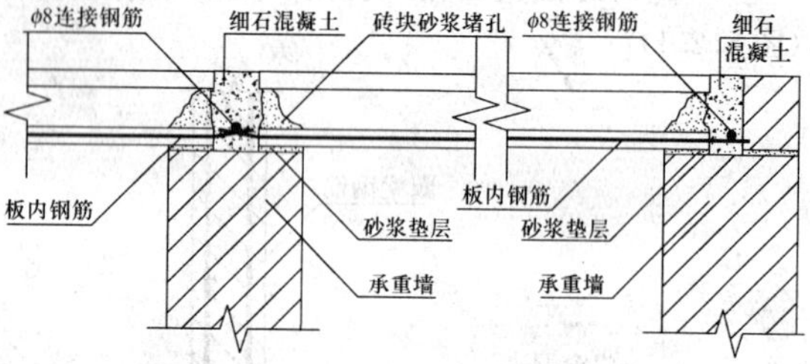

图5.2.13　预制板板端钢筋连接与锚固

2　预应力圆孔板板端的孔洞，应采用砖块与砂浆等材料封堵；

3　预应力圆孔板支承处应有坐浆；板端缝隙应采用不低于C20的细石混凝土浇筑密实；板上应有水泥砂浆面层。

5.2.14　钢筋混凝土梁下应设置混凝土或钢筋混凝土垫块。

5.2.15　木屋架各构件之间的连接应符合本规程第6章的有关规定。

5.2.16　山墙、山尖墙墙揽的设置与构造应符合本规程第6章的有关规定。

5.3　施工要求

5.3.1　砖砌体施工应符合下列要求：

1　砌筑前，砖或砌块应提前1～2d浇水润湿；

2　砖砌体的灰缝应横平竖直，厚薄均匀；水平灰缝的厚度宜为10mm，不应小于8mm，也不应大于

12mm；水平灰缝砂浆应饱满，竖向灰缝不得出现透明缝、瞎缝和假缝；

3 砖砌体应上下错缝，内外搭砌；砖柱不得采用包心砌法（图5.3.1）；

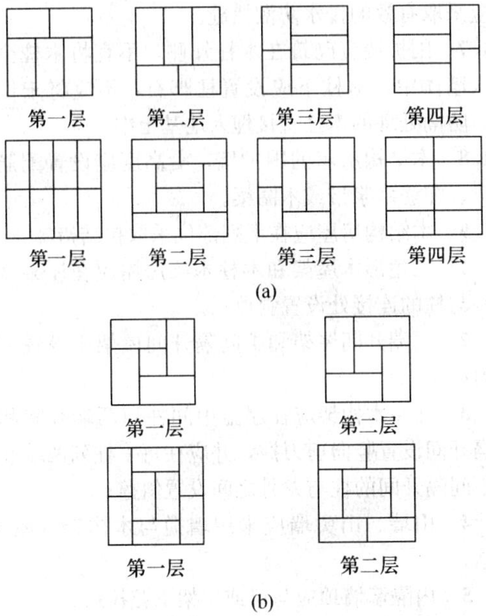

图5.3.1 砖柱的砌筑方法

(a) 正确的砌筑方法；(b) 不正确的包心砌法

4 砖砌体在转角和内外墙交接处应同时砌筑；对不能同时砌筑而又需留置的临时间断处，应砌成斜槎，斜槎的水平长度不应小于高度的2/3；严禁砌成直槎；

5 砌筑钢筋砖过梁时，应设置砂浆层底模板和临时支撑；钢筋砖过梁的钢筋应埋入砂浆层中，过梁端部钢筋伸入支座内的长度应符合本规程第3.2.5条的要求，并设90°弯钩埋入墙体的竖缝中，竖缝应用砂浆填塞密实；

6 小砌块墙纵横墙交接处拉结筋的端部应设置90°弯钩，弯钩应向下伸入小砌块的孔中，并应用砂浆等材料将孔洞填塞密实；

7 埋入砖砌体中的拉结筋，应位置准确、平直，其外露部分在施工中不得任意弯折；设有拉结筋的水平灰缝应密实，不得露筋；

8 砖砌体每日砌筑高度不宜超过1.5m。

5.3.2 空斗墙体施工除应满足本规程第5.3.1条的有关要求外，尚应符合下列要求：

1 空斗墙体沿高度应采用一眠一斗的砌筑形式，设置配筋砖圈梁和纵横墙拉结钢筋处应采用两眠砌筑，沿水平方向每隔一块斗砖应砌一至二块丁砖，墙面不得有竖向通缝；

2 空斗墙体应采用整砖砌筑，不够整砖处应加丁砖，不得砍凿斗砖；

3 空斗墙体不应采用非水泥砂浆砌筑；

4 空斗墙体中的洞口，必须在砌筑时预留，严禁砌完后再进行砍凿；

5 空斗墙体与实心砌体的竖向连接处，应相互搭砌。

6 木结构房屋

6.1 一般规定

6.1.1 本章适用于6～9度地区的木结构承重房屋，包括穿斗木构架、木柱木屋架、木柱木梁承重，砖（小砌块）围护墙、生土围护墙和石围护墙木楼（屋）盖房屋。

6.1.2 木结构房屋的层数和高度应符合下列要求：

1 房屋的层数和总高度不应超过表6.1.2的规定；

2 房屋的层高：单层房屋不应超过4.0m；两层房屋其各层层高不应超过3.6m。

表6.1.2 房屋层数和总高度限值（m）

结构类型	围护墙种类（墙厚mm）		烈度							
			6		7		8		9	
			高度	层数	高度	层数	高度	层数	高度	层数
穿斗木构架和木柱木屋架	砖墙	实心砖（240） 多孔砖（240）	7.2	2	7.2	2	6.6	2	3.3	1
		小砌块（190）	7.2	2	7.2	2	6.6	2	3.3	1
		多孔砖（190） 蒸压砖（240）	7.2	2	6.6	2	6.0	2	3.0	1
		空斗墙（240）	7.2	2	6.0	2	3.3	1	—	—
	生土墙（≥250）		6.0	2	4.0	1	3.3	1	—	—
	石墙	细料石（240）	7.0	2	7.0	2	6.0	2	—	—
		粗料石（240）	7.0	2	6.6	2	3.6	1	—	—
		平毛石（400）	4.0	1	3.6	1	—	—	—	—
木柱木梁	砖墙	实心砖（240） 多孔砖（240）	4.0	1	4.0	1	3.6	1	3.3	1
		小砌块（190）	4.0	1	4.0	1	3.6	1	3.3	1
		多孔砖（190） 蒸压砖（240）	4.0	1	4.0	1	3.6	1	3.0	1
		空斗墙（240）	4.0	1	3.6	1	3.3	1	—	—
	生土墙（≥250）		4.0	1	4.0	1	3.3	1	—	—
	石墙	细料石（240）	4.0	1	4.0	1	3.6	1	—	—
		粗料石（240）	4.0	1	4.0	1	3.6	1	—	—
		平毛石（400）	4.0	1	3.6	1	—	—	—	—

注：1 房屋总高度指室外地面到主要屋面板板顶或檐口的高度；

2 坡屋面应算到山尖墙的1/2高度处。

6.1.3 房屋抗震横墙间距不应超过表6.1.3的要求。

表 6.1.3　房屋抗震横墙最大间距（m）

结构类型	围护墙种类（最小墙厚 mm）		房屋层数	楼层	烈度 6	烈度 7	烈度 8	烈度 9
穿斗木构架和木柱木屋架	砖墙	实心砖（240）多孔砖（240）	一层	1	11.0	9.0	7.0	5.0
			二层	2	11.0	9.0	7.0	—
				1	9.0	7.0	6.0	—
		小砌块墙（190）	一层	1	11.0	9.0	7.0	5.0
			二层	2	11.0	9.0	7.0	—
				1	9.0	7.0	6.0	—
		多孔砖（190）蒸压砖（240）	一层	1	9.0	7.0	6.0	—
			二层	2	9.0	7.0	6.0	—
				1	7.0	6.0	5.0	—
		空斗墙（240）	一层	1	7.0	6.0	5.0	—
			二层	2	7.0	6.0	—	—
				1	5.0	4.2	—	—
	生土墙（250）		一层	1	6.0	4.5	3.3	—
			二层	2	6.0	—	—	—
				1	4.5	—	—	—
	石墙	细、半细料石（240）	一层	1	11.0	9.0	6.0	—
			二层	2	11.0	9.0	6.0	—
				1	7.0	6.0	5.0	—
		粗料、毛料石（240）	一层	1	11.0	9.0	6.0	—
			二层	2	11.0	9.0	—	—
				1	7.0	6.0	—	—
		平毛石（400）	一层	1	11.0	9.0	6.0	—
木柱木梁	砖墙	实心砖（240）多孔砖（240）	一层	1	11.0	9.0	7.0	5.0
		小砌块（190）	一层	1	11.0	9.0	7.0	5.0
		多孔砖（190）蒸压砖（240）	一层	1	9.0	7.0	6.0	5.0
		空斗墙（240）	一层	1	7.0	6.0	5.0	—
	生土墙（250）		一层	1	6.0	4.5	3.3	—
	石墙（240、400）		一层	1	11.0	9.0	6.0	—

注：400mm 厚平毛石房屋仅限 6、7 度。

6.1.4　木结构房屋围护墙的局部尺寸限值宜符合表 6.1.4 的要求。

表 6.1.4　房屋围护墙局部尺寸限值（m）

部　位	6 度	7 度	8 度	9 度
窗间墙最小宽度	0.8	1.0	1.2	1.5
外墙尽端至门窗洞边的最小距离	0.8	1.0	1.0	1.0
内墙阳角至门窗洞边的最小距离	0.8	1.0	1.5	2.0

6.1.5　木柱木屋架和穿斗木屋架房屋宜采用双坡屋盖，且坡度不宜大于 30°；屋面宜采用轻质材料（瓦屋面）。

6.1.6　生土围护墙的勒脚部分，应采用砖、石砌筑，并应采取有效的排水防潮措施。

6.1.7　围护墙应砌筑在木柱外侧，不宜将木柱全部包入墙体中；木柱下应设置柱脚石，不应将未做防腐、防潮处理的木柱直接埋入地基土中。

6.1.8　木结构房屋的围护墙，沿高度应设置配筋砖圈梁、配筋砂浆带或木圈梁。

6.1.9　木结构房屋应在下列部位采取拉结措施：

1　三角形木屋架和木柱木梁房屋应在屋架（木梁）与柱的连接处设置斜撑；

2　两端开间屋架和中间隔开间屋架应设置竖向剪刀撑；

3　穿斗木构架应在屋盖中间柱列两端开间和中间隔开间设置竖向剪刀撑，并应在每一柱列两端开间和中间隔开间的柱与龙骨之间设置斜撑；

4　山墙、山尖墙应采用墙揽与木构架（屋架）拉结；

5　内隔墙墙顶应与梁或屋架下弦拉结。

6.1.10　木结构房屋应设置端屋架（木梁），不得采用硬山搁檩。

6.1.11　砖、小砌块抗震墙厚度不应小于 190mm；生土抗震墙厚度不应小于 250mm；石抗震墙厚度不应小于 240mm。

6.1.12　木柱梢径不宜小于 150mm。

6.1.13　各类围护墙木结构房屋的抗震设计计算可按本规程附录 A 的方法进行，也可按本规程附录 C，确定抗震横墙间距（L）和房屋宽度（B）。

6.2　抗震构造措施

6.2.1　柱脚与柱脚石之间宜采用石销键或石榫连接（图 6.2.1）；柱脚石埋入地面以下的深度不应小于 200mm。

6.2.2　砖（小砌块）围护墙、生土围护墙和石围护墙的抗震构造措施和配筋砖圈梁、配筋砂浆带的纵向

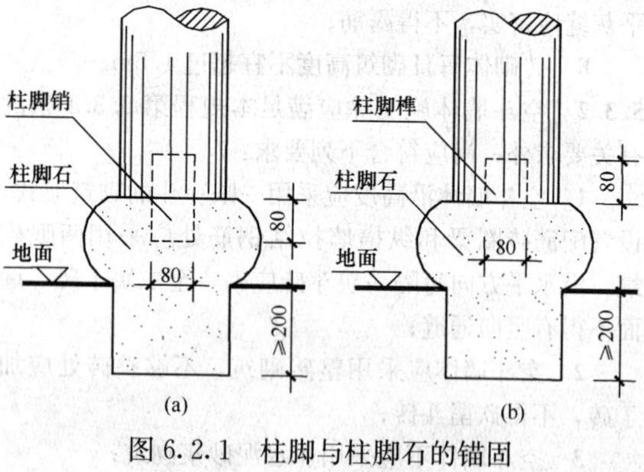

图 6.2.1　柱脚与柱脚石的锚固

(a) 销键结合；(b) 榫结合

钢筋配置和构造应分别符合本规程第5章、第7章和第8章的有关规定。

6.2.3 配筋砖圈梁、配筋砂浆带和木圈梁与柱的连接应符合下列要求：

1 配筋砖圈梁、配筋砂浆带与木柱应采用不小于$\phi 6$的钢筋拉结（图6.2.3-1）；

2 木圈梁应加强接头处的连接（图6.2.3-2），并应与木柱采用扒钉等可靠连接（图6.2.3-3）。

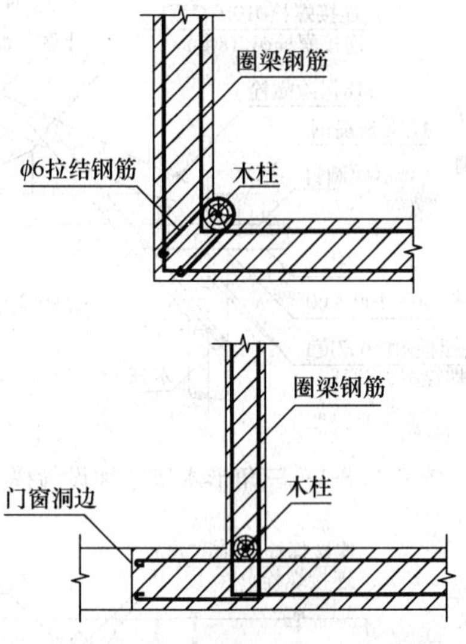

图6.2.3-1 配筋砖圈梁、配筋砂浆带与木柱的拉结

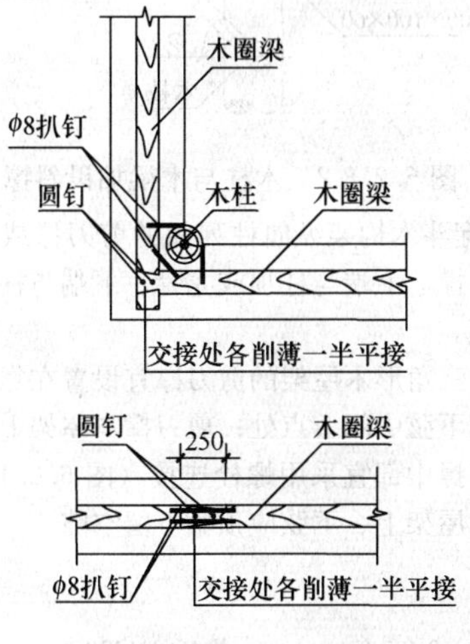

图6.2.3-2 木圈梁接头处及与木柱的连接

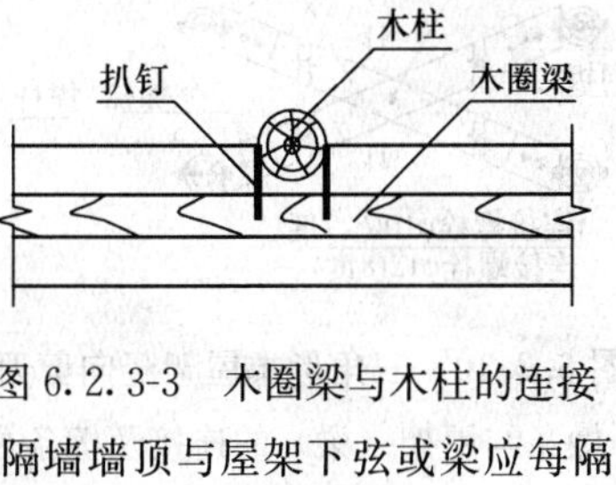

图6.2.3-3 木圈梁与木柱的连接

6.2.4 内隔墙墙顶与屋架下弦或梁应每隔1000mm采用木夹板或铁件连接（图6.2.4）。

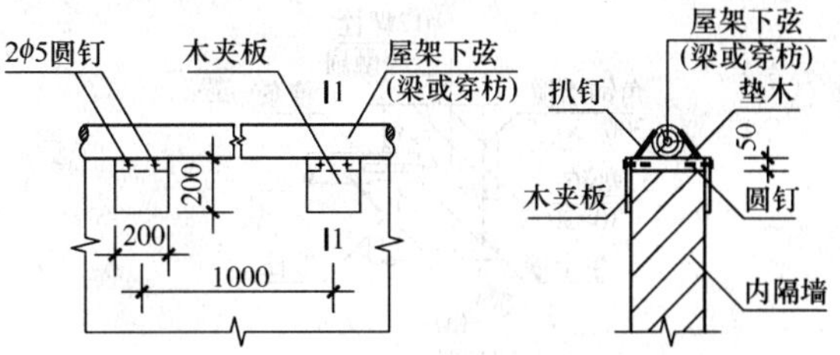

图6.2.4 内隔墙墙顶与屋架下弦或梁的连接

6.2.5 山墙、山尖墙墙揽的设置与构造应符合下列要求：

1 抗震设防烈度为6、7度时山墙设置的墙揽数不宜少于3个，8、9度或山墙高度大于3.6m时墙揽数不宜少于5个；

2 墙揽可采用角钢、梭形铁件或木条等制作；墙揽的长度不应小于300mm，并应竖向放置；

3 檩条出山墙时可采用木墙揽（图6.2.5-1），木墙揽可用木销或铁钉固定在檩条上，并应与山墙卡紧；

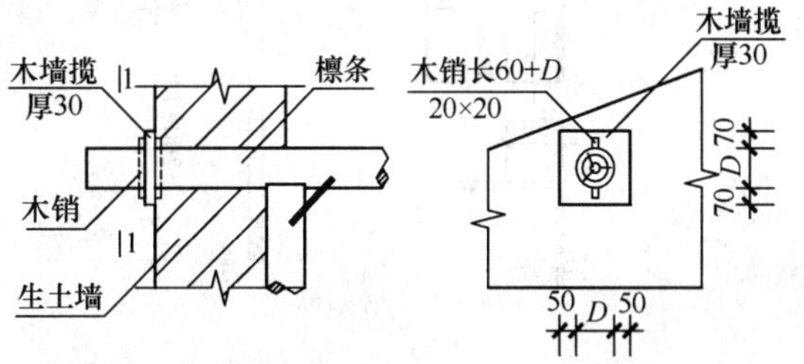

图6.2.5-1 木墙揽连接做法

4 檩条不出山墙时宜采用铁件（如角钢、梭形铁件等）墙揽，铁件墙揽可根据设置位置与檩条、屋架腹杆、下弦或柱固定（图6.2.5-2）；

5 墙揽应靠近山尖墙面布置，最高的一个应设置在脊檩正下方，纵向水平系杆位置应设置一个，其余的可设置在其他檩条的正下方或屋架腹杆、下弦及柱的对应位置处。

6.2.6 穿斗木构架房屋的构件设置及节点连接构造应符合下列要求：

1 木柱横向应采用穿枋连接，穿枋应贯通木构架各柱，在木柱的上、下端及二层房屋的楼板处均应设置；

2 榫接节点宜采用燕尾榫、扒钉连接；采用平榫时应在对接处两侧加设厚度不小于2mm的扁钢，扁钢两端应采用两根直径不小于12mm的螺栓夹紧；

3 穿枋应采用透榫贯穿木柱，穿枋端部应设木销钉，梁柱节点处应采用燕尾榫（图6.2.6）；

4 当穿枋的长度不足时，可采用两根穿枋在木柱中对接，并应在对接处两侧沿水平方向加设扁钢；扁钢厚度不宜小于2mm、宽度不宜小于60mm，两端应采用两根直径不小于12mm的螺栓夹紧；

5 立柱开槽宽度和深度应符合表6.2.6的要求。

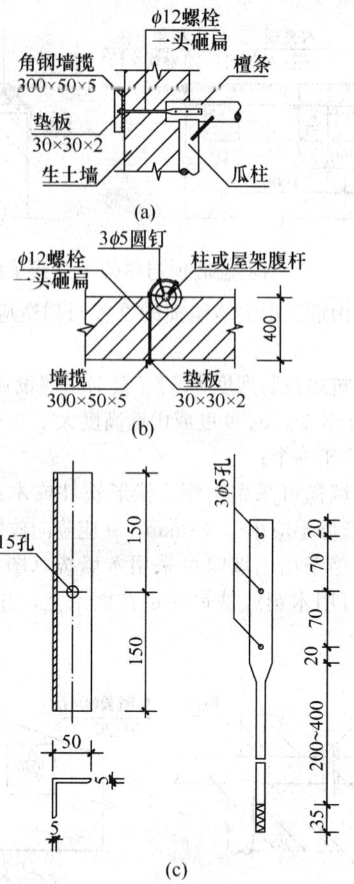

图 6.2.5-2　角钢墙揽连接做法

(a) 墙揽与檩条的连接；(b) 墙揽与柱（屋架腹杆）的连接；(c) 角钢墙揽做法

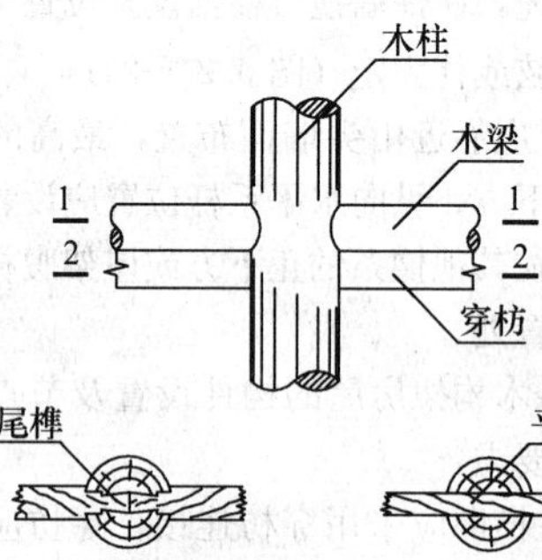

图 6.2.6　梁柱节点处燕尾榫构造形式

表 6.2.6　穿斗木构架立柱开槽宽度和深度

榫类型		柱类型	
		圆　柱	方　柱
透榫宽度	最小值	$D/4$	$B/4$
	最大值	$D'/3$	$3B/10$
半榫深度	最小值	$D'/6$	$B/6$
	最大值	$D'/3$	$3B/10$

注：D—圆柱直径；D'—圆柱开榫一端直径；B—方柱宽度。

6.2.7　三角形木屋架的跨中处应设置纵向水平系杆，系杆应与屋架下弦杆钉牢；屋架腹杆与弦杆除用暗榫连接外，还应采用双面扒钉钉牢。

6.2.8　三角形木屋架或木梁与柱之间的斜撑宜采用木夹板，并应采用螺栓连接木柱与屋架上、下弦（木梁）；木柱柱顶应设置暗榫插入柱顶下弦（木梁）或附木中，木柱、附木及屋架下弦（木梁）宜采用"U"形扁钢和螺栓连接（图 6.2.8-1、图 6.2.8-2）。

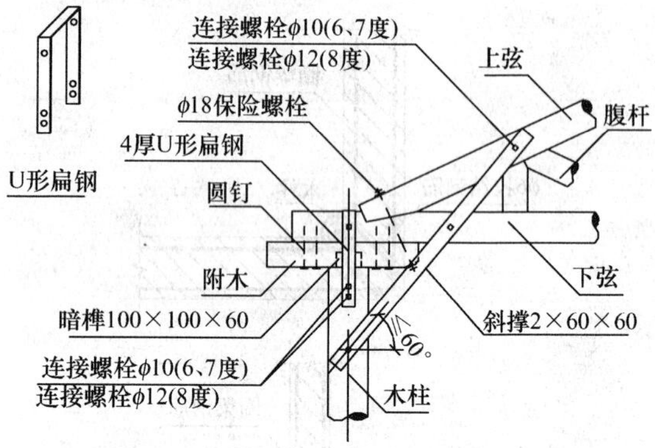

图 6.2.8-1　三角形木屋架加设斜撑

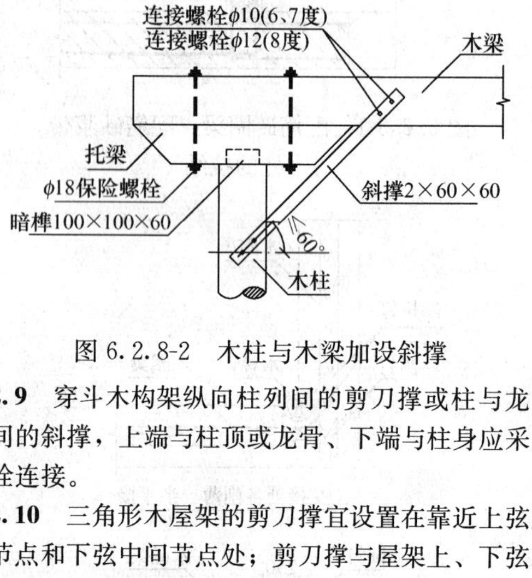

图 6.2.8-2　木柱与木梁加设斜撑

6.2.9　穿斗木构架纵向柱列间的剪刀撑或柱与龙骨之间的斜撑，上端与柱顶或龙骨、下端与柱身应采用螺栓连接。

6.2.10　三角形木屋架的剪刀撑宜设置在靠近上弦屋脊节点和下弦中间节点处；剪刀撑与屋架上、下弦之间及剪刀撑中部宜采用螺栓连接（图 6.2.10）；剪刀撑两端与屋架上、下弦应顶紧不留空隙。

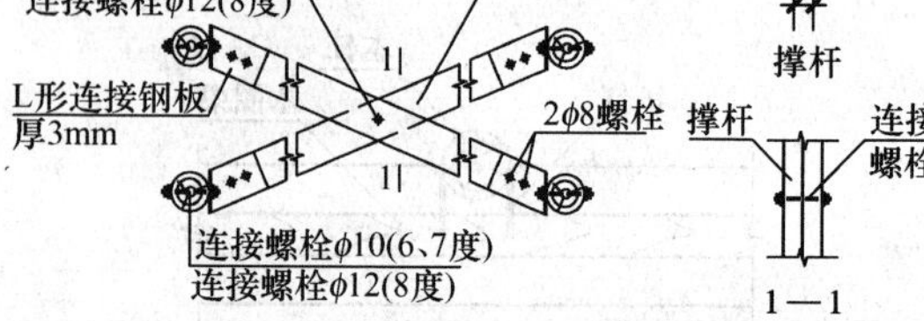

图 6.2.10　三角形木屋架竖向剪刀撑

6.2.11　檩条与屋架（梁）的连接及檩条之间的连接应符合下列要求：

1 连接用的扒钉直径：当6、7度时宜采用ϕ8；8度时宜采用ϕ10；9度时宜采用ϕ12；

2 搁置在梁、屋架上弦上的檩条宜采用搭接，搭接长度不应小于梁或屋架上弦的宽度（直径），檩条与梁、屋架上弦以及檩条与檩条之间应采用扒钉或8号铁丝连接；

3 当檩条在梁、屋架、穿斗木构架柱头上采用对接时，应采用燕尾榫对接方式，且檩条与梁、屋架上弦、穿斗木构架柱头应采用扒钉连接；檩条与檩条之间应采用扒钉、木夹板或扁钢连接；

4 三角形屋架在檩条斜下方一侧（脊檩两侧）应设置檩托支托檩条；

5 双脊檩与屋架上弦的连接除应符合以上各款的要求外，双脊檩之间尚应采用木条或螺栓连接。

6.2.12 椽子或木望板应采用圆钉与檩条钉牢。

6.2.13 砖（小砌块）围护墙、生土围护墙和石围护墙的门窗洞口钢筋砖（石）过梁和木过梁的设置及构造要求尚应分别符合本规程第5章、第7章和第8章的有关规定；过梁底面砂浆层中的配筋及木过梁截面尺寸应符合下列要求：

1 墙厚为190mm、240mm的砖（小砌块）墙，钢筋砖过梁配筋应采用2ϕ6；墙厚为370mm、490mm时，应采用3ϕ6；

2 墙厚为240mm的石墙，钢筋石过梁配筋应采用2ϕ6；墙厚为400mm时，应采用3ϕ6；

3 木过梁截面尺寸不应小于表6.2.13的要求，其中矩形截面木过梁的宽度宜与墙厚相同；

表6.2.13 木过梁截面尺寸（mm）

墙厚（mm）	门窗洞口宽度 b（m）					
	$b \leqslant 1.2$			$1.2 < b \leqslant 1.5$		
	矩形截面	圆形截面		矩形截面	圆形截面	
	高度 h	根数	直径 d	高度 h	根数	直径 d
240	35	5	45	45	4	60
370	35	8	45	45	6	60
500	35	10	45	45	8	60
700	35	12	45	45	10	60

注：d为每一根圆形截面木过梁的直径。

4 当一个洞口采用多根木杆组成过梁时，木杆上表面宜采用木板、扒钉、铁丝等将各根木杆连接成整体。

6.3 施工要求

6.3.1 木柱的施工应符合下列要求：

1 木柱不宜有接头；当接头不可避免时，接头处应采用拍巴掌榫搭接，并应采用铁套或铁件将接头处连接牢固，接头处的强度和刚度不得低于柱的其他部位；

2 严禁在木柱同一高度处纵横向同时开槽；

3 在同一截面处开槽面积不应超过截面总面积的1/2。

6.3.2 砖（小砌块）围护墙、生土围护墙和石围护墙的施工要求应分别符合本规程第5章、第7章和第8章的有关规定。

7 生土结构房屋

7.1 一般规定

7.1.1 本章适用于6～8度地区的生土结构房屋，包括土坯墙、夯土墙承重的一、二层木楼（屋）盖房屋。

7.1.2 生土结构房屋的层数和高度应符合下列要求：

1 房屋的层数和总高度不应超过表7.1.2的规定；

2 房屋的层高：单层房屋不应超过4.0m；两层房屋其各层层高不应超过3.0m。

表7.1.2 房屋层数和总高度限值（m）

烈度					
6		7		8	
高度	层数	高度	层数	高度	层数
6.0	2	4.0	1	3.3	1

注：房屋总高度指室外地面到平屋面屋面板板顶或坡屋面檐口的高度。

7.1.3 房屋抗震横墙间距不应超过表7.1.3的要求。

表7.1.3 房屋抗震横墙最大间距（m）

房屋层数	楼层	烈度		
		6	7	8
一层	1	6.6	4.8	3.3
二层	2	6.6	—	—
	1	4.8	—	—

注：抗震横墙指厚度不小于250mm的土坯墙或夯土墙。

7.1.4 生土结构房屋的局部尺寸限值宜符合表7.1.4的要求。

表7.1.4 房屋局部尺寸限值（m）

部位	6度	7度	8度
承重窗间墙最小宽度	1.0	1.2	1.4
承重外墙尽端至门窗洞边的最小距离	1.0	1.2	1.4
非承重外墙尽端至门窗洞边的最小距离	1.0	1.0	1.0
内墙阳角至门窗洞边的最小距离	1.0	1.2	1.5

7.1.5 生土结构房屋门窗洞口的宽度，6、7 度时不应大于 1.5m，8 度时不应大于 1.2m。

7.1.6 生土结构房屋的结构体系应符合下列要求：

1 应优先采用横墙承重或纵横墙共同承重的结构体系；

2 8 度时不应采用硬山搁檩屋盖。

7.1.7 生土结构房屋不宜采用单坡屋盖；坡屋顶的坡度不宜大于 30°；屋面宜采用轻质材料（瓦屋面）。

7.1.8 生土墙应采用平毛石、毛料石、凿开的卵石、黏土实心砖或灰土（三合土）基础，基础墙应采用混合砂浆或水泥砂浆砌筑。

7.1.9 生土结构房屋的配筋砖圈梁、配筋砂浆带或木圈梁的设置应符合下列规定：

1 所有纵横墙基础顶面处应设置配筋砖圈梁；各层墙顶标高处应分别设一道配筋砖圈梁或木圈梁，夯土墙应采用木圈梁，土坯墙应采用配筋砖圈梁或木圈梁；

2 8 度时，夯土墙房屋尚应在墙高中部设置一道木圈梁；土坯墙房屋尚应在墙高中部设置一道配筋砂浆带或木圈梁。

7.1.10 生土结构房屋应在下列部位采取拉结措施：

1 每道横墙在屋檐高度处应设置不少于三道的纵向通长水平系杆；并应在横墙两侧设置墙揽与纵向系杆连接牢固，墙揽可采用方木、角钢等材料；

2 两端开间和中间隔开间山尖墙应设置竖向剪刀撑；

3 山墙、山尖墙应采用墙揽与木檩条和系杆等屋架构件拉结。

7.1.11 生土承重墙体厚度：外墙不宜小于 400mm，内墙不宜小于 250mm。

7.1.12 生土结构房屋的抗震设计计算可按本规程附录 A 的方法进行，也可按本规程附录 D 确定抗震横墙间距（L）和房屋宽度（B）。

7.2 抗震构造措施

7.2.1 8 度时生土结构房屋应按下列要求设置木构造柱：

1 在外墙转角及内外墙交接处设置；

2 木构造柱的梢径不应小于 120mm；

3 木构造柱应伸入墙体基础内，并应采取防腐和防潮措施。

7.2.2 生土结构房屋配筋砖圈梁、配筋砂浆带和木圈梁的构造应符合下列要求：

1 配筋砖圈梁和配筋砂浆带的砂浆强度等级在 6、7 度时不应低于 M5，8 度时不应低于 M7.5；

2 配筋砖圈梁和配筋砂浆带的纵向钢筋配置不应低于表 7.2.2 的要求；

3 配筋砖圈梁的砂浆层厚度不宜小于 30mm；

4 配筋砂浆带厚度不应小于 50mm；

5 木圈梁的截面尺寸不应小于（高×宽）40mm×120mm。

表 7.2.2 土坯墙、夯土墙房屋配筋砖圈梁和配筋砂浆带最小纵向配筋

墙体厚度 t (mm)	设防烈度		
	6 度	7 度	8 度
$t \leqslant 400$	$2\phi6$	$2\phi6$	$2\phi6$
$400 < t \leqslant 600$	$2\phi6$	$2\phi6$	$3\phi6$
$t > 600$	$2\phi6$	$3\phi6$	$4\phi6$

7.2.3 生土墙应在纵横墙交接处沿高度每隔 500mm 左右设一层荆条、竹片、树条等编制的拉结网片，每边伸入墙体不应小于 1000mm 或至门窗洞边（图 7.2.3），拉结网片在相交处应绑扎，当墙中设有木构造柱时，拉结材料与木构造柱之间应采用 8 号铁丝连接。

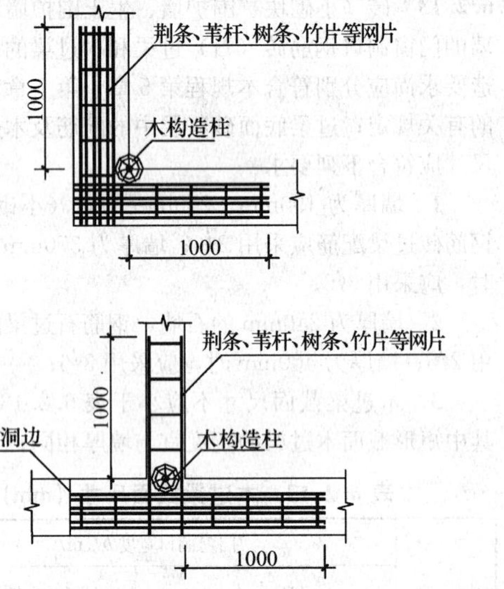

图 7.2.3 纵横墙拉结做法

7.2.4 生土结构房屋门窗洞口过梁应符合下列要求：

1 生土墙宜采用木过梁；

2 木过梁截面尺寸不应小于表 7.2.4 的要求，或按本规程附录 D 的方法计算确定，其中矩形截面木过梁的宽度应与墙厚相同；木过梁支承处应设置垫木；

表 7.2.4 木过梁截面尺寸（mm）

墙厚 (mm)	门窗洞口宽度 b (m)					
	$b \leqslant 1.2$			$1.2 < b \leqslant 1.5$		
	矩形截面	圆形截面		矩形截面	圆形截面	
	高度 h	根数	直径 d	高度 h	根数	直径 d
240	90	2	120	110	—	—
360	75	3	105	95	3	120
500	65	5	90	85	4	115
700	60	8	80	75	6	100

注：d 为每一根圆形截面木过梁（木杆）的直径。

3　当一个洞口采用多根木杆组成过梁时，木杆上表面宜采用木板、扒钉、铁丝等将各根木杆连接成整体。

7.2.5　生土墙门窗洞口两侧宜设木柱（板）；夯土墙门窗洞口两侧宜沿墙体高度每隔500mm左右加入水平荆条、竹片、树枝等编制的拉结网片，每边伸入墙体不应小于1000mm或至门窗洞边。

7.2.6　硬山搁檩房屋檩条的设置与构造应符合下列要求：

1　檩条支承处应设置不小于400mm×200mm×60mm（长×宽×高）的木垫板或砖垫（图7.2.6-1）；

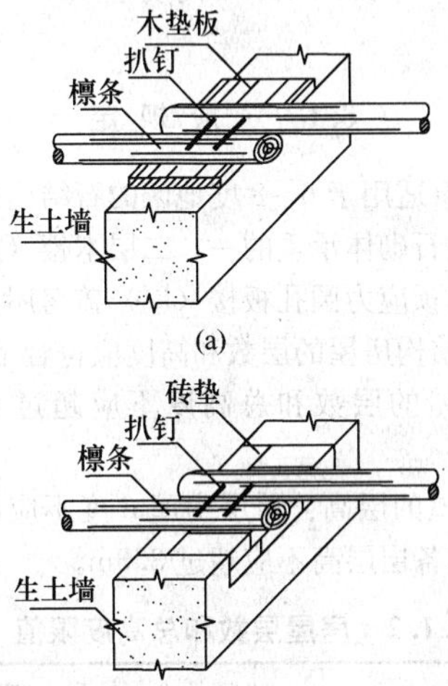

(b)

图7.2.6-1　檩条支承及连接做法
(a) 檩条下为木垫板；(b) 檩条下为砖垫

2　内墙檩条应满搭并应采用扒钉钉牢（图7.2.6-1）；当不能满搭时，应采用木夹板对接或燕尾榫扒钉连接；

3　檐口处椽条应伸出墙外做挑檐，并应在纵墙墙顶两侧设置双檐檩夹紧墙顶（图7.2.6-2），檐檩宜嵌入墙内；

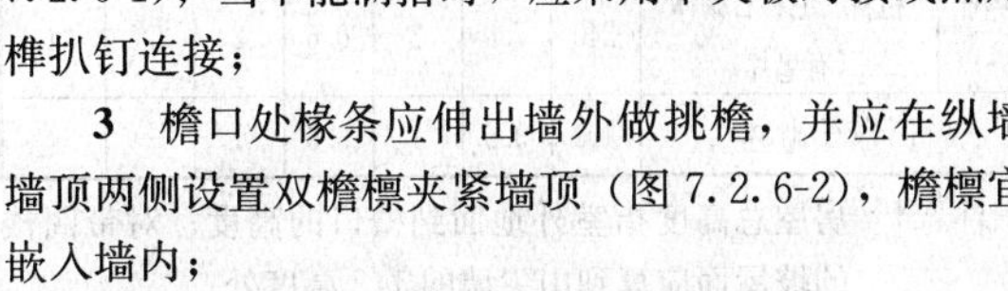

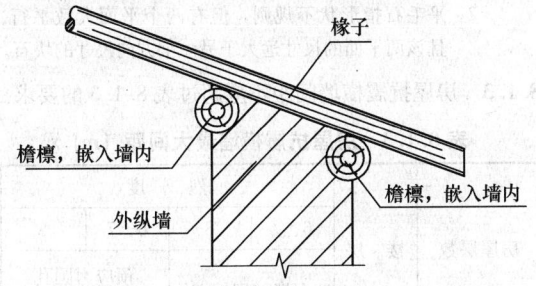

图7.2.6-2　双檐檩檐口构造做法

4　硬山搁檩房屋的端檩应出檐，山墙两侧应采用方木墙揽与檩条连接（图7.2.6-3）；

5　山尖墙顶宜沿斜面放置木卧梁支撑檩条（图7.2.6-4）；

6　木檩条宜采用8号铁丝与山墙配筋砂浆带或配筋砖圈梁中的预埋件拉结。

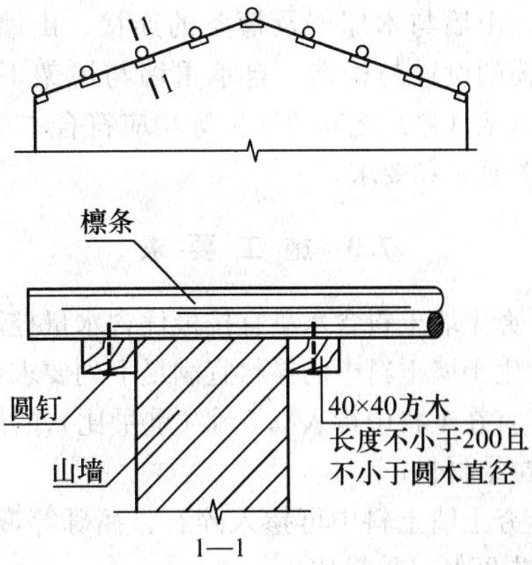

图7.2.6-3　山墙与檩条、墙揽连接做法

7.2.7　当硬山山墙高厚比大于10时，应设置扶壁墙垛（图7.2.7）。

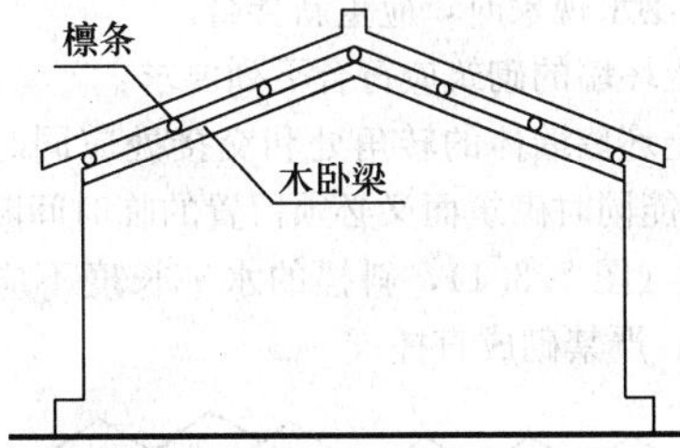

图7.2.6-4　山尖墙斜面木卧梁

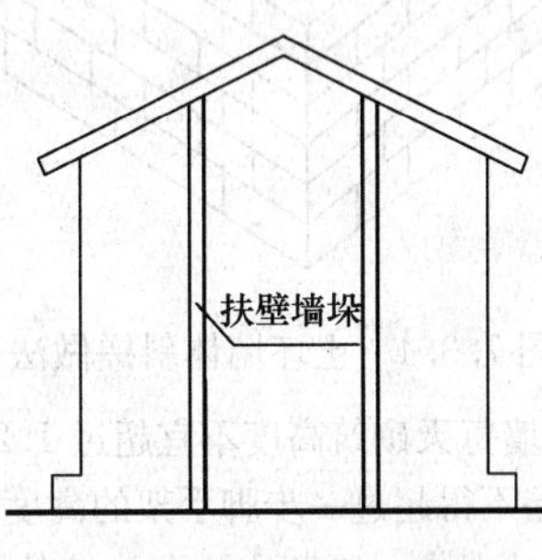

图7.2.7　山墙扶壁墙垛

7.2.8　7度及7度以上地区，夯土墙在上下层接缝处应设置木杆、竹杆（片）等竖向销键（图7.2.8），沿墙长度方向间距宜取500mm，长度可取400mm。

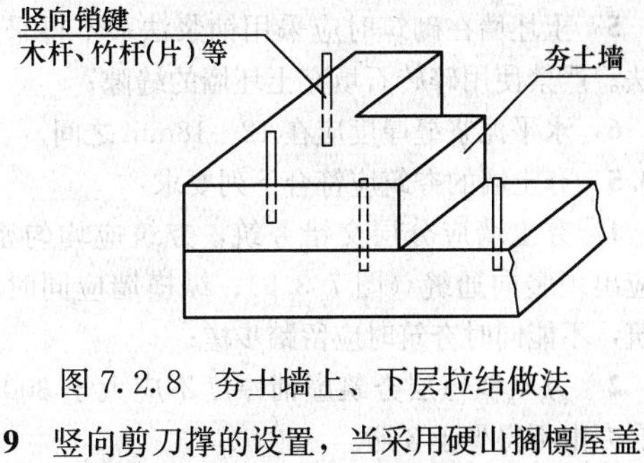

图7.2.8　夯土墙上、下层拉结做法

7.2.9　竖向剪刀撑的设置，当采用硬山搁檩屋盖时，应符合本规程第5.2.8条第5款的规定；当采用木屋架屋盖时，应符合本规程第6.2.10条的规定。

7.2.10 山墙与木屋架及檩条的连接、山墙（山尖墙）墙揽的设置与构造、自承重墙与屋架下弦的连接、木屋架（盖）之间的连接等均应符合本规程第6章的有关规定和要求。

7.3 施 工 要 求

7.3.1 夯土墙土料含水量宜按最优含水量控制。

7.3.2 生土墙土料中的掺料宜满足下列要求：

1 宜在土料中掺入0.5%（重量比）的碎麦秸、稻草等拉结材料；

2 夯土墙土料中可掺入碎石、瓦砾等，其重量不宜超过25%（重量比）；

3 夯土墙土料中掺入熟石灰时，熟石灰含量宜在5%～10%（重量比）之间。

7.3.3 土坯墙砌筑泥浆内宜掺入0.5%（重量比）的碎草，泥浆不宜过稀，应随拌随用。泥浆在使用过程中出现泌水现象时，应重新拌合。

7.3.4 土坯墙的砌筑应符合下列要求：

1 土坯墙墙体的转角处和交接处应同时咬槎砌筑，对不能同时砌筑而又必须留置的临时间断处，应砌成斜槎（图7.3.4），斜槎的水平长度不应小于高度的2/3；严禁砌成直槎；

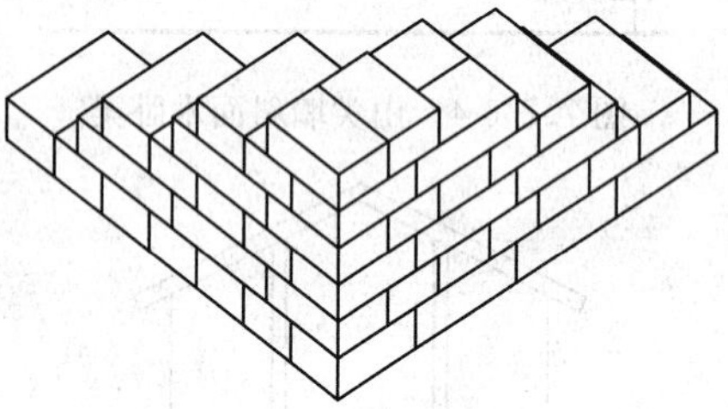

图7.3.4 土坯墙体斜槎做法

2 土坯墙每天砌筑高度不宜超过1.2m；临时间断处的高度差不得超过一步脚手架的高度；

3 土坯的大小、厚薄应均匀，墙体转角和纵横墙交接处应采取拉结措施；

4 土坯墙砌筑应采用错缝卧砌，泥浆应饱满；土坯墙接槎时，应将接槎处的表面清理干净，并应填实泥浆，保持泥缝平直；

5 土坯墙在砌筑时应采用铺浆法，不得采用灌浆法。严禁使用碎砖石填充土坯墙的缝隙；

6 水平泥浆缝厚度应在12～18mm之间。

7.3.5 夯土墙的夯筑应符合下列要求：

1 夯土墙应分层交错夯筑，夯筑应均匀密实，不应出现竖向通缝（图7.3.5）；纵横墙应同时咬槎夯筑，不能同时夯筑时应留踏步槎；

2 夯土墙每层夯筑虚铺厚度不应大于300mm，每层夯击不得少于3遍。

7.3.6 房屋室外应做散水，散水面层可采用砖、片石及碎石三合土等。

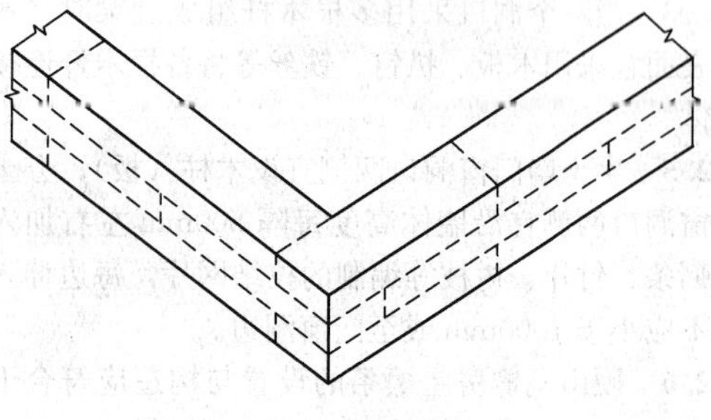

图7.3.5 夯土墙交错夯筑做法

8 石结构房屋

8.1 一 般 规 定

8.1.1 本章适用于6～8度地区的石结构房屋，包括料石、平毛石砌体承重的一、二层木楼（屋）盖或冷轧带肋钢筋预应力圆孔板楼（屋）盖房屋。

8.1.2 石结构房屋的层数和高度应符合下列要求：

1 房屋的层数和总高度不应超过表8.1.2的规定；

2 房屋的层高：单层房屋6度不应超过4.0m；两层房屋其各层层高不应超过3.5m。

表8.1.2 房屋层数和总高度限值（m）

墙体类别		最小墙厚(mm)	烈度					
			6		7		8	
			高度	层数	高度	层数	高度	层数
料石砌体	细、半细料石砌体（无垫片）	240	7.0	2	7.0	2	6.6	2
	粗料、毛料石砌体（有垫片）	240	7.0	2	6.6	2	3.6	1
平毛石砌体		400	3.6	1	3.6	1	—	—

注：1 房屋总高度指室外地面到檐口的高度；对带阁楼的坡屋面应算到山尖墙的1/2高度处；

2 平毛石指形状不规则，但有两个平面大致平行、且该两平面的尺寸远大于另一个方向尺寸的块石。

8.1.3 房屋抗震横墙间距不应超过表8.1.3的要求。

表8.1.3 房屋抗震横墙最大间距（m）

房屋层数	楼层	烈度			
		6、7	8	6、7	8
		木楼（屋）盖		预应力圆孔板楼（屋）盖	
一层	1	11.0	7.0	13.0	9.0
二层	2	11.0	7.0	13.0	9.0
	1	7.0	5.0	9.0	7.0

注：抗震横墙指厚度不小于240mm的料石墙或厚度不小于400mm的毛石墙。

8.1.4 石结构房屋的局部尺寸限值宜符合表 8.1.4 的要求。

表 8.1.4 房屋局部尺寸限值（m）

部位	烈度	
	6、7	8
承重窗间墙最小宽度	1.0	1.0
承重外墙尽端至门窗洞边的最小距离	1.0	1.2
非承重外墙尽端至门窗洞边的最小距离	1.0	1.0
内墙阳角至门窗洞边的最小距离	1.0	1.2

注：出入口处的女儿墙应有锚固。

8.1.5 石结构房屋的结构体系应符合下列要求：

1 应优先采用横墙承重或纵横墙共同承重的结构体系；

2 8 度时不应采用硬山搁檩屋盖；

3 严禁采用石板、石梁及独立料石柱作为承重构件；

4 严禁采用悬挑踏步板式楼梯。

8.1.6 石结构房屋应在下列部位设置配筋砂浆带：

1 所有纵横墙的基础顶部、每层楼（屋）盖（墙顶）标高处；

2 8 度时尚应在墙高中部增设一道。

8.1.7 木楼（屋）盖石结构房屋应在下列部位采取拉结措施：

1 两端开间屋架和中间隔开间屋架应设置竖向剪刀撑；

2 山墙、山尖墙应采用墙揽与木屋架或檩条拉结；

3 内隔墙墙顶应与梁或屋架下弦拉结。

8.1.8 石材规格应符合下列要求：

1 料石的宽度、高度分别不宜小于 240mm 和 220mm；长度宜为高度的 2～3 倍，且不宜大于高度的 4 倍。料石加工面的平整度应符合表 8.1.8 的要求；

表 8.1.8 料石加工面的平整度（mm）

料石种类	外露面及相接周边的表面凹入深度	上、下叠砌面及左右接砌面的表面凹入深度	尺寸允许偏差	
			宽度及高度	长度
细料石	≤2	≤10	±3	±5
半细料石	≤10	≤15	±3	±5
粗料石	≤20	≤20	±5	±7
毛料石	稍加修整	≤25	±10	±15

2 平毛石应呈扁平块状，其厚度不宜小于 150mm。

8.1.9 承重石墙厚度，料石墙不宜小于 240mm，平毛石墙不宜小于 400mm。

8.1.10 当屋架或梁的跨度大于 4.8m 时，支承处宜加设壁柱或采取其他加强措施，壁柱宽度不宜小于 400mm，厚度不宜小于 200mm，壁柱应采用料石砌筑（图 8.1.10）。

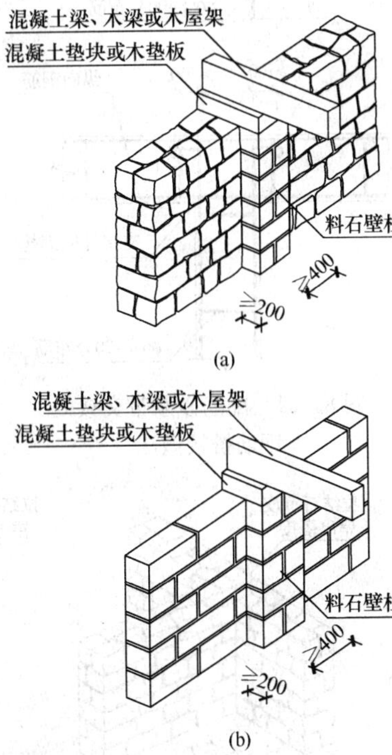

图 8.1.10 料石壁柱砌法

(a) 平毛石墙体（注：墙厚≥450mm 时可不设壁柱）；(b) 料石墙体（注：双轨墙体可不设壁柱）

8.1.11 石结构房屋的抗震设计计算可按本规程附录 A 的方法进行，也可按本规程附录 E 确定抗震横墙间距（L）和房屋宽度（B）。

8.2 抗震构造措施

8.2.1 配筋砂浆带的构造应符合下列要求：

1 砂浆强度等级：6、7 度时不应低于 M5，8 度时不应低于 M7.5；

2 配筋砂浆带的厚度不宜小于 50mm；

3 配筋砂浆带的纵向钢筋配置不应低于表 8.2.1 的要求；

表 8.2.1 配筋砂浆带最小纵向配筋

墙体厚度 t（mm）	6、7 度	8 度
≤300	2ϕ8	2ϕ10
＞300	3ϕ8	3ϕ10

4 配筋砂浆带交接（转角）处钢筋应搭接（图 8.2.1）。

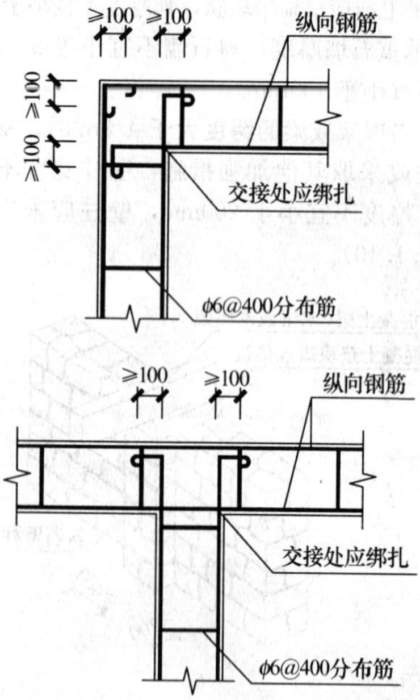

图 8.2.1 配筋砂浆带交接处钢筋搭接做法

8.2.2 纵横墙交接处应符合下列要求：

1 料石砌体应采用无垫片砌筑，平毛石砌体应每皮设置拉结石（图 8.2.2-1）；

2 7、8 度时应沿墙高每隔 500～700mm 设置 2ϕ6 拉结钢筋，每边伸入墙内宜不小于 1000mm 或伸至门窗洞边（图 8.2.2-2）。

8.2.3 钢筋混凝土楼（屋）盖房屋，门窗洞口宜采用钢筋混凝土过梁；木楼（屋）盖房屋，门窗洞口可采用钢筋混凝土过梁或钢筋石过梁。当门窗洞口采用钢筋石过梁时，钢筋石过梁的构造应符合下列规定：

1 钢筋石过梁底面砂浆层中的钢筋配筋量不应低于表 8.2.3 的规定，也可按本规程附录 F 的方法计算确定，间距不宜大于 100mm；

2 钢筋石过梁底面砂浆层的厚度不宜小于 40mm，砂浆层的强度等级不应低于 M5，钢筋伸入支座长度不宜小于 300mm；

3 钢筋石过梁截面高度内的砌筑砂浆强度等级不宜低于 M5。

图 8.2.2-1 平毛石砌体转角砌法

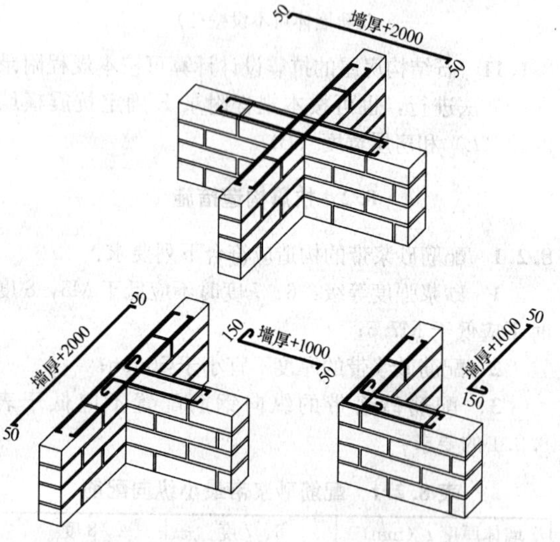

图 8.2.2-2 纵横墙交接处拉结钢筋做法

8.2.4 木屋盖房屋应在跨中屋檐高度处设置纵向水平系杆，系杆应采用墙揽与各道横墙连接或与屋架下弦杆钉牢。

表 8.2.3 钢筋石过梁底面砂浆层中的钢筋配筋量

过梁上墙体高度 h_w（m）	门窗洞口宽度 b（m）	
	$b \leqslant 1.5$	$1.5 < b \leqslant 1.8$
$h_w \geqslant b/2$	4ϕ6	4ϕ6
$0.3 \leqslant h_w < b/2$	4ϕ6	4ϕ8

8.2.5 当采用硬山搁檩木屋盖时，屋盖木构件拉结措施应符合下列要求：

1 檩条应在内墙满搭并应采用扒钉钉牢，不能满搭时应采用木夹板对接或燕尾榫扒钉连接；

2 木檩条应用 8 号铁丝与山墙配筋砂浆带中的预埋件拉结；

3 木屋盖各构件应采用圆钉、扒钉或铁丝等相互连接。

8.2.6 当采用木屋架屋盖时，屋架的构造措施、山墙与木屋架及檩条的连接、山墙（山尖墙）墙揽的设置与构造、以及屋架构件之间的连接措施等均应符合本规程第 6 章的有关规定和要求。

8.2.7 内隔墙墙顶与梁或屋架下弦每隔 1000mm 应

采用木夹板或铁件连接，参见本规程图6.2.4。

8.2.8 突出屋面的楼梯间，内外墙交接处应沿墙高每隔500～700mm设2ϕ6拉结钢筋，且每边伸入墙内不应小于1000mm。7、8度时顶层楼梯间横墙和外墙宜沿墙高每隔1000mm左右设2ϕ6通长钢筋。

8.2.9 预制混凝土圆孔板楼（屋）盖的整体性连接及其构造，应符合本规程第5.2.12条的要求。

8.3 施工要求

8.3.1 石结构的砌筑应符合下列要求：

1 石砌体砌筑前应清除石材表面的泥垢、水锈等杂质；

2 砌筑砂浆稠度（坍落度）：无垫片为10～30mm，有垫片为40～50mm，并可根据气候变化情况进行适当调整；

3 石砌体的灰缝厚度：细料石砌体不宜大于5mm；半细料石砌体不宜大于10mm；无垫片粗料石砌体不宜大于20mm；有垫片粗料石、毛料石、平毛石砌体不宜大于30mm；

4 无垫片料石和平毛石砌体每日砌筑高度不宜超过1.2m；有垫片料石砌体每日砌筑高度不宜超过1.5m；

5 已砌好的石块不应移位、顶高；当必须移动时，应将石块移开，将已铺砂浆清理干净，重新铺浆。

8.3.2 料石砌体施工应符合下列要求：

1 料石砌筑时，应放置平稳；砂浆铺设厚度应略高于规定灰缝厚度，其高出厚度：细料石、半细料石宜为3～5mm，粗料石、毛料石宜为6～8mm；

2 料石墙体上下皮应错缝搭砌，错缝长度不宜小于料石长度的1/3；

3 有垫片料石砌体砌筑时，应先满铺砂浆，并在其四角安置主垫，砂浆应高出主垫10mm，待上皮料石安装调平后，再沿灰缝两侧均匀塞入副垫。主垫不得采用双垫，副垫不得用锤击入；

4 料石砌体的竖缝应在料石安装调平后，用同样强度等级的砂浆灌注密实，竖缝不得透空；

5 石砌墙体在转角和内外墙交接处应同时砌筑。对不能同时砌筑而又需留置的临时间断处，应砌成斜槎，斜槎的水平长度不应小于高度的2/3；严禁砌成直槎。

8.3.3 平毛石砌体施工应符合下列要求：

1 平毛石砌体宜分皮卧砌，各皮石块间应利用自然形状敲打修整，使之与先砌石块基本吻合、搭砌紧密；应上下错缝，内外搭砌，不得采用外面侧立石块中间填心的砌筑方法；中间不得夹砌过桥石（仅在两端搭砌的石块）、铲口石（尖角倾斜向外的石块）和斧刃石；

2 平毛石砌体的灰缝厚度宜为20～30mm，石块间不得直接接触；石块间空隙较大时应先填塞砂浆后用碎石块嵌实，不得采用先摆碎石后塞砂浆或干填碎石块的砌法；

3 平毛石砌体的第一皮和最后一皮，墙体转角和洞口处，应采用较大的平毛石砌筑；

4 平毛石砌体必须设置拉结石（图8.3.3），拉结石应均匀分布，互相错开；拉结石宜每0.7m^{2}墙面设置一块，且同皮内拉结石的中距不应大于2m；

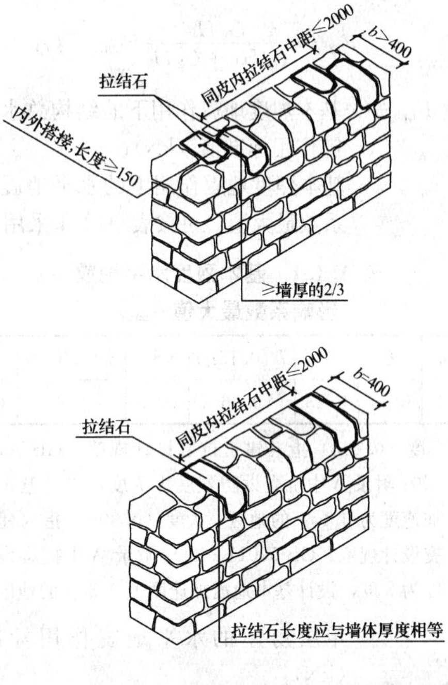

图8.3.3 平毛石砌体拉结石砌法

拉结石的长度，当墙厚等于400mm时，应与墙厚相等；当墙厚大于400mm时，可用两块拉结石内外搭接，搭接长度不应小于150mm，且其中一块的长度不应小于墙厚的2/3。

附录A 墙体截面抗震受剪极限承载力验算方法

A.1 水平地震作用标准值计算

A.1.1 基本烈度地震作用下结构的水平地震作用标准值可按下式确定（图A.1.1）：

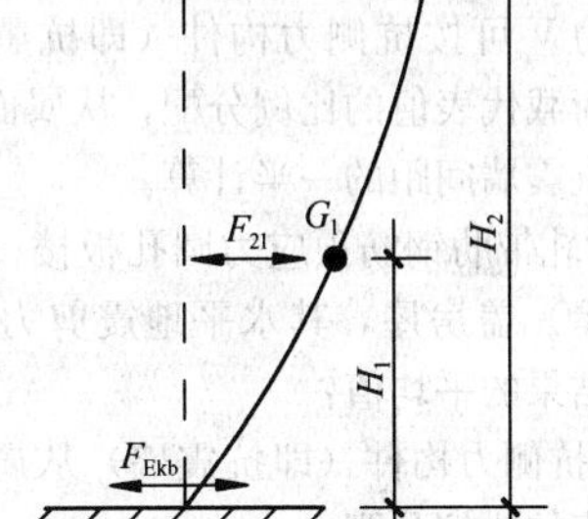

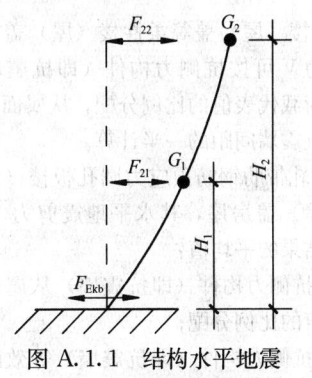

图A.1.1 结构水平地震作用计算简图

$$F_{\mathrm{Ekb}}=\alpha_{\max\mathrm{b}}G_{\mathrm{eq}} \quad (\mathrm{A.1.1\text{-}1})$$

1 对于单层房屋：

$$F_{11}=F_{\mathrm{Ekb}} \quad (\mathrm{A.1.1\text{-}2})$$

2 对于两层房屋：

$$F_{21}=\frac{G_1H_1}{G_1H_1+G_2H_2}F_{\mathrm{Ekb}} \quad (\mathrm{A.1.1\text{-}3})$$

$$F_{22}=\frac{G_2H_2}{G_1H_1+G_2H_2}F_{\mathrm{Ekb}} \quad (\mathrm{A.1.1\text{-}4})$$

式中 F_{Ekb}——基本烈度地震作用下的结构总水平地震作用标准值（kN）；

$\alpha_{\max\mathrm{b}}$——基本烈度地震作用下的水平地震影响系数最大值，可按表A.1.1采用；

表A.1.1 基本烈度水平地震影响系数最大值 $\alpha_{\max\mathrm{b}}$

烈 度	6	7	7（0.15g）	8	8（0.30g）	9
$\alpha_{\max\mathrm{b}}$	0.12	0.23	0.36	0.45	0.68	0.90

注：7度（0.15g）指《建筑抗震设计规范》GB 50011—2001附录A中抗震设防烈度为7度，设计基本地震加速度为0.15g的地区；8度（0.30g）指《建筑抗震设计规范》GB 50011—2001附录A中抗震设防烈度为8度，设计基本地震加速度为0.30g的地区。

F_{11}——单层房屋的水平地震作用标准值（kN）；

F_{21}——两层房屋质点1的水平地震作用标准值（kN）；

F_{22}——两层房屋质点2的水平地震作用标准值（kN）；

G_{eq}——结构等效总重力荷载（kN），单层房屋应取总重力荷载代表值，两层房屋可取总重力荷载代表值的95%；

G_1、G_2——为集中于质点1和质点2的重力荷载代表值（kN），应分别取结构和构件自重标准值与0.5倍的楼面活荷载、0.5倍的屋面雪荷载之和；

H_1、H_2——分别为质点1和质点2的计算高度（m）。

A.1.2 木楼（屋）盖等柔性楼（屋）盖房屋，其水平地震剪力 V 可按抗侧力构件（即抗震墙）从属面积上重力荷载代表值的比例分配，从属面积可按左右两侧相邻抗震墙间距的一半计算。

A.1.3 冷轧带肋钢筋预应力圆孔板楼（屋）盖等半刚性楼（屋）盖房屋，其水平地震剪力 V 可取以下两种分配结果的平均值：

1 按抗侧力构件（即抗震墙）从属面积上重力荷载代表值的比例分配；

2 按抗侧力构件（即抗震墙）等效刚度的比例分配。

A.2 墙体截面抗震受剪极限承载力验算

A.2.1 墙体的截面抗震受剪极限承载力，可按下式进行验算：

$$V_{\mathrm{b}}\leqslant\gamma_{\mathrm{bE}}\zeta_{\mathrm{N}}f_{\mathrm{v,m}}A \quad (\mathrm{A.2.1\text{-}1})$$

$$\zeta_{\mathrm{N}}=\frac{1}{1.2}\sqrt{1+0.45\sigma_0/f_{\mathrm{v}}} \quad (\mathrm{A.2.1\text{-}2})$$

$$\zeta_{\mathrm{N}}=\begin{cases}1+0.25\sigma_0/f_{\mathrm{v}} & (\sigma_0/f_{\mathrm{v}}\leqslant5)\\ 2.25+0.17(\sigma_0/f_{\mathrm{v}}-5) & (\sigma_0/f_{\mathrm{v}}>5)\end{cases} \quad (\mathrm{A.2.1\text{-}3})$$

式中 V_{b}——基本烈度地震作用下墙体剪力标准值（kN），可按本规程第A.1.2条确定；

γ_{bE}——极限承载力抗震调整系数，承重墙可取0.85，非承重墙（围护墙）可取0.95；

$f_{\mathrm{v,m}}$——非抗震设计的砌体抗剪强度平均值（$\mathrm{N/mm^2}$）；

A——抗震墙墙体横截面面积（$\mathrm{mm^2}$）；

ζ_{N}——砌体抗震抗剪强度的正应力影响系数；除混凝土小砌块砌体以外的砌体可按式A.2.1-2计算，混凝土小砌块砌体可按式A.2.1-3计算；

σ_0——对应于重力荷载代表值的砌体截面平均压应力（$\mathrm{N/mm^2}$）。

A.2.2 砌体抗剪强度平均值 $f_{\mathrm{v,m}}$，可按下列方法计算：

1 对于砖砌体

$$f_{\mathrm{v,m}}=2.38f_{\mathrm{v}} \quad (\mathrm{A.2.2\text{-}1})$$

2 对于毛石砌体

$$f_{\mathrm{v,m}}=2.70f_{\mathrm{v}} \quad (\mathrm{A.2.2\text{-}2})$$

3 对于生土墙体

$$f_{\mathrm{v,m}}=0.125\sqrt{f_2} \quad (\mathrm{A.2.2\text{-}3})$$

式中 f_{v}——非抗震设计的砌体抗剪强度设计值（$\mathrm{N/mm^2}$），砖和石砌体可按表A.2.2-1采用，土坯墙体可按表A.2.2-2采用；

f_2——砌筑泥浆的抗压强度平均值（$\mathrm{N/mm^2}$）。

表A.2.2-1 非抗震设计的砌体抗剪强度设计值 f_{v}（$\mathrm{N/mm^2}$）

砌体种类	砌体砂浆强度等级					
	M10	M7.5	M5	M2.5	M1	M0.4
普通砖、多孔砖	0.17	0.14	0.11	0.08	0.05	0.03
小砌块	0.09	0.08	0.06	—	—	—
蒸压砖	0.12	0.10	0.08	0.06	—	—
料石、平毛石	0.21	0.19	0.16	0.11	0.07	0.04

表 A.2.2-2 非抗震设计的土坯墙抗剪强度设计值 f_v（N/mm^2）

砌筑泥浆抗压强度平均值 f_2	3.0	2.5	2.0	1.5	1.0 (M1)	0.7 (M0.7)	0.5
抗剪强度设计值 f_v	0.09	0.08	0.07	0.06	0.05	0.04	0.04

注：土坯的抗压强度平均值不应低于对应的砌筑泥浆的抗压强度平均值。

附录 B 砌体结构房屋抗震横墙间距（*L*）和房屋宽度（*B*）限值

B.0.1 当砖墙厚度满足本规程第 5.1.8 条规定、墙体洞口水平截面面积满足本规程第 3.1.2 条规定、层高不大于本附录下列表中对应值时，各类墙体砌体结构房屋的抗震横墙间距（*L*）和对应的房屋宽度（*B*）的限值宜分别按表 B.0.1-1 至表 B.0.1-20 采用。抗震横墙间距和对应的房屋宽度满足表中对应限值要求时，房屋墙体的抗震承载力可满足对应的设防烈度地震作用的要求。对表 B.0.1-1 至表 B.0.1-20 的采用，应符合下列要求：

1 表中的抗震横墙间距，对横墙间距不同的木楼（屋）盖房屋为最大横墙间距值；对预应力圆孔板楼（屋）盖房屋为横墙间距的平均值。表中分别给出房屋宽度的下限值和上限值，对确定的抗震横墙间距，房屋宽度应在下限值和上限值之间选取确定；抗震横墙间距取其他值时，可内插求得对应的房屋宽度限值。

2 表中为“—”者，表示采用该强度等级砂浆砌筑墙体的房屋，其墙体抗震承载力不能满足对应的设防烈度地震作用的要求，应提高砌筑砂浆强度等级。

3 当两层房屋一、二层墙体采用相同强度等级的砂浆砌筑时，实际房屋宽度应按第一层限值采用。

4 当两层房屋一、二层墙体采用不同强度等级的砂浆砌筑或一、二层采用不同形式的楼（屋）盖时，实际房屋宽度应同时满足表中一、二层限值要求。

5 墙厚为 240mm 的实心砖墙木楼（屋）盖房屋，与抗震横墙间距（*L*）对应的房屋宽度（*B*）的限值宜按表 B.0.1-1 采用。

表 B.0.1-1 抗震横墙间距和房屋宽度限值（240mm 实心砖墙木楼屋盖）(m)

烈度	层数	层号	层高	抗震横墙间距（*L*）	与砂浆强度等级对应的房屋宽度限值（*B*）									
					M1		M2.5		M5		M7.5		M10	
					下限	上限	下限	上限	下限	上限	下限	上限	下限	上限
6	一	1	4.0	3～11	4	11	4	11	4	11	4	11	4	11
7	一	1	4.0	3～11	4	11	4	11	4	11	4	11	4	11
7 (0.15*g*)	一	1	4.0	3	4	6	4	9.9	4	11	4	11	4	11
				3.6	4	6.8	4	11	4	11	4	11	4	11
				4.2	4	7.4	4	11	4	11	4	11	4	11
				4.8	4	8	4	11	4	11	4	11	4	11
				5.4	4	8.5	4	11	4	11	4	11	4	11
				6	4	9	4	11	4	11	4	11	4	11
				6.6	4.3	9.4	4	11	4	11	4	11	4	11
				7.2	4.8	9.8	4	11	4	11	4	11	4	11
				7.8	5.3	10.1	4	11	4	11	4	11	4	11
				8.4	5.9	10.4	4	11	4	11	4	11	4	11
				9	6.5	10.7	4	11	4	11	4	11	4	11
				9.6	7.1	11	4	11	4	11	4	11	4	11
				10.2	7.8	11	4	11	4	11	4	11	4	11
				11	8.9	11	4	11	4	11	4	11	4	11
8	一	1	3.6	3	4	4.8	4	8.1	4	9	4	9	4	9
				3.6	4	5.4	4	9	4	9	4	9	4	9
				4.2	4	5.9	4	9	4	9	4	9	4	9
				4.8	4.1	6.3	4	9	4	9	4	9	4	9
				5.4	4.6	6.7	4	9	4	9	4	9	4	9
				6	5.6	7.1	4	9	4	9	4	9	4	9
				6.6	6.5	7.4	4	9	4	9	4	9	4	9
				7.2	7.6	7.7	4	9	4	9	4	9	4	9
				7.8～8.4	—	—	4	9	4	9	4	9	4	9
				9	—	—	4.3	9	4	9	4	9	4	9

续表 B.0.1-1

烈度	层数	层号	层高	抗震横墙间距（L）	与砂浆强度等级对应的房屋宽度限值（B）									
					M1		M2.5		M5		M7.5		M10	
					下限	上限	下限	上限	下限	上限	下限	上限	下限	上限
8（0.30g）	一	1	3.6	3	—	—	4	4.7	4	6.9	4	9	4	9
				3.6	—	—	4	5.3	4	7.7	4	9	4	9
				4.2	—	—	4	5.8	4	8.4	4	9	4	9
				4.8	—	—	4.8	6.2	4	9	4	9	4	9
				5.4	—	—	5.4	6.6	4	9	4	9	4	9
				6	—	—	7	7	4	9	4	9	4	9
				6.6	—	—	—	—	4.1	9	4	9	4	9
				7.2	—	—	—	—	4.7	9	4	9	4	9
				7.8	—	—	—	—	5.3	9	4	9	4	9
				8.4	—	—	—	—	6	9	4	9	4	9
				9	—	—	—	—	6.8	9	4	9	4	9
9	一	1	3.3	3	—	—	—	—	4	5.1	4	6	4	6
				3.6	—	—	—	—	4	5.7	4	6	4	6
				4.2	—	—	—	—	4	6	4	6	4	6
				4.8	—	—	—	—	4.4	6	4	6	4	6
				5	—	—	—	—	4.7	6	4	6	4	6
			3.0	3	—	—	—	—	4	5.6	4	6	4	6
				3.6～5	—	—	—	—	4	6	4	6	4	6
6	二	2	3.6	3～11	4	11	4	11	4	11	4	11	4	11
		1	3.6	3～9	4	11	4	11	4	11	4	11	4	11
7	二	2	3.6	3	4	7.7	4	11	4	11	4	11	4	11
				3.6	4	8.7	4	11	4	11	4	11	4	11
				4.2	4	9.5	4	11	4	11	4	11	4	11
				4.8	4	10.3	4	11	4	11	4	11	4	11
				5.4～9	4	11	4	11	4	11	4	11	4	11
				9.6	4.3	11	4	11	4	11	4	11	4	11
				10.2	4.6	11	4	11	4	11	4	11	4	11
				11	5	11	4	11	4	11	4	11	4	11
		1	3.6	3	4	5.1	4	8	4	10.8	4	11	4	11
				3.6	4	5.8	4	9.2	4	11	4	11	4	11
				4.2	4	6.5	4	10.3	4	11	4	11	4	11
				4.8	4	7.1	4	11	4	11	4	11	4	11
				5.4	4.4	7.7	4	11	4	11	4	11	4	11
				6	4.9	8.2	4	11	4	11	4	11	4	11
				6.6	5.4	8.7	4	11	4	11	4	11	4	11
				7.2	6	9.2	4	11	4	11	4	11	4	11
				7.8	6.5	9.6	4	11	4	11	4	11	4	11
				8.4	7.1	10	4	11	4	11	4	11	4	11
				9	7.7	10.4	4.2	11	4	11	4	11	4	11

续表 B.0.1-1

烈度	层数	层号	层高	抗震横墙间距（L）	与砂浆强度等级对应的房屋宽度限值（B）									
					M1		M2.5		M5		M7.5		M10	
					下限	上限	下限	上限	下限	上限	下限	上限	下限	上限
7（0.15g）	二	2	3.6	3	4	4.2	4	7.2	4	10.2	4	11	4	11
				3.6	4.3	4.8	4	8.2	4	11	4	11	4	11
				4.2	5.1	5.2	4	9	4	11	4	11	4	11
				4.8	—	—	4	9.7	4	11	4	11	4	11
				5.4	—	—	4	10.3	4	11	4	11	4	11
				6	—	—	4	10.9	4	11	4	11	4	11
				6.6～7.2	—	—	4	11	4	11	4	11	4	11
				7.8	—	—	4.3	11	4	11	4	11	4	11
				8.4	—	—	4.7	11	4	11	4	11	4	11
				9	—	—	5.1	11	4	11	4	11	4	11
				9.6	—	—	5.6	11	4	11	4	11	4	11
				10.2	—	—	6.1	11	4	11	4	11	4	11
				11	—	—	6.8	11	4	11	4	11	4	11
		1	3.6	3	—	—	4	4.3	4	6.1	4	7.9	4	9.6
				3.6	—	—	4	4.9	4	7	4	9	4	11
				4.2	—	—	4.5	5.5	4	7.8	4	10.1	4	11
				4.8	—	—	5.3	6	4	8.6	4	11	4	11
				5.4	—	—	—	—	4	9.3	4	11	4	11
				6	—	—	—	—	4.2	9.9	4	11	4	11
				6.6	—	—	—	—	4.6	10.5	4	11	4	11
				7.2	—	—	—	—	5.1	11	4	11	4	11
				7.8	—	—	—	—	5.6	11	4	11	4	11
				8.4	—	—	—	—	6.1	11	4	11	4	11
				9	—	—	—	—	6.7	11	4	11	4	11
8	二	2	3.3	3	—	—	4	5.8	4	8.4	4	9	4	9
				3.6	—	—	4	6.5	4	9	4	9	4	9
				4.2	—	—	4	7.2	4	9	4	9	4	9
				4.8	—	—	4	7.7	4	9	4	9	4	9
				5.4	—	—	4	8.2	4	9	4	9	4	9
				6	—	—	4.4	8.6	4	9	4	9	4	9
				6.6	—	—	5	9	4	9	4	9	4	9
				7.2	—	—	5.7	9	4	9	4	9	4	9
				7.8	—	—	6.4	9	4	9	4	9	4	9
				8.4	—	—	7.3	9	4	9	4	9	4	9
				9	—	—	8.2	9	4	9	4	9	4	9

续表 B.0.1-1

烈度	层数	层号	层高	抗震横墙间距(L)	与砂浆强度等级对应的房屋宽度限值(B)									
					M1		M2.5		M5		M7.5		M10	
					下限	上限	下限	上限	下限	上限	下限	上限	下限	上限
8	二	1	3.3	3	—	—	—	—	4	4.8	4	6.3	4	7.8
				3.6	—	—	—	—	4	5.5	4	7.2	4	9
				4.2	—	—	—	—	4	6.1	4	8.1	4	9
				4.8	—	—	—	—	4.5	6.7	4	8.8	4	9
				5.4	—	—	—	—	5.2	7.2	4	9	4	9
				6	—	—	—	—	6	7.7	4	9	4	9
				6.6	—	—	—	—	6.8	8.1	4	9	4	9
				7	—	—	—	—	7.3	8.4	4	9	4	9
8 (0.30g)	二	2	3.3	3	—	—	—	—	4	4.9	4	6.6	4	8.3
				3.6	—	—	—	—	4	5.5	4	7.4	4	9
				4.2	—	—	—	—	4	6	4	8.1	4	9
				4.8	—	—	—	—	4.7	6.5	4	8.7	4	9
				5.4	—	—	—	—	5.7	6.9	4	9	4	9
				6	—	—	—	—	6.8	7.2	4	9	4	9
				6.6	—	—	—	—	—	—	4.6	9	4	9
				7.2	—	—	—	—	—	—	5.3	9	4	9
				7.8	—	—	—	—	—	—	6.1	9	4	9
				8.4	—	—	—	—	—	—	6.9	9	4	9
				9	—	—	—	—	—	—	7.9	9	4	9
		1	3.3	3	—	—	—	—	—	—	—	—	4	4.4
				3.6	—	—	—	—	—	—	—	—	4	5.1
				4.2	—	—	—	—	—	—	—	—	4.6	5.7
				4.8	—	—	—	—	—	—	—	—	5.5	6.2
				5.4	—	—	—	—	—	—	—	—	6.4	6.7
				6～7	—	—	—	—	—	—	—	—	—	—

6 墙厚为 370mm 的实心砖墙木楼(屋)盖房屋(单开间),与抗震横墙间距(L)对应的房屋宽度(B)的限值宜按表 B.0.1-2 采用。

表 B.0.1-2 抗震横墙间距和房屋宽度限值(370mm 实心砖墙木楼屋盖)(m)

烈度	层数	层号	层高	抗震横墙间距(L)	与砂浆强度等级对应的房屋宽度限值(B)									
					M1		M2.5		M5		M7.5		M10	
					下限	上限	下限	上限	下限	上限	下限	上限	下限	上限
6	一	1	4.0	3～11	4	11	4	11	4	11	4	11	4	11
7	一	1	4.0	3～11	4	11	4	11	4	11	4	11	4	11
7 (0.15g)	一	1	4.0	3	4	6.9	4	11	4	11	4	11	4	11
				3.6	4	7.9	4	11	4	11	4	11	4	11
				4.2	4	8.8	4	11	4	11	4	11	4	11
				4.8	4	9.6	4	11	4	11	4	11	4	11
				5.4	4	10.3	4	11	4	11	4	11	4	11
				6～11	4	11	4	11	4	11	4	11	4	11

续表 B.0.1-2

烈度	层数	层号	层高	抗震横墙间距（L）	与砂浆强度等级对应的房屋宽度限值（B）									
					M1		M2.5		M5		M7.5		M10	
					下限	上限	下限	上限	下限	上限	下限	上限	下限	上限
8	一	1	3.6	3	4	5.6	4	9	4	9	4	9	4	9
				3.6	4	6.3	4	9	4	9	4	9	4	9
				4.2	4	7	4	9	4	9	4	9	4	9
				4.8	4	7.7	4	9	4	9	4	9	4	9
				5.4	4	8.2	4	9	4	9	4	9	4	9
				6	4	8.7	4	9	4	9	4	9	4	9
				6.6～9	4	9	4	9	4	9	4	9	4	9
8（0.30g）	一	1	3.6	3	—	—	4	5.5	4	7.9	4	9	4	9
				3.6	—	—	4	6.2	4	9	4	9	4	9
				4.2	—	—	4	6.9	4	9	4	9	4	9
				4.8	4	4.1	4	7.5	4	9	4	9	4	9
				5.4	4	4.4	4	8.1	4	9	4	9	4	9
				6	4	4.7	4	8.6	4	9	4	9	4	9
				6.6	4.2	4.9	4	9	4	9	4	9	4	9
				7.2	4.7	5.2	4	9	4	9	4	9	4	9
				7.8	5.3	5.4	4	9	4	9	4	9	4	9
				8.4～9	—	—	4	9	4	9	4	9	4	9
9	一	1	3.3	3	—	—	4	4	4	6	4	6	4	6
				3.6	—	—	4	4.5	4	6	4	6	4	6
				4.2	—	—	4	5	4	6	4	6	4	6
				4.8	—	—	4	5.4	4	6	4	6	4	6
				5	—	—	4	5.5	4	6	4	6	4	6
			3.0	3	—	—	4	4.4	4	6	4	6	4	6
				3.6	—	—	4	5	4	6	4	6	4	6
				4.2	—	—	4	5.5	4	6	4	6	4	6
				4.8	—	—	4	5.9	4	6	4	6	4	6
				5	—	—	4	6	4	6	4	6	4	6
6	二	2	3.6	3～11	4	11	4	11	4	11	4	11	4	11
		1	3.6	3～9	4	11	4	11	4	11	4	11	4	11
7	二	2	3.6	3	4	8.8	4	11	4	11	4	11	4	11
				3.6	4	10	4	11	4	11	4	11	4	11
				4.2～11	4	11	4	11	4	11	4	11	4	11
		1	3.6	3	4	5.6	4	8.7	4	11	4	11	4	11
				3.6	4	6.5	4	10.2	4	11	4	11	4	11
				4.2	4	7.3	4	11	4	11	4	11	4	11
				4.8	4	8.1	4	11	4	11	4	11	4	11
				5.4	4	8.8	4	11	4	11	4	11	4	11
				6	4	9.5	4	11	4	11	4	11	4	11
				6.6	4	10.2	4	11	4	11	4	11	4	11
				7.2	4	10.8	4	11	4	11	4	11	4	11
				7.8～9	4	11	4	11	4	11	4	11	4	11
7（0.15g）	二	2	3.6	3	4	4.8	4	8.2	4	11	4	11	4	11
				3.6	4	5.5	4	9.4	4	11	4	11	4	11
				4.2	4	6.1	4	10.5	4	11	4	11	4	11
				4.8	4	6.7	4	11	4	11	4	11	4	11
				5.4	4	7.2	4	11	4	11	4	11	4	11
				6	4	7.7	4	11	4	11	4	11	4	11
				6.6	4	8.2	4	11	4	11	4	11	4	11
				7.2	4	8.6	4	11	4	11	4	11	4	11
				7.8	4	9	4	11	4	11	4	11	4	11
				8.4	4	9.3	4	11	4	11	4	11	4	11
				9	4	9.7	4	11	4	11	4	11	4	11
				9.6	4	10	4	11	4	11	4	11	4	11
				10.2	4	10.3	4	11	4	11	4	11	4	11
				11	4.2	10.7	4	11	4	11	4	11	4	11

续表 B.0.1-2

烈度	层数	层号	层高	抗震横墙间距（L）	与砂浆强度等级对应的房屋宽度限值（B）									
					M1		M2.5		M5		M7.5		M10	
					下限	上限	下限	上限	下限	上限	下限	上限	下限	上限
7（0.15g）	二	1	3.6	3	—	—	4	4.7	4	6.7	4	8.6	4	10.5
				3.6	—	—	4	5.5	4	7.8	4	10	4	11
				4.2	—	—	4	6.2	4	8.8	4	11	4	11
				4.8	—	—	4	6.9	4	9.7	4	11	4	11
				5.4	4	4.2	4	7.5	4	10.6	4	11	4	11
				6	4.3	4.6	4	8.1	4	11	4	11	4	11
				6.6	4.7	4.9	4	8.6	4	11	4	11	4	11
				7.2	5.2	5.2	4	9.2	4	11	4	11	4	11
				7.8	—	—	4	9.7	4	11	4	11	4	11
				8.4	—	—	4	10.2	4	11	4	11	4	11
				9	—	—	4	10.6	4	11	4	11	4	11
8	二	2	3.3	3	—	—	4	6.7	4	9	4	9	4	9
				3.6	4	4.3	4	7.6	4	9	4	9	4	9
				4.2	4	4.8	4	8.5	4	9	4	9	4	9
				4.8	4	5.2	4	9	4	9	4	9	4	9
				5.4	4	5.6	4	9	4	9	4	9	4	9
				6	4	5.9	4	9	4	9	4	9	4	9
				6.6	4	6.3	4	9	4	9	4	9	4	9
				7.2	4	6.6	4	9	4	9	4	9	4	9
				7.8	4	6.9	4	9	4	9	4	9	4	9
				8.4	4.1	7.1	4	9	4	9	4	9	4	9
				9	4.5	7.4	4	9	4	9	4	9	4	9
		1	3.3	3	—	—	—	—	4	5.3	4	7	4	8.6
				3.6	—	—	4	4.2	4	6.1	4	8.1	4	9
				4.2	—	—	4	4.7	4	6.9	4	9	4	9
				4.8	—	—	4	5.2	4	7.7	4	9	4	9
				5.4	—	—	4	5.7	4	8.4	4	9	4	9
				6	—	—	4	6.1	4	9	4	9	4	9
				6.6	—	—	4	6.6	4	9	4	9	4	9
				7	—	—	4	6.8	4	9	4	9	4	9

续表 B.0.1-2

烈度	层数	层号	层高	抗震横墙间距（L）	与砂浆强度等级对应的房屋宽度限值（B）									
					M1		M2.5		M5		M7.5		M10	
					下限	上限	下限	上限	下限	上限	下限	上限	下限	上限
8（0.30g）	二	2	3.3	3	—	—	—	—	4	5.6	4	7.5	4	9
				3.6	—	—	4	4.2	4	6.4	4	8.6	4	9
				4.2	—	—	4	4.7	4	7.1	4	9	4	9
				4.8	—	—	4	5.1	4	7.8	4	9	4	9
				5.4	—	—	4	5.5	4	8.4	4	9	4	9
				6	—	—	4	5.8	4	8.9	4	9	4	9
				6.6	—	—	4	6.2	4	9	4	9	4	9
				7.2	—	—	4	6.5	4	9	4	9	4	9
				7.8	—	—	4.1	6.8	4	9	4	9	4	9
				8.4	—	—	4.5	7	4	9	4	9	4	9
				9	—	—	4.9	7.3	4	9	4	9	4	9
		1	3.3	3	—	—	—	—	—	—	—	—	4	4.9
				3.6	—	—	—	—	—	—	4	4.4	4	5.7
				4.2	—	—	—	—	—	—	4	5	4	6.4
				4.8	—	—	—	—	—	—	4	5.5	4	7.1
				5.4	—	—	—	—	4	4.3	4	6	4	7.7
				6	—	—	—	—	4.2	4.6	4	6.5	4	8.3
				6.6	—	—	—	—	4.7	4.9	4	6.9	4	8.9
				7	—	—	—	—	5	5.1	4	7.2	4	9

7 外墙厚为 370mm、内墙厚为 240mm 的实心砖墙木楼（屋）盖房屋，与抗震横墙间距（L）对应的房屋宽度（B）的限值宜按表 B.0.1-3 采用。

表 B.0.1-3 抗震横墙间距和房屋宽度限值（外墙 370mm、内墙 240mm 实心砖墙木楼屋盖）（m）

烈度	层数	层号	层高	抗震横墙间距（L）	与砂浆强度等级对应的房屋宽度限值（B）									
					M1		M2.5		M5		M7.5		M10	
					下限	上限	下限	上限	下限	上限	下限	上限	下限	上限
6	一	1	4.0	3～11	4	11	4	11	4	11	4	11	4	11
7	一	1	4.0	3～11	4	11	4	11	4	11	4	11	4	11
7（0.15g）	一	1	4.0	3	4	9	4	11	4	11	4	11	4	11
				3.6	4	10.2	4	11	4	11	4	11	4	11
				4.2	4.6	11	4	11	4	11	4	11	4	11
				4.8	5.4	11	4	11	4	11	4	11	4	11
				5.4	6.2	11	4	11	4	11	4	11	4	11
				6	7.1	11	4	11	4	11	4	11	4	11
				6.6	8.1	11	4	11	4	11	4	11	4	11
				7.2	9.1	11	4.2	11	4	11	4	11	4	11
				7.8	10.2	11	4.6	11	4	11	4	11	4	11
				8.4	—	—	5	11	4	11	4	11	4	11
				9	—	—	5.4	11	4	11	4	11	4	11
				9.6	—	—	5.9	11	4	11	4	11	4	11
				10.2	—	—	6.3	11	4	11	4	11	4	11
				11	—	—	7	11	4	11	4	11	4	11
8	一	1	3.6	3	4.5	7.2	4	9	4	9	4	9	4	9
				3.6	5.7	8.1	4	9	4	9	4	9	4	9
				4.2	7	8.8	4	9	4	9	4	9	4	9
				4.8	8.4	9	4	9	4	9	4	9	4	9
				5.4	—	—	4	9	4	9	4	9	4	9
				6	—	—	4.6	9	4	9	4	9	4	9
				6.6	—	—	5.1	9	4	9	4	9	4	9
				7.2	—	—	5.7	9	4	9	4	9	4	9
				7.8	—	—	6.4	9	4	9	4	9	4	9
				8.4	—	—	7.1	9	4.2	9	4	9	4	9
				9	—	—	7.8	9	4.6	9	4	9	4	9

续表 B.0.1-3

烈度	层数	层号	层高	抗震横墙间距（L）	与砂浆强度等级对应的房屋宽度限值（B）									
					M1		M2.5		M5		M7.5		M10	
					下限	上限	下限	上限	下限	上限	下限	上限	下限	上限
8（0.30g）	一	1	3.6	3	—	—	5.1	7.1	4	9	4	9	4	9
				3.6	—	—	6.6	7.9	4	9	4	9	4	9
				4.2	—	—	8.3	8.6	4.1	9	4	9	4	9
				4.8	—	—	—	—	4.9	9	4	9	4	9
				5.4	—	—	—	—	5.8	9	4	9	4	9
				6	—	—	—	—	6.7	9	4.3	9	4	9
				6.6	—	—	—	—	7.8	9	4.8	9	4	9
				7.2	—	—	—	—	9	9	5.5	9	4	9
				7.8	—	—	—	—	—	—	6.1	9	4.4	9
				8.4	—	—	—	—	—	—	6.8	9	4.8	9
				9	—	—	—	—	—	—	7.6	9	5.3	9
9	一	1	3.3	3	—	—	—	—	4.4	6	4	6	4	6
				3.6	—	—	—	—	5.8	6	4	6	4	6
				4.2	—	—	—	—	—	—	4.2	6	4	6
				4.8～5	—	—	—	—	—	—	—	—	4	6
			3.0	3	—	—	—	—	4	6	4	6	4	6
				3.6	—	—	—	—	4.8	6	4	6	4	6
				4.2	—	—	—	—	6	6	4	6	4	6
				4.8	—	—	—	—	—	—	4.3	6	4	6
				5	—	—	—	—	—	—	4.6	6	4	6
6	二	2	3.6	3～11	4	11	4	11	4	11	4	11	4	11
		1	3.6	3～9	4	11	4	11	4	11	4	11	4	11
7	二	2	3.6	3～5.4	4	11	4	11	4	11	4	11	4	11
				6	4.5	11	4	11	4	11	4	11	4	11
				6.6	5	11	4	11	4	11	4	11	4	11
				7.2	5.4	11	4	11	4	11	4	11	4	11
				7.8	5.9	11	4	11	4	11	4	11	4	11
				8.4	6.5	11	4	11	4	11	4	11	4	11
				9	7	11	4	11	4	11	4	11	4	11
				9.6	7.5	11	4	11	4	11	4	11	4	11
				10.2	8.1	11	4.2	11	4	11	4	11	4	11
				11	8.9	11	4.6	11	4	11	4	11	4	11
		1	3.6	3	4.9	7.5	4	11	4	11	4	11	4	11
				3.6	5.9	8.6	4	11	4	11	4	11	4	11
				4.2	6.9	9.7	4	11	4	11	4	11	4	11
				4.8	7.9	10.6	4	11	4	11	4	11	4	11
				5.4	8.9	11	4.5	11	4	11	4	11	4	11
				6	10	11	4.9	11	4	11	4	11	4	11
				6.6	—	—	5.4	11	4	11	4	11	4	11
				7.2	—	—	5.9	11	4	11	4	11	4	11
				7.8	—	—	6.4	11	4.3	11	4	11	4	11
				8.4	—	—	6.9	11	4.6	11	4	11	4	11
				9	—	—	7.4	11	5	11	4	11	4	11

续表 B.0.1-3

烈度	层数	层号	层高	抗震横墙间距（L）	与砂浆强度等级对应的房屋宽度限值（B）									
					M1		M2.5		M5		M7.5		M10	
					下限	上限	下限	上限	下限	上限	下限	上限	下限	上限
7（0.15g）	二	2	3.6	3	—	—	4	10.8	4	11	4	11	4	11
				3.6～4.2	—	—	4	11	4	11	4	11	4	11
				4.8	—	—	4.3	11	4	11	4	11	4	11
				5.4	—	—	4.9	11	4	11	4	11	4	11
				6	—	—	5.6	11	4	11	4	11	4	11
				6.6	—	—	6.3	11	4	11	4	11	4	11
				7.2	—	—	7	11	4.2	11	4	11	4	11
				7.8	—	—	7.8	11	4.6	11	4	11	4	11
				8.4	—	—	8.6	11	5	11	4	11	4	11
				9	—	—	9.5	11	5.5	11	4	11	4	11
				9.6	—	—	10.4	11	5.9	11	4.1	11	4	11
				10.2	—	—	—	—	6.4	11	4.4	11	4	11
				11	—	—	—	—	7	11	4.9	11	4	11
		1	3.6	3	—	—	—	—	4	9	4	11	4	11
				3.6	—	—	—	—	4.6	10.4	4	11	4	11
				4.2	—	—	—	—	5.4	11	4	11	4	11
				4.8	—	—	—	—	6.3	11	4.3	11	4	11
				5.4	—	—	—	—	7.2	11	4.9	11	4	11
				6	—	—	—	—	8.1	11	5.4	11	4.1	11
				6.6	—	—	—	—	9	11	6	11	4.6	11
				7.2	—	—	—	—	10	11	6.6	11	5	11
				7.8	—	—	—	—	11	11	7.3	11	5.5	11
				8.4	—	—	—	—	—	—	7.9	11	5.9	11
				9	—	—	—	—	—	—	8.5	11	6.4	11
8	二	2	3.3	3	—	—	4	8.6	4	9	4	9	4	9
				3.6	—	—	4.3	9	4	9	4	9	4	9
				4.2	—	—	5.2	9	4	9	4	9	4	9
				4.8	—	—	6.2	9	4	9	4	9	4	9
				5.4	—	—	7.3	9	4	9	4	9	4	9
				6	—	—	8.6	9	4.6	9	4	9	4	9
				6.6	—	—	—	—	5.2	9	4	9	4	9
				7.2	—	—	—	—	5.8	9	4	9	4	9
				7.8	—	—	—	—	6.5	9	4.3	9	4	9
				8.4	—	—	—	—	7.2	9	4.7	9	4	9
				9	—	—	—	—	7.9	9	5.2	9	4	9
		1	3.3	3	—	—	—	—	5.5	7.1	4	9	4	9
				3.6	—	—	—	—	6.8	8.1	4.3	9	4	9
				4.2	—	—	—	—	8.2	9	5.1	9	4	9
				4.8	—	—	—	—	—	—	6	9	4.3	9
				5.4	—	—	—	—	—	—	6.8	9	4.9	9
				6	—	—	—	—	—	—	7.8	9	5.5	9
				6.6	—	—	—	—	—	—	8.7	9	6.2	9
				7	—	—	—	—	—	—	—	—	6.6	9

续表 B.0.1-3

烈度	层数	层号	层高	抗震横墙间距（L）	与砂浆强度等级对应的房屋宽度限值（B）									
					M1		M2.5		M5		M7.5		M10	
					下限	上限	下限	上限	下限	上限	下限	上限	下限	上限
8（0.30g）	二	2	3.0	3	—	—	—	—	4.1	9	4	9	4	9
				3.6	—	—	—	—	5.2	9	4	9	4	9
				4.2	—	—	—	—	6.6	9	4	9	4	9
				4.8	—	—	—	—	8.2	9	4.7	9	4	9
				5.4	—	—	—	—	—	—	5.5	9	4	9
				6	—	—	—	—	—	—	6.5	9	4.4	9
				6.6	—	—	—	—	—	—	7.5	9	5	9
				7.2	—	—	—	—	—	—	8.7	9	5.7	9
				7.8	—	—	—	—	—	—	—	—	6.4	9
				8.4	—	—	—	—	—	—	—	—	7.2	9
				9	—	—	—	—	—	—	—	—	8.1	9
		1	3.0	3	—	—	—	—	—	—	—	—	5.4	7.2
				3.6	—	—	—	—	—	—	—	—	6.8	8.2
				4.2	—	—	—	—	—	—	—	—	8.4	9
				4.8～7	—	—	—	—	—	—	—	—	—	—

8 墙厚为 240mm 的多孔砖墙木楼（屋）盖房屋， 表 B.0.1-4 采用。
与抗震横墙间距（L）对应的房屋宽度（B）的限值宜按

表 B.0.1-4 抗震横墙间距和房屋宽度限值
（240mm 多孔砖墙木楼屋盖）（m）

烈度	层数	层号	层高	抗震横墙间距（L）	与砂浆强度等级对应的房屋宽度限值（B）									
					M1		M2.5		M5		M7.5		M10	
					下限	上限	下限	上限	下限	上限	下限	上限	下限	上限
6	一	1	4.0	3～11	4	11	4	11	4	11	4	11	4	11
7	一	1	4.0	3～11	4	11	4	11	4	11	4	11	4	11
7（0.15g）	一	1	4.0	3	4	6.6	4	10.7	4	11	4	11	4	11
				3.6	4	7.3	4	11	4	11	4	11	4	11
				4.2	4	8	4	11	4	11	4	11	4	11
				4.8	4	8.6	4	11	4	11	4	11	4	11
				5.4	4	9.1	4	11	4	11	4	11	4	11
				6	4	9.6	4	11	4	11	4	11	4	11
				6.6	4	10	4	11	4	11	4	11	4	11
				7.2	4.1	10.4	4	11	4	11	4	11	4	11
				7.8	4.5	10.7	4	11	4	11	4	11	4	11
				8.4	5	11	4	11	4	11	4	11	4	11
				9	5.5	11	4	11	4	11	4	11	4	11
				9.6	6.1	11	4	11	4	11	4	11	4	11
				10.2	6.7	11	4	11	4	11	4	11	4	11
				11	7.5	11	4	11	4	11	4	11	4	11

续表 B.0.1-4

烈度	层数	层号	层高	抗震横墙间距（L）	与砂浆强度等级对应的房屋宽度限值（B）									
					M1		M2.5		M5		M7.5		M10	
					下限	上限	下限	上限	下限	上限	下限	上限	下限	上限
8	一	1	3.6	3	4	5.3	4	8.8	4	9	4	9	4	9
				3.6	4	5.9	4	9	4	9	4	9	4	9
				4.2	4	6.4	4	9	4	9	4	9	4	9
				4.8	4	6.8	4	9	4	9	4	9	4	9
				5.4	4.1	7.2	4	9	4	9	4	9	4	9
				6	4.7	7.6	4	9	4	9	4	9	4	9
				6.6	5.5	7.9	4	9	4	9	4	9	4	9
				7.2	6.3	8.1	4	9	4	9	4	9	4	9
				7.8	7.3	8.4	4	9	4	9	4	9	4	9
				8.4	8.3	8.6	4	9	4	9	4	9	4	9
				9	—	—	4	9	4	9	4	9	4	9
8（0.30*g*）	一	1	3.6	3	—	—	4	5.2	4	7.5	4	9	4	9
				3.6	—	—	4	5.8	4	8.4	4	9	4	9
				4.2	—	—	4	6.3	4	9	4	9	4	9
				4.8	—	—	4	6.7	4	9	4	9	4	9
				5.4	—	—	4.8	7.1	4	9	4	9	4	9
				6	—	—	5.7	7.5	4	9	4	9	4	9
				6.6	—	—	6.8	7.8	4	9	4	9	4	9
				7.2	—	—	8	8	4	9	4	9	4	9
				7.8	—	—	—	—	4.5	9	4	9	4	9
				8.4	—	—	—	—	5.1	9	4	9	4	9
				9	—	—	—	—	5.8	9	4	9	4	9
9	一	1	3.3	3	—	—	—	—	4	5.6	4	6	4	6
				3.6	—	—	4	4.2	4	6	4	6	4	6
				4.2	—	—	4.6	4.6	4	6	4	6	4	6
				4.8	—	—	—	—	4	6	4	6	4	6
				5	—	—	—	—	4.5	6	4	6	4	6
			3.0	3	—	—	4	4.1	4	6	4	6	4	6
				3.6	—	—	4	4.6	4	6	4	6	4	6
				4.2～5	—	—	—	—	4	6	4	6	4	6

续表 B.0.1-4

烈度	层数	层号	层高	抗震横墙间距（L）	与砂浆强度等级对应的房屋宽度限值（B） M1		M2.5		M5		M7.5		M10	
					下限	上限	下限	上限	下限	上限	下限	上限	下限	上限
6	二	2	3.6	3～11	4	11	4	11	4	11	4	11	4	11
		1	3.6	3～9	4	11	4	11	4	11	4	11	4	11
7	二	2	3.6	3	4	8.4	4	11	4	11	4	11	4	11
				3.6	4	9.4	4	11	4	11	4	11	4	11
				4.2	4	10.3	4	11	4	11	4	11	4	11
				4.8～10.2	4	11	4	11	4	11	4	11	4	11
				11	4.3	11	4	11	4	11	4	11	4	11
		1	3.6	3	4	5.6	4	8.7	4	11	4	11	4	11
				3.6	4	6.3	4	10	4	11	4	11	4	11
				4.2	4	7.1	4	11	4	11	4	11	4	11
				4.8	4	7.7	4	11	4	11	4	11	4	11
				5.4	4	8.3	4	11	4	11	4	11	4	11
				6	4.2	8.8	4	11	4	11	4	11	4	11
				6.6	4.7	9.3	4	11	4	11	4	11	4	11
				7.2	5.1	9.8	4	11	4	11	4	11	4	11
				7.8	5.6	10.2	4	11	4	11	4	11	4	11
				8.4	6.1	10.6	4	11	4	11	4	11	4	11
				9	6.6	11	4	11	4	11	4	11	4	11
7 (0.15g)	二	2	3.6	3	4	4.7	4	7.9	4	11	4	11	4	11
				3.6	4	5.2	4	8.9	4	11	4	11	4	11
				4.2	4	5.7	4	9.7	4	11	4	11	4	11
				4.8	4.2	6.2	4	10.4	4	11	4	11	4	11
				5.4	5	6.5	4	11	4	11	4	11	4	11
				6	5.8	6.9	4	11	4	11	4	11	4	11
				6.6	6.7	7.2	4	11	4	11	4	11	4	11
				7.2～8.4	—	—	4	11	4	11	4	11	4	11
				9	—	—	4.4	11	4	11	4	11	4	11
				9.6	—	—	4.8	11	4	11	4	11	4	11
				10.2	—	—	5.2	11	4	11	4	11	4	11
				11	—	—	5.8	11	4	11	4	11	4	11
		1	3.6	3	—	—	4	4.8	4	6.7	4	8.7	4	10.6
				3.6	—	—	4	5.5	4	7.7	4	9.9	4	11
				4.2	—	—	4	6.1	4	8.6	4	11	4	11
				4.8	—	—	4.4	6.6	4	9.3	4	11	4	11
				5.4	—	—	5.1	7.1	4	10.1	4	11	4	11
				6	—	—	5.7	7.6	4	10.7	4	11	4	11
				6.6	—	—	6.5	8	4	11	4	11	4	11
				7.2	—	—	7.2	8.4	4.4	11	4	11	4	11
				7.8	—	—	8	8.8	4.8	11	4	11	4	11
				8.4	—	—	8.9	9.2	5.2	11	4	11	4	11
				9	—	—	—	—	5.7	11	4	11	4	11

续表 B.0.1-4

烈度	层数	层号	层高	抗震横墙间距（L）	与砂浆强度等级对应的房屋宽度限值（B）									
					M1		M2.5		M5		M7.5		M10	
					下限	上限	下限	上限	下限	上限	下限	上限	下限	上限
8	二	2	3.3	3	—	—	4	6.4	4	9	4	9	4	9
				3.6	—	—	4	7.1	4	9	4	9	4	9
				4.2	—	—	4	7.8	4	9	4	9	4	9
				4.8	—	—	4	8.3	4	9	4	9	4	9
				5.4	—	—	4	8.8	4	9	4	9	4	9
				6	—	—	4	9	4	9	4	9	4	9
				6.6	—	—	4.2	9	4	9	4	9	4	9
				7.2	—	—	4.8	9	4	9	4	9	4	9
				7.8	—	—	5.4	9	4	9	4	9	4	9
				8.4	—	—	6.1	9	4	9	4	9	4	9
				9	—	—	6.8	9	4	9	4	9	4	9
		1	3.3	3	—	—	—	—	4	5.4	4	7	4	8.6
				3.6	—	—	—	—	4	6.1	4	8	4	9
				4.2	—	—	—	—	4	6.8	4	8.8	4	9
				4.8	—	—	—	—	4	7.4	4	9	4	9
				5.4	—	—	—	—	4.4	7.9	4	9	4	9
				6	—	—	—	—	5	8.4	4	9	4	9
				6.6	—	—	—	—	5.7	8.9	4	9	4	9
				7	—	—	—	—	6.1	9	4.1	9	4	9
8 (0.30g)	二	2	3.3	3	—	—	—	—	4	5.4	4	7.3	4	9
				3.6	—	—	—	—	4	6.1	4	8.1	4	9
				4.2	—	—	—	—	4	6.6	4	8.8	4	9
				4.8	—	—	—	—	4	7.1	4	9	4	9
				5.4	—	—	—	—	4.7	7.5	4	9	4	9
				6	—	—	—	—	5.6	7.9	4	9	4	9
				6.6	—	—	—	—	6.6	8.2	4	9	4	9
				7.2	—	—	—	—	7.8	8.5	4.5	9	4	9
				7.8	—	—	—	—	—	—	5.1	9	4	9
				8.4	—	—	—	—	—	—	5.8	9	4	9
				9	—	—	—	—	—	—	6.6	9	4.4	9
		1	3.3	3	—	—	—	—	—	—	—	—	4	5
				3.6	—	—	—	—	—	—	4	4.5	4	5.7
				4.2	—	—	—	—	—	—	4.5	4.9	4	6.3
				4.8	—	—	—	—	—	—	—	—	4.5	6.9
				5.4	—	—	—	—	—	—	—	—	5.3	7.4
				6	—	—	—	—	—	—	—	—	6.2	7.8
				6.6	—	—	—	—	—	—	—	—	7.1	8.3
				7	—	—	—	—	—	—	—	—	7.8	8.5

9 墙厚为190mm的多孔砖墙木楼(屋)盖房屋，与抗震横墙间距(L)对应的房屋宽度(B)的限值宜按表B.0.1-5采用。

表B.0.1-5 抗震横墙间距和房屋宽度限值

(190mm多孔砖墙木楼屋盖)(m)

烈度	层数	层号	层高	抗震横墙间距(L)	与砂浆强度等级对应的房屋宽度限值(B)									
					M1		M2.5		M5		M7.5		M10	
					下限	上限	下限	上限	下限	上限	下限	上限	下限	上限
6	一	1	4.0	3～9	4	9	4	9	4	9	4	9	4	9
7	一	1	4.0	3～9	4	9	4	9	4	9	4	9	4	9
7 (0.15g)	一	1	4.0	3	4	5.8	4	9	4	9	4	9	4	9
				3.6	4	6.5	4	9	4	9	4	9	4	9
				4.2	4	7	4	9	4	9	4	9	4	9
				4.8	4	7.5	4	9	4	9	4	9	4	9
				5.4	4	7.9	4	9	4	9	4	9	4	9
				6	4	8.2	4	9	4	9	4	9	4	9
				6.6	4.1	8.6	4	9	4	9	4	9	4	9
				7.2	4.7	8.8	4	9	4	9	4	9	4	9
				7.8	5.3	9	4	9	4	9	4	9	4	9
				8.4	5.9	9	4	9	4	9	4	9	4	9
				9	6.6	9	4	9	4	9	4	9	4	9
8	一	1	3.6	3	4	4.7	4	7	4	7	4	7	4	7
				3.6	4	5.1	4	7	4	7	4	7	4	7
				4.2	4	5.5	4	7	4	7	4	7	4	7
				4.8	4	5.9	4	7	4	7	4	7	4	7
				5.4	4.8	6.2	4	7	4	7	4	7	4	7
				6	5.8	6.5	4	7	4	7	4	7	4	7
				6.6～7	—	—	4	7	4	7	4	7	4	7
8 (0.30g)	一	1	3.6	3	—	—	4	4.6	4	6.6	4	7	4	7
				3.6	—	—	4	5.1	4	7	4	7	4	7
				4.2	—	—	4	5.5	4	7	4	7	4	7
				4.8	—	—	4.9	5.8	4	7	4	7	4	7
				5.4	—	—	6.1	6.1	4	7	4	7	4	7
				6	—	—	—	—	4	7	4	7	4	7
				6.6	—	—	—	—	4.2	7	4	7	4	7
				7	—	—	—	—	4.7	7	4	7	4	7
9	一	1	3.0	3	—	—	—	—	4	5.3	4	6	4	6
				3.6	—	—	—	—	4	5.8	4	6	4	6
				4.2～4.8	—	—	—	—	4	6	4	6	4	6
				5	—	—	—	—	4.3	6	4	6	4	6

续表 B.0.1-5

烈度	层数	层号	层高	抗震横墙间距（L）	与砂浆强度等级对应的房屋宽度限值（B）									
					M1		M2.5		M5		M7.5		M10	
					下限	上限	下限	上限	下限	上限	下限	上限	下限	上限
6	二	2	3.6	3～9	4	9	4	9	4	9	4	9	4	9
		1	3.6	3～7	4	9	4	9	4	9	4	9	4	9
7	二	2	3.3	3	4	8.7	4	9	4	9	4	9	4	9
				3.6～9	4	9	4	9	4	9	4	9	4	9
		1	3.3	3	4	5.8	4	9	4	9	4	9	4	9
				3.6	4	6.6	4	9	4	9	4	9	4	9
				4.2	4	7.3	4	9	4	9	4	9	4	9
				4.8	4	7.9	4	9	4	9	4	9	4	9
				5.4	4	8.5	4	9	4	9	4	9	4	9
				6	4	9	4	9	4	9	4	9	4	9
				6.6	4.4	9	4	9	4	9	4	9	4	9
				7	4.7	9	4	9	4	9	4	9	4	9
7 (0.15g)	二	2	3.3	3	4	4.9	4	8.3	4	9	4	9	4	9
				3.6	4	5.5	4	9	4	9	4	9	4	9
				4.2	4	5.9	4	9	4	9	4	9	4	9
				4.8	4.3	6.4	4	9	4	9	4	9	4	9
				5.4	5.1	6.8	4	9	4	9	4	9	4	9
				6	6	7.1	4	9	4	9	4	9	4	9
				6.6	7.1	7.4	4	9	4	9	4	9	4	9
				7.2～9	—	—	4	9	4	9	4	9	4	9
		1	3.3	3	—	—	4	5	4	7	4	9	4	9
				3.6	—	—	4	5.7	4	8	4	9	4	9
				4.2	—	—	4	6.3	4	8.9	4	9	4	9
				4.8	—	—	4.3	6.9	4	9	4	9	4	9
				5.4	—	—	4.9	7.4	4	9	4	9	4	9
				6	—	—	5.5	7.9	4	9	4	9	4	9
				6.6	—	—	6.4	8.3	4	9	4	9	4	9
				7	—	—	6.9	8.6	4	9	4	9	4	9
8	二	2	3.0	3	—	—	4	6.7	4	7	4	7	4	7
				3.6～6	—	—	4	7	4	7	4	7	4	7
				6.6	—	—	4.3	7	4	7	4	7	4	7
				7	—	—	4.8	7	4	7	4	7	4	7

续表 B.0.1-5

烈度	层数	层号	层高	抗震横墙间距（L）	M1		M2.5		M5		M7.5		M10	
					与砂浆强度等级对应的房屋宽度限值（B）									
					下限	上限	下限	上限	下限	上限	下限	上限	下限	上限
8	二	1	3.0	3	—	—	—	—	4	5.7	4	7	4	7
				3.6	—	—	—	—	4	6.4	4	7	4	7
				4.2～5	—	—	—	—	4	7	4	7	4	7
8（0.30g）	二	2	3.0	3	—	—	—	—	4	5.7	4	7	4	7
				3.6	—	—	—	—	4	6.4	4	7	4	7
				4.2	—	—	—	—	4	6.9	4	7	4	7
				4.8	—	—	—	—	4	7	4	7	4	7
				5.4	—	—	—	—	5	7	4	7	4	7
				6	—	—	—	—	6.1	7	4	7	4	7
				6.6	—	—	—	—	—	—	4.1	7	4	7
				7	—	—	—	—	—	—	4.6	7	4	7
		1	3.0	3	—	—	—	—	—	—	4	4.2	4	5.3
				3.6	—	—	—	—	—	—	4.4	4.7	4	6
				4.2	—	—	—	—	—	—	—	—	4	6.7
				4.8	—	—	—	—	—	—	—	—	4.5	7
				5	—	—	—	—	—	—	—	—	4.7	7

10 墙厚为240mm的蒸压砖墙木楼（屋）盖房屋，与抗震横墙间距（L）对应的房屋宽度（B）的限值宜按表B.0.1-6采用。

表 B.0.1-6 抗震横墙间距和房屋宽度限值
（240mm 蒸压砖墙木楼屋盖）（m）

烈度	层数	层号	层高	抗震横墙间距（L）	M2.5		M5		M7.5		M10	
					与砂浆强度等级对应的房屋宽度限值（B）							
					下限	上限	下限	上限	下限	上限	下限	上限
6	一	1	4.0	3～9	4	9	4	9	4	9	4	9
7	一	1	4.0	3～9	4	9	4	9	4	9	4	9
7（0.15g）	一	1	4.0	3	4	7.6	4	9	4	9	4	9
				3.6	4	8.5	4	9	4	9	4	9
				4.2～7.8	4	9	4	9	4	9	4	9
				8.4	4.1	9	4	9	4	9	4	9
				9	4.5	9	4	9	4	9	4	9
8	一	1	3.6	3	4	6.2	4	7	4	7	4	7
				3.6	4	6.9	4	7	4	7	4	7
				4.2～6	4	7	4	7	4	7	4	7
				6.6	4.3	7	4	7	4	7	4	7
				7	4.6	7	4	7	4	7	4	7
8（0.30g）	一	1	3.6	3	—	—	4	5	4	6.4	4	7
				3.6	—	—	4	5.5	4	7	4	7
				4.2	—	—	4	6	4	7	4	7
				4.8	—	—	4.6	6.5	4	7	4	7
				5.4	—	—	5.5	6.8	4	7	4	7
				6	—	—	6.7	7	4.1	7	4	7
				6.6	—	—	—	—	4.8	7	4	7
				7	—	—	—	—	5.2	7	4	7
9	一	1	3.0	3	—	—	—	—	4	5.2	4	6
				3.6	—	—	—	—	4	5.7	4	6
				4.2	—	—	—	—	4	6	4	6
				4.8	—	—	—	—	4.4	6	4	6
				5	—	—	—	—	4.7	6	4	6

续表 B.0.1-6

烈度	层数	层号	层高	抗震横墙间距（*L*）	M2.5 下限	M2.5 上限	M5 下限	M5 上限	M7.5 下限	M7.5 上限	M10 下限	M10 上限
6	二	2	3.6	3～9	4	9	4	9	4	9	4	9
		1	3.6	3～7	4	9	4	9	4	9	4	9
7	二	2	3.3	3～9	4	9	4	9	4	9	4	9
		1	3.3	3	4	6.7	4	9	4	9	4	9
				3.6	4	7.7	4	9	4	9	4	9
				4.2	4	8.5	4	9	4	9	4	9
				4.8～7	4	9	4	9	4	9	4	9
7（0.15*g*）	二	2	3.3	3	4	5.9	4	8.1	4	9	4	9
				3.6	4	6.6	4	9	4	9	4	9
				4.2	4	7.2	4	9	4	9	4	9
				4.8	4	7.7	4	9	4	9	4	9
				5.4	4	8.2	4	9	4	9	4	9
				6	4	8.6	4	9	4	9	4	9
				6.6	4.5	9	4	9	4	9	4	9
				7.2	5.1	9	4	9	4	9	4	9
				7.8	5.7	9	4	9	4	9	4	9
				8.4	6.4	9	4	9	4	9	4	9
				9	7.1	9	4.2	9	4	9	4	9
		1	3.3	3	—	—	4	4.9	4	6.2	4	7.5
				3.6	—	—	4	5.6	4	7.1	4	8.6
				4.2	—	—	4	6.2	4	7.9	4	9
				4.8	—	—	4.2	6.7	4	8.6	4	9
				5.4	—	—	4.9	7.3	4	9	4	9
				6	—	—	5.5	7.7	4	9	4	9
				6.6	—	—	6.2	8.2	4.4	9	4	9
				7	—	—	6.7	8.4	4.7	9	4	9
8	二	2	3.0	3	4	4.7	4	6.6	4	7	4	7
				3.6	4	5.2	4	7	4	7	4	7
				4.2	4	5.7	4	7	4	7	4	7
				4.8	4.3	6.1	4	7	4	7	4	7
				5.4	5.2	6.5	4	7	4	7	4	7
				6	6.1	6.8	4	7	4	7	4	7
				6.6	—	—	4	7	4	7	4	7
				7	—	—	4.3	7	4	7	4	7
		1	3.0	3	—	—	—	—	4	4.9	4	6.1
				3.6	—	—	—	—	4	5.6	4	6.9
				4.2	—	—	—	—	4	6.2	4	7
				4.8	—	—	—	—	4.2	6.8	4	7
				5	—	—	—	—	4.4	6.9	4	7

11 墙厚为 370mm 的蒸压砖墙木楼（屋）盖房屋（单开间），与抗震横墙间距（*L*）对应的房屋宽度（*B*）的限值宜按表 B.0.1-7 采用。

表 B.0.1-7 抗震横墙间距和房屋宽度限值（370mm 蒸压砖墙木楼屋盖）（m）

烈度	层数	层号	层高	抗震横墙间距（*L*）	M2.5 下限	M2.5 上限	M5 下限	M5 上限	M7.5 下限	M7.5 上限	M10 下限	M10 上限
6	一	1	4.0	3～9	4	9	4	9	4	9	4	9

续表 B.0.1-7

烈度	层数	层号	层高	抗震横墙间距（L）	与砂浆强度等级对应的房屋宽度限值（B）M2.5 下限	M2.5 上限	M5 下限	M5 上限	M7.5 下限	M7.5 上限	M10 下限	M10 上限
7	一	1	4.0	3～9	4	9	4	9	4	9	4	9
7（0.15g）	一	1	4.0	3	4	8.7	4	9	4	9	4	9
				3.6～9	4	9	4	9	4	9	4	9
8	一	1	3.6	3～7	4	7	4	7	4	7	4	7
8（0.30g）	一	1	3.6	3	4	4	4	5.7	4	7	4	7
				3.6	4	4.6	4	6.5	4	7	4	7
				4.2	4	5.1	4	7	4	7	4	7
				4.8	4	5.5	4	7	4	7	4	7
				5.4	4	5.9	4	7	4	7	4	7
				6	4	6.3	4	7	4	7	4	7
				6.6	4	6.6	4	7	4	7	4	7
				7	4	6.8	4	7	4	7	4	7
9	一	1	3.0	3	—	—	4	4.6	4	6	4	6
				3.6	—	—	4	5.2	4	6	4	6
				4.2	—	—	4	5.8	4	6	4	6
				4.8	4	4.2	4	6	4	6	4	6
				5	4	4.3	4	6	4	6	4	6
6	二	2	3.6	3～9	4	9	4	9	4	9	4	9
		1	3.6	3～7	4	9	4	9	4	9	4	9
7	二	2	3.3	3～9	4	9	4	9	4	9	4	9
		1	3.3	3	4	7.4	4	9	4	9	4	9
				3.6	4	8.6	4	9	4	9	4	9
				4.2～7	4	9	4	9	4	9	4	9
7（0.15g）	二	2	3.3	3	4	6.8	4	9	4	9	4	9
				3.6	4	7.7	4	9	4	9	4	9
				4.2	4	8.5	4	9	4	9	4	9
				4.8～9	4	9	4	9	4	9	4	9
		1	3.3	3	—	—	4	5.4	4	6.9	4	9
				3.6	4	4.5	4	6.2	4	7.9	4	9
				4.2	4	5.1	4	7	4	8.9	4	9
				4.8	4	5.6	4	7.8	4	9	4	9
				5.4	4	6.1	4	8.4	4	9	4	9
				6	4	6.6	4	9	4	9	4	9
				6.6	4	7	4	9	4	9	4	9
				7	4	7.3	4	9	4	9	4	9
8	二	2	3.0	3	4	5.5	4	7	4	7	4	7
				3.6	4	6.2	4	7	4	7	4	7
				4.2	4	6.9	4	7	4	7	4	7
				4.8～7	4	7	4	7	4	7	4	7
		1	3.0	3	—	—	4	4.2	4	5.5	4	6.8
				3.6	—	—	4	4.9	4	6.4	4	7
				4.2	—	—	4	5.5	4	7	4	7
				4.8	4	4.2	4	6.1	4	7	4	7
				5	4	4.3	4	6.2	4	7	4	7

12 外墙厚为370mm、内墙厚为240mm的蒸压砖墙木楼（屋）盖房屋，抗震横墙间距（L）和房屋宽度（B）的限值宜按表B.0.1-8采用。

表B.0.1-8 抗震横墙间距和房屋宽度限值
（外墙370mm、内墙240mm蒸压砖墙木楼屋盖）（m）

烈度	层数	层号	层高	抗震横墙间距（L）	与砂浆强度等级对应的房屋宽度限值（B） M2.5 下限	M2.5 上限	M5 下限	M5 上限	M7.5 下限	M7.5 上限	M10 下限	M10 上限
6	一	1	4.0	3～9	4	9	4	9	4	9	4	9
7	一	1	4.0	3～9	4	9	4	9	4	9	4	9
7（0.15g）	一	1	4.0	3～4.8	4	9	4	9	4	9	4	9
				5.4	4.3	9	4	9	4	9	4	9
				6	4.8	9	4	9	4	9	4	9
				6.6	5.4	9	4	9	4	9	4	9
				7.2	6	9	4	9	4	9	4	9
				7.8	6.7	9	4.4	9	4	9	4	9
				8.4	7.3	9	4.8	9	4	9	4	9
				9	8	9	5.3	9	4	9	4	9
8	一	1	3.6	3	4	7	4	7	4	7	4	7
				3.6	4	7	4	7	4	7	4	7
				4.2	4.4	7	4	7	4	7	4	7
				4.8	5.2	7	4	7	4	7	4	7
				5.4	6.1	7	4	7	4	7	4	7
				6	—	—	4.4	7	4	7	4	7
				6.6	—	—	4.9	7	4	7	4	7
				7	—	—	5.3	7	4	7	4	7
8（0.30g）	一	1	3.6	3	—	—	4.7	7	4	7	4	7
				3.6	—	—	6.1	7	4	7	4	7
				4.2	—	—	—	—	4.6	7	4	7
				4.8	—	—	—	—	5.6	7	4	7
				5.4	—	—	—	—	6.7	7	4.6	7
				6	—	—	—	—	—	—	5.6	7
				6.6	—	—	—	—	—	—	6.4	7
				7	—	—	—	—	—	—	6.7	7
9	一	1	3.0	3	—	—	—	—	4.2	6	4	6
				3.6	—	—	—	—	5.6	6	4	6
				4.2	—	—	—	—	—	—	4.6	6
				4.8	—	—	—	—	—	—	5.7	6
				5	—	—	—	—	—	—	—	—
6	二	2	3.6	3～9	4	9	4	9	4	9	4	9
		1	3.6	3～7	4	9	4	9	4	9	4	9
7	二	2	3.3	3～7.8	4	9	4	9	4	9	4	9
				8.4	4.1	9	4	9	4	9	4	9
				9	4.4	9	4	9	4	9	4	9
		1	3.3	3～3.6	4	9	4	9	4	9	4	9
				4.2	4.2	9	4	9	4	9	4	9
				4.8	4.8	9	4	9	4	9	4	9
				5.4	5.4	9	4	9	4	9	4	9
				6	6	9	4.1	9	4	9	4	9
				6.6	6.6	9	4.5	9	4	9	4	9
				7	7	9	4.7	9	4	9	4	9
7（0.15g）	二	2	3.3	3	4	8.7	4	9	4	9	4	9
				3.6	4	9	4	9	4	9	4	9
				4.2	4.8	9	4	9	4	9	4	9
				4.8	5.6	9	4	9	4	9	4	9
				5.4	6.6	9	4	9	4	9	4	9
				6	7.6	9	4.5	9	4	9	4	9
				6.6	8.7	9	5	9	4	9	4	9
				7.2	—	—	5.6	9	4	9	4	9
				7.8	—	—	6.2	9	4.4	9	4	9
				8.4	—	—	6.9	9	4.8	9	4	9
				9	—	—	7.6	9	5.2	9	4	9

续表 B.0.1-8

烈度	层数	层号	层高	抗震横墙间距（L）	与砂浆强度等级对应的房屋宽度限值（B）							
					M2.5		M5		M7.5		M10	
					下限	上限	下限	上限	下限	上限	下限	上限
7（0.15g）	二	1	3.3	3	—	—	5.2	9	4	9	4	9
				3.6	—	—	6.3	9	4.3	9	4	9
				4.2	—	—	7.6	9	5	9	4	9
				4.8	—	—	8.9	9	5.8	9	4	9
				5.4	—	—	—	—	6.6	9	4	9
				6	—	—	—	—	7.5	9	4	9
				6.6	—	—	—	—	8.4	9	4	9
				7	—	—	—	—	9	9	4	9
8	二	2	3.0	3	4.6	7	4	7	4	7	4	7
				3.6	5.9	7	4	7	4	7	4	7
				4.2	—	—	4	7	4	7	4	7
				4.8	—	—	4.8	7	4	7	4	7
				5.4	—	—	5.6	7	4	7	4	7
				6	—	—	6.5	7	4.3	7	4	7
				6.6	—	—	—	—	4.9	7	4	7
				7	—	—	—	—	5.3	7	4	7
		1	3.0	3	—	—	—	—	5	7	4	7
				3.6	—	—	—	—	6.2	7	4.4	7
				4.2	—	—	—	—	—	—	5.2	7
				4.8	—	—	—	—	—	—	6.1	7
				5	—	—	—	—	—	—	6.4	7

13 墙厚为190mm的小砌块墙木楼（屋）盖房屋，与抗震横墙间距（L）对应的房屋宽度（B）的限值宜按表B.0.1-9采用。

表 B.0.1-9 抗震横墙间距和房屋宽度限值（190mm小砌块墙木楼屋盖）(m)

烈度	层数	层号	层高	抗震横墙间距（L）	与砂浆强度等级对应的房屋宽度限值（B）											
					普通小砌块						轻骨料小砌块					
					M5		M7.5		M10		M5		M7.5		M10	
					下限	上限	下限	上限	下限	上限	下限	上限	下限	上限	下限	上限
6	一	1	4.0	3～11	4	11	4	11	4	11	4	11	4	11	4	11
7	一	1	4.0	3～11	4	11	4	11	4	11	4	11	4	11	4	11
7（0.15g）	一	1	4.0	3	4	8.4	4	11	4	11	4	9.7	4	11	4	11
				3.6	4	9.3	4	11	4	11	4	10.7	4	11	4	11
				4.2	4	10.2	4	11	4	11	4	11	4	11	4	11
				4.8	4	10.9	4	11	4	11	4	11	4	11	4	11
				5.4～11	4	11	4	11	4	11	4	11	4	11	4	11
8	一	1	3.6	3	4	6.7	4	9	4	9	4	7.8	4	9	4	9
				3.6	4	7.5	4	9	4	9	4	8.6	4	9	4	9
				4.2	4	8.1	4	9	4	9	4	9	4	9	4	9
				4.8	4	8.7	4	9	4	9	4	9	4	9	4	9
				5.4～9	4	9	4	9	4	9	4	9	4	9	4	9

续表 B.0.1-9

烈度	层数	层号	层高	抗震横墙间距（L）	与砂浆强度等级对应的房屋宽度限值（B）											
					普通小砌块						轻骨料小砌块					
					M5		M7.5		M10		M5		M7.5		M10	
					下限	上限	下限	上限	下限	上限	下限	上限	下限	上限	下限	上限
8（0.30g）	一	1	3.6	3	—	—	4	5.3	4	6	4	4.7	4	6.4	4	7.2
				3.6	—	—	4	5.9	4	6.7	4	5.1	4	7	4	7.9
				4.2	—	—	4	6.4	4	7.3	4	5.5	4	7.5	4	8.5
				4.8	—	—	4	6.8	4	7.8	4	5.8	4	7.9	4	9
				5.4	—	—	4	7.2	4	8.2	4	6.1	4	8.3	4	9
				6	—	—	4.2	7.6	4	8.6	4.6	6.3	4	8.7	4	9
				6.6	—	—	4.7	7.9	4	9	5.2	6.6	4	9	4	9
				7.2	—	—	5.3	8.2	4.4	9	5.9	6.8	4	9	4	9
				7.8	—	—	5.9	8.4	4.8	9	6.6	6.9	4.1	9	4	9
				8.4	—	—	6.5	8.6	5.3	9	—	—	4.5	9	4	9
				9	—	—	7.1	8.8	5.8	9	—	—	4.9	9	4.1	9
9	一	1	3.3	3	—	—	—	—	4	4.4	—	—	4	4.7	4	5.4
				3.6	—	—	—	—	4	4.9	—	—	4	5.1	4	5.9
				4.2	—	—	—	—	4	5.3	—	—	4	5.5	4	6
				4.8	—	—	—	—	4.7	5.6	—	—	4	5.8	4	6
				5	—	—	—	—	5	5.8	—	—	4.2	5.9	4	6
			3.0	3	—	—	—	—	4	4.8	—	—	4	5	4	5.7
				3.6	—	—	—	—	4	5.2	—	—	4	5.4	4	6
				4.2	—	—	—	—	4	5.6	—	—	4	5.8	4	6
				4.8	—	—	—	—	4	6	—	—	4	6	4	6
				5	—	—	—	—	4.3	6	—	—	4	6	4	6
6	二	2	3.6	3～11	4	11	4	11	4	11	4	11	4	11	4	11
		1	3.6	3～9	4	11	4	11	4	11	4	11	4	11	4	11
7	二	2	3.6	3～11	4	11	4	11	4	11	4	11	4	11	4	11
		1	3.6	3	4	8.3	4	11	4	11	4	9.3	4	11	4	11
				3.6	4	9.5	4	11	4	11	4	10.5	4	11	4	11
				4.2	4	10.5	4	11	4	11	4	11	4	11	4	11
				4.8～9	4	11	4	11	4	11	4	11	4	11	4	11
7（0.15g）	二	2	3.6	3	4	6	4	8	4	9.1	4	7.2	4	9.6	4	10.8
				3.6	4	6.7	4	9	4	10.1	4	7.9	4	10.6	4	11
				4.2	4	7.4	4	9.8	4	11	4	8.6	4	11	4	11
				4.8	4	7.9	4	10.6	4	11	4	9.1	4	11	4	11
				5.4	4	8.4	4	11	4	11	4	9.6	4	11	4	11
				6	4	8.8	4	11	4	11	4	10.1	4	11	4	11
				6.6	4	9.2	4	11	4	11	4	10.4	4	11	4	11
				7.2	4	9.6	4	11	4	11	4	10.8	4	11	4	11
				7.8	4	9.9	4	11	4	11	4	11	4	11	4	11
				8.4	4	10.2	4	11	4	11	4	11	4	11	4	11
				9	4.2	10.5	4	11	4	11	4	11	4	11	4	11
				9.6	4.4	10.8	4	11	4	11	4	11	4	11	4	11
				10.2	4.7	11	4	11	4	11	4	11	4	11	4	11
				11	5.1	11	4	11	4	11	4	11	4	11	4	11
		1	3.6	3	4	4.5	4	5.7	4	6.3	4	5.2	4	6.7	4	7.4
				3.6	4	5.1	4	6.5	4	7.2	4	5.9	4	7.6	4	8.4
				4.2	4	5.7	4	7.2	4	8	4	6.5	4	8.3	4	9.2
				4.8	4	6.3	4	7.9	4	8.7	4	7	4	9	4	10
				5.4	4.4	6.7	4	8.5	4	9.4	4	7.5	4	9.6	4	10.7
				6	4.8	7.2	4	9.1	4	10	4	8	4	10.2	4	11
				6.6	5.3	7.6	4	9.6	4	10.6	4	8.4	4	10.7	4	11
				7.2	5.8	8	4.1	10.1	4	11	4.1	8.7	4	11	4	11
				7.8	6.3	8.3	4.4	10.5	4	11	4.5	9	4	11	4	11
				8.4	6.7	8.6	4.8	10.9	4.2	11	4.8	9.3	4	11	4	11
				9	7.2	8.9	5.1	11	4.5	11	5.1	9.6	4	11	4	11

续表 B.0.1-9

烈度	层数	层号	层高	抗震横墙间距（L）	与砂浆强度等级对应的房屋宽度限值（B）											
					普通小砌块						轻骨料小砌块					
					M5		M7.5		M10		M5		M7.5		M10	
					下限	上限	下限	上限	下限	上限	下限	上限	下限	上限	下限	上限
				3	4	4.7	4	6.4	4	7.3	4	5.7	4	7.7	4	8.8
				3.6	4	5.3	4	7.2	4	8.2	4	6.3	4	8.5	4	9
				4.2	4	5.7	4	7.8	4	8.9	4	6.8	4	9	4	9
				4.8	4	6.2	4	8.4	4	9	4	7.2	4	9	4	9
				5.4	4	6.5	4	8.9	4	9	4	7.6	4	9	4	9
		2	3.3	6	4.2	6.8	4	9	4	9	4	7.9	4	9	4	9
				6.6	4.7	7.1	4	9	4	9	4	8.2	4	9	4	9
				7.2	5.1	7.4	4	9	4	9	4	8.4	4	9	4	9
				7.8	5.6	7.6	4	9	4	9	4	8.7	4	9	4	9
8	二			8.4	6	7.9	4.1	9	4	9	4.2	8.9	4	9	4	9
				9	6.5	8.1	4.5	9	4	9	4.6	9	4	9	4	9
				3	—	—	4	4.3	4	4.9	4	4	4	5.2	4	5.8
				3.6	—	—	4	4.9	4	5.5	4	4.5	4	5.9	4	6.6
				4.2	—	—	4	5.5	4	6.1	4	4.9	4	6.4	4	7.2
		1	3.3	4.8	—	—	4.1	6	4	6.7	4	5.3	4	6.9	4	7.8
				5.4	—	—	4.5	6.4	4	7.2	4.4	5.6	4	7.4	4	8.3
				6	—	—	5	6.8	4.4	7.6	5	5.9	4	7.8	4	8.7
				6.6	—	—	5.4	7.2	4.8	8	5.6	6.2	4	8.2	4	9
				7	—	—	5.7	7.4	4	8.3	6	6.4	4.1	8.4	4	9

14 墙厚为240mm的空斗墙木楼（屋）盖房屋，与抗震横墙间距（L）对应的房屋宽度（B）的限值宜按表 B.0.1-10 采用。

表 B.0.1-10 抗震横墙间距和房屋宽度限值
（240mm 空斗墙木楼屋盖）（m）

烈度	层数	层号	层高	抗震横墙间距（L）	与砂浆强度等级对应的房屋宽度限值（B）									
					M1		M2.5		M5		M7.5		M10	
					下限	上限	下限	上限	下限	上限	下限	上限	下限	上限
6	一	1	4.0	3～7	4	7	4	7	4	7	4	7	4	7
7	一	1	3.6	3	4	6.5	4	7	4	7	4	7	4	7
				3.6～7	4	7	4	7	4	7	4	7	4	7
7（0.15g）	一	1	3.6	3	—	—	4	5.9	4	7	4	7	4	7
				3.6	—	—	4	6.5	4	7	4	7	4	7
				4.2～7	—	—	4	7	4	7	4	7	4	7
8	一	1	3.3	3	—	—	4	4.7	4	6	4	6	4	6
				3.6	—	—	4	5.1	4	6	4	6	4	6
				4.2	—	—	4	5.6	4	6	4	6	4	6
				4.8	—	—	4	5.9	4	6	4	6	4	6
				5	—	—	4.3	6	4	6	4	6	4	6
8（0.30g）	一	1	3.3	3	—	—	—	—	—	—	4	5.1	4	6
				3.6	—	—	—	—	—	—	4	5.6	4	6
				4.2～4.8	—	—	—	—	—	—	4	6	4	6
				5	—	—	—	—	—	—	4.3	6	4	6

续表 B. 0. 1-10

烈度	层数	层号	层高	抗震横墙间距（L）	与砂浆强度等级对应的房屋宽度限值（B）									
					M1		M2. 5		M5		M7. 5		M10	
					下限	上限	下限	上限	下限	上限	下限	上限	下限	上限
6	二	2	3. 6	3～7	4	7	4	7	4	7	4	7	4	7
		1	3. 6	3～5	4	7	4	7	4	7	4	7	4	7
7	二	2	3. 0	3	4	4. 9	4	7	4	7	4	7	4	7
				3. 6	4	5. 4	4	7	4	7	4	7	4	7
				4. 2	4	5. 8	4	7	4	7	4	7	4	7
				4. 8	4	6. 2	4	7	4	7	4	7	4	7
				5. 4	4	6. 5	4	7	4	7	4	7	4	7
				6	4	6. 8	4	7	4	7	4	7	4	7
				6. 6	4. 5	7	4	7	4	7	4	7	4	7
				7	4. 9	7	4	7	4	7	4	7	4	7
		1	3. 0	3	—	—	4	5. 4	4	7	4	7	4	7
				3. 6	—	—	4	6. 1	4	7	4	7	4	7
				4. 2	—	—	4	6. 7	4	7	4	7	4	7
				4. 8～5	—	—	4	7	4	7	4	7	4	7
7 (0. 15*g*)	二	2	3. 0	3	—	—	4	4. 5	4	6. 4	4	7	4	7
				3. 6	—	—	4	4. 9	4	7	4	7	4	7
				4. 2	—	—	4	5. 3	4	7	4	7	4	7
				4. 8	—	—	4. 2	5. 7	4	7	4	7	4	7
				5. 4	—	—	5	6	4	7	4	7	4	7
				6	—	—	5. 9	6. 3	4	7	4	7	4	7
				6. 6	—	—	7	6. 5	4	7	4	7	4	7
				7	—	—	—	—	4	7	4	7	4	7
		1	3. 0	3	—	—	—	—	—	—	4	5. 2	4	6. 4
				3. 6	—	—	—	—	—	—	4	5. 8	4	7
				4. 2	—	—	—	—	—	—	4	6. 4	4	7
				4. 8	—	—	—	—	—	—	4	6. 9	4	7
				5	—	—	—	—	—	—	4	7	4	7

15 墙厚为 240mm 的实心砖墙预应力圆孔板楼（屋）盖房屋，与抗震横墙间距（*L*）对应的房屋宽度（*B*）的限值宜按表 B. 0. 1-11 采用。

表 B. 0. 1-11 抗震横墙间距和房屋宽度限值（240mm 实心砖墙圆孔板楼屋盖）(m)

烈度	层数	层号	层高	抗震横墙间距（L）	与砂浆强度等级对应的房屋宽度限值（B）									
					M1		M2. 5		M5		M7. 5		M10	
					下限	上限	下限	上限	下限	上限	下限	上限	下限	上限
6	一	1	4. 0	3～15	4	15	4	15	4	15	4	15	4	15
7	一	1	4. 0	3	4	13. 1	4	15	4	15	4	15	4	15
				3. 6	4	14. 7	4	15	4	15	4	15	4	15
				4. 2～15	4	15	4	15	4	15	4	15	4	15
7 (0. 15*g*)	一	1	4. 0	3	4	7. 6	4	12. 2	4	15	4	15	4	15
				3. 6	4	8. 6	4	13. 7	4	15	4	15	4	15
				4. 2	4	9. 4	4	15	4	15	4	15	4	15
				4. 8	4	10. 1	4	15	4	15	4	15	4	15
				5. 4	4	10. 8	4	15	4	15	4	15	4	15
				6	4	11. 4	4	15	4	15	4	15	4	15
				6. 6	4	11. 9	4	15	4	15	4	15	4	15
				7. 2	4	12. 4	4	15	4	15	4	15	4	15
				7. 8	4	12. 8	4	15	4	15	4	15	4	15
				8. 4	4	13. 2	4	15	4	15	4	15	4	15
				9	4	13. 6	4	15	4	15	4	15	4	15
				9. 6	4	13. 9	4	15	4	15	4	15	4	15
				10. 2	4. 2	14. 2	4	15	4	15	4	15	4	15
				10. 8	4. 5	14. 5	4	15	4	15	4	15	4	15
				11. 4	4. 8	14. 8	4	15	4	15	4	15	4	15
				12	5. 1	15	4	15	4	15	4	15	4	15
				12. 6	5. 4	15	4	15	4	15	4	15	4	15
				13. 2	5. 7	15	4	15	4	15	4	15	4	15
				13. 8	6. 1	15	4	15	4	15	4	15	4	15
				14. 4	6. 4	15	4	15	4	15	4	15	4	15
				15	6. 8	15	4	15	4	15	4	15	4	15

续表 B.0.1-11

烈度	层数	层号	层高	抗震横墙间距（L）	与砂浆强度等级对应的房屋宽度限值（B）									
					M1		M2.5		M5		M7.5		M10	
					下限	上限	下限	上限	下限	上限	下限	上限	下限	上限
8	一	1	3.6	3	4	6.2	4	10.1	4	12	4	12	4	12
				3.6	4	6.9	4	11.3	4	12	4	12	4	12
				4.2	4	7.5	4	12	4	12	4	12	4	12
				4.8	4	8.1	4	12	4	12	4	12	4	12
				5.4	4	8.6	4	12	4	12	4	12	4	12
				6	4	9	4	12	4	12	4	12	4	12
				6.6	4	9.4	4	12	4	12	4	12	4	12
				7.2	4.4	9.8	4	12	4	12	4	12	4	12
				7.8	4.9	10.1	4	12	4	12	4	12	4	12
				8.4	5.4	10.4	4	12	4	12	4	12	4	12
				9	5.9	10.6	4	12	4	12	4	12	4	12
				9.6	6.5	10.9	4	12	4	12	4	12	4	12
				10.2	7.1	11.1	4	12	4	12	4	12	4	12
				10.8	7.7	11.3	4	12	4	12	4	12	4	12
				11.4	8.4	11.5	4	12	4	12	4	12	4	12
				12	9.2	11.7	4.2	12	4	12	4	12	4	12
8（0.30g）	一	1	3.6	3	—	—	4	6.1	4	8.6	4	11.2	4	12
				3.6	—	—	4	6.8	4	9.6	4	12	4	12
				4.2	—	—	4	7.4	4	10.5	4	12	4	12
				4.8	—	—	4	7.9	4	11.3	4	12	4	12
				5.4	—	—	4	8.4	4	12	4	12	4	12
				6	—	—	4	8.8	4	12	4	12	4	12
				6.6	—	—	4	9.2	4	12	4	12	4	12
				7.2	—	—	4.6	9.6	4	12	4	12	4	12
				7.8	—	—	5.1	9.9	4	12	4	12	4	12
				8.4	—	—	5.7	10.2	4	12	4	12	4	12
				9	—	—	6.4	10.4	4	12	4	12	4	12
				9.6	—	—	7.2	10.7	4	12	4	12	4	12
				10.2	—	—	8	10.9	4.3	12	4	12	4	12
				10.8	—	—	8.9	11.1	4.7	12	4	12	4	12
				11.4	—	—	10	11.3	5.1	12	4	12	4	12
				12	—	—	11.1	11.5	5.5	12	4	12	4	12
9	一	1	3.3	3	—	—	4	4.5	4	6	4	6	4	6
				3.6	—	—	4	5	4	6	4	6	4	6
				4.2	—	—	4	5.4	4	6	4	6	4	6
				4.8	—	—	4.4	5.8	4	6	4	6	4	6
				5.4	—	—	5.3	6	4	6	4	6	4	6
				6	—	—	—	—	4	6	4	6	4	6
			3.0	3	—	—	4	4.8	4	6	4	6	4	6
				3.6	—	—	4	5.4	4	6	4	6	4	6
				4.2	—	—	4	5.8	4	6	4	6	4	6
				4.8	—	—	4	6	4	6	4	6	4	6
				5.4	—	—	4.5	6	4	6	4	6	4	6
				6	—	—	5.4	6	4	6	4	6	4	6
6	二	2	3.6	3～15	4	15	4	15	4	15	4	15	4	15
		1	3.6	3	4	13.7	4	15	4	15	4	15	4	15
				3.6～11	4	15	4	15	4	15	4	15	4	15

续表 B.0.1-11

烈度	层数	层号	层高	抗震横墙间距（L）	与砂浆强度等级对应的房屋宽度限值（B）									
					M1		M2.5		M5		M7.5		M10	
					下限	上限	下限	上限	下限	上限	下限	上限	下限	上限
7	二	2	3.6	3	4	9.5	4	15	4	15	4	15	4	15
				3.6	4	10.7	4	15	4	15	4	15	4	15
				4.2	4	11.7	4	15	4	15	4	15	4	15
				4.8	4	12.6	4	15	4	15	4	15	4	15
				5.4	4	13.4	4	15	4	15	4	15	4	15
				6	4	14.1	4	15	4	15	4	15	4	15
				6.6	4	14.8	4	15	4	15	4	15	4	15
				7.2～13.8	4	15	4	15	4	15	4	15	4	15
				14.4	4.2	15	4	15	4	15	4	15	4	15
				15	4.4	15	4	15	4	15	4	15	4	15
		1	3.6	3	4	6.2	4	9.5	4	12.6	4	15	4	15
				3.6	4	7	4	10.7	4	14.4	4	15	4	15
				4.2	4	7.7	4	11.9	4	15	4	15	4	15
				4.8	4	8.4	4	12.9	4	15	4	15	4	15
				5.4	4	9	4	13.9	4	15	4	15	4	15
				6	4	9.6	4	14.7	4	15	4	15	4	15
				6.6	4	10.1	4	15	4	15	4	15	4	15
				7.2	4	10.4	4	15	4	15	4	15	4	15
				7.8	4	11	4	15	4	15	4	15	4	15
				8.4	4.2	11.4	4	15	4	15	4	15	4	15
				9	4.4	11.8	4	15	4	15	4	15	4	15
				9.6	4.8	12.2	4	15	4	15	4	15	4	15
				10.2	5.1	12.5	4	15	4	15	4	15	4	15
				11	5.5	12.9	4	15	4	15	4	15	4	15
7 (0.15g)	二	2	3.6	3	4	5.4	4	8.9	4	12.5	4	15	4	15
				3.6	4	6	4	10	4	14	4	15	4	15
				4.2	4	6.6	4	11	4	15	4	15	4	15
				4.8	4	7.1	4	11.8	4	15	4	15	4	15
				5.4	4	7.6	4	12.6	4	15	4	15	4	15
				6	4	8	4	13.3	4	15	4	15	4	15
				6.6	4.3	8.4	4	13.9	4	15	4	15	4	15
				7.2	4.8	8.7	4	14.4	4	15	4	15	4	15
				7.8	5.3	9	4	15	4	15	4	15	4	15
				8.4	5.8	9.3	4	15	4	15	4	15	4	15
				9	6.4	9.5	4	15	4	15	4	15	4	15
				9.6	7.1	9.8	4	15	4	15	4	15	4	15
				10.2	7.8	10	4	15	4	15	4	15	4	15
				10.8	8.8	10.3	4	15	4	15	4	15	4	15
				11.4	9.3	10.4	4.2	15	4	15	4	15	4	15
				12	10.2	10.6	4.4	15	4	15	4	15	4	15
				12.6	—	—	4.7	15	4	15	4	15	4	15
				13.2	—	—	5	15	4	15	4	15	4	15
				13.8	—	—	5.3	15	4	15	4	15	4	15
				14.4	—	—	5.6	15	4	15	4	15	4	15
				15	—	—	6	15	4	15	4	15	4	15
		1	3.6	3	—	—	4	5.3	4	7.3	4	9.3	4	11.3
				3.6	—	—	4	6	4	8.3	4	10.6	4	12.8
				4.2	—	—	4	6.6	4	9.2	4	11.7	4	14.2
				4.8	—	—	4	7.2	4	10	4	12.7	4	15
				5.4	—	—	4	7.8	4	10.7	4	13.7	4	15
				6	—	—	4	8.2	4	11.4	4	14.5	4	15
				6.6	—	—	4.4	8.7	4	12	4	15	4	15
				7.2	—	—	4.7	9	4	12.4	4	15	4	15
				7.8	—	—	5.3	9.5	4	13.1	4	15	4	15
				8.4	—	—	5.8	9.8	4	13.6	4	15	4	15
				9	—	—	6.3	10.1	4.1	14	4	15	4	15
				9.6	—	—	6.8	10.4	4.4	14.4	4	15	4	15
				10.2	—	—	7.3	10.7	4.7	14.8	4	15	4	15
				11	—	—	8.1	11	5.1	15	4	15	4	15

续表 B.0.1-11

烈度	层数	层号	层高	抗震横墙间距（L）	与砂浆强度等级对应的房屋宽度限值（B）									
					M1		M2.5		M5		M7.5		M10	
					下限	上限	下限	上限	下限	上限	下限	上限	下限	上限
8	二	2	3.3	3	4	4.2	4	7.2	4	10.2	4	12	4	12
				3.6	4	4.7	4	8.1	4	11.4	4	12	4	12
				4.2	4	5.2	4	8.8	4	12	4	12	4	12
				4.8	4.2	5.5	4	9.5	4	12	4	12	4	12
				5.4	4.9	5.9	4	10.1	4	12	4	12	4	12
				6	5.8	6.2	4	10.6	4	12	4	12	4	12
				6.6	—	—	4	11.1	4	12	4	12	4	12
				7.2	—	—	4	11.5	4	12	4	12	4	12
				7.8	—	—	4	11.9	4	12	4	12	4	12
				8.4	—	—	4	12	4	12	4	12	4	12
				9	—	—	4.4	12	4	12	4	12	4	12
				9.6	—	—	4.8	12	4	12	4	12	4	12
				10.2	—	—	5.2	12	4	12	4	12	4	12
				10.8	—	—	5.9	12	4	12	4	12	4	12
				11.4	—	—	6.2	12	4	12	4	12	4	12
				12	—	—	6.7	12	4	12	4	12	4	12
		1	3.3	3	—	—	4	4.1	4	5.8	4	7.5	4	9.2
				3.6	—	—	4	4.6	4	6.6	4	8.5	4	10.4
				4.2	—	—	4	5.1	4	7.3	4	9.4	4	11.5
				4.8	—	—	4.4	5.6	4	7.9	4	10.2	4	12
				5.4	—	—	5.1	5.9	4	8.4	4	10.9	4	12
				6	—	—	5.8	6.3	4	8.9	4	11.6	4	12
				6.6	—	—	6.6	6.6	4	9.4	4	12	4	12
				7.2	—	—	—	—	4.3	9.7	4	12	4	12
				7.8	—	—	—	—	4.8	10.2	4	12	4	12
				8.4	—	—	—	—	5.3	10.6	4	12	4	12
				9	—	—	—	—	5.8	10.9	4.1	12	4	12
8 (0.30*g*)	二	2	3.3	3	—	—	4	4.2	4	6.1	4	8.1	4	10.1
				3.6	—	—	4	4.7	4	6.9	4	9.1	4	11.3
				4.2	—	—	4	5.1	4	7.5	4	9.9	4	12
				4.8	—	—	4.9	5.5	4	8.1	4	10.7	4	12
				5.4	—	—	—	—	4	8.6	4	11.3	4	12
				6	—	—	—	—	4	9	4	11.9	4	12
				6.6	—	—	—	—	4.2	9.4	4	12	4	12
				7.2	—	—	—	—	4.8	9.7	4	12	4	12
				7.8	—	—	—	—	5.4	10.1	4	12	4	12
				8.4	—	—	—	—	6.1	10.4	4	12	4	12
				9	—	—	—	—	6.9	10.6	4.3	12	4	12
				9.6	—	—	—	—	7.8	10.9	4.7	12	4	12
				10.2	—	—	—	—	8.8	11.1	5.2	12	4.1	12
				10.8	—	—	—	—	10.3	11.4	5.9	12	4.3	12
				11.4	—	—	—	—	11.2	11.5	6.2	12	4.7	12
				12	—	—	—	—	—	—	6.8	12	4	12
		1	3.3	3	—	—	—	—	—	—	4	4.3	4	5.4
				3.6	—	—	—	—	—	—	4	4.8	4	6.1
				4.2	—	—	—	—	—	—	4	5.3	4	6.7
				4.8	—	—	—	—	—	—	4.6	5.8	4	7.3
				5.4	—	—	—	—	—	—	5.3	6.2	4	7.8
				6	—	—	—	—	—	—	6.2	6.6	4.3	8.3
				6.6	—	—	—	—	—	—	—	—	4.9	8.7
				7.2	—	—	—	—	—	—	—	—	5.3	9
				7.8	—	—	—	—	—	—	—	—	6.2	9.5
				8.4	—	—	—	—	—	—	—	—	6.9	9.8
				9	—	—	—	—	—	—	—	—	7.6	10.1

16 墙厚为370mm的实心砖墙预应力圆孔板楼（屋）盖房屋（单开间），与抗震横墙间距（L）对应的房屋宽度（B）的限值宜按表B.0.1-12采用。

表B.0.1-12 抗震横墙间距和房屋宽度限值
（370mm实心砖墙圆孔板楼屋盖）（m）

烈度	层数	层号	层高	抗震横墙间距（L）	与砂浆强度等级对应的房屋宽度限值（B）									
					M1		M2.5		M5		M7.5		M10	
					下限	上限	下限	上限	下限	上限	下限	上限	下限	上限
6	一	1	4.0	3～15	4	15	4	15	4	15	4	15	4	15
7	一	1	4.0	3	4	14.9	4	15	4	15	4	15	4	15
				3.6～15	4	15	4	15	4	15	4	15	4	15
7（0.15g）	一	1	4.0	3	4	8.7	4	13.9	4	15	4	15	4	15
				3.6	4	9.9	4	15	4	15	4	15	4	15
				4.2	4	11.1	4	15	4	15	4	15	4	15
				4.8	4	12.1	4	15	4	15	4	15	4	15
				5.4	4	13	4	15	4	15	4	15	4	15
				6	4	13.9	4	15	4	15	4	15	4	15
				6.6	4	14.7	4	15	4	15	4	15	4	15
				7.2～15	4	15	4	15	4	15	4	15	4	15
8	一	1	3.6	3	4	7.1	4	11.6	4	12	4	12	4	12
				3.6	4	8.1	4	12	4	12	4	12	4	12
				4.2	4	9	4	12	4	12	4	12	4	12
				4.8	4	9.8	4	12	4	12	4	12	4	12
				5.4	4	10.5	4	12	4	12	4	12	4	12
				6	4	11.2	4	12	4	12	4	12	4	12
				6.6	4	11.8	4	12	4	12	4	12	4	12
				7.2～12	4	12	4	12	4	12	4	12	4	12
8（0.30g）	一	1	3.6	3	4	4	4	7	4	9.9	4	12	4	12
				3.6	4	4.5	4	7.9	4	11.3	4	12	4	12
				4.2	4	5	4	8.8	4	12	4	12	4	12
				4.8	4	5.5	4	9.6	4	12	4	12	4	12
				5.4	4	5.9	4	10.3	4	12	4	12	4	12
				6	4	6.3	4	10.9	4	12	4	12	4	12
				6.6	4	6.6	4	11.5	4	12	4	12	4	12
				7.2	4	6.9	4	12	4	12	4	12	4	12
				7.8	4.5	7.2	4	12	4	12	4	12	4	12
				8.4	4.9	7.5	4	12	4	12	4	12	4	12
				9	5.4	7.7	4	12	4	12	4	12	4	12
				9.6	6	8	4	12	4	12	4	12	4	12
				10.2	6.5	8.2	4	12	4	12	4	12	4	12
				10.8	7.1	8.4	4	12	4	12	4	12	4	12
				11.4	7.7	8.6	4	12	4	12	4	12	4	12
				12	8.4	8.7	4	12	4	12	4	12	4	12

续表 B.0.1-12

烈度	层数	层号	层高	抗震横墙间距（L）	与砂浆强度等级对应的房屋宽度限值（B）									
					M1		M2.5		M5		M7.5		M10	
					下限	上限	下限	上限	下限	上限	下限	上限	下限	上限
9	一	1	3.3	3	—	—	4	5.2	4	6	4	6	4	6
				3.6	—	—	4	5.9	4	6	4	6	4	6
				4.2	—	—	4	6	4	6	4	6	4	6
				4.8～5.4	—	—	4	6	4.1	6	4	6	4	6
				6	—	—	4	6	4.8	6	4	6	4	6
			3.0	3	—	—	4	5.7	4	6	4	6	4	6
				3.6～6	—	—	4	6	4	6	4	6	4	6
6	二	2	3.6	3～15	4	15	4	15	4	15	4	15	4	15
		1	3.6	3～11	4	11	4	11	4	11	4	11	4	11
7	二	2	3.6	3	4	10.8	4	15	4	15	4	15	4	15
				3.6	4	12.4	4	15	4	15	4	15	4	15
				4.2	4	13.8	4	15	4	15	4	15	4	15
				4.8～15	4	15	4	15	4	15	4	15	4	15
		1	3.6	3	4	6.8	4	10.5	4	14	4	15	4	15
				3.6	4	7.9	4	12.1	4	15	4	15	4	15
				4.2	4	8.9	4	13.6	4	15	4	15	4	15
				4.8	4	9.8	4	15	4	15	4	15	4	15
				5.4	4	10.6	4	15	4	15	4	15	4	15
				6	4	11.4	4	15	4	15	4	15	4	15
				6.6	4	12.1	4	15	4	15	4	15	4	15
				7.2	4	12.6	4	15	4	15	4	15	4	15
				7.8	4	13.4	4	15	4	15	4	15	4	15
				8.4	4	14	4	15	4	15	4	15	4	15
				9	4	14.6	4	15	4	15	4	15	4	15
				9.6	4	15	4	15	4	15	4	15	4	15
				10.2	4	15	4	15	4	15	4	15	4	15
				11	4	15	4	15	4	15	4	15	4	15
7 (0.15g)	二	2	3.6	3	4	6.1	4	10.2	4	14.2	4	15	4	15
				3.6	4	7	4	11.6	4	15	4	15	4	15
				4.2	4	7.8	4	12.9	4	15	4	15	4	15
				4.8	4	8.5	4	14.1	4	15	4	15	4	15
				5.4	4	9.2	4	15	4	15	4	15	4	15

续表 B.0.1-12

烈度	层数	层号	层高	抗震横墙间距（*L*）	与砂浆强度等级对应的房屋宽度限值（*B*）									
					M1		M2.5		M5		M7.5		M10	
					下限	上限	下限	上限	下限	上限	下限	上限	下限	上限
7（0.15*g*）	二	2	3.6	6	4	9.8	4	15	4	15	4	15	4	15
				6.6	4	10.3	4	15	4	15	4	15	4	15
				7.2	4	10.8	4	15	4	15	4	15	4	15
				7.8	4	11.3	4	15	4	15	4	15	4	15
				8.4	4	11.8	4	15	4	15	4	15	4	15
				9	4	12.2	4	15	4	15	4	15	4	15
				9.6	4	12.6	4	15	4	15	4	15	4	15
				10.2	4	12.9	4	15	4	15	4	15	4	15
				10.8	4	13.4	4	15	4	15	4	15	4	15
				11.4	4	13.6	4	15	4	15	4	15	4	15
				12	4.2	13.9	4	15	4	15	4	15	4	15
				12.6	4.4	14.2	4	15	4	15	4	15	4	15
				13.2	4.7	14.4	4	15	4	15	4	15	4	15
				13.8	4.9	14.7	4	15	4	15	4	15	4	15
				14.4	5.2	14.9	4	15	4	15	4	15	4	15
				15	5.5	15	4	15	4	15	4	15	4	15
		1	3.6	3	—	—	4	5.9	4	8.1	4	10.3	4	12.5
				3.6	4	4.1	4	6.8	4	9.4	4	11.9	4	14.5
				4.2	4	4.6	4	7.6	4	10.5	4	13.4	4	15
				4.8	4	5	4	8.4	4	11.6	4	14.8	4	15
				5.4	4	5.5	4	9.1	4	12.6	4	15	4	15
				6	4	5.9	4	9.8	4	13.5	4	15	4	15
				6.6	4.2	6.3	4	10.4	4	15	4	15	4	15
				7.2	4.5	6.5	4	10.8	4	15	4	15	4	15
				7.8	5	6.9	4	11.5	4	15	4	15	4	15
				8.4	5.5	7.3	4	12	4	15	4	15	4	15
				9	5.9	7.5	4	12.5	4	15	4	15	4	15
				9.6	6.4	7.8	4	13	4	15	4	15	4	15
				10.2	6.9	8.1	4	13.4	4	15	4	15	4	15
				11	7.5	8.4	4	14	4	15	4	15	4	15
8	二	2	3.3	3	4	4.9	4	8.3	4	11.8	4	12	4	12
				3.6	4	5.5	4	9.5	4	12	4	12	4	12
				4.2	4	6.1	4	10.5	4	12	4	12	4	12
				4.8	4	6.7	4	11.5	4	12	4	12	4	12
				5.4	4	7.2	4	12	4	12	4	12	4	12
				6	4	7.6	4	12	4	12	4	12	4	12
				6.6	4	8.1	4	12	4	12	4	12	4	12
				7.2	4	8.4	4	12	4	12	4	12	4	12
				7.8	4	8.8	4	12	4	12	4	12	4	12
				8.4	4	9.1	4	12	4	12	4	12	4	12
				9	4	9.4	4	12	4	12	4	12	4	12
				9.6	4.3	9.7	4	12	4	12	4	12	4	12
				10.2	4.7	10	4	12	4	12	4	12	4	12
				10.8	5.2	10.3	4	12	4	12	4	12	4	12
				11.4	5.4	10.5	4	12	4	12	4	12	4	12
				12	5.8	10.7	4	12	4	12	4	12	4	12
		1	3.3	3	—	—	4	4.6	4	6.5	4	8.4	4	10.3
				3.6	—	—	4	5.3	4	7.5	4	9.7	4	11.9
				4.2	—	—	4	5.9	4	8.4	4	10.8	4	12
				4.8	—	—	4	6.5	4	9.2	4	11.9	4	12
				5.4	—	—	4	7	4	10	4	12	4	12
				6	—	—	4	7.5	4	10.7	4	12	4	12
				6.6	—	—	4	8	4	11.4	4	12	4	12
				7.2	—	—	4	8.3	4	11.8	4	12	4	12
				7.8	—	—	4	8.9	4	12	4	12	4	12
				8.4	—	—	4	9.2	4	12	4	12	4	12
				9	—	—	4.3	9.6	4	12	4	12	4	12

续表 B.0.1-12

烈度	层数	层号	层高	抗震横墙间距（L）	与砂浆强度等级对应的房屋宽度限值（B）									
					M1		M2.5		M5		M7.5		M10	
					下限	上限	下限	上限	下限	上限	下限	上限	下限	上限
8（0.30g）	二	2	3.3	3	—	—	4	4.8	4	7.1	4	9.4	4	11.6
				3.6	—	—	4	5.5	4	8.1	4	10.6	4	12
				4.2	—	—	4	6.1	4	8.9	4	11.8	4	12
				4.8	—	—	4	6.6	4	9.7	4	12	4	12
				5.4	—	—	4	7.1	4	10.5	4	12	4	12
				6	—	—	4	7.5	4	11.1	4	12	4	12
				6.6	—	—	4	7.9	4	11.7	4	12	4	12
				7.2	—	—	4	8.3	4	12	4	12	4	12
				7.8	—	—	4	8.7	4	12	4	12	4	12
				8.4	—	—	4	9	4	12	4	12	4	12
				9	—	—	4.3	9.3	4	12	4	12	4	12
				9.6	—	—	4.7	9.6	4	12	4	12	4	12
				10.2	—	—	5.1	9.8	4	12	4	12	4	12
				10.8	—	—	5.7	10.2	4	12	4	12	4	12
				11.4	—	—	6	10.3	4	12	4	12	4	12
				12	—	—	6.5	10.5	4	12	4	12	4	12
		1	3.3	3	—	—	—	—	—	—	4	4.8	4	6
				3.6	—	—	—	—	4	4.1	4	5.5	4	7
				4.2	—	—	—	—	4	4.6	4	6.2	4	7.8
				4.8	—	—	—	—	4	5	4	6.8	4	8.6
				5.4	—	—	—	—	4	5.4	4	7.4	4	9.3
				6	—	—	—	—	4	5.8	4	7.9	4	9.9
				6.6	—	—	—	—	4.2	6.2	4	8.4	4	10.5
				7.2	—	—	—	—	4.6	6.4	4	8.7	4	10.9
				7.8	—	—	—	—	5.2	6.8	4	9.3	4	11.7
				8.4	—	—	—	—	5.7	7.1	4	9.7	4	12
				9	—	—	—	—	6.3	7.4	4.3	10	4	12

17 外墙厚为370mm、内墙厚为240mm的实心砖墙预应力圆孔板楼（屋）盖房屋，与抗震横墙间距（L）对应的房屋宽度（B）的限值宜按表B.0.1-13采用。

表 B.0.1-13 抗震横墙间距和房屋宽度限值

（外墙370mm、内墙240mm实心砖墙圆孔板楼屋盖）(m)

烈度	层数	层号	层高	抗震横墙间距（L）	与砂浆强度等级对应的房屋宽度限值（B）									
					M1		M2.5		M5		M7.5		M10	
					下限	上限	下限	上限	下限	上限	下限	上限	下限	上限
6	一	1	4.0	3～15	4	15	4	15	4	15	4	15	4	15
7	一	1	4.0	3～15	4	15	4	15	4	15	4	15	4	15
7（0.15g）	一	1	4.0	3	4	11.4	4	15	4	15	4	15	4	15
				3.6	4	12.8	4	15	4	15	4	15	4	15
				4.2	4	14.1	4	15	4	15	4	15	4	15
				4.8～7.2	4	15	4	15	4	15	4	15	4	15
				7.8	4.3	15	4	15	4	15	4	15	4	15
				8.4	4.7	15	4	15	4	15	4	15	4	15
				9	5	15	4	15	4	15	4	15	4	15
				9.6	5.4	15	4	15	4	15	4	15	4	15
				10.2	5.8	15	4	15	4	15	4	15	4	15
				10.8	6.2	15	4	15	4	15	4	15	4	15
				11.4	6.5	15	4	15	4	15	4	15	4	15
				12	6.9	15	4	15	4	15	4	15	4	15
				12.6	7.3	15	4	15	4	15	4	15	4	15
				13.2	7.8	15	4.2	15	4	15	4	15	4	15
				13.8	8.2	15	4.4	15	4	15	4	15	4	15
				14.4	8.6	15	4.6	15	4	15	4	15	4	15
				15	9.1	15	4.8	15	4	15	4	15	4	15

续表 B.0.1-13

烈度	层数	层号	层高	抗震横墙间距（L）	与砂浆强度等级对应的房屋宽度限值（B）									
					M1		M2.5		M5		M7.5		M10	
					下限	上限	下限	上限	下限	上限	下限	上限	下限	上限
8	一	1	3.6	3	4	9.2	4	12	4	12	4	12	4	12
				3.6	4	10.3	4	12	4	12	4	12	4	12
				4.2	4	11.3	4	12	4	12	4	12	4	12
				4.8	4	12	4	12	4	12	4	12	4	12
				5.4	4	12	4	12	4	12	4	12	4	12
				6	4.4	12	4	12	4	12	4	12	4	12
				6.6	4.9	12	4	12	4	12	4	12	4	12
				7.2	5.4	12	4	12	4	12	4	12	4	12
				7.8	6	12	4	12	4	12	4	12	4	12
				8.4	6.5	12	4	12	4	12	4	12	4	12
				9	7.1	12	4	12	4	12	4	12	4	12
				9.6	7.7	12	4	12	4	12	4	12	4	12
				10.2	8.4	12	4.2	12	4	12	4	12	4	12
				10.8	9.1	12	4.4	12	4	12	4	12	4	12
				11.4	9.8	12	4.7	12	4	12	4	12	4	12
				12	10.5	12	5	12	4	12	4	12	4	12
8（0.30g）	一	1	3.6	3	—	—	4	9	4	12	4	12	4	12
				3.6	—	—	4	10.1	4	12	4	12	4	12
				4.2	—	—	4	11	4	12	4	12	4	12
				4.8	—	—	4	11.9	4	12	4	12	4	12
				5.4	—	—	4.5	12	4	12	4	12	4	12
				6	—	—	5.1	12	4	12	4	12	4	12
				6.6	—	—	5.8	12	4	12	4	12	4	12
				7.2	—	—	6.5	12	4	12	4	12	4	12
				7.8	—	—	7.2	12	4.2	12	4	12	4	12
				8.4	—	—	8.1	12	4.7	12	4	12	4	12
				9	—	—	8.9	12	5.1	12	4	12	4	12
				9.6	—	—	9.9	12	5.5	12	4	12	4	12
				10.2	—	—	10.9	12	6	12	4.1	12	4	12
				10.8	—	—	—	—	6.4	12	4.4	12	4	12
				11.4	—	—	—	—	6.9	12	4.7	12	4	12
				12	—	—	—	—	7.5	12	5.1	12	4	12
9	一	1	3.3	3	—	—	4	6	4	6	4	6	4	6
				3.6	—	—	4.4	6	4	6	4	6	4	6
				4.2	—	—	5.4	6	4	6	4	6	4	6
				4.8	—	—	—	—	4	6	4	6	4	6
				5.4	—	—	—	—	4.1	6	4	6	4	6
				6	—	—	—	—	4.8	6	4	6	4	6
			3.0	3～3.6	—	—	4	6	4	6	4	6	4	6
				4.2	—	—	4.6	6	4	6	4	6	4	6
				4.8	—	—	5.5	6	4	6	4	6	4	6
				5.4	—	—	—	—	4	6	4	6	4	6
				6	—	—	—	—	4.1	6	4	6	4	6

续表 B.0.1-13

烈度	层数	层号	层高	抗震横墙间距（L）	与砂浆强度等级对应的房屋宽度限值（B）									
					M1		M2.5		M5		M7.5		M10	
					下限	上限	下限	上限	下限	上限	下限	上限	下限	上限
6	二	2	3.6	3～15	4	15	4	15	4	15	4	15	4	15
		1	3.6	3～11	4	15	4	15	4	15	4	15	4	15
7	二	2	3.6	3	4	14.1	4	15	4	15	4	15	4	15
				3.6～10.2	4	15	4	15	4	15	4	15	4	15
				10.8	4.3	15	4	15	4	15	4	15	4	15
				11.4	4.5	15	4	15	4	15	4	15	4	15
				12	4.7	15	4	15	4	15	4	15	4	15
				12.6	4.9	15	4	15	4	15	4	15	4	15
				13.2	5.2	15	4	15	4	15	4	15	4	15
				13.8	5.4	15	4	15	4	15	4	15	4	15
				14.4	5.7	15	4	15	4	15	4	15	4	15
				15	5.9	15	4	15	4	15	4	15	4	15
		1	3.6	3	4	9.1	4	14	4	15	4	15	4	15
				3.6	4	10.4	4	15	4	15	4	15	4	15
				4.2	4	11.5	4	15	4	15	4	15	4	15
				4.8	4	12.5	4	15	4	15	4	15	4	15
				5.4	4	13.5	4	15	4	15	4	15	4	15
				6	4.4	14.3	4	15	4	15	4	15	4	15
				6.6	4.8	15	4	15	4	15	4	15	4	15
				7.2	5	15	4	15	4	15	4	15	4	15
				7.8	5.6	15	4	15	4	15	4	15	4	15
				8.4	6	15	4	15	4	15	4	15	4	15
				9	6.4	15	4	15	4	15	4	15	4	15
				9.6	6.8	15	4	15	4	15	4	15	4	15
				10.2	7.2	15	4.2	15	4	15	4	15	4	15
				11	7.7	15	4.5	15	4	15	4	15	4	15
7 (0.15g)	二	2	3.6	3	4	8	4	13.3	4	15	4	15	4	15
				3.6	4	9	4	14.9	4	15	4	15	4	15
				4.2	4	9.9	4	15	4	15	4	15	4	15
				4.8	4.3	10.6	4	15	4	15	4	15	4	15
				5.4	4.9	11.3	4	15	4	15	4	15	4	15
				6	5.5	12	4	15	4	15	4	15	4	15
				6.6	6.2	12.6	4	15	4	15	4	15	4	15
				7.2	6.8	13.1	4	15	4	15	4	15	4	15
				7.8	7.6	13.5	4	15	4	15	4	15	4	15
				8.4	8.3	14	4.1	15	4	15	4	15	4	15
				9	9.1	14.4	4.4	15	4	15	4	15	4	15
				9.6	9.9	14.7	4.7	15	4	15	4	15	4	15
				10.2	10.8	15	5.1	15	4	15	4	15	4	15
				10.8	12.1	15	5.5	15	4	15	4	15	4	15

续表 B.0.1-13

烈度	层数	层号	层高	抗震横墙间距（L）	与砂浆强度等级对应的房屋宽度限值（B）									
					M1		M2.5		M5		M7.5		M10	
					下限	上限	下限	上限	下限	上限	下限	上限	下限	上限
7（0.15g）	二	2	3.6	11.4	12.7	15	5.7	15	4	15	4	15	4	15
				12	13.8	15	6.1	15	4	15	4	15	4	15
				12.6	14.9	15	6.5	15	4.2	15	4	15	4	15
				13.2	—	—	6.8	15	4.4	15	4	15	4	15
				13.8	—	—	7.2	15	4.7	15	4	15	4	15
				14.4	—	—	7.6	15	4.9	15	4	15	4	15
				15	—	—	8	15	5.1	15	4	15	4	15
		1	3.6	3	—	—	4	7.8	4	10.8	4	13.8	4	15
				3.6	—	—	4	8.9	4	12.3	4	15	4	15
				4.2	—	—	4.1	9.9	4	13.7	4	15	4	15
				4.8	—	—	4.7	10.8	4	14.9	4	15	4	15
				5.4	—	—	5.3	11.6	4	15	4	15	4	15
				6	—	—	5.9	12.3	4	15	4	15	4	15
				6.6	—	—	6.5	13	4.2	15	4	15	4	15
				7.2	—	—	6.9	13.4	4.5	15	4	15	4	15
				7.8	—	—	7.8	14.2	5	15	4	15	4	15
				8.4	—	—	8.5	14.7	5.4	15	4	15	4	15
				9	—	—	9.1	15	5.8	15	4.3	15	4	15
				9.6	—	—	9.8	15	6.2	15	4.6	15	4	15
				10.2	—	—	10.6	15	6.6	15	4.9	15	4	15
				11	—	—	11.6	15	7.2	15	5.3	15	4.2	15
8	二	2	3.3	3	4	6.3	4	10.7	4	12	4	12	4	12
				3.6	4.4	7	4	12	4	12	4	12	4	12
				4.2	5.4	7.7	4	12	4	12	4	12	4	12
				4.8	6.3	8.3	4	12	4	12	4	12	4	12
				5.4	7.4	8.8	4	12	4	12	4	12	4	12
				6	8.6	9.3	4	12	4	12	4	12	4	12
				6.6	—	—	4.2	12	4	12	4	12	4	12
				7.2	—	—	4.7	12	4	12	4	12	4	12
				7.8	—	—	5.1	12	4	12	4	12	4	12
				8.4	—	—	5.6	12	4	12	4	12	4	12
				9	—	—	6.1	12	4	12	4	12	4	12
				9.6	—	—	6.7	12	4.1	12	4	12	4	12
				10.2	—	—	7.2	12	4.4	12	4	12	4	12
				10.8	—	—	8	12	4.8	12	4	12	4	12
				11.4	—	—	8.4	12	5	12	4	12	4	12
				12	—	—	9.1	12	5.4	12	4	12	4	12

续表 B.0.1-13

烈度	层数	层号	层高	抗震横墙间距（L）	与砂浆强度等级对应的房屋宽度限值（B）									
					M1		M2.5		M5		M7.5		M10	
					下限	上限	下限	上限	下限	上限	下限	上限	下限	上限
8	二	1	3.3	3	—	—	4.1	6.1	4	8.6	4	11.1	4	12
				3.6	—	—	5	6.9	4	9.8	4	12	4	12
				4.2	—	—	5.9	7.6	4	10.8	4	12	4	12
				4.8	—	—	6.9	8.3	4.1	11.7	4	12	4	12
				5.4	—	—	7.9	8.9	4.7	12	4	12	4	12
				6	—	—	9	9.4	5.2	12	4	12	4	12
				6.6	—	—	—	—	5.8	12	4.1	12	4	12
				7.2	—	—	—	—	6.2	12	4.4	12	4	12
				7.8	—	—	—	—	7	12	4.9	12	4	12
				8.4	—	—	—	—	7.7	12	5.4	12	4.1	12
				9	—	—	—	—	8.3	12	5.8	12	4.5	12
8（0.30g）	二	2	3.3	3	—	—	4	6.2	4	9.1	4	12	4	12
				3.6	—	—	5	6.9	4	10.2	4	12	4	12
				4.2	—	—	6.2	7.6	4	11.2	4	12	4	12
				4.8	—	—	7.5	8.2	4	12	4	12	4	12
				5.4	—	—	—	—	4.6	12	4	12	4	12
				6	—	—	—	—	5.3	12	4	12	4	12
				6.6	—	—	—	—	6	12	4	12	4	12
				7.2	—	—	—	—	6.8	12	4.4	12	4	12
				7.8	—	—	—	—	7.7	12	4.9	12	4	12
				8.4	—	—	—	—	8.6	12	5.4	12	4	12
				9	—	—	—	—	9.7	12	6	12	4.3	12
				9.6	—	—	—	—	10.8	12	6.5	12	4.7	12
				10.2	—	—	—	—	—	—	7.1	12	5.1	12
				10.8	—	—	—	—	—	—	8	12	5.6	12
				11.4	—	—	—	—	—	—	8.4	12	5.9	12
				12	—	—	—	—	—	—	9.2	12	6.4	12
		1	3.3	3	—	—	—	—	—	—	4.1	6.3	4	8
				3.6	—	—	—	—	—	—	5	7.2	4	9
				4.2	—	—	—	—	—	—	6	7.9	4.3	10
				4.8	—	—	—	—	—	—	7.1	8.6	5	10.9
				5.4	—	—	—	—	—	—	8.3	9.3	5.7	11.7
				6	—	—	—	—	—	—	9.6	9.8	6.5	12
				6.6	—	—	—	—	—	—	—	—	7.3	12
				7.2	—	—	—	—	—	—	—	—	7.9	12
				7.8	—	—	—	—	—	—	—	—	9.1	12
				8.4	—	—	—	—	—	—	—	—	10.1	12
				9	—	—	—	—	—	—	—	—	11.2	12

18 墙厚为240mm的多孔砖墙预应力圆孔板楼（屋）盖房屋，与抗震横墙间距（*L*）对应的房屋宽度（*B*）的限值宜按表B.0.1-14采用。

表B.0.1-14 抗震横墙间距和房屋宽度限值
（240mm多孔砖墙圆孔板楼屋盖）（m）

烈度	层数	层号	层高	抗震横墙间距（*L*）	与砂浆强度等级对应的房屋宽度限值（*B*）									
					M1		M2.5		M5		M7.5		M10	
					下限	上限	下限	上限	下限	上限	下限	上限	下限	上限
6	一	1	4.0	3～15	4	15	4	15	4	15	4	15	4	15
7	一	1	4.0	3	4	14	4	15	4	15	4	15	4	15
				3.6～15	4	15	4	15	4	15	4	15	4	15
7（0.15*g*）	一	1	4.0	3	4	8.3	4	13.2	4	15	4	15	4	15
				3.6	4	9.2	4	14.7	4	15	4	15	4	15
				4.2	4	10.1	4	15	4	15	4	15	4	15
				4.8	4	10.8	4	15	4	15	4	15	4	15
				5.4	4	11.4	4	15	4	15	4	15	4	15
				6	4	12	4	15	4	15	4	15	4	15
				6.6	4	12.5	4	15	4	15	4	15	4	15
				7.2	4	13	4	15	4	15	4	15	4	15
				7.8	4	13.4	4	15	4	15	4	15	4	15
				8.4	4	13.8	4	15	4	15	4	15	4	15
				9	4	14.2	4	15	4	15	4	15	4	15
				9.6	4	14.5	4	15	4	15	4	15	4	15
				10.2	4	14.8	4	15	4	15	4	15	4	15
				10.8	4	15	4	15	4	15	4	15	4	15
				11.4	4.1	15	4	15	4	15	4	15	4	15
				12	4.4	15	4	15	4	15	4	15	4	15
				12.6	4.7	15	4	15	4	15	4	15	4	15
				13.2	5	15	4	15	4	15	4	15	4	15
				13.8	5.3	15	4	15	4	15	4	15	4	15
				14.4	5.6	15	4	15	4	15	4	15	4	15
				15	5.9	15	4	15	4	15	4	15	4	15
8	一	1	3.6	3	4	6.7	4	10.9	4	12	4	12	4	12
				3.6	4	7.4	4	12	4	12	4	12	4	12
				4.2	4	8.1	4	12	4	12	4	12	4	12
				4.8	4	8.6	4	12	4	12	4	12	4	12
				5.4	4	9.1	4	12	4	12	4	12	4	12
				6	4	9.6	4	12	4	12	4	12	4	12
				6.6	4	10	4	12	4	12	4	12	4	12
				7.2	4	10.3	4	12	4	12	4	12	4	12
				7.8	4	10.6	4	12	4	12	4	12	4	12
				8.4	4	10.9	4	12	4	12	4	12	4	12
				9	4.4	11.2	4	12	4	12	4	12	4	12
				9.6	4.8	11.4	4	12	4	12	4	12	4	12
				10.2	5.2	11.6	4	12	4	12	4	12	4	12
				10.8	5.7	11.8	4	12	4	12	4	12	4	12
				11.4	6.2	12	4	12	4	12	4	12	4	12
				12	6.7	12	4.3	12	4	12	4	12	4	12
8（0.30*g*）	一	1	3.6	3	—	—	4	6.6	4	9.4	4	12	4	12
				3.6	4	4.3	4	7.4	4	10.4	4	12	4	12
				4.2	4.3	4.6	4	8	4	11.3	4	12	4	12
				4.8	—	—	4	8.5	4	12	4	12	4	12
				5.4	—	—	4	9	4	12	4	12	4	12
				6	—	—	4	9.5	4	12	4	12	4	12
				6.6	—	—	4	9.8	4	12	4	12	4	12
				7.2	—	—	4	10.2	4	12	4	12	4	12
				7.8	—	—	4.4	10.5	4	12	4	12	4	12
				8.4	—	—	4.9	10.8	4	12	4	12	4	12
				9	—	—	5.5	11	4	12	4	12	4	12
				9.6	—	—	6.1	11.3	4	12	4	12	4	12
				10.2	—	—	6.8	11.5	4	12	4	12	4	12
				10.8	—	—	7.5	11.7	4.1	12	4	12	4	12
				11.4	—	—	8.4	11.9	4.4	12	4	12	4	12
				12	—	—	9.3	12	4.8	12	4	12	4	12

续表 B.0.1-14

烈度	层数	层号	层高	抗震横墙间距（L）	与砂浆强度等级对应的房屋宽度限值（B）									
					M1		M2.5		M5		M7.5		M10	
					下限	上限	下限	上限	下限	上限	下限	上限	下限	上限
9	一	1	3.3	3	—	—	4	4.9	4	6	4	6	4	6
				3.6	—	—	4	5.4	4	6	4	6	4	6
				4.2	—	—	4	5.9	4	6	4	6	4	6
				4.8	—	—	4	6	4	6	4	6	4	6
				5.4	—	—	4.4	6	4	6	4	6	4	6
				6	—	—	5.3	6	4	6	4	6	4	6
			3.0	3	—	—	4	5.3	4	6	4	6	4	6
				3.6	—	—	4	5.8	4	6	4	6	4	6
				4.2～6	—	—	4	6	4	6	4	6	4	6
6	二	2	3.6	3～15	4	15	4	15	4	15	4	15	4	15
		1	3.6	3～11	4	15	4	15	4	15	4	15	4	15
7	二	2	3.6	3	4	10.2	4	15	4	15	4	15	4	15
				3.6	4	11.4	4	15	4	15	4	15	4	15
				4.2	4	12.5	4	15	4	15	4	15	4	15
				4.8	4	13.4	4	15	4	15	4	15	4	15
				5.4	4	14.2	4	15	4	15	4	15	4	15
				6	4	14.9	4	15	4	15	4	15	4	15
				6.6～15	4	15	4	15	4	15	4	15	4	15
		1	3.6	3	4	6.6	4	10.2	4	13.6	4	15	4	15
				3.6	4	7.5	4	11.5	4	15	4	15	4	15
				4.2	4	8.3	4	12.7	4	15	4	15	4	15
				4.8	4	9	4	13.7	4	15	4	15	4	15
				5.4	4	9.6	4	14.7	4	15	4	15	4	15
				6	4	10.2	4	15	4	15	4	15	4	15
				6.6	4	10.7	4	15	4	15	4	15	4	15
				7.2	4	11	4	15	4	15	4	15	4	15
				7.8	4	11.6	4	15	4	15	4	15	4	15
				8.4	4	12	4	15	4	15	4	15	4	15
				9	4	12.3	4	15	4	15	4	15	4	15
				9.6	4.1	12.7	4	15	4	15	4	15	4	15
				10.2	4.4	13	4	15	4	15	4	15	4	15
				11	4.8	13.4	4	15	4	15	4	15	4	15

续表 B. 0. 1-14

烈度	层数	层号	层高	抗震横墙间距（L）	与砂浆强度等级对应的房屋宽度限值（B）									
					M1		M2. 5		M5		M7. 5		M10	
					下限	上限	下限	上限	下限	上限	下限	上限	下限	上限
7（0. 15g）	二	2	3. 6	3	4	5. 9	4	9. 7	4	13. 5	4	15	4	15
				3. 6	4	6. 6	4	10. 8	4	15	4	15	4	15
				4. 2	4	7. 2	4	11. 8	4	15	4	15	4	15
				4. 8	4	7. 7	4	12. 7	4	15	4	15	4	15
				5. 4	4	8. 1	4	13. 5	4	15	4	15	4	15
				6	4	8. 6	4	14. 1	4	15	4	15	4	15
				6. 6	4	8. 9	4	14. 7	4	15	4	15	4	15
				7. 2	4. 1	9. 3	4	15	4	15	4	15	4	15
				7. 8	4. 5	9. 6	4	15	4	15	4	15	4	15
				8. 4	5	9. 8	4	15	4	15	4	15	4	15
				9	5. 5	10. 1	4	15	4	15	4	15	4	15
				9. 6	6	10. 3	4	15	4	15	4	15	4	15
				10. 2	6. 6	10. 5	4	15	4	15	4	15	4	15
				10. 8	7. 4	10. 8	4	15	4	15	4	15	4	15
				11. 4	7. 9	10. 9	4	15	4	15	4	15	4	15
				12	8. 6	11. 1	4	15	4	15	4	15	4	15
				12. 6	9. 4	11. 2	4	15	4	15	4	15	4	15
				13. 2	10. 2	11. 4	4	15	4	15	4	15	4	15
				13. 8	11. 1	11. 5	4	15	4	15	4	15	4	15
				14. 4	—	—	4	15	4	15	4	15	4	15
				15	—	—	4	15	4	15	4	15	4	15
		1	3. 6	3	—	—	4	5. 8	4	8	4	10. 1	4	12. 3
				3. 6	—	—	4	6. 5	4	9	4	11. 4	4	13. 9
				4. 2	—	—	4	7. 2	4	9. 9	4	12. 6	4	15
				4. 8	—	—	4	7. 8	4	10. 8	4	13. 7	4	15
				5. 4	—	—	4	8. 3	4	11. 5	4	14. 6	4	15
				6	—	—	4	8. 8	4	12. 2	4	15	4	15
				6. 6	—	—	4	9. 3	4	12. 8	4	15	4	15
				7. 2	—	—	4	9. 5	4	13. 2	4	15	4	15
				7. 8	—	—	4. 6	10. 1	4	13. 9	4	15	4	15
				8. 4	—	—	5	10. 4	4	14. 3	4	15	4	15
				9	—	—	5. 4	10. 7	4	14. 8	4	15	4	15
				9. 6	—	—	5. 8	11	4	15	4	15	4	15
				10. 2	—	—	6. 3	11. 3	4	15	4	15	4	15
				11	—	—	6. 9	11. 6	4	15	4	15	4	15
8	二	2	3. 3	3	4	4. 6	4	7. 9	4	11. 1	4	12	4	12
				3. 6	4	5. 2	4	8. 8	4	12	4	12	4	12
				4. 2	4	5. 6	4	9. 5	4	12	4	12	4	12
				4. 8	4	6	4	10. 2	4	12	4	12	4	12
				5. 4	4. 2	6. 4	4	10. 8	4	12	4	12	4	12
				6	4. 8	6. 7	4	11. 3	4	12	4	12	4	12
				6. 6	5. 6	6. 9	4	11. 8	4	12	4	12	4	12
				7. 2	6. 4	7. 2	4	12	4	12	4	12	4	12
				7. 8	7. 4	7. 4	4	12	4	12	4	12	4	12
				8. 4	—	—	4	12	4	12	4	12	4	12
				9	—	—	4	12	4	12	4	12	4	12
				9. 6	—	—	4. 1	12	4	12	4	12	4	12
				10. 2	—	—	4. 5	12	4	12	4	12	4	12
				10. 8	—	—	5	12	4	12	4	12	4	12
				11. 4	—	—	5. 3	12	4	12	4	12	4	12
				12	—	—	5. 8	12	4	12	4	12	4	12
		1	3. 3	3	—	—	4	4. 5	4	6. 4	4	8. 2	4	10
				3. 6	—	—	4	5. 1	4	7. 2	4	9. 2	4	11. 3
				4. 2	—	—	4	5. 6	4	7. 9	4	10. 2	4	12
				4. 8	—	—	4	6	4	8. 5	4	11	4	12
				5. 4	—	—	4. 3	6. 4	4	9. 1	4	11. 7	4	12
				6	—	—	4. 9	6. 8	4	9. 6	4	12	4	12
				6. 6	—	—	5. 5	7. 1	4	10. 1	4	12	4	12
				7. 2	—	—	6	7. 3	4	10. 3	4	12	4	12
				7. 8	—	—	7	7. 7	4. 2	10. 9	4	12	4	12
				8. 4	—	—	7. 8	8	4. 5	11. 2	4	12	4	12
				9	—	—	8. 6	8. 2	5	11. 5	4	12	4	12

续表 B.0.1-14

烈度	层数	层号	层高	抗震横墙间距（L）	与砂浆强度等级对应的房屋宽度限值（B）									
					M1		M2.5		M5		M7.5		M10	
					下限	上限	下限	上限	下限	上限	下限	上限	下限	上限
8 (0.30g)	二	2	3.3	3	—	—	4	4.6	4	6.8	4	8.9	4	11
				3.6	—	—	4	5.1	4	7.5	4	9.9	4	12
				4.2	—	—	4	5.6	4	8.2	4	10.7	4	12
				4.8	—	—	4.1	6	4	8.7	4	11.5	4	12
				5.4	—	—	4.9	6.3	4	9.2	4	12	4	12
				6	—	—	5.8	6.6	4	9.7	4	12	4	12
				6.6	—	—	6.9	6.9	4	10.1	4	12	4	12
				7.2	—	—	—	—	4	10.4	4	12	4	12
				7.8	—	—	—	—	4.6	10.8	4	12	4	12
				8.4	—	—	—	—	5.2	11	4	12	4	12
				9	—	—	—	—	5.8	11.3	4	12	4	12
				9.6	—	—	—	—	6.5	11.6	4	12	4	12
				10.2	—	—	—	—	7.3	11.8	4.4	12	4	12
				10.8	—	—	—	—	8.6	12	5	12	4	12
				11.4	—	—	—	—	9.3	12	5.3	12	4	12
				12	—	—	—	—	10.4	12	5.8	12	4	12
		1	3.3	3	—	—	—	—	—	—	4	4.8	4	6
				3.6	—	—	—	—	—	—	4	5.4	4	6.7
				4.2	—	—	—	—	—	—	4	5.9	4	7.4
				4.8	—	—	—	—	—	—	4	6.4	4	8
				5.4	—	—	—	—	—	—	4.5	6.8	4	8.5
				6	—	—	—	—	—	—	5.1	7.2	4	9
				6.6	—	—	—	—	—	—	5.9	7.5	4.2	9.4
				7.2	—	—	—	—	—	—	6.4	7.7	4.5	9.7
				7.8	—	—	—	—	—	—	7.6	8.1	5.2	10.2
				8.4	—	—	—	—	—	—	—	—	5.8	10.5
				9	—	—	—	—	—	—	—	—	6.4	10.8

19 墙厚为 190mm 的多孔砖墙预应力圆孔板楼（屋）盖房屋，与抗震横墙间距（L）对应的房屋宽度（B）的限值宜按表 B.0.1-15 采用。

表 B.0.1-15 抗震横墙间距和房屋宽度限值
（190mm 多孔砖墙圆孔板楼屋盖）(m)

烈度	层数	层号	层高	抗震横墙间距（L）	与砂浆强度等级对应的房屋宽度限值（B）									
					M1		M2.5		M5		M7.5		M10	
					下限	上限	下限	上限	下限	上限	下限	上限	下限	上限
6	一	1	4.0	3~11	4	11	4	11	4	11	4	11	4	11
7	一	1	4.0	3~11	4	11	4	11	4	11	4	11	4	11
7 (0.15g)	一	1	4.0	3	4	7.4	4	11	4	11	4	11	4	11
				3.6	4	8.1	4	11	4	11	4	11	4	11
				4.2	4	8.8	4	11	4	11	4	11	4	11
				4.8	4	9.4	4	11	4	11	4	11	4	11
				5.4	4	9.9	4	11	4	11	4	11	4	11
				6	4	10.4	4	11	4	11	4	11	4	11
				6.6	4	10.8	4	11	4	11	4	11	4	11
				7.2~10.2	4	11	4	11	4	11	4	11	4	11
				11	4.4	11	4	11	4	11	4	11	4	11

续表 B.0.1-15

烈度	层数	层号	层高	抗震横墙间距（L）	与砂浆强度等级对应的房屋宽度限值（B）									
					M1		M2.5		M5		M7.5		M10	
					下限	上限	下限	上限	下限	上限	下限	上限	下限	上限
8	一	1	3.6	3	4	5.9	4	9	4	9	4	9	4	9
				3.6	4	6.5	4	9	4	9	4	9	4	9
				4.2	4	7	4	9	4	9	4	9	4	9
				4.8	4	7.5	4	9	4	9	4	9	4	9
				5.4	4	7.9	4	9	4	9	4	9	4	9
				6	4	8.2	4	9	4	9	4	9	4	9
				6.6	4	8.5	4	9	4	9	4	9	4	9
				7.2	4	8.7	4	9	4	9	4	9	4	9
				7.8	4.1	9	4	9	4	9	4	9	4	9
				8.4	4.6	9	4	9	4	9	4	9	4	9
				9	5.1	9	4	9	4	9	4	9	4	9
8 (0.30g)	一	1	3.6	3	—	—	4	4.5	4	5.8	4	8.3	4	9
				3.6	—	—	4	5	4	6.4	4	9	4	9
				4.2	—	—	4	5.5	4	6.9	4	9	4	9
				4.8	—	—	4	5.9	4	7.4	4	9	4	9
				5.4	—	—	4	6.2	4	7.7	4	9	4	9
				6	—	—	4	6.6	4	8.1	4	9	4	9
				6.6	—	—	4	6.8	4	8.4	4	9	4	9
				7.2	—	—	4.6	7.1	4	8.6	4	9	4	9
				7.8	—	—	5.3	7.3	4	8.9	4	9	4	9
				8.4	—	—	6.1	7.5	4	9	4	9	4	9
				9	—	—	6.9	7.7	4	9	4	9	4	9
9	一	1	3.0	3	—	—	4	4.6	4	6	4	6	4	6
				3.6	—	—	4	5	4	6	4	6	4	6
				4.2	—	—	4	5.4	4	6	4	6	4	6
				4.8	—	—	4	5.7	4	6	4	6	4	6
				5.4	—	—	4.8	6	4	6	4	6	4	6
				6	—	—	—	—	4	6	4	6	4	6
6	二	2	3.6	3～11	4	11	4	11	4	11	4	11	4	11
		1	3.6	3～9	4	11	4	11	4	11	4	11	4	11
7	二	2	3.3	3	4	9.6	4	11	4	11	4	11	4	11
				3.6	4	10.6	4	11	4	11	4	11	4	11
				4.2～11	4	11	4	11	4	11	4	11	4	11

续表 B.0.1-15

烈度	层数	层号	层高	抗震横墙间距（L）	与砂浆强度等级对应的房屋宽度限值（B）									
					M1		M2.5		M5		M7.5		M10	
					下限	上限	下限	上限	下限	上限	下限	上限	下限	上限
7	二	1	3.3	3	4	6.3	4	9.7	4	11	4	11	4	11
				3.6	4	7	4	10.8	4	11	4	11	4	11
				4.2	4	7.7	4	11	4	11	4	11	4	11
				4.8	4	8.2	4	11	4	11	4	11	4	11
				5.4	4	8.7	4	11	4	11	4	11	4	11
				6	4	9.2	4	11	4	11	4	11	4	11
				6.6	4	9.6	4	11	4	11	4	11	4	11
				7.2	4	9.8	4	11	4	11	4	11	4	11
				7.8	4	10.3	4	11	4	11	4	11	4	11
				8.4	4	10.5	4	11	4	11	4	11	4	11
				9	4	10.8	4	11	4	11	4	11	4	11
7 (0.15g)	二	2	3.3	3	4	5.5	4	9.1	4	11	4	11	4	11
				3.6	4	6.1	4	10.1	4	11	4	11	4	11
				4.2	4	6.6	4	10.9	4	11	4	11	4	11
				4.8	4	7	4	11	4	11	4	11	4	11
				5.4	4	7.4	4	11	4	11	4	11	4	11
				6	4	7.7	4	11	4	11	4	11	4	11
				6.6	4	7.9	4	11	4	11	4	11	4	11
				7.2	4.1	8.2	4	11	4	11	4	11	4	11
				7.8	4.6	8.4	4	11	4	11	4	11	4	11
				8.4	5.1	8.6	4	11	4	11	4	11	4	11
				9	5.7	8.8	4	11	4	11	4	11	4	11
				9.6	6.4	9	4	11	4	11	4	11	4	11
				10.2	7.1	9.1	4	11	4	11	4	11	4	11
				11	8.2	9.3	4	11	4	11	4	11	4	11
		1	3.3	3	—	—	4	5.5	4	7.6	4	9.7	4	11
				3.6	—	—	4	6.2	4	8.5	4	10.8	4	11
				4.2	—	—	4	6.7	4	9.3	4	11	4	11
				4.8	—	—	4	7.2	4	9.9	4	11	4	11
				5.4	—	—	4	7.6	4	10.5	4	11	4	11
				6	—	—	4	8	4	11	4	11	4	11
				6.6	—	—	4	8.4	4	11	4	11	4	11
				7.2	—	—	4	8.6	4	11	4	11	4	11
				7.8	—	—	4.4	9	4	11	4	11	4	11
				8.4	—	—	4.9	9.2	4	11	4	11	4	11
				9	—	—	5.3	9.5	4	11	4	11	4	11

续表 B.0.1-15

烈度	层数	层号	层高	抗震横墙间距（L）	与砂浆强度等级对应的房屋宽度限值（B）									
					M1		M2.5		M5		M7.5		M10	
					下限	上限	下限	上限	下限	上限	下限	上限	下限	上限
8	二	2	3.0	3	4	4.4	4	7.4	4	9	4	9	4	9
				3.6	4	4.8	4	8.2	4	9	4	9	4	9
				4.2	4	5.2	4	8.8	4	9	4	9	4	9
				4.8	4	5.5	4	9	4	9	4	9	4	9
				5.4	4.2	5.8	4	9	4	9	4	9	4	9
				6	5	6	4	9	4	9	4	9	4	9
				6.6	6	6.2	4	9	4	9	4	9	4	9
				7.2～9	—	—	4	9	4	9	4	9	4	9
		1	3.0	3	—	—	4	4.3	4	6.1	4	7.9	4	9
				3.6	—	—	4	4.8	4	6.8	4	8.7	4	9
				4.2	—	—	4	5.2	4	7.4	4	9	4	9
				4.8	—	—	4	5.6	4	7.9	4	9	4	9
				5.4	—	—	4.2	5.9	4	8.3	4	9	4	9
				6	—	—	4.8	6.2	4	8.7	4	9	4	9
				6.6	—	—	5.5	6.5	4	9	4	9	4	9
				7	—	—	6	6.6	4	9	4	9	4	9
8（0.30g）	二	2	3.0	3	—	—	4	4.4	4	6.4	4	8.4	4	9
				3.6	—	—	4	4.8	4	7	4	9	4	9
				4.2	—	—	4	5.2	4	7.5	4	9	4	9
				4.8	—	—	4.2	5.5	4	8	4	9	4	9
				5.4	—	—	5.3	5.8	4	8.4	4	9	4	9
				6	—	—	—	—	4	8.7	4	9	4	9
				6.6	—	—	—	—	4	9	4	9	4	9
				7.2	—	—	—	—	4.3	9	4	9	4	9
				7.8	—	—	—	—	4.9	9	4	9	4	9
				8.4	—	—	—	—	5.7	9	4	9	4	9
				9	—	—	—	—	6.6	9	4	9	4	9
		1	3.0	3	—	—	—	—	—	—	4	4.6	4	5.8
				3.6	—	—	—	—	—	—	4	5.1	4	6.4
				4.2	—	—	—	—	—	—	4	5.6	4	7
				4.8	—	—	—	—	—	—	4	6	4	7.4
				5.4	—	—	—	—	—	—	4.4	6.3	4	7.9
				6	—	—	—	—	—	—	5.2	6.6	4	8.2
				6.6	—	—	—	—	—	—	6.1	6.9	4.2	8.6
				7	—	—	—	—	—	—	6.8	7	4.5	8.8

20 墙厚为240mm的蒸压砖墙预应力圆孔板楼（屋）盖房屋，与抗震横墙间距（L）对应的房屋宽度（B）的限值宜按表B.0.1-16采用。

表B.0.1-16 抗震横墙间距和房屋宽度限值
（240mm蒸压砖墙圆孔板楼屋盖）(m)

烈度	层数	层号	层高	抗震横墙间距（L）	与砂浆强度等级对应的房屋宽度限值（B）							
					M2.5		M5		M7.5		M10	
					下限	上限	下限	上限	下限	上限	下限	上限
6	一	1	4.0	3～11	4	11	4	11	4	11	4	11
7	一	1	4.0	3～11	4	11	4	11	4	11	4	11
7 (0.15g)	一	1	4.0	3	4	9.5	4	11	4	11	4	11
				3.6	4	10.7	4	11	4	11	4	11
				4.2～11	4	11	4	11	4	11	4	11
8	一	1	3.6	3	4	7.8	4	9	4	9	4	9
				3.6	4	8.7	4	9	4	9	4	9
				4.2～9	4	9	4	9	4	9	4	9
8 (0.30g)	一	1	3.6	3	4	4.5	4	6.3	4	8.1	4	9
				3.6	4	5	4	7	4	9	4	9
				4.2	4	5.5	4	7.7	4	9	4	9
				4.8	4	5.9	4	8.2	4	9	4	9
				5.4	4.7	6.2	4	8.7	4	9	4	9
				6	5.6	6.6	4	9	4	9	4	9
				6.6	6.5	6.8	4	9	4	9	4	9
				7.2	—	—	4.2	9	4	9	4	9
				7.8	—	—	4.8	9	4	9	4	9
				8.4	—	—	5.3	9	4	9	4	9
				9	—	—	5.9	9	4	9	4	9
9	一	1	3.0	3	—	—	4	5.1	4	6	4	6
				3.6	—	—	4	5.6	4	6	4	6
				4.2	4	4.2	4	6	4	6	4	6
				4.8	4	4.5	4	6	4	6	4	6
				5.4	4	4.7	4.2	6	4	6	4	6
				6	4	5	5	6	4	6	4	6
6	二	2	3.6	3～11	4	11	4	11	4	11	4	11
		1	3.6	3～9	4	11	4	11	4	11	4	11
7	二	2	3.3	3～11	4	11	4	11	4	11	4	11
		1	3.3	3	4	7.9	4	10.3	4	11	4	11
				3.6	4	9	4	11	4	11	4	11
				4.2	4	9.9	4	11	4	11	4	11
				4.8	4	10.7	4	11	4	11	4	11
				5.4～9	4	11	4	11	4	11	4	11

续表 B.0.1-16

烈度	层数	层号	层高	抗震横墙间距（L）	与砂浆强度等级对应的房屋宽度限值（B）							
					M2.5		M5		M7.5		M10	
					下限	上限	下限	上限	下限	上限	下限	上限
7 (0.15g)	二	2	3.3	3	4	7.3	4	9.9	4	11	4	11
				3.6	4	8.1	4	11	4	11	4	11
				4.2	4	8.9	4	11	4	11	4	11
				4.8	4	9.5	4	11	4	11	4	11
				5.4	4	10.1	4	11	4	11	4	11
				6	4	10.6	4	11	4	11	4	11
				6.6～9	4	11	4	11	4	11	4	11
				9.6	4.3	11	4	11	4	11	4	11
				10.2	4.6	11	4	11	4	11	4	11
				11	5.1	11	4	11	4	11	4	11
		1	3.3	3	4	4.3	4	5.9	4	7.4	4	8.8
				3.6	4	4.9	4	6.6	4	8.3	4	10
				4.2	4	5.4	4	7.3	4	9.2	4	11
				4.8	4	5.8	4	7.9	4	9.9	4	11
				5.4	4.4	6.3	4	8.4	4	10.6	4	11
				6	4.9	6.6	4	8.9	4	11	4	11
				6.6	5.5	6.9	4	9.4	4	11	4	11
				7.2	5.9	7.1	4	9.6	4	11	4	11
				7.8	6.8	7.5	4.4	10.2	4	11	4	11
				8.4	7.5	7.8	4.8	10.5	4	11	4	11
				9	—	—	5.2	10.8	4	11	4	11
8	二	2	3.0	3	4	5.9	4	8.1	4	9	4	9
				3.6	4	6.5	4	9	4	9	4	9
				4.2	4	7.1	4	9	4	9	4	9
				4.8	4	7.6	4	9	4	9	4	9
				5.4	4	8	4	9	4	9	4	9
				6	4	8.4	4	9	4	9	4	9
				6.6	4	8.7	4	9	4	9	4	9
				7.2	4.3	9	4	9	4	9	4	9
				7.8	4.8	9	4	9	4	9	4	9
				8.4	5.4	9	4	9	4	9	4	9
				9	6	9	4	9	4	9	4	9
		1	3.0	3	—	—	4	4.6	4	5.9	4	7.2
				3.6	—	—	4	5.2	4	6.6	4	8
				4.2	—	—	4	5.7	4	7.3	4	8.8
				4.8	—	—	4	6.2	4	7.9	4	9
				5.4	—	—	4.1	6.6	4	8.4	4	9
				6	—	—	4.7	6.9	4	8.8	4	9
				6.6	—	—	5.3	7.3	4	9	4	9
				7	—	—	5.7	7.5	4	9	4	9

21 墙厚为370mm的蒸压砖墙预应力圆孔板楼（屋）盖房屋（单开间），与抗震横墙间距（L）对应的房屋宽度（B）的限值宜按表B.0.1-17采用。

表 B.0.1-17 抗震横墙间距和房屋宽度限值
（370mm 蒸压砖墙圆孔板楼屋盖）(m)

烈度	层数	层号	层高	抗震横墙间距（L）	与砂浆强度等级对应的房屋宽度限值（B）							
					M2.5		M5		M7.5		M10	
					下限	上限	下限	上限	下限	上限	下限	上限
6	一	1	4.0	3～11	4	11	4	11	4	11	4	11
7	一	1	4.0	3～11	4	11	4	11	4	11	4	11
7 (0.15g)	一	1	4.0	3	4	10.9	4	11	4	11	4	11
				3.6～11	4	11	4	11	4	11	4	11
8	一	1	3.6	3～9	4	9	4	9	4	9	4	9
8 (0.30g)	一	1	3.6	3	4	5.2	4	7.3	4	9	4	9
				3.6	4	6	4	8.3	4	9	4	9
				4.2	4	6.6	4	9	4	9	4	9
				4.8	4	7.2	4	9	4	9	4	9
				5.4	4	7.7	4	9	4	9	4	9
				6	4	8.2	4	9	4	9	4	9
				6.6	4	8.6	4	9	4	9	4	9
				7.2～9	4	9	4	9	4	9	4	9
9	一	1	3.0	3	4	4.2	4	6	4	6	4	6
				3.6	4	4.7	4	6	4	6	4	6
				4.2	4	5.2	4	6	4	6	4	6
				4.8	4	5.6	4	6	4	6	4	6
				5.4～6	4	6	4	6	4	6	4	6
6	二	2	3.6	3～11	4	11	4	11	4	11	4	11
		1	3.6	3～9	4	11	4	11	4	11	4	11
7	二	2	3.3	3～11	4	11	4	11	4	11	4	11
		1	3.3	3	4	8.9	4	11	4	11	4	11
				3.6	4	10.2	4	11	4	11	4	11
				4.2～9	4	11	4	11	4	11	4	11
7 (0.15g)	二	2	3.3	3	4	8.4	4	11	4	11	4	11
				3.6	4	9.6	4	11	4	11	4	11
				4.2	4	10.6	4	11	4	11	4	11
				4.8～11	4	11	4	11	4	11	4	11
		1	3.3	3	4	4.9	4	6.6	4	8.3	4	9.9
				3.6	4	5.6	4	7.6	4	9.5	4	11
				4.2	4	6.3	4	8.5	4	10.6	4	11
				4.8	4	6.9	4	9.3	4	11	4	11
				5.4	4	7.4	4	10	4	11	4	11
				6	4	8	4	10.8	4	11	4	11
				6.6	4	8.5	4	11	4	11	4	11
				7.2	4	8.8	4	11	4	11	4	11
				7.8	4	9.3	4	11	4	11	4	11
				8.4	4	9.7	4	11	4	11	4	11
				9	4	10.1	4	11	4	11	4	11

续表 B.0.1-17

烈度	层数	层号	层高	抗震横墙间距（L）	与砂浆强度等级对应的房屋宽度限值（B）							
					M2.5		M5		M7.5		M10	
					下限	上限	下限	上限	下限	上限	下限	上限
8	二	2	3.0	3	4	6.9	4	9	4	9	4	9
				3.6	4	7.8	4	9	4	9	4	9
				4.2	4	8.6	4	9	4	9	4	9
				4.8～9	4	9	4	9	4	9	4	9
		1	3.0	3	—	—	4	5.3	4	6.7	4	8.1
				3.6	4	4.3	4	6	4	7.7	4	9
				4.2	4	4.8	4	6.7	4	8.5	4	9
				4.8	4	5.3	4	7.3	4	9	4	9
				5.4	4	5.7	4	7.9	4	9	4	9
				6	4	6.1	4	8.4	4	9	4	9
				6.6	4	6.4	4	8.9	4	9	4	9
				7	4	6.7	4	9	4	9	4	9

22 外墙厚为370mm、内墙厚为240mm的蒸压砖墙预应力圆孔板楼（屋）盖房屋，与抗震横墙间距（L）对应的房屋宽度（B）的限值宜按表B.0.1-18采用。

表 B.0.1-18 抗震横墙间距和房屋宽度限值
（外墙370mm、内墙240mm蒸压砖墙圆孔板楼屋盖）(m)

烈度	层数	层号	层高	抗震横墙间距（L）	与砂浆强度等级对应的房屋宽度限值（B）							
					M2.5		M5		M7.5		M10	
					下限	上限	下限	上限	下限	上限	下限	上限
6	一	1	4.0	3～11	4	11	4	11	4	11	4	11
7	一	1	4.0	3～11	4	11	4	11	4	11	4	11
7 (0.15g)	一	1	4.0	3～9.6	4	11	4	11	4	11	4	11
				10.2	4.3	11	4	11	4	11	4	11
				11	4.6	11	4	11	4	11	4	11
8	一	1	3.6	3～7.2	4	9	4	9	4	9	4	9
				7.8	4.2	9	4	9	4	9	4	9
				8.4	4.6	9	4	9	4	9	4	9
				9	5	9	4	9	4	9	4	9
8 (0.30g)	一	1	3.6	3	4	6.8	4	9	4	9	4	9
				3.6	4.1	7.5	4	9	4	9	4	9
				4.2	5	8.2	4	9	4	9	4	9
				4.8	5.9	8.8	4	9	4	9	4	9
				5.4	7	9	4.1	9	4	9	4	9
				6	8.2	9	4.7	9	4	9	4	9
				6.6	—	—	5.3	9	4	9	4	9
				7.2	—	—	6	9	4.1	9	4	9
				7.8	—	—	6.7	9	4.6	9	4	9
				8.4	—	—	7.4	9	5	9	4	9
				9	—	—	8.2	9	5.5	9	4.1	9
9	一	1	3.0	3	—	—	4	6	4	6	4	6
				3.6	—	—	4	6	4	6	4	6
				4.2	—	—	4.2	6	4	6	4	6
				4.8	—	—	5.1	6	4	6	4	6
				5.4	—	—	—	—	4	6	4	6
				6	—	—	—	—	4.5	6	4	6

续表 B.0.1-18

烈度	层数	层号	层高	抗震横墙间距（L）	与砂浆强度等级对应的房屋宽度限值（B）							
					M2.5		M5		M7.5		M10	
					下限	上限	下限	上限	下限	上限	下限	上限
6	二	2	3.6	3～11	4	11	4	11	4	11	4	11
		1	3.6	3～9	4	11	4	11	4	11	4	11
7	二	2	3.3	3～11	4	11	4	11	4	11	4	11
		1	3.3	3～7.8	4	11	4	11	4	11	4	11
				8.4	4.1	11	4	11	4	11	4	11
				9	4.3	11	4	11	4	11	4	11
7 (0.15g)	二	2	3.3	3	4	10.8	4	11	4	11	4	11
				3.6～6.6	4	11	4	11	4	11	4	11
				7.2	4.2	11	4	11	4	11	4	11
				7.8	4.6	11	4	11	4	11	4	11
				8.4	5	11	4	11	4	11	4	11
				9	5.5	11	4	11	4	11	4	11
				9.6	5.9	11	4	11	4	11	4	11
				10.2	6.3	11	4.2	11	4	11	4	11
				11	7	11	4.6	11	4	11	4	11
7 (0.15g)	二	1	3.3	3	4	6.4	4	8.7	4	10.9	4	11
				3.6	4.3	7.3	4	9.8	4	11	4	11
				4.2	5.1	8	4	10.8	4	11	4	11
				4.8	5.8	8.7	4	11	4	11	4	11
				5.4	6.6	9.3	4.3	11	4	11	4	11
				6	7.4	9.9	4.8	11	4	11	4	11
				6.6	8.3	10.4	5.3	11	4	11	4	11
				7.2	8.8	10.7	5.6	11	4.2	11	4	11
				7.8	10.1	11	6.3	11	4.7	11	4	11
				8.4	11	11	6.9	11	5.1	11	4	11
				9	—	—	7.4	11	5.4	11	4.3	11
8	二	2	3.0	3	4	8.7	4	9	4	9	4	9
				3.6～4.8	4	9	4	9	4	9	4	9
				5.4	4.2	9	4	9	4	9	4	9
				6	4.7	9	4	9	4	9	4	9
				6.6	5.3	9	4	9	4	9	4	9
				7.2	6	9	4	9	4	9	4	9
				7.8	6.7	9	4.2	9	4	9	4	9
				8.4	7.4	9	4.5	9	4	9	4	9
				9	8.2	9	5	9	4	9	4	9
		1	3.0	3	5.2	5.3	4	6.8	4	8.7	4	9
				3.6	—	—	4	7.7	4	9	4	9
				4.2	—	—	4.6	8.5	4	9	4	9
				4.8	—	—	5.4	9	4	9	4	9
				5.4	—	—	6.1	9	4.3	9	4	9
				6	—	—	6.9	9	4.8	9	4	9
				6.6	—	—	7.8	9	5.4	9	4.2	9
				7	—	—	8.4	9	5.8	9	4.4	9

23 墙厚为190mm的小砌块墙预应力圆孔板楼（屋）盖房屋，与抗震横墙间距（L）对应的房屋宽度（B）的限值宜按表B.0.1-19采用。

表B.0.1-19 抗震横墙间距和房屋宽度限值（190mm小砌块墙圆孔板楼屋盖）(m)

烈度	层数	层号	层高	抗震横墙间距（L）	与砂浆强度等级对应的房屋宽度限值（B）											
					普通小砌块						轻骨料小砌块					
					M5		M7.5		M10		M5		M7.5		M10	
					下限	上限	下限	上限	下限	上限	下限	上限	下限	上限	下限	上限
6	一	1	4.0	3～15	4	15	4	15	4	15	4	15	4	15	4	15
7	一	1	4.0	3～15	4	15	4	15	4	15	4	15	4	15	4	15
7 (0.15g)	一	1	4.0	3	4	10.4	4	13.5	4	15	4	12	4	15	4	15
				3.6	4	11.6	4	15	4	15	4	13.2	4	15	4	15
				4.2	4	12.7	4	15	4	15	4	14.2	4	15	4	15
				4.8	4	13.6	4	15	4	15	4	15	4	15	4	15
				5.4	4	14.4	4	15	4	15	4	15	4	15	4	15
				6～15	4	15	4	15	4	15	4	15	4	15	4	15
8	一	1	3.6	3	4	8.4	4	11.1	4	12	4	9.7	4	12	4	12
				3.6	4	9.4	4	12	4	12	4	10.7	4	12	4	12
				4.2	4	10.2	4	12	4	12	4	11.5	4	12	4	12
				4.8	4	10.9	4	12	4	12	4	12	4	12	4	12
				5.4	4	11.5	4	12	4	12	4	12	4	12	4	12
				6～12	4	12	4	12	4	12	4	12	4	12	4	12
8 (0.30g)	一	1	3.6	3	4	5	4	6.7	4	7.6	4	5.9	4	8	4	9
				3.6	4	5.5	4	7.5	4	8.4	4	6.5	4	8.7	4	9.8
				4.2	4	6	4	8.1	4	9.2	4	7	4	9.4	4	10.6
				4.8	4	6.4	4	8.7	4	9.8	4	7.4	4	9.9	4	11.2
				5.4	4	6.8	4	9.2	4	10.3	4	7.7	4	10.4	4	11.7
				6	4	7.1	4	9.6	4	10.8	4	8	4	10.8	4	12
				6.6	4	7.4	4	10	4	11.3	4	8.3	4	11.2	4	12
				7.2	4.1	7.7	4	10.3	4	11.7	4	8.6	4	11.5	4	12
				7.8	4.4	7.9	4	10.7	4	12	4	8.8	4	11.8	4	12
				8.4	4.8	8.1	4	10.9	4	12	4	9	4	12	4	12
				9	5.1	8.3	4	11.2	4	12	4	9.1	4	12	4	12
				9.6	5.5	8.5	4	11.4	4	12	4	9.3	4	12	4	12
				10.2	5.9	8.6	4.2	11.7	4	12	4.2	9.4	4	12	4	12
				10.8	6.4	8.8	4.4	11.9	4	12	4.5	9.6	4	12	4	12
				11.4	6.9	8.9	4.7	12	4.1	12	4.9	9.7	4	12	4	12
				12	7.5	9.1	4.9	12	4.3	12	5.3	9.8	4	12	4	12

续表 B.0.1-19

烈度	层数	层号	层高	抗震横墙间距（L）	与砂浆强度等级对应的房屋宽度限值（B）											
					普通小砌块						轻骨料小砌块					
					M5		M7.5		M10		M5		M7.5		M10	
					下限	上限	下限	上限	下限	上限	下限	上限	下限	上限	下限	上限
9	一	1	3.3	3	—	—	4	4.9	4	5.6	4	4.3	4	5.9	4	6
				3.6	—	—	4	5.5	4	6	4	4.7	4	6	4	6
				4.2	4	4.3	4	5.9	4	6	4	5.1	4	6	4	6
				4.8	—	—	4	6	4	6	4	5.3	4	6	4	6
				5.4	—	—	4	6	4	6	4	5.6	4	6	4	6
				6	—	—	4	6	4	6	4	5.8	4	6	4	6
			3.0	3	—	—	4	5.3	4	6	4	4.6	4	6	4	6
				3.6	4	4.2	4	5.8	4	6	4	5	4	6	4	6
				4.2	4	4.5	4	6	4	6	4	5.3	4	6	4	6
				4.8	4.1	4.8	4	6	4	6	4	5.6	4	6	4	6
				5.4	4.8	5.1	4	6	4	6	4	5.8	4	6	4	6
				6	—	—	4	6	4	6	4	6	4	6	4	6
6	二	2	3.6	3～15	4	15	4	15	4	15	4	15	4	15	4	15
		1	3.6	3～11	4	15	4	15	4	15	4	11	4	11	4	11
7	二	2	3.6	3	4	12.7	4	15	4	15	4	14.6	4	15	4	15
				3.6	4	14.2	4	15	4	15	4	15	4	15	4	15
				4.2～15	4	15	4	15	4	15	4	15	4	15	4	15
		1	3.6	3	4	9.7	4	11.8	4	13.8	4	10.7	4	13.2	4	15
				3.6	4	11	4	13.3	4	15	4	11.9	4	14.7	4	15
				4.2	4	12.1	4	14.7	4	15	4	13	4	15	4	15
				4.8	4	13.1	4	15	4	15	4	14	4	15	4	15
				5.4	4	14	4	15	4	15	4	14.8	4	15	4	15
				6.0	4	14.8	4	15	4	15	4	15	4	15	4	15
				6.6～11	4	15	4	15	4	15	4	15	4	15	4	15
7 (0.15g)	二	2	3.6	3	4	7.4	4	9.8	4	11	4	8.7	4	11.6	4	13
				3.6	4	8.3	4	11	4	12.3	4	9.6	4	12.8	4	14.3
				4.2	4	9.1	4	12	4	13.4	4	10.4	4	13.8	4	15
				4.8	4	9.7	4	12.9	4	14.4	4	11	4	14.6	4	15
				5.4	4	10.3	4	13.6	4	15	4	11.6	4	15	4	15
				6	4	10.8	4	14.3	4	15	4	12.1	4	15	4	15
				6.6	4	11.3	4	14.9	4	15	4	12.5	4	15	4	15
				7.2	4	11.7	4	15	4	15	4	12.9	4	15	4	15
				7.8	4	12.1	4	15	4	15	4	13.3	4	15	4	15
				8.4	4	12.5	4	15	4	15	4	13.6	4	15	4	15
				9	4	12.8	4	15	4	15	4	13.9	4	15	4	15
				9.6	4	13.1	4	15	4	15	4	14.2	4	15	4	15
				10.2	4	13.3	4	15	4	15	4	14.4	4	15	4	15
				10.8	4	13.6	4	15	4	15	4	14.6	4	15	4	15
				11.4	4	13.8	4	15	4	15	4	14.8	4	15	4	15
				12	4	14.1	4	15	4	15	4	15	4	15	4	15
				12.6	4	14.3	4	15	4	15	4	15	4	15	4	15
				13.2	4	14.5	4	15	4	15	4	15	4	15	4	15
				13.8	4	14.6	4	15	4	15	4	15	4	15	4	15
				14.4	4.1	14.8	4	15	4	15	4	15	4	15	4	15
				15	4.3	15	4	15	4	15	4	15	4	15	4	15
		1	3.6	3	4	5.5	4	6.8	4	7.5	4	6.1	4	7.8	4	8.6
				3.6	4	6.2	4	7.7	4	8.4	4	6.9	4	8.7	4	9.6
				4.2	4	6.8	4	8.5	4	9.3	4	7.5	4	9.5	4	10.4
				4.8	4	7.4	4	9.2	4	10.1	4	8	4	10.1	4	11.2
				5.4	4	7.9	4	9.8	4	10.8	4	8.5	4	10.8	4	11.9
				6	4	8.4	4	10.4	4	11.4	4	9	4	11.3	4	12.5
				6.6	4	8.8	4	10.9	4	12	4	9.4	4	11.8	4	13
				7.2	4	9.2	4	11.4	4	12.5	4	9.7	4	12.2	4	13.5
				7.8	4	9.5	4	11.8	4	13	4	10	4	12.6	4	14
				8.4	4	9.9	4	12.2	4	13.4	4	10.3	4	13	4	14.4
				9	4	10.2	4	12.6	4	13.9	4	10.6	4	13.3	4	14.7
				9.6	4	10.4	4	13	4	14.2	4	10.8	4	13.7	4	15
				10.2	4	10.7	4	13.3	4	14.6	4	11.1	4	13.9	4	15
				11	4	11	4	13.7	4	15	4	11.3	4	14.3	4	15

续表 B.0.1-19

烈度	层数	层号	层高	抗震横墙间距（L）	与砂浆强度等级对应的房屋宽度限值（B）											
					普通小砌块						轻骨料小砌块					
					M5		M7.5		M10		M5		M7.5		M10	
					下限	上限	下限	上限	下限	上限	下限	上限	下限	上限	下限	上限
8	二	2	3.3	3	4	5.9	4	7.9	4	9	4	7	4	9.4	4	10.6
				3.6	4	6.6	4	8.8	4	10	4	7.7	4	10.3	4	11.6
				4.2	4	7.1	4	9.6	4	10.8	4	8.3	4	11.1	4	12
				4.8	4	7.6	4	10.3	4	11.6	4	8.8	4	11.7	4	12
				5.4	4	8.1	4	10.9	4	12	4	9.2	4	12	4	12
				6	4	8.5	4	11.4	4	12	4	9.5	4	12	4	12
				6.6	4	8.8	4	11.8	4	12	4	9.9	4	12	4	12
				7.2	4	9.1	4	12	4	12	4	10.2	4	12	4	12
				7.8	4	9.4	4	12	4	12	4	10.4	4	12	4	12
				8.4	4	9.7	4	12	4	12	4	10.7	4	12	4	12
				9	4	9.9	4	12	4	12	4	10.9	4	12	4	12
				9.6	4	10.1	4	12	4	12	4	11.1	4	12	4	12
				10.2	4.1	10.3	4	12	4	12	4	11.2	4	12	4	12
				10.8	4.3	10.5	4	12	4	12	4	11.4	4	12	4	12
				11.4	4.6	10.7	4	12	4	12	4	11.6	4	12	4	12
				12	4.9	10.8	4	12	4	12	4	11.7	4	12	4	12
		1	3.3	3	4	4.1	4	5.2	4	5.8	4	4.7	4	6.1	4	6.8
				3.6	4	4.6	4	5.9	4	6.5	4	5.2	4	6.8	4	7.5
				4.2	4	5.1	4	6.5	4	7.2	4	5.7	4	7.4	4	8.2
				4.8	4	5.5	4	7	4	7.8	4	6.1	4	7.9	4	8.8
				5.4	4	5.9	4	7.5	4	8.3	4	6.5	4	8.3	4	9.3
				6	4	6.2	4	7.9	4	8.8	4	6.8	4	8.7	4	9.7
				6.6	4.4	6.5	4	8.3	4	9.2	4	7.1	4	9.1	4	10.1
				7.2	4.8	6.8	4	8.6	4	9.6	4	7.3	4	9.4	4	10.5
				7.8	5.1	7	4	9	4	9.9	4	7.5	4	9.7	4	10.8
				8.4	5.5	7.2	4	9.2	4	10.2	4	7.7	4	10	4	11.1
				9	5.9	7.5	4.3	9.5	4	10.5	4.2	7.9	4	10.2	4	11.3
8（0.30g）	二	2	3.0	3	—	—	4	5	4	5.7	4	4.4	4	6	4	6.9
				3.6	4	4	4	5.5	4	6.3	4	4.8	4	6.6	4	7.5
				4.2	4	4.3	4	6	4	6.9	4	5.1	4	7.1	4	8
				4.8	4.5	4.6	4	6.4	4	7.3	4	5.4	4	7.5	4	8.5
				5.4	—	—	4	6.7	4	7.7	4	5.7	4	7.8	4	8.9
				6	—	—	4	7.1	4	8.1	4.1	5.9	4	8.1	4	9.2
				6.6	—	—	4.2	7.3	4	8.4	4.6	6.1	4	8.4	4	9.5
				7.2	—	—	4.7	7.6	4	8.6	5.2	6.2	4	8.6	4	9.8
				7.8	—	—	5.2	7.8	4.3	8.9	5.9	6.4	4	8.8	4	10
				8.4	—	—	5.8	8	4.8	9.1	6.5	6.5	4	9	4	10.2
				9	—	—	6.3	8.2	5.2	9.3	—	—	4.4	9.2	4	10.4
				9.6	—	—	6.9	8.3	5.7	9.5	—	—	4.8	9.3	4	10.6
				10.2	—	—	7.5	8.5	6.2	9.7	—	—	5.2	9.4	4.3	10.7
				10.8	—	—	8.2	8.6	6.7	9.8	—	—	5.7	9.6	4.7	10.9
				11.4	—	—	8.9	8.7	7.2	10	—	—	6.1	9.7	5	11
				12	—	—	4.9	8.9	7.7	10.1	—	—	6.6	9.8	5.4	11.1
		1	3.0	3	—	—	—	—	—	—	—	—	—	—	4	4.1
				3.6	—	—	—	—	—	—	—	—	4	4	4	4.5
				4.2	—	—	—	—	4	4.2	—	—	4	4.4	4	4.9
				4.8	—	—	—	—	4.4	4.5	—	—	4	4.6	4	5.3
				5.4	—	—	—	—	—	—	—	—	4	4.9	4	5.5
				6	—	—	—	—	—	—	—	—	4.5	5.1	4	5.8
				6.6	—	—	—	—	—	—	—	—	5	5.3	4.3	6
				7.2	—	—	—	—	—	—	—	—	—	—	4.6	6.2
				7.8	—	—	—	—	—	—	—	—	—	—	5.1	6.4
				8.4	—	—	—	—	—	—	—	—	—	—	5.7	6.6
				9	—	—	—	—	—	—	—	—	—	—	6.3	6.7

24 墙厚为240mm的空斗墙预应力圆孔板楼（屋）盖房屋，与抗震横墙间距（L）对应的房屋宽度（B）的限值宜按表B.0.1-20采用。

表B.0.1-20 抗震横墙间距和房屋宽度限值（240mm空斗墙圆孔板楼屋盖）(m)

烈度	层数	层号	层高	抗震横墙间距（L）	与砂浆强度等级对应的房屋宽度限值（B）									
					M1		M2.5		M5		M7.5		M10	
					下限	上限	下限	上限	下限	上限	下限	上限	下限	上限
6	一	1	4.0	3～9	4	9	4	9	4	9	4	9	4	9
7	一	1	3.6	3	4	8.2	4	9	4	9	4	9	4	9
				3.6～9	4	9	4	9	4	9	4	9	4	9
7 (0.15g)	一	1	3.6	3	4	4.6	4	7.4	4	9	4	9	4	9
				3.6	4	5.1	4	8.2	4	9	4	9	4	9
				4.2	4	5.5	4	8.9	4	9	4	9	4	9
				4.8	4	5.9	4	9	4	9	4	9	4	9
				5.4	4	6.2	4	9	4	9	4	9	4	9
				6	4	6.5	4	9	4	9	4	9	4	9
				6.6	4.5	6.7	4	9	4	9	4	9	4	9
				7.2	5.1	6.9	4	9	4	9	4	9	4	9
				7.8	5.8	7.1	4	9	4	9	4	9	4	9
				8.4	6.4	7.3	4	9	4	9	4	9	4	9
				9	7.2	7.5	4	9	4	9	4	9	4	9
8	一	1	3.3	3	4	3.5	4	5.9	4	7	4	7	4	7
				3.6	4	3.9	4	6.5	4	7	4	7	4	7
				4.2	4	4.2	4	7	4	7	4	7	4	7
				4.8～7	—	—	4	7	4	7	4	7	4	7
8 (0.30g)	一	1	3.3	3	—	—	—	—	4	4.9	4	6.5	4	7
				3.6	—	—	—	—	4	5.4	4	7	4	7
				4.2	—	—	—	—	4	5.9	4	7	4	7
				4.8	—	—	—	—	4	6.2	4	7	4	7
				5.4	—	—	—	—	4	6.5	4	7	4	7
				6	—	—	—	—	4.6	6.8	4	7	4	7
				6.6	—	—	—	—	5.5	7	4	7	4	7
				7	—	—	—	—	6.1	7	4	7	4	7
6	二	2	3.6	3～9	4	9	4	9	4	9	4	9	4	9
		1	3.6	3～7	4	9	4	9	4	9	4	9	4	9
7	二	2	3.0	3	4	6	4	9	4	9	4	9	4	9
				3.6	4	6.7	4	9	4	9	4	9	4	9
				4.2	4	7.2	4	9	4	9	4	9	4	9
				4.8	4	7.6	4	9	4	9	4	9	4	9
				5.4	4	8	4	9	4	9	4	9	4	9
				6	4	8.4	4	9	4	9	4	9	4	9
				6.6	4	8.7	4	9	4	9	4	9	4	9
				7.2～9	4	9	4	9	4	9	4	9	4	9
		1	3.0	3	4	4.1	4	6.3	4	8.4	4	9	4	9
				3.6	4	4.5	4	7	4	9	4	9	4	9
				4.2	4	5	4	7.7	4	9	4	9	4	9
				4.8	4	5.3	4	8.2	4	9	4	9	4	9
				5.4	4	5.6	4	8.7	4	9	4	9	4	9
				6	4.3	5.9	4	9	4	9	4	9	4	9
				6.6	4.7	6.2	4	9	4	9	4	9	4	9
				7	5.1	6.3	4	9	4	9	4	9	4	9
7 (0.15g)	二	2	3.0	3	—	—	4	5.6	4	7.8	4	9	4	9
				3.6	—	—	4	6.1	4	8.6	4	9	4	9
				4.2	—	—	4	6.6	4	9	4	9	4	9
				4.8	—	—	4	7	4	9	4	9	4	9
				5.4	—	—	4	7.4	4	9	4	9	4	9
				6	—	—	4	7.7	4	9	4	9	4	9
				6.6	—	—	4	8	4	9	4	9	4	9
				7.2	—	—	4	8.3	4	9	4	9	4	9
				7.8	—	—	4.5	8.5	4	9	4	9	4	9
				8.4	—	—	5	8.7	4	9	4	9	4	9
				9	—	—	5.6	8.9	4	9	4	9	4	9
		1	3.0	3	—	—	—	—	4	4.7	4	6.1	4	7.4
				3.6	—	—	—	—	4	5.3	4	6.8	4	8.2
				4.2	—	—	—	—	4	5.8	4	7.4	4	9
				4.8	—	—	—	—	4	6.2	4	7.9	4	9
				5.4	—	—	—	—	4	6.6	4	8.4	4	9
				6	—	—	—	—	4	6.9	4	8.8	4	9
				6.6	—	—	—	—	4.5	7.2	4	9	4	9
				7	—	—	—	—	4.8	7.4	4	9	4	9

附录C 木结构房屋抗震横墙间距(L)和房屋宽度(B)限值

C.0.1 当围护墙厚度满足本规程第6.1.11条规定、墙体洞口水平截面面积满足第3.1.2条规定、层高不大于本附录下列表中对应值时，各类围护墙木结构房屋的抗震横墙间距（L）和对应的房屋宽度（B）的限值宜分别按表C.0.1-1至表C.0.1-10采用。抗震横墙间距和对应的房屋宽度满足表中对应限值要求时，房屋墙体的抗震承载力可满足对应的设防烈度地震作用的要求。在采用表C.0.1-1至表C.0.1-10时，应符合下列要求：

1 表中的抗震横墙间距，对横墙间距不同的木楼（屋）盖房屋为最大横墙间距值。表中分别给出房屋宽度的下限值和上限值，对确定的抗震横墙间距，房屋宽度应在下限值和上限值之间选取确定；抗震横墙间距取其他值时，可内插求得对应的房屋宽度限值。

2 表中为“—”者，表示采用该强度等级砂浆（泥浆）砌筑墙体的房屋，其纵、横向墙体抗震承载力不能满足对应的设防烈度地震作用的要求，应提高砌筑砂浆（泥浆）强度等级。

3 当两层房屋一、二层墙体采用相同强度等级的砂浆（泥浆）砌筑时，实际房屋宽度应按第一层限值采用。

4 当两层房屋一、二层墙体采用不同强度等级的砂浆（泥浆）砌筑时，实际房屋宽度应同时满足表中一、二层限值要求。

5 表中一层房屋适用于穿斗木构架、木柱木屋架和木柱木梁房屋，两层房屋适用于穿斗木构架和木柱木屋架房屋。

6 墙厚为240mm的实心砖围护墙房屋，与抗震横墙间距（L）对应的房屋宽度（B）的限值宜按表C.0.1-1采用。

表C.0.1-1 抗震横墙间距和房屋宽度限值（240mm实心砖墙）(m)

烈度	层数	层号	层高	抗震横墙间距（L）	与砂浆强度等级对应的房屋宽度限值（B）									
					M1		M2.5		M5		M7.5		M10	
					下限	上限	下限	上限	下限	上限	下限	上限	下限	上限
6	一	1	4.0	3~11	4	11	4	11	4	11	4	11	4	11
7	一	1	4.0	3~8.4	4	9	4	9	4	9	4	9	4	9
				9	4.1	9	4	9	4	9	4	9	4	9
7 (0.15g)	一	1	4.0	3	4	7.1	4	9	4	9	4	9	4	9
				3.6	4	7.9	4	9	4	9	4	9	4	9
				4.2	4	8.6	4	9	4	9	4	9	4	9
				4.8~5.4	4	9	4	9	4	9	4	9	4	9
				6	5.6	9	4	9	4	9	4	9	4	9
				6.6	6.8	9	4	9	4	9	4	9	4	9
				7.2	8.4	9	4	9	4	9	4	9	4	9
				7.8~8.4	—	—	4	9	4	9	4	9	4	9
				9	—	—	4.5	9	4	9	4	9	4	9
8	一	1	3.6	3	4	5.7	4	7	4	7	4	7	4	7
				3.6	4	6.3	4	7	4	7	4	7	4	7
				4.2	4.4	6.8	4	7	4	7	4	7	4	7
				4.8	5.8	7.2	4	7	4	7	4	7	4	7
				5.4~6.6	—	—	4	7	4	7	4	7	4	7
				7	—	—	4.1	7	4	7	4	7	4	7
8 (0.30g)	一	1	3.6	3	—	—	4	5.5	4	7	4	7	4	7
				3.6	—	—	4	6.1	4	7	4	7	4	7
				4.2	—	—	4.4	6.6	4	7	4	7	4	7
				4.8	—	—	5.8	7	4	7	4	7	4	7
				5.4	—	—	—	—	4	7	4	7	4	7
				6	—	—	—	—	4.1	7	4	7	4	7
				6.6	—	—	—	—	4.9	7	4	7	4	7
				7	—	—	—	—	5.6	7	4	7	4	7
9	一	1	3.3	3~4.2	—	—	—	—	4	6	4	6	4	6
				4.8	—	—	—	—	4.8	6	4	6	4	6
				5	—	—	—	—	5.2	6	4	6	4	6
6	二	2	3.6	3~11	4	11	4	11	4	11	4	11	4	11
		1	3.6	3~9	4	11	4	11	4	11	4	11	4	11

续表 C.0.1-1

烈度	层数	层号	层高	抗震横墙间距（L）	与砂浆强度等级对应的房屋宽度限值（B） M1 下限	M1 上限	M2.5 下限	M2.5 上限	M5 下限	M5 上限	M7.5 下限	M7.5 上限	M10 下限	M10 上限
7	二	2	3.6	3～6	4	9	4	9	4	9	4	9	4	9
				6.6	4.1	9	4	9	4	9	4	9	4	9
				7.2	4.8	9	4	9	4	9	4	9	4	9
				7.8	5.5	9	4	9	4	9	4	9	4	9
				8.4	6.4	9	4	9	4	9	4	9	4	9
				9	7.4	9	4	9	4	9	4	9	4	9
		1	3.6	3	4	6.2	4	9	4	9	4	9	4	9
				3.6	4	7	4	9	4	9	4	9	4	9
				4.2	4.2	7.8	4	9	4	9	4	9	4	9
				4.8	5.1	8.4	4	9	4	9	4	9	4	9
				5.4	6.2	9	4	9	4	9	4	9	4	9
				6	7.4	9	4	9	4	9	4	9	4	9
				6.6	8.8	9	4	9	4	9	4	9	4	9
				7	—	—	4.2	9	4	9	4	9	4	9
7（0.15g）	二	2	3.6	3	4	5	4	8.6	4	9	4	9	4	9
				3.6	4.2	5.6	4	9	4	9	4	9	4	9
				4.2	5.6	6	4	9	4	9	4	9	4	9
				4.8	5.1	6.5	4	9	4	9	4	9	4	9
				5.4	6	6.8	4	9	4	9	4	9	4	9
				6	7	7.2	4	9	4	9	4	9	4	9
				6.6	—	—	4.4	9	4	9	4	9	4	9
				7.2	—	—	5.2	9	4	9	4	9	4	9
				7.8	—	—	6	9	4	9	4	9	4	9
				8.4	—	—	7	9	4	9	4	9	4	9
				9	—	—	8.2	9	4	9	4	9	4	9
		1	3.6	3	—	—	4	5.2	4	7.4	4	9	4	9
				3.6	—	—	4.2	5.9	4	8.4	4	9	4	9
				4.2	—	—	5.2	6.6	4	9	4	9	4	9
				4.8	—	—	6.5	7.2	4	9	4	9	4	9
				5.4	—	—	—	—	4.3	9	4	9	4	9
				6	—	—	—	—	5	9	4	9	4	9
				6.6	—	—	—	—	5.8	9	4	9	4	9
				7	—	—	—	—	6.3	9	4.2	9	4	9
8	二	2	3.3	3	—	—	4	6.8	4	7	4	7	4	7
				3.6～4.8	—	—	4	7	4	7	4	7	4	7
				5.4	—	—	4.6	7	4	7	4	7	4	7
				6	—	—	5.7	7	4	7	4	7	4	7
				6.6	—	—	7	7	4	7	4	7	4	7
				7	—	—	—	—	4	7	4	7	4	7
		1	3.3	3	—	—	—	—	4	5.8	4	7	4	7
				3.6	—	—	—	—	4	6.6	4	7	4	7
				4.2	—	—	—	—	4.2	7	4	7	4	7
				4.8	—	—	—	—	5.2	7	4	7	4	7
				5.4	—	—	—	—	6.3	7	4	7	4	7
				6	—	—	—	—	—	—	4.6	7	4	7

续表 C.0.1-1

烈度	层数	层号	层高	抗震横墙间距（L）	M1 下限	M1 上限	M2.5 下限	M2.5 上限	M5 下限	M5 上限	M7.5 下限	M7.5 上限	M10 下限	M10 上限
					与砂浆强度等级对应的房屋宽度限值（B）									
8 (0.30g)	二	2	3.3	3	—	—	—	—	4	5.8	4	7	4	7
				3.6	—	—	—	—	4	6.4	4	7	4	7
				4.2	—	—	—	—	4	6.9	4	7	4	7
				4.8	—	—	—	—	5.1	7	4	7	4	7
				5.4	—	—	—	—	6.5	7	4	7	4	7
				6	—	—	—	—	—	—	4.3	7	4	7
				6.6	—	—	—	—	—	—	5.2	7	4	7
				7	—	—	—	—	—	—	5.8	7	4	7
		1	3.3	3	—	—	—	—	—	—	4.2	4.2	4	5.4
				3.6	—	—	—	—	—	—	—	—	4	6.1
				4.2	—	—	—	—	—	—	—	—	4.6	6.7
				4.8	—	—	—	—	—	—	—	—	5.7	7
				5.4	—	—	—	—	—	—	—	—	7	7
				6	—	—	—	—	—	—	—	—	—	—

7 外墙厚为370mm、内墙厚为240mm的实心砖围护墙房屋，与抗震横墙间距（L）对应的房屋宽度（B）的限值宜按表C.0.1-2采用。

表 C.0.1-2 抗震横墙间距和房屋宽度限值
（外墙370mm、内墙240mm实心砖墙）（m）

烈度	层数	层号	层高	抗震横墙间距（L）	M1 下限	M1 上限	M2.5 下限	M2.5 上限	M5 下限	M5 上限	M7.5 下限	M7.5 上限	M10 下限	M10 上限
					与砂浆强度等级对应的房屋宽度限值（B）									
6	一	1	4.0	3～11	4	11	4	11	4	11	4	11	4	11
7	一	1	4.0	3～6	4	9	4	9	4	9	4	9	4	9
				6.6	4.4	9	4	9	4	9	4	9	4	9
				7.2	5	9	4	9	4	9	4	9	4	9
				7.8	5.7	9	4	9	4	9	4	9	4	9
				8.4	6.4	9	4	9	4	9	4	9	4	9
				9	7.3	9	4	9	4	9	4	9	4	9
7 (0.15g)	一	1	4.0	3	4	9	4	9	4	9	4	9	4	9
				3.6	4.5	9	4	9	4	9	4	9	4	9
				4.2	5.8	9	4	9	4	9	4	9	4	9
				4.8	7.4	9	4	9	4	9	4	9	4	9
				5.4	—	—	4	9	4	9	4	9	4	9
				6	—	—	4.1	9	4	9	4	9	4	9
				6.6	—	—	4.7	9	4	9	4	9	4	9
				7.2	—	—	5.4	9	4	9	4	9	4	9
				7.8	—	—	6.2	9	4	9	4	9	4	9
				8.4	—	—	7	9	4	9	4	9	4	9
				9	—	—	8	9	4.4	9	4	9	4	9
8	一	1	3.6	3	5.1	7.3	4	7	4	7	4	7	4	7
				3.6～4.8	—	—	4	7	4	7	4	7	4	7
				5.4	—	—	4.8	7	4	7	4	7	4	7
				6	—	—	5.7	7	4	7	4	7	4	7
				6.6	—	—	6.8	7	4	7	4	7	4	7
				7	—	—	—	—	4	7	4	7	4	7
8 (0.30g)	一	1	3.6	3～3.6	—	—	—	—	4	7	4	7	4	7
				4.2	—	—	—	—	4.2	7	4	7	4	7
				4.8	—	—	—	—	5.3	7	4	7	4	7
				5.4	—	—	—	—	6.5	7	4	7	4	7
				6	—	—	—	—	—	—	4.5	7	4	7
				6.6	—	—	—	—	—	—	5.3	7	4	7
				7	—	—	—	—	—	—	5.9	7	4	7

续表 C.0.1-2

烈度	层数	层号	层高	抗震横墙间距（L）	与砂浆强度等级对应的房屋宽度限值（B）									
					M1		M2.5		M5		M7.5		M10	
					下限	上限	下限	上限	下限	上限	下限	上限	下限	上限
9	一	1	3.3	3	—	—	—	—	4.2	6	4	6	4	6
				3.6	—	—	—	—	5.7	6	4	6	4	6
				4.2	—	—	—	—	—	—	4.2	6	4	6
				4.8	—	—	—	—	—	—	5.2	6	4	6
				5	—	—	—	—	—	—	5.6	6	4	6
			3.0	3	—	—	—	—	4	6	4	6	4	6
				3.6	—	—	—	—	4.8	6	4	6	4	6
				4.2	—	—	—	—	—	—	4	6	4	6
				4.8	—	—	—	—	—	—	4.4	6	4	6
				5	—	—	—	—	—	—	4.7	6	4	6
6	二	2	3.6	3～11	4	11	4	11	4	11	4	11	4	11
		1	3.6	3～9	4	11	4	11	4	11	4	11	4	11
7	二	2	3.6	3～4.2	4	9	4	9	4	9	4	9	4	9
				4.8	4.5	9	4	9	4	9	4	9	4	9
				5.4	5.4	9	4	9	4	9	4	9	4	9
				6	6.5	9	4	9	4	9	4	9	4	9
				6.6	7.7	9	4	9	4	9	4	9	4	9
				7.2	—	—	4	9	4	9	4	9	4	9
				7.8	—	—	4.1	9	4	9	4	9	4	9
				8.4	—	—	4.6	9	4	9	4	9	4	9
				9	—	—	5.1	9	4	9	4	9	4	9
		1	3.6	3	5.6	7.5	4	9	4	9	4	9	4	9
				3.6	7.2	8.6	4	9	4	9	4	9	4	9
				4.2	—	—	4	9	4	9	4	9	4	9
				4.8	—	—	4.6	9	4	9	4	9	4	9
				5.4	—	—	5.4	9	4	9	4	9	4	9
				6	—	—	6.3	9	4	9	4	9	4	9
				6.6	—	—	7.2	9	4.4	9	4	9	4	9
				7	—	—	7.9	9	4.7	9	4	9	4	9
7 (0.15g)	二	2	3.6	3～4.2	—	—	4	9	4	9	4	9	4	9
				4.8	—	—	4.9	9	4	9	4	9	4	9
				5.4	—	—	5.9	9	4	9	4	9	4	9
				6	—	—	7.1	9	4	9	4	9	4	9
				6.6	—	—	8.5	9	4.3	9	4	9	4	9
				7.2	—	—	—	—	4.9	9	4	9	4	9
				7.8	—	—	—	—	5.6	9	4	9	4	9
				8.4	—	—	—	—	6.3	9	4.1	9	4	9
				9	—	—	—	—	7.2	9	4.5	9	4	9

续表 C.0.1-2

烈度	层数	层号	层高	抗震横墙间距（L）	与砂浆强度等级对应的房屋宽度限值（B）									
					M1		M2.5		M5		M7.5		M10	
					下限	上限	下限	上限	下限	上限	下限	上限	下限	上限
7（0.15g）	二	1	3.6	3	—	—	—	—	4	9	4	9	4	9
				3.6	—	—	—	—	4.8	9	4	9	4	9
				4.2	—	—	—	—	5.9	9	4	9	4	9
				4.8	—	—	—	—	7.1	9	4.6	9	4	9
				5.4	—	—	—	—	8.5	9	5.3	9	4	9
				6	—	—	—	—	—	—	6.2	9	4.5	9
				6.6	—	—	—	—	—	—	7.1	9	5	9
				7	—	—	—	—	—	—	7.7	9	5.5	9
8	二	2	3.3	3	—	—	3.5	7	4	7	4	7	4	7
				3.6	—	—	4.6	7	4	7	4	7	4	7
				4.2	—	—	5.9	7	4	7	4	7	4	7
				4.8	—	—	7.5	7	4	7	4	7	4	7
				5.4	—	—	—	—	4.4	7	4	7	4	7
				6	—	—	—	—	5.2	7	4	7	4	7
				6.6	—	—	—	—	6.1	7	4	7	4	7
				7	—	—	—	—	6.8	7	4.2	7	4	7
		1	3.3	3	—	—	—	—	5.5	7	4	7	4	7
				3.6	—	—	—	—	—	—	4	7	4	7
				4.2	—	—	—	—	—	—	5.3	7	4	7
				4.8	—	—	—	—	—	—	6.5	7	4.5	7
				5.4	—	—	—	—	—	—	—	—	5.3	7
				6	—	—	—	—	—	—	—	—	6.1	7
8（0.30g）	二	2	3.0	3～4.2	—	—	—	—	—	—	4	7	4	7
				4.8	—	—	—	—	—	—	4.8	7	4	7
				5.4	—	—	—	—	—	—	5.8	7	4	7
				6	—	—	—	—	—	—	—	—	4.5	7
				6.6	—	—	—	—	—	—	—	—	5.3	7
				7	—	—	—	—	—	—	—	—	5.9	7
		1	3.0	3	—	—	—	—	—	—	—	—	5.1	7
				3.6	—	—	—	—	—	—	—	—	6.6	7
				4.2～6	—	—	—	—	—	—	—	—	—	—

8 墙厚为240mm的多孔砖围护墙房屋，与抗震横墙间距（L）对应的房屋宽度（B）的限值宜按表C.0.1-3采用。

表 C.0.1-3 抗震横墙间距和房屋宽度限值

（240mm 多孔砖墙）（m）

烈度	层数	层号	层高	抗震横墙间距（*L*）	与砂浆强度等级对应的房屋宽度限值（*B*）									
					M1		M2.5		M5		M7.5		M10	
					下限	上限	下限	上限	下限	上限	下限	上限	下限	上限
6	一	1	4.0	3～11	4	11	4	11	4	11	4	11	4	11
7	一	1	4.0	3～9	4	9	4	9	4	9	4	9	4	9
7（0.15*g*）	一	1	4.0	3	4	7.7	4	9	4	9	4	9	4	9
				3.6	4	8.5	4	9	4	9	4	9	4	9
				4.2～5.4	4	9	4	9	4	9	4	9	4	9
				6	4.8	9	4	9	4	9	4	9	4	9
				6.6	5.8	9	4	9	4	9	4	9	4	9
				7.2	7.1	9	4	9	4	9	4	9	4	9
				7.8	8.8	9	4	9	4	9	4	9	4	9
				8.4～9	—	—	4	9	4	9	4	9	4	9
8	一	1	3.6	3	4	6.2	4	7	4	7	4	7	4	7
				3.6	4	6.8	4	7	4	7	4	7	4	7
				4.2	4	7	4	7	4	7	4	7	4	7
				4.8	4.8	7	4	7	4	7	4	7	4	7
				5.4	6.3	7	4	7	4	7	4	7	4	7
				6～7	—	—	4	7	4	7	4	7	4	7
8（0.30*g*）	一	1	3.6	3	—	—	4	6.1	4	7	4	7	4	7
				3.6	—	—	4	6.7	4	7	4	7	4	7
				4.2	—	—	4	7	4	7	4	7	4	7
				4.8	—	—	4.7	7	4	7	4	7	4	7
				5.4	—	—	6.2	7	4	7	4	7	4	7
				6	—	—	—	—	4	7	4	7	4	7
				6.6	—	—	—	—	4.1	7	4	7	4	7
				7	—	—	—	—	4.7	7	4	7	4	7
9	一	1	3.3	3	—	—	4	4.4	4	6	4	6	4	6
				3.6～4.8	—	—	—	—	4	6	4	6	4	6
				5	—	—	—	—	4.3	6	4	6	4	6
			3.0	3	—	—	4	4.7	4	6	4	6	4	6
				3.6	—	—	4.4	5.2	4	6	4	6	4	6
				4.2～5	—	—	—	—	4	6	4	6	4	6
6	二	2	3.6	3～11	4	11	4	11	4	11	4	11	4	11
		1	3.6	3～9	4	11	4	11	4	11	4	11	4	11
7	二	2	3.6	3～6.6	4	9	4	9	4	9	4	9	4	9
				7.2	4.1	9	4	9	4	9	4	9	4	9
				7.8	4.8	9	4	9	4	9	4	9	4	9
				8.4	5.5	9	4	9	4	9	4	9	4	9
				9	6.4	9	4	9	4	9	4	9	4	9
		1	3.6	3	4	6.7	4	9	4	9	4	9	4	9
				3.6	4	7.6	4	9	4	9	4	9	4	9
				4.2	4	8.4	4	9	4	9	4	9	4	9
				4.8	4.4	9	4	9	4	9	4	9	4	9
				5.4	5.3	9	4	9	4	9	4	9	4	9
				6	6.4	9	4	9	4	9	4	9	4	9
				6.6	7.6	9	4	9	4	9	4	9	4	9
				7	8.5	9	4	9	4	9	4	9	4	9

续表 C.0.1-3

烈度	层数	层号	层高	抗震横墙间距（L）	与砂浆强度等级对应的房屋宽度限值（B）									
					M1		M2.5		M5		M7.5		M10	
					下限	上限	下限	上限	下限	上限	下限	上限	下限	上限
7（0.15g）	二	2	3.6	3	4	5.5	4	9	4	9	4	9	4	9
				3.6	4	6.1	4	9	4	9	4	9	4	9
				4.2	4.6	6.6	4	9	4	9	4	9	4	9
				4.8	6.1	7	4	9	4	9	4	9	4	9
				5.4～6.6	—	—	4	9	4	9	4	9	4	9
				7.2	—	—	4.4	9	4	9	4	9	4	9
				7.8	—	—	5.2	9	4	9	4	9	4	9
				8.4	—	—	6	9	4	9	4	9	4	9
				9	—	—	7	9	4	9	4	9	4	9
		1	3.6	3	—	—	4	5.8	4	8.1	4	9	4	9
				3.6	—	—	4	6.5	4	9	4	9	4	9
				4.2	—	—	4.4	7.2	4	9	4	9	4	9
				4.8	—	—	5.5	7.8	4	9	4	9	4	9
				5.4	—	—	6.7	8.3	4	9	4	9	4	9
				6	—	—	8.1	8.8	4.3	9	4	9	4	9
				6.6	—	—	—	—	5	9	4	9	4	9
				7	—	—	—	—	5.5	9	4	9	4	9
8	二	2	3.3	3～5.4	—	—	4	7	4	7	4	7	4	7
				6	—	—	4.8	7	4	7	4	7	4	7
				6.6	—	—	5.8	7	4	7	4	7	4	7
				7	—	—	6.7	7	4	7	4	7	4	7
		1	3.3	3	—	—	—	—	4	6.4	4	7	4	7
				3.6	—	—	—	—	4	7	4	7	4	7
				4.2	—	—	—	—	4	7	4	7	4	7
				4.8	—	—	—	—	4.4	7	4	7	4	7
				5.4	—	—	—	—	5.3	7	4	7	4	7
				6	—	—	—	—	6.4	7	4	7	4	7
8（0.30g）	二	2	3.0	3	—	—	4	4.6	4	6.8	4	7	4	7
				3.6	—	—	4.6	5	4	7	4	7	4	7
				4.2	—	—	—	—	4	7	4	7	4	7
				4.8	—	—	—	—	4	7	4	7	4	7
				5.4	—	—	—	—	4.5	7	4	7	4	7
				6	—	—	—	—	5.7	7	4	7	4	7
				6.6	—	—	—	—	—	—	4	7	4	7
				7	—	—	—	—	—	—	4.2	7	4	7
		1	3.0	3	—	—	—	—	—	—	4	4.7	4	6
				3.6	—	—	—	—	—	—	4.5	5.3	4	6.7
				4.2	—	—	—	—	—	—	5.6	5.8	4	7
				4.8	—	—	—	—	—	—	—	—	4.5	7
				5.4	—	—	—	—	—	—	—	—	5.3	7
				6	—	—	—	—	—	—	—	—	6.2	7

9 墙厚为190mm的多孔砖围护墙房屋，与抗震横墙间距（L）对应的房屋宽度（B）的限值宜按表C.0.1-4采用。

表C.0.1-4 抗震横墙间距和房屋宽度限值（190mm多孔砖墙）(m)

烈度	层数	层号	层高	抗震横墙间距（L）	与砂浆强度等级对应的房屋宽度限值（B）									
					M1		M2.5		M5		M7.5		M10	
					下限	上限	下限	上限	下限	上限	下限	上限	下限	上限
6	一	1	4.0	3～9	4	9	4	9	4	9	4	9	4	9
7	一	1	4.0	3～7	4	7	4	7	4	7	4	7	4	7
7 (0.15g)	一	1	4.0	3 3.6 4.2 4.8 5.4 6 6.6～7	4 4 4 4.1 5.2 6.8 —	6.8 7 7 7 7 7 —	4 4 4 4 4 4 4	7 7 7 7 7 7 7	4 4 4 4 4 4 4	7 7 7 7 7 7 7	4 4 4 4 4 4 4	7 7 7 7 7 7 7	4 4 4 4 4 4 4	7 7 7 7 7 7 7
8	一	1	3.6	3 3.6 4.2 4.8～6	4 4 5.1 —	5.3 5.8 6 —	4 4 4 4	6 6 6 6	4 4 4 4	6 6 6 6	4 4 4 4	6 6 6 6	4 4 4 4	6 6 6 6
8 (0.30g)	一	1	3.6	3 3.6 4.2 4.8～5.4 6	— — — — —	— — — — —	4 4 5 — —	5.3 5.7 6 — —	4 4 4 4 4.7	6 6 6 6 6	4 4 4 4 4	6 6 6 6 6	4 4 4 4 4	6 6 6 6 6
9	一	1	3.0	3 3.6～4.2 4.8 5	— — — —	— — — —	4.1 — — —	4.1 — — —	4 4 4.9 5.4	6 6 6 6	4 4 4 4	6 6 6 6	4 4 4 4	6 6 6 6
6	二	2	3.6	3～9	4	9	4	9	4	9	4	9	4	9
		1	3.6	3～7	4	9	4	9	4	9	4	9	4	9
7	二	2	3.3	3～6.6 7	4 4.6	7 7	4 4	7 7	4 4	7 7	4 4	7 7	4 4	7 7
		1	3.3	3 3.6～4.2 4.8 5.4 6	4 4 4.8 6 —	6.4 7 7 7 —	4 4 4 4 4	7 7 7 7 7	4 4 4 4 4	7 7 7 7 7	4 4 4 4 4	7 7 7 7 7	4 4 4 4 4	7 7 7 7 7
7 (0.15g)	二	2	3.3	3 3.6 4.2 4.8～6 6.6 7	4 4 5.5 — — —	5.1 5.6 6 — — —	4 4 4 4 4.3 4.9	7 7 7 7 7 7	4 4 4 4 4 4	7 7 7 7 7 7	4 4 4 4 4 4	7 7 7 7 7 7	4 4 4 4 4 4	7 7 7 7 7 7
		1	3.3	3 3.6 4.2 4.8 5.4 6	— — — — — —	— — — — — —	4 4 4.7 6.1 — —	5.5 6.2 6.7 7 — —	4 4 4 4 4 4.6	7 7 7 7 7 7	4 4 4 4 4 4	7 7 7 7 7 7	4 4 4 4 4 4	7 7 7 7 7 7

续表 C.0.1-4

烈度	层数	层号	层高	抗震横墙间距（L）	与砂浆强度等级对应的房屋宽度限值（B）									
					M1		M2.5		M5		M7.5		M10	
					下限	上限	下限	上限	下限	上限	下限	上限	下限	上限
8	二	2	3.0	3～4.8	—	—	4	6	4	6	4	6	4	6
				5.4	—	—	4.5	6	4	6	4	6	4	6
				6	—	—	5.8	6	4	6	4	6	4	6
		1	3.0	3	—	—	4.2	4.3	4	6	4	6	4	6
				3.6～4.2	—	—	—	—	4	6	4	6	4	6
				4.8	—	—	—	—	4.7	6	4	6	4	6
				5	—	—	—	—	5.1	6	4	6	4	6
8（0.30g）	二	2	3.0	3～4.2	—	—	—	—	4	6	4	6	4	6
				4.8	—	—	—	—	4.9	6	4	6	4	6
				5.4	—	—	—	—	—	—	4	6	4	6
				6	—	—	—	—	—	—	4.2	6	4	6
		1	3.0	3	—	—	—	—	—	—	4	4.6	4	5.8
				3.6	—	—	—	—	—	—	4.8	5.1	4	6
				4.2	—	—	—	—	—	—	—	—	4	6
				4.8	—	—	—	—	—	—	—	—	5.1	6
				5	—	—	—	—	—	—	—	—	5.5	6

10 墙厚为240mm的蒸压砖围护墙房屋，与抗震横墙间距（L）对应的房屋宽度（B）的限值宜按表C.0.1-5采用。

表 C.0.1-5 抗震横墙间距和房屋宽度限值（240mm蒸压砖墙）（m）

烈度	层数	层号	层高	抗震横墙间距（L）	与砂浆强度等级对应的房屋宽度限值（B）							
					M2.5		M5		M7.5		M10	
					下限	上限	下限	上限	下限	上限	下限	上限
6	一	1	4.0	3～9	4	9	4	9	4	9	4	9
7	一	1	4.0	3～7	4	7	4	7	4	7	4	7
7（0.15g）	一	1	4.0	3～6	4	7	4	7	4	7	4	7
				6.6	4.2	7	4	7	4	7	4	7
				7	4.7	7	4	7	4	7	4	7
8	一	1	3.6	3～4.8	4	6	4	6	4	6	4	6
				5.4	4.3	6	4	6	4	6	4	6
				6	5.4	6	4	6	4	6	4	6
8（0.30g）	一	1	3.6	3	—	—	4	5.8	4	6	4	6
				3.6～4.2	—	—	4	6	4	6	4	6
				4.8	—	—	5.3	6	4	6	4	6
				5.4	—	—	—	—	4	6	4	6
				6	—	—	—	—	4.7	6	4	6
9	一	1	3.0	3	—	—	4	4.5	4	6	4	6
				3.6	—	—	4.9	4.9	4	6	4	6
				4.2	—	—	—	—	4	6	4	6
				4.8	—	—	—	—	4.8	6	4	6
				5	—	—	—	—	5.3	6	4	6

续表 C.0.1-5

烈度	层数	层号	层高	抗震横墙间距（L）	与砂浆强度等级对应的房屋宽度限值（B）							
					M2.5		M5		M7.5		M10	
					下限	上限	下限	上限	下限	上限	下限	上限
6	二	2	3.6	3～9	4	9	4	9	4	9	4	9
		1	3.6	3～7	4	9	4	9	4	9	4	9
7	二	2	3.3	3～7	4	7	4	7	4	7	4	7
		1	3.3	3～5.4	4	7	4	7	4	7	4	7
				6	4.5	7	4	7	4	7	4	7
7 (0.15g)	二	2	3.3	3	4	6.9	4	7	4	7	4	7
				3.6～4.8	4	7	4	7	4	7	4	7
				5.4	4.7	7	4	7	4	7	4	7
				6	5.8	7	4	7	4	7	4	7
				6.6	—	—	4	7	4	7	4	7
				7	—	—	4.1	7	4	7	4	7
		1	3.3	3	—	—	4	5.9	4	7	4	7
				3.6	—	—	4	6.6	4	7	4	7
				4.2	—	—	4.3	7	4	7	4	7
				4.8	—	—	5.3	7	4	7	4	7
				5.4	—	—	6.4	7	4.2	7	4	7
				6	—	—	—	—	4.9	7	4	7
8	二	2	3.0	3	4	5.5	4	6	4	6	4	6
				3.6	4	6	4	6	4	6	4	6
				4.2	4.5	6	4	6	4	6	4	6
				4.8	6	6	4	6	4	6	4	6
				5.4	—	—	4	6	4	6	4	6
				6	—	—	4.5	6	4	6	4	6
		1	3.0	3	—	—	4	4.5	4	5.9	4	6
				3.6	—	—	5.1	5.1	4	6	4	6
				4.2	—	—	—	—	4.1	6	4	6
				4.8	—	—	—	—	5	6	4	6
				5	—	—	—	—	5.4	6	4	6

11 外墙厚为370mm、内墙厚为240mm的蒸压砖围护墙房屋，与抗震横墙间距（L）对应的房屋宽度（B）的限值宜按表C.0.1-6采用。

表 C.0.1-6 抗震横墙间距和房屋宽度限值
（外墙370mm、内墙240mm蒸压砖墙）（m）

烈度	层数	层号	层高	抗震横墙间距（L）	与砂浆强度等级对应的房屋宽度限值（B）							
					M2.5		M5		M7.5		M10	
					下限	上限	下限	上限	下限	上限	下限	上限
6	一	1	4.0	3～9	4	9	4	9	4	9	4	9
7	一	1	4.0	3～7	4	7	4	7	4	7	4	7
7 (0.15g)	一	1	4.0	3～4.2	4	7	4	7	4	7	4	7
				4.8	4.6	7	4	7	4	7	4	7
				5.4	5.6	7	4	7	4	7	4	7
				6	6.7	7	4	7	4	7	4	7
				6.6	—	—	4.4	7	4	7	4	7
				7	—	—	4.8	7	4	7	4	7
8	一	1	3.6	3	4	6	4	6	4	6	4	6
				3.6	4.2	6	4	6	4	6	4	6
				4.2	5.4	6	4	6	4	6	4	6
				4.8	—	—	4	6	4	6	4	6
				5.4	—	—	4.4	6	4	6	4	6
				6	—	—	5.3	6	4	6	4	6

续表 C.0.1-6

烈度	层数	层号	层高	抗震横墙间距（L）	与砂浆强度等级对应的房屋宽度限值（B） M2.5 下限	M2.5 上限	M5 下限	M5 上限	M7.5 下限	M7.5 上限	M10 下限	M10 上限
8（0.30g）	一	1	3.6	3	—	—	4.6	6	4	6	4	6
				3.6	—	—	—	—	4	6	4	6
				4.2	—	—	—	—	4.8	6	4	6
				4.8	—	—	—	—	6	6	4	6
				5.4	—	—	—	—	—	—	4.9	6
				6	—	—	—	—	—	—	5.8	6
9	一	1	3.0	3	—	—	—	—	4	6	4	6
				3.6	—	—	—	—	5.5	6	4	6
				4.2	—	—	—	—	—	—	4.6	6
				4.8	—	—	—	—	—	—	5.9	6
				5	—	—	—	—	—	—	—	—
6	二	2	3.6	3～9	4	9	4	9	4	9	4	9
		1	3.6	3～7	4	9	4	9	4	9	4	9
7	二	2	3.3	3～6	4	7	4	7	4	7	4	7
				6.6	4.4	7	4	7	4	7	4	7
				7	4.8	7	4	7	4	7	4	7
		1	3.3	3～3.6	4	7	4	7	4	7	4	7
				4.2	5.1	7	4	7	4	7	4	7
				4.8	6.2	7	4	7	4	7	4	7
				5.4	—	—	4.5	7	4	7	4	7
				6	—	—	5.2	7	4	7	4	7
7（0.15g）	二	2	3.3	3	4	7	4	7	4	7	4	7
				3.6	4.6	7	4	7	4	7	4	7
				4.2	5.9	7	4	7	4	7	4	7
				4.8	—	—	4	7	4	7	4	7
				5.4	—	—	4.8	7	4	7	4	7
				6	—	—	5.7	7	4	7	4	7
				6.6	—	—	6.7	7	4.2	7	4	7
				7	—	—	—	—	4.7	7	4	7
		1	3.3	3	—	—	5.5	7	4	7	4	7
				3.6	—	—	—	—	4.6	7	4	7
				4.2	—	—	—	—	5.6	7	4.1	7
				4.8	—	—	—	—	6.9	7	4.8	7
				5.4	—	—	—	—	—	—	5.7	7
				6	—	—	—	—	—	—	6.7	7
8	二	2	3.0	3	5.2	6	4	6	4	6	4	6
				3.6	—	—	4	6	4	6	4	6
				4.2	—	—	4.6	7	4	6	4	6
				4.8	—	—	5.7	7	4	6	4	6
				5.4	—	—	—	—	4.3	6	4	6
				6	—	—	—	—	5.1	6	4	6
		1	3.0	3	—	—	—	—	4	6	4	6
				3.6	—	—	—	—	—	—	4.6	6
				4.2	—	—	—	—	—	—	5.7	6
				4.8～5	—	—	—	—	—	—	—	—

12 墙厚为190mm的小砌块围护墙房屋，与抗震横墙间距（L）对应的房屋宽度（B）的限值宜按表C.0.1-7采用。

表C.0.1-7 抗震横墙间距和房屋宽度限值（190mm小砌块墙）(m)

烈度	层数	层号	层高	抗震横墙间距（L）	与砂浆强度等级对应的房屋宽度限值（B）											
					普通小砌块						轻骨料小砌块					
					M5		M7.5		M10		M5		M7.5		M10	
					下限	上限	下限	上限	下限	上限	下限	上限	下限	上限	下限	上限
6	一	1	4.0	3～11	4	11	4	11	4	11	4	11	4	11	4	11
7	一	1	4.0	3～9	4	9	4	9	4	9	4	9	4	9	4	9
7 (0.15g)	一	1	4.0	3～6.6	4	9	4	9	4	9	4	9	4	9	4	9
				7.2	4.4	9	4	9	4	9	4	9	4	9	4	9
				7.8	5.2	9	4	9	4	9	4	9	4	9	4	9
				8.4	6.1	9	4	9	4	9	4.5	9	4	9	4	9
				9	7.1	9	4	9	4	9	5.3	9	4	9	4	9
8	一	1	3.6	3～5.4	4	7	4	7	4	7	4	7	4	7	4	7
				6	4.8	7	4	7	4	7	4	7	4	7	4	7
				6.6	5.9	7	4	7	4	7	4.3	7	4	7	4	7
				7	6.9	7	4	7	4	7	4.9	7	4	7	4	7
8 (0.30g)	一	1	3.6	3	4	4.5	4	6.2	4	7	4	5.3	4	7	4	7
				3.6	—	—	4	6.8	4	7	4	5.8	4	7	4	7
				4.2	—	—	4	7	4	7	5.2	6.1	4	7	4	7
				4.8	—	—	4.9	7	4	7	—	—	4	7	4	7
				5.4	—	—	6.3	7	4.6	7	—	—	4.3	7	4	7
				6	—	—	—	—	5.8	7	—	—	5.5	7	4	7
				6.6	—	—	—	—	—	—	—	—	—	—	5	7
				7	—	—	—	—	—	—	—	—	—	—	5.9	7
9	一	1	3.3	3	—	—	4	4.4	4	5.1	—	—	4	6	4	6
				3.6	—	—	—	—	4	5.6	—	—	4	6	4	6
				4.2	—	—	—	—	5.4	6	—	—	4	6	4	6
				4.8	—	—	—	—	—	—	—	—	4.9	6	4.9	6
				5	—	—	—	—	—	—	—	—	—	—	5.4	6
			3.0	3	—	—	4	4.7	4	5.4	—	—	4	5.6	4	6
				3.6	—	—	4.6	5.2	4	5.9	—	—	4	6	4	6
				4.2	—	—	—	—	4.6	6	—	—	4.3	6	4	6
				4.8	—	—	—	—	—	—	—	—	—	—	4.2	6
				5	—	—	—	—	—	—	—	—	—	—	4.7	6
6	二	2	3.6	3～11	4	11	4	11	4	11	4	11	4	11	4	11
		1	3.6	3～9	4	11	4	11	4	11	4	11	4	11	4	11
7	二	2	3.6	3～8.4	4	9	4	9	4	9	4	9	4	9	4	9
				9	4.3	9	4	9	4	9	4	9	4	9	4	9
		1	3.6	3～6	4	9	4	9	4	9	4	9	4	9	4	9
				6.6	4.2	9	4	9	4	9	4	9	4	9	4	9
				7	4.6	9	4	9	4	9	4	9	4	9	4	9

续表 C. 0. 1-7

烈度	层数	层号	层高	抗震横墙间距（L）	与砂浆强度等级对应的房屋宽度限值（B）											
					普通小砌块						轻骨料小砌块					
					M5		M7.5		M10		M5		M7.5		M10	
					下限	上限	下限	上限	下限	上限	下限	上限	下限	上限	下限	上限
7（0.15g）	二	2	3.6	3	4	7	4	9	4	9	4	8.3	4	9	4	9
				3.6	4	7.8	4	9	4	9	4	9	4	9	4	9
				4.2	4	8.4	4	9	4	9	4	9	4	9	4	9
				4.8	4	9	4	9	4	9	4	9	4	9	4	9
				5.4	4.8	9	4	9	4	9	4	9	4	9	4	9
				6	5.9	9	4	9	4	9	4.2	9	4	9	4	9
				6.6	7.3	9	4	9	4	9	5.1	9	4	9	4	9
				7.2	9	9	4.5	9	4	9	6.3	9	4	9	4	9
				7.8	—	—	5.2	9	4.1	9	7.8	9	4	9	4	9
				8.4	—	—	6.1	9	4.7	9	—	—	4.4	9	4	9
				9	—	—	7.1	9	5.4	9	—	—	5.1	9	4	9
		1	3.6	3	4	5.4	4	6.9	4	7.6	4	6.2	4	7.9	4	8.8
				3.6	4.5	6.2	4	7.8	4	8.6	4	6.9	4	8.9	4	9
				4.2	5.8	6.8	4	8.6	4	9	4.4	7.6	4	9	4	9
				4.8	7.3	7.3	4.5	9	4	9	5.5	8.1	4	9	4	9
				5.4	—	—	5.4	9	4.5	9	7	8.6	4.1	9	4	9
				6	—	—	6.5	9	5.3	9	8.8	9	4.9	9	4	9
				6.6	—	—	7.8	9	6.3	9	—	—	5.8	9	4.7	9
				7	—	—	8.7	9	6.9	9	—	—	6.6	9	5.2	9
8	二	2	3.3	3	4	5.5	4	7	4	7	4	6.5	4	7	4	7
				3.6	4	6.1	4	7	4	7	4	7	4	7	4	7
				4.2	4.7	6.5	4	7	4	7	4	7	4	7	4	7
				4.8	6.3	7	4	7	4	7	4.2	7	4	7	4	7
				5.4	—	—	4	7	4	7	5.6	7	4	7	4	7
				6	—	—	4.9	7	4	7	—	—	4	7	4	7
				6.6	—	—	6	7	4.5	7	—	—	4.2	7	4	7
				7	—	—	6.9	7	5.1	7	—	—	4.7	7	4	7
		1	3.3	3	—	—	4	5.2	4	5.8	—	—	4	6.1	4	6.9
				3.6	—	—	4.5	5.9	4	6.6	—	—	4	6.8	4	7
				4.2	—	—	5.8	6.5	4.6	7	—	—	4.1	7	4	7
				4.8	—	—	—	—	5.8	7	—	—	5.2	7	4.2	7
				5.4	—	—	—	—	—	—	—	—	6.7	7	5.1	7
				6	—	—	—	—	—	—	—	—	—	—	6.3	7

13 墙厚为240mm的空斗砖围护墙房屋，与抗震横墙间距（L）对应的房屋宽度（B）的限值宜按表C.0.1-8采用。

表C.0.1-8 抗震横墙间距和房屋宽度限值（240mm空斗墙）(m)

烈度	层数	层号	层高	抗震横墙间距（L）	与砂浆强度等级对应的房屋宽度限值（B）									
					M1		M2.5		M5		M7.5		M10	
					下限	上限	下限	上限	下限	上限	下限	上限	下限	上限
6	一	1	4.0	3～7	4	7	4	7	4	7	4	7	4	7
7	一	1	3.6	3～4.8	4	6	4	6	4	6	4	6	4	6
				5.4	4.3	6	4	6	4	6	4	6	4	6
				6	5.4	6	4	6	4	6	4	6	4	6
7 (0.15g)	一	1	3.6	3～4.8	—	—	4	6	4	6	4	6	4	6
				5.4	—	—	5	6	4	6	4	6	4	6
				6	—	—	—	—	4	6	4	6	4	6
8	一	1	3.3	3	—	—	4	5.3	4	6	4	6	4	6
				3.6	—	—	4	5.8	4	6	4	6	4	6
				4.2	—	—	5	6	4	6	4	6	4	6
				4.8～5	—	—	—	—	4	6	4	6	4	6
8 (0.30g)	一	1	3.3	3	—	—	—	—	4	4.4	4	5.9	4	6
				3.6～4.2	—	—	—	—	—	—	4	6	4	6
				4.8	—	—	—	—	—	—	5.2	6	4	6
				5	—	—	—	—	—	—	5.8	6	4	6
6	二	2	3.6	3～7	4	7	4	7	4	7	4	7	4	7
		1	3.6	3～5	4	7	4	7	4	7	4	7	4	7
7	二	2	3.0	3	4	5.6	4	6	4	6	4	6	4	6
				3.6	4	6	4	6	4	6	4	6	4	6
				4.2	4.6	6	4	6	4	6	4	6	4	6
				4.8～6	—	—	4	6	4	6	4	6	4	6
		1	3.0	3～4.2	—	—	4	6	4	6	4	6	4	6
7 (0.15g)	二	2	3.0	3	—	—	4	5.1	4	6	4	6	4	6
				3.6	—	—	4	5.6	4	6	4	6	4	6
				4.2	—	—	5.4	6	4	6	4	6	4	6
				4.8～5.4	—	—	—	—	4	6	4	6	4	6
				6	—	—	—	—	5	6	4	6	4	6
		1	3.0	3	—	—	—	—	4	4.7	4	6	4	6
				3.6	—	—	—	—	5	5.2	4	6	4	6
				4.2	—	—	—	—	4	6	4	6	4	6

14 墙厚不小于表中对应值的生土围护墙房屋，与抗震横墙间距（L）对应的房屋宽度（B）的限值宜按表 C.0.1-9 采用。

表 C.0.1-9 抗震横墙间距和房屋宽度限值（生土墙）(m)

烈度	层数	层号	层高	房屋墙体厚度类别	抗震横墙间距（L）	与砌筑泥浆强度等级对应的房屋宽度限值（B）			
						M0.7		M1	
						下限	上限	下限	上限
6	一	1	4.0	①②③④	3～6	4	6	4	6
6	二	2	3.0	①②③④	3～6	4	6	4	6
6	二	1	3.0	①②③④	3～4.5	4	6	4	6
7	一	1	4.0	①②③④	3～4.5	4	6	4	6
7 (0.15g)	一	1	4.0	①	3 3.3 3.6 3.9 4.2 4.5	4.1 4.7 5.4 — — —	6 6 6 — — —	4 4 4 4.3 4.8 5.3	6 6 6 6 6 6
				②	3 3.3 3.6 3.9 4.2 4.5	4.1 4.6 5.3 5.9 — —	6 6 6 6 — —	4 4 4 4.2 4.6 5.1	6 6 6 6 6 6
				③	3～4.2 4.5	4 4.4	6 6	4 4	6 6
				④	3～4.5	4	6	4	6
8	一	1	3.3	①	3 3.3	5.3 —	6 —	4 4.1	6 6
				②	3 3.3	5.1 5.9	6 6	4 4	6 6
				③④	3～3.3	4	6	4	6
8 (0.30g)	一	1	3.0	①②	3～3.3	—	—	—	—
				③	3 3.3	— —	— —	4.6 5.3	6 6
				④	3 3.3	— —	— —	4 4	5.1 5.5

注：墙体厚度分别指：①外墙 400mm，内横墙 250mm；②外墙 500mm，内横墙 300mm；③外墙 700mm，内横墙 500mm；④内外墙均为 400mm。

15 对料石围护墙房屋和毛石围护墙房屋，与抗震横墙间距（L）对应的房屋宽度（B）的限值宜按表C.0.1-10采用。

表C.0.1-10 抗震横墙间距和房屋宽度限值（石墙）(m)

烈度	层数	层号	层高	房屋墙体类别	抗震横墙间距（L）	与砂浆强度等级对应的房屋宽度限值（B）									
						M1		M2.5		M5		M7.5		M10	
						下限	上限	下限	上限	下限	上限	下限	上限	下限	上限
6	一	1	4.0	①②③	3～11	4	11	4	11	4	11	4	11	4	11
7	一	1	4.0	①②③	3～9	4	9	4	9	4	9	4	9	4	9
7 (0.15g)	一	1	4.0	①②	3～7.2	4	9	4	9	4	9	4	9	4	9
					7.8	4.2	9	4	9	4	9	4	9	4	9
					8.4	4.8	9	4	9	4	9	4	9	4	9
					9	5.4	9	4	9	4	9	4	9	4	9
			3.6	③	3～9	4	9	4	9	4	9	4	9	4	9
8	一	1	3.6	①②	3～6	4	6	4	6	4	6	4	6	4	6
8 (0.30g)	一	1	3.6	①②	3	4	4.9	4	6	4	6	4	6	4	6
					3.6	4.3	5.4	4	6	4	6	4	6	4	6
					4.2	5.8	5.9	4	6	4	6	4	6	4	6
					4.8～6	—	—	4	6	4	6	4	6	4	6
6	二	2	3.5	①②	3～11	4	11	4	11	4	11	4	11	4	11
		1	3.5		3～7	4	11	4	11	4	11	4	11	4	11
7	二	2	3.5	①	3～9	4	9	4	9	4	9	4	9	4	9
		1	3.5		3～6	4	9	4	9	4	9	4	9	4	9
	二	2	3.3	②	3～9	4	9	4	9	4	9	4	9	4	9
		1	3.3		3～6	4	9	4	9	4	9	4	9	4	9
7 (0.15g)	二	2	3.5	①	3	4	7.8	4	9	4	9	4	9	4	9
					3.6	4	8.7	4	9	4	9	4	9	4	9
					4.2～5.4	4	9	4	9	4	9	4	9	4	9
					6	4.5	9	4	9	4	9	4	9	4	9
					6.6	5.3	9	4	9	4	9	4	9	4	9
					7.2	6.2	9	4	9	4	9	4	9	4	9
					7.8	7.3	9	4	9	4	9	4	9	4	9
					8.4	8.5	9	4	9	4	9	4	9	4	9
					9	—	—	4	9	4	9	4	9	4	9

续表 C.0.1-10

烈度	层数	层号	层高	房屋墙体类别	抗震横墙间距（L）	与砂浆强度等级对应的房屋宽度限值（B）									
						M1		M2.5		M5		M7.5		M10	
						下限	上限	下限	上限	下限	上限	下限	上限	下限	上限
7（0.15g）	二	1	3.5	①	3	4	4.8	4	7.8	4	9	4	9	4	9
					3.6	4.9	5.5	4	8.9	4	9	4	9	4	9
					4.2	6.1	6.1	4	9	4	9	4	9	4	9
					4.8～5.4	—	—	4	9	4	9	4	9	4	9
					6	—	—	4.6	9	4	9	4	9	4	9
	二	2	3.3	②	3	4	8.1	4	9	4	9	4	9	4	9
					3.6～5.4	4	9	4	9	4	9	4	9	4	9
					6	4.1	9	4	9	4	9	4	9	4	9
					6.6	4.9	9	4	9	4	9	4	9	4	9
					7.2	5.7	9	4	9	4	9	4	9	4	9
					7.8	6.7	9	4	9	4	9	4	9	4	9
					8.4	7.8	9	4	9	4	9	4	9	4	9
					9	—	—	4	9	4	9	4	9	4	9
		1	3.3		3	4	5	4	8.2	4	9	4	9	4	9
					3.6	4.5	5.7	4	9	4	9	4	9	4	9
					4.2	5.6	6.4	4	9	4	9	4	9	4	9
					4.8	6.9	7	4	9	4	9	4	9	4	9
					5.4	—	—	4	9	4	9	4	9	4	9
					6	—	—	4.3	9	4	9	4	9	4	9
8	二	2	3.3	①	3～4.2	4	6	4	6	4	6	4	6	4	6
					4.8	4.8	6	4	6	4	6	4	6	4	6
					5.4	5.9	6	4	6	4	6	4	6	4	6
					6	—	—	4	6	4	6	4	6	4	6
		1	3.3		3～3.6	—	—	4	6	4	6	4	6	4	6
					4.2	—	—	4.1	6	4	6	4	6	4	6
					4.8	—	—	5	6	4	6	4	6	4	6
					5	—	—	5.3	6	4	6	4	6	4	6
8（0.30g）	二	2	3.3	①	3	—	—	4	5.9	4	6	4	6	4	6
					3.6～4.2	—	—	4	6	4	6	4	6	4	6
					4.8	—	—	4.9	6	4	6	4	6	4	6
					5.4	—	—	6	6	4	6	4	6	4	6
					6	—	—	—	—	4	5	4	6	4	6
		1	3.3		3	—	—	—	—	4.1	5.7	4	6	4	6
					3.6	—	—	—	—	5.2	6	4	6	4	6
					4.2	—	—	—	—	—	—	4	6	4	6
					4.8	—	—	—	—	—	—	4.5	6	4	6
					5	—	—	—	—	—	—	4.7	6	4	6

注：表中墙体类别指：①240mm 厚细、半细料石砌体；②240mm 厚粗料、毛料石砌体；③400mm厚平毛石墙。

附录 D　生土结构房屋抗震横墙间距（*L*）和房屋宽度（*B*）限值

D.0.1　当生土墙厚度满足本规程第 7.1.11 条规定、墙体洞口水平截面面积满足第 3.1.2 条规定、层高不大于本附录下列表中对应值时，生土结构房屋的抗震横墙间距（*L*）和对应的房屋宽度（*B*）的限值宜分别按表 D.0.1-1 至表 D.0.1-2 采用。抗震横墙间距和对应的房屋宽度满足表中对应限值要求时，房屋墙体的抗震承载力可满足对应的设防烈度地震作用的要求。在采用表 D.0.1-1 至表 D.0.1-2 时，应符合下列要求：

1　表中的抗震横墙间距，对横墙间距不同的木楼（屋）盖房屋为最大横墙间距值。表中分别给出房屋宽度的下限值和上限值，对确定的抗震横墙间距，房屋宽度应在下限值和上限值之间选取确定；抗震横墙间距取其他值时，可内插求得对应的房屋宽度限值。

2　表中为“—”者，表示采用该强度等级泥浆砌筑墙体的房屋，其墙体抗震承载力不能满足对应的设防烈度地震作用的要求，应提高砌筑泥浆强度等级。

3　当两层房屋一、二层墙体采用相同强度等级的泥浆砌筑时，实际房屋宽度应按第一层限值采用。

4　当两层房屋一、二层墙体采用不同强度等级的泥浆砌筑时，实际房屋宽度应同时满足表中一、二层限值要求。

5　多开间生土结构房屋，与抗震横墙间距（*L*）对应的房屋宽度（*B*）的限值宜按表 D.0.1-1 采用。

6　单开间生土结构房屋，与抗震横墙间距（*L*）对应的房屋宽度（*B*）的限值宜按表 D.0.1-2 采用。

表 D.0.1-1　抗震横墙间距和房屋宽度限值（多开间生土结构房屋）(m)

烈度	层数	层号	层高	房屋墙体厚度类别	抗震横墙间距（*L*）	与砌筑泥浆强度等级对应的房屋宽度限值（*B*） M0.7 下限	M0.7 上限	M1 下限	M1 上限
6	一	1	4.0	①②③④	3～6.6	4	6.6	4	6.6
	二	2	3.0	①②③④	3～6.6	4	6.6	4	6.6
		1	3.0		3～4.8	4	6.6	4	6.6
7	一	1	4.0	①②③④	3～4.8	4	6.6	4	6.6
7 (0.15*g*)	一	1	4.0	①	3	4	6.6	4	6.6
					3.3	4	6.6	4	6.6
					3.6	4.4	6.6	4	6.6
					3.9	4.9	6.6	4	6.6
					4.2	5.3	6.6	4	6.6
					4.5	5.8	6.6	4.3	6.6
					4.8	6.2	6.6	4.6	6.6
				②	3	4	6.6	4	6.6
					3.3	4.2	6.6	4	6.6
					3.6	4.6	6.6	4	6.6
					3.9	5.1	6.6	4	6.6
					4.2	5.5	6.6	4.1	6.6
					4.5	6	6.6	4.4	6.6
					4.8	6.4	6.6	4.8	6.6
				③	3～4.2	4	6.6	4	6.6
					4.5	4.3	6.6	4	6.6
					4.8	4.6	6.6	4	6.6
				④	3～4.8	4	6.6	4	6.6
8	一	1	3.3	①	3	4.4	6	4	6
					3.3	5	6	4	6
				②	3～3.3	4	6	4	6
				③	3～3.3	4	6	4	6
				④	3～3.3	4	6	4	6

续表 D.0.1-1

烈度	层数	层号	层高	房屋墙体厚度类别	抗震横墙间距（L）	与砌筑泥浆强度等级对应的房屋宽度限值（B）			
						M0.7		M1	
						下限	上限	下限	上限
8（0.30g）	一	1	3.0	①②	3～3.3	—	—	—	—
				③	3	—	—	4.9	6
					3.3	—	—	5.6	6
				④	3	—	—	4	5.1
					3.3	—	—	4	5.5

注：墙体厚度分别指：①外墙 400mm，内横墙 250mm；②外墙 500mm，内横墙 300mm；③外墙 700mm，内横墙 500mm；④内外墙均为 400mm。

表 D.0.1-2 抗震横墙间距和房屋宽度限值（单开间生土结构房屋）(m)

烈度	层数	层号	层高	房屋墙体厚度类别	抗震横墙间距（L）	与砌筑泥浆强度等级对应的房屋宽度限值（B）			
						M0.7		M1	
						下限	上限	下限	上限
6	一	1	4.0	①②③④	3～6.6	4	6.6	4	6.6
	二	2	3.0	①②③④	3～6.6	4	6.6	4	6.6
		1	3.0		3～4.8	4	6.6	4	6.6
7	一	1	4.0	①②③④	3～4.8	4	6.6	4	6.6
7（0.15g）	一	1	4.0	①②③④	3～4.8	4	6.6	4	6.6
8	一	1	3.3	①	3	4	5.2	4	6
					3.3	4	5.6	4	6
				②	3	4	6	4	6
					3.3	4	5.8	4	6
				③	3～3.3	4	6	4	6
				④	3～3.3	4	6	4	6
8（0.30g）	一	1	3.0	①	3	—	—	—	—
					3.3	—	—	4	4.2
				②	3	—	—	4	4.3
					3.3	—	—	4	4.6
				③	3	—	—	4	4.7
					3.3	4	4	4	5
				④	3	—	—	4	4.9
					3.3	4	4.2	4	5.2

注：墙体厚度分别指：①墙厚为 300mm；②墙厚为 400mm；③墙厚为 500mm；④墙厚为 600mm。

附录E 石结构房屋抗震横墙间距（L）和房屋宽度（B）限值

E.0.1 当石墙厚度满足本规程第8.1.9条规定、墙体洞口水平截面面积满足第3.1.2条规定、层高不大于本附录下列表中对应值时，石结构房屋的抗震横墙间距（L）和对应的房屋宽度（B）的限值宜分别按表E.0.1-1至表E.0.1-4采用。抗震横墙间距和对应的房屋宽度满足表中对应限值要求时，房屋墙体的抗震承载力可满足对应的设防烈度地震作用的要求。当采用表E.0.1-1至表E.0.1-4时，应符合下列要求：

1 表中的抗震横墙间距，对横墙间距不同的木楼（屋）盖房屋为最大横墙间距值；对预应力圆孔板楼（屋）盖房屋为横墙间距的平均值。表中分别给出房屋宽度的下限值和上限值，对确定的抗震横墙间距，房屋宽度应在下限值和上限值之间选取确定；抗震横墙间距取其他值时，可内插求得对应的房屋宽度限值。

2 表中为“—”者，表示采用该强度等级砂浆砌筑墙体的房屋，其墙体抗震承载力不能满足对应的设防烈度地震作用的要求，应提高砌筑砂浆强度等级。

3 当两层房屋一、二层墙体采用相同强度等级的砂浆砌筑时，实际房屋宽度应按第一层限值采用。

4 当两层房屋一、二层墙体采用不同强度等级的砂浆砌筑或一、二层采用不同形式的楼（屋）盖时，实际房屋宽度应同时满足表中一、二层限值要求。

5 表中墙体类别指：①240mm厚细、半细料石砌体；②240mm厚粗料、毛料石砌体；③400mm厚平毛石墙。

6 多开间石结构木楼（屋）盖房屋，与抗震横墙间距（L）对应的房屋宽度（B）的限值宜按表E.0.1-1采用。

表E.0.1-1 抗震横墙间距和房屋宽度限值（多开间石结构木楼屋盖）(m)

烈度	层数	层号	层高	房屋墙体类别	抗震横墙间距（L）	与砂浆强度等级对应的房屋宽度限值（B）									
						M1		M2.5		M5		M7.5		M10	
						下限	上限	下限	上限	下限	上限	下限	上限	下限	上限
6	一	1	4.0	①②	3～11	4	11	4	11	4	11	4	11	4	11
			3.6	③	3～11	4	11	4	11	4	11	4	11	4	11
7	一	1	4.0	①②	3～11	4	11	4	11	4	11	4	11	4	11
			3.6	③	3～11	4	11	4	11	4	11	4	11	4	11
7 (0.15g)	一	1	4.0	①②	3 3.3～9.6 10.2 11	4 4 4.3 4.7	10.5 11 11 11	4 4 4 4	11 11 11 11	4 4 4 4	11 11 11 11	4 4 4 4	11 11 11 11	4 4 4 4	11 11 11 11
			3.6	③	3～10.2 11	4 4.4	11 11	4 4	11 11	4 4	11 11	4 4	11 11	4 4	11 11
8	一	1	3.6	①②	3～7	4	7	4	7	4	7	4	7	4	7
8 (0.30g)	一	1	3.6	①②	3 3.6 4.2 4.8 5.4 6～6.6 7	4 4 4.9 6 6.4 — —	4.9 5.4 5.9 6.3 6.4 — —	4 4 4 4 4 4 4.3	7 7 7 7 7 7 7	4 4 4 4 4 4 4	7 7 7 7 7 7 7	4 4 4 4 4 4 4	7 7 7 7 7 7 7	4 4 4 4 4 4 4	7 7 7 7 7 7 7
6	二	2	3.5	①②	3～11	4	11	4	11	4	11	4	11	4	11
		1	3.5		3～7	4	11	4	11	4	11	4	11	4	11

续表 E. 0. 1-1

烈度	层数	层号	层高	房屋墙体类别	抗震横墙间距（L）	与砂浆强度等级对应的房屋宽度限值（B）									
						M1		M2.5		M5		M7.5		M10	
						下限	上限	下限	上限	下限	上限	下限	上限	下限	上限
7	二	2	3.5	①	3～11	4	11	4	11	4	11	4	11	4	11
		1	3.5		3	4	9.1	4	11	4	11	4	11	4	11
					3.6	4	10.4	4	11	4	11	4	11	4	11
					4.2～7	4	11	4	11	4	11	4	11	4	11
	二	2	3.3	②	3～11	4	11	4	11	4	11	4	11	4	11
		1	3.3		3	4	9.5	4	11	4	11	4	11	4	11
					3.6	4	10.8	4	11	4	11	4	11	4	11
					4.2～7	4	11	4	11	4	11	4	11	4	11
7 (0.15g)	二	2	3.5	①	3	4	7.8	4	11	4	11	4	11	4	11
					3.6	4	8.7	4	11	4	11	4	11	4	11
					4.2	4	9.5	4	11	4	11	4	11	4	11
					4.8	4	10.3	4	11	4	11	4	11	4	11
					5.4	4	10.9	4	11	4	11	4	11	4	11
					6～6.6	4	11	4	11	4	11	4	11	4	11
					7.2	4.4	11	4	11	4	11	4	11	4	11
					7.8	4.9	11	4	11	4	11	4	11	4	11
					8.4	5.3	11	4	11	4	11	4	11	4	11
					9	5.8	11	4	11	4	11	4	11	4	11
					9.6	6.4	11	4	11	4	11	4	11	4	11
					10.2	6.9	11	4	11	4	11	4	11	4	11
					11	7.7	11	4	11	4	11	4	11	4	11
		1	3.5		3	4	4.8	4	7.8	4	11	4	11	4	11
					3.6	4.4	5.5	4	8.9	4	11	4	11	4	11
					4.2	5.2	6.1	4	9.9	4	11	4	11	4	11
					4.8	6.1	6.7	4	10.8	4	11	4	11	4	11
					5.4	7	7.2	4	11	4	11	4	11	4	11
					6	—	—	4	11	4	11	4	11	4	11
					6.6	—	—	4.4	11	4	11	4	11	4	11
					7	—	—	4.7	11	4	11	4	11	4	11
	二	2	3.3	②	3	4	8.1	4	11	4	11	4	11	4	11
					3.6	4	9.1	4	11	4	11	4	11	4	11
					4.2	4	9.9	4	11	4	11	4	11	4	11
					4.8	4	10.6	4	11	4	11	4	11	4	11
					5.4～6.6	4	11	4	11	4	11	4	11	4	11
					7.2	4.1	11	4	11	4	11	4	11	4	11
					7.8	4.5	11	4	11	4	11	4	11	4	11
					8.4	4.9	11	4	11	4	11	4	11	4	11
					9	5.4	11	4	11	4	11	4	11	4	11
					9.6	5.8	11	4	11	4	11	4	11	4	11
					10.2	6.3	11	4	11	4	11	4	11	4	11
					11	7	11	4	11	4	11	4	11	4	11

续表 E.0.1-1

烈度	层数	层号	层高	房屋墙体类别	抗震横墙间距（L）	与砂浆强度等级对应的房屋宽度限值（B）									
						M1		M2.5		M5		M7.5		M10	
						下限	上限	下限	上限	下限	上限	下限	上限	下限	上限
7（0.15g）	二	1	3.3	②	3	4	5	4	8.2	4	11	4	11	4	11
					3.6	4	5.7	4	9.3	4	11	4	11	4	11
					4.2	4.8	6.4	4	10.3	4	11	4	11	4	11
					4.8	5.5	7	4	11	4	11	4	11	4	11
					5.4	6.3	7.5	4	11	4	11	4	11	4	11
					6	7.2	8	4	11	4	11	4	11	4	11
					6.6	8	8.4	4.1	11	4	11	4	11	4	11
					7	8.6	8.7	4.3	11	4	11	4	11	4	11
8	二	2	3.3	①	3	4	6	4	7	4	7	4	7	4	7
					3.6	4	6.7	4	7	4	7	4	7	4	7
					4.2～4.8	4	7	4	7	4	7	4	7	4	7
					5.4	4.6	7	4	7	4	7	4	7	4	7
					6	5.3	7	4	7	4	7	4	7	4	7
					6.6	6.1	7	4	7	4	7	4	7	4	7
					7	6.6	7	4	7	4	7	4	7	4	7
		1	3.3		3	—	—	4	6	4	7	4	7	4	7
					3.6	—	—	4	6.8	4	7	4	7	4	7
					4.2	—	—	4	7	4	7	4	7	4	7
					4.8	—	—	4.5	7	4	7	4	7	4	7
					5	—	—	4.7	7	4	7	4	7	4	7
8（0.30g）	二	2	3.3	①	3	—	—	4	5.9	4	7	4	7	4	7
					3.6	—	—	4	6.6	4	7	4	7	4	7
					4.2	—	—	4	7	4	7	4	7	4	7
					4.8	—	—	4.6	7	4	7	4	7	4	7
					5.4	—	—	5.4	7	4	7	4	7	4	7
					6	—	—	6.3	7	4	7	4	7	4	7
					6.6～7	—	—	—	—	4	7	4	7	4	7
		1	3.3		3	—	—	—	—	4	5	4	6.2	4	7
					3.6	—	—	—	—	4.3	5.7	4	7	4	7
					4.2	—	—	—	—	5.1	6.4	4	7	4	7
					4.8	—	—	—	—	6.1	7	4.4	7	4	7
					5	—	—	—	—	6.4	7	4.7	7	4	7

7 单开间石结构木楼（屋）盖房屋，与抗震横墙间距（L）对应的房屋宽度（B）的限值宜按表 E.0.1-2 采用。

表 E.0.1-2 抗震横墙间距和房屋宽度限值（单开间石结构木楼屋盖）(m)

烈度	层数	层号	层高	房屋墙体类别	抗震横墙间距（L）	与砂浆强度等级对应的房屋宽度限值（B）									
						M1		M2.5		M5		M7.5		M10	
						下限	上限	下限	上限	下限	上限	下限	上限	下限	上限
6	一	1	4.0	①②	3～11	4	11	4	11	4	11	4	11	4	11
			3.6	③	3～11	4	11	4	11	4	11	4	11	4	11
7	一	1	4.0	①②	3～11	4	11	4	11	4	11	4	11	4	11
			3.6	③	3～11	4	11	4	11	4	11	4	11	4	11
7（0.15g）	一	1	4.0	①②	3	4	8.8	4	11	4	11	4	11	4	11
					3.6	4	10	4	11	4	11	4	11	4	11
					4.2～11	4	11	4	11	4	11	4	11	4	11
			3.6	③	3～11	4	11	4	11	4	11	4	11	4	11

续表 E.0.1-2

烈度	层数	层号	层高	房屋墙体类别	抗震横墙间距（L）	与砂浆强度等级对应的房屋宽度限值（B）									
						M1		M2.5		M5		M7.5		M10	
						下限	上限	下限	上限	下限	上限	下限	上限	下限	上限
8	一	1	3.6	①②	3～7	4	7	4	7	4	7	4	7	4	7
8（0.30g）	一	1	3.6	①②	3	4	4.1	4	7	4	7	4	7	4	7
					3.6	4	4.6	4	7	4	7	4	7	4	7
					4.2	4	5.1	4	7	4	7	4	7	4	7
					4.8	4	5.5	4	7	4	7	4	7	4	7
					5.4	4	5.6	4	7	4	7	4	7	4	7
					6	4	6.2	4	7	4	7	4	7	4	7
					6.6	4	6.5	4	7	4	7	4	7	4	7
					7	4	6.7	4.3	7	4	7	4	7	4	7
6	二	2	3.5	①②	3～11	4	11	4	11	4	11	4	11	4	11
		1	3.5		3～7	4	11	4	11	4	11	4	11	4	11
7	二	2	3.5	①	3～11	4	11	4	11	4	11	4	11	4	11
		1	3.5		3	4	7.5	4	11	4	11	4	11	4	11
					3.6	4	8.6	4	11	4	11	4	11	4	11
					4.2	4	9.6	4	11	4	11	4	11	4	11
					4.8	4	10.6	4	11	4	11	4	11	4	11
					5.4～7	4	11	4	11	4	11	4	11	4	11
		2	3.3	②	3～11	4	11	4	11	4	11	4	11	4	11
		1	3.3		3	4	7.8	4	11	4	11	4	11	4	11
					3.6	4	8.9	4	11	4	11	4	11	4	11
					4.2	4	10	4	11	4	11	4	11	4	11
					4.8～7	4	11	4	11	4	11	4	11	4	11
7（0.15g）	二	2	3.5	①	3	4	6.5	4	10.6	4	11	4	11	4	11
					3.6	4	7.4	4	11	4	11	4	11	4	11
					4.2	4	8.2	4	11	4	11	4	11	4	11
					4.8	4	8.9	4	11	4	11	4	11	4	11
					5.4	4	9.5	4	11	4	11	4	11	4	11
					6	4	10	4	11	4	11	4	11	4	11
					6.6	4	10.6	4	11	4	11	4	11	4	11
					7.2～11	4	11	4	11	4	11	4	11	4	11
		1	3.5		3	—	—	4	6.4	4	9.4	4	11	4	11
					3.6	4	4.5	4	7.4	4	10.8	4	11	4	11
					4.2	4	5.1	4	8.3	4	11	4	11	4	11
					4.8	4	5.6	4	9.1	4	11	4	11	4	11
					5.4	4	6.1	4	9.9	4	11	4	11	4	11
					6	4	6.5	4	10.6	4	11	4	11	4	11
					6.6	4	6.9	4	11	4	11	4	11	4	11
					7	4	7.2	4	11	4	11	4	11	4	11
	二	2	3.3	②	3	4	6.9	4	11	4	11	4	11	4	11
					3.6	4	7.7	4	11	4	11	4	11	4	11
					4.2	4	8.5	4	11	4	11	4	11	4	11
					4.8	4	9.2	4	11	4	11	4	11	4	11
					5.4	4	9.9	4	11	4	11	4	11	4	11
					6	4	10.4	4	11	4	11	4	11	4	11
					6.6～11	4	11	4	11	4	11	4	11	4	11
		1	3.3		3	4	4.1	4	6.7	4	9.8	4	11	4	11
					3.6	4	4.8	4	7.7	4	11	4	11	4	11
					4.2	4	5.3	4	8.6	4	11	4	11	4	11
					4.8	4	5.9	4	9.5	4	11	4	11	4	11
					5.4	4	6.3	4	10.3	4	11	4	11	4	11
					6	4	6.8	4	11	4	11	4	11	4	11
					6.6	4	7.2	4	11	4	11	4	11	4	11
					7	4	7.5	4	11	4	11	4	11	4	11

续表 E.0.1-2

烈度	层数	层号	层高	房屋墙体类别	抗震横墙间距（L）	与砂浆强度等级对应的房屋宽度限值（B）									
						M1		M2.5		M5		M7.5		M10	
						下限	上限	下限	上限	下限	上限	下限	上限	下限	上限
8	二	2	3.3	①	3	4	5.1	4	7	4	7	4	7	4	7
					3.6	4	5.7	4	7	4	7	4	7	4	7
					4.2	4	6.3	4	7	4	7	4	7	4	7
					4.8	4	6.8	4	7	4	7	4	7	4	7
					5.4～7	4	7	4	7	4	7	4	7	4	7
		1	3.3		3	—	—	4	4.9	4	7	4	7	4	7
					3.6	—	—	4	5.7	4	7	4	7	4	7
					4.2	—	—	4	6.3	4	7	4	7	4	7
					4.8	4	4	4	7	4	7	4	7	4	7
					5	4	4.2	4	7	4	7	4	7	4	7
8（0.30g）	二	2	3.3	①	3	—	—	4	4.9	4	7	4	7	4	7
					3.6	—	—	4	5.6	4	7	4	7	4	7
					4.2	—	—	4	6.2	4	7	4	7	4	7
					4.8	—	—	4	6.7	4	7	4	7	4	7
					5.4～7	—	—	4	7	4	7	4	7	4	7
		1	3.3		3	—	—	—	—	4	4.1	4	5.1	4	5.8
					3.6	—	—	—	—	4	4.8	4	5.9	4	6.6
					4.2	—	—	—	—	4	5.3	4	6.6	4	7
					4.8	—	—	—	—	4	5.9	4	7	4	7
					5	—	—	—	—	4	6	4	7	4	7

8 多开间石结构预应力圆孔板楼（屋）盖房屋，宜按表 E.0.1-3 采用。
与抗震横墙间距（L）对应的房屋宽度（B）的限值

表 E.0.1-3 抗震横墙间距和房屋宽度限值（多开间石结构圆孔板楼屋盖）(m)

烈度	层数	层号	层高	房屋墙体类别	抗震横墙间距（L）	与砂浆强度等级对应的房屋宽度限值（B）									
						M1		M2.5		M5		M7.5		M10	
						下限	上限	下限	上限	下限	上限	下限	上限	下限	上限
6	一	1	4.0	①②③	3～13	4	13	4	13	4	13	4	13	4	13
7	一	1	4.0	①②③	3～13	4	13	4	13	4	13	4	13	4	13
7（0.15g）	一	1	4.0	①②	3～13	4	13	4	13	4	13	4	13	4	13
			3.6	③	3～13	4	13	4	13	4	13	4	13	4	13
8	一	1	3.6	①②	3～9	4	9	4	9	4	9	4	9	4	9
8（0.30g）	一	1	3.6	①②	3	4	6.3	4	9	4	9	4	9	4	9
					3.6	4	7	4	9	4	9	4	9	4	9
					4.2	4	7.6	4	9	4	9	4	9	4	9
					4.8	4	8.2	4	9	4	9	4	9	4	9
					5.4	4	8.7	4	9	4	9	4	9	4	9
					6	4.3	9	4	9	4	9	4	9	4	9
					6.6	4.8	9	4	9	4	9	4	9	4	9
					7.2	5.4	9	4	9	4	9	4	9	4	9
					7.8	6.1	9	4	9	4	9	4	9	4	9
					8.4	6.8	9	4	9	4	9	4	9	4	9
					9	7.6	9	4	9	4	9	4	9	4	9
6	二	2	3.5	①②	3～13	4	13	4	13	4	13	4	13	4	13
		1	3.5		3～9	4	13	4	13	4	13	4	13	4	13

续表 E.0.1-3

烈度	层数	层号	层高	房屋墙体类别	抗震横墙间距（L）	与砂浆强度等级对应的房屋宽度限值（B）									
						M1		M2.5		M5		M7.5		M10	
						下限	上限	下限	上限	下限	上限	下限	上限	下限	上限
7	二	2	3.5	①	3～13	4	13	4	13	4	13	4	13	4	13
		1	3.5		3	4	11.5	4	13	4	13	4	13	4	13
					3.6～13	4	13	4	13	4	13	4	13	4	13
	二	2	3.3	②	3～13	4	13	4	13	4	13	4	13	4	13
		1	3.3		3	4	11.1	4	13	4	13	4	13	4	13
					3.6	4	12.5	4	13	4	13	4	13	4	13
					4.2～13	4	13	4	13	4	13	4	13	4	13
7 (0.15g)	二	2	3.5	①	3	4	9.6	4	13	4	13	4	13	4	13
					3.6	4	10.8	4	13	4	13	4	13	4	13
					4.2	4	11.8	4	13	4	13	4	13	4	13
					4.8	4	12.6	4	13	4	13	4	13	4	13
					5.4～9.6	4	13	4	13	4	13	4	13	4	13
					10.2	4.1	13	4	13	4	13	4	13	4	13
					10.8	4.4	13	4	13	4	13	4	13	4	13
					11.4	4.7	13	4	13	4	13	4	13	4	13
					12	5	13	4	13	4	13	4	13	4	13
					12.6	5.3	13	4	13	4	13	4	13	4	13
					13	5.5	13	4	13	4	13	4	13	4	13
	二	1	3.5	①	3	4	6.3	4	6.4	4	13	4	13	4	13
					3.6	4	7.2	4	7.4	4	13	4	13	4	13
					4.2	4	8	4	8.3	4	13	4	13	4	13
					4.8	4	8.8	4	9.1	4	13	4	13	4	13
					5.4	4	9.5	4	9.9	4	13	4	13	4	13
					6	4.4	10.1	4	10.6	4	13	4	13	4	13
					6.6	4.8	10.7	4	13	4	13	4	13	4	13
					7.2	5.3	11.2	4	13	4	13	4	13	4	13
					7.8	5.7	11.7	4	13	4	13	4	13	4	13
					8.4	6.2	12.1	4	13	4	13	4	13	4	13
					9	6.7	12.6	4	13	4	13	4	13	4	13
7 (0.15g)	二	2	3.3	②	3	4	10	4	13	4	13	4	13	4	13
					3.6	4	11.2	4	13	4	13	4	13	4	13
					4.2	4	12.2	4	13	4	13	4	13	4	13
					4.8～10.2	4	13	4	13	4	13	4	13	4	13
					10.8	4.1	13	4	13	4	13	4	13	4	13
					11.4	4.3	13	4	13	4	13	4	13	4	13
					12	4.6	13	4	13	4	13	4	13	4	13
					12.6	4.9	13	4	13	4	13	4	13	4	13
					13	5.1	13	4	13	4	13	4	13	4	13
		1	3.3		3	4	6.1	4	9.7	4	13	4	13	4	13
					3.6	4	6.9	4	10.9	4	13	4	13	4	13
					4.2	4	7.6	4	12	4	13	4	13	4	13
					4.8	4	8.3	4	13	4	13	4	13	4	13
					5.4	4	8.8	4	13	4	13	4	13	4	13
					6	4.1	9.3	4	13	4	13	4	13	4	13
					6.6	4.5	9.8	4	13	4	13	4	13	4	13
					7.2	5	10.2	4	13	4	13	4	13	4	13
					7.8	5.4	10.6	4	13	4	13	4	13	4	13
					8.4	5.9	11	4	13	4	13	4	13	4	13
					9	6.4	11.3	4	13	4	13	4	13	4	13

续表 E.0.1-3

烈度	层数	层号	层高	房屋墙体类别	抗震横墙间距（L）	与砂浆强度等级对应的房屋宽度限值（B）									
						M1		M2.5		M5		M7.5		M10	
						下限	上限	下限	上限	下限	上限	下限	上限	下限	上限
8	二	2	3.3	①	3	4	7.6	4	9	4	9	4	9	4	9
					3.6	4	8.4	4	9	4	9	4	9	4	9
					4.2～7.2	4	9	4	9	4	9	4	9	4	9
					7.8	4.3	9	4	9	4	9	4	9	4	9
					8.4	4.7	9	4	9	4	9	4	9	4	9
					9	5.2	9	4	9	4	9	4	9	4	9
		1	3.3		3	4	4.4	4	7.2	4	9	4	9	4	9
					3.6	4	5	4	8.1	4	9	4	9	4	9
					4.2	4.5	5.5	4	8.9	4	9	4	9	4	9
					4.8	5.3	5.9	4	9	4	9	4	9	4	9
					5.4	6.1	6.3	4	9	4	9	4	9	4	9
					6	—	—	4	9	4	9	4	9	4	9
					6.6	—	—	4	9	4	9	4	9	4	9
					7	—	—	4.1	9	4	9	4	9	4	9
8（0.30g）	二	2	3.3	①	3	4	4.2	4	7.4	4	9	4	9	4	9
					3.6	4.1	4.7	4	8.2	4	9	4	9	4	9
					4.2	5.1	5.1	4	8.9	4	9	4	9	4	9
					4.8	—	—	4	9	4	9	4	9	4	9
					5.4	—	—	4	9	4	9	4	9	4	9
					6	—	—	4	9	4	9	4	9	4	9
					6.6	—	—	4.1	9	4	9	4	9	4	9
					7.2	—	—	4.6	9	4	9	4	9	4	9
					7.8	—	—	5.1	9	4	9	4	9	4	9
					8.4	—	—	5.7	9	4	9	4	9	4	9
					9	—	—	6.3	9	4	9	4	9	4	9
		1	3.3		3	—	—	—	—	4	6.1	4	7.5	4	8.4
					3.6	—	—	—	—	4	6.9	4	8.4	4	9
					4.2	—	—	—	—	4	7.6	4	9	4	9
					4.8	—	—	—	—	4	8.3	4	9	4	9
					5.4	—	—	—	—	4.1	8.8	4	9	4	9
					6	—	—	—	—	4.7	9	4	9	4	9
					6.6	—	—	—	—	5.3	9	4	9	4	9
					7	—	—	—	—	5.7	9	4.3	9	4	9

9 单开间石结构预应力圆孔板楼（屋）盖房屋，宜按表 E.0.1-4 采用。与抗震横墙间距（L）对应的房屋宽度（B）的限值

表 E.0.1-4 抗震横墙间距和房屋宽度限值（单开间石结构圆孔板楼屋盖）(m)

烈度	房屋层数	层号	层高	房屋墙体类别	抗震横墙间距（L）	与砂浆强度等级对应的房屋宽度限值（B）									
						M1		M2.5		M5		M7.5		M10	
						下限	上限	下限	上限	下限	上限	下限	上限	下限	上限
6	一	1	4.0	①②③	3～13	4	13	4	13	4	13	4	13	4	13
7	一	1	4.0	①②	3～13	4	13	4	13	4	13	4	13	4	13
		1	3.6	③	3～13	4	13	4	13	4	13	4	13	4	13
7（0.15g）	一	1	4.0	①②	3	4	11	4	13	4	13	4	13	4	13
					3.6	4	12.5	4	13	4	13	4	13	4	13
					4.2～13	4	13	4	13	4	13	4	13	4	13
			3.6	③	3～13	4	13	4	13	4	13	4	13	4	13
8	一	1	3.6	①②	3～9	4	9	4	9	4	9	4	9	4	9
8（0.30g）	一	1	3.6	①②	3	4	5.3	4	8.8	4	9	4	9	4	9
					3.6	4	6	4	9	4	9	4	9	4	9
					4.2	4	6.6	4	9	4	9	4	9	4	9
					4.8	4	7.1	4	9	4	9	4	9	4	9
					5.4	4	7.6	4	9	4	9	4	9	4	9
					6	4	8	4	9	4	9	4	9	4	9
					6.6	4	8.4	4	9	4	9	4	9	4	9
					7.2	4	8.8	4	9	4	9	4	9	4	9
					7.8～9	4	9	4	9	4	9	4	9	4	9

续表 E.0.1-4

烈度	房屋层数	层号	层高	房屋墙体类别	抗震横墙间距（L）	与砂浆强度等级对应的房屋宽度限值（B）									
						M1		M2.5		M5		M7.5		M10	
						下限	上限	下限	上限	下限	上限	下限	上限	下限	上限
6	二	2	3.5	①②	3～13	4	13	4	13	4	13	4	13	4	13
		1	3.5		3～9	4	13	4	13	4	13	4	13	4	13
7	二	2	3.5	①	3～13	4	13	4	13	4	13	4	13	4	13
		1	3.5		3	4	8.9	4	13	4	13	4	13	4	13
					3.6	4	10.2	4	13	4	13	4	13	4	13
					4.2	4	11.3	4	13	4	13	4	13	4	13
					4.8	4	12.4	4	13	4	13	4	13	4	13
					5.4～13	4	13	4	13	4	13	4	13	4	13
		2	3.3	②	3～13	4	13	4	13	4	13	4	13	4	13
		1	3.3		3	4	9.2	4	13	4	13	4	13	4	13
					3.6	4	10.5	4	13	4	13	4	13	4	13
					4.2	4	11.7	4	13	4	13	4	13	4	13
					4.8	4	12.7	4	13	4	13	4	13	4	13
					5.4～13	4	13	4	13	4	13	4	13	4	13
7（0.15g）	二	2	3.5	①	3	4	8.1	4	13	4	13	4	13	4	13
					3.6	4	9.2	4	13	4	13	4	13	4	13
					4.2	4	10.1	4	13	4	13	4	13	4	13
					4.8	4	10.9	4	13	4	13	4	13	4	13
					5.4	4	11.7	4	13	4	13	4	13	4	13
					6	4	12.4	4	13	4	13	4	13	4	13
					6.6～13	4	13	4	13	4	13	4	13	4	13
		1	3.5		3	4	4.9	4	7.7	4	11.1	4	13	4	13
					3.6	4	5.6	4	8.8	4	12.7	4	13	4	13
					4.2	4	6.2	4	9.8	4	13	4	13	4	13
					4.8	4	6.8	4	10.7	4	13	4	13	4	13
					5.4	4	7.3	4	11.5	4	13	4	13	4	13
					6	4	7.8	4	12.3	4	13	4	13	4	13
					6.6	4	8.3	4	13	4	13	4	13	4	13
					7.2	4	8.7	4	13	4	13	4	13	4	13
					7.8	4	9.1	4	13	4	13	4	13	4	13
					8.4	4	9.4	4	13	4	13	4	13	4	13
					9	4	9.8	4	13	4	13	4	13	4	13
	二	2	3.3	②	3	4	8.5	4	13	4	13	4	13	4	13
					3.6	4	9.6	4	13	4	13	4	13	4	13
					4.2	4	10.5	4	13	4	13	4	13	4	13
					4.8	4	11.4	4	13	4	13	4	13	4	13
					5.4	4	12.1	4	13	4	13	4	13	4	13
					6	4	12.8	4	13	4	13	4	13	4	13
					6.6～13	4	13	4	13	4	13	4	13	4	13

续表 E.0.1-4

烈度	房屋层数	层号	层高	房屋墙体类别	抗震横墙间距（L）	与砂浆强度等级对应的房屋宽度限值（B）									
						M1		M2.5		M5		M7.5		M10	
						下限	上限	下限	上限	下限	上限	下限	上限	下限	上限
7 (0.15g)	二	1	3.3	②	3	4	5.1	4	8	4	11.6	4	13	4	13
					3.6	4	5.8	4	9.2	4	13	4	13	4	13
					4.2	4	6.5	4	10.2	4	13	4	13	4	13
					4.8	4	7.1	4	11.1	4	13	4	13	4	13
					5.4	4	7.6	4	11.9	4	13	4	13	4	13
					6	4	8.1	4	12.7	4	13	4	13	4	13
					6.6	4	8.5	4	13	4	13	4	13	4	13
					7.2	4	9	4	13	4	13	4	13	4	13
					7.8	4	9.4	4	13	4	13	4	13	4	13
					8.4	4	9.7	4	13	4	13	4	13	4	13
					9	4	10	4	13	4	13	4	13	4	13
8	二	2	3.3	①	3	4	6.4	4	9	4	9	4	9	4	9
					3.6	4	7.2	4	9	4	9	4	9	4	9
					4.2	4	7.9	4	9	4	9	4	9	4	9
					4.8	4	8.6	4	9	4	9	4	9	4	9
					5.4～9	4	9	4	9	4	9	4	9	4	9
		1	3.3		3	—	—	4	6	4	9	4	9	4	9
					3.6	4	4.2	4	6.8	4	9	4	9	4	9
					4.2	4	4.6	4	7.6	4	9	4	9	4	9
					4.8	4	5.1	4	8.3	4	9	4	9	4	9
					5.4	4	5.4	4	8.9	4	9	4	9	4	9
					6	4	5.8	4	9	4	9	4	9	4	9
					6.6	4	6.1	4	9	4	9	4	9	4	9
					7	4.1	6.3	4	9	4	9	4	9	4	9
8 (0.30g)	二	2	3.3	①	3	—	—	4	6.2	4	9	4	9	4	9
					3.6	4	4	4	7	4	9	4	9	4	9
					4.2	4	4.4	4	7.7	4	9	4	9	4	9
					4.8	4	4.8	4	8.4	4	9	4	9	4	9
					5.4	4	5.1	4	8.9	4	9	4	9	4	9
					6	4	5.4	4	9	4	9	4	9	4	9
					6.6	4.1	5.6	4	9	4	9	4	9	4	9
					7.2	4.7	5.9	4	9	4	9	4	9	4	9
					7.8	5.2	6.1	4	9	4	9	4	9	4	9
					8.4	5.9	6.3	4	9	4	9	4	9	4	9
					9	—	—	4	9	4	9	4	9	4	9
		1	3.3		3	—	—	—	—	4	5.1	4	6.2	4	7
					3.6	—	—	—	—	4	5.8	4	7.1	4	7.9
					4.2	—	—	4	4.1	4	6.5	4	7.9	4	8.8
					4.8	—	—	4	4.5	4	7.1	4	8.6	4	9
					5.4	—	—	4	4.8	4	7.6	4	9	4	9
					6	—	—	4.1	5.1	4	8.1	4	9	4	9
					6.6	—	—	4.6	5.4	4	8.5	4	9	4	9
					7	—	—	5	5.6	4	8.8	4	9	4	9

附录F 过梁计算

F.0.1 过梁的荷载，应按下列规定采用：

1 梁、板荷载

对砖、混凝土小型空心砌块和土坯砌体，当梁、板下的墙体高度（h_w）小于过梁的净跨（l_n）时，应计入梁、板传来的荷载。当梁、板下的墙体高度（h_w）不小于过梁净跨（l_n）时，可不考虑梁、板荷载。

2 墙体荷载

1）对砖和土坯砌体，当过梁上的墙体高度（h_w）小于过梁净跨（l_n）的$\frac{1}{3}$时，应按墙体的均布自重采用。当墙体高度（h_w）不小于过梁净跨（l_n）的$\frac{1}{3}$时，应按高度为$l_n/3$墙体的均布自重来采用；

2）对混凝土小型空心砌块和石砌体，当过梁上的墙体高度(h_w)小于过梁净跨(l_n)的$\frac{1}{2}$时，应按墙体的均布自重采用。当墙体高度(h_w)不小于过梁净跨(l_n)的$\frac{1}{2}$时，应按高度为$l_n/2$墙体的均布自重采用。

F.0.2 钢筋砖（石）过梁的受弯承载力可按下式计算：

$$M \leqslant 0.85 h_0 f_y A_s \tag{F.0.2}$$

式中 M——按简支梁计算的跨中弯矩设计值（N·mm）；

f_y——钢筋的抗拉强度设计值（N/mm²），对HPB235（Ⅰ级）和HRB335（Ⅱ级）热轧钢筋 f_y 分别取为210N/mm²、310N/mm²；

A_s——受拉钢筋的截面面积（mm²）；

h_0——过梁截面的有效高度（mm），$h_0=h-a_s$；

a_s——受拉钢筋重心至截面下边缘的距离(mm)；

h——过梁的截面计算高度（mm），取过梁底面以上的墙体高度，但不大于$l_n/3$；当考虑梁、板传来的荷载时，则应按梁、板下的高度采用。

F.0.3 过梁底面砂浆层处的钢筋，其直径不应小于6mm，间距不宜大于100mm，钢筋伸入支座砌体内的长度不宜小于240mm，砂浆层的厚度不宜小于30mm。

F.0.4 木过梁的受弯承载力可按下式计算：

$$M \leqslant W_n f_m \tag{F.0.4}$$

式中 M——按简支梁计算的跨中弯矩设计值（N·mm）；

W_n——木过梁的净截面抵抗矩（mm³），对矩形截面W_n为$bh^2/6$，对圆形截面W_n为$\pi d^3/32$；

f_m——木材抗弯强度设计值（N/mm²），木材的强度等级和强度设计值应分别按表F.0.4-1和表F.0.4-2采用；

b——矩形木过梁净截面宽度（mm）；

h——矩形木过梁净截面高度（mm）；

d——圆形木过梁净截面直径（mm）。

表F.0.4-1 木材的强度等级

针叶树种木材		
强度等级	组 别	选用树种
TC17	A	柏木 长叶松 湿地松 粗皮落叶松
	B	东北落叶松 欧洲赤松 欧洲落叶松
TC15	A	铁杉 油杉 太平洋海岸黄柏 花旗松—落叶松 西部铁杉 南方松
	B	鱼鳞云松 西南云松 南亚松
TC13	A	油松 新疆落叶松 云南松 马尾松 扭叶 松北美落叶松 海岸松
	B	红皮云松 丽江云松 樟子松 红松 西加云松 俄罗斯红松 欧洲云松 北美山地云松 北美短叶松
TC11	A	西北云松 新疆云松 北美黄松 云杉—松—冷杉 铁—冷杉 东部铁杉 杉木
	B	冷杉 速生杉木 速生马尾松 新西兰辐射松
阔叶树种木材		
TB20	青冈 椆木 门格里斯木 卡普木 沉水稍克木 绿心木 紫心木 李叶豆 塔特布木	
TB17	栎木 达荷玛木 萨佩莱木 苦油树 毛罗藤黄	
TB15	椎栗（栲木） 桦木 黄梅兰 梅萨瓦木 水曲柳 红劳罗木	
TB13	深红梅兰蒂 浅红梅兰蒂 百梅兰蒂 巴西红厚壳木	
TB11	大叶猴 小叶猴	

表 F.0.4-2　木材的强度设计值和弹性模量（N/mm^2）

强度等级	组别	抗弯 f_m	顺纹抗压及承压 f_c	顺纹抗拉 f_t	顺纹抗剪 f_v	横纹承压 $f_{c,90}$ 全表面	横纹承压 $f_{c,90}$ 局部表面和齿面	横纹承压 $f_{c,90}$ 拉力螺栓垫板下	弹性模量 E
TC17	A	17	16	10.0	1.7	2.3	3.5	4.6	10000
	B		15	9.5	1.6				
TC15	A	15	13	9.0	1.6	2.1	3.1	4.2	10000
	B		12	9.0	1.5				
TC13	A	13	12	8.5	1.5	1.9	2.9	3.8	10000
	B		10	8.0	1.4				9000
TC11	A	11	10	7.5	1.4	1.8	2.7	3.6	9000
	B		10	7.0	1.2				
TB20	—	20	18	12.0	2.8	4.2	6.3	8.4	12000
TB17	—	17	16	11.0	2.4	3.8	5.7	7.6	11000
TB15	—	15	14	10.0	2.0	3.1	4.7	6.2	10000
TB13	—	13	12	9.0	1.4	2.4	3.6	4.8	8000
TB11	—	11	10	8.0	1.3	2.1	3.2	4.1	7000

附录G　砂 浆 配 合 比

表 G.1　水泥砂浆配合比（32.5 级水泥）

砂浆强度等级	用量（kg/m^3）与比例	配比 粗砂 水泥	粗砂 砂子	粗砂 水	中砂 水泥	中砂 砂子	中砂 水	细砂 水泥	细砂 砂子	细砂 水
M1	用量	195	1500	270	200	1450	300	205	1400	330
	比例	1	7.69	1.38	1	7.25	1.50	1	6.83	1.61
M2.5	用量	207	1500	270	213	1450	300	220	1400	330
	比例	1	7.25	1.30	1	6.81	1.41	1	6.36	1.50
M5	用量	253	1500	270	260	1450	300	268	1400	330
	比例	1	5.93	1.07	1	5.58	1.15	1	5.22	1.23
M7.5	用量	276	1500	270	285	1450	300	294	1400	330
	比例	1	5.43	0.98	1	5.09	1.05	1	4.76	1.12
M10	用量	305	1500	270	315	1450	300	325	1400	330
	比例	1	4.92	0.89	1	4.60	0.95	1	4.31	1.02
M15	用量	359	1500	270	370	1450	300	381	1400	330
	比例	1	4.18	0.75	1	3.92	0.81	1	3.67	0.87

表 G.2 混合砂浆配合比（32.5级水泥）

砂浆等级	用量(kg/m³)与比例	配比								
		粗砂			中砂			细砂		
		水泥	石灰	砂子	水泥	石灰	砂子	水泥	石灰	砂子
M1	用量	157	173	1500	163	167	1450	169	161	1400
	比例	1	1.10	9.53	1	1.02	8.87	1	0.95	8.26
M2.5	用量	176	154	1500	183	147	1450	190	140	1400
	比例	1	0.88	8.52	1	0.80	7.92	1	0.74	7.40
M5	用量	204	126	1500	212	118	1450	220	110	1400
	比例	1	0.62	7.35	1	0.56	6.84	1	0.50	6.36
M7.5	用量	233	97	1500	242	88	1450	251	79	1400
	比例	1	0.42	6.44	1	0.36	5.99	1	0.31	5.58
M10	用量	261	69	1500	271	59	1450	281	49	1400
	比例	1	0.26	5.75	1	0.22	5.35	1	0.17	4.98

表 G.3 混合砂浆配合比（42.5级水泥）

砂浆等级	用量(kg/m³)与比例	配比								
		粗砂			中砂			细砂		
		水泥	石灰	砂子	水泥	石灰	砂子	水泥	石灰	砂子
M1	用量	121	209	1500	125	205	1450	129	201	1400
	比例	1	1.73	12.40	1	1.64	11.60	1	1.56	10.86
M2.5	用量	135	195	1500	140	190	1450	145	185	1400
	比例	1	1.44	11.11	1	1.36	10.36	1	1.28	9.66
M5	用量	156	174	1500	162	168	1450	168	162	1400
	比例	1	1.12	9.62	1	1.04	8.95	1	0.96	8.33
M7.5	用量	178	152	1500	185	145	1450	192	138	1400
	比例	1	0.85	8.43	1	0.78	7.84	1	0.72	7.29
M10	用量	199	131	1500	207	123	1450	215	115	1400
	比例	1	0.66	7.54	1	0.59	7.00	1	0.53	6.51

附录H 砂浆、砖、混凝土的强度等级与标号对应关系

表 H.1 砂浆强度等级与标号对应关系

强度等级(N/mm²)	M15	M10	M7.5	M5	M2.5	M1
标号(kg/cm²)	150	100	75	50	25	10

表 H.2 砖强度等级与标号对应关系

强度等级(N/mm²)	MU30	MU25	MU20	MU15	MU10	MU7.5
标号(kg/cm²)	300	250	200	150	100	75

表 H.3 混凝土强度等级与标号对应关系

强度等级(N/mm²)	C38	C30	C28	C25	C23	C20	C18	C15	C13	C8
标号(kg/cm²)	400	320	300	270	250	220	200	170	150	100

本规程用词说明

1 为便于在执行本规程条文时区别对待，对要求严格程度不同的用词说明如下：

1）表示很严格，非这样做不可的：
正面词采用“必须”；反面词采用“严禁”。

2）表示严格，在正常情况下均应这样做的：
正面词采用“应”；反面词采用“不应”或“不得”。

3）表示允许稍有选择，在条件许可时首先这样做的：
正面词采用“宜”；反面词采用“不宜”；
表示有选择，在一定条件下可以这样做的，采用“可”。

2 条文中指明应按其他有关标准、规范执行时，写法为：“应按……执行”或“应符合……的规定”。

中华人民共和国行业标准

镇（乡）村建筑抗震技术规程

JGJ 161—2008

条 文 说 明

前　　言

《镇（乡）村建筑抗震技术规程》JGJ 161—2008 经住房和城乡建设部 2008 年 6 月 13 日以第 49 号公告批准、发布。

为便于广大设计、施工、科研、学校等单位有关人员在使用本规程时能正确理解和执行条文规定，镇（乡）村建筑抗震技术规程》编制组按章、节、条顺序编制了本规程的条文说明，供使用者参考。在使用中如发现本条文说明中有不妥之处，请将意见函寄中国建筑科学研究院（地址：北京市北三环东路 30 号；邮政编码：100013）。

目　次

1　总则 …………………………………… 2—16—108
2　术语、符号………………………………… 2—16—109
3　抗震基本要求 ………………………… 2—16—109
4　场地、地基和基础 …………………… 2—16—110
5　砌体结构房屋 ………………………… 2—16—111
6　木结构房屋……………………………… 2—16—114
7　生土结构房屋 ………………………… 2—16—116
8　石结构房屋……………………………… 2—16—118
附录 A　墙体截面抗震受剪极限承载力验算方法 ………… 2—16—119
附录 B～附录 E　砌体结构房屋、木结构房屋、生土结构房屋、石结构房屋抗震横墙间距（L）和房屋宽度（B）限值 ……… 2—16—120
附录 F　过梁计算 ……………………… 2—16—120

1 总　　则

1.0.1 制定本规程的目的，是为了减轻村镇房屋地震破坏，减少人员伤亡和经济损失。

1.0.2 该条明确了本规程的适用范围和适用对象。鉴于村镇民房基本未进行抗震设防，抗震能力差，而很多6度地区发生了中强地震，造成了村镇房屋的严重震害，因此6度地区必须采取抗震措施。适用对象主要是村镇中层数为一、二层，采用木楼（屋）盖，或采用冷轧带肋钢筋预应力圆孔板楼（屋）盖的一般民用房屋。对村镇中三层及以上的房屋，或采用钢筋混凝土构造柱、圈梁和楼（屋）盖的房屋，应按现行国家标准《建筑抗震设计规范》GB 50011（以下简称《抗震规范》）进行设计和建造。

1.0.3 相对于城市建筑，我国村镇建筑具有单体规模小、就地取材、造价低廉等特点；并且基本上是由当地建筑工匠按传统习惯进行建造，一般不进行正规设计。在抗震能力方面，由于村镇建筑存在主体结构材料强度低（如生土、砌体、石结构）、结构整体性差、房屋各构件之间连接薄弱等问题，加之普遍未采取抗震措施，地震震害严重。

针对目前我国大部分村镇地区房屋的现状，本规程提出村镇建筑抗震设防目标是：当遭受低于本地区抗震设防烈度的多遇地震影响时，一般不需修理可继续使用；当遭受相当于本地区抗震设防烈度的地震影响时，主体结构不致严重破坏，围护结构不发生大面积倒塌。

《抗震规范》提出的是“小震不坏，中震可修，大震不倒”的抗震设防三水准目标。从《抗震规范》的设计思想可以看出，概念设计和抗震构造措施是实现设防目标的重要保证，历次的震害经验也充分证明了这一点。在《抗震规范》中对于各类结构的概念设计和抗震构造措施都提出了具体而全面的要求，对于城镇中经正规抗震设计，材料强度有保证、施工质量可靠的房屋，是完全可以达到抗震设防的三水准目标的。但对大部分村镇地区的房屋而言，结构类型及建筑材料的选用有明显的地域性，以土、木、石及砖为主要建筑材料的低造价房屋仍在大量使用和建造，这些房屋在建筑材料、施工技术等方面有较大局限性，与按照《抗震规范》设计、建造的房屋有很大差别，难以达到《抗震规范》中第三水准的抗震设防目标的要求。以城市和村镇中常见的砖砌体房屋为例，《抗震规范》对砌墙砖和砌筑砂浆的强度等级及力学性能指标参数都有详细的划分和规定，在结构体系和计算要点方面也作出了具体的要求和规定，同时采取了设置强度高、延性好的钢筋混凝土圈梁、构造柱及其他抗震构造措施作为大震不倒的保证；而村镇地区大量建造的低层（二层以下）砌体房屋，由于受技术经济等条件的限制，其主要承重构件为砖墙、砖（或木）柱和木或钢筋混凝土预制楼（屋）盖，在不大幅度提高造价、不改变结构类型和主要构件材料的条件下，采取的抗震构造措施是设置配筋砖圈梁、配筋砂浆带、木圈梁和墙揽等，与《抗震规范》的钢筋混凝土圈梁、构造柱有很大差别，达到的抗震效果也存在实际的差距。综合考虑各方面的因素，村镇建筑采用“小震不坏，中震主体结构不致严重破坏”的抗震设防目标是比较切合实际的，满足了经济合理、简便易行、有效的原则，在农民可接受的造价范围内较大程度地提高了农村房屋的抗震能力。

一、二层村镇建筑体型小、规模小、房屋质量轻（木楼屋盖），与城镇建筑比较，其震害影响范围、程度也小。本规程的“中震主体结构不致严重破坏”抗震设防水准是符合国情的。

对于较正规的村镇公用建筑以及三层、三层以上和经济发达的农村地区的民居（如采用了现浇钢筋混凝土构造柱和楼屋盖），则应按照《抗震规范》进行设计。

中震主体结构不致严重破坏采用的是结构极限承载力设计思想，叙述如下：

房屋在地震作用下抗震墙体开裂后，结构进入弹塑性阶段，当地震作用使结构的承载力达到极限状态时，取抗震设防烈度对应为这时的地震作用效应 S，同时取结构的极限承载力作为抗力 R，使：

$$S \leqslant \gamma_{bE} R \quad (1)$$

式中　S——基本烈度地震作用效应标准值；

γ_{bE}——极限承载力抗震调整系数；

R——结构的极限承载力，取材料强度平均值计算。

结构的极限承载力 R 由结构材料的力学性能与几何尺寸等决定，可以计算。结构抗震极限承载力调整系数 γ_{bE} 考虑了一定的承载力储备，与抗侧力构件（抗震墙）的类型（承重或非承重）有关，并综合考虑了当前我国村镇地区的经济水平。

本规程本着“因地制宜、就地取材”的原则，充分考虑到我国一些地区（特别是西部经济不发达地区）农民的经济状况较差，没有能力按照《抗震规范》的要求建造砖混结构等抗震性能较好的房屋，缺少保证大震不倒的钢筋混凝土圈梁、构造柱等抗震构造措施，故采用基本烈度地震进行砌体截面的极限承载力设计，以达到基本烈度不倒墙塌架的设防目标，避免和减少人员伤亡及财产损失。

1.0.4 本条为强制性条文，要求抗震设防区村镇中的新建房屋都必须进行抗震设防。

1.0.5 为适应《工程建设标准强制性条文》的要求，采用最严的规范用语“必须”。

1.0.6 本条指出了采用抗震设防烈度的依据，即一般情况抗震设防烈度可采用地震基本烈度（作为一个地区抗震设防依据的地震烈度）；一定条件下，可采用抗震设防区划提供的地震动参数（如地面运动加速度峰值、反应谱值等）。抗震设防烈度和抗震设防区划的审批权限，由国家有关主管部门规定。

村镇建筑抗震设防烈度，按本地区地震主管部门规定取值。《抗震规范》只标示出县级及县级以上城镇中心地区的地震基本烈度（或抗震设防烈度），对于按行政管辖区划分的所属村镇地区，其地震基本烈度值可能高于（或低于）该县市中心地区的地震基本烈度值，一般情况下，应依据《中国地震动参数区划图》GB 18306 确定某一村镇的地震基本烈度；对于分界线附近的地区，应按有关要求进行烈度复核并经地震主管部门批准后采用。

2 术语、符号

明确了抗震措施与抗震构造措施的区别，抗震构造措施只是抗震措施的一个组成部分。对村镇各类房屋的结构类型进行了界定，明确了各结构类型的定义及所包含的基本形式，并对主要抗震构造措施进行了说明，解释了本规程所采用的主要符号的意义。

3 抗震基本要求

3.1 建筑设计和结构体系

3.1.1 形状比较简单、规则的房屋，在地震作用下受力明确，同时便于进行结构分析，在设计上易于处理。以往的震害经验也充分表明，简单、规整的房屋在遭遇地震时破坏也相对较轻。

3.1.2 墙体均匀、对称布置，在平面内对齐、竖向连续是传递地震作用的要求，这样沿主轴方向的地震作用能够均匀对称地分配到各个抗侧力墙段，避免出现应力集中或因扭转造成部分墙段受力过大而破坏、倒塌。例如我国南方一些地区农村的二、三层房屋，外纵墙在一、二层上下不连续，即二层外纵墙外挑，在7度地震影响下二层墙体普遍严重开裂。

抗震墙是砌体房屋抵抗水平地震作用的主要构件，对纵横墙开洞率作出规定是为了确保抗震墙体有足够的抗剪承载能力所需的水平截面面积。在我国南方部分地区，很多房屋前纵墙开洞过大，除纵横墙交接处留有墙垛外，基本均为门窗洞口，抗震墙体截面严重不足，不但整体的抗震能力不能满足要求，局部尺寸过小的门窗间墙在水平地震作用会因局部失效导致房屋整体破坏。前后纵墙开洞不一致还会造成地震作用下的房屋平面扭转，加重震害。

楼梯间墙体侧向支承较弱，是抗震的薄弱部位，设置在房屋尽端或转角处时会进一步加重震害，在建筑布置时宜尽量避免将楼梯间设于尽端和转角处。悬挑楼梯在墙体开裂后会因嵌固端破坏而失去承载能力，容易造成人员跌落伤亡。

烟道等竖向孔洞在墙体中留置时，因留洞削弱了墙体的厚度，刚度的突变容易引起应力集中，在地震作用下会首先破坏。应采取措施避免墙体的削弱，如改为附墙式或在砌体中增加配筋等。

无下弦的人字屋架和拱形屋架端部节点有向外的水平推力，在地震作用下屋架端点位移增加会进一步加大对外纵墙的推力，使外纵墙产生外倾破坏。

3.1.3 震害调查发现，有的房屋纵横墙采用不同材料砌筑，如纵墙用砖砌筑、横墙和山墙用土坯砌筑，这类房屋由于两种材料砌块的规格不同，砖与土坯之间不能咬槎砌筑，不同材料墙体之间为通缝，导致房屋整体性差，在地震中破坏严重，抗震性能甚至低于生土结构；又如有些地区采用的外砖里坯（亦称里生外熟）承重墙，地震中墙体倒塌现象较为普遍。

这里所说的不同墙体混合承重，是指左右相邻不同材料的墙体，对于下部采用砖（石）墙，上部采用土坯墙，或下部采用石墙，上部采用砖或土坯墙的做法则不受此限制，但这类房屋的抗震承载力应按上部相对较弱的墙体考虑。

3.2 整体性连接和抗震构造措施

3.2.1 农村房屋因楼（屋）盖构件支承长度不足导致楼（屋）盖塌落现象在地震中较为常见。因此，对楼（屋）盖支承长度提出要求，是保证楼（屋）盖与墙体连接以及楼（屋）盖构件之间连接的重要措施。

3.2.2 木屋架和木梁浮搁在墙体上时，水平地震往复作用下屋架或梁支承处松动产生位移，与墙体之间相互错动，严重时会造成屋架或梁掉落导致屋面局部塌落破坏。加设垫木既可以加强屋盖构件与墙体的锚固，还增大了端部支承面积，有利于分散作用在墙体上的竖向压力。

由于生土墙体强度较低，抗压能力差，因此木屋架和木梁在外墙上的支承长度要求大于砖石墙体，同时也要求木屋架和木梁在支承处设置木垫块或砖砌垫层，以减少支承处墙体的局部压应力。

3.2.3 突出屋面的烟囱、女儿墙等局部突出的非结构构件，如果没有可靠的连接，在地震中是最容易破坏的部位。震害表明，在6度区这些构件就有损坏和塌落，7、8度区破坏就比较严重和普遍，易掉落砸物伤人。因此减小高度或采取拉结措施是减轻破坏的有效手段。

3.2.4 砌体房屋的墙体是承受水平地震作用的唯一构件，开洞过大会减小墙体的抗剪面积，削弱墙体的抗震能力。因此，控制墙体上的开洞宽度，是避免因局部墙体的失效导致房屋倒塌的有效措施。

3.2.5 地震现场调查可知，过梁支承处墙体出现倒八字裂缝是较为普遍的破坏现象，有时也会由于支承长度不足而发生破坏。因此地震区过梁支承长度要求在240mm以上，9度时更应提高要求。

3.2.7 地震中溜瓦是瓦屋面常见的破坏形式，冷摊瓦屋面的底瓦浮搁在椽条上时更容易发生溜瓦，掉落伤人。因此，本条要求冷摊瓦屋面的底瓦与椽条应有锚固措施。根据地震现场调查情况，建议在底瓦的弧边两角设置钉孔，采用铁钉与椽条钉牢。盖瓦可用石灰或水泥砂浆压垄等做法与底瓦粘结牢固。该项措施还可以防止风暴对冷摊瓦屋面造成的破坏。

3.2.8 调查发现，农村不少硬山搁檩房屋的檩条直接搁置在山尖墙的砖块上，山尖墙的墙顶为锯齿形，搁置檩条的砖块只在下表面和上侧面有砂浆粘结，地震时山尖墙易出平面破坏或砖块掉落伤人，故要求采用砂浆将山尖墙墙顶顺坡塞实找平，加强墙顶的整体性并将檩条固定。

3.2.9 调查发现，一些村镇房屋设有较宽的外挑檐，在屋檐外挑梁的上面砌筑用于搁置檩条的小段墙体，甚至砌成花格状，没有任何拉结措施，地震时中容易破坏掉落伤人，因此明确规定不得采用。该位置可采用三角形小屋架或设瓜柱解决外挑部位檩条的支承问题。

3.3 结构材料和施工要求

3.3.1 墙体砌筑材料、木构件和连接件、钢筋及混凝土的材质和强度等级直接关系到墙体、木构架的承载能力和房屋整体性连接的可靠性，本条规定是对结构材料的基本要求。

3.3.2 光圆钢筋端头设置180°弯钩可以保证钢筋在砂浆层中的锚固，充分发挥钢筋的拉结作用。

地震作用下，木构架节点处受力复杂，榫接节点的榫头容易松动和脱出，易造成木构架倾斜和倒塌，在节点的连接处加设铁件是加强木构架整体性的主要措施。铁件锈蚀会降低连接的效果甚至失效，因此外露铁件应做防锈处理。

木柱嵌入墙内不利于通风防腐，当出现腐朽、虫蚀或其他问题时也不易检查发现。木柱伸入基础部分容易受潮，柱根长期受潮糟朽引起截面处严重削弱，从而导致木柱在地震中倾斜、折断，引起房屋的严重破坏甚至倒塌。

配筋砖圈梁和配筋砂浆带中的钢筋应完全包裹在砂浆中，如果钢筋暴露在空气中或砂浆不密实，空气中的水分易于渗入，日久将使钢筋锈蚀，失去作用。在设有纵横墙连接钢筋的灰缝处，强度等级高、抹压密实的勾缝砂浆，可有效保护钢筋。

4 场地、地基和基础

4.1 场 地

4.1.1 该条引自现行《抗震规范》，有利、不利和危险地段的划分沿用了历次规范的规定。本条中只列出了有利、不利和危险地段的划分，其他地段可视为可进行建设的一般场地。

地震波是通过场地土传播的，场地土的土质和覆盖层厚度对建筑物的震害程度影响很大。条状突出的山嘴、高耸孤立的山丘以及非岩质的陡坡等地段，地震动会有明显的加强效应，出现局部的烈度异常区，建筑物的破坏也会相应加重。地震滑坡是丘陵地区及河、湖岸边等常见的震害，在历史上有多次记录，对房屋危害极大。软弱土的震陷和砂土液化也是常见的震害现象，地基失稳引起的不均匀沉降对于结构整体性较差的村镇房屋更易造成严重破坏，造成墙体裂缝或错位，这种破坏往往由上部墙体贯通到基础，震后难以修复；上部结构和基础整体性较好时地基不均匀沉降则会造成建筑物倾斜。

4.1.2 场地条件对上部结构的震害有直接影响，因此抗震设防区房屋选址时应选择有利的地段，尽可能避开不利的地段，并且不在危险地段建房。

4.2 地基和基础

4.2.1 村镇房屋占地面积小，基础平面简单，易于保证地基土和基础类型的一致性，避免因地基土性质不同或基础类型的差异引起不均匀沉降，造成上部结构的破坏。

当建筑场地存在旧河沟、暗浜或局部回填土，确实无法避开时，为保证基础持力层具有足够的承载力，需要挖除软弱土层换填或放坡。逐步放坡可以避免基础高度转换处产生应力集中破坏。

村镇建筑的基础材料一般因地制宜选取，但应保证基础具有一定的强度和防潮能力。

为了满足防潮的要求，砖基础应用实心砖由砂浆砌筑而成，不宜采用空心砖或空心砌块。

石基础多用于产石地区，用平毛石或毛料石由砂浆砌筑而成。

灰土基础是用经过消解的石灰粉和过筛的黏土，按一定体积比（石灰粉与黏土比例为2∶8或3∶7），洒适量水拌合均匀（以手紧握成团，两指轻捏又松散为宜），然后分层夯实而成。一般每层虚铺220～250mm，夯实后为150mm厚。石灰粉为气硬性材料，在大气中能硬结，但抗冻性能较差，因此灰土基础只适用于地下水位以上和冰冻线以下的深度。

三合土基础由石灰、黄砂、骨料（碎砖、碎石）以1∶2∶4或1∶3∶6的体积比拌合后，以150mm厚为一步（虚铺200mm）分层夯实。三合土基础适用于土质较好、地下水位较低的地区。

4.2.2 换填法又叫换土垫层法，是将原基底土层（一般为软弱土层）挖除，然后用质量较好的土料等分层夯实，是一种浅层处理方法。

对于村镇建筑的浅基础，采用垫层换填是一种有效的解决方法，但应保证换填的范围和深度才能达到预期的效果。垫层底面宽度的规定是为了满足基础底面压力扩散的要求，顶面宽度的规定主要是考虑施工的要求，避免开挖时边坡失稳。

4.2.3 湿陷性黄土又称大孔土，具有大孔结构，粉粒含量在60%以上，并含有大量可溶盐类，在一定压力下受水浸湿，可溶盐类物质溶解，土结构会迅速破坏，并产生显著附加下沉，这种现象即称为湿陷。湿陷性黄土又分为自重湿陷性黄土和非自重湿陷性黄土两种，两者的区别在于自重压力作用下受水浸湿土体是否发生显著附加下沉。在我国西北黄土高原地区，湿陷性黄土分布较广泛。

膨胀土是一种黏性土，黏粒成分主要由亲水性强的蒙脱土和伊利土等矿物组成，具有吸水膨胀、失水收缩、胀缩变形显著的变形性质，遇水膨胀隆起，失水则收缩下沉并干裂。当地基土中水分发生剧烈变化时，上部结构墙体会因地基不均匀胀缩变形产生X形剪切裂缝，形态类似于地震引起的裂缝，因此膨胀土的胀缩变形又称为无声的“地震”。

不经处理的湿陷性黄土和膨胀土地基的变形性质会对上部结构造成不利影响，宜按照《湿陷性黄土地区建筑规范》GB 50025和《膨胀土地区建筑技术规范》GBJ 112的有关规定进行处理。对于村镇地区的低层房屋，建筑规模小，基础埋深较浅，对地基进行换填、砂石垫层或土性改良等处理后，基本可以消除湿陷性黄土和膨胀土地基的不利影响。

4.2.4 基础的埋置深度是指从室外地坪到基础底面的距离。村镇房屋层数低，上部结构荷载较小，对地基承载力的要求相对不高，在满足地基稳定和变形要求的前提下，基础宜浅埋，施工方便、造价低。在实际操作中，基础埋置深度应结合当地情况，考虑土质、地下水位及气候条件等因素综合确定。

为避免地基土冻融对上部结构的不利影响，季节性冻土地区的基础埋置深度宜大于地基土的冻结深度，或根据当地经验采取有效的防冻、隔离措施。

地下水会影响地基的承载力，给基础施工增加难度，有侵蚀性的地下水还会对基础造成腐蚀。因此，基础一般应埋置在地下水位以上。

4.2.5 毛石属于抗压性能好，而抗拉、抗弯性能较差的脆性材料，毛石基础是刚性基础。刚性基础需要具有很大的抗弯刚度，受弯后基础不允许出现挠曲变形和开裂。因此，设计时必须保证基础内产生的拉应力和剪应力不超过相应的材料强度设计值，这种保证通常是通过限制基础台阶宽高比来实现的。在这种限制下，基础的相对高度一般都比较大，几乎不发生挠曲变形。公式（4.2.5）是《建筑地基基础设计规范》GB 50007的公式（8.1.2），是该规范对刚性基础构造高度的要求：

$$H_0 \geqslant \frac{b-b_0}{2\tan\alpha} \quad (2)$$

式中 b——基础底面宽度；

b_0——基础顶面的墙体宽度或柱脚宽度；

H_0——基础高度；

$\tan\alpha$——基础台阶宽高比（三角正切函数），《建筑地基基础设计规范》GB 50007中给出了其允许值。

无筋扩展混凝土基础台阶宽高比的允许值，是根据材料力学原理和现行《混凝土结构设计规范》GB 50010确定的。因本条主要针对毛石基础而言，所以在公式（4.2.5）中直接取$\tan\alpha$（基础台阶宽高比）为限值1.5，这与本条公式（4.2.5-2）是统一的。

为使毛石基础和料石基础与地基或基础垫层粘结紧密，保证传力均匀和石块平稳，故要求砌筑毛石基础时的第一皮石块应坐浆并将大面向下，砌筑料石基础时的第一皮石块应采用丁砌并坐浆砌筑。

卵石表面圆滑，相互之间咬砌困难，在水平地震力作用下难以保证砌体的稳定性和强度，易产生滑动或错位，造成上部结构的破坏。故应将其凿开使用。

4.2.6 本条规定了采用砖基础的砂浆和砖的强度等级，是为了满足基础强度和防潮的要求。

4.2.7 由于生土墙受潮湿后强度大幅降低，故要求基础墙体（砖或石）的高度应满足一定要求，尽可能比室外地坪高一些，防止雨水侵蚀墙体。

4.2.8 防潮层的作用是阻止土壤中的潮气和水分对墙体造成侵蚀，影响墙体的强度和耐久性，同时可防止因室内潮湿影响居住的舒适性。在基础顶面设置配筋砖圈梁或配筋砂浆带的目的是为了加强基础的整体性，将防潮层与配筋砂浆带合并设置便于施工。

5 砌体结构房屋

5.1 一般规定

5.1.1 砌体结构房屋历史悠久，是我国目前村镇中最为普遍的一种结构形式。以砖墙为承重结构，在不同地区屋面做法有所区别，华北和西北地区为满足冬季保温的要求，多采用吊顶做法，屋盖较重，在华东、西南、中南等地区则以小青瓦屋盖居多。钢筋混凝土圆孔楼板在我国华东、中南地区应用广泛，鉴于冷拔光圆铁丝握裹性能差，以及农村施工条件所限，自行制造的圆孔楼板质量难以保证，本规程要求采用工厂生产的冷轧带肋钢筋预应力圆孔楼板作为楼（屋）盖。

砌体房屋的承重墙体材料传统上为烧结黏土砖，目前随着建筑材料的发展和适应少占农田、限制黏土砖的环保要求，墙体材料已大为扩展。以墙体砌块材料和墙体砌筑方式可划分为以下几种形式：

①实心砖墙。实心砖墙的承重材料是烧结普通砖。烧结普通砖由黏土、页岩、煤矸石或粉煤灰为主

要原料，经高温焙烧而成，为实心或孔洞率不大于规定值且外形尺寸符合规定的砖，分为烧结黏土砖、烧结页岩砖、烧结煤矸石砖和烧结粉煤灰砖等，标准规格为 240mm×115mm×53mm。

实心砖墙厚度多为一砖墙（240mm）或一砖半墙（370mm）。当材料和施工质量有保证时，实心砖墙体具有较好的抗震能力。

②多孔砖墙。多孔砖墙的承重材料是烧结多孔砖，简称多孔砖。以黏土、页岩、煤矸石为主要原料，经焙烧而成，孔洞率不小于 25%，孔为圆形或非圆形，孔尺寸小而数量多，主要用于承重部位的墙体，简称多孔砖。目前多孔砖分为 P 型砖和 M 型砖，P 型多孔砖外形尺寸为 240mm×115mm×90mm，M 型多孔砖外形尺寸为 190mm×190mm×190mm。

③小砌块墙。小砌块墙的承重材料是混凝土小型空心砌块，是普通混凝土小型空心砌块和轻骨料混凝土空心砌块的的总称，简称小砌块。普通混凝土小型空心砌块以碎石和击碎卵石为粗骨料，简称普通小砌块；轻骨料混凝土小型空心砌块以浮石、火山渣、自然煤矸石、陶粒等为粗骨料，简称轻骨料小砌块；主规格尺寸均为 390mm×190mm×190mm，孔洞率在 25%～50%之间。

④蒸压砖墙。蒸压砖墙的承重材料是蒸压灰砂砖、蒸压粉煤灰砖，简称蒸压砖。蒸压砖属于非烧结硅酸盐砖，是指采用硅酸盐材料压制成坯并经高压釜蒸汽养护制成的砖，分为蒸压灰砂砖和蒸压粉煤灰砖，其规格与标准砖相同。蒸压灰砂砖以石灰和砂为主要原料，蒸压粉煤灰砖以粉煤灰、石灰为主要原料，掺加适量石膏和集料。

⑤空斗砖墙。空斗砖墙是采用烧结普通砖砌筑的空心墙体，厚度一般为一砖（240mm）。空斗墙砌筑形式有一斗一眠、三斗一眠、五斗一眠等，有的地区甚至在一层内均采用无眠砖砌筑。空斗墙的优点是节约用砖量，但因墙体砖块立砌，拉结不好，墙体整体性差，因此抗震性能相对较差。目前在我国南方长江流域、华东、中南等地区应用仍较为广泛。

5.1.2 砌体材料属于脆性材料，材料强度低，变形能力差，水平地震作用是导致砖墙承重房屋破坏的主要因素。房屋的抗震能力除与材料、施工等多方面因素有关外，与房屋的总高度直接相关。村镇砌体房屋与正规设计的多层砖砌体房屋相比，在结构体系、材料、施工技术等方面有较大差距，抗震构造措施囿于经济水平，远达不到现行《抗震规范》的要求，因此对其层数和高度进行控制，以保证砌体房屋的抗震能力达到本规程设防目标的要求。对抗震性能较差的空斗墙承重房屋的层高要求更为严格。

5.1.3 除墙体的剪切破坏和纵横墙连接处的破坏外，弯曲破坏也是砌体结构房屋的一种常见破坏形式。当横墙间距较大时，因为木、混凝土预制楼板楼（屋）盖的刚度相对于钢筋混凝土现浇楼板低，把地震力传递给横墙的能力相对较差，一部分地震力就会垂直作用在纵墙上，纵墙呈平面外受弯的受力状态，产生弯曲破坏。弯曲破坏的特征为水平弯拉破坏，首先在薄弱部位如窗口下沿窗间墙处出现水平裂缝，严重时墙体外闪导致房屋倒塌。震害实践表明，横墙间距越大的房屋，震害越严重。

5.1.4 墙体是主要的抗侧力构件，一般来说，墙体水平总截面积越大，就越容易满足抗震要求。对砖砌体房屋局部尺寸作出限制，是为了防止因这些部位的破坏失效，引起房屋整体的破坏。本条参考现行《抗震规范》中多层砌体房屋的有关规定，放宽了一些局部尺寸的要求。

在设计中尚应注意洞口（墙段）布置的均匀对称，同一片墙体上窗洞大小应尽可能一致，窗间墙宽度尽可能相等或相近，并均匀布置，避免各墙段之间刚度相差过大引起地震作用分配不均匀，从而使承受地震作用较大的墙段率先破坏。震害表明，墙段布置均匀对称时，各墙段的抗剪承载力能够充分发挥，墙体的震害相对较轻，各墙段宽度不均匀时，有时宽度大的墙段因承担较多的地震作用，破坏反而重于宽度小的墙段。

5.1.5 震害实践表明，房屋的震害程度与承重体系有关。相对而言，横墙承重或纵横墙共同承重房屋的震害较轻，纵墙承重房屋因横向支撑较少震害较重。横墙承重房屋纵墙只承受自重，起围护及稳定作用，这种体系横墙间距小，横墙间由纵墙拉结，具有较好的整体性和空间刚度，因此抗震性能较好。纵墙承重房屋横墙起分隔作用，通常间距较大，房屋的横向刚度差，对纵墙的支承较弱，纵墙在地震作用下易出现弯曲破坏。

采用硬山搁檩屋盖时，如果山墙与屋盖系统没有有效的拉结措施，山墙为独立悬墙，平面外的抗弯刚度很小，纵向地震作用下山墙承受由檩条传来的水平推力，易产生外闪破坏。在 8 度地震区檩条拔出、山墙外闪以至房屋倒塌是常见的破坏现象。因此在 8 度及以上高烈度地区不应采用硬山搁檩屋盖做法。

5.1.6 历次震害表明，设有圈梁的砌体房屋的震害相对未设置圈梁的房屋要轻得多，其作用十分明显，设置圈梁是增强房屋整体性和抗倒塌能力的有效措施。在村镇地区，考虑到施工条件和经济发展状况，设置配筋砖圈梁是简单有效、经济可行的抗震构造措施。

5.1.7 加强房屋的整体性可以有效地提高房屋的抗震性能，各构件之间的拉结是加强整体性的重要措施。试验研究表明，木屋盖加设斜撑、竖向剪刀撑可增强木屋架横向与纵向稳定性；墙揽拉结山墙与屋盖，可防止山墙的外闪破坏；内隔墙稳定性差，墙顶与梁或屋架下弦拉结是防止其平面外失稳倒塌的有效措施。

5.1.8 墙体是砌体房屋的主要承重构件和围护结构，本条中最小墙厚的规定是为了保证承重墙体基本的承载力和稳定性，在实际中尚应根据当地情况综合考虑所在地区的设防烈度和气候条件确定。在高烈度地区，墙厚由抗震承载力的要求控制，可计算确定或按第5.1.10条的有关规定采用。在我国北方，墙厚的确定一般要考虑保温要求，墙体实际厚度通常要大于抗震承载力计算所需的墙厚。

实心砖墙、蒸压砖墙，当墙体厚度为120mm（俗称1/2砖墙）和180mm（俗称3/4砖墙）时，其自身的稳定性、抗压和抗剪能力差，不能作为抗震墙看待。因此，实心砖墙、蒸压砖墙厚度不应小于240mm，即不应小于一砖厚。

5.1.9 屋架或梁跨度较大时，端部支承处墙体承受较大的竖向压力，加设壁柱可增大承载面积，避免墙体因静载下的竖向承载力不足而破坏，并提高屋架（梁）支承部位墙体的稳定性。

5.1.10 考虑到村镇房屋建造中以自行施工为主、设计能力相对较弱的特点，本条给出了砌体房屋抗震设计的两个途径。附录A中给出了具体的抗震设计方法和材料强度，可供具有一定设计能力的技术人员或工匠根据具体情况进行设计。附录B中以表格形式列出了按附录A进行试设计计算后的规整化结果，以墙体类别、屋盖类别、房屋层数、层高、抗震横墙间距（开间）、房屋宽度（进深）、设防烈度等为参数，在基本确定拟建房屋的上述参数后，即可查得满足抗震承载力要求的砌筑砂浆强度等级，采用不低于该强度等级的砂浆砌筑墙体，同时满足各项抗震构造措施的要求时，房屋即可达到本规程中的抗震设防要求。

5.2 抗震构造措施

5.2.1 配筋砖圈梁是村镇砌体结构房屋的重要抗震构造措施，可以有效加强房屋整体性，增强房屋刚度，并且可以使墙体受力均匀，对墙体起到约束作用，提高墙体的抗震承载力。对配筋砖圈梁的砂浆强度等级、厚度及配筋构造要求作出规定是为了保证其质量，使其起到应有的作用。当采用小砌块墙体时，由于小砌块的孔洞大，不易配置水平钢筋，故要求在配筋砖圈梁高度处卧砌不少于两皮普通砖的配筋砖圈梁。

5.2.2 墙体转角及内外墙交接处是抗震的薄弱环节，刚度大、应力集中，尤其房屋四角还承受地震的扭转作用，地震破坏更为普遍和严重。由于我国村镇房屋基本不进行抗震设防，房屋墙体在转角处缺少有效拉结，纵横墙体连接不牢固，往往7度时就出现破坏现象，8度区则破坏明显。在转角处加设水平拉结钢筋可以加强转角处和内外墙交接处墙体的连接，约束该部位墙体，减轻地震时的破坏。震害调查表明，在内外墙交接处设置有水平拉结钢筋时，8度及8度以下时未见破坏，但在9度及以上时，锚固不好的拉结筋会出现被拔出的现象。

出屋面楼梯间由于地震动力反应放大的鞭梢效应，易遭受破坏，其震害较主体结构重，应加强纵、横墙的拉结。

5.2.3 顶层楼梯间墙体高度大于层高，外墙的高度是层高的1.5倍，在地震中易遭受破坏。顶层楼梯间的震害较重，通常在墙体上出现交叉裂缝，角部的纵横墙在不同方向地震力作用下会出现V字形裂缝。楼梯间是疏散通道，为保证震时人员安全疏散，应加强构造措施提高楼梯间墙体的整体性。

5.2.4 后砌非承重隔墙不承受楼、屋面荷载，也不是承担水平地震作用的主要构件，但与承重墙和楼、屋面构件没有可靠连接时，在水平地震作用下平面外的稳定性很差，易局部倒塌伤人。因此当非承重墙不能与承重墙同时砌筑时，应在砌筑承重墙时预先留置水平拉结钢筋，在砌筑非承重墙时砌入墙内，加强承重墙与非承重墙之间的连接。非承重墙长度较大时尚应在墙顶与楼、屋面构件间采取连接措施，如木夹板护墙等，限制墙顶位移，减小墙平面外弯曲。试验研究结果表明，在墙顶设置连接措施具有明显效果。

5.2.5 无筋的砖砌平过梁或砖砌拱形过梁，在地震中低烈度区就会发生破坏，出现裂缝，严重时过梁脱落。因此，在地震区不应采用无筋砖过梁。钢筋砖过梁在7、8度地震区破坏较少，跨度较大（1.5m以上）时也会出现破坏，在9度地震区破坏则较为普遍。本条对钢筋砖过梁的砂浆层强度等级、砂浆层厚度及过梁截面高度内的砌筑砂浆强度等级均作了明确规定，底面砂浆层中的配筋经过计算（本规程附录F）求得，并规定了支承长度的最低要求。

5.2.6 檩条在墙上的搭接不应浮搁，并且在墙上的搭接长度不应太短，一般应满搭，防止脱落。檩条长度不足必须对接时应采用本条规定的连接措施，以保证对接处有一定的强度和刚度，防止地震时接头处松动掉落。屋面各木构件之间相互连接可以提高屋盖的整体性和刚度，减轻震害。

5.2.7 设置纵向水平系杆可以加强砌体房屋木屋盖系统的纵向稳定性，当与竖向剪刀撑连接时可提高木屋盖系统的纵向抗侧力能力，改善砌体房屋的抗震性能。采用墙揽与各道横墙连接时可以加强横墙平面外的稳定性。

5.2.8 震害调查表明，7度地震区硬山搁檩屋盖就会因檩条从山墙中拔出造成屋盖的局部破坏，因此在6、7度区采用硬山搁檩屋盖时要采取措施加强檩条与山墙的连接，同时加强屋盖系统各构件之间的连接，提高屋盖的整体性和刚度，以减小屋盖在地震作用下的变形和位移，减轻山墙的破坏。

5.2.9 加强木屋架屋盖檩条间及檩条与其他屋面构

件的连接，其目的是为了加强屋盖的整体性，避免地震时各构件之间连接失效造成屋盖的塌落。屋盖各构件的牢固连接对屋盖刚度的提高也有利于减小屋盖变形，减轻震害。

5.2.10 空斗墙房屋的破坏规律与实心砖墙房屋类似，但抗震性能不如实心砖墙房屋。在一些抗震薄弱部位及静载下的主要受力部位采用实心卧砌予以加强。承重、关键部位的加强可以在一定程度上提高抗震性能，另一方面主要是考虑在竖向荷载下墙体的承载力及稳定性的要求。

5.2.11 混凝土小型空心砌块房屋在屋架、大梁的支撑面以下部分的墙体为承重墙体，转角处和纵横墙交接处以及壁柱或洞口两侧部位为重要的关键部位，对这些部位墙体沿全高将小砌块的孔洞灌实，有利于提高房屋的抗震承载能力。

5.2.12 在小砌块房屋墙体中设置芯柱并配置竖向插筋可以增加房屋的整体性和延性，提高抗震能力。芯柱与配筋砖圈梁交叉时，可在交叉部位局部支模浇筑混凝土，同时保证芯柱与配筋砖圈梁的竖向和水平连续，充分发挥抗倒塌的作用。

5.2.13 该条对钢筋混凝土预应力圆孔板楼（屋）盖的整体性连接及其构造提出了具体要求。由于农村房屋缺乏有效的抗震构造措施，预制圆孔板楼（屋）盖的整体性很差。震害调查表明，在7度地震作用下，有相当数量的房屋预制圆孔楼板纵向板缝开裂，有的开裂宽度达20mm。该条的规定是为了加强预制圆孔板楼（屋）盖的整体性。

5.2.14 钢筋混凝土梁对支承处墙体的压应力较大，当砌体的抗压强度较低时，梁下墙体会产生竖向裂缝，故要求设置素混凝土或钢筋混凝土垫块，以分散墙上的压应力。

5.3 施工要求

5.3.1 有了合理的设计和构造措施，房屋的质量最终必须由施工来保证。砖墙施工方式和质量的好坏直接关系到墙体的整体性和承载力，在村镇建房中应予以足够的重视，改进传统做法中的不良施工习惯，切实保证施工质量。本节从多个方面对墙体的施工方式和质量要求作出了具体规定，对于空斗墙体除应满足第5.3.1条的各项要求外，还针对空斗墙构造和施工的特点在第5.3.2条中提出了更多有针对性的要求，以保证空斗墙体房屋具有一定的抗震性能。

1 砖在砌筑前湿润主要是为了防止在砌筑时因砖干燥吸水使砂浆失水，影响砖与砂浆之间的粘合。但应注意砖不应过湿，应提前洇湿、表面微干即可。

2 灰缝的厚度在适宜的范围内时，既便于施工又可以保证质量、节约材料，过薄或过厚均不利于保证砌体的强度。水平灰缝的质量直接影响墙体的抗剪承载力，必须保证饱满，竖缝也应具有一定的饱满度。

实心墙体的砌筑形式有多种，但不管哪种形式都必须错缝咬槎砌筑，使其具有良好的连接和整体性。

3 采用包心砌法的砖柱沿竖向有通缝，抗震性能差。

4 转角和内外墙交接处是受力集中的部位，应同时砌筑以保证整体连接和承载力，必须留槎时应按本条要求采取相应措施。

5 钢筋砖过梁是受弯构件，底面砂浆层中的钢筋承受拉力，必须埋入砂浆层中使其充分发挥作用，并保证保护层的厚度，防止钢筋锈蚀降低承载力。钢筋端部设90°弯钩埋入墙体的竖缝中以免被拉出。

6 由于小砌块有孔洞，纵横墙交接处拉结筋在孔洞处不能很好地被砂浆裹住，将钢筋端部设置成90°弯钩向下插入小砌块的孔中，并用砂浆等材料将孔洞填塞密实才能起到锚固作用。

7 埋入砖砌体中的拉结筋是保证房屋整体性的重要抗震构造措施，应保证其施工质量。

8 对每日砌筑高度作出限制是为了避免砌体在砂浆凝固、强度达到设计值前承受过大的竖向荷载，产生压缩变形，影响砌体的最终强度。

5.3.2 空斗墙房屋的抗震性能与砌筑质量和砂浆强度有很大关系。眠砖用于拉结两块斗砖，并保证空斗墙的整体性和稳定性，因此要求地震区采用一斗一眠的砌筑方式，并应采用混合砂浆砌筑。空斗墙的稳定性相对较差，要求洞口在砌筑之时完成，不得砌筑后再行砍凿，以免对墙体造成破坏。在空斗墙房屋中为了增强重要部位的整体性和提高竖向承载力，设有局部加强的实心砌筑部位，这些部位与空斗部分刚度不同，竖向连接处应搭砌，不得出现竖向通缝，以降低刚度差异的不利影响，发挥局部加强的有利作用。

6 木结构房屋

6.1 一般规定

6.1.1 我国木构架房屋应用广泛，发展历史悠久，形式多种多样，本规程按照承重结构形式将木结构房屋分为穿斗木构架、木柱木屋架、木柱木梁三种，均采用木楼（屋）盖，这三种类型的房屋在我国广大村镇地区被广泛采用。

6.1.2 由于结构构造、骨架与墙体连接方式、基础类型、施工做法及屋盖形式等各方面存在不同，各类木结构房屋的抗震性能也有一定的差异。其中穿斗木构架和木柱木屋架房屋结构性能较好，通常采用重量较轻的瓦屋面，具有结构重量轻、延性较好及整体性较好的优点，因此抗震性能比木柱木梁房屋要好，6、7度时可以建造两层房屋。木柱木梁房屋一般为重量较大的平屋盖泥被屋顶，通常为粗梁细柱，梁、柱之间连接简单，从震害调查结果看，其抗震性能低于穿斗木构架和木柱木屋架房屋，一般仅建单层房屋。

6.1.3 抗震横墙是承担横向地震力的主要构件，应有足够的抗剪承载力；同时抗震横墙刚度较大，当墙体与木构架连接牢固时，可以约束木构架的横向变形，增加房屋的抗震性能。限制抗震横墙的间距可以保证房屋横向抗震能力和整体的抗震性能。

6.1.4 本条规定是根据震害经验确定的。窗洞角部是抗震的薄弱部位，窗间墙由窗角延伸的X形裂缝是典型的震害现象；门（窗）洞边墙位于墙角处，在地震作用下易出现应力集中，很容易产生破坏甚至局部倒塌；对这些部位的房屋局部尺寸作出限制，就是为了防止因这些部位的失效造成房屋整体的破坏甚至倒塌。

6.1.5 双坡屋架结构的受力性能较单坡的好，双坡屋架的杆件仅承受拉、压，而单坡屋架的主要杆件受弯。采用轻型材料屋面是提高房屋抗震能力的重要措施之一。重屋盖房屋重心高，承受的水平地震作用相对较大，震害调查也表明，地震时重屋盖房屋比轻屋盖房屋破坏严重，因此地震区房屋应优先选用轻质材料做屋盖。在我国华北等一些地区农村普遍采用重量较大的平顶泥被屋面，并且在使用过程中随着屋面维修逐年增加泥被的厚度，造成屋盖越加越厚，对抗震极为不利。

6.1.6 生土墙体防潮性能差，勒脚部位容易返潮或受雨水侵蚀而酥松剥落，削弱墙体截面并降低墙体的承载力，因此采取排水防潮、通风防蛀措施非常重要。

6.1.7 墙体砌筑在木柱外侧可以避免墙体向内倒塌伤人，且便于木柱的维护检查，预防木柱腐朽。木柱下设置柱脚石也是为了防止木柱受潮腐烂。

6.1.8 根据围护墙的不同种类型设置相应的圈梁或砂浆带，是重要的抗震构造措施，具体要求可按不同类型参照相应各章的有关规定。

6.1.9 木构架各构件之间的拉结措施是提高木构架的整体性的重要手段，可以有效地提高木结构房屋的抗震性能。

1 木屋架（梁）与柱之间通常是榫接，节点没有足够的强度和刚度，在较大水平地震作用下一旦松动就变成铰接，成为几何可变体系，即便不脱卯断榫，木构架也会倾斜，严重的甚至会倒塌，这在近些年云南丽江、大姚和新疆伽师、巴楚等地震中是常见的破坏形式。在屋架（梁）与柱连接处设置斜撑，使木构架在横向成为几何不变体系，大大提高了木构架横向刚度和稳定性。

2 设置剪刀撑可以增强木构架平面外的纵向稳定性，提高木构架的整体刚度。

3 穿斗木构架柱间横向有穿枋联系，纵向有木龙骨和檩条联系，空间整体性较好，具有较好的变形能力和抗侧力能力。但纵向刚度相对差些，故要求在纵向设置竖向剪刀撑或斜撑，以提高纵向稳定性。

4 振动台试验表明，用墙揽拉结山墙与木构架，可以有效防止山墙尤其是高大的山尖墙在地震时外闪倒塌。

5 内隔墙墙顶与屋架构件拉结是为了增强内隔墙的稳定，防止墙体在水平地震作用下平面外失稳倒塌。

6.1.10 木结构房屋应由木构架承重，墙体只起围护作用。木构架的设置要完全，在山墙处也应设木构架，不得采用中部用木构架承重、端山墙硬山搁檩由山墙承重的混合承重方式。新疆巴楚和云南大姚地震表明，房屋中部采用木构架承重、端山墙硬山搁檩的混合承重房屋破坏严重，主要是两者的变形能力不协调，山墙易外闪倒塌，造成端开间的塌落。

6.1.11 在木构架与围护墙之间采取较强的连接措施后，砌体围护墙成为主要的抗侧力构件，因此墙体厚度应满足一定的要求。

6.1.12 木柱是主要的承重构件，对其尺寸作出规定是为了保证满足承载力的要求。

6.1.13 参见第5.1.10条条文说明。

6.2 抗震构造措施

6.2.1 震害表明，当木柱直接浮搁在柱脚石上时，地震时木柱的晃动易引起柱脚滑移，严重时木柱从柱脚石上滑落，引起木构架的塌落。因此应采用销键结合或榫结合加强木柱柱脚与柱脚石的连接，并且销键和榫的截面及设置深度应满足一定的要求，以免在地震作用较大时销键或榫断裂、拔出而失去作用。

6.2.2 根据围护墙种类的不同，采取相应的抗震构造措施以保证房屋的整体性和构件之间拉结牢固。

6.2.3 木构架和砌体围护墙（抗震墙）的质量、刚度有明显差异，自振特性不同，在地震作用下变形性能和产生的位移不一致，木构件的变形能力大于砌体围护墙，连接不牢时两者不能共同工作，甚至会相互碰撞，引起墙体开裂、错位，严重时倒塌。加强墙体与柱的连接，可以提高木构架与围护墙的协同工作性能。一方面柱间刚度较大的抗震墙能减小木构架的侧移变形；另一方面抗震墙受到木柱的约束，有利于墙体抗剪。振动台试验表明，在较强地震作用下即使墙体因抗剪承载力不足而开裂，在与木柱有可靠拉结的情况下也不致倒塌。

6.2.4 内隔墙不承受楼、屋面荷载，顶部为自由端，稳定性差。在墙顶与屋架下弦连接是为了防止内隔墙平面外失稳。中国建筑科学研究院所做的木构架房屋振动台足尺模型试验研究证明，在内隔墙顶采用木夹板连接对防止内隔墙失稳有明显的效果。在输入8度（0.3g）地震波时，墙顶出现了明显的平面外往复位移，由于木夹板的限制，位移被控制在一定范围内，在停止振动后，内隔墙上未出现平面外受弯的水平裂缝，但可以观察到木夹板由于承受墙顶的水平推力在板下端有轻微的外斜，夹板与墙体之间出现空隙。在实际中，可以在震后对墙顶连接部位进行检查、修复，以保证连接的效果。

6.2.5 山尖墙的外闪、倒塌是常见的震害现象，加设墙揽可以有效加强山墙与屋盖系统的连接，约束墙顶的位移，减轻震害。墙揽的设置和构造应满足一定的要求才能起到应有的作用。墙揽布置时应尽量靠近山尖屋面处，沿山尖墙顶布置，纵向水平系杆位置应设置一个，这样对整个墙的拉结效果较好。选用墙揽材料时可根据当地情况，在潮湿多雨地区不宜选用木墙揽，以免木材糟朽失去作用。同时应保证墙揽在山墙平面外方向有一定的刚度，才能发挥对墙体约束作用，所以在选用铁制墙揽时应采用角钢或有一定厚度的铁件（如梭形铁件），不宜选用平面外刚度较差的扁钢。如江西有农村采用一种打制的长约400mm的梭形铁件作为墙揽，中部厚约20mm，有的下端做成钩状可以悬挂物品，既起到了拉结山墙的作用，又美观实用。我国幅员辽阔，村镇房屋类型多样，材料选用各有特点，对于墙揽来说，关键是布置的位置、与屋盖系统的连接和长度、刚度等应满足一定要求，具体做法除规程所列外，一些传统的做法也可以借鉴。

6.2.6 做法正规的穿斗木构架有较好的整体性和抗震性能，本条对穿斗木构架的构件设置和节点连接构造作出了具体规定。在满足要求时，才能保证穿斗木构架的整体性和抗震性能。穿枋和木梁允许在柱中对接，主要是考虑对木料的有效利用，降低房屋造价，但必须在对接处用铁件连接牢固。限制立柱的开槽宽度和深度是为了避免立柱的截面削弱过多造成强度和刚度明显降低。

6.2.7 三角形木屋架在纵向的整体性和刚度相对较差，设置纵向水平系杆可以在一定程度上提高纵向的整体性。木屋架的腹杆与弦杆靠暗榫连接，在强震作用时容易脱榫，采用双面扒钉钉牢可以加强节点处连接，防止节点失效引起屋架整体破坏。

6.2.8～6.2.10 加强木构架纵、横向整体性和稳定性的各项构造措施应满足一定的要求，6.2.8～6.2.10条分别是三角形木屋架和木柱木梁加设斜撑、穿斗木构架加设竖向斜撑及三角形木屋架加设竖向剪刀撑的具体做法。在重要的节点部位均应采用螺栓连接以保证连接的可靠性。

6.2.11 檩条是承受和传递楼、屋面荷载的主要构件，檩条与屋架（梁）的连接及檩条之间的连接方式、构造要求均应满足条文要求以保证连接质量。实践表明，屋面木构件之间采用铁件、扒钉和铁丝（8号线）等连接牢固可有效提高屋盖系统的整体性，较大幅度地提高房屋的抗震能力。

6.2.13 本条中钢筋砖（石）过梁底面砂浆层中的配筋及木过梁截面尺寸均经过计算（本规程附录F）求得。过梁的其他构造要求根据围护墙体类别分别参照其他相应各章有关规定。

6.3 施工要求

6.3.1 木柱有接头时，截面刚度不连续，在水平地震作用下受力（偏心受压状态）极为不利。但当接头无法避免时，应满足接头处的强度和刚度不低于柱的其他部位的要求。这有利于经济状况较差的农户充分利用已有材料，降低房屋造价。

梁柱节点处是应力集中部位，连接部位不可避免要在木柱开槽，尤其对于穿斗木构架，穿枋也要在柱上开槽通过。柱截面削弱过大时，易因强度、刚度不足引起破坏，在震害实际中是常见的破坏形式。对木柱开槽位置和面积作出限制可以在一定程度上减轻或延缓薄弱部位的破坏。

7 生土结构房屋

7.1 一般规定

7.1.1 生土墙承重房屋在我国西部广大地区农村大量使用，在我国华北、东北等经济欠发达地区农村也有一定数量的生土墙承重房屋。本章的适用范围界定在抗震设防烈度为6、7和8度地区土坯墙和夯土墙承重的一、二层木楼（屋）盖房屋。

震害调查表明，9度区生土墙承重房屋多数严重破坏或倒塌，少数产生中等程度破坏。缩尺模型的生土墙体拟静力试验结果表明，夯土墙在6度时基本保持完好；在7度时已超过或接近开裂荷载，8度时墙体承载能力达到或接近极限荷载，当地震烈度达到9度时，地震作用已超过墙体的极限荷载。因此，规定生土结构房屋在8度及8度以下地区使用。

7.1.2 基于生土材料强度低、易开裂的特性和震害经验，应限制房屋层数和高度。生土房屋的抗震能力，除依赖于横墙间距、墙体强度、房屋的整体性和施工质量等因素外，还与房屋的总高度有直接的关系。

7.1.3 生土结构房屋的横向地震力主要由横墙承担，限制抗震横墙的间距，既保证了房屋横向抗震能力，也加强了纵墙的平面外刚度和稳定性。

7.1.4、7.1.5 对房屋墙体局部尺寸最小值作出规定是为了满足墙体抗剪承载力的要求，目的在于防止因这些部位的破坏而造成整栋房屋的破坏甚至倒塌。抗震墙上开洞会削弱墙体抗震能力，因此对门窗洞口宽度进行限制。

7.1.6 参见本规程5.1.5条说明。

7.1.7 单坡屋面结构不对称，房屋前后高差大，地震时前后墙的惯性力相差较大，高墙易首先破坏引起屋盖塌落或房屋的倒塌；屋面采用轻型材料，可以减轻地震作用。

7.1.8 本条规定了生土墙基础应采用的砌筑材料和砌筑砂浆种类。

7.1.9 圈梁能增强房屋的整体性，提高房屋的抗震能力，是抗震的有效措施，圈梁类别的选取还应考虑生土墙体的施工特点；夯土墙夯筑上部墙体时易造成下面的钢筋砖圈梁或配筋砂浆带的损坏，因此，夯土墙体宜使用木圈梁，仅在基础和屋盖处可使用钢筋砖圈梁。

7.1.10 在两道承重横墙之间，屋檐高度处设置纵向通长水平系杆，可加强横墙之间的拉结，增强房屋纵向的稳定性；生土房屋的振动台试验表明，山尖墙之间或山尖墙和木屋架之间的竖向剪刀撑具有很好的抗震效果；震害调查表明，檩条在山墙上搭接较短或与山墙没有连接时，地震中檩条易从墙中拔出，引起屋顶塌落，山墙倒塌。

7.1.11 夯土墙、土坯墙缩尺模型的拟静力试验表明，生土墙体抗剪强度低，具有一定厚度的墙体才能承担地震作用。同时，试验表明，土坯墙、夯土墙抗剪能力相当，因此最小厚度的规定相同。

7.1.12 参见第5.1.10条条文说明。

7.2 抗震构造措施

7.2.1 振动台试验结果表明，木构造柱与墙体用钢筋连接牢固，不仅能提高房屋整体变形能力，还可以有效约束墙体，使开裂后的墙体不致倒塌。

7.2.2 震害表明，木构造柱和圈梁组成的边框体系可以有效提高墙体的变形能力，改善墙体的抗震性能，增强房屋在地震作用下的抗倒塌能力。

7.2.3 生土墙在纵横墙交接处沿高度每隔500mm左右设一层荆条、竹片、树条等拉结网片，可以加强转角处和内外墙交接处墙体的连接，约束该部位墙体，提高墙体的整体性，减轻地震时的破坏。震害表明，较细的多根荆条、竹片编制的网片，比较粗的几根竹竿或木杆的拉结效果好。原因是网片与墙体的接触面积大，握裹好。

7.2.4 土坯墙与夯土墙的强度较低（M1左右），不能满足附录F钢筋砖过梁砂浆层以上砌筑砂浆强度等级不宜低于M5的要求，因此宜采用木过梁。当一个洞口采用多根木杆组成过梁时，在木杆上表面采用木板、扒钉、铁丝等将各根木杆连接成整体可避免地震时局部破坏塌落。

7.2.5 调查中发现，土坯及夯土墙体在使用荷载长期压应力作用下洞口两侧墙体易向洞口内鼓胀，在门窗洞口边缘采取构造措施，可以约束墙体变形。民间夯土墙房屋建造时在洞边预加拉结材料，可以提高洞边墙体强度和整体性，也有一定效果。

7.2.6 由于生土墙材料强度较低，为防止在局部集中荷载作用下墙体产生竖向裂缝，集中荷载作用点均应有垫板或圈梁。檩条要满搭在墙上，端檩要出檐，以使外墙受荷均匀，增加接触面积。

伸入外纵墙上的挑檐木在地震时往返摆动，会导致外纵墙开裂甚至倒塌。因此房屋不应采用挑檐木，应直接把椽条伸出做挑檐，并在纵墙顶部两侧放置檩条，固定挑出的椽条，保证纵墙稳定。

7.2.7 震害调查表明，檩条在山墙上搭接较短或与山墙没有连接，地震时易造成檩条从墙中拔出，引起屋顶塌落，山墙倒塌。

生土山墙较高或较宽时，地震时易发生平面外失稳破坏，设置扶壁柱可以增强山墙平面外稳定性。

7.2.8 墙体抗震性能试验结果表明，两层夯土墙水平接缝处是夯土墙的薄弱环节，在地震往复荷载作用下，该处最先出现水平裂缝，施工时应在水平接缝处竖向加竹片、木条等拉结材料予以加强。

7.3 施工要求

7.3.1～7.3.3 制作土坯及夯土墙的土质最终决定生土墙的强度。土的夯实程度与土的含水率有很大关系，当土的含水率为最优含水率 ω_{op} 时，土的密度达到最大，夯实效果最好。最优含水量可通过击实试验确定，鉴于村镇地区条件限制，一般可按经验取用，现场检验方法是“手握成团，落地开花”。

土料中掺入砂石、麦草、石灰等可以改善生土墙体的受力性能。各地区墙土常用掺料见表1。

表1 墙土常用掺料

种类	名称	规格	掺入量（重量比）	备注
骨料	细粒石	粒径<1cm	10%	用于砂质黏土土坯
	瓦砾	粒径≤5cm	—	用于夯土墙
	卵石	粒径2～4cm	—	
	砂粒	—	—	
	稻谷草、麦秸草	段长4～8cm	6～15kg/m³	在砂质黏土和黏土中
	谷糠	—	—	
	松针叶	—	—	
	羊草	3cm	—	
	动物毛发	—	—	
	人工合成纤维	—	—	
胶结料	淤泥	—	3%～4%	
	生石灰	粒径≤0.21mm	5%～10%	用于土质黏性不良和抗水性差时
	消石灰	—	5%～10%	
	水淬矿渣粉	粒径≤0.66mm	10%	
	水泥	300～400号	5%～10%	宜用于砂质土中，需养护14d以上
	沥青	—	2%～8%	沥青和连接料同时使用时，沥青必须首先掺入黏土中彻底搅拌，而后加入连接料

泥浆的强度对土墙的受力性能有重要的影响。在泥浆内掺入碎草，可以增强泥浆的粘结强度，提高墙体的抗震能力。泥浆存放时间较长时，对强度有不利影响。施工中泥浆产生泌水现象时，和易性差、施工困难，且不容易保证泥缝的饱满度。

7.3.4 土坯墙体的转角处和交接处同时砌筑，对保证墙体整体性能有很大作用。临时间断处高度差和每天砌筑高度的限定，是考虑施工的方便和防止刚砌好的墙体变形和倒塌。试验表明，泥缝横平竖直不仅仅是墙体美观的要求，也关系到墙体的质量。水平泥缝厚度过薄或过厚，都会降低墙体强度。

7.3.5 竖向通缝严重影响墙体的整体性，不利于抗震。规定每层虚铺厚度，使其既能满足该层的压密条件，又能防止破坏下层结构，以求达到最佳夯筑效果。

7.3.6 生土墙体防潮性差，下部受雨水侵蚀会削弱墙体截面，降低墙体的承载力，在室外做散水便于迅速排干雨水，避免雨水积聚。

8 石结构房屋

8.1 一 般 规 定

8.1.1 本章主要是针对我国量大面广的农村地区的石结构房屋，综合考虑我国的国情和不同地域石结构房屋的差异，总结历史震害中石结构房屋破坏的经验与教训，把本章的适用范围界定在抗震设防烈度为6、7和8度地区料石、平毛石砌体承重的一、二层木或冷轧带肋钢筋圆孔板楼（屋）盖房屋。目前有些地区农村也有三层甚至三层以上的钢筋混凝土楼（屋）盖石结构房屋，这些石结构房屋的抗震设计、构造及施工可按照《抗震规范》和《砌体结构设计规范》GB 50003的有关规定执行。

钢筋混凝土圆孔楼板在我国华东、中南地区应用广泛，鉴于冷拔光圆铁丝握裹性能差，以及农村施工条件所限，本规程要求圆孔楼板中的钢筋为冷轧带肋钢筋。

8.1.2 历史地震震害调查和石墙体结构试验研究均表明：多层石结构房屋地震破坏机理及特征与砖砌体房屋基本相似，其在地震中的破坏程度随房屋层数的增多、高度的增大而加重。因此，基于石砌体材料的脆性性能和震害经验，应对房屋结构层数和高度加以控制。同时，鉴于石材砌块的不规整性及不同施工方法的差异性，对多层石砌体房屋层高和总高度的限值相对砖砌体结构更为严格。

8.1.3 石结构墙体在平面内的受剪承载力较大，而平面外的受弯承载力相对很低，横向地震作用主要由横墙承担，当房屋横墙间距较大，而木或预制圆孔板楼（屋）盖又没有足够的水平刚度传递水平地震作用时，一部分地震作用会转而由纵墙承担，纵墙就会产生平面外弯曲破坏。因此，石结构房屋应按所在地区的抗震设防烈度和楼（屋）盖的类型来限制横墙的最大间距。

对于纵墙承重的房屋，横墙间距同样应满足本条规定。

8.1.4 大量震害表明，房屋局部的破坏必然影响房屋的整体抗震性能，而且，某些重要部位的局部破坏还会带来连锁反应，从而形成“各个击破”以至倒塌。根据震害经验，对易遭受破坏的墙体局部尺寸进行限制，可以防止由于这些部位的失效造成房屋整体的破坏甚至倒塌。

8.1.5 合理的抗震结构体系对于提高房屋整体抗震能力是非常重要的。震害经验表明，纵墙承重的砌体结构中，横墙间距较大，纵墙的横向支撑较少，易发生平面外的弯曲破坏，且横墙为非承重墙，抗剪承载能力较低，故房屋整体破坏程度比较重，应优先采用整体性和空间刚度比较好的横墙承重或纵横墙共同承重的结构体系。

石砌体相对砖砌体而言，本身的整体性比较差，又因为石板、石梁自重大、材料缺陷或偶然荷载作用下易发生脆性断裂，因此，从房屋抗震性能和安全使用的角度来说，都不应采用石板、石梁及独立料石柱作为承重构件。

8.1.6 1976年的唐山大地震造成了巨大的损失，但同时也为房屋抗震提供了极其宝贵的经验，其中圈梁和构造柱能够较大地提高砌体结构整体性和抗震性能即是其中之一，这里综合考虑农村地区经济状况和房屋抗震性能需求，以配筋砂浆带代替钢筋混凝土圈梁，既可以降低房屋造价，又能适当提高房屋整体性和抗震能力。

8.1.7 我国农村房屋，尤其是南方多雨地区大多以木屋架坡屋顶为主，而多次震害调查结果表明，此类房屋屋架整体性较差。加强房屋屋盖体系及其与承重结构的连接，提高屋盖体系整体性，发挥结构空间作用效应，对提高房屋抗震性能具有重要作用。

8.1.8 本条是对石结构房屋砌筑用石材规格的具体规定。

8.1.9 墙体是石结构房屋的主要承重构件和围护结构，最小墙厚的规定是为了保证承重墙体基本的承载力和稳定性，在实际中尚应根据当地情况综合考虑所在地区的设防烈度和气候条件确定。

8.1.10 当屋架或梁跨度较大时，梁端有较大的集中力作用在墙体上，设置壁柱除了可进一步增大承压面积，还可以增加支承墙体在水平地震作用下的稳定性。

8.1.11 参见第5.1.10条条文说明。

8.2 抗震构造措施

8.2.1 用配筋砂浆带代替钢筋混凝土圈梁，主要是考虑农民的经济承受能力，对经济状况好的可按《抗震规范》要求设置钢筋混凝土圈梁。由于同等厚度的石结构墙体相对其他材料墙体来说质量较大，石墙体配筋砂浆带的砂浆强度等级和纵向钢筋配置量较本规程其他结构类型的稍大。对配筋砂浆带的砂浆强度等级、厚度及配筋作出规定是为了保证圈梁的质量，使其起到应有的作用。

8.2.2 石砌墙体转角及内外墙交接处是抗震的薄弱环节，刚度大、应力集中，地震破坏严重。由于我国村镇房屋基本不进行抗震设防，房屋墙体在转角处无有效拉结措施，墙体连接不牢固，往往7度时就出现破坏现象，8度区则破坏明显。在转角处加设水平拉结钢筋可以加强转角处和内外墙交接处墙体的连接，约束该部位墙体，减轻地震时的破坏。

8.2.3 调查发现，农村中不少石砌体房屋的门窗过梁是用整块条石砌筑的，由于条石是脆性材料，抗弯强度低，条石过梁在跨中横向断裂较为多见。为防止地震中因过梁破坏导致房屋震害加重，本规程借鉴《砌体结构设计规范》GB 50003 对钢筋砖过梁的计算方法，用以计算钢筋石过梁。钢筋石过梁底面砂浆层中的钢筋配筋量可以查表8.2.3确定，也可以按附录F的方法计算确定。在经济条件允许的情况下，石墙房屋应尽可能采用钢筋混凝土过梁。

8.2.4 设置纵向水平系杆可以加强石结构房屋屋盖系统的纵向稳定性，提高屋盖系统的抗侧力能力，改善石房屋的抗震性能。当采用墙揽与各道横墙连接时还可以加强横墙平面外的稳定性。

8.2.5～8.2.8 石结构房屋的抗震性能除与墙体砌筑方式及质量有直接关系外，墙体之间、楼（屋）盖构件之间以及墙体与楼（屋）盖系统之间的连接也是重要的影响因素，地震震害调查与试验研究均表明，石结构房屋的墙体转角、纵横墙交接处、门窗洞口、无拉结隔墙、楼梯间、硬山搁檩山墙及局部突出部位等是抗震薄弱的部位，如果没有有效的连接措施，这些部位往往容易在地震中率先破坏。传统的石结构房屋的施工做法在整体性方面比较欠缺，而且石结构房屋自重大，承受的地震作用也大，其破坏与砌体结构房屋破坏规律类似，但破坏程度要重于砌体结构房屋。

因此，采取一定的构造加强措施，增强结构的整体性和空间刚度，约束墙体的变形，对提高石砌房屋的抗震性能有明显的作用。

8.3 施工要求

8.3.1 为了保证石材与砂浆的粘结质量，避免泥垢、水锈等杂质对粘结的不利影响，要求砌筑前对砌筑石材表面进行清洁处理。

根据对砖砌体强度的试验研究，灰缝厚度对砌体的抗压强度具有一定的影响，相对而言，并不是厚度越厚或者越薄砌体强度就越高，而是灰缝厚度应在适宜的范围内。根据调研结果并总结多年来的实践经验，本条对石砌体灰缝厚度作出毛料石和粗料石砌体不宜大于20mm、细料石砌体不宜大于5mm的规定，经实践验证是可行的，既便于施工操作，又能满足砌体强度和稳定性的要求。

砂浆初凝后，如果再移动已砌筑的石块，砂浆的内部及砂浆与石块的粘结面的粘结力会被破坏，降低砌体的强度及整体性，因此，应将原砂浆清理干净后重新铺浆砌筑。

8.3.2 石砌体的抗震性能与砌筑方法有直接关系，本条从确保石砌体结构的整体性和承载力出发，对料石砌体的砌筑方法提出一些基本要求，既有利于砌体均匀传力，又符合美观的要求。

料石砌体和砖砌体房屋的破坏机制和震害规律类似，砌体转角处、纵横墙交接处的砌筑和接槎质量，是保证石砌体结构整体性能和抗震性能的关键之一。唐山地震中墙体交接处的竖向裂缝以及墙体外闪和局部倒塌是常见的破坏形式，破坏情况与墙体转角及交接处的砌筑方式有密切关系。根据陕西省建筑科学研究设计院对墙体交接处同时砌筑和各种留槎形式下的接槎部位连接性能的试验分析，证明同时砌筑时连接性能最佳，留踏步槎（斜槎）的次之，留直槎并按规定加拉结钢筋的再次之，仅留直槎而不加设拉结钢筋的最差。上述不同砌筑和留槎形式的连接性能之比为1.00：0.93：0.85：0.72。

8.3.3 平毛石的规整程度较料石差，本条是根据平毛石的特点提出的砌筑要求。不恰当的砌筑方式会降低墙体的整体性和稳定性，影响墙体的抗震承载力。夹砌过桥石、铲口石和斧刃石都是错误的砌筑方法（图1），应注意避免。

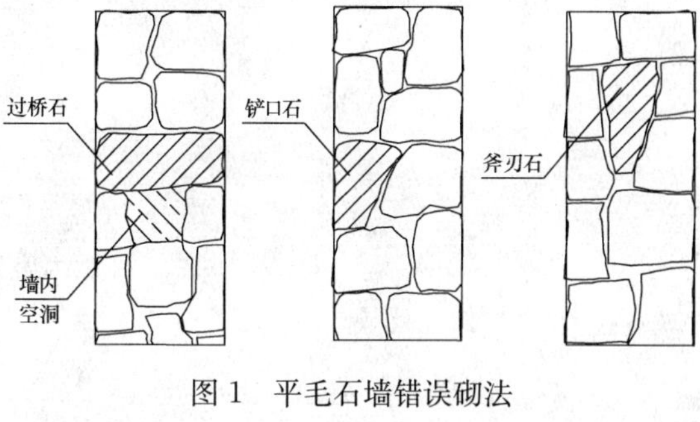

图1 平毛石墙错误砌法

石砌体中一些重要受力部位用较大的平毛石砌筑，是为了加强该部位砌体的拉结强度和整体性，同时，为使砌体传力均匀及搁置的楼（屋）面板平稳牢固，要求在每个楼层（包括基础）砌体的顶面，选用较大的平毛石砌筑。

附录A 墙体截面抗震受剪极限承载力验算方法

本规程的使用对象是县级设计室和村镇工匠，主要是以图、表的形式表达，对于具备一定建筑设计能力的技术人员，可采用附录A所给出的方法进行设计计算。

本规程在基本烈度地震影响下的设防目标是：主体结构不致严重破坏，围护结构不发生大面积倒塌。与设防目标相对应，在截面抗震验算中采用基本烈度（与抗震设防烈度相当）地震作用标准值进行极限承载力设计的方法，直接验算结构开裂后的极限承载力，用抗震构造措施作为设防烈度地震影响下不倒墙塌架的保证。

由于附录A式（A.2.1-1）和式（A.2.1-2）对墙体的截面抗震受剪极限承载力计算采用的是砌体抗剪强度平均值 $f_{v,m}$，没有任何抗剪储备，所以采用抗震极限承载力调整系数 γ_{bE} 进行适当调整。当 γ_{bE} 取0.85时，对应于砌体抗剪强度平均值 $f_{v,m}$ 与标准值 $f_{v,k}$ 之和的1/2左右。

附录B～附录E　砌体结构房屋、木结构房屋、生土结构房屋、石结构房屋抗震横墙间距（L）和房屋宽度（B）限值

附录B～附录E各项规定是当房屋纵、横墙开洞的水平截面面积率 λ_A 分别为50%和25%时，按照附录A的方法进行房屋抗震承载力验算，并将计算结果适当归整后得到的。采用给出不同结构类型房屋、不同墙体类别、不同楼（屋）盖形式与烈度、砌筑砂（泥）浆强度等级、层数、层高等对应的抗震横墙间距（L）和房屋宽度（B）限值表的方式，便于村镇农民建房时直接选用，不必进行复杂的计算，基本确定拟建房屋结构类型、层数、高度及墙体类别厚度、屋盖类型后，直接查表即可选择满足抗震承载力要求的砌筑砂（泥）浆强度等级。

房屋为柔性木楼（屋）盖时，抗震横墙从属面积按左右两侧相邻抗震墙间距之半计算，因此取承受地震剪力最大的墙段进行验算（一般为内横墙），当房屋为多开间且各道横墙间距不同时，表中抗震横墙间距值对应于其中最大的抗震横墙间距。

房屋为半刚性的预应力圆孔板楼（屋）盖，多开间且各道横墙间距不同时，表中抗震横墙间距值对应于抗震横墙间距的平均值。

各附录表中分档给出了与不同抗震横墙间距对应的房屋宽度的上限值和下限值，在基本确定了拟建房屋的结构类型、层数、墙体类别、屋盖类型、抗震横墙间距及所在地区的抗震设防烈度后，可直接查表，选取房屋宽度范围（上、下限之间）包括拟建房屋宽度的砂（泥）浆强度等级，采用该等级砂（泥）浆砌筑的房屋，墙体的抗震承载力即可满足本规程的设防要求。

当两层房屋一、二层楼（屋）盖采用不同类型时，应保证与抗震横墙间距对应的房屋宽度同时满足不同楼层的限值要求，必要时应选取不同强度等级的砌筑砂（泥）浆。

附录F　过 梁 计 算

附录F是《砌体结构设计规范》GB 50003对钢筋砖过梁的计算方法，本规程也用以计算配筋石过梁。房屋设计人员对各种过梁可以查相应条文中的表格确定，也可以按附录F的方法计算确定。

中华人民共和国行业标准

建筑施工模板安全技术规范

Technical code for safety of forms in construction

JGJ 162—2008
J 814—2008

批准部门：中华人民共和国住房和城乡建设部
施行日期：2 0 0 8 年 1 2 月 1 日

中华人民共和国住房和城乡建设部
公　　告

第79号

关于发布行业标准《建筑施工模板安全技术规范》的公告

现批准《建筑施工模板安全技术规范》为行业标准，编号为JGJ 162－2008，自2008年12月1日起实施。其中，第5.1.6、6.1.9、6.2.4条为强制性条文，必须严格执行。

本规范由我部标准定额研究所组织中国建筑工业出版社出版发行。

中华人民共和国住房和城乡建设部

2008年8月6日

前　　言

根据国家计划委员会计综合［1989］30号文和建设部司发（89）建标工字第058号文的要求，标准编制组在广泛调查研究，认真总结实践经验，参考有关国际标准和国外先进标准，并广泛征求意见的基础上，制订了本规范。

本规范的主要技术内容是：1. 总则；2. 术语、符号；3. 材料选用；4. 荷载及变形值的规定；5. 设计；6. 模板构造与安装；7. 模板拆除；8. 安全管理。

本规范以黑体字标志的条文为强制性条文，必须严格执行。

本规范由住房和城乡建设部负责管理和对强制性条文的解释，由沈阳建筑大学（地址：沈阳市浑南新区浑南东路9号沈阳建筑大学土木工程学院，邮编：110168）负责具体技术内容的解释。

本规范主编单位：沈阳建筑大学

本规范参编单位：安徽省芜湖市第一建筑工程公司

本规范主要起草人：魏忠泽　张　健　鲁德成　秦桂娟　魏　炜　周静海　刘　莉　贾元祥　李铁强　刘海涛

目　次

1　总则 …………………………………… 2—17—4
2　术语、符号…………………………… 2—17—4
2.1　术语 ………………………………… 2—17—4
2.2　主要符号 …………………………… 2—17—4
3　材料选用……………………………… 2—17—5
3.1　钢材 ………………………………… 2—17—5
3.2　冷弯薄壁型钢 ……………………… 2—17—6
3.3　木材 ………………………………… 2—17—6
3.4　铝合金型材 ………………………… 2—17—6
3.5　竹、木胶合模板板材 ……………… 2—17—7
4　荷载及变形值的规定 ………………… 2—17—7
4.1　荷载标准值 ………………………… 2—17—7
4.2　荷载设计值 ………………………… 2—17—8
4.3　荷载组合 …………………………… 2—17—9
4.4　变形值规定 ………………………… 2—17—11
5　设计 ………………………………… 2—17—11
5.1　一般规定 …………………………… 2—17—11
5.2　现浇混凝土模板计算 ……………… 2—17—12
5.3　爬模计算 …………………………… 2—17—20
6　模板构造与安装……………………… 2—17—21
6.1　一般规定 …………………………… 2—17—21
6.2　支架立柱构造与安装 ……………… 2—17—22
6.3　普通模板构造与安装 ……………… 2—17—24
6.4　爬升模板构造与安装 ……………… 2—17—25
6.5　飞模构造与安装 …………………… 2—17—25
6.6　隧道模构造与安装 ………………… 2—17—25
7　模板拆除 …………………………… 2—17—26
7.1　模板拆除要求 ……………………… 2—17—26
7.2　支架立柱拆除 ……………………… 2—17—26
7.3　普通模板拆除 ……………………… 2—17—26
7.4　特殊模板拆除 ……………………… 2—17—27
7.5　爬升模板拆除 ……………………… 2—17—27
7.6　飞模拆除 …………………………… 2—17—27
7.7　隧道模拆除 ………………………… 2—17—27
8　安全管理 …………………………… 2—17—28
附录 A　各类模板用材设计指标……………………………… 2—17—29
附录 B　模板设计中常用建筑材料自重 ……………………… 2—17—34
附录 C　等截面连续梁的内力及变形系数 …………………… 2—17—35
附录 D　b 类截面轴心受压钢构件稳定系数 ………………… 2—17—39
本规范用词说明 ……………………… 2—17—40
附：条文说明…………………………… 2—17—41

1 总 则

1.0.1 为在工程建设模板工程施工中贯彻国家安全生产的方针和政策，做到安全生产、技术先进、经济合理、方便适用，制定本规范。

1.0.2 本规范适用于建筑施工中现浇混凝土工程模板体系的设计、制作、安装和拆除。

1.0.3 进行模板工程的设计和施工时，应从工程实际情况出发，合理选用材料、方案和构造措施；应满足模板在运输、安装和使用过程中的强度、稳定性和刚度要求，并宜优先采用定型化、标准化的模板支架和模板构件。

1.0.4 建筑施工模板工程的设计、制作、安装和拆除除应符合本规范的要求外，尚应符合国家现行有关标准的规定。

2 术语、符号

2.1 术 语

2.1.1 面板 surface slab

直接接触新浇混凝土的承力板，包括拼装的板和加肋楞带板。面板的种类有钢、木、胶合板、塑料板等。

2.1.2 支架 support

支撑面板用的楞梁、立柱、连接件、斜撑、剪刀撑和水平拉条等构件的总称。

2.1.3 连接件 pitman

面板与楞梁的连接、面板自身的拼接、支架结构自身的连接和其中二者相互间连接所用的零配件。包括卡销、螺栓、扣件、卡具、拉杆等。

2.1.4 模板体系 shuttering

由面板、支架和连接件三部分系统组成的体系，可简称为“模板”。

2.1.5 小梁 minor beam

直接支承面板的小型楞梁，又称次楞或次梁。

2.1.6 主梁 main beam

直接支承小楞的结构构件，又称主楞。一般采用钢、木梁或钢桁架。

2.1.7 支架立柱 support column

直接支承主楞的受压结构构件，又称支撑柱、立柱。

2.1.8 配模 matching shuttering

在施工设计中所包括的模板排列图、连接件和支承件布置图，以及细部结构、异形模板和特殊部位详图。

2.1.9 早拆模板体系 early unweaving shuttering

在模板支架立柱的顶端，采用柱头的特殊构造装置来保证国家现行标准所规定的拆模原则下，达到早期拆除部分模板的体系。

2.1.10 滑动模板 glide shuttering

模板一次组装完成，上面设置有施工作业人员的操作平台。并从下而上采用液压或其他提升装置沿现浇混凝土表面边浇筑混凝土边进行同步滑动提升和连续作业，直到现浇结构的作业部分或全部完成。其特点是施工速度快、结构整体性能好、操作条件方便和工业化程度较高。

2.1.11 爬模 crawl shuttering

以建筑物的钢筋混凝土墙体为支承主体，依靠自升式爬升支架使大模板完成提升、下降、就位、校正和固定等工作的模板系统。

2.1.12 飞模 flying shuttering

主要由平台板、支撑系统（包括梁、支架、支撑、支腿等）和其他配件（如升降和行走机构等）组成。它是一种大型工具式模板，由于可借助起重机械，从已浇好的楼板下吊运飞出，转移到上层重复使用，称为飞模。因其外形如桌，故又称桌模或台模。

2.1.13 隧道模 tunnel shuttering

一种组合式的、可同时浇筑墙体和楼板混凝土的、外形像隧道的定型模板。

2.2 主 要 符 号

2.2.1 作用和作用效应：

F——新浇混凝土对模板的侧压力计算值；

F_s——新浇混凝土对模板的侧压力设计值；

G_{1k}——模板及其支架自重标准值；

G_{2k}——新浇混凝土自重标准值；

G_{3k}——钢筋自重标准值；

G_{4k}——新浇混凝土作用于模板的侧压力标准值；

M——弯矩设计值；

N——轴心力设计值；

N_t^b——对拉螺栓轴力强度设计值；

P——集中荷载设计值；

Q_{1k}——施工人员及设备荷载标准值；

Q_{2k}——振捣混凝土时产生的荷载标准值；

Q_{3k}——倾倒混凝土时对垂直面模板产生的水平荷载标准值；

S——荷载效应组合的设计值；

V——剪力设计值；

g_k——自重线荷载标准值；

g——自重线荷载设计值；

q_k——活荷线荷载标准值；

q——活荷线荷载设计值。

2.2.2 计算指标：

E——钢、木弹性模量；

N_{EX}——欧拉临界力；
f——钢材的抗拉、抗压和抗弯强度设计值；
f_c——木材顺纹抗压及承压强度设计值；
f_{ce}——钢材的端面承压强度设计值；
f_j——胶合板抗弯强度设计值；
f_{Lm}——铝合金材抗弯强度设计值；
f_m——木材的抗弯强度设计值；
f_t^b——螺栓抗拉强度设计值；
f_v——钢、木材的抗剪强度设计值；
γ_c——混凝土的重力密度；
σ——正应力；
σ_c——木材压应力；
τ——剪应力。

2.2.3 几何参数：

A——毛截面面积；
A_0——木支柱毛截面面积；
A_n——净截面面积；
H——大模板高度；
I——毛截面惯性矩；
I_1——工具式钢管支柱插管毛截面惯性矩；
I_2——工具式钢管支柱套管毛截面惯性矩；
I_b——门架剪刀撑截面惯性矩；
L——楞梁计算跨度；
L_0——支柱计算跨度；
S_0——计算剪应力处以上毛截面对中和轴的面积矩；
W——截面抵抗矩；
a——对拉螺栓横向间距或大模板重心至模板根部的水平距离；
b——对拉螺栓纵向间距或木楞梁截面宽度，或是大模板重心至支架端部水平距离；
d——钢管外径；
h_0——门架高度；
h_1——门架加强杆高度；
h——倾斜后大模板的垂直高度；
i——回转半径；
l——面板计算跨度；
l_1——柱箍纵向间距；
l_2——柱箍计算跨度；
t_w——钢腹板的厚度；
t——钢管的厚度；
v——挠度计算值；
$[v]$——容许挠度值；
w_s——风荷载设计值；
λ——长细比；
$[\lambda]$——容许长细比。

2.2.4 计算系数及其他：

k——调整系数；
β_1——外加剂影响修正系数；
β_2——混凝土坍落度影响修正系数；
β_m——压弯构件稳定的等效弯矩系数；
γ——截面塑性发展系数；
γ_G——恒荷载分项系数；
γ_Q——活荷载分项系数；
φ——轴心受压构件的稳定系数；
μ——钢支柱的计算长度系数。

3 材 料 选 用

3.1 钢　　材

3.1.1 为保证模板结构的承载能力，防止在一定条件下出现脆性破坏，应根据模板体系的重要性、荷载特征、连接方法等不同情况，选用适合的钢材型号和材性，且宜采用 Q235 钢和 Q345 钢。对模板的支架材料宜优先选用钢材。

3.1.2 模板的钢材质量应符合下列规定：

1 钢材应符合现行国家标准《碳素结构钢》GB/T 700、《低合金高强度结构钢》GB/T 1591 的规定。

2 钢管应符合现行国家标准《直缝电焊钢管》GB/T 13793 或《低压流体输送用焊接钢管》GB/T 3092 中规定的 Q235 普通钢管的要求，并应符合现行国家标准《碳素结构钢》GB/T 700 中 Q235A 级钢的规定。不得使用有严重锈蚀、弯曲、压扁及裂纹的钢管。

3 钢铸件应符合现行国家标准《一般工程用铸造碳钢件》GB/T 11352 中规定的 ZG 200－420、ZG 230－450、ZG 270－500 和 ZG 310－570 号钢的要求。

4 钢管扣件应符合现行国家标准《钢管脚手架扣件》GB 15831 的规定。

5 连接用的焊条应符合现行国家标准《碳钢焊条》GB/T 5117 或《低合金钢焊条》GB/T 5118 中的规定。

6 连接用的普通螺栓应符合现行国家标准《六角头螺栓 C 级》GB/T 5780 和《六角头螺栓》GB/T 5782 的规定。

7 组合钢模板及配件制作质量应符合现行国家标准《组合钢模板技术规范》GB 50214 的规定。

3.1.3 下列情况的模板承重结构和构件，不应采用 Q235 沸腾钢：

1 工作温度低于－20℃承受静力荷载的受弯及受拉的承重结构或构件；

2 工作温度等于或低于－30℃的所有承重结构或构件。

3.1.4 承重结构采用的钢材应具有抗拉强度、伸长率、屈服强度和硫、磷含量的合格保证，对焊接结构尚应具有碳含量的合格保证。

焊接的承重结构以及重要的非焊接承重结构采用的钢材还应具有冷弯试验的合格保证。

3.1.5 当结构工作温度不高于−20℃时，对Q235钢和Q345钢应具有0℃冲击韧性的合格保证；对Q390钢和Q420钢应具有−20℃冲击韧性的合格保证。

3.2 冷弯薄壁型钢

3.2.1 用于承重模板结构的冷弯薄壁型钢的带钢或钢板，应采用符合现行国家标准《碳素结构钢》GB/T 700规定的Q235钢和《低合金高强度结构钢》GB/T 1591规定的Q345钢。

3.2.2 用于承重模板结构的冷弯薄壁型钢的带钢或钢板，应具有抗拉强度、伸长率、屈服强度、冷弯试验和硫、磷含量的合格保证；对焊接结构尚应具有碳含量的合格保证。

3.2.3 焊接采用的材料应符合下列规定：

1 手工焊接用的焊条，应符合现行国家标准《碳钢焊条》GB/T 5117或《低合金钢焊条》GB/T 5118的规定。

2 选择的焊条型号应与主体结构金属力学性能相适应。

3 当Q235钢和Q345钢相焊接时，宜采用与Q235钢相适应的焊条。

3.2.4 连接件及连接材料应符合下列规定：

1 普通螺栓除应符合本规范第3.1.2条第6款的规定外，其机械性能还应符合现行国家标准《紧固件机械性能螺栓、螺钉和螺柱》GB/T 3098.1的规定。

2 连接薄钢板或其他金属板采用的自攻螺钉应符合现行国家标准《自钻自攻螺钉》GB/T 15856.1～4、GB/T 3098.11或《自攻螺栓》GB/T 5282～5285的规定。

3.2.5 在冷弯薄壁型钢模板结构设计图中和材料订货文件中，应注明所采用钢材的牌号和质量等级、供货条件及连接材料的型号（或钢材的牌号）。必要时尚应注明对钢材所要求的机械性能和化学成分的附加保证项目。

3.3 木 材

3.3.1 模板结构或构件的树种应根据各地区实际情况选择质量好的材料，不得使用有腐朽、霉变、虫蛀、折裂、枯节的木材。

3.3.2 模板结构设计应根据受力种类或用途按表3.3.2的要求选用相应的木材材质等级。木材材质标准应符合现行国家标准《木结构设计规范》GB 50005的规定。

表3.3.2 模板结构或构件的木材材质等级

主要用途	材质等级
受拉或拉弯构件	Ⅰa
受弯或压弯构件	Ⅱa
受压构件	Ⅲa

3.3.3 用于模板体系的原木、方木和板材可采用目测法分级。选材应符合现行国家标准《木结构设计规范》GB 50005的规定，不得利用商品材的等级标准替代。

3.3.4 用于模板结构或构件的木材，应从本规范附录A附表A.3.1-1和附表A.3.1-2所列树种中选用。主要承重构件应选用针叶材；重要的木制连接件应采用细密、直纹、无节和无其他缺陷的耐腐蚀的硬质阔叶材。

3.3.5 当采用不常用树种木材作模板体系中的主梁、次梁、支架立柱等的承重结构或构件时，可按现行国家标准《木结构设计规范》GB 50005的要求进行设计。对速生林材，应进行防腐、防虫处理。

3.3.6 在建筑施工模板工程中使用进口木材时，应符合下列规定：

1 应选择天然缺陷和干燥缺陷少、耐腐朽性较好的树种木材；

2 每根木材上应有经过认可的认证标识，认证等级应附有说明，并应符合国家商检规定；进口的热带木材，还应附有无活虫虫孔的证书；

3 进口木材应有中文标识，并应按国别、等级、规格分批堆放，不得混淆；储存期间应防止木材霉变、腐朽和虫蛀；

4 对首次采用的树种，必须先进行试验，达到要求后方可使用。

3.3.7 当需要对模板结构或构件木材的强度进行测试验证时，应按现行国家标准《木结构设计规范》GB 50005的检验标准进行。

3.3.8 施工现场制作的木构件，其木材含水率应符合下列规定：

1 制作的原木、方木结构，不应大于25%；

2 板材和规格材，不应大于20%；

3 受拉构件的连接板，不应大于18%；

4 连接件，不应大于15%。

3.4 铝合金型材

3.4.1 当建筑模板结构或构件采用铝合金型材时，应采用纯铝加入锰、镁等合金元素构成的铝合金型材，并应符合国家现行标准《铝及铝合金型材》YB 1703的规定。

3.4.2 铝合金型材的机械性能应符合表3.4.2的规定。

表 3.4.2 铝合金型材的机械性能

牌号	材料状态	壁厚 (mm)	抗拉极限强度 σ_b (N/mm^2)	屈服强度 $\sigma_{0.2}$ (N/mm^2)	伸长率 δ (%)	弹性模量 E_c (N/mm^2)
LD_2	C_Z	所有尺寸	≥180	—	≥14	1.83×10^5
	C_S		≥280	≥210	≥12	
LY_{11}	C_Z	≤10.0	≥360	≥220	≥12	
	C_S	10.1～20.0	≥380	≥230	≥12	
LY_{12}	C_Z	<5.0	≥400	≥300	≥10	2.14×10^5
		5.1～10.0	≥420	≥300	≥10	
		10.1～20.0	≥430	≥310	≥10	
LC_4	C_S	≤10.0	≥510	≥440	≥6	2.14×10^5
		10.1～20.0	≥540	≥450	≥6	

注：材料状态代号名称：C_Z—淬火（自然时效）；C_S—淬火（人工时效）。

3.4.3 铝合金型材的横向、高向机械性能应符合表3.4.3的规定。

表 3.4.3 铝合金型材的横向、高向机械性能

牌 号	材料状态	取样部位	抗拉极限强度 σ_b (N/mm^2)	屈服强度 $\sigma_{0.2}$ (N/mm^2)	伸长率 δ (%)
LY_{12}	C_Z	横向	≥400	≥290	≥6
		高向	≥350	≥290	≥4
LC_4	C_S	横向	≥500	—	≥4
		高向	≥480	—	≥3

注：材料状态代号名称：C_Z—淬火（自然时效）；C_S—淬火（人工时效）。

3.5 竹、木胶合模板板材

3.5.1 胶合模板板材表面应平整光滑，具有防水、耐磨、耐酸碱的保护膜，并应有保温性能好、易脱模和可两面使用等特点。板材厚度不应小于12mm，并应符合国家现行标准《混凝土模板用胶合板》ZBB 70006的规定。

3.5.2 各层板的原材含水率不应大于15%，且同一胶合模板各层原材间的含水率差别不应大于5%。

3.5.3 胶合模板应采用耐水胶，其胶合强度不应低于木材或竹材顺纹抗剪和横纹抗拉的强度，并应符合环境保护的要求。

3.5.4 进场的胶合模板除应具有出厂质量合格证外，还应保证外观及尺寸合格。

3.5.5 竹胶合模板技术性能应符合表3.5.5的规定。

表 3.5.5 竹胶合模板技术性能

项 目		平均值	备 注
静曲强度 σ (N/mm^2)	3层	113.30	$\sigma=(3PL)/(2bh^2)$ 式中 P——破坏荷载； L——支座距离（240mm）； b——试件宽度（20mm）； h——试件厚度（胶合模板 h=15mm）
	5层	105.50	
弹性模量 E (N/mm^2)	3层	10584	$E=4(\Delta PL^5)/(\Delta fbh^3)$ 式中 L、b、h 同上，其中3层 $\Delta P/\Delta f$=211.6；5层 $\Delta P/\Delta f$=197.7
	5层	9898	
冲击强度 A (J/cm^2)	3层	8.30	$A=Q/(b\times h)$ 式中 Q——折损耗功； b——试件宽度； h——试件厚度
	5层	7.95	
胶合强度 τ (N/mm^2)	3层	3.52	$\tau=P/(b\times l)$ 式中 P——剪切破坏荷载（N）； b——剪面宽度（20mm）； l——切面长度（28mm）
	5层	5.03	
握钉力 M(N/mm)		241.10	$M=P/h$ 式中 P——破坏荷载（N）； h——试件厚度（mm）

3.5.6 常用木胶合模板的厚度宜为12mm、15mm、18mm，其技术性能应符合下列规定：

1 不浸泡，不蒸煮：剪切强度1.4～1.8N/mm^2；

2 室温水浸泡：剪切强度1.2～1.8N/mm^2；

3 沸水煮24h：剪切强度1.2～1.8N/mm^2；

4 含水率：5%～13%；

5 密度：450～880kg/m^3；

6 弹性模量：4.5×10^3～$11.5\times10^3 N/mm^2$。

3.5.7 常用复合纤维模板的厚度宜为12mm、15mm、18mm，其技术性能应符合下列规定：

1 静曲强度：横向28.22～32.3N/mm^2；纵向52.62～67.21N/mm^2；

2 垂直表面抗拉强度：大于1.8N/mm^2；

3 72h吸水率：小于5%；

4 72h吸水膨胀率：小于4%；

5 耐酸碱腐蚀性：在1%苛性钠中浸泡24h，无软化及腐蚀现象；

6 耐水气性能：在水蒸气中喷蒸24h表面无软化及明显膨胀；

7 弹性模量：大于$6.0\times10^3 N/mm^2$。

4 荷载及变形值的规定

4.1 荷载标准值

4.1.1 永久荷载标准值应符合下列规定：

1 模板及其支架自重标准值（G_{1k}）应根据模板设计图纸计算确定。肋形或无梁楼板模板自重标准值应按表 4.1.1 采用。

表 4.1.1 楼板模板自重标准值（kN/m^2）

模板构件的名称	木模板	定型组合钢模板
平板的模板及小梁	0.30	0.50
楼板模板（其中包括梁的模板）	0.50	0.75
楼板模板及其支架（楼层高度为 4m 以下）	0.75	1.10

注：除钢、木外，其他材质模板重量见本规范附录 B 中的附表 B。

2 新浇筑混凝土自重标准值（G_{2k}），对普通混凝土可采用 $24kN/m^3$，其他混凝土可根据实际重力密度或按本规范附录 B 表 B 确定。

3 钢筋自重标准值（G_{3k}）应根据工程设计图确定。对一般梁板结构每立方米钢筋混凝土的钢筋自重标准值：楼板可取 1.1kN；梁可取 1.5kN。

4 当采用内部振捣器时，新浇筑的混凝土作用于模板的侧压力标准值（G_{4k}），可按下列公式计算，并取其中的较小值：

$$F = 0.22\gamma_c t_0 \beta_1 \beta_2 V^{\frac{1}{2}} \quad (4.1.1\text{-}1)$$

$$F = \gamma_c H \quad (4.1.1\text{-}2)$$

式中 F——新浇混凝土对模板的侧压力计算值（kN/m^2）；

γ_c——混凝土的重力密度（kN/m^3）；

V——混凝土的浇筑速度（m/h）；

t_0——新浇混凝土的初凝时间（h），可按试验确定；当缺乏试验资料时，可采用 $t_0 = 200/(T+15)$（T 为混凝土的温度℃）；

β_1——外加剂影响修正系数；不掺外加剂时取 1.0，掺具有缓凝作用的外加剂时取 1.2；

β_2——混凝土坍落度影响修正系数；当坍落度小于 30mm 时，取 0.85；坍落度为 50～90mm 时，取 1.00；坍落度为 110～150mm 时，取 1.15；

H——混凝土侧压力计算位置处至新浇混凝土顶面的总高度（m）；混凝土侧压力的计算分布图形如图 4.1.1 所示，图中

$h = F/\gamma_c$，h 为有效压头高度。

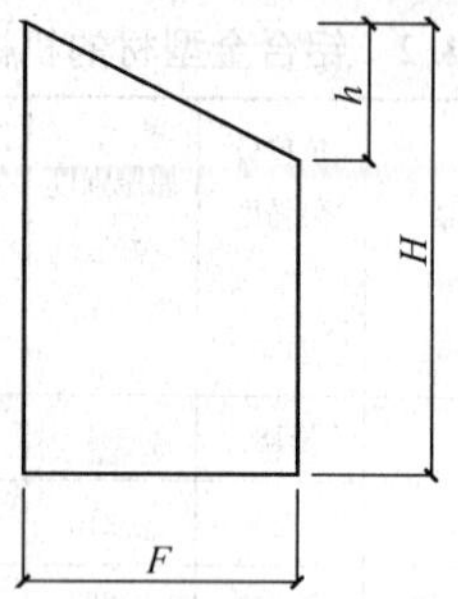

图 4.1.1 混凝土侧压力计算分布图形

4.1.2 可变荷载标准值应符合下列规定：

1 施工人员及设备荷载标准值（Q_{1k}），当计算模板和直接支承模板的小梁时，均布活荷载可取 $2.5kN/m^2$，再用集中荷载 2.5kN 进行验算，比较两者所得的弯矩值取其大值；当计算直接支承小梁的主梁时，均布活荷载标准值可取 $1.5kN/m^2$；当计算支架立柱及其他支承结构构件时，均布活荷载标准值可取 $1.0kN/m^2$。

注：1 对大型浇筑设备，如上料平台、混凝土输送泵等按实际情况计算；采用布料机上料进行浇筑混凝土时，活荷载标准值取 $4kN/m^2$。

2 混凝土堆积高度超过 100mm 以上者按实际高度计算。

3 模板单块宽度小于 150mm 时，集中荷载可分布于相邻的 2 块板面上。

2 振捣混凝土时产生的荷载标准值（Q_{2k}），对水平面模板可采用 $2kN/m^2$，对垂直面模板可采用 $4kN/m^2$，且作用范围在新浇筑混凝土侧压力的有效压头高度之内。

3 倾倒混凝土时，对垂直面模板产生的水平荷载标准值（Q_{3k}）可按表 4.1.2 采用。

表 4.1.2 倾倒混凝土时产生的水平荷载标准值（kN/m^2）

向模板内供料方法	水平荷载
溜槽、串筒或导管	2
容量小于 $0.2m^3$ 的运输器具	2
容量为 0.2～$0.8m^3$ 的运输器具	4
容量大于 $0.8m^3$ 的运输器具	6

注：作用范围在有效压头高度以内。

4.1.3 风荷载标准值应按现行国家标准《建筑结构荷载规范》GB 50009－2001（2006 年版）中的规定计算，其中基本风压值应按该规范附表 D.4 中 n=10 年的规定采用，并取风振系数 $\beta_z = 1$。

4.2 荷载设计值

4.2.1 计算模板及支架结构或构件的强度、稳定性和连接强度时，应采用荷载设计值（荷载标准值乘以荷载分项系数）。

4.2.2 计算正常使用极限状态的变形时，应采用荷载标准值。

4.2.3 荷载分项系数应按表 4.2.3 采用。

表 4.2.3 荷载分项系数

荷 载 类 别	分项系数 γ_i
模板及支架自重标准值 (G_{1k})	永久荷载的分项系数： (1) 当其效应对结构不利时：对由可变荷载效应控制的组合，应取 1.2；对由永久荷载效应控制的组合，应取 1.35； (2) 当其效应对结构有利时：一般情况应取 1； 对结构的倾覆、滑移验算，应取 0.9。
新浇混凝土自重标准值 (G_{2k})	
钢筋自重标准值 (G_{3k})	
新浇混凝土对模板的侧压力标准值 (G_{4k})	
施工人员及施工设备荷载标准值 (Q_{1k})	可变荷载的分项系数： 一般情况下应取 1.4； 对标准值大于 4kN/m² 的活荷载应取 1.3。
振捣混凝土时产生的荷载标准值 (Q_{2k})	
倾倒混凝土时产生的荷载标准值 (Q_{3k})	
风荷载 (w_k)	1.4

4.2.4 钢面板及支架作用荷载设计值可乘以系数 0.95 进行折减。当采用冷弯薄壁型钢时，其荷载设计值不应折减。

4.3 荷 载 组 合

4.3.1 按极限状态设计时，其荷载组合应符合下列规定：

1 对于承载能力极限状态，应按荷载效应的基本组合采用，并应采用下列设计表达式进行模板设计：

$$r_0 S \leqslant R \qquad (4.3.1\text{-}1)$$

式中 r_0——结构重要性系数，其值按 0.9 采用；

S——荷载效应组合的设计值；

R——结构构件抗力的设计值，应按各有关建筑结构设计规范的规定确定。

对于基本组合，荷载效应组合的设计值 S 应从下列组合值中取最不利值确定：

1）由可变荷载效应控制的组合：

$$S = \gamma_G \sum_{i=1}^{n} G_{ik} + \gamma_{Q1} Q_{1k} \qquad (4.3.1\text{-}2)$$

$$S = \gamma_G \sum_{i=1}^{n} G_{ik} + 0.9 \sum_{i=1}^{n} \gamma_{Qi} Q_{ik} \qquad (4.3.1\text{-}3)$$

式中 γ_G——永久荷载分项系数，应按本规范表 4.2.3 采用；

γ_{Qi}——第 i 个可变荷载的分项系数，其中 γ_{Q1} 为可变荷载 Q_1 的分项系数，应按本规范表 4.2.3 采用；

G_{ik}——按各永久荷载标准值 G_k 计算的荷载效应值；

Q_{ik}——按可变荷载标准值计算的荷载效应值，其中 Q_{1k} 为诸可变荷载效应中起控制作用者；

n——参与组合的可变荷载数。

2）由永久荷载效应控制的组合：

$$S = \gamma_G G_{ik} + \sum_{i=1}^{n} \gamma_{Qi} \psi_{ci} Q_{ik} \qquad (4.3.1\text{-}4)$$

式中 ψ_{ci}——可变荷载 Q_i 的组合值系数，当按本规范中规定的各可变荷载采用时，其组合值系数可为 0.7。

注：1 基本组合中的设计值仅适用于荷载与荷载效应为线性的情况；

2 当对 Q_{1k} 无明显判断时，轮次以各可变荷载效应为 Q_{1k}，选其中最不利的荷载效应组合；

3 当考虑以竖向的永久荷载效应控制的组合时，参与组合的可变荷载仅限于竖向荷载。

2 对于正常使用极限状态应采用标准组合，并应按下列设计表达式进行设计：

$$S \leqslant C \qquad (4.3.1\text{-}5)$$

式中 C——结构或结构构件达到正常使用要求的规定限值，应符合本规范第 4.4 节有关变形值的规定。

对于标准组合，荷载效应组合设计值 S 应按下式采用：

$$S = \sum_{i=1}^{n} G_{ik} \qquad (4.3.1\text{-}6)$$

4.3.2 参与计算模板及其支架荷载效应组合的各项荷载的标准值组合应符合表 4.3.2 的规定。

表 4.3.2 模板及其支架荷载效应组合的各项荷载标准值组合

	项 目	参与组合的荷载类别	
		计算承载能力	验算挠度
1	平板和薄壳的模板及支架	$G_{1k}+G_{2k}+G_{3k}+Q_{1k}$	$G_{1k}+G_{2k}+G_{3k}$
2	梁和拱模板的底板及支架	$G_{1k}+G_{2k}+G_{3k}+Q_{2k}$	$G_{1k}+G_{2k}+G_{3k}$
3	梁、拱、柱（边长不大于 300mm）、墙（厚度不大于 100mm）的侧面模板	$G_{4k}+Q_{2k}$	G_{4k}

续表 4.3.2

项目		参与组合的荷载类别	
		计算承载能力	验算挠度
4	大体积结构、柱（边长大于 300mm）、墙（厚度大于 100mm）的侧面模板	$G_{4k}+Q_{3k}$	G_{4k}

注：验算挠度应采用荷载标准值；计算承载能力应采用荷载设计值。

4.3.3 爬模结构的设计荷载值及其组合应符合下列规定：

1 模板结构设计荷载应包括：

侧向荷载：新浇混凝土侧向荷载和风荷载。当为工作状态时按 6 级风计算；非工作状态偶遇最大风力时，应采用临时固定措施；

竖向荷载：模板结构自重，机具、设备按实计算，施工人员按 1.0kN/m² 采用；

混凝土对模板的上托力：当模板的倾角小于 45°时，取 3～5kN/m²；当模板的倾角大于或等于 45°时，取 5～12kN/m²；

新浇混凝土与模板的粘结力：按 0.5kN/m² 采用，但确定混凝土与模板间摩擦力时，两者间的摩擦系数取 0.4～0.5；

模板结构与滑轨的摩擦力：滚轮与轨道间的摩擦系数取 0.05，滑块与轨道间的摩擦系数取 0.15～0.50。

2 模板结构荷载组合应符合下列规定：

计算支承架的荷载组合：处于工作状态时，应为竖向荷载加迎墙面风荷载；处于非工作状态时，仅考虑风荷载；

计算附墙架的荷载组合：处于工作状态时，应为竖向荷载加背墙面风荷载；处于非工作状态时，仅考虑风荷载。

4.3.4 液压滑动模板结构的荷载设计值及其组合应符合下列规定：

1 模板结构设计荷载类别应按表 4.3.4-1 采用。

2 计算滑模结构构件的荷载设计值组合应按表 4.3.4-2 采用。

表 4.3.4-1 液压滑动模板荷载类别

编号	设计荷载名称	荷载种类	分项系数	备注
(1)	模板结构自重	恒荷载	1.2	按工程设计图计算确定其值
(2)	操作平台上施工荷载（人员、工具和堆料）： 设计平台铺板及檩条 2.5kN/m² 设计平台桁架 1.5kN/m² 设计围圈及提升架 1.0kN/m² 计算支承杆数量 1.0kN/m²	活荷载	1.4	若平台上放置手推车、吊罐、液压控制柜、电气焊设备、垂直运输、井架等特殊设备应按实计算荷载值
(3)	振捣混凝土侧压力： 沿周长方向每米取集中荷载5～6kN	恒荷载	1.2	按浇灌高度为800mm左右考虑的侧压力分布情况，集中荷载的合力作用点为混凝土浇灌高度的2/5处
(4)	模板与混凝土的摩阻力 钢模板取 1.5～3.0kN/m²	活荷载	1.4	—
(5)	倾倒混凝土时模板承受的冲击力，按作用于模板侧面的水平集中荷载为：2.0kN	活荷载	1.4	按用溜槽、串筒或 0.2m³ 的运输工具向模板内倾倒时考虑
(6)	操作平台上垂直运输荷载及制动时的刹车力： 平台上垂直运输的额定附加荷载（包括起重量及柔性滑道的张紧力）均应按实计算；垂直运输设备刹车制动力按下式计算： $W=\left(\frac{A}{g}+1\right)Q=kQ$	活荷载	1.4	W—刹车时产生的荷载（N）； A—刹车时的制动减速度（m/s^2），一般取 g 值的 1～2 倍； g—重力加速度（$9.8m/s^2$）； Q—料罐总重（N）； k—动荷载系数，在 2～3 之间取用
(7)	风荷载	活荷载	1.4	按《建筑结构荷载规范》GB 50009 的规定采用，其中风压基本值按其附表 D.4 中 n=10 年采用，其抗倾倒系数不应小于 1.15

表 4.3.4-2　计算滑模结构构件的荷载设计值组合

结构计算项目	荷载组合	
	计算承载能力	验算挠度
支承杆计算	(1)+(2)+(4) (1)+(2)+(6) 取二式中较大值	—
模板面计算	(3)+(5)	(3)
围圈计算	(1)+(3)+(5)	(1)+(3)+(4)
提升架计算	(1)+(2)+(3)+(4)+(5)+(6)	(1)+(2)+(3)+(4)+(6)
操作平台结构计算	(1)+(2)+(6)	(1)+(2)+(6)

注：1　风荷载设计值参与活荷载设计值组合时，其组合后的效应值应乘 0.9 的组合系数；

2　计算承载能力时应取荷载设计值；验算挠度时应取荷载标准值。

4.4　变形值规定

4.4.1　当验算模板及其支架的刚度时，其最大变形值不得超过下列容许值：

1　对结构表面外露的模板，为模板构件计算跨度的 1/400；

2　对结构表面隐蔽的模板，为模板构件计算跨度的 1/250；

3　支架的压缩变形或弹性挠度，为相应的结构计算跨度的 1/1000。

4.4.2　组合钢模板结构或其构配件的最大变形值不得超过表 4.4.2 的规定。

表 4.4.2　组合钢模板及构配件的容许变形值(mm)

部件名称	容许变形值
钢模板的面板	≤1.5
单块钢模板	≤1.5
钢楞	L/500 或≤3.0
柱箍	B/500 或≤3.0
桁架、钢模板结构体系	L/1000
支撑系统累计	≤4.0

注：L 为计算跨度，B 为柱宽。

4.4.3　液压滑模装置的部件，其最大变形值不得超过下列容许值：

1　在使用荷载下，两个提升架之间围圈的垂直与水平方向的变形值均不得大于其计算跨度的 1/500；

2　在使用荷载下，提升架立柱的侧向水平变形值不得大于 2mm；

3　支承杆的弯曲度不得大于 L/500。

4.4.4　爬模及其部件的最大变形值不得超过下列容许值：

1　爬模应采用大模板；

2　爬架立柱的安装变形值不得大于爬架立柱高度的 1/1000；

3　爬模结构的主梁，根据重要程度的不同，其最大变形值不得超过计算跨度的 1/500～1/800；

4　支点间轨道变形值不得大于 2mm。

5　设　计

5.1　一般规定

5.1.1　模板及其支架的设计应根据工程结构形式、荷载大小、地基土类别、施工设备和材料等条件进行。

5.1.2　模板及其支架的设计应符合下列规定：

1　应具有足够的承载能力、刚度和稳定性，应能可靠地承受新浇混凝土的自重、侧压力和施工过程中所产生的荷载及风荷载。

2　构造应简单，装拆方便，便于钢筋的绑扎、安装和混凝土的浇筑、养护。

3　混凝土梁的施工应采用从跨中向两端对称进行分层浇筑，每层厚度不得大于 400mm。

4　当验算模板及其支架在自重和风荷载作用下的抗倾覆稳定性时，应符合相应材质结构设计规范的规定。

5.1.3　模板设计应包括下列内容：

1　根据混凝土的施工工艺和季节性施工措施，确定其构造和所承受的荷载；

2　绘制配板设计图、支撑设计布置图、细部构造和异形模板大样图；

3　按模板承受荷载的最不利组合对模板进行验算；

4　制定模板安装及拆除的程序和方法；

5　编制模板及配件的规格、数量汇总表和周转使用计划；

6　编制模板施工安全、防火技术措施及设计、施工说明书。

5.1.4　模板中的钢构件设计应符合现行国家标准《钢结构设计规范》GB 50017 和《冷弯薄壁型钢结构技术规范》GB 50018 的规定，其截面塑性发展系数应取 1.0。组合钢模板、大模板、滑升模板等的设计尚应符合现行国家标准《组合钢模板技术规范》GB 50214 和《滑动模板工程技术规范》GB 50113 的相应规定。

5.1.5 模板中的木构件设计应符合现行国家标准《木结构设计规范》GB 50005 的规定，其中受压立杆应满足计算要求，且其梢径不得小于 80mm。

5.1.6 模板结构构件的长细比应符合下列规定：

1 受压构件长细比：支架立柱及桁架，不应大于 150；拉条、缀条、斜撑等连系构件，不应大于 200；

2 受拉构件长细比：钢杆件，不应大于 350；木杆件，不应大于 250。

5.1.7 用扣件式钢管脚手架作支架立柱时，应符合下列规定：

1 连接扣件和钢管立杆底座应符合现行国家标准《钢管脚手架扣件》GB 15831 的规定；

2 承重的支架柱，其荷载应直接作用于立杆的轴线上，严禁承受偏心荷载，并应按单立杆轴心受压计算；钢管的初始弯曲率不得大于 1/1000，其壁厚应按实际检查结果计算；

3 当露天支架立柱为群柱架时，高宽比不应大于 5；当高宽比大于 5 时，必须加设抛撑或缆风绳，保证宽度方向的稳定。

5.1.8 用门式钢管脚手架作支架立柱时，应符合下列规定：

1 几种门架混合使用时，必须取支承力最小的门架作为设计依据；

2 荷载宜直接作用在门架两边立杆的轴线上，必要时可设横梁将荷载传于两立杆顶端，且应按单榀门架进行承力计算；

3 门架结构在相邻两榀之间应设工具式交叉支撑，使用的交叉支撑线刚度必须满足下式要求：

$$\frac{I_b}{L_b} \geqslant 0.03\frac{I}{h_0} \qquad (5.1.8)$$

式中 I_b ——剪刀撑的截面惯性矩；

L_b ——剪刀撑的压曲长度；

I ——门架的截面惯性矩；

h_0 ——门架立杆高度。

4 当门架使用可调支座时，调节螺杆伸出长度不得大于 150mm；

5 当露天门架支架立柱为群柱架时，高宽比不应大于 5；当高宽比大于 5 时，必须使用缆风绳，保证宽度方向的稳定。

5.1.9 遇有下列情况时，水平支承梁的设计应采取防倾倒措施，不得取消或改动销紧装置的作用，且应符合下列规定：

1 水平支承如倾斜或由倾斜的托板支承以及偏心荷载情况存在时；

2 梁由多杆件组成；

3 当梁的高宽比大于 2.5 时，水平支承梁的底面严禁支承在 50mm 宽的单托板面上；

4 水平支承梁的高宽比大于 2.5 时，应避免承受集中荷载。

5.1.10 当采用卷扬机和钢丝绳牵拉进行爬模设计时，其支承架和锚固装置的设计能力，应为总牵引力的 3～5 倍。

5.1.11 烟囱、水塔和其他高大构筑物的模板工程，应根据其特点进行专项设计，制定专项施工安全措施。

5.2 现浇混凝土模板计算

5.2.1 面板可按简支跨计算，应验算跨中和悬臂端的最不利抗弯强度和挠度，并应符合下列规定：

1 抗弯强度计算

1）钢面板抗弯强度应按下式计算：

$$\sigma = \frac{M_{max}}{W_n} \leqslant f \qquad (5.2.1\text{-}1)$$

式中 M_{max} ——最不利弯矩设计值，取均布荷载与集中荷载分别作用时计算结果的大值；

W_n ——净截面抵抗矩，按本规范表 5.2.1-1 或表 5.2.1-2 查取；

f ——钢材的抗弯强度设计值，应按本规范附录 A 的表 A.1.1-1 或表 A.2.1-1 的规定采用。

2）木面板抗弯强度应按下式计算：

$$\sigma_m = \frac{M_{max}}{W_m} \leqslant f_m \qquad (5.2.1\text{-}2)$$

式中 W_m ——木板毛截面抵抗矩；

f_m ——木材抗弯强度设计值，按本规范附录 A 表 A.3.1-3～表 A.3.1-5 的规定采用。

表 5.2.1-1 组合钢模板 2.3mm 厚面板力学性能

模板宽度 (mm)	截面积 A (mm^2)	中性轴位置 y_0 (mm)	X 轴截面惯性矩 I_x (cm^4)	截面最小抵抗矩 W_x (cm^3)	截面简图
300	1080 (978)	11.1 (10.0)	27.91 (26.39)	6.36 (5.86)	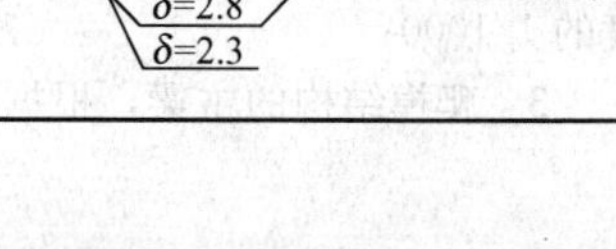
250	965 (863)	12.3 (11.1)	26.62 (25.38)	6.23 (5.78)	

续表 5.2.1-1

模板宽度 (mm)	截面积 A (mm^2)	中性轴位置 y_0 (mm)	X 轴截面惯性矩 I_x (cm^4)	截面最小抵抗矩 W_x (cm^3)	截面简图
200	702 (639)	10.6 (9.5)	17.63 (16.62)	3.97 (3.65)	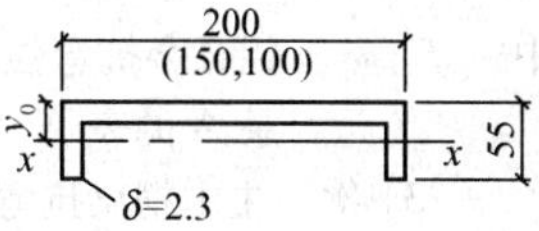
150	587 (524)	12.5 (11.3)	16.40 (15.64)	3.86 (3.58)	
100	472 (409)	15.3 (14.2)	14.54 (14.11)	3.66 (3.46)	

注：1　括号内数据为净截面；

2　表中各种宽度的模板，其长度规格有：1.5m、1.2m、0.9m、0.75m、0.6m 和 0.45m；高度全为 55mm。

3）胶合板面板抗弯强度应按下式计算：

$$\sigma_j = \frac{M_{max}}{W_j} \leqslant f_{jm} \qquad (5.2.1\text{-}3)$$

式中　W_j——胶合板毛截面抵抗矩；

f_{jm}——胶合板的抗弯强度设计值，应按本规范附录 A 的表 A.5.1～表 A.5.3 采用。

表 5.2.1-2　组合钢模板 2.5mm 厚面板力学性能

模板宽度 (mm)	截面积 A (mm^2)	中性轴位置 y_0 (mm)	X 轴截面惯性矩 I_x (cm^4)	截面最小抵抗矩 W_x (cm^3)	截面简图
300	114.4 (104.0)	10.7 (9.6)	28.59 (26.97)	6.45 (5.94)	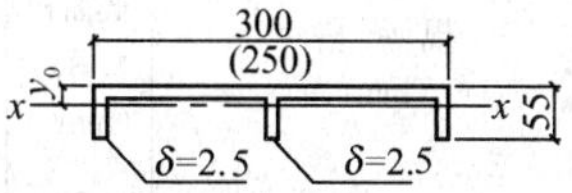
250	101.9 (91.5)	11.9 (10.7)	27.33 (25.98)	6.34 (5.86)	
200	76.3 (69.4)	10.7 (9.6)	19.06 (17.98)	4.3 (3.96)	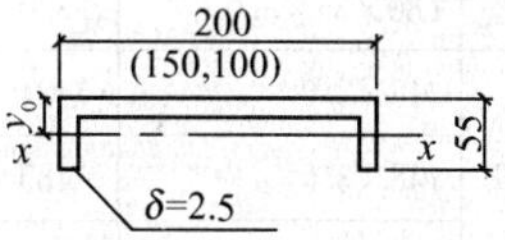
150	63.8 (56.9)	12.6 (11.4)	17.71 (16.91)	4.18 (3.88)	
100	51.3 (44.4)	15.3 (14.3)	15.72 (15.25)	3.96 (3.75)	

注：1　括号内数据为净截面；

2　表中各种宽度的模板，其长度规格有：1.5m、1.2m、0.9m、0.75m、0.6m 和 0.45m；高度全为 55mm。

2　挠度应按下列公式进行验算：

$$v = \frac{5q_g L^4}{384EI_x} \leqslant [v] \qquad (5.2.1\text{-}4)$$

或

$$v = \frac{5q_g L^4}{384EI_x} + \frac{PL^3}{48EI_x} \leqslant [v] \qquad (5.2.1\text{-}5)$$

式中　q_g——恒荷载均布线荷载标准值；

P——集中荷载标准值；

E——弹性模量；

I_x——截面惯性矩；

L——面板计算跨度；

$[v]$——容许挠度。钢模板应按本规范表 4.4.2 采用；木和胶合板面板应按本规范第 4.4.1 条采用。

5.2.2　支承楞梁计算时，次楞一般为 2 跨以上连续楞梁，可按本规范附录 C 计算，当跨度不等时，应按不等跨连续楞梁或悬臂楞梁设计；主楞可根据实际情况按连续梁、简支梁或悬臂梁设计；同时次、主楞梁均应进行最不利抗弯强度与挠度计算，并应符合下列规定：

1　次、主楞梁抗弯强度计算

1）次、主钢楞梁抗弯强度应按下式计算：

$$\sigma = \frac{M_{max}}{W} \leqslant f \qquad (5.2.2\text{-}1)$$

式中　M_{max}——最不利弯矩设计值。应从均布荷载产生的弯矩设计值 M_1、均布荷载与集中荷载产生的弯矩设计值 M_2 和悬臂端产生的弯矩设计值 M_3 三者中，选取计算结果较大者；

W——截面抵抗矩，按本规范表 5.2.2 查用；

f——钢材抗弯强度设计值，按本规范附录 A 的表 A.1.1-1 或表 A.2.1-1

采用。

2）次、主铝合金楞梁抗弯强度应按下式计算：

$$\sigma=\frac{M_{\max}}{W}\leqslant f_{l\mathrm{m}} \quad (5.2.2\text{-}2)$$

式中 $f_{l\mathrm{m}}$——铝合金抗弯强度设计值，按本规范附录A的表A.4.1采用。

3）次、主木楞梁抗弯强度应按下式计算：

$$\sigma=\frac{M_{\max}}{W}\leqslant f_{\mathrm{m}} \quad (5.2.2\text{-}3)$$

式中 f_{m}——木材抗弯强度设计值，按本规范附录A的表A.3.1-3、表A.3.1-4及表A.3.1-5的规定采用。

4）次、主钢桁架梁计算应按下列步骤进行：

①钢桁架应优先选用角钢、扁钢和圆钢筋制成；

②正确确定计算简图（见图5.2.2-1～图5.2.2-3）；

表 5.2.2 各种型钢钢楞和木楞力学性能

规格 (mm)		截面积 A ($\mathrm{mm^2}$)	重量 (N/m)	截面惯性矩 I_x ($\mathrm{cm^4}$)	截面最小抵抗矩 W_x ($\mathrm{cm^3}$)
扁钢	—70×5	350	27.5	14.29	4.08
角钢	L75×25×3.0	291	22.8	17.17	3.76
	L80×35×3.0	330	25.9	22.49	4.17
钢管	ϕ48×3.0	424	33.3	10.78	4.49
	ϕ48×3.5	489	38.4	12.19	5.08
	ϕ51×3.5	522	41.0	14.81	5.81
矩形钢管	□60×40×2.5	457	35.9	21.88	7.29
	□80×40×2.0	452	35.5	37.13	9.28
	□100×50×3.0	864	67.8	112.12	22.42
薄壁冷弯槽钢	[80×40×3.0	450	35.3	43.92	10.98
	[100×50×3.0	570	44.7	88.52	12.20
内卷边槽钢	[80×40×15×3.0	508	39.9	48.92	12.23
	[100×50×20×3.0	658	51.6	100.28	20.06
槽钢	[80×43×5.0	1024	80.4	101.30	25.30
矩形木楞	50×100	5000	30.0	416.67	83.33
	60×90	5400	32.4	364.50	81.00
	80×80	6400	38.4	341.33	85.33
	100×100	10000	60.0	833.33	166.67

③分析和准确求出节点集中荷载 P 值；

④求解桁架各杆件的内力；

⑤选择截面并应按下列公式核验杆件内力：

拉杆 $$\sigma=\frac{N}{A}\leqslant f \quad (5.2.2\text{-}4)$$

压杆 $$\sigma=\frac{N}{\varphi A}\leqslant f \quad (5.2.2\text{-}5)$$

式中 N——轴向拉力或轴心压力；

A——杆件截面面积；

φ——轴心受压杆件稳定系数。根据长细比（λ）值查本规范附录D，其中 l 为杆件计算跨度，i 为杆件回转半径；

f——钢材抗拉、抗压强度设计值。按本规范附录A表A.1.1-1或表A.2.1-1采用。

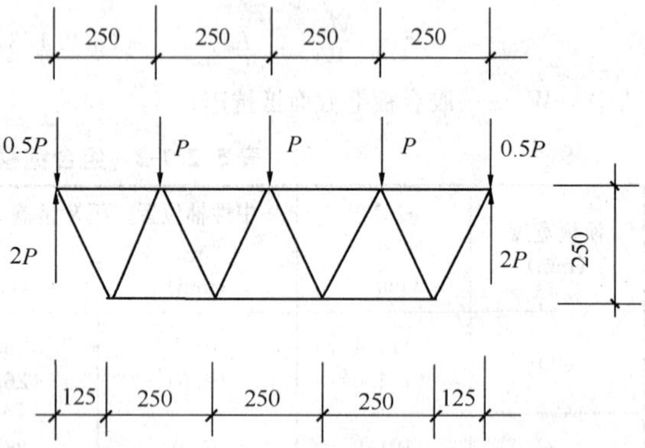

图 5.2.2-1 轻型桁架计算简图示意

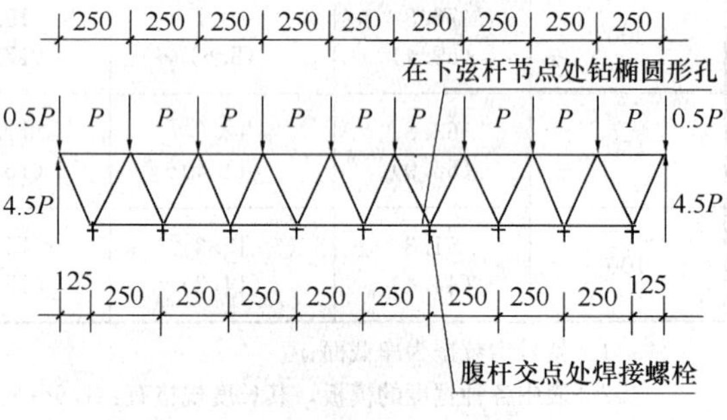

图 5.2.2-2 曲面可变桁架计算简图示意

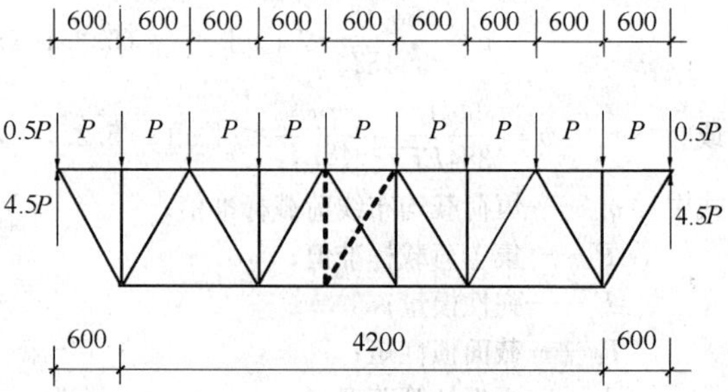

图 5.2.2-3 可调桁架跨长计算简图示意

2 次、主楞梁抗剪强度计算

1）在主平面内受弯的钢实腹构件，其抗剪强度应按下式计算：

$$\tau=\frac{VS_0}{It_{\mathrm{w}}}\leqslant f_{\mathrm{v}} \quad (5.2.2\text{-}6)$$

式中 V——计算截面沿腹板平面作用的剪力设计值；

S_0——计算剪力应力处以上毛截面对中和轴的面积矩；

I——毛截面惯性矩；

t_w——腹板厚度；

f_v——钢材的抗剪强度设计值，查本规范附录A表A.1.1-1和表A.2.1-1。

2）在主平面内受弯的木实截面构件，其抗剪强度应按下式计算：

$$\tau = \frac{VS_0}{Ib} \leqslant f_v \quad (5.2.2\text{-}7)$$

式中 b——构件的截面宽度；

f_v——木材顺纹抗剪强度设计值。查本规范附录A表A.3.1-3～表A.3.1-5；

其余符号同式（5.2.2-6）。

3 挠度计算

1）简支楞梁应按本规范式（5.2.1-4）或式（5.2.1-5）验算。

2）连续楞梁应按本规范附录C中的表验算。

3）桁架可近似地按有 n 个节间在集中荷载作用下的简支梁（根据集中荷载布置的不同，分为集中荷载将全跨等分成 n 个节间，见图5.2.2-4和边集中荷载距支座各1/2节间，中间部分等分成 $n-1$ 个节间，见图5.2.2-5）考虑，采用下列简化公式验算：

当 n 为奇数节间，集中荷载 P 布置见图5.2.2-4，挠度验算公式为：

$$v = \frac{(5n^4 - 4n^2 - 1)PL^3}{384n^3EI} \leqslant [v] = \frac{L}{1000} \quad (5.2.2\text{-}8)$$

当 n 为奇数节间，集中荷载 P 布置见图5.2.2-5，挠度验算公式为：

$$v = \frac{(5n^4 + 2n^2 + 1)PL^3}{384n^3EI} \leqslant [v] = \frac{L}{1000} \quad (5.2.2\text{-}9)$$

当 n 为偶数节间，集中荷载 P 布置见图5.2.2-4，挠度验算公式为：

$$v = \frac{(5n^2 - 4)PL^3}{384nEI} \leqslant [v] = \frac{L}{1000} \quad (5.2.2\text{-}10)$$

当 n 为偶数节间，集中荷载 P 布置见图5.2.2-5，挠度验算公式为：

$$v = \frac{(5n^2 + 2)PL^3}{384nEI} \leqslant [v] = \frac{L}{1000} \quad (5.2.2\text{-}11)$$

式中 n——集中荷载 P 将全跨等分节间的个数；

P——集中荷载设计值；

L——桁架计算跨度值；

E——钢材的弹性模量；

I——跨中上、下弦及腹杆的毛截面惯性矩。

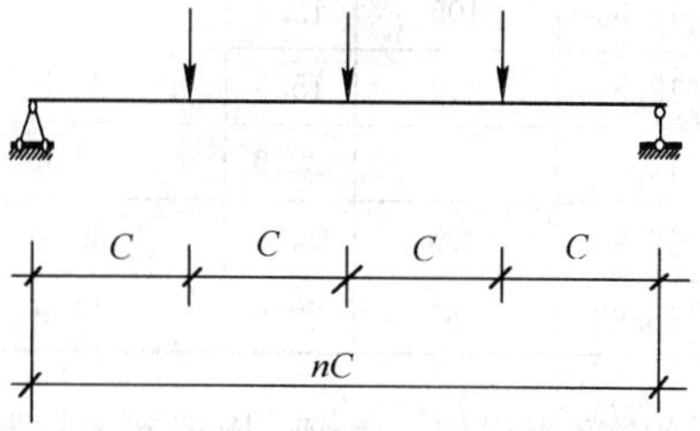

图5.2.2-4 桁架节点集中荷载布置图（全跨等分）

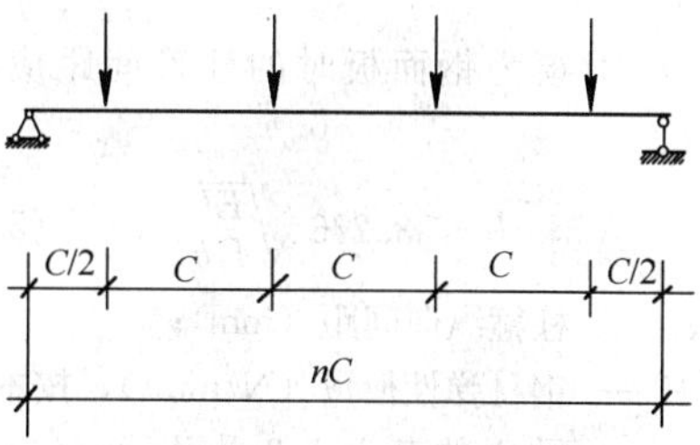

图5.2.2-5 桁架节点集中荷载布置图（中间等分）

5.2.3 对拉螺栓应确保内、外侧模能满足设计要求的强度、刚度和整体性。

对拉螺栓强度应按下列公式计算：

$$N = abF_s \quad (5.2.3\text{-}1)$$

$$N_t^b = A_n f_t^b \quad (5.2.3\text{-}2)$$

$$N_t^b > N \quad (5.2.3\text{-}3)$$

式中 N——对拉螺栓最大轴力设计值；

N_t^b——对拉螺栓轴向拉力设计值，按本规范表5.2.3采用；

a——对拉螺栓横向间距；

b——对拉螺栓竖向间距；

F_s——新浇混凝土作用于模板上的侧压力、振捣混凝土对垂直模板产生的水平荷载或倾倒混凝土时作用于模板上的侧压力设计值：

$$F_s = 0.95(r_G F + r_Q Q_{3k})$$

或

$$F_s = 0.95(r_G G_{4k} + r_Q Q_{3k})；$$

其中0.95为荷载值折减系数；

A_n——对拉螺栓净截面面积，按本规范表5.2.3采用；

f_t^b——螺栓的抗拉强度设计值，按本规范附录A表A.1.1-4采用。

表 5.2.3 对拉螺栓轴向拉力设计值（N_t^b）

螺栓直径（mm）	螺栓内径（mm）	净截面面积（mm^2）	重 量（N/m）	轴向拉力设计值 N_t^b（kN）
M12	9.85	76	8.9	12.9
M14	11.55	105	12.1	17.8
M16	13.55	144	15.8	24.5
M18	14.93	174	20.0	29.6
M20	16.93	225	24.6	38.2
M22	18.93	282	29.6	47.9

5.2.4 柱箍应采用扁钢、角钢、槽钢和木楞制成，其受力状态应为拉弯杆件，柱箍计算（图 5.2.4）应符合下列规定：

1 柱箍间距（l_1）应按下列各式的计算结果取其小值：

1） 柱模为钢面板时的柱箍间距应按下式计算：

$$l_1 \leqslant 3.276\sqrt[4]{\frac{EI}{Fb}} \tag{5.2.4-1}$$

式中 l_1——柱箍纵向间距（mm）；

E——钢材弹性模量（N/mm^2），按本规范附录 A 的表 A.1.3 采用；

I——柱模板一块板的惯性矩（mm^4），按本规范表 5.2.1-1 或表 5.2.1-2 采用；

F——新浇混凝土作用于柱模板的侧压力设计值(N/mm^2)，按本规范式（4.1.1-1）或式（4.1.1-2）计算；

b——柱模板一块板的宽度（mm）。

2） 柱模为木面板时的柱箍间距应按下式计算：

$$l_1 \leqslant 0.783\sqrt[3]{\frac{EI}{Fb}} \tag{5.2.4-2}$$

式中 E——柱木面板的弹性模量（N/mm^2），按本规范附录 A 的表 A.3.1-3～表 A.3.1-5 采用；

I——柱木面板的惯性矩（mm^4）；

b——柱木面板一块的宽度（mm）。

3） 柱箍间距还应按下式计算：

$$l_1 \leqslant \sqrt{\frac{8Wf(\text{或} f_m)}{F_s b}} \tag{5.2.4-3}$$

式中 W——钢或木面板的抵抗矩；

f——钢材抗弯强度设计值，按本规范附录 A 表 A.1.1-1 和表 A.2.1-1 采用；

f_m——木材抗弯强度设计值，按本规范附录 A 表 A.3.1-3～表 A.3.1-5 采用。

2 柱箍强度应按拉弯杆件采用下列公式计算；当计算结果不满足本式要求时，应减小柱箍间距或加大柱箍截面尺寸：

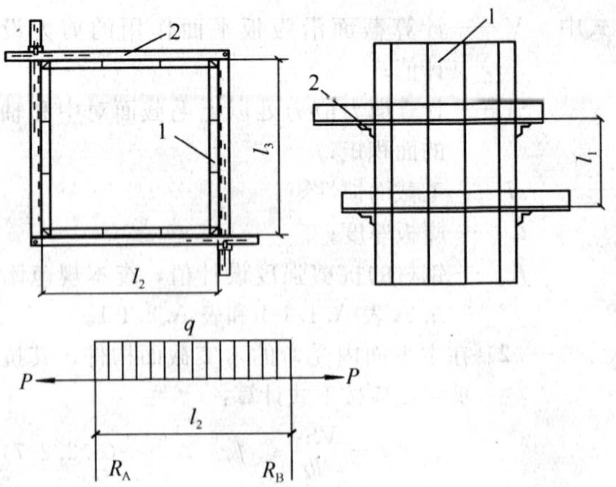

图 5.2.4 柱箍计算简图

1—钢模板；2—柱箍

$$\frac{N}{A_n} + \frac{M_x}{W_{nx}} \leqslant f \text{或} f_m \tag{5.2.4-4}$$

其中
$$N = \frac{ql_3}{2} \tag{5.2.4-5}$$

$$q = F_s l_1 \tag{5.2.4-6}$$

$$M_x = \frac{ql_2^2}{8} = \frac{F_s l_1 l_2^2}{8} \tag{5.2.4-7}$$

式中 N——柱箍轴向拉力设计值；

q——沿柱箍跨向垂直线荷载设计值；

A_n——柱箍净截面面积；

M_x——柱箍承受的弯矩设计值；

W_{nx}——柱箍截面抵抗矩，可按本规范表 5.2.2-1 采用；

l_1——柱箍的间距；

l_2——长边柱箍的计算跨度；

l_3——短边柱箍的计算跨度。

3 挠度计算应按本规范式（5.2.1-4）进行验算。

5.2.5 木、钢立柱应承受模板结构的垂直荷载，其计算应符合下列规定：

1 木立柱计算

1） 强度计算：

$$\sigma_c = \frac{N}{A_n} \leqslant f_c \tag{5.2.5-1}$$

2） 稳定性计算：

$$\frac{N}{\varphi A_0} \leqslant f_c \tag{5.2.5-2}$$

式中 N——轴心压力设计值（N）；

A_n——木立柱受压杆件的净截面面积（mm^2）；

f_c——木材顺纹抗压强度设计值（N/mm^2），按本规范附录 A 表 A.3.1-3～表 A.3.1-5 及 A.3.3 条采用；

A_0——木立柱跨中毛截面面积（mm^2），当无缺口时，$A_0 = A$；

φ——轴心受压杆件稳定系数，按下列各式计算：

当树种强度等级为 TC17、TC15 及 TB20 时：

$$\lambda \leqslant 75 \qquad \varphi = \frac{1}{1+\left(\frac{\lambda}{80}\right)^2} \qquad (5.2.5\text{-}3)$$

$$\lambda > 75 \qquad \varphi = \frac{3000}{\lambda^2} \qquad (5.2.5\text{-}4)$$

当树种强度等级为 TC13、TC11、TB17 及 TB15 时：

$$\lambda \leqslant 91 \qquad \varphi = \frac{1}{1+\left(\frac{\lambda}{65}\right)^2} \qquad (5.2.5\text{-}5)$$

$$\lambda > 91 \qquad \varphi = \frac{2800}{\lambda^2} \qquad (5.2.5\text{-}6)$$

$$\lambda = \frac{L_0}{i} \qquad (5.2.5\text{-}7)$$

$$i = \sqrt{\frac{I}{A}} \qquad (5.2.5\text{-}8)$$

式中 λ——长细比；

L_0——木立柱受压杆件的计算长度，按两端铰接计算 $L_0 = L$（mm），L 为单根木立柱的实际长度；

i——木立柱受压杆件的回转半径（mm）；

I——受压杆件毛截面惯性矩（mm^4）；

A——杆件毛截面面积（mm^2）。

2 工具式钢管立柱（图 5.2.5-1 和图 5.2.5-2）计算

1） CH 型和 YJ 型工具式钢管支柱的规格和力学性能应符合表 5.2.5-1 和表 5.2.5-2 的规定。

表 5.2.5-1 CH、YJ 型钢管支柱规格

项目 \ 型号		CH			YJ		
		CH-65	CH-75	CH-90	YJ-18	YJ-22	YJ-27
最小使用长度（mm）		1812	2212	2712	1820	2220	2720
最大使用长度（mm）		3062	3462	3962	3090	3490	3990
调节范围（mm）		1250	1250	1250	1270	1270	1270
螺旋调节范围（mm）		170	170	170	70	70	70
容许荷载	最小长度时（kN）	20	20	20	20	20	20
	最大长度时（kN）	15	15	12	15	15	12
重量（kN）		0.124	0.132	0.148	0.1387	0.1499	0.1639

注：下套管长度应大于钢管总长的 1/2 以上。

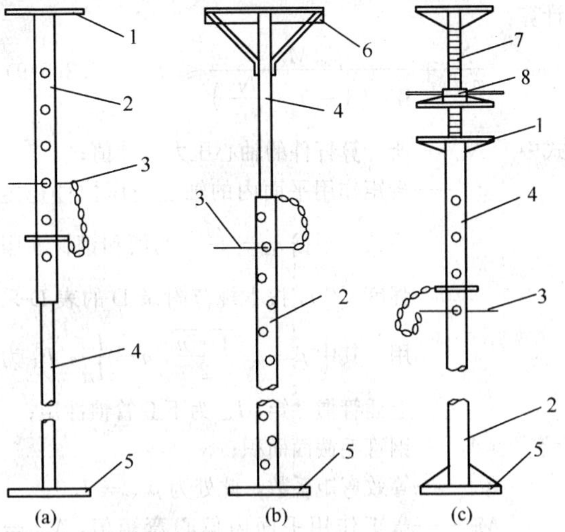

图 5.2.5-1 钢管立柱类型（一）

1—顶板；2—套管；3—插销；4—插管；5—底板；6—琵琶撑；7—螺栓；8—转盘

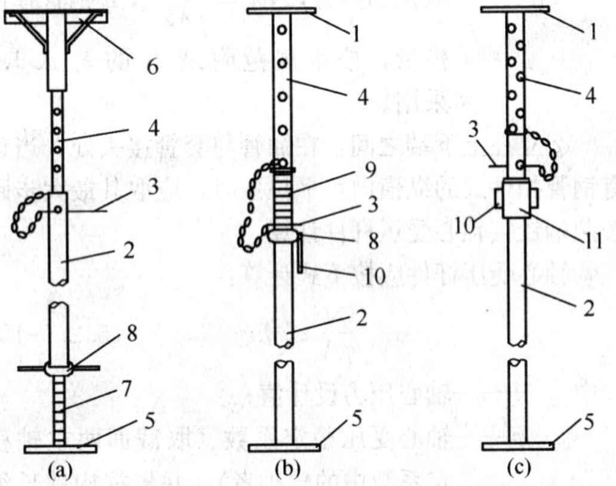

图 5.2.5-2 钢管立柱类型（二）

1—顶板；2—套管；3—插销；4—插管；5—底板；6—琵琶撑；7—螺栓；8—转盘；9—螺管；10—手柄；11—螺旋套；（b）—CH 型；（c）—YJ 型

表 5.2.5-2 CH、YJ 型钢管支柱力学性能

项目		直径（mm）		壁厚（mm）	截面面积（mm^2）	惯性矩 I（mm^4）	回转半径 i（mm）
		外径	内径				
CH	插管	48.6	43.8	2.4	348	93200	16.4
	套管	60.5	55.7	2.4	438	185100	20.6
YJ	插管	48	43	2.5	357	92800	16.1
	套管	60	55.4	2.3	417	173800	20.4

2） 工具式钢管立柱受压稳定性计算：

①立柱应考虑插管与套管之间因松动而产生的偏心（按偏半个钢管直径计算），应按下式的压弯杆件

计算：

$$\frac{N}{\varphi_x A}+\frac{\beta_{mx}M_x}{W_{1x}\left(1-0.8\frac{N}{N_{EX}}\right)}\leqslant f \qquad (5.2.5\text{-}9)$$

式中 N——所计算杆件的轴心压力设计值；

φ_x——弯矩作用平面内的轴心受压构件稳定系数，根据 $\lambda_x=\frac{\mu L_0}{i_2}$ 的值和钢材屈服强度（f_y），按本规范附录D的表D采用，其中 $\mu=\sqrt{\frac{1+n}{2}}$，$n=\frac{I_{x2}}{I_{x1}}$，I_{x1} 为上插管惯性矩，I_{x2} 为下套管惯性矩；

A——钢管毛截面面积；

β_{mx}——等效弯矩系数，此处为 $\beta_{mx}=1.0$；

M_x——弯矩作用平面内偏心弯矩值，$M_x=N\times\frac{d}{2}$，d 为钢管支柱外径；

W_{1x}——弯矩作用平面内较大受压的毛截面抵抗矩；

N_{EX}——欧拉临界力，$N_{Ex}=\frac{\pi^2 EA}{\lambda_x^2}$，$E$ 钢管弹性模量，按本规范附录A的表A.1.3采用。

②立柱上下端之间，在插管与套管接头处，当设有钢管扣件式的纵横向水平拉条时，应取其最大步距按两端铰接轴心受压杆件计算。

轴心受压杆件应按下式计算：

$$\frac{N}{\varphi A}\leqslant f \qquad (5.2.5\text{-}10)$$

式中 N——轴心压力设计值；

φ——轴心受压稳定系数（取截面两主轴稳定系数中的较小者），并根据构件长细比和钢材屈服强度（f_y）按本规范附录D表D采用；

A——轴心受压杆件毛截面面积；

f——钢材抗压强度设计值，按本规范附录A表A.1.1-1和表A.2.1-1采用。

3）插销抗剪计算：

$$N\leqslant 2A_n f_v^b \qquad (5.2.5\text{-}11)$$

式中 f_v^b——钢插销抗剪强度设计值，按本规范附录A表A.1.1-4和表A.2.1-3采用；

A_n——钢插销的净截面面积。

4）插销处钢管壁端面承压计算：

$$N\leqslant f_c^b A_c^b \qquad (5.2.5\text{-}12)$$

式中 f_c^b——插销孔处管壁端承压强度设计值，按本规范附录A表A.1.1-1和表A.2.1-3采用；

A_c^b——两个插销孔处管壁承压面积，$A_c^b=2dt$，d 为插销直径，t 为管壁厚度。

3 扣件式钢管立柱计算

1）用对接扣件连接的钢管立柱应按单杆轴心受压构件计算，其计算应符合本规范公式（5.2.5-10），公式中计算长度采用纵横向水平拉杆的最大步距，最大步距不得大于1.8m，步距相同时应采用底层步距；

2）室外露天支模组合风荷载时，立柱计算应符合下式要求：

$$\frac{N_w}{\varphi A}+\frac{M_w}{W}\leqslant f \qquad (5.2.5\text{-}13)$$

$$N_w=0.9\times\left(1.2\sum_{i=1}^{n}N_{Gik}+0.9\times 1.4\sum_{i=1}^{n}N_{Qik}\right) \qquad (5.2.5\text{-}14)$$

$$M_w=\frac{0.9^2\times 1.4 w_k l_a h^2}{10} \qquad (5.2.5\text{-}15)$$

式中 $\sum_{i=1}^{n}N_{Gik}$——各恒载标准值对立杆产生的轴向力之和；

$\sum_{i=1}^{n}N_{Qik}$——各活荷载标准值对立杆产生的轴向力之和，另加 $\frac{M_w}{l_b}$ 的值；

w_k——风荷载标准值，按本规范第4.1.3条规定计算；

h——纵横水平拉杆的计算步距；

l_a——立柱迎风面的间距；

l_b——与迎风面垂直方向的立柱间距。

4 门形钢管立柱的轴力应作用于两端主立杆的顶端，不得承受偏心荷载。门形立柱的稳定性应按下列公式计算：

$$\frac{N}{\varphi A_0}\leqslant kf \qquad (5.2.5\text{-}16)$$

其中不考虑风荷载作用时，轴向力设计值 N 应按下式计算：

$$N=0.9\times\left[1.2\left(N_{Gk}H_0+\sum_{i=1}^{n}N_{Gik}\right)+1.4N_{Q1k}\right] \qquad (5.2.5\text{-}17)$$

当露天支模考虑风荷载时，轴向力设计值 N 应按下列公式计算取其大值：

$$N=0.9\times\left[1.2\left(N_{Gk}H_0+\sum_{i=1}^{n}N_{Gik}\right)+0.9\times 1.4\left(N_{Q1k}+\frac{2M_w}{b}\right)\right] \qquad (5.2.5\text{-}18)$$

$$N=0.9\times\left[1.35\left(N_{Gk}H_0+\sum_{i=1}^{n}N_{Gik}\right)+1.4\left(0.7N_{Q1k}+0.6\times\frac{2M_w}{b}\right)\right] \qquad (5.2.5\text{-}19)$$

$$M_w = \frac{q_w h^2}{10} \quad (5.2.5\text{-}20)$$

$$i = \sqrt{\frac{I}{A_1}} \quad (5.2.5\text{-}21)$$

$$I = I_0 + I_1 \frac{h_1}{h_0} \quad (5.2.5\text{-}22)$$

式中 N——作用于一榀门型支柱的轴向力设计值；

N_{Gk}——每米高度门架及配件、水平加固杆及纵横扫地杆、剪刀撑自重产生的轴向力标准值；

$\sum_{i=1}^{n} N_{Gik}$——一榀门架范围内所作用的模板、钢筋及新浇混凝土的各种恒载轴向力标准值总和；

N_{Q1k}——一榀门架范围内所作用的振捣混凝土时的活荷载标准值；

H_0——以米为单位的门型支柱的总高度值；

M_w——风荷载产生的弯矩标准值；

q_w——风线荷载标准值；

h——垂直门架平面的水平加固杆的底层步距；

A_0——一榀门架两边立杆的毛截面面积，$A_0 = 2A$；

k——调整系数，可调底座调节螺栓伸出长度不超过200mm时，取1.0；伸出长度为300mm，取0.9；超过300mm，取0.8；

f——钢管强度设计值，按本规范表A.1.1-1和表A.2.1-1采用。

φ——门型支柱立杆的稳定系数，按 $\lambda = k_0 h_0 / i$ 查本规范附录D的表D采用；门架立柱换算截面回转半径 i，可按表5.2.5-3采用，也可按式（5.2.5-21）和式（5.2.5-22）计算；

k_0——长度修正系数。门型模板支柱高度 $H_0 \leqslant 30$m时，$k_0 = 1.13$；$H_0 = 31 \sim 45$m时，$k_0 = 1.17$；$H_0 = 46 \sim 60$m时，$k_0 = 1.22$；

h_0——门型架高度，按表5.2.5-3采用；

h_1——门型架加强杆的高度，按表5.2.5-3采用；

A_1——门架一边立杆的毛截面面积，按表5.2.5-3采用；

I_0——门架一边立杆的毛截面惯性矩，按表5.2.5-3采用；

I_1——门架一边加强杆的毛截面惯性矩，按表5.2.5-3采用。

表5.2.5-3 门型脚手架支柱钢管规格、尺寸和截面几何特性

门型架图示	钢管规格(mm)	截面积(mm^2)	截面抵抗矩(mm^3)	惯性矩(mm^4)	回转半径(mm)
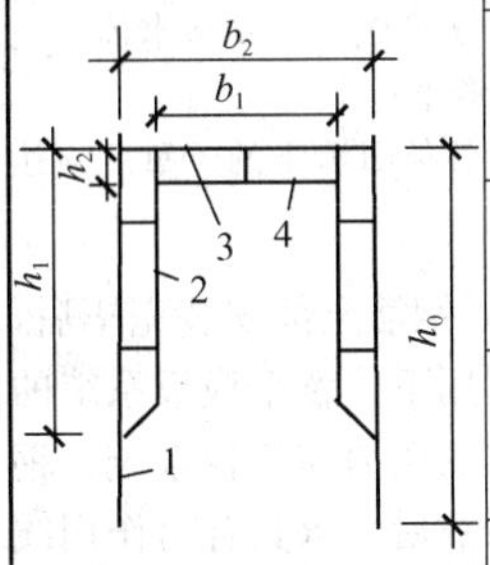 1—立杆；2—立杆加强杆；3—横杆；4—横杆加强杆	ϕ48×3.5	489	5080	121900	15.78
	ϕ42.7×2.4	304	2900	61900	14.30
	ϕ42×2.5	310	2830	60800	14.00
	ϕ34×2.2	220	1640	27900	11.30
	ϕ27.2×1.9	151	890	12200	9.00
	ϕ26.8×2.5	191	1060	14200	8.60

门架代号		MF1219	
门型架几何尺寸(mm)	h_2	80	100
	h_0	1930	1900
	b	1219	1200
	b_1	750	800
	h_1	1536	1550
杆件外径壁厚(mm)	1	ϕ42.0×2.5	ϕ48.0×3.5
	2	ϕ26.8×2.5	ϕ26.8×3.5
	3	ϕ42.0×2.5	ϕ48.0×3.5
	4	ϕ26.8×2.5	ϕ26.8×2.5

注：1 表中门架代号应符合国家现行标准《门式钢管脚手架》JG 13的规定；

2 当采用的门架集合尺寸及杆件规格与本表不符合时应按实际计算。

5.2.6 立柱底地基承载力应按下列公式计算：

$$p = \frac{N}{A} \leqslant m_f f_{ak} \quad (5.2.6)$$

式中 p——立柱底垫木的底面平均压力；

N——上部立柱传至垫木顶面的轴向力设计值；

A——垫木底面面积；

f_{ak}——地基土承载力设计值，应按现行国家标准《建筑地基基础设计规范》GB 50007的规定或工程地质报告提供的数据采用；

m_f——立柱垫木地基土承载力折减系数，应按表5.2.6采用。

表 5.2.6　地基土承载力折减系数（m_f）

地基土类别	折减系数	
	支承在原土上时	支承在回填土上时
碎石土、砂土、多年填积土	0.8	0.4
粉土、黏土	0.9	0.5
岩石、混凝土	1.0	—

注：1　立柱基础应有良好的排水措施，支安垫木前应适当洒水将原土表面夯实夯平；

2　回填土应分层夯实，其各类回填土的干重度应达到所要求的密实度。

5.2.7　框架和剪力墙的模板、钢筋全部安装完毕后，应验算在本地区规定的风压作用下，整个模板系统的稳定性。其验算方法应将要求的风力与模板系统、钢筋的自重乘以相应荷载分项系数后，求其合力作用线不得超过背风面的柱脚或墙底脚的外边。

5.3　爬模计算

5.3.1　爬模应由模板、支承架、附墙架和爬升动力设备等组成（见图 5.3.1）。各部分计算时的荷载应按本规范第 4.3.4 条采用。

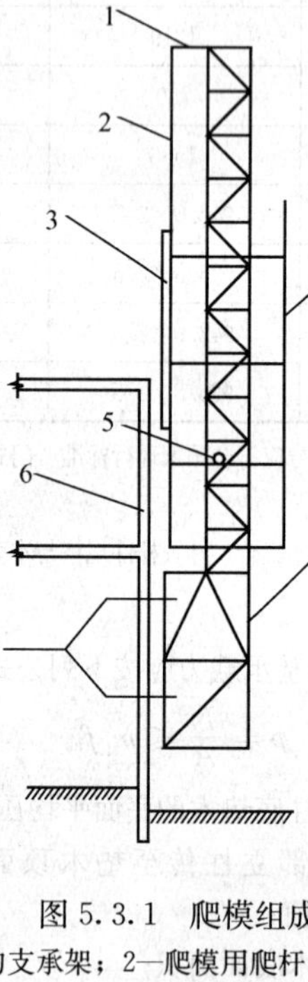

图 5.3.1　爬模组成

1—爬模的支承架；2—爬模用爬杆；3—大模板；4—脚手架；5—爬升爬架用的千斤顶；6—钢筋混凝土外墙；7—附墙连接螺栓；8—附墙架

5.3.2　爬模模板应分别按混凝土浇筑阶段和爬升阶段验算。

5.3.3　爬模的支承架应按偏心受压格构式构件计算，应进行整体强度验算、整体稳定性验算、单肢稳定性验算和缀条验算。计算方法应按现行国家标准《钢结构设计规范》GB 50017 的有关规定进行。

5.3.4　附墙架各杆件应按支承架和构造要求选用，强度和稳定性都能满足要求，可不必进行验算。

5.3.5　附墙架与钢筋混凝土外墙的穿墙螺栓连接验算应符合下列规定：

1　4 个及以上穿墙螺栓应预先采用钢套管准确留出孔洞。固定附墙架时，应将螺栓预拧紧，将附墙架压紧在墙面上。

2　计算简图见图 5.3.5-1。

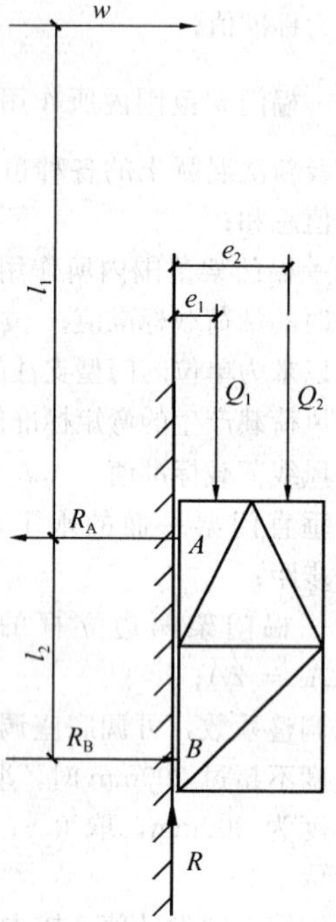

图 5.3.5-1　附墙架与墙连接螺栓计算简图

图中符号：

w——作用在模板上的风荷载，风向背离墙面；

l_1——风荷载与上排固定附墙架螺栓的距离；

l_2——两排固定附墙架螺栓的间距；

Q_1——模板传来的荷载，离开墙面 e_1；

Q_2——支承架传来的荷载，离开墙面 e_2；

R_A——固定附墙架的上排螺栓拉力；

R_B——固定附墙架的下排螺栓拉力；

R——垂直反力。

3　应按一个螺栓的剪、拉强度及综合公式小于 1 的验算，还应验算附墙架靠墙肢轴力对螺栓产生的抗弯强度计算。

4　螺栓孔壁局部承压应按下列公式计算（图 5.3.5-2）：

$$\begin{cases} 4R_2b - Q_i(2b_1 + 3c) = 0 \\ R_1 - R_2 - Q_i = 0 \\ R_1(b - b_1) - R_2b_1 = 0 \end{cases} \tag{5.3.5-1}$$

$$F_i = 1.5\beta f_c A_m \tag{5.3.5-2}$$

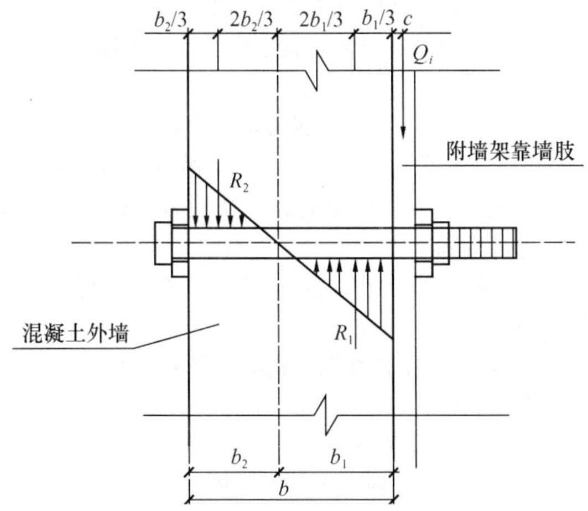

图 5.3.5-2　螺栓孔混凝土承压计算

$$F_i > R_1 \text{ 或 } R_2 \qquad (5.3.5\text{-}3)$$

式中　R_1、R_2——一个螺栓预留孔混凝土孔壁所承受的压力；

b——混凝土外墙的厚度；

b_1、b_2——孔壁压力 R_1、R_2 沿外墙厚度方向承压面的长度；

F_i——一个螺栓预留孔混凝土孔壁局部承压允许设计值；

β——混凝土局部承压提高系数，采用 1.73；

f_c——按实测所得混凝土强度等级的轴心抗压强度设计值；

A_m——一个螺栓局部承压净面积，$A_m = db_1$（d 为螺栓直径，有套管时为套管外径）；

Q_i——一个螺栓所承受的竖向外力设计值；

c——附墙架靠墙肢的形心与墙面的距离再另加 3mm 离外墙边的空隙。

6　模板构造与安装

6.1　一 般 规 定

6.1.1　模板安装前必须做好下列安全技术准备工作：

1　应审查模板结构设计与施工说明书中的荷载、计算方法、节点构造和安全措施，设计审批手续应齐全。

2　应进行全面的安全技术交底，操作班组应熟悉设计与施工说明书，并应做好模板安装作业的分工准备。采用爬模、飞模、隧道模等特殊模板施工时，所有参加作业人员必须经过专门技术培训，考核合格后方可上岗。

3　应对模板和配件进行挑选、检测，不合格者应剔除，并应运至工地指定地点堆放。

4　备齐操作所需的一切安全防护设施和器具。

6.1.2　模板构造与安装应符合下列规定：

1　模板安装应按设计与施工说明书顺序拼装。木杆、钢管、门架等支架立柱不得混用。

2　竖向模板和支架立柱支承部分安装在基土上时，应加设垫板，垫板应有足够强度和支承面积，且应中心承载。基土应坚实，并应有排水措施。对湿陷性黄土应有防水措施；对特别重要的结构工程可采用混凝土、打桩等措施防止支架柱下沉。对冻胀性土应有防冻融措施。

3　当满堂或共享空间模板支架立柱高度超过 8m 时，若地基土达不到承载要求，无法防止立柱下沉，则应先施工地面下的工程，再分层回填夯实基土，浇筑地面混凝土垫层，达到强度后方可支模。

4　模板及其支架在安装过程中，必须设置有效防倾覆的临时固定设施。

5　现浇钢筋混凝土梁、板，当跨度大于 4m 时，模板应起拱；当设计无具体要求时，起拱高度宜为全跨长度的 1/1000～3/1000。

6　现浇多层或高层房屋和构筑物，安装上层模板及其支架应符合下列规定：

1）下层楼板应具有承受上层施工荷载的承载能力，否则应加设支撑支架；

2）上层支架立柱应对准下层支架立柱，并应在立柱底铺设垫板；

3）当采用悬臂吊模板、桁架支模方法时，其支撑结构的承载能力和刚度必须符合设计构造要求。

7　当层间高度大于 5m 时，应选用桁架支模或钢管立柱支模。当层间高度小于或等于 5m 时，可采用木立柱支模。

6.1.3　安装模板应保证工程结构和构件各部分形状、尺寸和相互位置的正确，防止漏浆，构造应符合模板设计要求。

模板应具有足够的承载能力、刚度和稳定性，应能可靠承受新浇混凝土自重和侧压力以及施工过程中所产生的荷载。

6.1.4　拼装高度为 2m 以上的竖向模板，不得站在下层模板上拼装上层模板。安装过程中应设置临时固定设施。

6.1.5　当承重焊接钢筋骨架和模板一起安装时，应符合下列规定：

1　梁的侧模、底模必须固定在承重焊接钢筋骨架的节点上。

2　安装钢筋模板组合体时，吊索应按模板设计的吊点位置绑扎。

6.1.6　当支架立柱成一定角度倾斜，或其支架立柱的顶表面倾斜时，应采取可靠措施确保支点稳定，支撑底脚必须有防滑移的可靠措施。

6.1.7 除设计图另有规定者外，所有垂直支架柱应保证其垂直。

6.1.8 对梁和板安装二次支撑前，其上不得有施工荷载，支撑的位置必须正确。安装后所传给支撑或连接件的荷载不应超过其允许值。

6.1.9 支撑梁、板的支架立柱构造与安装应符合下列规定：

1 梁和板的立柱，其纵横向间距应相等或成倍数。

2 木立柱底部应设垫木，顶部应设支撑头。钢管立柱底部应设垫木和底座，顶部应设可调支托，U形支托与楞梁两侧间如有间隙，必须楔紧，其螺杆伸出钢管顶部不得大于200mm，螺杆外径与立柱钢管内径的间隙不得大于3mm，安装时应保证上下同心。

3 在立柱底距地面200mm高处，沿纵横水平方向应按纵下横上的程序设扫地杆。可调支托底部的立柱顶端应沿纵横向设置一道水平拉杆。扫地杆与顶部水平拉杆之间的间距，在满足模板设计所确定的水平拉杆步距要求条件下，进行平均分配确定步距后，在每一步距处纵横向应各设一道水平拉杆。当层高在8～20m时，在最顶步距两水平拉杆中间应加设一道水平拉杆；当层高大于20m时，在最顶两步距水平拉杆中间应分别增加一道水平拉杆。所有水平拉杆的端部均应与四周建筑物顶紧顶牢。无处可顶时，应在水平拉杆端部和中部沿竖向设置连续式剪刀撑。

4 木立柱的扫地杆、水平拉杆、剪刀撑应采用40mm×50mm木条或25mm×80mm的木板条与木立柱钉牢。钢管立柱的扫地杆、水平拉杆、剪刀撑应采用ϕ48mm×3.5mm钢管，用扣件与钢管立柱扣牢。木扫地杆、水平拉杆、剪刀撑应采用搭接，并应采用铁钉钉牢。钢管扫地杆、水平拉杆应采用对接，剪刀撑应采用搭接，搭接长度不得小于500mm，并应采用2个旋转扣件分别在离杆端不小于100mm处进行固定。

6.1.10 施工时，在已安装好的模板上的实际荷载不得超过设计值。已承受荷载的支架和附件，不得随意拆除或移动。

6.1.11 组合钢模板、滑升模板等的构造与安装，尚应符合现行国家标准《组合钢模板技术规范》GB 50214和《滑动模板工程技术规范》GB 50113的相应规定。

6.1.12 安装模板时，安装所需各种配件应置于工具箱或工具袋内，严禁散放在模板或脚手板上；安装所用工具应系挂在作业人员身上或置于所配带的工具袋中，不得掉落。

6.1.13 当模板安装高度超过3.0m时，必须搭设脚手架，除操作人员外，脚手架下不得站其他人。

6.1.14 吊运模板时，必须符合下列规定：

1 作业前应检查绳索、卡具、模板上的吊环，必须完整有效，在升降过程中应设专人指挥，统一信号，密切配合。

2 吊运大块或整体模板时，竖向吊运不应少于2个吊点，水平吊运不应少于4个吊点。吊运必须使用卡环连接，并应稳起稳落，待模板就位连接牢固后，方可摘除卡环。

3 吊运散装模板时，必须码放整齐，待捆绑牢固后方可起吊。

4 严禁起重机在架空输电线路下面工作。

5 遇5级及以上大风时，应停止一切吊运作业。

6.1.15 木料应堆放在下风向，离火源不得小于30m，且料场四周应设置灭火器材。

6.2 支架立柱构造与安装

6.2.1 梁式或桁架式支架的构造与安装应符合下列规定：

1 采用伸缩式桁架时，其搭接长度不得小于500mm，上下弦连接销钉规格、数量应按设计规定，并应采用不少于2个U形卡或钢销钉销紧，2个U形卡距或销距不得小于400mm。

2 安装的梁式或桁架式支架的间距设置应与模板设计图一致。

3 支承梁式或桁架式支架的建筑结构应具有足够强度，否则，应另设立柱支撑。

4 若桁架采用多榀成组排放，在下弦折角处必须加设水平撑。

6.2.2 工具式立柱支撑的构造与安装应符合下列规定：

1 工具式钢管单立柱支撑的间距应符合支撑设计的规定。

2 立柱不得接长使用。

3 所有夹具、螺栓、销子和其他配件应处在闭合或拧紧的位置。

4 立杆及水平拉杆构造应符合本规范第6.1.9条的规定。

6.2.3 木立柱支撑的构造与安装应符合下列规定：

1 木立柱宜选用整料，当不能满足要求时，立柱的接头不宜超过1个，并应采用对接夹板接头方式。立柱底部可采用垫块垫高，但不得采用单码砖垫高，垫高高度不得超过300mm。

2 木立柱底部与垫木之间应设置硬木对角楔调整标高，并应用铁钉将其固定在垫木上。

3 木立柱间距、扫地杆、水平拉杆、剪刀撑的设置应符合本规范6.1.9条的规定，严禁使用板皮替代规定的拉杆。

4 所有单立柱支撑应在底垫木和梁底模板的中心，并应与底部垫木和顶部梁底模板紧密接触，且不得承受偏心荷载。

5 当仅为单排立柱时，应在单排立柱的两边每隔 3m 加设斜支撑，且每边不得少于 2 根，斜支撑与地面的夹角应为 60°。

6.2.4 当采用扣件式钢管作立柱支撑时，其构造与安装应符合下列规定：

1 钢管规格、间距、扣件应符合设计要求。每根立柱底部应设置底座及垫板，垫板厚度不得小于 50mm。

2 钢管支架立柱间距、扫地杆、水平拉杆、剪刀撑的设置应符合本规范第 6.1.9 条的规定。当立柱底部不在同一高度时，高处的纵向扫地杆应向低处延长不少于 2 跨，高低差不得大于 1m，立柱距边坡上方边缘不得小于 0.5m。

3 立柱接长严禁搭接，必须采用对接扣件连接，相邻两立柱的对接接头不得在同步内，且对接接头沿竖向错开的距离不宜小于 500mm，各接头中心距主节点不宜大于步距的 1/3。

4 严禁将上段的钢管立柱与下段钢管立柱错开固定在水平拉杆上。

5 满堂模板和共享空间模板支架立柱，在外侧周圈应设由下至上的竖向连续式剪刀撑；中间在纵横向应每隔 10m 左右设由下至上的竖向连续式剪刀撑，其宽度宜为 4～6m，并在剪刀撑部位的顶部、扫地杆处设置水平剪刀撑（图 6.2.4-1）。剪刀撑杆件的底端应与地面顶紧，夹角宜为 45°～60°。当建筑层高在 8～20m时，除应满足上述规定外，还应在纵横向相邻的两竖向连续式剪刀撑之间增加之字斜撑，在有水平剪刀撑的部位，应在每个剪刀撑中间处增加一道水平剪刀撑（图 6.2.4-2）。当建筑层高超过 20m 时，在满足以上规定的基础上，应将所有之字斜撑全部改为连续式剪刀撑（图 6.2.4-3）。

6 当支架立柱高度超过 5m 时，应在立柱周圈外侧和中间有结构柱的部位，按水平间距 6～9m、竖向间距 2～3m 与建筑结构设置一个固结点。

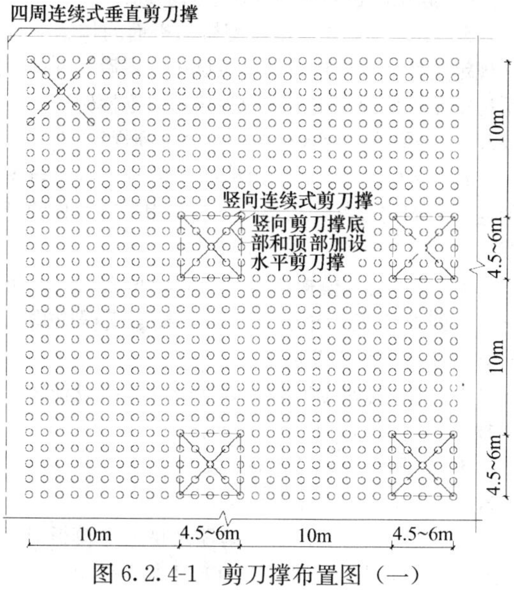

图 6.2.4-1 剪刀撑布置图（一）

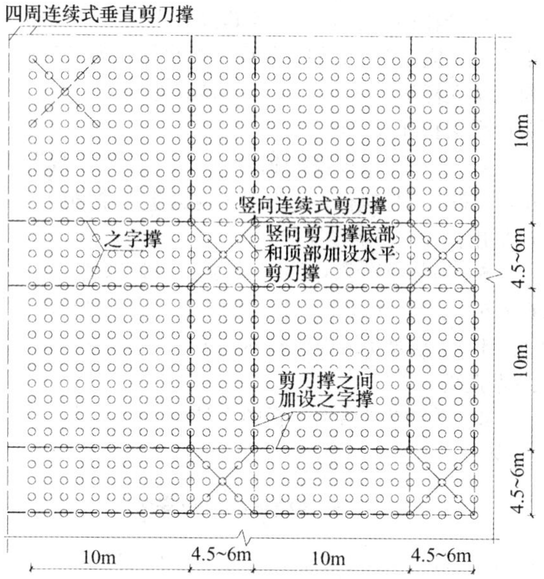

图 6.2.4-2 剪刀撑布置图（二）

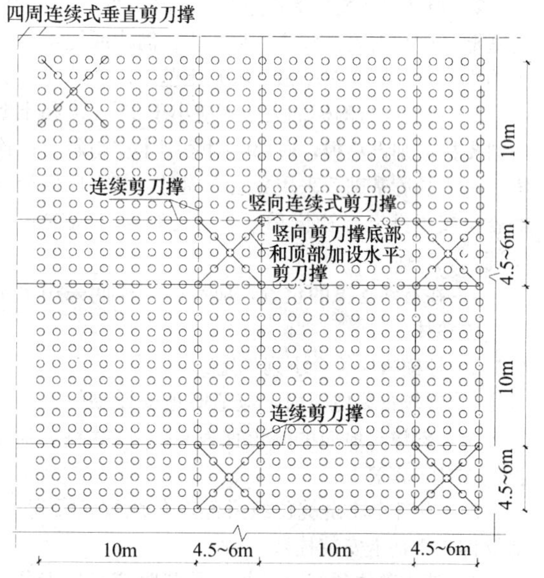

图 6.2.4-3 剪刀撑布置图（三）

6.2.5 当采用标准门架作支撑时，其构造与安装应符合下列规定：

1 门架的跨距和间距应按设计规定布置，间距宜小于 1.2m；支撑架底部垫木上应设固定底座或可调底座。门架、调节架及可调底座，其高度应按其支撑的高度确定。

2 门架支撑可沿梁轴线垂直和平行布置。当垂直布置时，在两门架间的两侧应设置交叉支撑；当平行布置时，在两门架间的两侧亦应设置交叉支撑，交叉支撑应与立杆上的锁销锁牢，上下门架的组装连接必须设置连接棒及锁臂。

3　当门架支撑宽度为4跨及以上或5个间距及以上时，应在周边底层、顶层、中间每5列、5排在每门架立杆跟部设 ϕ48mm×3.5mm 通长水平加固杆，并应采用扣件与门架立杆扣牢。

4　当门架支撑高度超过8m时，应按本规范第6.2.4条的规定执行，剪刀撑不应大于4个间距，并应采用扣件与门架立杆扣牢。

5　顶部操作层应采用挂扣式脚手板满铺。

6.2.6　悬挑结构立柱支撑的安装应符合下列要求：

1　多层悬挑结构模板的上下立柱应保持在同一条垂直线上。

2　多层悬挑结构模板的立柱应连续支撑，并不得少于3层。

6.3　普通模板构造与安装

6.3.1　基础及地下工程模板应符合下列规定：

1　地面以下支模应先检查土壁的稳定情况，当有裂纹及塌方危险迹象时，应采取安全防范措施后，方可下人作业。当深度超过2m时，操作人员应设梯上下。

2　距基槽（坑）上口边缘1m内不得堆放模板。向基槽（坑）内运料应使用起重机、溜槽或绳索；运下的模板严禁立放在基槽（坑）土壁上。

3　斜支撑与侧模的夹角不应小于45°，支在土壁的斜支撑应加设垫板，底部的对角楔木应与斜支撑连牢。高大长脖基础若采用分层支模时，其下层模板应经就位校正并支撑稳固后，方可进行上一层模板的安装。

4　在有斜支撑的位置，应在两侧模间采用水平撑连成整体。

6.3.2　柱模板应符合下列规定：

1　现场拼装柱模时，应适时地安设临时支撑进行固定，斜撑与地面的倾角宜为60°，严禁将大片模板系在柱子钢筋上。

2　待四片柱模就位组拼经对角线校正无误后，应立即自下而上安装柱箍。

3　若为整体预组合柱模，吊装时应采用卡环和柱模连接，不得采用钢筋钩代替。

4　柱模校正（用四根斜支撑或用连接在柱模顶四角带花篮螺栓的揽风绳，底端与楼板钢筋拉环固定进行校正）后，应采用斜撑或水平撑进行四周支撑，以确保整体稳定。当高度超过4m时，应群体或成列同时支模，并应将支撑连成一体，形成整体框架体系。当需单根支模时，柱宽大于500mm应每边在同一标高上设置不得少于2根斜撑或水平撑。斜撑与地面的夹角宜为45°～60°，下端尚应有防滑移的措施。

5　角柱模板的支撑，除满足上款要求外，还应在里侧设置能承受拉力和压力的斜撑。

6.3.3　墙模板应符合下列规定：

1　当采用散拼定型模板支模时，应自下而上进行，必须在下一层模板全部紧固后，方可进行上一层安装。当下层不能独立安设支撑件时，应采取临时固定措施。

2　当采用预拼装的大块墙模板进行支模安装时，严禁同时起吊2块模板，并应边就位、边校正、边连接，固定后方可摘钩。

3　安装电梯井内墙模前，必须在板底下200mm处牢固地满铺一层脚手板。

4　模板未安装对拉螺栓前，板面应向后倾一定角度。

5　当钢楞长度需接长时，接头处应增加相同数量和不小于原规格的钢楞，其搭接长度不得小于墙模板宽或高的15%～20%。

6　拼接时的U形卡应正反交替安装，间距不得大于300mm；2块模板对接接缝处的U形卡应满装。

7　对拉螺栓与墙模板应垂直，松紧应一致，墙厚尺寸应正确。

8　墙模板内外支撑必须坚固、可靠，应确保模板的整体稳定。当墙模板外面无法设置支撑时，应在里面设置能承受拉力和压力的支撑。多排并列且间距不大的墙模板，当其与支撑互成一体时，应采取措施，防止灌筑混凝土时引起临近模板变形。

6.3.4　独立梁和整体楼盖梁结构模板应符合下列规定：

1　安装独立梁模板时应设安全操作平台，并严禁操作人员站在独立梁底模或柱模支架上操作及上下通行。

2　底模与横楞应拉结好，横楞与支架、立柱应连接牢固。

3　安装梁侧模时，应边安装边与底模连接，当侧模高度多于2块时，应采取临时固定措施。

4　起拱应在侧模内外楞连固前进行。

5　单片预组合梁模，钢楞与板面的拉结应按设计规定制作，并应按设计吊点试吊无误后，方可正式吊运安装，侧模与支架支撑稳定后方准摘钩。

6.3.5　楼板或平台板模板应符合下列规定：

1　当预组合模板采用桁架支模时，桁架与支点的连接应固定牢靠，桁架支承应采用平直通长的型钢或木方。

2　当预组合模板块较大时，应加钢楞后方可吊运。当组合模板为错缝拼配时，板下横楞应均匀布置，并应在模板端穿插销。

3　单块模就位安装，必须待支架搭设稳固、板下横楞与支架连接牢固后进行。

4　U形卡应按设计规定安装。

6.3.6　其他结构模板应符合下列规定：

1　安装圈梁、阳台、雨篷及挑檐等模板时，其支撑应独立设置，不得支搭在施工脚手架上。

2 安装悬挑结构模板时，应搭设脚手架或悬挑工作台，并应设置防护栏杆和安全网。作业处的下方不得有人通行或停留。

3 烟囱、水塔及其他高大构筑物的模板，应编制专项施工设计和安全技术措施，并应详细地向操作人员进行交底后方可安装。

4 在危险部位进行作业时，操作人员应系好安全带。

6.4 爬升模板构造与安装

6.4.1 进入施工现场的爬升模板系统中的大模板、爬升支架、爬升设备、脚手架及附件等，应按施工组织设计及有关图纸验收，合格后方可使用。

6.4.2 爬升模板安装时，应统一指挥，设置警戒区与通信设施，做好原始记录。并应符合下列规定：

1 检查工程结构上预埋螺栓孔的直径和位置，并应符合图纸要求。

2 爬升模板的安装顺序应为底座、立柱、爬升设备、大模板、模板外侧吊脚手。

6.4.3 施工过程中爬升大模板及支架时，应符合下列规定：

1 爬升前，应检查爬升设备的位置、牢固程度、吊钩及连接杆件等，确认无误后，拆除相邻大模板及脚手架间的连接杆件，使各个爬升模板单元彻底分开。

2 爬升时，应先收紧千斤钢丝绳，吊住大模板或支架，然后拆卸穿墙螺栓，并检查再无任何连接，卡环和安全钩无问题，调整好大模板或支架的重心，保持垂直，开始爬升。爬升时，作业人员应站在固定件上，不得站在爬升件上爬升，爬升过程中应防止晃动与扭转。

3 每个单元的爬升不宜中途交接班，不得隔夜再继续爬升。每单元爬升完毕应及时固定。

4 大模板爬升时，新浇混凝土的强度不应低于 $1.2N/mm^2$。支架爬升时的附墙架穿墙螺栓受力处的新浇混凝土强度应达到 $10N/mm^2$ 以上。

5 爬升设备每次使用前均应检查，液压设备应由专人操作。

6.4.4 作业人员应背工具袋，以便存放工具和拆下的零件，防止物件跌落。且严禁高空向下抛物。

6.4.5 每次爬升组合安装好的爬升模板、金属件应涂刷防锈漆，板面应涂刷脱模剂。

6.4.6 爬模的外附脚手架或悬挂脚手架应满铺脚手板，脚手架外侧应设防护栏杆和安全网。爬架底部亦应满铺脚手板和设置安全网。

6.4.7 每步脚手架间应设置爬梯，作业人员应由爬梯上下，进入爬架应在爬架内上下，严禁攀爬模板、脚手架和爬架外侧。

6.4.8 脚手架上不应堆放材料，脚手架上的垃圾应及时清除。如需临时堆放少量材料或机具，必须及时取走，且不得超过设计荷载的规定。

6.4.9 所有螺栓孔均应安装螺栓，螺栓应采用 50～60N·m 的扭矩紧固。

6.5 飞模构造与安装

6.5.1 飞模的制作组装必须按设计图进行。运到施工现场后，应按设计要求检查合格后方可使用安装。安装前应进行一次试压和试吊，检验确认各部件无隐患。对利用组合钢模板、门式脚手架、钢管脚手架组装的飞模，所用的材料、部件应符合现行国家标准《组合钢模板技术规范》GB 50214、《冷弯薄壁型钢结构技术规范》GB 50018 以及其他专业技术规范的要求。凡属采用铝合金型材、木或竹塑胶合板组装的飞模，所用材料及部件应符合有关专业标准的要求。

6.5.2 飞模起吊时，应在吊离地面 0.5m 后停下，待飞模完全平衡后再起吊。吊装应使用安全卡环，不得使用吊钩。

6.5.3 飞模就位后，应立即在外侧设置防护栏，其高度不得小于 1.2m，外侧应另加设安全网，同时应设置楼层护栏。并应准确、牢固地搭设出模操作平台。

6.5.4 当飞模在不同楼层转运时，上下层的信号人员应分工明确、统一指挥、统一信号，并应采用步话机联络。

6.5.5 当飞模转运采用地滚轮推出时，前滚轮应高出后滚轮10～20mm，并应将飞模重心标画在旁侧，严禁外侧吊点在未挂钩前将飞模向外倾斜。

6.5.6 飞模外推时，必须用多根安全绳一端牢固栓在飞模两侧，另一端围绕在飞模两侧建筑物的可靠部位上，并应设专人掌握；缓慢推出飞模，并松放安全绳，飞模外端吊点的钢丝绳应逐渐收紧，待内外端吊钩挂牢后再转运起吊。

6.5.7 在飞模上操作的挂钩作业人员应穿防滑鞋，且应系好安全带，并应挂在上层的预埋铁环上。

6.5.8 吊运时，飞模上不得站人和存放自由物料，操作电动平衡吊具的作业人员应站在楼面上，并不得斜拉歪吊。

6.5.9 飞模出模时，下层应设安全网，且飞模每运转一次后应检查各部件的损坏情况，同时应对所有的连接螺栓重新进行紧固。

6.6 隧道模构造与安装

6.6.1 组装好的半隧道模应按模板编号顺序吊装就位。并应将 2 个半隧道模顶板边缘的角钢用连接板和螺栓进行连接。

6.6.2 合模后应采用千斤顶升降模板的底沿，按导墙上所确定的水准点调整到设计标高，并应采用斜支撑和垂直支撑调整模板的水平度和垂直度，再将连接螺栓拧紧。

6.6.3 支卸平台构架的支设，必须符合下列规定：

1 支卸平台的设计应便于支卸平台吊装就位，平台的受力应合理。

2 平台桁架中立柱下面的垫板，必须落在楼板边缘以内400mm左右，并应在楼层下相应位置加设临时垂直支撑。

3 支卸平台台面的顶面，必须和混凝土楼面齐平，并应紧贴楼面边缘。相邻支卸平台间的空隙不得过大。支卸平台外周边应设安全护栏和安全网。

6.6.4 山墙作业平台应符合下列规定：

1 隧道模拆除吊离后，应将特制U形卡承托对准山墙的上排对拉螺栓孔，从外向内插入，并用螺帽紧固。U形卡承托的间距不得大于1.5m。

2 将作业平台吊至已埋设的U形卡位置就位，并将平台每根垂直杆件上的ϕ30水平杆件落入U形卡内，平台下部靠墙的垂直支撑用穿墙螺栓紧固。

3 每个山墙作业平台的长度不应超过7.5m，且不应小于2.5m，并应在端头分别增加外挑1.5m的三角平台。作业平台外周边应设安全护栏和安全网。

7 模板拆除

7.1 模板拆除要求

7.1.1 模板的拆除措施应经技术主管部门或负责人批准，拆除模板的时间可按现行国家标准《混凝土结构工程施工质量验收规范》GB 50204的有关规定执行。冬期施工的拆模，应符合专门规定。

7.1.2 当混凝土未达到规定强度或已达到设计规定强度，需提前拆模或承受部分超设计荷载时，必须经过计算和技术主管确认其强度能足够承受此荷载后，方可拆除。

7.1.3 在承重焊接钢筋骨架作配筋的结构中，承受混凝土重量的模板，应在混凝土达到设计强度的25%后方可拆除承重模板。当在已拆除模板的结构上加置荷载时，应另行核算。

7.1.4 大体积混凝土的拆模时间除应满足混凝土强度要求外，还应使混凝土内外温差降低到25℃以下时方可拆模。否则应采取有效措施防止产生温度裂缝。

7.1.5 后张预应力混凝土结构的侧模宜在施加预应力前拆除，底模应在施加预应力后拆除。当设计有规定时，应按规定执行。

7.1.6 拆模前应检查所使用的工具有效和可靠，扳手等工具必须装入工具袋或系挂在身上，并应检查拆模场所范围内的安全措施。

7.1.7 模板的拆除工作应设专人指挥。作业区应设围栏，其内不得有其他工种作业，并应设专人负责监护。拆下的模板、零配件严禁抛掷。

7.1.8 拆模的顺序和方法应按模板的设计规定进行。当设计无规定时，可采取先支的后拆、后支的先拆、先拆非承重模板、后拆承重模板，并应从上而下进行拆除。拆下的模板不得抛扔，应按指定地点堆放。

7.1.9 多人同时操作时，应明确分工、统一信号或行动，应具有足够的操作面，人员应站在安全处。

7.1.10 高处拆除模板时，应符合有关高处作业的规定。严禁使用大锤和撬棍，操作层上临时拆下的模板堆放不能超过3层。

7.1.11 在提前拆除互相搭连并涉及其他后拆模板的支撑时，应补设临时支撑。拆模时，应逐块拆卸，不得成片撬落或拉倒。

7.1.12 拆模如遇中途停歇，应将已拆松动、悬空、浮吊的模板或支架进行临时支撑牢固或相互连接稳固。对活动部件必须一次拆除。

7.1.13 已拆除了模板的结构，应在混凝土强度达到设计强度值后方可承受全部设计荷载。若在未达到设计强度以前，需在结构上加置施工荷载时，应另行核算，强度不足时，应加设临时支撑。

7.1.14 遇6级或6级以上大风时，应暂停室外的高处作业。雨、雪、霜后应先清扫施工现场，方可进行工作。

7.1.15 拆除有洞口模板时，应采取防止操作人员坠落的措施。洞口模板拆除后，应按国家现行标准《建筑施工高处作业安全技术规范》JGJ 80的有关规定及时进行防护。

7.2 支架立柱拆除

7.2.1 当拆除钢楞、木楞、钢桁架时，应在其下面临时搭设防护支架，使所拆楞梁及桁架先落在临时防护支架上。

7.2.2 当立柱的水平拉杆超出2层时，应首先拆除2层以上的拉杆。当拆除最后一道水平拉杆时，应和拆除立柱同时进行。

7.2.3 当拆除4～8m跨度的梁下立柱时，应先从跨中开始，对称地分别向两端拆除。拆除时，严禁采用连梁底板向旁侧一片拉倒的拆除方法。

7.2.4 对于多层楼板模板的立柱，当上层及以上楼板正在浇筑混凝土时，下层楼板立柱的拆除，应根据下层楼板结构混凝土强度的实际情况，经过计算确定。

7.2.5 拆除平台、楼板下的立柱时，作业人员应站在安全处。

7.2.6 对已拆下的钢楞、木楞、桁架、立柱及其他零配件应及时运到指定地点。对有芯钢管立柱运出前应先将芯管抽出或用销卡固定。

7.3 普通模板拆除

7.3.1 拆除条形基础、杯形基础、独立基础或设备基础的模板时，应符合下列规定：

1 拆除前应先检查基槽（坑）土壁的安全状况，发现有松软、龟裂等不安全因素时，应在采取安全防范措施后，方可进行作业。

2 模板和支撑杆件等应随拆随运，不得在离槽（坑）上口边缘 1m 以内堆放。

3 拆除模板时，施工人员必须站在安全地方。应先拆内外木楞、再拆木面板；钢模板应先拆钩头螺栓和内外钢楞，后拆 U 形卡和 L 形插销，拆下的钢模板应妥善传递或用绳钩放置地面，不得抛掷。拆下的小型零配件应装入工具袋内或小型箱笼内，不得随处乱扔。

7.3.2 拆除柱模应符合下列规定：

1 柱模拆除应分别采用分散拆和分片拆 2 种方法。分散拆除的顺序应为：

拆除拉杆或斜撑、自上而下拆除柱箍或横楞、拆除竖楞，自上而下拆除配件及模板、运走分类堆放、清理、拔钉、钢模维修、刷防锈油或脱模剂、入库备用。

分片拆除的顺序应为：

拆除全部支撑系统、自上而下拆除柱箍及横楞、拆掉柱角 U 形卡、分 2 片或 4 片拆除模板、原地清理、刷防锈油或脱模剂、分片运至新支模地点备用。

2 柱子拆下的模板及配件不得向地面抛掷。

7.3.3 拆除墙模应符合下列规定：

1 墙模分散拆除顺序应为：

拆除斜撑或斜拉杆、自上而下拆除外楞及对拉螺栓、分层自上而下拆除木楞或钢楞及零配件和模板、运走分类堆放、拔钉清理或清理检修后刷防锈油或脱模剂、入库备用。

2 预组拼大块墙模拆除顺序应为：

拆除全部支撑系统、拆卸大块墙模接缝处的连接型钢及零配件、拧去固定埋设件的螺栓及大部分对拉螺栓、挂上吊装绳扣并略拉紧吊绳后，拧下剩余对拉螺栓，用方木均匀敲击大块墙模立楞及钢模板，使其脱离墙体，用撬棍轻轻外撬大块墙模板使全部脱离，指挥起吊、运走、清理、刷防锈油或脱模剂备用。

3 拆除每一大块墙模的最后 2 个对拉螺栓后，作业人员应撤离大模板下侧，以后的操作均应在上部进行。个别大块模板拆除后产生局部变形者应及时整修好。

4 大块模板起吊时，速度要慢，应保持垂直，严禁模板碰撞墙体。

7.3.4 拆除梁、板模板应符合下列规定：

1 梁、板模板应先拆梁侧模，再拆板底模，最后拆除梁底模，并应分段分片进行，严禁成片撬落或成片拉拆。

2 拆除时，作业人员应站在安全的地方进行操作，严禁站在已拆或松动的模板上进行拆除作业。

3 拆除模板时，严禁用铁棍或铁锤乱砸，已拆下的模板应妥善传递或用绳钩放至地面。

4 严禁作业人员站在悬臂结构边缘敲拆下面的底模。

5 待分片、分段的模板全部拆除后，方允许将模板、支架、零配件等按指定地点运出堆放，并进行拔钉、清理、整修、刷防锈油或脱模剂，入库备用。

7.4 特殊模板拆除

7.4.1 对于拱、薄壳、圆穹屋顶和跨度大于 8m 的梁式结构，应按设计规定的程序和方式从中心沿环圈对称向外或从跨中对称向两边均匀放松模板支架立柱。

7.4.2 拆除圆形屋顶、筒仓下漏斗模板时，应从结构中心处的支架立柱开始，按同心圆层次对称地拆向结构的周边。

7.4.3 拆除带有拉杆拱的模板时，应在拆除前先将拉杆拉紧。

7.5 爬升模板拆除

7.5.1 拆除爬模应有拆除方案，且应由技术负责人签署意见，应向有关人员进行安全技术交底后，方可实施拆除。

7.5.2 拆除时应先清除脚手架上的垃圾杂物，并应设置警戒区由专人监护。

7.5.3 拆除时应设专人指挥，严禁交叉作业。拆除顺序应为：悬挂脚手架和模板、爬升设备、爬升支架。

7.5.4 已拆除的物件应及时清理、整修和保养，并运至指定地点备用。

7.5.5 遇 5 级以上大风应停止拆除作业。

7.6 飞 模 拆 除

7.6.1 脱模时，梁、板混凝土强度等级不得小于设计强度的 75%。

7.6.2 飞模的拆除顺序、行走路线和运到下一个支模地点的位置，均应按飞模设计的有关规定进行。

7.6.3 拆除时应先用千斤顶顶住下部水平连接管，再拆去木楔或砖墩（或拔出钢套管连接螺栓，提起钢套管）。推入可任意转向的四轮台车，松千斤顶使飞模落在台车上，随后推运至主楼板外侧搭设的平台上，用塔吊吊至上层重复使用。若不需重复使用时，应按普通模板的方法拆除。

7.6.4 飞模拆除必须有专人统一指挥，飞模尾部应绑安全绳，安全绳的另一端应套在坚固的建筑结构上，且在推运时应徐徐放松。

7.6.5 飞模推出后，楼层外边缘应立即绑好护身栏。

7.7 隧道模拆除

7.7.1 拆除前应对作业人员进行安全技术交底和技

术培训。

7.7.2 拆除导墙模板时，应在新浇混凝土强度达到1.0N/mm²后，方准拆模。

7.7.3 拆除隧道模应按下列顺序进行：

1 新浇混凝土强度应在达到承重模板拆模要求后，方准拆模。

2 应采用长柄手摇螺帽杆将连接顶板的连接板上的螺栓松开，并应将隧道模分成2个半隧道模。

3 拔除穿墙螺栓，并旋转垂直支撑杆和墙体模板的螺旋千斤顶，让滚轮落地，使隧道模脱离顶板和墙面。

4 放下支卸平台防护栏杆，先将一边的半隧道模推移至支卸平台上，然后再推另一边半隧道模。

5 为使顶板不超过设计允许荷载，经设计核算后，应加设临时支撑柱。

7.7.4 半隧道模的吊运方法，可根据具体情况采用单点吊装法、两点吊装法、多点吊装法或鸭嘴形吊装法。

8 安全管理

8.0.1 从事模板作业的人员，应经安全技术培训。从事高处作业人员，应定期体检，不符合要求的不得从事高处作业。

8.0.2 安装和拆除模板时，操作人员应配戴安全帽、系安全带、穿防滑鞋。安全帽和安全带应定期检查，不合格者严禁使用。

8.0.3 模板及配件进场应有出厂合格证或当年的检验报告，安装前应对所用部件（立柱、楞梁、吊环、扣件等）进行认真检查，不符合要求者不得使用。

8.0.4 模板工程应编制施工设计和安全技术措施，并应严格按施工设计与安全技术措施的规定进行施工。满堂模板、建筑层高8m及以上和梁跨大于或等于15m的模板，在安装、拆除作业前，工程技术人员应以书面形式向作业班组进行施工操作的安全技术交底，作业班组应对照书面交底进行上、下班的自检和互检。

8.0.5 施工过程中的检查项目应符合下列要求：

1 立柱底部基土应回填夯实。

2 垫木应满足设计要求。

3 底座位置应正确，顶托螺杆伸出长度应符合规定。

4 立杆的规格尺寸和垂直度应符合要求，不得出现偏心荷载。

5 扫地杆、水平拉杆、剪刀撑等的设置应符合规定，固定应可靠。

6 安全网和各种安全设施应符合要求。

8.0.6 在高处安装和拆除模板时，周围应设安全网或搭脚手架，并应加设防护栏杆。在临街面及交通要道地区，尚应设警示牌，派专人看管。

8.0.7 作业时，模板和配件不得随意堆放，模板应放平放稳，严防滑落。脚手架或操作平台上临时堆放的模板不宜超过3层，连接件应放在箱盒或工具袋中，不得散放在脚手板上。脚手架或操作平台上的施工总荷载不得超过其设计值。

8.0.8 对负荷面积大和高4m以上的支架立柱采用扣件式钢管、门式钢管脚手架时，除应有合格证外，对所用扣件应采用扭矩扳手进行抽检，达到合格后方可承力使用。

8.0.9 多人共同操作或扛抬组合钢模板时，必须密切配合、协调一致、互相呼应。

8.0.10 施工用的临时照明和行灯的电压不得超过36V；当为满堂模板、钢支架及特别潮湿的环境时，不得超过12V。照明行灯及机电设备的移动线路应采用绝缘橡胶套电缆线。

8.0.11 有关避雷、防触电和架空输电线路的安全距离应符合国家现行标准《施工现场临时用电安全技术规范》JGJ 46的有关规定。施工用的临时照明和动力线应采用绝缘线和绝缘电缆线，且不得直接固定在钢模板上。夜间施工时，应有足够的照明，并应制定夜间施工的安全措施。施工用临时照明和机电设备线严禁非电工乱拉乱接。同时还应经常检查线路的完好情况，严防绝缘破损漏电伤人。

8.0.12 模板安装高度在2m及以上时，应符合国家现行标准《建筑施工高处作业安全技术规范》JGJ 80的有关规定。

8.0.13 模板安装时，上下应有人接应，随装随运，严禁抛掷。且不得将模板支搭在门窗框上，也不得将脚手板支搭在模板上，并严禁将模板与上料井架及有车辆运行的脚手架或操作平台支成一体。

8.0.14 支模过程中如遇中途停歇，应将已就位模板或支架连接稳固，不得浮搁或悬空。拆模中途停歇时，应将已松扣或已拆松的模板、支架等拆下运走，防止构件坠落或作业人员扶空坠落伤人。

8.0.15 作业人员严禁攀登模板、斜撑杆、拉条或绳索等，不得在高处的墙顶、独立梁或在其模板上行走。

8.0.16 模板施工中应设专人负责安全检查，发现问题应报告有关人员处理。当遇险情时，应立即停工和采取应急措施；待修复或排除险情后，方可继续施工。

8.0.17 寒冷地区冬期施工用钢模板时，不宜采用电热法加热混凝土，否则应采取防触电措施。

8.0.18 在大风地区或大风季节施工时，模板应有抗风的临时加固措施。

8.0.19 当钢模板高度超过15m时，应安设避雷设施，避雷设施的接地电阻不得大于4Ω。

8.0.20 当遇大雨、大雾、沙尘、大雪或6级以上大风等恶劣天气时，应停止露天高处作业。5级及以上风力时，应停止高空吊运作业。雨、雪停止后，应及时清除模板和地面上的积水及冰雪。

8.0.21 使用后的木模板应拔除铁钉，分类进库，堆放整齐。若为露天堆放，顶面应遮防雨篷布。

8.0.22 使用后的钢模、钢构件应符合下列规定：

1 使用后的钢模、桁架、钢楞和立柱应将粘结物清理洁净，清理时严禁采用铁锤敲击的方法。

2 清理后的钢模、桁架、钢楞、立柱，应逐块、逐榀、逐根进行检查，发现翘曲、变形、扭曲、开焊等必须修理完善。

3 清理整修好的钢模、桁架、钢楞、立柱应刷防锈漆。

4 钢模板及配件，使用后必须进行严格清理检查，已损坏断裂的应剔除，不能修复的应报废。螺栓的螺纹部分应整修上油，然后应分别按规格分类装在箱笼内备用。

5 钢模板及配件等修复后，应进行检查验收。凡检查不合格者应重新整修。待合格后方准应用，其修复后的质量标准应符合表8.0.22的规定。

6 钢模板由拆模现场运至仓库或维修场地时，装车不宜超出车栏杆，少量高出部分必须拴牢，零配件应分类装箱，不得散装运输。

7 经过维修、刷油、整理合格的钢模板及配件，如需运往其他施工现场或入库，必须分类装入集装箱内，杆应成捆、配件应成箱，清点数量，入库或接收单位验收。

8 装车时，应轻搬轻放，不得相互碰撞。卸车时，严禁成捆从车上推下和拆散抛掷。

9 钢模板及配件应放入室内或敞棚内，当需露天堆放时，应装入集装箱内，底部垫高100mm，顶面应遮盖防水篷布或塑料布，集装箱堆放高度不宜超过2层。

表8.0.22 钢模板及配件修复后的质量标准

项目		允许偏差（mm）	项目		允许偏差（mm）
钢结构	板面局部不平度	≤2.0	钢模板	板面锈皮麻面，背面粘混凝土	不允许
	板面翘曲矢高	≤2.0		孔洞破裂	不允许
	板侧凸棱面翘曲矢高	≤1.0	零配件	U形卡卡口残余变形	≤1.2
	板肋平直度	≤2.0		钢楞及支柱长度方向弯曲度	≤L/1000
	焊点脱焊	不允许	桁架	侧向平直度	≤2.0

附录A 各类模板用材设计指标

A.1 钢材设计指标

A.1.1 钢材的强度设计值，应根据钢材厚度或直径按表A.1.1-1采用。钢铸件的强度设计值应按表A.1.1-2采用。连接的强度设计值应按表A.1.1-3、表A.1.1-4采用。

表A.1.1-1 钢材的强度设计值（N/mm^2）

钢材 牌号	钢材 厚度或直径（mm）	抗拉、抗压和抗弯 f	抗剪 f_v	端面承压（刨平顶紧）f_{ce}
Q235钢	≤16	215	125	325
	>16～40	205	120	
	>40～60	200	115	
	>60～100	190	110	
Q345钢	≤16	310	180	400
	>16～35	295	170	
	>35～50	265	155	
	>50～100	250	145	
Q390钢	≤16	350	205	415
	>16～35	335	190	
	>35～50	315	180	
	>50～100	295	170	
Q420钢	≤16	380	220	440
	>16～35	360	210	
	>35～50	340	195	
	>50～100	325	185	

注：表中厚度系指计算点的钢材厚度，对轴心受拉和轴心受压构件系指截面中较厚板件的厚度。

表A.1.1-2 钢铸件的强度设计值（N/mm^2）

钢号	抗拉、抗压和抗弯 f	抗剪 f_v	端面承压（刨平顶紧）f_{ce}
ZG 200-400	155	90	260
ZG230-450	180	105	290
ZG270-500	210	120	325
ZG310-570	240	140	370

表 A.1.1-3 焊缝的强度设计值（N/mm²）

焊接方法和焊条型号	构件钢材		对接焊缝				角焊缝
	牌号	厚度或直径（mm）	抗压 f_c^w	焊缝质量为下列等级时，抗拉 f_t^w		抗剪 f_v^w	抗拉、抗压和抗剪 f_f^w
				一级、二级	三级		
自动焊、半自动焊和E43型焊条的手工焊	Q235钢	≤16	215	215	185	125	160
		>16～40	205	205	175	120	
		>40～60	200	200	170	115	
		>60～100	190	190	160	110	
自动焊、半自动焊和E50型焊条的手工焊	Q345钢	≤16	310	310	265	180	200
		>16～35	295	295	250	170	
		>35～50	265	265	225	155	
		>50～100	250	250	210	145	
自动焊、半自动焊和E55型焊条的手工焊	Q390钢	≤16	350	350	300	205	220
		>16～35	335	335	285	190	
		>35～50	315	315	270	180	
		>50～100	295	295	250	170	
	Q420钢	≤16	380	380	320	220	220
		>16～35	360	360	305	210	
		>35～50	340	340	290	195	
		>50～100	325	325	275	185	

注：1 自动焊和半自动焊所采用的焊丝和焊剂，应保证其熔敷金属的力学性能不低于现行国家标准《埋弧焊用碳钢焊丝和焊剂》GB/T 5293和《低合金钢埋弧焊用焊剂》GB/T 12470中相关的规定。

2 焊缝质量等级应符合现行国家标准《钢结构工程施工质量验收规范》GB 50205的规定。其中厚度小于8mm钢材的对焊焊缝，不应采用超声波探伤确定焊缝质量等级。

3 对接焊缝在受压区的抗弯强度设计值取 f_c^w，在受拉区的抗弯强度设计值取 f_t^w。

4 表中厚度系指计算点的钢材厚度，对轴心受拉和轴心受压构件系指截面中较厚板件的厚度。

表 A.1.1-4 螺栓连接的强度设计值（N/mm²）

螺栓的性能等级、锚栓和构件钢材的牌号		普通螺栓						锚栓	承压型连接高强度螺栓		
		C级螺栓			A级、B级螺栓						
		抗拉 f_t^b	抗剪 f_v^b	承压 f_c^b	抗拉 f_t^b	抗剪 f_v^b	承压 f_c^b	抗拉 f_t^a	抗拉 f_t^b	抗剪 f_v^b	承压 f_c^b
普通螺栓	4.6级、4.8级	170	140	—	—	—	—	—	—	—	—
	5.6级	—	—	—	210	190	—	—	—	—	—
	8.8级	—	—	—	400	320	—	—	—	—	—
锚栓	Q235钢	—	—	—	—	—	—	140	—	—	—
	Q345钢	—	—	—	—	—	—	180	—	—	—
承压型连接高强度螺栓	8.8级	—	—	—	—	—	—	—	400	250	—
	10.9级	—	—	—	—	—	—	—	500	310	—

续表 A.1.1-4

螺栓的性能等级、锚栓和构件钢材的牌号		普通螺栓						锚栓	承压型连接高强度螺栓		
		C级螺栓			A级、B级螺栓						
		抗拉 f_t^b	抗剪 f_v^b	承压 f_c^b	抗拉 f_t^b	抗剪 f_v^b	承压 f_c^b	抗拉 f_t^a	抗拉 f_t^b	抗剪 f_v^b	承压 f_c^b
构件	Q235钢	—	—	305	—	—	405	—	—	—	470
	Q345钢	—	—	385	—	—	510	—	—	—	590
	Q390钢	—	—	400	—	—	530	—	—	—	615
	Q420钢	—	—	425	—	—	560	—	—	—	655

注：1 A级螺栓用于 $d \leqslant 24$mm 和 $l \leqslant 10d$ 或 $l \leqslant 150$mm（按较小值）的螺栓；B级螺栓用于 $d > 24$mm 或 $l > 10d$ 或 $l > 150$mm（按较小值）的螺栓。d 为公称直径，l 为螺杆公称长度。

2 A级、B级螺栓孔的精度和孔壁表面粗糙度，C级螺栓孔的允许偏差和孔壁表面粗糙度，均应符合现行国家标准《钢结构工程施工质量验收规范》GB 50205的要求。

A.1.2 计算下列情况的结构构件或连接件时，本规范第A.1.1条规定的强度设计值应乘以下列相应的折减系数：

1 单面连接的单角钢

1）按轴心受力计算强度和连接 0.85；

2）按轴心受压计算稳定性

等边角钢 $0.6+0.0015\lambda$，但不大于1.0；

短边相连的不等边角钢 $0.5+0.0025\lambda$，但不大于1.0；

长边相连的不等边角钢 0.7；

λ 为长细比，对中间无连系的单角钢压杆，应按最小回转半径计算。当 $\lambda < 20$ 时，取 $\lambda = 20$；

2 无垫板的单面施焊对接焊缝 0.85；

3 施工条件较差的高空安装焊缝连接 0.90；

4 当上述几种情况同时存在时，其折减系数应连乘。

A.1.3 钢材和钢铸件的物理性能指标应按表A.1.3采用。

表 A.1.3 钢材和钢铸件的物理性能指标

弹性模量 E （N/mm²）	剪切模量 G （N/mm²）	线膨胀系数 α （以每度计）	质量密度 ρ （kN/mm³）
2.06×10^5	0.79×10^5	12×10^{-6}	78.50

A.2 冷弯薄壁型钢设计指标

A.2.1 冷弯薄壁型钢钢材的强度设计值应按表A.2.1-1采用、焊接强度设计值应按表A.2.1-2采用、C级普通螺栓连接的强度设计值应按表A.2.1-3采用。电阻点焊每个焊点的抗剪承载力设计值应按表A.2.1-4采用。

表 A.2.1-1 冷弯薄壁型钢钢材的强度设计值（N/mm²）

钢材牌号	抗拉、抗压和抗弯 f	抗剪 f_v	端面承压（磨平顶紧） f_{ce}
Q235钢	205	120	310
Q345钢	300	175	400

表 A.2.1-2 冷弯薄壁型钢焊接强度设计值（N/mm²）

构件钢材牌号	对接焊缝			角焊缝
	抗压 f_c^w	抗拉 f_t^w	抗剪 f_v^w	抗压、抗拉、抗剪 f_f^w
Q235钢	205	175	120	140
Q345钢	300	255	175	195

注：1 Q235钢与Q345钢对接焊接时，焊接强度设计值应按本表中Q235钢一栏的数值采用。

2 经X射线检查符合一、二级焊缝质量标准对接焊缝的抗拉强度值采用抗压强度设计值。

表 A.2.1-3 薄壁型钢C级普通螺栓连接的强度设计值（N/mm²）

类 别	性能等级	构件钢材的牌号	
	4.6级、4.8级	Q235钢	Q345钢
抗拉 f_t^b	165	—	—
抗剪 f_v^b	125	—	—
承压 f_c^b	—	290	370

表 A.2.1-4 电阻点焊的抗剪承载力设计值

相焊板件中外层较薄板件的厚度 t(mm)	每个焊点的抗剪承载力设计值 N_v^s(kN)
0.4	0.6

续表 A. 2. 1-4

相焊板件中外层较薄板件的厚度 t(mm)	每个焊点的抗剪承载力设计值 N_v^s(kN)
0.6	1.1
0.8	1.7
1.0	2.3
1.5	4.0
2.0	5.9
2.5	8.0
3.0	10.2
3.5	12.6
—	—

A. 2. 2 计算下列情况的结构构件和连接时，本附录表A. 2. 1-1～表 A. 2. 1-4 规定的强度设计值，应乘以下列相应的折减系数。

1 平面格构式楞系的端部主要受压腹杆 0.85；

2 单面连接的单角钢杆件：

1）按轴心受力计算强度和连接 0.85；

2）按轴心受压计算稳定性 $0.6+0.0014\lambda$；

注：对中间无联系的单角钢压杆，λ 为按最小回转半径计算的杆件长细比；

3 无垫板的单面对接焊缝 0.85；

4 施工条件较差的高空安装焊缝 0.9；

5 两构件的连接采用搭接或其间填有垫板的连接，以及单盖板的不对称连接 0.9；

6 上述几种情况同时存在时，其折减系数应连乘。

A. 2. 3 钢材的物理性能应符合表 A. 1. 3 的规定。

A. 3 木材设计指标

A. 3. 1 普通木模板结构用材的设计指标应按下列规定采用：

1 木材树种的强度等级应按表 A. 3. 1-1 和表 A. 3. 1-2 采用；

2 在正常情况下，木材的强度设计值及弹性模量，应按表 A. 3. 1-3 采用；在不同的使用条件下，木材的强度设计值和弹性模量尚应乘以表 A. 3. 1-4 规定的调整系数；对于不同的设计使用年限，木材的强度设计值和弹性模量尚应乘以表 A. 3. 1-5 规定的调整系数；木模板设计按使用年限为 5 年考虑。

表 A. 3. 1-1 针叶树种木材适用的强度等级

强度等级	组别	适用树种
TC17	A	柏木　长叶松　湿地松　粗皮落叶松
	B	东北落叶松　欧洲赤松　欧洲落叶松
TC15	A	铁杉　油杉　太平洋海岸黄柏　花旗松—落叶松　西部铁杉　南方松
	B	鱼鳞云杉　西南云杉　南亚松
TC13	A	油松　新疆落叶松　云南松　马尾松　扭叶松　北美落叶松　海岸松
	B	红皮云杉　丽江云杉　樟子松　红松　西加云杉　俄罗斯红松　欧洲云杉　北美山地云杉　北美短叶松
TC11	A	西北云杉　新疆云杉　北美黄松　云杉—松—冷杉　铁—冷杉　东部铁杉　杉木
	B	冷杉　速生杉木　速生马尾松　新西兰辐射松

表 A. 3. 1-2 阔叶树种木材适用的强度等级

强度等级	适用范围
TB20	青冈　椆木　门格里斯木　卡普木　沉水稍克隆　绿心木　紫心木　李叶豆　塔特布木
TB17	栎木　达荷玛木　萨佩莱木　苦油树　毛罗藤黄
TB15	锥栗（栲木）　桦木　黄梅兰蒂　梅萨瓦木　水曲柳　红劳罗木
TB13	深红梅兰蒂　浅红梅兰蒂　白梅兰蒂　巴西红厚壳木
TB11	大叶椴　小叶椴

表 A. 3. 1-3 木材的强度设计值和弹性模量（N/mm²）

强度等级	组别	抗弯 f_m	顺纹抗压及承压 f_c	顺纹抗拉 f_t	顺纹抗剪 f_v	横纹承压 $f_{c,90}$ 全表面	横纹承压 $f_{c,90}$ 局部表面和齿面	横纹承压 $f_{c,90}$ 拉力螺栓垫板下	弹性模量 E
TC17	A	17	16	10	1.7	2.3	3.5	4.6	10000
	B		15	9.5	1.6				
TC15	A	15	13	9.0	1.6	2.1	3.1	4.2	10000
	B		12	9.0	1.5				
TC13	A	13	12	8.5	1.5	1.9	2.9	3.8	10000
	B		10	8.0	1.4				9000
TC11	A	11	10	7.5	14	1.8	2.7	3.6	9000
	B		10	7.0	1.2				

续表 A.3.1-3

强度等级	组别	抗弯 f_m	顺纹抗压及承压 f_c	顺纹抗拉 f_t	顺纹抗剪 f_v	横纹承压 $f_{c,90}$ 全表面	局部表面和齿面	拉力螺栓垫板下	弹性模量 E
TB20	—	20	18	12	2.8	4.2	6.3	8.4	12000
TB17	—	17	16	11	2.4	3.8	5.7	7.6	11000
TB15	—	15	14	10	2.0	3.1	4.7	6.2	10000
TB13	—	13	12	9.0	1.4	2.4	3.6	4.8	8000
TB11	—	11	10	8.0	1.3	2.1	3.2	4.1	7000

注：计算木构件端部（如接头处）的拉力螺栓垫板时，木材横纹承压强度设计值应按“局部表面和齿面”一栏的数值采用。

表 A.3.1-4 不同使用条件下木材强度设计值和弹性模量的调整系数

使用条件	调整系数 强度设计值	弹性模量
露天环境	0.9	0.85
长期生产性高温环境，木材表面温度达 40～50℃	0.8	0.8
按恒荷载验算时	0.8	0.8
用在木构筑物时	0.9	1.0
施工和维修时的短暂情况	1.2	1.0

注：1 当仅有恒荷载或恒荷载产生的内力超过全部荷载所产生的内力的 80%时，应单独以恒荷载进行验算。
2 当若干条件同时出现时，表列各系数应连乘。

表 A.3.1-5 不同设计使用年限时木材强度设计值和弹性模量的调整系数

设计使用年限	调整系数 强度设计值	弹性模量
5 年	1.1	1.1
25 年	1.05	1.05
50 年	1.0	1.0
100 年及以上	0.9	0.9

A.3.2 对本规范表 A.3.1-1、表 A.3.1-2 以外的进口木材，应符合国家有关规定的要求。

A.3.3 下列情况，本规范表 A.3.1-3 中的设计指标，尚应按下列规定进行调整：

1 当采用原木时，若验算部位未经切削，其顺纹抗压、抗弯强度设计值和弹性模量可提高 15%；

2 当构件矩形截面的短边尺寸不小于 150mm 时，其强度设计值可提高 10%；

3 当采用湿材时，各种木材的横纹承压强度设计值和弹性模量以及落叶松木材的抗弯强度设计值宜降低 10%；

4 使用有钉孔或各种损伤的旧木材时，强度设计值应根据实际情况予以降低。

A.3.4 进口规格材应由主管的管理机构按规定的专门程序确定强度设计值和弹性模量。

A.3.5 本规范采用的木材名称及常用树种木材主要特性、主要进口木材现场识别要点及主要材性、已经确定的目测分级规格材的树种和设计值应符合现行国家标准《木结构设计规范》GB 50005的有关规定。

A.4 铝合金型材

A.4.1 建筑模板结构或构件，当采用铝合金型材时，其强度设计值应按表 A.4.1 采用。

表 A.4.1 铝合金型材的强度设计值（N/mm^2）

牌号	材料状态	壁厚 (mm)	抗拉、抗压、抗弯强度设计值 f_{Lm}	抗剪强度设计值 f_{LV}
LD_2	Cs	所有尺寸	140	80
LY_{11}	Cz	≤10.0	146	84
	Cs	10.1～20.0	153	88
LY_{12}	Cz	≤5.0	200	116
		5.1～10.0	200	116
		10.1～20.0	206	119
LC_4	Cs	≤10.0	293	170
		10.1～20.0	300	174

注：材料状态代号名称：Cz—淬火（自然时效）；Cs—淬火（人工时效）。

A.4.2 当采用与本规范第 A.4.1 条不同牌号的铝合金型材时，应有可靠的实验数据，并经数理统计确定设计指标后方可使用。

A.5 竹木胶合板材

A.5.1 覆面竹胶合板的抗弯强度设计值和弹性模量应按表 A.5.1采用或根据试验所得的可靠数据采用。

A.5.2 覆面木胶合板的抗弯强度设计值和弹性模量应按表 A.5.2采用或根据试验所得的可靠数据采用。

A.5.3 复合木纤维板的抗弯强度设计值和弹性模量应按表 A.5.3采用或根据试验所得的可靠数据采用。

表 A.5.1 覆面竹胶合板抗弯强度设计值（f_{jm}）和弹性模量

项　目	板厚度（mm）	板的层数	
		3 层	5 层
抗弯强度设计值（N/mm²）	15	37	35
弹性模量（N/mm²）	15	10584	9898
冲击强度（J/cm²）	15	8.3	7.9
胶合强度（N/mm²）	15	3.5	5.0
握钉力（N/mm）	15	120	120

表 A.5.2 覆面木胶合板抗弯强度设计值（f_{jm}）和弹性模量

项　目	板厚度（mm）	表 面 材 料					
		克隆、山樟		桦木		板质材	
		平行方向	垂直方向	平行方向	垂直方向	平行方向	垂直方向
抗弯强度设计值（N/mm²）	12	31	16	24	16	12.5	29
	15	30	21	22	17	12.0	26
	18	29	21	20	15	11.5	25
弹性模量（N/mm²）	12	11.5×10³	7.3×10³	10×10³	4.7×10³	4.5×10³	9.0×10³
	15	11.5×10³	7.1×10³	10×10³	5.0×10³	4.2×10³	9.0×10³
	18	11.5×10³	7.0×10³	10×10³	5.4×10³	4.0×10³	8.0×10³

表 A.5.3 复合木纤维板抗弯强度设计值（f_{jm}）和弹性模量

项　目	板厚度（mm）	受力方向	
		横　向	纵　向
抗弯强度设计值（N/mm²）	≥12	14～16	27～33
弹性模量（N/mm²）	≥12	6.0×10³	6.0×10³
垂直表面抗拉强度设计值（N/mm²）	≥12	>1.8	>1.8

附录 B 模板设计中常用建筑材料自重

表 B 常用建筑材料自重表

材料名称	单位	自　重	备　注
胶合三夹板（杨木）	kN/m²	0.019	—
胶合三夹板（椴木）	kN/m²	0.022	—
胶合三夹板（水曲柳）	kN/m²	0.028	—
胶合五夹板（杨木）	kN/m²	0.030	—
胶合五夹板（椴木）	kN/m²	0.034	—
胶合五夹板（水曲柳）	kN/m²	0.040	—
铸铁	kN/m³	72.50	—
钢	kN/m³	78.50	—
铝	kN/m³	27.00	—
铝合金	kN/m³	28.00	—
普通砖	kN/m³	19.00	ρ=2.5　λ=0.81
黏土空心砖	kN/m³	11.00～4.50	ρ=2.5　λ=0.47
水泥空心砖	kN/m³	9.8	290×290×140—85 块
石灰炉渣	kN/m³	10～12	—
水泥炉渣	kN/m³	12～14	—
石灰锯末	kN/m³	3.4	石灰：锯末=1：3
水泥砂浆	kN/m³	20	—
素混凝土	kN/m³	22～24	振捣或不振捣
矿渣混凝土	kN/m³	20	—
焦渣混凝土	kN/m³	16～17	承重用
焦渣混凝土	kN/m³	10～14	填充用
铁屑混凝土	kN/m³	28～65	—
浮石混凝土	kN/m³	9～14	—
泡沫混凝土	kN/m³	4～6	—
钢筋混凝土	kN/m³	24～25	—
膨胀珍珠岩粉料	kN/m³	0.8～2.5	干，松散 λ=0.045～0.065
水泥珍珠岩制品	kN/m³	3.5～4	λ<0.03
膨胀蛭石	kN/m³	0.8～2	
聚苯乙烯泡沫塑料	kN/m³	0.5	
稻草	kN/m³	1.2	
锯末	kN/m³	2～2.5	

附录C　等截面连续梁的内力及变形系数

C.1　等跨连续梁

表 C.1-1　二跨等跨连续梁

荷载简图		弯矩系数 K_M		剪力系数 K_V		挠度系数 K_W
		$M_{1中}$	$M_{B支}$	V_A	$V_{B左}$ $V_{B右}$	$w_{1中}$
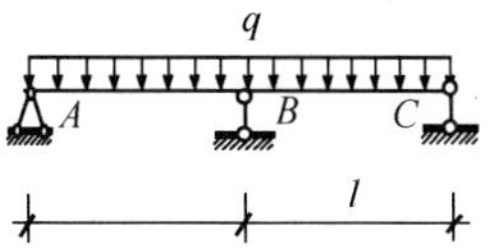	静载	0.07	−0.125	0.375	−0.625 0.625	0.521
	活载最大	0.096	−0.125	0.437	−0.625 0.625	0.912
	活载最小	0.032	—	—	—	−0.391
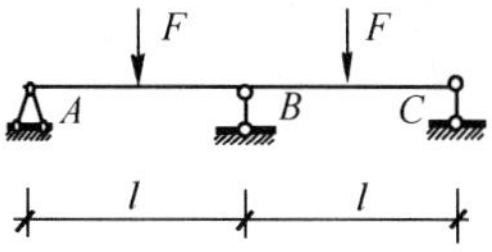	静载	0.156	−0.188	0.312	−0.688 0.688	0.911
	活载最大	0.203	−0.188	0.406	−0.688 0.688	1.497
	活载最小	0.047	—	—	—	−0.586
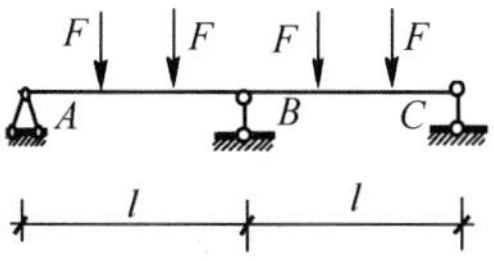	静载	0.222	−0.333	0.667	−1.333 1.333	1.466
	活载最大	0.278	0.333	0.833	−1.333 1.333	2.508
	活载最小	0.084	—	—	—	−1.042

注：1　均布荷载作用下：$M=K_Mql^2$，$V=K_Vql$，$w=K_W\dfrac{ql^4}{100EI}$；

集中荷载作用下：$M=K_MFl$，$V=K_VF$，$w=K_W\dfrac{Fl^3}{100EI}$。

2　支座反力等于该支座左右截面剪力的绝对值之和。

3　求跨中负弯矩及反挠度时，可查用上表“活载最小”一项的系数，但也要与静载引起的弯矩（或挠度）相组合。

4　求跨中最大正弯矩及最大挠度时，该跨应满布活荷载，相邻跨为空载；求支座最大负弯矩及最大剪力时，该支座相邻两跨应满布活荷载，即查用上表中“活载最大”一项的系数，并与静载引起的弯矩（剪力或挠度）相组合。

表 C.1-2　三跨等跨连续梁

荷载简图		弯矩系数 K_M			剪力系数 K_V			挠度系数 K_W
		$M_{1中}$	$M_{2中}$	$M_{B支}$	V_A	$V_{B左}$ $V_{B右}$	$w_{1中}$	$w_{2中}$
见图（1）	静载	0.080	0.025	−0.100	0.400	−0.600 0.500	0.677	0.052
	活载最大	0.101	0.075	0.117	0.450	−0.617 0.583	0.990	0.677
	活载最小	−0.025	−0.050	0.017	—	—	0.313	−0.625
见图（2）	静载	0.175	0.100	−0.150	0.350	−0.650 0.500	1.146	0.208
	活载最大	0.213	0.175	−0.175	0.425	−0.675 0.625	1.615	1.146
	活载最小	−0.038	−0.075	0.025	—	—	−0.469	−0.937

续表 C.1-2

荷载简图		弯矩系数 K_M			剪力系数 K_V		挠度系数 K_W	
		$M_{1中}$	$M_{2中}$	$M_{B支}$	V_A	$V_{B左}$ $V_{B右}$	$w_{1中}$	$w_{2中}$
见图（3）	静载	0.244	0.067	−0.267	0.733	−1.267 1.000	1.883	0.216
	活载最大	0.289	0.200	−0.311	0.866	−1.311 1.222	2.716	1.883
	活载最小	−0.067	−0.133	0.044	—	—	−0.833	−1.667

图（1）	图（2）	图（3）
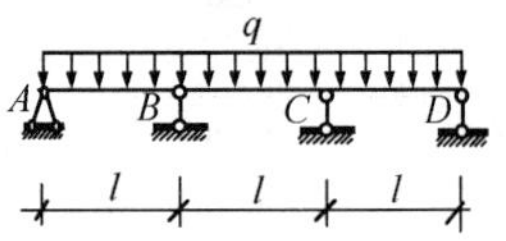	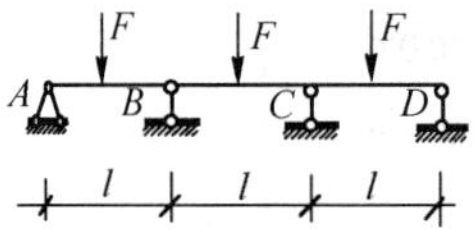	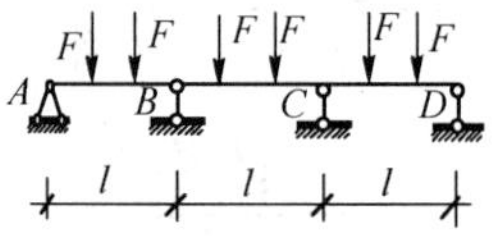

注：1　均布荷载作用下：$M=K_Mql^2$，$V=K_Vql$，$w=K_W\dfrac{ql^4}{100EI}$；

集中荷载作用下：$M=K_MFl$，$V=K_VF$，$w=K_W\dfrac{Fl^3}{100EI}$。

2　支座反力等于该支座左右截面剪力的绝对值之和。

3　求跨中负弯矩及反挠度时，可查用上表“活载最小”一项的系数，但也要与静载引起的弯矩（或挠度）相组合。

4　求某跨的跨中最大正弯矩及最大挠度时，该跨应满布活荷载，其余每隔一跨满布活荷载；求某支座的最大负弯矩及最大剪力时，该支座相邻两跨应满布活荷载，其余每隔一跨满布活荷载，即查用上表中“活载最大”一项的系数，并与静载引起的弯矩（剪力或挠度）相组合。

表 C.1-3　四跨等跨连续梁

荷载简图		弯矩系数 K_M				剪力系数 K_V			挠度系数 K_W	
		$M_{1中}$	$M_{2中}$	$M_{B支}$	$M_{C支}$	V_A	$V_{B左}$ $V_{B右}$	$V_{C左}$ $V_{C右}$	$w_{1中}$	$w_{2中}$
见图（1）	静载	0.077	0.036	−0.107	−0.071	0.393	−0.607 0.536	−0.464 0.464	0.632	0.186
	活载最大	0.100	0.098	0.121	−0.107	0.446	−0.620 0.603	−0.571 0.571	0.967	0.660
	活载最小	−0.023	−0.045	0.013	0.018	—	—	—	−0.307	−0.558
见图（2）	静载	0.169	0.116	−0.161	−0.107	0.339	−0.661 0.554	−0.446 0.446	1.079	0.409
	活载最大	0.210	0.183	−0.181	−0.161	0.420	−0.681 0.654	−0.607 0.607	1.581	1.121
	活载最小	−0.040	−0.067	0.020	0.020	—	—	—	−0.460	−0.711

续表 C.1-3

荷载简图		弯矩系数 K_M				剪力系数 K_V			挠度系数 K_W	
		$M_{1中}$	$M_{2中}$	$M_{B支}$	$M_{C支}$	V_A	$V_{B左}$ $V_{B右}$	$V_{C左}$ $V_{C右}$	$w_{1中}$	$w_{2中}$
见图(3)	静载	0.238	0.111	−0.286	−0.191	0.714	−1.286 1.095	−0.905 0.905	1.764	0.573
	活载最大	0.286	0.222	−0.321	−0.286	0.857	−1.321 1.274	−1.190 1.190	2.657	1.838
	活载最小	−0.071	−0.119	0.036	0.048	—	—	—	−0.819	−1.265

图（1）

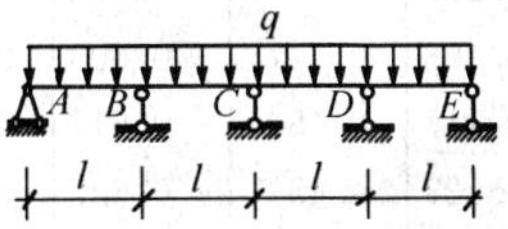

图（2）

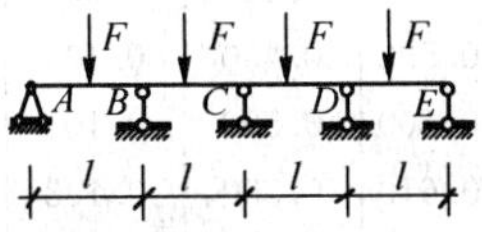

图（3）

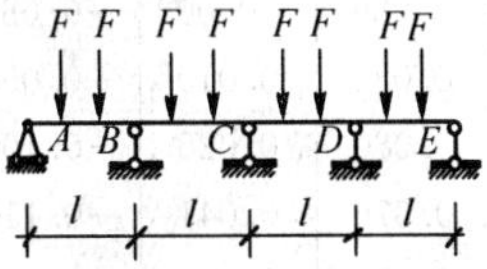

注：同三跨等跨连续梁。

C.2 不等跨连续梁在均布荷载作用下的弯矩、剪力系数

表 C.2-1 二跨不等跨连续梁

荷载简图

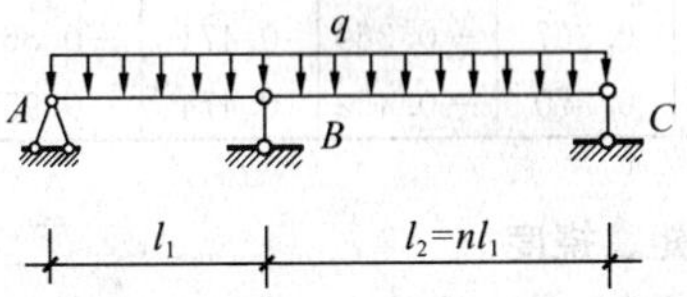

计算公式

弯矩 $M=$ 表中系数 $\times ql_1^2$(kN·m)

剪力 $V=$ 表中系数 $\times ql_1$(kN)

静载时						活载最不利布置时					
n	M_1	M_2	$M_{B最大}$	V_A	$V_{B左最大}$	$V_{B右最大}$	V_c	$M_{1最大}$	$M_{2最大}$	$V_{A最大}$	$V_{c最大}$
1.0	0.070	0.070	−0.125	0.375	−0.625	0.625	−0.375	0.096	0.096	0.433	−0.438
1.1	0.065	0.090	−0.139	0.361	−0.639	0.676	−0.424	0.097	0.114	0.440	−0.478
1.2	0.060	0.111	−0.155	0.345	−0.655	0.729	−0.471	0.098	0.134	0.443	−0.518
1.3	0.053	0.133	−0.175	0.326	−0.674	0.784	−0.516	0.099	0.156	0.446	−0.558
1.4	0.047	0.157	−0.195	0.305	−0.695	0.839	−0.561	0.100	0.179	0.443	−0.598
1.5	0.040	0.183	−0.219	0.281	−0.719	0.896	−0.604	0.101	0.203	0.450	−0.638
1.6	0.033	0.209	−0.245	0.255	−0.745	0.953	−0.647	0.102	0.229	0.452	−0.677
1.7	0.026	0.237	−0.274	0.226	−0.774	1.011	−0.689	0.103	0.256	0.454	−0.716
1.8	0.019	0.267	−0.305	0.195	−0.805	1.069	−0.731	0.104	0.285	0.455	−0.755
1.9	0.013	0.298	−0.339	0.161	−0.839	1.128	−0.772	0.104	0.316	0.457	−0.794
2.0	0.008	0.330	−0.375	0.125	−0.875	1.188	−0.813	0.105	0.347	0.458	−0.833
2.25	0.003	0.417	−0.477	0.023	−0.976	1.337	−0.913	0.107	0.433	0.462	−0.930
2.5	—	0.513	−0.594	−0.094	−1.094	1.488	−1.013	0.108	0.527	0.464	−1.027

表 C.2-2　三跨不等跨连续梁

荷载简图							计算公式					
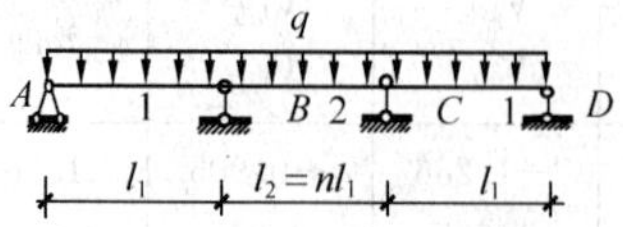							弯矩＝表中系数×ql_1^2(kN·m) 剪力＝表中系数×ql_1(kN)					
静载时							活载最不利布置时					
n	M_1	M_2	$M_{B支}$	V_A	$V_{B左}$	$V_{B右}$	$M_{1最大}$	$M_{2最大}$	$M_{B最大}$	$V_{A最大}$	$V_{B左最大}$	$V_{B右最大}$
0.4	0.087	−0.063	−0.083	0.417	−0.583	0.200	0.089	0.015	−0.096	0.422	−0.596	0.461
0.5	0.088	−0.049	−0.080	0.420	−0.580	0.250	0.092	0.022	−0.095	0.429	−0.595	0.450
0.6	0.088	−0.035	−0.080	0.420	−0.580	0.300	0.094	0.031	−0.095	0.434	−0.595	0.460
0.7	0.087	−0.021	−0.082	0.413	−0.582	0.350	0.096	0.040	−0.098	0.439	−0.593	0.483
0.8	0.086	−0.006	−0.086	0.414	−0.586	0.400	0.098	0.051	−0.102	0.443	−0.602	0.512
0.9	0.083	0.010	−0.092	0.408	−0.592	0.450	0.100	0.063	−0.108	0.447	−0.608	0.546
1.0	0.080	0.025	−0.100	0.400	−0.600	0.500	0.101	0.075	−0.117	0.450	−0.617	0.583
1.1	0.076	0.041	−0.110	0.390	−0.610	0.550	0.103	0.089	−0.127	0.453	−0.627	0.623
1.2	0.072	0.058	−0.122	0.378	−0.622	0.600	0.104	0.103	−0.139	0.455	−0.639	0.665
1.3	0.066	0.076	−0.136	0.365	−0.636	0.650	0.105	0.118	−0.152	0.458	−0.652	0.708
1.4	0.061	0.094	−0.151	0.349	−0.651	0.700	0.106	0.134	−0.168	0.460	−0.668	0.753
1.5	0.055	0.113	−0.163	0.332	−0.663	0.750	0.107	0.151	−0.185	0.462	−0.635	0.798
1.6	0.049	0.133	−0.187	0.313	−0.687	0.800	0.107	0.169	−0.204	0.463	−0.704	0.843
1.7	0.043	0.153	−0.203	0.292	−0.708	0.850	0.108	0.188	−0.224	0.465	−0.724	0.890
1.8	0.036	0.174	−0.231	0.269	−0.731	0.900	0.109	0.203	−0.247	0.466	−0.747	0.937
1.9	0.030	0.196	−0.255	0.245	−0.755	0.950	0.109	0.229	−0.271	0.468	−0.771	0.985
2.0	0.024	0.219	−0.281	0.219	−0.781	1.000	0.110	0.250	−0.297	0.469	−0.797	1.031
2.25	0.011	0.279	−0.354	0.146	−0.854	1.125	0.111	0.307	−0.369	0.471	−0.869	1.151
2.5	0.002	0.344	−0.433	0.063	−0.938	1.250	0.112	0.370	−0.452	0.474	−0.952	1.272

C.3　悬臂梁的反力、剪力、弯矩、挠度

表 C.3　悬臂梁的反力、剪力、弯矩、挠度表

荷载形式	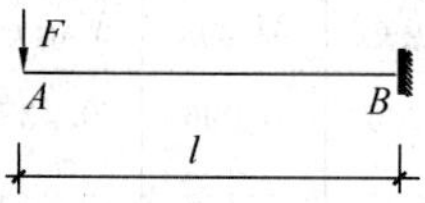	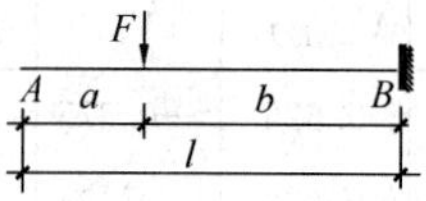	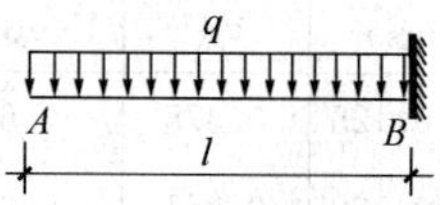	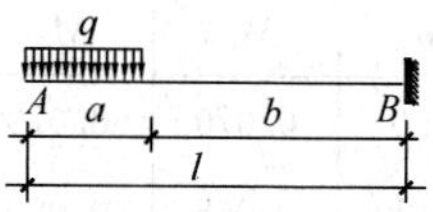
M 图	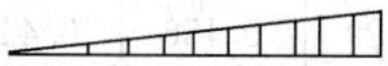		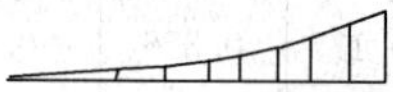	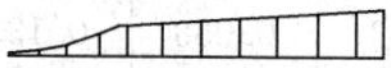
V 图	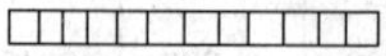	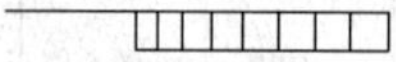	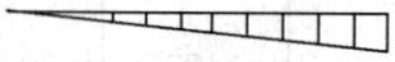	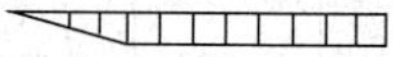
反力	$R_B=F$	$R_B=F$	$R_B=ql$	$R_B=qa$
剪力	$V_B=-R_B$	$V_B=-R_B$	$V_B=-R_B$	$V_B=-R_B$
弯矩	$M_B=-Fl$	$M_B=-Fb$	$M_B=-\frac{1}{2}ql^2$	$M_B=-\frac{qa}{2}(2l-a)$
挠度	$w_A=\frac{Fl^3}{3EI}$	$w_A=\frac{Fb^2}{6EI}(3l-b)$	$w_A=\frac{ql^4}{8EI}$	$w_A=\frac{q}{24EI}(3l^4-4b^3l+b^4)$

C.4 双向板在均布荷载作用下的内力及变形系数

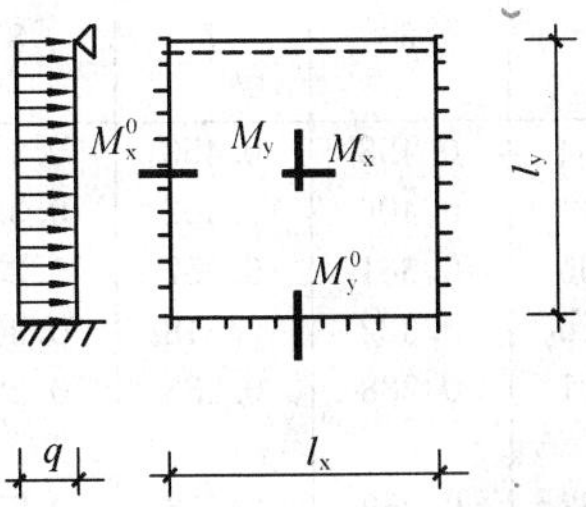

挠度=表中系数×$\frac{ql^4}{B_c}$；$\mu = 0.3$

端弯矩=表中系数×ql^2；

跨中弯矩　$M_x^{\mu} = M_x + \mu M_y$

$M_y^{\mu} = M_y + \mu M_x$

式中，l 取用 l_x 和 l_y 中之较小者

表 C.4　双向板在均布荷载作用下的内力及变形系数

l_x/l_y	l_y/l_x	f	f_{max}	M_x	$M_{x_{max}}$	M_y	$M_{y_{max}}$	M_x^0	M_y^0
0.50		0.00257	0.00258	0.0408	0.0409	0.0028	0.0089	−0.0836	−0.0569
0.55		0.00252	0.00255	0.0398	0.0399	0.0042	0.0093	−0.0827	−0.0570
0.60		0.00245	0.00249	0.0384	0.0386	0.0059	0.0105	−0.0814	−0.571
0.65		0.00237	0.00240	0.0368	0.0371	0.0076	0.0116	−0.0796	−0.0572
0.70		0.00227	0.00229	0.0350	0.0354	0.0093	0.0127	−0.0774	−0.0572
0.75		0.00216	0.00219	0.0331	0.0335	0.0109	0.0137	−0.0750	−0.0572
0.80		0.00205	0.00208	0.0310	0.0314	0.0124	0.0147	−0.0722	−0.0570
0.85		0.00193	0.00196	0.0289	0.0293	0.0138	0.0155	−0.0693	−0.0567
0.90		0.00181	0.00184	0.0268	0.0273	0.0159	0.0163	−0.0663	−0.0563
0.95		0.00169	0.00172	0.0247	0.0252	0.0160	0.0172	−0.0631	−0.0558
1.00	1.00	0.00157	0.00160	0.0227	0.0231	0.0168	0.0180	−0.0600	−0.0550
	0.95	0.00178	0.00182	0.0229	0.0234	0.0194	0.0207	−0.0629	−0.0599
	0.90	0.00201	0.00206	0.0228	0.0234	0.0223	0.0238	−0.0656	−0.0653
	0.85	0.00227	0.00233	0.0225	0.0231	0.0255	0.0273	−0.0683	−0.0711
	0.80	0.00256	0.00262	0.0219	0.0224	0.0290	0.0311	−0.0707	−0.0772
	0.75	0.00286	0.00294	0.0208	0.0214	0.0329	0.0354	−0.0729	−0.0837
	0.70	0.00319	0.00327	0.0194	0.0200	0.0370	0.0400	−0.0748	−0.0903
	0.65	0.00352	0.00365	0.0175	0.0182	0.0412	0.0446	−0.0762	−0.0970
	0.60	0.00386	0.00403	0.0153	0.0160	0.0454	0.0493	−0.0773	−0.1033
	0.55	0.00419	0.00437	0.0127	0.0133	0.0496	0.0541	−0.0780	−0.1093
	0.50	0.00449	0.00463	0.0099	0.0103	0.0534	0.0588	−0.0784	−0.1146

附录 D　b 类截面轴心受压钢构件稳定系数

表 D　b 类截面轴心受压钢构件的稳定系数 φ

$\lambda\sqrt{\frac{f_y}{235}}$	0	1	2	3	4	5	6	7	8	9
0	1.000	1.000	1.000	0.999	0.999	0.998	0.997	0.996	0.995	0.994
10	0.992	0.991	0.989	0.987	0.985	0.983	0.981	0.978	0.976	0.973
20	0.970	0.967	0.963	0.960	0.957	0.953	0.950	0.946	0.943	0.939
30	0.936	0.932	0.929	0.925	0.922	0.918	0.914	0.910	0.906	0.903
40	0.899	0.895	0.891	0.887	0.882	0.878	0.874	0.870	0.865	0.861
50	0.856	0.852	0.847	0.842	0.838	0.833	0.828	0.822	0.818	0.813
60	0.807	0.802	0.797	0.791	0.786	0.780	0.774	0.769	0.763	0.757
70	0.751	0.745	0.739	0.732	0.726	0.720	0.714	0.707	0.701	0.694
80	0.688	0.681	0.675	0.668	0.661	0.655	0.648	0.641	0.635	0.628
90	0.621	0.614	0.608	0.601	0.594	0.588	0.581	0.575	0.568	0.561
100	0.555	0.549	0.542	0.536	0.529	0.523	0.517	0.511	0.505	0.499

续表 D

$\lambda\sqrt{\frac{f_y}{235}}$	0	1	2	3	4	5	6	7	8	9
110	0.493	0.487	0.481	0.475	0.470	0.464	0.458	0.453	0.447	0.442
120	0.437	0.432	0.426	0.421	0.416	0.411	0.406	0.402	0.397	0.392
130	0.387	0.383	0.378	0.374	0.370	0.365	0.361	0.357	0.353	0.349
140	0.345	0.341	0.337	0.333	0.329	0.326	0.322	0.318	0.315	0.311
150	0.308	0.304	0.301	0.298	0.295	0.291	0.288	0.285	0.282	0.279
160	0.276	0.273	0.270	0.267	0.265	0.262	0.259	0.256	0.254	0.251
170	0.249	0.246	0.244	0.241	0.239	0.236	0.234	0.232	0.229	0.227
180	0.225	0.223	0.220	0.218	0.216	0.214	0.212	0.210	0.208	0.206
190	0.204	0.202	0.200	0.198	0.197	0.195	0.193	0.191	0.190	0.188
200	0.186	0.184	0.183	0.181	0.180	0.178	0.176	0.175	0.173	0.172
210	0.170	0.169	0.167	0.166	0.165	0.163	0.162	0.160	0.159	0.158
220	0.156	0.155	0.154	0.153	0.151	0.150	0.149	0.148	0.146	0.145
230	0.144	0.143	0.142	0.141	0.140	0.138	0.137	0.136	0.135	0.134
240	0.133	0.132	0.131	0.130	0.129	0.128	0.127	0.126	0.125	0.124
250	0.123									

本规范用词说明

1 为便于在执行本规范条文时区别对待，对要求严格程度不同的用词说明如下：

1）表示很严格，非这样做不可的用词：
正面词采用“必须”；
反面词采用“严禁”。

2）表示严格，在正常情况下均应这样做的用词：
正面词采用“应”；
反面词采用“不应”或“不得”。

3）表示允许稍有选择，在条件许可时首先应这样做的用词：
正面词采用“宜”；
反面词采用“不宜”。
表示有选择，在一定条件下可以这样做的，采用“可”。

2 条文中必须按指定的标准、规范或其他有关规定执行的写法为“应按……执行”或“应符合……要求或规定”。

中华人民共和国行业标准

建筑施工模板安全技术规范

JGJ 162—2008

条 文 说 明

前　言

《建筑施工模板安全技术规范》JGJ 162－2008经住房和城乡建设部2008年8月6日以第79号公告批准、发布。

为便于广大设计、施工、科研、学校等单位有关人员在使用本标准时能正确理解和执行条文规定，《建筑施工模板安全技术规范》编制组按章、节、条顺序编制了本标准的条文说明，供使用者参考。在使用中如发现本条文说明有不妥之处，请将意见函寄沈阳建筑大学（地址：沈阳市浑南新区浑南东路9号沈阳建筑大学土木工程学院，邮编：110168）

目　次

前言 ………………………………… 2—17—42
1　总则 ………………………………… 2—17—44
2　术语、符号 ………………………… 2—17—44
2.1　术语 ………………………………… 2—17—44
2.2　主要符号 ………………………… 2—17—44
3　材料选用 ………………………… 2—17—44
3.1　钢材 ………………………………… 2—17—44
3.2　冷弯薄壁型钢 ………………… 2—17—45
3.3　木材 ………………………………… 2—17—45
3.4　铝合金型材 ……………………… 2—17—45
3.5　竹、木胶合模板板材 ………… 2—17—45
4　荷载及变形值的规定 ………… 2—17—46
4.1　荷载标准值 ……………………… 2—17—46
4.2　荷载设计值 ……………………… 2—17—46
4.3　荷载组合 ………………………… 2—17—46
4.4　变形值规定 ……………………… 2—17—47
5　设计 ………………………………… 2—17—47
5.1　一般规定 ………………………… 2—17—47
5.2　现浇混凝土模板计算 ………… 2—17—48
5.3　爬模计算 ………………………… 2—17—52
6　模板构造与安装 ………………… 2—17—52
6.1　一般规定 ………………………… 2—17—52
6.2　支架立柱构造与安装 ………… 2—17—52
6.3　普通模板构造与安装 ………… 2—17—52
6.4　爬升模板构造与安装 ………… 2—17—52
6.5　飞模构造与安装 ……………… 2—17—53
6.6　隧道模构造与安装 …………… 2—17—53
7　模板拆除 ………………………… 2—17—54
7.1　模板拆除要求 ………………… 2—17—54
7.2　支架立柱拆除 ………………… 2—17—54
7.3　普通模板拆除 ………………… 2—17—54
7.4　特殊模板拆除 ………………… 2—17—55
7.5　爬升模板拆除 ………………… 2—17—55
7.6　飞模拆除 ………………………… 2—17—55
7.7　隧道模拆除 ……………………… 2—17—55
8　安全管理 ………………………… 2—17—55
附录C　等截面连续梁的内力及变形系数 ………………………… 2—17—56

1 总 则

1.0.1 本规范是模板的设计、施工应遵守的原则，目的是做到先进合理、安全经济、确保质量、方便施工。

1.0.2 本规范规定的适用范围，现浇混凝土结构是指素混凝土结构、钢筋混凝土结构和预应力混凝土结构的模板。

1.0.3 目前我国现浇混凝土结构模板的材料除钢材、木材外，已有很大的发展，现还有胶合板模板、铝合金模板、塑料模板、玻璃钢模板等种类。由于当前木材很缺，故在模板工程中应尽量坚持少用或不用木材。除此之外还应尽量使用标准化、定型化和工具化的模板，提高周转、增加使用次数，从而降低施工成本。

1.0.4 组合钢模板、大模板、滑升模板等的设计、制作和施工尚应分别符合的标准主要有：《组合钢模板技术规范》GB 50214、《滑动模板工程技术规范》GB 50113等。

2 术语、符号

2.1 术 语

本章术语的条文仅列出容易混淆、误解和概念模糊的术语。

本规范给出了13个有关模板工程方面的专用术语，并在我国惯用的模板工程术语的基础上赋予其特定的涵义。所给出的英文译名是参考国外某些标准拟定的。

2.2 主要符号

本章符号是按现行国家标准《工程结构设计基本术语和通用符号》GBJ 132和《建筑结构设计术语和符号标准》GB/T 50083的规定编写的，并根据需要增加了一些内容。

本规范给出了71个常用符号，并分别作出了定义，这些符号都是本规范各章节中所引用的。

3 材料选用

3.1 钢 材

3.1.1 本条着重提出了防止脆性破坏的问题，这对承重模板结构来说是十分重要的，过去在这方面不够明确。脆性破坏与结构形式、环境温度、应力特征、钢材厚度以及钢材性能等因素有密切关系。并为模板结构今后往高强、新型、轻巧、耐用的方向发展打下基础，由过去大都采用Q235钢逐步过渡到采用更高强的Q345钢、Q390钢和Q420钢。

3.1.2 本条主要强调钢材、钢管、钢铸件、扣件、焊条、螺栓和组合钢模板及配件等在质量上应遵循的标准。

3.1.3 本条关于钢材的温度界限是根据现行国家标准《钢结构设计规范》GB 50017中的规定选用的。这主要是根据我国实践经验的总结，考虑了钢材的抗脆断性能来规定的。虽然连铸钢材没有沸腾钢，考虑到我国目前还有少量模铸，且现行国家标准《碳素结构钢》GB/T 700中仍有沸腾钢，故本规范仍保留了Q235·F的应用范围。因沸腾钢脱氧不充分，含氧量较高，内部组织不够致密，硫、磷的偏析大，氮是以固溶氮的形式存在，故冲击韧性较低，冷脆性和时效倾向较大。因此，需对其使用范围加以限制。本条中所指的工作温度系采用《采暖通风与空气调节设计规范》GB 50019中所列的“最低日平均温度”。

3.1.4 抗拉强度：是衡量钢材抵抗拉断的性能指标，而且是直接反映钢材内部组织的优劣，并与疲劳强度有着比较密切的关系。

伸长率：是衡量钢材塑性性能的指标。而塑性又是在外力作用下产生永久变形时抵抗断裂的能力。因此，除应具有较高的强度外，尚应要求具有足够的伸长率。

屈服强度（或屈服点）：是衡量结构的承载能力和确定强度设计值的重要指标。

冷弯试验：是钢材塑性指标之一，也是衡量钢材质量的一个综合性指标。通过冷弯试验，可以检验钢材组织、结晶情况和非金属夹杂物分布等缺陷，在一定程度上也是鉴定焊接性能的一个指标。

硫、磷含量：是建筑钢材中的主要杂质，对钢材的力学性能和焊接接头的裂纹敏感性有较大影响。硫能生成易于熔化的硫化铁，当热加工到800～1200℃时，能出现裂纹，称为热脆。硫化铁又能形成夹杂物，不仅促使钢材起层，还会引起应力集中，降低钢材的塑性和冲击韧性。磷是以固溶体的形式溶解于铁素体中，这种固溶体很脆，加以磷的偏析比硫更严重，形成的富磷区促使钢变脆（冷脆），因而降低钢的塑性、韧性及可焊性。

碳含量：因建筑钢的焊接性能主要取决于碳含量，碳的合适含量，宜控制在0.12%～0.2%之间，超出该范围幅度越多，焊接性能变差的程度就越大。

3.1.5 钢结构的脆断破坏问题已引起普遍注意，而模板结构在冬期施工中也处于低温环境下工作，即也存在一个脆断问题，因此，此处根据国家标准《钢结构设计规范》GB 50017的规定，对模板承重结构依据不同低温情况对钢材应具有的冲击韧性提出了合格保证的要求。

3.2 冷弯薄壁型钢

3.2.1 本条仅推荐现行国家标准《碳素结构钢》GB/T 700 中规定的 Q235 钢和《低合金高强度结构钢》GB/T 1591 中规定的 Q345 钢，原因是这两种牌号的钢材具有多年生产与使用的经验，材质稳定，性能可靠，经济指标较好。

3.2.2～3.2.4 见本规范第 3.1.2～3.1.4 条说明。

3.2.5 本条提出在设计和材料订货中应具体考虑的一些注意事项。

3.3 木　　材

3.3.1 由于我国幅员广阔，木材树种较多，考虑到模板的用途，对材料的质量与耐久性的要求较高，而目前各地木材质量相差悬殊，一定要加强技术管理，保质使用；若不加强技术管理，容易使工程遭受不应有的经济损失，甚至发生质量、安全事故。

3.3.2 模板承重结构所用木材的分级系按现行国家标准《木结构设计规范》GB 50005 的规定采用。

3.3.3 《木结构设计规范》GB 50005 附录 A 对木材分级，主要是以木节、斜纹、髓心、裂缝等木材缺陷的限值规定来划分的，因随着这些缺陷所处的位置及本身的大小不同都会降低构件的承载力，所以，上述规范是以加严对木材斜纹的限制为前提，作出对裂缝的规定：一是不容许连接的受剪面上有裂缝；二是对连接受剪面附近的裂缝深度加以限制。至于受剪面附近的含义，一般可理解为：在受剪面上下各 30mm 的范围内。

3.3.4 近几年来，我国每年从国外进口相当数量的木材，其中有部分用于模板结构上，考虑到今后一段时期，木材进口量还可能增加，故在附表 A.3.1-1 与附表 A.3.1-2 中增加了进口木材树种，并作了相应选材及设计指标的确定，以确保模板的安全、质量与经济效益。

3.3.5 由于我国常用树种的木材资源已不能满足需要，过去一般不常用的树种木材，特别是阔叶材中的速生树种，在今后木材的供应中将占一定的比例，当采用新利用树种木材时，应注意以下一些问题：

1 对于扩大树种利用问题，应持积极、慎重的态度，坚持一切经过试验和试点工程的考验再推广使用。

2 应与规范中常用木材分开，将新利用树种单独对待，并作专门规定进行设计使用。

3 目前应仅限制在受压和受弯构件中应用，暂不要用于受拉构件。因此，为确保工程质量，现仅推荐在楞梁、帽木、夹木、支架立柱和较小的钢木桁架中使用。

4 考虑到设计经验不足和过去民间建筑用料较大等情况，在确定新利用树种木材的设计指标时，不宜单纯依据试验值，而最好按工程实践经验作适当降低调整。

5 对新利用树种的采用，应特别强调要进行防腐和防虫的处理，并可从通风防潮和药剂处理两方面来采取防腐和防虫的措施，以便保证周转和使用上的安全。

3.3.6 以前工程建设所需的进口木材，在其订货、商检、保存和使用等方面，均因缺乏专门的技术标准，而存在不少问题，无法正常管理。例如：有的进口木材，订货时随意选择木材的树种与等级，致使应用时增加了处理工作量与损耗；有的进口木材不附质量证书或商检报告，使接收工作增加了很多麻烦；有的进口木材，由于管理混乱，木材的名称与产地不详，给使用造成困难。此外，有些单位对不熟悉的树种木材，不经试验便盲目使用，以至造成了一些不应有的工程事故。鉴于以上情况，提出了本条中的一些基本规定，要求模板结构的设计、施工与管理人员执行。

3.3.8 规定木材含水率的理由和依据如下：

1 模板结构若采用较干的木材（面板除外）制作，在相当程度上减小了因木材干缩造成的松弛变形和裂缝的危害，对保证承力和工程质量作用很大。因此，原则上要求提前备料，使木材在合理堆放和不受暴晒的条件下逐渐风干。

2 原木和方木的含水率沿截面内外分布很不均匀，但只要木材表面的含水率能满足本条规定的含水率即可。木材深部的含水率可大一些，对承力影响不大。

3.4 铝合金型材

3.4.1～3.4.3 纯铝为银白色轻金属，具有相对密度小（仅为 2.7）、熔点较低（660℃）、耐腐蚀性能好和易于加工等特点。但缺点是纯铝塑性高、强度低，不宜用作模板结构的材料，在加入锰、镁等合金元素后，其强度和硬度就有了显著提高，这时方可用于建筑结构和模板结构。表 3.4.2 和表 3.4.3 均是按标准《铝及铝合金型材》YB 1703 中的规定采用。

3.5 竹、木胶合模板板材

3.5.1 胶合模板板材表面的特点是根据使用要求提出的，因此，在选材时一般应满足这些特定的要求，不具备这些特点的不应该选用，否则易损坏或使用成本过高。

3.5.2 胶合板的层板含水率过大时会影响其层间的胶合力，且易分层不耐用。另外，各层板的含水率大于 5% 时，会造成顺纹抗剪和横纹抗拉等强度的降低。

3.5.3 胶合模板的承载力，首先取决于胶的强度及耐久性，因此，对胶的质量要有严格的要求：

1　要保证胶缝的强度不低于木材顺纹抗剪和横纹抗拉的强度。因为不论在荷载作用下或由于木材胀缩引起的内力，胶缝主要是受剪应力和垂直于胶缝方向的正应力作用。一般来说，胶缝对压应力的作用总是能够胜任的。因此，关键在于保证胶缝的抗剪和抗拉强度。当胶缝的强度不低于木材顺纹抗剪和横纹的抗拉强度时，就意味着胶连接的破坏基本上沿着木（竹）材部分发生，这也就保证了胶连接的可靠性。

2　应保证胶缝工作的耐久性。胶缝的耐久性取决于它的抗老化能力和抗生物侵蚀能力。因此，主要要求胶的抗老化能力应与结构的用途和使用的年限相适应。但为了防止使用变质的胶，故应经过胶结能力的检验，合格后方可使用。

3　所有胶种必须符合有关环境保护的规定。对于新的胶种，必须提出有经过主管机关鉴定合格的试验研究报告为依据，方可使用或推广使用。

3.5.5～3.5.7　系按国家现行标准《混凝土模板用胶合板》ZBB 70006 的规定采用的。

4　荷载及变形值的规定

4.1　荷载标准值

4.1.1　新浇混凝土模板侧压力计算公式是以流体静压力原理为基础，并结合浇筑速度与侧压力的国内试验结果而建立的，考虑了不同密度混凝土凝结时间、坍落度和掺缓凝剂的影响等因素。它适用于浇筑速度在 6m/h 以下的普通混凝土及轻骨料混凝土。

4.1.2　活荷载标准值系根据以往模板工程的实践和经验，总结确定了共三项活荷载。一是施工人员及设备荷载，并仅为竖向作用于面板上，从上到下分别递减传于支架立柱，此外对面板及小楞还应以集中荷载 2.5kN 作用于跨中，取两者中最大的一个内力弯矩值作为设计依据才能保证安全。其次是振捣混凝土时产生对水平面和垂直面的均布活荷载，其值考虑作用于垂直面的要大于水平面的均布荷载，主要是从保证模板结构安全的角度来考虑的。第三是往模板内倾倒混凝土时，对竖直模板侧面产生的水平活荷载，并以倾倒工具容积的大小来决定其值，其作用范围在有效压头高度以内来考虑。

4.1.3　基本风压值系按现行国家标准《建筑结构荷载规范》GB 50009－2001（2006 年版）的规定采用的。由于模板使用时间短暂，故采用重现期 $n=10$ 年的基本风压值已属安全。

4.2　荷载设计值

4.2.1～4.2.2　荷载的标准值是指在结构的使用期间可能出现的最大荷载值。模板设计所取的荷载标准值应按本规范第 4 章第 1 节的规定和附录 B 采用。若对永久荷载标准值规定有上、下限时，则当对结构有利时取小值，对结构不利时取大值。

4.2.3　本条将荷载分成永久荷载和可变荷载两类，相应给出两个规定的系数 γ_G 和 γ_Q，这两个分项系数是在荷载标准值已给定的前提下，使按极限状态设计表达式设计所得的各类结构构件的可靠指标与规定的目标可靠指标之间，以在总体上误差最小为原则，经优化后选定 $\gamma_G=1.2$，$\gamma_Q=1.4$ 的。但另考虑到前提条件的局限性，允许在特殊的情况下作合理的调整，例如，对于标准值大于 $4kN/m^2$ 的活荷载，其变异系数一般较小，此时从经济上考虑，可取 $\gamma_Q=1.3$。

分析表明，当永久荷载效应与可变荷载效应相比很大时，若仍采用 $\gamma_G=1.2$，则结构的可靠度远不能达到目标值的要求。因此，在式（4.3.1-4）中给出永久荷载效应控制的设计组合值中，相应取 $\gamma_G=1.35$。

分析还表明，当永久荷载效应与可变荷载效应异号时，若仍采用 $\gamma_G=1.2$，则结构的可靠度会随永久荷载效应所占比重的增大而严重降低，此时，γ_G 宜取小于 1 的系数。但考虑到经济效果和应用方便的因素，故取 $\gamma_G=1$。而在验算倾覆、滑移或漂浮时，一部分永久荷载实际上起着抵抗倾覆、滑移或漂浮的作用，对于这部分永久荷载，其荷载分项系数 γ_G 显然也应取小于 1 的系数，本条建议采用 $\gamma_G=0.9$。

4.2.4　对钢的面板及其支架的设计规定了应符合现行国家标准《钢结构设计规范》GB 50017 的规定，该规范中对临时性的结构强度设计值没有作出提高的规定，而我国《混凝土结构工程施工及验收规范》GB 50204－92 第 2.2.2 条明确作出了提高 17.6%的规定，且在使用中也未发现有什么问题，因此，我们也将荷载设计值乘以 0.95 折减系数和 0.9 的结构重要性系数予以折减，这就等于把钢的强度设计值提高了 16%。但当采用冷弯薄壁型钢时，为确保模板结构的安全却不予提高。

4.3　荷载组合

4.3.1　当整个结构或结构的一部分超过某一特定状态，而不能满足设计规定的某一功能要求时，则称此特定状态为结构对该功能的极限状态。设计中的极限状态往往以结构的某种荷载效应，如内力、应力、变形、裂缝等超过相应规定的标志为依据。根据设计中要求考虑的结构功能，结构的极限状态在总体上分为两大类，即承载能力极限状态和正常使用极限状态。对承载能力极限状态，一般是以结构的内力超过其承载能力为依据；对正常使用极限状态，一般是以结构的变形、裂缝、振动参数超过设计允许的极限值为依据。

对所考虑的极限状态，在确定其荷载效应时，应对所有可能同时出现的诸荷载作用加以组合，求得组合后在结构中的总效应。这种组合可以多种多样，因此，还必须在所有可能组合中，取其中最不利的一组作为该极限状态的设计依据。

对于承载能力极限状态的荷载效应组合，可按《建筑结构可靠度设计统一标准》GB 50068 的规定，根据所考虑设计状况，选用不同的组合；对持久和短暂设计状况，应采用基本组合。

在承载能力极限状态的基本组合中，式（4.3.1-2）、式（4.3.1-3）和式（4.3.1-4）给出了荷载效应组合设计值的表达式，建立表达式的目的是在于保证在各种可能出现的荷载组合情况下，通过设计都能使结构维持在相同的可靠度水平上，在应用式（4.3.1-2）时，式中的 S_{Q1k} 为诸可变荷载效应中其设计值是控制其组合为最不利者，当设计者无法判断时，可轮次以各可变荷载效应 S_{Qik} 为 S_{Q1k}，选其中最不利的荷载效应组合为设计依据。式（4.3.1-3）是考虑为了模板设计时便于手算的目的，仍允许采用简化的组合原则，也即对所有参与组合的可变荷载的效应设计值，乘以一个统一的组合系数，考虑到以往的组合系数 0.85 在某些情况下偏于不安全，因此，将其提高到 0.9；并要求所有可变荷载作为伴随荷载时，都必须以其组合值为代表值，而不仅仅限于有风荷载参与组合的情况。至于组合系数，除风荷载仍取 $\psi_c = 0.6$ 外，对其他可变荷载，目前统一取 $\psi_c = 0.7$。式（4.3.1-4）是新给出的由永久荷载效应控制的组合设计值，当结构的自重占主要时，考虑这个条件就能避免可靠度偏低的后果。

必须指出，条文中给出的荷载效应组合值的表达式是采用各项可变荷载小于叠加的形式，这在理论上仅适用于各项可变荷载的效应与荷载为线性关系的情况。当涉及非线性问题时，应根据问题性质或按有关设计规定采用其他不同的方法。

对于正常使用极限状态的结构设计，在采用标准组合时，也可参照按承载能力极限状态的基本组合，采用简化规则，即按式（4.3.1-3）采用，但取分项系数为 1，并根据模板特点仅考虑永久荷载效应，而不考虑可变荷载效应的组合。

4.3.2 本条参与模板及其支架荷载效应组合的各项荷载规定是按《混凝土结构工程施工及验收规范》GB 50204－92 的规定采用的。

4.3.3 爬模的荷载标准值是根据“上海市施工技术科研设计院”的总结资料经过分析采用的。

爬架可认为是一悬臂柱，承受偏心的竖向荷载和侧向风荷载，风荷载由模板传来，计算时要考虑风荷载的组合。组合时要分工作状态和非工作状态两种情况，取其最不利情况作为计算依据。

模板的计算应分混凝土浇筑阶段和模板爬升安装阶段两种情况计算。浇筑混凝土阶段模板主要承受新浇混凝土对模板的侧压力和倾倒混凝土所产生的侧压力。爬升和安装阶段的模板计算主要是在竖向荷载作用下的强度验算，主要任务是确定爬架布置位置和爬架间距。

4.3.4 液压滑模的荷载标准值系根据现行国家标准《滑动模板工程技术规范》GB 50113 的规定采用的。

4.4 变形值规定

4.4.1～4.4.3 一般模板的变形值是按国家标准《混凝土结构工程施工及验收规范》GB 50204－92 的规定；组合钢模板的变形值是按现行国家标准《组合钢模板技术规范》GB 50214 的规定；液压滑动模板是按《滑动模板工程技术规范》GB 50113 的规定。

4.4.4 爬模的变形值主要是根据组合钢模板和大模板以及格构式柱的技术要求制定的。

5 设 计

5.1 一 般 规 定

5.1.1 设计时应根据工程的实际结构形式、荷载大小、地基土类别、施工设备和材料可供应的条件，尽量采用先进的施工工艺，综合全面分析比较找出最佳的设计方案。

5.1.3 设计内容总的归纳起来应包括：选型、选材、结构计算、绘制施工图及编写设计说明。

5.1.5 在多年来的实际工程施工中，全国各地发生的模板倒塌事故较多，究其原因，其中用木立柱的事故约 2/3 以上都是由于所用的木立柱直径偏小（<50mm），甚至弯扭不直；有的纵横向未设水平拉条，或用小条、板皮做拉条起不到拉条的作用。因此，除对水平拉条有专门的规定外，此处规定木立柱小头直径不得小于 80mm。

5.1.6 因要求避免自重引起的过分垂曲（例如桁架的上弦杆或斜杆），另一方面为消除振动影响，因此，这里特对受压、受拉杆件的最大长细比作了限制要求。

5.1.7 这里的群柱是特指由钢管与扣件组合而成，并用作模板支柱的格构式柱，若柱四周只设有水平横杆而无斜杆构成，则此格构式柱为非稳定的机动体系，是不能承力的，故此条有此规定。

5.1.8 用门架作为模板支柱时，必须保证两点：一为水平加固杆及整体剪刀撑一定要按本规范所规定的设置；二为门架与门架之间的剪刀撑应具有一定的刚度。所以当采用门架作为模板支柱时，对其剪刀撑的最小刚度作了规定。

5.1.10 爬模是一种适用于现浇钢筋混凝土竖向（或倾斜）的墙体模板工艺，其工艺原理是以建筑物的钢筋混凝土墙体作为支承主体，通过附着于已完成的钢筋混凝土墙体上的爬升支架或大模板，并利用连接爬升支架与大模板的爬升设备，使一方固定，另一方作相对运动，交替向上爬升，以完成模板的爬升、下降、就位和校正等工作。目前，不仅用于浇筑高层外墙、电梯井壁，而且也开始用于内墙以及一些高耸构筑物。但为保证安全使用，故对有关的设计问题，在此处作了必要的规定。

5.2 现浇混凝土模板计算

5.2.1 钢面板计算举例

【例 1】 组合钢模板块 P3012，宽 300mm，长 1200mm，钢板厚 2.5mm，钢模板两端支承在钢楞上，用作浇筑 220mm 厚的钢筋混凝土楼板，试验算钢模板的强度与挠度。

【解】

1 强度验算

(1) 计算时两端按简支板考虑，其计算跨度 l 取 1.2m

(2) 荷载计算按 4.1 节第 4.1.2 条规定应取均布荷载或集中荷载两种作用效应考虑，计算结果取其大值：

钢模板自重标准值 340N/m^2；

220mm 厚新浇混凝土板自重标准值 24000×0.22=5280N/m^2；

钢筋自重标准值 1100×0.22=242N/m^2；

施工活荷载标准值 2500N/m^2 及跨中集中荷载 2500N 考虑两种情况分别作用。

均布线荷载设计值为：

$$q_1 = 0.9\times[1.2\times(340+5280+242)+1.4\times2500]\times0.3 = 2844\text{N/m}$$

$$q_1 = 0.9\times[1.35\times(340+5280+242)+1.4\times0.7\times2500]\times0.3 = 2798\text{N/m}$$

根据以上两者比较应取 $q_1 = 2844$N/m 作为设计依据。

集中荷载设计值：

模板自重线荷载设计值 $q_2 = 0.9\times0.3\times1.2\times340 = 110$N/m

跨中集中荷载设计值 $P = 0.9\times1.4\times2500 = 3150$N

(3) 强度验算

施工荷载为均布线荷载：

$$M_1 = \frac{q_1 l^2}{8} = \frac{2844\times1.2^2}{8} = 511.92\text{N}\cdot\text{m}$$

施工荷载为集中荷载：

$$M_2 = \frac{q_2 l^2}{8} + \frac{Pl}{4} = \frac{110\times1.2^2}{8} + \frac{3150\times1.2}{4} = 964.8\text{N}\cdot\text{m}$$

由于 $M_2 > M_1$，故应采用 M_2 验算强度。并查表 5.2.1-2 板宽 300mm 得净截面抵抗矩 $W_n = 5940\text{mm}^3$

则 $\sigma = \frac{M_2}{W_n} = \frac{964800}{5940} = 162.37\text{N/mm}^2 < f = 205\text{N/mm}^2$

强度满足要求。

2 挠度验算

验算挠度时不考虑可变荷载值，仅考虑永久荷载标准值，故其作用效应的线荷载设计值如下：

$$q = 0.3\times(340+5280+242) = 1758.6\text{N/m} = 1.7586\text{N/mm}$$

故实际设计挠度值为：

$$v = \frac{5ql^4}{384EI_x} = \frac{5\times1.7586\times1200^4}{384\times2.06\times10^5\times269700} = 0.85\text{mm}$$

上式中查表 3.1.5 得 $E = 2.06\times10^5$；查表 5.2.1-2 得板宽 300mm 的净截面惯性矩 $I_x = 269700\text{mm}^4$；查表 4.4.2 得容许挠度为 1.5mm，故挠度满足要求。

木面板及胶合板面板其计算程序和方法与钢面板相同。

5.2.2 支承钢楞计算举例

【例 2】 按例 1 的条件，于组合钢模板的两端各用一根矩形钢管支承，其规格为□100×50×3，间距 600mm，$l = 2100$mm，试验算其强度与挠度。

【解】

1 强度验算

(1) 按简支考虑，其计算跨度 $l = 2100$mm；

(2) 荷载计算 按例 1 采用，即：

钢模板自重标准值 340N/m^2；

新浇混凝土自重标准值 5280N/m^2；

钢筋自重标准值 242N/m^2；

钢楞梁自重标准值 113N/m^2；

施工活荷载标准值 2500N/m^2 及跨中集中荷载 2500N 考虑两种情况。

均布线荷载设计值为：

$$q_1 = 0.9\times[1.2\times(340+5280+242+113)+1.4\times2500]\times0.6 = 5761.8\text{N/m}$$

$q_1 = 0.9\times[1.35\times(340+5280+242+113)+1.4\times0.7\times2500]\times0.6 = 5678.78$N/m，根据以上两者比较，应取 $q_1 = 5761.8$N/m 作为小楞的设计依据。

集中荷载设计值为：

小楞自重线荷载设计值 $q_2 = 0.9\times0.6\times1.2\times113 = 73.22$N/m

跨中集中荷载设计值 $P = 0.9\times1.4\times2500 = 3150$N

(3) 强度验算

施工荷载为均布线荷载：

$$M_1=\frac{q_1 l^2}{8}=\frac{5761.8\times 2.1^2}{8}$$

$$=3176.19\text{N}\cdot\text{m}$$

施工荷载为集中荷载：

$$M_2=\frac{q_2 l^2}{8}+\frac{Pl}{4}=\frac{73.22\times 2.1^2}{8}+\frac{3150\times 2.1}{4}$$

$$=1694.11\text{N}\cdot\text{m}$$

由于 $M_1>M_2$，故应采用 M_1 验算强度，并查表 5.2.2-1，按小楞规格查得 $W_x=22420\text{mm}^3$，$I_x=1121200\text{mm}^4$。

则：$\sigma=\frac{M_1}{W_x}=\frac{3176190}{22420}=141.67\text{N/mm}^2<f=205\text{N/mm}^2$

强度满足要求。

2 挠度验算

验算挠度时不考虑可变荷载值，仅考虑永久荷载标准值，故其作用效应的标准线荷载值如下：

$$q=0.6\times(340+5280+242+113)$$

$$=3585\text{N/mm}=3.585\text{N/m}$$

故实际设计挠度值为：

$$v=\frac{5ql^4}{384EI_x}=\frac{5\times 3.585\times 2100^4}{384\times 2.06\times 10^5\times 1121200}$$

$$=3.93\text{mm}$$

根据表 4.4.2 查得钢楞容许值 $[v]=\frac{l}{500}=4.2\text{mm}$，符合要求。

铝合金楞梁、木楞梁计算程序及方法与钢楞同。桁架楞梁计算从略。

5.2.3 对拉螺栓用于连接内外侧模和保持两者之间的间距，承受混凝土的侧压力和其他荷载。

对拉螺栓计算举例

【例 3】 已知混凝土对模板的侧压力设计值为 $F=30\text{kN/m}^2$，对拉螺栓间距、纵向、横向均为 0.9m，选用 M16 穿墙螺栓，试验算穿墙螺栓强度是否满足要求。

【解】

$$N=0.9\times 0.9\times 0.9\times 30=21.87\text{kN}$$

$$=21870\text{N}$$

查表 5.2.3 得 M16 $A_n=144\text{mm}^2$，再查表 3.1.3-7 得 $f_t^b=170\text{N/mm}^2$，则

$$A_n f_t^b=144\times 170=24480\text{N}>21870\text{N}$$

满足要求。

5.2.4 柱箍用于直接支承和夹紧柱模板。

柱箍计算举例

【例 4】 框架柱截面为 $a\times b=600\times 800(\text{mm}^2)$，柱高 $H=3.0\text{m}$，混凝土坍落度为 150mm，混凝土浇筑速度为 3m/h，倾倒混凝土时产生的水平荷载标准值为 2.0kN/m^2，采用组合钢模板，并选用［80×43×5 槽钢作柱箍，试验算其强度与挠度。

【解】

1 求柱箍间距 l_1

柱箍计算简图见正文图 5.2.4，

$$l_1\leqslant 3.276\times\sqrt[4]{\frac{EI_x}{Fb}}$$

采用的组合钢模板宽 $b=300\text{mm}$；$E=2.06\times 10^5\text{N/mm}^2$；2.5mm 厚的钢面板，查表 5.2.1-2 得 $I_x=269700\text{mm}^4$；其 F_s 计算如下：

根据式（5.2.4-1）及式（5.2.4-3）计算取其小值：

$$F=0.22r_c t_0\beta_1\beta_2 v^{\frac{1}{2}}$$

$$=0.22\times 24\times\frac{200}{15+15}\times 1\times 1.15\times 3^{\frac{1}{2}}$$

$$=70.12\text{kN/m}^2$$

$$F=r_c H=24\times 3=72.0\text{kN/m}^2$$

根据上两式比较应取 $F=70.12\text{kN/m}^2$，则设计值为：

$$F_s=0.9\times(1.2\times 70.12+1.4\times 2)$$

$$=78.24\text{kN/m}^2=78240\text{N/m}^2$$

将上述各值代入公式内得：

$$l_1=3.276\sqrt[4]{\frac{2.06\times 10^5\times 269700}{70120\times 300/1000000}}=742.66\text{mm}$$

又根据柱箍所选钢材规格求 l_1 值如下：

$$l_1\leqslant\sqrt{\frac{8Wf}{F_s b}}$$

根据表 5.2.1-2 查得宽 300mm 的组合钢模板 $W=5940\text{mm}^3$；

$f=205\text{N/mm}^2$；$F_s=78240\text{N}\cdot\text{m}^2$；$b=300\text{mm}$；代入上式得：

$$l_1=\sqrt{\frac{8\times 5940\times 205}{0.07824\times 300}}=644.23\text{mm}$$

比较两个计算结果，应为 $l_1\leqslant 644.06\text{mm}$，故柱箍间距采用 $l_1=600\text{mm}$。

2 强度验算

按计算简图 5.2.4 采用式（5.2.4-4），

$$\frac{N}{A_n}+\frac{M_x}{W_{nx}}\leqslant f$$

$l_2=b+100=800+100=900\text{mm}$（式中 100mm 为模板厚度）；$l_1=600\text{mm}$；$l_3=a=600\text{mm}$；因采用型钢，其荷载设计值应乘以 0.95 的折减系数。所以，柱箍承受的均布线荷载设计值为：

$$q=F_s l_1=78240\times 0.6=46944\text{N/m}$$

$$=46.944\text{N/mm}$$

柱箍轴向拉力设计值为：

$$N=\frac{ql_3}{2}=\frac{46.944\times 600}{2}=14083\text{N}$$

查表 5.2.2 槽钢［80×43×5 的各值分别为：$W=25300\text{mm}^3$；$A_n=1024\text{mm}^2$；$r_x=1$；$M_x=$

$$\frac{46.944\times900^2}{8}=4753080\text{N}\cdot\text{mm}$$

则代入验算公式，得

$$\frac{0.95\times14083}{1024}+\frac{0.95\times4753080}{1\times25300}=13.07+178.48$$
$$=191.55\text{N/mm}^2$$
$$<f=215\text{N/mm}^2$$

满足要求。

3 挠度验算

$$q_g=Fl_1=70120\times0.6=42072\text{N/m}$$
$$=42.072\text{N/mm}$$

查表5.2.2-1柱箍的截面惯性矩 $I_x=1013000\text{mm}^4$；另 $E=2.06\times10^5\text{N/mm}^2$；$l_2=900\text{mm}$。

$$v=\frac{5q_gl_2^4}{384EI_x}=\frac{5\times42.072\times900^4}{384\times2.06\times10^5\times1013000}$$
$$=1.7\text{mm}<[v]=\frac{900}{500}=1.8\text{mm}$$

满足要求。

5.2.5 本条计算公式中的1.2、1.35、1.4为恒、活荷载分项系数；0.9、0.7、0.6为活荷载效应组合系数和风荷载组合系数。

木、钢立柱计算举例：

【例5】 木立柱采用红松（强度等级为TC13B组），小头梢径为80mm，高度4.0m，并在木立柱高度的中部设有40mm×50mm的纵横向水平拉条，其立柱所承受荷载的标准值为：支架及立柱自重1.1kN/m²；混凝土自重 6kN/m²；钢筋自重0.275kN/m²；施工人员及设备重1.0kN/m²；一根立柱的承力范围为1.4m×1.4m。试验算此立柱的强度和稳定性。

【解】

1 荷载计算

设计值组合一

$$N=0.9\times[1.2\times(1.1+6.0+0.275)+1.4\times1.0]\times1.4\times1.4$$
$$=18.08\text{kN}$$

设计值组合二

$$N=0.9\times[1.35\times(1.1+6.0+0.275)+1.4\times0.7\times1.0]\times1.4\times1.4$$
$$=19.29\text{kN}$$

根据上述比较，应采用组合二为设计验算依据。

2 强度验算

$$A_n=\frac{\pi d^2}{4}=\frac{3.14\times89^2}{4}=6218.00\text{mm}^2$$

根据表3.2.3及第3.2.4条将木材强度设计值修正如下：

露天折减0.9；考虑施工荷载提高1.15；考虑圆木未经切削提高1.15；木材含水率按30%考虑可不作调整，则木材强度设计值调整后为：

$$f_c=0.9\times1.15\times1.15\times10=11.9\text{N/mm}^2$$

则 $$\sigma_c=\frac{N}{A_n}=\frac{19290}{6218.00}=3.10\text{N/mm}^2<f_c$$
$$=11.9\text{N/mm}^2$$

满足要求。

3 稳定验算

计算跨度 $l_0=2000\text{mm}$；回转半径 $i=\frac{89}{4}=22.25\text{mm}$；

$\lambda=\frac{l_0}{i}=\frac{2000}{22.25}=89.89$；按式（5.4.2-27）求稳定系数如下：

$$\varphi=\frac{1}{1+\left(\frac{\lambda}{65}\right)^2}=\frac{1}{1+\left(\frac{89.89}{65}\right)^2}=0.3434$$

则 $$\frac{N}{\varphi A_n}=\frac{19290}{0.3434\times6218}$$
$$=9.03\text{N/mm}^2<f_c$$
$$=11.9\text{N/mm}^2$$

满足要求。

【例6】 CH-65型钢支撑，其最大使用长度为3.06m，钢支撑中间无水平拉杆，插销直径 $d=12\text{mm}$，插销孔 $\phi15\text{mm}$，管径与壁厚及力学性能表见表5.2.5-1及表5.2.5-2。求钢支撑的容许设计荷载值。

【解】

按可能出现的四种破坏状态，计算其容许设计荷载，选其中最小值为钢支撑的容许荷载。

1 钢管支撑强度计算容许荷载

$$[N]=fA_n=215\times(348-2\times15\times2.4)$$
$$=215\times276=59.34\text{kN}$$

2 钢管支撑受压稳定计算容许荷载

插管与套管之间松动，是支撑成折线状，形成初偏心，按中点最大初偏心为25mm计算。

（1）先求 φ_x

$$n=\frac{I_{x2}}{I_{x1}}=\frac{18.51\times10^4}{9.32\times10^4}=1.99$$

$$\mu=\sqrt{\frac{1+n}{2}}=\sqrt{\frac{1+1.99}{2}}=1.223$$

$$\lambda_x=\mu\frac{L}{i_2}=1.223\times\frac{3060}{20.6}=181.67$$

查附录D表D得　$\varphi_x=0.2209$。

注：式中 I_{x1}、I_{x2} 分别为套管与插管的惯性矩，可查表5.2.5-2；L 为最大使用长度，查表5.2.5-1；i_2 为套管的回转半径，查表5.2.5-2。

（2）求 N_{EX}

$$N_{EX}=\pi^2EA/\lambda_x^2=\frac{3.14^2\times2.06\times10^5\times438}{181.67^2}$$
$$=26954.7\text{N}=26.95\text{kN}$$

（3）求 N

$$\frac{N}{\varphi_xA}+\frac{\beta_{max}M_x}{W_{ix}\left(1-0.8\frac{N}{N_{EX}}\right)}\leqslant f$$

$$\frac{N}{0.2209\times438}+\frac{1\times25\times N}{\frac{18.51\times10^4}{30.25}\times\left(1-0.8\frac{N}{26954.7}\right)}\leqslant215$$

$$\frac{N}{96.75}+\frac{25N}{6119\times(1-0.000029679N)}\leqslant215$$

求得　$N=54995.32\text{N}=55.00\text{kN}$

3　插销抗剪强度计算容许荷载

$N=f_v\cdot2A_0=125\times2\times113=28250\text{N}$

$=28.25\text{kN}$

4　插销处钢管壁承压强度计算容许荷载

$N=f_{ce}\cdot A_{ce}=320\times2\times2.4\times12$

$=18432\text{N}=18.43\text{kN}$

根据上述四项计算，取最小值即18432N为CH-65钢支撑在最大使用长度时的容许荷载设计值。

【例7】　现有一扣件式钢管组合的格构式柱，柱截面1000mm×1000mm，四角立杆（主肢）、水平横杆和四面斜管均为Q235钢$\phi48\times3.5$mm的焊接钢管，水平横杆步距1.0m，格构式柱高6.0m，承受荷载设计值为350kN，试验算该格构式柱的稳定性。

【解】

整个柱的截面惯性矩为：

$I_x=I+A_1h^2=4\times[121900+489\times500^2]$

$=4\times122371900\text{mm}^4$

整个柱的回转半径为：

$$i_x=\sqrt{\frac{I_x}{A}}=\sqrt{\frac{4\times122371900}{4\times489}}=500\text{mm}$$

则　$\lambda_x=\frac{l_0}{i}=\frac{6000}{500}=12$

故格构式换算长细比为：

$$\lambda_{0x}=\sqrt{\lambda_x^2+40\frac{A}{A_{1x}}}=\sqrt{12^2+40\times\frac{4\times489}{2\times489}}$$

$=14.97$

根据$\lambda_{0x}=14.97$查附录D表D得稳定系数

$\varphi=0.9836$

稳定验算：

$$\frac{N}{\varphi A}=\frac{350000}{0.9836\times4\times489}=181.92\text{N/mm}^2$$

$<f_c=205\text{N/mm}^2$

满足要求。

【例8】　现有一桥梁现浇板，采用门架型号为MF1219 $h_2=100$mm支模，门架立柱总高50m，门架间距1.5m，承受各项荷载标准值为：支架自重1.1kN/m²；新浇平板混凝土自重9.6kN/m²；钢筋自重0.5kN/m²；施工人员及设备自重2.5kN/m²；风荷载$w_k=0.30\text{kN/m}^2$；门架自重0.55kN/m。试验算底部一榀门架的稳定性。

【解】

1　轴力计算：按下面各式计算结果取大值

$$N=0.9\times\left[1.2\left(N_{Gk}H_0+\sum_{i=1}^{n}N_{Gik}\right)+1.4N_{Q1k}\right]$$

$=0.9\times\{1.2\times[0.55\times50+(1.1+9.6+0.5)\times1.5\times0.8]+1.4\times2.5\times1.5\times0.8\}$

$=0.9\times\{1.2\times[27.5+13.44]+1.4\times2.5\times1.5\times0.8\}$

$=0.9\times\{49.128+4.2\}$

$=48.0\text{kN}$

$$N=0.9\left\{1.2\times\left[N_{Gk}H_0+\sum_{i=1}^{n}N_{Gik}\right]+0.9\times1.4\times\left(N_{Q1k}+\frac{2M_w}{b}\right)\right\}$$

$$=0.9\times\left\{1.2[0.55\times50+(1.1+9.6+0.5)\times1.5\times0.8]+0.9\times1.4\times\left(2.5\times1.5\times0.8+\frac{2\times0.1458}{0.8}\right)\right\}$$

$$=0.9\times\left\{1.2\times[27.5+13.44]+0.9\times1.4\times\left(3+\frac{2\times0.1458}{0.8}\right)\right\}$$

$=0.9\times\{49.128+4.24\}$

$=48.0\text{kN}$

$$N=0.9\times\left\{1.35\times\left[N_{Gk}H_0+\left(\sum_{i=1}^{n}N_{Gik}\right)\right]+1.4\times\left(0.7N_{Q1k}+0.6\times\frac{2M_w}{b}\right)\right\}$$

$$=0.9\times\left\{\begin{array}{l}1.35\times[0.55\times50+(1.1+9.6+0.5)\\\times1.5\times0.8]+1.4\times\left(0.7\times2.5\times\right.\\\left.1.5\times0.8+0.6\times\frac{2\times0.1458}{0.8}\right)\end{array}\right\}$$

$=0.9\times\{1.35\times[27.5+13.44]$

$+1.4\times(2.1+0.14)\}$

$=0.9\times\{55.269+3.136\}$

$=52.56\text{kN}$

根据上述计算结果应取$N=52.56$kN作为设计依据。

$q_w=1.5w_k=1.5\times0.3=0.45\text{kN/m}$

$$M_w=\frac{q_wh^2}{10}=\frac{0.4\times1.8^2}{10}=0.1458\text{kN}\cdot\text{m}$$

根据$I=I_0+I_1\frac{h_1}{h_0}$查表5.4.2-8、表5.4.2-9得$I_0=121900\text{mm}^3$；$I_1=14200\text{mm}^4$；$h_1=1550$mm；$h_0=1900$mm；则

$$I=121900+14200\times\frac{1550}{1900}=133484\text{mm}^4$$

$$i=\sqrt{\frac{I}{A_1}}=\sqrt{\frac{133484}{489}}=16.52\text{mm}$$

$K_0=1.22$则　$\lambda=\frac{K_0h_0}{i}=\frac{1.22\times1900}{16.52}=140$

根据$\lambda=140$查附录D附表D得　$\varphi=0.345$

2　一榀门架的稳定性验算

$$\frac{N}{\varphi A_0}=\frac{52560}{0.345\times2\times489}=155.77\text{N/mm}^2$$

$$<f=205\text{N/mm}^2$$

满足要求。

5.3 爬模计算

5.3.5 将附墙架压紧在墙面上，是靠附墙架与墙面之间的摩擦力来支承附墙架所受的垂直力。

6 模板构造与安装

6.1 一般规定

6.1.1 模板设计与施工说明书在介绍了该工程模板总的情况后，主要内容中要重点说明下列事项：

1 模板设计所取用的垂直荷载和混凝土侧压力的数值。并据此对混凝土的浇筑工艺提出应注意的事项。

2 对模板结构中的特殊部位，提出装拆时应注意的事项。对爬升模板的作业人员进行教育和培训时，应按爬升模板的特点来进行，其特点为：在高空爬升时，是分块进行，爬升完毕固定后又连成整体。因此，在爬升前，必须拆尽相互间的连接件，使爬升时各单元能独立爬升，爬升完毕应及时安装好连接件，保证爬升模板固定后的整体性。

3 规定预埋件、预留孔洞及特殊部件所有的材料、节点构造和固定方法。

4 对特殊部位提出特殊的质量、安全要求和保证质量、安全的技术措施。

6.1.2 模板安装顺序大体来说是：柱墙──→梁──→板，具体来说应按设计和施工说明书规定的顺序进行。由于有些模板支柱直接支承在基土上，因此，对基土情况也应予以慎重考虑，严防下沉现象发生。

关于模板的起拱高度，在使用时应注意该起拱高度未包括设计起拱值，本规范只考虑到模板本身在荷载作用下的下挠。因此，在使用时应根据模板情况取值，如钢模板可取偏小值(1/1000～2/1000)，木模板可取偏大值（1.5/1000～3/1000）。

6.1.3 一般操作规程中规定应拼缝严密，不得漏浆。考虑到木模板拼缝过于严密，洒水湿润后会膨胀变形，所以，本规范规定无论采用钢模板、木模板还是其他材料制成的模板，拼缝以保证不漏浆为原则。

6.1.4 竖向模板是指墙、柱模板，在安装时应随时用临时支撑进行可靠固定，防止倒塌伤人。在安装过程中还应随时拆换支撑或增加支撑以保证随时处于稳定状态。

6.1.6 支架柱成一定角度倾斜或虽垂直但顶部倾斜时，对于这些支架柱或支撑来说，前者应注意底部传力的可靠度，既要求承力面积的可靠，又要求不得产生位移的可靠；对后者则要求顶点一定要固定可靠，不得产生任何位移；否则，将发生倒塌事故。

6.1.8 二次支撑是指板或梁模板未拆除前或拆除后，板上需堆放或安放设备材料，而这些所增加的荷载远大于现时混凝土所能承受的荷载或者超过设计所允许的荷载，于是需第二次加些支撑来满足堆载的要求，这就称为第二次支撑。

6.1.12～6.1.15 模板安装过程中最容易发生安全事故，经过分析这里特对易发事故的环节专门作了有针对性的规定与限制。

6.2 支架立柱构造与安装

6.2.1 对水平支承桁架一定要满足设计的跨度，尤其是伸缩式桁架，一定要满足搭接长度不能小于500mm，上下弦也不得少于两个插销销钉；当多榀成排放置时，在下弦折角处要按正文要求于桁架间加设水平撑。

6.2.2 工具式单立柱支撑是指单根钢管柱、组合型单根钢柱、装配式单根钢立柱，出于安全，应满足本条要求。

6.2.3 木立柱由于材质的原因，在模板高度较大时，比较容易发生安全事故，一般不能接长，本条对此进行了严格规定。

6.2.4 扣件式立柱采用对接接长，能达到传力明确，没有偏心，可大大提高承载能力。试验表明，一个对接扣件的承载能力比搭接的承载能力大2.14倍。而搭接会产生较大的偏心荷载，造成事故。

6.2.5 门架平行于梁轴线布置主要用于现浇梁、预制模板结构，为加快施工进度，门架用于梁底支撑，兼作楼板支架。但交叉支撑不易设置，有些厂家生产架距为957、1375的交叉支撑，而采用这种形式一般来说应采用垂直梁轴线布置为宜。

6.3 普通模板构造与安装

6.3.1 本条规定是为了防止在基坑中作业时由于疏忽，对可能发生安全事故的隐患作出了相应规定。

6.3.2 柱箍或紧固钢楞的规格、间距是通过力学计算确定的，而不是凭经验盲目采用，同时还要考虑每块钢模板宜有两个着力点，现场散拼支模时，逐块逐段上够U形卡、紧固螺栓、柱箍和钢楞，并随时安设支撑固定。

6.3.3 安装预拼大块钢模板，如果麻痹大意，很容易发生安全事故，特别是要防止倾覆。所以，本条作了针对性的规定。

6.4 爬升模板构造与安装

6.4.2 螺栓孔有偏差时，应经纠正后方可安装爬升模板。底座安装时，先临时固定部分穿墙螺栓，待校正标高后，方可固定全部穿墙螺栓。支架的立柱宜采取在地面组装成整体，在校正垂直度后再固定全部与底座相连接的螺栓。大模板安装时，先加以临时固定，待就位校正后，方可正式固定。安装模板的起重设备，可使用工程施工的起重设备。爬升模板全部安装完毕后，应对所有连接螺栓和穿墙螺栓进行紧固检查，并经试爬升验收合格后方可投入使用。另所有的穿墙螺栓应由外向内穿入，并在内侧紧固。

6.4.3 爬升时要稳起、稳落和平稳就位，严防大幅度摆动和碰撞。要注意不要使爬升模板被其他构件卡住，若发现此现象，应立即停止爬升，待故障排除后，方可继续爬升。

大模板爬升的条件一般应满足混凝土达到拆模时的强度，爬架已经爬升并安装固定在上层墙上，爬升爬架的爬升设备已拆除，固定附墙架处的混凝土已达到 $10N/mm^2$ 以上，如果附墙架是在窗洞处附墙，该处附墙的混凝土强度应能承受爬架传来的荷载。爬架爬升时，爬架的支承点是模板，此时模板需与浇筑的钢筋混凝土墙连成整体，所以，爬架爬升时的条件应具备：①墙体混凝土已浇筑并具有一定的强度；②内外模板均未拆除和松动，包括对拉螺栓、内模之间的连接支撑；③一片外墙的外模如果是由两个或多个爬架支承，则这些爬架不能同时爬升，应分两批进行；④固定附墙架的墙体混凝土强度不得小于 $10N/mm^2$。如果爬架固定在窗口处，则需对窗上的梁进行强度验算，以确定混凝土必须达到的强度。

倒链的链轮盘、倒卡和链条等，如有扭曲或变形，应停止使用。操作时不得站在倒链正下方，如重物需要在空间停留较长时间时，要将小链拴在大链上，以免滑移。液压提升设备应检查安装质量，接通油路，用旋拧千斤顶盖螺纹方法来检查和调节千斤顶冲程，务使各个千斤顶冲程相同。

6.4.6 大模板爬升或支架爬升时，拆除穿墙螺栓都是在脚手架上或爬架上进行的，因此，必须设置维护栏杆和安全网。

6.4.9 穿墙螺栓与建筑结构的紧固，脚手架构件之间的螺栓连接紧固，都是保证爬升模板安全的重要条件，一般每爬升一次应全数检查一次。

6.5 飞模构造与安装

6.5.1 飞模宜在施工现场组装，以减少飞模的运输。飞模的部件和零配件，应按设计图纸和设计说明书所规定的数量和质量进行验收。凡发现变形、断裂、漏焊、脱焊等质量问题，应经修整后方可使用。

6.5.3 飞模就位后，旋转上、下调节螺栓，使平台顶调到设计标高，然后在槽钢挑梁下安放单腿支柱和水平拉杆，这时即可进行梁模、柱模的支设、调整和固定工作，最后填补飞模平台四周的胶合板以及修补梁、柱、板交界处的模板。外挑出模操作平台一般分为两种情况，一为框架结构时，可直接在飞模两端或一端的建筑物外直接搭设出模操作平台。二，因剪力墙或其他构件的障碍，使飞模不能从飞模两端的建筑物外一边或两边搭设出模平台，此时飞模就必须在预定出口处搭设出模操作平台，而将所有飞模都陆续推至一个或两个平台，然后再用吊车吊走。

6.5.4 当梁、板混凝土强度达到设计强度的75%时方可拆模，先拆柱、梁模板（包括支架立柱）。然后松动飞模顶部和底部的调节螺栓，使台面下降至梁底以下100mm。此时转运的具体准备工作为：对双肢柱管架式飞模应用撬棍将飞模撬起，在飞模底部木垫板下垫入 $\phi50$ 钢管滚杠，每块垫板不少于4根。对钢管组合式飞模应将升降运输车推至飞模水平支撑下部合适位置，退出支垫木楔，拔出立柱伸缝腿插销，同时下降升降运输车，使飞模脱模并降低到离梁底50mm。对门式架飞模在留下的4个底托处，安装4个升降装置，并放好地滚轮，开动升降机构，使飞模降落在地滚轮上。对支腿桁架式飞模在每榀桁架下放置3个地滚轮，操纵升降机构，使飞模同步下降，面板脱离混凝土，飞模落在地滚轮上。

另外下面的信号工一般负责飞模推出、控制地滚轮、挂捆安全绳和挂钩、拆除安全网及起吊；上面的信号工一般负责平衡吊具的调整，指挥飞模就位和摘钩。

6.5.5～6.5.6 转运时，当用人工缓缓推出，飞模前两个吊点超出边梁后，锁牢地滚轮，这时一定要使飞模的重心不得超出中间的地滚轮，才可将吊车落钩，用钢丝绳和卡环将飞模前面的两个吊装盒内的吊点卡牢，松开地滚轮，将飞模继续缓缓向外推出，同时将安全绳按推出速度缓缓放松，并操纵平衡吊具，使飞模保持水平状态，直至完全推出建筑物外以后，正式起运至上一层安装。

6.5.8～6.5.9 电动平衡吊具主要是指吊车将飞模前面两个吊点挂牢后，再用电动环链挂牢于吊车钩上，电动环链另一挂钩端与飞模后面两点的吊绳挂牢，随着飞模缓缓推出，这时电动环链也跟着逐渐缩短环链长度，始终保持飞模处于水平位置。

飞模转运至上层就位后，应对所有螺栓进行上油，并应重新紧固，对已损坏的各部件应全部拆换或剔除，严格禁止混用其中。

6.6 隧道模构造与安装

6.6.1 在墙体钢筋绑扎后，检查预埋管线和留洞的位置、数量，并及时清除墙内杂物，此时将两个半边隧道模就位时，连接板孔的中心距为84mm，以保持顶板间有2～4mm的间隙，以便拆模。如房间开间大于4m，顶板应考虑起拱1/1000。

6.6.2 当模板用千斤顶就位固定后，模板底梁上的滚轮距地面的净空不应小于25mm，同时旋转垂直支撑杆，使其离地面20～30mm不再受力，这时应使整个模板的自重及顶板上的活荷载都集中到底梁上的千斤顶上。

6.6.3 1 两个桁架上弦工字钢的水平方向中心距，必须比开间的净尺寸小400mm，即工字钢各离两侧横墙面200mm；桁架间的水平撑和剪刀撑必须与墙面相距150mm，这样便于支卸平台吊装就位。

2 中立柱下的垫板与楼地面的接触要平稳紧实，必要时可局部找平。

3 相邻支卸平台之间的空隙过大，容易使人踏空或杂物坠落伤人。

6.6.4 山墙作业平台的长度，不宜过长（由6个U形卡承托）太长易变形，也不便U形卡与螺栓准确锚固；过短固定点少，不安全。

7 模 板 拆 除

7.1 模板拆除要求

7.1.1 按《混凝土结构工程施工质量验收规范》GB 50204的有关规定执行主要是说，非承重侧模的拆除，应在混凝土强度能保证其表面及棱角不因拆模而受损坏时（大于1N/mm^2）方可拆模。承重模板的拆除，应根据构件的受力情况、气温、水泥品种及振捣方法等确定。

7.1.3 用承重焊接钢筋骨架作配筋的结构，是指直接用钢筋骨架来承受现浇混凝土的自重、自重产生的侧压力、振捣和倾倒混凝土所产生的侧压力，除此之外，再不用其他任何支架立柱支承。此种支模方式拆模后，在其结构需要另外增加荷载时，必须进行核算，允许后方可增加。

7.1.4 为了加快大体积混凝土模板的周转或争取提前完成其他工序而需要提早拆模时，必须采取有效措施，使拆模与养护措施密切配合，如边拆除，边用草袋覆盖，或边拆除边回填土方覆盖等，来防止外部混凝土降温过快使内外温差超过25℃而产生温度裂缝。

7.1.5 预应力结构应严格保证不在混凝土产生自重挠度和没有混凝土自重承力钢筋的情况下来进行预应力张拉，否则会造成很大的预应力张拉损失或未张拉混凝土就已产生裂缝，致使结构产生严重不安全的隐患。

7.1.8 模板拆除的顺序和方法，应首先按照模板设计规定进行，原则上应先拆非承重部位，后拆承重部位，并遵守自上而下的原则。

7.1.9～7.1.10 拆模时，操作人员应站在安全处，以免发生安全事故。待该片、段模板全部拆除后，再将模板、配件、支架等运出堆放。

7.1.11 一般承重模板均应先拆去支架立柱，而立柱所支承的支架模板结构均互有关联，很易引起其他部位模板的塌落，故对易塌落部分应先设临时支撑支牢，以免发生安全事故。

7.1.13 对已拆除模板的结构，一般其混凝土强度均只达到设计的75%，若此时就需其承受全部设计使用荷载，或者虽达到混凝土设计强度的100%，但施工荷载所产生的效应比使用荷载的效应更为不利时，必须经过核算加设临时支撑，即所谓第二次支撑。

7.1.15 拆模后，对各种预留洞口、管沟、电梯洞口、楼梯口或高低差较大处均应及时盖好、拦好并处理好，防止发生一切不应发生的安全事故。

7.2 支架立柱拆除

7.2.1 拆除模板下面的钢或木楞梁或桁架时，梁楞下面的立柱已拆除，若不搭设临时防护支架，而直接撬脱楞梁或桁架就容易发生坠落砸人。

7.2.3～7.2.4 立柱拆除时，不能将梁底板与立柱连在一起整体一片拉倒，这样太危险，同时也极易把楼层结构或其他结构砸坏。现浇多层或高层建筑一般均规定连续三层不准拆除模板结构（包括立柱在内），若需提前拆除必须进行科学的计算方可决定拆除与否，决不允许盲目拆除造成严重后果。

7.2.6 拆除工具式有芯钢管立柱时，在人工运输过程中，如不将芯管抽除，很容易发生在吊运或搬运过程中滑出坠落伤人。

7.3 普通模板拆除

7.3.1 因基础模板一般处于自然地面以下，拆模时应将拆下的楞梁、模板及配件等随时派人运到离基础较远的地方，以免基坑附近地面受压造成坑壁塌方或模板及配件滑落伤人。

拆除楞及模板应由上而下，由表及里，避免上下交叉作业，以便确保安全。在基础模板拆完后，应派专人彻底清理一次，在基础四周失落的配件全部拾回后，再进行基础回填土施工。

7.3.2 单块组拼的柱模，在拆除柱箍钢楞后，如有对拉螺栓应先行拆除，然后才能自上而下逐步拆除配件及模板。对分片组装的柱模，则一般应先拆除两个对角的U形卡并作临时支撑后，再拆除另两个对角U形卡，或者将四边临时支撑好再拆除四角U形卡。待吊钩挂好后，拆除临时支撑，方能脱模起吊。

7.3.3 单块组拼的墙模，在拆除穿墙螺栓，大小楞和连接件后，从上到下逐步水平拆除；预组拼的大块墙模，应在挂好吊钩，检查所有连接件是否拆除后，拴好导向拉绳，方能拆除临时支撑脱模起吊，严防模板撞墙造成墙体裂缝或撞坏模板。

7.3.4 拆除钢模板时，应先拆钩头螺栓和内外钢楞，然后拆下U形卡、L形插销，再用钢钎轻轻撬动钢模板，或用木锤，或用带胶皮垫的铁锤轻击钢模板，把第一块钢模板拆下，然后再逐块拆除。对已拆下的钢模板不准随意抛掷，以确保钢模板完好。

7.4 特殊模板拆除

7.4.1～7.4.2 拱、薄壳、圆穹屋顶、筒仓漏斗、大于 8m 跨度的梁等工程结构模板的拆模顺序一般应按设计所规定的顺序和方法进行拆除。若设计无规定时，应该在拆模时不改变原曲率和受力情况的原则下来进行，以避免因混凝土与模板的脱开而对结构的任何部分产生有害的应力。

7.4.3 拆除带有拉杆拱的混凝土组合结构模板时，在模板和支架立柱未拆除前先将其拉杆拉紧，以避免脱模后无水平拉杆来平衡拱的水平推力，导致上弦拱的混凝土断裂垮塌。

7.5 爬升模板拆除

7.5.3 拆除悬挂脚手架和模板的顺序及方法如下：

1 应自下而上拆除悬挂脚手架和安全措施；

2 拆除分块模板间的拼接件；

3 用起重机或其他起吊设备吊住分块模板，并收紧起重索；

4 拆除模板爬升设备，使模板和爬架脱开；

5 将模板吊离墙面和爬架，并吊放至地面；

6 拆除过程中，操作人员必须站在爬架上，严禁站在被拆除的分块模板上。

支架柱和附墙架的拆除应采用起重机或其他垂直运输机械进行，并符合以下的顺序和方法：

1 用绳索捆绑爬架，用吊钩吊住绳索，在建筑物内拆除附墙螺栓，如要进入爬架内拆除时，应用绳索拉住爬架，防止晃动。

2 若螺栓已拆除，必须待人离开爬架后方准将爬架吊放至地面进行拆卸。

7.6 飞模拆除

7.6.1 当高层建筑的各层混凝土浇筑完毕后，待混凝土达到设计所规定的拆模强度或符合《混凝土结构工程施工质量验收规范》GB 50204 的规定后方可拆模。

7.6.3 飞模脱模转移应根据双支柱管架式飞模、钢管组合式飞模、门式架飞模、铝桁架式飞模、跨越式钢管桁架式飞模和悬架式飞模等各类型的特点作出规定执行。飞模推移至楼层口外约 1.2m 时（重心仍处于楼层支点里面），将 4 根吊索与飞模吊耳扣牢，然后使安装在吊车主钩下的两只倒链收紧，先使靠外两根吊索受力，使外端处于略高于内的状态，随着主吊钩上升，外端倒链逐渐放松，里端倒链逐渐收紧，使飞模一直保持平衡状态外移。

7.6.5 飞模推出后，楼层边缘已处于临空状态，因此必须按临边作业及时防护。

7.7 隧道模拆除

7.7.2 拆导墙模板时，先拆固定限卡的 8 号钢丝的销子，然后拆收外卡、限卡，再拆除侧立模板，最后将内卡从混凝土中拔出，拔出限卡和内卡时留下的缝隙，在浇筑墙体混凝土时可自动填补。

7.7.3 承重模板拆除时混凝土强度的要求应按《混凝土结构工程施工质量验收规范》GB 50204 的规定执行。

推移半隧道模的方法可采用人力或卷扬机等辅助装置来进行。

7.7.4 半隧道模吊运方法通常有如下几种：

1 单点吊装法：当房间进深不大或吊运单元角模时采用。采用单点吊装法，其吊点应设在模板重心的上方，即待模板重心吊点露出楼板外 500mm 时，塔吊吊具穿过模板顶板上的预留吊点孔与吊梁牢固连接，这时塔吊稍稍用力，待半隧道模全部推出楼板结构后，再吊至下一个流水段就位。

2 两点吊装法：当房间开间比较大而进深不大时采用。吊运程序和单点吊装法基本相同，只是模板的吊点在重心的上方对称设置，塔吊吊运时必须同时挂钩。

3 多点吊装法：当房间进深比较大时，需采用三点或四点吊装法，吊点的位置要通过计算来确定，吊运前先进行试吊，经验证无误后方可使用。

吊点分两侧挂钩，当半隧道模向楼外推移至前排吊点露出楼板时，塔吊先挂上两个吊点，待半隧道模后排吊点露出楼外时，再挂后排吊点，全部吊点同时吃上力后，再将模板全部吊出楼外送至下一个流水段。

4 鸭嘴形吊装法：半隧道模采用鸭嘴形吊梁作吊具，当模板降至预定的标高后，装卸平台护身栏放平，将鸭嘴形吊具插入模板，重心靠横墙模板的一侧，即可吊起半隧道模至楼外，运至下一流水段。

8 安全管理

8.0.3 对个别设计的异型钢模及非标准配件应经过力学计算和实验鉴定。不符合要求者不得使用，主要指无出厂合格证或未经试验鉴定的钢模板及配件不得使用。

8.0.4 对大型或技术复杂的模板工程，应按照施工设计和安全技术措施，组织操作人员进行技术训练，一定要使作业人员充分熟悉和掌握施工设计及安全操作技术。

8.0.8 采用扣件式、门式钢管支架立柱来作承受面积大、荷载大、立柱高的支撑立柱，必须具有合格证；若无合格证，应进行试压来确定其承载力。而上述各种形式的立杆受力又是用水平拉杆来保证的，因此水平杆与立杆起连接作用的扣件必须采用扭矩扳手对其进行抽检，其扭矩值必须达到 40～65N·m。

8.0.11 施工用的临时照明和机电设备线路应按规划

线路拉至固定地点，并装设有控制和接地保护的开关箱。临时工作照明和设备接线应从此开关箱接出。

8.0.15 高空作业人员应通过马道或专用爬梯以及电梯上下通行。

8.0.16 模板安装应检查如下一些内容：

1 检查模板和支架的布置和施工顺序是否符合施工设计和安全措施的规定；

2 各种连接件、支承件的规格、质量和紧固情况；关键部位的紧固螺栓、支承扣件尚应使用扭矩扳手或其他专用工具检查；

3 支承着力点和组合钢模板的整体稳定性；

4 标高、轴线位置、内廊尺寸、全高垂直度偏差、侧向弯曲度偏差、起拱拱度、表面平整度、板块拼缝、预埋件和预留孔洞等。

8.0.18～8.0.19 在雷雨季节及沿海大风地区，对露天的组合钢模板应作好排水，安装的避雷措施必须可靠，根据预报对9级以上大风应进行抗风临时加固。

8.0.22 清理时可用灰铲铲掉残余的灰浆，个别粘结牢固的混凝土，可用扁凿子轻轻剔除，再用砂纸打磨或用钢丝刷除锈，至光亮无锈为止。有条件时，宜采用各种形式的钢模板清刷机清理。若用铁锤来清理会造成板面或表面凹凸不平或损坏。

翘曲的边肋应放在工字钢上用铁锤轻轻砸平。翘曲的模板面可用手动丝杆压力机压平，或用调平机进行调平。开焊的肋条应补焊好。钢模板表面不用的孔洞，应用与钢模板面板同厚度已冲好的小圆钢板补焊平整，并用砂轮磨平。也可用与孔洞同直径的塑料瓶盖塞入孔内，平面朝向混凝土。

钢模边肋或背面、桁架、钢楞、立柱等防锈漆有脱落的应及时补刷防锈漆。

拆模现场运至维修场地的钢模板和零配件应拴牢、装箱，以免在运输途中散落、损坏或伤人。对零配件一定要做到不散装，以免丢失。

经过维修、刷油、整理合格的钢模板、零配件应清点验收，做到账物相符，防止混乱丢失。钢模板装车时一般不应高出车栏杆。

模板及配件必须设专人保管和维修，不论是在工地或库房均应按规格、种类分别堆放整齐，建立账册。存放期间，保管人员应经常检查是否有雨淋、浸水锈蚀、丢失等情况，以便及时妥善解决。

附录C 等截面连续梁的内力及变形系数

C.1 等跨连续梁

下例是对表C.1-1的使用方法举例说明。

【例1】 已知二跨等跨梁 l=6m，静载 q=15kN/m，每跨各有一个集中活载 F=35kN，求中间支座的最大弯矩和剪力。

【解】 $M_{B支} = K_M ql^2 + K_M pl$
$= (-0.125 \times 15 \times 6^2)$
$+ (-0.188 \times 35 \times 6)$
$= (-67.5) + (-39.48)$
$= -106.98\text{kN}\cdot\text{m}$

$V_{B左} = K_V ql + k_V F$
$= (-0.625 \times 15 \times 6) + (-0.688 \times 35)$
$= (-56.25) + (-24.08) = -80.33\text{kN}$

下两例是对表C.1-2的使用方法举例说明。

【例2】 已知三跨等跨梁 l=5m，静载 q=15kN/m，每跨各有二个集中活载 F=30kN，求边跨的最大跨中弯矩。

【解】 $M_{1中} = K_M ql^2 + K_M Fl$
$= 0.080 \times 15 \times 5^2 + 0.289 \times 30 \times 5$
$= 30 + 43.35 = 73.35\text{kN}\cdot\text{m}$

【例3】 已知三跨等跨梁 l = 6m，静载 q_1 = 15kN/m，活载 q_2 = 20kN/m，求中间跨的跨中最大弯矩。

【解】 $M_{2中} = K_M ql^2 = 0.025 \times 15 \times 6^2$
$+ 0.075 \times 20 \times 6^2 = 13.5 + 54$
$= 67.5\text{kN}\cdot\text{m}$

下例是对表C.1-3的使用方法举例说明。

【例4】 已知四跨等跨梁 l=5m，静载 q=15kN/m，活载每跨有二个集中荷载 F=25kN，作用于跨内，求支座 B 的最大弯矩和剪力。

【解】 $M_{B支} = K_M ql^2 + K_M Fl$
$= (-0.107 \times 15 \times 5^2)$
$+ (-0.321 \times 25 \times 5)$
$= (-40.125) + (-40.125)$
$= 80.25\text{kN}\cdot\text{m}$

$V_{B左} = K_V ql + K_V F$
$= (-0.607 \times 15 \times 5) + (-1.321 \times 25)$
$= (-45.525) + (-33.025) = -78.55\text{kN}$

C.2 不等跨连续梁在均布荷载作用下的弯矩、剪力系数

下例是对表C.2-1的使用方法举例说明。

【例5】 二跨不等跨连续梁如图C.2-1所示，静载 q_1 = 4kN/m，活载 q_2 = 4kN/m，求跨中最大弯矩及 A、C 支座剪力。

【解】 查二跨不等跨连续梁系数表 $\left(n = \frac{6}{4} = 1.5\right)$ 得：

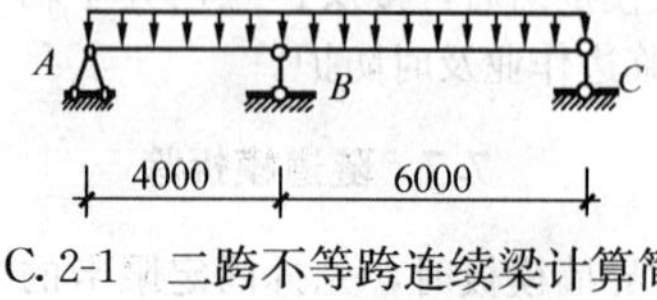

图C.2-1 二跨不等跨连续梁计算简图

$$M_{1max} = 0.04 \times 4 \times 4^2 + 0.101 \times 4 \times 4^2 = 9.024 kN \cdot m$$

$$M_{2max} = 0.183 \times 4 \times 4^2 + 0.203 \times 4 \times 4^2 = 24.704 kN \cdot m$$

$$V_{Amax} = 0.281 \times 4 \times 4 + 0.450 \times 4 \times 4 = 11.696 kN$$

$$V_{Cmax} = -0.604 \times 4 \times 4 - 0.638 \times 4 \times 4 = -19.872 kN$$

下例是对表 C.2-2 的使用方法举例说明。

【例 6】 三跨不等跨连续梁如图 C.2-2 所示，静载 $q_1 = 5kN/m$，活载 $q_2 = 5kN/m$，求跨中和支座最大弯矩及各支座剪力。

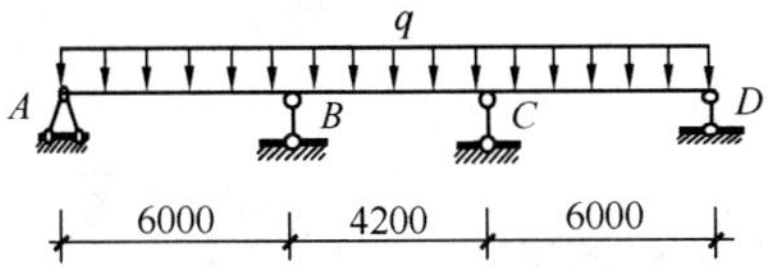

图 C.2-2 三跨不等跨连续梁计算简图

【解】 查三跨不等跨连续梁系数表 $\left(n = \frac{4.2}{6} = 0.7\right)$ 得：

$$M_{1max} = 0.087 \times 5 \times 6^2 + 0.096 \times 5 \times 6^2 = 32.94 kN \cdot m$$

$$M_{2max} = -0.021 \times 5 \times 6^2 + 0.040 \times 5 \times 6^2 = 3.42 kN \cdot m$$

$$M_{Bmax} = -0.082 \times 5 \times 6^2 - 0.098 \times 5 \times 6^2 = -32.5 kN \cdot m$$

$$V_A = 0.413 \times 5 \times 6 + 0.439 \times 5 \times 6 = 25.56 kN$$

$$V_{B左} = -0.582 \times 5 \times 6 - 0.593 \times 5 \times 6 = -35.25 kN$$

$$V_{B右} = 0.350 \times 5 \times 6 + 0.483 \times 5 \times 6 = 24.99 kN$$

中华人民共和国行业标准

城市夜景照明设计规范

Code for lighting design of urban nightscape

JGJ/T 163—2008
J 822—2008

批准部门：中华人民共和国住房和城乡建设部
施行日期：2 0 0 9 年 5 月 1 日

中华人民共和国住房和城乡建设部
公　　告

第141号

关于发布行业标准《城市夜景照明设计规范》的公告

现批准《城市夜景照明设计规范》为行业标准，编号为JGJ/T 163－2008，自2009年5月1日起实施。

本规范由我部标准定额研究所组织中国建筑工业出版社出版发行。

中华人民共和国住房和城乡建设部
2008年11月4日

前　　言

根据建设部《关于印发〈二〇〇四年工程建设城建、建工行业标准制订、修订计划〉的通知》（建标［2004］66号）的要求，编制组对国内外大量夜景照明工程和规范文献资料进行了深入实测调查和分析研究，认真总结实践经验，并在广泛征求意见的基础上制定了本规范。

本规范主要技术内容：总则、术语、基本规定、照明评价指标、照明设计、照明节能、光污染的限制、照明供配电与安全等。

本规范由住房和城乡建设部负责管理，由中国建筑科学研究院负责具体技术内容的解释（地址：北京市西城区车公庄大街19号；中国建筑科学研究院建筑物理研究所；邮编：100044）。

本规范主编单位：中国建筑科学研究院

本规范参编单位：北京市建筑设计研究院
天津大学建筑学院
重庆大学建筑城规学院
北京照明学会
上海照明学会
东芝照明（北京）有限公司
欧司朗（中国）照明有限公司
上海同音灯光音响工程有限公司
上海广茂达灯光景观工程有限公司
深圳高力特通用电气有限公司
国际铜业协会（中国）

本规范主要起草人：赵建平　肖辉乾　李景色
沈天行　汪　猛　杨春宇
王大有　李铁楠　朱　红
李奇峰　许东亮　刘剑平
汪幼江　恽为民　高京泉
施文勇

目　次

1　总则 …………………………… 2—18—4
2　术语 …………………………… 2—18—4
3　基本规定 ………………………… 2—18—5
3.1　设计原则 …………………… 2—18—5
3.2　照明光源及其电器附件的选择 … 2—18—5
3.3　照明灯具选择 ……………… 2—18—6
4　照明评价指标 …………………… 2—18—6
4.1　照度或亮度 ………………… 2—18—6
4.2　颜色 ………………………… 2—18—6
4.3　均匀度、对比度和立体感 …… 2—18—6
4.4　眩光的限制 ………………… 2—18—6
5　照明设计 ………………………… 2—18—6
5.1　建筑物 ……………………… 2—18—6
5.2　构筑物和特殊景观元素 ……… 2—18—7
5.3　商业步行街 ………………… 2—18—8
5.4　广场 ………………………… 2—18—8
5.5　公园 ………………………… 2—18—8
5.6　广告与标识 ………………… 2—18—9
6　照明节能 ………………………… 2—18—9
6.1　照明节能措施 ……………… 2—18—9
6.2　照明功率密度值（LPD） ……… 2—18—10
7　光污染的限制 …………………… 2—18—10
8　照明供配电与安全 ……………… 2—18—11
8.1　照明供配电 ………………… 2—18—11
8.2　照明控制 …………………… 2—18—11
8.3　安全防护与接地 …………… 2—18—12
附录A　城市规模和环境区域的划分 ……………………… 2—18—12
附录B　半柱面照度的计算、测量和使用 ……………… 2—18—12
附录C　嬉水池和喷水池区域的划分 ……………………… 2—18—13
本规范用词说明 ………………… 2—18—13
附：条文说明 …………………… 2—18—14

1 总 则

1.0.1 为在城市夜景照明设计中，贯彻国家的法律、法规和技术经济政策，塑造城市夜间形象，增加城市魅力，丰富人们夜间生活，做到技术先进、经济合理、节约能源、保护环境、使用安全、维护管理方便，实施绿色照明，制定本规范。

1.0.2 本规范适用于城市新建、改建和扩建的建筑物、构筑物、特殊景观元素、商业步行街、广场、公园、广告与标识等景物的夜景照明设计。

1.0.3 城市夜景照明设计除应符合本规范外，尚应符合国家现行有关标准的规定。

2 术 语

2.0.1 夜间景观 landscape in night，nightscape

在夜间，通过自然光和灯光塑造的景观，简称夜景。

2.0.2 夜景照明 nightscape lighting

泛指除体育场场地、建筑工地和道路照明等功能性照明以外，所有室外公共活动空间或景物的夜间景观的照明，亦称景观照明（landscape lighting）。

2.0.3 泛光照明 floodlighting

通常由投光灯来照射某一情景或目标，使其照度比其周围照度明显高的照明。

2.0.4 轮廓照明 outline lighting，contour lighting

利用灯光直接勾画建筑物和构筑物等被照对象轮廓的照明方式。

2.0.5 内透光照明 lighting from interior lights

利用室内光线向室外透射的照明方式。

2.0.6 重点照明 accent lighting

为提高特定区域或目标的照度，使其比周围区域亮的照明。

2.0.7 动态照明 dynamic lighting

通过对照明装置的光输出的控制形成场景明、暗或色彩等变化的照明方式。

2.0.8 灯具效率 luminaire efficiency

在相同的使用条件下，灯具发出的总光通量与灯具内所有光源发出的总光通量之比。

2.0.9 照度 illuminance

表面上一点的照度是入射在包含该点面元上的光通量 $d\Phi$ 除以该面元面积 dA 之商，即

$$E=\frac{d\Phi}{dA} \qquad (2.0.9)$$

该量的符号为 E，单位为 lx（勒克斯），$1lx=1lm/m^2$。

2.0.10 亮度 luminance

由 $d\Phi/(dA\cdot\cos\theta\cdot d\omega)$ 定义的量，即单位投影面积上的发光强度，其公式为：

$$L=d\Phi/(dA\cdot\cos\theta\cdot d\omega) \qquad (2.0.10)$$

式中 $d\Phi$——由指定点的光束元在包含指定方向的立体角 $d\omega$ 内传播的光通量；

dA——包括给定点的光束截面积；

θ——光束截面法线与光束方向间的夹角。

该量的符号为 L，单位为 cd/m^2（坎德拉每平方米）。

2.0.11 眩光 glare

由于视野中的亮度分布或亮度范围的不适宜，或存在极端的对比，以致引起不舒适感觉或降低观察细部或目标的能力的视觉现象。

2.0.12 阈值增量 threshold increment

失能眩光的度量。表示为存在眩光源时，为了达到同样看清物体的目的，在物体及背景之间的对比所需增加的百分比。该量的符号为 TI。

2.0.13 色温 colour temperature

当光源的色品与某一温度下黑体的色品相同时，该黑体的绝对温度为此光源的色温度。该量的符号为 T_c，单位为 K。

2.0.14 相关色温（度） correlated colour temperature

当光源的色品点不在黑体轨迹上，且光源的色品与某一温度下黑体的色品最接近时，该黑体的绝对温度为此光源的相关色温。该量的符号为 T_{cp}，单位为 K。

2.0.15 一般显色指数 general colour rendering index

光源对国际照明委员会（CIE）规定的 8 种标准颜色样品特殊显色指数的平均值。通称显色指数。该量的符号为 R_a。

2.0.16 反射比 reflectance

在入射光线的光谱组成、偏振状态和几何分布指定条件下，反射的光通量与入射光通量之比。符号为 ρ。

2.0.17 亮度对比 luminance contrast

视野中识别对象和背景的亮度差与背景亮度之比，即

$$C=\frac{L_o-L_b}{L_b} \quad 或 \quad C=\frac{\Delta L}{L_b} \qquad (2.0.17)$$

式中 C——亮度对比；

L_o——识别对象亮度；

L_b——识别对象的背景亮度；

ΔL——识别对象与背景的亮度差。

当 $L_o>L_b$ 时为正对比；

$L_o<L_b$ 时为负对比。

2.0.18 颜色对比 chromatic contrast，colour contrast

同时或相继观察视野中相邻两部分颜色差异的主

观评价。色对比分为色调对比、明度对比和彩度对比等。

2.0.19 照度或亮度均匀度 uniformity of illuminance (luminance)

表示规定平面上的照度或亮度变化的量，该量的符号为 U 。

照度或亮度均匀度有两种表示方法：

1）最小照度或亮度与最大照度或亮度之比，符号为 U_1；

2）最小照度或亮度与平均照度或亮度之比，符号为 U_2。

2.0.20 平均半柱面照度 average semi-cylindrical illuminance

光源在给定的空间一点上一个假想的半个圆柱面上产生的平均照度。圆柱体轴线通常是竖直的。该量的符号为 E_{sc}。

2.0.21 立体感 modeling

用光造成亮暗对比效果，显示物体三维形体及表面质地的能力。

2.0.22 绿色照明 green lights

节约资源、保护环境、有益于提高人们的学习、工作效率和生活质量以及保障身心健康的照明。

2.0.23 照明功率密度(LPD) lighting power density

单位面积上的照明安装功率（包括光源、镇流器或变压器等），单位为瓦特每平方米（W/m^2）。

2.0.24 光污染 light pollution

指干扰光或过量的光辐射（含可见光、紫外和红外光辐射）对人、生态环境和天文观测等造成的负面影响的总称。

2.0.25 溢散光 spill light (spray light)

照明装置发出的光线中照射到被照目标范围外的部分光线。

2.0.26 干扰光 obtrusive light

由于光的数量、方向或光谱特性，在特定场合中引起人的不舒适、分散注意力或视觉能力下降的溢散光。

2.0.27 上射光通比（ULOR） upward light output ratio

当灯具安装在规定的设计位置时，灯具发射到水平面以上的光通量与灯具中全部光源发出的总光通量之比。

2.0.28 熄灯时段 curfew

为控制干扰光的光污染要求比较严格的时间段。

2.0.29 环境区域 environment zones

为限制光污染，根据环境亮度状况和活动的内容，对相应地区所作的划分。

2.0.30 维护系数 maintenance factor

照明装置在使用一定时间后，在规定表面上的平均照度或平均亮度与该装置在相同条件下新装时在规定表面上所得到的平均照度或平均亮度之比。

2.0.31 维持平均照度（亮度） maintained average illuminance (luminance)

照明装置必须进行维护时，在规定表面上的平均照度（亮度）值。

3 基本规定

3.1 设计原则

3.1.1 城市夜景照明设计应符合城市夜景照明专项规划的要求，并宜与工程设计同步进行。

3.1.2 城市夜景照明设计应以人为本，注重整体艺术效果，突出重点，兼顾一般，创造舒适和谐的夜间光环境，并兼顾白天景观的视觉效果。

3.1.3 照度、亮度及照明功率密度值应控制在本规范规定的范围内。

3.1.4 应合理选择照明光源、灯具和照明方式；应合理确定灯具安装位置、照射角度和遮光措施，以避免光污染。

3.1.5 应慎重选择彩色光。光色应与被照对象和所在区域的特征相协调，不应与交通、航运等标识信号灯造成视觉上的混淆。

3.1.6 照明设施应根据环境条件和安装方式采取相应的安全防范措施，并不得影响园林、古建筑等自然和历史文化遗产的保护。

3.2 照明光源及其电器附件的选择

3.2.1 选用的照明光源及其电器附件应符合国家现行相关标准的有关规定。

3.2.2 选择光源时，在满足所期望达到的照明效果等要求条件下，应根据光源、灯具及镇流器等的性能和价格，在进行综合技术经济分析比较后确定。

3.2.3 照明设计时宜按下列条件选择光源：

1 泛光照明宜采用金属卤化物灯或高压钠灯；

2 内透光照明宜采用三基色直管荧光灯、发光二极管（LED）或紧凑型荧光灯；

3 轮廓照明宜采用紧凑型荧光灯、冷阴极荧光灯或发光二极管（LED）；

4 商业步行街、广告等对颜色识别要求较高的场所宜采用金属卤化物灯、三基色直管荧光灯或其他高显色性光源；

5 园林、广场的草坪灯宜采用紧凑型荧光灯、发光二极管（LED）或小功率的金属卤化物灯；

6 自发光的广告、标识宜采用发光二极管（LED）、场致发光膜（EL）等低耗能光源；

7 通常不宜采用高压汞灯，不应采用自镇流荧光高压汞灯和普通照明白炽灯。

3.2.4 照明设计时应按下列条件选择镇流器：

1　直管荧光灯应配用电子镇流器或节能型电感镇流器；

2　高压钠灯、金属卤化物灯应配用节能型电感镇流器；在电压偏差较大的场所，宜配用恒功率镇流器；光源功率较小时可配用电子镇流器。

3.2.5　高强度气体放电灯的触发器与光源之间的安装距离应符合产品的相关规定。

3.3　照明灯具选择

3.3.1　选用的照明灯具应符合国家现行相关标准的有关规定。

3.3.2　在满足眩光限制和配光要求条件下，应选用效率高的灯具。其中泛光灯灯具效率不应低于65%。

3.3.3　安装在室外的灯具外壳防护等级不应低于IP54；埋地灯具外壳防护等级不应低于IP67；水下灯具外壳防护等级应符合本规范第8.3.6条和第8.3.7条的规定。

3.3.4　灯具及安装固定件应具有防止脱落或倾倒的安全防护措施；对人员可触及的照明设备，当表面温度高于70℃时，应采取隔离保护措施。

3.3.5　直接安装在可燃性材料表面上的灯具，应采用标有▽F标志的灯具。

4　照明评价指标

4.1　照度或亮度

4.1.1　建筑物、构筑物和其他景观元素的照明评价指标应采取亮度或与照度相结合的方式。步道和广场等室外公共空间的照明评价指标宜采用地面水平照度（简称地面照度 E_h）和距地面1.5m处半柱面照度（E_{sc}）。

4.1.2　本规范规定的照度或亮度值均应为参考面上的维持平均照度或维持平均亮度值。

4.1.3　在照明设计时，应根据环境特征、灯具的防护等级和擦拭次数从表4.1.3中选定相应的维护系数。

表4.1.3　维护系数

灯具防护等级	环境特征		
	清洁	一般	污染严重
IP5X、IP6X	0.65	0.6	0.55
IP4X及以下	0.6	0.5	0.4

注：1　环境特征可按下列情况区分：

清洁：附近无产生烟尘的工作活动，中等交通量，如大型公园、风景区；

一般：附近有产生中等烟尘的工作活动，交通量较大，如居住区及轻工业区；

污染严重：附近有产生大量烟尘的工作活动，有时可能将灯具尘封起来，如重工业区。

2　表中维护系数值以一年擦拭一次为前提。

4.2　颜　　色

4.2.1　夜景照明光源色表可按其相关色温分为三组，光源色表分组应按表4.2.1确定。

表4.2.1　夜景照明的光源色表分组

色表分组	色温/相关色温（K）
暖色表	＜3300
中间色表	3300～5300
冷色表	＞5300

4.2.2　夜景照明光源显色性应以一般显色指数 R_a 作为评价指标，光源显色性分级应按表4.2.2确定。

表4.2.2　夜景照明光源的显色性分级

显色性分级	一般显色指数 R_a
高显色性	＞80
中显色性	60～80
低显色性	＜60

4.3　均匀度、对比度和立体感

4.3.1　广场、公园等场所公共活动空间和采用泛光照明方式的广告牌宜将照度（或亮度）均匀度作为评价指标之一。

4.3.2　建筑物和构筑物的入口、门头、雕塑、喷泉、绿化等，可采用重点照明突显特定的目标，被照物的亮度和背景亮度的对比度宜为3～5，且不宜超过10～20。

4.3.3　当需要突出被照明对象的立体感时，主要观察方向的垂直照度与水平照度之比不应小于0.25。

4.3.4　夜景照明中不应出现不协调的颜色对比；当装饰性照明采用多种彩色光时，宜事先进行验证照明效果的现场试验。

4.4　眩光的限制

4.4.1　夜景照明应以眩光限制作为评价指标之一。对机动车驾驶员的眩光限制程度应以阈值增量（*TI*）度量，并应符合本规范第7.0.2条第3款的规定。

4.4.2　居住区和步行区的照明设施对行人和非机动车人员产生的眩光应符合本规范表7.0.2-3的规定。

5　照明设计

5.1　建　筑　物

5.1.1　建筑物夜景照明设计除应符合本规范第3.1节的规定外尚应符合下列要求：

1　应根据被照物功能、特征、周围环境，选择适宜的视点，并应考虑光的投射方向、灯具的安装位置等因素的影响；

2 应根据建筑物表面色彩，合理选择光的颜色以使其与建筑物及周边环境相协调；

3 宜隐蔽灯具等照明设施；当隐蔽困难时，应使照明设施的形状、尺度和颜色与环境相协调；

4 夜景照明灯具应和建筑立面的墙、柱、檐、窗、墙角或屋顶部分的建筑构件相结合；

5 建筑物的入口不宜采用泛光灯直接照射。

5.1.2 不同城市规模及环境区域建筑物泛光照明的照度和亮度标准值应符合表 5.1.2 的规定。

5.1.3 对特别重要的建筑物，当需要提高其照度或亮度值时，只宜在该建筑物上局部提高。

5.1.4 建筑物的入口、特征构件、徽标或标识等部位的照度或亮度与周围照度或亮度的对比度应符合本规范第 4.3.2 条的规定。

表 5.1.2 不同城市规模及环境区域建筑物泛光照明的照度和亮度标准值

建筑物饰面材料		城市规模	平均亮度（cd/m^2）				平均照度（lx）			
名 称	反射比 ρ		E1 区	E2 区	E3 区	E4 区	E1 区	E2 区	E3 区	E4 区
白色外墙涂料，乳白色外墙釉面砖，浅冷、暖色外墙涂料，白色大理石等	0.6～0.8	大	—	5	10	25	—	30	50	150
		中	—	4	8	20	—	20	30	100
		小	—	3	6	15	—	15	20	75
银色或灰绿色铝塑板、浅色大理石、白色石材、浅色瓷砖、灰色或土黄色釉面砖、中等浅色涂料、铝塑板等	0.3～0.6	大	—	5	10	25	—	50	75	200
		中	—	4	8	20	—	30	50	150
		小	—	3	6	15	—	20	30	100
深色天然花岗石、大理石、瓷砖、混凝土，褐色、暗红色釉面砖、人造花岗石、普通砖等	0.2～0.3	大	—	5	10	25	—	75	150	300
		中	—	4	8	20	—	50	100	250
		小	—	3	6	15	—	30	75	200

注：1 城市规模及环境区域（E1～E4 区）的划分可按本规范附录 A 进行；

2 为保护 E1 区（天然暗环境区）生态环境，建筑立面不应设置夜景照明。

5.1.5 建筑物夜景照明可采用多种照明方式。当使用多种照明方式时，应分清照明的主次，注重相互配合及所形成的总体效果。

5.1.6 选择照明方式时应符合下列要求：

1 除有特殊照明要求的建筑物外，使用泛光照明时不宜采用大面积投光将被照面均匀照亮的方式；对玻璃幕墙建筑和表面材料反射比低于 0.2 的建筑，不应选用泛光照明；

2 对具有丰富轮廓特征的建筑物，可选用轮廓照明；当轮廓照明使用点光源时，灯具间距应根据建筑物尺度和视点远近确定；当使用线光源时，线光源的形状、线径粗细和亮度应根据建筑物特征和视点远近确定；

3 对玻璃幕墙以及外立面透光面积较大或外墙被照面反射比低于 0.2 的建筑，宜选用内透光照明；使用内透光照明应使内透光与环境光的亮度和光色保持协调，并应防止内透光产生光污染；

4 重点照明的光影特征、亮度和光色等应与建筑整体协调统一；

5 当采用光纤、导光管、激光、太空灯球、投影灯和火焰光等特种照明器材时，应对照明的必要性、可行性进行论证。

5.2 构筑物和特殊景观元素

5.2.1 构筑物和特殊景观元素（包括桥梁、雕塑、塔、碑、城墙、市政公共设施等）的夜景照明设计应在不影响其使用功能的前提下，展现其形态美感，并应与环境协调。

5.2.2 构筑物和特殊景观元素的照度和亮度标准值应符合本规范第 5.1.2 条的规定。

5.2.3 桥梁的照明设计应符合下列要求：

1 应避免夜景照明干扰桥梁的功能照明。

2 应根据主要视点的位置、方向，选择合适的亮度或照度。

3 应根据桥梁的类型，选择合适的夜景照明方式，展示和塑造桥梁的特色，并宜符合下列规定：

1）塔式斜拉钢索桥的照明宜重点塑造桥塔、拉索、桥身侧面、桥墩等部位，并使照明效果具有整体感；

2）园林中景观桥的照明应避免照明设施的暴露以及对游人的眩光影响；

3）城市立交桥和过街天桥的照明应简洁自然，与周边环境和桥区绿地的照明相协调；

4）城市中跨越江河桥梁的照明，应考虑与其在水中所形成的倒影相配合，应避免倒影产生的眩光；选择灯具及安装位置时，应考虑涨水时对灯具造成的影响。

4 应控制投光照明的方向以及被照面亮度以避免造成眩光及光污染。

5 桥梁夜景照明产生的光色、闪烁、动态、阴影等效果不应干扰车辆和船舶行驶的交通信号和驾驶作业。

6 通行重载机动车的桥梁照明装置应有防振措施。

5.2.4 雕塑及景观小品的照明应合理确定被照物亮度，并应与其背景亮度保持合适的对比度；应根据雕塑的主题、体量、表面材料的反光特性等来确定照明方案和选择照明方式。

5.2.5 塔的照明设计应兼顾远近不同观看位置上的需要，合理确定亮度和亮度分布，充分展现形体特点。

5.2.6 碑的照明设计应与碑的主体内涵相协调，并应控制周边的光环境氛围。

5.2.7 城墙的照明设计宜重点表现城楼、门洞、垛口、瞭望台等部位。

5.2.8 市政公共设施的夜景照明设计应与其功能照明相结合。

5.3 商业步行街

5.3.1 商业步行街的照明设计应符合下列要求：

1 购物环境应安全舒适；

2 街的出入口以及街内的道路、广场、公用设施、商店入口、橱窗、广告和标识均应设置照明；

3 商店立面应设置照明，并应与入口、橱窗、广告和标识以及毗邻建筑物的照明协调；

4 商业步行街的照明可选用多种光源和光色，采用动静结合的照明方式；

5 光污染的限制，应符合本规范第7.0.2条的要求。

5.3.2 商业步行街商店入口的照明设计应符合下列要求：

1 入口亮度与周围亮度的对比度应符合本规范第4.3.2条的规定；

2 应与店内照明、橱窗照明、广告标识照明以及建筑立面照明有所区别又相协调；

3 不应对进出商店的人员产生眩光。

5.3.3 商业步行街的道路照明设计应符合下列要求：

1 应能使行人看清路面、坡道、台阶、障碍物以及4m以外来人的面部；应能准确辨认建筑物标识、招牌和其他定位标识；

2 其评价指标及照明标准值应符合现行行业标准《城市道路照明设计标准》CJJ 45的相关规定；

3 不宜采用常规道路照明方式和常规道路照明灯具；

4 宜采用造型美观、上射光通比不超过25%、垂直面和水平面均有合理的光分布的装饰性和功能性相结合的灯具；

5 光源宜选择金属卤化物灯、细管径荧光灯、紧凑型荧光灯或其他高显色光源；

6 灯杆、支架、灯具外形、尺寸和颜色应整体设计，互相协调。

5.3.4 商业步行街市政公共设施的照明应统一设计，其亮度水平和光色应协调，并在视觉上保持良好的连续性和整体性。

5.3.5 商业步行街入口部位的大门或牌坊、建筑小品的照明亮度与街区其他部位亮度的对比度应符合本规范第4.3.2条的规定；街名牌匾等的照明应突出。

5.3.6 商业步行街建筑立面的照明设计应符合本规范第5.1.2条的规定。

5.3.7 商业步行街广告和标识的照明设计应符合本规范第5.6节的相关规定。

5.4 广　　场

5.4.1 广场照明设计应符合下列规定：

1 广场照明所营造的气氛应与广场的功能及周围环境相适应，亮度或照度水平、照明方式、光源的显色性以及灯具造型应体现广场的功能要求和景观特征；

2 广场绿地、人行道、公共活动区及主要出入口的照度标准值应符合表5.4.1的规定；

3 广场地面的坡道、台阶、高差处应设置照明设施；

4 广场公共活动区、建筑物和特殊景观元素的照明应统一规划，相互协调；

5 广场照明应有构成视觉中心的亮点，视觉中心的亮度与周围环境亮度的对比度应符合本规范第4.3.2条的规定；

表5.4.1 广场绿地、人行道、公共活动区和主要出入口的照度标准值

照明场所	绿地	人行道	公共活动的区				主要出入口
			市政广场	交通广场	商业广场	其他广场	
水平照度(lx)	≤3	5～10	15～25	10～20	10～20	5～10	20～30

注：1 人行道的最小水平照度为2～5lx；
2 人行道的最小半柱面照度为2lx。

6 除重大活动外，广场照明不宜选用动态和彩色光照明；

7 广场应选用上射光通比不超过25%且具有合理配光的灯具；除满足功能要求外，并应具有良好的装饰性且不得对行人和机动车驾驶员产生眩光和对环境产生光污染。

5.4.2 机场、车站、港口的交通广场照明应以功能照明为主，出入口、人行或车行道路及换乘位置应设置醒目的标识照明；使用的动态照明或彩色光不得干扰对交通信号灯的识别。

5.4.3 商业广场的照明应和商业街建筑、入口、橱窗、广告标识、道路、广场中的绿化、小品及娱乐设施的照明统一规划，相互协调，并应符合本规范第5.3节的相关规定。

5.5 公　　园

5.5.1 公园照明设计应符合下列要求：

1 应根据公园类型（功能）、风格、周边环境和夜间使用状况，确定照度水平和选择照明方式；

2 应避免溢散光对行人、周围环境及园林生态的影响；

3 公园公共活动区域的照度标准值应符合表5.5.1的规定。

表 5.5.1 公园公共活动区域的照度标准值

区 域	最小平均水平照度 $E_{h,min}$（lx）	最小半柱面照度 $E_{sc,min}$（lx）
人行道、非机动车道	2	2
庭园、平台	5	3
儿童游戏场地	10	4

注：半柱面照度的计算与测量可按本规范附录B进行。

5.5.2 公园树木照明设计应符合下列要求：

1 树木的照明应选择适宜的照射方式和灯具安装位置；应避免长时间的光照和灯具的安装对动、植物生长产生影响；不应对古树等珍稀名木进行近距离照明；

2 应考虑常绿树木和落叶树木的叶状及特征、颜色及季节变化因素的影响，确定照度水平和选择光源的色表；

3 应避免在人的观赏角度上产生眩光和对环境产生光污染。

5.5.3 公园绿地、花坛照明设计应符合下列要求：

1 草坪的照明应考虑对公园内人员活动的影响，光线宜自上向下照射，应避免溢散光对环境和人造成的光污染；

2 灯具应作为景观元素考虑，并应避免由于灯具的设置影响景观；

3 花坛宜采用自上向下的照明方式，以表现花卉本身；

4 应避免溢散光对观赏及周围环境的影响；

5 公园内观赏性绿地照明的最低照度不宜低于2lx。

5.5.4 公园水景照明设计应符合下列要求：

1 应根据水景的形态及水面的反射作用，选择合适的照明方式；

2 喷泉照明的照度应考虑环境亮度与喷水的形状和高度；

3 水景照明灯具应结合景观要求隐蔽，应兼顾无水时和冬季结冰时采取防护措施的外观效果；

4 光源、灯具及其电器附件必须符合本规范附录C规定的水中使用的防护与安全要求，并应便于维护管理；

5 水景周边应设置功能照明，防止观景人意外落水。

5.5.5 公园步道的坡道、台阶、高差处应设置照明设施。

5.5.6 公园的入口、公共设施、指示标牌应设置功能照明和标识照明。

5.6 广告与标识

5.6.1 广告与标识照明设计应符合下列要求：

1 应符合城市夜景照明专项规划中对广告与标识照明的要求；

2 应根据广告与标识的种类、结构、形式、表面材质、色彩、安装位置以及周边环境特点选择相应的照明方式；

3 光色运用应与广告与标识的文化内涵及周围环境相吻合，应注重昼夜景观的协调性，并达到白天和夜间和谐统一；

4 除指示性、功能性标识外，行政办公楼（区）、居民楼（区）、医院病房楼（区）不宜设置广告照明；

5 宜采用一般显色指数大于80的高显色性光源；

6 广告与标识照明不应产生光污染及影响机动车的正常行驶，不得干扰通信、交通等公共设施的正常使用。

5.6.2 广告与标识照明标准应符合下列规定：

1 不同环境区域、不同面积的广告与标识照明的平均亮度最大允许值应符合表5.6.2的规定；

表 5.6.2 不同环境区域、不同面积的广告与标识照明的平均亮度最大允许值（cd/m^2）

广告与标示照明面积（m^2）	环境区域			
	E1	E2	E3	E4
$S \leqslant 0.5$	50	400	800	1000
$0.5 < S \leqslant 2$	40	300	600	800
$2 < S \leqslant 10$	30	250	450	600
$S > 10$	—	150	300	400

注：环境区域（E1～E4区）的划分可按本规范附录A进行。

2 外投光广告与标识照明的亮度均匀度 U_1（L_{min}/L_{max}）宜为0.6～0.8；

3 广告与标识采用外投光照明时，应控制投射范围，散射到广告与标识外的溢散光不应超过20%；

4 应限制广告与标识照明对周边环境的光污染，并应符合本规范第7.0.2条的规定。

6 照明节能

6.1 照明节能措施

6.1.1 应根据照明场所的功能、性质、环境区域亮度、表面装饰材料及所在城市的规模等，确定照度或亮度标准值。

6.1.2 应合理选择夜景照明的照明方式。

6.1.3 选用的光源应符合相应光源能效标准，并应达到节能评价值的要求。

6.1.4 应采用功率损耗低、性能稳定的灯用附件。镇流器按光源要求配置，并应符合相应能效标准的节能评价值。

6.1.5 应采用效率高的灯具。

6.1.6 气体放电灯灯具的线路功率因数不应低于0.9。

6.1.7 应合理选用节能技术和设备。

6.1.8 有条件的场所，宜采用太阳能等可再生能源。

6.1.9 应建立切实有效的节能管理机制。

6.2 照明功率密度值（LPD）

6.2.1 建筑物立面夜景照明应采用功率密度值作为照明节能的评价指标。

6.2.2 建筑物立面夜景照明的照明功率密度值不宜大于表6.2.2的规定。

表6.2.2 建筑物立面夜景照明的照明功率密度值（LPD）

建筑物饰面材料		城市规模	E2区		E3区		E4区	
名称	反射比 ρ		对应照度（lx）	功率密度（W/m²）	对应照度（lx）	功率密度（W/m²）	对应照度（lx）	功率密度（W/m²）
白色外墙涂料，乳白色外墙釉面砖，浅冷、暖色外墙涂料，白色大理石	0.6～0.8	大	30	1.3	50	2.2	150	6.7
		中	20	0.9	30	1.3	100	4.5
		小	15	0.7	20	0.9	75	3.3
银色或灰绿色铝塑板、浅色大理石、浅色瓷砖、灰色或土黄色釉面砖、中等浅色涂料、中等色铝塑板等	0.3～0.6	大	50	2.2	75	3.3	200	8.9
		中	30	1.3	50	2.2	150	6.7
		小	20	0.9	30	1.3	100	4.5
深色天然花岗石、大理石、瓷砖、混凝土，褐色、暗红色釉面砖、人造花岗石、普通砖等	0.2～0.3	大	75	3.3	150	6.7	300	13.3
		中	50	2.2	100	4.5	250	11.2
		小	30	1.3	75	3.3	200	8.9

注：1 城市规模及环境区域（E1～E4区）的划分可按本规范附录A进行；

2 为保护E1区（天然暗环境区）的生态环境，建筑立面不应设置夜景照明。

7 光污染的限制

7.0.1 光污染的限制应遵循下列原则：

1 在保证照明效果的同时，应防止夜景照明产生的光污染；

2 限制夜景照明的光污染，应以防为主，避免出现先污染后治理的现象；

3 对已出现光污染的城市，应同时做好防止和治理光污染工作；

4 应做好夜景照明设施的运行与管理工作，防止设施在运行过程中产生光污染。

7.0.2 光污染的限制应符合下列规定：

1 夜景照明设施在居住建筑窗户外表面产生的垂直面照度不应大于表7.0.2-1的规定值。

表7.0.2-1 居住建筑窗户外表面产生的垂直面照度最大允许值

照明技术参数	应用条件	环境区域			
		E1区	E2区	E3区	E4区
垂直面照度（E_v）（lx）	熄灯时段前	2	5	10	25
	熄灯时段	0	1	2	5

注：1 考虑对公共（道路）照明灯具会产生影响，E1区熄灯时段的垂直面照度最大允许值可提高到1lx；

2 环境区域（E1～E4区）的划分可按本规范附录A进行。

2 夜景照明灯具朝居室方向的发光强度不应大于表7.0.2-2的规定值。

3 城市道路的非道路照明设施对汽车驾驶员产生的眩光的阈值增量不应大于15%。

表7.0.2-2 夜景照明灯具朝居室方向的发光强度的最大允许值

照明技术参数	应用条件	环境区域			
		E1区	E2区	E3区	E4区
灯具发光强度 I（cd）	熄灯时段前	2500	7500	10000	25000
	熄灯时段	0	500	1000	2500

注：1 要限制每个能持续看到的灯具，但对于瞬时或短时间看到的灯具不在此例；

2 如果看到光源是闪动的，其发光强度应降低一半；

3 如果是公共（道路）照明灯具，E1区熄灯时段灯具发光强度最大允许值可提高到500cd；

4 环境区域（E1～E4区）的划分可按本规范附录A进行。

4 居住区和步行区的夜景照明设施应避免对行人和非机动车人造成眩光。夜景照明灯具的眩光限制值应满足表7.0.2-3的规定。

表 7.0.2-3 居住区和步行区夜景照明灯具的眩光限制值

安装高度（m）	L 与 $A^{0.5}$ 的乘积
$H \leqslant 4.5$	$LA^{0.5} \leqslant 4000$
$4.5 < H \leqslant 6$	$LA^{0.5} \leqslant 5500$
$H > 6$	$LA^{0.5} \leqslant 7000$

注：1 L 为灯具在与向下垂线成 85°和 90°方向间的最大平均亮度（cd/m^2）；

2 A 为灯具在与向下垂线成 90°方向的所有出光面积（m^2）。

5 灯具的上射光通比的最大值不应大于表 7.0.2-4 的规定值。

表 7.0.2-4 灯具的上射光通比的最大允许值

照明技术参数	应用条件	环境区域			
		E1 区	E2 区	E3 区	E4 区
上射光通比	灯具所处位置水平面以上的光通量与灯具总光通量之比（%）	0	5	15	25

6 夜景照明在建筑立面和标识面产生的平均亮度不应大于表 7.0.2-5 的规定值。

表 7.0.2-5 建筑立面和标识面产生的平均亮度最大允许值

照明技术参数	应用条件	环境区域			
		E1 区	E2 区	E3 区	E4 区
建筑立面亮度 L_b（cd/m^2）	被照面平均亮度	0	5	10	25
标识亮度 L_s（cd/m^2）	外投光标识被照面平均亮度；对自发光广告标识，指发光面的平均亮度	50	400	800	1000

注：1 若被照面为漫反射面，建筑立面亮度可根据被照面的照度 E 和反射比 ρ，按 $L=E\rho/\pi$ 式计算出亮度 L_b 或 L_s。

2 标识亮度 L_s 值不适用于交通信号标识。

3 闪烁、循环组合的发光标识，在 E1 区和 E2 区里不应采用，在所有环境区域这类标识均不应靠近住宅的窗户设置。

7.0.3 光污染的限制应采取下列措施：

1 在编制城市夜景照明规划时，应对限制光污染提出相应的要求和措施；

2 在设计城市夜景照明工程时，应按城市夜景照明的规划进行设计；

3 应将照明的光线严格控制在被照区域内，限制灯具产生的干扰光，超出被照区域内的溢散光不应超过 15%；

4 应合理设置夜景照明运行时段，及时关闭部分或全部夜景照明、广告照明和非重要景观区高层建筑的内透光照明。

8 照明供配电与安全

8.1 照明供配电

8.1.1 应根据照明负荷中断供电可能造成的影响及损失，合理地确定负荷等级，并应正确地选择供电方案。

8.1.2 夜景照明设备供电电压宜为 0.23/0.4kV，供电半径不宜超过 0.5km。照明灯具端电压不宜高于其额定电压值的 105%，并不宜低于其额定电压值的 90%。

8.1.3 夜景照明负荷宜采用独立的配电线路供电，照明负荷计算需用系数应取 1，负荷计算时应包括电器附件的损耗。

8.1.4 当电压偏差或波动不能保证照明质量或光源寿命时，在技术经济合理的条件下，可采用有载自动调压电力变压器、调压器或专用变压器供电。当采用专用变压器供电时，变压器的接线组别宜采用 D，yn-11 方式。

8.1.5 照明分支线路每一单相回路电流不宜超过 30A。

8.1.6 三相照明线路各相负荷的分配宜保持平衡，最大相负荷电流不宜超过三相负荷平均值的 115%，最小相负荷电流不宜小于三相负荷平均值的 85%。

8.1.7 当采用三相四线配电时，中性线截面不应小于相线截面；室外照明线路应采用双重绝缘的铜芯导线，照明支路铜芯导线截面不应小于 $2.5mm^2$。

8.1.8 对仅在水中才能安全工作的灯具，其配电回路应加设低水位断电措施。

8.1.9 对单光源功率在 250W 及以上者，宜在每个灯具处单独设置短路保护。

8.1.10 夜景照明系统应安装独立电能计量表。

8.1.11 有集会或其他公共活动的场所应预留备用电源和接口。

8.2 照明控制

8.2.1 同一照明系统内的照明设施应分区或分组集中控制，应避免全部灯具同时启动。宜采用光控、时控、程控和智能控制方式，并应具备手动控制功能。

8.2.2 应根据使用情况设置平日、节假日、重大节日等不同的开灯控制模式。

8.2.3 系统中宜预留联网监控的接口，为遥控或联网监控创造条件。

8.2.4 总控制箱宜设在值班室内便于操作处，设在室外的控制箱应采取相应的防护措施。

8.3 安全防护与接地

8.3.1 安装在人员可触及的防护栏上的照明装置应采用特低安全电压供电，否则应采取防意外触电的保障措施。

8.3.2 安装于建筑本体的夜景照明系统应与该建筑配电系统的接地型式相一致。安装于室外的景观照明中距建筑外墙 20m 以内的设施应与室内系统的接地型式相一致；距建筑物外墙 20m 以外的部分宜采用 TT 接地系统，将全部外露可导电部分连接后直接接地。

8.3.3 配电线路的保护应符合现行国家标准《低压配电设计规范》GB 50054 的要求，当采用 TN-S 接地系统时，宜采用剩余电流保护器作接地故障保护；当采用 TT 接地系统时，应采用剩余电流保护器作接地故障保护。动作电流不宜小于正常运行时最大泄漏电流的 2.0～2.5 倍。

8.3.4 夜景照明装置的防雷应符合现行国家标准《建筑物防雷设计规范》GB 50057 的要求。

8.3.5 照明设备所有带电部分应采用绝缘、遮拦或外护物保护，距地面 2.8m 以下的照明设备应使用工具才能打开外壳进行光源维护。室外安装照明配电箱与控制箱等应采用防水、防尘型，防护等级不应低于 IP54，北方地区室外配电箱内元器件还应考虑室外环境温度的影响，距地面 2.5m 以下的电气设备应借助于钥匙或工具才能开启。

8.3.6 嬉水池（游泳池）防电击措施应符合下列规定：

1 在 0 区内采用 12V 及以下的隔离特低电压供电，其隔离变压器应在 0、1、2 区以外；嬉水池区域划分应符合本规范附录 C 的规定；

2 电气线路应采用双重绝缘；在 0 区及 1 区内不得安装接线盒；

3 电气设备的防水等级：0 区内不应低于 IPX8；1 区内不应低于 IPX5；2 区内不应低于 IPX4；

4 在 0 区、1 区及 2 区内应作局部等电位联结。

8.3.7 喷水池防电击措施应符合下列规定：

1 当采用 50V 及以下的特低电压（ELV）供电时，其隔离变压器应设置在 0、1 区以外；当采用 220V 供电时，应采用隔离变压器或装设额定动作电流 $I_{\Delta n}$ 不大于 30mA 的剩余电流保护器；喷水池区域划分应符合本规范附录 C 的规定；

2 水下电缆应远离水池边缘，在 1 区内应穿绝缘管保护；

3 喷水池应做局部等电位联结；

4 允许人进入的喷水池或喷水广场应执行本规范第 8.3.6 条的规定。

8.3.8 霓虹灯的安装设计应符合现行国家标准《霓虹灯安装规范》GB 19653 的规定。

附录 A 城市规模和环境区域的划分

A.0.1 城市规模根据人口数量可作下列划分：

1 城市中心城区非农业人口在 50 万以上的城市为大城市；

2 城市中心城区非农业人口为 20 万～50 万的城市为中等城市；

3 城市中心城区非农业人口在 20 万以下的城市为小城市。

A.0.2 环境区域根据环境亮度和活动内容可作下列划分：

1 E1 区为天然暗环境区，如国家公园、自然保护区和天文台所在地区等；

2 E2 区为低亮度环境区，如乡村的工业或居住区等；

3 E3 区为中等亮度环境区，如城郊工业或居住区等；

4 E4 区为高亮度环境区，如城市中心和商业区等。

附录 B 半柱面照度的计算、测量和使用

B.0.1 半柱面照度应按下式计算：

$$E_{sc}=\sum\frac{I(C,\gamma)(1+\cos\alpha_{sc})\cos^2\varepsilon\cdot\sin\varepsilon\cdot MF}{\pi(H-1.5)^2} \tag{B.0.1}$$

式中 E_{sc}——计算点上的维持半柱面照度（lx）；

$\sum$——所有有关灯具贡献的总和；

$I(C,\gamma)$——灯具射向计算点方向的光强（cd）；

α_{sc}——为光强矢量所在的垂直面和与半圆柱体的表面垂直的平面之间的夹角（图 B.0.1）；

γ——垂直光度角（°）；

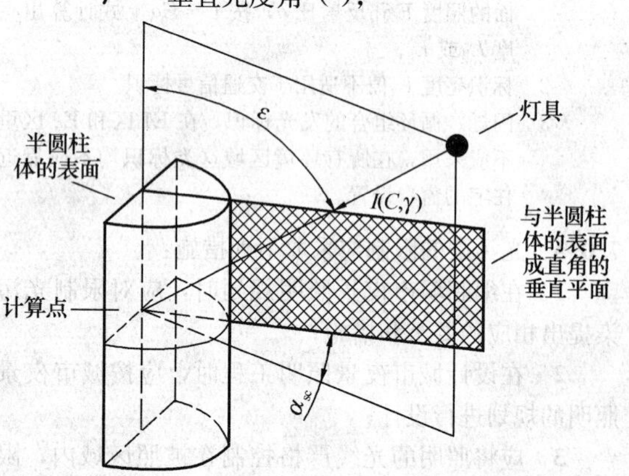

图 B.0.1 计算半柱面照度时所用的角

C——水平光度角（°）；

ε——入射光线与通过计算点的水平面法线间的角度（°）；

H——灯具的安装高度（m）；

MF——光源光通维护系数和灯具维护系数的乘积。

注：本规范中如未加说明，均指离地面 1.5m 处的半柱面照度。

B.0.2 半柱面照度宜按下列方法进行测量：

1 半柱面照度可采用配置专用光度探测器的半柱面照度计进行直接测量；

2 当照度的最低点在灯具的正下方时，在计算最小值时，也可选附近的其他点；

3 当使用半柱面照度有困难时，可采用顺观察方向的 2/π 倍垂直照度替代。

附录C 嬉水池和喷水池区域的划分

C.0.1 嬉水池应根据电气危险程度划分区域（如图C.0.1-1、图C.0.1-2 所示）。

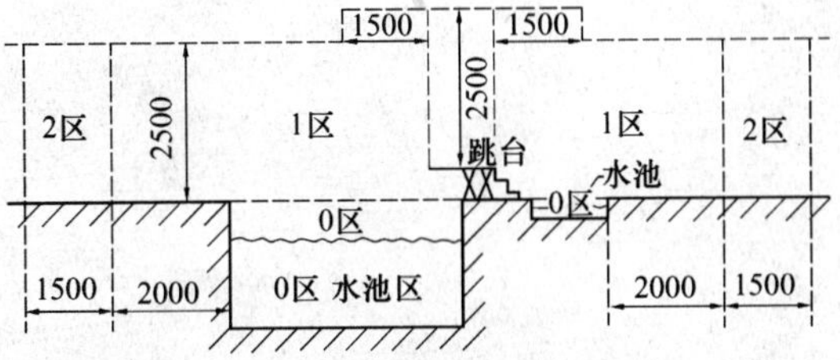

图 C.0.1-1 嬉水池区域划分

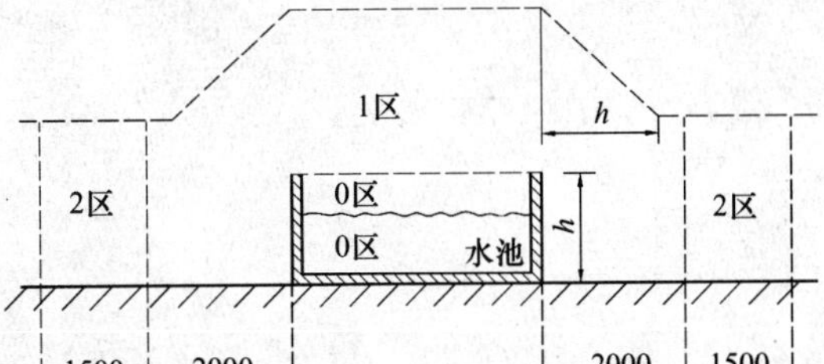

图 C.0.1-2 地上嬉水池区域划分

0 区——水池内部；

1 区——离水池边缘 2m 的垂直面内，其高度止于距地面或人能达到的水平面的 2.5m 处；对于跳台或滑槽，该区的范围包括离其边缘 1.5m 的垂直面内，其高度止于人能达到的最高水平面的 2.5m 处；

2 区——1 区至离 1 区 1.5m 的平行垂直面内，其高度止于离地面或人能达到的水平面的 2.5m 处。

C.0.2 喷水池应根据电气危险程度划分区域（如图 C.0.2 所示）。

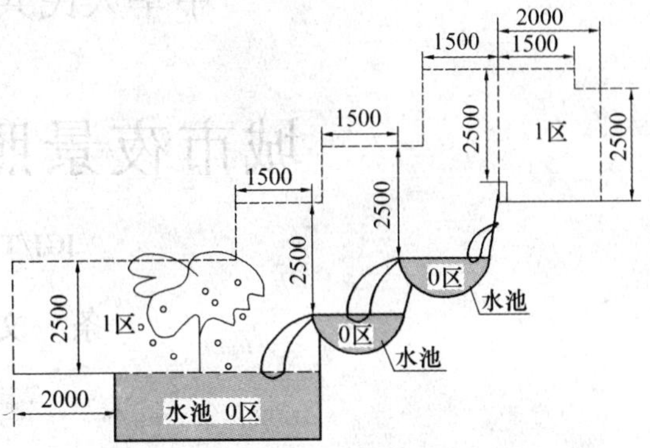

图 C.0.2 喷水池区域划分

0 区——水池内部；

1 区——离水池边缘 2m 的垂直面内，其高度止于距地面或人体能到达的水平面的 2.5m 处。

本规范用词说明

1 为便于在执行本规范条文时区别对待，对要求严格程度不同的用词说明如下：

1） 表示很严格，非这样做不可的：
正面词采用“必须”；
反面词采用“严禁”。

2） 表示严格，在正常情况下均应这样做的：
正面词采用“应”；
反面词采用“不应”或“不得”。

3） 表示允许稍有选择，在条件许可时首先应这样做的：
正面词采用“宜”；
反面词采用“不宜”。
表示有选择，在一定条件下可以这样做的，采用“可”。

2 条文中指明应按其他有关标准执行时，写法为“应按……执行”或“应符合……的要求（规定）”。

中华人民共和国行业标准

城市夜景照明设计规范

JGJ/T 163—2008

条 文 说 明

前　言

《城市夜景照明设计规范》JGJ/T 163—2008，经住房和城乡建设部2008年11月4日以第141号公告批准发布。

为便于广大设计、施工、科研、企业和学校等单位有关人员在使用本规范时能正确理解和执行规范条文的规定，《城市夜景照明设计规范》编制组按正文的章、节、条顺序编制了本规范的条文说明，供使用者参考。在使用中如发现本条文说明有不妥之处，请将意见函寄中国建筑科学研究院建筑物理研究所（邮编：100044，地址：北京市西城区车公庄大街19号）。

目　次

1　总则 ………………………………… 2—18—17
2　术语 ………………………………… 2—18—17
3　基本规定 …………………………… 2—18—17
3.1　设计原则 ………………………… 2—18—17
3.2　照明光源及其电器附件的选择 ……………………………… 2—18—17
3.3　照明灯具选择 …………………… 2—18—18
4　照明评价指标 ……………………… 2—18—18
4.1　照度或亮度 ……………………… 2—18—18
4.2　颜色 ……………………………… 2—18—19
4.3　均匀度、对比度和立体感 ……… 2—18—19
4.4　眩光的限制 ……………………… 2—18—19
5　照明设计 …………………………… 2—18—19
5.1　建筑物 …………………………… 2—18—19
5.2　构筑物和特殊景观元素 ………… 2—18—20
5.3　商业步行街 ……………………… 2—18—21
5.4　广场 ……………………………… 2—18—21
5.5　公园 ……………………………… 2—18—22
5.6　广告与标识 ……………………… 2—18—22
6　照明节能 …………………………… 2—18—23
6.1　照明节能措施 …………………… 2—18—23
6.2　照明功率密度值（LPD） ……… 2—18—23
7　光污染的限制 ……………………… 2—18—24
8　照明供配电与安全…………………… 2—18—26
8.1　照明供配电 ……………………… 2—18—26
8.2　照明控制 ………………………… 2—18—26
8.3　安全防护与接地 ………………… 2—18—26
附录A　城市规模和环境区域的划分…………………………… 2—18—27
附录B　半柱面照度的计算、测量和使用 …………………… 2—18—27
附录C　嬉水池和喷水池区域的划分…………………………… 2—18—27

1 总　　则

1.0.1 在总结我国城市夜景照明工程设计、建设与管理经验和存在问题的基础上，并借鉴了国际和国外先进的夜景照明规范，简要地阐述了制定本规范的目的、要求和总的原则。

1.0.2 从我国实际情况出发，确定本规范的适用范围主要有建筑物、构筑物和特殊景观元素、商业步行街、广场、公园、广告与标识等景物的夜景照明设计。

1.0.3 明确了本规范与其他标准规范的关系，也就是城市夜景照明设计除应遵守本规范外，尚应符合国家现行有关标准规范的规定。

2 术　　语

本章共列出了本规范出现的相关术语共31条。

编列以上术语的原则：

1 便于设计和管理等相关人员查找和使用。考虑到使用本规范的初级、中级和高级设计人员的技术水平不一，而且初级和中级设计人员数量较多，因此在本规范中出现的相关术语基本上都编入到本章术语。

2 尽量压缩或减少引用国家标准《电工术语照明》GB/T 2900.65－2004和行业标准《建筑照明术语标准》JGJ/T 119－2008、《园林基本术语标准》CJJ/T 91－2002和《市容环境卫生术语标准》CJJ/T 65－2004中的术语。少数重复的术语，是因城市夜景照明设计中必不可少或是从城市夜景照明角度在内涵上有所扩展或变动而收录的。

编写时参考了下列与城市夜景照明相关的标准和技术资料：

1）CIE出版物《国际照明术语》No.17.4(1987)；

2）行业标准《建筑照明术语标准》JGJ/T 119－2008；

3）国家标准《城市规划基本术语标准》GB/T 50280－98；

4）行业标准《园林基本术语标准》CJJ/T 91－2002；

5）行业标准《市容环境卫生术语标准》CJJ/T 65－2004。

本标准的术语的中英文名称和定义是通过对以上参考文献资料进行反复研究和广泛征求意见后确定的。

3 基本规定

3.1 设计原则

3.1.1 本条规定同步设计的原则，也就是根据当地城市夜景照明专项规划和相关法律、法规的要求，宜与被照明工程的规划、设计同步进行。

3.1.2 本条规定以人为本，彰显个性，注重夜景照明整体艺术效果的原则。

3.1.3 本条规定节约能源、保护环境，实施绿色照明的原则。

3.1.4 本条规定防止夜景照明产生光污染的原则。

3.1.5 本条规定慎用彩色光的原则。

3.1.6 本条规定安全的原则，其中照明设施应根据环境条件、安装方式设置相应的安全防范措施，并应有利于保护历史文化遗产、园林和古典建筑等被照对象免受损伤。

3.2 照明光源及其电器附件的选择

3.2.1 本条规定对选用照明光源最基本的要求。

3.2.2 在选择光源时，不单是比较光源价格，更应进行全寿命期的综合经济分析比较，因为一些高效、长寿命光源，虽价格较高，但使用数量减少，运行维护费用降低，经济上和技术上是合理的。

3.2.3 本条规定选择照明光源的一般原则：

1 泛光照明多用于大面积的照明场所，而高强气体放电灯具有光效高、寿命长等优点，因而得到普遍应用。

2 细管径直管形荧光灯、紧凑型荧光灯或发光二极管（LED）因体积小通常比较适用于内透光照明。

3 紧凑型荧光灯、冷阴极管或发光二极管（LED）灯带体积小，并为线性光源，比较适用于轮廓照明。

4 商业步行街、广告等场所对颜色的识别有一定要求，因此需选用高显色性光源，如金属卤化物灯、三基色荧光灯或其他高显色性光源。

5 紧凑型荧光灯和小功率的高强气体放电灯亮度相对较低，比较适合于园林、广场的草坪灯，也有利于节约能源。

6 强调自发光的广告、标识宜使用LED和EL光源，以节约照明用电。

7 和其他高强气体放电灯相比，荧光高压汞灯光效较低，寿命也不长，显色指数也不高，故不宜采用。自镇流荧光高压汞灯和白炽灯光效低和寿命短，故不应采用。

3.2.4 本条说明选择镇流器的原则：

1 直管形荧光灯应配用电子镇流器或节能电感镇流器，不应配用功耗大的传统电感镇流器，以提高能效。

2 当采用高压钠灯和金属卤化物灯时，宜配用镇流器功耗占灯功率的百分比小于11%的节能型电感镇流器，它比普通电感镇流器节能；这类光源的电子镇流器尚不够稳定，暂不宜普遍推广应用，对于功率较小的高压钠灯和金属卤化物灯，可配用电子镇流器，目前市场上有这种产品。在电压偏差大的场所，采用高压钠灯和金属卤化物灯时，为了节能和保持光输出稳定，延长光源寿命，宜配用恒功率镇流器。

3.2.5 高强度气体放电灯的触发器，一般是与灯具装在一起的，但有时由于安装、维修上的需要或其他原因，也有分开设置的。此时，触发器与灯具间的距离越小越好。当两者间距大时，触发器不能保证气体放电灯正常启动，这主要是由于线路加长后，导线间分布电容增大，从而触发脉冲电压衰减而造成的，故触发器与光源的安装距离应符合制造厂家对产品的要求。

3.3 照明灯具选择

3.3.1 本条提出了选用照明灯具最基本的要求。

3.3.2 本条规定了泛光灯灯具的最低效率值，以利于节能。主要是根据调查的灯具的效率值，同时与《城市道路照明设计标准》CJJ 45－2006 的要求相一致。其他类型灯具效率应符合相关标准的规定。

3.3.3 主要是根据防护等级的划分原则及使用场所的条件制订，同时与《城市道路照明设计标准》CJJ 45－2006 的要求相一致。

3.3.4 出于对可能伤及人员安全考虑，特制定本条。

3.3.5 采用标有▽F符号的灯具，强调夜景照明设施的安全要求。

4 照明评价指标

4.1 照度或亮度

4.1.1 本条规定了建筑物、构筑物和其他景观元素以及步行道、广场等室外开放空间的照明评价指标为亮度、照度和半柱面照度值。地面水平照度是为了看清地面上的障碍物和地面的起伏，以免绊跌或失足。本规范中的最低值规定为 2lx，与 CIE 出版物《城区照明指南》No.136（2000）中推荐的最低值一致。离地面 1.5m 处的半柱面照度是为了行人晚间能够辨认其他趋近的，或附近离开一定距离的平均身高的来人脸部特征，以便提供必要的安全感。研究证明，4m 的距离使行人能有足够的时间辨认和做好相应的防范准备，而在这个距离，辨认和估计一个人的企图所需的最小半柱面照度为 0.8lx，本规范为使用者的便利，将最低要求规定为 2lx。

在照明情况较为复杂时，垂直照度 E_v 与半柱面照度 E_{sc} 之间没有固定的换算关系。但是在单个点光源照射下：

$$E_{sc} = \frac{\Phi}{\pi rd}$$

$$E_v = \frac{\Phi}{2rd}$$

因此：
$$E_v = \frac{\pi}{2} E_{sc}$$

本规范中半柱面照度与垂直照度之间的换算关系即是按照这一简化公式得出。

4.1.2、4.1.3 本条规定的照度或亮度均为参考面上维护周期末的维持照度值。在照明设计时，应根据环境特征、灯具的防护等级和擦洗周期，从本规范表 4.1.3 中选定相应的维护系数。

本规范的维持照度值是扣除下列假设的衰减后的照明值：

1 在计划更换光源时间内光源的流明衰减。

2 灯具在清洁周期末由于污染引起的输出流明的衰减。维护系数即是在灯具设备维护周期末，由于上述衰减后，参考面上的照明值与初始照明值之比，它是光源流明衰减因子与灯具污染衰减因子的乘积。

本规范中，光源的流明衰减因子按照其初始流明的 70％计算；由于污染引起的灯具输出流明的衰减因子，则参考了 CIE 出版物《城区照明指南》No.136（2000）中给出的灯具污染衰减因子的推荐值，该推荐值如表 1 所示。

表 1 灯具污染衰减因子

灯具的 IP 等级	环境特征	预期点燃时间（月）				
		12	18	24	30	36
IP2X	清洁	0.90	0.82	0.79	0.78	0.75
	一般	0.62	0.58	0.56	0.53	0.52
	污染严重	0.53	0.48	0.45	0.42	0.41
IP5X	清洁	0.92	0.91	0.90	0.89	0.88
	一般	0.90	0.88	0.86	0.84	0.82
	污染严重	0.89	0.87	0.84	0.80	0.76
IP6X	清洁	0.93	0.92	0.91	0.90	0.89
	一般	0.92	0.91	0.89	0.88	0.87
	污染严重	0.91	0.90	0.88	0.86	0.83

注：环境污染特征可按下列情况区分：

清洁：附近无产生烟尘的工作活动，中等交通量，环境颗粒水平不超过 300μg/m³，如大型公园、风景区；

一般：附近有产生中等烟尘的工作活动，交通量较大，环境颗粒水平不超过 600μg/m³，如居住区及轻工业地区；

污染严重：附近有产生大量烟尘的工作活动，有时可能将灯具尘封起来，如重工业地区。

本规范中的平均照度（average illuminance）的定义是“设定表面上有代表性的多点照度的平均值”；平均亮度（average luminance）的定义是“设定表面上有代表性的多点亮度的平均值”。有代表性的点的数量和位置可参照国际照明委员会标准《光度学——物理光度学的 CIE 系统》S 010/E：2004 和北京照明学会等编的《城市夜景照明技术指南》第 16 章夜景照明的测试和评价的有关规定确定。

4.2 颜　　色

4.2.1 本条是根据 CIE 出版物《城区照明指南》No. 136（2000）中的规定制定的。光源的色温或相关色温的选择在城市夜景照明设计中起着重要的作用，它涉及心理学、美学问题，也与气候环境、区域特色有关。城市中功能性照明的照度值较低，适宜采用低色温和中间色温光源，而对于规模较大的建筑物（构筑物）泛光照明，则适宜采用高色温光源。

4.2.2 本条将城市夜景照明光源的显色性以一般显色指数 R_a 作为评价指标，光源显色性应按本规范表 4.2.2 确定。

在 CIE 出版物《城区照明指南》No. 136（2000）中，将光源的显色性分为 5 个级别，分别为：$A=90$ 以上；$B=80\sim90$；$C=60\sim80$；$D=40\sim60$；$E=40$ 以下。其中 A 类主要为白炽灯、卤钨灯等热辐射光源，D 类主要为高压汞灯光源，这两类光源在城市夜景照明设计中已经不被推荐使用。故本标准中，将显色性的 5 个级别合并为 3 个级别。

4.3 均匀度、对比度和立体感

4.3.1 本条中照度或亮度均匀度的评价指标包括均匀度 U_1 和均匀度 U_2。前者是给定平面上照度或亮度的最小值与最大值之比，即 E_{min}/E_{max} 或 L_{min}/L_{max}，涉及视觉适应和地面上的显示；后者是给定平面上照度或亮度的最小值与平均值之比，即 E_{min}/E_{av} 或 L_{min}/L_{av}，涉及视觉舒适感。

4.3.2 观察者主观上感觉的明亮程度，可以称之为“视亮度”，视亮度没有量纲，它与人眼的适应水平有关，与仪表测量得到的亮度是对数关系，即亮度增加 10 倍后，视亮度大约提高 2.3 倍。本条用加强照明表现特定的目标，如建筑物、构筑物、门头、雕塑、喷泉、绿化、入口等，其被照物的亮度和背景亮度或照度的对比度规定为 3～5 的主要依据：①综合考虑照明效果、节约能源和防止光污染等因素，特别是节约能源的因素；②相关的标准和调研成果，如英国《城市照明指南》和北美照明学会《照明手册》第九版规定的对比度为 5 时，可较好地凸显被照物；又如表 2 所示天津大学的调研结果表明 1∶5 可达到强调的要求。

表 2　需强调的被照物的亮度和环境亮度的对比度

照明效果	对比不强调	轻微强调	强调	很强调
亮度对比度	1∶2	1∶3	1∶5	1∶10

注：最大亮度对比度不应超过 1∶10。

4.3.3 城市夜景照明中的立体感评价主要是为了减少阴影，更好地展示被照对象的细节，比如对行人面部特征、城市设施的外观造型的辨识。检验被照对象立体感的指标有多种如照度矢量与标量照度比，平均柱面照度与水平照度之比以及垂直照度和水平照度之比等。本规范采用垂直照度与水平照度之比是其中一种较为简单易行，又比较有效的方法。

4.3.4 城市夜景照明中不应出现不和谐的颜色对比，当装饰性照明中采用多种彩色光线时，建议先进行现场试验，以检验照明效果。颜色的对比和适应能影响人的主观感觉，可以利用它的规律使照明设计获得良好的效果。不和谐的颜色对比则会扭曲照明对象的夜间形象，降低照明区域的吸引力，甚至对行人和车辆造成危害。

4.4 眩光的限制

4.4.1 城市夜景照明应将眩光限制作为一项评价指标。眩光的形成是由于视场中存在极高的亮度或亮度对比，而使视觉功能下降或使眼睛感到不舒适。阈值增量（TI）是描述道路照明眩光而提出的一个照明评价指标，涉及失能眩光；居住区和步行区内的灯具一般装得较低，而行人和自行车的行进速度较慢，故应限制灯具的亮度，并考虑不舒适眩光的影响。对机动车驾驶员的眩光限制应以阈值增量（TI）度量，并应符合本规范第 7.0.2 条的第 3 款的规定。

4.4.2 居住区和步行区的照明设施对行人和汽车驾驶员产生的不舒适眩光应符合本规范表 7.0.2-3 的规定。

5 照 明 设 计

5.1 建　筑　物

5.1.1 建筑物夜景照明除了符合本规范第 3.1 节的规定外，本条还补充规定应符合下列要求：

1 应根据被照建筑物的功能、特征和观景视点，设计灯的投射方向、灯安装位置，达到安全、美观舒适和节能的效果，设计时就应充分考虑这些因素；

2 不同颜色光投射在建筑物上会产生不同的效果，建筑物色彩对彩色光也有一定选择性；建筑物不同的使用功能使其具有不同的性质，使用符合其性质的色光，能使建筑物得到更好体现；使用彩色光时还要考虑被彩色光照射的建筑物与相邻建筑、环境的色彩相协调；

3 对建筑物的照明应该是见光不见灯；有些灯具实在无法隐蔽时，灯具的形状、大小、颜色应与建筑、环境协调；使灯具与建筑物、环境融为一体；

4 强调建筑物夜景照明灯具宜与建筑物立面构件相结合，并融合为一体；

5 本款指出了建筑物入口不宜采用泛光照明方式直接照射。

5.1.2 本条根据CIE、英国、美国、日本、德国、荷兰、澳大利亚和国内四个直辖市的照明标准以及大量夜景工程的调查资料提出了建筑物夜景照明照度或亮度设计值不应大于本规范表5.1.2的规定，并对设计值作了如下补充规定和说明。

1 根据大、中、小不同规模的城市确定与其相适应的照度或亮度等级，是基于背景亮度与目标物亮度的对比关系和节约能源关系考虑的。城市规模不同，建筑物的背景亮度不同，依次降低照度或亮度值并不影响建筑物夜景美观。

2 根据城市的不同功能区域将城市划分为城市中心和商业区，城郊的工业或居住区，乡村的工业或居住区和自然夜空保护区四类。本规范所推荐的是城市中心和商业区的照度和亮度值，城郊的工业或居住区约为城市中心和商业区照度和亮度的40%，乡村的工业或居住区约为城市中心和商业区照度和亮度的20%，为使自然夜空保护区免受光污染，建筑立面不设置夜景照明。

5.1.3 对于特别重要的建筑物需要提高其照度或亮度值时，可在本规范规定数值基础上对其局部提高。

5.1.4 对于建筑物的入口、特征构件、徽标或标识等部位的设计照度或亮度，与其相邻的部位或环境平均照度或亮度的对比度应符合本规范第4.3.2条的规定。

5.1.5 本条指出使用多种照明方式时，应分清主次，注意相互配合及所形成的总体效果。

5.1.6 本条提出选用照明方式应满足的要求：

1 建筑物被大面积投光将其均匀照亮既浪费电能又不生动。玻璃幕墙属于镜面高定向反射的透光材料，用泛光照明达不到美的效果，还可能形成强烈眩光和反射光干扰环境，或把室内照得很亮，造成危害。建筑表面材料反射比低于0.2，用泛光照明既达不到照亮的目的又浪费电能。

2 使用点光源排列构成线状勾勒建筑物轮廓时，灯具间距太密会提高工程造价和浪费电能，太疏不易起到勾线作用。其间距就应根据建筑物尺度和观看点距离远近确定。使用线光源时，线光源形状、线径粗细和亮度都应符合建筑物特征并考虑观看点的远近确定。

3 玻璃幕墙以及外立面透光面积较大的建筑物，不宜用泛光照明，而宜选用内透光照明，但内透光也必须考虑其亮度、光色与环境和谐协调，内透光照明也应防止光污染。

4 对建筑物照明不宜平均对待，应分析建筑物特征，突出其建筑物重点部位。对建筑物重点部位宜对其局部进行多种形式和方法的重点照明。进行局部重点照明注意灯光照射在建筑物上形成的光影是否美观协调，产生的亮度和光色等方面要与建筑物本身的整体立面效果和谐统一。

5 特种照明方式要根据实际需要使用，光纤、导光管等在环境亮度较高的情况下不宜使用。激光、火焰光等表演性照明要根据特殊需要选用。使用特种照明时，需要对照明是否必要，技术是否可靠，有无可行性和其性能、质量、造价等多方面进行分析论证后运用。

5.2 构筑物和特殊景观元素

5.2.1 本条明确了构筑物和特殊景观元素的范围，并提出了对其进行夜景设计的总原则。

5.2.2 本条明确了构筑物和特殊景观元素照明的照度和亮度标准值应符合本规范第5.1.2条的规定。

5.2.3 本条提出了桥梁的照明设计应满足的要求：

1 桥梁的功能主要是供通行之用，因此，桥梁上通常都会设置功能照明，本款强调桥梁的功能照明是第一位的，景观照明不应对其形成干扰。

2 桥梁的主要观景点主要位于桥梁两侧的水面上或岸边的中远距离处，在这些位置上既能看到夜景观的全貌，也能兼顾到景观的一些细节，因此夜景的设计应主要考虑这些位置上的景观需要。

3 桥梁通常是一个地区的标志性建筑物，因此，其夜景设计应以突出特色来强化其地位。

1）塔式拉索桥的特点主要体现在它的桥塔和拉索等部位，如果能让这些部位的夜景特点得到强调，那么，桥梁夜景的特点也就能够得到有效的体现；由于主要是从桥梁的外侧观看桥景，因此桥身的夜景重点应塑造桥身的侧面；

2）园林中的桥与游人距离较近，其夜景照明很容易产生眩光，因此，应在设计上予以充分的考虑；此外暴露的灯具会严重破坏园林景观桥的美观，必须予以避免；

3）城市立交桥的作用主要是保障通行需要，因此，一些复杂或过度装饰的照明可能会对交通造成妨碍；

4）水中倒影是桥梁夜景的重要组成部分，应予以重视，因此，需要在设计阶段进行考虑；由于位置关系，水中倒影很容易造成眩光，这也需要在设计阶段予以考虑并设法避免。

4 桥梁是交通枢纽，交通繁忙，因此桥梁上的夜景照明要保证车辆驾驶员和行人的视觉不会受到干扰，以保证交通安全和顺畅。

5 一些交通信号灯可能会设置在桥梁上，如城市立交等，因此，装饰照明的光和影就有可能对其造成干扰和妨碍，成为交通隐患，所以，应在设计阶段予以考虑避免。

6 夜景照明中的闪烁、动态、阴影等效果会对车辆驾驶员的视觉造成干扰，而车辆通过桥梁时，驾驶员需要高度集中精力，因此那些很容易造成驾驶员精力分散的特殊效果照明应予以限制。

5.2.4 雕塑和景观小品大多体量较小，且与环境关系密切，因此，其照明亮度与环境形成一定的比例关系，才能使景观既有合适的效果又与环境和谐。

5.2.5 塔往往是一个区域或城市的标志性建筑，会有远近不同距离上的观看，因此，设计时要考虑不同观看位置上的需求。

5.2.6 因碑具有纪念性质，与某些事件相关，所以，本条要求设计碑的夜景时，其照明效果要呼应碑所纪念的事件，要想获得对碑景的恰当感受，需要良好的环境氛围，本条要求应通过照明来营造相应的氛围。

5.2.7 城墙往往都有较长的长度和较大的体量，通过一些富于明暗变化的照明效果，可以避免单调；门洞、垛口、瞭望台等是城墙上富于变化的局部，应该在夜景中得到强调。

5.2.8 本条对市政公共设施的功能及照明作了原则的规定，并强调将景观照明与其自身的功能照明相结合，或在其功能照明上进行艺术化的设计。

5.3 商业步行街

5.3.1 本条提出了商业步行街的照明设计应符合的基本要求。

1 商业步行街是人们购物、休憩和观光的场所，照明要有助于创造一个安全舒适的购物和休憩环境；

2 街的入口以及街内的道路、广场、公园设施、商店入口、橱窗、广告和标识均应设置照明；

3 商店立面设置照明应与周围环境相协调；

4 商业步行街照明选用多种光源和光色，采用动静相结合的照明方式；

5 照明光污染的限制，应符合本规范第 7.0.2 条的要求。

5.3.2 本条规定了商业步行街商店入口的照明设计应符合的基本要求。

1 规定了入口照明的亮度与周围亮度的对比度，应符合本规范第 4.3.2 条的规定，目的是为了凸出入口，但又不能高得太多以免破坏整体效果和造成能源浪费；

2 商店入口的照明应与店内照明以及周围环境照明相协调；

3 商店入口的照明不应对进出商店的顾客产生眩光。

5.3.3 本条规定了商业步行街的道路照明设计应符合的要求。

1 应能使行人看清坡道、台阶、障碍物以及至少 4m 处来人的面部，同时应能准确辨认建筑物的标识、招牌或其他定位标识；

2 照明评价指标及标准应符合《城市道路照明设计标准》CJJ 45－2006 的相关规定；

3 之所以规定不宜采用常规道路照明方式和常规道路照明灯具，是因为它们适合于机动车交通道路的照明，却不大适合只考虑行人要求的商业步行街的照明需要；主要问题是产生的垂直照明度低、灯具造型不够美观、布灯呆板，影响照明总体效果；

4 规定采用的灯具造型美观，上射光通比不超过 25%，目的是为了减少光污染，提高灯具的光通利用率，要求垂直面有合理光分布，目的是提高垂直照度，从而有利于行人互相识别并看清垂直面上的各种标识、招牌；

5 规定了采用光源的类型；

6 要求采用的灯杆、支架、灯具外形、尺寸和颜色应作整体设计，相互协调。

5.3.4、5.3.5 分别规定了商业步行街的建筑、公用设施、“入口部位”的照明设计原则，除了执行本标准其他相关条文的规定外，尚补充了部分规定。

5.3.6 本条明确了商业步行街的立面照明设计应符合本规范第 5.1.2 条的相关规定。

5.3.7 本条明确了商业步行街的广告和标识照明设计应符合本规范第 5.6 节的相关规定。

5.4 广　　场

5.4.1 本条提出了广场照明设计应符合的规定。

1 按中国大百科全书的《建筑　园林　城市规划》卷，广场主要有市政、交通、商业、纪念、宗教和休闲娱乐广场 6 大类，广场的功能和性质如下：

1）市政广场：用于政治、文化集会、庆典、游行、礼仪和节日活动的广场；

2）交通广场：城市中主要人流和车流、航流或机流集散点前的广场；

3）商业广场：位于商业中心，用于购物或休闲的广场；

4）纪念广场：纪念某一或某些人物或事件而修建的广场；

5）宗教广场：位于教室、寺庙及祠堂前，用于举行庆典、集会和游行的广场；

6）休闲娱乐广场：供人们休闲、游憩、约会或游乐活动的广场。

各类广场的功能要求和景观特征是不同的。因此第 5.4.1 条的第 1 款要求广场照明设计首先要体现各类广场的功能要求和景观特征。

2 根据编制组对车站、休闲、商业、宗教等多个广场的调查，广场地面照度为 5lx 时，调查对象的满意度为 60%，地面照度为 10lx 时，调查对象的满意度为 80%；广场的出入口处，照度为 10lx 时，调查对象的满意度约为 65%；照度为 15lx 时，调查对象的满意度约为80%。在第5.4.1条第2款规定了广场公共活动区（广场绿地、人行道、公共活动区和主要出入口）的平均水平照度值和人行道的最小水平照度及最小半柱面照度，考虑和CIE出版物《城区照明指南》No.136（2000）相协调，对照明均匀度未作规定。

3 从行人安全角度出发，规定广场地面有坡道、台阶、高差处应设置照明设施。

4 本条款要求广场上的建筑和特殊景观元素的照明要统一规划，相互协调，避免对行人产生眩光和防止对环境产生光污染。

5 我国作为发展中国家，需综合考虑照明效果、节约能源和财政承受能力等因素，本条款规定了广场上构成视觉中心的亮度与周围环境亮度的对比度应符合本规范第4.3.2条的规定。

6 本条款规定了除重大活动外，广场不宜选用动态和彩色光照明。

7 本条款主要是考虑白天及夜晚的景观效果，并规定了各广场应避免照明对行人和司机产生眩光以及对环境造成光污染。

5.4.2 本条明确了交通广场照明设计应符合以下规定：

1 规定了对机场、车站、港口和码头的交通广场照明应以功能照明为主的原则；广场的出入口、步行或车行道路及换乘位置应利用醒目的照明标识，确保人流和车流畅通及安全；

2 规定了交通广场的机动车行驶区域的眩光限制应符合《城市道路照明设计标准》CJJ 45－2006的相关规定；

3 规定了各广场所使用闪烁多变的动态照明或彩色光照明不得干扰对交通信号灯的识别。

5.4.3 本条规定了商业广场照明设计应和商业街建筑、入口、橱窗、广告标识、道路、广场中的绿化、小品及娱乐设施的照明统一规划，相互协调，并符合本规范第5.3节的规定。

5.5 公　园

5.5.1 本条提出了对公园（园林）的照明设计应符合的要求，强调了既要考虑景观效果，同时要与人的活动相结合，并规定了公园公共活动区照明的最小平均水平照度和最小半柱面照度的标准值。标准值参考了CIE出版物《城区照明指南》No.136（2000）和上海市地方标准《城市环境（装饰）照明规范》DB 31/T 316－2004规定的数据。

5.5.2 本条提出了树木照明设计应满足的要求，强调了对树木的照明不应影响树木的生长，一般情况下应避免将灯具直接安装在树木上。灯具万不得已安装在树上时，应设置保护措施。

5.5.3 本条提出了草坪、花坛照明设计应满足的要求，强调了草坪、花坛照明的目的是表现其草坪、花卉的自然美，因此对光的投射方向和显色性提出了要求，应防止灯光本身的色彩变化。

5.5.4 本条提出了公园水景照明设计应满足的要求，强调了水景的照明要考虑水的反射效果，电器在水中的光效、安全性能，以及无水时的防护措施。

5.5.5 从安全考虑，本条规定公园步道的坡道、台阶、高差处应设置照明设施。

5.5.6 本条提出了公园的入口、公共设施、指示标牌应设置功能照明和标识照明。

5.6 广告与标识

5.6.1 本条提出了广告与标识照明设计应符合下列原则与要求：

1 在城市总体规划中对广告标识有总的规划和安排，广告、标识是城市夜景照明的重要组成部分，因此必须符合城市夜景照明专项规划中对广告、标识照明的要求。

2 应根据广告、标识的种类、结构、形式、表面材质、色彩、安装位置以及周边环境特点，选择相应的照明方式。

广告、标识照明在夜景照明中起相当重要的作用，和建筑物夜景照明是相辅相成的，因此应与夜景照明设计同步进行，否则既浪费能源又影响效果。

广告、标识的种类、结构、形式很多，一般都需要夜间照明，照明应配合广告、标识的内容为其服务。照明方法是多种多样的，要根据广告的材质、形状、位置和环境选择相应的照明方式。

3 光色运用应与广告与标识的文化内涵及周围环境相吻合，应注重昼夜景观的协调性，达到白天和夜间景观和谐统一。

夜间照明时，广告的文化内涵、传递的信息需通过与周围环境相吻合的、合理的照明光色运用才能达到最好的视觉效果，不同的文化内涵需要不同的光色去烘托。广告、标识昼夜都在起作用，白天其外观既要醒目又要与建筑物及周边环境很好地融合在一起；夜晚广告、标识的照明应与周边夜景照明效果相协调；同时夜晚广告、标识的照明比其他夜景照明设施开启的时间要长，因此尚需考虑广告、标识的照明在单独开启时的景观效果。

广告、标识的照明应注重昼夜景观的协调性，具有较好的白天、夜间景观的视觉效果，达到白天和夜间景观和谐统一。

4 除具有指示性、功能标识外，行政办公楼（区）、居民楼（区）、医院病房楼（区）不宜设置广告照明。

行政办公楼（区）、居民楼（区）、医院病房楼（区），是人们办公、休息、治病的场所，需要宁静、休闲、舒适、安全的环境。具有指示性、功能性标识的照明在夜间是人们所必需的，而广告照明易对居民楼形成光污染，破坏了宁静、休闲、舒适、安全的环境，因此不适宜设置。

5 应选择高效、节能的照明灯具和电器附件；应选用显色指数大于80、发光效能大于50lm/W的光源；自发光的广告、标识宜选用发光二极管。

外投光的广告、标识是被照亮的，应反映广告、标识自身的真实色彩，因此需要选用显色指数高的光源，且为节约能源需选用发光效率高的光源。

内透光、自发光的广告、标识是通过内部光源使表面直接发亮，表现广告、标识的内容，因此可选用相应颜色的发光二极管等低能耗光源。

6 广告与标识照明不应产生光污染，不应干扰通信、交通等公共设施的正常使用，不应影响机动车的正常行驶。

为使广告、标识发挥最大的广告和标识效应，一般设置在交通便利、人流量大、视野开阔的广场、车站、码头以及街道两边的建筑物上，而这些地方又是交通、通信等各种公共设施交叉、集中的地方，因此必须防止光污染和光干扰。

5.6.2 本条对广告与标识照明标准作了下列规定：

广告与标识是通过人的视觉而感受其内容和艺术效果，广告与标识照明有外投光和内透光两种基本方式，分别采用照度、亮度计量。在不同环境区域内，不同面积的广告与标识照明的两种基本方式，都应控制画面的表面亮度与环境谐调，控制最大亮度，防止光污染。

1 不同环境区域、不同面积的广告与标识照明的平均亮度最大允许值应符合表5.6.2的规定。

表中不同环境区域的数据是按CIE出版物《城区照明指南》No.136（2000）和《限制室外照明设施产生的干扰光影响指南》No.150（2003）制定的。各环境区域内的广告标识照明的最大亮度不允许超过规定的最大值，否则将会破坏广告与标识的艺术效果，形成光污染而且浪费能源。在E1区不应设置面积大于$10m^2$的广告与标识照明，否则将会破坏环境效果。

2 参考北美照明学会的照明手册，规定了外投光的广告与标识照明的亮度均匀度U_1（L_{min}/L_{max}）宜为0.6～0.8。达到这一标准时，可获得满意的视觉效果。

3 规定了广告与标识照明的溢散光应控制在20%以下。

4 广告与标识照明对周边环境的影响应符合本规范第7.0.2条的规定。

6 照 明 节 能

6.1 照明节能措施

6.1.1 设计时，应根据被照场所的功能、性质、环境区域亮度、表面装饰材料及所在城市的规模等，确定所需的照度或亮度的标准值。避免照度或亮度过高，浪费电能。

6.1.2 规定应合理选择夜景照明的照明方式，有利于照明节电。

6.1.3 对于不同的光源，国家制定了相应的能效标准和规范。选用的光源应符合相应光源能效标准，达到节能评价值的要求。

6.1.4 国家对灯用附件的功率损耗，制定了相应的能效标准和规范。照明设计时，应按光源要求配置符合相应能效标准的镇流器和电器附件。

6.1.5 由于气体放电灯配电感镇流器时，通常其功率因数很低，一般仅为0.4～0.5，所以应设置电容补偿，以提高功率因数。有条件时，宜在灯具内装设补偿电容，以降低照明线路电流值，降低线路能耗和电压损失。所选用的灯具的效率应符合本规范第3.3.2条的相关规定。

6.1.6 本条规定了气体放电灯灯具的线路功率因数不应低于0.9，以利于节能。

6.1.7 本条将选用节能控制技术和设备作为一项照明节能措施。

6.1.8 太阳能是取之不尽、用之不竭的能源，虽一次性投资大，但维护和运行费用很低，符合节能和环保要求。经核算证明技术经济合理时，宜利用太阳能作为照明能源。

6.1.9 切实有效的节能管理机制，有利于照明的维护管理和能源的节约。

6.2 照明功率密度值（LPD）

6.2.1 本条将照明功率密度值（LPD）作为夜景照明节能的重要评价指标，是参考了美国、日本、俄罗斯等国以及我国的《建筑照明设计标准》GB 50034－2004、《城市道路照明设计标准》CJJ 45－2006、北京市地方标准《绿色照明工程技术规程》DBJ 01-607-2001和北京市地方标准《城市夜景照明技术规范》DB 11/T 388.4－2006等均采用照明功率密度值（LPD）作为照明节能评价指标的做法提出的。

6.2.2 本条规定了不同规模和环境区域建筑物立面夜景照明的照明功率密度值（LPD）。并指出为了在建筑物夜景照明中推广和实施绿色照明，节约用电，解决目前普遍存在的建筑物立面夜景照明亮度偏高、不按照明标准建设夜景照明的问题，本规范强调按标准设计夜景照明的同时，建议还要按建筑被照面的单位面积功率限值，限制夜景照明的用电量。

建筑物立面夜景照明的表面照度或亮度与表面的反射比及洁净程度有关，同时随背景即环境亮度的高低发生变化。因此，建筑物立面夜景照明功率密度值也同样受建筑物立面材料反射比、洁净度和环境亮度这三个因素的影响。

本规范规定的建筑物立面夜景照明的照明功率密度值是通过国内外大量建筑夜景照明工程的调查，并参照国际上一些国家相应的规定制定的。

照明功率密度值的测算，先根据建筑立面夜景照明的照度或亮度标准，计算出照明的用灯数量，再由用灯数量算出照明消耗的总功率，最后用被照面的面积除以照明总功率所得的商为所求得照明功率密度值。

通过国内外大量建筑夜景照明工程的调查，国内北京、上海、深圳、天津和香港特别行政区部分建筑夜景照明的单位面积安装功率平均在 3.1～11W/m^{2}之间；法国巴黎和里昂的部分建筑夜景照明的单位面积安装功率在 2.6～3.7W/m^{2}之间；澳大利亚悉尼和堪培拉的部分建筑（含桥梁）夜景照明的单位面积安装功率在 1.8～3.1W/m^{2}之间；美国拉斯维加斯 6 栋建筑的泛光照明工程的平均单位面积安装功率为 18W/m^2，可美国华盛顿 4 个建筑的夜景照明的单位面积安装功率才 2.4W/m^2。不考虑拉斯维加斯的单位面积安装功率最大值，计算其他城市的平均单位面积安装功率为 3.3W/m^2；美国规定为 2.67W/m^2；加拿大规定为 2.4W/m^2；我国北京市地方标准《绿色照明工程技术规程》DBJ 01-607-2001 规定为 3～5 W/m^2（该规程编制组通过对北京、上海、沈阳、青岛等 18 栋建筑物夜景照明功率密度值的调查，其平均值为 5.9W/m^2）。北京市地方标准《城市夜景照明技术规范》DB 11/T 388.4-2006 规定的建（构）筑物夜景照明的照明功率密度值（LPD）见表 3。

表 3 建（构）筑物夜景照明的照明功率密度值（LPD）

反射比 %	低亮度背景		中亮度背景		高亮度背景	
	对应照度（lx）	照明功率密度值（W/m^2）	对应照度（lx）	照明功率密度值（W/m^2）	对应照度（lx）	照明功率密度值（W/m^2）
70～85	50	3	100	5	150	7
45～70	75	4	150	7	200	9
20～45	150	7	200	9	300	14

注：特殊许可的地区与时段不受此表限制。

7 光污染的限制

7.0.1 城市夜景照明光污染的限制应满足以下要求：

1 强调在保证照明功能和景观要求下，防止夜景照明产生的光污染。

2 阐述了限制城市夜景照明光污染的防与治的关系，特别是对刚开始建设城市夜景照明的城市应强调以预防为主，避免出现先污染后治理的现象。

3 对已出现光污染的城市则应以防与治相结合为原则，同时做好光污染的防止和治理工作。

4 强调做好城市夜景照明设施的运行与管理工作，防止设施在运行过程中产生光污染。

7.0.2 本条说明限制光污染的标准。

限制城市室外照明设施产生的光污染目前已有国际标准。这就是 CIE 出版物《限制室外照明设施产生的干扰光影响指南》No.150（2003）和《城区照明指南》No.136（2000）的部分内容。按有关规定对已有国际标准，可根据实际情况，按不同等级可等同采用（IDT）、修改采用（MOD）或非等效采用（NEQ）的原则制定标准。鉴于 CIE 限制室外照明光污染标准是通过大量调研，总结了世界各国防治光污染的实践经验的基础上提出的，具有较高的权威性。因此本标准按等同采用（IDT）和修改采用（MOD）原则，使用了 CIE 的标准。本规范所指居住建筑主要包含住宅、公寓、旅馆和医院病房楼等。

1 关于居住建筑窗户外表面的垂直照度的限制标准。

照明对居住者的影响，通常与暗黑的居室里射入的户外照明光线在窗上形成的垂直照度相关。CIE 出版物《限制室外照明设施产生的干扰光影响指南》No.150（2003）将影响用窗户垂直面的照度表示。

对于低亮度光环境区域（E2 区），在熄灯时段（Curfew），国际照明委员会第 5 分部采纳了德国提出的建筑物窗户垂直面照度为 1lx 的建议。此标准是基于对德国 41 个地方的调查，考虑了大多数住民对窗户垂直面照度的反应。

1）对于户外照明不满的人约为对噪声不满者的 1/10 以下，回答者的 2.4％表示感觉到有溢散光的干扰。

2）从测试房间的亮度与危害健康两方面分析，发现当窗户垂直面照度达到 1lx 时，开始反应不满。

3）窗户的垂直面照度大于 3lx 时，对房间过亮不满者显著增加，达到 5lx 以上时，感到危害健康的人群比例激增。

对熄灯时段之前，在中等亮度环境区域（E3 区）的垂直面照度最大允许值为 10lx。CIE 主要参考了澳大利亚布里斯班市议会的防止光污染条例。该条例根据实际经验，窗户垂直面照度限制为 8lx。同时参考了澳大利亚 1997 年制定的《限制室外照明光干扰》AS4282-1997，该标准也规定为 10lx。

2 关于夜景照明灯具朝向居室的发光强度的标准。

除窗面的垂直照度外，影响居住者的另外一个因素来源于可直接看到灯具的刺眼光线。一般而言，灯具的亮度为测量其影响的指标。而 CIE 第 150 号技术报告所提的标准使用的指标则不是亮度，而是判断观察者直接看到的灯具在该方向的光强（I）。

国际照明委员会第 5 分部所提标准是以德国和澳大利亚的试验为依据。该试验对周围环境较明亮的居民区域（环境区域 E3）的容许光强值如表 4 所示。

德国的数据以不舒适眩光的“舒适与不适的临界值”（BCD）为基础，通过对眩光光源的视角和背景亮度因素的分析，将眩光光源的最大容许亮度换算为容许光强。澳大利亚的数据基于记录人们反应频次（衡量不适感觉的尺度），若有 10％的回答者评价“过亮”，则将这个临界值的光强作为容许光强值。随着灯具距离的加大，澳大利亚与德国的光强容许值更为接近。

表 4　灯具的最大光强值

（住宅环境适应亮度 1.0cd/m² 时）

至灯具的距离（m）	最大光强（cd）和灯具直径（m）					
	0.15m		0.30m		0.50m	
	澳大利亚数据	德国数据	澳大利亚数据	德国数据	澳大利亚数据	德国数据
30	270	130	930	260	2500	430
100	470	430	1270	850	2900	1400
300	2200	1300	1800	2600	4700	4300

该技术委员会根据照明灯具的大小、观测距离等因素，采用 1000cd 为环境区域 E3 的熄灯时段的容许值为代表。按适应水平确定其他环境区域的容许光强值。但在熄灯时段前，该值过小而存在不适用的问题，这时可根据澳大利亚的研究成果，取高 1 级的光强容许值。

CIE 在确定此标准时，还直接参考了澳大利亚 1997 年制定的《限制室外照明光干扰》AS4282-1997，详见表 5。

表 5　熄灯时段室外灯具朝向居室方向的最大发光强度值

灯具的发光强度 I	推荐的最大值（cd）		
	商业和居住混合区	居　住　区	
		亮背景	暗背景
	2500	1000	500

3　城市道路的非道路照明设施主要指夜景照明和广告标识照明等设施，这些设施对汽车驾驶员产生眩光的阈值增量不应大于 15％的规定是根据 CIE 出版物《限制室外照明设施产生的干扰光影响指南》No. 150（2003）确定的，见表 6；而 CIE 出版物《限制室外照明设施产生的干扰光影响指南》No. 150（2003）又是根据 CIE 出版物《机动车和人行交通道路照明的建议》No. 115（1995）和澳大利亚《限制室外照明光干扰》AS4282-1997 规定的阈值增量（TI）的控制值提出的。

表 6　非道路照明设施的阈值增量的最大值

照明技术参数	道 路 等 级			
	无道路照明	M5	M4/M3	M2/M1
阈值增量 TI	15％基于 0.1cd/m² 的适应亮度	15％基于 1cd/m² 的适应亮度	15％基于 2cd/m² 的适应亮度	15％基于 5cd/m² 的适应亮度

注：1　道路等级见 CIE 出版物《机动车和人行交通道路照明的建议》No. 115（1995）。

2　阈值增量 TI 用于交通系统使用者在相关位置和视看方向，因非道路照明设施的光线引起识别基本信息的能力降低时使用。

4　本款规定了居住区和步行区的夜景照明设施对行人和骑自行车人员产生的不舒适眩光的限制标准。

确定这一标准的依据是 CIE 出版物《城区照明指南》No. 136（2000）第 3.2（b）节关于灯具眩光的限制的规定。

在居住区或步行区中，对行人或移动得很慢的骑自行车者或驾驶汽车者的不舒适眩光感觉，可能是由于靠近观察者视线的灯具亮度引起的。特别是对那些安装得较低，并且是安装在杆顶的灯具。

该指南对于不同安装高度，L 和 A 之间的关系提出了如下建议：

安装高度不大于 4.5m 时，$LA^{0.5}$ 不能超过 4000；

安装高度在 4.5m 至 6m 时，$LA^{0.5}$ 不能超过 5500；

安装高度超过 6m 时，$LA^{0.5}$ 不能超过 7000。

这里的 L 为在与向下垂线成 85°和 90°方向间的灯具最大平均亮度（cd/m²）；A 为灯具在与向下垂线成 90°方向的出光表面面积（m²）。该面积的所有表面包括直接可见或作为完整影像的无光源部分。如果灯具的发光面积具有很不均匀的亮度，应按照 CIE 出版物《道路照明设施的眩光和均匀度》No. 31（1976）中所介绍的方法进行核算，即那些亮的部分的面积已并入相关的角度中，表明在同一角度下，小于最大亮度的 1/100 可忽略不计。

5　关于室外照明灯具的上射光通比最大值的限制。

上射光通过大气散射使夜空发亮，妨碍天文观测。室外照明灯具的上射光通比的最大值的限制标准是根据 CIE 出版物《防止夜天空发亮指南》No. 126（1997）和 CIE 出版物《限制室外照明设施产生的干扰光影响指南》No. 150（2003）提出的。

6　关于建筑立面与广告标识面的亮度标准。

对于装饰性投光照明的亮度水平在 CIE 出版物《泛光照明指南》No. 94（1993）中推荐了不同环境所需的亮度。亮度值来源于经验的成分多于来自研究。具体数据是无良好照明环境为 4cd/m²，良好的照明环境为6cd/m²，照得很亮的环境为12cd/m²。由于照明环境规定不够严格，而且不同照明光源和表面状况（材料种类和污染程度）的不同还要作修正，也就是乘以大于1的修正系数。另修正系数从1.1到10，变化幅度大，情况复杂，操作起来也比较困难。相对而言，英国建筑设备注册工程师协会（CIBSE）和英国照明学会（ILE）的《城市照明指南》，根据不同的环境区规定建筑立面的平均亮度和最大亮度（见表7），比较简单，使用也较为方便。因此CIE出版物《限制室外照明设施产生的干扰光影响指南》No.150（2003）中有关建筑立面照明的环境分区和亮度标准，基本上采用了英国标准的数据和做法。

表7 英国《城市照明指南》建筑立面照明亮度标准

环境区（在文件使用了代号为E的分区）	平均亮度（cd/m²）	最大亮度（cd/m²）
E1（如：农村）	0	0
E2（如：市郊）	5	10
E3（如：城镇）	5～10	60
E4（如：城市）	10～25	150

广告与标识面的亮度值限制标准，主要是参考了CIE出版物《限制室外照明设施产生的干扰光影响指南》No.150（2003）和英国照明工程师协会1991年出版的第5号报告《广告照明的亮度》以及CIE出版物《城区照明指南》No.136（2000）提出的。

7.0.3 关于限制夜景照明光污染应采取的措施。

本条提出了4条防治夜景照明光污染的措施。这4条措施概括起来就是从城市夜景照明的规划、设计到夜景照明设施的控制、运行与管理，系统地考虑各个产生光污染的环节，应采取的相应措施。

8 照明供配电与安全

8.1 照明供配电

8.1.1 只有合理地确定负荷等级，正确地选择供电方案才能使照明用电保持在适当水平。经常举办大型夜间游园、娱乐、集会等活动的人员大量密集场所的夜景照明用电可按二级负荷供电，其余宜按三级负荷供电。

8.1.2 本条规定是考虑到部分夜景照明项目（如公园、城市商业街、立交桥等）区域较大，为了保证供电质量、减少供电线路损耗而制定的。

8.1.3 夜景照明的供电线路大多敷设在室外，较易受到天气和外力侵害，设置独立的线路保护可避免对其他负荷供电产生不必要的影响。

8.1.4 独立设置照明变压器的目的主要是为了保持电压稳定，提高照明质量，保证光源寿命，同时减小供电系统运行损耗。同时考虑到当前我国电力系统供电能力仍相当紧张，部分地区经常出现较大的电压偏移情况，可通过技术经济比较适当采用调压措施。

8.1.5 本条对每一单相回路的电流限值是现行各规范中的一致规定，已沿用多年。

8.1.6 本条是为保证三相负荷比较均衡，以使各相电压偏差不致产生过大的差别，同时减少中性线电流。

8.1.7 本条规定主要考虑照明负荷使用的不平衡性以及气体放电灯线路由于电流波形畸变产生高次谐波，即使三相平衡中性线中也会流过三的倍数的奇次谐波电流，有可能达到相电流的数值。

8.1.8 该类灯具的散热措施主要依靠灯体表面与水体间的热交换，不能在空气中长时间点燃。

8.1.9 采取每盏灯具加装短路保护可避免一个光源出现故障不会导致整条照明支路的其他灯具失电，从而将故障对整体景观的影响控制在最小程度上。

8.1.10 从有利于节电管理角度出发，在系统设计中应考虑安装电能表计量的可能性。

8.1.11 本条规定了有集会或其他公共活动场所应预备备用电源和接口。

8.2 照明控制

8.2.1 考虑到控制分路应满足使用要求，同时避免产生较大的故障影响面，减小对配电系统的电流冲击，做出本条规定。

8.2.2 设置平日、节假日、重大节日等不同的开灯控制模式，一是为了营造不同气氛下的景观效果，二是为了节约能源，三是为了有利于限制光干扰。

8.2.3 本条规定有条件时，对较大的夜景照明系统宜采用智能化控制。采用计算机网络技术实现对各子系统的监控和管理；实现灯光组合变化和照度变化的灵活控制；并可监测记录系统内电气参数的变化，发出故障警报、分析故障原因，也便于系统扩展。

8.2.4 从便于管理和维护考虑，规定总控制箱宜设在值班室内便于操作处，室外的控制箱应采取相应的防护措施。

8.3 安全防护与接地

8.3.1 本条主要是考虑到公园、立交桥等夜景照明项目供电线路较长，全部采用安全电压供电很不经济，因而可以在设有严密的防意外触电保护措施时，采用正常电压供电。

8.3.2 两个接地系统在电气上要真正分开，在地下必须满足一定的距离，否则两接地系统形式上是分开了，而实际（指电气上）仍未分开。且由于两个电气系统，通过接地装置的相互联系而产生强烈的干扰，严重时甚至造成两个接地系统都不能正常工作。这在实际工作中的例子是相当普遍的。有些地方将两接地系统间的距离规定仅有 5m，这一般是不够的。在实际应用中，这样近的距离，发现相互干扰仍相当大，试验证明，在单根接地极情况下，距接地极 20m 远处才可看成零电位。在接地系统是多根接地极甚至是接地网的情况下，零电位处若按上述 20m 的规定距离，可能仍偏小，但对一般工程来说，两接地系统相距 20m 远时，相互间的影响已十分微弱，只要处理得当，是可正常工作的。

8.3.3 由于 TT 系统单相短路保护的灵敏度比 TN 系统低，熔断器和断路器拒绝动作的情况时有发生，致使外露可导电部分长时期带有接近 110V 危险电压，采用剩余电流动作保护装置，能大幅度提高 TT 系统触电保护的灵敏度，使 TT 系统更为安全可靠。

8.3.4 本条规定夜景照明装备的防雷应符合相关现行国家标准的规定。

8.3.5 为了防止无关人员有意识或无意识的触电危险制定本条。

8.3.6、8.3.7 本条是参照《建筑物电气装置　第 7 部分：特殊装置或场所的要求　第 702 节：游泳池和其他水池》GB 16895.19－2002 中的相关规定制定的。

8.3.8 霓虹灯所用变压器是不同于其他类照明的特殊变压器。这种变压器必须供给 10000～15000V 的高压来击穿霓虹灯玻璃管内的气体介质，使管内开始放电发光。因此，变压器的高压配线及连接线、配线之间的距离、霓虹灯的安装场所、灯管支架、灯箱材料等均有特殊规定，应严格执行方能保证使用安全。

附录 A　城市规模和环境区域的划分

A.0.1 本条说明城市规模的划分。

1 城市人口的组成。

从城市规划的角度来看，城市人口应是指那些与城市的活动有密切关系的人口。城市总体规划所指的城市人口规模是指城市建设用地范围内实际居住人口之和。它由三部分组成：①非农业人口；②农业人口；③暂住一年以上的暂住人口。

2 中国城市规模结构的变化（1980～2000 年），见表 8。

表 8　中国城市规模结构的变化（1980～2000 年）

规模级（万人）	1980			1990			1997			2000		
	城市数	城市数比率（%）	城市人口比率（%）	城市数	城市数比率（%）	城市人口比率（%）	城市数	城市数比率（%）	城市人口比率（%）	城市数	城市数比率（%）	城市人口比率（%）
>100	15	3.7	38.7	31	6.6	45.7	34	5.1	35.0	40	6.0	38.1
50～100	30	13.5	24.6	28	6.0	12.6	47	7.0	15.2	54	8.2	15.1
20～50	69	30.9	23.1	119	25.5	24.6	203	30.4	28.5	217	32.7	28.4
<20	109	48.9	13.6	289	61.9	21.1	384	57.5	21.3	352	53.1	18.4
合计	223	100	100	467	100	100	668	100	100	663	100	100

3 本规范对大、中、小城市规模的划分和界定。

根据原《中华人民共和国城市规划法》第四条的规定和 1980 年至 2000 年我国城市规模结构的变化情况，在参考国家标准《城市公共设施规划规范》GB 50442－2008 的规定，人口规模是以中心城区范围内非农业人口数量为基数划分的作法，本规范所指的大、中和小城市的规模的划分与界定如下：

大城市指城市中心城区非农业人口在 50 万以上的城市；

中等城市指城市中心城区非农业人口在 20 万以上，不满 50 万的城市；

小城市指城市中心城区非农业人口不满 20 万的城市。

A.0.2 本条说明环境区域的划分。

本规范对环境区域的划分依据为 CIE 出版物《限制室外照明设施的干扰光影响指南》No.150（2003）的第 2.7.4 节关于环境区域的定义和划分确定的。

附录 B　半柱面照度的计算、测量和使用

半柱面照度的计算、测量和使用的依据为 CIE 出版物《城区照明指南》No.136（2000）、上海市地方标准《城市环境（装饰）照明规范》DB 31/T 316—2004 和目前我国使用半柱面照度的现状调查。

附录 C　嬉水池和喷水池区域的划分

嬉水池和喷水池区域划分的依据是《建筑物电气装置　第 7 部分：特殊装置或场所的要求　第 702 节：游泳池和其他水池》GB 16895.19－2002 的规定。按电气危险程度，将嬉水池划分为 3 个区；将喷水池划分为 2 个区。

中华人民共和国行业标准

建筑施工木脚手架安全技术规范

Technical code for safety of wooden scaffold in construction

JGJ 164—2008

J 815—2008

批准部门：中华人民共和国住房和城乡建设部

施行日期：2 0 0 8 年 1 2 月 1 日

中华人民共和国住房和城乡建设部
公　告

第80号

关于发布行业标准《建筑施工木脚手架安全技术规范》的公告

现批准《建筑施工木脚手架安全技术规范》为行业标准，编号为JGJ 164－2008，自2008年12月1日起实施。其中，第1.0.3、3.1.1、3.1.3、6.1.2、6.1.3、6.1.4、6.2.2、6.2.3、6.2.4、6.2.6、6.2.7、6.2.8、6.3.1、8.0.5、8.0.8条为强制性条文，必须严格执行。

本规范由我部标准定额研究所组织中国建筑工业出版社出版发行。

中华人民共和国住房和城乡建设部

2008年8月6日

前　言

根据原国家劳动部劳人计（88）34号文的要求，标准编制组在深入调查研究，认真总结国内外科研成果和大量实践经验，并在广泛征求意见的基础上，制定了本规范。

本规范的主要技术内容是：总则，术语、符号，杆件、连墙件与连接件，荷载，设计计算，构造与搭设，脚手架拆除，安全管理。

本规范以黑体字标志的条文为强制性条文，必须严格执行。

本规范由住房和城乡建设部负责管理和对强制性条文的解释，由沈阳建筑大学负责具体技术内容的解释。（地址：沈阳市浑南东路9号沈阳建筑大学土木工程学院，邮编：110168）

本规范主编单位：沈阳建筑大学
浙江八达建设集团有限公司

本规范参加单位：芜湖第一建筑工程公司

本规范主要起草人：魏忠泽　张　健　王昌培　金义勇　鲁德成　彭志文　贾元祥　秦桂娟　魏　炜　周静海　刘　莉　刘海涛　徐　建　孙占利

目　次

1　总则 …………………………………… 2—19—4
2　术语、符号…………………………… 2—19—4
2.1　术语……………………………… 2—19—4
2.2　符号……………………………… 2—19—5
3　杆件、连墙件与连接件 …………… 2—19—5
3.1　材质性能………………………… 2—19—5
3.2　规格……………………………… 2—19—5
3.3　设计指标………………………… 2—19—6
4　荷载 …………………………………… 2—19—7
4.1　荷载分类与组合………………… 2—19—7
4.2　作业层施工荷载………………… 2—19—7
4.3　风荷载…………………………… 2—19—8
5　设计计算 …………………………… 2—19—8
5.1　基本规定………………………… 2—19—8
5.2　杆件设计计算…………………… 2—19—9
6　构造与搭设 ………………………… 2—19—12
6.1　构造与搭设的基本要求 ……… 2—19—12
6.2　外脚手架的构造与搭设 ……… 2—19—12
6.3　满堂脚手架的构造与搭设 …… 2—19—14
6.4　烟囱、水塔架的构造与搭设 … 2—19—14
6.5　斜道的构造与搭设 …………… 2—19—15
7　脚手架拆除 ………………………… 2—19—15
8　安全管理 …………………………… 2—19—15
附录 A　常用脚手板的规格种类………………………… 2—19—16
附录 B　木脚手架计算常用材料、工具重量 …………………… 2—19—16
本规范用词说明 ……………………… 2—19—17
附：条文说明………………………… 2—19—18

1 总　　则

1.0.1 为贯彻执行国家“安全第一，预防为主，综合治理”的安全生产方针，确保施工人员在木脚手架施工过程中的安全，制定本规范。

1.0.2 本规范适用于工业与民用建筑一般多层房屋和构筑物施工用落地式的单、双排木脚手架的设计、施工、拆除和管理。

1.0.3 当选材、材质和构造符合本规范的规定时，脚手架搭设高度应符合下列规定：

1 单排架不得超过20m;

2 双排架不得超过25m，当需超过25m时，应按本规范第5章进行设计计算确定，但增高后的总高度不得超过30m。

1.0.4 木脚手架的材料选用，应因地制宜，就地取材，合理使用。

1.0.5 木脚手架施工前，应按规定编制施工组织设计或专项施工方案。

1.0.6 木脚手架的设计、施工、拆除与管理，除应符合本规范的规定外，尚应符合国家现行有关标准的规定。

2 术语、符号

2.1 术　　语

2.1.1 单排脚手架　single rank scaffold

只有一排立杆，横向水平杆的一端搁置在墙体上的脚手架。

2.1.2 双排脚手架　double pole scaffold

由内外两排立杆和水平杆等构成的脚手架。

2.1.3 外脚手架　outer scaffold

设置在房屋或构筑物外围的施工脚手架。

2.1.4 满堂脚手架　multi rank scaffold

由多排立杆构成的脚手架。

2.1.5 烟囱架　chimney scaffold

沿烟囱周圈外围所搭设的特殊脚手架。

2.1.6 水塔架　cistern scaffold

沿水塔周圈外围所搭设的特殊脚手架。

2.1.7 结构脚手架　construction scaffold

用于砌筑和结构工程施工作业的脚手架。

2.1.8 装修脚手架　decoration scaffold

用于装修工程施工作业的脚手架。

2.1.9 斜道　inclined path

供施工作业人员上下脚手架或运料用的坡道，一般附置于脚手架旁，也称马道、通道。

2.1.10 立杆　vertical staff

脚手架中垂直于水平面的竖向杆件。

2.1.11 外立杆　outer vertical staff

双排脚手架中离开墙体一侧的立杆，或单排架立杆。

2.1.12 内立杆　inner vertical staff

双排脚手架中贴近墙体一侧的立杆。

2.1.13 水平杆　level staff

脚手架中的水平杆件。

2.1.14 纵向水平杆　lengthways level staff

沿脚手架纵向设置的水平杆。

2.1.15 横向水平杆　horizontal level staff

沿脚手架横向设置的水平杆。

2.1.16 斜杆　inclined staff

与脚手架立杆或水平杆斜交的杆件。

2.1.17 斜拉杆　inclined lugged staff

承受拉力作用的斜杆。

2.1.18 剪刀撑　scissors support

在脚手架外侧面成对设置的交叉斜杆。

2.1.19 抛撑　cast support

与脚手架外侧面斜交的杆件。

2.1.20 扫地杆　ground staff

贴近地面、连接立杆根部的水平杆。

2.1.21 纵向扫地杆　lengthways ground staff

沿脚手架纵向设置的扫地杆。

2.1.22 横向扫地杆　horizontal ground staff

沿脚手架横向设置的扫地杆。

2.1.23 连墙件　connected component

连接脚手架与建筑物的构件。

2.1.24 垫板　underlay board

设于杆底之下的支承板。

2.1.25 垫木　underlay square timber

设于杆底之下的支垫方木。

2.1.26 步距　step distance

上下纵向水平杆之间的轴线距离。

2.1.27 立杆纵距　lengthways distance of vertical staff

脚手架相邻立杆之间的纵向轴线距离，也称立杆跨度。

2.1.28 立杆横距　horizontal distance of vertical staff

脚手架相邻立杆之间的横向间距，单排脚手架为立杆轴线至墙面的距离；双排脚手架为内外两立杆轴线间的距离。

2.1.29 脚手架高度　height of scaffold

自立杆底座下皮至架顶栏杆上皮之间的垂直距离。

2.1.30 脚手架长度　length of scaffold

脚手架纵向两端立杆外皮之间的水平距离。

2.1.31 脚手架宽度　width of scaffold

双排脚手架横向两侧立杆外皮之间的水平距离，

单排脚手架为外立杆外皮至墙面的水平距离。

2.1.32 连墙件竖距 plumb distance of connected component

上下相邻连墙件之间的垂直距离。

2.1.33 连墙件横距 horizontal distance of connected component

左右相邻连墙件之间的水平距离。

2.1.34 作业层 working layer

上人作业的脚手架铺板层。

2.1.35 节点 node

脚手架杆件的交汇点。

2.1.36 永久荷载 perpetuity load

脚手架构架、脚手板、防护设施等的自重。

2.1.37 施工荷载 construction load

作业层架面上人员、器具和材料的重量。

2.1.38 脚手眼 scaffold cavity

单排脚手架在墙体上面留置搁放横向水平杆的洞眼。

2.1.39 开口形脚手架 openings type scaffold

沿建筑周边非交圈设置的脚手架。

2.2 符　号

2.2.1 荷载和荷载效应

g——杆件自重均布线荷载设计值；

G_k——永久荷载标准值；

N——轴向压力设计值；

N_c——连墙件轴向压力设计值；

N_w——风荷载产生的连墙件轴向压力设计值；

N_0——连墙件约束脚手架平面外变形所产生的轴向压力设计值；

M——弯矩设计值；

M_w——风荷载设计值产生的弯矩；

q——杆件自重和可变荷载的均布线荷载设计值；

Q_k——施工荷载标准值；

R——结构构件抗力的设计值；

S——荷载效应组合的设计值；

v——挠度；

w_k——风荷载标准值；

w_0——基本风压值。

2.2.2 材料性能和抗力

E——木材弹性模量；

f_m——木材抗弯强度设计值；

f_c——木材顺纹抗压及承压强度设计值；

f_t——木材顺纹抗拉强度设计值；

$[v]$——容许挠度。

2.2.3 几何参数

A——毛截面面积；

A_n——挡风面积；

A_w——迎风面积；

c——带悬臂梁的悬出长度；

d——杆件直径、外径；

h——步距；

h_w——连墙件竖距；

H——脚手架搭设高度；

i——截面回转半径；

I——毛截面惯性矩；

l_1——横向水平杆间距；

l——横向水平杆跨度；

L_a——立杆纵距；

L_b——立杆横距；

L_w——连墙件横距；

W——毛截面抵抗矩。

2.2.4 系数及其他

μ_S——风载体型系数；

μ_Z——风压高度变化系数；

φ——轴心受压杆件稳定系数；

λ——长细比；

ϕ——挡风系数。

3 杆件、连墙件与连接件

3.1 材 质 性 能

3.1.1 杆件、连墙件应符合下列规定：

1 立杆、斜撑、剪刀撑、抛撑应选用剥皮杉木或落叶松。其材质性能应符合现行国家标准《木结构设计规范》GB 50005 中规定的承重结构原木Ⅲ$_a$材质等级的质量标准。

2 纵向水平杆及连墙件应选用剥皮杉木或落叶松。横向水平杆应选用剥皮杉木或落叶松。其材质性能均应符合现行国家标准《木结构设计规范》GB 50005 中规定的承重结构原木Ⅱ$_a$材质等级的质量标准。

3.1.2 脚手板应选用杉木、落叶松板材、竹材、钢木混合材和冲压薄壁型钢等，其材质性能应分别符合国家现行相关标准的规定。

3.1.3 连接用的绑扎材料必须选用8号镀锌钢丝或回火钢丝，且不得有锈蚀斑痕；用过的钢丝严禁重复使用。

3.2 规　格

3.2.1 受力杆件的规格应符合下列规定：

1 立杆的梢径不应小于70mm，大头直径不应大于180mm，长度不宜小于6m。

2 纵向水平杆所采用的杉杆梢径不应小于80mm，红松、落叶松梢径不应小于70mm；长度不宜小于6m。

3　横向水平杆的梢径不得小于 80mm，长度宜为 2.1～2.3m。

3.2.2　常用脚手板的规格形式应符合本规范附录 A 的规定，其强度和变形可不计算。

3.3　设计指标

3.3.1　木脚手架结构采用的木材设计指标应符合下列规定：

1　木材或树种的强度等级应按表 3.3.1-1 和表 3.3.1-2 采用，并应按其特点分别使用。各树种木材主要性能应符合现行国家标准《木结构设计规范》GB 50005 中的有关规定。

表 3.3.1-1　针叶树种木材适用的强度等级

强度等级	组别	适用树种
TC17	A	柏木　长叶松　湿地松　粗皮落叶松
	B	东北落叶松　欧洲赤松　欧洲落叶松
TC15	A	铁杉　油杉　太平洋海岸黄柏　花旗松—落叶松　西部铁杉　南方松
	B	鱼鳞云杉　西南云杉　南亚松
TC13	A	新疆落叶松　云南松　马尾松　扭叶松　北美落叶松　海岸松
	B	红皮云杉　丽江云杉　樟子松　红松　西加云杉　俄罗斯红松　欧洲云杉　北美山地云杉　北美短叶松
TC11	A	西北云杉　新疆云杉　北美黄松　云杉—松—冷杉　铁—冷杉　东部铁杉　杉木
	B	冷杉　速生杉木　速生马尾松　新西兰辐射松

2　在正常情况下，木材的强度设计值及弹性模量，应按表 3.3.1-3 采用。

3　木材的强度设计值和弹性模量应符合表 3.3.1-3 的规定，尚应按下列规定进行调整：

1）当采用原木时，若验算部位未经切削，其顺纹抗压、抗弯强度设计值和弹性模量可提高 15%；

2）当构件矩形截面的短边尺寸不小于 150mm 时，其强度设计值可提高 10%；

3）当采用湿材时，各种木材的横纹承压强度设计值和弹性模量以及落叶松木材的抗弯强度设计值宜降低 10%；

4　不同使用条件下木材强度设计值和弹性模量的调整系数应符合表 3.3.1-4 的规定。

表 3.3.1-2　阔叶树种木材适用的强度等级

强度等级	适用树种
TB20	青冈　椆木　门格里斯木 卡普木　沉水稍克隆　绿心木　紫心木　李叶豆　塔特布木
TB17	栎木　达荷玛木　萨佩莱木　苦油树　毛罗藤黄
TB15	锥栗（栲木）黄梅兰蒂　梅萨瓦木　红劳罗木
TB13	深红梅兰蒂　浅红梅兰蒂　白梅兰蒂　巴西红厚壳木

表 3.3.1-3　木材的强度设计值和弹性模量（N/mm^2）

强度等级	组别	抗弯 f_m	顺纹抗压及承压 f_c	顺纹抗拉 f_t	顺纹抗剪 f_v	横纹承压 $f_{c,90}$			弹性模量 E
						全表面	局部表面和齿面	拉力螺栓垫板下	
TC17	A	17	16	10	1.7	2.3	3.5	4.6	10000
	B		15	9.5	1.6				
TC15	A	15	13	9.0	1.6	2.1	3.1	4.2	10000
	B		12	9.0	1.5				
TC13	A	13	12	8.5	1.5	1.9	2.9	3.8	10000
	B		10	8.0	1.4				9000
TC11	A	11	10	7.5	1.4	1.8	2.7	3.6	9000
	B		10	7.0	1.2				
TB20	—	20	18	12	2.8	4.2	6.3	8.4	12000
TB17	—	17	16	11	2.4	3.8	5.7	7.6	11000
TB15	—	15	14	10	2.0	3.1	4.7	6.2	10000
TB13	—	13	12	9.0	1.4	2.4	3.6	4.8	8000

注：计算木构件端部（如接头处）的拉力螺栓垫板时，木材横纹承压强度设计值应按"局部表面和齿面"一栏的数值采用。

表 3.3.1-4　不同使用条件下木材强度设计值和弹性模量的调整系数

使用条件	调整系数	
	强度设计值	弹性模量
露天环境	0.9	0.85
木材表面温度达 40～50℃	0.8	0.8
按永久荷载验算时	0.8	0.8
用于立杆和纵向水平杆时	0.9	1.0
施工使用的木脚手架	1.2	1.0

注：1　当仅有永久荷载或永久荷载产生的内力超过全部荷载所产生内力的 80%时，应单独以永久荷载进行验算；

2　当若干条件同时出现时，表列各系数应连乘。

3.3.2　木材斜纹承压的强度设计值，可按下列公式确定：

当 $\alpha < 10°$ 时

$$f_{c\alpha} = f_c \quad (3.3.2\text{-}1)$$

当 $10° < \alpha < 90°$ 时

$$f_{c\alpha} = \left[\frac{f_c}{1+\left(\frac{f_c}{f_{c,90}}-1\right)\frac{\alpha-10°}{80°}\sin\alpha}\right] \quad (3.3.2\text{-}2)$$

式中 $f_{c\alpha}$ ——木材斜纹承压的强度设计值（N/mm^2）；

f_c ——木材顺纹抗压及承压强度设计值；

α ——作用力方向与木纹方向的夹角（°）。

3.3.3 常用绑扎钢丝抗拉强度设计值应符合表3.3.3的规定。

表 3.3.3 常用绑扎钢丝抗拉强度设计值

材料名称	单根抗拉强度标准值（P_{yk}）	单根抗拉强度设计值（P）
8号镀锌钢丝	4500N	3800N
8号回火钢丝	3150N	2700N

4 荷 载

4.1 荷载分类与组合

4.1.1 施工常用工具、材料及杆件等的重量可按本规范附录B的规定选用。

4.1.2 永久荷载应包括下列内容：

1 脚手架各杆件自重；

2 绑扎钢丝自重；

3 脚手板、栏杆、踢脚板、安全网等自重。

4.1.3 可变荷载应包括下列内容：

1 施工荷载：

堆砖重；

作业人员重；

运输小车、工具及其他材料重。

2 风荷载。

4.1.4 荷载组合应符合下列规定：

1 对于承载能力极限状态，应按荷载效应的基本组合进行荷载（效应）组合，并应采用下列设计表达式进行设计：

$$\gamma_0 S \leqslant R \quad (4.1.4\text{-}1)$$

式中 γ_0 ——结构重要性系数，按0.9采用；

S ——荷载效应组合的设计值；

R ——结构构件抗力的设计值，应按本规范表3.3.1-3、表3.3.3及第3.3.2条中的规定确定。

1）对于基本组合，荷载效应组合的设计值 S 应从下列组合值中取最不利值确定：

由可变荷载效应控制的组合：

$$S = \gamma_G G_K + \gamma_{Q1} Q_{1k} \quad (4.1.4\text{-}2)$$

$$S = \gamma_G G_K + 0.9\sum_{i=1}^{n}\gamma_{Qi} Q_{iK} \quad (4.1.4\text{-}3)$$

式中 γ_G ——永久荷载的分项系数，应按本规范第4.1.5条采用；

γ_{Qi} ——第 i 个可变荷载的分项系数，其中 γ_{Q1} 为可变荷载 Q_1 的分项系数，应按本规范第4.1.5条采用；

G_K ——按永久荷载计算的荷载效应标准值；

Q_{iK} ——按可变荷载计算的荷载效应标准值，其中 Q_{1K} 为诸可变荷载效应中起控制作用者。

由永久荷载效应控制的组合：

$$S = \gamma_G G_K + \sum_{i=1}^{n}\gamma_{Qi}\psi_{Ci} Q_{iK} \quad (4.1.4\text{-}4)$$

式中 ψ_{Ci} ——可变荷载 Q_i 的组合系数，其中施工荷载的组合系数应按0.7采用。

2）基本组合中的设计值仅适用于荷载与荷载效应为线性的情况：

当对 Q_{1K} 无法明显判断时，分别计算各可变荷载效应，选其中最不利的荷载效应为计算依据；

当考虑以竖向的永久荷载效应控制的组合时，参与组合的可变荷载仅限于竖向荷载。

2 对正常使用极限状态，应采用荷载标准组合，并应按下式进行设计：

$$S \leqslant C \quad (4.1.4\text{-}5)$$

式中 C ——结构或结构构件达到正常使用要求规定的变形限值，应符合本规范第5.1.14条的规定。

对标准组合的荷载效应组合设计值 S 应按下式采用：

$$S = G_K + Q_{1K} + \sum_{i=2}^{n}\psi_{Ci} Q_{iK} \quad (4.1.4\text{-}6)$$

4.1.5 基本组合的荷载分项系数，应按下列规定采用：

1 永久荷载的分项系数当其效应对结构不利时，对由可变荷载效应控制的组合应取1.2，对由永久荷载效应控制的组合应取1.35；当其效应对结构有利时，应取1.0，但对计算结构的倾覆、滑移或漂浮验算时，应取0.9。

2 可变荷载的分项系数，一般情况下应取1.4。

4.2 作业层施工荷载

4.2.1 作业层施工荷载的标准值：结构脚手架应为 $3.0kN/m^2$，装修脚手架应为 $2.0kN/m^2$。

4.2.2 当双排结构脚手架宽度不大于1.2m时，在作业层上，沿纵向长 1.5m 的范围内同时作用的荷载达到下列限值时，应视为施工荷载已达 3.0kN/m²：

1 堆砖时，普通黏土砖单行侧摆不超过 3 层或放置装有不超过 0.1m³ 砂浆的灰槽；

2 运料小车装普通黏土砖不超过 72 块或不超过 0.1m³ 的砂浆；

3 作业人员不超过 3 人。

4.2.3 当双排装修脚手架宽度不大于 1.2m 时，在作业层上，沿纵向长 1.5m 范围内同时作用的荷载达到下列限值时，应视为施工荷载已达 2.0kN/m²：

1 堆放装饰材料或放置灰槽的堆载重量不超过 1.4kN；

2 运料小车运灰量不超过 0.1m³；

3 作业人员不超过 3 人。

4.2.4 在两纵向立杆间的同一跨度内，结构架沿竖直方向同时作业不得超过 1 层；装修架沿竖直方向同时作业不得超过 2 层。

4.3 风荷载

4.3.1 作用在脚手架上的水平风荷载标准值应按下式计算：

$$w_k = \mu_s \mu_z w_0 \quad (4.3.1)$$

式中 w_k ——水平风荷载标准值（kN/m²），进行荷载组合时，其组合系数（ψ_c）按 0.6 采用；

μ_s ——风荷载体型系数；

μ_z ——风压高度变化系数；

w_0 ——基本风压（kN/m²）。

4.3.2 风荷载体型系数（μ_s）应按表 4.3.2 取值。

表 4.3.2 脚手架风荷载体型系数 μ_s

背靠建筑物的状况		全封闭	敞开、开洞
脚手架状况	各种封闭情况	1.0ϕ	1.3ϕ
	敞 开	μ_{stw}	

注：1 μ_{stw} 为脚手架按桁架结构形式确定的风荷载体型系数，应按国家标准《建筑结构荷载规范》GB 50009—2001 中的表 7.3.1 中第 32 项和第 36（b）项的规定计算；

2 按脚手架各类型封闭状况确定的挡风系数 $\phi=\frac{挡风面积（A_n）}{迎风面积（A_w）}$；

3 各种封闭情况包括全封闭、半封闭和局部封闭。脚手架外侧用密目式安全网封闭时，按全封闭计算。

4.3.3 风压高度变化系数（μ_z）应符合现行国家标准《建筑结构荷载规范》GB 50009 中的规定。

4.3.4 基本风压（w_0）应按国家标准《建筑结构荷载规范》GB 50009—2001 附录 D 的附表 D.4 中 $n=10$ 年的规定采用，但不得小于 0.2kN/m²。当预报风力超过计算基本风压（w_0）值时，应提前对脚手架进行加固。

5 设计计算

5.1 基本规定

5.1.1 当进行脚手架设计时，其架体必须符合空间几何不可变体系的稳定结构，且应传力明确、有足够的作业面，安全舒适，搭拆方便。

5.1.2 当脚手架不符合本规范第 6 章的搭设构造规定时，必须按本章规定进行设计计算。

5.1.3 本规范采用以概率理论为基础的极限状态设计方法，采用分项系数的设计表达式进行计算。

5.1.4 当按承载能力极限状态进行设计时，应考虑荷载效应的基本组合，荷载值应采用设计值；当按正常使用极限状态进行设计时，应只考虑荷载效应的标准组合，荷载值应采用标准值。

5.1.5 脚手架设计应包括下列内容：

1 设计计算书（包括脚手板、横向水平杆、纵向水平杆、绑扎钢丝、立杆、连墙件、立杆基础）；

2 施工图（平面、立面、剖面及节点大样）；

3 连墙件设置及其构造、作业层构造、基础构造、排水方法、材料规格、搭设和拆除程序等；

4 安装、拆除的技术措施。

5.1.6 各构件的强度设计值及弹性模量应按本规范第 3.3 节的规定采用。

5.1.7 当双排脚手架搭设高度大于 20m 时，应将各荷载和风荷载共同作用，进行荷载组合设计。

5.1.8 立杆底部的地基必须有保证脚手架稳定的足够的承载力，地表面应设有排水措施。

5.1.9 原木杆件沿其长度的直径变化率可按 9mm/m 计算。验算挠度和立杆稳定性时，可采用杆件的跨中截面；验算抗弯强度时，应采用最大弯矩处相应的截面与抵抗矩。

5.1.10 纵向水平杆所承受的荷载应为横向水平杆支座传来的集中荷载。

5.1.11 验算脚手架立杆稳定性必须符合下列规定：

1 必须验算底部立杆及在连墙件的水平、竖向间距最大处的立杆等部位。

2 双排架的计算长度（H_0）应取相邻两连墙件之间的竖向距离（h_w）的 0.9 倍；单排架的计算长度（H_0）应取相邻两连墙件之间的竖向距离（h_w）的 1.0 倍。

5.1.12 脚手板及纵、横向水平杆，应按最不利荷载布置求其最大内力，并验算强度。

5.1.13 受压立杆的计算长细比不得大于 150。

5.1.14 受弯构件的挠度控制值不得超过表 5.1.14 的规定。

表 5.1.14 构件挠度控制值

脚手架构件类型	挠度控制值 [v]	受弯构件的计算跨度 l、l_a 的取值
横向水平杆	l/150	双排架取里外两纵向水平杆间的距离 单排架取纵向水平杆至墙面的距离再加 0.08m
纵向水平杆	l_a/150	取纵向两相邻立杆间的距离

5.2 杆件设计计算

5.2.1 脚手板、横向水平杆应按受弯构件计算，并应符合下列规定：

1 脚手板计算简图可按下列规定采用：

1）当立杆纵距为 1500mm、横向水平杆间距为 750mm 时，计算简图可采用图 5.2.1-1。

2）当立杆纵距为 2000mm、横向水平杆间距为 1000mm 时，计算简图可采用图 5.2.1-2。

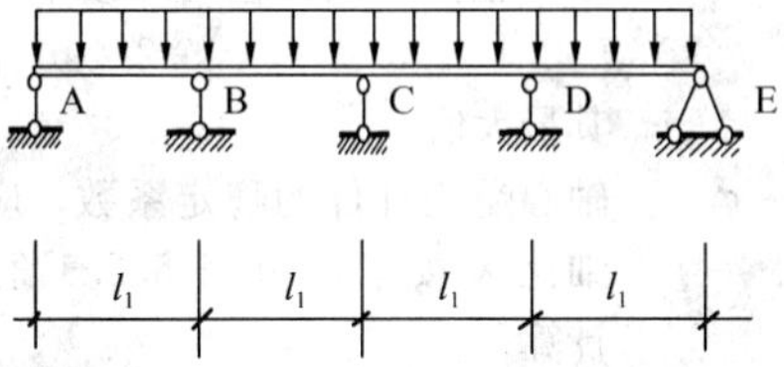

图 5.2.1-1 脚手板计算简图（一）
q—脚手板和堆料的均布线荷载设计值；
l_1—横向水平杆间距

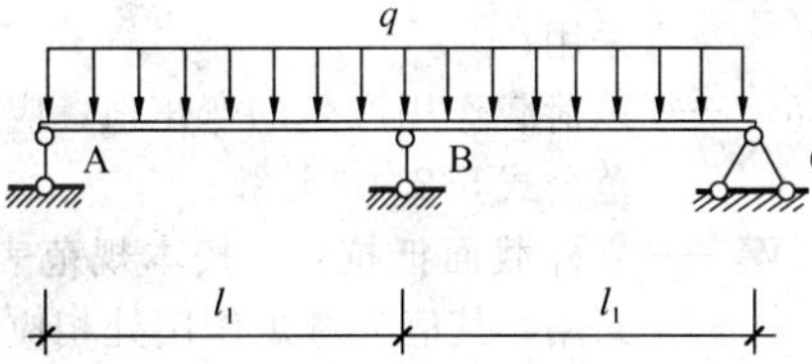

图 5.2.1-2 脚手板计算简图（二）
q—脚手板和堆料的均布线荷载设计值；
l_1—横向水平杆间距

2 横向水平杆计算简图可按下列规定采用：

1）单排脚手架横向水平杆计算简图可采用图 5.2.1-3。

2）双排脚手架横向水平杆计算简图可简化为图 5.2.1-4、图 5.2.1-5。其中图 5.2.1-4 为求跨中弯矩，图 5.2.1-5 为求 A 支座弯矩。

3 抗弯强度应按下式计算：

$$\sigma_m = \frac{M_{max}}{W_n} \leqslant f_m \quad (5.2.1\text{-}1)$$

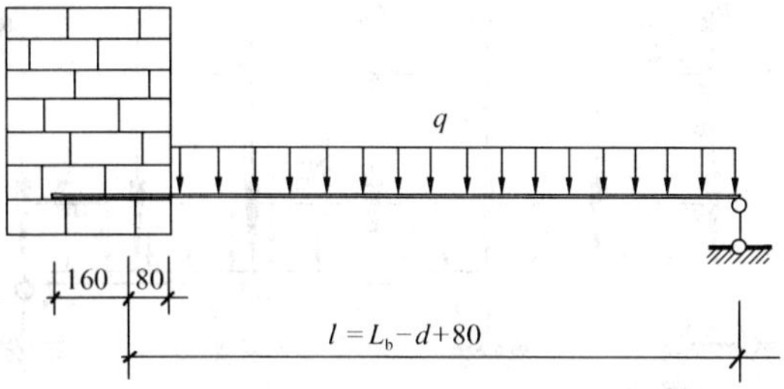

图 5.2.1-3 单排架横向水平杆计算简图
q—脚手板、横向水平杆的自重和施工荷载等的均布线荷载设计值；L_b—立杆横距；d—立杆半径与立杆里边纵向水平杆半径之和；l—横向水平杆的计算跨度

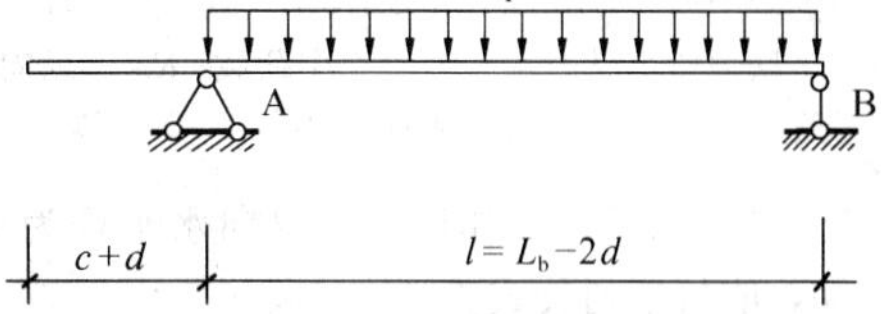

图 5.2.1-4 双排架横向水平杆计算简图（一）
q—脚手板、横向水平杆的自重和施工荷载等的均布线荷载设计值，并按最不利位置布置求取最大内力；L_b—立杆横距；c—横向水平杆里端距里排立杆的中心距离；d—立杆半径和纵向水平杆半径之和；l—横向水平杆的计算跨度

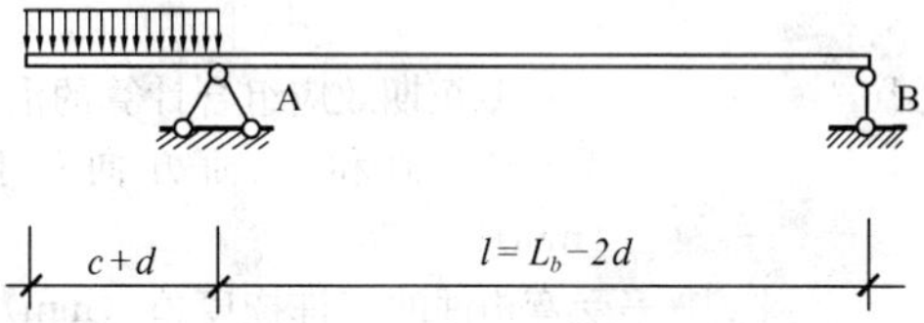

图 5.2.1-5 双排架横向水平杆计算简图（二）

式中 σ_m——木材受弯应力设计值（N/mm^2）；

M_{max}——受弯杆件最大弯矩设计值（N·mm）；

W_n——受弯构件最大弯矩相应处的净截面抵抗矩（mm^3），可按本规范表 5.2.4 查取；

f_m——木材抗弯强度设计值（N/mm^2），应按本规范表 3.3.1-3 采用。

4 挠度应按下式验算：

$$v = \frac{5ql^4}{384EI} \leqslant [v] \quad (5.2.1\text{-}2)$$

式中 E——木材弹性模量，按本规范表 3.3.1-3 查取；

I——所计算木构件的惯性矩（mm^4），按本规范表 5.2.4 查取；

[v]——容许挠度值，按本规范表 5.1.14 采用。

5.2.2 纵向水平杆应按三跨连续梁计算，并应符合下列规定：

1 计算简图可采用图 5.2.2。

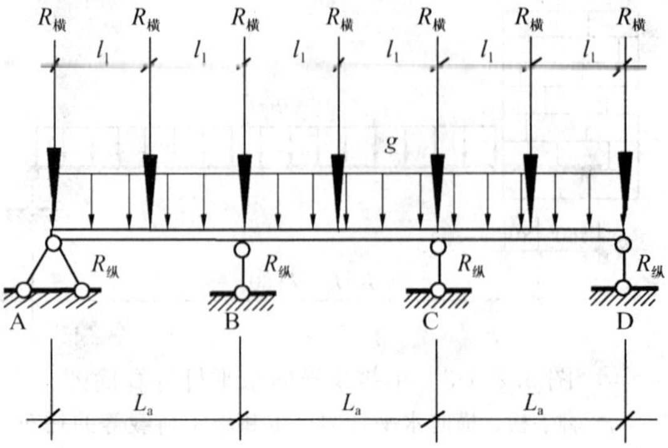

图 5.2.2 纵向水平杆计算简图

g—纵向水平杆自重均布线荷载设计值；l_1—横向水平杆的中心距离；L_a—立杆纵距；$R_横$—横向水平杆靠墙端的支座反力传给纵向水平杆的集中荷载；$R_纵$—纵向水平杆的支座反力

2 当考虑风荷载作用时，纵向水平杆为双向受弯构件，应按下列公式验算：

1）抗弯强度验算

$$\sigma_m = \frac{\sqrt{M_y^2 + M_w^2}}{W_n} \leqslant f_m \tag{5.2.2-1}$$

式中 M_y、M_w——对构件截面 y 轴及水平风荷载对 x 轴的弯矩设计值（N·mm）。

2）挠度验算

$$v = \sqrt{v_x^2 + v_y^2} \leqslant [v] \tag{5.2.2-2}$$

式中 v_x、v_y——按荷载短期效应组合计算的沿构件截面 x 轴和 y 轴方向的挠度（mm）；

$[v]$——受弯构件的容许挠度值（mm），应按本规范表 5.1.14 采用。

5.2.3 节点绑扎钢丝抗拉强度应符合下式要求：

$$P_S \leqslant nP \tag{5.2.3}$$

式中 P_S——节点钢丝抗拉强度设计值（kN）；

n——绑扎钢丝的根数；

P——单根绑扎钢丝抗拉强度设计值（kN），按本规范表 3.3.3 采用。

5.2.4 立杆计算应符合下列规定：

1 全封闭脚手架立杆计算简图可采用图 5.2.4。

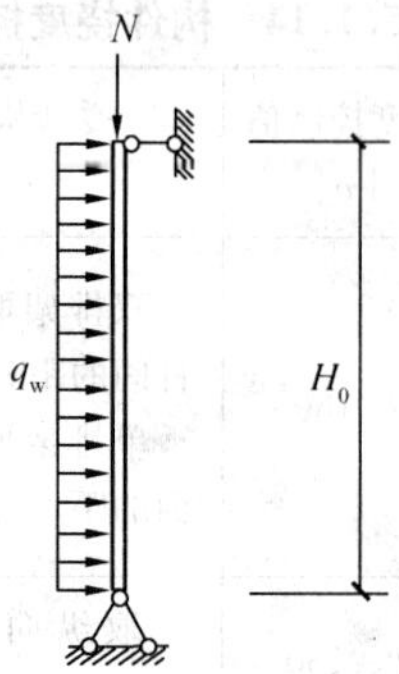

图 5.2.4 全封闭作业层立杆计算简图

N—上部传来的轴向压力设计值；H_0—立杆计算长度，按本规范第 5.1.11 条规定计算；q_w—封闭面传给立杆的均布线风荷载设计值

2 立杆的稳定性应按下列公式验算：

1）当不组合风荷载时：

$$\frac{N}{\varphi A} \leqslant f_c \tag{5.2.4-1}$$

式中 N——立杆轴向力设计值，应按本规范公式 5.2.4-4 计算；

φ——轴心受压杆件的稳定系数，应根据长细比（λ）按本规范第 5.2.5 条的规定计算；

λ——构件长细比，应按本规范 5.2.6 条确定；

A——立杆的截面面积，可按本规范表 5.2.4 采用；

f_c——木材顺纹抗压强度设计值，应按本规范表 3.3.1-3 采用。

2）当组合风荷载时：

$$\frac{N}{\varphi A} + \frac{M_w}{W} \leqslant f_c \tag{5.2.4-2}$$

式中 N——立杆轴向力设计值，应按本规范公式 5.2.4-4、5.2.4-5、5.2.4-6 计算，取其最大值；

φ——轴心受压杆件的稳定系数，应根据长细比 λ 按本规范第 5.2.5 条的规定计算；

λ——构件长细比，应按本规范公式 5.2.6 条确定；

A——立杆截面面积，可按本规范表 5.2.4 采用；

M_w——风荷载作用产生的弯矩值，应按本规范公式 5.2.4-3 计算；

W——立杆截面抵抗矩，按本规范表 5.2.4 采用，其值为弯矩作用处相应截面的抵抗矩；

f_c——木材顺纹抗压强度设计值，应按本规范表 3.3.1-3 采用。

3 风荷载设计值对立杆产生的弯矩（M_w）应按下式计算：

$$M_w = \frac{0.9^2 \times 1.4 w_k L_a h^2}{10} \tag{5.2.4-3}$$

式中 w_k——风荷载标准值，应按本规范公式 4.3.1 计算；

L_a——立杆纵距；

h——纵向水平杆步距。

4 立杆轴向力设计值（N）应根据本规范第 4 章的规定，按下列公式组合计算，并取其中最大值：

1）由可变荷载效应控制的组合：

$$N=0.9\times(1.2G_{k}+1.4Q_{1k})\quad(5.2.4\text{-}4)$$

$$N=0.9\times(1.2G_{k}+0.9\times1.4\sum_{i=1}^{n}Q_{ik})\quad(5.2.4\text{-}5)$$

式中 G_k——恒荷载产生的轴力标准值；

Q_{1k}——施工荷载产生的轴力标准值；

$\sum_{i=1}^{n}Q_{ik}$——各可变荷载产生的轴力标准值之和。

2）由永久荷载效应控制的组合：

$$N=0.9\times(1.35G_{k}+1.4\sum_{i=1}^{n}\psi_{ci}Q_{ik})\quad(5.2.4\text{-}6)$$

式中 ψ_{ci}——按本规范第4章各节的规定值采用。

5 木杆件截面特性计算应符合表5.2.4的规定。

表 5.2.4 木杆件截面特性

木杆计算截面处直径 d (mm)	截面积 A (mm²)	截面惯性矩 I (mm⁴)	截面抵抗矩 W (mm³)	回转半径 i (mm)	每延米重量 (N/m)
80	5024	2010619	50266	20.0	35.20
90	6359	3220623	71570	22.5	44.51
100	7850	4908738	98175	25.0	54.95
110	9499	7186884	130671	27.5	66.49
120	11304	10178760	169646	30.0	79.13
130	13267	14019848	215690	32.5	92.87
140	15386	18857409	269392	35.0	107.70

5.2.5 轴心受压构件的稳定系数应分别按下列公式计算：

1 树种强度等级为TC17、TC15及TB20：

当 $\lambda\leqslant75$ 时：

$$\varphi=\frac{1}{1+\left(\frac{\lambda}{80}\right)^{2}}\quad(5.2.5\text{-}1)$$

当 $\lambda>75$ 时：

$$\varphi=\frac{3000}{\lambda^{2}}\quad(5.2.5\text{-}2)$$

2 树种强度等级为TC13、TC11、TB17、TB15、TB13及TB11：

当 $\lambda\leqslant91$ 时：

$$\varphi=\frac{1}{1+\left(\frac{\lambda}{65}\right)^{2}}\quad(5.2.5\text{-}3)$$

当 $\lambda>91$ 时：

$$\varphi=\frac{2800}{\lambda^{2}}\quad(5.2.5\text{-}4)$$

式中 λ——构件长细比，应按本规范第5.2.6条确定。

5.2.6 木构件的长细比（λ）应按下列公式计算：

$$\lambda=\frac{H_{0}}{i}\quad(5.2.6\text{-}1)$$

$$i=\sqrt{\frac{I}{A}}\quad(5.2.6\text{-}2)$$

式中 i——构件截面的回转半径（mm），按本规范表5.2.4查取；

H_0——受压构件的计算长度（mm）；

I——构件的毛截面惯性矩（mm^4），按本规范表5.2.4查取；

A——构件的毛截面面积（mm^2），按本规范表5.2.4查取。

5.2.7 连墙件计算应符合下列规定：

1 计算简图可采用图5.2.7。

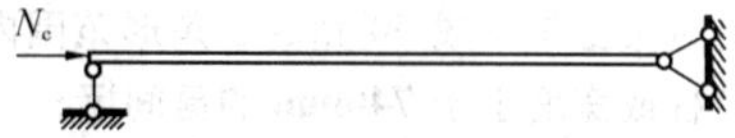

图 5.2.7 连墙件计算简图

N_c—连墙件轴向力设计值

2 连墙件的轴向力设计值应按下列公式计算：

$$N_{c}=N_{w}+N_{0}\quad(5.2.7\text{-}1)$$

$$N_{w}=0.9\times1.4\omega_{k}A_{w}\quad(5.2.7\text{-}2)$$

式中 N_c——连墙件轴向力设计值（kN）；

N_w——风荷载产生的连墙件轴向力设计值；

A_w——脚手架外侧覆盖一个连墙件的迎风面积；

N_0——连墙件约束脚手架平面外变形所产生的轴向压力设计值（kN），单排架取0.5kN，双排架取1.0kN。

5.2.8 立杆底部基础的平均压力应符合下式要求：

$$P=\frac{N}{A}\leqslant kf_{ak}\quad(5.2.8)$$

式中 P——立杆底端基础的平均压力（kN）；

N——立杆传至基础顶面的轴向力设计值（kN）；

A——立杆底端的面积；

k——地基土承载力折减系数，按本规范表5.2.8采用；

f_{ak}——地基土承载力标准值，应按现行国家标准《建筑地基基础设计规范》GB 50007的规定采用。

表 5.2.8 不同种类地基土承载力折减系数（k）

土的种类	折减系数	
	原土	回填土
岩石、混凝土	1	—
碎石土、砂土、多年填积土	0.8	0.4
黏土、粉土	0.9	0.5

6 构造与搭设

6.1 构造与搭设的基本要求

6.1.1 当符合施工荷载规定标准值，且符合本章构造要求时，木脚手架的搭设高度不得超过本规范第1.0.2条的规定。

6.1.2 单排脚手架的搭设不得用于墙厚在180mm及以下的砌体土坯和轻质空心砖墙以及砌筑砂浆强度在M1.0以下的墙体。

6.1.3 空斗墙上留置脚手眼时，横向水平杆下必须实砌两皮砖。

6.1.4 砖砌体的下列部位不得留置脚手眼：

1 砖过梁上与梁成60°角的三角形范围内；

2 砖柱或宽度小于740mm的窗间墙；

3 梁和梁垫下及其左右各370mm的范围内；

4 门窗洞口两侧240mm和转角处420mm的范围内；

5 设计图纸上规定不允许留洞眼的部位。

6.1.5 在大雾、大雨、大雪和六级以上的大风天，不得进行脚手架在高处的搭设作业。雨雪后搭设时必须采取防滑措施。

6.1.6 搭设脚手架时操作人员应戴好安全帽，在2m以上高处作业，应系安全带。

6.2 外脚手架的构造与搭设

6.2.1 结构和装修外脚手架，其构造参数应按表6.2.1的规定采用。

表 6.2.1 外脚手架构造参数

用途	构造形式	内立杆轴线至墙面距离（m）	立杆间距（m）		作业层横向水平杆间距（m）	纵向水平杆竖向步距（m）
			横距	纵距		
结构架	单排	—	≤1.2	≤1.5	L≤0.75	≤1.5
	双排	≤0.5	≤1.2	≤1.5	L≤0.75	≤1.5
装修架	单排	—	≤1.2	≤2.0	L≤1.0	≤1.8
	双排	≤0.5	≤1.2	≤2.0	L≤1.0	≤1.8

注：单排脚手架上不得有运料小车行走。

6.2.2 剪刀撑的设置应符合下列规定：

1 单、双排脚手架的外侧均应在架体端部、转折角和中间每隔15m的净距内，设置纵向剪刀撑，并应由底至顶连续设置；剪刀撑的斜杆应至少覆盖5根立杆（图6.2.2-1a）。斜杆与地面倾角应在45°～60°之间。当架长在30m以内时，应在外侧立面整个长度和高度上连续设置多跨剪刀撑（图6.2.2-1b）。

2 剪刀撑的斜杆的端部应置于立杆与纵、横向水平杆相交节点处，与横向水平杆绑扎应牢固。中部

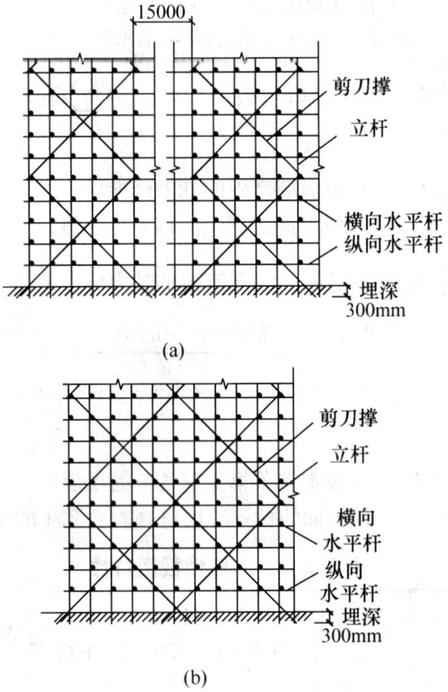

图 6.2.2-1 剪刀撑构造图（一）

（a）间隔式剪刀撑；（b）连续式剪刀撑

与立杆及纵、横向水平杆各相交处均应绑扎牢固。

3 对不能交圈搭设的单片脚手架，应在两端端部从底到上连续设置横向斜撑如图6.2.2-2a。

4 斜撑或剪刀撑的斜杆底端埋入土内深度不得小于0.3m（图6.2.2-2b）。

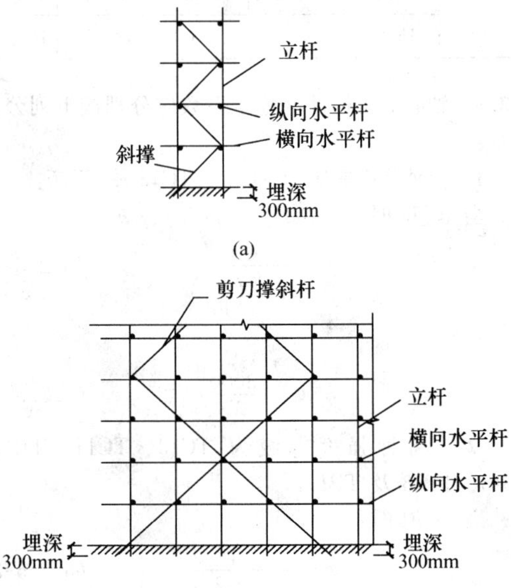

图 6.2.2-2 剪刀撑构造图（二）

（a）斜撑的埋设；（b）剪刀撑斜杆的埋设

6.2.3 对三步以上的脚手架，应每隔7根立杆设置1根抛撑，抛撑应进行可靠固定，底端埋深应为0.2～

0.3m。

6.2.4 当脚手架架高超过7m时，必须在搭架的同时设置与建筑物牢固连接的连墙件。连墙件的设置应符合下列规定：

1 连墙件应既能抗拉又能承压，除应在第一步架高处设置外，双排架应两步三跨设置一个；单排架应两步两跨设置一个；连墙件应沿整个墙面采用梅花形布置。

2 开口形脚手架，应在两端端部沿竖向每步架设置一个。

3 连墙件应采用预埋件和工具化、定型化的连接构造。

6.2.5 横向水平杆设置应符合下列规定：

1 横向水平杆应按等距离均匀设置，但立杆与纵向水平杆交结处必须设置，且应与纵向水平杆捆绑在一起，三杆交叉点称为主节点。

2 单排脚手架横向水平杆在砖墙上搁置的长度不应小于240mm，其外端伸出纵向水平杆的长度不应小于200mm；双排脚手架横向水平杆每端伸出纵向水平杆的长度不应小于200mm，里端距墙面宜为100～150mm，两端应与纵向水平杆绑扎牢固。

6.2.6 在土质地面挖掘立杆基坑时，坑深应为0.3～0.5m，并应于埋杆前将坑底夯实，或按计算要求加设垫木。

6.2.7 当双排脚手架搭设立杆时，里外两排立杆距离应相等。杆身沿纵向垂直允许偏差应为架高的3/1000，且不得大于100mm，并不得向外倾斜。埋杆时，应采用石块卡紧，再分层回填夯实，并应有排水措施。

6.2.8 当立杆底端无法埋地时，立杆在地表面处必须加设扫地杆。横向扫地杆距地表面应为100mm，其上绑扎纵向扫地杆。

6.2.9 立杆搭接至建筑物顶部时，里排立杆应低于檐口0.1～0.5m；外排立杆应高出平屋顶1.0～1.2m，高出坡屋顶1.5m。

6.2.10 立杆的接头应符合下列规定：

1 相邻两立杆的搭接接头应错开一步架。

2 接头的搭接长度应跨相邻两根纵向水平杆，且不得小于1.5m。

3 接头范围内必须绑扎三道钢丝，绑扎钢丝的间距应为0.60～0.75m。

4 立杆接长应大头朝下、小头朝上，同一根立杆上的相邻接头，大头应左右错开，并应保持垂直。

5 最顶部的立杆，必须将大头朝上，多余部分应往下放，立杆的顶部高度应一致。

6.2.11 纵向水平杆应绑在立杆里侧。绑扎第一步纵向水平杆时，立杆必须垂直。

6.2.12 纵向水平杆的接头应符合下列规定：

1 接头应置于立杆处，并使小头压在大头上，大头伸出立杆的长度应为0.2～0.3m。

2 同一步架的纵向水平杆大头朝向应一致，上下相邻两步架的纵向水平杆大头朝向应相反，但同一步架的纵向水平杆在架体端部时大头应朝外。

3 搭接的长度不得小于1.5m，且在搭接范围内绑扎钢丝不应少于三道，其间距应为0.60～0.75m。

4 同一步架的里外两排纵向水平杆不得有接头；相邻两纵向水平杆接头应错开一跨。

6.2.13 横向水平杆的搭设应符合下列规定：

1 单排架横向水平杆的大头应朝里，双排架应朝外。

2 沿竖向靠立杆的上下两相邻横向水平杆应分别搁置在立杆的不同侧面。

6.2.14 立杆与纵向水平杆相交处，应绑十字扣（平插或斜插）；立杆与纵向水平杆各自的接头以及斜撑、剪刀撑、横向水平杆与其他杆件的交接点应绑顺扣；各绑扎扣在压紧后，应拧紧1.5～2圈。

6.2.15 架体向内倾斜度不应超过1%，并不得大于150mm，严禁向外倾斜。

6.2.16 脚手板铺设应符合下列规定：

1 作业层脚手板应满铺，并应牢固稳定，不得有空隙；严禁铺设探头板。

2 对头铺设的脚手板，其接头下面应设两根横向水平杆，板端悬空部分应为100～150mm，并应绑扎牢固。

3 搭接铺设的脚手板，其接头必须在横向水平杆上，搭接长度应为200～300mm，板端挑出横向水平杆的长度应为100～150mm。

4 脚手板两端必须与横向水平杆绑牢。

5 往上步架翻脚手板时，应从里往外翻。

6 常用脚手板的规格形式应按本规范附录A选用，其中竹片并列脚手板不宜用于有水平运输的脚手架；薄钢脚手板不宜用于冬季或多雨潮湿地区。

6.2.17 脚手架搭设至两步及以上时，必须在作业层设置1.2m高的防护栏杆，防护栏杆应由两道纵向水平杆组成，下杆距离操作面应为0.7m，底部应设置高度不低于180mm的挡脚板，脚手架外侧应采用密目式安全立网全封闭。

6.2.18 搭设临街或其下有人行通道的脚手架时，必须采取专门的封闭和可靠的防护措施。

6.2.19 当单、双排脚手架底层设置门洞时，宜采用上升斜杆、平行弦杆桁架结构形式（图6.2.19），斜杆与地面倾角应在45°～60°之间。单排脚手架门洞处应在平面桁架的每个节间设置一根斜腹杆；双排脚手架门洞处的空间桁架除下弦平面处，应在其余5个平面内的图示节间设置一根斜腹杆，斜杆的小头直径不得小于90mm，上端应向上连接交搭2～3步纵向水平杆，并应绑扎牢固。斜杆下端埋入地下不得小于0.3m，门洞桁架下的两侧立杆应为双杆，副立杆高度应高于门洞口1～2步。

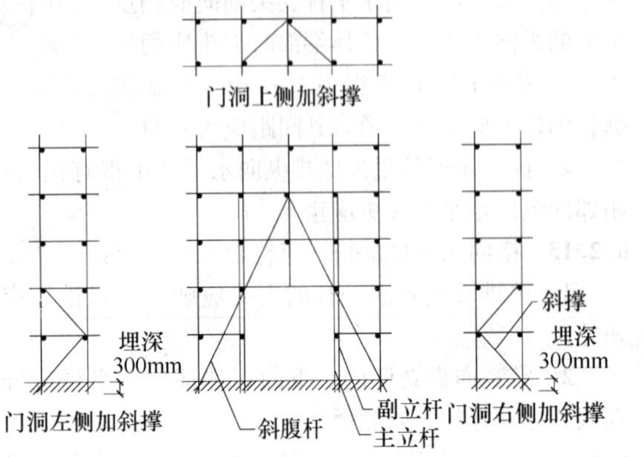

图 6.2.19 门洞口脚手架的搭设

6.2.20 遇窗洞时，单排脚手架靠墙面处应增设一根纵向水平杆，并吊绑于相邻两侧的横向水平杆上。当窗洞宽大于 1.5m 时，应于室内另加设立杆和纵向水平杆来搁置横向水平杆。

6.3 满堂脚手架的构造与搭设

6.3.1 满堂脚手架的构造参数应按表 6.3.1 的规定选用。

表 6.3.1 满堂脚手架的构造参数

用途	控制荷载	立杆纵横间距（m）	纵向水平杆竖向步距（m）	横向水平杆设置	作业层横向水平杆间距（m）	脚手板铺设
装修架	$2kN/m^2$	≤1.2	1.8	每步一道	0.60	满铺、铺稳、铺牢，脚手板下设置大网眼安全网
结构架	$3kN/m^2$	≤1.5	1.4	每步一道	0.75	

6.3.2 满堂脚手架的搭设应符合下列规定：

1 四周外排立杆必须设剪刀撑，中间每隔三排立杆必须沿纵横方向设通长剪刀撑。

2 剪刀撑均必须从底到顶连续设置。

3 封顶立杆大头应朝上，并用双股绑扎。

4 脚手板铺好后立杆不应露杆头，且作业层四角的脚手板应采用 8 号镀锌或回火钢丝与纵、横向水平杆绑扎牢固。

5 上料口及周圈应设置安全护栏和立网。

6 搭设时应从底到顶，不得分层。

6.3.3 当架体高于 5m 时，在四角及中间每隔 15m 处，于剪刀撑斜杆的每一端部位置，均应加设与竖向剪刀撑同宽的水平剪刀撑。

6.3.4 当立杆无法埋地时，搭设前，立杆底部的地基土应夯实，在立杆底应加设垫木。当架高 5m 及以下时，垫木的尺寸不得小于 200mm×100mm×800mm（宽×厚×长）；当架高大于 5m 时，应垫通长垫木，其尺寸不得小于 200mm×100mm（宽×厚）。

6.3.5 当土的允许承载力低于 80kPa 或搭设高度超过 15m 时，其垫木应另行设计。

6.4 烟囱、水塔架的构造与搭设

6.4.1 烟囱脚手架可采用正方形、六角形；水塔架应采用六角形或八角形（图 6.4.1）。严禁采用单排架。

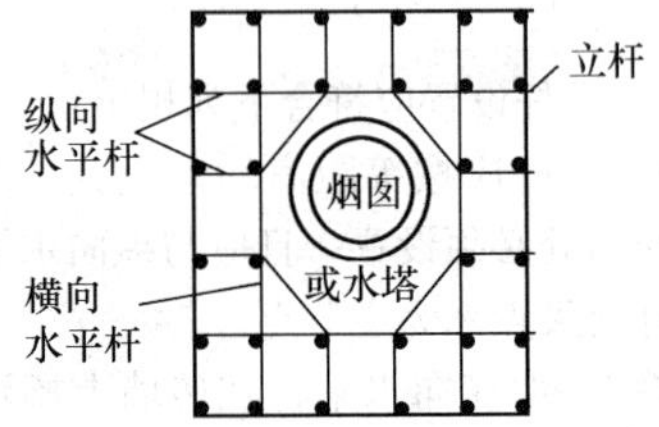

正方形架子

(a)

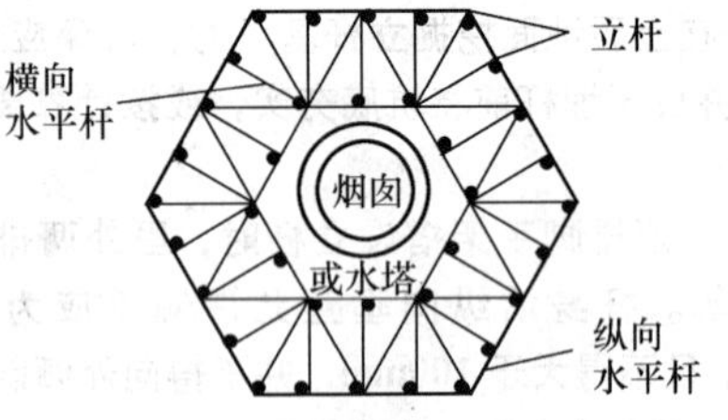

六角形架子

(b)

图 6.4.1 烟囱、水塔架的平面形式

6.4.2 立杆的横向间距不得大于 1.2m，纵向间距不得大于 1.4m。

6.4.3 纵向水平杆步距不得大于 1.2m，并应布置成防扭转的形式，如图 6.4.1（b）所示；横向水平杆距烟囱或水塔壁应为 50～100mm。

6.4.4 作业层应设二道防护栏杆和挡脚板，作业层脚手板的下方应设一道大网眼安全平网，架体外侧应采用密目式安全立网封闭。

6.4.5 架体外侧必须从底到顶连续设置剪刀撑，剪刀撑斜杆应落地，除混凝土等地面外，均应埋入地下 0.3m。

6.4.6 脚手架应每隔二步三跨设置一道连墙件，连墙件应能承受拉力和压力，可在烟囱或水塔施工时预埋连墙件的连接件，然后安装连墙件。

6.4.7 烟囱架的搭设应符合下列规定：

1 横向水平杆应设置在立杆与纵向水平杆交叉处，两端均必须与纵向水平杆绑扎牢固。

2 当搭设到四步架高时，必须在周圈设置剪刀撑，并随搭随连续设置。

3 脚手架各转角处应设置抛撑。

4 其他要求应按外脚手架的规定执行。

6.4.8 水塔架的搭设应符合下列规定：

1 根据水箱直径大小，沿周圈平面宜布置成多排立杆（图6.4.8）。

2 在水箱外围应将多排架改为双排架，里排立杆距水箱壁不得大于0.4m。

3 水塔架外侧，每边均应设置剪刀撑，并应从底到顶连续设置。各转角处应另增设抛撑。

4 其他要求应按外脚手架及烟囱架的搭设规定执行。

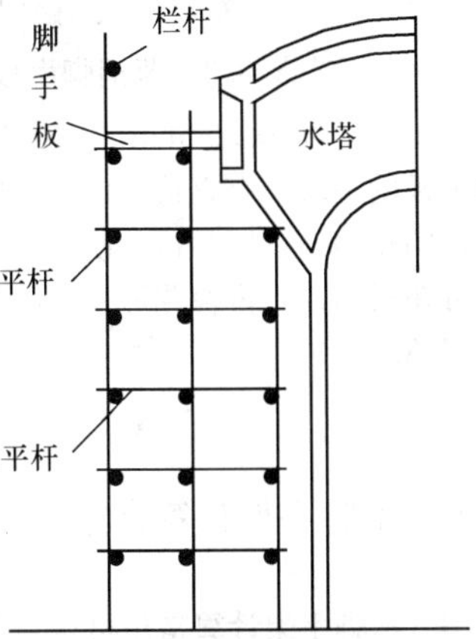

图6.4.8 水塔架的搭设形式

6.5 斜道的构造与搭设

6.5.1 当架体高度在三步及以下时，斜道应采用一字形；当架体高度在三步以上时，应采用之字形。

6.5.2 之字形斜道应在拐弯处设置平台。当只作人行时，平台面积不应小于3m²，宽度不应小于1.5m；当用作运料时，平台面积不应小于6m²，宽度不应小于2m。

6.5.3 人行斜道坡度宜为1∶3；运料斜道坡度宜为1∶6。

6.5.4 立杆的间距应根据实际荷载情况计算确定，纵向水平杆的步距不得大于1.4m。

6.5.5 斜道两侧、平台外围和端部均应设剪刀撑，并应沿斜道纵向每隔6～7根立杆设一道抛撑，并不得少于两道。

6.5.6 当架体高度大于7m时，对于附着在脚手架外排立杆上的斜道（利用脚手架外排立杆作为斜道里排立杆），应加密连墙件的设置。对独立搭设的斜道，应在每一步两跨设置一道连墙件。

6.5.7 横向水平杆设置于斜杆上时，间距不得大于1m；在拐弯平台处，不应大于0.75m。杆的两端均应绑扎牢固。

6.5.8 斜道两侧及拐弯平台外围，应设总高1.2m的两道防护栏杆及不低于180mm高的挡脚板，外侧应挂设密目式安全立网。

6.5.9 斜道脚手板应随架高从下到上连续铺设，采用搭接铺设时，搭接长度不得小于400mm，并应在接头下面设两根横向水平杆，板端接头处的凸棱，应采用三角木填顺；脚手板应满铺，并平整牢固。

6.5.10 人行斜道的脚手板上应设高20～30mm的防滑条，间距不得大于300mm。

7 脚手架拆除

7.0.1 进行脚手架拆除作业时，应统一指挥，信号明确，上下呼应，动作协调；当解开与另一人有关的结扣时，应先通知对方，严防坠落。

7.0.2 在高处进行拆除作业的人员必须配戴安全带，其挂钩必须挂于牢固的构件上，并应站立于稳固的杆件上。

7.0.3 拆除顺序应由上而下、先绑后拆、后绑先拆。应先拆除栏杆、脚手板、剪刀撑、斜撑，后拆除横向水平杆、纵向水平杆、立杆等，一步一清，依次进行。严禁上下同时进行拆除作业。

7.0.4 拆除立杆时，应先抱住立杆再拆除最后两个扣；当拆除纵向水平杆、剪刀撑、斜撑时，应先拆除中间扣，然后托住中间，再拆除两头扣。

7.0.5 大片架体拆除后所预留的斜道、上料平台和作业通道等，应在拆除前采取加固措施，确保拆除后的完整、安全和稳定。

7.0.6 脚手架拆除时，严禁碰撞附近的各类电线。

7.0.7 拆下的材料，应采用绳索拴住木杆大头利用滑轮缓慢下运，严禁抛掷。运至地面的材料应按指定地点，随拆随运，分类堆放。

7.0.8 在拆除过程中，不得中途换人；当需换人作业时，应将拆除情况交待清楚后方可离开。中途停拆时，应将已拆部分的易塌、易掉杆件进行临时加固处理。

7.0.9 连墙件的拆除应随拆除进度同步进行，严禁提前拆除，并在拆除最下一道连墙件前应先加设一道抛撑。

8 安全管理

8.0.1 木脚手架的搭设、维修和拆除，必须编制专项施工方案；作业前，应向操作人员进行安全技术交底；并应按方案实施。

8.0.2 在邻近脚手架的纵向和危及脚手架基础的地方，不得进行挖掘作业。

8.0.3 在脚手架上进行电气焊作业时，应有可靠的防火安全措施，并设专人监护。

8.0.4 脚手架支承于永久性结构上时，传递给永久性结构的荷载不得超过其设计允许值。

8.0.5 上料平台应独立搭设，严禁与脚手架共用杆件。

8.0.6 用吊笼运砖时，严禁直接放于外脚手架上。

8.0.7 不得在单排架上使用运料小车。

8.0.8 不得在各种杆件上进行钻孔、刀削和斧砍。每年均应对所使用的脚手板和各种杆件进行外观检查，严禁使用有腐朽、虫蛀、折裂、扭裂和纵向严重裂缝的杆件。

8.0.9 作业层的连墙件不得承受脚手板及由其所传递来的一切荷载。

8.0.10 脚手架离高压线的距离应符合国家现行标准《施工现场临时用电安全技术规范》JGJ 46 中的规定。

8.0.11 脚手架投入使用前，应先进行验收，合格后方可使用；搭设过程中每隔四步至搭设完毕均应分别进行验收。

8.0.12 停工后又重新使用的脚手架，必须按新搭脚手架的标准检查验收，合格后方可使用。

8.0.13 施工过程中，严禁随意抽拆架上的各类杆件和脚手板，并应及时清除架上的垃圾和冰雪。

8.0.14 当出现大风雨、冰雪解冻等情况时，应进行检查，对立杆下沉、悬空、接头松动、架子歪斜等现象，应立即进行维修和加固，确保安全后方可使用。

8.0.15 搭设脚手架时，应有保证安全上下的爬梯或斜道，严禁攀登架体上下。

8.0.16 脚手架在使用过程中，应经常检查维修，发现问题必须及时处理解决。

8.0.17 脚手架拆除时应划分作业区，周围应设置围栏或竖立警戒标志，并应设专人看管，严禁非作业人员入内。

附录 A 常用脚手板的规格种类

A.0.1 木脚手板可采用杉木、白松，板厚不应小于50mm，板宽宜为200～300mm，板长宜为6m，在距板两端80mm处，用10号钢丝紧箍两道或用薄铁皮包箍钉牢。

A.0.2 竹串片脚手板宜采用螺栓将并列的竹片串连而成。适用于不行车的脚手架。螺栓直径宜为3～10mm，螺栓间距宜为500～600mm，螺栓离板端宜为200～250mm（图A.0.2）。

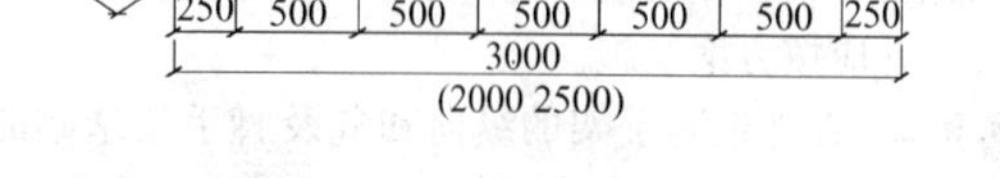

图 A.0.2 竹串片脚手板

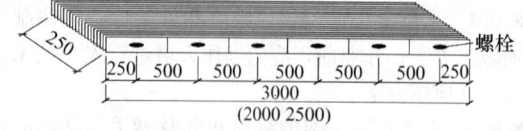

A.0.3 薄钢脚手板宜采用2mm厚的钢板压制而成。不宜用于冬季和南方雾雨、潮湿地区。常用规格：厚

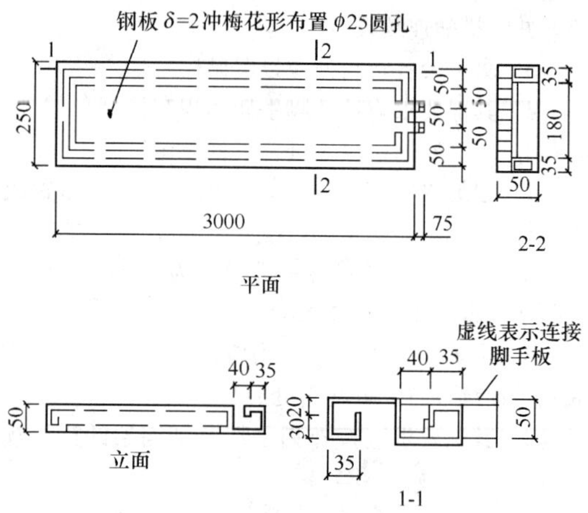

图 A.0.3 薄钢脚手板

度为50mm，宽度为250mm，长度为2m、3m、4m等。脚手板的一端压有直接卡口，以便在铺设时扣住另一块板的端肋，首尾相接，使脚手板不至在横杆上滑脱。可在板面冲三排梅花形布置的φ25圆孔作防滑处理（图A.0.3）。

附录 B 木脚手架计算常用材料、工具重量

表 B 木脚手架计算常用材料、工具重量表

材料、工具名称	单位	重量
吸水后的普通黏土砖（规格：240mm×115mm×53mm）	块	21～22N
吸水后的非承重黏土空心砖（规格：240mm×175mm×115mm）	块	38～40N
吸水后的承重黏土空心砖（规格：240mm×115mm×90mm）	块	29～31N
焦渣空心砖（规格：290mm×290mm×140mm）	块	115～118N
水泥空心砖（规格：300mm×250mm×160mm）	块	115～117N
砌筑、抹灰用砂浆和容器重（$0.1m^3$）	个	1400N
装72块砖的两轮运料小车（体积为0.5m×0.9m×0.32m）总重	台	2040N
装$0.1m^3$砂浆两轮运料小车总重	台	2040N
2mm厚薄钢脚手板，$L=3m$	块	200N
冲压钢脚手板	m^2	300N
竹串片脚手板	m^2	350N
木脚手板	m^2	350N
栏杆、冲压钢脚手板踢脚板	m	110N
栏杆、竹串片脚手板踢脚板	m	140N
栏杆、木脚手板踢脚板	m	140N
密目式安全网	m^2	5N
木材（红松、黄花松）	m^3	7000N
木材（杉木）	m^3	5000N

续表 B

材料、工具名称	单位	重量
木材（柞木、水曲柳）	m^3	8000N
8 号镀锌钢丝	km	961N
8 号回火钢丝	km	988N
10 号镀锌钢丝	km	786N
贴面砖（厚 8mm）	m^2	142N
陶瓷锦砖（马赛克）（厚 5mm）	m^2	120N

本规范用词说明

1 为便于在执行本规范条文时区别对待，对要求严格程度不同的用词说明如下：

1）表示很严格，非这样做不可的：

正面词采用“必须”；

反面词采用“严禁”。

2）表示严格，在正常情况下均应这样做的：

正面词采用“应”；

反面词采用“不应”或“不得”。

3）表示允许稍有选择，在条件许可时首先应这样做的：

正面词采用“宜”；

反面词采用“不宜”。

表示有选择，在一定条件下可以这样做的，采用“可”。

2 条文中必须按指定的标准、规范或其他有关规定执行的写法为“应按……执行”或“应符合……要求（或规定）”。

中华人民共和国行业标准

建筑施工木脚手架安全技术规范

JGJ 164—2008

条 文 说 明

前　言

《建筑施工木脚手架安全技术规范》JGJ 164－2008经住房和城乡建设部2008年8月6日以第80号公告批准、发布。

为便于广大设计、施工、科研、学校等单位有关人员在使用本规范时能正确理解和执行条文规定，《建筑施工木脚手架安全技术规范》编制组按章、节、条顺序编制了本规范的条文说明，供使用者参考。在使用中如发现本条文说明有不妥之处，请将意见函寄沈阳建筑大学（地址：沈阳市浑南东路9号沈阳建筑大学土木工程学院，邮编：110168）。

目　次

1　总则 ………………………………… 2—19—21
2　术语、符号 ………………………… 2—19—21
2.1　术语 ……………………………… 2—19—21
2.2　符号 ……………………………… 2—19—21
3　杆件、连墙件与连接件 ………… 2—19—21
3.1　材质性能 ………………………… 2—19—21
3.2　规格 ……………………………… 2—19—21
3.3　设计指标 ………………………… 2—19—21
4　荷载 ………………………………… 2—19—21
4.1　荷载分类与组合 ………………… 2—19—21
4.2　作业层施工荷载 ………………… 2—19—22
4.3　风荷载 …………………………… 2—19—24
5　设计计算 …………………………… 2—19—25
5.1　基本规定 ………………………… 2—19—25
5.2　杆件设计计算 …………………… 2—19—25
6　构造与搭设 ………………………… 2—19—27
6.1　构造与搭设的基本要求 ………… 2—19—27
6.2　外脚手架的构造与搭设 ………… 2—19—27
6.3　满堂脚手架的构造与搭设 ……… 2—19—28
6.4　烟囱、水塔架的构造与搭设 …… 2—19—28
6.5　斜道的构造与搭设 ……………… 2—19—28
7　脚手架拆除 ………………………… 2—19—28
8　安全管理 …………………………… 2—19—28
附录 A　常用脚手板的规格种类……………………………… 2—19—29
附录 B　木脚手架计算常用材料、工具重量 ……………………… 2—19—29

1 总 则

1.0.1 木脚手架是为操作人员建造操作平台的安全设施，必须确保使用安全。

1.0.2 考虑到我国部分地区盛产木材，每年产出的剥皮落叶松和杉木较多，其中适合于用来搭设脚手架用的约占三分之一左右，这些地区使用木脚手架较多。为保证木脚手架搭设、使用和拆除的安全、合理和经济，制定本规范是十分必要的。

1.0.3 本条明确规定了本规范只适用于工业与民用建筑的多层房屋和高度不超过本规范规定的构筑物。这是限定了木脚手架的使用范围。从木脚手架的构造来看，8号镀锌钢丝和回火钢丝作为绑扎节点远比扣件式、门式脚手架等的节点强度低，因此，在使用中对其搭设形式和高度作了严格的限制。

1.0.5 本条要求施工单位，在采用木脚手架施工时，应按本规范的规定，结合工地的具体情况，将木脚手架的选材、搭设、节点构造、安全使用和拆除等方面的具体要求编入施工组织设计或施工方案中，以便于在施工过程中贯彻执行，杜绝不科学、不合理的搭设、使用和拆除，消除安全隐患，防止安全事故的发生。

1.0.6 本规范在与国家已正式颁布的标准内容有相同时，本规范就不再作重复规定，而按已正式颁布的标准执行。

2 术语、符号

2.1 术 语

本章所列术语，为标准称谓。为便于应用，现仅将部分术语的通俗叫法注解如下：

立杆：又叫立柱、冲天、竖杆、站杆。

纵向水平杆：又名大横杆、顺水杆、牵杆。

横向水平杆：又名小横杆、横楞、横担、楞木、排木、六尺杠子。

剪刀撑：又名十字撑、十字盖。

抛撑：又名支撑、压栏子。

斜道：又名盘道、马道、通道。

2.2 符 号

本规范的符号是按现行国家标准《工程结构设计基本术语和通用符号》GBJ 132中的规定引用的。

3 杆件、连墙件与连接件

3.1 材 质 性 能

3.1.1 因我国幅员辽阔，对脚手架的杆材一般来说不能强求一致，所以本规范仅在保证使用可靠的基础上对常用树种作了材质的规定，而各地可根据当地树种的实际情况采用；脚手架虽属临时结构，但其杆件要多次重复使用，且要经受风吹、日晒、雨淋等自然原因的侵蚀较大，易使纵、横水平杆和立杆扭曲、翘裂或折断而造成事故，为保证安全，确保选材标准是极其重要的。

3.1.2 由于脚手板重复使用次数多，长期受自然环境的侵蚀，很易翘裂，因此确保选材标准极为重要。

3.1.3 明确规定绑扎材料只能采用镀锌钢丝或回火钢丝，是因其他绑扎材料不能可靠保证其受力的要求。而钢丝在使用时因扭紧而产生了塑性变形，同时脆性增加，若重复使用，极易在使用过程中产生突然断裂而发生事故。另外，锈蚀后会减小钢丝受力截面，同样易于断裂。

3.2 规 格

3.2.1 对杆件规格尺寸的规定，是参考全国各地普遍使用的规格尺寸，并按本规范的荷载规定和设计方法进行验算后确定的。

3.2.2 凡符合本条尺寸规定的脚手板，只要按本规范的规定进行制作，均可满足施工中对其强度和变形的一般要求。

3.3 设 计 指 标

3.3.1～3.3.2 是按《木结构设计规范》GB 50005－2003的规定采用的。

3.3.3 规范编制组在沈阳建筑大学（原沈阳建筑工程学院）的结构实验室进行了钢丝绑扎接头试验，又在安徽省芜湖市第一建筑工程公司工地进行了现场绑扎材料加载试验，根据测得的数据，经过数理统计整理得到的单根钢丝抗拉强度值。

4 荷 载

4.1 荷载分类与组合

4.1.1 本条采用附录B的规定，其中所列材料重量是从现行国家标准《建筑结构荷载规范》GB 50009－2001附录A中引录而来，其余砖车、灰车、脚手板等的重量为现场调查的数理统计结果。

4.1.2 规定了永久荷载（恒荷载）的计算项目。在进行脚手架设计时，可根据施工的要求进行各杆件的具体布置，并根据实际情况对恒载进行标准荷载的综合统计计算，求出总的恒载标准值，作为设计计算依据，任何一项都不可以漏算。

4.1.3 本条规定了可变荷载（活荷载）所包括的全部内容，并以此作为脚手架设计的依据。

4.1.4～4.1.5 本规范执行“概率极限状态设计法”

的规定。其荷载组合是根据现行国家标准《建筑结构荷载规范》GB 50009－2001 确定的。

4.2 作业层施工荷载

4.2.1 本条中施工荷载是将国务院在 20 世纪 50 年代颁布的《建筑安装工程安全技术规程》中规定为 2.7kN/m^2 的均布荷载，提高后而确定的。这主要是因为随着脚手架搭设技术和绑扎材料的不断进步，脚手架的实际承载能力逐渐提高，经过施工现场实际情况调查，并经过数理统计计算，经综合考虑，才作了本条荷载值的规定。

4.2.2～4.2.3 此条文是对 4.2.1 条的补充规定，给出具体的堆载方式来表示施工荷载 3kN/m^2 或 2kN/m^2，以便于在使用中控制堆载不致超过施工荷载所规定的标准值。因此，在计算脚手架时，应根据脚手架上各种荷载的实际分布情况确定其荷载作用效应，这样才能确保横向水平杆和纵向水平杆承载时的内力不会超过其本身材料的强度设计值。为从理论上说明这一问题的重要性和严肃性，下面将举例加以详细说明。为方便计算，以下引入"等效荷载控制值（q_0）"，把起控制作用的实际荷载换算成内力与其相等的均布荷载。即根据最不利荷载分布，计算出跨中最大弯矩值和支座最大反力值，然后求得其相应施工荷载的等效均布荷载值，与所规定的施工荷载标准值进行比较判定是否安全。其计算过程和结果如下：

一、操作人员和推车荷载作用在横向水平杆上的折算系数计算。

计算时，首先按（图 1）确定横向水平杆作用荷载的最不利布置。

根据图 1 所示，堆砖和靠墙砌体边的作业人员的荷载可平均分配于相邻的两根横向水平杆上，而推砖小车（按均布荷载作用）及其两端作业人员的荷载对横杆的作用力，则可按两跨连续梁计算出作用于横向水平杆上的荷载折算系数，具体计算如下：

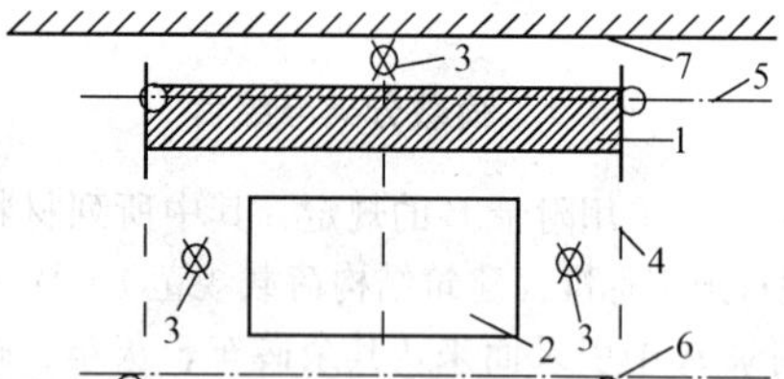

图 1 横向水平杆最不利荷载的平面布置

1—堆砖重量；2—900mm 长和宽的推砖小车；3—作业人员；4—横向水平杆；5—纵向水平杆；6—立杆；7—墙砌体

1 横向水平杆间距为 750mm

立杆纵向间距为 1.5m 时，按推砖小车重 2.04kN 对称地停在中间一根横向水平杆上，且视为均布荷载作用；在砖车两端考虑卸砖和推车各站一人，每人重 0.8kN。

中间横向水平杆计算简图取图 2。B 支座承受的车、人荷载分别计算如下：

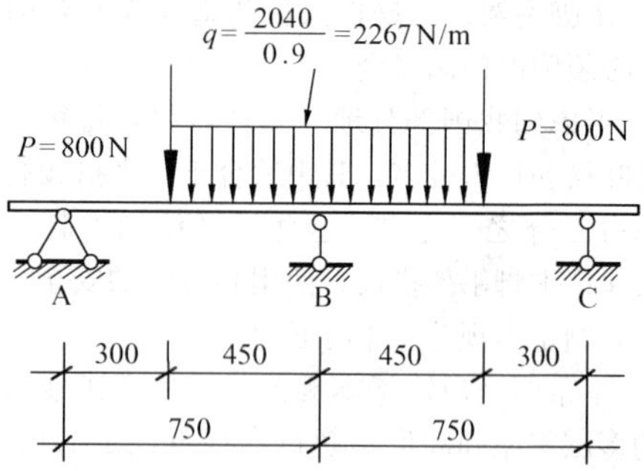

图 2 横向水平杆（间距 750mm）计算简图

（1）人传给 B 支座的荷载 R_{BP} 按图 3 和在《建筑结构静力计算手册》中查得的系数与公式求取：

$$B_{AP} = B_{CP} = \frac{Pab}{6}\left(1 + \frac{b}{l}\right)$$

$$= \frac{800 \times 0.45 \times 0.3}{6}\left(1 + \frac{0.3}{0.75}\right) = 25.2\text{N}$$

$$R'_{BP} = B_{AP} + B_{CP} = 2 \times 25.2 = 50.4\text{N}$$

$$M_{BP} = -\frac{3}{2l}R'_{BP} = -\frac{3}{2 \times 0.75} \times 50.4 = -101\text{N} \cdot \text{m}$$

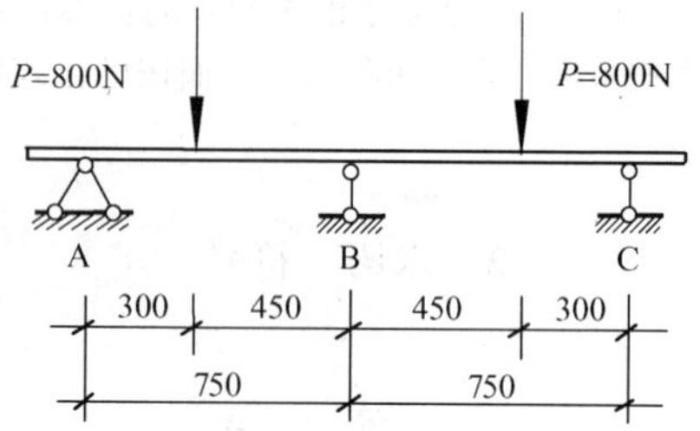

图 3 作业人员传给 B 支座的荷载计算简图

将 AB 跨作为一个分离体（图 4），则 R_{BP} 为

$$R_{BP} = \left(\frac{101 + 800 \times 0.3}{0.75}\right) \times 2 = 909\text{N}$$

折算系数为：909/800＝1.14（相当于一人重的 114%作用于 B 支座处的横向水平杆上）。

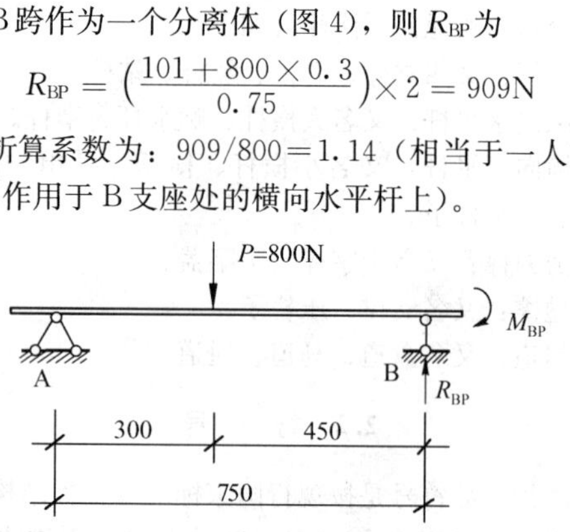

图 4 AB 跨分离体计算简图一

（2）车传给 B 支座的荷载 R_{Bq}，按图 5 计算：

$$B_{Aq} = B_{Cq} = \frac{qa^2 l}{24}\left(2 - \frac{a}{l}\right)^2$$

$$= \frac{2267 \times 0.45^2 \times 0.75}{24}\left(2 - \frac{0.45}{0.75}\right)^2 = 28.1\text{N}$$

$$R'_{Bq}=B_{Aq}+B_{Cq}=2\times 28.1=56.2\text{N}$$

$$M_{Bq}=-\frac{3}{2l}R'_{Bq}=-\frac{3}{2\times 0.75}\times 56.2=-112.4\text{N}\cdot\text{m}$$

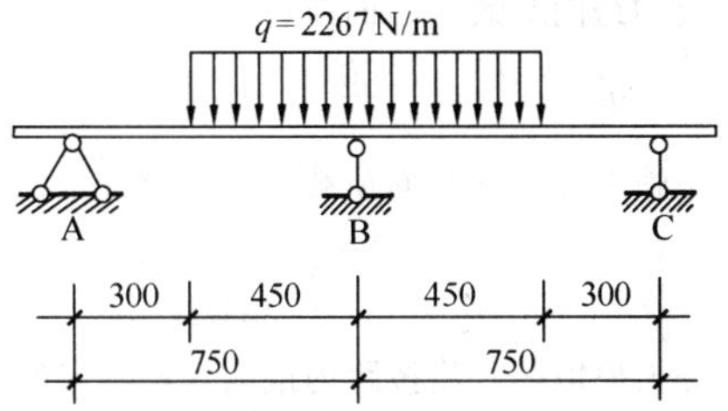

图 5　推砖小车传给 B 支座的荷载计算简图

将 AB 跨作为一个分离体（图 6），则 R_{Bq} 为：

$$R_{Bq}=\frac{112.4+2267\times 0.45\times 0.525}{0.75}\times 2=1728\text{N}$$

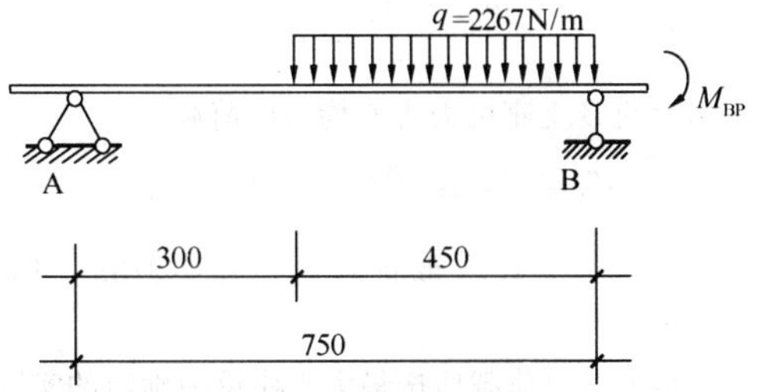

图 6　AB 跨分离体计算简图二

折算系数为：$\frac{1728}{2040}=0.85$（相当于车重的 85%作用于 B 支座处的横向水平杆上）

2　横向水平杆间距分别为 1000mm 和 1500mm 时，其相应的计算结果列入表 1 中：

表 1　横向水平杆间距为 1000mm、1500mm 的荷载作用计算结果统计表

序号	计算项目	计算参数	单位	两种横杆间距的计算结果	
				1000mm	1500mm
(1)	推、卸车工人传给 B 支座的荷载	B_{AP}	N	51.2	107.1
		B_{CP}	N	51.2	107.1
		R'_{BP}	N	102.4	214.2
		M_{BP}	N·m	−154	−214.2
		R_{BP}	N	1188	1406
		折算系数		1.485	1.76
(2)	手推车传给 B 支座的荷载	B_{Aq}	N	46	83
		B_{Cq}	N	46	83
		R'_{Bq}	N	92	166
		M_{Bq}	N·m	−138	−166
		R_{Bq}	N	1857	1956
		折算系数		0.91	0.96

注：这两种情况的计算简图与图 3 相同，只是其中的 b 不同，当间距为 1000mm 时，b 为 550mm；当间距为 1500mm 时，b 为 1050mm。a 不变，均为 450mm。

3　靠墙边操作人员按图 7 布置时，传给 B 支座的荷载：

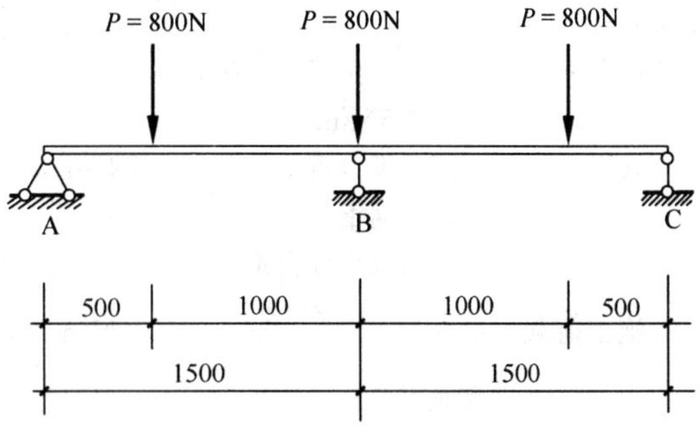

图 7　靠墙操作人员沿纵向布置图

$$B_{AY}=B_{CY}=\frac{Pab}{6}\left(1+\frac{b}{l}\right)$$

$$=\frac{800\times 1\times 0.5}{6}\left(1+\frac{0.5}{1.5}\right)=89\text{N}$$

$$R'_{BY}=B_{AY}+B_{CY}=2\times 89=178\text{N}$$

$$M_{BY}=\frac{3}{2L}R'_{BY}=-\frac{3}{2\times 1.5}\times 178=-178\text{N}\cdot\text{m}$$

将 AB 跨作为一个分离体（图 8），则 R_{BY} 为：

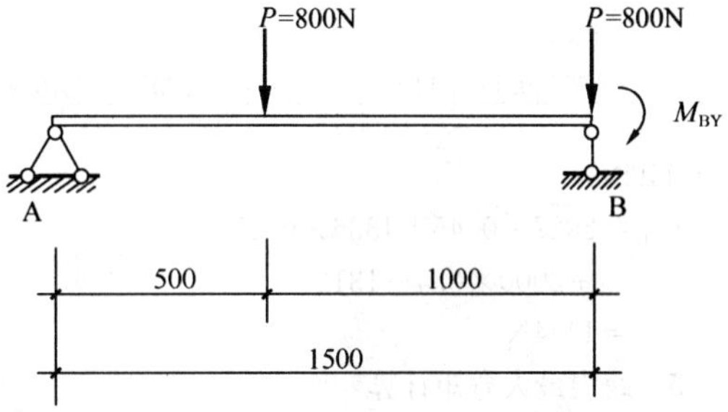

图 8　AB 跨分离体计算简图三

$$R_{BY}=\frac{178+800\times 0.5}{1.5}\times 2+800=1571\text{N}$$

折算系数为：$\frac{1571}{800}=1.96$（相当于操作人员一人重的 196%作用于 B 支座的横向水平杆上）。

二、等效均布荷载控制值的计算例题

根据不走车单排结构架横向水平杆的计算简图（图 9），按以下步骤进行计算：

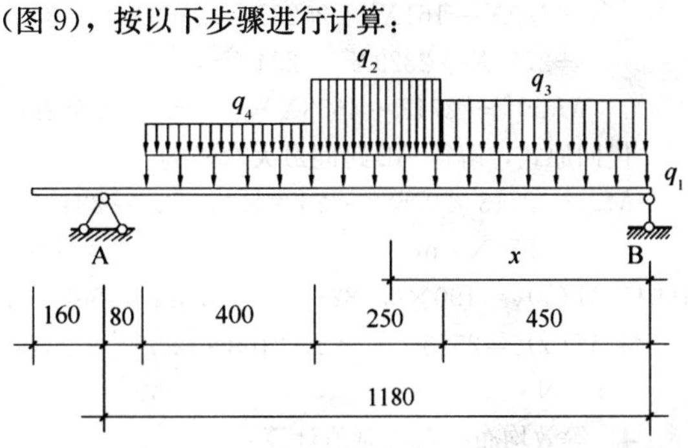

图 9　单排结构架等效荷载控制值计算简图

1 荷载标准值计算

立杆距离墙面 1200mm，横向水平杆间距 750mm。

恒荷载 $q_1=(350+5+75)\times0.75$
$=322.5\text{N/m}$

式中 脚手板自重 350N/m^2
安全网重 5N/m^2
横向水平杆自重 75N/m

施工荷载 $q_2=\dfrac{0.75\times3\times26.5}{0.055\times0.25}=4336\text{N/m}$（堆砖荷载）

$q_3=\dfrac{1.14\times800}{0.45}=2027\text{N/m}$（架外侧作业人员重）

$q_4=\dfrac{800}{0.4}=2000\text{N/m}$（架里侧作业人员重）

2 支座反力计算

$$\sum M_B=0$$

恒荷载 $R_{AY}=\dfrac{0.5\times322.5\times1.1^2}{1.18}=165\text{N}$

$R_{BY}=322.5\times1.1-165=190\text{N}$

施工荷载

$$R_{AK}=\frac{0.5\times2027\times0.452+4336\times0.25\times0.575+2000\times0.4\times0.9}{1.18}$$
$$=1312\text{N}$$

$R_{BK}=2027\times0.45+4336\times0.25$
$+2000\times0.4-1312$
$=1484\text{N}$

3 跨内最大弯矩计算

对 x 截面处求 $M(x)$

恒荷载 $M(x)_Y=190X-0.5\times322.5X^2=190X-161X^2$

施工荷载

$$M(x)_k=1484X-0.5\times4336(X-0.45)^2-2027\times0.45(X-0.225)=2523X-2168X^2-234$$

$$M(x)=M(x)_y+M(x)_k=190X-161X^2+2523X-2168X^2-234=2713X-2329X^2-234$$

$$M(x)'=2713-4658X=0\quad X=0.582\text{m}$$

代回原式，解得 AB 跨间最大弯矩为：

$$M_{max}=2713\times0.582-2329\times0.582^2-234=556\text{N}\cdot\text{m}$$

其中 $M(x)_Y=190\times0.582-161\times0.582^2=56\text{N}\cdot\text{m}$
$M(x)_k=2523\times0.582-2168\times0.582^2-234=500\text{N}\cdot\text{m}$

4 等效均布荷载控制值计算

(1) 按跨内最大弯矩确定的等效均布荷载控制值：

按跨内最大弯矩确定的等效均布线荷载

$$q=\frac{8M_{max}}{L^2}=\frac{8\times556}{1\ 180^2}=3200\text{N/m}$$

相应的跨内等效均布面荷载

$$q'=\frac{q}{l}=\frac{3200}{0.75}=4267\text{N/m}^2$$

实用施工等效均布面荷载

$$q''=q'-(350+5+75)=4267-430=3837\text{N/m}^2$$

这是去掉恒荷载后按跨内最大弯矩确定的实际施工荷载控制值。

(2) 按最大支座反力确定的等效均布荷载控制值：

按 B 支座反力确定的等效均布线荷载

$$q_B=\frac{2R_B}{L}=\frac{2(R_{BY}+R_{BK})}{L}=\frac{2\times1674}{1.18}=2837\text{N/m}$$

相应的 B 支座反力等效均布面荷载

$$q''_B=\frac{q_B}{l}=\frac{2837}{0.75}=3783\text{N/m}^2$$

实用施工等效均布面荷载 $q''_B=3783-430=3353\text{N/m}^2$

这是去掉恒荷载后按最大支座反力确定的实际施工荷载控制值。

其余各式双排脚手架的实用等效均布面荷载的计算可参照上述方法进行。

上面计算出实际可变等效面荷载的目的，主要是提醒在脚手架的使用和设计时，对所能承受的荷载有一个数值大小的概念。在脚手架设计时，不能直接引用 4.2.1 条的 3.0kN/m^2 和 2.0kN/m^2 作为荷载依据进行设计，必须按脚手架上实际堆放的荷载数量和最不利位置计算。

4.2.4 结构脚手架主要用于主体结构施工，用来堆放材料、工具等，荷载较大，同时只需一个作业层，所以，规定只允许一层作业；装修架的施工荷载相对较小，并考虑流水作业的需要，因此规定可两层同时作业。本条是从安全的角度考虑，并结合施工现场实际操作情况作出这样规定的。

4.3 风 荷 载

4.3.1 在现行国家标准《建筑结构荷载规范》GB 50009－2001 中第 7.1.1 条规定，垂直于建筑物表面上的风荷载标准值计算公式中应有 Z 高度处的风振系数，同时，在第 7.4.1 中又规定，此系数需要在建筑物的高度大于 30m 以及高耸结构才考虑，而本规范规定木脚手架的高度在 30m 以下，又不属于高耸结构，所以，在本条中将风振系数 β_z 视为 1。另根据脚手架的使用年限一般不会超过 10 年，为求得经济上的合理性，故按《建筑结构荷载规范》GB 50009—

2001中规定的10年一遇的基本风压作为设计依据。

4.3.2 本条是按（97）建标工字第20号文，关于《编制建筑施工脚手架安全技术标准的统一规定》（修订稿）5.3中的规定采用的。

4.3.3 本条为做到对风压高度变化系数与国家现行标准相吻合，故按现行国家标准《建筑结构荷载规范》GB 50009－2001中的规定采用。

4.3.4 本条对一些特殊大风地区的基本风压所作的不得小于0.2kN/m²的规定，是考虑这些地区采用木脚手架的可能性比较大，而大风对其搭设和使用都产生很大影响，为不给使用单位带来太多的麻烦，只要不是在8级以上大风时，一般来说按此要求可不需加固而保证安全。

5 设计计算

5.1 基本规定

5.1.1 本条主要是明确进行脚手架设计时，必须坚持的原则是牢固可靠，能满足施工用的堆料、行车、走人等进行安全操作的要求，并且搭拆要简单方便。

5.1.2 因各地所用脚手架材料不尽相同，搭设方法可能与本规范的规定有差异，为解决这一问题，本条规定这样的脚手架在搭设前必须根据实际情况进行设计计算，以确保脚手架的安全。

5.1.3～5.1.4 说明木脚手架设计计算时，所应遵循的方法和原则。

5.1.5 进行脚手架设计的目的是要把住安全关，杜绝安全事故的发生，本条规定的设计内容就是把安全要求具体化，把工作落到实处。

5.1.7 架高在20m以上时，因受风力的影响较大，故规定应将各类荷载与风荷载共同作用进行荷载组合设计。

5.1.8 脚手架立杆底部的地基承载力受外界的影响较大，对其采用一定的折减系数进行降低，以便保证脚手架的安全。

5.1.9 原木沿其长度的直径变化率系根据国际通用数值采用的，至于挠度、稳定和强度计算的截面系取其最不利位置。

5.1.10 因纵向水平杆主要承受由横向水平杆传来的集中荷载，而横向水平杆由于其间距布置不同，而有对纵向水平杆受力的不利位置，故纵向水平杆应按受力的最不利位置计算。

5.1.11 一般来讲，当脚手架步距为等步距，所有连墙件的竖距与纵向间距完全相同时，底部立杆受力最大，此处应为最危险段，应进行核算，若此段核算已安全其余段就应更安全。至于杆件的计算长度，可把木脚手架视为以连墙件间距为长度固定的铰接框架结构体系，即其计算长度本应按两端为固端考虑，但为了安全，改按最不利的情况一端固定、一端铰支考虑。这时，$H_0=0.707H$，考虑到由于受收缩和横纹压缩等的影响，在木结构中很难使端部得到真正的刚性固定，所以，采用$H_0=0.8H$；另根据建设部《编制建筑施工脚手架安全技术标准的统一规定》修订稿（97）建标工字第20号文中的规定：脚手架的强度计算，除按极限状态设计外，还应满足容许应力法的安全系数$k\geqslant1.5$，但根据文中的统一计算方法，根本不适用于竹木结构，具体的说竹木结构不存在匀质系数（材料安全系数等于匀质系数的倒数）。所以，按此规定的要求，在木脚手架中推不出γ'_m，这样，只能另辟蹊径，先用同一树种按极限状态设计，其强度设计值为13N/mm²，按《木结构设计规范》GB 50005—2003中的规定，乘以适合木脚手架的调整系数后，强度设计值应为15.74N/mm²；而这一树种按容许应力法设计，其容许应力$[f_c]=12\text{N/mm}^2$，乘规定的调整系数后为14.2N/mm²，将其二者的比值作为假定的材料安全系数，即为$\frac{15.74}{14.2}=1.108$，为方便计算，将此值乘以长度计算系数，则$H_0=1.108\times0.8=0.886H$，采用$H_0=0.9H$。同理，单排架立杆的计算长度采用$H_0=H$。

5.1.12 本条规定按最不利荷载布置求最大内力，一般最不利情况为：

脚手板求最大支座弯矩应在相邻两跨布置施工荷载；求跨中最大弯矩应隔跨布置施工荷载。

横向水平杆求支座弯矩应在悬臂部分布置施工荷载，而跨中不布置；求跨中最大弯矩应在跨中布置施工荷载，悬臂不布置，然后取其大值作为计算依据。

纵向水平杆则应取横向水平杆靠墙端作用在纵向水平杆的支座反力作为计算依据。

5.1.13～5.1.14 执行《木结构设计规范》GB 50005—2003中的相应规定。

5.2 杆件设计计算

5.2.1 本条中的第2款第2项双排脚手架横向水平杆计算简图为简化计算简图，为了说明计算简图的依据，现将简化计算做个对比。分别计算如下（按横向水平杆间距0.75m计算）：

1 正确计算

1） 计算简图

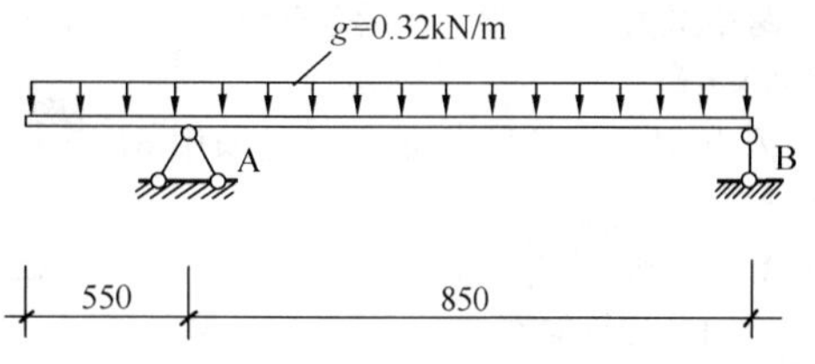

图10 双排架横向水平杆永久荷载作用计算简图

2） 荷载计算

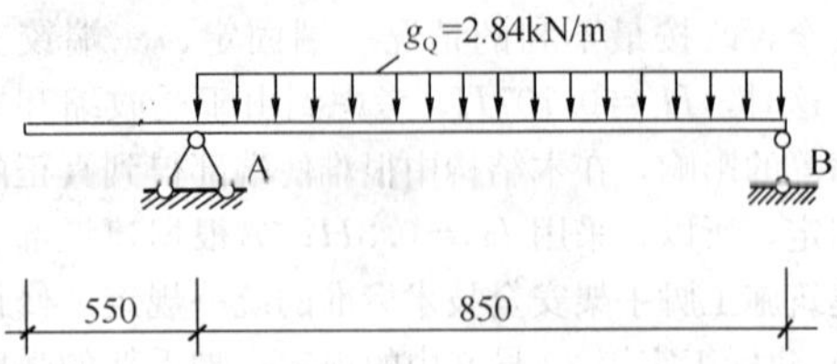

图 11　双排架横向水平杆可变荷载作用计算简图一

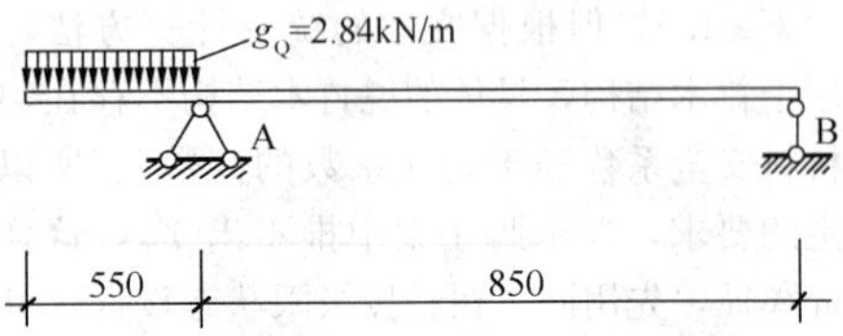

图 12　双排架横向水平杆可变荷载作用计算简图二

永久荷载

脚手板自重　　　　0.35kN/m^2

横向水平杆自重　　0.034kN/m

可变荷载

施工荷载　　　　　3.0kN/m^2

3）内力计算

线荷载：$g=0.9\times[1.2\times(0.35\times0.75+0.034)]=0.32\text{kN/m}$

$g_Q=0.9\times1.4\times3.0\times0.75=2.84\text{kN/m}$

弯矩：

永久荷载作用悬臂端弯矩

$$M_{cg}=\frac{1}{2}gc^2=\frac{1}{2}\times0.32\times0.55^2=0.048\text{kN}\cdot\text{m}$$

永久荷载跨中弯矩

$$M_g=\frac{1}{8}\times0.32\times0.85^2\times\left[1-\left(\frac{0.55}{0.85}\right)^2\right]^2=0.01\text{kN}\cdot\text{m}$$

此弯矩在距 B 支座 0.044m 处。

施工荷载作用悬臂端弯矩

$$M_{CQ}=\frac{1}{2}\times2.84\times0.55^2=0.43\text{kN}\cdot\text{m}$$

施工荷载跨中弯矩

$$M_Q=\frac{1}{2}\times2.84\times0.85\times0.044-\frac{1}{2}\times2.84\times0.044^2=0.05\text{kN}\cdot\text{m}$$

悬臂端最大弯矩

$$M_{max.c}=M_{cg}+M_{CQ}=0.048+0.43=0.478\text{kN}\cdot\text{m}$$

跨中最大弯矩　$M_{max}=M_g+M_Q=0.01+0.05=0.06\text{kN}\cdot\text{m}$

因为 $M_{max.c}>M_{max}$，所以，应采用 $M_{max.c}$ 作为计算依据。

2　简化计算

1）计算简图

2）弯矩计算

悬臂端弯矩　$M_c=\frac{1}{2}ql^2=\frac{1}{2}\times3.16\times0.55^2=0.478\text{kN}\cdot\text{m}$

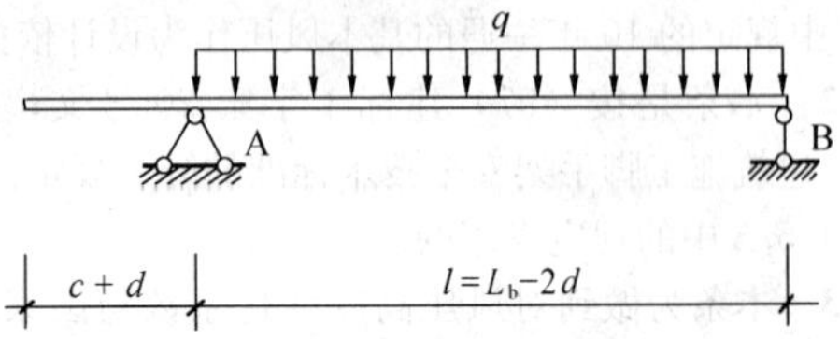

图 13　双排架横向水平杆跨中弯矩计算简图

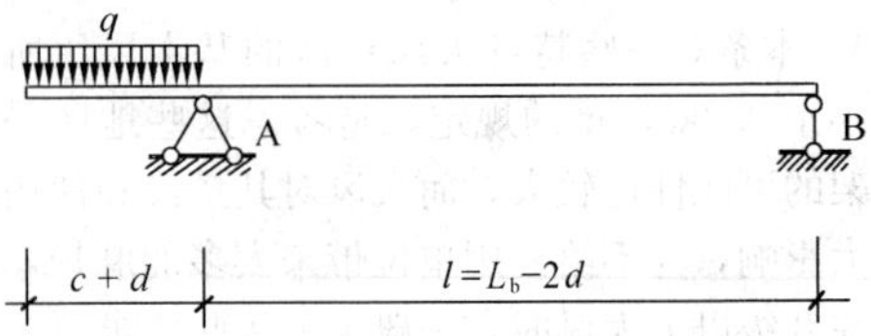

图 14　双排架横向水平杆悬臂端弯矩计算简图

跨中弯矩　$M_{max}=\frac{1}{8}ql^2=\frac{1}{8}\times3.16\times0.85^2=0.285\text{kN}\cdot\text{m}$

因为　$M_c>M_{max}$，所以，仍应以 M_c 作为计算依据。

3　根据以上两种计算结果比较，前一种计算比较复杂，后一种计算比较简单易于掌握，起控制作用的悬臂端弯矩两者又一致，从实际情况分析，脚手架上的堆料是不会放在悬臂端的。所以，用简化计算方法，既能保证安全，又方便实用。

本条中的第 4 款挠度简化计算，其道理也一样，现采用西北云杉（强度等级为 TC11）为例，通过其计算数据对正确计算方法与简化计算方法进行比较，以便说明。按本规范要求，本例横向水平杆的梢径为 80mm，长度选为中间值 2.2m，其跨中计算截面处直径约为 100mm，悬臂端直径按偏于安全考虑，也用 100mm 计算。

（1）正确计算

悬臂端永久荷载产生的挠度

$$v_{gc}=\frac{gcl^3}{24EI}\left[-1+4\times\left(\frac{0.55}{0.85}\right)^2+3\times\left(\frac{0.55}{0.85}\right)^3\right]$$
$$=\frac{0.32\times550\times850^3}{24\times9000\times4908738}[-1+4\times0.419+3\times0.271]$$
$$=\frac{1.609\times10^{11}}{1.06\times10^{12}}=0.152\text{mm}$$

悬臂端可变荷载产生的挠度

$$v_{Qc}=\frac{g_Qc^3l}{24EI}\left(4+3\times\frac{c}{l}\right)$$
$$=\frac{2.84\times550^3\times850}{24\times9000\times4908738}\left(4+3\times\frac{0.55}{0.85}\right)$$
$$=\frac{2.39\times10^{12}}{1.06\times10^{12}}=2.250\text{mm}$$

迭合挠度　$v_c=v_{gc}+v_{Qc}=0.152+2.250=2.402\text{mm}$

（2）简化计算挠度

跨中挠度 $v=\frac{5ql^4}{385EI}=\frac{5\times3.16\times850^4}{385\times9000\times4908738}$

$$=\frac{8.248\times10^{12}}{1.70\times10^{13}}=0.485\text{mm}$$

悬臂端挠度

$$v_c=\frac{qc^3l}{24EI}\left(4+3\times\frac{c}{l}\right)$$

$$=\frac{3.16\times550^3\times850}{24\times9000\times4908738}\left(4+3\times\frac{0.55}{0.85}\right)$$

$$=\frac{2.655\times10^{12}}{1.06\times10^{12}}$$

$$=2.505\text{mm}$$

(3) 通过以上两种计算方法进行比较，正确计算比简化计算复杂，同时从计算结果看，跨中挠度值比较小，悬臂端的挠度值比较大，简化计算值比正确计算值大一点，也偏于安全，并可看出是简化计算悬臂端的挠度起控制作用，且远小于挠度控制值。而且本例选用的木杆是强度等级最低一级的，所以，其他木杆也同样能满足要求。

从以上计算结果可以看出，简化计算既反映了实际情况，又保证了安全，便于现场人员掌握和计算，因此，本规范采用了这种简化计算。

5.2.2 条文规定的受弯构件的计算公式是按《木结构设计规范》GB 50005—2003 规定采用。

条文中规定当考虑风荷载作用时，M_w 为风荷载作用于纵向水平方向所产生的弯矩，这里就有一个荷载组合问题，活荷载应乘以 0.9 的组合系数。

5.2.3 根据本规范第 3.3.3 条规定的单根绑扎钢丝的抗拉强度设计值，来计算脚手架节点绑扎钢丝的抗拉强度设计值。

5.2.4 脚手架的立杆属于轴心受压的细长杆件，可能会因为失稳而破坏。因此，弹性受压杆件，可按欧拉公式求出极限临界应力，而临界应力与强度设计值的比值就是小于 1 的稳定系数 φ。另外，根据建设部《编制建筑施工脚手架安全技术标准的统一规定》，凡是按稳定计算的，其计算结果应达到容许应力法中的安全系数 $k\geqslant2$。本规范第 5.1.11 条以调整其计算长度来满足此要求。

5.2.5 本条有关轴心受压的稳定系数公式，是依照实验室中在普通温度下进行实验的数据，是一条双曲线方程式（欧拉双曲线）。

5.2.6 求稳定系数时，应先求出杆件的长细比，本条给出了计算长细比的公式。

5.2.7 参见本规范第 5.2.5 条的说明。

5.2.8 参见本规范第 5.1.8 条的说明。

6 构造与搭设

6.1 构造与搭设的基本要求

6.1.2～6.1.4 由于单排脚手架的横向水平杆在搭设时要搁置在建筑物的墙体上，为了保证在使用过程中的安全，本条特对单排脚手架的搭设构造的适用范围和做法做了明确的规定，以便于操作。

6.2 外脚手架的构造与搭设

6.2.1 外脚手架的构造参数主要是总结了各地现用脚手架的情况，在保证脚手架安全稳定、方便使用的条件下制定的。

6.2.2 剪刀撑的作用是使脚手架在纵向形成稳定结构，本条的各项要求都是为了保证脚手架的纵向稳定，以防止脚手架纵向变形发生整体倒塌而规定的。

6.2.3 在脚手架搭设的高度较低时或暂时无法设置连墙件时，必须设置抛撑。

6.2.4 连墙件是防止脚手架横向倾覆的，所以，要求连墙件既能抗拉又能抗压。

6.2.5 横向水平杆主要是承受脚手板传来的荷载，然后传递给纵向水平杆和立杆，它的稳定与否，直接影响到脚手架的正常使用和操作人员的安全。所以，本条对其搁置长度、具体位置、周转拆除等要求作了明确的规定。

6.2.6～6.2.9 对立杆埋设坑深的规定是在保证立杆埋设稳定的前提下，按一般习惯性的做法而规定的。做好排水，是防止雨水渗入影响立杆的稳定。到建筑物顶部后，立杆外高里低是为了便于操作，又能搭设外围护，保证安全。

6.2.10 木脚手架与钢管脚手架不同，不能对接，只能搭接，本条的各项规定就是为了保证搭接接头的安全可靠，减小偏心及对正常传力带来的影响，确保施工的顺利进行。

6.2.11 纵向水平杆绑在立杆的里侧，一方面是为了减小横向水平杆的跨度，另一方面是为了增加立杆的稳定。

6.2.12 纵向水平杆同一步架的大头朝向相同是为了便于搭接绑扎，相邻两步架大头朝向相反是为了防止脚手架沿纵向产生偏心荷载而影响脚手架在纵向的稳定。

6.2.13 横向水平杆大头的朝向是根据受力情况来规定的，紧贴立杆的横向水平杆要与立杆绑牢是为了增加立杆的承载能力和整体稳定，至于沿立杆上下相邻错开放置横向水平杆主要是为了保证立杆轴心受力。

6.2.14 立杆与纵向水平杆相交处绑十字扣是使其受力后愈来愈紧，同时可增加两杆件紧密接触后的摩阻力，而其余的接头均属于连接需要，故绑顺扣即可，但此两种扣在拧紧时均不得过紧或过松。

6.2.16 各地使用的脚手板种类较多，本规范尽可能将现有各种在用脚手板汇集起来列为附录 B 以供参考，但必须按照适用、安全的要求进行选择。实际使用时，竹片并列脚手板因不好掌握推车方向，易发生翻车事故，不宜用于有水平运输的脚手架；薄钢脚手板因易滑和生锈，不宜用于冬季或多雨潮湿地区。

6.2.18 本条主要是保证架下行人的安全，但现用的封闭和防护措施形式较多，此条未作硬性规定必须采取哪些形式，各地区可结合当地实际情况采用防护措施。

6.2.19 本条对底层留有门洞时，从受力情况对脚手架的搭设方法作出了详细规定。

6.2.20 本条对遇窗洞时，脚手架的纵、横向水平杆应遵照的搭设方法作出了规定。

6.3 满堂脚手架的构造与搭设

6.3.1 满堂脚手架的构造参数，系总结全国各地的经验综合制定的。

6.3.2 满堂脚手架一般用于封闭的室内大空间工程，搭设面积较大，因此，必须通过构造设置剪刀撑、斜撑等以保证其整体稳定。另外，满堂脚手架只有顶面作业，因此，搭设时不得分层而应一直到顶，保证其具有良好的整体性。

6.3.3 本条是为了保证满堂架的整体稳定而提出来的。要求在脚手架外测沿高度方向搭设的剪刀撑斜杆的端部处，在架体内，沿着水平方向，搭设水平剪刀撑，其宽度与纵向剪刀撑相同。

6.3.4～6.3.5 本条是按照地基一般承载力和构造要求，而提出的对垫木的规定，这样执行使用较方便。

6.4 烟囱、水塔架的构造与搭设

6.4.1 因烟囱、水塔本身不允许脚手架附于其上，故本条明确规定严禁采用单排架。

6.4.2 从立杆构造需要和保证受力合理两个方面对其布置作了规定。

6.4.3 本条对纵向和横向水平杆的布置及其间距作出了硬性规定，以确保这些独立架的安全。

6.4.4 严格规定栏杆的具体做法和安全网必须设置的位置和方法。

6.4.5 指架子每面的外侧均需设置。

6.4.6 烟囱、水塔均为高耸构筑物，除满足脚手架的强度和稳定外，还应防止架子的扭转和遇风摇晃，提出了必须设置连墙件的要求，因烟囱、水塔结构上不能留有洞眼，因此提出在浇注混凝土或砌筑时，预先埋入连墙件的连接件，再与连墙件连接。

6.4.7～6.4.8 条文中规定的烟囱、水塔脚手架搭设程序应严格遵守。由于水塔上部挑出尺寸较大，不宜搭设挑架，所以，这里规定应搭设多排架逐渐改为两排架的搭设方法。

6.5 斜道的构造与搭设

6.5.1 一字形斜道水平长度宜控制在20m以内，若操作人员负重走得过长易于疲累。

6.5.2 之字形斜道应设置平台，这里从使用和安全的角度作了最小平台面积的规定。

6.5.3 根据人体行走和不易于劳累的条件，对坡度作了规定。当只作施工人员通行时，斜道的坡度可按高：长＝1：3来确定；如还需要运输物料时，其坡度应按高：长＝1：6来确定。

6.5.4 斜道一般来说承受的荷载都较大，所以立杆必须要保证其上荷载的安全传递，因而强调了立杆间距要由计算来确定。

6.5.5～6.5.6 为考虑斜道的稳定而提出来的要求。

6.5.7 系根据受力要求而限制的。

6.5.8～6.5.10 这几条是必须遵守的安全措施。

7 脚手架拆除

7.0.2～7.0.4 规定了一般脚手架的拆除顺序与原则。这是保证不发生安全事故的必要条件。

7.0.5～7.0.6 对拆除可能遇到的有关安全的具体情况和问题规定处理要求。

7.0.7 本条规定一方面防止抛掷伤人；另一方面是防止脚手架杆件在抛掷过程中发生变形、扭曲等。

7.0.8 考虑由于中途换人不熟悉已拆部分的情况，因而易发生意外事故。拆除中途停歇时，对易塌、易掉杆件进行加固的目的，是为了防止突然坠落伤人。

7.0.9 连墙件的拆除应随拆除架体同步进行，以使脚手架始终保持稳定状态。

8 安 全 管 理

8.0.1 按照相关的法律和法规的要求，脚手架属于危险性较大的分部分项工程，应编制专项施工方案，并经公司总工批准，经监理单位审核后实施。在实施前要向工人交底，应严格按方案实施。

8.0.2 本条规定是防止立杆的正常传力受到影响，甚至影响到脚手架的整体安全。

8.0.4 当脚手架支承于永久性结构时，永久结构应具有足够的承载能力，才能保证脚手架的安全。

8.0.5 上料平台荷载较大，且受动荷载作用，故应独立设置并加强构造，其受力杆件不应与脚手架共用，否则，易危及脚手架的安全使用。

8.0.6 本条规定是防止给脚手架带来冲击荷载或超载，影响脚手架的安全。

8.0.7 对单排架本规范没有考虑在其上走运料小车的荷载作用。

8.0.8 刀削、斧砍或钻眼均损伤木材截面，降低承载能力，且易产生内伤，造成事故隐患。定期进行外观检查剔除不合格者，是从制度上来保证做到使用合格的材料。

8.0.9 本条规定连墙件与横向水平杆要严格分开，各起各的作用，决不能混用。若遇有这种情况应设双

杆，一根用来作连墙件，另一根用来作横向水平杆。

8.0.11～8.0.12 脚手架验收制度是确保使用安全的重要环节。停工一段时间后，由于自然力或其他的原因会造成脚手架松动、缺件、下沉等隐患，因而应按新搭脚手架标准重新检查验收。

8.0.13 脚手架一经搭设好进行验收后，严禁随意抽拆任何杆件，以保证脚手架的稳定和安全。至于及时清除垃圾和冰雪主要是防止操作人员滑跌。

8.0.14 遇有大风雨或解冻情况，要立即检查和维修，方能保证脚手架的安全使用。

8.0.15 本条规定严禁攀登架子上下，是因为这样可能会由于踏空、失手等原因，发生坠落，造成人员伤亡。

8.0.16 脚手架在使用过程中，要建立定期、定时的经常性检查制度，以便能及时发现和解决问题。

8.0.17 本条是为防止发生不必要的安全事故而作的规定。

附录A 常用脚手板的规格种类

本附录A.0.1～A.0.3所列钢、竹、木和钢木混合的焊接脚手板，均系全国现行采用的脚手板，此附录仅供制作脚手板时参考。

附录B 木脚手架计算常用材料、工具重量

本附录是为方便现场计算，从《建筑结构荷载规范》GB 50009－2001附录A中摘取出木脚手架计算中的常用数据。该附录中没有的砖车、灰车、脚手板等的重量为现场调查的数理统计结果。

中华人民共和国行业标准

建筑施工碗扣式钢管脚手架安全技术规范

Technical code for safety of cuplok steel tubular scaffolding in construction

JGJ 166—2008

J 823—2008

批准部门：中华人民共和国住房和城乡建设部

施行日期：2 0 0 9 年 7 月 1 日

中华人民共和国住房和城乡建设部
公　　告

第139号

关于发布行业标准《建筑施工碗扣式钢管脚手架安全技术规范》的公告

现批准《建筑施工碗扣式钢管脚手架安全技术规范》为行业标准，编号为JGJ 166—2008，自2009年7月1日起实施。其中，第3.2.4、3.3.8、3.3.9、5.1.4、6.1.4、6.1.5、6.1.6、6.1.7、6.1.8、6.2.2、6.2.3、7.2.1、7.3.7、7.4.6、9.0.5条为强制性条文，必须严格执行。

本规范由我部标准定额研究所组织中国建筑工业出版社出版发行。

中华人民共和国住房和城乡建设部
2008年11月4日

前　　言

根据建设部建标工[2004]09号和建标标函[2007]56号文的要求，规范编制组在深入调查研究，认真总结国内外科研成果和大量实践经验，并在广泛征求意见的基础上，制定了本规范。

本规范的主要技术内容是：1. 总则；2. 术语和符号；3. 构配件材料、制作及检验；4. 荷载；5. 结构设计计算；6. 构造要求；7. 施工；8. 检查与验收；9. 安全使用与管理；以及相关附录。

本规范中以黑体字标志的条文为强制性条文，必须严格执行。

本规范由住房和城乡建设部负责管理和对强制性条文的解释，由河北建设集团有限公司负责具体技术内容的解释（地址：河北省保定市五四西路329号，邮政编码：071070）。

本规范主编单位：河北建设集团有限公司
中天建设集团有限公司

本规范参编单位：中国建筑金属结构协会建筑模板脚手架委员会
北京星河模板脚手架工程有限公司
北京住总集团有限责任公司
北京建安泰建筑脚手架有限公司
上海市长宁区建设工程质量安全监督站
南通市达欣工程股份有限公司

本规范主要起草人员：杨亚男　高秋利　蒋金生　姚晓东　贺　军　陈传为　高　杰　高妙康　刘厚纯　余宗明　任升高　熊耀莹　王志义　王旭辉　李双宝　康俊峰

目　次

1　总则 …………………………………… 2—20—4
2　术语和符号…………………………… 2—20—4
2.1　术语…………………………………… 2—20—4
2.2　符号…………………………………… 2—20—4
3　构配件材料、制作及检验………… 2—20—5
3.1　碗扣节点……………………………… 2—20—5
3.2　主要构配件材料要求……………… 2—20—5
3.3　制作质量要求………………………… 2—20—6
3.4　检验规则……………………………… 2—20—6
4　荷载 …………………………………… 2—20—7
4.1　荷载分类……………………………… 2—20—7
4.2　荷载标准值…………………………… 2—20—7
4.3　风荷载………………………………… 2—20—8
4.4　荷载效应组合计算………………… 2—20—8
5　结构设计计算 ……………………… 2—20—8
5.1　基本设计规定………………………… 2—20—8
5.2　架体方案设计………………………… 2—20—8
5.3　双排脚手架的结构计算…………… 2—20—9
5.4　双排脚手架搭设高度计算………… 2—20—9
5.5　立杆地基承载力计算……………… 2—20—10
5.6　模板支撑架设计计算 …………… 2—20—10
6　构造要求 …………………………… 2—20—11
6.1　双排脚手架 ………………………… 2—20—11
6.2　模板支撑架 ………………………… 2—20—12
6.3　门洞设置要求 ……………………… 2—20—12
7　施工 …………………………………… 2—20—13
7.1　施工组织 …………………………… 2—20—13
7.2　地基与基础处理 …………………… 2—20—13
7.3　双排脚手架搭设 …………………… 2—20—13
7.4　双排脚手架拆除 …………………… 2—20—13
7.5　模板支撑架的搭设与拆除 ……… 2—20—13
8　检查与验收 ………………………… 2—20—14
9　安全使用与管理…………………… 2—20—14
附录A　主要构配件制作质量及形位公差要求 ……………… 2—20—14
附录B　主要构配件强度试验方法…………………………… 2—20—16
附录C　主要构配件正常检验二次抽样方案 ……………… 2—20—17
附录D　风荷载计算系数 ……………… 2—20—18
附录E　Q235A级钢管轴心受压构件的稳定系数……… 2—20—18
本规范用词说明 ………………………… 2—20—18
附：条文说明…………………………… 2—20—19

1 总　　则

1.0.1 为了在碗扣式钢管脚手架的设计、施工与验收中贯彻执行国家有关安全生产法规，确保施工人员的安全，做到技术先进、经济合理、安全适用，制定本规范。

1.0.2 本规范适用于房屋建筑、道路、桥梁、水坝等土木工程施工中的碗扣式钢管脚手架（双排脚手架及模板支撑架）的设计、施工、验收和使用。

1.0.3 碗扣式钢管脚手架设计应采用结构计算简图进行整体结构稳定性分析，确保架体为几何不变体系。

1.0.4 碗扣式钢管脚手架必须编制专项设计方案。双排脚手架高度在24m及以下时，可按构造要求搭设；模板支撑架和高度超过24m的双排脚手架应按本规范进行结构设计和计算。

1.0.5 碗扣式钢管脚手架的设计、施工、验收和使用除应执行本规范外，尚应符合国家现行有关标准的规定。

2 术语和符号

2.1 术　语

2.1.1 碗扣式钢管脚手架　cuplok steel tubular scaffolding

采用碗扣方式连接的钢管脚手架和模板支撑架。

2.1.2 双排脚手架　scaffold in double-row

由内外两排立杆及大小横杆、斜杆等构配件组成的脚手架。

2.1.3 模板支撑架　supporting of frame

由多排立杆及横杆、斜杆等构配件组成的支撑架。

2.1.4 碗扣节点　cuplok joint

由上碗扣、下碗扣、限位销和横杆接头等形成的盖固式承插节点。

2.1.5 立杆　standing tube

脚手架的竖向支撑杆。

2.1.6 上碗扣　bell shape cap

沿立杆滑动起锁紧作用的碗扣节点零件。

2.1.7 下碗扣　bowl shape socket

焊接于立杆上的碗形节点零件。

2.1.8 立杆连接销 pin

立杆竖向接长连接的专用销子。

2.1.9 限位销　limiting pin

焊接在立杆上能锁紧上碗扣的用作定位的销子。

2.1.10 横杆　flat tube

脚手架的水平杆件。

2.1.11 横杆接头　spigot

焊接于横杆两端的连接件。

2.1.12 专用外斜杆　special outside batter tube

两端带有旋转式接头的斜向杆件。

2.1.13 水平斜杆　horizontal slant tube

钢管两端焊有连接件的水平连接斜杆。

2.1.14 专用内斜杆（廊道斜杆）　special inside batter tube

双排脚手架两立杆间的竖向斜杆。

2.1.15 八字形斜杆　splayed slant strut

斜杆八字形设置的方式。

2.1.16 间横杆　intermediate flat tube

钢管两端焊有插卡装置的横杆。

2.1.17 挑梁　bracket

脚手架作业平台的挑出定型构件，分宽挑梁和窄挑梁。

2.1.18 连墙件　connected anchor in wall

脚手架与建筑物连接的构件。

2.1.19 可调底座　jack support

可调节高度的底座。

2.1.20 可调托撑　U-jack

立杆顶部可调节高度的顶撑。

2.1.21 脚手板　scaffold board

施工人员在脚手架上行走及作业用平台板。

2.1.22 几何不变性　geometrical stability

杆系结构构成几何不变的性能。

2.1.23 廊道　corridor way

双排脚手架两排立杆间人员行走和运送施工材料的通道。

2.2 符　　号

2.2.1 荷载和荷载效应

M_w——风荷载作用下单肢立杆弯矩；

N——立杆轴向力；

N_{G1}——脚手架结构自重标准值产生的轴向力；

N_{G2}——脚手板及构配件等自重标准值产生的轴向力；

N_{Q1}——施工荷载产生的轴向力；

N_0——连墙件约束脚手架平面外变形所产生的轴向力；

N_s——风荷载作用下连墙件的轴向力；

N_w——组合风荷载单肢立杆轴向力；

P——作用在立杆上的垂直荷载；

P_r——风荷载作用下内外立杆间横杆的支承力；

Q——脚手架作业层均布施工荷载标准值；

Q_1——模板及支撑架自重标准值；

Q_2——新浇混凝土及钢筋自重标准值；

Q_3——施工人员及设备荷载标准值；

Q_4——浇筑和振捣混凝土时产生的荷载标准值；

Q_5——风荷载产生的轴向力；

w——节点风荷载；

w_1——模板支撑架顶端风荷载；

w_s——节点风荷载的斜杆内力；

w_{s1}——顶端风荷载 w_1 产生的斜杆内力；

w_v——节点风荷载的立杆内力；

w_k——风荷载标准值；

w_0——基本风压。

2.2.2 材料、构件设计指标

E——钢材的弹性模量；

f——钢材的抗拉、抗压、抗弯强度设计值；

f_g——地基承载力特征值；

Q_c——扣件抗滑承载力设计值；

W——立杆截面模量。

2.2.3 几何参数

A——立杆横截面面积；

A_1——杆件挡风面积；

A_0——杆件迎风全面积；

A_c——连墙件的毛截面面积；

A_g——立杆基础底面积；

a——立杆伸出顶层水平杆长度；

g_2——脚手板单位面积自重；

H——架体高度；

H_1——连墙件水平间距；

h——步距；

i——回转半径；

L_1——连墙件竖向间距；

L_x、L_y——支撑架立杆纵向、横向间距；

l_a——双排脚手架立杆纵距；

l_b——双排脚手架立杆横距；

l_0——计算长度；

m——脚手板层数；

N_{g1}——每步脚手架自重；

n——支撑架相连立杆排数、支撑架步数；

n_c——作业层层数；

t_1——立杆每米重量；

t_2——横向（小）横杆单件重量；

t_3——纵向横杆单件重量；

t_4——内外立杆间斜杆重量；

t_5——水平斜杆及扣件等重量。

2.2.4 计算系数

μ_s——脚手架风荷载体型系数；

μ_z——风压高度变化系数；

φ——轴心受压杆件稳定系数；

φ_0——挡风系数；

λ——长细比。

3 构配件材料、制作及检验

3.1 碗扣节点

3.1.1 立杆的碗扣节点应由上碗扣、下碗扣、横杆接头和上碗扣限位销等构成（见图 3.1.1）。

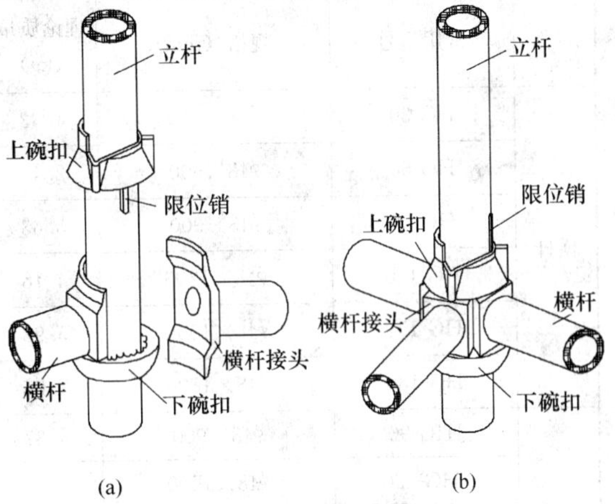

图 3.1.1　碗扣节点构成

（a）连接前；（b）连接后

3.1.2 立杆碗扣节点间距应按 0.6m 模数设置。

3.2 主要构配件材料要求

3.2.1 碗扣式钢管脚手架用钢管应符合现行国家标准《直缝电焊钢管》GB/T 13793、《低压流体输送用焊接钢管》GB/T 3091 中的 Q235A 级普通钢管的要求，其材质性能应符合现行国家标准《碳素结构钢》GB/T 700 的规定。

3.2.2 上碗扣、可调底座及可调托撑螺母应采用可锻铸铁或铸钢制造，其材料机械性能应符合现行国家标准《可锻铸铁件》GB 9440 中 KTH330－08 及《一般工程用铸造碳钢件》GB 11352中 ZG 270－500 的规定。

3.2.3 下碗扣、横杆接头、斜杆接头应采用碳素铸钢制造，其材料机械性能应符合现行国家标准《一般工程用铸造碳钢件》GB 11352 中 ZG 230－450 的规定。

3.2.4 采用钢板热冲压整体成型的下碗扣，钢板应符合现行国家标准《碳素结构钢》GB/T 700 中 Q235A 级钢的要求，板材厚度不得小于 6mm，并应经 600～650℃ 的时效处理。严禁利用废旧锈蚀钢板改制。

3.2.5 碗扣式钢管脚手架主要构配件种类、规格及质量应符合表 3.2.5 的规定。

表 3.2.5　主要构配件种类、规格及质量

名称	常用型号	规格（mm）	理论质量（kg）
立杆	LG-120	ϕ48×1200	7.05
	LG-180	ϕ48×1800	10.19
	LG-240	ϕ48×2400	13.34
	LG-300	ϕ48×3000	16.48

续表 3.2.5

名称	常用型号	规格（mm）	理论质量（kg）
横杆	HG-30	ϕ48×300	1.32
	HG-60	ϕ48×600	2.47
	HG-90	ϕ48×900	3.63
	HG-120	ϕ48×1200	4.78
	HG-150	ϕ48×1500	5.93
	HG-180	ϕ48×1800	7.08
间横杆	JHG-90	ϕ48×900	4.37
	JHG-120	ϕ48×1200	5.52
	JHG-120+30	ϕ48×(1200+300) 用于窄挑梁	6.85
	JHG-120+60	ϕ48×(1200+600) 用于宽挑梁	8.16
专用外斜杆	XG-0912	ϕ48×1500	6.33
	XG-1212	ϕ48×1700	7.03
	XG-1218	ϕ48×2160	8.66
	XG-1518	ϕ48×2340	9.30
	XG-1818	ϕ48×2550	10.04
专用斜杆	ZXG-0912	ϕ48×1270	5.89
	ZXG-0918	ϕ48×1750	7.73
	ZXG-1212	ϕ48×1500	6.76
	ZXG-1218	ϕ48×1920	8.37
窄挑梁	TL-30	宽度 300	1.53
宽挑梁	TL-60	宽度 600	8.60
立杆连接销	LLX	ϕ10	0.18
可调底座	KTZ-45	T38×6 可调范围≤300	5.82
	KTZ-60	T38×6 可调范围≤450	7.12
	KTZ-75	T38×6 可调范围≤600	8.50
可调托撑	KTC-45	T38×6 可调范围≤300	7.01
	KTC-60	T38×6 可调范围≤450	8.31
	KTC-75	T38×6 可调范围≤600	9.69
脚手板	JB-120	1200×270	12.80
	JB-150	1500×270	15.00
	JB-180	1800×270	17.90

3.3 制作质量要求

3.3.1 碗扣式钢管脚手架钢管规格应为 ϕ48mm×3.5mm，钢管壁厚应为$3.5^{+0.25}_{0}$mm。

3.3.2 立杆连接处外套管与立杆间隙应小于或等于2mm，外套管长度不得小于160mm，外伸长度不得小于110mm。

3.3.3 钢管焊接前应进行调直除锈，钢管直线度应小于$1.5L/1000$（L为使用钢管的长度）。

3.3.4 焊接应在专用工装上进行。

3.3.5 主要构配件的制作质量及形位公差要求，应符合本规范附录A的规定。

3.3.6 构配件外观质量应符合下列要求：

1 钢管应平直光滑、无裂纹、无锈蚀、无分层、无结巴、无毛刺等，不得采用横断面接长的钢管；

2 铸造件表面应光整，不得有砂眼、缩孔、裂纹、浇冒口残余等缺陷，表面粘砂应清除干净；

3 冲压件不得有毛刺、裂纹、氧化皮等缺陷；

4 各焊缝应饱满，焊药应清除干净，不得有未焊透、夹砂、咬肉、裂纹等缺陷；

5 构配件防锈漆涂层应均匀，附着应牢固；

6 主要构配件上的生产厂标识应清晰。

3.3.7 架体组装质量应符合下列要求：

1 立杆的上碗扣应能上下串动、转动灵活，不得有卡滞现象；

2 立杆与立杆的连接孔处应能插入 ϕ10mm 连接销；

3 碗扣节点上应在安装1～4个横杆时，上碗扣均能锁紧；

4 当搭设不少于二步三跨1.8m×1.8m×1.2m（步距×纵距×横距）的整体脚手架时，每一框架内横杆与立杆的垂直度偏差应小于5mm。

3.3.8 可调底座底板的钢板厚度不得小于6mm，可调托撑钢板厚度不得小于5mm。

3.3.9 可调底座及可调托撑丝杆与调节螺母啮合长度不得少于6扣，插入立杆内的长度不得小于150mm。

3.3.10 主要构配件性能指标应符合下列要求：

1 上碗扣抗拉强度不应小于30kN；

2 下碗扣组焊后剪切强度不应小于60kN；

3 横杆接头剪切强度不应小于50kN；

4 横杆接头焊接剪切强度不应小于25kN；

5 底座抗压强度不应小于100kN。

3.3.11 主要构配件强度试验方法应符合本规范附录B的规定。

3.4 检验规则

3.4.1 构配件产品的检验应符合下列要求：

1 出厂文件应有使用材料质量说明、证明书及产品合格证。

2 属下列情况之一的应进行型式检验：

1）新产品或老产品转厂生产的试制定型鉴定；

2）正式生产后如结构、材料、工艺有较大改变可能影响性能时；

3）产品长期停产，恢复生产时；

4）出厂检验与上次型式检验有较大差异时；

5）省、市、国家质量监督机构或行业管理部门提出进行型式检验要求时。

3.4.2 型式检验抽样方法应符合下列规定：

1 应采用二次正常检验抽样方法，样本应从受检查批中随机抽取，型式检验抽样方案应符合现行国家标准《计数抽样检验程序 第1部分：按接收质量限（AQL）检索的逐批检验抽样计划》GB/T 2828.1的有关规定；

2 构配件每检查批量必须大于280件，当每检查批量超过1200件时，应作另一批检查验收；

3 提取的样本应封存交付检验，检验前不得修理和调整。

3.4.3 型式检验的判定方法应符合下列规定：

1 单件构配件产品应符合本规范第3.2节、第3.3节的有关要求，方可判定为产品合格；

2 批量构配件产品应按本规范附录C进行判定，当检验项目均合格时，方可判定批合格；

3 经检验发现的不合格品剔出或修理后，可按规定方式再次提交检查。

4 荷 载

4.1 荷载分类

4.1.1 作用于碗扣式钢管脚手架上的荷载，可分为永久荷载（恒荷载）和可变荷载（活荷载）。永久荷载的分项系数应取1.2，对结构有利时应取1.0；可变荷载的分项系数应取1.4。

4.1.2 双排脚手架的永久荷载应根据脚手架实际情况进行计算，并应包括下列内容：

1 组成双排脚手架结构的杆系自重，包括：立杆、横杆、斜杆、水平斜杆等；

2 脚手板、挡脚板、栏杆、安全网等附加构件的自重。

4.1.3 双排脚手架的可变荷载计算应包括下列内容：

1 作业层上的操作人员、器具及材料等施工荷载；

2 风荷载；

3 其他荷载。

4.1.4 模板支撑架的永久荷载计算应包括下列内容：

1 作用在模板支撑架上的荷载，包括：新浇筑混凝土、钢筋、模板及支承梁（楞）等自重；

2 组成模板支撑架结构的杆系自重，包括：立杆、纵向及横向水平杆、垂直及水平斜杆等自重；

3 脚手板、栏杆、挡脚板、安全网等防护设施及附加构件的自重。

4.1.5 模板支撑架的可变荷载计算应包括下列内容：

1 施工人员、材料及施工设备荷载；

2 浇筑和振捣混凝土时产生的荷载；

3 风荷载；

4 其他荷载。

4.2 荷载标准值

4.2.1 双排脚手架结构杆系自重标准值，可按本规范表3.2.5采用。

4.2.2 双排脚手架其他构件自重标准值，可按下列规定采用：

1 双排脚手板自重标准值可按0.35kN/m²取值；

2 作业层的栏杆与挡脚板自重标准值可按0.14kN/m取值；

3 双排脚手架外侧满挂密目式安全立网自重标准值可按0.01kN/m²取值。

4.2.3 双排脚手架施工荷载标准值可按下列规定采用：

1 作业层均布施工荷载标准值（Q）根据脚手架的用途，应按表4.2.3采用。

表4.2.3 作业层均布施工荷载标准值

脚手架用途	荷载标准值（kN/m²）
结构脚手架	3.0
装修脚手架	2.0

2 双排脚手架作业层不宜超过2层。

4.2.4 模板支撑架永久荷载标准值应符合下列规定：

1 模板及支撑架自重标准值（Q_1）应根据模板及支撑架施工设计方案确定。10m以下的支撑架可不计算架体自重；对一般肋形楼板及无梁楼板模板的自重标准值，可按表4.2.4采用。

表4.2.4 水平模板自重标准值（kN/m²）

模板构件名称	竹、木胶合板及木模板	定型钢模板
平面模板及小楞	0.30	0.50
楼板模板（其中包括梁模板）	0.50	0.75

注：其他类型模板按实际重量采用。

2 新浇筑混凝土自重（包括钢筋）标准值（Q_2）对普通钢筋混凝土可采用25kN/m³，对特殊混凝土应根据实际情况确定。

4.2.5 模板支撑架施工荷载标准值应符合下列规定：

1 施工人员及设备荷载标准值（Q_3）按均布活荷载取1.0kN/m²；

2 浇筑和振捣混凝土时产生的荷载标准值（Q_4）可采用1.0kN/m²。

4.3 风 荷 载

4.3.1 作用于双排脚手架及模板支撑架上的水平风荷载标准值，应按下式计算：

$$w_k = 0.7\mu_z\mu_s w_0 \quad (4.3.1)$$

式中 w_k——风荷载标准值（kN/m²）；

μ_z——风压高度变化系数，应按本规范附录D确定；

μ_s——风荷载体型系数，按本规范第4.3.2条采用；

w_0——基本风压（kN/m²），按现行国家标准《建筑结构荷载规范》GB 50009规定采用。

4.3.2 双排脚手架及模板支撑架的风荷载体型系数（μ_s）应按下列规定采用：

1 悬挂密目式安全立网的双排脚手架和支撑架体型系数：$\mu_s = 1.3\varphi_0$，φ_0为密目式安全立网挡风系数，可取0.8。

2 单排架无遮拦体型系数：$\mu_{st} = 1.2\varphi_0$，挡风系数：

$$\varphi_0 = \frac{A_1}{A_0} \quad (4.3.2\text{-}1)$$

式中 A_1——杆件挡风面积（m²）；

A_0——迎风全面积（m²）。

3 无遮拦多排模板支撑架的体型系数：

$$\mu_s = \mu_{st}\frac{1-\eta^n}{1-\eta} \quad (4.3.2\text{-}2)$$

式中 μ_{st}——单排架体型系数；

n——支撑架相连立杆排数；

η——按现行国家标准《建筑结构荷载规范》GB 50009有关规定修正计算，当φ_0小于或等于0.1时，应取$\eta = 0.97$。

4.4 荷载效应组合计算

4.4.1 设计双排脚手架及模板支撑架时，其杆件和连墙件的承载力等，应按表4.4.1的荷载效应组合要求进行计算。

表4.4.1 荷载效应组合

计算项目	荷载组合
立杆承载力计算	1 永久荷载+可变荷载（不包括风荷载）
	2 永久荷载+0.9（可变荷载+风荷载）
连墙件承载力计算	风荷载+3.0kN
斜杆承载力和连接扣件（抗滑）承载力计算	风荷载

4.4.2 计算变形（挠度）时的荷载设计值，各类荷载分项系数应取1.0。

5 结构设计计算

5.1 基本设计规定

5.1.1 本规范的结构设计应采用概率理论为基础的极限状态设计法，以分项系数的设计表达式进行设计。

5.1.2 当双排脚手架无风荷载作用时，立杆应按承受垂直荷载计算；当有风荷载作用时，立杆应按压弯构件计算。

5.1.3 当横杆承受非节点荷载时，应进行抗弯承载力计算。

5.1.4 受压杆件长细比不得大于230，受拉杆件长细比不得大于350。

5.1.5 当杆件变形有控制要求时，应验算其变形，受弯杆件的允许变形（挠度）值不应超过表5.1.5的规定。

表5.1.5 受弯杆件的允许变形（挠度）值

构件类别	允许变形（挠度）值（V）
脚手板、纵向、横向水平杆	l/150，≤10mm
悬挑受弯杆件	l/400

注：l为受弯杆件的跨度，对悬挑杆件为其悬伸长度的2倍。

5.1.6 钢材的强度设计值与弹性模量应按表5.1.6规定采用。

表5.1.6 钢材的强度设计值和弹性模量（N/mm²）

Q235A级钢材抗拉、抗压和抗弯强度设计值 f	205
弹性模量 E	2.06×10^5

5.1.7 钢管的截面特性应按表5.1.7规定采用。

表5.1.7 钢管截面特性

外径ϕ（mm）	壁厚t（mm）	截面积A（cm²）	截面惯性矩I（cm⁴）	截面模量W（cm³）	回转半径i（cm）
48	3.5	4.89	12.19	5.08	1.58

5.2 架体方案设计

5.2.1 架体方案设计应包括下列内容：

1 工程概况：工程名称、工程结构、建筑面积、高度、平面形状及尺寸等；模板支撑架应按标准楼层平面图，说明梁板结构的断面尺寸；

2 架体结构设计和计算顺序：

第一步：制定方案；

第二步：绘制架体结构图（平、立、剖）及计算简图；

第三步：荷载计算；

第四步：最不利立杆、横杆及斜杆承载力验算，连墙件及地基承载力验算；

3 确定各个部位斜杆的连接措施及要求，模板支撑架应绘制立杆顶端及底部节点构造图；

4 说明结构施工流水步骤，架体搭设、使用和拆除方法；

5 编制构配件用料表及供应计划；

6 搭设质量及安全的技术措施。

5.3 双排脚手架的结构计算

5.3.1 双排脚手架计算应包括下列内容：

1 按脚手架设计方案，分立面和剖面画出结构计算简图；

2 计算单肢立杆轴向力和承载力；

3 计算风荷载在立杆中产生的弯矩及连墙件承载力；

4 最不利立杆压弯承载力计算；

5 验算地基承载力。

5.3.2 双排脚手架立杆计算长度应按下列要求确定：

1 两立杆间无斜杆时，等于相邻两连墙件间垂直距离；当连墙件垂直距离小于或等于 4.2m 时，计算长度乘以折减系数 0.85；

2 当两立杆间增设斜杆时，等于立杆相邻节点间的距离。

5.3.3 当无风荷载时，单肢立杆承载力计算应符合下列要求：

1 立杆轴向力应按下式计算：

$$N = 1.2(N_{G1} + N_{G2}) + 1.4N_{Q1} \quad (5.3.3\text{-}1)$$

式中 N_{G1}——脚手架结构自重标准值产生的轴向力（kN）；

N_{G2}——脚手板及构配件等自重标准值产生的轴向力（kN）；

N_{Q1}——施工荷载产生的轴向力（kN）。

2 单肢立杆轴向承载力应符合下列要求：

$$N \leqslant \varphi \cdot A \cdot f \quad (5.3.3\text{-}2)$$

式中 φ——轴心受压杆件稳定系数，按长细比查本规范附录 E 采用；

A——立杆横截面面积（mm^2）；

f——钢材的抗拉、抗压、抗弯强度设计值，应按本规范表 5.1.6 采用。

5.3.4 组合风荷载时，单肢立杆承载力计算应符合下列要求：

1 风荷载对立杆产生的弯矩：当连墙件竖向间距为二步时（见图 5.3.4），应按下列公式计算：

$$M_w = 1.4 l_a \times l_0^2 \frac{w_k}{8} - P_r \frac{l_0}{4} \quad (5.3.4\text{-}1)$$

$$P_r = \frac{5}{16} \times 1.4 w_k l_a l_0 \quad (5.3.4\text{-}2)$$

式中 M_w——风荷载作用下单肢立杆弯矩（kN·m）；

l_a——立杆纵距（m）；

l_0——立杆计算长度（m）；

w_k——风荷载标准值（kN/m^2）；

P_r——风荷载作用下内外排立杆间横杆的支承力（kN）。

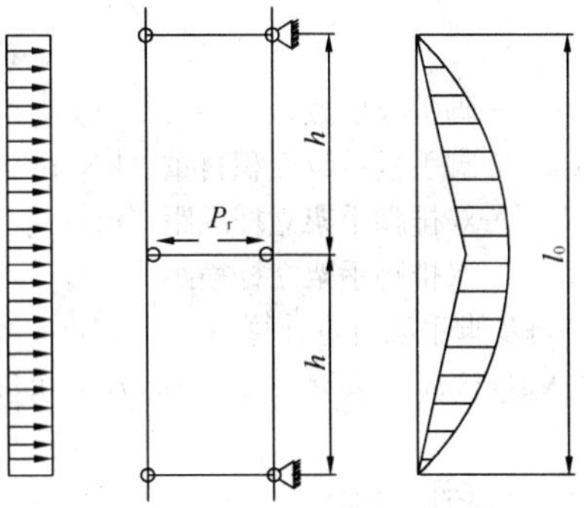

图 5.3.4 弯矩

2 单肢立杆轴向力 N_w 应按下式计算：

$$N_w = 1.2(N_{G1} + N_{G2}) + 0.9 \times 1.4N_{Q1} \quad (5.3.4\text{-}3)$$

3 立杆压弯承载力（稳定性）应按下式计算：

$$\frac{N_w}{\varphi A} + 0.9\frac{M_w}{W} \leqslant f \quad (5.3.4\text{-}4)$$

式中 W——立杆截面模量（cm^3）。

5.3.5 连墙件计算应符合下列要求：

1 风荷载作用下连墙件轴向力应按下式计算：

$$N_s = 1.4 w_k L_1 H_1 \quad (5.3.5\text{-}1)$$

式中 N_s——风荷载作用下连墙件轴向力（kN）；

L_1、H_1——分别是连墙件间竖向及水平间距（m）。

2 连墙件承载力及稳定应符合下列要求：

$$N_s + N_0 \leqslant \varphi A_c f \quad (5.3.5\text{-}2)$$

式中 N_0——连墙件约束脚手架平面外变形所产生的轴向力，取 3kN；

A_c——连墙件的毛截面积（mm^2）。

3 当采用钢管扣件连接时，应验算扣件抗滑承载力，扣件承载力设计值应取 8kN。

5.4 双排脚手架搭设高度计算

5.4.1 双排脚手架允许搭设高度（H）应按下列公式计算：

1 不组合风荷载时 H 值：

$$H \leqslant \frac{[\varphi A f - (1.2N_{G2} + 1.4N_{Q1})]h}{1.2N_{g1}} \quad (5.4.1\text{-}1)$$

式中 N_{g1}——每步脚手架自重（N）。

2 组合风荷载时 H 值：

$$H \leqslant \frac{[N_w - (1.2N_{G2} + 0.9 \times 1.4N_{Q1})]h}{1.2N_{g1}} \quad (5.4.1\text{-}2)$$

$$N_w = \varphi A\left(f - 0.9\frac{M_w}{W}\right) \quad (5.4.1\text{-}3)$$

5.4.2 立杆轴向力应按下列公式计算：

1 脚手板、挡脚板、防护栏杆及外挂密目式安全立网等荷载产生的轴向力：

$$N_{G2} = m\left(g_2\frac{l_a l_b}{2} + 0.14 \times l_a\right) + 0.01 l_a H \quad (5.4.2\text{-}1)$$

式中 m——脚手板层数；

g_2——脚手板单位面积自重（kN/m^2）；

l_a——双排脚手架立杆纵距（m）；

l_b——双排脚手架立杆横距（m）。

2 每步脚手架自重计算：

$$N_{g1} = ht_1 + 0.5t_2 + t_3 + 0.5t_4 + 0.5t_5 \quad (5.4.2\text{-}2)$$

式中 h——步距（m）；

t_1——立杆每米重量（N/m）；

t_2——横向（小）横杆单件重量（N）；

t_3——纵向横杆单件重量（N）；

t_4——内外立杆间斜杆重量（N）；

t_5——水平斜杆及扣件等重量（N）。

3 施工荷载应按下式计算：

$$N_{Q1} = n_c Q\frac{l_a l_b}{2} \quad (5.4.2\text{-}3)$$

式中 n_c——作业层层数；

Q——脚手架作业层均布施工荷载标准值（kN/m^2）。

5.5 立杆地基承载力计算

5.5.1 立杆基础底面积应按下式计算：

$$A_g = \frac{N}{f_g} \quad (5.5.1)$$

式中 A_g——立杆基础底面积（m^2）；

f_g——地基承载力特征值（kPa）。当为天然地基时，应按地勘报告选用；当为回填土地基时，应乘以折减系数0.4。

5.5.2 当脚手架搭设在结构的楼板、阳台上时，立杆底座应铺设垫板，并应对楼板或阳台等的承载力进行验算。

5.6 模板支撑架设计计算

5.6.1 模板支撑架结构设计计算应包括下列内容：

1 根据梁板结构平面图，绘制模板支撑架立杆平面布置图；

2 绘制架体顶部梁板结构及顶杆剖面图；

3 计算最不利单肢立杆轴向力及承载力；

4 绘制架体风荷载结构计算简图，架体倾覆验算；

5 地基承载力验算；

6 斜杆扣件连接强度验算。

5.6.2 单肢立杆轴向力和承载力应按下列公式计算：

1 不组合风荷载时单肢立杆轴向力：

$$N = 1.2(Q_1 + Q_2) + 1.4(Q_3 + Q_4)L_x L_y \quad (5.6.2\text{-}1)$$

式中 L_x——单肢立杆纵向间距（m）；

L_y——单肢立杆横向间距（m）。

2 组合风荷载时单肢立杆轴向力：

$$N = 1.2(Q_1 + Q_2) + 0.9 \times 1.4[(Q_3 + Q_4)L_x L_y + Q_5] \quad (5.6.2\text{-}2)$$

式中 Q_5——风荷载产生的轴向力（kN）。

3 单肢立杆承载力应按本规范式（5.3.3-2）计算。

5.6.3 模板支撑架立杆计算长度应按下列要求确定：

1 在每行每列有斜杆的网格结构中按步距 h 计算；

2 当外侧四周及中间设置了纵、横向剪刀撑并满足本规范第6.2.2条第2款构造要求时，应按 $l_0 = h + 2a$ 计算，a 为立杆伸出顶层水平杆长度。

5.6.4 当模板支撑架有风荷载作用时，应进行内力计算（见图5.6.4），并应符合下列规定：

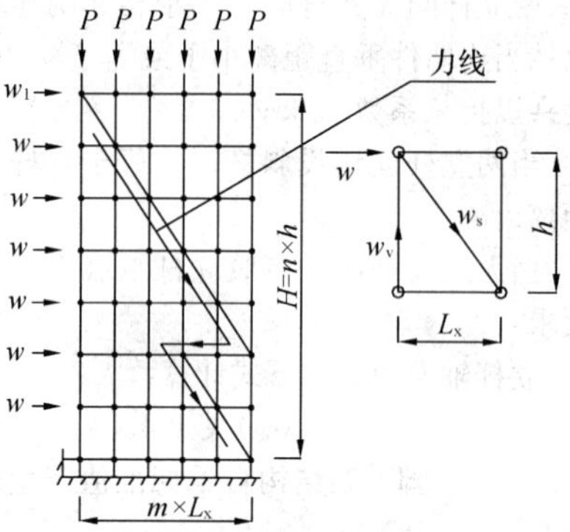

图5.6.4 斜杆内力计算

1 架体内力计算应将风荷载化解为每一节点的集中荷载 w；

2 节点集中荷载 w 在立杆及斜杆中产生的内力 w_v、w_s 应按下式计算：

$$w_v = \frac{h}{L_x}w \quad (5.6.4\text{-}1)$$

$$w_s = \frac{\sqrt{h^2 + L_x^2}}{L_x}w \quad (5.6.4\text{-}2)$$

3 当采用钢管扣件作斜杆时应验算扣件抗滑承载力，并应符合下列要求：

$$\sum_1^n w_s = w_{s1} + (n-1)w_s \leqslant Q_c \quad (5.6.4\text{-}3)$$

式中 $\sum_1^n w_s$——自上而下叠加在斜杆最下端处最大内力（kN）；

w_{s1}——顶端风荷载 w_1 产生的斜杆内力（kN）；

n——支撑架步数；

Q_c——扣件抗滑承载力，取 8kN。

4 顶端风荷载（w_1）应按下列两种工况考虑：

1）当钢筋未绑扎时，顶部只计算安全网的挡风面积；

2）当钢筋绑扎完毕，已安装完梁板模板后，应将安全网和侧模两个挡风面积叠加计算。

5.6.5 架体倾覆验算转化为立杆拉力计算应符合下列要求：

1 当按顶部有安全网进行风荷载计算时，依靠架体自重平衡，使其满足 $P \geqslant \sum w_v$；

2 当顶部梁板模板安装完毕时，可组合立杆上模板及钢筋重量，使其满足 $P \geqslant \sum w_v$；

3 当按上述计算结果仍不能满足要求时，应采取下列措施：

1）当架体高度小于或等于 7m 时，应加设斜撑；

2）当架体高度大于 7m 时，可采用带有地锚和花篮螺栓的缆风绳。

6 构造要求

6.1 双排脚手架

6.1.1 双排脚手架应按本规范构造要求搭设；当连墙件按二步三跨设置，二层装修作业层、二层脚手板、外挂密目安全网封闭，且符合下列基本风压值时，其允许搭设高度宜符合表 6.1.1 的规定。

表 6.1.1 双排落地脚手架允许搭设高度

步距（m）	横距（m）	纵距（m）	允许搭设高度（m）基本风压值 w_0（kN/m²）		
			0.4	0.5	0.6
1.8	0.9	1.2	68	62	52
		1.5	51	43	36
	1.2	1.2	59	53	46
		1.5	41	34	26

注：本表计算风压高度变化系数，系按地面粗糙度为 C 类采用，当具体工程的基本风压值和地面粗糙度与此表不相符时，应另行计算。

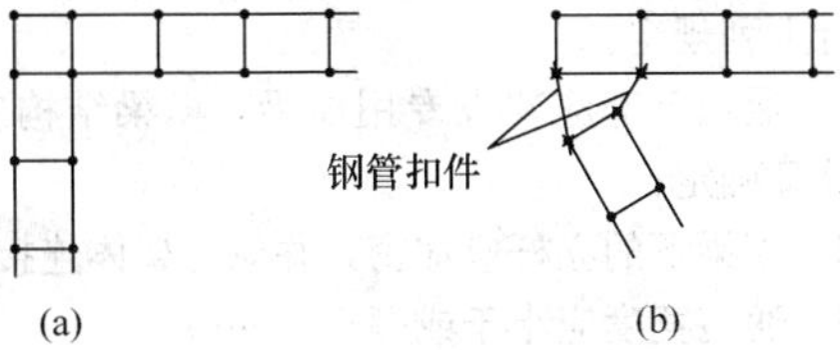

图 6.1.3 拐角组架

（a）横杆组架；（b）钢管扣件组架

6.1.2 当曲线布置的双排脚手架组架时，应按曲率要求使用不同长度的内外横杆组架，曲率半径应大于 2.4m。

6.1.3 当双排脚手架拐角为直角时，宜采用横杆直接组架（见图 6.1.3a）；当双排脚手架拐角为非直角时，可采用钢管扣件组架（见图 6.1.3b）。

6.1.4 双排脚手架首层立杆应采用不同的长度交错布置，底层纵、横向横杆作为扫地杆距地面高度应小于或等于 350mm，严禁施工中拆除扫地杆，立杆应配置可调底座或固定底座（见图 6.1.4）。

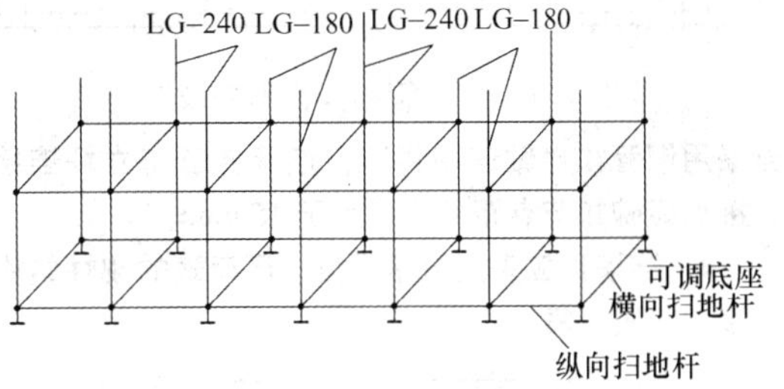

图 6.1.4 首层立杆布置示意

6.1.5 双排脚手架专用外斜杆设置（见图 6.1.5）应符合下列规定：

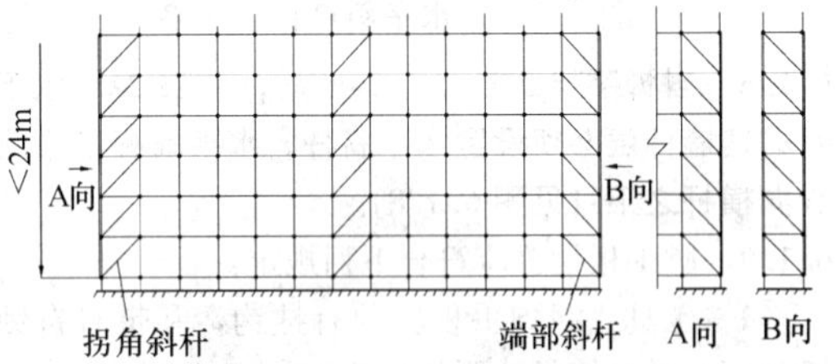

图 6.1.5 专用外斜杆设置示意

1 斜杆应设置在有纵、横向横杆的碗扣节点上；

2 在封圈的脚手架拐角处及一字形脚手架端部应设置竖向通高斜杆；

3 当脚手架高度小于或等于 24m 时，每隔 5 跨应设置一组竖向通高斜杆；当脚手架高度大于 24m 时，每隔 3 跨应设置一组竖向通高斜杆；斜杆应对称设置；

4 当斜杆临时拆除时，拆除前应在相邻立杆间设置相同数量的斜杆。

6.1.6 当采用钢管扣件作斜杆时应符合下列规定：

1 斜杆应每步与立杆扣接，扣接点距碗扣节点的距离不应大于 150mm；当出现不能与立杆扣接时，应与横杆扣接，扣件扭紧力矩应为 40～65N·m；

2 纵向斜杆应在全高方向设置成八字形且内外对称，斜杆间距不应大于 2 跨（见图 6.1.6）。

6.1.7 连墙件的设置应符合下列规定：

1 连墙件应呈水平设置，当不能呈水平设置时，与脚手架连接的一端应下斜连接；

2 每层连墙件应在同一平面，其位置应由建筑结构和风荷载计算确定，且水平间距不应大于 4.5m；

3 连墙件应设置在有横向横杆的碗扣节点处，

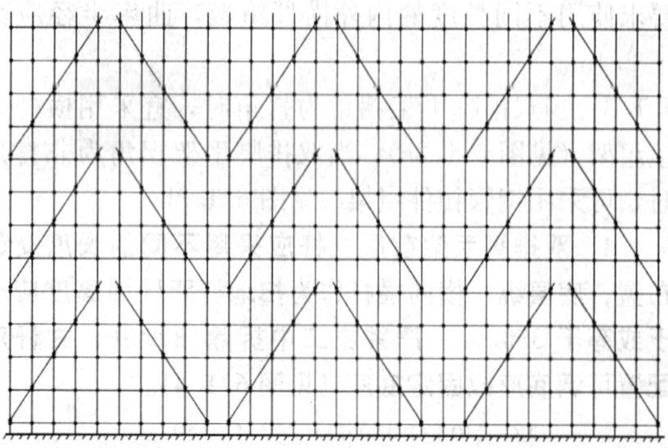

图 6.1.6　钢管扣件作斜杆设置

当采用钢管扣件做连墙件时，连墙件应与立杆连接，连接点距碗扣节点距离不应大于 150mm；

4　连墙件应采用可承受拉、压荷载的刚性结构，连接应牢固可靠。

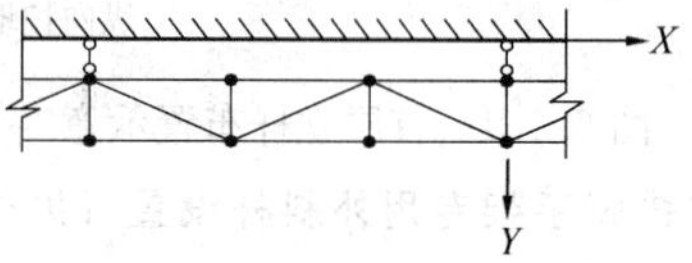

图 6.1.8　水平斜杆设置示意

6.1.8　当脚手架高度大于 24m 时，顶部 24m 以下所有的连墙件层必须设置水平斜杆，水平斜杆应设置在纵向横杆之下（见图 6.1.8）。

6.1.9　脚手板设置应符合下列规定：

1　工具式钢脚手板必须有挂钩，并带有自锁装置与廊道横杆锁紧，严禁浮放；

2　冲压钢脚手板、木脚手板、竹串片脚手板，两端应与横杆绑牢，作业层相邻两根廊道横杆间应加设间横杆，脚手板探头长度应小于或等于 150mm。

6.1.10　人行通道坡度宜小于或等于 1∶3，并应在通道脚手板下增设横杆，通道可折线上升（见图 6.1.10）。

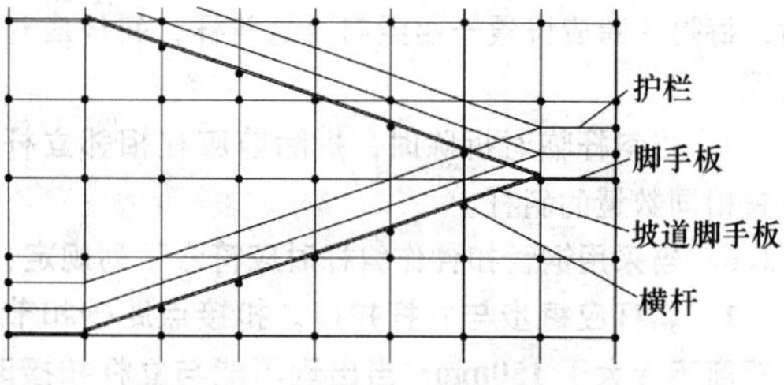

图 6.1.10　人行通道设置

6.1.11　脚手架内立杆与建筑物距离应小于或等于 150mm；当脚手架内立杆与建筑物距离大于 150mm 时，应按需要分别选用窄挑梁或宽挑梁设置作业平台。挑梁应单层挑出，严禁增加层数。

6.2　模板支撑架

6.2.1　模板支撑架应根据所承受的荷载选择立杆的间距和步距，底层纵、横向水平杆作为扫地杆，距地面高度应小于或等于 350mm，立杆底部应设置可调底座或固定底座；立杆上端包括可调螺杆伸出顶层水平杆的长度不得大于 0.7m。

6.2.2　模板支撑架斜杆设置应符合下列要求：

1　当立杆间距大于 1.5m 时，应在拐角处设置通高专用斜杆，中间每排每列应设置通高八字形斜杆或剪刀撑；

2　当立杆间距小于或等于 1.5m 时，模板支撑架四周从底到顶连续设置竖向剪刀撑；中间纵、横向由底至顶连续设置竖向剪刀撑，其间距应小于或等于 4.5m；

3　剪刀撑的斜杆与地面夹角应在 45°～60°之间，斜杆应每步与立杆扣接。

6.2.3　当模板支撑架高度大于 4.8m 时，顶端和底部必须设置水平剪刀撑，中间水平剪刀撑设置间距应小于或等于 4.8m。

6.2.4　当模板支撑架周围有主体结构时，应设置连墙件。

6.2.5　模板支撑架高宽比应小于或等于 2；当高宽比大于 2 时可采取扩大下部架体尺寸或采取其他构造措施。

6.2.6　模板下方应放置次楞（梁）与主楞（梁），次楞（梁）与主楞（梁）应按受弯杆件设计计算。支架立杆上端应采用 U 形托撑，支撑应在主楞（梁）底部。

6.3　门洞设置要求

6.3.1　当双排脚手架设置门洞时，应在门洞上部架设专用梁，门洞两侧立杆应加设斜杆（见图 6.3.1）。

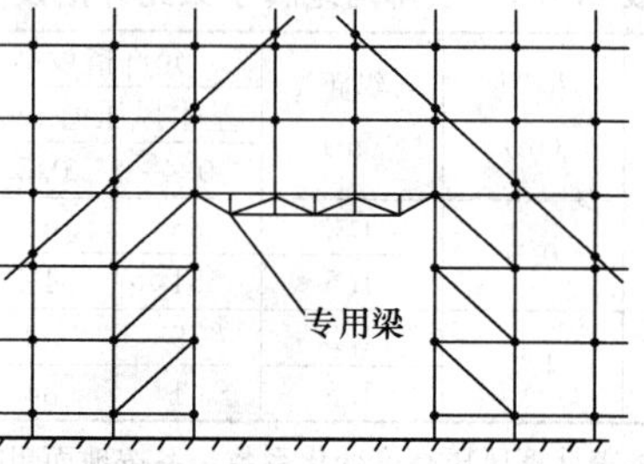

图 6.3.1　双排外脚手架门洞设置

6.3.2　模板支撑架设置人行通道时（见图 6.3.2），应符合下列规定：

1　通道上部应架设专用横梁，横梁结构应经过设计计算确定；

2　横梁下的立杆应加密，并应与架体连接牢固；

3　通道宽度应小于或等于 4.8m；

4　门洞及通道顶部必须采用木板或其他硬质材料全封闭，两侧应设置安全网；

5　通行机动车的洞口，必须设置防撞击设施。

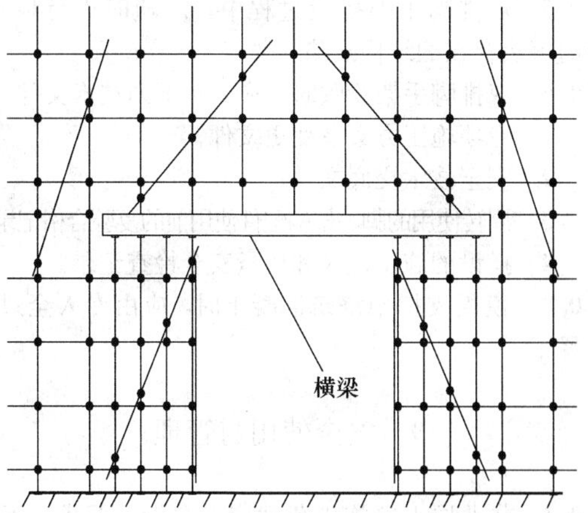

图 6.3.2 模板支撑架人行通道设置

7 施 工

7.1 施 工 组 织

7.1.1 双排脚手架及模板支撑架施工前必须编制专项施工方案，并经批准后，方可实施。

7.1.2 双排脚手架搭设前，施工管理人员应按双排脚手架专项施工方案的要求对操作人员进行技术交底。

7.1.3 对进入现场的脚手架构配件，使用前应对其质量进行复检。

7.1.4 对经检验合格的构配件应按品种、规格分类放置在堆料区内或码放在专用架上，清点好数量备用；堆放场地排水应畅通，不得有积水。

7.1.5 当连墙件采用预埋方式时，应提前与相关部门协商，按设计要求预埋。

7.1.6 脚手架搭设场地必须平整、坚实、有排水措施。

7.2 地基与基础处理

7.2.1 脚手架基础必须按专项施工方案进行施工，按基础承载力要求进行验收。

7.2.2 当地基高低差较大时，可利用立杆 0.6m 节点位差进行调整。

7.2.3 土层地基上的立杆应采用可调底座和垫板。

7.2.4 双排脚手架立杆基础验收合格后，应按专项施工方案的设计进行放线定位。

7.3 双排脚手架搭设

7.3.1 底座和垫板应准确地放置在定位线上；垫板宜采用长度不少于立杆二跨、厚度不小于 50mm 的木板；底座的轴心线应与地面垂直。

7.3.2 双排脚手架搭设应按立杆、横杆、斜杆、连墙件的顺序逐层搭设，底层水平框架的纵向直线度偏差应小于 1/200 架体长度；横杆间水平度偏差应小于 1/400 架体长度。

7.3.3 双排脚手架的搭设应分阶段进行，每段搭设后必须经检查验收合格后，方可投入使用。

7.3.4 双排脚手架的搭设应与建筑物的施工同步上升，并应高于作业面 1.5m。

7.3.5 当双排脚手架高度 H 小于或等于 30m 时，垂直度偏差应小于或等于 $H/500$；当高度 H 大于 30m 时，垂直度偏差应小于或等于 $H/1000$。

7.3.6 当双排脚手架内外侧加挑梁时，在一跨挑梁范围内不得超过一名施工人员操作，严禁堆放物料。

7.3.7 连墙件必须随双排脚手架升高及时在规定的位置处设置，严禁任意拆除。

7.3.8 作业层设置应符合下列规定：

1 脚手板必须铺满、铺实，外侧应设 180mm 挡脚板及1200mm高两道防护栏杆；

2 防护栏杆应在立杆 0.6m 和 1.2m 的碗扣接头处搭设两道；

3 作业层下部的水平安全网设置应符合国家现行标准《建筑施工安全检查标准》JGJ 59 的规定。

7.3.9 当采用钢管扣件作加固件、连墙件、斜撑时，应符合国家现行标准《建筑施工扣件式钢管脚手架安全技术规范》JGJ 130的有关规定。

7.4 双排脚手架拆除

7.4.1 双排脚手架拆除时，必须按专项施工方案，在专人统一指挥下进行。

7.4.2 拆除作业前，施工管理人员应对操作人员进行安全技术交底。

7.4.3 双排脚手架拆除时必须划出安全区，并设置警戒标志，派专人看守。

7.4.4 拆除前应清理脚手架上的器具及多余的材料和杂物。

7.4.5 拆除作业应从顶层开始，逐层向下进行，严禁上下层同时拆除。

7.4.6 连墙件必须在双排脚手架拆到该层时方可拆除，严禁提前拆除。

7.4.7 拆除的构配件应采用起重设备吊运或人工传递到地面，严禁抛掷。

7.4.8 当双排脚手架采取分段、分立面拆除时，必须事先确定分界处的技术处理方案。

7.4.9 拆除的构配件应分类堆放，以便于运输、维护和保管。

7.5 模板支撑架的搭设与拆除

7.5.1 模板支撑架的搭设应按专项施工方案，在专人指挥下，统一进行。

7.5.2 应按施工方案弹线定位，放置底座后应分别按先立杆后横杆再斜杆的顺序搭设。

7.5.3 在多层楼板上连续设置模板支撑架时，应保证上下层支撑立杆在同一轴线上。

7.5.4 模板支撑架拆除应符合现行国家标准《混凝土结构工程施工质量验收规范》GB 50204 中混凝土强度的有关规定。

7.5.5 架体拆除应按施工方案设计的顺序进行。

8 检查与验收

8.0.1 进入现场的构配件应具备以下证明资料：

1 主要构配件应有产品标识及产品质量合格证；

2 供应商应配套提供钢管、零件、铸件、冲压件等材质、产品性能检验报告。

8.0.2 构配件进场应重点检查以下部位质量：

1 钢管壁厚、焊接质量、外观质量；

2 可调底座和可调托撑材质及丝杆直径、与螺母配合间隙等。

8.0.3 双排脚手架搭设应重点检查下列内容：

1 保证架体几何不变性的斜杆、连墙件等设置情况；

2 基础的沉降，立杆底座与基础面的接触情况；

3 上碗扣锁紧情况；

4 立杆连接销的安装、斜杆扣接点、扣件拧紧程度。

8.0.4 双排脚手架搭设质量应按下列情况进行检验：

1 首段高度达到 6m 时，应进行检查与验收；

2 架体随施工进度升高应按结构层进行检查；

3 架体高度大于 24m 时，在 24m 处或在设计高度 $H/2$ 处及达到设计高度后，进行全面检查与验收；

4 遇 6 级及以上大风、大雨、大雪后施工前检查；

5 停工超过一个月恢复使用前。

8.0.5 双排脚手架搭设过程中，应随时进行检查，及时解决存在的结构缺陷。

8.0.6 双排脚手架验收时，应具备下列技术文件：

1 专项施工方案及变更文件；

2 安全技术交底文件；

3 周转使用的脚手架构配件使用前的复验合格记录；

4 搭设的施工记录和质量安全检查记录。

8.0.7 模板支撑架浇筑混凝土时，应由专人全过程监督。

9 安全使用与管理

9.0.1 作业层上的施工荷载应符合设计要求，不得超载，不得在脚手架上集中堆放模板、钢筋等物料。

9.0.2 混凝土输送管、布料杆、缆风绳等不得固定在脚手架上。

9.0.3 遇 6 级及以上大风、雨雪、大雾天气时，应停止脚手架的搭设与拆除作业。

9.0.4 脚手架使用期间，严禁擅自拆除架体结构杆件；如需拆除必须经修改施工方案并报请原方案审批人批准，确定补救措施后方可实施。

9.0.5 **严禁在脚手架基础及邻近处进行挖掘作业。**

9.0.6 脚手架应与输电线路保持安全距离，施工现场临时用电线路架设及脚手架接地防雷措施等应按国家现行标准《施工现场临时用电安全技术规范》JGJ46 的有关规定执行。

9.0.7 搭设脚手架人员必须持证上岗。上岗人员应定期体检，合格者方可持证上岗。

9.0.8 搭设脚手架人员必须戴安全帽、系安全带、穿防滑鞋。

附录 A 主要构配件制作质量及形位公差要求

表 A 主要构配件制作质量及形位公差要求

名称	检查项目	公称尺寸（mm）	允许偏差（mm）	检测量具	图示
立杆	长度（L）	900	±0.70	钢卷尺	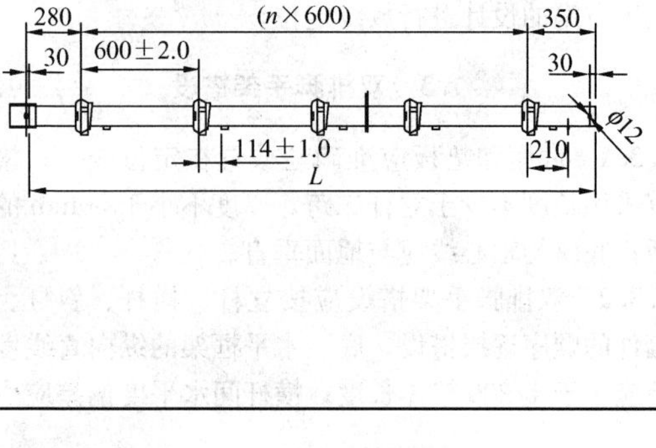
		1200	±0.85		
		1800	±1.15		
		2400	±1.40		
		3000	±1.65		
	碗扣节点间距	600	±0.50	钢卷尺	
	下碗扣与定位销下端间距	114	±1	游标卡尺	
	杆件直线度	—	$1.5L/1000$	专用量具	
	杆件端面对轴线垂直度	—	0.3	角尺（端面150mm范围内）	
	下碗扣内圆锥与立杆同轴度	—	ϕ0.5	专用量具	
	下碗扣与立杆焊缝高度	4	±0.50	焊接检验尺	
	下套管与立杆焊缝高度	4	±0.50	焊接检验尺	

续表 A

名称	检查项目	公称尺寸（mm）	允许偏差（mm）	检测量具	图　示
横杆	长度（L）	300	±0.40	钢卷尺	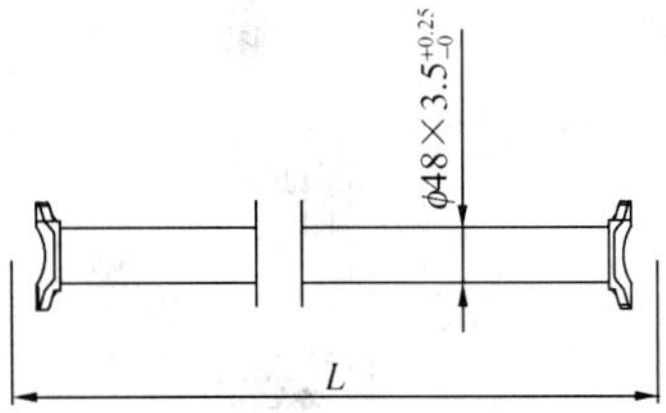
		600	±0.50		
		900	±0.70		
		1200	±0.80		
		1500	±0.95		
		1800	±1.15		
		2400	±1.40		
	横杆两接头弧面平行度	—	≤1.00	—	
	横杆接头与杆件焊缝高度	4	±0.50	焊接检验尺	
上碗扣	螺旋面高端	ϕ53	+1.0 0	深度游标卡尺	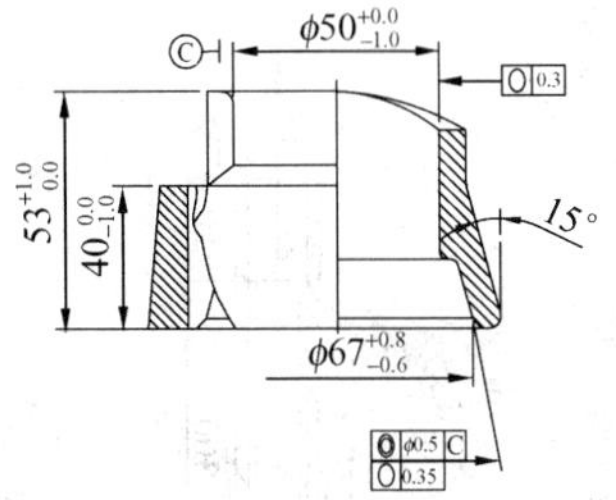
	螺旋面低端	ϕ40	0 −1.0		
	上碗扣内圆锥大端直径	ϕ67	+0.8 −0.6	游标卡尺	
	上碗扣内圆锥大端圆度	ϕ67	0.35	游标卡尺	
	内圆锥底圆孔圆度	ϕ50	0.30	游标卡尺	
	内圆锥与底圆孔同轴度	—	ϕ0.5	杠杆百分表	
下碗扣	高度（H）	28（铸造件） 25（冲压件）	+0.8 +0.1	深度游标卡尺	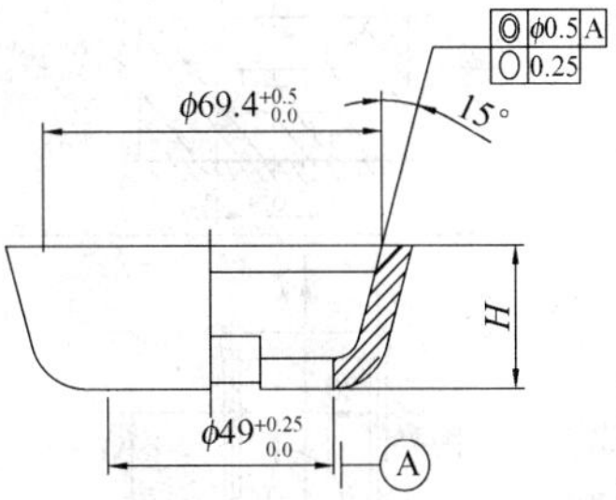
	底圆柱孔直径	ϕ49.5	±0.25	游标卡尺	
	内圆锥大端直径	ϕ69.4	+0.5 −0.2	游标卡尺	
	内圆锥大端圆度	ϕ69.4	0.25	游标卡尺	
	内圆锥与底圆孔同轴度	—	ϕ0.5	芯棒、塞尺	
横杆接头	高度	20 （18）	±0.50	游标卡尺	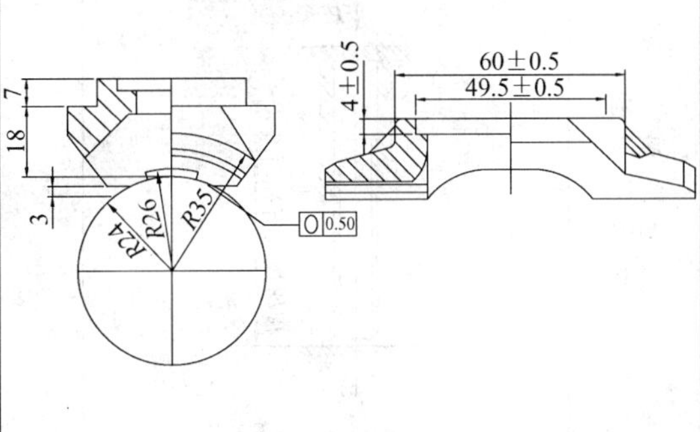
	与立杆贴合曲面圆度	ϕ48	+0.5 0	—	

附录B　主要构配件强度试验方法

表B　主要构配件强度试验方法

试验项目	简　图	加载方法	判定标准 荷载值（kN）
上碗扣抗拉强度试验	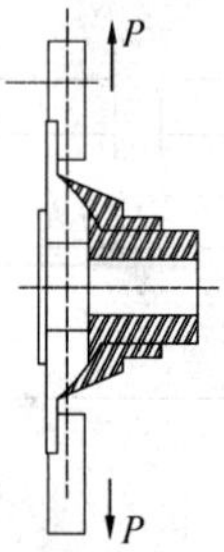	加载速度： 300～400N/s， 分两次加载： 第一次（kN） 0→15→0 第二次（kN） 0→30（持荷2min）	P=30未破坏
下碗扣焊接强度试验	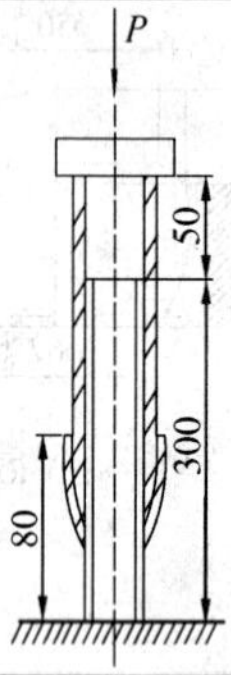	加载速度： 300～400N/s， 分两次加载： 第一次（kN） 0→30→0 第二次（kN） 0→60（持荷2min）	P=60未破坏 焊缝无开裂、错位现象
横杆接头强度试验	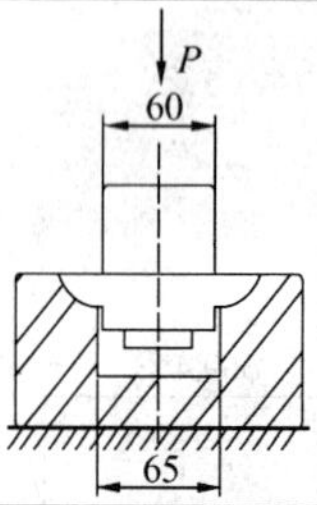	加载速度： 300～400N/s， 分两次加载： 第一次（kN） 0→25→0 第二次（kN） 0→50（持荷2min）	P=50未破坏
横杆接头焊接强度试验	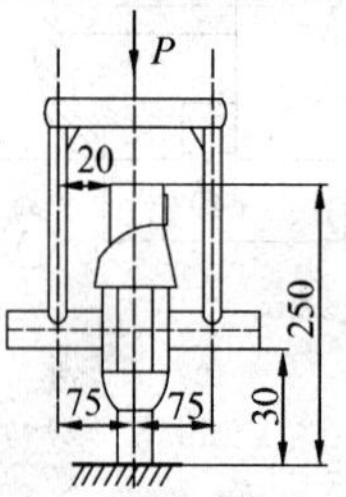	加载速度： 300～400N/s， 分两次加载： 第一次（kN） 0→10→0 第二次（kN） 0→25（持荷2min）	P=25未破坏 焊缝无开裂、错位现象
可调底座抗压强度试验	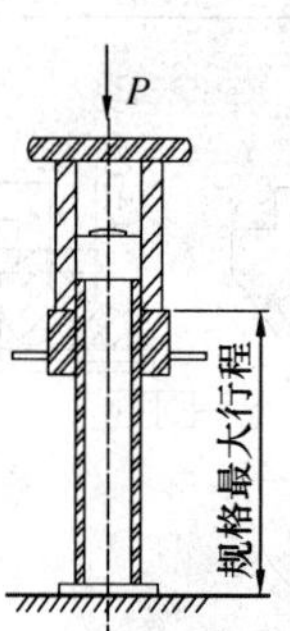	加载速度： 300～400N/s， 分两次加载： 第一次（kN） 0→50→0 第二次（kN） 0→100（持荷2min）	P=100未破坏

附录C　主要构配件正常检验二次抽样方案

表C　主要构配件正常检验二次抽样方案

<table>
<tr><th>项目类别</th><th colspan="3">检查项目</th><th>检验水平</th><th>AQL</th><th>批量</th><th>样本</th><th>样本量</th><th>累计样本量</th><th>接收数 A_c</th><th>拒收数 R_e</th></tr>
<tr><td rowspan="5">A类</td><td colspan="2">上碗扣抗拉强度</td><td>按3.3.10、3.3.11条</td><td rowspan="5">S-4</td><td rowspan="5">6.5</td><td rowspan="3">281～500</td><td rowspan="3">第一
第二</td><td rowspan="3">8
8</td><td rowspan="3">8
16</td><td rowspan="3">0
3</td><td rowspan="3">3
4</td></tr>
<tr><td colspan="2">下碗扣焊接强度</td><td>按3.3.10、3.3.11条</td></tr>
<tr><td colspan="2">横杆接头强度</td><td>按3.3.10、3.3.11条</td></tr>
<tr><td colspan="2">横杆接头焊接强度</td><td>按3.3.10、3.3.11条</td><td rowspan="2">501～1200</td><td rowspan="2">第一
第二</td><td rowspan="2">13
13</td><td rowspan="2">13
26</td><td rowspan="2">1
4</td><td rowspan="2">3
5</td></tr>
<tr><td colspan="2">可调底座抗压强度</td><td>按3.3.10、3.3.11条</td></tr>
<tr><td rowspan="16">B类</td><td colspan="2">材料</td><td>按3.2节</td><td rowspan="16">Ⅱ</td><td rowspan="16">10</td><td rowspan="7">281～500</td><td rowspan="7">第一
第二</td><td rowspan="7">32
32</td><td rowspan="7">32
64</td><td rowspan="7">5
12</td><td rowspan="7">9
13</td></tr>
<tr><td colspan="2">钢管壁厚</td><td>按3.3.1条</td></tr>
<tr><td colspan="2">立杆长度</td><td>按附录A表A</td></tr>
<tr><td colspan="2">碗扣节点间距</td><td>按附录A表A</td></tr>
<tr><td colspan="2">焊缝高度</td><td>按附录A表A</td></tr>
<tr><td colspan="2">横杆长度</td><td>按附录A表A</td></tr>
<tr><td colspan="2">横杆两接头弧面平行度</td><td>按附录A表A</td></tr>
<tr><td colspan="2">可调底座及托撑钢板厚度</td><td>按3.3.8条</td><td rowspan="9">501～1200</td><td rowspan="9">第一
第二</td><td rowspan="9">50
50</td><td rowspan="9">50
100</td><td rowspan="9">7
18</td><td rowspan="9">11
19</td></tr>
<tr><td colspan="2">可调底座及托撑丝杆与螺母啮合长度</td><td>按3.3.9条</td></tr>
<tr><td colspan="2">插入立杆长度</td><td>按3.3.9条</td></tr>
<tr><td colspan="2">下碗扣高度</td><td>按附录A表A</td></tr>
<tr><td colspan="2">下碗扣内圆锥大端直径及圆度</td><td>按附录A表A</td></tr>
<tr><td colspan="2">下碗扣内圆锥与底圆孔同轴度</td><td>按附录A表A</td></tr>
<tr><td colspan="2">横杆接头高度</td><td>按附录A表A</td></tr>
<tr><td colspan="2">横杆与立杆贴合曲面圆度</td><td>按附录A表A</td></tr>
<tr><td colspan="2">立杆杆件端面与轴线垂直度</td><td>按附录A表A</td></tr>
<tr><td rowspan="17">C类</td><td colspan="2">上碗扣螺旋面尺寸</td><td>按附录A表A</td><td rowspan="17">Ⅱ</td><td rowspan="17">15</td><td rowspan="7">281～500</td><td rowspan="7">第一
第二</td><td rowspan="7">32
32</td><td rowspan="7">32
64</td><td rowspan="7">7
18</td><td rowspan="7">11
19</td></tr>
<tr><td colspan="2">上碗扣内圆锥大端直径及圆度</td><td>按附录A表A</td></tr>
<tr><td colspan="2">上碗扣内圆锥底圆孔圆度</td><td>按附录A表A</td></tr>
<tr><td colspan="2">上碗扣内圆锥与底圆孔同轴度</td><td>按附录A表A</td></tr>
<tr><td colspan="2">下碗扣的圆孔直径</td><td>按附录A表A</td></tr>
<tr><td colspan="2">下碗扣内圆锥与立杆同轴度</td><td>按附录A表A</td></tr>
<tr><td colspan="2">下碗扣与定位销下端间距</td><td>按附录A表A</td></tr>
<tr><td rowspan="6">外观质量</td><td>钢管外观</td><td>按3.3.6条第1款</td><td rowspan="10">501～1200</td><td rowspan="10">第一
第二</td><td rowspan="10">50
50</td><td rowspan="10">50
100</td><td rowspan="10">11
26</td><td rowspan="10">16
27</td></tr>
<tr><td>铸造件外观</td><td>按3.3.6条第2款</td></tr>
<tr><td>冲压件外观</td><td>按3.3.6条第3款</td></tr>
<tr><td>焊缝外观</td><td>按3.3.6条第4款</td></tr>
<tr><td>防锈漆涂层外观</td><td>按3.3.6条第5款</td></tr>
<tr><td>标识</td><td>按3.3.6条第6款</td></tr>
<tr><td rowspan="4">组装质量</td><td>上碗扣灵活</td><td>按3.3.7条第1款</td></tr>
<tr><td>立杆与立杆连接</td><td>按3.3.7条第2款</td></tr>
<tr><td>上碗扣锁紧</td><td>按3.3.7条第3款</td></tr>
<tr><td>横杆与立杆垂直度偏差</td><td>按3.3.7条第4款</td></tr>
</table>

附录D 风荷载计算系数

D.0.1 对于平坦或稍有起伏的地形，风压高度变化系数应根据地面粗糙度类别按表D.0.1确定。地面粗糙度可分为A、B、C、D四类：

——A类指近海海面和海岛、海岸、湖岸及沙漠地区；

——B类指田野、乡村、丛林、丘陵以及房屋比较稀疏的乡镇和城市郊区；

——C类指有密集建筑群的城市市区；

——D类指有密集建筑群且房屋较高的城市市区。

表D.0.1 风压高度变化系数

离地面或海平面高度（m）	地面粗糙度类别			
	A	B	C	D
5	1.17	1.00	0.74	0.62
10	1.38	1.00	0.74	0.62
15	1.52	1.14	0.74	0.62
20	1.63	1.25	0.84	0.62
30	1.80	1.42	1.00	0.62
40	1.92	1.56	1.13	0.73
50	2.03	1.67	1.25	0.84
60	2.12	1.77	1.35	0.93
70	2.20	1.86	1.45	1.02
80	2.27	1.95	1.54	1.11
90	2.34	2.02	1.62	1.19
100	2.40	2.09	1.70	1.27
150	2.64	2.38	2.03	1.61
200	2.83	2.61	2.30	1.92
250	2.99	2.80	2.54	2.19
300	3.12	2.97	2.75	2.45
350	3.12	3.12	2.94	2.68
400	3.12	3.12	3.12	2.91
≥450	3.12	3.12	3.12	3.12

D.0.2 全国基本风压应按现行国家标准《建筑结构荷载规范》GB 50009的规定采用。

附录E Q235A级钢管轴心受压构件的稳定系数

表E Q235A级钢管轴心受压构件的稳定系数

λ	0	1	2	3	4	5	6	7	8	9
0	1.000	0.997	0.995	0.992	0.989	0.987	0.984	0.981	0.979	0.976
10	0.974	0.971	0.968	0.966	0.963	0.960	0.958	0.955	0.952	0.949
20	0.947	0.944	0.941	0.938	0.936	0.933	0.930	0.927	0.924	0.921
30	0.918	0.915	0.912	0.909	0.906	0.903	0.899	0.896	0.893	0.889
40	0.886	0.882	0.879	0.875	0.872	0.868	0.864	0.861	0.858	0.855
50	0.852	0.849	0.846	0.843	0.839	0.836	0.832	0.829	0.825	0.822
60	0.818	0.814	0.810	0.806	0.802	0.797	0.793	0.789	0.784	0.779
70	0.775	0.770	0.765	0.760	0.755	0.750	0.744	0.739	0.733	0.728
80	0.722	0.716	0.710	0.704	0.698	0.692	0.686	0.680	0.673	0.667
90	0.661	0.654	0.648	0.641	0.634	0.626	0.618	0.611	0.603	0.595
100	0.588	0.580	0.573	0.566	0.558	0.551	0.544	0.537	0.530	0.523
110	0.516	0.509	0.502	0.496	0.489	0.483	0.476	0.470	0.464	0.458
120	0.452	0.446	0.440	0.434	0.428	0.423	0.417	0.412	0.406	0.401
130	0.396	0.391	0.386	0.381	0.376	0.371	0.367	0.362	0.357	0.353
140	0.349	0.344	0.340	0.336	0.332	0.328	0.324	0.320	0.316	0.312
150	0.308	0.305	0.301	0.298	0.294	0.291	0.287	0.284	0.281	0.277
160	0.274	0.271	0.268	0.265	0.262	0.259	0.256	0.253	0.251	0.248
170	0.245	0.243	0.240	0.237	0.235	0.232	0.230	0.227	0.225	0.223
180	0.220	0.218	0.216	0.214	0.211	0.209	0.207	0.205	0.203	0.201
190	0.199	0.197	0.195	0.193	0.191	0.189	0.188	0.186	0.184	0.182
200	0.180	0.179	0.177	0.175	0.174	0.172	0.171	0.169	0.167	0.166
210	0.164	0.163	0.161	0.160	0.159	0.157	0.156	0.154	0.153	0.152
220	0.150	0.149	0.148	0.146	0.145	0.144	0.143	0.141	0.140	0.139
230	0.138	0.137	0.136	0.135	0.133	0.132	0.131	0.130	0.129	0.128
240	0.127	0.126	0.125	0.124	0.123	0.122	0.121	0.120	0.119	0.118
250	0.117	—	—	—	—	—	—	—	—	—

本规范用词说明

1 为便于在执行本规范条文时区别对待，对于要求严格程度不同的用词说明如下：

1）表示很严格，非这样做不可的用词：
正面词采用"必须"，反面词采用"严禁"；

2）表示严格，在正常情况下均应这样做的用词：
正面词采用"应"，反面词采用"不应"或"不得"；

3）表示允许稍有选择，在条件许可时，首先应该这样做的用词：
正面词采用"宜"；反面词采用"不宜"。
表示有选择，在一定条件下可以这样做的用词，采用"可"。

2 条文中指明应按其他有关标准执行的写法为"应按……执行"或"应符合……的要求（或规定）"。

中华人民共和国行业标准

建筑施工碗扣式钢管脚手架
安全技术规范

JGJ 166—2008

J 823—2008

条　文　说　明

前　　言

《建筑施工碗扣式钢管脚手架安全技术规范》JGJ 166—2008经住房和城乡建设部2008年11月4日以第139号公告批准、发布。

为便于广大设计、施工、科研、学校等单位有关人员在使用本规范时能正确理解和执行条文规定，《建筑施工碗扣式钢管脚手架安全技术规范》编制组按章、节、条顺序编制了本规范的条文说明，供使用者参考。在使用中如发现本条文说明有不妥之处，请将意见函寄河北建设集团有限公司（地址：河北省保定市五四西路329号，邮政编码：071070）或中天建设集团有限公司（地址：杭州市之江中路中天商务楼，邮政编码：310008）。

目　　次

1　总则 ………………………………… 2—20—22
2　术语和符号 ………………………… 2—20—22
2.1　术语 …………………………… 2—20—22
2.2　符号 …………………………… 2—20—22
3　构配件材料、制作及检验 ………… 2—20—22
3.1　碗扣节点 ………………………… 2—20—22
3.2　主要构配件材料要求 …………… 2—20—22
3.3　制作质量要求 …………………… 2—20—22
3.4　检验规则 ………………………… 2—20—22
4　荷载 ………………………………… 2—20—22
4.1　荷载分类 ………………………… 2—20—22
4.2　荷载标准值 ……………………… 2—20—22
4.3　风荷载 …………………………… 2—20—23
4.4　荷载效应组合计算 ……………… 2—20—23
5　结构设计计算 ……………………… 2—20—23
5.1　基本设计规定 …………………… 2—20—23
5.2　架体方案设计 …………………… 2—20—23
5.3　双排脚手架的结构计算 ………… 2—20—23
5.4　双排脚手架搭设高度计算 ……… 2—20—24
5.5　立杆地基承载力计算 …………… 2—20—24
5.6　模板支撑架设计计算 …………… 2—20—24
6　构造要求 …………………………… 2—20—24
6.1　双排脚手架 ……………………… 2—20—24
6.2　模板支撑架 ……………………… 2—20—25
6.3　门洞设置要求 …………………… 2—20—25
7　施工 ………………………………… 2—20—26
7.1　施工组织 ………………………… 2—20—26
7.2　地基与基础处理 ………………… 2—20—26
7.3　双排脚手架搭设 ………………… 2—20—26
7.4　双排脚手架拆除 ………………… 2—20—26
7.5　模板支撑架的搭设与拆除 ……… 2—20—26
8　检查与验收 ………………………… 2—20—26
9　安全使用与管理 …………………… 2—20—26

1 总　则

1.0.1 本条是碗扣式钢管脚手架工程设计和施工必须遵循的基本原则。

1.0.2 本条界定了本规范适用的范围。

1.0.3 本条对架体结构整体设计的规定体现以下几项原则：

1 将脚手架及模板支撑架的空间体系化为平面体系；

2 结构计算简图中将横杆与立杆交汇处的碗扣节点视为"铰接"；

3 对脚手架及模板支撑架组成的网格式结构进行机动分析，保证整体结构具备几何不变条件，选出其中的一个静定体系，当整体结构为超静定结构时须忽略多余杆件，绘制成静定的结构计算简图；

4 满足架体为几何不变体系条件是：对于双排脚手架沿纵轴 x 方向的两片网格结构应每层至少设一根斜杆；对于模板支撑架（满堂架）应满足沿立杆轴线（包括平面 x、y 两个方向）的每行每列网格结构竖向每层不得少于一根斜杆；也可采用侧面增加链杆与建筑结构的柱、墙相连的方法。

1.0.4 明确了编制脚手架和模板支撑架等专项设计方案时需要进行计算的基本搭设高度。

1.0.5 指有特殊设计要求和在特殊情况下施工的脚手架、模板支撑架的设计，除符合本规范规定外，尚应根据工程实际情况符合国家现行有关标准的要求。

2 术语和符号

2.1 术　语

本规范给出的术语是为了在条文的叙述中，使碗扣式脚手架体系有关的俗称和不统一的名称在本规范及今后的使用中形成单一的概念，并与其他类型的脚手架有关名称趋于一致，利用已知的概念特征赋予其涵义，但不一定是术语的准确定义。所给出的英文译名是参考国外资料和专业词典拟定的。

2.2 符　号

本规范的符号按以下次序以字母的顺序列出：

1 大写拉丁字母位于小写字母之前（A、a、B、b等）；

2 无脚标的字母位于小写字母之前（F、f、H、h等）；

3 希腊字母位于拉丁字母之后；

4 其他特殊符号。

3 构配件材料、制作及检验

3.1 碗 扣 节 点

3.1.1 本条结合图示简单扼要地说明了碗扣式脚手架立杆、横杆连接点（碗扣节点）的结构特征。

3.1.2 碗扣式脚手架主要构配件是工厂化生产的标准系列构件，立杆碗扣节点按 0.6m 间距设置，即步距以 0.6m 模数构成，使工具式脚手架具有标准化、通用性的特点。

3.2 主要构配件材料要求

3.2.1～3.2.4 对碗扣式脚手架使用材料及材质提出了具体要求，使之保证产品质量，满足使用性能的要求。

3.3 制作质量要求

3.3.1 钢管的壁厚是保证架体结构承载力的重要条件，对钢管的壁厚负差提出了限定要求，主要是控制近年来市场经营中擅自减小钢管壁厚造成的安全隐患。

3.3.2 本条是对立杆接长处的构造尺寸提出的要求，以保证立杆具有可靠的承载能力。

3.3.3～3.3.9 对主要构配件制造工艺及应达到的质量提出的具体要求。

3.3.10、3.3.11 对主要构配件应达到的性能指标提出要求，并提出了统一的试验方法。

3.4 检 验 规 则

3.4.1～3.4.3 产品制作后的质量状况是保证架体使用安全性的重要环节，为保证产品的质量符合使用性能要求，制定了具体检验方法和质量判定方法。

4 荷　载

4.1 荷 载 分 类

4.1.1～4.1.5 本节采用的荷载分类，系以国家标准《建筑结构荷载规范》GB 50009—2001 为依据，对永久荷载及可变荷载按脚手架及模板支撑架两种情况分别列出其具体的项目。

4.2 荷载标准值

4.2.2 本条脚手板自重标准值统一规定为 0.35 kN/m^2 系以 50mm 厚木脚手板为准；与之相配套的栏杆与挡脚板是按 2 根 ϕ48mm×3.5mm 钢管和 180mm 高的木脚手板按长度进行计算；密目安全网自重系根据 2000 目网实际重量给定。

4.2.3 本条规定的脚手架施工荷载标准值是根据《编制建筑施工脚手架安全技术标准的统一规定》（修

订稿）及参照现行标准《建筑施工扣件式钢管脚手架安全技术规范》JGJ 130—2001等采用的。

4.2.4、4.2.5 2002年前，工程施工中的模板及支撑架设计是按照《混凝土结构工程施工及验收规范》GB 50204—92进行荷载取值，规范验评分离后许多工程仍然沿用这样的取值情况，工程实践表明满足施工要求；因此，本规范在这样的工程实践基础上，吸收了新的工程经验，仅对部分荷载进行了增补和调整。纳入普通钢筋混凝土自重25kN/m³；考虑通常模板支撑架是梁、板的综合体，因而设计时，在取用“施工人员及设备荷载”1.0kN/m² 后，需再取用“振捣混凝土时产生荷载”1.0kN/m²。以0.25m厚的混凝土楼板带有0.8m×1.0m大梁的支架为例，如按原方法计算，以8×8m² 面积计算，楼板：施工人员及设备荷载为 $(8-0.8)^2\times1.0=51.84$kN；大梁：振捣混凝土的荷载为 $0.4\times4\times8\times2.0=25.6$kN，合计为77.44kN。如按本条规定计算为：$8\times8\times(1.0+1.0)=128$kN，荷载取值有一定的提高。

4.3 风 荷 载

4.3.1 水平风荷载标准值计算式取自《建筑施工扣件式钢管脚手架安全技术规范》JGJ 130—2001，其来源为现行国家标准《建筑结构荷载规范》GB 50009—2001，其中：

1 风振系数取 $\beta_z=1.0$，是因为考虑到脚手架是附在主体结构上，风振影响很小；

2 基本风压 w_0 值可按照现行国家标准《建筑结构荷载规范》GB 50009规定的各地区基本风压确定；因为脚手架为临时构筑物使用期较短，遇强劲风的概率相对要小得多，故采用了0.7修正系数。

4.3.2 脚手架及模板支撑架风荷载体型系数有关规定说明如下：

1 密目安全网的挡风系数按照采用2000目网计算，其挡风系数 φ_0 根据住房和城乡建设部《编制建筑施工脚手架安全技术标准的统一规定》（修订稿）为0.5，考虑到杆件的挡风面积影响，密目安全网上往往积灰和挂土、下雨时呈水幕状等影响，故本规范建议取0.8；

2 密目安全网体型系数 μ_s 按照两边无遮挡之“独立墙壁及围墙”采用1.3（见《建筑结构荷载规范》GB 50009—2001中表7.3.1第33项）；

3 单排架无遮拦体型系数 $\mu_s=1.2$，是按照《建筑结构荷载规范》GB 50009—2001中表7.3.1第36项中（b）整体计算时的体型系数表中 $\mu_z w_0 d^2\leqslant0.002$ 确定；

4 无遮拦多排模板支撑架的体型系数 $\mu_s=\mu_{st}\dfrac{1-\eta^n}{1-\eta}$ 取自《建筑结构荷载规范》GB 50009—2001中表7.3.1第32项。

4.4 荷载效应组合计算

4.4.1 荷载效应组合系按照基本组合与偶然荷载相遇时之组合计算。风荷载组合时按照《建筑结构荷载规范》GB 50009—2001第3.2.4条“1）由可变荷载效应控制的组合”中的公式（3.2.4）计算，可变荷载应乘组合系数0.9。

5 结构设计计算

5.1 基本设计规定

5.1.1 本规范依照国家标准《建筑结构可靠度设计统一标准》GB 50068—2001采用了以概率理论为基础的极限状态设计法，以分项系数设计表达式进行设计。

5.1.2 双排脚手架当无遮挡物时风载荷产生的弯矩应力值很小，可不必计算；当有遮挡时（如设置密目安全网等）风载荷弯矩应力的影响较大不能忽略。

5.1.3 横杆承受非节点荷载时成为受弯构件，所以要验算其承载力。

5.1.4 规定受压杆件最大长细比230，主要是碗扣架立杆的碗扣节点间距为0.6m，按照立杆计算长度3.6m时的长细比227确定的。

5.1.5 脚手架通常不进行变形的计算，但模板支撑架如对混凝土结构本身的成品偏差有要求时应按工程施工要求进行变形计算。

5.2 架体方案设计

5.2.1 所述施工方案的内容是以目前国内专项设计方案的内容结合脚手架及模板支撑架的特点确定的。本条加强了架体整体结构设计和绘制结构计算简图的内容，是结构计算和几何不变性分析的基础，突出了方案的重点，以统一脚手架及模板支撑架施工方案的编制。最不利杆的确定是在整体结构力学分析的基础上，求得最大内力的杆件和最大长细比的杆件。通过对最不利杆件承载力验算，将其承载力大于该杆件内力值作为确定架体安全的条件。

5.3 双排脚手架的结构计算

5.3.2 双排脚手架立杆计算长度的确定取决于脚手架的构造状况。当两立杆间无廊道斜杆时，只能将立杆间的横杆视为连接杆，而两连墙之间的立杆视为一根直杆（中间无铰）构成静定体系。此时立杆的计算长度为连墙件间的距离，是最不利的受力状况。考虑到立杆在连墙件处是连续的（相当于弹性弯矩支撑），按照压杆稳定理论，按一端为铰接一端为弹性固结进行理论计算，其结果计算长度系数为0.84。结合真型荷载试验结果其极限承载力可提高59%，因而当以双排脚手架连墙件垂直距离作为立杆计算长度时本规范规定可乘以计算长度折减系数 0.85。

当两立杆间增设斜杆时，则双排脚手架变成竖向的平行弦桁架而成为静定结构体系，立杆的计算长度即为相邻两节点之间的距离。

5.3.3、5.3.4 列出了无风荷载和组合风荷载两种情况单肢立杆承载力的计算方法。当无廊道斜杆且连墙件竖向间距为 2 步时，外立杆承受风荷载产生变形，因里、外立杆在跨中有一水平横杆相连接，外立杆受风载作用产生变形时，廊道横杆（小）作用在内立杆上的力使其产生相同的变形（此时忽略廊道横杆的压缩变形）。假定廊道横杆所传递的轴向力为 P 时，按 $P=\frac{5}{16}ql_0=\frac{5}{16}(1.4w_k l_a)\times l_0$ 计算。

5.3.5 连墙件是脚手架侧向支承的重要杆件。它以“链杆”的形式构成双排脚手架的侧向支座，对脚手架几何不变性形成一个约束。通常连墙件承受的轴向力为风荷载，考虑倾覆作用附加轴向力 3kN。当采用钢管、扣件做连墙件时尚应验算扣件的抗滑承载力能否满足要求。

5.4 双排脚手架搭设高度计算

5.4.1 本条给出了双排脚手架允许搭设高度的计算公式，分为不组合风荷载和组合风荷载两种情况。双排脚手架的允许搭设高度是由最不利立杆单肢承载力（应为立杆最下段）来确定，与施工荷载及同时作业层数、脚手板铺设层数、立杆纵向与横向间距及步距、连墙件间距及风荷载影响有关。工程中应按照实际情况通过结构计算的结果确定才能保证安全。

5.4.2 本条给出了计算立杆轴向力的具体步骤和相应的计算公式，以便于根据施工条件进行计算。

5.5 立杆地基承载力计算

5.5.1 立杆的地基承载力计算公式主要应用于天然地基直接支承的立杆，立杆下所用的底座或垫板面积应等于立杆轴向力除以地基承载力特征值。当为回填土地基时，本规范仍延用了《建筑施工扣件式钢管脚手架安全技术规范》JGJ 130—2001 采用的地基承载力特征值乘以 0.4 系数的办法。当回填土能严格按照操作规程施工，分层夯实并用干密度控制时，可以将该系数提高到 1.0。

5.5.2 因施工需要，当架体搭设在结构的顶板或阳台等上时，为使脚手架架体的重量不超过楼板或阳台的设计荷载使结构受到损害，提出应对支承体进行承载力验算的要求。

5.6 模板支撑架设计计算

5.6.1 本条给出了模板支撑架结构设计计算的基本程序。

5.6.2 本条列出了单肢立杆承载力和轴向力的计算公式，分为不组合风荷载和组合风荷载两种情况计算。一般情况下，当架体高度小于或等于 10m 时可不考虑架体的自重，但当架体高度大于 10m 时架体自重产生的轴向力不可忽略，应将其叠加计算。

5.6.3 本条给出了模板支撑架两种不同构造情况下立杆计算长度的确定办法。第 2 款计算长度公式是依据《建筑施工扣件式钢管脚手架安全技术规范》JGJ 130—2001 确定的。

5.6.4 本条对模板支撑架在风荷载作用下的内力分析提供了计算公式。内力分析主要采用了桁架内力的“零杆法”。对于单个节点风荷载 w 排除了全部零杆之后将所得到的杆件内力相叠加，得到每个杆件的合内力。此内力分析主要用于立杆能否出现拉力的判断。由于脚手架根部没有抗拉连接的措施，因此立杆不能出现拉力。高形模板支撑架在风载荷作用下的计算方法是先将均布风荷载转化为节点风荷载 w，然后按照结构计算简图进行内力分析，对网格式结构的内力分析可知：

1 节点横向风荷载 w 只在有斜杆的“方格”内产生斜杆及立杆轴向力，斜杆及立杆中内力值符合力的平行四边形定理。

2 当斜杆的设置逐层相连时，则斜杆内力沿力线直接传递，其他各杆皆为零杆；当斜杆最后到达无斜杆“方格”时，变为立杆压力和水平拉力，水平力 w 通过横杆作用于下一段有斜杆“方格”，然后继续沿斜杆传递。

3 当模板支撑架无遮挡时，上部的模板迎风面按面荷载计算节点荷载，下部支架按挡风面积计算节点荷载，多排支架需叠加求得节点总内力。当高形模板支撑架有遮挡时，斜杆内力叠加可能达到较大数值，除必须验算斜杆承载力外，如采用钢管扣件做斜杆还必须验算扣件的抗滑承载力是否满足要求。

5.6.5 当架体高宽比较大时，横向风荷载作用极易使立杆产生拉力，它的力学特征实际上就是造成架体的“倾覆”。为了避免架体出现“倾覆”的情况，本条规定了架体倾覆验算转化为立杆拉力计算应满足的要求和应采取的安全技术措施。

6 构造要求

6.1 双排脚手架

6.1.1 本条按给定的构造要求和施工条件计算出双排脚手架允许搭设高度限值，也就是平常所说的限高，供施工参考。由于施工现场对脚手架使用要求各种各样，不能机械照搬，当与给定的条件不相符时，应根据实际情况按第 5.4 节有关规定进行计算。

6.1.2 当建筑物平面为曲线形时，双排脚手架可利用碗扣圆形的特点，采用不同长度的横杆组合以搭设成要求曲率的双排脚手架，曲率半径应按几何尺寸计算确定。

6.1.3 双排脚手架一般围绕建筑结构搭设，当建筑结构转角为直角时，可按图6.1.3将垂直两方向的架体用横杆直接组架搭设，可不用其他的构件；当转角处为非直角或者受尺寸限制不能直接用横杆组架时，应将两架体分开，中间以杆件斜向连接，连接的钢管应扣接在碗扣式钢管脚手架的立杆上。

6.1.4 脚手架立杆接头采用交错布置是为了加强架体的整体刚度，避免软弱部位处于同一高度。碗扣架立杆最下端碗扣节点距立杆底面为250mm，其横杆作为扫地杆，在结构计算简图中可将下端视为简图中的支杆。

6.1.5 本条对专用外斜杆设置提出的要求都是按照几何不变条件确定的，但为了提高架体的稳定性，斜杆在大面（x轴）的布置应保证每层不少于2根斜杆，分别设置在架体的两端。当架体较长时中间应增加，目的是增强架体的稳定安全度。

6.1.6 碗扣式钢管脚手架当采用旋转扣件作斜杆连接时应尽量靠近有横、立杆的碗扣节点，以与结构计算简图相一致。斜杆采用八字形布置的目的是为了避免钢管重叠，并可明显标志扣件与节点连接的情况，便于检查判定与结构设计是否一致。斜杆的角度应与横、立杆对角线角度一致。钢管应与脚手架立杆扣接，扣接点应尽可能靠近碗扣节点。当遇到斜杆不能与立杆扣接的特殊情况时，斜杆可与横杆扣接，扣接点距碗扣节点的距离同样要满足小于或等于150mm的要求。斜杆扣接点应符合结构计算简图，避免斜杆中间出现虚扣的现象。

6.1.7 本条对连墙件设置提出的要求是为了保证连墙件能起到可靠支承作用。

6.1.8 当架体高度超过24m时，应考虑无连墙件立杆对架体承载能力及整体稳定性的影响，在连墙件标高处增加水平斜杆，使纵、横杆与斜杆形成水平桁架，使无连墙立杆构成支撑点，以保证无连墙立杆的承载力及稳定性。通过荷载试验证明在连墙件标高处设置水平斜杆比不设置水平斜杆承载力提高54%，根据钢管脚手架数十年的应用实践经验，当脚手架搭设高度小于或等于24m时，不设置水平斜杆能保证安全使用。但当脚手架高度大于24m时，架体整体刚度将逐渐减弱。因此要求顶部24m以下立杆连墙件水平位置处增设水平斜杆，以保证整个架体刚度和承载力，同时也不影响施工作业。例如：60m高的双排脚手架，只要求36m以下连墙件处必须设置水平斜杆。

6.1.9 本条是对脚手板的设置及与架体的连接作的相应规定。脚手板可以使用碗扣式脚手架配套设计的钢制脚手板，当使用木脚手板、竹脚手板等时，探出廊道横杆的长度超过150mm应在脚手板下面增设间横杆。

6.1.10 本条给出了双排碗扣式钢管脚手架搭设人行通道的构造措施。

6.1.11 本条对碗扣式钢管脚手架利用定型的宽挑梁或窄挑梁构件搭设扩展作业平台提出了构造和安全防护措施要求。

6.2 模板支撑架

6.2.1 本条规定了模板支撑架构造的最基本要求，规定对模板支撑架立杆上端伸出顶层横向水平杆的长度小于或等于0.7m的限制，理论计算达到50kN，通过荷载试验也达到了100kN，验证其安全储备系数为2，完全能保证使用的安全要求。

6.2.2 本条是对模板支撑架斜杆设置要求，当立杆间距大于1.5m时，每排每列应设置一组通高斜杆或八字形斜杆，能满足模板支撑架几何不变体系的要求；当立杆间距小于或等于1.5m时，在外侧四周及中间纵、横向设置剪刀撑，以上是考虑到相邻立杆的约束影响，参照实践经验及双排脚手架的荷载试验，《建筑施工扣件式钢管脚手架安全技术规范》JGJ 130—2001中对模板支架的要求确定的。

6.2.3 对于高大支撑架提出设置水平斜杆或剪刀撑的具体要求是为了能有效地提高架体的整体刚度，减少失稳鼓曲波长，提高承载能力。

6.2.4 模板支撑架横杆端头遇到主体结构的墙或柱时，建立与结构主体的水平连接，可加强架体的安全可靠度。

6.2.5 根据实践经验和风荷载使立杆产生拉力的计算可知，当高宽比小于或等于2时，搭设高度对架体的稳定极限承载力影响有限，可以忽略，但当高宽比大于2时将很难满足安全要求，应采取必要的加强措施。

6.2.6 本条规定了模板支架立杆顶部的构造。在现浇混凝土梁、板的模板下方，应沿纵向设置次楞，也称次梁。在次楞下方与次楞垂直方向应设置主楞，也称主梁。次楞及主楞的承载力及设置间距应按所承受的荷载，按照受弯杆件进行设计计算确定。立杆顶端用U形托撑支撑在主楞上，才能保证立杆中心受压。

6.3 门洞设置要求

6.3.1 本条是对双排脚手架需设置门洞时提出的构造要求。

6.3.2 本条是对模板支撑架需设置人行通道时提出的构造措施要求。应用于高架桥等的模板支撑架时常需要留跨度较大的桥洞通行，因此，一般采用专用梁支撑上部的立杆。该梁应按实际荷载情况进行计算，并要考虑与架体的连接方法；支承梁两端的立杆应加密，增加立杆的根数应大于跨中立杆的根数，并在相应部位增设斜杆。

7 施　　工

7.1 施 工 组 织

7.1.1 施工设计或专项施工设计方案是保证架体安全、实用、经济的前提条件，必要的管理程序把关，可减少方案中存在的技术缺陷。

7.1.2 本条规定是为了明确岗位责任制，促进架体工程的施工设计或专项施工设计方案在具体实施过程中得到认真严肃的贯彻执行。

7.1.3、7.1.4 强调加强现场管理及杜绝不合格产品进入现场。

7.1.6 本条规定是对搭设场地的基本要求。

7.2 地基与基础处理

7.2.1 本条明确了架体地基基础的施工与验收依据，是保证架体结构稳定、施工安全的重要环节。

7.3 双排脚手架搭设

7.3.2～7.3.5 主要规定了架体搭设的允许偏差及升层高度，尤其在第一阶段对脚手架结构情况的检查，是保证后续搭设质量能否符合设计要求的基础。

7.3.7 连墙件是保证架体侧向稳定的重要构件，必须随架体装设，不得疏漏，也不能任意拆除。根据国内外脚手架倒塌事故的分析，其中一部分就是由于连墙件设置不足或连墙件被拆掉造成的。

7.3.8 本条规定了作业层设置的基本要求，是按《建筑施工安全检查标准》JGJ 59—99 要求规定的。

7.4 双排脚手架拆除

7.4.1～7.4.3 规定了拆除脚手架前必须完成的准备工作、应具备的技术条件以及拆除过程中的安全措施，这些都是防范拆除时发生安全事故的重要工作环节。

7.4.4～7.4.8 规定了拆除顺序及技术要求，以避免拆除作业中发生安全事故。

7.5 模板支撑架的搭设与拆除

7.5.4 由于混凝土结构强度的增长与温度及龄期有关，为保证结构工程不受破坏，因而需对结构强度进行验算。

8 检查与验收

8.0.2 对脚手架构配件使用前进行检查，是验证所使用构配件质量是否良好的重要工作。所作规定都是在现场通过目测及常用量具检测可以实现的，无论新产品还是周转使用过的构配件，通过检查、复验，防止有质量弊病、严重受损的构配件用于脚手架搭设，这是保证整架搭设质量、脚手架使用安全的一项预控措施。

8.0.3 本条规定了脚手架应重点检查的项目。

8.0.4 本条规定了脚手架具体情况的阶段检查及验收的措施，以保证脚手架在各个施工阶段（初始、中间、最终）的安全使用。

9 安全使用与管理

9.0.1、9.0.2 是控制脚手架上施工荷载的规定，尤其要严格控制集中荷载，以保证脚手架的安全使用。

9.0.3 大于 6 级大风停止高处作业的规定是按照现行行业标准《建筑施工高处作业安全技术规范》JGJ 80 中的规定提出的。

9.0.4 规定了不允许随意拆除脚手架的结构构件，因施工需要临时拆除的应履行批准手续，并采取相应的安全措施。

9.0.5 本条规定是为防止挖掘作业造成脚手架根部发生沉陷而引起倒塌。

9.0.7、9.0.8 是对现场作业人员的安全管理提出的要求。

中华人民共和国行业标准

城镇道路工程施工与质量验收规范

Code for construction and quality acceptance of road works in city and town

CJJ 1—2008
J 792—2008

批准部门：中华人民共和国住房和城乡建设部
施行日期：2 0 0 8 年 9 月 1 日

中华人民共和国住房和城乡建设部
公　告

第11号

关于发布行业标准《城镇道路工程施工与质量验收规范》的公告

现批准《城镇道路工程施工与质量验收规范》为行业标准，编号为CJJ 1—2008，自2008年9月1日起实施。其中，第3.0.7、3.0.9、6.3.3、6.3.10、8.1.2、8.2.20、10.7.6、11.1.9、17.3.8条为强制性条文，必须严格执行。原行业标准《市政道路工程质量检验评定标准》CJJ 1—90同时废止。

本规范由我部标准定额研究所组织中国建筑工业出版社出版发行。

中华人民共和国住房和城乡建设部

2008年4月2日

前　言

根据建设部《关于印发〈二〇〇二～二〇〇三年度工程建设城建、建工行业标准制订、修订计划〉的通知》（建标［2003］104号）的要求，标准编制组在深入调查研究，认真总结国内外科研成果和大量实践经验，并在广泛征求意见的基础上，全面修订了本规范。

本规范的主要技术内容是：1. 总则；2. 术语及代号；3. 基本规定；4. 施工准备；5. 测量；6. 路基；7. 基层；8. 沥青混合料面层；9. 沥青贯入式与沥青表面处治面层；10. 水泥混凝土面层；11. 铺砌式面层；12. 广场与停车场面层；13. 人行道铺筑；14. 人行地道结构；15. 挡土墙；16. 附属构筑物；17. 冬雨期施工；18. 工程质量与竣工验收。

本规范修订的主要技术内容是：增加了施工技术要求；对质量验收标准进行了修订。

本规范以黑体字标志的条文为强制性条文，必须严格执行。

本规范由住房和城乡建设部负责管理和对强制性条文的解释，由北京市政建设集团有限责任公司（地址：北京市海淀区三虎桥6号；邮政编码：100044）负责具体技术内容的解释。

本规范主编单位：北京市政建设集团有限责任公司
中国市政工程协会

本规范参编单位：北京市市政一建设工程有限责任公司
武汉市市政工程质量监督站
天津市政五公路工程有限责任公司
郑州市市政工程勘测设计研究院
深圳市道桥管理处
沈阳市市政建设工程公司

本规范主要起草人：张　闽　果有刚　张　汎
景　飒　卜志强　张绪光
弓秦生　杨党旗　魏继合
马振富　董凤凯　许亚斋
张　岫　王京晶　秦瑞林
陈用胜　刘声向　刘　盈

目　次

1　总则 …………………………………… 2—21—5
2　术语及代号…………………………… 2—21—5
2.1　术语…………………………………… 2—21—5
2.2　代号…………………………………… 2—21—5
3　基本规定……………………………… 2—21—5
4　施工准备……………………………… 2—21—6
5　测量 …………………………………… 2—21—6
5.1　一般规定…………………………… 2—21—6
5.2　平面控制测量……………………… 2—21—6
5.3　高程控制测量……………………… 2—21—8
5.4　施工放线测量……………………… 2—21—9
6　路基 ………………………………… 2—21—10
6.1　一般规定 ………………………… 2—21—10
6.2　施工排水与降水 ………………… 2—21—10
6.3　土方路基………………………… 2—21—10
6.4　石方路基………………………… 2—21—12
6.5　路肩 ……………………………… 2—21—12
6.6　构筑物处理 ……………………… 2—21—12
6.7　特殊土路基……………………… 2—21—12
6.8　检验标准 ………………………… 2—21—15
7　基层 ………………………………… 2—21—19
7.1　一般规定………………………… 2—21—19
7.2　石灰稳定土类基层 ……………… 2—21—19
7.3　石灰、粉煤灰稳定砂砾基层 …… 2—21—20
7.4　石灰、粉煤灰、钢渣稳定土类基层 …………………… 2—21—21
7.5　水泥稳定土类基层 ……………… 2—21—22
7.6　级配砂砾及级配砾石基层 ……… 2—21—23
7.7　级配碎石及级配碎砾石基层 …… 2—21—23
7.8　检验标准………………………… 2—21—24
8　沥青混合料面层…………………… 2—21—27
8.1　一般规定 ………………………… 2—21—27
8.2　热拌沥青混合料面层 …………… 2—21—33
8.3　冷拌沥青混合料面层 …………… 2—21—35
8.4　透层、粘层、封层 ……………… 2—21—35
8.5　检验标准………………………… 2—21—36
9　沥青贯入式与沥青表面处治面层 ………………………………… 2—21—38
9.1　一般规定 ………………………… 2—21—38
9.2　沥青贯入式面层 ………………… 2—21—38
9.3　沥青表面处治面层 ……………… 2—21—39
9.4　检验标准………………………… 2—21—40
10　水泥混凝土面层 ………………… 2—21—41
10.1　原材料………………………… 2—21—41
10.2　混凝土配合比设计…………… 2—21—43
10.3　施工准备……………………… 2—21—46
10.4　模板与钢筋…………………… 2—21—46
10.5　混凝土搅拌与运输…………… 2—21—47
10.6　混凝土铺筑…………………… 2—21—48
10.7　面层养护与填缝……………… 2—21—49
10.8　检验标准……………………… 2—21—49
11　铺砌式面层 ……………………… 2—21—50
11.1　料石面层……………………… 2—21—50
11.2　预制混凝土砌块面层………… 2—21—51
11.3　检验标准……………………… 2—21—51
12　广场与停车场面层 ……………… 2—21—52
12.1　施工技术……………………… 2—21—52
12.2　检验标准……………………… 2—21—52
13　人行道铺筑 ……………………… 2—21—54
13.1　一般规定……………………… 2—21—54
13.2　料石与预制砌块铺砌人行道面层…………………………… 2—21—54
13.3　沥青混合料铺筑人行道面层…… 2—21—55
13.4　检验标准……………………… 2—21—55
14　人行地道结构 …………………… 2—21—56
14.1　一般规定……………………… 2—21—56
14.2　现浇钢筋混凝土人行地道……… 2—21—57
14.3　预制安装钢筋混凝土结构人行地道…………………………… 2—21—58
14.4　砌筑墙体、钢筋混凝土顶板结构人行地道…………………………… 2—21—59
14.5　检验标准……………………… 2—21—59
15　挡土墙 …………………………… 2—21—61
15.1　一般规定……………………… 2—21—61
15.2　现浇钢筋混凝土挡土墙……… 2—21—61
15.3　装配式钢筋混凝土挡土墙……… 2—21—61
15.4　砌体挡土墙…………………… 2—21—62
15.5　加筋土挡土墙………………… 2—21—62

15.6 检验标准……………………………… 2—21—62
16 附属构筑物 ………………………… 2—21—64
16.1 路缘石……………………………… 2—21—64
16.2 雨水支管与雨水口………………… 2—21—65
16.3 排水沟或截水沟…………………… 2—21—66
16.4 倒虹管及涵洞……………………… 2—21—66
16.5 护坡………………………………… 2—21—66
16.6 隔离墩……………………………… 2—21—66
16.7 隔离栅……………………………… 2—21—66
16.8 护栏………………………………… 2—21—66
16.9 声屏障……………………………… 2—21—66
16.10 防眩板 …………………………… 2—21—67
16.11 检验标准 ………………………… 2—21—67
17 冬雨期施工 ………………………… 2—21—71
17.1 一般规定…………………………… 2—21—71
17.2 雨期施工…………………………… 2—21—71
17.3 冬期施工…………………………… 2—21—71
18 工程质量与竣工验收 ……………… 2—21—72
附录A 分项、分部、单位工程检验记录表 ……………… 2—21—75
本规范用词说明 ………………………… 2—21—79
附：条文说明……………………………… 2—21—80

1 总　　则

1.0.1 为加强城镇道路施工技术管理，规范施工要求，统一施工质量检验及验收标准，提高工程质量，制定本规范。

1.0.2 本规范适用于城镇新建、改建、扩建的道路及广场、停车场等工程的施工和质量检验、验收。

1.0.3 原材料、半成品或成品的质量标准，应按国家现行的有关标准执行。

1.0.4 城镇道路工程施工与质量验收除应执行本规范外，尚应符合国家现行有关标准的规定。

2 术语及代号

2.1 术　　语

2.1.1 水泥混凝土面层　cement concrete surface course

用水泥混凝土铺筑的道路面层。

2.1.2 沥青面层　bituminous surface course

用沥青作结合料铺筑道路面层的统称。

2.1.3 沥青混合料面层　bituminous mixed surface course

用沥青结合料与不同矿料拌制的特粗粒式、粗粒式、中粒式、细粒式、砂粒式沥青混合料铺筑面层的总称。

2.1.4 主控项目　dominant item

城镇道路工程中的对质量、安全、卫生、环境保护和公众利益起决定性作用的检验项目。

2.1.5 一般项目　general item

除主控项目以外的检验项目。

2.1.6 抽样检验　sampling inspection

按照规定的抽样方案，从进场的材料、构配件、设备或城镇道路工程检验项目中抽取一定数量的样本所进行的检验。

2.2 代　　号

A——道路石油沥青；

AC——密级配沥青混凝土混合料，分为粗型和细型两类；

AL（M）——中凝液体石油沥青；

AL（R）——快凝液体石油沥青；

AL（S）——慢凝液体石油沥青；

AM——半开级配沥青稳定碎石混合料；

ATB——密级配沥青稳定碎石混合料；

ATPB——铺筑在沥青层底部的排水式沥青稳定碎石混合料；

BA——拌合型阴离子乳化沥青；

BC——拌合型阳离子乳化沥青；

EVA——乙烯—醋酸乙烯共聚物，Ethyl-Vinyl-Acetate 之略语；

OGFC——大孔隙开级配排水式沥青磨耗层；

PA——喷洒型阴离子乳化沥青；

PC——喷洒型阳离子乳化沥青；

PE——聚乙烯，Polyethylene 之略语；

SBR——苯乙烯－丁二烯橡胶（丁苯橡胶），Styrene-Butadiene-Rubber 之略语；

SBS——苯乙烯－丁二烯－苯乙烯嵌段共聚物，Styrene-Butadiene-Styrene Block Copolymer 之略语；

SMA——沥青玛瑞脂碎石混合料，Stone Mastic Asphalt（英），Stone Matrix Asphalt（美）之略语。

3 基 本 规 定

3.0.1 施工单位应具备相应的城镇道路工程施工资质。

3.0.2 施工单位应建立健全施工技术、质量、安全生产管理体系，制定各项施工管理制度，并贯彻执行。

3.0.3 施工前，施工单位应组织有关施工技术管理人员深入现场调查，了解掌握现场情况，做好充分的施工准备工作。

3.0.4 工程开工前，施工单位应根据合同文件、设计文件和有关的法规、标准、规范、规程，并根据建设单位提供的施工界域内地下管线等构筑物资料、工程水文地质资料等踏勘施工现场，依据工程特点编制施工组织设计，并按其管理程序进行审批。

3.0.5 施工单位应按合同规定的、经过审批的有效设计文件进行施工。严禁按未经批准的设计变更、工程洽商进行施工。

3.0.6 施工中应对施工测量进行复核，确保准确。

3.0.7 施工中必须建立安全技术交底制度，并对作业人员进行相关的安全技术教育与培训。作业前主管施工技术人员必须向作业人员进行详尽的安全技术交底，并形成文件。

3.0.8 遇冬、雨期等特殊气候施工时，应结合工程实际情况，制定专项施工方案，并经审批程序批准后实施。

3.0.9 施工中，前一分项工程未经验收合格严禁进行后一分项工程施工。

3.0.10 与道路同期施工，敷设于城镇道路下的新管线等构筑物，应按先深后浅的原则与道路配合施工。施工中应保护好既有及新建地上杆线、地下管线等构筑物。

3.0.11 道路范围（含人行步道、隔离带）内的各种检查井井座应设于混凝土或钢筋混凝土井圈上。井盖宜能锁固。检查井的井盖、井座应与道路交通等级匹配。

3.0.12 施工中应按合同文件的要求，根据国家现行有关标准的规定，进行施工过程与成品质量控制。

3.0.13 道路工程应划分为单位工程、分部工程、分项工程和检验批，作为工程施工质量检验和验收的基础。

3.0.14 单位工程完成后，施工单位应进行自检，并在自检合格的基础上，将竣工资料、自检结果报监理工程师，申请预验收。监理工程师应在预验合格后报建设单位申请正式验收。建设单位应依相关规定及时组织相关单位进行工程竣工验收，并应在规定时间内报建设行政主管部门备案。

4 施 工 准 备

4.0.1 开工前，建设单位应向施工、监理、设计等单位有关人员进行交底，并应形成文件。

4.0.2 开工前，建设单位应向施工单位提供施工现场及其毗邻区域内各种地下管线等构筑物的现况详实资料和地勘、气象、水文观测资料，相关设施管理单位应向施工、监理单位的有关技术管理人员进行详细的交底；应研究确定施工区域内地上、地下管线等构筑物的拆移或保护、加固方案，并应形成文件后实施。

4.0.3 开工前，建设单位应组织设计、勘测单位向施工单位移交现场测量控制桩、水准点，并形成文件。施工单位应结合实际情况，制定施工测量方案，建立测量控制网、线、点。

4.0.4 施工单位应根据建设单位提供的资料，组织有关人员对施工现场进行全面深入的调查；应熟悉现场地形、地貌、环境条件；应掌握水、电、劳动力、设备等资源供应条件；并应核实施工影响范围内的管线、构筑物、河湖、绿化、杆线、文物古迹等情况。

4.0.5 开工前，施工技术人员应对施工图进行认真审查，发现问题应及时与设计人联系，进行变更，并形成文件。

4.0.6 开工前施工单位应编制施工组织设计。施工组织设计应根据合同、标书、设计文件和有关施工的法规、标准、规范、规程及现场实际条件编制。内容应包括：施工部署、施工方案、保证质量和安全的保障体系与技术措施、必要的专项施工设计，以及环境保护、交通疏导措施等。

4.0.7 施工前应做好量具、器具的检定工作与有关原材料的检验。

4.0.8 施工前，应根据施工组织设计确定的质量保证计划，确定工程质量控制的单位工程、分部工程、分项工程和检验批，报监理工程师批准后执行，并作为施工质量控制的基础。

4.0.9 开工前应结合工程特点对现场作业人员进行技术安全培训，对特殊工种进行资格培训。

4.0.10 应根据政府有关安全、文明施工生产的法规规定，结合工程特点、现场环境条件，搭建现场临时生产、生活设施，并应制定施工管理措施；结合施工部署与进度计划，应做好安全、文明生产和环境保护工作。

5 测 量

5.1 一 般 规 定

5.1.1 施工测量开始前应完成下列准备工作：

1 建设单位组织设计、勘测单位向施工单位办理桩点交接手续。给出施工图控制网、点等级、起算数据，并形成文件。施工单位应进行现场踏勘、复核。

2 施工单位应组织学习设计文件及相应的技术标准，根据工程需要编制施工测量方案。

3 测量仪器、设备、工具等使用前应进行符合性检查，确认符合要求。严禁使用未经计量检定、校准及超过检定有效期或检定不合格的仪器、设备、工具。

5.1.2 施工单位开工前应对施工图规定的基准点、基准线和高程测量控制资料进行内业及外业复核。复核过程中，当发现不符或与相邻施工路段或桥梁的衔接有问题时，应向建设单位提出，进行查询，并取得准确结果。

5.1.3 开工前施工单位应在合同规定的期限内向建设单位提交测量复核书面报告。经监理工程师签认批准后，方可作为施工控制桩放线测量、建立施工控制网、线、点的依据。

5.1.4 施工测量用的控制桩应进行保护并校测。

5.1.5 测量记录应使用专用表格，记录应字迹清楚，严禁涂改。

5.1.6 施工中应建立施工测量的技术质量保证体系，建立健全测量复核制度。从事施工测量的作业人员应经专业培训，考核合格后持证上岗。

5.1.7 测量控制网应作好与相邻道路、桥梁控制网的联系。

5.1.8 施工测量除执行本规范规定外，尚应符合国家现行有关标准的规定。

5.2 平面控制测量

5.2.1 平面测量，应按当地城市统一的坐标系统实施。当采用当地城市统一坐标系统确有困难时，小测区所采用的假设坐标系统应经上级建设行政主管、规划部门批准。

5.2.2 平面控制网的布设，应因地制宜、确保精度，满足施工实际需要，且方便应用。

5.2.3 国家有关标准规定的各种精度的三角点，一级、二级、三级导线点以及相应精度的GPS点，根据施工需要均宜作为施工测量的首级控制。施工图提供的首级控制点（交桩点）点位中误差（相对起算点）不得大于5cm。首级控制点应满足施工复核和施工控制需要，首级控制点应为2个以上，间距不宜大于700m。控制点宜为控制道路施工图的相交道路交点、中线上点、折点及附近点、控制施工点等。

5.2.4 施工测量应作好起点、终点、转折点、道路相交点及其他重要设施的位置、方向的控制及校核。

5.2.5 三角测量应符合下列规定：

1 城镇道路工程施工首级控制（交桩点）、复核的小三角测量的主要技术指标，应符合表5.2.5-1的规定。

表5.2.5-1 三角测量的主要技术指标

控制等级	平均边长（m）	测角中误差（″）	起始边边长相对中误差	最弱边边长相对中误差	测回数		三角形最大闭合差（″）
					DJ_2	DJ_6	
一级小三角	1000	±5	≤1/40000	≤1/20000	2	4	±15
二级小三角	500	±10	≤1/20000	≤1/10000	1	2	±30

2 城镇道路工程施工控制网的三角测量的主要技术指标不得低于表5.2.5-2的规定精度。

表5.2.5-2 施工控制三角测量的主要技术指标

控制等级	边长（m）	测角中误差（″）	锁的三角形个数	测回数 DJ_6	三角形最大闭合差（″）	方位角闭合差（″）
施工控制	≤150	±20	≤13	1	±60	$\pm40\sqrt{n}$

3 三角测量的网（锁）布设应符合下列要求：

1）各等级的首级控制网，宜布设成近似等边三角形的网（锁），且其三角形的最大内角不应大于100°，最小内角不宜小于30°，个别角受条件限制时可为25°。

2）加密的控制网，可采用插网、线形锁或插点等形式。各等级的插点宜采用坚强图形布设。插点的内交会方向数不应少于4个或外交会方向数不应少于3个。

3）三角网的布设，可采用线形锁。线形锁的布设，宜近于直伸形状。狭窄地区布设线形锁控制时，按传距角计算的图形强度的总和值，应以对数6位取值，并不应小于60。

5.2.6 导线测量应符合下列规定：

1 城镇道路工程施工首级控制（交桩点）测量、复核的主要技术指标，应符合表5.2.6-1的规定。

表5.2.6-1 导线测量的主要技术指标

控制等级	导线长度（km）	平均边长（km）	测角中误差（″）	测距中误差（mm）	测距相对中误差	测回数		方位角闭合差（″）	相对闭合差
						DJ_2	DJ_6		
一级	4.0	0.5	±5	±15	≤1/30000	2	4	$\pm10\sqrt{n}$	≤1/15000
二级	2.4	0.25	±8	±15	≤1/14000	1	3	$\pm16\sqrt{n}$	≤1/10000
三级	1.2	0.1	±12	±15	≤1/7000	1	2	$\pm24\sqrt{n}$	≤1/5000

注：n 为测站数。

2 城镇道路工程施工控制网的导线测量、复核的主要技术指标，应符合表5.2.6-2的规定。

表5.2.6-2 施工控制导线测量的主要技术指标

控制等级	导线长度（m）	相对闭合差	边长（m）	测距中误差（mm）	测回数 DJ_6	方位角闭合差（″）
施工控制	1000	≤1/4000	150	±20	1	$\pm40\sqrt{n}$

3 当导线平均边长较短时，应控制导线的边数，但不应超过表5.2.6-1中相应等级导线平均长度和平均边长算得的边数；当导线长度小于表5.2.6-1中规定的长度的1/3时，导线全长的绝对闭合差不应大于13cm。

4 导线宜布设成直伸形状，相邻边长不宜相差过大。当附合导线长度超过规定时，应布设成结点网形。结点与结点、结点与高级点之间的导线长度，不应大于规定长度的70%。

5.2.7 边角测量应符合下列规定：

1 各等级边角组合网的设计应与三角网的规格取得一致，也应重视图形结构，各边边长宜近似相等，各三角形内角宜为30°～100°；个别角受条件限制时不应小于25°。

2 城镇道路的各等级边角组合网中边长测量的主要技术指标应符合表5.2.7的规定。

表5.2.7 边长测量的主要技术指标

控制等级	平均边长（m）	测距中误差（mm）	测距相对中误差
一级	1000	±16	≤1/60000
二级	500	±16	≤1/30000

3 边角组合网的角度测量的主要技术指标应符合本规范表5.2.5-1的有关规定。

4 对于由测边组成的中点多边形、大地四边形或扇形，应根据经各项改正后的边长观测值进行圆周角条件及组合条件的检核。

5.2.8 水平角观测应符合下列规定：

1 水平角观测所用的仪器在使用前，应进行检验确认完好，各项技术性能、指标应符合相关的技术要求。

2 水平角观测应采用方向观测法。当方向数不多于3个时，可不归零。方向观测法的技术指标应符合表5.2.8的规定。

表5.2.8 方向观测法的技术指标

控制等级	仪器类型	测回数	光学测微器两次重合读数差(″)	半测回归零差(″)	一测回中2倍照准差变动范围(″)	同一方向值各测回较差(″)
一级及以下	DJ_2	2	≤3①	≤12	≤18	≤12
	DJ_6	4	—	≤18	—	≤24

注：① 只用于光学经纬仪。

3 水平角观测结束后，应计算三角形闭合差、导线闭合差及测角中误差。

5.2.9 距离测量宜优先采用Ⅰ级或Ⅱ级电磁波测距仪（含全站仪），并应符合下列规定：

1 当采用电磁波测距仪时，应符合下列要求：

1）当测距长度小于等于1km时，仪器精度应分别为：

Ⅰ级：$|m_D|\leqslant 5$mm

Ⅱ级：5mm$<|m_D|\leqslant 10$mm

Ⅲ级：10mm$<|m_D|\leqslant 20$mm

仪器标准精度计算应符合下式要求：

$$m_D=(a+b\cdot D)\quad(\text{mm})\qquad(5.2.9)$$

式中 m_D——测距中误差（mm）；

a——固定误差（mm）；

b——比例误差系数（mm/km）；

D——测距长度（km）。

2）测距边宜选在地面覆盖物相同、无强电磁场与强热源地段。仪器架设高度应距地面1.3m以上，应便于观测并避开强电磁干扰。

3）操作仪器时，应符合仪器使用规定。

4）测距边的水平距离应按规定进行计算、修正。

5）电磁波测距仪测距的主要技术指标，应符合表5.2.9-1的规定。

表5.2.9-1 电磁波测距仪测距的主要技术指标

仪器等级	测回数	一测回读数较差(mm)	测回间较差(mm)	往返测或不同时间所测较差(mm)
Ⅰ级	≥2	≤5	≤7	$2(a+b\cdot D)$
Ⅱ级	≥2	≤10	≤15	$2(a+b\cdot D)$

2 当采用普通钢尺测距时，应符合国家现行标准《城市测量规范》CJJ 8的有关规定。普通钢尺测距的主要技术指标，应符合表5.2.9-2的规定。

表5.2.9-2 普通钢尺测距的主要技术指标

控制精度	边长丈量较差的相对误差	作业尺数	丈量总次数	尺段高差较差(mm)	估读数值至(mm)	温度读数值至(℃)	读尺次数	同尺各次或同段各尺的较差(mm)
一级	≤1/30000	2	4	≤5	0.5	0.5	3	≤2
二级	≤1/20000	1～2	2	≤10	0.5	0.5	3	≤2
	≤1/10000	1～2	2	≤10	0.5	0.5	2	≤3

3 施工控制直线丈量测距的允许偏差应符合表5.2.9-3的规定。

表5.2.9-3 直线丈量测距的允许偏差

固定测桩间距离（m）	允许偏差Δ
＜200	≤1/5000
200～500	≤1/10000
＞500	≤1/20000

5.2.10 内业计算应符合下列规定：

1 计算所用全部外业资料与起算数据，应经两人独立检核，确认无误后方可使用。

2 各级平面控制点的计算，可根据需要采用严密平差法或近似平差法，计算时应采用两人对算或验算方式。

3 使用电子计算机平差计算时，应对所用程序进行确认，对输入数据进行校对、检验。

4 经平差后的坐标值应作为控制的依据，对方位角、夹角和距离应按平差结果反算求得。

5.3 高程控制测量

5.3.1 高程控制应在当地城市建立的高程系统下进行。当小测区采用独立高程系统时，应经上级行政主管和规划部门批准。

高程控制测量应采用直接水准测量。城镇道路工程应按二、三等级水准测量方法建立首级工程控制。高程控制测量应起闭于设计施工图给定的城镇水准点。

5.3.2 水准测量的主要技术指标，应符合表5.3.2的规定。

表 5.3.2 水准测量的主要技术指标

等级	每千米高差全中误差（mm）	路线长度（km）	水准仪型号	水准尺	观测次数		往返较差、闭合或环线闭合差（mm）
					与已知点联测	附合或环线	
二等	≤2	—	DS_1	铟瓦	往返各一次	往返各一次	$\pm 4\sqrt{L}$
三等	≤6	≤50	DS_1	铟瓦	往返各一次	往一次	$\pm 12\sqrt{L}$
			DS_3	双面		往返各一次	

注：1 节点之间或节点与高级点之间，其线路的长度不得大于表中规定的 0.7 倍；
2 L 为往返测段、附合或环线的水准路线长度（km）；
3 三等水准测量可采用双仪高法单面尺施测；每站观测顺序为后—前—前—后。

5.3.3 水准测量所使用的仪器及水准尺，应符合下列规定：

1 水准仪视准轴与水准管轴的夹角，DS_1 不得超过 15″，DS_3 不得超过 20″。

2 水准尺上的米间隔平均真长与名义长之差，对于铟瓦水准尺不得超过 0.15mm，对于双面水准尺不得超过 0.5mm。

3 当二等水准测量采用补偿式自动安平水准仪时，其补偿误差（Δ_a）不得超过 0.2″。

4 水准观测应按照操作规程、仪器使用说明书的规定进行。

5.3.4 水准观测的主要技术指标，应符合表 5.3.4 的规定。

表 5.3.4 水准观测的主要技术指标

等级	水准仪型号	视线长度（m）	前后视距较差（m）	前后视距累计差（mm）	视线距地面最低高度（m）	基本分划、辅助分划或黑面、红面的读数较差（mm）	基本分划、辅助分划或黑面、红面的所测高差较差（mm）
二等	DS_1	≤50	≤1	≤3	0.5	≤0.5	≤0.7
三等	DS_1	≤100	≤3	≤6	0.3	≤1.0	≤1.5
	DS_3	≤75				≤2.0	≤3.0

注：1 二等水准视线长度小于 20m 时，其视线高度不应低于 0.3m；
2 三等水准采用变动仪器高度观测单面水准尺时，所测两次高差较差，应与黑面、红面所测高差之差的要求相同。

5.3.5 光电测距三角高程测量可代替四等水准测量。具体测量方法可按国家现行标准《城市测量规范》CJJ 8 的有关规定进行。

5.3.6 对高程控制网应进行平差计算，高程控制点的高程应以平差后的结果为准。

5.4 施工放线测量

5.4.1 施工中应根据施工方案布设施工中线与高程控制桩，并根据工序要求布设测桩。

5.4.2 测量作业前、后均应采用不同数据采集人核对的方法，分别核对从图纸上所采集的数据、实测数据的计算过程与计算结果，并应据以判定测量成果的有效性。

5.4.3 施工布桩、放线测量前应建立平面、高程控制网，依实地情况埋设牢固、通视良好。道路施工放线采用的经纬仪等级不应低于 DJ_6 级。

以三级导线平面控制测量时，方位角闭合差为 $\pm 24\sqrt{n}$（″）；以施工平面控制测量时，方位角闭合差为 $\pm 40\sqrt{n}$（″），且应报建设单位验收、确认。

5.4.4 路基施工前应根据图纸、资料和现场情况，测标出路基施工中可能暴露、触及、损坏的地下管线等构筑物的位置。

5.4.5 施工准备阶段核对占地、拆迁范围时，应在现场测设道路施工范围边线。

5.4.6 当工程规模较大，测量桩在施工中可能被损坏时，应设辅助平面测量基线与高程控制桩。

5.4.7 施工中应及时完成中线桩的恢复与校测。

5.4.8 城镇道路高程控制应符合下列规定：

1 高程测量视线长宜控制在 50～80m；

2 水准测量应采用 DS_3 及以上等级的水准仪施测；

3 水准测量闭合差为 $\pm 12\sqrt{L}$ mm（L 为相邻控制点间距，单位为 km）。

5.4.9 城镇道路控制测量应符合下列规定：

1 施工控制导线闭合差应符合本规范第 5.2.6 条的有关规定。

2 采用 DJ_2 级仪器时，角度应至少测一测回；采用 DJ_6 级仪器时，角度应至少测两测回。

3 距离应采用普通钢尺往返测一测回，用电磁波测距仪可单程测定。

4 当采用全站仪观测时，应符合本规范第 5.2.9 条和第 5.3.4 条的有关规定。采用全站仪测设坐标定点，应使用不同方法进行坐标计算并进行已知点的复核，并均应有工作、复核记录，实施测量前应经监理签认。

5 放样测量直线丈量测距的偏差应符合本规范表 5.2.9-3 的规定。

6 施工放样点允许误差 M，相对于相邻控制点，按极坐标法放样，应符合表5.4.9的规定。

表5.4.9 施工放样点的点位允许误差 M（cm）

横向偏位要求	≤1	≤1.5	≤2	≤3	其他
点位放样允许误差	0.7	1	1.3	2	5
例	人行地道中线	筑砌片石、块石挡土墙	路面、基层中线	路床中线	一般桩位

7 道路中心桩间距宜为10～20m。

5.4.10 平曲线和竖曲线桩应在道路中线桩、边桩的测设中完成，并标出设计高程。当曲线长度小于等于40m时，桩间距宜小于等于5m；当曲线长度大于40m时，桩间距宜小于等于10m。

5.4.11 交叉路口路面高程作业测量应按设计规定的高程方格网、等分圆网等，分层测定高程。

5.4.12 与路面有关的附属构筑物的外观控制测量应在控制方向按平面、高程控制需要设控制桩。

5.4.13 城镇道路工程完工后应进行竣工测量。竣工测量包括：中心线位置、高程、横断面图式、附属结构和地下管线的实际位置和高程。测量成果应在竣工图中标明。

5.4.14 施工测量的记录及成果均应在正式记录本上填写，并按规定整理测量资料。

5.4.15 工程验收的测量依据点应按程序报经建设单位验收、确认。

6 路 基

6.1 一 般 规 定

6.1.1 施工前，应对道路中线控制桩、边线桩及高程控制桩等进行复核，确认无误后方可施工。

6.1.2 当施工中破坏地面原有排水系统时，应采取有效处理措施。

6.1.3 施工前，应根据现场与周边环境条件、交通状况与道路交通管理部门，研究制定交通疏导或导行方案，并实施完毕。施工中影响或阻断既有人行交通时，应在施工前采取措施，保障人行交通畅通、安全。

6.1.4 施工前，应根据工程地质勘察报告，对路基土进行天然含水量、液限、塑限、标准击实、CBR试验，必要时应做颗粒分析、有机质含量、易溶盐含量、冻膨胀和膨胀量等试验。

6.1.5 施工前，应根据工程规模、环境条件，修筑临时施工道路。临时施工道路应满足施工机械调运和行车安全要求，且不得妨碍施工。

6.1.6 城镇道路施工范围内的新建地下管线、人行地道等地下构筑物宜先行施工。对埋深较浅的既有地下管线，作业中可能受损时，应向建设单位、设计单位提出加固或挪移措施方案，并办理手续后实施。

6.1.7 施工中，发现文物、古迹、不明物应立即停止施工，保护好现场，通知建设单位及有关管理部门到场处理。

6.2 施工排水与降水

6.2.1 施工前，应根据工程地质、水文、气象资料、施工工期和现场环境编制排水与降水方案。在施工期间排水设施应及时维修、清理，保证排水通畅。

6.2.2 施工排水与降水应保证路基土壤天然结构不受扰动，保证附近建筑物和构筑物的安全。

6.2.3 施工排水与降水设施，不得破坏原有地面排水系统，且宜与现况地面排水系统及道路工程永久排水系统相结合。

6.2.4 当采用明沟排水时，排水沟的断面及纵坡应根据地形、土质和排水量确定。当需用排水泵时，应根据施工条件、渗水量、扬程与吸程要求选择。施工排出水，应引向离路基较远的地点。

6.2.5 在细砂、粉砂土中降水时，应采取防止流砂的措施。

6.2.6 在路堑坡顶部外侧设排水沟时，其横断面和纵向坡度，应经水力计算确定，且底宽与沟深均不宜小于50cm。排水沟离路堑顶部边缘应有足够的防渗安全距离或采取防渗措施，并在路堑坡顶部筑成倾向排水沟2%的横坡。排水沟应采取防冲刷措施。

6.3 土 方 路 基

6.3.1 路基施工前，应将现状地面上的积水排除、疏干，将树根坑、井穴、坟坑等进行技术处理，并将地面整平。

6.3.2 路基范围内遇有软土地层或土质不良、边坡易被雨水冲刷的地段，当设计未做处理规定时，应按本规范第3.0.5条办理变更设计，并据以制定专项施工方案。

6.3.3 人机配合土方作业，必须设专人指挥。机械作业时，配合作业人员严禁处在机械作业和走行范围内。配合人员在机械走行范围内作业时，机械必须停止作业。

6.3.4 路基填、挖接近完成时，应恢复道路中线、路基边线，进行整形，并碾压成活。压实度应符合本规范表6.3.12-2的有关规定。

6.3.5 当遇有翻浆时，必须采取处理措施。当采用石灰土处理翻浆时，土壤宜就地取材。

6.3.6 使用房渣土、粉砂土等作为填料时，应经试验确定。施工中应符合本规范第7.2节的有关规定。

6.3.7 路堑、边坡开挖方法应根据地势、环境状况、路堑尺寸及土壤种类确定。

6.3.8 路堑边坡的坡度应符合设计规定，如地质情况与原设计不符或地层中夹有易塌方土壤时，应及时办理设计变更。

6.3.9 土方开挖应根据地面坡度、开挖断面、纵向长度及出土方向等因素结合土方调配，选用安全、经济的开挖方案。

6.3.10 挖方施工应符合下列规定：

1 **挖土时应自上向下分层开挖，严禁掏洞开挖。作业中断或作业后，开挖面应做成稳定边坡。**

2 **机械开挖作业时，必须避开构筑物、管线，在距管道边1m范围内应采用人工开挖；在距直埋缆线2m范围内必须采用人工开挖。**

3 **严禁挖掘机等机械在电力架空线路下作业。需在其一侧作业时，垂直及水平安全距离应符合表6.3.10的规定。**

表6.3.10 挖掘机、起重机（含吊物、载物）等机械与电力架空线路的最小安全距离

电压（kV）		<1	10	35	110	220	330	500
安全距离（m）	沿垂直方向	1.5	3.0	4.0	5.0	6.0	7.0	8.5
	沿水平方向	1.5	2.0	3.5	4.0	6.0	7.0	8.5

6.3.11 弃土、暂存土均不得妨碍各类地下管线等构筑物的正常使用与维护，且应避开建筑物、围墙、架空线等。严禁占压、损坏、掩埋各种检查井、消火栓等设施。

6.3.12 填方施工应符合下列规定：

1 填方前应将地面积水、积雪（冰）和冻土层、生活垃圾等清除干净。

2 填方材料的强度（CBR）值应符合设计要求，其最小强度值应符合表6.3.12-1规定。不应使用淤泥、沼泽土、泥炭土、冻土、有机土以及含生活垃圾的土做路基填料。对液限大于50%、塑性指数大于26、可溶盐含量大于5%、700℃有机质烧失量大于8%的土，未经技术处理不得用作路基填料。

表6.3.12-1 路基填料强度（CBR）的最小值

填方类型	路床顶面以下深度（cm）	最小强度（%） 城市快速路、主干路	最小强度（%） 其他等级道路
路床	0～30	8.0	6.0
路基	30～80	5.0	4.0
路基	80～150	4.0	3.0
路基	>150	3.0	2.0

3 填方中使用房渣土、工业废渣等需经过试验，确认可靠并经建设单位、设计单位同意后方可使用。

4 路基填方高度应按设计标高增加预沉量值。预沉量应根据工程性质、填方高度、填料种类、压实系数和地基情况与建设单位、监理工程师、设计单位共同商定确认。

5 不同性质的土应分类、分层填筑，不得混填，填土中大于10cm的土块应打碎或剔除。

6 填土应分层进行。下层填土验收合格后，方可进行上层填筑。路基填土宽度每侧应比设计规定宽50cm。

7 路基填筑中宜做成双向横坡，一般土质填筑横坡宜为2%～3%，透水性小的土类填筑横坡宜为4%。

8 透水性较大的土壤边坡不宜被透水性较小的土壤所覆盖。

9 受潮湿及冻融影响较小的土壤应填在路基的上部。

10 在路基宽度内，每层虚铺厚度应视压实机具的功能确定。人工夯实虚铺厚度应小于20cm。

11 路基填土中断时，应对已填路基表面土层压实并进行维护。

12 原地面横向坡度在1∶10～1∶5时，应先翻松表土再进行填土；原地面横向坡度陡于1∶5时应做成台阶形，每级台阶宽度不得小于1m，台阶顶面应向内倾斜；在沙土地段可不作台阶，但应翻松表层土。

13 压实应符合下列要求：

1）路基压实度应符合表6.3.12-2的规定。

表6.3.12-2 路基压实度标准

填挖类型	路床顶面以下深度（cm）	道路类别	压实度（%）（重型击实）	检验频率 范围	检验频率 点数	检验方法
挖方	0～30	城市快速路、主干路	≥95	1000m²	每层3点	环刀法、灌水法或灌砂法
		次干路	≥93			
		支路及其他小路	≥90			
填方	0～80	城市快速路、主干路	≥95			
		次干路	≥93			
		支路及其他小路	≥90			
	>80～150	城市快速路、主干路	≥93			
		次干路	≥90			
		支路及其他小路	≥90			
	>150	城市快速路、主干路	≥90			
		次干路	≥90			
		支路及其他小路	≥87			

2）压实应先轻后重、先慢后快、均匀一致。压路机最快速度不宜超过4km/h。

3）填土的压实遍数，应按压实度要求，经现场试验确定。

4）压实过程中应采取措施保护地下管线、构筑物安全。

5）碾压应自路基边缘向中央进行，压路机轮外缘距路基边应保持安全距离，压实度应达到要求，且表面应无显著轮迹、翻浆、起皮、波浪等现象。

6）压实应在土壤含水量接近最佳含水量值时进行。其含水量偏差幅度经试验确定。

7）当管道位于路基范围内时，其沟槽的回填土压实度应符合现行国家标准《给水排水管道工程施工及验收规范》GB 50268 的有关规定，且管顶以上 50cm 范围内不得用压路机压实。当管道结构顶面至路床的覆土厚度不大于 50cm 时，应对管道结构进行加固。当管道结构顶面至路床的覆土厚度在 50～80cm 时，路基压实过程中应对管道结构采取保护或加固措施。

6.3.13 旧路加宽时，填土宜选用与原路基土壤相同的土壤或透水性较好的土壤。

6.4 石方路基

6.4.1 施工前应根据地质条件、工程作业环境，选定施工机具设备。

6.4.2 开挖路堑发现岩性有突变时，应及时报请设计单位办理变更设计。

6.4.3 采用爆破法施工石方必须符合现行国家标准《爆破安全规程》GB 6722 的有关规定，并应符合下列规定：

1 施工前，应进行爆破设计，编制爆破设计书或说明书，制定专项施工方案，规定相应的安全技术措施，经市、区政府主管部门批准。

2 在市区、居民稠密区，宜使用静音爆破，严禁使用扬弃爆破。

3 爆破工程应按批准的时间进行爆破，在起爆前必须完成对爆破影响区内的房屋、构筑物和设备的安全防护、交通管制与疏导，安全警戒且施爆区内人、畜等已撤至安全地带，指挥与操作系统人员就位。

4 起爆前爆破人员必须确认装药与导爆、起爆系统安装正确有效。

6.4.4 爆破施工必须由取得爆破专业技术资质的企业承担，爆破工应经技术培训持证上岗。现场必须设专人指挥。

6.4.5 石方填筑路基应符合下列规定：

1 修筑填石路堤应进行地表清理，先码砌边部，然后逐层水平填筑石料，确保边坡稳定。

2 施工前应先修筑试验段，以确定能达到最大压实干密度的松铺厚度与压实机械组合，及相应的压实遍数、沉降差等施工参数。

3 填石路堤宜选用 12t 以上的振动压路机、25t 以上的轮胎压路机或 2.5t 以上的夯锤压（夯）实。

4 路基范围内管线、构筑物四周的沟槽宜回填土料。

6.5 路　肩

6.5.1 路肩应与路基、基层、面层等各层同步施工。

6.5.2 路肩应平整、坚实，直线段肩线应直顺，曲线段应顺畅。

6.6 构筑物处理

6.6.1 路基范围内存在既有地下管线等构筑物时，施工应符合下列规定：

1 施工前，应根据管线等构筑物顶部与路床的高差，结合构筑物结构状况，分析、评估其受施工影响程度，采取相应的保护措施。

2 构筑物拆改或加固保护处理措施完成后，应由建设单位、管理单位参加进行隐蔽验收，确认符合要求、形成文件后，方可进行下一工序施工。

3 施工中，应保持构筑物的临时加固设施处于有效工作状态。

4 对构筑物的永久性加固，应在达到规定强度后，方可承受施工荷载。

6.6.2 新建管线等构筑物间或新建管线与既有管线、构筑物间有矛盾时，应报请建设单位，由管线管理单位、设计单位确定处理措施，并形成文件，据以施工。

6.6.3 沟槽回填土施工应符合下列规定：

1 回填土应保证涵洞（管）、地下构筑物结构安全和外部防水层及保护层不受破坏。

2 预制涵洞的现浇混凝土基础强度及预制件装配接缝的水泥砂浆强度达 5MPa 后，方可进行回填。砌体涵洞应在砌体砂浆强度达到 5MPa，且预制盖板安装后进行回填；现浇钢筋混凝土涵洞，其胸腔回填土宜在混凝土强度达到设计强度 70%后进行，顶板以上填土应在达到设计强度后进行。

3 涵洞两侧应同时回填，两侧填土高差不得大于 30cm。

4 对有防水层的涵洞靠防水层部位应回填细粒土，填土中不得含有碎石、碎砖及大于 10cm 的硬块。

5 涵洞位于路基范围内时，其顶部及两侧回填土应符合本规范第 6.3.12 条的有关规定。

6 土壤最佳含水量和最大干密度应经试验确定。

7 回填过程不得劈槽取土，严禁掏洞取土。

6.7 特殊土路基

6.7.1 特殊土路基在加固处理施工前应做好下列准

备工作：

1 进行详细的现场调查，依据工程地质勘察报告核查特殊土的分布范围、埋置深度和地表水、地下水状况，根据设计文件、水文地质资料编制专项施工方案。

2 做好路基施工范围内的地面、地下排水设施，并保证排水通畅。

3 进行土工试验，提供施工技术参数。

4 选择适宜的季节进行路基加固处理施工，并宜符合下列要求：

1）湖、塘、沼泽等地的软土路基宜在枯水期施工；

2）膨胀土路基宜在少雨季节施工；

3）强盐渍土路基应在春季施工；黏性盐渍土路基宜在夏季施工；砂性盐渍土路基宜在春季和夏初施工。

6.7.2 软土路基施工应符合下列规定：

1 软土路基施工应列入地基固结期。应按设计要求进行预压，预压期内除补填因加固沉降引起的补填土方外，严禁其他作业。

2 施工前应修筑路基处理试验路段，以获取各种施工参数。

3 置换土施工应符合下列要求：

1）填筑前，应排除地表水，清除腐殖土、淤泥。

2）填料宜采用透水性土。处于常水位以下部分的填土，不得使用非透水性土壤。

3）填土应由路中心向两侧按要求分层填筑并压实，层厚宜为15cm。

4）分段填筑时，接茬应按分层作成台阶形状，台阶宽不宜小于2m。

4 当软土层厚度小于3.0m，且位于水下或为含水量极高的淤泥时，可使用抛石挤淤，并应符合下列要求：

1）应使用不易风化石料，石料中尺寸小于30cm粒径的含量不得超过20%。

2）抛填方向应根据道路横断面下卧软土地层坡度而定。坡度平坦时自地基中部渐次向两侧扩展；坡度陡于1：10时，自高侧向低侧抛填，并在低侧边部多抛投，使低侧边部约有2m宽的平台顶面。

3）抛石露出水面或软土面后，应用较小石块填平、碾压密实，再铺设反滤层填土压实。

5 采用砂垫层置换时，砂垫层应宽出路基边脚0.5～1.0m，两侧以片石护砌。

6 采用反压护道时，护道宜与路基同时填筑。当分别填筑时，必须在路基达到临界高度前将反压护道施工完成。压实度应符合设计规定，且不应低于最大干密度的90%。

7 采用土工材料处理软土路基应符合下列要求：

1）土工材料应由耐高温、耐腐蚀、抗老化、不易断裂的聚合物材料制成。其抗拉强度、顶破强度、负荷延伸率等均应符合设计及有关产品质量标准的要求。

2）土工材料铺设前，应对基面压实整平。宜在原地基上铺设一层30～50cm厚的砂垫层。铺设土工材料后，运、铺料等施工机具不得在其上直接行走。

3）每压实层的压实度、平整度经检验合格后，方可于其上铺设土工材料。土工材料应完好，发生破损应及时修补或更换。

4）铺设土工材料时，应将其沿垂直于路轴线展开，并视填土层厚度选用符合要求的锚固钉固定、拉直，不得出现扭曲、折皱等现象。土工材料纵向搭接宽度不应小于30cm，采用锚接时其搭接宽度不得小于15cm；采用胶结时胶接宽度不得小于5cm，其胶结强度不得低于土工材料的抗拉强度。相邻土工材料横向搭接宽度不应小于30cm。

5）路基边坡留置的回卷土工材料，其长度不应小于2m。

6）土工材料铺设完后，应立即铺筑上层填料，其间隔时间不应超过48h。

7）双层土工材料上、下层接缝应错开，错缝距离不应小于50cm。

8 采用袋装砂井排水应符合下列要求：

1）宜采用含泥量小于3%的粗砂或中砂做填料。砂袋的渗透系数应大于所用砂的渗透系数。

2）砂袋存放使用中不应长期曝晒。

3）砂袋安装应垂直入井，不应扭曲、缩颈、断割或磨损，砂袋在孔口外的长度应能顺直伸入砂垫层不小于30cm。

4）袋装砂井的井距、井深、井径等应符合设计要求。

9 采用塑料排水板应符合下列要求：

1）塑料排水板应具有耐腐性、柔韧性，其强度与排水性能应符合设计要求。

2）塑料排水板贮存与使用中不得长期曝晒，并应采取保护滤膜措施。

3）塑料排水板敷设应直顺，深度符合设计规定，超过孔口长度应伸入砂垫层不小于50cm。

10 采用砂桩处理软土地基应符合下列要求：

1）砂宜采用含泥量小于3%的粗砂或中砂。

2）应根据成桩方法选定填砂的含水量。

3）砂桩应砂体连续、密实。

4）桩长、桩距、桩径、填砂量应符合设计规定。

11 采用碎石桩处理软土地基应符合下列要求：

1）宜选用含泥砂量小于10%、粒径19～63mm的碎石或砾石作桩料。

2）应进行成桩试验，确定控制水压、电流和振冲器的振留时间等参数。

3）应分层加入碎石（砾石）料，观察振实挤密效果，防止断桩、缩颈。

4）桩距、桩长、灌石量等应符合设计规定。

12 采用粉喷桩加固土桩处理软土地基应符合下列要求：

1）石灰应采用磨细Ⅰ级钙质石灰（最大粒径小于2.36mm、氧化钙含量大于80%），宜选用SiO_2和Al_2O_3含量大于70%，烧失量小于10%的粉煤灰、普通或矿渣硅酸盐水泥。

2）工艺性成桩试验桩数不宜少于5根，以获取钻进速度、提升速度、搅拌、喷气压力与单位时间喷入量等参数。

3）柱距、桩长、桩径、承载力等应符合设计规定。

13 施工中，施工单位应按设计与施工方案要求记录各项控制观测数值，并与设计单位、监理单位及时沟通反馈有关工程信息以指导施工。路堤完工后，应观测沉降值与位移至符合设计规定并稳定后，方可进行后续施工。

6.7.3 湿陷性黄土路基施工应符合下列规定：

1 施工前应作好施工期拦截、排除地表水的措施，且宜与设计规定的拦截、排除、防止地表水下渗的设施结合。

2 路基内的地下排水构筑物与地面排水沟渠必须采取防渗措施。

3 施工中应详探道路范围内的陷穴，当发现设计有遗漏时，应及时报建设单位、设计单位，进行补充设计。

4 用换填法处理路基时应符合下列要求：

1）换填材料可选用黄土、其他黏性土或石灰土，其填筑压实要求同土方路基。采用石灰土换填时，消石灰与土的质量配合比，宜为石灰：土为9：91（二八灰土）或12：88（三七灰土）。石灰应符合本规范第7.2.1条的有关规定。

2）换填宽度应宽出路基坡脚0.5～1.0m。

3）填筑用土中大于10cm的土块必须打碎，并应在接近土的最佳含水量时碾压密实。

5 强夯处理路基时应符合下列要求：

1）夯实施工前，必须查明场地范围内的地下管线等构筑物的位置及标高，严禁在其上方采用强夯施工，靠近其施工必须采取保护措施。

2）施工前应按设计要求在现场选点进行试夯，通过试夯确定施工参数，如夯锤质量、落距、夯点布置、夯击次数和夯击遍数等。

3）地基处理范围不宜小于路基坡脚外3m。

4）应划定作业区，并应设专人指挥施工。

5）施工过程中，应设专人对夯击参数进行监测和记录。当参数变异时，应及时采取措施处理。

6 路堤边坡应整平夯实，并应采取防止路面水冲刷措施。

6.7.4 盐渍土路基施工应符合下列规定：

1 过盐渍土、强盐渍土不应作路基填料。弱盐渍土可用于城市快速路、主干路路床1.5m以下范围填土，也可用于次干路及其他道路路床0.8m以下填土。

2 施工中应对填料的含盐量及其均匀性加强监控，路床以下每1000m^3填料、路床部分每500m^3填料至少应做一组试件（每组取3个土样），不足上列数量时，也应做一组试件。

3 用石膏土作填料时，应先破坏其蜂窝状结构。石膏含量可不限制，但应控制压实度。

4 地表为过盐渍土、强盐渍土时，路基填筑前应按设计要求将其挖除，土层过厚时，应设隔离层，并宜设在距路床下0.8m处。

5 盐渍土路基应分层填筑、夯实，每层虚铺厚度不宜大于20cm。

6 盐渍土路堤施工前应测定其基底（包括护坡道）表土的含盐量、含水量和地下水位，分别按设计规定进行处理。

6.7.5 膨胀土路基施工应符合下列规定：

1 施工应避开雨期，且保持良好的路基排水条件。

2 应采取分段施工。各道工序应紧密衔接，连续施工，逐段完成。

3 路堑开挖应符合下列要求：

1）边坡应预留30～50cm厚土层，路堑挖完后应立即按设计要求进行削坡与封闭边坡。

2）路床应比设计标高超挖30cm，并应及时采用粒料或非膨胀土等换填、压实。

4 路基填方应符合下列要求：

1）施工前应按规定做试验段。

2）路床顶面30cm范围内应换填非膨胀土或经改性处理的膨胀土。当填方路基填土高度小于1m时，应对原地表30cm内的膨胀土挖除，进行换填。

3）强膨胀土不得做路基填料。中等膨胀土应经改性处理方可使用，但膨胀总率不得超过0.7%。

4）施工中应根据膨胀土自由膨胀率，选用适宜的碾压机具，碾压时应保持最佳含水量；压实土层松铺厚度不得大于30cm；土块粒径不得大于5cm，且粒径大于2.5cm的土块量应小于40%。

5 在路堤与路堑交界地段，应采用台阶方式搭接，每阶宽度不得小于2m，并碾压密实。压实度标准应符合本规范表6.3.12-2的规定。

6 路基完成施工后应及时进行基层施工。

6.7.6 冻土路基施工应符合下列规定：

1 路基范围内的各种地下管线基础应设置于冻土层以下。

2 填方地段路堤应预留沉降量，在修筑路面结构之前，路基沉降应已基本稳定。

3 路基受冰冻影响部位，应选用水稳定性和抗冻稳定性均较好的粗粒土，碾压时的含水量偏差应控制在最佳含水量允许偏差范围内。

4 当路基位于永久冻土的富冰冻土、饱冰冻土或含冰层地段时，必须保持路基及周围的冻土处于冻结状态，且应避免施工时破坏土基热流平衡。排水沟与路基坡脚距离不应小于2m。

5 冻土区土层为冻融活动层，设计无地基处理要求时，应报请设计部门进行补充设计。

6.8 检验标准

6.8.1 土方路基（路床）质量检验应符合下列规定：

主 控 项 目

1 路基压实度应符合本规范表6.3.12-2的规定。

检查数量：每1000m²、每压实层抽检3点。

检验方法：环刀法、灌砂法或灌水法。

2 弯沉值，不应大于设计规定。

检查数量：每车道、每20m测1点。

检验方法：弯沉仪检测。

一 般 项 目

3 土路基允许偏差应符合表6.8.1的规定。

表6.8.1 土路基允许偏差

<table>
<tr><th rowspan="2">项 目</th><th rowspan="2">允许偏差</th><th colspan="4">检验频率</th><th rowspan="2">检验方法</th></tr>
<tr><th>范围（m）</th><th colspan="3">点数</th></tr>
<tr><td>路床纵断高程（mm）</td><td>−20
+10</td><td>20</td><td colspan="3">1</td><td>用水准仪测量</td></tr>
<tr><td>路床中线偏位（mm）</td><td>≤30</td><td>100</td><td colspan="3">2</td><td>用经纬仪、钢尺量取最大值</td></tr>
<tr><td rowspan="3">路床平整度（mm）</td><td rowspan="3">≤15</td><td rowspan="3">20</td><td rowspan="3">路宽（m）</td><td><9</td><td>1</td><td rowspan="3">用3m直尺和塞尺连续量两尺，取较大值</td></tr>
<tr><td>9～15</td><td>2</td></tr>
<tr><td>>15</td><td>3</td></tr>
<tr><td>路床宽度（mm）</td><td>不小于设计值+B</td><td>40</td><td colspan="3">1</td><td>用钢尺量</td></tr>
<tr><td rowspan="3">路床横坡</td><td rowspan="3">±0.3%且不反坡</td><td rowspan="3">20</td><td rowspan="3">路宽（m）</td><td><9</td><td>2</td><td rowspan="3">用水准仪测量</td></tr>
<tr><td>9～15</td><td>4</td></tr>
<tr><td>>15</td><td>6</td></tr>
<tr><td>边坡</td><td>不陡于设计值</td><td>20</td><td colspan="3">2</td><td>用坡度尺量，每侧1点</td></tr>
</table>

注：B为施工时必要的附加宽度。

4 路床应平整、坚实，无显著轮迹、翻浆、波浪、起皮等现象，路堤边坡应密实、稳定、平顺等。

检查数量：全数检查。

检验方法：观察。

6.8.2 石方路基质量检验应符合下列规定：

1 挖石方路基（路堑）质量应符合下列要求：

主 控 项 目

1）上边坡必须稳定，严禁有松石、险石。

检查数量：全数检查。

检验方法：观察。

一 般 项 目

2）挖石方路基允许偏差应符合表6.8.2-1的规定。

表6.8.2-1 挖石方路基允许偏差

项 目	允许偏差	检验频率		检验方法
		范围（m）	点数	
路床纵断高程（mm）	+50 −100	20	1	用水准仪测量
路床中线偏位（mm）	≤30	100	2	用经纬仪、钢尺量取最大值
路床宽（mm）	不小于设计规定+B	40	1	用钢尺量
边坡（%）	不陡于设计规定	20	2	用坡度尺量，每侧1点

注：B为施工时必要的附加宽度。

2 填石路堤质量应符合下列要求：

主 控 项 目

1）压实密度应符合试验路段确定的施工工艺，沉降差不应大于试验路段确定的沉降差。

检查数量：每1000m²，抽检3点。

检验方法：水准仪测量。

一 般 项 目

2）路床顶面应嵌缝牢固，表面均匀、平整、稳定，无推移、浮石。

检查数量：全数检查。

检验方法：观察。

3）边坡应稳定、平顺，无松石。

检查数量：全数检查。

检验方法：观察。

4）填石方路基允许偏差应符合表6.8.2-2的规定。

表 6.8.2-2 填石方路基允许偏差

项 目	允许偏差	检验频率			检验方法
		范围（m）	点数		
路床纵断高程（mm）	−20 +10	20	1		用水准仪测量
路床中线偏位（mm）	≤30	100	2		用经纬仪、钢尺量取最大值
路床平整度（mm）	≤20	20	路宽（m） <9	1	用3m直尺和塞尺连续量两尺，取较大值
			9～15	2	
			>15	3	
路床宽度（mm）	不小于设计值+B	40	1		用钢尺量
路床横坡	±0.3%且不反坡	20	路宽（m） <9	2	用水准仪测量
			9～15	4	
			>15	6	
边坡	不陡于设计值	20	2		用坡度尺量，每侧1点

注：B为施工必要附加宽度。

6.8.3 路肩质量检验应符合下列规定：

一 般 项 目

1 肩线应顺畅、表面平整，不积水、不阻水。

检查数量：全数检查。

检验方法：观察。

2 路肩，压实度应大于或等于90%。

检查数量：每100m，每侧各抽检1点。

检验方法：环刀法、灌砂法或灌水法。

3 路肩允许偏差应符合表6.8.3的规定。

表 6.8.3 路肩允许偏差

项 目	允许偏差	检验频率		检 验 方 法
		范围（m）	点数	
宽度（mm）	不小于设计规定	40	2	用钢尺量，每侧1点
横坡	±1%且不反坡	40	2	用水准仪测量，每侧1点

注：硬质路肩应结合所用材料，按本规范第7～11章的有关规定，补充相应的检查项目。

6.8.4 软土路基施工质量检验应符合下列规定：

1 换填土处理软土路基质量检验应符合本规范第6.8.1条的有关规定。

2 砂垫层处理软土路基质量检验应符合下列规定：

主 控 项 目

1）砂垫层的材料质量应符合设计要求。

检查数量：按不同材料进场批次，每批检查1次。

检验方法：查检验报告。

2）砂垫层的压实度应大于等于90%。

检查数量：每1000m²、每压实层抽检3点。

检验方法：灌砂法。

一 般 项 目

3）砂垫层允许偏差应符合表6.8.4-1的规定。

表 6.8.4-1 砂垫层允许偏差

项目	允许偏差（mm）	检验频率			检验方法
		范围（m）	点数		
宽度	不小于设计规定+B	40	1		用钢尺量
厚度	不小于设计规定	200	路宽（m） <9	2	用钢尺量
			9～15	4	
			>15	6	

注：B为必要的附加宽度。

3 反压护道质量检验应符合下列规定：

主 控 项 目

1）压实度不应小于90%。

检查数量：每压实层，每200m检查3点。

检验方法：环刀法、灌砂法或灌水法。

一 般 项 目

2）宽度、高度应符合设计要求。
检查数量：全数检查。
检验方法：观察，用尺量。

4 土工材料处理软土路基质量检验应符合下列规定：

主 控 项 目

1）土工材料的技术质量指标应符合设计要求。
检查数量：按进场批次，每批次按5%抽检。
检验方法：查出厂检验报告，进场复检。

2）土工合成材料敷设、胶接、锚固和回卷长度应符合设计要求。
检查数量：全数检查。
检验方法：用尺量。

一 般 项 目

3）下承层面不得有突刺、尖角。
检查数量：全数检查。
检验方法：观察。

4）土工合成材料铺设允许偏差应符合表6.8.4-2的规定。

表6.8.4-2 土工合成材料铺设允许偏差

<table>
<tr><th rowspan="2">项 目</th><th rowspan="2">允许偏差</th><th colspan="3">检验频率</th><th rowspan="2">检验方法</th></tr>
<tr><th>范围（m）</th><th colspan="2">点数</th></tr>
<tr><td rowspan="3">下承面平整度（mm）</td><td rowspan="3">≤15</td><td rowspan="3">20</td><td rowspan="3">路宽（m）</td><td><9　1</td><td rowspan="3">用3m直尺和塞尺连续量两尺，取较大值</td></tr>
<tr><td>9～15　2</td></tr>
<tr><td>>15　3</td></tr>
<tr><td rowspan="3">下承面拱度</td><td rowspan="3">±1%</td><td rowspan="3">20</td><td rowspan="3">路宽（m）</td><td><9　2</td><td rowspan="3">用水准仪测量</td></tr>
<tr><td>9～15　4</td></tr>
<tr><td>>15　6</td></tr>
</table>

5 袋装砂井质量检验应符合下列规定：

主 控 项 目

1）砂的规格和质量、砂袋织物质量必须符合设计要求。
检查数量：按不同材料进场批次，每批检查1次。
检验方法：查检验报告。

2）砂袋下沉时不得出现扭结、断裂等现象。
检查数量：全数检查。
检验方法：观察并记录。

3）井深不小于设计要求，砂袋在井口外应伸入砂垫层30cm以上。
检查数量：全数检查。
检验方法：钢尺量测。

一 般 项 目

4）袋装砂井允许偏差应符合表6.8.4-3的规定。

表6.8.4-3 袋装砂井允许偏差

<table>
<tr><th rowspan="2">项 目</th><th rowspan="2">允许偏差</th><th colspan="2">检验频率</th><th rowspan="2">检验方法</th></tr>
<tr><th>范围</th><th>点数</th></tr>
<tr><td>井间距（mm）</td><td>±150</td><td rowspan="4">全部</td><td rowspan="4">抽查2%且不少于5处</td><td>两井间，用钢尺量</td></tr>
<tr><td>砂井直径（mm）</td><td>+10
0</td><td>查施工记录</td></tr>
<tr><td>井竖直度</td><td>≤1.5%H</td><td>查施工记录</td></tr>
<tr><td>砂井灌砂量</td><td>−5%G</td><td>查施工记录</td></tr>
</table>

注：H为桩长或孔深，G为灌砂量。

6 塑料排水板质量检验应符合下列规定：

主 控 项 目

1）塑料排水板质量必须符合设计要求。
检查数量：按不同材料进场批次，每批检查1次。
检验方法：查检验报告。

2）塑料排水板下沉时不得出现扭结、断裂等现象。
检查数量：全数检查。
检验方法：观察。

3）板深不小于设计要求，排水板在井口外应伸入砂垫层50cm以上。
检查数量：全数检查。
检验方法：查施工记录。

一 般 项 目

4）塑料排水板设置允许偏差应符合表6.8.4-4的规定。

表6.8.4-4 塑料排水板设置允许偏差

<table>
<tr><th rowspan="2">项 目</th><th rowspan="2">允许偏差</th><th colspan="2">检验频率</th><th rowspan="2">检验方法</th></tr>
<tr><th>范围</th><th>点数</th></tr>
<tr><td>板间距（mm）</td><td>±150</td><td rowspan="2">全部</td><td rowspan="2">抽查2%且不少于5处</td><td>两板间，用钢尺量</td></tr>
<tr><td>板竖直度</td><td>≤1.5%H</td><td>查施工记录</td></tr>
</table>

注：H为桩长或孔深。

7 砂桩处理软土路基质量检验应符合下列规定：

主 控 项 目

1）砂桩材料应符合设计规定。
检查数量：按不同材料进场批次，每批检

查1次。

检验方法：查检验报告。

2）复合地基承载力不应小于设计规定值。

检查数量：按总桩数的1%进行抽检，且不少于3处。

检验方法：查复合地基承载力检验报告。

3）桩长不小于设计规定。

检查数量：全数检查。

检验方法：查施工记录。

一 般 项 目

4）砂桩允许偏差应符合表6.8.4-5的规定。

表6.8.4-5 砂桩允许偏差

项目	允许偏差	检验频率		检验方法
		范围	点数	
桩距(mm)	±150	全部	抽查2%，且不少于2根	两桩间，用钢尺量，查施工记录
桩径(mm)	≥设计值			
竖直度	≤1.5%H			

注：H为桩长或孔深。

8 碎石桩处理软土路基质量检验应符合下列规定：

主 控 项 目

1）碎石桩材料应符合设计规定。

检查数量：按不同材料进场批次，每批检查1次。

检验方法：查检验报告。

2）复合地基承载力不应小于设计规定值。

检查数量：按总桩数的1%进行抽检，且不少于3处。

检验方法：查复合地基承载力检验报告。

3）桩长不应小于设计规定。

检查数量：全数检查。

检验方法：查施工记录。

一 般 项 目

4）碎石桩成桩质量允许偏差应符合表6.8.4-6的规定。

表6.8.4-6 碎石桩允许偏差

项 目	允许偏差	检验频率		检验方法
		范围	点数	
桩距（mm）	±150	全部	抽查2%，且不少于2根	两桩间，用钢尺量，查施工记录
桩径（mm）	≥设计值			
竖直度	≤1.5%H			

注：H为桩长或孔深。

9 粉喷桩处理软土地基质量检验应符合下列规定：

主 控 项 目

1）水泥的品种、级别及石灰、粉煤灰的性能指标应符合设计要求。

检查数量：按不同材料进场批次，每批检查1次。

检验方法：查检验报告。

2）桩长不应小于设计规定。

检查数量：全数检查。

检验方法：查施工记录。

3）复合地基承载力应不小于设计规定值。

检查数量：按总桩数的1%进行抽检，且不少于3处。

检验方法：查复合地基承载力检验报告。

一 般 项 目

4）粉喷桩成桩允许偏差应符合表6.8.4-7的规定。

表6.8.4-7 粉喷桩允许偏差

项 目	允许偏差	检验频率		检验方法
		范围	点数	
强度(kPa)	不小于设计值	全部	抽查5%	切取试样或无损检测
桩距(mm)	±100	全部	抽查2%，且不少于2根	两桩间，用钢尺量，查施工记录
桩径(mm)	不小于设计值			
竖直度	≤1.5%H			

注：H为桩长或孔深。

6.8.5 湿陷性黄土路基强夯处理质量检验应符合下列规定：

主 控 项 目

1 路基土的压实度应符合设计规定和本规范表6.3.2-2规定。

检查数量：每1000m²，每压实层，抽检3点。

检验方法：环刀法、灌砂法或灌水法。

一 般 项 目

2 湿陷性黄土夯实质量应符合表6.8.5的规定。

表 6.8.5 湿陷性黄土夯实质量检验标准

项 目	检验标准	检验频率				检验方法
		范围（m）	点数			
夯点累计夯沉量	不小于试夯时确定夯沉量的 95%	200	路宽（m）	<9	2	查施工记录
				9～15	4	
				>15	6	
湿陷系数	符合设计要求		路宽（m）	<9	2	见注
				9～15	4	
				>15	6	

注：隔 7～10d，在设计有效加固深度内，每隔 50～100cm 取土样测定土的压实度、湿陷系数等指标。

6.8.6 盐渍土、膨胀土、冻土路基质量应符合本规范第 6.8.1 条的规定。

7 基 层

7.1 一 般 规 定

7.1.1 石灰稳定土类材料宜在冬期开始前 30～45d 完成施工，水泥稳定土类材料宜在冬期开始前 15～30d 完成施工。

7.1.2 高填土路基与软土路基，应在沉降值符合设计规定且沉降稳定后，方可施工道路基层。

7.1.3 稳定土类道路基层材料配合比中，石灰、水泥等稳定剂计量应以稳定剂质量占全部土（粒料）的干质量百分率表示。

7.1.4 基层材料的摊铺宽度应为设计宽度两侧加施工必要附加宽度。

7.1.5 基层施工中严禁用贴薄层方法整平修补表面。

7.1.6 用沥青混合料、沥青贯入式、水泥混凝土做道路基层时，其施工应分别符合本规范第 8～10 章的有关规定。

7.2 石灰稳定土类基层

7.2.1 原材料应符合下列规定：

1 土应符合下列要求：

1）宜采用塑性指数 10～15 的粉质黏土、黏土。

2）土中的有机物含量宜小于 10%。

3）使用旧路的级配砾石、砂石或杂填土等应先进行试验。级配砾石、砂石等材料的最大粒径不宜超过分层厚度的 60%，且不应大于 10cm。土中欲掺入碎砖等粒料时，粒料掺入含量应经试验确定。

2 石灰应符合下列要求：

1）宜用 1～3 级的新灰，石灰的技术指标应符合表 7.2.1 的规定。

表 7.2.1 石灰技术指标

项目 ＼ 类别		钙质生石灰			镁质生石灰			钙质消石灰			镁质消石灰		
		等 级											
		Ⅰ	Ⅱ	Ⅲ	Ⅰ	Ⅱ	Ⅲ	Ⅰ	Ⅱ	Ⅲ	Ⅰ	Ⅱ	Ⅲ
有效钙加氧化镁含量（%）		≥85	≥80	≥70	≥80	≥75	≥65	≥65	≥60	≥55	≥60	≥55	≥50
未消化残渣含量 5mm 圆孔筛的筛余（%）		≤7	≤11	≤17	≤10	≤14	≤20	—	—	—	—	—	—
含水量（%）		—	—	—	—	—	—	≤4	≤4	≤4	≤4	≤4	≤4
细度	0.71mm 方孔筛的筛余（%）	—	—	—	—	—	—	0	≤1	≤1	0	≤1	≤1
	0.125mm 方孔筛的筛余（%）	—	—	—	—	—	—	≤13	≤20	—	≤13	≤20	—
钙镁石灰的分类界限，氧化镁含量（%）		≤5			>5			≤4			>4		

注：硅、铝、镁氧化物含量之和大于 5%的生石灰，有效钙加氧化镁含量指标，Ⅰ等≥75%，Ⅱ等≥70%，Ⅲ等≥60%；未消化残渣含量指标均与镁质生石灰指标相同。

2）磨细生石灰，可不经消解直接使用；块灰应在使用前 2～3d 完成消解，未能消解的生石灰块应筛除，消解石灰的粒径不得大于 10mm。

3）对储存较久或经过雨期的消解石灰应先经过试验，根据活性氧化物的含量决定能否使用和使用办法。

3 水应符合国家现行标准《混凝土用水标准》JGJ 63 的规定。宜使用饮用水及不含油类等杂质的清洁中性水，pH 值宜为 6～8。

7.2.2 石灰土配合比设计应符合下列规定：

1 每种土应按 5 种石灰掺量进行试配，试配石灰用量宜按表 7.2.2-1 选取。

表 7.2.2-1 石灰土试配石灰用量

土壤类别	结构部位	石灰掺量（%）				
		1	2	3	4	5
塑性指数≤12 的黏性土	基层	10	12	13	14	16
	底基层	8	10	11	12	14
塑性指数>12 的黏性土	基层	5	7	9	11	13
	底基层	5	7	8	9	11
砂砾土、碎石土	基层	3	4	5	6	7

2 确定混合料的最佳含水量和最大干密度，应做最小、中间和最大 3 个石灰剂量混合料的击实试验，其余两个石灰剂量混合料的最佳含水量和最大干

密度用内插法确定。

3 按规定的压实度，分别计算不同石灰剂量的试块应有的干密度。

4 强度试验的平行试验最少试件数量，不应小于表7.2.2-2的规定。如试验结果的偏差系数大于表中规定值，应重做试验。如不能降低偏差系数，则应增加试件数量。

表 7.2.2-2 最少试件数量（件）

土壤类别 \ 偏差系数	<10%	10%～15%	15%～20%
细粒土	6	9	—
中粒土	6	9	13
粗粒土	—	9	13

5 试件应在规定温度下制作和养护，进行无侧限抗压强度试验，应符合国家现行标准《公路工程无机结合料稳定材料试验规程》JTJ 057 有关要求。

6 石灰剂量应根据设计要求强度值选定。试件试验结果的平均抗压强度 $\overline{R}$ 应符合下式要求：

$$\overline{R} \geqslant R_d/(1-Z_\alpha C_v) \qquad (7.2.2)$$

式中 R_d——设计抗压强度；

C_v——试验结果的偏差系数（以小数计）；

Z_α——标准正态分布表中随保证率（试置信度 α）而改变的系数，城市快速路和城市主干路应取保证率 95%，即 $Z_\alpha=1.645$；其他道路应取保证率 90%，即 $Z_\alpha=1.282$。

7 实际采用的石灰剂量应比室内试验确定的剂量增加 0.5%～1.0%。采用集中厂拌时可增加0.5%。

7.2.3 在城镇人口密集区，应使用厂拌石灰土，不得使用路拌石灰土。

7.2.4 厂拌石灰土应符合下列规定：

1 石灰土搅拌前，应先筛除集料中不符合要求的颗粒，使集料的级配和最大粒径符合要求。

2 宜采用强制式搅拌机进行搅拌。配合比应准确，搅拌应均匀；含水量宜略大于最佳值；石灰土应过筛（20mm 方孔）。

3 应根据土和石灰的含水量变化、集料的颗粒组成变化，及时调整搅拌用水量。

4 拌成的石灰土应及时运送到铺筑现场。运输中应采取防止水分蒸发和防扬尘措施。

5 搅拌厂应向现场提供石灰土配合比，R_7强度标准值及石灰中活性氧化物含量的资料。

7.2.5 采用人工搅拌石灰土应符合下列规定：

1 所用土应预先打碎、过筛（20mm 方孔），集中堆放、集中拌合。

2 应按需要量将土和石灰按配合比要求，进行掺配。掺配时土应保持适宜的含水量，掺配后过筛（20mm 方孔），至颜色均匀一致为止。

3 作业人员应佩戴劳动保护用品，现场应采取防扬尘措施。

7.2.6 厂拌石灰土摊铺应符合下列规定：

1 路床应湿润。

2 压实系数应经试验确定。现场人工摊铺时，压实系数宜为 1.65～1.70。

3 石灰土宜采用机械摊铺。每次摊铺长度宜为一个碾压段。

4 摊铺掺有粗集料的石灰土时，粗集料应均匀。

7.2.7 碾压应符合下列规定：

1 铺好的石灰土应当天碾压成活。

2 碾压时的含水量宜在最佳含水量的允许偏差范围内。

3 直线和不设超高的平曲线段，应由两侧向中心碾压；设超高的平曲线段，应由内侧向外侧碾压。

4 初压时，碾速宜为 20～30m/min，灰土初步稳定后，碾速宜为 30～40m/min。

5 人工摊铺时，宜先用 6～8t 压路机碾压，灰土初步稳定，找补整形后，方可用重型压路机碾压。

6 当采用碎石嵌丁封层时，嵌丁石料应在石灰土底层压实度达到 85%时撒铺，然后继续碾压，使其嵌入底层，并保持表面有棱角外露。

7.2.8 纵、横接缝均应设直茬。接缝应符合下列规定：

1 纵向接缝宜设在路中线处。接缝应做成阶梯形，梯级宽不应小于 1/2 层厚。

2 横向接缝应尽量减少。

7.2.9 石灰土养护应符合下列规定：

1 石灰土成活后应立即洒水（或覆盖）养护，保持湿润，直至上层结构施工为止。

2 石灰土碾压成活后可采取喷洒沥青透层油养护，并宜在其含水量为 10%左右时进行。

3 石灰土养护期应封闭交通。

7.3 石灰、粉煤灰稳定砂砾基层

7.3.1 原材料应符合下列规定：

1 石灰应符合本规范第 7.2.1 条的规定。

2 粉煤灰应符合下列规定：

1）粉煤灰中的 SiO_2、Al_2O_3 和 Fe_2O_3 总量宜大于 70%；在温度为 700℃时的烧失量宜小于或等于 10%。

2）当烧失量大于 10%时，应经试验确认混合料强度符合要求时，方可采用。

3）细度应满足 90%通过 0.3mm 筛孔，70%通过 0.075mm 筛孔，比表面积宜大于 2500cm²/g。

3 砂砾应经破碎、筛分，级配宜符合表 7.3.1

的规定，破碎砂砾中最大粒径不应大于37.5mm。

表 7.3.1 砂砾、碎石级配

筛孔尺寸(mm)	通过质量百分率（%）			
	级配砂砾		级配碎石	
	次干路及以下道路	城市快速路、主干路	次干路及以下道路	城市快速路、主干路
37.5	100	—	100	—
31.5	85～100	100	90～100	100
19.0	65～85	85～100	72～90	81～98
9.50	50～70	55～75	48～68	52～70
4.75	35～55	39～59	30～50	30～50
2.36	25～45	27～47	18～38	18～38
1.18	17～35	17～35	10～27	10～27
0.60	10～27	10～25	6～20	8～20
0.075	0～15	0～10	0～7	0～7

4 水应符合本规范第7.2.1条第3款的规定。

7.3.2 石灰、粉煤灰、砂砾（碎石）配合比设计应符合本规范第7.2.2条的有关规定。

7.3.3 混合料应由搅拌厂集中拌制且应符合下列规定：

1 宜采用强制式搅拌机拌制，并应符合下列要求：

1）搅拌时应先将石灰、粉煤灰搅拌均匀，再加入砂砾（碎石）和水搅拌均匀。混合料含水量宜略大于最佳含水量。

2）拌制石灰粉煤灰砂砾均应做延迟时间试验，以确定混合料在贮存场存放时间及现场完成作业时间。

3）混合料含水量应视气候条件适当调整。

2 搅拌厂应向现场提供产品合格证及石灰活性氧化物含量、粒料级配、混合料配合比及R7强度标准值的资料。

3 运送混合料应覆盖，防止遗撒、扬尘。

7.3.4 摊铺除遵守本规范第7.2.6条的有关规定外，尚应符合下列规定：

1 混合料在摊铺前其含水量宜在最佳含水量的允许偏差范围内。

2 混合料每层最大压实厚度应为20cm，且不宜小于10cm。

3 摊铺中发生粗、细集料离析时，应及时翻拌均匀。

7.3.5 碾压应符合本规范第7.2.7条的有关规定。

7.3.6 养护应符合下列规定：

1 混合料基层，应在潮湿状态下养护。养护期视季节而定，常温下不宜少于7d。

2 采用洒水养护时，应及时洒水，保持混合料湿润；采用喷洒沥青乳液养护时，应及时在乳液面撒嵌丁料。

3 养护期间宜封闭交通。需通行的机动车辆应限速，严禁履带车辆通行。

7.4 石灰、粉煤灰、钢渣稳定土类基层

7.4.1 原材料应符合下列规定：

1 石灰应符合本规范第7.2.1条的有关规定。

2 粉煤灰应符合本规范第7.3.1条的有关规定。

3 钢渣破碎后堆存时间不应少于半年，且达到稳定状态，游离氧化钙（*f*CaO）含量应小于3%；粉化率不得超过5%。钢渣最大粒径不应大于37.5mm，压碎值不应大于30%，且应清洁，不含废镁砖及其他有害物质；钢渣质量密度应以实际测试值为准。钢渣颗粒组成应符合表7.4.1的规定。

表 7.4.1 钢渣混合料中钢渣颗粒组成

通过下列筛孔（mm，方孔）的质量（%）								
37.5	26.5	16	9.5	4.75	2.36	1.18	0.60	0.075
100	95～100	60～85	50～70	40～60	27～47	20～40	10～30	0～15

4 土应符合下列要求：

1）当采用石灰粉煤灰稳定土时，土的塑性指数宜为12～20。

2）当采用石灰与钢渣稳定土时，土的塑性指数不应小于6，且不应大于30，宜为7～17。

5 水应符合本规范第7.2.1条第3款的规定。

7.4.2 石灰、粉煤灰、钢渣稳定土类混合料配合比设计步骤应依据本规范第7.2.2条的有关规定。根据试件的平均抗压强度R和设计抗压强度R_d，选定配合比。配合比可按表7.4.2进行初选。

表 7.4.2 石灰、粉煤灰、钢渣稳定土类混合料常用配合比

混合料种类	钢渣	石灰	粉煤灰	土
石灰、粉煤灰、钢渣	60～70	10～7	30～23	—
石灰、钢渣、土	50～60	10～8	—	40～32
石灰、钢渣	90～95	10～5	—	—

7.4.3 混合料应由搅拌厂集中拌制，且应符合本规范第7.3节的有关规定。

7.4.4 混合料摊铺、碾压、养护应符合本规范第7.3节的有关规定。

7.5 水泥稳定土类基层

7.5.1 原材料应符合下列规定：

1 水泥应符合下列要求：

1）应选用初凝时间大于3h、终凝时间不小于6h的32.5级、42.5级普通硅酸盐水泥、矿渣硅酸盐、火山灰硅酸盐水泥。水泥应有出厂合格证与生产日期，复验合格方可使用。

2）水泥贮存期超过3个月或受潮，应进行性能试验，合格后方可使用。

2 土应符合下列要求：

1）土的均匀系数不应小于5，宜大于10，塑性指数宜为10～17；

2）土中小于0.6mm颗粒的含量应小于30%；

3）宜选用粗粒土、中粒土。

3 粒料应符合下列要求：

1）级配碎石、砂砾、未筛分碎石、碎石土、砾石和煤矸石、粒状矿渣等材料均可做粒料原材；

2）当作基层时，粒料最大粒径不宜超过37.5mm；

3）当作底基层时，粒料最大粒径：对城市快速路、主干路不应超过37.5mm；对次干路及以下道路不应超过53mm；

4）各种粒料，应按其自然级配状况，经人工调整使其符合表7.5.2的规定；

5）碎石、砾石、煤矸石等的压碎值：对城市快速路、主干路基层与底基层不应大于30%；对其他道路基层不应大于30%，对底基层不应大于35%；

6）集料中有机质含量不应超过2%；

7）集料中硫酸盐含量不应超过0.25%；

8）钢渣尚应符合本规范第7.4.1条的有关规定。

4 水应符合本规范第7.2.1条第3款的规定。

7.5.2 稳定土的颗粒范围和技术指标宜符合表7.5.2的规定。

7.5.3 水泥稳定土类材料的配合比设计步骤，应按本规范第7.2.2条的有关规定进行，且应符合下列规定：

1 试配时水泥掺量宜按表7.5.3选取。

2 当采用厂拌法生产时，水泥掺量应比试验剂量增加0.5%，水泥最小掺量对粗粒土、中粒土应为3%，对细粒土应为4%。

表7.5.2 水泥稳定土类的颗粒范围及技术指标

项目		通过质量百分率（%）				
		底基层		基层		
		次干路	城市快速路、主干路	次干路		城市快速路、主干路
筛孔尺寸（mm）	53	100	—	—		—
	37.5	—	100	100	90～100	—
	31.5	—	—	90～100	—	100
	26.5	—	—	—	66～100	90～100
	19	—	—	67～90	54～100	72～89
	9.5	—	—	45～68	39～100	47～67
	4.75	50～100	50～100	29～50	28～84	29～49
	2.36	—	—	18～38	20～70	17～35
	1.18	—	—	—	14～57	—
	0.60	17～100	17～100	8～22	8～47	8～22
	0.075	0～50	0～30②	0～7	0～30	0～7①
	0.002	0～30	—	—		—
液限（%）		—	—	—		<28
塑性指数		—	—	—		<9

注：① 集料中0.5mm以下细粒土有塑性指数时，小于0.075mm的颗粒含量不得超过5%；细粒土无塑性指数时，小于0.075mm的颗粒含量不得超过7%；

② 当用中粒土、粗粒土作城市快速路、主干路底基层时，颗粒组成范围宜采用作次干路基层的组成。

表7.5.3 水泥稳定土类材料试配水泥掺量

土壤、粒料种类	结构部位	水泥掺量（%）				
		1	2	3	4	5
塑性指数小于12的细粒土	基层	5	7	8	9	11
	底基层	4	5	6	7	9
其他细粒土	基层	8	10	12	14	16
	底基层	6	8	9	10	12
中粒土、粗粒土	基层①	3	4	5	6	7
	底基层	3	4	5	6	7

注：① 当强度要求较高时，水泥用量可增加1%。

3 水泥稳定土类材料7d抗压强度：对城市快速路、主干路基层为3～4MPa，对底基层为1.5～2.5MPa；对其他等级道路基层为2.5～3MPa，底基层为1.5～2.0MPa。

7.5.4 城镇道路中使用水泥稳定土类材料，宜采用搅拌厂集中拌制。

7.5.5 集中搅拌水泥稳定土类材料应符合下列规定：

1 集料应过筛，级配应符合设计要求。

2 混合料配合比应符合要求，计量准确；含水量应符合施工要求，并搅拌均匀。

3 搅拌厂应向现场提供产品合格证及水泥用量、粒料级配、混合料配合比、R7强度标准值。

4 水泥稳定土类材料运输时，应采取措施防止水分损失。

7.5.6 摊铺应符合下列规定：

1 施工前应通过试验确定压实系数。水泥土的压实系数宜为1.53～1.58；水泥稳定砂砾的压实系数宜为1.30～1.35。

2 宜采用专用摊铺机械摊铺。

3 水泥稳定土类材料自搅拌至摊铺完成，不应超过3h。应按当班施工长度计算用料量。

4 分层摊铺时，应在下层养护7d后，方可摊铺上层材料。

7.5.7 碾压应符合下列规定：

1 应在含水量等于或略大于最佳含水量时进行。碾压找平应符合本规范第7.2.7条的有关规定。

2 宜采用12～18t压路机作初步稳定碾压，混合料初步稳定后用大于18t的压路机碾压，压至表面平整、无明显轮迹，且达到要求的压实度。

3 水泥稳定土类材料，宜在水泥初凝前碾压成活。

4 当使用振动压路机时，应符合环境保护和周围建筑物及地下管线、构筑物的安全要求。

7.5.8 接缝应符合本规范第7.2.8条的有关规定。

7.5.9 养护应符合下列规定：

1 基层宜采用洒水养护，保持湿润。采用乳化沥青养护，应在其上撒布适量石屑。

2 养护期间应封闭交通。

3 常温下成活后应经7d养护，方可在其上铺筑面层。

7.6 级配砂砾及级配砾石基层

7.6.1 级配砂砾及级配砾石可作为城市次干路及其以下道路基层。

7.6.2 级配砂砾及级配砾石应符合下列要求：

1 天然砂砾应质地坚硬，含泥量不应大于砂质量（粒径小于5mm）的10%，砾石颗粒中细长及扁平颗粒的含量不应超过20%。

2 级配砾石做次干路及其以下道路底基层时，级配中最大粒径宜小于53mm，做基层时最大粒径不应大于37.5mm。

3 级配砂砾及级配砾石的颗粒范围和技术指标宜符合表7.6.2的规定。

4 集料压碎值应符合本规范表7.7.1-2的规定。

表7.6.2 级配砂砾及级配砾石的颗粒范围及技术指标

项目		通过质量百分率（%）		
		基层	底基层	
		砾石	砾石	砂砾
筛孔尺寸（mm）	53		100	100
	37.5	100	90～100	80～100
	31.5	90～100	81～94	
	19.0	73～88	63～81	
	9.5	49～69	45～66	40～100
	4.75	29～54	27～51	25～85
	2.36	17～37	16～35	
	0.6	8～20	8～20	8～45
	0.075	0～7②	0～7②	0～15
液限（%）		<28	<28	<28
塑性指数		<6（或9①）	<6（或9①）	<9

注：① 示潮湿多雨地区塑性指数宜小于6，其他地区塑性指数宜小于9；

② 示对于无塑性的混合料，小于0.075mm的颗粒含量接近高限。

7.6.3 摊铺应符合下列规定：

1 压实系数应通过试验段确定。每层摊铺虚厚不宜超过30cm。

2 砂砾应摊铺均匀一致，发生粗、细骨料集中或离析现象时，应及时翻拌均匀。

3 摊铺长度至少为一个碾压段30～50m。

7.6.4 碾压成活应符合下列规定：

1 碾压前应洒水，洒水量应使全部砂砾湿润，且不导致其层下翻浆。

2 碾压过程中应保持砂砾湿润。

3 碾压时应自路边向路中倒轴碾压。采用12t以上压路机进行，初始碾速宜为25～30m/min；砂砾初步稳定后，碾速宜控制在30～40m/min。碾压至轮迹不应大于5mm，砂石表面应平整、坚实，无松散和粗、细集料集中等现象。

4 上层铺筑前，不得开放交通。

7.7 级配碎石及级配碎砾石基层

7.7.1 级配碎石及级配碎砾石材料应符合下列规定：

1 轧制碎石的材料可为各种类型的岩石（软质岩石除外）、砾石。轧制碎石的砾石粒径应为碎石最大粒径的3倍以上，碎石中不应有黏土块、植物根叶、腐殖质等有害物质。

2 碎石中针片状颗粒的总含量不应超过20%。

3 级配碎石及级配碎砾石颗粒范围和技术指标应符合表7.7.1-1的规定。

表 7.7.1-1　级配碎石及级配碎砾石的颗粒范围及技术指标

项目		通过质量百分率(%)			
		基层		底基层③	
		次干路及以下道路	城市快速路、主干路	次干路及以下道路	城市快速路、主干路
筛孔尺寸(mm)	53	—	—	100	
	37.5	100	—	85～100	100
	31.5	90～100	100	69～88	83～100
	19.0	73～88	85～100	40～65	54～84
	9.5	49～69	52～74	19～43	29～59
	4.75	29～54	29～54	10～30	17～45
	2.36	17～37	17～37	8～25	11～35
	0.6	8～20	8～20	6～18	6～21
	0.075	0～7②	0～7②	0～10	0～10
液限(%)		<28	<28	<28	<28
塑性指数		<6(或9①)	<6(或9①)	<6(或9①)	<6(或9①)

注：① 示潮湿多雨地区塑性指数宜小于6，其他地区塑性指数宜小于9；
② 示对于无塑性的混合料，小于0.075mm的颗粒含量接近高限；
③ 示底基层所列为未筛分碎石颗粒组成范围。

4　级配碎石及级配碎砾石石料的压碎值应符合表7.7.1-2的规定。

表 7.7.1-2　级配碎石及级配碎砾石压碎值

项目	压碎值	
	基层	底基层
城市快速路、主干路	<26%	<30%
次干路	<30%	<35%
次干路以下道路	<35%	<40%

5　碎石或碎砾石应为多棱角块体，软弱颗粒含量应小于5%；扁平细长碎石含量应小于20%。

7.7.2　摊铺应符合下列规定：

1　宜采用机械摊铺符合级配要求的厂拌级配碎石或级配碎砾石。

2　压实系数应通过试验段确定，人工摊铺宜为1.40～1.50；机械摊铺宜为1.25～1.35。

3　摊铺碎石每层应按虚厚一次铺齐，颗粒分布应均匀，厚度一致，不得多次找补。

4　已摊平的碎石，碾压前应断绝交通，保持摊铺层清洁。

7.7.3　碾压除应遵守本规范第7.2节的有关规定外，尚应符合下列规定：

1　碾压前和碾压中应适量洒水。

2　碾压中对有过碾现象的部位，应进行换填处理。

7.7.4　成活应符合下列规定：

1　碎石压实后及成活中应适量洒水。

2　视压实碎石的缝隙情况撒布嵌缝料。

3　宜采用12t以上的压路机碾压成活，碾压至缝隙嵌挤应密实，稳定坚实，表面平整，轮迹小于5mm。

4　未铺装上层前，对已成活的碎石基层应保持养护，不得开放交通。

7.8　检验标准

7.8.1　石灰稳定土，石灰、粉煤灰稳定砂砾（碎石），石灰、粉煤灰稳定钢渣基层及底基层质量检验应符合下列规定：

主控项目

1　原材料质量检验应符合下列要求：

1）土应符合本规范第7.2.1条第1款或第7.4.1条第4款的规定。

2）石灰应符合本规范第7.2.1条第2款的规定。

3）粉煤灰应符合本规范第7.3.1条第2款的规定。

4）砂砾应符合本规范第7.3.1条第3款的规定。

5）钢渣应符合本规范第7.4.1条第3款的规定。

6）水应符合本规范第7.2.1条第3款的规定。

检查数量：按不同材料进厂批次，每批检查1次。

检验方法：查检验报告、复验。

2　基层、底基层的压实度应符合下列要求：

1）城市快速路、主干路基层大于或等于97%，底基层大于或等于95%。

2）其他等级道路基层大于或等于95%，底基层大于或等于93%。

检查数量：每1000m²，每压实层抽检1点。

检验方法：环刀法、灌砂法或灌水法。

3　基层、底基层试件作7d无侧限抗压强度，应符合设计要求。

检查数量：每2000m²抽检1组（6块）。

检验方法：现场取样试验。

一般项目

4　表面应平整、坚实、无粗细骨料集中现象，无明显轮迹、推移、裂缝，接茬平顺，无贴皮、散料。

5　基层及底基层允许偏差应符合表7.8.1的规定。

表 7.8.1　石灰稳定土类基层及底基层允许偏差

项　目		允许偏差	检验频率				检验方法
			范围	点数			
中线偏位（mm）		≤20	100m	1			用经纬仪测量
纵断高程（mm）	基层	±15	20m	1			用水准仪测量
	底基层	±20					
平整度（mm）	基层	≤10	20m	路宽（m）	<9	1	用 3m 直尺和塞尺连续量两尺，取较大值
					9～15	2	
	底基层	≤15			>15	3	
宽度（mm）		不小于设计规定+B	40m	1			用钢尺量
横坡		±0.3%且不反坡	20m	路宽（m）	<9	2	用水准仪测量
					9～15	4	
					>15	6	
厚度（mm）		±10	1000m²	1			用钢尺量

7.8.2　水泥稳定土类基层及底基层质量检验应符合下列规定：

主 控 项 目

1　原材料质量检验应符合下列要求：

1）水泥应符合本规范第 7.5.1 条第 1 款的规定。

2）土类材料应符合本规范第 7.5.1 条第 2 款的规定。

3）粒料应符合本规范第 7.5.1 条第 3 款的规定。

4）水应符合本规范第 7.2.1 条第 3 款的规定。

检查数量：按不同材料进厂批次，每批次抽查 1 次；

检查方法：查检验报告、复验。

2　基层、底基层的压实度应符合下列要求：

1）城市快速路、主干路基层大于等于 97%；底基层大于等于 95%。

2）其他等级道路基层大于等于 95%；底基层大于等于 93%。

检查数量：每 1000m² ，每压实层抽查 1 点。

检查方法：灌砂法或灌水法。

3　基层、底基层 7d 的无侧限抗压强度应符合设计要求。

检查数量：每 2000m² 抽检 1 组（6 块）。

检查方法：现场取样试验。

一 般 项 目

4　表面应平整、坚实、接缝平顺，无明显粗、细骨料集中现象，无推移、裂缝、贴皮、松散、浮料。

5　基层及底基层的偏差应符合本规范表 7.8.1 的规定。

7.8.3　级配砂砾及级配砾石基层及底基层质量检验应符合下列规定：

主 控 项 目

1　集料质量及级配应符合本规范第 7.6.2 条的有关规定。

检查数量：按砂石材料的进场批次，每批抽检 1 次。

检验方法：查检验报告。

2　基层压实度大于等于 97%、底基层压实度大于等于 95%。

检查数量：每压实层，每 1000m² 抽检 1 点。

检验方法：灌砂法或灌水法。

3　弯沉值，不应大于设计规定。

检查数量：设计规定时每车道、每 20m，测 1 点。

检验方法：弯沉仪检测。

一 般 项 目

4　表面应平整、坚实，无松散和粗、细集料集中现象。

检查数量：全数检查。

检验方法：观察。

5　级配砂砾及级配砾石基层和底基层允许偏差应符合表 7.8.3 的有关规定。

表 7.8.3　级配砂砾及级配砾石基层和底基层允许偏差

项　目	允许偏差		检验频率				检验方法
			范围	点数			
中线偏位（mm）	≤20		100m	1			用经纬仪测量
纵断高程（mm）	基层	±15	20m	1			用水准仪测量
	底基层	±20					
平整度（mm）	基层	≤10	20m	路宽（m）	<9	1	用 3m 直尺和塞尺连续量两尺，取较大值
					9～15	2	
	底基层	≤15			>15	3	
宽度（mm）	不小于设计规定+B		40m	1			用钢尺量测
横　坡	±0.3%且不反坡		20m	路宽（m）	<9	2	用水准仪测量
					9～15	4	
					>15	6	
厚度（mm）	砂石	+20 −10	1000m²	1			用钢尺量
	砾石	+20 −10%层厚					

7.8.4 级配碎石及级配碎砾石基层和底基层施工质量检验应符合下列规定：

主控项目

1 碎石与嵌缝料质量及级配应符合本规范第7.7.1条的有关规定。

检查数量：按不同材料进场批次，每批次抽检不应少于1次。

检验方法：查检验报告。

2 级配碎石压实度，基层不得小于97%，底基层不应小于95%。

检查数量：每1000m²抽检1点。

检验方法：灌砂法或灌水法。

3 弯沉值，不应大于设计规定。

检查数量：设计规定时每车道、每20m，测1点。

检验方法：弯沉仪检测。

一般项目

4 外观质量：表面应平整、坚实，无推移、松散、浮石现象。

检查数量：全数检查。

检验方法：观察。

5 级配碎石及级配碎砾石基层和底基层的偏差应符合本规范表7.8.3的有关规定。

7.8.5 沥青混合料（沥青碎石）基层施工质量检验应符合下列规定：

主控项目

1 用于沥青碎石各种原材料质量应符合本规范第8.5.1条第1款的有关规定。

2 压实度不得低于95%（马歇尔击实试件密度）。

检查数量：每1000m²抽检1点。

检验方法：检查试验记录（钻孔取样、蜡封法）。

3 弯沉值，不应大于设计规定。

检查数量：设计规定时每车道、每20m，测1点。

检验方法：弯沉仪检测。

一般项目

4 表面应平整、坚实、接缝紧密，不应有明显轮迹、粗细集料集中、推挤、裂缝、脱落等现象。

检查数量：全数检查。

检验方法：观察。

5 沥青碎石基层允许偏差应符合表7.8.5的规定。

7.8.6 沥青贯入式基层施工质量检验应符合下列规定：

表7.8.5 沥青碎石基层允许偏差

项目	允许偏差	检验频率				检验方法
		范围	点数			
中线偏位（mm）	≤20	100m	1			用经纬仪测量
纵断高程（mm）	±15	20m	1			用水准仪测量
平整度（mm）	≤10	20m	路宽（m）	<9	1	用3m直尺和塞尺连续量两尺，取较大值
				9～15	2	
				>15	3	
宽度（mm）	不小于设计规定+B	40m	1			用钢尺量
横坡	±0.3%且不反坡	20m	路宽（m）	<9	2	用水准仪测量
				9～15	4	
				>15	6	
厚度（mm）	±10	1000m²	1			用钢尺量

主控项目

1 沥青、集料、嵌缝料的质量应符合本规范第9.4.1条第1款的规定。

2 压实度不应小于95%。

检查数量：每1000m²抽检1点。

检验方法：灌砂法、灌水法、蜡封法。

3 弯沉值，不应大于设计规定。

检查数量：设计规定时每车道、每20m，测1点。

检验方法：弯沉仪检测。

一般项目

4 表面应平整、坚实、石料嵌锁稳定，无明显高低差；嵌缝料、沥青撒布应均匀，无花白、积油，漏浇等现象，且不得污染其他构筑物。

检查数量：全数检查。

检验方法：观察。

5 沥青贯入式碎石基层和底基层允许偏差应符合表7.8.6的规定。

表7.8.6 沥青贯入式碎石基层和底基层允许偏差

项目	允许偏差	检验频率		检验方法
		范围	点数	
中线偏位（mm）	≤20	100m	1	用经纬仪测量

续表 7.8.6

<table>
<tr><th rowspan="2">项 目</th><th colspan="2" rowspan="2">允许偏差</th><th colspan="4">检验频率</th><th rowspan="2">检验方法</th></tr>
<tr><th>范围</th><th colspan="3">点数</th></tr>
<tr><td rowspan="2">纵断高程（mm）</td><td>基层</td><td>±15</td><td rowspan="2">20m</td><td colspan="3" rowspan="2">1</td><td rowspan="2">用水准仪测量</td></tr>
<tr><td>底基层</td><td>±20</td></tr>
<tr><td rowspan="3">平整度（mm）</td><td>基层</td><td>≤10</td><td rowspan="3">20m</td><td rowspan="3">路宽（m）</td><td><9</td><td>1</td><td rowspan="3">用 3m 直尺和塞尺连续量两尺，取较大值</td></tr>
<tr><td rowspan="2">底基层</td><td rowspan="2">≤15</td><td>9～15</td><td>2</td></tr>
<tr><td>>15</td><td>3</td></tr>
<tr><td>宽度（mm）</td><td colspan="2">不小于设计规定+B</td><td>40m</td><td colspan="3">1</td><td>用钢尺量</td></tr>
<tr><td rowspan="3">横坡</td><td colspan="2" rowspan="3">±0.3%且不反坡</td><td rowspan="3">20m</td><td rowspan="3">路宽（m）</td><td><9</td><td>2</td><td rowspan="3">用水准仪测量</td></tr>
<tr><td>9～15</td><td>4</td></tr>
<tr><td>>15</td><td>6</td></tr>
<tr><td>厚度（mm）</td><td colspan="2">+20
−10%层厚</td><td>1000m²</td><td colspan="3">1</td><td>刨挖，用钢尺量</td></tr>
<tr><td>沥青总用量</td><td colspan="2">±0.5%</td><td>每工作日、每层</td><td colspan="3">1</td><td>T0982</td></tr>
</table>

8 沥青混合料面层

8.1 一 般 规 定

8.1.1 施工中应根据面层厚度和沥青混合料的种类、组成、施工季节，确定铺筑层次及各分层厚度。

8.1.2 沥青混合料面层不得在雨、雪天气及环境最高温度低于 5℃时施工。

8.1.3 城镇道路不宜使用煤沥青。确需使用时，应制定保护施工人员防止吸入煤沥青蒸气或皮肤直接接触煤沥青的措施。

8.1.4 当采用旧沥青路面作为基层加铺沥青混合料面层时，应对原有路面进行处理、整平或补强，符合设计要求，并应符合下列规定：

1 符合设计强度、基本无损坏的旧沥青路面经整平后可作基层使用。

2 旧路面有明显损坏，但强度能达到设计要求的，应对损坏部分进行处理。

3 填补旧沥青路面，凹坑应按高程控制、分层铺筑，每层最大厚度不宜超过 10cm。

8.1.5 旧路面整治处理中刨除与铣刨产生的废旧沥青混合料应集中回收，再生利用。

8.1.6 当旧水泥混凝土路面作为基层加铺沥青混合料面层时，应对原水泥混凝土路面进行处理，整平或补强，符合设计要求，并应符合下列规定：

1 对原混凝土路面应作弯沉试验，符合设计要求，经表面处理后，可作基层使用。

2 对原混凝土路面层与基层间的空隙，应填充处理。

3 对局部破损的原混凝土面层应剔除，并修补完好。

4 对混凝土面层的胀缝、缩缝、裂缝应清理干净，并应采取防反射裂缝措施。

8.1.7 原材料应符合下列规定：

1 沥青应符合下列要求：

1）宜优先采用 A 级沥青作为道路面层使用。B 级沥青可作为次干路及其以下道路面层使用。当缺乏所需标号的沥青时，可采用不同标号沥青掺配，掺配比应经试验确定。道路石油沥青的主要技术要求应符合表 8.1.7-1 的规定。

2）乳化沥青的质量应符合表 8.1.7-2 的规定。在高温条件下宜采用黏度较大的乳化沥青，寒冷条件下宜使用黏度较小的乳化沥青。

3）用于透层、粘层、封层及拌制冷拌沥青混合料的液体石油沥青的技术要求应符合表 8.1.7-3 的规定。

4）当使用改性沥青时，改性沥青的基质沥青应与改性剂有良好的配伍性。聚合物改性沥青主要技术要求应符合表 8.1.7-4 的规定。

5）改性乳化沥青技术要求应符合表 8.1.7-5 的规定。

2 粗集料应符合下列要求：

1）粗集料应符合工程设计规定的级配范围。

2）集料对沥青的粘附性，城市快速路、主干路应大于或等于 4 级；次干路及以下道路应大于或等于 3 级。集料具有一定的破碎面颗粒含量，具有 1 个破碎面宜大于 90%，2 个及以上的宜大于 80%。

3）粗集料的质量技术要求应符合表 8.1.7-6 的规定。

4）粗集料的粒径规格应按表 8.1.7-7 的规定生产和使用。

3 细集料应符合下列要求：

1）细集料应洁净、干燥、无风化、无杂质。

2）热拌密级配沥青混合料中天然砂的用量不宜超过集料总量的 20%，SMA 和 OGFC 不宜使用天然砂。

表 8.1.7-1 道路石油沥青的主要技术要求

指标	单位	等级	沥青标号																	试验方法①
			160④	130④	110			90					70③					50③	30④	
针入度(25℃,5s,100g)	0.1mm	—	140～200	120～140	100～120			80～100					60～80					40～60	20～40	T0604
适用的气候分区⑥	—	—	注④	注④	2-1	2-2	2-3	1-1	1-2	1-3	2-2	2-3	1-3	1-4	2-2	2-3	2-4	1-4	注④	附录A注⑥
针入度指数PI②		A	−1.5～+1.0																	T0604
		B	−1.8～+1.0																	
软化点(R&B),≥	℃	A	38	40	43			45			44		46		45			49	55	T0606
		B	36	39	42			43			42		44		43			46	53	
		C	35	37	41			42					43					45	50	
60℃动力黏度系数②≥	Pa.s	A	—	60	120			160			140		180		160			200	260	T0620
10℃延度②,≥	cm	A	50	50	40			45	30	20	30	20	20	15	25	20	15	15	10	T0605
		B	30	30	30			30	20	15	20	15	15	10	20	15	10	10	8	
15℃延度,≥	cm	A,B	100															80	50	
		C	80	80	60			50					40					30	20	
蜡含量(蒸馏法),≤	%	A	2.2																	T0615
		B	3.0																	
		C	4.5																	
闪点,≥	℃		230					245					260							T0611
溶解度,≥	%		99.5																	T0607
密度(15℃)	g/m³		实测记录																	T0603
TFOT(或RTFOT)后⑤																				T0610或T0609
质量变化,≤	%		±0.8																	
残留针入度比(25℃),≥	%	A	48	54	55			57					61					63	65	T0604
		B	45	50	52			54					58					60	62	
		C	40	45	48			50					54					58	60	
残留延度(10℃),≥	cm	A	12	12	10			8					6					4	—	T0605
		B	10	10	8			6					4					2	—	
残留延度(15℃),≥	cm	C	40	35	30			20					15					10	—	T0605

注：① 按照国家现行标准《公路工程沥青及沥青混合料试验规程》JTJ 052 规定的方法执行。用于仲裁试验标求取 PI 时的 5 个温度的针入度关系的相关系数不得小于 0.997。

② 经建设单位同意，表中 PI 值、60℃动力黏度、10℃延度可作为选择性指标，也可不作为施工质量检验指标。

③ 70 号沥青可根据需要要求供应商提供针入度范围为 60～70 或 70～80 的沥青，50 号沥青可要求提供针入度范围为 40～50 或 50～60 的沥青。

④ 30 号沥青仅适用于沥青稳定基层。130 号和 160 号沥青除寒冷地区可直接在次干路以下道路上直接应用外，通常用作乳化沥青、稀释沥青、改性沥青的基质沥青。

⑤ 老化试验以 TFOT 为准，也可以 RTFOT 代替。

⑥ 系指《公路沥青路面施工技术规范》JTJ F40 附录 A 沥青路面使用性能气候分区。

表 8.1.7-2　道路用乳化沥青技术要求

试验项目		单位	品种代号										试验方法
			阳离子				阴离子				非离子		
			喷洒用			搅拌用	喷洒用			搅拌用	喷洒用	搅拌用	
			PC-1	PC-2	PC-3	BC-1	PA-1	PA-2	PA-3	BA-1	PN-2	BN-1	
破乳速度		—	快裂	慢裂	快裂或中裂	慢裂或中裂	快裂	慢裂	快裂或中裂	慢裂或中裂	慢裂	慢裂	T0658
粒子电荷		—	阳离子（+）				阴离子（－）				非离子		T0653
筛上残留物（1.18mm 筛），≤		%	0.1				0.1				0.1		T0652
黏度	恩格拉黏度计 E_{25}	—	2～10	1～6	1～6	2～30	2～10	1～6	1～6	2～30	1～6	2～30	T0622
	沥青标准黏度计 $C_{25.3}$	s	10～25	8～20	8～20	10～60	10～25	8～20	8～20	10～60	8～20	10～60	T0621
蒸发残留物	残留分含量，≥	%	50	50	50	55	50	50	50	55	50	55	T0651
	溶解度，≥	%	97.5				97.5				97.5		T0607
	针入度（25℃）	0.1mm	50～200	50～300	45～150		50～200	50～300	45～150		50～300	60～300	T0604
	延度（15℃）≥	cm	40				40				40		T0605
与粗集料的粘附性，裹附面积，≥		—	2/3			—	2/3			—	2/3	—	T0654
与粗、细粒式集料搅拌试验		—	—			均匀	—			均匀	—		T0659
水泥搅拌试验的筛上剩余，≤		%	—				—				—	3	T0657
常温贮存稳定性：1d，≤ 5d，≤		%	1 5				1 5				1 5		T0655

注：1　P 为喷洒型，B 为搅拌型，C、A、N 分别表示阳离子、阴离子、非离子乳化沥青。

2　黏度可选用恩格拉黏度计或沥青标准黏度计之一测定。

3　表中的破乳速度与集料的粘附性、搅拌试验的要求、所使用的石料品种有关，质量检验时应采用工程上实际的石料进行试验，仅进行乳化沥青产品质量评定时可不要求此三项指标。

4　贮存稳定性根据施工实际情况选用试验时间，通常采用 5d，乳液生产后能在当天使用时，也可用 1d 的稳定性。

5　当乳化沥青需要在低温冰冻条件下贮存或使用时，尚需按国家现行标准《公路工程沥青及沥青混合料试验规程》JTJ 052 进行－5℃低温贮存稳定性试验，要求无粗颗粒、不结块。

6　如果乳化沥青是将高浓度产品运到现场经稀释后使用时，表中的蒸发残留物等各项指标指稀释前乳化沥青的要求。

表 8.1.7-3　道路用液体石油沥青技术要求

试验项目		单位	快凝		中凝						慢凝						试验方法
			AL(R)-1	AL(R)-2	AL(M)-1	AL(M)-2	AL(M)-3	AL(M)-4	AL(M)-5	AL(M)-6	AL(S)-1	AL(S)-2	AL(S)-3	AL(S)-4	AL(S)-5	AL(S)-6	
黏度	$C_{25.5}$	s	<20	—	<20	—	—	—	—	—	<20	—	—	—	—	—	T0621
	$C_{60.5}$	s	—	5～15	—	5～15	16～25	26～40	41～100	101～200	—	5～15	16～25	26～40	41～100	101～200	
蒸馏体积	225℃	%	>20	>15	<10	<7	<3	<2	0	0	—	—	—	—	—	—	T0632
	315℃	%	>35	>30	<35	<25	<17	<14	<8	<5	—	—	—	—	—	—	
	360℃	%	>45	>35	<50	<35	<30	<25	<20	<15	<40	<35	<25	<20	<15	<5	
蒸馏后残留物	针入度（25℃）	0.1mm	60～200	60～200	100～300	100～300	100～300	100～300	100～300	100～300	—	—	—	—	—	—	T0604
	延度（25℃）	cm	>60	>60	>60	>60	>60	>60	>60	>60	—	—	—	—	—	—	T0605
	浮漂度（5℃）	S	—	—	—	—	—	—	—	—	<20	>20	>30	>40	>45	>50	T0631
闪点（TOC 法）		℃	>30	>30	>65	>65	>65	>65	>65	>65	>70	>70	>100	>100	>120	>120	T0633
含水量≤		%	0.2	0.2	0.2	0.2	0.2	0.2	0.2	0.2	2.0	2.0	2.0	2.0	2.0	2.0	T0612

表 8.1.7-4 聚合物改性沥青技术要求

指标	单位	SBS类（Ⅰ类）				SBR类（Ⅱ类）			EVA，PE类（Ⅲ类）				试验方法
		Ⅰ-A	Ⅰ-B	Ⅰ-C	Ⅰ-D	Ⅱ-A	Ⅱ-B	Ⅱ-C	Ⅲ-A	Ⅲ-B	Ⅲ-C	Ⅲ-D	
针入度25℃，100g，5s	0.1mm	>100	80～100	60～80	30～60	>100	80～100	60～80	>80	60～80	40～60	30～40	T0604
针入度指数PI，≥	—	−1.2	−0.8	−0.4	0	−1.0	−0.8	−0.6	−1.0	−0.8	−0.6	−0.4	T0604
延度5℃，5cm/min，≥	cm	50	40	30	20	60	50	40	—				T0605
软化点 $T_{R\&B}$，≥	℃	45	50	55	60	45	48	50	48	52	56	60	T0606
运动黏度①135℃，≤	Pa·s	3											T0625 T0619
闪点，≥	℃	230				230			230				T0611
溶解度，≥	%	99				99			—				T0607
弹性恢复25℃，≥	%	55	60	65	75	—			—				T0662
黏韧性，≥	N·m	—				5			—				T0624
韧性，≥	N·m	—				2.5			—				T0624
贮存稳定性②离析，48h，软化点差，≤	℃	2.5				—			无改性剂明显析出、凝聚				T0661
TFOT（或RTFOT）后残留物													
质量变化允许范围	%	±1.0											T0610或T0609
针入度比25℃，≥	%	50	55	60	65	50	55	60	50	55	58	60	T0604
延度5℃，≥	cm	30	25	20	15	30	20	10	—				T0605

注：① 表中135℃运动黏度可采用国家现行标准《公路工程沥青及沥青混合料试验规程》JTJ 052中的“沥青布氏旋转黏度试验方法（布洛克菲尔德黏度计法）”进行测定。若在不改变改性沥青物理力学性质并符合安全条件的温度下易于泵送和搅拌，或经证明适当提高泵送和搅拌温度时能保证改性沥青的质量，容易施工，可不要求测定。

② 贮存稳定性指标适用于工厂生产的成品改性沥青。现场制作的改性沥青对贮存稳定性指标可不作要求，但必须在制作后，保持不间断的搅拌或泵送循环，保证使用前没有明显的离析。

表 8.1.7-5 改性乳化沥青技术要求

试验项目		单位	品种及代号		试验方法
			PCR	BCR	
破乳速度		—	快裂或中裂	慢裂	T0658
粒子电荷		—	阳离子（+）	阳离子（+）	T0653
筛上剩余量（1.18mm），≤		%	0.1	0.1	T0652
黏度	恩格拉黏度 E_{25}	—	1～10	3～30	T0622
	沥青标准黏度 $C_{25.3}$	s	8～25	12～60	T0621
蒸发残留物	含量，≥	%	50	60	T0651
	针入度（100g，25℃，5s）	0.1mm	40～120	40～100	T0604
	软化点，≥	℃	50	53	T0606
	延度（5℃），≥	cm	20	20	T0605
	溶解度（三氯乙烯），≥	%	97.5	97.5	T0607
与矿料的粘附性，裹覆面积，≥		—	2/3	—	T0654
贮存稳定性	1d，≤	%	1	1	T0655
	5d，≤	%	5	5	T0655

注：1 破乳速度与集料粘附性、搅拌试验、所使用的石料品种有关。工程上施工质量检验时应采用实际的石料试验，仅进行产品质量评定时可不对这些指标提出要求。

2 当用于填补车辙时，BCR蒸发残留物的软化点宜提高至不低于55℃。

3 贮存稳定性根据施工实际情况选择试验天数，通常采用5d，乳液生产后能在第二天使用完时也可选用1d。个别情况下改性乳化沥青5d的贮存稳定性难以满足要求，如果经搅拌后能达到均匀一致并不影响正常使用，此时要求改性乳化沥青运至工地后存放在附有搅拌装置的贮存罐内，并不断地进行搅拌，否则不准使用。

4 当改性乳化沥青或特种改性乳化沥青需要在低温冰冻条件下贮存或使用时，尚需按国家现行标准《公路工程沥青及沥青混合料试验规程》JTJ 052进行−5℃低温贮存稳定性试验，要求无粗颗粒、不结块。

表 8.1.7-6　沥青混合料用粗集料质量技术要求

指　标	单位	城市快速路、主干路		其他等级道路	试验方法
		表面层	其他层次		
石料压碎值，≤	%	26	28	30	T0316
洛杉矶磨耗损失，≤	%	28	30	35	T0317
表观相对密度，≥	—	2.60	2.5	2.45	T0304
吸水率，≤	%	2.0	3.0	3.0	T0304
坚固性，≤	%	12	12	—	T0314
针片状颗粒含量（混合料），≤	%	15	18	20	T0312
其中粒径大于 9.5mm，≤	%	12	15	—	
其中粒径小于 9.5mm，≤	%	18	20	—	
水洗法<0.075mm 颗粒含量，≤	%	1	1	1	T0310
软石含量，≤	%	3	5	5	T0320

注：1　坚固性试验可根据需要进行。

2　用于城市快速路、主干路时，多孔玄武岩的视密度可放宽至 2.45t/m³，吸水率可放宽至 3%，但必须得到建设单位的批准，且不得用于 SMA 路面。

3　对 S14 即 3～5 规格的粗集料，针片状颗粒含量可不予要求，小于 0.075mm 含量可放宽到 3%。

表 8.1.7-7　沥青混合料用粗集料规格

规格名称	公称粒径（mm）	通过下列筛孔（mm）的质量百分率（%）												
		106	75	63	53	37.5	31.5	26.5	19.0	13.2	9.5	4.75	2.36	0.6
S1	40～75	100	90～100	—	—	0～15	—	0～5						
S2	40～60		100	90～100	—	0～15	—	0～5						
S3	30～60		100	90～100	—	—	0～15	—	0～5					
S4	25～50			100	90～100	—	—	0～15	—	0～5				
S5	20～40				100	90～100	—	—	0～15	—	0～5			
S6	15～30					100	90～100	—	—	0～15	—	0～5		
S7	10～30					100	90～100	—	—	—	0～15	0～5		
S8	10～25						100	90～100	—	0～15	—	0～5		
S9	10～20							100	90～100	—	0～15	0～5		
S10	10～15								100	90～100	0～15	0～5		
S11	5～15								100	90～100	40～70	0～15	0～5	
S12	5～10									100	90～100	0～15	0～5	
S13	3～10									100	90～100	40～70	0～20	0～5
S14	3～5										100	90～100	0～15	0～3

3）细集料的质量要求应符合表 8.1.7-8 的规定。

表 8.1.7-8 细集料质量要求

项　目	单位	城市快速路、主干路	其他等级道路	试验方法
表观相对密度	—	≥2.50	≥2.45	T0328
坚固性（>0.3mm 部分）	%	≥12	—	T0340
含泥量（小于 0.075mm 的含量）	%	≤3	≤5	T0333
砂当量	%	≥60	≥50	T0334
亚甲蓝值	g/kg	≤25	—	T0346
棱角性（流动时间）	s	≥30	—	T0345

注：坚固性试验可根据需要进行。

4）沥青混合料用天然砂规格应符合表 8.1.7-9 的要求。

表 8.1.7-9 沥青混合料用天然砂规格

筛孔尺寸（mm）	通过各孔筛的质量百分率（%）		
	粗　砂	中　砂	细　砂
9.5	100	100	100
4.75	90～100	90～100	90～100
2.36	65～95	75～90	85～100
1.18	35～65	50～90	75～100
0.6	15～30	30～60	60～84
0.3	5～20	8～30	15～45
0.15	0～10	0～10	0～10
0.075	0～5	0～5	0～5

5）沥青混合料用机制砂或石屑规格应符合表 8.1.7-10 的要求。

表 8.1.7-10 沥青混合料用机制砂或石屑规格

规格	公称粒径（mm）	水洗法通过各筛孔的质量百分数（%）							
		9.5	4.75	2.36	1.18	0.6	0.3	0.15	0.075
S15	0～5	100	90～100	60～90	40～75	20～55	7～40	2～20	0～10
S16	0～3	—	100	80～100	50～80	25～60	8～45	0～25	0～15

注：当生产石屑采用喷水抑制扬尘工艺时，应特别注意含粉量不得超过表中要求。

4　矿粉应用石灰岩等憎水性石料磨制。城市快速路与主干路的沥青面层不宜采用粉煤灰做填料。当次干路及以下道路用粉煤灰作填料时，其用量不应超过填料总量 50%，粉煤灰的烧失量应小于 12%。沥青混合料用矿粉质量要求应符合表 8.1.7-11 的规定。

表 8.1.7-11 沥青混合料用矿粉质量要求

项　目	单位	城市快速路、主干路	其他等级道路	试验方法
表观密度	t/m^3	≥2.50	≥2.45	T0352
含水量	%	≥1	≥1	T0103 烘干法
粒度范围<0.6mm <0.15mm <0.075mm	% % %	100 90～100 75～100	100 90～100 70～100	T0351
外观	—	无团粒结块		—
亲水系数	—	<1		T0353
塑性指数	%	<4		T0354
加热安定性	—	实测记录		T0355

5　纤维稳定剂应在 250℃条件下不变质。不宜使用石棉纤维。木质素纤维技术要求应符合表 8.1.7-12 的规定。

表 8.1.7-12 木质素纤维技术要求

项　目	单位	指　标	试验方法
纤维长度	mm	≤6	水溶液用显微镜观测
灰分含量	%	18±5	高温 590℃～600℃燃烧后测定残留物
pH　值	—	7.5±1.0	水溶液用 pH 试纸或 pH 计测定
吸油率	—	≥纤维质量的 5 倍	用煤油浸泡后放在筛上经振敲后称量
含水率（以质量计）	%	≤5	105℃烘箱烘 2h 后的冷却称量

8.1.8　不同料源、品种、规格的原材料应分别存放，不得混存。

8.1.9　沥青混合料配合比设计应符合国家现行标准《公路沥青路面施工技术规范》JTG F40 的要求，并应遵守下列规定：

1　各地区应根据气候条件、道路等级、路面结构等情况，通过试验，确定适宜的沥青混合料技术指标。

2　开工前，应对当地同类道路的沥青混合料配合比及其使用情况进行调研，借鉴成功经验。

3　各地区应结合当地自然条件，充分利用当地资源，选择合格的材料。

8.1.10 基层施工透层油或下封层后，应及时铺筑面层。

8.2 热拌沥青混合料面层

8.2.1 热拌沥青混合料（HMA）适用于各种等级道路的面层。其种类应按集料公称最大粒径、矿料级配、空隙率划分，并应符合表 8.2.1 的要求。应按工程要求选择适宜的混合料规格、品种。

表 8.2.1 热拌沥青混合料种类

混合料类型	密级配			开级配		半开级配	公称最大粒径（mm）	最大粒径（mm）
	连续级配		间断级配	间断级配				
	沥青混凝土	沥青稳定碎石	沥青玛瑞脂碎石	排水式沥青磨耗层	排水式沥青碎石基层	沥青碎石		
特粗式	—	ATB-40	—	—	ATPB-40	—	37.5	53.0
粗粒式	—	ATB-30	—	—	ATPB-30	—	31.5	37.5
	AC-25	ATB-25	—	—	ATPB-25	—	26.5	31.5
中粒式	AC-20	—	SMA-20	—	—	AM-20	19.0	26.5
	AC-16	—	SMA-16	OGFC-16	—	AM-16	16.0	19.0
细粒式	AC-13	—	SMA-13	OGFC-13	—	AM-13	13.2	16.0
	AC-10	—	SMA-10	OGFC-10	—	AM-10	9.5	13.2
砂粒式	AC-5	—	—	—	—	—	4.75	9.5
设计空隙率（%）	3～5	3～6	3～4	>18	>18	6～12	—	—

注：设计空隙率可按配合比设计要求适当调整。

8.2.2 沥青混合料面层集料的最大粒径应与分层压实层厚度相匹配。密级配沥青混合料，每层的压实厚度不宜小于集料公称最大粒径的 2.5～3 倍；对 SMA 和 OGFC 等嵌挤型混合料不宜小于公称最大粒径的 2～2.5 倍。

8.2.3 各层沥青混合料应满足所在层位的功能性要求，便于施工，不得离析。各层应连续施工并连结成一体。

8.2.4 热拌沥青混合料铺筑前，应复查基层和附属构筑物质量，确认符合要求，并对施工机具设备进行检查，确认处于良好状态。

8.2.5 沥青混合料搅拌及施工温度应根据沥青标号及黏度、气候条件、铺装层的厚度、下卧层温度确定。

1 普通沥青混合料搅拌及压实温度宜通过在 135～175℃ 条件下测定的黏度-温度曲线，按表 8.2.5-1 确定。当缺乏黏温曲线数据时，可按表 8.2.5-2 的规定，结合实际情况确定混合料的搅拌及施工温度。

表 8.2.5-1 沥青混合料搅拌及压实时适宜温度相应的黏度

黏度	适宜于搅拌的沥青混合料黏度	适宜于压实的沥青混合料黏度	测定方法
表观黏度	(0.17±0.02) Pa·s	(0.28±0.03) Pa·s	T0625
运动黏度	(170±20)mm²/s	(280±30)mm²/s	T0619
赛波特黏度	(85±10)s	(140±15)s	T0623

表 8.2.5-2 热拌沥青混合料的搅拌及施工温度（℃）

施工工序		石油沥青的标号			
		50 号	70 号	90 号	110 号
沥青加热温度		160～170	155～165	150～160	145～155
矿料加热温度	间隙式搅拌机	集料加热温度比沥青温度高 10～30			
	连续式搅拌机	矿料加热温度比沥青温度高 5～10			
沥青混合料出料温度①		150～170	145～165	140～160	135～155
混合料贮料仓贮存温度		贮料过程中温度降低不超过 10			
混合料废弃温度，高于		200	195	190	185
运输到现场温度，不低于①		145～165	140～155	135～145	130～140
混合料摊铺温度，不低于①		140～160	135～150	130～140	125～135
开始碾压的混合料内部温度，不低于①		135～150	130～145	125～135	120～130
碾压终了的表面温度，不低于②		80～85	70～80	65～75	60～70
		75	70	60	55
开放交通的路表面温度，不高于		50	50	50	45

注：1 沥青混合料的施工温度采用具有金属探测针的插入式数显温度计测量。表面温度可采用表面接触式温度计测定。当用红外线温度计测量表面温度时，应进行标定。
2 表中未列入的 130 号、160 号及 30 号沥青的施工温度由试验确定。
3 ①常温下宜用低值，低温下宜用高值。
4 ②视压路机类型而定。轮胎压路机取高值，振动压路机取低值。

2 聚合物改性沥青混合料搅拌及施工温度应根据实践经验经试验确定。通常宜较普通沥青混合料温度提高 10～20℃。

3 SMA 混合料的施工温度应经试验确定。

8.2.6 热拌沥青混合料宜由有资质的沥青混合料集中搅拌站供应。

8.2.7 自行设置集中搅拌站应符合下列规定：

1 搅拌站的设置必须符合国家有关环境保护、消防、安全等规定。

2 搅拌站与工地现场距离应满足混合料运抵现场时，施工对温度的要求，且混合料不离析。

3 搅拌站贮料场及场内道路应做硬化处理，具有完备的排水设施。

4 各种集料（含外掺剂、混合料成品）必须分仓贮存，并有防雨设施。

5 搅拌机必须设二级除尘装置。矿粉料仓应配置振动卸料装置。

6 采用连续式搅拌机搅拌时，使用的集料料源应稳定不变。

7 采用间歇式搅拌机搅拌时，搅拌能力应满足施工进度要求。冷料仓的数量应满足配合比需要，通常不宜少于5～6个。

8 沥青混合料搅拌设备的各种传感器必须按规定周期检定。

9 集料与沥青混合料取样应符合现行试验规程的要求。

8.2.8 搅拌机应配备计算机控制系统。生产过程中应逐盘采集材料用量和沥青混合料搅拌量、搅拌温度等各种参数指导生产。

8.2.9 沥青混合料搅拌时间应经试拌确定，以沥青均匀裹覆集料为度。间歇式搅拌机每盘的搅拌周期不宜少于45s，其中干拌时间不宜少于5～10s。改性沥青和SMA混合料的搅拌时间应适当延长。

8.2.10 用成品仓贮存沥青混合料，贮存期混合料降温不得大于10℃。贮存时间普通沥青混合料不得超过72h；改性沥青混合料不得超过24h；SMA混合料应当日使用；OGFC应随拌随用。

8.2.11 生产添加纤维的沥青混合料时，搅拌机应配备同步添加投料装置，搅拌时间宜延长5s以上。

8.2.12 沥青混合料出厂时，应逐车检测沥青混合料的质量和温度，并附带载有出厂时间的运料单。不合格品不得出厂。

8.2.13 热拌沥青混合料的运输应符合下列规定：

1 热拌沥青混合料宜采用与摊铺机匹配的自卸汽车运输。

2 运料车装料时，应防止粗细集料离析。

3 运料车应具有保温、防雨、防混合料遗撒与沥青滴漏等功能。

4 沥青混合料运输车辆的总运力应比搅拌能力或摊铺能力有所富余。

5 沥青混合料运至摊铺地点，应对搅拌质量与温度进行检查，合格后方可使用。

8.2.14 热拌沥青混合料的摊铺应符合下列规定：

1 热拌沥青混合料应采用机械摊铺。摊铺温度应符合本规范表8.2.5-2的规定。城市快速路、主干路宜采用两台以上摊铺机联合摊铺。每台机器的摊铺宽度宜小于6m。表面层宜采用多机全幅摊铺，减少施工接缝。

2 摊铺机应具有自动或半自动方式调节摊铺厚度及找平的装置、可加热的振动熨平板或初步振动压实装置、摊铺宽度可调整等功能，且受料斗斗容应能保证更换运料车时连续摊铺。

3 采用自动调平摊铺机摊铺最下层沥青混合料时，应使用钢丝或路缘石、平石控制高程与摊铺厚度，以上各层可用导梁引导高程控制，或采用声纳平衡梁控制方式。经摊铺机初步压实的摊铺层应符合平整度、横坡的要求。

4 沥青混合料的最低摊铺温度应根据气温、下卧层表面温度、摊铺层厚度与沥青混合料种类经试验确定。城市快速路、主干路不宜在气温低于10℃条件下施工。

5 沥青混合料的松铺系数应根据混合料类型、施工机械和施工工艺等应通过试验段确定，试验段长不宜小于100m。松铺系数可按照表8.2.14进行初选。

表8.2.14 沥青混合料的松铺系数

种类	机械摊铺	人工摊铺
沥青混凝土混合料	1.15～1.35	1.25～1.50
沥青碎石混合料	1.15～1.30	1.20～1.45

6 摊铺沥青混合料应均匀、连续不间断，不得随意变换摊铺速度或中途停顿。摊铺速度宜为2～6m/min。摊铺时螺旋送料器应不停顿地转动，两侧应保持有不少于送料器高度2/3的混合料，并保证在摊铺机全宽度断面上不发生离析。熨平板按所需厚度固定后不得随意调整。

7 摊铺层发生缺陷应找补，并停机检查，排除故障。

8 路面狭窄部分、平曲线半径过小的匝道小规模工程可采用人工摊铺。

8.2.15 热拌沥青混合料的压实应符合下列规定：

1 应选择合理的压路机组合方式及碾压步骤，以达到最佳碾压结果。沥青混合料压实宜采用钢筒式静态压路机与轮胎压路机或振动压路机组合的方式压实。

2 压实应按初压、复压、终压（包括成形）三个阶段进行。压路机应以慢而均匀的速度碾压，压路机的碾压速度宜符合表8.2.15的规定。

表8.2.15 压路机碾压速度（km/h）

压路机类型	初压		复压		终压	
	适宜	最大	适宜	最大	适宜	最大
钢筒式压路机	1.5～2	3	2.5～3.5	5	2.5～3.5	5
轮胎压路机	—	—	3.5～4.5	6	4～6	8
振动压路机	1.5～2（静压）	5(静压)	1.5～2（振动）	1.5～2（振动）	2～3（静压）	5（静压）

3 初压应符合下列要求：

1) 初压温度应符合本规范表 8.2.5-2 的有关规定，以能稳定混合料，且不产生推移、发裂为度。

2) 碾压应从外侧向中心碾压，碾速稳定均匀。

3) 初压应采用轻型钢筒式压路机碾压 1～2 遍。初压后应检查平整度、路拱，必要时应修整。

4 复压应紧跟初压连续进行，并应符合下列要求：

1) 复压应连续进行。碾压段长度宜为 60～80m。当采用不同型号的压路机组合碾压时，每一台压路机均应做全幅碾压。

2) 密级配沥青混凝土宜优先采用重型的轮胎压路机进行碾压，碾压到要求的压实度为止。

3) 对大粒径沥青稳定碎石类的基层，宜优先采用振动压路机复压。厚度小于 30mm 的沥青层不宜采用振动压路机碾压。相邻碾压带重叠宽度宜为 10～20cm。振动压路机折返时应先停止振动。

4) 采用三轮钢筒式压路机时，总质量不宜小于 12t。

5) 大型压路机难于碾压的部位，宜采用小型压实工具进行压实。

5 终压温度应符合表 8.2.5-2 的有关规定。终压宜选用双轮钢筒式压路机，碾压至无明显轮迹为止。

8.2.16 SMA 和 OGFC 混合料的压实应符合下列规定：

1 SMA 混合料宜采用振动压路机或钢筒式压路机碾压。

2 SMA 混合料不宜采用轮胎压路机碾压。

3 OGFC 混合料宜用 12t 以上的钢筒式压路机碾压。

8.2.17 碾压过程中碾压轮应保持清洁，可对钢轮涂刷隔离剂或防粘剂，严禁刷柴油。当采用向碾压轮喷水（可添加少量表面活性剂）方式时，必须严格控制喷水量应成雾状，不得漫流。

8.2.18 压路机不得在未碾压成形路段上转向、调头、加水或停留。在当天成形的路面上，不得停放各种机械设备或车辆，不得散落矿料、油料等杂物。

8.2.19 接缝应符合下列规定：

1 沥青混合料面层的施工接缝应紧密、平顺。

2 上、下层的纵向热接缝应错开 15cm；冷接缝应错开30～40cm。相邻两幅及上、下层的横向接缝均应错开 1m 以上。

3 表面层接缝应采用直茬，以下各层可采用斜接茬，层较厚时也可做阶梯形接茬。

4 对冷接茬施作前，应在茬面涂少量沥青并预热。

8.2.20 热拌沥青混合料路面应待摊铺层自然降温至表面温度低于 50℃ 后，方可开放交通。

8.2.21 沥青混合料面层完成后应加强保护，控制交通，不得在面层上堆土或拌制砂浆。

8.3 冷拌沥青混合料面层

8.3.1 冷拌沥青混合料适用于支路及其以下道路的面层、支路的表面层，以及各级道路沥青路面的基层、连接层或整平层。冷拌改性沥青混合料可用于沥青路面的坑槽冷补。

8.3.2 冷拌沥青混合料宜采用乳化沥青或液体沥青拌制，也可采用改性乳化沥青。各原材料类型及规格应符合本规范第 8.1 节的有关规定。

8.3.3 冷拌沥青混合料宜采用密级配，当采用半开级配的冷拌沥青碎石混合料路面时，应铺筑上封层。

8.3.4 冷拌沥青混合料宜采用厂拌，施工时，应采取防止混合料离析的措施。

8.3.5 当采用阳离子乳化沥青搅拌时，宜先用水湿润集料。

8.3.6 混合料的搅拌时间应通过试拌确定。机械搅拌时间不宜超过 30s，人工搅拌时间不宜超过 60s。

8.3.7 已拌好的混合料应立即运至现场摊铺，并在乳液破乳前结束。在搅拌与摊铺过程中已破乳的混合料，应予废弃。

8.3.8 冷拌沥青混合料摊铺后宜采用 6t 压路机初压初步稳定，再用中型压路机碾压。当乳化沥青开始破乳，混合料由褐色转变成黑色时，应改用 12～15t 轮胎压路机复压，将水分挤出后暂停碾压，待水分基本蒸发后继续碾压至轮迹小于 5mm，表面平整，压实度符合要求为止。

8.3.9 冷拌沥青混合料路面的上封层应在混合料压实成型，且水分完全蒸发后施工。

8.3.10 冷拌沥青混合料路面施工结束后宜封闭交通 2～6h，并应做好早期养护。开放交通初期车速不得超过 20km/h，不得在其上刹车或掉头。

8.4 透层、粘层、封层

8.4.1 透层施工应符合下列规定：

1 沥青混合料面层的基层表面应喷洒透层油，在透层油完全渗透入基层后方可铺筑面层。

2 施工中应根据基层类型选择渗透性好的液体沥青、乳化沥青做透层油。透层油的规格应符合表 8.4.1 的规定。

3 用作透层油的基质沥青的针入度不宜小于 100。液体沥青的黏度应通过调节稀释剂的品种和掺量经试验确定。

表 8.4.1 沥青路面透层材料的规格和用量

用途	液体沥青		乳化沥青	
	规格	用量(L/m²)	规格	用量(L/m²)
无结合料粒料基层	AL(M)-1、2或3 AL(S)-1、2或3	1.0～2.3	PC-2 PA-2	1.0～2.0
半刚性基层	AL(M)-1或2 AL(S)-1或2	0.6～1.5	PC-2 PA-2	0.7～1.5

注：表中用量是指包括稀释剂和水分等在内的液体沥青、乳化沥青的总量，乳化沥青中的残留物含量是以50%为基准。

4 透层油的用量与渗透深度宜通过试洒确定，不宜超出表 8.4.1 的规定。

5 用于石灰稳定土类或水泥稳定土类基层的透层油宜紧接在基层碾压成形后表面稍变干燥，但尚未硬化的情况下喷洒，洒布透层油后，应封闭各种交通。

6 透层油宜采用沥青洒布车或手动沥青洒布机喷洒。洒布设备喷嘴应与透层沥青匹配，喷洒应呈雾状，洒布管高度应使同一地点接受 2～3 个喷油嘴喷洒的沥青。

7 透层油应洒布均匀，有花白遗漏应人工补洒，喷洒过量的应立即撒布石屑或砂吸油，必要时作适当碾压。

8 透层油洒布后的养护时间应根据透层油的品种和气候条件由试验确定。液体沥青中的稀释剂全部挥发或乳化沥青水分蒸发后，应及时铺筑沥青混合料面层。

8.4.2 粘层施工应符合下列规定：

1 双层式或多层式热拌热铺沥青混合料面层之间应喷洒粘层油，或在水泥混凝土路面、沥青稳定碎石基层、旧沥青路面层上加铺沥青混合料层时，应在既有结构和路缘石、检查井等构筑物与沥青混合料层连接面喷洒粘层油。

2 粘层油宜采用快裂或中裂乳化沥青、改性乳化沥青，也可采用快、中凝液体石油沥青，其规格和用量应符合表 8.4.2 的规定。所使用的基质沥青标号宜与主层沥青混合料相同。

表 8.4.2 沥青路面粘层材料的规格和用量

下卧层类型	液体沥青		乳化沥青	
	规格	用量(L/m²)	规格	用量(L/m²)
新建沥青层或旧沥青路面	AL(R)-3～AL(R)-6 AL(M)-3～AL(M)-6	0.3～0.5	PC-3 PA-3	0.3～0.6
水泥混凝土	AL(M)-3～AL(M)-6 AL(S)-3～AL(S)-6	0.2～0.4	PC-3 PA-3	0.3～0.5

注：表中用量是指包括稀释剂和水分等在内的液体沥青、乳化沥青的总量，乳化沥青中的残留物含量是以50%为基准。

3 粘层油品种和用量应根据下卧层的类型通过试洒确定，并应符合表 8.4.2 的规定。当粘层油上铺筑薄层大孔隙排水路面时，粘层油的用量宜增加到 0.6～1.0L/m²。沥青层间兼做封层的粘层油宜采用改性沥青或改性乳化沥青，其用量不宜少于 1.0L/m²。

4 粘层油宜在摊铺面层当天洒布。

5 粘层油喷洒应符合本规范第 8.4.1 条的有关规定。

8.4.3 封层施工应符合下列规定：

1 封层油宜采用改性沥青或改性乳化沥青。集料应质地坚硬、耐磨、洁净、粒径级配应符合要求。

2 用于稀浆封层的混合料其配合比应经设计、试验，符合要求后方可使用。

3 下封层宜采用层铺法表面处治或稀浆封层法施工。沥青（乳化沥青）和集料用量应根据配合比设计确定。

4 沥青应洒布均匀、不露白，封层应不透水。

8.4.4 当气温在 10℃及以下，风力大于 5 级及以上时，不应喷洒透层、粘层、封层油。

8.5 检验标准

8.5.1 热拌沥青混合料面层质量检验应符合下列规定：

主控项目

1 热拌沥青混合料质量应符合下列要求：

1）道路用沥青的品种、标号应符合国家现行有关标准和本规范第 8.1 节的有关规定。

检查数量：按同一生产厂家、同一品种、同一标号、同一批号连续进场的沥青（石油沥青每 100t 为 1 批，改性沥青每 50t 为 1 批）每批次抽检 1 次。

检验方法：查出厂合格证，检验报告并进场复验。

2）沥青混合料所选用的粗集料、细集料、矿粉、纤维稳定剂等的质量及规格应符合本规范第 8.1 节的有关规定。

检查数量：按不同品种产品进场批次和产品抽样检验方案确定。

检验方法：观察、检查进场检验报告。

3）热拌沥青混合料、热拌改性沥青混合料、SMA 混合料，查出厂合格证、检验报告并进场复验，拌合温度、出厂温度应符合本规范第 8.2.5 条的有关规定。

检查数量：全数检查。

检验方法：查测温记录，现场检测温度。

4） 沥青混合料品质应符合马歇尔试验配合比技术要求。

检查数量：每日、每品种检查1次。

检验方法：现场取样试验。

2 热拌沥青混合料面层质量检验应符合下列规定：

主 控 项 目

1） 沥青混合料面层压实度，对城市快速路、主干路不应小于96%；对次干路及以下道路不应小于95%。

检查数量：每$1000m^2$测1点。

检验方法：查试验记录（马歇尔击实试件密度，试验室标准密度）。

2） 面层厚度应符合设计规定，允许偏差为＋10～－5mm。

检查数量：每$1000m^2$测1点。

检验方法：钻孔或刨挖，用钢尺量。

3） 弯沉值，不应大于设计规定。

检查数量：每车道、每20m，测1点。

检验方法：弯沉仪检测。

一 般 项 目

3 表面应平整、坚实，接缝紧密，无枯焦；不应有明显轮迹、推挤裂缝、脱落、烂边、油斑、掉渣等现象，不得污染其他构筑物。面层与路缘石、平石及其他构筑物应接顺，不得有积水现象。

检查数量：全数检查。

检验方法：观察。

4 热拌沥青混合料面层允许偏差应符合表8.5.1的规定。

表 8.5.1 热拌沥青混合料面层允许偏差

<table>
<tr><th colspan="2" rowspan="2">项 目</th><th colspan="2" rowspan="2">允许偏差</th><th colspan="4">检验频率</th><th rowspan="2">检验方法</th></tr>
<tr><th>范围</th><th colspan="3">点 数</th></tr>
<tr><td colspan="2">纵断高程(mm)</td><td colspan="2">±15</td><td>20m</td><td colspan="3">1</td><td>用水准仪测量</td></tr>
<tr><td colspan="2">中线偏位(mm)</td><td colspan="2">≤20</td><td>100m</td><td colspan="3">1</td><td>用经纬仪测量</td></tr>
<tr><td rowspan="6">平整度(mm)</td><td rowspan="3">标准差σ值</td><td rowspan="2">快速路、主干路</td><td rowspan="2">≤1.5</td><td rowspan="3">100m</td><td rowspan="3">路宽(m)</td><td><9</td><td>1</td><td rowspan="3">用测平仪检测，见注1</td></tr>
<tr><td>9～15</td><td>2</td></tr>
<tr><td>次干路、支路</td><td>≤2.4</td><td>>15</td><td>3</td></tr>
<tr><td rowspan="3">最大间隙</td><td rowspan="3">次干路、支路</td><td rowspan="3">≤5</td><td rowspan="3">20m</td><td rowspan="3">路宽(m)</td><td><9</td><td>1</td><td rowspan="3">用3m直尺和塞尺连续量取两尺，取最大值</td></tr>
<tr><td>9～15</td><td>2</td></tr>
<tr><td>>15</td><td>3</td></tr>
<tr><td colspan="2">宽度(mm)</td><td colspan="2">不小于设计值</td><td>40m</td><td colspan="3">1</td><td>用钢尺量</td></tr>
<tr><td colspan="2" rowspan="3">横 坡</td><td colspan="2" rowspan="3">±0.3%且不反坡</td><td rowspan="3">20m</td><td rowspan="3">路宽(m)</td><td><9</td><td>2</td><td rowspan="3">用水准仪测量</td></tr>
<tr><td>9～15</td><td>4</td></tr>
<tr><td>>15</td><td>6</td></tr>
<tr><td colspan="2">井框与路面高差(mm)</td><td colspan="2">≤5</td><td>每座</td><td colspan="3">1</td><td>十字法，用直尺、塞尺量取最大值</td></tr>
<tr><td rowspan="4">抗滑</td><td rowspan="2">摩擦系数</td><td colspan="2" rowspan="2">符合设计要求</td><td rowspan="2">200m</td><td colspan="3">1</td><td>摆式仪</td></tr>
<tr><td colspan="3">全线连续</td><td>横向力系数车</td></tr>
<tr><td rowspan="2">构造深度</td><td colspan="2" rowspan="2">符合设计要求</td><td rowspan="2">200m</td><td colspan="3" rowspan="2">1</td><td>砂铺法</td></tr>
<tr><td>激光构造深度仪</td></tr>
</table>

注：1 测平仪为全线每车道连续检测每100m计算标准差σ；无测平仪时可采用3m直尺检测；表中检验频率点数为测线数；

2 平整度、抗滑性能也可采用自动检测设备进行检测；

3 底基层表面、下面层应按设计规定用量洒泼透层油、粘层油；

4 中面层、底面层仅进行中线偏位、平整度、宽度、横坡的检测；

5 改性（再生）沥青混凝土路面可采用此表进行检验；

6 十字法检查井框与路面高差，每座检查井均应检查。十字法检查中，以平行于道路中线，过检查井盖中心的直线做基线，另一条线与基线垂直，构成检查用十字线。

8.5.2 冷拌沥青混合料面层质量检验应符合下列规定：

主 控 项 目

1 面层所用乳化沥青的品种、性能和集料的规格、质量应符合本规范第8.1节的有关规定。

检查数量：按产品进场批次和产品抽样检验方案确定。

检验方法：查进场复查报告。

2 冷拌沥青混合料的压实度不应小于95%。

检查数量：每1000m²测1点。

检验方法：检查配合比设计资料、复测。

3 面层厚度应符合设计规定，允许偏差为+15～−5mm。

检查数量：每1000m²测1点。

检验方法：钻孔或刨挖，用钢尺量。

一 般 项 目

4 表面应平整、坚实，接缝紧密，不应有明显轮迹、粗细骨料集中、推挤、裂缝、脱落等现象。

检查数量：全数检查。

检验方法：观察。

5 冷拌沥青混合料面层允许偏差应符合表8.5.2的规定。

表8.5.2 冷拌沥青混合料面层允许偏差

<table>
<tr><th colspan="2" rowspan="2">项 目</th><th rowspan="2">允许偏差</th><th colspan="3">检验频率</th><th rowspan="2">检验方法</th></tr>
<tr><th>范围</th><th colspan="2">点 数</th></tr>
<tr><td colspan="2">纵断高程(mm)</td><td>±20</td><td>20m</td><td colspan="2">1</td><td>用水准仪测量</td></tr>
<tr><td colspan="2">中线偏位(mm)</td><td>≤20</td><td>100m</td><td colspan="2">1</td><td>用经纬仪测量</td></tr>
<tr><td colspan="2" rowspan="3">平整度(mm)</td><td rowspan="3">≤10</td><td rowspan="3">20m</td><td rowspan="3">路宽(m)</td><td><9 1</td><td rowspan="3">用3m直尺、塞尺连续量两尺，取最大值</td></tr>
<tr><td>9～15 2</td></tr>
<tr><td>>15 3</td></tr>
<tr><td colspan="2">宽度(mm)</td><td>不小于设计值</td><td>40m</td><td colspan="2">1</td><td>用钢尺量</td></tr>
<tr><td colspan="2" rowspan="3">横 坡</td><td rowspan="3">±0.3%且不反坡</td><td rowspan="3">20m</td><td rowspan="3">路宽(m)</td><td><9 2</td><td rowspan="3">用水准仪测量</td></tr>
<tr><td>9～15 4</td></tr>
<tr><td>>15 6</td></tr>
<tr><td colspan="2">井框与路面高差(mm)</td><td>≤5</td><td>每座</td><td colspan="2">1</td><td>十字法，用直尺、塞尺量，取最大值</td></tr>
<tr><td rowspan="4">抗滑</td><td rowspan="2">摩擦系数</td><td rowspan="2">符合设计要求</td><td rowspan="2">200m</td><td colspan="2">1</td><td>摆式仪</td></tr>
<tr><td colspan="2">全线连续</td><td>横向力系数车</td></tr>
<tr><td rowspan="2">构造深度</td><td rowspan="2">符合设计要求</td><td rowspan="2">200m</td><td colspan="2" rowspan="2">1</td><td>砂铺法</td></tr>
<tr><td>激光构造深度仪</td></tr>
</table>

8.5.3 粘层、透层与封层质量检验应符合下列规定：

主 控 项 目

1 透层、粘层、封层所采用沥青的品种、标号和封层粒料质量、规格应符合本规范第8.1节的有关规定。

检查数量：按进场品种、批次，同品种、同批次检查不应少于1次。

检验方法：查产品出厂合格证、出厂检验报告和进场复检报告。

一 般 项 目

2 透层、粘层、封层的宽度不应小于设计规定值。

检查数量：每40m抽检1处。

检验方法：用尺量。

3 封层油层与粒料洒布应均匀，不应有松散、裂缝、油丁、泛油、波浪、花白、漏洒、堆积、污染其他构筑物等现象。

检查数量：全数检查。

检验方法：观察。

9 沥青贯入式与沥青表面处治面层

9.1 一 般 规 定

9.1.1 施工前应将基层清扫干净，并对路缘石、检查井等采取防止喷洒沥青污染的措施。

9.1.2 各工序应紧密衔接，当日的作业段宜当日完成。

9.1.3 沥青贯入式与沥青表面处治面层，宜在干燥和较热的季节施工，并宜在日最高温度低于15℃到来以前半个月结束。

9.1.4 各层集料必须保持干燥、洁净，喷洒沥青宜在3级（含）风以下进行。

9.1.5 沥青贯入式面层与表面处治面层碾压定形后，应通过有序开放交通，并控制车速碾压成型。开放交通后发现泛油时，应撒嵌缝料处理。

9.2 沥青贯入式面层

9.2.1 沥青贯入式面层宜作城市次干路以下道路面层使用。其主石料层厚应根据碎石的粒径确定，厚度不宜超过10cm。

9.2.2 沥青贯入式面层应按贯入深度并根据实践经验与试验，选择主层及其他各层的集料粒径与沥青用量。主层集料中大于颗粒范围中值的不得小于50%。

9.2.3 沥青贯入式面层的原材料应符合下列规定：

1 沥青材料宜选道路用B级沥青或由其配制的

快裂喷洒型阳离子乳化沥青（PC-1）或阴离子乳化沥青（PA-1）。

2 集料应选择有棱角、嵌挤性好的坚硬石料；当使用破碎砾石时，具有一个破碎面的颗粒应大于80%，两个或两个以上破碎面应大于60%。主集料的最大粒径应与结构层厚相匹配。

9.2.4 沥青贯入式面层材料规格和用量宜符合表9.2.4的规定。

表9.2.4 沥青贯入式面层材料规格和用量

（用量单位：集料，$m^3/1000m^2$；沥青及乳化沥青，kg/m^2）

沥青品种	石油沥青										乳化沥青			
厚度(cm)	4		5		6		7		8		4		5	
规格和用量	规格	用量	规格	用量	规格	用量	规格	用量	规格	用量	规格	用量	规格	用量
封层料	S14	3～5	S14	3～5	S13(S14)	4～6	S13(14)	4～6	S13(S14)	4～6	S13(S14)	4～6	S14	4～6
第五遍沥青	—													0.8～1.0
第四遍嵌缝料													S14	5～6
第四遍沥青												0.8～1.0		1.2～1.4
第三遍嵌缝料											S14	5～6	S12	7～9
第三遍沥青		1.0～1.2		1.0～1.2		1.0～1.2		1.0～1.2		1.0～1.2		1.4～1.6		1.5～1.7
第二遍嵌缝料	S12	6～7	S11(S10)	10～12	S11(S10)	10～12	S10(S11)	11～13	S10(S11)	11～13	S12	7～8	S10	9～11
第二遍沥青		1.6～1.8		1.8～2.0		2.0～2.2		2.4～2.6		2.6～2.8		1.6～1.8		1.6～1.8
第一遍嵌缝料	S10(S9)	12～14	S8	12～14	S8(S6)	16～18	S6(S8)	18～20	S6(S8)	20～22	S9	12～14	S8	10～12
第一遍沥青		1.8～2.1		1.6～1.8		2.8～3.0		3.3～3.5		4.0～4.2		2.2～2.4		2.6～2.8
主层石料	S5	45～50	S4	55～60	S3(S4)	66～76	S2	80～90	S1(S2)	95～100	S5	40～50	S4	50～55
沥青总用量	4.4～5.1		5.2～5.8		5.8～6.4		6.7～7.3		7.6～8.2		6.0～6.8		7.4～8.5	

注：1 表中乳化沥青用量是指乳液的用量，并适用于乳液浓度约为60%的情况，如果浓度不同，用量应予换算；
2 在高寒地区及干旱风砂大的地区，可超出高限，再增加5%～10%。

9.2.5 主层粒料的摊铺与碾压应符合本规范第7.7.2、7.7.3条的有关规定。

9.2.6 各层沥青的洒布应符合本规范第8.4.1条的有关规定。

9.2.7 沥青或乳化沥青的浇洒温度应根据沥青标号及气温情况选择。采用乳化沥青时，应在碾压稳定后的主集料上先撒布一部分嵌缝料，当需要加快破乳速度时，可将乳液加温，乳液温度不得超过60℃。每层沥青完成浇洒后，应立即撒布相应的嵌缝料，嵌缝料应撒布均匀。使用乳化沥青时，嵌缝料撒布应在乳液破乳前完成。

9.2.8 嵌缝料撒布后应立即用8～12t钢筒式压路机碾压，碾压时应随压随扫，使嵌缝料均匀嵌入。至压实度符合设计要求、平整度符合规定为止。压实过程中严禁车辆通行。

9.2.9 终碾后即可开放交通，且应设专人指挥交通，以使面层全部宽度均匀压实。面层完全成型前，车速度不得超过20km/h。

9.2.10 沥青贯入式面层应进行初期养护。泛油时应及时处理。

9.2.11 沥青贯入式结构作道路基层或联结层时，可不撒表面封层料。

9.3 沥青表面处治面层

9.3.1 沥青表面处治面层使用的道路石油沥青、乳化沥青的种类、标号和集料的质量规格应符合设计及本规范规定，适应当地环境条件。

9.3.2 沥青表面处治的集料最大粒径应与处治层的厚度相等。

9.3.3 沥青表面处治面层用材料规格与用量宜符合表9.3.3的规定。

表 9.3.3 沥青表面处治材料规格和用量

（用量单位：集料，$m^3/1000m^2$；沥青及乳化沥青，kg/m^2）

材料用量			石油沥青						乳化沥青					
			第一层		第二层		第三层		第一层		第二层		第三层	
			规格	用量	规格	用量	规格	用量	规格	用量	规格	用量	规格	用量
厚度（mm）	单层式	5	—	—	—	—	—	—	▲ S_{14}	0.9～1.0 7～9	—	—	—	—
		10	• S_{12}	1.0～1.2 7～9	—	—	—	—	—	—	—	—	—	—
		15	• S_{10}	1.4～1.6 12～14	—	—	—	—	—	—	—	—	—	—
	双层式	10	—	—	—	—	—	—	▲ S_{12}	1.8～2.0 9～11	▲ S_{14}	1.0～1.2 4～6	—	—
		15	• S_{10}	1.4～1.6 12～14	• S_{12}	1.0～1.2 7～8	—	—	—	—	—	—	—	—
		20	• S_9	1.6～1.8 16～18	• S_{12}	1.0～1.2 7～8	—	—	—	—	—	—	—	—
		25	• S_8	1.8～2.0 18～20	• S_{12}	1.0～1.2 7～8	—	—	—	—	—	—	—	—
	三层式	25	• S_8	1.6～1.8 18～20	• S_{10}	1.2～1.4 12～14	• S_{12}	1.0～1.2 7～8	—	—	—	—	—	—
		30	• S_6	1.8～2.0 20～22	• S_{10}	1.2～1.4 12～14	• S_{10}	1.0～1.2 7～8	▲ S_6	2.0～2.2 20～22	▲ S_{10}	1.8～2.0 9～11	▲ S_{12} S_{14}	1.0～1.2 4～6 3.5～4.5

注：1 表中的乳化沥青用量按乳化沥青的蒸发残留物含量 60%计算，如沥青含量不同应予以折算；
2 在高寒地区及干旱风沙大的地区，可超出高限 5%～10%；
3 • 代表石油沥青，▲ 代表乳化沥青；
4 Sn 代表级配集料规格。

9.3.4 在清扫干净的碎石或砾石路面上铺筑沥青表面处治面层时，应喷洒透层油。在旧沥青路面、水泥混凝土路面、块石路面上铺筑沥青表面处治面层时，可在第一层沥青用量中增加 10%～20%，不再另洒透层油或粘层油。

9.3.5 施工沥青表面处治面层，宜采用沥青洒布车及集料撒布机联合作业。喷洒沥青，应保持稳定速度和喷洒量，洒布宽度范围内喷洒应均匀。

9.3.6 沥青表面处治施工各工序应紧密衔接，撒布各层沥青后均应立即用集料撒布机撒布相应的集料。每个作业段长度应根据施工能力确定，并在当天完成。人工撒布集料时，应等距离划分段落备料。

9.3.7 沥青表面处治面层的沥青洒布温度应根据气温及沥青标号选择，石油沥青宜为 130～170℃，乳化沥青乳液温度不宜超过 60℃。洒布车喷洒沥青纵向搭接宽度宜为 10～15cm，洒布各层沥青的搭接缝应错开。

9.3.8 摊铺与碾压应符合本规范第 7.7.2 条、7.7.3 条的有关规定。嵌缝料应采用轻、中型压路机边碾压、边扫墁，及时追补集料，集料表面不得洒落沥青。

9.3.9 沥青表面处治应在碾压结束后开放交通，初期管理与养护应符合本规范第 9.2 节的有关规定。

9.3.10 沥青表面处治施工后，初期养护用料宜为 S_{12}（5～10mm）碎石或 S_{14}（3～5mm）石屑、粗砂或小砾石，用量宜为 2～$3m^3/1000m^2$。

9.4 检验标准

9.4.1 沥青贯入式面层质量检验应符合下列规定：

主控项目

1 沥青、乳化沥青、集料、嵌缝料的质量应符合设计及本规范的有关规定。

检查数量：按不同材料进场批次，每批次 1 次。

检验方法：查出厂合格证及进场复检报告。

2 压实度不应小于 95%。

检查数量：每 $1000m^2$ 抽检 1 点。

检查方法：灌砂法、灌水法、蜡封法。

3 弯沉值，不得大于设计规定。

检查数量：按设计规定。

检验方法：每车道、每 20m，测 1 点。

4 面层厚度应符合设计规定，允许偏差为－5～＋15mm。

检查数量：每 $1000m^2$ 抽检 1 点。

检验方法：钻孔或刨坑，用钢尺量。

一般项目

5 表面应平整、坚实、石料嵌锁稳定、无明显高低差；嵌缝料、沥青应撒布均匀，无花白、积油、漏浇、浮料等现象，且不应污染其他构筑物。

检查数量：全数检查。

检验方法：观察。

6 沥青贯入式面层允许偏差应符合表 9.4.1 的

规定。

表 9.4.1 沥青贯入式面层允许偏差

项 目	允许偏差	检验频率				检验方法
		范围	点数			
纵断高程(mm)	±15	20m	1			用水准仪测量
中线偏位(mm)	≤20	100m	1			用经纬仪测量
平整度(mm)	≤7	20m	路宽(m)	<9	1	用3m直尺、塞尺连续两尺，取较大值
				9~15	2	
				>15	3	
宽度(mm)	不小于设计值	40m	1			用钢尺量
横 坡	±0.3%且不反坡	20m	路宽(m)	<9	2	用水准仪测量
				9~15	4	
				>15	6	
井框与路面高差(mm)	≤5	每座	1			十字法，用直尺、塞尺量最大值
沥青总用量	±0.5%	每工作日、每层	1			T0982

9.4.2 沥青表面处治施工质量检验应符合下列规定：

主 控 项 目

1 沥青、乳化沥青的品种、指标、规格应符合设计和本规范的有关规定。

检查数量：按进场批次。

检验方法：查出厂合格证、出厂检验报告、进场检验报告。

一 般 项 目

2 集料应压实平整，沥青应洒布均匀、无露白，嵌缝料应撒铺、扫墁均匀，不应有重叠现象。

3 沥青表面处治允许偏差应符合表9.4.2的规定。

表 9.4.2 沥青表面处治允许偏差

项 目	允许偏差	检验频率				检验方法
		范 围	点 数			
纵断高程(mm)	±15	20m	1			用水准仪测量
中线偏位(mm)	≤20	100m	1			用经纬仪测量
平整度(mm)	≤7	20m	路宽(m)	<9	1	用3m直尺和塞尺连续量两尺，取较大值
				9~15	2	
				>15	3	
宽度(mm)	不小于设计规定	40m	1			用钢尺量
横 坡	±0.3%且不反坡	20m	路宽(m)	<9	2	用水准仪测量
				9~15	4	
				>15	6	

续表 9.4.2

项 目	允许偏差	检验频率		检验方法
		范 围	点 数	
厚度(mm)	+10 −5	$1000m^2$	1	钻孔，用钢尺量
弯沉值	符合设计要求	设计要求时	—	弯沉仪测定时
沥青总用量(kg/m^2)	±0.5%总用量	每工作日、每层	1	T0982

10 水泥混凝土面层

10.1 原 材 料

10.1.1 水泥应符合下列规定：

1 重交通以上等级道路、城市快速路、主干路应采用42.5级以上的道路硅酸盐水泥或硅酸盐水泥、普通硅酸盐水泥；中、轻交通等级的道路可采用矿渣水泥，其强度等级不宜低于32.5级。水泥应有出厂合格证（含化学成分、物理指标），并经复验合格，方可使用。

2 不同等级、厂牌、品种、出厂日期的水泥不得混存、混用。出厂期超过三个月或受潮的水泥，必须经过试验，合格后方可使用。

3 用于不同交通等级道路面层水泥的弯拉强度、抗压强度最小值应符合表10.1.1-1的规定。

表 10.1.1-1 道路面层水泥的弯拉强度、抗压强度最小值

道路等级	特重交通		重交通		中、轻交通	
龄期（d）	3	28	3	28	3	28
抗压强度（MPa）	25.5	57.5	22.0	52.5	16.0	42.5
弯拉强度（MPa）	4.5	7.5	4.0	7.0	3.5	6.5

4 水泥的化学成分、物理指标应符合表10.1.1-2的规定。

表 10.1.1-2 各交通等级路面用水泥的化学成分和物理指标

交通等级 水泥性能	特重、重交通	中、轻交通
铝酸三钙	不宜大于7.0%	不宜大于9.0%
铁铝酸四钙	不宜小于15.0%	不宜小于12.0%
游离氧化钙	不得大于1.0%	不得大于1.5%
氧化镁	不得大于5.0%	不得大于6.0%
三氧化硫	不得大于3.5%	不得大于4.0%

续表 10.1.1-2

水泥性能 \ 交通等级	特重、重交通	中、轻交通
碱含量（$Na_2O+0.658K_2O$）	≤0.6%	怀疑有碱活性集料时，≤0.6%；无碱活性集料时，≤1.0%
混合材种类	不得掺窑灰、煤矸石、火山灰和黏土，有抗盐冻要求时不得掺石灰、石粉	
出磨时安定性	雷氏夹或蒸煮法检验必须合格	蒸煮法检验必须合格
标准稠度需水量	不宜大于 28%	不宜大于 30%
烧失量	不得大于 3.0%	不得大于 5.0%
比表面积	宜在 300～450m²/kg	
细度（80μm）	筛余量≤10%	
初凝时间	≥1.5h	
终凝时间	≤10h	
28d 干缩率*	不得大于 0.09%	不得大于 0.10%
耐磨性*	≤3.6kg/m²	

注：*28d 干缩率和耐磨性试验方法采用现行国家标准《道路硅酸盐水泥》GB 13693。

10.1.2 粗集料应符合下列规定：

1 粗集料应采用质地坚硬、耐久、洁净的碎石、砾石、破碎砾石，并应符合表 10.1.2-1 的规定。城市快速路、主干路、次干路及有抗（盐）冻要求的次干路、支路混凝土路面使用的粗集料级别不应低于Ⅰ级。Ⅰ级集料吸水率不应大于 1.0%，Ⅱ级集料吸水率不应大于 2.0%。

表 10.1.2-1 粗集料技术指标

项目	技术要求	
	Ⅰ级	Ⅱ级
碎石压碎指标(%)	<10	<15
砾石压碎指标(%)	<12	<14
坚固性(按质量损失计)(%)	<5	<8
针片状颗粒含量(按质量计)(%)	<5	<15
含泥量(按质量计)(%)	<0.5	<1.0
泥块含量(按质量计)(%)	<0	<0.2
有机物含量(比色法)	合格	合格
硫化物及硫酸盐(按 SO_3 质量计)(%)	<0.5	<1.0
空隙率	<47%	
碱集料反应	经碱集料反应试验后无裂缝、酥裂、胶体外溢等现象，在规定试验龄期的膨胀率小于 0.10%	
抗压强度(MPa)	火成岩，≥100；变质岩，≥80；水成岩，≥60	

2 粗集料宜采用人工级配。其级配范围宜符合表 10.1.2-2 的规定。

表 10.1.2-2 人工合成级配范围

级配 \ 粒径	方筛孔尺寸(mm)							
	2.36	4.75	9.50	16.0	19.0	26.5	31.5	37.5
	累计筛余(以质量计)(%)							
4.75～16	95～100	85～100	40～60	0～10	—	—	—	—
4.75～19	95～100	85～95	60～75	30～45	0～5	0	—	—
4.75～26.5	95～100	90～100	70～90	50～70	25～40	0～5	0	—
4.75～31.5	95～100	90～100	75～90	60～75	40～60	20～35	0～5	0

3 粗集料的最大公称粒径，碎砾石不应大于 26.5mm，碎石不应大于 31.5mm，砾石不宜大于 19.0mm；钢纤维混凝土粗集料最大粒径不宜大于 19.0mm。

10.1.3 细集料应符合下列规定：

1 宜采用质地坚硬、细度模数在 2.5 以上、符合级配规定的洁净粗砂、中砂。

2 砂的技术要求应符合表 10.1.3 的规定。

表 10.1.3 砂的技术要求

项目			技术要求					
颗粒级配	筛孔尺寸(mm)		粒径					
			0.15	0.30	0.60	1.18	2.36	4.75
	累计筛余量(%)	粗砂	90～100	80～95	71～85	35～65	5～35	0～10
		中砂	90～100	70～92	41～70	10～50	0～25	0～10
		细砂	90～100	55～85	16～40	10～25	0～15	0～10
泥土杂物含量(冲洗法)(%)			一级		二级		三级	
			<1		<2		<3	
硫化物和硫酸盐含量(折算为 SO_3)(%)			<0.5					
氯化物(氯离子质量计)			≤0.01		≤0.02		≤0.06	
有机物含量(比色法)			颜色不应深于标准溶液的颜色					
其他杂物			不得混有石灰、煤渣、草根等其他杂物					

3 使用机制砂时，除应满足表 10.1.3 的规定外，还应检验砂磨光值，其值宜大于 35，不宜使用抗磨性较差的水成岩类机制砂。

4 城市快速路、主干路宜采用一级砂和二级砂。

5 海砂不得直接用于混凝土面层。淡化海砂不应用于城市快速路、主干路、次干路，可用于支路。

10.1.4 水应符合国家现行标准《混凝土用水标准》JGJ 63 的规定。宜使用饮用水及不含油类等杂质的清洁中性水，pH 值为 6～8。

10.1.5 外加剂应符合下列规定：

1 外加剂宜使用无氯盐类的防冻剂、引气剂、减水剂等。

2 外加剂应符合现行国家标准《混凝土外加剂》GB 8076的有关规定，并应有合格证。

3 使用外加剂应经掺配试验，并应符合现行国家标准《混凝土外加剂应用技术规范》GB 50119的有关规定。

10.1.6 钢筋应符合下列规定：

1 钢筋的品种、规格、成分，应符合国家现行标准和设计规定，应具有生产厂的牌号、炉号，检验报告和合格证，并经复试（含见证取样）合格。

2 钢筋不得有锈蚀、裂纹、断伤和刻痕等缺陷。

3 钢筋应按类型、直径、钢号、批号等分别堆放，并应避免油污、锈蚀。

10.1.7 用于混凝土路面的钢纤维应符合下列规定：

1 单丝钢纤维抗拉强度不宜小于600MPa。

2 钢纤维长度应与混凝土粗集料最大公称粒径相匹配，最短长度宜大于粗集料最大公称粒径的1/3；最大长度不宜大于粗集料最大公称粒径的2倍，钢纤维长度与标称值的允许偏差为±10%。

3 宜使用经防蚀处理的钢纤维，严禁使用带尖刺的钢纤维。

4 应符合国家现行标准《混凝土用钢纤维》YB/T151的有关要求。

10.1.8 传力杆（拉杆）、滑动套材质、规格应符合规定。可采用镀锌铁皮管、硬塑料管等制作滑动套。

10.1.9 胀缝板宜采用厚20mm、水稳定性好、具有一定柔性的板材制作，且应经防腐处理。

10.1.10 填缝材料宜采用树脂类、橡胶类、聚氯乙烯胶泥类、改性沥青类填缝材料，并宜加入耐老化剂。

10.2 混凝土配合比设计

10.2.1 混凝土面层的配合比应满足弯拉强度、工作性、耐久性三项技术要求。

10.2.2 混凝土配合比设计应符合下列规定：

1 混凝土弯拉强度应符合下列要求：

1）各交通等级路面板的设计28d弯拉强度标准值f_r应符合表10.2.2-1的规定。

表10.2.2-1 混凝土弯拉强度标准值f_r

交通等级	特重	重	中等	轻
弯拉强度标准值（MPa）	5.0	5.0	4.5	4.0

2）应按下式计算配制28d弯拉强度的均值。

$$f_c=\frac{f_r}{1-1.04c_v}+t\times s \qquad (10.2.2\text{-}1)$$

式中 f_c——配制28d弯拉强度的均值（MPa）；

f_r——设计弯拉强度标准值（MPa）；

s——弯拉强度试验样本的标准差（MPa）；

t——保证率系数，应按表10.2.2-2确定；

c_v——弯拉强度变异系数，应按统计数据在表10.2.2-3的规定范围内取值；在无统计数据时，弯拉强度变异系数应按设计取值；如果施工配制弯拉强度超出设计给定的弯拉强度变异系数上限，则必须改进机械装备和提高施工控制水平。

表10.2.2-2 保证率系数t

道路等级	判别概率p	样本数n（组）				
		3	6	9	15	20
城市快速路	0.05	1.36	0.79	0.61	0.45	0.39
主干路	0.10	0.95	0.59	0.46	0.35	0.30
次干路	0.15	0.72	0.46	0.37	0.28	0.24
其　他	0.20	0.56	0.37	0.29	0.22	0.19

表10.2.2-3 各级道路混凝土路面弯拉强度变异系数c_v

道路技术等级	城市快速路	主干路		次干路	其他道路	
混凝土弯拉强度变异水平等级	低	低	中	中	中	高
弯拉强度变异系数c_v允许变化范围	0.05～0.10	0.05～0.10	0.10～0.15	0.10～0.15	0.10～0.15	0.15～0.20

2 不同摊铺方式混凝土最佳工作性范围及最大用水量应符合表10.2.2-4的规定。

表10.2.2-4 不同摊铺方式混凝土工作性及用水量要求

混凝土类型	项　目	摊铺方式			
		滑模摊铺机	轨道摊铺机	三辊轴机组摊铺机	小型机具摊铺
砾石混凝土	出机坍落度（mm）	20～40①	40～60	30～50	10～40
	摊铺坍落度（mm）	5～55②	20～40	10～30	0～20
	最大用水量（kg/m³）	155	153	148	145
碎石混凝土	出机坍落度（mm）	25～50①	40～60	30～50	10～40
	摊铺坍落度（mm）	10～65②	20～40	10～30	0～20
	最大用水量（kg/m³）	160	156	153	150

注：①为设超铺角的摊铺机的最佳工作性。不设超铺角的摊铺机最佳坍落度砾石为10～40mm；碎石为10～30mm。

②为最佳工作性允许波动范围。

3 混凝土耐久性应符合下列要求：

1）路面混凝土含气量及允许偏差宜符合表10.2.2-5的规定。

表10.2.2-5 路面混凝土含气量及允许偏差（%）

最大公称粒径（mm）	无抗冻性要求	有抗冻性要求	有抗盐冻要求
19.0	4.0±1.0	5.0±0.5	6.0±0.5
26.5	3.5±1.0	4.5±0.5	5.5±0.5
31.5	3.5±1.0	4.0±0.5	5.0±0.5

2）路面混凝土最大水灰比和最小单位水泥用量宜符合表10.2.2-6的规定。最大单位水泥用量不宜大于400kg/m³。

表10.2.2-6 路面混凝土的最大水灰比和最小单位水泥用量

道路等级		城市快速路、主干路	次干路	其他道路
最大水灰比		0.44	0.46	0.48
抗冰冻要求最大水灰比		0.42	0.44	0.46
抗盐冻要求最大水灰比		0.40	0.42	0.44
最小单位水泥用量（kg/m³）	42.5级水泥	300	300	290
	32.5级水泥	310	310	305
抗冰（盐）冻时最小单位水泥用量（kg/m³）	42.5级水泥	320	320	315
	32.5级水泥	330	330	325

注：水灰比计算以砂石料的自然风干状态计（砂含水量≤1.0%；石子含水量≤0.5%）。

3）严寒地区路面混凝土抗冻标号不宜小于F250，寒冷地区不宜小于F200。

4 路面混凝土外加剂的使用应符合下列要求：

1）高温施工时，混凝土搅拌物的初凝时间不得小于3h；低温施工时，终凝时间不得大于10h。

2）外加剂的掺量应由混凝土试配试验确定。

3）引气剂与减水剂或高效减水剂等外加剂复配在同一水溶液中时，不应发生絮凝现象。

5 配合比参数的计算应符合下列要求：

1）水灰比应按下列公式计算：

碎石或碎砾石混凝土：

$$\frac{W}{C}=\frac{1.5684}{f_c+1.0097-0.3595f_s} \quad (10.2.2\text{-}2)$$

砾石混凝土：

$$\frac{W}{C}=\frac{1.2618}{f_c+1.5492-0.4709f_s} \quad (10.2.2\text{-}3)$$

式中 $\frac{W}{C}$——水灰比；

f_s——水泥实测28d弯拉强度（MPa）；

f_c——配制28d弯拉强度的均值（MPa）。

水灰比应在满足弯拉强度计算值和耐久性（表10.2.2-6）两者要求的水灰比中取小值。

2）砂率应根据砂的细度模数和粗集料种类，查表10.2.2-7取值。

表10.2.2-7 砂的细度模数与最优砂率关系

砂细度模数		2.2～2.5	2.5～2.8	2.8～3.1	3.1～3.4	3.4～3.7
砂率 S_P（%）	碎石	30～40	32～36	34～38	36～40	38～42
	砾石	28～32	30～34	32～36	34～38	36～40

注：碎砾石可在碎石和砾石之间内插取值。

3）根据粗集料种类和表10.2.2-4适宜的坍落度，应分别按下列经验公式计算单位用水量（砂石料以自然风干状态计）：

不掺外加剂与掺和料的混凝土单位用水量应按下列公式计算：

碎石：$W_0=104.97+0.309S_L+11.27C/W+0.61S_P$ (10.2.2-4)

砾石：$W_0=86.89+0.370S_L+11.24C/W+1.00S_P$ (10.2.2-5)

式中 W_0——不掺外加剂与掺和料的混凝土单位用水量(kg/m³)；

S_L——坍落度（mm）；

S_P——砂率（%）；

C/W——灰水比，水灰比之倒数。

掺外加剂的混凝土单位用水量应按下式计算：

$$W_{ow}=W_0(1-\beta/100) \quad (10.2.2\text{-}6)$$

式中 W_{ow}——掺外加剂混凝土的单位用水量(kg/m³)；

β——所用外加剂剂量的实测减水率。

单位用水量应取计算值和表10.2.2-4的规定值两者中的小值。

4）单位水泥用量应由公式（10.2.2-7）计算，并取计算值与表10.2.2-6规定值的大值。

$$C_0=(C/W)\times W_0 \quad (10.2.2\text{-}7)$$

式中 C_0——单位水泥用量（kg/m³）。

5）砂石料用量可按密度法或体积法计算。按密度法计算时，混凝土单位质量可取2400～2450kg/m³；按体积法计算时，应计入设计含气量。

6）重要路面应采用正交试验法进行配合比

优选。

6 采用真空脱水工艺时，可采用比经验公式（10.2.2-4）和公式（10.2.2-5）计算值略大的单位用水量；在真空脱水后，扣除每立方米混凝土实际吸除的水量，剩余单位用水量和剩余水灰比分别不宜超过表10.2.2-4最大单位用水量和表10.2.2-6最大水灰比的规定。

10.2.3 钢纤维混凝土的配合比设计，应符合下列规定：

1 弯拉强度应符合下列要求：

1）各交通等级道路面板钢纤维混凝土28d设计弯拉强度标准值 f_{cf} 应符合表10.2.3-1的规定。

表10.2.3-1 钢纤维混凝土弯拉强度标准值 f_{cf}

交通等级	特重	重	中等	轻
弯拉强度标准值（MPa）	6.0	6.0	5.5	5.0

2）配制28d弯拉强度的均值应按本规范公式（10.2.2-1）计算，以 f_{cf} 和 f_{rf} 代替 f_c 和 f_r。

2 钢纤维混凝土工作性应符合下列要求：

1）坍落度可比本规范表10.2.2-4的规定值小20mm。

2）掺高效减水剂时的单位用水量可按表10.2.3-2初选，再由搅拌物实测坍落度确定。

表10.2.3-2 钢纤维混凝土单位用水量

搅拌物条件	粗集料种类	粗集料最大公称粒径 D_m（mm）	单位用水量（kg/m³）
长径比 $L_f/d_f=50$ $\rho_f=0.6\%$ 坍落度20mm 中砂，细度模数2.5 水灰比0.42～0.50	碎石	9.5，16.0	215
		19.0，26.5	200
	砾石	9.5，16.0	208
		19.0，26.5	190

注：1 钢纤维长径比每增减10，单位用水量相应增减10kg/m³；
2 钢纤维体积率每增减0.5%，单位用水量相应增减8kg/m³；
3 坍落度为10～50mm变化范围内，相对于坍落度20mm每增减10mm，单位用水量相应增减7kg/m³；
4 细度模数在2.0～3.5范围内，砂的细度模数每增减0.1，单位用水量相应减增1kg/m³；
5 ρ_f钢纤维掺量体积率。

3 钢纤维混凝土耐久性应符合下列要求：

1）最大水灰比和最小单位水泥用量应符合表10.2.3-3的规定。

表10.2.3-3 路面钢纤维混凝土的最大水灰比和最小单位水泥用量

道路等级		城市快速路、主干路	次干路及其他道路
最大水灰比		0.47	0.49
抗冰冻要求最大水灰比		0.45	0.46
抗盐冻要求最大水灰比		0.42	0.43
最小单位水泥用量（kg/m³）	42.5级水泥	360	360
	32.5级水泥	370	370
抗冰（盐）冻要求最小单位水泥用量（kg/m³）	42.5级水泥	380	380
	32.5级水泥	390	390

2）严禁采用海水、海砂，不得掺加氯盐及氯盐类早强剂、防冻剂等外加剂。

4 钢纤维混凝土配合比设计步骤应符合下列要求：

1）计算和确定水灰比应符合下列要求：

——以钢纤维混凝土配制28d弯拉强度 f_{cf} 替换 f_c，按本规范公式（10.2.2-2）或公式（10.2.2-3）计算出基体混凝土的水灰比。

——取钢纤维混凝土基体的水灰比计算值与表10.2.3-3规定值两者中的小值。

2）钢纤维掺量体积率宜在0.60%～1.00%范围内初选，当板厚折减系数小时，体积率宜取上限；当长径比大时，宜取较小值；有锚固端者宜取较小值。

3）查表10.2.3-3，初选单位用水量 W_{of}。

4）钢纤维混凝土的单位水泥用量应按公式（10.2.3-1）计算。

$$C_{of}=(C/W)W_{of} \qquad (10.2.3\text{-}1)$$

式中 C_{of}——钢纤维混凝土的单位水泥用量（kg/m³）；

W_{of}——钢纤维混凝土的单位用水量（kg/m³）。取计算值与表10.2.3-2规定值两者中的大值，但不宜大于500kg/m³。

5）砂率可按公式（10.2.3-2）计算，也可按表10.2.3-4初选。钢纤维混凝土砂率宜在38%～50%之间。

$$S_{pf}=S_p+10\rho_f \qquad (10.2.3\text{-}2)$$

式中 S_{pf}——钢纤维混凝土砂率（%）；

ρ_f——钢纤维掺量体积率（%）。

表 10.2.3-4 钢纤维混凝土砂率选用值（%）

搅拌物条件	最大公称粒径 19mm 碎石	最大公称粒径 19mm 砾石
$L_f/d_f=50$；$\rho_f=1.0\%$；$W/C=0.5$；砂细度模数 $M_x=3.0$	45	40
L_f/d_f增减 10	±5	±3
ρ_f增减 0.10%	±2	±2
W/C 增减 0.1	±2	±2
砂细度模数 M_x增减 0.1	±1	±1

6）砂石料用量可采用密度法或体积法计算。按密度法计算时，钢纤维混凝土单位质量可取 2450～2580kg/m³；按体积法计算时，应计入设计含气量。

7）重要路面应采用正交试验法进行配合比优选。

10.2.4 混凝土配合比确定与调整应符合下列规定：

1 计算的普通混凝土、钢纤维混凝土配合比，应在实验室内经试配检验抗弯强度、坍落度、含气量等配合比设计的各项指标，并根据结果进行配合比调整。

2 实验室的基准配合比应通过搅拌机实际搅拌检验，并经试验段的验证。

3 配合比调整时，水灰比不得增大，单位水泥用量、钢纤维体积率不得减小。

4 施工期间应根据气温和运距等的变化，微调外加剂掺量，微调加水量与砂石料称量。

5 当需要掺加粉煤灰时，对粉煤灰原材料及配合比设计的其他相关要求应参照国家现行标准《公路水泥混凝土路面施工技术规范》JTG-F30 的有关规定执行。

10.3 施工准备

10.3.1 施工前，应按设计规定划分混凝土板块，板块划分应从路口开始，必须避免出现锐角。曲线段分块，应使横向分块线与该点法线方向一致。直线段分块线应与面层胀、缩缝结合，分块距离宜均匀。分块线距检查井盖的边缘，宜大于 1m。

10.3.2 混凝土摊铺前，应完成下列准备工作：

1 混凝土施工配合比已获监理工程师批准，搅拌站经试运转，确认合格。

2 模板支设完毕，检验合格。

3 混凝土摊铺、养护、成形等机具试运行合格。专用器材已准备就绪。

4 运输与现场浇筑通道已修筑，且符合要求。

10.4 模板与钢筋

10.4.1 模板应符合下列规定：

1 模板应与混凝土的摊铺机械相匹配。模板高度应为混凝土板设计厚度。

2 钢模板应直顺、平整，每 1m 设置 1 处支撑装置。

3 木模板直线部分板厚不宜小于 5cm，每 0.8～1m 设 1 处支撑装置；弯道部分板厚宜为 1.5～3cm，每 0.5～0.8m 设 1 处支撑装置，模板与混凝土接触面及模板顶面应刨光。

4 模板制作允许偏差应符合表 10.4.1 的规定。

表 10.4.1 模板制作允许偏差

检测项目＼施工方式	三辊轴机组	轨道摊铺机	小型机具
高度（mm）	±1	±1	±2
局部变形（mm）	±2	±2	±3
两垂直边夹角（°）	90±2	90±1	90±3
顶面平整度（mm）	±1	±1	±2
侧面平整度（mm）	±2	±2	±3
纵向直顺度（mm）	±2	±1	±3

10.4.2 模板安装应符合下列规定：

1 支模前应核对路面标高、面板分块、胀缝和构造物位置。

2 模板应安装稳固、顺直、平整，无扭曲，相邻模板连接应紧密平顺，不应错位。

3 严禁在基层上挖槽嵌入模板。

4 使用轨道摊铺机应采用专用钢制轨模。

5 模板安装完毕，应进行检验，合格后方可使用。其安装质量应符合表 10.4.2 的规定。

表 10.4.2 模板安装允许偏差

检测项目＼施工方式	允许偏差			检验频率		检验方法
	三辊轴机组	轨道摊铺机	小型机具	范围	点数	
中线偏位（mm）	≤10	≤5	≤15	100m	2	用经纬仪、钢尺量
宽度（mm）	≤10	≤5	≤15	20m	1	用钢尺量
顶面高程（mm）	±5	±5	±10	20m	1	用水准仪测量
横坡（%）	±0.10	±0.10	±0.20	20m	1	用钢尺量
相邻板高差（mm）	≤1	≤1	≤2	每缝	1	用水平尺、塞尺量
模板接缝宽度（mm）	≤3	≤2	≤3	每缝	1	用钢尺量
侧面垂直度（mm）	≤3	≤2	≤4	20m	1	用水平尺、卡尺量
纵向顺直度（mm）	≤3	≤2	≤4	40m	1	用 20m 线和钢尺量
顶面平整度（mm）	≤1.5	≤1	≤2	每两缝间	1	用 3m 直尺、塞尺量

10.4.3 钢筋安装应符合下列规定：

1 钢筋安装前应检查其原材料品种、规格与加工质量，确认符合设计规定。

2 钢筋网、角隅钢筋等安装应牢固、位置准确。钢筋安装后应进行检查，合格后方可使用。

3 传力杆安装应牢固、位置准确。胀缝传力杆应与胀缝板、提缝板一起安装。

4 钢筋加工允许偏差应符合表 10.4.3-1 的规定。

表 10.4.3-1 钢筋加工允许偏差

项目	焊接钢筋网及骨架允许偏差（mm）	绑扎钢筋网及骨架允许偏差（mm）	检验频率		检验方法
			范围	点数	
钢筋网的长度与宽度	±10	±10	每检验批	抽查10%	用钢尺量
钢筋网眼尺寸	±10	±20			用钢尺量
钢筋骨架宽度及高度	±5	±5			用钢尺量
钢筋骨架的长度	±10	±10			用钢尺量

5 钢筋安装允许偏差应符合表 10.4.3-2 的规定。

表 10.4.3-2 钢筋安装允许偏差

项目		允许偏差（mm）	检验频率		检验方法
			范围	点数	
受力钢筋	排距	±5	每检验批	抽查10%	用钢尺量
	间距	±10			
钢筋弯起点位置		20			用钢尺量
箍筋、横向钢筋间距	绑扎钢筋网及钢筋骨架	±20			用钢尺量
	焊接钢筋网及钢筋骨架	±10			
钢筋预埋位置	中心线位置	±5			用钢尺量
	水平高差	±3			
钢筋保护层	距表面	±3			用钢尺量
	距底面	±5			

10.4.4 混凝土抗压强度达 8.0MPa 及以上方可拆模。当缺乏强度实测数据时，侧模允许最早拆模时间宜符合表 10.4.4 的规定。

表 10.4.4 混凝土侧模的允许最早拆模时间（h）

昼夜平均气温	−5℃	0℃	5℃	10℃	15℃	20℃	25℃	≥30℃
硅酸盐水泥、R型水泥	240	120	60	36	34	28	24	18
道路、普通硅酸盐水泥	360	168	72	48	36	30	24	18
矿渣硅酸盐水泥	—	—	120	60	50	45	36	24

注：允许最早拆侧模时间从混凝土面板经整成形后开始计算。

10.5 混凝土搅拌与运输

10.5.1 面层用混凝土宜选择具备资质、混凝土质量稳定的搅拌站供应。

10.5.2 现场自行设立搅拌站应符合下列规定：

1 搅拌站应具备供水、供电、排水、运输道路和分仓堆放砂石料及搭建水泥仓的条件。

2 搅拌站管理、生产和运输能力，应满足浇筑作业需要。

3 搅拌站宜设有计算机控制数据信息采集系统。搅拌设备配料计量偏差应符合表 10.5.2 的规定。

表 10.5.2 搅拌设备配料的计量允许偏差（%）

材料名称	水泥	掺合料	钢纤维	砂	粗集料	水	外加剂
城市快速路、主干路每盘	±1	±1	±2	±2	±2	±1	±1
城市快速路、主干路累计每车	±1	±1	±1	±2	±2	±1	±1
其他等级道路	±2	±2	±2	±3	±3	±2	±2

10.5.3 混凝土搅拌应符合下列规定：

1 混凝土的搅拌时间应按配合比要求与施工对其工作性要求经试拌确定最佳搅拌时间。每盘最长总搅拌时间宜为80～120s。

2 外加剂宜稀释成溶液，均匀加入进行搅拌。

3 混凝土应搅拌均匀，出仓温度应符合施工要求。

4 搅拌钢纤维混凝土，除应满足上述要求外，尚应符合下列要求：

1）当钢纤维体积率较高，搅拌物较干时，搅拌设备一次搅拌量不宜大于其额定搅拌量的 80%。

2）钢纤维混凝土的投料次序、方法和搅拌时间，应以搅拌过程中钢纤维不产生结团和满足使用要求为前提，通过试拌确定。

3）钢纤维混凝土严禁用人工搅拌。

10.5.4 施工中应根据运距、混凝土搅拌能力、摊铺能力确定运输车辆的数量与配置。

10.5.5 不同摊铺工艺的混凝土搅拌物从搅拌机出料到运输、铺筑完毕的允许最长时间应符合表 10.5.5 的规定。

表 10.5.5 混凝土拌合物出料到运输、铺筑完毕允许最长时间（h）

施工气温*（℃）	到运输完毕允许最长时间		到铺筑完毕允许最长时间	
	滑模、轨道	三辊轴、小机具	滑模、轨道	三辊轴、小机具
5～9	2.0	1.5	2.5	2.0

续表 10.5.5

施工气温*（℃）	到运输完毕允许最长时间		到铺筑完毕允许最长时间	
	滑模、轨道	三辊轴、小机具	滑模、轨道	三辊轴、小机具
10～19	1.5	1.0	2.0	1.5
20～29	1.0	0.75	1.5	1.25
30～35	0.75	0.50	1.25	1.0

注：表中*指施工时间的日间平均气温，使用缓凝剂延长凝结时间后，本表数值可增加0.25～0.5h。

10.6 混凝土铺筑

10.6.1 混凝土铺筑前应检查下列项目：

1 基层或砂垫层表面、模板位置、高程等符合设计要求。模板支撑接缝严密、模内洁净、隔离剂涂刷均匀。

2 钢筋、预埋胀缝板的位置正确，传力杆等安装符合要求。

3 混凝土搅拌、运输与摊铺设备，状况良好。

10.6.2 三辊轴机组铺筑应符合下列规定：

1 三辊轴机组铺筑混凝土面层时，辊轴直径应与摊铺层厚度匹配，且必须同时配备一台安装插入式振捣器组的排式振捣机，振捣器的直径宜为50～100mm，间距不应大于其有效作用半径的1.5倍，且不得大于50cm。

2 当面层铺装厚度小于15cm时，可采用振捣梁。其振捣频率宜为50～100Hz，振捣加速度宜为4～5g（g为重力加速度）。

3 当一次摊铺双车道面层时，应配备纵缝拉杆插入机，并配有插入深度控制和拉杆间距调整装置。

4 铺筑作业应符合下列要求：

1）卸料应均匀，布料应与摊铺速度相适应。

2）设有接缝拉杆的混凝土面层，应在面层施工中及时安设拉杆。

3）三辊轴整平机分段整平的作业单元长度宜为20～30m，振捣机振实与三辊轴整平工序之间的时间间隔不宜超过15min。

4）在一个作业单元长度内，应采用前进振动、后退静滚方式作业，最佳滚压遍数应经过试铺确定。

10.6.3 采用轨道摊铺机铺筑时，最小摊铺宽度不宜小于3.75m，并应符合下列规定：

1 应根据设计车道数按表10.6.3-1的技术参数选择摊铺机。

2 坍落度宜控制在20～40mm。不同坍落度时的松铺系数K可参考表10.6.3-2确定，并按此计算出松铺高度。

表 10.6.3-1 轨道摊铺机的基本技术参数

项目	发动机功率（kW）	最大摊铺宽度（m）	摊铺厚度（mm）	摊铺速度（m/min）	整机质量（t）
三车道轨道摊铺机	33～45	11.75～18.3	250～600	1～3	13～38
双车道轨道摊铺机	15～33	7.5～9.0	250～600	1～3	7～13
单车道轨道摊铺机	8～22	3.5～4.5	250～450	1～4	≤7

表 10.6.3-2 松铺系数K与坍落度S_L的关系

坍落度S_L（mm）	5	10	20	30	40	50	60
松铺系数K	1.30	1.25	1.22	1.19	1.17	1.15	1.12

3 当施工钢筋混凝土面层时，宜选用两台箱型轨道摊铺机分两层两次布料。下层混凝土的布料长度应根据钢筋网片长度和混凝土凝结时间确定，且不宜超过20m。

4 振实作业应符合下列要求：

1）轨道摊铺机应配备振捣器组，当面板厚度超过150mm、坍落度小于30mm时，必须插入振捣。

2）轨道摊铺机应配备振动梁或振动板对混凝土表面进行振捣和修整。使用振动板振动提浆饰面时，提浆厚度宜控制在（4±1）mm。

5 面层表面整平时，应及时清除余料，用抹平板完成表面整修。

10.6.4 人工小型机具施工水泥混凝土路面层，应符合下列规定：

1 混凝土松铺系数宜控制在1.10～1.25。

2 摊铺厚度达到混凝土板厚的2/3时，应拔出模内钢钎，并填实钎洞。

3 混凝土面层分两次摊铺时，上层混凝土的摊铺应在下层混凝土初凝前完成，且下层厚度宜为总厚的3/5。

4 混凝土摊铺应与钢筋网、传力杆及边缘角隅钢筋的安放相配合。

5 一块混凝土板应一次连续浇筑完毕。

6 混凝土使用插入式振捣器振捣时，不应过振，且振动时间不宜少于30s，移动间距不宜大于50cm。使用平板振捣器振捣时应重叠10～20cm，振捣器行进速度应均匀一致。

7 真空脱水作业应符合下列要求：

1）真空脱水应在面层混凝土振捣后、抹面前进行。

2）开机后应逐渐升高真空度，当达到要求的真空度，开始正常出水后，真空度应保持稳定，最大真空度不宜超过0.085MPa，待达到规定脱水时间和脱水量时，应逐渐减小真空度。

3）真空系统安装与吸水垫放置位置，应便于混凝土摊铺与面层脱水，不得出现未经吸水的脱空部位。

4）混凝土试件，应与吸水作业同条件制作、同条件养护。

5）真空吸水作业后，应重新压实整平，并拉毛、压痕或刻痕。

8 成活应符合下列要求：

1）现场应采取防风、防晒等措施；抹面拉毛等应在跳板上进行，抹面时严禁在板面上洒水、撒水泥粉。

2）采用机械抹面时，真空吸水完成后即可进行。先用带有浮动圆盘的重型抹面机粗抹，再用带有振动圆盘的轻型抹面机或人工细抹一遍。

3）混凝土抹面不宜少于4次，先找平抹平，待混凝土表面无泌水时再抹面，并依据水泥品种与气温控制抹面间隔时间。

10.6.5 混凝土面层应拉毛、压痕或刻痕，其平均纹理深度应为1～2mm。

10.6.6 横缝施工应符合下列规定：

1 胀缝间距应符合设计规定，缝宽宜为20mm。在与结构物衔接处、道路交叉和填挖土方变化处，应设胀缝。

2 胀缝上部的预留填缝空隙，宜用提缝板留置。提缝板应直顺，与胀缝板密合、垂直于面层。

3 缩缝应垂直板面，宽度宜为4～6mm。切缝深度：设传力杆时，不应小于面层厚的1/3，且不得小于70mm；不设传力杆时不应小于面层厚的1/4，且不应小于60mm。

4 机切缝时，宜在水泥混凝土强度达到设计强度25%～30%时进行。

10.6.7 当施工现场的气温高于30℃、搅拌物温度在30℃～35℃、空气相对湿度小于80%时，混凝土中宜掺缓凝剂、保塑剂或缓凝减水剂等。切缝应视混凝土强度的增长情况，比常温施工适度提前。铺筑现场宜设遮阳棚。

10.6.8 当混凝土面层施工采取人工抹面、遇有5级及以上风时，应停止施工。

10.7 面层养护与填缝

10.7.1 水泥混凝土面层成活后，应及时养护。可选用保湿法和塑料薄膜覆盖等方法养护。气温较高时，养护不宜少于14d；低温时，养护期不宜少于21d。

10.7.2 昼夜温差大的地区，应采取保温、保湿的养护措施。

10.7.3 养护期间应封闭交通，不应堆放重物；养护终结，应及时清除面层养护材料。

10.7.4 混凝土板在达到设计强度的40%以后，方可允许行人通行。

10.7.5 填缝应符合下列规定：

1 混凝土板养护期满后应及时填缝，缝内遗留的砂石、灰浆等杂物，应剔除干净。

2 应按设计要求选择填缝料，并根据填料品种制定工艺技术措施。

3 浇注填缝料必须在缝槽干燥状态下进行，填缝料应与混凝土缝壁粘附紧密，不渗水。

4 填缝料的充满度应根据施工季节而定，常温施工应与路面平，冬期施工，宜略低于板面。

10.7.6 在面层混凝土弯拉强度达到设计强度，且填缝完成前，不得开放交通。

10.8 检验标准

10.8.1 水泥混凝土面层质量检验应符合下列规定：

1 原材料质量应符合下列要求：

主控项目

1）水泥品种、级别、质量、包装、贮存，应符合国家现行有关标准的规定。

检查数量：按同一生产厂家、同一等级、同一品种、同一批号且连续进场的水泥，袋装水泥不超过200t为一批，散装水泥不超过500t为一批，每批抽样1次。

水泥出厂超过三个月（快硬硅酸盐水泥超过一个月）时，应进行复验，复验合格后方可使用。

检验方法：检查产品合格证、出厂检验报告，进场复验。

2）混凝土中掺加外加剂的质量应符合现行国家标准《混凝土外加剂》GB 8076和《混凝土外加剂应用技术规范》GB 50119的规定。

检查数量：按进场批次和产品抽样检验方法确定。每批不少于1次。

检验方法：检查产品合格证、出厂检验报告和进场复验报告。

3）钢筋品种、规格、数量、下料尺寸及质量应符合设计要求及国家现行有关标准的规定。

检查数量：全数检查。

检验方法：观察，用钢尺量，检查出厂检验报告和进场复验报告。

4）钢纤维的规格质量应符合设计要求及本规范第 10.1.7 条的有关规定。

检查数量：按进场批次，每批抽检 1 次。

检验方法：现场取样、试验。

5）粗集料、细集料应符合本规范第 10.1.2、10.1.3 条的有关规定。

检查数量：同产地、同品种、同规格且连续进场的集料，每 $400m^3$ 为一批，不足 $400m^3$ 按一批计，每批抽检 1 次。

检验方法：检查出厂合格证和抽检报告。

6）水应符合本规范第 7.2.1 条第 3 款的规定。

检查数量：同水源检查 1 次。

检验方法：检查水质分析报告。

2 混凝土面层质量应符合设计要求。

1）混凝土弯拉强度应符合设计规定。

检查数量：每 $100m^3$ 的同配合比的混凝土，取样 1 次；不足 $100m^3$ 时按 1 次计。每次取样应至少留置 1 组标准养护试件。同条件养护试件的留置组数应根据实际需要确定，最少 1 组。

检验方法：检查试件强度试验报告。

2）混凝土面层厚度应符合设计规定，允许误差为±5mm。

检查数量：每 $1000m^2$ 抽测 1 点。

检验方法：查试验报告、复测。

3）抗滑构造深度应符合设计要求。

检查数量：每 $1000m^2$ 抽测 1 点。

检验方法：铺砂法。

一 般 项 目

4）水泥混凝土面层应板面平整、密实，边角应整齐、无裂缝，并不应有石子外露和浮浆、脱皮、踏痕、积水等现象，蜂窝麻面面积不得大于总面积的 0.5%。

检查数量：全数检查。

检验方法：观察、量测。

5）伸缩缝应垂直、直顺，缝内不应有杂物。伸缩缝在规定的深度和宽度范围内应全部贯通，传力杆应与缝面垂直。

检查数量：全数检查。

检验方法：观察。

6）混凝土路面允许偏差应符合表 10.8.1 的规定。

表 10.8.1 混凝土路面允许偏差

项目		允许偏差或规定值		检验频率		检验方法
		城市快速路、主干路	次干路、支路	范围	点数	
纵断高程(mm)		±15		20m	1	用水准仪测量
中线偏位(mm)		≤20		100m	1	用经纬仪测量
平整度	标准差σ(mm)	≤1.2	≤2	100m	1	用测平仪检测
	最大间隙(mm)	≤3	≤5	20m	1	用 3m 直尺和塞尺连续量两尺，取较大值
宽度(mm)		0 −20		40m	1	用钢尺量
横坡(%)		±0.30%且不反坡		20m	1	用水准仪测量
井框与路面高差(mm)		≤3		每座	1	十字法，用直尺和塞尺量，取最大值
相邻板高差(mm)		≤3		20m	1	用钢板尺和塞尺量
纵缝直顺度(mm)		≤10		100m	1	用 20m 线和钢尺量
横缝直顺度(mm)		≤10		40m		
蜂窝麻面面积①(%)		≤2		20m	1	观察和用钢板尺量

注：①每 20m 查 1 块板的侧面。

11 铺砌式面层

11.1 料石面层

11.1.1 开工前，应选用符合设计要求的料石。当设计无要求时，宜优先选择花岗岩等坚硬、耐磨、耐酸石材，石材应表面平整、粗糙，且应符合下列规定：

1 料石石材的物理性能和外观质量应符合表 11.1.1-1 的规定。

表 11.1.1-1 石材物理性能和外观质量

项目		单位	允许值	备注
物理性能	饱和抗压强度	MPa	≥120	—
	饱和抗折强度	MPa	≥9	—
	体积密度	g/cm³	≥2.5	—
	磨耗率(狄法尔法)	%	<4	—
	吸水率	%	<1	—
	孔隙率	%	<3	—
外观质量	缺棱	个	1	面积不超过 5mm×10mm，每块板材
	缺角	个		面积不超过 2mm×2mm，每块板材
	色斑	个		面积不超过 15mm×15mm，每块板材
	裂纹	条	1	长度不超过两端顺延至板边总长度的 1/10(长度小于 20mm 不计)每块板
	坑窝	—	不明显	粗面板材的正面出现坑窝

注：表面纹理垂直于板边沿，不得有斜纹、乱纹现象，边沿直顺、四角整齐，不得有凹、凸不平现象。

2　料石加工尺寸允许偏差应符合表 11.1.1-2 的规定。

表 11.1.1-2　料石加工尺寸允许偏差

项　目	允许偏差（mm）	
	粗面材	细面材
长、宽	0 −2	0 −1.5
厚（高）	+1 −3	±1
对角线	±2	±2
平面度	±1	±0.7

11.1.2　砌筑砂浆中采用的水泥、砂、水应符合下列规定：

1　宜采用现行国家标准《通用硅酸盐水泥》GB 175 或《矿渣硅酸盐水泥、火山灰质硅酸盐水泥及粉煤灰硅酸盐水泥》GB 1344 中规定的水泥。

2　宜用质地坚硬、干净的粗砂或中砂，含泥量应小于 5%。

3　搅拌用水应符合国家现行标准《混凝土用水标准》JGJ 63 的规定。宜使用饮用水及不含油类等杂质的清洁中性水，pH 值宜为 6～8。

11.1.3　铺砌应采用干硬性水泥砂浆，虚铺系数应经试验确定。

11.1.4　铺砌控制基线的设置距离，直线段宜为 5～10m，曲线段应视情况适度加密。

11.1.5　当采用水泥混凝土做基层时，铺砌面层胀缝应与基层胀缝对齐。

11.1.6　铺砌中砂浆应饱满，且表面平整、稳定、缝隙均匀。与检查井等构筑物相接时，应平整、美观，不得反坡。不得用在料石下填塞砂浆或支垫方法找平。

11.1.7　伸缩缝材料应安放平直，并应与料石粘贴牢固。

11.1.8　在铺装完成并检查合格后，应及时灌缝。

11.1.9　铺砌面层完成后，必须封闭交通，并应湿润养护，当水泥砂浆达到设计强度后，方可开放交通。

11.2　预制混凝土砌块面层

11.2.1　预制砌块表面应平整、粗糙，技术性能应符合下列规定：

1　砌块的弯拉或抗压强度应符合设计规定。当砌块边长与厚度比小于 5 时应以抗压强度控制。

2　砌块的耐磨性试验磨坑长度不得大于 35mm，吸水率应小于 8%，其抗冻性应符合设计规定。

3　砌块加工尺寸与外观质量允许偏差应符合表 11.2.1 的规定。

表 11.2.1　砌块加工尺寸与外观质量允许偏差

项　目		单位	允许偏差
长度、宽度		mm	±2.0
厚　度			±3.0
厚度差①			≤3.0
平整度			≤2.0
垂直度			≤2.0
正面粘皮及缺损的最大投影尺寸			≤5
缺棱掉角的最大投影尺寸			≤10
裂纹	非贯穿裂纹最大投影尺寸		≤10
	贯穿裂纹	—	不允许
分　层			不允许
色差、杂色			不明显

注：①同一砌块的厚度差。

11.2.2　混凝土预制砌块应具有出厂合格证、生产日期和混凝土原材料、配合比、弯拉、抗压强度试验结果资料。铺装前应进行外观检查与强度试验抽样检验（含见证抽样）。

11.2.3　砌筑砂浆所用水泥、砂、水的质量应符合本规范第 11.1.2 条的有关规定。

11.2.4　混凝土砌块铺砌与养护应符合本规范第 11.1 节的有关规定。

11.3　检 验 标 准

11.3.1　料石面层质量检验应符合下列规定：

主 控 项 目

1　石材质量、外形尺寸应符合设计及本规范要求。

检查数量：每检验批，抽样检查。

检验方法：查出厂检验报告或复验。

2　砂浆平均抗压强度等级应符合设计规定，任一组试件抗压强度最低值不应低于设计强度的 85%。

检查数量：同一配合比，每 $1000m^2$ 1 组（6 块），不足 $1000m^2$ 取 1 组。

检验方法：查试验报告。

一 般 项 目

3　表面应平整、稳固、无翘动，缝线直顺、灌缝饱满，无反坡积水现象。

检查数量：全数检查。

检验方法：观察。

4　料石面层允许偏差应符合表 11.3.1 的规定。

表 11.3.1　料石面层允许偏差

项　　目	允许偏差	检验频率		检 查 方 法
		范围	点数	
纵断高程（mm）	±10	10m	1	用水准仪测量
中线偏位（mm）	≤20	100m	1	用经纬仪测量
平整度（mm）	≤3	20m	1	用 3m 直尺和塞尺连续量两尺，取较大值
宽度（mm）	不小于设计规定	40m	1	用钢尺量
横坡（%）	±0.3%且不反坡	20m	1	用水准仪测量
井框与路面高差（mm）	≤3	每座	1	十字法，用直尺和塞尺量，取最大值
相邻块高差（mm）	≤2	20m	1	用钢板尺量
纵横缝直顺度（mm）	≤5	20m	1	用 20m 线和钢尺量
缝宽（mm）	+3 −2	20m	1	用钢尺量

11.3.2　预制混凝土砌块面层检验应符合下列规定：

主 控 项 目

1　砌块的强度应符合设计要求。

检查数量：同一品种、规格，每 1000m² 抽样检查 1 次。

检查方法：查出厂检验报告、复验。

2　砂浆平均抗压强度等级应符合设计规定，任一组试件抗压强度最低值不应低于设计强度的 85%。

检查数量：同一配合比，每 1000m² 1 组（6 块），不足 1000m² 取 1 组。

检验方法：查试验报告。

一 般 项 目

3　外观质量应符合本规范第 11.3.1 条第 3 款的规定。

4　预制混凝土砌块面层允许偏差应符合表 11.3.2 的规定。

表 11.3.2　预制混凝土砌块面层允许偏差

项　　目	允许偏差	检验频率		检 测 方 法
		范围	点数	
纵断高程（mm）	±15	20m	1	用水准仪测量
中线偏位（mm）	≤20	100m	1	用经纬仪测量
平整度（mm）	≤5	20m	1	用 3m 直尺和塞尺连续量两尺，取较大值
宽度（mm）	不小于设计规定	40m	1	用钢尺量
横坡（%）	±0.3%且不反坡	20m	1	用水准仪测量
井框与路面高差（mm）	≤4	每座	1	十字法，用直尺和塞尺量，取最大值
相邻块高差（mm）	≤3	20m	1	用钢板尺量
纵横缝直顺度（mm）	≤5	20m	1	用 20m 线和钢尺量
缝宽（mm）	+3 −2	20m	1	用钢尺量

12　广场与停车场面层

12.1　施 工 技 术

12.1.1　施工中应合理划分施工单元，安排施工道路与社会交通疏导。

12.1.2　施工中宜以广场与停车场中的雨水口及排水坡度分界线的高程控制面层铺装坡度。面层与周围构筑物、路口应接顺，不得积水。

12.1.3　广场与停车场的路基施工及检验标准应符合本规范第 6 章的有关规定。

12.1.4　广场与停车场的基层施工及检验标准应符合本规范第 7 章的有关规定。

12.1.5　采用铺砌式面层应符合本规范第 11 章的有关规定。

12.1.6　采用沥青混合料面层应符合本规范第 8 章的有关规定。

12.1.7　采用现浇混凝土面层应符合本规范第 10 章的有关规定。

12.1.8　广场中盲道铺砌，应符合本规范第 13 章的有关规定。

12.2　检 验 标 准

12.2.1　料石面层质量检验应符合下列规定：

主 控 项 目

1 石材质量、外形尺寸及砂浆平均抗压强度等级应符合本规范第 11.3.1 条的有关规定。

一 般 项 目

2 石材安装除应符合本规范第 11.3.1 条有关规定外，料石面层允许偏差应符合表 12.2.1 的要求。

表 12.2.1 广场、停车场料石面层允许偏差

项 目	允许偏差	检验频率		检 验 方 法
		范 围	点数	
高程（mm）	±6	施工单元①	1	用水准仪测量
平整度（mm）	≤3	10m×10m	1	用 3m 直尺和塞尺连续量两尺，取较大值
宽 度	不小于设计规定	40m②	1	用钢尺或测距仪量测
坡 度	±0.3%且不反坡	20m	1	用水准仪测量
井框与面层高差（mm）	≤3	每座	1	十字法，用直尺和塞尺量，取最大值
相邻块高差（mm）	≤2	10m×10m	1	用钢板尺量
纵、横缝直顺度（mm）	≤5	40m×40m	1	用 20m 线和钢尺量
缝宽（mm）	+3 −2	40m×40m		用钢尺量

注：①在每一单位工程中，以 40m×40m 定方格网，进行编号，作为量测检查的基本施工单元，不足 40m×40m 的部分以一个单元计。在基本施工单元中再以 10m×10m 或 20m×20m 为子单元，每基本施工单元范围内只抽一个子单元检查；检查方法为随机取样，即基本施工单元在室内确定，子单元在现场确定，量取 3 点取最大值计为检查频率中的 1 个点。

②适用于矩形广场与停车场。

12.2.2 预制混凝土砌块面层质量检验应符合下列规定：

主 控 项 目

1 预制块强度、外形尺寸及砂浆平均抗压强度等级应符合本规范第 11.3.2 条的有关规定。

一 般 项 目

2 预制块安装除应符合本规范第 11.3.2 条的有关规定外，预制混凝土砌块面层允许偏差尚应符合表 12.2.2 的规定。

表 12.2.2 广场、停车场预制混凝土砌块面层允许偏差

项 目	允许偏差	检验频率		检 验 方 法
		范 围	点数	
高程（mm）	±10	施工单元①	1	用水准仪测量
平整度（mm）	≤5	10m×10m	1	用 3m 直尺和塞尺连续量两尺，取较大值
宽 度	不小于设计规定	40m②	1	用钢尺或测距仪量测
坡 度	±0.3%且不反坡	20m	1	用水准仪测量
井框与面层高差（mm）	≤4	每座	1	十字法，用直尺和塞尺量，取最大值
相邻块高差（mm）	≤2	10m×10m	1	用钢板尺量
纵、横缝直顺度（mm）	≤10	40m×40m	1	用 20m 线和钢尺量
缝宽（mm）	+3 −2	40m×40m		用钢尺量

注：①同表 12.2.1 注。

②适用于矩形广场与停车场。

12.2.3 沥青混合料面层质量检验应符合本规范第 8.5.1、8.5.2 条的有关规定外，尚应符合下列规定：

主 控 项 目

1 面层厚度应符合设计规定，允许偏差为±5mm。

检查数量：每 1000m^2 抽测 1 点，不足 1000m^2 取 1 点。

检验方法：钻孔用钢尺量。

一 般 项 目

2 广场、停车场沥青混合料面层允许偏差应符合表 12.2.3 的有关规定。

表 12.2.3 广场、停车场沥青混合料面层允许偏差

项 目	允许偏差	检验频率		检 验 方 法
		范 围	点数	
高程（mm）	±10	施工单元①	1	用水准仪测量

续表 12.2.3

项目	允许偏差	检验频率		检验方法
		范围	点数	
平整度(mm)	≤5	10m×10m	1	用3m直尺和塞尺连续量两尺，取较大值
宽度	不小于设计规定	40m②	1	用钢尺或测距仪量测
坡度	±0.3%且不反坡	20m	1	用水准仪测量
井框与面层高差(mm)	≤5	每座	1	十字法，用直尺和塞尺量，取最大值

注：①同表 12.2.1 注。
②适用于矩形广场与停车场。

12.2.4 水泥混凝土面层质量检验应符合下列规定：

主控项目

1 混凝土原材料与混凝土面层质量应符合本规范第 10.8.1 条关于主控项目的有关规定。

一般项目

2 水泥混凝土面层外观质量应符合本规范第 10.8.1 条一般项目的有关规定。

3 水泥混凝土面层允许偏差应符合表 12.2.4 的规定。

表 12.2.4 广场、停车场水泥混凝土面层允许偏差

项目	允许偏差	检验频率		检验方法
		范围	点数	
高程(mm)	±10	施工单元①	1	用水准仪测量
平整度(mm)	≤5	10m×10m	1	用3m直尺和塞尺连续量两尺，取较大值
宽度	不小于设计规定	40m②	1	用钢尺或测距仪量测
坡度	±0.3%且不反坡	20m	1	用水准仪测量
井框与面层高差(mm)	≤5	每座	1	十字法，用直尺和塞尺量，取最大值
相邻板高差(mm)	≤3	10m×10m	1	用钢板尺和塞尺量

续表 12.2.4

项目	允许偏差	检验频率		检验方法
		范围	点数	
纵缝直顺度(mm)	≤10	40m×40m	1	用 20m 线和钢尺量
横缝直顺度(mm)	≤10	40m×40m	1	
蜂窝麻面面积③(%)	≤2	20m	1	观察和用钢板尺量

注：①同表 12.2.1 注。
②适用于矩形广场与停车场。
③每 20m 查 1 块板的侧面。

12.2.5 广场、停车场中的盲道铺砌质量检验应符合本规范第 13 章的有关规定。

13 人行道铺筑

13.1 一般规定

13.1.1 人行道应与相邻构筑物接顺，不得反坡。

13.1.2 人行道的路基施工应符合本规范第 6 章的有关规定。

13.1.3 人行道的基层施工及检验标准应符合本规范第 7 章的有关规定。

13.1.4 有特殊要求的人行道，应按设计要求及现场条件制定铺装方案及验收标准。

13.2 料石与预制砌块铺砌人行道面层

13.2.1 料石应表面平整、粗糙，色泽、规格、尺寸应符合设计要求，其抗压强度不宜小于 80MPa，且应符合表 13.2.1 的要求。料石加工尺寸允许偏差应符合本规范表 11.1.1-2 的规定。

表 13.2.1 石材物理性能和外观质量

项目		单位	允许值	注
物理性能	饱和抗压强度	MPa	≥80	
	饱和抗折强度	MPa	≥9	
	体积密度	g/cm^3	≥2.5	
	磨耗率（狄法尔法）	%	<4	
	吸水率	%	<1	
	孔隙率	%	<3	

续表 13.2.1

项　　目		单 位	允许值	注
外观质量	缺　棱	个	1	面积不超过 5mm×10mm，每块板材
	缺　角	个		面积不超过 2mm×2mm，每块板材
	色　斑	个		面积不超过 15mm×15mm，每块板材
	裂　纹	条	1	长度不超过两端顺延至板边总长度的1/10(长度小于 20mm 不计)，每块板
	坑　窝	—	不明显	粗面板材的正面出现坑窝

注：表面纹理垂直于板边沿，不得有斜纹、乱纹现象，边沿直顺、四角整齐，不得有凹、凸不平现象。

13.2.2 水泥混凝土预制人行道砌块的抗压强度应符合设计规定，设计未规定时，不宜低于 30MPa。砌块应表面平整、粗糙、纹路清晰、棱角整齐，不得有蜂窝、露石、脱皮等现象；彩色道砖应色彩均匀。预制人行道砌块加工尺寸与外观质量允许偏差应符合本规范表 11.2.1 的规定。

13.2.3 料石、预制砌块宜由预制厂生产，并应提供强度、耐磨性能试验报告及产品合格证。

13.2.4 预制人行道料石、砌块进场后，应经检验合格后方可使用。

13.2.5 预制人行道料石、砌块铺装应符合本规范第 11 章的有关规定。

13.2.6 盲道铺砌除应符合本规范第 11 章的有关规定外，尚应遵守下列规定：

1 行进盲道砌块与提示盲道砌块不得混用。

2 盲道必须避开树池、检查井、杆线等障碍物。

13.2.7 路口处盲道应铺设为无障碍形式。

13.3 沥青混合料铺筑人行道面层

13.3.1 施工中应根据场地环境条件选择适宜的沥青混合料摊铺方式与压实机具。

13.3.2 沥青混凝土铺装层厚不应小于 3cm，沥青石屑、沥青砂铺装层厚不应小于 2cm。

13.3.3 压实度不应小于 95%。表面应平整，无明显轮迹。

13.3.4 施工中尚应符合本规范第 8 章的有关规定。

13.4 检 验 标 准

13.4.1 料石铺砌人行道面层质量检验应符合下列规定：

主 控 项 目

1 路床与基层压实度应大于或等于 90%。

检查数量：每 100m 查 2 点。

检验方法：环刀法、灌砂法、灌水法。

2 砂浆强度应符合设计要求。

检查数量：同一配合比，每 1000m² 1 组（6 块），不足 1000m² 取 1 组。

检验方法：查试验报告。

3 石材强度、外观尺寸应符合设计及本规范要求。

检查数量：每检验批抽样检验。

检验方法：查出厂检验报告及复检报告。

4 盲道铺砌应正确。

检查数量：全数检查。

检验方法：观察。

一 般 项 目

5 铺砌应稳固、无翘动，表面平整、缝线直顺、缝宽均匀、灌缝饱满，无翘边、翘角、反坡、积水现象。

6 料石铺砌允许偏差应符合表 13.4.1 的规定。

表 13.4.1 料石铺砌允许偏差

项　目	允许偏差	检验频率		检 验 方 法
		范围	点数	
平整度（mm）	≤3	20m	1	用 3m 直尺和塞尺连续量 2 尺，取较大值
横坡	±0.3% 且不反坡	20m	1	用水准仪测量
井框与面层高差（mm）	≤3	每座	1	十字法，用直尺和塞尺量，取最大值
相邻块高差（mm）	≤2	20m	1	用钢尺量 3 点
纵缝直顺（mm）	≤10	40m	1	用 20m 线和钢尺量
横缝直顺（mm）	≤10	20m	1	沿路宽用线和钢尺量
缝宽（mm）	+3 −2	20m	1	用钢尺量 3 点

13.4.2 混凝土预制砌块铺砌人行道（含盲道）质量检验应符合下列规定：

主 控 项 目

1 路床与基层压实度应符合本规范第 13.4.1 条的规定。

2 混凝土预制砌块（含盲道砌块）强度应符合设计规定。

检查数量：同一品种、规格、每检验批1组。

检验方法：查抗压强度试验报告。

3 砂浆平均抗压强度等级应符合设计规定，任一组试件抗压强度最低值不应低于设计强度的85%。

检查数量：同一配合比，每1000m²1组（6块），不足1000m²取1组。

检验方法：查试验报告。

4 盲道铺砌应正确。

检查数量：全数检查。

检验方法：观察。

一 般 项 目

5 铺砌应稳固、无翘动，表面平整、缝线直顺、缝宽均匀、灌缝饱满，无翘边、翘角、反坡、积水现象。

6 预制砌块铺砌允许偏差应符合表13.4.2的规定。

表13.4.2 预制砌块铺砌允许偏差

项目	允许偏差	检验频率		检验方法
		范围	点数	
平整度（mm）	≤5	20m	1	用3m直尺和塞尺连续量2尺，取较大值
横坡（%）	±0.3%且不反坡	20m	1	用水准仪量测
井框与面层高差（mm）	≤4	每座	1	十字法，用直尺和塞尺量，取最大值
相邻块高差（mm）	≤3	20m	1	用钢尺量
纵缝直顺（mm）	≤10	40m	1	用20m线和钢尺量
横缝直顺（mm）	≤10	20m	1	沿路宽用线和钢尺量
缝宽（mm）	+3 −2	20m	1	用钢尺量

13.4.3 沥青混合料铺筑人行道面层的质量检验应符合下列规定：

主 控 项 目

1 路床与基层压实度应符合本规范第13.4.1条第1款的规定。

2 沥青混合料品质应符合马歇尔试验配合比技术要求。

检查数量：每日、每品种检查1次。

检验方法：现场取样试验。

一 般 项 目

3 沥青混合料压实度不应小于95%。

检查数量：每100m查2点。

检验方法：查试验记录（马歇尔击实试件密度，试验室标准密度）。

4 表面应平整、密实，无裂缝、烂边、掉渣、推挤现象，接茬应平顺、烫边无枯焦现象，与构筑物衔接平顺、无反坡积水。

检查数量：全数检查。

检验方法：观察。

5 沥青混合料铺筑人行道面层允许偏差应符合表13.4.3的规定。

表13.4.3 沥青混合料铺筑人行道面层允许偏差

项目		允许偏差	检验频率		检验方法
			范围	点数	
平整度（mm）	沥青混凝土	≤5	20m	1	用3m直尺和塞尺连续量两尺，取较大值
	其他	≤7			
横坡（%）		±0.3%且不反坡	20m	1	用水准仪量测
井框与面层高差（mm）		≤5	每座	1	十字法，用直尺和塞尺量，取最大值
厚度（mm）		±5	20m	1	用钢尺量

14 人行地道结构

14.1 一 般 规 定

14.1.1 新建城镇道路范围内的地下人行地道，宜与道路同步配合施工。

14.1.2 人行地道宜整幅施工。分幅施工时，临时道路宽度应满足现况交通的要求，且边坡稳定。需支护时，应在施工前对支护结构进行施工设计。

14.1.3 挖方区人行地道基槽开挖应符合本规范第6.3节的有关规定，且边坡稳定。填方区内的人行地道应在填土至地道基底标高后，及时进行结构施工。

14.1.4 遇地下水时，应先将地下水降至基底以下50cm方可施工，且降水应连续进行，直至工程完成到地下水位50cm以上且具有抗浮及防渗漏能力方可停止降水。

14.1.5 人行地道地基承载力必须符合设计要求。地基承载力应经检验确认合格。

14.1.6 人行地道两侧的回填土，应在主体结构防水层的保护层完成，且保护层砌筑砂浆强度达到3MPa后方可进行。地道两侧填土应对称进行，高差不宜超过30cm。

14.1.7 变形缝（伸缩缝、沉降缝）止水带安装应位置准确、牢固，缝宽及填缝材料应符合要求。

14.1.8 为人行地道服务的地下管线，应与人行地道主体结构同步配合施工，并应符合国家现行有关标准的规定。

14.1.9 采用暗挖法施工时，应符合国家现行有关标准的规定。

14.1.10 有装饰的人行地道，装饰施工应符合国家现行有关标准的规定。

14.2 现浇钢筋混凝土人行地道

14.2.1 基础结构下应设混凝土垫层。垫层混凝土宜为C15级，厚度宜为10～15cm。

14.2.2 人行地道外防水层作业应符合下列规定：

1 材料品质、规格、性能应符合设计要求。

2 结构底部防水层应在垫层混凝土强度达到5MPa后铺设，且与地道结构粘贴牢固。

3 防水材料纵横向搭接长度不应小于10cm，应粘接密实、牢固。

4 人行地道基础施工不得破坏防水层。地道侧墙与顶板防水层铺设完成后，应在其外侧做保护层。

14.2.3 模板的制作、安装与拆除应符合国家现行标准《城市桥梁工程施工与质量验收规范》CJJ 2的有关规定外，尚应符合下列规定：

1 基础模板安装允许偏差应符合表14.2.3-1的规定。

表14.2.3-1 基础模板安装允许偏差

项目		允许偏差（mm）	检验频率		检验方法
			范围	点数	
相邻两板表面高差	刨光模板	≤2	20m	2	用塞尺量
	钢模板				
	不刨光模板	≤4			
表面平整度	刨光模板	≤3	20m	4	用2m直尺、塞尺量
	钢模板				
	不刨光模板	≤5			
断面尺寸	宽度	±10	20m	2	用钢尺量
	高度	±10			
	杯槽宽度①	+20 0			
轴线偏位	杯槽中心线①	≤10	20m	1	用经纬仪测量
杯槽底面高程（支撑面）①		+5 −10	20m	1	用水准仪测量
预埋件①	高程	±5	每个	1	用水准仪测量，用钢尺量
	偏位	≤15			

注：①发生此项时使用。

2 侧墙与顶板模板安装允许偏差应符合表14.2.3-2的规定。

表14.2.3-2 侧墙与顶板模板安装允许偏差

项目		允许偏差	检验频率		检验方法
			范围（m）	点数	
相邻两板表面高差（mm）	刨光模板	2	20	4	用钢尺、塞尺量
	钢模板				
	不刨光模板	4			
表面平整度（mm）	刨光模板	3		4	用2m直尺和塞尺量
	钢模板				
	不刨光模板	5			
垂直度		≤0.1%H且≤6		2	用垂线或经纬仪测量
杯槽内尺寸①（mm）		+3 −5		3	用钢尺量，长、宽、高各1点
轴线偏位（mm）		10		2	用经纬仪测量，纵、横各1点
顶面高程（mm）		+2 −5		1	用水准仪测量

注：① 发生此项时使用。

14.2.4 钢筋加工、成型与安装除应符合国家现行标准《城市桥梁工程与质量验收规范》CJJ 2的有关规定外，尚应符合下列规定：

1 钢筋加工允许偏差应符合表14.2.4-1的规定。

表14.2.4-1 钢筋加工允许偏差

项目	允许偏差（mm）	检验频率		检验方法
		范围	点数	
受力钢筋成型长度	+5 −10	每根（每一类型抽查10%且不少于5根）	1	用钢尺量
箍筋尺寸	0 −3		2	用钢尺量，高、宽各1点

2 钢筋成型与安装允许偏差应符合表14.2.4-2的规定。

表14.2.4-2 钢筋成型与安装允许偏差

项目	允许偏差（mm）	检验频率		检验方法
		范围（m）	点数	
配置两排以上受力筋时钢筋的排距	±5	10	2	用钢尺量
受力筋间距	±10		2	用钢尺量
箍筋间距	±20		2	5个箍筋间距量1尺
保护层厚度	±5		2	用尺量

14.2.5 混凝土原材料、配合比与施工除应符合现行

国家标准《混凝土结构工程施工质量验收规范》GB 50204的有关规定外，尚应符合下列规定：

1 拌制混凝土最大水灰比与最小水泥用量应符合表14.2.5-1的规定。

表14.2.5-1 混凝土的最大水灰比与最小水泥用量

环境条件及工程部位	无筋混凝土		钢筋混凝土	
	最大水灰比	最小水泥用量（kg/m^3）	最大水灰比	最小水泥用量（kg/m^3）
在普通地区受自然条件影响的混凝土	0.65	250	0.60	275
在严寒地区受自然条件影响的混凝土	0.60	270	0.55	300

注：表中水泥用量适用于机械搅拌与机械振捣的水泥混凝土；采用人工捣实时，需增加水泥$25kg/m^3$。

2 集料中有活性集料时，应采用无碱外加剂，混凝土中总含碱量应符合表14.2.5-2的规定。

表14.2.5-2 混凝土总含碱量控制

项 目	控 制 值	
集料膨胀量（%）	0.02～0.06	>0.06～0.12
总含碱量（kg/m^3）	≤6.0	≤3.0

3 混凝土配合比应经试配确定，其强度、抗冻性、抗渗性等应符合设计规定，其和易性、流动性应满足施工要求。

14.2.6 混凝土宜由集中搅拌站供应，自行搭设搅拌站时应符合本规范第10章的有关规定。

14.2.7 混凝土运输应符合本规范第10章的有关规定。

14.2.8 混凝土浇筑前，钢筋、模板应经验收合格。模板内污物、杂物应清理干净，积水排干，缝隙堵严。

14.2.9 浇筑混凝土自由落差不得大于2m。侧墙混凝土宜分层对称浇筑，两侧墙混凝土高差不宜大于30cm，宜1次浇筑完成。浇筑混凝土应分层进行，浇筑厚度应符合表14.2.9的规定。

表14.2.9 混凝土浇筑层的厚度

捣实水泥混凝土的方法		浇筑层厚度（cm）
插入式振捣		振捣器作用部分长度的1.25倍
表面振动	在无筋或配筋稀疏时	25
	配筋较密时	20
人工捣实	在无筋或配筋稀疏时	20
	配筋较密时	15

14.2.10 混凝土应振捣密实，并符合下列规定：

1 当插入式振捣器以直线式行列插入时，移动距离不应超过作用半径的1.5倍；以梅花式行列插入时，移动距离不应超过作用半径的1.75倍；振捣器不得触振钢筋。

2 振捣器宜与模板保持5～10cm净距。

3 振捣至混凝土不再下沉、无显著气泡上升、表面平坦一致，开始浮现水泥浆为度。

4 在下层混凝土尚未初凝前，应完成上层混凝土的振捣。振捣上层混凝土时振捣器应插入下层5～10cm。

5 现场需留置施工缝时，宜留置在结构剪力较小且便于施工的部位。施工缝应在留茬混凝土具有一定强度后进行凿毛处理（人工凿毛时强度宜为2.5MPa，风镐凿毛时强度宜为10MPa）。

14.2.11 混凝土运输与浇筑的全部时间不得超过表14.2.11的规定。

表14.2.11 混凝土运输与浇筑的全部时间（min）

混凝土的入模温度（℃）	时间要求	
	使用普通硅酸盐水泥	使用矿渣水泥、火山灰水泥或粉煤灰水泥
20～30	≤90	≤120
10～19	≤120	≤150
5～9	≤150	≤180

注：当混凝土中掺有促凝剂或缓凝型外加剂时，其允许时间应根据试验结果确定。

14.2.12 混凝土成型后应根据环境条件选用适宜的养护方法进行养护。

14.2.13 人行地道的变形缝安装应垂直，变形缝埋件（止水带）应处于所在结构的中心部位。严禁用铁钉、钢丝等穿透变形带材料，固定止水带。

14.2.14 结构混凝土达到设计规定强度，且保护防水层的砌体砂浆强度达到3MPa后，方可回填土。

14.3 预制安装钢筋混凝土结构人行地道

14.3.1 预制钢筋混凝土墙板、顶板、梁、柱等构件应有生产日期、出厂检验合格标识与产品合格证及相应的钢筋、混凝土原材料检测、试验资料。安装前应进行检验，确认合格。

14.3.2 预制构件运输应支撑或紧固稳定，不应损伤构件。构件混凝土强度不应低于设计规定，且不得低于设计强度的70%。

14.3.3 预制构件的存放场地，应平整坚实，排水顺畅。构件应分类存放，支垫正确、稳固，方便吊运。

14.3.4 起吊点应符合设计规定，设计未规定时，应经计算确定。构件起吊时，绳索与构件水平面所成角度不宜小于60°。

14.3.5 构件安装应符合下列规定：

1 基础杯口混凝土达到设计强度的75%以后，方可进行安装。

2 安装前应将构件与连接部位凿毛并清扫干净。杯槽应按高程要求铺设水泥砂浆。

3 构件安装时，混凝土的强度应符合设计规定，且不应低于设计强度的75%；预应力混凝土构件和孔道灌浆的强度应符合设计规定，设计未规定时，不应低于砂浆设计强度的75%。

4 在有杯槽基础上安装墙板就位后，应使用楔块固定。无杯槽基础上安装墙板，墙板就位后，应采用临时支撑固定牢固。

5 墙板安装应位置准确、直顺并与相邻板板面平齐，板缝与变形缝一致。

6 板缝及杯口混凝土达到规定强度或墙板与基础焊接牢固，验收合格，且盖板安装完毕后，方可拆除支撑。

7 顶板安装应使顶板板缝与墙板缝错开。

14.3.6 杯口浇筑宜在墙体接缝填筑完毕后进行。杯口混凝土达到设计强度的75%以上，且保护防水层砌体的砂浆强度达到3MPa后，方可回填土。

14.3.7 人行地道底板的垫层、钢筋混凝土、外防水层、变形（止水、沉降）缝施工应符合本规范第14.2节的有关规定。

14.4 砌筑墙体、钢筋混凝土顶板结构人行地道

14.4.1 砌筑材料应符合下列要求：

1 预制砌块强度、规格应符合设计规定。

2 砌筑应采用水泥砂浆。

3 宜采用32.5～42.5级硅酸盐水泥、普通硅酸盐水泥、矿渣水泥或火山灰水泥和质地坚硬、含泥量小于5%的粗砂、中砂及饮用水拌制砂浆。

14.4.2 墙体砌筑应符合下列规定：

1 施工中宜采用立杆、挂线法控制砌体的位置、高程与垂直度。

2 砌筑砂浆的强度应符合设计要求。稠度宜按表14.4.2控制，加入塑化剂时砌体强度降低不得大于10%。

表14.4.2 砌筑用砂浆稠度

稠度（cm）	砌块种类		
	块 石	料 石	砖、砌块
正常条件	5～7	7～10	7～10
干热季节或石料砌块吸水率大	10	—	—

3 墙体每日连续砌筑高度不宜超过1.2m。分段砌筑时，分段位置应设在基础变形缝部位。相邻砌筑段高差不宜超过1.2m。

4 沉降缝嵌缝板安装应位置准确、牢固，缝板材料符合设计规定。

5 砌块应上下错缝、丁顺排列、内外搭接，砂浆应饱满。

14.4.3 预制顶板等构件运输、贮存应符合本规范第14.3节的有关规定。

14.4.4 人行地道的现浇混凝土垫层、钢筋混凝土底板、外防水层、变形（止水、沉降）缝和顶板施工应符合本规范第14.2节的有关规定。

14.4.5 使用石料砌筑时，除应符合本规范第14.4.2条的有关规定外，尚应根据石料品种、规格制定专项补充措施。

14.5 检 验 标 准

14.5.1 现浇钢筋混凝土人行地道结构质量检验应符合下列规定：

主 控 项 目

1 地基承载力应符合设计要求。填方地基压实度不应小于95%，挖方地段钎探合格。

检查数量：每个通道抽检3点。

检验方法：查压实度检验报告或钎探报告。

2 防水层材料应符合设计要求。

检查数量：同品种、同牌号材料每检验批1次。

检验方法：产品性能检验报告、取样试验。

3 防水层应粘贴密实、牢固，无破损；搭接长度大于或等于10cm。

检查数量：全数检查。

检验方法：查验收记录。

4 钢筋品种、规格和加工、成型与安装应符合设计要求。

检查数量：钢筋按品种每批1次。安装全数检查。

检验方法：查钢筋试验单和验收记录。

5 混凝土强度应符合设计规定。

检查数量：每班或每100m³取1组（3块），少于规定按1组计。

检验方法：查强度试验报告。

一 般 项 目

6 混凝土表面应光滑、平整，无蜂窝、麻面、缺边掉角现象。

7 钢筋混凝土结构允许偏差应符合表14.5.1的规定。

14.5.2 预制安装钢筋混凝土人行地道结构质量检验应符合下列规定：

表 14.5.1 钢筋混凝土结构允许偏差

项　目	允许偏差	检验频率		检 验 方 法
		范围（m）	点数	
地道底板顶面高程（mm）	±10	20	1	用水准仪测量
地道净宽（mm）	±20		2	用钢尺量，宽、厚各1点
墙高（mm）	±10		2	用钢尺量，每侧1点
中线偏位（mm）	≤10		2	用钢尺量，每侧1点
墙面垂直度（mm）	≤10		2	用垂线和钢尺量，每侧1点
墙面平整度（mm）	≤5		2	用2m直尺、塞尺量，每侧1点
顶板挠度	≤L/1000且<10mm		2	用钢尺量
现浇顶板底面平整度（mm）	≤5	10	2	用2m直尺、塞尺量

注：L为人行地道净跨径。

主 控 项 目

1 地基承载力应符合本规范第14.5.1条第1款的规定。

2 防水层应符合本规范第14.5.1条第2、3款的规定。

3 混凝土基础中的钢筋应符合本规范第14.5.1条第4款的规定。

4 混凝土基础应符合本规范第14.5.1条第5款的规定。

5 预制钢筋混凝土墙板、顶板强度应符合设计要求。

检查数量：全数检查。

检验方法：查出厂合格证和强度试验报告。

6 杯口、板缝混凝土强度应符合设计要求。

检查数量：每工作班抽检1组（3块）。

检验方法：查强度试验报告。

一 般 项 目

7 混凝土基础允许偏差应符合表14.5.2-1的规定。

8 墙板、顶板安装直顺，杯口与板缝灌注密实。

检查数量：全数检查。

检验方法：观察、查强度试验报告。

9 预制墙板、顶板允许偏差应符合表14.5.2-2、表14.5.2-3的规定。

表 14.5.2-1 混凝土基础允许偏差

项　目	允许偏差（mm）	检验频率		检验方法
		范围	点数	
中线偏位	≤10	20m	1	用经纬仪测量
顶面高程	±10		1	用水准仪测量
长度	±10		1	用钢尺量
宽度	±10		1	用钢尺量
厚度	±10		1	用钢尺量
杯口轴线偏位①	≤10		1	用经纬仪测量
杯口底面高程①	±10		1	用水准仪测量
杯口底、顶宽度①	10～15		1	用钢尺量
预埋件①	≤10	每个	1	用钢尺量

注：①发生此项时使用。

表 14.5.2-2 预制墙板允许偏差

项　目	允许偏差（mm）	检验频率		检 验 方 法
		范围	点数	
厚、高	±5	每构件（每类抽查板的10%且不少于5块）	1	用钢尺量，每抽查一块板（序号1、2、3、4）各1点
宽 度	0 −10		1	
侧 弯	≤L/1000		1	
板面对角线	≤10		1	
外露面平整度	≤5		2	用2m直尺、塞尺量，每侧1点
麻 面	≤1%		1	用钢尺量麻面总面积

注：表中L为墙板长度(mm)。

表 14.5.2-3 预制顶板允许偏差

项　目	允许偏差（mm）	检验频率		检 验 方 法
		范 围	点数	
厚 度	±5	每构件（每类抽查总数20%）	1	用钢尺量
宽 度	0 −10		1	用钢尺量
长度	±10		1	用钢尺量
对角线长度	≤10		2	用钢尺量
外露面平整度	≤5		1	用2m直尺、塞尺量
麻 面	≤1%		1	用尺量麻面总面积

10 墙板、顶板安装允许偏差应符合表 14.5.2-4 的规定。

表 14.5.2-4 墙板、顶板安装允许偏差

项 目	允许偏差	检验频率		检 验 方 法
		范围	点数	
中线偏位（mm）	≤10	每块	2	拉线用钢尺量
墙板内顶面、高程（mm）	±5		2	用水准仪测量
墙板垂直度	≤0.15%H 且≤5mm		4	用垂线和钢尺量
板间高差（mm）	≤5		4	用钢板尺和塞尺量
相邻板顶面错台（mm）	≤10	每座地道	20%板缝	用钢尺量
板端压墙长度（mm）	±10		6	查隐蔽验收记录，用钢尺量，每侧3点

注：表中 H 为墙板全高（mm）。

14.5.3 砌筑墙体、钢筋混凝土顶板结构人行地道质量检验应符合下列规定：

主 控 项 目

1 地基承载力应符合本规范第 14.5.1 条第 1 款的规定。

2 防水层应符合本规范第 14.5.1 条第 2、3 款的规定。

3 混凝土基础中的钢筋应符合本规范第 14.5.1 条第 4 款的规定。

4 混凝土基础应符合本规范第 14.5.1 条第 5 款的规定。

5 预制顶板、梁等构件应符合本规范第 14.5.2 条第 9 款的规定。

6 结构厚度不应小于设计值。

检查数量：每 20m 抽检 2 点。

检查方法：用钢尺量。

7 砂浆平均抗压强度等级应符合设计规定，任一组试件抗压强度最低值不应低于设计强度的 85%。

检查数量：同一配合比砂浆，每 50m³ 砌体中，作 1 组(6 块)，不足 50m³ 按 1 组计。

检验方法：查试验报告。

8 现浇钢筋混凝土顶板的钢筋和混凝土质量应符合本规范第 14.5.1 条第 4、5 款的有关规定。

一 般 项 目

9 现浇钢筋混凝土顶板表面应光滑、平整，无蜂窝、麻面、缺边掉角现象。

检查数量：应符合本规范表 14.5.1 的规定。

检验方法：应符合本规范表 14.5.1 的规定。

10 预制顶板应安装平顺、灌缝饱满，位置偏差应符合本规范表 14.5.2-4 的规定。

11 砌筑墙体应丁顺匀称，表面平整，灰缝均匀、饱满，变形缝垂直贯通。

12 墙体砌筑允许偏差应符合表 14.5.3 的规定。

表 14.5.3 墙体砌筑允许偏差

项 目	允许偏差（mm）	检验频率		检 验 方 法
		范围（m）	点数	
地道底部高程	±10	10	1	用水准仪测量
地道结构净高	±10	20	2	用钢尺量
地道净宽	±20	20	2	用钢尺量
中线偏位	≤10	20	2	用经纬仪定线、钢尺量
墙面垂直度	≤15	10	2	用垂线和钢尺量
墙面平整度	≤5	10	2	用 2m 直尺、塞尺量
现浇顶板平整度	≤5	10	2	用 2m 直尺、塞尺量
预制顶板两板底面错台	≤10	10	2	用钢板尺、塞尺量
顶板压墙长度	±10	10	2	查隐蔽验收记录

15 挡 土 墙

15.1 一 般 规 定

15.1.1 挡土墙基础地基承载力必须符合设计要求，且经检测验收合格后方可进行后续工序施工。

15.1.2 施工中应按设计规定施作挡土墙的排水系统、泄水孔、反滤层和结构变形缝。

15.1.3 当挡土墙墙面需立体绿化时，应报请建设单位补充防止挡土墙基础浸水下沉的设计。

15.1.4 墙背填土应采用透水性材料或设计规定的填料，土方施工应符合本规范第 14.1 节的有关规定。

15.1.5 挡土墙顶设帽石时，帽石安装应平顺、坐浆饱满、缝隙均匀。

15.1.6 当挡土墙顶部设有栏杆时，栏杆施工应符合国家现行标准《城市桥梁施工与质量验收规范》CJJ 2的有关规定。

15.2 现浇钢筋混凝土挡土墙

15.2.1 模板、钢筋、混凝土施工应符合本规范第 14.2 节的有关规定。

15.3 装配式钢筋混凝土挡土墙

15.3.1 现浇混凝土基础施工，应符合本规范第 14.2 节的有关规定。

15.3.2 挡土墙板预制、安装除应符合本规范第 14.3 节的有关规定外，尚应符合下列规定：

1 预制墙板的拼缝应与基础变形缝吻合。

2 墙板与基础采用焊接连接时，安装前应检查预埋件位置；墙板安装定位后，应及时焊接牢固，并对焊缝进行防腐处理。

15.3.3 墙板灌缝应插捣密实，板缝外露面宜用相同强度的水泥砂浆勾缝，勾缝应密实、平顺。

15.4 砌体挡土墙

15.4.1 砌筑挡土墙施工应符合本规范第14.4节的有关规定。

15.5 加筋土挡土墙

15.5.1 现浇混凝土基础施工，应符合本规范第14.2节的有关规定。

15.5.2 预制挡土墙板安装前应进行检验，确认合格，吊装应符合本规范第14.3.4条的有关规定。

15.5.3 加筋土应按设计规定选土，施工前应对所用土料进行物理、力学试验，不得用白垩土、硅藻土及腐殖土等。

15.5.4 施工前应对筋带材料进行拉拔、剪切、延伸性能复试，其指标符合设计规定方可使用。采用钢质拉筋时，应按设计规定作防腐处理。

15.5.5 安装挡墙板，应向路堤内倾斜，其斜度应符合设计要求。

15.5.6 施工中应控制加筋土的填土层厚及压实度。每层虚铺厚度不宜大于25cm，压实度应符合设计规定，且不得小于95%。

15.5.7 筋带位置、数量必须符合设计规定。填土中设有土工布时，土工布搭接宽度宜为30～40cm，并应按设计要求留出折回长度。

15.5.8 施工中应对每层填土检测压实度，并按施工方案要求观测挡墙板位移。

15.5.9 挡土墙投入使用后，应对墙体变形进行观测，确认符合要求。

15.6 检验标准

15.6.1 现浇钢筋混凝土挡土墙质量检验应符合下列规定：

主控项目

1 地基承载力应符合设计要求。

检查数量：每道挡土墙基槽抽检3点。

检验方法：查触(钎)探检测报告、隐蔽验收记录。

2 钢筋品种和规格、加工、成型、安装与混凝土强度应符合本规范第14.5.1条的有关规定。

一般项目

3 混凝土表面应光洁、平整、密实，无蜂窝、麻面、露筋现象，泄水孔通畅。

检查数量：全数检查。

检验方法：观察。

4 钢筋加工与安装偏差应符合本规范表14.2.4-1、表14.2.4-2的规定。

5 现浇混凝土挡土墙允许偏差应符合表15.6.1-1的规定。

表15.6.1-1 现浇混凝土挡土墙允许偏差

项目		规定值或允许偏差	检验频率		检验方法
			范围	点数	
长度(mm)		±20	每座	1	用钢尺量
断面尺寸(mm)	厚	±5	20m	1	用钢尺量
	高	±5			
垂直度		≤0.15%H且≤10mm		1	用经纬仪或垂线检测
外露面平整度(mm)		≤5		1	用2m直尺、塞尺量取最大值
顶面高程(mm)		±5		1	用水准仪测量

注：表中H为挡土墙板高度。

6 路外回填土压实度应符合设计规定。

检查数量：路外回填土每压实层抽检3点。

检验方法：环刀法、灌砂法或灌水法。

7 预制混凝土栏杆允许偏差应符合表15.6.1-2的规定。

表15.6.1-2 预制混凝土栏杆允许偏差

项目	允许偏差	检验频率		检验方法
		范围	点数	
断面尺寸(mm)	符合设计规定	每件(每类型)抽查10%，且不少于5件	1	观察、用钢尺量
柱高(mm)	0 +5		1	用钢尺量
侧向弯曲	≤L/750		1	沿构件全长拉线量最大矢高
麻面	≤1%		1	用钢尺量麻面总面积

注：L为构件长度。

8 栏杆安装允许偏差应符合表15.6.1-3的规定。

表15.6.1-3 栏杆安装允许偏差

项目		允许偏差(mm)	检验频率		检验方法
			范围	点数	
直顺度	扶手	≤4	每跨侧	1	用10m线和钢尺量
垂直度	栏杆柱	≤3	每柱(抽查10%)	2	用垂线和钢尺量，顺、横桥轴方向各1点
栏杆间距		±3	每柱(抽查10%)	1	用钢尺量
相邻栏杆扶手高差	有柱	≤4	每处(抽查10%)		
	无柱	≤2			
栏杆平面偏位		≤4	每30m	1	用经纬仪和钢尺量

注：现场浇筑的栏杆、扶手和钢结构栏杆、扶手的允许偏差可参照本款办理。

15.6.2 装配式钢筋混凝土挡土墙质量检验应符合下列规定：

主 控 项 目

1 地基承载力应符合设计要求。

检查数量和检验方法应符合本规范第15.6.1条第1款的规定。

2 基础钢筋品种与规格、混凝土强度应符合设计要求。

检查数量和检验方法应符合本规范第15.6.1条第2款的规定。

3 预制挡土墙板钢筋、混凝土强度应符合设计及本规范规定。

检查数量：每检验批。

检验方法：出厂合格证或检验报告。

4 挡土墙板应焊接牢固。焊缝长度、宽度、高度均应符合设计要求。且无夹渣、裂纹、咬肉现象。

检查数量：全数检查。

检验方法：查隐蔽验收记录。

5 挡土墙板杯口混凝土强度应符合设计要求。

检查数量：每班1组（3块)。

检验方法：查试验报告。

一 般 项 目

6 预制挡土墙板安装应板缝均匀、灌缝密实，泄水孔通畅。帽石安装边缘顺畅、顶面平整、缝隙均匀密实。

检查数量：全数检查

检验方法：观察。

7 预制墙板的允许偏差应符合本规范表14.5.2-2的规定。

8 混凝土基础的允许偏差应符合本规范表14.5.2-1的规定。

9 挡土墙板安装允许偏差应符合表15.6.2的规定。

表 15.6.2 挡土墙板安装允许偏差

项目		允许偏差	检验频率		检验方法
			范围	点数	
墙面垂直度		≤0.15%H 且≤15mm	20m	1	用垂线挂全高量测
直顺度(mm)		≤10		1	用20m线和钢尺量
板间错台(mm)		≤5		1	用钢板尺和塞尺量
预埋件(mm)	高程	±5	每个	1	用水准仪测量
	偏位	±15			用钢尺量

注：表中H为挡土墙高度。

10 栏杆质量应符合本规范第15.6.1条的有关规定。

15.6.3 砌体挡土墙质量检验应符合下列规定：

主 控 项 目

1 地基承载力应符合设计要求。

检查数量和检验方法应符合本规范第15.6.1条第1款的规定。

2 砌块、石料强度应符合设计要求。

检查数量：每品种、每检验批1组(3块)。

检验方法：查试验报告。

3 砌筑砂浆质量应符合本规范第14.5.3条第7款的规定。

一 般 项 目

4 挡土墙应牢固，外形美观，勾缝密实、均匀，泄水孔通畅。

5 砌筑挡土墙允许偏差应符合表15.6.3的规定。

表 15.6.3 砌筑挡土墙允许偏差

项目		允许偏差、规定值				检验频率		检验方法
		料石	块石、片石		预制块	范围	点数	
断面尺寸(mm)		0 +10	不小于设计规定			20m	2	用钢尺量，上下各1点
基底高程(mm)	土方	±20	±20	±20	±20		2	用水准仪测量
	石方	±100	±100	±100	±100			
顶面高程(mm)		±10	±15	±20	±10		2	
轴线偏位(mm)		≤10	≤15	≤15	≤10		2	用经纬仪测量
墙面垂直度		≤0.5%H 且≤20mm	≤0.5%H 且≤30mm	≤0.5%H 且≤30mm	≤0.5%H 且≤20mm		2	用垂线检测
平整度(mm)		≤5	≤30	≤30	≤5		2	用2m直尺和塞尺量
水平缝平直度(mm)		≤10	—	—	≤10		2	用20m线和钢尺量
墙面坡度		不陡于设计规定					1	用坡度板检验

注：表中H为构筑物全高。

6 栏杆质量应符合本规范第15.6.1条的有关规定。

15.6.4 加筋挡土墙质量检验应符合下列规定：

主 控 项 目

1 地基承载力应符合设计要求。

检查数量和检验方法应符合本规范第15.6.1条第1款的规定。

2 基础混凝土强度应符合设计要求。

检查数量和检验方法应符合本规范第15.6.1条第2款的规定。

3 预制挡墙板的质量应符合设计要求。

检查数量和检验方法应符合本规范第15.6.2条的有关规定。

4 拉环、筋带材料应符合设计要求。

检查数量：每品种、每检验批。

检验方法：查检验报告。

5 拉环、筋带的数量、安装位置应符合设计要求，且粘接牢固。

检查数量：全部。

检验方法：观察、抽样，查试验记录。

6 填土土质应符合设计要求。

检查数量：全部。

检验方法：观察、土的性能鉴定。

7 压实度应符合设计要求。

检查数量：每压实层、每500m^2取1点，不足500m^2取1点。

检验方法：环刀法、灌水法或灌砂法。

一 般 项 目

8 加筋土挡土墙板安装允许偏差应符合表15.6.4-1的规定。

9 墙面板应光洁、平顺、美观无破损，板缝均匀，线形顺畅，沉降缝上下贯通顺直，泄水孔通畅。

检查数量：全数检查。

检验方法：观察。

表15.6.4-1 加筋土挡土墙板安装允许偏差

项 目	允许偏差	检验频率		检验方法
		范围	点数	
每层顶面高程（mm）	±10	20m	4组板	用水准仪测量
轴线偏位（mm）	≤10		3	用经纬仪测量
墙面板垂直度或坡度	0～−0.5%H①		3	用垂线或坡度板量

注：1 墙面板安装以同层相邻两板为一组；

2 表中H为挡土墙板高度；

3 ①示垂直度，“+”指向外、“−”指向内。

10 加筋土挡土墙总体允许偏差应符合表15.6.4-2的规定。

表15.6.4-2 加筋土挡土墙总体允许偏差

项 目		允许偏差	检验频率		检验方法
			范围（m）	点数	
墙顶线位	路堤式（mm）	−100 +50	20	3	用20m线和钢尺量见注①
	路肩式（mm）	±50			
墙顶高程	路堤式（mm）	±50		3	用水准仪测量
	路肩式（mm）	±30			
墙面倾斜度		+(≤0.5%H)①且≤+50①mm −(≤1.0%H)①且≥−100①mm		2	用垂线或坡度板量
墙面板缝宽（mm）		±10		5	用钢尺量
墙面平整度（mm）		≤15		3	用2m直尺、塞尺量

注：1 ①示墙面倾斜度“+”指向外、“−”指向内；

2 表中H为挡墙板高度。

11 栏杆质量应符合本规范第15.6.1条的有关规定。

16 附属构筑物

16.1 路 缘 石

16.1.1 路缘石宜由加工厂生产，并应提供产品强度、规格尺寸等技术资料及产品合格证。

16.1.2 路缘石宜采用石材或预制混凝土标准块。路口、隔离带端部等曲线段路缘石，宜按设计弧形加工预制，也可采用小标准块。

16.1.3 石质路缘石应采用质地坚硬的石料加工，强度应符合设计要求，宜选用花岗石。

1 剁斧加工石质路缘石允许偏差应符合表16.1.3-1的规定。

表16.1.3-1 剁斧加工石质路缘石允许偏差

项 目		允许偏差
外形尺寸（mm）	长	±5
	宽	±2
	厚（高）	±2
外露面细石面平整度（mm）		3
对角线长度差（mm）		±5
剁斧纹路		应直顺、无死坑

2 机具加工石质路缘石允许偏差应符合表

16.1.3-2 的规定。

表 16.1.3-2 机具加工石质路缘石允许偏差

项目		允许偏差（mm）
外形尺寸	长	±4
	宽	±1
	厚（高）	±2
对角线长度差		±4
外露面平整度		2

16.1.4 预制混凝土路缘石应符合下列规定：

1 混凝土强度等级应符合设计要求。设计未规定时，不应小于C30。路缘石弯拉与抗压强度应符合表 16.1.4-1 的规定。

表 16.1.4-1 路缘石弯拉与抗压强度

直线路缘石			直线路缘石（含圆形、L形）		
弯拉强度（MPa）			抗压强度（MPa）		
强度等级 C_f	平均值	单块最小值	强度等级 C_c	平均值	单块最小值
C_f3.0	≥3.00	2.40	C_c 30	≥30.0	24.0
C_f4.0	≥4.00	3.20	C_c 35	≥35.0	28.0
C_f5.0	≥5.00	4.00	C_c 40	≥40.0	32.0

注：直线路缘石用弯拉强度控制，L形或弧形路缘石用抗压强度控制。

2 路缘石吸水率不得大于8%。有抗冻要求的路缘石经50次冻融试验（D50）后，质量损失率应小于3%，抗盐冻性路缘石经ND25次试验后，质量损失应小于0.5kg/m²。

3 预制混凝土路缘石加工尺寸允许偏差应符合表 16.1.4-2 的规定。

表 16.1.4-2 预制混凝土路缘石加工尺寸允许偏差

项目	允许偏差（mm）
长度	+5 −3
宽度	+5 −3
高度	+5 −3
平整度	≤3
垂直度	≤3

4 预制混凝土路缘石外观质量允许偏差应符合表 16.1.4-3 的规定。

表 16.1.4-3 预制混凝土路缘石外观质量允许偏差

项目	允许偏差
缺棱掉角影响顶面或正侧面的破坏最大投影尺寸（mm）	≤15
面层非贯穿裂纹最大投影尺寸（mm）	≤10
可视面粘皮（脱皮）及表面缺损最大面积（mm²）	≤30
贯穿裂纹	不允许
分层	不允许
色差、杂色	不明显

16.1.5 路缘石基础宜与相应的基层同步施工。

16.1.6 安装路缘石的控制桩，直线段桩距宜为10～15m；曲线段桩距宜为5～10m；路口处桩距宜为1～5m。

16.1.7 路缘石应以干硬性砂浆铺砌，砂浆应饱满、厚度均匀。路缘石砌筑应稳固、直线段顺直、曲线段圆顺、缝隙均匀；路缘石灌缝应密实，平缘石表面应平顺不阻水。

16.1.8 路缘石背后宜浇筑水泥混凝土支撑，并还土夯实。还土夯实宽度不宜小于50cm，高度不宜小于15cm，压实度不得小于90%。

16.1.9 路缘石宜采用M10水泥砂浆灌缝。灌缝后，常温期养护不应少于3d。

16.2 雨水支管与雨水口

16.2.1 雨水支管应与雨水口配合施工。

16.2.2 雨水支管、雨水口位置应符合设计规定，且满足路面排水要求。当设计规定位置不能满足路面排水要求时，应在施工前办理变更设计。

16.2.3 雨水支管、雨水口基底应坚实，现浇混凝土基础应振捣密实，强度符合设计要求。

16.2.4 砌筑雨水口应符合下列规定：

1 雨水管端面应露出井内壁，其露出长度不应大于2cm。

2 雨水口井壁，应表面平整，砌筑砂浆应饱满，勾缝应平顺。

3 雨水管穿井墙处，管顶应砌砖券。

4 井底应采用水泥砂浆抹出雨水口泛水坡。

16.2.5 雨水支管敷设应直顺，不应错口、反坡、凹兜。检查井、雨水口内的外露管端面应完好，不应将断管端置入雨水口。

16.2.6 雨水支管与雨水口四周回填应密实。处于道路基层内的雨水支管应做360°混凝土包封，且在包封混凝土达至设计强度75%前不得放行交通。

16.2.7 雨水支管与既有雨水干线连接时，宜避开雨期。施工中，需进入检查井时，必须采取防缺氧、防有毒和有害气体的安全措施。

16.2.8 支管与雨水干管连接，需新建检查井，其砌筑施工中应符合现行国家标准《给水排水管道工程施工及验收规范》GB 50268 的有关规定。

16.3 排水沟或截水沟

16.3.1 排水沟或截水沟应与道路配合施工。位置、高程应符合设计要求。

16.3.2 土沟不得超挖，沟底、边坡应夯实，严禁用虚土贴底、贴坡。

16.3.3 砌体和混凝土排水沟、截水沟的土基应夯实。

16.3.4 砌体沟应坐浆饱满、勾缝密实，不应有通缝。沟底应平整，无反坡、凹兜现象；边坡、侧墙应表面平整，与其他排水设施的衔接应平顺。

16.3.5 混凝土排水沟、截水沟的混凝土应振捣密实，强度应符合设计要求，外露面应平整。

16.3.6 盖板沟的预制盖板，混凝土振捣应密实，混凝土强度应符合设计要求，配筋位置应准确，表面无蜂窝、无缺损。

16.4 倒虹管及涵洞

16.4.1 遇地下水时，应将地下水降至槽底以下 50cm，直到倒虹管与涵洞具备抗浮能力，且满足施工要求后，方可停止降水。

16.4.2 倒虹管施工应符合下列规定：

1 管道水平与斜坡段交接处，应采用弯头连接。

2 主体结构建成后，闭水试验应在倒虹管充水 24h 后进行，测定 30min 渗水量。渗水量不应大于计算值。

渗水量应按下式计算：

$$Q=\frac{W}{T\cdot L}\times 1440 \qquad (16.4.2)$$

式中 Q——实测渗水量（$m^3/24h\cdot km$）；

W——补水量（L）；

T——实测渗水量观测时间（min）；

L——倒虹管长度（m）。

16.4.3 矩形涵洞施工应符合本规范第 14 章的有关规定。

16.4.4 采用埋设预制管做涵洞（管涵）施工，应符合现行国家标准《给水排水管道工程施工及验收规范》GB 50268 的有关规定。

16.5 护 坡

16.5.1 护坡宜安排在枯水或少雨季节施工。

16.5.2 施工护坡所用砌块、石料、砂浆、混凝土等均应符合设计要求。

16.5.3 护坡砌筑应按设计坡度挂线，并应按本规范第 14.4 节的有关规定施工。

16.6 隔 离 墩

16.6.1 隔离墩宜由有资质的生产厂供货。现场预制时宜采用钢模板，拼装严密、牢固，混凝土拆模时的强度不得低于设计强度的 75%。

16.6.2 隔离墩吊装时，其强度应符合设计规定，设计无规定时不应低于设计强度的 75%。

16.6.3 安装必须稳固，坐浆饱满；当采用焊接连接时，焊缝应符合设计要求。

16.7 隔 离 栅

16.7.1 隔离网、隔离栅板应由有资质的工厂加工，其材质、规格形式及防腐处理均应符合设计要求。

16.7.2 固定隔离栅的混凝土柱宜采用预制件。金属柱和连接件规格、尺寸、材质应符合设计规定，并应做防腐处理。

16.7.3 隔离栅立柱应与基础连接牢固，位置应准确。

16.7.4 立柱基础混凝土达到设计强度 75%后，方可安装隔离栅板、隔离网片。隔离栅板、隔离网片应与立柱连接牢固，框架、网面平整，无明显凹凸现象。

16.8 护 栏

16.8.1 护栏应由有资质的工厂加工。护栏的材质、规格形式及防腐处理应符合设计要求。加工件表面不得有剥落、气泡、裂纹、疤痕、擦伤等缺陷。

16.8.2 护栏立柱应埋置于坚实的基础内，埋设位置应准确，深度应符合设计规定。

16.8.3 护栏的栏板、波形梁应与道路竖曲线相协调。

16.8.4 护栏的波形梁的起、讫点和道口处应按设计要求进行端头处理。

16.9 声 屏 障

16.9.1 声屏障所用材质与单体构件的结构形式、外形尺寸、隔声性能应符合设计要求。

16.9.2 砌体声屏障施工应符合下列规定：

1 混凝土基础及砌筑施工应符合本规范第 14.2 节和第 14.4 节的有关规定。

2 施工中的临时预留洞净宽度不应大于 1m。

3 当砌体声屏障处于潮湿或有化学侵蚀介质环境中时，砌体中的钢筋应采取防腐措施。

16.9.3 金属声屏障施工应符合下列规定：

1 焊接必须符合设计要求和国家现行有关标准的规定。焊接不应有裂缝、夹渣、未熔合和未填满弧坑等缺陷。

2 基础为砌体或水泥混凝土时，其施工应符合本规范第 16.9.2 条的有关规定。

3 屏体与基础的连接应牢固。

4 采用钢化玻璃屏障时，其力学性能指标应符合设计要求。屏障与金属框架应镶嵌牢固、严密。

16.10 防 眩 板

16.10.1 防眩板的材质、规格、防腐处理、几何尺寸及遮光角应符合设计要求。

16.10.2 防眩板应由有资质的工厂加工，镀锌量应符合设计要求。防眩板表面应色泽均匀，不得有气泡、裂纹、疤痕、端面分层等缺陷。

16.10.3 防眩板安装应位置准确，焊接或栓接应牢固。

16.10.4 防眩板与护栏配合设置时，混凝土护栏上预埋连接件的间距宜为 50cm。

16.10.5 路段与桥梁上防眩设施衔接应直顺。

16.10.6 施工中不得损伤防眩板的金属镀层，出现损伤应在 24h 之内进行修补。

16.11 检 验 标 准

16.11.1 路缘石安砌质量检验应符合下列规定：

主 控 项 目

1 混凝土路缘石强度应符合设计要求。

检查数量：每种、每检验批 1 组（3 块）。

检验方法：查出厂检验报告并复验。

一 般 项 目

2 路缘石应砌筑稳固、砂浆饱满、勾缝密实，外露面清洁、线条顺畅，平缘石不阻水。

检查数量：全数检查。

检验方法：观察。

3 立缘石、平缘石安砌允许偏差应符合表 16.11.1 的规定。

表 16.11.1 立缘石、平缘石安砌允许偏差

项 目	允许偏差（mm）	检验频率 范围（m）	检验频率 点数	检验方法
直顺度	≤10	100	1	用 20m 线和钢尺量①
相邻块高差	≤3	20	1	用钢板尺和塞尺量①
缝宽	±3	20	1	用钢尺量①
顶面高程	±10	20	1	用水准仪测量

注：1 ①示随机抽样，量 3 点取最大值；
2 曲线段缘石安装的圆顺度允许偏差应结合工程具体制定。

16.11.2 雨水支管与雨水口质量检验应符合下列规定：

主 控 项 目

1 管材应符合现行国家标准《混凝土和钢筋混凝土排水管》GB 11836 的有关规定。

检查数量：每种、每检验批。

检验方法：查合格证和出厂检验报告。

2 基础混凝土强度应符合设计要求。

检查数量：每 100m^3 1 组（3 块）。（不足 100m^3 取 1 组）

检验方法：查试验报告。

3 砌筑砂浆强度应符合本规范第 14.5.3 条第 7 款的规定。

4 回填土应符合本规范第 6.6.3 条压实度的有关规定。

检查数量：全数检查。

检验方法：环刀法、灌砂法或灌水法。

一 般 项 目

5 雨水口内壁勾缝应直顺、坚实，无漏勾、脱落。井框、井箅应完整、配套，安装平稳、牢固。

检查数量：全数检查。

检验方法：观察。

6 雨水支管安装应直顺，无错口、反坡、存水，管内清洁，接口处内壁无砂浆外露及破损现象。管端面应完整。

检查数量：全数检查。

检验方法：观察。

7 雨水支管与雨水口允许偏差应符合表 16.11.2 的规定。

表 16.11.2 雨水支管与雨水口允许偏差

项 目	允许偏差（mm）	检验频率 范围	检验频率 点数	检验方法
井框与井壁吻合	≤10	每座	1	用钢尺量
井框与周边路面吻合	0 −10	每座	1	用直尺靠量
雨水口与路边线间距	≤20	每座	1	用钢尺量
井内尺寸	+20 0	每座	1	用钢尺量，最大值

16.11.3 排水沟或截水沟质量检验应符合下列规定：

主 控 项 目

1 预制砌块强度应符合设计要求。

检查数量：每种、每检验批 1 组。

检验方法：查试验报告。

2 预制盖板的钢筋品种、规格、数量，混凝土的强度应符合设计要求。

检查数量：同类构件，抽查1/10，且不少于3件。

检验方法：用钢尺量、查出厂检验报告。

3 砂浆强度应符合本规范第14.5.3条第7款的规定。

一般项目

4 砌筑砂浆饱满度不应小于80%。

检查数量：每100m或每班抽查不少于3点。

检验方法：观察。

5 砌筑水沟沟底应平整、无反坡、凹兜，边墙应平整、直顺、勾缝密实。与排水构筑物衔接顺畅。

检查数量：全数检查。

检验方法：观察。

6 砌筑排水沟或截水沟允许偏差应符合表16.11.3的规定。

表16.11.3 砌筑排水沟或截水沟允许偏差

项目		允许偏差（mm）	检验频率		检验方法
			范围（m）	点数	
轴线偏位		≤30	100	2	用经纬仪和钢尺量
沟断面尺寸	砌石	±20	40	1	用钢尺量
	砌块	±10			
沟底高程	砌石	±20	20	1	用水准仪测量
	砌块	±10			
墙面垂直度	砌石	≤30	40	2	用垂线、钢尺量
	砌块	≤15			
墙面平整度	砌石	≤30		2	用2m直尺、塞尺量
	砌块	≤10			
边线直顺度	砌石	≤20		2	用20m小线和钢尺量
	砌块	≤10			
盖板压墙长度		±20		2	用钢尺量

7 土沟断面应符合设计要求，沟底、边坡应坚实，无贴皮、反坡和积水现象。

检查数量：全数检查。

检验方法：观察。

16.11.4 倒虹管及涵洞质量检验应符合下列规定：

主控项目

1 地基承载力应符合设计要求。

检查数量：每个基础。

检验方法：查钎探记录。

2 管材应符合本规范第16.11.2条第1款的规定。

3 混凝土强度应符合设计要求。

检查数量：每100m^{3}1组（3块）。

检验方法：查试验记录。

4 砂浆强度应符合本规范第14.5.3条第7款的规定。

5 倒虹管闭水试验应符合本规范第16.4.2条第2款的规定。

检查数量：每一条倒虹管。

检验方法：查闭水试验记录。

6 回填土压实度应符合路基压实度要求。

检查数量：每压实层抽查3点。

检验方法：环刀法、灌砂法或灌水法。

7 矩形涵洞应符合本规范第14.5节的有关规定。

一般项目

8 倒虹管允许偏差应符合表16.11.4-1的规定。

表16.11.4-1 倒虹管允许偏差

项目	允许偏差（mm）	检验频率		检验方法
		范围	点数	
轴线偏位	≤30	每座	2	用经纬仪和钢尺量
内底高程	±15		2	用水准仪测量
倒虹管长度	不小于设计值		1	用钢尺量
相邻管错口	≤5	每井段	4	用钢板和塞尺量

9 预制管材涵洞允许偏差应符合表16.11.4-2的规定。

表16.11.4-2 预制管材涵洞允许偏差

项目	允许偏差（mm）		检验频率		检验方法
			范围	点数	
轴线位移	≤20		每道	2	用经纬仪和钢尺量
内底高程	$D \leq 1000$	±10		2	用水准仪测量
	$D > 1000$	±15			
涵管长度	不小于设计值			1	用钢尺量
相邻管错口	$D \leq 1000$	≤3	每节	1	用钢板尺和塞尺量
	$D > 1000$	≤5			

注：D为管涵内径。

10 矩形涵洞应符合本规范第14.5节的有关规定。

16.11.5 护坡质量检验应符合下列规定：

一般项目

1 预制砌块强度应符合设计要求。

检查数量：每种、每检验批1组（3块）。

检验方法：查出厂检验报告。

2 砂浆强度应符合本规范第14.5.3条第7款的

规定。

3 基础混凝土强度应符合设计要求。

检查数量：每 $100m^3$ 1组（3块）。

检验方法：查试验报告。

4 砌筑线型顺畅、表面平整、咬砌有序、无翘动。砌缝均匀、勾缝密实。护坡顶与坡面之间缝隙封堵密实。

检查数量：全数检查。

检验方法：观察。

5 护坡允许偏差应符合表16.11.5的规定。

表 16.11.5 护坡允许偏差

项目		允许偏差（mm）			检验频率		检验方法
		浆砌块石	浆砌料石	混凝土砌块	范围	点数	
基底高程	土方	±20			20m	2	用水准仪测量
	石方	±100				2	
垫层厚度		±20			20m	2	用钢尺量
砌体厚度		不小于设计值			每沉降缝	2	用钢尺量顶、底各1处
坡度		不陡于设计值			每20m	1	用坡度尺量
平整度		≤30	≤15	≤10	每座	1	用2m直尺、塞尺量
顶面高程		±50	±30	±30	每座	2	用水准仪测量两端部
顶边线型		≤30	≤10	≤10	100m	1	用20m线和钢尺量

注：H 为墙高。

16.11.6 隔离墩质量检验应符合下列规定：

主 控 项 目

1 隔离墩混凝土强度应符合设计要求。

检查数量：每种、每批（2000块）1组。

检验方法：查出厂检验报告并复验。

2 隔离墩预埋件焊接应牢固，焊缝长度、宽度、高度均应符合设计要求，且无夹渣、裂纹、咬肉现象。

检查数量：全数检查。

检验方法：查隐蔽验收记录。

一 般 项 目

3 隔离墩安装应牢固、位置正确、线型美观，墩表面整洁。

检查数量：全数检查。

检验方法：观察。

4 隔离墩安装允许偏差应符合表16.11.6的规定。

表 16.11.6 隔离墩安装允许偏差

项目	允许偏差（mm）	检验频率		检验方法
		范围	点数	
直顺度	≤5	每20m	1	用20m线和钢尺量
平面偏位	≤4	每20m	1	用经纬仪和钢尺量测
预埋件位置	≤5	每件	2	用经纬仪和钢尺量测（发生时）
断面尺寸	±5	每20m	1	用钢尺量
相邻高差	≤3	抽查20%	1	用钢板尺和钢尺量
缝宽	±3	每20m	1	用钢尺量

16.11.7 隔离栅质量检验应符合下列规定：

一 般 项 目

1 隔离栅材质、规格、防腐处理均应符合设计要求。

检查数量：每种、每批（2000件）1次。

检验方法：查出厂检验报告。

2 隔离栅柱（金属、混凝土）材质应符合设计要求。

检查数量：每种、每批（2000根）1次。

检验方法：查出厂检验报告或试验报告。

3 隔离栅柱安装应牢固。

检查数量：全数检查。

检验方法：观察。

4 隔离栅允许偏差应符合表16.11.7的规定。

表 16.11.7 隔离栅允许偏差

项目	允许偏差	检验频率		检验方法
		范围（m）	点数	
顺直度（mm）	≤20	20	1	用20m线和钢尺量
立柱垂直度（mm/m）	≤8	40	1	用垂线和直尺量
柱顶高度（mm）	±20		1	用钢尺量
立柱中距（mm）	±30		1	用钢尺量
立柱埋深（mm）	不小于设计规定		1	用钢尺量

16.11.8 护栏质量检验应符合下列规定：

主 控 项 目

1 护栏质量应符合设计要求。

检查数量：每种、每批1次。

检验方法：查出厂检验报告。

2 护栏立柱质量应符合设计要求。

检查数量：每种、每批（2000根）1次。

检验方法：查检验报告。

3 护栏柱基础混凝土强度应符合设计要求。

检查数量：每 100m³ 1组（3块）。

检验方法：查试验报告。

4 护栏柱置入深度应符合设计规定。

检查数量：全数检查。

检验方法：观察、量测。

一 般 项 目

5 护栏安装应牢固、位置正确、线型美观。

检查数量：全数检查。

检验方法：观察。

6 护栏安装允许偏差应符合表16.11.8的规定。

表 16.11.8 护栏安装允许偏差

项 目	允许偏差	检验频率		检验方法
		范围	点数	
顺直度（mm/m）	≤5	20m	1	用20m线和钢尺量
中线偏位（mm）	≤20		1	用经纬仪和钢尺量
立柱间距（mm）	±5		1	用钢尺量
立柱垂直度（mm）	≤5		1	用垂线、钢尺量
横栏高度（mm）	±20		1	用钢尺量

16.11.9 声屏障质量检验应符合下列规定：

主 控 项 目

1 降噪效果应符合设计要求。

检查数量：按环保部门规定。

检验方法：按环保部门规定。

一 般 项 目

2 声屏障所用材料与性能应符合设计要求。

检查数量：每检验批1次。

检验方法：查检验报告和合格证。

3 砌筑砂浆强度应符合本规范第14.5.3条第7款的规定。

4 混凝土强度应符合设计要求。

检查数量：每 100m³ 1组（3块）。

检验方法：查试验报告。

5 砌体声屏障应砌筑牢固，咬砌有序，砌缝均匀，勾缝密实。金属声屏障安装应牢固。

检查数量：全数检查。

检验方法：观察。

6 砌体声屏障允许偏差应符合表16.11.9-1的规定。

表 16.11.9-1 砌体声屏障允许偏差

项 目	允许偏差	检验频率		检验方法
		范围（m）	点数	
中线偏位（mm）	≤10	20	1	用经纬仪和钢尺量
垂直度	≤0.3%H		1	用垂线和钢尺量
墙体断面尺寸（mm）	符合设计规定		1	用钢尺量
顺直度（mm）	≤10	100	2	用10m线与钢尺量，不少于5处
水平灰缝平直度（mm）	≤7		2	用10m线与钢尺量，不少于5处
平整度（mm）	≤8	20	2	用2m直尺和塞尺量

7 金属声屏障安装允许偏差应符合表16.11.9-2的规定。

表 16.11.9-2 金属声屏障安装允许偏差

项 目	允许偏差	检验频率		检验方法
		范围	点数	
基线偏位（mm）	≤10	20m	1	用经纬仪和钢尺量
金属立柱中距（mm）	±10		1	用钢尺量
立柱垂直度（mm）	≤0.3%H		2	用垂线和钢尺量，顺、横向各1点
屏体厚度（mm）	±2		1	用游标卡尺量
屏体宽度、高度(mm)	±10		1	用钢尺量
镀层厚度（μm）	≥设计值	20m且不少于5处	1	用测厚仪量

16.11.10 防眩板质量检验应符合下列规定：

一 般 项 目

1 防眩板质量应符合设计要求。

检查数量：每种、每批查1次。

检验方法：查出厂检验报告。

2 防眩板安装应牢固、位置准确，遮光角符合设计要求，板面无裂纹，涂层无气泡、缺损。

检查数量：全数检查。

检验方法：观察。

3 防眩板安装允许偏差应符合表16.11.10的规定。

表16.11.10 防眩板安装允许偏差

项目	允许偏差（mm）	检验频率		检验方法
		范围	点数	
防眩板直顺度	≤8	20m	1	用10m线和钢尺量
垂直度	≤5	20m且不少于5处	2	用垂线和钢尺量，顺、横向各1点
板条间距	±10		1	用钢尺量
安装高度	±10			

17 冬雨期施工

17.1 一般规定

17.1.1 施工中应根据工程所在地的气候环境，确定冬、雨期的起、止时间。

17.1.2 冬、雨期施工应加强与气象部门联系，及时掌握气象条件变化，做好防范准备。

17.2 雨期施工

17.2.1 各地区的防汛期，宜作为雨期施工的控制期。

17.2.2 雨期施工应充分利用地形与既有排水设施，做好防雨和排水工作。

17.2.3 施工中应采取集中工力、设备，分段流水、快速施工，不宜全线展开。

17.2.4 雨中、雨后应及时检查工程主体及现场环境，发现雨患、水毁必须及时采取处理措施。

17.2.5 路基施工应符合下列规定：

1 路基土方宜避开主汛期施工。

2 易翻浆与低洼积水地段宜避开雨期施工。

3 路基因雨产生翻浆时，应及时进行逐段处理，不应全线开挖。

4 挖方地段每日停止作业前应将开挖面整平，保持基面排水与边坡稳定。

5 填方地段应符合下列要求：

1）低洼地带宜在主汛期前填土至汛期水位以上，且做好路基表面、边坡与排水防冲刷措施。

2）填方宜避开主汛期施工。

3）当日填土应当日碾压密实。填土过程中遇雨，应对已摊铺的虚土及时碾压。

17.2.6 雨后摊铺基层时，应先对路基状况进行检查，符合要求后方可摊铺。

17.2.7 石灰稳定土类、水泥稳定土类基层施工应符合下列规定：

1 宜避开主汛期施工。

2 搅拌厂应对原材料与搅拌成品采取防雨淋措施，并按计划向现场供料。

3 施工现场应计划用料，随到随摊铺。

4 摊铺段不宜过长，并应当日摊铺、当日碾压成活。

5 未碾压的料层受雨淋后，应进行测试分析，按配合比要求重新搅拌。

17.2.8 在土路床上施工级配砂石基层，摊铺后宜当日碾压成活。

17.2.9 沥青混合料类面层施工应符合下列规定：

1 降雨或基层有集水或水膜时，不应施工。

2 施工现场应与沥青混合料生产厂保持联系，遇天气变化及时调整产品供应计划。

3 沥青混合料运输车辆应有防雨措施。

17.2.10 水泥混凝土面层施工应符合下列规定：

1 搅拌站应具有良好的防水条件与防雨措施。

2 根据天气变化情况及时测定砂石含水量，准确控制混合料的水灰比。

3 雨天运输混凝土时，车辆必须采取防雨措施。

4 施工前应准备好防雨棚等防雨设施。

5 施工中遇雨时，应立即使用防雨设施完成对已铺筑混凝土的振实成型，不应再开新作业段，并应采用覆盖等措施保护尚未硬化的混凝土面层。

17.3 冬期施工

17.3.1 当施工现场环境日平均气温连续5d稳定低于5℃，或最低环境气温低于－3℃时，应视为进入冬期施工。

17.3.2 挖土应符合下列规定：

1 施工中遇有冻土时，应选择适宜的破冻土机械与开挖机械设备。

2 施工严禁掏洞取土。

3 路基土方开挖宜每日开挖至规定深度，并及时采取防冻措施。当开挖至路床时，必须当日碾压成活，成活面亦应采取防冻措施。

4 路堑的边坡应在开挖过程中及时修整。

17.3.3 路基填方应符合下列规定：

1 铺土层应及时碾压密实，不应受冻。

2 填方土层宜用未冻、易透水、符合规定的土。气温低于－5℃时，每层虚铺厚度应较常温施工规定厚度小20%～25%。

3 城市快速路、主干路的路基不应用含有冻土块的土料填筑。次干路以下道路填土材料中冻土块最大尺寸不应大于10cm，冻土块含量应小于15%。

17.3.4 石灰及石灰、粉煤灰稳定土（粒料、钢渣）类基层，宜在进入冬期前30～45d停止施工，不应在冬期施工。水泥稳定土（粒料）类基层，宜在进入冬期前15～30d停止施工。当上述材料养护期进入冬期时，应在基层施工时向基层材料中掺入防冻剂。

17.3.5 级配砂石、级配砾石、级配碎石和级配碎砾石施工，应根据施工环境最低温度洒布防冻剂溶液，随洒布、随碾压。当抗冻剂为氯盐时，氯盐溶液浓度和冰点的关系应符合表17.3.5的规定。

表17.3.5 不同浓度氯盐水溶液的冰点

溶液密度（g/cm^3）15℃时	氯盐含量（g）		冰点（℃）
	100g溶液内	100g水内	
1.04	5.6	5.9	−3.5
1.06	8.3	9.0	−5.0
1.09	12.2	14.0	−8.5
1.10	13.6	15.7	−10.0
1.14	18.8	23.1	−15.0
1.17	22.4	29.0	−20.0

注：溶液浓度应用相对密度控制。

17.3.6 沥青类面层施工应符合下列规定：

1 粘层、透层、封层严禁冬期施工。

2 城市快速路、主干路的沥青混合料面层严禁冬期施工。次干路及其以下道路在施工温度低于5℃时，应停止施工。

3 沥青混合料施工时，应视沥青品种、标号，比常温适度提高混合料搅拌与施工温度。

4 当风力在6级及以上时，沥青混合料不应施工。

5 贯入式沥青面层与表面处治沥青面层严禁冬期施工。

17.3.7 水泥混凝土面层施工应符合下列规定：

1 施工中应根据气温变化采取保温防冻措施。当连续5昼夜平均气温低于−5℃，或最低气温低于−15℃时，宜停止施工。

2 水泥应选用水化总热量大的R型水泥或单位水泥用量较多的32.5级水泥，不宜掺粉煤灰。

3 对搅拌物中掺加的早强剂、防冻剂应经优选确定。

4 采用加热水或砂石料拌制混凝土，应依据混凝土出料温度要求，经热工计算，确定水与粗细集料加热温度。水温不得高于80℃；砂石温度不宜高于50℃。

5 搅拌机出料温度不得低于10℃，摊铺混凝土温度不应低于5℃。

6 养护期应加强保温，保湿覆盖，混凝土面层最低温度不应低于5℃。

7 养护期应经常检查保温、保湿隔离膜，保持其完好。并应按规定检测气温与混凝土面层温度。

17.3.8 当面层混凝土弯拉强度未达到1MPa或抗压强度未达到5MPa时，必须采取防止混凝土受冻的措施，严禁混凝土受冻。

18 工程质量与竣工验收

18.0.1 开工前，施工单位应会同建设单位、监理工程师确认构成建设项目的单位工程、分部工程、分项工程和检验批，作为施工质量检验、验收的基础，并应符合下列规定：

1 建设单位招标文件确定的每一个独立合同应为一个单位工程。

当合同文件包含的工程内涵较多，或工程规模较大或由若干独立设计组成时，宜按工程部位或工程量、每一独立设计将单位工程分成若干子单位工程。

2 单位（子单位）工程应按工程的结构部位或特点、功能、工程量划分分部工程。

分部工程的规模较大或工程复杂时宜按材料种类、工艺特点、施工工法等，将分部工程划为若干子分部工程。

3 分部工程（子分部工程）可由一个或若干个分项工程组成，应按主要工种、材料、施工工艺等划分分项工程。

4 分项工程可由一个或若干检验批组成。检验批应根据施工、质量控制和专业验收需要划定。各地区应根据城镇道路建设实际需要，划定适应的检验批。

5 各分部（子分部）工程相应的分项工程、检验批应按表18.0.1的规定执行。本规范未规定时，施工单位应在开工前会同建设单位、监理工程师共同研究确定。

表18.0.1 城镇道路分部（子分部）工程与相应的分项工程、检验批

分部工程	子分部工程	分项工程	检验批
路基	—	土方路基	每条路或路段
		石方路基	每条路或路段
		路基处理	每条处理段
		路肩	每条路肩
基层	—	石灰土基层	每条路或路段
		石灰粉煤灰稳定砂砾（碎石）基层	每条路或路段
		石灰粉煤灰钢渣基层	每条路或路段
		水泥稳定土类基层	每条路或路段
		级配砂砾（砾石）基层	每条路或路段
		级配碎石（碎砾石）基层	每条路或路段
		沥青碎石基层	每条路或路段
		沥青贯入式基层	每条路或路段

续表 18.0.1

分部工程	子分部工程	分项工程	检验批
面层	沥青混合料面层	透层	每条路或路段
		粘层	每条路或路段
		封层	每条路或路段
		热拌沥青混合料面层	每条路或路段
		冷拌沥青混合料面层	每条路或路段
	沥青贯入式与沥青表面处治面层	沥青贯入式面层	每条路或路段
		沥青表面处治面层	每条路或路段
	水泥混凝土面层	水泥混凝土面层（模板、钢筋、混凝土）	每条路或路段
	铺砌式面层	料石面层	每条路或路段
		预制混凝土砌块面层	每条路或路段
广场与停车场	—	料石面层	每个广场或划分的区段
		预制混凝土砌块面层	每个广场或划分的区段
		沥青混合料面层	每个广场或划分的区段
		水泥混凝土面层	每个广场或划分的区段
人行道	—	料石人行道铺砌面层（含盲道砖）	每条路或路段
		混凝土预制块铺砌人行道面层（含盲道砖）	每条路或路段
		沥青混合料铺筑面层	每条路或路段
人行地道结构	现浇钢筋混凝土人行地道结构	地基	每座通道
		防水	每座通道
		基础（模板、钢筋、混凝土）	每座通道
		墙与顶板（模板、钢筋、混凝土）	每座通道
	预制安装钢筋混凝土人行地道结构	墙与顶部构件预制	每座通道
		地基	每座通道
		防水	每座通道
		基础（模板、钢筋、混凝土）	每座通道
		墙板、顶板安装	每座通道
	砌筑墙体、钢筋混凝土顶板人行地道结构	顶部构件预制	每座通道
		地基	每座通道
		防水	每座通道
		基础（模板、钢筋、混凝土）	每座通道
		墙体砌筑	每座通道或分段
		顶部构件、顶板安装	每座通道或分段
		顶部现浇（模板、钢筋、混凝土）	每座通道或分段

续表 18.0.1

分部工程	子分部工程	分项工程	检验批
挡土墙	现浇钢筋混凝土挡土墙	地基	每道挡土墙地基或分段
		基础	每道挡土墙基础或分段
		墙（模板、钢筋、混凝土）	每道墙体或分段
		滤层、泄水孔	每道墙体或分段
		回填土	每道墙体或分段
		帽石	每道墙体或分段
		栏杆	每道墙体或分段
	装配式钢筋混凝土挡土墙	挡土墙板预制	每道墙体或分段
		地基	每道挡土墙地基或分段
		基础（模板、钢筋、混凝土）	每道基础或分段
		墙板安装（含焊接）	每道墙体或分段
		滤层、泄水孔	每道墙体或分段
		回填土	每道墙体或分段
		帽石	每道墙体或分段
		栏杆	每道墙体或分段
	砌筑挡土墙	地基	每道墙体地基或分段
		基础（砌筑、混凝土）	每道基础或分段
		墙体砌筑	每道墙体或分段
		滤层、泄水孔	每道墙体或分段
		回填土	每道墙体或分段
		帽石	每道墙体或分段
	加筋土挡土墙	地基	每道挡土墙地基或分段
		基础（模板、钢筋、混凝土）	每道基础或分段
		加筋挡土墙砌块与筋带安装	每道墙体或分段
		滤层、泄水孔	每道墙体或分段
		回填土	每道墙体或分段
		帽石	每道墙体或分段
		栏杆	每道墙体或分段
附属构筑物	—	路缘石	每条路或路段
		雨水支管与雨水口	每条路或路段
		排（截）水沟	每条路或路段
		倒虹管及涵洞	每座结构
		护坡	每条路或路段
		隔离墩	每条路或路段
		隔离栅	每条路或路段
		护栏	每条路或路段
		声屏障（砌体、金属）	每处声屏障墙
		防眩板	每条路或路段

18.0.2 施工中应按下列规定进行施工质量控制，并应进行过程检验、验收：

1 工程采用的主要材料、半成品、成品、构配件、器具和设备应按相关专业质量标准进行进场检验和使用前复验。现场验收和复验结果应经监理工程师检查认可。凡涉及结构安全和使用功能的，监理工程师应按规定进行平行检测或见证取样检测，并确认合格。

2 各分项工程应按本规范进行质量控制，各分项工程完成后应进行自检、交接检验，并形成文件，经监理工程师检查签认后，方可进行下个分项工程施工。

18.0.3 工程施工质量应按下列要求进行验收：

1 工程施工质量应符合本规范和相关专业验收规范的规定。

2 工程施工应符合工程勘察、设计文件的要求。

3 参加工程施工质量验收的各方人员应具备规定的资格。

4 工程质量的验收均应在施工单位自行检查评定合格的基础上进行。

5 隐蔽工程在隐蔽前，应由施工单位通知监理工程师和相关单位人员进行隐蔽验收，确认合格，并形成隐蔽验收文件。

6 监理工程师应按规定对涉及结构安全的试块、试件和现场检测项目，进行平行检测、见证取样检测并确认合格。

7 检验批的质量应按主控项目和一般项目进行验收。

8 对涉及结构安全和使用功能的分部工程应进行抽样检测。

9 承担复验或检测的单位应为具有相应资质的独立第三方。

10 工程的外观质量应由验收人员通过现场检查共同确认。

18.0.4 隐蔽工程应由专业监理工程师负责验收。检验批及分项工程应由专业监理工程师组织施工单位项目专业质量（技术）负责人等进行验收。关键分项工程及重要部位应由建设单位项目负责人组织总监理工程师、施工单位项目负责人和技术质量负责人、设计单位专业设计人员等进行验收。分部工程应由总监理工程师组织施工单位项目负责人和技术质量负责人等进行验收。

18.0.5 检验批合格质量应符合下列规定：

1 主控项目的质量应经抽样检验合格。

2 一般项目的质量应经抽样检验合格；当采用计数检验时，除有专门要求外，一般项目的合格点率应达到80%及以上，且不合格点的最大偏差值不得大于规定允许偏差值的1.5倍。

3 具有完整的施工原始资料和质量检查记录。

18.0.6 分项工程质量验收合格应符合下列规定：

1 分项工程所含检验批均应符合合格质量的规定。

2 分项工程所含检验批的质量验收记录应完整。

18.0.7 分部工程质量验收合格应符合下列规定：

1 分部工程所含分项工程的质量均应验收合格。

2 质量控制资料应完整。

3 涉及结构安全和使用功能的质量应按规定验收合格。

4 外观质量验收应符合要求。

18.0.8 单位工程质量验收合格应符合下列规定：

1 单位工程所含分部工程的质量均应验收合格。

2 质量控制资料应完整。

3 单位工程所含分部工程验收资料应完整。

4 影响道路安全使用和周围环境的参数指标应符合设计规定。

5 外观质量验收应符合要求。

18.0.9 单位工程验收应符合下列要求：

1 施工单位应在自检合格基础上将竣工资料与自检结果，报监理工程师申请验收。

2 监理工程师应约请相关人员审核竣工资料进行预检，并据结果写出评估报告，报建设单位。

3 建设单位项目负责人应根据监理工程师的评估报告组织建设单位项目技术质量负责人、有关专业设计人员、总监理工程师和专业监理工程师、施工单位项目负责人参加工程验收。该工程的设施运行管理单位应派员参加工程验收。

18.0.10 工程竣工验收，应由建设单位组织验收组进行。验收组应由建设、勘察、设计、施工、监理、设施管理等单位的有关负责人组成，亦可邀请有关方面专家参加。验收组组长由建设单位担任。

工程竣工验收应在构成道路的各分项工程、分部工程、单位工程质量验收均合格后进行。当设计规定进行道路弯沉试验、荷载试验时，验收必须在试验完成后进行。道路工程竣工资料应于竣工验收前完成。

18.0.11 工程竣工验收应符合下列规定：

1 质量控制资料应符合本规范相关的规定。

检查数量：查全部工程。

检查方法：查质量验收、隐蔽验收、试验检验资料。

2 安全和主要使用功能应符合设计要求。

检查数量：查全部工程。

检查方法：查相关检测记录，并抽检。

3 观感质量检验应符合本规范要求。

检查数量：全部。

检查方法：目测并抽检。

18.0.12 竣工验收时，应对各单位工程的实体质量进行检查。

18.0.13 当参加验收各方对工程质量验收意见不一致时，应由政府行业行政主管部门或工程质量监督机构协调解决。

18.0.14 工程竣工验收合格后，建设单位应按规定将工程竣工验收报告和有关文件，报政府行政主管部门备案。

附录A 分项、分部、单位工程检验记录表

A.0.1 检验批的质量验收记录宜由施工项目专业质量检查员填写，监理工程师（建设单位项目专业技术负责人）组织项目专业质量检查员进行验收，并应按表A.0.1记录。

A.0.2 分项工程质量应由监理工程师（建设单位项目专业技术负责人）组织施工单位项目技术负责人等进行验收，并按表A.0.2记录。

A.0.3 分部（子分部）工程质量应由总监理工程师（建设单位项目专业负责人）组织施工项目经理和有关勘察、设计单位项目负责人进行验收，并按表A.0.3-1记录，分部工程检验汇总表由施工单位填写详见A.0.3-2记录。

表A.0.1 检验批质量检验记录

编号：________

工程名称														
施工单位														
单位工程名称						分部工程名称								
分项工程名称						验收部位								
工程数量			项目经理						技术负责人					
制表人			施工负责人						质量检验员					
交方班组			接方班组						检验日期					
序号	主控项目	检验依据/允许偏差（规定值或±偏差值）（mm）	检查结果/实测点偏差值或实测值											
			1	2	3	4	5	6	7	8	9	应测点数	合格点数	合格率（%）
1														
2														
3														
4														
序号	一般项目	检验依据/允许偏差（规定值或±偏差值）（mm）	检查结果/实测点偏差值或实测值											
			1	2	3	4	5	6	7	8	9	应测点数	合格点数	合格率（%）
1														
2														
3														
4														
平均合格率（%）														
检验结论														
监理（建设）单位意见														

表 A.0.2　分项工程质量检验记录

编号：____________

<table>
<tr><td colspan="2">工程名称</td><td colspan="6"></td></tr>
<tr><td colspan="2">施工单位</td><td colspan="6"></td></tr>
<tr><td colspan="2">单位工程名称</td><td colspan="3"></td><td colspan="2">分部工程名称</td><td></td></tr>
<tr><td colspan="2">分项工程名称</td><td colspan="3"></td><td colspan="2">检验批数</td><td></td></tr>
<tr><td colspan="2">项目经理</td><td></td><td>项目技术负责人</td><td></td><td></td><td>制表人</td><td></td></tr>
<tr><td rowspan="2">序号</td><td rowspan="2" colspan="2">检验批部
位、区段</td><td colspan="3">施工单位自检情况</td><td rowspan="2" colspan="2">监理（建设）单位验收情况
验收意见</td></tr>
<tr><td colspan="2">合格率（%）</td><td>检验结论</td></tr>
<tr><td>1</td><td colspan="2"></td><td colspan="2"></td><td></td><td colspan="2"></td></tr>
<tr><td>2</td><td colspan="2"></td><td colspan="2"></td><td></td><td colspan="2"></td></tr>
<tr><td>3</td><td colspan="2"></td><td colspan="2"></td><td></td><td colspan="2"></td></tr>
<tr><td>4</td><td colspan="2"></td><td colspan="2"></td><td></td><td colspan="2"></td></tr>
<tr><td>5</td><td colspan="2"></td><td colspan="2"></td><td></td><td colspan="2"></td></tr>
<tr><td>6</td><td colspan="2"></td><td colspan="2"></td><td></td><td colspan="2"></td></tr>
<tr><td>7</td><td colspan="2"></td><td colspan="2"></td><td></td><td colspan="2"></td></tr>
<tr><td>8</td><td colspan="2"></td><td colspan="2"></td><td></td><td colspan="2"></td></tr>
<tr><td>9</td><td colspan="2"></td><td colspan="2"></td><td></td><td colspan="2"></td></tr>
<tr><td>10</td><td colspan="2"></td><td colspan="2"></td><td></td><td colspan="2"></td></tr>
<tr><td>11</td><td colspan="2"></td><td colspan="2"></td><td></td><td colspan="2"></td></tr>
<tr><td>12</td><td colspan="2"></td><td colspan="2"></td><td></td><td colspan="2"></td></tr>
<tr><td>13</td><td colspan="2"></td><td colspan="2"></td><td></td><td colspan="2"></td></tr>
<tr><td>14</td><td colspan="2"></td><td colspan="2"></td><td></td><td colspan="2"></td></tr>
<tr><td>15</td><td colspan="2"></td><td colspan="2"></td><td></td><td colspan="2"></td></tr>
<tr><td>16</td><td colspan="2"></td><td colspan="2"></td><td></td><td colspan="2"></td></tr>
<tr><td>17</td><td colspan="2"></td><td colspan="2"></td><td></td><td colspan="2"></td></tr>
<tr><td colspan="2">平均合格率（%）</td><td colspan="6"></td></tr>
<tr><td>施工单位检查结果</td><td colspan="3">项目技术负责人

年　月　日</td><td>验收结论</td><td colspan="3">监理工程师：
（建设单位项目专业技术负责人）

年　月　日</td></tr>
</table>

表 A.0.3-1　分部（子分部）工程检验记录

编号：＿＿＿＿＿＿

<table>
<tr><td colspan="2">工程名称</td><td colspan="6"></td></tr>
<tr><td colspan="2">施工单位</td><td colspan="6"></td></tr>
<tr><td colspan="2">单位工程名称</td><td colspan="2"></td><td colspan="2">分部工程名称</td><td colspan="2"></td></tr>
<tr><td colspan="2">项目经理</td><td></td><td>项目技术负责人</td><td></td><td>制表人</td><td colspan="2"></td></tr>
<tr><td colspan="2">施工负责人</td><td></td><td>质量检查员</td><td></td><td>日期</td><td colspan="2"></td></tr>
<tr><td>序号</td><td>分项工程名称</td><td colspan="2">检验批数</td><td colspan="2">合格率（%）</td><td colspan="2">质量情况</td></tr>
<tr><td>1</td><td></td><td colspan="2"></td><td colspan="2"></td><td colspan="2"></td></tr>
<tr><td>2</td><td></td><td colspan="2"></td><td colspan="2"></td><td colspan="2"></td></tr>
<tr><td>3</td><td></td><td colspan="2"></td><td colspan="2"></td><td colspan="2"></td></tr>
<tr><td>4</td><td></td><td colspan="2"></td><td colspan="2"></td><td colspan="2"></td></tr>
<tr><td>5</td><td></td><td colspan="2"></td><td colspan="2"></td><td colspan="2"></td></tr>
<tr><td>6</td><td></td><td colspan="2"></td><td colspan="2"></td><td colspan="2"></td></tr>
<tr><td>7</td><td></td><td colspan="2"></td><td colspan="2"></td><td colspan="2"></td></tr>
<tr><td>8</td><td></td><td colspan="2"></td><td colspan="2"></td><td colspan="2"></td></tr>
<tr><td>9</td><td></td><td colspan="2"></td><td colspan="2"></td><td colspan="2"></td></tr>
<tr><td>10</td><td></td><td colspan="2"></td><td colspan="2"></td><td colspan="2"></td></tr>
<tr><td>11</td><td></td><td colspan="2"></td><td colspan="2"></td><td colspan="2"></td></tr>
<tr><td>12</td><td></td><td colspan="2"></td><td colspan="2"></td><td colspan="2"></td></tr>
<tr><td>13</td><td></td><td colspan="2"></td><td colspan="2"></td><td colspan="2"></td></tr>
<tr><td>14</td><td></td><td colspan="2"></td><td colspan="2"></td><td colspan="2"></td></tr>
<tr><td>15</td><td></td><td colspan="2"></td><td colspan="2"></td><td colspan="2"></td></tr>
<tr><td>16</td><td></td><td colspan="2"></td><td colspan="2"></td><td colspan="2"></td></tr>
<tr><td colspan="2">质量控制资料</td><td colspan="6"></td></tr>
<tr><td colspan="2">安全和功能检验
（检测）报告</td><td colspan="6"></td></tr>
<tr><td colspan="2">观感质量验收</td><td colspan="6"></td></tr>
<tr><td colspan="2">分部（子分部）工程
检验结果</td><td colspan="2"></td><td>平均合格率
（%）</td><td colspan="3"></td></tr>
<tr><td rowspan="4">参加验收单位</td><td>施工单位</td><td colspan="6">项目经理　　　　　　　　　　年　　月　　日</td></tr>
<tr><td>监理（建设）单位</td><td colspan="6">总监理工程师：
（建设单位项目专业技术负责人）
年　　月　　日</td></tr>
<tr><td></td><td colspan="6"></td></tr>
<tr><td></td><td colspan="6"></td></tr>
</table>

表 A.0.3-2 ____________单位工程分部工程检验汇总表

编号：____________

<table>
<tr><td>工程名称</td><td colspan="5"></td></tr>
<tr><td>施工单位</td><td colspan="5"></td></tr>
<tr><td>单位工程名称</td><td colspan="5"></td></tr>
<tr><td>项目经理</td><td></td><td>项目技术负责人</td><td></td><td>制表人</td><td></td></tr>
</table>

序号	外观检查	质量情况
1		
2		
3		
4		
5		
6		

序号	分部（子分部）工程名称	合格率（%）	质量情况
1			
2			
3			
4			
5			
6			
7			
8			
9			
10			
11			
12			
13			
14			
15			
16			
17			
18			
19			
20			

<table>
<tr><td>平均合格率（%）</td><td colspan="2"></td></tr>
<tr><td colspan="3">检验结果</td></tr>
<tr><td>施工负责人</td><td>质量检查员</td><td>日　　期</td></tr>
<tr><td></td><td></td><td></td></tr>
</table>

A.0.4 单位（子单位）工程质量竣工验收记录由施工单位填写，验收结论由监理（建设）单位填写；综合验收结论由参加验收各方共同商定，建设单位填写。应对工程质量是否符合设计和规范要求及总体质量水平做出评价，并按表A.0.4记录。

表 A.0.4 单位（子单位）工程质量竣工验收记录

编号：__________

<table>
<tr><td colspan="2">工程名称</td><td colspan="5"></td></tr>
<tr><td colspan="2">施工单位</td><td colspan="5"></td></tr>
<tr><td colspan="2">道路类型</td><td colspan="2"></td><td>工程造价</td><td colspan="2"></td></tr>
<tr><td colspan="2">项目经理</td><td></td><td>项目技术负责人</td><td></td><td>制表人</td><td></td></tr>
<tr><td colspan="2">开工日期</td><td colspan="2">年 月 日</td><td>竣工日期</td><td colspan="2">年 月 日</td></tr>
<tr><td>序号</td><td>项 目</td><td colspan="3">验 收 记 录</td><td colspan="2">验 收 结 论</td></tr>
<tr><td>1</td><td>分部工程</td><td colspan="3">共 分部，经查 分部
符合标准及设计要求 分部</td><td colspan="2"></td></tr>
<tr><td>2</td><td>质量控制资料核查</td><td colspan="3">共 项，经审查符合要求 项，
经核定符合规范要求 项</td><td colspan="2"></td></tr>
<tr><td>3</td><td>安全和主要使用功能核查及抽查结果</td><td colspan="3">共核查 项，符合要求 项，共抽查 项，符合要求 项，经返工处理符合要求 项</td><td colspan="2"></td></tr>
<tr><td>4</td><td>观感质量检验</td><td colspan="3">共抽查 项，符合要求 项，不符合要求 项</td><td colspan="2"></td></tr>
<tr><td>5</td><td>综合验收结论</td><td colspan="3"></td><td colspan="2"></td></tr>
<tr><td rowspan="4">参加验收单位</td><td colspan="2">建设单位</td><td colspan="2">监理单位</td><td colspan="2">施工单位</td></tr>
<tr><td colspan="2">（公章）
单位（项目）负责人
年 月 日</td><td colspan="2">（公章）
总监理工程师
年 月 日</td><td colspan="2">（公章）
单位负责人
年 月 日</td></tr>
<tr><td colspan="2">设计单位</td><td colspan="2"></td><td colspan="2"></td></tr>
<tr><td colspan="2">（公章）
单位（项目）负责人
年 月 日</td><td colspan="2"></td><td colspan="2"></td></tr>
</table>

本规范用词说明

1 为便于在执行本规范条文时区别对待，对要求严格程度不同的用词说明如下：

1） 表示很严格，非这样做不可的：
正面词采用“必须”；
反面词采用“严禁”。

2） 表示严格，在正常情况下均应这样做的：
正面词采用“应”；
反面词采用“不应”或“不得”。

3） 表示允许稍有选择，在条件许可时首先应这样做的：
正面词采用“宜”；
反面词采用“不宜”；
表示有选择，在一定条件下可以这样做的，采用“可”。

2 条文中指明应按其他有关标准执行的写法为“应符合……的规定”或“应按……执行”。

中华人民共和国行业标准

城镇道路工程施工与质量验收规范

CJJ 1—2008

条 文 说 明

前　言

《城镇道路工程施工与质量验收规范》CJJ 1—2008经住房和城乡建设部2008年4月2日以住房和城乡建设部第11号公告批准发布。

本规范第一版的主编单位是北京市市政工程局，参加单位是北京市第一市政工程公司、天津市第五市政工程公司、西安市市政工程管理局、武汉市市政工程管理所、兰州市市政工程公司、成都市城建科研所、南京市市政工程公司、马鞍山市市政工程管理处、深圳市道路维修公司。

为便于广大设计、施工、科研、学校等单位有关人员在使用本规范时能正确理解和执行条文规定，《城镇道路工程施工与质量验收规范》编制组按章、节、条顺序编制了本规范的条文说明，供使用者参考。在使用中如发现本条文说明有不妥之处，请将意见函寄北京市政建设集团有限责任公司（地址：北京市海淀区三虎桥6号；邮政编码：100044）。

目　次

1　总则 ……………………………………… 2—21—83
2　术语及代号 …………………………… 2—21—83
3　基本规定 ……………………………… 2—21—83
4　施工准备 ……………………………… 2—21—83
5　测量 ……………………………………… 2—21—83
6　路基 ……………………………………… 2—21—86
7　基层 ……………………………………… 2—21—88
8　沥青混合料面层 ……………………… 2—21—88
9　沥青贯入式与沥青表面处治面层 ……………………………… 2—21—90
10　水泥混凝土面层 ……………………… 2—21—90
11　铺砌式面层 …………………………… 2—21—92
13　人行道铺筑 …………………………… 2—21—92
14　人行地道结构 ………………………… 2—21—92
15　挡土墙 ………………………………… 2—21—92
16　附属构筑物 …………………………… 2—21—92
17　冬雨期施工 …………………………… 2—21—93
18　工程质量与竣工验收 ………………… 2—21—93

1 总　　则

1.0.1 中华人民共和国行业标准《市政道路工程质量检验评定标准》CJJ 1—90（下简称“原标准”）颁布并执行已18年了，目前新技术、新工艺、新设备、新材料在施工中得到广泛的应用。2003年建设部以《关于印发〈2002～2003年度工程建设城建、建工行业标准制订、修订计划〉的通知》（建标［2003］104号）正式下达了修订计划，将原标准列入修订范围。修订后的标准题目为《城镇道路工程施工与质量验收规范》，下称本规范。其内容有较大扩充，不仅增加了施工技术要求内容，而且将城镇道路建设中新发展的项目——广场、人行地道、隔离墩、隔离栅、声屏障等纳入本规范中。对加强施工技术、质量安全生产管理有重要意义。

1.0.4 阐明了本规范在施工应用中与其他标准、规范的关系与衔接原则。

2 术语及代号

本章给出的术语及代号，是本规范有关章节中所引用的。

在编写本章术语时，参考了《道路工程术语标准》GBJ 124、《建筑工程施工质量验收统一标准》GB 50300等国家标准和行业标准的相关术语。

本规范的术语是从本规范的角度赋予其涵义的，但涵义不一定是术语的定义。同时还分别给出了相应的推荐性英文。

3 基 本 规 定

3.0.1 本条是对企业施工人员不断提高技术素质的基础要求。

3.0.2 本条在文字上表述的是对施工单位在施工中技术、质量、安全等方面管理性要求，鉴于技术质量管理与生产技术安全是实现施工技术措施与保证工程质量的重要基础条件，故在此予以特别强调。

3.0.5 本条强调应按合同规定并经过审批的有效设计文件组织施工。

3.0.7 本条是施工技术安全、质量管理方面的主要要求。是落实操作人员实现技术要求、生产优质产品、保证安全生产的重要施工管理措施。安全技术教育与培训是企业对作业层人员教育的基本内容，在施工前进行有针对性的技术安全教育，对安全生产具有重要的现实意义。作业前由主管技术人员向作业人员进行详尽的安全技术交底是落实安全生产的重要措施，同时明确了责任。故列为强制性条文。

3.0.11 城镇道路的特点之一是道路范围内是各种基础管线设施的走廊。上述管线的检查井给城市道路的使用与管理带来很多要求。为保证道路使用安全，本条提出了对检查井圈、井盖的最基本的要求。检查井盖、井座应与道路交通等级匹配，在施工中应特别注意。

3.0.13 本条规定了施工过程质量控制的原则要求，即按检验批、分项、分部（子分部）、单位工程进行工程控制，并作为工程验收的基础。对工程规模大、内容复杂的单位道路工程，可以划分为若干子单位工程，对内容复杂的分部工程可以划分为若干子分部工程。

3.0.14 本条规定了工程验收的相关程序。

4 施 工 准 备

4.0.2 本条概述了在城镇道路工程施工中遇到各类管线、构筑物的保护、加固与挪移时的处理原则，应事先与管理部门做好处理方案，并妥善组织实施，这对保证工程进度、施工安全，减少施工对社会影响十分重要。

4.0.3 本条是对城市道路施工中建立施工控制测量的前提要求及建立施工控制测量的基本要求。城镇道路工程施工涉及诸多方面，测量工作的精确性，对保证工程质量，保护既有构筑物、地下设施具有重要意义，应当将在施工过程中作好测量工作贯彻始终。

4.0.4、4.0.5 本条的内涵中包括施工测量放线后，应核对新建构筑物间和新建与已建构筑物及地下管线的关系，遇有矛盾时应报请设计单位、监理工程师确认，并进行设计变更。

4.0.6 本条是对施工组织设计的基本内容要求。

施工单位在施工中应根据工程规模、特点、合同要求，依据施工组织设计组织施工，遇有突变情况应及时对施工组织设计进行具体的补充完善，并及时与监理工程师沟通，且应履行相应审批程序。

5 测　　量

5.1 一 般 规 定

5.1.1 施工测量承担对施工图提供控制的复核任务，复核的依据等级和精度由建设单位确定，建设单位应提供相应的依据成果资料。施工测量承担对复核数据的统计责任，并将复测数据统计后形成测量复测报告。

施工单位对施工图提供成果的复核中，对于平面控制的复核可采用以下方法：（1）重测检查的方法，重测施工图提供成果点，计算测角中误差、方位角闭合差（或三角形最大闭合差）、导线相对闭合差等，是否满足对应等级的技术指标要求，如果满足，再复核施工图提供的坐标。(2) 先根据成果点的坐标反算各转角和各边长；实地观测出各转角的平均值（可一个测回）及导线各边长平均值（可连续观测 3～4 次），二者进行对比。

5.1.3 施工单位应在规定期限内向建设单位提交测量复测报告，该报告未获监理工程师书面批准前，施工单位不得施工使用。获监理工程师批准后，施工单位方可进行施测，建立施工控制网、线、点。施工单位建立的施工控制网、线、点，应报监理工程师确认。

在工程范围内，施工控制测量应分别提供至少两个高程与平面的控制点。

5.1.4 施工控制网、线、点的各控制点应予栓桩，且应加强维护、校测，校测应据现场条件，不定时地经常校测，以实现并满足道路质量标准要求。

5.2 平面控制测量

5.2.3 道路工程施工控制点可分为三级，施工图交桩点（施工首级控制）、施工控制点、放样测量点。国家有关技术标准规定的各种精度的三角点、导线点以及相应精度的 GPS 点，是市政道路工程施工图测设的控制依据，经过复测并被批准使用的施工图控制点，可作为施工控制布桩、放线测量和平面线形控制的依据；经过监理工程师批准的施工控制布桩放线测量控制点，应作为施工高程的作业测量和验收测量的控制依据。

交桩时，施工单位应了解建设单位提供施工图测量控制点的精度等级。

5.2.5 、5.2.6 测角中误差 m_β 的计算：

1 三角网的测角中误差 m_β（″）：

$$m_\beta = \pm\sqrt{\frac{[WW]}{3n_1}} \tag{1}$$

式中 W——三角形闭合差（″）；

n_1——三角形个数。

2 导线（网）的测角中误差 m_β（″）：

$$m_\beta = \pm\sqrt{\frac{1}{N}\left[\frac{f_\beta f_\beta}{n_2}\right]} \tag{2}$$

式中 f_β——附合导线或闭合导线环的方位角闭合差（″）；

n_2——计算 f_β 时的测站数；

N——附合导线或闭合导线环的个数。

5.2.8 水平角观测所用的光学经纬仪、电子经纬仪和全站仪，使用前，应进行下列项目的检验，并应符合规定的技术要求：

1 照准部旋转轴正确，各位置长气泡读数误差，DJ_2 型仪器不得超过一格；

2 光学仪器的测微器行差、仪器的隙动差，DJ_2 型仪器不得大于 2″；

3 水平轴不垂直于垂直轴之差，DJ_2 型仪器不得超过 15″；

4 仪器垂直微动螺旋使用时，视准轴在水平方向上不得产生偏移；

5 仪器底部在照准部旋转时，应无明显位移；

6 光学对点器的对中误差，不得大于 1mm。

5.2.9 电磁波测距仪使用前应对仪器及辅助工具进行检定。新购置或修理后的光电测距仪，应送技术监督部门或授权的专业检定部门检定。与仪表配套使用的温度计、气压计，亦应送检，以保证其示值准确及一致的检定周期。

操作仪器时，应符合下列要求：

1 应在仪器送电达到规定时间后观测。

2 测距应在目标棱镜成像清晰和气象条件稳定时进行，雨、雪和大风天气不宜作业，严禁将仪器照准头对向太阳。

3 当在测线延长方向上有反射物体时，应在棱镜后方采用测伞遮挡；

4 宜按仪器性能在规定的测程范围内使用规定的棱镜个数，作业中使用的棱镜应与仪器检定时的棱镜一致。

5 测距时，对讲机应暂时停止通话。

6 仪器安置后，测站、镜站不得离人。

7 测距过程中，当视线被遮挡出现偏差时，应重新启动测量。

8 采用全站仪进行平面、距离测量，应满足相应精度的经纬仪和电磁波测距仪的操作要求和技术指标。为此：

1) 测量人员首次使用，应熟悉使用说明，操作熟练后，方可上岗。
2) 迁站（包括近距离）应取下仪器装箱。
3) 仪器装箱时应先关电源。电池充电时间不能超过充电器规定时间。仪器存放在清洁、干燥的环境，电池存放温度以 0～40℃为宜。
4) 测量操作应先精确测定视准误差，进行竖盘指标差的消除，当倾角超出 3″时应重新进行整平。

5.3 高程控制测量

5.3.1 根据城市道路的工程质量需要，验收标准选取其水准点闭合差 $\pm12\sqrt{L}$ mm 为三等水准的指标，但我国许多城市，作为施工图依据的规划给定的水准点多为四等甚至五等水准，其精度不能满足城市道路质量需要，为此，施工图测量时，应选取给定的某水准点作为相对“基点”，在施工工程范围内，按本规范第 5.3.2 条要求进行测量。道路工程按 $\pm12\sqrt{L}$mm 控制，路内管线按 $\pm4\sqrt{L}$ mm 控制。

5.3.5 按照传统方法，三角高程测量达不到三等水准的要求。道路施工测量使用全站仪进行高程测量应有一定的限制条件，其使用条件的计算结果见表1。

表1 全站仪三角高程精度计算结果

竖向角	误差项目	50m	100m	500m	700m	1000m
1°	竖直角误差(mm)	0.12	0.47	11.75	23.03	46.99
	测距误差(mm)	0.00	0.00	0.01	0.01	0.02
	仪器高误差(mm)	2	2	2	2	2
	高程中误差(mm)	2.91	3.15	7.42	10.01	14.00
10°	竖直角误差(mm)	0.11	0.46	11.40	22.34	45.59
	测距误差(mm)	0.42	0.46	0.85	1.09	1.51
	仪器高误差(mm)	2	2	2	2	2
	高程中误差(mm)	3.18	3.41	7.55	10.09	14.01
20°	竖直角误差(mm)	0.10	0.42	10.38	20.34	41.51
	测距误差(mm)	1.61	1.77	3.29	4.23	5.85
	仪器高误差(mm)	2	2	2	2	2
	高程中误差(mm)	3.86	4.09	7.92	10.31	14.05
三等水准限差 $\pm12\sqrt{L}$ (mm)		2.68	3.79	8.49	10.04	12
四等水准限差 $\pm20\sqrt{L}$ (mm)		4.47	6.32	14.14	16.73	20

注：表中计算按：测距精度按 $5+5\times10^{-6}\times D$ (mm)，竖直角误差 2″，仪器高误差 2mm 进行。

一般上午10点到下午4点，大气折光比较稳定，由对向观测求得的高差平均值，可以在很大程度上消除大气折光的不利影响，对成果的精度最为有利。然而在中午前后进行观测，望远镜内成象有时会呈现上下跳动现象。如果较为严重，则会影响到照准精度，应避开。阴天、有微风的天气则可全天进行观测。路基以上道路各结构层的中线、高程传递要求，在高程传递中，路基、基层的施工桩标高误差应控制在±4.5mm之内，按 $\pm12\sqrt{L}$ 计算，视线长为0.075km；与外观有关构筑物的施工桩标高误差应控制在±3.6mm之内，按 $\pm12\sqrt{L}$ 计算，视线长为0.05km。

5.4 施工放线测量

5.4.7 道路中心线桩，在每层结构施工时均被掩埋，在下一结构层施工时应及时恢复。

1 道路中线的恢复宜采用解析法，当采用正倒镜分中法延长直线时，正倒镜点位的横向偏差，每100m不应大于5mm。曲线部分除解析法外，还可采用极坐标法、偏角法、中心角放射法或支距法等。

2 道路工程施工中线控制测量应给出：中线的起（终）点、折点、交点、平曲线的直圆、圆直点、缓和曲线的直缓、缓直点和曲中点，竖曲线的中点等特征点，整百米桩、施工分界点等。

3 道路工程分段施工时，中线测量应进入相邻施工合同段50～100m；对分界点的相邻施工单位共同进行校核确认。

4 为便于恢复施工中线，宜采用栓桩法、边线桩法进行控制。栓桩点应选取不妨碍施工及拆迁的地点，可选用交会法、顺切线延长量距法栓桩，该控制点应作为施工点的一部分，报经建设单位确认和验收。

5 自路基以上，每完成一分项工程后，均应对中线、边线桩进行测设。保持中心桩点、折线点及其控制的各点的准确传递。测设时应以附近控制点为准，并用相邻控制点或其他准确参照物进行校核。

5.4.8 采用两已知水准点间的附合测量，应进行两次。已知水准点应经过验收，一个测点应经过两次不同仪器高的测量，目的是保证工程的衔接质量。

5.4.9 点位允许偏差指标 M 为新增指标，需要使用中积累经验总结。

对于有中（轴）线偏位要求，并需要考虑预留标记误差和施工误差的道路施工，其放样点的点位误差控制，经有关文献推导，一般有如下关系，偏位控制指标与放样允许误差之比为3∶2。凡表中未示的直线偏位指标的施工放样允许误差可自行补充。

其他施工放样的测量要求的制定，主要是按照施工控制测距中误差2cm，横向偏差按等精度，则点位中误差2.82cm，允许误差取5cm。对于J6经纬仪和钢尺量距应该满足该要求。

由于使用J6经纬仪和钢尺量距的施工放样，仪器精度所限，应注意施工控制导线点设置位置，限制放样（前视）距离。建议放样距离如下表：

质检偏位指标（cm）	≤1	≤1.5	≤2	≤3
放样距离（m）	<25	<35	<45	<70

检验方法可采用复测的方法，测两次，两次之距离应不大于允许点位误差1.4M（对于两次之距离的限差一般取 M，也可$\sqrt{2}M$，本次因第一次实施，所以取1.4M）。然后取两点之中点为放样点。

施工放样应注意后视大于前视（放样距离），极坐标法测设宜使用全站仪或测距仪、经纬仪。

5.4.10 在施工图规定的水准点高程的基础上建立临时水准点，临时设置的水准点距离应采用闭合水准方法为原则；其间距不大于200m。临时水准点的位置应选在施工范围以外，必要时应加密。临时水准点必须坚固稳定，应定期校核，在雨后及季节变化时应及时进行校核。

分段施工时，相邻施工段间的水准点，宜布设在施工分界点附近，并在工程开工前，由工程监理组织双方共同校核加以确认；施工高程测量应进入相邻施工段100～200m；当对高程有疑问时，应检查原因，并向监理工程师查询，避免在施工中造成大的系统误差，直接影响工程质量。

施工前，应对道路中线现状地面高程进行校核，并与设计纵断面图进行核对；道路补强施工，还应进行旧路路拱横断的高程核对。

5.4.13 工程验收时的测量依据是经监理工程师确认的施工控制放线测量的控制桩、点，也是复验施工图给定的基准点、线和标高的控制依据。以这些控制实测得到的工程实际成果标明于竣工图上。

6 路　　基

6.1 一 般 规 定

6.1.4 本条规定的土工试验项目，是填筑路基施工前的必要技术准备。施工过程中各地区可依据本地区情况，对本条所列的检测项目进行必要的选项或扩充。土的粒径试验成果应执行城镇道路宜就地取材原则，确定使用条件。而土的承载比CBR值，是考虑到它是路基土材料强度指标，是柔性路面设计的主要参数之一。

6.1.7 我国是一个历史悠久的国家，文物、古迹大量存在，且在历史变迁中不乏掩埋于地下者，施工中加以保护十分必要，不能任意损毁。历史原因形成遗留于地下的弹药等不明物，可能危及人们安全，一经发现，则应保护现场速报建设单位及有关部门妥善处理。

6.3 土 方 路 基

6.3.3 本条是关于机械配合土方作业的技术安全要点，从文字上看本条为双向控制，是禁令性条文。列为强制性条文。

6.3.10 本条是保证开挖施工安全、施工质量的施工技术规定。不按条文规定要求作业极易造成安全事故，列为强制性条文。

6.4 石 方 路 基

6.4.5 本条是石方、土石方的填料强度、填筑方法、分层松铺厚度的基本规定，是保证压实效果及路基稳定的必须条件。其中第2款规定通过试验段，确定压实工艺与沉降差，来保证填石路基质量。第3款是对压实机械的选用基本规定。第4款是关于肥槽回填的基本要求。

6.6 构筑物处理

6.6.1 本条是在道路施工中对处于路基范围内的既有管线、构筑物进行处治的基本技术要求。其中心要点是：在施工过程中保证既有管道、构筑物不受影响，处于安全状态。在既有管道、构筑物不具备承受施工荷载能力条件时，不得进行相关的施工，应在对既有管道、构筑物采取防护、加固措施后方可施工。

6.6.3 城镇道路下方多埋设各种市政基础设施管道工程。在与道路同期施工时，其管道胸腔回填土必须符合本条规定，以保护管道结构安全，管顶50cm范围不得用压路机压实，也是为了保护管道结构安全。当管道直径为900mm以上的钢管或其他柔性管材，回填土时管道内尚需加竖向支撑。

6.7 特殊土路基

6.7.1 本条是关于特殊土路基施工准备的最基本要求。

黄土、湿黏土、膨胀土、软土、盐渍土、冻土等均为特殊土。在特殊土地区施工路基，应根据具体工程环境条件、路基土特点因地制宜制定施工方案。关键是对工程地质、水文地质资料、特殊土分布状况的充分掌握；对土的室内试验和现场试验的成果掌握；布设好监控系统，对监测数据即时收集与分析验证；作好工程排水；把握施工时机，对特殊土采取针对性治理。

从工程实际出发，只要在外荷载加在土基上有可能出现有害的过大变形和强度不够等问题时，都应认真对待，进行必要的处理。在城镇道路中处理软基，应考虑对环境及周围构筑物的影响。

1 黄土的湿陷性，应按室内压缩试验在一定压力下测定的湿陷系数 δ_s 值判定，当湿陷系数 δ_s 值小于0.015时，应定为非湿陷性黄土；当湿陷系数 δ_s 值等于或大于0.015时，应定为湿陷性黄土。湿陷性黄土地基的湿陷等级，应根据基底下各土层累计的总湿陷量和计算自重湿陷量的大小等因素确定。

2 具有下列工程地质特征，且自由膨胀率大于或等于40%的土，应判定为膨胀土：

1）裂隙发育，常有光滑面和擦痕，有的裂隙中充满着灰白、灰绿色黏土。在自然条件下呈坚硬或硬塑状态；

2）多出露于二级或二级以上阶地、山前和盆地边缘丘陵地带，地形平缓，无明显自然陡坎；

3）常见浅层素性滑坡、地裂、新开挖坑（槽）壁易发生坍塌等；

4）建筑物裂隙随气候变化而张开和闭合。

6.7.2 本条是对软土地基施工的基本要求。

第1款，软土地基路堤施工实行动态观测，常用的观测仪器有沉降板、边桩和测斜管。在施工期间位移观测应按设计要求距踪观测，观测频率应与沉降、稳定的变形速率相适应。每填筑一层土至少观测一次；如果两次填筑时间间隔较长，间隔期间每3d至少观测一次。路堤填筑完成后，堆载预压期间观测应视地基稳定情况而定，一般半月或每月观测一次。直至沉降、位移稳定，符合设计要求。

施工填筑速率常采用控制边桩位移速率和控制地面沉降速率的方法，其控制标准为：路堤中心线地面沉降速率每昼夜不大于10mm，坡脚水平位移速率每昼夜不大于5mm，并结合沉降和位移发展趋势进行综合分析。填筑速率控制应以水平控制为主，如超过此限应立即停止填筑。

第3款，适用于软土厚度小于2.0m的换填施工。采用外运土换填时，应采用透水性好的土，也可采用在土中掺加适量石灰，对土进行处理。石灰用量应经试验确定。

第13款系指设计中，虽然一般规定施工沉降预压期，但由于土的不均匀性、试验数据的误差、计算理论的不完善及设计中人为因素的干扰，预压期只是一个粗略的概念，这个概念只能作为一个控制指标，它与实际施工尚有一定差别。实际施工中不能用预压期规定作为预压结束的天数，而要通过沉降观测来确定路堤沉降是否已达到标准。

6.7.3 本条是对湿陷性黄土路基施工的基本规定。湿陷性黄土处理的关键是防止水侵入，应进行积极疏导，同时要采取措施消除因水的冲蚀与溶蚀形成的暗沟、暗洞、暗穴等。

第3款指出施工中应详探道路范围内的陷穴，强调设计遗漏时要补充设计。因为陷穴处理对道路质量关系很大，且不易处理。对于小而直的陷穴，可用干砂灌实整个洞穴；对于洞不大，洞壁起伏曲折较大，并离路基中线较远的小陷穴可用灌浆法处理。

6.7.4 本条是关于盐渍土路基施工的一般规定要求。盐渍土中，土和盐状况随着季节不断变化，因此在盐渍土地区筑路，应尽可能地考虑盐渍土的土盐状态特点，力求在土含水量接近于最佳含水量时期，既不发生冻结，也不积水的枯水季节进行施工。过盐渍土、强盐渍土不得作路基材料。其分类见下表2、表3。

表2 盐渍土按含盐性质分类

盐渍土名称	离子含量比值	
	Cl^-/SO_4^{2-}	$CO_3^{2-}+HCO_3^-/Cl^-+SO_4^{2-}$
氯盐渍土	>2	—
亚氯盐渍土	1～2	—
亚硫酸盐渍土	0.3～1.0	—
硫酸盐渍土	<0.3	—
碳酸盐渍土	—	>0.3

注：离子含量以1kg土中离子的毫摩尔数计（mmol/kg）。

表3 盐渍土按盐渍化程度分类

盐渍土名称	细粒土 土层的平均含盐量（以质量百分数计）		粗粒土 通过10mm筛孔土的平均含盐量（以质量百分数计）	
	氯盐渍土及亚氯盐渍土	硫酸盐渍土及亚硫酸盐渍土	氯盐渍土及亚氯盐渍土	硫酸盐渍土及亚硫酸盐渍土
弱盐渍土	0.3～1.0	0.3～0.5	2.0～5.0	0.5～1.5
中盐渍土	1.0～5.0	0.5～2.0	5.0～8.0	1.5～3.0
强盐渍土	5.0～8.0	2.0～5.0	8.0～10.0	3.0～6.0
过盐渍土	>8.0	>5.0	>10.0	>6.0

注：离子含量以100g干土内的含盐量计。

6.7.5 本条是关于膨胀土路基施工一般规定。

第1、2款强调指出膨胀土路堑施工，一般应采取"先做排水，后开挖边坡，及时防护，及时支挡"的原则，以防边坡土体暴露后产生湿胀干缩效应与风化破坏。目前常用在膨胀土路堑坡面防护加固的措施有：植被防护、三合土抹面、混凝土预制块封闭、骨架护坡、片石护坡、挡土墙等，可根据道路等级、边坡高度结合当地具体条件确定。

第4款指出填方施工前要做试验段，是由于压实是膨胀土路基施工的一个难题，也是影响膨胀土地区路基、基层、面层稳定的一个突出问题。实践证明，将膨胀土的含水量降到重型击实标准的最佳含水量十分困难，即使按重型压实标准达到一定的压实度，也不可能保持长久。在施工期间选择适宜的压实机具，进行路基处理，非常关键。

凡同时具备下列两个条件的黏土，即可判断为膨胀土：液限大于或等于40%，自由膨胀率大于或等于40%。

按照土的自由膨胀率（F_s）可以对膨胀土进行划分。

弱膨胀土　$40\%\leqslant F_s<65\%$；

中等膨胀土　$65\%\leqslant F_s<90\%$；

强膨胀土　$F_s\geqslant 90\%$。

对中、弱膨胀土进行掺加石灰等外加剂进行改性后，可以作道路基层，但是改性用石灰的掺量与掺加方法应该经试验确定。

6.8 检验标准

6.8.4 本条第2款中所列砂垫层压实度的检查方法，可按现行《公路路基路面现场测试规程》JTJ 059中T0921的方法进行，或《公路土工试验规程》JTG E40中T0111—1993的方法进行。

7 基　　层

7.1 一 般 规 定

7.1.1 本条指出采用稳定土类做道路基层的适宜温度时期，宜在冬期到来前30～40d完成施工。对于不同的稳定土冬期到来前的停施时间要求不同。石灰稳定与石灰粉煤灰稳定土类宜为30～45d，水泥稳定土类为15～30d。

因为养护温度对石灰土的抗压强度有明显影响，养护温度高，其抗压强度增长快；当温度低于5℃时，石灰土的强度几乎没有增长。当石灰土经常处于过分潮湿状态，也不易形成较高强度的板体。在冰冻地区，当石灰土用于潮湿路段时，冬季石灰土层中可能产生聚冰现象，从而使石灰土的结构遭受破坏，导致路面产生过早破坏。

7.2 石灰稳定土类基层

7.2.2 本条是对石灰土配合比设计的有关规定。其第2款最佳含水量与最大干密度试验与第7款关于选定合适的石灰剂量和试件平均抗压强度 $\overline{R}$ 的计算公式（7.2.2）也适应于石灰、粉煤灰稳定砂砾，石灰、粉煤灰、钢渣稳定土类，水泥稳定粒料土类。

7.2.3 目前多数城市都在为降低空气污染而努力，为保护环境减少大气污染，城镇道路稳定土类基层施工应尽量采用厂拌法或采用专用的稳定土搅拌机拌制。不得采用路拌方式施工。对于少量需人工搅拌的灰土，应符合本规范第7.2.5条规定，在实施中尚应制定详细措施。

7.5 水泥稳定土类基层

7.5.2 本条中表7.5.2所列用于次干路基层的粒料有两种级配。一般宜采用筛孔37.5mm通过量100%，筛孔31.5mm通过量90%～100%的级配范围内的土料。受土料限制时也可采用另一组级配。

7.5.6、7.5.7 7.5.6条第3款是有关摊铺时限要求；7.5.7条第3款是关于完成碾压的时限要求。水泥是水硬性材料，从加水搅拌到碾压终了的延迟时间对水泥稳定土类的强度和所能达到的干密度有明显影响。延迟时间愈长，其强度和干密度的损失愈大。施工中既应采用初凝时间长，终凝时间适度的水泥，又应控制搅拌、运输、摊铺和压实施工的时间。道路硅酸盐水泥终凝时间在10h以上，而通用水泥终凝时间一般计算不超过6.5h，为保证工程质量应对水泥的初凝与终凝时间进行控制。

7.6 级配砂砾及级配砾石基层

7.6.2 本条指出采用天然砾石（砂石）作为基层材料，应先检查是否符合级配的规定且质地要坚硬。

级配砾石属级配型集料，是级配型集料中的一般材料。其力学性质的主要参数是弹性模量、抗剪强度、抗永久形变的能力。级配砾石的颗粒组成和塑性指数的变异性较大，其强度的变化也可能较大，因此，在确定使用前，应做承载比实验。

7.6.3 为保证质量，砂砾摊铺应均匀一致，发生粗、细集料集中即形似梅花、砂窝现象时，应及时翻拌均匀。

7.7 级配碎石及级配碎砾石基层

7.7.1 级配碎石是通过人为加工，合理选择粒径组合的级配型集料。可以成为基层中的理想材料。

7.8 检 验 标 准

7.8.1 第1款，第2项石灰作为胶结材料其钙镁含量高，与土中硅的氧化物作用形成的胶结物多，整体强度就高，且未消解颗粒对基层有破坏作用。故与其他原材料一并作为主控项目。

第2款，石灰用量及碾压含水率的控制及压实度是保证基层强度的关键，故作为主控项目。

第3款，无侧限抗压强度是施工过程控制基层质量的重要技术指标，按本规范第7.2.2条通过试验，可以得到 $\overline{R}_7$ 的值。但在工程中过高强调 $\overline{R}_7$ 未必有益。作基层 $\overline{R}_7$ 石灰土一般宜不低于0.5MPa，石灰粉煤灰砂砾宜为0.6～0.8MPa。

7.8.3、7.8.4 级配砾石（砂石）、级配碎石品质、级配及松铺厚度是保证砂石基层施工质量的关键项目，故作为主控项目，将压实重力密度及弯沉值作为主控项目。其外观质量及实测允许偏差是综合北京市地方标准及公路工程质量验评标准而定。

8 沥青混合料面层

8.1 一 般 规 定

8.1.2 沥青混合料施工需要保证一定的环境条件，为保证质量，将此条列为强制性条文。

8.1.4 旧沥青路面作为基层在其上加铺沥青混合料面层，其施工工艺应符合现行的路面设计规范和施工技术规范的规定。新的面层施工前应对作基层的旧路面进行检查，当质量符合要求后方可修筑新沥青面层。旧沥青路面应符合下列要求：

1 强度、刚度、干燥收缩和温度收缩变形、高程符合要求。

2 具有稳定性。

3 表面应平整、密实；基层的拱度与面层的拱度一致。

8.1.5 为充分利用资源、保护环境，可采取对剩余

（含铣刨）沥青混合料回收，旧沥青混合料应再生利用。

8.1.6 随着城市的发展，在原有的水泥混凝土路面层上加铺新的沥青混凝土面层，成为新的路面结构，正在不断发展，本条给出了基本的施工技术要求。

8.1.7 第1款，沥青质量基本受制于原油品种，且与炼油工艺关系密切，为防止因沥青质量影响混合料产品质量，沥青均应附有出厂质量检验单，使用单位在购货后应进行试验确认。如有疑问或达不到出厂检验单数据，可请质检部门或质量监督部门仲裁，以明确责任，目的是获得适用于当地气候条件的沥青。

当沥青标号不符合使用要求时，可掺配使用，但掺配后的质量指标不得降低。我国道路所用的沥青基本上不分上下层均采用同一标号，考虑上层对抗车辙能力要求较高，下层对抗弯拉能力要求较高，故可采用上稠下稀的掺配方式。

8.2 热拌沥青混合料面层

8.2.5 热拌沥青混合料施工温度是施工控制的重要参数，与沥青混合料种类、气候条件等均有关系。沥青与沥青混合料试验操作规程规定了由黏度—温度曲线决定施工温度的方法。

沥青混合料的废弃温度在施工时宜根据实际情况确定，而达到废弃温度的混合料，根据回收利用的原则，进行回收，处理后再利用。

拌制改性沥青混合料、SMA混合料时，施工搅拌温度应适当提高，通常按改性剂的不同，在基质沥青混合料的施工温度的基础上，调整集料加热温度，使改性沥青混合料的出场温度相应提高10～20℃，对采用冷态胶乳直接喷入法制作改性沥青混合料时，集料加热温度可适当提高。

8.2.7 国内试验和使用证明，热拌沥青混合料的拌制采用间歇式搅拌机符合当前国情。

间歇式搅拌机热矿料进行二次筛分用的振动筛筛孔选择非常重要，下表系参照美国沥青协会MS-3 “Asphalt Plant Manual”对等效筛孔的建议及我国生产实践经验提出，可供施工单位参考使用。

间歇式搅拌机用振动筛的等效筛孔（方孔筛，mm）

标准筛筛孔	2.36	4.75	9.5	13.2	16	19	26.5	31.5	37.5	53
振动筛筛孔	2.5	6	11	15	19	22	30	35	41	60

8.2.8 沥青混合料搅拌厂应对搅拌均匀性、搅拌温度、出厂温度及各个料仓的用量进行检查，并应取样进行马歇尔试验，检测混合料的矿料级配和沥青用量，这是加强施工过程中的质量管理与检查的重要保证。有关试验资料应随时准备接受监理、质量监督部门的检查，检查数量应符合第8.5.1条规定。

8.2.13 热拌沥青混合料的运输

摊铺机前方有卸料车等候卸车是保证摊铺机连续摊铺的条件。根据大多数地区情况建议开始摊铺时等候的卸料车不少于5辆。

8.2.14 热拌沥青混合料的摊铺

沥青路面的平整度是施工队伍人员素质、操作水平、组织管理水平的综合反映，它不仅取决于面层本身，还应从基层甚至路槽开始加强平整度控制，才能保证路面平整度。即使是面层，除了摊铺工序外，压实的影响也很大。据调查，影响平整度最主要的原因是基层不平整及施工机械不配套，突出表现在摊铺机不能缓慢、均匀、连续不断地摊铺，由于搅拌机能力小，沥青混合料运输跟不上，或摊铺机速度过快，致使时停时铺，压路机也跟着时停时压，严重影响路面铺筑质量，因此施工机械的配套极为重要。

当摊铺机性能正常时，在摊铺机摊铺后进行辅助修整的操作工人不宜进行过多修整。人工修整不易正确判断摊铺高程，且易出现集料离析的情况。因此本规定除7、8款情况外一般不应用人工修整与摊铺。

8.2.15 热拌沥青混合料的初压、复压、终压三个阶段中，复压最为重要。目前用于复压的压路机有轮胎压路机、振动压路机、钢筒式压路机，一般都能达到要求，但从实际效果看，用轮胎压路机更容易掌握，效果更好，为此宜优先采用轮胎压路机。

8.2.16 对于沥青玛瑞脂碎石混合料（SMA）及开级配沥青面层（OGFC）不得采用轮胎压路机。采用振动压路机时，其振动频率和振幅应该随压实进行调整，不能保持一成不变。振动压路机应遵循“紧跟、慢压、高频、低幅”的原则。

8.3 冷拌沥青混合料面层

8.3.5 当采用阳离子乳化沥青搅拌时，宜先用水湿润集料。若湿润后仍难与乳液搅拌均匀时，应改用破乳速度更慢的乳液或用氯化钙水溶液。

8.3.6～8.3.10 乳化沥青碎石混合料面层施工在常温条件下除搅拌与热拌沥青混合料不同外，其他与热拌沥青混合料无太大差别，主要是乳化沥青混合料有一个乳液破乳、水分蒸发的过程，摊铺必须在破乳前完成。而压实又不可能在水分蒸发前完成。故规定该混合料摊铺后必须用轻碾碾压，使其初步压实，待水分蒸发后再作补充碾压。在完全压实前不能开放交通，且应做上封层。

8.5 检验标准

8.5.1 施工压实度的检查应以现场钻孔法为准，用核子密度仪检查时应通过与钻孔密度的标定关系进行换算，并应增加检测次数。当钻孔检验的各项指标持续稳定并达到质量控制要求时，经主管部门同意，钻孔频度可适当减少，增加核子密度仪检测频度，控制碾压遍数。

9 沥青贯入式与沥青表面处治面层

9.4.1 沥青贯入式路面质量验收中增加了对沥青用量的检测。并将厚度、路面弯沉值、压实度作为主控项目，加强了该种形式面层的质量要求。

10 水泥混凝土面层

10.1 原 材 料

10.1.1 本条第一款是关于路用水泥的基本要求。从水泥的稳定性品质出发宜优先选用旋转窑生产的安定性好的水泥。为了施工需要，表 10.1.1-1 给出了不同交通等级下水泥 R_3、R_{28}的弯拉（抗折）强度。现行有关水泥标准中，水泥强度是由抗压强度决定的，并不完全代表水泥的弯拉强度。而水泥混凝土道路面层的第一力学指标是弯拉强度，故路面层混凝土用水泥均应以实测水泥弯拉强度为准来选择使用。路面常用水泥化学成分、物理性能见下表 4。

表 4 路面常用水泥化学成分、物理性能汇总

水泥性能	道路水泥 GB 13693	硅酸盐水泥 GB 175	普通水泥 GB 175	矿渣水泥 GB 1344
铝酸三钙	不得大于 5.0%②	—	—	—
铁铝酸四钙	不得小于 16.0%②	—	—	—
游离氧化钙	旋窑不得大于 1.0%② 立窑不得大于 1.8%②	—	—	—
氧化镁	不得大于 5.0%①	不宜大于 5%～6%①	不宜大于 5%～6%①	不宜大于 5%～6%①
三氧化硫	不得大于 3.5%①	不得大于 3.5%①	不得大于 3.5%①	不得大于 4.0%①
碱含量	供需双方商定	双方商定或有活性集料不得大于 0.6%	双方商定或有活性集料不得大于 0.6%	供需双方商定
混合材种类掺量	0～10%活性②	Ⅰ不掺②，Ⅱ≤5%石灰石或矿渣②	6%～15%活性混合材，5%窑灰，≤10%非活性混合材	20%～70%矿渣②
烧失量	不得大于 3.0%②	Ⅰ≤3.0%② Ⅱ≤3.5%②	不得大于 5%②	—
细度（80μm）	筛余量② 不得大于 10%	比表面积② 大于 300m²/kg	筛余量② 不得大于 10%	筛余量② 不得大于 10%
初凝时间	不早于 1h①	不早于 45min①	不早于 45min①	不早于 45min①

续表 4

水泥性能	道路水泥 GB 13693	硅酸盐水泥 GB 175	普通水泥 GB 175	矿渣水泥 GB 1344
终凝时间	不迟于 10h②	不迟于 390min②	不迟于 10h②	不迟于 10h②
安定性	蒸煮必须合格①	蒸煮必须合格①	蒸煮必须合格①	蒸煮必须合格①
28d 干缩率	不得大于 0.10%②	—	—	—
耐磨性	不得大于 3.6kg/m²②	—	—	—

注：① 示任一项不符合标准指标者，为废品；
② 示任一项不符合标准指标者或强度低于商品强度等级时，为不合格品。

为了满足路面混凝土变形、抗裂、耐久、抗磨等性能要求，对水泥中掺入非活性混合料（黏土、煤矸石、火山灰等）应严格限制，对掺入粉煤灰等活性材料有最大限量 30%，而且使用量应在配合比设计中经试验确定。

10.1.2 本条明确了对路面层混凝土用粗集料的技术指标，路面层混凝土强度一般在 C35～C50 级，因此应用Ⅱ级以上集料。粗集料最大公称粒径的规定有利于得到较高的混凝土弯拉强度，有利于防止混凝土离析和塌边。粗集料的等级规定有利于混凝土路面的使用寿命和提高混凝土的抗冻性、耐磨性和耐疲劳性。

10.1.3 本条文提倡使用细度模数大于 2.5 的中、粗砂，同时考虑到目前的技术条件下，通过使用引气高效减水剂减少用水量，降低水灰比，可以做到使用细砂的混凝土能够满足弯拉强度和低水灰比。规定了机制砂的砂浆磨光值大于 35，是从行车安全角度出发提出的。

10.1.5 目前国内外加剂生产种类繁多，本条文对使用外加剂作了原则要求，根据这些要求经过掺配试验，取得可靠结果，用于工程，使水泥混凝土面层质量得到保证。

10.1.7 本条规定钢纤维抗拉强度不宜小于 600MPa 是同时考虑了钢纤维的拔出应力、设计应力、施工便利和疲劳寿命的综合效果。钢纤维长度的规定是考虑到提高混凝土的弯拉强度、抗拉强度、抗裂和增加韧性等作用，同时规定钢纤维长度不宜大于粗集料最大公称粒径的 2 倍是为减少搅拌不均匀或搅拌困难。

10.1.8 胀缝传力杆套帽加工及安装对传力杆使用效果影响较大。安装传力杆易发生的问题是传力杆套帽就位不规范、与端部未封口影响质量。拉力杆，主要用于混凝土面层纵缝，采用切假缝作缝时，宜在混凝土铺筑过程中置入，位置应准确。当面层为钢筋混凝土时，可用横向钢筋代替拉力杆。

10.1.9 胀缝板的材料规定是经大量实际应用后总结出使用效果较理想的种类。正确使用背衬垫条能控制均匀的填缝深度及填缝料形状系数，有效地提高接缝的灌缝质量。

10.2 混凝土配合比设计

10.2.1 城市快速路和主干路、次干路等采用混凝土面层时，混凝土28d设计强度标准值应符合国家现行标准《公路水泥混凝土路面设计规范》JTG—D40的规定。混凝土配合比设计应由施工单位和监理单位共同委托具有相应试验资质的单位进行。城市道路应采用弯拉控制混凝土配合比设计。

在国家现行标准《公路水泥混凝土路面施工技术规范》JTGF 30—2003条文说明4.1.1中表述所采用的普通混凝土配合比设计能满足滑模、轨道、三辊轴机组和小型机具四种施工方式的需要。

混凝土配合比中水灰比的确定，主要通过满足耐久性要求的最大水灰比确定，并通过使用引气剂、复合高效减水剂技术，将水灰比降至0.35～0.44之间。

10.2.3 钢纤维混凝土配合比设计有塑性、半干硬性及分层洒布等三种，本条的配合比设计仅适用于第一种。

10.2.4 室内配合比确定后，考虑到室外条件的生产状态与室内的差异，应进行配合比的确定与调整。

10.3 施工准备

10.3.1 道路设计中应有板块划分设计。划分板块对混凝土面层浇筑顺序与质量十分重要，特别是城市道路系统中路口多，道路范围内检查井多，划分板块工作的重要性尤为突出。

10.3.2 面层混凝土施工对连续性、合理分布浇筑顺序有严格要求。本条强调了施工前应检查的重点，以保证施工质量。

10.4 模板与钢筋

10.4.2 模板安装最主要是稳固，模板（含轨道）安装的精确度影响浇筑后的混凝土的精确度，模板防粘措施应满足拆模需要。

10.4.4 表10.4.4规定最早拆模时间的主要目的，是在拆模时不得损伤或撬坏路面，同时避免模板的损坏。

10.5 混凝土搅拌与运输

10.5.2、10.5.3 总搅拌生产能力按下列公式计算确定，并根据摊铺方式选择搅拌机的能力与台数。

$$M = 60\mu \times b \times h \times V_t \tag{3}$$

式中 M——搅拌站总搅拌能力（m^3/h）；

b——摊铺宽度（m）；

V_t——摊铺速度（m/min）（≥1m/min）；

h——面板厚度（m）；

μ——搅拌站可靠性系数，1.2～1.5，根据下述具体情况确定：搅拌站可靠性高，μ可取较小值；反之，μ取较大值；搅拌钢纤维混凝土时，μ应取较大值；坍落度要求较低者，μ应取较大值。

配料计量精度应满足配比设计规定。搅拌机应按规定进行标定并定期校验，外加剂宜用溶液方式并防止沉淀和絮凝。使用粉剂掺入时，为了保证其均匀性应适当延长搅拌时间。

钢纤维混凝土的投料顺序应先干拌后加水搅拌或使用钢纤维分散机。为防止钢纤维搅拌结团，搅拌容量不宜大于额定搅拌量的80%，同时也保护搅拌机叶片，并防止钢纤维搅断。

10.5.4 运输车辆数可按下式计算。小于3辆时，应取不少于3辆。

$$N = 2n\left(1 + \frac{S \times \gamma_c \times m}{V_q \times g_q}\right) \tag{4}$$

式中 N——汽车辆数（辆）；

n——相同产量搅拌楼台数；

S——单程运输距离（km）；

γ_c——混凝土密度（t/m^3）；

m——一台搅拌设备每小时生产能力（m^3/h）；

V_q——车辆的平均运输速度（km/h）；

g_q——汽车载重能力（t/辆）。

10.6 混凝土铺筑

10.6.2 松铺系数、松铺厚度与横坡应满足要求，振捣速度应缓慢而均匀，连续不间断进行，三辊轴机组摊铺时，混凝土表面层拉毛、刻痕成活相当重要，因此必须配备专用工具，并认真操作。

10.6.3 轨道摊铺机选型参照表10.6.3-1，轨道摊铺机组施工时，振捣棒组应配备超高频振捣棒，最高频率11000次/min，工作频率6000～10000次/min。

10.6.4 人工小型机具摊铺主要应控制均匀卸料及松铺系数，保证混凝土的均匀性，由于小型机具施工振捣容易漏振和欠振，且表面外观很难发现，因此一般小型机具施工不宜在城市快速路和主干道上应用。

真空脱水工艺不适宜板厚超过24cm的混凝土面板，吸水时间（min）宜为板厚（cm）的1～1.5倍。相同板厚面板，昼夜平均气温越高脱水时间越短，并应以剩余水灰比来检验真空吸水效果。

10.6.7 高温条件下对混凝土路面施工的生产工艺和管理要求较高，且容易导致混凝土面板出现质量问题造成损失，因此建议混凝土路面施工应避开高温时段，选择在早晨、傍晚或夜间施工，并制定好施工方案。

10.7 面层养护与填缝

10.7.3 养护期封闭交通，是为了获得对混凝土的初期保护，达到获得较高的成品质量而提出的。

10.7.6 在水泥混凝土面层铺筑成品质量中，通过养护，保证混凝土弯拉强度达到质量要求是关键。列为强制性条文。

10.8 检验标准

10.8.1 本条第2款强调混凝土的弯拉强度必须符合设计要求。为此明确了同一配合比的混凝土每$100m^3$取样作试件2组，不足$100m^3$按2组取。试件应为弯拉试件，1组置于标准养护条件，另1组与结构物同条件养护。施工中可根据实际条件与工程需要增加标准养护和与结构同条件养护试件的组数。但必须遵循在施工现场每$100m^3$混凝土中随机抽取混凝土制作试件的要求。

11 铺砌式面层

11.1 料石面层

11.1.1 目前国内大、中城市石材铺砌路面多数是景观工程，原则上所使用的石材应是目前国内市场上能够供应的一等品或优等品，考虑到石材铺砌路面目前的使用效果，在石材质面层铺装中应选择具有表面平整、粗糙，有一定抗滑性能的材料，以满足交通安全需求。目前对抗滑指标尚无充分实践经验，需要各地注意积累。

11.1.9 铺砌料石面层，必须在基层砂浆达到设计强度后，开放交通，方能保证工程质量，列为强制性条文。

11.2 预制混凝土砌块面层

11.2.1 混凝土路面砖外观应满足表11.2.1的要求，其强度、耐磨性应符合本条规定。

11.2.4 混凝土路面砖种类很多，但施工方法大同小异，混凝土路面铺砌过程中，垫层的厚度应尽量均匀一致，铺砌后的路面应封闭交通，及时灌缝并养护。待砂浆达到设计强度后方可开放交通。

13 人行道铺筑

13.4 检验标准

13.4.1 本条第1款规定人行步道的路基、基层的压实度定为大于等于90%。当人行步道的路基、基层与车行道为同一结构形式，且同时施工时，人行步道的路基、基层的压实度应与车行道压实度一致。

本条第2款是关于铺砌用砂浆强度的检验要求。实施中应符合下列要求：

1 每$1000m^2$或每台班至少砂浆试块1组（6块）。如砂浆配合比变更时，相应制作试块；

2 砂浆强度：砂浆试块的平均抗压强度不低于设计规定，任意1组试块的抗压强度最低值不低于设计规定的85%。

14 人行地道结构

人行地道是城市道路交通中重要的人行过街设施，对解决人与车的交通干扰有重要作用。人行地道的形式与设施的水平多种多样。本规范只规定了几种最基本的典型的主体结构相应的施工技术、质量要求。

14.3.1 预制钢筋混凝土墙板等构件安装前应进行质量复验，除检验出厂合格标识及出厂合格证，必须同时检查预制件实体。预埋件位置、外观与外形尺寸，抽样作非破损强度检查，合格后方可使用。

14.4.2 砌体挡土墙施工也应执行本条要求，为保证挡土墙墙体的结构安全，每天连续砌筑高度不宜超过1.2m。相邻挡土墙墙体高差较大时应先砌高墙段。挡土墙高度大于或等于1.2m时，应搭设操作平台。

15 挡土墙

15.1.1 基槽开挖后应由勘察、设计人员进行验槽，以保证地基承载力，此过程不得忽略。需进行处理的槽基应由勘察、设计人员提出处理方案，待处理完毕后经勘察、设计人员验收合格后方可进行下道工序施工。

15.2.1 现浇重力式钢筋混凝土挡土墙应进行模板设计。保证模板具有足够的强度、刚度和稳定性，能承受浇筑混凝土的冲击力、混凝土的侧压力及施工中产生的各项荷载。

15.5.3 加筋土挡土墙对填土土质有一定要求。本条明确了禁止使用的土类。砂类土、砾类土力学性能稳定，受含水量影响较小，因此加筋土土料选择时宜优先选用。

15.5.6 加筋土挡土墙、填土的种类、每层填土厚度、压实度，对工程质量十分重要，故对每层虚铺厚及压实度提出要求。

15.5.9 本条是重要的技术管理与技术保障措施，必须执行。

16 附属构筑物

16.4 倒虹管与涵洞、过街管涵均系穿越道路的构筑物。可依断面形状、所用材料种类、结构形式、使用功能等分成很多种。作为道路工程中的一种结构物，其施工方法与人行地道相同。本节列举了承受内压力的倒虹管施工与质量要求和矩形涵洞施工应符合的有关规定。在工程实践中应依据具体情况综合利用有关规定，可以解决多种涵洞施工的技术问题。

16.4.4 本条对道路下的管涵明确规定了应符合的技术规范。

17 冬雨期施工

17.1.1 我国地域广阔，气候条件因地域不同，差别很大，故冬、雨期施工起止时限应根据环境条件自行确定。但冬期的界定条件应符合本规范第 17.3.1 条规定。

17.3.4 本条是保证施工时间临近冬期，用石灰稳定土类与水泥稳定土类材料做道路基层，保证工程质量的重要措施之一。

18 工程质量与竣工验收

18.0.1 本条对道路工程分部（子分部）工程及相应的分项工程作了原则规定与划分。道路工程地域不同特点不同，分项工程的数量、内容会有所不同，因此每一项工程开工前，施工单位均宜按本条第 5 款要求，与监理工程师作具体划定。并形成文件，作为工程检查验收依据。

18.0.2 本条规定了道路工程施工过程控制是质量验收的前提。

18.0.10 本条规定了建设单位（项目）负责人负责组织施工（含分包单位）、勘察、设计、监理等单位（项目）负责人进行单位工程竣工验收。

18.0.13 本条规定了参加验收各方对工程质量验收意见有分歧时的处理程序。

18.0.14 本条对道路工程竣工验收前工程资料编制组卷进行了规定。施工单位应承担施工资料部分的编制任务（含竣工图与竣工坐标控制测量）。监理单位应承担监理资料的编制。建设单位承担基建文件编制工作。单位工程竣工质量验收合格后，建设单位应在规定时间内将工程竣工验收报告和有关文件报建设行政主管部门备案。

中华人民共和国行业标准

城市桥梁工程施工与质量验收规范

Code for construction and quality acceptance of bridge works in city

CJJ 2—2008
J 820—2008

批准部门：中华人民共和国住房和城乡建设部
施行日期：2 0 0 9 年 7 月 1 日

中华人民共和国住房和城乡建设部
公　　告

第140号

关于发布行业标准《城市桥梁工程施工与质量验收规范》的公告

现批准《城市桥梁工程施工与质量验收规范》为行业标准，编号为CJJ 2－2008，自2009年7月1日起实施。其中，第2.0.5、2.0.8、5.2.12、6.1.2、6.1.5、8.4.3、10.1.7、13.2.6、13.4.4、14.2.4、16.3.3、17.4.1、18.1.2条为强制性条文，必须严格执行。原行业标准《市政桥梁工程质量检验评定标准》CJJ 2－90同时废止。

本规范由我部标准定额研究所组织中国建筑工业出版社出版发行。

中华人民共和国住房和城乡建设部

2008年11月4日

前　　言

根据建设部“关于印发《二〇〇二～二〇〇三年度工程建设城建、建工行业标准制订、修订计划》的通知”（建标［2003］104号）的要求，标准编制组在深入调查研究，认真总结国内外科研成果和大量实践经验，并在广泛征求意见的基础上，全面修订了本规范。

本规范的主要内容是：总则，基本规定，施工准备，测量，模板、支架和拱架，钢筋，混凝土，预应力混凝土，砌体，基础，墩台，支座，混凝土梁（板），钢梁，结合梁，拱部与拱上结构，斜拉桥，悬索桥，顶进箱涵，桥面系，附属结构，装饰与装修，工程竣工验收等。

本次修订的主要内容：1. 新增了施工技术要求条款；2. 修订了单位工程、分部工程（子分部工程）、分项工程、验收批的质量检验内容、标准和程序；3. 质量检验分为主控项目和一般项目两类；4. 新增施工现场质量管理要求条款；5. 明确了强制性条文。

本规范以黑体字标志的条文为强制性条文，必须严格执行。

本规范由住房和城乡建设部负责管理和对强制性条文的解释，由北京市政建设集团有限责任公司负责具体技术内容的解释。

本规范主编单位：北京市政建设集团有限责任公司（地址：北京市南礼士路17号；邮政编码：100045）
北京市公路桥梁建设集团有限公司

本规范参编单位：中国市政工程协会
北京市市政二建设工程有限责任公司
上海市市政公路工程质量安全监督站
上海市第一市政工程有限公司
天津第一市政工程有限公司
重庆桥梁工程有限责任公司
广州市第一市政工程有限公司
深圳市市政工程总公司

本规范主要起草人：张　闽　果有刚　张　汎　屈铁山　孙承万　沈建庭　李会东　余　为　张定高　赖建吾　张春发　赵天庆　董凤凯　许亚斋　刘卫功　崔玉萍　杨玉杰　高俊合　田云涛

目 次

1 总则 ………………………………… 2—22—5
2 基本规定……………………………… 2—22—5
3 施工准备……………………………… 2—22—5
4 测量 ………………………………… 2—22—6
4.1 一般规定……………………………… 2—22—6
4.2 平面、水准控制测量及质量要求……………………………… 2—22—6
4.3 测量作业……………………………… 2—22—8
5 模板、支架和拱架 ………………… 2—22—8
5.1 模板、支架和拱架设计……………… 2—22—8
5.2 模板、支架和拱架的制作与安装……………………………… 2—22—9
5.3 模板、支架和拱架的拆除…………… 2—22—9
5.4 检验标准 ………………………… 2—22—10
6 钢筋 ………………………………… 2—22—12
6.1 一般规定 ………………………… 2—22—12
6.2 钢筋加工 ………………………… 2—22—12
6.3 钢筋连接 ………………………… 2—22—13
6.4 钢筋骨架和钢筋网的组成与安装 ……………………………… 2—22—15
6.5 检验标准 ………………………… 2—22—16
7 混凝土 ……………………………… 2—22—17
7.1 一般规定 ………………………… 2—22—17
7.2 配制混凝土用的材料 …………… 2—22—17
7.3 混凝土配合比 …………………… 2—22—18
7.4 混凝土拌制和运输 ……………… 2—22—19
7.5 混凝土浇筑 ……………………… 2—22—19
7.6 混凝土养护 ……………………… 2—22—20
7.7 泵送混凝土 ……………………… 2—22—20
7.8 抗冻混凝土 ……………………… 2—22—20
7.9 抗渗混凝土 ……………………… 2—22—21
7.10 大体积混凝土…………………… 2—22—21
7.11 冬期混凝土施工………………… 2—22—22
7.12 高温期混凝土施工……………… 2—22—22
7.13 检验标准………………………… 2—22—22
8 预应力混凝土 ……………………… 2—22—24
8.1 预应力材料及器材 ……………… 2—22—24
8.2 预应力钢筋制作 ………………… 2—22—24
8.3 混凝土施工 ……………………… 2—22—25
8.4 预应力施工 ……………………… 2—22—25
8.5 检验标准 ………………………… 2—22—27
9 砌体………………………………… 2—22—28
9.1 材料 ……………………………… 2—22—28
9.2 砂浆 ……………………………… 2—22—28
9.3 浆砌石 …………………………… 2—22—28
9.4 砌体勾缝及养护 ………………… 2—22—29
9.5 冬期施工 ………………………… 2—22—29
9.6 检验标准 ………………………… 2—22—29
10 基础 ……………………………… 2—22—30
10.1 扩大基础………………………… 2—22—30
10.2 沉入桩…………………………… 2—22—30
10.3 灌注桩…………………………… 2—22—32
10.4 沉井……………………………… 2—22—33
10.5 地下连续墙……………………… 2—22—34
10.6 承台……………………………… 2—22—35
10.7 检验标准………………………… 2—22—35
11 墩台 ……………………………… 2—22—40
11.1 现浇混凝土墩台、盖梁………… 2—22—40
11.2 预制钢筋混凝土柱和盖梁安装……………………………… 2—22—40
11.3 重力式砌体墩台………………… 2—22—40
11.4 台背填土………………………… 2—22—40
11.5 检验标准………………………… 2—22—41
12 支座 ……………………………… 2—22—43
12.1 一般规定………………………… 2—22—43
12.2 板式橡胶支座…………………… 2—22—44
12.3 盆式橡胶支座…………………… 2—22—44
12.4 球形支座………………………… 2—22—44
12.5 检验标准………………………… 2—22—44
13 混凝土梁（板） ………………… 2—22—44
13.1 支架上浇筑……………………… 2—22—44
13.2 悬臂浇筑………………………… 2—22—45
13.3 装配式梁（板）施工…………… 2—22—45
13.4 悬臂拼装施工…………………… 2—22—46
13.5 顶推施工………………………… 2—22—47
13.6 造桥机施工……………………… 2—22—48
13.7 检验标准………………………… 2—22—48
14 钢梁 ……………………………… 2—22—50

14.1 制造…………………………… 2—22—50
14.2 现场安装………………………… 2—22—50
14.3 检验标准………………………… 2—22—52
15 结合梁 ………………………… 2—22—54
15.1 一般规定………………………… 2—22—54
15.2 钢—混凝土结合梁……………… 2—22—54
15.3 混凝土结合梁…………………… 2—22—55
15.4 检验标准………………………… 2—22—55
16 拱部与拱上结构 ……………… 2—22—55
16.1 一般规定………………………… 2—22—55
16.2 石料及混凝土预制块砌筑
拱圈 ……………………………… 2—22—55
16.3 拱架上浇筑混凝土拱圈………… 2—22—56
16.4 劲性骨架浇筑混凝土拱圈……… 2—22—56
16.5 装配式混凝土拱………………… 2—22—56
16.6 钢管混凝土拱…………………… 2—22—57
16.7 中下承式吊杆、系杆拱………… 2—22—57
16.8 转体施工………………………… 2—22—57
16.9 拱上结构施工…………………… 2—22—58
16.10 检验标准 ……………………… 2—22—58
17 斜拉桥 ………………………… 2—22—62
17.1 索塔……………………………… 2—22—62
17.2 主梁……………………………… 2—22—63
17.3 拉索和锚具……………………… 2—22—64
17.4 施工控制与索力调整…………… 2—22—64
17.5 检验标准………………………… 2—22—64
18 悬索桥 ………………………… 2—22—68
18.1 一般规定………………………… 2—22—68
18.2 锚碇……………………………… 2—22—68
18.3 索塔……………………………… 2—22—69
18.4 施工猫道………………………… 2—22—69
18.5 主缆架设与防护………………… 2—22—69
18.6 索鞍、索夹与吊索……………… 2—22—70
18.7 加劲梁…………………………… 2—22—70
18.8 检验标准………………………… 2—22—70
19 顶进箱涵………………………… 2—22—75
19.1 一般规定………………………… 2—22—75
19.2 工作坑和滑板…………………… 2—22—75
19.3 箱涵预制与顶进………………… 2—22—75
19.4 检验标准………………………… 2—22—76
20 桥面系 ………………………… 2—22—77
20.1 排水设施………………………… 2—22—77
20.2 桥面防水层……………………… 2—22—77
20.3 桥面铺装层……………………… 2—22—77
20.4 桥梁伸缩装置…………………… 2—22—78
20.5 地袱、缘石、挂板……………… 2—22—79
20.6 防护设施………………………… 2—22—79
20.7 人行道…………………………… 2—22—79
20.8 检验标准………………………… 2—22—79
21 附属结构………………………… 2—22—83
21.1 隔声和防眩装置………………… 2—22—83
21.2 梯道……………………………… 2—22—83
21.3 桥头搭板………………………… 2—22—83
21.4 防冲刷结构（锥坡、护坡、护岸、
海墁、导流坝）………………… 2—22—83
21.5 照明……………………………… 2—22—84
21.6 检验标准 ……………………… 2—22—84
22 装饰与装修 …………………… 2—22—86
22.1 一般规定………………………… 2—22—86
22.2 饰面……………………………… 2—22—86
22.3 涂装……………………………… 2—22—86
22.4 检验标准………………………… 2—22—87
23 工程竣工验收 ………………… 2—22—88
附录A 验收表 ……………………… 2—22—91
本规范用词说明 …………………… 2—22—98
附：条文说明………………………… 2—22—99

1 总　　则

1.0.1 为加强城市桥梁工程施工技术管理，规范施工技术标准，统一施工质量检验、验收标准，确保工程质量，制定本规范。

1.0.2 本规范适用于一般地质条件下城市桥梁的新建、改建、扩建工程和大、中修维护工程的施工与质量验收。

1.0.3 原材料、半成品或成品的质量应符合国家现行有关标准的规定。

1.0.4 城市桥梁工程的施工及验收，除应执行本规范外，尚应符合国家现行有关标准的规定。

2 基 本 规 定

2.0.1 施工单位应具备相应的桥梁工程施工资质。总承包施工单位，必须选择合格的分包单位。分包单位应接受总承包单位的管理。

2.0.2 施工单位应建立健全质量保证体系和施工安全管理制度。

2.0.3 施工前，施工单位应组织有关施工技术管理人员深入现场调查，了解掌握现场情况，做好充分的施工准备工作。

2.0.4 施工组织设计应按其审批程序报批，经主管领导批准后方可实施；施工中需修改或补充时，应履行原审批程序。

2.0.5 施工单位应按合同规定的或经过审批的设计文件进行施工。发生设计变更及工程洽商应按国家现行有关规定程序办理设计变更与工程洽商手续，并形成文件。严禁按未经批准的设计变更进行施工。

2.0.6 工程施工应加强各项管理工作，符合合理部署、周密计划、精心组织、文明施工、安全生产、节约资源的原则。

2.0.7 施工中应加强施工测量与试验工作，按规定作业，内业资料完整，经常复核，确保准确。

2.0.8 施工中必须建立技术与安全交底制度。作业前主管施工技术人员必须向作业人员进行安全与技术交底，并形成文件。

2.0.9 施工中应按合同文件规定的国家现行标准和设计文件的要求进行施工过程与成品质量控制，确保工程质量。

2.0.10 工程质量验收应在施工单位自检基础上，按照检验批、分项工程、分部工程（子分部工程）、单位工程顺序进行。单位工程完成且经监理工程师预验收合格后，应由建设单位按相关规定组织工程验收。各项单位工程验收合格后，建设单位应按相关规定及时组织竣工验收。

2.0.11 验收后的桥梁工程，应结构坚固、表面平整、色泽均匀、棱角分明、线条直顺、轮廓清晰，满足城市景观要求。

2.0.12 桥梁工程范围内的排水设施、挡土墙、引道等工程施工及验收应符合国家现行标准《城镇道路工程施工与质量验收规范》CJJ 1的有关规定。

3 施 工 准 备

3.0.1 开工前，建设单位应召集施工、监理、设计、建设单位有关人员，由设计人员进行施工设计交底，并形成文件。

3.0.2 开工前，建设单位应向施工单位提供施工现场及其毗邻区域内各种地下管线等建（构）筑物的现况详实资料和气象、水文观测资料，并应向施工单位的有关技术管理人员和监理工程师进行详细的交底；应研究确定施工区域内管线等建（构）筑物的拆移或保护、加固方案，并应形成文件后实施。

3.0.3 开工前，建设单位应组织设计、勘测单位向施工单位移交现场测量控制桩、水准点，并形成文件。施工单位应结合实际情况，制定施工测量方案，建立测量控制网。

3.0.4 开工前，施工单位应组织有关施工技术人员学习工程招投标文件、施工合同、设计文件和相关技术标准，掌握工程情况。

3.0.5 施工单位应根据建设单位提供的资料，组织有关施工技术管理人员对施工现场进行全面、详尽、深入的调查，掌握现场地形、地貌环境条件；掌握水、电、劳动力、设备等资源供应情况。并应核实施工影响范围内的管线、建（构）筑物、河湖、绿化、杆线、文物古迹等情况。

3.0.6 开工前，施工单位应组织有关施工技术人员对施工图进行认真审查，发现问题应及时与设计人联系进行变更，并形成文件。

3.0.7 开工前，施工单位应根据合同、设计文件和现场环境条件编制施工组织设计。施工组织设计应包括施工部署、计划安排、施工方法、保证质量和安全的技术措施，以及必要的专项施工方案与施工设计等。当跨冬、雨期和高温期施工时，施工组织设计中应包含冬、雨期施工方案和高温期施工安全技术措施。

3.0.8 施工单位应根据施工文件的要求，依据国家现行标准的有关规定，做好原材料的检验、水泥混凝土的试配与有关量具、器具的检定工作。

3.0.9 开工前，应将工程划分为单位（子单位）、分部（子分部）、分项工程和检验批，作为施工控制的基础。

3.0.10 开工前，应对全体施工人员进行安全教育，组织学习安全管理规定，并结合工程特点对现场作业人员进行安全技术培训，对特殊工种应进行资格培训。

3.0.11 应根据当地政府的有关规定结合工程特点、施工部署及计划安排，支搭施工围挡、搭建现场临时生产和生活设施，并应制定文明施工管理措施，搞好环境保护工作。

4 测 量

4.1 一般规定

4.1.1 施工测量开始前应完成下列工作：

1 学习设计文件和相应的技术标准，掌握设计要求。

2 办理桩点交接手续。桩点应包括：各种基准点、基准线的数据及依据、精度等级。施工单位应进行现场踏勘、复核。

3 根据桥梁的形式、跨径及设计要求的施工精度、施工方案，编制工程测量方案，确定在利用原设计网基础上加密或重新布设控制网。补充施工需要的水准点、桥涵轴线、墩台控制桩。

4 对测量仪器、设备、工具等进行符合性检查，确认符合要求。严禁使用未经计量检定或超过检定有效期的仪器、设备、工具。

4.1.2 开工前应对基准点、基准线和高程进行内业、外业复核。复核过程中发现不符或与相邻工程矛盾时，应向建设单位提出，进行查询，并取得准确结果。

4.1.3 施工单位应在合同规定的时间期限内，向建设单位提供施工测量复测报告，经监理工程师批准后方可根据工程测量方案建立施工测量控制网，进行工程测量。

4.1.4 供施工测量用的控制桩，应注意保护，经常校测，保持准确。雨后、春融期或受到碰撞、遭遇损害，应及时校测。

4.1.5 开工前应结合设计文件、施工组织设计，提前做好工程施工过程中各个阶段工程测量的各项内业计算准备工作，并依内业准备进行施工测量。

4.1.6 应建立测量复核制度。从事工程测量的作业人员，应经专业培训、考核合格，持证上岗。

4.1.7 应做好桥梁工程平面控制网与相接道路工程控制网的衔接工作。

4.1.8 测量记录应按规定填写并按编号顺序保存。测量记录应字迹清楚、规整，严禁擦改，并不得转抄。

4.2 平面、水准控制测量及质量要求

4.2.1 平面控制网可采用三角测量和GPS测量。桥梁平面控制测量等级应符合表4.2.1的规定。

表 4.2.1 桥梁平面控制测量等级

多跨桥梁总长（m）	单跨桥长（m）	控制测量等级
$L \geqslant 3000$	$L \geqslant 500$	二等
$2000 \leqslant L < 3000$	$300 \leqslant L < 500$	三等
$1000 \leqslant L < 2000$	$150 \leqslant L < 300$	四等
$500 \leqslant L < 1000$	$L < 150$	一级
$L < 500$		二级

4.2.2 采用平面控制网三角测量，三角网的基线不得少于2条，根据条件，可设于河流的一岸或两岸。基线一端应与桥轴线连接，并宜垂直。当桥轴线较长时，宜在两岸均设基线，其长度不宜小于桥轴线长度的0.7倍。三角网所有角度宜布设在30°～120°，当条件不能满足时，可放宽，但不得小于25°。

4.2.3 三角测量、水平角方向观测法和测距的技术要求以及测距精度应符合表4.2.3-1～表4.2.3-4的规定。

表 4.2.3-1 三角测量技术要求

等级	平均边长（km）	测角中误差（″）	起始边边长相对中误差	最弱边边长相对中误差	测回数			三角形最大闭合差（″）
					DJ_1	DJ_2	DJ_6	
二等	3.0	±1.0	≤1/250000	≤1/120000	12	—	—	±3.5
三等	2.0	±1.8	≤1/150000	≤1/70000	6	9	—	±7.0
四等	1.0	±2.5	≤1/100000	≤1/40000	4	6	—	±9.0
一级	0.5	±5.0	≤1/40000	≤1/20000	—	3	4	±15.0
二级	0.3	±10.0	≤1/20000	≤1/10000	—	1	3	±30.0

表 4.2.3-2 水平角方向观测法技术要求

等级	仪器型号	光学测微器两次重合读数之差（″）	半测回归零差（″）	一测回中2倍照准差较差（″）	同一方向值各测回较差（″）
四等及以上	DJ_1	1	6	9	6
	DJ_2	3	8	13	9
一级及以下	DJ_2	—	12	18	12
	DJ_6	—	18	—	24

注：当观测方向的垂直角超过±3°的范围时，该方向一测回中2倍照准差较差，可按同一观察时段内相邻测回同方向进行比较。

表 4.2.3-3　测距技术要求

平面控制网等级	测距仪精度等级	观测次数 往	观测次数 返	总测回数	一测回读数较差（mm）	单程各测回较差（mm）	往返较差
二、三等	Ⅰ	1	1	6	≤5	≤7	≤2(a+b·D)
	Ⅱ			8	≤8	≤15	
四等	Ⅰ			4～6	≤5	≤7	
	Ⅱ			4～8	≤10	≤15	
一级	Ⅱ		—	2	≤10	≤15	—
	Ⅲ			4	≤20	≤30	—
二级	Ⅱ			1～2	≤10	≤15	—
	Ⅲ			2	≤20	≤30	—

注：1　测回是指照准目标 1 次，读数 2～4 次的过程；

2　根据具体情况，测边可采取不同时间段观测代替往返观测；

3　表中 a——标称精度中的固定误差（mm）；b——标称精度中的比例误差系数（mm/km）；D——测距长度（km）。

表 4.2.3-4　测 距 精 度

测距仪精度等级	每公里测距中误差 m_D（mm）	
Ⅰ级	$m_D \leqslant 5$	$m_D = \pm(a+b\cdot D)$
Ⅱ级	$5 < m_D \leqslant 10$	
Ⅲ级	$10 < m_D \leqslant 20$	

4.2.4　三角测量精度计算应符合下列规定：

1　三角网测角中误差应按下式计算：

$$m_\beta = \sqrt{\frac{WW}{3N}} \qquad (4.2.4\text{-}1)$$

式中　m_β——测角中误差（″）；

W——三角形闭合差（″）；

N——三角形的个数。

2　测边单位权中误差应按下式计算：

$$\mu = \sqrt{\frac{Pdd}{2n}} \qquad (4.2.4\text{-}2)$$

式中　μ——测边单位权中误差；

d——各边往、返距离的较差（mm），应不超过按仪器标称精度的极限值（2 倍）；

n——测边的边数；

P——各边距离测量的先验权，其值为 $1/\delta_D^2$，δ_D 为测距的先验中误差，可按测距仪的标称精度计算。

3　任一边的实际测距中误差应按下式计算：

$$m_{Di} = \mu\sqrt{\frac{1}{P_i}} \qquad (4.2.4\text{-}3)$$

式中　m_{Di}——第 i 边的实际测距中误差（mm）；

P_i——第 i 边距离测量的先验权。

4　当网中的边长相差不大时，可按下式计算平均测距中误差：

$$m_D = \sqrt{\frac{dd}{2n}} \qquad (4.2.4\text{-}4)$$

式中　m_D——平均测距中误差（mm）。

4.2.5　桥位轴线测量的精度要求应符合表 4.2.5 的规定。

表 4.2.5　桥位轴线测量精度

测量等级	桥轴线相对中误差
二等	1/130000
三等	1/70000
四等	1/40000
一级	1/20000
二级	1/10000

注：对特殊的桥梁结构，应根据结构特点确定桥轴线控制测量的等级与精度。

4.2.6　采用 GPS 测量控制网时，网的设置精度和作业方法应符合国家现行标准《公路勘测规范》JTG C10 的规定。

4.2.7　高程控制测量应符合下列规定：

1　水准测量等级应根据桥梁的规模确定。长 3000m 以上的桥梁宜为二等，长 1000～3000m 的桥梁宜为三等，长 1000m 以下的桥梁宜为四等。水准测量的主要技术要求应符合表 4.2.7 的规定。

表 4.2.7　水准测量的主要技术要求

等级	每公里高差中数中误差（mm） 偶然中误差 M_Δ	每公里高差中数中误差（mm） 全中误差 M_W	水准仪的型号	水准尺	观测次数 与已知点联测	观测次数 附合或环线	往返较差、附合或环线闭合差（mm）
二等	±1	±2	DS_1	铟瓦	往返各一次	往返各一次	$\pm4\sqrt{L}$
三等	±3	±6	DS_1	铟瓦	往返各一次	往一次	$\pm12\sqrt{L}$
			DS_3	双面		往返各一次	
四等	±5	±10	DS_3	双面	往返各一次	往一次	$\pm20\sqrt{L}$
五等	±8	±16	DS_3	单面	往返各一次	往一次	$\pm30\sqrt{L}$

注：L 为往返测段、附合或环线的水准中线长度（km）。

2　水准测量精度计算应符合下列规定：

1）高差偶然中误差（M_Δ）应按下式计算：

$$M_\Delta = \sqrt{\left(\frac{1}{4n}\right)\left(\frac{\Delta\Delta}{L}\right)} \qquad (4.2.7\text{-}1)$$

式中　M_Δ——高差偶然中误差（mm）；

Δ——水准路线测段往返高差不符值

（mm）；

L——水准测段长度（km）；

n——往返测的水准路线测段数。

2）高差全中误差（M_w）应按下式计算：

$$M_w = \sqrt{\left(\frac{1}{N}\right)\left(\frac{WW}{L}\right)} \quad (4.2.7\text{-}2)$$

式中 M_w——高差全中误差（mm）；

W——闭合差（mm）；

L——计算各闭合差时相应的路线长度（km）；

N——附合路线或闭合路线环的个数。

当二、三等水准测量与国家水准点附合时，应进行正常水准面不平行修正。

3 特大、大、中桥施工时设立的临时水准点，高程偏差（Δh）不得超过按式（4.2.7-3）计算的值：

$$\Delta h = \pm 20\sqrt{l}(\text{mm}) \quad (4.2.7\text{-}3)$$

式中 l——水准点间距离（km）。

对单跨跨径大于或等于40m的T形刚构、连续梁、斜拉桥等的高程偏差（Δh_1）不得超过按式（4.2.7-4）计算的值：

$$\Delta h_1 = \pm 10\sqrt{l}(\text{mm}) \quad (4.2.7\text{-}4)$$

在山丘区，当平均每公里单程测站多于25站时，高程偏差（Δh_2）不得超过按式（4.2.7-5）计算的值：

$$\Delta h_2 = \pm 4\sqrt{n}(\text{mm}) \quad (4.2.7\text{-}5)$$

式中 n——水准点间单程测站数。

高程偏差在允许值以内时，取平均值为测段间高差，超过允许偏差时应重测。

4 当水准路线跨越江河时，应采用跨河水准测量方法校测。跨河水准测量方法应按照国家现行标准《公路勘测规范》JTG C10执行。

4.3 测量作业

4.3.1 测量作业必须由两人以上进行，且应进行相互检查校对并作出测量和检查核对记录。经复核、确认无误后方可生效。

4.3.2 桥涵放样测量应符合下列规定：

1 采用直接丈量法进行墩台施工定位时，应对尺长、温度、拉力、垂度和倾斜度进行修正计算。

2 大、中桥的水中墩、台和基础的位置，宜采用校验过的电磁波测距仪测量。桥墩中心线在桥轴线方向上的位置误差不得大于±15mm。

3 曲线上的桥梁施工测量，应按照设计文件及公路曲线测定方法处理。

4.3.3 桥梁施工过程中的测量应符合下列规定：

1 桥梁控制网应根据需要及时复测。

2 施工过程中，应测定并经常检查桥梁结构浇砌和安装部分的位置和标高，并作出测量记录和结论，如超过允许偏差时，应分析原因，并予以补救和改正。

3 桥轴线长度超过1000m的特大桥梁和结构复杂的桥梁施工过程，应进行主要墩、台的沉降变形监测。

5 模板、支架和拱架

5.1 模板、支架和拱架设计

5.1.1 模板、支架和拱架应结构简单、制造与装拆方便，应具有足够的承载能力、刚度和稳定性，并应根据工程结构形式、设计跨径、荷载、地基类别、施工方法、施工设备和材料供应等条件及有关标准进行施工设计。

5.1.2 钢、木模板、拱架和支架的设计应符合国家现行标准《钢结构设计规范》GB 50017、《木结构设计规范》GB 50005、《组合钢模板技术规范》GB 50214和《公路桥涵钢结构及木结构设计规范》JTJ 025的有关规定。

5.1.3 设计模板、支架和拱架时应按表5.1.3进行荷载组合。

表5.1.3 计算模板、支架和拱架的荷载组合

模板构件名称	荷载组合	
	计算强度用	验算刚度用
梁、板和拱的底模及支承板、拱架、支架等	①+②+③+④+⑦	①+②+⑦
缘石、人行道、栏杆、柱、梁板、拱等的侧模板	④+⑤	⑤
基础、墩台等厚大结构体的侧模板	⑤+⑥	⑤

注：①模板、拱架和支架自重；

②新浇筑混凝土、钢筋混凝土或圬工、砌体的自重力；

③施工人员及施工材料机具等行走运输或堆放的荷载；

④振捣混凝土时的荷载；

⑤新浇筑混凝土对侧面模板的压力；

⑥倾倒混凝土时产生的荷载；

⑦其他可能产生的荷载，如风雪荷载、冬季保温设施荷载等。

5.1.4 验算水中支架稳定性时，应考虑水流荷载和流冰、船只及漂流物等冲击荷载。

5.1.5 验算模板、支架和拱架的抗倾覆稳定时，各施工阶段的稳定系数均不得小于1.3。

5.1.6 验算模板、支架和拱架的刚度时，其变形值不得超过下列规定数值：

1 结构表面外露的模板挠度为模板构件跨度的1/400；

2 结构表面隐蔽的模板挠度为模板构件跨度的1/250；

3 拱架和支架受载后挠曲的杆件，其弹性挠度为相应结构跨度的1/400；

4 钢模板的面板变形值为1.5mm；

5 钢模板的钢楞、柱箍变形值为$L/500$及$B/500$（L—计算跨度，B—柱宽度）。

5.1.7 模板、支架和拱架的设计中应设施工预拱度。施工预拱度应考虑下列因素：

1 设计文件规定的结构预拱度；

2 支架和拱架承受全部施工荷载引起的弹性变形；

3 受载后由于杆件接头处的挤压和卸落设备压缩而产生的非弹性变形；

4 支架、拱架基础受载后的沉降。

5.1.8 设计预应力混凝土结构模板时，应考虑施加预应力后构件的弹性压缩、上拱及支座螺栓或预埋件的位移等。

5.1.9 模板宜采用标准化的组合钢模板。设计组合模板时，除应计算本节规定的荷载外，尚应验算吊装时刚度。支架、拱架宜采用标准化、系列化的构件。

5.1.10 支架立柱在排架平面内应设水平横撑。碗扣支架立柱高度在5m以内时，水平撑不得少于两道，立柱高于5m时，水平撑间距不得大于2m，并应在两横撑之间加双向剪刀撑。在排架平面外应设斜撑，斜撑与水平交角宜为45°。

5.2 模板、支架和拱架的制作与安装

5.2.1 模板与混凝土接触面应平整、接缝严密。

5.2.2 组合钢模板的制作、安装应符合现行国家标准《组合钢模板技术规范》GB 50214的规定。

5.2.3 采用其他材料作模板时，应符合下列规定：

1 钢框胶合板模板的组配面板宜采用错缝布置。

2 高分子合成材料面板、硬塑料或玻璃钢模板，应与边肋及加强肋连接牢固。

5.2.4 支架立柱必须落在有足够承载力的地基上，立柱底端必须放置垫板或混凝土垫块。支架地基严禁被水浸泡，冬期施工必须采取防止冻胀的措施。

5.2.5 支架通行孔的两边应加护桩，夜间应设警示灯。施工中易受漂流物冲撞的河中支架应设牢固的防护设施。

5.2.6 安装拱架前，应对立柱支承面标高进行检查和调整，确认合格后方可安装。在风力较大的地区，应设置风缆。

5.2.7 安设支架、拱架过程中，应随安装随架设临时支撑。采用多层支架时，支架的横垫板应水平，立柱应铅直，上下层立柱应在同一中心线上。

5.2.8 支架或拱架不得与施工脚手架、便桥相连。

5.2.9 安装模板应符合下列规定：

1 支架、拱架安装完毕，经检验合格后方可安装模板。

2 安装模板应与钢筋工序配合进行，妨碍绑扎钢筋的模板，应待钢筋工序结束后再安装。

3 安装墩、台模板时，其底部应与基础预埋件连接牢固，上部应采用拉杆固定。

4 模板在安装过程中，必须设置防倾覆设施。

5.2.10 当采用充气胶囊作空心构件芯模时，模板安装应符合下列规定：

1 胶囊在使用前应经检查确认无漏气。

2 从浇筑混凝土到胶囊放气止，应保持气压稳定。

3 使用胶囊内模时，应采用定位箍筋与模板连接固定，防止上浮和偏移。

4 胶囊放气时间应经试验确定，以混凝土强度达到能保持构件不变形为度。

5.2.11 采用滑模应符合现行国家标准《滑动模板工程技术规范》GB 50113的规定。

5.2.12 浇筑混凝土和砌筑前，应对模板、支架和拱架进行检查和验收，合格后方可施工。

5.3 模板、支架和拱架的拆除

5.3.1 模板、支架和拱架拆除应符合下列规定：

1 非承重侧模应在混凝土强度能保证结构棱角不损坏时方可拆除，混凝土强度宜为2.5MPa及以上。

2 芯模和预留孔道内模应在混凝土抗压强度能保证结构表面不发生塌陷和裂缝时，方可拔出。

3 钢筋混凝土结构的承重模板、支架和拱架的拆除，应符合设计要求。当设计无规定时，应符合表5.3.1规定。

表5.3.1 现浇结构拆除底模时的混凝土强度

结构类型	结构跨度（m）	按设计混凝土强度标准值的百分率（%）
板	≤2	50
	2～8	75
	>8	100
梁、拱	≤8	75
	>8	100
悬臂构件	≤2	75
	>2	100

注：构件混凝土强度必须通过同条件养护的试件强度确定。

5.3.2 浆砌石、混凝土砌块拱桥拱架的卸落应符合下列规定：

1 浆砌石、混凝土砌块拱桥应在砂浆强度达到设计要求强度后卸落拱架，设计未规定时，砂浆强度应达到设计标准值的80%以上。

2 跨径小于10m的拱桥宜在拱上结构全部完成后卸落拱架；中等跨径实腹式拱桥宜在护拱完成后卸落拱架；大跨径空腹式拱桥宜在腹拱横墙完成（未砌腹拱圈）后卸落拱架。

3 在裸拱状态卸落拱架时，应对主拱进行强度及稳定性验算，并采取必要的稳定措施。

5.3.3 模板、支架和拱架拆除应按设计要求的程序和措施进行，遵循“先支后拆、后支先拆”的原则。支架和拱架，应按几个循环卸落，卸落量宜由小渐大。每一循环中，在横向应同时卸落，在纵向应对称均衡卸落。

5.3.4 预应力混凝土结构的侧模应在预应力张拉前拆除；底模应在结构建立预应力后拆除。

5.3.5 拆除模板、支架和拱架时不得猛烈敲打、强拉和抛扔。模板、支架和拱架拆除后，应维护整理，分类妥善存放。

5.4 检验标准

主控项目

5.4.1 模板、支架和拱架制作及安装应符合施工设计图（施工方案）的规定，且稳固牢靠，接缝严密，立柱基础有足够的支撑面和排水、防冻融措施。

检查数量：全数检查。

检验方法：观察和用钢尺量。

一般项目

5.4.2 模板制作允许偏差应符合表5.4.2的规定。

5.4.3 模板、支架和拱架安装允许偏差应符合表5.4.3的规定。

表5.4.2 模板制作允许偏差

<table>
<tr><th colspan="3" rowspan="2">项目</th><th rowspan="2">允许偏差
(mm)</th><th colspan="2">检验频率</th><th rowspan="2">检验方法</th></tr>
<tr><th>范围</th><th>点数</th></tr>
<tr><td rowspan="6">木模板</td><td colspan="2">模板的长度和宽度</td><td>±5</td><td rowspan="13">每个构筑物或每个构件</td><td rowspan="5">4</td><td>用钢尺量</td></tr>
<tr><td colspan="2">不刨光模板相邻两板表面高低差</td><td>3</td><td rowspan="2">用钢板尺和塞尺量</td></tr>
<tr><td colspan="2">刨光模板和相邻两板表面高低差</td><td>1</td></tr>
<tr><td colspan="2">平板模板表面最大的局部不平（刨光模板）</td><td>3</td><td rowspan="3">用2m直尺和塞尺量</td></tr>
<tr><td colspan="2">平板模板表面最大的局部不平（不刨光模板）</td><td>5</td></tr>
<tr><td colspan="2">榫槽嵌接紧密度</td><td>2</td><td>2</td></tr>
<tr><td rowspan="7">钢模板</td><td colspan="2">模板的长度和宽度</td><td>0
−1</td><td>4</td><td rowspan="2">用钢尺量</td></tr>
<tr><td colspan="2">肋高</td><td>±5</td><td>2</td></tr>
<tr><td colspan="2">面板端偏斜</td><td>0.5</td><td>2</td><td>用水平尺量</td></tr>
<tr><td rowspan="3">连接配件（螺栓、卡子等）的孔眼位置</td><td>孔中心与板面的间距</td><td>±0.3</td><td rowspan="4">4</td><td rowspan="3">用钢尺量</td></tr>
<tr><td>板端孔中心与板端的间距</td><td>0
−0.5</td></tr>
<tr><td>沿板长宽方向的孔</td><td>±0.6</td></tr>
<tr><td colspan="2">板面局部不平</td><td>1.0</td><td>用2m直尺和塞尺量</td></tr>
<tr><td colspan="2">板面和板侧挠度</td><td>±1.0</td><td>1</td><td>用水准仪和拉线量</td></tr>
</table>

表5.4.3 模板、支架和拱架安装允许偏差

<table>
<tr><th colspan="2" rowspan="2">项目</th><th rowspan="2">允许偏差
(mm)</th><th colspan="2">检验频率</th><th rowspan="2">检验方法</th></tr>
<tr><th>范围</th><th>点数</th></tr>
<tr><td rowspan="3">相邻两板表面高低差</td><td>清水模板</td><td>2</td><td rowspan="6">每个构筑物或每个构件</td><td rowspan="3">4</td><td rowspan="3">用钢板尺和塞尺量</td></tr>
<tr><td>混水模板</td><td>4</td></tr>
<tr><td>钢模板</td><td>2</td></tr>
<tr><td rowspan="3">表面平整度</td><td>清水模板</td><td>3</td><td rowspan="3">4</td><td rowspan="3">用2m直尺和塞尺量</td></tr>
<tr><td>混水模板</td><td>5</td></tr>
<tr><td>钢模板</td><td>3</td></tr>
</table>

续表 5.4.3

项目			允许偏差（mm）	检验频率 范围	检验频率 点数	检验方法
垂直度	墙、柱		$H/1000$，且不大于 6	每个构筑物或每个构件	2	用经纬仪或垂线和钢尺量
	墩、台		$H/500$，且不大于 20			
	塔柱		$H/3000$，且不大于 30			
模内尺寸	基础		±10		3	用钢尺量，长、宽、高各 1 点
	墩、台		+5 −8			
	梁、板、墙、柱、桩、拱		+3 −6			
轴线偏位	基础		15		2	用经纬仪测量，纵、横向各 1 点
	墩、台、墙		10			
	梁、柱、拱、塔柱		8			
	悬浇各梁段		8			
	横隔梁		5			
支承面高程			+2 −5	每支承面	1	用水准仪测量
悬浇各梁段底面高程			+10 0	每个梁段	1	用水准仪测量
预埋件	支座板、锚垫板、连接板等	位置	5	每个预埋件	1	用钢尺量
		平面高差	2		1	用水准仪测量
	螺栓、锚筋等	位置	3		1	用钢尺量
		外露长度	±5		1	
预留孔洞	预应力筋孔道位置（梁端）		5	每个预留孔洞	1	用钢尺量
	其他	位置	8		1	用钢尺量
		孔径	+10 0		1	
梁底模拱度			+5 −2	每根梁、每个构件、每个安装段	1	沿底模全长拉线，用钢尺量
对角线差	板		7		1	用钢尺量
	墙板		5			
	桩		3			
侧向弯曲	板、拱肋、桁架		$L/1500$		1	沿侧模全长拉线，用钢尺量
	柱、桩		$L/1000$，且不大于 10			
	梁		$L/2000$，且不大于 10			
支架、拱架	纵轴线的平面偏位		$L/2000$，且不大于 30		3	用经纬仪测量
拱架高程			+20 −10			用水准仪测量

注：1　H 为构筑物高度（mm），L 为计算长度（mm）；

2　支承面高程系指模板底模上表面支撑混凝土面的高程。

5.4.4 固定在模板上的预埋件、预留孔内模不得遗漏，且应安装牢固。

检查数量：全数检查。

检验方法：观察。

6 钢 筋

6.1 一 般 规 定

6.1.1 混凝土结构所用钢筋的品种、规格、性能等均应符合设计要求和国家现行标准《钢筋混凝土用钢 第1部分：热轧光圆钢筋》GB 1499.1、《钢筋混凝土用钢 第2部分：热轧带肋钢筋》GB 1499.2、《冷轧带肋钢筋》GB 13788和《环氧树脂涂层钢筋》JG 3042等的规定。

6.1.2 钢筋应按不同钢种、等级、牌号、规格及生产厂家分批验收，确认合格后方可使用。

6.1.3 钢筋在运输、储存、加工过程中应防止锈蚀、污染和变形。

6.1.4 钢筋的级别、种类和直径应按设计要求采用。当需要代换时，应由原设计单位作变更设计。

6.1.5 预制构件的吊环必须采用未经冷拉的HPB235热轧光圆钢筋制作，不得以其他钢筋替代。

6.1.6 在浇筑混凝土之前应对钢筋进行隐蔽工程验收，确认符合设计要求。

6.2 钢 筋 加 工

6.2.1 钢筋弯制前应先调直。钢筋宜优先选用机械方法调直。当采用冷拉法进行调直时，HPB235钢筋冷拉率不得大于2%；HRB335、HRB400钢筋冷拉率不得大于1%。

6.2.2 钢筋下料前，应核对钢筋品种、规格、等级及加工数量，并应根据设计要求和钢筋长度配料。下料后应按种类和使用部位分别挂牌标明。

6.2.3 受力钢筋弯制和末端弯钩均应符合设计要求，设计未规定时，其尺寸应符合表6.2.3的规定。

表 6.2.3 受力钢筋弯制和末端弯钩形状

弯曲部位	弯曲角度	形状图	钢筋牌号	弯曲直径 D	平直部分长度	备注
末端弯钩	180°	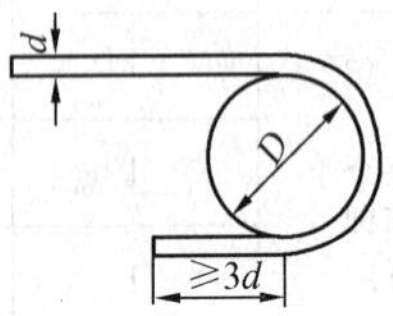	HPB235	≥2.5d	≥3d	d为钢筋直径
	135°	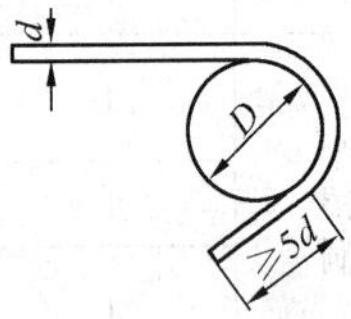	HRB335	ϕ8～ϕ25 ≥4d	≥5d	
			HRB400	ϕ28～ϕ40 ≥5d		
	90°	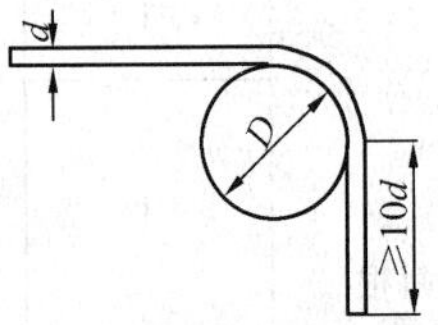	HRB335	ϕ8～ϕ25 ≥4d	≥10d	
			HRB400	ϕ28～ϕ40 ≥5d		
中间弯制	90°以下	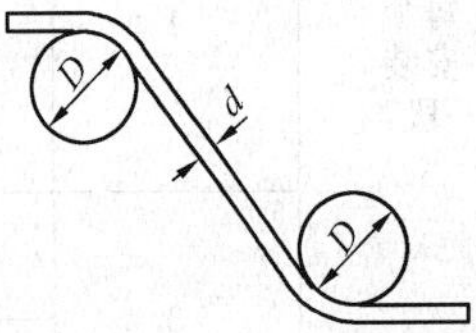	各类	≥20d		

注：采用环氧树脂涂层钢筋时，除应满足表内规定外，当钢筋直径d≤20mm时，弯钩内直径D不得小于4d；当d>20mm时，弯钩内直径D不得小于6d；直线段长度不得小于5d。

6.2.4 箍筋末端弯钩的形式应符合设计要求，设计无规定时，可按表 6.2.4 所示形式加工。

表 6.2.4 箍筋末端弯钩

结构类别	弯曲角度	图　示
一般结构	90°/180°	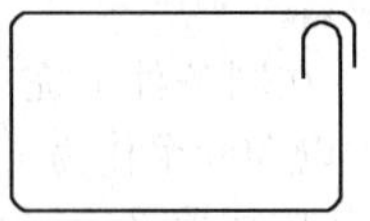
	90°/90°	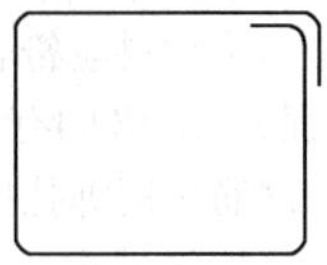
抗震结构	135°/135°	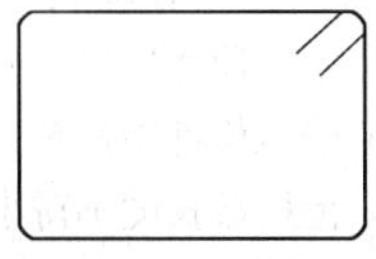

箍筋弯钩的弯曲直径应大于被箍主钢筋的直径，且 HPB235 钢筋不得小于箍筋直径的 2.5 倍，HRB335 不得小于箍筋直径的 4 倍；弯钩平直部分的长度，一般结构不宜小于箍筋直径的 5 倍，有抗震要求的结构不得小于箍筋直径的 10 倍。

6.2.5 钢筋宜在常温状态下弯制，不宜加热。钢筋宜从中部开始逐步向两端弯制，弯钩应一次弯成。

6.2.6 钢筋加工过程中，应采取防止油渍、泥浆等物污染和防止受损伤的措施。

6.3 钢 筋 连 接

6.3.1 热轧钢筋接头应符合设计要求。当设计无规定时，应符合下列规定：

1 钢筋接头宜采用焊接接头或机械连接接头。

2 焊接接头应优先选择闪光对焊。焊接接头应符合国家现行标准《钢筋焊接及验收规程》JGJ 18 的有关规定。

3 机械连接接头适用于 HRB335 和 HRB400 带肋钢筋的连接。机械连接接头应符合国家现行标准《钢筋机械连接通用技术规程》JGJ 107 的有关规定。

4 当普通混凝土中钢筋直径等于或小于 22mm 时，在无焊接条件时，可采用绑扎连接，但受拉构件中的主钢筋不得采用绑扎连接。

5 钢筋骨架和钢筋网片的交叉点焊接宜采用电阻点焊。

6 钢筋与钢板的 T 形连接，宜采用埋弧压力焊或电弧焊。

6.3.2 钢筋接头设置应符合下列规定：

1 在同一根钢筋上宜少设接头。

2 钢筋接头应设在受力较小区段，不宜位于构件的最大弯矩处。

3 在任一焊接或绑扎接头长度区段内，同一根钢筋不得有两个接头，在该区段内的受力钢筋，其接头的截面面积占总截面面积的百分率应符合表 6.3.2 规定。

表 6.3.2 接头长度区段内受力钢筋接头面积的最大百分率

接头类型	接头面积最大百分率（%）	
	受拉区	受压区
主钢筋绑扎接头	25	50
主钢筋焊接接头	50	不限制

注：1 焊接接头长度区段内是指 35d（d 为钢筋直径）长度范围内，但不得小于 500mm，绑扎接头长度区段是指 1.3 倍搭接长度；

2 装配式构件连接处的受力钢筋焊接接头可不受此限制；

3 环氧树脂涂层钢筋绑扎长度，对受拉钢筋应至少为涂层钢筋锚固长度的 1.5 倍且不小于 375mm；对受压钢筋为无涂层钢筋锚固长度的 1.0 倍且不小于 250mm。

4 接头末端至钢筋弯起点的距离不得小于钢筋直径的 10 倍。

5 施工中钢筋受力分不清受拉、压的，按受拉办理。

6 钢筋接头部位横向净距不得小于钢筋直径，且不得小于 25mm。

6.3.3 从事钢筋焊接的焊工必须经考试合格后持证上岗。钢筋焊接前，必须根据施工条件进行试焊。

6.3.4 钢筋闪光对焊应符合下列规定：

1 每批钢筋焊接前，应先选定焊接工艺和参数，进行试焊，在试焊质量合格后，方可正式焊接。

2 闪光对焊接头的外观质量应符合下列要求：

1）接头周缘应有适当的镦粗部分，并呈均匀的毛刺外形。

2）钢筋表面不得有明显的烧伤或裂纹。

3）接头边弯折的角度不得大于 3°。

4）接头轴线的偏移不得大于 0.1d，并不得大于 2mm。

3 在同条件下经外观检查合格的焊接接头，以 300 个作为一批（不足 300 个，也应按一批计），从中切取 6 个试件，3 个做拉伸试验，3 个做冷弯试验。

4 拉伸试验应符合下列要求：

1）当 3 个试件的抗拉强度均不小于该级别钢筋的规定值，至少有 2 个试件断于焊缝以外，且呈塑性断裂时，应判定该批接头拉伸试验合格；

2）当有 2 个试件抗拉强度小于规定值，或 3

个试件均在焊缝或热影响区发生脆性断裂❶时，则一次判定该批接头为不合格；

3）当有1个试件抗拉强度小于规定值，或2个试件在焊缝或热影响区发生脆性断裂，其抗拉强度小于钢筋规定值的1.1倍时，应进行复验。复验时，应再切取6个试件，复验结果，当仍有1个试件的抗拉强度小于规定值，或3个试件在焊缝或热影响区呈脆性断裂，其抗拉强度小于钢筋规定值的1.1倍时，应判定该批接头为不合格。

5 冷弯试验芯棒直径和弯曲角度应符合表6.3.4的规定。

表6.3.4 冷弯试验指标

钢筋牌号	芯棒直径	弯曲角（°）
HRB335	$4d$	90
HRB400	$5d$	90

注：1 d为钢筋直径；
2 直径大于25mm的钢筋接头，芯棒直径应增加$1d$。

冷弯试验时应将接头内侧的金属毛刺和镦粗凸起部分消除至与钢筋的外表齐平。焊接点应位于弯曲中心，绕芯棒弯曲90°。3个试件经冷弯后，在弯曲背面（含焊缝和热影响区）未发生破裂❷，应评定该批接头冷弯试验合格；当3个试件均发生破裂，则一次判定该批接头为不合格。当有1个试件发生破裂，应再切取6个试件，复验结果，仍有1个试件发生破裂时，应判定该批接头为不合格。

6 焊接时的环境温度不宜低于0℃。冬期闪光对焊宜在室内进行，且室外存放的钢筋应提前运入车间，焊后的钢筋应等待完全冷却后才能运往室外。在困难条件下，对以承受静力荷载为主的钢筋，闪光对焊的环境温度可降低，但最低不得低于－10℃。

6.3.5 热轧光圆钢筋和热轧带肋钢筋的接头采用搭接或帮条电弧焊时，应符合下列规定：

1 接头应采用双面焊缝，在脚手架上进行双面焊困难时方可采用单面焊。

2 当采用搭接焊时，两连接钢筋轴线应一致。双面焊缝的长度不得小于$5d$，单面焊缝的长度不得小于$10d$（d为钢筋直径）。

3 当采用帮条焊时，帮条直径、级别应与被焊钢筋一致，帮条长度：双面焊缝不得小于$5d$，单面焊缝不得小于$10d$（d为主筋直径）。帮条与被焊钢筋的轴线应在同一平面上，两主筋端面的间隙应为2～4mm。

4 搭接焊和帮条焊接头的焊缝高度应等于或大于$0.3d$，并不得小于4mm；焊缝宽度应等于或大于$0.7d$（d为主筋直径），并不得小于8mm。

5 钢筋与钢板进行搭接焊时应采用双面焊接，搭接长度应大于钢筋直径的4倍（HPB235钢筋）或5倍（HRB335、HRB400钢筋）。焊缝高度应等于或大于$0.35d$，且不得小于4mm；焊缝宽度应等于或大于$0.5d$，并不得小于6mm（d为钢筋直径）。

6 采用搭接焊、帮条焊的接头，应逐个进行外观检查。焊缝表面应平顺、无裂纹、夹渣和较大的焊瘤等缺陷。

7 在同条件下完成并经外观检查合格的焊接接头，以300个作为一批（不足300个，也按一批计），从中切取3个试件，做拉伸试验。拉伸试验应符合本规范第6.3.4条第4款规定。

6.3.6 焊接材料应符合国家现行标准《钢筋焊接及验收规程》JGJ18的有关规定。

6.3.7 钢筋采用绑扎接头时，应符合下列规定：

1 受拉区域内，HPB235钢筋绑扎接头的末端应做成弯钩，HRB335、HRB400钢筋可不做弯钩。

2 直径不大于12mm的受压HPB235钢筋的末端，以及轴心受压构件中任意直径的受力钢筋的末端，可不做弯钩，但搭接长度不得小于钢筋直径的35倍。

3 钢筋搭接处，应在中心和两端至少3处用绑丝绑牢，钢筋不得滑移。

4 受拉钢筋绑扎接头的搭接长度，应符合表6.3.7的规定；受压钢筋绑扎接头的搭接长度，应取受拉钢筋绑扎接头长度的0.7倍。

5 施工中钢筋受力分不清受拉或受压时，应符合受拉钢筋的规定。

表6.3.7 受拉钢筋绑扎接头的搭接长度

钢筋牌号	混凝土强度等级		
	C20	C25	＞C25
HPB235	$35d$	$30d$	$25d$
HRB335	$45d$	$40d$	$35d$
HRB400	—	$50d$	$45d$

注：1 当带肋钢筋直径d＞25mm时，其受拉钢筋的搭接长度应按表中数值增加$5d$采用；
2 当带肋钢筋直径d＜25mm时，其受拉钢筋的搭接长度应按表中值减少$5d$采用；
3 当混凝土在凝固过程中受力钢筋易受扰动时，其搭接长度应适当增加；
4 在任何情况下，纵向受拉钢筋的搭接长度不得小于300mm；受压钢筋的搭接长度不得小于200mm；
5 轻骨料混凝土的钢筋绑扎接头搭接长度应按普通混凝土搭接长度增加$5d$；
6 当混凝土强度等级低于C20时，HPB235、HRB335钢筋的搭接长度应按表中C20的数值相应增加$10d$；
7 对有抗震要求的受力钢筋的搭接长度，当抗震烈度为七度（及以上）时应增加$5d$；
8 两根直径不同的钢筋的搭接长度，以较细钢筋的直径计算。

---

❶ 当接头试件虽在焊缝或热影响区呈脆性断裂，但其抗拉强度大于或等于钢筋规定抗拉强度的1.1倍时，可按在焊缝或热影响区之外呈延性断裂同等对待。

❷ 当试件外侧横向裂纹宽度达到0.5mm时，应认定已经破裂。

6.3.8 钢筋采用机械连接接头时，应符合下列规定：

1 从事钢筋机械连接的操作人员应经专业技术培训，考核合格后，方可上岗。

2 钢筋采用机械连接接头时，其应用范围、技术要求、质量检验及采用设备、施工安全、技术培训等应符合国家现行标准《钢筋机械连接通用技术规程》JGJ 107、《带肋钢筋套筒挤压连接技术规程》JGJ 108的有关规定。

3 当混凝土结构中钢筋接头部位温度低于－10℃时，应进行专门的试验。

4 型式检验应由国家、省部级主管部门认定有资质的检验机构进行，并应按国家现行标准《钢筋机械连接通用技术规程》JGJ 107规定的格式出具试验报告和评定结论。

5 带肋钢筋套筒挤压接头的套筒两端外径和壁厚相同时，被连接钢筋直径相差不得大于5mm。套筒在运输和储存中不得腐蚀和沾污。

6 同一结构内机械连接接头不得使用两个生产厂家提供的产品。

7 在同条件下经外观检查合格的机械连接接头，应以每300个为一批（不足300个也按一批计），从中抽取3个试件做单向拉伸试验，并作出评定。如有1个试件抗拉强度不符合要求，应再取6个试件复验，如再有1个试件不合格，则该批接头应判为不合格。

6.4 钢筋骨架和钢筋网的组成与安装

6.4.1 施工现场可根据结构情况和现场运输起重条件，先分部预制成钢筋骨架或钢筋网片，入模就位后再焊接或绑扎成整体骨架。为确保分部钢筋骨架具有足够的刚度和稳定性，可在钢筋的部分交叉点处施焊或用辅助钢筋加固。

6.4.2 钢筋骨架制作和组装应符合下列规定：

1 钢筋骨架的焊接应在坚固的工作台上进行。

2 组装时应按设计图纸放大样，放样时应考虑骨架预拱度。简支梁钢筋骨架预拱度宜符合表6.4.2的规定。

表6.4.2 简支梁钢筋骨架预拱度

跨度（m）	工作台上预拱度（cm）	骨架拼装时预拱度（cm）	构件预拱度（cm）
7.5	3	1	0
10～12.5	3～5	2～3	1
15	4～5	3	2
20	5～7	4～5	3

注：跨度大于20m时应按设计规定预留拱度。

3 组装时应采取控制焊接局部变形措施。

4 骨架接长焊接时，不同直径钢筋的中心线应在同一平面上。

6.4.3 钢筋网片采用电阻点焊应符合下列规定：

1 当焊接网片的受力钢筋为HPB235钢筋时，如焊接网片只有一个方向受力，受力主筋与两端的两根横向钢筋的全部交叉点必须焊接；如焊接网片为两个方向受力，则四周边缘的两根钢筋的全部交叉点必须焊接，其余的交叉点可间隔焊接或绑、焊相间。

2 当焊接网片的受力钢筋为冷拔低碳钢丝，而另一方向的钢筋间距小于100mm时，除受力主筋与两端的两根横向钢筋的全部交叉点必须焊接外，中间部分的焊点距离可增大至250mm。

6.4.4 现场绑扎钢筋应符合下列规定：

1 钢筋的交叉点应采用绑丝绑牢，必要时可辅以点焊。

2 钢筋网的外围两行钢筋交叉点应全部扎牢，中间部分交叉点可间隔交错扎牢。但双向受力的钢筋网，钢筋交叉点必须全部扎牢。

3 梁和柱的箍筋，除设计有特殊要求外，应与受力钢筋垂直设置；箍筋弯钩叠合处，应位于梁和柱角的受力钢筋处，并错开设置（同一截面上有两个以上箍筋的大截面梁和柱除外）；螺旋形箍筋的起点和终点均应绑扎在纵向钢筋上，有抗扭要求的螺旋箍筋，钢筋应伸入核心混凝土中。

4 矩形柱角部竖向钢筋的弯钩平面与模板面的夹角应为45°；多边形柱角部竖向钢筋弯钩平面应朝向断面中心；圆形柱所有竖向钢筋弯钩平面应朝向圆心。小型截面柱当采用插入式振捣器时，弯钩平面与模板面的夹角不得小于15°。

5 绑扎接头搭接长度范围内的箍筋间距：当钢筋受拉时应小于$5d$，且不得大于100mm；当钢筋受压时应小于$10d$，且不得大于200mm。

6 钢筋骨架的多层钢筋之间，应用短钢筋支垫，确保位置准确。

6.4.5 钢筋的混凝土保护层厚度，必须符合设计要求。设计无规定时应符合下列规定：

1 普通钢筋和预应力直线形钢筋的最小混凝土保护层厚度不得小于钢筋公称直径，后张法构件预应力直线形钢筋不得小于其管道直径的1/2，且应符合表6.4.5的规定。

2 当受拉区主筋的混凝土保护层厚度大于50mm时，应在保护层内设置直径不小于6mm、间距不大于100mm的钢筋网。

3 钢筋机械连接件的最小保护层厚度不得小于20mm。

4 应在钢筋与模板之间设置垫块，确保钢筋的混凝土保护层厚度，垫块应与钢筋绑扎牢固、错开布置。

表 6.4.5 普通钢筋和预应力直线形钢筋最小混凝土保护层厚度（mm）

构件类别		环境条件		
		Ⅰ	Ⅱ	Ⅲ、Ⅳ
基础、桩基承台	基坑底面有垫层或侧面有模板（受力主筋）	40	50	60
	基坑底面无垫层或侧面无模板（受力主筋）	60	75	85
墩台身、挡土结构、涵洞、梁、板、拱圈、拱上建筑（受力主筋）		30	40	45
缘石、中央分隔带、护栏等行车道构件（受力主筋）		30	40	45
人行道构件、栏杆（受力主筋）		20	25	30
箍　筋				
收缩、温度、分布、防裂等表层钢筋		15	20	25

注：1　环境条件Ⅰ—湿暖或寒冷地区的大气环境，与无侵蚀性的水或土接触的环境；Ⅱ—严寒地区的大气环境、使用除冰盐环境、滨海环境；Ⅲ—海水环境；Ⅳ—受侵蚀性物质影响的环境；

2　对于环氧树脂涂层钢筋，可按环境类别Ⅰ取用。

6.5 检验标准

主控项目

6.5.1 材料应符合下列规定：

1 钢筋、焊条的品种、牌号、规格和技术性能必须符合国家现行标准规定和设计要求。

检查数量：全数检查。

检验方法：检查产品合格证、出厂检验报告。

2 钢筋进场时，必须按批抽取试件做力学性能和工艺性能试验，其质量必须符合国家现行标准的规定。

检查数量：以同牌号、同炉号、同规格、同交货状态的钢筋，每60t为一批，不足60t也按一批计，每批抽检1次。

检验方法：检查试件检验报告。

3 当钢筋出现脆断、焊接性能不良或力学性能显著不正常等现象时，应对该批钢筋进行化学成分检验或其他专项检验。

检查数量：该批钢筋全数检查。

检验方法：检查专项检验报告。

6.5.2 钢筋弯制和末端弯钩均应符合设计要求和本规范第6.2.3、6.2.4条的规定。

检查数量：每工作日同一类型钢筋抽查不少于3件。

检验方法：用钢尺量。

6.5.3 受力钢筋连接应符合下列规定：

1 钢筋的连接形式必须符合设计要求。

检查数量：全数检查。

检验方法：观察。

2 钢筋接头位置、同一截面的接头数量、搭接长度应符合设计要求和本规范第6.3.2条和第6.3.5条的规定。

检查数量：全数检查。

检验方法：观察、用钢尺量。

3 钢筋焊接接头质量应符合国家现行标准《钢筋焊接及验收规程》JGJ 18的规定和设计要求。

检查数量：外观质量全数检查；力学性能检验按本规范第6.3.4、6.3.5条规定抽样做拉伸试验和冷弯试验。

检验方法：观察、用钢尺量、检查接头性能检验报告。

4 HRB335和HRB400带肋钢筋机械连接接头质量应符合国家现行标准《钢筋机械连接通用技术规程》JGJ 107、《带肋钢筋套筒挤压连接技术规程》JGJ 108的规定和设计要求。

检查数量：外观质量全数检查；力学性能检验按本规范第6.3.8条规定抽样做拉伸试验。

检验方法：外观用卡尺或专用量具检查、检查合格证和出厂检验报告、检查进场验收记录和性能复验报告。

6.5.4 钢筋安装时，其品种、规格、数量、形状，必须符合设计要求。

检查数量：全数检查。

检验方法：观察、用钢尺量。

一般项目

6.5.5 预埋件的规格、数量、位置等必须符合设计要求。

检查数量：全数检查。

检验方法：观察、用钢尺量。

6.5.6 钢筋表面不得有裂纹、结疤、折叠、锈蚀和油污，钢筋焊接接头表面不得有夹渣、焊瘤。

检查数量：全数检查。

检验方法：观察。

6.5.7 钢筋加工允许偏差应符合表6.5.7的规定。

表 6.5.7 钢筋加工允许偏差

检查项目	允许偏差(mm)	检查频率		检查方法
		范　围	点数	
受力钢筋顺长度方向全长的净尺寸	±10	按每工作日同一类型钢筋、同一加工设备抽查3件	3	用钢尺量
弯起钢筋的弯折	±20			
箍筋内净尺寸	±5			

6.5.8 钢筋网允许偏差应符合表 6.5.8 的规定。

表 6.5.8 钢筋网允许偏差

<table>
<tr><th rowspan="2">检查项目</th><th rowspan="2">允许偏差(mm)</th><th colspan="2">检验频率</th><th rowspan="2">检验方法</th></tr>
<tr><th>范围</th><th>点数</th></tr>
<tr><td>网的长、宽</td><td>±10</td><td rowspan="3">每片钢筋网</td><td rowspan="3">3</td><td>用钢尺量两端和中间各 1 处</td></tr>
<tr><td>网眼尺寸</td><td>±10</td><td>用钢尺量任意 3 个网眼</td></tr>
<tr><td>网眼对角线差</td><td>15</td><td>用钢尺量任意 3 个网眼</td></tr>
</table>

6.5.9 钢筋成形和安装允许偏差应符合表 6.5.9 的规定。

表 6.5.9 钢筋成形和安装允许偏差

<table>
<tr><th colspan="3" rowspan="2">检查项目</th><th rowspan="2">允许偏差(mm)</th><th colspan="2">检验频率</th><th rowspan="2">检验方法</th></tr>
<tr><th>范围</th><th>点数</th></tr>
<tr><td rowspan="4">受力钢筋间距</td><td colspan="2">两排以上排距</td><td>±5</td><td rowspan="10">每个构筑物或每个构件</td><td rowspan="4">3</td><td rowspan="4">用钢尺量，两端和中间各一个断面，每个断面连续量取钢筋间(排)距，取其平均值计 1 点</td></tr>
<tr><td rowspan="2">同排</td><td>梁板、拱肋</td><td>±10</td></tr>
<tr><td>基础、墩台、柱</td><td>±20</td></tr>
<tr><td colspan="2">灌注桩</td><td>±20</td></tr>
<tr><td colspan="3">箍筋、横向水平筋、螺旋筋间距</td><td>±10</td><td>5</td><td>连续量取 5 个间距，其平均值计 1 点</td></tr>
<tr><td rowspan="2">钢筋骨架尺寸</td><td colspan="2">长</td><td>±10</td><td>3</td><td rowspan="2">用钢尺量，两端和中间各 1 处</td></tr>
<tr><td colspan="2">宽、高或直径</td><td>±5</td><td>3</td></tr>
<tr><td colspan="3">弯起钢筋位置</td><td>±20</td><td>30%</td><td>用钢尺量</td></tr>
<tr><td rowspan="3">钢筋保护层厚度</td><td colspan="2">墩台、基础</td><td>±10</td><td rowspan="3">10</td><td rowspan="3">沿模板周边检查，用钢尺量</td></tr>
<tr><td colspan="2">梁、柱、桩</td><td>±5</td></tr>
<tr><td colspan="2">板、墙</td><td>±3</td></tr>
</table>

7 混 凝 土

7.1 一 般 规 定

7.1.1 混凝土强度应按现行国家标准《混凝土强度检验评定标准》GBJ 107 的规定检验评定。

7.1.2 混凝土宜使用非碱活性骨料，当使用碱活性骨料时，混凝土的总碱含量不宜大于 3kg/m³；对大桥、特大桥梁总碱含量不宜大于 1.8kg/m³；对处于环境类别属三类以上受严重侵蚀环境的桥梁，不得使用碱活性骨料。混凝土结构的环境类别应按表 7.1.2 确定。

表 7.1.2 混凝土结构的环境类别

<table>
<tr><th colspan="2">环境类别</th><th>条 件</th></tr>
<tr><td colspan="2">一</td><td>室内正常环境</td></tr>
<tr><td rowspan="2">二</td><td>a</td><td>室内潮湿环境；非严寒和非寒冷地区的露天环境、与无侵蚀性的水或土壤直接接触的环境</td></tr>
<tr><td>b</td><td>严寒和寒冷地区的露天环境、与无侵蚀性的水或土壤直接接触的环境</td></tr>
<tr><td colspan="2">三</td><td>使用除冰盐的环境；严寒和寒冷地区冬季水位变动的环境；滨海室外环境</td></tr>
<tr><td colspan="2">四</td><td>海水环境</td></tr>
<tr><td colspan="2">五</td><td>受人为或自然的侵蚀性物质影响的环境</td></tr>
</table>

注：严寒和寒冷地区的划分应符合现行国家标准《民用建筑热工设计规范》GB 50176 的规定。

7.1.3 混凝土的强度达到 2.5MPa 后，方可承受小型施工机械荷载，进行下道工序前，混凝土应达到相应的强度。

7.2 配制混凝土用的材料

7.2.1 水泥应符合下列规定：

1 选用水泥不得对混凝土结构强度、耐久性和使用条件产生不利影响。

2 选用水泥应以能使所配制的混凝土强度达到要求、收缩小、和易性好和节约水泥为原则。

3 水泥的强度等级应根据所配制混凝土的强度等级选定。水泥与混凝土强度等级之比，C30 及以下的混凝土，宜为 1.1～1.2；C35 及以上混凝土宜为 0.9～1.5。

4 水泥的技术条件应符合现行国家标准《通用硅酸盐水泥》GB 175 的规定，并应有出厂检验报告和产品合格证。

5 进场水泥，应按现行国家标准《混凝土结构工程施工质量验收规范》GB 50204 的规定进行强度、细度、安定性和凝结时间的试验。

6 当在使用中对水泥质量有怀疑或出厂日期逾 3 个月（快硬硅酸盐水泥逾 1 个月）时，应进行复验，并按复验结果使用。

7.2.2 矿物掺合料应符合下列规定：

1 配制混凝土所用的矿物掺合料宜为粉煤灰、火山灰、粒化高炉矿渣等材料。

2 矿物掺合料的技术条件应符合现行国家标准《用于水泥和混凝土中的粉煤灰》GB/T 1596、《用于水泥中的火山灰质混合材料》GB/T 2847 等的规定，并应有出厂检验报告和产品合格证。对矿物掺合料的质量有怀疑时，应对其质量进行复验。

3 掺合料中不得含放射性或对混凝土性能有害的物质。

7.2.3 细骨料应符合下列规定：

1 混凝土的细骨料，应采用质地坚硬、级配良好、颗粒洁净、粒径小于5mm的天然河砂、山砂，或采用硬质岩石加工的机制砂。

2 混凝土用砂一般应以细度模数2.5～3.5的中、粗砂为宜。

3 砂的分类、级配及各项技术指标应符合国家现行标准《普通混凝土用砂、石质量及检验方法标准》JGJ 52的有关规定。

7.2.4 粗骨料应符合下列规定：

1 粗骨料最大粒径应按混凝土结构情况及施工方法选取，最大粒径不得超过结构最小边尺寸的1/4和钢筋最小净距的3/4；在两层或多层密布钢筋结构中，不得超过钢筋最小净距的1/2，同时最大粒径不得超过100mm。

2 施工前应对所用的粗骨料进行碱活性检验。

3 粗骨料的颗粒级配范围、各项技术指标以及碱活性检验应符合国家现行标准《普通混凝土用砂、石质量及检验方法标准》JGJ 52的有关规定。

7.2.5 拌合用水应符合国家现行标准《混凝土用水标准》JGJ 63的规定。

7.2.6 外加剂应符合现行国家标准《混凝土外加剂》GB 8076的规定。

7.3 混凝土配合比

7.3.1 混凝土配合比应以质量比计，并应通过设计和试配选定。试配时应使用施工实际采用的材料，配制的混凝土拌合物应满足和易性、凝结时间等施工技术条件，制成的混凝土应符合强度、耐久性等要求。

7.3.2 混凝土配合比设计应符合国家现行标准《普通混凝土配合比设计规程》JGJ/T 55的规定。

7.3.3 混凝土的最大水胶比和最小水泥用量应符合表7.3.3的规定。

表7.3.3 混凝土的最大水胶比和最小水泥用量

混凝土结构所处环境	无筋混凝土		钢筋混凝土	
	最大水胶比	最小水泥用量（kg/m^3）	最大水胶比	最小水泥用量（kg/m^3）
温暖地区或寒冷地区，无侵蚀物质影响，与土直接接触	0.60	250	0.55	280
严寒地区或使用除冰盐的桥梁	0.55	280	0.50	300
受侵蚀性物质影响	0.45	300	0.40	325

注：1 本表中的水胶比，系指水与水泥（包括矿物掺合料）用量的比值。
2 本表中的最小水泥用量包括矿物掺合料。当掺用外加剂且能有效地改善混凝土的和易性时，水泥用量可减少25kg/m^3。
3 严寒地区系指最冷月份平均气温低于－10℃且日平均温度在低于5℃的天数大于145d的地区。

7.3.4 混凝土的最大水泥用量（包括矿物掺合料）不宜超过500kg/m^3；配制大体积混凝土时水泥用量不宜超过350kg/m^3。

7.3.5 配制混凝土时，应根据结构情况和施工条件确定混凝土拌合物的坍落度，可按表7.3.5选用。

表7.3.5 混凝土浇筑时的坍落度

结构类别	坍落度（mm）（振动器振动）
小型预制块及便于浇筑振捣的结构	0～20
桥梁基础、墩台等无筋或少筋的结构	10～30
普通配筋率的钢筋混凝土结构	30～50
配筋较密、断面较小的钢筋混凝土结构	50～70
配筋较密、断面高而窄的钢筋混凝土结构	70～90

7.3.6 当工程需要获得较大的坍落度时，可在不改变混凝土的水胶比、不影响混凝土的质量情况下，适当掺外加剂。

7.3.7 矿物掺合料可作为水泥替代材料或混凝土拌合物的填充材料掺于水泥混凝土中，其掺量应根据对混凝土各龄期强度和耐久性要求、混凝土的工作性及施工条件等因素通过试验确定。

7.3.8 在混凝土中掺外加剂时，应符合现行国家标准《混凝土外加剂应用技术规范》GB 50119的规定，并应符合下列规定：

1 外加剂的品种及掺量应根据混凝土的性能要求、施工方法、气候条件、混凝土的原材料等因素，经试配确定。

2 在钢筋混凝土中不得掺用氯化钙、氯化钠等氯盐。无筋混凝土的氯化钙或氯化钠掺量，以干质量计，不得超过水泥用量的3%。

3 混凝土中氯化物的总含量应符合现行国家标准《混凝土质量控制标准》GB 50164的规定。位于温暖或寒冷地区，无侵蚀性物质影响及与土直接接触的钢筋混凝土构件，混凝土中的氯离子含量不宜超过水泥用量的0.30%；位于严寒的大气环境、使用除冰盐环境、滨海环境，氯离子含量不宜超过水泥用量的0.15%；海水环境和受侵蚀性物质影响的环境，氯离子含量不宜超过水泥用量的0.10%。

4 掺入加气剂的混凝土的含气量宜为3.5%～5.5%。

5 使用两种（含）以上外加剂时，应彼此相容。

7.3.9 当配制高强度混凝土时，配合比尚应符合下列规定：

1 当无可靠的强度统计数据及标准差时，混凝土的施工配制强度（平均值），C50～C60不应低于强度等级的1.15倍，C70～C80不应低于强度等级值

1.12 倍。

2 水胶比宜控制在 0.24～0.38 的范围内。

3 纯水泥用量不宜超过 550kg/m³；水泥与掺合料的总量不宜超过 600kg/m³。粉煤灰掺量不宜超过胶结料总量的 30%；沸石粉不宜超过 10%；硅粉不宜超过 8%。

4 砂率宜控制在 28%～34%的范围内。

5 高效减水剂的掺量宜为胶结料的 0.5%～1.8%。

7.4 混凝土拌制和运输

7.4.1 混凝土应使用机械集中拌制。

7.4.2 拌制混凝土宜采用自动计量装置，并应定期检定，保持计量准确。

7.4.3 混凝土原材料应分类放置，不得混淆和污染。

7.4.4 拌制混凝土所用各种材料应按质量投料。

7.4.5 使用机械拌制时，自全部材料装入搅拌机开始搅拌起，至开始卸料时止，延续搅拌的最短时间应符合表 7.4.5 的规定。

表 7.4.5 混凝土延续搅拌的最短时间

搅拌机类型	搅拌机容量（L）	混凝土坍落度（mm）		
		<30	30～70	>70
		混凝土最短搅拌时间（min）		
强制式	≤400	1.5	1.0	1.0
	≤1500	2.5	1.5	1.5

注：1 当掺入外加剂时，外加剂应调成适当浓度的溶液再掺入，搅拌时间宜延长；

2 采用分次投料搅拌工艺时，搅拌时间应按工艺要求办理；

3 当采用其他形式的搅拌设备时，搅拌的最短时间应按设备说明书的规定办理，或经试验确定。

7.4.6 混凝土拌合物应均匀、颜色一致，不得有离析和泌水现象。混凝土拌合物均匀性的检测方法应符合现行国家标准《混凝土搅拌机》GB/T 9142 的规定。

7.4.7 混凝土拌合物的坍落度，应在搅拌地点和浇筑地点分别随机取样检测，每一工作班或每一单元结构物不应少于两次。评定时应以浇筑地点的测值为准。如混凝土拌合物从搅拌机出料起至浇筑入模的时间不超过 15min 时，其坍落度可仅在搅拌地点取样检测。

7.4.8 拌制高强度混凝土必须使用强制式搅拌机。减水剂宜采用后掺法。加入减水剂后，混凝土拌合物在搅拌机中继续搅拌的时间，当用粉剂时不得少于 60s，当用溶液时不得少于 30s。

7.4.9 混凝土在运输过程中应采取防止发生离析、漏浆、严重泌水及坍落度损失等现象的措施。用混凝土搅拌运输车运输混凝土时，途中应以每分钟 2～4 转的慢速进行搅动。当运至现场的混凝土出现离析、严重泌水等现象，应进行第二次搅拌。经二次搅拌仍不符合要求，则不得使用。

7.4.10 混凝土从加水搅拌至入模的延续时间不宜大于表 7.4.10 的规定。

表 7.4.10 混凝土从加水搅拌至入模的延续时间

搅拌机出料时的混凝土温度（℃）	无搅拌设施运输（min）	有搅拌设施运输（min）
20～30	30	60
10～19	45	75
5～9	60	90

注：掺用外加剂或采用快硬水泥时，运输允许持续时间应根据试验确定。

7.5 混凝土浇筑

7.5.1 浇筑混凝土前，应对支架、模板、钢筋和预埋件进行检查，确认符合设计和施工设计要求。模板内的杂物、积水、钢筋上的污垢应清理干净。模板内面应涂刷隔离剂，并不得污染钢筋等。

7.5.2 自高处向模板内倾卸混凝土时，其自由倾落高度不得超过 2m；当倾落高度超过 2m 时，应通过串筒、溜槽或振动溜管等设施下落；倾落高度超过 10m 时应设置减速装置。

7.5.3 混凝土应按一定厚度、顺序和方向水平分层浇筑，上层混凝土应在下层混凝土初凝前浇筑、捣实，上下层同时浇筑时，上层与下层前后浇筑距离应保持 1.5m 以上。混凝土分层浇筑厚度不宜超过表 7.5.3 的规定。

表 7.5.3 混凝土分层浇筑厚度

捣实方法	配筋情况	浇筑层厚度（mm）
用插入式振动器	—	300
用附着式振动器	—	300
用表面振动器	无筋或配筋稀疏时	250
	配筋较密时	150

注：表列规定可根据结构和振动器型号等情况适当调整。

7.5.4 浇筑混凝土时，应采用振动器振捣。振捣时不得碰撞模板、钢筋和预埋部件。振捣持续时间宜为 20～30s，以混凝土不再沉落、不出现气泡、表面呈现浮浆为度。

7.5.5 混凝土的浇筑应连续进行，如因故间断时，其间断时间应小于前层混凝土的初凝时间。混凝土运输、浇筑及间歇的全部时间不得超过表 7.5.5 的规定。

表 7.5.5 混凝土运输、浇筑及间歇的全部允许时间（min）

混凝土强度等级	气温不高于 25℃	气温高于 25℃
≤C30	210	180
>C30	180	150

注：C50 以上混凝土和混凝土中掺有促凝剂或缓凝剂时，其允许间歇时间应根据试验结果确定。

7.5.6 当浇筑混凝土过程中，间断时间超过本规范第 7.5.5 条规定时，应设置施工缝，并应符合下列规定：

1 施工缝宜留置在结构受剪力和弯矩较小、便于施工的部位，且应在混凝土浇筑之前确定。施工缝不得呈斜面。

2 先浇混凝土表面的水泥砂浆和松弱层应及时凿除。凿除时的混凝土强度，水冲法应达到 0.5MPa；人工凿毛应达到 2.5MPa；机械凿毛应达到 10MPa。

3 经凿毛处理的混凝土面，应清除干净，在浇筑后续混凝土前，应铺 10～20mm 同配比的水泥砂浆。

4 重要部位及有抗震要求的混凝土结构或钢筋稀疏的混凝土结构，应在施工缝处补插锚固钢筋或石榫；有抗渗要求的施工缝宜做成凹形、凸形或设止水带。

5 施工缝处理后，应待下层混凝土强度达到 2.5MPa 后，方可浇筑后续混凝土。

7.6 混凝土养护

7.6.1 施工现场应根据施工对象、环境、水泥品种、外加剂以及对混凝土性能的要求，制定具体的养护方案，并应严格执行方案规定的养护制度。

7.6.2 常温下混凝土浇筑完成后，应及时覆盖并洒水养护。

7.6.3 当气温低于 5℃时，应采取保温措施，并不得对混凝土洒水养护。

7.6.4 混凝土洒水养护的时间，采用硅酸盐水泥、普通硅酸盐水泥或矿渣硅酸盐水泥的混凝土，不得少于 7d；掺用缓凝型外加剂或有抗渗等要求以及高强度混凝土，不得少于 14d。使用真空吸水的混凝土，可在保证强度条件下适当缩短养护时间。

7.6.5 采用涂刷薄膜养护剂养护时，养护剂应通过试验确定，并应制定操作工艺。

7.6.6 采用塑料膜覆盖养护时，应在混凝土浇筑完成后及时覆盖严密，保证膜内有足够的凝结水。

7.7 泵送混凝土

7.7.1 泵送混凝土的原材料和配合比应符合下列规定：

1 水泥应采用保水性好、泌水性小的品种，混凝土中的水泥用量（含掺合料）不宜小于 $300kg/m^3$。

2 细骨料宜选用中砂，粒径小于 300μm 颗粒所占的比例宜为 15%～20%，砂率宜为 38%～45%。

3 粗骨料宜采用连续级配，其针片状颗粒含量不宜大于 10%；粗骨料的最大粒径与所用输送管的管径之比宜符合表 7.7.1 的规定。

表 7.7.1 粗骨料的最大粒径与输送管管径之比

石子品种	泵送高度（m）	粗骨料最大粒径与输送管径之比
碎 石	<50	≤1∶3.0
	50～100	≤1∶4.0
	>100	≤1∶5.0
卵 石	<50	≤1∶2.5
	50～100	≤1∶3.0
	>100	≤1∶4.0

4 掺入粉煤灰后，砂率宜减小 2%～6%。粉煤灰掺入量，硅酸盐水泥不宜大于水泥重量的 30%、普通硅酸盐水泥不宜大于 20%、矿渣硅酸盐水泥不宜大于 15%。

5 混凝土的配合比除应满足设计强度和耐久性要求外，尚应满足泵送要求。泵送混凝土入泵坍落度不宜小于 80mm；当泵送高度大于 100m 时，不宜小于 180mm。水灰比宜为 0.4～0.6。

7.7.2 泵送混凝土施工应符合下列规定：

1 混凝土的供应必须保证输送混凝土的泵能连续工作。

2 输送管线宜直，转弯宜缓，接头应严密。

3 泵送前应先用与混凝土成分相同的水泥浆润滑输送管内壁。

4 泵送混凝土因故间歇时间超过 45min 时，应采用压力水或其他方法冲洗管内残留的混凝土。

5 泵送过程中，受料斗内应具有足够的混凝土，以防止吸入空气产生阻塞。

7.8 抗冻混凝土

7.8.1 抗冻混凝土应选用硅酸盐水泥或普通硅酸盐水泥，不宜使用火山灰质硅酸盐水泥。

7.8.2 抗冻混凝土宜选用连续级配的粗骨料，其含泥量不得大于 1%，泥块含量不得大于 0.5%；细骨料含泥量不得大于 3%，泥块含量不得大于 1%。

7.8.3 抗冻混凝土的水胶比不得大于 0.5。

7.8.4 位于水位变动区的抗冻混凝土，其抗冻等级不得低于表 7.8.4 的规定。

表 7.8.4　水位变动区混凝土抗冻等级

构筑物所在地区	海水环境		淡水环境	
	钢筋混凝土及预应力混凝土	无筋混凝土	钢筋混凝土及预应力混凝土	无筋混凝土
严重受冻地区（最冷月的月平均气温低于−8℃）	F350	F300	F250	F200
受冻地区（最冷月的月均气温在−4～−8℃之间）	F300	F250	F200	F150
微冻地区（最冷月的月平均气温在0～−4℃之间）	F250	F200	F150	F100

注：1　试验过程中试件所接触的介质应与构筑物实际接触的介质相近；

2　墩、台身和防护堤等构筑物的混凝土应选用比同一地区高一级的抗冻等级；

3　面层应选用比水位变动区抗冻等级低 2～3 级的混凝土。

7.8.5　抗冻混凝土必须掺入适量引气剂，其拌合物的含气量应符合表 7.8.5 的规定。

表 7.8.5　抗冻混凝土拌合物含气量控制范围

骨料最大粒径（mm）	含气量（%）	骨料最大粒径（mm）	含气量（%）
10.0	5.0～8.0	40.0	3.0～6.0
20.0	4.0～7.0	63.0	3.0～5.0
31.5	3.5～6.5	—	—

7.8.6　处于冻融循环下的重要工程混凝土，宜进行骨料的坚固性试验，坚固性试验的失重率，细骨料应小于 8%；粗骨料应小于 5%。

7.8.7　处于干湿交替、冻融循环下的混凝土，粗、细骨料中的水溶性氯化物折合氯离子含量均不得超过骨料质量的 0.02%。如使用环境的季节或日夜温差剧烈，应选用线胀系数较小的粗骨料，以提高混凝土的抗裂性。

7.8.8　抗冻混凝土除应检验强度外，尚应检验其抗冻性能。

7.9　抗渗混凝土

7.9.1　抗渗混凝土应按设计要求分别采用普通抗渗混凝土、外加剂抗渗混凝土和膨胀水泥抗渗混凝土。

7.9.2　抗渗混凝土应选用泌水小、水化热低的水泥。采用矿渣水泥时，应加入减小泌水性的外加剂。

7.9.3　抗渗混凝土的粗骨料应采用连续粒级，最大粒径不得大于 40mm，含泥量不得大于 1%；细骨料含泥量不得大于 3%。

7.9.4　抗渗混凝土宜采用防水剂、膨胀剂、引气剂、减水剂或引气减水剂等外加剂。掺用引气剂时含气量宜控制在 3% ～5%。

7.9.5　抗渗混凝土宜掺用矿物掺合料。

7.9.6　配制抗渗混凝土时，其抗渗压力应比设计要求提高 0.2MPa。

7.9.7　抗渗混凝土中的水泥和矿物掺合料总量不宜小于320kg/m³；砂率宜为 35%～45%；最大水胶比应符合表 7.9.7 的规定。

表 7.9.7　抗渗混凝土的最大水胶比

抗 渗 等 级	≤C30	>C30
P6	0.6	0.55
P8～P12	0.55	0.50
P12 以上	0.50	0.45

注：1　矿物掺合料取代量不宜大于 20%；

2　表中水胶比为水与水泥（包括矿物掺合料）用量的比值。

7.9.8　抗渗混凝土搅拌时间不得小于 2min。

7.9.9　抗渗混凝土湿润养护时间不得小于 14d。

7.9.10　抗渗混凝土拆模时，结构表面温度与环境气温之差不得大于 15℃。地下结构部分的抗渗混凝土，拆模后应及时回填。

7.9.11　抗渗混凝土除应检验强度外，尚应检验其抗渗性能。

7.10　大体积混凝土

7.10.1　大体积混凝土施工时，应根据结构、环境状况采取减少水化热的措施。

7.10.2　大体积混凝土应均匀分层、分段浇筑，并应符合下列规定：

1　分层混凝土厚度宜为 1.5～2.0m。

2　分段数目不宜过多。当横截面面积在 200m² 以内时不宜大于 2 段，在 300m² 以内时不宜大于 3 段。每段面积不得小于 50m²。

3　上、下层的竖缝应错开。

7.10.3　大体积混凝土应在环境温度较低时浇筑，浇筑温度（振捣后 50～100mm 深处的温度）不宜高于 28℃。

7.10.4　大体积混凝土应采取循环水冷却、蓄热保温等控制体内外温差的措施，并及时测定浇筑后混凝土表面和内部的温度，其温差应符合设计要求，当设计无规定时不宜大于 25℃。

7.10.5　大体积混凝土湿润养护时间应符合表

7.10.5 规定。

表 7.10.5 大体积混凝土湿润养护时间

水泥品种	养护时间（d）
硅酸盐水泥、普通硅酸盐水泥	14
火山灰质硅酸盐水泥、矿渣硅酸盐水泥、低热微膨胀水泥、矿渣硅酸大坝水泥	21
在现场掺粉煤灰的水泥	21

注：高温期施工湿润养护时间均不得少于 28d。

7.11 冬期混凝土施工

7.11.1 当工地昼夜平均气温连续 5d 低于 5℃或最低气温低于－3℃时，应确定混凝土进入冬期施工。

7.11.2 冬期施工期间，当采用硅酸盐水泥或普通硅酸盐水泥配制混凝土，抗压强度未达到设计强度的 30%时；或采用矿渣硅酸盐水泥配制混凝土抗压强度未达到设计强度的 40%时；C15 及以下的混凝土抗压强度未达到 5MPa 时，混凝土不得受冻。浸水冻融条件下的混凝土开始受冻时，不得小于设计强度的 75%。

7.11.3 冬期混凝土的配制和拌合应符合下列规定：

1 宜选用较小的水胶比和较小的坍落度。

2 拌制混凝土应优先采用加热水的方法，水加热温度不宜高于 80℃。骨料加热温度不得高于 60℃。混凝土掺用片石时，片石可预热。

3 混凝土搅拌时间宜较常温施工延长 50%。

4 骨料不得混有冰雪、冻块及易被冻裂的矿物质。

5 拌制设备宜设在气温不低于 10℃的厂房或暖棚内。拌制混凝土前，应采用热水冲洗搅拌机鼓筒。

6 当混凝土掺用防冻剂时，其试配强度应较设计强度提高一个等级。

7.11.4 冬期混凝土的运输容器应有保温设施。运输时间应缩短，并减少中间倒运。

7.11.5 冬期混凝土的浇筑应符合下列规定：

1 混凝土浇筑前，应清除模板及钢筋上的冰雪。当环境气温低于－10℃时，应将直径大于或等于 25mm 的钢筋和金属预埋件加热至 0℃以上。

2 当旧混凝土面和外露钢筋暴露在冷空气中时，应对距离新旧混凝土施工缝 1.5m 范围内的旧混凝土和长度在 1m 范围内的外露钢筋，进行防寒保温。

3 在非冻胀性地基或旧混凝土面上浇筑混凝土，加热养护时，地基或旧混凝土面的温度不得低于 2℃。

4 当浇筑负温早强混凝土时，对于用冻结法开挖的地基，或在冻结线以上且气温低于－5℃的地基应做隔热层。

5 混凝土拌合物入模温度不宜低于 10℃。

6 混凝土分层浇筑的厚度不得小于 20cm。

7.11.6 冬期混凝土施工应根据结构特点和环境状况，通过热工计算确定养护方法。当室外最低气温高于－15℃时，地下工程或表面系数（冷却面积和体积的比值）不大于 $15m^{-1}$ 的工程应优先采用蓄热法养护。

7.11.7 冬期混凝土拆模应符合下列规定：

1 当混凝土达到本规范第 5.3.1 条规定的拆模强度，同时符合本规范第 7.11.2 条规定的抗冻强度后，方可拆除模板。

2 拆模时混凝土与环境的温差不得大于 15℃。当温差在10～15℃时，拆除模板后的混凝土表面应采取临时覆盖措施。

3 采用外部热源加热养护的混凝土，当环境气温在 0℃以下时，应待混凝土冷却至 5℃以下后，方可拆除模板。

7.11.8 冬期混凝土养护方案中应根据不同的养护方法规定测温方法及频率。

7.11.9 冬期施工的混凝土，除应按本规范第 7.13 节规定制作标准试件外，尚应根据养护、拆模和承受荷载的需要，增加与结构同条件养护的试件不少于 2 组。

7.12 高温期混凝土施工

7.12.1 当昼夜平均气温高于 30℃时，应确定混凝土进入高温期施工。高温期混凝土施工除应符合本规范第 7.4～7.6 节有关规定外，尚应符合本节规定。

7.12.2 高温期混凝土拌合时，应掺加减水剂或磨细粉煤灰。施工期间应对原材料和拌合设备采取防晒措施，并根据检测混凝土坍落度的情况，在保证配合比不变的情况下，调整水的掺量。

7.12.3 高温期混凝土的运输与浇筑应符合下列规定：

1 尽量缩短运输时间，宜采用混凝土搅拌运输车。

2 混凝土的浇筑温度应控制在 32℃以下，宜选在一天温度较低的时间内进行。

3 浇筑场地宜采取遮阳、降温措施。

7.12.4 混凝土浇筑完成后，表面宜立即覆盖塑料膜，终凝后覆盖土工布等材料，并应洒水保持湿润。

7.12.5 高温期施工混凝土，除应按本规范 7.13 节规定制作标准试件外，尚应增加与结构同条件养护的试件 1 组，检测其 28d 的强度。

7.13 检 验 标 准

主 控 项 目

7.13.1 水泥进场除全数检验合格证和出厂检验报告

外，应对其强度、细度、安定性和凝固时间抽样复验。

检验数量：同生产厂家、同批号、同品种、同强度等级、同出厂日期且连续进场的水泥，散装水泥每500t为一批，袋装水泥每200t为一批，当不足上述数量时，也按一批计，每批抽样不少于1次。

检验方法：检查试验报告。

7.13.2 混凝土外加剂除全数检验合格证和出厂检验报告外，应对其减水率、凝结时间差、抗压强度比抽样检验。

检验数量：同生产厂家、同批号、同品种、同出厂日期且连续进场的外加剂，每50t为一批，不足50t时，也按一批计，每批至少抽检1次。

检验方法：检查试验报告。

7.13.3 混凝土配合比设计应符合本规范第7.3节规定。

检验数量：同强度等级、同性能混凝土的配合比设计应各检查1次。

检验方法：检查配合比设计选定单、试配试验报告和经审批后的配合比报告单。

7.13.4 当使用具有潜在碱活性骨料时，混凝土中的总碱含量应符合本规范第7.1.2条的规定和设计要求。

检验数量：每一混凝土配合比进行1次总碱含量计算。

检验方法：检查核算单。

7.13.5 混凝土强度等级应按现行国家标准《混凝土强度检验评定标准》GBJ 107的规定检验评定，其结果必须符合设计要求。用于检查混凝土强度的试件，应在混凝土浇筑地点随机抽取。取样与试件留置应符合下列规定：

1 每拌制100盘且不超过100m³的同配比的混凝土，取样不得少于1次；

2 每工作班拌制的同一配合比的混凝土不足100盘时，取样不得少于1次；

3 每次取样应至少留置1组标准养护试件，同条件养护试件的留置组数应根据实际需要确定。

检验数量：全数检查。

检验方法：检查试验报告。

7.13.6 抗冻混凝土应进行抗冻性能试验，抗渗混凝土应进行抗渗性能试验。试验方法应符合现行国家标准《普通混凝土长期性能和耐久性能试验方法》GBJ 82的规定。

检验数量：混凝土数量小于250m³，应制作抗冻或抗渗试件1组（6个）；250～500m³，应制作2组。

检验方法：检查试验报告。

一 般 项 目

7.13.7 混凝土掺用的矿物掺合料除全数检验合格证和出厂检验报告外，应对其细度、含水率、抗压强度比等项目抽样检验。

检验数量：同品种、同等级且连续进场的矿物掺合料，每200t为一批，当不足200t时，也按一批计，每批至少抽检1次。

检验方法：检查试验报告。

7.13.8 对细骨料，应抽样检验其颗粒级配、细度模数、含泥量及规定要求的检验项，并应符合《普通混凝土用砂、石质量及检验方法标准》JGJ 52的规定。

检验数量：同产地、同品种、同规格且连续进场的细骨料，每400m³或600t为一批，不足400m³或600t也按一批计，每批至少抽检1次。

检验方法：检查试验报告。

7.13.9 对粗骨料，应抽样检验其颗粒级配、压碎值指标、针片状颗粒含量及规定要求的检验项，并应符合《普通混凝土用砂、石质量及检验方法标准》JGJ 52的规定。

检验数量：同产地、同品种、同规格且连续进场的粗骨料，机械生产的每400m³或600t为一批，不足400m³或600t也按一批计；人工生产的每200m³或300t为一批，不足200m³或300t也按为一批计，每批至少抽检1次。

检验方法：检查试验报告。

7.13.10 当拌制混凝土用水采用非饮用水源时，应进行水质检测，并应符合国家现行标准《混凝土用水标准》JGJ 63的规定。

检验数量：同水源检查不少于1次。

检验方法：检查水质分析报告。

7.13.11 混凝土拌合物的坍落度应符合设计配合比要求。

检验数量：每工作班不少于1次。

检验方法：用坍落度仪检测。

7.13.12 混凝土原材料每盘称量允许偏差应符合表7.13.12的规定。

表7.13.12 混凝土原材料每盘称量允许偏差

材料名称	允许偏差	
	工　地	工厂或搅拌站
水泥和干燥状态的掺合料	±2%	±1%
粗、细骨料	±3%	±2%
水、外加剂	±2%	±1%

注：1 各种衡器应定期检定，每次使用前应进行零点校核，保证计量准确；

2 当遇雨天或含水率有显著变化时，应增加含水率检测次数，并及时调整水和骨料的用量。

检验数量：每工作班抽查不少1次。

检验方法：复称。

8 预应力混凝土

8.1 预应力材料及器材

8.1.1 预应力混凝土结构中采用的钢丝、钢绞线、无粘结预应力筋等，应符合国家现行标准《预应力混凝土用钢丝》GB/T 5223、《预应力混凝土用钢绞线》GB/T 5224、《无粘结预应力钢绞线》JG 161 等的规定。每批钢丝、钢铰线、钢筋应由同一牌号、同一规格、同一生产工艺的产品组成。

8.1.2 预应力筋进场时，应对其质量证明文件、包装、标志和规格进行检验，并应符合下列规定：

1 钢丝检验每批不得大于60t；从每批钢丝中抽查5%，且不少于5盘，进行形状、尺寸和表面检查，如检查不合格，则将该批钢丝全数检查；从检查合格的钢丝中抽取5%，且不少于3盘，在每盘钢丝的两端取样进行抗拉强度、弯曲和伸长率试验，试验结果有一项不合格时，则不合格盘报废，并从同批未检验过的钢丝盘中取双倍数量的试样进行该不合格项的复验，如仍有一项不合格，则该批钢丝为不合格。

2 钢绞线检验每批不得大于60t；从每批钢绞线中任取3盘，并从每盘所选用的钢绞线端部正常部位截取一根试样，进行表面质量、直径偏差检查和力学性能试验，如每批少于3盘，应全数检查，试验结果如有一项不合格时，则不合格盘报废，并再从该批未检验过的钢绞线中取双倍数量的试样进行该不合格项的复验，如仍有一项不合格，则该批钢绞线为不合格。

3 精轧螺纹钢筋检验每批不得大于60t，对表面质量应逐根检查；检查合格后，在每批中任选2根钢筋截取试件进行拉伸试验，试验结果如有一项不合格，则取双倍数量试件重做试验，如仍有一项不合格，则该批钢筋为不合格。

8.1.3 预应力筋锚具、夹具和连接器应符合国家现行标准《预应力筋锚具、夹具和连接器》GB/T 14370 和《预应力锚具、夹具和连接器应用技术规程》JGJ 85 的规定。进场时，应对其质量证明文件、型号、规格等进行检验，并应符合下列规定：

1 锚具、夹片和连接器验收批的划分：在同种材料和同一生产工艺条件下，锚具和夹片应以不超过1000套为一个验收批；连接器应以不超过500套为一个验收批。

2 外观检查：应从每批中抽取10%的锚具（夹片或连接器）且不少于10套，检查其外观和尺寸，如有一套表面有裂纹或超过产品标准及设计要求规定的允许偏差，则应另取双倍数量的锚具重做检查，如仍有一套不符合要求，则应全数检查，合格者方可投入使用。

3 硬度检查：应从每批中抽取5%的锚具(夹片或连接器)且不少于5套，对其中有硬度要求的零件做硬度试验，对多孔夹片式锚具的夹片，每套至少抽取5片。每个零件测试3点，其硬度应在设计要求范围内，如有一个零件不合格，则应另取双倍数量的零件重新试验，如仍有一个零件不合格，则应逐个检查，合格后方可使用。

4 静载锚固性能试验：大桥、特大桥等重要工程、质量证明文件不齐全、不正确或质量有疑点的锚具，经上述检查合格后，应从同批锚具中抽取6套锚具（夹片或连接器）组成3个预应力锚具组装件，进行静载锚固性能试验，如有一个试件不符合要求，则应另取双倍数量的锚具（夹片或连接器）重做试验，如仍有一个试件不符合要求，则该批锚具（夹片或连接器）为不合格品。一般中、小桥使用的锚具（夹片或连接器），其静载锚固性能可由锚具生产厂提供试验报告。

8.1.4 预应力管道应具有足够的刚度、能传递粘结力，且应符合下列要求：

1 胶管的承受压力不得小于5kN，极限抗拉力不得小于7.5kN，且应具有较好的弹性恢复性能。

2 钢管和高密度聚乙烯管的内壁应光滑，壁厚不得小于2mm。

3 金属螺旋管道宜采用镀锌材料制作，制作金属螺旋管的钢带厚度不宜小于0.3mm。金属螺旋管性能应符合国家现行标准《预应力混凝土用金属螺旋管》JG/T 3013 的规定。

8.1.5 预应力材料必须保持清洁，在存放和运输时应避免损伤、锈蚀和腐蚀。预应力筋和金属管道在室外存放时，时间不宜超过6个月。预应力锚具、夹具和连接器应在仓库内配套保管。

8.2 预应力钢筋制作

8.2.1 预应力筋下料应符合下列规定：

1 预应力筋的下料长度应根据构件孔道或台座的长度、锚夹具长度等经过计算确定。

2 预应力筋宜使用砂轮锯或切断机切断，不得采用电弧切割。钢绞线切断前，应在距切口5cm处用绑丝绑牢。

3 钢丝束的两端均采用墩头锚具时，同一束中各根钢丝下料长度的相对差值，当钢丝束长度小于或等于20m时，不宜大于1/3000；当钢丝束长度大于20m时，不宜大于1/5000，且不得大于5mm。长度不大于6m的先张预应力构件，当钢丝成束张拉时，同束钢丝下料长度的相对差值不得大于2mm。

8.2.2 高强钢丝采用镦头锚固时，宜采用液压冷镦。

8.2.3 预应力筋由多根钢丝或钢绞线组成时，在同束预应力筋内，应采用强度相等的预应力钢材。编束时，应逐根梳理顺直，不扭转，绑扎牢固，每隔1m一道，不得互相缠绞。编束后的钢丝和钢绞线应按编号分类存放。钢丝和钢铰线束移运时支点距离不得大于3m，端部悬出长度不得大于1.5m。

8.3 混 凝 土 施 工

8.3.1 拌制混凝土应优先采用硅酸盐水泥、普通硅酸盐水泥，不宜使用矿渣硅酸盐水泥，不得使用火山灰质硅酸盐水泥及粉煤灰硅酸盐水泥。粗骨料应采用碎石，其粒径宜为5～25mm。

8.3.2 混凝土中的水泥用量不宜大于550kg/m³。

8.3.3 混凝土中严禁使用含氯化物的外加剂及引气剂或引气型减水剂。

8.3.4 从各种材料引入混凝土中的氯离子最大含量不宜超过水泥用量的0.06%。超过以上规定时，宜采取掺加阻锈剂、增加保护层厚度、提高混凝土密实度等防锈措施。

8.3.5 浇筑混凝土时，对预应力筋锚固区及钢筋密集部位，应加强振捣。后张构件应避免振动器碰撞预应力筋的管道。

8.3.6 混凝土施工尚应符合本规范第7章的有关规定。

8.4 预 应 力 施 工

8.4.1 预应力钢筋张拉应由工程技术负责人主持，张拉作业人员应经培训考核合格后方可上岗。

8.4.2 张拉设备的校准期限不得超过半年，且不得超过200次张拉作业。张拉设备应配套校准，配套使用。

8.4.3 预应力筋的张拉控制应力必须符合设计规定。

8.4.4 预应力筋采用应力控制方法张拉时，应以伸长值进行校核。实际伸长值与理论伸长值的差值应符合设计要求；设计无规定时，实际伸长值与理论伸长值之差应控制在6%以内。

8.4.5 预应力张拉时，应先调整到初应力(σ_0)，该初应力宜为张拉控制应力(σ_{con})的10%～15%，伸长值应从初应力时开始量测。

8.4.6 预应力筋的锚固应在张拉控制应力处于稳定状态下进行，锚固阶段张拉端预应力筋的内缩量，不得大于设计规定。当设计无规定时，应符合表8.4.6的规定。

表8.4.6 锚固阶段张拉端预应力筋的内缩量允许值（mm）

锚 具 类 别	内缩量允许值
支承式锚具（镦头锚、带有螺丝端杆的锚具等）	1
锥塞式锚具	5
夹片式锚具	5
每块后加的锚具垫板	1

注：内缩量值系指预应力筋锚固过程中，由于锚具零件之间和锚具与预应力筋之间的相对移动和局部塑性变形造成的回缩量。

8.4.7 先张法预应力施工应符合下列规定：

1 张拉台座应具有足够的强度和刚度，其抗倾覆安全系数不得小于1.5，抗滑移安全系数不得小于1.3。张拉横梁应有足够的刚度，受力后的最大挠度不得大于2mm。锚板受力中心应与预应力筋合力中心一致。

2 预应力筋连同隔离套管应在钢筋骨架完成后一并穿入就位。就位后，严禁使用电弧焊对梁体钢筋及模板进行切割或焊接。隔离套管内端应堵严。

3 预应力筋张拉应符合下列要求：

1）同时张拉多根预应力筋时，各根预应力筋的初始应力应一致。张拉过程中应使活动横梁与固定横梁保持平行。

2）张拉程序应符合设计要求，设计未规定时，其张拉程序应符合表8.4.7-1的规定。张拉钢筋时，为保证施工安全，应在超张拉放张至$0.9\sigma_{con}$时安装模板、普通钢筋及预埋件等。

表8.4.7-1 先张法预应力筋张拉程序

预应力筋种类	张 拉 程 序
钢筋	0→初应力→$1.05\sigma_{con}$→$0.9\sigma_{con}$→σ_{con}（锚固）
钢丝、钢绞线	0→初应力→$1.05\sigma_{con}$（持荷2min）→0→σ_{con}（锚固） 对于夹片式等具有自锚性能的锚具： 普通松弛力筋 0→初应力→$1.03\sigma_{con}$（锚固） 低松弛力筋 0→初应力→σ_{con}（持荷2min锚固）

注：σ_{con}张拉时的控制应力值，包括预应力损失值。

3）张拉过程中，预应力筋的断丝、断筋数量不得超过表8.4.7-2的规定。

表8.4.7-2 先张法预应力筋断丝、断筋控制值

预应力筋种类	项 目	控 制 值
钢丝、钢绞线	同一构件内断丝数不得超过钢丝总数的	1%
钢 筋	断 筋	不允许

4 放张预应力筋时混凝土强度必须符合设计要求。设计未规定时，不得低于设计强度的75%。放张顺序应符合设计要求。设计未规定时，应分阶段、对称、交错地放张。放张前，应将限制位移的模板拆除。

8.4.8 后张法预应力施工应符合下列规定：

1 预应力管道安装应符合下列要求：

1）管道应采用定位钢筋牢固地固定于设计位置。

2）金属管道接头应采用套管连接，连接套管宜采用大一个直径型号的同类管道，且应与金属管道封裹严密。

3）管道应留压浆孔和溢浆孔；曲线孔道的波峰部位应留排气孔；在最低部位宜留排水孔。

4）管道安装就位后应立即通孔检查，发现堵塞应及时疏通。管道经检查合格后应及时将其端面封堵。

5）管道安装后，需在其附近进行焊接作业时，必须对管道采取保护措施。

2 预应力筋安装应符合下列要求：

1）先穿束后浇混凝土时，浇筑之前，必须检查管道，并确认完好；浇筑混凝土时应定时抽动、转动预应力筋。

2）先浇混凝土后穿束时，浇筑后应立即疏通管道，确保其畅通。

3）混凝土采用蒸汽养护时，养护期内不得装入预应力筋。

4）穿束后至孔道灌浆完成应控制在下列时间以内，否则应对预应力筋采取防锈措施：

——空气湿度大于70%或盐分过大时 7d；

——空气湿度40%～70%时 15d；

——空气湿度小于40%时 20d。

5）在预应力筋附近进行电焊时，应对预应力钢筋采取保护措施。

3 预应力筋张拉应符合下列要求：

1）混凝土强度应符合设计要求；设计未规定时，不得低于设计强度的75%。且应将限制位移的模板拆除后，方可进行张拉。

2）预应力筋张拉端的设置，应符合设计要求；当设计未规定时，应符合下列规定：

——曲线预应力筋或长度大于或等于25m的直线预应力筋，宜在两端张拉；长度小于25m的直线预应力筋，可在一端张拉。

——当同一截面中有多束一端张拉的预应力筋时，张拉端宜均匀交错的设置在结构的两端。

3）张拉前应根据设计要求对孔道的摩阻损失进行实测，以便确定张拉控制应力，并确定预应力筋的理论伸长值。

4）预应力筋的张拉顺序应符合设计要求；当设计无规定时，可采取分批、分阶段对称张拉。宜先中间，后上、下或两侧。

5）预应力筋张拉程序应符合表8.4.8-1的规定。

表 8.4.8-1 后张法预应力筋张拉程序

预应力筋种类		张拉程序
钢绞线束	对夹片式等有自锚性能的锚具	普通松弛力筋 0→初应力→1.03σ_{con}（锚固） 低松弛力筋 0→初应力→σ_{con}（持荷2min锚固）
	其他锚具	0→初应力→1.05σ_{con}（持荷2min）→σ_{con}（锚固）
钢丝束	对夹片式等有自锚性能的锚具	普通松弛力筋 0→初应力→1.03σ_{con}（锚固） 低松弛力筋 0→初应力→σ_{con}（持荷2min锚固）
	其他锚具	0→初应力→1.05σ_{con}（持荷2min）→0→σ_{con}（锚固）
精轧螺纹钢筋	直线配筋时	0→初应力→σ_{con}（持荷2min锚固）
	曲线配筋时	0→σ_{con}（持荷2min）→0（上述程序可反复几次） →初应力→σ_{con}（持荷2min锚固）

注：1 σ_{con}为张拉时的控制应力值，包括预应力损失值；

2 梁的竖向预应力筋可一次张拉到控制应力，持荷5min锚固。

6）张拉过程中预应力筋断丝、滑丝、断筋的数量不得超过表8.4.8-2的规定。

表 8.4.8-2 后张法预应力筋断丝、滑丝、断筋控制值

预应力筋种类	项目	控制值
钢丝束、钢绞线束	每束钢丝断丝、滑丝	1根
	每束钢绞线断丝、滑丝	1丝
	每个断面断丝之和不超过该断面钢丝总数的	1%
钢筋	断筋	不允许

注：1 钢绞线断丝系指单根钢绞线内钢丝的断丝；

2 超过表列控制数量时，原则上应更换，当不能更换时，在条件许可下，可采取补救措施，如提高其他钢丝束控制应力值，应满足设计上各阶段极限状态的要求。

4 张拉控制应力达到稳定后方可锚固，预应力筋锚固后的外露长度不宜小于30mm，锚具应采用封端混凝土保护，当需较长时间外露时，应采取防锈蚀措施。锚固完毕经检验合格后，方可切割端头多余的预应力筋，严禁使用电弧焊切割。

5 预应力筋张拉后，应及时进行孔道压浆，对多跨连续有连接器的预应力筋孔道，应张拉完一段灌注一段。孔道压浆宜采用水泥浆，水泥浆的强度应符合设计要求；设计无规定时不得低于30MPa。

6 压浆后应从检查孔抽查压浆的密实情况，如有不实，应及时处理。压浆作业，每一工作班应留取不少于3组砂浆试块，标准养护28d，以其抗压强度作为水泥浆质量的评定依据。

7 压浆过程中及压浆后48h内，结构混凝土的温度不得低于5℃，否则应采取保温措施。当白天气温高于35℃时，压浆宜在夜间进行。

8 埋设在结构内的锚具，压浆后应及时浇筑封锚混凝土。封锚混凝土的强度等级应符合设计要求，不宜低于结构混凝土强度等级的80%，且不得低于30MPa。

9 孔道内的水泥浆强度达到设计规定后方可吊移预制构件；设计未规定时，不应低于砂浆设计强度的75%。

8.5 检验标准

主控项目

8.5.1 混凝土质量检验应符合本规范第7.13节有关规定。

8.5.2 预应力筋进场检验应符合本规范第8.1.2条规定。

检查数量：按进场的批次抽样检验。

检验方法：检查产品合格证、出厂检验报告和进场试验报告。

8.5.3 预应力筋用锚具、夹具和连接器进场检验应符合本规范第8.1.3条规定。

检查数量：按进场的批次抽样检验。

检验方法：检查产品合格证、出厂检验报告和进场试验报告。

8.5.4 预应力筋的品种、规格、数量必须符合设计要求。

检查数量：全数检查。

检验方法：观察或用钢尺量、检查施工记录。

8.5.5 预应力筋张拉和放张时，混凝土强度必须符合设计规定；设计无规定时，不得低于设计强度的75%。

检查数量：全数检查。

检验方法：检查同条件养护试件试验报告。

8.5.6 预应力筋张拉允许偏差应分别符合表8.5.6-1～表8.5.6-3的规定。

表 8.5.6-1 钢丝、钢绞线先张法允许偏差

项目		允许偏差（mm）	检验频率	检验方法
镦头钢丝同束长度相对差	束长>20m	L/5000，且不大于5	每批抽查2束	用钢尺量
	束长6～20m	L/3000，且不大于4		
	束长<6m	2		

续表 8.5-6-1

项目	允许偏差（mm）	检验频率	检验方法
张拉应力值	符合设计要求	全数	查张拉记录
张拉伸长率	±6%		
断丝数	不超过总数的1%		

注：L为束长（mm）。

表 8.5.6-2 钢筋先张法允许偏差

项目	允许偏差（mm）	检验频率	检验方法
接头在同一平面内的轴线偏位	2，且不大于1/10直径	抽查30%	用钢尺量
中心偏位	4%短边，且不大于5		
张拉应力值	符合设计要求	全数	查张拉记录
张拉伸长率	±6%		

表 8.5.6-3 钢筋后张法允许偏差

项目		允许偏差（mm）	检验频率	检验方法
管道坐标	梁长方向	30	抽查30%，每根查10个点	用钢尺量
	梁高方向	10		
管道间距	同排	10	抽查30%，每根查5个点	用钢尺量
	上下排	10		
张拉应力值		符合设计要求	全数	查张拉记录
张拉伸长率		±6%		
断丝滑丝数	钢束	每束一丝，且每断面不超过钢丝总数的1%		
	钢筋	不允许		

8.5.7 孔道压浆的水泥浆强度必须符合设计规定，压浆时排气孔、排水孔应有水泥浓浆溢出。

检查数量：全数检查。

检验方法：观察、检查压浆记录和水泥浆试件强度试验报告。

8.5.8 锚具的封闭保护应符合本规范第8.4.8条第8款的规定。

检查数量：全数检查。

检验方法：观察、用钢尺量、检查施工记录。

一般项目

8.5.9 预应力筋使用前应进行外观质量检查，不得有弯折，表面不得有裂纹、毛刺、机械损伤、氧化铁锈、油污等。

检查数量：全数检查。

检验方法：观察。

8.5.10 预应力筋用锚具、夹具和连接器使用前应进行外观质量检查，表面不得有裂纹、机械损伤、锈蚀、油污等。

检查数量：全数检查。

检验方法：观察。

8.5.11 预应力混凝土用金属螺旋管使用前应按国家现行标准《预应力混凝土用金属螺旋管》JG/T 3013的规定进行检验。

检查数量：按进场的批次抽样复验。

检验方法：检查产品合格证、出厂检验报告和进场复验报告。

8.5.12 锚固阶段张拉端预应力筋的内缩量，应符合本规范第8.4.6条规定。

检查数量：每工作日抽查预应力筋总数的3%，且不少于3束。

检验方法：用钢尺量、检查施工记录。

9 砌 体

9.1 材 料

9.1.1 砌体所用水泥、砂、外加剂、水应符合本规范第7.2节有关规定。砂浆用砂宜采用中砂或粗砂，当缺少中、粗砂时也可采用细砂，但应增加水泥用量。砂的最大粒径，当用于砌筑片石时，不宜超过5mm；当用于砌筑块石、粗料石时，不宜超过2.5mm。砂的含泥量：砂浆强度等级不小于M5时，不得大于5%；当砂浆强度等级小于M5时不得大于7%。

9.1.2 石料的技术性能应符合下列规定：

1 石料应符合设计规定的类别和强度，石质应均匀、耐风化、无裂纹。

2 石料抗压强度的测定，应符合《公路工程岩石试验规程》JTG E41的规定。

3 在潮湿和浸水地区主体工程的石料软化系数，不得小于0.8。对最冷月份平均气温低于−10℃的地区，除干旱地区的不受冰冻部位外，石料的抗冻性指标应符合冻融循环25次的要求。

9.1.3 混凝土砌块的预制应符合本规范第7章有关规定。

9.2 砂 浆

9.2.1 砂浆的强度应符合设计要求。设计无规定时，主体工程用砂浆强度不得低于M10，一般工程用砂浆强度不得低于M5。设计有明确冻融循环次数要求的砂浆，经冻融试验后，质量损失率不得大于5%，强度损失率不得大于25%。

9.2.2 砂浆强度等级应制作边长为70.7mm的立方体试件，以在标准养护条件下28d的抗压极限强度表示（6块为1组）。砂浆强度等级可分为M20、M15、M10、M7.5、M5。

9.2.3 砂浆的配合比宜经设计，并通过试配确定。水泥砂浆中的水泥用量不宜小于200kg/m³；水泥混合砂浆中水泥与掺合料的总量应为300～350kg/m³，在满足稠度和分层度的前提下，掺合料的用量宜尽量减少。

9.2.4 砌筑砂浆应具有良好的和易性，保证砌体胶结牢固。砂浆稠度应以标准圆锥体沉入度表示，石砌体宜为5～7cm。对吸水率较大的砌筑料石，天气干热多风时，可适当加大稠度值。

9.2.5 砂浆应使用机械搅拌，搅拌时间不得少于1.5min。砂浆应随拌随用，并应在拌合后4h内使用完毕。在运输和储存中发生离析、泌水时，使用前应重新拌合，已凝结的砂浆不得使用。

9.3 浆 砌 石

9.3.1 在地下水位以下或处于潮湿土壤中的石砌体应采用水泥砂浆砌筑。当遇有侵蚀性水时，水泥种类应按设计规定选择。

9.3.2 采用分段砌筑时，相邻段的高差不宜超过1.2m，工作缝位置宜在伸缩缝或沉降缝处。同一砌体当天连续砌筑高度不宜超过1.2m。

9.3.3 砌体应分层砌筑，各层石块应安放稳固，石块间的砂浆应饱满，粘结牢固，石块不得直接贴靠或留有空隙。砌筑过程中，不得在砌体上用大锤修凿石块。

9.3.4 在已砌筑的砌体上继续砌筑时，应将已砌筑的砌体表面清扫干净和湿润。

9.3.5 浆砌片石施工尚应符合下列规定：

1 砌体下部宜选用较大的片石，转角及外缘处应选用较大且方正的片石。

2 砌筑时宜以2～3层片石组成一个砌筑层，每个砌筑层的水平缝应大致找平，竖缝应错开。灰缝宽度不宜大于4cm。

3 片石应采取坐浆法砌筑，自外边开始。片石应大小搭配、相互错叠、咬接密实，较大的缝隙中应填塞小石块。

4 砌片石墙必须设置拉结石，拉结石应均匀分布，相互错开，每0.7m² 墙面至少应设置一块。

9.3.6 浆砌块石施工尚应符合下列规定：

1 用作镶面的块石，外露面四周应加以修凿，其修凿进深不得小于7cm。镶面丁石的长度不得短于顺石宽度的1.5倍。

2 每层块石的高度应尽量一致，每砌筑0.7～

1.0m应找平一次。

3 砌筑镶面石时，上下层立缝错开的距离应大于8cm。

4 砌筑填心石时，灰缝应错开。水平灰缝宽度不得大于3cm；垂直灰缝宽度不得大于4cm。较大缝隙中应填塞小块石。

9.3.7 浆砌料石施工尚应符合下列规定：

1 每层镶面石均应先按规定灰缝宽及错缝要求配好石料，再用坐浆法顺序砌筑，并应随砌随填塞立缝。

2 一层镶面石砌筑完毕，方可砌填心石，其高度应与镶面石平，当采用水泥混凝土填心，镶面石可先砌2～3层后再浇筑混凝土。

3 每层镶面石均应采用一丁一顺砌法，宽度应均匀。相邻两层立缝错开距离不得小于10cm；在丁石的上层和下层不得有立缝；所有立缝均应垂直。

9.4 砌体勾缝及养护

9.4.1 砌筑时应及时把砌体表面的灰缝砂浆向内剔除2cm，砌筑完成1～2日内应采用水泥砂浆勾缝。如设计规定不勾缝，则应随砌随将灰缝砂浆刮平。

9.4.2 勾缝前应封堵脚手架眼，剔凿瞎缝和窄缝，清除砌体表面粘结的砂浆、灰尘和杂物等，并将砌体表面洒水湿润。

9.4.3 砌体勾缝形式、砂浆强度等级应符合设计要求。设计无规定时，块石砌体宜采用凸缝或平缝；细料石及粗料石砌体应采用凹缝。勾缝砂浆强度等级不得低于M10。

9.4.4 砌石勾缝宽度应保持均匀，片石勾缝宽宜为3～4cm；块石勾缝宽宜为2～3cm；料石、混凝土预制块缝宽宜为1～1.5cm。

9.4.5 块石砌体勾缝应保持砌筑的自然缝，勾凸缝时，灰缝应整齐，拐弯圆滑流畅、宽度一致，不出毛刺，不得空鼓脱落。

9.4.6 料石砌体勾缝应横平竖直、深浅一致，十字缝衔接平顺，不得有瞎缝、丢缝和粘接不牢等现象，勾缝深度应较墙面凹进5mm。

9.4.7 砌体在砌筑和勾缝砂浆初凝后，应立即覆盖洒水，湿润养护7～14d，养护期间不得碰撞、振动或承重。

9.5 冬期施工

9.5.1 当工地昼夜平均气温连续5d低于5℃或最低气温低于－3℃时，应确定砌体进入冬期施工。

9.5.2 砂浆强度未达到设计强度的70%时，不得使其受冻。

9.5.3 砌块应干净，无冰雪附着。砂中不得有冰块或冻结团块。遇水浸泡后受冻的砌块不得使用。

9.5.4 砂浆宜采用普通硅酸盐水泥，水温不得超过80℃，当使用60℃以上的热水时，宜先将水和砂稍加搅拌后再加水泥，水泥不得加热。

9.5.5 砂浆宜在暖棚内机械拌制，搅拌时间不得小于2min，砂浆的稠度宜较常温适当增大，以4～6cm为宜。

9.5.6 砂浆应随拌随用，每次拌合量宜在0.5h内用完。已冻结的砂浆不得使用。

9.5.7 施工中应根据施工方法、环境气温，通过热工计算确定砂浆砌筑温度。石料、混凝土砌块表面与砂浆的温差不宜大于20℃。

9.5.8 掺加外加剂砌筑承重砌体时，砂浆强度等级应较常温施工提高一级。

9.5.9 在暖棚内砌筑时，应符合下列规定：

1 砂浆的温度不得低于15℃，砌块的温度应在5℃以上，棚内地面处温度不得低于5℃。

2 砌体保温时间应以砂浆达到其抗冻强度的时间为准。

3 应洒水养护，保持砌体湿润。

9.5.10 采用抗冻砂浆砌筑时，应符合下列规定：

1 抗冻砂浆宜优先选用硅酸盐水泥或普通硅酸盐水泥和细度模数较大的砂。

2 抗冻砂浆的温度不得低于5℃。

3 用抗冻砂浆砌筑的砌体，应在砌筑后加以保温覆盖，不得浇水。

4 抗冻砂浆的抗冻剂掺量可通过试验确定。

5 桥梁支座垫石不宜采用抗冻砂浆。

9.6 检验标准

主控项目

9.6.1 石材的技术性能和混凝土砌块的强度等级应符合设计要求。

同产地石材至少抽取一组试件进行抗压强度试验(每组试件不少于6个)；在潮湿和浸水地区使用的石材，应各增加一组抗冻性能指标和软化系数试验的试件。混凝土砌块抗压强度试验，应符合本规范第7.13.5条的规定。

检查数量：全数检查。

检验方法：检查试验报告。

9.6.2 砌筑砂浆应符合下列规定：

1 砂、水泥、水和外加剂的质量检验应符合本规范第7.13节的有关规定。

2 砂浆的强度等级必须符合设计要求。

每个构筑物、同类型、同强度等级每100m³砌体为一批，不足100m³的按一批计，每批取样不得少于一次。砂浆强度试件应在砂浆搅拌机出料口随机抽取，同一盘砂浆制作1组试件。

检查数量：全数检查。

检查方法：检查试验报告。

9.6.3 砂浆的饱满度应达到80%以上。

检查数量：每一砌筑段、每步脚手架高度抽查不少于5处。

检验方法：观察。

一般项目

9.6.4 砌体必须分层砌筑，灰缝均匀，缝宽符合要求，咬槎紧密，严禁通缝。

检查数量：全数检查。

检验方法：观察。

9.6.5 预埋件、泄水孔、滤层、防水设施、沉降缝等应符合设计规定。

检查数量：全数检查。

检验方法：观察、用钢尺量。

9.6.6 砌体砌缝宽度、位置应符合表9.6.6的规定。

表9.6.6 砌体砌缝宽度、位置

项目		允许值(mm)	检验频率		检验方法
			范围	点数	
表面砌缝宽度	浆砌片石	≤40	每个构筑物、每个砌筑面或两条伸缩缝之间为一检验批	10	用钢尺量
	浆砌块石	≤30			
	浆砌料石	15～20			
三块石料相接处的空隙		≤70			
两层间竖向错缝		≥80			

9.6.7 勾缝应坚固、无脱落，交接处应平顺，宽度、深度应均匀，灰缝颜色应一致，砌体表面应洁净。

检查数量：全数检查。

检查方法：观察。

10 基 础

10.1 扩大基础

10.1.1 基础位于旱地上，且无地下水时，基坑顶面应设置防止地面水流入基坑的设施。基坑顶有动荷载时，坑顶边与动荷载间应留有不小于1m宽的护道。遇不良的工程地质与水文地质时，应对相应部位采取加固措施。

10.1.2 当基础位于河、湖、浅滩中采用围堰进行施工时，施工前应对围堰进行施工设计，并应符合下列规定：

1 围堰顶宜高出施工期间可能出现的最高水位(包括浪高)0.5～0.7m。

2 围堰应减少对现状河道通航、导流的影响。对河流断面被围堰压缩而引起的冲刷，应有防护措施。

3 围堰应便于施工、维护及拆除。围堰材质不得对现况河道水质产生污染。

4 围堰应严密，不得渗漏。

10.1.3 当采用集水井排水时，集水井宜设在河流的上游方向。排水设备的能力宜大于总渗水量的1.5～2.0倍。遇粉细砂土质应采取防止泥砂流失的措施。

10.1.4 井点降水应符合下列规定：

1 井点降水适用于粉、细砂和地下水位较高、有承压水、挖基较深、坑壁不易稳定的土质基坑。在无砂的黏质土中不宜使用。

2 井管可根据土质分别用射水、冲击、旋转及水压钻机成孔。降水曲线应深入基底设计标高以下0.5m。

3 施工中应做好地面、周边建（构）筑物沉降及坑壁稳定的观测，必要时应采取防护措施。

10.1.5 当基坑受场地限制不能按规定放坡或土质松软、含水量较大基坑坡度不易保持时，应对坑壁采取支护措施。

10.1.6 开挖基坑应符合下列规定：

1 基坑宜安排在枯水或少雨季节开挖。

2 坑壁必须稳定。

3 基底应避免超挖，严禁受水浸泡和受冻。

4 当基坑及其周围有地下管线时，必须在开挖前探明现况。对施工损坏的管线，必须及时处理。

5 槽边堆土时，堆土坡脚距基坑顶边线的距离不得小于1m，堆土高度不得大于1.5m。

6 基坑挖至标高后应及时进行基础施工，不得长期暴露。

10.1.7 基坑内地基承载力必须满足设计要求。基坑开挖完成后，应会同设计、勘探单位实地验槽，确认地基承载力满足设计要求。

10.1.8 当地基承载力不满足设计要求或出现超挖、被水浸泡现象时，应按设计要求处理，并在施工前结合现场情况，编制专项地基处理方案。

10.1.9 回填土方应符合下列规定：

1 填土应分层填筑并压实。

2 基坑在道路范围时，其回填技术要求应符合国家现行标准《城镇道路工程施工与质量验收规范》CJJ 1的有关规定。

3 当回填涉及管线时，管线四周的填土压实度应符合相关管线的技术规定。

10.2 沉入桩

10.2.1 桩基施工场地应平整、坚实、无障碍物。

10.2.2 沉桩前应对预制桩进行检查，确认合格。

10.2.3 选择沉桩设备和施工方法应符合下列规定：

1 锤击沉桩宜用于砂类土、黏性土。桩锤可选择单动汽锤、柴油机锤；当沉入桩数量少，入土深度小，在交通不便地区亦可使用落锤。

2 振动沉桩宜用于锤击沉桩效果较差的密实的黏性土、砾石、风化岩。

3 在密实的砂土、碎石土、砂砾的土层中用锤击法、振动沉桩法有困难时，可采用射水作为辅助手段进行沉桩施工。在黏性土中应慎用射水沉桩；在重要建筑物附近不宜采用射水沉桩。

4 静力压桩宜用于软黏土（标准贯入度 $N<20$）、淤泥质土。

5 钻孔埋桩宜用于黏土、砂土、碎石土，且河床覆土较厚的情况。

10.2.4 沉桩施工应根据现场环境状况采取防噪声措施。在城区、居民区等人员密集的场所不得进行沉桩施工。

10.2.5 对地质复杂的大桥、特大桥，为检验桩的承载能力和确定沉桩工艺应进行试桩。

10.2.6 当对桩基的质量发生疑问时，可采用无损探伤进行检验。

10.2.7 混凝土桩制作应符合下列规定：

1 在现场预制时，场地应平整、坚实、不积水，并应便于混凝土的浇筑和桩的吊运。

2 钢筋混凝土桩的主筋，宜采用整根钢筋，如需接长宜采用闪光对焊。主筋与箍筋或螺旋筋应连接紧密，交叉处应采用点焊或钢丝绑扎牢固。

3 混凝土的坍落度宜为 4～6cm。

4 混凝土应连续浇筑，不得留工作缝。

10.2.8 预制桩的起吊强度应符合设计要求；当设计无规定时，预制桩达设计强度的 75%方可起吊，起吊应平稳，不得损坏桩身混凝土。预制桩强度达到设计强度的 100%方可运输，运输时桩身应平置。

10.2.9 钢桩宜在工厂制作，现场拼接应符合本规范第 14 章的有关规定。

10.2.10 钢桩防腐应符合设计要求，并应符合下列规定：

1 钢桩位于河床局部冲刷线以下 1.5m 至承台底面以上 5～10cm 部分，应进行防腐处理。

2 防腐前应进行喷砂除锈，达到出现金属光泽，表面无锈蚀点。

3 运输、起吊沉桩过程中，防腐层被破坏时应及时修补。

10.2.11 桩的运输、堆放应符合下列规定：

1 堆放场地应平整、坚实、排水通畅。

2 混凝土桩的支点应与吊点上下对准，堆放不宜超过 4 层。

3 钢桩的支点应布置合理，防止变形，堆放不得超过 3 层。应采取防止钢管桩滚动的措施。

10.2.12 在黏土质地区沉入群桩，在每根桩下沉完毕后，应测量其桩顶标高，待全部沉桩完毕后再测量各桩顶标高，若有隆起现象应采取措施。

10.2.13 在软塑黏土质地区或松散的砂土质地区下沉群桩时，应对影响范围内的建（构）筑物采取相应的保护措施。

10.2.14 桩的连接接头强度不得低于桩截面的总强度。钢桩接桩处纵向弯曲矢高不得大于桩长的 0.2%。

10.2.15 锤击沉桩应符合下列规定：

1 混凝土预制桩达到设计强度后方可沉桩。

2 沉型钢桩时，应采取防止桩横向失稳的措施。

3 当沉桩的桩顶标高低于落锤的最低标高时，应设送桩，其强度不得小于桩的设计强度。送桩应与桩锤、桩身在同一轴线上。

4 开始沉桩时应控制桩锤的冲击能，低锤慢打；当桩入土一定深度后，可按要求落距和正常锤击频率进行。

5 锤击沉桩的最后贯入度，柴油锤宜为 1～2mm/击，蒸汽锤宜为 2～3mm/击。

6 停锤应符合下列要求：

1）桩端位于黏性土或较松软土层时，应以标高控制，贯入度作为校核。如桩沉至设计标高，贯入度仍较大时，应继续锤击，其贯入度控制值应由设计确定。

2）桩端位于坚硬、硬塑的黏土及中密以上的粉土、砂、碎石类土、风化岩时，应以贯入度控制。当硬层土有冲刷时应以标高控制。

3）贯入度已达到要求，而桩尖未达到设计标高时，应在满足冲刷线下最小嵌固深度后，继续锤击 3 阵（每阵 10 锤），贯入度不得大于设计规定的数值。

7 在沉桩过程中发现以下情况应暂停施工，并应采取措施进行处理：

1）贯入度发生剧变；

2）桩身发生突然倾斜、位移或有严重回弹；

3）桩头或桩身破坏；

4）地面隆起；

5）桩身上浮。

10.2.16 振动沉桩应符合下列规定：

1 振动沉桩法应考虑振动对周围环境的影响，并应验算振动上拔力对桩结构的影响。

2 开始沉桩时应以自重下沉或射水下沉，待桩身稳定后再采用振动下沉。

3 每根桩的沉桩作业，应一次完成，中途不宜停顿过久。

4 在沉桩过程中如发生本规范第 10.2.15 条 7 款的情况或机械故障应即暂停，查明原因经采取措施后，方可继续施工。

10.2.17 射水沉桩应符合下列规定：

1 在砂类土、砾石土和卵石土层中采用射水沉桩，应以射水为主；在黏性土中采用射水沉桩，应以锤击为主。

2 当桩尖接近设计高程时，应停止射水进行锤击或振动下沉，桩尖进入未冲动的土层中的深度应根据沉桩试验确定，一般不得小于2m。

3 采用中心射水沉桩，应在桩垫和桩帽上，留有排水通道，降低高压水从桩尖返入桩内的压力。

4 射水沉桩应根据土层情况，选择高压泵压力和排水量。

10.2.18 采用预钻孔沉桩施工时，当钻孔直径大于桩径或对角线时，沉桩就位后，桩的周围应压注水泥浆；当钻孔直径小于桩径或对角线时，钻孔深度应为桩长的1/3～1/2，沉桩应按本规范第10.2.15条第6款规定停锤。

10.2.19 桩的复打应符合下列规定：

1 在"假极限"土中的桩、射水下沉的桩、有上浮的桩均应复打。

2 复打前"休息"天数应符合下列要求：

1）桩穿过砂类土，桩尖位于大块碎石类土、紧密的砂类土或坚硬的黏性土，不得少于1昼夜；

2）在粗中砂和不饱和的粉细砂里不得少于3昼夜；

3）在黏性土和饱和的粉细砂里不得少于6昼夜。

3 复打应达到最终贯入度小于或等于停打贯入度。

10.3 灌注桩

10.3.1 钻孔施工准备工作应符合下列规定：

1 钻孔场地应符合下列要求：

1）在旱地上，应清除杂物，平整场地；遇软土应进行处理。

2）在浅水中，宜用筑岛法施工。

3）在深水中，宜搭设平台。如水流平稳，钻机可设在船上，船必须锚固稳定。

2 制浆池、储浆池、沉淀池，宜设在桥的下游，也可设在船上或平台上。

3 钻孔前应埋设护筒。护筒可用钢或混凝土制作，应坚实、不漏水。当使用旋转钻时，护筒内径应比钻头直径大20cm；使用冲击钻机时，护筒内径应大于40cm。

4 护筒顶面宜高出施工水位或地下水位2m，并宜高出施工地面0.3m。其高度尚应满足孔内泥浆面高度的要求。

5 护筒埋设应符合下列要求：

1）在岸滩上的埋设深度：黏性土、粉土不得小于1m；砂性土不得小于2m。当表面土层松软时，护筒应埋入密实土层中0.5m以下。

2）水中筑岛，护筒应埋入河床面以下1m左右。

3）在水中平台上沉入护筒，可根据施工最高水位、流速、冲刷及地质条件等因素确定沉入深度，必要时应沉入不透水层。

4）护筒埋设允许偏差：顶面中心偏位宜为5cm。护筒斜度宜为1%。

6 在砂类土、碎石土或黏土砂土夹层中钻孔应用泥浆护壁。

7 泥浆宜选用优质黏土、膨润土或符合环保要求的材料制备。

10.3.2 钻孔施工应符合下列规定：

1 钻孔时，孔内水位宜高出护筒底脚0.5m以上或地下水位以上1.5～2m。

2 钻孔时，起落钻头速度应均匀，不得过猛或骤然变速。孔内出土，不得堆积在钻孔周围。

3 钻孔应一次成孔，不得中途停顿。钻孔达到设计深度后，应对孔位、孔径、孔深和孔形等进行检查。

4 钻孔中出现异常情况，应进行处理，并应符合下列要求：

1）坍孔不严重时，可加大泥浆相对密度继续钻进，严重时必须回填重钻。

2）出现流沙现象时，应增大泥浆相对密度，提高孔内压力或用黏土、大泥块、泥砖投下。

3）钻孔偏斜、弯曲不严重时，可重新调整钻机在原位反复扫孔，钻孔正直后继续钻进。发生严重偏斜、弯曲、梅花孔、探头石时，应回填重钻。

4）出现缩孔时，可提高孔内泥浆量或加大泥浆相对密度采用上下反复扫孔的方法，恢复孔径。

5）冲击钻孔发生卡钻时，不宜强提。应采取措施，使钻头松动后再提起。

10.3.3 清孔应符合下列规定：

1 钻孔至设计标高后，应对孔径、孔深进行检查，确认合格后即进行清孔。

2 清孔时，必须保持孔内水头，防止坍孔。

3 清孔后应对泥浆试样进行性能指标试验。

4 清孔后的沉渣厚度应符合设计要求。设计未规定时，摩擦桩的沉渣厚度不应大于300mm；端承桩的沉渣厚度不应大于100mm。

10.3.4 吊装钢筋笼应符合下列规定：

1 钢筋笼宜整体吊装入孔。需分段入孔时，上下两段应保持顺直。接头应符合本规范第6章的有关规定。

2 应在骨架外侧设置控制保护层厚度的垫块，其间距竖向宜为2m，径向圆周不得少于4处。钢筋笼入孔后，应牢固定位。

3 在骨架上应设置吊环。为防止骨架起吊变形，可采取临时加固措施，入孔时拆除。

4 钢筋笼吊放入孔应对中、慢放，防止碰撞孔壁。下放时应随时观察孔内水位变化，发现异常应立即停放，检查原因。

10.3.5 灌注水下混凝土应符合下列规定：

1 灌注水下混凝土之前，应再次检查孔内泥浆性能指标和孔底沉渣厚度，如超过规定，应进行第二次清孔，符合要求后方可灌注水下混凝土。

2 水下混凝土的原材料及配合比除应满足本规范第7.2、7.3节的要求以外，尚应符合下列规定：

1）水泥的初凝时间，不宜小于2.5h。

2）粗骨料优先选用卵石，如采用碎石宜增加混凝土配合比的含砂率。粗骨料的最大粒径不得大于导管内径的1/6～1/8和钢筋最小净距的1/4，同时不得大于40mm。

3）细骨料宜采用中砂。

4）混凝土配合比的含砂率宜采用0.4～0.5，水胶比宜采用0.5～0.6。经试验，可掺入部分粉煤灰（水泥与掺合料总量不宜小于350kg/m^3，水泥用量不得小于300kg/m^3）。

5）水下混凝土拌合物应具有足够的流动性和良好的和易性。

6）灌注时坍落度宜为180～220mm。

7）混凝土的配制强度应比设计强度提高10%～20%。

3 浇筑水下混凝土的导管应符合下列规定：

1）导管内壁应光滑圆顺，直径宜为20～30cm，节长宜为2m。

2）导管不得漏水，使用前应试拼、试压，试压的压力宜为孔底静水压力的1.5倍。

3）导管轴线偏差不宜超过孔深的0.5%，且不宜大于10cm。

4）导管采用法兰盘接头宜加锥形活套；采用螺旋丝扣型接头时必须有防止松脱装置。

4 水下混凝土施工应符合下列要求：

1）在灌注水下混凝土前，宜向孔底射水（或射风）翻动沉淀物3～5min。

2）混凝土应连续灌注，中途停顿时间不宜大于30min。

3）在灌注过程中，导管的埋置深度宜控制在2～6m。

4）灌注混凝土应采取防止钢筋骨架上浮的措施。

5）灌注的桩顶标高应比设计高出0.5～1m。

6）使用全护筒灌注水下混凝土时，护筒底端应埋于混凝土内不小于1.5m，随导管提升逐步上拔护筒。

10.3.6 灌注水下混凝土过程中，发生断桩时，应会同设计、监理根据断桩情况研究处理措施。

10.3.7 在特殊条件下需人工挖孔时，应根据设计文件、水文地质条件、现场状况，编制专项施工方案。其护壁结构应经计算确定。施工中应采取防坠落、坍塌、缺氧和有毒、有害气体中毒的措施。

10.4 沉 井

10.4.1 沉井下沉前，应对其附近的堤防、建（构）筑物采取有效的防护措施，并应在下沉过程中加强观测。

10.4.2 在河、湖中的沉井施工前，应调查洪汛、凌汛、河床冲刷、通航及漂流物等情况，制定防汛及相应的安全措施。

10.4.3 就地制作沉井应符合下列规定：

1 在旱地制作沉井应将原地面平整、夯实；在浅水中或可能被淹没的旱地、浅滩应筑岛制作沉井；在地下水位很低的地区制作沉井，可先开挖基坑至地下水位以上适当高度（一般为1～1.5m），再制作沉井。

2 制作沉井处的地面承载力应符合设计要求。当不能满足承载力要求时，应采取加固措施。

3 筑岛制作沉井时，应符合下列要求：

1）筑岛标高应高于施工期间河水的最高水位0.5～0.7m，当有冰流时，应适当加高。

2）筑岛的平面尺寸，应满足沉井制作及抽垫等施工要求。无围堰筑岛时，应在沉井周围设置不少于2m的护道，临水面坡度宜为1∶1.75～1∶3。有围堰筑岛时，沉井外缘距围堰的距离应满足公式(10.4.3)，且不得小于1.5m；当不能满足时，应考虑沉井重力对围堰产生的侧压力。

$$b \geqslant H \tan(45° - \varphi/2) \quad (10.4.3)$$

式中 b——沉井外缘距围堰的距离（m）；

H——筑岛高度（m）；

φ——筑岛用土含水饱和时的摩擦角。

3）筑岛材料应以透水性好、易于压实和开挖的无大块颗粒的砂土或碎石土。

4）筑岛应考虑水流冲刷对岛体稳定性的影响，并采取加固措施。

5）在斜坡上或在靠近堤防两侧筑岛时，应采取防止滑移的措施。

4 刃脚部位采用土内模时，宜用黏性土填筑，土模表面应铺20～30mm的水泥砂浆，砂浆层表面应涂隔离剂。

5 沉井分节制作的高度，应根据下沉系数、下沉稳定性，经验算确定。底节沉井的最小高度，应能满足拆除支垫或挖除土体时的竖向挠曲强度要求。

6 混凝土强度达到25%时可拆除侧模，混凝土强度达75%时方可拆除刃脚模板。

7 底节沉井抽垫时，混凝土强度应满足设计文件规定的抽垫要求。抽垫程序应符合设计规定，抽垫后应立即用砂性土回填、捣实。抽垫时应防止沉井偏斜。

10.4.4 沉井下沉应符合下列规定：

1 在渗水量小，土质稳定的地层中宜采用排水下沉。有涌水翻砂的地层，不宜采用排水下沉。

2 下沉困难时，可采用高压射水、降低井内水位、压重等措施下沉。

3 沉井应连续下沉，尽量减少中途停顿时间。

4 下沉时，应自中间向刃脚处均匀对称除土。支承位置处的土，应在最后同时挖除。应控制各井室间的土面高差，并防止内隔墙底部受到土层的顶托。

5 沉井下沉中，应随时调整倾斜和位移。

6 弃土不得靠近沉井，避免对沉井引起偏压。在水中下沉时，应检查河床因冲、淤引起的土面高差，必要时可采用外弃土调整。

7 在不稳定的土层或沙土中下沉时，应保持井内外水位一定的高差，防止翻沙。

8 纠正沉井倾斜和位移应先摸清情况、分析原因，然后采取相应措施，如有障碍物应先排除再纠偏。

10.4.5 沉井接高应符合下列规定：

1 沉井接高前应调平。接高时应停止除土作业。

2 接高时，井顶露出水面不得小于150cm，露出地面不得小于50cm。

3 接高时应均匀加载，可在刃脚下回填或支垫，防止沉井在接高加载时突然下沉或倾斜。

4 接高时应清理混凝土界面，并用水湿润。

5 接高后的各节沉井中轴线应一致。

10.4.6 沉井下沉至设计高程后应清理、平整基底，经检验符合设计要求后，应及时封底。

10.4.7 水下封底施工应符合本规范第10.3.5条的有关规定，并应符合下列规定：

1 采用数根导管同时浇注时，导管数量和位置宜符合表10.4.7的规定。

表 10.4.7 导管作用范围

导管内径（mm）	导管作用半径（m）	导管下口要求埋入深度（m）
250	1.1左右	2.0以上
300	1.3～2.2	
300～500	2.2～4.0	

2 导管底端埋入封底混凝土的深度不宜小于0.8m。

3 混凝土顶面的流动坡度宜控制在1∶5以下。

4 在封底混凝土上抽水时，混凝土强度不得小于10MPa，硬化时间不得小于3d。

10.4.8 浮式沉井施工应符合下列规定：

1 沉井制作应符合下列要求：

1）沉井的底节应做水压试验，其他各节应经水密试验，合格后方可入水。

2）沉井的气筒应按受压容器的有关规定，经检验合格后方可使用。

3）沉井的临时性井底，除应做水密试验，确认合格外，尚应满足在水下拆除方便的要求。

2 沉井在浮运前，应对所经水域和沉井位置处河床进行探查，确认水域无障碍物，沉井位置的河床平整；应掌握水文、气象及航运等情况；应检查拖运、定位、导向、锚碇等设施状况，确认合格。

3 浮式沉井底节入水后的初定位置，宜设在墩位上游适当位置。

4 浮式沉井在悬浮状态下接高应符合下列要求：

1）沉井悬浮于水中应随时验算沉井的稳定性。

2）接高时，必须均匀对称地加载，沉井顶面宜高出水面1.5m以上。

3）应随时测量墩位处河床冲刷情况，必要时应采取防护措施。

4）带气筒的浮式沉井，气筒应加以保护。

5）带临时性井底的浮式沉井及双壁浮式沉井，应控制各灌水隔舱间的水头差不得超过设计要求。

5 浮式沉井着床定位应符合下列要求：

1）着床宜安排在枯水时期、低潮水位和流速平稳时进行。

2）着床前应对锚碇设备进行检查和调整，确保沉井着床位置准确。

3）着床前应探明墩位处河床情况，确认符合设计要求。

4）着床位置，应根据河床高差、冲淤情况、地层及沉井入土下沉深度等因素研究确定，宜向河床较高位置偏移适当尺寸。

5）沉井着床后，应尽快下沉，使沉井保持稳定。

10.5 地下连续墙

10.5.1 在堤防、建（构）筑物附近施工前，必须了解堤防、建（构）筑物结构及其基础情况，如影响其安全时，应采取有效防护措施，并在施工中加强观测。

10.5.2 用泥浆护壁挖槽的地下连续墙应先构筑导墙。

10.5.3 导墙的材料、平面位置、形式、埋置深度、墙体厚度、顶面高程应符合设计要求。当设计无要求时，应符合下列规定：

1 导墙宜采用钢筋混凝土构筑，混凝土等级不宜低于C20。

2 导墙的平面轴线应与地下连续墙平行，两导墙的内侧间距宜比地下连续墙体厚度大40～60mm。

3 导墙断面形式应根据土质情况确定，可采用板形、[形或倒L形。

4 导墙底端埋入土体内深度宜大于1m。基底土层应夯实。导墙顶端应高出地下水位，墙后填土应与墙顶齐平，导墙顶面应水平，内墙面应竖直。

5 导墙支撑间距宜为1～1.5m。

10.5.4 混凝土导墙施工应符合下列规定：

1 导墙分段现浇时，段落划分应与地下连续墙划分的节段错开。

2 安装预制导墙段时，必须保证连接处质量，防止渗漏。

3 混凝土导墙在浇筑及养护期间，重型机械、车辆不得在附近作业、行驶。

10.5.5 地下连续墙的成槽施工，应根据地质条件和施工条件选用挖槽机械，并采用间隔式开挖，一般地质条件应间隔一个单元槽段。挖槽时，抓斗中心平面应与导墙中心平面相吻合。

10.5.6 挖槽过程中应观察槽壁变形、垂直度、泥浆液面高度，并应控制抓斗上下运行速度。如发现较严重坍塌时，应及时将机械设备提出，分析原因，妥善处理。

10.5.7 槽段挖至设计高程后，应及时检查槽位、槽深、槽宽和垂直度，合格后方可进行清底。

10.5.8 清底应自底部抽吸并及时补浆，沉淀物淤积厚度不得大于100mm。

10.5.9 接头施工应符合设计要求，并应符合下列规定：

1 锁口管应能承受灌注混凝土时的侧压力，且不得产生位移。

2 安放锁口管时应紧贴槽端，垂直、缓慢下放，不得碰撞槽壁和强行入槽。锁口管应沉入槽底300～500mm。

3 锁口管灌注混凝土2～3h后进行第一次起拔，以后应每30min提升一次，每次提升50～100mm，直至终凝后全部拔出。

4 后继段开挖后，应对前槽段竖向接头进行清刷，清除附着土渣、泥浆等物。

10.5.10 吊装钢筋骨架应符合本规范第10.3.4条的有关规定，且应符合下列规定：

1 吊放钢筋骨架时，必须将钢筋骨架中心对准单元节段的中心，准确放入槽内，不得使骨架发生摆动和变形。

2 全部钢筋骨架入槽后，应固定在导墙上，顶端高度应符合设计要求。

3 当钢筋骨架不能顺利的插入槽内时，应查明原因，排除障碍后，重新放入，不得强行压入槽内。

4 钢筋骨架分节沉入时，下节钢筋笼应临时固定在导墙上，上下节主筋应对正、焊接牢固，并经检查合格后方可继续下沉。

10.5.11 水下混凝土施工应符合本规范第10.3.5条的规定。

10.6 承　　台

10.6.1 承台施工前应检查基桩位置，确认符合设计要求，如偏差超过检验标准，应会同设计、监理工程师制定措施并实施后，方可施工。

10.6.2 在基坑无水情况下浇筑钢筋混凝土承台，如设计无要求，基底应浇筑10cm厚混凝土垫层。

10.6.3 在基坑有渗水情况下浇筑钢筋混凝土承台，应有排水措施，基坑不得积水。如设计无要求，基底可铺10cm厚碎石，并浇筑5～10cm厚混凝土垫层。

10.6.4 承台混凝土宜连续浇筑成型。分层浇筑时，接缝应按施工缝处理。

10.6.5 水中高桩承台采用套箱法施工时，套箱应架设在可靠的支承上，并具有足够的强度、刚度和稳定性。套箱顶面高程应高于施工期间的最高水位。套箱应拼装严密，不漏水。套箱底板与基桩之间缝隙应堵严。套箱下沉就位后，应及时浇筑水下混凝土封底。

10.7 检验标准

10.7.1 基础施工涉及的模板与支架、钢筋、混凝土、预应力混凝土、砌体质量检验应符合本规范第5.4、6.5、7.13、8.5、9.6节的规定。

10.7.2 扩大基础质量检验应符合下列规定：

1 基坑开挖允许偏差应符合表10.7.2-1的规定。

一 般 项 目

表10.7.2-1 基坑开挖允许偏差

序号 项目		允许偏差(mm)	检验频率 范围	检验频率 点数	检验方法
基底高程	土方	0 −20	每座基坑	5	用水准仪测量四角和中心
	石方	+50 −200		5	
轴线偏位		50		4	用经纬仪测量，纵横各2点
基坑尺寸		不小于设计规定		4	用钢尺量每边各1点

2　地基检验应符合下列要求：

主 控 项 目

1）地基承载力应按本规范第10.1.7条规定进行检验，确认符合设计要求。

检查数量：全数检查。

检验方法：检查地基承载力报告。

2）地基处理应符合专项处理方案要求，处理后的地基必须满足设计要求。

检查数量：全数检查。

检验方法：观察、检查施工记录。

3　回填土方应符合下列要求：

主 控 项 目

1）当年筑路和管线上填方的压实度标准应符合表10.7.2-2的要求。

表10.7.2-2　当年筑路和管线上填方的压实度标准

<table>
<tr><th rowspan="2">项　目</th><th rowspan="2">压 实 度</th><th colspan="2">检验频率</th><th rowspan="2">检验方法</th></tr>
<tr><th>范围</th><th>点数</th></tr>
<tr><td>填土上当年筑路</td><td>符合国家现行标准《城镇道路工程施工与质量验收规范》CJJ 1的有关规定</td><td>每个基坑</td><td>每层4点</td><td rowspan="2">用环刀法或灌砂法</td></tr>
<tr><td>管线填土</td><td>符合现行相关管线施工标准的规定</td><td>每条管线</td><td>每层1点</td></tr>
</table>

一 般 项 目

2）除当年筑路和管线上回填土方以外，填方压实度不应小于87%（轻型击实）。检查频率与检验方法同表10.7.2-2第1项。

3）填料应符合设计要求，不得含有影响填筑质量的杂物。基坑填筑应分层回填、分层夯实。

检查数量：全数检查。

检验方法：观察、检查回填压实度报告和施工记录。

4　现浇混凝土基础的质量检验应符合本规范第10.7.1条规定，且应符合下列要求：

一 般 项 目

1）现浇混凝土基础允许偏差应符合表10.7.2-3的要求。

2）基础表面不得有孔洞、露筋。

检查数量：全数检查。

检验方法：观察。

表10.7.2-3　现浇混凝土基础允许偏差

<table>
<tr><th colspan="2" rowspan="2">项　目</th><th rowspan="2">允许偏差（mm）</th><th colspan="2">检验频率</th><th rowspan="2">检验方法</th></tr>
<tr><th>范围</th><th>点数</th></tr>
<tr><td>断面尺寸</td><td>长、宽</td><td>±20</td><td rowspan="4">每座基础</td><td>4</td><td>用钢尺量，长、宽各2点</td></tr>
<tr><td colspan="2">顶面高程</td><td>±10</td><td>4</td><td>用水准仪测量</td></tr>
<tr><td colspan="2">基础厚度</td><td>+10
0</td><td>4</td><td>用钢尺量，长、宽向各2点</td></tr>
<tr><td colspan="2">轴线偏位</td><td>15</td><td>4</td><td>用经纬仪测量，纵、横各2点</td></tr>
</table>

5　砌体基础的质量检验应符合本规范第10.7.1条规定，砌体基础允许偏差应符合表10.7.2-4的要求。

一 般 项 目

表10.7.2-4　砌体基础允许偏差

<table>
<tr><th colspan="2" rowspan="2">项　目</th><th rowspan="2">允许偏差（mm）</th><th colspan="2">检验频率</th><th rowspan="2">检验方法</th></tr>
<tr><th>范围</th><th>点数</th></tr>
<tr><td colspan="2">顶面高程</td><td>±25</td><td rowspan="4">每座基础</td><td>4</td><td>用水准仪测量</td></tr>
<tr><td rowspan="2">基础厚度</td><td>片石</td><td>+30
0</td><td rowspan="2">4</td><td rowspan="2">用钢尺量，长、宽各2点</td></tr>
<tr><td>料石、砌块</td><td>+15
0</td></tr>
<tr><td colspan="2">轴线偏位</td><td>15</td><td>4</td><td>用经纬仪测量，纵、横各2点</td></tr>
</table>

10.7.3　沉入桩质量检验应符合下列规定：

1　预制桩质量检验应符合本规范第10.7.1条规定，且应符合下列要求：

主 控 项 目

1）桩表面不得出现孔洞、露筋和受力裂缝。

检查数量：全数检查。

检验方法：观察。

一 般 项 目

2）钢筋混凝土和预应力混凝土桩的预制允许偏差应符合表10.7.3-1的规定。

3）桩身表面无蜂窝、麻面和超过0.15mm的收缩裂缝。小于0.15mm的横向裂缝长度，方桩不得大于边长或短边长的1/3，管桩或多边形桩不得大于直径或对角线的1/3；小于0.15mm的纵向裂缝长度，方桩不得大于边长或短边长的1.5倍，管桩或多边形桩不得大于直径或对角线的1.5倍。

表 10.7.3-1 钢筋混凝土和预应力混凝土桩的预制允许偏差

项目		允许偏差（mm）	检验频率 范围	检验频率 点数	检验方法
实心桩	横截面边长	±5	每批抽查10%	3	用钢尺量相邻两边
	长度	±50		2	用钢尺量
	桩尖对中轴线的倾斜	10		1	用钢尺量
	桩轴线的弯曲矢高	≤0.1%桩长，且不大于20	全数	1	沿构件全长拉线，用钢尺量
	桩顶平面对桩纵轴线的倾斜	≤1%桩径（边长），且不大于3	每批抽查10%	1	用垂线和钢尺量
	接桩的接头平面与桩轴平面垂直度	0.5%	每批抽查20%	4	用钢尺量
空心桩	内径	不小于设计	每批抽查10%	2	用钢尺量
	壁厚	0 −3		2	用钢尺量
	桩轴线的弯曲矢高	0.2%	全数	1	沿管节全长拉线，用钢尺量

检查数量：全数检查。

检验方法：观察、用读数放大镜量测。

2 钢管桩制作质量检验应符合下列要求：

主控项目

1）钢材品种、规格及其技术性能应符合设计要求和相关标准规定。

检查数量：全数检查。

检验方法：检查钢材出厂合格证、检验报告和生产厂的复验报告。

2）制作焊接质量应符合设计要求和相关标准规定。

检查数量：全数检查。

检验方法：检查生产厂的检验报告。

一般项目

3）钢管桩制作允许偏差应符合表 10.7.3-2 的规定。

表 10.7.3-2 钢管桩制作允许偏差

项目	允许偏差（mm）	检验频率 范围	检验频率 点数	检验方法
外径	±5	每批抽查10%	4	用钢尺量
长度	+10 0			
桩轴线的弯曲矢高	≤1%桩长，且不大于20	全数	1	沿桩身拉线，用钢尺量
端部平面度	2	每批抽查20%		用直尺和塞尺量
端部平面与桩身中心线的倾斜	≤1%桩径，且不大于3		2	用垂线和钢尺量

3 沉桩质量检验应符合下列要求：

主控项目

1）沉入桩的入土深度、最终贯入度或停打标准应符合设计要求。

检查数量：全数检查。

检验方法：观查、测量、检查沉桩记录。

一般项目

2）沉桩允许偏差应符合表 10.7.3-3 的规定。

表 10.7.3-3 沉桩允许偏差

项目			允许偏差（mm）	检验频率 范围	检验频率 点数	检验方法
桩位	群桩	中间桩	≤d/2，且不大于250	每排桩	20%	用经纬仪测量
		外缘桩	d/4			
	排架桩	顺桥方向	40			
		垂直桥轴方向	50			
桩尖高程			不高于设计要求	每根桩	全数	用水准仪测量
斜桩倾斜度			±15%tanθ			用垂线和钢尺量尚未沉入部分
直桩垂直度			1%			

注：1 d为桩的直径或短边尺寸（mm）；

2 θ为斜桩设计纵轴线与铅垂线间夹角（°）。

3）接桩焊缝外观质量应符合表 10.7.3-4 的规定。

表 10.7.3-4 接桩焊缝外观允许偏差

项目		允许偏差（mm）	检验频率 范围	检验频率 点数	检验方法
咬边深度（焊缝）		0.5	每条焊道	1	用焊缝量规、钢尺量
加强层高度（焊缝）		+3 0			
加强层宽度（焊缝）					
钢管桩上下节错台	公称直径≥700mm	3			用钢板尺和塞尺量
	公称直径<700mm	2			

10.7.4 混凝土灌注桩质量检验应符合下列规定：

主控项目

1 成孔达到设计深度后，必须核实地质情况，确认符合设计要求。

检查数量：全数检查。

检验方法：观察、检查施工记录。

2 孔径、孔深应符合设计要求。

检查数量：全数检查。

检验方法：观察、检查施工记录。

3 混凝土抗压强度应符合设计要求。

检查数量：每根桩在浇筑地点制作混凝土试件不得少于2组。

检验方法：检查试验报告。

4 桩身不得出现断桩、缩径。

检查数量：全数检查。

检验方法：检查桩基无损检测报告。

一 般 项 目

5 钢筋笼制作和安装质量检验应符合本规范第10.7.1条规定，且钢筋笼底端高程偏差不得大于±50mm。

检查数量：全数检查。

检验方法：用水准仪测量。

6 混凝土灌注桩允许偏差应符合表10.7.4的规定。

表 10.7.4 混凝土灌注桩允许偏差

<table>
<tr><th colspan="2" rowspan="2">项 目</th><th rowspan="2">允许偏差(mm)</th><th colspan="2">检验频率</th><th rowspan="2">检验方法</th></tr>
<tr><th>范围</th><th>点数</th></tr>
<tr><td rowspan="2">桩位</td><td>群桩</td><td>100</td><td rowspan="2">每根桩</td><td>1</td><td rowspan="2">用全站仪检查</td></tr>
<tr><td>排架桩</td><td>50</td><td>1</td></tr>
<tr><td rowspan="2">沉渣厚度</td><td>摩擦桩</td><td>符合设计要求</td><td rowspan="4">每根桩</td><td>1</td><td rowspan="2">沉淀盒或标准测锤，查灌注前记录</td></tr>
<tr><td>支承桩</td><td>不大于设计要求</td><td>1</td></tr>
<tr><td rowspan="2">垂直度</td><td>钻孔桩</td><td>≤1%桩长，且不大于500</td><td>1</td><td>用测壁仪或钻杆垂线和钢尺量</td></tr>
<tr><td>挖孔桩</td><td>≤0.5%桩长，且不大于200</td><td>1</td><td>用垂线和钢尺量</td></tr>
</table>

注：此表适用于钻孔和挖孔。

10.7.5 沉井基础质量检验应符合下列规定：

1 沉井制作质量检验应符合本规范第10.7.1条规定，且应符合下列要求：

主 控 项 目

1）钢壳沉井的钢材及其焊接质量应符合设计要求和相关标准规定。

检查数量：全数检查。

检验方法：检查钢材出厂合格证、检验报告、复验报告和焊接检验报告。

2）钢壳沉井气筒必须按受压容器的有关规定制造，并经水压（不得低于工作压力的1.5倍）试验合格后方可投入使用。

检查数量：全数检查。

检验方法：检查制作记录、检查试验报告。

一 般 项 目

3）混凝土沉井制作允许偏差应符合表10.7.5-1的规定。

4）混凝土沉井壁表面应无孔洞、露筋、蜂窝、麻面和宽度超过0.15mm的收缩裂缝。

检查数量：全数检查。

检验方法：观察。

表 10.7.5-1 混凝土沉井制作允许偏差

<table>
<tr><th colspan="2" rowspan="2">项 目</th><th rowspan="2">允许偏差(mm)</th><th colspan="2">检验频率</th><th rowspan="2">检验方法</th></tr>
<tr><th>范围</th><th>点数</th></tr>
<tr><td rowspan="2">沉井尺寸</td><td>长、宽</td><td>±0.5%边长，大于24m时±120</td><td rowspan="6">每座</td><td>2</td><td>用钢尺量长、宽各1点</td></tr>
<tr><td>半径</td><td>±0.5%半径，大于12m时±60</td><td>4</td><td>用钢尺量，每侧1点</td></tr>
<tr><td colspan="2">对角线长度差</td><td>1%理论值，且不大于80</td><td>2</td><td>用钢尺量，圆井量两个直径</td></tr>
<tr><td rowspan="2">井壁厚度</td><td>混凝土</td><td>+40
−30</td><td rowspan="2">4</td><td rowspan="2">用钢尺量，每侧1点</td></tr>
<tr><td>钢壳和钢筋混凝土</td><td>±15</td></tr>
<tr><td colspan="2">平 整 度</td><td>8</td><td>4</td><td>用2m直尺、塞尺量，每侧各1点</td></tr>
</table>

2 沉井浮运应符合下列要求：

主 控 项 目

1）预制浮式沉井在下水、浮运前，应进行水密试验，合格后方可下水。

检查数量：全数检查。

检验方法：检查试验报告。

2）钢壳沉井底节应进行水压试验，其余各节应进行水密检查，合格后方可下水。

检查数量：全数检查。

检验方法：检查试验报告。

3 沉井下沉应符合下列要求：

主 控 项 目

1）就地浇筑沉井首节下沉应在井壁混凝土达到设计强度后进行，其上各节达到设计强度的75%后方可下沉。

检查数量：全数检查。

检验方法：每节沉井下沉前检查同条件养护试件试验报告。

一 般 项 目

2）就地制作沉井下沉就位允许偏差应符合表10.7.5-2的规定。

表 10.7.5-2 就地制作沉井下沉就位允许偏差

项　目	允许偏差（mm）	检验频率		检验方法
		范围	点数	
底面、顶面中心位置	$H/50$	每座	4	用经纬仪测量纵横向各2点
垂直度	$H/50$		4	用经纬仪测量
平面扭角	1°		2	经纬仪检验纵、横轴线交点

注：H 为沉井高度（mm）。

3）浮式沉井下沉就位允许偏差应符合表10.7.5-3的规定。

表 10.7.5-3 浮式沉井下沉就位允许偏差

项　目	允许偏差（mm）	检验频率		检验方法
		范围	点数	
底面、顶面中心位置	$H/50+250$	每座	4	用经纬仪测量纵横向各2点
垂直度	$H/50$		4	用经纬仪测量
平面扭角	2°		2	经纬仪检验纵、横轴线交点

注：H 为沉井高度（mm）。

4）下沉后内壁不得渗漏。

检查数量：全数检查。

检验方法：观察。

4 清基后基底地质条件检验应符合本规范第10.7.2条第2款的规定。

5 封底填充混凝土应符合本规范第10.7.1条规定，且应符合下列要求：

一 般 项 目

1）沉井在软土中沉至设计高程并清基后，待8h内累计下沉小于10mm时，方可封底；

检查数量：全数检查。

检验方法：水准仪测量。

2）沉井应在封底混凝土强度达到设计要求后方可进行抽水填充。

检查数量：全数检查。

检验方法：抽水前检查同条件养护试件强度试验报告。

10.7.6 地下连续墙质量检验应符合下列规定：

主 控 项 目

1 成槽的深度应符合设计要求。

检查数量：全数检查。

检验方法：用重锤检查。

2 水下混凝土质量检验应符合本规范第10.7.1条规定，且应符合下列要求：

1）墙身不得有夹层、局部凹进。

检查数量：全数检查。

检验方法：检查无损检测报告。

2）接头处理应符合施工设计要求。

检查数量：全数检查。

检验方法：观察、检查施工记录。

一 般 项 目

3）地下连续墙允许偏差应符合表10.7.6的规定。

表 10.7.6 地下连续墙允许偏差

项　目	允许偏差（mm）	检验频率		检验方法
		范围	点数	
轴线偏位	30	每单元段或每槽段	2	用经纬仪测量
外形尺寸	+30 0		1	用钢尺量一个断面
垂直度	0.5%墙高		1	用超声波测槽仪检验
顶面高程	±10		2	用水准仪测量
沉渣厚度	符合设计要求		1	用重锤或沉积物测定仪（沉淀盒）

10.7.7 现浇混凝土承台质量检验，应符合本规范第10.7.1条规定，且应符合下列规定：

一 般 项 目

1 混凝土承台允许偏差应符合表10.7.7的规定。

表 10.7.7 混凝土承台允许偏差

项目		允许偏差(mm)	检验频率		检验方法
			范围	点数	
断面尺寸	长、宽	±20	每座	4	用钢尺量，长、宽各2点
承台厚度		0 +10		4	用钢尺量
顶面高程		±10		4	用水准仪测量测量四角
轴线偏位		15		4	用经纬仪测量，纵、横各2点
预埋件位置		10	每件	2	经纬仪放线，用钢尺量

2 承台表面应无孔洞、露筋、缺棱掉角、蜂窝、麻面和宽度超过0.15mm的收缩裂缝。

检查数量：全数检查。

检验方法：观察、用读数放大镜观测。

11 墩 台

11.1 现浇混凝土墩台、盖梁

11.1.1 重力式混凝土墩台施工应符合下列规定：

1 墩台混凝土浇筑前应对基础混凝土顶面做凿毛处理，清除锚筋污锈。

2 墩台混凝土宜水平分层浇筑，每次浇筑高度宜为1.5～2m。

3 墩台混凝土分块浇筑时，接缝应与墩台截面尺寸较小的一边平行，邻层分块接缝应错开，接缝宜做成企口形。分块数量，墩台水平截面积在200m^2内不得超过2块；在300m^2以内不得超过3块。每块面积不得小于50m^2。

11.1.2 柱式墩台施工应符合下列规定：

1 模板、支架除应满足强度、刚度外，稳定计算中应考虑风力影响。

2 墩台柱与承台基础接触面应凿毛处理，清除钢筋污锈。浇筑墩台柱混凝土时，应铺同配合比的水泥砂浆一层。墩台柱的混凝土宜一次连续浇筑完成。

3 柱身高度内有系梁连接时，系梁应与柱同步浇筑。V形墩柱混凝土应对称浇筑。

4 采用预制混凝土管做柱身外模时，预制管安装应符合下列要求：

1）基础面宜采用凹槽接头，凹槽深度不得小于5cm。

2）上下管节安装就位后，应采用四根竖方木对称设置在管柱四周并绑扎牢固，防止撞击错位。

3）混凝土管柱外模应设斜撑，保证浇筑时的稳定。

4）管接口应采用水泥砂浆密封。

11.1.3 钢管混凝土墩台柱应采用补偿收缩混凝土，一次连续浇筑完成。钢管的焊制与防腐应符合本规范第14章的有关规定。

11.1.4 盖梁为悬臂梁时，混凝土浇筑应从悬臂端开始；预应力钢筋混凝土盖梁拆除底模时间应符合设计要求；如设计无规定，预应力孔道压浆强度应达到设计强度后，方可拆除底模板。

11.1.5 在交通繁华路段施工盖梁宜采用整体组装模板、快装组合支架。

11.2 预制钢筋混凝土柱和盖梁安装

11.2.1 基础杯口的混凝土强度必须达到设计要求，方可进行预制柱安装。

11.2.2 预制柱安装应符合下列规定：

1 杯口在安装前应校核长、宽、高，确认合格。杯口与预制件接触面均应凿毛处理，埋件应除锈并应校核位置，合格后方可安装。

2 预制柱安装就位后应采用硬木楔或钢楔固定，并加斜撑保持柱体稳定，在确保稳定后方可摘去吊钩。

3 安装后应及时浇筑杯口混凝土，待混凝土硬化后拆除硬楔，浇筑二次混凝土，待杯口混凝土达到设计强度75%后方可拆除斜撑。

11.2.3 预制钢筋混凝土盖梁安装应符合下列规定：

1 预制盖梁安装前，应对接头混凝土面凿毛处理，预埋件应除锈。

2 在墩台柱上安装预制盖梁时，应对墩台柱进行固定和支撑，确保稳定。

3 盖梁就位时，应检查轴线和各部尺寸，确认合格后方可固定，并浇筑接头混凝土。接头混凝土达到设计强度后，方可卸除临时固定设施。

11.3 重力式砌体墩台

11.3.1 墩台砌筑前，应清理基础，保持洁净，并测量放线，设置线杆。

11.3.2 墩台砌体应采用坐浆法分层砌筑，竖缝均应错开，不得贯通。

11.3.3 砌筑墩台镶面石应从曲线部分或角部开始。

11.3.4 桥墩分水体镶面石的抗压强度不得低于设计要求。

11.3.5 砌筑的石料和混凝土预制块应清洗干净，保持湿润。

11.4 台背填土

11.4.1 台背填土不得使用含杂质、腐殖物或冻土块的土类。宜采用透水性土。

11.4.2 台背、锥坡应同时回填，并应按设计宽度一次填齐。

11.4.3 台背填土宜与路基填土同时进行，宜采用机械碾压。台背 0.8～1m 范围内宜回填砂石、半刚性材料，并采用小型压实设备或人工夯实。

11.4.4 轻型桥台台背填土应待盖板和支撑梁安装完成后，两台对称均匀进行。

11.4.5 刚构应两端对称均匀回填。

11.4.6 拱桥台背填土应在主拱施工前完成；拱桥台背填土长度应符合设计要求。

11.4.7 柱式桥台台背填土宜在柱侧对称均匀地进行。

11.4.8 回填土均应分层夯实，填土压实度应符合国家现行标准《城镇道路工程施工与质量验收规范》CJJ 1 的有关规定。

11.5 检 验 标 准

11.5.1 墩台施工涉及的模板与支架、钢筋、混凝土、预应力混凝土、砌体质量检验应符合本规范第 5.4、6.5、7.13、8.5、9.6 节的规定。

11.5.2 墩台砌体质量检验应符合本规范第 11.5.1 条规定，砌筑墩台允许偏差应符合表 11.5.2 的规定。

一 般 项 目

表 11.5.2 砌筑墩台允许偏差

项目		允许偏差（mm）		检验频率		检验方法
		浆砌块石	浆砌料石、砌块	范围	点数	
墩台尺寸	长	+20 −10	+10 0	每个墩台身	3	用钢尺量 3 个断面
	厚	±10	+10 0		3	用钢尺量 3 个断面
顶面高程		±15	±10		4	用水准仪测量
轴线偏位		15	10		4	用经纬仪测量，纵、横各 2 点
墙面垂直度		≤0.5%H，且不大于 20	≤0.3%H，且不大于 15		4	用经纬仪测量或垂线和钢尺量
墙面平整度		30	10		4	用 2m 直尺、塞尺量
水平缝平直		—	10		4	用 10m 小线、钢尺量
墙面坡度		符合设计要求	符合设计要求		4	用坡度板量

注：H 为墩台高度（mm）。

11.5.3 现浇混凝土墩台质量检验应符合本规范第 11.5.1 条规定，且应符合下列规定：

主 控 项 目

1 钢管混凝土柱的钢管制作质量检验应符合本规范第 10.7.3 条第 2 款的规定。

2 混凝土与钢管应紧密结合，无空隙。

检查数量：全数检查。

检验方法：手锤敲击检查或检查超声波检测报告。

一 般 项 目

3 现浇混凝土墩台允许偏差应符合表 11.5.3-1 的规定。

表 11.5.3-1 现浇混凝土墩台允许偏差

项目		允许偏差（mm）	检验频率		检验方法
			范围	点数	
墩台身尺寸	长	+15 0	每个墩台或每个节段	2	用钢尺量
	厚	+10 −8		4	用钢尺量，每侧上、下各 1 点
顶面高程		±10		4	用水准仪测量
轴线偏位		10		4	用经纬仪测量，纵、横各 2 点
墙面垂直度		≤0.25%H，且不大于 25		2	用经纬仪测量或垂线和钢尺量
墙面平整度		8		4	用 2m 直尺、塞尺量
节段间错台		5		4	用钢尺和塞尺量
预埋件位置		5	每件	4	经纬仪放线，用钢尺量

注：H 为墩台高度（mm）。

4 现浇混凝土柱允许偏差应符合表 11.5.3-2 的规定。

表 11.5.3-2 现浇混凝土柱允许偏差

项目		允许偏差（mm）	检验频率		检验方法
			范围	点数	
断面尺寸	长、宽（直径）	±5	每根柱	2	用钢尺量，长、宽各1点，圆柱量2点
顶面高程		±10		1	用水准仪测量
垂直度		≤0.2%H，且不大于 15		2	用经纬仪测量或垂线和钢尺量
轴线偏位		8		2	用经纬仪测量
平整度		5		2	用2m直尺、塞尺量
节段间错台		3		4	用钢板尺和塞尺量

注：H 为柱高（mm）。

5 现浇混凝土挡墙允许偏差应符合表 11.5.3-3 的规定。

表 11.5.3-3 现浇混凝土挡墙允许偏差

项目		允许偏差（mm）	检验频率		检验方法
			范围	点数	
墙身尺寸	长	±5	每10m墙长度	3	用钢尺量
	厚	±5		3	用钢尺量
顶面高程		±5		3	用水准仪量测
垂直度		0.15%H，且不大于10		3	用经纬仪测量或垂线和钢尺量
轴线偏位		10		1	用经纬仪测量
直顺度		10		1	用 10m 小线、钢尺量
平整度		8		3	用 2m 直尺、塞尺量

注：H 为挡墙高度（mm）。

6 混凝土表面应无孔洞、露筋、蜂窝、麻面。

检查数量：全数检查。

检验方法：观察。

11.5.4 预制安装混凝土柱质量检验应符合本规范第 11.5.1 条规定，且应符合下列规定：

主 控 项 目

1 柱与基础连接处必须接触严密、焊接牢固、混凝土灌注密实，混凝土强度符合设计要求。

检查数量：全数检查。

检验方法：观察、检查施工记录、用焊缝量规量测、检查试件试验报告。

一 般 项 目

2 预制混凝土柱制作允许偏差应符合表 11.5.4-1 的规定。

表 11.5.4-1 预制混凝土柱制作允许偏差

项目		允许偏差（mm）	检验频率		检验方法
			范围	点数	
断面尺寸	长、宽（直径）	±5	每个柱	4	用钢尺量，厚、宽各2点（圆断面量直径）
高度		±10		2	用钢尺量
预应力筋孔道位置		10	每个孔道	1	
侧向弯曲		H/750	每个柱	1	沿构件全高拉线，用钢尺量
平整度		3		2	2m 直尺、塞尺量

注：H 为柱高（mm）。

3 预制柱安装允许偏差应符合表 11.5.4-2 规定。

表 11.5.4-2 预制柱安装允许偏差

项目	允许偏差（mm）	检验频率		检验方法
		范围	点数	
平面位置	10	每个柱	2	用经纬仪测量，纵、横向各1点
埋入基础深度	不小于设计要求		1	用钢尺量
相邻间距	±10		1	用钢尺量
垂直度	≤0.5%H，且不大于20		2	用经纬仪测量或用垂线和钢尺量，纵横向各1点
墩、柱顶高程	±10		1	用水准仪测量
节段间错台	3		4	用钢板尺和塞尺量

注：H 为柱高（mm）。

4 混凝土柱表面应无孔洞、露筋、蜂窝、麻面和缺棱掉角现象。

检查数量：全数检查。

检验方法：观察。

11.5.5 现浇混凝土盖梁质量检验应符合本规范第 11.5.1 条规定，且应符合下列规定：

主 控 项 目

1 现浇混凝土盖梁不得出现超过设计规定的受力裂缝。

检查数量：全数检查。

检验方法：观察。

一 般 项 目

2 现浇混凝土盖梁允许偏差应符合表 11.5.5 的规定。

表 11.5.5 现浇混凝土盖梁允许偏差

项目		允许偏差（mm）	检验频率		检验方法
			范围	点数	
盖梁尺寸	长	+20 −10	每个盖梁	2	用钢尺量，两侧各1点
	宽	+10 0		3	用钢尺量，两端及中间各1点
	高	±5		3	
盖梁轴线偏位		8		4	用经纬仪测量，纵横各2点
盖梁顶面高程		0 −5		3	用水准仪测量，两端及中间各1点
平整度		5		2	用2m直尺、塞尺量

续表 11.5.5

项目		允许偏差（mm）	检验频率		检验方法
			范围	点数	
支座垫石预留位置		10	每个	4	用钢尺量，纵横各2点
预埋件位置	高程	±2	每件	1	用水准仪测量
	轴线	5		1	经纬仪放线，用钢尺量

3　盖梁表面应无孔洞、露筋、蜂窝、麻面。

检查数量：全数检查。

检验方法：观察。

11.5.6　人行天桥钢墩柱质量检验应符合下列规定：

主 控 项 目

1　人行天桥钢墩柱的钢材和焊接质量检验应符合本规范第10.7.3条第2款的规定。

一 般 项 目

2　人行天桥钢墩柱制作允许偏差应符合表11.5.6-1的规定。

表 11.5.6-1　人行天桥钢墩柱制作允许偏差

项目	允许偏差（mm）	检查频率		检验方法
		范围	点数	
柱底面到柱顶支承面的距离	±5	每件	2	用钢尺量
柱身截面	±3			用钢尺量
柱身轴线与柱顶支承面垂直度	±5			用直角尺和钢尺量
柱顶支承面几何尺寸	±3			用钢尺量
柱身挠曲	≤H/1000，且不大于10			沿全高拉线，用钢尺量
柱身接口错台	3			用钢板尺和塞尺量

注：H为墩柱高度（mm）。

3　人行天桥钢墩柱安装允许偏差应符合表11.5.6-2的规定。

11.5.7　台背填土质量检验应符合国家现行标准《城镇道路工程施工与质量验收规范》CJJ 1有关规定，且应符合下列规定：

表 11.5.6-2　人行天桥钢墩柱安装允许偏差

项目		允许偏差（mm）	检查频率		检验方法
			范围	点数	
钢柱轴线对行、列定位轴线的偏位		5	每件	2	用经纬仪测量
柱基标高		+10 −5			用水准仪测量
挠曲矢高		≤H/1000，且不大于10			沿全长拉线，用钢尺量
钢柱轴线的垂直度	H≤10m	10			用经纬仪测量或垂线和钢尺量
	H>10m	≤H/100，且不大于25			

注：H为墩柱高度（mm）。

主 控 项 目

1　台身、挡墙混凝土强度达到设计强度的75%以上时，方可回填土。

检查数量：全数检查。

检验方法：观察、检查同条件养护试件试验报告。

2　拱桥台背填土应在承受拱圈水平推力前完成。

检查数量：全数检查。

检验方法：观察。

一 般 项 目

3　台背填土的长度，台身顶面处不应小于桥台高度加2m，底面不应小于2m；拱桥台背填土长度不应小于台高的3～4倍。

检查数量：全数检查。

检验方法：观察、用钢尺量、检查施工记录。

12 支　座

12.1 一 般 规 定

12.1.1　当实际支座安装温度与设计要求不同时，应通过计算设置支座顺桥方向的预偏量。

12.1.2　支座安装平面位置和顶面高程必须正确，不得偏斜、脱空、不均匀受力。

12.1.3　支座滑动面上的聚四氟乙烯滑板和不锈钢板位置应正确，不得有划痕、碰伤。

12.1.4　墩台帽、盖梁上的支座垫石和挡块宜二次浇筑，确保其高程和位置的准确。垫石混凝土的强度必须符合设计要求。

12.2 板式橡胶支座

12.2.1 支座安装前应将垫石顶面清理干净，采用干硬性水泥砂浆抹平，顶面标高应符合设计要求。

12.2.2 梁板安放时应位置准确，且与支座密贴。如就位不准或与支座不密贴时，必须重新起吊，采取垫钢板等措施，并应使支座位置控制在允许偏差内。不得用撬棍移动梁、板。

12.3 盆式橡胶支座

12.3.1 当支座上、下座板与梁底和墩台顶采用螺栓连接时，螺栓预留孔尺寸应符合设计要求，安装前应清理干净，采用环氧砂浆灌注；当采用电焊连接时，预埋钢垫板应锚固可靠、位置准确。墩顶预埋钢板下的混凝土宜分2次浇筑，且一端灌入，另端排气，预埋钢板不得出现空鼓。焊接时应采取防止烧坏混凝土的措施。

12.3.2 现浇梁底部预埋钢板或滑板应根据浇筑时气温、预应力筋张拉、混凝土收缩和徐变对梁长的影响设置相对于设计支承中心的预偏值。

12.3.3 活动支座安装前应采用丙酮或酒精解体清洗其各相对滑移面，擦净后在聚四氟乙烯板顶面满注硅脂。重新组装时应保持精度。

12.3.4 支座安装后，支座与墩台顶钢垫板间应密贴。

12.4 球形支座

12.4.1 支座出厂时，应由生产厂家将支座调平，并拧紧连接螺栓，防止运输安装过程中发生转动和倾覆。支座可根据设计需要预设转角和位移，但需在厂内装配时调整好。

12.4.2 支座安装前应开箱检查配件清单、检验报告、支座产品合格证及支座安装养护细则。施工单位开箱后不得拆卸、转动连接螺栓。

12.4.3 当下支座板与墩台采用螺栓连接时，应先用钢楔块将下支座板四角调平，高程、位置应符合设计要求，用环氧砂浆灌注地脚螺栓孔及支座底面垫层。环氧砂浆硬化后，方可拆除四角钢楔，并用环氧砂浆填满楔块位置。

12.4.4 当下支座板与墩台采用焊接连接时，应采用对称、间断焊接方法将下支座板与墩台上预埋钢板焊接。焊接时应采取防止烧伤支座和混凝土的措施。

12.4.5 当梁体安装完毕，或现浇混凝土梁体达到设计强度后，在梁体预应力张拉之前，应拆除上、下支座板连接板。

12.5 检验标准

主控项目

12.5.1 支座应进行进场检验。

检查数量：全数检查。

检验方法：检查合格证、出厂性能试验报告。

12.5.2 支座安装前，应检查跨距、支座栓孔位置和支座垫石顶面高程、平整度、坡度、坡向，确认符合设计要求。

检查数量：全数检查。

检验方法：用经纬仪和水准仪与钢尺量测。

12.5.3 支座与梁底及垫石之间必须密贴，间隙不得大于0.3mm。垫层材料和强度应符合设计要求。

检查数量：全数检查。

检验方法：观察或用塞尺检查、检查垫层材料产品合格证。

12.5.4 支座锚栓的埋置深度和外露长度应符合设计要求。支座锚栓应在其位置调整准确后固结，锚栓与孔之间隙必须填捣密实。

检查数量：全数检查。

检验方法：观察。

12.5.5 支座的粘结灌浆和润滑材料应符合设计要求。

检查数量：全数检查。

检验方法：检查粘结灌浆材料的配合比通知单、检查润滑材料的产品合格证、进场验收记录。

一般项目

12.5.6 支座安装允许偏差应符合表12.5.6的规定。

表12.5.6 支座安装允许偏差

项目	允许偏差（mm）	检验频率		检验方法
		范围	点数	
支座高程	±5	每个支座	1	用水准仪测量
支座偏位	3		2	用经纬仪、钢尺量

13 混凝土梁（板）

13.1 支架上浇筑

13.1.1 在固定支架上浇筑施工应符合下列规定：

1 支架的地基承载力应符合要求，必要时，应采取加强处理或其他措施。

2 应有简便可行的落架拆模措施。

3 各种支架和模板安装后，宜采取预压方法消除拼装间隙和地基沉降等非弹性变形。

4 安装支架时，应根据梁体和支架的弹性、非弹性变形，设置预拱度。

5 支架底部应有良好的排水措施，不得被水浸泡。

6 浇筑混凝土时应采取防止支架不均匀下沉的

措施。

13.1.2 在移动模架上浇筑时，模架长度必须满足分段施工要求，分段浇筑的工作缝，应设在零弯矩点或其附近。

13.2 悬 臂 浇 筑

13.2.1 挂篮结构主要设计参数应符合下列规定：

1 挂篮质量与梁段混凝土的质量比值宜控制在0.3～0.5，特殊情况下不得超过0.7。

2 允许最大变形（包括吊带变形的总和）为20mm。

3 施工、行走时的抗倾覆安全系数不得小于2。

4 自锚固系统的安全系数不得小于2。

5 斜拉水平限位系统和上水平限位安全系数不得小于2。

13.2.2 挂篮组装后，应全面检查安装质量，并应按设计荷载做载重试验，以消除非弹性变形。

13.2.3 顶板底层横向钢筋宜采用通长筋。如挂篮下限位器、下锚带、斜拉杆等部位影响下一步操作需切断钢筋时，应待该工序完工后，将切断的钢筋连好再补孔。

13.2.4 当梁段与桥墩设计为非刚性连接时，浇筑悬臂段混凝土前，应先将墩顶梁段与桥墩临时固结。

13.2.5 墩顶梁段和附近梁段可采用托架或膺架为支架就地浇筑混凝土。托架、膺架应经过设计，计算其弹性及非弹性变形。

13.2.6 桥墩两侧梁段悬臂施工应对称、平衡。平衡偏差不得大于设计要求。

13.2.7 悬臂浇筑混凝土时，宜从悬臂前端开始，最后与前段混凝土连接。

13.2.8 连续梁（T构）的合龙、体系转换和支座反力调整应符合下列规定：

1 合龙段的长度宜为2m。

2 合龙前应观测气温变化与梁端高程及悬臂端间距的关系。

3 合龙前应按设计规定，将两悬臂端合龙口予以临时连接，并将合龙跨一侧墩的临时锚固放松或改成活动支座。

4 合龙前，在两端悬臂预加压重，并于浇筑混凝土过程中逐步撤除，以使悬臂端挠度保持稳定。

5 合龙宜在一天中气温最低时进行。

6 合龙段的混凝土强度宜提高一级，以尽早施加预应力。

7 连续梁的梁跨体系转换，应在合龙段及全部纵向连续预应力筋张拉、压浆完成，并解除各墩临时固结后进行。

8 梁跨体系转换时，支座反力的调整应以高程控制为主，反力作为校核。

13.3 装配式梁（板）施工

13.3.1 构件预制应符合下列规定：

1 场地应平整、坚实，并采取必要的排水措施。

2 预制台座应坚固、无沉陷，台座表面应光滑平整，在2m长度上平整度的允许偏差为2mm。气温变化大时应设伸缩缝。

3 模板应根据施工图设置起拱。预应力混凝土梁、板设置起拱时，应考虑梁体施加预应力后的上拱度，预设起拱应折减或不设，必要时可设反拱。

4 采用平卧重叠法浇筑构件混凝土时，下层构件顶面应设隔离层。上层构件须待下层构件混凝土强度达到5MPa后方可浇筑。

13.3.2 构件吊点的位置应符合设计要求，设计无要求时，应经计算确定。构件的吊环应竖直。吊绳与起吊构件的交角小于60°时应设置吊梁。

13.3.3 构件吊运时混凝土的强度不得低于设计强度的75%，后张预应力构件孔道压浆强度应符合设计要求或不低于设计强度的75%。

13.3.4 构件移运及堆放应符合下列规定：

1 构件运输和堆放时，梁式构件应竖立放置，并应采取斜撑等防止倾覆的措施；板式构件不得倒置。支承位置应与吊点位置在同一竖直线上。

2 使用平板拖车或超长拖车运输大型构件时，车长应能满足支承间的距离要求，支点处应设活动转盘。运输道路应平整。

3 堆放构件的场地应平整、坚实。

4 构件应按吊运及安装次序顺序堆放。

5 构件堆放时，应放置在垫木上，吊环向上，标志向外。混凝土养护期未满的，应继续洒水养护。

6 水平分层堆放构件时，其堆放高度应按构件强度、地面承载力等条件确定。层与层之间应以垫木隔开，各层垫木的位置应在吊点处，上下层垫木必须在一条竖直线上。

7 雨期和冰冻地区的春融期间，必须采取措施防止地面下沉，造成构件断裂。

13.3.5 简支梁的架设应符合下列规定：

1 施工现场内运输通道应畅通，吊装场地应平整、坚实。在电力架空线路附近作业时，必须采取相应的安全技术措施。风力6级（含）以上时，不得进行吊装作业。

2 起重机架梁应符合下列要求：

1）起重机工作半径和高度的范围内不得有障碍物。

2）严禁起重机斜拉斜吊，严禁轮胎起重机吊重物行驶。

3）使用双机抬吊同一构件时，吊车臂杆应保持一定距离，必须设专人指挥。每一单机必须按降效25%作业。

3 门式吊梁车架梁应符合下列要求：

1）吊梁车吊重能力应大于1/2梁重，轮距应为主梁间距的2倍。

2）导梁长度不得小于桥梁跨径的2倍另加5～10m引梁，导梁高度宜小于主梁高度，在墩顶设垫块使导梁顶面与主梁顶面保持水平。

3）构件堆放场或预制场宜设在桥头引道上。桥头引道应填筑到主梁顶高，引道与主梁或导梁接头处应砌筑坚实平整。

4）吊梁车起吊或落梁时应保持前后吊点升降速度一致，吊梁车负载时应慢速行驶，保持平稳，在导梁上行驶速度不宜大于5m/min。

4 跨墩龙门吊架梁应符合下列要求：

1）跨墩龙门架应根据梁的质量、跨度、高度专门设计拼装。

2）门架应跨越桥墩及运梁便线（或预制梁堆场），应高出桥墩顶面4m以上。

3）跨墩龙门吊纵移时应空载，吊梁时门架应固定，安梁小车横移就位。

4）运梁便线应设在桥墩一侧，跨过桥墩及便线沿桥两侧铺设龙门吊轨道；轨道基础应坚实、平整，枕木中心距50cm，铺设重轨，轨道应直顺，两侧龙门轨道应等高。

5）龙门吊架梁时，应将两台龙门吊对准架梁位置，大梁运至门架下垂直起吊，小车横移至安装位置落梁就位。

6）两台龙门吊抬梁起落速度、高度及横向移梁速度应保持一致，不得出现梁体倾斜、偏转和斜拉、斜吊现象。

5 穿巷式架桥机架梁应符合下列要求：

1）架桥机宜在桥头引道上拼装导梁及龙门架，经检验、试运转、试吊后推移进入架梁桥孔。

2）架桥机悬臂推移时应平稳，后端加配重，其抗倾覆安全系数不得低于1.5。风荷载较大时应采取防止横向失稳的措施。

3）架桥机就位后，前、中、后支腿及左右两根导梁应校平、支垫牢固。

4）桥梁构件堆放场或预制场宜设在桥头引道上，沿引道运梁上桥，大梁运进两导梁间起重龙门下，两端同时吊起，两台龙门抬吊大梁沿导梁同步纵移到架梁桥孔，龙门固定，起重小车横移到架梁位置落梁就位。

5）龙门架吊梁在导梁上纵移时，起重小车应停在龙门架跨中。纵移大梁时前后龙门吊应同步。起重小车吊梁时应垂直起落，不得斜拉。前后龙门吊上的起重小车抬梁横移速度应一致，保持大梁平稳不得受扭。

13.4 悬臂拼装施工

13.4.1 梁段预制应符合下列规定：

1 梁段应在同一台座上连续或奇偶相间预制。预制台座应符合本规范第13.3.1条的有关规定。

2 预制台座使用前应采用1.5倍梁段质量预压。

3 梁段间的定位销孔及其他预埋件应位置准确。

4 预制梁段吊移前，应分别测量各段顶面四角的相对高差，并在各梁段上测设与梁轴线垂直的端横线。

13.4.2 梁段起吊、运输应符合本规范第13.3.3和13.3.4条有关规定。

13.4.3 梁段在存放场地应平稳牢固地置于垫木上。底面有坡度的梁段，应使用不同高度的垫木。垫木的位置应与吊点位置在同一竖直线上。

13.4.4 桥墩两侧应对称拼装，保持平衡。平衡偏差应满足设计要求。

13.4.5 悬臂拼装施工应符合下列规定：

1 悬拼吊架走行及悬拼施工时的抗倾覆稳定系数不得小于1.5。

2 吊装前应对吊装设备进行全面检查，并按设计荷载的130%进行试吊。

3 悬拼施工前应绘制主梁安装挠度变化曲线，以控制各梁段安装高程。

4 悬拼施工应按锚固设计要求将墩顶梁段与桥墩临时锚固，或在桥墩两侧设立临时支撑。

5 墩顶梁段与悬拼第1段之间应设10～15cm宽的湿接缝，并应符合下列要求：

1）湿接缝的端面应凿毛清洗。

2）波纹管伸入两梁段长度不得小于5cm，并进行密封。

3）湿接缝混凝土强度宜高于梁段混凝土一个等级，待接缝混凝土达到设计强度后方可拆模、张拉预应力束。

6 梁段接缝采用胶拼时应符合下列要求：

1）胶拼前，应清除胶拼面上浮浆、杂质、隔离剂，并保持干燥。

2）胶拼前应先预拼，检测并调整其高程、中线，确认符合设计要求。涂胶应均匀，厚度宜为1～1.5mm。涂胶时，混凝土表面温度不宜低于15℃。

3）环氧树脂胶浆应根据环境温度、固化时间和强度要求选定配方。固化时间应根据操作需要确定，不宜少于10h，在36h内达到梁体设计强度。

4）梁段正式定位后，应按设计要求张拉定

位束，设计无规定时，应张拉部分预应力束，预压胶拼接缝，使接缝处保持0.2MPa以上压应力，并及时清理接触面周围及孔道中挤出的胶浆。待环氧树脂胶浆固化、强度符合设计要求后，再张拉其余预应力束。

5）在设计要求的预应力束张拉完毕后，起重机方可松钩。

13.4.6 连续梁（T构）的合龙及体系转换除应符合本规范第13.2.8条有关规定外，在体系转换前，应按设计要求张拉部分梁段底部的预应力束，并在悬臂端设置向下的预留度。

13.5 顶推施工

13.5.1 临时墩应有足够的强度、刚度及稳定性。临时墩应按顶推过程可能出现的最不利工况设计。设计时应同时计入土压力、水压力、风荷载及施工荷载，并应考虑施工阶段水流冲刷影响。

13.5.2 主梁前端应设置导梁。导梁宜采用钢结构，其长度宜为0.6～0.8倍顶推跨径，其刚度（根部）宜取主梁刚度的1/9～1/15。导梁与主梁连接可采用埋入法固结或铰接，连接必须牢固。导梁前端应设牛腿梁。

13.5.3 制梁台座应符合下列要求：

1 台座可设在引道上或临时墩上。直线桥必须设在正桥轴线上，弯桥或坡桥的临时墩必须在与正桥同曲率的平曲线、竖曲线或其延长线上。

2 临时墩墩顶设置的滑座、滑块应按支承梁段顶推过程的竖向和水平荷载设计。

3 临时支架可设在天然地基上或支承桩上，并应设卸架装置。

4 托架宜采用钢结构，并与底模连成一体。其强度、刚度和变形应满足梁段制作要求。

5 整体升降底模与托架间可采用硬木楔调整局部高程，底模的平整度应符合要求。箱梁滑道部位的底模宜采用整条厚钢板（$\delta>10$mm）铺设，其焊接接头处应刨光或打磨光滑。

13.5.4 顶推方式的选择应符合下列规定：

1 单点顶推：限用于直线桥、顶推梁段长度较短、桥墩可承受较大水平荷载、后座能提供足够的水平反力时。多数在箱梁两侧安设顶推千斤顶或拉杆牛腿。

2 多点顶推：可用于直桥、弯梁桥及设竖曲线的坡桥，梁段长度可达到500m或更长。桥墩承受水平荷载不大，可用于柔性墩顶推。顶推拉杆可设在箱梁两侧，亦可设在梁底桥梁轴线上。

13.5.5 顶推装置应符合下列规定：

1 千斤顶、油泵、拉杆应依据总推力值选定。千斤顶的总顶力不得小于计算推力的2倍。

2 拉锚器应按需要设置在箱梁底部或两侧，每一梁段宜设置一组，拉锚器宜采用插入钢牛腿形式，便于拆装。

3 滑道宜采用不锈钢或镀铬钢带包卷在铸钢底层上，铸钢采用螺栓固定在支座垫石上。滑道顺桥方向长度应大于千斤顶行程加滑块长度；其宽度应为滑块宽度的1.2～1.5倍。

4 滑块宜由埋入钢板的橡胶块粘附聚四氯乙烯板组成。

13.5.6 梁段预制除符合本规范第13.3.1条规定外，尚应符合下列规定：

1 梁段预制宜采用全断面一次浇筑。

2 预制梁段模板、托架、支架应经预压消除其永久变形。宜选用刚度较大的整体升降底模，升降及调整高程宜用螺旋（或齿轮）千斤顶装置。浇筑过程中的变形不得大于2mm。

3 梁段间端面接缝应凿毛、清洗、充分湿润。新浇梁段波纹管宜穿入已浇梁段10cm以上，与已浇梁段波纹管对严。

4 梁段浇筑前应将导梁安装就位，并校正位置后方可浇筑梁段混凝土。

13.5.7 梁段顶推应符合下列规定：

1 检查顶推千斤顶的安装位置，校核梁段的轴线及高程，检测桥墩（包括临时墩）、临时支墩上的滑座轴线及高程，确认符合要求，方可顶推。

2 顶推千斤顶用油泵必须配套同步控制系统，两侧顶推时，必须左右同步，多点顶推时各墩千斤顶纵横向均应同步运行。

3 顶推前进时，应及时由后面插入补充滑块，插入滑块应排列紧凑，滑块间最大间隙不得超过10～20cm。滑块的滑面（聚四氯乙烯板）上应涂硅酮脂。

4 顶推过程中导梁接近前面桥墩时，应及时顶升牛腿引梁，将导梁引上墩顶滑块，方可正常顶进。

5 顶推过程中应随时检测桥梁轴线和高程，做好导向、纠偏等工作。梁段中线偏移大于20mm时应采用千斤顶纠偏复位。滑块受力不均匀、变形过大或滑块插入困难时，应停止顶推，用竖向千斤顶将梁托起校正。竖向千斤顶顶升高度不得大于10mm。

6 顶推过程中应随时检测桥墩墩顶变位，其纵横向位移均不得超过设计要求。

7 顶推过程中如出现拉杆变形、拉锚松动、主梁预应力锚具松动、导梁变形等异常情况应立即停止顶推，妥善处理后方可继续顶推。

8 平曲线弯梁顶推时应在曲线外设置法线方向向心千斤顶锚固于桥墩上，纵向顶推的同时应启动横向千斤顶，使梁段沿圆弧曲线前进。

9 竖曲线上顶推时各点顶推力应计入升降坡形成的梁段自重水平分力，如在降坡段顶进纵坡大于3%时，宜采用摩擦系数较大的滑块。

13.5.8 当桥梁顶推完毕，拆除滑动装置时，顶梁或落梁应均匀对称，升降高差各墩台间不得大于

10mm，同一墩台两侧不得大于1mm。

13.6 造桥机施工

13.6.1 造桥机选定后，应由设计部门对桥梁主体结构（含墩台）的受力状态进行验算，确认满足设计要求。

13.6.2 造桥机在使用前，应根据造桥机的使用说明书，编制施工方案。

13.6.3 造桥机可在台后路基或桥梁边孔上安装，也可搭设临时支架。造桥机拼装完成后，应进行全面检查，按不同工况进行试运转和试吊，并应进行应力测试，确认符合设计要求，形成文件后，方可投入使用。

13.6.4 施工时应考虑造桥机的弹性变形对梁体线形的影响。

13.6.5 当造桥机向前移动时，起重或移梁小车在造桥机上的位置应符合使用说明书要求，抗倾覆系数应大于1.5。

13.7 检验标准

13.7.1 混凝土梁（板）施工中涉及模板与支架、钢筋、混凝土、预应力混凝土的质量检验应符合本规范第5.4、6.5、7.13、8.5节的有关规定。

13.7.2 支架上浇筑梁（板）质量检验应符合本规范第13.7.1条规定，且应符合下列规定：

主 控 项 目

1 结构表面不得出现超过设计规定的受力裂缝。

检查数量：全数检查。

检验方法：观察或用读数放大镜观测。

一 般 项 目

2 整体浇筑钢筋混凝土梁、板允许偏差应符合表13.7.2的规定。

表13.7.2 整体浇筑钢筋混凝土梁、板允许偏差

检查项目		规定值或允许偏差（mm）	检查频率 范围	检查频率 点数	检查方法
轴线偏位		10	每跨	3	用经纬仪测量
梁板顶面高程		±10		3～5	用水准仪测量
断面尺寸（mm）	高	+5 −10		1～3个断面	用钢尺量
	宽	±30			
	顶、底、腹板厚	+10 0			
长度		+5 −10		2	用钢尺量
横坡（%）		±0.15		1～3	用水准仪测量
平整度		8		顺桥向每侧面每10m测1点	用2m直尺、塞尺量

3 结构表面应无孔洞、露筋、蜂窝、麻面和宽度超过0.15mm的收缩裂缝。

检查数量：全数检查。

检验方法：观察、用读数放大镜观测。

13.7.3 预制安装梁（板）质量检验应符合本规范第13.7.1条规定，且应符合下列规定：

主 控 项 目

1 结构表面不得出现超过设计规定的受力裂缝。

检查数量：全数检查

检验方法：观察或用读数放大镜观测。

2 安装时结构强度及预应力孔道砂浆强度必须符合设计要求，设计未要求时，必须达到设计强度的75%。

检查数量：全数检查。

检验方法：检查试件强度试验报告。

一 般 项 目

3 预制梁、板允许偏差应符合表13.7.3-1的规定。

表13.7.3-1 预制梁、板允许偏差

项目		允许偏差（mm） 梁	允许偏差（mm） 板	检验频率 范围	检验频率 点数	检验方法
断面尺寸	宽	0 −10	0 −10	每个构件	5	用钢尺量，端部、L/4处和中间各1点
	高	±5	—		5	
	顶、底、腹板厚	±5	±5		5	
长度		0 −10	0 −10		4	用钢尺量，两侧上、下各1点
侧向弯曲		L/1000且不大于10	L/1000且不大于10		2	沿构件全长拉线，用钢尺量，左右各1点
对角线长度差		15	15		1	用钢尺量
平整度		8			2	用2m直尺、塞尺量

注：L为构件长度（mm）。

4 梁、板安装允许偏差应符合表13.7.3-2的规定。

表13.7.3-2 梁、板安装允许偏差

项目		允许偏差（mm）	检验频率 范围	检验频率 点数	检验方法
平面位置	顺桥纵轴线方向	10	每个构件	1	用经纬仪测量
	垂直桥纵轴线方向	5		1	

续表 13.7.3-2

项目		允许偏差（mm）	检验频率		检验方法
			范围	点数	
焊接横隔梁相对位置		10	每处	1	用钢尺量
湿接横隔梁相对位置		20		1	
伸缩缝宽度		+10 −5	每个构件	1	
支座板	每块位置	5		2	用钢尺量，纵、横各1点
	每块边缘高差	1		2	用钢尺量，纵、横各1点
焊缝长度		不小于设计要求	每处	1	抽查焊缝的10%
相邻两构件支点处顶面高差		10	每个构件	2	用钢尺量
块体拼装立缝宽度		+10 −5		1	
垂直度		1.2%	每孔2片梁	2	用垂线和钢尺量

5 混凝土表面应无孔洞、露筋、蜂窝、麻面和宽度超过0.15mm的收缩裂缝。

检查数量：全数检查。

检验方法：观察、读数放大镜观测。

13.7.4 悬臂浇筑预应力混凝土梁质量检验应符合本规范第13.7.1条规定，且应符合下列规定：

主 控 项 目

1 悬臂浇筑必须对称进行，桥墩两侧平衡偏差不得大于设计规定，轴线挠度必须在设计规定范围内。

检查数量：全数检查。

检验方法：检查监控量测记录。

2 梁体表面不得出现超过设计规定的受力裂缝。

检查数量：全数检查。

检验方法：观察或用读数放大镜观测。

3 悬臂合龙时，两侧梁体的高差必须在设计允许范围内。

检查数量：全数检查。

检验方法：用水准仪测量、检查测量记录。

一 般 项 目

4 悬臂浇筑预应力混凝土梁允许偏差应符合表13.7.4的规定。

5 梁体线形平顺，相邻梁段接缝处无明显折弯和错台，梁体表面无孔洞、露筋、蜂窝、麻面和宽度超过0.15mm的收缩裂缝。

检查数量：全数检查。

检验方法：观察、用读数放大镜观测。

表 13.7.4 悬臂浇筑预应力混凝土梁允许偏差

检查项目		允许偏差（mm）	检验频率		检验方法
			范围	点数	
轴线偏位	$L\leqslant100$m	10	节段	2	用全站仪/经纬仪测量
	$L>100$m	$L/10000$			
顶面高程	$L\leqslant100$m	±20	节段	2	用水准仪测量
	$L>100$m	$\pm L/5000$			
	相邻节段高差	10		3～5	用钢尺量
断面尺寸	高	+5 −10	节段	1个断面	用钢尺量
	宽	±30			
	顶、底、腹板厚	+10 0			
合龙后同跨对称点高程差	$L\leqslant100$m	20	每跨	5～7	用水准仪测量
	$L>100$m	$L/5000$			
横坡（%）		±0.15	节段	1～2	用水准仪测量
平整度		8	检查竖直、水平两个方向，每侧面每10m梁长	1	用2m直尺、塞尺量

注：L为桥梁跨度（mm）。

13.7.5 悬臂拼装预应力混凝土梁质量检验应符合本规范第13.7.1条和第13.7.3条有关规定，且应符合下列规定：

主 控 项 目

1 悬臂拼装必须对称进行，桥墩两侧平衡偏差不得大于设计规定，轴线挠度必须在设计规定范围内。

检查数量：全数检查。

检验方法：检查监控量测记录。

2 悬臂合龙时，两侧梁体高差必须在设计规定允许范围内。

检查数量：全数检查。

检验方法：用水准仪测量，检查测量记录。

一 般 项 目

3 预制梁段允许偏差应符合表13.7.5-1的规定。

表 13.7.5-1 预制梁段允许偏差

项目		允许偏差(mm)	检验频率		检验方法
			范围	点数	
断面尺寸	宽	0 −10	每段	5	用钢尺量，端部、1/4处和中间各1点
	高	±5		5	
	顶底腹板厚	±5		5	
长度		±20		4	用钢尺量，两侧上、下各1点
横隔梁轴线		5		2	用经纬仪测量，两端各1点
侧向弯曲		≤L/1000，且不大于10		2	沿梁段全长拉线，用钢尺量，左右各1点
平整度		8		2	用2m直尺、塞尺量

注：L为梁段长度（mm）。

4 悬臂拼装预应力混凝土梁允许偏差应符合表13.7.5-2的规定。

表 13.7.5-2 悬臂拼装预应力混凝土梁允许偏差

检查项目		允许偏差(mm)	检查频率		检查方法
			范围	点数	
轴线偏位	L≤100m	10	节段	2	用全站仪/经纬仪测量
	L>100m	L/10000			
顶面高程	L≤100m	±20	节段	2	用水准仪测量
	L>100m	±L/5000			
	相邻节段高差	10	节段	3～5	用钢尺量
合龙后同跨对称点高程差	L≤100m	20	每跨	5～7	用水准仪测量
	L>100m	L/5000			

注：L为桥梁跨度（mm）。

5 梁体线形平顺，相邻梁段接缝处无明显折弯和错台，预制梁表面无孔洞、露筋、蜂窝、麻面和宽度超过0.15mm的收缩裂缝。

检查数量：全数检查。

检验方法：观察、用读数放大镜观测。

13.7.6 顶推施工预应力混凝土梁质量检验应符合本规范第13.7.1条和第13.7.3条有关规定，且应符合下列规定：

一般项目

1 预制梁段允许偏差应符合本规范表13.7.5-1的规定。

2 顶推施工梁允许偏差应符合表13.7.6的规定。

表 13.7.6 顶推施工梁允许偏差

项目		允许偏差(mm)	检验频率		检验方法
			范围	点数	
轴线偏位		10	每段	2	用经纬仪测量
落梁反力		不大于1.1设计反力		次	用千斤顶油压计算
支座顶面高程		±5	每段	全数	用水准仪测量
支座高差	相邻纵向支点	5或设计要求			
	同墩两侧支点	2或设计要求			

3 梁体线形平顺，相邻梁段接缝处无明显折弯和错台，预制梁表面无孔洞、露筋、蜂窝、麻面和宽度超过0.15mm的收缩裂缝。

检查数量：全数检查。

检验方法：观察、用读数放大镜观测。

14 钢 梁

14.1 制 造

14.1.1 钢梁应由具有相应资质的企业制造，并应符合国家现行标准《铁路钢桥制造规范》TB 10212的有关规定。

14.1.2 钢梁出厂前必须进行试装，并应按设计和有关规范的要求验收。

14.1.3 钢梁出厂前，安装企业应对钢梁质量和应交付的文件进行验收，确认合格。

14.1.4 钢梁制造企业应向安装企业提供下列文件：

1 产品合格证；

2 钢材和其他材料质量证明书和检验报告；

3 施工图，拼装简图；

4 工厂高强度螺栓摩擦面抗滑移系数试验报告；

5 焊缝无损检验报告和焊缝重大修补记录；

6 产品试板的试验报告；

7 工厂试拼装记录；

8 杆件发运和包装清单。

14.2 现场安装

14.2.1 钢梁现场安装前应做充分的准备工作，并应符合下列规定：

1 安装前应对临时支架、支承、吊车等临时结构和钢梁结构本身在不同受力状态下的强度、刚度和稳定性进行验算。

2 安装前应按构件明细表核对进场的杆件和零

件，查验产品出厂合格证、钢材质量证明书。

3 对杆件进行全面质量检查，对装运过程中产生缺陷和变形的杆件，应进行矫正。

4 安装前应对桥台、墩顶面高程、中线及各孔跨径进行复测，误差在允许偏差内方可安装。

5 安装前应根据跨径大小、河流情况、起吊能力选择安装方法。

14.2.2 钢梁安装应符合下列规定：

1 钢梁安装前应清除杆件上的附着物，摩擦面应保持干燥、清洁。安装中应采取措施防止杆件产生变形。

2 在满布支架上安装钢梁时，冲钉和粗制螺栓总数不得少于孔眼总数的1/3，其中冲钉不得多于2/3。孔眼较少的部位，冲钉和粗制螺栓不得少于6个或将全部孔眼插入冲钉和粗制螺栓。

3 用悬臂和半悬臂法安装钢梁时，连接处所需冲钉数量应按所承受荷载计算确定，且不得少于孔眼总数的1/2，其余孔眼布置精制螺栓。冲钉和精制螺栓应均匀安放。

4 高强度螺栓栓合梁安装时，冲钉数量应符合上述规定，其余孔眼布置高强度螺栓。

5 安装用的冲钉直径宜小于设计孔径0.3mm，冲钉圆柱部分的长度应大于板束厚度；安装用的精制螺栓直径宜小于设计孔径0.4mm；安装用的粗制螺栓直径宜小于设计孔径1.0mm。冲钉和螺栓宜选用Q345碳素结构钢制造。

6 吊装杆件时，必须等杆件完全固定后方可摘除吊钩。

7 安装过程中，每完成一个节间应测量其位置、高程和预拱度，不符合要求应及时校正。

14.2.3 高强度螺栓连接应符合下列规定：

1 安装前应复验出厂所附摩擦面试件的抗滑移系数，合格后方可进行安装。

2 高强度螺栓连接副使用前应进行外观检查并应在同批内配套使用。

3 使用前，高强度螺栓连接副应按出厂批号复验扭矩系数，其平均值和标准偏差应符合设计要求。设计无要求时扭矩系数平均值应为0.11～0.15，其标准偏差应小于或等于0.01。

4 高强度螺栓应顺畅穿入孔内，不得强行敲入，穿入方向应全桥一致。被栓合的板束表面应垂直于螺栓轴线，否则应在螺栓垫圈下面加斜坡垫板。

5 施拧高强度螺栓时，不得采用冲击拧紧、间断拧紧方法。拧紧后的节点板与钢梁间不得有间隙。

6 当采用扭矩法施拧高强度螺栓时，初拧、复拧和终拧应在同一工作班内完成。初拧扭矩应由试验确定，可取终拧值的50%。扭矩法的终拧扭矩值应按下式计算：

$$T_c = K \cdot P_c \cdot d \qquad (14.2.3)$$

式中 T_c——终拧扭矩（kN·mm）；

K——高强度螺栓连接副的扭矩系数平均值；

P_c——高强度螺栓的施工预拉力（kN）；

d——高强度螺栓公称直径（mm）。

7 当采用扭角法施拧高强螺栓时，可按国家现行标准《铁路钢桥高强度螺栓连接施工规定》TBJ 214的有关规定执行。

8 施拧高强度螺栓连接副采用的扭矩扳手，应定期进行标定，作业前应进行校正，其扭矩误差不得大于使用扭矩值的±5%。

14.2.4 高强度螺栓终拧完毕必须当班检查。每栓群应抽查总数的5%，且不得少于2套。抽查合格率不得小于80%，否则应继续抽查，直至合格率达到80%以上。对螺栓拧紧度不足者应补拧，对超拧者应更换、重新施拧并检查。

14.2.5 焊缝连接应符合下列规定：

1 首次焊接之前必须进行焊接工艺评定试验。

2 焊工和无损检测员必须经考试合格取得资格证书后，方可从事资格证书中认定范围内的工作，焊工停焊时间超过6个月，应重新考核。

3 焊接环境温度，低合金钢不得低于5℃，普通碳素结构钢不得低于0℃。焊接环境湿度不宜高于80%。

4 焊接前应进行焊缝除锈，并应在除锈后24h内进行焊接。

5 焊接前，对厚度25mm以上的低合金钢预热温度宜为80～120℃，预热范围宜为焊缝两侧50～80mm。

6 多层焊接宜连续施焊，并应控制层间温度。每一层焊缝焊完后应及时清除药皮、熔渣、溢流和其他缺陷后，再焊下一层。

7 钢梁杆件现场焊缝连接应按设计要求的顺序进行。设计无要求时，纵向应从跨中向两端进行，横向应从中线向两侧对称进行。

8 现场焊接应设防风设施，遮盖全部焊接处。雨天不得焊接，箱形梁内进行CO_2气体保护焊时，必须使用通风防护设施。

14.2.6 焊接完毕，所有焊缝必须进行外观检查。外观检查合格后，应在24h后按规定进行无损检验，确认合格。

14.2.7 焊缝外观质量应符合表14.2.7的规定。

表14.2.7 焊缝外观质量标准

项目	焊缝种类	质量标准（mm）
气孔	横向对接焊缝	不允许
	纵向对接焊缝、主要角焊缝	直径小于1.0，每米不多于2个，间距不小于20
	其他焊缝	直径小于1.5，每米不多于3个，间距不小于20

续表 14.2.7

项目	焊缝种类	质量标准(mm)
咬边	受拉杆件横向对接焊缝及竖加劲肋角焊缝(腹板侧受拉区)	不允许
	受压杆件横向对接焊缝及竖加劲肋角焊缝(腹板侧受压区)	≤0.3
	纵向对接焊缝及主要角焊缝	≤0.5
	其他焊缝	≤1.0
焊脚余高	主要角焊缝	+2.0 0
	其他角焊缝	+2.0 −1.0
焊波	角焊缝	≤2.0(任意 25mm 范围内高低差)
余高	对接焊缝	≤3.0(焊缝宽 b≤12 时)
		≤4.0(12<b≤25 时)
		≤4b/25(b>25 时)
余高铲磨后表面	横向对接焊缝	不高于母材 0.5
		不低于母材 0.3
		粗糙度 R_a50

注：1　手工角焊缝全长 10%区段内焊脚余高允许误差为$^{+3.0}_{-1.0}$。

2　焊脚余高指角焊缝斜面相对于设计理论值的误差。

14.2.8　采用超声波探伤检验时，其内部质量分级应符合表 14.2.8-1 的规定。焊缝超声波探伤范围和检验等级应符合表 14.2.8-2 规定。

表 14.2.8-1　焊缝超声波探伤内部质量等级

项目	质量等级	适 用 范 围
对接焊缝	Ⅰ	主要杆件受拉横向对接焊缝
	Ⅱ	主要杆件受压横向对接焊缝、纵向对接焊缝
角焊缝	Ⅱ	主要角焊缝

表 14.2.8-2　焊缝超声波探伤范围和检验等级

项目	探伤数量	探伤部位(mm)	板厚(mm)	检验等级
Ⅰ、Ⅱ级横向对接焊缝	全部焊缝	全长	10~45	B
			>46~56	B(双面双侧)
Ⅱ级纵向对接焊缝		两端各 1000	10~45	B
			>46~56	B(双面双侧)
Ⅱ级角焊缝		两端螺栓孔部位并延长 500，板梁主梁及纵、横梁跨中加探 1000	10~45	B
			>46~56	B(双面双侧)

14.2.9　当采用射线探伤检验时，其数量不得少于焊缝总数的 10%，且不得少于 1 条焊缝。探伤范围应为焊缝两端各 250～300mm；当焊缝长度大于 1200mm 时，中部应加探 250～300mm；焊缝的射线探伤应符合现行国家标准《金属熔化焊焊接接头射线照相》GB/T 3323 的规定，射线照相质量等级应为 B 级；焊缝内部质量应为Ⅱ级。

14.2.10　现场涂装应符合下列规定：

1　防腐涂料应有良好的附着性、耐蚀性，其底漆应具有良好的封孔性能。钢梁表面处理的最低等级应为 Sa2.5。

2　上翼缘板顶面和剪力连接器均不得涂装，在安装前应进行除锈、防腐蚀处理。

3　涂装前应先进行除锈处理。首层底漆于除锈后 4h 内开始，8h 内完成。涂装时的环境温度和相对湿度应符合涂料说明书的规定，当产品说明书无规定时，环境温度宜在 5～38℃，相对湿度不得大于 85%；当相对湿度大于 75%时应在 4h 内涂完。

4　涂料、涂装层数和涂层厚度应符合设计要求；涂层干漆膜总厚度应符合设计要求。当规定层数达不到最小干漆膜总厚度时，应增加涂层层数。

5　涂装应在天气晴朗、4 级（不含）以下风力时进行，夏季应避免阳光直射。涂装时构件表面不应有结露，涂装后 4h 内应采取防护措施。

14.2.11　落梁就位应符合下列规定：

1　钢梁就位前应清理支座垫石，其标高及平面位置应符合设计要求。

2　固定支座与活动支座的精确位置应按设计图并考虑安装温度、施工误差等确定。

3　落梁前后应检查其建筑拱度和平面尺寸、校正支座位置。

4　连续梁落梁步骤应符合设计要求。

14.3　检 验 标 准

14.3.1　钢梁制作质量检验应符合下列规定：

主 控 项 目

1　钢材、焊接材料、涂装材料应符合国家现行标准规定和设计要求。

全数检查出厂合格证和厂方提供的材料性能试验报告，并按国家现行标准规定抽样复验。

2　高强度螺栓连接副等紧固件及其连接应符合国家现行标准规定和设计要求。

全数检查出厂合格证和厂方提供的性能试验报告，并按出厂批每批抽取 8 副做扭矩系数复验。

3　高强螺栓的栓接板面（摩擦面）除锈处理后的抗滑移系数应符合设计要求。

全数检查出厂检验报告，并对厂方每出厂批提供的 3 组试件进行复验。

4 焊缝探伤检验应符合设计要求和本规范第14.2.6、14.2.8和14.2.9条的有关规定。

检查数量：超声波：100%；射线：10%。

检验方法：检查超声波和射线探伤记录或报告。

5 涂装检验应符合下列要求：

1） 涂装前钢材表面不得有焊渣、灰尘、油污、水和毛刺等。钢材表面除锈等级和粗糙度应符合设计要求。

检查数量：全数检查。

检验方法：观察、用现行国家标准《涂装前钢材表面锈蚀等级和除锈等级》GB 8923规定的标准图片对照检查。

2） 涂装遍数应符合设计要求，每一涂层的最小厚度不应小于设计要求厚度的90%，涂装干膜总厚度不得小于设计要求厚度。

检查数量：按设计规定数量检查，设计无规定时，每10m^2 检测5处，每处的数值为3个相距50mm测点涂层干漆膜厚度的平均值。

检验方法：用干膜测厚仪检查。

3） 热喷铝涂层应进行附着力检查。

检查数量：按出厂批每批构件抽查10%，且同类构件不少于3件，每个构件检测5处。

检验方法：在15mm×15mm涂层上用刀刻划平行线，两线距离为涂层厚度的10倍，两条线内的涂层不得从钢材表面翘起。

一 般 项 目

6 焊缝外观质量应符合本规范第14.2.7条规定。

检查数量：同类部件抽查10%，且不少于3件；被抽查的部件中，每一类型焊缝按条数抽查5%，且不少于1条；每条检查1处，总抽查数应不少于5处。

检验方法：观察，用卡尺或焊缝量规检查。

7 钢梁制作允许偏差应分别符合表14.3.1-1～表14.3.1-3的规定。

表 14.3.1-1 钢板梁制作允许偏差

名称		允许偏差（mm）	检验频率 范围	检验频率 点数	检验方法
梁高 h	主梁梁高 $h\leqslant2$m	±2	每件	4	用钢尺测量两端腹板处高度，每端2点
	主梁梁高 $h>2$m	±4			
	横梁	±1.5			
	纵梁	±1.0			
跨度		±8		2	测量两支座中心距
全长		±15			用全站仪或钢尺测量
纵梁长度		+0.5 −1.5			用钢尺量两端角铁背至背之间距离
横梁长度		±1.5			

续表 14.3.1-1

名称		允许偏差（mm）	检验频率 范围	检验频率 点数	检验方法
纵、横梁旁弯		3	每件	1	梁立置时在腹板一侧主焊缝100mm处拉线测量
主梁拱度	不设拱度	+3 0			梁卧置时在下盖板外侧拉线测量
	设拱度	+10 −3			
两片主梁拱度差		4		1	用水准仪测量
主梁腹板平面度		≤h/350，且不大于8			用钢板尺和塞尺量（h为梁高）
纵、横梁腹板平面度		≤h/500，且不大于5			
主梁、纵横梁盖板对腹板的垂直度	有孔部位	0.5		5	用直角尺和钢尺量
	其余部位	1.5			

表 14.3.1-2 钢桁梁节段制作允许偏差

项目	允许偏差（mm）	检验频率 范围	检验频率 点数	检查方法
节段长度	±5	每节段	4～6	用钢尺量
节段高度	±2		4	
节段宽度	±3			
节间长度	±2	每节间	2	
对角线长度差	3			
桁片平面度	3	每节段	1	沿节段全长拉线，用钢尺量
挠度	±3			

表 14.3.1-3 钢箱形梁制作允许偏差

项目		允许偏差（mm）	检查频率		检验方法
			范围	点数	
梁高 h	$h\leqslant 2$m	±2	每件	2	用钢尺量两端腹板处高度
	$h>2$m	±4			
跨度 L		±（5+0.15L）			用钢尺量两支座中心距，L 按 m 计
全长		±15			用全站仪或钢尺量
腹板中心距		±3			
盖板宽度 b		±4			用钢尺量
横断面对角线长度差		4			用钢尺量
旁弯		3+0.1L			沿全长拉线，用钢尺量，L 按 m 计
拱度		+10 −5			用水平仪或拉线用钢尺量
支点高度差		5			用水平仪或拉线用钢尺量
腹板平面度		$\leqslant h'/250$，且不大于 8			用钢板尺和塞尺量
扭曲		每米≤1，且每段≤10			置于平台，四角中三角接触平台，用钢尺量另一角与平台间隙

注：1 分段分块制造的箱形梁拼接处，梁高及腹板中心距允许偏差按施工文件要求办理；
2 箱形梁其余各项检查方法可参照板梁检查方法；
3 h'为盖板与加筋肋或加筋肋与加筋肋之间的距离。

8 焊钉焊接后应进行弯曲试验检查，其焊缝和热影响区不得有肉眼可见的裂纹。

检查数量：每批同类构件抽查 10%，且不少于 3 件；被抽查构件中，每件检查焊钉数量的 1%，但不得少于 1 个。

检查方法：观察、焊钉弯曲 30°后用角尺量。

9 焊钉根部应均匀，焊脚立面的局部未熔合或不足 360°的焊脚应进行修补。

检查数量：按总焊钉数量抽查 1%，且不得少于 10 个。

检查方法：观察。

14.3.2 钢梁现场安装检验应符合下列规定：

主控项目

1 高强螺栓连接质量检验应符合本规范第 14.3.1 条第 2、3 款规定，其扭矩偏差不得超过 ±10%。

检查数量：抽查 5%，且不少于 2 个。

检查方法：用测力扳手。

2 焊缝探伤检验应符合本规范第 14.3.1 第 4 款规定。

一般项目

3 钢梁安装允许偏差应符合表 14.3.2 的规定。

表 14.3.2 钢梁安装允许偏差

项目		允许偏差（mm）	检查频率		检验方法
			范围	点数	
轴线偏位	钢梁中线	10	每件或每个安装段	2	用经纬仪测量
	两孔相邻横梁中线相对偏差	5			
梁底标高	墩台处梁底	±10		4	用水准仪测量
	两孔相邻横梁相对高差	5			

4 焊缝外观质量检验应符合本规范第 14.3.1 条第 6 款的规定。

15 结合梁

15.1 一般规定

15.1.1 现浇混凝土结构宜采用缓凝、早强、补偿收缩混凝土。

15.1.2 桥面混凝土表面应符合纵横坡度要求，表面光滑、平整，应采用原浆抹面成活，并在其上直接做防水层。不宜在桥面板上另做砂浆找平层。

15.1.3 施工中，应随时监测主梁和施工支架的变形及稳定，确认符合设计要求；当发现异常应立即停止施工并采取措施。

15.2 钢—混凝土结合梁

15.2.1 钢梁制造、安装应符合本规范第 14 章的有关规定。

15.2.2 钢主梁架设和混凝土浇筑前，应按设计或施工要求设施工支架。施工支架除应考虑钢梁拼接荷载外，应同时计入混凝土结构和施工荷载。

15.2.3 混凝土浇筑前，应对钢主梁的安装位置、高程、纵横向连接及临时支架进行检验，各项均应达到设计或施工要求。钢梁顶面传剪器焊接经检验合格后，方可浇筑混凝土。

15.2.4 混凝土桥面结构应全断面连续浇筑，浇筑顺序，顺桥向应自跨中开始向支点处交汇，或由一端开始浇筑；横桥向应先由中间开始向两侧扩展。

15.2.5 设施工支架时，必须待混凝土强度达到设计要求，且预应力张拉完成后，方可卸落施工支架。

15.3 混凝土结合梁

15.3.1 混凝土预制梁的制作、安装应符合本规范第13章的有关规定。

15.3.2 预制混凝土主梁与现浇混凝土龄期差不得大于3个月。

15.3.3 预制主梁吊装前，应对主梁预留剪力键进行凿毛、清洗、清除浮浆；应对预留传剪钢筋除锈、清除灰浆。

15.3.4 预制主梁架设就位后，应设横向连系或支撑临时固定，防止施工过程中失稳。

15.3.5 浇筑混凝土前应对主梁强度、安装位置、预留传剪钢筋进行检验，确认符合设计要求。

15.3.6 混凝土桥面结构应全断面连续浇筑，浇筑顺序，顺桥向可自一端开始浇筑；横桥向应由中间开始向两侧扩展。

15.4 检验标准

15.4.1 钢主梁制造、安装质量检验应符合本规范第14.3节有关规定。

15.4.2 混凝土主梁预制与安装质量检验应符合本规范第13.7.3条规定。

15.4.3 现浇混凝土施工中涉及模板与支架，钢筋、混凝土、预应力混凝土质量检验除应符合本规范第5.4、6.5、7.13、8.5节有关规定外，结合梁现浇混凝土结构允许偏差尚应符合表15.4.3的规定。

一 般 项 目

表15.4.3 结合梁现浇混凝土结构允许偏差

项目	允许偏差(mm)	检验频率		检验方法
		范围	点数	
长度	±15	每段每跨	3	用钢尺量，两侧和轴线
厚度	+10 0		3	用钢尺量，两侧和中间
高程	±20		1	用水准仪测量，每跨测3～5处
横坡(%)	±0.15		1	用水准仪测量，每跨测3～5个断面

16 拱部与拱上结构

16.1 一 般 规 定

16.1.1 钢管混凝土拱桥、劲性骨架拱桥及钢拱桥的钢构件制造应符合本规范第14章的有关规定。

16.1.2 装配式拱桥构件在吊装时，混凝土的强度不得低于设计要求；设计无要求时，不得低于设计强度的75%。

16.1.3 拱圈（拱肋）放样时应按设计规定预加拱度，当设计无规定时，可根据跨度大小、恒载挠度、拱架刚度等因素计算预拱度，拱顶宜取计算跨度的1/500～1/1000。放样时，水平长度偏差及拱轴线偏差，当跨度大于20m时，不得大于计算跨度的1/5000；当跨度等于或小于20m时，不得大于4mm。

16.1.4 拱圈（拱肋）封拱合龙温度应符合设计要求，当设计无要求时，宜在当地年平均温度或5～10℃时进行。

16.2 石料及混凝土预制块砌筑拱圈

16.2.1 拱石和混凝土预制块强度等级以及砌体所用水泥砂浆的强度等级，应符合设计要求。当设计对砌筑砂浆强度无规定时，拱圈跨度小于或等于30m，砌筑砂浆强度不得低于M10；拱圈跨度大于30m，砌筑砂浆强度不得低于M15。

16.2.2 拱石加工，应按砌缝和预留空缝的位置和宽度，统一规划，并应符合下列规定：

1 拱石应立纹破料，按样板加工，石面平整。

2 拱石砌筑面应成辐射状，除拱顶石和拱座附近的拱石外，每排拱石沿拱圈内弧宽度应一致。

3 拱座可采用五角石，拱座平面应与拱轴线垂直。

4 拱石两相邻排间的砌缝，必须错开10cm以上。同一排上下层拱石的砌缝可不错开。

5 当拱圈曲率较小、灰缝上下宽度之差在30%以内时，可采用矩形石砌筑拱圈；拱圈曲率较大时应将石料与拱轴平行面加工成上大、下小的梯形。

6 拱石的尺寸应符合下列要求：

1）宽度（拱轴方向），内弧边不得小于20cm；

2）高度（拱圈厚度方向）应为内弧宽度的1.5倍以上；

3）长度（拱圈宽度方向）应为内弧宽度的1.5倍以上。

16.2.3 混凝土预制块形状、尺寸应符合设计要求。预制块提前预制时间，应以控制其收缩量在拱圈封顶以前完成为原则，并应根据养护方法确定。

16.2.4 砌筑程序应符合下列规定：

1 跨径小于10m的拱圈，当采用满布式拱架砌筑时，可从两端拱脚起顺序向拱顶方向对称、均衡地砌筑，最后在拱顶合龙。当采用拱式拱架砌筑时，宜分段、对称先砌拱脚和拱顶段。

2 跨径10～25m的拱圈，必须分多段砌筑，先对称地砌拱脚和拱顶段，再砌1/4跨径段，最后砌封顶段。

3 跨径大于25m的拱圈，砌筑程序应符合设计要求。宜采用分段砌筑或分环分段相结合的方法砌筑。必要时可采用预压载，边砌边卸载的方法砌筑。分环砌筑时，应待下环封拱砂浆强度达到设计强度的70%以上后，再砌筑上环。

16.2.5 空缝的设置和填塞应符合下列规定：

1 砌筑拱圈时，应在拱脚和各分段点设置空缝。

2 空缝的宽度在拱圈外露面应与砌缝一致，空缝内腔可加宽至30～40mm。

3 空缝填塞应在砌筑砂浆强度达到设计强度的70%后进行，应采用M20以上半干硬水泥砂浆分层填塞。

4 空缝可由拱脚逐次向拱顶对称填塞，也可同时填塞。

16.2.6 拱圈封拱合龙时圬工强度应符合设计要求，当设计无要求时，填缝的砂浆强度应达到设计强度的50%及以上；当封拱合龙前用千斤顶施压调整应力时，拱圈砂浆必须达到设计强度。

16.3 拱架上浇筑混凝土拱圈

16.3.1 跨径小于16m的拱圈或拱肋混凝土，应按拱圈全宽从拱脚向拱顶对称、连续浇筑，并在混凝土初凝前完成。当预计不能在限定时间内完成时，则应在拱脚预留一个隔缝并最后浇筑隔缝混凝土。

16.3.2 跨径大于或等于16m的拱圈或拱肋，宜分段浇筑。分段位置，拱式拱架宜设置在拱架受力反弯点、拱架节点、拱顶及拱脚处；满布式拱架宜设置在拱顶、1/4跨径、拱脚及拱架节点等处。各段的接缝面应与拱轴线垂直，各分段点应预留间隔槽，其宽度宜为0.5～1m。当预计拱架变形较小时，可减少或不设间隔槽，应采取分段间隔浇筑。

16.3.3 分段浇筑程序应对称于拱顶进行，且应符合设计要求。

16.3.4 各浇筑段的混凝土应一次连续浇筑完成，因故中断时，应将施工缝凿成垂直于拱轴线的平面或台阶式接合面。

16.3.5 间隔槽混凝土，应待拱圈分段浇筑完成，其强度达到75%设计强度，且结合面按施工缝处理后，由拱脚向拱顶对称浇筑。拱顶及两拱脚间隔槽混凝土应在最后封拱时浇筑。

16.3.6 分段浇筑钢筋混凝土拱圈（拱肋）时，纵向不得采用通长钢筋，钢筋接头应安设在后浇的几个间隔槽内，并应在浇筑间隔槽混凝土时焊接。

16.3.7 浇筑大跨径拱圈（拱肋）混凝土时，宜采用分环（层）分段方法浇筑，也可纵向分幅浇筑，中幅先行浇筑合龙，达到设计要求后，再横向对称浇筑合龙其他幅。

16.3.8 拱圈（拱肋）封拱合龙时混凝土强度应符合设计要求，设计无规定时，各段混凝土强度应达到设计强度的75%；当封拱合龙前用千斤顶施加压力的方法调整拱圈应力时，拱圈（包括已浇间隔槽）的混凝土强度应达到设计强度。

16.4 劲性骨架浇筑混凝土拱圈

16.4.1 劲性骨架混凝土拱圈（拱肋）浇筑前应进行加载程序设计，计算出各施工阶段钢骨架以及钢骨架与混凝土组合结构的变形、应力，并在施工过程中进行监控。

16.4.2 分环多工作面浇筑劲性骨架混凝土拱圈（拱肋）时，各工作面的浇筑顺序和速度应对称、均衡，对应工作面应保持一致。

16.4.3 分环浇筑劲性骨架混凝土拱圈（拱肋）时，两个对称的工作段必须同步浇筑，且两段浇筑顺序应对称。

16.4.4 当采用水箱压载分环浇筑劲性骨架混凝土（拱肋）时，应严格控制拱圈（拱肋）的竖向和横向变形，防止骨架局部失稳。

16.4.5 当采用斜拉扣索法连续浇筑劲性骨架混凝土拱圈（拱肋）时，应设计扣索的张拉与放松程序，施工中应监控拱圈截面应力和变形，混凝土应从拱脚向拱顶对称连续浇筑。

16.5 装配式混凝土拱

16.5.1 大、中跨径装配式箱形拱施工前，必须核对验算各构件吊运、堆放、安装、拱肋合龙和施工加载等各阶段强度和稳定性。

16.5.2 少支架安装拱圈（拱肋）时，应符合下列规定：

1 拱肋安装就位后应立即检测轴线位置和高程，符合设计要求后方可固定、松索。并及时安设支撑和横向连系，防止倾倒。

2 现浇拱肋接头和合龙缝宜采用补偿收缩混凝土。横系梁混凝土宜与接头混凝土一并浇筑。

3 支架卸落应符合下列要求：

1）当拱肋接头及横系梁混凝土达到设计强度的75%或满足设计规定后，方可卸落支架。

2）拱圈的混凝土质量、台后填土情况经检查，确认符合设计要求后方可卸架。

3）支架卸落宜分两次或多次进行，使拱圈逐渐受力成拱。

4）卸架时应观测拱圈挠度和墩台变位情况，发现异常应及时采取措施。

5）多跨拱桥卸架应在各跨拱肋合龙后进行，当需提前卸架时，必须经验算确认桥墩能够承受不平衡水平推力。

16.5.3 无支架安装拱圈（拱肋）时，应符合下列规定：

1 拱圈（拱肋）安装应结合桥梁规模、现场条件等选择适宜的吊装机具，并制定吊装方案。各项辅助结构均应按相关规范经过设计确定。缆索吊机在吊装前必须按规定进行试吊。

2 拱肋吊装时，除拱顶段以外，各段应设一组扣索悬挂。

3 扣架应固定在墩台顶上，并应进行强度和稳定性验算。架顶应设置风缆。

4 各扣索位置必须与所吊挂的拱肋在同一竖直面内。

5 各段拱肋由扣索悬挂在扣架上时，必须设置风缆，拱肋接头处应横向连接。风缆应待全孔合龙、横向连接构件混凝土强度满足设计要求后才可撤除。

6 对中、小跨拱，当整根拱肋吊装或每根拱肋分两段吊装时，当横向稳定系数不小于4，可采取单肋合龙，松索成拱。

7 当跨径大于80m或单肋横向稳定系数小于4时，应采用双基肋分别合龙并固定双肋间横向联系，再同时松索成拱。

8 当拱肋分数段吊装时，均应先从拱脚段开始，依次向拱顶分段吊装，最后由拱顶段合龙。

9 多孔拱桥吊装应按设计加载程序进行，宜由桥台或单向推力墩开始依次吊装。

16.6 钢管混凝土拱

16.6.1 钢管拱肋制作时，应符合下列规定：

1 拱肋钢管的种类、规格应符合设计要求，应在工厂加工，具有产品合格证。

2 钢管拱肋加工的分段长度应根据材料、工艺、运输、吊装等因素确定。在制作前，应根据温度和焊接变形的影响，确定合龙节段的尺寸，并绘制施工详图，精确放样。

3 弯管宜采用加热顶压方式，加热温度不得超过800℃。

4 拱肋节段焊接强度不应低于母材强度。所有焊缝均应进行外观检查；对接焊缝应100％进行超声波探伤，其质量应符合设计要求和国家现行标准规定。

5 在钢管拱肋上应设置混凝土压注孔、倒流截止阀、排气孔及扣点、吊点节点板。

6 钢管拱肋外露面应按设计要求做长效防护处理。

16.6.2 钢管拱肋安装应符合下列规定：

1 钢管拱肋成拱过程中，应同时安装横向连系，未安装连系的不得多于一个节段，否则应采取临时横向稳定措施。

2 节段间环焊缝的施焊应对称进行，并应采用定位板控制焊缝间隙，不得采用堆焊。

3 合龙口的焊接或栓接作业应选择在环境温度相对稳定的时段内快速完成。

4 采用斜拉扣索悬拼法施工时，扣索采用钢绞线或高强钢丝束时，安全系数应大于2。

16.6.3 钢管混凝土浇筑施工应符合下列规定：

1 管内混凝土宜采用泵送顶升压注施工，由两拱脚至拱顶对称均衡地连续压注完成。

2 大跨径拱肋钢管混凝土应根据设计加载程序，宜分环、分段并隔仓由拱脚向拱顶对称均衡压注。压注过程中拱肋变位不得超过设计规定。

3 钢管混凝土应具有低泡、大流动性、收缩补偿、延缓初凝和早强的性能。

4 钢管混凝土压注前应清洗管内污物，润湿管壁，先泵入适量水泥浆再压注混凝土，直至钢管顶端排气孔排出合格的混凝土时停止。压注混凝土完成后应关闭倒流截止阀。

5 钢管混凝土的质量检测办法应以超声波检测为主，人工敲击为辅。

6 钢管混凝土的泵送顺序应按设计要求进行，宜先钢管后腹箱。

16.7 中下承式吊杆、系杆拱

16.7.1 钢筋混凝土或钢管混凝土拱肋施工应符合本规范第16.3～16.6节有关规定。

16.7.2 钢吊杆、系杆及锚具的材料、规格和各项技术性能必须符合国家现行标准规定和设计要求。

16.7.3 锚垫板平面必须与孔道轴线垂直。

16.7.4 钢吊杆、系杆防护必须符合设计和国家现行标准的规定。

16.8 转体施工

16.8.1 转体施工应充分利用地形，合理布置桥体预制场地，使支架稳固，易于施工。

16.8.2 施工中应控制结构的预制尺寸、质量和转盘体系的施工精度。

16.8.3 有平衡重平转施工应符合下列规定：

1 转体平衡重可利用桥台或另设临时配重。

2 箱形拱、肋拱宜采用外锚扣体系；桁架拱、刚架拱宜采用内锚扣（上弦预应力钢筋）体系。

3 当采用外锚扣体系时，扣索宜采用精轧螺纹钢筋、带镦头锚的高强钢丝、预应力钢绞线等高强材料，安全系数不得低于2。扣点应设在拱顶点附近。扣索锚点高程不得低于扣点。

4 当采用内锚扣体系时，扣索可利用结构钢筋或在其杆件内另穿入高强钢筋。完成桥体转体合龙，且浇筑接头混凝土达到设计强度时，应解除扣索张力。利用结构钢筋做锚索时应验算其强度。

5 张拉扣索时的桥体混凝土强度应达到设计要求，当设计无要求时，不应低于设计强度的80％，扣索应分批、分级张拉。扣索张拉至设计荷载后，应调整张拉力使桥体合龙高程符合要求。

6 转体合龙应符合下列要求：

1）应控制桥体高程和轴线，合龙接口相对偏差不得大于10mm。

2）合龙应选择当日最低温度进行。当合龙温度与设计要求偏差3℃或影响高程差±10mm时，应修正合龙高程。

3）合龙时，宜先采用钢楔临时固定，再施焊接头钢筋，浇筑接头混凝土，封固转盘。在混凝土达到设计强度的80%后，再分批、分级松扣，拆除扣、锚索。

7 转体牵引力应按下式计算：

$$T=\frac{2fGR}{3D} \qquad (16.8.3)$$

式中 T——牵引力（kN）；

G——转体总重力（kN）；

R——铰柱半径（m）；

D——牵引力偶臂；

f——摩擦系数，无试验数据时，可取静摩擦系数为0.1～0.12，动摩擦系数为0.06～0.09。

8 牵引转动时应控制速度，角速度宜为0.01～0.02rad/min；桥体悬臂端线速度宜为1.5～2.0m/min。

16.8.4 无平衡重平转施工时，应符合下列规定：

1 应利用锚固体系代替平衡重。锚碇可设于引道或边坡岩层中。桥轴向可利用引桥的梁作为支撑，或采用预制、现浇的钢筋混凝土构件作支撑。非桥轴向（斜向）的支撑应采用预制或现浇的钢筋混凝土构件。

2 转动体系的下转轴宜设置在桩基上。扣索宜采用精轧螺纹钢筋，靠近锚块处宜接以柔性工作索。设于拱脚处的上转轴的轴心应按设计要求与下转轴的轴心设置偏心距。

3 尾索张拉宜在立柱顶部的锚梁（锚块）内进行，操作程序同于后张预应力施工。尾索张拉荷载达到设计要求后，应观测1～3d，如发现索间内力相差过大时，应再进行一次尾索张拉，以求均衡达到设计内力。

4 扣索张拉前应在支撑以及拱轴线上（拱顶、3/8、1/4、1/8跨径处）设立平面位置和高程观测点，在张拉前和张拉过程中应随时观测。每索应分级张拉至设计张拉力。

5 拱体旋转到距设计位置约5°时，应放慢转速，距设计位置相差1°时，可停止外力牵引转动，借助惯性就位。

6 当拱体采用双拱肋平转安装时，上下游拱体宜同步对称向桥轴线旋转。

7 当拱体采用两岸各预制半跨，平转安装就位，拱顶高程超差时，宜采用千斤顶张拉、松卸扣索的方法调整拱顶高差。

8 当台座和拱顶合龙口混凝土达到设计强度的80%后，方可对称、均衡地卸除扣索。

9 尾索张拉、扣索张拉、拱体平转、合龙卸扣等工序，必须进行施工观测。

16.8.5 竖转法施工时，应符合下列规定：

1 竖转法施工适用于混凝土肋拱、钢筋混凝土拱。

2 应根据提升能力确定转动单元，宜以横向连接为整体的双肋为一个转动单元。

3 转动速度宜控制在0.005～0.01rad/min。

4 合龙混凝土和转动铰封填混凝土达到设计强度后，方可拆除提升体系。

16.9 拱上结构施工

16.9.1 拱桥的拱上结构，应按照设计规定程序施工。如设计无规定，可由拱脚至拱顶均衡、对称加载，使施工过程中的拱轴线与设计拱轴线尽量吻合。

16.9.2 在砌筑拱圈上砌筑拱上结构应符合下列规定：

1 当拱上结构在拱架卸架前砌筑时，合龙砂浆达到设计强度的30%即可进行。

2 当先卸架后砌拱上结构时，应待合龙砂浆达到设计强度的70%方可进行。

3 当采用分环砌筑拱圈时，应待上环合龙砂浆达到设计强度的70%方可砌筑拱上结构。

4 当采用预施压力调整拱圈应力时，应待合龙砂浆达到设计强度后方可砌筑拱上结构。

16.9.3 在支架上浇筑的混凝土拱圈，其拱上结构施工应符合下列规定：

1 拱上结构应在拱圈及间隔槽混凝土浇筑完成且混凝土强度达到设计强度以后进行施工。设计无规定时，可达到设计强度的30%以上；如封拱前需在拱顶施加预压力，应达到设计强度的75%以上。

2 立柱或横墙底座应与拱圈（拱肋）同时浇筑，立柱上端施工缝应设在横梁承托底面上。

3 相邻腹拱的施工进度应同步。

4 桥面系的梁与板宜同时浇筑。

5 两相邻伸缩缝间的桥面板应一次连续浇筑。

16.9.4 装配式拱桥的拱上结构施工，应待现浇接头和合龙缝混凝土强度达到设计强度的75%以上，且卸落支架后进行。

16.9.5 采用无支架施工的大、中跨径的拱桥，其拱上结构宜利用缆索吊装施工。

16.10 检 验 标 准

16.10.1 拱部与拱上结构施工中涉及模板和拱架、钢筋、混凝土、预应力混凝土、砌体的质量检验应符合本规范第 5.4、6.5、7.13、8.5、9.6 节的有关规定。

16.10.2 砌筑拱圈质量检验应符合本规范第 16.10.1 条规定，且应符合下列规定：

主 控 项 目

1 砌筑程序、方法应符合设计要求和本规范第 16.2 节有关规定。

检查数量：全数检查。

检验方法：观察、钢尺量、检查施工记录。

一 般 项 目

2 砌筑拱圈允许偏差应符合表 16.10.2 的规定。

表 16.10.2 砌筑拱圈允许偏差

检测项目	允许偏差（mm）		检验频率 范围	检验频率 点数	检验方法
轴线与砌体外平面偏差	有镶面	+20 −10	每跨	5	用经纬仪测量，拱脚、拱顶、$L/4$处
	无镶面	+30 −10			
拱圈厚度	+3%设计厚度 0				用钢尺量，拱脚、拱顶、$L/4$处
镶面石表面错台	粗料石、砌块	3		10	用钢板尺和塞尺量
	块石	5			
内弧线偏离设计弧线	$L\leqslant30$m	20		5	用水准仪测量，拱脚、拱顶、$L/4$处
	$L>30$m	$L/1500$			

注：L 为跨径。

3 拱圈轮廓线条清晰圆滑，表面整齐。

检查数量：全数检查。

检验方法：观察。

16.10.3 现浇混凝土拱圈质量检验应符合本规范第 16.10.1 条规定，且应符合下列规定：

主 控 项 目

1 混凝土应按施工设计要求的顺序浇筑。

检查数量：全数检查。

检验方法：观察、检查施工记录。

2 拱圈不得出现超过设计规定的受力裂缝。

检查数量：全数检查。

检验方法：观察或用读数放大镜观测。

一 般 项 目

3 现浇混凝土拱圈允许偏差应符合表 16.10.3 的规定。

表 16.10.3 现浇混凝土拱圈允许偏差

项目		允许偏差（mm）	检验频率 范围	检验频率 点数	检验方法
轴线偏位	板拱	10	每跨每肋	5	用经纬仪测量，拱脚、拱顶、$L/4$处
	肋拱	5			
内弧线偏离设计弧线	跨径 $L\leqslant30$m	20			用水准仪测量，拱脚、拱顶、$L/4$处
	跨径 $L>30$m	$L/1500$			
断面尺寸	高度	±5			用钢尺量，拱脚、拱顶、$L/4$处
	顶、底、腹板厚	+10 0			
拱肋间距		±5			用钢尺量
拱宽	板拱	±20			用钢尺量，拱脚、拱顶、$L/4$处
	肋拱	±10			

注：L 为跨径。

4 拱圈外形轮廓应清晰、圆顺，表面平整，无孔洞、露筋、蜂窝、麻面和宽度大于 0.15mm 的收缩裂缝。

检查数量：全数检查。

检验方法：观察、用读数放大镜观测。

16.10.4 劲性骨架混凝土拱圈质量检验应符合本规范第 16.10.1 条规定，且应符合下列规定：

主 控 项 目

1 混凝土应按施工设计要求的顺序浇筑。

检查数量：全数检查。

检验方法：观察、检查施工记录。

一 般 项 目

2 劲性骨架制作及安装允许偏差应符合表 16.10.4-1 和表 16.10.4-2 的规定。

表 16.10.4-1 劲性骨架制作允许偏差

检查项目	允许偏差（mm）	检查频率 范围	检查频率 点数	检验方法
杆件截面尺寸	不小于设计要求	每段	2	用钢尺量两端
骨架高、宽	±10		5	用钢尺量两端、中间、$L/4$处
内弧偏离设计弧线	10		3	用样板量两端、中间
每段的弧长	±10		2	用钢尺量两侧

表 16.10.4-2　劲性骨架安装允许偏差

检查项目		允许偏差（mm）	检查频率 范围	检查频率 点数	检验方法
轴线偏位		$L/6000$	每跨每肋	5	用经纬仪测量，每肋拱脚、拱顶、$L/4$处
高程		$\pm L/3000$		3+各接头点	用水准仪测量，拱脚、拱顶及各接头点
对称点相对高差	允许	$L/3000$		各接头点	用水准仪测量
	极值	$L/1500$，且反向			

注：L为跨径。

3　劲性骨架混凝土拱圈允许偏差应符合表16.10.4-3的规定。

表 16.10.4-3　劲性骨架混凝土拱圈允许偏差

检查项目		允许偏差（mm）		检查频率 范围	检查频率 点数	检查方法
轴线偏位		$L\leqslant60$m	10	每跨每肋	5	用经纬仪测量，拱脚、拱顶、$L/4$处
		$L=200$m	50			
		$L>200$m	$L/4000$			
高程		$\pm L/3000$				用水准仪测量，拱脚、拱顶、$L/4$处
对称点相对高差	允许	$L/3000$				
	极值	$L/1500$，且反向				
断面尺寸		±10				用钢尺量拱脚、拱顶、$L/4$处

注：1　L为跨径；

2　L在60～200m之间时，轴线偏位允许偏差内插。

4　拱圈外形圆顺，表面平整，无孔洞、露筋、蜂窝、麻面和宽度大于0.15mm的收缩裂缝。

检验数量：全数检查。

检验方法：观察、用读数放大镜观测。

16.10.5　装配式混凝土拱部结构质量检验应符合本规范第16.10.1条规定，且应符合下列规定：

主 控 项 目

1　拱段接头现浇混凝土强度必须达到设计要求或达到设计强度的75%后，方可进行拱上结构施工。

检查数量：全数检查（每接头至少留置2组试件）。

检验方法：检查同条件养护试件强度试验报告。

2　结构表面不得出现超过设计规定的受力裂缝。

检查数量：全数检查。

检验方法：观察或用读数放大镜观测。

3　预制拱圈质量检验允许偏差应符合表16.10.5-1的规定。

表 16.10.5-1　预制拱圈质量检验允许偏差

检查项目		规定值或允许偏差（mm）	检验频率 范围	检验频率 点数	检验方法
混凝土抗压强度		符合设计要求	每肋每片		按现行国家标准《混凝土强度检验评定标准》GBJ 107的规定
每段拱箱内弧长		0，−10		1	用钢尺量
内弧偏离设计弧线		±5		1	用样板检查
断面尺寸	顶底腹板厚	+10，0		2	用钢尺量
	宽度及高度	+10，−5		2	
轴线偏位	肋拱	5		3	用经纬仪测量
	箱拱	10		3	
拱箱接头尺寸及倾角		±5		1	用钢尺量
预埋件位置	肋拱	5		1	用钢尺量
	箱拱	10		1	

一 般 项 目

4　拱圈安装允许偏差应符合表16.10.5-2的规定。

表 16.10.5-2　拱圈安装允许偏差

检查项目		允许偏差（mm）		检验频率 范围	检验频率 点数	检验方法
轴线偏位		$L\leqslant60$m	10	每跨每肋	5	用经纬仪测量，拱脚、拱顶、$L/4$处
		$L>60$m	$L/6000$			
高程		$L\leqslant60$m	±20			用水准仪测量，拱脚、拱顶、$L/4$处
		$L>60$m	$\pm L/3000$			
对称点相对高差	允许	$L\leqslant60$m	20	每段、每个接头	1	用水准仪测量
		$L>60$m	$L/3000$			
	极值	允许偏差的2倍，且反向				
各拱肋相对高差		$L\leqslant60$m	20	各肋	5	用水准仪测量，拱脚、拱顶、$L/4$处
		$L>60$m	$L/3000$			
拱肋间距		±10				用钢尺量，拱脚、拱顶、$L/4$处

注：L为跨径。

5　悬臂拼装的桁架拱允许偏差应符合表16.10.5-3的规定。

表 16.10.5-3　悬臂拼装的桁架拱允许偏差

检查项目		允许偏差（mm）		检查频率 范围	检查频率 点数	检验方法
轴线偏位		$L\leq 60$m	10	每跨每肋每片	5	用经纬仪测量，拱脚、拱顶、$L/4$处
		$L>60$m	$L/6000$			
高程		$L\leq 60$m	±20		5	用水准仪测量，拱脚、拱顶、$L/4$处
		$L>60$m	$\pm L/3000$			
相邻拱片高差		15				
对称点相对高差	允许	$L\leq 60$m	20		5	用水准仪测量，拱脚、拱顶、$L/4$处
		$L>60$m	$L/3000$			
	极值	允许偏差的2倍，且反向				
拱片竖向垂直度		≤1/300高度，且不大于20			2	用经纬仪测量或垂线和钢尺量

注：L为跨径。

6　腹拱安装允许偏差应符合表16.10.5-4的规定。

表 16.10.5-4　腹拱安装允许偏差

检查项目	允许偏差（mm）	检查频率 范围	检查频率 点数	检验方法
轴线偏位	10	每跨每肋	2	用经纬仪测量拱脚
拱顶高程	±20		2	用水准仪测量
相邻块件高差	5		3	用钢尺量

7　拱圈外形圆顺，表面平整，无孔洞、露筋、蜂窝、麻面和宽度大于0.15mm的收缩裂缝。

检查数量：全数检查。

检验方法：观察、用读数放大镜观测。

16.10.6　钢管混凝土拱质量检验应符合本规范第16.10.1条规定，且应符合下列规定：

主 控 项 目

1　钢管内混凝土应饱满，管壁与混凝土紧密结合。

检查数量：按检验方案确定。

检验方法：观察出浆孔混凝土溢出情况、检查超声波检测报告。

2　防护涂料规格和层数，应符合设计要求。

检查数量：涂装遍数全数检查；涂层厚度每批构件抽查10%，且同类构件不少于3件。

检验方法：观察、用干膜测厚仪检查。

一 般 项 目

3　钢管拱肋制作与安装允许偏差应符合表16.10.6-1的规定。

表 16.10.6-1　钢管拱肋制作与安装允许偏差

检查项目		允许偏差（mm）	检查频率 范围	检查频率 点数	检查方法
钢管直径		$\pm D/500$，且±5	每跨每肋每段	3	用钢尺量
钢管中距		±5		3	用钢尺量
内弧偏离设计弧线		8		3	用样板量
拱肋内弧长		0 −10		1	用钢尺分段量
节段端部平面度		3		1	拉线、用塞尺量
竖杆节间长度		±2		1	用钢尺量
轴线偏位		$L/6000$		5	用经纬仪测量，端、中、$L/4$处
高程		$\pm L/3000$		5	用水准仪测量，端、中、$L/4$处
对称点相对高差	允许	$L/3000$		1	用水准仪测量各接头点
	极值	$L/1500$，且反向			
拱肋接缝错边		≤0.2壁厚，且不大于2	每个	2	用钢板尺和塞尺量

注：1　D为钢管直径（mm）；

2　L为跨径。

4　钢管混凝土拱肋允许偏差应符合表16.10.6-2的规定。

表 16.10.6-2　钢管混凝土拱肋允许偏差

检查项目		允许偏差（mm）		检查频率 范围	检查频率 点数	检查方法
轴线偏位		$L\leq 60$m	10	每跨每肋	5	用经纬仪测量，拱脚、拱顶、$L/4$处
		$L=200$m	50			
		$L>200$m	$L/4000$			
高程		$\pm L/3000$			5	用水准仪测量，拱脚、拱顶、$L/4$处
对称点相对高差	允许	$L/3000$			1	用水准仪测量各接头点
	极值	$L/1500$，且反向				

注：L为跨径。

5　钢管混凝土拱肋线形圆顺，无折弯。

检查数量：全数检查。

检验方法：观察。

16.10.7 中下承式拱吊杆和柔性系杆拱质量检验应符合本规范第16.10.1条规定，且应符合下列规定：

主 控 项 目

1 吊杆、系杆及其锚具的材质、规格和技术性能应符合国家现行标准和设计规定。

检查数量：全数检查或按检验方案确定。

检验方法：检查产品合格证和出厂检验报告、检查进场验收记录和复验报告。

2 吊杆、系杆防护必须符合设计要求和本规范第14.3.1条有关规定。

检查数量：涂装遍数全数检查；涂层厚度每批构件抽查10%，且同类构件不少于3件。

检验方法：观察、检查施工记录；用干膜测厚仪检查。

一 般 项 目

3 吊杆的制作与安装允许偏差应符合表16.10.7-1的规定。

表 16.10.7-1 吊杆的制作与安装允许偏差

检查项目		允许偏差（mm）	检验频率		检查方法
			范围	数量	
吊杆长度		±l/1000，且±10	每吊杆每吊点	1	用钢尺量
吊杆拉力	允许	应符合设计要求		1	用测力仪（器）检查每吊杆
	极值	下承式拱吊杆拉力偏差20%			
吊点位置		10		1	用经纬仪测量
吊点高程	高程	±10		1	用水准仪测量
	两侧高差	20			

注：l 为吊杆长度。

4 柔性系杆张拉应力和伸长率应符合表16.10.7-2的规定。

表 16.10.7-2 柔性系杆张拉应力和伸长率

检查项目	规定值	检验频率		检查方法
		范围	数量	
张拉应力（MPa）	符合设计要求	每根	1	查油压表读数
张拉伸长率（%）	符合设计规定		1	用钢尺量

16.10.8 转体施工拱质量检验应符合本规范第16.10.1条规定，且应符合下列规定：

主 控 项 目

1 转动设施和锚固体系应安全可靠。

检查数量：全数检查。

检验方法：观察、检查施工记录、用仪器检测或量测。

2 双侧对称施工误差应控制在设计规定的范围内。

检查数量：全数检查。

检验方法：观察、检查施工记录。

3 合龙段两侧高差必须在设计规定的允许范围内。

检查数量：全数检查。

检验方法：用水准仪测量、检查施工记录。

4 封闭转盘和合龙段混凝土强度应符合设计要求。

检查数量：每个合龙段、转盘全数检查（至少留置2组试件）。

检验方法：检查同条件养护试件强度试验报告。

一 般 项 目

5 转体施工拱允许偏差应符合表16.10.8的规定。

表 16.10.8 转体施工拱允许偏差

检查项目	允许偏差（mm）	检验频率		检查方法
		范围	数量	
轴线偏位	L/6000	每跨每肋	5	用经纬仪测量，拱脚、拱顶、L/4处
拱顶高程	±20		2～4	用水准仪测量
同一横截面两侧或相邻上部构件高差	10		5	用水准仪测量

注：L 为跨径。

16.10.9 拱上结构质量检验应符合本规范第16.10.1条规定。

主 控 项 目

拱上结构施工时间和顺序应符合设计和施工设计规定。

检查数量：全数检查。

检验方法：观察、检查试件强度试验报告。

17 斜 拉 桥

17.1 索 塔

17.1.1 索塔施工应根据其结构特点与设计要求选择适宜的施工方法与施工设备。除应采用塔式起重机、施工升降机之外，还必须设置登高安全通道、安全网、临边护栏等安全防护装置。

17.1.2 索塔施工安全技术方案中应对高空坠物、雷击、强风、寒暑、暴雨、飞行器等制定具体的防范措施，实施中应加强检查。

17.1.3 索塔施工应选择天顶法或测距法等测量方法，测量方案编制、仪器选择和精度评价等应经过论证，索塔垂直度、索管位置与角度应符合设计所要求的精度。

17.1.4 倾斜式索塔施工时，必须对各个施工阶段索塔的强度与变形进行计算，并及时设置相应的对拉杆或钢管（型钢桁架）、主动撑等横向支撑结构。

17.1.5 索塔横梁模板与支撑结构设计时，除应考虑支撑高度、结构质量、结构的弹性与非弹性变形因素外，还应考虑环境温差、日照、风力等外界因素的影响，宜设置支座调节系统，并合理设置预拱度。

17.1.6 索塔施工中宜设置劲性钢骨架。索塔混凝土浇筑应根据混凝土合理浇筑高度、索管位置及吊装设备的能力分节段施工。劲性骨架的接头形式及质量标准应得到设计的确认。

17.1.7 索塔上的索管安装定位时，宜采用三维空间极坐标法，并事先在索管与索塔上设置定位控制点。

17.1.8 索塔施工的环境温度应以施工段高空实测温度为准。索塔冬期施工时，模板应采取保温措施。

17.1.9 当设计规定安装避雷设施时，电缆线宜敷设于预留孔道中，地下设施部分宜在基础等施工时配合完成。

17.2 主　　梁

17.2.1 施工前应根据梁体类型、地理环境条件、交通运输条件、结构特点等综合因素选择适宜的施工方案与施工设备。

17.2.2 当设计采用非塔、梁固结形式时，必须采取塔、梁临时固结措施，且解除临时固结的程序必须经设计确认。在解除过程中必须对拉索索力、主梁标高、索塔和主梁内力与索塔位移进行监控。

17.2.3 主梁施工时应缩短双悬臂持续时间，尽快使一侧固定，必要时应采取临时抗风措施。

17.2.4 主梁施工前，应先确定主梁上的施工机具设备的数量、质量、位置及其在施工过程中的位置变化情况，施工中不得随意增加设备或随意移动。

17.2.5 采用挂篮悬浇法或悬拼法施工之前，挂篮或悬拼设备应进行检验和试拼，确认合格后方可在现场整体组装；组装完成经检验合格后，必须根据设计荷载及技术要求进行预压，检验其刚度、稳定性、高程及其他技术性能，并消除非弹性变形。

17.2.6 混凝土主梁施工应符合下列规定：

1 支架法现浇施工应消除温差、支架变形等因素对结构变形与施工质量产生的不良影响。支架搭设完成后应进行检验，必要时可进行静载试验。

2 挂篮法悬浇施工应符合本规范第13章有关规定。

3 悬拼法施工主梁应符合下列要求：

1）应根据设计索距、吊装设备的能力等因素确定预制梁段的长度。

2）梁段预制宜采用长线台座、齿合密贴浇筑工艺。

3）梁段拼接宜采用环氧树脂拼接缝，拼前应清除拼接面的污垢、油渍与混凝土残渣，并保持干燥。严禁修补梁段的拼接面。

4）接缝材料的强度应大于混凝土结构设计强度，拼接时应避免粘结材料受挤压而进入预应力预留孔道。

5）梁段拼接后应及时进行梁体预应力与挂索张拉。

4 合龙段现浇混凝土施工应符合下列要求：

1）合龙段相毗邻的梁端部应预埋临时连接钢构件。

2）合龙段两端的梁段安装定位后，应及时将连接钢构件焊连一体，再进行混凝土合龙施工，并按设计要求适时解除临时连接。

3）合龙前应不间断地观测数日的昼夜环境温度场变化与合龙高程及合龙口长度变化的关系，同时应考虑风力对合龙精度的影响，综合诸因素确定适宜的合龙时间。

4）合龙段现浇混凝土宜选择补偿收缩且早强混凝土。

5）合龙前应按设计要求将合龙段两端的梁体分别向桥墩方向顶出一定距离。

17.2.7 钢主梁（构件）施工应符合下列规定：

1 主梁为钢箱梁时现场宜采用栓焊结合、全栓接方式连接，采用全焊接方式连接时，应采取防止温度变形措施。

2 当结合梁采用整体梁段预制安装时，混凝土桥面板之间应采用湿接头连接，湿接头应现浇补偿收缩混凝土；当结合梁采用先安装钢梁，现浇混凝土桥面板时，也可采用补偿收缩混凝土。

3 合龙前应不间断地观测数日的昼夜环境温度场变化、梁体温度场变化与合龙高程及合龙口长度变化的关系，确定合龙段的精确长度与适宜的合龙时间及实施程序，并应满足钢梁安装就位时高强螺栓定位、拧紧以及合龙后拆除墩顶段的临时固结装置所需的时间。

4 实地丈量计算合龙段长度时，应预估斜拉索的水平分力对钢梁压缩量的影响。

17.2.8 当采用转体法施工时，应符合本规范第16.8节有关规定，并应制定专项方案。

17.3 拉索和锚具

17.3.1 拉索和锚具的制作和防护应符合下列规定：

1 拉索及其锚具应由具备相应资质的专业单位制作，应按现行国家及行业相关标准的要求进行生产，并应按标准或设计要求进行检查和验收。

2 对高强钢丝拉索，在工厂制作时应按1.2～1.4倍设计索力对拉索进行预张拉检验，合格后方可出厂。

3 锚杯、锚板、螺母和垫块等主要受力件的半成品在热处理后应进行超声波探伤，探伤合格后方可进入下一道工序。

4 拉索防护材料的质量应符合国家现行标准《建筑缆索用高密度聚乙烯塑料》CJ/T 3078和产品技术要求。

5 拉索成品、锚具交货时应提供产品质量证书和出厂检验报告、产品批号、设计索号及型号、生产日期、数量等。

6 拉索成品和锚具出厂前，应采用柔性材料缠裹。拉索运输和堆放中应无破损、无变形、无腐蚀。

17.3.2 拉索的架设应符合下列规定：

1 拉索架设前应根据索塔高度、拉索类型、拉索长度、拉索自重、安装拉索时的牵引力以及施工现场状况等综合因素选择适宜的拉索安装方法和设备。

2 施工中不得损伤拉索保护层和锚头，不得对拉索施加集中力或过度弯曲。

3 安装由外包PE护套单根钢绞线组成的半成品拉索时，应控制每一根钢绞线安装后的拉力差在±5%内，并应设置临时减振器。

4 施工中，必须对索管与锚端部位采取临时防水、防腐和防污染措施。

17.3.3 拉索的张拉应符合下列规定：

1 张拉设备应按预应力施工的有关规定进行标定。

2 拉索张拉的顺序、批次和量值应符合设计要求。应以振动频率计测定的索力油压表量值为准，并应视拉索减振器以及拉索垂度状况对测定的索力予以修正，以延伸值作校核。

3 拉索应按设计要求同步张拉。对称同步张拉的斜拉索，张拉中不同步的相对差值不得大于10%。两侧不对称或设计索力不同的斜拉索，应按设计要求的索力分段同步张拉。

4 在下列工况下，应采用传感器或振动频率测力计检测各拉索索力值，并进行修正：

1）每组拉索张拉完成后；

2）悬臂施工跨中合龙前后；

3）全桥拉索全部张拉完成后；

4）主梁体内预应力钢筋全部张拉完成，且桥面及附属设施安装完成后。

5 拉索张拉完成后应检查每根拉索的防护情况，发现破损应及时修补。

17.4 施工控制与索力调整

17.4.1 施工过程中，必须对主梁各个施工阶段的拉索索力、主梁标高、塔梁内力以及索塔位移量等进行监测，并应及时将有关数据反馈给设计单位，分析确定下一施工阶段的拉索张拉量值和主梁线形、高程及索塔位移控制量值等，直至合龙。

17.4.2 施工控制，在主梁悬臂施工阶段应以标高控制为主；在主梁施工完成后，应以索力控制为主。

17.4.3 施工控制应包括下列内容：

1 主梁线形、索塔的水平位移；

2 高程、轴线偏差；

3 拉索索力、支座反力以及梁、塔应力。

17.4.4 在施工控制中应根据梁段自重、主梁材料的弹性模量及徐变系数、拉索弹性模量的理论值与实际值之间的差异，对索力进行调整。

17.4.5 施工控制宜采用卡尔曼滤波法、最小二乘误差控制法或无应力状态控制法与自适应控制法等计算方法。主梁施工初期可采用经验参数或设计参数，设置混凝土弹性模量、拉索弹性模量、混凝土徐变系数、梁段混凝土及施工荷载、挂篮刚度等控制参数，并通过施工初期若干梁段的施工结果对上述参数进行验证与修正。

17.4.6 拉索的拉力误差超过设计规定时，应进行调整，调整时可从超过设计索力最大或最小的拉索开始（放或拉）调整至设计索力。调索时应对拉索索力、拉索延伸量、索塔位移与梁体标高进行监测。

17.4.7 为避免日照与温差影响测量精度，宜选择在日出之前或日落之后进行测量工作，并在记录中注明当时当地的温度与天气状况。

17.4.8 施工中，宜采用光电跟踪测量技术与计算机跟踪索力检测技术。

17.5 检 验 标 准

17.5.1 斜拉桥施工涉及模板与支架、钢筋、混凝土、预应力混凝土质量检验应符合本规范第5.4、6.5、7.13、8.5节的有关规定。

17.5.2 现浇混凝土索塔施工质量检验应符合本规范第17.5.1条规定，且应符合下列规定：

主 控 项 目

1 索塔及横梁表面不得出现孔洞、露筋和超过设计规定的受力裂缝。

检查数量：全数检查。

检验方法：观察、用读数放大镜观测。

2 避雷设施应符合设计要求。

检查数量：全数检查。

检验方法：观察、检查施工记录、用电气仪表检测。

一 般 项 目

3 现浇混凝土索塔允许偏差应符合表 17.5.2 的规定。

表 17.5.2 现浇混凝土索塔允许偏差

项 目	允许偏差（mm）	检验频率 范围	检验频率 点数	检验方法
地面处轴线偏位	10	每对索距	2	用经纬仪测量，纵、横各1点
垂直度	≤H/3000，且不大于30或设计要求		2	用经纬仪、钢尺量测，纵、横各1点
断面尺寸	±20		2	用钢尺量，纵、横各1点
塔柱壁厚	±5		1	用钢尺量，每段每侧面1处
拉索锚固点高程	±10	每索	1	用水准仪测量
索管轴线偏位	10，且两端同向		1	用经纬仪测量
横梁断面尺寸	±10	每根横梁	5	用钢尺量，端部、$L/2$和$L/4$各1点
横梁顶面高程	±10		4	用水准仪测量
横梁轴线偏位	10		5	用经纬仪、钢尺量测
横梁壁厚	±5		1	用钢尺量，每侧面1处（检查3～5个断面，取最大值）
预埋件位置	5		2	用钢尺量
分段浇筑时，接缝错台	5	每侧面，每接缝	1	用钢板尺和塞尺量

注：1 H为塔高；

2 L为横梁长度。

4 索塔表面应平整、直顺，无蜂窝、麻面和大于 0.15mm 的收缩裂缝。

检查数量：全数检查。

检验方法：观察、用读数放大镜观测。

17.5.3 混凝土斜拉桥悬臂施工，墩顶梁段质量检验应符合本规范第 17.5.1 条规定，且应符合下列规定：

主 控 项 目

1 梁段表面不得出现孔洞、露筋和宽度超过设计规定的受力裂缝。

检查数量：全数检查。

检验方法：观察、用读数放大镜观测。

一 般 项 目

2 混凝土斜拉桥墩顶梁段允许偏差应符合表 17.5.3 的规定。

表 17.5.3 混凝土斜拉桥墩顶梁段允许偏差

项 目		允许偏差（mm）	检验频率 范围	检验频率 点数	检验方法
轴线偏位		跨径/10000	每段	2	用经纬仪或全站仪测量，纵桥向2点
顶面高程		±10		1	用水准仪测量
断面尺寸	高度	+5，−10		2	用钢尺量，2个断面
	顶宽	±30			
	底宽或肋间宽	±20			
	顶、底、腹板厚或肋宽	+10 0			
横坡（%）		±0.15		3	用水准仪测量，3个断面
平整度		8			用2m直尺、塞尺量，检查竖直、水平两个方向，每侧面每10m梁长测1处
预埋件位置		5	每件	2	经纬仪放线，用钢尺量

3 梁段表面应无蜂窝、麻面和大于 0.15mm 的收缩裂缝。

检查数量：全数检查。

检验方法：观察、用读数放大镜观测。

17.5.4 支架上浇筑混凝土主梁质量检验应符合本规范第 17.5.1 条和第 13.7.2 条规定。

17.5.5 悬臂浇筑混凝土主梁质量检验应符合本规范第 17.5.1 条规定，且应符合下列规定：

主 控 项 目

1 悬臂浇筑必须对称进行。

检查数量：全数检查。

检验方法：观察。

2 合龙段两侧的高差必须在设计允许范围内。

检查数量：全数检查。

检验方法：检查测量记录。

3 混凝土表面不得出现露筋、孔洞和宽度超过设计规定的受力裂缝。

检查数量：全数检查。

检验方法：观察、用读数放大镜观测。

一 般 项 目

4 悬臂浇筑混凝土主梁允许偏差应符合表17.5.5的规定。

表 17.5.5 悬臂浇筑混凝土主梁允许偏差

项目		允许偏差（mm）	检验频率		检验方法
			范围	点数	
轴线偏位	$L\leq200m$	10	每段	2	用经纬仪测量
	$L>200m$	$L/20000$			
断面尺寸	宽度	+5 −8		3	用钢尺量端部和 $L/2$ 处
	高度	+5 −8		3	用钢尺量端部和 $L/2$ 处
	壁厚	+5 0		8	用钢尺量前端
长度		±10		4	用钢尺量顶板和底板两侧
节段高差		5		3	用钢尺量底板两侧和中间
预应力筋轴线偏位		10	每个管道	1	用钢尺量
拉索索力		符合设计和施工控制要求	每索	1	用测力计
索管轴线偏位		10	每索	1	用经纬仪测量
横坡（%）		±0.15	每段	1	用水准仪测量
平整度		8	每段	1	用2m直尺、塞尺量，竖直、水平两个方向，每侧每10m梁长测1点
预埋件位置		5	每件	2	经纬仪放线，用钢尺量

注：L 为节段长度。

5 梁体线形平顺、梁段接缝处无明显折弯和错台，表面无蜂窝、麻面和大于0.15mm的收缩裂缝。

检查数量：全数检查。

检验方法：观察、用读数放大镜观测。

17.5.6 悬臂拼装混凝土主梁质量检验应符合本规范第17.5.1条和第13.7.3条有关规定，且应符合下列规定：

主 控 项 目

1 悬臂拼装必须对称进行。

检查数量：全数检查。

检验方法：观察。

2 合龙段两侧的高差必须在设计允许范围内。

检查数量：全数检查。

检验方法：检查测量记录。

一 般 项 目

3 悬臂拼装混凝土主梁允许偏差应符合表17.5.6的规定。

表 17.5.6 悬臂拼装混凝土主梁允许偏差

项 目	允许偏差（mm）	检验频率		检验方法
		范围	点数	
轴线偏位	10	每段	2	用经纬仪测量
节段高差	5		3	用钢尺量底板，两侧和中间
预应力筋轴线偏位	10	每个管道	1	用钢尺量
拉索索力	符合设计和施工控制要求	每索	1	用测力计
索管轴线偏位	10	每索	1	用经纬仪测量

4 梁体线形应平顺，梁段接缝处应无明显折弯和错台。

检查数量：全数检查。

检验方法：观察。

17.5.7 钢箱梁的拼装质量检验应符合本规范第14.3节有关规定，且应符合下列规定：

主 控 项 目

1 悬臂拼装必须对称进行。

检查数量：全数检查。

检验方法：观察。

一 般 项 目

2 钢箱梁段制作允许偏差应符合表17.5.7-1的规定。

3 钢箱梁悬臂拼装允许偏差应符合表17.5.7-2的规定。

4 钢箱梁在支架上安装允许偏差应符合表17.5.7-3的规定。

表 17.5.7-1 钢箱梁段制作允许偏差

项目		允许偏差（mm）	检验频率 范围	检验频率 点数	检验方法
梁段长		±2	每段每索	3	用钢尺量，中心线及两侧
梁段桥面板四角高差		4		4	用水准仪测量
风嘴直线度偏差		L/2000，且≤6		2	拉线、用钢尺量检查各风嘴边缘
端口尺寸	宽度	±4		2	用钢尺量两端
	中心高	±2		2	用钢尺量两端
	边高	±3		4	用钢尺量两端
	横断面对角线长度差	≤4		2	用钢尺量两端
锚箱	锚点坐标	±4		6	用经纬仪、垂球量测
	斜拉索轴线角度（°）	0.5		2	用经纬仪、垂球量测
梁段匹配性	纵桥向中心线偏差	1		2	用钢尺量
	顶、底、腹板对接间隙	+3 −1		2	用钢尺量
	顶、底、腹板对接错台	2		2	用钢板尺和塞尺量

注：L 为梁段长度。

表 17.5.7-2 钢箱梁悬臂拼装允许偏差

项目		允许偏差（mm）		检验频率 范围	检验频率 点数	检验方法
轴线偏位		L≤200m	10	每段	2	用经纬仪测量
		L＞200m	L/20000			
拉索索力		符合设计和施工控制要求		每索	1	用测力计
梁锚固点高程或梁顶高程	梁段	满足施工控制要求		每段	1	用水准仪测量每个锚固点或梁段两端中点
	合龙段	L≤200m	±20			
		L＞200m	±L/10000			
梁顶水平度		20			4	用水准仪测量梁顶四角
相邻节段匹配高差		2			1	用钢尺量

注：L 为跨度。

表 17.5.7-3 钢箱梁在支架上安装允许偏差

项目	允许偏差（mm）	检验频率 范围	检验频率 点数	检验方法
轴线偏位	10	每段	2	用经纬仪测量
梁段的纵向位置	10		1	用经纬仪测量
梁顶高程	±10		2	水准仪测量梁段两端中点
梁顶水平度	10		4	用水准仪测量梁顶四角
相邻节段匹配高差	2		1	用钢尺量

5 梁体线形应平顺，梁段间应无明显折弯。

检查数量：全数检查。

检验方法：观察。

17.5.8 结合梁的工字钢梁段悬臂拼装质量检验应符合本规范第 14.3 节有关规定，且应符合下列规定：

一般项目

1 工字钢梁段制作允许偏差应符合表 17.5.8-1 的规定。

表 17.5.8-1 工字钢梁段制作允许偏差

项目		允许偏差（mm）	检验频率 范围	检验频率 点数	检验方法
梁高	主梁	±2	每段每索	2	用钢尺量
	横梁	±1.5			
梁长	主梁	±3		3	用钢尺量，每节段两侧和中间
	横梁	±1.5		3	用钢尺量
梁宽	主梁	±1.5		2	用钢尺量
	横梁	±1.5			
梁腹板平面度	主梁	h/350，且不大于 8		3	用 2m 直尺、塞尺量
	横梁	h/500，且不大于 5		3	
锚箱	锚点坐标	±4		6	用经纬仪、垂球量测
	斜拉索轴线角度（°）	0.5		2	用经纬仪、垂球量测
梁段顶、底、腹板对接错台		2		2	用钢板尺和塞尺量

注：h 为梁高。

2 工字梁悬臂拼装允许偏差应符合表 17.5.8-2 的规定。

表 17.5.8-2 工字梁悬臂拼装允许偏差

项目		允许偏差（mm）	检验频率 范围	检验频率 点数	检验方法
轴线偏位	L≤200m	10	每段每索	2	用经纬仪测量
	L＞200m	L/20000			
拉索索力		符合设计要求		1	用测力计
锚固点高程或梁顶高程	梁段	满足施工控制要求		1	用水准仪测量每个锚固点或梁段两端中点
	两主梁高差	10			

注：L 为分段长度。

3 梁体线形应平顺，梁段间应无明显折弯。

检查数量：全数检查。

检验方法：观察。

17.5.9 结合梁的混凝土板质量检验应符合本规范第 17.5.1 条规定，且应符合下列规定：

主 控 项 目

1 混凝土板的浇筑或安装必须对称进行。

检查数量：全数检查。

检验方法：观察。

2 混凝土表面不得出现孔洞、露筋。

检查数量：全数检查。

检验方法：观察。

一 般 项 目

3 结合梁混凝土板允许偏差应符合表 17.5.9 的规定。

表 17.5.9 结合梁混凝土板允许偏差

项目		允许偏差（mm）	检验频率		检验方法
			范围	点数	
混凝土板断面尺寸	宽度	±15	每段每索	3	用钢尺量端部和 L/2 处
	厚度	+10 0		3	用钢尺量前端，两侧和中间
拉索索力		符合设计和施工控制要求		1	用测力计
高程	L≤200m	±20		1	用水准仪测量，每跨测 5～15 处，取最大值
	L>200m	±L/10000			
横坡（%）		±0.15		1	用水准仪测量，每跨测 3～8 个断面，取最大值

注：L 为分段长度。

4 混凝土表面应平整、边缘线形直顺，无蜂窝、麻面和大于 0.15mm 的收缩裂缝。

检查数量：全数检查。

检验方法：观察。

17.5.10 斜拉索安装质量检验应符合下列规定：

主 控 项 目

1 拉索和锚头成品性能质量应符合设计要求和国家现行标准规定。

检查数量：全数检查。

检验方法：检查原材料合格证和制造厂复验报告；检查成品合格证和技术性能报告。

2 拉索和锚头防护材料技术性能应符合设计要求。

检查数量：全数检查。

检验方法：检查原材料合格证和检测报告。

3 拉索拉力应符合设计要求。

检查数量：全数检查。

检验方法：检查施工记录。

一 般 项 目

4 平行钢丝斜拉索制作与防护允许偏差应符合表 17.5.10 的规定。

表 17.5.10 平行钢丝斜拉索制作与防护允许偏差

项目		允许偏差（mm）	检验频率		检查方法
			范围	点数	
斜拉索长度	≤100m	±20	每根每件每孔	1	用钢尺量
	>100m	±1/5000 索长			
PE 防护厚度		+1.0， −0.5		1	用钢尺量或测厚仪检测
锚板孔眼直径 D		d<D<1.1d		1	用量规检测
镦头尺寸		镦头直径≥1.4d，镦头高度≥d		10	用游标卡尺检测，每种规格检查 10 个
锚具附近密封处理		符合设计要求		1	观察

注：d 为钢丝直径。

5 拉索表面应平整、密实、无损伤、无擦痕。

检查数量：全数检查。

检验方法：观察。

18 悬 索 桥

18.1 一 般 规 定

18.1.1 施工前应根据悬索桥的构造和施工特点，有计划地做好构件的加工、特殊机械设备的设计制作和必要的试验等施工准备工作。

18.1.2 施工过程中，应及时对成桥结构线形及内力进行监控，确保符合设计要求。

18.2 锚 碇

18.2.1 重力式锚碇混凝土应按大体积混凝土的要求进行施工，基坑开挖应符合本规范第 10.2 节的有关规定。

18.2.2 重力式锚碇锚固体系施工应符合下列规定：

1 型钢锚固体系的钢构件应由工厂制作，现场应进行成品检验，确认符合设计要求。

2 预应力锚固体系中，预应力张拉与压浆工艺，应符合设计和本规范第 8 章的要求。锚头应安装防护套，并注入保护性油脂。

18.2.3 隧道式锚碇在隧道开挖时应采用小药量爆破。开挖中应采取排水和防水措施，对于岩洞周围裂缝较多的岩石应加以处理。岩洞开挖到设计截面后，应及时支护并进行锚体混凝土灌筑。

18.3 索 塔

18.3.1 索塔施工应符合本规范第17.1节规定。

18.3.2 塔顶钢框架的安装必须在索塔上横系梁施工完毕，且达到设计强度后方能进行。

18.3.3 索塔完工后，必须测定裸塔倾斜度、跨距和塔顶标高，作为主缆线形计算调整的依据。

18.4 施 工 猫 道

18.4.1 猫道形状及各部分尺寸应满足主缆工程施工的需要。猫道宜设抗风缆，上、下游猫道之间宜设置若干人行通道，确保其稳定性。

18.4.2 猫道承重索宜采用钢丝绳或钢绞线。承重索的安全系数不得小于3.0。

18.4.3 边跨和中跨的承重索应对称、连续架设。架设后应进行线形调整。各根索的跨中标高相对误差宜控制在±30mm之内。

18.4.4 猫道面层应从塔顶向跨中、锚碇方向铺设，并且上、下游两幅猫道应对称、平衡地铺设。

18.4.5 中跨、边跨的猫道架设进度，应以塔的两侧水平力差异不超过设计要求为准。在架设过程中必须监测塔的偏移量和承重索的垂度。

18.4.6 加劲梁架设前，应将猫道改吊于主缆上，然后解除猫道承重索与塔和锚碇的连接。

18.4.7 主缆防护工程完成后，方可拆除猫道。

18.5 主缆架设与防护

18.5.1 索股牵引应符合下列规定：

1 牵引过程中应对索股施加反拉力。

2 牵引最初几根时，应低速牵引，检查牵引系统运转情况，对关键部位进行调整后方能转入正常架设工作。

3 牵引过程中发现绑扎带连续两处切断时，应停机进行修补。监视索股中的着色丝，一旦发生扭转，必须采取措施加以纠正。

4 牵引到对岸，在卸下锚头前必须把索股临时固定。

5 索股两端的锚头引入锚固系统前，必须将索股理顺，对鼓丝段进行梳理。

6 索股横移时，必须将索股从猫道滚筒上提起，确认全跨径的索股已离开猫道滚筒后，才能横向移到索鞍的正上方。横移时拽拉量不宜过大，索股下方不得有人。

18.5.2 在索鞍区段内的索股从六边形断面理成矩形，其钢丝在矩形断面内的排列应符合既能顺利入鞍槽又使空隙率最小的原则。整形过程应在索股处于无应力状态下使用专用的整形器进行。索股整形完毕方可放入鞍槽，并用木块楔紧。整形时应保持钢丝平顺，不得交叉、扭转、损伤。

18.5.3 索股锚头入锚后应进行临时锚固。索股应设一定的抬高量，抬高量宜为200～300mm，并做好编号标志。

18.5.4 索股线形调整应符合下列规定：

1 垂度调整应在夜间温度稳定时进行。温度稳定的条件为：长度方向索股的温差不大于2℃；横截面索股的温差不大于1℃。

2 绝对垂度调整，应测定基准索股下缘的标高及跨长、塔顶标高及变位、主索鞍预偏量、散索鞍预偏量。主缆垂度和标高的调整量，应在气温与索股温度等值后经计算确定。基准索股标高必须连续3d在夜间温度稳定时进行测量，3次测出结果误差在容许范围内时，应取3次的平均值作为该基准索股的标高。

3 相对垂度调整，应按与基准索股若即若离的原则进行。

4 垂度调整允许误差，基准索股中跨跨中为±1/20000跨径；边跨跨中为中跨跨中的2倍；上下游基准索股高差10mm；一般索股（相对于基准索股）为－5mm、10mm。

5 调整合格的索股不得在鞍槽内滑移。

18.5.5 索力的调整应以设计提供的数据为依据，其调整量应根据调整装置中测力计的读数和锚头移动量双控确定。实际拉力与设计值之间的允许误差应为设计锚固力的3%。

18.5.6 紧缆工作应分两步进行，并应符合下列规定：

1 预紧缆应在温度稳定的夜间进行。预紧缆时宜把主缆全长分为若干区段分别进行。索股上的绑扎带采用边紧缆边拆除的方法，不宜一次全部拆除。预紧缆完成处必须用不锈钢带捆紧，不锈钢带的距离可为5～6m，预紧缆目标空隙率宜为25%～28%。

2 正式紧缆宜采用专用的紧缆机把主缆整成圆形。正式紧缆的方向宜向塔柱方向进行。当紧缆点空隙率达到设计要求时，在紧缆机附近设两道钢带，其间距可取100mm，带扣应放在主缆的侧下方。紧缆点间的距离宜为1m。

18.5.7 主缆防护应符合下列规定：

1 主缆防护应在桥面铺装完成后进行。

2 防护前必须清除主缆表面灰尘、油污和水分等，并临时覆盖。待涂装及缠丝时再揭开临时覆盖。

3 主缆涂装应均匀，严禁遗漏。涂装材料应具有良好的防水密封性和防腐性，并应保持柔软状态，不硬化、不脆裂、不霉变。

4 缠丝作业宜在二期恒载作用于主缆之后进行，缠丝材料以选用软质镀锌钢丝为宜。缠丝作业应由电动缠丝机完成。

1）缠丝总体方向宜由高处向低处进行，在两个索夹之间应从低到高。

2）缠丝始端嵌入索夹内不应少于3圈（或按设计要求），并施以固结焊。

3）节间内钢丝需要焊接时，宜采用闪光对接焊。

4）缠丝终端嵌入索夹端部槽内不应少于3圈，并施以固结焊。

5）一个节间内缠好的钢丝宜采用固结焊固结。对接钢丝除施加对接焊外尚需采用固结焊固结。

5 钢丝缠绕应紧密均匀，缠丝张力应符合设计要求。

18.6 索鞍、索夹与吊索

18.6.1 索鞍安装应选择在白天连续完成。安装时应根据设计提供的预偏量就位，在加劲梁架设、桥面铺装过程中应按设计提供的数据逐渐顶推到永久位置。顶推前应确认滑动面的摩阻系数，控制顶推量，确保施工安全。

18.6.2 索夹安装应符合下列规定：

1 索夹安装前，必须测定主缆的空缆线形，经设计单位确认索夹位置后，方可对索夹进行放样、定位、编号。放样、定位应在环境温度稳定时进行。索夹位置处主缆表面的油污及灰尘应清除并涂防锈漆。

2 索夹在运输和安装过程中应采取保护措施，防止碰伤及损坏。

3 索夹安装位置纵向误差不得大于10mm。当索夹在主缆上精确定位后，应立即紧固索夹螺栓。

4 紧固同一索夹螺栓时，各螺栓受力应均匀，并应按三个荷载阶段（即索夹安装时、钢箱梁吊装后、桥面铺装后）对索夹螺栓进行紧固。

18.6.3 吊索运输、安装过程中不得受损坏。吊索安装应与加劲梁安装配合进行，并对号入座，安装时必须采取防止扭转措施。

18.7 加 劲 梁

18.7.1 加劲钢箱梁应由具有相应资质的企业制造，并应符合国家现行标准《铁路钢桥制造规范》TB 10212的规定。

18.7.2 加劲钢箱梁安装应符合下列规定：

1 索夹、吊索安装完毕，并完成各项吊装设备安装及检查工作，加劲梁方可适时运输与吊装。

2 吊装前必须进行试吊。

3 加劲梁安装应符合下列要求：

1）吊装必须符合高空作业及水上作业的安全规定。

2）加劲梁安装宜从中跨跨中对称地向索塔方向进行。

3）吊装过程中应观察索塔变位情况，宜根据设计要求和实测塔顶位移量分阶段调整索鞍偏移量。

4）安装时，应避免相邻梁段发生碰撞。

5）安装合龙段前，必须根据实际的合龙长度，对合龙段长度进行修正。

4 现场焊接除符合本规范第14.2.5条有关规定外，且应符合下列要求：

1）安装时应有足够数量和强度的固定点。当焊缝形成并具有足够的刚度和强度时，方能解除安装固定点。

2）焊接接头应进行100%的超声波探伤，并应抽取30%进行射线检查，当有一片不合格时，应对该接头进行100%的射线检查。

3）加劲肋的纵向对接接缝可只做超声波探伤。

18.7.3 现场涂装应符合本规范第14.2.10条规定。

18.8 检 验 标 准

18.8.1 悬索桥施工中涉及模板与支架、钢筋、混凝土、预应力混凝土质量检验应符合本规范第5.4、6.5、7.13、8.5节规定。

18.8.2 现浇混凝土索塔施工质量检验应符合本规范第17.5.2条有关规定。

18.8.3 锚碇锚固系统制作质量检验应符合本规范第14.3节有关规定，且应符合下列规定：

一 般 项 目

1 预应力锚固系统制作允许偏差应符合表18.8.3-1的规定。

表18.8.3-1 预应力锚固系统制作允许偏差

项目		允许偏差（mm）	检验频率		检验方法
			范围	点数	
连接器	拉杆孔至锚固孔中心距	±0.5	每件	1	游标卡尺
	主要孔径	+1.0 0		1	游标卡尺
	孔轴线与顶、底面垂直度（°）	0.3		2	量具
	底面平面度	0.08		1	量具
	拉杆孔顶、底面平行度	0.15		2	量具
拉杆同轴度		0.04		1	量具

2 刚架锚固系统制作允许偏差应符合表18.8.3-2的规定。

表 18.8.3-2 刚架锚固系统制作允许偏差

项目	允许偏差（mm）	检验频率		检验方法
		范围	点数	
刚架杆件长度	±2	每件	1	用钢尺量
刚架杆件中心距	±2		1	用钢尺量
锚杆长度	±3		1	用钢尺量
锚梁长度	±3		1	用钢尺量
连接	符合设计要求		30%	超声波或测力扳手

18.8.4 锚碇锚固系统安装质量检验应符合本规范第14.3节有关规定，且应符合下列规定：

一 般 项 目

1 预应力锚固系统安装允许偏差应符合表18.8.4-1的规定。

表 18.8.4-1 预应力锚固系统安装允许偏差

项目	允许偏差（mm）	检验频率		检验方法
		范围	点数	
前锚面孔道中心坐标偏差	±10	每件	1	用全站仪测量
前锚面孔道角度（°）	±0.2		1	用经纬仪或全站仪测量
拉杆轴线偏位	5		2	用经纬仪或全站仪测量
连接器轴线偏位	5		2	用经纬仪或全站仪测量

2 刚架锚固系统安装允许偏差应符合表18.8.4-2的规定。

表 18.8.4-2 刚架锚固系统安装允许偏差

项目		允许偏差（mm）	检验频率		检验方法
			范围	点数	
刚架中心线偏差		10	每件	2	用经纬仪测量
刚架安装锚杆之平联高差		+5 −2		1	用水准仪测量
锚杆偏位	纵	10		2	用经纬仪测量
	横	5			
锚固点高程		±5		1	用水准仪测量
后锚梁偏位		5		2	用经纬仪测量
后锚梁高程		±5		2	用水准仪测量

18.8.5 锚碇混凝土施工质量检验应符合本规范第18.8.1条规定，且应符合下列规定：

主 控 项 目

1 地基承载力必须符合设计要求。

检查数量：全数检查。

检验方法：检查地基承载力检测报告。

2 混凝土表面不得有孔洞、露筋和受力裂缝。

检查数量：全数检查。

检验方法：观察。

一 般 项 目

3 锚碇结构允许偏差应符合表18.8.5的规定。

表 18.8.5 锚碇结构允许偏差

项目		允许偏差（mm）	检验频率		检验方法
			范围	点数	
轴线偏位	基础	20	每座	4	用经纬仪或全站仪测量
	槽口	10			
断面尺寸		±30		4	用钢尺量
基础底面高程	土质	±50		10	用水准仪测量
	石质	+50 −200			
基础顶面高程		±20			
大面积平整度		5		1	用2m直尺、塞尺量，每20m² 测一处
预埋件位置		符合设计规定	每件	2	经纬仪放线，用钢尺量

4 锚碇表面应无蜂窝、麻面和大于0.15mm的收缩裂缝。

检查数量：全数检查。

检验方法：观察。

18.8.6 预应力锚索张拉的质量检验应符合下列规定：

1 混凝土达到设计强度，方可进行张拉。

检查数量：全数检查。

检验方法：检查同条件养护试件强度试验报告。

2 张拉应符合设计和本规范第8.5节的有关规定。

检查数量：全数检查。

检验方法：检查张拉施工记录。

3 压浆应符合设计和本规范第8.5节的有关规定。

检查数量：全数检查。

检验方法：检查压浆记录。

18.8.7 索鞍安装质量检验应符合下列规定：

主 控 项 目

1 成品性能质量应符合设计要求和国家现行标准规定。

检查数量：全数检查。

检验方法：检查原材料合格证和制造厂的复验报告；检查成品合格证和技术性能检测报告。

一 般 项 目

2 主索鞍、散索鞍允许偏差应符合表 18.8.7-1 和表 18.8.7-2 的规定。

表 18.8.7-1 主索鞍允许偏差

项目	允许偏差(mm)	检验频率		检验方法
		范围	点数	
主要平面的平面度	0.08/1000，且不大于 0.5/全平面	每件	1	用量具检测
鞍座下平面对中心索槽竖直平面的垂直度偏差	2/全长		1	在检测平台或机床上用量具检测
上、下承板平面的平行度	0.5/全平面		2	在平台上用量具检测上、下承板
对合竖直平面与鞍体下平面的垂直度偏差	<3/全长		1	用百分表检查每对合竖直平面
鞍座底面对中心索槽底的高度偏差	±2		1	在检测平台或机床上用量具检测
鞍槽轮廓的圆弧半径偏差	±2/1000		1	用数控机床检查
各槽深度、宽度	+1/全长，及累计误差+2		2	用样板、游标卡尺、深度尺量测
各槽对中心索槽的对称度	±0.5		1	用数控机床检查
各槽曲线立面角度偏差(°)	0.2		10	
防护层厚度(μm)	不小于设计规定		10	用测厚仪，每检测面 10 点

表 18.8.7-2 散索鞍允许偏差

项目	允许偏差(mm)	检验频率		检验方法
		范围	点数	
平面度	0.08/1000，且不大于 0.5/全平面	每件	1	用量具检测，检查摆轴平面、底板下平面、中心索槽竖直平面
支承板平行度	<0.5		1	用量具检测
摆轴中心线与索槽中心平面的垂直度偏差	<3		2	在检测平台或机床上用量具检测
摆轴接合面与索槽底面的高度偏差	±2		1	用钢尺量
鞍槽轮廓的圆弧半径偏差	±2/1000		1	用数控机床检查
各槽深度、宽度	+1/全长，及累计误差+2		1	用样板、游标卡尺、深度尺量测
各槽对中心索槽的对称度	±0.5		1	用数控机床检查
各槽曲线平面、立面角度偏差(°)	0.2		1	用数控机床检查
加工后鞍槽底部及侧壁厚度偏差	±10		3	用钢尺量
防护层厚度(μm)	不小于设计规定		10	用测厚仪，每检测面 10 点

3 主索鞍、散索鞍安装允许偏差应符合表 18.8.7-3 和表 18.8.7-4 的规定。

表 18.8.7-3 主索鞍安装允许偏差

项目		允许偏差(mm)	检验频率		检验方法
			范围	点数	
最终偏差	顺桥向	符合设计规定	每件	2	用经纬仪或全站仪测量
	横桥向	10			
高程		+20 0		1	用全站仪测量
四角高差		2		4	用水准仪测量

表 18.8.7-4　散索鞍安装允许偏差

项　目	允许偏差（mm）	检验频率		检验方法
		范围	点数	
底板轴线纵横向偏位	5	每件	2	用经纬仪或全站仪测量
底板中心高程	±5		1	用水准仪测量
底板扭转	2		1	用经纬仪或全站仪测量
安装基线扭转	1		1	用经纬仪或全站仪测量
散索鞍竖向倾斜角	符合设计规定		1	用经纬仪或全站仪测量

4　索鞍防护层应完好、无损。

检查数量：全数检查。

检验方法：观察。

18.8.8　主缆架设质量检验应符合下列规定：

主 控 项 目

1　索股和锚头性能质量应符合设计要求和国家现行标准规定。

检查数量：全数检查。

检验方法：检查原材料合格证和制造厂的复验报告；检查成品合格证和技术性能检测报告。

一 般 项 目

2　索股和锚头允许偏差应符合表 18.8.8-1 的规定。

表 18.8.8-1　索股和锚头允许偏差

项　目	允许偏差（mm）	检验频率		检查方法
		范围	点数	
索股基准丝长度	±基准丝长/15000	每丝每索	1	用钢尺量
成品索股长度	±索股长/10000		1	用钢尺量
热铸锚合金灌铸率（%）	>92		1	量测计算
锚头顶压索股外移量（按规定顶压力，持荷5min）	符合设计要求		1	用百分表量测
索股轴线与锚头端面垂直度（°）	±5		1	用仪器量测

注：外移量允许偏差应在扣除初始外移量之后进行量测。

3　主缆架设允许偏差应符合表 18.8.8-2 的规定。

表 18.8.8-2　主缆架设允许偏差

项　目			允许偏差（mm）	检验频率		检查方法
				范围	点数	
索股标高	基准	中跨跨中	±L/20000	每索	1	用全站仪测量跨中
		边跨跨中	±L/10000		1	用全站仪测量跨中
		上下游基准	±10		1	用全站仪测量跨中
	一般	相对于基准索股	+5 0		1	用全站仪测量跨中
锚跨索股力与设计的偏差			符合设计规定		1	用测力计
主缆空隙率（%）			±2		1	量直径和周长后计算，测索夹处和两索夹间
主缆直径不圆率			直径的5%，且不大于2		1	紧缆后横竖直径之差，与设计直径相比，测两索夹间

注：L 为跨度。

4　主缆架设后索股应直顺、无扭转；索股钢丝应直顺、无重叠和鼓丝、镀锌层完好。

检查数量：全数检查。

检验方法：观察、检查施工记录。

18.8.9　主缆防护质量检验应符合下列规定：

主 控 项 目

1　缠丝和防护涂料的材质必须符合设计要求。

检查数量：全数检查。

检验方法：检查产品合格证和技术性能检测报告。

一 般 项 目

2　主缆防护允许偏差应符合表 18.8.9 的规定。

表 18.8.9　主缆防护允许偏差

项　目	允许偏差	检验频率		检查方法
		范围	点数	
缠丝间距	1mm	每索	1	用插板，每两索夹间随机量测 1m 长
缠丝张力	±0.3kN		1	标定检测，每盘抽查 1 处
防护涂层厚度	符合设计要求		1	用测厚仪，每200m 检测 1 点

3　缠丝不重叠交叉。缠丝腻子应填满。

检查数量：全数检查。

检验方法：观察。

18.8.10 索夹和吊索安装质量检验应符合下列规定：

主 控 项 目

1 索夹、吊索和锚头成品性能质量应符合设计要求和国家现行标准规定。

检查数量：全数检查。

检验方法：检查原材料合格证和制造厂的复验报告；检查成品合格证和技术性能检测报告。

一 般 项 目

2 索夹允许偏差应符合表 18.8.10-1 的规定。

表 18.8.10-1 索夹允许偏差

项目	允许偏差（mm）	检验频率		检查方法
		范围	点数	
索夹内径偏差	±2	每件	1	用量具检测
耳板销孔位置偏差	±1		1	用量具检测
耳板销孔内径偏差	+1 0		1	用量具检测
螺杆孔直线度	L/500		1	用量具检测
壁厚	符合设计要求		1	用量具检测
索夹内壁喷锌厚度	不小于设计要求		1	用测厚仪检测

注：L 为螺杆孔长度。

3 吊索和锚头允许偏差应符合表 18.8.10-2 的规定。

表 18.8.10-2 吊索和锚头允许偏差

项目		允许偏差（mm）	检验频率		检查方法
			范围	点数	
吊索调整后长度（销孔之间）	≤5m	±2	每件	1	用钢尺量
	>5m	±L/500			
销轴直径偏差		0 −0.15		1	用量具检测
叉形耳板销孔位置偏差		±5		1	用量具检测
热铸锚合金灌铸率（%）		>92		1	量测计算
锚头顶压后吊索外移量（按规定顶压力，持荷 5min）		符合设计要求		1	用量具检测
吊索轴线与锚头端面垂直度（°）		0.5		1	用量具检测
锚头喷涂厚度		符合设计要求		1	用测厚仪检测

注：1 L 为吊索长度；

2 外移量允许偏差应在扣除初始外移量后进行量测。

4 索夹和吊索安装允许偏差应符合表 18.8.10-3 的规定。

表 18.8.10-3 索夹和吊索安装允许偏差

项目		允许偏差（mm）	检验频率		检查方法
			范围	点数	
索夹偏位	纵向	10	每件	2	用全站仪和钢尺量
	横向	3			
上、下游吊点高差		20		1	用水准仪测量
螺杆紧固力（kN）		符合设计要求		1	用压力表检测

18.8.11 钢加劲梁段拼装质量检验应符合本规范第 14.3 节有关规定，且应符合下列规定：

一 般 项 目

1 悬索桥钢箱梁段制作允许偏差应符合表 18.8.11-1 的规定。

表 18.8.11-1 悬索桥钢箱梁段制作允许偏差

项目		允许偏差（mm）	检验频率		检查方法
			范围	点数	
梁长		±2	每件每段	3	用钢尺量，中心线及两侧
梁段桥面板四角高差		4		4	用水准仪测量
风嘴直线度偏差		≤L/2000，且不大于 6		2	拉线、用钢尺量风嘴边缘
端口尺寸	宽度	±4		2	用钢尺量两端
	中心高	±2		2	用钢尺量两端
	边高	±3		4	用钢尺量两侧、两端
	横断面对角线长度差	4		2	用钢尺量两端
吊点位置	吊点中心距桥中心线距离偏差	±1		2	用钢尺量
	同一梁段两侧吊点相对高差	5		1	用水准仪测量
	相邻梁段吊点中心距偏差	2		1	用钢尺量
	同一梁段两侧吊点中心连接线与桥轴线垂直度误差（′）	2		1	用经纬仪测量
梁段匹配性	纵桥向中心线偏差	1		2	用钢尺量
	顶、底、腹板对接间隙	+3 −1		2	用钢尺量
	顶、底、腹板对接错台	2		2	用钢板尺和塞尺量

注：L 为量测长度。

2 钢加劲梁段拼装允许偏差应符合表 18.8.11-2 的规定。

表 18.8.11-2 钢加劲梁段拼装允许偏差

项 目	允许偏差（mm）	检验频率		检查方法
		范围	点数	
吊点偏位	20	每件每段	1	用全站仪测量
同一梁段两侧对称吊点处梁顶高差	20		1	用水准仪测量
相邻节段匹配高差	2		2	用钢尺量

3 安装线形应平顺，无明显折弯。焊缝应平整、顺齐、光滑。防护涂层应完好。

检查数量：全数检查。

检验方法：观察。

19 顶 进 箱 涵

19.1 一 般 规 定

19.1.1 箱涵顶进宜避开雨期施工，如需跨雨期施工，必须编制专项防洪排水方案。

19.1.2 顶进箱涵施工前，应调查下列内容：

1 调查现况铁道、道路路基填筑、路基中地下管线等情况及所属单位对施工的要求。

2 穿越铁路、道路运行及设施状况。

3 施工现场现况道路的交通状况，施工期间交通疏导方案的可行性。

19.1.3 施工现场采取降水措施时，不得造成影响区建（构）筑物沉降、变形。降水过程中应进行监测，发现问题应及时采取措施。

19.2 工作坑和滑板

19.2.1 工作坑应根据线路平面、现场地形，在保证通行的铁路、道路行车安全的前提下选择挖方数量少、顶进长度短的位置。

19.2.2 工作坑边坡应视土质情况而定，两侧边坡宜为1：0.75～1：1.5，靠铁路路基一侧的边坡宜缓于1：1.5；工作坑距最外侧铁路中心线不得小于 3.2m。

19.2.3 工作坑的平面尺寸应满足箱涵预制与顶进设备安装需要。前端顶板外缘至路基坡脚不宜小于 1m；后端顶板外缘与后背间净距不宜小于 1m；箱涵两侧距工作坑坡脚不宜小于 1.5m。

19.2.4 开挖工作坑应与修筑后背统筹安排，当采用钢板桩作后背时，应先沉桩再开挖工作坑和填筑后背土。

19.2.5 土层中有水时，工作坑开挖前应采取降水措施，将地下水位降至基底 0.5m 以下，并疏干后方可开挖。工作坑开挖时不得扰动地基，不得超挖。工作坑底应密实平整，并有足够的承载力。基底允许承载力不宜小于 0.15MPa。

19.2.6 修筑工作坑滑板，应满足预制箱涵主体结构所需强度，并应符合下列规定：

1 滑板中心线应与箱涵设计中心线一致。

2 滑板与地基接触面应有防滑措施，宜在滑板下设锚梁。

3 为减少箱涵顶进中扎头现象，宜将滑板顶面做成前高后低的仰坡，坡度宜为 3‰。

4 滑板两侧宜设方向墩。

19.3 箱涵预制与顶进

19.3.1 箱涵预制除应符合本规范第 5、6、7 章的有关规定外，尚应符合下列规定：

1 箱涵侧墙的外表面前端 2m 范围内应向两侧各加宽 1.5～2cm，其余部位不得出现正误差。

2 工作坑滑板与预制箱涵底板间应铺设润滑隔离层。

3 箱涵底板底面前端 2～4m 范围内宜设高 5～10cm 船头坡。

4 箱涵前端周边宜设钢刃脚。

5 箱涵混凝土达到设计强度后方可拆除顶板底模。

19.3.2 箱涵防水层施工应符合本规范第 20.2 节有关规定。箱涵顶面防水层尚应施作水泥混凝土保护层。

19.3.3 顶进设备及其布置应符合下列规定：

1 应根据计算的最大顶力确定顶进设备。千斤顶的顶力可按额定顶力的 60%～70%计算。

2 高压油泵及其控制阀等工作压力应与千斤顶匹配。

3 液压系统的油管内径应按工作压力和计算流量选定，回油管路主油管的内径不得小于 10mm，分油管的内径不得小于 6mm。

4 油管应清洗干净，油路布置合理，密封良好，液压油脂应过滤。

5 顶进过程中，当液压系统发生故障时应立即停止运转，严禁在工作状态下检修。

19.3.4 顶进箱涵的后背，必须有足够的强度、刚度和稳定性。墙后填土，宜利用原状土，或用砂砾、灰土（水泥土）夯填密实。

19.3.5 安装顶柱（铁），应与顶力轴线一致，并与横梁垂直，应做到平、顺、直。当顶程长时，可在 4～8m处加横梁一道。

19.3.6 顶进应具备以下条件：

1 主体结构混凝土必须达到设计强度，防水层及防护层应符合设计要求。

2 顶进后背和顶进设备安装完成，经试运转合格。

3 线路加固方案完成，并经主管部门验收确认。

4 线路监测、抢修人员及设备等应到位。

19.3.7 列车或车辆通过时严禁挖土，人员应撤离至土方可能坍塌范围以外。当挖土或顶进过程中发生塌方，影响行车安全时，必须停止顶进，迅速组织抢修加固。

19.3.8 顶进应与观测密切配合，随时根据箱涵顶进轴线和高程偏差，及时调整侧刃脚切土宽度和船头坡吃土高度。

19.3.9 挖运土方与顶进作业应循环交替进行，严禁同时进行。

19.3.10 箱涵的钢刃脚应切土顶进。如设有中平台时，上下两层不得挖通，平台上不得积存土方。

19.4 检验标准

19.4.1 箱涵施工涉及模板与支架、钢筋、混凝土质量检验应符合本规范第5.4、6.5、7.13节有关规定。

19.4.2 滑板质量检验应符合本规范第19.4.1条规定，且应符合下列规定：

主控项目

1 滑板轴线位置、结构尺寸、顶面坡度、锚梁、方向墩等应符合施工设计要求。

检查数量：全数检查。

检验方法：观察、检查施工记录。

一般项目

2 滑板允许偏差应符合表19.4.2的规定。

表19.4.2 滑板允许偏差

项目	允许偏差（mm）	检验频率 范围	检验频率 点数	检验方法
中线偏位	50	每座	4	用经纬仪测量纵、横各1点
高程	+5 0	每座	5	用水准仪测量
平整度	5	每座	5	用2m直尺、塞尺量

19.4.3 预制箱涵质量检验应符合本规范第19.4.1条的规定，且应符合下列规定：

一般项目

1 箱涵预制允许偏差应符合表19.4.3的规定。

2 混凝土结构表面应无孔洞、露筋、蜂窝、麻面和缺棱掉角等缺陷。

检查数量：全数检查。

检验方法：观察。

表19.4.3 箱涵预制允许偏差

项目		允许偏差（mm）	检验频率 范围	检验频率 点数	检验方法
断面尺寸	净空宽	±30	每座每节	6	用钢尺量，沿全长中间及两端的左、右各1点
断面尺寸	净空高	±50	每座每节	6	用钢尺量，沿全长中间及两端的上、下各1点
厚度		±10	每座每节	8	用钢尺量，每端顶板、底板及两侧壁各1点
长度		±50	每座每节	4	用钢尺量，两侧上、下各1点
侧向弯曲		$L/1000$	每座每节	2	沿构件全长拉线、用钢尺量，左、右各1点
轴线偏位		10	每座每节	2	用经纬仪测量
垂直度		≤0.15%H，且不大于10	每座每节	4	用经纬仪测量或垂线和钢尺量，每侧2点
两对角线长度差		75	每座每节	1	用钢尺量顶板
平整度		5	每座每节	8	用2m直尺、塞尺量（两侧内墙各4点）
箱体外形		符合本规范19.3.1条规定	每座每节	5	用钢尺量，两端上、下各1点，距前端2m处1点

19.4.4 箱涵顶进质量检验应符合下列规定：

一般项目

1 箱涵顶进允许偏差应符合表19.4.4的规定。

表19.4.4 箱涵顶进允许偏差

项目		允许偏差（mm）	检验频率 范围	检验频率 点数	检验方法
轴线偏位	$L<15m$	100	每座每节	2	用经纬仪测量，两端各1点
轴线偏位	$15m\leqslant L\leqslant30m$	200	每座每节	2	用经纬仪测量，两端各1点
轴线偏位	$L>30m$	300	每座每节	2	用经纬仪测量，两端各1点
高程	$L<15m$	+20 −100	每座每节	2	用水准仪测量，两端各1点
高程	$15m\leqslant L\leqslant30m$	+20 −150	每座每节	2	用水准仪测量，两端各1点
高程	$L>30m$	+20 −200	每座每节	2	用水准仪测量，两端各1点
相邻两端高差		50	每座每节	1	用钢尺量

注：表中L为箱涵沿顶进轴线的长度（m）。

2 分节顶进的箱涵就位后，接缝处应直顺、无渗漏。

检查数量：全数检查。

检验方法：观察。

20 桥 面 系

20.1 排 水 设 施

20.1.1 汇水槽、泄水口顶面高程应低于桥面铺装层10～15mm。

20.1.2 泄水管下端至少应伸出构筑物底面100～150mm。泄水管宜通过竖向管道直接引至地面或雨水管线，其竖向管道应采用抱箍、卡环、定位卡等预埋件固定在结构物上。

20.2 桥面防水层

20.2.1 桥面应采用柔性防水，不宜单独铺设刚性防水层。桥面防水层使用的涂料、卷材、胶粘剂及辅助材料必须符合环保要求。

20.2.2 桥面防水层应在现浇桥面结构混凝土或垫层混凝土达到设计要求强度，经验收合格后方可施工。

20.2.3 桥面防水层应直接铺设在混凝土表面上，不得在二者间加铺砂浆找平层。

20.2.4 防水基层面应坚实、平整、光滑、干燥，阴、阳角处应按规定半径做成圆弧。施工防水层前应将浮尘及松散物质清除干净，并应涂刷基层处理剂。基层处理剂应使用与卷材或涂料性质配套的材料。涂层应均匀、全面覆盖，待渗入基层且表面干燥后方可施作卷材或涂膜防水层。

20.2.5 防水卷材和防水涂膜均应具有高延伸率、高抗拉强度、良好的弹塑性、耐高温和低温与抗老化性能。防水卷材及防水涂料应符合国家现行标准和设计要求。

20.2.6 桥面采用热铺沥青混合料作磨耗层时，应使用可耐140～160℃高温的高聚物改性沥青等防水卷材及防水涂料。

20.2.7 桥面防水层应采用满贴法；防水层总厚度和卷材或胎体层数应符合设计要求；缘石、地袱、变形缝、汇水槽和泄水口等部位应按设计和防水规范细部要求作局部加强处理。防水层与汇水槽、泄水口之间必须粘结牢固、封闭严密。

20.2.8 防水层完成后应加强成品保护，防止压破、刺穿、划痕损坏防水层，并及时经验收合格后铺设桥面铺装层。

20.2.9 防水层严禁在雨天、雪天和5级（含）以上大风天气施工。气温低于－5℃时不宜施工。

20.2.10 涂膜防水层施工应符合下列规定：

1 基层处理剂干燥后，方可涂防水涂料，铺贴胎体增强材料。涂膜防水层应与基层粘结牢固。

2 涂膜防水层的胎体材料，应顺流水方向搭接，搭接宽度长边不得小于50mm，短边不得小于70mm，上下层胎体搭接缝应错开1/3幅宽。

3 下层干燥后，方可进行上层施工。每一涂层应厚度均匀、表面平整。

20.2.11 卷材防水层施工应符合下列规定：

1 胶粘剂应与卷材和基层处理剂相互匹配，进场后应取样检验合格后方可使用。

2 基层处理剂干燥后，方可涂胶粘剂，卷材应与基层粘结牢固，各层卷材之间也应相互粘结牢固。卷材铺贴应不皱不折。

3 卷材应顺桥方向铺贴，应自边缘最低处开始，顺流水方向搭接，长边搭接宽度宜为70～80mm，短边搭接宽度宜为100mm，上下层搭接缝错开距离不应小于300mm。

20.2.12 防水粘结层施工应符合下列规定：

1 防水粘结材料的品种、规格、性能应符合设计要求和国家现行标准规定。

2 粘结层宜采用高黏度的改性沥青、环氧沥青防水涂料。

3 防水粘结层施工时的环境温度和相对湿度应符合防水粘结材料产品说明书的要求。

4 施工时严格控制防水粘结层材料的加热温度和洒布温度。

20.3 桥面铺装层

20.3.1 桥面防水层经验收合格后应及时进行桥面铺装层施工。雨天和雨后桥面未干燥时，不得进行桥面铺装层施工。

20.3.2 铺装层应在纵向100cm、横向40cm范围内，逐渐降坡，与汇水槽、泄水口平顺相接。

20.3.3 沥青混合料桥面铺装层施工应符合下列规定：

1 在水泥混凝土桥面上铺筑沥青铺装层应符合下列要求：

1）铺筑前应在桥面防水层上撒布一层沥青石屑保护层，或在防水粘结层上撒布一层石屑保护层，并用轻碾慢压。

2）沥青铺装宜采用双层式，底层宜采用高温稳定性较好的中粒式密级配热拌沥青混合料，表层应采用防滑面层。

3）铺装宜采用轮胎或钢筒式压路机碾压。

2 在钢桥面上铺筑沥青铺装层应符合下列要求：

1）铺装材料应防水性能良好；具有高温抗流动变形和低温抗裂性能；具有较好的抗疲劳性能和表面抗滑性能；与钢板粘结良好，具有较好的抗水平剪切、重复荷载和蠕变变形能力。

2）桥面铺装宜采用改性沥青，其压实设备

和工艺应通过试验确定。

3）桥面铺装宜在无雨、少雾季节、干燥状态下施工。施工气温不得低于15℃。

4）桥面铺筑沥青铺装层前应涂刷防水粘结层。涂防水粘结层前应磨平焊缝、除锈、除污，涂防锈层。

5）采用浇注式沥青混凝土铺筑桥面时，可不设防水粘结层。

20.3.4 水泥混凝土桥面铺装层施工应符合下列规定：

1 铺装层的厚度、配筋、混凝土强度等应符合设计要求。结构厚度误差不得超过－20mm。

2 铺装层的基面（裸梁或防水层保护层）应粗糙、干净，并于铺装前湿润。

3 桥面钢筋网应位置准确、连续。

4 铺装层表面应作防滑处理。

5 水泥混凝土施工工艺及钢纤维混凝土铺装的技术要求应符合国家现行标准《城镇道路工程施工与质量验收规范》CJJ 1的有关规定。

20.3.5 人行天桥塑胶混合料面层铺装应符合下列规定：

1 人行天桥塑胶混合料的品种、规格、性能应符合设计要求和国家现行标准的规定。

2 施工时的环境温度和相对湿度应符合材料产品说明书的要求，风力超过5级（含）、雨天和雨后桥面未干燥时，严禁铺装施工。

3 塑胶混合料均应计量准确，严格控制拌合时间。拌合均匀的胶液应及时运到现场铺装。

4 塑胶混合料必须采用机械搅拌，应严格控制材料的加热温度和洒布温度。

5 人行天桥塑胶铺装宜在桥面全宽度内、两条伸缩缝之间，一次连续完成。

6 塑胶混合料面层终凝之前严禁行人通行。

20.4 桥梁伸缩装置

20.4.1 选择伸缩装置应符合下列规定：

1 伸缩装置与设计伸缩量应相匹配；

2 具有足够强度，能承受与设计标准相一致的荷载；

3 城市桥梁伸缩装置应具有良好的防水、防噪声性能；

4 安装、维护、保养、更换简便。

20.4.2 伸缩装置安装前应检查修正梁端预留缝的间隙，缝宽应符合设计要求，上下必须贯通，不得堵塞。伸缩装置应锚固可靠，浇筑锚固段（过渡段）混凝土时应采取措施防止堵塞梁端伸缩缝隙。

20.4.3 伸缩装置安装前应对照设计要求、产品说明，对成品进行验收，合格后方可使用。安装伸缩装置时应按安装时气温确定安装定位值，保证设计伸缩量。

20.4.4 伸缩装置宜采用后嵌法安装，即先铺桥面层，再切割出预留槽安装伸缩装置。

20.4.5 填充式伸缩装置施工应符合下列规定：

1 预留槽宜为50cm宽、5cm深，安装前预留槽基面和侧面应进行清洗和烘干。

2 梁端伸缩缝处应粘固止水密封条。

3 填料填充前应在预留槽基面上涂刷底胶，热拌混合料应分层摊铺在槽内并捣实。

4 填料顶面应略高于桥面，并撒布一层黑色碎石，用压路机碾压成型。

20.4.6 橡胶伸缩装置安装应符合下列规定：

1 安装橡胶伸缩装置应尽量避免预压工艺。橡胶伸缩装置在5℃以下气温不宜安装。

2 安装前应对伸缩装置预留槽进行修整，使其尺寸、高程符合设计要求。

3 锚固螺栓位置应准确，焊接必须牢固。

4 伸缩装置安装合格后应及时浇筑两侧过渡段混凝土，并与桥面铺装接顺。每侧混凝土宽度不宜小于0.5m。

20.4.7 齿形钢板伸缩装置施工应符合下列规定：

1 底层支撑角钢应与梁端锚固筋焊接。

2 支撑角钢与底层钢板焊接时，应采取防止钢板局部变形措施。

3 齿形钢板宜采用整块钢板仿形切割成型，经加工后对号入座。

4 安装顶部齿形钢板，应按安装时气温经计算确定定位值。齿形钢板与底层钢板端部焊缝应采用间隔跳焊，中部塞孔焊应间隔分层满焊。焊接后齿形钢板与底层钢板应密贴。

5 齿形钢板伸缩装置宜在梁端伸缩缝处采用U形铝板或橡胶板止水带防水。

20.4.8 模数式伸缩装置施工应符合下列规定：

1 模数式伸缩装置在工厂组装成型后运至工地，应按国家现行标准《公路桥梁橡胶伸缩装置》JT/T 327对成品进行验收，合格后方可安装。

2 伸缩装置安装时其间隙量定位值应由厂家根据施工时气温在工厂完成，用定位卡固定。如需在现场调整间隙量应在厂家专业人员指导下进行，调整定位并固定后应及时安装。

3 伸缩装置应使用专用车辆运输，按厂家标明的吊点进行吊装，防止变形。现场堆放场地应平整，并避免雨淋曝晒和防尘。

4 安装前应按设计和产品说明书要求检查锚固筋规格和间距、预留槽尺寸，确认符合设计要求，并清理预留槽。

5 分段安装的长伸缩装置需现场焊接时，宜由厂家专业人员施焊。

6 伸缩装置中心线与梁段间隙中心线应对正重

合。伸缩装置顶面各点高程应与桥面横断面高程对应一致。

7 伸缩装置的边梁和支承箱应焊接锚固，并应在作业中采取防止变形措施。

8 过渡段混凝土与伸缩装置相接处应粘固密封条。

9 混凝土达到设计强度后，方可拆除定位卡。

20.5 地袱、缘石、挂板

20.5.1 地袱、缘石、挂板应在桥梁上部结构混凝土浇筑支架卸落后施工，其外侧线形应平顺，伸缩缝必须全部贯通，并与主梁伸缩缝相对应。

20.5.2 安装预制或石材地袱、缘石、挂板应与梁体连接牢固。

20.5.3 尺寸超差和表面质量有缺陷的挂板不得使用。挂板安装时，直线段宜每 20m 设一个控制点，曲线段宜每 3～5m 设一个控制点，并应采用统一模板控制接缝宽度，确保外形流畅、美观。

20.6 防护设施

20.6.1 栏杆和防撞、隔离设施应在桥梁上部结构混凝土的浇筑支架卸落后施工，其线形应流畅、平顺，伸缩缝必须全部贯通，并与主梁伸缩缝相对应。

20.6.2 防护设施采用混凝土预制构件安装时，砂浆强度应符合设计要求，当设计无规定时，宜采用 M20 水泥砂浆。

20.6.3 预制混凝土栏杆采用榫槽连接时，安装就位后应用硬塞块固定，灌浆固结。塞块拆除时，灌浆材料强度不得低于设计强度的 75%。采用金属栏杆时，焊接必须牢固，毛刺应打磨平整，并及时除锈防腐。

20.6.4 防撞墩必须与桥面混凝土预埋件、预埋筋连接牢固，并应在施作桥面防水层前完成。

20.6.5 护栏、防护网宜在桥面、人行道铺装完成后安装。

20.7 人行道

20.7.1 人行道结构应在栏杆、地袱完成后施工，且在桥面铺装层施工前完成。

20.7.2 人行道下铺设其他设施时，应在其他设施验收合格后，方可进行人行道铺装。

20.7.3 悬臂式人行道构件必须在主梁横向连接或拱上建筑完成后方可安装。人行道板必须在人行道梁锚固后方可铺设。

20.7.4 人行道施工应符合国家现行标准《城镇道路工程施工与质量验收规范》CJJ 1 的有关规定。

20.8 检验标准

20.8.1 排水设施质量检验应符合下列规定：

主控项目

1 桥面排水设施的设置应符合设计要求，泄水管应畅通无阻。

检查数量：全数检查。

检验方法：观察。

一般项目

2 桥面泄水口应低于桥面铺装层 10～15mm。

检查数量：全数检查。

检验方法：观察。

3 泄水管安装应牢固可靠，与铺装层及防水层之间应结合密实，无渗漏现象；金属泄水管应进行防腐处理。

检查数量：全数检查。

检验方法：观察。

4 桥面泄水口位置允许偏差应符合表 20.8.1 的规定。

表 20.8.1 桥面泄水口位置允许偏差

项　目	允许偏差(mm)	检验频率		检验方法
		范围	点数	
高程	0 −10	每孔	1	用水准仪测量
间距	±100		1	用钢尺量

20.8.2 桥面防水层质量检验应符合下列规定：

主控项目

1 防水材料的品种、规格、性能、质量应符合设计要求和相关标准规定。

检查数量：全数检查。

检验方法：检查材料合格证、进场验收记录和质量检验报告。

2 防水层、粘结层与基层之间应密贴，结合牢固。

检查数量：全数检查。

检验方法：观察、检查施工记录。

一般项目

3 混凝土桥面防水层粘结质量和施工允许偏差应符合表 20.8.2-1 的规定。

表 20.8.2-1 混凝土桥面防水层粘结质量和施工允许偏差

项　目	允许偏差(mm)	检验频率		检验方法
		范围	点数	
卷材接茬搭接宽度	不小于规定	每 20 延米	1	用钢尺量

续表 20.8.2-1

项目	允许偏差(mm)	检验频率		检验方法
		范围	点数	
防水涂膜厚度	符合设计要求；设计未规定时±0.1	每 $200m^2$	4	用测厚仪检测
粘结强度(MPa)	不小于设计要求，且≥0.3(常温)，≥0.2(气温≥35℃)	每 $200m^2$	4	拉拔仪(拉拔速度：10mm/min)
抗剪强度(MPa)	不小于设计要求，且≥0.4(常温)，≥0.3(气温≥35℃)	1组	3个	剪切仪(剪切速度：10mm/min)
剥离强度(N/mm)	不小于设计要求，且≥0.3(常温)，≥0.2(气温≥35℃)	1组	3个	90°剥离仪(剪切速度：100mm/min)

4 钢桥面防水粘结层质量应符合表 20.8.2-2 的规定。

表 20.8.2-2 钢桥面防水粘结层质量

项目	允许偏差(mm)	检验频率		检验方法
		范围	点数	
钢桥面清洁度	符合设计要求	全部		GB 8923 规定标准图片对照检查
粘结层厚度	符合设计要求	每洒布段	6	用测厚仪检测
粘结层与基层结合力(MPa)	不小于设计要求	每洒布段	6	用拉拔仪检测
防水层总厚度	不小于设计要求	每洒布段	6	用测厚仪检测

5 防水材料铺装或涂刷外观质量和细部做法应符合下列要求：

1) 卷材防水层表面平整，不得有空鼓、脱层、裂缝、翘边、油包、气泡和皱褶等现象；

2) 涂料防水层的厚度应均匀一致，不得有漏涂处；

3) 防水层与泄水口、汇水槽接合部位应密封，不得有漏封处。

检查数量：全数检查。

检验方法：观察。

20.8.3 桥面铺装层质量检验应符合下列规定：

主 控 项 目

1 桥面铺装层材料的品种、规格、性能、质量应符合设计要求和相关标准规定。

检查数量：全数检查。

检验方法：检查材料合格证、进场验收记录和质量检验报告。

2 水泥混凝土桥面铺装层的强度和沥青混凝土桥面铺装层的压实度应符合设计要求。

检查数量和检验方法应符合国家现行标准《城镇道路工程施工与质量验收规范》CJJ 1 的有关规定。

3 塑胶面层铺装的物理机械性能应符合表 20.8.3-1 的规定。

表 20.8.3-1 塑胶面层铺装的物理机械性能

项目	允许偏差	检验频率		检验方法
		范围	点数	
硬度(邵A，度)	45～60			按(GB/T14833)5.5"硬度的测定"
拉伸强度(MPa)	≥0.7			按(GB/T 14833)5.6"拉伸强度、扯断伸长率的测定"
扯断伸长率	≥90%			按(GB/T 14833)5.6"拉伸强度、扯断伸长率的测定"
回弹值	≥20%			按(GB/T 14833)5.7"回弹值的测定"
压缩复原率	≥95%			按(GB/T 14833)5.8"压缩复原率的测定"
阻燃性	1级			按(GB/T 14833)5.9"阻燃性的测定"

注：1 本表参照《塑胶跑道》GB/T 14833—93 的规定制定；
2 "阻燃性的测定"由业主、设计商定。

一 般 项 目

4 桥面铺装面层允许偏差应符合表 20.8.3-2～表 20.8.3-4 的规定。

表 20.8.3-2 水泥混凝土桥面铺装面层允许偏差

项目	允许偏差	检验频率		检验方法
		范围	点数	
厚度	±5mm	每20延米	3	用水准仪对比浇筑前后标高
横坡	±0.15%	每20延米	1	用水准仪测量1个断面
平整度	符合城市道路面层标准	按城市道路工程检测规定执行		
抗滑构造深度	符合设计要求	每200m	3	铺砂法

注：跨度小于 20m 时，检验频率按 20m 计算。

表 20.8.3-3 沥青混凝土桥面铺装面层允许偏差

项　目	允许偏差	检验频率		检　验　方　法
		范围	点数	
厚度	±5mm	每 20 延米	3	用水准仪对比浇筑前后标高
横坡	±0.3%		1	用水准仪测量 1 个断面
平整度	符合道路面层标准	按城市道路工程检测规定执行		
抗滑构造深度	符合设计要求	每 200m	3	铺砂法

注：跨度小于 20m 时，检验频率按 20m 计算。

表 20.8.3-4 人行天桥塑胶桥面铺装面层允许偏差

项目	允许偏差	检验频率		检验方法
		范围	点数	
厚度	不小于设计要求	每铺装段、每次拌合料量	1	取样法：按 GB/T 14833 附录 B
平整度	±3mm	每 $20m^2$	1	用 3m 直尺、塞尺检查
坡度	符合设计要求	每铺装段	3	用水准仪测量主梁纵轴高程

注："阻燃性的测定"由业主、设计商定。

5 外观检查应符合下列要求：

1）水泥混凝土桥面铺装面层表面应坚实、平整，无裂缝，并应有足够的粗糙度；面层伸缩缝应直顺，灌缝应密实；

2）沥青混凝土桥面铺装层表面应坚实、平整，无裂纹、松散、油包、麻面；

3）桥面铺装层与桥头路接茬应紧密、平顺。

检查数量：全数检查。

检验方法：观察。

20.8.4 伸缩装置质量检验应符合下列规定：

主 控 项 目

1 伸缩装置的形式和规格必须符合设计要求，缝宽应根据设计规定和安装时的气温进行调整。

检查数量：全数检查。

检验方法：观察、钢尺量测。

2 伸缩装置安装时焊接质量和焊缝长度应符合设计要求和规范规定，焊缝必须牢固，严禁用点焊连接。大型伸缩装置与钢梁连接处的焊缝应做超声波检测。

检查数量：全数检查。

检验方法：观察、检查焊缝检测报告。

3 伸缩装置锚固部位的混凝土强度应符合设计要求，表面应平整，与路面衔接应平顺。

检查数量：全数检查。

检验方法：观察、检查同条件养护试件强度试验报告。

一 般 项 目

4 伸缩装置安装允许偏差应符合表 20.8.4 的规定。

表 20.8.4 伸缩装置安装允许偏差

项目	允许偏差（mm）	检验频率		检验方法
		范围	点数	
顺桥平整度	符合道路标准	每条缝	按道路检验标准检测	
相邻板差	2		每车道 1 点	用钢板尺和塞尺量
缝宽	符合设计要求			用钢尺量，任意选点
与桥面高差	2			用钢板尺和塞尺量
长度	符合设计要求		2	用钢尺量

5 伸缩装置应无渗漏、无变形，伸缩缝应无阻塞。

检查数量：全数检查。

检验方法：观察。

20.8.5 地袱、缘石、挂板质量检验应符合下列规定：

主 控 项 目

1 地袱、缘石、挂板混凝土的强度必须符合设计要求。

检查数量和检验方法，均应符合本规范第 7.13 节有关规定。对于构件厂生产的定型产品进场时，应检验出厂合格证和试件强度试验报告。

2 预制地袱、缘石、挂板安装必须牢固，焊接连接应符合设计要求；现浇地袱钢筋的锚固长度应符合设计要求。

检查数量：全数检查。

检验方法：观察。

一 般 项 目

3 预制地袱、缘石、挂板允许偏差应符合表 20.8.5-1 的规定；安装允许偏差应符合表 20.8.5-2 的规定。

表 20.8.5-1 预制地袱、缘石、挂板允许偏差

项目		允许偏差（mm）	检验频率		检验方法
			范围	点数	
断面尺寸	宽	±3	每件（抽查 10%，且不少于 5 件）	1	用钢尺量
	高			1	
长度		0 −10		1	用钢尺量
侧向弯曲		$L/750$		1	沿构件全长拉线用钢尺量（L 为构件长度）

表 20.8.5-2 地袱、缘石、挂板安装允许偏差

项目	允许偏差（mm）	检验频率		检验方法
		范围	点数	
直顺度	5	每跨侧	1	用 10m 线和钢尺量
相邻板块高差	3	每接缝（抽查 10%）	1	用钢板尺和塞尺量

注：两个伸缩缝之间的为一个验收批。

4 伸缩缝必须全部贯通，并与主梁伸缩缝相对应。

检查数量：全数检查。

检验方法：观察。

5 地袱、缘石、挂板等水泥混凝土构件不得有孔洞、露筋、蜂窝、麻面、缺棱、掉角等缺陷；安装的线形应流畅平顺。

检查数量：全数检查。

检验方法：观察。

20.8.6 防护设施质量检验应符合下列规定：

主 控 项 目

1 混凝土栏杆、防撞护栏、防撞墩、隔离墩的强度应符合设计要求，安装必须牢固、稳定。

检查数量：全数检查。

检查方法：观察、检查混凝土试件强度试验报告。

2 金属栏杆、防护网的品种、规格应符合设计要求，安装必须牢固。

检查数量：全数检查。

检查方法：观察、用钢尺量、检查产品合格证、检查进场检验记录、用焊缝量规检查。

一 般 项 目

3 预制混凝土栏杆允许偏差应符合表 20.8.6-1 的规定。栏杆安装允许偏差应符合表 20.8.6-2 的规定。

表 20.8.6-1 预制混凝土栏杆允许偏差

项目		允许偏差（mm）	检验频率		检验方法
			范围	点数	
断面尺寸	宽	±4	每件（抽查 10%，且不少于 5 件）	1	用钢尺量
	高			1	
长度		0 −10		1	用钢尺量
侧向弯曲		$L/750$		1	沿构件全长拉线，用钢尺量（L 为构件长度）

表 20.8.6-2 栏杆安装允许偏差

项目		允许偏差（mm）	检验频率		检验方法
			范围	点数	
直顺度	扶手	4	每跨侧	1	用 10m 线和钢尺量
垂直度	栏杆柱	3	每柱（抽查 10%）	2	用垂线和钢尺量，顺、横桥轴方向各 1 点
栏杆间距		±3	每柱（抽查 10%）	1	用钢尺量
相邻栏杆扶手高差	有柱	4	每处（抽查 10%）		
	无柱	2			
栏杆平面偏位		4	每 30m	1	用经纬仪和钢尺量

注：现场浇筑的栏杆、扶手和钢结构栏杆、扶手的允许偏差可按本款执行。

4 金属栏杆、防护网必须按设计要求作防护处理，不得漏涂、剥落。

检查数量：抽查 5%。

检验方法：观察、用涂层测厚检查。

5 防撞护栏、防撞墩、隔离墩允许偏差应符合表 20.8.6-3 的规定。

表 20.8.6-3 防撞护栏、防撞墩、隔离墩允许偏差

项目	允许偏差（mm）	检验频率		检验方法
		范围	点数	
直顺度	5	每 20m	1	用 20m 线和钢尺量
平面偏位	4	每 20m	1	经纬仪放线，用钢尺量
预埋件位置	5	每件	2	经纬仪放线，用钢尺量
断面尺寸	±5	每 20m	1	用钢尺量
相邻高差	3	抽查 20%	1	用钢板尺和钢尺量
顶面高程	±10	每 20m	1	用水准仪测量

6 防护网安装允许偏差应符合表 20.8.6-4 的规定。

表 20.8.6-4 防护网安装允许偏差

项目	允许偏差(mm)	检验频率		检验方法
		范围	点数	
防护网直顺度	5	每 10m	1	用 10m 线和钢尺量
立柱垂直度	5	每柱(抽查 20%)	2	用垂线和钢尺量，顺、横桥轴方向各 1 点
立柱中距	±10	每处(抽查 20%)	1	用钢尺量
高度	±5			

7 防护网安装后，网面应平整，无明显翘曲、凹凸现象。

检查数量：全数检查。

检验方法：观察。

8 混凝土结构表面不得有孔洞、露筋、蜂窝、麻面、缺棱、掉角等缺陷，线形应流畅平顺。

检查数量：全数检查。

检验方法：观察。

9 防护设施伸缩缝必须全部贯通，并与主梁伸缩缝相对应。

检查数量：全数检查。

检查方法：观察。

20.8.7 人行道质量检验应符合下列规定：

主 控 项 目

1 人行道结构材质和强度应符合设计要求。

检查数量：全数检查。

检查方法：检查产品合格证和试件强度试验报告。

一 般 项 目

2 人行道铺装允许偏差应符合表 20.8.7 的规定。

表 20.8.7 人行道铺装允许偏差

项 目	允许偏差(mm)	检验频率		检验方法
		范围	点数	
人行道边缘平面偏位	5	每 20m 一个断面	2	用 20m 线和钢尺量
纵向高程	+10 0		2	用水准仪测量
接缝两侧高差	2		2	
横坡	±0.3%		3	
平整度	5		3	用 3m 直尺、塞尺量

21 附 属 结 构

21.1 隔声和防眩装置

21.1.1 隔声和防眩装置应在基础混凝土达到设计强度后，方可安装。施工中应加强产品保护，不得损伤隔声和防眩板面及其防护涂层。

21.1.2 防眩板安装应与桥梁线形一致，防眩板的荧光标识面应迎向行车方向，板间距、遮光角应符合设计要求。

21.1.3 声屏障加工与安装应符合下列规定：

1 声屏障的加工模数宜由桥梁两伸缩缝之间长度而定。

2 声屏障必须与钢筋混凝土预埋件牢固连接。

3 声屏障应连续安装，不得留有间隙，在桥梁伸缩缝部位应按设计要求处理。

4 安装时应选择桥梁伸缩缝一侧的端部为控制点，依序安装。

5 5 级（含）以上大风时不得进行声屏障安装。

21.2 梯 道

21.2.1 梯道平台和阶梯顶面应平整，不得反坡造成积水。

21.2.2 钢结构梯道制造与安装，应符合本规范第 14 章有关规定。

21.3 桥 头 搭 板

21.3.1 现浇和预制桥头搭板，应保证桥梁伸缩缝贯通、不堵塞，且与地梁、桥台锚固牢固。

21.3.2 现浇桥头搭板基底应平整、密实，在砂土上浇筑应铺3～5cm 厚水泥砂浆垫层。

21.3.3 预制桥头搭板安装时应在与地梁、桥台接触面铺 2～3cm 厚水泥砂浆，搭板应安装稳固不翘曲。预制板纵向留灌浆槽，灌浆应饱满，砂浆达到设计强度后方可铺筑路面。

21.4 防冲刷结构（锥坡、护坡、护岸、海墁、导流坝）

21.4.1 防冲刷结构的基础埋置深度及地基承载力应符合设计要求。锥、护坡、护岸、海墁结构厚度应满足设计要求。

21.4.2 干砌护坡时，护坡土基应夯实达到设计要求的压实度。砌筑时应纵横挂线，按线砌筑。需铺设砂砾垫层时，砂粒料的粒径不宜大于 5cm，含砂量不宜超过 40%。施工中应随填随砌，边口处应用较大石块，砌成整齐坚固的封边。

21.4.3 栽砌卵石护坡应选择长径扇形石料，长度宜为25～35cm。卵石应垂直于斜坡面，长径立砌，石缝错开。基脚石应浆砌。

21.4.4 栽砌卵石海墁，宜采用横砌方法，卵石应相互咬紧，略向下游倾斜。

21.5 照 明

21.5.1 钢管灯柱结构制造应符合本规范第14章有关规定。

21.5.2 桥上灯柱必须与桥面系混凝土预埋件连接牢固，桥外灯杆基础必须坚实，其承载力应符合设计要求。

21.5.3 灯柱、灯杆的电气装置及其接地装置必须符合设计要求，并符合相关的国家现行标准。

21.6 检 验 标 准

21.6.1 附属结构施工中涉及模板与支架、钢筋、混凝土、砌体和钢结构质量检验应符合本规范第5.4、6.5、7.13、9.6、14.3节有关规定。

21.6.2 隔声与防眩装置质量检验应符合下列规定：

主 控 项 目

1 声屏障的降噪效果应符合设计要求。

检查数量和检查方法：按环保或设计要求方法检测。

2 隔声与防眩装置安装应符合设计要求，安装必须牢固、可靠。

检查数量：全数检查。

检查方法：观察、用钢尺量、用焊缝量规检查、手扳检查、检查施工记录。

一 般 项 目

3 隔声与防眩装置防护涂层厚度应符合设计要求，不得漏涂、剥落，表面不得有气泡、起皱、裂纹、毛刺和翘曲等缺陷。

检查数量：抽查20%，且同类构件不少于3件。

检验方法：观察、涂层测厚仪检查。

4 防眩板安装应与桥梁线形一致，板间距、遮光角应符合设计要求。

检查数量：全数检查。

检验方法：观察、用角度尺检查。

5 声屏障安装允许偏差应符合表21.6.2-1的规定。

表 21.6.2-1 声屏障安装允许偏差

项 目	允许偏差(mm)	检验频率		检验方法
		范围	点数	
中线偏位	10	每柱(抽查30%)	1	用经纬仪和钢尺量

续表 21.6.2-1

项 目	允许偏差(mm)	检验频率		检验方法
		范围	点数	
顶面高程	±20	每柱(抽查30%)	1	用水准仪测量
金属立柱中距	±10	每处(抽查30%)		用钢尺量
金属立柱垂直度	3	每柱(抽查30%)	2	用垂线和钢尺量，顺、横桥各1点
屏体厚度	±2	每处(抽查15%)	1	用游标卡尺量
屏体宽度、高度	±10	每处(抽查15%)	1	用钢尺量

6 防眩板安装允许偏差应符合表21.6.2-2的规定。

表 21.6.2-2 防眩板安装允许偏差

项 目	允许偏差(mm)	检验频率		检验方法
		范围	点数	
防眩板直顺度	8	每跨侧	1	用10m线和钢尺量
垂直度	5	每柱(抽查10%)	2	用垂线和钢尺量，顺、横桥各1点
立柱中距	±10	每处(抽查10%)	1	用钢尺量
高度				

21.6.3 梯道质量检验应符合本规范第21.6.1条规定，且应符合下列规定：

一 般 项 目

1 混凝土梯道抗磨、防滑设施应符合设计要求。抹面、贴面面层与底层应粘结牢固。

检查数量：检查梯道数量的20%。

检验方法：观察、小锤敲击。

2 混凝土梯道允许偏差应符合表21.6.3-1的规定。

表 21.6.3-1 混凝土梯道允许偏差

项 目	允许偏差(mm)	检验频率		检验方法
		范围	点数	
踏步高度	±5	每跑台阶抽查10%	2	用钢尺量
踏面宽度	±5		2	用钢尺量
防滑条位置	5		2	用钢尺量
防滑条高度	±3		2	用钢尺量
台阶平台尺寸	±5	每个	2	用钢尺量
坡道坡度	±2%	每跑	2	用坡度尺量

注：应保证平台不积水，雨水可由上向下自流出。

3 钢梯道梁制作允许偏差应符合表21.6.3-2的

规定。

表 21.6.3-2　钢梯道梁制作允许偏差

项　目	允许偏差（mm）	检验频率		检验方法
		范围	点数	
梁高	±2	每件	2	用钢尺量
梁宽	±3		2	
梁长	±5		2	
梯道梁安装孔位置	±3		2	
对角线长度差	4		2	
梯道梁踏步间距	±5		2	
梯道梁纵向挠曲	≤L/1000，且不大于 10		2	沿全长拉线，用钢尺量
踏步板不平直度	1/100		2	

注：L 为梁长（mm）。

4　钢梯道安装允许偏差应符合表 21.6.3-3 的规定。

表 21.6.3-3　钢梯道安装允许偏差

项　目	允许偏差（mm）	检验频率		检验方法
		范围	点数	
梯道平台高程	±15	每件	2	用水准仪测量
梯道平台水平度	15			
梯道侧向弯曲	10			沿全长拉线，用钢尺量
梯道轴线对定位轴线的偏位	5			用经纬仪测量
梯道栏杆高度和立杆间距	±3	每道		用钢尺量
无障碍 C 型坡道和螺旋梯道高程	±15			用水准仪测量

注：梯道平台水平度应保证梯道平台不积水，雨水可由上向下流出梯道。

21.6.4　桥头搭板质量检验应符合本规范第 21.6.1 条规定，且应符合下列规定：

一 般 项 目

1　桥头搭板允许偏差应符合表 21.6.4 的规定。

2　混凝土搭板、枕梁不得有蜂窝、露筋，板的表面应平整，板边缘应直顺。

检查数量：全数检查。

检验方法：观察。

3　搭板、枕梁支承处接触严密、稳固，相邻板之间的缝隙应嵌填密实。

表 21.6.4　混凝土桥头搭板（预制或现浇）允许偏差

项　目	允许偏差（mm）	检验频率		检 验 方 法
		范围	点数	
宽度	±10	每块	2	用钢尺量
厚度	±5		2	
长度	±10		2	
顶面高程	±2		3	用水准仪测量，每端 3 点
轴线偏位	10		2	用经纬仪测量
板顶纵坡	±0.3%		3	用水准仪测量，每端 3 点

检查数量：全数检查。

检验方法：观察。

21.6.5　防冲刷结构质量检验应符合本规范第 21.6.1 条规定，且应符合下列规定：

一 般 项 目

1　锥坡、护坡、护岸允许偏差应符合表 21.6.5-1的规定。

表 21.6.5-1　锥坡、护坡、护岸允许偏差

项　目	允许偏差（mm）	检验频率		检验方法
		范围	点数	
顶面高程	±50	每个，50m	3	用水准仪测量
表面平整度	30	每个，50m	3	用 2m 直尺、钢尺量
坡度	不陡于设计	每个，50m	3	用钢尺量
厚度	不小于设计	每个，50m	3	用钢尺量

注：1　不足 50m 部分，取 1～2 点；

2　海墁结构允许偏差可按本表 1、2、4 项执行。

2　导流结构允许偏差应符合表 21.6.5-2 的规定。

表 21.6.5-2　导流结构允许偏差

项　目		允许偏差（mm）	检验频率		检 验 方 法
			范围	点数	
平面位置		30	每个	2	用经纬仪测量
长度		0 −100		1	用钢尺量
断面尺寸		不小于设计		5	用钢尺量
高程	基底	不高于设计		5	用水准仪测量
	顶面	±30			

21.6.6　照明系统质量检验应符合本规范第 21.6.1

条规定，且应符合下列规定：

主 控 项 目

1 电缆、灯具等的型号、规格、材质和性能等应符合设计要求。

检查数量：全数检查。

检查方法：检查产品出厂合格证和进场验收记录。

2 电缆接线应正确，接头应作绝缘保护处理，严禁漏电。接地电阻必须符合设计要求。

检查数量：全数检查。

检查方法：观察、用电气仪表检测。

一 般 项 目

3 电缆铺设位置正确，并应符合国家现行标准的规定。

检查数量：全数检查。

检查方法：观察、检查施工记录。

4 灯杆（柱）金属构件必须作防腐处理，涂层厚度应符合设计要求。

检查数量：抽查10%，且同类构件不少于3件。

检查方法：观察、用干膜测厚仪检查。

5 灯杆、灯具安装位置应准确、牢固。

检查数量：全数检查。

检查方法：观察、螺栓用扳手检查、焊缝用量规量测。

6 照明设施安装允许偏差应符合表21.6.6的规定。

表 21.6.6 照明设施安装允许偏差

项 目		允许偏差(mm)	检验频率		检 验 方 法
			范围	点数	
灯杆地面以上高度		±40	每杆（柱）	1	用钢尺量
灯杆（柱）竖直度		$H/500$			用经纬仪测量
平面位置	纵向	20			经纬仪放线，用钢尺量
	横向	10			

注：表中 H 为灯杆高度。

22 装饰与装修

22.1 一 般 规 定

22.1.1 饰面与涂装材料的性能与环保要求应符合国家现行标准的规定，其品种、规格、强度和镶贴、涂饰方法以及图案等均应符合设计要求。

22.1.2 饰面与涂装应在主体或基层质量检验合格后方可施工。饰面与涂装施工前，应将基体表面的灰尘、污垢、油渍等清除干净。

22.1.3 饰面与涂装施工时的环境温度和湿度应符合下列规定：

1 抹灰、镶贴板块饰面不宜低于5℃；

2 涂装不宜低于8℃；

3 胶粘剂饰面不宜低于10℃；

4 施工环境相对湿度不宜大于80%。

22.2 饰 面

22.2.1 镶贴、安装饰面宜选用水泥基粘结材料。

22.2.2 镶贴、安装饰面的基体应有足够的强度、刚度和稳定性，其表面应平整、粗糙。光滑的基面在镶贴前应进行处理。

22.2.3 水泥砂浆抹面应符合下列规定：

1 配合比、稠度以及外加剂的加入量均应通过试验确定。

2 抹面前，应先洒水湿润基体表面或涂刮水泥浆，并用与抹面层相同砂浆设置控制标志。

3 抹面应分层涂抹、分层赶平、修整、表面压光，涂抹水泥砂浆每遍的厚度宜为5～7mm。

4 抹面层完成后应在湿润的条件下养护。

22.2.4 饰面砖镶贴应符合下列规定：

1 基层表面应凿毛、刷界面剂、抹1∶3水泥砂浆底层。

2 镶贴前，应选砖预排、挂控制线；面砖应浸泡2h以上，表面晾干后待用。

3 面砖应自下而上、逐层依序镶贴，贴砖砂浆应饱满，镶贴面砖表面应平整，接缝横平竖直，宽度、深度一致。

22.2.5 饰面板安装应符合下列规定：

1 墙面和柱面安装饰面板，应先找平，分块弹线，并按弹线尺寸及花纹图案预拼。

2 系固饰面板用的钢筋网，应与锚固件连接牢固，锚固件宜在结构施工时预埋。

3 饰面板安装前，应按品种、规格和颜色进行分类选配，并将其侧面和背面清扫干净，净边打孔，并用防锈金属丝穿入孔内留作系固之用。

4 饰面板安装就位后，应采取临时固定措施。接缝宽度可用木楔调整。

5 灌注砂浆前，应将接合面洒水湿润，接缝处应采取防漏浆措施。

22.3 涂 装

22.3.1 涂装前应将基面的麻面、缝隙用腻子刮平。腻子干燥后应坚实牢固，不得起粉、起皮和裂纹。施涂前应将腻子打磨平整光滑，并清理干净。

22.3.2 涂料的工作黏度或稠度，应以在施涂时不流坠、无刷纹为准，施涂过程中不得任意稀释涂料。

22.3.3 涂料在施涂前和施涂过程中，均应充分搅拌，并在规定的时间用完。

22.3.4 施涂溶剂型涂料时，后一遍涂料必须在前一遍涂料干燥后进行；施涂水性或乳液涂料时，后一遍涂料必须在前一遍涂料表干后进行。

22.3.5 采用机械喷涂时，应将不喷涂的部位遮盖，不得沾污。

22.3.6 同一墙面应用同一批号的涂料，每遍涂料不宜施涂过厚，涂层应均匀、色泽一致，层间结合牢固。

22.4 检验标准

22.4.1 水泥砂浆抹面质量检验应符合下列规定：

主 控 项 目

1 砂浆的强度应符合设计要求。

检查数量：全数检查。

检验方法：检查试件强度试验报告。

2 水泥砂浆面层不得有裂缝，各抹面层之间及其与基层之间应粘结牢固，不得有脱层、空鼓等现象。

检查数量：全数检查。

检验方法：观察、用小锤轻击。

一 般 项 目

3 普通抹面表面应光滑、洁净、色泽均匀、无抹纹，抹面分隔条的宽度和深度应均匀一致，无错缝、缺棱掉角。

检查数量：按每 $500m^2$ 为一个检验批，不足 $500m^2$ 的也为一个检验批，每个检验批每 $100m^2$ 至少检验一处，每处不小于 $10m^2$。

检查方法：观察、用钢尺量。

4 普通抹面允许偏差应符合表 22.4.1-1 的规定。

表 22.4.1-1 普通抹面允许偏差

项 目	允许偏差（mm）	检查频率		检验方法
		范围	点数	
平整度	4	每跨、侧	4	用 2m 直尺和塞尺量
阴阳角方正	4		3	用 200mm 直角尺量
墙面垂直度	5		2	用 2m 靠尺量

5 装饰抹面应符合下列规定：

1）水刷石应石粒清晰，均匀分布，紧密平整，应无掉粒和接茬痕迹。

2）水磨石应表面平整、光滑，石子显露密实均匀，应无砂眼、磨纹和漏磨处。分格条位置应准确、直顺。

3）剁斧石应剁纹均匀、深浅一致、无漏剁处，不剁的边条宽窄应一致，棱角无损坏。

检查数量：按每 $500m^2$ 为一个检验批，不足 $500m^2$ 的也为一个检验批，每个检验批每 $100m^2$ 至少检验一处，每处不小于 $10m^2$。

检查方法：观察、钢尺量。

6 装饰抹面允许偏差应符合表 22.4.1-2 的规定。

表 22.4.1-2 装饰抹面允许偏差

项 目	允许偏差（mm）			检查频率		检 验 方 法
	水磨石	水刷石	剁斧石	范围	点数	
平整度	2	3	3	每跨、侧	4	用 2m 直尺和塞尺量
阴阳角方正	2	3	3		2	用 200mm 直角尺量
墙面垂直度	3	5	4		2	用 2m 靠尺量
分格条平直	2	3	3		2	拉 2m 线（不足 2m 拉通线），用钢尺量

22.4.2 镶饰面板和贴饰面砖质量检验应符合下列规定：

主 控 项 目

1 饰面所用的材料（饰面板、砖，找平、粘结、勾缝等材料），其品种、规格和技术性能应符合设计要求及国家现行标准规定。

检查数量：按进场的批次和产品的抽样检验方案确定。

检验方法：观察、用钢尺或卡尺量、检查产品合格证、进场验收记录、性能检测报告和复验报告。

2 饰面板镶安必须牢固。镶安饰面板的预埋件（或后置预埋件）、连接件的数量、规格、位置、连接方法和防腐处理应符合设计要求。后置预埋件的现场拉拔强度应符合设计要求。

检查数量：每 $100m^2$ 至少抽查一处，每处不小于 $10m^2$。

检验方法：手扳、检查进场验收记录和现场拉拔强度检测报告、检查施工记录。

3 饰面砖粘贴必须牢固。

检查数量：每 $300m^2$（不足 $300m^2$ 按 $300m^2$ 计）同类墙体为 1 组，每组取 3 个试样。

检验方法：检查样件粘结强度检测报告和施工记录。

一 般 项 目

4 镶饰面板的墙（柱）应表面平整、洁净、色泽协调，石材表面不得有起碱、污痕，无显著的光泽受损处，无裂痕和缺损；饰面板嵌缝应平直、密实，宽度和深度应符合设计要求，嵌填材料应色泽一致。

检查数量：全数检查。

检验方法：观察、钢尺量。

5 贴饰面砖的墙（柱）应表面平整、洁净、色泽一致，镶贴无歪斜、翘曲、空鼓、掉角和裂纹等现象。嵌缝应平直、连续、密实，宽度和深度一致。

检查数量：全数检查。

检验方法：观察、用小锤轻击。

6 饰面允许偏差应符合表 22.4.2 的规定。

表 22.4.2 饰面允许偏差

项目	允许偏差（mm）						检验频率		检验方法
	天然石			人造石		饰面砖	范围	点数	
	镜面、光面	粗纹石麻面条纹石	天然石	水磨石	水刷石				
平整度	1	3		2	4	2	每跨侧，每饰面	4	用 2m 直尺和塞尺量
垂直度	2	3		2	4	2		2	用 2m 靠尺量
接缝平直	2	4	5	3	4	3		2	拉 5m 线，用钢尺量，横竖各 1 点
相邻板高差	0.3	3		0.5	3	1		2	用钢板尺和塞尺量
接缝宽度	0.5	1	2	0.5	2			2	用钢尺量
阳角方正	2	4		2		2		2	用 200mm 直角尺量

22.4.3 涂饰质量检验应符合下列规定：

主 控 项 目

1 涂饰材料的材质应符合设计要求。

检查数量：全数检查。

检验方法：检查产品合格证。

2 涂料涂刷遍数、涂层厚度均应符合设计要求。

检查数量：按每 $500m^2$ 为一检验批，不足 $500m^2$ 的也为一个检验批，每个检验批每 100 m^2 至少检验一处。

检验方法：观察、用干膜测厚仪检查。

一 般 项 目

3 表面应平整光洁，色泽一致。不得有脱皮、漏刷、返锈、透底、流坠、皱纹等现象。

检查数量：全数检查。

检验方法：观察。

23 工程竣工验收

23.0.1 开工前，施工单位应会同建设单位、监理单位将工程划分为单位、分部、分项工程和检验批，作为施工质量检查、验收的基础，并应符合下列规定：

1 建设单位招标文件确定的每一个独立合同应为一个单位工程。当合同文件包含的工程内容较多，或工程规模较大、或由若干独立设计组成时，宜按工程部位或工程量、每一独立设计将单位工程分成若干子单位工程。

2 单位(子单位)工程应按工程的结构部位或特点、功能、工程量划分分部工程。分部工程的规模较大或工程复杂时宜按材料种类、工艺特点、施工工法等，将分部工程划为若干子分部工程。

3 分部工程（子分部工程）中，应按主要工种、材料、施工工艺等划分分项工程。分项工程可由一个或若干检验批组成。

4 检验批应根据施工、质量控制和专业验收需要划定。

5 各分部（子分部）工程相应的分项工程宜按表 23.0.1 的规定执行。本规范未规定时，施工单位应在开工前会同建设单位、监理单位共同研究确定。

表 23.0.1 城市桥梁分部（子分部）工程与相应的分项工程、检验批对照表

序号	分部工程	子分部工程	分 项 工 程	检验批
1	地基与基础	扩大基础	基坑开挖、地基、土方回填、现浇混凝土（模板与支架、钢筋、混凝土）、砌体	每个基坑
		沉入桩	预制桩（模板、钢筋、混凝土、预应力混凝土）、钢管桩、沉桩	每根桩
		灌注桩	机械成孔、人工挖孔、钢筋笼制作与安装、混凝土灌注	每根桩
		沉井	沉井制作（模板与支架、钢筋、混凝土、钢壳）、浮运、下沉就位、清基与填充	每节、座
		地下连续墙	成槽、钢筋骨架、水下混凝土	每个施工段
		承台	模板与支架、钢筋、混凝土	每个承台

续表 23.0.1

序号	分部工程	子分部工程	分项工程	检验批
2	墩台	砌体墩台	石砌体、砌块砌体	每个砌筑段、浇筑段、施工段或每个墩台、每个安装段（件）
		现浇混凝土墩台	模板与支架、钢筋、混凝土、预应力混凝土	
		预制混凝土柱	预制柱（模板、钢筋、混凝土、预应力混凝土）、安装	
		台背填土	填土	
3	盖梁		模板与支架、钢筋、混凝土、预应力混凝土	每个盖梁
4	支座		垫石混凝土、支座安装、挡块混凝土	每个支座
5	索塔		现浇混凝土索塔（模板与支架、钢筋、混凝土、预应力混凝土）、钢构件安装	每个浇筑段、每根钢构件
6	锚锭		锚固体系制作、锚固体系安装、锚碇混凝土（模板与支架、钢筋、混凝土）、锚索张拉与压浆	每个制作件、安装件、基础
7	桥跨承重结构	支架上浇筑混凝土梁(板)	模板与支架、钢筋、混凝土、预应力钢筋	每孔、联、施工段
		装配式钢筋混凝土梁(板)	预制梁（板）（模板与支架、钢筋、混凝土、预应力混凝土）、安装梁（板）	每片梁
		悬臂浇筑预应力混凝土梁	0# 段（模板与支架、钢筋、混凝土、预应力混凝土）、悬浇段（挂篮、模板、钢筋、混凝土、预应力混凝土）	每个浇筑段
		悬臂拼装预应力混凝土梁	0# 段（模板与支架、钢筋、混凝土、预应力混凝土）、梁段预制（模板与支架、钢筋、混凝土）、拼装梁段、施加预应力	每个拼装段
		顶推施工混凝土梁	台座系统、导梁、梁段预制（模板与支架、钢筋、混凝土、预应力混凝土）、顶推梁段、施加预应力	每节段
		钢梁	现场安装	每个制作段、孔、联
		结合梁	钢梁安装、预应力钢筋混凝土梁预制（模板与支架、钢筋、混凝土、预应力混凝土）、预制梁安装、混凝土结构浇筑（模板与支架、钢筋、混凝土、预应力混凝土）	每段、孔

续表 23.0.1

序号	分部工程	子分部工程	分项工程	检验批
7	桥跨承重结构	拱部与拱上结构	砌筑拱圈、现浇混凝土拱圈、劲性骨架混凝土拱圈、装配式混凝土拱部结构、钢管混凝土拱（拱肋安装、混凝土压注）、吊杆、系杆拱、转体施工、拱上结构	每个砌筑段、安装段、浇筑段、施工段
		斜拉桥的主梁与拉索	0# 段混凝土浇筑、悬臂浇筑混凝土主梁、支架上浇筑混凝土主梁、悬臂拼装混凝土主梁、悬拼钢箱梁、支架上安装钢箱梁、结合梁、拉索安装	每个浇筑段、制作段、安装段、施工段
		悬索桥的加劲梁与缆索	索鞍安装、主缆架设、主缆防护、索夹和吊索安装、加劲梁段拼装	每个制作段、安装段、施工段
8	顶进箱涵		工作坑、滑板、箱涵预制（模板与支架、钢筋、混凝土）、箱涵顶进	每坑、每制作节、顶进节
9	桥面系		排水设施、防水层、桥面铺装层（沥青混合料铺装、混凝土铺装—模板、钢筋、混凝土）、伸缩装置、地袱和缘石与挂板、防护设施、人行道	每个施工段、每孔
10	附属结构		隔声与防眩装置、梯道（砌体；混凝土—模板与支架、钢筋、混凝土；钢结构）、桥头搭板（模板、钢筋、混凝土）、防冲刷结构、照明、挡土墙▲	每砌筑段、浇筑段、安装段、每座构筑物
11	装饰与装修		水泥砂浆抹面、饰面板、饰面砖和涂装	每跨、侧、饰面
12	引道▲			

注：表中“▲”项应符合国家现行标准《城镇道路工程施工与质量验收规范》CJJ 1的有关规定。

23.0.2 施工中应按下列规定进行施工质量控制，并进行过程检验、验收：

1 工程采用的主要材料、半成品、成品、构配件、器具和设备应按相关专业质量标准进行验收和按规定进行复验，并经监理工程师检查认可。凡涉及结构安全和使用功能的，监理工程师应按规定进行平行检测、见证取样检测并确认合格。

2 各分项工程应按本规范进行质量控制，各分项工程完成后应进行自检、交接检验，并形成文件，经监理工程师检查签认后，方可进行下一个分项工程施工。

23.0.3 工程施工质量应按下列要求进行验收：

1 工程施工质量应符合本规范和相关专业验收规范的规定。

2 工程施工应符合工程勘察、设计文件的要求。

3 参加工程施工质量验收的各方人员应具备规

定的资格。

4 工程质量的验收均应在施工单位自行检查评定的基础上进行。

5 隐蔽工程在隐蔽前，应由施工单位通知监理工程师和相关单位进行隐蔽验收，确认合格后，形成隐蔽验收文件。

6 监理应按规定对涉及结构安全的试块、试件、有关材料和现场检测项目，进行平行检测、见证取样检测并确认合格。

7 检验批的质量应按主控项目和一般项目进行验收。

8 对涉及结构安全和使用功能的分部工程应进行抽样检测。

9 承担见证取样检测及有关结构安全检测的单位应具有相应资质。

10 工程的外观质量应由验收人员通过现场检查共同确认。

23.0.4 隐蔽工程应由专业监理工程师负责验收。检验批及分项工程应由专业监理工程师组织施工单位项目专业质量（技术）负责人等进行验收。关键分项工程及重要部位应由建设单位项目负责人组织总监理工程师、专业监理工程师、施工单位项目负责人和技术质量负责人、设计单位专业设计人员等进行验收。分部工程应由总监理工程师组织施工单位项目负责人和技术质量负责人、专业监理工程师等进行验收。

23.0.5 检验批合格质量应符合下列规定：

1 主控项目的质量应经抽样检验合格。

2 一般项目的质量应经抽样检验合格；当采用计数检验时，除有专门要求外，一般项目的合格点率应达到80%及以上，且不合格点的最大偏差值不得大于规定允许偏差值的1.5倍。

3 具有完整的施工操作依据和质量检查记录。

23.0.6 分项工程质量验收合格应符合下列规定：

1 分项工程所含检验批均应符合合格质量的规定。

2 分项工程所含检验批的质量验收记录应完整。

23.0.7 分部工程质量验收合格应符合下列规定：

1 分部工程所含分项工程的质量均应验收合格。

2 质量控制资料应完整。

3 涉及结构安全和使用功能的质量应按规定验收合格。

4 外观质量验收应符合要求。

23.0.8 单位工程质量验收合格应符合下列规定：

1 单位工程所含分部工程的质量均应验收合格。

2 质量控制资料应完整。

3 单位工程所含分部工程中有关安全和功能的控制资料应完整。

4 影响桥梁安全使用和周围环境的参数指标应符合规定。

5 外观质量验收应符合要求。

23.0.9 单位工程验收程序应符合下列规定：

1 施工单位应在自检合格基础上将竣工资料与自检结果，报监理工程师申请验收。

2 总监理工程师应约请相关人员审核竣工资料进行预检，并据结果写出评估报告，报建设单位组织验收。

3 建设单位项目负责人应根据监理工程师的评估报告组织建设单位项目技术质量负责人、有关专业设计人员、总监理工程师和专业监理工程师、施工单位项目负责人参加工程验收。

23.0.10 工程竣工验收应由建设单位组织验收组进行。验收组应由建设、勘察、设计、施工、监理与设施管理等单位的有关负责人组成，亦可邀请有关方面专家参加。工程竣工验收应在构成桥梁的各分项工程、分部工程、单位工程质量验收均合格后进行。当设计规定进行桥梁功能、荷载试验时，必须在荷载试验完成后进行。桥梁工程竣工资料须于竣工验收前完成。

23.0.11 工程竣工验收内容应符合下列规定：

主 控 项 目

1 桥下净空不得小于设计要求。

检查数量：全数检查。

检查方法：用水准仪测量或用钢尺量。

2 单位工程所含分部工程有关安全和功能的检测资料应完整。

检查数量：全数检查。

检查方法：检查工程组卷资料，按规定进行工程实体抽查或对相关资料抽查。

一 般 项 目

3 桥梁实体检测允许偏差应符合表23.0.11的规定。

表 23.0.11 桥梁实体检测允许偏差

<table>
<tr><th colspan="2" rowspan="2">项目</th><th rowspan="2">允许偏差
(mm)</th><th colspan="2">检验频率</th><th rowspan="2">检验方法</th></tr>
<tr><th>范围</th><th>点数</th></tr>
<tr><td colspan="2">桥梁轴线位移</td><td>10</td><td rowspan="6">每座或每跨、每孔</td><td>3</td><td>用经纬仪或全站仪检测</td></tr>
<tr><td rowspan="2">桥宽</td><td>车行道</td><td rowspan="2">±10</td><td rowspan="2">3</td><td rowspan="2">用钢尺量每孔3处</td></tr>
<tr><td>人行道</td></tr>
<tr><td colspan="2">长度</td><td>+200，
−100</td><td>2</td><td>用测距仪</td></tr>
<tr><td colspan="2">引道中线与桥梁中线偏差</td><td>±20</td><td>2</td><td>用经纬仪或全站仪检测</td></tr>
<tr><td colspan="2">桥头高程衔接</td><td>±3</td><td>2</td><td>用水准仪测量</td></tr>
</table>

注：1 项目3长度为桥梁总体检测长度；受桥梁形式、环境温度、伸缩缝位置等因素的影响，实际检测中通常检测两条伸缩缝之间的长度，或多条伸缩缝之间的累加长度；

2 连续梁、结合梁两条伸缩缝之间长度允许偏差为±15mm。

4　桥梁实体外形检查应符合下列要求：

1）墩台混凝土表面应平整，色泽均匀，无明显错台、蜂窝麻面，外形轮廓清晰。

2）砌筑墩台表面应平整，砌缝应无明显缺陷，勾缝应密实坚固、无脱落，线角应顺直。

3）桥台与挡墙、护坡或锥坡衔接应平顺，应无明显错台；沉降缝、泄水孔设置正确。

4）索塔表面应平整，色泽均匀，无明显错台和蜂窝麻面，轮廓清晰，线形直顺。

5）混凝土梁体（框架桥体）表面应平整、色泽均匀、轮廓清晰、无明显缺陷；全桥整体线形应平顺、梁缝基本均匀。

6）钢梁安装线形应平顺，防护涂装色泽应均匀、无漏涂、无划伤、无起皮，涂膜无裂纹。

7）拱桥表面平整，无明显错台；无蜂窝麻面、露筋或砌缝脱落现象，色泽均匀；拱圈（拱肋）及拱上结构轮廓线圆顺、无折弯。

8）索股钢丝应顺直、无扭转、无鼓丝、无交叉，锚环与锚垫板应密贴并居中，锚环及外丝应完好、无变形，防护层应无损伤，斜拉索色泽应均匀、无污染。

9）桥梁附属结构应稳固，线形应直顺，应无明显错台、无缺棱掉角。

检查数量：全数检查。

检查方法：观察。

23.0.12　工程竣工验收时可抽检各单位工程的质量情况。

23.0.13　工程竣工验收合格后，建设单位应按规定将工程竣工验收报告和有关文件，报政府建设行政主管部门备案。

附录A　验　收　表

桥梁工程验收应采用下列表格：

表A-1　检验批质量验收记录

表A-2　____分项工程质量验收记录

表A-3　____分部（子分部）工程质量验收记录

表A-4　单位（子单位）工程质量竣工验收记录

表A-5　单位（子单位）工程观感检查记录

表A-6　单位（子单位）工程质量控制资料核查记录

表A-7　单位（子单位）工程安全和功能检验资料核查及主要功能抽查记录

表A-1　检验批质量验收记录　　编号

工程名称				验收部位	
分项工程名称				施工班组长	
施工单位				专业工长	
施工执行标准名称及编号				项目经理	
主控项目	质量验收规范的规定		施工单位检查评定记录		监理（建设）单位验收记录
	1				
	2				
	3				
	4				
	5				
	6				
	7				
	8				
	9				

续表 A-1

一般项目	1		
	2		
	3		
	4		
	5		
	6		

施工单位检查评定结论	项目专业质量检查员 年 月 日
监理（建设）单位验收结论	监理工程师 （建设单位项目专业技术负责人） 年 月 日

表 A-2 ______分项工程质量验收记录 编号

工程名称				检验批数	
施工单位		项目经理		项目技术负责人	
分包单位		分包单位负责人		分包项目经理	

序号	检验批部位、区段	施工单位检查评定结果	监理（建设）单位验收结果
1			
2			
3			
4			
5			
6			
7			
8			
9			
10			
11			
12			
13			
14			
15			
16			
17			

检查结论	项目专业 技术负责人 年 月 日	验收结论	监理工程师 （建设单位项目专业技术负责人） 年 月 日

表 A-3 ______分部（子分部）工程质量验收记录　　　编号

<table>
<tr><td colspan="2">工程名称</td><td colspan="2"></td><td>项目经理</td><td></td></tr>
<tr><td colspan="2">施工单位</td><td colspan="2"></td><td>项目技术负责人</td><td></td></tr>
<tr><td colspan="2">分包单位</td><td colspan="2"></td><td>分包技术负责人</td><td></td></tr>
<tr><td>序号</td><td>分项工程名称</td><td colspan="2">检验批数</td><td>施工单位检查评定结果</td><td>验收意见</td></tr>
<tr><td>1</td><td></td><td colspan="2"></td><td></td><td rowspan="7"></td></tr>
<tr><td>2</td><td></td><td colspan="2"></td><td></td></tr>
<tr><td>3</td><td></td><td colspan="2"></td><td></td></tr>
<tr><td>4</td><td></td><td colspan="2"></td><td></td></tr>
<tr><td>5</td><td></td><td colspan="2"></td><td></td></tr>
<tr><td>6</td><td></td><td colspan="2"></td><td></td></tr>
<tr><td></td><td></td><td colspan="2"></td><td></td></tr>
<tr><td colspan="4">质量控制资料</td><td></td><td></td></tr>
<tr><td colspan="4">安全和功能检验（检测）报告</td><td></td><td></td></tr>
<tr><td colspan="4">观感质量验收</td><td></td><td></td></tr>
<tr><td>验收结论</td><td colspan="5"></td></tr>
<tr><td rowspan="5">验收单位</td><td colspan="2">分包单位</td><td colspan="3">项目经理　　　　年　月　日</td></tr>
<tr><td colspan="2">施工单位</td><td colspan="3">项目经理　　　　年　月　日</td></tr>
<tr><td colspan="2">勘察单位</td><td colspan="3">项目负责人　　　　年　月　日</td></tr>
<tr><td colspan="2">设计单位</td><td colspan="3">项目负责人　　　　年　月　日</td></tr>
<tr><td colspan="2">监理（建设）单位</td><td colspan="3">总监理工程师
（建设单位项目专业负责人）　　　　年　月　日</td></tr>
</table>

表 A-4　单位（子单位）工程质量竣工验收记录　　编号

<table>
<tr><td colspan="2">工程名称</td><td colspan="3"></td><td>工程规模</td><td></td></tr>
<tr><td colspan="2">施工单位</td><td></td><td>技术负责人</td><td></td><td>开工日期</td><td></td></tr>
<tr><td colspan="2">项目经理</td><td></td><td>项目技术负责人</td><td></td><td>竣工日期</td><td></td></tr>
<tr><td>序号</td><td>项目</td><td colspan="3">验收记录</td><td colspan="2">验收结论</td></tr>
<tr><td>1</td><td>分部工程</td><td colspan="3">共　　分部，经查　　分部，　符合标准及设计要求　　分部</td><td colspan="2"></td></tr>
<tr><td>2</td><td>质量控制资料核查</td><td colspan="3">共　　项，经审查符合要求　　项，经核定符合规范要求　　项</td><td colspan="2"></td></tr>
<tr><td>3</td><td>安全和主要使用功能核查和抽查结果</td><td colspan="3">共核查、　项，符合要求　　项。共抽查　　项，符合要求　项</td><td colspan="2"></td></tr>
<tr><td>4</td><td>观感质量验收</td><td colspan="3">共抽查　　项，符合要求　　项</td><td colspan="2"></td></tr>
<tr><td>5</td><td>综合验收结论</td><td colspan="5"></td></tr>
<tr><td rowspan="2">参加验收单位</td><td>建设单位</td><td colspan="2">监理单位</td><td>设计单位</td><td colspan="2">施工单位</td></tr>
<tr><td>（公章）
单位（项目）
负责人
年　月　日</td><td colspan="2">（公章）
总监理
工程师
年　月　日</td><td>（公章）
单位（项目）
负责人
年　月　日</td><td colspan="2">（公章）
单位负责人
年　月　日</td></tr>
</table>

表 A-5 单位（子单位）工程观感检查记录 编号

工程名称	
施工单位	

序号	项　目	抽查质量状况	质量评价		
			好	一般	差
1	墩（柱）、塔				
2	盖梁				
3	桥台				
4	混凝土梁				
5	系梁				
6	拱部				
7	拉索、吊索				
8	桥面				
9	人行道				
10	防撞设施				
11	排水设施				
12	伸缩缝				
13	栏杆、扶手				
14	桥台护坡				
15	涂装、饰面				
16	钢结构焊缝				
17	灯柱、照明				
18	隔声装置				
19	防眩装置				
观感质量综合评价					
检查结论					

施工单位项目经理　　　　　　　　　　总监理工程师

年　月　日　　（建设单位项目负责人）　　年　月　日

注：质量评为差的项目，应进行返修。

表 A-6 单位（子单位）工程质量控制资料核查记录　　　　编号

工程名称				
施工单位				
序号	资料名称	份数	核查意见	核查人
1	图纸会审、设计变更、洽商记录			
2	工程定位测量、交桩、放线、复核记录			
3	施工组织设计、施工方案及审批记录			
4	原材料出厂合格证书及进场检(试)验报告			
5	成品、半成品出厂合格证及试验报告			
6	施工试验报告及见证检测报告			
7	隐蔽工程验收记录			
8	施工记录			
9	工程质量事故及事故调查处理资料			
10	分项、分部工程质量验收记录			
11	新材料、新工艺施工记录			

检查结论：

施工单位项目经理　　　　　　　　　　总监理工程师（建设单位项目负责人）

年　月　日　　　　　　　　　　　　　年　月　日

表 A-7 单位（子单位）工程安全和功能检验资料核查及主要功能抽查记录

编号

工程名称				
施工单位				
序号	安全和功能检查项目	份数	核查、抽查意见	核查、抽查人
1	地基土承载力试验记录			
2	基桩无损检测记录			
3	钻芯取样检测记录			
4	同条件养护试件试验记录			
5	斜拉索张拉力振动频率试验记录			
6	索力调整检测记录			
7	桥梁的动、静载试验记录			
8	桥梁工程竣工测量资料			

结论：

施工单位项目经理　　年　月　日

总监理工程师（建设单位项目负责人）　　年　月　日

本规范用词说明

1 为便于在执行本规范条文时区别对待，对要求严格程度不同的用词说明如下：

1）表示很严格，非这样做不可的：

正面词采用“必须”，反面词采用“严禁”；

2）表示严格，在正常情况下均应这样做的：

正面词采用“应”，反面词采用“不应”或“不得”；

3）表示允许稍有选择，在条件许可时首先应这样做的：

正面词采用“宜”，反面词采用“不宜”；

表示有选择，在一定条件下可以这样做的，采用“可”。

2 条文中指明应按其他有关标准执行的写法为“应符合……的规定”或“应按……执行”。

中华人民共和国行业标准

城市桥梁工程施工与质量验收规范

CJJ 2—2008

条 文 说 明

前　言

《城市桥梁工程施工与质量验收规范》CJJ 2-2008经住房和城乡建设部2008年11月4日以第140号公告批准发布。

本规范第一版的主编单位是北京市市政工程局，参加单位是上海市第一市政工程公司、北京市第二市政工程公司、天津市第一市政工程公司。

为便于广大设计、施工、科研、学校等单位有关人员在使用本规范时能正确理解和执行条文规定，《城市桥梁工程施工及验收规范》编制组按章、节、条顺序编制了本规范的条文说明，供使用者参考。在使用中如发现本条文说明有不妥之处，请将意见函寄北京市政建设集团有限责任公司（地址：北京市复兴门外南礼士路17号；邮政编码：100045）。

目　次

1　总则 ………………………………… 2—22—102
2　基本规定 ……………………………… 2—22—102
3　施工准备 ……………………………… 2—22—102
4　测量 …………………………………… 2—22—102
5　模板、支架和拱架 …………………… 2—22—102
6　钢筋 …………………………………… 2—22—102
7　混凝土 ………………………………… 2—22—103
8　预应力混凝土 ………………………… 2—22—103
9　砌体 …………………………………… 2—22—104
10　基础 …………………………………… 2—22—104
11　墩台 …………………………………… 2—22—104
12　支座 …………………………………… 2—22—104
13　混凝土梁（板） ……………………… 2—22—104
14　钢梁 …………………………………… 2—22—105
15　结合梁 ………………………………… 2—22—105
16　拱部与拱上结构 ……………………… 2—22—105
17　斜拉桥 ………………………………… 2—22—107
18　悬索桥 ………………………………… 2—22—109
19　顶进箱涵 ……………………………… 2—22—109
20　桥面系 ………………………………… 2—22—110
21　附属结构 ……………………………… 2—22—110
22　装饰与装修 …………………………… 2—22—110
23　工程竣工验收 ………………………… 2—22—111

1 总　　则

1.0.2 界定本规范的适用地域和工程性质、规模。城市桥梁工程包括高架桥、立交桥、人行天桥等工程。桥梁小修工程，可依据合同规定参照使用本规范。本规范未对木桥进行规定。

2 基 本 规 定

2.0.1 本条是对从事桥梁工程施工的施工企业进行资质管理的规定，强调市场准入制度，是新增加的管理方面的要求。

2.0.5 本条为强制性条文，强调指出施工单位必须遵守的规定，应严格执行。在施工过程中，当发生设计变更，为了保证对设计意图的理解，不产生偏差，以确保满足原结构设计的要求，办理设计变更文件。

2.0.8 安全交底与技术交底并列，形成制度，应是今后的方向。

3 施 工 准 备

3.0.1～3.0.3 规定了建设单位在工程开工前应进行的准备工作。

3.0.4～3.0.7 规定了施工单位在编制实施性施工组织设计前进行的先期准备工作。

4 测　　量

本章参照《公路桥涵施工技术规范》JTJ 041－2000 第 3 章编制。

5 模板、支架和拱架

本章适用于现浇和预制的混凝土、钢筋混凝土、预应力混凝土和砌体所用模板、拱架和支架的设计与施工。本章节内容不是工程实体项目，但考虑到与构造物成型质量、功能作用有着直接重要联系，故此仍列一章。但检验资料可不收入竣工资料，只作为过程控制的一种手段。

5.1.7 对跨度较大的现浇钢筋混凝土梁、板和拱，为消除其自重和桥台位移产生的挠度，往往施工图中设预拱度。本条中支架和拱架中所设施工预拱度是由两部分组成，其中第 1 款为设计规定的预拱度，第 2～4款为消除施工过程中支架和拱架受各种因素影响产生的变位。

5.2.3 钢框胶合板模板的制作、安装等应参照国家现行标准《钢框胶合板模板技术规程》JGJ 96－95 的相关规定。

5.2.4 支架立柱底端放置垫板或混凝土垫块是为扩散压力，确保浇筑混凝土后立柱不至于产生超过允许的沉降量。如采用扩散压力的方法不能满足要求，应加固地基或采用扩大基础、桩基础形式，提高其承载力，扩大基础和桩基础的构造、尺寸应通过计算确定。

5.2.12 本条是对混凝土和砌体工程施工过程所使用的模板、支架和拱架提出的基本要求，是确保工程质量和施工安全的强制性条文，因此必须严格执行。

6 钢　　筋

6.1.1 冷轧带肋钢筋一般用于桥面铺装混凝土中；环氧树脂涂层钢筋一般用于沿海和使用除冰盐地域。

6.1.2 钢筋是混凝土结构中的主要组成部分，对结构的承载力至关重要，使用的钢筋是否符合标准和设计要求，直接影响建筑物的质量和安全，因此钢筋进场时，必须按批抽取试件做力学性能和工艺性能试验。其质量必须符合现行国家标准的规定和设计要求。

6.1.5 预制构件有多种结构形式，通常设计图纸给出预制构件的吊装形式，应按设计要求施作。吊环材质必须采用未经冷拉的 HPB 235 热轧光圆钢筋制作，不得以其他钢筋代替。

6.2.1 规定冷拉法调直钢筋的伸长率为防止冷拉影响钢筋的力学性能。

6.2.5 钢筋如果一次弯钩不到位，调整后再次弯曲后，可造成钢筋的损伤，严重的甚至断裂。

6.3.1 本条规定是参照《钢筋焊接及验收规范》JGJ 18－2003、《公路钢筋混凝土及预应力混凝土桥涵设计规范》JTG D62－2004、《公路桥涵施工技术规范》JTJ 041－2000 和《铁路混凝土与砌体工程施工规范》TB 10210－2001 相关内容制定的。

条文规定采用绑扎搭接是在确无条件施行焊接时，且直径 25mm 以下的钢筋方可使用。有的规范允许直径为 22mm 或 25mm，钢筋连接是混凝土结构质量的关键，应严格控制，本规范取上限值。

6.3.2 本条规定是参照《混凝土结构工程施工质量验收规范》GB 50204－2002 和《公路钢筋混凝土及预应力混凝土桥涵设计规范》JTG D62－2004 相关内容制定的。

6.3.4 条文中出现的“在同条件下……”是指钢筋生产厂、批号、级别、直径、焊工、焊接工艺和焊接机等均相同。闪光对焊接头的外观质量和试件检测是参照《钢筋焊接及验收规程》JGJ 18－2003 制定的，对气压焊接头也适用。

6.3.5 本条规定是参照《公路钢筋混凝土及预应力混凝土桥涵设计规范》JTG D62－2004 制定的。其中帮条焊和搭接焊的焊缝宽度，从 $0.7d$ 增加至 $0.8d$；

钢筋与钢板进行搭接焊时，焊缝宽度从 0.5d 增加至 0.6d 以上，是依据《钢筋焊接及验收规程》JGJ 18－2003 制定的。

6.3.8“锥螺纹套筒接头”连接形式，在桥梁工程中使用较少。本规范只保留了“套筒挤压接头”的内容。鉴于 HRB500 钢筋在《公路钢筋混凝土及预应力混凝土桥涵设计规范》JTG D62－2004 未予选用，因此本规范对 HRB500 钢筋未进行规定。只对 HRB335 和 HRB400 带肋钢筋的接头作了规定。

条文中出现的“在同条件下……”是指同等级、同规格和同接头形式。

关于机械连接的检验规定应按设计要求和《钢筋机械连接通用技术规程》JGJ 107－2003、《带肋钢筋套筒挤压连接技术规程》JGJ 108－96 规定执行。

6.4.5 保护层厚度是依据《公路钢筋混凝土及预应力混凝土桥涵设计规范》JTG D62－2004 制定的。

7 混 凝 土

本章适用于城市桥梁一般混凝土、特殊混凝土的施工。

7.3.9 在高强度混凝土的配合比设计上，应遵循低水胶比、低砂率的原则。同时应符合先试验、后使用的原则。

7.5.2 自高处自由倾落高度超过 2m 时，采用串桶或振动溜管可降低混凝土降落速度，防止混凝土离析。

7.6.3 当气温低于 5℃时，混凝土的水化凝结速度大为降低，应当覆盖保温。

7.7.1 泵送混凝土原材料的规定是基于下列原因：

1 水泥品种及用量：由于矿渣水泥保水性差、泌水量大，不宜制备泵送混凝土；但矿渣水泥的水化热低，对大体积泵送混凝土亦有其有利的一面，故本条未加限制。

2 骨料与级配：碎石的最大粒径与输送管内径之比不宜大于 1∶3；卵石不宜大于 1∶2.5；这是从三颗石子在同一断面处相遇最容易堵塞的原理推算而得。

3 泵送混凝土的坍落度偏小易阻塞，过大易离析。因此需根据试验确定掺用外加剂和矿物掺合料，根据泵送条件严格控制坍落度。

7.8.4 混凝土抗冻等级是依据《水运工程混凝土质量控制标准》JTJ 269－96 制定。

7.9.1 普通抗渗混凝土是用调整配合比的方法，提高普通混凝土自身密实性，从而达到具有抗渗功能的混凝土。

外加剂抗渗混凝土是用掺入少量有机或无机物外加剂来改善混凝土和易性、密实性和抗渗性的一种抗渗混凝土。用于抗渗混凝土的外加剂主要有引气剂、减水剂、防水剂等。

膨胀水泥抗渗混凝土是以膨胀水泥为胶结料，经配制而成的具有补偿收缩性能的一种抗渗混凝土；在常用的硅酸盐类水泥中掺入适量混凝土膨胀剂，也可配制成具有补偿收缩性能的抗渗混凝土。

7.9.10 抗渗混凝土产生干缩裂缝将大大降低其抗渗功能。本条规定拆模时温差要求不超过 15℃，是为了预防混凝土开裂。地下结构部分的抗渗混凝土，拆模后应及时回填，也是为了防止混凝土开裂。

7.10 大体积混凝土定义，目前世界各国解释不尽一致，美国混凝土学会规定：“任何就地浇筑的混凝土，必须采取措施解决水化热及随时引起的混凝土内最高温度与外界温度之差将超过 25℃的混凝土，称之为大体积混凝土”。

7.10.1 大体积混凝土中掺膨胀剂，可使混凝土减少收缩而成为补偿收缩混凝土。补偿收缩混凝土可减少当量温差达 3～5℃。

当量温差系将混凝土收缩的变形，换算为引起同样变形所需的温度。减少收缩变形，能降低混凝土的当量温差。

7.10.4 大体积混凝土在高温期施工同样可采取蓄热保温措施。

7.11.3 规定砂、石加热温度不应高于 60℃，是因温度过高水分损失加大，骨料的吸水率增加，将影响拌合物的和易性。同时，也应防止骨料局部灼热而遭到破坏，影响混凝土强度。

规定含有冰雪和冻块的骨料不得投入搅拌机内，是因骨料中的冰雪、冻块难于在搅拌机内短时融化，将影响混凝土质量。

8 预应力混凝土

8.3.1 本条明确规定不宜使用矿渣硅酸盐水泥，这是因为该水泥早期强度低，不适合预应力混凝土早强的要求。

8.4.3 预应力筋的张拉控制应力对于保证预应力结构物的抗裂性能及承载力至关重要，故必须符合设计要求，并严格执行。

8.4.7 第 3 款第 1 项，如混凝土未达到要求的强度即行张拉，混凝土收缩、徐变所引起的预应力损失值将大为增加，同时可使锚下混凝土产生裂纹甚至破碎。依据《混凝土结构工程施工质量验收规范》GB 50204－2002，规定了构件张拉时的混凝土的最低强度。

第 4 款，后张法多根（束）预应力筋张拉时，应使张拉的合力作用线处在构件核心截面内，以防构件截面产生过大偏心受压和边缘拉力。因此，张拉宜分批、分阶段、对称地进行。分批张拉时，按控制应力先张拉的预应力筋会因后批预应筋张拉时所产生的混凝土弹性压缩而引起应力损失。一般设计上安排张拉顺序时已考虑到这种应力损失的补偿问题，故应按设计规定的顺序和张拉力进行。设计未规定张拉顺序时，在编制张拉方案时应考虑应力损失的问题。

8.4.8 第5款，为使水泥浆能全部充满预应力筋周围的孔隙，以压注纯水泥浆为宜。当孔隙较大，且为单根力筋时，为减少收缩，可在水泥浆中掺入适量（不大于水泥质量的50%）细砂。

后张预应力混凝土施工中，保证预应力管道的畅通是很关键的，故管道安装就位后，为防止杂物进入，应将管端封堵，且在混凝土浇筑过程中，采取措施防止砂浆堵塞管道。

9 砌 体

9.1.2 石料的软化系数，指石料在含水饱和状态下的抗压极限强度与石料在干燥状态下的抗压极限强度比值，是石料受水影响和风化影响的一个重要指标。

石料抗冻性指标指石料在含水饱和状态下经过冻结和融化的循环次数（−5～−15℃和低于−15℃的地区冻融循环分别为15次和25次）。经过试验后的石料应无明显的损伤（裂缝、脱层），强度不应低于试验前的70%。

10 基 础

10.1.7 地基承载力对结构的安全和使用寿命至关重要。基坑挖至基底设计高程或已按设计要求加固、处理完毕后，基底检验应及时并形成验收记录。

10.2.16、10.2.17 振动沉桩和射水沉桩有各自的优缺点，通常是射水与振动或锤击相辅使用。

10.3.1 第7款，优质泥浆可减少坍孔和埋钻，悬浮钻渣能力强，清孔后沉淀量小。

10.3.7 人工挖桩施工不应是首选方法，其施工条件较差，极易发生安全事故。即使在地质条件好的地区选用人工挖孔桩工法，也必须有可靠的安全防护措施。

10.4.1 沉井下沉时，位于邻近的土体可能随之下沉，土体范围内的堤防、建筑物和施工设施将受到危害，必须采取有效的防护和下沉方案。一般不采取抽水除土下沉方案，采取不排水取土下沉方案时，应维持沉井内水位不低于沉井外水位，防止井外土、砂涌进井内而使地面下沉。

10.4.4 第8款，沉井倾斜和位移的原因一般有：取土不均、刃脚下土层软硬不均、一侧刃脚被障碍物搁垫、井内大量翻砂、外侧土压力不平衡等。

纠偏一般以在井顶高的刃脚下偏除土为主，也可采用外侧射水（或外侧偏除土）等措施。偏压重和顶部施加水平力的方法只在沉井下沉初期才有效。也有在低刃脚下设垫块，迫使该侧刃脚停止下沉以纠偏。

10.4.5 在松软的土层中，接高第一、二节沉井时，有可能发生突然下沉或倾斜，因此应考虑在刃脚下回填或支垫。

10.5 本节适用于在土层或软岩地层中，采用机械挖槽、泥浆护壁、现浇钢筋混凝土地下连续墙施工。地下连续墙常用于几何尺寸大、结构复杂的桥基。在城市中进行地下连续墙施工前，必须制定保护现况构筑物安全的措施。

10.5.2 导墙不仅对地下连续墙挖槽起导向作用，而且承受土压、施工荷载，同时是钢筋笼、导管、锁口管顶拔时的临时支承体。因此要求其具有一定的强度和刚度，并连接成整体。

10.5.9 地下连续墙的接头分施工接头和结构接头两大类，后者是地下连续墙与承台、墩柱连接时的构造性接头，连接处的钢筋、预埋件等构造和施工要求，应按设计要求办理。施工接头是地下连续墙划分若干单元节段，分段挖槽、分段灌注水下混凝土。施工接头部位是薄弱环节，施工时应严格质量控制，保证其连续性和防渗性能。

11 墩 台

11.1.3 采用钢管混凝土墩柱，可提高墩柱承载力和表面质量，应采用微膨胀混凝土，控制钢管内混凝土的饱满度，两者之间有缝隙会降低钢管混凝土的功效。

12 支 座

当前支座的种类和规格较多，支座使用必须符合设计要求。支座在安装前必须进行全面检验，不合格者，不得使用。

支座顶面、底面应与梁底或墩台顶面密贴，使支座全面积承受上部构造传递的竖直荷载，以保证支座的承载能力。

13 混凝土梁（板）

本章适用于钢筋混凝土及预应力钢筋混凝土梁（板）式桥的现浇及预制安装、钢与混凝土结合梁、混凝土结合梁的现场施工。

13.1.1 支架上浇筑混凝土可采取支架预压、设置预拱度、合理的浇筑顺序和分段浇筑、使用缓凝剂等措施，防止因支架变形引起混凝土开裂和梁体线形不顺适。

13.1.2 移动支架总长一般为桥跨的2.5倍。第一次浇筑到第二孔的第一个反弯点处，此时的位置一般为0.2L附近，以后每次都把工作缝设在此处。

13.2.1 施工挂篮是预应力混凝土连续梁、T形刚构和悬臂梁分段施工的一项主要设备。它能够沿轨道整体向前。施工挂篮可用桁架式挂篮、三角式挂篮、菱形挂篮和斜拉式挂篮。

13.2.4 悬臂浇筑可用于T形刚构和预应力混凝土连续梁，后者梁与桥墩不是刚性连接。为了使桥墩能承受在悬臂浇筑梁时产生的不平衡弯矩，应将梁与墩临时固结或在墩旁设置支承托架。

13.2.6、13.4.4 悬臂浇筑、悬臂拼装对称、平衡是保证施工安全、结构安全及工程质量的前提条件。

13.2.7 悬浇连续梁合龙前，合龙段两端结构受温度的影响产生纵向伸缩，使合龙间距产生变化，从而导致合龙段混凝土产生裂缝。因此，合龙段的临时锁定应到合龙段混凝土养护到一定强度，并施加预应力后，才能拆除。

13.4.1 梁体节段在条件可能时，应尽量采用与桥跨等长、等形的台座预制，以保证桥梁悬拼的线形。

13.4.5 第3款，悬臂拼装时，随着梁段一对对的安装，悬臂端梁段和已安装的中间梁段的挠度经常在变化，事先绘制主梁安装时的挠度变化曲线，以控制梁段安装高程是必要的。此曲线应由设计提供，当设计未提供时，施工单位应会同设计单位绘制。

13.4.5 第4款，预应力连续梁桥、悬臂梁桥的主梁与桥墩间不是连成整体的结构（设有支座），悬拼时，需要采取临时措施，以承受墩两侧悬拼产生的不平衡力矩。

13.4.5 第6款，采用环氧树脂接缝时，涂胶并将梁段靠拢调整后，即应开始张拉部分预应力束，对梁段进行挤压才能粘结良好。挤压力大小与胶粘剂种类有关。

13.4.6 预应力连续梁桥在用悬臂拼装时，梁顶部是承受负弯矩，即预应力筋都布置在梁截面上部，两个悬臂在跨中合龙以后，跨中附近变为正弯矩，即该部位梁截面下部成为受拉状态，梁上部变换为受压状态，若在合龙前不采取措施，则原在梁截面上部张拉的预应力筋拉应力松弛，如预应力筋置于明槽内侧可能向上漂浮，如梁下部未曾张拉预应力筋时，则拼装的块件就会折断坠落。

13.5 顶推施工适用于跨径40～60m预应力混凝土等截面（等高）连续梁架设。顶推施工可架设直桥、弯桥、坡桥。顶推施工可选用单点顶推或多点顶推方式。

13.6 本节参照《铁路桥涵施工规范》TB 10203-2002制定。利用造桥机可进行连续梁桥（T构）悬臂浇筑和悬臂拼装施工。

14 钢　　梁

本章适用于在工厂内焊接制造，在工地用高强度螺栓栓接或焊缝连接的钢梁施工；适用于钢—混凝土结合梁的钢结构制造与安装。桥梁工程中钢护栏、钢支架、照明塔架等其制作、焊接也可参照本章规定执行。本规范未对铆接工艺进行规定。本规范未作规定的，应遵循国家现行标准或其他行业标准的有关规定。

14.1.2 钢梁试拼装是为检查其制作的整体性，试拼装除检查各部尺寸外，还采用试孔器检查板叠孔的通过率。钢梁试拼装记录应包括试拼布置图、轮廓尺寸、主桁拱度、工地栓（钉）孔重合率、磨光顶紧及板缝检查等。

14.2.4 高强螺栓扭矩值采用螺母松扣、回扣法检查时，先在螺栓与螺母的相对位置划一细直线作为标记，然后将螺母拧松，再用扳手拧回原来位置（划线处重合）读得此时扭矩值；采用紧扣法检查时，读取刚刚紧扣微小转动的扭矩值。上述扭矩值读数分别与规定值比较，超拧值或欠拧值均不大于规定值的10%者为合格。高强螺栓连接是钢梁施工的关键工序，对结构承载力至关重要，必须当班检验。

14.2.5 第1款，焊接工艺评定报告是编制焊接工艺单的依据，焊接工艺单是焊工操作的唯一依据。通过评定选择合适的焊接材料、焊接方法、施焊条件及焊接工艺参数，以保证焊接接头的力学性能达到设计要求。

第5款，预热处理可减少施焊时钢材变形和残余应力，是保证焊接质量的有效措施。

14.2.7～14.2.9 焊缝外观检查和内部质量检查是参照《钢结构工程施工质量验收规范》GB 50205-2001、《钢焊缝手工超声波探伤方法和探伤结果分级》GB 11345-89、《金属熔化焊焊接接头射线照相》GB/T 3323-2005和《建筑钢结构焊接技术规程》JGJ 81-2002制定。

14.2.10 第3款，当温度超过43℃时，钢板表面漆膜易产生气泡而局部鼓起，附着力降低；当相对湿度大于85%，漆膜附着力降低；4h内涂完是为了防止锈蚀，保证涂装质量。

15 结　合　梁

本章适用于钢－混凝土结合梁、混凝土结合梁，并适用于分段架设连梁。

16 拱部与拱上结构

本章适用于砌石及混凝土预制块砌筑拱桥、就地浇筑钢筋混凝土拱桥、装配式拱桥、钢管混凝土拱桥、劲性骨架现浇混凝土拱桥以及转体就位拱桥的拱部与拱上结构施工。

16.2.4 第1款，满布式拱架和拱式拱架在拱圈砌筑过程中的沉降情况是不同的，前者砌块荷载通过立柱直接传到地基；后者砌块荷载通过拱架传到墩旁立柱再传到地基，因此每一砌块的加载都影响全拱架的变形，故条文对两种拱架砌筑程序分别作了规定。

16.2.4 第 2 款，跨径 10～25m 的拱圈，因跨径较大，拱圈较厚，砌块质量大，分多段砌筑，防止拱架发生较大变形造成已砌拱圈开裂。

16.2.4 第 3 款，跨径＞25m 的拱圈，一般为变厚度的悬链线拱，应按设计规定程序砌筑。

16.2.5 第 1 款，设置空缝是为了避免拱架变形导至节段间砌缝开裂，预留空缝设在拱圈易于变形开裂的部位。空缝还在捣实填塞砂浆时产生挤压力可使拱圈升高脱离模板，便于拱架的拆除。

16.2.5 第 3 款，填塞空缝捣固砂浆时，对拱圈产生一定的冲击力和挤压力，故应待拱圈砌缝砂浆达到设计强度的 70%后才能填塞空缝。

16.2.6 拱圈封顶合龙一般均在各空缝砂浆填塞完毕并有一定强度后进行。如设计规定不采取刹尖封顶（用铁楔击入）时，则待空缝砂浆强度达到设计强度的 50%即可进行；如采用刹尖法封顶时会对两侧已砌拱圈产生压力，应待空缝砂浆强度达到设计强度的 70%时进行；若用千斤顶预加压力时，则关系到压力大小、施加方法、时间等许多问题，应由设计规定。

16.3.1 在拱脚处留一隔缝，是为防止拱脚处最先浇筑的混凝土开裂。

16.3.2 设置间隔槽是为避免混凝土因拱架下沉而开裂，间隔槽的位置设在拱圈易于变形开裂的部位。分段浇筑时拱架易于拆除，较大跨径拱圈还可在间隔槽内用千斤顶施加压力，使拱架更易于拆除。间隔槽过大，本身有较大的收缩量，不利于与拱段接合，故条文规定为 0.5～1.0m。

16.3.3 分段浇筑程序应符合设计要求，应对称于拱顶进行，使拱架变形保持均匀和尽可能的最小，以保证浇筑过程中拱圈变形均匀，不发生开裂。

16.3.4 一般分段长度为 6～15m。拱圈是以轴向受压为主的结构，因此施工缝应处理成垂直于拱轴线的平面或台阶式接合面。

16.3.5 浇筑间隔槽混凝土与分段混凝土间隔时间较长，可使拱圈各段混凝土在合龙前完成一部分收缩，可减少合龙后拱圈产生的收缩裂缝。

16.3.6 为避免整根钢筋随气温变化和拱架的沉陷产生附加应力或隆起变形，规定不得采用整根钢筋。有钢筋接头的间隔槽，一般选择 2 个对称位置即可。

16.3.7 分环分段浇筑拱圈并分环合龙的施工方法可使已合龙的环层产生拱架作用，在浇筑后一环层混凝土时，可减轻拱架的负担。但施工周期较长，故适用于大跨径拱圈混凝土浇筑。

16.4.2 分环多工作面浇筑劲性骨架混凝土拱圈（拱肋）的关键是分次多点均衡加载，使劲性骨架变形均匀，并有效地控制结构内力和稳定性。

16.4.4 水箱压载法，即在拱圈（或拱肋）顶部布置水箱，随着混凝土浇筑面从拱脚向拱顶的推进，根据拱圈（或拱肋）变形和应力的观测值，通过对水箱注水加载和放水卸载来实现对拱轴线竖向变形的控制。

16.4.5 斜拉扣索法就是在拱圈（拱肋）适当位置选取扣点，用钢绞线作为斜拉扣索，两岸设置临时塔架，在混凝土浇筑过程中，根据各断面的应力情况进行张拉或放松，实现从拱脚到拱顶连续浇筑混凝土。

16.5 本节适用于箱形拱、肋拱及箱肋组合拱（以下均称为箱形拱）的少支架或无支架施工。少支架是相对满堂支架而言，仅在拱肋或拱片接头处设立单排或双排支架，进行接头连接施工，称为少支架施工。只要河床地形允许，无洪水威胁，应采用少支架施工，因它比无支架施工方便和安全。

16.5.1 装配式拱桥的各个施工阶段的强度和稳定安全度，常小于拱桥建成后的安全度，因此，对拱圈、拱肋必须在条文所述各个阶段进行强度和稳定性的施工验算。对吊运、安装过程中的验算尚应考虑 1.2～1.5 的冲击安全系数。

16.5.3 第 4 款，扣索位置如果偏移拱肋的竖直面，就会使所扣挂的拱肋偏移设计平面位置，造成拱肋横向失稳。

16.6.1 第 3 款，采用加热顶压方式弯管时，如果加热温度超过 800℃，加热次数超过 2 次，钢材会起微观组织的变化，导致力学性能变坏，可能破坏钢管材质。

16.6.3 第 5 款，通过人工敲击听声音的变化，可以检查出钢管混凝土与钢管内壁间的空隙，精确度可达 1～2mm，这是最常用的方法，但准确性不够理想。超声检测可以检查管内混凝土是否均匀、缺陷大小、混凝土与钢管是否密贴及混凝土密实度和强度，精确度较高。

16.6.3 第 6 款，先钢管后腹箱的程序可避免钢管产生压扁变形。

16.8 转体施工有平转和竖转两种方法。平转施工主要适用于刚构梁式桥、斜拉桥、钢筋混凝土拱桥及钢管混凝土拱桥。竖转施工主要适用于转体重量不大的拱桥或某些桥梁预制部件安装。因转体施工在拱桥上采用的比较多，故将此内容放在 16 章中。其他章可参考。

平转施工基本原理是，将桥体（上部结构）整跨或从跨中分成两个半跨，利用两岸地形搭架或设胎预制，在桥梁墩（台）处设置转盘，将待转桥体的部分或全部置于其上预制，通过张拉锚扣体系实现脱架和对于转轴的重力平衡，再以适当动力（卷扬机、千斤顶等）牵引转盘，将桥体平转至合龙位置，浇筑合龙段接头混凝土，封固转盘，完成平转施工。

竖转施工基本原理是，将桥体从跨中分成两个半跨，在桥轴方向上的河床设架预制，待转桥体的岸端设铰，桥台或台后设临时塔架支承提升系统，通过卷扬机提升牵引绳，将桥体竖转至合龙位置，浇筑合龙段接头混凝土，封固转铰完成竖转施工。

16.8.1、**16.8.2** 转体施工的拱桥的桥体、转盘体系必须精心施工，各部分的几何尺寸如发生较大的偏差，易产生转体不平衡等恶果，故对预制场地的选择、桥体结构尺寸和旋转环道精度作出规定。

16.8.3 第2款，外锚扣体系是用外加扣索或拉杆扣住桥跨中点附近的扣点后，进行张拉、锚扣；内锚扣体系是利用结构本身做拉杆，如桁架拱或刚架拱的上弦。

16.8.3 第3款，外锚扣体系的扣点宜采用一个，便于内力计算和施工。为使扣点处的扣索能产生向上的分力和横向分力，便于调整悬臂端的高程和轴线，故规定扣索锚点高程不得低于扣点。

16.8.3 第4款，内锚扣体系适用于桁架拱、刚构拱等，如经过计算在桁架拱上弦内布设钢筋（加设部分钢筋）可代替扣索，可节约用钢量。

16.8.3 第6款，拱是轴向承力结构，严格控制合龙温度有利于成拱受力状态与计算值更吻合。

16.8.3 第7款，按公式计算的转体牵引力，根据实际情况增加适当富余量后作为配备牵引机具的依据。

16.8.4 第1款，代替平衡重的锚固体系由锚碇、尾索、支撑、锚梁（锚块）及立柱组成。

16.8.4 第2款，转动体系由拱体、上转轴、下转轴、下转盘、下环道和扣索组成。

16.8.5 转动系统由转动铰、提升体系（滑轮组、牵引绳等）、锚固体系（锚索、锚碇等）组成。

16.9.1 大跨径拱桥的拱上结构较重，纵向分配较长，故需进行加载程序的施工验算和施工观测，使施工过程中的压力线（实际拱轴线）与设计轴线尽量接近，防止拱纵向失稳。

16.9.2、**16.9.3** 不卸拱架施工拱上构造时，拱圈尚未承受拱上结构的荷载，只是受到拱上结构施工时的振动，主拱圈混凝土和砂浆达到设计强度的30%时可承受此项振动荷载。

相邻腹拱施工进度同步是为防止腹拱产生的水平推力造成立柱或横墙变位。

16.9.4 中、小跨径装配式拱桥主拱圈现浇混凝土强度达到设计强度的75%以后，已能承受拱上结构荷载，故可先卸除支架。同时可以避免拱上结构完成后卸架拱圈沉降不均匀，造成拱上结构开裂。

17 斜 拉 桥

本章仅对斜拉桥与其他桥梁的不同之处作出相关规定，有关斜拉桥的基础、墩柱、钢结构、桥面及附属结构与装饰的施工要求可参照本规范的相关规定执行。

斜拉桥的施工组织设计应含以下内容：

1 基础、墩、塔和主梁的施工方法与施工工艺；

2 拉索制作、安装、张拉、锚固与防护工艺；

3 塔、梁施工线形与内力、拉索索力的监控方案；

4 施工区域内及周边地区的交通组织安排；

5 对邻近地上、地下构筑物的保护措施；

6 对航道、铁路、主干道等交通通道的限制要求、防护措施与应急预案；

7 深基坑、吊装、张拉、支架以及大型施工设备安装、调试、使用、拆除等涉及施工安全关键项目的专项安全技术方案。

17.1.3 索塔施工的测量方法、控制手段不仅影响到索塔自身的施工质量，还会影响索管的预埋精度与桥梁整体的抗扭性能，故本条对索塔测量提出了具体的要求。

17.1.4 目前的混凝土斜拉桥的索塔大多采用A字形、倒Y形以及菱形，塔柱具有一定的倾斜度。在施工过程中，索塔处于自由状态，自重和施工荷载会在下塔柱或中塔柱根部形成较大的弯矩，产生较大的拉应力而引起混凝土开裂，产生的倾覆力矩将使塔肢产生向内或向外的位移。成桥后，由于初始力矩的存在而使截面的拉、压应力超出设计要求，从而影响索塔的使用寿命。因此，在施工过程中必须采取必要的措施，把索塔截面的初始应力控制在设计允许范围内。

1 下塔柱施工防倾措施

菱形索塔的下塔柱向外倾斜，一般采用手拉葫芦连接钢丝绳的方式或用钢筋对拉上下游的索塔模板。必要时，可用钢管或型钢焊接在预先布置在索塔混凝土表面的预埋钢板上，以抵消索塔的外倾力矩，也可利用精轧螺纹钢筋等预应力材料对上下游塔肢进行临时预应力对拉。

2 中塔柱施工防倾措施

第一种方法是在中塔柱施工过程中采用大直径的钢管或型钢桁架，逐根水平支撑在预先确定的位置，并与已经浇筑完成的索塔混凝土临时固结，形成框架结构，平衡倾斜塔肢所产生的倾覆力矩。这种方法具有刚度大、安装方便的特点，但不能克服支撑安装前已经产生的因自重和施工荷载所引起的变形和应力，不能有效保证成塔后的线形和应力状态。

第二种方法是采用主动撑的方法，即在安装水平钢管支撑时，用千斤顶向塔肢内壁施力，变被动支撑为主动支撑，有效克服索塔施工过程中因自重和施工荷载所引起的变形和应力。采用这种方法时，主动施力的大小是控制的关键，必须对变形和应力进行双控，在满足中塔柱各截面内力的同时确保线形。

17.1.5 索塔横梁距离桥面较高，其模板支撑系统是横梁施工的关键，故本条对索塔横梁支撑的设计应考虑的因素作了明确规定。设支座调节系统和预拱度均是为解决支撑结构的变形问题。在底模安装完成后，宜采用水箱压重等方法消除非弹性变形。

17.1.6 索塔采用劲性钢骨架可以保证索管空间定位精度和钢筋架立精度。

17.2.2 斜拉桥的支承情况可分为：①漂浮体系——塔墩固结，塔梁分离；②支承体系——塔墩固结，塔梁分离，梁墩支承；③塔梁固结体系——塔梁固结，梁墩支承；④刚构体系——塔墩梁固结。由于索塔、拉索对主梁施工阶段内力与标高的影响，使斜拉桥主梁悬臂施工的技术要求高于常规的连续梁桥悬臂施工，并必须对所涉及的结构内力、结构位移进行必要的监测与控制。

17.2.6 合龙段混凝土浇注前，将合龙段两端的梁体分别向桥墩方向顶出一定距离是为对合龙段混凝土提供一定的预压力，保证拼接严密。

17.3.1 成品高强钢丝拉索在出厂前应进行质量检验，主要检验内容如下：

1 用1.2～1.4倍的设计索力进行预张拉，以检验拉索的抗拉弹性模量、延伸率、锚固板的内缩值、锚具的锚固力等，当设计索力小于或等于3MN时，取1.4倍；当设计索力大于3MN且小于6MN时，取1.3倍；当设计索力大于6MN时，取1.2倍。

2 组成拉索所有原材料与组件均应有质保单和合格证，并符合《斜拉桥热挤聚乙烯高强钢丝拉索技术条件》GB/T 18365－2001的技术标准。

3 拉索表面不能有深于1mm的划痕，不能有面积大于3cm^{2}的损伤；两端锚具的外表面镀层及螺纹不得有任何的损伤；锚圈和锚杯能完全自由旋合。

17.3.2 在索塔上张拉并向上安装拉索时，索塔上张拉端锚具上应安装连接器与引出杆，从锚箱预埋管内伸出，拉索提升到引出杆的连接器时，即可与拉索的锚具连接，再由索塔上张拉千斤顶将拉索安装就位。拉索锚具引出就位后，应将引出用的千斤顶引出杆、连接器等拆除，再按设计要求的索力进行张拉。

在索塔上张拉并向下安装拉索时，可将拉索提升到安装高度后，牵引钢丝绳可从索塔锚箱预埋管内引出并栓住张拉端锚具，配合提升作业将锚具自锚箱预埋管中伸出，并旋紧锚具的螺母，使其初步定位，然后再用特制的夹持工具将锚固端锚具伸入主梁锚箱预埋管道中直至露出锚具，并初步旋紧定位，然后再按设计要求的索力进行张拉。

采用在主梁下方张拉方案时，拉索的安装方法与上文基本一致。

安装由单根外包PE护套钢绞线组成的钢绞线半成品拉索时，宜采取两阶段张拉法。先化整为零，首先完成三根定位钢绞线的安装定位，然后逐根安装、逐根初张拉，当每根拉索的所有钢绞线全部安装完成之后再一次性整体张拉到位。安装时设置临时减振器是为避免PE护套受振击而破坏。

17.3.3 顺桥向两侧拉索应同步张拉以避免索塔向一侧偏斜、导致索塔根部出现裂缝；横桥向两侧拉索应同步张拉以避免侧向受力不均匀、发生扭转导致梁体出现裂纹。

17.4.1 施工控制是斜拉桥主梁与拉索施工阶段设计计算的延伸与完善。

斜拉桥属高次超静定结构，其主要特点是施工与设计高度耦合。斜拉桥的施工方法和程序对成桥后主梁线形和结构恒载内力具有决定性的作用，由于设计所采用的材料特性、结构断面、施工荷载数值与分布、主梁梁段自重、主梁预应力张拉值、拉索张拉力值等参数不可能与实际情况完全一致，导致施工过程中的主梁线形、拉索索力、塔梁内力、索塔位移量偏离设计值，并对后续梁段及合龙段的施工带来不利影响，因此需要对各个工况的实际状况进行分析、处理，并以试验与监测数据作为分析验算的控制参数，经过温度修正和标准化处理并与设计值的偏差作出分析、判断，对偏差超限作出调整对策，由此确定下一工序的控制内容、控制方法与控制值，直至合龙、成桥，从而确保全桥线形符合设计要求、索力与结构内力在安全范围内。

17.4.2 所谓“标高控制为主”，并非只控制主梁的标高，而不顾及拉索索力的调整。施工中应根据结构本身的特性和施工方法的不同，采取相应的控制策略。如果主梁刚度较小，拉索索力微小的变化将引起悬臂端标高较大的变化，拉索张拉时应以高程测量控制为主。如果主梁刚度较大（或主梁与桥墩连接后导致结构刚度大大增加），拉索索力变化了很多而悬臂端标高的变化却极为有限，则施工中应以拉索索力控制为主，并根据标高的实测情况对索力进行适当的调整。

17.4.6 对拉索调整的数值及调整顺序，应会同设计或施工控制单位确定。

对于索力与主梁标高产生的偏差，常用以下两种方法解决：

1 一次张拉法

在施工过程中每一根斜拉索张拉至设计索力后不再重复张拉。对于施工中出现的悬臂端挠度和索塔顶部水平位移偏差不用索力调整，或任其自由发展，或通过下一节段接缝转角进行调整，直至跨中合龙，跨中合龙时的主梁标高偏差采用压重等方法强迫合龙。一次张拉法简单易行，施工方便，但对节段的制作要求较高。由于对已完成的主梁标高和索力不予调整，因此主梁线形较难控制，跨中强迫合龙则扰乱了结构理想的恒载内力状态。

2 多次张拉

在整个施工过程中对拉索进行分期分批张拉，使施工各阶段结构的内力较为合理，梁塔的受力处于大致平衡的状态，即梁塔仅承受轴向力和数值不大的弯矩。主梁的线形主要是通过斜拉索索力在一定范围内的微量调整而加以控制的。

17.5 斜拉桥检验标准，参照《公路工程质量检验评定标准》JTG F80/1－2004和《铁路桥涵工程施工质量验收标准》TB 10415－2003编制。

18 悬 索 桥

本章仅对悬索桥与其他桥梁的不同之处作出相关规定，相同之处则执行本规范有关章、节规定。

18.1.2 悬索桥的施工精度要求很高，每个环节都不能忽视，随着工程进度要及时做好监控工作，防止施工中出现结构位移与应力过大现象，确保施工质量、结构安全。

18.2 锚碇是悬索桥的主要受力结构，要抵抗来自主缆的拉力，并传递给地基基础。锚碇由锚块、锚块基础、主缆的锚固架及固定装置组成。锚碇按受力形式分为重力式锚碇和隧道式锚碇。重力式锚碇是靠庞大体积混凝土的自重抵抗主缆的拉力，根据主缆索股锚固位置的不同可分为前锚式和后锚式，其锚固体系又分型钢锚固体系和预应力锚固体系。隧道式锚碇是在特定的地质条件下，即基岩坚实、完整的情况下，它可直接采用岩体作为锚碇，也可先开挖成隧道再浇筑混凝土成为锚碇。

18.2.2 型钢锚固体系统主要由锚架和支架组成，锚架包括锚杆、前锚梁、拉杆、后锚梁等，是主要的传力构件，支架是安放锚杆、锚梁并使之精确定位的支撑结构。预应力锚固体系是索股锚头由两根螺杆和锚固连接器相连，再对穿过锚块混凝土的预应力束施加预应力，使锚固连接器与锚块连接成整体，承受索股的拉力。

18.3.2 塔顶钢框架是支承主索鞍的构件，安装精度要求较高，如果在索塔上系梁未施工完安装，将会影响索鞍安装精度。

18.4.1 猫道是为悬索桥主缆架设、紧缆、索夹安装、吊索架设、缠丝、加劲梁架设等需要而架设的施工便桥。除应具有足够的强度和抗风稳定性外，还要考虑施工的方便、操作空间及放置机械的需要而确定其标高和宽度。

18.4.3 猫道承重索一般是边跨和中跨分开设置，这样施工比较方便。大跨悬索桥承重索架设过程中，要求对其施加较大的牵引力和反拉力才能使其保持在不影响通航的高度，这样对卷扬机的功率要求较高。在这种情况下，可先架设托架，托架承重绳较细，对卷扬机功率要求较低，然后再通过托架架设猫道承重索是比较经济又安全的办法。

18.4.4 猫道面层的铺设采用预制卷的方法，是本规范推荐的方法。采用这种方法时，在下滑过程中，为了下滑能顺利进行和安全，面层前端应设置导向装置，并设置反向滑轮系统控制下滑速度。

18.4.6 为了便于施工，要求猫道线形与主缆线形保持一致。加劲梁开始架设后，主缆受集中荷载线形发生突变，为了适应这种情况，要求在吊装钢梁前必须将猫道改吊于主缆上，使猫道线形与主缆线形保持一致。

18.5.1 目前常用的牵引索股的方法是曳拉器牵引和轨道小车牵引。

索股牵引先在主缆位置的侧边进行，牵引完毕后，经过横移，将其移到索鞍的正上方。横移过程是先把索股从猫道滚筒上提起，为了不损伤索股，要确定全跨径索股已离开猫道滚筒后，才能横向移动。

18.5.4 绝对垂度调整即对基准索股标高的调整。相对垂度调整指一般索股相对于基准索股的垂度调整。

18.6.1 索鞍安装时的预偏量为调整主缆拉力而设置的。悬索桥主缆在空缆状态下索塔两侧的水平拉力是平衡的，但在上部构造施工过程中，这种平衡很难保持，尤其是单跨悬索桥在加劲梁架设时及桥面铺装时，中跨主缆拉力明显加大，这将导致索塔受弯，弯曲量过大时将会危及索塔结构安全。通过设置预偏量，逐渐调整索鞍位置，可以不断调整主缆拉力，达到确保结构安全的目的。

18.6.2 第1款，目前设计主缆时，其弹性模量基本是采用主缆高强钢丝的弹性模量，实际上主缆与主缆钢丝的弹性模量有一定差别，另外还有索股制作及架设所产生的误差，导致实际的空缆线形与设计的空缆线形不一致。因此在确定索夹位置前，必须先测定实际的主缆线形，对原理论空载线形进行修正，相应修正其索夹位置。

18.6.2 第3款，索夹结构类型分为有吊索索夹和无吊索索夹。无吊索索夹可分为骑跨式和销结合式。销结合方式在我国的施工应用较少。

18.8 悬索桥检验标准，参照《公路工程质量检验评定标准》JTG F80/1－2004编制。

19 顶 进 箱 涵

当新建道路需从现有铁路、道路路基下面通过时，在对原有铁路、道路采取必要的加固措施后，可采取顶入法施工箱涵。顶进箱涵可根据设备和现场条件选用整体顶进法、中继间法、对顶法、多箱分次顶进法、顶拉法、牵引法和气垫法等。

19.2.1 顶进箱涵的工作坑占地较大，在城市区域内进行工作坑开挖，受环境条件限制较多，工作坑必须确保边坡土体稳定，确保工作坑周围现况构筑物和铁路路基的安全。

19.2.6 滑板虽然是临时构筑物，但关系到顶进箱涵的施工质量，因此对其要求还是多方位的，包括滑板的几何尺寸、强度（承载能力）、顶面平整度、滑板稳定性（锚固性能）和坡度等。

19.3.1 箱涵预制成前大后小的形式；在工作坑滑板与预制箱涵底板间铺设润滑隔离层等措施均是为减少顶进阻力。

常用的润滑隔离层为石蜡掺机油（机油用量为10%～20%），气温高时机油用量酌减。石蜡表面铺洒一层厚度1mm的滑石粉，然后在其上铺设一层塑料薄膜即成为较好的润滑隔离层。

在箱涵底板前端底部设船头坡，主要是控制箱涵下滑板后产生的下扎现象，必要时应作枕梁或进行土基处理。

19.3.3 应根据计算的最大顶力确定顶进设备的配置。由于千斤顶新旧程度、工作性能和同步性等因素的影响，应考虑一定的顶力储备和备用千斤顶。

斜交箱涵顶进，由于土的侧压力作用，在配置千斤顶时，对尾端锐角一侧应有一定的顶力储备（一般按10%～15%考虑）。

19.3.4 后背必须承受顶进中出现的最大顶力，并有一定的安全储备。顶进时后背变形应较小，以减少千斤顶顶程损失，提高效率。当前采用的后背有桩板式、拼装式及重力式等形式，应根据现场情况和施工条件选用后背形式。

19.3.5 横梁的作用是避免顶柱受压失稳。为防止顶柱接长后向上拱起、或左右拱出的情况，可在顶柱上填土碾压，一般填土厚度1.0～1.5m。

19.3.6 铁路箱涵顶进应按铁路运营部门批准的施工计划施工，当有变化时应积极与运管部门联系，确保行车安全。

20 桥 面 系

20.2.2 规定防水层在桥面板或垫层混凝土达到设计强度，并验收合格后施作，是为防止基层混凝土继续水化释水造成防水层粘结不牢；或基层混凝土继续干缩开裂导致防水层开裂。

20.2.4 规定基面浮尘、松散物清理干净并涂处理剂是为了防水层与基面粘结牢固。

20.2.9 施工环境气温、雨雪天对防水质量均有影响。

20.3.3 第2款，因钢桥面在荷载和温度作用下变形较大，不适合施作卷材和涂膜防水。在钢桥面上施作沥青混合料铺装层前应先除锈、除尘、除污；再做全面防腐喷涂；最后满涂防水粘结层。该层承上启下，既具有防水作用，又将铺装层与钢桥面牢固粘结。

20.3.5 人行天桥塑胶混合料面层铺装，参照《塑胶跑道》GB/T 14833编制。

20.4.2 伸缩装置在安装时，应用3m直尺检查其自身平整度和与桥面衔接的平整度，确保行车舒适性。"大型伸缩装置"是指斜拉桥、悬索桥中所使用的伸缩装置。

20.4.5 填充式伸缩装置适用于伸缩量50mm以下的中小跨径桥梁。

20.4.6 常用橡胶伸缩装置有橡胶压块伸缩装置；板式合成橡胶伸缩装置（由合成橡胶加强板经硫化合成）；组合式橡胶伸缩装置（由橡胶板与钢托板组成）三种。

20.4.7 齿形钢板伸缩装置由齿形钢板、底层支承钢板、角钢和预埋锚固筋（件）焊接组成。防止焊接变形是关键，因此要求严格按焊接工艺操作，减少变形，保证安装质量。

20.4.8 模数式伸缩装置必须在工厂组装，按照施工单位提供的施工安装温度定位后出厂，若施工安装温度有变化，一定要重新调整定位方可安装就位。

20.5 地袱、缘石、挂板等不仅关系到桥梁整体线形的美观，而且城市桥梁工程的地袱、挂板施工通常为高处作业，施工安全十分重要。

20.6 栏杆、防撞、隔离设施首先具有安全防护功能，要求安装、连接牢固；同时在城市桥梁中其观感美也不容忽视，故对其外观质量要求应从严。

21 附 属 结 构

21.1 隔声装置是城市桥梁工程为符合国家环保法规及各城市地方环保法规所采取的防护措施，因此要求隔声装置施工符合设计要求，达到预期效果。

隔声与防眩装置在安装时应保持其连续性，当其出现断档、间隙，会降低其功效性。

隔声屏、防眩板通常采用钢塑材料。隔声屏按质轻、牢固、抗风、透明的原则选用。

21.3 桥头搭板是防止桥头跳车的设施，因此现浇搭板的基底压实度应符合要求，预制搭板的安装应稳固，而且搭板与路面衔接处的平整度应保证，防止桥头跳车现象外移。

21.5 城市桥梁工程中景观照明也日益受到重视，本规范中增加了照明内容。

22 装饰与装修

22.1.2、22.1.3 基体处理和施工温度的控制是保证施工质量的重要条件。

22.2 饰面，参照国家现行标准《建筑装饰装修工程质量验收规范》GB 50210－2001编制。

22.2.1 有机粘贴材料普遍存在老化现象，采用水泥基粘结材料，其具有优异的耐老化性能，是其他材料无法替代的。

22.3 涂装，参照国家现行标准《建筑涂饰工程施工及验收规范》JGJ/T 29－2003编制。

23 工程竣工验收

23.0.1 本条对桥梁工程分部（子分部）工程及相应的分项工程作了原则规定与划分。桥梁工程按地域不同、特点不同，分项工程的数量、内容会有所不同，因此工程开工前，施工单位均宜按本条第5款要求，与监理工程师作具体划定，并形成文件，作为工程检查验收的依据。

中华人民共和国行业标准

聚乙烯燃气管道工程技术规程

Technical specification for polyethylene (PE) fuel gas pipeline engineering

CJJ 63—2008

J 780—2008

批准部门：中华人民共和国建设部

施行日期：2 0 0 8 年 8 月 1 日

中华人民共和国建设部
公　　告

第 809 号

建设部关于发布行业标准《聚乙烯燃气管道工程技术规程》的公告

现批准《聚乙烯燃气管道工程技术规程》为行业标准，编号为 CJJ 63－2008，自 2008 年 8 月 1 日起实施。其中，第 1.0.3、5.1.2、7.1.7 条为强制性条文，必须严格执行。原行业标准《聚乙烯燃气管道工程技术规程》CJJ 63－95 同时废止。

本规程由建设部标准定额研究所组织中国建筑工业出版社出版发行。

中华人民共和国建设部

2008 年 2 月 26 日

前　　言

根据建设部建标［2003］104 号文的要求，标准编制组在深入调查研究，认真总结国内外科研成果和大量实践经验，并在广泛征求意见的基础上，全面修订了原规程。

本规程的主要技术内容是：1. 总则；2. 术语、代号；3. 材料；4. 管道设计；5. 管道连接；6. 管道敷设；7. 试验与验收。

本规程修订的主要技术内容是：

1. 增加了 PE100 聚乙烯管道和钢骨架聚乙烯复合管道；

2. 扩大了聚乙烯管道公称直径范围（由 250mm 扩大到 630mm）；

3. 提高了管道最大允许工作压力（由 0.4MPa 提高到 0.7MPa）；

4. 修订了工作温度对工作压力影响系数，允许燃气流速，塑料管道与热力管道水平净距、垂直净距；

5. 增加了热熔连接、电熔连接接头质量检验和法兰连接形式。

本规程由建设部负责管理和对强制性条文的解释，由主编单位负责具体技术内容的解释。

本规程主编单位：建设部科技发展促进中心（地址：北京市海淀区三里河路 9 号；邮政编码：100835）

本规程参加单位：北京市煤气热力工程设计院有限公司
北京市燃气集团有限责任公司
香港中华煤气有限公司
亚大塑料制品有限公司
沧州明珠塑料股份有限公司
四川森普管材股份有限公司
临海市伟星新型建材有限公司
浙江枫叶集团有限公司
河北宝硕管材有限公司
华创天元实业发展有限责任公司
煌盛管业集团有限公司
江苏法尔胜新型管业有限公司
胜利油田孚瑞特石油装备有限责任公司

本规程主要起草人员：高立新　李永威　丛万军　何健文　马　洲　贾晓辉　李养利　王登勇　傅志权　高长全　李　鹏　邵泰清　唐国强　胡圣家　王志伟　杨　炯　张文龙　恽惠德　梁立移

目　次

1　总则 …………………………………… 2—23—4
2　术语、代号………………………………… 2—23—4
2.1　术语………………………………… 2—23—4
2.2　代号………………………………… 2—23—5
3　材料 …………………………………… 2—23—5
3.1　一般规定…………………………… 2—23—5
3.2　质量要求…………………………… 2—23—5
3.3　运输和贮存………………………… 2—23—5
4　管道设计 ………………………………… 2—23—6
4.1　一般规定…………………………… 2—23—6
4.2　管道水力计算……………………… 2—23—6
4.3　管道布置…………………………… 2—23—7
5　管道连接 ………………………………… 2—23—8
5.1　一般规定…………………………… 2—23—8
5.2　热熔连接…………………………… 2—23—9
5.3　电熔连接 ………………………… 2—23—11
5.4　法兰连接 ………………………… 2—23—12
5.5　钢塑转换接头连接 ……………… 2—23—12
6　管道敷设 ……………………………… 2—23—12
6.1　一般规定 ………………………… 2—23—12
6.2　管道埋地敷设 …………………… 2—23—12
6.3　插入管敷设 ……………………… 2—23—13
6.4　管道穿越 ………………………… 2—23—13
7　试验与验收 …………………………… 2—23—13
7.1　一般规定 ………………………… 2—23—13
7.2　管道吹扫 ………………………… 2—23—14
7.3　强度试验 ………………………… 2—23—14
7.4　严密性试验 ……………………… 2—23—14
7.5　工程竣工验收 …………………… 2—23—14
本规程用词说明 ………………………… 2—23—14
附：条文说明……………………………… 2—23—15

1 总 则

1.0.1 为使埋地输送城镇燃气用聚乙烯管道和钢骨架聚乙烯复合管道工程的设计、施工和验收，符合经济合理、安全施工的要求，确保工程质量和安全供气，制定本规程。

1.0.2 本规程适用于工作温度在－20～40℃，公称直径不大于630mm，最大允许工作压力不大于0.7MPa的埋地输送城镇燃气用聚乙烯管道和钢骨架聚乙烯复合管道工程的设计、施工及验收。

1.0.3 **聚乙烯管道和钢骨架聚乙烯复合管道严禁用于室内地上燃气管道和室外明设燃气管道。**

1.0.4 由聚乙烯管道和钢骨架聚乙烯复合管道输送的城镇燃气质量应符合现行国家标准《城镇燃气设计规范》GB 50028的规定。

1.0.5 承担埋地输送城镇燃气用聚乙烯管道和钢骨架聚乙烯复合管道工程的设计、施工、监理单位必须具有相应资质；施工人员应经过专业技术培训后，方可上岗。

1.0.6 埋地输送城镇燃气用聚乙烯管道和钢骨架聚乙烯复合管道工程的设计、施工和验收，除应执行本规程外，尚应符合国家现行有关标准的规定。

2 术语、代号

2.1 术 语

2.1.1 聚乙烯燃气管道 polyethylene (PE) fuel gas pipeline

由燃气用聚乙烯管材、管件、阀门及附件组成的管道系统。聚乙烯管材是用聚乙烯混配料通过挤出成型工艺生产的管材；聚乙烯管件是用聚乙烯混配料通过注塑成型等工艺生产的管件。

2.1.2 钢骨架聚乙烯复合管道 steel skeleton polyethylene (PE) composite pipeline

由钢骨架聚乙烯复合管和管件组成。钢骨架聚乙烯复合管包括：钢丝网（焊接）骨架聚乙烯复合管、钢丝网（缠绕）骨架聚乙烯复合管、孔网钢带聚乙烯复合管。

钢丝网（焊接）骨架聚乙烯复合管是以聚乙烯混配料为主要原料，经纬线以一定螺旋角焊接成管状的钢丝网为增强骨架，经挤出复合成型工艺生产的管材。

钢丝网（缠绕）骨架聚乙烯复合管是以聚乙烯混配料为主要原料，斜向交叉螺旋式缠绕钢丝为增强层，经挤出复合成型工艺生产的管材。

孔网钢带聚乙烯复合管是以聚乙烯混配料为主要原料，焊接成管状的孔网钢带为增强骨架，经挤出复合成型工艺生产的管材。

2.1.3 公称直径 nominal diameter

为便于应用而规定的管道（管材或管件）的标定直径（名义直径），公称直径接近管道真实内径或外径，一般采用整数，单位为mm。

在本规程中，对于聚乙烯管材，公称直径是指公称外径；对于内径系列的钢丝网（焊接）骨架聚乙烯复合管，公称直径是指公称内径；对于外径系列的钢丝网（焊接）骨架聚乙烯复合管、钢丝网（缠绕）骨架聚乙烯复合管和孔网钢带聚乙烯复合管，公称直径是指公称外径。

2.1.4 最大允许工作压力 maximum permit operating pressure

管道系统中允许连续使用的最大压力。

2.1.5 压力折减系数 operating pressure derating coefficients for various operating temperature

管道在20℃以上工作温度下连续使用时，其工作压力与在20℃时工作压力相比的系数。压力折减系数小于或等于1。

2.1.6 聚乙烯焊制管件 polyethylene (PE) fitting from butt fusion

从聚乙烯管材上切割管段，采用角焊机热熔对接焊制的管件。

2.1.7 热熔连接 fusion-jointing

用专用加热工具加热连接部位，使其熔融后，施压连接成一体的连接方式。热熔连接方式有热熔承插连接、热熔对接连接、热熔鞍形连接等。

2.1.8 电熔连接 electrofusion-jointing

采用内埋电阻丝的专用电熔管件，通过专用设备，控制内埋于管件中电阻丝的电压、电流及通电时间，使其达到熔接目的的连接方法。电熔连接方式有电熔承插连接、电熔鞍形连接。

2.1.9 钢塑转换接头 transition fitting for PE plastic pipe to steel pipe

由工厂预制的用于聚乙烯管道与钢管连接的专用管件。

2.1.10 示踪线（带） locating wire/tape

通过专用设备能探测到管道位置的金属导线。

2.1.11 警示带 warning tape

提示地下有城镇燃气管道的标识带。

2.1.12 拖管法敷设 pull-in pipeline through the ground

沿沟槽拖拉管道入位的敷设方法。

2.1.13 喂管法敷设 plant-in pipeline through the ground

在机械开槽同时将管道埋入沟槽的敷设方法。

2.1.14 插入法敷设 polyethylene (PE) pipe insertion in old pipe

在旧管道内插入PE管道，达到更新旧管目的的敷设方法。

2.2 代　　号

DN——公称直径；

MRS——最小要求强度（环向应力）；

PE80——指 *MRS* 为 8.0MPa 的聚乙烯材料；

PE100——指 *MRS* 为 10.0MPa 的聚乙烯材料；

SDR——标准尺寸比，指公称直径与公称壁厚的比值。

3 材　　料

3.1 一 般 规 定

3.1.1 聚乙烯管道和钢骨架聚乙烯复合管道系统中管材、管件、阀门及管道附属设备应符合国家现行有关标准的规定。

3.1.2 用户验收管材、管件时，应按有关标准检查下列项目：

1 检验合格证；

2 检测报告；

3 使用的聚乙烯原料级别和牌号；

4 外观；

5 颜色；

6 长度；

7 不圆度；

8 外径及壁厚；

9 生产日期；

10 产品标志。

当对物理力学性能存在异议时，应委托第三方进行检验。

3.1.3 管材从生产到使用期间，存放时间不宜超过1年，管件不宜超过2年。当超过上述期限时，应重新抽样，进行性能检验，合格后方可使用。管材检验项目应包括：静液压强度（165h/80℃）、热稳定性和断裂伸长率；管件检验项目应包括：静液压强度（165h/80℃）、热熔对接连接的拉伸强度或电熔管件的熔接强度。

3.2 质 量 要 求

3.2.1 埋地用燃气聚乙烯管材、管件和阀门等应符合下列规定：

1 聚乙烯管材应符合现行国家标准《燃气用埋地聚乙烯（PE）管道系统　第1部分：管材》GB 15558.1 的规定。

2 聚乙烯管件应符合现行国家标准《燃气用埋地聚乙烯（PE）管道系统　第2部分：管件》GB 15558.2 的规定。

3 聚乙烯焊制管件的壁厚不应小于对应连接管材壁厚的1.2倍，其物理力学性能应符合现行国家标准《燃气用埋地聚乙烯（PE）管道系统　第2部分：管件》GB 15558.2 的规定。

4 聚乙烯阀门应符合现行国家标准《燃气用埋地聚乙烯（PE）管道系统　第3部分：阀门》GB 15558.3 的规定。

5 钢塑转换接头等应符合相应标准的要求。

3.2.2 埋地用钢骨架聚乙烯复合管材、管件应符合下列规定：

1 内径系列的钢丝网（焊接）骨架聚乙烯复合管材应符合国家现行标准《燃气用钢骨架聚乙烯塑料复合管》CJ/T 125 的规定，与其连接的管件应符合国家现行标准《燃气用钢骨架聚乙烯塑料复合管件》CJ/T 126 的规定。

2 外径系列的钢丝网（焊接）骨架聚乙烯复合管材规格尺寸应符合相关标准的规定，物理力学性能应符合国家现行标准《燃气用钢骨架聚乙烯塑料复合管》CJ/T 125 的规定。

3 钢丝网（缠绕）骨架聚乙烯复合管材应符合国家现行标准《钢丝网骨架塑料（聚乙烯）复合管材及管件》CJ/T 189 的规定。

4 孔网钢带聚乙烯复合管材应符合国家现行标准《燃气用埋地孔网钢带聚乙烯复合管》CJ/T 182 的规定。

3.3 运输和贮存

3.3.1 管材、管件和阀门的运输应符合下列规定：

1 搬运时，不得抛、摔、滚、拖；在冬季搬运时，应小心轻放。当采用机械设备吊装直管时，必须采用非金属绳（带）吊装。

2 管材运输时，应放置在带挡板的平底车上或平坦的船舱内，堆放处不得有可能损伤管材的尖凸物，应采用非金属绳（带）捆扎、固定，并应有防晒措施。

3 管件、阀门运输时，应按箱逐层叠放整齐、固定牢靠，并应有防雨淋措施。

3.3.2 管材、管件和阀门的贮存过程中应符合下列规定：

1 管材、管件和阀门应存放在通风良好的库房或棚内，远离热源，并应有防晒、防雨淋的措施。

2 严禁与油类或化学品混合存放，库区应有防火措施。

3 管材应水平堆放在平整的支撑物或地面上。当直管采用三角形式堆放或两侧加支撑保护的矩形堆放时，堆放高度不宜超过1.5m；当直管采用分层货架存放时，每层货架高度不宜超过1m，堆放总高度不宜超过3m。

4 管件贮存应成箱存放在货架上或叠放在平整地面上；当成箱叠放时，堆放高度不宜超过1.5m。

5 管材、管件和阀门存放时，应按不同规格尺寸和不同类型分别存放，并应遵守“先进先出”原则。

6 管材、管件在户外临时存放时，应采用遮盖物遮盖。

4 管道设计

4.1 一般规定

4.1.1 管道设计应符合城镇燃气总体规划的要求。在可行性研究的基础上，做到远、近期结合，以近期为主。

4.1.2 管材、管件的材质和壁厚以及压力等级选择，应根据地质条件、使用环境、输送的燃气种类、工作压力、施工方式等，经技术经济比较后确定。

4.1.3 聚乙烯管道输送天然气、液化石油气和人工煤气时，其设计压力不应大于管道最大允许工作压力，最大允许工作压力应符合表4.1.3的规定。

表4.1.3 聚乙烯管道的最大允许工作压力（MPa）

城镇燃气种类		PE80		PE100	
		*SDR*11	*SDR*17.6	*SDR*11	*SDR*17.6
天然气		0.50	0.30	0.70	0.40
液化石油气	混空气	0.40	0.20	0.50	0.30
	气态	0.20	0.10	0.30	0.20
人工煤气	干气	0.40	0.20	0.50	0.30
	其他	0.20	0.10	0.30	0.20

4.1.4 钢骨架聚乙烯复合管道输送天然气、液化石油气和人工煤气时，其设计压力不应大于管道最大允许工作压力，最大允许工作压力应符合表4.1.4的规定。

表4.1.4 钢骨架聚乙烯复合管道的最大允许工作压力（MPa）

城镇燃气种类		最大允许工作压力	
		DN≤200mm	*DN*>200mm
天然气		0.7	0.5
液化石油气	混空气	0.5	0.4
	气态	0.2	0.1
人工煤气	干气	0.5	0.4
	其他	0.2	0.1

注：薄壁系列钢骨架聚乙烯复合管道不宜输送城镇燃气。

4.1.5 聚乙烯管道和钢骨架聚乙烯复合管道工作温度在20℃以上时，最大允许工作压力应按工作温度对管道工作压力的折减系数进行折减，压力折减系数应符合表4.1.5的规定。

表4.1.5 工作温度对管道工作压力的折减系数

工作温度 *t*	−20℃≤*t*≤20℃	20℃<*t*≤30℃	30℃<*t*≤40℃
压力折减系数	1.00	0.90	0.76

注：表中工作温度是指管道工作环境的最高月平均温度。

4.1.6 在聚乙烯管道系统中采用聚乙烯管材焊制成型的焊制管件时，其系统工作压力不宜超过0.2MPa；焊制管件应在工厂预制，焊制管件选用的管材公称压力等级不应小于管道系统中管材压力等级的1.2倍，并应在施工过程中对聚乙烯焊制管件采用加固等保护措施。

4.1.7 各种压力级制管道之间应通过调压装置相连。当有可能超过最大允许工作压力时，应设置防止管道超压的安全保护设备。

4.1.8 随管道走向应设计示踪线（带）和警示带。

4.2 管道水力计算

4.2.1 管道计算流量应按计算月的小时最大用气量计算，小时最大用气量应根据所有用户城镇燃气用气量的变化叠加后确定。

4.2.2 管道单位长度摩擦阻力损失应按下列公式计算：

1 低压燃气管道：

$$\frac{\Delta P}{l}=6.26\times10^{7}\lambda\frac{Q^{2}}{d^{5}}\rho\frac{T}{T_{0}} \qquad (4.2.2\text{-}1)$$

$$\frac{1}{\sqrt{\lambda}}=-2\lg\left[\frac{K}{3.7d}+\frac{2.51}{Re\sqrt{\lambda}}\right] \qquad (4.2.2\text{-}2)$$

式中 ΔP——管道摩擦阻力损失（Pa）；
l——管道的计算长度（m）；
Q——管道的计算流量（m^3/h）；
d——管道内径（mm）；
ρ——燃气的密度（kg/m^3）；
T——设计中所采用的燃气温度（K）；
T_0——273.15（K）；
λ——管道摩擦阻力系数；
lg——常用对数；
K——管壁内表面的当量绝对粗糙度（mm），一般取0.01mm；
Re——雷诺数（无量纲）。

2 次高压、中压燃气管道：

$$\frac{P_1^{2}-P_2^{2}}{L}=1.27\times10^{10}\lambda\frac{Q^{2}}{d^{5}}\rho\frac{T}{T_{0}} \qquad (4.2.2\text{-}3)$$

式中 P_1——管道起点的压力（绝对压力，kPa）；
P_2——管道终点的压力（绝对压力，kPa）；

L——管道计算长度（km）。

4.2.3 管道的允许压力降可由该级管网的入口压力至次级管网调压装置允许的最低入口压力之差确定，燃气流速不宜大于 20m/s。

4.2.4 管道局部阻力损失可按管道摩擦阻力损失的 5%～10%计算。

4.2.5 低压管道从调压装置到最远燃具的管道允许阻力损失可按下式计算：

$$\Delta P_{d}=0.75P_{n}+150 \quad (4.2.5)$$

式中 ΔP_{d}——从调压装置到最远燃具的管道允许阻力损失（Pa），ΔP_{d} 含室内燃气管道允许阻力损失；

P_{n}——低压燃具的额定压力（Pa）。

4.3 管道布置

4.3.1 聚乙烯管道和钢骨架聚乙烯复合管道不得从建筑物或大型构筑物的下面穿越（不包括架空的建筑物和立交桥等大型构筑物）；不得在堆积易燃、易爆材料和具有腐蚀性液体的场地下面穿越；不得与非燃气管道或电缆同沟敷设。

4.3.2 聚乙烯管道和钢骨架聚乙烯复合管道与热力管道之间的水平净距和垂直净距，不应小于表 4.3.2-1 和表 4.3.2-2 的规定，并应确保燃气管道周围土壤温度不大于 40℃；与建筑物、构筑物或其他相邻管道之间的水平净距和垂直净距，应符合现行国家标准《城镇燃气设计规范》GB 50028 的规定。当直埋蒸汽热力管道保温层外壁温度不大于 60℃时，水平净距可减半。

表 4.3.2-1 聚乙烯管道和钢骨架聚乙烯复合管道与热力管道之间的水平净距

项目			地下燃气管道（m）			
			低压	中压		次高压
				B	A	B
热力管	直埋	热水	1.0	1.0	1.0	1.5
		蒸汽	2.0	2.0	2.0	3.0
	在管沟内（至外壁）		1.0	1.5	1.5	2.0

表 4.3.2-2 聚乙烯管道和钢骨架聚乙烯复合管道与热力管道之间的垂直净距

项目		燃气管道（当有套管时，从套管外径计）（m）
热力管	燃气管在直埋管上方	0.5（加套管）
	燃气管在直埋管下方	1.0（加套管）
	燃气管在管沟上方	0.2（加套管）或 0.4
	燃气管在管沟下方	0.3（加套管）

4.3.3 聚乙烯管道和钢骨架聚乙烯复合管道埋设的最小覆土厚度（地面至管顶）应符合下列规定：

1 埋设在车行道下，不得小于 0.9m；

2 埋设在非车行道（含人行道）下，不得小于 0.6m；

3 埋设在机动车不可能到达的地方时，不得小于 0.5m；

4 埋设在水田下时，不得小于 0.8m。

4.3.4 聚乙烯管道和钢骨架聚乙烯复合管道的地基宜为无尖硬土石的原土层。当原土层有尖硬土石时，应铺垫细砂或细土。对可能引起管道不均匀沉降的地段，地基应进行处理或采取其他防沉降措施。

4.3.5 当聚乙烯管道和钢骨架聚乙烯复合管道在输送含有冷凝液的燃气时，应埋设在土壤冰冻线以下，并设置凝水缸。管道坡向凝水缸的坡度不宜小于 0.003。

4.3.6 当聚乙烯管道和钢骨架聚乙烯复合管道穿越排水管沟、联合地沟、隧道及其他各种用途沟槽（不含热力管沟）时，应将聚乙烯管道和钢骨架聚乙烯复合管道敷设于硬质套管内，套管伸出构筑物外壁不应小于本规程第 4.3.2 条规定的水平净距，套管两端和套管与建筑物间应采用柔性的防腐、防水材料密封。

4.3.7 当聚乙烯管道和钢骨架聚乙烯复合管道穿越铁路、高速公路、电车轨道和城镇主要干道时，宜垂直穿越，并应符合现行国家标准《城镇燃气设计规范》GB 50028 的规定。

4.3.8 当聚乙烯管道和钢骨架聚乙烯复合管道通过河流时，可采用河底穿越，并应符合下列规定：

1 聚乙烯管道和钢骨架聚乙烯复合管道至规划河底的覆土厚度，应根据水流冲刷条件确定，对不通航河流覆土厚度不应小于 0.5m；对通航的河流覆土厚度不应小于 1.0m，同时还应考虑疏浚和抛锚深度。

2 稳管措施应根据计算确定。

3 在埋设聚乙烯管道和钢骨架聚乙烯复合管道位置的河流两岸上、下游应设立标志。

4.3.9 在次高压、中压聚乙烯管道和钢骨架聚乙烯复合管道上，以及低压钢骨架聚乙烯复合管道上，应设置分段阀门，并宜在阀门两侧设置放散管；在低压聚乙烯管道支管的起点处，宜设置阀门。

4.3.10 聚乙烯管道和钢骨架聚乙烯复合管道系统上的检测管、凝水缸的排水管、水封阀和阀门，均应设置护罩或护井。

4.3.11 聚乙烯管道和钢骨架聚乙烯复合管道作引入管，与建筑物外墙或内墙上安装的调压箱相连时，接管出地面，应采取保护和密封措施，不应裸露，且不宜直接引入建筑物内。当聚乙烯管道和钢骨架聚乙烯复合管道必需穿越建（构）筑物基础、外墙或敷设在墙内时，应采用硬质套管保护，并应符合现行国家标准《城镇燃气设计规范》GB 50028 的规定。

5 管道连接

5.1 一般规定

5.1.1 管道连接前应对管材、管件及管道附属设备按设计要求进行核对，并应在施工现场进行外观检查，管材表面划伤深度不应超过管材壁厚的10%，符合要求方可使用。

5.1.2 聚乙烯管材与管件的连接和钢骨架聚乙烯复合管材与管件的连接，必须根据不同连接形式选用专用的连接机具，不得采用螺纹连接或粘接。连接时，严禁采用明火加热。

5.1.3 聚乙烯管道系统连接还应符合下列规定：

1 聚乙烯管材、管件的连接应采用热熔对接连接或电熔连接（电熔承插连接、电熔鞍形连接）；聚乙烯管道与金属管道或金属附件连接，应采用法兰连接或钢塑转换接头连接；采用法兰连接时宜设置检查井。

2 不同级别和熔体质量流动速率差值不小于0.5g/10min（190℃，5kg）的聚乙烯原料制造的管材、管件和管道附属设备，以及焊接端部标准尺寸比（*SDR*）不同的聚乙烯燃气管道连接时，必须采用电熔连接。

3 公称直径小于90mm的聚乙烯管道宜采用电熔连接。

5.1.4 钢骨架聚乙烯复合管材、管件连接，应采用电熔承插连接或法兰连接；钢骨架聚乙烯复合管与金属管或管道附件（金属）连接，应采用法兰连接，并应设置检查井。

5.1.5 管道热熔或电熔连接的环境温度宜在－5～45℃范围内。在环境温度低于－5℃或风力大于5级的条件下进行热熔或电熔连接操作时，应采取保温、防风措施，并应调整连接工艺；在炎热的夏季进行热熔或电熔连接操作时，应采取遮阳措施。

5.1.6 当管材、管件存放处与施工现场温差较大时，连接前应将管材、管件在施工现场放置一定时间，使其温度接近施工现场温度。

5.1.7 管道连接时，聚乙烯管材的切割应采用专用割刀或切管工具，切割端面应平整、光滑、无毛刺，端面应垂直于管轴线；钢骨架聚乙烯复合管材的切割应采用专用切管工具，切割端面应平整、垂直于管轴线，并应采用聚乙烯材料封焊端面，严禁使用端面未封焊的管材。

5.1.8 管道连接时，每次收工，管口应采取临时封堵措施。

5.1.9 管道连接结束后，应按本规程第5.2～5.5节中的有关规定进行接头质量检查。不合格者必须返工，返工后重新进行接头质量检查。当对焊接质量检查有争议时，应按表5.1.9-1、表5.1.9-2、表5.1.9-3规定进行评定检验。

表5.1.9-1 热熔对接焊接工艺评定检验与试验要求

序号	检验与试验项目	检验与试验参数	检验与试验要求	检验与试验方法
1	拉伸性能	23±2℃	试验到破坏为止： （1）韧性，通过； （2）脆性，未通过	《聚乙烯（PE）管材和管件 热熔对接接头 拉伸强度和破坏形式的测定》GB/T 19810
2	耐压（静液压）强度试验	（1）密封接头，a型； （2）方向，任意； （3）调节时间，12h； （4）试验时间，165h； （5）环应力： ①PE80，4.5MPa； ②PE100，5.4MPa； （6）试验温度，80℃	焊接处无破坏，无渗漏	《流体输送用热塑性塑料管材耐内压试验方法》GB/T 6111

表5.1.9-2 电熔承插焊接工艺评定检验与试验要求

序号	检验与试验项目	检验与试验参数	检验与试验要求	检验与试验方法
1	电熔管件剖面检验	—	电熔管件中的电阻丝应当排列整齐，不应当有涨出、裸露、错行，焊后不游离，管件与管材熔接面上无可见界线，无虚焊、过焊气泡等影响性能的缺陷	《燃气用聚乙烯管道焊接技术规则》TSG D2002
2	*DN*＜90挤压剥离试验	23±2℃	剥离脆性破坏百分比≤33.3%	《塑料管材和管件 聚乙烯电熔组件的挤压剥离试验》GB/T 19806
3	*DN*≥90拉伸剥离试验	23±2℃	剥离脆性破坏百分比≤33.3%	《塑料管材和管件公称直径大于或等于90mm的聚乙烯电熔组件的拉伸剥离试验》GB/T 19808

续表 5.1.9-2

序号	检验与试验项目	检验与试验参数	检验与试验要求	检验与试验方法
4	耐压（静液压）强度试验	(1)密封接头，a型； (2)方向，任意； (3)调节时间，12h； (4)试验时间，165h； (5)环应力： ①PE80，4.5MPa； ②PE100，5.4MPa； (6)试验温度 80℃	焊接处无破坏，无渗漏	《流体输送用热塑性塑料管材耐内压试验方法》GB/T 6111

表 5.1.9-3 电熔鞍形焊接工艺评定检验与试验要求

序号	检验与试验项目	检验与试验参数	检验与试验要求	检验与试验方法
1	$DN \leqslant 225$ 挤压剥离试验	23±2℃	剥离脆性破坏百分比≤33.3%	《塑料管材和管件 聚乙烯电熔组件的挤压剥离试验》GB/T 19806
2	$DN > 225$ 撕裂剥离试验	23±2℃	剥离脆性破坏百分比≤33.3%	《燃气用聚乙烯管道焊接技术规则》TSG D2002

5.2 热熔连接

5.2.1 热熔对接连接设备应符合下列规定：

1 机架应坚固稳定，并应保证加热板和铣削工具切换方便及管材或管件方便地移动和校正对中。

2 夹具应能固定管材或管件，并应使管材或管件快速定位或移开。

3 铣刀应为双面铣削刀具，应将待连接的管材或管件端面铣削成垂直于管材中轴线的清洁、平整、平行的匹配面。

4 加热板表面结构应完整，并保持洁净，温度分布应均匀，允许偏差应为设定温度的±5℃。

5 压力系统的压力显示分度值不应大于 0.1MPa。

6 焊接设备使用的电源电压波动范围不应大于额定电压的±15%。

7 热熔对接连接设备应定期校准和检定，周期不宜超过 1 年。

5.2.2 热熔对接连接的焊接工艺应符合图 5.2.2 的规定，焊接参数应符合表 5.2.2-1 和表 5.2.2-2 的规定。

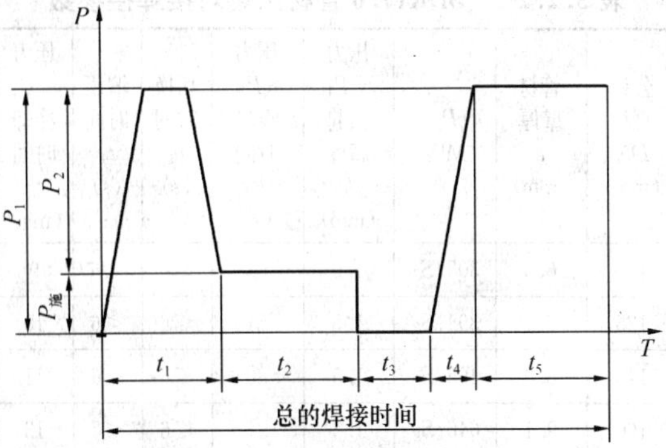

图 5.2.2 热熔对接焊接工艺

P_1——总的焊接压力(表压，MPa)，$P_1 = P_2 + P_{拖}$；

P_2——焊接规定的压力（表压，MPa）；

$P_{拖}$——拖动压力（表压，MPa）；

t_1——卷边达到规定高度的时间；

t_2——焊接所需要的吸热时间，t_2＝管材壁厚×10；

t_3——切换所规定的时间（s）；

t_4——调整压力到 P_1 所规定的时间（s）；

t_5——冷却时间（min）。

表 5.2.2-1 *SDR*11 管材热熔对接焊接参数

公称直径 DN (mm)	管材壁厚 e (mm)	P_2 (MPa)	压力$=P_1$ 凸起高度 h (mm)	压力$\approx P_{拖}$ 吸热时间 t_2 (s)	切换时间 t_3 (s)	增压时间 t_4 (s)	压力$=P_1$ 冷却时间 t_5 (min)
75	6.8	$219/S_2$	1.0	68	≤5	<6	≥10
90	8.2	$315/S_2$	1.5	82	≤6	<7	≥11
110	10.0	$471/S_2$	1.5	100	≤6	<7	≥14
125	11.4	$608/S_2$	1.5	114	≤6	<8	≥15
140	12.7	$763/S_2$	2.0	127	≤8	<8	≥17
160	14.5	$996/S_2$	2.0	145	≤8	<9	≥19
180	16.4	$1261/S_2$	2.0	164	≤8	<10	≥21
200	18.2	$1557/S_2$	2.0	182	≤8	<11	≥23
225	20.5	$1971/S_2$	2.5	205	≤10	<12	≥26
250	22.7	$2433/S_2$	2.5	227	≤10	<13	≥28
280	25.5	$3052/S_2$	2.5	255	≤12	<14	≥31
315	28.6	$3862/S_2$	3.0	286	≤12	<15	≥35
355	32.3	$4906/S_2$	3.0	323	≤12	<17	≥39
400	36.4	$6228/S_2$	3.0	364	≤12	<19	≥44
450	40.9	$7882/S_2$	3.5	409	≤12	<21	≥50
500	45.5	$9731/S_2$	3.5	455	≤12	<23	≥55
560	50.9	$12207/S_2$	4.0	509	≤12	<25	≥61
630	57.3	$15450/S_2$	4.0	573	≤12	<29	≥67

注：1 以上参数基于环境温度为 20℃；

2 热板表面温度：PE80 为 210±10℃，PE100 为 225±10℃；

3 S_2 为焊机液压缸中活塞的总有效面积(mm^2)，由焊机生产厂家提供。

表 5.2.2-2　*SDR*17.6 管材热熔对接焊接参数

公称直径 *DN* (mm)	管材壁厚 *e* (mm)	P_2 (MPa)	压力 $=P_1$ 凸起高度 *h* (mm)	压力 $\approx P_{拖}$ 吸热时间 t_2 (s)	切换时间 t_3 (s)	增压时间 t_4 (s)	压力 $=P_1$ 冷却时间 t_5 (min)
110	6.3	$305/S_2$	1.0	63	≤5	<6	9
125	7.1	$394/S_2$	1.5	71	≤6	<6	10
140	8.0	$495/S_2$	1.5	80	≤6	<6	11
160	9.1	$646/S_2$	1.5	91	≤6	<7	13
180	10.2	$818/S_2$	1.5	102	≤6	<7	14
200	11.4	$1010/S_2$	1.5	114	≤6	<8	15
225	12.8	$1278/S_2$	2.0	128	≤8	<8	17
250	14.2	$1578/S_2$	2.0	142	≤8	<9	19
280	15.9	$1979/S_2$	2.0	159	≤8	<10	20
315	17.9	$2505/S_2$	2.0	179	≤8	<11	23
355	20.2	$3181/S_2$	2.5	202	≤10	<12	25
400	22.7	$4039/S_2$	2.5	227	≤10	<13	28
450	25.6	$5111/S_2$	2.5	256	≤10	<14	32
500	28.4	$6310/S_2$	3.0	284	≤12	<15	35
560	31.8	$7916/S_2$	3.0	318	≤12	<17	39
630	35.8	$10018/S_2$	3.0	358	≤12	<18	44

注：1　以上参数基于环境温度为20℃；
2　热板表面温度：PE80为210±10℃，PE100为225±10℃；
3　S_2为焊机液压缸中活塞的总有效面积(mm^2)，由焊机生产厂家提供。

5.2.3　热熔对接连接操作应符合下列规定：

1　根据管材或管件的规格，选用相应的夹具，将连接件的连接端伸出夹具，自由长度不应小于公称直径的10%，移动夹具使连接件端面接触，并校直对应的待连接件，使其在同一轴线上，错边不应大于壁厚的10%。

2　应将聚乙烯管材或管件的连接部位擦拭干净，并铣削连接件端面，使其与轴线垂直。切削平均厚度不宜大于0.2mm，切削后的熔接面应防止污染。

3　连接件的端面应采用热熔对接连接设备加热。

4　吸热时间达到工艺要求后，应迅速撤出加热板，检查连接件加热面熔化的均匀性，不得有损伤。在规定的时间内用均匀外力使连接面完全接触，并翻边形成均匀一致的对称凸缘。

5　在保压冷却期间不得移动连接件或在连接件上施加任何外力。

5.2.4　热熔对接连接接头质量检验应符合下列规定：

1　连接完成后，应对接头进行100%的翻边对称性、接头对正性检验和不少于10%的翻边切除检验。

2　翻边对称性检验。接头应具有沿管材整个圆周平滑对称的翻边，翻边最低处的深度（*A*）不应低于管材表面（图5.2.4-1）。

3　接头对正性检验。焊缝两侧紧邻翻边的外圆周的任何一处错边量（*V*）不应超过管材壁厚的10%（图5.2.4-2）。

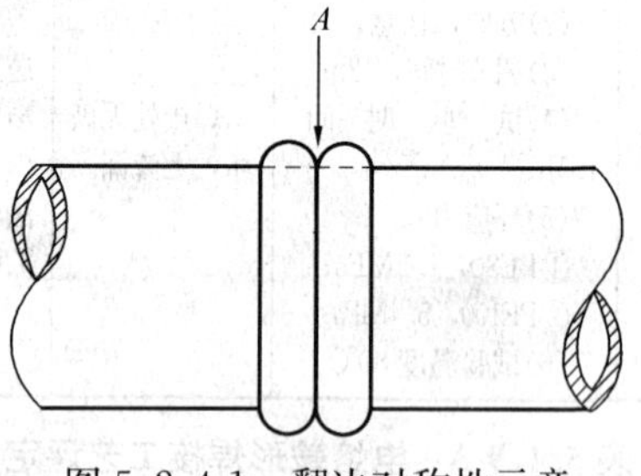

图 5.2.4-1　翻边对称性示意

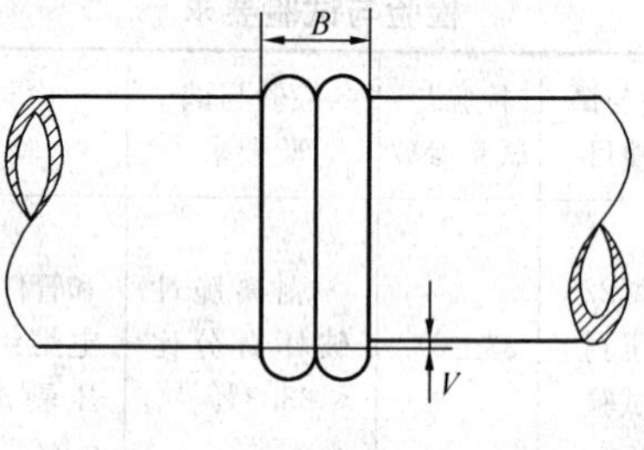

图 5.2.4-2　接头对正性示意

4　翻边切除检验。应使用专用工具，在不损伤管材和接头的情况下，切除外部的焊接翻边（图5.2.4-3）。翻边切除检验应符合下列要求：

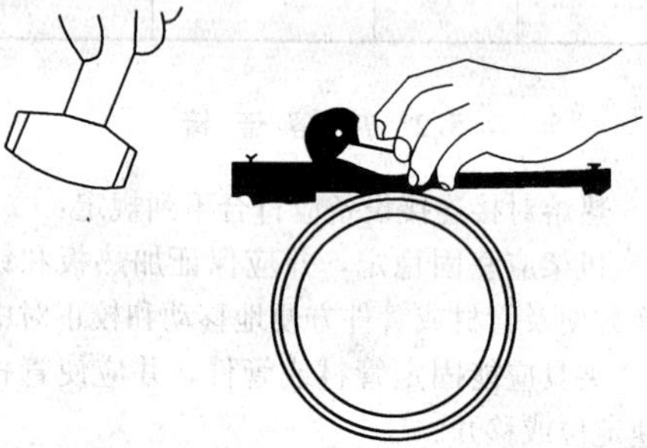

图 5.2.4-3　翻边切除示意

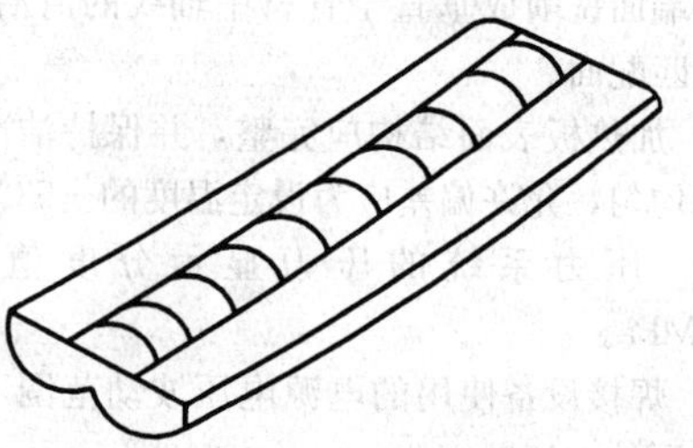

图 5.2.4-4　合格实心翻边示意

1）翻边应是实心圆滑的，根部较宽（图5.2.4-4）。

2）翻边下侧不应有杂质、小孔、扭曲和损坏。

3）每隔 50mm 进行 180°的背弯试验（图 5.2.4-5），不应有开裂、裂缝，接缝处不得露出熔合线。

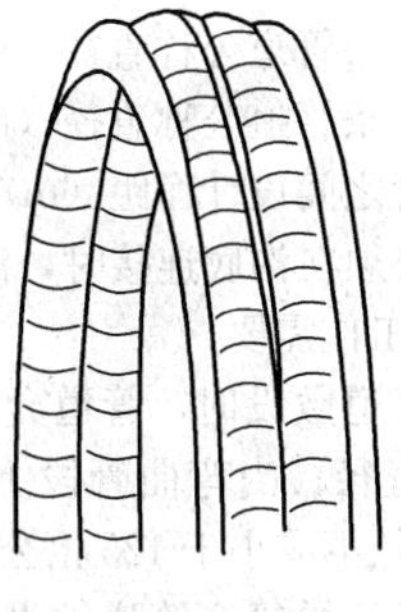

图 5.2.4-5　翻边背弯试验示意

5　当抽样检验的焊缝全部合格时，则此次抽样所代表的该批焊缝应认为全部合格；若出现与上述条款要求不符合的情况，则判定本焊缝不合格，并应按下列规定加倍抽样检验：

1）每出现一道不合格焊缝，则应加倍抽检该焊工所焊的同一批焊缝，按本规程进行检验。

2）如第二次抽检仍出现不合格焊缝，则应对该焊工所焊的同批全部焊缝进行检验。

5.3　电　熔　连　接

5.3.1　电熔连接机具应符合下列规定：

1　电熔连接机具的类型应符合电熔管件的要求。

2　电熔连接机具应在国家电网供电或发电机供电情况下，均可正常工作。

3　外壳防护等级不应低于 IP54，所有线路板应进行防水、防尘、防震处理，开关、按钮应具有防水性。

4　输入和输出电缆，当超过－10～40℃工作范围时，应能保持柔韧性。

5　温度传感器精度不应低于±1℃，并应有防机械损伤保护。

6　输出电压的允许偏差应控制在设定电压的±1.5%以内；输出电流的允许偏差应控制在额定电流的±1.5%以内；熔接时间的允许偏差应控制在理论时间的±1%以内。

7　电熔连接设备应定期校准和检定，周期不宜超过 1 年。

5.3.2　电熔连接机具与电熔管件应正确连通，连接时，通电加热的电压和加热时间应符合电熔连接机具和电熔管件生产企业的规定。

5.3.3　电熔连接冷却期间，不得移动连接件或在连接件上施加任何外力。

5.3.4　电熔承插连接操作应符合下列规定：

1　应将管材、管件连接部位擦拭干净。

2　测量管件承口长度，并在管材插入端或插口管件插入端标出插入长度和刮除插入长度加 10mm 的插入段表皮，刮削氧化皮厚度宜为 0.1～0.2mm。

3　钢骨架聚乙烯复合管道和公称直径小于 90mm 的聚乙烯管道，以及管材不圆度影响安装时，应采用整圆工具对插入端进行整圆。

4　将管材或管件插入端插入电熔承插管件承口内，至插入长度标记位置，并应检查配合尺寸。

5　通电前，应校直两对应的连接件，使其在同一轴线上，并应采用专用夹具固定管材、管件。

5.3.5　电熔鞍形连接操作应符合下列规定：

1　应采用机械装置固定干管连接部位的管段，使其保持直线度和圆度。

2　应将管材连接部位擦拭干净，并宜采用刮刀刮除管材连接部位表皮。

3　通电前，应将电熔鞍形连接管件用机械装置固定在管材连接部位。

5.3.6　电熔连接接头质量检验应符合下列规定：

1　电熔承插连接

1）电熔管件端口处的管材或插口管件周边应有明显刮皮痕迹和明显的插入长度标记。

2）聚乙烯管道系统，接缝处不应有熔融料溢出；钢骨架聚乙烯复合管道系统，采用钢骨架电熔管件连接时，接缝处可允许局部有少量溢料，溢边量（轴向尺寸）不得超过表 5.3.6 的规定。

表 5.3.6　钢骨架电熔管件连接允许溢边量
（轴向尺寸）（mm）

公称直径 *DN*	50≤*DN*≤300	300＜*DN*≤500
溢出电熔管件边缘量	10	15

3）电熔管件内电阻丝不应挤出（特殊结构设计的电熔管件除外）。

4）电熔管件上观察孔中应能看到有少量熔融料溢出，但溢料不得呈流淌状。

5）凡出现与上述条款不符合的情况，应判为不合格。

2　电熔鞍形连接

1）电熔鞍形管件周边的管材上应有明显刮皮痕迹。

2）鞍形分支或鞍形三通的出口应垂直于管材的中心线。

3）管材壁不应塌陷。

4）熔融料不应从鞍形管件周边溢出。

5）鞍形管件上观察孔中应能看到有少量熔融料溢出，但溢料不得呈流淌状。

6）凡出现与上述条款不符合的情况，应判为不合格。

5.4 法兰连接

5.4.1 金属管端法兰盘与金属管道连接应符合金属管道法兰连接的规定和设计要求。

5.4.2 聚乙烯管端或钢骨架聚乙烯复合管端的法兰盘连接应符合下列规定：

1 应将法兰盘套入待连接的聚乙烯法兰连接件的端部。

2 应按本规程规定的热熔连接或电熔连接的要求，将法兰连接件平口端与聚乙烯管道或钢骨架聚乙烯复合管道进行连接。

5.4.3 两法兰盘上螺孔应对中，法兰面相互平行，螺栓孔与螺栓直径应配套，螺栓规格应一致，螺母应在同一侧；紧固法兰盘上的螺栓应按对称顺序分次均匀紧固，不应强力组装；螺栓拧紧后宜伸出螺母1～3丝扣。

5.4.4 法兰密封面、密封件不得有影响密封性能的划痕、凹坑等缺陷，材质应符合输送城镇燃气的要求。

5.4.5 法兰盘、紧固件应经防腐处理，并应符合设计要求。

5.5 钢塑转换接头连接

5.5.1 钢塑转换接头的聚乙烯管端与聚乙烯管道或钢骨架聚乙烯复合管道的连接应符合本规程相应的热熔连接或电熔连接的规定。

5.5.2 钢塑转换接头钢管端与金属管道连接应符合相应的钢管焊接或法兰连接的规定。

5.5.3 钢塑转换接头钢管端与钢管焊接时，在钢塑过渡段应采取降温措施。

5.5.4 钢塑转换接头连接后应对接头进行防腐处理，防腐等级应符合设计要求，并检验合格。

6 管道敷设

6.1 一般规定

6.1.1 聚乙烯管道和钢骨架聚乙烯复合管道土方工程施工应符合国家现行标准《城镇燃气输配工程施工及验收规范》CJJ 33 的相关规定。

6.1.2 管道沟槽的沟底宽度和工作坑尺寸，应根据现场实际情况和管道敷设方法确定，也可按下列公式确定：

1 单管敷设（沟边连接）：

$$a = DN + 0.3 \qquad (6.1.2\text{-}1)$$

2 双管同沟敷设（沟边连接）：

$$a = DN_1 + DN_2 + S + 0.3 \qquad (6.1.2\text{-}2)$$

式中 a——沟底宽度（m）；

DN——管道公称直径（m）；

DN_1——第一条管道公称直径（m）；

DN_2——第二条管道公称直径（m）；

S——两管之间设计净距（m）。

3 当管道必须在沟底连接时，沟底宽度应加大，以满足连接机具工作需要。

6.1.3 聚乙烯管道敷设时，管道允许弯曲半径不应小于25倍公称直径；当弯曲管段上有承口管件时，管道允许弯曲半径不应小于125倍公称直径。

6.1.4 钢骨架聚乙烯复合管道敷设时，钢丝网骨架聚乙烯复合管道允许弯曲半径应符合表6.1.4-1的规定，孔网钢带聚乙烯复合管道允许弯曲半径应符合表6.1.4-2的规定。

表6.1.4-1 钢丝网骨架聚乙烯复合管道允许弯曲半径（mm）

管道公称直径 DN	允许弯曲半径 R
$50 \leqslant DN \leqslant 150$	$80DN$
$150 < DN \leqslant 300$	$100DN$
$300 < DN \leqslant 500$	$110DN$

表6.1.4-2 孔网钢带聚乙烯复合管道允许弯曲半径（mm）

管道公称直径 DN	允许弯曲半径 R
$50 \leqslant DN \leqslant 110$	$150DN$
$140 < DN \leqslant 250$	$250DN$
$DN \geqslant 315$	$350DN$

6.1.5 管道在地下水位较高的地区或雨季施工时，应采取降低水位或排水措施，及时清除沟内积水。管道在漂浮状态下严禁回填。

6.2 管道埋地敷设

6.2.1 对开挖沟槽敷设管道（不包括喂管法埋地敷设），管道应在沟底标高和管基质量检查合格后，方可敷设。

6.2.2 管道下管时，不得采用金属材料直接捆扎和吊运管道，并应防止管道划伤、扭曲或承受过大的拉伸和弯曲。

6.2.3 聚乙烯管道宜蜿蜒状敷设，并可随地形自然弯曲敷设；钢骨架聚乙烯复合管道宜自然直线敷设。管道弯曲半径应符合本规程第6.1.3、6.1.4条的规定。不得使用机械或加热方法弯曲管道。

6.2.4 管道与建筑物、构筑物或相邻管道之间的水平和垂直净距，应符合本规程第4.3.2条的规定。

6.2.5 管道埋设的最小覆土厚度应符合本规程第4.3.3条的规定。

6.2.6 管道敷设时，应随管走向埋设金属示踪线（带）、警示带或其他标识。

示踪线（带）应贴管敷设，并应有良好的导电性、有效的电气连接和设置信号源井。

警示带敷设应符合下列规定：

1 警示带宜敷设在管顶上方 300～500mm 处，但不得敷设于路基或路面里。

2 对直径不大于400mm的管道，可在管道正上方敷设一条警示带；对直径大于或等于 400mm 的管道，应在管道正上方平行敷设二条水平净距 100～200mm 的警示带。

3 警示带宜采用聚乙烯或不易分解的材料制造，颜色应为黄色，且在警示带上印有醒目、永久性警示语。

6.2.7 聚乙烯盘管或因施工条件限制的聚乙烯直管或钢骨架聚乙烯复合管道采用拖管法埋地敷设时，在管道拖拉过程中，沟底不应有可能损伤管道表面的石块和尖凸物，拖拉长度不宜超过 300m。

1 聚乙烯管道的最大拖拉力应按下式计算：

$$F = 15DN^2/SDR \qquad (6.2.7)$$

式中 F——最大拖拉力（N）；

DN——管道公称直径（mm）；

SDR——标准尺寸比。

2 钢骨架聚乙烯复合管道的最大拖拉力不应大于其屈服拉伸应力的 50%。

6.2.8 聚乙烯盘管采用喂管法埋地敷设时，警示带敷设应符合本规程第 6.2.6 条的规定，并随管道同时喂入管沟，管道弯曲半径应符合本规程第 6.1.3、6.1.4 条的规定。

6.3 插入管敷设

6.3.1 本节适用于插入管外径不大于旧管内径 90% 的插入管敷设。

6.3.2 插入起止段应开挖一段工作坑，其长度应满足施工要求，并应保证管道允许弯曲半径符合本规程第 6.1.3、6.1.4 条的规定，工作坑间距不宜超过 300m。

6.3.3 管道插入前，应使用清管设备清除旧管内壁沉积物、尖锐毛刺、焊瘤和其他杂物，并采用压缩空气吹净管内杂物。必要时，应采用管道内窥镜检查旧管内壁清障程度，或将聚乙烯管段拉过旧管，通过检查聚乙烯管段表面划痕，判断旧管内壁清障程度。

6.3.4 插入敷设的管道应按本规程第 5 章要求进行热熔或电熔连接；必要时，可切除热熔对接连接的外翻边或电熔连接的接线柱。

6.3.5 管道插入前，应对已连接管道的全部焊缝逐个进行检查，并在安全防护措施得到有效保证后，进行检漏，合格后方可施工。插入后，应随管道系统对插入管进行强度试验和严密性试验。

6.3.6 插入敷设时，必须在旧管插入端口加装一个硬度较小的漏斗形导滑口。

6.3.7 插入管采用拖拉法敷设时，拖拉力应符合本规程第 6.2.7 条的规定。

6.3.8 插入管伸出旧管端口的长度应满足管道缩径恢复和管道收缩以及管道连接的要求。

6.3.9 在两插入段之间，必须留出冷缩余量和管道不均匀沉降余量，并在每段适当长度加以铆固或固定。在各管段端口，插入管与旧管之间的环形空间应采用柔性材料封堵。管段之间的旧管开口处应设套管保护。

6.3.10 当在插入管上接分支管时，应在干管恢复缩径并经 24h 松弛后，方可进行。

6.4 管道穿越

6.4.1 管道穿越铁路、道路、河流、其他管道和地沟的敷设期限、程序以及施工组织方案，应征得有关管理部门的同意，并应符合本规程第 4 章的有关规定。

6.4.2 管道穿越施工时，必须保证穿越段周围建筑物、构筑物不发生沉陷、位移和破坏。

6.4.3 管道穿越时，管道承受的拖拉力应符合本规程第 6.2.7 条的规定。

7 试验与验收

7.1 一般规定

7.1.1 聚乙烯管道和钢骨架聚乙烯复合管道安装完毕后应依次进行管道吹扫、强度试验和严密性试验。管道的试验与验收除应符合本规程的规定外，还应符合国家现行标准《城镇燃气输配工程施工及验收规范》CJJ 33 的相关规定。

7.1.2 开槽敷设的管道系统应在回填土回填至管顶 0.5m 以上后，依次进行吹扫、强度试验和严密性试验。

采用拖管法、喂管法和插入法敷设的管道，应在管道敷设前预先对管段进行检漏；敷设后，应对管道系统依次进行吹扫、强度试验和严密性试验。

7.1.3 吹扫、强度试验和严密性试验的介质应采用压缩空气，其温度不宜超过 40℃；压缩机出口端应安装油水分离器和过滤器。

7.1.4 在吹扫、强度试验和严密性试验时，管道应与无关系统和已运行的系统隔离，并应设置明显标志，不得用阀门隔离。

7.1.5 强度试验和严密性试验前应具备下列条件：

1 在强度试验和严密性试验前，应编制强度试验和严密性试验的试验方案。

2 管道系统安装检查合格后，应及时回填。

3 管件的支墩、锚固设施已达设计强度；未设支墩及锚固设施的弯头和三通，应采取加固措施。

4 试验管段所有敞口应封堵，但不得采用阀门做堵板。

5 管线的试验段所有阀门必须全部开启。

6 管道吹扫完毕。

7.1.6 进行强度试验和严密性试验时，漏气检查可使用洗涤剂或肥皂液等发泡剂，检查完毕，应及时用水冲去管道上的洗涤剂或肥皂液等发泡剂。

7.1.7 聚乙烯管道和钢骨架聚乙烯复合管道强度试验和严密性试验时，所发现的缺陷，必须待试验压力降至大气压后进行处理，处理合格后应重新进行试验。

7.2 管道吹扫

7.2.1 管道安装完毕，由施工单位负责组织吹扫工作，并应在吹扫前编制吹扫方案。

7.2.2 吹扫口应设在开阔地段，并采取加固措施；排气口应进行接地处理。吹扫时应设安全区域，吹扫出口处严禁站人。

7.2.3 吹扫气体压力不应大于0.3MPa。

7.2.4 吹扫气体流速不宜小于20m/s，且不宜大于40m/s。

7.2.5 每次吹扫管道的长度，应根据吹扫介质、压力、气量来确定，不宜超过500m。

7.2.6 调压器、凝水缸、阀门等设备不应参与吹扫，待吹扫合格后再安装。

7.2.7 当目测排气无烟尘时，应在排气口设置白布或涂白漆木靶板检验，5min内靶上无尘土、塑料碎屑等其他杂物为合格。

7.2.8 吹扫应反复进行数次，确认吹净为止，同时做好记录。

7.2.9 吹扫合格、设备复位后，不得再进行影响管内清洁的作业。

7.3 强度试验

7.3.1 管道系统应分段进行强度试验，试验管段长度不宜超过1km。

7.3.2 强度试验用压力计应在校验有效期内，其量程应为试验压力的1.5～2倍，其精度不得低于1.5级。

7.3.3 强度试验压力应为设计压力的1.5倍，且最低试验压力应符合下列规定：

1 *SDR*11聚乙烯管道不应小于0.40MPa。

2 *SDR*17.6聚乙烯管道不应小于0.20MPa。

3 钢骨架聚乙烯复合管道不应小于0.40MPa。

7.3.4 进行强度试验时，压力应逐步缓升，首先升至试验压力的50%，进行初检，如无泄漏和异常现象，继续缓慢升压至试验压力。达到试验压力后，宜稳压1h后，观察压力计不应小于30min，无明显压力降为合格。

7.3.5 经分段试压合格的管段相互连接的接头，经外观检验合格后，可不再进行强度试验。

7.4 严密性试验

7.4.1 聚乙烯管道和钢骨架聚乙烯复合管道严密性试验应按国家现行标准《城镇燃气输配工程施工及验收规范》CJJ 33规定的严密性试验要求执行。

7.5 工程竣工验收

7.5.1 聚乙烯管道和钢骨架聚乙烯复合管道工程竣工验收应按国家现行标准《城镇燃气输配工程施工及验收规范》CJJ 33规定的工程竣工验收要求执行。

7.5.2 工程竣工资料中还应包括以下检验合格记录：

1 翻边切除检查记录。

2 示踪线（带）导电性检查记录。

本规程用词说明

1 为便于在执行本规程条文时区别对待，对要求严格程度不同的用词说明如下：

1）表示很严格，非这样做不可的用词：
正面词采用“必须”，反面词采用“严禁”；

2）表示严格，在正常情况下均应这样做的用词：
正面词采用“应”，反面词采用“不应”或“不得”；

3）表示允许稍有选择，在条件许可时首先应这样做的用词：
正面词采用“宜”，反面词采用“不宜”；
表示有选择，在一定条件下可以这样做的用词，采用“可”。

2 条文中指明应按其他有关标准执行的写法为“应符合……的规定”或“应按……执行”。

中华人民共和国行业标准

聚乙烯燃气管道工程技术规程

CJJ 63—2008

条 文 说 明

前　言

《聚乙烯燃气管道工程技术规程》CJJ 63－2008经建设部2008年2月26日以第809号公告批准、发布。

本规程第一版主编单位是中国建筑技术研究院，参加单位是北京市煤气热力工程设计院、上海市煤气公司、哈尔滨气化工程建设指挥部、中国市政工程华北设计院、北京市公用事业科学研究所。

为便于广大设计、施工、科研、学校等单位有关人员在使用本规程时能正确理解和执行条文规定，《聚乙烯燃气管道工程技术规程》编制组按章、节、条顺序编制了本规程的条文说明，供使用者参考。在使用中如发现本条文说明中有不妥之处，请将意见函寄建设部科技发展促进中心（地址：北京市三里河路9号；邮政编码：100835）。

目　次

1　总则 …………………………………… 2—23—18
2　术语、代号 ……………………………… 2—23—18
3　材料 …………………………………… 2—23—18
3.1　一般规定 ……………………………… 2—23—18
3.2　质量要求 ……………………………… 2—23—19
3.3　运输和贮存 …………………………… 2—23—20
4　管道设计 ………………………………… 2—23—20
4.1　一般规定 ……………………………… 2—23—20
4.2　管道水力计算 ………………………… 2—23—22
4.3　管道布置 ……………………………… 2—23—22
5　管道连接 ………………………………… 2—23—24
5.1　一般规定 ……………………………… 2—23—24
5.2　热熔连接 ……………………………… 2—23—26
5.3　电熔连接 ……………………………… 2—23—27
5.4　法兰连接 ……………………………… 2—23—28
5.5　钢塑转换接头连接 …………………… 2—23—28
6　管道敷设 ………………………………… 2—23—29
6.1　一般规定 ……………………………… 2—23—29
6.2　管道埋地敷设 ………………………… 2—23—29
6.3　插入管敷设 …………………………… 2—23—30
6.4　管道穿越 ……………………………… 2—23—31
7　试验与验收 ……………………………… 2—23—31
7.1　一般规定 ……………………………… 2—23—31
7.2　管道吹扫 ……………………………… 2—23—31
7.3　强度试验 ……………………………… 2—23—31
7.4　严密性试验 …………………………… 2—23—32
7.5　工程竣工验收 ………………………… 2—23—32

1 总　　则

1.0.1 聚乙烯燃气管道由于具有良好的耐腐蚀性、柔韧性和可焊接性（热熔连接、电熔连接）等性能，在国外燃气管网中应用已有50多年的历史，在国内也有20多年历史，取得了良好效果。20世纪90年代初，PE100级的高密度聚乙烯（HDPE）材料出现，进一步开拓了聚乙烯燃气管道的市场，使其在欧美发达国家市场占有率达到90%以上。近几年来，为节省聚乙烯材料（减小壁厚）、提高耐压能力，国内自主开发了聚乙烯与钢丝网或钢带复合的钢骨架聚乙烯复合管，用于输送燃气，通过实验室试验和工程试用，取得了良好效果，积累了较为丰富的实践经验。聚乙烯管道和钢骨架聚乙烯复合管道与钢管、铸铁管相比，在耐压强度、力学性能及连接、敷设等方面有不同的特点和要求。因此，为指导埋地输送燃气的聚乙烯管道和钢骨架聚乙烯复合管道的工程设计、施工和验收工作，做到技术先进、经济合理、安全施工，确保工程质量和安全供气，特制定本规程。

1.0.2 本条是针对燃气输配工程的特点以及聚乙烯管道和钢骨架聚乙烯复合管道的特性，规定了本规程的适用范围。

工作温度规定为－20～40℃，是考虑到聚乙烯是一种高分子材料，温度对其影响较大。温度过低将导致其变脆，抗冲击强度和断裂伸长率下降；相反，温度过高又会使聚乙烯材料耐压强度下降。一般聚乙烯材料脆化温度约为－80℃，软化温度约为120℃。美国规定聚乙烯管道工作温度为：－29～38℃（－20～100℉），英国、法国等欧洲国家以及欧洲标准（EN）和国际标准（ISO）等规定为－20～40℃。

公称直径规定为不大于630mm，是为了与聚乙烯燃气管道产品标准（《燃气输送用埋地聚乙烯管材》ISO4437－1997、《燃气用埋地聚乙烯（PE）管道系统　第1部分：管材》GB 15558.1－2003）相适应，并且也涵盖了钢骨架聚乙烯复合管道各种规格（目前其最大公称直径为500mm），也能满足一般燃气工程的需要。

最大允许工作压力规定为不大于0.7MPa，是根据聚乙烯管道和钢骨架聚乙烯复合管道最大工作压力或公称压力确定，已涵盖了本规程所规定的各种管道最大允许工作压力，在第4.1.3条说明中将具体阐述确定依据。

1.0.3 聚乙烯管道和钢骨架聚乙烯复合管道机械强度相对于钢管较低，做地上明管受碰撞时容易破损，导致漏气；同时大气中紫外线会加速聚乙烯材料的老化，从而降低管道耐压强度。因此作为易燃易爆的燃气输送管道，不应使用聚乙烯管道和钢骨架聚乙烯复合管道作地上管道。在国外，一般也规定聚乙烯管道只宜做埋地管使用。

1.0.4 一些氧化性介质或表面活性剂可能加速产生聚乙烯材料的环境应力开裂现象，尤其是过量的芳香烃类物质对聚乙烯材料有溶胀作用，从而降低聚乙烯材料的物理、力学性能。国内多年应用经验证明，符合国家现行标准《城镇燃气设计规范》GB 50028规定的燃气，其含有的冷凝液对聚乙烯管道和钢骨架聚乙烯复合管道影响不大。在本规程中，为提高管道系统安全系数，在第4章管道设计中对人工煤气和液化石油气还规定了要降低输送压力。

1.0.5 城镇燃气具有易燃、易爆和有毒（人工煤气）等特点，且聚乙烯管道和钢骨架聚乙烯复合管道与金属管道相比，在设计和施工中有一些独有的特性，如连接方式不同，主要是通过加热工具熔化聚乙烯管材或管件达到连接目的，接头质量与操作步骤和参数（熔接温度、熔接时间、施压大小、保压冷却时间、连接件对中）有直接关系。因此，为了确保工程质量和安全供气，就必须要求工程设计合理、施工质量优良，这就要求从事聚乙烯设计、施工单位具有一定的技术实力和相应资质；对于施工人员需要进行专业技术培训，是为了让施工人员更好地掌握聚乙烯管道和钢骨架聚乙烯复合管道的施工特性，确保工程施工质量。

1.0.6 此条是强调埋地聚乙烯管道和钢骨架聚乙烯复合管道工程设计、施工和验收要与现行国家标准《城镇燃气设计规范》GB 50028和现行行业标准《城镇燃气输配工程施工及验收规范》CJJ 33配合使用，使其相互协调配合，同时还应符合国家现行有关标准的规定，从而确保完成工程建设任务。

2 术语、代号

本规程中术语、代号是参考《燃气用埋地聚乙烯（PE）管道系统　第1部分：管材》GB 15558.1－2003、《燃气用埋地聚乙烯（PE）管道系统　第2部分：管件》GB 15558.2－2005和《城镇燃气设计规范》GB 50028－2006、《城镇燃气输配工程施工及验收规范》CJJ33－2005等产品标准和设计、施工规范中相关术语、定义、符号制定。

3 材　　料

3.1 一 般 规 定

3.1.1 规定此条目的是为了强调聚乙烯管道和钢骨架聚乙烯复合管道及附属设备必须符合现行国家标准或行业标准；对于非标准产品，应进行相关性能试验，是为了确保管道系统安全可靠。

3.1.2 给出用户在接受管材、管件时应重点检查的项目是为了确保产品质量合格，规格尺寸、颜色和型号符合设计要求。检查出厂合格证、检测报告，是为了确认提供的产品是合格产品；检查使用的聚乙烯原料级别和牌号、生产日期、产品标志，是为了方便产品贮存和管理，尽可能做到分类贮存和“先进先出”；检查外观、颜色、长度、不圆度、外径及壁厚，是为了验证该批产品是否符合产品标准要求和定货要求。

3.1.3 由于紫外线长期照射聚乙烯材料，会加速其老化，当聚乙烯管道接受老化能量（日照辐射量）达一定程度，会明显降低管道的物理、力学性能，因此，要求聚乙烯管道不宜长期存放。

本条规定主要是参考聚乙烯燃气管产品标准《燃气输送用埋地聚乙烯管材》ISO 4437－1997、《燃气用埋地聚乙烯（PE）管道系统　第1部分：管材》GB 15558.1－2003规定的耐老化性能试验，在其中规定聚乙烯管道在接受3.5GJ/m²老化能量后，其主要物理、力学性能仍能达到其标准规定的有关要求。3.5GJ/m²相当于西欧地区（如法国巴黎、英国伦敦）一年的日照辐射量，相当于我国大部分地区6～8个月的日照辐射量，我国日照时数及年辐照量分布如表1所示。

由于聚乙烯管道在运输时要求防止曝晒，在存放时要求堆放在库房或棚内，有效地减少了日照辐射量，因此，确定聚乙烯管材存放期不宜超过1年。对于管件，由于其体积小、价值高，都有独立包装，贮存条件优于管材，大大减少了日照辐射量，因此，确定聚乙烯管件存放期不宜超过2年。

表1　中国日照时数及年辐照量分布

地区分类	年日照时数（h）	年辐照量（GJ/m²）	包括地区	与国外相当的地区
一	2800～3300	6.7～8.37	宁夏北部、甘肃北部、新疆东南部、青海西部和西藏	印度和巴基斯坦北部
二	3000～3200	5.86～6.7	河北北部、山西北部、内蒙和宁夏南部、甘肃中部、青海东部、西藏东南部和新疆	印度尼西亚的雅加达一带
三	2200～3000	5.02～5.86	北京、山东、河南、河北东部、山西南部、新疆北部、云南、陕西、甘肃、广东	美国的华盛顿地区

续表1

地区分类	年日照时数（h）	年辐照量（GJ/m²）	包括地区	与国外相当的地区
四	1400～2200	4.19～5.02	湖北、湖南、江西、浙江、广西、广东北部、陕西、江苏和安徽的南部、黑龙江	意大利的米兰地区
五	1000～1400	3.35～4.19	四川和贵州	法国的巴黎、俄罗斯的莫斯科

耐老化性能检验方法主要是按《燃气用埋地聚乙烯（PE）管道系统》GB 15558耐老化性能试验要求进行，包括：管材进行静液压强度（165h/80℃）、热稳定性（氧化诱导时间）和断裂伸长率试验；管件进行静液压强度（165h/80℃）、热熔对接连接的拉伸试验或电熔连接的电熔管件的熔接强度试验。

3.2　质量要求

3.2.1 规定此条目的是强调埋地用燃气聚乙烯管材、管件、阀门及管道附件要符合现行国家或行业产品标准的要求，对于应用多年的非标准产品或正在制定国家或行业产品标准的产品，根据生产和工程应用经验，提出基本要求，以利于保证产品质量，确保工程质量。尤其在聚乙烯原料选择上，应严格按照《燃气用埋地聚乙烯（PE）管道系统》GB 15558的要求，选择经过定级的国产或进口的PE100或PE80聚乙烯燃气管道专用料（混配料）。

3.2.2 埋地用燃气钢骨架聚乙烯复合管材、管件要符合现行行业产品标准的要求，由于钢丝网（焊接）骨架聚乙烯复合管材有外径系列和内径系列两种，《燃气用钢骨架聚乙烯塑料复合管》CJ/T 125规定的复合管规格主要考虑了与钢管的连接和流通直径，采用的是内径系列。塑料管多采用外径作为公称尺寸，所以此处允许按外径系列生产，但相关性能应符合《燃气用钢骨架聚乙烯塑料复合管》CJ/T 125的规定。目前国内燃气工程应用的外径系列钢丝网（焊接）骨架聚乙烯复合管材规格尺寸如表2所示。

表2　外径系列钢丝网（焊接）骨架聚乙烯复合管材规格尺寸（mm）

公称外径 *DN*		公称壁厚		最小内壁塑料层厚度
基本尺寸	极限偏差	基本尺寸	极限偏差	
110	$^{+1.5}_{0}$	9.0	$^{+1.0}_{0}$	>1.5
		12.0	$^{+1.3}_{0}$	

续表 2

公称外径 *DN*		公称壁厚		最小内壁塑料层厚度
基本尺寸	极限偏差	基本尺寸	极限偏差	
140	$^{+1.7}_{0}$	9.0	$^{+1.0}_{0}$	>1.5
		12.0	$^{+1.3}_{0}$	
160	$^{+2.0}_{0}$	10.0	$^{+1.1}_{0}$	>1.5
		12.0	$^{+1.3}_{0}$	
200	$^{+2.3}_{0}$	11.0	$^{+1.2}_{0}$	>1.8
		13.0	$^{+1.4}_{0}$	
250	$^{+2.5}_{0}$	12.0	$^{+1.3}_{0}$	>1.8
		13.0	$^{+1.4}_{0}$	
315	$^{+2.7}_{0}$	12.0	$^{+1.3}_{0}$	>2.2
		13.0	$^{+1.4}_{0}$	
355	$^{+2.9}_{0}$	12.5	$^{+1.3}_{0}$	>2.2
		14.0	$^{+1.6}_{0}$	
400	$^{+3.0}_{0}$	13.0	$^{+1.4}_{0}$	>2.2
		14.0	$^{+1.6}_{0}$	
450	$^{+3.1}_{0}$	13.5	$^{+1.5}_{0}$	>2.2
		14.0	$^{+1.6}_{0}$	
500	$^{+3.2}_{0}$	14.0	$^{+1.6}_{0}$	>2.2
		14.5	$^{+1.8}_{0}$	

3.3 运输和贮存

3.3.1 规定本条目的是为了防止管材、管件和阀门在运输过程中受到损伤。在冬季，低温状态下聚乙烯材料脆性增强，抛、摔或剧烈撞击容易产生裂纹和损伤。用非金属绳（带）吊装是考虑到聚乙烯材料比较柔软，金属绳容易损伤管材。此外，由于聚乙烯管刚性相对于金属管较低，运输途中平坦放置有利于减少管道局部受压和变形；管材在运输途中捆扎、固定是为了避免其相互移动的搓伤。堆放处不允许有尖凸物是防止在运输途中管材相对移动，尖凸物划伤、扎伤管材。

3.3.2 本条规定了管材、管件和阀门的贮存条件。因为阳光中紫外线和雨水中的杂质对聚乙烯材料的老化和氧化作用，降低其使用寿命；聚乙烯材料受温度影响较大，长期受热会出现变形，以及产生热老化，会降低管道的性能。因此，管材、管件和阀门应存放在通风良好的库房或棚内，远离热源，并有防晒、防雨淋的措施。

油类对管道在施工连接时有不利影响；化学品有可能对聚乙烯材料产生溶胀，降低其物理、力学性能；此外，聚乙烯属可燃材料。因此，严禁与油类或化学品混合存放，库区应有防火措施。

规定管材和管件的存放方式及高度，是由于聚乙烯材料的刚性相对于金属管较低，因此堆放处应尽可能平整，连续支撑为最佳。若堆放过高，由于重力作用，可能导致下层管材出现变形（椭圆），对施工连接不利，且堆放过高，易倒塌。本条规定的高度参考了《聚乙烯管道敷设推荐性规范》ISO/TC 138/SC4419E 及《燃气输送用聚乙烯管材和管件设计、搬运和安装规范》ISO/TS 10839。

管件逐层码放，不宜叠置过高，是为了便于拿取和库房管理，并且叠置过高容易倒塌，摔坏管件。

规定管材、管件和阀门存放时，应按不同规格尺寸和不同类型分别存放，是为了便于管理和拿取，避免施工期间使用时拿错，影响施工进度和工程质量。遵守“先进先出”原则，是为了管材、管件贮存不超过存放期。

在施工期间，施工现场远离库房时，管材、管件可能要在户外临时堆放，为了防止风吹、日晒、雨淋和污染，管材、管件在户外临时堆放时应有遮盖物。

4 管道设计

4.1 一般规定

4.1.1 规定此条目的是为了在管道设计时，做到技术先进、经济合理。

4.1.2 规定此条目的是要求管道系统的设计要考虑各种因素，综合比较，达到经济合理。

4.1.3 最大工作压力 *MOP* 是以 20℃、50 年的管道设计使用寿命为基础确定，聚乙烯管道系统的 *MOP* 取决于使用的聚乙烯材料类型（*MRS*）、管材的 *SDR* 值和使用条件（安全系数 *C*），以及耐快速裂纹扩展（PCP）性能，一般可按下式计算：

$$MOP=\frac{2\times MRS}{C\times(SDR-1)} \tag{1}$$

式中 *MOP*——最大工作压力；

MRS——最小要求强度，PE80 为 8.0MPa，PE100 为 10.0MPa；

C——总体使用（设计）系数（安全系数），燃气管道国际上一般取 *C* 大于或等于 2.0；

SDR——标准尺寸比，国际标准和国家标准推荐使用的有 *SDR*11 和 *SDR*17.6 两种系列。

在欧洲标准《燃气用塑料管道系统》EN 1555、国际标准《燃气输送用埋地聚乙烯管材》ISO 4437 和中国标准《燃气用埋地聚乙烯（PE）管道系统》GB 15558 中对安全系数均规定为 *C* 大于或等于 2.0，在不考虑施工因素和温度折减因素，用（1）式计算可得出：PE100、*SDR*11 系列管道 *MOP* 为 1.0MPa；PE80、*SDR*11 系列管道 *MOP* 为 0.8MPa。在实际工程应用中，由于还应考虑施工和使用条件，一般还需要考虑一个安全系数，英国、丹麦、巴西规定 PE100、*SDR*11 管道的最大允许工作压力为 0.7MPa；比利时规定 PE100、*SDR*17.6 管道的最大允许工作压力为 0.5MPa；法国规定 PE100、*SDR*17.6 管道的最大允许工作压力为 0.4MPa；荷兰、法国、西班牙规定 PE100、*SDR*11 管道的最大允许工作压力为 0.8MPa；德国、匈牙利、摩尔多瓦规定 PE100、*SDR*11 管道的最大允许工作压力为 1.0MPa；乌克兰、俄罗斯规定 PE100、*SDR*11 管道的最大允许工作压力为 1.2MPa。

考虑到我国国情及地质条件、施工方式、燃气种类等各种因素，为进一步提高安全性能，在产品标准中［如（1）式计算］规定的 *MOP* 基础上再考虑一个 1.5 左右的安全系数，使实际安全系数达到 3 左右，甚至更大。因此，本规程规定：对于输送天然气的聚乙烯管道，PE100、*SDR*11 管道的最大允许工作压力为 0.7MPa；PE80、*SDR*11 管道的最大工作压力为 0.5MPa。对于输送液化石油气和人工煤气的聚乙烯管道，由于液化石油气和人工煤气中存在芳香烃类物质，因此，要考虑燃气中的芳香烃类物质（如苯、甲苯、二甲苯等）对聚乙烯材料的溶胀作用，导致管道耐压能力下降。国外一些试验证明：聚乙烯材料在苯溶液中的饱和吸收量在 9%左右，聚乙烯材料屈服强度降低 17%～19%，但吸收的成份释放以后，能恢复原有的物理性能，且聚乙烯材料结构无变化。气态芳香烃类物质对聚乙烯材料的影响要比液态芳香烃类物质小得多。因此，在本规程中，聚乙烯管道输送液化石油气和人工煤气时，比输送天然气又加大了安全系数。聚乙烯管道输送各种燃气的最大允许工作压力与安全系数见表 3。

表 3　聚乙烯管道的最大允许工作压力与安全系数（MPa）

燃气种类		最大允许工作压力/安全系数 *C*			
		PE80		PE100	
		*SDR*11	*SDR*17.6	*SDR*11	*SDR*17.6
天然气		0.50/3.2	0.30/3.2	0.70/2.9	0.40/3.0
液化石油气	混空气	0.40/4.0	0.20/4.8	0.50/4.0	0.30/4.0
	气态	0.20/8.0	0.10/9.6	0.30/6.7	0.20/6.0
人工煤气	干气	0.40/4.0	0.20/4.8	0.50/4.0	0.30/4.0
	其他	0.20/8.0	0.10/9.6	0.30/6.7	0.20/6.0

从表 3 可看出，本规程规定的安全系数均高于《燃气输送用埋地聚乙烯管材》ISO 4437、《燃气用塑料管道系统》EN 1555 以及《燃气用埋地聚乙烯（PE）管道系统》GB 15558 产品标准中规定的 *C* 大于或等于 2.0，也符合美国应用标准（*C* 大于或等于 2.5）的规定。最大允许工作压力值也与欧洲大多数国家实际应用值相符合。

4.1.4　钢骨架聚乙烯复合管道输送燃气的最大允许工作压力，参照聚乙烯管道的确定方法，按产品标准中的公称压力，平均除以 1.5 倍再折减系数确定。由于各种结构和规格的钢骨架聚乙烯复合管道公称压力有一定差异，为了使用方便，对计算结果按规格进行了分段和圆整，实际再折减系数为 1.2～1.7 倍。这样做既充分考虑了现行钢骨架聚乙烯复合管行业产品标准中的公称压力和生产水平，也涵盖了工程应用条件和施工技术对管道的影响，同时兼顾了各种结构钢骨架聚乙烯复合管的共性，使设计人员便于选用。其他气种的最大允许工作压力是考虑到组分对聚乙烯材料的影响而适当降低。

对于钢骨架聚乙烯复合管，应采用厚壁管，不宜使用薄壁管，首先是考虑到聚乙烯层较薄，施工时划伤易使中间钢骨架外露腐蚀，以及聚乙烯层过薄不利于输送含有芳香烃的燃气，其次是国内目前很少使用薄壁管输送燃气。

4.1.5　聚乙烯管道和钢骨架聚乙烯复合管道的使用压力是根据管材在 20℃时长期强度确定的，由于聚乙烯材料对温度较为敏感，在较高温度下其耐压强度就要降低，为了保证管道系统使用的安全性，必须要降低使用压力；在低温下（−20～0℃范围内），聚乙烯材料耐压能力提高，但抗冲击强度、断裂伸长率、抗裂纹扩展能力略有下降。考虑到管道是埋地敷设，管道受冲击的可能性较小，为方便使用，故将−20～20℃作为一个温度范围，按 20℃考虑。国际标准《塑料管材和管件 20℃以上使用的聚乙烯管道的压力折减系数》ISO 13761 及《燃气输送用聚乙烯管材和管件设计、搬运和安装规范》ISO/TS 10839 对温度折减系数规定如表 4 所示（已按中国使用习惯换算为倒数）。

表 4　不同工作温度下聚乙烯管道工作压力折减系数

平均温度（℃）	20	30	40
折减系数	1.0	0.9	0.76

注：其他温度可按插入法确定。

本规程为了设计人员使用方便，不采用插入法，在某个温度范围给定一个固定值。

南方地区浅埋管道，在夏季，管道周围土壤温度相对较高，可能超过 20℃，其他季节管道周围土壤温度均在 20℃以下，但在设计时要考虑夏季较高温度对管道运行的不利影响，因此，本规程规定工作温度为最高月平均温度。

4.1.6　聚乙烯管材焊制成型的焊制管件属于非标准产品，焊制管件由于存在多个与轴向不垂直的焊缝，在内压和外荷载作用下，焊缝会受力不均，造成局部应力集中，不利于长期运行，存在长期力学性能不明朗等问题。国际标准、欧洲标准和中国相关标准也没有规定此类管件的技术要求。但是，在国内外燃气工程中，由于受连接的特殊性、尺寸等影响，需要使用焊制管件来解决工程中的连接问题，通常做法是采取增加壁厚或降低工作压力，以及在焊制管件外部采取加固等措施。在国外，焊制管件一般用在中、低压管道系统（小于或等于 0.4MPa）。据国外资料和经验介绍，焊制管件工作压力一般要比焊制管件所选用的管材公称压力降低 25%左右，同时，要求在施工时对焊制管件采取加固措施，以提高耐压能力，使其与管道系统压力一致。目前，我国聚乙烯管道市场 *DN*450mm 以下各种管件均可注塑成型，可不需焊制管件，但 *DN*450mm 以上的弯头、三通等管件，由于用量少、成本高，国内极少有企业生产，一般需要采用焊制成型管件。

4.1.7 本条参照《城镇燃气设计规范》GB 50028 制定。

4.1.8 设计示踪线（带）是为了运行管理时，探测管道位置；设计警示带是为了提示第三方施工人员，注意地下有燃气管，要小心开挖土方。

4.2 管道水力计算

4.2.1 为了满足用户小时最大用气量的需要，城镇燃气管道的计算流量，应按计算月的小时最大用气量计算，即对居民生活和商业用户宜按《城镇燃气设计规范》GB 50028 计算，本条参照《城镇燃气设计规范》GB 50028 制定。

4.2.2 本条参照《城镇燃气设计规范》GB 50028 制定，用柯列勃洛克公式代替原来的阿里特苏里公式，柯氏公式是世界各国在众多专业领域中广泛采用的一个经典公式，它是普朗德半经验理论发展到工程应用阶段的产物，有较扎实的理论和试验基础，改用柯氏公式，符合中国加入 WTO 以后，技术上和国际接轨的需要，符合今后广泛开展国际合作的需要。

公式中的当量粗糙度 K，参照国内外的一些试验数据和相关规定确定，一般取值为 0.01mm。

4.2.3 管道的允许压力降可由管道系统入口压力至次级管网调压装置允许的最低入口压力差来决定，但对管道流速应有限制。国内外对气体管道流速的规定如下（不是针对管道材质限定的流速）：

炼油装置压力管线，$V=15\sim30$m/s；

美国《化工装置》中乙烯与天然气管道，$V<30.5$m/s；

液化石油气气相管，$V=8\sim15$m/s；

焦炉气管，$V=4\sim18$m/s；

英国高压输气钢管线，$V\leqslant20$m/s。

国外对聚乙烯燃气管道流速一般都没有具体规定，很难查到最大流速值，但从有关资料中可查出典型最大流量，如美国煤气协会（AGA）编辑出版的《塑料煤气管手册》1977 年版和 2001 年版中列出了在 60lbf/in^2（0.4MPa）天然气输送系统中的典型最大流量如表 5 所示。

表 5 在 60lbf/in^2（0.4MPa）天然气输送系统中的典型最大流量

公称直径（in）	最大流量（kft^3/h）	公称直径（in）	最大流量（kft^3/h）
2	17.4	6	163.0
3	43.5	10	555.6
4	81.1	—	—

由表 5 可推算出：在美国，聚乙烯管道燃气流速大于 20m/s。

由于塑料管电阻率较高，管内介质流动时所产生的静电荷会积聚起来，当气流夹带粉尘时，在燃气管道内流动与管壁摩擦将产生静电，在节流点、弯头、压管点及泄漏点等处更易造成静电积聚，同时流速过高还会产生噪声和损伤管道内壁，因此，燃气流速设计不宜过高；相反，燃气流速过低，聚乙烯管道和钢骨架聚乙烯复合管道的技术经济性就得不到体现，市场竞争能力下降。因此，本规程将流速定为不宜大于 20m/s。该值基本能满足中、低压燃气管道工程的需要。

4.2.4 本条规定是参照《城镇燃气设计规范》GB 50028制定。

4.2.5 本条规定与《城镇燃气设计规范》GB 50028 一致。本条所述的低压燃气管道是指和用户燃具直接相接的低压燃气管道（其中间不经调压器）。目前中低压调压装置有区域调压站和调压箱，出口燃气压力保持不变，由低压分配管网供应到户就是这种情况。公式（4.2.5）是根据国内使用情况和国外相关资料，结合调研、测试参数规定，具体可参见《城镇燃气设计规范》GB 50028条文说明。

4.3 管 道 布 置

4.3.1 地下燃气管道在堆积易燃、易爆材料和具有腐蚀性液体的场地下面通过时，不但增加管道负荷和容易遭受侵蚀，而且当发生事故时相互影响，易引起次生灾害。

燃气管道与其他管道或电缆同沟敷设时，若燃气管道漏气，易引起燃烧或爆炸，此时将影响同沟敷设的其他管道或电缆，使其受到损坏；另外，其他管道或电缆维护和检修时，将影响燃气管道，增加了损伤燃气管道的概率。故对燃气管道来说不得与其他管道或电缆同沟敷设。

4.3.2 聚乙烯管道和钢骨架聚乙烯复合管道与建筑物、构筑物或相邻管道之间的水平净距（除热力管）按《城镇燃气设计规范》GB 50028 确定。聚乙烯管道和钢骨架聚乙烯复合管道与热力管道的水平净距，取决于热力管道周围的土壤温度场。一般情况下，热力管道的保温外壁的表面最高温度不高于 60℃。聚乙烯管道和钢骨架聚乙烯复合管道与供热管道的水平净距应保证聚乙烯管道处于 40℃以下的土壤环境中使用，且在 20～40℃的土壤环境中使用时，应按本规程表 4.1.5 规定的压力折减系数降低最大允许工作压力。本条规定的水平净距是根据热源在土壤中的温度场分布，用《传热学》中的源汇法，经计算和绘制的热力管的温度场分布图确定的。计算表明，保证热力管道外壁温度不高于 60℃条件下，距热力管道外壁水平净距 1m 处的土壤温度低于 40℃。东北某城市对不同管径、不同热水温度的热力管道周围土壤温度实测数据也表明，距热力管道外壁水平净距 1m 处的土壤温度远低于 40℃。当然，有条件的情况下，聚乙烯管道和钢骨架聚乙烯复合管道与供热管道的水平净距应尽量加大一些，以避免各种不可预见的问题发生。同时，也没必要因为一段燃气管道与热力管道平行敷设的水平净距较近而造成整个聚乙烯管道和钢骨架聚乙烯复合管道系统降压运行。

在受地形限制条件下，经与有关部门协商，按聚乙烯管道和钢骨架聚乙烯复合管道铺设的土壤及热力管道实际情况作出温度场分布，并对管道或管道周围土壤采取隔热保温措施，可适当缩小净距。

垂直净距（除热力管）按《城镇燃气设计规范》GB 50028 确定。热力管道垂直净距的确定依据同上，加套管是为了对聚乙烯管道和钢骨架聚乙烯复合管道加以保护。

另外，敷设地下燃气管道还受许多因素限制，例如：施工、检修条件，原有道路宽度与路面的种类、周围已建和拟建的各类地下管线设施情况、所用管材、管接口形式以及所输送的燃气压力等。在敷设燃气管道时需要综合考虑，正确处理以上所提出的要求和条件。

4.3.4 管道地基要求是参照《城镇燃气设计规范》GB 50028 制定。由于聚乙烯材料硬度比金属低，尖硬土石易损伤管道，一般碰到岩石、硬质土层或砾石时，沟底应填以细砂或细土，防止管道损伤。

4.3.5 管道坡度要求是参照《城镇燃气设计规范》GB 50028 制定。输送含有冷凝液燃气的管道应敷设在冰冻线以下，是为了防止燃气中的冷凝液结冰，堵塞管道，影响正常供应。并且，在地下水位较高地区，无论输送干气或湿气都应考虑地下水从管道不严密处或施工时灌入管道的可能，故为防止地下水在管内积聚也应敷设有坡度，使水或冷凝液容易排除。目前国内外采用的燃气管道坡度值大部分都不小于 0.003。但在很多旧城市中的地下管线一般都比较密集，往往有时无法按规定坡度敷设。在这种情况下允许局部管段坡度采取小于 0.003 的数值，故本条规程用词为“不宜”。

4.3.6 本条要求是参照《城镇燃气设计规范》GB 50028 制定。地下燃气管道不宜穿过地下构筑物，不得进入热力管沟，以免相互产生不利影响。当需要穿过时，穿过构筑物内的地下燃气管应敷设在套管内，并将套管两端密封，其一，是为了防止燃气管破损泄漏的燃气沿沟槽向四周扩散，影响周围安全；其二，若周围泥土流入安装后的套管内后，不但会导致路面沉陷，而且燃气管的表层也会受到损伤。规定套管伸出构筑物外壁的水平净距，是考虑到套管与构筑物的交接处形成薄弱环节，若伸出构筑物外壁长度较短，构筑物在维修或改建时容易影响燃气管道的安全，且对套管与构筑物之间采取防水、防渗措施的操作较困难。因此，不应小于第 4.3.2 条相应的水平净距，目的是为了更好地保护套管内的燃气管道和避免相互影响。

4.3.7 本条要求是参照《城镇燃气设计规范》GB 50028 制定。

4.3.8 本条要求是参照《城镇燃气设计规范》GB 50028 制定。目的是不使管道裸露于河床上。另外根据有关河、港监督部门的意见，以往有些过河管道埋于河底，因未满足疏浚和投锚深度要求，往往受到破坏，故规定“对通航的河流还应考虑疏浚和投锚深度”。

由于聚乙烯管道和钢骨架聚乙烯复合管道重量比较轻，埋于河底必须有稳固措施。

4.3.9 本条要求是参照《城镇燃气设计规范》GB 50028 制定。在次高压、中压燃气干管上以及低压钢骨架聚乙烯复合管道上设置分段阀门，是为了便于在维修或接新管操作时切断气源，其位置应根据具体情况而定，一般要掌握当两个相邻阀门关闭后受它影响而停气的用户数不应太多。

在低压燃气管道上，切断燃气可以采用橡胶球阻塞等临时措施，故装设阀门的作用不大，且装设阀门增加投资、增加产生漏气的概率和日常维修工作量，故对低压管道是否设置阀门不做硬性规定。

将阀门设置在支管起点处，是因为当切断该支管供应气时，不致影响干管停气；当新支管与干管连接时，在新支管起点处设置阀门，也可起到减小干管停气时间的作用。

4.3.10 本条要求是参照《城镇燃气设计规范》GB 50028 制定。设置护罩或护井是为了避免检测管、凝水缸的排水管遭受车辆重压，同时，设置护罩或护井也便于检测和排水时的操作。

水封阀和阀门由于在检修和更换时人员往往要到底下操作，设置护井可方便维修人员操作。

4.3.11 由于聚乙烯燃气管道和钢骨架聚乙烯复合管道一般只做埋地使用，见本规程第 1.0.3 条，因此不宜地上敷设或引入建筑物内。当必须引出地面或必须直接与建筑物墙面或墙内安装的调压箱接管相连时，则应对敷设在地面以上的聚乙烯燃气管道和钢骨架聚乙烯复合管道采取密封保护措施，防止碰撞、受压，避免空气中紫外线、氧气和其他因素对聚乙烯燃气管道和钢骨架聚乙烯复合管道的不利影响。另外，对于别墅区居民用户、单位热饭点或值班用的小负荷用气点等情况，用气位置靠近建筑物外墙，用气房间又无地下室，为了减少引入口处的接口数量，可以将聚乙烯燃气管道和钢骨架聚乙烯复合管道直接穿越建（构）筑物基础引入用气房间靠近建筑物外墙的地下管井或小室内，管井或小室内采用钢塑接头并填砂处理。

当聚乙烯管道和钢骨架聚乙烯复合管道穿越建（构）筑物基础、外墙或敷设在墙内时，必须采用硬质套管保护。硬质套管可以采用金属材质和非金属材质的材料。套管与聚乙烯燃气管道或钢骨架聚乙烯复合管道之间应填充柔性密封材料。

5 管道连接

5.1 一般规定

5.1.1 制定本条的目的是为了核对工程上使用的管材、管件及附属设备与设计要求的规格尺寸及形式是否相符，核对管材、管件外观是否符合现行国家标准的要求，防止不合格管材、管件混入工程中使用。在工程施工中，管材有可能受到轻微划伤，国外相关标准规定和实践证明划痕深度不超过管材壁厚的10%，对管道使用影响不大。在《燃气输送用埋地聚乙烯管材》ISO 4437和《燃气用埋地聚乙烯（PE）管道系统 第1部分：管材》GB 15558.1中的管材的耐慢速裂纹增长试验已考虑了划伤对管材性能的影响。

5.1.2 由于采用专用连接机具能有效保证连接质量，因此，要求根据不同连接形式选用专用连接机具；不得采用螺纹连接，是因为聚乙烯材料对切口极为敏感，车制螺纹将导致管壁截面减弱和应力集中，而且，聚乙烯材料为柔韧性材料，螺纹连接很难保证接头强度和密封性能，因此，要求不得采用螺纹连接；不得采用粘接，是因为聚乙烯是一种高结晶性的非极性材料，在一般条件下，其粘接性能较差，一般来说粘接的聚乙烯管道接头强度要低于管材本身强度，目前还没有适合于聚乙烯的胶粘剂，因此，要求不得采用粘接；严禁使用明火加热，是因为聚乙烯材料是可燃性材料，明火会引起聚乙烯材料燃烧和变形，而且，明火加热也不能保证加热温度的均匀性，可能影响接头连接质量，因此，要求严禁使用明火加热。

5.1.3 本条规定了聚乙烯管道连接的具体要求。

1 本款规定了聚乙烯管道的几种连接方式，其目的是为了保证管道接头的质量。聚乙烯管道的使用的效果如何，很大程度上是与所选用的接头结构和装配工艺过程的参数有关（除外来损坏）。目前国际上聚乙烯燃气管的连接普遍采用不可拆卸的焊接接头，即本条规定的热熔连接或电熔连接。一般来说，采用本条规定的几种连接方式连接的聚乙烯管接头的强度都高于管材自身强度。考虑多年来聚乙烯连接的经验，以及为确保燃气管道的高安全度要求，本规程热熔连接不包括热熔承插连接和热熔鞍形连接方式。热熔承插连接一般用于小口径（小于63mm）管道连接，热熔鞍形连接用于管道分支连接，这两种连接方式和采用的设备、加热工具和操作工艺都有严格要求，对操作工技能要求较高，受人为因素影响较大。近几年来，国内外聚乙烯燃气管道已基本不采用热熔承插连接和热熔鞍形连接。因此，本规程规定的热熔连接不包含热熔承插和热熔鞍形连接方式。对于聚乙烯管道与金属管道或金属附件的连接，一般采用钢塑转换接头或法兰连接。钢塑转换接头连接一般用于中小口径的管道；法兰连接一般用于中大口径的管道。采用法兰连接时，由于要考虑金属法兰及紧固件的防腐问题，以及塑料法兰的蠕变和密封垫寿命问题，因此，在条件允许时最好设置检查井，以便检修或维护。

2 本款规定的不同级别和熔体质量流动速率差值不小于0.5g/10min（190℃，5kg）的聚乙烯原料制造的管材、管件和管道附件，以及焊接端部标准尺寸比（*SDR*）不同的聚乙烯燃气管道连接时，必须采用电熔连接，是因为PE80与PE100的管道热熔对接，通常会形成不对称的翻边，或者由于熔体流动速率相差较大，熔接条件也不同，采用热熔对接，在接头处会产生残余应力。外径相同、*SDR*值不同的管材、管件采用热熔连接，接头处因壁厚不同，冷却时收缩不一致而会产生较大的内应力，易导致断裂，不利于焊接质量的评价与控制。国内外多年实践经验证明，*MFR*（熔体质量流动速率）差值在0.5g/10min（190℃，5kg）以内聚乙烯管道热熔对接连接能获得较好的效果，并且在国家质量监督检验检疫总局颁布的《燃气用聚乙烯管道焊接技术规则》TSG D2002－2006中也如此规定。

3 本款规定公称直径小于90mm的聚乙烯管材、管件连接宜使用电熔连接，主要是考虑到在实际施工中，小口径聚乙烯管道采用热熔对接机具连接不方便，手工对接连接质量不易保证，同时内壁翻边会造成通径减小，局部阻力增大，对输送能力影响比较明显。

5.1.4 钢骨架聚乙烯复合管不推荐热熔对接，是因为管道中间有钢骨架层，实现热熔对接翻边极其困难，因而不能保证接头质量，因此，仅推荐电熔连接和法兰连接。

5.1.5 聚乙烯材料达到熔融状态受温度的影响较大，在寒冷气候下进行熔接操作，达到熔接温度的时间比正常情况下要长，连接后冷却时间也要缩短；在温度较高情况下，会产生相反的效果。因此，焊接工艺设置的工作环境一般在－5～45℃。在温度低于－5℃环境下进行熔接操作，工人工作环境恶劣，操作精度很难保证；在大风环境下进行熔接操作，大风会严重影响热交换过程，易造成加热不足和温度不均，因此，要采取保护措施，并调整熔接工艺。强烈阳光直射则可能使待连接部件的温度远远超过环境温度，使焊接工艺和焊接设备的环境温度补偿功能丧失补偿依据，并且可能因曝晒一侧温度高、另一侧温度低而影响焊接质量，因此，要采取遮挡措施。

5.1.6 由于聚乙烯管道和钢骨架聚乙烯复合管道的连接主要是采用熔融聚乙烯材料进行连接，熔接条件（温度、时间）是根据施工现场环境调节的，若管材、管件从存放处运到施工现场，其温度高于现场温度时，会产生加热时间过长，反之，加热时间不足，两者都会影响接头质量。同时，如果待连接的管材和管件，从不同温度存放处运来，两者温度不同，而产生的热胀冷缩不同也会影响接头质量。

5.1.7 本条规定了聚乙烯管切断后的管材端面的要求，是为了便于熔接，避免因切割端面不平整，导致管材对中性差或造成熔接缺陷。

钢骨架聚乙烯复合管封焊端面是为了保证管道内外表面及端面聚乙烯结构完整性，从而保证管道防腐、耐压、密封性能。

5.1.8 管道连接时，管端不洁，会使杂质留在接头中，影响接头耐压强度。每次收工时管口封堵，是为了防止杂物、雨水、地下水等进入管道，影响管道吹扫。

5.1.9 国家质量监督检验检疫总局颁布的《燃气用聚乙烯管道焊接技术规则》TSG D2002－2006中热熔对接连接接头焊接工艺评定检验与试验要求如表6所示。

表6 热熔对接焊接工艺评定检验与试验要求

序号	检验与试验项目	检验与试验参数	检验与试验要求	检验与试验方法
1	宏观（外观）	—	附件G，G1.1	附件G，G1
2	卷边切除检查	—	附件G，G1.2	
3	卷边背弯试验	—	不开裂、无裂纹	
4	拉伸性能	23±2℃	试验到破坏为止：（1）韧性，通过；（2）脆性，未通过	《聚乙烯（PE）管材和管件热熔对接接头拉伸强度和破坏形式的测定》GB/T 19810

续表6

序号	检验与试验项目	检验与试验参数	检验与试验要求	检验与试验方法
5	耐压（静液压）强度试验	（1）密封接头，a型；（2）方向，任意；（3）调节时间，12h；（4）试验时间，165h；（5）环应力：①PE80，4.5MPa；②PE100，5.4MPa；（6）试验温度，80℃	焊接处无破坏，无渗漏	《流体输送用热塑性塑料管材耐内压试验方法》GB/T 6111

注：表6～表8中附件均为《燃气用聚乙烯管道焊接技术规则》TSGD 2002－2006中的附件。

国家质量监督检验检疫总局颁布的《燃气用聚乙烯管道焊接技术规则》TSG D2002－2006中电熔承插连接接头焊接工艺评定检验与试验要求如表7所示。

表7 电熔承插焊接工艺评定检验与试验要求

序号	检验与试验项目	检验与试验参数	检验与试验要求	检验与试验方法
1	宏观（外观）	—	附件G，G3	附件G，G3
2	电熔管件剖面检验	—	电熔管件中的电阻丝应当排列整齐，不应当有涨出、裸露、错行，焊后不游离，管件与管材熔接面上无可见界线，无虚焊、过焊气泡等影响性能的缺陷	附件G，G4.1
3	*DN*＜90挤压剥离试验	23±2℃	剥离脆性破坏百分比≤33.3%	《塑料管材和管件聚乙烯电熔组件的挤压剥离试验》GB/T 19806
4	*DN*≥90拉伸剥离试验	23±2℃	剥离脆性破坏百分比≤33.3%	《塑料管材和管件公称直径大于或等于90mm的聚乙烯电熔组件的拉伸剥离试验》GB/T 19808

续表7

序号	检验与试验项目	检验与试验参数	检验与试验要求	检验与试验方法
5	耐压（静液压）强度试验	（1）密封接头，a型； （2）方向，任意； （3）调节时间，12h； （4）试验时间，165h； （5）环应力： ①PE80，4.5MPa； ②PE100，5.4MPa； （6）试验温度80℃	焊接处无破坏，无渗漏	《流体输送用热塑性塑料管材耐内压试验方法》GB/T 6111

国家质量监督检验检疫总局颁布的《燃气用聚乙烯管道焊接技术规则》TSG D2002－2006中电熔鞍形连接接头焊接工艺评定检验与试验要求如表8所示。

表8　电熔鞍形焊接工艺评定检验与试验要求

序号	检验与试验项目	检验与试验参数	检验与试验要求	检验与试验方法
1	宏观（外观）	—	附件G，G5.1	附件G，G5.1
2	DN ≤225挤压剥离试验	23±2℃	剥离脆性破坏百分比≤33.3%	《塑料管材和管件聚乙烯电熔组件的挤压剥离试验》GB/T 19806
3	DN ＞225撕裂剥离试验	23±2℃	剥离脆性破坏百分比≤33.3%	附件H

关于对接焊翻边出现麻点问题的说明：

对接焊翻边出现麻点，可能有以下几个原因：（1）加热板表面不洁净；（2）大风环境下焊接，带入沙尘或气泡；（3）管材吸水，使管端水分含量过高等原因。在不能证明出现麻点是因管材吸水造成，则应对接头进行卷边的热稳定性、拉伸强度、静液压强度试验。对于管材吸水造成翻边上出现的麻点对接头质量影响，编制组曾进行了一些分析和研究，产生麻点原因是因为管材端部因切割，破坏了氧化层，加大了其吸水性，在南方地区雨季或潮湿环境下存放，管材端部将吸收空气中一定水分（大部分聚乙烯管材均有此现象），在热熔对接连接时，由于加热温度较高（210±10℃），管端吸收的水分汽化、挥发、气泡破裂，形成麻点。为此，编制组曾组织有关单位进行试验，具体操作如下：

第一步：选取同一批次聚乙烯管材，分成2组，第1组浸泡在常温水中，时间为1个月（720h）；第2组放置在通风良好的库房货架上。

第二步：1个月后，取出2组试件，按本规程规定的热熔对接操作要求，进行热熔对接连接。

第三步：检查接头外观。在水中浸泡过的聚乙烯管焊接接头翻边上出现细小麻点，直接从库房中提取的聚乙烯管焊接接头翻边上未出现麻点。

第四步：对2组试件热熔对接接头，按本规程规定要求，进行翻边对称性、接头对正性检验和翻边切除检验，试验结果均符合要求。

第五步：对2组试件热熔对接接头，按国家质量监督检验检疫总局颁布的《燃气用聚乙烯管道焊接技术规则》TSG D2002－2006的规定，进行拉伸强度、静液压强度试验，试验结果均符合要求。

试验结果证明：因管材吸水造成的对接焊翻边上产生的细小麻点，对接头焊接质量影响不大。

5.2　热熔连接

5.2.1　本条规定是为了满足焊接工艺和现场操作的要求，对热熔对接连接设备提出了基本要求。本条是参照国际标准《塑料管材和管件—熔接聚乙烯系统设备　第1部分热熔对接》ISO 12176－1制定。

5.2.2　与热熔对接焊接直接有关的参数，有3个：温度、压力、时间。在确定的焊接温度下，焊接工艺可以用压力/时间曲线来表示，如图5.2.2所示。

焊接温度的确定，要考虑聚乙烯材料的特性。加热工具温度应在材料的熔融温度或材料粘流态转化温度之上，因为只有在这种情况下，聚乙烯材料才能产生熔融流动，聚乙烯大分子才能相互扩散和缠绕。一般来说，随着工具温度的提高，接头的强度就开始提高而达到最大。实验证明，高密度聚乙烯（HDPE）在低于180℃时，即使熔化时间再长，也不能取得质量好的接头。但是，温度过高，会出现下列不良情况：（1）卷边的尺寸增大；（2）聚乙烯熔料对工具的粘附；（3）聚乙烯材料的热氧化破坏，析出挥发性产物，如二氧化碳、不饱和烃等，使聚乙烯材料结构发生变化，导致焊接接头的强度降低。因此，聚乙烯热熔对接连接的焊接温度一般推荐在200～235℃之间。

加热过程参数（时间、压力）的确定。加热时间是焊接过程中的重要参数，它与加热工具一起，共同决定着焊件内的温度分布及产生工艺缺陷的可能性、形状和结构。管端熔化的最佳时间是随着焊接尺寸的增大而增大，一方面是由于加热面积增大，更重要的是对流和辐射传播的能量会随着管壁厚度的增加而减小。实验证明，聚乙烯管材的壁厚比其外径对加热时间更有实质性影响。加热时压力，能迅速地平整管材端面上的不平度，并有效地促进塑化。但压力也不能过大，因为聚乙烯熔料在加热和压紧时压力的作用下，会流向焊端的边缘而形成焊瘤刺，并改变焊接接头的形状，而且会造成焊端熔化层的深度减小，改变了总的温度分布，严重影响焊接质量。因此，要控制好加热压力的大小，并采取阶段施压的方法，即在加热阶段初期采用较高的压力，而在随后的吸热阶段换用较小的压力。

熔接过程参数（压力、时间）的确定。熔接过程中施加压力是为了排除气孔和气体夹杂物，并尽量增加实现相互扩散的面积，消除两连接面之间受热氧化破坏的材料，并能补偿聚乙烯材料的收缩。反之，没有压力，收缩会导致收缩孔的出现，增大结构的缺陷和剩余应力。表面的接触应在压力下保持一段时间，以使两平面牢固结合。

冷却过程参数（压力、时间）的确定。由于聚乙烯材料导热性差，冷却速度缓慢，焊缝材料的收缩、翻边结构的形成过程，是在长时间内以缓慢的速度进行。因而，焊缝的冷却必须在保持压力下进行。

国家质量监督检验检疫总局颁布的《燃气用聚乙烯管道焊接技术规则》TSG D2002－2006 规定的热熔对接焊接参数如表 5.2.2-1、表 5.2.2-2 所示。

德国焊接协会（DVS 2207：1995）推荐的高密度聚乙烯（HDPE）、中密度聚乙烯（MDPE）管道典型热熔对接焊接工艺参数见表 9。

表 9　HDPE、MDPE 管道热熔对接焊接工艺参数典型值

壁厚 e（mm）	加热卷边高度 h（mm）	加热时间 t_2（$t_2=10\times e$）（s）	允许最大切换时间 t_3（s）	增压时间 t_4（s）	保压冷却时间 t_5（min）
<4.5	0.5	45	5	5	6
4.5～7	1.0	45～70	5～6	5～6	6～10
7～12	1.5	70～120	6～8	6～8	10～16
12～19	2.0	120～190	8～10	8～11	16～24
19～26	2.5	190～260	10～12	11～14	24～32
26～37	3.0	260～370	12～16	14～19	32～45
37～50	3.5	370～500	16～20	19～25	45～60
50～70	4.0	500～700	20～25	25～35	60～80

注：加热温度（T）210℃±10℃；加热压力（P_1）：0.15MPa；加热时保持压力（$P_{拖}$）：0.02MPa；保压冷却压力（P_1）：0.15MPa。

目前，熔接条件（工艺参数）国内通常是由热熔对接连接设备生产厂或管材、管件生产厂在技术文件中给出。

本条规定是参照国家质量监督检验检疫总局颁布的《燃气用聚乙烯管道焊接技术规则》TSG D2002－2006 制定。

5.2.3　本条规定了热熔对接连接具体操作要求。

1　待连接件伸出夹具的长度是根据铣削要求和加热、焊接翻边宽度的要求确定，国内外的经验是一般不小于公称直径的 10%。校直两对应连接件，是为了防止两连接件偏心错位，导致接触面过少，不能形成均匀的凸缘。错边量过大会影响翻边均匀性、减小有效焊接面积，导致应力集中，影响接头质量，国内外的经验是一般不大于壁厚的 10%。

2　擦净管材、管件连接面上污物和保持铣削后的熔接面清洁，是为了防止杂物进入焊接接头，影响焊接接头质量。铣削连接面，使其与管轴线垂直，是为了保证连接面能与加热板紧密接触。切屑厚度过大可能引起切削振动，或停止切削时扯断切屑而形成台阶，影响表面平整度。连续切削平均厚度不宜超过 0.2mm，是根据工程施工经验确定。

3　选用热熔对接连接专用连接设备，更有利于保证接头的焊接质量。

4　要求翻边形成均匀一致的对称凸缘，是因为形成均匀的翻边是保证接头焊接质量的重要标志之一。翻边的宽度与聚乙烯材料类型、生产工艺（挤出或注塑）、加热温度，以及焊接工艺等有关，因而，很难给出统一的确定值。国外一般建议在确定的（相同的）条件下，进行几组试验，取其平均值，用于施工现场质量控制，要求实际翻边宽度不超过此平均值的±20%。

5　保压、冷却期间，不得移动连接件和在连接件上施加任何外力，是因为聚乙烯管连接接头，只有在冷却到环境温度后，才能达到最大焊接强度。冷却期间其他外力会使管材、管件不能保持在同一轴线上，或不能形成均匀的凸缘，会造成接头内应力增大，从而影响接头质量。

5.2.4　由于翻边对称性检验和接头对正性检验是接头质量检查的最基本方法，也是比较简便和比较容易实现的方法，因此，要求 100%进行此项检查。由于翻边切除检验比较复杂，因此，要求抽样 10%，进行此项检验。本条规定的翻边对称性、接头对正性检验和翻边切除检验是参考《燃气输送用聚乙烯管材和管件设计、搬运和安装规范》ISO/TS 10839 制定。

5.3　电熔连接

5.3.1　本条规定是为了满足焊接工艺和现场操作的要求对电熔连接机具提出了基本要求。本条是参考国际标准《塑料管材和管件—熔接聚乙烯系统设备　第 2 部分　电熔连接》ISO 12176－2 制定。在选择电熔连接机具时，还要注意电缆线不宜过长和过细，否则，容易造成欠压，影响焊接质量。

5.3.2　由于不同厂家生产的电熔连接机具或电熔管件的焊接参数（如电压、加热时间）可能不同，因此，在电熔连接时，通电加热的电压和加热时间，应按电熔连接机具或电熔管件生产企业提供的参数进行。

5.3.3　冷却期间，不得移动连接件和在连接件上施加任何外力，是因为聚乙烯管电熔连接接头，只有在冷却到环境温度后，才能达到其最大焊接强度。冷却期间其他外力会使管材、管件不能保持在同一轴线上，会造成接头内应力增大，从而影响接头质量。

5.3.4 本条规定了电熔承插连接的具体操作要求。

1 擦净管材、管件连接面上污物，是为了防止杂物进入焊接接头，影响焊接接头质量。

2 标记插入长度是为了保证管材插入端有足够的熔融区，避免插入不到位或插入过深。刮除表皮是为了去除表皮上的氧化层，表皮上的氧化层厚度一般为0.1～0.2mm。

3 使用整圆工具对插入端进行整圆是为避免不圆度造成配合间隙不均而影响焊接。

4 检查配合尺寸，是为了防止不匹配的管材与管件进行连接，影响接头质量。

5 校直待连接的管材、管件使其在同一轴线上，是为了防止其偏心，造成接头熔接不牢固，气密性不好。使用夹具固定管材和管件，是为了避免连接过程中连接件的移动，影响焊接接头质量。

5.3.5 本条规定了电熔鞍形连接的具体操作要求。

1 采用机械装置（如专用托架支撑）固定干管连接部位的管段，是为了使其保持直线度和圆度，以便两连接面能完全结合。

2 刮除管材连接部位表皮是为了去除待连接面的氧化层，清除连接面上污物，并使连接面打毛，以便获得最佳连接效果。

3 固定电熔鞍形管件，是防止在连接过程中管件移动，影响焊接质量。

5.3.6 本条规定了电熔连接质量检查的具体要求。

1 对于电熔承插连接质量检查：

1）检查周边刮痕，是为了确认已经去除焊接表面上的氧化层；检查插入长度标记，是为了确认管材或插口管件是否插入到位。

2）电熔连接是通过电阻丝加热连接部位的聚乙烯材料，使其熔融，然后连为一体，因此，在连接过程中有一定量的熔融料移动，但是，在聚乙烯管道系统的电熔管件设计时，设计有一段非加热区，足以满足正常熔融料移动要求，因此，对于聚乙烯管道系统，接缝处不应有熔融料溢出。但是，在钢骨架聚乙烯复合管道电熔焊接时，由于钢骨架对熔融料移动起到径向抑制作用，焊接压力比聚乙烯管建立得更快、更高，所以可能形成少量的溢边，经过试验证明，在规定范围内的少量溢边不会影响接头质量。

3）电熔连接完成后，除特殊结构设计外，电熔管件中内埋电阻丝不应挤出，是因为电熔管件设计有一段非加热长度，即使在熔接过程中存在电阻丝细微位移和溢料，也不应露出电熔管件。若电阻丝存在较大位移，可能导致短路而无法完成焊接。对于特殊结构设计的电熔管件，如管件的非加热区设计为安装导向段，其承口尺寸大于管材外径，装配后有一定缝隙，就有可能从此缝隙中看到最外匝加热丝向外位移。只要焊接过程中不发生电热丝短路，移出距离不超出管件端口，通常不会影响焊接质量。

4）电熔管件上的观察孔是为了观察连接情况而专门设计的，电熔管件一般在两端部均设有观察孔，不宜设单观察孔，观察孔与电熔管件加热段相通，能观察到连接面聚乙烯熔融情况，有少量熔融料溢至观察孔，说明电熔连接过程正常，但是，如果熔融料呈流淌状溢出观察孔，说明电熔连接加热过度。

2 对于电熔鞍形连接质量检查：

1）检查周边刮痕，原因同上。

2）如果鞍形分支或鞍形三通的出口不垂直于管材的中心线，说明管件的鞍形面与管材的连接面没有完全接触，存在虚焊。

3）如果管材壁塌陷，说明可能是因为施压过大，导致管壁塌陷，塌陷之处，管件的鞍形面与管材的连接面也不能完全接触，存在虚焊。

4）因为鞍形管件边缘设计有一段非加热面，足以满足正常熔融料移动要求，若鞍形管件周边出现溢料，说明已过焊。

5.4 法兰连接

5.4.3 本条规定是为了保障法兰连接时，两法兰面保持平行，连接轴线能够同心。法兰面不平行，将给安装和将来的维护管理带来麻烦。按对称顺序分次均匀紧固法兰盘上的螺栓，是为了防止发生扭曲和消除聚乙烯材料的应力。

5.4.4 规定法兰密封面、密封件不得有影响密封性能的划痕、凹坑等缺陷，是为了保证法兰连接的密封性；法兰密封面、密封件材质应符合输送城镇燃气的要求，是为了保证其能长期使用。

5.4.5 规定法兰盘、紧固件应经过防腐处理，是为了保证其能长期使用。

5.5 钢塑转换接头连接

5.5.3 规定此条的目的是提示操作人员，在钢管焊接时，注意焊弧高温对聚乙烯管道的不良影响，因为聚乙烯管道软化点在120℃左右、熔点在210℃左右，过高的温度会使聚乙烯管与其接合部位软化，达不到密封效果，影响钢塑转换接头的连接性能。采取降温措施是为了防止因热传导而损伤钢塑转换接头。

5.5.4 规定此条的目的是强调钢塑转换接头连接后，应对钢管端（焊接、法兰连接、丝扣连接等）连接部位，以及连接过程中破坏的防腐层，按原设计防腐等级进行防腐处理，以保证燃气管道系统能长期使用。

6 管 道 敷 设

6.1 一 般 规 定

6.1.1 聚乙烯管道和钢骨架聚乙烯复合管道的土方工程，即施工现场安全防护、沟槽开挖、沟槽回填与路面修复、管道走向路面标志设置等基本与钢管所要求的相同。因此，本条规定土方工程应符合《城镇燃气输配工程施工及验收规范》CJJ 33－2005 第 2 章土方工程的要求。

6.1.2 沟底宽度及工作坑尺寸除满足安装要求外，还应考虑管道不受破坏，不影响工程试验和验收工作。由于各施工单位的技术水平、施工机具和施工方法不同，以及施工现场环境和管道直径的不同，沟底宽度可根据具体情况确定，同时，本条还推荐了可参考执行的计算公式。由于聚乙烯管道和钢骨架聚乙烯复合管道重量较轻且柔软，搬运及向沟槽中下管较方便，适宜在沟边进行连接，因此，沟槽的沟底宽度推荐计算公式按现行的《城镇燃气输配工程施工及验收规范》CJJ 33－2005 第 2.3.3 条沟边组装（焊接）要求确定。

6.1.3 日本煤气协会编写的《聚乙烯煤气管》中规定：(1) 管段上无承插接头时，允许弯曲半径为外径 20 倍以上；(2) 管段上有承插接头时，允许弯曲半径为外径 125 倍以上。

在美国《General construction specifications using polyethylene gas pipe》中也规定：(1) 管段上无承插接头时，允许弯曲半径为 25 倍公称直径；(2) 管段上有承插接头时，允许弯曲半径为 125 倍公称直径。

《燃气输送用聚乙烯管材和管件设计、搬运和安装规范》ISO/TS 10839：2000 中规定：当弯曲半径大于或等于 25 倍的管材外径时，可利用其自然柔性弯曲；但不得采用机械方法或加热方法弯曲管道，并应考虑管道工作温度对最小弯曲半径的影响。

综合国外相关要求和国内多年实际操作经验，本规程确定为：聚乙烯管道允许弯曲半径不应小于 25 倍公称直径，当弯曲管段上有承插管件时，管道允许弯曲半径不应小于 125 倍公称直径。

6.1.4 钢丝网骨架聚乙烯复合管道和孔网钢带聚乙烯复合管道允许弯曲半径，是根据多家复合管生产企业和施工单位的工程经验，并参照《城镇燃气输配工程施工及验收规范》CJJ 33－2005 第 7.3.9 条确定。

6.1.5 规定此条目的是为了确保管道安装位置（标高）符合设计要求和确保工程质量。

6.2 管道埋地敷设

6.2.1 对于开挖沟槽敷设管道（不包括喂管法埋地敷设），检查沟底标高是为了达到设计要求，检查管基质量主要包括检查管基的密实度和有无对管道不利的废旧构筑物、硬石、木头、垃圾等杂物，密实度对管道不均匀沉降有较大影响，废旧构筑物、硬石、木头、垃圾等杂物容易损伤管道。

6.2.2 用非金属绳捆扎是考虑到聚乙烯材料硬度较低，金属绳容易损伤管道。在下管时要防止划伤，是考虑到划伤的管道在运行中，受外力的作用，再遇表面活性剂（如洗涤剂），会加速伤痕的扩展，可能导致管道破坏。扭曲或承受过大拉力和弯曲都会产生附加应力，对管道安全运行不利。

6.2.3 聚乙烯管道的热胀冷缩比钢管要大得多，其线性膨胀系数为钢管的 10 倍以上，蜿蜒敷设可以起到一定的热胀冷缩的补偿作用，因此，可利用聚乙烯管道柔性，蜿蜒状敷设和随地形自然弯曲敷设。钢骨架聚乙烯复合管也具有一定柔性，但不及聚乙烯管，通常能满足沟底平缓起伏形成的自然弯曲，但不宜蜿蜒敷设。

6.2.6 埋设示踪线是为了管道测位方便，精确地描绘出燃气管道走线。目前国际上常用的示踪线有两种，一种是裸露金属导线，另一种是带有塑料绝缘层的金属导线，但它们的工作原理均是通过电流脉冲感应进行探测。示踪线安放位置，日本等国家规定用胶带固定在管道上方，但美国煤气协会编写的《塑料煤气管手册》1977 年版中指出："有些煤气公司发现脉冲电流对聚乙烯燃气管道有害。但危害量多大没有报导，建议金属示踪线与塑料管道之间间隔 2～6in（50～150mm）。"但在《塑料煤气管手册》2001 年版中对此规定修改为："一些公司反映，示踪线通过的脉冲电流对塑料管道有物理性损伤。在实际应用中，最好使示踪线与管道分离，工程师应考虑以上问题。"综合考虑以上因素，以及在实际工程管理中探测管线位置频率很低，因此，本规程规定金属示踪线应贴管敷设。

警示带是为了在第三方施工时，提醒施工人员，挖到此警示带时要注意下面有燃气管道，小心开挖，避免损坏燃气管道。敷设警示带对保护燃气管道被意外破坏是十分有效的方法。规定"警示带宜敷设在管顶上方 300～500mm 处"，是参考了机械挖斗一次挖掘深度；规定"不得敷设于路基和路面里"，是防止警示带被损坏而造成提示语不清楚；规定"直径大于或等于 400mm 的管道，应在管道正上方平行敷设 2 条水平净距 100～200mm 的警示带"，是为了提高警示效果，避免大口径管道侧壁受损伤；规定"警示带宜采用聚乙烯或不易分解的材料制造，颜色应为黄色，且在警示带上印有醒目、永久性警示语"，是为了醒目提示和使用长久。

6.2.7 拖管法施工是将聚乙烯盘管或已焊接好的聚乙烯直管或钢骨架聚乙烯复合管拖入沟槽，拖管法一般用于支管（盘管敷设）或施工条件受限制的管段的敷设。若沟底有石块和尖凸物等，会对管道造成划伤，划伤的管道在运行中受外力作用，如再遇到表面活性剂（如洗涤剂），会加速伤痕扩展，可能导致管道破坏。拖管法施工，管道不宜过长或受拉力过大，否则管道的扭曲、过大的拉力和弯曲都会产生附加应力，对管道安全运行不利。因此，本条规定"沟底不应有在管道拖拉过程中可能损伤管道表面的石块和尖凸物，拖拉长度不宜超过 300m"。另外，拉力过大会损坏管道，在美国煤气协会编写的《塑料煤气管手册》2001 年版中规定：拖拉力不得大于管材屈服拉伸应力的 50%；《燃气输送用聚乙烯管材和管件设计、搬运和安装规范》ISO/TS 10839：2000 和《燃气供应系统——最大压力超过 16 巴的管线》EN 12007 标准规定按下列公式计算：

$$F=\frac{14\pi de^2}{3\times SDR} \tag{2}$$

式中 F——允许拖拉力（N）；

de——管道公称直径（mm）；

SDR——标准尺寸比。

本条允许拖拉力计算采用《燃气输送用聚乙烯管材和管件设计、搬运和安装规范》ISO/TS 10839：2000 和《燃气供应系统——最大压力超过 16 巴的管线》EN 12007 推荐的计算公式，并简化为 $F=15DN^2/SDR$，其中 DN 为管道公称直径。

对于钢骨架聚乙烯复合管道，由于有钢骨架层存在，其屈服拉伸强度要比聚乙烯管道大得多，因此，其允许拖拉力也要比聚乙烯管大得多。由于在 ISO、EN 等标准中没有钢骨架聚乙烯复合管道的拖拉力计算公式，因此，本规程对钢骨架聚乙烯复合管道的最大允许拖拉力参照美国煤气协会编写的《塑料煤气管手册》确定，即钢骨架聚乙烯复合管道的最大拖拉力不应大于其屈服拉伸应力的 50%。

6.2.8 喂管法施工是将固定在掘进机上的盘卷的聚乙烯管道，通过装在掘进机上的犁沟刀后部的滑槽喂入管沟，犁沟刀可同时与另外的滑槽连接，喂入聚乙烯燃气管道警示带，警示带敷设应符合本规程第 6.2.6 条的规定。聚乙烯燃气管道喂入沟槽时，不可避免要弯曲，但其弯曲半径要符合本规程第 6.1.3、6.1.4 条规定。

喂管法施工是一种比较经济、方便、快捷的施工方法，主要适用于地面、地下无设施和地下无岩石块的场合，因此，在采用喂管法施工时应对地质情况进行调查。

6.3 插入管敷设

6.3.1 插入敷设方法种类很多，常见的有直接插入法、内衬插入法、爆管插入法等。本节规定的插入法适用于插入管外径不大于旧管内径 90% 的插入敷设方法。旧管内衬插入管的插入敷设方法建设部正在制定相关行业标准，为避免标准内容重复，在本规程中不做规定。

6.3.2 规定此条目的是为了便于插入管敷设施工和保证管道弯曲半径不超过其允许弯曲半径。"工作坑间距不宜超过 300m"，是考虑插入管在插入过程中与旧管壁摩擦及可能划伤的影响，同时也考虑到与拖管法施工规定的允许拖拉长度相对应。国内外一些燃气管道工程施工证明该尺寸是可靠的。如北京新华门前 760m*DN*400 钢管内插 *DN*250PE 管，分两段内插，每段约 300m；美国洛杉矶 3km*DN*300 钢管，内插 *DN*200PE 管平均一次铺设管道 547m，最长的一次铺设管道 882m。

6.3.3 旧管内壁沉积物、尖锐毛刺、焊瘤和其他杂物，减小了旧管内径，并且在拉管时容易划伤插入管表面，影响插入管敷设，因此要求旧管内壁上的沉积物、尖锐毛刺、焊瘤和其他杂物必须要清除，清除方法很多，只要能达到清除目的均可。吹净旧管内杂物，是为了防止被清除的杂物堵塞管道，同时施工操作人员通过检查吹出的杂物量来判定旧管内沉积物的清除程度。必要时先拉过一段聚乙烯管段是检查和判定旧管内壁对插入管影响程度。

6.3.4 必要时切除外热熔对接连接的翻边和电熔连接的接线柱是为了使插入管顺利通过旧管道，而且，切除翻边和接线柱不影响接头强度和管道结构的安全性。

6.3.5 铺设前对已经连接好的管道进行检漏，是为了检查已连接好的管道是否漏气，避免插入后返工。

6.3.6 加装一个硬度较小的漏斗形导滑口是为了防止插入施工时，金属旧管端口毛刺损坏插入管表面，因为管道表面划伤是运行过程中产生应力开裂的诱因。

6.3.7 本条规定"拖拉力应符合本规程第 6.2.7 条的规定"，是为了防止拉断或拉伤插入管。

6.3.8 规定此条目的是为了插入管之间连接方便和满足管道缩径恢复、收缩的需要。

6.3.9 由于聚乙烯管道热胀冷缩比钢管大得多，留出冷缩余量和铆固或固定，是为了防止温度下降时产生过大拉力。在各管段端口，插入管与旧管之间的环形空间要求密封是为了防止地下水进入旧管与插入管的夹层，腐蚀旧管内壁，降低旧管对插入管的保护作用，以及积水在冬季结冰挤压插入管。管段之间的旧管开口处规定设套管保护是为了保护插入管。

6.3.10 由于在插入管施工时，拉应力使插入管伸长，因此，只有在插入管恢复自然后，才能保证接分支管位置准确，连接可靠。一般拖拉长度在300m左右的管道，恢复时间需要24h左右。

6.4 管道穿越

6.4.1 规定此条的目的是为了使燃气管道穿越铁路、道路和河流敷设时能顺利进行。

6.4.2 本条是参照国家行业标准《城镇燃气输配工程施工及验收规范》CJJ 33－2005第9章制定。

7 试验与验收

7.1 一般规定

7.1.1 首先进行吹扫，是为了保证管道内清洁，防止在强度试验、气密性试验时，较高气压夹带杂质损伤管道。由于聚乙烯管道和钢骨架聚乙烯复合管道在试验与验收方面与金属管道相比，很多方面是相同的，为避免标准内容的重复，本节重点规定了针对聚乙烯管道和钢骨架聚乙烯复合管道一些特殊要求，其他要求执行国家行业标准《城镇燃气输配工程施工及验收规范》CJJ 33的规定。

7.1.2 管道试验时，为了减少环境温度的变化对试验的影响和压力试验使管道的移位，要求埋地管道应回填至管道上方0.5m以上后进行试验。拖管法、喂管法和插入法敷设的管道，敷设前对已经连接好的管道进行检漏试验，是为了检查已连接好的管道是否漏气，避免插入后返工。

7.1.3 吹扫及试验介质采用压缩空气，是因为聚乙烯管道和钢骨架聚乙烯管道管道内壁较干净、光滑，采用气体吹扫效果也较好，另外，空气来源方便。国外也有用天然气、水或惰性气体。但天然气不安全，且浪费燃料，惰性气体价格昂贵，水在冬天容易结冰，而且残留在管道中对运行不利。由于夏季气温较高，尤其是南方地区，气温达30～40℃，此时吹扫要特别注意压缩空气的温度，尽量不要超过40℃，否则要采取措施，避免管道受到损害。

由于压缩空气是由压缩机提供，压缩机使用的油和寒冷冬季使用的防冻剂容易随压缩空气流入管道内，油和防冻剂会对管道产生不良影响，故本条规定在压缩机出口端安装分离器和过滤器，防止有害物质进入管道。

7.1.4 在吹扫、强度试验和严密性试验时，待试管道与无关管道系统和已运行的管道系统隔离是十分重要，否则试验和验收很难完成。与现已运行的燃气管道隔离，若采用阀门隔离，可能因阀门内漏无法完成试验和验收，还可能因空气进入已运行的燃气管道或已运行的燃气管道内的燃气进入待试管道而发生事故。

7.1.6 进行强度试验和严密性试验时，一般都是使用肥皂液或洗涤液作检漏液，其原因是因为肥皂液或洗涤液价格便宜、得来容易。由于肥皂液或洗涤液是一种表面活性剂，聚乙烯材料在其内部变形达到某一临界值，肥皂液或洗涤液等表面活性剂会加速聚乙烯材料出现应力开裂，因此检查完毕应及时用水冲去。

7.1.7 规定此条目的是为了保证施工安全，带压操作是极其危险的。

7.2 管道吹扫

7.2.1 制定吹扫方案是为了便于组织实施，吹扫方案包括：吹扫的起点和终点；吹扫压力及压力表的安装位置；吹扫介质及吹扫设备；吹扫顺序及调度方法；调压器、凝水缸、阀门、孔板、过滤网、燃气表的保护措施；吹扫应采取的安全措施及安全培训等。

7.2.2 吹扫口采取加固措施是为了防止在吹扫过程中吹扫口被损坏而脱落造成事故，在以往的施工中有过此类教训。吹扫出口是整个吹扫段最应注意安全的地方，设安全区域并由专人负责安全是十分必要的。

排气口应采取防静电措施，如使用钢管接地等，避免静电积聚造成人身伤害或其他危险，静电火花有可能引燃燃气与空气的混合气。

7.2.3 吹扫压力不应大于0.3MPa，是为了保证吹扫安全和管道不被损伤。

7.2.4 吹扫气体的流速过小不能吹净管道中杂物，但是，如果流速过大，管道中的杂物会损伤管道内壁，因此，规定吹扫气体流速不宜小于20m/s，不宜大于40m/s。

7.2.5 每次吹扫管段的长度不宜超过500m，是考虑到采用气体吹扫的方法，过长的管段很难吹扫干净，因此，在吹扫时应根据具体情况合理安排，分段吹扫。

7.2.6 规定此条目的是为了保证附属设备不被损坏。

7.3 强度试验

7.3.1 分段进行压力试验是为了缩短在城市施工的占道时间。试验管段规定不宜超过1km，是考虑到试验管段过长，一旦试验不合格将给查找漏点带来难度；此外，由于聚乙烯材料的管道刚性比钢管低，在较大压力下容易膨胀，试验管段过长，达到试验压力和稳压的时间要求更长。

7.3.2 本条规定参照《城镇燃气输配工程施工及验收规范》CJJ 33－2005第12.3.4条确定。

7.3.3 本条规定参照《城镇燃气输配工程施工及验收规范》CJJ 33－2005第12.3.5条制定。强度试验的目的是检验管道是否能承受设计压力，因此试验压力应高于设计压力，国内外压力管道通常都取设计压力的1.5倍。最低试验压力，对于聚乙烯管道国外通常规定为不小于0.30MPa，《聚乙烯燃气管道工程技术规程》CJJ 63－95也规定为0.30MPa，本条修改为"最低试验压力：*SDR*11聚乙烯管道不应小于0.40MPa，*SDR*17.6聚乙烯管道不应小于0.20MPa，钢骨架聚乙烯复合管道不应小于0.40MPa。"主要是为了与《城镇燃气输配工程施工及验收规范》CJJ 33－2005规定相协调。

7.3.4 升至试验压力的50%后进行初检以防止意外的发生，初检可观察压力表有无持续下降；接头、管道设备和管件有无泄漏、异常等。"宜稳压1h后，观察压力计不应少于30min，无明显压力降为合格"是根据《城镇燃气输配工程施工及验收规范》CJJ 33－2005的规定和工程实践经验确定，并经工程实践检验是可靠的。

7.3.5 管段相互连接的接头外观检验，对于热熔对接连接，按本规程第5.2.4条规定对翻边对称性检验、接头对正性检验和翻边切除检验进行检查；对于电熔连接的外观检查，按本规程第5.3.6条电熔承插连接的规定进行检查。

7.4 严密性试验

7.4.1 对于聚乙烯管道的严密性试验，在国外，其试验方法与钢管基本一致，在我国，过去几年内敷设的聚乙烯管道和钢骨架聚乙烯复合管道的严密性试验均执行《城镇燃气输配工程施工及验收规范》CJJ 33的规定，效果良好。因此，本规程严密性试验直接引用现行的《城镇燃气输配工程施工及验收规范》CJJ 33的严密性试验要求。

7.5 工程竣工验收

7.5.1 聚乙烯管道和钢骨架聚乙烯复合管道工程竣工验收应符合国家现行行业标准《城镇燃气输配工程施工及验收规范》CJJ 33－2005第12.5节的规定。工程竣工验收中所依据的相关标准可以是地方或企业标准，但其标准中的要求不得低于国家现行相关标准。

7.5.2 本条规定了《城镇燃气输配工程施工及验收规范》CJJ 33－2005第12.5节工程竣工验收中未包含的内容：

1 翻边切除检查记录。

2 示踪线（带）导电性检查记录。

中华人民共和国行业标准

建设领域应用软件测评通用规范

General code for measure and evaluation of application software in the field of construction

CJJ/T 116—2008
J 781—2008

批准部门：中华人民共和国建设部
施行日期：2 0 0 8 年 8 月 1 日

中华人民共和国建设部
公　　告

第808号

建设部关于发布行业标准《建设领域应用软件测评通用规范》的公告

现批准《建设领域应用软件测评通用规范》为行业标准，编号为CJJ/T 116－2008，自2008年8月1日起实施。

本规范由建设部标准定额研究所组织中国建筑工业出版社出版发行。

中华人民共和国建设部
2008年2月26日

前　　言

根据建设部《关于印发〈二〇〇四年度工程建设城建、建工行业标准制订、修订计划〉的通知》（建标（2004）66号）的要求，规范编制组在广泛调查研究，认真总结实践经验，参考有关国际标准、国外先进标准和国家标准，并在广泛征求意见的基础上，制订了本规范。

本规范的主要技术内容是：1. 总则；2. 术语和代号；3. 建设领域应用软件通用质量要求；4. 城市规划应用系统功能与质量要求；5. 城市建设应用软件功能与质量要求；6. 建筑市场与建筑工程应用软件功能与质量要求；7. 房地产应用系统功能与质量要求；8. 数字社区应用系统功能与质量要求；9. 建设领域应用软件测评要求。

本规范由建设部负责管理，由主编单位负责具体技术内容的解释。

本规范主编单位：中国电子商务协会建设分会（北京市海淀区三里河路13号中国建筑文化中心B座410室，E-mail：ccecn@mail.cin.gov.cn，邮政编码100037）

本规范参编单位：建设部信息中心
清华大学
哈尔滨工业大学
中国建筑科学研究院
沈阳建筑大学
北京建设数字科技有限责任公司

本规范主要起草人员：王要武　赵　昕　王道堂
张继军　杨玉柱　刘洪玉
张建平　张　凯　王　毅
林春哲　宋晓宇　栾方军
梁　松　李晓东　芦金锋
翟凤勇　郭剑锋　李良宝
李　昂　赵振宁

目　次

1　总则 …………………………………… 2—24—4
2　术语和代号………………………………… 2—24—4
2.1　术语………………………………… 2—24—4
2.2　代号………………………………… 2—24—4
3　建设领域应用软件通用质量要求 ………………………… 2—24—4
3.1　一般规定………………………………… 2—24—4
3.2　产品描述要求………………………… 2—24—5
3.3　用户文档要求………………………… 2—24—5
3.4　程序要求和数据要求………………… 2—24—6
4　城市规划应用系统功能与质量要求 ………………………… 2—24—6
4.1　一般要求……………………………… 2—24—6
4.2　城市规划管理系统…………………… 2—24—6
4.3　城市规划与设计系统………………… 2—24—7
4.4　城市规划监管系统…………………… 2—24—7
4.5　城市基础地理信息系统……………… 2—24—7
4.6　城市综合管线管理系统……………… 2—24—8
5　城市建设应用软件功能与质量要求 ………………………… 2—24—8
5.1　一般要求……………………………… 2—24—8
5.2　城市给水应用软件…………………… 2—24—8
5.3　城市排水应用软件…………………… 2—24—9
5.4　城市燃气应用软件…………………… 2—24—9
5.5　城市集中供热应用软件……………… 2—24—9
5.6　城市水环境质量监控系统…………… 2—24—9
5.7　城市公共交通管理应用软件 ……… 2—24—10
5.8　城市园林和风景名胜区管理应用软件 ………………………… 2—24—11
5.9　城市环境卫生管理应用软件 ……… 2—24—11
5.10　城市建设档案管理信息系统……… 2—24—12
5.11　城市道路、桥梁应用软件………… 2—24—12
5.12　城市给水、城市排水等施工设计软件………………………… 2—24—12
6　建筑市场与建筑工程应用软件功能与质量要求 …………………… 2—24—12
6.1　一般要求 ………………………… 2—24—12
6.2　建筑市场及交易管理系统 ……… 2—24—12
6.3　工程勘察应用软件 ……………… 2—24—13
6.4　工程设计应用软件 ……………… 2—24—13
6.5　工程勘察设计管理应用软件 …… 2—24—14
6.6　工程施工技术应用软件 ………… 2—24—14
6.7　工程施工管理应用软件 ………… 2—24—15
6.8　工程建设监理应用软件 ………… 2—24—15
7　房地产应用系统功能与质量要求…………………………… 2—24—16
7.1　一般要求 ………………………… 2—24—16
7.2　房地产市场信息系统 …………… 2—24—16
7.3　房地产权属管理系统 …………… 2—24—17
7.4　单位住房公积金管理软件 ……… 2—24—17
7.5　住房资金管理系统 ……………… 2—24—17
7.6　房地产企业资质与诚信管理系统 ……………………… 2—24—18
7.7　房地产市场监测预报系统 ……… 2—24—18
7.8　房地产信息网 …………………… 2—24—18
7.9　房地产估价软件 ………………… 2—24—18
7.10　房地产投资经济评价软件……… 2—24—19
7.11　房地产销售管理系统…………… 2—24—19
7.12　房地产经纪业务管理系统……… 2—24—19
8　数字社区应用系统功能与质量要求 …………………………… 2—24—19
8.1　一般要求 ………………………… 2—24—19
8.2　控制管理集成平台 ……………… 2—24—20
8.3　安防系统 ………………………… 2—24—20
8.4　控制管理系统 …………………… 2—24—21
8.5　计算机管理和信息服务系统 …… 2—24—21
9　建设领域应用软件测评要求 …… 2—24—22
9.1　一般规定 ………………………… 2—24—22
9.2　测评过程 ………………………… 2—24—22
9.3　测评记录与测评报告 …………… 2—24—23
本规范用词说明 ……………………… 2—24—23
附：条文说明………………………… 2—24—24

1 总　　则

1.0.1　为进行建设领域应用软件的测评，促进建设领域应用软件产业化，提高建设领域应用软件水平，加强对建设领域信息化软硬件技术与产品的管理，制定本规范。

1.0.2　本规范适用于建设领域应用软件测评中规定应用软件的质量要求和功能要求、建立应用软件的质量模型、编写测评计划、实施测评等。

1.0.3　本规范所指建设领域，包括城乡规划、城市建设、建筑工程与市场、房地产、数字社区等方面。

1.0.4　建设领域应用软件测评除应符合本规范外，尚应符合国家现行有关标准的规定。

2　术语和代号

2.1　术　　语

2.1.1　属性 attribute

实体的可以测量的物理或理论上的性质。

2.1.2　需求文档 requirement document

包含由应用软件满足的建议、要求或规则的任何组合的文档。

2.1.3　产品描述 product description

陈述应用软件性质的文档，其主要目的是帮助潜在的购买者在购买前对产品进行适用性评价。

2.1.4　内部质量 internal quality

产品属性的总和，决定了产品在特定条件下使用时，满足明确和隐含要求的能力。

2.1.5　外部质量 external quality

产品在特定条件下使用时，满足明确和隐含要求的程度。

2.1.6　内部度量 internal measure

对产品本身的一种度量，或是直接的或是间接的。

2.1.7　使用质量 quality in use

特定用户使用产品满足其需求的程度，以达到在特定应用环境中的有效性、生产率和满意度等特定目标。

2.1.8　质量模型 quality model

一组特性及特性之间的关系，它提供规定质量需求和评价质量的基础。

2.1.9　度量 measure (noun)

通过执行一次量测赋予实体属性的数字或类别。

2.1.10　空间数据 spatial data

用来表示空间实体的位置、形状、大小和分布特征诸方面信息的数据，适用于描述所有呈二维、三维和多维分布的关于区域的现象。

2.1.11　数字社区 digital community

利用现代传感技术、控制技术、信息处理技术、通信技术、计算机技术、多媒体技术和信息网络技术，实现社区内相关信息的采集、传输、处理、检索和显示，达到信息的高度集成和共享，实现对社区和家庭相关设备的自动化、智能化监控，为用户提供安全、舒适、节能、环保与高效的生活和工作环境。

2.1.12　评价技术 evaluation technology

用于评价的技术、工具、度量、测量及其他技术信息。

2.2　代　　号

GIS——地理信息系统 geographic information system

GNSS——全球导航卫星系统 global navigation satellite system

IC——智能卡 intelligent card

3　建设领域应用软件通用质量要求

3.1　一 般 规 定

3.1.1　建设领域应用软件的质量应分为内部质量和外部质量，并可通过质量模型表述（图3.1.1）。该内部质量和外部质量的质量模型宜包括功能性、可靠性、易用性、效率、维护性、可移植性6个质量特性和适合性、成熟性、易理解性、时间特性、易分析性、适应性等子特性。

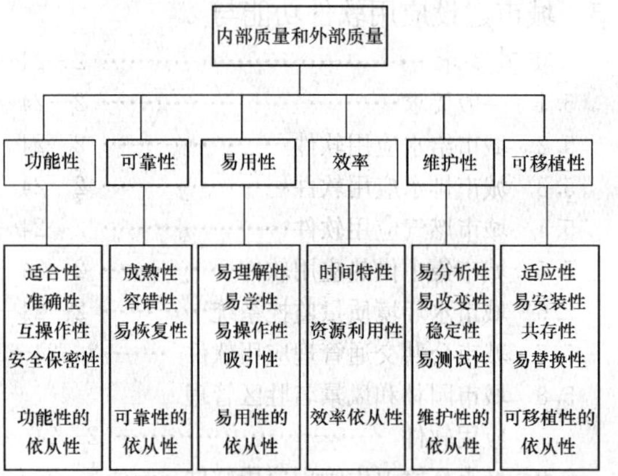

图3.1.1　内部质量和外部质量的质量模型

3.1.2　建设领域应用软件的质量应通过使用质量模型表述（图3.1.2）。该使用质量模型应包括有效性、生产性、安全性、满意度4个使用质量特性。

3.1.3　建设领域应用软件在外部质量、内部质量和使用质量三个层次上都应进行测量和检测。

3.1.4　建设领域应用软件在指定条件下使用时，应满足下列使用质量的要求：

1　使用户能正确和完全地达到规定目标；

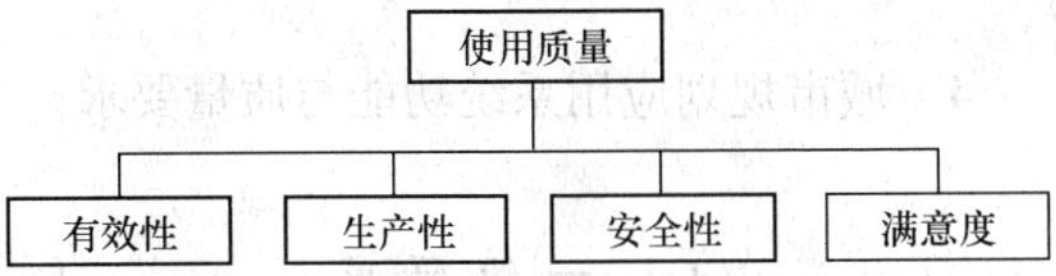

图 3.1.2　应用软件的使用质量模型

2　软件达到有效性时，用户花费尽可能少的相关资源数量；

3　用户满意度应达到一定水平。

3.1.5　在每一次特定的建设领域应用软件测评中，应根据测评目的构造应用软件的质量模型，依次测试各质量特性。各种特性在测试中应满足质量要求。

3.1.6　建设领域应用软件的质量要求宜包括：

1　软件的产品描述要求，应包含规定信息，且所要求内容应是可测试的且是正确的；

2　软件的用户文档要求；

3　包含在软件中的程序要求和数据要求。

3.2　产品描述要求

3.2.1　建设领域应用软件应有产品描述，其内容应包括标识和指示、功能说明、可靠性说明和易用性说明，必要时宜包括效率说明、维护性说明和可移植性说明。

3.2.2　建设领域应用软件产品描述的内容应满足下列要求：

1　产品描述的内容是易理解的、完整的且是易于浏览的；

2　每个术语在任何地方应具有相同的意义；

3　产品描述的说明应是可测试的且是正确的。

3.2.3　建设领域应用软件产品的标识和指示应符合下列规定：

1　具有惟一的文档标识，可有不同于产品描述的命名；

2　标识产品的基本信息。产品标识应至少有产品名称、版本号和日期。当产品描述中提及两个或多个派生版本时，每个版本应有产品名称、派生版本名称、版本号和日期；

3　至少应包含一个供方的名称和地址；

4　指出产品能完成的工作任务；

5　可引用产品符合需求的文档内容，但应标明相关的编辑版本；

6　指明将产品投入使用所要求的系统，包括生产厂商名和所有部件的标识。对不同的工作任务、不同的边界值和不同的效率要求，可规定不同的系统要求；

7　当产品应用其他产品接口时，在产品描述中应对所引用的接口和产品进行说明；

8　对交付产品的每个物理部件，及所有打印文档和所有数据媒体应进行说明，并说明提供的程序形式；

9　说明产品安装能否由用户自己完成；

10　说明是否提供对产品操作的支持；

11　说明是否提供维护，当提供维护时，应说明包括的具体内容；

12　当产品提供相应的外部调用接口时，应对相应的接口和调用方法进行说明。

3.2.4　建设领域应用软件产品描述的功能说明，应符合下列要求：

1　概述使用该产品的用户可调用的功能、需要的数据、所提供的设施。对每个描述功能应说明下列内容：

1）产品功能；

2）在产品描述中完整描述的产品扩展功能；

3）在产品描述中所引用的产品扩展功能；

4）无保证的补充功能。

2　当由于产品特定的边界值致使产品的使用受到限制时，应提供这些边界值。当不能提供固定的边界值时，应说明这些限制。可提供允许的值组合，更具体的信息应写入用户文档。

3　当提供产品特定的边界值时，应包含有关防止程序或数据非授权的无意访问或蓄意访问的手段。

3.2.5　建设领域应用软件产品描述的可靠性说明，应包含数据存储规程的信息，并应描述保证产品的功能能力的附加性质。

3.2.6　建设领域应用软件产品描述的易用性说明，应符合下列要求：

1　应指明用户界面的类型；

2　应规定应用该产品所要求的专门知识；

3　当产品能被用户作适应性修改时，应标识这种修改的工具和修改工具使用的条件；

4　当防止侵权的技术保护可能有碍于软件的使用时，应说明这种保护；

5　宜包括关于使用效率和用户满意度的数据。

3.2.7　建设领域应用软件产品描述的效率说明，宜包含产品的时间行为的数据。

3.3　用户文档要求

3.3.1　用户文档应具有完整性，应包括下列内容：

1　产品使用所需信息。在产品描述中说明的所有功能以及在程序中用户可调用的所有功能，都应在用户文档中加以完整的描述。

2　再次说明产品描述中给出的所有边界值。

3　安装手册，该手册应包含所有必要的信息。安装手册也应说明一次安装的最小文卷和最大文卷。

4　程序维护手册，该手册应包含各种有关软件维护所需要的信息。

3.3.2　用户文档中的所有信息应是正确的，不得有歧义和错误的表达。

3.3.3 用户文档自身内容或相互之间以及与产品描述之间都不应相互矛盾。每个术语的含义宜保持一致。

3.3.4 用户文档对于正常执行其工作任务的一般用户宜易于理解。

3.3.5 用户文档宜易于浏览。文档应有目录表。当文档未提供印刷本时，应指明其打印过程。

3.4 程序要求和数据要求

3.4.1 建设领域应用软件产品在指定条件下使用时，宜满足下列功能性要求：

1 为指定的任务和用户目标提供一组合适的功能；

2 提供具有所需精度的、正确或相符的结果或效果；

3 与一个或更多的规定系统进行交互；

4 保护信息和数据，以使未授权的人员或系统不能阅读或修改这些信息和数据。

3.4.2 建设领域应用软件产品宜满足下列可靠性要求：

1 在软件出现故障或者违反指定接口的情况下，维持规定的性能级别；

2 在失效的情况下，重建规定的性能级别并恢复受直接影响的数据；

3 在故障或者失效的情况下，给出相应的提示信息并写入相应的操作日志。

3.4.3 建设领域应用软件产品在指定条件下使用时，宜满足下列易用性要求：

1 用户能理解软件的适用性以及能将软件用于特定的任务和使用环境；

2 用户能学习其应用；

3 用户能操作和控制软件；

4 吸引用户。

3.4.4 建设领域应用软件产品在规定条件下运行时，应满足产品描述中的效率说明。

3.4.5 建设领域应用软件产品应满足产品描述中的维护性说明。

3.4.6 建设领域应用软件产品应满足产品描述中的可移植性说明。

3.4.7 建设领域应用软件产品在指定条件下使用时，宜满足本规范3.4.1～3.4.6条所规定的功能性、可靠性、易用性、效率、维护性和可移植性等6个质量特性的下列依从性要求：

1 遵循与功能性相关的标准；

2 遵循与可靠性相关的标准；

3 遵循与易用性相关的标准；

4 遵循与效率相关的标准；

5 遵循与维护性相关的标准；

6 遵循与可移植性相关的标准。

4 城市规划应用系统功能与质量要求

4.1 一 般 要 求

4.1.1 城市规划应用系统宜包括城市规划管理、城市规划设计、城市规划监管、城市基础地理信息和城市综合管线管理等应用系统。

4.1.2 城市规划应用系统所涉及的产品应有严格的质量要求，并应达到规定的验收标准。

4.1.3 城市规划应用系统宜选用先进、可靠、优化集成的技术设备，宜选用先进、稳定、经济的GIS支持平台及数据库系统，并支持海量数据处理。

4.1.4 各种矢量数据、遥感影像数据、综合管线数据以及专题图的数据精度宜保持协调一致，保证整个系统的精度在可接受的范围内。

4.1.5 城市规划应用系统宜具有统一的数据标准。

4.2 城市规划管理系统

4.2.1 城市规划管理系统宜包括城市规划管理信息系统、城市规划决策支持系统等。

4.2.2 城市规划管理信息系统应符合下列要求：

1 应具有工作流、图文一体化技术，并具有完全集成GIS的功能；

2 应具有建设项目选址意见书、建设用地规划许可证和建设工程规划许可证的审批管理功能，可进行案卷、流程、表格、档案、时限、会签、会议和窗口管理等操作；

3 宜具有规划业务的电子报批功能；

4 宜具有监控和授权管理功能；

5 应具有图形浏览、编辑功能，可绘制各种审批成果图和专题图；

6 应具有多种地理定位功能，可进行坐标、图号、道路、案卷以及接合表等定位操作；

7 应具有图形输出功能，可输出各种审批成果图和专题图，可定制打印和格式输出；

8 应具有图层管理功能，可进行叠加、移动等操作；

9 应具有统计查询功能，可进行案卷、图形、地物、空间属性的统计、查询，并生成统计或查询报表；

10 宜具有道路红线管理功能，可进行道路红线的编辑、修改和更新；

11 应具有现状管线管理功能，可进行现状管线的编辑、修改和更新；

12 宜具有规划和测绘成果管理功能，可进行规划图和基础测绘图的查询和更新；

13 宜具有空间辅助分析功能，可进行拆迁、道路拓宽、方案审查、道路和管线横纵剖、日照、淹没、建筑间距等方面的分析；

14 宜具有行政办公管理功能，可进行收发文管理、信息发布、电子信箱、事务处理和资源管理等操作；

15 应具有系统维护功能，可进行机构和人员的设置、业务、流程、表格、权限、图层、地物、属性以及系统参数的设置等操作；

16 宜具有多种类型数据的采集能力，可与其他应用系统或数据源进行图形及属性数据交换；

17 宜具有城市规划信息发布和公众查询功能。

4.2.3 城市规划决策支持系统应符合下列要求：

1 应具有图层管理功能，可进行叠加、移动等操作；

2 应具有图形操作功能，可进行各种矢量图和专题图的绘制和输出；

3 宜具有辅助分析、决策功能，可进行空间分析，实现重大工程项目的选址方案优选以及用地、产业、人口和城市长远发展战略规划编制的辅助决策；

4 宜具有基于互联网的公众参与规划的功能；

5 可采用虚拟现实技术，建立城市规划三维模型；

6 宜具有多种类型数据的采集能力，可与其他应用系统或数据源进行图形及属性数据交换；

7 应具有系统维护功能，可进行表格、权限、图层、地物、属性以及系统参数设置等操作。

4.3 城市规划与设计系统

4.3.1 城市规划与设计系统宜包括规划总图设计系统、建筑规划设计系统、市政道路规划设计系统、景观设计和园林规划设计系统等。

4.3.2 规划总图设计系统应符合下列要求：

1 应具有参数设置功能，可设置绘图比例、坐标关系、坐标网格、标注位数、地块、出图、图层和图框等参数；

2 应具有地形图的管理功能，可进行地形图输入、标注和修改、等高线管理、地形断面形成以及三维地形表现等；

3 应具有道路设计功能，可进行简绘道路、道路板块、线转道路、转弯半径、交叉、绿化带、标注等设计；

4 应具有地块设计功能，可进行用地范围地块划分、字符注记、边界处理、地块定义、地块标注、色块填充、图案填充、自动图案和图案调整等操作；

5 应具有土方设计功能，可进行等高线计算、绘制和标注、地形断面修改、土方边界与网格处理、土方计算、土方优化、边坡计算、图面清除和区域移动等操作；

6 应具有规划设计功能，可进行住宅图库、住宅详库、公建图库和其他图库管理，可进行用户住宅、线转住宅和公建的绘制等操作；

7 应具有竖向设计功能，可设计道路竖向、地沟、挡土护坡、等高线、标注和雨水口等；

8 应具有绿化设计功能，可设计及绘制草坪、草坪填充、随手树篱、平面树和立面树等；

9 应具有详图成图功能，可设计台阶详图、台阶挡墙、花池花台、道路详图、路构造缝、路道构造、地沟构造、人行道和坡道详图等；

10 应具有管线综合设计功能，可设计管线、管沟、管架和断面等；

11 应具有图表、文字处理功能，可生成平衡、地块、经济和工业指标等图表；

12 可与城市规划管理系统和城市规划监管系统进行数据的共享和交换。

4.3.3 建筑规划设计、市政道路规划设计、景观设计和园林规划设计等可按照本规范第 4.3.2 条中相应内容提出各自的功能和质量要求。

4.4 城市规划监管系统

4.4.1 城市规划监管系统宜包括城市规划监督管理信息系统（监测版）和城市规划监督管理信息系统（核查版）。

4.4.2 城市规划监督管理信息系统（包括监测版和核查版）应符合下列要求：

1 应具有工作流程介绍功能，可描述规划监管的工作流程、核查流程和数据处理流程；

2 应具有监管审批功能，可对不同监管城市的差异图斑进行审查确认；

3 应具有核查填报功能，可对监测版系统下发的待核查数据进行核查、确认，并将结果上传、反馈给监测版系统；

4 应具有查询统计功能，可进行各种条件的查询与统计，并形成统计报表；

5 应具有专题图管理功能，可生成和打印绿化、道路、建筑等监管专题图；

6 应具有系统维护功能，可配置系统参数、权限、图层、机构、流程和表格。

4.5 城市基础地理信息系统

4.5.1 城市基础地理信息系统宜包含数据加工处理、数据管理与分析、数据输出与应用、安全管理与系统维护等子系统。

4.5.2 数据加工处理子系统应符合下列要求：

1 可对城市基础地理按 1：5000～1：10000 采集、加工和编辑处理；

2 可接收国家现行标准《城市基础地理信息系统技术规范》CJJ 100 规定的各种类型的基础数据；

3 应同时支持矢量数据与栅格数据，并支持图形数据与属性数据的输入；

4 应支持GIS系统常用的数据格式及现行国家标准《地球空间数据交换格式》GB/T 17798规定的数据交换格式；

5 应提供常用工具进行检测任何进入数据库的数据的质量和合理性。

4.5.3 数据管理与分析子系统应符合下列要求：

1 应提供快速查找工具，可通过地名、坐标、图幅号等方式定位或查找信息；

2 可对现有数据进行查询、统计、分类管理，并根据查询、统计结果生成满足要求的报表、图形等输出信息；

3 应提供多种分析功能，可建立相应的决策支持模型，为宏观决策提供信息支持；

4 应支持元数据管理。

4.5.4 数据输出与应用子系统应符合下列要求：

1 应具有纸质输出与电子数据输出功能，保证地形图、各类专题图以及系统生成的各类数据按照要求正确输出；

2 应具有按照一定规则，提取相关数据和重新组织数据的功能；

3 应具有Web查询功能，提供数据检索、查询、浏览工具。

4.5.5 安全管理与系统维护子系统应符合下列要求：

1 应具有安全保密功能。可对用户赋予权限，阻止非授权用户读取、修改、破坏或窃取数据；

2 应具有系统和数据备份及恢复功能；

3 应具有系统更新和维护功能，定期对数据库、软硬件更新。

4.6 城市综合管线管理系统

4.6.1 城市综合管线管理宜包含地形数据与管线数据处理、管线信息管理与分析、管线信息维护与应用、管线工程辅助设计等子系统。

4.6.2 地形数据与管线数据处理子系统应符合下列要求：

1 应具有完善的地形和管线图形与属性信息的输入编辑功能；

2 应提供必要的工具来检测输入数据的质量和准确性；

3 应具有地形图库管理功能，对地形图和管线图进行增加、删除、修改、检索等操作。

4.6.3 管线信息管理与分析子系统应符合下列要求：

1 应具有管线信息查询、统计功能。可按道路名、单位名、对象类型、专业等查询任意范围的管线及附属属性，并将查询的信息进行统计，生成满足要求的报表、图形等；

2 应具有管线信息的分析功能，包括断面分析、影响区域分析、交叉点分析、缓冲区分析、管线水平间距和垂直净距分析、管线覆土深度分析、管线碰撞分析、事故分析、抢险分析、最短路径分析等。

4.6.4 管线信息维护与应用子系统应符合下列要求：

1 应具有管线信息维护及更新功能，包括管线空间信息和属性信息的添加、删除与修改；

2 应具有输出功能，包括基本地形图和管线图形信息的图形输出和属性查询统计的表格输出。

4.6.5 管线工程辅助设计子系统应具有管线设计计算、分析、绘图及方案比较等功能。

5 城市建设应用软件功能与质量要求

5.1 一般要求

5.1.1 城市建设应用软件宜包括城市给水、城市排水、城市燃气、城市集中供热、城市水环境质量监控、城市公共交通管理、城市园林和风景名胜区管理、城市环境卫生管理、城市建设档案及城市道路和桥梁管理等应用软件。

5.1.2 城市建设应用软件应选用先进、可靠、优化集成的技术设备，为系统的升级留有余地。

5.2 城市给水应用软件

5.2.1 城市给水应用软件宜包括城市给水管网地理信息系统、城市给水监视控制和数据采集系统、自来水银行代收费系统、水厂自动化控制系统等。

5.2.2 城市给水管网地理信息系统应符合下列要求：

1 应具有用户管理功能，包括添加、删除，设定、更改用户权限等；

2 应具有地图操作、图层管理、显示控制、地图定位等功能，地图输入输出应支持多种标准数据格式；

3 应具有图形管理功能，包括图库管理、拴点上图和标准图幅的输出。图库应包括常见的给水管件，并可根据用户的要求进行维护；

4 应具有属性管理功能，能提供浏览、修改、添加和删除属性数据的功能；

5 应具有注记管理功能，包括管理注记的内容、注记的样式、注记的方式等；

6 应具有管网维修管理和管件更换预警功能；

7 应具有辅助分析、决策功能，包括给水管网拓扑完整性和数据一致性检查等；

8 应具有查询统计功能，可自动生成各类报表；

9 应具有数据转换功能，可与城市基础地理信息系统交换数据；

10 应具有管网模拟功能，可接受城市给水监视控制和数据采集系统的数据，进行管网的动态模拟，预测事故的发生；

11 宜具有网上信息发布功能。

5.2.3 城市给水监视控制和数据采集系统应符合下

列要求：

1 应具有较短的数据采集周期，宜达到毫秒级；

2 应具有多种数据采集方式；

3 应具有遥控功能，可遥控各控制设备，并将遥控的结果反馈到上位机系统；

4 应具有事故报警功能，当出现异常情况时，应及时、准确地报警，并给出合理的处理方案；

5 应具有数据管理功能，包括对历史数据、供水管网基本信息数据和供水管网约束数据的管理等；

6 应具有数据查询、统计、分析和报表生成功能。

5.2.4 自来水银行代收费系统应符合下列要求：

1 应实现银行与自来水公司的收费数据库的连接；

2 应实时监控银行的收费状态；

3 应具有多种形式缴费功能；

4 应具有完备的异常处理机制，使收费正确率达到100%；

5 应具有自动对账和平账功能；

6 可随时对业务量和访问量进行统计输出；

7 应记录后台数据的任何修改操作，并提供实时的报表查询输出功能；

8 应可识别访问者的合法性和合理性，可记录非法的访问请求并报警，可自动完成查询、收费确认、退单等；

9 应具有数据完整性检查功能，并提供多种数据交换方式；

10 应提供公用数据接口和通讯标准。

5.2.5 水厂自动化控制系统应符合下列要求：

1 应具有自动监视功能，可实时监视源水泵房、送水泵房、加药间、反应沉淀池、滤池等关键部位；

2 应具有数据采集功能，可实时采集各设备的生产数据；应具有较短的数据采集周期，宜达到毫秒级；

3 应具有事故报警功能，当出现异常情况时，应及时、准确地报警，并给出合理的处理方案；

4 应具有控制和操作功能，根据采集数据的实际情况，对设备的运行状态进行相应的调整；

5 应具有数据管理功能，并通过对数据的分析、处理得到合理的解决方案。

5.3 城市排水应用软件

5.3.1 城市排水应用软件宜包括城市排水管网地理信息系统、城市排水监视控制和数据采集系统、城市污水处理厂自动化控制系统等。

5.3.2 城市排水管网地理信息系统的功能和质量要求可按照本规范第5.2.2条的规定确定。

5.3.3 城市排水监视控制和数据采集系统的功能和质量要求可按照本规范第5.2.3条的规定确定。

5.3.4 城市污水处理厂自动化控制系统的功能和质量要求可按照本规范第5.2.5条的规定确定。

5.4 城市燃气应用软件

5.4.1 城市燃气应用软件宜包括城市燃气管网地理信息系统、城市燃气监视控制和数据采集系统、燃气银行代收费系统等。

5.4.2 城市燃气管网地理信息系统的功能和质量要求可按照本规范第5.2.2条的规定确定。

5.4.3 城市燃气监视控制和数据采集系统的功能和质量要求可按照本规范第5.2.3条的规定确定。

5.4.4 燃气银行代收费系统的功能和质量要求可按照本规范第5.2.4条的规定确定。

5.5 城市集中供热应用软件

5.5.1 城市集中供热应用软件宜包括城市集中供热管网地理信息系统、城市集中供热监视控制和数据采集系统、采暖费银行代收费系统、供热厂自动化控制系统等。

5.5.2 城市集中供热管网地理信息系统的功能和质量要求可按照本规范第5.2.2条的规定确定。

5.5.3 城市集中供热监视控制和数据采集系统的功能和质量要求可按照本规范第5.2.3条的规定确定。

5.5.4 采暖费银行代收费系统的功能和质量要求可按照本规范第5.2.4条的规定确定。

5.5.5 供热厂自动化控制系统应符合下列要求：

1 应具有自动监视功能，可实时监视供热厂内关键部位；

2 应具有数据采集功能，可实时采集各设备的生产数据；数据采集周期应较短，宜达到毫秒级；

3 应具有事故报警功能，当出现异常情况时，可及时、准确地报警，并给出合理的处理方案；

4 应具有控制和操作功能，可根据采集数据的实际情况，调整设备的运行状态；

5 应具有数据管理功能，并通过对数据的分析、处理得到合理的解决方案。

5.6 城市水环境质量监控系统

5.6.1 城市水环境质量监控系统应符合下列要求：

1 应具有多种数据采集方式，采集的数据包括各排污口的排放物污染浓度、城市区域地表水和地下水的水质等；

2 应具有数据分析和处理功能，可自动生成各种报表；

3 应具有水质污染报警功能；

4 不同污染浓度，不同水质应采用明显的颜色区别显示；

5 应具有对历史数据的查询功能。

5.7 城市公共交通管理应用软件

5.7.1 城市公共交通管理应用软件宜包括城市公交管理地理信息系统、城市公共交通一卡通系统、城市道路交通设施管理系统、城市道路监控系统、城市电子地图系统、城市道路收费系统、城市停车场收费管理系统、城市公交信息化管理系统等。

5.7.2 城市公交管理地理信息系统应符合下列要求：

1 应具有公交资源基础数据的管理和维护功能，包括数据建库、数据的编辑、显示、查询、统计及历史数据管理等；

2 应具有公交线网、站场管理与辅助规划的功能，包括查询、统计、分析、自定义报表、指标运算、专题图分析和线网与场站的辅助规划等；

3 应具有系统管理与维护的功能，包括用户权限管理、数据备份与恢复、用户定制与扩展、数据安全管理等。

5.7.3 城市公共交通一卡通系统应符合下列要求：

1 应具有结算管理的功能，包括IC卡发行、密钥、清算、运营、设备和系统维护的管理等；

2 应具有运营公司管理的功能，包括相应的IC卡、数据采集、黑名单、报表和现金的管理等；

3 应具有服务提供商管理功能，包括销售管理和充值管理等。

5.7.4 城市道路交通设施管理系统应符合下列要求：

1 应具有图库管理功能，包括图库的查询、添加、修改、删除和数据传送等；

2 应具有道路交通设施规划辅助设计功能，包括图形绘制和输出等；

3 应具有业务办公管理的功能，包括数据和任务单管理等；

4 应具有道路交通设施地理信息管理的功能，包括地理信息和历史数据的查询等；

5 应具有区域和区县管理、主干道路和路口管理等综合管理的功能；

6 应具有系统配置、用户权限和参数管理等功能。

5.7.5 城市道路监控系统应符合下列要求：

1 应具有自动拍照的功能，包括锁定违章车辆的图像，抓拍数字图片，记录违章时间、车型、车号和输出等；

2 应具有交通信号控制的功能；

3 应具有电视监控的功能，可在城市交通指挥室大屏幕上显示监控内容；

4 应具有交通疏导的功能，包括交通信息采集与处理、车辆定位、交通信息服务、行车路线优化等。

5.7.6 城市电子地图系统应符合下列要求：

1 应提供必要的地图工具，包括放大、缩小、移动、全图显示和测距等；

2 应提供必要的查询功能，包括点图查询、单位登记、分类分布图、公交换乘等；

3 应提供相应的地图维护更新功能，并可与行业通用数据进行交换。

5.7.7 城市道路收费系统应符合下列要求：

1 应具有收费车道管理功能，包括数据存储、分析、传输、控制输入输出和凭据打印等；

2 应具有收费站管理功能，包括数据存储、统计制表、车道监视、IC卡发放和票据领用管理等；

3 应具有收费中心管理功能，包括数据存储、统计制表、收费站监视、参数调整、IC卡制作和发放管理等；

4 应具有收费清算中心管理功能，包括数据存储、收费清算、统计制表等；

5 应具有系统维护功能，包括系统初始化、用户管理等。

5.7.8 城市停车场收费管理系统应符合下列要求：

1 应具有登录功能，包括交接班情况、临时卡管理、费用交接、车辆交接和停车数量统计等；

2 应具有系统维护功能，包括密码修改、参数设置和收费标准设定等；

3 应具有档案管理功能，包括操作组档案、操作员档案、停车场档案等；

4 应具有IC卡管理功能，包括IC卡检测、发行、延期、充值、挂失、初始化、更换、回收和档案管理等；

5 应具有出入管理功能，包括出入信息管理、出入设备控制和图像监视等；

6 应具有查询和统计功能，包括车辆出入场记录、IC卡使用状况、场内车辆记录、操作员交接记录和操作员值班流水的查询、预览和更新，并可生成和输出统计报表等。

5.7.9 城市公交信息化管理系统应符合下列要求：

1 应具有人事管理的功能，包括部门、工种、人事、合同管理及查询统计等；

2 应具有机务管理功能，包括车辆信息、车辆广告登记、车辆保养、车辆保险、机具档案管理及查询统计等；

3 应具有营运管理功能，包括营运线路、端杆路牌、费用和司乘人员信息管理等；

4 应具有车辆加油管理功能，包括供货单位、油料规格参考、油料出入库、外部加油、油价调整管理及查询统计等；

5 应具有车辆维修管理功能，包括材料库存、修理、保养管理及查询统计等；

6 应具有市政交通卡销售管理功能，包括用户档案、集团用户、优惠券、仓库、市政交通卡销售、本票销售和报表管理等；

7 应具有票务管理功能，包括票库管理和票款结算等；

8 应具有领导查询、辅助决策功能，包括材料费用、营运情况、营运指标、司乘人员出勤、节油奖、节材料奖和司乘人员公里票款的统计、单车台账管理及辅助决策支持等。

5.8 城市园林和风景名胜区管理应用软件

5.8.1 城市园林和风景名胜区管理应用软件宜包括城市园林和风景名胜区网站、城市园林和风景名胜区信息服务系统、城市园林和风景名胜区门票系统、城市园林和风景名胜区防火系统、城市园林和风景名胜区数据维护系统、城市园林和风景名胜区监管系统等。

5.8.2 城市园林和风景名胜区网站应符合下列要求：

1 应具有城市园林和风景名胜区主页，游客可使用通用的网页浏览器访问主页；

2 应具有信息查询功能，可多种形式查询相关的文字、图像、声音等信息；

3 应具有图文链接功能，可链接相关的地图要素和属性数据；

4 应具有图形三维显示功能；

5 应具有服务预订功能，可通过电话、传真、网络等多种方式进行服务咨询和门票预订等；

6 应具有信息更新功能，可定期更新发布信息；

7 应提供相应的交通和公交换乘信息。

5.8.3 城市园林和风景名胜区信息服务系统应符合下列要求：

1 应具有信息接收功能，可接受来自电话、短信、传真、网络等通信方式传来的数据信息；

2 应具有信息归类、分析和存储功能；

3 应具有信息回复功能；

4 应具有信息发布功能。

5.8.4 城市园林和风景名胜区门票系统应具备下列功能：

1 应具有门票管理功能，可包括系统设置、系统授权、信息传输、数据采集、信息查询和报表输出等；

2 应具有售票管理功能，包括权限划分、门票销售及统计、销售监控、销售汇总和通票记录等；

3 应具有验票通道管理功能，包括实时监控、门票验证、数据采集、归类设置、数据汇总和数据上传等；

4 应具有团体签单管理功能，包括身份确认、单据分类、同步汇总和用户分类管理等；

5 应具有特别服务功能，包括 VIP、个人旅游信息移动、行食住游导航、企业广告宣传和景区重点部位监控等服务。

5.8.5 城市园林和风景名胜区防火系统应符合下列要求：

1 应具有空间数据管理功能，包括城市园林 1∶500～1∶10000 比例尺电子地图、风景名胜区 1∶2000～1∶50000 比例尺电子地图、专题资源数据和遥感影像数据等管理；

2 应具有火险预警功能，可通过对环境因素的综合分析，进行火险等级预报；

3 应具有火行为模拟功能；

4 应具有定位跟踪功能，可接收火场反馈的 GNSS 信号，并显示在中心地理信息图上，实现指挥中心对移动目标的导航及监控；

5 应具有大屏幕显示功能，可集中控制各路视频、音频和数字信号的输出、输入和显示方式；

6 应具有调度指挥功能，当发生火灾时，可在图上标注和显示起火地点、火场面积等，并可完成调度指挥作业；

7 应具有视频指挥功能；

8 应具有火场图像实时传输功能，当发生火灾时，可通过摄像设备和视频传输中继站，将火场图像传送到防火指挥中心；

9 应具有疏导功能，包括音频、电子屏幕、照明、紧急通道等控制；

10 应具有自动灭火控制功能，包括自动开启灭火装置、浓烟疏通装置并报警等；

11 应具有文档管理功能，包括火灾情况的记录和存档，估计火灾损失，通过对历史记录的分析，为火灾管理提供辅助决策。

5.8.6 城市园林和风景名胜区数据维护系统应符合下列要求：

1 应具有基础数据维护功能，包括数据建库、归类、追加、删除、查询、更改、输出及操作记录等；

2 应具有数据库安全管理功能，包括数据库登录、密码设置、数据备份、数据保存、数据恢复等。

5.8.7 城市园林和风景名胜区监管系统的功能和质量要求应符合本规范第 4.4.2 条的规定。

5.9 城市环境卫生管理应用软件

5.9.1 城市环境卫生管理应用软件宜包括城市垃圾处理系统、环卫设施布局管理系统等。

5.9.2 城市垃圾处理系统应符合下列要求：

1 应具有文件及图形编辑功能，包括对空间数据和属性数据、地理位置图和汽车路线图的编辑、数据内容及图形内容的编辑；

2 应具有文件及图形查询功能，包括数据查询、图形查询和图数查询等；

3 应具有辅助决策功能，包括距离计算、处理量统计、方案确定等；

4 应具有文件报表处理功能，包括报表编写、报表输出等。

5.9.3 环卫设施布局管理系统应符合下列要求：

1 应具有地图编辑功能，可提供城市垃圾处理场、垃圾中转站、公共厕所的位置信息；

2 应具有图层管理功能，包括打开、关闭图层及设置图层属性等；

3 应具有显示控制功能，可按比例放大、缩小、平移、回溯显示地图；

4 应具有地图定位功能，包括空间要素定位、道路定位、图幅号定位、测区索引定位、坐标定位、地形图接合表定位和标签定位等；

5 应具有地图查询功能，包括点击、单一属性、复合条件、空间范围和空间关系查询等；

6 应具有地图输入功能，可支持多种输入方式；

7 应具有地图输出功能，包括标准图幅、任意视图和自定义输出等；

8 应具有辅助决策功能，可进行环卫设施位置距离的计算以及最佳方案的选择；

9 应具有提供环卫设施损坏、修复、更换记录和相应的查询统计功能。

5.10 城市建设档案管理信息系统

5.10.1 城市建设档案管理信息系统宜根据现行国家标准《城市建设档案著录规范》GB/T 50323及城建档案管理及分类的有关规定，实现城市建设档案管理工作现代化。

5.10.2 城市建设档案管理信息系统应符合下列要求：

1 应具有数据管理功能，包括档案数据的输入、存储、修改和删除等；

2 应提供键盘录入、文件扫描和直接接收电子文件等输入方式；

3 应对征集、接收、移交档案的时间、来源、交接人、数量、种类、载体等进行管理；

4 应具有辅助实体管理功能，包括对档案征集、接收、移交以及档案鉴定、密级变更等；

5 当日志文件需长期保存时，应能自动转存备份；

6 应具有多种方式的档案信息检索查询功能；

7 应具有系统维护功能，包括用户权限、系统日志和数据的备份与恢复等管理；

8 应具有安全保密功能，包括系统访问控制、数据保护和系统安全保密监控管理等；

9 应按照国家有关保密规定，提供必要的数据保护功能。

5.11 城市道路、桥梁应用软件

5.11.1 城市道路和桥梁应用软件宜包括城市道路和桥梁的勘察、设计、施工的应用软件及相应的管理应用软件。

5.11.2 城市道路和桥梁应用软件功能和质量要求可按照本规范第6章相关各节的规定确定。

5.12 城市给水、城市排水等施工设计软件

5.12.1 城市给水、城市排水和城市燃气等施工设计软件功能和质量要求可按照本规范第6章相关各节的规定确定。

6 建筑市场与建筑工程应用软件功能与质量要求

6.1 一 般 要 求

6.1.1 建筑市场与建筑工程应用软件宜包括建筑市场及交易管理系统、工程勘察应用软件、工程设计应用软件、工程勘察设计管理应用软件、工程施工技术应用软件、工程施工管理应用软件及工程建设监理应用软件等。

6.1.2 建筑市场与建筑工程应用软件中的各专业的技术应用软件均应符合各相关专业有关标准的要求。

6.1.3 建筑市场与建筑工程应用软件中与绘制工程图有关的软件，对工程图中的汉字宜采用国家标准规定的矢量汉字。

6.2 建筑市场及交易管理系统

6.2.1 建筑市场及交易管理系统宜包括建筑市场监管系统及工程招投标管理系统等。

6.2.2 建筑市场监管系统应符合下列要求：

1 应具有对建筑业企业监管的功能，包括对企业的基本情况、业绩、市场违法违规记录的监管，跟踪企业变更、市场行为等，并建立企业信用档案；

2 应具有对执业人员监管的功能，包括对执业人员的基本情况、资格、获奖及违规违法情况等的监管，跟踪执业人员的信息变更、市场行为，并建立执业人员信用档案；

3 应具有对工程项目监管的功能，包括对与工程项目相关的可行性论证、设计及施工图审查情况的监管；在招标阶段，监管招标的基本情况；主要建材、工程质量及安全监督、工程监理、施工许可、合同备案和竣工验收备案等情况的监管。

6.2.3 工程招投标管理系统应符合下列要求：

1 应具有专家库管理功能，包括新增专家、专家审批、专家年审及专家身份识别等；

2 应具有评标组专家自动抽取功能，包括设置应回避的专家名单、设置专家条件、随机抽取初始专家名单及通知专家等；

3 应具有企业数据库管理功能；

4 应具有下列的投标预审功能：

1）根据预审规则定义评分规则并生成规则

模板；

2）按企业业绩、经理业绩、企业资信、综合能力、施工表现和企业设备等审核项设置评分规则，并生成规则模板；

3）设定预选取的公司数量，按设定的评分规则对报名企业的各项数据进行评分，并按照企业的得分排序确定预选投标单位名单。

5 应具有电子标书制作与管理功能，包括电子标书模板的管理与维护、电子标书的编辑与生成、标书文件的管理与维护和标书文件的在线提交等；

6 宜具有计算机辅助评标功能，为专家组提供电子标书分析比较结果，协助专家评标。

6.3 工程勘察应用软件

6.3.1 工程勘察应用软件宜包括工程勘察的数据记录、采集、分析系统，工程勘察图文、报告系统和工程勘察数据库及其管理系统等。

6.3.2 工程勘察的数据记录、采集、分析系统宜包括测量数据处理、地质数据处理和水文数据调查及处理等，其主要功能有数据的采集、转换、筛选、录入、编辑、输出等功能。

6.3.3 工程勘察图文、报告系统应具有下列功能：

1 绘制平面图、等高线地形图、线路纵断面图、横断面图等；

2 绘制地质剖面图、柱状图等；

3 绘制颗分曲线、固结曲线、直剪曲线等土质室内试验曲线等；

4 编制工程地质、水文、土工试验等报告。

6.3.4 工程勘察数据库及其管理系统应具有输入、存储、编辑、更新、输出等功能，并应具有完善的检索及查询功能。

6.4 工程设计应用软件

6.4.1 工程设计应用软件宜包括结构分析软件、工程协同设计系统及各专业的CAD软件等。

6.4.2 结构分析软件应符合下列要求：

1 应具有前处理或与之相当的功能，包括建立几何模型、网格生成及编辑、节点编号及其优化、荷载生成、边界条件及约束处理、数据检查及输出和图形显示及编辑等；

2 应具有可生成常用的基本单元的功能，包括杆件系统的杆单元和梁单元、平面问题的平面应力/应变元和膜元、板壳问题的薄板元、厚板元和壳元、空间问题的三维实体元；

3 线性静力分析应具有多工况及荷载组合功能；

4 应具有一般线性动力分析的主要功能，包括求解特征值及特征向量、动力响应分析和响应谱分析等；

5 对特别重要的结构、特大跨或超高层结构及其他对安全性有特殊要求的结构，其结构分析软件宜具有非线性静力及非线性动力分析、线性屈曲分析和非线性屈曲分析的功能；

6 应具有后处理或与之相当的功能：

1）计算结果的分析及其文本输出；

2）计算结果显示：变形前后的模型叠加图，内力图，振型图，应力、应变及温度等的等值图，应力、应变及位移的响应历程图，指定点计算结果的数值显示；

3）按CAD软件接口标准输出计算结果；

4）按工程数据库的数据结构输出计算结果；

5）按档案管理规定及要求输出计算结果。

7 结构分析软件应满足所设计结构的计算模型的要求，其计算结果必须确保其准确性和可靠性。

6.4.3 工程协同设计系统宜符合下列要求：

1 宜具有工程规划分析与方案设计及优化功能，包括协同设计各方可共享的能满足方案设计要求的三维图形软件、可供各方同时进行方案设计的基础资源和评选准则及优化目标；

2 宜具有以图形为对象的二维协同设计功能，包括共享的图形支撑软件和基于传统的二维设计方法的CAD软件；

3 宜具有以模型为对象的三维协同设计功能，包括共享的三维图形支撑软件、基于三维设计方法的各专业CAD软件，且各软件均具有符合现行规范要求的设计文件的输出功能；

4 应具有工程项目各专业间协同设计控制管理功能，包括协同设计的设计阶段分级标准、按设计流程及进度确定各专业参与协同设计的安排、各专业人员相互协调的基本要求，以及控制进度、质量和成本；

5 应具有工程设计信息服务管理功能，包括各相关专业国家现行的标准和各协同单位共享的资源，如技术资料与档案、工程设计公共数据库、工程数据库等。

6.4.4 各专业CAD软件宜符合下列要求：

1 应具有基本绘图功能和图形设计需求；

2 应具有满足建筑方案设计实际需要的三维几何造型的功能；

3 建筑结构设计优化软件的功能宜根据其优化目标来确定，其主要功能可按优化的类型分为：

1）模型优化；

2）静态的结构设计优化；

3）动态的结构设计优化；

4）静动态耦合的结构设计优化。

4 建筑结构设计软件中的构件设计功能应包括：

1）梁、柱、楼板、墙及屋面板设计及配筋；

2）剪力墙结构设计；

3）楼梯设计。

5 采暖设计软件应具有下列功能：

1）各种管道系统的初步设计与施工图设计；

2）采暖期能耗计算；

3）采暖工程图库；

4）采暖负荷计算；

5）统计设备材料，生成设备材料表及施工图目录等。

6 通风空调设计软件应具有下列功能：

1）负荷计算；

2）风系统阻力计算及水系统的水力计算；

3）空气处理过程的设计与校核；

4）平面图、风管双线图、各种水管管道图及大样图绘制；

5）统计设备材料，生成设备材料表。

7 电气设计软件应具有下列功能：

1）变电、配电、动力、照明、电信等各类电气系统的设计；

2）用于各类电气系统设计的电气图库；

3）绘制高、低压系统图及各类弱电系统图；

4）统计设备材料，生成设备材料表及施工图目录等。

8 给水排水设计软件应具有下列功能：

1）给水管网系统设计与计算；

2）各种给水排水系统的初步设计和施工图设计；

3）管线断面图绘制；

4）给水排水图库；

5）统计设备材料，生成设备材料表及施工图目录等。

9 工程概预算软件应具有下列功能：

1）通过与CAD的接口，从各相关专业的设计图或文档取得必要的数据；

2）概预算模型生成；

3）工程量计算；

4）套价报表或投标报价生成；

5）概预算书输出。

10 基础设计软件应具有下列功能：

1）基础类型的比较和选择；

2）弹性地基梁与弹性地基板的设计、计算及施工图绘制；

3）筏形基础的设计、计算及施工图绘制；

4）桩基础的设计、计算及施工图绘制；

5）箱形基础的设计、计算及施工图绘制；

6）沉井基础的设计、计算及施工图绘制。

11 支挡结构设计软件应具有下列功能：

1）支挡结构类型的比较和选择；

2）钢板桩的设计、计算及施工图绘制；

3）各类挡土墙的设计、计算及施工图绘制；

4）锚锭板的设计、计算及施工图绘制；

5）地下连续墙的设计、计算及施工图绘制；

6）抗滑桩的设计、计算及施工图绘制。

12 各专业CAD软件均宜遵循各专业相关标准的要求，并应严格符合其中的强制性条文的要求；

13 各专业CAD软件应可完成相应专业的施工图的设计与绘制。

6.5 工程勘察设计管理应用软件

6.5.1 工程勘察设计管理应用软件宜包括市场经营决策服务、勘察设计的工程项目管理、文档与设计成品管理、综合管理与办公自动化等软件。

6.5.2 市场经营决策服务软件应具有市场信息分析管理、招标投标管理、经营计划管理、经营合同管理、客户资源管理、综合信息查询服务管理等功能。

6.5.3 勘察设计的工程项目管理软件应具有项目费用及进度综合检测、项目物资管理与控制及项目经理服务、项目进度控制、项目估算和费用控制成本、项目财务会计核算和财务、项目合同、项目质量、项目设计过程、项目信息、项目风险等管理功能。

6.5.4 文档与设计成品管理软件应符合下列要求：

1 应具有图书期刊管理功能，包括采购与订购计划、编目、按不同方式检索、借阅及登记、归还及注销等；

2 应具有工程技术文档管理功能，包括编目、归档登记、检索及借阅管理等；

3 应具有工程设计成品管理功能，包括编目、归档登记、检索及借阅管理等；

4 应具有信息检索查询服务管理功能。

6.5.5 综合管理与办公自动化软件应具有科研与技术标准管理、人力资源管理、物资供应保障管理功能及日常事务、生产计划、生产调度、工程设计质量、财务、生产部门单元等综合管理功能。

6.6 工程施工技术应用软件

6.6.1 工程施工技术应用软件宜包括基坑支护设计、模板设计、混凝土工程计算、钢筋下料计算、冬季施工的热工计算、脚手架设计等软件。

6.6.2 基坑支护设计软件应符合下列要求：

1 应具有基坑支护方法比选功能，包括桩、地下连续墙、水泥土墙、土钉墙、水平内支撑及组合支护类型等方案的比选；

2 应具有基坑支护结构分析功能；

3 应具有施工图绘制功能，包括平面布置图、构件图及配筋图等。

6.6.3 模板设计软件应具有下列功能：

1 平面图生成；

2 给定配模方案后生成配板图；

3 大模板及构件的设计与验算，包括绘流水线、角模的布置与标注、大模板库及相关设计；

4 小钢模设计；

5 组合模板的设计计算；

6 模板支撑结构的设计计算；

7 绘制模板及其零部件详图；

8 模板工程文档的生成与编辑；

9 按照国家现行标准输出设计图。

6.6.4 混凝土工程计算软件应具有下列功能：

1 各级普通混凝土、轻骨料混凝土配合比计算；

2 掺粉煤灰混凝土及抗渗混凝土的配合比计算；

3 砂浆配合比计算

4 混凝土的强度换算；

5 混凝土泵送施工计算。

6.6.5 钢筋下料计算软件应具有下列功能：

1 处理钢筋搭接、锚固、弯钩、构造、定尺长度等；

2 计算钢筋的下料长度及计算长度；

3 生成钢筋详表及钢筋详表库。

6.6.6 冬季施工的热工计算软件应具有下列功能：

1 混凝土搅拌和运输过程中的温度计算；

2 混凝土在养护期间的模板、钢吸热及混凝土的温度计算；

3 保温层在升温期或恒温期的吸收热量或传出热量计算；

4 各种加热法的热工计算等。

6.6.7 脚手架设计软件应具有下列功能：

1 结构平面图输入；

2 脚手架类型选择；

3 脚手架布置；

4 脚手架形式设计计算；

5 平面图、立面图及节点构造图生成等。

6.7 工程施工管理应用软件

6.7.1 工程施工管理应用软件宜包括文档管理、工程项目管理、合同管理、工程造价管理、工程质量管理、施工安全管理、施工平面图设计与绘制、施工设备管理、工程材料管理、施工人力资源管理及竣工文档管理等软件。

6.7.2 文档管理软件应具有下列功能：

1 行政办公文档管理，包括签收、发文、转发、请示、批复、归档、编目、检索等；

2 施工技术文档管理，包括勘察、设计的文档、各施工方案及计划等的归档、编目、检索；

3 现行施工验收规范、技术规程、工艺标准、质量检验评定等标准的检索与查询。

6.7.3 工程项目管理软件应符合下列要求：

1 应具有网络计划功能，包括绘制横道图、双代号网络图、单代号网络图等；

2 应具有质量控制功能，包括质量评定、质量预控及质量问题治理方案等；

3 应具有成本控制功能，包括直接成本、间接成本、成本计划、实际成本及成本分析等；

4 应具有进度控制功能，包括施工作业计划、进度检查控制、进度资源计划、进度报表及前锋线图等；

5 应具有安全控制功能，包括安全生产规范、制度、技术标准、安全知识及安全控制方案等；

6 应具有资源管理功能，包括资源图绘制、资源需要量计划等；

7 应具有合同管理功能，包括合同范本、业主合同、承包商合同等；

8 应具有现场管理功能，包括现场的技术工作及日常事务管理；

9 应具有信息管理功能，包括发布、接收、转发信息等；

10 应具有财务管理功能。

6.7.4 合同管理软件应具有下列功能：

1 工程合同及分包合同管理；

2 合同信息查询；

3 合同条款变更及其记录；

4 合同法、相关法规及相关文件库。

6.7.5 工程造价管理软件应具有三维可视化工程量计算及计价、工程造价动态管理、工程造价审计审核、工程造价咨询、工程造价定额管理等功能。

6.7.6 工程质量管理软件应具有工程质量标准咨询、工程质量检测、工程质量评价鉴定等功能。

6.7.7 施工安全管理软件应具有按照国家现行标准制度等查询、施工安全教育、施工安全检查评分及达标、施工安全事故处理等功能。

6.7.8 施工总平面布置图设计与绘制软件应具有建筑物、道路、围墙及各种临时设施的布置和绘制功能，并应具有基本的建筑物图库。

6.7.9 施工设备管理软件应具有前期管理、设备台账、设备状态、经济核算、设备维修等功能。

6.7.10 工程材料管理软件应具有采购申请、采购计划、单据管理、统计、库存管理及输出等功能。

6.7.11 施工人力资源管理软件应具有机构及员工信息管理、培训教育、工作考核、工资管理等功能。

6.7.12 竣工文档管理软件应具有下列功能：

1 生成或编制竣工验收所需资料，竣工图、工程档案移交清单、竣工通知书等；

2 记录验收自检结果、输出自检报告；记录审查意见及结论；

3 编制结算报告及相关结算资料。

6.8 工程建设监理应用软件

6.8.1 工程建设监理应用软件宜包括文档及资料管理、监理常规报表生成、合同管理、质量控制、投资控制、进度控制及安全管理等软件。

6.8.2 文档及资料管理软件应具有下列功能：

1 文件签收、发文、转发等；

2 未入库文档显示及归档；

3 文档资料查询。

6.8.3 监理常规报表生成软件应可生成下列报表：

1 项目招投标阶段的监理大纲；

2 监理日记；

3 监理月报；

4 监理规划及实施细则。

6.8.4 合同管理软件应具有下列功能：

1 合同生成；

2 合同信息管理；

3 合同信息查询；

4 预警信息及预警设置；

5 合同法等相关法规及相关文件库。

6.8.5 质量控制软件应具有下列功能：

1 控制设计阶段质量；

2 控制施工准备及施工阶段质量；

3 控制竣工验收阶段质量；

4 输出质量控制图。

6.8.6 投资控制软件应具有下列功能：

1 估算及造价咨询；

2 施工阶段投资控制；

3 工程款支付与结算；

4 动态控制。

6.8.7 进度控制软件应具有下列功能：

1 生成各项进度计划；

2 显示及输出各项进度报表；

3 实际进度与计划进度的对比与分析；

4 进度预测；

5 进度控制与调整。

6.8.8 安全管理软件应具有按照国家有关安全规范及相关制度文件等查询、施工安全措施及实施细则、施工安全事故处理等功能。

7 房地产应用系统功能与质量要求

7.1 一 般 要 求

7.1.1 房地产应用系统宜包括房地产市场信息系统、房地产权属管理系统、单位住房公积金管理软件、住房资金管理系统、房地产企业资质与诚信管理系统、房地产市场监测预报系统、房地产信息网、房地产估价软件、房地产投资经济评价软件、房地产销售管理系统、房地产经纪业务管理系统等。

7.1.2 房地产应用系统的功能、性能和业务流程应符合国家现行有关标准规定。

7.1.3 房地产应用系统应具有合理的流程控制机制，应保证相关操作按照预定的流程顺序执行，且操作流程可根据用户需求进行制定和修改。

7.1.4 系统中所涉及的数据精度应满足相关要求，货币宜精确到最小货币单位，面积宜精确到平方毫米。

7.2 房地产市场信息系统

7.2.1 房地产市场信息系统应包括房地产市场信息统计与发布、新建商品房网上备案、存量房网上备案、从业主体管理、项目管理、登记管理与测绘及成果管理子系统。房地产市场信息系统的建设，应满足国家相关标准的要求。

7.2.2 房地产市场信息系统应满足下列要求：

1 应具有用户管理功能，包括添加、删除、设定和更改权限等；

2 应实现对基础数据（含物理数据和房地产权属数据）、从业主体数据（含房地产企业和从业人员数据）、业务数据、统计数据和发布数据的管理，包括增加、编辑、删除、查询、统计等操作；

3 应具有日常业务管理功能。具体包括：统计、分析和发布房地产市场信息的功能，新建商品房预售许可管理和预定、预售、销售合同网上备案管理的功能，经纪机构备案、存量房买卖合同、租赁合同网上备案的功能并为资金监管预留接口，房地产企业、房地产从业人员的管理功能，房地产项目建设管理的功能，房地产登记业务管理的功能，房地产测绘及业务管理、测绘成果更新管理的功能；

4 应满足国家相关技术规范对系统安全的要求，包括实体安全、运行安全和信息安全；

5 应按照模块授权管理模式，实现系统权限的分散管理，通过用户身份鉴别、用户权限调整和权限冻结与解冻等功能，实现权限管理。

7.2.3 房地产市场信息统计与发布子系统，应符合下列要求：

1 实现基于业务和WebGIS的房地产市场信息系统内部基础数据、从业主体数据和业务数据的统计分析功能，生成和管理统计数据；

2 根据基础数据、从业主体数据、业务数据和统计数据，按国家信息发布的相关原则和要求，生成和管理面向公众的发布数据。

7.2.4 新建商品房网上备案子系统，应符合下列要求：

1 应依托预售许可管理业务或新建商品房初始登记业务建立；

2 应采用在线方式实现新建商品房预定、预售、销售和相应的合同备案功能。

7.2.5 存量房网上备案子系统，应符合下列要求：

1 应采用在线方式实现存量房经纪合同、买卖合同和租赁合同的网上备案功能，并预留资金监管的接口；

2 应实现对经纪机构的备案和管理功能；

3 应实时访问登记管理子系统进行数据的有效性校验。

7.2.6 从业主体管理子系统，应符合下列要求：

1 实现从业主体的统一认证管理；

2 宜采用在线方式实现从业主体数据的申报功能；

3 宜实现利用公共通信资源与从业主体进行信息交流的功能。

7.2.7 项目管理子系统，应符合下列要求：

1 应实现对建设用地取得过程、动拆迁进度和建设进度申报的管理；

2 应实现房地产开发企业按月度上报项目数据的功能，实现对上报数据容错、纠错的功能。

7.2.8 登记管理子系统，应符合下列要求：

1 应在楼盘表的基础上实现房地产登记业务流程；

2 应对各业务节点的操作进行记录；

3 应提供与其他相关业务系统的接口；

4 在业务办理过程和权证输出等方面应具有较好的灵活性和扩展性；

5 实现房地产登记业务流程中各节点的管理功能，实现撤回、不予办理和灵活多样的查询功能。

7.2.9 测绘及成果管理子系统，应符合下列要求：

1 在建设初期应实现基础数据中的房地产物理数据的初始建库；

2 应实现对基础数据中的房地产物理数据进行测绘采集的功能；

3 应实现对基础数据中的房地产物理数据进行测绘成果更新管理的功能；

4 应采用GIS技术管理基础数据中的房地产物理图形数据。

7.3 房地产权属管理系统

7.3.1 房地产权属管理系统应符合下列要求：

1 应具有产权证办理的功能，包括房屋所有权初始登记、房地产转移登记、房地产变更登记、房地产他项权利登记和房地产注销登记等；

2 应具有产权证管理功能，包括产权证发放管理、产权证查询和产权证注销等；

3 应具有产权产籍统计分析功能，包括房屋所有权初始登记、房地产转移登记、房地产变更登记、房地产他项权利登记、房地产注销登记的统计和分析等；

4 应具有查询土地使用权证、房屋所有权证、房屋特征的功能。

7.4 单位住房公积金管理软件

7.4.1 单位住房公积金管理软件应包括：期初处理、月业务处理、年终处理、查询统计和数据上报等模块。

7.4.2 期初处理模块，包括：公积金缴存率设定、单位及职工基本情况录入、初始化审核、初始化记账和工资基数录入等。

7.4.3 月业务处理模块，包括：每月个人公积金账户变更、职工或单位情况修改、销户人员利息记录和公积金月缴存认定等。

7.4.4 年终处理模块，包括：年度利息录入、记账和账务年终结转等。

7.4.5 查询统计模块，包括：公积金月业务和年业务的处理信息、单位情况、公积金缴存和支取情况、公积金账户变动情况的查询统计，并生成和输出相应报表等。

7.4.6 数据上报模块，可将单位公积金管理情况上报给上级公积金管理中心或住房资金管理中心。

7.5 住房资金管理系统

7.5.1 住房资金管理系统宜包括公积金管理、个人住房抵押贷款业务管理、对公贷款业务管理、售房款管理和会计账务处理等子系统。

7.5.2 公积金管理子系统应符合下列要求：

1 应具有管理单位和个人公积金账户的功能，包括设立、编辑、删除等操作；

2 应具有设置缴存汇率，并自动计算月应缴额的功能；

3 应具有自动计息功能，包括设置计息利率，按照可选择的计息方法计息等；

4 应具有处理非正常缴存情况的功能，包括只缴个人部分或只缴单位部分等；

5 应具有处理单位变动业务功能，包括单位的分离与合并等；

6 应具有核定缴交基数的功能；

7 应具有查询和统计公积金的缴存、支取、使用等情况的功能；

8 应具有催缴逾期公积金的功能。

7.5.3 个人住房抵押贷款业务管理子系统应符合下列要求：

1 应具有贷款申请审核功能；

2 应具有管理个人住房抵押贷款账户的功能，包括设立、编辑、删除等操作；

3 应具有发放贷款功能，包括发放不同利息、不同期限、不同额度等条件的贷款；

4 应具有贷款归还管理功能，包括处理不同还款方式的还款本息额；

5 应具有查询统计贷款归还情况的功能；

6 应具有利率调整功能，并自动调整未还金额；

7 应具有冻结或解冻账户的功能，包括自动冻结贷款人、配偶及担保人公积金账户，贷款还清后自动解冻；

8 应具有报表查询、数据统计功能，包括查询和统计提前还款、逾期还款、本月应还款情况等。

7.5.4 对公贷款业务管理子系统应符合下列要求：

1 应具有对公贷款管理功能，包括开户、发放、归还等操作；

2 应具有对公贷款业务信息查询统计功能；

3 应具有对公贷款报表统计功能。

7.5.5 售房款管理子系统应符合下列要求：

1 应具有为售房单位开设售房款账户的功能；

2 应具有售房款账户日常业务管理功能，包括变更、查询和统计等；

3 应具有账户冻结处理功能，包括全部账户和部分账户的冻结。

7.5.6 会计账务处理子系统应符合下列要求：

1 应具有对当天业务进行试算平衡、记账、计息，并按月结转账目的功能；

2 应具有对公积金及其他各类住房资金按各种利率计息的功能；

3 应具有对批量账户或单个账户结息的功能；

4 应具有处理个人及对公贷款业务账目的功能；

5 应具有产生各种符合金融机构特点并符合国家标准的财务账簿的功能；

6 应具有自动生成财务报表的功能；

7 应具有同银行进行往来账务核对的功能。

7.6 房地产企业资质与诚信管理系统

7.6.1 房地产企业资质与诚信管理系统宜包括信用数据管理，企业资质管理，数据审核、查询、统计，企业基本信息管理，企业经营管理信息及收发文管理子系统等。

7.6.2 信用数据管理子系统应具有管理企业的银行信用信息和管理企业行为记录等功能。

7.6.3 企业资质管理子系统应具有管理企业资质信息和管理企业质量认证信息等功能。

7.6.4 数据审核、查询、统计子系统应具有管理信用档案审核、资格年检和查询统计审核结果等功能。

7.6.5 企业信息管理子系统应具有管理企业基本信息、人员信息、投资或接受投资信息、经营总体情况、开发项目总体情况、已完成和在建项目情况等功能。

7.6.6 企业收发文管理子系统应具有接收企业上报、网上投诉和生成审核备案文件等功能。

7.7 房地产市场监测预报系统

7.7.1 房地产市场监测预报系统宜包括信息采集，景气监测，预警信号和景气问卷调查子系统等。

7.7.2 信息采集子系统应具有下列功能：

1 增加或减少所采集的信息指标；

2 从外部数据源导入信息数据；

3 信息数据的查询、编辑和统计分析。

7.7.3 景气监测子系统应具有下列功能：

1 调整景气系统指标构成；

2 调整景气指数计算方法；

3 输出综合测度现期房地产行业景气状况的监测结果，该结果应满足连续性、可比性和精确性要求。

7.7.4 预警信号子系统应具有下列功能：

1 调整预警指标构成；

2 调整各预警指标以及综合预警指标的预警界限；

3 发出预警指标预警信号和综合预警信号。

7.7.5 景气问卷调查子系统应具有下列功能：

1 管理问卷的发送和回收；

2 问卷答案的查询、编辑和统计分析。

7.8 房地产信息网

7.8.1 房地产信息网宜具有房地产项目信息查询、房地产宏观数据信息查询、房地产基准地价查询和地块估价、房地产政策法规查询和数据统计分析等功能。

7.8.2 房地产项目信息查询功能应包括按照房地产项目各种属性的查询、房地产项目建设情况查询、房地产项目销售状况查询、房地产项目对应的房地产企业和承建单位资质与诚信信息查询等。

7.8.3 房地产宏观数据查询功能应包括各年度房地产市场价格指数、开复工面积、竣工面积、开发投资额、空置率等宏观信息、房地产预警预报信息的查询。

7.8.4 房地产政策法规查询功能应包括房地产相关政策及法律、房地产交易、权属登记等流程的查询。

7.8.5 数据统计分析功能应包括统计分析房地产项目数据和房地产宏观数据，并绘制图表和得出统计学指标等。

7.9 房地产估价软件

7.9.1 房地产估价软件宜包括估价项目管理、估价信息数据库、估价方法库、估价报告生成等模块。

7.9.2 估价项目管理模块应符合下列要求：

1 应具有估价项目功能，包括新建、编辑、删除、查询和搜索估价项目等；

2 应具有输入估价对象信息的功能，包括输入物理属性、权属性质等；

3 应具有输入估价作业基本信息的功能，包括估价师、估价时点、估价假设等；

4 应具有项目查询、搜索功能。

7.9.3 估价数据库模块应符合下列要求：

1 应具有交易案例数据库管理及交易案例引用

的功能，数据库管理包括查询、新增、更新、删除等；

2 宜具有利用GIS系统管理交易案例数据的功能；

3 应具有基准地价参数数据库的查询功能；

4 应具有相关政策、法规、文件数据库的查询功能；

5 应具有估价信息数据更新的功能。

7.9.4 估价方法库模块应符合下列要求：

1 可在现行国家标准《房地产估价规范》GB/T 50291所规定的方法中，任选一种或几种方法进行估价；

2 应设置各种方法所涉及到的参数。

7.9.5 估价报告生成模块应具有下列要求：

1 可将选择的估价方法输出到报告中；

2 可用多种内置方法处理各种估价方法所得估价结果；

3 自动生成估价报告，并符合现行国家标准《房地产估价规范》GB/T 50291的要求；

4 可编辑自动生成的估价报告。

7.10 房地产投资经济评价软件

7.10.1 房地产投资经济评价软件宜包括项目管理、数据输入、主要财务指标及敏感性分析和图表管理等模块。

7.10.2 项目管理模块应具有新建、修改、删除、查询、搜索评价项目等功能。

7.10.3 数据输入模块应包括下列内容：

1 项目基本属性及测算相关基础参数；

2 开发成本费用；

3 项目融资情况；

4 项目运营期间收入和费用。

7.10.4 财务指标及敏感性分析模块应具有下列功能：

1 计算项目主要财务评价指标；

2 对项目进行盈亏平衡分析；

3 对成本和收入等指标进行敏感性分析。

7.10.5 图表管理模块应具有下列功能：

1 财务报表生成及输出；

2 输出现金流量和敏感性分析的相关图表。

7.11 房地产销售管理系统

7.11.1 房地产销售管理系统宜包括客户管理子系统、销售流程管理子系统、销售项目管理子系统和系统工具子系统等。

7.11.2 客户管理子系统应具有客户信息管理、意向客户管理和业主管理等功能。

7.11.3 销售流程管理子系统应具有认购、售楼、入住和贷款管理等功能。

7.11.4 销售项目管理子系统应具有财务、合同、销售团队和统计报表管理及销售分析等功能。

7.11.5 系统工具子系统应具有销售项目参数设置功能；宜具有贷款计算等实用工具库和为客户提供帮助的功能。

7.12 房地产经纪业务管理系统

7.12.1 房地产经纪业务管理系统宜包括房源管理子系统、客源管理子系统、业务动态管理子系统、应用工具子系统、业务设置子系统等。

7.12.2 房源管理子系统应具有下列功能：

1 房源信息登记；

2 根据房源信息查找房源记录；

3 房源跟进记录及更新房源信息；

4 跟进任务管理；

5 成交记录；

6 收款记录。

7.12.3 客源管理子系统应具有下列功能：

1 客源信息管理；

2 根据客源信息查询客源记录；

3 客源跟进记录。

7.12.4 业务动态管理子系统应符合下列要求：

1 应具有对业务员业务进度进行统计分析的功能；

2 宜具有经纪机构内部在线交流的功能；

3 宜具有业务知识及常见问题数据库。

7.12.5 应用工具子系统应具有下列功能：

1 设置佣金比率计算佣金；

2 计算贷款；

3 业务员之间转盘。

7.12.6 业务设置子系统宜具有下列功能：

1 设置经纪机构组织；

2 设置系统所在地属性；

3 设置楼盘辞典。

8 数字社区应用系统功能与质量要求

8.1 一般要求

8.1.1 数字社区应用系统宜包括控制管理系统集成平台、安防系统、控制管理系统、计算机管理和信息服务系统。

8.1.2 数字社区应用系统所涉及到的系统和产品，应符合有关国家现行标准的有关规定。

8.1.3 数字社区应用系统所涉及到的产品应有严格的质量要求，并达到规定的验收标准。

8.1.4 数字社区应用系统宜选用适度超前、先进、可靠、优化集成的技术设备。

8.2 控制管理集成平台

8.2.1 控制管理集成平台宜包括控制管理网络技术平台，数据库和GIS等软件，计算机设备及辅助设备子系统、供/备电子系统、防雷与接地子系统、综合布缆子系统等。

8.2.2 控制管理网络技术平台应符合下列要求：

1 对不依赖集中控制的智能设备应实现分散控制；

2 应实现智能设备的数据实时采集处理、传输和统一数据库的管理；

3 宜满足开放性网络结构的要求；

4 智能设备应满足实时控制要求；

5 应具有控制管理信息数据采集、处理、传输功能。

8.2.3 计算机设备及辅助设备子系统应符合下列要求：

1 智能设备应实现实时数据采集和处理及统一数据库集成管理；

2 应具有基于GIS技术的各类电子地图，包括物业房屋管理、安防和设备监控等。

8.2.4 供/备电子系统应符合下列要求：

1 应根据安全报警数据级别优先、服务功能数据级别其次的顺序设计；

2 应考虑各项报警控制管理数据的历史存储、断电保护等措施；

3 应设置专用配电箱；

4 应采用UPS分散或集中供电方式；

5 与安防报警信息相关的子系统应保证24小时不间断供电；

6 应具有过电压保护措施；

7 应符合电子设备的供电质量标准。

8.2.5 防雷与接地子系统应符合下列要求：

1 宜根据所在地区气象和地理特点进行设计；

2 应符合电子设备的防雷保护和接地保护要求。

8.2.6 数字社区综合布缆子系统应符合下列要求：

1 应满足智能设备控制和数据采集、处理、传输要求；

2 应具有合理的、可扩展的网络拓扑结构；

3 建筑物墙体内和地下布线应有足够强度的预埋保护管，建筑物内布线应采用电缆桥架、保护管、竖井等保护措施，外网敷设应符合相应外部管线敷设的技术规范要求；

4 应根据网络拓扑结构要求，合理设置用户箱、单元箱、总进户箱和组团箱。

8.2.7 数字社区地理信息系统应符合下列要求：

1 应满足安防管理和社区管理的需求，生成安防管理、设备监控、房屋管理等电子地图；

2 应具备在线显示、报警、记录、联动报警等功能；

3 应保证系统运行所生成数据的实时性和完整性。

8.3 安防系统

8.3.1 安防系统宜包括出入口管理子系统、闭路电视监控子系统、周界防范报警子系统、电子巡更子系统、访客对讲与门禁管理子系统和家居安防子系统等。

8.3.2 出入口管理子系统应符合下列要求：

1 应实现住户、访客和临时人员的进出管理；

2 应实现对住户车辆、外来车辆的进出管理；

3 应实现对物品进出的管理；

4 应与闭路电视监控系统联动。

8.3.3 闭路电视监控子系统应符合下列要求：

1 应具有目标监视、监控图像的切换、云台和镜头的控制及录像功能；

2 应在社区内重要公共场所设置电视摄像监控；

3 应具有图像采集、传输、切换控制、显示、分配、记录和重放等功能；

4 应与周界报警系统、出入口控制系统等联动，报警发生时可切换并显示出相应部位的摄像图像；

5 应可显示和记录发生事件或预定地点、时间的现场图像；

6 各种配套设备性能及技术要求应协调一致，保证系统图像质量损失在可接受的范围内；

7 应保证系统运行所生成数据的实时性和完整性；

8 闭路电视监控设备探测到的现场图像，应满足图像质量等级要求。

8.3.4 周界防范报警子系统应符合下列要求：

1 应具有对报警事件的记录和查询功能；

2 应具有翻越或滞留报警功能；

3 应实现对周界盲点与死角的监视管理，重点部位无盲区；

4 应及时准确地探测到入侵行为并发出报警信号；

5 应对故障信号、报警信号给出明确清晰的指示；

6 应与电视监控系统、出入口控制系统等联动；

7 系统误报警率和漏报警率应在可接受的范围内。

8.3.5 电子巡更子系统应具有下列功能：

1 保安巡更值班的管理；

2 保安巡更路线的设计与管理；

3 保安巡更点的确认管理；

4 保安巡更记录的管理；

5 保安在线巡更点报警的管理。

8.3.6 访客对讲与门禁管理子系统应符合下列要求：

1 应具有门口机与室内机语音对讲功能；

2 宜实现室内机之间的语音联网；

3 住户室内机应可呼叫管理中心；

4 应清晰识别访客影像；

5 应实现住户室内电动开锁；

6 住户可使用智能卡或密钥开启出入门；

7 应对全部密钥开锁信息进行计算机管理；

8 应保证断电 24 小时内正常工作。

8.3.7 家居安防子系统应符合下列要求：

1 系统的报警信息应包括紧急求助报警、非法侵入报警、火灾预警、燃气泄漏报警等；

2 住户可自行设置家居报警系统；

3 应具有住户自行解除误报警功能；

4 应对全部报警信息进行管理；

5 系统布线应独立可靠；

6 系统应及时准确地探测到事件发出的报警信号，对故障信号、报警信号应能够明确清晰的指示；

7 系统误报警率和漏报警率应在可接受的范围内。

8.4 控制管理系统

8.4.1 控制管理系统宜包括家居智能化控制、停车场控制、远程抄表、设备监控、电子屏幕发布、灯饰控制及社区智能控制子系统等。

8.4.2 家居智能化子系统应符合下列要求：

1 家居安防功能要求应按本规范第 8.3.7 条的规定确定；

2 当家居安防、可视对讲、信息发布、家电控制功能合为一体时，必须保证家居安防功能的独立可靠性；

3 宜具有住户灯光、空调、热水器、电动窗帘等电气设备的自动控制功能；

4 宜通过电话、手机或计算机网络实现控制；

5 可将家居报警信号报送到住户指定的电话和手机上；

6 宜通过计算机或手机连接住户网络摄像机查看家中情况；

7 可与住户网络摄像机联动；

8 宜实现管理中心与住户的信息交互服务。住户在家中可查询远传抄表数据、家居安全报警状态、家用电器控制、访客留言、物业信息及留言并浏览网络摄像机图像。

8.4.3 停车场管理子系统应符合下列要求：

1 应可识别管理进出停车场的车辆或人员；

2 应具有停车场收费管理功能；

3 应具有停车场各出入口的联网管理功能；

4 应具有社区各出入口的联网管理功能。

8.4.4 远程抄表管理子系统应符合下列要求：

1 应具有每日定时自动抄收、实时随机抄读及按地址选抄计量表数据的功能；

2 应具有设置初始参数的功能，并应防止非授权人员的操作；

3 应具有系统校时的功能；

4 应具有掉电数据保护的功能；

5 可靠性应达到可接受的要求。

8.4.5 设备监控子系统宜包括社区电梯设备、给排水设备、变配电及照明设备、冷热源设备、暖通空调设备、环境监测系统等运行状态的监视，并应符合下列要求：

1 应具有重要机电设备运行状态的监控管理功能；

2 应具有图形用户操作界面；

3 应通过建立时间调度表，控制所有定时控制设备；

4 应具有历史数据记录、查询、报告生成和打印功能；

5 应具有社区监控设备电子地图在线显示功能；

6 应实时处理和记录故障报警信息，并应声光提醒设备维修人员；

7 应具有机电设备运行状态、故障报警信息、相关数据和设备管理资料的查询功能；

8 在电源故障硬件复位之后，系统应可自动重新启动。

8.4.6 电子屏幕信息发布子系统应具有发布文字信息和图像信息、播放影像节目的功能，并可在控制中心实现集中控制管理。

8.4.7 灯饰控制子系统宜具有灯饰自动控制的功能，可在管理中心进行集中控制管理，并可在现场手动控制。

8.4.8 社区内宜提供以节能、环保、优质服务为主要目的的其他智能控制服务。

8.5 计算机管理和信息服务系统

8.5.1 计算机管理和信息服务系统宜包括物业管理子系统、数字社区网站和数字社区一卡通系统等。

8.5.2 物业管理子系统应符合下列要求：

1 应具有房产、客户、租赁、工程、设备、仓库物料、环境等物业管理功能；

2 应具有客户维修、客户投诉及客户服务等管理功能；

3 应具有费用结算、收费、查询、欠费催缴等管理功能；

4 应与社区控制管理数据库实现数据共享；

5 应支持物业管理各部门的业务处理和调度；

6 应具有权限管理、操作日志记录、数据自动备份机制等功能；

7 应具有数据库结构、报表、查询条件、操作界面的自定义功能；

8　应具有与财务管理、抄表系统、一卡通等系统的接口。

8.5.3　社区网站应符合下列要求：

1　应提供社区公共信息服务、个性化物业信息交互服务、业主论坛、社区电子商务服务、社区医疗保健服务、社区多媒体视频点播服务等；

2　应建立与互联网的链接；

3　网站数据库应与物业管理系统的数据库联通；

4　可通过多种接入形式访问社区网站；

5　应有独立的域名；

6　应采用多重安全机制保护业主隐私。

8.5.4　数字社区应在统一数据库的集成管理平台上，完成包括公共安防、家庭安防、消费和管理一卡通的所有身份认证，实现数字社区一卡通综合管理。

8.5.5　数字社区综合一卡通系统应具有以下功能：

1　统一的数据库管理；

2　智能卡统一发放和挂失管理；

3　统一报警管理；

4　数据查询管理。

9　建设领域应用软件测评要求

9.1　一 般 规 定

9.1.1　建设领域应用软件测评应满足下列预要求：

1　对需测评的应用软件所有交付的项目以及产品描述中已标识的需求文档都应提供到测评现场；

2　对应用软件的测评，在产品描述中已指明要求的所有计算机系统的组成部分应提供到测评现场；

3　如在产品描述中提到培训，则测评者应有机会使用培训材料和培训大纲。

9.1.2　测评指标应符合本规范规定的建设领域应用软件质量要求。

9.1.3　建设领域应用软件产品测评过程中应具有下列特性：

1　可重复性：由同一测评者按同一测评计划说明书对同一软件进行重复测评宜产生同一种可接受的结果；

2　可再现性：由不同测评者按统一测评计划说明书对同一软件进行测评宜产生同一种可接受的结果；

3　公正性：测评不应偏向任何特殊的结果；

4　客观性：测评结果应是客观事实，即不带测评者的感情色彩或主观意见。

9.1.4　测评宜采用第三方测试实验室、软件使用组织中的测评实体、对软件实施测评的专业性软件测评机构等实施测评。

9.1.5　在建设领域应用软件产品测评中，对各测评指标的测评应判定“通过”或“不通过”；对该软件的测评最终结果也应判定“通过”或“不通过”，并应符合下列要求：

1　有下列情况之一者，判定为“不通过”：

1）被测评软件缺少本规范规定的基本功能项；

2）在测评过程中，发生了可重复出现的严重问题，被测评基本功能项不能正确实现、被测数据处理错误、主业务流程出现断点、软件错误导致死机、软件错误导致数据丢失、软件错误导致系统无法运行、系统操作响应时间过长、存在严重的安全漏洞、用户文档与上报软件不相符等。

2　未出现上述情况的，判定为“通过”。

9.2　测 评 过 程

9.2.1　测评建设领域应用软件质量主要步骤宜包括确立测评需求、规定测评、设计测评和执行测评，软件测评的一般过程见图 9.2.1。

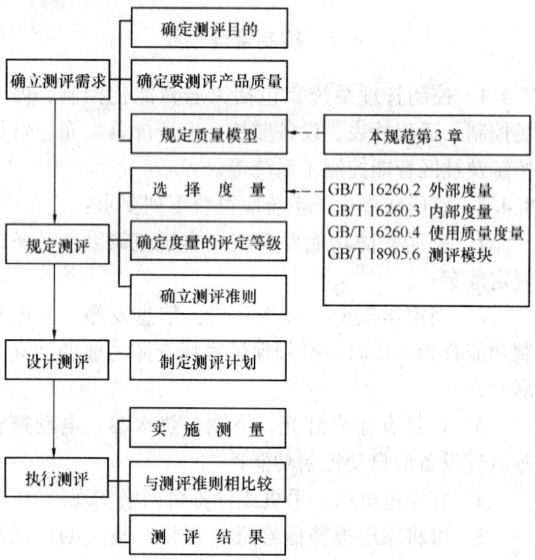

图 9.2.1　软件测评的一般过程

9.2.2　确立测评需求宜包括下列内容：

1　确定测评目的：判定软件能否满足用户要求。最终目标应保证产品能提供所要求的质量，即满足用户明确和隐含的要求。

2　确定要测评产品的使用质量：使用质量能反映特定用户在特定环境下所规定的关于质量特性的要求，因此软件应满足用户的使用要求并能在特殊的硬件和软件环境下执行特定的任务。

3　规定质量模型：软件测评前应当先选择相关的质量特性，将软件质量分解成几种不同特性的质量模型，该模型应能代表软件质量属性的总体，随后，应按上层为质量特性；下层为软件质量属性的次序所形成的分层树结构来表现该质量模型。

9.2.3 规定测评宜包括如下内容：

1 选择度量：应根据测评目的所选的质量特性及测评的经济性等选择测评期内所使用的质量。该质量应可测量和量化软件产品的质量，并可度量所测软件产品的使用效果。

2 确立度量的评定等级：应根据需求和满意度级别将标度分成不同的范围，如将标度分成不满意和满意；或分成不可接受、最低限度接受，在目标范围内和优于要求。在标度确定后，用度量质量的方法定量测量软件的可量化特征。最后，将测量值映射到确定的标度上。

3 确立测评准则：在软件测评前，应为该次测评拟定测评规程，其中包括对不同质量特性所使用的测评准则，以及各质量特性的子特性或子特性的加权组合。

9.2.4 设计测评即制定测评计划。测评计划主要包括规定测评目标、可应用的质量特性、质量目标、进度、职责、测量类别、测试用例、使用和分析数据、可使用的工具、环境描述和报告等。

9.2.5 执行测评宜包括下列内容：

1 实施测量：根据测评计划以测试用例测量软件的质量特性，其结果为度量标尺上的值。

2 与测评准则相比较：在测评过程中，测量的值应与预定的准则进行比较。

3 测评结果宜包括下列内容：

1）对已通过测评的软件进行等级评定的概括；

2）对软件产品满足质量需求程度的综述；

3）将测量的质量与其他方面进行比较；

4）根据管理准则做出一个管理决策。

9.2.6 当已测评过的某一产品修改后，再测评时，宜满足下列要求：

1 文档功能和数据中所有的改变部分均应测评；

2 改变了的部分和受改变部分影响的系统中的所有未改变部分均应测评；

3 所有的其他部分宜抽样测评。

9.3 测评记录与测评报告

9.3.1 建设领域应用软件测评过程中应有测评记录。每个测评记录应包含足够的信息以便可重复测评。测评记录宜包括下列内容：

1 测评计划或包含测试用例的测评规格说明；

2 与测试用例相关的所有中间及最终结果，也包括在测评期间出现的所有失败；

3 应准确记录测试时的配置和软硬件环境；

4 测评中所涉及到的人员具体情况。

9.3.2 建设领域应用软件测评应形成测评报告。测评报告的草稿应交付软件测评的送测单位。如送测单位对测评报告提出意见，宜将此意见记入测评报告的专门章节中。

9.3.3 测评的对象和结果应在测评报告中汇总。

9.3.4 将测评报告正式交付给送测单位之后，测评者应处置与测评有关的数据，可根据数据的类型采用下列方法进行处理：

1 供测评的文档宜归还给送测单位，或按规定期限存档，或以安全的方式销毁；

2 测评报告和测评记录宜按规定的期限存档；

3 所有其他数据应存档一个规定的期限或以安全的方式销毁。

9.3.5 当某些数据的规定存档期限到期时，宜将其再次保存一个规定的期限或以安全的方式销毁。测评者拟使用中间测评结果研究测评技术和软件度量，应征得送测单位明确同意。

9.3.6 测评报告的标识和页面总数应出现在测评报告的每页上。

本规范用词说明

1 为便于在执行本规范条文时区别对待，对要求严格程度不同的用词说明如下：

1）表示很严格，非这样做不可的：
正面词采用“必须”，反面词采用“严禁”；

2）表示严格，在正常情况下均应这样做的：
正面词采用“应”，反面词采用“不应”或“不得”；

3）表示允许稍有选择，在条件许可时首先应这样做的：
正面词采用“宜”，反面词采用“不宜”；
表示有选择，在一定条件下可以这样做的，采用“可”。

2 条文中指明应按其他有关标准执行的写法为：“应符合……的规定”或“应按……执行”。

中华人民共和国行业标准

建设领域应用软件测评通用规范

CJJ/T 116—2008

条 文 说 明

前　言

《建设领域应用软件测评通用规范》CJJ/T 116－2008，经建设部 2008 年 2 月 26 日第 808 号公告批准发布。

为便于广大建设领域应用软件的开发、测评人员和用户在使用本规范时能正确理解和执行条文规定，《建设领域应用软件测评通用规范》编写组按章、节、条顺序编写了本规范的条文说明，供使用者参考。

在使用中如发现本条文说明有不妥之处，请将意见函寄中国电子商务协会建设分会。

地址：北京市海淀区三里河路 13 号中国建筑文化中心 B 座 410 室

电　话：010-88083368，88083298；传　真：010-88083368

邮编：100037 E-mail：ccecn@mail.cin.gov.cn

目　次

1　总则 ………………………………… 2—24—27
2　术语和代号 ………………………… 2—24—27
2.1　术语 ………………………………… 2—24—27
2.2　代号 ………………………………… 2—24—27
3　建设领域应用软件通用质量要求 ………………………………… 2—24—27
3.1　一般规定 …………………………… 2—24—27
3.2　产品描述要求 ……………………… 2—24—27
3.3　用户文档要求 ……………………… 2—24—27
3.4　程序要求和数据要求 ……………… 2—24—28
4　城市规划应用系统功能与质量要求 ………………………………… 2—24—28
4.1　一般要求 …………………………… 2—24—28
4.2　城市规划管理系统 ………………… 2—24—28
4.3　城市规划与设计系统 ……………… 2—24—28
4.4　城市规划监管系统 ………………… 2—24—28
4.5　城市基础地理信息系统 …………… 2—24—28
4.6　城市综合管线管理系统 …………… 2—24—28
5　城市建设应用软件功能与质量要求 ……………………………… 2—24—29
5.2　城市给水应用软件 ………………… 2—24—29
5.3　城市排水应用软件 ………………… 2—24—29
5.4　城市燃气应用软件 ………………… 2—24—29
5.5　城市集中供热应用软件 …………… 2—24—29
5.6　城市水环境质量监控系统 ………… 2—24—29
5.7　城市公共交通管理应用软件 ……… 2—24—29
5.8　城市园林和风景名胜区管理应用软件 ………………………………… 2—24—30
5.9　城市环境卫生管理应用软件 ……… 2—24—30
5.10　城市建设档案管理信息系统…… 2—24—30
6　建筑市场与建筑工程应用软件功能与质量要求 ……………………… 2—24—30
6.2　建筑市场及交易管理系统 ……… 2—24—30
6.3　工程勘察应用软件 ……………… 2—24—30
6.4　工程设计应用软件 ……………… 2—24—30
7　房地产应用系统功能与质量要求 ……………………………… 2—24—31
7.2　房地产市场信息系统 …………… 2—24—31
7.3　房地产权属管理系统 …………… 2—24—31
7.4　单位住房公积金管理软件 ……… 2—24—32
7.5　住房资金管理系统 ……………… 2—24—32
7.6　房地产企业资质与诚信管理系统 ……………………………… 2—24—32
7.7　房地产市场监测预报系统 ……… 2—24—32
7.8　房地产信息网 …………………… 2—24—33
7.9　房地产估价软件 ………………… 2—24—33
7.10　房地产投资经济评价软件……… 2—24—33
7.11　房地产销售管理系统…………… 2—24—33
7.12　房地产经纪业务管理系统……… 2—24—33
8　数字社区应用系统功能与质量要求 ……………………………… 2—24—34
8.2　控制管理集成平台 ……………… 2—24—34
8.3　安防系统 ………………………… 2—24—34
8.4　控制管理系统 …………………… 2—24—34
8.5　计算机管理和信息服务系统 …… 2—24—34
9　建设领域应用软件测评要求 …… 2—24—34
9.1　一般规定 ………………………… 2—24—34
9.2　测评过程 ………………………… 2—24—35
9.3　测评记录与测评报告 …………… 2—24—35

1 总 则

1.0.1 本条说明制定建设领域应用软件测评通用规范的目的。为了提高建设领域应用软件的水平，促进建设领域应用软件的产业化，加强对建设领域信息化软硬件技术与产品的管理，推动建设领域信息化工作的开展，便于组织开展建设领域应用软件测评工作，制定本规范。

1.0.2 本条规定了本规范适用于建设领域应用软件测评中规定应用软件的质量要求和功能要求、建立应用软件的通用质量模型、测评过程、测评记录与测评报告等工作。

本规范可供下列个人或组织采用：

1 需方——从供方获得或采购系统、软件产品或软件服务的个人或组织；

2 评价者——实施评价的个体或组织，可以是测试实验室、软件开发组织的质量部门、政府组织或用户等；

3 开发者——执行开发活动，包括软件生存周期过程中的需求分析、设计、测试直至验收等活动的个体或组织；

4 维护者——执行维护活动的个体或组织；

5 供方——按所签合同向需方提供系统、软件产品或软件服务的个体或组织；

6 用户——使用软件产品执行具体功能的个体或组织；

7 质量管理者——执行软件产品或软件服务的系统性检查的个体或组织。

本规范共有七类预期用户：需方指从供方获得或采购系统、软件产品或软件服务的个人或组织；评价者是指实施评价的个体或组织，例如评价者可以是测试实验室、软件开发组织的质量部门、政府组织或用户；开发者是执行开发活动的个体或组织，开发活动包括软件生命周期过程中的需求分析、设计、测试直至验收等活动；维护者是执行维护活动的个体或组织；供方是按所签合同向需方提供系统、软件产品或软件服务的个体或组织，他们在合格性测试、确认软件质量时使用本规范；用户是使用软件产品执行具体功能的个体或组织，他们在验收测试、评价软件产品质量时使用本规范；质量管理者是执行软件产品或软件服务的系统性检查的个体或组织，他们在作为保证和质量控制的组成部分评价软件质量时使用本规范。

1.0.3 本条规定了建设领域所涵盖的范围。本规范所指建设领域，包括城乡规划、城市建设、建筑工程与市场、房地产、数字社区等。

1.0.4 本规范是开展建设领域应用软件测评的行业标准，在实施过程中，还应符合现行相关的国家标准、行业标准。所以，本条规定，建设领域应用软件测评除应符合本规范外，尚应符合相关的国家标准、行业标准的规定。

2 术语和代号

2.1 术 语

本规范使用的术语，是定义文中所涉及的一些重要概念。

2.2 代 号

本规范使用的代号，主要是一些专业名词代号。

3 建设领域应用软件通用质量要求

3.1 一般规定

3.1.1 建设领域应用软件的质量应通过质量模型表述。本条描述了内部质量和外部质量模型所应包含的6个质量特性和27个子特性。这是从通用角度描述的应用软件的内部质量和外部质量模型。

规定了在每一次特定的软件测评中，构造应用软件的质量模型的方式。其质量模型可以不包括图3.1.1中描述的若干质量特性，也可以添加某些图3.1.1描述的27个子特性以外的质量子特性。

3.1.2 建设领域应用软件的使用质量应通过使用质量模型表述。本条陈述了该使用质量模型应包含使用质量的4个质量特性。

3.1.3 本条描述了使用质量、外部质量和内部质量之间的关系，并强调建设领域应用软件在使用质量、外部质量和内部质量三个层次上都应进行测量。

3.1.4 本条规定了建设领域应用软件产品在指定环境下使用时，应满足的使用质量的要求。

3.1.5 规定了在每一次特定的软件测评中，构造建设领域应用软件质量模型的方式。

3.1.6 本条将建设领域应用软件的质量要求概括为软件的产品描述要求、软件的用户文档要求、包含在软件中的程序要求和数据要求三个方面，并在本规范的第3.2节至第3.4节进行了详细的描述。

3.2 产品描述要求

3.2.1 本条规定了建设领域应用软件产品描述的内容要求。

3.2.2～3.2.7 分别规定了建设领域应用软件产品描述的标识和指示、功能说明、可靠性说明、易用性说明和效率说明的基本要求。这六条内容是建设领域应用软件产品描述的重点。

3.3 用户文档要求

3.3.1～3.3.5 分别规定了用户文档的完整性、正确性、一致性、易理解性和易浏览性的要求。

3.4 程序要求和数据要求

3.4.1 本条规定了建设领域应用软件产品在指定环境下使用时应满足的功能性要求。功能性是指与现有的一组满足明确的或隐含的需求的功能及其规定的性质有关的一组属性。

3.4.2 本条规定了建设领域应用软件产品应满足的可靠性要求。可靠性是指与在规定的一段时间和条件下，软件维持其性质水平的能力有关的一组属性。

3.4.3 本条规定了建设领域应用软件产品在指定条件下使用时，应满足的易用性要求。易用性是指与一组规定或潜在的用户为使用软件所需做出的努力并且对这样的使用所作的评价有关的一组属性。

3.4.4 本条规定了建设领域应用软件产品在规定条件下执行其功能时，应满足的要求。效率是指与在规定的条件下，软件的性质水平和所使用资源量之间的关系有关的一组属性。

3.4.5 本条规定了建设领域应用软件产品应满足的维护性要求。维护性是指与进行规定的修改所需的努力有关的一组属性。

3.4.6 本条规定了建设领域应用软件产品应满足的可移植性要求。可移植性是指与软件可从某一环境转移到另一环境的能力有关的一组属性。

3.4.7 本条规定了建设领域应用软件产品功能性、可靠性、易用性、效率、维护性和可移植性 6 个质量特性的依从性要求。

4 城市规划应用系统功能与质量要求

4.1 一 般 要 求

4.1.1 城市规划应用系统由城市规划管理系统、城市规划设计系统、城市规划监管系统、城市基础地理信息系统和城市综合管网管理系统组成。城市规划管理系统用于城市规划主管部门的日常业务审批管理。由于城市规划对地图数据有较高的要求，因此城市规划管理系统重点考察其基于 GIS 的功能。城市规划设计系统用于城市规划设计单位的计算机辅助设计，一些专用设计软件不列入本规范。城市规划监管系统主要用于城市规划管理主管部门进行基于遥感的城市规划监管工作。城市基础地理信息系统是数字城市空间数据的共享平台。城市综合管网管理系统是数字城市的核心应用系统之一。

4.1.2 城市规划应用系统所涉及的数据包括属性和空间数据。

4.2 城市规划管理系统

4.2.2 城市规划管理信息系统主要是指基于 3S 技术和 4D 空间数据，针对规划管理建设项目选址意见书、建设用地规划许可证和建设工程规划许可证审批的核心业务而开发的业务审批管理系统。系统中集成 GIS 的功能为核心功能，在规划审批等各个业务阶段，可灵活调阅和修改特定的业务及图形数据。

4.2.3 城市规划决策支持系统用于城市建设主管部门的辅助决策。系统功能的重点是图形管理、空间分析、辅助分析决策和系统维护功能等。

4.3 城市规划与设计系统

4.3.1 城市规划与设计系统涵盖的范围比较大、系统种类较多，为了重点突出城市规划核心业务的设计内容，本规范只规定城市规划总图设计系统的功能和质量要求。

4.3.2 规划总图设计系统辅助城市规划设计单位完成规划总图设计的各个设计环节，包括用地规划、建筑规划、道路规划、市政规划、绿化规划以及景观规划等。

4.4 城市规划监管系统

4.4.1 监测版系统主要用于国家规划行政主管部门对城市的规划执行情况进行监督检查；核查版系统主要用于城市行政规划管理部门对国家规划行政主管部门下的数据包进行核实、查证，并将核查结果反馈给监测版系统。

4.5 城市基础地理信息系统

4.5.1 城市基础地理信息系统是数字城市空间数据的共享平台，空间基础数据是它的核心。城市基础地理信息系统可根据需要设立子系统，如数据加工处理子系统、数据管理与分析子系统、数据输出与应用子系统、安全管理与维护子系统等。数据加工处理子系统中，拓扑处理能力和电子数据的质量检查是系统的基本要求。而元数据也越来越重要，可根据客户要求，在设计时充分考虑。城市空间基础数据种类很多，应根据相应规范的要求对数据进行编辑加工，保证数据的逻辑一致性。

4.6 城市综合管线管理系统

4.6.1 城市综合管线管理系统是数字城市的核心应用系统之一，借助于 GIS 和数据库管理技术，实现对城市综合管线数据的管理，同时基于这些数据进行必要的分析，并以图表等方式输出。通过对管线数据的动态管理，为城市规划和建设提供服务。

4.6.5 管线工程辅助设计子系统应以国家有关管线工程的最小覆土深度、管线最小水平净距等规范为准则，在地形图图库、专业管线图库等数据库基础上，通过计算机实现对设计信息的处理，完成管线设计计算、分析、绘图及方案比较。

5 城市建设应用软件功能与质量要求

5.2 城市给水应用软件

5.2.2 城市给水管网地理信息系统是利用 GIS 技术对城市给水管网数据，包括管网图形、管线、阀门等重点设施，作全面而准确的综合管理，供管网管理、规划设计、运行调度和决策使用。

5.2.3 城市给水监视控制和数据采集系统是对给水管网、水厂、加压站和蓄水库的压力、流量、水位、水质和电耗等参数进行远程监视，辅助调度人员进行有效调度，保证供水系统良好的运行状态。数据采集方式包括循环采集、随机点测、分组召测等方式。水质包括余氯、浊度、色度、pH 值、电导率、细菌、有机污染物等。

5.2.4 自来水费代收银行代收费系统是将收费单位系统的数据源与代收银行的营业网点连接起来，辅以一定的安全机制，确保双方各自的网络、数据安全并实现数据实时交换，以便代收费银行和公用事业单位的数据共享和公用事业单位通过统计、浏览、掌握用户缴费的实时情况。

5.3 城市排水应用软件

5.3.2 城市排水管网地理信息系统利用 GIS 技术对城市排水管网数据，包括管网图形、管线等重点设施，作全面而准确的综合管理，供管网管理、规划设计、运行调度和决策使用。

5.3.3 城市排水监视控制和数据采集系统是对排水管网、污水处理厂的压力、流量、水位、水质和电耗等参数进行远程监视，辅助调度人员进行有效调度，保证排水系统良好的运行状态。

5.3.4 城市污水处理厂自动化控制系统中的监控对象指的是污水处理厂内关键部位。

5.4 城市燃气应用软件

5.4.2 城市燃气管网地理信息系统利用 GIS 技术对城市燃气管网数据，包括管网图形、管线、阀门等重点设施，作全面综合管理，供管网管理、规划设计、运行调度和决策使用。

5.4.3 城市燃气监视控制和数据采集系统是对燃气管网的压力、流量等参数进行远程监视，辅助调度人员进行有效调度，保证燃气系统良好的运行状态。数据采集方式包括循环采集、随机点测、分组召测等方式。

5.5 城市集中供热应用软件

5.5.2 城市集中供热管网地理信息系统利用 GIS 技术对城市集中供热管网数据，包括管网图形、管线、阀门等重点设施，作全面综合管理，供管网管理、规划设计、运行调度和决策使用。

5.5.3 城市集中供热监视控制和数据采集系统是对所监控的运行参数进行远程监视，辅助调度人员进行有效调度，保证供热系统良好的运行状态。数据采集方式包括循环采集、随机点测、分组召测等方式。采集的供热数据包括供水、回水、温度、压力和供水流量等。

5.5.5 供热厂自动化控制系统中监控对象指的是供热厂内关键部位。

5.6 城市水环境质量监控系统

5.6.1 城市水环境质量监控系统是对水域的水质进行监控，并及时报警，给出处理方案。数据采集方式包括循环采集、随机点测、分组召测等方式。

5.7 城市公共交通管理应用软件

5.7.2 城市公交管理地理信息系统依托 GIS 的强大数据管理和分析功能，建立公交管理数据库，对公交资源数据进行高效管理维护，在此基础上实现以公交线网、站场管理与辅助规划为核心的专业应用系统，为智能交通系统的实施奠定基础，最终实现交通供给动态地适应交通需求，提供准时、快速与舒适、便捷、经济的换乘服务。本条规定了城市公交管理地理信息系统的功能要求。

5.7.3 城市公共交通一卡通系统是为提高城市交通运转效率、方便市民、降低运营公司成本为目的而规划建设的系统，它以 IC 卡为车票载体，以计算机及各种电子收费终端为核心，实现公共交通运营管理中的计费、收费、统计、分析、汇总、预测、辅助决策以及中央清算等业务的全过程自动化综合管理。本条规定了城市公共交通一卡通系统的功能要求。

5.7.4 城市道路交通设施管理系统主要针对大中型城市交通管理部门，从规划设计到设施建设的业务管理和查询统计等全过程的电子化办公。该系统在路网背景下，以路口、道路、交通设施类型及设施安装的年月等方式，快速查询叠加各类交通设施的功能，并同时可调阅设施的资料、规划方案图、施工图的文字信息，是一个完全图文一体化的解决方案。本条规定了城市道路交通设施管理系统的功能要求。

5.7.5 城市道路监控系统采用计算机技术、网络通信技术、现代交通控制技术、电视监控技术等，实现对城市道路交通的综合控制。本条规定了城市道路监控系统的功能要求。

5.7.6 城市电子地图系统可以让用户平滑地放大、缩小、漫游、目标定位和搜寻地图目标，可以通过智能化地理信息分析查找特定范围内的特定目标，可以确定最优公交换乘方法和旅行线路。本条规定了城市电子地图系统的功能要求。

5.7.7 城市公路收费系统是集微电子、计算机、自动控制、传感器、无线电、视频、通讯技术等多学科于一身的综合管理系统，主要应用于公共交通收费管理部门，该系统既可以提高科学管理水平和收费效率，又可以解决收费过程中的逃费、漏收、少收、贪污作弊等问题。本条规定了城市公路收费系统的功能要求。

5.7.8 城市停车场收费管理系统将道闸技术与计算机网络技术、软件技术、自动化控制技术、IC卡技术结合起来，可以实现多个出入口同时管理，运行稳定，并且通过计算机软件进行管理，实现车位、价格、刷卡、进出管理。本条规定了城市停车场收费管理系统的功能要求。

5.7.9 城市公交信息化管理系统是一个专门针对公交公司日常业务进行综合管理的平台，该平台基于公交公司各部门日常业务，包括人事、机务、营运、加油、修理、票务、调度、数据传输、统计、领导查询子系统。本条规定了城市公交信息化管理系统的功能要求。

5.8 城市园林和风景名胜区管理应用软件

5.8.1 城市园林和风景名胜区管理系统通过将地理信息系统、计算机、通讯、互联网电子交易与传统城市园林和风景名胜区管理紧密结合，为游客提供统一的旅游信息服务、城市园林和风景名胜区自身管理的系统。

5.9 城市环境卫生管理应用软件

5.9.2 城市垃圾处理系统主要解决垃圾转运站、中转站及处理场的点的矢量位置，确定任一个转运站到一个中转站或处理场的距离，进而确定垃圾的运输去向及处理量的计算。本条规定了城市垃圾处理系统的功能要求。

5.9.3 环卫设施布局管理系统主要针对大中型城市环卫管理部门，从规划设计到设施布局管理和查询统计等全过程的电子化办公。本条规定了环卫设施布局管理系统的功能要求。

5.10 城市建设档案管理信息系统

5.10.1 城市建设档案管理信息系统中系统日志管理指的是独立于操作系统的电子文件、档案查询日志记录，包括上机人姓名、访问时间（年月日时分）、所用微机编号、查询内容、利用方式（阅读、修改、拷贝、打印）等。

6 建筑市场与建筑工程应用软件功能与质量要求

6.2 建筑市场及交易管理系统

6.2.3 工程招投标管理系统中企业数据库包括以下信息：

1）企业业绩、经理业绩、企业资信、综合能力、施工表现、企业设备等；

2）基本情况，包括基础资料、企业负责人、主管部门、资质注册、资质等级、注册范围、工商许可、银行信用等级，税务或诉讼情况及企业简介等信息；

3）企业的人员组成、项目经理表现、企业获奖及受罚、近期承担工程项目情况及财务状况等。

6.3 工程勘察应用软件

6.3.2 工程勘察数据库的数据包括水文、地质、地形、地貌等数据。按所在区域可分为：城市勘察数据、地区勘察数据、线路勘察数据。

6.4 工程设计应用软件

6.4.2 正确的结构分析结果是保证工程质量和安全的基础。在结构分析软件的测评工作中，要以不同的测试方法及测试用例验证计算结果，由此证实结构分析结果的准确性和可靠性。可供选择的测试用例及方法如下：

1）以具有理论解的典型例题作为测试用例，计算结果的误差应在合理范围内；

2）用几种已被公认的成熟的结构分析软件及被测软件，在相同的计算环境下计算同一实例，分析比较所得结果；

3）选用已趋于被测软件求解能力限度的测试用例，并反复计算，观察其稳定性和可靠性；

4）对同一测试用例，采用不同的结点编号生成几套输入数据，比较它们的计算结果。

在不同的程序中采用不同的模型计算时，局部的计算结果的较大差异，不宜作为判定被测软件准确性的依据。因此，用不同程序作计算比较时，应保证计算模型相同。

在测试活动的有限次测试中未发现程序缺陷，不宜由此判定被测软件不存在隐患。在评定其准确性时，要兼顾其成熟性，若应用历史长、用户群宽广，则该软件已在生产活动中经受较多检验，其准确性相对较高。

6.4.3 工程协同设计是远程、异地多方多专业协同设计同一项工程。为此应具备足以协同设计的工作环境，提供足够的共享资源。此外还能进行网上讨论、网上会议等。

协同设计的各项测试涉及网络中的多项支撑系统及相关的设计资源，因此另外创建一个模拟的测试环境将非常困难。利用原有的系统，对事先设计的测试用例进行协同设计实测是全面和有效的方法。

6.4.4 CAD软件中各相关标准、规范及规程中的强制性条文都是必须遵循的，因此在测试软件功能性的依从性时，要设计专门的测试用例来检验其功能性的依从性，而且所设计的测试用例能覆盖全部强制性条文。

7 房地产应用系统功能与质量要求

7.2 房地产市场信息系统

7.2.1 房地产市场信息系统是以计算机信息技术为基础，满足房地产开发、测绘、交易和登记等业务管理需要，并实现以上业务的信息采集、管理、统计和发布的信息系统。该系统主要用于各级政府房地产管理部门对房地产交易的管理。

7.2.2 房地产市场信息系统通过对新建商品房预售许可、新建商品房销售（含预售和预定）合同备案、存量房销售（租赁）合同备案、房地产市场主体、房地产项目、房地产登记业务和房地产测绘及测绘成果更新的管理，以及对相关数据的统计、分析功能，实现对房地产市场的管理和监控，为政府对房地产市场的宏观调控与管理、为房地产开发商的开发决策、为购房者的购房决策提供数据支持。

基础数据，是指描述房地产物理属性的物理数据和描述房地产权利属性的权属数据。从业主体数据，是指房地产企业和从业人员的数据。业务数据，是指房地产市场活动中产生的各种必要的收件、流程、文档、收费等业务管理数据。

物理数据即楼盘表数据，是指描述宗地、幢及户的自然特征的数据，包括物理图形数据和物理属性数据。

权属数据是指描述宗地、幢及户的权利特征的数据。

7.2.3 房地产市场信息统计与发布子系统

1 统计数据，是指在基础数据、从业主体数据和业务数据基础上，通过进行各种统计、计算所产生的数据。主要包括按业务类型、房屋类型、统计区域、统计时间段、价格段、面积段和购房对象等划分的套数、建筑面积、均价和指数等四个方面的数据。

2 发布数据，是指在基础数据、从业主体数据、业务数据和统计数据的基础上，经过加工处理、适合向公众发布的数据。主要包括市场总体数据、新建商品房项目和成交数据、存量房房源和成交数据、从业主体基本信息及诚信记录、各种分析统计数据和相关政策政务信息。

7.2.4 新建商品房网上备案子系统

1 新建商品房预售许可管理，包括预售申请和审批、预售许可证注销、预售许可证变更和预售许可证跟踪等环节。

2 新建商品房销售（含预定、预售）合同网上备案，包括合同制定、合同签定、合同撤消、合同跟踪和销售监管等环节。

7.2.5 存量房网上备案子系统

1 经纪机构备案和管理，包括备案、年检、变更和注销环节。其中：备案工作是对经纪机构、经纪人进行备案，记录并审核从业人员的基本信息、资质情况、诚信情况；年检工作是对经纪机构、经纪人的从业情况进行每年一度的审查；变更工作是变更经纪机构、经纪人的有关信息；注销工作是注销经纪机构和经纪人。

2 存量房买卖（租赁）合同网上备案，内容涉及挂牌委托、合同备案、合同监督和资金监管等。

7.2.6 从业主体管理子系统

1 从业主体是指房地产企业和房地产从业人员。

2 房地产企业数据包括：企业设立、变更、分立、合并、注销、资质等基本信息，企业法定代表人、管理人员、专业销售人员等人员基本信息，企业申报信息，企业诚信行为信息。

3 房地产从业人员数据包括：房地产从业人员基本信息，房地产从业人员工作变动、资质情况和诚信情况信息。

7.2.7 项目管理子系统

1 项目管理子系统中的数据应包括项目基本信息、项目建设进度情况、项目分割转让情况、预售批准记录、动拆迁主要事项信息等。

7.2.8 登记管理子系统

1 楼盘表是描述宗地、幢、户以及三者之间的关联关系的数据结构。

2 房地产登记业务流程包括受理、审核、权证处理和归档。其中，受理节点的工作包括接受申请、确定登记类别、收件、计费和收费；审核节点的工作包括初审、复审和终审等步骤，主要是对相关房地产物理数据、权属数据和申请材料的审核；权证处理节点的工作是缮证和发证；归档节点的工作是将申请材料和业务信息归档。

7.2.9 测绘及成果管理子系统

1 预测绘。利用规划批准后的施工图，依据房地产测量规范，进行套内建筑面积和分摊面积的计算，同时生成楼盘表数据，为房屋预售管理提供依据。

2 实测绘。房屋竣工进行实地测绘，依据实际情况得到包括建筑物在内的地形要素情况和房屋的实际套内建筑面积和分摊面积等信息。

7.3 房地产权属管理系统

7.3.1 房地产权属管理系统中：

1 房屋所有权初始登记、房地产转移登记、房地产变更登记、房地产他项权利登记、房地产注销登记的定义见《房地产业基本术语标准》JGJ/T 30。

4 房屋特征包括建造年代、结构类型、层数等。

7.4 单位住房公积金管理软件

7.4.1 单位住房公积金管理软件实现对实行国家住房制度改革政策单位的职工住房公积金的管理。

7.4.5 查询统计模块输出的相应报表包括：单位汇总情况表、个人汇缴清册、月汇缴变更清册、补缴清册单位缴存明细表、个人缴存明细表、个人余额清册、个人对账单、汇缴清册、变更清册、补缴清册、个人支取申请表、个人销户申请表、个人转移申请表等。

7.5 住房资金管理系统

7.5.1 住房资金管理系统用于各级住房资金管理中心对住房资金的业务管理与会计核算，实现对住房资金的管理与监控。

7.5.2 公积金管理子系统中：

2 灵活设置缴存汇率指可以为一个单位设置多种缴存汇率。

3 灵活设置利率指可以按单一利率或多种利率计息。

7.5.3 个人住房抵押贷款业务管理子系统中：

4 不同还款方式指各种非正常还款方式，包括提前还款、违约、逾期还款等。

7.5.6 会计账务处理子系统中：

5 财务账簿包括总账、明细账、日记账、公积金账户的个人明细账等。

6 财务报表包括各类公积金统计报表、资产负债表、增值收益表、单位住房公积金收支明细一览表等。

7.6 房地产企业资质与诚信管理系统

7.6.1 房地产企业资质与诚信管理系统实现各级行业管理部门对房地产企业信用档案信息采集和处理，实现对房地产企业的资质审核以及信用状况的监督。

7.6.2 信用数据管理子系统中：

1）企业银行信用信息包括企业银行信用等级、企业银行信用等级证书号、企业银行信用等级评定机构、企业银行信用等级起止日期等；

2）企业良好行为记录主要指获奖情况等；

3）企业不良行为记录包括受到惩罚和被投诉的记录等。

7.6.3 企业资质管理子系统中：

1）企业资质信息包括资质等级、资质证书编号、资质证书发证机关、资质证书发证日期、资质证书有效期限起止日期等；

2）企业质量认证信息包括质量管理体系认证证书号、质量管理体系认证机构、质量管理体系认证日期、质量认证有效期限起止日期等。

7.6.5 企业信息管理子系统中：

1）企业基本信息包括：法人代码、企业名称、登记注册类型、法人营业执照注册号、法定代表人、注册资本、工商注册日期、营业执照到期日、批准从事房地产开发经营日期、所在省市、所在城市、所属区县、通信地址、办公地址、邮政编码、联系电话、传真、电子信箱、网址等；

2）企业人员信息包括基本信息、职务情况、专业技术职务、奖励处分等；

3）投资信息包括投资方名称、出资额、出资比率、法定代表人等；

4）企业经营总体情况包括企业经营范围、开发业务所占比例等；

5）企业开发项目总体情况包括历年完成投资额、竣工面积、销售面积、新开工面积等；

6）企业已完成和在建项目情况包括项目主要负责人、历任项目经理情况、项目简介等。

7.7 房地产市场监测预报系统

7.7.1 房地产市场监测预报系统，应在房地产市场信息系统的基础上进行开发，可以作为独立的子系统，也可以作为房地产市场信息系统的子系统。

7.7.2 信息采集子系统中：

1 所采集的信息指标应能够反应：房地产开发企业信息，房地产中介服务企业信息，房地产行业总体信息，与房地产行业相关行业的信息，例如建筑业、金融行业等，以及城市宏观社会经济信息等。

7.7.3 景气监测子系统中：

1 景气系统的构成指标应根据房地产行业的发展变化情况进行定期的修订，替换已经难以反映景气状况的指标，调整指标的数目和比例，即先行、同步和滞后指标的比例分配；

3 连续性要求景气监测系统在经历客观条件变化和系统修订之后仍保持输出信息名称不变，输出信息方式不变，不发生大规模变动和间断，保证对于房地产景气状况的连续指示；

可比性要求景气监测系统的输出信息在时间上是可比的；

精确性要求景气监测系统信息输出的时间间隔以月或季度为单位，以保证准确刻化景气状况。

7.7.4 预警信号子系统中：

1 预警指标的构成应根据房地产行业的发展变

化情况进行定期的修订，综合反映房地产业和房地产市场与宏观社会经济发展水平协调的状况，以及房地产业和房地产市场自身协调平衡的状况。调整指标的数目和比例，即先行、同步指标的分配比例；

2 预警指标的数值落入不同的信号区间，系统将发出不同的预警信号，信号区间的边界即预警界限，预警界限应根据房地产行业的变化进行定期调整；

3 综合预警指标是根据各预警指标的警情进行综合评估得出的结果，综合预警指标落入不同的信号区间系统将发出不同的综合预警信号，信号区间的边界即预警界限，预警界限应根据房地产行业的变化进行定期调整。

7.8 房地产信息网

7.8.1 房地产信息网用于各级政府通过互联网向公众发布房地产项目，房地产项目销售状况，以及房地产宏观数据等信息，为住房消费和房地产开发提供参考。

7.8.2 房地产项目查询功能的查询方式包括按照地区、地段、面积、居室、开发商、项目名称、项目性质、项目开盘时间、均价、项目总建筑面积等条件查询；房地产项目销售状况包括销售房屋的数量及其属性、未销售房屋的数量及其属性等。

7.9 房地产估价软件

7.9.3 估价信息数据库模块中：

2 利用GIS管理交易案例数据的功能包括通过图形界面以可视化的方式查询交易案例，并将交易案例引用到估价项目中。

3 本项功能针对已编制了基准地价的城市使用的估价软件。

7.9.5 估价报告生成模块中：

2 处理估价结果的方法包括加权平均、算术平均等。

7.10 房地产投资经济评价软件

7.10.3 数据输入模块中：

1 项目基本属性及测算相关基础参数，包括建设经营期、折现率、资本化率、贷款利率、建筑面积等。

2 开发成本费用包括土地、前期、房屋开发、管理、财务、开发期税、不可预见等费用。

3 项目融资情况包括当期自有资金投资、当期贷款额、贷款利率、贷款偿还方式、贷款偿还开始时间、贷款偿还期限等。

4 项目运营期间收入和费用包括销售或出租价格、销售或出租面积、销售率、销售税金及附加等。

7.10.4 财务指标及敏感性分析模块中：

1 项目主要财务评价指标包括全部投资额和自有资金的净现值、内部收益率等。

7.10.5 图表管理模块中：

1 财务报表主要包括全部投资财务现金流量表、资本金财务现金流量表、投资者各方财务现金流量表、资金来源与运用表、损益表、资产负债表、综合评价现金流量表等。

7.11 房地产销售管理系统

7.11.4 销售项目管理子系统中：

1 财务管理包括销售过程中收款业务管理、按揭到账和房款结算事务管理、销售过程的票据和证明管理等。

2 销售分析包括利用内置销售业绩评价模型分析、评价销售项目，利用内置销售分析报告模板和撰写向导生成销售分析报告等。

3 合同管理包括所有客户的相关合同和认购书等文件的管理，跟踪合同的执行情况和变更等。

4 销售团队管理包括管理业务员的任务，调动业务员的业务和客户，管理业绩考核和佣金管理等。

5 统计报表管理包括销售类报表、客户类报表、楼盘资料类报表和财务报表等。

7.11.5 系统工具子系统中：

实用工具库包括财务计算工具、多媒体展示楼盘工具、法律法规库、模拟购买付款演示向导等。

7.12 房地产经纪业务管理系统

7.12.2 房源管理子系统中：

1 房源信息包括房源基本情况、配套设施、交易类型、委托方式、佣金方式、业主资料、归属业务员等。

3 房源跟进记录包括价格变化、配套变化、售租情况变化等。

5 成交记录包括成交情况、佣金信息等。

6 收款记录指向业主和客户收取中介费用的记录。

7.12.3 客源管理子系统中：

1 客源信息包括客户基本资料、需求情况、交易类型、委托方式、佣金方式、归属业务员等。

7.12.5 应用工具子系统中：

1 灵活设置佣金比率指可以对不同业务员、不同交易设置不同的佣金比率。

2 贷款计算功能是指根据房屋面积、单价、贷款成数（或贷款金额）和贷款期限，计算房屋总价、首期付款额、贷款总额和月还款金额等。

3 业务员转盘是指将指定业务员的房源转给另一位业务员。

7.12.6 业务设置子系统中：

2 设置系统所在地属性的功能是针对那些跨城

市经营的房地产经纪机构规定的，设置本系统所在的城市、区域、楼盘。

3 楼盘辞典中应包括楼盘的名称及其各栋楼的资料。

8 数字社区应用系统功能与质量要求

8.2 控制管理集成平台

8.2.1 控制管理网络技术平台由控制总线技术及相应硬件设备或计算机局域网络技术及相应硬件设备构成，包括为实现现场控制而采用的总线技术的信息数据采集、处理、传输和网关设备。

8.2.3 计算机设备及辅助设备子系统是实现数字社区集中管理，在中央控制室设立的计算机硬件和辅助设备及相应软件系统。

8.2.6 综合布缆子系统包括综合布线系统中的数据和语音布线、控制线缆、专用的视频线缆和专用语音线缆的布线等。

8.3 安 防 系 统

8.3.3 闭路电视监控子系统一般由前端、传输、控制存储显示三个主要部分组成。管理人员能够通过相关设备对监视目标完成监视、监控图像的切换、云台和镜头的控制及录像。

社区内重要公共场所包括：主要出入口、主要道路、停车场、广场、中心会所和其他重要部位场所。

表 8.3.3 图像五级损伤主观评价的图像质量等级的内容表

主 观 评 价	图像质量等级
察觉不出图像损伤	五（优）
可察觉出图像损伤，但令人可以接受	四（良）
明显察觉图像损伤，令人较难接受	三（中）
图像损伤较严重，令人难以接受	二（差）
图像损伤极严重，不能观看	一（劣）

闭路电视监控设备探测到的现场图像，在采用图像五级损伤主观评价的图像质量标准时，应达到表8.3.3规定的四级以上包括四级的图像质量等级。对于电磁环境特别差的现场，其图像质量等级应不低于三级。

8.3.4 周界防范报警子系统，仅对封闭式社区而言，用于社区周界防范报警管理，系统基本配置包括前端设备、传输设备和控制、显示、处理、记录设备。在社区周界设置越界探测装置，安防监控管理中心可以通过电子地图显示周界报警区域，配置声光报警提示。

系统误报警率应不得超过5%，漏报警率应为0；与闭路电视监控系统联动响应时间不应超过1秒。

8.3.5 电子巡更子系统包括在线或离线电子巡更。在线电子巡更是按照预先编制的保安人员巡更程序，通过读卡机或其他方式对保安人员巡逻的工作状态进行监督、记录，并能对意外情况及时报警。离线电子巡更是通过管理计算机读取保安人员手持或其他类似功能装置巡更仪，检验保安人员巡逻的工作情况。

8.3.7 家居安防子系统用于对数字社区内住户安装的家居安防报警装置进行管理，当发生非法入侵、灾害预警时，家居报警装置发出实时的报警信息，传送到社区安防管理中心。

报警信息管理包括设撤防状态、报警信号分类、显示和声光报警、处理记录和历史存储，期限最少30天。

8.4 控制管理系统

8.4.4 远程抄表管理子系统用于水表、电表、燃气表等数据动态计量、采集与传输，实现远传计量收费和管理。

$$一次抄读成功率=\frac{一次抄读成功的次数}{抄读成功的总次数}\times 100\%$$

试验条件下一次抄读成功率为：

1）有线传输，一次抄读成功率≥99%；

2）无线传输，一次抄读成功率≥98%。

可靠性一般应满足：

抄读全部数据时应准确无误。

8.4.6 电子屏幕信息发布子系统用于数字社区设置在中心广场或大门出入口处、电梯前厅等地点的社区电子信息发布屏幕的管理，提供社区公共的电子信息发布服务。

8.4.8 社区内的其他智能控制系统主要包括社区音乐喷泉自动控制、草坪喷灌自动控制、中水回用自动控制等系统。

8.5 计算机管理和信息服务系统

8.5.2 物业计算机管理子系统是以计算机局域网络为技术支撑的物业管理计算机应用系统，主要包括服务器、客户端、工作站、网络设备、操作系统和相配套的应用软件。它面向物业管理公司，利用计算机管理技术，通过计算机局域网络处理物业管理中的各项日常信息。

8.5.3 信息服务子系统是通过社区网站等形式，建立物业管理公司与业主之间高效的信息交互平台。

9 建设领域应用软件测评要求

9.1 一 般 规 定

9.1.1 建设领域应用软件产品测评采用第三方软件测

评机构实施测评的方式。在软件测评过程中，软件测评机构除应遵循本规范外，还应遵循国家标准、行业技术标准。主要的相关标准包括：《信息技术　软件包　质量要求和评价》GB/T 17544、《软件工程　产品评价》GB/T 18905－2002、《软件工程　产品质量　第1部分：质量模型》GB/T 16260.1、《软件工程　产品质量　第2部分：外部度量》GB/T 16260.2、《软件工程　产品质量　第3部分：内部度量》GB/T 16260.3和《软件工程　产品质量　第4部分：使用质量的度量》GB/T 16260.4的规定要求。

9.1.2　本条规定了本规范在建设领域应用软件产品测评中的等级划分的条件，对各个测评指标的测评只分为“通过”或“不通过”两个等级；对软件的测评最终结果也只分为“通过”或“不通过”两个等级。对于软件重复出现严重问题，则软件的测评结果为不通过，因为其中任何一项测评内容对软件用户来说都是重要的。

9.2　测　评　过　程

9.2.1～9.2.5　给出了建设领域应用软件测评的一般过程。测评机构根据应用软件测评的一般过程，采取相应的措施进行应用软件的测评。

测评结果：

其他方面是指：时间和成本等。

管理决策是指：用户决策层要决定接受或拒绝；管理层要决定是否推荐；开发商的最高层要决定是否发布该软件产品。

9.2.6　由于测评工作需要大量的人力、物力和财力。本条给出了如果某一产品已经测评过，再次测评时应当注意考虑先前的测评工作，同时也要注意在测评时对于改变部分和受改变部分影响到的部分，必要时都要像新产品进行测评。

9.3　测评记录与测评报告

9.3.1　给出了测评记录应该包括的内容及内容的深度。

9.3.2　给出了测评报告形成的单位，送测单位可以对测评报告提出意见，测评单位可以将送测单位的意见记入测评报告中。

9.3.3　测评报告宜具有如下结构和内容：

1　测评标识：描述测评机构的标识、送测软件单位的标识、测评报告的标识；

2　测评需求：软件产品应用领域的一般描述，产品功能的一般描述，被测评软件质量模型的内容，测评级别的资料；

3　测评规格说明：描述产品测评的范围，说明测量和验证的操作过程；

4　测评方法：应包括执行测评时所用的评价方法的文档；

5　测评结果：测评结果本身，必要时的中间结果或解释，对测评期间所使用工具的说明。

9.3.4　给出了测评工作结束后，测评组织应如何处置与测评有关的数据。

9.3.6　测评报告的标识指测评实验室、产品标识、测评报告的日期等。

中华人民共和国行业标准

城市公共交通工程术语标准

Terminology standard for urban public transport engineering

CJJ/T 119—2008
J 782—2008

批准部门：中华人民共和国建设部
施行日期：2 0 0 8 年 9 月 1 日

中华人民共和国建设部
公　　告

第 817 号

建设部关于发布行业标准《城市公共交通工程术语标准》的公告

现批准《城市公共交通工程术语标准》为行业标准，编号为 CJJ/T 119－2008，自 2008 年 9 月 1 日起实施。

本标准由建设部标准定额研究所组织中国建筑工业出版社出版发行。

中华人民共和国建设部
2008 年 2 月 29 日

前　　言

根据建设部建标［2003］104 号文的要求，标准编制组在深入调查研究、认真总结实践经验，参考有关国家标准和行业标准，并在广泛征求意见的基础上，制定了本标准。

本标准的主要技术内容是：1. 总则；2. 基本术语；3. 公共交通设施；4. 公共交通运营；5. 车辆保养与维修；6. 技术经济指标；7. 公共汽电车交通；8. 快速公共汽车交通（BRT）；9. 出租汽车交通；10. 城市轮渡；11. 客运索道、缆车；12. 客运扶梯、电梯等。

本标准由建设部负责管理，由主编单位负责具体技术内容的解释。

本标准主编单位：中国城市公共交通协会（地址：北京市车公庄西路 38 号；邮政编码：100044）

本标准参加单位：北京市公共交通研究所
广东省公共交通协会
北京城建设计研究总院
深圳市公交集团公司
贵阳市公交总公司
武汉市轮渡公司
上海巴士股份有限公司
杭州市公交集团公司
广州市一汽巴士有限公司
重庆市索道公司
北京工业大学
清华大学

本标准主要起草人员：朱　滢　杨青山　杨大忠
董志卿　梁满华　于松伟
赵书民　刘新航　薛国山
蔡夏英　沈贤德　张立群
杨孝宽　杨新苗　蒋大林

目　次

1　总则 …………………………………… 2—25—4
2　基本术语 ………………………………… 2—25—4
2.1　一般术语 …………………………… 2—25—4
2.2　公共交通方式 ……………………… 2—25—4
3　公共交通设施 …………………………… 2—25—5
3.1　公共交通线路 ……………………… 2—25—5
3.2　公共交通车站 ……………………… 2—25—6
3.3　车内服务设施及相关参数 ………… 2—25—7
3.4　牵引供电系统 ……………………… 2—25—8
3.5　公共交通信息系统 ………………… 2—25—8
4　公共交通运营 …………………………… 2—25—9
4.1　乘客和客流 ………………………… 2—25—9
4.2　运行及调度 ………………………… 2—25—11
4.3　票务 ………………………………… 2—25—13
4.4　安全与服务 ………………………… 2—25—14
5　车辆保养与维修 ………………………… 2—25—15
6　技术经济指标 …………………………… 2—25—15
7　公共汽电车交通 ………………………… 2—25—17
8　快速公共汽车交通（BRT） …………… 2—25—17
9　出租汽车交通 …………………………… 2—25—18
10　城市轮渡 ……………………………… 2—25—19
10.1　轮渡设施 ………………………… 2—25—19
10.2　航行 ……………………………… 2—25—20
11　客运索道、缆车 ……………………… 2—25—21
12　客运扶梯、电梯 ……………………… 2—25—22
中文索引 …………………………………… 2—25—22
英文索引 …………………………………… 2—25—30
附：条文说明 ……………………………… 2—25—38

1 总 则

1.0.1 为使我国城市公共交通工程术语规范化，利于国内外交流，促进公共交通事业的发展，制定本标准。

1.0.2 本标准适用于城市公共交通（轨道交通除外）工程。

1.0.3 城市公共交通工程术语除应符合本标准外，尚应符合国家现行的有关标准的规定。

2 基本术语

2.1 一般术语

2.1.1 城市公共交通 urban public transport

在城市地区供公众乘用的各种交通方式的总称。也可简称公共交通或公交。

2.1.2 公共交通方式 public transport modes

按公共交通工具的类型和运行特征划分的各种客运形式。

2.1.3 公共交通工具 public transport means

泛指供乘客乘用的公共交通车、船等运输工具。

2.1.4 客运 passenger transport

公共交通企业运送乘客的业务活动。

2.1.5 乘客 passenger

乘用公共交通工具的人。

2.1.6 城市公共交通工程 urban public transport engineering

关于城市公共交通的研究、规划、设计、建设、运营、管理、维护、更新等全部工作的总称。

2.1.7 公共交通规划 public transport planning

根据居民出行的分布及其发展趋势，统筹安排不同公共交通方式的功能分工、线网布局、场站建设、车船配置以及相应的人员和机构等事项的发展计划。

2.1.8 公共交通运营 public transport operation

公共交通运行和经营。

2.1.9 城市公共交通系统 urban public transport systems

由若干种公共交通方式的线路、场站、交通工具及运营组织等组成的客运有机整体。

2.1.10 城市快速公共交通系统 urban rapid transit systems

城市快速公共汽车系统、快速轨道交通系统和快速轮渡系统的总称。

2.1.11 公共交通信息系统 public transport information system

利用现代通信、计算机等技术手段对公共交通业务信息进行采集、传输、处理和应用的系统。

2.1.12 城市交通结构 urban transport structure

居民出行所采用的步行、自行车、公共交通、自备汽车等交通方式，分别承担的出行量占出行总量的百分比。

2.1.13 公共交通优先 public transport priority

在政策、法规和资源利用等方面对公共交通实行优惠。

2.1.14 公共交通标志 public transport signs

便于公众识别的表明公共交通行业特征的专用图形符号。

2.1.15 公共交通企业 public transport enterprise

经营公共交通业务的经济实体。

2.2 公共交通方式

2.2.1 常规公共交通 regular public transport

单向客运能力小于每小时1万人次的公共交通方式，一般指公共汽车交通和无轨电车交通等客运方式。

2.2.2 中运量公共交通 medium-carrying-capacity public transport

单向客运能力为每小时1～3万人次的公共交通方式，一般指轻轨交通、单轨交通和快速公共汽车交通等。

2.2.3 大运量公共交通 large-carrying-capacity public transport

单向客运能力大于每小时3万人次的公共交通方式，一般指地铁交通。

2.2.4 单向客运能力 one-way carrying capacity

单位时间内从单方向通过线路断面的客位数上限。即车辆（列车）额定载客量与行车频率上限值的乘积。计量单位：人次/小时。

2.2.5 公共汽车交通 bus transport

以公共汽车沿固定线路按班次运行的客运方式。

2.2.6 无轨电车交通 trolley bus transport

以无轨电车沿架空接触线网在道路上按班次运行的客运方式。

2.2.7 快速公共汽车交通(BRT) bus rapid transit

以大容量高性能公共汽电车沿专用车道按班次运行，由智能调度系统和优先通行信号系统控制的中运量快速客运方式。简称快速公交，英文缩写BRT。

2.2.8 出租汽车交通 taxi transport

一般以客运小汽车按乘客需要的时间和地点行驶的客运方式。

2.2.9 城市轮渡 urban ferry transport

在城市及附近水域，以渡轮沿固定航线按航班运行的客运方式。也可简称轮渡。

2.2.10 城市客渡 urban passenger ferry transport

以运送乘客为主，也可搭载少量货物的城市轮渡。

2.2.11 城市车渡 urban vehicle ferry transport

以运送行驶途中的客（货）车为主的城市轮渡。

2.2.12 客运索道 passenger cable transport

由驱动电机和钢索牵引的客车（吊厢、吊椅）沿架空索道运行的客运方式。

2.2.13 客运缆车 passenger cable car transport

由驱动电机和钢索牵引的车厢一般沿坡面轨道往复运行的客运方式。

2.2.14 客运扶梯 passenger escalator transport

由驱动电机和链条牵引的梯级和扶手带沿坡面连续运行的客运方式。

2.2.15 客运电梯 passenger elevator transport

由驱动电机和钢索牵引的轿厢沿垂直导轨往复运行的客运方式。

3 公共交通设施

3.1 公共交通线路

3.1.1 公共交通线路 public transport line

城市公共交通中运营车（船）沿固定路线和车站（码头）运行的通路。也可简称线路。

3.1.2 线路长度 line length

沿公共交通线路的两个运行方向从起点站到终点站的里程的平均值。

3.1.3 线路周长 girth length of operation line

运营车在线路上往返运行一周的里程，即往返线路长度与两端回车（折返）里程之和。

3.1.4 回车里程 turn round distance

运营车从线路一个方向的终点站到另一个方向的起点站的里程。也称折返里程。

3.1.5 线路条数 number of operation line

在一定范围内运营线路的总数，不包括临时线、区间线和专为机关、学校、企事业单位服务的班车线。

3.1.6 线路总长度 total line length

在一定范围内全部线路长度之和。

3.1.7 线路平均长度 average line length

线路长度的平均值。

3.1.8 公共交通线路网 public transport line network

在一定区域内布有公共交通线路的道路组成的网络。

3.1.9 线路网长度 line network length

在公共交通线路网内，各道路中心线长度的总和。

3.1.10 线路网密度 line network density

线路网长度与城市建成区面积之比。

3.1.11 线路重复系数 line overlap factor

公共交通线路总长度与线路网长度之比。

3.1.12 线路非直线系数 line nonlinear factor

线路长度与起止站之间的直线距离之比。

对于环行线路，为线路所经过的客流集散点之间，里程与直线距离之比。

3.1.13 线路负荷 line loading

在考核期内，线路所完成的客运周转量与运营时间之比。计量单位：人公里/小时。

3.1.14 线路负荷密度 line loading density

单位线路长度上的线路负荷。计量单位：人公里/小时公里。

3.1.15 线路衔接 lines connection

不同线路之间能实现尽可能方便、快捷的换乘。

3.1.16 线网优化 line network optimization

综合研究公共交通线路网内的客流变化规律，合理调整运营线路，达到提高乘客出行效率和降低运营成本的目的。

3.1.17 公共交通线路设施 pubic transport line facilities

在公共交通线路上设置的相关建筑物、构筑物、设备及标志等总称。

3.1.18 线路名 line name

线路的名称，一般以阿拉伯数码加“路”（“线”）字命名。

3.1.19 市区线路 urban line

全部或大部在城市市区运行的公共交通线路。

3.1.20 郊区线路 suburban line

全部或大部在城市郊区运行的公共交通线路。

3.1.21 长途线路 long distance line

在城市与较远地区之间运行的公共交通线路。

3.1.22 旅游线路 tourist line

在城市中较大的客流集散点与旅游景区之间运行，主要为旅游乘客服务的公共交通线路。

3.1.23 昼夜线路 day and night line

每天 24 小时连续运营的公共交通线路。

3.1.24 夜间线路 night line

仅在夜间运营的公共交通线路。

3.1.25 高峰线路 peak-hour（rush-hour）line

仅在高峰时间内运营的公共交通线路。

3.1.26 快车线路 express line

采用大站距运营的公共交通线路。

3.1.27 临时线路 temporary line

为临时需求而设的公共交通线路。

3.1.28 环行线路 loop line

环绕某一区域运行，起止站合一的公共交通线路。

3.1.29 内环线路 inner-loop line

沿顺时针方向运行的环行线路。

3.1.30 外环线路 outer-loop line

沿逆时针方向运行的环行线路。

3.1.31 单行路段 one-way section

在公共交通线路上的某一路段，往返路径不同，且停靠车站也不同。

3.1.32 公交专用道路 public transport exclusive way

在规定时间内，只允许公交车通行的道路。

3.1.33 公交专用车道 public transport exclusive lane

在规定时间内，只允许公交车通行的车道。

3.1.34 公交逆向专用道 retrograde exclusive lane for public transport

在单行道路上，允许公交车逆向通行的车道。

3.1.35 全封闭线路 all-separated line

以隔离墩、护栏、隧道、桥梁等物质实体与其他车辆和行人全线隔离的公共交通线路。

3.1.36 半封闭线路 part-separated line

以隔离墩、护栏、隧道、桥梁等物质实体与其他车辆和行人在部分路段隔离的公共交通线路。在未隔离部分，设有优先通行信号系统。

3.2 公共交通车站

3.2.1 公共交通车站 stop of public transport

在公共交通线路上，供运营车停靠、乘客候车和乘降的设有相应设施的场所。也可简称车站。

3.2.2 站名 stop name

车站的名称，一般以当地地名加“站”字命名。

3.2.3 车站序号 series number of stop

从公共交通线路的首站开始，顺序对沿线各车站所作的编号。也可简称站号。

3.2.4 站牌 stop board

在公共交通车站设置的乘车指示牌，标明本站站名、线路名、沿线各站站名、运行方向、运营时间、票制、票价等。

3.2.5 起点站 origin station

运营车按调度指令开始单程载客运行的车站。也称始发站。

3.2.6 终点站 destination station

运营车按调度指令结束单程载客运行的车站。

3.2.7 起止站 origin and destination station

起点站和终点站的统称。也称端点站。

3.2.8 沿途站 stop

除起点站和终点站以外，沿公共交通线路设置的其他车站。也称中途站。

3.2.9 调度站 dispatch station

具有调度职能的车站。

3.2.10 首站 origin station

在公共交通线路上，设有主调度的起止站。

3.2.11 末站 terminal

在公共交通线路上，不设主调度的起止站。

3.2.12 首末站 origin station and terminal

首站和末站的统称。

3.2.13 中心站 central station

多条公交线路的运营管理中心，也是多条线路首末站的汇集中心，还能为公交车辆提供保养、停放、加油、加气等服务。

3.2.14 换乘站 transfer stop/station

能实现不同公交线路之间相互换乘的车站。

3.2.15 枢纽站 transfer hub

有多条公共交通线路汇集的客流集散量较大的起止站组合。

3.2.16 公共交通综合枢纽 transfer hub of public transport

在多种公共交通方式的线路汇集的特大型客流集散点，为安全、有序、高效地疏导客流而设有相关设施和场地的大型车站集合体。

3.2.17 招呼站 call-responsive stop

在公共交通线路上，根据乘客需要而增设的不另设站号的车站。

3.2.18 港湾式车站 bus bay

运营车停靠时不占用行车道的车站。

3.2.19 站距 stop spacing

在同一线路的同一运行方向，相邻两车站的对应点之间的距离。

3.2.20 平均站距 average stop spacing

在城市的同类地区（指市区或郊区）、同种交通方式（指常规公共交通或快速公共交通）中，站距的平均值。

3.2.21 车站服务半径 service radius

乘客到车站乘车所需步行距离的上限值。

3.2.22 站台 platform

在车站供乘客候车和乘降的高于路（轨）面的平台。

3.2.23 站台长度 platform length

由设计停靠车辆数决定的站台全长。

2.2.24 站台高度 platform height

站台地面与路（轨）面的高差。

3.2.25 停车标志 stop sign

车辆进站停靠时，应与之对齐的标志物，是计算车站在线路上的里程位置的坐标点。

3.2.26 候车亭 shelter

在车站供乘客遮阳、避雨的设施。

3.2.27 候车廊 waiting corridor

在车站为乘客安全、有序乘车而设置的有护栏的长廊。

3.2.28 停车坪 parking lot

在线路首末站，供待发车和歇班车停放的场地。

3.2.29 回车道 passage way

运营车从线路一个方向的终点站到另一个方向的起点站的通道。也称折返线。

3.3 车内服务设施及相关参数

3.3.1 车厢 carriage

在公共交通车辆上，容纳乘客的设有门窗的厢形结构。也称客厢。

3.3.2 一级踏步 first step of door

乘客从地面上车时，第一步踩踏的位于车门下端的支承面。

3.3.3 客座 passenger seat

在公共交通车（船）内，供乘客使用的坐椅。

3.3.4 车内通道 passage

在车厢内，供乘客纵向通行的走道。

3.3.5 路牌 line number plate

置于公共交通车辆的前、后、侧窗上方，面向车外标有本车运行线路及首末站的指示牌。对于环行线路，则标出首站及中点站。

3.3.6 发光路牌 luminous line number plate

在夜间字迹能发光的路牌。

3.3.7 售票台 ticket table

置于公交车内售票员座椅前的售票工作台。

3.3.8 投币机 slot machine

供乘客投入票款的设备。

3.3.9 电子收费机 electronic toll collection

以电子车票刷卡的方式收取票款的电子设备。

3.3.10 驾驶员隔栏 operator separator

为防止乘客进入驾驶员操作空间而设的护栏。

3.3.11 扶手柱 hand-mast

置于车内通道范围和车门两侧，供乘客扶握的管状立柱。

3.3.12 扶手杆 handrail

置于车内通道上方和侧窗上部，供乘客扶握的管状横杆。

3.3.13 拉手环 pulling ring

在车内净高较高的车厢内，悬吊在通道上方的扶手杆上的环形拉手。

3.3.14 电脑报站机 computer-controlled speaker

由电脑控制的向车内、外播放本车运行状况和服务用语的设备。

3.3.15 报站显示屏 display screen in carriage

在电脑报站机的控制下，向车内乘客显示本车运行状况及服务用语的屏幕。

3.3.16 车厢空调 air conditioning device in carriage

车厢内的温度、湿度调节和换气装置的总称。

3.3.17 顶窗 ceiling window

设于车厢顶部的通风窗。

3.3.18 车用监视设备 monitoring device in carriage

供驾驶员监视中、后车门内乘客下车、关门情况和倒车时车后障碍情况的闭路电视设备。

3.3.19 车门防夹装置 anti-nip device

在关闭（开启）车门时，当阻力大于给定值后，能使车门短暂开启（关闭）动作的装置。

3.3.20 上车辅助装置 boarding device

便于轮椅进出车辆的装置，如举升装置、导乘板等。

3.3.21 导乘板 ramp

用于车内通道地板与站台地面（或路肩）之间搭桥的板形装置。

3.3.22 车外允许噪声 out-of-vehicle noise allowance

公交车辆加速行驶时产生的噪声在车外一定距离处的允许值。

3.3.23 车内允许噪声 in-vehicle noise allowance

公交车辆加速行驶时产生的噪声在车厢内的允许值。

3.3.24 防雨密封性 rainproof seal

在门窗关闭时，防止雨水或尘土进入车厢的能力。

3.3.25 行驶平顺性 running smoothness

公交车辆行驶时所产生的颠振程度。

3.3.26 乘行舒适性 passenger's comfort

由于车辆性能、服务设施及交通环境等因素，使乘客在乘行中感受到的舒适程度。

3.3.27 车内净高 interior height

车厢地板表面至顶棚间的最大距离。

3.3.28 通道宽度 passage width

车内通道两侧物体（如座椅、护栏等）间的净距。

3.3.29 车门开度 door opening degree

车门开启后的空间宽度。

3.3.30 车内通道地板高度 height of passage floor in carriage

空车时，车内通道地板表面与地面（轨面）的距离。

3.3.31 一级踏步高度 first step height

空车时，一级踏步边缘与地面（轨面）的高差。

3.3.32 踏步级间高度 step spacing

相邻踏步表面间的距离。

3.3.33 坐位间距 seat spacing

前后相邻坐椅的对应点间的距离。

3.3.34 坐位数 number of seat

车厢内的客座总数。

3.3.35 车厢站立面积 standing area in carriage

车厢内乘客可站立的总面积。

3.3.36 额定站立密度 rated standing density

在单位面积上允许站立的人数。

3.3.37 额定站位数 rated standing capacity

车厢站立面积与额定站立密度的乘积。

3.3.38 额定载客量 rated passenger capacity

车厢内坐位数与额定站位数之和。也称客位数。

3.3.39 车辆定员 rated passenger capcity of vehicle

额定载客量与乘务组人数之和。

3.4 牵引供电系统

3.4.1 牵引供电系统 traction power-supply system

由牵引变电所、牵引网及自动监控设备组成的将电能供给电动车辆的全部电力装置的总称。

3.4.2 供电制式 power-supply mode

指牵引供电系统中采用的电流制、供电方式及电压等级等。

3.4.3 牵引变电所 traction substation

将中压交流电降压并整流成牵引用直流电的变电所。

3.4.4 牵引网 traction network

经过受电器向电动车辆输送牵引电能的导电网。分为架空触线网和接触轨两种形式。

3.4.5 架空接触网 overhead contact-wire network

由触线及悬挂装置组成的供电网。也称触线网。

3.4.6 双极触线牵引网 double contact-wire traction network

由正负触线组成的牵引网。

3.4.7 馈线 feed line

从牵引变电所向接触网输送电能的导线。

3.4.8 触线 contact wire

与电动车辆的受电器相接触，向车辆供电的导线。

3.4.9 触线网长度 length of contact-wire network

组成触线网的触线总长度。双极触线网按单向双线计算，单极触线网按单向单线计算。

3.4.10 触线高度 height of contact-wire

悬挂点处触线与地面（轨面）之间的距离。

3.4.11 触线间距 spacing of contact-wire

正负触线的中心线之间的距离。

3.4.12 无轨电车偏线距离 trolley bus pantograph deviation distance

无轨电车行驶时，允许车身中心线偏离触线中心线的距离。

3.4.13 供电分区 power-supply zone

在牵引网上电路相互断开的每一个供电区段。也称供电区间。

3.4.14 供电距离 power-supply distance

在牵引变电所供电范围内的触线网长度。

3.4.15 牵引整流机组 a set of rectifier-transformer for traction

由牵引变压器与整流器组成的电流变换设备。

3.4.16 整流机组负荷等级 loading level of rectifier-transformers

根据负荷特性划分的牵引整流机组过载能力等级。

3.4.17 接触网最小短路电流 minimum short circuit current in contact-wire network

在最小运行方式下，接触网中离馈入点最远端发生正负极间短路时的电流。

3.4.18 接触网最大短路电流 maximum short circuit current in contact-wire network

在最大运行方式下，接触网的馈入点处发生正负极间短路时的电流。

3.4.19 末端电压 end voltage

在单边供电的接触网中离馈入点最远端的电压。

3.4.20 双边供电 sides feeding

一个供电区间由相邻两个牵引变电所共同供电。

3.4.21 单边供电 one-side feeding

一个供电区间只由一个牵引变电所供电。

3.4.22 受电器 power receiver

集电杆、受电弓和受流器的统称。

3.4.23 集电杆 trolley pole

无轨电车从正负触线上接取电能的装置。

3.4.24 接地链 grounding chain

实现无轨电车的车体与大地电气接触的铁链。

3.5 公共交通信息系统

3.5.1 有线通信系统 wire communication system

公共交通调度、管理和业务联络专用的话音、数据和图像的有线通信网。

3.5.2 无线通信系统 wireless communication system

公共交通调度、管理和业务联络专用的话音、数据无线通信网。

3.5.3 电视监视系统 TV monitoring system

对公共交通运营状况进行现场监视的闭路电视系统。

3.5.4 出行信息查询系统 travel information inquiry system

供公众查询公交出行信息的多媒体系统。

3.5.5 出行信息 travel information

在全市任意两点之间的出行，需要乘行的公交线路及其乘降站、换乘站以及相应的乘行距离、所需经费和乘行时间等信息。

3.5.6 智能调度系统 intelligent dispatching system

对车辆运营数据进行自动检测、传输和实时处理的调度监控系统。

3.5.7 车辆动态位置 vehicle real-time position

运营车辆在任意时刻所在的位置。

3.5.8 车辆定位 vehicle positioning

根据相关数据由系统设备实时判定车辆动态位

置。

3.5.9 定位误差 positioning error

车辆定位数据与车辆动态位置的真实值之差。

3.5.10 定位信标 position signaling

为判定车辆动态位置，在线路上顺序设置的若干标志信号装置。

3.5.11 信标定位法 position signaling method

根据车辆收到的信标信号或定位信标收到的车辆信号，判定该车的动态位置的方法。

3.5.12 里程表定位法 odometer positioning method

根据车载电子里程表记录的里程信号，判定该车的动态位置的方法。

3.5.13 卫星定位法 satellite positioning method

根据车载接收机收到的全球卫星定位系统的定位信号，判定该车的动态位置的方法。

3.5.14 运行时刻偏离量 operation schedule offset

在考核点上，车辆实际运行时刻与运行时刻表规定的时刻之差。

3.5.15 车辆运营数据 vehicle operation data

运营车辆的线路号、车次、车号、司机号、动态位置、行驶方向、车速、里程、载客量、车辆技术参数、故障、报警等信息的总称。

3.5.16 运营图像 operation diagram

在公交电子地图上实时显示运营线路上各受监控车辆的动态位置及其他运营数据。

3.5.17 公交电子地图 electronic map for public transport

以计算机软件形式存在的标有公共交通线路、场、站的地图。

3.5.18 实时调度 real-time dispatch

调度人员随时掌握车辆运营数据，即时指挥车辆运行，即时解决运营中出现的问题。

3.5.19 计算机辅助调度 computer-aided dispatch

调度人员参照计算机推荐的预案，及时处理运营中的问题。

3.5.20 远程调度 remote dispatching

借助于智能调度系统，对远离调度室的车辆进行实时调度。

3.5.21 集中调度 centralized dispatching

在智能调度系统覆盖的区域内，调度中心对多条线路的运营车进行统一、协调、高效的调度。也称区域调度。

3.5.22 线路调度 route dispatching

对一条线路的运营车进行调度。

3.5.23 调度中心 dispatch center

对多条线路的运营车进行远程调度的场所，也是公交智能调度系统的数据通信中心、信息处理中心、图像显示中心。

3.5.24 电子站牌 electronic stop board

在公共交通中途站向候车乘客显示本线路来车方向运营车的动态位置及预计候车时间等信息的自动电子显示站牌。

3.5.25 发车显示牌 departure display board

在公共交通起点站向候车乘客和待发车驾驶员显示待发车次的时刻和车号的自动电子显示站牌。

3.5.26 运营数据自动统计 automatic statistics of operation data

公共交通智能调度系统将车辆运营的原始数据，自动整理并生成相关的统计图表。

3.5.27 运营时刻表自动优化 automatic optimization of operation schedule

公共交通智能调度系统根据一定时期（数天）内自动统计的运营数据，提出运行时刻表的调整方案。

3.5.28 计算机辅助线网优化 computer-aided line network optimization

公共交通智能调度系统根据一定时期（数月）内自动统计的运营数据，提出各线路的调整方案。

3.5.29 公交专用车道监视系统 exclusive lane-monitoring system of public transport

对公交专用道内行驶的车辆和行人进行监视和记录的系统。

3.5.30 公交优先信号系统 priority signal system of public transport

保证公交车辆优先通行的交通信号系统。

4 公共交通运营

4.1 乘客和客流

4.1.1 居民出行 resident trip

居民从出发地到目的地的交通行为。

4.1.2 出行方式 trip mode

居民出行所采用的交通方式。

4.1.3 公共交通出行 public transport trip

以乘用公共交通工具为主的出行。

4.1.4 居民出行量 resident trips

在统计期内，居民出行的人次数。

4.1.5 公共交通出行量 number of trip of public transport

在统计期内，公共交通出行的人次数。也称公交出行量。

4.1.6 公共交通出行率 ratio of trip of public transport

公共交通出行量占居民出行量的百分比。

4.1.7 乘行 riding

乘公共交通工具行驶或航行。

4.1.8 乘降 riding-alighting

上车（船）和下车（船）的统称。

4.1.9 出行距离 trip distance

在一次出行中，乘客从出发地到目的地的行程。

4.1.10 乘距 riding distance

在一次乘行中，乘客从上车（船）站（码头）到下车（船）站（码头）的里程。计量单位：公里/人次。

4.1.11 运距 travelling distance

在一个单程中，将一个乘客运送的里程。其值与乘距相同。

4.1.12 里程 kilometer

以公里为计量单位的车（船）行程。

4.1.13 平均乘距 average riding distance

在统计期内，所有乘客乘行距离的平均值。也称平均运距。计量单位：公里/人次。

4.1.14 步行距离 walking distance

在一次公交出行中，乘客从出行起点至上车站、从下车站至出行终点及换乘中的步行长度之和。

4.1.15 换乘 transfer

乘客在出行中转换线路或交通方式的行为。

4.1.16 平均换乘率 average transfer ratio

在统计期内，换乘人次与公交出行量之比。

4.1.17 换乘距离 transfer distance

乘客在一次换乘中的步行距离。

4.1.18 出行时间 travel time

在一次出行中，乘客从出发地到目的地所花费的时间。也称出行时耗。

4.1.19 步行时间 walking time

乘客在步行距离中所花费的时间。

4.1.20 候乘时间 waiting time

乘客在车站、码头等候乘行的时间。

4.1.21 乘行时间 riding time

乘客在乘行距离中所花费的时间。

4.1.22 换乘时间 transfer time

乘客在换乘中的步行时间与候乘时间之和。

4.1.23 换乘方便性 transfer convenience

乘客在换乘时，在距离、时间、拥挤程度及换乘次数等方面的便利程度。

4.1.24 驻车换乘 park and ride

在出行途中将自用车辆存放后，改乘公共交通工具。

4.1.25 客源 ridership source

在某时某地需要乘用公共交通工具的人员。客源包含时间、地点和人数三个要素。

4.1.26 客流 passenger flow

在一定时间内，一定数量的乘客沿着公交线路的一定方向位移所形成的人流。客流包含时间、地点、方向和流量四个要素。

4.1.27 客流量 passenger flow volume

在一定时间内，沿某方向通过某线路断面的乘客数。计量单位：人次/小时。

4.1.28 高峰时间 peak time

一天中，客流量最大的时段。

4.1.29 早高峰 morning peak

上午的高峰时间。

4.1.30 晚高峰 evening peak

下午的高峰时间。

4.1.31 高峰小时 peak hour

一天中，客流量最大的一小时。

4.1.32 高峰小时乘车（船）率 riding（boarding）ratio in peak hour

高峰小时乘车（船）人次与全日客运量之比。

4.1.33 高峰主流向 main flow during the peak period

在高峰时间内，线路上客流量最大的方向。也可简称高单向。

4.1.34 线路断面 cross section of line

为测量客流量而选取的同一线路上某相邻两站间的路段。也称客流断面。

4.1.35 最大客流断面 cross section of maximum passenger flow

线路上客流量最大的断面。也可简称高断面。

4.1.36 客流图 passenger flow diagram

描述客流量沿时间和空间变化的图表。

4.1.37 客流方向不均衡系数 unbalanced directional factor of passenger flow

在一条线路的高断面上，高单向客流量与双向客流量的平均值之比。

4.1.38 客流断面不均衡系数 section non-equilibrium factor of passenger flow

在一条线路上，高断面客流量与其他断面客流量的平均值之比。

4.1.39 客流时间不均衡系数 time non-equilibrium factor of passenger flow

在一条线路的高断面上，高峰小时客流量与其他小时客流量的平均值之比。

4.1.40 客流集结量 passenger collecting volume

在统计期内，从某地上车的人次数。

4.1.41 客流疏散量 passenger distributing volume

在统计期内，从某地下车的人次数。

4.1.42 客流集散量 passenger collecting-distributing volume

客流集结量与客流疏散量之和。

4.1.43 客流集散点 passenger flow collecting-distributing place

客流集散量较大的地方。

4.1.44 客流主流向 main direction of passenger flow

在客流集散点上，客流集散量最大的方向。

4.1.45 客流主干线 main line of passenger flow

聚集了多条公交线路和大量客流的通道。也称客流走廊。

4.1.46 大客流 superabundant passenger flow

在特殊情况下发生的超过正常客运组织措施所能承担的客流。

4.1.47 客流特性 characteristic of passenger flow

客流量随时间、地点和方向的变化规律。

4.1.48 客流调查 passenger flow survey

为掌握乘客出行规律所进行的调查。

4.1.49 全面客流调查 whole passenger flow survey

对线路的所有车次在所有车站的上下车人数及留站人数的调查。

4.1.50 随车客流调查 passenger flow survey on vehicle

调查人员在运营车上记录本车次在各车站的上下车人数及留站人数的调查。

4.1.51 驻站客流调查 passenger flow survey at stop (station)

调查人员在车站上记录各车次在本站的上下车人数、车内人数（目测）及留站人数的调查。

4.1.52 乘客情况抽样调查 passenger sampling

按乘客人数的一定比例，通过问卷方式对乘客的构成和乘车情况的调查。

4.1.53 节假日客流调查 passenger flow survey on holiday

对客流在不同的节假日较平时的变化进行的调查。

4.1.54 月票调查 monthly ticket survey

对月票乘客日常出行进行的调查。

4.1.55 O-D调查 origin-destination survey

对乘客出行的起点、终点和换乘点的调查。也称起讫点调查。

4.1.56 客流预测 passenger flow forecasting

根据客流调查数据，对未来客流的变化趋势作出科学的估计。

4.2 运行及调度

4.2.1 运行 operation

运营车（船）在线路上周期性的行驶（航行）。

4.2.2 运营车（船） operating vehicle (boat)

投入公共交通运营的车辆（船舶）。

4.2.3 运营调度 operation dispatch

根据运营作业计划，组织、指挥、监督、协调车（船）运行。也可简称调度。

4.2.4 调度指令 dispatching command

调度人员以书面、口头或其他形式，指挥乘（航）务组执行运营任务的命令。也称行车指令。

4.2.5 乘务组 crews

在同一车次（航班）为乘客服务的工作人员的组合。

4.2.6 线路车 regular vehicle

按预定线路和班次运行的运营车。

4.2.7 区间车 interzonal vehicle

在线路的部分区段内运行的运营车。

4.2.8 联运车 combined-operation vehicle

在同一车次内，沿两条以上线路（或线路段）运行，为乘客提供连贯服务的运营车。也称跨线车。

4.2.9 直达车 direct vehicle

在中途站不停靠的运营车。

4.2.10 高峰车 peak vehicle

只在高峰时间运行的运营车。

4.2.11 加班车 extra vehicle

由于客流量的突然变化，在计划车次以外加开的运营车。

4.2.12 机动车 reserved vehicle

未编排车次的只在客流量或运营秩序发生突然变化时投入运营的运营车。也称备用车。

4.2.13 首班车 first-run vehicle

在一条线路上的一个方向，每天发出的第一班运营车。

4.2.14 末班车 final-run vehicle

在一条线路上的一个方向，每天发出的最后一班运营车。

4.2.15 单班车 one-shift vehicle

在一天中只排一个车班间断作业的运营车。

4.2.16 双班车 double-shift vehicle

在一天中排有两个车班连续作业的运营车。

4.2.17 出场车 pull-out vehicle

离开停车场或保养场开往运营线路的运营车。

4.2.18 回场车 pull-in vehicle

离开运营线路返回停车场或保养场的运营车。也称进场车。

4.2.19 线路配车数 fitted out vehicles for line

根据客运计划，为一条线路配备的运营车数。

4.2.20 劳动配班数 working shifts

根据客运计划，为一条线路配备的车班数。

4.2.21 运行时刻表 operation schedule

一条线路全天应完成的运行计划的表格。其中包括车次、车号、乘务组以及在首末站和中途考核站的运行时刻等。也称行车时刻表。

4.2.22 运行图 operation chart

以时间为横坐标，距离（车站）为纵坐标的图示运行时刻表。

4.2.23 车次 serial number of bus run

一条线路在一天中，按时间顺序编排的各运营车往返运行的次序数。也称班次。

4.2.24 车班 vehicle shift

一个乘务组在一天内完成的运营车次的总和。

4.2.25 整班 one-piece run

乘务组连续完成其全天运营车次。

4.2.26 分班 every other run

乘务组间断完成其全天运营车次。

4.2.27 替班 relief run

代替其他乘务组完成其休息日的车班。

4.2.28 运行周期 operation cycle

运营车（船）沿线路往返运行一周的时间。

4.2.29 下行 downward run

运营车沿首站向末站方向运行。

4.2.30 上行 upward run

运营车沿末站向首站方向运行。

4.2.31 时区 time zone

为便于前后车班的衔接而将全天运营时间划分成的若干工作时段。也称时组。

4.2.32 行车路单 booking sheet

记录本车当天各车次运行情况的表格。

4.2.33 线路运行记录表 running record sheet

记录本线路当天各车次运行情况的表格。

4.2.34 正点 on schdeule

运营车（船）在各考核点上的实际运行时刻与运行时刻表规定时刻之间的误差小于允许值。也称准点。

4.2.35 发车正点率 departure on schedule rate

在统计期内，正点发车次数占总发车次数的百分比。

4.2.36 运行正点率 on schedule operating rate

在统计期内，正点运行车次数占总车次数的百分比。

4.2.37 早点 running hot

运营车（船）的实际运行时刻早于运行时刻表规定时刻的误差大于允许值。

4.2.38 晚点 behind schedule

运营车（船）的实际运行时刻晚于运行时刻表规定时刻的误差大于允许值。

4.2.39 压点 decelerated run

调度员为调整行车间隔而推迟发车。或运营车（船）因早点而减速运行。

4.2.40 赶点 accelerated run

调度员为调整行车间隔而提前发车。或运营车（船）因晚点而加速运行。

4.2.41 运营时间 operation time

线路在一天中，首班车（船）驶离运营起点至末班车（船）到达运营终点的时间。或某运营车（船）在一天中投入运营的时间。

4.2.42 单程时间 single-trip time

运营车（船）单程运行的时间。

4.2.43 单程 single trip

运营车（船）沿线路的一个方向，从运营起点至终点的行程。

4.2.44 单程载客时间 single-trip loaded time

在单程中，从驶离起点站至到达终点站的时间。

4.2.45 停站时间 dwell time

运营车（船）到站开门至关门离站的时间。

4.2.46 滞站时间 delay-at-stop time

运营车（船）因故延迟离站的时间。

4.2.47 首末站停车时间 dwell time at origin/destination station

运营车在相邻两个单程运行之间，在首末站停留的时间。

4.2.48 首班车时间 first-run vehicle time

首班车驶离某车站的时刻。

4.2.49 末班车时间 final-run vehicle time

末班车驶离某车站的时刻。

4.2.50 收车时间 off-running time

末班车到达运营终点，结束运营的时刻。

4.2.51 发车间隔 departure headway

同一线路的相邻两车次驶离起点站的时距。

4.2.52 发车频率 departure frequency

同一线路在单位时间（小时）内，驶离起点站的车次数。

4.2.53 行车间隔 service headway

同一线路的相邻两车次驶离某车站的时距。

4.2.54 行车频率 service frequency

同一线路在单位时间（小时）内，驶离某车站的车次数。

4.2.55 运行状况 operating condition

运营车当前的运行线路、行驶方向、所在位置（车站）、前方到站等情况。

4.2.56 运行秩序 operating order

线路各车次通过车站的顺序及其行车间隔。

4.2.57 串车 bunching

行车间隔小于规定值的三分之一。

4.2.58 大间隔 large headway

行车间隔大于规定值的三倍。

4.2.59 放站运行 slipping-stop running

运营车空驶若干站后，开始载客运行。

4.2.60 跳站运行 skip-stop running

运营车在部分中途站不停靠的运行。

4.2.61 待命时间 order-await time

运营车（船）等待调度指令的时间。

4.2.62 载客时间 loaded time

运营车（船）按规定可载客的运行时间。

4.2.63 调度空驶时间 unloaded time

运营车（船）按规定不载客的运行时间。

4.2.64 延误时间 delay time

运营车（船）在运行中因意外事故耽误的时间。

4.2.65 灯阻时间　red-delay-time

运营车在运行中因遇红灯受阻而延误的时间。

4.2.66 出场时间　pull-out time

出场车驶离停车场的时刻。

4.2.67 回场时间　pull-in time

回场车抵达停车场的时刻。

4.2.68 载客量　passenger volume

某时某地在运营车（船）内的乘客数。

4.2.69 满载率　loading rate

载客量与额定载客量之比。

4.2.70 高峰小时满载率　loading rate during peak hour

在高峰小时内，通过最大客流断面的各车次载客量之和与额定载客量之和之比。

4.2.71 车次兑现率　vehicle-run ratio

在统计期内，实际完成的车次数与计划车次数之比。

4.2.72 包车　charter bus

供团体或个人提前预订，根据车型、用车时间或里程收费的客运形式。

4.2.73 班车　regular bus

沿固定线路按班次为团体单位乘客服务的包车。

4.2.74 校车　school bus

沿固定线路按班次接送师生到、离学校的包车。

4.3 票　务

4.3.1 票务 ticketing

有关公共交通票证、票款的业务。

4.3.2 车（船）票　ticket

乘客付款乘车（船）的凭证，也是乘客和公交企业建立运输合同关系的凭证。

4.3.3 票价　fare

根据乘行距离、车（船）类别和票价率等要素确定的客票价格。

4.3.4 票价率　fare rate

根据公共交通工具的运输成本和票价补贴等要素确定的每人每公里运价。

4.3.5 票价补贴　fare subsidy

对公共交通票价与运输成本的差额的补偿。

4.3.6 票制　fare structure

票价与乘行距离的对应关系。

4.3.7 单一票制　flat fare structure

在一次乘行中，无论乘行距离长短，票价相同。

4.3.8 计程票制　stage fare srtucture

由起始票价、票价级差和按一定里程（站数）将乘行距离划分的段数确定客票的价格。也称分段票制。

4.3.9 起始票价　initial fare

在执行计程票制的线路上，按里程或站数划分的第一段乘距以内的票价。

4.3.10 票价级差　difference of fare stage

票价按乘行距离逐段递增的差价。

4.3.11 票类　fare ticket category

按使用的期限和范围划分的公共交通票证的类别。

4.3.12 普通票　normal ticket

仅在一次乘行中有效的车（船）票。也称零票。

4.3.13 本票　ticket book

将一定面值的代币卷合订成册，乘车时按所需票价取用。

4.3.14 月票　monthly ticket

价格优惠，在指定线路上全月有效的卡式车（船）票。

4.3.15 市区月票　urban monthly ticket

在指定的市区公共汽电车线路有效的月票。

4.3.16 通用月票　general monthly ticket

在指定的市区和郊区公共汽电车线路有效的月票。

4.3.17 联合月票　joint monthly ticket

在指定的不同公共交通方式线路有效的月票。

4.3.18 成人月票　staff monthly ticket

供成人使用的月票。

4.3.19 学生月票　student monthly ticket

供学生使用的月票。

4.3.20 无人售票　one-person operation

指常规公共交通车内无售票员，乘客自行投币、示证或刷卡交费。

4.3.21 电子车（船）票　electronic ticket

条码、磁卡和IC卡车（船）票的统称。

4.3.22 读卡机　reader

供乘客以电子车（船）票刷卡交费的设备。

4.3.23 自动票务系统　automatic fare collection (AFC) system

由计算机集中控制的进行自动售票、检票、验票及结算的自动化管理系统。也称自动售检票系统。

4.3.24 公交一卡通　card for public transport

凭一张电子车（船）票能乘坐各种公共交通工具。

4.3.25 免费乘车（船）　free riding

按规定免费乘用公共交通工具。

4.3.26 补票　compensation fare

未能及时购票或越站的乘客，补买应购车（船）票。

4.3.27 罚票　penalty fare

对逃避购票、使用废票、假票或他人月票等的乘客，罚以加倍购票。

4.3.28 废票　invalid ticket

已失效的车（船）票。

4.3.29 越站 beyond stop

乘行距离超过车（船）票的有效行程。也称过站。

4.3.30 搭载物品购票标准 fare standard for lifting goods

与乘客携带物品的体积或重量相对应的应购同程客票的倍数。

4.4 安全与服务

4.4.1 运营安全 operating safety

在公共交通运营中，人员没有危险、不受威胁和伤害；设施和财物不丢失、不出事故和损坏。

4.4.2 客运服务 passenger transport service

公交企业的人员和设施为乘客出行而工作。

4.4.3 服务质量 service quality

在客运服务中的安全、快捷、方便、舒适、文明等方面的优劣程度。

4.4.4 服务合格率 service eligibility rate

服务质量符合要求的项目数与被考核项目总数之比。

4.4.5 车厢（客舱）服务合格率 service eligibility rate in carriage（cabin）

在车厢（客舱）内外，服务质量符合要求的项目数（车数）与被考核项目数（车数）之比。

4.4.6 车厢（客舱）清洁合格率 cleaning eligibility rate in carriage （cabin）

在车厢（客舱）内外，清洁卫生符合要求的项目数（车数）与被考核项目数（车数）之比。

4.4.7 服务用语 service terms

在客运服务中使用的礼貌、文明、准确、规范的语言。

4.4.8 服务态度 service attitude

在客运服务中表现出来的精神面貌和服务意识。

4.4.9 服务设施 service facilities

为乘客服务的建筑物、构筑物、设备及标志等。

4.4.10 服务热线 service hot line

向社会公开的随时为乘客提供咨询、监督、投诉等服务的专用电话。

4.4.11 服务标志 service sign

以简单、醒目、规范的图形或文字，给乘客必要的指示、提示或警示的设施。

4.4.12 提示标志 guide sign

向乘客指示某服务场所或设施所在位置、工作状态或服务时间的标志。

4.4.13 导向标志 directive sign

指导乘客去往某场所或设施的方向或路径的标志。

4.4.14 警示标志 warning sign

提醒、警告乘客注意预防某种危险的标志。

4.4.15 禁止标志 prohibitory sign

禁止乘客某种行为的标志。

4.4.16 公共交通线路图 route map of public transport

标有公共交通线路、场、站的地图。

4.4.17 公共交通覆盖面积 the covered area by public transport

在公共交通线路网上，以各车站为圆心，以服务半径划圆所围成的面积之和（重叠部分只计一次）。

4.4.18 公共交通覆盖率 the covered area rate of public transport

公共交通覆盖面积与城市建成区面积之比。

4.4.19 公交车辆保有率 ownership of public transport vehicle

城市居民平均每万人所拥有的标准公交车数。

4.4.20 车（船）况 vehicle condition

公共交通车辆（渡轮）的车（船）体结构、机械动力装置及相关设备的技术状况。

4.4.21 车（船）容 vehicle（ship） appearance

车（船）内外设施的整齐、清洁、美观等状况。

4.4.22 站容 station appearance

车站（码头）内外设施及环境的整齐、清洁、美观等状况。

4.4.23 仪容 attendant appearance

客运工作人员的卫生、服饰及精神面貌等状况。

4.4.24 运营纪律 operating discipline

运营服务人员必须遵守的行为准则。

4.4.25 文明服务 civilized service

主动、积极、热情、周到、有礼貌地为乘客服务。

4.4.26 文明乘车（船） civilized boarding

遵守乘车（船）秩序，主动购票、示证，关照行动不便的乘客，对其他乘客和乘务人员有礼貌，爱护车（船）内、站内的设备和卫生等。

4.4.27 乘务纠纷 dispute in service

在车（船）运营中发生的乘务人员与乘客之间的争执。

4.4.28 甩客 denial of passenger

提前开车（船），在车（船）内尚有空位的情况下不等乘客上完就开车（船），或擅自甩站等致使乘客滞留的行为。

4.4.29 甩站 skip stop

擅自不停靠车站，致使乘客无法乘降的行为。

4.4.30 滞站 delay at stop

故意延迟运营车（船）离站的行为。

4.4.31 滞留乘客 delayed passenger

因车（船）满员而不能上车（船）的乘客。

4.4.32 故障停车 failure stop

在运营途中，因车（船）故障而停止运行。

4.4.33 行车(船)责任事故 responsible accident of vehicle(ship)

运营方应负全部或部分责任的交通和客伤事故。

4.4.34 客伤事故 passenger injury accident

在运营途中因急刹车、急拐弯、开关车门操作不当或交通事故等发生的撞、跌、挤、剐、夹伤乘客的事故。

4.4.35 行车（船）责任事故频率 frequency of responsible accident of vehicle（ship）

在考核期内，运营车（船）发生的行车（船）责任事故次数与运行里程之比。计量单位：次/百万公里。

4.4.36 乘客投诉 passenger appeal

因对服务质量不满，乘客向上级机关或新闻媒体提出对运营方的申诉。

4.4.37 乘客满意度 satisfaction level of passenger

在统计期内，对服务质量满意的乘客数占被调查乘客总数的百分比。

5 车辆保养与维修

5.0.1 保养 maintenance

为维持车辆完好技术状况或工作能力而进行的作业。

5.0.2 分级保养制 classified maintenance system

根据运营车的运行里程或时间，分等级确定保养作业内容和技术要求的制度。

5.0.3 车辆保养周期 vehicle maintenance cycle

按车辆运行的里程或时间确定的相同等级的两次保养的间隔。

5.0.4 例行保养 routine maintenance

每天对运营车进行的检查、补给、清洁等作业。

5.0.5 驻站维修 repair at station

在首末站配备少量维修人员，对运营车出现的异常情况，进行较简单的排除处理。

5.0.6 低级保养 low-class maintenance

泛指作业内容较少，难度较低的一、二级保养。也可简称低保。

5.0.7 高级保养 high-class maintenance

泛指作业内容较多，难度较高的三、四级保养。也可简称高保。

5.0.8 总成互换 unit exchange

用储备的完好总成替换车上的不可用总成，将所换下的总成修复后，再换到其他需要保修的车上。

5.0.9 强制维护 compulsory maintenance

有计划、分级别、按周期强制执行对车辆的维护。

5.0.10 视情修理 fit repair

根据对车辆检测诊断和技术鉴定的结果，按不同的作业范围和深度进行车辆修理。

5.0.11 报修 reporting repair

车辆运营单位向主管部门或维修单位报告车辆需要修理的情况。

5.0.12 抢修 rush repair

在运营途中因故障不能继续运行且不能自行回场的运营车，派抢修车到现场修理或拖回。

5.0.13 抢修车 rush repair van

配有相关的修理人员和适当器材，对运营车进行抢修的专用工程车。

5.0.14 停车场 parking lot

供运营车集中停放，备有必要设施，能进行低保和小修作业的场所。

5.0.15 保养场 maintenance shop

在区域性线路网的重心处设置的进行运营车各级保养及相应的配件加工、修制和修车材料储存、发放的场所。

6 技术经济指标

6.0.1 客运量 passenger carrying capacity

在统计期内，运送乘客的数量。计量单位：人次。

6.0.2 人次 person-times

一个乘客乘公共交通工具一次。是客运量的计量单位。

6.0.3 客运周转量 passenger person-kilometer

在统计期内，所有乘客乘行距离之和。即客运量与平均乘距的乘积。也称客运工作量。计量单位：人公里。

6.0.4 人公里 person-kilometer

一个乘客乘行一公里。是客运周转量的计量单位。

6.0.5 运营车（船）数 operating vehicles（ships）

用于运营业务的全部车辆（船舶）数。计量单位：车（船）。

6.0.6 标准运营车（船）数 standard operating vehicles（ships）

不同车（船）型的车（船）数分别与相应的车（船）型换算系数的乘积之和。

6.0.7 车（船）型换算系数 vehicle（ship）conversion coefficient

某种车（船）型的客位数与标准车（船）型的客位数之比。

6.0.8 标准车（船）型 standard vehicle（ship）type

将客位数不同的各种车（船）型按客位数的多少排序，其中客位数较为适中且使用较多的某种车（船）型为标准车（船）型。

6.0.9 车（船）日 vehicle (ship) -day

公交企业对一标准运营车（船）拥有一天使用权。是企业运输能力的计量单位。

6.0.10 运营车（船）日数 operating vehicle (ship) -day

在统计期内，企业每一天拥有的运营车（船）数之和。

6.0.11 完好车(船)日数 well-conditioned vehicle (ship)-day

在统计期内，企业每一天拥有的技术状况完好的运营车（船）数之和。

6.0.12 工作车（船）日数 working vehicle (ship) -day

在统计期内，企业每一天投入运行的运营车（船）数之和。

6.0.13 完好车（船）率 well-conditioned vehicle (ship) rate

完好车（船）日数与运营车（船）日数之比。

6.0.14 工作车（船）率 working vehicle (ship) rate

工作车（船）日数与运营车（船）日数之比。

6.0.15 完好车（船）利用率 well-conditioned vehicle (ship) utilization

工作车（船）日数与完好车（船）日数之比。

6.0.16 工作车（船）时数 working vehicle (ship) hours

运营车（船）在一个工作日中所工作的小时数。

6.0.17 总行驶(航行)里程 total running(shipping) kilometers

运营车（船）所行驶（航行）的全部里程，包括运营里程和非运营里程。计量单位：车（船）公里。

6.0.18 运营里程 operating kilometers

运营车（船）在运营中运行的全部里程，包括载客里程和调度空驶（航）里程。

6.0.19 载客里程 passenger-carrying kilometers

运营车（船）按规定可载客的运行里程。

6.0.20 调度空驶里程 deadhead kilometers for dispatch

运营车（船）按规定不载客的运行里程。

6.0.21 车（船）公里 vehicle (ship) kilometer

一运营车（船）运行一公里。是车（船）运行里程的计量单位。

6.0.22 里程利用率 kilometer utilization rate

运营车（船）的载客里程与运营里程之比。

6.0.23 车（船）日行程 daily vehicle (ship) -kilometer

运营车（船）在一个工作车日运行的里程。计量单位：车（船）公里/日。

6.0.24 车班行程 vehicle-shift kilometers

运营车（船）在一个车班运行的里程。计量单位：车（船）公里/车班。

6.0.25 客位里程 passenger place kilometers

运营车（船）的客位数与载客里程的乘积，表示为乘客提供的运送能力。计量单位：客位公里。

6.0.26 运力利用率 carrying capacity utilization rate

客运周转量与客位里程之比。

6.0.27 运营速度 operating speed

线路周长与运行周期之比。

6.0.28 运送速度 travelling speed

线路长度与单程载客时间之比。也称旅行速度。

6.0.29 技术速度 technical speed

线路长度与单程载客时间减去中途停站时间之差之比。

6.0.30 单位运营里程成本 unit cost of vehicle-kilometer

在统计期内，运营成本与运营里程之比。计量单位：元/千车公里。

6.0.31 单位客位里程成本 unit cost of passenger-place kilometers

在统计期内，运营成本与客位里程之比。计量单位：元/千客位公里。

6.0.32 单位客运周转量成本 unit cost of person-kilometer

在统计期内，运营成本与客运周转量之比。计量单位：元/千人公里。

6.0.33 人车比 ratio of persons to vehicles

公交企业的运营职工人数与标准运营车数之比。也称标车综合定员。

6.0.34 人均客运周转量 passenger person-kilometers per capita

在统计期内，客运周转量与公交运营职工平均人数之比。计量单位：千人公里/人。

6.0.35 人均客运量 passenger carrying capacity per capita

在统计期内，客运量与公交运营职工平均人数之比。计量单位：千人次/人。

6.0.36 人均客位里程 passenger-place kilometers per capita

在统计期内，客位里程与公交运营职工平均人数之比。计量单位：千客位公里/人。

6.0.37 人均运营里程 operating kilometers per capita

在统计期内，运营里程与公交运营职工平均人数之比。计量单位：千车（船）公里/人。

6.0.38 人均运营收入 operating income per capita

在统计期内，运营收入与公交运营职工平均人数之比。计量单位：元/人。

6.0.39 运营收入 operating income

与公交运营直接有关的经济收入。含票款、租车、包车等收入，不含补贴、赞助和广告等收入。

7 公共汽电车交通

7.0.1 公共汽车 bus

供乘客搭乘的大、中型客运汽车。车内设有一定数量的座席、立席、扶手以及路牌、售检票、报站等服务设施。也称巴士。

7.0.2 铰接式公共汽车 articulated bus

以铰接机构和伸缩棚将前后车厢连接贯通的大容量公共汽车。也称通道式公共汽车。

7.0.3 双层公共汽车 double-deck bus

具有上下两层车厢的大容量公共汽车。

7.0.4 小公共汽车 minibus

定员在19人（含）以下的公共汽车。

7.0.5 空调公共汽车 air-conditioning bus

装有车厢空调的公共汽车。

7.0.6 低地板公共汽车 low-floor bus

车内通道地板与一级踏步之间无台阶的公共汽车。

7.0.7 高地板公共汽车 high-floor bus

车内通道地板高度不低于轮胎罩顶的公共汽车。

7.0.8 无障碍公共汽车 non-obstacle bus

残疾人轮椅能从车门自行通过的公共汽车。

7.0.9 后置发动机公共汽车 rear engine bus

发动机置于车体后端的公共汽车。

7.0.10 压缩天然气公共汽车 compressed natural gas (CNG) bus

以压缩天然气为燃料的公共汽车。

7.0.11 液化石油气公共汽车 liquefied petroleum gas (LPG) bus

以液化石油气为燃料的公共汽车。

7.0.12 两用燃料公共汽车 dual-fueled bus

能分别使用两种燃料的公共汽车。

7.0.13 混合燃料公共汽车 mixed-fueled bus

使用两种燃料混合物的公共汽车。

7.0.14 电动公共汽车 electric bus

以车载电源为动力的公共汽车。

7.0.15 市区公共汽车 urban bus

在市区线路上运行的公共汽车。车内座席少，立席多，乘客门不少于两个。

7.0.16 城郊公共汽车 suburban bus

在郊区线路上运行的公共汽车。车内座席较少，立席较多，乘客门不少于两个。

7.0.17 长途公共汽车 long-distance bus

在长途线路上运行的公共汽车。车内座席较多，立席较少，一般只有一个乘客门，有行李等物品搭载设施。

7.0.18 旅游车 touring bus

在旅游线路上运行的公共汽车。车内服务设施比较齐全，乘坐舒适性较好。

7.0.19 无轨电车 trolley bus

以集电杆从触线网获取的电能为动力，以轮胎在道路上行驶的客运车辆。

7.0.20 铰接式无轨电车 articulated trolley bus

以铰接机构和伸缩棚将前后车厢连接贯通的大容量无轨电车。

7.0.21 双能源无轨电车 dual-powered trolley bus

既能从触线网获取电能，又备有车载动力电源的无轨电车。

7.0.22 单机车 single carriage bus

只有一节车厢的公共汽（电）车。

7.0.23 双动力公共汽车 dual-powered bus

能分别使用内燃机和电动机作动力的公共汽车。

8 快速公共汽车交通（BRT）

8.0.1 快速公共汽车 rapid bus

在快速公共汽车交通中使用的高性能、特大型客车。

8.0.2 路权 road right

道路使用权。例如专用权、优先权、公用权、无权等。

8.0.3 中央公交专用道 median exclusive bus lane

靠近道路中心线的公交专用车道。

8.0.4 路侧公交专用道 side exclusive bus lane

靠近道路边线的公交专用车道。

8.0.5 物体隔离 object separation

以隔离墩、护栏、隧道或桥梁等物质实体实行车道隔离。

8.0.6 岛式车站 island stop

可在站台两侧乘降的车站。

8.0.7 侧式车站 side stop

只在站台一侧乘降的车站。

8.0.8 封闭式车站 closed stop

与外界隔离，可避雨雪，乘客凭车票进站候车和乘降的车站。

8.0.9 站台安全门 safety door of platform

设在站台边缘，使候车区与客车运行区相互隔离的自动门。

8.0.10 水平乘降 horizontal riding-alighting

在快速公共汽车或快速轨道交通系统中，站台高度与车内通道地板高度相近，乘降时无明显台阶。

8.0.11 列车化运行 trainize operation

由多辆客车组成同一车次，连续进出车站，连续通过路口的运行方式。

8.0.12 路口等候率 wait ratio at crossing

BRT车辆在路口停车等候绿灯的次数与其到达路口的总次数之比。

9 出租汽车交通

9.0.1 出租汽车 taxi

供乘客租用的客运小汽车。也称的士。

9.0.2 出租汽车标志 taxi sign

用于识别出租汽车的专用标志，包括图案、顶灯和车身颜色等。

9.0.3 顶灯 taxi light

置于车顶上的出租汽车标志灯。

9.0.4 出租汽车营业站 taxi station

在较大的客流集散地设置的办理出租汽车业务的场所。

9.0.5 出租汽车运营 taxi operating

关于出租汽车的调度、揽客、载客、行驶和结算等服务过程的总称。

9.0.6 出租汽车调度站 taxi control station

对所辖出租汽车进行调度和监控的场所。

9.0.7 出租汽车停靠点 stop place for taxi

在城市的主要街道及其附近，允许出租汽车停靠并有明显标识的地点。

9.0.8 空车 deadhead taxi

处于待租状态的出租车。

9.0.9 空车标志灯 unloaded light

表示本车处于待租状态的指示灯。

9.0.10 重车 loaded taxi

处于租用状态的出租车。

9.0.11 计价 charge the amount

根据里程、时间及车速等运行要素和单价计算租车价格。

9.0.12 计价器 taximeter

测量出租汽车的里程、时间及车速等运行要素，并计算租车价格的计量仪器。能实时显示运行要素、单价和收费金额，结算时打印票据。

9.0.13 计程收费 charge the amount on distance

按租用中的出租车行驶的里程，计算收费金额。

9.0.14 计时收费 charge the amount on time

按租用中的出租车在低速状态行驶的时间，计算加价。

9.0.15 时距并收 charge the amount on distance and time

租用中的出租车在低速状态行驶时，按计程和计时同时收费。

9.0.16 切换速度 switch speed

计程收费与时距并收的切换点车速。

9.0.17 低速 low speed

租用中的出租车的行驶速度等于或低于切换速度（含车速为零）的状态。

9.0.18 暂停计时 counting pause

因运营方的原因停车、不进入计时收费状态，车辆重新起动后，此状态消失。

9.0.19 起程 basic kilometers

租用出租车的起始计价里程。

9.0.20 起价 base price

起程以内的租车价格。

9.0.21 续程 extended kilometers

起程以外的计价里程。

9.0.22 昼间 day time

按规定以基本单价计费的运营时间（不含终止时间）。

9.0.23 夜间 night time

按规定执行夜间加价的运营时间（不含终止时间）。

9.0.24 基本单价 basic unit price

按车辆的档次规定的不含起价和加价的每公里租金。

9.0.25 加价 added price

在规定条件下，比按基本单价多收的租金。

9.0.26 单价 unit price

出租车的总租金除以载客里程，即含起价、基本单价和加价在内的平均每公里租金。

9.0.27 门到门服务 door to door service

乘客从出行起点到终点，无需步行和换乘的客运服务。

9.0.28 电话订车 phone call destine

乘客通过电话向出租车营业站预订上车的时间、地点、车型和去向等。

9.0.29 营业站服务 station service

与固定的营业站联系或办理出租车业务。

9.0.30 营业站服务半径 station service radius

在以出租汽车营业站为圆心的一定半径范围内，可调度出租车为乘客提供上门服务。

9.0.31 出租车GPS调度系统 taxi GPS dispatch system

利用卫星定位技术，对出租车进行实时监控和无线调度的管理系统。

9.0.32 流动服务 moving service

出租车在道路上空驶，随时为路边乘客提供服务。也称路抛制服务。

9.0.33 未应业务 taxi unresponsive service

因乘行起点地区运力不足、车型不符、去往目的地的道路和安全情况等客观原因，未能承接的租车业务。

9.0.34 未应率 taxi unresponsive rate

在统计期内，出租汽车未应业务次数与乘客要车总次数之比，表示出租汽车未能满足乘客需要的程度。

9.0.35 拒载 refusal service

出租汽车司机无理拒绝乘客租车的行为。

9.0.36 车班载客次数 person-time per shift

出租汽车一天内一个车班的载客次数。

9.0.37 出租汽车载客里程 taxi loaded kilometers

出租汽车在租用中行驶的里程。

9.0.38 出租汽车空驶里程 taxi deadhead kilometers

出租汽车在运营中空车行驶的里程。

9.0.39 出租汽车调度空驶里程 taxi deadhead kilometers for dispatch

出租汽车由停车地点到达乘客上车地点的空驶里程，或出租汽车揽客空驶的里程。也可简称调空。

9.0.40 回程空驶里程 deadhead kilometers for backhaul

出租汽车运送乘客到达目的地后返回原停车地点的空驶里程。也可简称回空。

9.0.41 正常空驶里程 ordinary deadhead kilometers

出租汽车在运营中，两次业务之间不超过 15 公里（含）的空驶里程。

9.0.42 非正常空驶里程 unordinary deadhead kilometers

出租汽车在运营中，两次业务之间的空驶里程超过 15 公里以外的部分。

9.0.43 出租汽车运营里程 revenue kilometers

定点服务出租汽车的调度空驶里程、载客里程和回程空驶里程之和。

流动服务出租汽车的载客里程与正常空驶里程之和。

9.0.44 出租汽车载客时间 taxi carrying time

出租汽车在运营中，载客行驶时间与等候乘客时间之和。

9.0.45 正常揽客时间 ordinary deadhead time

出租汽车在运营中，相邻两次业务之间不超过 1 小时（含）的揽客时间。

9.0.46 非正常揽客时间 unordinary deadhead time

出租汽车在运营中，相邻两次业务之间超过 1 小时的揽客时间（含 1 小时以内的部分）。

9.0.47 出租汽车运营时间 taxi operating time

出租汽车载客时间与正常揽客时间之和。

9.0.48 载客行驶速度 carrying running speed

出租汽车载客行驶里程与载客行驶时间之比。

9.0.49 调度空驶速度 deadhead speed for dispatch

调度空驶里程与调度空驶时间之比。也称接客空驶速度。

9.0.50 回程空驶速度 deadhead speed for backhaul

回程空驶里程与回程空驶时间之比。

9.0.51 合乘车 cabpool

两位以上乘客合资租用一辆出租汽车。

9.0.52 租赁车 rental vehicle

供自驾出行者租用的客车。

10 城 市 轮 渡

10.1 轮 渡 设 施

10.1.1 渡轮 ferryboat

具有机械动力装置及辅助设施的船舶。

10.1.2 客渡轮 passenger ferry

用于城市客渡的渡轮。

10.1.3 车渡轮 vehicle ferry

用于城市车渡的渡轮。

10.1.4 驳船 barge

被拖挂航行的无动力装置的船舶。

10.1.5 客渡驳 passenger barge

用于城市客渡的驳船。

10.1.6 车渡驳 vehicle barge

用于城市车渡的驳船。

10.1.7 高速客船 rapid passenger boat

静水航速为每小时 35 公里以上的内河客船。

10.1.8 游览船 touring boat

用于游览、观光和娱乐的客船。

10.1.9 客舱 class berth

在客渡轮中供乘客停留的舱室。

10.1.10 机舱 engine room

在渡轮中设置动力和机电设备的舱室。

10.1.11 前舱 front cabin

靠近船艏的舱室。

10.1.12 后舱 back cabin

靠近船艉的舱室。

10.1.13 客渡轮额定载客量 rated passenger capacity of passenger ferry

船舶检验部门核定的客渡轮的允许载客人数。也称渡轮客位数。

10.1.14 客渡轮定员 rated person capacity of passenger ferry

客渡轮额定载客量与航务组人数之和。

10.1.15 救生浮具 lifesaving float

为落水者提供浮力的救生用具，例如救生圈、救生衣等。

10.1.16 船舶电台 ferry radio station

用于渡轮对调度和海事部门的业务联系、通报航行动态、报告险情及呼救等的无线通信设备。

10.1.17 对外扩音装置 amplifier device

用于渡轮对轮渡码头和过往船舶以话音表达航行

意图的扩音装置。

10.1.18 号笛 hooter

用于渡轮对轮渡码头和过往船舶以笛声表达航行意图的装置。

10.1.19 号钟 direct bell (siren)

用于渡轮对轮渡码头和过往船舶以钟声表达航行意图的装置。

10.1.20 号灯 signal light

用于渡轮在夜间对轮渡码头和过往船舶以灯光表达航行意图的装置。

10.1.21 号旗 semaphore flags

用于渡轮在白天对轮渡码头和过往船舶以旗语表达航行意图的信号旗。

10.1.22 标志旗 indicator flag

表示轮船的工作性质及所属关系的旗帜。

10.1.23 轮渡航线 liner

渡轮在江河、湖泊或海峡的码头之间运行的路线。也可简称航线。

10.1.24 横江轮渡 river-crossing ferry

两岸码头之间的距离小于当地江面宽度1.5倍的过江轮渡。

10.1.25 斜江轮渡 angled river-crossing ferry

两岸码头之间的距离为当地江面宽度1.5至3倍的过江轮渡。

10.1.26 顺江轮渡 along river ferry

起止码头之间的距离大于当地江面宽度3倍的轮渡。有的设有中途站，有的不设中途站；有的过江，有的不过江。

10.1.27 轮渡码头 ferry jetty

供渡轮停靠和乘客（车辆）购票、候船和乘降的场所。也可简称码头。

10.1.28 趸船 storage barge

固定在江、湖、海边，供渡轮停靠和乘客乘降的，无动力装置的矩形平底船。

10.1.29 跳桥 float gangboard

在趸船和边岸之间，用跳船和跳板搭成的浮桥。

10.1.30 跳船 pontoon boat

支撑跳板的船形浮体。

10.1.31 跳板 gangplank

搭放在趸船、跳船和边岸之间的桥板。

10.2 航 行

10.2.1 配船数 fitted out ships

为一条线路配备的渡轮数。

10.2.2 航行时刻表 shipping schedule

一条航线全天应完成的运行计划的表格。其中包括航班、船号、航务组、开船时刻、到达终点码头时刻等。也称航行计划表。

10.2.3 航行日志 shipping log

本渡轮当天各航班航行情况的记录。

10.2.4 轮机日志 engine log

本渡轮当天各航班机舱设备运行情况的记录。

10.2.5 航务组 shipping crew

在同一航班上为乘客服务的工作人员的组合。

10.2.6 航班 ship shift

一条航线在一天中，按时间顺序编排的渡轮往返航行的次序数。也称航次。

10.2.7 上水航行 upstream shipping

渡轮的船艏面向河湖上游或规定基点的航行。简称上行。

10.2.8 下水航行 downstream shipping

渡轮的船艏面向河湖下游或背向规定基点的航行。简称下行。

10.2.9 开航 shipping

渡轮按调度指令开始航行。

10.2.10 首班船 first ship

在一条航线上，每天开出的第一班渡轮。

10.2.11 末班船 final ship

在一条航线上，每天开出的最后一班渡轮。

10.2.12 首班船时间 first ship time

首班船的开航时刻。

10.2.13 末班船时间 final ship time

末班船的开航时刻。

10.2.14 上客时间 boarding time

渡轮开航前，乘客（车辆）登船的时间。

10.2.15 下客时间 alighting time

渡轮停靠码头后，乘客（车辆）下船登岸的时间。

10.2.16 停泊时间 anchor time

运营中的渡轮在码头或途中，动力装置停止运转的时间。

10.2.17 晚点船 late ship

晚点到达终点码头的渡轮。

10.2.18 误班船 delay ship

误班后才开出的渡轮。

10.2.19 误班 delay

渡轮因故不能按时开航，其延误时间超过一个航班以上。

10.2.20 误班时间 delay time

误班船的实际开航时刻与航行时刻表规定时刻之差。

10.2.21 收船时间 off-shipping time

末班船到达终点码头结束运营的时刻。

10.2.22 开航正点率 on-time shipping rate

在统计期内，正点开航的班数占开航总班数的百分比。

10.2.23 重航里程 loaded shipping kilometers

渡轮载客航行的里程。

10.2.24 空航里程 deadhead shipping kilometers

渡轮不载客航行的里程。

10.2.25 包航里程 charter boat kilometers

机关、团体等包乘客渡轮的航行里程。

10.2.26 封航 banning shipping

因水势汹涌、流急等全流域性的险情或其他情况而停止一切船舶航行。

10.2.27 停航 suspend shipping service

因大雾等局部暂时的险情或其他情况而停止部分航线、航班航行。

10.2.28 禁航 no shipping

因水下或上空施工作业而禁止在施工区域附近航行。

10.2.29 航行意图 sail intention

渡轮将要进行停靠、直行、转向、加速、减速、开车、停车、倒车、抛锚和求救等行为。

11 客运索道、缆车

11.0.1 架空索道 ropeway

将钢索悬挂在支承结构上，作为客车运行轨道的客运系统。也可简称索道。

11.0.2 双往复式索道 double to-and-fro ropeway

两个客车分别沿线路两侧的承载索交替往复运行的索道。

11.0.3 循环式索道 circulating ropeway

多个吊厢（椅）沿线路两侧的运载索循环运行的索道。

11.0.4 水平长度 horizontal (level) length

索道或缆车线路从起点站口到终点站口的水平投影长度。

11.0.5 高差 difference in level

索道或缆车线路从起点站口到终点站口的标高之差。

11.0.6 斜长 sloping length

索道或缆车线路从起点站口到终点站口的直线距离。

11.0.7 爬坡角 upgrade angle

索道客车（吊厢、椅）的悬挂处，钢索垂悬曲线的切线与水平面的夹角。

11.0.8 索距 gauge (track centers)

索道线路两侧的承载索或运载索中心线之间的水平距离。

11.0.9 站房 station

位于客运索道或缆车线路两端，供乘客候车和乘降的建筑物及相关设施的总称。

11.0.10 上站 mountain station (upper station)

设在客运索道或缆车线路高端的站房。

11.0.11 下站 valley station (lower station)

设在客运索道或缆车线路低端的站房。

11.0.12 锚固站 anchorage station

在索道上设置钢索锚固装置的站房。

11.0.13 锚固座 anchorage

钢索锚固端的构筑物。

11.0.14 张紧站 tension station

在索道上设置钢索张紧装置的站房。

11.0.15 张紧重锤 tension weight

悬挂在钢索的适当位置，以其重力保持钢索一定张力的装置。

11.0.16 驱动站 driving station

在客运索道（缆车）系统中，设有驱动机的站房。

11.0.17 驱动机 drive

在客运索道（缆车）系统中，由电动机、制动器和驱动轮组成的带动牵引索和客车运行的装置。

11.0.18 迂回站 return station

在索道系统中，设有牵引索或运载索自动回转装置的站房。

11.0.19 索道支架 telpher bracket ropeway trestle

在索道系统中用以支承钢索的构筑物。

11.0.20 钢索 steel wire rope

在索道、缆车、电梯系统中使用的钢丝绳的总称。

11.0.21 承载索 track rope (carrying rope)

在索道中用于客车支承和导向的钢索。

11.0.22 牵引索 hauling rope

在索道或缆车系统中，用于客车牵引的钢索。

11.0.23 运载索 transport rope

既是承载索又是牵引索的钢索。

11.0.24 辅助索 auxiliary rope

在往复式索道上作救护用的有独立驱动的钢索。

11.0.25 避雷索 lightning cable

平行架设在索道上方的避雷用钢索。

11.0.26 索道客车 ropeway passenger car (cabin)

由行走小车、吊架和客厢组成的沿承载索行驶的载客设备。

11.0.27 索道救援车 ropeway rescue car

当索道客车因故在中途停车时，由辅助索牵引的将乘客接救到车站的小车。

11.0.28 救援吊篮 rescue basket

当索道客车因故在中途停车时，由乘务员操作的将乘客降落到地面的吊篮。

11.0.29 吊厢 cabinlift

由吊架和客厢组成的悬挂在运载索上的载客设备。

11.0.30 吊椅 chairlift

由吊架和座椅组成的悬挂在运载索上的载客设备。

11.0.31 抱索器　rope-grip

用于索道客车（吊厢、吊椅）与牵引索（运载索）相连接的装置。

11.0.32 固定式抱索器　fixed grip

紧固在牵引索（运载索）上的抱索器。

11.0.33 脱挂式抱索器　detachable type grip

在进出站房时能与运载索脱开和挂结的抱索器。

11.0.34 缆车　cable car

由钢索牵引的沿坡面轨道运行的客车。

11.0.35 行程限位器　motion limiter (travel limiter)

在索道、缆车和电梯系统中，当客车（轿厢）接近和到达停车位置时，能自动减速和停车的装置。

11.0.36 速度限制器　speed limiter

在索道、缆车、扶梯和电梯系统中，当运行速度超过额定值时，能自动减速的装置。

11.0.37 超载限制器　overload limiter

在索道、缆车和电梯系统中，当客车（轿厢）载荷超过额定值时，能发出警告信号并使客车（轿厢）不能起动的安全装置。

11.0.38 牵引索松弛停车器　slack rope stop

在索道系统中，当牵引索松弛超过规定值时，能自动停止运行的装置。

12 客运扶梯、电梯

12.0.1 自动扶梯　escalator

由循环运行的电动梯级和扶手带沿坡面运送乘客的设备。

12.0.2 升降高度　rise of escalator

自动扶梯或电梯的进、出口处地板表面之间的垂直距离。

12.0.3 扶梯倾斜角　inclination angle of escalator

梯级和扶手带运行方向与水平面之间的夹角。

12.0.4 梯级　steps

在自动扶梯中供乘客站立的阶梯状运输单元。

12.0.5 扶手带　handrail

在自动扶梯中与梯级同步运行的供乘客握扶的带状部件。

12.0.6 扶手带防夹装置　anti-nip device for handrail

在自动扶梯入口处，当乘客手指或其他物品被夹进扶手带缝隙时，能使自动扶梯停止运行的装置。

12.0.7 电梯　elevator

由轿厢、导轨、井道、曳引绳、曳引机、对重等组成的垂直运送乘客的电动升降设备。

12.0.8 轿厢　lift car

能沿垂直导轨移动的装载乘客的箱形轿体。

12.0.9 导轨　guide rail

供轿厢和对重垂直运行的导向轨。

12.0.10 井道　well (shaft)

容纳轿厢和对重沿导轨垂直运行的建筑空间。

12.0.11 曳引绳　hoist rope

在曳引机的驱动下带动轿厢和对重交替升降的钢丝绳。

12.0.12 曳引机　traction machine

由电动机、制动器和曳引轮组成的带动曳引绳、轿厢和对重运行的装置。

12.0.13 对重　counterweight

由曳引绳经曳引轮与轿厢连接，在运行过程中起重力平衡作用的装置。

12.0.14 层站　landing

在各楼层供乘客候车和出入轿厢的场地。也称层厅。

12.0.15 平层　leveling

轿厢停靠时，使轿厢地面停到层站地面的同一高度。

12.0.16 平层准确度　leveling accuracy

轿厢停稳后，轿厢地面与层站地面之间在高度上的偏差值。计量单位：毫米。

12.0.17 联锁装置　door interlock (door locking device)

轿厢门与层站门联动关闭并锁紧后，轿厢方能开始运行的机电控制装置。

中文索引

B

巴士 …… 7.0.1
班车 …… 4.2.73
班次 …… 4.2.23
包车 …… 4.2.72
包航里程 …… 10.2.25
保养 …… 5.0.1
保养场 …… 5.0.15
报修 …… 5.0.11
报站显示屏 …… 3.3.15
抱索器 …… 11.0.31
半封闭线路 …… 3.1.36
本票 …… 4.3.13
备用车 …… 4.2.12

避雷索……………………………………………… 11.0.25
标车综合定员 ………………………………… 6.0.33
标志旗……………………………………………… 10.1.22
标准车（船）型………………………………… 6.0.8
标准运营车（船）数………………………… 6.0.6
驳船 ……………………………………………… 10.1.4
补票 ……………………………………………… 4.3.26
步行距离 ……………………………………… 4.1.14
步行时间 ……………………………………… 4.1.19

C

侧式车站………………………………………… 8.0.7
层厅……………………………………………… 12.0.14
层站……………………………………………… 12.0.14
超载限制器……………………………………… 11.0.37
常规公共交通…………………………………… 2.2.1
长途公共汽车 ………………………………… 7.0.17
长途线路 ……………………………………… 3.1.21
车班 ……………………………………………… 4.2.24
车班行程………………………………………… 6.0.24
车班载客次数 ………………………………… 9.0.36
车（船）公里 ………………………………… 6.0.21
车（船）票……………………………………… 4.3.2
车（船）日……………………………………… 6.0.9
车（船）日行程 ……………………………… 6.0.23
车（船）容 …………………………………… 4.4.21
车（船）型换算系数………………………… 6.0.7
车次 ……………………………………………… 4.2.23
车次兑现率 …………………………………… 4.2.71
车渡驳 ………………………………………… 10.1.6
车渡轮 ………………………………………… 10.1.3
车（船）况 …………………………………… 4.4.20
车辆保养周期…………………………………… 5.0.3
车辆定位………………………………………… 3.5.8
车辆定员 ……………………………………… 3.3.39
车辆动态位置…………………………………… 3.5.7
车辆运营数据 ………………………………… 3.5.15
车门防夹装置 ………………………………… 3.3.19
车门开度 ……………………………………… 3.3.29
车内净高 ……………………………………… 3.3.27
车内通道………………………………………… 3.3.4
车内通道地板高度 …………………………… 3.3.30
车内允许噪声 ………………………………… 3.3.23
车外允许噪声 ………………………………… 3.3.22
车厢 ……………………………………………… 3.3.1
车厢（客舱）服务合格率…………………… 4.4.5
车厢空调 ……………………………………… 3.3.16
车厢（客舱）清洁合格率…………………… 4.4.6
车厢站立面积 ………………………………… 3.3.35
车用监视设备 ………………………………… 3.3.18
车站……………………………………………… 3.2.1
车站服务半径 ………………………………… 3.2.21
车站序号………………………………………… 3.2.3
成人月票 ……………………………………… 4.3.18
承载索…………………………………………… 11.0.21
城郊公共汽车 ………………………………… 7.0.16
城市车渡 ……………………………………… 2.2.11
城市公共交通…………………………………… 2.1.1
城市公共交通工程……………………………… 2.1.6
城市交通结构 ………………………………… 2.1.12
城市客渡 ……………………………………… 2.2.10
城市快速公共交通系统 ……………………… 2.1.10
城市轮渡………………………………………… 2.2.9
乘降……………………………………………… 4.1.8
乘距 ……………………………………………… 4.1.10
乘客……………………………………………… 2.1.5
乘客投诉 ……………………………………… 4.4.36
乘客满意度 …………………………………… 4.4.37
乘客情况抽样调查 …………………………… 4.1.52
乘务纠纷………………………………………… 4.4.27
乘务组…………………………………………… 4.2.5
乘行……………………………………………… 4.1.7
乘行时间 ……………………………………… 4.1.21
乘行舒适性 …………………………………… 3.3.26
出场车 ………………………………………… 4.2.17
出场时间 ……………………………………… 4.2.66
出行方式………………………………………… 4.1.2
出行距离………………………………………… 4.1.9
出行时耗 ……………………………………… 4.1.18
出行时间 ……………………………………… 4.1.18
出行信息………………………………………… 3.5.5
出行信息查询系统……………………………… 3.5.4
出租车 GPS 调度系统 ………………………… 9.0.31
出租汽车………………………………………… 9.0.1
出租汽车标志…………………………………… 9.0.2
出租汽车空驶里程 …………………………… 9.0.38
出租汽车调度空驶里程 ……………………… 9.0.39
出租汽车调度站………………………………… 9.0.6
出租汽车交通…………………………………… 2.2.8
出租汽车停靠点………………………………… 9.0.7
出租汽车营业站………………………………… 9.0.4
出租汽车运营…………………………………… 9.0.5
出租汽车运营里程 …………………………… 9.0.43
出租汽车运营时间 …………………………… 9.0.47
出租汽车载客里程 …………………………… 9.0.37
出租汽车载客时间 …………………………… 9.0.44
触线……………………………………………… 3.4.8

触线高度 …………………………………… 3.4.10
触线间距 …………………………………… 3.4.11
触线网…………………………………………… 3.4.5
触线网长度……………………………………… 3.4.9
船舶电台……………………………………… 10.1.16
串车 ……………………………………………… 4.2.57

D

搭载物品购票标准 ………………………… 4.3.30
大间隔 ………………………………………… 4.2.58
大客流 ………………………………………… 4.1.46
大运量公共交通……………………………… 2.2.3
待命时间 …………………………………… 4.2.61
单班车 ………………………………………… 4.2.15
单边供电 …………………………………… 3.4.21
单机车 ………………………………………… 7.0.22
单程 …………………………………………… 4.2.43
单程时间 …………………………………… 4.2.42
单程载客时间 ……………………………… 4.2.44
单价 …………………………………………… 9.0.26
单位客位里程成本 ………………………… 6.0.31
单位客运周转量成本 ……………………… 6.0.32
单位运营里程成本 ………………………… 6.0.30
单向客运能力………………………………… 2.2.4
单行路段 …………………………………… 3.1.31
单一票制……………………………………… 4.3.7
导乘板 ………………………………………… 3.3.21
导轨 …………………………………………… 12.0.9
岛式车站……………………………………… 8.0.6
导向标志 …………………………………… 4.4.13
灯阻时间 …………………………………… 4.2.65
低地板公共汽车……………………………… 7.0.6
低级保养……………………………………… 5.0.6
低速 …………………………………………… 9.0.17
的士……………………………………………… 9.0.1
电动公共汽车 ……………………………… 7.0.14
电话订车 …………………………………… 9.0.28
电脑报站机 ………………………………… 3.3.14
电视监视系统………………………………… 3.5.3
电梯 …………………………………………… 12.0.7
电子车（船）票 …………………………… 4.3.21
电子收费机…………………………………… 3.3.9
电子站牌 …………………………………… 3.5.24
吊厢……………………………………………… 11.0.29
吊椅……………………………………………… 11.0.30
调度……………………………………………… 4.2.3
调度空驶时间 ……………………………… 4.2.63
调度空驶速度 ……………………………… 9.0.49
调度空驶里程 ……………………………… 6.0.20
调度指令……………………………………… 4.2.4
调度站…………………………………………… 3.2.9
调度中心 …………………………………… 3.5.23
顶窗 …………………………………………… 3.3.17
顶灯 …………………………………………… 9.0.3
定位误差……………………………………… 3.5.9
定位信标 …………………………………… 3.5.10
读卡机 ………………………………………… 4.3.22
渡轮 …………………………………………… 10.1.1
渡轮客位数…………………………………… 10.1.13
端点站 ………………………………………… 3.2.7
对外扩音装置………………………………… 10.1.17
对重……………………………………………… 12.0.13
趸船……………………………………………… 10.1.28

E

额定载客量 ………………………………… 3.3.38
额定站立密度 ……………………………… 3.3.36
额定站位数 ………………………………… 3.3.37

F

发车间隔 …………………………………… 4.2.51
发车频率 …………………………………… 4.2.52
发车显示牌 ………………………………… 3.5.25
发车正点率 ………………………………… 4.2.35
发光路牌……………………………………… 3.3.6
罚票 …………………………………………… 4.3.27
防雨密封性 ………………………………… 3.3.24
放站运行 …………………………………… 4.2.59
非正常空驶里程 …………………………… 9.0.42
非正常揽客时间 …………………………… 9.0.46
废票 …………………………………………… 4.3.28
分班 …………………………………………… 4.2.26
分段票制……………………………………… 4.3.8
分级保养制…………………………………… 5.0.2
封闭式车站…………………………………… 8.0.8
封航……………………………………………… 10.2.26
扶手带…………………………………………… 12.0.5
扶手带防夹装置 …………………………… 12.0.6
扶手杆 ………………………………………… 3.3.12
扶手柱 ………………………………………… 3.3.11
扶梯倾斜角 ………………………………… 12.0.3
服务标志 …………………………………… 4.4.11
服务合格率…………………………………… 4.4.4
服务热线 …………………………………… 4.4.10
服务设施……………………………………… 4.4.9

服务态度…… 4.4.8
服务用语…… 4.4.7
服务质量…… 4.4.3
辅助索…… 11.0.24

G

赶点…… 4.2.40
钢索…… 11.0.20
港湾式车站…… 3.2.18
高保…… 5.0.7
高差…… 11.0.5
高单向…… 4.1.33
高地板公共汽车…… 7.0.7
高断面…… 4.1.35
高峰车…… 4.2.10
高峰时间…… 4.1.28
高峰小时…… 4.1.31
高峰小时乘车（船）率…… 4.1.32
高峰小时满载率…… 4.2.70
高峰线路…… 3.1.25
高峰主流向…… 4.1.33
高级保养…… 5.0.7
高速客船…… 10.1.7
公共交通标志…… 2.1.14
公共交通车站…… 3.2.1
公共交通出行…… 4.1.3
公共交通出行量…… 4.1.5
公共交通出行率…… 4.1.6
公共交通方式…… 2.1.2
公共交通覆盖率…… 4.4.18
公共交通覆盖面积…… 4.4.17
公共交通工具…… 2.1.3
公共交通规划…… 2.1.7
公共交通企业…… 2.1.15
公共交通线路…… 3.1.1
公共交通线路图…… 4.4.16
公共交通线路设施…… 3.1.17
公共交通线路网…… 3.1.8
公共交通信息系统…… 2.1.11
公共交通优先…… 2.1.13
公共交通运营…… 2.1.8
公共交通综合枢纽…… 3.2.16
公共汽车…… 7.0.1
公共汽车交通…… 2.2.5
公交车辆保有率…… 4.4.19
公交电子地图…… 3.5.17
公交逆向专用道…… 3.1.34
公交一卡通…… 4.3.24
公交优先信号系统…… 3.5.30
公交专用车道…… 3.1.33
公交专用车道监视系统…… 3.5.29
公交专用道路…… 3.1.32
工作车（船）率…… 6.0.14
工作车（船）日数…… 6.0.12
工作车（船）时数…… 6.0.16
供电制式…… 3.4.2
供电分区…… 3.4.13
供电距离…… 3.4.14
固定式抱索器…… 11.0.32
故障停车…… 4.4.32
过站…… 4.3.29

H

航班…… 10.2.6
航次…… 10.2.6
航务组…… 10.2.5
航行日志…… 10.2.3
航行时刻表…… 10.2.2
航行意图…… 10.2.29
号笛…… 10.1.18
号灯…… 10.1.20
号旗…… 10.1.21
号钟…… 10.1.19
合乘车…… 9.0.51
横江轮渡…… 10.1.24
后舱…… 10.1.12
后置发动机公共汽车…… 7.0.9
候乘时间…… 4.1.20
候车廊…… 3.2.27
候车亭…… 3.2.26
换乘…… 4.1.15
换乘方便性…… 4.1.23
换乘距离…… 4.1.17
换乘时间…… 4.1.22
换乘站…… 3.2.14
环行线路…… 3.1.28
回场车…… 4.2.18
回场时间…… 4.2.67
回车道…… 3.2.29
回车里程…… 3.1.4
回程空驶里程…… 9.0.40
回程空驶速度…… 9.0.50
回空…… 9.0.40
混合燃料公共汽车…… 7.0.13

J

加班车 …… 4.2.11
加价 …… 9.0.25
架空接触网 …… 3.4.5
架空索道 …… 11.0.1
驾驶员隔栏 …… 3.3.10
基本单价 …… 9.0.24
机舱 …… 10.1.10
机动车 …… 4.2.12
集电杆 …… 3.4.23
计程票制 …… 4.3.8
计程收费 …… 9.0.13
计价 …… 9.0.11
计价器 …… 9.0.12
计时收费 …… 9.0.14
计算机辅助调度 …… 3.5.19
计算机辅助线网优化 …… 3.5.28
技术速度 …… 6.0.29
集中调度 …… 3.5.21
铰接式公共汽车 …… 7.0.2
铰接式无轨电车 …… 7.0.20
郊区线路 …… 3.1.20
轿厢 …… 12.0.8
接触网最大短路电流 …… 3.4.18
接触网最小短路电流 …… 3.4.17
接地链 …… 3.4.24
接客空驶速度 …… 9.0.49
节假日客流调查 …… 4.1.53
进场车 …… 4.2.18
禁航 …… 10.2.28
禁止标志 …… 4.4.15
井道 …… 12.0.10
警示标志 …… 4.4.14
救生浮具 …… 10.1.15
救援吊篮 …… 11.0.28
居民出行 …… 4.1.1
居民出行量 …… 4.1.4
拒载 …… 9.0.35

K

开航 …… 10.2.9
开航正点率 …… 10.2.22
客舱 …… 10.1.9
客渡驳 …… 10.1.5
客渡轮 …… 10.1.2
客渡轮定员 …… 10.1.14
客渡轮额定载客量 …… 10.1.13
客流 …… 4.1.26
客流调杳 …… 4.1.48
客流断面 …… 4.1.34
客流断面不均衡系数 …… 4.1.38
客流方向不均衡系数 …… 4.1.37
客流集结量 …… 4.1.40
客流集散点 …… 4.1.43
客流集散量 …… 4.1.42
客流量 …… 4.1.27
客流时间不均衡系数 …… 4.1.39
客流疏散量 …… 4.1.41
客流特性 …… 4.1.47
客流图 …… 4.1.36
客流预测 …… 4.1.56
客流主干线 …… 4.1.45
客流主流向 …… 4.1.44
客流走廊 …… 4.1.45
客伤事故 …… 4.4.34
客位里程 …… 6.0.25
客位数 …… 3.3.38
客厢 …… 3.3.1
客运 …… 2.1.4
客运电梯 …… 2.2.15
客运扶梯 …… 2.2.14
客运服务 …… 4.4.2
客运缆车 …… 2.2.13
客运工作量 …… 6.0.3
客运量 …… 6.0.1
客运索道 …… 2.2.12
客运周转量 …… 6.0.3
客源 …… 4.1.25
客座 …… 3.3.3
空车 …… 9.0.8
空车标志灯 …… 9.0.9
空航里程 …… 10.2.24
空调公共汽车 …… 7.0.5
跨线车 …… 4.2.8
快车线路 …… 3.1.26
快速公共汽车 …… 8.0.1
快速公共汽车交通（BRT） …… 2.2.7
馈线 …… 3.4.7

L

拉手环 …… 3.3.13
劳动配班数 …… 4.2.20
缆车 …… 11.0.34
里程 …… 4.1.12

里程表定位法 …………………………………… 3.5.12
里程利用率 ……………………………………… 6.0.22
例行保养……………………………………… 5.0.4
联合月票 ……………………………………… 4.3.17
联锁装置……………………………………… 12.0.17
联运车……………………………………… 4.2.8
两用燃料公共汽车 …………………………… 7.0.12
列车化运行 …………………………………… 8.0.11
临时线路 ……………………………………… 3.1.27
零票 …………………………………………… 4.3.12
流动服务 ……………………………………… 9.0.32
路侧公交专用道……………………………… 8.0.4
路口等候率 …………………………………… 8.0.12
路牌…………………………………………… 3.3.5
路抛制服务 …………………………………… 9.0.32
路权…………………………………………… 8.0.2
旅行速度 ……………………………………… 6.0.28
旅游车 ………………………………………… 7.0.18
旅游线路 ……………………………………… 3.1.22
轮渡航线……………………………………… 10.1.23
轮渡码头……………………………………… 10.1.27
轮机日志 ……………………………………… 10.2.4

M

码头…………………………………………… 10.1.27
满载率 ………………………………………… 4.2.69
锚固站………………………………………… 11.0.12
锚固座………………………………………… 11.0.13
免费乘车（船） ……………………………… 4.3.25
门到门服务 …………………………………… 9.0.27
末班车 ………………………………………… 4.2.14
末班车时间 …………………………………… 4.2.49
末班船………………………………………… 10.2.11
末班船时间…………………………………… 10.2.13
末端电压 ……………………………………… 3.4.19
末站 …………………………………………… 3.2.11

N

内环线路 ……………………………………… 3.1.29

O

O-D 调查 ……………………………………… 4.1.55

P

爬坡角 ………………………………………… 11.0.7
配船数 ………………………………………… 10.2.1
票价…………………………………………… 4.3.3
票价补贴……………………………………… 4.3.5
票价级差 ……………………………………… 4.3.10
票价率………………………………………… 4.3.4
票类 …………………………………………… 4.3.11
票务…………………………………………… 4.3.1
票制…………………………………………… 4.3.6
平层…………………………………………… 12.0.15
平层准确度…………………………………… 12.0.16
平均乘距 ……………………………………… 4.1.13
平均换乘率 …………………………………… 4.1.16
平均运距 ……………………………………… 4.1.13
平均站距 ……………………………………… 3.2.20
普通票 ………………………………………… 4.3.12

Q

起程 …………………………………………… 9.0.19
起点站………………………………………… 3.2.5
起价 …………………………………………… 9.0.20
起讫点调查 …………………………………… 4.1.55
起始票价……………………………………… 4.3.9
起止站………………………………………… 3.2.7
前舱…………………………………………… 10.1.11
牵引变电所…………………………………… 3.4.3
牵引供电系统………………………………… 3.4.1
牵引索………………………………………… 11.0.22
牵引索松弛停车器…………………………… 11.0.38
牵引网………………………………………… 3.4.4
牵引整流机组 ………………………………… 3.4.15
强制维护……………………………………… 5.0.9
抢修 …………………………………………… 5.0.12
抢修车 ………………………………………… 5.0.13
切换速度 ……………………………………… 9.0.16
区间车………………………………………… 4.2.7
区域调度 ……………………………………… 3.5.21
驱动机………………………………………… 11.0.17
驱动站………………………………………… 11.0.16
全封闭线路 …………………………………… 3.1.35
全面客流调查 ………………………………… 4.1.49

R

人次…………………………………………… 6.0.2
人车比 ………………………………………… 6.0.33
人公里………………………………………… 6.0.4
人均客位里程 ………………………………… 6.0.36
人均客运量 …………………………………… 6.0.35

人均客运周转量 …………………………… 6.0.34
人均运营里程 ……………………………… 6.0.37
人均运营收入 ……………………………… 6.0.38

S

上车辅助装置 ……………………………… 3.3.20
上客时间…………………………………… 10.2.14
上水航行 …………………………………… 10.2.7
上行 ………………………………………… 4.2.30
上站………………………………………… 11.0.10
升降高度 …………………………………… 12.0.2
时距并收 …………………………………… 9.0.15
时区 ………………………………………… 4.2.31
时组 ………………………………………… 4.2.31
实时调度 …………………………………… 3.5.18
始发站……………………………………… 3.2.5
市区公共汽车 ……………………………… 7.0.15
市区线路 …………………………………… 3.1.19
市区月票 …………………………………… 4.3.15
视情修理 …………………………………… 5.0.10
收车时间 …………………………………… 4.2.50
收船时间…………………………………… 10.2.21
首班车 ……………………………………… 4.2.13
首班车时间 ………………………………… 4.2.48
首班船……………………………………… 10.2.10
首班船时间………………………………… 10.2.12
首末站 ……………………………………… 3.2.12
首末站停车时间 …………………………… 4.2.47
首站 ………………………………………… 3.2.10
受电器 ……………………………………… 3.4.22
售票台……………………………………… 3.3.7
枢纽站 ……………………………………… 3.2.15
甩客 ………………………………………… 4.4.28
甩站 ………………………………………… 4.4.29
双班车 ……………………………………… 4.2.16
双边供电 …………………………………… 3.4.20
双层公共汽车……………………………… 7.0.3
双动力公共汽车 …………………………… 7.0.23
双极触线牵引网…………………………… 3.4.6
双能源无轨电车 …………………………… 7.0.21
双往复式索道 ……………………………… 11.0.2
水平长度 …………………………………… 11.0.4
水平乘降 …………………………………… 8.0.10
顺江轮渡…………………………………… 10.1.26
速度限制器………………………………… 11.0.36
索道 ………………………………………… 11.0.1
索道救援车………………………………… 11.0.27
索道客车…………………………………… 11.0.26
索距 ………………………………………… 11.0.8
随车客流调查 ……………………………… 4.1.50

T

踏步级间高度 ……………………………… 3.3.32
梯级 ………………………………………… 12.0.4
提示标志 …………………………………… 4.4.12
替班 ………………………………………… 4.2.27
调空 ………………………………………… 9.0.39
跳板………………………………………… 10.1.31
跳船………………………………………… 10.1.30
跳桥………………………………………… 10.1.29
跳站运行 …………………………………… 4.2.60
停泊时间…………………………………… 10.2.16
停车标志 …………………………………… 3.2.25
停车坪 ……………………………………… 3.2.28
停车场 ……………………………………… 5.0.14
停航………………………………………… 10.2.27
停站时间 …………………………………… 4.2.45
通道宽度 …………………………………… 3.3.28
通道式公共汽车…………………………… 7.0.2
通用月票 …………………………………… 4.3.16
投币机……………………………………… 3.3.8
脱挂式抱索器……………………………… 11.0.33

W

外环线路 …………………………………… 3.1.30
晚点 ………………………………………… 4.2.38
晚点船……………………………………… 10.2.17
晚高峰 ……………………………………… 4.1.30
完好车（船）利用率 ……………………… 6.0.15
完好车（船）率 …………………………… 6.0.13
完好车（船）日数 ………………………… 6.0.11
卫星定位法 ………………………………… 3.5.13
未应率 ……………………………………… 9.0.34
未应业务 …………………………………… 9.0.33
文明乘车（船） …………………………… 4.4.26
文明服务 …………………………………… 4.4.25
无轨电车…………………………………… 7.0.19
无轨电车交通……………………………… 2.2.6
无轨电车偏线距离 ………………………… 3.4.12
无人售票 …………………………………… 4.3.20
无线通信系统……………………………… 3.5.2
无障碍公共汽车…………………………… 7.0.8
物体隔离…………………………………… 8.0.5
误班………………………………………… 10.2.19
误班船……………………………………… 10.2.18

误班时间……………………………………………… 10.2.20

X

下客时间……………………………………………… 10.2.15
下水航行 ……………………………………………… 10.2.8
下行 ………………………………………………… 4.2.29
下站………………………………………………… 11.0.11
线路………………………………………………… 3.1.1
线路长度……………………………………………… 3.1.2
线路车……………………………………………… 4.2.6
线路重复系数 ……………………………………… 3.1.11
线路调度 …………………………………………… 3.5.22
线路断面 …………………………………………… 4.1.34
线路非直线系数 …………………………………… 3.1.12
线路负荷 …………………………………………… 3.1.13
线路负荷密度 ……………………………………… 3.1.14
线路名 ……………………………………………… 3.1.18
线路配车数 ………………………………………… 4.2.19
线路平均长度………………………………………… 3.1.7
线路周长……………………………………………… 3.1.3
线路条数……………………………………………… 3.1.5
线路网长度…………………………………………… 3.1.9
线路网密度 ………………………………………… 3.1.10
线路衔接 …………………………………………… 3.1.15
线路运行记录表 …………………………………… 4.2.33
线路总长度…………………………………………… 3.1.6
线网优化 …………………………………………… 3.1.16
小公共汽车…………………………………………… 7.0.4
校车 ………………………………………………… 4.2.74
斜长 ………………………………………………… 11.0.6
斜江轮渡……………………………………………… 10.1.25
信标定位法 ………………………………………… 3.5.11
行车（船）责任事故 ……………………………… 4.4.33
行车（船）责任事故频率 ………………………… 4.4.35
行车间隔 …………………………………………… 4.2.53
行车路单 …………………………………………… 4.2.32
行车频率 …………………………………………… 4.2.54
行车时刻表 ………………………………………… 4.2.21
行车指令……………………………………………… 4.2.4
行程限位器…………………………………………… 11.0.35
行驶平顺性 ………………………………………… 3.3.25
续程 ………………………………………………… 9.0.21
学生月票 …………………………………………… 4.3.19
循环式索道 ………………………………………… 11.0.3

Y

压点 ………………………………………………… 4.2.39
压缩天然气公共汽车 ……………………………… 7.0.10
沿途站………………………………………………… 3.2.8
延误时间 …………………………………………… 4.2.64
液化石油气公共汽车 ……………………………… 7.0.11
夜间 ………………………………………………… 9.0.23
夜间线路 …………………………………………… 3.1.24
游览船 ……………………………………………… 10.1.8
曳引机………………………………………………… 12.0.12
曳引绳………………………………………………… 12.0.11
一级踏步……………………………………………… 3.3.2
一级踏步高度 ……………………………………… 3.3.31
仪容 ………………………………………………… 4.4.23
营业站服务 ………………………………………… 9.0.29
营业站服务半径 …………………………………… 9.0.30
有线通信系统………………………………………… 3.5.1
迂回站………………………………………………… 11.0.18
月票 ………………………………………………… 4.3.14
月票调查 …………………………………………… 4.1.54
越站 ………………………………………………… 4.3.29
远程调度 …………………………………………… 3.5.20
运距 ………………………………………………… 4.1.11
运力利用率 ………………………………………… 6.0.26
运送速度 …………………………………………… 6.0.28
运行…………………………………………………… 4.2.1
运行时刻表 ………………………………………… 4.2.21
运行时刻偏离量 …………………………………… 3.5.14
运行图 ……………………………………………… 4.2.22
运行秩序 …………………………………………… 4.2.56
运行状况 …………………………………………… 4.2.55
运行正点率 ………………………………………… 4.2.36
运行周期 …………………………………………… 4.2.28
运营安全……………………………………………… 4.4.1
运营车（船） ……………………………………… 4.2.2
运营车（船）数……………………………………… 6.0.5
运营车（船）日数 ………………………………… 6.0.10
运营调度……………………………………………… 4.2.3
运营纪律 …………………………………………… 4.4.24
运营里程……………………………………………… 6.0.18
运营图像 …………………………………………… 3.5.16
运营时间……………………………………………… 4.2.41
运营时刻表自动优化 ……………………………… 3.5.27
运营收入 …………………………………………… 6.0.39
运营数据自动统计 ………………………………… 3.5.26
运营速度 …………………………………………… 6.0.27
运载索………………………………………………… 11.0.23

Z

载客里程 …………………………………………… 6.0.19

载客量 …… 4.2.68
载客时间 …… 4.2.62
载客行驶速度 …… 9.0.48
暂停计时 …… 9.0.18
早点 …… 4.2.37
早高峰 …… 4.1.29
站房 …… 11.0.9
站距 …… 3.2.19
站号 …… 3.2.3
站名 …… 3.2.2
站牌 …… 3.2.4
站容 …… 4.4.22
站台 …… 3.2.22
站台安全门 …… 8.0.9
站台长度 …… 3.2.23
站台高度 …… 3.2.24
张紧站 …… 11.0.14
张紧重锤 …… 11.0.15
招呼站 …… 3.2.17
折返里程 …… 3.1.4
折返线 …… 3.2.29
正常空驶里程 …… 9.0.41
正常揽客时间 …… 9.0.45
正点 …… 4.2.34
整班 …… 4.2.25
整流机组负荷等级 …… 3.4.16
直达车 …… 4.2.9
智能调度系统 …… 3.5.6
滞留乘客 …… 4.4.31
滞站 …… 4.4.30
滞站时间 …… 4.2.46
中途站 …… 3.2.8
中央公交专用道 …… 8.0.3
中心站 …… 3.2.13
中运量公共交通 …… 2.2.2
终点站 …… 3.2.6
重车 …… 9.0.10
重航里程 …… 10.2.23
昼间 …… 9.0.22
昼夜线路 …… 3.1.23
驻车换乘 …… 4.1.24
驻站维修 …… 5.0.5
驻站客流调查 …… 4.1.51
准点 …… 4.2.34
自动扶梯 …… 12.0.1
自动票务系统 …… 4.3.23
自动售检票系统 …… 4.3.23
总成互换 …… 5.0.8
总行驶（航行）里程 …… 6.0.17
租赁车 …… 9.0.52
最大客流断面 …… 4.1.35
坐位间距 …… 3.3.33
坐位数 …… 3.3.34

英文索引

A

accelerated run …… 4.2.40
added price …… 9.0.25
air-conditioning bus …… 7.0.5
air conditoning device in carriage …… 3.3.16
alighting time …… 10.2.15
all-separated line …… 3.1.35
along river ferry …… 10.1.26
amplifier device …… 10.1.17
anchor time …… 10.2.16
angled river-crossing ferry …… 10.1.25
anti-nip device …… 3.3.19
anti-nip device for handrail …… 12.0.6
anchorage …… 11.0.13
anchorage station …… 11.0.12
articulated bus …… 7.0.2
articulated trolley bus …… 7.0.20
a set of rectifier-transformer for traction …… 3.4.15
attendant appearance …… 4.4.23
automatic fare collection (AFC) system …… 4.3.23
automatic optimization of operation schedule …… 3.5.27
automatic statistics of operation data …… 3.5.26
auxiliary rope …… 11.0.24
average line length …… 3.1.7
average riding distance …… 4.1.13
average stop spacing …… 3.2.20
average transfer ratio …… 4.1.16

B

back cabin …… 10.1.12

banning shipping ······ 10.2.26
barge ······ 10.1.4
base price ······ 9.0.20
basic kilometers ······ 9.0.19
basic unit price ······ 9.0.24
behind schedule ······ 4.2.38
beyond stop ······ 4.3.29
boarding time ······ 10.2.14
booking sheet ······ 4.2.32
bunching ······ 4.2.57
bus ······ 7.0.1
bus bay ······ 3.2.18
bus rapid transit ······ 2.2.7

C

cabinlift ······ 11.0.29
cable car ······ 11.0.34
cabpool ······ 9.0.51
call-responsive stop ······ 3.2.17
card for public transport ······ 4.3.24
carriage ······ 3.3.1
carrying capacity utilization rate ······ 6.0.26
carrying running speed ······ 9.0.48
ceiling window ······ 3.3.17
central station ······ 3.2.13
centralized dispatching ······ 3.5.21
characteristic of passenger flow ······ 4.1.47
charge the amount ······ 9.0.11
charge the amount on distance ······ 9.0.13
charge the amount on distance and time ······ 9.0.15
charge the amount on time ······ 9.0.14
chairlift ······ 11.0.30
charter bus ······ 4.2.72
charter boat kilometers ······ 10.2.25
circulating ropeway ······ 11.0.3
civilized boarding ······ 4.4.26
civilized service ······ 4.4.25
class berth ······ 10.1.9
classified maintenance system ······ 5.0.2
cleaning eligibility rate in carriage (cabin) ······ 4.4.6
closed stop ······ 8.0.8
combined-operation vehicle ······ 4.2.8
compensation fare ······ 4.3.26
computer-aided dispatch ······ 3.5.19
computer-aided line network optimization ······ 3.5.28
computer-controlled speaker ······ 3.3.14
compulsory maintenance ······ 5.0.9
compressed natural gas (CNG) bus ······ 7.0.10
contact wire ······ 3.4.8
counterweight ······ 12.0.13
counting pause ······ 9.0.18
crews ······ 4.2.5
cross section of line ······ 4.1.34
cross section of maximum passenger flow ······ 4.1.35

D

day and night line ······ 3.1.23
day time ······ 9.0.22
daily vehicle (ship) -kilometer ······ 6.0.23
deadhead kilometers for dispatch ······ 6.0.20
deadhead kilometers for backhaul ······ 9.0.40
deadhead speed for dispatch ······ 9.0.49
deadhead speed for backhaul ······ 9.0.50
deadhead shipping kilometers ······ 10.2.24
deadhead taxi ······ 9.0.8
decelerated run ······ 4.2.39
delay ······ 10.2.19
delay at stop ······ 4.4.30
delay-at-stop time ······ 4.2.46
delayed passenger ······ 4.4.31
delay time ······ 10.2.20
delay ship ······ 10.2.18
denial of passenger ······ 4.4.28
destination station ······ 3.2.6
departure display board ······ 3.5.25
departure frequency ······ 4.2.52
departure headway ······ 4.2.51
departure on schedule rate ······ 4.2.35
detachable type grip ······ 11.0.33
difference in level ······ 11.0.5
difference of fare stage ······ 4.3.10
direct bell (siren) ······ 10.1.19
directive sign ······ 4.4.13
dispatch center ······ 3.5.23
dispatching command ······ 4.2.4
dispatch station ······ 3.2.9
dispute in service ······ 4.4.27
direct vehicle ······ 4.2.9
door interlock (door locking device) ······ 12.0.18
door opening degree ······ 3.3.29
door to door service ······ 9.0.27
double contact-wire traction network ······ 3.4.6
double-deck bus ······ 7.0.3
double-shift vehicle ······ 4.2.16
double to-and-fro ropeway ······ 11.0.2
downstream shipping ······ 10.2.8

downward run ········ 4.2.29
drive ········ 11.0.17
driving station ········ 11.0.16
dual-fueled bus ········ 7.0.12
dual-powered bus ········ 7.0.23
dual-powered trolley bus ········ 7.0.21
dwell time ········ 4.2.45
dwell time at origin/destination station ········ 4.2.47

E

electric bus ········ 7.0.14
electronic map for public transport ········ 3.5.17
electronic stop board ········ 3.5.24
electronic ticket ········ 4.3.21
electronic toll collection ········ 3.3.9
elevator ········ 12.0.7
end voltage ········ 3.4.19
engine log ········ 10.2.4
engine room ········ 10.1.10
escalator ········ 12.0.1
evening peak ········ 4.1.30
every other run ········ 4.2.26
express line ········ 3.1.26
exclusive lane-monitoring system of public transport ········ 3.5.29
extended kilometers ········ 9.0.21
extra vehicle ········ 4.2.11

F

failure stop ········ 4.4.32
fare ········ 4.3.3
fare rate ········ 4.3.4
fare standard for lifting goods ········ 4.3.30
fare structure ········ 4.3.6
fare subsidy ········ 4.3.5
fare ticket category ········ 4.3.11
feed line ········ 3.4.7
ferryboat ········ 10.1.1
ferry jetty ········ 10.1.27
ferry radio station ········ 10.1.16
final-run vehicle ········ 4.2.14
final ship ········ 10.2.11
final ship time ········ 10.2.13
first-run vehicle ········ 4.2.13
first-run vehicle time ········ 4.2.49
first ship ········ 10.2.10
first ship time ········ 10.2.12
first step height ········ 3.3.31
first step of door ········ 3.3.2
fit repair ········ 5.0.10
fitted out ships ········ 10.2.1
fitted out vehicles for line ········ 4.2.19
fixed grip ········ 11.0.32
flat fare structure ········ 4.3.7
float gangboard ········ 10.1.29
frequency of responsible accident of vehicle (ship) ········ 4.4.35
free riding ········ 4.3.25
front cabin ········ 10.1.11

G

gauge (track centers) ········ 12.0.8
gangplank ········ 10.1.31
general monthly ticket ········ 4.3.16
girth length of operation line ········ 3.1.3
grounding chain ········ 3.4.24
guide rail ········ 12.0.9
guide sign ········ 4.4.12
guidway transit ········ 2.2.23

H

hand-mast ········ 3.3.11
handrail ········ 3.3.12
hauling rope ········ 11.0.22
height of contact-wire ········ 3.4.10
height of passage floor in carriage ········ 3.3.30
high-class maintenance ········ 5.0.7
high-floor bus ········ 7.0.7
hoist rope ········ 12.0.11
hooter ········ 10.1.18
horizontal (level) length ········ 11.0.4
horizontal riding-alighting ········ 8.0.10

I

inclination angle of escalator ········ 12.0.3
indicator flag ········ 10.1.22
initial fare ········ 4.3.9
inner-loop line ········ 3.1.29
intelligent dispatching syetems ········ 3.5.6
interior height ········ 3.3.27
interzonal vehicle ········ 4.2.7
invalid ticket ········ 4.3.28
in-vehicle noise allowance ········ 3.3.23

island stop ······ 8. 0. 6

J

joint monthly ticket ······ 4. 3. 17

K

kilometer utilization rate ······ 6. 0. 22
kilometer ······ 4. 1. 12

L

landing ······ 12. 0. 14
large-carrying-capacity public transport ······ 2. 2. 3
large headway ······ 4. 2. 58
late ship ······ 10. 2. 17
length of contact-wire network ······ 3. 4. 19
leveling ······ 12. 0. 15
leveling accuracy ······ 12. 0. 16
lifesaving float ······ 10. 1. 15
lift car ······ 12. 0. 8
lightning cable ······ 11. 0. 25
line length ······ 3. 1. 2
line loading ······ 3. 1. 13
line loading density ······ 3. 1. 14
line name ······ 3. 1. 18
line network length ······ 3. 1. 10
line network optimization ······ 3. 1. 16
line nonlinear factor ······ 3. 1. 12
line number plate ······ 3. 3. 5
line overlap factor ······ 3. 1. 11
liner ······ 10. 1. 23
lines connection ······ 3. 1. 15
liquefied petroleum gas (LPG) bus ······ 7. 0. 11
loaded taxi ······ 9. 0. 10
loaded time ······ 4. 2. 62
loaded shipping kilometers ······ 10. 2. 23
loading level of rectifier-transformers ······ 3. 4. 16
loading rate ······ 4. 2. 69
loading rate during peak hour ······ 4. 2. 70
long-distance bus ······ 7. 0. 17
long distance line ······ 3. 1. 21
loop line ······ 3. 1. 28
low-class maintenance ······ 5. 0. 6
low-floor bus ······ 7. 0. 6
low speed ······ 9. 0. 17
luminour line number plate ······ 3. 3. 6

M

main direction of passenger flow ······ 4. 1. 44
main flow during the peak period ······ 4. 1. 33
main line of passenger flow ······ 4. 1. 45
maintenance ······ 5. 0. 1
maintenance shop ······ 5. 0. 15
maximum short circuit current in contact-wire network ······ 3. 4. 18
median exclusive bus lane ······ 8. 0. 3
medium-carrying-capacity public transport ······ 2. 2. 2
minibus ······ 7. 0. 4
minimum short circuit current in contact-wire network ······ 3. 4. 17
mixed-fueled bus ······ 7. 0. 13
morning peak ······ 4. 1. 29
monitoring device in carriage ······ 3. 3. 18
monthly ticket ······ 4. 3. 14
monthly ticket survey ······ 4. 1. 54
motion limiter (travel limiter) ······ 11. 0. 35
mountain station (upper station) ······ 11. 0. 10
moving service ······ 9. 0. 32
mumber of trip of public transport ······ 4. 1. 5

N

night line ······ 3. 1. 24
night time ······ 9. 0. 23
non-obstacle bus ······ 7. 0. 8
normal ticket ······ 4. 3. 12
no shipping ······ 10. 2. 28
number of seat ······ 3. 3. 34

O

object separation ······ 8. 0. 5
odometer positioning method ······ 3. 5. 12
off-shipping time ······ 10. 2. 21
off-running time ······ 4. 2. 50
one-person operation ······ 4. 3. 20
one-piece run ······ 4. 2. 25
on schedule ······ 4. 2. 34
on schedule operating rate ······ 3. 4. 36
one-side feeding ······ 3. 4. 21
one-shift vehicle ······ 4. 2. 15
on-time shipping rate ······ 10. 2. 22
one-way carrying capacity ······ 2. 2. 4
one-way section ······ 3. 1. 31

operation ······ 4. 2. 1
operation chart ······ 4. 2. 22
operation cycle ······ 4. 2. 28
operation diagram ······ 3. 5. 16
operation dispatch ······ 4. 2. 3
operation schedule offset ······ 3. 5. 14
operation time ······ 4. 2. 41
operating condition ······ 4. 2. 55
operating discipline ······ 4. 4. 24
operating income ······ 6. 0. 39
operating income per capita ······ 6. 0. 38
operating kilometers ······ 6. 0. 18
operating kilometers per capita ······ 6. 0. 37
operating order ······ 4. 2. 56
operating safety ······ 4. 4. 1
operating speed ······ 6. 0. 27
operating vehicle (boat) ······ 4. 2. 2
operating vehicles (ships) ······ 6. 0. 5
operating vehicle (ship) -day ······ 6. 0. 10
operator separator ······ 3. 3. 10
order-await time ······ 4. 2. 61
ordinary deadhead kilometers ······ 9. 0. 41
ordinary deadhead time ······ 9. 0. 45
origin and destination station ······ 3. 2. 7
origin-destination survey ······ 4. 1. 55
origin station ······ 3. 2. 5
origin station ······ 3. 2. 10
origin station and terminal ······ 3. 2. 12
outer-loop line ······ 3. 1. 30
out-of-vehicle noise allowance ······ 3. 3. 22
overhead contact-wire network ······ 3. 4. 5
overload limiter ······ 11. 0. 37
owership of public transport vehicle ······ 4. 4. 19

P

park and ride ······ 4. 1. 24
parking lot ······ 3. 2. 28
parking lot ······ 5. 0. 14
part-separated line ······ 3. 1. 36
passage ······ 3. 3. 4
passenger ······ 2. 1. 5
passenger appeal ······ 4. 4. 36
passenger barge ······ 10. 1. 5
passenger carrying capacity per capita ······ 6. 0. 35
passenger cable car transport ······ 2. 2. 13
passenger cable transport ······ 2. 2. 12
passenger-carrying kilometers ······ 6. 0. 19
passenger carrying capacity ······ 6. 0. 1
passenger collecting-distributing volume ······ 4. 1. 42
passenger collecting volume ······ 4. 1. 40
passenger's comfort ······ 3. 3. 26
passenger distributing volume ······ 4. 1. 41
passenger escalator transport ······ 2. 2. 14
passenger elevator transport ······ 2. 2. 15
passenger ferry ······ 10. 1. 2
passenger flow collecting-distributing place ······ 4. 1. 43
passenger flow diagram ······ 4. 1. 36
passenger flow survey ······ 4. 1. 48
passenger flow survey at stop (station) ······ 4. 1. 51
passenger flow survey on holiday ······ 4. 1. 53
passenger flow survey on vehicle ······ 4. 1. 50
passenger flow forecasting ······ 4. 1. 56
passenger flow volume ······ 4. 1. 27
passenger injury accident ······ 4. 4. 34
passenger place kilometers ······ 6. 0. 25
passenger-place kilometers per capita ······ 6. 0. 36
passenger person-kilometers per capita ······ 6. 0. 34
passenger person-kilometer ······ 6. 0. 3
passenger sampling ······ 4. 1. 52
passenger seat ······ 3. 3. 3
passenger transport ······ 2. 1. 4
passenger transport service ······ 4. 4. 2
passenger volume ······ 4. 2. 68
passage way ······ 3. 2. 29
passage width ······ 3. 3. 28
peak hour ······ 4. 1. 31
peak-hour (rush-hour) line ······ 3. 1. 25
penalty fare ······ 4. 3. 27
peak time ······ 4. 1. 28
peak vehicle ······ 4. 2. 10
person-kilometers ······ 6. 0. 4
person-times ······ 6. 0. 2
person-time per shift ······ 9. 0. 36
phone call destine ······ 9. 0. 28
platform height ······ 3. 2. 24
platform length ······ 3. 2. 23
positioning error ······ 3. 5. 9
position signaling ······ 3. 5. 10
position signaling method ······ 3. 5. 11
pontoon boat ······ 10. 1. 30
power receiver ······ 3. 4. 22
power-supply distance ······ 3. 4. 14
power-supply mode ······ 3. 4. 2
power-supply zone ······ 3. 4. 13
prohibitory sign ······ 4. 4. 15
priority signal system of public transport ······ 3. 5. 30
public transport enterprise ······ 2. 1. 15

public transport exclusive way ········ 3. 1. 32
public transport exclusive lane ········ 3. 1. 33
public transport information system ········ 2. 1. 11
public transport line ········ 3. 1. 1
public transport line facilities ········ 3. 1. 17
public transport line network ········ 3. 1. 8
public transport modes ········ 2. 1. 2
public transport means ········ 2. 1. 3
public transport operation ········ 2. 1. 8
public transport planning ········ 2. 1. 7
public transport priority ········ 2. 1. 13
public transport signs ········ 2. 1. 14
public transport trip ········ 4. 1. 3
pull-in time ········ 4. 2. 67
pull-in vehicle ········ 4. 2. 18
pulling ring ········ 3. 3. 13
pull-out time ········ 4. 2. 66
pull-out vehicle ········ 4. 2. 17

R

rainproof seal ········ 3. 3. 24
ramp ········ 3. 3. 21
rapid bus ········ 8. 0. 1
rated standing capacity ········ 3. 3. 37
rated standing density ········ 3. 3. 36
rapid passenger boat ········ 10. 1. 7
rated passenger capacity ········ 3. 3. 38
rated passenger capacity of passenger ferry ········ 10. 1. 13
rated passenger capcity of vehicle ········ 3. 3. 39
rated person capacity of passenger ferry ········ 10. 1. 14
ratio of persons to vehicles ········ 6. 0. 33
ratio of trip of public transport ········ 4. 1. 6
reader ········ 4. 3. 22
real-time dispatch ········ 3. 5. 18
rear engine bus ········ 7. 0. 9
red-delay time ········ 4. 2. 65
regular bus ········ 4. 2. 73
regular public transport ········ 2. 2. 1
regular vehicle ········ 4. 2. 6
refusal service ········ 9. 0. 35
relief run ········ 4. 2. 27
remote dispatching ········ 3. 5. 20
rental vehicle ········ 9. 0. 52
rescue basket ········ 11. 0. 28
resident trip ········ 4. 1. 1
repair at station ········ 5. 0. 5
reporting repair ········ 5. 0. 11
reserved vehicle ········ 4. 2. 12
resident trips ········ 4. 1. 4
responsible accident of vehicle (ship) ········ 4. 4. 33
retrograde exclusive lane for public transport ········ 3. 1. 34
return station ········ 11. 0. 18
revenue kilometers ········ 9. 0. 43
ridership source ········ 4. 1. 25
riding ········ 4. 1. 7
riding-alighting ········ 4. 1. 8
riding distance ········ 4. 1. 10
riding (boarding) ratio in peak hour ········ 4. 1. 32
riding time ········ 4. 1. 21
rise of escalator ········ 12. 0. 2
river-crossing ferry ········ 10. 1. 24
road right ········ 8. 0. 2
rope-grip ········ 11. 0. 31
ropeway ········ 11. 0. 1
ropeway passenger car (cabin) ········ 11. 0. 26
ropeway rescue car ········ 11. 0. 27
route dispatching ········ 3. 5. 22
route map of public transport ········ 4. 4. 16
routine maintenance ········ 5. 0. 4
running hot ········ 4. 2. 37
running record sheet ········ 4. 2. 33
running smoothness ········ 3. 3. 25
rush repair ········ 5. 0. 12
rush repair van ········ 5. 0. 13

S

safety door of platform ········ 8. 0. 9
sail intention ········ 10. 2. 29
satellite positioning method ········ 3. 5. 13
satisfaction level of passenger ········ 4. 4. 37
school bus ········ 4. 2. 74
seat spacing ········ 3. 3. 33
section non-egulilbrium factor of passenger flow ········ 4. 1. 38
semaphore flags ········ 10. 1. 21
service attitude ········ 4. 4. 8
service eligibility rate ········ 4. 4. 4
service eligibility rate in carriage (cabin) ········ 4. 4. 5
service quality ········ 4. 4. 3
service facilities ········ 4. 4. 9
service frequency ········ 4. 2. 54
service headway ········ 4. 2. 53
service hot line ········ 4. 4. 10
serial number of bus run ········ 4. 2. 23
series number of stop ········ 3. 2. 3
service radius ········ 3. 2. 21

service sign ······ 4. 4. 11
service terms ······ 4. 4. 7
shelter ······ 3. 2. 26
shipping ······ 10. 2. 9
shipping crew ······ 10. 2. 5
shipping log ······ 10. 2. 3
shipping schedule ······ 10. 2. 2
ship shift ······ 10. 2. 6
side exclusive bus lane ······ 8. 0. 4
sides feeding ······ 3. 4. 20
side stop ······ 8. 0. 7
single carriage bus ······ 7. 0. 22
single-trip loaded time ······ 4. 2. 44
signal light ······ 10. 1. 20
skip stop ······ 4. 4. 29
skip-stop running ······ 4. 2. 60
slack rope stop ······ 11. 0. 38
slipping-stop running ······ 4. 2. 59
sloping length ······ 11. 0. 6
slot machine ······ 3. 3. 8
spacing of contact-wire ······ 3. 4. 11
speed limiter ······ 11. 0. 36
standard operating vehicles (ships) ······ 6. 0. 6
standard vehicle (ship) type ······ 6. 0. 8
standing area in carriage ······ 3. 3. 35
staff monthly ticket ······ 4. 3. 18
stage fare structure ······ 4. 3. 8
station ······ 11. 0. 9
station appearance ······ 4. 4. 22
station service ······ 9. 0. 29
station service radi ······ 9. 0. 30
steel wire rope ······ 11. 0. 20
stop ······ 3. 2. 8
storage barge ······ 10. 1. 28
stop board ······ 3. 2. 4
stop name ······ 3. 2. 2
stop of public transport ······ 3. 2. 1
stop place for taxi ······ 9. 0. 7
stop spacing ······ 3. 2. 19
student monthly ticket ······ 4. 3. 19
suburban bus ······ 7. 0. 16
suburban line ······ 3. 1. 20
superabundant passenger flow ······ 4. 1. 46
suspend shipping service ······ 10. 2. 27
switch speed ······ 9. 0. 16

T

taxi ······ 9. 0. 1
taxi carrying time ······ 9. 0. 44
taxi control station ······ 9. 0. 6
taxi deadhead kilometers ······ 9. 0. 38
taxi deadhead kilometers for dispatch ······ 9. 0. 39
taxi GPS dispatch system ······ 9. 0. 31
taxi light ······ 9. 0. 3
taxi loaded kilometers ······ 9. 0. 37
taximeter ······ 9. 0. 12
taxi operating ······ 9. 0. 5
taxi operating time ······ 9. 0. 47
taxi sign ······ 9. 0. 2
taxi station ······ 9. 0. 4
taxi transport ······ 2. 2. 8
taxi unresponsive service ······ 9. 0. 33
taxi unresponsive rate ······ 9. 0. 34
technical speed ······ 6. 0. 29
telpher bracket ropeway trestle ······ 11. 0. 19
temporary line ······ 3. 1. 27
tension station ······ 11. 0. 14
tension weight ······ 11. 0. 15
terminal ······ 3. 2. 11
the covered area rate of public transport ······ 4. 4. 18
the covered area by public transport ······ 4. 4. 17
ticket ······ 4. 3. 2
ticket book ······ 4. 3. 13
tickt table ······ 3. 3. 7
ticketing ······ 4. 3. 1
time non-eguilibrium factor of passenger flow ······ 4. 1. 39
time zone ······ 4. 2. 31
total line length ······ 3. 1. 6
total running (shipping) kilomtres ······ 6. 0. 17
touring bus ······ 7. 0. 18
touring boat ······ 10. 1. 8
tourist line ······ 3. 1. 22
track rope (carrying rope) ······ 11. 0. 21
traction machine ······ 12. 0. 12
traction network ······ 3. 4. 4
traction power-supply system ······ 3. 4. 1
traction substation ······ 3. 4. 3
trainize operation ······ 8. 0. 11
transfer ······ 4. 1. 15
transfer convenience ······ 4. 1. 23
transfer distance ······ 4. 1. 17
transfer hub ······ 3. 2. 15
transfer hub of public transport ······ 3. 2. 16
transport rope ······ 11. 0. 23
transfer stop/station ······ 3. 2. 14
transfer time ······ 4. 1. 22

travel information ······ 3.5.5
travel information inquiry system ······ 3.5.4
travel time ······ 4.1.18
travelling speed ······ 6.0.28
traveling distance ······ 4.1.11
trip distance ······ 4.1.9
trip mode ······ 4.1.2
trolley bus ······ 7.0.19
trolley bus pantograph deviation distance ······ 3.4.12
trolley pole ······ 3.4.23
turn round distance ······ 3.1.4
TV monitoring system ······ 3.5.3

U

unbalanced directional factor of passenger flow ······ 4.1.37
unit cost of passenger-place kilometers ······ 6.0.31
unit cost of person-kilometer ······ 6.0.32
unit cost of vehicle-kilometer ······ 6.0.30
unit exchange ······ 5.0.8
unit price ······ 9.0.26
unloaded light ······ 9.0.9
unloaded time ······ 4.2.63
unordinary deadhead kilometers ······ 9.0.42
unordinary deadhead time ······ 9.0.46
upgrade angle ······ 11.0.7
upward run ······ 4.2.30
upstream shipping ······ 10.2.7
urban bus ······ 7.0.15
urban ferry transport ······ 2.2.9
urban line ······ 3.1.19
urban monthly ticket ······ 4.3.15
urban passenger ferry transport ······ 2.2.10
urban public transport ······ 2.1.1
urban public transport engineering ······ 2.1.6
urban public transport systems ······ 2.1.9
urban transport structure ······ 2.1.12
urban rapid transit systems ······ 2.1.10
urban vehicle ferry transport ······ 2.2.11

V

valley station (lower station) ······ 11.0.11
vehicle barge ······ 10.1.6
vehicle condition ······ 4.4.20
vehicle ferry ······ 10.1.3
vehicle maintenance cycle ······ 5.0.3
vehicle operation data ······ 3.5.15
vehicle positioning ······ 3.5.8
vehicle real-time position ······ 3.5.7
vehicle-run ratio ······ 4.2.71
vehicle shift ······ 4.2.24
vehicle (ship) appearance ······ 4.4.21
vehicle (ship) conversion coefficient ······ 6.0.7
vehicle (ship) -day ······ 6.0.9
vehicle (ship) kilometer ······ 6.0.21
vehicle-shift kilometers ······ 6.0.24

W

waiting time ······ 4.1.20
wait ratio at crossing ······ 8.0.12
walking distance ······ 4.1.14
walking time ······ 4.1.19
warning sign ······ 4.4.14
well-conditioned vehicle (ship) -days ······ 6.0.11
well-conditioned vehicle (ship) rate ······ 6.0.13
well-conditioned vehicle (ship) utilization ······ 6.0.15
well (shaft) ······ 12.0.10
whole passenger flow survey ······ 4.1.49
wire commnication system ······ 3.5.1
wireless communication system ······ 3.5.2
working shifts ······ 4.2.20
working vehicle (ship) -days ······ 6.0.12
working vehicle (ship) hours ······ 6.0.16
working vehicle (ship) rate ······ 6.0.14

中华人民共和国行业标准

城市公共交通工程术语标准

CJJ/T 119—2008

条 文 说 明

前　　言

《城市公共交通工程术语标准》CJJ/T 119－2008经建设部2008年2月29日以第817号公告批准发布。

为便于广大设计、施工、科研、学校等单位有关人员在使用本标准时能正确理解和执行条文规定，《城市公共交通工程术语标准》编制组按章、节、条顺序编制了本标准的条文说明，供使用者参考。在使用中如发现本条文说明有不妥之处，请将意见函寄中国城市公共交通协会（地址：北京市车公庄西路38号；邮政编码：100044）。

目　　次

1　总则　………………………………… 2—25—41
2　基本术语　……………………………… 2—25—41
3　公共交通设施………………………… 2—25—41
4　公共交通运营………………………… 2—25—43
5　车辆保养与维修……………………… 2—25—44
6　技术经济指标………………………… 2—25—44
7　公共汽电车交通……………………… 2—25—45
8　快速公共汽车交通（BRT）…… 2—25—45
9　出租汽车交通………………………… 2—25—45
10　城市轮渡……………………………… 2—25—45
11　客运索道、缆车……………………… 2—25—45
12　客运扶梯、电梯……………………… 2—25—46

1 总　　则

城市公共交通工程术语标准是对公共交通领域内各种事物的定义和基本规范，是社会各界涉及公交事务的共同依据，内外交流的共同语言。

在本标准收集的词条中，凡是本行业的专用术语或以本行业为主的术语，均为自主解释和定义，而少量与相关行业通用术语或以相关行业为主的术语，则注意了与相关领域的协调。

本标准所列术语及其定义主要来源于以下几个方面：公共交通及相关领域的标准、规范、规程；国家颁布的有关法律、法令、条例、规章；有关论文、专著及词典等。

本标准第2～6章为城市公共交通行业的通用术语，第7～12章为按城市公共交通方式（不含城市轨道交通）划分的专用术语。

2 基本术语

2.1 一般术语

2.1.1 在居民出行所采用的步行、自行车、公共交通、自备汽车等交通方式中，公共交通的突出特点是：可供社会任何人员乘用，人均占用资源少，运输效率高，票价低廉，因此，是大多数居民出行的首选方式，在城市交通中应占有主体地位。

2.1.2、2.1.3 目前我国已经投入运营的公共交通方式有以下14种：公共汽车、无轨电车、有轨电车、快速公共汽车、出租汽车、轮渡、地铁、轻轨、单轨、磁浮、索道、缆车、扶梯、电梯。此外，市郊铁路、市域快速轨道交通及导轨交通等也在规划发展中。

2.1.4 公共交通企业运送乘客的业务活动包括在乘客从乘行起点进站到乘行终点出站的运输全过程中所进行的经营管理和服务工作。

2.1.7 公共交通规划是城市总体规划的组成部分之一，为了保证居民出行量快速增长的需要，现代城市必须优先安排公共交通发展计划。公共交通规划必须以客流调查为依据，做到交通资源的优化配置，社会效益和经济效益的最大化。

2.1.8 运营是公交企业直接为乘客服务的工作，是公交行业一切活动的核心，是其社会效益和经济效益的主要体现。

2.1.9 对城市公共交通系统总的要求是安全、方便、快捷、经济，其客运能力应能满足高峰客流的需要。不同规模的城市，应配备与客流量相适应的公共交通方式，并能做到不同线路之间、不同交通方式之间的通达衔接。

2.1.11 公共交通信息系统包括：运营调度管理系统、乘客出行信息服务系统、行业管理信息系统等。

2.1.12 以公共交通为主体的城市交通结构，能最大限度地提高城市交通的整体效益，减少能源、土地和其他资源的消耗，减少交通对环境的污染，因此是可持续发展的城市交通结构。这是国家制定的优先发展城市公共交通战略的理论依据。

2.2 公共交通方式

2.2.1 常规公共交通对道路和场站要求低，投资少，建设周期短，运营成本低，机动性好，乘用方便，票价低廉，适合在各类城市中发展，是居民出行最常用的交通方式，是城市公共交通的主体。

2.2.2、2.2.3 大、中运量公共交通系统以大容量公交车辆（列车）在相对封闭的专用道路（轨道）上运行，排除了其他交通方式的干扰，按设计速度行驶，能在单位时间内运送大量乘客。以大、中运量公共交通系统为骨干，是现代化大城市交通的主要标志。

2.2.4 线路单向运送能力等于车辆（列车）的额定载客人数与发车频率上限值的乘积，是由不同交通方式的技术特征所决定的，也是根据城市客流发展的需要，规划建设不同公共交通方式的主要依据。

2.2.7 快速公共汽车是一种介于轨道交通与常规公交之间的新型交通方式：具有专用路权、封闭运行、水平乘降、大容量车辆、交通信号优先等。使公共汽车基本达到轨道交通的服务水平，单向客运能力可达2万人次/小时，而投资及运营成本则远低于轨道交通。

2.2.8 出租汽车的可达性和方便性比其他公共交通方式更好，但其运营成本和价格较高，是紧急或重要出行或出行不便者的理想交通方式，是常规公共交通的必要补充。

2.2.9～2.2.11 具有水域的城市，陆上交通被水域阻断，靠轮渡将客流连通，但运送速度较低，且易受水情、水势和天气的影响。当客流量发展到一定程度后，投资建桥可极大地改善两岸之间的交通状况，但以旅游观光为主的轮渡，则仍将长期存在。

2.2.12～2.2.15 客运索道、缆车、扶梯、电梯是在山地城市特有的公共交通方式，对降低山城居民过高的步行率和登山难度，提高出行机动化水平是十分有效的。

3 公共交通设施

3.1 公共交通线路

3.1.1 线路布局的原则是：线路的走向应与客流主流向一致，线路的客运能力应与客流量相匹配，在主要的客流集散点，应有多条线路（含不同交通方式）通过并能方便换乘。

3.1.2 以起点站到终点站的里程定义的线路长度是公交企业为社会提供服务的重要参数，是乘客在线路上乘行距离的最大值，是计算载客里程、平均站距、运送速度、技术速度、客运周转量、全程票价、线路非直线系数、线路重复系数、线路负荷密度等的依据，是国际上公认的标称值。

3.1.3 以在线路上运行一周的里程定义的线路周长是车船运行的实际值，是公交企业内部计算运营里程、运营速度、里程利用率、运输成本等的依据。

3.1.5、3.1.6 线路条数和线路总长度是衡量城市公共交通规模和可达性的指标。线路条数越多，线路总长度越长，则公交出行可到达的范围越大。

3.1.9、3.1.10 线路网长度和线路网密度是公交出行的方便性指标，取值越高，在公交出行中所需的步行距离越少。在城市中心区的线路网密度应达到3～4公里/平方公里，在城市边缘地区应达到2～2.5公里/平方公里。

3.1.11 线路重复系数是衡量公共交通线路在城市道路网中的布局是否均匀的指标。随着城市道路网的拓展、完善和客流的变化，应尽量将过分集中的线路分散开，适当降低线路重复系数。

3.1.12 线路非直线系数是衡量公共交通线路是否捷近的指标，一般不应大于1.4。线路曲折，虽可扩大服务面，但也使不少乘客增加了多余的乘行时间和费用。随着城市道路网的拓展、完善和客流的变化，应及时调整线路的走向，适当降低线路非直线系数。

3.1.13、3.1.14 线路负荷、线路负荷密度是衡量公共交通线路的社会效益和经济效益的主要指标，但取值应该适当，运力配置应留有余地。

3.1.15 线路衔接的好坏主要包含下列因素：各线路走向决定的换乘次数；车站位置决定的换乘距离；行车间隔决定的换乘时间和拥挤程度。

3.1.18 以地名或其他文字命名的公共交通线路，将显得繁杂、无序、难以快速识别，并且在不同民族、不同国家之间有语言障碍。惟有以阿拉伯数字编码命名，能使线路名称变得简单、有序、易于识别，全世界的人都一目了然。因此，以阿拉伯数码表示线路名，是世界通用的标准化名称。

3.1.19～3.1.21 市区线路一般线路长度和平均站距较短，全天车次较多，运营时间长。郊区线路一般线路长度和平均站距较长，车次较少，运营时间较短。长途线路一般线路长，站距大，车次少。

3.1.32～3.1.36 仅在少数道路上设置公交专用道的效果是不明显的，仅有公交专用道而无公交优先信号的效果也是很有限的。只有在多数交通拥堵的道路上都划出公交专用道，并在相关路口设有公交优先信号设备，才能大大提高城市交通的效率。

3.2 公共交通车站

3.2.3 车站序号也是计程票制线路按乘行站数计算票价的编号。

3.2.10 线路的首站不仅设有主调度室，而且设有线路办公、主停车坪、车辆保养及加油等必要设施。

3.2.15、3.2.16 在多条公共交通线路汇集的特大型客流集散点，乘客换乘是比较困难的，例如：找不到所需换乘线路的车站，换乘距离过远，与车行道有交叉不安全，到达换乘站后不知道上哪一辆车，不知道本次车何时发出，候车秩序混乱等等。因此，将各线路的到离站场地集中布置，渠化换乘路径，配备引导标志、提示标志、无障碍设施、照明设备、播音设备、发车显示（发车车号、发车时间、发车间隔等）装置等服务设施，并实行多条线路的集中调度、紧密衔接，达到换乘方便、快捷，有序、合理、高效地疏导客流的目的。

3.2.18 在大中城市机动车拥堵现象日趋严重，公交车辆占用行车道停站也成了交通不畅的原因之一。因此，在城市交通干道，宜将公交车站建成港湾式车站。

3.2.19、3.2.20 城市中心区客流密集，出行目的地密集，上下车频繁，站距宜小。郊区线路一般乘距较长，出行目的地分布较稀，站距可大些。公共汽电车线路的站距，在市区宜为500～600米，在郊区宜为800～1000米。为保证快速公共交通有较高的运送速度，快速公共汽车和轨道交通线路的站距，在市区宜为1000～1200米，在郊区宜为1500～2000米。

3.2.21 车站服务半径是与线路网长度和线路网密度相关的指标。只有当线路网长度和密度达到一定值后，才能将车站服务半径缩小到适当的取值范围，使公交出行中的步行距离较小。

3.2.25 常规公共交通车站的停车标志即站牌，而快速公共汽车和轨道交通车站则设有专用停车标志。

3.3 车内服务设施及相关参数

随着社会的发展进步，车内服务设施也日益增多和完善，对于不同类型和档次的公共交通车辆，应具有相应的服务设施和技术要求。

3.3.36 在现行国家标准中规定了额定站立密度的上限值：市区公共汽车为8人/平方米，郊区公共汽车和地铁车辆为6人/平方米，长途公共汽车不设立席。

3.4 牵引供电系统

电车、地铁、轻轨、单轨、索道、缆车等客运车辆属于直流牵引，对供电系统有特殊的要求，因此在本章内列出了相应的术语。而在扶梯、电梯等系统中，属于一般的市电供电，故未列入本标准的范围。

3.4.4 电车、地铁、轻轨等客运车辆属于电动机在移动状态下的牵引，必须以牵引网将车辆与变电所相连，具有本标准所列的完整的牵引供电系统。而索道和缆车属于电动机在固定状态下的牵引，整流机与电动机直接连接，无需牵引网和受电器。

3.5 公共交通信息系统

全面实现公共交通运营调度、服务质量、运行安全、设施状态及客流调查的信息化、智能化管理，可大大提高工作的质量和效率。建立和完善公共交通信息系统，是公交现代化的重要标志。

3.5.6 公共交通智能调度系统具有下列功能：

——调度室能实时监控系统内全部车辆的运行；

——能实现远程调度、实时调度和计算机辅助调度；

——能实现多条线路的集中综合调度；

——各车站的电子站牌向乘客显示即将到达本站的车辆动态位置和预计候车时间；

——借助车辆定位技术，能实现车内外的自动报站服务；

——按车次自动采集各车站的上下车人数；

——按统计期自动生成运营统计数据；

——根据运营数据，提出行车计划修改方案；

——根据客流统计数据，提出线网优化设计方案等。

4 公共交通运营

4.1 乘客和客流

各种客流参数是公共交通的基础数据，是确定公共交通方式、线网布局、线路配车（船）数、运营时间、发车（船）频率等各种业务活动的主要依据。

4.1.14 在公交出行中，步行距离的长短，说明了公交服务覆盖率的高低、可达性的好坏、换乘的方便程度等。缩短公交出行中的步行距离是公交线网调整的主要目的之一。

4.1.15、4.1.16 在统计期内，换乘人次与公交出行人次之比，相当于平均一次出行需要换乘几次，反映了公交出行的可直达程度。平均换乘率在特大城市不宜大于1，大城市不宜大于0.5，中小城市不宜大于0.3。

4.1.17 在路段中的同向换乘距离不宜大于50米，异向换乘距离不宜大于100米；在平交路口，换乘距离不宜大于150米；在立交路口，换乘距离不宜大于200米；在快速轨道交通车站的出入口50米范围内，应设有公共汽（电）车站；在长途汽车站、火车站、客运码头的主要出入口100米范围内，应设有公共交通车站。

4.1.18 出行时间是一项重要的综合性指标，公共交通方式的选择、线路布局、站点设置、线路衔接、配车数量、发车频率等都应服务于缩短出行时间的总要求。在一般情况下，特大城市的市区出行时间不宜大于50分钟，大中城市的市区出行时间不宜大于30分钟。

4.1.24 在轨道交通车站附近应设自行车存车换乘停车场（库）。

4.1.34 在一条线路上的任何相邻两站之间，车内的乘客人数是不变的，以此人数表示线路在该路段的客流量十分准确。在不同时段内，全线路各断面客流的组合，能充分反映该线路客流的时空分布情况。

4.1.35 最大客流断面的客流量，是运力配置（车型和发车频率）的主要依据。

4.1.36 客流量沿时间和空间的分布，是决定各个时段的发车间隔、区间车、大站快车、机动车（加车）等的主要依据。

4.1.37 客流方向不均衡系数一般具有潮汐性，即早高峰与晚高峰的互易性，这是确定上下行高峰发车频率的主要依据。

4.1.38 客流断面不均衡系数过高，将造成客流量较小的路段的运力浪费，开行部分区间车，是优化运力配置的措施之一。对该系数特别高的线路，应进行调整。

4.1.39 客流时间不均衡系数是确定不同时段发车频率的依据。

4.1.40～4.1.44 客流集散点的客流集散量和客流主流向是确定线路走向、线网布局和运力配置的重要依据，以保证集散点的线路衔接、客流畅通和换乘方便。

4.1.45 客流主干线聚集的多条公交线路和大量的客流是长期、逐渐发展形成的，当预期客流将达到每小时1～2万人次时，应建设快速公共汽车交通系统或轻轨交通系统；当预期客流将达到每小时3万人次以上时，应建设地铁系统。

4.1.48～4.1.56 对大城市而言，作全市范围的全面客流调查是非常浩大而繁杂的工程。一般只能采取抽样的方法，分期分批地对主要线路和较大的客流集散点作调查，在此基础上以合理的数学模型进行测算。调查的成果是为线网和运力的优化发展提供科学的依据。此类调查一般为若干年进行一次，由全市统一组织。

仅在一条线路范围进行的客流调查，着重记录不同季节、不同时段以及节假日，本线路各典型段面的客流数据，为制订线路行车时刻表提供依据。这是线路调度员的日常工作之一。

4.2 运行及调度

4.2.19 线路配车数根据本线路的最大断面客流量、线路长度、单程时间、发车频率等参数计算，再加上一定比例的机动车数后确定。

4.2.21 运行时刻表是根据不同时间的客流情况编制的，例如平日、节假日以及不同季节的客流量及其小时分布是不一样的，因而运行时刻表也应不同。

4.2.22 在快速公共汽车和城市轨道交通中，封闭式运行排除了其他交通方式的干扰，便于按计划准时到离各车站，因此，可按车站和车次用运行图实施调度。横坐标以分钟为单位，纵坐标以公里或车站为单位，各车次为相互平行的斜线。

4.2.43 运营车沿线路的一个方向，从运营起点至终点的行程包含从首（末）站停车场（折返点）至起点站，从起点站至终点站，从终点站至末（首）站停车场（折返点）三段行程之和。

4.2.51～4.2.54 客流高峰时间的发车频率，应按高峰小时的最大断面客流量、运营车的额定载客量及计划满载率计算确定。客流低谷时间的发车频率不应使乘客候车时间过长，例如：在市区不宜超过15分钟，郊区不宜超过半小时。

4.2.56～4.2.58 串车和大间隔现象将大大延长乘客的候车时间，且造成运力的浪费。保持正常的行车秩序，行车间隔均衡，是保证乘客出行效率的重要条件。对于串车和大间隔的量化定义，是首次提出。

4.2.59、**4.2.60** 放站运行和跳站运行是在运行秩序受到严重破坏，出现大间隔、串车现象，或在某站出现大量乘客滞留时，所采取的调度措施。

4.2.63 运营车（船）按规定不载客的运行时间是指在起止站调头（折返）、放站运行、中途故障或其他原因空驶到终点或车场、从线路到车场的往返以及包车回程等空驶时间。

4.2.68、**4.2.69** 载客量是与时间和地点相关的动态参数。满载率应在最大客流断面处考核，其值不宜大于80％。

4.2.71 由于线路运行不畅、车次大量晚点、车辆技术完好率低、乘务组误班等原因将造成车次兑现率低下，影响运营服务质量。

4.3 票　务

4.3.2 车票是乘客付款乘车的凭证，也是乘客和公交企业建立运输合同关系的凭证。随着无人售票制的推行，投币式付款乘车已不存在有形的“车票”，但所建立的运输合同关系依然存在。

4.3.14 纸质月票不限乘行次数，电子月票限定乘行次数。

4.3.21 乘客使用电子车（船）票时，在单一票制的线路，应在上车（船）或进站时刷卡，验证票证的有效性并扣除一次票款；在计程票制的线路，上车（船）或进站时刷卡，验证其有效性并标记乘行起点，下车（船）或出站时再次刷卡，验证乘行距离并扣除相应票款。

4.4 安全与服务

4.4.17、**4.4.18** 公共交通覆盖率，按车站服务半径300米计算，城市建成区应不低于50％，中心城区不低于70％；按车站服务半径500米计算，建成区应不低于90％。否则，应增加和调整线路，增加线路网长度，提高线路网密度，以减少公交出行中的步行距离。

4.4.19 根据我国社会发展的实际情况，目前关于公交车辆保有量的规定为：大城市每万人不少于10～12辆标准车、20辆出租车；中小城市每万人不少于6～8辆标准车、5辆出租车。

5 车辆保养与维修

5.0.2 由于公交企业所拥有的运营车辆的种类不多，数量很大，使用频繁，工作条件相近，因而其损耗、老化情况具有较强的普遍性和规律性，便于实行统一的强制性的按运行周期分级保养与维修的制度，以确保行车安全和服务质量，降低消耗，延长使用寿命。

5.0.3～5.0.7 对于不同类型的运营车辆（如公共汽车、电车、地铁、索道、缆车等）的同级保修，具有不同的保修周期（时间或里程），但其作业范围和技术要求，则是一致的。

5.0.10 贯彻车辆视情修理的原则，既防止了拖延修理造成车辆技术状况恶化，又可避免提前修理造成的浪费。

6 技术经济指标

公共交通技术经济指标是全面、科学地反映公交企业综合实力、技术状况、工作效率、社会效益、经济效益的量化指标体系，是企业考核的本质内涵。

6.0.3 客运周转量是对公交企业运营工作的综合衡量指标，社会经济效益的最终体现。然而，对每一个乘客的每一次乘行距离调查，几乎是不可能的，只能以每一条线路的客运量与平均乘距的乘积来计算客运周转量。

6.0.5～6.0.8 由于车（船）型不同，其客位数也不同，单凭运营车（船）数不能准确地反映企业所拥有的运输能力，没有可比性。只有以某种车（船）型为标准，将不同类型的车（船）数换算成标准车（船）数，才能以统一的尺度准确地反映企业拥有的运输能力。

6.0.9～6.0.16 车（船）日数包含了公交企业每一天所拥有的标准车（船）数，能够充分说明企业在统计期内实际拥有或使用的运输能力。

6.0.20 运营车按规定不载客的运营里程是指在起止站调头（折返）、放站运行、中途故障或其他原因空驶到终点或车场、从线路到车场的往返以及包车回程等空驶里程。

6.0.33 不同规模的公交企业，应有不同的人车比。企业规模越大，拥有车辆越多，线路越多，运营越复杂，功能越完善，机构越齐全，因而人车比也越高。

6.0.34～6.0.39 人均客运周转量、人均客运量、人均客位里程、人均运营里程、人均运营收入是公交企业全员劳动生产率的不同表达形式。其中人均客运周转量是社会效益的集中体现，人均运营收入是经济效益的衡量标准。

7 公共汽电车交通

7.0.1 公共汽车是使用最广泛的公共交通工具，随着国民经济的快速发展和现代化水平的提高，公共汽车呈现出用途和功能多元化，配置和档次多元化，燃料多元化等品种和规格繁多的局面，可以满足不同城市、不同条件、不同要求的需要。

7.0.7 高地板公共汽车的车内通道地板高度一般在1.2米以上，提高了乘客视线，改善观光效果，地板以下设有行李箱，因此适合做高档旅游车和长途客车。

7.0.21 在特大城市的大型路口或重要路段，为了景观的需要，不宜架设电车触线网，双能源无轨电车可借助自备车载动力电源在1～2公里距离内脱线行驶，较好地解决了这个城市发展中出现的新问题。

8 快速公共汽车交通（BRT）

快速公共汽车交通（BRT）的基本特征：

①车辆容量大

BRT运营车一般为铰接式特大型客车，载客量不低于150人。根据需要经主管部门特许，可选用长度为25米以上的超长特大型客车。

②运送速度快，准时性好

专用车道和路口信号优先可提高行车速度；站内售票和水平乘降可缩短停站时间。运送速度不低于25公里/小时。

③客运能力强

利用专用车道的优势，实行多车连发列车化运行，单向客运能力可达1～1.5万人次/小时。

④乘车、候车条件好

道路条件、客车等级和车内配置均按1级标准要求，乘行舒适性好；

封闭式车站、自动售检票、乘车信息服务、水平乘降等便于乘客候车和乘降。

⑤安全、可靠性高

与其他交通方式隔离，行车事故少；

车辆性能优良，并有完善的保修和故障紧急救援系统，故可靠性高。

⑥能耗低，污染少

专用车道和路口信号优先，有效避免拥堵和频繁变速、停车，可降低能耗和尾气污染。

⑦资金投入较少

快速公共汽车系统的投资约为相同规模轻轨系统的1/10～1/5。

⑧建设和改造难度较低

与轨道交通相比，快速公共汽车系统的建设比较容易，其车辆监控设施和优先信号设施等还可分步建立。当客流量达到运力上限时，易于向轨道交通方式升级改造。

9 出租汽车交通

9.0.27～9.0.32 合理的出租汽车运营服务系统应以营业站服务为主，流动服务为辅。在GPS设备的监控下，营业站对服务半径内的所有待租车（不分所属公司）实行统一调度。乘客可电话订车或到附近停车点上车，从而大大减少出租车的空驶里程，减少乘客的候车时间和步行距离，从总体上提高服务水平和效率，提高社会效益和经济效益。

10 城 市 轮 渡

10.1.13 为了保证客渡轮航行的安全，其额定载客量不是由制造厂或使用单位确定，而是由船舶检验部门核定。

10.1.24～10.1.26 由于江水有一定的流速，致使轮渡往返航行的时间和运行成本都有明显差别，其中横江轮渡差别较小，斜江轮渡差别较大，顺江轮渡差别最大。对于横江、斜江和顺江的量化定义，是首次提出。

10.2.26～10.2.28 城市轮渡受水情、水势、天气和施工的影响很大，是城市交通的薄弱环节。

11 客运索道、缆车

11.0.7 由于索道客车（吊厢、椅）的重心在承载索下方，稳定性很好，爬坡角可达55°。而缆车的重心在轨道上方，爬坡角不大于45°。

11.0.12～11.0.15 由于往复式索道的跨度很大，钢索受到的张力是非常大的，将钢索一端锚固，另一端经过滑轮悬挂张紧重锤，随着客车的运行和重锤的升降，使索道支架之间的钢索长度不断得到调整，张力始终保持给定的安全值。

11.0.16～11.0.18 在缆车系统中，以上站为驱动站，两个客车分别与牵引索的两端相连，互为配重，受驱动机牵引的一端往上站行驶，另一端在重力作用下往下站滑行。

在索道系统中，牵引索（运载索）为环形，它在线路的一端绕过驱动站内的驱动轮，在线路的另一端绕过迂回站的迂回轮。

11.0.35～11.0.38 在索道、缆车和电梯系统中，客车或轿厢均以钢索悬挂在空中，其安全性和可靠性十分重要。行程限位器、速度限制器、超载限制器和牵引索松弛停车器等是从多方面保证人员和设备安全的设施。

12 客运扶梯、电梯

12.0.1 一条客运扶梯线路应有两部扶梯并列相向运行。当线路长度大于100米时，宜分段设置。当扶梯上无乘客时，应自动减速运行。

中华人民共和国行业标准

城镇排水系统电气与自动化工程技术规程

Technical specification of electrical & automation engineering for city drainage system

CJJ 120—2008

J 783—2008

批准部门：中华人民共和国建设部

施行日期：2 0 0 8 年 9 月 1 日

中华人民共和国建设部
公　　告

第 810 号

建设部关于发布行业标准《城镇排水系统电气与自动化工程技术规程》的公告

现批准《城镇排水系统电气与自动化工程技术规程》为行业标准，编号为 CJJ 120－2008，自 2008 年 9 月 1 日起实施。其中，第 3.10.11、5.8.1、6.11.5 条为强制性条文，必须严格执行。

本规程由建设部标准定额研究所组织中国建筑工业出版社出版发行。

中华人民共和国建设部

2008 年 2 月 26 日

前　　言

根据建设部建标［2004］66 号文件的要求，标准编制组在深入调查研究，认真总结国内外科研成果和大量实践经验，并在广泛征求意见的基础上，制定了本规程。

本规程的主要技术内容是：1. 泵站供配电；2. 泵站自动化系统；3. 污水处理厂供配电；4. 污水处理厂自动化系统；5. 排水工程的数据采集和监控系统。

本规程以黑体字标志的条文为强制性条文，必须严格执行。

本规程由建设部负责管理和对强制性条文的解释，由主编单位负责具体技术内容的解释。

本规程主编单位：上海市城市建设设计研究院（地址：上海浦东新区东方路 3447 号；邮政编码：200125）

本规程参编单位：上海电气自动化设计研究所有限公司
中国市政工程华北设计研究院

本规程主要起草人：陈　洪　李　红　戴孙放　郑效文　沈燕蓉　石　泉　黄建民　王　峰

目　次

1　总则 ………………………………… 2—26—4
2　术语、符号与代号 ………………… 2—26—4
2.1　术语……………………………… 2—26—4
2.2　符号……………………………… 2—26—5
2.3　代号……………………………… 2—26—5
3　泵站供配电………………………… 2—26—6
3.1　负荷调查与计算………………… 2—26—6
3.2　供电电源………………………… 2—26—7
3.3　系统结构………………………… 2—26—7
3.4　无功功率补偿…………………… 2—26—7
3.5　操作电源………………………… 2—26—7
3.6　短路电流计算与继电保护……… 2—26—7
3.7　设备选择………………………… 2—26—9
3.8　设备布置 ……………………… 2—26—10
3.9　照明 …………………………… 2—26—11
3.10　接地和防雷…………………… 2—26—12
3.11　泵站电气施工及验收………… 2—26—13
4　泵站自动化系统…………………… 2—26—13
4.1　一般规定………………………… 2—26—13
4.2　泵站的等级划分………………… 2—26—13
4.3　系统结构 ……………………… 2—26—13
4.4　系统功能 ……………………… 2—26—14
4.5　检测和测量技术要求 ………… 2—26—14
4.6　设备控制技术要求 …………… 2—26—15
4.7　电力监控技术要求 …………… 2—26—19
4.8　防雷与接地……………………… 2—26—19
4.9　控制设备配置要求 …………… 2—26—20
4.10　安全和技术防卫……………… 2—26—20
4.11　控制软件……………………… 2—26—20
4.12　控制系统接口………………… 2—26—21
4.13　系统技术指标………………… 2—26—21
4.14　设备安装技术要求…………… 2—26—22
4.15　系统调试、验收、试运行…… 2—26—23
5　污水处理厂供配电………………… 2—26—24
5.1　负荷计算 ……………………… 2—26—24
5.2　系统结构 ……………………… 2—26—24
5.3　操作电源 ……………………… 2—26—25
5.4　短路电流计算及保护 ………… 2—26—25
5.5　系统设备要求 ………………… 2—26—25
5.6　照明 …………………………… 2—26—25
5.7　接地与防雷 …………………… 2—26—25
5.8　防爆电器的应用 ……………… 2—26—25
5.9　电气施工及验收 ……………… 2—26—25
6　污水处理厂自动化系统 ………… 2—26—25
6.1　一般规定 ……………………… 2—26—25
6.2　规模划分与系统设置要求 …… 2—26—25
6.3　系统结构 ……………………… 2—26—26
6.4　系统功能 ……………………… 2—26—26
6.5　检测和监视点设置 …………… 2—26—27
6.6　检测和测量技术要求 ………… 2—26—28
6.7　设备控制技术要求 …………… 2—26—29
6.8　电力监控技术要求 …………… 2—26—31
6.9　防雷与接地 …………………… 2—26—31
6.10　控制设备配置要求…………… 2—26—32
6.11　安全和技术防范……………… 2—26—32
6.12　控制软件……………………… 2—26—32
6.13　控制系统接口………………… 2—26—33
6.14　系统技术指标………………… 2—26—34
6.15　计量…………………………… 2—26—34
6.16　设备安装技术要求…………… 2—26—34
6.17　系统的调试、检验、试运行… 2—26—34
7　排水工程的数据采集和监控
系统…………………………………… 2—26—34
7.1　系统建立 ……………………… 2—26—34
7.2　系统结构 ……………………… 2—26—35
7.3　系统功能 ……………………… 2—26—35
7.4　系统指标 ……………………… 2—26—36
7.5　系统设备配置 ………………… 2—26—36
本规程用词说明 …………………… 2—26—36
附：条文说明………………………… 2—26—37

1 总 则

1.0.1 为提高我国城镇排水行业电气自动化系统的技术水平，规范城镇排水和污水处理建设中电气自动化工程的建设标准，提高工程建设投资效益，改善生产和劳动环境，制定本规程。

1.0.2 本规程适用于城镇雨水与污水泵站、污水处理厂的供配电系统和自动化运行控制系统以及排水泵站群的数据采集和控制系统或区域性排水工程的中央监控系统的设计、施工、验收。

1.0.3 排水和污水处理工程的运行自动化程度，应根据管理的需要，设备器材的质量和供应情况，结合当地具体条件通过全面的技术经济比较确定。

1.0.4 城镇排水系统电气与自动化工程在设计、施工、验收中除应符合本规程的要求外，尚应符合国家现行有关标准的规定。

2 术语、符号与代号

2.1 术 语

2.1.1 瞬时流量 instantaneous flow rate

某一时刻的流量。

2.1.2 累积流量 accumulated flow rate

某一时间段的总流量。

2.1.3 操作界面 operation interface

操作人员和计算机进行工作交互的媒介。

2.1.4 数据采集 data acquisition

按预定的速率将现场信号（模拟量、离散量、频率）进行数字化送入计算机。

2.1.5 数据处理 data processing

将采集到的数据按照某一规律进行运算或变换。

2.1.6 接口 interface

两个不同系统的交接部分。

2.1.7 现场控制 site control

在设备安装位置附近实施设备控制箱上的手动控制（不依赖于自控系统的控制）。

2.1.8 配电盘控制 panel control

在电动机配电控制盘或 MCC 盘面上实施的手动控制。当电动机配电控制盘或 MCC 盘布置在现场设备附近时，可代替现场控制。

2.1.9 就地控制 local control

以 PLC 作为核心器件，完成本区域内相关的信息采集、指令执行以及监控方案实施等工作。

2.1.10 就地手动 local manual

利用现场控制站或 RTU（remote terminal unit）柜面板上触摸屏或按钮，以人工按键操作控制设备。

2.1.11 就地自动 local automation

利用现场控制站的自动控制器和软件对设备进行控制。

2.1.12 远程控制 remote control

通过有线或无线通信，完成对远程区域内设备、仪表的数据采集、命令下达或控制功能。

2.1.13 就地控制站 local control station

一般以 PLC 作为核心器件，主要负责泵站或污水处理厂某一区域内涉及设备监控系统相关的信息收集、指令执行以及监控方案实施等工作的设备。

2.1.14 远程终端单元（RTU）remote terminal unit

一个控制系统中相对于控制中心所设置的控制站，一般以 PLC 作为核心器件，主要负责相对控制中心距离较远处设备的监控以及相关的信息收集、指令执行以及监控方案实施等工作。

2.1.15 设备层 equipment layer

现场的设备装置和现场仪表。以总线或硬接线的方式与控制层连接。

2.1.16 控制层 control layer

由分布在各区域的就地控制器与连接控制中心和该控制器的环网（或星型网）所组成。

2.1.17 信息层 information layer

整个系统中上层数据传输的链路及设备。

2.1.18 信息中心 information center

按排水系统或地域划分，管辖该系统或地域内的泵站和污水处理厂的设备状态、工艺参数等信息采集、处理、显示功能的场所。

2.1.19 区域监控中心 area control center

按地理位置划分，管辖部分泵站，具有信息采集、处理、显示和发布控制命令功能的场所，具有控制主站的功能。

2.1.20 远程子站 remote sub station

与主站相隔一定距离，通过有线或无线通信连接的远程终端。

2.1.21 系统软件 system software

一般指计算机操作系统，在购买计算机时由厂商提供。

2.1.22 编程语言 programming language

遵循特定的语法，编写程序所使用的语言。

2.1.23 应用软件 application software

使用编程语言编写的，解决某些特定问题的一个或一组程序，通常由用户程序和软件包组成。

2.1.24 图控组态软件 HMI software

提供图形方式对应用程序进行组态的一种操作界面，操作人员不需要掌握编程语言或语法就能进行应用软件的编程，国内通常称为图控组态软件。

2.1.25 事件登录 events login

设备、装置或者过程的状态发生变化，计算机记录此变化。

2.1.26 主站轮询 master station polling

主站按照某种顺序，轮流查询各从站的状态。

2.1.27 逢变则报（RBE）report by exception

从站的状态如有变化则上报，没有变化则不上报，这样可以允许主站采用较大的轮询周期（这就意味着可以访问更多的从站），但仍然能够保持较高的事件分辨率。

2.1.28 通信速率 baud rate

采用计算机通讯时，以每秒完成被传送数据的位数或字节数定义为数据传输的速率。

2.2 符　号

2.2.1 负荷

P_N——用电设备组的设备功率；

P_r——电动机额定功率；

P_{js}——有功计算功率；

Q_{js}——无功计算功率；

S_{js}——视在计算功率；

K_X——需要系数；

$K_{\Sigma P}$、$K_{\Sigma Q}$——有功功率、无功功率同时系数。

2.2.2 短路电路

I_{js}——计算电流；

i_{ch}——短路冲击电流；

I_{ch}——短路全电流最大有效值；

I''_2——两相短路电流的初始值；

I_{k2}——两相短路稳态电流；

I''_3——三相短路电流的初始值；

I_{k3}——三相短路稳态电流；

R_s、X_s——变压器高压侧系统的电阻、电抗；

R_T、X_T——变压器的电阻、电抗；

R_m、X_m——变压器低压侧母线段的电阻、电抗；

R_L、X_L——配电线路的电阻、电抗；

$\tan\phi$——用电设备功率因数角的正切值；

T_f——短路电流非周期分量缩减时间常数；

U_r——用电设备额定电压（线电压）；

U_n——网络标称电压（线电压）；

U_e——额定电压；

Z_k、R_k、X_k——短路电路总阻抗、总电阻、总电抗；

X_Σ——短路电路总电抗（假定短路电路没有电阻的条件下求得）；

R_Σ——短路电路总电阻（假定短路电路没有电抗的条件下求得）；

ε_r——电动机额定负载持续率；

C——电压系数，计算三相短路电流时取1.05。

2.2.3 照明负荷

P_{js}——照明计算负荷；

P_{max}——最大一相的装灯容量。

2.3 代　号

2.3.1 BOD（Biochemical Oxygen Demand）——生物需氧量

2.3.2 C/S（Client/Server）——客户机/服务器

2.3.3 COD（Chemical Oxygen Demand）——化学需氧量

2.3.4 C_2——氨氮、硝氮复合式检测的简称

2.3.5 CDMA（Code Division Multiple Access）——码分多址无线通信技术

2.3.6 DO（Dissolved Oxygen）——溶解氧

2.3.7 DDN（Digital Data Network）——数字式数据网

2.3.8 GPS（Global Positioning System）——全球定位系统

2.3.9 GSM（Global System for Mobile Communication）——全球移动通信系统

2.3.10 ISDN（Integrated Services Digital Network）——综合业务数字网

2.3.11 MCC（Motor Control Center）——马达控制中心

2.3.12 MTBF（Mean Time Between Failures）——平均故障间隔时间

2.3.13 MTTR（Mean Time to Repair）——平均修复时间

2.3.14 MIS（Management Information System）——管理信息系统

2.3.15 MLSS（Mixed Liquor Suspended Solids）——污泥浓度

2.3.16 NH_3-N（Ammonium Nitrogen）——氨氮

2.3.17 NO_3-N（Nitrate Nitrogen）——硝态氮

2.3.18 ORP（Oxidation-Reduction Potential）——氧化还原电位

2.3.19 PLC（Programmable Logic Controller）——可编程逻辑控制器

2.3.20 PSTN（Public Switched Telephone Network）——公共交换电话网络

2.3.21 pH/T（Pondus hydrogenii/Temperature）——酸碱度/温度

2.3.22 RTU（Remote Terminal Unit）——远程终端单元

2.3.23 SCADA（Supervisory Control and Data Acquisition）——数据采集和监视控制

2.3.24 SOE（Sequence of Events）——事件顺序记录

2.3.25 SS（Suspended Solid）——固体悬浮物浓度

2.3.26 TCP/IP（Transmission Control Protocol/Internet Protocol）——传输控制协议/网际协议

2.3.27 TOC（Total Organic Carbon）——总有机碳

2.3.28 TP（Total Phosphorus）——总磷

2.3.29 UPS（Uninterruptible Power Supply）——不间断电源

3 泵 站 供 配 电

3.1 负荷调查与计算

3.1.1 泵站负荷的设计调查应符合下列规定：

1 泵站规模的调查应根据城市雨水、污水系统专业规划和有关排水系统所规定的范围、设计标准，经工艺设计的综合分析计算后确定泵站的近期规模，包括泵站站址选择和总平面布置。

2 工艺的调查应包括工程性质、工艺流程图、工艺对电气控制的要求。

3 用电量的调查应包括机械设备正常工作用电（设备规格、型号、工作制）、仪表监控用电、正常工作照明、安全应急照明、室外照明、检修用电及其他场所的照明。

4 发展规划的调查应包括近期建设和远期发展的关系，远近结合，以近期为主，适当考虑发展的可能。

5 环境调查应包括周围环境对本工程的影响以及本工程实施后对居民生活可能造成的影响进行初步评估。

3.1.2 污水泵站、雨水泵站供电负荷等级应为二级负荷。特别重要的污水泵站、雨水泵站应定为一级负荷。

3.1.3 泵站负荷计算应符合下列规定：

1 负荷计算宜采用需要系数法。

2 在负荷计算时，应将不同工作制用电设备的额定功率换算成为统一计算功率。

3 泵站的水泵电机为主要设备，应按连续工作制考虑，其功率应按电机额定铭牌功率计算。

4 短时或周期工作制电动机的设备功率应统一换算到负载持续率（ε）为25%以下的有功功率，应按下式计算：

$$P_{\mathrm{N}}=P_{\mathrm{r}}\sqrt{\frac{\varepsilon_{\mathrm{r}}}{0.25}}=2P_{\mathrm{r}}\sqrt{\varepsilon_{\mathrm{r}}} \quad (3.1.3\text{-}1)$$

式中 P_{N}——用电设备组的设备功率（kW）；

P_{r}——电动机额定功率（kW）；

ε_{r}——电动机额定负载持续率。

5 采用需要系数法计算负荷，应符合下列要求：

1） 设备组的计算负荷及计算电流应按下列公式计算：

$$P_{\mathrm{js}}=K_{\mathrm{X}}P_{\mathrm{N}} \quad (3.1.3\text{-}2)$$

$$Q_{\mathrm{js}}=P_{\mathrm{js}}\tan\phi \quad (3.1.3\text{-}3)$$

$$S_{\mathrm{js}}=\sqrt{P_{\mathrm{js}}^{2}+Q_{\mathrm{js}}^{2}} \quad (3.1.3\text{-}4)$$

$$I_{\mathrm{js}}=\frac{S_{\mathrm{js}}}{\sqrt{3}U_{\mathrm{r}}} \quad (3.1.3\text{-}5)$$

式中 P_{js}——用电设备有功计算功率（kW）；

K_{X}——需要系数，按表3.1.3的规定取值；

Q_{js}——用电设备无功计算功率（kvar）；

$\tan\phi$——用电设备功率因数角的正切值，按表3.1.3的规定取值；

S_{js}——用电设备视在计算功率（kva）；

I_{js}——计算电流（A）；

U_{r}——用电设备额定电压或线电压（kV）。

2） 变电所的计算负荷应按下列公式计算：

$$P_{\mathrm{js}}=K_{\sum\mathrm{P}}\sum(K_{\mathrm{X}}P_{\mathrm{N}}) \quad (3.1.3\text{-}6)$$

$$Q_{\mathrm{js}}=K_{\sum\mathrm{Q}}\sum(K_{\mathrm{X}}P_{\mathrm{N}}\tan\phi) \quad (3.1.3\text{-}7)$$

$$S_{\mathrm{js}}=\sqrt{P_{\mathrm{js}}+Q_{\mathrm{js}}} \quad (3.1.3\text{-}8)$$

式中 $K_{\sum\mathrm{P}}$、$K_{\sum\mathrm{Q}}$——有功功率、无功功率同时系数，分别取0.8～0.9和0.93～0.97。

表3.1.3 用电设备需要系数

用电设备组名称	需要系数（K_{X}）	$\cos\phi$	$\tan\phi$
水泵	0.75～0.85	0.80～0.85	0.75～0.62
生产用通风机	0.75～0.85	0.80～0.85	0.75～0.62
卫生用通风机	0.65～0.70	0.80	0.75
闸门	0.20	0.80	0.75
格栅除污机、皮带运输机、压榨机等	0.50～0.60	0.75	0.88
搅拌机、刮泥机	0.75～0.85	0.80～0.85	0.75～0.62
起重器及电动葫芦（ε=25%）	0.20	0.50	1.73
仪表装置	0.70	0.70	1.02
电子计算机	0.60～0.70	0.80	0.75
电子计算机外部设备	0.40～0.50	0.50	1.73
照明	0.70～0.85	—	—

6 变电所或配电所的计算负荷，应为各配电干线计算负荷之和再乘以同时系数；计算变电所高压侧负荷时，应加上变压器的功率损耗。

3.1.4 变压器的选择应符合下列规定：

1 变压器的容量应根据泵站的计算负荷以及机组的启动方式、运行方式，并充分考虑变压器的节能运行要求等综合因素来确定。从节能角度考虑，变压器负载率宜控制在0.6～0.7。

2 变压器台数应根据负荷特点和经济运行进行选择。一般城镇排水泵站宜装设两台及以上变压器。

3 低压为0.4kV单台变压器的容量不宜大于1250kVA。当用电设备容量较大，负荷集中且运行合理时，可选用较大容量的变压器。

4　当泵站配置二台变压器时，型号和容量应相同。变压器容量宜按计算负荷100%的备用率选取。

5　雨水、污水合建泵站中，宜对雨水、污水泵分别设置供电变压器。

6　泵站变电所3000kVA以下容量变压器宜采用干式。在特别潮湿的环境中，不宜设置浸渍绝缘干式变压器。

3.1.5　对10（6）kV/0.4kV的变压器联结组标号宜选用D/Y_n-11接线。

3.1.6　干式变压器宜配防护罩壳、温控、温显装置。

3.2　供电电源

3.2.1　供电电压应根据工程的总用电量、主要用电设备的额定电压、供电距离、供电线路的回路数、当地供电网络现状和发展规划等因素综合考虑。

3.2.2　泵站宜采用二路电源供电，二路互为备用或一路常用一路备用。

3.2.3　在负荷较小或地区供电条件困难时，二级负荷可采用10kV及以上专用的架空线路或电缆供电。当采用架空线时，可采用一回架空线供电。当采用电缆线路时，应采用二根电缆组成的线路供电，每根电缆应能承受100%的二级负荷。

3.2.4　当供电电压为35kV及以上的工程，配电电压应采用10kV，当6kV用电设备的总容量较大，选用6kV经济合理时，宜采用6kV。

3.2.5　当供电电压为35kV/10kV，泵站内无额定电压为0.4kV以上的用电设备，可用0.4kV作为配电电压。

3.2.6　当泵站容量较小，有条件接入0.4kV电源时，可直接采用0.4kV电源供电。

3.3　系统结构

3.3.1　配电系统应根据工程用电负荷大小、对供电可靠性的要求、负荷分布情况等采用不同的接线方法。

3.3.2　对10kV/6kV配电系统宜采用放射式。

3.3.3　对泵站内的水泵电机应采用放射式配电。对无特殊要求的小容量负荷可采用树干式配电。

3.3.4　配电所、变电所的高压及低压母线接线方式宜采用单母线分段或单母线接线。

3.3.5　由地区电网供电的配电所电源进线处，应装设供计量用的电压、电流互感器。

3.3.6　变配电所的主接线应符合现行国家标准《10kV及以下变电所设计规范》GB 50053和《35～110kV变电所设计规范》GB 50059的有关规定。

3.4　无功功率补偿

3.4.1　当用电设备的自然功率因数达不到要求时，应采用并联电力电容器作为无功功率补偿装置，保证泵站计量侧的功率因数不应小于0.9。

3.4.2　在选择补偿方式时应考虑系统合理、节省投资以及控制、管理方便等因素。

3.4.3　为减少线路损失和电压损失，宜采用就地平衡补偿。

3.4.4　高压电机的无功功率宜采用单独就地补偿，高压电容器组宜在变电所内集中装设。补偿后的功率因数不应小于0.9。

3.4.5　低压电机的无功功率宜采用集中补偿或就地补偿，补偿装置的电容器组宜在变电所内集中设置。补偿后的高压侧功率因数不应小于0.9。

3.4.6　无功功率补偿装置宜采用自动投入电容器方式，保证补偿后的功率因数不应小于0.9。

3.4.7　补偿容量宜按无功功率曲线或无功功率补偿计算方法确定。

3.4.8　低压电容器组应接成三角形方式。高压电容器组应接成中性点不接地的星型方式。

3.4.9　电容器组应直接与放电装置连接，中间不应设置开关或熔断器。低压电容器组可设置自动接通的连锁装置，电容器分闸时应自动接通，合闸时应自动断开。

3.4.10　当系统中有高次谐波超过规定值时，应采取抑制谐波的措施。

3.4.11　电容器组的连接导线和开关设备的长期允许电流，高压不应小于电容器额定电流的1.35倍；低压不应小于电容器额定电流的1.5倍。

3.5　操作电源

3.5.1　对符合本规程第4.2.1条规定的特大、大、中型泵站变电所，宜采用直流操作电源。对主接线简单，且供电主开关操作不频繁的泵站变电所，可采用交流操作电源。

3.5.2　泵站变电所应选用免维护铅酸蓄电池直流屏为直流操作电源。

3.5.3　变电所的控制、保护、信号、自动装置等所需要的直流电源应保证不间断供电。

3.5.4　对符合本规程第4.2.1条规定的中、小型泵站的变电所，宜采用弹簧储能操动机构合闸和去分流分闸的全交流操作。

3.6　短路电流计算与继电保护

3.6.1　短路电流计算时所采用的接线方式，应为系统在最大及最小运行方式下导体和电器安装处发生短路电流的正常接线方式。短路电流计算宜符合下列要求：

1　在短路持续时间内，短路相数不变，如三相短路持续时间内保持三相短路不变，单相接地短路持续时间内保持单相接地短路不变；

2　具有分接开关的变压器，其开关位置均视为在主分接位置；

3　不计弧电阻。

3.6.2　高压电路短路电流计算时，应考虑对短路电流影响大的变压器、电抗器、架空线及电缆等的阻抗，对短路电流影响小的因素可不予考虑。

3.6.3　计算短路电流时，电路的分布电容不予考虑。

3.6.4　短路电流计算中应以系统在最大运行方式下三相短路电流为主；应以最大三相短路电流作为选择、校验电器和计算继电保护的主要参数。同时也需要计算系统在最小运行方式下的两相短路电流作为校验继电保护、校核电动机启动等的主要参数。

3.6.5　短路电流应采用以下计算方法：

1　以系统元件参数的标幺值计算短路电流，适用于比较复杂的系统。

2　以系统短路容量计算短路电流，适用于比较简单的系统。

3　以有名值计算短路电流，适用于 1kV 及以下的低压网络系统。

3.6.6　高压网络短路电流计算宜按下列步骤进行：

1　确定基准容量，$S_j = 100$MVA，确定基准电压 $U_j = U_p$；

2　绘制主接线系统图，标出计算短路点；

3　绘制相应阻抗图，各元件归算到标幺值；

4　经网络变换等计算短路点的总阻抗标幺值；

5　计算三相短路周期分量及冲击电流等。

3.6.7　低压网络短路电流计算宜按下列步骤进行：

1　画出短路点的计算电路，求出各元件的阻抗（见图 3.6.7）。

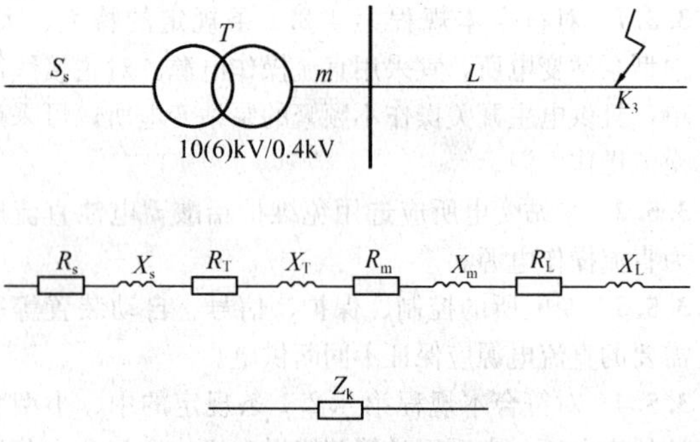

图 3.6.7　三相短路电流计算电路

2　变换电路后画出等效电路图，求出总阻抗；

3　低压网络三相和两相短路电流周期分量有效值宜按下列公式计算：

$$I''_3 = \frac{\frac{CU_n}{\sqrt{3}}}{Z_k} = \frac{\frac{1.05U_n}{\sqrt{3}}}{\sqrt{R_k^2 + X_k^2}} = \frac{230}{\sqrt{R_k^2 + X_k^2}} \tag{3.6.7-1}$$

$$R_k = R_s + R_T + R_m + R_L \tag{3.6.7-2}$$

$$X_k = X_s + X_T + X_m + X_L \tag{3.6.7-3}$$

式中　I''_3——三相短路电流的初始值；

C——电压系数，计算三相短路电流时取 1.05；

U_n——网络标称电压或线电压（V），220/380V 网络为 380V；

Z_k、R_k、X_k——短路电路总阻抗、总电阻、总电抗（mΩ）；

R_s、X_s——变压器高压侧系统的电阻、电抗（归算到 400V 侧）（mΩ）；

R_T、X_T——变压器的电阻、电抗（mΩ）；

R_m、X_m——变压器低压侧母线段的电阻、电抗（mΩ）；

R_L、X_L——配电线路的电阻、电抗（mΩ）；

I_k——短路电流的稳态值；

只要 $\frac{\sqrt{R_T^2 + X_T^2}}{\sqrt{R_s^2 + X_s^2}} \geqslant 2$，变压器低压侧短路时的短路电流周期分量不衰减，$I_k = I''_3$。

4　短路冲击电流宜按下列公式计算：

$$i_{ch} = K_{ch}\sqrt{2}I''_3 \tag{3.6.7-4}$$

$$I_{ch} = I''_3\sqrt{1 + 2(K_{ch} - 1)^2} \tag{3.6.7-5}$$

$$K_{ch} = 1 + e^{0.01/T_f} \tag{3.6.7-6}$$

$$T_f = \frac{X_\Sigma}{314R_\Sigma} \tag{3.6.7-7}$$

式中　i_{ch}——短路冲击电流（kA）；

K_{ch}——短路电流冲击系数；

I_{ch}——短路全电流最大有效值（kA）；

T_f——短路电流非周期分量缩减时间常数 s，当电网频率为 50Hz 时按式（3.6.7-7）取值；

X_Σ——短路电路总电抗（假定短路电路没有电阻的条件下求得）（Ω）；

R_Σ——短路电路总电阻（假定短路电路没有电抗的条件下求得）（Ω）。

5　两相短路电流按下列公式计算：

$$I''_2 = 0.866I''_3 \tag{3.6.7-8}$$

$$I_{K2} = 0.866I_{K3} \tag{3.6.7-9}$$

式中　I''_2——两相短路电路的初始值；

I_{K2}——两相短路稳态电流；

I_{K3}——三相短路稳态电流。

3.6.8　应按系统配置及供电部门提供的供电方案进行短路电流和保护计算，并确定保护方式，且应符合下列规定：

1　各类型继电保护设置原则应符合现行国家标准《电力装置的继电保护和自动装置设计规范》GB 50062 的有关规定。

2　继电保护应确保可靠性，同时满足选择性、灵敏性和速动性的要求。

3　电力系统中应对电力变压器、电动机、电力电容器、母线、架空线或电缆线路、母线分段断路器及联络断路器、电源进线等设备配置继电保护装置。

4 继电保护装置宜采用带总线接口智能综合保护终端。

3.7 设 备 选 择

3.7.1 泵站电动机的选择应符合下列规定：

1 电动机的选择应符合下列要求：

1）电动机的全部电气和机械参数，应满足水泵启动、制动、运行和控制要求。

2）电动机的类型和额定电压，应优选国家电压等级的分类要求。

3）电动机的结构形式、冷却方法、绝缘等级、允许的海拔高度等，应符合工作环境要求。

4）电动机的额定功率应与水泵及其他设备输入功率相匹配，并计入适当储备系数。

2 变负载运行的水泵电机，应采用调速装置，并应选用相应类型的电动机。

3 配置的异步电动机，应有良好的通风，户内防护等级应为 IP4X，户外防护等级应为 IP55。

4 潜水电动机防护等级必须为 IP68。宜采用异步电动机。

5 电动机的额定电压应根据其额定功率和所在系统的配电电压确定，宜符合表 3.7.1 的规定。

表 3.7.1 水泵交流电动机额定电压和容量

额定电压（V）	容量范围（kW）			
	鼠 笼 型		绕 线 型	
	最 小	最 大	最 小	最 大
380	0.37	320	0.6	320
6000	220	5000	220	5000
10000	220	5000	220	5000

注：1. 电动机额定电压和容量范围随着工程需要可以有所变化。

2. 当供电电压为 6kV 时，中等容量的电动机应采用 6kV 电动机。

3. 对于 200～300kW 额定容量的电动机，其额定电压，应经技术经济比较后确定采用低压或高压。

4. 对于大功率的潜水泵电动机其额定电压宜采用 660V。

6 泵站电机台数的确定宜与单母线分段接线匹配，并使每分段的计算负荷保持平衡，提高运行可靠性。

3.7.2 高压配电装置（包括高压电容柜）的选择应符合下列规定：

1 应根据电力负荷性质及容量、环境条件、运行、安装维修、可靠性等工程经济技术要求合理地选用高压柜设备和制定布置方案。并应有利于分期扩建的需要。

2 同一泵站内高压配电装置型号应一致。配电装置应装设闭锁及连锁装置，必须配有防止带负荷拉、合隔离开关、防止误分（合）断路器、防止带电挂（合）接地线（开关）、防止带接地线（开关）合断路器（隔离开关）、防止误入带电间隔等设施。

3 应符合现行国家标准《3～110kV 高压配电装置设计规范》GB 50060 及《10kV 及以下变电所设计规范》GB 50053 的规定。

4 高压配电装置内宜设带数据通信接口的综合继电保护装置或留有点对点的硬接线信号界面。

3.7.3 低压配电装置（包括低压电容柜）的选择应符合下列规定：

1 设计、布置应便于安装、操作、搬运、检修、试验和监测。

2 应根据每个泵站变电所站址所处的位置和特点合理选择柜型。

3 进线柜宜设带有数据通信接口的智能型组合电量变送器或留有点对点的硬接线信号界面。

4 低压柜选择应符合现行国家标准《10kV 及以下变电所设计规范》GB 50053 的规定。

5 就地补偿电容器的容量应与电动机功率相匹配，安装位置应安全可靠，宜靠近被补偿的设备，并应符合柜体的安装要求。

3.7.4 电力电缆选择应符合下列规定：

1 宜选用铜芯电缆。

2 保护接地线（以下简称 PE 线）干线采用单芯铜导线时，芯线截面不应小于 $10mm^2$；采用多芯电缆的芯线时，其截面不应小于 $4mm^2$。

3 PE 线采用单芯绝缘导线时，按机械强度要求，截面不应小于下列数值：

1）有机械性的保护时，为 $2.5mm^2$；

2）无机械性的保护时，为 $4mm^2$。

4 装置外的可导电部分严禁用作 PE 线。

5 1kV 及其以下电源中性点直接接地的三相回路的电缆芯数选择应符合下列规定：

1）保护线与中性线合用一导体时，应采用四芯电缆。

2）保护线与中性线各自独立时，应采用五芯电缆。

3）受电设备外露可导电部位的接地与电源系统接地各自独立的情况下，应采用四芯电缆。

6 1kV 及其以下电源中性点直接接地的单相回路的电缆芯数选择应符合下列规定：

1）保护线与中性线分开时，宜采用三芯电缆。

2）受电设备外露可导电部位的接地与电源系统接地各自独立的情况下，应采用两芯电缆。

7 直流供电回路宜采用两芯电缆。

8 电力电缆应正确地选择电缆绝缘水平，并应符合下列规定：

1） 交流系统中电力电缆缆芯的相间额定电压不得低于使用回路的工作线电压。

2） 交流系统中电力电缆缆芯与绝缘屏蔽或金属之间的额定电压的选择，应符合现行国家标准《电力工程电缆设计规范》GB 50217的规定。

3） 交流系统中电缆的冲击耐压水平应满足系统绝缘配合要求。

4） 控制电缆额定电压的选择不应低于该回路工作电压，应满足可能经受的暂态和工频过电压作用要求，无特殊情况宜选用0.45kV/0.75kV。

9 直埋敷设电缆的外护层选择应符合下列规定：

1） 电缆承受较大压力或有机械损伤危险时，应有加强层或钢带铠装。

2） 在流砂层、回填土地带等可能出现位移的土壤中，电缆应有钢丝铠装。

10 电缆截面应按允许通过电流、经济电流密度选择并满足允许压降、短路稳定等要求。

11 含有腐蚀性气体环境的泵站，电缆铠装外应包有外护套。

12 在有防火要求场所，应选用耐火型电缆，或在电缆外层涂覆防火涂料、缠绕防火包带，或敷设在耐火槽盒中。

13 在有鼠害或水淹可能的电缆夹层或电缆沟内敷设的电缆宜采用防水或防鼠电缆。

3.8 设备布置

3.8.1 泵站降压型变电所宜采用户内型布置。

3.8.2 变电所的设置应根据下列要求经技术经济比较后确定：

1 接近负荷中心；

2 进出线方便；

3 接近电源侧；

4 设备运输方便；

5 不应设在有剧烈震动的或高温的场所；

6 不宜设在多尘或有腐蚀气体的场所，如无法远离，不应设在污染源的主导风向的下风侧；

7 不应设在有爆炸危险环境或火灾危险环境的正上方和正下方；

8 变电所的辅助用房，应根据需要和节约的原则确定。有人值班的变电所应设单独的值班室。值班室与高压配电室宜直通或经过通道相通，值班室应有门直接通向户外或通向走道。

3.8.3 高压配电室布置应符合下列规定：

1 配电装置宜采用成套设备，型号应一致。配电柜应装设闭锁及连锁装置，以防止误操作事故的发生。

2 带可燃性油的高压开关柜，宜装设在单独的高压配电室内。当高压开关柜的数量为6台及以下时，可与低压柜设置在同一房间。

3 高压配电室长度超过7m时，应设置两扇向外开的防火门，并布置在配电室的两端。位于楼上的配电室至少应设一个安全出口通向室外的平台或通道。并应便于设备搬运。

4 高压配电装置的总长度大于6m时，其柜（屏）后的通道应有两个安全出口。

5 高压配电室内各种通道的最小宽度（净距）应符合表3.8.3的规定。

表3.8.3 高压配电室内通道的最小宽度（净距）（m）

装置种类	操作走廊（正面）		维护走廊（背面）	通往防爆间隔的走廊
	设备单列布置	设备双列布置		
固定式高压开关柜	2.0	2.5	1.0	1.2
手车式高压开关柜	单车长+1.2	双车长+1.0	1.0	1.2

3.8.4 低压配电室布置应符合下列规定：

1 低压配电设备的布置应便于安装、操作、搬运、检修、试验和监测。

2 低压配电室长度超过7m时，应设置两扇门，并布置在配电室的两端。位于楼上的配电室至少应设一个安全出口通向室外的平台或通道。

3 成排布置的配电装置，其长度超过6m时，装置后面的通道应有两个通向本室或其他房间的出口，如两个出口之间的距离超过15m时，其间还应增加出口。

4 低压配电室兼作值班室时，配电装置前面距墙不宜小于3m。

5 成排布置的低压配电装置，其屏前后的通道最小宽度应符合表3.8.4的规定。

表3.8.4 低压配电装置室内通道最小宽度（m）

装置种类	单排布置		双排对面布置		双排背对背布置	
	屏前	屏后	屏前	屏后	屏前	屏后
固定式	1.5	1.0	2.0	1.0	1.5	1.5
抽屉式	2.0	1.0	2.3	1.0	2.0	1.5

3.8.5 电力变压器室布置应符合下列规定：

1 每台油量为100kg及以上的三相变压器，应装设在单独的变压器室内。

2 室内安装的干式变压器，其外廓与墙壁的净距800kVA以下不应小于0.6m；干式变压器之间的距离不应小于1m，并应满足巡视、维修的要求。

3 变压器室内可安装与变压器有关的负荷开关、隔离开关和熔断器。在考虑变压器布置及高、低压进出线位置时，应使负荷开关或隔离开关的操动机构装在近门处。

4 变压器室的大门尺寸应按变压器外形尺寸加0.5m。当一扇门的宽度为1.5m及以上时，应在大门上开宽0.8m、高1.8m的小门。

3.8.6 电容器室布置应符合下列规定：

1 室内高压电容器组宜装设在单独房间内。当容量较小时，可装设在高压配电室内。但与高压开关柜的距离不应小于1.5m。

2 成套电容器柜单列布置时，柜正面与墙面之间的距离不应小于1.5m；双列布置时，柜面之间的距离不应小于2m。

3 装配式电容器组单列布置时，网门与墙距离不应小于1.3m；双列布置时，网门之间距离不应小于1.5m。

4 长度大于7m的电容器室，应设两个出口，并宜布置在两端。门应向外开。

3.8.7 泵房内设备布置应符合下列规定：

1 根据水泵类型、操作方式、水泵机组配电柜、控制屏、泵房结构形式、通风条件等确定设备布置。

2 电动机的启动设备宜安装于配电室和水泵电机旁。

3 机旁控制箱或按钮箱宜装于被控设备附近，操作及维修应方便，底部距地面1.4m左右，可固定于墙、柱上，也可采用支架固定。

3.8.8 泵站场地内电缆沟、井的布置应符合下列规定：

1 泵房控制室、配电室的电缆应采用电缆沟或电缆夹层敷设，泵房内的电缆应采用电缆桥架、支架、吊架或穿管敷设。

2 电缆穿管没有弯头时，长度不宜超过50m，有一个弯头时，穿管长度不宜超过20m；有二个弯头时，应设置电缆手井，电缆手井的尺寸根据电缆数量而定。

3.8.9 泵站场地内的设备布置应符合下列规定：

1 格栅除污机、压榨机、水泵、闸门、阀门等设备的电气控制箱宜安装于设备旁，应采用防腐蚀材料制造，防护等级户外不应低于IP65，户内不应低于IP44。

2 臭气收集和除臭装置电气配套设施应采用耐腐蚀材料制造。

3.9 照 明

3.9.1 泵站应设置工作照明和应急照明。

3.9.2 工作照明电压应采用交流220V。工作照明电源应由厂用变电系统或低压的380/220V中性点直接接地的三相五线制系统供电。

3.9.3 应急照明电源应由照明器具内的可充电电池或由应急电源（EPS）集中供电，其标准供电时间不应小于30min。

3.9.4 主泵房和辅机房的最低照度标准应符合表3.9.4的规定。

表3.9.4 最低照度标准

工作场所	工作面名称	规定照度的被照面	工作照度(lx)	事故照度(lx)
泵房间、格栅间	设备布置和维护地区	离地0.8m水平面	150	10
中控室	控制盘上表针，操作屏台，值班室	控制盘上表针面，控制台水平面	300 500	30
继电保护盘、控制屏	屏前屏后	离地0.8m水平面	150	15
计算机房、通信室	设备上	离地0.8m水平面	300	30
高低压配电装置、母线室	设备布置和维护地区	离地0.8m水平面	200	15
变压器室	—	离地0.8m水平面	100	15
主要楼梯和通道	—	地面	50	1.5
道路和场地	—	地面	30	—

3.9.5 泵站照明光源选择应符合下列规定：

1 宜采用高效节能新光源。

2 泵房、泵站道路等场地照明宜选用高压钠灯。

3 控制室、配电间、办公室等场所宜选用带节能整流器或电子整流器的荧光灯。

4 露天工作场地等宜选用金属卤化物灯。

3.9.6 泵站照明灯具选择应符合下列规定：

1 在正常环境中宜采用开启型灯具。

2 在潮湿场合应采用带防水灯头的开启型灯具或防潮型灯具。

3 灯具结构应便于更换光源。

4 检修用的照明灯具应采用Ⅲ类灯具，用安全特低电压供电，在干燥场所电压值不应大于50V；在潮湿场所电压值不应大于25V。

5 在有可燃气体和防爆要求的场合应采用防爆型灯具。

3.9.7 照明设备（含插座）布置应符合下列规定：

1 室外照明庭园灯高度宜为3.0～3.5m，杆间距宜为15～25m。路灯供电宜采用三芯或五芯直埋电缆。

2 变配电所灯具宜布置在走廊中央。灯具安装在顶棚下距地面高度宜为2.5～3.0m，灯间距宜为灯高度的1.8～2倍。

3 当正常照明因故停电，应急照明电源应能迅速地自动投入。

4 当照明线路中单相电流超过30A时，应以380/220V供电。每一单相回路不宜超过15A，灯具为单独回路时数量不宜超过25个；对高强气体放电灯单相回路电流不宜超过30A；插座应为单独回路，数量不宜超过10个（组）。

3.9.8 三相照明线路各相负荷的分配，宜保持平衡，在每个分照明箱中最大与最小的负荷电流不平均度不宜超过30%，照明负荷可按下式计算：

$$P_{js} = 3K_x P_{max} \quad (3.9.8)$$

式中 P_{js}——照明计算负荷（kW）；

K_x——需要系数，泵站内取0.7～0.85；

P_{max}——最大一相的装灯容量（kW）。

3.9.9 照明配电线路截面选择应满足负载终端电压降不超过5%的额定电压（Ue）。

3.9.10 插座回路应装设漏电保护开关。

3.9.11 在TN-C系统中，PEN线严禁接入开关设备。在TT或TN-S系统中，当需要断开N线时，应装设相线和N线能同时切断的四极保护电器。

3.9.12 配电室内裸导体的正上方，不应布置灯具和明敷线路。当在配电室裸导体上方布置灯具时，灯具与裸导体的水平净距不应小于1.0m。

3.9.13 安装时，照明配电箱底边离地不宜低于1.4m，灯具开关中心和风扇调速开关离地宜为1.3m，竖装荧光灯底边离地宜为1.8m，挂壁式空调插座离地宜2.2m，组合式插座离地宜为0.3m（或离地1.3m）。

3.9.14 照明开关应安装在入口处门框旁边，可采用一灯一开关，或功能相同的灯采用同一开关；对设有多个门的长房间或楼梯间宜采用双控开关。

3.9.15 照明配线应采用铜芯塑料绝缘导线穿管敷设，每管不宜超过6根电线。

3.10 接地和防雷

3.10.1 泵站应设有工作接地、保护接地和防雷接地。

3.10.2 防雷接地宜与交流工作接地、直流工作接地、安全保护接地共用一组接地装置，接地装置的接地电阻值必须按接入设备中要求的最小值确定。

3.10.3 系统设备由TN交流配电系统供电时，配电线路接地保护应采用TN-S或TN-C-S系统。

3.10.4 接地装置应优先利用泵房建筑物的主钢筋作为自然接地体，当自然接地体的接地电阻达不到要求时应增加人工接地体。

3.10.5 变电所的接地装置，除利用自然接地体外，还应敷设人工接地网。对10kV及以下变电所，当采用建筑物的基础作为接地体且接地电阻又满足规定值时，可不另设人工接地体。

3.10.6 人工接地体的材料可采用水平敷设的镀锌圆钢、扁钢、垂直敷设的镀锌角钢、圆钢等。接地装置的导体截面，应符合热稳定与均压的要求，规格应符合表3.10.6的规定。

表3.10.6 钢接地体和接地线的最小规格

类别		地上 屋内	地上 屋外	地下
圆钢直径（mm）		5	6	8
扁钢截面（mm^2）		24	48	48
扁钢厚度（mm）		3	4	4
角钢尺寸（mm）		25×2	25×2.5	40×4
钢管尺寸（mm）	作为接地体	Φ25 (b=2.5)	Φ25 (b=2.5)	Φ25 (b=2.5)
	作为接地线	Φ18 (b=1.6)	Φ18 (b=2.5)	Φ18 (b=2.5)

注：表中b为钢管管壁厚度

3.10.7 人工接地体在土壤中的埋设深度不应小于0.5m，宜埋设在冻土层以下。水平接地体应挖沟埋设，钢质垂直接地体宜直接打入地沟内，间距不宜小于其长度的2倍，并均匀布置。

3.10.8 人工接地体宜在建筑物四周散水坡外大于1m处埋设成环形接地体，并可作为总等电位连接带使用。

3.10.9 接地干线应在不同的两点及以上与接地网焊接，焊接点处应作防腐处理。

3.10.10 各电气设备的接地线应单独接到接地干线上，严禁几个设备接地端串联后，再与干线相接。

3.10.11 进出防雷保护区的金属线路必须加装防雷保护器，保护器应可靠接地。

3.10.12 电源防雷应符合下列规定：

1 B级，用于局部区域的总配电保护，10/350μs波形，100kA级。

2 C级，用于局部区域内各二级电气回路保护，8/20μs波形，40kA级。

3 D级，用于重要设备的重点保护，8/20μs波形，5kA级。

3.10.13 建筑物上的防雷设施采用多根引下线时，宜在各引下线距离地面1.5～1.8m处设置断接卡，断接卡应加保护措施。

3.10.14 配电装置的构架或屋顶上的避雷针应与接地网连接，并应在其附近装设集中接地装置。

3.10.15 下列电力装置的金属外壳应接地：

1 变压器、电机、手握式及移动式电器的金属外壳。

2 屋内、屋外配电装置金属构架、钢筋混凝土构架等。

3 配电屏、控制屏台的框架。

4 电缆的金属外皮及电缆的接线盒、终端盒。

5 配电线路的金属保护架、电缆支架、电缆桥架。

3.11 泵站电气施工及验收

3.11.1 高压电气设备和布线系统及继电保护系统的交接试验，必须符合现行国家标准《电气装置安装工程电气设备交接试验标准》GB 50150 的规定。

3.11.2 高压成套配电柜的施工验收应符合现行国家标准《电气装置安装工程高压电器施工及验收规范》GBJ 147 的规定。

3.11.3 变电所变压器的施工验收应符合现行国家标准《电气装置安装工程电力变压器、油浸电抗器、互感器施工及验收规范》GBJ 148 的规定。

3.11.4 变电站母线装置的施工验收应符合现行国家标准《电气装置安装工程母线装置施工及验收规范》GBJ 149 的规定。

3.11.5 旋转电机的施工验收应符合现行国家标准《电气装置安装工程旋转电机施工及验收规范》GB 50170 的规定。

3.11.6 1kV 及以下配电工程及电气照明装置的施工验收应符合现行国家标准《建筑电气工程施工质量验收规范》GB 50303 的规定。

3.11.7 电缆线路的施工验收应符合现行国家标准《电气装置安装工程电缆线路施工及验收规范》GB 50168 的规定。

3.11.8 低压成套配电柜、电气设备控制箱的施工验收应符合现行国家标准《电气装置安装工程盘、柜及二次回路结线施工及验收规范》GB 50171 及《电气装置安装工程低压电器施工及验收规范》GB 50254 的规定。

3.11.9 接地装置的施工验收应符合现行国家标准《电气装置安装工程接地装置施工及验收规范》GB 50169 的规定。

4 泵站自动化系统

4.1 一 般 规 定

4.1.1 泵站控制系统配置仪表的测量范围应根据工艺要求确定。

4.1.2 检测和测量仪表应按控制系统的要求提供 4～20mA 电流信号输出或现场总线通信接口。

4.1.3 现场设备控制箱应设置运行状态指示、手动操作按钮和手动/联动方式选择开关。

4.1.4 泵站自动化控制系统宜通过设备控制箱实施对设备的启动和停止控制，宜采用二对常开触点分别控制设备的启动和停止。

4.1.5 设备控制箱应按控制系统的要求提供现场总线通信接口或硬线信号接口。

4.2 泵站的等级划分

4.2.1 泵站应根据设计近期流量或泵站总输入功率划分等级，其级别应符合表 4.2.1 的规定。

表 4.2.1 排水泵站分级指标

泵站规模	分级指标		
	雨水泵站设计近期流量 F_r (m^3/s)	污水泵站、合流泵站设计近期流量 F_r (m^3/s)	总输入功率 P (kW)
特大型	$F_r > 25$	$F_r > 8$	$P > 4000$
大型	$15 < F_r \leqslant 25$	$3 < F_r \leqslant 8$	$1600 < P \leqslant 4000$
中型	$5 < F_r \leqslant 15$	$1 < F_r \leqslant 3$	$500 < P \leqslant 1600$
小型	$F_r \leqslant 5$	$F_r \leqslant 1$	$P \leqslant 500$

4.3 系 统 结 构

4.3.1 大型泵站和特大型泵站自动化控制系统宜采用信息层、控制层和设备层三层结构，应符合下列规定：

1 信息层设备设在泵站集中控制室，宜采用具有客户机/服务器（C/S）结构的计算机局域网，网络形式宜采用 10/100/1000M 工业以太网。

2 控制层由多台负责局部控制的 PLC 组成，相互间宜采用工业以太网或现场工业总线网络连接，以主/从、对等或混合结构的通信方式与信息层的监控工作站或主 PLC 连接。

3 设备层宜设置现场总线网络，或采用硬线电缆连接仪表和设备控制箱。

4.3.2 中小型泵站控制系统物理结构宜采用控制层和设备层二层结构，并应符合下列规定：

1 控制层设备设在泵站控制室，以一台 PLC 为主控制器，操作界面采用触摸式显示屏或工业计算机，并按管理要求设置打印机等。

2 设备层由现场总线、控制电缆、仪表和设备控制箱等组成，泵站内控制设备较多时，宜设置现场总线网络。

4.3.3 小型泵站可采用专用的水泵控制器，实现泵站的自动液位控制。

4.3.4 特大与大型重要泵站的自动化控制系统可采用冗余结构，包括控制器冗余、电源冗余和通信冗余。

4.4 系统功能

4.4.1 运行监视范围应包括下列内容：

1 进水池液位和超高、超低液位报警；

2 非压力井形式的出水池液位和超高液位报警；

3 水泵运行状态和故障报警；

4 格栅除污机、输送机、压榨机的运行状态和故障报警；

5 电动闸门、阀门的阀位、运行状态和故障报警；

6 按工艺要求设置的瞬时流量和累积流量；

7 按工艺要求设置的调蓄池液位；

8 大型水泵的出水压力、轴承温度、绕组温度、冷却水温度、渗漏（潜水泵）以及大型水泵的润滑、液压等辅助系统的监视和报警；

9 排放口液位；

10 UPS电源设备；

11 雨水泵站地域的雨量。

4.4.2 运行控制范围应包括下列内容：

1 水泵；

2 格栅除污机、输送机、压榨机；

3 电动闸门、阀门；

4 水泵辅助运行设备；

5 泵房通风和排水设备（对于有特殊要求的泵房）；

6 除臭、空气净化设备；

7 其他与工艺设施运行有关的设备。

4.4.3 电力监测范围应包括下列内容：

1 各主要进线开关的状态和故障跳闸报警；

2 电源状态和备用电源的切换控制；

3 各段母线的电量监视和失压、过电压、过电流报警；

4 变压器的运行状态和高温报警；

5 各馈线的状态监视、主要馈线的电量监视和跳闸报警。

4.4.4 泵站自动化控制系统应具有环境与安全监控的功能，并应包括下列内容：

1 有毒、有害、易燃、易爆气体的检测和阈值报警；

2 当地环保部门有要求时，应设置有关水质监察系统；

3 无人值守泵站宜设置电视监视和安全防卫系统；

4 按消防要求设置的火灾报警。

4.4.5 当泵站自动化控制系统作为区域监控系统的一个远程子站时，应具有通信、数据采集及上报、按主站要求控制泵站设备的功能。

4.4.6 泵站自动化控制系统应设置就地控制操作界面，有人值班的泵站应具有运行统计、设备管理、报表管理等功能；无人值守泵站的就地控制操作界面用于设备维护和调试，运行管理功能由区域监控中心完成。

4.4.7 泵站自动化控制系统应具有手动、自动两种控制方式，方式转换宜在控制系统的操作界面上进行。当泵站自动化控制系统属于区域监控系统的一个远程子站时，还应具有远程控制方式。

4.4.8 操作界面应包括下列功能：

1 带中文、图形化操作界面。泵站供配电系统、开关状态、运行参数以及各工艺设备状态均能显示。

2 在泵站平面布置图上选中某一设备时，可对该设备进行操作，或进一步显示该设备的详细属性数据。

3 显示泵站的工艺流程和站内设备的相互关系，具有与泵站平面布置图相同的操作控制功能。

4 泵站的液位和各工艺设施的液位关系，提供泵站设备的操作控制功能。

5 当前正在报警的设备和报警内容。

6 设定自动化运行的控制参数。

4.4.9 操作界面应采用分类分层的显示和控制方式，从主菜单画面进入所需设备控制画面的层数不宜超过3层。

4.4.10 在操作界面上实施对现场设备的手动控制时，每次只允许针对一台设备的一个动作，经提示确认后再执行。

4.4.11 当泵站设备运行出现异常时，泵站自动化控制系统应立即响应，发出声和光的报警提示信号。声报警由蜂鸣器发声，可在人工确认后消除。光报警由安装于控制机柜面板上的光字牌闪光显示或在操作界面上以醒目的文字、色块显示，在泵站或设备运行恢复正常时自动消除。报警信号类别宜包括下列内容：

1 0.4kV侧过电流；

2 电动机过电流；

3 补偿电容器过电流；

4 水泵电机启动失败和泵组故障；

5 闸门故障和控制失败；

6 超高液位、超低液位；

7 格栅除污机故障和启动失败；

8 压榨机故障和启动失败；

9 主变压器高温报警；

10 断路器跳闸；

11 仪表、变送器故障；

12 UPS故障；

13 流量转换器故障；

14 潜水泵有关信号报警，包括定子温度、轴承温度、泄漏等。

4.5 检测和测量技术要求

4.5.1 液位和液位差测量应符合下列规定：

1 液位测量宜采用超声波液位计，不需要现场显示时，宜采用一体化超声波液位计。设置超声波液位计有困难时，液位测量可采用投入式静压液位计或其他具有电信号输出的液位计。

2 超声波液位计传感器的探测方向应与液面垂直，探测范围内不应存在障碍物。

3 液位差测量宜采用液位差计，当采用两台液位计测量并通过计算求得液位差时，两台液位计应属于同一类型，且具有相同的性能参数，安装在同一基准面上。

4 需要同时测量液位和液位差时，宜采用可同时输出液位值和液位差值的液位差计。

5 液位显示值应以当地绝对高程为基准，表示单位为m，液位计的测量误差应小于满量程的1%，液位计作为液位计量时测量误差应小于满量程的0.5%。

6 超声波传感器的防护等级不应低于IP67，投入式静压传感器的防护等级不应低于IP68，且能长期浸水工作；现场变送器、液位显示器的防护等级不应低于IP65。

7 液位计或液位差计应具有故障自检和故障信息传输的能力。

8 液位计或液位差计的不浸水的安装支架应采用不锈钢材质；投入式静压液位计应安装在耐腐蚀防护管内，并应具有安装深度定位装置；安装在室外的现场显示设备应配置遮阳板。

9 应设置专用的液位开关，防止水泵干运行。液位开关宜采用浮球式，安装在水流相对平稳处，且应便于维护和调整。

4.5.2 流量测量应符合下列规定：

1 泵站流量计量宜采用电磁流量计，其内衬材质和电极材料应在污水中稳定，应满足长期测量的要求。

2 电磁流量计应有工艺措施，保证其在测量管段内充满液体，传感器前后应有足够的直管段，且管道内不得有气泡聚集。

3 应包括下列输出信号：

1）瞬时流量和累计流量；

2）流量积算脉冲；

3）流量计故障状态；

4）流量计空管状态。

4 流量的测量误差应小于显示值的0.5%。瞬时流量表示单位是m^3/s，累计流量表示单位是m^3。

5 传感器的防护等级不应低于IP68，变送器的防护等级不应低于IP65。

6 应能自动切除空管干扰信号，传感器宜具有内壁污垢自动清除的功能。

7 信号变送器应靠近传感器安装，其连接电缆应采用专用电缆，单独穿钢管敷设。

4.5.3 压力测量应符合下列规定：

1 大型水泵出水管道的压力测量宜采用压力变送器，其材质应在污水中稳定，满足长期测量的要求。

2 压力的测量误差应小于显示值的1%。压力表示单位是kPa。

3 压力变送器固定在有振动的设备或管道上时，应采用减震装置。

4.5.4 温度测量应符合下列规定：

1 宜采用热电阻和温度变送器测量大型水泵轴承温度和电动机的轴承温度、绕组温度、冷却水温度，当不需要现场温度显示时，热电阻宜直接接入泵站控制系统的电阻测量输入端。

2 温度测量误差应小于满量程的2%，温度表示单位是℃。

4.5.5 硫化氢气体检测和报警应符合下列规定：

1 污水泵站封闭的工作环境必须设置固定式硫化氢气体检测报警装置，应24h连续监测空气中硫化氢浓度。

2 作业人员在危险场所应配带便携式硫化氢气体监测仪，检查工作区域硫化氢的浓度变化。

3 硫化氢气体检测报警装置的主要技术参数应符合表4.5.5的规定。

表4.5.5 硫化氢气体检测报警装置的主要技术参数

参数名称	固定式	便携式
监测范围（mg/m^3）	0～25	0～50
检测误差（%）	≤3	≤5
报警阈值（mg/m^3）	10	10
报警方式（dB）	电笛≥100、闪光	蜂鸣器、闪光
响应时间（s）	≤60（满量程90%）	≤30 （满量程90%）

4 当硫化氢气体浓度超过设定的报警阈值时，必须在报警的同时立即启动通风设备。

4.5.6 雨量观测应符合下列要求：

1 当雨水泵站需要观测雨量时，宜采用翻斗式遥测雨量计，输出计数脉冲信号，计数分辨率应为0.1mm，测量误差不应超过4%。

2 雨量计的安装场地应平整，场地面积不宜小于4m×4m，场地内植物高度不应超过200mm，仪器口部30°仰角范围内不得有障碍物。

3 雨量计安装应符合国家现行标准《降水量观测规范》SL 21的规定。

4.6 设备控制技术要求

4.6.1 设备控制方式和优先级应符合下列规定：

1 泵站设备的控制优先级由高至低宜为：现场

控制、配电盘控制、就地控制、远程控制，较高优先级的控制可屏蔽较低优先级的控制；每一级控制均应设置选择开关，以确定是否允许较低级别的控制，如图 4.6.1 所示。

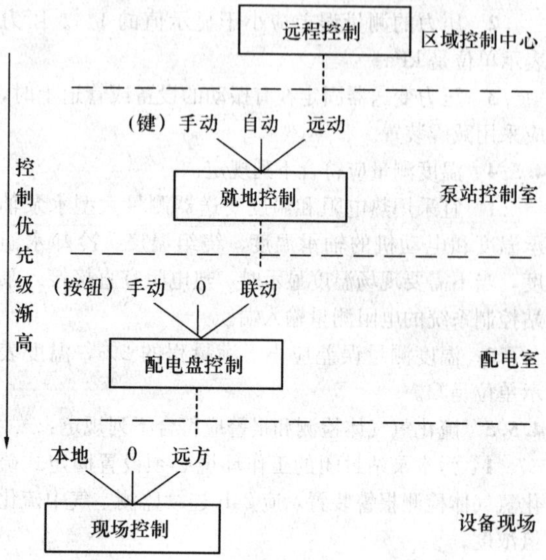

图 4.6.1　泵站设备控制优先级关系

2　现场控制（也称机旁控制）应是在设备安装位置附近实施手动控制，应具有最高的控制优先级。

3　配电盘控制应在电动机配电控制盘或 MCC 盘面上实施手动控制。当电动机配电控制盘或 MCC 盘布置在现场设备附近时，可代替现场控制。

4　现场控制和配电盘控制可由泵站供配电系统实施，可不依赖于泵站自动化控制系统而对泵站设备实施手动控制。

5　就地控制可通过泵站自动化控制系统实施控制，宜在泵站控制室内完成，可采用下列控制方式：

1）就地手动方式：通过泵站自动化控制系统的操作界面实施手动控制。

2）就地自动方式：由泵站自动化控制系统根据泵站液位、流量、设备状态等参数以及预定的控制要求对设备实施自动控制，不需人工干预。

6　远程控制应在区域监控中心实施。

7　在远程控制方式下，泵站自动化控制系统应提供站内设备的基本联动、连锁和保护控制。

4.6.2　水泵控制应符合下列规定：

1　宜在泵站配电室或现场设置水泵控制箱，实现水泵的启动控制和运行保护；当水泵容量较小或控制特别简单时，启动控制和运行保护元件可并入配电柜内；当一台水泵控制箱控制多台水泵时，每台水泵应设置独立的启动控制和运行保护。

2　应设置防止水泵干运行的超低水位保护，并应直接作用于每台水泵的启动控制回路。

3　当水泵控制设备距离水泵较远或控制需要时，可在水泵设备附近设置现场操作按钮箱以实现现场控制。

4　现场水泵控制箱除应符合本规程第 4.1.3 条的规定外，还应设置紧急停止按钮。

5　设在配电盘上的水泵控制应设置水泵运行状态指示、手动操作按钮和手动方式或联动方式选择开关。

6　水泵启动和停止过程所需要的辅助控制等应在水泵控制箱内完成。

7　水泵的工况和报警应以图形或文字方式显示在泵站控制系统的操作界面上，并可通过操作界面手动控制水泵的运行。

8　在就地自动方式下，泵站自动化控制系统应根据泵房集水池液位（格栅后液位）的信号自动控制水泵的运行，定速泵可按下列两种模式运行：

1）两点式如图 4.6.2-1 所示：液位达到开泵液位时，开 1 台水泵；经一段时间后液位仍高于开泵液位时，增开 1 台水泵；液位达到停泵液位时，停 1 台水泵，经一段时间后液位仍低于停泵液位时，再停 1 台水泵；液位达到超低液位时，停止所有水泵。

2）多点式如图 4.6.2-2 所示：液位每上升一定高度，增开 1 台水泵，液位每下降一定高度，停止 1 台水泵。

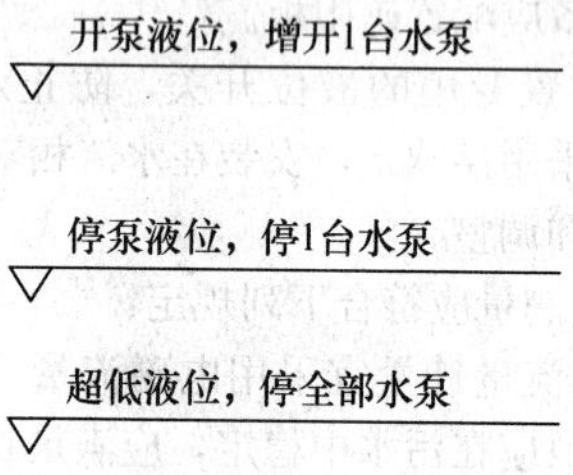

图 4.6.2-1　两点式运行模式

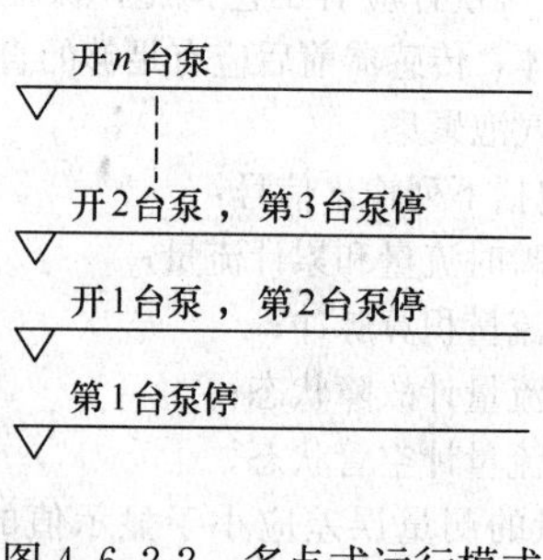

图 4.6.2-2　多点式运行模式

9　水泵调速宜采用变频调速。应按照经济运行和减少水泵启停次数的原则配置调速器，对设置调速泵台数大于四台的泵站，调速器不应小于 2 台。

10　水泵在一定时间间隔内的启停次数应符合水泵特性要求，当需要增加投运水泵数量时，应优先启动累计运行时间较短的水泵；当需要减少投运水泵数量时，应优先停止累计运行时间较长的水泵，使各水泵的运转时间趋于均等。

11 当泵站自动化控制系统属于区域监控系统的一个远程子站时，水泵应属于远程监控的对象，水泵的启动和停止命令可由区域监控系统发出，实现区域监控中心（信息中心）对水泵的遥控。

12 当连续两次启动水泵失败，应自动启动下一台水泵，同时对故障水泵的状态信息进行标记并报警。

13 水泵运行与有关闸门、阀门的状态必须连锁，水泵的启动和运行控制逻辑应符合表 4.6.2-1 的规定，当出现表中状态之一时，严禁启动水泵，正在运行的水泵应立即停止。

表 4.6.2-1　水泵控制逻辑表

检查项目	判定条件	开泵检查	运行检查	备　注
泵房液位	超低液位	√	√	—
水泵控制箱	不可用、故障报警	√	√	内容参见表 4.6.2-2
相关闸门或阀门位置	与工艺要求不符	√	√	—
泵站过电压	>10%	√	√	持续 5s
泵站欠电压	<15%	√	—	持续 10s
运行小电流	<50%	—	√	持续 5s
单泵流量	<50%	—	√	启动过程除外
冷却、润滑、密封系统	故障报警	√	√	仅大型水泵设置

14 大型水泵机组应设置双向限位振动监测传感器，当振动幅度超过预定值时，应发出报警信号，当振动继续增加至更高的预定值时，应自动停泵。

15 大型水泵的润滑系统、冷却系统以及液压系统的压力监视宜采用压力开关或电接点压力表。大型水泵的冷却水循环状态检测宜采用水流开关。

16 水泵控制箱接口信号应符合表 4.6.2-2 的规定。当大型水泵机组设有冷却水系统、密封水系统或润滑系统时，应提供相应的监控信号接口。

表 4.6.2-2　水泵控制箱接口信号

信号名称	信号方向	点数	备　注
水泵运行、停止命令	下行	2	—
手动、联动方式状态	上行	2	—
水泵运行、停止状态	上行	2	—
断路器合、分、跳闸状态	上行	3	分闸：不可用，跳闸：故障
过载或过流保护动作状态	上行	1	综合电气故障
绕组高温报警	上行	1	中、大型水泵电机设置，3 相综合
轴承高温报警	上行	1	中、大型水泵设置，水泵、电机综合
渗漏报警	上行	1	中、大型潜水泵设置
水泵电机工作电流	上行	1～3	中、小型水泵取 B 相，大型水泵取 3 相
软启动或软停止状态	上行	1	软启动泵设置
软启动装置旁路状态	上行	1	软启动泵设置
软启动装置故障报警	上行	1	软启动泵设置
转速设定	下行	1	变频泵设置
转速反馈	上行	1	变频泵设置
变频器故障状态报警	上行	1	变频泵设置
冷却、密封或润滑系统故障	上行	1	大型水泵机组设置，综合报警

4.6.3 格栅除污机、输送机、压榨机控制应符合下列规定：

1 启动控制和运行保护宜设置现场控制箱，当控制逻辑较简单时，可采用一台综合控制箱，但每台设备应设置独立的启动控制和运行保护。

2 格栅除污机的运行控制应具有定时和液位差两种模式。

3 格栅除污机的工况和报警应以图形或文字方式显示在泵站自动化控制系统的操作界面上，在就地手动模式下，可通过泵站自动化控制系统的操作界面手动控制格栅除污机的运行。

4 输送机、压榨机的运行控制应与格栅除污机联动。启动时，应按输送机、压榨机、格栅除污机的顺序依次启动设备，停止时，应按相反的顺序操作；两台设备先后启动和停止的时间间隔应按设备操作手册确定。

5 输送机、压榨机与格栅除污机合用一台控制箱时，与格栅除污机的联动控制应在格栅除污机控制箱内完成；当输送机、压榨机单独设置控制箱且与格栅除污机控制箱之间不存在联动逻辑关系时，可由泵站自动化控制系统实施联动控制。

6 格栅除污机、输送机、压榨机控制箱接口信号应符合表 4.6.3 的规定。

表 4.6.3　格栅除污机、输送机、压榨机控制箱接口信号

信号名称	信号方向	点　数	备　注
运行、停止命令	下行	2	—
手动、联动方式状态	上行	2	—
运行、停止状态	上行	2	—
断路器合、分状态	上行	2	分闸：不可用
故障报警	上行	1	综合电气、机械故障
清捞耙复位	上行	1	钢丝绳式格栅设置
档位控制	下行	按设备定	移动式格栅设置
档位反馈	上行	按设备定	移动式格栅设置

7　当一座泵站具有多台格栅除污机，其中任何一台格栅除污机运行时，输送机、压榨机应随之联动。

4.6.4　闸门、阀门控制应符合下列规定：

1　泵站内闸门、阀门的启闭宜采用电动操作方式，宜采用现场控制箱或一体化电动执行机构；当一台控制箱控制多台闸门、阀门时，每台闸门、阀门应设置独立的启动控制和运行保护。

2　闸门、阀门的启闭应提供机械的开度指示，当需要控制开度时，现场控制箱上应设开度指示仪表。

3　泵站自动化控制系统可通过闸门、阀门的现场控制箱实施对闸门、阀门的开启和关闭控制；当控制信号撤除时，闸门、阀门的运行应立即停止。对检修用或不常用的闸门和阀门可只设状态监视。

4　闸门、阀门启闭机的工况和报警应以图形或文字方式显示在泵站自动化控制系统的操作界面上，可通过泵站自动化控制系统的操作界面手动控制闸门、阀门的启闭动作。启闭过程可被手动暂停和继续。

5　闸门、阀门的启闭过程应设超时检验，超时时间宜为正常启闭时间的1.2～2倍，可在操作界面上修改。

6　当闸门、阀门在启闭过程中出现报警或超时，应立即暂停启闭过程，闭锁同方向的再次操作，但应允许反方向的操作，反方向操作成功时解除闭锁。

7　当泵站自动化控制系统属于区域控制系统的一个远程子站时，与泵站运行调度有关的闸门和阀门应属于远程控制的对象，相关闸门、阀门的启闭命令可由区域监控系统发出。

8　闸门、阀门控制箱接口信号应符合表4.6.4的规定。

表 4.6.4　闸门、阀门控制箱接口信号

信号名称	信号方向	点数	备　注
开、闭命令	下行	2	—
手动、联动方式状态	上行	2	—
全开、全闭状态	上行	2	—
开、闭过程状态	上行	1	脉冲信号
断路器合、分状态	上行	2	分闸：不可用
故障报警	上行	1	综合电气、机械故障
开度控制	下行	1	需要控制开度时设
开度反馈	上行	1	需要控制开度时设

4.6.5　除臭装置控制应符合下列规定：

1　除臭装置宜由配套的现场控制箱实施启动控制、运行保护和内部设备联动控制，宜与硫化氢检测信号联动。

2　除臭装置控制箱接口信号应符合表4.6.5的规定。

表 4.6.5　除臭装置控制箱接口信号

信号名称	信号方向	点数	备　注
运行、停止命令	下行	2	—
手动、联动方式状态	上行	2	—
运行、停止状态	上行	2	—
断路器合、分状态	上行	2	分闸：不可用
故障报警	上行	1	综合电气、机械故障

4.6.6　通风控制应符合下列规定：

1　泵站的主要通风设备宜设置现场控制箱实施启动控制、运行保护和内部设备联动控制。

2　风机控制箱接口信号应符合表4.6.6的规定。

表 4.6.6　风机控制箱接口信号

信号名称	信号方向	点数	备　注
运行、停止命令	下行	2	—
手动、联动方式状态	上行	2	—
运行、停止状态	上行	2	—
断路器合、分状态	上行	2	分闸：不可用
故障报警	上行	1	综合电气、机械故障

4.6.7　积水坑排水控制应符合下列规定：

1　泵站的积水坑排水泵宜设置现场控制箱实施启动控制和运行保护，并应采用液位开关实现自动排水控制。

2 积水坑排水泵控制箱接口信号应符合表4.6.7的规定。

表 4.6.7 积水坑排水泵控制箱接口信号

信号名称	信号方向	点数	备注
断路器合、分状态	上行	2	分闸：不可用
手动、自动方式状态	上行	2	—
运行、停止状态	上行	2	—
故障报警	上行	1	综合电气故障
超高水位报警	上行	1	—

4.7 电力监控技术要求

4.7.1 应设置泵站供配电设备运行监视系统，对异常的跳闸进行报警。当需要时，可设置远程控制。

4.7.2 泵站高压进线开关设备宜设置综合保护测控单元，以数据通信接口连接泵站自动化控制系统；当不采用综合保护测控单元时，应以辅助触点和变送器方式提供必要的信号接口，最低配置应符合表4.7.2的规定。

表 4.7.2 高压进线开关设备接口信号

信号名称	信号方向	点数	进线柜	母联柜	电压互感器柜	馈线柜	电动机控制柜	变压器保护柜	备注
主开关合、分位置	上行	2	✓	✓	—	✓	✓	✓	—
本地、远方操作位置	上行	2	✓	✓	—	✓	✓	✓	需远动操作时设置
主开关合、分操作	下行	2	✓	✓	—	✓	✓	✓	需远动操作时设置
主开关跳闸	上行	2	✓	✓	—	✓	✓	✓	—
电压	上行	1	—	—	✓	—	—	—	需远动操作时设置
电流	上行	1	✓	—	—	✓	✓	✓	需远动操作时设置
变压器高温报警	上行	1	—	—	—	—	—	✓	—
变压器高温跳闸	上行	1	—	—	—	—	—	✓	需远动操作时设置

4.7.3 泵站电力监控系统应进行电能管理，用于统计、分析和控制泵站能耗。

4.7.4 电能测量宜采用综合电量变送器，以数据通信接口连接泵站自动化控制系统。当泵站采用大型泵组或高压电动机时，综合电量变送器宜设在电动机控制柜内，每回路一台；在小型低压泵站，综合电量变送器宜设在低压进线柜内。

4.7.5 泵站低压开关设备宜设置智能化数字检测和显示仪表，以数据通信接口连接泵站自动化控制系统；当不采用数字检测和显示仪表时，应以辅助触点和变送器方式提供必要的信号接口，最低配置应符合表4.7.5的规定。

表 4.7.5 低压开关设备接口信号

信号名称	信号方向	点数	进线柜	母联柜	补偿电容器柜	主要馈线回路	电动机控制柜	备注
断路器合、分位置	上行	2	✓	✓	—	✓	✓	—
本地、远方操作位置	上行	2	✓	✓	—	✓	✓	需远动操作时设置
断路器合、分操作	下行	2	✓	✓	—	✓	✓	需远动操作时设置
断路器跳闸	上行	2	✓	✓	—	✓	✓	—
电压	上行	1	✓	—	—	—	—	—
电流	上行	1	✓	—	✓	✓	✓	—

4.7.6 泵站自动化控制系统应设置电力监控的显示和操作界面，以图形及数字方式表示供电系统的工况和运行参数，应包括各变电所的高压系统图、低压系统图、母线参数表、开关参数表、变压器参数表、故障报警清单等图形和表格，设备的不同工况应采用不同的图形和颜色直观表示，电流、电压、电量等参数应有数字显示。

4.7.7 当泵站自动化控制系统属于区域监控系统的一个远程子站时，泵站供配电系统的所有电量数据变化和设备状态变化以及报警应实时报送区域监控中心（信息中心），并应带有时间标记。

4.8 防雷与接地

4.8.1 当电源接入安装控制设备或通信设备的机柜时，应设置防雷和浪涌吸收装置。当通信电缆接入通信机柜时，应设置与通信端口工作电平相匹配的防雷和浪涌吸收装置。当信号电缆接入控制机柜时，宜设置与信号工作电平相匹配的防雷和浪涌吸收装置。

4.8.2 泵站自动化控制系统的工作接地与低压供电系统的保护接地宜采用联合接地方式，接地电阻不应大于1Ω。

4.8.3 连接外场设备屏蔽线缆接地应采用一点接地（又称单端接地）。

4.8.4 计算机网络系统、设备监控系统、安全防范系统、火灾报警控制系统、闭路电视系统的防雷与接地除应符合本规程第4.8.1～4.8.3条的规定外，还应符合现行国家标准《建筑物电子信息系统防雷技术规范》GB 50343的有关规定。

4.9 控制设备配置要求

4.9.1 控制系统应采用工业级设备，应具备防尘、防潮、防霉的能力，并应符合相应的电磁兼容性要求。

4.9.2 对控制系统设备的防护等级要求，室内安装时不应低于IP44，室外安装时不应低于IP65，浸水安装时不应低于IP68。

4.9.3 计算机、控制器及其软件系统应具有开放的协议和标准的接口。

4.9.4 现场总线应采用国际通用的开放的通信协议。

4.9.5 控制器宜采用模块式结构，应具有工业以太网、现场总线、远程I/O连接、远程通信、自检和故障诊断能力，并应具有带电插拔功能。

4.9.6 控制器应具有操作权限和口令保护及远程装载功能，支持梯型图、结构文本语言、顺序功能流程图等多种编程语言，应用程序应保存在非挥发存储器中。

4.9.7 操作界面宜采用背光彩色防水按压触摸液晶显示屏，具有2级汉字字库，3级密码锁定功能。

4.9.8 当控制器设备采用晶体管输出时，应设置隔离继电器连接外部设备，继电器应具有封闭式外壳，带防松锁扣的插座安装，并应具有动作状态指示灯。

4.9.9 控制器的I/O接口设备应符合下列规定：

1 数字信号输入（DI）：DC24V，电流不应大于50mA；

2 数字信号输出（DO）：继电器无源常开触点输出，AC250V/2A；

3 数字信号隔离能力：DC2000V或AC1500V；

4 模拟信号输入（AI）：4～20mA；

5 A/D转换器：12bit，不应小于100次/s；

6 模拟信号输出（AO）：4～20mA，负载能力不应小于350Ω；

7 D/A转换器：不应小于12bit；

8 模拟信号隔离能力：DC700V或AC500V。

4.9.10 泵站控制系统，应具有10%的备用输入、输出端口及完整的配线和连接端子。

4.9.11 泵站自动化控制系统应采用UPS作为后备电源，后备电源的供电时间宜为30min，供电范围应包括下列设备：

1 控制室计算机及其网络系统设备（大屏幕显示设备除外）；

2 通信设备；

3 PLC装置及其接口设备；

4 泵站仪表和报警设备。

4.9.12 UPS应采用在线式，电池应为免维护铅酸蓄电池，负荷率不应大于75%。

4.9.13 UPS应提供监控信号接口，接口形式应根据泵站控制系统能提供的接口条件选择，监控应包括下列内容：

1 旁路运行状态；

2 逆变供电状态；

3 充电状态；

4 故障报警（综合报警信息）。

4.9.14 安装在污水泵房等现场的设备应具有防硫化氢气体腐蚀的能力。

4.9.15 当泵站需要设置大屏幕显示设备时，宜采用金属格栅镶嵌马赛克式模拟显示屏，屏面显示元素应采用光带、发光字牌、发光符号、字符显示窗、数字显示窗等制作，显示屏的尺寸以及与控制台的距离应符合人机工程学的要求。

4.10 安全和技术防卫

4.10.1 无人值守泵站宜设电视监视系统，监视范围应包括泵站内的主要工艺设施、重要设备、变电所和主要道路，视频图像应上传区域监控中心（信息中心）。

4.10.2 有人值班泵站可按管理要求设电视监视系统，对重要工艺设施和设备的运行进行实时监视和监听。

4.10.3 无人值守泵站宜设置红外线周界防卫系统，报警信号应与当地公安、保安部门或区域监控中心（信息中心）连接。

4.10.4 有人值班泵站可按管理要求设置周界防卫系统，控制主机和报警盘应设在值班室。

4.10.5 当需要在泵站设置火灾报警系统时，火灾报警控制器应设在值班室，无人值守泵站的火灾报警信号应与当地消防部门连接。

4.10.6 对特大型泵站的重要出入口通道可设置门禁系统。

4.11 控制软件

4.11.1 泵站自动化系统软件应满足功能需求，包括系统软件、通信软件、应用软件和二次开发所需要的软件。应采用商品化的系统软件，并具有类似工程的应用业绩。

4.11.2 操作系统应采用多任务、多用户网络操作系统、中文版本、配备2级中文字库、具有开放的软件接口。

4.11.3 数据库系统应具有面向对象、事件驱动和分布处理的特征，具有开放的标准的外部数据接口，能与其他控制软件和数据库交换数据。

4.11.4 运行监控画面宜采用商品化的图控软件进行组态设计，具有中文界面、操作提示和帮助系统，应用软件应包括下列功能：

1 泵站总平面布置图、局部平面布置图、工艺流程图、设备布置图、剖面图、电气接线图、报警清单等，并在图形界面上实现对设备的操作、控制和运行参数设定。

2 采集泵站运行过程中的各种数据信息，分类记录到相关数据库中，提供在线查询、统计、修改、趋势曲线显示、打印等功能。泵站运行数据库应能保存3年以上的运行数据。

3 事件驱动报表由随机事件触发生成，包括报警文件、事故记录等；统计报表对数据库各数据项进行组合生成，宜包括下列类型：

1）泵站和各泵组运行日报表、月报表、年报表；

2）各类事件/事故记录表；

3）操作记录表；

4）设备运行记录表。

4 提供系统设备和监控对象的在线监测及诊断，对各类设备运行情况进行在线监测，并存入相应的数据库，对设备的管理、维护、保养和故障处理提出建议。

5 对设备运行数据、流量数据、扬程数据、能耗数据进行记录和综合分析，提供节能运行建议。

6 分级授权操作、分级系统维护等。

4.12 控制系统接口

4.12.1 泵站控制系统与各相关设备和相关工程的接口技术要求应在设计文件、土建工程招标文件、设备采购招标文件、自动化系统工程招标文件中详细描述。

4.12.2 泵站自动化系统设备安装和电缆敷设所需的基础、预留孔、预埋管、预埋件等宜由土建工程实施，在相关招标文件和施工设计图纸中应明确描述其位置、尺寸、数量、材质、受力、防护、制作要求等技术数据。

4.12.3 泵站控制系统与电气设备和仪表的接口如图4.12.3所示，各接口的功能应符合表4.12.3的规定。在有关接口描述的文件中，应明确下列内容：

1 接口类型和通信协议；

2 物理参数；

3 电气参数；

4 接口信号内容；

5 其他需要说明的内容。

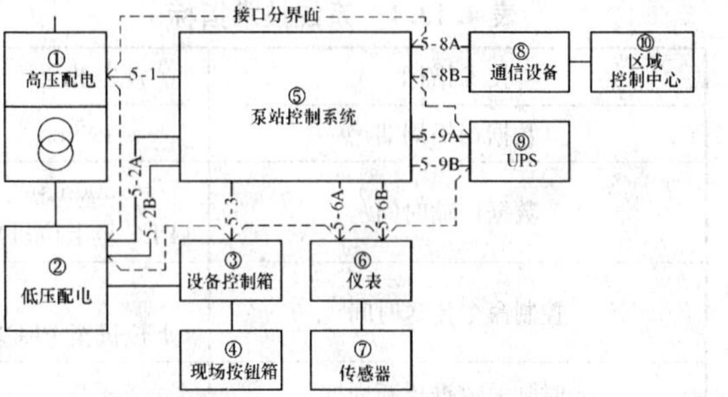

图4.12.3 泵站控制系统接口示意图

表4.12.3 泵站控制系统与电气设备和仪表的接口

编号	界面位置	功　能	备　注
5-1	高压开关柜二次端子排或信号插座	监控高压开关设备和变压器运行	参见本规程4.7节
5-2A	低压配电柜供电电缆馈出端	接取泵站控制系统的工作电源	—
5-2B	低压开关柜二次端子排或信号插座	监控低压开关设备运行	参见本规程4.7节
5-3	各机电设备控制箱的控制信号端子排或插座	监控设备运行	参见本规程4.6节
5-6A	仪表的工作电源端子排	提供仪表工作电源	参见本规程4.5节
5-6B	仪表的信号输出端子排或总线信号插座	采集仪表的检测数据和工作状态	参见本规程4.5节
5-8A	泵站控制机柜内的通信电源端子排	提供远程监控通信设备的工作电源	—
5-8B	泵站控制机柜内的远程监控通信插座	提供远程监控通信接口	参见本规程7.2节
5-9A	UPS的电源输入和电源输出端子排	提供和接取UPS电源	—
5-9B	UPS监控信号端子排或插座	监控UPS运行	参见本规程4.9.13条

4.13 系统技术指标

4.13.1 泵站自动化系统技术指标应符合表4.13.1的规定。

表 4.13.1 系统技术指标

技术指标		规定数值
数据扫描周期		≤100ms
数据传输时间		≤500ms（PLC 至上位机）
控制命令传送时间		≤1s（上位机至 PLC）
实时画面数据更新周期		≤1s
实时画面调用时间		≤3s
平均故障间隔时间（MTBF）		≥17000h
平均修复时间（MTTR）		≤1h
双机切换到功能恢复时间		≤30s
站内事件分辨率		≤10ms
计算机处理器的负荷率	正常状态下任意 30min 内	<30%
	突发任务时 10s 内	<60%
LAN 负荷率	正常状态下任意 30min 内	<10%
	突发任务时 10s 内	<30%
通信故障恢复时间		≤0.5s

4.14 设备安装技术要求

4.14.1 泵站自动化控制设备应安装在控制机柜内，中小型泵站宜设置一台控制机柜，控制机柜应符合下列规定：

1 室内控制机柜宜采用冷轧钢板制作，室外控制机柜宜采用不锈钢板或工程塑料制作，金属板材的厚度应符合表 4.14.1 的规定。

表 4.14.1 控制机柜板材厚度（mm）

机柜高度	<300	300～800	800～1500	>1500
材料厚度	≥1.2	≥1.5	≥2.0	≥2.5

2 控制机柜电源进线应设总开关，各用电回路应按负荷情况设配电开关，均应采用小型空气断路器。低压直流电源宜设熔丝保护。

3 控制机柜应设置可靠的保护接地装置及防雷防过电压保护装置，柜内应设置工作照明和单相检修电源插座。

4 柜内元件和设备应设置编号标识，安装间距应满足通风散热的要求，发热量大的设备应安装在机柜的上部。

5 面板上的各种开关、指示灯、表计均应设中文标签，标明其代表的回路号及功能，其中按钮和指示灯的颜色应符合现行国家标准《电工成套装置中的指示灯和按钮的颜色》GB 2682 的规定，面板仪表宜采用数字显示。

6 柜内连接导线宜采用 0.6kV 绝缘铜芯线，截面不应小于 $0.75mm^2$，其中电流测量回路应采用截面不小于 $2.5mm^2$ 的多股铜导线。连接导线宜敷设在汇线槽内，两端应有导线编号，颜色选配应符合现行国家标准《电工成套装置中的导线颜色》GB 2681 的规定。

7 接线端子应标明编号，强、弱电端子宜分开排列，最下排端子距离机柜底板宜大于 350mm，有触电危险的端子应加盖保护板，并设置警示标记。

8 电流回路应设置试验端子，电流测量输入端子应设置短路压板，电压测量输入端子应设置保护熔丝。

4.14.2 控制机柜宜设置在泵站控制室，周围环境应干燥，无强烈振动，无强电磁干扰，无导电尘埃和腐蚀性气体，无爆炸危险性气体，避免阳光直射。

4.14.3 当控制室设置防静电地板时，高度宜为 300mm。可调量为±20mm。架空地板及工作台面的静电泄漏电阻值应符合国家现行标准《防静电活动地板通用规范》SJ/T 10796 的规定。控制机柜应采用有底座的固定安装，底座高度应与底板平齐。对从下部进出电缆的控制机柜落地安装时，控制机柜下部应设置电缆接线操作空间。

4.14.4 泵站控制室的温度宜控制在 18～28℃之间，相对湿度宜控制在 40%～75%之间。

4.14.5 泵站控制室应布设保护接地母线，整个控制室应构成一等电位体，所有可触及的金属部件均应可靠连接到接地母线上。

4.14.6 控制室操作台宜设置综合布线槽；台面设备布置应符合人机工程学的要求，便于操作；台面下柜内安装计算机设备时，应考虑通风散热措施。

4.14.7 泵站控制系统的连接电缆应采用铜芯电缆。

4.14.8 控制电缆宜采用 4 芯以上，备用芯不得少于 1 芯；当长度超过 200m 或存在较大干扰时，应采用铜网屏蔽电缆。

4.14.9 模拟量信号传输应采用铜网屏蔽双绞线，视频信号传输宜采用同轴电缆，通信电缆选用应与终端设备的特性相匹配。

4.14.10 系统供电电缆和仪表信号电缆应分开敷设。

4.14.11 屏蔽电缆宜采用单端接地，接地端宜设在内场或控制设备一侧。

4.14.12 电缆和光缆在室内可采用桥架、支架或穿管敷设，在室外宜采用穿预埋管敷设或沿电缆沟敷设；直埋敷设时应采用铠装电缆和光缆。

4.14.13 架空地板下的电缆应敷设在槽式电缆桥架或电缆托盘内，并应加设盖板。

4.14.14 钢质电缆桥架、电缆支架及其紧固件等均应进行热浸锌等防腐处理。浸锌厚度不应小于 20μm，电缆桥架宜采用冷轧钢板制作，板材厚度应符合表 4.14.14 的规定。

表 4.14.14 电缆桥架板材厚度（mm）

桥架宽度	＜400	400～800
材料厚度	≥1.5	≥2.0

4.14.15 电缆在梯式桥架或支架上敷设不宜超过一层，在槽式桥架或托盘内敷设不宜超过三层，两端及分支处应设置标识。

4.14.16 仪表设备的终端电缆保护管及需要缓冲的电缆保护管应采用挠性管，挠性管应采用不锈材质或防腐能力强的复合材料，并应设有防水弯。

4.14.17 电缆进户处、导线管的端头处、空余的导线管等均应作封堵处理，金属电缆桥架和金属导线管均应可靠接地。

4.14.18 自动化控制系统设备安装除应符合以上条文外，还应符合现行国家标准《自动化仪表工程施工及验收规范》GB 50093 的有关规定。

4.15 系统调试、验收、试运行

4.15.1 自动化系统调试前应编制完整的调试大纲。

4.15.2 泵站自动化系统调试应包括下列内容：

1 基本性能指标检测；

2 单项功能调试；

3 相关功能之间的配合性能调试；

4 系统联动功能调试。

4.15.3 调试中采用的计量和测试器具、仪器、仪表及泵站设备上安装的测量仪表的标定和校正应符合有关计量管理的规定。

4.15.4 泵站自动化系统的验收测试应以系统功能和性能检验为主，同时对现场安装质量、设备性能及工程实施过程中的质量记录进行抽查或复核。

4.15.5 上位机系统检验应包括下列内容：

1 在控制室实现对泵站内设备的运行监视和控制功能检验；

2 检查操作界面，应按设计意图、用户需求落实各工况的显示和操作画面；

3 报警、数据查询、报表、打印等功能的检验；

4 系统技术指标测试。

4.15.6 控制系统的检验应包括下列内容：

1 控制方式的切换和手动、自动方式下的控制功能检验；

2 故障和报警的响应，故障状态下的设备保护和控制功能检验；

3 操作界面的编排、内容、功能应符合设计意图和用户需求；

4 设备联动、自动运行功能检验；

5 技术指标测试。

4.15.7 外围设备检验应包括下列内容：

1 检测接地电阻值应符合设计要求；

2 防雷、防过电压措施应符合设计要求；

3 模拟显示屏安装的允许偏差和检查方法应符合表 4.15.7-1 的规定；

4 控制机柜、控制台和型钢底座安装的允许偏差和检查方法应符合表 4.15.7-2 的规定。

表 4.15.7-1 模拟显示屏安装的允许偏差和检查方法

检验项目	允许偏差	检查数量	检查方法
屏面垂直度	1mm/m	全数	吊线测量
屏面的平面度	$2mm/m^2$	全数	直尺测量
符号线条直线度	0.5mm/m	20%	吊线或拉线测量
单个拼块的平整度	0.1mm	5%	塞尺测量
相邻拼块平整度	0.2mm	5%	直尺与塞尺测量
拼块之间的间隙	0.1mm	5%	塞尺测量

表 4.15.7-2 控制机柜、控制台和型钢底座安装的允许偏差和检查方法

<table>
<tr><th colspan="3">检验项目</th><th>允许偏差</th><th>检查数量</th><th>检查方法</th></tr>
<tr><td rowspan="4">基础型钢底座</td><td rowspan="2">直线度</td><td>—</td><td>1mm/m</td><td rowspan="2">全数</td><td rowspan="2">拉线，用尺测量最大偏差处</td></tr>
<tr><td>全长</td><td>5mm</td></tr>
<tr><td rowspan="2">水平倾斜度</td><td>—</td><td>1mm/m</td><td rowspan="2">全数</td><td rowspan="2">拉线，用水平尺或水准仪测量</td></tr>
<tr><td>全长</td><td>5mm</td></tr>
<tr><td rowspan="6">控制机柜和控制台</td><td colspan="2">垂直度</td><td>1.5mm</td><td>全数</td><td>吊线，用尺测量</td></tr>
<tr><td colspan="2">单柜（台）顶部高差</td><td>2mm</td><td rowspan="2">全数</td><td rowspan="2">柜顶拉线，用尺或水平测量</td></tr>
<tr><td colspan="2">柜顶最大高差（柜间连接多于 2 处）</td><td>5mm</td></tr>
<tr><td rowspan="2">柜正面平面度</td><td>相邻柜（台）接缝处</td><td>1mm</td><td rowspan="2">全数</td><td rowspan="2">从柜上、中、下用拉线的方法测量</td></tr>
<tr><td>柜间连接（多于 5 处）</td><td>5mm</td></tr>
<tr><td colspan="2">柜（台）间接缝处</td><td>2mm</td><td>全数</td><td>用塞尺测量</td></tr>
</table>

4.15.8 仪表设备检验应符合下列规定：

1 量程选配与实际相符；

2 具有有效的计量检验合格证书；

3 测量范围内为线性，具有符合泵站控制系统要求的 4～20mA 模拟量输出或通信接口；

4 控制系统对仪表采样的显示值应与现场指示值一致。

4.15.9 泵站自动化控制系统应在调试完成，各项功能符合设计要求后，方可与工艺系统一起投入试运行。

4.15.10 连续联动调试运行时间不应小于 72h，应采用全自动控制方式，联动运行期间对任何仪表、传感器、通信装置、控制设备的故障应进行诊断和纠正。

5 污水处理厂供配电

5.1 负荷计算

5.1.1 装机容量统计应符合下列规定：

1 用需要系数法确定各类设备的计算负荷。

2 分变电所的计算负荷为各设备组负荷的计算之和乘以该区域内动力设备运行的同时系数。

3 总变电所的计算负荷为各分变电所计算负荷之和再乘以综合同时系数。

5.1.2 设备组的需要系数按功能区确定应符合表5.1.2的规定。

表 5.1.2 设备组的需要系数

用电设备组名称	需要系数（K_X）	cosϕ	tanϕ
水泵、泥泵、药泵等	0.75～0.85	0.80～0.85	0.70～0.62
风机	0.75～0.85	0.80～0.85	0.70～0.62
通风机、除臭设备	0.65～0.70	0.80	0.75
格栅除污机、皮带运输机、压榨机等	0.50～0.60	0.75	0.88
搅拌机、吸刮泥机等	0.75～0.85	0.80～0.85	0.70～0.62
消毒设备（紫外线、加氯机等）	0.80～0.90	0.50	1.73
起重器及电动葫芦（ε=25%）	0.10～0.15	0.50	1.73
控制系统设备	0.60～0.70	0.80	0.75
污泥脱水设备	0.70	0.70～0.80	0.80～0.75
污泥干化设备	0.80	0.90	0.48
干污泥输送设备（料仓）	0.65～0.70	0.80	0.75
电子计算机主机外部设备	0.40～0.50	0.50	1.73
试验设备（电热为主）	0.20～0.40	0.80	0.75
各类仪表	0.15～0.20	0.70	1.02
厂房照明（有天然采光）	0.80～0.90	—	—
厂房照明（无天然采光）	0.90～1.00	—	—
办公楼照明	0.70～0.80	—	—

5.1.3 污水处理厂负荷的计算应按本规程第3.1.3条执行，并应符合下列规定：

1 分变电所区域设备的有功功率同时系数 $K_{\Sigma P}$ 和无功功率同时系数 $K_{\Sigma Q}$ 应分别取 0.85～1 和 0.95～1。

2 总变电所的综合同时系数 $K_{\Sigma P}$ 和 $K_{\Sigma Q}$ 应分别取 0.8～0.9 和 0.93～0.97。

3 当简化计算时，同时系数 $K_{\Sigma P}$ 和 $K_{\Sigma Q}$ 均应取为 $K_{\Sigma P}$ 值。

5.2 系统结构

5.2.1 变电所设置根据负荷分布特点应符合下列规定：

1 变电所的形式和布置应根据负荷分布状况和周围环境确定。

2 当系统结构为分布式时，宜设总变电所和若干分变电站所。

3 供电负荷应为二级，对特别重要的污水处理厂应定为一级负荷。

4 二级负荷应由双电源供电，二路互为备用或一路常用一路备用。

5.2.2 总变电所和分变电所设置应符合下列规定：

1 含油浸式电力变压器的变电所内变压器室的耐火等级应为一级，其他房间的耐火等级应为二级。

2 总变电所和分变电所设置还应符合本规程第3.8.2条的规定。

5.2.3 总变电所系统设置应符合下列规定：

1 总变电所宜为独立式布置，设于污水处理厂负荷中心附近合适的位置，方便与各分变电所构成配电回路。

2 对35kV/10（6）kV变电所宜设为屋内式。

3 当35kV双电源供电在35kV侧切换时，宜采用内桥接线。10（6）kV母线和低压母线宜采用单母线或单母线分段接线。

4 总变电所对外的配电宜采用放射式和树干式相结合的配电方式。

5 当供电电压为10kV，厂区面积较大，负荷又比较分散的工程，可采用10kV和0.4kV两种电压混合配电方式。

6 总变电所的布置应符合本规程第3.8.3～3.8.6条的规定。

5.2.4 分变电所系统设置应符合下列规定：

1 设置应靠近各自供电区域负荷中心。宜设于较大机械设备房的一端。

2 对大部分用电设备为中小容量，无特殊要求的用电设备，可采用树干式配电。

3 对用电设备容量大，或负荷性质重要，或布置在有潮湿、腐蚀性环境的构筑物内的设备，宜采用放射式配电。

4 当总变电所向分变电所放射式供电时，分变电所的电源进线开关宜采用负荷开关。当分变电所需要带负荷操作或继电保护、自动装置有要求时，应采用断路器。

5 变压器低压侧电压为0.4kV的总开关应采用低压断路器。

5.3 操作电源

5.3.1 污水处理厂主变电所操作电源应采用直流操作系统，应选用免维护铅酸蓄电池直流屏。

5.3.2 污水处理厂各个分变电所的操作宜采用简单的交流操作系统。

5.4 短路电流计算及保护

5.4.1 供配电系统短路电流计算及保护应符合本规程第3.6节的有关规定。

5.5 系统设备要求

5.5.1 供配电系统设备要求包括总线接口应符合本规程第3.7节的有关规定。

5.6 照明

5.6.1 污水处理厂的照明计算、光源选择、建筑物和道路灯具选择应符合本规程第3.9节的有关规定。

5.6.2 初沉池、生物反应池、二沉池等大型户外构筑物群区的照明宜采用广照型的高杆灯。

5.7 接地与防雷

5.7.1 变电所接地的型式和布置应符合本规程第3.10.1～3.10.11条的有关规定。

5.7.2 防雷应符合下列规定：

1 防雷措施应包括建筑物防雷和电力设备过电压保护。

2 防雷装置的设置应符合现行国家标准《建筑物防雷设计规范》GB 50057的规定。

3 污泥消化池、沼气柜、沼气过滤间、沼气压缩机房、沼气火炬、加氯间等属于二类防雷建筑物的防爆危险场所，应采取防直击雷、防雷电感应和防雷电波侵入的措施。

4 对办公楼、泵房等属于三类防雷建筑物的场所，应采取防直击雷和防雷电波侵入的措施。

5 变电所的低压总保护柜内宜设第一级电源浪涌保护器；现场站总配电箱宜设二级电源浪涌保护器；供电末端重要的仪表配电箱宜设三级电源浪涌保护器。

6 浪涌保护器的设置应符合本规程第3.10.12条的规定。

5.8 防爆电器的应用

5.8.1 污泥消化池、沼气柜、沼气过滤间、沼气压缩机房、沼气火炬、加氯间等防爆场所的电气设备必须采用防爆电器，并应符合下列规定：

1 电动机应采用隔爆型或正压型鼠笼型感应电动机。

2 控制开关及按钮应采用本安型或隔爆型设备。

3 照明灯具应采用隔爆型设备。

5.8.2 控制盘、配电盘不应布置在防爆1区，布置在防爆2区的控制盘、配电盘应采用隔爆型设备。

5.8.3 防爆电器选择应符合现行国家标准《爆炸和火灾危险环境电力装置设计规范》GB 50058的规定。

5.9 电气施工及验收

5.9.1 电气施工及验收应符合本规程第3.11节的有关规定。

6 污水处理厂自动化系统

6.1 一般规定

6.1.1 应根据污水处理厂规模、控制和节能要求配置数据采集和监视控制（SCADA）系统，实现污水处理自动化管理。

6.1.2 污水处理厂自动化程度和仪表配置要求、测量范围应根据工艺要求确定。

6.1.3 检测和测量仪表应按控制系统的要求提供4～20mA的标准电流信号输出或现场总线式的通信接口。

6.1.4 直接与污水、污泥、气体接触的仪表传感器防护等级应为IP68；室内变送器、控制器防护等级不应小于IP54；室外变送器、控制器的防护等级不应小于IP65。

6.1.5 现场设备控制箱应设置运行状态指示、手动操作按钮和手动/联动方式选择开关。

6.1.6 污水处理厂自动化系统应通过设备控制箱实施对现场设备的启动和停止控制；宜采用二对常开触点分别控制设备的启动和停止。

6.1.7 设备控制箱应按控制系统的要求提供现场总线通信接口或硬线信号接口。

6.1.8 所有安装在污水处理现场的仪表均应按照防潮、防腐要求配备保护箱、遮阳罩、不锈钢支架等附件，并应可靠接地。

6.2 规模划分与系统设置要求

6.2.1 污水处理厂工艺按流程和处理程序可划分为：预处理工艺；一级处理工艺；二级处理工艺；深度处理工艺；污泥处理工艺；最终的污泥处理等。

6.2.2 监控系统规模、工艺参数检测要求、检测点布设等均应根据污水处理厂的规模和工艺要求确定。

6.2.3 污水处理厂应设置生物池曝气量自动调节或生物工艺优化控制系统。

6.3 系统结构

6.3.1 污水处理厂的自动化控制系统宜采用三层结构，包括信息层、控制层和设备层，并应符合下列规定：

1 信息层设备布设在污水处理厂中控室，采用具有客户机/服务器（C/S）结构的计算机局域网，网络形式宜采用10/100/1000M以太网。

2 控制层宜采用光纤工业以太网或成熟的工业总线网络，以主/从、对等或混合结构的通信方式连接监控工作站、工程师站和厂内各就地控制站。

3 控制层设备设在各个现场控制站，控制器下可设远程I/O站；现场控制站宜为无人值守模式，操作界面采用触摸显示屏。

4 大、中型污水处理厂设备层宜采用现场总线网络，小型污水处理厂宜采用星型拓扑结构方式，以硬接线电缆连接仪表和设备控制箱。

6.3.2 重要污水处理厂的控制系统宜采用冗余结构。

6.4 系统功能

6.4.1 污水处理厂的运行监视功能可通过布设在各工艺构筑物中仪表及机械设备、控制箱、变配电柜内的传感器、变送器所采集的实时信息经就地控制器的收集、预处理以后上传到中控室统计、处理、存储。运行监视范围应包括下列内容：

1 物理量监视应为：

1）物位值及超高、超低物位报警；

2）瞬时流量、累积流量和故障报警；

3）温度及报警；

4）压力及报警；

5）污泥界面。

2 水质分析监视应为：

1）固体悬浮物浓度（SS）；

2）污泥浓度（MLSS）；

3）酸碱度/温度（pH/T）；

4）溶解氧（DO）；

5）总有机碳（TOC）；

6）总磷（TP）；

7）氨氮（NH_3-N）；

8）硝氮（NO_3-N）；

9）化学需氧量（COD）；

10）生化需氧量（BOD）；

11）氧化还原电位（ORP）；

12）余氯。

3 机械设备运行状态监视应为：

1）水泵运行状态和故障报警；

2）格栅除污机、输送机、压榨机的运行状态和故障报警；

3）电动闸门、阀门、堰门的位置、运行状态和故障报警；

4）沉砂池除砂装置运行状态和故障报警；

5）曝气设备运行状态和故障报警；

6）刮砂机、吸刮泥机的运行状态和故障报警；

7）搅拌机的运行状态和故障报警；

8）鼓风机、压缩机的运行状态和故障报警；

9）污泥消化设备机组运行状态和故障报警；

10）污泥浓缩机组运行状态和故障报警；

11）污泥脱水设备、输送设备、料仓设备运行状态和故障报警；

12）污泥耗氧堆肥处理系统运行状态和故障报警；

13）出水消毒装置运行状态和故障报警；

14）加药系统运行状态和故障报警。

4 自动化系统应有电力监控功能，技术要求应符合本规程第4.7节的有关规定。电力监控范围包括主变电所和分变电所。

6.4.2 污水处理厂中控室应将采集到的所有自动化信息为依据，经过数学模型计算或人工判断以后按周期发出各类运行控制命令到各就地控制站执行，运行控制对象应包括下列内容：

1 水泵（进水、出水）运行、调速；

2 格栅除污机、输送机、压榨机运行；

3 电动闸门、阀门、堰门开/闭、开度；

4 除砂装置运行；

5 曝气设备运行、曝气机浸没深度；

6 刮砂机、吸刮泥机运行；

7 搅拌机运行、调速；

8 鼓风机/压缩机运行（开启、调速、进口导叶片角度控制等）；

9 污泥消化池温度控制；

10 污泥消化池进泥量和搅拌；

11 污泥浓缩机系统运行、加药量控制；

12 污泥脱水机组、输送设备、料仓控制；

13 污泥耗氧堆肥处理系统运行、加料量控制；

14 发水消毒装置运行；

15 沼气脱硫运行；

16 其他与工艺有关的运行设备。

6.4.3 污水处理厂应设有环境与安全监控功能，应包括下列内容：

1 有毒、有害、易燃、易爆气体的监测；

2 厂区视频图像监视和安全防卫系统；

3 火灾报警系统。

6.4.4 中央控制室功能应符合下列规定：

1 应具有与上级区域监控中心通信的功能。

2 应通过模拟屏、操作终端等显示设备对污水处理厂生产过程进行监视。宜设置组合式显示屏，满足生产监视和视频图像综合显示的需要。

3 运行控制应通过操作终端实现对全厂的生产过程进行调节，对水质进行控制。通过布设在各区域的就地控制站实现。

4 应在中央控制室完成运行参数统计、设备管理、报表等运行管理功能。

5 应具有手动、自动两种控制方式转换功能。

6 操作界面应具有汉化的图形化人机接口。

7 操作画面应包括：污水处理厂总电气图和各分变电所的电气图、厂总平面布置图和每个单体的局部平面布置图、厂总工艺流程图和每个单体的局部工艺流程图、剖面图、高程图、报警清单、参数设定。

6.4.5 就地控制站功能应符合下列规定：

1 应具有数据采集、处理和控制功能。现场站操作画面包括：现场站的电气图、现场站平面布置图、区域工艺流程图、剖面图、高程图、报警清单、参数设定。

2 操作界面应具有手动、自动两种控制方式转换功能。

3 操作界面应具有汉化的图形化人机接口。

6.4.6 中控室和就地控制站的操作界面分类分层的显示和控制方式应符合本规程第 4.4.9～4.4.11 条的规定。

6.5 检测和监视点设置

6.5.1 进水水质和出水水质检测应包括下列内容：

1 酸碱度/温度（pH/T）；

2 总磷（TP）；

3 氨氮（NH_3-N）；

4 硝氮（NO_3-N）；

5 化学需氧量（COD）；

6 生化需氧量（BOD）。

6.5.2 集水池宜设置下列监视和控制点：

1 粗格栅池内设置液位计或液位差计，液位差值控制格栅的清污动作；

2 封闭的格栅间内设置硫化氢检测仪；

3 格栅除污机、输送机、压榨机和闸门的监视和控制。

6.5.3 进水泵房宜设置下列监视和控制点：

1 进水井内设超声波液位计，液位测量值作为进水泵的控制依据；

2 泵出水管设电磁流量计，作为污水处理厂的处理量的计量；

3 水泵监视和控制及泵出口阀的联动控制。

6.5.4 沉砂池宜设置下列监视和控制点：

1 细格栅池内设超声波液位差计，液位值作为沉砂池控制参数，控制细格栅的清污动作；

2 封闭的细格栅井内设分体式硫化氢检测仪，监测有害气体浓度；

3 出水井内设置固体悬浮物浓度（SS）检测；

4 出水井内设置酸碱度/温度（pH/T）、总磷（TP）检测；

5 电动闸门、阀门和除砂设备的监视和控制。

6.5.5 生物池宜设置下列监视和控制点：

1 厌氧区中间和生物池出水端设置污泥浓度（MLSS）检测仪；

2 好氧区曝气总管和分管上设气体流量计；

3 厌氧区和缺氧区分别设氧化还原电位（ORP）检测仪；

4 好氧区的鼓风曝气稳定区设溶解氧（DO）检测仪，机械曝气机下游稳定区设溶解氧（DO）检测仪；

5 厌氧区入口稳定区设溶解氧（DO）检测仪；

6 缺氧区入口稳定区设溶解氧（DO）检测仪；

7 生物池出水端设溶解氧（DO）检测仪；

8 厌氧区末端设氨氮（NH_3-N）、硝氮（NO_3-N）分析仪（或 C_2 综合分析仪）；

9 电动闸门、阀门、搅拌机、内回流泵、曝气机、气体调节阀、电动堰门的监视控制。

6.5.6 初沉池、二沉池宜设置下列监视和控制点：

1 二沉池设污泥界面计，检测污泥泥位；

2 吸刮泥机、配水/泥闸门或电动堰板、闸门、排泥阀门的监视和控制。

6.5.7 鼓风机房宜设置下列监视和控制点：

1 空气总管设压力变送器、温度变送器和气体流量计；

2 鼓风机风量、风压和过滤器的监视和控制；

3 鼓风机、变频器、导叶的运行监视和控制。

6.5.8 回流及剩余污泥泵房宜设置下列监视和控制点：

1 回流污泥浓度（MLSS）检测；

2 设分体式超声波液位计，控制污泥泵的运行；

3 设浮球液位开关，防止回流及剩余污泥泵的干运行；

4 回流污泥泵出泥管道上设电磁流量计，计量回流污泥和剩余污泥量；

5 回流污泥泵、剩余污泥泵及变频泵的监视和控制。

6.5.9 出口泵房及出水井宜设置下列监视和控制点：

1 前池内和出水井内设分体式超声波液位计；

2 设出水泵监视、运行控制或按需要设出水量调节系统（出水泵变频调速或导叶角调节）。

6.5.10 储泥池宜设置下列监视和控制点：

1 设置分体式超声波泥位计，根据泥位控制储泥池泥泵的运行循环及控制储泥池的进、排泥；

2 设搅拌机、浆液阀及泥泵监视和控制。

6.5.11 污泥浓缩池宜设置下列监视和控制点：

1 设污泥流量计和加药流量计，以污泥流量控制污泥浓缩机组的运行；

2 设污泥界面计，检测污泥泥位；

3 设污泥浓缩机组监视和控制。

6.5.12 污泥消化池宜设置下列监视和控制点：

1 进泥管设电磁流量计、温度变送器和 pH 变送器；

2 出泥管设温度变送器，池顶设雷达液位计，气相压力变送器；

3 中部设温度变送器；

4 产气管设沼气流量计；

5 可燃气体检测仪；

6 设有搅拌机、污泥泵和热水泵的监视和控制。池顶设压力和真空安全阀。

6.5.13 污泥浓缩脱水机房宜设置下列监视和控制点：

1 进泥管和加药管设流量计，控制脱水机进泥量和加药量；

2 设带双探头的硫化氢检测仪，检测探头分别设在工作间和污泥堆放间；

3 设脱水机监视和控制及污泥输送、储存、装车的监控。

6.5.14 沼气柜宜设置下列监视和控制点：

1 设甲烷探测器，以检测可燃气体的浓度；

2 设压力仪，检测压力并报警和连锁保护；

3 设沼气增压机气动蝶阀监视和控制。沼气柜高度和压力的监测、报警、连锁保护。

6.5.15 沼气锅炉房宜设置下列监视和控制点：

1 沼气进气管设沼气流量计；

2 设压力变送器和水位计，根据锅炉水位调节补水量；

3 进水管设温度变送器；

4 出水管设温度变送器、压力变送器和流量计，根据锅炉出水温度调节燃气流量；

5 储水池设超声波液位计，监测储水池液位；

6 设置甲烷探测器，检测可燃气体的浓度；

7 设沼气增压泵、沼气锅炉排水泵、循环泵的监视和控制。

6.5.16 污水处理厂应设置出水流量计量，计量排放水量。

6.5.17 出水高位井排放口宜设置分体式超声波液位计，监测排放口液位。

6.5.18 消毒池宜设置下列监视和控制点：

1 余氯检测仪（加氯消毒工艺）；

2 消毒装置的监视和控制（加氯消毒、紫外线消毒或其他消毒工艺）。

6.6 检测和测量技术要求

6.6.1 液位、泥位的测量宜采用超声波液位计或液位差计。技术要求应符合本规程第 4.5.1 条的规定。

6.6.2 污水管道满管流量测量宜采用电磁流量计。技术要求应符合本规程第 4.5.2 条的规定。

6.6.3 污水处理厂设备管道压力测量宜采用压力变送器。技术要求应符合本规程第 4.5.3 条的规定。

6.6.4 温度测量应符合本规程第 4.5.4 条的规定。

6.6.5 宜采用硫化氢检测仪测量封闭式格栅井和污泥脱水机房的硫化氢浓度。技术要求应符合本规程第 4.5.5 条的规定。

6.6.6 溶解氧（DO）检测应符合下列规定：

1 分辨率应为 0.05mg/L。信号表示单位是 mg/L。

2 具有探头自动清洗功能。

3 传感器采用便于举升探头的池边安装支架；变送器采用单柱安装支架和遮阳板（罩）。

6.6.7 固体悬浮物浓度（SS）检测应符合下列规定：

1 分辨率应为 0.01mg/L。信号表示单位是 mg/L。

2 传感器具有旋转刮片组成的自动清洁装置。

3 传感器采用池边安装支架或管道安装方式；变送器采用单柱安装支架。

6.6.8 氨氮（NH_3-N）、硝氮（NO_3-N）检测应符合下列规定：

1 精度应小于显示值±0.5%。信号表示单位是 mg/L。

2 防护等级为：IP54，自动标定、自动清洗。

3 宜采用离子选择电极法或比色法；当采用离子选择电极法时，应在现场采用便于举升传感器的池边安装支架，变送器采用单柱安装且保护箱外应设遮阳装置。当采用比色法时，应同时成套提供可自动空气反吹清洗的完整的取样及预处理系统，包括从测量点取样用的取样泵（可选）、取样管道、各种附件等装置。进水水质分析必须提供粗、细过滤装置。

6.6.9 污泥泥位检测应符合下列规定：

1 精度应为显示值的 1%，分辨率应为 0.03m。信号表示单位是 m。

2 传感器应具有自动清洗装置。

3 传感器采用池边安装支架；变送器采用单柱安装支架。

6.6.10 气体流量测量应符合下列规定：

1 精度应为显示值的 0.5%。信号表示单位是 m^3/s。

2 变送器防护等级为：IP65。沼气流量计应采用防爆形式。

3 宜采用热扩散气体检测原理。

6.6.11 酸碱度/温度（pH/T）值检测应符合下列规定：

1 精度应小于测量值的 0.75%，分辨率为：pH =0.01，T=0.1℃。T 信号表示单位是℃。

2 传感器采用池边安装不锈钢支架。

6.6.12 氧化还原电位 ORP 检测仪测量应符合下列

规定：

1 精度应小于显示值的0.5%。信号表示单位是mV。

2 传感器采用池边安装不锈钢支架。

6.6.13 甲烷检测和报警应符合下列要求：

1 沼气锅炉房采用甲烷探测器检测可燃气体的浓度。检测报警装置的主要技术参数应符合表6.6.13的规定。

表6.6.13 甲烷可燃气体检测报警装置的主要技术参数

参数名称	选取值
监测范围V/V%	0～10
显示方式	现场数字显示，控制室显示
检测误差（%）	≤3
报警阈值V/V%	1
响应时间（s）	≤60（满量程90%）
防爆性能	本安防爆

6.6.14 余氯分析的精度应为±5%。信号表示单位是mg/L。

6.6.15 总磷（TP）分析应符合下列规定：

1 精度应为显示值的±2%。信号表示单位是mg/L。

2 宜采用比色法并应同时提供可自动清洗的完整的取样及预处理系统，包括从测量点取样用的取样探头、取样管道、各种附件等装置。对于进水水质分析仪应提供粗、细两套过滤装置。

6.6.16 化学需氧量（COD）测量应符合下列规定：

1 当COD值大于100mg/L时，精度应小于显示值的±10%。当COD值小于或等于100mg/L时，精度应小于显示值±6mg/L，分辨率为1mg/L。信号表示单位是mg/L。

2 探头具有机械自清洗功能。

3 传感器采用池边安装不锈钢支架。

6.6.17 生化需氧量（BOD）测量应符合下列规定：

1 精度应为显示值的±10%，分辨率为1mg/L。信号表示单位是mg/L。

2 探头具有机械自清洗功能。

3 传感器采用池边安装不锈钢支架。

6.6.18 分析仪器试剂应选用低毒、无害和低耗量。

6.7 设备控制技术要求

6.7.1 设备的控制位置和优先级应符合下列规定：

1 污水处理厂设备的控制优先级由高至低依次为：现场控制/机旁控制、配电盘控制、就地（单体）控制、中央控制，较高优先级的控制可屏蔽较低优先级的控制；每一级控制均应设置选择开关（如图6.7.1所示）。

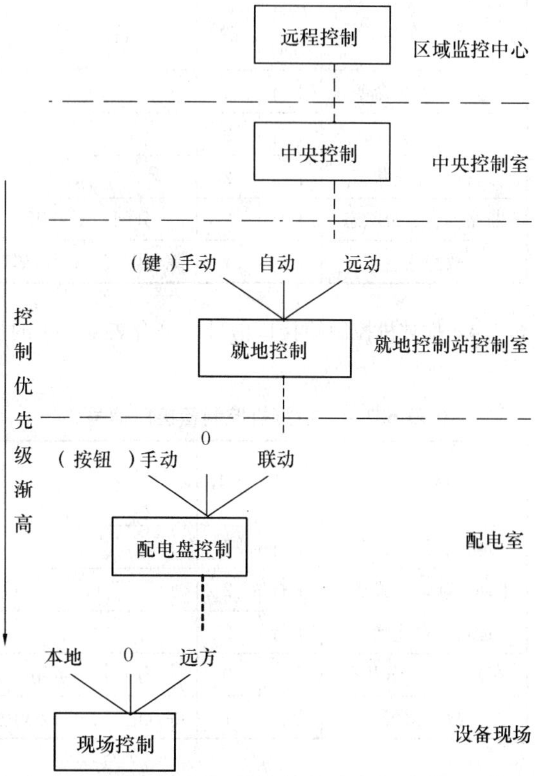

图6.7.1 污水处理厂设备控制优先级关系

2 现场控制/机旁控制应符合本规程第4.6.1条第1款的规定。

3 配电盘控制应符合本规程第4.6.1条第2款的规定。

4 现场控制/机旁控制和配电盘控制由厂内供配电系统实施，可对现场站设备手动控制而不依赖于厂内自动化控制系统。

5 就地控制：一般在污水处理厂各现场的就地控制站内完成，是通过就地控制站自动化控制系统实施的控制，具有手动和自动两种控制方式。

6 中央控制：一般在污水处理厂综合楼的中央控制室内完成。宜通过中央控制系统操作界面的按键（或设定的功能键）完成调度和控制。系统控制水平高的污水处理厂则按照控制模型产生的控制模式自动地生成控制命令或由人工对控制模式确认以后下达控制命令，给相关的就地控制器执行。厂内各机械设备的联动亦由就地控制站的控制器根据要求完成。

7 污水处理厂应有与区域监控中心通信的功能。

6.7.2 水泵、格栅除污机、输送机、压榨机、闸门、阀门（包括配水/泥闸门、电动堰板排泥阀门）、除臭装置、通风、控制应符合本规程第4.6.2～4.6.6条的规定。

6.7.3 刮砂机、吸刮泥机控制箱接口信号应符合表6.7.3的规定。

表 6.7.3 刮砂机、吸刮泥机控制箱接口信号

信号名称	信号方向	点数	备　注
运行、停止命令	下行	2	—
手动、联动方式状态	上行	2	—
运行、停止状态	上行	2	—
断路器合、分状态	上行	2	分闸：不可用
故障报警	上行	1	综合电气、机械故障

6.7.4 搅拌机控制箱接口信号应符合表 6.7.4 的规定。

表 6.7.4 搅拌机控制箱接口信号

信号名称	信号方向	点数	备　注
运行、停止命令	下行	2	—
手动、联动方式状态	上行	2	—
运行、停止状态	上行	2	—
断路器合、分状态	上行	2	分闸：不可用
故障报警	上行	1	综合电气、机械故障

6.7.5 压缩机控制箱接口信号应符合表 6.7.5 的规定。

表 6.7.5 压缩机控制箱接口信号

信号名称	信号方向	点数	备　注
运行、停止命令	下行	2	—
手动、联动方式状态	上行	2	—
运行、停止状态	上行	2	—
断路器合、分状态	上行	2	分闸：不可用
故障报警	上行	1	综合电气、机械故障

6.7.6 鼓风机的控制应符合下列规定：

1 由配套的现场控制箱实施启动控制、运行保护和转速控制（变频）或进口导叶片角度控制以及风机组内部设备联动控制。

2 就地控制系统通过控制箱实施对鼓风机的启动停止和输出风量的调节控制。

3 控制箱接口信号应符合表 6.7.6 的规定。

表 6.7.6 鼓风机控制箱接口信号

信号名称	信号方向	点数	备　注
运行、停止命令	下行	2	—
手动、联动方式状态	上行	2	—
运行、停止状态	上行	2	—
断路器合、分状态	上行	2	分闸：不可用
故障报警	上行	1	综合电气、机械故障
鼓风机转速（变频）	下行	1	—
鼓风机出风量	下行	1	—
鼓风机电动机电流	上行	1	—
风机出风口压力	上行	1	—
控制给定	下行	1	—

6.7.7 电动调节阀的控制应符合下列规定：

1 采用曝气工艺的生物池相应的空气管道上应设置空气量检测和电动调节阀。

2 设置现场控制箱，按运行要求驱动电动调节阀控制生物池的进气量。

3 就地控制系统通过控制箱实施对调节阀的启动停止和开度的调节控制。

4 控制箱接口信号应符合表 6.7.7 的规定。

表 6.7.7 调节阀控制箱接口信号

信号名称	信号方向	点数	备　注
运行、停止命令	下行	2	—
手动、联动方式状态	上行	2	—
全开、全闭状态	上行	2	—
断路器合、分状态	上行	2	分闸：不可用
故障报警	上行	1	综合电气、机械故障
开启度反馈	上行	1	

6.7.8 污泥泵控制箱接口信号应符合表 6.7.8 的规定。

表 6.7.8 污泥泵控制箱接口信号

信号名称	信号方向	点数	备　注
运行、停止命令	下行	2	—
手动、联动方式状态	上行	2	—
运行、停止状态	上行	2	—
断路器合、分状态	上行	2	分闸：不可用
故障报警	上行	1	综合电气、机械故障
污泥泵电动机电流	上行	1	—

6.7.9 污泥浓缩机组的控制应符合下列规定：

1 机组综合控制装置提供污泥浓缩机组的基本启动、停止逻辑控制和相关的污泥进料泵、加药泵、

混合装置、反应器、污泥浓缩机、厚浆泵、增压泵等设备的联动控制。

2 控制箱接口信号应符合表6.7.9的规定。

表6.7.9 污泥浓缩机组控制箱接口信号

信号名称	信号方向	点数	备注
运行、停止命令	下行	2	—
手动、联动方式状态	上行	2	—
断路器合、分状态	上行	2	分闸：不可用
进料泵运行、停止状态	上行	2	—
加药泵运行、停止状态	上行	1	—
混合装置运行、停止状态	上行	1	—
反应器运行、停止状态	上行	1	—
污泥浓缩机组运行、停止状态	上行	1	—
厚浆泵运行、停止状态	上行	1	—
增压泵运行、停止状态	上行	1	—
进料泵故障报警	上行	1	—
加药泵故障报警	上行	1	—
混合装置故障报警	上行	1	—
反应器故障报警	上行	1	—
污泥浓缩机组故障报警	上行	1	—
厚浆泵故障报警	上行	1	—
增压泵故障报警	上行	1	—

6.7.10 污泥脱水机组的控制应符合下列规定：

1 综合控制装置提供污泥脱水机组的基本启动、停止逻辑控制和相关的污泥切割机、污泥供料泵、加药泵、润滑、冷却、清洗等设备的联动控制。

2 脱水机组控制箱接口信号应符合表6.7.10的规定。

表6.7.10 脱水机组控制箱接口信号

信号名称	信号方向	点数	备注
运行、停止命令	下行	2	—
手动、联动方式状态	上行	2	—
断路器合、分状态	上行	2	分闸：不可用
故障报警	上行	2	综合电气、机械故障
润滑系统运行、停止状态	上行	1	—
润滑系统故障报警	上行	1	—
冷却系统运行、停止状态	上行	1	—
冷却系统故障报警	上行	1	—
清洗状态	上行	1	—
污泥切割机工作电流	上行	1	—

续表6.7.10

信号名称	信号方向	点数	备注
污泥供料泵工作电流	上行	1	—
污泥脱水机工作电流	上行	1	—
单组污泥脱水系统电量	上行	1	—
絮凝剂加注流量	上行	1	—

6.7.11 紫外线消毒装置接口信号应符合表6.7.11的规定。

表6.7.11 紫外线消毒装置控制箱接口信号

信号名称	信号方向	点数	备注
运行、停止命令	下行	2	—
手动、联动方式状态	上行	2	—
运行、停止状态	上行	2	—
断路器合、分状态	上行	2	分闸：不可用
故障报警	上行	1	综合电气、机械故障

6.7.12 加氯机控制箱接口信号应符合表6.7.12的规定。

表6.7.12 加氯机控制箱接口信号

信号名称	信号方向	点数	备注
运行、停止命令	下行	2	—
手动、联动方式状态	上行	2	—
运行、停止状态	上行	2	—
断路器合、分状态	上行	2	分闸：不可用
故障报警	上行	1	综合电气、机械故障

6.8 电力监控技术要求

6.8.1 电力监控技术要求应符合本规程第4.7节的有关规定。

6.9 防雷与接地

6.9.1 本安线路、本安仪表应可靠接地。本质安全型仪表系统的接地宜采用独立的接地极或接至信号回路的接地极上。

6.9.2 用电仪表的外壳、仪表盘、柜、箱、盒和电缆槽、保护管、支架地座等，在正常条件下不带电的金属部分由于绝缘破坏而有可能带电者，均应做保护接地。

6.9.3 信号回路的接地点应设在显示仪表侧。

6.9.4 控制系统宜建立统一接地体（总等电位连接板），综合控制箱、柜内的保护接地、信号回路接地、屏蔽接地应分别接到各自的接地母线上，再由各母线接到总等电位连接板。

6.9.5 防雷与接地还应符合本规程第4.8.1～4.8.4条的规定。

6.10 控制设备配置要求

6.10.1 污水处理厂控制设备配置要求应符合本规程第4.9节的有关规定。

6.10.2 工艺监控应配备2台工作站组成双机热备，1台用于正常工艺监控，另1台为备用。2台监控计算机的硬件和软件的配置应相同，功能和监控的对象应能互换。

6.10.3 污水处理厂电力监控宜专门配备1台工作站。运行故障时，应由工艺备用工作站替代工作。

6.10.4 生物池节能运转应独立配置控制模型运行和模拟的工作站1台。

6.10.5 数据管理宜由2台服务器组成双机热备。

6.10.6 污水处理厂中控室与各现场就地控制站间的光纤通信宜采用环形或星形组网方式。

6.10.7 大型污水处理厂中央控制系统宜考虑与工厂管理信息系统（MIS）互连。

6.11 安全和技术防范

6.11.1 污水处理厂应设置电视监控系统，并应符合下列规定：

1 厂内所有摄像机应连接视频矩阵切换器，将视频信号选择切换到主监视器。主监视器或数字录像机可以显示任何一台摄像机的视频信号。

2 安装在外场的摄像机应具有防振和防雷措施。

3 摄像机的选择应符合下列规定：

1）采用$\frac{1''}{4}$～$\frac{1''}{2}$CCD；

2）信号制式为PAL；

3）清晰度不应小于450TVL；

4）最低照度宜为1.0lx；

5）视频输出为$1.0V_{p\text{-}p}$；

6）阻抗75Ω（BNC）；

7）外罩应配置通风加热器、刮水器。

4 室外云台旋转角：水平宜为355°，垂直宜为±90°。

5 室外解码器控制输入接口可接受RS422、RS485或曼彻斯特码。通信速率宜为1200～19200bps。

6 视频矩阵切换器的选择应符合下列规定：

1）输入信号为$1.0V_{p-p}\pm3dB$，75Ω；

2）输出信号为$1.0V_{p-p}\pm0.5dB$，75Ω；

3）信噪比不应小于60dB；

4）控制接口可为RS232C或RS485；

5）应配操纵摇杆和编程键盘。

7 彩色监视器选择应符合下列规定：

1）清晰度不应小于450TVL；

2）输入信号为$1.0V_{p\text{-}p}\pm3dB$；

3）频率响应优于10MHz（−3dB）。

8 监视器应安装在固定的机架和机柜上；具有散热、电磁屏蔽性能；屏幕避免外来光直射；外部可调节部分易于操作和维护。

6.11.2 厂区周边的围墙可按管理要求设置周界防卫系统，控制主机和报警盘设在门卫室；发生报警时应与电视监控系统联动。

6.11.3 火灾报警控制器应根据消防要求设置，宜设在中央控制室。

6.11.4 根据管理要求，在污水处理厂重要的出入口通道可设置门禁系统。

6.11.5 在爆炸危险场所安装的自动化系统的仪表和材料，必须具有符合国家现行防爆质量标准的技术鉴定文件或防爆等级标志；其外部应无损伤和裂缝。

6.11.6 自动化系统的设备和仪表防爆应符合下列规定：

1 污泥消化池、沼气过滤间、沼气压缩机房、沼气脱硫间、沼气柜、沼气鼓风机、沼气火炬、沼气锅炉房、沼气发电机房、沼气鼓风机房等设备和防爆场所宜按1区考虑，仪表应选用本质安全型。

2 敷设在易爆炸和火灾危险场所的电缆（线）保护管应符合下列规定：

1）保护管与现场仪表、检测元件、仪表箱、接线盒和拉线连接时应安装隔爆密封管件，并做好充填密封；保护管应采用管卡固定牢固，不应焊接固定。密封管件与仪表箱、分线箱接线盒及拉线盒间的距离不应超过0.45m。

2）全部保护管系统必须确保密封。

3 安装在易爆炸和火灾危险场所的设备引入电缆时，应采用防爆密封填料进行密封。

4 沼气过滤间、压缩机房及污泥泵房均应考虑通风设施，并应防止沼气进入或从管道中漏出。

5 控制室电线电缆沟出口处应采取措施以防止室外沼气逸出后进入沟内。

6 沼气锅炉房应采用甲烷探测器检测可燃气体的浓度。

6.12 控制软件

6.12.1 操作系统应选择多任务多用户网络操作系统，中文版本，具有开放式的软件接口。

6.12.2 关系型数据库应具有标准的外部数据接口，能与其他控制软件和数据库交换数据。

6.12.3 应用软件应包括下列功能：

1 采用图控软件组态设计中控室的运行监控软件，具有中文界面，操作提示和帮助系统。提供污水处理厂总平面布置图、局部平面布置图、工艺流程图、设备布置图、高程图、剖面图、电气接线图、报警清单等，并在图形界面上实现对设备的操作、控制和运行参数设定。

2 提供整个监控系统运行的各种数据参数、各机械电气设备状态以及各接口设备状态的实时数据库及历史数据库，并具有在线查询、修改、处理、打印等数据库管理软件，能与管理信息系统（MIS）联网操作。

3 具有强而有效的图形显示功能。在确定监控画面后，可对监控对象进行形象图符设计、组态、链接、生成完整的实时监控画面，使用户能在监视器（CRT）上查询到各种监控对象的动态信息及故障。

4 日常的数据管理，对采集到的各种数据经计算、处理、分类，自动生成各种数据库及报表，供实时监测、查询、修改、打印；数据管理还包括生成后的报表文件的修改或重组。

5 设备管理应符合本规程4.11.4条第4款的规定。

6 对设备运行数据、流量数据、扬程数据、能耗数据进行记录和综合分析，提供节能控制模型的模拟和节能运行建议。能耗管理宜包括下列内容：

1）电力消耗；

2）化学药剂消耗；

3）给水消耗；

4）燃料计量。

7 完成各类数据的采集和通信网络的管理。

6.13 控制系统接口

6.13.1 就地控制系统与电气设备和仪表的接口如图6.13.1所示，各接口的功能应符合表6.13.1的规定。

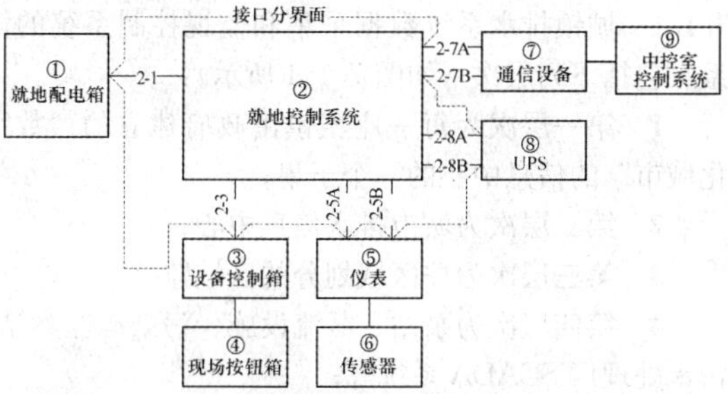

图6.13.1 就地控制系统与电气设备和仪表的接口示意图

表6.13.1 就地控制系统与电气设备和仪表的接口

编号	界面位置	功能	备注
2-1	就地配电箱供电电缆馈出端	接取就地控制系统的工作电源	—
2-3	各机电设备控制箱的控制信号端子排或插座	监控设备运行	参见本规程6.7节
2-5A	仪表的工作电源端子排	提供仪表工作电源	参见本规程6.6节
2-5B	仪表的信号输出端子排或插座	采集仪表的检测数据和工作状态	参见本规程6.6节
2-7A	就地控制站控制机柜内的通信电源端子排	提供中控室控制通信设备的工作电源	—
2-7B	就地控制站控制机柜内的远程监控通信插座	提供中控室控制通信接口	参见本规程6.4.4条
2-8A	UPS的电源输入和电源输出端子排	提供和接取UPS电源	—
2-8B	UPS监控信号端子排或插座	监控UPS运行	参见本规程4.9.13条

6.13.2 就地控制系统与电力设备的接口如图6.13.2所示，各接口的功能应符合表6.13.2的规定。

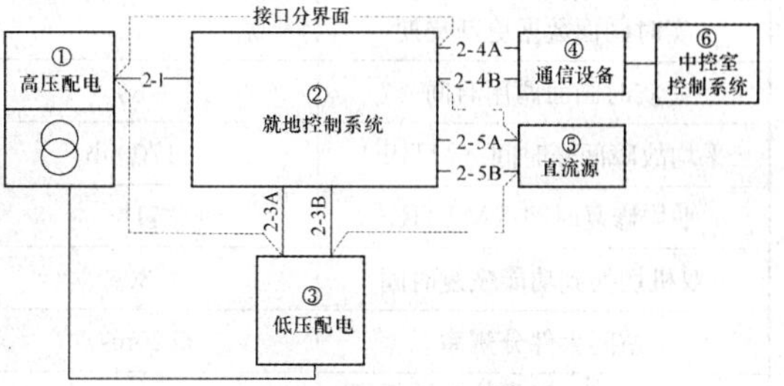

图6.13.2 就地控制系统与电力设备的接口示意图

表6.13.2 就地控制系统与电力设备的接口

编号	界面位置	功能	备注
2-1	高压开关柜二次端子排或信号插座	监控高压开关设备和变压器运行	参见本规程4.7节
2-3A	低压配电柜供电电缆馈出端	接取现场站控制系统的工作电源	—

续表 6.13.2

编号	界面位置	功　能	备　注
2-3B	低压开关柜二次端子排或信号插座	监控低压开关设备运行	参见本规程4.7节
2-4A	就地控制站控制机柜内的通信电源端子排	提供中控室控制通信设备的工作电源	—
2-4B	就地控制站控制机柜内的远程监控通信插座	提供中控室控制通信接口	参见本规程6.4.4条
2-5A	直流源的电源输入和电源输出端子排	提供和接取直流源电源	—
2-5B	直流源监控信号端子排或插座	监控直流源运行	—

6.13.3 在有关接口描述的文件中需明确的内容应符合本规程第 4.12.3 条的规定。

6.14 系统技术指标

6.14.1 污水处理厂自动化系统技术指标应符合表 6.14.1 的规定。

表 6.14.1 系统技术指标

技术指标		规定数值
数据扫描周期		≤100ms
数据传输时间		≤500ms（PLC至上位机）
控制命令传送时间		≤1s（上位机至PLC）
实时画面数据更新周期		≤1s
实时画面调用时间		≤3s
平均故障间隔时间（MTBF）		≥17000h
平均修复时间（MTTR）		≤1h
双机切换到功能恢复时间		≤30s
站间事件分辨率		≤20ms
计算机处理器的负荷率	正常状态下任意30min内	<30%
	突发任务时10s内	<60%
LAN负荷率	正常状态下任意30min内	<10%
	突发任务时10s内	<30%
通信故障恢复时间		≤0.5s

6.15 计　　量

6.15.1 系统应对设备运行记录及控制模式进行综合考虑，使系统能在最低的消耗下发挥最大的效率。计量宜包括下列内容：

1 污水量；

2 污泥量；

3 给水量；

4 用电量；

5 用气量；

6 化学药剂（包括混凝剂、助凝剂、絮凝剂及其他添加剂等）量；

7 加氯量或其他消毒剂量。

6.15.2 计量应有记录、测算、显示和打印。

6.16 设备安装技术要求

6.16.1 中央控制室宜设在污水处理厂综合楼内，控制室应设置模拟屏、计算机（含工作站、服务器）、打印机、操作台椅、通信机柜、UPS和网络设备等。

6.16.2 就地控制站自动化设备（包括UPS）均应安装在控制机柜内，控制机柜要求应符合本规程第4.14.1条的规定。

6.16.3 中央控制室和就地控制站布置要求应符合本规程第4.14.2～4.14.6条的规定。

6.16.4 污水处理厂电缆和电缆桥架安装技术要求应符合本规程第4.14.7～4.14.16条的规定。

6.17 系统的调试、检验、试运行

6.17.1 自控设备、自动化仪表的调试、检验和试运行应符合本规程第4.15节的有关规定。

6.17.2 闭路监视电视系统安装施工质量的检验阶段、检验内容、检测方法及性能指标要求应符合现行国家标准《民用闭路监视电视系统工程技术规范》GB 50198的有关规定。

6.17.3 电视监控系统的检验应符合下列规定：

1 电视监控系统图像画面清晰、稳定。

2 电视监控系统与其他系统的联动功能达到设计的规定。

7 排水工程的数据采集和监控系统

7.1 系 统 建 立

7.1.1 城镇排水系统数据采集和监视控制系统的体系宜包括下列层次（如图7.1.1所示）：

1 第一层次为每一座城镇由政府建立的“数字化城市”的信息中心的一个子集；

2 第二层次为城市排水信息中心；

3 第三层次为按区域划分的区域监控中心；

4 第四层次为泵站、截流设施、污染源监察站、污水处理厂SCADA系统等；

5 第五层次为现场数据采集与监视控制的配置要求。

7.1.2 信息层次的选择与确定必须与排水系统管理体制相匹配，并应符合下列要求：

1 对小型城镇可不考虑第三层次的建立。

2 对大型城市除了在区域范围内按流域或片区的排水分系统建立若干区域监控中心，采集本系统内泵站、截流设施、污染源以及污水处理厂的各类信息并建立双向通信以外，在居民比较集中的区（县）级城镇宜建立相对独立的信息分中心。

3 对防汛雨水泵站和污水泵站分开管理的体系，可分别建立区域监控中心。

7.1.3 污染源的监测点应设在排放污染废水的源头。监测信号应直接传送到区域监控中心或排水信息中心。

7.2 系 统 结 构

7.2.1 城镇排水系统数据采集和监视控制（SCADA）系统的网络拓扑结构宜为星形（见图7.1.1）。

7.2.2 SCADA系统中远程站（第四层次）与所属区域监控中心（或信息中心）之间的通信网络应根据远程站的具体位置、规模和数据量大小选择。

7.2.3 在长距离的广域通信中宜采用公共通信网络。

7.2.4 广域通信的网络拓扑结构为星形，采用的标准通信规约是IEC60870-5-101（基本远动配套标准）。宜配用“逢变则报”（RBE）原则，节约通信资源，提高通信效率。

7.2.5 通信信道应采用主、备配置方式以保证通信的可靠性。

7.2.6 现场设备与控制站之间的通信宜采用现场控制总线。

7.3 系 统 功 能

7.3.1 排水信息中心应实现下列功能：

1 收集各区域监控中心上报经过统计处理以后的各区域排水系统的各项参数。包括泵站运行状态与设备状态；污水处理厂运行和控制状态以及设备状态；污染源的污染程度；按月、季、年上报的各类报表。

2 应按管理要求建立相应的数据库。

3 应向上级部门报告各项排水管理信息。

4 不宜直接向泵站或污水处理厂下达控制命令。

7.3.2 区域监控中心应实现下列功能：

1 收集所属各远程站（泵站、截流设施、污水处理厂、污染源）上报的经过预处理的各项参数，包括泵站运行状态、流量、雨量、设备状态；污水处理厂运行状态、处理流量、质量、设备状态等；污染源的污染值；按日、月上报的各类报表。

2 应对各被监视的参数实施报警功能，应实现设备状态失常或数据越限报警和记录。

3 对所管理的排水系统应实施排水管网的调度和控制模式的下载，宜采用的控制方式是下达控制命令，由接受方确认后执行。

4 不宜对所属泵站或污水处理厂的具体设备实施直接的操作或控制。

5 应按照管理要求建立相应的数据库。

6 应建立与排水信息中心的通信联系，并上报所规定的各类信息和报表。

7.3.3 远程站（泵站、截流设施、污染源、污水处理厂等）应实现下列功能：

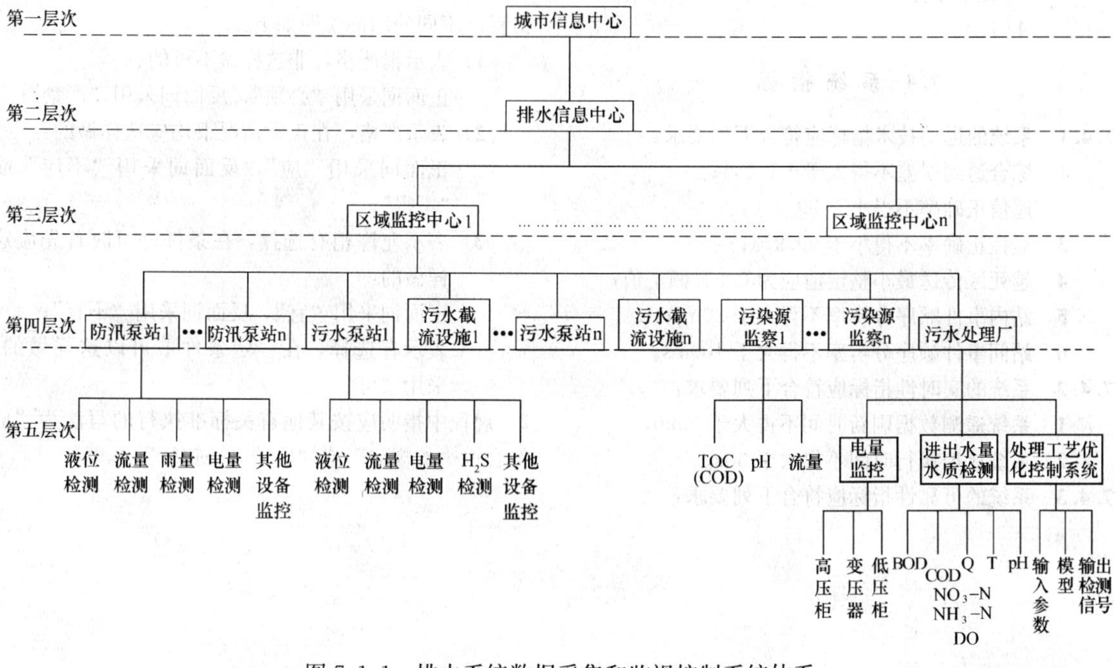

图7.1.1 排水系统数据采集和监视控制系统体系

1 远程站应按一定采样周期采集现场状态信号和数据信息。

2 远程站所采集的数据应作数字滤波。并按一定要求作预处理，包括统计、记录等。应有冗余备份或容错支持。

3 远程站应有就地逻辑控制功能，提供设备运行的联动、连锁和控制；提供泵站的闭环运行控制或污水处理厂按预定运行模式执行的正常控制。

4 泵站应有远程监视和控制及泵站运行参数的远程调整。

5 污水处理厂应有应急预案的处置和按节能模型执行的模拟程序，当远程站运行出现异常时应有报警处理。

7.3.4 远程站主要参数实时监视和数据采集应符合下列规定：

1 对泵站（截流设施）的监视控制点为：

1）进水液位、出水液位；

2）流量（仅指污水泵站）；

3）耗电量；

4）雨量；

5）闸门。

2 对污染源的监视控制点为：

1）TOC（COD）；

2）pH；

3）流量。

3 对污水处理厂控制点为：

1）进水水质（BOD、COD、pH）；

2）排放水质（BOD、COD、TOC、DO、TP、NO_3-N、NH_3-N）；

3）处理水量；

4）能耗。

7.4 系统指标

7.4.1 系统的远动技术指标应符合下列要求：

1 综合遥测误差不得大于±1.0%；

2 遥信正确率不得小于99.9%；

3 遥控正确率不得小于99.9%；

4 越死区传送最小整定值应为0.5%额定值；

5 站内事件顺序分辨率不得大于20ms；

6 站间事件顺序分辨率不得大于100ms。

7.4.2 系统的实时性指标应符合下列要求：

1 系统遥测数据刷新时间不得大于5min；

2 系统遥控执行时间不得大于30s。

7.4.3 系统的可靠性指标应符合下列要求：

1 电缆通信的信道误码率不得大于10^{-6}，光缆通信的信道误码率不得大于10^{-9}；

2 单机系统可用率不应小于95%；

3 双机系统可用率不应小于99.8%。

7.5 系统设备配置

7.5.1 信息中心（分中心）、区域监控系统应建立C/S结构形式的信息系统，并应符合下列规定：

1 冗余配置的服务器：视系统范围的大小计算数据容量并按性价比配置设备。

2 冗余的工作站：按信息中心的功能要求和系统远期容量配置处理点数和程序模块。

3 冗余的网络：建立基于10/100/1000M以太网的局域网。

4 设路由器：建立与上层信息中心的联系。

5 设网关与MIS系统建立联系。

6 设模拟屏及其控制器。

7 设打印机和UPS。

7.5.2 系统中所配置的各类设备技术要求应符合本规程第4.9节的规定。

7.5.3 信息中心（分中心）、区域监控系统、污水处理厂控制中心、泵站信息层软件系统应包括系统软件、应用软件和通信软件。

7.5.4 各就地控制站的软件应包括可编程序逻辑控制器（PLC）的编程软件及操作界面的通信软件。

本规程用词说明

1 为便于在执行本规程条文时区别对待，对要求严格程度不同的用词说明如下：

1）表示很严格，非这样做不可的：
正面词采用“必须”，反面词采用“严禁”；

2）表示严格，在正常情况下均应这样做的：
正面词采用“应”，反面词采用“不应”或“不得”；

3）表示允许稍有选择，在条件许可时首先应这样做的：
正面词采用“宜”，反面词采用“不宜”；
表示有选择，在一定条件下可以这样做的，采用“可”。

2 规程中指明应按其他有关标准执行的写法为“应符合……的规定”或“应按……执行”。

中华人民共和国行业标准

城镇排水系统电气与自动化工程技术规程

CJJ 120—2008

条 文 说 明

前　　言

《城镇排水系统电气与自动化工程技术规程》CJJ 120-2008 经建设部 2008 年 2 月 26 日以建设部第 810 号公告批准、发布。

为便于广大设计、施工、科研、学校等单位有关人员在使用本规程时能正确理解和执行条文规定，《城镇排水系统电气与自动化工程技术规程》编制组按章、节、条顺序编制了本标准的条文说明，供使用者参考。在使用中如发现本条文说明有不妥之处，请将意见函寄上海市城市建设设计研究院（地址：上海浦东新区东方路 3447 号；邮政编码：200125）。

目　次

1　总则 ………………………………… 2—26—40
3　泵站供配电 ………………………… 2—26—40
3.1　负荷调查与计算 ………………… 2—26—40
3.2　供电电源 ………………………… 2—26—41
3.3　系统结构 ………………………… 2—26—41
3.4　无功功率补偿 …………………… 2—26—41
3.5　操作电源 ………………………… 2—26—42
3.6　短路电流计算与继电保护 ……… 2—26—42
3.7　设备选择 ………………………… 2—26—44
3.8　设备布置 ………………………… 2—26—46
3.9　照明 ……………………………… 2—26—46
3.10　接地和防雷 …………………… 2—26—47
4　泵站自动化系统 …………………… 2—26—48
4.1　一般规定 ………………………… 2—26—48
4.2　泵站的等级划分 ………………… 2—26—48
4.3　系统结构 ………………………… 2—26—48
4.4　系统功能 ………………………… 2—26—49
4.5　检测和测量技术要求 …………… 2—26—50
4.6　设备控制技术要求 ……………… 2—26—51
4.7　电力监控技术要求 ……………… 2—26—52
4.8　防雷与接地 ……………………… 2—26—53
4.9　控制设备配置要求 ……………… 2—26—53
4.10　安全和技术防卫 ……………… 2—26—55
4.11　控制软件 ……………………… 2—26—55
4.12　控制系统接口 ………………… 2—26—55
4.14　设备安装技术要求 …………… 2—26—56
4.15　系统调试、验收、试运行 …… 2—26—57
5　污水处理厂供配电 ………………… 2—26—58
5.2　系统结构 ………………………… 2—26—58
5.7　接地与防雷 ……………………… 2—26—59
6　污水处理厂自动化系统 …………… 2—26—59
6.2　规模划分与系统设置要求 ……… 2—26—59
6.3　系统结构 ………………………… 2—26—59
6.4　系统功能 ………………………… 2—26—60
6.5　检测和监视点设置 ……………… 2—26—61
6.7　设备控制技术要求 ……………… 2—26—62
6.9　防雷与接地 ……………………… 2—26—63
6.10　控制设备配置要求 …………… 2—26—63
6.11　安全和技术防范 ……………… 2—26—63
6.12　控制软件 ……………………… 2—26—63
6.13　控制系统接口 ………………… 2—26—63
6.16　设备安装技术要求 …………… 2—26—64
7　排水工程的数据采集和监控系统 …………………………………… 2—26—64
7.1　系统建立 ………………………… 2—26—64
7.2　系统结构 ………………………… 2—26—64
7.3　系统功能 ………………………… 2—26—65
7.5　系统设备配置 …………………… 2—26—65

1 总 则

1.0.1 制定本规程的宗旨和目的。为了从整体上提高我国排水行业电气与自动化系统的建设与应用水平，进一步规范城镇排水行业电气与自动化系统的建设，保证系统的建设质量，为新建、扩建和改造城镇排水系统电气自动化工程提供可遵循的规程。

1.0.2 本规程适用范围为：

城镇中建设的雨水泵站、污水泵站的供配电系统。

城镇中建设的雨水泵站、污水泵站自动化系统所配置的仪表、数据采集和控制系统。

城镇中建设的污水处理厂的供配电系统。

城镇中建设的污水处理厂的自动化系统所配置的仪表、数据采集和控制系统。

城镇主干管网排水系统中所配置的若干泵站群和污水处理厂（或不含污水处理厂）的中央数据采集和控制系统或区域数据采集和控制系统。

本规程还适用于独立设置的污水截流设施。

本规程可在新建或更新改造城镇排水系统电气与自动化工程的全过程中参考使用。对项目的设计、施工、验收等各个阶段均有指导作用。

1.0.3 本规程在提出自动化系统程度和系统指标时，不仅考虑大型排水系统，亦考虑到大多数中小排水系统的实际需求。对操作繁重、影响安全、危害健康的工艺过程，应首先采用自动化设备。本规程不仅考虑电气与自动化的设计，亦考虑了施工和验收方面的需求。

3 泵站供配电

3.1 负荷调查与计算

3.1.1 泵站的供配电设计工程首先要确定泵站的用电负荷，应根据泵站的规模、工艺特点、泵站总用电量（包括动力设备用电和照明用电）等计算泵站负荷，所以设计前对这些因素必须进行调查。

1 泵站规模的调查应根据城市雨水、污水系统专业规划和有关排水系统所规定的范围、设计标准，工艺设计经综合分析计算后确定了泵站的近期规模，泵站站址应根据排水系统的特点，结合城市总体规划和排水工程专业规划确定。

5 一般不考虑外部环境对本泵站的影响。

3.1.2 电力负荷应根据对供电可靠性的要求及中断供电在政治、经济上所造成损失或影响的程度进行分级。

突然中断供电，给国民经济带来重大损失，使城市生活混乱者应为一级负荷。如大城市特别重要的污水、雨水泵站。

突然中断供电，停止供水或排水，将造成较大经济损失或给城市生活带来较大影响者，应为二级负荷。如大城市的大型泵站；中、小城市的主要水厂和大、中城市的污水、雨水泵站。

负荷的等级还应按工程规模和等级，所处环境确定，对于小容量、非重要或在周围难以取得相应电源的泵站可适当降低要求，以便节省投资。

3.1.4 本条主要介绍变压器选择的相关内容：

2 变压器的台数一般根据负荷性质、用电量和运行方式等条件综合考虑确定。排水泵站装设两台及以上变压器是考虑到变压器在故障和检修时，保证一、二级负荷的供电可靠性。同时当季节性负荷变化较大时，投入变压器的台数可根据实际负荷而定，做到经济运行，节约电能。

3 规定单台变压器的容量不宜大于1250kVA，一方面是由于选用1250kVA及以下的变压器对一般泵站的负荷密度来说更能接近负荷中心，另一方面低压侧总开关的断流容量也较容易满足。近几年来有些厂家已能生产大容量低压断路器及限流低压断路器，在民用建筑中采用1250kVA及1600kVA的变压器比较多，特别是1250kVA更多些，故推荐变压器的单台容量不宜大于1250kVA。

4 配置二台并联变压器，型号及容量相同便于运行和管理。

5 雨水、污水合建的泵站，雨水泵功率较大且不是经常使用，只有在汛期使用，而污水泵功率较小且经常使用，如合用一个变压器不够经济，所以将雨水、污水合建泵站的雨水泵和污水泵变压器分别设置比较合适。

3.1.5 关于10（6）kV/0.4kV的变压器联结组标号的规定。以D/Y_n-11和Y/Y_n-0结线的同容量的变压器相比较，尽管前者空载损耗与负载损耗略大于后者，但由于D/Y_n-11结线比Y/Y_n-0结线的零序阻抗要小得多，即增大了相零单相短路电流值，对提高单相短路电流动作断路器或熔断器的灵敏度有较大作用，有利于单相接地短路故障的切除，并且当用于单相不平衡负荷时，Y/Y_n-12结线变压器一般要求中性线电流不得超过低压绕组额定电流的15%，严重地限制了接用单相负荷的容量，影响了变压器设备能力的充分利用；由于三次及以上的高次谐波激磁电流在原边接成Δ形条件下，可在原边环流，有利于抑制高次谐波电流。因此推荐采用D/Y_n-11联结组标号变压器。

3.1.6 大容量的变压器应配有防护罩壳、风机和测温装置。测温装置应带有温度信号和高温报警信号输出。变压器柜应配测温装置。一旦变压器温度过高，自动打开风机通风降温，测温装置应有DC4～20mA模拟量温度信号和无源触点的高温报警信号输出至监控系统，并使中控室能及时了解变压器工况。

3.2 供电电源

3.2.1 选择供电电源不仅与负荷容量有关，与供电距离、供电线路的回路数有关。输送距离长，为降低线路电压损失，宜提高供电电压等级。供电线路回路多，则每回路的送电容量相应减少，可以降低供电电压等级。用电设备负荷波动大，宜由容量大的电网供电，也就是要提高供电电压的等级。用电单位所在地点的电网情况也是影响供电电压的因素。

3.2.2、3.2.3 对于二级负荷的供电方式，因其停电影响比较大，其服务范围也比一级负荷广，故应由两回路线路供电，供电变压器亦应有两台。只有当负荷较小或地区供电条件困难时，才允许由一回 6kV 及以上的专用架空线供电。这点主要考虑电缆发生故障后有时检查故障点和修复需时较长，而一般架空线路修复方便（此点和电缆的故障率无关）。当线路自配电所引出采用电缆线路时，必须要采用两根电缆组成的电缆线路，其每根电缆应能承受 100％的二级负荷，且互为热备用。

3.2.4 我国电力系统已逐步由 10kV 取代 6kV 电压。因此，采用 10kV 有利于互助支援，有利于将来的发展。故当供电电压为 35kV 及以上时企业内部的配电电压宜采用 10kV；且采用 10kV 配电电压可以节约有色金属，减少电能损耗和电压损失，显然是合理的。

当泵站有 6kV 用电设备时，如采用 10kV 配电，则其 6kV 用电设备一般经 10kV/6kV 中间变压器供电。目前大、中型泵站中，6kV 高压电动机负荷较多，则所需的 10/6kV 中间变压器容量及其损耗就较大，开关设备和投资也增多，采用 10kV 配电电压反而不经济，而采用 6kV 是合理的。

对于 35kV、10kV、6kV 按电力系统对电压等级规定应称为“中压”，本规程为适应传统说法相对 0.4kV 低压而统称为高压。

3.2.6 国家对供电的电压等级有所规定，但是各个省市电网条件不同，不同等级供电电压的最大容量也不同。所以提出当泵站容量较小，且有条件接入 0.4kV 电源时，可直接采用 0.4kV 电源供电。

由于各泵站的性质、规模及用电情况不一，很难得出一个统一的规律，有关部门宜根据技术经济比较、发展远景及经验确定。

3.3 系统结构

3.3.1 常用的配电系统接线方式有放射式、树干式、环式或其他组合方式。

3.3.2 配电系统采用放射式，供电可靠性高，发生故障后的影响范围较小，切换操作方便，保护简单，便于管理，但所需的配电线路较多，相应的配电装置数量也较多，因而造价较高。

放射式配电系统接线又可分为单回路放射式和双回路放射式两种。前者可用于中、小城市的二、三级负荷给排水工程；后者多用于大、中城市的一、二级负荷给排水工程。

3.3.4 10kV 及以下配电所母线绝大部分为单母线或单母线分段。因一般配电所出线回路较少，母线和设备检修或清扫可趁全厂停电检修时进行。此外，由于母线较短，事故很少，因此，对一般泵站建造的配、变电所，采用单母线或单母线分段的接线方式已能满足供电要求。

3.4 无功功率补偿

3.4.1 补偿无功功率，经常采用两种方法，一种是同步电动机超前运行，一种是采用电容器补偿。同步电动机价格高，操作控制复杂，本身损耗也较大，不仅采用小容量同步电动机不经济，即使容量较大而且长期连续运行的同步电动机也逐步为异步电动机加电容器补偿所代替。特殊操作工人往往担心同步电动机超前运行会增加维修工作量，经常将设计中的超前运行同步电动机作滞后运行，丧失了采用同步电动机的优点，因此一般无功功率补偿不宜选用同步电动机。

工业所用的并联电容器价格便宜，便于安装，维修工作量、损耗都比较小，可以制成各种容量且分组容易，扩建方便，既能满足目前运行要求，又能避免由于考虑将来的发展使目前装设的容量过大，因此推荐采用并联电力电容器作为无功功率补偿的主要设备。

3.4.2 补偿方式可分为：

1 集中补偿：电容器组集中装设在泵站总降压变电所的高压侧或低压侧母线上。这种方式只能使供电系统减少无功功率引起的损耗。

2 分散补偿：电容器组分设在功率因数较低的分变电所（对于大型泵站和污水处理厂设分变电所）高压侧或低压侧母线上。这种方式能减少分变电所以上变电系统内无功功率引起的损耗。

3 单独就地补偿：对个别功率因数低的大容量感应电动机进行单独补偿。当电动机启动时，随之电容器投运，亦称之为随动补偿。

3.4.3 在选择补偿方式时，一般为了尽量减少线损和电压损失，宜就地平衡补偿，即低压部分的无功功率宜在低压侧补偿，仅在高压部分产生的无功功率宜在高压侧补偿。

3.4.4 对于较大负荷，平稳且经常使用的水泵、风机等用电设备（一般采用高压电动机）无功功率的补偿电容器宜单独就地补偿。高压电容器组宜在变配电所内集中装设。

3.4.5 补偿无功功率的电容器组宜在变配电所内集中设置；在环境允许的分变电所内低压电容器宜分散

补偿。

3.4.10 在电力设备中，受电网高次谐波影响最大的是并联电容器，这是因为电容器容抗值与电压频率成反比，在高次谐波电压作用下，因电容器 n 次谐波容抗是基波容抗值的几分之一，即使谐波电压值不很高，也可产生显著的谐波电流，造成电容器过电流。更多的情况是投入的电容器容抗与系统阻抗或负荷阻抗产生谐振，放大了高次谐波，使电容器承担超过规定的高次谐波电流，加速了电容器损坏。消除谐振的根本办法是在电容器回路中串入电抗器，使电容器和电抗器串联回路对电网中含量最高的谐波而言成为感性回路而不是容性回路，以消除产生谐波振荡的可能性。

3.5 操作电源

3.5.1 一般来说，交流操作电源只能供给变、配电所在正常情况下断路器控制、信号和继电保护自动装置的用电。在事故情况下，特别是变、配电所发生短路故障时，交流操作电源的电压将急剧下降，难以保证变、配电所的继电保护装置和信号系统及自动化系统正常工作。因此，特大、大、中型泵站变电所宜采用直流操作电源。对于采用交流操作电源的变、配电所，如要求在事故情况下能保证系统和自动装置正常工作，则应配备能自动投入的低压备用电源。

3.5.2 泵站变电所应选用免维护铅酸蓄电池直流屏为直流操作电源。对一些主接线简单且供电可靠性要求不高的变、配电所，也可采用带电容储能的硅整流装置作为直流操作电源。

3.5.4 交流操作投资省，建设快，二次接线简单，运行维护方便。但采用交流操作保护装置时，电流互感器二次负荷增加，有时不能满足要求。此外，交流继电器不配套，使交流操作的采用受到限制，因此推荐交流操作系统用于能满足继电保护要求、出线回路少的一般中、小型泵站变配电所。

3.6 短路电流计算与继电保护

3.6.1 当电力系统中发生短路故障时，将破坏系统的正常运行或损坏电路元件。为消除或减轻短路所造成的后果，应根据短路电流正确选择和校验电器设备，进行继电保护整定计算和选择限制短路电流的元件。短路电流计算时所采用的接线方式，应为系统在最大及最小运行方式下导体和电器安装处发生短路电流的正常接线方式，而不考虑临时的变化接线方式（例如，只在切换操作过程中并列的母线）。

在计算短路电流时，根据不同用途需要计算最大和最小短路电流，用于选设备容量或额定值需要计算最大短路电流，选择熔断器、整定继电保护及校核电动机起动所需要的是最小短路电流。

3.6.2 高压电路短路电流计算时，只考虑对短路电流影响大的变压器、电抗器、架空线及电缆等的阻抗，对短路电流影响小的因素（例如开关触点的接触电阻）不予考虑。由于变压器、电抗器等元件的电阻远小于其本身电抗，其电阻也不予考虑，但是，当架空或电缆线路较长时，电路总电阻的计算值大于总电抗的 1/3 时，则在计算短路电流时需计入电阻。

3.6.4 一般电力系统中对单相及两相短路电流均已采取限制措施，使单相及两相短路电流一般不会超过三相短路电流，因而短路电流计算中以三相短路电流为主；同时也以三相短路电流作为选择、校验电器和计算继电保护的主要参数。

3.6.5 以系统元件参数的标幺值计算短路电流，一般适用于比较复杂的高压供电系统；以系统短路容量计算短路电流，一般适用于比较简单的单电源供电系统；1kV 及以下的低压网络系统，因需计入电阻对短路电流的影响，一般以有名值计算短路电流比较方便。

3.6.7 以系统短路容量计算短路电流举例：

系统接线见图 1，图中 1 号电源为常用电源，2 号电源为备用电源，试计算变压器分列运行和并列运行时 6kV、10kV 母线的断路数据（用短路容量法计算）。

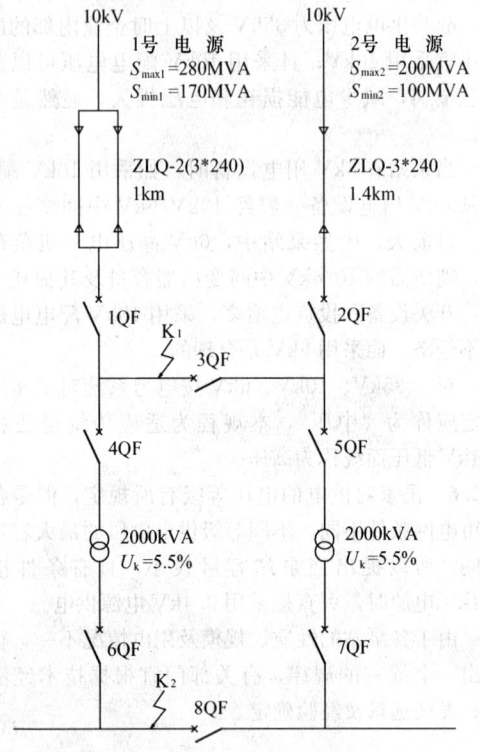

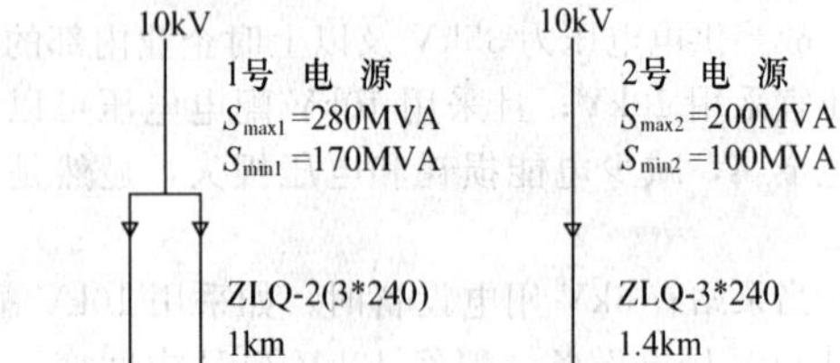

图 1 系统接线

【解】 1 计算各元件短路容量：

1）1 号电源最大运行方式短路容量：

$$S_1 = S_{max1} = 280MVA$$

2）1 号电源最小运行方式短路容量：

$S_2 = S_{min1} = 170\text{MVA}$

3）2号电源最大运行方式短路容量：

$S_3 = S_{max2} = 200\text{MVA}$

4）2号电源最小运行方式短路容量：

$S_4 = S_{min2} = 100\text{MVA}$

5）1kmZLQ-3×240两条电缆并列短路容量：

$$S_5 = \frac{U_p^2}{Z} = \frac{10.5^2}{0.08/2} = 2756.25\text{MVA}$$

6）1.4kmZLQ-3×240电缆短路容量：

$$S_6 = \frac{U_p^2}{Z} = \frac{10.5^2}{1.4\times 0.08} = 984.4\text{MVA}$$

7）2000kVA变压器短路容量：

$$S_7 = S_8 = \frac{100S_p}{U_k\%} = \frac{2}{5.5\%} = 36.36\text{MVA}$$

根据以上计算数据绘出系统等值短路容量见图2。

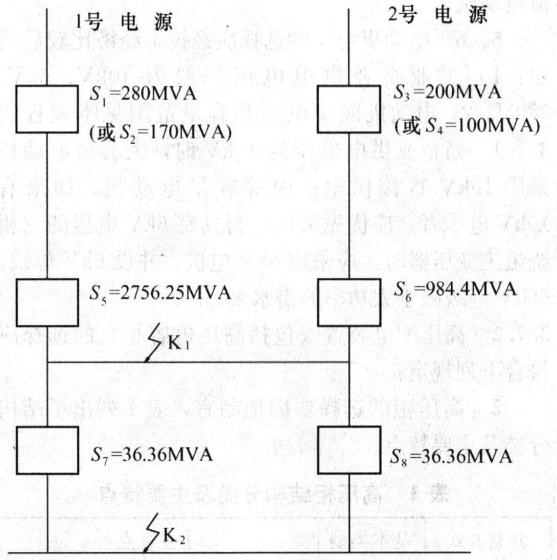

图2 系统等值短路容量

2 变压器分列运行，K_1点短路计算：1号电源最大运行方式工作时，变压器分列运行，K_1点短路的计算（等值短路容量见图3）：

1）计算K_1点短路容量：

$$S_{d1max} = \frac{S_1 S_5}{S_1 + S_5} = \frac{280\times 2756.25}{280 + 2756.25} = 254.18\text{MVA}$$

2）计算K_1点短路电流：

$$I_{d1max} = \frac{S_{d1max}}{\sqrt{3}U_p} = \frac{254.18}{\sqrt{3}\times 10.5} = 13.98\text{kA}$$

$$i_{c1max} = 2.55\times I_{d1max} = 2.55\times 13.98 = 35.65\text{kA}$$

3 变压器分列运行，K_2点短路的计算：1号电源最大运行方式工作时，变压器分列运行，K_2点短路的计算（等值短路容量图见图4）：

1）计算K_2点短路容量：

$$S_{d2max} = \frac{1}{\dfrac{1}{S_1} + \dfrac{1}{S_5} + \dfrac{1}{S_7}} = \frac{1}{\dfrac{1}{280} + \dfrac{1}{2756.25} + \dfrac{1}{36.36}}$$

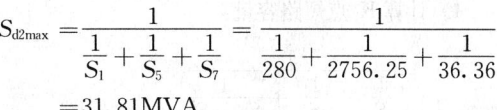

$$= 31.81\text{MVA}$$

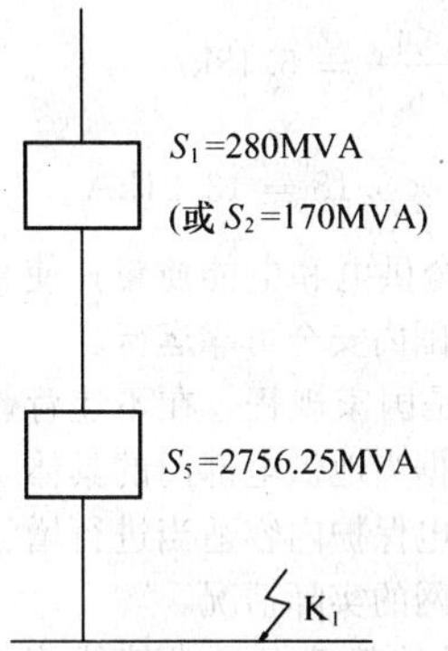

图3 K_1点等值短路容量

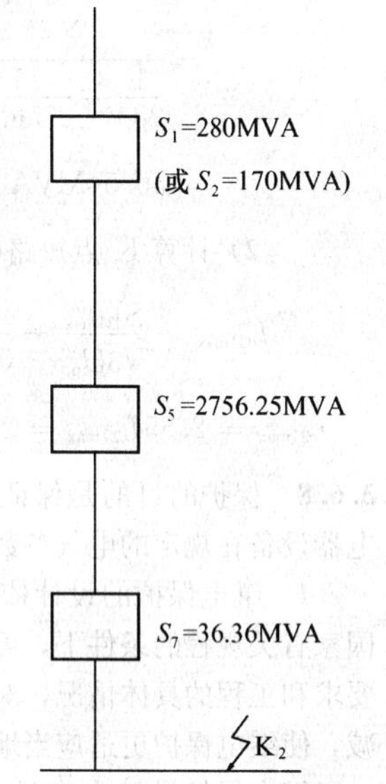

图4 K_2点等值短路容量

2）计算K_2点短路电流：

$$I_{d2max} = \frac{S_{d2max}}{\sqrt{3}U_p} = \frac{31.81}{\sqrt{3}\times 6.3} = 2.92\text{kA}$$

$$i_{c2max} = 2.55\times I_{d2max} = 2.55\times 2.92 = 7.43\text{kA}$$

4 两台变压器并列时，K_2点短路的计算：1号电源最大运行方式，两台变压器并列时，K_2点短路的计算（等值短路容量见图5）：

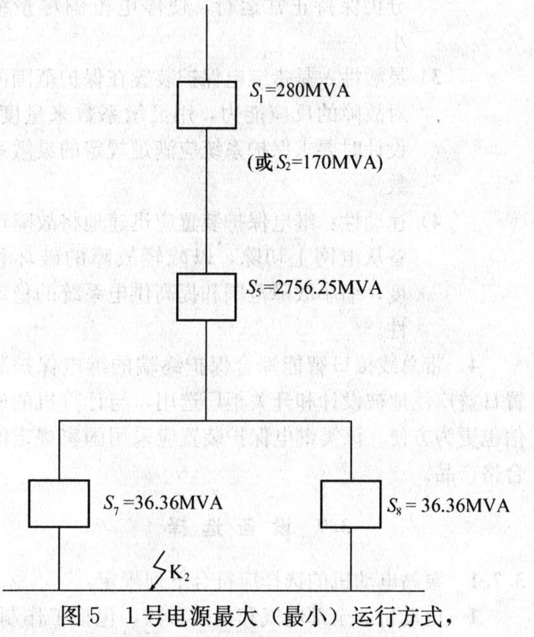

图5 1号电源最大（最小）运行方式，两台变压器并行运行等值短路容量

1）计算 K_2 点短路容量：

$$S_{d21max}=\frac{1}{\frac{1}{S_1}+\frac{1}{S_5}+\frac{1}{S_7+S_8}}$$

$$=\frac{1}{\frac{1}{280}+\frac{1}{2756.25}+\frac{1}{36.36+36.36}}$$

$$=56.54\text{MVA}$$

2）计算 K_2 点短路电流：

$$I_{d21max}=\frac{S_{d21max}}{\sqrt{3}U_p}=\frac{56.54}{\sqrt{3}\times 6.3}=5.18\text{kA}$$

$$i_{c21max}=2.55I_{d21max}=2.55\times 5.18=13.21\text{kA}$$

3.6.8 保护的目的是保证安全供电和电能质量；使电器设备在规定的电气参数范围内安全可靠运行。

1 继电保护的设计依据是国家规程，在不违背国家有关规程的条件下，可根据当地供电部门的具体要求和工程的具体情况，对继电保护内容适当进行增减，使继电保护更适应当地电网的实际情况。

继电保护设计在满足要求的基础上力求接线简单，避免有过多的继电器和其他元件，以减少保护元件引起的其他故障。

2 对继电保护的基本要求：

1）可靠性：继电保护装置在故障出现时，应能可靠地动作。其可靠性可以用拒动率和误动率来衡量，拒动率及误动率愈小，则保护的可靠性愈高。

2）选择性：动作于跳闸的继电保护装置应有选择性。短路故障时仅将与故障有关的部分从供电系统中切除，而让其他无故障部分仍保持正常运行，使停电范围尽量缩小。

3）灵敏性：是指继电保护装置在保护范围内对故障的反应能力，用灵敏系数来量度。设计时要求保护系统应满足规定的灵敏系数。

4）速动性：继电保护装置应迅速地将故障设备从电网上切除，以减轻故障的破坏程度，缩小故障范围和提高供电系统的稳定性。

4 带总线接口智能综合保护终端的继电保护装置日益广泛地被设计和开关柜厂选用，与计算机的通信也更为方便。该类继电保护装置应采用国家规定的合格产品。

3.7 设备选择

3.7.1 泵站电动机的选择应符合下列规定：

1 电动机的全部电气和机械参数，包括工作制、额定功率、最大转矩、最小转矩、堵转转矩、飞轮矩、同步机的牵入转矩、转速（对直流电动机分基速和高速）、调速范围等，应满足水泵启动、制动、运行等各种运行方式的要求。电动机的类型和额定电压，应满足电网的要求，如电动机启动时应保持电网电压维持在一定水平，运行中应保持功率因数在合理的范围内。

电动机的额定容量应留有适当余量，负荷率应为0.8～0.9。选择过大的容量不仅造价增加且电机效率降低，同时对异步电动机会导致功率因数降低；此外，还可能因转矩过大需要增加机械设备的强度而提高设备造价。

电机容量应按水泵运行可能出现的最大轴功率配置，并留有一定的储备，储备系数宜为1.05～1.10。

2 机械对启动、调速及制动有特殊要求时，电动机类型及其调速方式应根据技术经济比较确定。在交流电动机不能满足机械要求的特殊性时，宜采用直流电动机。

5、6 电动机电压的选择应经技术经济比较后确定：1）工业企业供电电压一般为10kV、6kV、380V。2）电动机额定电压和容量范围见本规程表3.7.1。当企业供电电压为10kV时，大容量电动机采用10kV直接供电；中等容量电动机，如果有10kV电压者，应优先采用；当具有6kV电压的三相绕组主变压器时，应采用6kV电机，并设6kV母线。660V等级限于大功率的潜水泵。

3.7.2 高压配电装置（包括高压电容柜）的选择应符合下列规定：

2 高压柜的选择要因地制宜，表1列出了结构分类及主要特点。

表1 高压柜结构分类及主要特点

分类方式	基本类型	主要特点
按主开关的安装方式	固定式	主开关（如断路器）固定安装，柜内装有隔离开关，易于制造，成本较低
	手车式	主开关可移至柜外。采用隔离触头的实现可移开元件与固定回路的电气连通。主开关的更换与维修方便，结构紧凑，加工精度比较高
按开关柜隔室的构成型式	铠装型	主开关及其两端相联的元件均具有单独的隔室，隔室由接地的金属隔板构成。隔板均满足规定的防护等级要求。当柜内发生内部电弧故障时，可将故障限制在一个隔室中。在相邻隔室带电时也可使主开关室不带电，保证检修主开关人员的安全

续表1

分类方式	基本类型	主要特点
按开关柜隔室的构成型式	间隔型	隔室的设置与铠装型相同，但隔室可由非金属板构成，结构比较紧凑
	箱型	隔室的数目少于铠装型和间隔型，或隔板的防护等级达不到规定的要求。结构比较简单，成本低
	半封闭型	母线室不封闭或外壳防护等级不满足规定的要求，安全可靠性低，结构简单成本低
按主线系统	单母线	检修主开关和母线时需对负载停电
	单母线带旁路母线	具有主母线和旁路母线，检修主开关时，可由旁路开关经旁路母线对负载供电
	双母线	具有两路主母线。当一路母线退出时，可由另一路母线供电
按柜内绝缘介质	空气绝缘	极间和极对地的绝缘强度靠空气间隙来保证，绝缘稳定性能好、造价低、但柜体体积较大
	复合绝缘	极间和极对地的绝缘强度靠固体绝缘材料加较小的空气间隙来保证。柜体体积小，造价高

4 高压配电装置和高压电容器柜的设计除符合本规程外，还应符合有关国家规定。并应注意运行管理自动化、智能化和无人值守的发展方向。

3.7.3 低压配电装置主要用于分断和接通额定电压值交流（频率 50Hz 或 60Hz）1000V 及以下，直流 1500V 及以下的电气设备。在电力系统中主要起开关、控制、监视、保护、隔离的作用。低压柜的型式有固定式和抽屉式，应根据工程特点合理选择，采用与工程要求相适应的设备。

低压柜带智能化检测仪应考虑与泵站控制器（例如基于 PLC 的 RTU 等）接口。

成套开关设备在同一回路的断路器、隔离开关、接地开关之间应设置连锁装置。

表 2 列出几种常用低压柜的型号。

表 2 低压柜结构分类及主要特点

型　号	特　点
PGL3	主进线与变压器母线出口位置相对应进出线方案灵活多样，汇流母线绝缘框为三相四线母线框，接地接零系统连续性好

续表 2

型　号	特　点
JK 系列	线路方案齐全选用灵活，进出线可以从顶部引出，也可以从下部引出
GGD	柜体自下而上形成自然通风道，散热性好。进线方式灵活多样、可上、下侧进线，也可从柜顶左、中、右和柜后进出线
CUBIC、MNS、DOMINO 系列	用模数化的组合形式，有抽屉式和固定分隔式，开关柜的抽屉具有工作、试验、分离和移出四个位置，抽屉互换性好

3.7.4 本条主要介绍电力电缆选择的相关内容。

1 对于下列情况的电力电缆应采用铜芯：

1）电机励磁、重要电源、移动式电气设备等需要保持连续具有高可靠性的回路。

2）震动剧烈、有爆炸危险或对铝有腐蚀等严酷的工作环境。

3）耐火电缆。

4）控制、保护等二次回路。

另外电力电缆导体材质的选择，既需考虑其较大截面特点和包含连接部位的可靠性，又要统筹兼顾经济性，宜区别对待。此外，电源回路一般电流较大，采用铝芯要增加电缆数量，造成柜、盘内连接拥挤。重要的电源回路采用铜芯，可提高电缆回路的整体可靠性。

8 本款主要介绍电力电缆绝缘水平的相关内容。

2）交流系统中电力电缆缆芯与绝缘屏蔽或金属之间的额定电压选择应注意中心点直接接地或低阻抗接地的系统当继电保护动作不超过 1s 切除故障时，应按 100％的使用回路工作相电压。对于上述以外的供电系统，不宜低于 133％的使用回路工作相电压；在单相接地故障可能持续 8h 以上，或发电机回路等安全性要求较高的情况，宜采取 173％的使用回路工作相电压。

4）无特殊情况是指当有较长线路，常规配置纵差保护、监测信号等需有控制电缆且紧邻平行敷设。一次系统单相接地时，感应在控制电缆上的工频过电压，可能超出常用控制电缆的绝缘水平，应选用相适合的额定电压。同时在高压配电装置中，空载切合、雷电波侵入的暂态和不对称短路的工频等情况，伴随由电磁、静电感应以及接地网电位升高诸途径作用，控制电缆上可能产生较高干扰电压，所以宜选用电压为 0.45kV/0.75V 的控制电缆。

3.8 设备布置

3.8.1 变电所分户内式、户外式。35kV和10kV变电所宜采用户内式。户内式运行维护方便，占地面积少。在选择35kV和10kV总变电所的型式时，应考虑所在地区的地理情况和环境条件，因地制宜；技术经济合理时，应优先选用占地少的型式。考虑到排水泵站腐蚀性气体的影响，从环境保护角度来讲，户外型变电所很少采用。

3.8.2 变电所选择的要求，第一主要从安全运行角度考虑。第二是变电所的总体布置，适当安排建筑物内各房间的相对位置，使配电室的位置便于进出线。同时便于设备的操作、搬运、试验和巡视，还要考虑发展的可能。对于户内型变电所，根据当地气候条件，可考虑安装除湿机或空调设施。变电所的布置在满足电气连接和安全运行维护检修方便的情况下，应尽力将变配电部分的设备与相关动力设备靠近。

配电室、变压器室、电容器室的门应向外开启。相邻配电室之间有门时，该门应能双向开启。高压配电室应设不能开启的自然采光窗，窗台距室外地坪不宜低于1.8m；低压配电室可设能开启的自然采光窗。配电室临街的一面不宜开窗。将高压开关柜、带保护柜的干式变压器和低压配电柜组合在一起的户内成套变电所，应结合控制室、生活设施布置。变配电所的防火、防汛、防小动物、防雨雪、防地震和充分通风应符合有关安全规程的要求。配电室可采用自然通风。当不能满足温度要求或发生事故后排烟有困难时，应增设机械通风装置。

3.8.3 高压室布置1～2款是高压室一般布置要求，3～5款强调了高压室内设备安全净距、通道、围栏及出口的要求，除了这些要求外还应注意防火与蓄油设施，配电室的门应为向外开的防火门，门上应装有弹簧锁，严禁用插销。相邻配电室之间有门时，应能向两个方向开启。

配电装置室按事故排烟要求，可装设事故通风装置。事故通风装置的电源应由室外引来，其控制开关应安装在出口处外面。

3.8.4 低压配电室可设能开启的自然采光窗，应有防止雨、雪和小动物进入室内的措施。临街的一面不宜开窗。

成排布置的低压配电装置，当有困难时屏后的最小距离可以减小到0.8m。

对于在配电室单列布置的高低压配电装置，当高压配电装置和低压配电装置顶面有裸露带电导体时，两者之间的净距不应小于2m；当高压配电装置和低压配电装置的顶面外壳的防护等级符合IP2X时，两者可靠近布置。

3.8.5 在确定变压器室面积时，应考虑变电所负荷发展的可能性，一般按能装设大一级容量的变压器考虑。设置于变电所内的非封闭式干式变压器，还应装设高度不低于1.7m的固定遮拦，遮拦网孔不应大于40mm×40mm，对于容量大于1250kVA的变压器，可适当放宽外廓与遮拦的净距不宜小于0.8m。

对于需要就地检修的油浸式变压器，屋内高度可按吊芯所需的最小高度再加700mm，宽度对1000kVA及以下的变压器可按变压器两侧各加800mm考虑。对1250kVA以上的变压器，按变压器两侧各加1000mm考虑。

3.8.6 电容器室布置除本条规定以外还应注意安装在室内的装配式高压电容器组，下层电容器的底部距离地面不应小于0.2m，上层电容器的底部距离地面不宜大于2.5m，电容器装置顶部到屋顶净距不应小于1m。高压电容器布置不宜超过三层。

电容器外壳之间（宽面）的净距，不宜小于0.1m。电容器的排间距离，不宜小于0.2m。

3.8.8 本条主要介绍泵站场地内电缆沟、井的布置相关内容。

1 当泵房内电缆采用电缆沟敷设时应考虑排水措施，避免电缆长期泡于渍水中。

2 当户外电缆穿管敷设需要拐弯或超过一定长度时，应设置电缆手井，电缆手井尺寸单边不宜小于300mm，但不宜太大，井的尺寸根据电缆数量而定。电缆井上面应有井盖。

3.8.9 对于格栅除污机、压榨机、水泵、闸门、阀门等设备的电气控制箱一般随机械设备放在室外，因为泵站有腐蚀性气体的影响，所以控制箱外壳应采用防腐蚀材料制造。户外型控制箱防护等级可根据南方和北方气候情况进行适当调整。

泵站格栅井敞开部分，有臭气，影响周围环境。对位于居民区及重要地段的泵站，应设置臭气收集和除臭装置。目前应用的除臭装置有生物除臭装置、活性炭除臭装置、化学除臭装置等。

3.9 照　明

3.9.1 泵站正常照明是指在正常情况下使用的固定安装的人工照明。应急照明是指在正常照明因故熄灭后，应急情况下继续工作及人员疏散用的照明。应急照明包括备用照明、安全照明和疏散照明三种。

3.9.2 正常照明一般由动力与照明公用的电力变压器供电，排水泵站的照明电源可接在低压配电屏的照明专用线路上。

3.9.3 应急照明电源可接在与正常照明分开的线路上，如无两个电源，则可采用可充电电池或应急电源（EPS）供电。一般宜采用自动投入方式。对于应急照明点灯时间要求应≥30min。如根据实际情况不能满足要求，可适当延长时间为≥60min。

3.9.5 选择光源时应考虑节能、寿命、照度、显色、室温及启动点燃和再起燃等特性指标。泵站照明应按不同场合采用不同的光源。泵站室外照明宜采用庭园灯，光源采用小功率高显色性高压钠灯、金属卤化物灯或紧凑型荧光灯。室内泵房宜采用开启式照明灯具如配照型灯、高压汞灯等。对于大型泵房也可采用混光灯具作照明。变配电所宜采用碗型灯、圆球灯等灯具。设备后的两侧走廊宜采用圆球型弯杆灯或半圆型天棚灯，也可采用各种形式壁灯。控制室采用方向性照明装置，在标准较高的场合可考虑采用低亮度漫射照明装置，光源采用单管或双管筒式荧光灯。按节能要求，应该采用电子整流器。

3.9.9 照明配电线路截面应满足考虑了负载功耗、功率因数和谐波含量等因素以后的载流量，并留有必要的裕度。

3.10 接地和防雷

3.10.1 保护接地是指电气装置外露可导电部分或装置外可导电部分在故障情况下可能带电压，为了降低此电压，减少对人身的危害，应将其接地。例如电气装置的金属外壳的接地、母线金属支架的接地等。此外为了消除静电对电气装置和人身安全的危害须有防静电接地。

工作接地是指为了保证电网的正常运行，或为了实现电气装置的固有功能，提高其可靠性而进行的接地。例如电力系统正常运行需要的接地（如电源中性点接地）。

防雷接地即过电压保护接地是指为了防止过电压对电气装置和人身安全的危害而进行的接地。例如电气设备或线路的防雷接地、建筑物的防雷接地等。

3.10.2 共用接地系统是由接地装置和等电位连接网络组成。接地装置是由自然接地体和人工接地体组成。采用共用接地系统的目的是达到均压、等电位以减小各种接地设备间、不同系统之间的电位差。其接地电阻因采取了等电位连接措施，所以按接入设备中要求的最小值确定。

3.10.3 低压配电系统接地型式有 TN 系统（TN-S、TN-C、TN-C-S）、TT 系统和 IT 系统三种。

1 TN 系统是所有受电设备的外露可导电部分必须用保护线 PE（或保护中心线即 PEN 线）与电力系统的接地（即中心点）相连接。

2 TT 系统是共用同一接地保护装置的所有电气装置的外露可导电部分，必须用保护线与外露可导电部分共用的接地极连在一起（或与保护接地母线、总接地端子相连）。

3 IT 系统是任何带电部分（包括中心线）严禁直接接地。所有设备外露可导电部分均应通过保护线与接地极（或保护接地母线、总接地端子）连接，可采用公共的接地极，也可采用个别的或成组的单独接地极。

3.10.4 自然接地体是指兼做接地极用的直接与大地接触的金属构件、金属井、建造物、构筑物的钢筋混凝土基础内的钢筋等。

当基础采用硅酸盐水泥和周围土壤的含水量不低于 4%，基础外表面无防水层时，应优先利用基础内的钢筋作为接地装置。但如果基础被塑料、橡胶、油毡等防水材料包裹或涂有沥青质的防水层时，不宜利用在基础内的钢筋作为接地装置。

当有防水油毡、防水橡胶或防水沥青层的情况下，宜在建筑物外面四周敷设闭合连接的水平接地体。该接地体可埋设在建筑物散水坡及灰土基础 1m 以外的基础槽边。

对于设有多种电子信息系统的建筑物，同时又利用基础（筏基或箱基）底板内钢筋构成自然接地体时，无需另设人工闭合环行接地装置。但为了接入建筑物的各种线路、管道作等电位连接的需要，也可以在建筑物四周设置人工闭合环行接地装置。此时基础或地下室地面内的钢筋、室内等电位连接干线，宜每隔 5～10m 引出接地线与闭合环行接地装置连成一体，作为等电位连接的一部分。

3.10.8 由于建筑物散水坡一般距建筑外墙外 0.5～0.8m，散水坡以外的地下土壤也有一定的湿度，对电阻率的下降和疏散雷电流的效果较好，在某些情况下，由于地质条件的要求，建筑物基础放坡脚很大，超过散水坡的宽度，为物流施工及今后维修方便，因此规定宜敷设在散水坡外大于 1m 的地方。

3.10.11 防雷措施应包括防直击雷措施和防感应雷措施。所安装的电源、控制室、仪表、监视系统的设备应在电磁、静电和感应暂态电压以及其他可能出现的特殊情况下安全运行，并具有足够的防止过电压及抗雷电措施。我国处于温带多雷地区，每年平均雷击日为 25～100d，我国没有一个地方可免受雷灾，每年因雷电遭受的损失有数千万元之多。为了有效防御雷电灾害，本条为强制性条文。

3.10.12 按照雷电的作用形式，分为直击雷和感应雷两种；按照防雷措施，有电源防雷和信号防雷两种；按照保护对象，则有：人员、设备、设施、仪表、线路等。在本规程中，从防雷措施，即电源防雷和信号防雷这个角度叙述。电网上任何一点受到直接雷击或感应雷击，都会沿电网瞬间扩散到同一电网中很广泛的范围。

防直击雷措施：采用装设在建筑物上的避雷网（带）或避雷针或由其混合组成的接闪器。避雷网带应沿屋角、屋脊、屋檐和檐角等易受雷击的部位敷设，屋面避雷网格不大于 10m×10m 或 12m×8m。所有避雷针应与避雷带相互连接。引下线不应少于两根，并应沿建筑物四周均匀对称布置，其间距不应大于 18m。每根引下线的冲击接地电阻不应大于 10Ω。

防雷电波侵入措施：①低压线路全长采用埋地电缆或敷设在架空金属线槽内的电缆引入时，在入户端应将电缆金属外皮、金属线槽接地。②低压架空线转换金属铠装或护套电缆穿钢管直接埋地引入时，其埋地长度应大于或等于15m。入户端电缆的金属外皮、钢管应与防雷的接地装置相连。在电缆与架空线连接处尚应装设避雷器。避雷器、电缆金属外皮、钢管和绝缘子铁脚、金具等应连在一起接地，其冲击接地电阻不应大于10Ω。③低压架空线直接引入时，在入户处应加装避雷器，并将其与绝缘子铁脚、金具连在一起接到电气设备的接地装置上。靠近建筑物的两基电杆上的绝缘子铁脚应接地，其冲击接地电阻不应大于30Ω。

防雷电感应的措施：建筑物内的设备、管道、构架等主要金属物，应就近接至直击雷接地装置或电气设备的保护接地装置上，可不另设接地装置。连接处不少于两处。并行敷设的管道、构架和电缆金属外皮等长金属物，其净距小于100mm时应采用金属线跨接，跨接点间距不应小于30m；交叉净距小于100mm时，其交叉处亦应跨接。

4 泵站自动化系统

4.1 一 般 规 定

4.1.3 设备控制箱上应设有启动（绿色）、停止（红色）按钮和启动（红色）、停止（绿色）、故障（黄色）指示灯，一般是设备配套提供。设备的控制有两种模式：手动模式和联动模式。选择开关设在设备控制箱上，手动模式优先级高于联动模式。联动包括就地点动、就地自动和遥控。手动模式由人工操作控制箱面板上的按钮，控制设备开启和关闭，此时不应执行来自PLC的控制命令。

4.1.4 泵站自动化控制系统对设备的控制通过控制箱实施，以实现远距离的监控。控制系统PLC输出宜带中间继电器，采用二对无源常开触点分别控制设备的启动和停止，当PLC发出一个信号时，其中一对触点闭合，带动设备。控制信号撤除时，设备运行应保持原状态不变。控制箱内需留有充足的状态及控制信号端子以及4～20mA信号或总线信号接口。

4.2 泵站的等级划分

4.2.1 泵站等级的划分系根据大城市雨水专业规划和污水专业规划中泵站规模（设计流量和总输入功率）的分布情况，考虑到泵站的流量越大，影响面越大，水流流态要求越高，总输入功率越大，操作维护方面等条件越复杂，故参照《城市排水工程规划规范》GB 50318和《城市污水处理厂工程项目建设标准》（修订）的规定，将泵站的规模按设计最大流量（m^3/s）划分为4级，以利于对不同级别的泵站采用不同的设计标准和控制要求。

4.3 系 统 结 构

4.3.1 复杂的大型泵站和特大型泵站的自动化控制系统应采用当今世界上成熟的技术、结合最新可靠的硬件和软件产品所开发的、多层次的模块化系统结构。依次为：信息层、控制层和设备层。

1 信息层设备设在集中控制室并设置客户机/服务器（C/S）结构形式的计算机网络，以一台数据及网络服务器为核心，构成10/100/1000M交换式局域网络。包含服务器（按管理要求设置）、监控计算机、打印机、模拟屏和局域网设备。

2 由于以太网应用的广泛性和技术的先进性，已逐渐垄断了计算机的通信领域和过程控制领域中上层的信息管理与通信。控制层宜采用工业以太网或其他工业总线网，以主/从、多主、对等及混合结构的通信方式，连接信息层的监控工作站和PLC控制站。当监控工作站和PLC控制站的距离较长时可采用光环网。信息层的主PLC和控制层的PLC从兼容性和可维护性角度出发宜采用同品牌产品。

3 现场层采用现场总线建立现场机械设备控制箱（含PLC控制站）、高低压开关柜以及现场仪表的信号与控制站之间的通信，现场总线是连接现场智能设备和自动化控制设备的双向串行、数字式、多节点通信网络。作为泵站网络底层的现场总线还应对现场环境有较强的适应性。它支持双绞线、同轴电缆、光缆、无线和电力线等，具有较强的抗干扰能力。现场总线的选用应根据泵站自动化系统的要求、设备配置的条件、所选仪表接口等确定。

现场层也可采用星型拓扑结构的硬线联结PLC与外场设备控制箱包括过程仪表、机械设备控制箱和电气柜。

4.3.2 城镇中小型污水、雨水泵站监控系统应根据泵站规模、工艺要求和自动化程度等因素确定。泵站宜采用PLC来控制。自动化控制系统采用二层结构，控制层和设备层组成如下：

1 控制层宜考虑为单机系统，单机系统的配置宜以一台PLC为核心的控制器，在控制柜的柜面上采用触摸显示屏MMI作为操作界面。按管理部门提出的要求可设置上位计算机和打印机，供报表打印和管理之用。上位计算机宜采用不带软盘驱动器的工业计算机。

2 设备层宜采用星型拓扑结构形式的控制电缆直接与设备联结或采用现场总线联结设备控制箱组成。当泵站内控制设备和仪表较多时，宜设置现场总线网络。

4.3.3 对于控制设备数量少，仪表信号少，特别简单的小型泵站可不设PLC，采用专用的水泵控制器，利用液位来控制，液位自动控制装置将根据设置好的开泵液位和停泵液位自动控制水泵开启和停止。

4.3.4 为了提高数据安全性和可靠性。泵站的自动化控制系统可采用冗余结构，包括监控工作站、PLC的CPU（中央处理器）模块、电源模块和通信设备。两台监控工作站的硬件和软件的配置必须相同，为双机热备，并具有双机备份自动切换功能，当主CPU发生故障，备份CPU会替代主CPU工作。

4.4 系 统 功 能

4.4.1 泵站控制系统通过模拟屏、操作终端、MMI操作界面等显示设备对泵站运行进行监视。运行监视范围应包括下列内容：

1 进水池液位及进水池超高、超低液位报警，信号由泵站就地控制器采样，进水池液位作为开泵条件之一。

2 非压力井形式的出水池液位及超高、超低液位报警，信号由泵站就地控制器采样。

3 水泵状态监视，包括水泵运行模式、工作电流、运行状态及各种故障报警，信号由泵站就地控制器采集，运行过程中出现异常情况，应立即发出报警信号。

4 电动格栅除污机、输送机、压榨机的状态监视，包括运行模式及运行状态，信号由泵站就地控制器采集。运行过程中出现异常情况（设备电气故障和机械故障），应立即发出报警信号。

5 电动闸门、阀门的状态监视，包括运行模式及运行状态，信号由泵站就地控制器采集。运行过程中出现异常情况（设备电气故障和机械故障），应立即发出报警信号。

6 当泵站工艺设计和管理要求设置电磁流量计时，应监视单泵瞬时流量、累积流量及故障信号，信号由泵站就地控制器采集。累积流量作为泵站计量的依据。

7 当工艺要求设置调蓄池时，应监视调蓄池液位，信号由就地控制器采样。

8 对于潜水泵以外的大型水泵管道应有压力变送器对进水压力和出水压力进行监视，以保证水泵的正常运行。信号由泵站就地控制器采样。

10 UPS电源工作状态进行采样，以确定是市电供电还是UPS供电。

11 按管理要求及泵站分布点设置雨水泵站的雨量计进行雨量监视，信号应纳入监控系统。

4.4.2 泵站应有就地逻辑控制功能，提供设备运行的联动、连锁和控制，控制对象包括：

1 当进水池液位高于某一设定值时，且相应设备状态满足连锁要求，符合开泵条件，应启动水泵的运行。

2 当格栅前后液位差大于某一值时，应启动电动格栅除污机、输送机、压榨机的运行。

3 水泵控制与有关闸门、阀门状态必须连锁，当需要开启水泵时，首先要控制相应闸门、阀门开启和关闭。

4 水泵辅助运行设备控制应包括冷却水控制系统和密封水控制系统。

5 自然通风条件差的地下式水泵间应设机械通风，并应对其风机状态进行监视和控制。对于泵房间集水坑应设排水设备，并应有监视和控制。

6 泵站格栅井及污水井敞开部分，有臭气逸出影响周围环境，应配置臭气收集和除臭设备，对除臭设备工作状态进行监视和控制。

4.4.3 本条主要介绍泵站电力监测范围的相关内容。

1 高压配电装置和低压配电装置进线开关的状态和跳闸报警，信号由泵站就地控制器采集。

2 电源状态和备用电源的切换控制，信号由泵站就地控制器采集。

3 高压母线和低压母线的电量监视。高压配电装置宜设综合测控单元，低压进线柜宜设智能综合电量变送器，通过现场总线或通信口与泵站就地控制器连接，信号由泵站就地控制器采集。

4 宜监视变压器三相绕组的温度，并设高温报警，信号由泵站就地控制器采集。

5 主要馈线的电量监视包括主泵电动机电流和补偿电容器电流；馈线的状态监视为各馈线开关的合/跳闸信号，以上信号均由泵站就地控制器采集。

4.4.4 泵站自动化系统除控制有关的设备外，监控范围还应包含环境与安全监控功能：

1 泵站对可能产生有毒、有害气体地方应设硫化氢（H_2S）检测仪，并监视其浓度和报警，对易燃、易爆气体场所设甲烷探测器，以检测可燃气体的浓度。信号由泵站就地控制器采集。

2 泵站应根据环保要求确定是否进行水质监视，对于实行水质监视的泵站应装设检测仪表，信号应纳入监控系统。

3 对于无人值守泵站宜装设视频图像监视，包括摄像机和监视器，周边围墙设红外线周界防卫系统，信号应纳入监控系统，由泵站就地控制器采集。

4 泵站应按消防要求设火灾报警控制系统，加强设备监控，确定各设备室的防火等级。装备消防设施和灭火器材。

4.4.6 按自动化系统的要求，每个泵站控制系统应设置操作界面，对于有人值守和无人值守泵站，其功能是不同的，对于有人值守的泵站，采集到的各种数据经计算、处理、分类，自动生成各种数据库及报表，供实时监测、查询、修改、打印。

泵站自动化系统能对组成系统的所有硬件设备及运行状态进行在线监测及自诊断，能对实时监控的所有对象的运行状态进行监测及诊断；对各类设备运行情况（如工作累计时间，最后保养日期）进行在线监测，并存入相应文档，以备维护、保养，能对设备故障提出处理意见，以供参考。

对于无人值守的泵站操作界面作为调试和设备维护的手段，其他运行功能宜在区域控制中心完成。

4.4.9 操作界面分层一般从总体流程图、总体平面图到每个设备的流程图和平面图，最后为局部流程图和平面图。

4.5 检测和测量技术要求

4.5.1 液位和液位差测量应符合下列规定：

1 采用超声波液位计测量泵站进水井液位，超声波液位计有一体式和分体式，分体式为传感器和变送器分开，且带现场显示仪。就地安装的显示仪表应在手动操作设备时便于观察仪表的表示值，同时应满足方便施工、使用和维护的要求。当不需要现场显示时，应采用一体化超声波液位计。超声波液位计的工作原理为传感器定时发出超声波脉冲信号，在被测液体的表面被反射，返回的超声波信号再由传感器接收。从发射超声波脉冲到接收、到反射信号所需的时间与传感器到液体表面的距离成正比，由此可计算出液位。液位为 4～20mA 电流信号表示或总线接口形式。

超声波液位计的特点是：能实现非接触的液位测量。特别适合于测量腐蚀性强、高黏度、密度不确定等液体的液位。

由于超声波液位计受传感器发射角范围的限制，在泵站进水井较小时安装有困难，泵站液位测量可采用投入式静压液位计。该液位计工作原理是当被测液体的密度不变时，处于被测液体中的传感器所受的静压力与被测液体的高度成正比例。通过测量位于一定深度液体之中作用于传感器之上的压力信号，即可计算出被测液体的深度。液体的深度为 4～20mA 电流信号表示。

静压式液位计的特点是：测量范围大，最大测量深度可达 100m；安装方便，工作可靠；可用于测量黏度较高、易结晶、有固体悬浮物、有腐蚀性的液体测量。

2 超声波传感器安装在连通井内或池壁时，应考虑超声波扩散角的影响，离池壁距离应符合说明书要求。

3～5 当需要测量进水井格栅前后液位时，可采用双探头传感器和具有多路输出的液位差计，或两台液位计分别测量。测得液位作为泵站液位检测显示、记录、报警以及作为水泵自动运行的依据，也可作为格栅除污机自动控制的依据（按格栅前后液位差启动格栅除污机）。液位测量单位用 m 表示，液位差单位用 mm 表示。

8 当采用分体式超声波液位计时传感器支架应采用悬挑式不锈钢支架，变送器支架应采用不锈钢立柱，包括遮阳板。对于特别寒冷地区超声波液位计的安装防护要求必须作保温式防寒处理。同时应注意安装在通风良好，且不影响人行和邻近设备安装的场所。投入式液位计的引样管应采取防止堵塞和便于疏通的措施，并应附加重锤或悬挂链条，使本体在介质中位置固定并应加保护管缓冲。

9 使用超声波液位计和液位差计同时应设定一组液位开关，输出超高水位和超低水位报警，报警信号直接送至水泵控制器或 PLC，防止雨、污水冒溢和水泵干运行。安装液位开关用的连接管的长度，应保证浮球能在全量程范围内自由活动。

4.5.2 流量测量应符合下列规定：

管径在 10～3000mm 之间的满管流量检测宜采用电磁流量计，电磁流量计由传感器和转换器两部分组成。传感器基于法拉第电磁感应原理制成，它主要由内衬绝缘材料的测量管，穿通管壁安装的一对电极，测量管上、下安装的一对用于产生磁场的励磁线圈及一个磁通检测线圈等组成。转换器将传感器检测的感应电动势和磁通密度信号进行处理，转换成 4～20mA 的标准信号和 0～1kHz 的频率信号输出，作为瞬时流量和累积流量，供用户显示、记录和控制流量之用。流量测量有一定精度，超出范围要标定。瞬时流量单位用 m^3/s 表示，累计流量单位用 m^3 表示。

电磁流量计的传感器依靠法兰同相邻管道连接，可以安装在水平、垂直和倾斜的管道上，要求二电极的中心轴线处于水平状态。无论那种安装方式，都不能有不满管现象或大量气泡通过传感器。流量计、被测介质与管道三者之间应连成等电位接地。当周围有强磁场时，应采取防干扰措施。

传感器和变送器的连接应采用专用电缆，且不能转接。

当测量泵站总管流量而采用电磁流量计在安装上有困难时，可以采用超声波流量计或明渠流量计。

4.5.3 压力检测仪表主要用于检测水泵的进、出水压力，被测介质为污水，使用环境一般为室内，常温常压。压力变送器是利用被测压力推动弹性元件产生的位移或形变，通过转换部件转换成固有的物理特性，将被测压力转换为标准的电信号输出。压力变送器与二次仪表或 PLC 相连，实现压力信号的显示、记录和控制。压力单位用 kPa 表示。

压力变送器具有频率响应高、抗环境干扰能力强、测量精度高、体积小、具有良好的过载能力等特点。

压力变送器一般不应固定在有强烈震动的设备或管道上，当固定在有振动的设备或管道上时，应采用减震装置。

4.5.4 采用热电阻和温度变送器测量大型水泵和电动机的轴承温度、绕组温度、冷却水温度，温度传感器在安装时应注意与工艺管道的相对位置。温度单位用℃表示。

4.5.5 泵站对可能产生 H_2S 有害气体的地方应配置 H_2S 检测仪，连续监测空气中硫化氢浓度，并采取防患措施。

对泵站的格栅井下部，水泵间底部等易积聚 H_2S 的地方，可采用移动式 H_2S 检测仪去检测，也可装设在线式 H_2S 检测仪及报警装置。输出为标准 4～20mA 电流信号。

使用 H_2S 检测仪时，应注意报警阀值的设置，当测得的值大于设定值时应立即采取应急措施。

按照国家标准《工业场所有害因素职业接触限值》GBZ 2－2002 的规定，工作场所硫化氢气体的最高容许浓度为 10mg/m^3，所以本标准规定该值是报警阈值。

4.5.6 应按泵站的分布在雨水泵站中设置雨量计，用来计量雨量的大小，翻斗翻动一次，发出一个脉冲信号。对于量程范围为 0～10mm 的雨量计，收集管宜为 1.2L，测量筒为 200cm^3。雨量计安装场地应严格按照要求，其底盘应用螺钉固定在混凝土底座或木桩上，固定牢靠。盛水口水平度应符合产品说明要求。雨量单位用 mm 表示。

4.6 设备控制技术要求

4.6.1 本条主要介绍设备控制方式和优先级的相关内容。

2 受控设备的现场（机旁）控制箱上设有本地/远方选择开关，当选择开关处于本地位置时，只能由现场（机旁）控制箱上的按钮进行控制，远方配电盘不能对设备进行控制，当选择开关处于远方位置时，由配电盘上的按钮对设备进行控制。

3 在电动机配电控制盘或 MCC 盘面上设有手动/联动选择开关。当选择开关处于手动位置时，只能由配电盘或 MCC 盘面上的按钮对设备进行控制，就地控制器不能对设备进行控制，当选择开关处于联动位置时，应由就地控制器控制设备的运行。

4 现场控制和配电盘控制由泵站供配电系统实施，此时自动化系统的控制器属于无效状态。所有现场控制的电气保护应由现场电器自行完成

5 就地控制分就地手动和就地自动两种，这两种控制都应通过自动化控制系统控制器完成。

1） 就地手动模式下由操作人员通过就地控制操作界面特定图控按钮控制设备运行。通过操作界面可以完成对设备的控制或对控制参数的调整。此时的操作通过 PLC 完成。

2） 就地自动模式下由就地控制的 PLC 根据液位、流量等参数按原先内置的程序自动控制各机械设备，按正常运作的需求对水泵进行连锁保护。并保证各水泵的总体运行时间基本平衡，不需人工干预。

7 远程控制模式下由上级监控系统发布对泵站内主要机械设备的控制命令，包括泵站内的水泵、部分与总排放系统相关的闸门等设备。泵站内各机械设备的联动由就地控制 PLC 根据要求完成。

4.6.2 水泵控制应符合下列规定：

3 现场水泵按钮箱上应设有启动（绿色）、停止（红色）按钮和启动（红色）、停止（绿色）和故障（黄色）指示灯，水泵的控制有两种模式：本地模式和远方模式。本地模式是通过现场水泵按钮箱上的按钮来控制水泵运行。远方模式是由配电盘上的按钮控制水泵运行。选择开关设在现场按钮箱上，由人工切换，本地模式优先级高于远方模式。

5 配电盘水泵控制箱上应设有启动（绿色）、停止（红色）按钮和启动（红色）、停止（绿色）和故障（黄色）指示灯，水泵的控制有两种模式：手动模式和联动模式。选择开关设在配电盘水泵控制箱上，由人工切换，手动模式优先级高于联动模式。联动包括就地自动、就地点动和遥控。

7 监控系统的设备控制分为中央控制、就地控制、基本控制，而就地控制又可分为就地手动和就地自动，就地手动方式是通过操作界面特定的按键（图形或文字方式）手动控制水泵的运行。通过操作界面可以完成对设备的控制或对控制参数的调整。图控画面操作应有操作提示。操作提示可以是音响、监视器监控画面代表设备的符号交替闪动、信息打印等常规的方式，在监视器监控画面上应有简要文字提示报警内容和性质。

11 当泵站处于远程控制时，泵站应能够接收上级控制中心（信息中心）对泵站下达的控制命令，由上级控制中心（信息中心）遥控泵组的运行。使系统达到高效、经济的运行。但遥控的开泵或停泵命令必须得到就地控制的认可。

13 水泵运行与有关闸门、阀门的状态必须连锁，当需要启动水泵时，首先必须检查和开启相应管路的闸门和阀门等，若开启失败，禁止启动水泵。水泵的启动和运行控制逻辑应严格按照有关规定，当出现异常状态之一时，禁止启动水泵，正在运行的水泵应立即停止。水泵不可用是指水泵控制箱断路器处于分闸状态。水泵自动控制应符合以下条件：

1） 进水闸门全开；

2） 溢流闸门全关；

3） 泵配电开关合闸；

4） 泵无故障报警；

5） 液位不在低液位报警；

6） 水泵控制箱为自动模式；

7） PLC 无泵失控报警；

8） 泵不在运行状态。

14 大型水泵机组应设置双向限位振动监测传感

器，以保证水泵的稳定工作，当振动幅度超过预定值时发出报警信号，信号可通过硬接线或接口的方式与泵站PLC连接，检测水泵运行情况，当振动继续增加至更高的预定值时自动停泵。

15 大型水泵机组应设置冷却及润滑系统的保护，当冷却水和密封水中断应发出报警信号，同时应监视润滑水流量和轴承润滑油。

4.6.3 格栅除污机、输送机、压榨机控制应符合下列规定：

1 格栅除污机、输送机、压榨机由于控制逻辑比较简单，推荐其启动控制和运行保护设置在一台现场综合控制箱内，格栅除污机、输送机、压榨机应设置独立的启动控制和运行保护。当有多台格栅除污机时，综合控制箱的规模可根据现场条件和设备资金情况等确定。

2 定时和液位差两种运行模式分别为：

1）定时模式：按一定的时间间隔控制格栅除污机运行，间隔时间可以在泵站自动化控制系统操作界面上调整。

2）液位差模式：按格栅前后液位差值控制格栅除污机运行，液位差值可以在泵站自动化控制系统操作界面上调整，一般不宜大于0.1m。

格栅除污机每次启动应完成一个周期的清捞动作。对于钢丝绳式格栅除污机，一个周期是指清捞耙动作一次并回到上死点；对于回转式格栅除污机，一个周期是指清捞动作持续10min时间。

格栅除污机作一次清捞动作（运行一个周期）后，格栅前后液位差应小于设定值，否则应继续一次清捞动作。

3 格栅除污机的工况应显示在泵站控制系统的操作界面上，当设置为就地手动方式时，通过操作界面特定的按键（图形或文字方式）手动控制格栅机的运行。通过操作界面可以完成对设备的控制或对控制参数的调整。图控画面应有操作提示。格栅机自动控制应符合以下条件：

1）格栅机控制箱为自动模式；

2）设备无故障报警；

3）PLC无格栅机失控报警；

4）设备不在运行状态。

4.6.4 闸门、阀门控制应符合下列规定：

1 闸门、阀门的控制可设现场控制箱也可采用一体化电动操作方式，当采用一体化电动执行机构时，其内部应包含完整的控制回路，并应有相应信号输出。当采用阀门控制箱，并且一台控制箱控制多台闸门时，各设备应设有独立的控制回路。

3 泵站控制系统对闸门、阀门的控制宜通过闸门、阀门控制箱实施，以实现远距离的监控。控制系统PLC输出宜带中间继电器，采用2对无源常开触点分别控制闸门、阀门的上升和下降，当PLC发出一个信号时，其中一对触点闭合，带动闸门或阀门运行，当控制信号撤除时，闸门或阀门的运行应保持原状态不变。控制箱内需留有充足的状态及控制信号端子以及4～20mA信号或总线信号接口。但当闸门和阀门只作检修，不经常开启和关闭的，可监视其状态，不作控制。

4 闸门、阀门的工况应显示在泵站控制系统的操作界面上，当设置为就地手动方式时，通过操作界面特定的按键（图形或文字方式）手动控制闸门、阀门的运行。通过操作界面可以完成对设备的控制或对控制参数的调整。图控画面应有操作提示。闸门、阀门自动控制应符合以下条件：

1）闸门控制箱自动模式；

2）设备无故障报警；

3）PLC无闸门失控报警；

4）上升控制时不在全开位置；

5）下降控制时不在全关位置。

闸门的现行位置和状态应在控制系统的操作界面上以图形、颜色和文字方式显示，在闸门的启闭操作过程中，操作界面上应有图形符号和文字表示闸门的状态的动作方向。以实现远距离的监视，闸门、阀门在启闭过程中控制箱上的手动按钮可以暂停和继续启闭过程。

5 闸门、阀门的启闭过程应设超时检验，在规定的动作时间内若闸门没有到达预定位置或收到设备的故障报警信号，可认为闸门故障。

7 当泵站处于远程控制时，泵站应能够接收上一级控制对泵站下达的控制命令，由上一级控制遥控闸门、阀门的运行。但遥控的开或停命令必须得到就地控制的认可。

4.7 电力监控技术要求

4.7.1 泵站监控应对高低压开关柜等电气设备进行监视，一旦出现异常情况应立即报警。泵站自动化控制系统一般不对电气开关柜实行直接控制，除非管理上有特殊要求。

4.7.2 高压柜宜设综合继电保护装置，并应考虑与自动化系统的接口，以现场总线接口连接PLC，当高压柜不采用综合保护测控单元时，应以无源辅助触点和变送器输出4～20mA电流方式提供必要的信号接口，由PLC采样，以实现远距离的监视。

4.7.3 泵站电力监控系统应考虑电能管理，对采集到的各种电力数据经计算、处理、分类，自动生成各种数据库及报表，供实时监测、查询、修改、打印，生成后的报表文件能修改或重组。使电力系统能在最低消耗下，发挥最大效率。

4.7.4 电量信号应包括：

1 三相电压（V，kV）；

2 三相电流（A）；

3 有功功率（kW）；

4 无功功率（kvar）；

5 功率因数（cosΦ）

6 有功电度（kWh）；

7 无功电度（kvarh）；

8 频率（Hz）。

4.8 防雷与接地

4.8.1 自动化控制系统所安装的电源、仪表以及其他设备应在电磁、静电和暂态电压以及其他可能出现的特殊情况下安全运行，并且有足够的防止过电压及抗雷电措施，有效防御雷电灾害。

4.8.2 控制系统建立一个接地电阻不大于1Ω的接地系统，作为各接地装置的统一接地体（当采用单独接地时的接地电阻≤4Ω）。接地排敷设至控制设备安装点，并留有端接排。用于设备至接地排之间的连接。

采用尽可能短的铜编织带把PLC、变送器、通信设备、机架等需要等电位连接的设备分别接到等电位接地网格上。

4.8.3 在敷设屏蔽电缆时，屏蔽层的接地是应特别注意的问题。不适当的接地方法不仅会把屏蔽层的作用抵消，而且还会产生新的环流噪声干扰。

4.9 控制设备配置要求

4.9.1 由于泵站工作环境较差，与其配套控制系统设备应采用工业级，应具有一定的抗干扰能力。控制系统设备应具有防水、防震、防尘、防腐蚀性气体等措施，工作温度：0～55℃，相对湿度：10%～99%无凝露。设备应有一定的使用寿命。

4.9.2 本条规定了户内、户外、浸水的安装要求，户外设备控制箱宜采用不锈钢材料制造。对于南方地区应考虑散热措施。

4.9.3 计算机监控工作站是控制系统的核心设备，在选择计算机和控制器时应考虑CPU主频，随着技术的不断发展，CPU的速度也将不断提高。计算机的内存容量也将根据需要增加。应具有支持3D图形处理，并具有内置SCSI硬盘，硬盘容量根据需要配置。除常规配置外还应有10/100Base-T以太网标准的接口等。设备具有技术先进、兼容性好，扩展性强，便于更新换代。

4.9.4 现场总线的选用应根据泵站自动化系统的要求、设备配置条件、所选仪表接口等确定，现场总线能采用总线形、树形、星形、冗余环形等拓扑结构连接现场的仪表和控制设备。推荐的现场总线类型有：DeviceNet，Profibus，ControlNet，Modbus，ControlLink等。推荐通信协议为IEC 60870-5-101、DNP3.0等国际通用的开放的通信协议。

4.9.5 控制器设备应符合下列规定：

1 结构形式宜为框架背板和功能模块的任意组合，背板可以扩展；

2 具有工业以太网、现场总线、远程I/O的连接和通信能力；

3 CPU的字长≥16位，处理能力和RAM的容量应适应各泵站的功能要求，应备有存贮器用以保存主站下载的而又能远方修改的参数；

4 处理器具有基本的控制和运算功能；

5 应有自检和故障诊断功能，有瞬时掉电后再启动的能力，时钟应有掉电时的支撑电池；

6 硬件模块均应配有防尘的保护盒，宜在线热插拔，并且要有明显的标签；

7 具有远程或就地设定控制参数的能力，具备可选用的链路规约，可组态的串行通信口，用于和主站通信以及人机界面（MMI）的接口；

8 用于编程/调试/诊断连接便携式PC机的接口；

9 PLC与户外通信电路的接口应采用光电隔离，现场输入输出信号必须进行电位隔离。PLC外部电源为交流220V，允许电压波动范围为195～264V，允许频率波动范围为47～53Hz；

10 平均故障间隔时间（MTBF）≥17000h。

4.9.6 控制器应支持梯型图、结构文本语言、顺序功能流程图等多种编程语言。具备可更换的锂电池、EEPROM（或FlashMemory）双重程序后备保护功能。PLC装置的处理器具有基本的控制和运算功能，包括开关量、数字量、脉冲量、模拟量输入和输出、计数器/定时器、中断控制、高速计数、逻辑运算、算术运算、函数运算、数据转换、数据保存、模糊控制、传送和比较、PID调节等。

4.9.7 操作界面MMI应符合下列规定：

1 显示器类型：背光彩色防水TFT显示屏；

2 屏幕尺寸：对角线不应小于10″；

3 解析度：640×480；

4 画面数：不应小于250；

5 显示文字：ASCII字符，二级汉字；

6 密码功能：3级密码设置；

7 操作保护：延迟保护、再确认功能。

4.9.8 控制器输出模块宜采用隔离继电器驱动外部设备，继电器选择应符合下列规定：

1 结构形式：封闭式，透明外壳，插座安装，带防松锁扣；

2 转换触点对数：2或3；

3 额定电压：AC 220V或DC 24V；

4 耗电量：交流不得大于1.2VA，直流不得大于0.9W；

5 触点容量：AC 250V，3A（阻性负载）；

6 机械寿命：50×10^6次（交流操作）；

7 电气寿命：2×10^5次（DC30V，2A，阻性负载）。

4.9.9 控制器I/O设备分为数字输入、输出和模拟量输入、输出等类型。

数字信号输入（DI）模块可分为交流输入、直流输入和脉冲输入等。

直流输入模块主要用于外部电缆线路较短，且容易引起电磁场感应的场合。计算机内部与外部电路采用光电耦合器进行隔离。直流输入电压一般为DC10～48V。泵站宜采用直流输入模块。

对于有脉冲信号的设备宜采用脉冲输入模块，脉冲输入模块内设有脉冲计数器，对外部的输入脉冲进行计数，然后送往CPU。它又可分为单向、双向（加减）计数两种。使用时，不得超过规定最大脉冲频率。

数字信号输出（DO）模块可分为交流输出、直流输出和继电器输出等类型。

直流输出模块是一种采用晶体管或晶闸管的无触点输出模块，采用光电耦合器与外部电路隔离，同样具有动作速度快、寿命长的优点。

继电器输出模块通过继电器接点和线圈实现计算机与外部电路隔离，这种模块可交、直流两用。它不会产生漏电流现象，但模块内的继电器有寿命问题。

模拟信号输入（AI）模块通过内部A/D变换器可以将现场的电压、电流、温度、压力等控制量输入PLC，这种模块内的A/D变换时间大约在ms到数十ms之间。在要求快速响应的场合，可选用A/D变换时间短的模块。变换后的二进制数分8位、10位、12位不等，有的带符号位，有的不带符号位，可根据系统所需的精度来选择不同的A/D变换位数。

模拟信号输出（AO）模块可以输出供过程控制或仪表用的电压、电流。它把CPU内部运算的数字量经D/A变换器变成模拟量向外部输出。它同模拟量输入模块一样，D/A变换的时间有快、有慢。可根据系统所需的精度来选择不同的D/A变换位数。

4.9.11～4.9.13 自动化控制系统应采用UPS作为后备电源，供控制设备用电。UPS选择应考虑输入/输出电压；输出电压稳定性、频率稳定性、波形失真、负载功率、维持时间等技术指标。输入输出隔离型，输出波形为正弦波。

UPS的负载功率，应依据控制系统配置的各设备的最大消耗功率累加计算，并留出约25%的余量，并应考虑功率因数的问题。例如，负载功率为6kW，则UPS的容量应为：$\frac{6\times1.3}{0.8}=9.75$（kVA），实际选配UPS的容量为10kVA。

UPS宜工作在额定输出功率的70%～80%，此时的效率较高。在负载功率一定时，需要维持工作的时间越长，则要求电池的容量越大。

1 输入电压：AC 220V±20%，50Hz±10%；

2 输出电压：单相220V±2%，50Hz±0.2%；

3 输出功率：设备容量总和的150%；

4 输出波形：正弦波，谐波失真≤3%THD；

5 蓄电池供电时间：额定负载下放电60min；

6 蓄电池寿命：10年，免维护；

7 负荷峰值因数：5∶1；

8 过载能力：125%时10min，150%时30s；

9 在线式运行方式：自动切换旁路工作，无切换时间；

10 工作温度：0～50℃（室内）；

11 相对湿度：0～95%无凝露；

12 平均故障间隔时间（MTBF）：≥50000h。

中小型泵站UPS宜采用柜架式，安装在控制机柜内。

4.9.15 泵站需要设置大屏幕显示设备时，宜采用金属格栅镶嵌马赛克式模拟显示屏，模拟显示屏应符合下列规定：

1 具有现场总线或RS485串行接口，4位半LED数码管的数字显示器。

2 过程的状态显示及报警指示、报警信号闪烁指示。

3 模拟屏的适当位置宜设试验和复位按钮等。

4 模拟或数字指示应位于模拟屏上设备符号的附近。

5 在模拟屏的适当位置设数字式日历/时钟。

6 为考虑模拟屏马赛克显示面的平整和耐久以及承重等原因，模拟屏结构为金属格栅上镶嵌马赛克。每个模块单元不应小于25mm×25mm，字符高度不应小于15mm，图形符号的面积不小于15mm×15mm。拼装缝隙<0.05mm。

7 示图符宜用光带、发光字牌、发光符号、字符显示窗、数字显示窗等元素及这些元素的组合来制作。

8 亮度对比度≥10，屏面反射率<15%，刷新时间≤10s，发光器件寿命≥17000h，显示元件的亮度≥80cd/m^2。

9 模拟屏应有独立工作的控制器，其数据和信息宜通过自控系统局域网络（例如以太网）采集。按接口规约接受主站送来的信息，执行遥信选点上屏，执行调光、变位、闪光，报警等功能，并能锁存驱动上屏信息。

10 发光元件的接线应采用接插件，接插件应牢固可靠。

11 回路和屏架间绝缘电阻应大于5MΩ。

12 屏内配线应排列整齐，捆扎牢固，线路标志清晰。

13 强电与弱电端子应分开排列。屏内端子排应固定牢固，无损坏，绝缘良好；端子编号和电线编号字迹清晰，与图纸上编号一致。

4.10 安全和技术防卫

4.10.1 对于无人值守泵站，为了保护泵站内主要工艺设施，保证泵站内重要设备正常运行及变电所的安全。在泵站内、变电所和主要道路宜设电视监视设备，采用具有夜视或低照度功能的摄像机，并配备视频记录装置（例如数字录像机）；需要时，应具有图像分析及报警功能。视频图像应上传区域监控中心（信息中心），以便及时了解各泵站的情况。

4.10.3 周界防卫系统须在户外装设对射红外线探测器，信号送至控制器连接当地公安、保安部门或区域监控中心（信息中心）。围墙的角落可采用户外探头。

4.10.5 根据有关规范对在大型及重要的泵站应设置火灾报警系统，当不设置火灾报警系统时，应对建筑物、装饰材料及电气线路的防火提出一定要求，站内灭火器装置应符合现行国家标准《建筑灭火器配置设计规范》(GB 50140) 的规定。

4.11 控 制 软 件

4.11.3 数据库应是开放的实时数据库，通过对监控对象的组态、对监控对象的实时监测和控制，自动生成操作记录表、遥信变位、事故记录等实时数据。实时数据库具有标准的外部数据接口，能与其他控制软件和数据库交换数据。

历史数据库能通过 DDL、DDE 及 OLE 等与其他应用软件交换数据，并带有标准的 SQL 接口和 ODBC（Open Data Base Connect）接口，提供系统维护和管理手段。

4.11.4 应用软件的操作界面应以方便使用为主，并做到风格统一、层次简洁。采用图控软件组态设计中控室的运行监控软件，具有中文界面、操作提示和帮助系统。应用软件包括的功能描述为：

1 运行监视和控制，提供泵站各种布置图和接线图。操作界面主要以流程图方式表示，从总体流程图直到每个单体的局部流程图。在流程图上显示的设备均可以点击进入，以了解该设备的进一步细节数据或对其进行控制。工艺过程、运行参数和设备状态均以图形方式直观表示。运行参数和目标控制参数可以点击进入，了解其属性或进行设定修改。通过操作界面上的按钮实现对设备的操作、控制和运行参数设定。

2 数据处理和数据库管理。提供整个监控系统运行的各种数据参数、各机械电气设备状态以及各接口设备状态的实时数据库及历史数据库，并能根据信息分类生成各种专用数据库，并具有在线查询、修改、处理、打印等数据库管理软件，可进行日常的操作及维护，利用 ODBC 功能，与其他关系数据库建立共享关系。

保存在内存中的实时数据库应存贮有各种监控对象的动态数据，数据刷新周期应可调，以保证关键数据的实时响应速度。短期历史数据库应能保存 7 天的实时数据和组合数据，并不断地予以刷新（其数据来自于实时数据库）。历史数据库中能存入各设备的运行参数、报警记录、事故记录、调度指令等。并具有提供存贮 3 年运行数据的能力。

4 能对组成系统的所有硬件设备及运行状态进行在线监测及自诊断，能对实时监控的所有对象的运行状态进行监测及自诊断，对各类设备运行情况（如工作累计时间、最后保养日期）进行在线监测，并存入相应文档，以备维护、保养，能对设备故障提出处理意见，以供参考。

5 软件系统应能对系统的设备运行记录及控制模式进行综合考虑，对能耗数据进行记录和综合分析，使系统能在最低的消耗下，发挥最大的效率。

对于泵站，能耗管理就是电力消耗的管理，主要体现在节能上。

6 对于按操作等级进行管理，一般情况下，至少应设置三级操作级，即观察级、控制操作级、维护级，每一级都需有访问控制。

4.12 控制系统接口

4.12.3 本条介绍泵站控制系统与电气设备和仪表的接口相关内容。

1 接口类型和通信协议指的是以太网、现场总线、低速串行通信、硬线连接等。

2 物理参数指的是光纤、电缆、接插件、端子、导线截面积、屏蔽等。

3 电气参数指的是周期、波长、脉冲宽度、电压、电流、电阻、电容、电抗、频率、触点容量等。

5 各界面的解释如下：

5-1 为高压配电装置与泵站控制系统的接口，由泵站控制系统监视高压配电装置设备状态和变压器运行。

5-2A 为低压配电装置向泵站控制系统提供电源。

5-2B 为低压配电装置与泵站控制系统的接口，由泵站控制系统监视低压配电装置设备状态。

5-3 为泵站内各设备控制箱与控制系统的接口，由泵站控制系统监视各设备的运行并对其进行控制。根据需要可设置现场按钮箱。③与④为现场设备与现场按钮箱的接口。

5-6A 为泵站控制系统向泵站仪表提供电源。

5-6B 为泵站内仪表与泵站控制系统的接口，由泵站控制系统采集仪表的检测数据和工作状态。如泵站仪表为分体式，⑥与⑦为变送器与传感器的接口。

5-8A 为泵站控制系统向泵站内远程通信设备提供工作电源。

5-8B 为泵站内远程通信设备与控制系统的接口。泵站监控系统与远程通信设备进行信息交换。当管理上要求与上级信息中心通信时，⑧与⑩为泵站与上级区域控制中心通信接口。

5-9A UPS为泵站内监控设备提供工作电源。

5-9B UPS与泵站控制系统接口，由泵站控制系统采集UPS运行状况。

4.14 设备安装技术要求

4.14.1 中小型泵站自动化控制系统的设备应安装在一台控制柜内，柜内应有一套可编程逻辑控制器(PLC)、人机界面（MMI)、电源（含UPS)、继电器、空气断路器、电气保护、电源防雷器、信号防雷器、柜内照明等设备。控制机柜应符合下列规定：

1 柜结构为前后单开门，前后门的密封材料需耐H_2S腐蚀。柜体、柜内安装板、柜内支架等表面需涂皱烘漆，漆层强度需经方格划痕试验（不能剥落)。

3 柜内有可靠的保护接地装置及防雷防过电压保护装置。

电源防雷器应按下列要求选择：

1） 标称电压 220V/380V

2） 额定电压 250V/440V

3） 工作电流 ≥16A

4） 放电电流 L-L：3kA；L-N：3kA；N-PE：5kA

5） 响应时间 ≤25ns

信号防雷器应按下列要求选择：

1） 标称电压 5V/24V（按端口配置）

2） 额定电压 6V/26.8V

3） 工作电流 ≥500mA/100mA

4） 放电电流 10kA

5） 带宽 ≥1M

6） 响应时间 ≤1ns

4 柜内设备布置应保持通风散热，当若干PLC安装在同一柜子里时，应符合下列规定：

1） 两个PLC间距不应小于150mm，在PLC两侧的空隙不应小于100mm。

2） 产生热量的设备应安装在PLC的上部。

3） 当PLC安装垂直导轨上时，应使用导轨规定端子。

5 控制柜面板指示灯和按钮的颜色为：

1） 指示灯颜色

电源接通	——	白色
正在运行	——	绿色
断开/报警	——	红色
准备启动	——	蓝色
状态（通、断等）	——	蓝色
报警（无紧急停止信号）	——	黄色

2） 按钮颜色

停止、紧急停止	——	红色
启动	——	绿色
点动/慢速	——	黑色
重调（不作为停止）	——	蓝色
过载/报警接受	——	黄色

7 最下排端子距离机柜底板宜大于350mm是因为电缆进柜需在柜底下作固定，要留有一定操作距离。强、弱电端子宜分开布置；当有困难时，应有明显标志并设空端子隔开或设加强绝缘的隔板。回路电压超过400V者，端子板应有足够的绝缘并涂以红色标志。每个接线端子的每侧接线宜为一根，不得超过两根。

8 电流回路应经过试验端子，其他需断开的回路宜经特殊端子或试验端子。试验端子应接触良好。测量电流输入端子应装设有短路压板，测量电压输入端子应设有保护熔丝。

4.14.5 控制室内应布设PE接线排，以导体构成一个每孔为600mm×600mm的网络作为活动地板的支撑架。所有用电设备的金属外壳、计算机、设备机架、电缆桥架等都应连接到接地网络上。

4.14.6 控制室应配置操作台椅，操作台的尺寸和椅子数量应根据放置设备的数量和控制室的大小而定。操作台的布置宜分监视和操作装置两类，台面上宜布置CRT、打印机、电话等设备，键盘宜置于台面下部抽板内，计算机设备宜置于控制台下部柜内，柜应有门，可闭锁，装置应有通风设备，后侧宜布置插座、线槽。

4.14.7 为考虑电缆敷设时牵拉对电缆芯线的强度要求，电流测量回路的铜芯电缆截面面积不宜小于2.5mm^2，其他控制回路的电缆截面面积不宜小于1.5mm^2。

4.14.8 控制电缆宜采用4芯以上是因为电缆厂生产电缆规格为2芯、4芯、7芯等，在实际使用中至少有1根备用芯，所以选用4芯以上电缆。对传输开关量输入无源信号的电缆，当传输距离小于200m时，宜用普通控制电缆。对传输开关量输入无源信号的电缆，当传输距离大于400m时，宜用双绞铜网屏蔽电缆。对于强电信号均可使用普通控制电缆。对传输开关量输出是继电器、可控硅的触点或交流220V信号，宜用普通控制电缆。对传输开关量输出是继电器或可控硅的低电平信号，宜用铜带或铝箔屏蔽计算机用电缆。对于传输脉冲量输入信号的电缆，应选用双绞铜网屏蔽电缆。

4.14.9 模拟量是一种连续变化的信号，容差非常小，易受干扰的影响，对于模拟量输入/输出信号的传输电缆，应选择双绞铜网屏蔽计算机电缆。

计算机控制系统的通信信号一般为数字信号。为了克服线间电容对高速通信的影响，应使用计算机控制系统的专用电缆，当通信距离过长时应考虑使用光缆。

自控系统的电缆是系统与现场仪表或设备之间信息传递的通道。如果电缆选择不当会使很多形式的干扰通过这个通道进入到控制系统内部从而影响系统工作，所以合理选择电缆至为重要。

4.14.11 电子装置数字信号回路的控制电缆屏蔽层接地，应使在接地线上的电压降干扰影响尽量小，基于计算机这类仅1V左右的干扰电压，就可能引起逻辑错误，因而强调了对计算机监控系统的模拟信号回路控制电缆抑制干扰的要求，应实现一点接地，而一点接地可有多种实施方式，对于计算机监控系统，需满足避免接地环流出现的条件下，集中式的一点接地。

4.14.12 泵站的缆线敷设应严格按照设计要求，应按最短路径集中敷设，缆线包括电缆、电线、光缆的敷设，当采用电缆敷设时，应符合电缆敷设的要求。当采用光缆敷设时，应符合光缆敷设要求，应使线路不受损伤。光缆、电缆敷设时应符合下列规定：

1 布放光缆的牵引力不应超过光缆允许张力的80%，瞬间最大牵引力不得超过光缆允许张力的100%，主要牵引力应加在光缆的加强件（芯）上。一次牵引的直线长度不宜超过1km；光缆接头的预留长度不应小于8m。

2 布放光缆时，光缆必须由缆盘上方放出并保持松弛弧形；光缆布放过程中应无扭转，严禁打小圈等现象发生。

3 光缆的弯曲半径应不小于光缆外径的15倍，施工过程中不应小于20倍。

4 光缆布放完毕，应及时密封光缆端头，不得浸水。

5 管道敷设光缆时，无接头的光缆在直道上敷设应有人工逐个经人孔同步牵引。预先做好接头的光缆，其接头部分不得在管道内穿行，光缆断头应用塑料胶带包扎好，并盘成圈放置在托架高处。

6 光缆穿入管孔或管道拐弯或者交叉时，应采用引导装置或喇叭口保护，不得损伤光缆外护层。根据需要可在光缆周围涂中性滑润剂。

7 光缆经由走线架，拐弯点（前、后）应予固定；上下走道或爬墙的部位，应垫胶管固定，避免光缆受侧压。过沉降缝应有预留长度。

8 光缆的接头应由受过专门训练的人员采用专用设备操作，接续时应采用光功率计或其他仪器进行监视；接续后应做好接续保护，并安装好光缆接头护套。

9 信号电缆与强电磁场设备距离有屏蔽应大于0.8m，无屏蔽应大于1.5m。

10 控制电缆在敷设时尽量减少和避免接头。当必须采用电缆接头时，必须连接牢固，并留有余量，不应受到机械拉力。

11 控制电缆终端应包扎，并有防潮措施。

12 电缆敷设要有余度，终端余度是为了便于施工和维修。建筑物的伸缩缝和沉降缝处留出的补偿余度，是为了避免线路受损失。

13 在穿钢管敷设时钢管必须接地，禁止动力电缆和信号电缆共管敷设。

14 电缆穿管时，裸铠装控制电缆不得与其他外护层的电缆穿入同一根管内。

4.15 系统调试、验收、试运行

4.15.1 系统调试大纲应包括设备单体调试、测试和试运行，仪表、供电、设备监控和计算机等各子系统功能调试、测试及上述所有系统集成联动功能调试、测试。系统调试结束后，施工单位应提交调试报告。设备单机性能检查测试、调试及试运行，应在各子系统调试前完成，由施工单位负责实施，监理工程师旁站监督。各子系统调试、系统集成联动功能调试结束后，由建设单位项目技术负责人组织施工单位技术和质量负责人、设计单位有关专业技术负责人、总监理工程师对系统功能项目进行检测验收。

4.15.2 设备安装就位后应先进行检查，仔细检查并核对控制系统（设备）各部件的连接、电源线、地线、信号线是否连接正确。确认无误后，再检查各仪表和设备的电源，进行通电试验，待通电正常后，对各设备工作状态进行检测，保证系统性能达到预期的设计要求。

系统调试的工作量比较大，对保证系统性能与可靠运行起着非常关键的作用，应给予充分的重视，调试的一般步骤是：单体调试——相关功能之间的配合性能调试——系统联动功能调试——系统试运行。系统调试阶段的主要工作包括：

1 对系统进行初始化，输入各原始数据记录。

2 记录系统运行的数据和状况。

3 核对并校正系统的输出与输入端信息之间的偏差。

4 对实际系统的输入方式进行检查（是否方便，效率如何，安全可靠性、误操作性保护等）。

5 对系统实际运行响应速度（包括运算速度、传递速度、查询速度、输出速度等）进行现场实际的测试。

4.15.5 上位机系统检验应包括下列内容：

1 根据设计的要求中控室上位机应对泵站内的设备具有监视和控制功能，包括仪表、供配电系统和机械设备。

2 按设计要求进行流程画面的测试：画面显示应不受现场环境的干扰，测试检查每幅画面上的各种动态点是否正确，量程显示是否正确。检查控制结构和参数的设置与现场是否相符，调整控制结构参数值和备用回路的输入、输出及反馈值，并逐个回路进行调试、整定，检查是否满足设计指标要求。检查所有测量信号准确度是否满足设计指标要求。

键盘操作的容错测试：在操作站的键盘上操作任何未经定义的键时，系统不得出错或出现死机情况。

CPU切换时的容错测试：人为退出控制站中正在运行的CPU，此时备用的CPU应能自动投入工作，切换过程中，系统不得出错或出现扰动、死机情况。

备份机整体切换时的容错测试：人为退出控制站中正在运行的机器，此时备份机应能自动投入工作，切换过程中，系统不得出错或出现扰动、死机情况。

3 报警、保护及自启动功能测试：检查所有报警、保护及自启动功能是否满足设计指标要求。报表打印功能的测试：用打印机按照预定要求打印出每张报表，检查正确与否。

4 系统技术指标测试应包括系统平均故障间隔时间、系统可用率、系统可维护性、系统响应时间以及系统平均修复时间、主机联机启动时间等。

4.15.6 控制系统的检验应包括下列内容：

1 当按钮处于手动或自动方式时控制器能正确接收信息，控制器处于手动控制时，各种数据测量宜按以下方式：

1）数字量输入信号测试：由现场控制箱或人为发出信号，控制器应有正确的响应（与地址表相符合）。

2）数字量输出信号测试：由控制器根据地址表强制发出信号，现场应有正确的响应。

3）模拟量输入信号测试：用信号发生器由现场发出4～20mA信号（4～20mA中均分5点），PLC检测应有正确的响应，信号误差应在允许范围内。

4）模拟量输出信号测试：由CPU根据地址表强制发出4～20mA信号（4～20mA中均分5点），现场检测仪应有正确的响应，信号误差应在允许范围内。

当控制器处于自动控制时，应进行调节功能的测试，调节功能测试应按功能流程图进行，检查闭环调节功能是否正确有效，输入、输出关系是否正确无误。

2 报警功能测试：模拟现场有报警信号时，控制器应能做出正确的响应。

3 控制系统操作画面应分层检测，从整个到局部。

4 按编制的程序，让系统进行自动运行，各设备应按要求启动和停止。

4.15.8 仪表检验的基本性能指标应符合下列规定：

为便于监控系统信息集成，要求检测仪表应具有与量程相匹配的4～20mA模拟量输出或带有开放协议通讯口输出功能，在设备选型时考虑检测仪具有现场就地采样数据显示功能，便于设备现场操作监视。

4.15.9 泵站自动化控制系统应按设计要求进行程序设计，对每一功能进行调试，在规定的时间内，系统要对内部（如时间中断）、外部（如开关到位）等信号做出响应，并完成预定的操作，当达到要求后才能与工艺一起投入试运行，系统投入运行后，控制系统应处于工作状态。同时要求系统软件考虑局部故障在线处理以及对组态的在线修改，即软件应具有在线调试能力。

4.15.10 系统连续试运行中，还应进行计算机考核包括下列内容：

1 CPU平均负荷应小于50%；

2 单机运行时系统运行率应不小于99.6%；

3 双机热备运行时系统运行率应不小于99.9%；

4 系统故障次数应小于三次；

5 软件系统全部功能100%地投入。

5 污水处理厂供配电

5.2 系 统 结 构

5.2.1 污水处理厂变电所应根据负荷分布特点设置。

1、2 对于大型污水处理厂，其厂区范围大，用电负荷多，而且分散，所以应设有总变电所和若干分变电所。

3、4 对于大城市的污水处理厂突然中断供电，将造成较大经济损失，给城市生活带来较大影响，所以供电等级应为二级负荷。二级负荷的供电要求是：应由二个电源供电，而且须做到在电力变压器或电力线路常见故障时不致中断供电，或中断后迅速恢复。当采用电缆供电时，应采用两根电缆组成的电缆线路供电，其每根电缆应能承受100%的二级负荷。

5.2.3 总变电所系统设置应符合下列规定：

3 内桥接线方式一般用于双电源供电和两台变压器，且供电线路较长，不需经常切换变压器的变电所。用于一、二级负荷供电。

单母线接线方式一般用于单电源供电，且配电回路不超过三回的变电所。

单母线分段接线方式一般用于双电源供电，且配电回路超过三回的变电所。

4 总变电所对外的配电采用放射式和树干式两种方式混合在一起的配电方式，即在同一个配电系统中既有放射式配电，也有树干式配电；对较重要的用电设备采用放射式配电，对一般用电设备采用树干式配电。当厂区范围较大，用电设备多而分散时，采用这种配电方式，既可保证主要设备用电的可靠性，又可节约投资。

5 当供电电压为10kV，厂区面积较大，负荷又比较分散的工程，可采用10kV和0.4kV两种电压混合配电方式。即将10kV作为一次配电电压，先用10kV线路将电力分配到几个负荷相对比较集中的地方，建立各自的10kV/0.4kV变电所，然后用0.4kV作为二次配电电压再向下一级用电设备配电。

5.2.4 分变电所系统设置应符合下列规定。

4 总配电所与分配电所属于同一部门管理，在操作上可统一调度指挥。此外，污水处理厂变电所一般都为电网的终端，保护时限小，从继电保护角度上考虑，即使在分变电所进户处装了断路器，由于时限配合不好，也不能增加一级保护。因此，一般装设隔离开关（固定式）或隔离触头（手车式）也能满足运行和检修的要求。

5 变压器低压侧总开关采用低压断路器，可在低压侧带负荷切断电源，断电后恢复送电也比较及时，可减少管理电工的往返联系，缩短停电时间。

当有继电保护或自动切换电源要求时，低压侧总开关和母线分段开关均应采用低压断路器。

5.7 接地与防雷

5.7.2 防雷应符合下列规定：

2 防直击雷、防雷电感应和防雷电侵入保护措施：

1）屋外配电装置装设防直击雷保护装置，一般采用避雷针或避雷线。

2）屋内配电装置装设防直击雷保护装置，当屋顶上有金属结构时，将金属部分接地；当屋顶为钢筋混凝土结构时，将其焊接成网接地；当屋顶为非导电结构时，采用避雷网保护，网格尺寸为（8～10）m×（8～10）m，每隔10～20m设引下线接地。引下线处应设集中接地装置并连接至接地网。

3）架空进线的35kV变电所，35kV架空线路应全线架设避雷线，若未沿全线架设，应在变电所1～2km的进线段架设避雷线，并装设避雷器。

4）35kV电缆进线时，在电缆与架空线的连接处应装设阀型避雷器，其接地端应与电缆的金属外皮连接。

5）变电所3～10kV配电装置（包括电力变压器），应在每组母线和每回架空线路上装设阀型避雷器。

有电缆段的架空线路，避雷器应装在架空线与连接电缆的终端头附近，其接地端应和电缆金属外皮相连。如各架空进线均有电缆段，避雷器与主变压器的最大电气距离不受限制。

避雷器应以最短的接地线与变电所的主接地网相连接（包括通过电缆金属外皮连接），还应在其附近装设集中接地装置。

3～10kV配电所，当无所用变压器时，可仅在每路架空进线上装设阀型避雷器。

6 污水处理厂自动化系统

6.2 规模划分与系统设置要求

6.2.1 预处理工艺应为城市污水处理厂的初级处理工艺，一般包括格栅处理、泵房抽升和沉砂处理。

一级处理工艺应以沉淀为主体的处理工艺，主要是比预处理增设了初次沉淀池，将污水中悬浮物和部分BOD沉降去除。

二级处理工艺应以生物处理为主体的处理工艺，主要是比一级处理增设了曝气池和二次沉淀池，通过微生物的新陈代谢将污水中大部分污染物变成CO_2和H_2O。

深度处理应是满足高标准的受纳水体要求或回用于工业等特殊用途而进行的进一步处理，通用的工艺有混凝沉淀、过滤、消毒等。

污泥处理和污泥最终处理主要包括浓缩、消化、脱水、堆肥或农用填埋等。

6.2.3 曝气池空气量自动调节系统是整个污水处理厂处理过程的一个重要环节。通过基于氨氮（NH_3-N）和硝酸盐（NO_3-N）等营养物质检测分析，并通过前馈控制的计算值来设定生物反应池中溶解氧（DO）值；按照一定的数学模型计算出曝气池上每个曝气支管上的阀门开度，实施曝气量的调节；在保持供气总管风压不变的条件下，由变频调速技术或调节鼓风机的进、出口导叶角度完成风机输出风量的控制。根据不同的工艺和排放标准确定影响曝气量的工艺参数，并选择适当的控制模型和控制模式与手段，完成空气量的调节，能明显体现污水处理厂节能效果和管理水平。

6.3 系统结构

6.3.1 整个系统为三层结构，宜分为信息层、控制层和设备层。在这个体系中，数据可以双向流通，层与层之间可以交换数据。

1 信息层宜使用以太网，它是一个开放的，全球公认的用于信息层互联的实施标准。这一层网络具有高速报文传送和高容量数据共享。

2 控制层宜采用光纤工业以太网，它具有支持I/O信息和报文的传送，能够设置信息的优先级，有效数据共享，支持多主机、对等及混合结构的通信方式。

3 控制层为多个就地控制站组成，控制层设备设在各个就地控制站，宜以PLC为核心设备组成控制器，对于距离较远且设备相对集中的地方可设远程

I/O站，如变电站等。现场站一般为无人值守，操作界面可采用触摸显示屏，根据管理要求有人值守时，操作界面应采用工业控制计算机，并按管理要求设置打印记录等设备。

4 设备层是由现场设备（仪表、电量变送器、测控单元、动力设备的控制器等）和控制器间的通信组成，对于大、中型污水处理厂距离较长宜采用现场总线网络，以尽可能快速又简单地完成数据的实时传输。中小型污水处理厂可采用现场总线或硬接线连接仪表和设备控制箱。

6.3.2 重要污水处理厂宜采用冗余结构。为提高系统可靠性，信息层的监控工作站设有2台监控计算机组成双机热备。主CPU和备份CPU同时工作，当主CPU发生故障时，备份CPU收不到主CPU的同步信号，这时备份CPU会替代主CPU工作直至最新收到主CPU的同步信号。

信息层应设有数据管理站（服务器）。考虑到系统的可靠性、安全性，数据管理站宜设有2台服务器组成双机热备。

就地控制站PLC装置、电源、通讯等设备宜采用冗余配置。通信宜设双环网络，以提高系统的可靠性。

6.4 系统功能

6.4.1 物位：液位，储泥池泥位，消化池泥位，干污泥料仓泥位等。

流量：污水流量，处理后水流量，空气流量，污泥流量等。

温度：污水温度，污泥温度，空气温度，轴承温度，电动机定子线包温度等。

压力：空气压力，润滑油压力等。

6.4.2 运行控制对象应包括下列内容：

1 水泵控制，当水池液位高于某一设定值时，且相应设备状态满足连锁要求，符合开泵条件，应启动水泵的运行。大型水泵辅助运行设备控制应包括冷却水控制系统和密封水控制系统。

2 当格栅前后液位差大于某一值时，应启动电动格栅除污机、输送机、压榨机的运行。

3 水泵控制与有关闸门、阀门状态必须连锁，当需要开启水泵时，首先要控制相应闸门、阀门开启或关闭。

4 除砂装置、机械曝气机、刮砂机、刮泥机、搅拌机、鼓风机、压缩机、污泥消化池温度、污泥消化池进泥量和搅拌、污泥浓缩脱水系统、污泥耗氧堆肥处理系统、紫外线消毒装置、二氧化氯发生器、加氯机、沼气脱硫设备的控制，根据工艺流程及控制要求由所在单体的现场控制站控制设备的运行。

6.4.3 污水处理厂应设有环境与安全监控功能，应包括下列内容：

2 污水处理厂强调设置电视监控和安全保卫系统是因为由于实现了运行自动化，工作人员相对比较少，而对于整个污水处理厂来讲不安全因素很多，所以应设置安防系统。通过摄像机将厂内现场情况实时、真实的通过图像和声音反映在控制中心的监视器上。以便工作人员及时了解整个厂区的情况。厂区周边的围墙设红外线周边防卫系统，红外信号进所属现场控制站，并与视频监视系统联动。

3 对确定有消防要求的污水处理厂宜在中央控制室、变电所、化验室、走廊等处设烟感式火灾报警探头。火灾报警控制器设在中央控制室。

火灾报警设备和周边防卫设备应采用国家专业认证产品。

6.4.4 本条说明中央控制室的功能：

1 污水处理厂应与上级信息中心建立通信。通信接口应为通用型，满足接口标准规定，以便能够与各种类型的主机交换数据。可由污水处理厂的中控室接收上级信息中心的调节控制命令，最终通过现场控制站控制器执行，配合信息中心实现调节控制功能。

2 污水处理厂控制系统通过模拟屏或投影屏、操作终端、MMI操作界面等显示设备，集中监视污水处理厂的运行，包括设备状态、工艺过程、进出口水质、流量、液位、电力参数、电量数据、事故报警等。对全厂工艺设备的工况进行实时监视。

3 中央控制室应根据全厂水量和水质状况进行运行调度、参数分配和信息管理，通过PLC控制全厂主要设备的运行。中央控制室向各现场控制站分配所在单体或节点的运行控制目标，根据全厂水量和水质状况，命令某组工艺设备投入或退出运行。

4 中央控制室应对现场控制站上报的各种数据经计算、处理、分类，自动生成各种数据库及报表，报表中应有实时数据和统计数据，各类报表包括即时报表、班报、日报、月报、季报、年报、各类趋势曲线。对于生成数据库及报表可供实时监测、查询、修改、打印，生成后的报表文件能修改或重组。

具有日常的网络管理功能，维持整个局网的运行，定时对各接口设备进行自检、异常时发出报警信号。

能对组成系统的所有硬件设备及运行状态进行在线监测及自诊断，能对实时监控的所有对象的运行状态进行监测及自诊断，对各类设备运行情况（如工作累计时间、最后保养日期）进行在线监测，并存入相应文档，以备维护、保养，能对设备故障提出处理意见，以供参考。

5 整个控制系统应有手动、自动两种控制方式。方式的转换设在中控室或就地控制站操作界面图控画面上，由人工切换图控画面上的按钮。当操作人员在中控室的操作界面上将图控按钮打到自动时，就地控制站的操作界面图控按钮和现场控制箱的按钮都必须打到自动，才能实现自动控制。厂内各现场站应有基本数据采集功能，对所属范围内的仪表、设备状态进行数据采集，并加以处理和控制。

6.5 检测和监视点设置

6.5.2 本条说明集水池监视和控制点设置的相关内容。

1 采用超声波液位计或液位差计检测集水池的液位值，当格栅前后液位值大于某一数值时，启动格栅机动作，直至格栅前后液位差小于设定值。当格栅前后使用两只液位计时，其液位数值直接输入现场站控制器，由控制器算出格栅前后液位值。当使用液位差计时，由液位差计直接算出格栅前后液位值。

2 检测井内易积聚硫化氢气体，硫化氢属于有害气体，所以在格栅井内设置硫化氢检测仪报警装置，检测有害气体浓度，当检测到硫化氢浓度大于某一设定值时，发出报警。

3 机械设备检测和控制为格栅除污机、输送机和压榨机，当启动格栅除污机，输送机和压榨机应随之联动。根据工艺要求控制闸门的上升和下降。

检测和机械设备检测信号宜上传到中控室，在中控室的计算机图控画面和模拟屏上显示。

6.5.3 本条说明进水泵房监视和控制点设置的相关内容。

1 超声波液位计测量进水井的液位，当液位大于设定值时，启动水泵运行，一般进水井设有数台水泵，当启动一台水泵液位没有明显下降时，可启动第二台水泵直至液位下降到设置值以下。液位测量值作为进水泵房水泵的控制依据。

2 在水泵出水管道上安装电磁流量计，当电磁流量计安装有困难时可采用超声波流量计，作为污水处理厂的处理能力计量。流量计应能显示瞬时流量外，还应带有积算器显示累积流量，并能记录瞬时流量。

3 水泵的监测和控制，用液位值作为水泵的控制依据以及与阀门的联动控制。

6.5.4 本条说明沉砂池监视和控制点设置的相关内容。

3 出水井内固体悬浮物浓度（SS）水质分析仪能监测污泥的性质和污泥的含量。通过对曝气池中悬浮固体的测量，并结合其他的测定数据，来改善过程控制的可靠性。

4 出水井用总磷分析仪来检测水中磷的浓度，当水中有大量的磷酸盐时，将引起藻类和水生繁殖，导致了水中氧气的严重消耗。所以通过使用多个分析仪器来监控污水处理过程，操作人员可以更快地优化工艺参数，从而降低操作费用，确保指标满足要求。

5 机械设备检测和控制为电动闸门、电动蝶阀和刮砂机。根据工艺要求控制电动闸门、电动蝶阀和刮砂机的开和关。

6.5.5 本条说明生物池监视和控制点设置（以 A^2O 工艺为例）的相关内容。

1～8 生物池的好氧区、厌氧区、缺氧区及生物池出水端都设置溶解氧（DO）检测仪。因为溶解氧是污水处理过程中非常关键的因素，它是控制曝气风机运行的重要因素并涉及到污水处理厂一些其他的处理过程。如果池中没有充足的溶解氧，缺氧会导致细菌死亡，从而降低了沉淀效率，导致固体物质从二沉池流出。这可能会导致工厂超过 BOD、SS 以及氨氮的允许排放值。氧气过多会导致产生大量泡沫和较差的污泥沉降性能，同时也导致能耗增加。

好氧区曝气总管和分管上设气体流量计，用于计量曝气风量，气体流量计带现场数字显示。设置水质分析仪是监测进水污染物负荷状况。

6.5.6 本条说明初沉池、二沉池监视和控制点设置的相关内容。

1 污泥界面计可以对污水处理的二沉池污泥界面进行连续的监测，污泥界面计通过发出一个信号，启动污泥循环泵，可以使操作人员能够准确地控制污泥回流过程。通过优化排泥过程和降低污泥界面高度，对污泥的回路量进行精确地控制。

2 吸刮泥机、排泥阀门根据沉淀池的工艺运行方式而定，一般有连续和间歇之分。可设置泥水界面计来控制排泥；对于连续运行，可设置污泥浓度计来限制排泥；对于控制要求不高的小型污水厂，通常没有设置排泥控制阀门，泥水界面计仅仅作为运行工况监视。

配水/泥闸门或堰板、闸门在大中型污水处理厂都配置电动执行机构，可以实现配水/排泥流量的远程控制，开启/关闭沉淀池的运行。

6.5.7 本条说明鼓风机房监视和控制点设置的相关内容。

1 鼓风机送出一定风压的空气作为曝气池气源或调节池混合搅拌的气源。所以在鼓风机空气总管设置压力变送器、温度变送器和气体质量流量计，测量压力、温度和流量，监视鼓风机的运行。检测仪表应有现场数字显示。

2 在大型污水处理厂曝气鼓风机，通常是多台并联运行，鼓风机负荷控制比较复杂。在保证曝气生物池空气量要求的前提下，鼓风机出力的平稳变化是必需的，通常采用总管压力控制方法。

6.5.8 本条说明回流及剩余污泥泵房监视和控制点设置的相关内容。

3、4 回流及剩余污泥泵房的集泥池内设置浮球液位开关，液位开关输出一超低液位报警信号，防止回流及剩余污泥泵的干运行。回流污泥泵出泥管道上设电磁流量计，当安装有困难时可考虑采用超声波流量计。

5 回流比的控制：根据进水量，通过控制回流污泥泵运行台数、运行时间来实现；也可采用调节阀的方案或采用变频调速方案，但要求最低配置两台变频器，有利于负荷平稳变化。

6.5.9 对于工艺设计中设置的出口泵房内设分体式超声波液位计，液位测量值作为水泵运行的控制参数。

6.5.11 本条说明污泥浓缩池监视和控制点设置的相关内容。

1、2 检测污泥流量计和加药流量计的流量值。这两种流量计可根据工艺要求设置。污泥界面计检测污泥泥位。

3 机械设备检测和控制为测得污泥流量控制污泥浓缩机组的运行。包括污泥进料泵的控制，加药泵的控制，混合装置的控制，反应器的控制，污泥浓缩机的控制，厚浆泵的控制，增压泵的控制。

6.5.12 本条说明污泥消化池监视和控制点设置的相关内容。

1 消化池的进泥管设 pH 变送器主要测试介质中由于溶解物质所发生的变化。

2、3 由于污泥消化池需加热，所以在进泥管、出泥管和中部都设有温度变送器测量温度。

4 产气管设置气体流量计测量沼气流量。污泥消化的温度控制一般有两种方式：第一种是根据消化池进泥温度，控制泥水热交换器进水流量。第二种是根据消化池污泥温度，控制泥水热交换器或热水泵运行时间。

6 污泥投配有连续或间歇（包括多池轮流）方式，一般通过控制电动或气动阀门来完成。机械设备检测和控制为搅拌机和污泥泵。根据工艺和控制要求控制搅拌机和污泥泵的开和关。

6.5.13 污水处理厂采用污泥储仓，是其他行业固体料仓的一种借鉴。控制内容有各种污泥输送机、卸料装置、装车机构等，料仓设有料位检测，实现料仓自动装料、储量分析、储卸预测等。

6.5.14 本条说明沼气柜监视和控制点设置的相关内容。

1 沼气属于可燃气体，在沼气柜周围容易有气体堆积处应设甲烷探测器，检测可燃气体的浓度值，当大于某一设定值时，发出报警。

2 通过监测沼气柜压力和高度（对水封式升降沼气柜才测量其升降高度），对其实施高低极限报警、连锁保护。连锁的对象有沼气火炬、沼气锅炉、沼气发电机、沼气鼓风机等，沼气柜高度和压力可以指导他们的运行连锁停车等。

3 机械设备检测和控制为沼气增压机和气动蝶阀。根据工艺和控制要求控制增压机和气动蝶阀的开和关。

6.5.15 本条说明沼气锅炉房监视和控制点设置的相关内容。

2 沼气锅炉设压力变送器和水位计。测量锅炉内的压力和水位，根据锅炉水位调节补水量。

4 出水管设温度变送器、压力变送器和流量计。测量出水温度、出水管压力和流量，根据锅炉出水温度调节燃气流量。

7 机械设备检测和控制对象是沼气增压泵、沼气锅炉排水泵、循环泵。根据工艺和控制要求控制沼气增压泵、沼气锅炉排水泵、循环泵的开和关。

6.5.16 计量井处宜设置电磁流量计，用于计量污水处理厂排放水量。当选用或安装有困难时，可考虑采用超声波流量计。

6.7 设备控制技术要求

6.7.1 设备控制位置和优先级应符合下列规定：

1 图 6.7.1 所表示的是污水处理厂控制设备之间比较全面的关系，对于中小型污水处理厂简单的控制系统可根据实际情况简化这些关系。

4 当污水处理厂内机械设备如水泵、格栅除污机配有现场控制箱和配电盘控制时，设备的控制可直接通过现场控制箱和配电盘上的按钮进行。

5 就地控制站是整个污水处理厂控制系统内各个现场工作点，它与仪表、电气控制执行机构相联接，实时采集现场设备的运行数据，并对现场设备进行控制。具有手动和自动两种控制方式。就地手动方式：通过就地控制站自动化控制系统的操作界面实施的手动控制。就地自动方式：由就地控制站自动化控制系统根据液位、流量、设备状态等参数以及预定的控制要求对设备实施的自动控制，不需人工干预。就地控制站的手动和自动的执行都应通过控制器来完成。

6 中央控制室根据全厂水量和水质状况进行运行调度、参数分配和信息管理，其控制是通过设在中央控制室的图控计算机特定按键完成，中央控制室向各就地控制站分配所在单体或节点的运行控制目标，根据全厂水量和水质状况，命令某组工艺设备投入或退出运行。对于中央控制室允许投入运行的设备或设备组，其具体的控制过程由所在就地控制站管理；对于被中央控制室禁止投入运行的设备或设备组，由所在就地控制站控制其退出运行，并不再对其启动。

6.7.6 本条说明鼓风机控制的相关内容。

2 在采用鼓风曝气工艺的污水处理厂中，鼓风机的能耗占全厂能耗的 70%以上，所以鼓风机输出风量的调节是污水处理厂节能的重要措施。

3 鼓风曝气风量调节的模型流程是：污水处理厂的进水流量、水质（BOD 或 COD、TP、pH/T、NH_3-N 等）—生化池的溶解氧 DO—生化池的空气需求量—生化池风管进气量—生化池进气管阀门的调节—空气总管气量的计算—空气总管气压的维持—鼓风机调速或导叶角度的调节、鼓风机台数的调整。

6.7.9 污泥浓缩机组的控制应符合下列规定：

1 一个污泥浓缩机组装置包含污泥进料泵、加药泵、混合装置、反应器、污泥浓缩机、厚浆泵和增压泵等设备的控制。这些设备的基本启动、停止的逻辑控制都通过浓缩机组装置完成。

2 污泥浓缩机组设备控制箱一般是与设备配套提供，浓缩机组装置不仅应提供基本启动、停止逻辑控制而且应提供相关的污泥进料泵、加药泵、混合装置、反应器、污泥浓缩机、厚浆泵、增压泵等设备的联动控制。选择开关设在设备控制箱面板上，手动模式优先级高于联动模式。联动包括就地点动、就地自动和遥控。手动模式由人工操作污泥浓缩机组装置控制箱面板上的按钮，控制污泥浓缩机组装置的开启和关闭，此时不应执行来自 PLC 的控制命令。

6.7.10 污泥浓缩脱水机组控制装置应提供污泥脱水机组的基本启动、停止逻辑控制和相关设备的联动控制。还应提供污泥脱水机组的手动控制和相关设备的手动控制。整个流程中任一环节出现故障，都必须自动进入停机程序。

污泥浓缩脱水机启动时，应确认加药装置已经先行启动并正常运行，只有在加药装置正常运行时，才允许启动污泥脱水机。污泥脱水机运行过程中，如加药装置意外停机或故障报警，应立即进入停机程序。

污泥脱水机启动及运行时，应随时检查污泥料仓和输送机的运行状态，当污泥料仓满负荷或输送机停止时，禁止启动污泥脱水机，已经运行的污泥脱水机应立即进入停机程序。

6.9 防雷与接地

6.9.4 由于计算机控制系统、仪表、设备制造厂家对接地方式和接地电阻规定不相同，对接地极的独立设置或共同的规定也不相同，因此，按照电气等电位联结原则，仪表与控制系统，包括综合控制系统的接地，最终应与电气系统的接地装置连接。

6.10 控制设备配置要求

6.10.6 由于污水处理厂现场站设置比较分散，与中控室之间有一定距离，为了保证系统可靠性和安全性，中控室与各就地控制站之间的通信宜采用冗余光纤环的工业以太网。当二节点间通信距离大于 2km，应采用单模光端机。

光端机应按下列要求选择：

1）组网方式：星形、环形；

2）光纤接口：100Base-FX；

3）终端子网接口：10/100BaseTX；

4）网络协议：IEEE802.3；

5）冗余环网自愈时间：≤0.3s；

6）电源：冗余配置；

7）平均故障间隔时间（MTBF）：≥50000h；

8）通信距离：≥100m。

6.10.7 MIS 系统的工作站宜由 2 台计算机组成双机热备，配通讯控制器、服务器和网关等设备。

6.11 安全和技术防范

6.11.1 电视监控系统应利用安装在现场的摄像机，将现场情况实时、真实的通过图像和声音反映在控制中心的监视器上，供观察、记录和处理。

中控室管理人员可借助操纵键盘和手柄调整摄像机的方位、视角和焦距，通过矩阵控制器和视频监视器对厂区进行巡视。

6.12 控制软件

6.12.2 开放的实时数据库通过对监控对象的组态、对监控对象的实时监测和控制，自动生成操作记录表、遥信变位、事故记录等实时数据。

6.12.3 本条介绍应用软件应包括功能。

3 系统软件具有强而有效的图形显示功能，能画出总平面图、工艺流程图、设置布置图（平面、剖面）、电气主结线图等。在确定监控画面后，可对监控对象进行形象图符设计、组态、连接、生成完整的实时监控画面，使用户能在监视器（CRT）上查询到各种监控对象的动态信息及故障，其形式可以是图像、报表、曲线以及直方图等。

同时还应具有友好的汉化人机接口界面，采用图形、图标方式，使管理人员方便地使用鼠标及键盘对系统进行管理、控制，通过监控画面的切换，进行数据查询、状态查询、数据存贮、控制管理等各种操作。

4 日常的数据管理，对采集到的各种数据经计算、处理、分类，自动生成各种数据库及报表，供实时监测、查询、修改、打印；数据管理还包括生成后的报表文件的修改或重组。

软件系统的可靠性应能保证数据的绝对安全，防止数据的非法访问，特别是对原始数据的修改，按操作等级进行管理，一般情况下，至少应设置三级操作级，即观察级、控制操作级和维护级，每一级都需有访问控制。

具有日常的网络管理功能，维持整个局网的运行，定时对各接口设备进行自检，异常时发出报警信号。

6 化学药剂消耗包括混凝剂、助凝剂、絮凝剂及其他添加剂等。

6.13 控制系统接口

由于污水处理厂的设备和仪表比泵站多而且复杂，所以将污水处理厂控制系统的接口分为二个部分，第一部分为污水处理厂内设备、仪表与就地控制站接口。第二部分为电力设备（包括高低压配电、变压器等）与就地控制站的接口。

6.16 设备安装技术要求

6.16.1 中央控制室是操作管理人员对系统进行操作管理的主要场所。控制室应设置于厂内视野较好的建筑物内，控制室的布置应满足一定条件，使操作人员可以俯视全部或主要生产区域。控制室设有计算机（包括监控计算机、服务器、工程师站）、打印机、操作台椅、通信机柜（包括所有通信和网络）、UPS电源等设备，布置应使操作人员的视野最适宜，姿势最舒适，动作最便利。

6.16.3 为了充分发挥控制系统的全部功能，提高其可靠性，中控室和就地控制站在位置选择上应注意避免下列场合：

1 腐蚀和易燃易爆的场所。

2 大量灰尘、盐分的场所。

3 太阳光直射的场所。

4 直接震动和冲击的场所。

5 强磁场、强电场和有辐射的场所。

7 排水工程的数据采集和监控系统

7.1 系统建立

7.1.1 本条说明城镇排水系统数据采集和监视控制系统的体系。

1 第一层次为系统结构中最高一级，是各种信息最全的资源库。信息中心网站将城镇政府决策者、各管理部门及工作人员终端联成局域网，共同构成综合管理级。并通过有线（城市公用宽带网、电话网等）或无线（城市公用无线数据网、无线以太网等）通信介质，联接分布在城市各处的子系统。

2、3 第二层和第三层为排水信息中心或为按区域划分的监控中心。通过这些系统，实现企业管理信息化、信息交换网络化和办公自动化，从而改变工作方式和提高工作效率。这些系统通常采用客户机/服务器（C/S）的LAN结构（局域网）。一般实时性要求不太强。但因信息资源珍贵、量大、存储时间长，故对系统的可靠性要求高，应具有足够的存储容量和信息交换速度。通过网络互联技术，由基础级获取实时生产信息，处理并存入历史数据库；与上级信息综合管理层实现信息交换和资源共享。

5 第五层包含了排水和污水处理过程的全部实时信息，是各级管理层需要信息的主要来源。

7.1.2 各信息层的建立必须按每座城市的实际需要，应与当地排水系统管理体制相匹配。应建立简单实用、结构合理的系统。

1 由于小型城镇泵站、截流设施、污染源以及污水处理厂相对来说比较少，可以将信息集中送排水信息中心，不考虑第三层次的建立。

2 对于大型城市在排水信息中心下可按区域划分成若干个信息分中心，收集各自区域的信息。将信息流分开传输，保证数据双向通信。

7.1.3 信息层次一般可以理解为五层，信息化建设过程中可根据当地实际情况（例如管理机构的设置、建设资金等）和信息流的大小简化信息层次，污染源信息可以直接纳入上一级信息中心，建立通信关系。

7.2 系统结构

7.2.1 在星形结构中，主站通过不同的信道与各分站连接，星形结构的优点是主站能更快的更新数据、有更高的可靠性（每一信道损坏时只影响一个分站）、易于维修（每一信道的检修不影响其他分站）。

7.2.3 控制中心主站与远程（含泵站污水处理厂、截流设施）之间的通信宜根据排水工程规范、施工环境、公共通信的条件，采取不同的方法：

1 自敷光（电）缆通信：对于地理位置比较接近的2～3km范围内主站和远程站之间的通信，使用直接电缆或光缆进行连接，可以降低通讯建设和维护费用，而且通讯可靠。

2 共用有线网通信：根据条件及地理位置的许可，在水务系统或几个相关领域内共建自敷光（电）缆的专用通信网络，作为专用信息通信。这种方法一次性投资较大，但以后使用中花费较小。

3 公共有线网通信：对于距离较远，又没有条件自组专用网的通信，采用有线公共网络DDN、PSTN、ADSL等，宜以DDN为主通道，PSTN为辅助通道。

4 自建无线网通信：向城镇无线电管理部门申请频点自行组网（230MHz）通信或点对点通信。采用230MHz频段，频点间隔为25kHz，根据需要无线通信组网可采用二级网络，设一座通信主站和若干个通信分站，以降低各远程站的天线高度，可以将各远程站的信息先送到通信分站，再由通信分站传到通信主站。

5 公共无线网通信：在有线不能到达的地方，自组专用通信网较困难时，采用GSM、CDMA、GPRS等完成数据通信。

7.2.4 通信的网络结构为星形，通信规约是数据通信系统中共同规定和遵循的一套信息交换格式，是保证收发双方能正确地交换信息的规则，因此，应选用符合国际标准的通信协议。同时，为了充分提高信道的利用率，可采用支持轮询和自报相结合的通信协议。数据上报的形式为按主站查询上报，且只上报变化的数据。

7.2.5 提高通信的可靠性，主站与各分站的通信宜采用主、备两个信道。按各分站的具体位置、规模和数据的不同采用不同的方式。一般宜以有线和无线相结合。并应有自动信道检测，主备用信道自动切换功能。当主信道出现故障时，改用备用信道。信道的切换权在主站。

7.3 系统功能

7.3.1 排水信息中心能接收下属各个区域监控中心的信息和上报的各类报表，并建立实时开放的数据库。对整个系统实现运行监视。同时向上级部门报告各项排水管理信息。

7.3.2 区域监控中心将收集的运行数据结合气象、水文、季节、时间等因素进行汇总、记录、统计、显示、报警和打印等处理，根据一定的数学模型，生成调度策略，控制模式和全局的运行参数，向各远程站下载，实现对整个系统运行的监视和维护，并能对下载参数进行调整。

应建立实时开放的数据库，对监控对象的实时监测和控制，自动生成操作记录表、遥信变位、事故记录等实时数据。

7.3.3 远程站按一定的采样周期采集现场设备状态信号和数据信号，对过程数据自动进行巡回采集和存贮，以明了的图形或数字方式，显示泵站整体和各部分的实时数据，反映泵站的实时工况。

远程站所采集的数据应作整理，剔除干扰数据。并接受监控主站下载的控制参数，作为调节和控制的依据。数据暂存是指当通信受阻时，上报数据暂存在缓冲器内，待通信恢复时送出。

远程站上报数据有三种类型：变位上报（状态量）、超越极限值上报（报警）、越死区上报（模拟量），区域监控中心应对这些数据有报警和记录的功能。

远程站应能按主站的要求或提供的参数，通过就地 PLC 的逻辑控制功能，提供设备运行的联动、连锁和控制调节。当主站的遥控模式和设备状态相矛盾时，拒绝接受，并向主站返回拒绝原因。

当远程站运行出现异常时应发出报警信号，报警信号是由控制器的开关量输出，通过继电器动作来驱动，报警信号分声、光两种报警。声报警：由安装于 RTU 柜中的蜂鸣器发声并由人工消声。光报警：在安装于 RTU 柜屏面上的光字牌闪光显示或在操作界面上以醒目的颜色闪烁显示。

7.5 系统设备配置

7.5.1 信息中心应由一个具有客户机/服务器（C/S）结构的开放式计算机局域网构成，组成整个系统信息层。

信息层计算机局域网宜为双重百兆（或千兆）以太网，经通信控制器及通信专线与各分站交换数据、以 CRT、模拟屏和大屏幕投影仪作为显示设备，对收集的运行数据和状态数据进行汇总、记录、统计、显示、报警、打印和上报。

中华人民共和国行业标准

风景名胜区分类标准

Standard for scenic and historic areas classification

CJJ/T 121—2008
J 816—2008

批准部门：中华人民共和国住房和城乡建设部
施行日期：2 0 0 8 年 1 2 月 1 日

中华人民共和国住房和城乡建设部
公　　告

第 83 号

关于发布行业标准《风景名胜区分类标准》的公告

现批准《风景名胜区分类标准》为行业标准，编号为 CJJ/T 121 - 2008，自 2008 年 12 月 1 日起实施。

本标准由我部标准定额研究所组织中国建筑工业出版社出版发行。

中华人民共和国住房和城乡建设部

2008 年 8 月 11 日

前　言

根据建设部《关于印发〈二〇〇二～二〇〇三年度工程建设城建、建工行业标准制订、修订计划〉的通知》（建标［2003］104 号）的要求，标准编制组经广泛调查研究，认真总结实践经验，参考有关国际标准和国外先进标准，并在广泛征求意见的基础上，编制了本标准。

本标准的主要技术内容是：1. 总则；2. 风景名胜区分类。

本标准由住房和城乡建设部负责管理，由城市建设研究院（地址：北京市朝阳区惠新里 3 号，邮政编码：100029）负责具体技术内容的解释。

本标准主编单位：城市建设研究院

本标准参编单位：中国城市规划设计研究院
中国风景名胜区协会
四川省城市规划设计院
北京林业大学园林学院
中国农业大学园林系
云南省建设厅城建处

本标准主要起草人员：李金路　王磐岩　贾建中　唐进群　周　雄　韩　笑　林　鹰　陈　涛　孟祥彬　李素英　颜　林

目　次

1　总则 ………………………………… 2—27—4
2　风景名胜区分类 ………………………… 2—27—4
本标准用词说明 ………………………… 2—27—4
附：条文说明 …………………………… 2—27—5

1 总　　则

1.0.1 为明确我国风景名胜区的类别，对不同类别的风景名胜区实行科学保护、有效利用，制定本标准。

1.0.2 本标准适用于风景名胜区的分类。

1.0.3 风景名胜区分类除执行本标准外，尚应符合国家现行有关标准的规定。

2 风景名胜区分类

2.0.1 风景名胜区按照其主要特征可分为14类。

2.0.2 风景名胜区类别代码应采用“SHA”和阿拉伯数字表示。

2.0.3 风景名胜区分类应符合表2.0.3的规定。

表 2.0.3 风景名胜区分类

类别代码	类别名称		类别特征
	中文名称	英文名称	
SHA1	历史圣地类	Sacred Places	指中华文明始祖遗存集中或重要活动，以及与中华文明形成和发展关系密切的风景名胜区。不包括一般的名人或宗教胜迹
SHA2	山岳类	Mountains	以山岳地貌为主要特征的风景名胜区。此类风景名胜区具有较高生态价值和观赏价值。包括一般的人文胜迹
SHA3	岩洞类	Caves	以岩石洞穴为主要特征的风景名胜区。包括溶蚀、侵蚀、塌陷等成因形成的岩石洞穴
SHA4	江河类	Rivers	以天然及人工河流为主要特征的风景名胜区。包括季节性河流、峡谷和运河
SHA5	湖泊类	Lakes	以宽阔水面为主要特征的风景名胜区。包括天然或人工形成的水体
SHA6	海滨海岛类	Seashores and Islands	以海滨地貌为主要特征的风景名胜区。包括海滨基岩、岬角、沙滩、滩涂、潟湖和海岛岩礁等
SHA7	特殊地貌类	Specified Landforms	以典型、特殊地貌为主要特征的风景名胜区。包括火山熔岩、热田汽泉、沙漠碛滩、蚀余景观、地质珍迹、草原、戈壁等
SHA8	城市风景类	Urban Landscape	指位于城市边缘，兼有城市公园绿地日常休闲、娱乐功能的风景名胜区。其部分区域可能属于城市建设用地
SHA9	生物景观类	Bio-landscape	以特色生物景观为主要特征的风景名胜区
SHA10	壁画石窟类	Grottos and Murals	以古代石窟造像、壁画、岩画为主要特征的风景名胜区
SHA11	纪念地类	Memorial Places	以名人故居，军事遗址、遗迹为主要特征的风景名胜区。包括其历史特征、设施遗存和环境
SHA12	陵寝类	Emperor and Notable Tombs	以帝王、名人陵寝为主要内容的风景名胜区。包括陵区的地上、地下文物和文化遗存，以及陵区的环境
SHA13	民俗风情类	Folkways	以特色传统民居、民俗风情和特色物产为主要特征的风景名胜区
SHA14	其他类	Others	未包括在上述类别中的风景名胜区

本标准用词说明

1 为便于在执行本标准条文时区别对待，对要求严格程度不同的用词说明如下：

1）表示很严格，非这样做不可的：
正面词采用“必须”，反面词采用“严禁”；

2）表示严格，在正常情况下均应这样做的：
正面词采用“应”，反面词采用“不应”或“不得”；

3）表示允许稍有选择，在条件许可时首先应这样做的：
正面词采用“宜”，反面词采用“不宜”；
表示有选择，在一定条件下可以这样做的，采用“可”。

2 条文中指明应按其他有关标准、规范执行时，写法为“应符合……的规定”或“应按……执行”。

中华人民共和国行业标准

风景名胜区分类标准

CJJ/T 121—2008

条 文 说 明

目　次

1　总则 ………………………………………… 2—27—7
2　风景名胜区分类 ……………………… 2—27—7

1 总 则

1.0.1 分类标准编制的目的

有利于依据我国风景名胜区的类别特征，采取相应的分类保护措施，制定相应的规划、设计、建设、管理、监测、保护和统计等工作标准。确定不同的管理目标和管理手段，科学地制定游人容量，合理安排旅游活动和服务设施。

2 风景名胜区分类

2.0.1 类别的确定

风景名胜区一般分为自然类、人文类和自然与人文综合类三大类别。为了便于操作，本标准直接进行更细的分类。类别不分为大类、小类，而一并分为14个类别。

1 有利于风景名胜区中不同类别景区的分类管理。

我国的有些风景名胜区是将不同类别的景区经“捆绑”后申报的，因此各个景区往往就是不同类别的小型风景名胜区，存在着“同一地域，多种类别”的情况，即一个风景名胜区可能由几种类别的景区组成。如三江并流风景名胜区中包含“山岳”、“江河”、“民俗风情”等类别，因此，不同类别的景区可以参照风景名胜区的不同类别进行管理。同样，有些风景名胜区也可以分属于两个不同类别，如八达岭——十三陵风景名胜区可以分属于“纪念地类”和“陵寝类”。不同的景区可以参照相应的风景名胜区类别进行管理。

2 按照各个风景名胜区的主要特征进行分类。

1）我国风景名胜区与国际上国家公园的相似之处主要在于山岳江湖的自然景观、地质地貌的科学价值和自然环境的生态意义等几个方面。我国的风景名胜区地理分布特征明显，很多分布在沿海、沿河湖水系，以及山与海、山与平原的交界处，所以山岳类别、河流类别、湖泊类别、海滨类别非常突出。

2）我国风景名胜区与国际上国家公园的不同之处在于其承载了中华文明起源、发展的足迹和社会文明变迁的大量信息，风景名胜区的历史文化内涵独特而深厚。

3 保留我国风景名胜区自身特色。

保留我国风景名胜区自然多样、历史悠久、人文独特、景观丰富的特点，同时考虑与国际上不同类别的国家公园在分类管理上的交流。类别的确定充分考虑到我国现有的187处国家级风景名胜区中人文因素较重、历史文化内涵丰富、“名胜”比例较大的特点，同时，结合国际上国家公园以地貌和景观特征为主要线索的分类，将我国的风景名胜区分为14个类别。其中的第1类、第10类、第11类、第12类和第13类，以我国风景名胜区的人文特点为主；第2类、第3类、第4类、第5类、第6类、第7类、第8类和第9类以地貌、生物和景观特征为主。

不考虑分级的因素，以各个风景名胜区的主要特征作为分类的依据。因为在我国目前的风景名胜区中，同一地域范围内也可能具有多重特征。比如，嵩山风景名胜区的历史人文特征、风景美学特征、地质特征和山地生态特征并存，但按照其历史人文较其他特征更具突出的特征，我们把嵩山归类于“历史圣地类”风景名胜区。

为了便于国际交流，本分类标准参考了国家公园历史比较长、分类比较成型的美国国家公园体系分类和世界自然保护联盟（IUCN）对保护地的分类，同时，结合我国国情和现状，奠定我国风景名胜区体系的基础。相对世界自然保护联盟的分类而言，本分类标准更多地参照较为重视管理的美国国家公园体系分类。

4 目前的分类不宜过细。

如果各地在分类工作中遇到本分类标准中没有提到的新类别，可以归纳到“其他类”中，在相关的类别比较成熟后，可以对本分类标准进行补充和扩展。

2.0.2 关于英文名称和类别代码

风景名胜区类别代码采用风景名胜区英文名称——Scenic and Historic Areas 的词头大写字母“SHA”和阿拉伯数字表示。如“SHA 1”表示第1类“历史圣地类”，依次类推。

与国际上国家公园对应紧密的风景名胜区尽量采用相应的英文名称；我国特色类别的风景名胜区的名称由于很难找到确切对应的英文词汇，故在保持原有含义的前提下，尽量采用意译的方式。

2.0.3 各类别的解释

表2.0.3已就各类风景名胜区的中、英文名称，类别特征作了简明的规定，以下按顺序说明。

1 历史圣地类

1）关于“历史圣地类”名称的说明

此类别风景名胜区可供选择的类似名称有：神圣之地、圣洁之地、名胜之地、祭祀祭祖之地、拜谒之地、崇敬之地、文化祖庭、封禅之地。用“历史圣地”作为这一类别名称适合表达该地域在中华民族文明历史的发生、发展进程中所承载的独特价值。

2）关于“历史圣地类”风景名胜区的说明

①“三山五岳”中的“五岳”，帝王封禅祭祀的地方。如泰山风景名胜区、恒山风景名胜区。

②“三皇五帝”中华文明始祖故里或活动区域。如黄帝陵风景名胜区、宝鸡天台山风景名胜区（炎帝

故里）、湖南炎帝陵风景名胜区。

③ 圣贤学说的祖庭，儒、释、道三学文化集中的区域，如四大佛教名山、四大道教名山、孔子活动的遗迹、峨眉山风景名胜区、青城山风景名胜区。一般的宗教区域不属于此类。

④“历史圣地类”大多历史悠久，在中华文明的形成中有着历史纪念地的作用，虽然以后还可以增加数量，但是这类风景名胜区的总量有限。这些地区是中华文明独特的发生、发展的区域，或具备全民共同祭奠、纪念的内涵。如海内外炎黄子孙公祭黄帝等大典活动，都是在这类地区开展的，它们也是中华文化的重要载体。单列出“历史圣地类”可以突出我国风景名胜区与中华文明的独特关系，有利于全中华民族对世界上唯一承传不断的古老文明的认同，也容易与国际上的“国家公园”相区别。如泰山风景名胜区、黄帝陵风景名胜区、峨眉山风景名胜区。而其他风景名胜区不论其风景有多么的秀美，是否是世界遗产，对后来的区域文化有什么样的影响，都还不足以列入此类，如黄山风景名胜区。

⑤ 一旦按照风景名胜区的主要特征列到“历史圣地类”，则不再归并到其他次要特征的类别中。比如，黄帝陵、泰山、普陀山风景名胜区列入“历史圣地类”，则分别不再列入“陵寝类”、“山岳类”和“海滨海岛类”。

2　山岳类

1）关于“山岳类”名称的说明

山岳是一种地貌，在地质学中包括由各类岩石、黄土，以及沙积等构成的类别；按海拔分为高山、中山、低山及丘陵。丰富的地貌是构成丰富景观资源的载体。

2）关于“山岳类”风景名胜区的说明

① 我国是一个多山的国家，山区和丘陵占国土面积的2/3，山岳景观数量多而且类别全，我国也是世界上最早把山岳作为风景资源来利用的国家。因此，山岳类别在数量上居于我国风景名胜区的首位。如庐山风景名胜区。

② 可供选择的名称有“山地类”，虽与英文和国外相关名称相近，但缺乏我国特色。我国传统意义上称“高大的山”为“岳”或“山岳”，“岳”字本身体现了我国文字的文化属性，这与我国大多数风景名胜区具有较高文化属性的特质是相一致的。故用“山岳类”对应国际上的“Mountains”较合适，与“江河类”、“湖泊类”也比较对应。

③ 历史上，山岳的形象在我国先民的心中占有特殊的地位，有些还成为历代传统文化信仰的历史圣地。为区别山岳中此类“历史圣地”风景名胜区，“山岳类”风景名胜区应强调和突出它的自然属性，包括地质、地貌、动植物等的生态价值和美学价值。

3　岩洞类

1）关于“岩洞类”名称和洞穴风景的说明

岩洞风景是指岩石洞腔内的景观现象，是具有特别吸引力的地貌景观。我国的岩洞风景以岩溶洞穴景观最为丰富，风景价值最为独特，其特有的洞体构成与洞腔空间、景石现象、水景、光景和气象、生物景象和人文风景，都具有很高的风景价值，在世界上享有盛誉。

2）关于“岩洞类”风景名胜区的说明

我国岩溶洞穴为主的风景名胜区多以独立洞或群洞构成。如龙宫风景名胜区、织金洞风景名胜区。

4　江河类

1）关于“江河类”名称的说明

可供选择的名称有“河流类”。指陆地表面经常或间歇有水流动的线形天然和人工水道的总称。较大的称江、河、川、水，较小的称溪、涧、沟、渠等。

2）关于“江河类”风景名胜区的说明

① 江河一般由河源、河口和河段组成。本类别风景名胜区特指以经常有水流动的天然或人工水道为主体，且具有较高生态价值和人文美学价值的风景名胜区。如漓江风景名胜区、楠溪江风景名胜区。

② 涉及河流河源的如泉水、湖泊、沼泽和冰川的风景名胜区，或涉及河流河口的如湖泊、沼泽风景名胜区，或间歇有水流动的线形天然水道，或河流流进干旱沙漠区的风景名胜区，不纳入此类风景名胜区。

5　湖泊类

1）关于“湖泊类”名称的说明

按《辞海》解释，湖泊指湖盆的积水部分。体积大小不一。按湖盆成因，分为构造湖、火口湖、冰川湖、堰塞湖、岩溶湖（喀斯特湖）、潟湖、人工湖等。湖泊所展示的水面，具有宽阔的显著特征，也是区别于河流的特点。

2）关于“湖泊类”风景名胜区的说明

① 由于湖盆成因的不同，湖泊类风景名胜区具有较大的规模和景观差异。除水面作为主体之外，也要具有优美的风景。如滇池风景名胜区。

② 此类别包括因筑坝而形成人造湖泊的风景名胜区。如红枫湖风景名胜区。

6　海滨海岛类

1）关于“海滨海岛类”名称的说明

海滨风景资源应具有海岸的基本景观风貌特点。大陆海岸景观大致包括基岩海岸，海滨沙滩、石滩，海滨滩涂、泽地等。这些不同的海岸地貌因分布形式不同可组成岬角、海湾、海峡、连岛沙堤、沙坝潟湖、海岛、群岛、岩礁、礁林、礁盘等。因基岩海岸的成岩特性和海蚀作用，可形成海蚀崖、海蚀台、海蚀洞和各类珊瑚岛礁等。

2）关于“海滨海岛类”风景名胜区的说明

海滨海岛类的风景名胜区是指海滨风景资源占据了其风景资源主体的风景名胜区。这些风景名胜区的范围应沿海岸呈带状、环半岛状或呈列岛状划分，如三亚热带海滨风景名胜区、胶东半岛海滨风景名胜区、嵊泗列岛风景名胜区。我国有些风景名胜区虽然分布在海岸上，亦包括一定的海滨风景资源，但其不具有风景资源的主体地位。对于这些类别的风景名胜区不列入此类，如青岛崂山风景名胜区、普陀山风景名胜区。

7 特殊地貌类

1）关于“特殊地貌类”名称的说明

多指火山熔岩、热田汽泉、沙漠碛滩、蚀余景观、地质珍迹、草原、戈壁等。

2）关于“特殊地貌类”风景名胜区的说明

这类风景资源主要包括火山熔岩特点的地貌如火山口、火山峰、熔岩流、熔岩原等；地热景观特点明显的热海、热田、热池、汽泉等；沙漠地貌景观突出的沙山、沙丘、沙窝、沙湖、沙生植物等；蚀余景观突出的石林、土林、化石林、雅丹地貌、丹霞地貌等；地质珍贵遗迹如典型地质构造地层剖面、生物化石、冰川碛滩等。

这类风景名胜区是指特殊地貌类别的风景资源占主体，而且特点明显，如路南石林风景名胜区、五大连池风景名胜区。

8 城市风景类

1）关于“城市风景类”名称的说明

这类风景名胜区由于其处于城市或靠近城区边缘的位置，或由于城市的逐渐扩张而将风景名胜区包含在城市内部，使之成为城市中的风景名胜区。在定名时我们采用的是《中国大百科全书·建筑 园林 城市规划》的定义及内涵。

2）关于“城市风景类”风景名胜区的说明

这类风景名胜区与城市建设用地有交叉现象，由于其全部或部分区域位于城市建设用地范围内，从而具备一部分城市公园绿地日常休闲、娱乐的功能。这类风景名胜区往往通过一定程度的人工建设，取得人工环境与自然风景的有机协调，从而在建设管理中具有一定的特殊性。如杭州西湖、扬州瘦西湖、避暑山庄外八庙等风景名胜区。

9 生物景观类

1）关于“生物景观类”名称的说明

生物多样性是风景名胜区的重要特征之一，动物、植物、微生物都是风景名胜区中生态系统的一部分。特色生物景观、生态系统、濒危物种、古树名木等都可以构成风景名胜区的主要或局部的资源特征，对这类资源的保护和利用必须依据其生态学和生物学特点。将“生物”特点落实到“景观”上，文字比较简练易懂。

2）关于“生物景观类”风景名胜区的说明

“生物景观类”风景名胜区以独特的生态系统或物种为主要风景资源，并形成某种独特的生物景观。如云南省西双版纳风景名胜区的热带、亚热带雨林，四川省蜀南竹海风景名胜区的楠竹林。

10 壁画石窟类

1）关于“壁画石窟类”名称的说明

石窟、壁画指古代石窟造像、古代壁画、远古岩画等作品。

2）关于“壁画石窟类”风景名胜区的说明

我国石窟风景多起源于北魏之际，随佛教的东传而来。在历史的发展中，石窟寺院逐渐发展成建筑、雕刻和壁画的综合体。我国石窟在亚洲石窟艺术群中的地位十分重要，石窟和古壁画一般具有很高的历史、文化价值。石窟的历代造像、石刻、绘画、书法、装饰图案表现出的宗教、建筑、音乐、民俗、雕塑、绘画、医药、文化交流等内容，代表了我国不同历史时期的艺术风格、社会风貌和科技水平，我国三大石窟已经被列为世界遗产。如龙门风景名胜区。

11 纪念地类

1）关于“纪念地类”名称的说明

“纪念地类”包括我国历史上的重大战争和著名的局部战役的军事遗址、遗迹，历史名人活动的遗址、遗迹，特色传统民居，古代特色产品的制作场所，以及古代城市、城堡及其遗址等文化遗产集中的区域等。它们记述了我国朝代变迁、社会演进、战争思想、名人踪迹和生产发展的重要信息。用“纪念地”综合含括了上述有纪念意义的区域。

2）关于“纪念地类”风景名胜区的说明

在我国各地大量分布着军事遗址或遗存，有许多名人活动的遗迹，如湖南韶山的毛泽东故居和湖北隆中的诸葛亮故里。它们有些已经列入风景名胜区，有些已被列为文物保护单位，其主要特征比较清晰。

12 陵寝类

1）关于“陵寝类”名称的说明

从唐代开始，帝王的坟称为“陵”，百姓的坟称为“墓”。我国风景名胜区中著名的坟冢大多为帝王或领袖的陵地，故名。

2）关于“陵寝类”风景名胜区的说明

此处的“陵寝”特指帝王、皇帝和名人的陵地，如西夏王陵、十三陵、临潼骊山、钟山风景名胜区。但“三皇五帝”中“五帝”的陵地被列入“历史圣地类”，如黄帝陵风景名胜区就不属“陵寝类”风景名胜区。

13 民俗风情类

我国是多民族和居住环境类别多样性丰富的国家，很多地区还保存和流传着独特的民风民俗，并与其自然山水环境有机融合，成为具有特色的民俗风情区域，如高岭——尧里、黎平侗乡风景名胜区。此类风景名胜区具有明显的人文特征，但数量较少，又区别于前几项人文类别。

14 其他类

我国风景名胜区风景名胜资源丰富，资源类别多种多样。“其他类”指主要风景资源没有被包括在上述13个类别中的风景名胜区。如果未来其中的某种类别比较成熟，可以单独列为一种新的类别。如沙漠、草原类别。

中华人民共和国行业标准

游泳池给水排水工程技术规程

Technical specification for water supply and drainage engineering of swimming pool

CJJ 122—2008
J 821—2008

批准部门：中华人民共和国住房和城乡建设部
施行日期：2 0 0 9 年 6 月 1 日

中华人民共和国住房和城乡建设部
公　告

第138号

关于发布行业标准《游泳池给水排水工程技术规程》的公告

现批准《游泳池给水排水工程技术规程》为行业标准，编号为CJJ 122－2008，自2009年6月1日起实施。其中，第3.2.1、4.10.2、6.1.1、6.2.2、6.3.5、9.1.1、13.6.4、14.2.2条为强制性条文，必须严格执行。

本规程由我部标准定额研究所组织中国建筑工业出版社出版发行。

中华人民共和国住房和城乡建设部

2008年11月4日

前　言

根据建设部《关于印发〈2005年工程建设标准规范制订、修订计划（第一批）〉的通知》（建标［2005］84号文）的要求，编制组经过广泛调查研究，认真总结实践经验，参考有关国外先进标准，并在广泛征求意见的基础上，制定了本规程。

本规程的主要技术内容是：1. 总则；2. 术语、符号；3. 池水特性；4. 池水循环；5. 池水净化；6. 池水消毒；7. 池水加热；8. 水质监测和系统控制；9. 特殊设施；10. 洗净设施；11. 排水及回收利用；12. 池水净化设备机房；13. 施工与质量验收；14. 运行、维护和管理。

本规程以黑体字标志的条文为强制性条文，必须严格执行。

本规程由住房和城乡建设部负责管理和对强制性条文的解释，由中国建筑设计研究院负责具体技术内容的解释。

本规程主编单位：中国建筑设计研究院（北京市西城区车公庄大街19号，邮政编码100044）

本规程参编单位：中国游泳运动管理中心（中国游泳协会）
北京卓越环益泳池设备有限公司
北京恒动环境技术有限公司
浙江金泰泳池环保设备有限公司
奥麒化工有限公司
常州市普立游泳池设备有限公司
天津市西海体育设施工程设计有限公司
天津太平洋机电技术及设备有限公司
佛山市顺德区联盛泳池浴室工程有限公司
江苏恒泰泳池设备有限公司
广州大鹏康体运动设施有限公司
北京碧波水处理设备厂
上海瀚洋游泳池设备有限公司
深圳华森建筑与工程设计顾问有限公司
哈尔滨工业大学建筑设计研究院
广州博飞信诺健体设施发展有限公司
上海玮发康体休闲设备有限公司
上海鼎族桑拿泳池设备有限公司

本规程主要起草人：杨世兴　赵　锂　傅文华
周　蔚　王耀堂　赵　昕
高　峰　金　志　陈西平
刘秀岩　史　斌　周建炳
陈　雷　潘轩宇　王志向

于振海　韩亚圣　施建鹏
陈征宇　高旭华　蔡文盛
周震寰　周克晶　孔德骞

傅传斌　陈鹤寿　费颖刚
张　伟

目　次

1　总则 ………………………………… 2—28—6
2　术语、符号………………………… 2—28—6
2.1　术语………………………………… 2—28—6
2.2　符号………………………………… 2—28—8
3　池水特性…………………………… 2—28—9
3.1　原水水质…………………………… 2—28—9
3.2　池水水质…………………………… 2—28—9
3.3　池水温度…………………………… 2—28—9
3.4　充水及补水………………………… 2—28—9
4　池水循环 ………………………… 2—28—10
4.1　一般规定 ………………………… 2—28—10
4.2　游泳负荷 ………………………… 2—28—10
4.3　循环方式 ………………………… 2—28—10
4.4　循环周期 ………………………… 2—28—11
4.5　循环流量 ………………………… 2—28—11
4.6　循环水泵 ………………………… 2—28—12
4.7　循环管道 ………………………… 2—28—12
4.8　平衡水池和均衡水池 …………… 2—28—12
4.9　给水口 …………………………… 2—28—13
4.10　回水口和泄水口………………… 2—28—13
4.11　溢流回水槽和溢水槽…………… 2—28—14
4.12　补水水箱………………………… 2—28—14
5　池水净化 ………………………… 2—28—14
5.1　一般规定 ………………………… 2—28—14
5.2　净化工艺 ………………………… 2—28—15
5.3　预净化设备 ……………………… 2—28—15
5.4　石英砂过滤器 …………………… 2—28—15
5.5　硅藻土过滤器 …………………… 2—28—16
5.6　辅助过滤设备 …………………… 2—28—16
5.7　过滤器反冲洗 …………………… 2—28—16
6　池水消毒 ………………………… 2—28—17
6.1　一般规定 ………………………… 2—28—17
6.2　臭氧消毒 ………………………… 2—28—17
6.3　氯消毒 …………………………… 2—28—18
6.4　紫外线消毒 ……………………… 2—28—19
6.5　其他消毒剂 ……………………… 2—28—19
6.6　化学药品投加设备 ……………… 2—28—19
7　池水加热 ………………………… 2—28—20
7.1　一般规定 ………………………… 2—28—20
7.2　耗热量计算 ……………………… 2—28—20
7.3　加热设备 ………………………… 2—28—20
7.4　太阳能加热系统 ………………… 2—28—21
7.5　热泵加热系统 …………………… 2—28—22
8　水质监测和系统控制 …………… 2—28—22
8.1　一般规定 ………………………… 2—28—22
8.2　监测项目 ………………………… 2—28—22
8.3　监控要求 ………………………… 2—28—22
8.4　水质平衡 ………………………… 2—28—23
9　特殊设施 ………………………… 2—28—23
9.1　一般规定 ………………………… 2—28—23
9.2　跳水池制波 ……………………… 2—28—23
9.3　安全保护气浪 …………………… 2—28—24
9.4　移动分隔墙和升降池底 ………… 2—28—24
9.5　放松池和淋浴 …………………… 2—28—24
9.6　撇沫器 …………………………… 2—28—24
10　洗净设施………………………… 2—28—24
10.1　浸脚消毒池……………………… 2—28—24
10.2　强制淋浴………………………… 2—28—25
10.3　清洗水嘴………………………… 2—28—25
10.4　池底清污器……………………… 2—28—25
11　排水及回收利用 ……………… 2—28—25
11.1　一般规定………………………… 2—28—25
11.2　池岸排水………………………… 2—28—25
11.3　游泳池泄水……………………… 2—28—25
11.4　其他排水………………………… 2—28—25
12　池水净化设备机房 …………… 2—28—26
12.1　一般规定………………………… 2—28—26
12.2　循环水泵及均衡水池布置……… 2—28—26
12.3　过滤设备布置…………………… 2—28—26
12.4　加药间及药品库………………… 2—28—26
12.5　消毒设备………………………… 2—28—27
12.6　换热器…………………………… 2—28—27
12.7　控制设备………………………… 2—28—27
13　施工与质量验收………………… 2—28—27
13.1　一般规定………………………… 2—28—27
13.2　设备及配套设施安装…………… 2—28—28
13.3　管道安装………………………… 2—28—29
13.4　专用和附属配件安装…………… 2—28—30

13.5 阀门和仪表安装…………………… 2—28—30
13.6 管道检测和试验…………………… 2—28—30
13.7 设备检测和试验…………………… 2—28—31
13.8 质量验收…………………………… 2—28—31
14 运行、维护和管理 ………………… 2—28—32
14.1 一般规定…………………………… 2—28—32
14.2 水质异常处理……………………… 2—28—33
14.3 水质监测…………………………… 2—28—33
14.4 环境卫生保持……………………… 2—28—33
14.5 化学药品溶液配制………………… 2—28—34
14.6 设备维护和管理…………………… 2—28—34
附录A 施工验收技术文件的内容和格式…………………… 2—28—36
附录B 游泳池池水净化处理维护管理内容及格式 ………… 2—28—41
本规程用词说明 …………………………… 2—28—44
附：条文说明……………………………… 2—28—45

1 总 则

1.0.1 为使游泳池给水排水工程的设计、施工、验收、运行和管理符合技术先进、安全可靠、经济合理、卫生环保、节水节能等原则，制定本规程。

1.0.2 本规程适用于原水水质为淡水的新建、扩建和改建的游泳池给水排水工程设计、施工、验收、运行维护和管理。

1.0.3 游泳池给水排水工程设计应与土建、空调、电气、体育工艺、水上游乐设施等专业设计密切配合，确保设计合理，符合卫生、安全和使用等方面的规定。

1.0.4 游泳池给水排水工程设计所选用的设备、仪器仪表、化学药品、管材管件及附件等，均应符合国家现行有关产品标准的规定。

1.0.5 游泳池给水排水工程的设计、施工、验收、运行维护和管理，除执行本规程外，尚应符合国家现行有关标准的规定。

2 术语、符号

2.1 术 语

2.1.1 游泳池 swimming pool

人工建造的供人们在水中进行游泳、健身、戏水、休闲等各种活动的不同形状、不同水深的水池，是竞赛游泳池、公共游泳池、专用游泳池、私人游泳池及休闲游乐池的总称。

2.1.2 竞赛游泳池 competition swimming pool

用于竞技比赛的水池。其池子的尺寸、深度及设施均符合相应级别赛事的标准要求，并获得相应赛事体育主管部门或组织的认可。该类游泳池非竞赛期间可以向公众开放使用。

2.1.3 公共游泳池 public swimming pool

设置在社区、企业、学校、宾馆、会所、俱乐部等处的游泳池，以满足该区域、该单位人员使用，也可对社会其他公众开放使用或为业余比赛、游泳训练和教学服务。

2.1.4 热身池 warmup pool

设置在国家级（含国家级）以上竞赛用游泳池附近的、供参加游泳竞赛的运动员赛前进行适应性准备活动的水池。其池子的尺寸、深度应符合相应级别赛事的标准要求，并获得赛事组织者的认可。

2.1.5 专用游泳池 special swimming pool

供给运动员训练、专业教学、潜水员和特殊用途训练、会所等内部使用，不向社会公众开放的游泳池。该类游泳池的平面尺寸、水深及形状均根据使用要求确定。

2.1.6 私人游泳池 private swimming pool

建造在别墅、住宅内非商业用途的水池。只供私人及其客人使用，水池较小，形状多样。

2.1.7 水上游乐池 recreational pool

以戏水、休闲、娱乐为主要目的建造的安装有各种水上娱乐设施和不同形状和水深的水池。如幼儿及成人戏水池、滑道跌落池、造浪池、环流河等。

2.1.8 滑道跌落池 waterslide splashdown（entry pool）

保证人们安全地从高台通过各种类型滑道表面下滑到滑道板终端而建造的，为游乐的人们提供跌落缓冲和安全入水的水池。

2.1.9 造浪池 wave pool

人工建造的能在深端产生类似江海连续循环波浪，通过水池消散在浅滩区，供人们娱乐的水池。池子由深端按规定长度和坡度向另一端升高，直至池底与地面相平，深端端头设有造浪设施。

2.1.10 环流河 rapids lazy river

人工建造的不规则环行弯曲闭合的河道。利用设在不同水道段的水泵使水连续不断地在环行河道内产生向前的水流，通过娱乐设施使游泳者沿河道娱乐、休闲。

2.1.11 放松池 relax pool

人工制造或建造的，利用注入空气导入带有一定压力的喷射水流对跳水运动员身体不同部位进行冲击作局部肌肉放松的水池。通常设置在跳水池附近。

2.1.12 戏水池 paddling pool

具有较高趣味性和吸引力的戏水娱乐水池。

2.1.13 多用途游泳池 multiple purpose swimming pool

在同一座池内能满足游泳、水球、花样游泳、跳水竞赛和训练要求的，这些项目又不能同时进行使用的游泳池。

2.1.14 多功能游泳池 multiple function swimming pool

设有移动分隔墙、移动终点台和可升降池底，通过该设施可将游泳池调整为具有不同大小及不同水深的能同时进行多种不同功能游泳用途的游泳池。

2.1.15 滑道 waterslides

一种供人们从高处通过板槽圆筒或半圆筒等形状的滑梯滑落到滑道跌落池的娱乐设施，包括直滑道、敞开型螺旋滑道、封闭型螺旋滑道、儿童滑梯和家庭滑梯等。

2.1.16 润滑水 ride′s water（lubricating-water）

为防止游乐的人们从滑道向下滑行时因人体与滑道板面接触摩擦对人体造成伤害，而在滑道（梯）表面保持有一定厚度、且连续不断的水流。

2.1.17 循环净化水系统 circulation water treatment system

将使用过的游泳池的池水，经过管道用水泵按规定的流量从池内抽出，并依次送入过滤、加药、加热和消毒等工艺工序使池水得到澄清并达到卫生标准后，再送回游泳池重复使用的系统。

2.1.18 游泳负荷 bathing load

指任何时间内游泳池内为保证游泳者舒适、安全所允许容纳的人数。

2.1.19 池水循环方式 pool water circulation patterns

为保证游泳池的进水水流均匀分布，在池内不产生急流、涡流、死水区，且回水水流不产生短流，使池内各部位水温和消毒剂均匀一致而设计的进水与回水的水流组织方式。

2.1.20 功能性循环给水系统 sub-cycle water system

为满足水上游乐池中润滑滑道、推动水流、爬行隧道和构成各种水景（瀑布、喷泉、水帘、水伞、桶式落水、水蘑菇等）的需要，利用已净化的池水作为原水而设置的各自专用或部分组合使用的循环水管道系统。

2.1.21 顺流式循环方式 pool water series flow circulation

游泳池的全部循环水量，经设在池子端壁或侧壁水面以下的给水口送入池内，再由设在池底的回水口取回，进行处理后再送回池内继续使用的水流组织方式。

2.1.22 逆流式循环方式 pool water reverse circulation

游泳池的全部循环水量，经设在池底的给水口或给水槽送入池内，再经设在池壁外侧的溢流回水槽取回，进行处理后再送回池内继续使用的水流组织方式。

2.1.23 混合流式循环方式 pool water combined circulation

游泳池全部循环水60%～70%的水量，经设在池壁外侧的溢流回水槽取回；另外30%～40%的水量，经设在池底的回水口取回。将这两部分循环水量合并进行处理后，经池底送回池内继续使用的水流组织方式。

2.1.24 平衡水池 balancing tank

对采用顺流式循环给水系统的游泳池，为保证池水有效循环，平衡池水水面、调节水量浮动、安装水泵吸水口（阀）和间接向池内补水而设置的与游泳池水面相平的水池。

2.1.25 均衡水池 balance pool

对采用逆流式、混合流式循环给水系统的游泳池，为保证循环水泵有效工作而设置的低于池水水面的供循环水泵吸水的水池，其作用是收集池岸溢流回水槽中的循环回水，均衡水量浮动和贮存过滤器反冲洗时的用水，以及间接向池内补水。

2.1.26 补水水箱 supplement tank

为防止游泳池的池水回流污染补充水水管内的水质而设置的使补充水间接注入池内的隔断水箱。

2.1.27 给水口 inlet

安装在游泳池池壁或池底向池内送水的配件。给水口由格栅盖、流量调节装置、扩散喇叭口及连接短管组成。

2.1.28 回水口 outlet

安装在游泳池池底或池岸溢流回水槽内的设有格栅盖的专用配件。

2.1.29 泄水口 main drain

安装在游泳池池底最低处，能将池水彻底泄空的排水口。

2.1.30 溢水槽 overflow gutter

设在顺流式游泳池岸上，紧邻池壁外侧的水槽。以溢流方式收集池内表面溢水和吸收游泳、游乐时的水波溢水。槽内设有排水口，槽上设有组合式格栅盖。

2.1.31 溢流回水槽 overflow channel

设在逆流式、混合流式游泳池岸上，紧邻游泳池池壁外侧的水槽，槽的尺寸和槽内回水口的数量按游泳池的全部循环水量计算确定。

2.1.32 齐沿游泳池 deck level swimming pool

游泳池的水面与游泳池两侧或四周的周边沿相齐平的游泳池。该型游泳池能很快平息池内水面水波和排除池水表面污染。

2.1.33 高沿游泳池 free board swimming pool

水面低于池岸边沿的游泳池。

2.1.34 预净化 pre-filtration

将使用过的游泳池池水经过一个工序装置，除去池水中的固体杂质和毛发、树叶、纤维等杂物，使池水循环净化系统的循环水泵、过滤设备能够正常工作的过程。

2.1.35 过滤净化 filtration

将使用过的游泳池池水，通过过滤介质除去水中不溶解的悬浮物及胶体颗粒，使池水得到澄清，并达到洁净透明的过程。

2.1.36 循环过滤 recirculating filtration

用循环水泵将使用过的池水送入过滤器内，池水被去除污垢杂物，再经过其他处理后送回游泳池内，如此反复循环，始终保持池水清洁卫生的过程。

2.1.37 过滤介质 filtration medium

用于截流游泳池循环水中不溶解的悬浮物及胶体颗粒的多孔、比表面积大的介质。常见的如石英砂、无烟煤、硅藻土、塑料纤维等。

2.1.38 硅藻土 diatomite

以蛋白石为主要矿物组分的硅质生物沉积岩，即单细胞水生植物硅藻的遗骸沉积物质经过加工成具有多孔、比表面积大及化学稳定性好的用作过滤介质的白色粉末物质。

2.1.39 预涂膜 pre-coat film

在池水每次循环过滤开始前，将混有硅藻土的混合溶液通过过滤器内的滤元，在其表面上积聚一层厚度均匀的硅藻土薄膜的操作过程，利用该薄膜对池水进行过滤。

2.1.40 硅藻土过滤器 diatomaceous earth filters

利用预涂在滤元上的硅藻土作为过滤介质的设备。

2.1.41 滤元 filter septum

支撑硅藻土滤料的板框或骨架和滤布。

2.1.42 尾气处理系统 exhaust gas treatment system

能自动将未溶解的臭氧从池水处理系统中消除或减少到允许范围内，并能从安全区排放到大气中的脱除臭氧的装置。

2.1.43 水质平衡 water balance

为使游泳池的池水水质符合标准而向池中投加一定浓度的化学药品溶液，使池水保持既不析出沉淀结垢又不产生腐蚀性和溶解水垢的中间状态。

2.1.44 太阳能集热器效率 solar collector eff.

在稳定条件下，特定时间间隔内由传热工质从特定的集热器面积上带走的能量与同一时间间隔入射在该集热器面积上的太阳能之比。

2.1.45 混合型空气源热泵 multifunctional air source heat pumb

将游泳池池水表面的蒸发潜热回收，通过不同功能的制热机工作，使其转移到池水和空气中，弥补池水和空气中的热损失，同时实现空气调节和除湿功能的设备。

2.1.46 安全保护气浪 instant safety cushion

为消除初学跳水运动员的畏惧心态和防止跳水人员动作失误碰伤而在跳水池池底设置的空气喷射装置，它使池水表面产生均匀的泡沫空气浪，亦称安全气垫。

2.1.47 浸脚消毒池 foot baths basin for disinfection

在进入游泳池的通道上，设置的含有一定浓度消毒液的池子，以强制每一个游泳者和游乐者对其脚部进行消毒。

2.1.48 强制淋浴 pre-swim showers

为使每一游泳者和游乐者在进入游泳池之前的通道上强制对身体进行清洗，以减少对池水的污染而设置的淋浴装置。

2.1.49 全流量处理 full-flow treatment

游泳池的全部循环流量都经过游泳池池水处理系统中的臭氧消毒处理和加热工序后再返回系统的过程。

2.1.50 分流量处理 sidestream treatment

从经过过滤设备过滤后的循环流量中分流出一部分循环流量，经过游泳池池水处理系统中的臭氧消毒和加热工序处理后与另一部分未经该工序处理的循环水量混合，再返回系统的过程。

2.1.51 全程式臭氧消毒 whole-process ozone disinfection

臭氧投加到游泳池池水处理系统后，不经过多余臭氧吸附工序，允许微量臭氧进入游泳池参与全部水循环过程的臭氧消毒方式。

2.1.52 半程式臭氧消毒 part-process ozone disinfection

臭氧投加到游泳池池水处理系统后，在进入游泳池之前应经过多余臭氧吸附工序脱除残留在水中的臭氧，不允许臭氧进入游泳池继续参与水循环过程的臭氧消毒方式。

2.1.53 冲击处理 shock treatment

当游泳池遭到重大污染或需要加强维护时，采用超高量的水处理药剂对池水进行处理的做法。一般采用10mg/L的氯消毒剂。

2.1.54 管道集成 piping components

由管道、阀门、特殊连接件、配件、设备、附件组成，并用以输送、分配、混合、计量、排放、控制或制止池水流动的装配总成。

2.1.55 辅助设备 assistant equipment

与游泳池池水循环净化设备相配套的设备。如絮凝剂、pH调节剂、除藻剂等投加系统的计量泵及溶液桶。

2.2 符 号

2.2.1 流量、流速

C——臭氧投加量（mg/L）；

q_c——游泳池的循环水流量（m^3/h）；

V_a——游泳者入池后所排出的水量（m^3）；

V_f——单个最大过滤器反冲洗所需的水量（m^3）；

V_c——充满循环系统管道和设备所需的水量（m^3）；

V_s——池水循环系统运行所需水量（m^3）；

q_r——通过水加热设备的循环水量（m^3/h）；

V_b——游泳池新鲜水的补充量（L/d）；

v_w——游泳池池水表面上的风速（m/s）。

2.2.2 压力

B——标准大气压力（Pa）；

B'——当地的大气压力（Pa）；

p_b——与游泳池池水温度相等时的饱和空气的水蒸气分压力（Pa）；

p_q——游泳池的环境空气的水蒸气分压力（Pa）。

2.2.3 热量、温度、时间、比热及密度

Q_s——游泳池池水表面蒸发损失的热量（kJ/

h)；

Q_b——游泳池补充新鲜水加热所需的热量（kJ/h)；

Q_t——游泳池的水面、池底、池壁、管道和设备传导损失的热量（kJ/h)；

T_d——游泳池的池水设计温度（℃）；

T_f——游泳池补充新鲜水的温度（℃）；

ΔT_h——加热设备进水管口与出水管口的水温差（℃）；

T_p——游泳池的池水循环周期（h）；

t_h——加热时间（h）；

t——臭氧与水接触和反应所需要的时间（min)；

c——水的比热［kJ/(℃·kg)］；

ρ——水的密度（kg/L）；

γ——与游泳池池水温度相等的饱和蒸汽的蒸发汽化潜热（kJ/kg）。

2.2.4 几何特征

A_s——游泳池的水表面面积（m^2）；

h_s——游泳池溢流回水时的溢流水层厚度（m)；

V_p——游泳池的池水容积（m^3）；

V_j——均衡水池的有效容积（m^3）。

2.2.5 计算系数

α_p——游泳池管道和设备的水容积附加系数；

β——压力换算系数。

3 池水特性

3.1 原水水质

3.1.1 游泳池的初次充水、重新换水和正常使用过程中的补充水应采用城市给水管网的水。

3.1.2 当采用地下水（含地热水）、泉水或河水、水库水作为游泳池的初次充水、重新换水和正常使用过程中的补充水，且达不到现行国家标准《生活饮用水水质标准》GB 5749 的要求时，应进行净化处理以达到该标准的要求。

3.2 池水水质

3.2.1 池水的水质应符合国家现行行业标准《游泳池水质标准》CJ 244 的规定。

3.2.2 举办重要国际竞赛和有特殊要求的游泳池池水水质，应符合国际游泳联合会（FINA）的相关要求。

3.3 池水温度

3.3.1 室内游泳池的池水温度，应根据池子的用途和类型，按表 3.3.1 选用。

表 3.3.1 游泳池的池水设计温度

游泳池的用途及类型		池水设计温度（℃）	备　注
竞赛类	竞赛游泳池	25～27	
	花样游泳池		
	水球池		
	跳水池	27～28	
专用类	教学池	25～27	
	训练池		
	热身池		
	冷水池	≤16	室内冬泳池
	社团池	27～28	
公共游泳池	成人池	27～28	
	儿童池	28～29	
	残疾人池	29～30	
水上游乐池	成人戏水池	27～28	
	幼儿戏水池	29～30	
	造浪池	27～28	
	环流河		
	滑道跌落池		
	放松池	36～38	与跳水池配套
多用途池		25～28	
多功能池		25～28	

3.3.2 露天游泳池的池水设计温度，宜符合表 3.3.2 的规定。

表 3.3.2 露天游泳池的池水设计温度

类　　型	池水设计温度（℃）
有加热装置	26～28
无加热装置	≥23

3.4 充水及补水

3.4.1 游泳池初次充满水所需要的时间应符合下列规定：

1 竞赛和专用类游泳池不宜超过 48h；

2 休闲用游泳池不宜超过 72h。

3.4.2 游泳池运行过程中每日需要补充的水量，应根据池水的表面蒸发、池子排污、游泳者带出池外和过滤设备反冲洗（如用池水冲洗时）等所损耗的水量确定；当资料不完备时，可按表 3.4.2 确定。

3.4.3 游泳池初次充水和使用过程中补水可采用通过平衡水池、均衡水池及补水水箱间接地向池内充水或补水。

表 3.4.2 游泳池每日的补充水量

游泳池类型	游泳池环境	补充水量（占游泳池水容积的百分数）（%）
竞赛类游泳池 专用类游泳池	室内	3～5
	室外	5～10
公共类游泳池 休闲类游泳池	室内	5～10
	室外	10～15
儿童游泳池 幼儿戏水池	室内	不小于 15
	室外	不小于 20
私人游泳池	室内	3
	室外	5
放松池	室内	3～5

3.4.4 当通过池壁管口直接向游泳池充水时，充水管道上应采取防回流污染措施。

3.4.5 游泳池的充水管和补水管的管道上应分别设置独立的水量计量仪表。

4 池 水 循 环

4.1 一 般 规 定

4.1.1 游泳池应设置循环净化水系统。

4.1.2 池水的循环应保证被净化过的水能均匀到达游泳池的各个部位；应保证池水能均匀、有效排除，并回到池水净化处理系统进行处理。

4.1.3 不同使用要求的游泳池应分别设置各自独立的池水循环净化过滤系统。对符合本规程第 4.1.4 条规定的水上游乐池，多座水上游乐池可共用一套池水循环净化过滤系统。

4.1.4 水上游乐池采用多座互不连通的池子共用一套池水循环净化系统时，应符合下列规定：

1 净化后的池水应经过分水器分别接至不同用途的游乐池；

2 应有确保每个池子的循环水流量、水温的措施。

4.1.5 水上游乐设施功能性循环给水系统的设置，应符合下列规定：

1 滑道润滑水和环流河的水推流系统应采用独立的循环给水系统；

2 瀑布和喷泉宜采用独立的循环给水系统；

3 根据数量、水量、水压和分布地点等因素，一般水景宜组合成若干组循环给水系统。

4.1.6 儿童戏水池设置的水滑梯的润滑水供应，应符合下列规定：

1 儿童戏水池补充水利用城市自来水直接供应时，供水管应设倒流防止器；

2 从池水循环水净化系统单独接出管道供水时，供水管应设控制阀门；

3 润滑水供水量和供水管径可根据供应商产品要求确定，但设计时应进行核算。

4.2 游 泳 负 荷

4.2.1 游泳池的设计游泳负荷应按表 4.2.1 计算确定。

表 4.2.1 每位游泳者最小游泳水面面积定额

游泳池水深（m）	＜1.0	1.0～1.5	1.5～2.0	＞2.0
人均游泳面积（m^2/人）	2.0	2.5	3.5	4.0

注：本表数据不适用于跳水池、水上游乐池。

4.2.2 水上游乐池的设计游泳负荷应按表 4.2.2 计算确定。

表 4.2.2 休闲游乐池人均最小水面面积定额

水上游乐池类型	造浪池	环流河	休闲池	按摩池	滑道跌落池
人均游泳面积（m^2/人）	4.0	4.0	3.0	2.5	按滑道高度、坡度计算确定

4.3 循 环 方 式

4.3.1 池水循环的水流组织应符合下列规定：

1 净化后的水与池内待净化的水，应能有序更新、交换和混合；

2 给水口与回水口的布置，应使被净化后的水流在不同水深区内分布均匀，不得出现短流、涡流和死水区；

3 应使游泳池的表面水得到有效溢流至溢水槽或溢流回水槽；

4 应设有应对突发事件快速通畅的泄水口；

5 应满足循环水泵自灌式吸水；

6 应有利于保持环境卫生；

7 应有利于管道、附件及设备的施工安装、维修管理。

4.3.2 池水循环方式应根据下列原则确定：

1 竞赛和训练用游泳池、团体专用游泳池，应采用逆流式或混合流式的池水循环方式；

2 公共游泳池宜采用逆流式或混合流式的池水循环方式；

3 露天游泳池及季节性组装游泳池，宜采用顺流式池水循环方式；

4 水上游乐池宜采用混合流式或顺流式的池水循环方式。

4.3.3 混合流式池水循环应符合下列规定：

1 从池表面溢流的回水量不得小于循环水量的 60%；

2 从池底回水口回流的回水管上应设置流量控制装置。

4.3.4 池水循环宜按连续 24h 循环进行设计。

4.3.5 造浪池的池水循环应符合下列规定：

1 应采用逆流式池水循环方式；

2 池子浅水端应设置带格栅填有砂石的排水回水沟；水面低于池岸的水域应在池岸设置撇沫器；

3 造浪机房制浪水池应采取防止池水回流淹没机房的措施。

4.3.6 滑道跌落池的池水循环应符合下列规定：

1 滑道跌落池宜采用高沿游泳池，池水宜采用顺流式池水循环方式；

2 滑道润滑水水源应采用滑道跌落池池水；

3 滑道润滑水量和滑道跌落水池的规格尺寸、水深、容积参数应由水上娱乐设施专业公司提供。

4.3.7 环流河的池水循环应符合下列规定：

1 环流河应采用高沿游泳池，池水应采用顺流式池水循环方式；

2 环流河的水流速度不应大于 1.0m/s；

3 环流河应根据河流形状设置若干座推流水泵站；

4 推流水泵在河道底吸水口的流速不得大于 0.5m/s，在河道侧壁的出水口流速宜大于 3.0m/s；

5 吸水口和出水口应设置格栅；出水口位置应远离上、下河道的扶梯；

6 推流水泵宜设在河道侧壁的地下，且泵房应设置配电、照明、通风和排水设施。

4.3.8 放松池的功能性循环应符合下列规定：

1 应采用高沿水池；

2 宜采用气-水分流循环系统；

3 供水系统应采用环状管道，且水流速度不得大于 3.0m/s；回水管道水流速度不得大于 1.8m/s；

4 供气管道应高于池内水表面 0.45m，且送入池内的空气应清洁、卫生。

4.4 循环周期

4.4.1 根据游泳池类型、用途、游泳负荷、池水容积、消毒剂种类、池水净化设备效率及运行时间等因素，池水循环净化周期应按表 4.4.1 的规定采用。

表 4.4.1 游泳池池水循环净化周期

游泳池分类		池水深度(m)	循环次数(次/d)	循环周期(h)
竞赛类	竞赛游泳池	2.0	6～4.5	4～5
	花样游泳池	3.0	4～3	6～8
	水球池	1.8～2.0	6～4	4～6
	跳水池	5.5～6.0	3～2.4	8～10
专用类	教学池	1.4～2.0	6～4	4～6
	训练池			
	热身池	1.35～1.60		
	残疾人池			
	冷水池	1.8～2.0	6～4.5	4～6
公共游泳池	社团池	1.35～1.60	6～4	4～6
	成人游泳池	1.35～2.00	6～4.5	4～6
	大学校池			
	成人初学池	1.2～1.6	6～4	4～6
	中学校池			
	儿童池	0.6～1.0	24～12	1～2
水上游乐池	成人戏水池	1.0～1.2	6	4
	幼儿戏水池	0.3～0.4	＞24	＜1
	造浪池	2.0～0	12	2
	环流河	0.9～1.0	12～6	2～4
	滑道跌落池	1.0	4	6
	放松池	0.9～1.0	80～48	0.3～0.5
多用途池		2.0～3.0	6～4.5	4～5
多功能池		2.0～3.0	6～4.5	4～5
私人游泳池		1.2～1.4	4～3	6～8

注：池水的循环次数可按每日使用时间与循环周期的比值确定。

4.4.2 多用途游泳池和多功能游泳池宜按最小水深确定池水循环周期。

4.4.3 同一游泳池有两种使用水深时，其深水区与浅水区应分别按本规程表 4.4.1 中相应水深规定的循环周期分别计算其循环次数。

4.5 循环流量

4.5.1 池水净化循环系统的循环水流量，应按下式计算：

$$q_c = \frac{V_p \times \alpha_p}{T_p} \qquad (4.5.1)$$

式中 q_c——游泳池的循环水流量（m^3/h）；

V_p——游泳池的池水容积（m^3）；

α_p——游泳池管道和设备的水容积附加系数，$\alpha_p = 1.05 \sim 1.10$；

T_p——游泳池的池水循环周期（h），按本规程第 4.4.1 条的规定选用。

4.5.2 滑道设有滑水延伸水道而不设滑道跌落池延伸水道的水净化系统循环水流量应按每条滑道不小于 $30m^3/h$ 计算确定。

4.5.3 滑道润滑水流量应根据滑道形式和数量确定，并应由滑道专业设计公司提供。

4.5.4 水上游乐池内设置的水景（瀑布、涌泉、水帘、喷泉等）所需要的功能循环给水流量，应按设置数量和产品参数计算确定。

4.6 循 环 水 泵

4.6.1 池水循环净化系统循环水泵的选择应符合下列规定：

1 水泵的额定流量不得小于按本规程第4.5.1条计算出的保证游泳池循环周期的流量；

2 水泵的扬程不得小于送水几何高度和循环系统设备、管道阻力及流出水头之和；

3 水泵应为耐腐蚀、低噪声、节能、低转速离心水泵；

4 不同用途游泳池的循环水泵应分别设置；

5 水泵扬程宜以计算扬程乘以1.10的保证系数作为选泵扬程；

6 宜设置备用水泵。

4.6.2 过滤器反冲洗水泵，宜采用循环水泵的工作水泵与备用水泵并联的工况设计，并应按反冲洗所需的流量和扬程校核、调整循环水泵的工况参数。

4.6.3 功能循环给水系统的循环水泵，宜按不少于2台水泵并联运行设计，可不设置备用水泵。

4.6.4 滑道润滑水循环水泵必须设置备用水泵。

4.6.5 循环水泵装置的设计应符合下列规定：

1 应设计成自灌式，且每台水泵宜设独立的吸水管；

2 宜置于靠近平衡水池、均衡水池或顺流式循环方式的游泳池回水口处；

3 水泵吸水管内的水流速度宜采用1.0～1.2m/s；水泵出水管内的水流速度宜采用1.5～2.0m/s；

4 每台水泵的吸水管上应装设可挠曲橡胶接头、阀门、毛发聚集器和压力真空表；其出水管上应装设可挠曲橡胶接头、止回阀、阀门和压力表；

5 水泵泵组和管道应采取减振和降低噪声的措施。

4.7 循 环 管 道

4.7.1 循环水泵管道内的水流速度宜按下列规定选定：

1 循环给水管道内的水流速度不宜超过2.0m/s；

2 循环回水管道内的水流速度宜采用0.7～1.0m/s。

4.7.2 循环水管的敷设应符合下列规定：

1 循环水干管应沿游泳池周边的管廊或管沟内敷设；

2 循环水干管沿游泳池周边埋设时，应采取措施防止管道受重压和不均匀沉降造成损坏；当为金属管道时，还应采取防腐措施；

3 管廊或管沟应设置有人孔、吊装孔、排水装置、通风换气装置及维修照明装置。

4.7.3 池底给水口配水管敷设在池底板下面时，池底板与建筑地面间应有保证管道安装、检修的空间；如配水管埋设在池底板垫层内或管槽内时，应有保证管道不被损坏和移位的保护措施。

4.7.4 逆流式池水循环系统的池岸溢流回水槽的回水管，宜采用等流程或分路回水管分别接入均衡水池，并应符合下列规定：

1 回水管管径应经计算确定；

2 回水管应有不小于0.5%的坡度坡向均衡水池；

3 回水管管底应高出均衡水池最高水位300mm以上。

4.7.5 循环水管道材质的选用应符合下列规定：

1 可采用丙烯腈-丁二烯-苯乙烯共聚管（ABS）、氯化聚氯乙烯管（CPVC）、硬聚氯乙烯管（UPVC）等给水塑料管；

2 有特殊要求时，可选用铜管或不锈钢管；

3 管道公称压力不宜小于1.0MPa。

4.8 平衡水池和均衡水池

4.8.1 在下列情况下，宜设置平衡水池：

1 顺流式和混合式的池水循环系统中，循环水泵从池底直接吸水，吸水管过长影响水泵吸水高度时；

2 多个游乐池共用一组循环水泵，致使循环水泵无条件设计成自灌式时。

4.8.2 平衡水池的有效容积应按下式计算：

$$V_p = V_f + 0.08q_c \quad (4.8.2)$$

式中 V_p——平衡水池的有效容积（m^3）；

V_f——单个最大过滤器反冲洗所需水量（m^3）；

q_c——游泳池的循环水量（m^3/h）。

4.8.3 平衡水池的构造应符合下列规定：

1 平衡水池的最高水面与游泳池的水表面应保持一致；

2 平衡水池内底表面应低于游泳池回水管以下700mm；

3 游泳池采用城市给水补水时，补水管应接入该池；当补水管口与该池内最高水面的间隙小于2.5倍补水管管径时，补水管上应装设倒流防止器；

4 平衡水池应设检修人孔、水泵吸水坑和有防虫网的溢水管、泄水管；

5 平衡水池有效尺寸应满足施工安装和检修等要求；

6 平衡水池应采用表面光滑、耐腐蚀、不污染水质、不变形和不透水的材料建造。当采用钢筋混凝土材质时，其内壁应涂刷或衬贴不污染水质的防腐涂料和材料。

4.8.4 池水采用逆流式和混合流式循环时，应设置均衡水池。

4.8.5 均衡水池的有效容积应按下列公式计算：

$$V_j = V_a + V_f + V_c + V_s \quad (4.8.5\text{-}1)$$

$$V_s = A_s \cdot h_s \quad (4.8.5\text{-}2)$$

式中 V_j——均衡水池的有效容积（m^3）；

V_a——游泳者入池后所排出的水量（m^3），每位游泳者按 $0.056m^3$ 计；

V_f——单个最大过滤器反冲洗所需的水量（m^3）；

V_c——充满循环系统管道和设备所需的水容量（m^3）；

V_s——池水循环系统运行时所需的水量（m^3）；

A_s——游泳池的水表面面积（m^2）；

h_s——游泳池溢流回水时的溢流水层厚度（m），可取 0.005～0.01m。

4.8.6 均衡水池的构造应符合下列规定：

1 均衡水池内最高水面应低于游泳池溢流回水管管底不小于 300mm；

2 均衡水池内应设置程序电磁阀补水装置；

3 接入均衡水池的补水管应根据本规程第 4.8.3 条第 3 款规定安装倒流防止器；

4 均衡水池应设检修人孔、进水管、水位计、水泵吸水坑和有防虫网的溢水管、泄水管；

5 均衡水池应采用不变形、耐腐蚀和不透水材料建造。当为钢筋混凝土材质时，池内壁应衬贴或涂刷防腐材料。

4.9 给 水 口

4.9.1 给水口的设置应符合下列规定：

1 应采用出水流量为可调节型给水口；

2 给水口的设置数量应满足总过水量不小于游泳池循环水量的要求；

3 给水口的位置设置应保证池水水流均匀、不发生短流。

4.9.2 池底垂直布水时，给水口的布置应符合下列规定：

1 矩形游泳池，应均匀地布置在泳道分隔线在池底的水平面上的垂直投影线上，且纵向间距不宜大于 3.0m；

2 异形平面形状的游泳池，应按每个给水口的最大服务面积不超过 $8m^2$ 布置给水口；

3 应采用池底型给水口。

4.9.3 池壁水平布水时，给水口的布置应符合下列规定：

1 两端壁布水时，给水口应设在每条泳道线在端壁固定点垂直下方的端壁上；

2 两侧壁布水时，给水口的间距不宜超过 3.0m，但在池子拐角处距端壁的距离不得大于 1.5m；

3 池内水深超过 2.5m 时，应至少设置两层给水口，上层及下层给水口应错开布置，且最低一层给水口应高出池底内表面 0.5m；

4 给水口应采用池壁型给水口，且应设在水面以下 0.5～1.0m 处，同一池内同一层的给水口在池壁的位置应处于同一水平线。

4.9.4 儿童池、幼儿戏水池的给水口宜采用池底垂直布水方式。

4.9.5 设有升降活动游泳池底板或可拆装式游泳池底板以及可移动分隔墙隔板时，给水口的布置应符合下列规定：

1 池壁水平布水时，在升降池底板升降标高处的上面及下面均应设置给水口；

2 池底垂直布水时，升降池底板应均匀开凿过水的小孔或缝隙，以保证池内布水均匀和不出现死水区；

3 可移动分隔墙隔板上应开凿足够的小孔，应保证池水的正常循环。

4.9.6 给水口应设置格栅护盖，且格栅空隙的水流速度应满足下列规定：

1 池端壁给水时应采用 1.0m/s；池侧壁给水时不应大于 1.0m/s；如为儿童池、幼儿戏水池以及台阶处、教学区宜采用 0.5m/s；

2 池底给水时不宜小于 0.5m/s。

4.9.7 给水口的构造应符合下列规定：

1 形状应为喇叭口形，喇叭口面积不得小于连接管截面积的 2 倍；

2 应配有流量调节装置；

3 喇叭口格栅护盖的格栅孔隙不得大于 8mm；

4 给水口材质应与循环水管道相匹配，宜选用铜、不锈钢、丙烯腈-丁二烯-苯乙烯共聚（ABS）塑料等耐腐蚀、不污染水质、不变形、坚固牢靠的材质制造，且应表面光洁。

4.10 回水口和泄水口

4.10.1 溢流回水槽内回水口的设置应符合下列规定：

1 回水口数量应满足池水循环水流量的要求；

2 跳水池采用溢流回水时，回水口的数量还应考虑安全保护气浪运行时增加的瞬间溢水量；

3 溢流回水槽内回水口的间距不宜大于 3.0m；

4 应采用有消声措施的回水口。

4.10.2 池底回水口的设置应符合下列规定：

1 回水口数量应满足循环水流量的要求，每座游泳池的回水口数量不应少于 2 个；

2 回水口的位置应使各给水口水流均匀一致；

3 回水口应采用坑槽形式，坑槽顶面应设格栅盖板并与游泳池底表面相平；格栅盖板、盖座与坑槽之间应固定牢靠，紧固件应设有防止伤害游泳者的措施；

4 回水口格栅盖板开口孔隙的宽度不应大于8mm，且孔隙的水流速度不应大于0.2m/s。

4.10.3 回水口与回水管的连接应符合下列规定：

1 逆流式池水循环系统应符合本规程第4.7.4条的规定；

2 顺流式池水循环系统及混合流式池水循环系统的池底回水口应以并联形式与循环水泵吸水管连接。

4.10.4 泄水口的设置应符合下列规定：

1 泄水口应设在游泳池最低标高处，且泄水口格栅表面应与池底表面相平；

2 重力式泄水时，泄水管不得与排水管道直接连接；

3 池底回水口可兼作泄水口；

4 泄水口宜做成坑槽形式。

4.10.5 回水口及泄水口的构造和材质应符合下列规定：

1 成品回水口和泄水口应为喇叭口形式，且顶面应设格栅盖板；

2 回水口及泄水口格栅盖板及盖座应采用铜、不锈钢、工程塑料等耐腐蚀、不变形、不污染水质的高强度材料制造。

4.11 溢流回水槽和溢水槽

4.11.1 逆流式池水循环系统和混合式池水循环系统，应沿池壁两侧或四周边设置池岸溢流回水槽，并应符合下列规定：

1 溢流回水槽截面尺寸应按其过流量不小于游泳池设计循环流量计算确定，但宽度不宜小于300mm；

2 跳水池设有即时安全气浪时，溢流回水槽的深度不应小于300mm；

3 溢流回水槽内回水口数量应经计算确定；回水槽沟底应以1%的坡度坡向回水口。

4.11.2 顺流式池水循环系统应沿池壁两侧或四周边设置溢水槽，并应符合下列规定：

1 溢水槽截面尺寸应按其过流量不小于游泳池设计循环流量的15%计算确定；

2 溢水槽的最小宽度不宜小于200mm；

3 溢水槽应设排水口，且接管管径不得小于50mm、间距不宜大于3.0m，沟底应以1%的坡度坡向排水口。

4.11.3 溢流回水槽和溢水槽的构造应符合下列规定：

1 游泳池向槽内溢水的溢流堰应保持水平，其允许误差为±2mm；

2 与游泳池池壁相邻一侧的槽壁应与池壁铅垂线有10°～12°的夹角；

3 槽的内表面应衬贴耐腐蚀、不污染水质、不透水、表面光滑、易清洗、坚固耐用的非金属或金属材质的表面层；

4 溢流回水槽和溢水槽的上口应设置与游泳池岸颜色相协调的组合式丙烯腈-丁二烯-苯乙烯共聚（ABS）塑料格栅盖板，格栅盖板宜采用格栅条平行池壁型。

4.12 补水水箱

4.12.1 游泳池在下列情况下应设置补水水箱：

1 循环水泵直接从池底回水口吸水时；

2 无平衡水池和均衡水池时。

4.12.2 补水水箱的有效容积应按下列要求确定：

1 单纯作补水使用时，不宜小于游泳池的小时补水量，同时不得小于2.0m³；

2 同时兼回收游泳池的溢水用途时，应按循环流量的5%～10%计算确定。

4.12.3 补水水箱的设计应符合下列规定：

1 补水水箱进水管应高出箱内最高水面2.5倍进水管管径的空隙，并应装设水位控制阀门；补水进水管上应装计量水表；

2 补水水箱出水管管径宜按小时补水量或小时溢流水量确定，并应装设阀门；如补水箱低于游泳池水面时，出水管还应装设止回阀；

3 补水水箱兼作游泳池初次充水的隔断水箱时，应另行配置进水管和出水管，并应装设阀门；

4 补水水箱还应配置人孔、通气管、溢水管、泄水管和水位标尺等。

4.12.4 补水水箱应采用不污染水质、不变形和耐腐蚀的材料建造。

5 池水净化

5.1 一般规定

5.1.1 池水净化工艺及设备配置应保证出水水质符合本规程第3.2.1条和第3.2.2条的规定。

5.1.2 池水净化工艺应保证各工序环节工作运行可靠，且符合安全运行要求。配置的设备应有适量的备用余量。

5.1.3 池水净化工艺的主要设备宜设置运行参数检测和动态监测控制的仪表。

5.1.4 过滤器（机组）的设置应符合下列规定：

1 数量应根据循环水量、出水水质、运行时间和维护条件等，经技术经济比较确定，过滤器可不设备用，但每座游泳池不宜少于2台；

2 过滤器宜按24h连续运行设计；

3 不同用途的游泳池的过滤器应分开设置；

4 压力过滤器宜采用立式；当石英砂压力过滤器直径大于2.6m时应采用卧式；单个石英砂过滤器

的过滤面积不宜大于 10.0m²；

5 重力式过滤器应采取应对因突然停电池水溢流事故的措施。

5.2 净 化 工 艺

5.2.1 池水循环净化工艺流程应根据游泳池的用途、水质要求、游泳负荷、消毒方式等因素经技术经济比较后确定。

5.2.2 采用石英砂过滤器时，宜采用如下池水净化工艺流程（图 5.2.2）：

5.2.3 采用硅藻土过滤器时，宜采用如下净化工艺流程(图 5.2.3)：

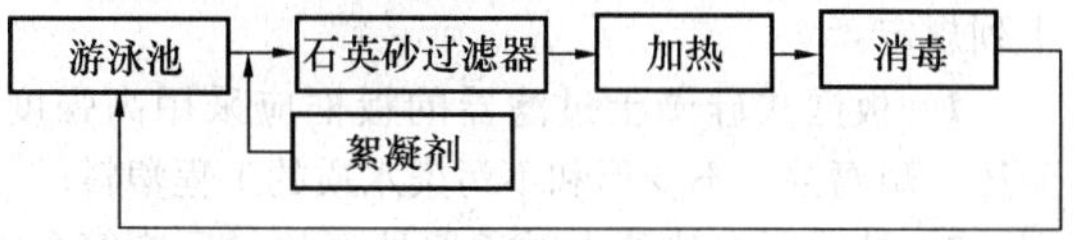

图 5.2.2 石英砂过滤器池水净化工艺流程

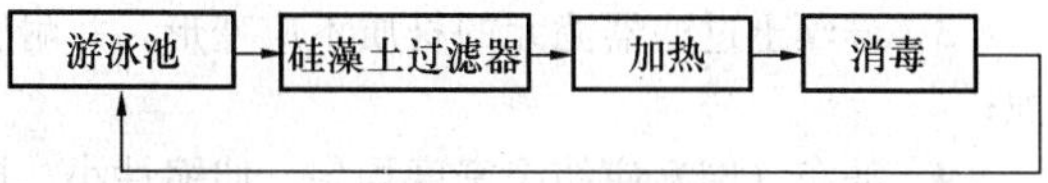

图 5.2.3 硅藻土过滤器池水净化工艺流程

5.2.4 如采用臭氧消毒时，宜按本规程第 6.2 节相应规定执行。

5.3 预净化设备

5.3.1 使用过的池水在进行过滤净化之前，应先经过毛发聚集器对池水进行预净化。

5.3.2 毛发聚集器的设置应符合下列规定：

1 应装设在循环水泵的吸水管上；

2 过滤筒（网）应可清洗或更换；

3 当为两台循环水泵时，应交替运行。

5.3.3 毛发聚集器的构造应符合下列规定：

1 外壳耐压不应小于 0.4MPa，且构造应简单，方便拆卸；

2 外壳应为耐腐蚀的材料，如为碳钢或铸钢材质时，应进行防锈蚀处理；

3 过滤芯为过滤筒时，孔眼的总面积不应小于连接管道截面面积的 2.0 倍，过滤筒的孔眼直径宜采用 3～4mm；

4 过滤芯为过滤网时，过滤网眼宜采用 10～15 目；

5 过滤筒（网）应采用耐腐蚀的铜、不锈钢或高密度塑料等材料制造。

5.4 石英砂过滤器

5.4.1 石英砂过滤器内的滤料应符合下列规定：

1 比表面积大、孔隙率高、截污能力强、使用周期长；

2 不含杂物和污泥，不含危害游泳者健康的有毒、有害物质；

3 化学性能稳定，不恶化水质；

4 机械强度高，耐磨损，抗压性能好。

5.4.2 石英砂压力过滤器的过滤速度宜按下列规定选用：

1 竞赛池、公共池、专用池、休闲游乐池等，宜采用 15～25m/h 中速过滤；

2 私人池、放松池等，可采用超过本规程表 5.4.3 规定的过滤速度。

5.4.3 压力过滤器的滤料组成、过滤速度和滤料层厚度，应经试验后确定。当试验有困难时，可按表 5.4.3 选用。

表 5.4.3 压力过滤器的滤料组成和过滤速度

滤料种类		滤料组成粒径（mm）			过滤速度（m/h）
		粒 径（mm）	不均匀系数（K_{80}）	厚 度（mm）	
单层滤料	级配石英砂	D_{min}＝0.50 D_{max}＝1.00	＜2.0	≥700	15～25
单层滤料	均质石英砂	D_{min}＝0.60 D_{max}＝0.80 D_{min}＝0.50 D_{max}＝0.70	＜1.40	≥700	15～25
双层滤料	无烟煤	D_{min}＝0.85 D_{max}＝1.60	＜2.0	300～400	14～18
双层滤料	石英砂	D_{min}＝0.50 D_{max}＝1.00		300～400	
多层滤料	沸 石	D_{min}＝0.75 D_{max}＝1.20	＜1.70	350	20～30
多层滤料	活性炭	D_{min}＝1.20 D_{max}＝2.00	＜1.70	600	
多层滤料	石英砂	D_{min}＝0.80 D_{max}＝1.20	＜1.70	400	

注：1 其他滤料如纤维球、树脂、纸芯等，可按生产厂商提供并经有关部门认证的数据选用；

2 滤料的相对密度：石英砂 2.5～2.7；无烟煤 1.4～1.6；重质矿石4.4～5.2；

3 压力过滤器的承托层厚度和卵石粒径，可根据配水形式按生产厂提供并经有关部门认证的资料确定。

5.4.4 石英砂压力过滤器应符合下列规定：

1 应设置保证布水均匀的布水装置；

2 集水装置的集水和配水应均匀，且应采用抗腐蚀材质制造；

3 集水、配水装置下面的死水区宜采用混凝土填充；

4 应设置检修孔、进水管、出水管、泄水管、自动排气及人工排气管、取样管、观察窗、卸料口、各类阀件和各种仪表；

5 必要时，还应设置空气反冲洗或表面冲洗装置；

6 反冲洗排水管应设可观察冲洗排水清澈度的透明管段或装置。

5.4.5 压力过滤器采用石英砂或石英砂-无烟煤作为滤料时，承托层的组成和厚度应根据配水形式经试验确定；有困难时，可按下列规定确定：

1 采用大阻力配水系统时，可按表5.4.5采用；

表5.4.5 大阻力配水系统承托层的组成和厚度

层次（自上而下）	材料	粒径（mm）	厚度（mm）
1	卵石	2.0～4.0	100
2	卵石	4.0～8.0	100
3	卵石	8.0～16.0	100
4	卵石	16.0～32.0	100（从配水系统管顶算起）

2 采用中阻力配水系统或小阻力配水系统时，承托层应由粒径为1～2mm的粗砂层组成，其厚度应高出配水系统管顶或滤头帽顶不小于100mm。

5.4.6 重力式过滤器的设计应符合下列规定：

1 单层滤料层或多层滤料层的总厚度（不含承托层）均不应小于600mm；

2 当采用敞口式重力过滤器且水处理机房在水面以下时，在回水管路上必须设置自动关闭电磁阀，如采取其他设备，应确保安全。

5.4.7 过滤器应采用耐腐蚀、不透水、不污染水质和不变形的材料制造，并应符合下列规定：

1 采用碳钢材质时，其内壁及罐体内附配件应涂刷或衬贴食品级无毒涂料或材料；

2 采用不锈钢材质时，应为耐氯离子腐蚀的不锈钢；

3 采用非金属材质时，应符合现行国家标准《生活饮用水输配水设备及防护材料的安全性评价标准》GB/T 17219的要求。

5.4.8 过滤器的耐压性能应符合下列规定：

1 过滤器罐体及内部附配件所能承受的压力不宜小于0.6MPa；

2 非金属过滤器的耐热温度应大于60℃；

3 重力式过滤器外壳及内部附配件的耐压强度，应由设备制造厂商根据设计水力计算确定，并应确保安全。

5.5 硅藻土过滤器

5.5.1 游泳池过滤池水用硅藻土的卫生要求和物理化学特性应符合国家现行标准《硅藻土卫生标准》GB 14936和《食品工业用助滤剂硅藻土》QB/T 2088的规定。

5.5.2 硅藻土过滤器的选用宜符合下列规定：

1 宜采用牌号为700号硅藻土助滤剂；

2 单位过滤面积的硅藻土用量宜为0.5～1.0kg/m^2；

3 硅藻土预涂膜厚度不应小于2mm，且厚度应均匀一致；

4 根据所用硅藻土特性和出水水质要求，过滤速度应经试验确定。

5.5.3 硅藻土过滤器外壳及附件的材质质量应符合下列规定：

1 板框式硅藻土过滤器的板框应采用高强度、耐压、耐腐蚀、不变形和不污染水质的工程塑料；

2 烛式压力硅藻土过滤器外壳的材质应符合本规程第5.4.7条的规定；

3 硅藻土过滤器滤元的材质不应变形，并耐腐蚀；

4 滤布（网）应纺织密度均匀、伸缩性小、捕捉性能强。

5.5.4 采用硅藻土过滤机时不应少于2台。

5.6 辅助过滤设备

5.6.1 过滤器采用石英砂、无烟煤等重质滤料时，应配套设置絮凝剂投加设备。

5.6.2 絮凝剂品种应根据原水水质和当地化学药品供应情况确定，一般宜选用精制硫酸铝或聚合氯化铝。

5.6.3 絮凝剂的投加应符合下列规定：

1 投加量应按絮凝试验资料确定，如缺乏该资料时，投加量宜按1～3mg/L设计；

2 絮凝剂应配制成5%的溶液，采用液体连续而均匀地自动计量投加；

3 重力式投加时，宜投加在循环水泵的吸水管内；压力式投加时，应投加在循环水泵之后过滤器之前的循环水管道内，并应设混合装置。

5.6.4 絮凝剂投加装置及管材应符合下列规定：

1 压力式投加时应采用计量泵投加，计量泵应按最大投药量选定，并应具有自动调节功能；

2 重力式投加时，应设置人工可调的计量装置；

3 絮凝剂的溶解可采用水力、电动或机械搅拌方式，溶药槽和溶液槽容积宜按1d所需量确定；

4 计量泵、人工计量装置、溶药槽、溶液槽、管道、阀门等，均应采用耐腐蚀材料制造，计量泵吸液管宜采用透明型聚乙烯塑料管。

5.7 过滤器反冲洗

5.7.1 过滤器应采用水进行反冲洗。有条件时，石英砂过滤器宜采用气、水组合进行反冲洗。

5.7.2 过滤器宜采用池水进行反冲洗；如采用城市生活饮用水反冲洗时，应设隔断水箱。

5.7.3 重力式过滤器的反冲洗，应按有关标准和设备制造厂商提供的产品要求确定。

5.7.4 压力过滤器采用水反冲洗时的反冲洗强度和反冲洗时间，可按表5.7.4采用。

表5.7.4 压力过滤器反冲洗强度和反冲洗时间（水温20℃时）

滤料类别		反冲洗强度 [L/(s·m²)]	膨胀率 (%)	冲洗持续时间 (min)
单层石英砂		12～15	45	10～8
双层滤料		13～16	50	10～8
三层滤料		16～17	55	7～5
硅藻土	板框式	1.4	—	1～2
	烛式	3.0		1～2

注：1 设有表面冲洗装置的砂过滤器，宜取下限；
2 采用城市生活饮用水冲洗时，应根据水温变化适当调整冲洗强度；
3 膨胀率数值仅作为压力过滤器设计计算用。

5.7.5 过滤器的反冲洗应符合下列规定：

1 利用城市生活饮用水时，水质应符合现行国家标准《生活饮用水水质标准》GB 5749的要求；

2 利用游泳池水时，反冲洗应在游泳池每日停止使用后进行。

5.7.6 压力过滤器采用气、水组合反冲洗时，应符合下列规定：

1 气源应洁净、不含杂质、无油污；

2 应先气冲洗，后水冲洗；

3 气水冲洗强度及冲洗持续时间，可按表5.7.6采用。

表5.7.6 压力过滤器气水冲洗强度和反冲洗持续时间

滤料类别	先气冲洗		后水冲洗	
	强度 [L/(m²·s)]	持续时间 (min)	强度 [L/(m²·s)]	持续时间 (min)
单层级配砂滤料	15～20	3～1	8～10	7～5
双层煤、砂级配滤料	15～20	3～1	6.5～10	6～5

注：气冲洗时的供气压力宜为0.10MPa。

5.7.7 压力过滤器的反冲洗排水管不得直接与其他排水管连接。当有困难时，应设置防止污水或雨水倒流的装置。

6 池水消毒

6.1 一般规定

6.1.1 游泳池的循环水净化处理系统中必须设有池水消毒工艺。

6.1.2 池水消毒所选用的消毒剂应采用卫生监督和疾病预防控制中心等有关部门批准使用的产品。

6.1.3 游泳池的消毒剂和消毒方式应根据使用性质和使用要求确定，并应符合下列规定：

1 世界级和国家级竞赛、训练游泳池应采用臭氧或臭氧-氯联合消毒；

2 对于使用负荷较大、季节性和露天的游泳场所，宜使用长效消毒剂；

3 室外和阳光直接照射的游泳池宜采用含有稳定剂的消毒剂；

4 室内游泳池不宜使用含有稳定剂的消毒剂。

6.1.4 消毒设备的选择应符合下列规定：

1 设备应简单、安全可靠；操作和维修简便；

2 计量装置的计量应准确，且灵活可调；

3 投加系统应能自动控制，且安全可靠；

4 建设费和经常运行费用应合理。

6.2 臭氧消毒

6.2.1 根据消毒方式，臭氧消耗量应按下列规定计算确定：

1 臭氧投加量应按游泳池循环流量计算；

2 采用全流量半程式臭氧消毒方式时，臭氧投加量宜采用0.8～1.2mg/L；

3 采用分流量或全流量全程式臭氧消毒方式时，臭氧投加量应采用0.4～0.6mg/L。

6.2.2 臭氧应采用负压方式投加在过滤器之后或之前的循环水管道上。

6.2.3 臭氧的投加应符合下列规定：

1 应在投加点之后、反应罐之前设置在线混合器；

2 应在在线混合器之后设置臭氧与水接触反应的反应罐，其接触反应所需的时间应符合下式规定：

$$Ct \geqslant 1.6 \qquad (6.2.3)$$

式中 C——臭氧投加量（mg/L）；

t——臭氧与水接触反应所需要的时间（min）；

3 游泳池水面上空空气中的臭氧含量不得超过0.2mg/m³；

4 臭氧投加系统应采用全自动控制，并应与循环水泵连锁；

5 宜辅以长效消毒剂系统。

6.2.4 根据游泳池的类型和使用要求，臭氧的消毒方式应按下列情况确定：

1 游泳负荷经常低于设计负荷的专用游泳池，并对氯消毒剂的使用有限制时，宜采用全流量全程式的臭氧消毒系统（图6.2.4-1）；

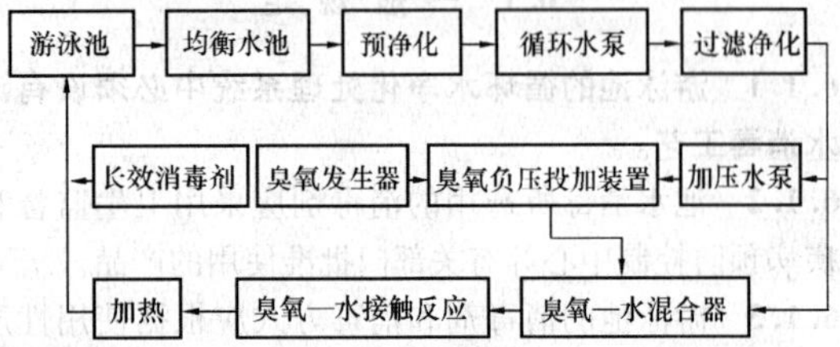

图 6.2.4-1 全流量全程式臭氧消毒流程

2 游泳负荷经常保持满负荷或可能出现超负荷竞赛用和公众用的公共游泳池，宜采用全流量半程式臭氧辅以氯的消毒系统（图 6.2.4-2）；

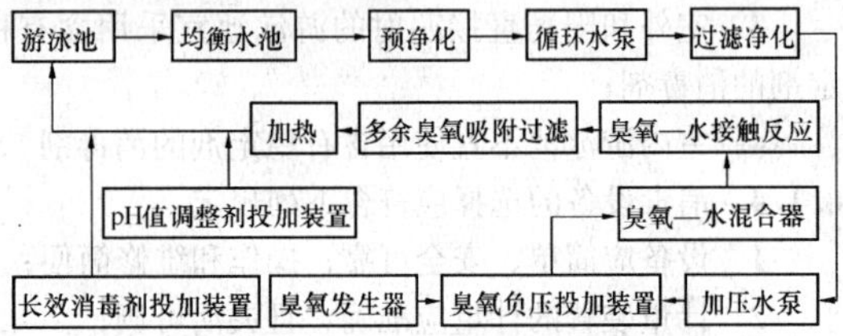

图 6.2.4-2 全流量半程式臭氧消毒流程

3 游泳负荷稳定及对原有游泳池增设臭氧消毒时，宜采用分流量的全程式臭氧消毒系统（图 6.2.4-3）。

分流量臭氧消毒的流量不应小于游泳池循环水流量的 25%。

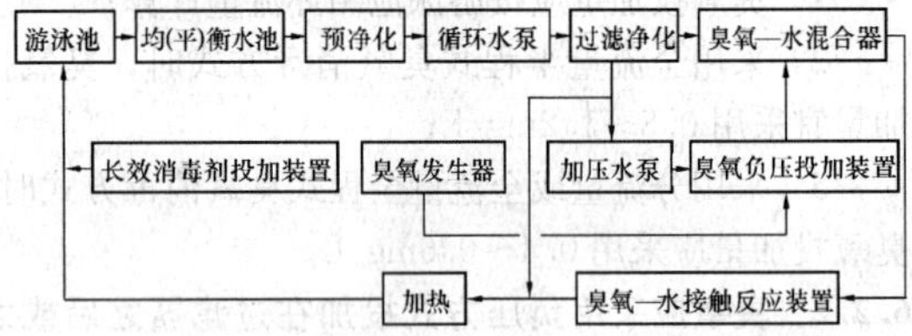

图 6.2.4-3 分流量全程式臭氧消毒流程

6.2.5 臭氧与水接触的反应罐构造应符合下列规定：

1 反应罐的有效容积应按本规程第 6.2.3 条的要求设计确定；

2 罐内应设气—水混合装置，确保臭氧在水中充分溶解和水流不出现短流现象，传质系数不得小于 90%；

3 应设置臭氧尾气消除或再利用装置；

4 罐体应设检修人孔、进水管、出水管、观察窗；

5 反应罐应采用 00Cr17Ni14Mo2（316L）不锈钢或抗臭氧腐蚀的材料制造；

6 反应罐应能承受系统 1.5 倍工作压力的水压力，且不宜小于 0.6MPa。

6.2.6 全流量半程式臭氧消毒时，应设置活性炭吸附罐，并应符合下列规定：

1 宜采用颗粒活性炭，并应具有吸附性能好、机械强度高、化学稳定性好、再生能力强等特性；

2 活性炭的粒径宜为 0.9～1.6mm，比表面积不应小于 1000m^2/g；

3 活性炭层的有效厚度不得小于 500mm，过滤速度应为30～35m/h；

4 承托层的组成应符合本规程第 5.4.5 条的规定；

5 活性炭吸附过滤罐宜采用不锈钢制造，耐压不得小于系统工作压力的 1.5 倍，其构造除配水系统宜采用中、小阻力配水系统外，其余部分均应符合本规程第 5.4.4 条的规定。

6.2.7 活性炭吸附过滤罐的反冲洗应符合下列规定：

1 活性炭层的最终水头损失为 0.05MPa 时应进行反冲洗；

2 反冲洗强度应为 15～18L/(m^2·s)，冲洗历时应为 5～8min，膨胀率应为 25%～35%；

3 反冲洗用水应采用游泳池池水。

6.2.8 臭氧发生装置的选型应符合下列规定：

1 世界级和国家级的竞赛游泳池，宜按 2 台臭氧发生器同时工作配置；

2 臭氧发生器的气源应满足发生器最大产量的要求，气源质量应符合所选用设备的要求；

3 臭氧发生器的产量应可调，其生产的臭氧浓度不宜低于 50mg/L；

4 臭氧发生器应具有出现异常可自动关机的实时监控装置，应包括臭氧发生器、气源处理装置、冷却装置、供电及控制设备、臭氧和臭氧泄漏探测及报警设备；

5 臭氧发生器应有不间断的冷却水。

6.2.9 输送臭氧气体和臭氧溶液的管道应采用能抗正压及负压变形的、抗化学及电解腐蚀的 00Cr17Ni14Mo2（316L）不锈钢阀门、附件和管材，并应设置区别于其他管道的标志。

6.3 氯 消 毒

6.3.1 用于游泳池的氯消毒剂宜优先选用有效氯含量高、杂质少的氯消毒剂。

6.3.2 根据游泳池循环流量氯消毒剂的消耗量应按下列规定确定：

1 以臭氧为主进行池水消毒时，应按池水中余氯量不大于 0.5mg/L（有效氯计）计算确定；

2 以氯为主进行池水消毒时，应按池水中余氯量不大于 1.0mg/L（有效氯计）计算确定；

3 采用含有氰尿酸的氯化合物消毒时，应按池水中氰尿酸含量不超过 150mg/L 计算确定；

4 池水中的余氯含量应符合现行行业标准《游泳池水质标准》CJ 244 的规定。

6.3.3 采用次氯酸钠消毒时应符合下列规定：

1 应采用湿式投加，次氯酸钠应配制成含氯浓度为3mg/L的溶液；

2 投加位置应根据池水循环净化处理系统的自动化程度确定；

3 采用成品次氯酸钠时，应避光运输和贮存，且贮存时间不宜超过5d；

4 现场制取次氯酸钠时，设备不应少于2台，安装次氯酸钠溶液设备的房间应通风良好，并应设置防火、防爆等安全设施；制取次氯酸钠溶液设备的氢气管应引至室外。

6.3.4 采用瓶装氯气消毒时应符合下列规定：

1 必须符合现行国家标准《氯气安全规程》GB 11984的有关规定；

2 加氯系统应与循环水泵连锁；

3 应符合现行国家标准《室外给水设计规范》GB 50013的有关规定。

6.3.5 采用氯气消毒时，必须采用负压自动投加到游泳池循环进水管道中的方式，严禁将氯直接注入游泳池水中的投加方式。

6.3.6 采用固体氯消毒剂时应符合下列规定：

1 固体氯消毒剂应置于专用的水溶解器内充分溶解后再投加；

2 投加量应按固体消毒剂所含有效氯的含量计算，并应配制成含氯浓度为3mg/L的氯消毒液。

6.3.7 除对游泳池冲击处理外，应采用有流量调节阀门的自动投药器投加。

6.3.8 输送氯液、氯气的管道及配件应为耐氯腐蚀的材质，管道连接应严密、无泄漏。

6.4 紫外线消毒

6.4.1 池水采用紫外线消毒时，必须配合其他长效消毒剂同时使用。

6.4.2 池水采用紫外线消毒时应符合下列规定：

1 宜选用中压紫外线发生器，紫外线剂量不应小于60mJ/cm^2；

2 紫外线消毒器应安装在过滤设备之后、加热设备之前，并应设置旁通；

3 紫外线消毒器的安装应保证水流方向与灯管长度方向相平行；

4 紫外线消毒器耐压不应低于0.6MPa；

5 紫外线消毒器宜设置不可调节的在线强度监测装置，并应采用湿式探头；

6 紫外线消毒器宜配备在线自动清洗装置。

6.4.3 紫外线消毒器出口应设置安全过滤器。

6.4.4 紫外线消毒器的电器控制应采取可靠的安全措施。

6.4.5 紫外线消毒器宜设置可与中央控制系统结合的自动控制系统。

6.5 其他消毒剂

6.5.1 采用二氯异氰尿酸钠和三氯异氰尿酸盐进行消毒时，应符合下列规定：

1 应将其溶解配制成消毒液进行湿式投加；

2 投加量应按氰尿酸浓度为50～150mg/L计算确定，并池水中游离性氯的浓度不得低于0.5～1.0mg/L；

3 池水中pH值应保持在7.0～7.8范围内；

4 不同化学药品投加点的相互间距不应小于10倍的管道直径；

5 投加化学药品的计量泵出水管必须设置止回阀。

6.5.2 二氯异氰尿酸钠和三氯异氰尿酸盐消毒剂宜用于露天游泳池、季节性露天游泳池和室内阳光游泳池。

6.5.3 除藻剂采用硫酸铜时，投加量不得超过1.0mg/L，且应视池水水质情况定期投加。

6.6 化学药品投加设备

6.6.1 池水在进行循环净化处理和水质平衡处理过程中，向循环水中投加各种化学药品时应符合下列规定：

1 不同品种的化学药品应设置各自独立的投加系统和计量装置；

2 管道应有化学药品品种和流向的明显标记；

3 管道布线应简短，并应方便安装和安全检修。

6.6.2 化学药品的溶液配制浓度应符合下列规定：

1 使用盐酸时，其溶液浓度不应超过3%；

2 使用硫酸铜时，其溶液的浓度不宜超过5%；

3 使用硫酸铝（精制、粗制）、聚合氯化铝（PAC）、碳酸钠、碳酸氢钠、氯化钙、次氯酸钠等药品时，其溶液浓度不宜超过5mg/L；

4 使用次氯酸钙时，其溶液浓度（以有效氯计）不得超过3mg/L。

6.6.3 化学药品投加系统应符合下列规定：

1 化学药品投加点应有保证化学药品溶液与水充分混合的装置；

2 化学药品投加系统应与池水循环净化处理系统同时运行和终止；但硫酸铜应间断投加，其间隔时间应根据气候条件及池水透明度确定；

3 化学药品的溶解宜采用水力、机械或电动搅拌方式；

4 各种化学药品均应采用计量泵自动投加，并应能根据传感器参数自动调节投加量。

6.6.4 计量泵、计量装置、溶药槽、溶液槽、投药液管道、阀门、附件等均应采用能承受系统压力的耐腐蚀材质的制品。计量泵吸液管宜采用透明型塑料管材。

7 池水加热

7.1 一般规定

7.1.1 池水加热的热源应按下列原则选择：

1 有条件的地区应优先采用温度不低于400℃的余热和废热、太阳能、热泵作为热源；

2 应充分利用城镇热力网或区域锅炉房作为热源；

3 可利用建筑内锅炉房作热源；

4 可自设燃油、燃气或电力作热源。

7.1.2 根据热源条件和使用性质，温水游泳池的池水加热方式应按下列原则选定：

1 竞赛用游泳池及大、中型其他用途游泳池应采用间接式池水加热方式；

2 小型游泳池可采用燃气、燃油、燃煤及电热等锅炉直接加热的方式；

3 有条件的地区可采用直接或间接太阳能及热泵加热方式。

7.1.3 池水的温度应符合本规程第3.3.1条的规定。

7.1.4 池水加热系统的控制设施应具有较大幅度调节池水温度的功能，以适应不同竞赛项目及不同使用人群对池水温度的要求。

7.1.5 池水初次加热所需时间，应根据池体结构和衬贴材料特点及热源供应条件等因素确定，一般可采用24～48h，并应满足按每小时池水温度升高不超过0.5℃。

7.1.6 池水加热设备的设置应符合下列规定：

1 不同用途游泳池的加热设备应分开设置；

2 每座游泳池加热设备的数量，应按初次池水加热时不少于2台同时工作选定；

3 多个游乐池共用一组加热设备时应符合下列规定：

1）应共用一组循环过滤器系统；

2）不同池子的循环给水管道应分开各自独立设置。

4 每台加热设备应装设温度自动控制装置。

7.2 耗热量计算

7.2.1 池水加热所需热量应为下列各项耗热量的总和：

1 池水表面蒸发损失的热量；

2 池壁和池底传导损失的热量；

3 管道和净化水设备损失的热量；

4 补充新鲜水加热所需要的热量。

7.2.2 池水表面蒸发损失的热量应按下式计算：

$$Q_s = \frac{1}{\beta}\rho \cdot \gamma(0.0174v_w + 0.0229)(p_b - p_q)A_s\frac{B}{B'} \qquad (7.2.2)$$

式中 Q_s——池水表面蒸发损失的热量（kJ/h）；

β——压力换算系数，可取133.32Pa；

ρ——水的密度（kg/L）；

γ——与池水温度相等的饱和蒸汽的蒸发汽化潜热(kJ/kg)；

v_w——池水表面上的风速（m/s），室内游泳池取0.2～0.5m/s；室外游泳池取2～3m/s；

p_b——与池水温度相等时的饱和空气的水蒸气分压力（Pa）；

p_q——游泳池的环境空气温度相等的水蒸气分压力（Pa）；

A_s——游泳池的水表面面积（m^2）；

B——标准大气压力（Pa）；

B'——当地的大气压力（Pa）。

7.2.3 游泳池的水表面、池底、池壁、管道和设备等传导所损失的热量，应按游泳池水表面蒸发损失热量的20%计算确定。

7.2.4 游泳池补充新鲜水加热所需要的热量应按下式计算：

$$Q_b = \frac{\rho V_b c(T_d - T_f)}{t_h} \qquad (7.2.4)$$

式中 Q_b——游泳池补充新鲜水加热所需的热量（kJ/h）；

ρ——水的密度（kg/L）；

V_b——游泳池新鲜水的补充量（L/d）；

c——水的比热容［kJ/(kg·℃)］；

T_d——池水设计温度（℃），按本规程第3.3.1条的规定；

T_f——游泳池补充新鲜水的温度（℃）；

t_h——加热时间（h）。

7.3 加热设备

7.3.1 加热设备应根据热源条件、耗热量、使用要求、卫生及运行管理等因素选择，并应符合下列规定：

1 应具有换热效果好、效率高、节能、体积小、重量轻等特点；

2 应结构简单、安全可靠、操作灵活、维护保养方便；

3 材质应耐氯等化学药剂的腐蚀。

7.3.2 加热设备的容量应根据本规程第7.2.2条和第7.2.3条的规定，并结合游泳池所需热量等因素计算确定。

7.3.3 加热设备的形式应根据下列规定选用：

1 热源为高温热水或蒸汽时，宜选用不锈钢材质换热器；

2 采用自备热源时，宜采用直接加热的燃气、燃油、燃煤等燃料的热水机组（锅炉）及热泵；

3 小型游泳池及电力供应充沛的地区可采用电热水器（炉）；

4 采用太阳能为热源时，可采用光滑材质或非光滑材质集热器。

7.3.4 游泳池循环水量采用分流量加热时，应符合下列规定：

1 被加热的水量不应小于全部池水循环水量的25%；

2 被加热水的出水温度不宜超过40℃；

3 加热设备宜采用被加热水侧阻力损失小于0.02MPa的换热设备；

4 应设置被加热水与加热水的压力平衡装置；

5 每台加热或换热设备均应设置可调温度自控阀，且自动温控阀的可调幅度不宜大于±1.0℃。

7.3.5 加热设备的进水管口与出水管口的水温差应按下式计算：

$$\Delta T_h = \frac{Q_s + Q_t + Q_b}{1000\rho \cdot c \cdot q_r} \tag{7.3.5}$$

式中 ΔT_h——加热设备进水管口与出水管口的水温差（℃）；

Q_s——池水表面蒸发损失的热量（kJ/h），应按本规程第7.2.2条确定；

Q_t——游泳池的水面、池底、池壁、管道和设备传导损失的热量（kJ/h），应按本规程第7.2.3条确定；

Q_b——游泳池补充新鲜水加热所需的热量（kJ/h）；

c——水的比热容［kJ/（kg·℃）］；

ρ——池水的密度（kg/L）；

q_r——通过水加热设备的循环水量（m^3/h），采用分流量加热时按本规程第7.3.4条第1款确定。

7.4 太阳能加热系统

7.4.1 利用太阳能作为池水加热热源时，应符合下列规定：

1 太阳年日照时数应大于1200h；

2 太阳年辐射量应大于4200MJ/m^2；

3 年极端最低温度不得低于－45℃。

7.4.2 根据不同地区的纬度、太阳能年辐射总量、年日照小时数、年晴天光照时间等参数，太阳能集热面积应按下列规定计算确定：

1 集热器集热效率应以实际产品实测数据确定，但不宜小于50%；

2 太阳能的保证率宜为40%～80%；

3 太阳辐射热量应按春、秋两个季节平均太阳辐射量为依据；

4 集热水箱热水温度宜按不低于50℃计，采用直接式加热方式时可不设集热水箱；

5 系统热损失宜按20%计。

7.4.3 游泳池太阳能集热系统应采用组合或承压式循环系统设计，并应符合下列规定：

1 宜综合利用池水加热与淋浴热水的制备热能；

2 冷水进水及热水流出应配水均匀、无死水区、无气阻区；

3 储热水池应有足够的容积，且系统应不结垢和不发生冰冻；

4 池水加热宜采用低阻力、大流量换热器；

5 系统应有各种水温、水位、水压、水泵开启及关闭、自动或手动排空等控制，并应满足自动化、智能化、远距离和按季节可调设定的控制要求；

6 系统应有漏电保护设计；

7 系统管道应有抗紫外线的措施或采用抗紫外线的管材。

7.4.4 太阳能集热器应根据当地太阳能资源、气候环境，因地制宜地选用光滑材质或非光滑材质集热器，并应符合下列规定：

1 集热效率高、产热快、承压高、长期连续运行性能稳定；

2 具有防渗漏水、防爆裂、防冻裂、防雷、防漏电、防强风及抗雪载、防冰雹等性能；

3 集热器材质应耐腐蚀，应符合卫生及环保要求，对被加热水不得产生二次污染。

7.4.5 光滑材质的太阳能集热器的布置和安装，应符合下列规定：

1 集热器的布置应与土建专业密切配合及协调，应做到既满足加热系统要求又不影响建筑外观和结构安全；

2 集热器的朝向应保证集热面最大限度获得太阳光的照射，且不被自身建筑、周围建筑和设施、树木遮挡，应保证集热器的日照时数不小于4h；

3 集热器的布置不应跨越建筑变形缝；

4 集热器的安装倾角应与当地纬度相同。

7.4.6 采用低温升、大流量直接加热池水的非光滑材质集热器的设置和安装除应符合本规程第7.4.4条的规定外，还应符合下列规定：

1 材质应具抗紫外线、耐氯及化学药品和不污染池水水质的特性；

2 集热器宜沿屋面设置，如架空设置时应加设垫板；

3 每组集热器单元应设置泄水装置；

4 集热器配水管、集水管的最高部位应设自动排气阀。

7.4.7 太阳能加热系统的管材应符合下列规定：

1 太阳能热水系统的管道和附配件应为耐紫外线材质；

2 与集热器配套的管道应有补偿伸缩的措施。

7.4.8 太阳能加热系统应按设计总热负荷配置辅助

热源和加热设备。

7.4.9 太阳能集热器的设计还应符合现行国家标准《民用建筑太阳能热水系统应用技术规范》GB 50364和《太阳能热水系统设计、安装及工程验收技术规范》GB/T 18713的规定。

7.5 热泵加热系统

7.5.1 采用空气源热泵对池水进行加热时，应符合下列规定：

1 宜用于非寒冷地区；

2 宜用于专用游泳池。

7.5.2 空气源热泵辅助热源的设置应符合下列规定：

1 当地最冷月平均气温不低于10℃时，可不设辅助热源；

2 当地最冷月平均气温低于10℃时，应设辅助热源。

7.5.3 空气源热泵的产热量计算，应符合下列规定：

1 不设置辅助热源时，应按当地最冷月的平均气温和水温计算；

2 设置辅助热源时，宜按当地春分、秋分两个节气所在月份的平均气温和水温计算。

7.5.4 池水初次加热时，应按热泵与辅助热源同时使用进行设计。

7.5.5 选用混合型空气源热泵时，应符合下列规定：

1 应满足池水温度的参数要求；

2 应与空调专业密切配合，应满足游泳池大厅空气温度、相对湿度、风速及噪声的要求。

7.5.6 热泵冷凝热交换器应选用钛合金或00Cr17Ni14Mo2（316L）不锈钢材质的热交换器。

7.5.7 热泵的选型应符合下列规定：

1 机组能效比应较高，且应适合当地的气候条件和使用要求；

2 应具有水温控制、水流保护、过流保护、冷媒高低压保护和压缩机延时启动等功能；

3 机组冷媒工质应安全洁净，符合环境保护要求。

7.5.8 空气源热泵和混合型空气源热泵应设有可靠的冷凝水排放措施。

8 水质监测和系统控制

8.1 一 般 规 定

8.1.1 池水水质宜采用自动监测和控制系统。

8.1.2 游泳池的水温、浊度、余氯和pH值还应具备人工监测手段。

8.1.3 根据设备配置情况、游泳池用途及管理运行要求等，池水净化处理设备应采用全自动或半自动监测和控制，采用全自动控制时应保留手动控制；季节性游泳池的池水净化处理设备宜采用手动控制。

8.1.4 循环水净化处理系统应对循环水流量进行监测。

8.1.5 游泳池的自动监测和控制系统的仪器仪表，应保证池水净化处理系统的安全可靠、方便运行、改善操作条件和提高科学管理水平，并宜设置与其所在的楼宇中央控制系统的接口。

8.1.6 人工检测用仪器仪表应简洁、携带方便、操作简便、检测数据准确和可靠。

8.2 监 测 项 目

8.2.1 池水水质在线监测的内容应包括：

1 游泳池进水和回水的pH值、游离性余氯、水温和浑浊度；

2 采用臭氧消毒时，还应监测游泳池进水和回水中的臭氧含量。

8.2.2 池水净化处理系统在线监测的内容包括：

1 臭氧或氯等消毒剂的投加量；

2 反应罐出水口、活性炭吸附器出水口等部位的臭氧含量；

3 分流量臭氧消毒的分流量和分流量加热时的分流量；

4 臭氧发生器房间空气中臭氧含量和加氯间空气中氯气含量；

5 各种化学品药剂溶液的浓度、投加量和药液容器的液位；

6 每台循环水泵、臭氧加压水泵、过滤器、臭氧反应罐、活性炭吸附器、水加热器等设备的进水口和出水口的水压力，以及水加热器热媒的进口压力；

7 循环水泵出水总管和过滤器进水管的流量；

8 氯气瓶自动切换信号、泄漏氯检测仪报警信号；

9 设备机房内每台（套）转动设备运行情况。

8.2.3 游泳池除设置在线监测外，还应进行人工检测，其内容应包括：

1 池水中的pH值、游离性余氯、尿素、化合性余氯、浑浊度、水温；

2 池水中的氧化还原电位、菌落总数、总大肠菌群；

3 池水中的钙硬度、碱度、溶解性总固体；

4 池水中的氰尿酸、三卤甲烷；

5 池水表面上方空气中的臭氧含量。

8.3 监 控 要 求

8.3.1 游泳池监控系统宜提供各监测项目参数的上限、下限值，各项设备运行状况和超限报警等功能。

8.3.2 池水水质监测系统应对下列项目进行显示和自动控制：

1 根据pH值传感信号应能连续显示pH值，

并相应按比例调整 pH 值调整剂的投加量，以维持设定值；

2 根据余氯量传感信号应能连续监视余氯浓度，并相应调整消毒剂的投加量，以维持设定值；

3 游泳池进出水中臭氧浓度监测器应能连续监视臭氧浓度，并相应调整臭氧的投加量；

4 根据池水温度传感信号应能连续显示池水温度，并能相应调整热交换器工况及热媒流量；

5 应根据监测数据按比例调整絮凝剂的投加量。

8.3.3 在池水循环系统出现故障时，全自动水质监测系统应具有自动停止设备运行和报警的功能。

8.3.4 循环水净化处理设备系统宜对下列项目进行显示、自动控制和报警：

1 循环水泵和其他转动设备应能远距离开启及与备用泵自动互换运行；

2 根据过滤器进出水口压力控制过滤器的反冲洗的报警信号；

3 各种药剂和消毒剂投加系统应与循环水泵设置连锁装置，当循环水泵启动时，自动启动；当循环水泵停止时，自动停止。

8.3.5 不同用途游泳池的水质监控系统应分别配置相应的探测器和记录、显示仪表，不得共用一套仪表。

8.3.6 设备机房内各种转动设备均应设置就地手动控制。防雷接地保护应符合国家现行相关标准的规定。

8.4 水质平衡

8.4.1 游泳池应进行水质平衡处理，并应符合下列规定：

1 池水的 pH 值应符合国家现行行业标准《游泳池水质标准》CJ 244 的规定；

2 池水的总碱度应控制在 60～200mg/L；

3 池水的钙硬度应控制在 200～450mg/L；

4 池水的溶解性总固体应控制在原水总溶解固体量加 1500mg/L 的范围。

8.4.2 水质平衡使用的化学药品应符合下列规定：

1 应采用当地卫生部门认可批准的化学药品；

2 应对健康无害，并不得对池水产生二次污染；

3 不得与有机物发生反应；

4 应能快速溶解，且使用方便。

8.4.3 水质平衡处理应保证池水水质符合国家现行行业标准《游泳池水质标准》CJ 244 的规定。

8.4.4 化学药品的投加方式应符合下列规定：

1 应采用湿式投加；

2 重力式投加时，应投加在循环水泵的吸水管内；

3 压力式投加时，pH 值调整剂应投加在加热器之后的循环水管上，并应设置良好的混合装置；

4 投加点应远离水质取样点。

9 特殊设施

9.1 一般规定

9.1.1 跳水池必须设置水面空气制波和喷水制波装置。

9.1.2 跳水池的水面制波应符合下列规定：

1 池水表面应为均匀的小波浪，不得出现翻滚的大波；

2 池水表面的波高宜为 25～40mm；

3 波浪应气泡多、范围广、分布均匀。

9.1.3 跳水池起泡制波和安全保护气浪所供给的压缩空气的气体质量应洁净、无色、不含杂质、无油污、无异味。

9.2 跳水池制波

9.2.1 跳水池应采用起泡、涌泉法制波并辅助喷水制波。

9.2.2 采用起泡制波时应符合下列规定：

1 空气压力宜为 0.1～0.2MPa；

2 喷嘴喷气孔的直径可采用 1.5 ～3.0mm，每个喷嘴喷气量可按 0.019～0.024m^3/(mm^2·min)计；

3 喷气嘴成组布置应以跳台和跳板在池底面水平面投影的正前方 1.5m 处为中心、以 1.5m 为半径的范围分组布置，或喷嘴在池底满天星布置，应按 3.0m×3.0m 的方格均匀布置；

4 供气管道应埋设在池底结构底板与瓷砖面层之间的垫层内，如供气管道明设在池底时，应采取防护跳水人员不被碰伤或擦伤的措施；

5 喷气嘴和供气管应采用耐腐蚀的铜、不锈钢或 ABS 塑料等材料制造。

9.2.3 采用涌泉法制波时应符合下列规定：

1 涌泉法制波给水管应与池水循环净化处理管道分开设置；

2 涌泉水源应采用跳水池池水；

3 喷嘴宜采用游泳池可调式给水口或按摩池水力按摩喷嘴；

4 涌泉给水泵的容量应按同时使用的喷嘴数量计算确定，水泵的出水压力不宜小于 0.10MPa。

9.2.4 采用喷水法制波时应符合下列规定：

1 水源应为跳水池池水；

2 应设置独立的加压水泵和管道系统；

3 喷水口压力不宜小于 0.10MPa；

4 喷水嘴应设置在有跳台及跳板的侧岸上；

5 喷水嘴宜采用水力伸降型，喷嘴直径宜为 15～20mm；

6 喷气嘴和供气管应采用耐腐蚀的铜、不锈钢或丙烯腈-丁二烯-苯乙烯共聚（ABS）塑料等材料制造。

9.3 安全保护气浪

9.3.1 教学、训练用跳水池的3.0m跳板和5.0m、7.5m、10.0m跳台，宜设置安全保护气浪。

9.3.2 安全保护气浪的供气环管，应在跳台（板）在池底水平投影的正前方0.5m处开始进行布置。

9.3.3 根据跳台（板）距池水表面的高度，安全保护气浪的供气环管的平面尺寸（宽度×长度）应按下列规定确定：

1 当为3.0m跳板时，应为1.0m×3.5m；

2 当为5.0m和7.5m跳台时，应为1.0m×4.0m；

3 当为10.0m跳台时，应为2.5m×5.0m。

9.3.4 安全保护气浪供气环管的构造应符合下列规定：

1 供气环管应为网格形状环管；

2 供气环管上应均匀设置内径为8mm，数量不少于40只的喷气管嘴；

3 供气环管应采用铜管、ABS塑料管等阻力小、高强度、耐腐蚀和不变形的管道。

9.3.5 安全保护气浪系统应确保一经启动，气浪形成时间不应超过3s，且气浪持续时间不宜少于12s。

9.3.6 安全保护气浪与起泡制波系统宜共用一套供气设备，并应符合下列规定：

1 安全保护气浪供气与起泡制波供气应分别设置各自独立的供气管道；

2 每个跳板或跳台应设置各自独立的供气管道、流量调节装置和控制器；

3 安全保护气浪的供气压力应为1.0～1.2MPa；

4 起泡制波的供气压力不应大于0.2MPa；

5 供气管道应有确保池水不得倒流至制气设备的有效措施。

9.3.7 安全保护气浪供气系统的控制应符合下列规定：

1 跳水池大厅应设置可以开启设备机房内安全保护气浪设备和池内每个安全保护气浪的控制屏；

2 池内安全保护气浪应设置池岸遥控器控制开启任意一个供气环管运行的大厅控制屏；

3 设备机房内应设置就地控制开关装置。

9.4 移动分隔墙和升降池底

9.4.1 移动分隔墙在水面下的隔墙应有保证池水循环的流水孔口。

9.4.2 设置有升降池底的游泳池，宜采用混合式池水循环方式。

9.4.3 升降池底的底板上应有保证流通池水的孔口，且应均匀布置，不得使任何部位产生死水和积污的可能。

9.4.4 升降池底用于顺流式池水循环方式时，应分别在升降池底设计位置的上面和下面各设置一层给水口。

9.5 放松池和淋浴

9.5.1 跳水池宜在设有跳板、跳台的一侧的池岸设置土建型或可移动成品型、可拆装型水力放松池，并应符合下列规定：

1 水力放松池的直径不宜小于2.0m；

2 水力放松池的水温宜为36～38℃；

3 水力放松池宜设独立的循环水净化系统。

9.5.2 跳水池在设有水力放松池的池岸一侧还应设置淋浴喷头，其数量不得少于2只。

9.5.3 放松池内水力按摩喷嘴的出水量和工作压力，应根据使用要求和生产厂商提供的数据，与工艺设计共同商定，其布置应符合下列规定：

1 喷嘴应沿放松池池壁布置，间距宜为0.7～1.0m；

2 喷嘴在放松池池壁上的位置宜高出座位坐板0.2m。

9.5.4 放松池进气管的设计应符合下列规定：

1 水、气合用喷嘴时，进气管应设调节进气量的管帽，且管帽应高出放松池池内水面200mm以上；

2 风泵供气，且风泵位置低于放松池水面时，应有防止池水倒流的措施。

9.6 撇 沫 器

9.6.1 当水上游乐池无条件设置池岸溢流水槽时，可设置撇沫器。

9.6.2 撇沫器的数量应根据生产厂商提供产品的收水流率计算确定，但不规则形状休闲池还应在池壁内弯区域另行增设。

9.6.3 撇沫器的设置应符合下列规定：

1 受水口无浮板时，受水口中心应与水面相平；受水口有浮板时，受水口浮板顶沿应与池水水面相平；

2 撇沫器安装时不得突出池内壁；

3 露天游泳池设置撇沫器时，受水口宜面向主导风向；

4 撇沫器宜为独立的管道系统，与池水的循环水净化系统相连接。

10 洗净设施

10.1 浸脚消毒池

10.1.1 公共游泳池的入口通道应设置浸脚消毒池，

并应符合下列规定：

1 池长不得小于 2.0m，池宽应与通道宽度相同；

2 池内的有效水深不得小于 0.15m；

3 池内消毒液的含氯浓度应保持在 5～10mg/L。

10.1.2 池内消毒液宜采用连续供给、连续排放的供应方式。当有困难时，可采用定期更换消毒液的供应方式，且更换周期不得超过 4h。

10.1.3 当设有强制淋浴装置时，浸脚消毒池宜设在强制淋浴之后。

10.1.4 浸脚消毒池和配管应采用耐腐蚀材料制造。

10.2 强 制 淋 浴

10.2.1 公共游泳池宜在游泳池入口通道内设置强制淋浴。

10.2.2 强制淋浴通道长度应采用 2.0～3.0m。

10.2.3 强制淋浴的布置应符合下列规定：

1 淋浴喷头在通道长度内不应少于 3 排；

2 每排淋浴喷头间距宜为 0.8m，喷头数可根据入口通道宽度确定，但每排不宜少于 3 只；当为多孔管时，孔径不宜小于 0.8mm，孔间距不宜大于 0.4m；

3 喷头或多孔管的安装高度不宜小于 2.2m。

10.2.4 喷头或多孔管的开启，应采用光电感应自动控制，其反应时间不应超过 0.5s，喷水持续时间宜为 6s。

10.2.5 强制淋浴的供水应符合下列规定：

1 水源应采用城市自来水或经净化处理的游泳池池水；

2 水温宜采用 35～40℃，夏季可采用常温水；

3 水量应按喷头数量或开孔数量计算确定，给水压力不得小于 0.1MPa。

10.3 清 洗 水 嘴

10.3.1 游泳池两侧的池岸应设置冲洗池岸用的水嘴，每侧设置的数量不宜少于 2 个。

10.3.2 池岸冲洗水量应按 1.5L/（m^2 · 次），并以每开放一场次冲洗一次进行计算，每次冲洗时间按 30min 计。

10.3.3 室内游泳池的池岸冲洗水嘴宜设在看台或建筑的墙槽内，无看台的室外游泳池应设在阀门井内。冲洗水宜采用 *DN*25 冲洗水嘴。

10.4 池底清污器

10.4.1 游泳池应设置消除池底积污的装置。

10.4.2 池底清污器的选择应根据池子的使用性质和规模确定：

1 标准游泳池和休闲游泳池宜采用全自动池底清污器；

2 中、小型游泳池宜采用移动式真空池底清污器或电动清污器。

11 排水及回收利用

11.1 一 般 规 定

11.1.1 顺流式池水循环系统的溢流水应回收利用。

11.1.2 游泳池池岸冲洗排水、过滤设备反冲洗排水和初滤水应优先回收作为建筑中水的原水，经处理后可用于建筑内冲厕及绿化等用水水源。

11.1.3 强制淋浴、跳水池池岸淋浴的排水和降落在露天游泳池水面、地面雨水宜回收利用。

11.1.4 当采用臭氧消毒时，其臭氧发生器的冷却水应回收，并可用于游泳池的补充水水源。

11.2 池 岸 排 水

11.2.1 游泳池溢水槽为非淹没式时，如溢流水不循环利用，冲洗池岸的排水可排入溢水槽内，并应按本规程第 11.1.2 条的规定予以利用。

11.2.2 游泳池溢流回水槽为淹没式时，冲洗池岸的排水不得排入溢流回水槽内。池岸应于远离游泳池溢流回水槽的观众看台底部另设排水沟，作冲洗池岸排水用。

11.2.3 游泳池溢水槽如需排放时应排入雨水管道，但不得直接连接，应设置防止雨水回流污染的有效措施。

11.3 游泳池泄水

11.3.1 游泳池在应急或检修时的泄水时间不宜超过 8h。

11.3.2 当为重力流泄水并排至排水管道时，应设置防止雨水或污水回流污染的有效措施。

11.3.3 当为压力流泄水时，宜采用循环水泵和设备机房内集水坑潜水排水泵兼作泄水泵，但必须关闭进入各类设备内管道上的阀门。

11.3.4 当因池水出现传染性致病微生物而泄水时，必须按当地卫生监督部门的要求，对池水进行消毒处理后方可排放。

11.3.5 当池水排放至天然水体时，应按当地卫生监督部门、环保部门的要求，对池水进行处理达到排放标准后方可排放。

11.4 其 他 排 水

11.4.1 硅藻土反冲洗排水中的污染杂质经过与其他排水混合稀释后，仍达不到排放要求时，应设置废弃硅藻土回收装置。

11.4.2 清洗化学药品设备、容器的废水，应与其他排水进行中和、稀释或处理，并达到排放标准后方可直接排入排水管道。

12 池水净化设备机房

12.1 一般规定

12.1.1 游泳池循环水净化设备机房应设均衡水池（平衡水池）、循环水泵、过滤器、加药装置、换热器、消毒设备、药品库、控制设备等，并宜按工艺流程顺序排列。

12.1.2 游泳池循环水净化设备机房的位置和要求应符合下列规定：

1 房间高度和面积应满足水净化设备的布置、施工安装和维修要求，其位置宜靠近游泳池周边；

2 设备机房设在地面层时，宜设有直接通向室外的设备运输出入口；

3 设备机房设置在地下层或地面以上楼层时，应设置运输设备、管道和化学药品的通道和垂直吊装孔，其尺寸和承重能力应满足最大设备的运输需要；

4 设备机房应与其他用房有明确的土建分隔，设在楼板上的设备应向结构专业提出设备荷载资料；

5 设备机房应设有通向循环水管道管廊或管沟的出入口；

6 设备机房的耐火等级及防火设计应符合国家现行有关标准的规定。

12.1.3 设备机房的环境应符合下列规定：

1 设备机房的环境温度不得低于5℃，但控制间的环境温度不得低于16℃，最高温度均不宜超过35℃；

2 应有良好的照明、通风换气和地面排水措施；

3 所有转动设备的基础和连接管道应有良好的隔振减噪措施；

4 设备机房应与其他房间分隔开，并宜采取建筑隔声措施。

12.1.4 设备机房内的所有设备、装置、容器及管道均应设置在高出地面不小于0.10m的基础或支座上。

12.2 循环水泵及均衡水池布置

12.2.1 均衡水池或平衡水池应靠近游泳池，其有效容积和构造应符合本规程第4.8.2条、第4.8.4条和第4.8.5条的规定。

12.2.2 循环水泵机组应贴近平衡水池或均衡水池。当无平衡水池或均衡水池时，宜靠近游泳池回水口。

12.2.3 水泵机组的布置应符合现行国家标准《建筑给水排水设计规范》GB 50015的规定。

12.2.4 水泵机组装置应设计成自灌式，且基础表面应高于设备机房地面不小于0.20m。

12.2.5 设在楼层上的水泵应有良好的隔振设施，且水泵运行噪声应符合国家现行有关标准的规定。

12.2.6 循环水泵房的高度不应小于3.0m。

12.3 过滤设备布置

12.3.1 过滤器宜邻近循环水泵。

12.3.2 石英砂压力式过滤器的布置应符合下列规定：

1 距建筑墙面的净间距不得小于0.70m；

2 过滤器之间的净间距不得小于0.80m；

3 过滤器间的高度应满足设备安装、检修和操作要求，并应符合下列规定：

1）距建筑结构最低点的净间距不应小于0.80m；

2）运输、操作的主要通道宽度不应小于最大设备直径的1.2倍。

12.3.3 硅藻土过滤机组的布置应符合下列规定：

1 硅藻土过滤机由过滤器、硅藻土溶液罐和循环水泵组成，该机组应靠近平衡水池或均衡水池；

2 机组布置应符合本规程第12.3.2条的规定。

12.3.4 重力式过滤器的布置除应符合本规程第12.3.2条的规定外，还应有防止因突然停电而造成过滤器溢水等安全事故的可靠措施。

12.3.5 石英砂压力式过滤器和硅藻土过滤机组均应安装在高出设备机房地面0.10m的混凝土基础上。

12.4 加药间及药品库

12.4.1 加药设备间与化学药品贮存库，宜为各自独立且又毗邻的独立房间，并宜靠近循环水泵间。

12.4.2 加药装置的净间距不宜小于0.80m，操作通道的宽度不宜小于1.00m。

12.4.3 絮凝剂、pH值调整剂及除藻剂等化学药品所需贮存库房的面积，应根据当地化学药品的供应和运输情况确定，一般宜按不少于15d的贮存量计算所需库房面积。

12.4.4 加药设备间和药品库的设计应符合下列规定：

1 应有良好的通风。当为机械通风时，宜为独立的系统，且排风口应远离其他排风口不少于10.0m；

2 根据化学药品性质应采取防热或防冻措施，并应有给水和排水条件；

3 墙面、地面和门窗均应为耐腐蚀材料；

4 房间高度不宜小于3.0m。

12.4.5 化学药品的存放应符合下列规定：

1 不同品种的化学药品应分开存放，相互间应留有不小于1.0m的通道，并应遵守化学药品的产品说明；

2 不同品种的化学药品应放入不同容器内，并应有清晰明显的药品名称和标志；

3 不同品种化学药品应放置在平台上、垫板上或柜架内，不得堆放在地面上；

4 液体化学药品不得倒置存放；

5 次氯酸钙、三氯异氰尿酸钠与调节池水 pH 值用酸碱应分别隔离存放。

12.4.6 不同化学药品的容器和用具不得相互混用。

12.4.7 不同加药设备均应放置在高出设备机房地面不小于 0.10m 且表面贴有防腐材料的混凝土基础上，相互间的净间距不宜小于 1.0m。

12.5 消毒设备

12.5.1 消毒设备宜设置在单独的房间，并应设置独立的通风管道，应保持房间清洁、干燥。房间地面、墙面、门窗及设备等均应采用耐腐蚀材料。

12.5.2 采用成品氯制品消毒剂时应符合下列规定：

1 消毒剂为成品次氯酸溶液时，设备机房及库房的设计要求应符合本规程第 12.4.2 条、第 12.4.4 条、第 12.4.5 条和第 12.4.7 条的规定；

2 采用次氯酸钠、次氯酸钙为消毒剂时，设备机房的布置应根据投加方式确定。当采用计量泵投加时，宜集中设置；

3 采用次氯酸钙溶液的容器应与酸类容器隔离开存放，其库房面积宜按 5d 的贮存量计算确定。

12.5.3 采用瓶装氯气消毒剂时，加氯间及氯库应符合现行国家标准《室外给水设计规范》GB 50013 的有关规定。

12.5.4 采用臭氧作为消毒剂时，臭氧发生器及配套设备、臭氧与水混合器、臭氧与水接触反应罐宜合设在同一个隔间内，且应靠近通风良好的地区，并应设置独立的排风设施。

12.5.5 臭氧发生器设备的布置应有足够的维护空间，并应符合下列规定：

1 设备距建筑墙净距离不得小于 0.70m；

2 设备相互之间的净间距不得小于 0.80m；

3 设备顶端距建筑结构最低点净间距不得小于 0.80m；

4 设备基础应高出房间地面不小于 0.10m；

5 主要设备操作面操作距离应不小于 1.0m，如操作面面向维修更换设备运输通道，还应满足最大设备运输要求。

12.5.6 设置臭氧发生器的房间环境应符合下列规定：

1 应有良好的通风和排水条件，房间温度应为 5～35℃，湿度应满足产品要求；

2 房间空气应保持清洁、干燥、无有害物质；

3 房间内应设置空气臭氧监测器，监测环境臭氧含量；

4 应设紧急切断电源装置，且房间内所有电器设备必须采用防爆型。

12.5.7 冷却臭氧发生器的冷却水供应，应符合生活饮用水水质且应连续不断。

12.5.8 设有臭氧发生器的房间，必须采用防爆型用电设备，且设备应设置良好的接地装置。

12.6 换热器

12.6.1 换热器应远离氯气瓶存放间，但应方便与池水循环管道的连接和集中管理。

12.6.2 热源为燃油或燃气的水加热器间应为独立的房间，其设备布置、安全设施等应符合现行国家标准中关于消防和安全的有关规定。

12.6.3 房间通风、排水宜与循环水泵间、过滤器间合并设计。

12.6.4 热源为高压蒸汽或高温热水时，水加热器的布置应符合现行国家标准《建筑给水排水设计规范》GB 50015 的规定。

12.7 控制设备

12.7.1 控制设备及电气设备宜单独设置在房间内，且不得设置在下列场所：

1 有灰尘和有腐蚀气体的场所；

2 有直接振动的场所；

3 有强磁场、强电场或有辐射的场所。

12.7.2 控制间设计应符合下列规定：

1 位置应设在整个池水净化设备机房内视野较好处；

2 房间温度宜为 16～30℃；

3 电源电压波动范围不应超过±10%；

4 房间应有良好的照明，并应有事故照明措施。

12.7.3 电气控制设备、自动监测设备间地面应高出池水净化设备机房地面不小于 0.15m。

13 施工与质量验收

13.1 一般规定

13.1.1 工程施工的质量管理应符合下列规定：

1 实施工程施工现场全过程质量管理，并应具有必要的施工技术标准、完善的质量保证实施体系和工程质量检测制度；

2 安装承包商应具有相应的资质，并具有对游泳池循环水净化系统进行深化设计的能力，工程质量验收人员应具有相应的专业技术资格；

3 施工安装应按批准的施工图纸和施工标准进行，设计修改应有设计单位出具的设计变更文件；

4 施工单位编制的施工组织设计和施工方案应经建设单位和工程监理单位批准；

5 工程安装应负责游泳池专用设备、配套设施、管道集成等安装施工和全套技术服务，以及操作人员的培训。

13.1.2 工程安装施工前应具如下条件：

1 工程施工图及有关技术文件齐全并经过图纸会审，设计单位进行图纸技术交底，施工要求明确；

2 施工机具配备齐全、施工人员已经过技术培训，能满足正常施工要求；

3 施工材料堆放地、设备和附件贮存库房以及施工用水、用电等条件均能满足正常施工需要。

13.1.3 游泳池池水净化系统所使用的设备及配套设施、附件、管材等均应符合国家现行产品标准规定和设计要求，并均应附有生产厂商的产品合格证、质量保证书及产品安装说明书。如为进口产品应有中文文件。

13.1.4 游泳池池水净化系统所采用的设备及配套设施、附件、仪表和管材进场施工安装时，均应按现行国家标准《压缩机、风机、泵安装工程施工及验收规范》GB 50275 和《机械设备安装工程施工使验收通用规范》GB 50231 的规定对品种、规格及外观进行开箱检查验收，应包装完好、表面无划痕及外力冲击破损，并应经监理工程师确认。

13.1.5 管道系统中的阀门安装前，应进行壳体压力和密封试验，试验数量和要求应符合现行国家标准《建筑给水排水及采暖工程施工质量验收规范》GB 50242 的规定，并应按本规程附录 A 表 A.0.1 的格式填写阀门试验记录。

13.1.6 安全阀应按设计文件规定的压力进行调试，调试时压力应稳定，每个安全阀启闭试验不得少于 3 次。

13.1.7 所有与游泳池池水接触的设备、附件和材料，均应符合现行国家标准《生活饮用水输配水设备及防护材料的安全性评价标准》GB/T 17219 的要求。

13.1.8 游泳池池水净化系统工程与相关各专业工程之间，应进行交接质量检验，经监理工程师认可，并应形成记录。

13.2 设备及配套设施安装

13.2.1 设备及配套设施安装前应对基础的混凝土强度等级、位置、尺寸、强度和平整度进行检查，并应符合设计要求。

13.2.2 设备及配套设施的现场运输和吊装使用的机具、绳索应有足够的强度，搬运过程对设备应妥善保护，不得出现损伤。对于出厂已装备和调整完好的部分，不得随意拆卸搬运。

13.2.3 设备及配套设施应按设计图纸及安装使用说明书的规定就位、找正和固定，应确保安装精度符合要求。

13.2.4 用电设备的施工安装应符合现行国家标准《机电设备安装工程施工及验收通用规范》GB 50231、《电气装置安装工程低压电器施工及验收规范》GB 50254 和《电气装置安装工程 1kV 及以下配线工程施工及验收规范》GB 50258 的规定。

13.2.5 循环水泵机组的安装除应符合现行国家标准《压缩机、风机、泵安装工程施工及验收规范》GB 50275 和《建筑给水排水及采暖工程施工质量验收规范》GB 50242 的规定外，还应符合下列规定：

1 整体组装泵和连体毛发聚集器的游泳池专用泵等，经平衡试验无异常现象的不得随意拆卸；如发现异情况，应通知业主和供货单位，进行解体检查和重新组合安装。

2 水泵混凝土基础达到设计强度，位置、尺寸、标高等符合设计规定时方可安装。水泵就位后，应在水泵进出口泵体水平度和联轴器同心度误差不超过 0.1mm/m 时方可紧固地脚螺栓，焊牢垫铁后，应再二次浇筑混凝土。

3 水泵吸水口及出水口应安装可挠曲橡胶接头，并应处于自然状态，且进出口法兰应垂直管道中心线。水泵进水管及出水管应采用弹性吊架或弹性托架。

4 水泵进出口管道上的压力表、阀门规格、型号应符合设计要求，位置应正确、动作应灵活、应严密不漏水；吸水管坡向吸水池的坡度不应小于 0.5%。与水泵连接管上的阀门应另设支架或支座，其重量不得承受在水泵接口上。

5 水泵机组隔振应安装在混凝土基座或型钢基座上。

13.2.6 过滤器及活性炭吸附器的安装应符合下列规定：

1 安装前应对设备外观和内部配件进行检查，应确保配件齐全和固定牢固；

2 设备基座混凝土强度等级、尺寸、标高、位置应符合设计要求，且应表面平整；

3 过滤器、活性炭吸附器和臭氧-水接触反应罐等静置设备的安装坐标、标高和垂直度的安装质量应以拉线或尺量的方法进行检验，其允许误差应符合下列规定：

1）坐标允许偏差应为 15mm；

2）标高允许偏差应为±5mm；

3）垂直度允许偏差应为±2mm/m。

4 过滤设备上的阀门、仪表和反冲洗排水管和观察水流短管等位置应便于操作、观察；

5 设备功能控制部件、附件与设备本体组装安装时应严密，压力表表盘直径应为 150mm，极限值应为 1.0MPa，刻度分值应为 0.01MPa。

13.2.7 滤料的填装应符合下列规定：

1 不得利用设备本体上的接管短管作为梯架；

2 安装集配水系统滤管、滤头，应进行充水以检查滤头孔隙的通畅率；

3 应关闭设备接管阀门，并向罐内注入 1/3 容积的清水，以减少承托石料及滤料投入时对内部装置造成过度冲击；

4 滤料及承托层应分层填铺，每层应平整且厚度误差不得大于10mm；

5 滤料初次填充后应进行反冲洗检查，反冲洗后滤料表面应平整、无裂缝。

13.2.8 臭氧发生器及配套设备的安装应符合下列规定：

1 安装前应熟悉设备安装说明书和注意事项，并应检查设备是否齐全和完好无损；

2 应检查设备基础强度、位置、尺寸、标高及平整度是否符合设计要求；

3 设备就位、安装、固定应按本规程第13.2.5条和第13.2.6条的规定进行；

4 输送臭氧气体用管道，其连接应严密可靠，不得出现泄漏，并应有特殊的标记；

5 电气线路的材质及连接应符合相关电气工程的有关标准的规定。

13.2.9 水加热设备的安装应符合下列规定：

1 加热设备的混凝土基础的强度、坐标、标高、尺寸等应符合设计及产品样本要求；

2 加热设备与非金属管道连接时，设备接管口与非金属管道之间应增设长度不小于500mm的金属过渡管段；

3 被加热水的进水口、出水口均应安装压力表、温度计和放气阀；

4 热媒管道上的温度控制阀及其他阀门的位置应便于观察和维修，并应有牢固的支撑设施。

13.3 管道安装

13.3.1 游泳池循环水净化系统所使用的管材、管件应符合下列规定：

1 管材、管件应为同一材质，并应附有生产厂商的产品质量保证书和质量监督部门的质检证明，确保产品质量；

2 管材、管件连接用的胶粘剂应采用与管道材质匹配的专用胶粘剂；

3 管材、管件的规格、型号、材质和质量应符合设计文件的规定，并应符合现行国家标准《生活饮用水输送配水设备及防护材料的安全性评价标准》GB/T 17219的要求；管道在安装前应按现行国家标准对管道压力等级、种类、外观、规格尺寸、配合公差等进行复检，不合格者不得使用；

4 施工安装时管道标记应面向外侧，安装过程中的管口应及时封堵，并应做好现场保护，如有损坏应及时更换。

13.3.2 管材、管件及附件的搬运、存储应符合下列规定：

1 应包装良好、小心轻放、避免油污，不得剧烈撞击，不得与尖锐物品碰触，搬运过程中不得抛、摔、滚、拖；

2 管材应水平堆放在平整的地面或垫板上，堆放高度不得超过1.5m，管件应装箱码放整齐；

3 应存放在库房或简易库棚内，不得露天存放，应防止阳光直射，应远离热源并注意防火安全。

13.3.3 塑料管道安装和敷设应符合下列规定：

1 明装在室内、管廊及管沟内的管道具备下列条件时，方可进行管道安装：

1）土建工程粉饰工作已经完成；

2）设备及配套设施就位、固定工作已完成；

3）复核检查预埋套管及预留孔洞位置的准确度；

4）管道、管件、阀门等内外表面均应清理干净，无杂物、无油污，其质量、规格、型号均已符合设计文件规定。

2 埋设在池底垫层内的管道，除应符合本条第1款的要求外，还应符合下列要求：

1）结构混凝土达到设计强度后方可进行安装；

2）应按设计位置画线安装，并在隐蔽前做好水压试验及验收的记录工作；

3）隐蔽管道时不得有尖硬物体接触损伤和重物压伤管壁。

3 预留或预埋穿池壁、池底、建筑墙、楼板等孔洞的套管及套管材质应符合设计规定。

4 管道安装不得出现轴向扭曲、偏斜、错口或不同心等缺陷，穿洞口及套管时不得强力校正，多种管道平行敷设时应留有不小于150mm的安装操作保护距离。

5 管道应按设计规定的距离和位置设置温度伸缩变形补偿器及固定支架。

6 管道安装允许误差和检验方法，应符合现行国家标准《建筑给水排水及采暖工程施工质量验收规范》GB 50242的规定。

13.3.4 塑料管道除应符合有关产品标准的规定外，其连接尚应符合下列规定：

1 管道应采用手工锯或切管机切割，不得采用盘锯，且切口端面应垂直管子轴线，并应在管端面外做15°或20°倒角。切割后的管端面应除去毛边、毛刺和切屑，确保管道与管件连接的端部干净、无油污且干燥。

2 应测量承插深度，并在插口管上标出管道插入的深度线。

3 管道粘接不得在5℃以下的低温环境下进行。

4 管道粘接连接插入后的保持静置时间应符合相应材质的施工及验收规范的规定。

5 当有不同材质的管道、管件或阀门连接时，应采用专用的转换管件或连接件，不得在管道上套丝连接。

13.3.5 管道采用法兰连接时应符合下列规定：

1 法兰孔应与设备、阀门的孔数、孔径一致；

2 两个法兰的连接应垂直管道中心线，并要求两法兰面互相平行；

3 两法兰间应设垫圈，垫圈的材质应符合现行国家标准《生活饮用水输配水设备及防护材料的安全性评价标准》GB/T 17219 的要求；

4 紧固螺栓的规格、安装方向应一致，并应对称紧固，保持管道水平，不使管道产生轴向拉力。

13.3.6 塑料管道支架及吊架的安装应符合下列规定：

1 管道的支架、吊架应平整、牢固，位置和标高应准确；吊架的吊杆应垂直安装；管道支架、吊架的间距应符合相关材质管道安装规范的规定；

2 金属支架及管卡与塑料管之间应设塑料带或橡胶等隔离垫，应确保管道与管卡、支架接触紧密，并不得损伤管材表面，且适宜伸缩；

3 阀门、法兰盘和与设备接管处应设支架或吊架，确保管道重量不承受在设备本体上；

4 管道承口、三通、弯头等部位应设固定支架；

5 铺设在垫层内的管道应用水泥砂浆稳固，应确保二次浇筑混凝土时管道不移位。

13.3.7 施工安装安全应符合下列规定：

1 管道胶粘剂和清洁剂等可燃物品应远离电源，且现场不得有明火；

2 操作现场应通风良好，盛放胶粘剂和清洁剂的容器应随用随开，不用时应立即关闭严密，不得受潮和被脏物污染；

3 不得使用不清洁的纤维或赤手涂刷胶粘剂和清洁剂；

4 残余在管道上的胶粘剂和清洁剂应清除干净；

5 施工现场的废弃材料应每日及时清除；

6 施工人员操作时，应佩戴防护眼镜和手套。

13.4 专用和附属配件安装

13.4.1 给水口的安装应符合下列规定：

1 给水口的数量、规格、材质及流量调节范围应符合设计要求，并应在安装时初步实现调节位置；

2 侧壁型和池底型给水口穿池壁及池底时应在浇筑混凝土时预埋防水套管，套管固定应牢固，并应有防水翼环；

3 池壁给水口安装位置和标高应准确，其允许偏差为±10mm；

4 给水口接管与预埋套管之间的空隙，应采用防水胶泥嵌实，其厚度不应小于池壁、池底厚度的50%，剩余部分应以 M10 的防水水泥砂浆嵌实；

5 金属给水口与塑料管应采用螺纹连接，塑料管应为外螺纹，金属给水口应为内螺纹；且连接时宜采用聚四氟乙烯生料带作密封填充物；

6 埋设在垫层内的给水口应先于游泳池底板画线定位，其偏差不得超过 10mm；

7 给水口格栅面应与池底或池壁装饰面相平。

13.4.2 回水口、溢水口及泄水口的安装应符合下列规定：

1 池底回水口、溢流回水口、溢水口的规格、数量、材质及流量应符合设计要求；

2 池底回水口、泄水口及溢流回水口的安装应符合本规程第 13.4.1 条的要求；

3 池底回水口和泄水口应固定牢固。

13.4.3 溢流回水槽及溢水槽的排水格栅盖板安装完成后，其表面应与池岸、池底或池壁装饰面相平，且缝隙应均匀一致。

13.5 阀门和仪表安装

13.5.1 各类阀门的安装应符合下列规定：

1 阀门安装前应按设计文件规定核对型号、规格；阀门安装前应做强度和严密性试验，试验抽查数量、试验压力、试验内容和质量要求，应符合现行国家标准《建筑给水排水及采暖工程施工质量验收规范》GB 50242 的规定，并应按本规程表 A.0.1 的格式填写阀门试验记录；

2 阀门应按介质流向在关闭状态下进行安装，且受力应均匀，不得强力连接；

3 安全阀应垂直安装，并应在运行前按设计文件进行调校，调校后的安全阀不得出现泄漏；

4 水平管道上的阀门阀杆及传动装置应按设计规定安装，应动作灵活。

13.5.2 温度补偿装置的安装应符合下列规定：

1 应按设计要求进行预拉伸或压缩，安装时应与管道保持同心，不得歪斜；

2 水平安装时应与管道坡度相同。

13.5.3 压力表、温度计、测压仪表、水质监测和探测器等仪表的安装，应符合现行国家标准《建筑给水排水及采暖工程施工质量验收规范》GB 50242 的有关规定。

13.6 管道检测和试验

13.6.1 施工安装单位应由质检人员对施工安装质量进行检验，并应做好文字记录。

13.6.2 建设单位和施工监理部门应委派质检人员对工程质量进行全程监督和检查。

13.6.3 质检人员应按设计文件和产品说明书对管道进行如下内容的外观检查：

1 管道规格、位置、标高；阀门、各种仪表及支承件数量；

2 管道连接处表面洁净度。

13.6.4 各种承压管道系统和设备，均应做水压试

验；非承压管道系统和设备应做灌水试验。

13.6.5 管道水压试验前具备的条件应符合下列规定：

1 塑料管道系统应安装完毕并在常温下养护24h，且经外观检查合格后，方可进行水压试验；

2 应关闭所有设备与管道连接的隔断阀门、封堵管道甩口，并打开管道系统上的管道阀门；

3 试验压力表应经过校验，精度不得低于1.5级，表盘面压力刻度值应为试验压力的2倍，表的数量不得少于2块；压力表应安装在系统的最低部位，试验加压泵应设在试验用压力表附近；

4 试验用水应符合现行国家标准《生活饮用水卫生标准》GB 5749要求。水压试验时的环境温度不得低于5℃；冬季水压试验时应采取有效防冻措施，并应在试验后立即泄空管内试验用水；

5 水压试验应进行1h的强度试验和2h的严密性试验，并应按本规程表A.0.3的格式填写管道系统压力试验记录。

13.6.6 强度试验压力应为1.5倍的设计压力，但不应小于0.60MPa的水压进行试验，并应按下列规定进行：

1 应向管内缓慢充满试验用水，并彻底排除管内空气；

2 用加压泵缓慢补水将压力升高至试验压力后，升压时间不得少于10min；

3 管道加压到规定的试验压力后，应停止加压并稳压1h，如压力降不超过0.05MPa，可判定为强度试验合格。

13.6.7 严密性试验应在强度试验合格后立即连续进行，并应将强度试验压力降低至管道设计工作压力的1.15倍的水压状态下稳压2h；如压力降不超过0.03MPa，同时管道所有连接部位无渗漏，可判定为严密试验为合格。

13.6.8 非压力流管道应按现行国家标准《建筑给水排水及采暖工程施工质量验收规范》GB 50242中的规定进行闭水试验。

13.6.9 埋入混凝土垫层内的管道，应在水压试验合格后，进行后续土建施工，并应有确保土建施工不损坏管道的措施。

13.7 设备检测和试验

13.7.1 单机水泵的检测和试验内容及要求应符合现行国家标准《压缩机、风机、泵安装工程施工及验收规范》GB 50275的有关规定。

13.7.2 所有设备应由生产厂按国家现行有关标准进行检测和试验，并应出具产品合格证。

13.7.3 各类水池（箱）根据材质，应分别按现行国家标准《给水排水构筑物工程施工及验收规范》GB 50141及《建筑给水排水及采暖工程施工质量验收规范》GB 50242有关规定进行检测试验。

13.7.4 净化水系统的功能试验应符合下列规定：

1 系统功能检测试验应在各单项设备、设施、管道、阀门、附件及电气设备检测试验合格后进行；

2 系统功能试验应在设计满负荷工况下进行，全系统连续运行时间不得少于72h；

3 设备及装置检测试验时，还应有当地质量监督部门、卫生监督部门及环境部门等有关部门的代表参加和确认。

13.7.5 系统功能检测和试验过程中，应对所有设备、配套装置、仪表及控制设备的数据进行记录，记录内容应包括：

1 循环流量、过滤速率、循环周期、反冲洗强度；

2 各种化学药剂溶液浓度、投加量；

3 过滤设备过滤效果：进水浑浊度、出水浑浊度；

吸附过滤器吸附效果：进水口氧化还原电位、出水口氧化还原电位；

4 各类仪表读数；

5 控制设备及水质监测系统工作状况；

6 转动设备的运行工况、轴承温度、填料密封、振动、噪声、电动机电流电压等与设计和产品标牌的对比；

7 臭氧发生器的工作参数：电压、电流、频率、气体通过能力、臭氧浓度；

8 水质。

13.7.6 太阳能热水工程应符合现行国家标准《太阳能热水系统设计、安装及工程验收技术规范》CB/T 18713的有关规定。

13.8 质 量 验 收

13.8.1 游泳池池水循环净化处理系统按合同规定范围和内容全部施工安装完成，并在系统设备的试运行合格后，应先经建设单位验收认可，再向相关行业管理部门、卫生部门等正式申报验收。

13.8.2 工程验收应包括下列各项内容：

1 施工中间隐蔽工程验收、中间验收合格后，方可引进下一个工序的施工及安装；

2 工程设备安装，管道系统安装质量验收；

3 循环水净化系统功能验收及水质验收。

13.8.3 工程验收应具备如下条件和技术文件资料：

1 施工图、竣工图及设计变更文件；

2 设备、配套装置、管材、管件、附件及器材等出厂合格证和有关技术文件；

3 设备、配套装置、管材、管件、附件及器材等现场开箱、质量保证等检查验收记录；

4 设备基础复查和阀门等复检记录和报告；

5 设备及管道工程安装过程的各项试验和复检记录；

6 隐蔽工程验收记录和见证；

7 管道系统压力试验记录；

8 卫生监督部门出具的池水水质监测检验合格报告；

9 系统及设备的使用、操作及维修说明书；

10 设备与电源、电气及控制、检测等有关工种联动试运转及试验记录；

11 工程质量事故记录；

12 工程质量评定记录。

13.8.4 工程竣工验收应核实本规程第13.8.3条提供竣工技术文件及资料，并应进行必需的复验和外观检查，应对资料进行如下核验：

1 施工单位的水压试验资料应符合设计要求；

2 隐蔽工程应提供原始记录和见证人签字；

3 试验和监测资料不全或不符合规定的，应在验收时重新进行试验；

4 原始资料应齐全完整，并应符合验收要求，可作为正式验收文件的一部分。

13.8.5 管道安装工程竣工验收应对下列项目的工程质量作出判定：

1 管道管径、标高、位置，管道变形补偿措施及工程压力的准确性；

2 管道上设置的各类阀门、附件、显示仪表、控制装置安装位置、数量、规格、型号、参数、开启方向和标志的正确性和牢固性以及在正常工作压力条件下开启、关闭的灵活性及仪表指示的灵敏性；

3 管道连接点或接口的牢固、密封和洁净性；

4 游泳池专用附件：给水口、回水口、溢水口及格栅盖板的规格、型号、参数的正确性及牢固性。

13.8.6 设备安装工程竣工验收应对下列项目的工程质量作出判定：

1 设备及配套设备的数量、规格、型号、性能、参数及安装位置的正确性和牢固性；

2 设备及配套设备与管道连接的工艺顺序的正确性；

3 净化设备运行的容量、参数是否符合设计要求；

4 设备控制系统、水质监测和监控系统的装置序列和运行连锁，以及控制设备、仪表的线路、按钮等正确性、牢固性和灵敏性，显示仪表显示数字、符号的清楚性和准确性；

5 各种化学溶液浓度、计量投加泵投加量、自动调节性能的准确性和可靠性。

13.8.7 药品库房构筑物及辅助装置等工程竣工验收应对下列项目的工程质量作出判定：

1 平衡水池、均衡水池容积，各部位尺寸，衬贴材料的正确性、牢固性和卫生性；

2 游泳池溢流回水槽、溢水槽的断面形状及内衬材料的正确性、牢固性、卫生性；

3 浸脚消毒池、强制淋浴等构造材质的卫生性，尺寸的正确性及动作的灵敏性，各类辅助装置的齐全性；

4 各类化学药品储存库房的面积、防腐措施、安全设施、药品堆放等的正确性和安全性。

13.8.8 工程验收应出具工程验收报告。对于符合设计和标准要求的应判定为合格；对存在问题，经过整改后符合设计和标准要求的，应判定为限期整改；对于不符合设计和标准要求的，应判定为不合格。

13.8.9 工程验收报告的格式应符合下列规定：

1 隐蔽工程检测试验记录格式应符合本规程表A.0.2的规定；

2 管道系统压力试验记录的格式应符合本规程表A.0.3的规定；

3 安全阀最终调试记录的格式应符合本规程表A.0.4的规定；

4 工程交接检验书的格式应符合本规程表A.0.5的规定。

14 运行、维护和管理

14.1 一般规定

14.1.1 游泳池的开放使用应符合下列规定：

1 具有合格的工程竣工验收报告；

2 竞赛用游泳池应符合国家现行标准《体育场所开放条件与技术要求 第一部分：游泳场所》GB 19079.1、《游泳、跳水、水球和花样游泳场馆使用要求和检验方法》TY/T 1003、《游泳竞赛规则》（中国游泳运动协会）或《国际游泳规则》（国际游泳联合会［FINA］）等要求和认证；非竞赛用游泳池应有所在地区主管部门核发的游泳场馆开放许可证；

3 具有卫生监督部门颁发的《卫生许可证》；

4 具有公安部门颁发的《治安安全合格证》。

14.1.2 从事管理和系统运行的工作人员，应具备如下执业资格证书方能上岗工作：

1 教练员、救生员及医务人员应有国家有关行业的执业资格证书；

2 池水净化处理系统工作人员应经过严格专业培训、考试合格，并持相应专业资格证；

3 所有工作人员均应持有健康合格证。

14.1.3 管理、维护、操作人员，应按本规程附录B规定的表格及内容做好记录。

14.1.4 池水净化系统设备供应商应提供池水净化系统设备配置、运行态势图、管理维护方案，设备大、中修时间及常出现故障排除方案等事项，并应标示在机房内明显的位置。

14.1.5 池水净化系统宜24h连续运行。

14.1.6 竞赛用游泳池可在游泳竞赛时短暂停止池水净化系统的运行。

14.1.7 游泳池开放使用时，池水泄空更换新鲜自来水的间隔时间，应按当地卫生监督部门的规定执行。

14.1.8 游泳池经有关主管部门批准投入使用后，其经营者应严格按本规程有关规定和有关部门的规定进行运行、维护和管理。

14.2 水质异常处理

14.2.1 水质出现异常情况时，应立即向当地疾病预防控制中心或卫生监督部门报告，并应在卫生部门的指导下进行针对性的处理。

14.2.2 当发现池水中有大量血、呕吐物或腹泻排泄物及致病菌时，应按下列规定进行处理：

1 撤离游泳者，关闭游泳池；

2 收集呕吐物或排泄物；

3 采用10mg/L的氯消毒剂对池水进行冲击处理；

4 对池壁、池底、池岸、回水口（槽）、溢水口（槽）、平（均）衡水池等相关设施应进行消毒、刷洗和清洁；

5 投加混凝剂对池水过滤6个循环周期后，应对过滤器进行反冲洗，反冲洗水应排入排水管道；

6 检测池水中pH值和余氯值，并应使其稳定在规定范围内；

7 对配套的洗净设施、更衣间、淋浴间和卫生间等部位的墙面、地面和相关设施应进行消毒、刷洗和清洁；

8 本条第1款至第7款处理完成后，应经疾病预防控制中心、卫生监督部门确认合格，并同意重新开放时，方可正式重新开放使用。

14.3 水质监测

14.3.1 监督部门水质检查项目和送检频率应按当地卫生监督部门的规定执行。

14.3.2 游泳池经营管理者应对池水水质进行人工经营管理检测，检测项目和频率应符合下列规定：

1 感观项目：浑浊度、色度等每一个开放场次应检测一次；

2 化学项目：pH值、游离性余氯、化合性余氯、臭氧含量、池水表面上空空气中的臭氧含量等每一个开放场次开放前及开放后每2h应检测一次；三卤甲烷每半年应检测一次；氰尿酸每7d应检测一次；

3 物理项目：池水温度、环境温度和湿度等每一个开放场次应检测一次。

14.3.3 设有在线检测、监测设施时，本规程第14.3.2条规定的有关项目，应对每一个开放场次的初始值、高峰值及最终值进行三次检查检测，并应做好记录，但在线检测不得取代对池水管理性人工检测。

14.3.4 池水水质平衡的检测项目和频率，应符合下列规定：

1 pH值和池水温度应符合本规程第14.3.2条的规定；

2 碱度、钙硬度、溶解性总固体等每周应检测一次；

3 游泳池池水水质非常规检验项目及限值，应符合现行行业标准《游泳池水质标准》CJ 244的规定。

14.3.5 池水水质检测水样取样应符合下列规定：

1 水样取样位置应符合国家现行行业标准《游泳、跳水、水球和花样游泳场馆使用要求和检验方法》TY/T 1003；

2 人工取样应在池水表面以下0.30m深度处，当为管道取样时宜靠近传感器；

3 卫生监督水样取样方法和位置应符合当地卫生监督部门的规定，不得送检不符合规定的水样。

14.3.6 对每次池水水质检测项目，系统运行操作人员应将不同游泳池的检测结果按本规程表B.0.1的要求登记记录。

14.4 环境卫生保持

14.4.1 游泳池经营者应要求游泳人员有健康合格证，并应教育游泳人员遵守下列规定：

1 应在游泳前及游泳后使用卫生间和淋浴；

2 应按洗净设施的顺序逐一通过，不得跳跃或绕道通过；

3 不得在游泳池岸边食用食品；

4 严禁在游泳池内使用肥皂、香波和合成洗涤液。

14.4.2 游泳池经营者应科学规划不同使用人员的场次，并合理安排每日开放场次及每场开放时间，应做到分场限时，应严格控制游泳人数。

14.4.3 游泳池经营者每场应以自来水对游泳池岸进行冲水刷洗一次，且冲洗排水不得排入游泳池内。

14.4.4 游泳池经营者每2～3d应以专用的吸污机或清洁工具对池底积污清洁一次。高沿游泳池应每3d对气水交界面清洁一次，视污染程度齐沿游泳池池壁应至少每14d清洁一次。

14.4.5 设有移动分隔墙及升降式池底的游泳池，游泳池经营者应每月对移动池岸表面和两侧、升降池底板的表面和背面以及泳道线等刷洗一次。

14.4.6 浸脚消毒池和通道、强制淋浴集水坑和通道及两侧墙壁等部位，游泳池经营者应每个开放场次结束后清洁刷洗一次，并应重新注入消毒液。

14.4.7 游泳池的溢流回水槽、溢流槽、池底回水口等的底面、壁面及格栅盖板的上下两面，游泳池经营者应至少每7d清洁刷洗一次。

14.4.8 平衡水池或均衡水池宜每半年泄空并清除池底沉积污物后，用含有10mg/L氯消毒剂的水溶液刷洗池子内表面一次。

14.5 化学药品溶液配制

14.5.1 用于游泳池水处理的化学药剂品应是卫生主管部门核准的对游泳者健康无害的、符合质量要求的药品，并应按现行国家标准《职业性接触毒物危害程度分级》GB5044和卫生部发布的《消毒管理办法》的规定管理、使用和贮运。

14.5.2 化学药品溶液的调配浓度应符合下列规定：

1 各种药品应先在溶药槽内溶解成20%～30%浓药液，再稀释成本规程第6.6.2条规定投加所需的药溶液；

2 调节pH值用的药品溶液应稀释成1%～3%的浓度；絮凝剂、消毒剂及除藻剂等投加药品溶液应稀释成3%～5%的浓度。

14.5.3 化学药品的使用应遵循先进库房先使用的原则。

14.5.4 化学药品溶液的投加应符合下列规定：

1 不同品种的化学药剂的溶液应分别按各自独立的系统投加，并应以明显标志予以区分，不得混合投加；

2 除藻剂应根据气候情况和池水透明情况间歇性投加；

3 化学药剂均应采用湿式投加，粉末或粒状化学药剂不得直接撒入游泳池中。

14.5.5 化学药剂溶液的配制应符合下列规定：

1 全天所需要的药剂量宜一次调制完成。如有困难时，应确保每日每个开放场次的需用量一次调制完成。同时应按本规程表B.0.2的要求做好记录。

2 化学药品溶解或稀释时应将化学药剂投入有水的容器中，不得将水向药剂容器内投放。并应采用机械或水力的方式将药剂与水充分搅拌混合，应确保药液浓度均匀。

3 调制药液时应穿戴具有抗腐蚀的工作服、手套、护目镜、胶皮鞋等防护用品。

4 应开启调制化学试剂溶液房间的通风装置。

5 溶解化学药品的溶药桶（槽）应每日清除沉渣一次，盛装化学药品的溶液桶（槽）应至少每3d清除沉渣一次。

14.5.6 应对接触和操作化学品的人员进行专业培训，并应符合下列规定：

1 熟悉各种化学药品的成分、性质、功效、危害性和不同化学药品的标识；

2 熟悉各种化学药品的有效成分含量及影响有效成分的因素和预防措施；

3 熟悉各种化学药品的包装、商标、贮存运送要求和方法；

4 掌握各种化学药品发生泄漏、包装破损、垃圾回收及处理方法。

14.6 设备维护和管理

14.6.1 毛发聚集器的过滤筒应每日清洗一次。

14.6.2 循环水泵的操作维护应符合下列规定：

1 水泵应逐台在水泵出水管关闭情况下开启，然后再缓慢打开阀门。且工作泵与备用泵应交替运行，互为备用。

2 每日每场次对水泵运行情况应进行如下项目内容的工作记录：

1）检查不同水流量下电动机电流值及温升；

2）水泵转动部位的噪声及振动情况；

3）不同水流量下进水管及出水管压力表读数；

4）故障出现部位、产生原因及排除方法。

3 每年应对水泵进行一次中修，检查轴承磨损、机械密封情况，并应清除各类杂质，必要时应更换易损配件。

4 水泵运行时间超过500h时，应对轴承进行加油。

14.6.3 过滤器的操作应符合下列规定：

1 石英砂过滤器应在中速过滤速率下连续运行。在低游泳负荷及夜间时，宜以50%或35%的过滤速率运行；如提高过滤速率时，应缓慢增大。

2 石英砂过滤器如遇有下列情况之一时，均应进行反冲洗：

1）进水口与出水口的压力差达到0.06MPa；

2）进水口与出水口的压力差未达到0.06MPa，但连续运行时间已达到5d；

3）游泳池计划停止开放时间超过5d，且池水不泄空，在停止之前应进行反冲洗。

14.6.4 硅藻土过滤器的操作应符合下列规定：

1 初次预涂膜或脱落后再次预涂膜，在硅藻土混合液桶内的排水达到设定的游泳池水质浑浊度后，方可进入池水过滤工序；

2 板框式过滤器进水口与出水口的压力差达到0.07MPa时，应对过滤器进行反冲洗；

3 烛式过滤器进水口与出水口的压力差值大于出水口压力值的50%时，应对过滤器进行反冲洗。

14.6.5 过滤器反冲洗时应符合下列规定：

1 应逐个对过滤器进行反冲洗，不得2个及2个以上过滤器同时进行反冲洗；

2 反冲洗宜先进行空气冲，后进行水反冲洗；

3 反冲洗时应连续保持本规程第5.7.4条规定

的冲洗强度和历时，且反冲洗实施过程未结束时不得中途中断；

4 反冲洗完成后，应按不小于1.2倍的过滤流量进行正洗，待初滤水水质符合《游泳池水质标准》CJ 244时，过滤器方可投入过滤运行。

14.6.6 过滤器的维护应符合下列规定：

1 每月应清洁压力表连接管口及观察窗一次，并应检查排气阀的工作情况；

2 每3个月应检查压力表及流量计读数的准确性，并应对其进行校正；

3 每年应打开人孔一次，观察过滤介质与过滤器接触面的腐蚀情况及砂层的质量，并应补充新的滤料至设计高度；

4 每年应补充流失滤料一次；每隔5～7年应更换一次滤料及承托层，并应对过滤器壳体及内部配件进行检修，更换或进行防腐处理；

5 硅藻土过滤机经反冲洗后，进水和出水管上的压力差始终保持不变化时，应对过滤器内部的滤布进行清洗。

14.6.7 过滤器工作记录内容应包括：

1 每台过滤器的运行初始时间及终止反冲洗的时间、运行历时数；

2 每台过滤器应每个开放场次记录开场及终场的进水及出水压力值、压差；

3 每台过滤器反冲洗强度和反冲洗历时；

4 每台过滤器反冲洗完成后的正洗时间、历时及投入正式运行的时间。

14.6.8 加药及控制设备的操作维护应符合下列规定：

1 应熟悉所配置设备的性能，并应严格按照供货商提供的产品技术要求和操作规程、程序进行操作；

2 每个开放场次应巡视水质自动监测系统仪器仪表工作状况不少于1次，确保读数的准确，并应对水质监测结果进行如实记录；

3 应每2周对水质检测设备进行维护保养、保洁和校准；

4 水质检测分析工具包应保持洁净，并经常对试剂的质量、有效期进行检查；

5 化学药剂投加点应经常进行清洁、不得发生堵塞及虹吸作用；

6 每个开放场次内应巡视检查加药泵是否工作在正确的冲程内，以及输送的药液是否通过加药输送管道送往药剂投加点；

7 自动控制参数的设定应符合设计要求及产品技术规格规定；

8 系统的测量、调节、显示和记录仪表等，应每年进行一次检修和调校。

14.6.9 臭氧发生器的维护管理应符合下列规定：

1 应及时向水封罐补加水封；

2 设备运行250～1000h，应清理或更换进风过滤器；

3 设备运行500～2000h，应更换机内过滤器，并应对设备进行清洁一次；

4 进行上述各项工作时均应切断电源，并由供货商完成上述工作；

5 臭氧系统运行过程应每2h对下列各项参数记录一次：

1）臭氧设备的电压、电流、频率；

2）臭氧产量、臭氧浓度；

3）反应罐出水水流、活性炭吸附罐进水及出水或经臭氧消毒水与未经臭氧消毒水混合后水流中的氧化还原电位。

14.6.10 氯气投加、输送、使用、贮存等设备、设施，应严格按照现行国家标准《氯气安全规程》GB 11984相关规定执行。

14.6.11 加热设备的维护管理应符合下列规定：

1 应严格控制池水温度，其允许误差为±1℃；

2 如为分流式加热方式，二次水水温不宜超过40℃，一次水水温不应低于60℃；

3 如为多台加热设备，应各台交替运行；并应在运行前对设备上的各种阀门、附件、仪表、密封装置及设备的稳固性进行仔细检查，发现问题应及时解决；

4 加热设备应在池水循环净化系统正常运行后，方可开启运行；如池水循环净化过滤系统停止工作时，应立即关闭热源供给管道上的阀门，该阀门也可采用电动阀门，并应与循环水泵开启、关闭进行连锁；

5 加热设备应每年进行一次检修，清除锈垢和进行必要的防腐处理。

14.6.12 游泳池每个开放场次，应对加热设备的下列各项参数记录一次：

1 热媒的压力、温度；

2 被加热池水进入和流出加热设备的二次水的温度、压力；

3 被加热池水与未被加热池水混合后的温度、压力。

14.6.13 附属设施及配件，应按下列规定进行检查维修：

1 溢水槽、溢流回水槽的格栅盖板，应在每个开放场开放前检查一次，应确保位置正确、稳固，开放期间亦应随时巡视检查；

2 给水口、池底回水口、泄水口等格栅护盖，应每个开放场次检查一次，应确保完整、固定牢靠，如有破损残缺情况时应立即更换；

3 每周对管道系统上的各类阀门的开启、关闭位置的密封性能、工作情况应检查维修一次。

附录 A　施工验收技术文件的内容和格式

A.0.1　阀门试验记录的格式应符合表 A.0.1 的规定。

表 A.0.1　阀门试验记录

项目：			装置：				工号：		
型号规格	数量	压力试验			密封试验			结果	日期
		介质	压力（MPa）	时间（min）	介质	压力（MPa）	时间（min）		
备注：									
检验员：			试验人：				时间：　　年　月　日		

A.0.2 隐蔽工程（封闭）检测试验记录的格式应符合表 A.0.2 的规定。

表 A.0.2 隐蔽工程（封闭）检测试验记录

<table>
<tr><td colspan="2">项目：</td><td>装置：</td><td>工号：</td></tr>
<tr><td>隐蔽
封闭
部位</td><td></td><td>施工图号</td><td></td></tr>
<tr><td colspan="4">隐蔽封闭
前的检查</td></tr>
<tr><td colspan="4">隐蔽
封闭
方法</td></tr>
<tr><td colspan="4">简图说明：</td></tr>
<tr><td colspan="2">建设单位签章：
代表：

年 月 日</td><td>监理单位签章：
代表：

年 月 日</td><td>施工单位签章：
施工人员：
检验员：

年 月 日</td></tr>
</table>

A.0.3 管道系统压力试验记录的格式应符合表A.0.3的规定。

表A.0.3 管道系统压力试验记录

项目：			装置：				工号：		
管线号	材 质	设计参数		压力试验			泄漏性/真空试验		
		压力（MPa）	介质	压力（MPa）	介质	鉴定	压力（MPa）	介质	鉴定
建设单位签章： 代表： 年 月 日			监理单位签章： 代表： 年 月 日				施工单位签章： 检验员： 试验人员： 年 月 日		

A.0.4 安全阀最终调试记录的格式应符合表 A.0.4 的规定。

表 A.0.4 安全阀最终调试记录

项目：			装置：			工号：		
位号	规格型号	设计		调试			调校人	铅封人
		介质	开启压力（MPa）	介质	开启压力（MPa）	回座压力（MPa）		
建设单位签章： 代表： 年 月 日			监理单位签章： 代表： 年 月 日			施工单位签章： 检验员： 试验人员： 年 月 日		

A.0.5 工程交接检验书的格式应符合表 A.0.5 的规定。

表 A.0.5 工程交接检验书

<table>
<tr><td>项目：</td><td>装置：</td><td>工号：</td></tr>
<tr><td colspan="2">单项（位）工程名称：</td><td>交接日期：年 月 日</td></tr>
<tr><td colspan="3">工程内容：</td></tr>
<tr><td colspan="3">交接情况（符合设计的程度、主要缺陷及处理意见）：</td></tr>
<tr><td colspan="3">工程质量鉴定意见：</td></tr>
<tr><td>建设单位签章：
代表：

年 月 日</td><td>监理单位签章：
代表：

年 月 日</td><td>承包单位签章：
代表：

年 月 日</td></tr>
</table>

附录B　游泳池池水净化处理维护管理内容及格式

B.0.1　游泳池水质监测每日记录的内容及格式应符合表B.0.1的规定。

表B.0.1　游泳池水质监测日志　　　　年　月　日

日常检测项目									
时间	室外温度(℃)	室内温度(℃)	池水温度(℃)	pH值	ORP	余氯		进场人数	游泳人数
						游离性余氯	化合性余氯		
……									
8:00									
9:00									
10:00									
11:00									
12:00									
13:00									
14:00									
15:00									
16:00									
17:00									
18:00									
19:00									
20:00									
21:00									
22:00									
……									

补水量：	m^3	检测频率：	次/　小时
室外天气：		风力：	风向：
日检测项目(负荷高时)			
浊度		化合余氯(Cl)	
使用臭氧消毒时			
臭氧(反应罐后)		臭氧(活性炭罐后)	
臭氧(入池前/出池后)			
周检测项目(负荷高日)			
碱度		尿素	
月检测项目(固定日)			
溶解性总固体		钙硬度	
记录人/检测人：		审核人：	
备注：			

B. 0. 2　游泳池池水净化处理设备每日运行状况记录的内容及格式，应符合表 B. 0. 2 的规定。

表 B. 0. 2　游泳池水净化设备运行状况日志　　　　年　月　日

药剂种类	化学药剂		有效含量（%）	溶液浓度（%）	投加量（mg/L）	投加时间
	名称	用量（kg）				
消毒剂						
混凝剂						
pH 调节剂						

过滤器编号	运行时间	进/出水口压力（MPa）	冲洗前压差（MPa）	冲洗后压差（MPa）	反冲时间（min）
1号	8：00～12：00				
	12：00～16：00				
	16：00～20：00				
2号	8：00～12：00				
	12：00～16：00				
	16：00～20：00				
3号	8：00～12：00				
	12：00～16：00				
	16：00～20：00				
……	按过滤器数量增加				

循环水泵编号	运行时间	进水管压力（MPa）	出水管压力（MPa）	电压（V）	电流（A）
1号	8：00～12：00				
	12：00～16：00				
	16：00～20：00				
2号	8：00～12：00				
	12：00～16：00				
	16：00～20：00				
3号	8：00～12：00				
	12：00～16：00				
	16：00～20：00				
……	按循环水泵数量增加				

加热器编号	时　间	热媒进/出口温度（℃）	进/出水管压力（MPa）	进/出水口温度（℃）	池水温度（℃）
1号	8：00～12：00				
	12：00～16：00				
	16：00～20：00				
2号	8：00～12：00				
	12：00～16：00				
	16：00～20：00				
……	按加热器数量增加				

操作记录人：　　　　　　　　　　　　　审核人：

B.0.3 游泳池水质和设备每日管理记录的内容及格式，应符合表B.0.3的规定。

表B.0.3 游泳池水质管理和设备日检项目 年 月 日

序号	项目		是(✓)/否(×)	操作人	记录人	备注
1	水质	室外气温(℃)				
		室内气温(℃)				
		池水温度(℃)				
		pH值				
		ORP				
		余氯				
		浊度				
		进场人数				
		游泳人数				
2	药剂	消毒剂				
		混凝剂				
		pH调节剂				
3	过滤器	1号				
		2号				
		……				
4	水泵	1号				
		2号				
		……				
5	加热器	1号				
		2号				
		……				
6	消毒设备	臭氧发生器				
		计量泵				
		……				
7	附属设备	扶梯				
		泳道线				
		布水口				
		回水口				
		排水口				
8	清洁	泳池地面				
		溢水格栅				
		更衣室				
		卫生间				
		毛发过滤器				

审核人： 记录人：

本规程用词说明

1 为便于在执行本规程条文时区别对待，对要求严格程度不同的用词说明如下：

1）表示很严格，非这样做不可的：
正面词采用“必须”，反面词采用“严禁”；

2）表示严格，在正常情况下均应这样做的：
正面词采用“应”，反面词采用“不应”或“不得”；

3）表示允许稍有选择，在条件许可时首先应这样做的：
正面词采用“宜”，反面词采用“不宜”；
表示有选择，在一定条件下可以这样做的，采用“可”。

2 规程中指明应按其他有关标准执行的写法为：“应符合……的规定”或“应按……执行”。

中华人民共和国行业标准

游泳池给水排水工程技术规程

CJJ 122—2008

条 文 说 明

前　言

《游泳池给水排水工程技术规程》CJJ 122－2008，经住房和城乡建设部2008年11月4日以第138号公告批准发布。

为便于广大设计、施工、科研、学校及经营等单位有关人员在使用本规程时能正确理解和执行条文规定，《游泳池给水排水工程技术规程》编制组按章、节、条顺序编制了本规程的条文说明，供使用者参考。在使用中如发现本条文说明有不妥之处，请将意见函寄至中国建筑设计研究院。

目　次

1　总则 ………………………………… 2—28—49
2　术语、符号 ……………………… 2—28—49
2.1　术语 ……………………………… 2—28—49
2.2　符号 ……………………………… 2—28—49
3　池水特性 ………………………… 2—28—49
3.1　原水水质 ………………………… 2—28—49
3.2　池水水质 ………………………… 2—28—50
3.3　池水温度 ………………………… 2—28—50
3.4　充水及补水 ……………………… 2—28—50
4　池水循环 ………………………… 2—28—51
4.1　一般规定 ………………………… 2—28—51
4.2　游泳负荷 ………………………… 2—28—51
4.3　循环方式 ………………………… 2—28—51
4.4　循环周期 ………………………… 2—28—52
4.5　循环流量 ………………………… 2—28—52
4.6　循环水泵 ………………………… 2—28—52
4.7　循环管道 ………………………… 2—28—52
4.8　平衡水池和均衡水池 …………… 2—28—53
4.9　给水口 …………………………… 2—28—53
4.10　回水口和泄水口 ……………… 2—28—54
4.11　溢流回水槽和溢水槽 ………… 2—28—54
4.12　补水水箱 ……………………… 2—28—55
5　池水净化 ………………………… 2—28—55
5.1　一般规定 ………………………… 2—28—55
5.2　净化工艺 ………………………… 2—28—55
5.3　预净化设备 ……………………… 2—28—55
5.4　石英砂过滤器 …………………… 2—28—56
5.5　硅藻土过滤器 …………………… 2—28—57
5.6　辅助过滤设备 …………………… 2—28—57
5.7　过滤器反冲洗 …………………… 2—28—58
6　池水消毒 ………………………… 2—28—58
6.1　一般规定 ………………………… 2—28—58
6.2　臭氧消毒 ………………………… 2—28—59
6.3　氯消毒 …………………………… 2—28—60
6.4　紫外线消毒 ……………………… 2—28—61
6.5　其他消毒剂 ……………………… 2—28—61
6.6　化学药品投加设备 ……………… 2—28—62
7　池水加热 ………………………… 2—28—62
7.1　一般规定 ………………………… 2—28—62
7.2　耗热量计算 ……………………… 2—28—62
7.3　加热设备 ………………………… 2—28—62
7.4　太阳能加热系统 ………………… 2—28—62
7.5　热泵加热系统 …………………… 2—28—63
8　水质监测和系统控制 …………… 2—28—64
8.1　一般规定 ………………………… 2—28—64
8.2　监测项目 ………………………… 2—28—64
8.3　监控要求 ………………………… 2—28—64
8.4　水质平衡 ………………………… 2—28—64
9　特殊设施 ………………………… 2—28—65
9.1　一般规定 ………………………… 2—28—65
9.2　跳水池制波 ……………………… 2—28—65
9.3　安全保护气浪 …………………… 2—28—65
9.4　移动分隔墙和升降池底 ………… 2—28—66
9.5　放松池和淋浴 …………………… 2—28—66
9.6　撇沫器 …………………………… 2—28—66
10　洗净设施 ……………………… 2—28—66
10.1　浸脚消毒池 …………………… 2—28—66
10.2　强制淋浴 ……………………… 2—28—67
10.3　清洗水嘴 ……………………… 2—28—67
10.4　池底清污器 …………………… 2—28—67
11　排水及回收利用 ……………… 2—28—67
11.1　一般规定 ……………………… 2—28—67
11.2　池岸排水 ……………………… 2—28—67
11.3　游泳池泄水 …………………… 2—28—67
11.4　其他排水 ……………………… 2—28—67
12　池水净化设备机房 …………… 2—28—68
12.1　一般规定 ……………………… 2—28—68
12.2　循环水泵及均衡水池布置 …… 2—28—68
12.3　过滤设备布置 ………………… 2—28—68
12.4　加药间及药品库 ……………… 2—28—68
12.5　消毒设备 ……………………… 2—28—68
12.6　换热器 ………………………… 2—28—68
12.7　控制设备 ……………………… 2—28—68
13　施工与质量验收 ……………… 2—28—68
13.1　一般规定 ……………………… 2—28—68
13.2　设备及配套设施安装 ………… 2—28—69
13.3　管道安装 ……………………… 2—28—69
13.4　专用和附属配件安装 ………… 2—28—69

13.5 阀门和仪表安装…………………… 2—28—69
13.6 管道检测和试验…………………… 2—28—69
13.7 设备检测和试验…………………… 2—28—69
13.8 质量验收…………………………… 2—28—70
14 运行、维护和管理 ………………… 2—28—70
14.1 一般规定…………………………… 2—28—70
14.2 水质异常处理……………………… 2—28—70
14.3 水质监测…………………………… 2—28—70
14.4 环境卫生保持……………………… 2—28—70
14.5 化学药品溶液配制………………… 2—28—70
14.6 设备维护和管理…………………… 2—28—71

1 总　　则

1.0.1 随着我国经济的快速发展，人们对文化体育活动越来越重视，特别是游泳是最好的健身运动，是老、中、青、少皆宜的运动。因此，各种不同功能的游泳池（馆）的建设进入了一个高潮。然而从已建成并投入使用的游泳池（馆）的实践看，使用功能、安全、卫生、设施运行及管理等方面还存在着不适应人们需求的问题。为此，规程将技术先进、节约水资源、卫生健康、环境优美、施工方便、维护简单和经济、实用等要求作为设计应遵守的原则。

结合当地经济、技术实际情况是工程设计应坚持的一个原则。我国目前的发展还不平衡，经济实力、技术管理水平、消费能力等都有差别，故设计不能片面强调高标准，而应在坚持以人为本的原则下，从投资、运行成本、社会效益及创造优美环境等方面综合考虑。

1.0.2 游泳池（馆）由于使用性质、使用对象的不同而有很多的类型：如竞赛用、训练用、教学用、休闲用、医疗用等；休闲池又分造浪池、滑道跌落池、环流河、气泡池及水力按摩池等；因所用原水水质不同还分淡水型、温泉型、海水型等。要用一本规范完全涵盖，尚有困难。故规程对其使用范围进行了界定。

由于目前我国尚无游泳池给水排水工程施工验收方面的规范，本次增加了这方面的内容，扩大了使用范围。

医疗、温泉、海水游泳池及天然水域游泳场，因其使用对水质、水温、加药、消毒剂等方面有其特殊要求，如完全按本规程要求进行设计就有可能改变水质特性，失去设置该类型游泳池所要达到的目的，故这类游泳池的设计不包括在本规程的适用范围内，如遇到此类型游泳池，其设计应按有关专业规范或工艺设计要求进行设计。如何开展，目前有些规定其主管部门正在筹备立项阶段，故在此提醒设计人员注意。

1.0.3 游泳池的类型较多，如竞赛用游泳池因其竞赛项目不同就可分为游泳、跳水、花样游泳及水球等，它们对池子大小、水深、设施等都有不同的要求；又如公共游泳池也有成人游泳、初学游泳、儿童游泳等之分。

休闲类游泳池的类型更为繁多，娱乐性的如造浪池、滑道跌落池、环流河、气泡池、潜水池、探险池、逆流池及戏水池之分。同时还都配套有多样性、娱乐性、情趣性、惊险性的娱乐设施及为吸引游人还配有一些水景设施，如瀑布、喷泉、卡通喷水等。健身性的如按摩池、水中行走、水中登山、水中踏步、水中划桨、水中康复、水中脚踏车等。

为满足不同的使用功能要求，并确保安全可靠、环境优美和卫生环保，设计中必须与土建、电气、体育工艺设计和水上游乐等相关专业设计密切配合，以保证最大限度发挥其社会效益和经济效益。

1.0.4 选用符合国家产品标准的设备及设施是设计人员必须遵守的原则，只有这样才能保证系统正常使用。鉴于我国还有一些游泳池的池水净化处理设备的产品无国家及行业标准，设计选用时应有产品鉴定或评审技术文件，确保产品质量可靠、安全实用。

1.0.5 本规程是一本专业规范，对游泳池的循环水净化系统的设计参数、设备配置、控制要求等方面作了规定，而对游泳池的辅助设施如办公室、器材库、卫生间、淋浴间、医疗救护等房间的给水排水和消防给水等未作规定，这些内容国家都有相应的规范，设计时都应遵守。

2 术语、符号

2.1 术　　语

本规程将《中国土木工程大辞典·建筑设备》中有关游泳池的名词以及其他资料的词条，并参照美国、英国等国家的“游泳池规范”的有关词条，结合我国的实际情况和习惯整理而成。

游泳池方面的术语很多，涉及到体育竞赛、体育工艺设计、建筑设计、空调通风、电气照明及安全警示等方面。根据本规程的使用对象，只列出与游泳池给水排水工程设计、施工及维护管理有关的术语，而其他规范中列有本规程出现的术语，本规程不再列入。

术语是按其在本规程条文中出现的先后顺序依次排列。

2.2 符　　号

本节所列出的符号为本规程中计算公式中出现的全部符号，并一一说明了它们在本规程中的涵义和量纲。符号是按其类别排列。

3 池 水 特 性

3.1 原 水 水 质

本节所阐述的原水是指供给游泳池用水水源提供的未经游泳池循环净化处理系统处理的水。游泳池充水水量较大，但只出现在初次或更换池水的情况下，其出现频率极少，充水时间可适当加长，而且池水在循环净化处理的过程中，每天补充的新鲜水水量很少。为此，单独设置一套原水处理设备实无必要。因此，本规程要求原水的水质应符合现行国家标准《生活饮用水卫生标准》GB 5749 的规定。即推荐采用城市自来水，以简化池水循环净化处理工艺流程。

对于采用自备井水、泉水或地热水作游泳池的原水时，水中的含铁量超过0.1mg/L、锰含量超过0.05mg/L时，这样的水与用于游泳池水处理的化学药品会发生化学反应，会使池水的颜色变黑或墨绿色。故应予以适当的处理。

3.2 池水水质

3.2.1 在人们生活质量不断提高的情况下，游泳池的池水水质已受到游泳爱好者的关注，他们已从关注池水的透明洁净程度、不良味道和气味方面而上升到了关注池水的舒适感、有无细菌感染和有毒化学物质等更高层次的身体健康上来。这就是说对池水水质的品质有了更高的要求。为此，规程对游泳池的池水标准作了基本的规定。

游泳池的主体就是水，水质的好坏直接关系到游泳池的品质和游泳者的健康。同时，水质卫生标准的确定还关系到池水净化处理工艺流程的确定、净化设备的配置和运行成本的高低。这就是说水质卫生标准是确定游泳池池水净化处理系统的基础。

本规程规定的游泳池池水水质卫生标准是中华人民共和国城镇建设行业标准《游泳池水质标准》CJ 244-2007的规定。具体规定详见表1和表2所示，这个标准是指经过净化处理后的水送入游泳池与未被净化的水混合以后应达到的最低要求的水质标准。这就要求净化设备净化后的出水水质高于池水标准。

表1 游泳池池水水质常规检验项目及限值

序号	项目	限值
1	浑浊度	≤1NTU
2	pH值	7.0～7.8
3	尿素	≤3.5mg/L
4	菌落总数(36±1℃，48h)	≤200 CFU/mL
5	总大肠菌群(36±1℃，24h)	每100mL不得检出
6	游离性余氯	0.2～1.0mg/L
7	化合性余氯	≤0.4mg/L
8	臭氧(采用臭氧消毒时)	≤0.2mg/m³ 以下(水面上空气中)
9	水温	23～30℃

注：本表摘自《游泳池水质标准》CJ 244-2007。

表2 游泳池池水水质非常规检验项目及限值

序号	项目	限值
1	溶解性总固体(TDS)	≤原水 TDS+1500mg/L
2	氧化还原电位(ORP)	≥650mV
3	氰尿酸	≤150mg/L
4	三卤甲烷(THM)	≤200μg/L

注：本表摘自《游泳池水质标准》CJ 244-2007。

3.2.2 国际游泳联合会（FINA）新版《国际游泳竞赛规则》（2005～2009年）中取消了2002～2005年版本中“第14章水质卫生”的内容，但在新版的总则中提出“游泳池的卫生、健康和安全，应符合举办国的当地法律和卫生各项规定”。本规程规定如遇有此类竞赛用游泳池还应遵守国际游泳联合会有关规定，以适应不断发展的需要和变化要求。

3.3 池水温度

3.3.1 游泳池的用途不同，服务对象不同，其对池水的温度要求也不一样。池水温度低于23℃，人会有冷的感觉，容易出现不适，对运动员来说会影响竞技状态。池水温度高于30℃，则会产生：①游泳者汗液、脂肪分泌加快，池水污染就加快；②室内气温和湿度也随之增高，环境质量变差，闷热缺氧，人感到不适；③造成设备设施腐蚀加快和能源消耗增加；④会使池水中的微生物繁殖加快；⑤增加氧的消耗量。为使水温与气温平衡，将池水蒸发降低到最少，从而得到游泳者所需要的最佳舒适度。为此，本规程对不同用途游泳池和池水温度作了规定。其幅度范围是要求池水温度可以根据需要进行调节。

3.3.2 室外露天游泳池的最低水温为23℃，依据大多数游泳者的健康及安全确定。如低于或高于此限定有可能带来不良后果。据《游泳场所卫生管理》（1987.12.北京）一书介绍：“人体在水中比在空气中释放出的热量要多60%～80%。当水温在20℃以下时，体温则急剧下降。水温为15℃时，在不到30min的时间里，体温下降到34.4℃。水温过低还可以引起心脏疾患以及痉挛等。”露天游泳池一般不考虑冬泳因素。如夏季中午时段水温高于30℃时，会出现本规程第3.3.1条说明中的问题，故应停止开放，以防出现安全事故。

3.4 充水及补水

3.4.1 游泳池充水时间是指游泳池建成后向池内灌水或池水泄空后重新向池内注新水所需要的时间。它是根据游泳池的使用性质、类型、泳池大小和当地原水供应情况确定。如当地水资源紧张，为不影响周围其他建筑正常用水，可选用长一些的充水时间。

3.4.2 游泳池的补水是指游泳池在正常使用过程中因种种原因将损失掉的水补充进去，使游泳池的水表面永远维持在规定的范围内。除条文中规定的影响补水量大小的因素外，还应考虑卫生健康这一因素。所以，防止池水老化应予以重视。我国目前尚无此方面的规定。

3.4.3～3.4.5 城市给水管采用间接方式补入游泳池能有效防止原水被污染及因补水管道水压变化产生的不均衡现象。如采用城市给水管直接补水必须采取防回流污染措施，防止池水倒流污染补水水源。为了节约用水，合理补水，设置补水的计量装置是不可缺少的。

4 池水循环

4.1 一般规定

4.1.1 为贯彻节约用水和环境保护原则，推荐池水循环净化后重复使用。

4.1.2 由于游泳池的池水循环净化建立在稀释理论基础上，所以池水净化过程是一个逐步稀释的过程，也就是把使用过的池水经过过滤净化，使水得到澄清，再补充到泳池内，使池水始终保持在规定的水质洁净程度内。因此，游泳池给水系统的给水，必须使净化过的水送到游泳池的每一个角落，并做到池水表面平稳无波动、无涡流、无死水区；而其回水系统的回水口要不使水短流和有效地减少水中杂质的沉淀。对顺流式循环系统还要注意，池内的表层水也要得到循环净化处理。如果没有有效的水力分配和循环，很难获得良好的池水水质。为保证池水水质卫生符合规定要求，规定池水循环设计应达到的基本要求。

4.1.3 不同游泳池分别设置循环净化系统，主要是适应各自的要求，方便管理，不至于因某一个游泳池维修而影响其他游泳池的使用。

4.1.4 水上游乐池因其大部分池子较小，如分开设置池水循环净化系统则形成设备机房较多，管理复杂而且不经济。因此，允许从使用功能上有条件合设一套池水净化系统。规程对合并设置的条件及保证不同池子的正常使用提出了设计应注意的问题及采取的措施。

4.1.5 水上游乐池除了应设置池水循环净化系统外，为了保证其游乐安全性、趣味性、水景的需要，对设置独立的功能性循环水系统及水景类循环水系统的原则作了规定。

4.1.6 为保证不污染城市自来水，规定儿童戏水池内的滑梯直接用自来水作润滑水时要设倒流防止器。

4.2 游泳负荷

4.2.1 规定游泳负荷的目的是为了保证池水的水质卫生时刻都能符合规定，保证游泳人员的正常游泳健身活动的环境和游泳者往返活动安全保证的空间、舒适程度、池子类型、游泳者的游泳能力、池水深度、安全卫生、池水循环净化系统运行情况等因素，条文对不同池水深度泳池内游泳人数所需水面面积控制标准作出了规定，该标准是根据 2005 年 7 月《上海市游泳场所开放服务规定》、2006 年 10 月《北京市体育运动场所经营单位安全生产管理的规定》，并参照美国、英国、澳大利亚等国家的规定及世界卫生组织的建议数值综合后提出的负荷指标。

4.2.2 水上游乐池应根据游乐活动功能和活动趣味性，在确保安全的前提下合理确定了水上不同活动每人的最小水面面积。这个标准是根据现行国家标准《水上游乐设施通用技术条件》GB 18168－2000的规定和有关国家及世界卫生组织的建议值提出的负荷标准。

4.3 循环方式

4.3.1 为保证池水的有效循环，要求设计仔细从水力学角度出发，做到每个部位的水都能得到净化处理，以及被处理后的优良水质与池内整个池水确实达到均匀循环，防止池内一部分水循环快，另一部分水循环慢的现象出现。最大限度减少涡流和死水区，并能有效地清除游泳池的表面水和池底水。条文从均（平）衡水池、给水口、回水口的设置方面对循环水水流组织提出了具体要求，保证池内布水均匀、防止涡流、防止死水区、防止短流和保证池水水质符合卫生要求，确保游泳者的身体健康。

4.3.2 本条规定游泳池水循环方式的确定原则，并针对游泳池的不同用途提出具体推荐意见。

1 逆流式池水循环方式有如下优点：①能有效去除池水表面污物；②池底均匀布置给水口能达到水流均匀，防止涡流；③能均匀有效地使池水交换更新，提高池水的处理效果；④池水温度均匀，不会出现不同水深的温差；⑤池水水温稳定，不会因过滤器用池水反冲洗而影响池面水位变化；⑥池底沉淀污物极少。

混合流式池水循环方式除具有逆流式池水循环方式的优点外，还具有由池底回水的优点，即水流能冲刷带走池底的部分积污。

工程实践为设计提供了既能满足池底均匀布置给水口的要求，又能节约建设费用，而且维修更换给水口可不破坏池体结构的做法，即游泳池的池底不必架空，而采取加大池深，将配水管埋入池底垫层或埋入沟槽，以大大降低工程造价。这种池水循环方法在国内应用较多，故予以推荐。

2 公共游泳池、露天游泳池和水上游乐池，一般水深较浅，有的形状不规则，且大多数为群众健身、休闲之用，有季节性使用特点。为节省建设施工费用和方便投入使用后的维护管理，推荐顺流式池水循环方式。

3 水上游乐池的类型较多，池水较浅，池子形状不规则，占地面积较大，布局分散，池岸有的高出地面，有的与地面相平，故应结合具体情况选用池水循环方式。

造浪池因其池形构造之故，一般采用混合流式池水循环。

4.3.3 在游泳池水中，大部分有机物污染杂质靠近或集中在池水表面，某些看不见的但对健康有害的物质停留在池水表面，若不及时溢流，进行净化处理，将是一个潜在的感染源。根据世界卫生组织要求从池表面排除的水量应为75%～80%。参考国外资料和国内工程实践，本规程规定在混合流式池水循环方式中，池水表面的回水量不应小于循环流量的60%。

4.3.4 从保证每个池子池水的循环周期，方便调节循环水流量而作的规定。

池水24h连续循环有利于保证水质卫生。考虑到夜间无人游泳，条文参照国外资料，规定夜间可按游泳池循环流量的1/2或1/3进行池水循环。

4.4 循环周期

4.4.1 池水的循环周期是保证池水水质卫生的主要措施之一，它是决定循环水量的基本数据。

循环周期与游泳池的使用性质、池水容积、水面面积、池水深度、游泳负荷、消毒方式、池水净化设备的运行方式、室内池还是室外池、池前有无强制冲洗、消毒措施、当地环境状况和卫生习惯等因素有关，设计时应综合考虑。

以往确定的池水循环周期，对于消毒剂残留物的腐败分解，过滤器超负荷工作造成效率下降，使池水水质达不到规定的标准，因而不能满足游泳池的使用要求这一因素重视不够，本条对池水的循环周期作了修改，提高了要求。但与世界卫生组织的要求还有差距，在有条件的情况下，设计应采用表4.4.1中下限值的高标准要求。

4.4.3 两种使用池水水深是指同一游泳池为满足花样游泳或跳水需要而设计成的不同水深。由于不同的池水深度，其游泳负荷不同。浅水区一般游泳的人数较多，且初学游泳的人大都在该水域活动，池水容易被弄脏。为保证这个水域有更多的净化水供应，则池水的布水分配系统就要合理进行分区，不同水深的区域可以采用不同的循环周期和配置相应数量的给水口，这样就可以有效保证池内水质均匀。2006年世界卫生组织在《环境娱乐用水安全准则》中特别提出：有活动底板的游泳池，循环周期应根据泳池最浅深度进行计算，这在实际工程设计中应引起重视。

4.5 循环流量

4.5.1 循环流量是决定池水净化设备容量、规模的基本依据之一，合理的循环流量是保证产生良好水质的前提。本条规定的计算公式是经验公式，实践证明只要循环周期选择得当，该公式还是有效的。

4.5.2 该条规定的数据是参考国外资料制定的，但设计时还应与滑道专业设计公司协商确认。

4.6 循环水泵

4.6.1 循环水泵的容量应满足循环流量和循环周期的需要，其工作压力要保证在设计规定的循环周期内过滤器变脏时仍能保证需要，还应考虑后续处理设备的所需压力。

1 不同用途的泳池、水景设施所用水泵应分开设置，以利控制循环周期、水压和独立使用。所选水泵的工作点应在水泵高效区运行，以节约电能。

2 池水循环净化系统规定工作主泵不宜少于2台，主要考虑如下因素：①不使单台水泵容量过大，而且有利水泵灵活运行；②为了保证过滤净化系统能24h运行，即白天高负荷时，可工作泵同时工作以保证循环周期；夜间无人游泳时，只使用1台泵以保证过滤器的正常工作和减少能源消耗，并使水质符合要求。

3 如选用石英砂过滤器，条文规定宜设备用泵。但对于选用硅藻土过滤器时，因硅藻土过滤机组是由过滤器、循环水泵、助凝剂桶组成统一机组，机组是同时工作或停止，不存在设备用泵之说，故设计时应予以注意。

4.6.4 滑道除安装坡度保证下滑需要之外，作为给水排水专业来讲，连续不断地给滑道表面供给润滑水是保证下滑游客不能因无水下滑发生皮肤擦伤安全事故的需要。因此，必须设置备用水泵，而且应能自动切换。

4.6.5 水泵自灌设计保证水泵可随时能够开启。水泵靠近均衡水池可减少吸水管阻力损失，保证水泵高效工作和延长使用寿命。

4.7 循环管道

4.7.2 对于室内常年开放使用的游泳池的循环水管道，设置管廊有利于检修和保温。

对于室外露天游泳池和水上游乐池，设置管沟有利于防止管道被重物压坏和土壤腐蚀，可延长管道的使用寿命。

当水上游乐池类型较多、占地面积较大、设置管沟有困难且增加投资较大时，可采用埋地敷设，但应采取有效的防腐和防压坏措施。

设置管廊或管沟时，沟或廊的有效高度不宜低于1.8m。为检修和安装方便，还应设置人孔（或门）、吊装孔。沟（廊）内宜有照明和通风设施。

游泳池设有观察窗时，管廊（沟）内应设有事故排水装置，以防观察窗损坏池水流入设备机房造成损失。

4.7.3 预留沟槽式：在有配水管的地方将池底做成沟槽形状，配水管就埋设在沟槽内，然后再在配水管上接给水口，待安装完成后，用低强度等级混凝土填满。此种方式池底不需要架空，造价可降低，但结构设计和施工较困难。

预留垫层式：将池子的有效深度增加0.3～0.5m，配水管就敷设在这个增加的空间内，给水口从配水管接出，安装完成后用低强度等级混凝土填满。在填充混凝土时，应注意保证管道不被损坏和位移。这种方式对结构设计、施工和管道安装、维修都有利。

4.7.4 游泳池采用逆流式循环水系统，因其溢流回水槽与大气相通，槽内回水口与回水管的连接管很难做到等流程连接，在实际工程中出现水气两相流。当回水干管接入均衡池水面以下时，则在靠近回水管末端的回水口会出现向大气排出管内气体的现象，并发出嘟嘟的声音，有时会出现喷水现象。为防止产生这种现象，条文对逆流式循环回水管的连接作出了规定。

4.8 平衡水池和均衡水池

4.8.1 本条规定了设置平衡水池的条件和要求。

1 直接从泳池吸水时，吸水管较长，沿程阻力大，影响水泵吸水高度，不能满足循环水泵的自灌式开启时，规定可以设置平衡水池。

2 平衡水池是为了节约用水和热能，贮存因游泳者入池排出的水、过滤器反冲洗用水和游泳池的不断补水，平衡水量浮动而设置的池子。由于回水管成了游泳池与平衡水池的连通管，故应考虑水面平衡。

4.8.3 本条系为保证循环水泵的正常运行和安装水泵吸水口的构造要求而提出的，以避免池子过小。并从构造和使用方面对平衡水池的设计提出了6条具体要求。

4.8.4 逆流式循环供水方式是采用溢流式回水，回水管道中夹带有相当量的气体，均衡水池可起气水分离、沉淀较大杂物、提高水泵效率和减少水泵振动和噪声作用，但主要是为调节泳池负荷不均匀时溢流回水量的浮动，以节约能源和水量。

4.8.5 本条给出游泳者所排出池水体积的数据是参考国外关于人均体积为 $56.25\sim65.0cm^3$ 这一数据，并考虑到我国人体的实际情况，规定取 $0.056m^3$。

4.8.6 均衡水池池内的水面与游泳池的水表面的高差规定是保证溢流回水管自流回水，但高差不宜太大，减小跌落水头，以利于减小循环水泵扬程和水泵功率。同时为了使溢流回水管不致因回水口距回水总管间距不同程或非淹没流导致吸入空气而产生噪声，条文参照德国规范作出了本条第1款的规定，以引起设计人员的重视。第2款的规定是从节约用水考虑。由于均衡水池是均衡水量，具有一定因游泳者入池而溢出水量的容积，故为了防止池内水位下降就开始补水而作的规定。

4.9 给 水 口

4.9.1 给水口的设置数量应满足循环流量的要求，保证循环水净化后水量满足规定。给水口的设置对池内水流的组织很重要，其位置要保证循环净化水均匀进入到池内各个角落，并均匀推动水流向前或向上流动，不产生短流、涡流、急流和死水区，只有这样才能保证池水水质均匀。

4.9.2 本条对游泳池池底给水时的布水方式作了具体规定。

1 满天星布置：将给水口均匀布置在每条泳道分隔线在池底的垂直投影线上，间距不宜超过3.0m。深水区的给水口可以少一些，浅水区可以多一些，以满足不同循环周期的要求。

2 条状式布置：在平行游泳池长边方向设置3～5条配水管。配水管上安装给水口，间距为2.0～2.5m。悉尼奥运会游泳比赛馆就采用这种布置。

3 管槽式给水：在池底管槽内安装用工程塑料制作的条形向外呈弧状的可拆卸盖板，其上均匀钻有出水孔，水经槽内给水管从出水孔均匀进入游泳池内。这种给水槽国内尚无使用实例，但已有生产厂在试制。法国等西方国家有所应用。

4.9.3 池壁给水时，给水口也有两种布置方式：①端壁给水；②侧壁给水。

1 池长为50m时两端布置给水口的优点是：①缩短水流行程（一般回水口设在池子中间的深水区，尽量使回水量均匀）；②减少池底的沉积污物；③减少死水区。

2 池长为25m时，因池子构造一端为浅水，另一端为深水，给水口可在浅水端壁布置，回水口设在另一端壁处池底，这种有利于将人多的浅水区较脏的池水及时更换，保证池水卫生符合要求。

3 在两侧壁布置给水口时，间距较大易造成短流甚至涡流，故对间距作出规定。

4 给水口在池水水面下的规定是为了：①保证余氯在池内有一定的停留时间和不被很快挥发；②保证水质均匀。

5 池水水深超过2.5m时，分层并错开布置给水口是为了保证池水水质均匀。

4.9.4 儿童池、幼儿戏水池因水深较浅，池壁给水不能满足本规程第4.9.3条的规定，且为防止池底回水口负压抽吸，给幼儿造成安全事故。故推荐泳池底布水方式。

4.9.6 规定给水口流速目的：①保证循环流量；②池水表面平稳；③保证游泳者的安全。

4.9.7 对给水口的构造及材质作出的规定。

1 喇叭口形状可增加水流扩散，减少直射流可能产生的涡流，根据国内外资料，本条规定扩散口截面积应大于接管截面积2倍。

2 由于给水口在配水管上的位置不同，管道阻力损失也不一致。这样会造成给水口出流量不一致，从而产生涡流。有了流量调节装置，可以使给水水流均匀。

3 为保证给水扩散均匀应设格栅盖板。格栅空隙的大小既应满足水流扩散均匀，又不能使游泳者的手指、脚趾进入，保证安全。本规程中将原规定的成人池10mm、儿童池8mm均改为8mm。

4 为防止电位腐蚀，给水口材质应与循环水管道材质相匹配。给水口的材料应耐腐蚀、不变形、无毒，不再次污染水质，推荐采用铜和ABS塑料材质。如采用不锈钢材料，应选用能抗氯离子腐蚀的00Cr17Ni14Mo2（316L）牌号不锈钢。

4.10 回水口和泄水口

4.10.1 池水回水口和给水口一样，对保证池水有效循环和水净化处理效果很重要，其数量必须保证达到循环水量的要求。

对于设有安全保护气浪的跳水池，由于安全保护气浪使用时，池水起泡量和连续波浪使溢流水量增加，如按正常循环流量设置回水口，在实践中出现溢流水量外溢至池岸的现象。为此，规定回水口设置数量还应考虑这一瞬间新增加的流量。

近几年的一些游泳池设计中利用溢流回水槽作为空调回风口，则槽深较深，连接回水口的管道标高较低，影响到游泳池的观察窗使用。设计中出现溢流回水槽内回水口间距不是等距设置，从回水讲可行，但水流噪声较大，对水质卫生和节能均会带来影响，故设计中应慎重对待。

4.10.2 本条为强制性条文。

回水口满足游泳池循环水流量是最基本要求，如果在游泳池内只设一个回水口，一旦回水口出现故障如被堵塞、遮挡等情况时，会使游泳池的回水流量满足不了循环流量的要求，并造成回水不均匀，产生涡流或旋流，不仅恶化池水水质，而且产生负压吸附，易造成安全事故。这在国内外泳池中均有造成伤亡事故的现象发生，应引起设计人员的高度重视，绝不可掉以轻心。

回水口的位置要考虑各个给水口的水流行程尽量一致，以满足各给水口至回水口的水流均匀，使池水不产生短流。

要求回水口与游泳池内底表面相平，格栅盖板、盖座与池底牢靠固定，是为防止螺栓凸出底面或紧固件松动造成位移，给游泳者造成伤害。

关于格栅开口孔隙和孔隙水流速度的规定，是考虑游泳者脚趾、手指不被卡入和防止负压抽吸现象发生的安全事故的出现，以保护游泳者的安全。

4.10.3 在实际工程中，多个回水口串联连接及回水槽仅一端接管，造成最始端回水口及回水槽无回水水流，成了死水区；而末端回水口回水量过大发生旋涡流现象，致使回水不均匀，从而造成游泳池内的水质不均匀。故规定了多个池底回水口的连接要求。

4.10.4 泄水口设在游泳池的池底最低处，泄水口的格栅盖板与泳池底相平，不仅有利彻底泄空池水，也有利于游泳和游乐者的安全。

4.10.5 池底回水口应有足够的回水面积，目的是降低回水口的流速，故规定要喇叭形式，但回水口面积为连接管截面积的6～10倍。

回水口格栅及盖座应采用耐腐蚀和不易变形的材料，铜和ABS塑料具有此种性能，故予以推荐。

4.11 溢流回水槽和溢水槽

4.11.1 本条主要规定游泳池采用逆流式池水循环系统时，应设置池岸式溢流回水槽。池岸式溢流回水槽的优点与第4.11.2条说明所述相同。

对如何确定溢流回水槽的断面尺寸作了规定。

槽内回水口的数量由计算确定。一般回水口的连接管管径不应小于75mm，否则数量太多，不仅施工工作量增加，而且给每个回水口的水量平衡带来困难。

4.11.2 池岸外溢式溢流槽具有如下优点：①能有效地平息池水表面游泳过程中所产生的水波，减小游泳者的阻力；②能及时排除池水表面上的漂浮污物；③能给游泳者提供适当的扶手；④便于清扫槽内积污，防止污物发生厌氧分解；⑤施工方便。

溢水槽分淹没式（国外称齐沿式）和非淹没式（国外称高沿式）。淹没式是池水水面与溢水槽顶面相平；非淹没式是池水溢水面高于溢水槽顶面。这两种溢流水槽在国内外都被采用，实践证明淹没式效果好。

对顺流式池水循环，溢流水槽的断面按溢流水量不小于循环流量的15%计算确定。但为了施工方便，从构造方面对槽的最小宽度作了规定。

本条对溢水槽的回水口作了规定：一般溢水口接管管径不应小于50mm，间距不宜大于3.0m，这是从迅速排除溢水、防止杂物滞留考虑作出的规定。

溢流水槽溢流堰水平度误差，按本规程第4.11.3条的规定执行。

4.11.3 本条对溢流回水槽的构造作出了规定。为了保证各边溢流水流的均匀，不发生短流，要求溢流回水槽的溢流堰应水平。本条第1款系根据德国规范（DIN19463－Ⅰ）9.3节规定，允许误差为±2mm。根据我国利用溢流回水槽兼作回风口，而使溢流回水槽深度较深，溢流回水在槽内产生较大的跌落噪声，单纯的溢水槽也存在此种情况。根据国内一些工程实践证明，将溢流水槽溢水一侧的槽壁做成10°～12°的斜形池壁，使溢流水沿斜壁下流可以减少水流跌落产生的噪声。同时再选用消声型或可调节回水流量型回水口，以限制水流夹气而产生的噪声。故本条第2款对此作了规定。

为保证池水水质，规定溢流回水槽及溢水槽的槽内壁要求衬贴或刷涂防腐材料或涂料，可保证内表面光滑及清洗，不积累污物和不滋生细菌。近几年工程实践证明是可行的，故本规程予以采用。

4.12 补水水箱

4.12.1 本条推荐间接式补水方式，并对补水水箱的设置条件作了规定。

4.12.2 为保证不间断供水，从水箱构造及过滤器用池水反冲洗时不因水箱排空引起反洗泵吸水管夹气等考虑，对补水水箱的容积计算方法及最小容积作了规定。

4.12.4 规定水箱材质选用的基本要求。卫生部卫法监发［2001］161号文件《生活饮用水卫生规范》中附件2，对用于生活饮用水水箱的材料有具体要求，设计时应严格遵守。

5 池水净化

5.1 一般规定

5.1.1 本条规定了池水净化工艺及设备应保证出水水质和水温的要求。池水净化的目的是从循环水中去除游泳者带入的微生物及胶状污染物，提高池水的澄清度。澄清度是浑浊度的相反词。据资料介绍，游泳者在池内水中睁开眼睛能清楚看到25m的距离，则池水的浑浊度约为0.5NTU。因此，对水的过滤、混凝、吸附、氧化及消毒技术将在池水净化中被予以应用。本章只对过滤去除循环水悬浮杂质，使其保持在标准允许的界限之内的相关要求作出规定，如过滤精度及达到该精度的絮凝措施等。

5.1.2 本条要求配置设备要全面考虑，不仅要重视单体设备质量，还应仔细对待前后处理工序相互之间运行方面的安全可靠；同时选用设备应有适量的余量，以便使游泳池出现超负荷时，保证池水水质符合卫生要求。

5.1.3 本条规定了系统需配置检测、控制主要净化工序运行参数的仪表，包括显示仪表，如温度表、压力表、流量表；监控装置，如余氯、pH值、浑浊度、臭氧含量等探测器及自控装置等。

5.1.4 本条规定了过滤器设置的要求。

1 游泳池的过滤设备一般不设备用，但其净化能力要以游泳负荷到达高峰的净化要求为准。为了维持游泳池正常使用，每座游泳池应按二个或二个以上过滤器同时运行设计，其优点是一个过滤器发生故障检修时，另一个过滤器可采用提高过滤速度的方式继续工作，不致使游泳池停止使用，给经营者能带来极好的效益。

2 过滤器如果间断性工作，不仅产生停用时使池水净化得不到保证，池水污染颗粒就积累，水质会恶化，而且滤料层截留的杂质容易固化而影响过滤效果，24h连续运行可以克服这种弊病。当然，为了节省能源，夜间可以减小过滤速度。但到白天正常运行时，还要注意滤速应缓慢增加，因突然增大滤速会使砂层中的截留杂质被冲入池内。

3 过滤器的出水水质应满足本规程第3.2节的规定，同时不同游泳池的过滤器分开设置，有利于系统管理和维修，可互不影响使用。

4 立式压力过滤器有利于水流分布均匀和操作方便，但直径过大时运输不方便，也会造成建筑物高度增加，不经济。

5 重力式过滤设备一般低于泳池的水面，对于顺流式池水循环方式管道系统而言，一旦停电可能会造成溢流淹没机房等事故。同时，因其与大气相通，如用于温水游泳池，则热量损失较大，要引起重视。

5.2 净化工艺

5.2.1 本条给出了确定游泳池池水净化工艺流程要考虑的因素。用途是指用于对社会大众开放，还是社团、社区、学校开放，还是以训练教学为主体；水质要求是指应遵守的池水卫生标准；游泳负荷是指游泳人数能否控制在规定标准之内，对于公共游泳池应注意有无超负荷的可能；水质消毒方法是臭氧还是氯也是影响水质净化工艺流程的重要因素之一。

5.2.2、5.2.3 这两条规定了游泳池循环水净化处理的流程，是对我国过去多年来建成的各种不同用途和功能的游泳池循环水净化处理工艺流程的总结。实践证明，在使用中只要认真按照设计和产品的技术规定，正确安装、精心操作、认真维护和管理，均能取得较为满意的效果。

过滤是池水净化处理的关键性工序，是保证池水水质达到规定洁净舒适度的重要环节过程，通过这一过程去除池水中的各种悬浮物质、污染物颗粒及细菌，从而降低池水的浑浊度。池水的浑浊度是保障游泳者安全的一个关键因素。因为水的能见度差将会导致游泳者受到损伤。也是安全救护人员辨别游泳者是否处于危险或危难中所要求的重要条件。目前用于游泳池的过滤设备主要有：石英砂压力过滤器、硅藻土过滤器、多层滤料过滤器及无阀滤池等设备。因此，选用何种游泳池循环水净化处理流程，应根据过滤设备的性能、特性和使用要求确定。砂过滤器为保证过滤精度，故需要设置絮凝剂投加装置这一工序。硅藻土本身就能截留2μm以上的水中杂质，所以不需要投加絮凝剂这一工序。

5.3 预净化设备

5.3.1 毛发聚集器可以阻止池水中毛发、树叶、纤维等杂物的通过，防止这些污物进入过滤设备破坏滤料层，影响过滤效率和出水水质，因此，这是池水净化处理中不可缺少的一个设备。

5.3.2 毛发聚集器安装在循环水泵的吸水管上，可以截流池水中夹带的固体杂质（如砂、游泳者的戒指、耳环等）、毛发、树叶、纤维（如胶皮条、皮带等）等，以免损失水泵叶轮及进入过滤器阻塞滤料层而影响过滤效果和水质。

毛发聚集器如不经常清洗或更换，所截留的杂物将堵塞过水孔，不仅增加水流阻力，影响水泵扬程，减少出水量，从而影响池水循环周期。

仅有一台循环水泵时，应有备用毛发聚集器，以便在清洗一个时将另一个备用品换上，减少循环水泵的停止时间。

5.3.3 本条对毛发聚集器外壳的耐压强度和材质应采用耐腐蚀材料，如玻璃钢、不锈钢或铜等。采用铸铁或碳钢材质时，应进行防腐处理，如涂刷防腐涂料或内衬防腐材料。由于毛发聚集器的过滤芯要求每日清洗，故结构要合理、过滤阻力小、能快速打开和关闭、操作简单方便和密闭性能好。

毛发聚集器滤芯在使用中起截留池水中杂物的作用。随着使用时间的延续，杂物阻塞流水孔，水流截面积不断缩小。为保证循环水量不受影响，毛发聚集器内过滤筒（网）的过水总面积应大于连接管截面积。根据国内实践，规定过滤筒（网）的过水面积至少应大于连接管截面积的2.0倍。

毛发聚集器滤筒（网）的过水孔（网）的尺寸，是根据国内实践资料综合考虑后确定的。

毛发聚集器滤筒（网）的材质一般采用铜、不锈钢，也有采用高密度塑料材质的，使用效果都较满意。设计中应视具体情况而定。

5.4 石英砂过滤器

5.4.1 过滤器的滤料种类较多，重质滤料如石英砂、无烟煤、石榴石及各类铁矿砂等；轻质滤料如聚苯乙烯塑料珠、纤维球、陶粒和硅藻土等。不管选用何种滤料，其质量都必须符合条文规定的基本要求。

石英砂滤料过滤效率高、纳污能力强、再生简单(即通过反洗松动滤料层，可迅速清除掉滤料层中的污垢，而恢复过滤性能)，是去除水中悬浮物和有机物、提高池水透明度的有效装置，故在国内外使用较为普遍。它不仅能适应公众性游泳池和水上游乐池负荷变化幅度大的情况，而且较其他滤料容易获得，且具有经济、维护方便和使用寿命长等优点。

5.4.2 过滤速度为单位过滤面积在单位时间内滤过的水量，一般以“$m^3/(m^2 \cdot h)$”为单位，即“m/h”。为使过滤器的过滤速度规范化，方便设计选定，条文等效采用了英国和美国规范关于滤速划分等级的规定。滤速 $v \leqslant 10$m/h，称低速过滤；滤速为 11～30m/h时，称中速过滤；滤速为31～50m/h时，称高速过滤。

1 过滤器出水水质决定于滤速和滤料的组成。即使为相同的滤速，通过不同的滤料组成，也会得到不同的滤后水质；相同的滤料组成，在不同的滤速下，也会得到不同的滤后水质。由此可看出，滤速和滤料组成是选用过滤器的重要参数，是保证出水水质的根本点，这点应引起设计人员的重视。

2 游泳池大多为公众开放，由于休息日与工作日人数负荷差别较大，从保证池水水质卫生角度出发，规范作了规定。当然滤速越低，出水水质越有保证，但设备体积大或数量多，占地面积大，不够经济。试验证明，过滤器的效率、精度在10～25m/h范围内与过滤速度成正比，如果滤速超过 25m/h，过滤精度和效率明显下降。又据德国规范规定：滤料粒径0.63/1.0，滤料层厚度 $h \leqslant 1.2$m 时，滤速 $v \leqslant 20$m/h 为最佳；英国规范规定：公共游泳池滤速不应大于25m/h。所以，本规程规定公众游泳池的滤速不超过25m/h。家庭泳池和小型专用泳池可用高速过滤器。低速过滤器的过滤效果好，水质能保证，但设备体积大，造价高。一般游泳池较少应用。

群众性池馆的游泳负荷很不均匀，一般节假日游泳人数较多，池水脏得快，为了确保池水的透明度，过滤器选用中速过滤，实践证明是有效的。应留出一定的富裕量，出现高负荷时可以开启备用循环水泵，增加循环流量，短时间提高过滤速度，缩短循环周期，以保证池水水质符合卫生要求。尽管竞赛游泳池使用人数较少，人员相对稳定，可用较高过滤速度，但实践证明，由于在非竞赛和非训练期间一般都向公众开放，提高了使用率，而且产生较好的社会效益，因此竞赛池的过滤速度也不宜过高。

3 家庭游泳池和水力放松池，因其人数负荷少或人员较稳定，为节省投资，可以选用较高的过滤速度。

5.4.3 影响过滤速度的因素有：滤料组成和级配、滤料层厚度、池水净化流程。滤料级配不均匀系数小于2过滤效果好，滤料层厚度厚过滤效果好，但过滤设备体形较大，占用空间大。单层滤料的滤速较小时，过滤效果好。双层滤料时较大的滤速也能取得较好的效果。池水净化用氯消毒时，滤速不宜大，德国资料介绍宜为 20m/h。如果用臭氧消毒时，允许滤速可增大为 30m/h。

滤料的粒径对游泳池来讲如采用级配滤料，不均匀系数（K_{80}）不得大于 2，以 0.5～1.0mm 为佳，但不应超过 0.6～1.2mm；如采用均质滤料，不均匀系数（K_{80}）不得大于 1.6，以 0.5～0.7mm 为好，也可采用 0.6～0.8mm。国内亦有少数供应商采用0.4～0.47mm 的产品。双层滤料和三层滤料过滤器在国内用于游泳池水过滤净化的实例极少，如果选用应慎重对待。

滤料层的厚度：国内经验是不小于 700mm；当滤速为中速时，德国规范规定不小于 1200mm，英国资料推荐不小于 800mm，故如滤层厚度为 700mm

时，宜选用下限滤速，如滤层厚度为 $h \geqslant 900mm$ 时，可选用上限滤速。

严格地讲，滤层厚度还与滤料种类、粒径有关，应经试验确定。为了方便设计人员选用，条文结合国内外有关资料和现有游泳馆实际使用数据，提出了表 5.4.3 的数据，供设计参考。

还应指出，当具体工程投入使用前进行系统调试时，应对所选用的有关数据进行验证，为实际运行提出较恰当的依据。

5.4.4 本条对石英砂过滤器的配管和附件的设置要求作出了具体规定。

5.4.5 为了防止滤料漏入配水系统，在滤料层与配水系统之间应铺垫一定厚度的粒状材料，本条规定了不同阻力配水系统承托层的做法。

5.4.7 本条对过滤器的工作压力和材质提出了基本要求。

如采用不锈钢材质，应具有抗氯离子腐蚀的性能，特别是臭氧消毒系统，最好采用 00Cr17Ni14Mo2（316L）型不锈钢制作。

如采用碳钢材质，宜采用内壁刷优质防腐涂料，或内衬耐腐蚀里衬，这些涂料和里衬应均为无毒的符合饮用水要求的产品。

5.4.8 本条对压力过滤器的抗压性能提出了具体规定，但玻璃钢外壳的过滤器，虽能抗拒某些化学药品的腐蚀，在国内已有所采用，由于目前尚无国家和行业产品标准，其质量还不够稳定，壳体承受水压力较小。如设计选用时应仔细对产品进行了解，对罐承受的工作压力提出具体要求，并要取得相应的质量评审或认证。

5.5 硅藻土过滤器

5.5.1 硅藻土过滤器能滤除不小于 2μm 的污染颗粒，对隐孢子虫卵囊有很好的去除功能，由于池水与人体接触紧密，为保证游泳者的健康，规定游泳池采用的硅藻土应为食品级的产品。世界卫生组织在 2006 年《环境娱乐用水安全准则》中将硅藻土过滤器称为超滤过滤器（UFF）。

硅藻土过滤器过滤精度高，能滤除 2μm 及 2μm 以上的各类杂质，出水清澈透明，可达到 0.1NTU；能滤除大肠菌、隐孢子虫、贾第鞭毛虫等细菌、病毒；设备过滤面积大体形小，反冲洗水量小，安装简便，深受用户欢迎。

硅藻土过滤机组由循环水泵、过滤器、硅藻土助凝剂混合液罐等组成。

5.5.2、5.5.3 根据工程实践运行经验证明，在保证过滤器出水水质的条件下，为提高过滤效率，推荐了采用硅藻土的牌号。

在实际使用过程中，预涂膜的厚度和均匀性是保证出水水质的重要条件，预涂膜厚度较薄时，虽过滤速度可提高，但出水水质会受影响，这一点要予以充分注意。在游泳池的过滤净化中，实践证明预涂膜厚度在 2～4mm 为佳，为便于操作，将其折合为单位过滤面积所需硅藻土的重量为准，即 0.5～1.0kg/m^2。但不同的硅藻土过滤器因其滤元不同，数据会有变化，设计选型时应予以注意。

烛式过滤器的滤元由骨架及外套滤布（网）组成，骨架为有孔眼之聚乙烯塑料管，起收水及布水之用，滤网由纤维布或不锈钢丝编织而成。世界卫生组织在 2006 年《环境娱乐用水安全准则》中建议过滤速度以 3.0～5.0m/h 为好，国内该产品生产厂家的产品符合这一规定，而且该产品预涂在滤元上的硅藻土，在循环水泵停机后脱落到过滤器底部的硅藻土可不排放，待再次开机时，脱落到底部的硅藻土可重新涂在滤元上面，继续作为过滤介质重复多次使用，直至过滤器的进水口与出水口的压力差达到本规程第 14.6.4 条和第 14.6.5 条的规定，方可进入池水反冲洗工序，这个现象称为再生过程或称可多次循环使用硅藻土过滤器。目前市场上的“烛式可再生硅藻土过滤器”就是这种工作原理。

板框可逆式过滤器是将粘贴有滤布的若干个塑料板框组合在一起的装置。同样是利用水泵将硅藻土混合液送入滤布的一侧，使其形成预涂膜，待反冲洗时，则将冲洗水从另一侧送入，并在该侧滤布上形成硅藻土膜层的过程称为可逆式过滤器。该过滤器因其构造原因，需较高的滤速方可将滤膜挂上，一般滤速可达到 6～10m/s，单位面积硅藻土用量为 0.2kg/m^2，但应认真进行冲洗，若冲洗不干净则将残留硅藻土漏入游泳池。

5.6 辅助过滤设备

5.6.1 池水中的微小污物甚至细菌只有聚合吸附在药剂的絮凝体上形成较大的块状污物，才能被石英砂滤料过滤器截留。据世界卫生组织 2006 年《环境娱乐用水安全准则》中的资料分析：在中速过滤条件下加入适当的混凝剂，可以去除 7μm 以上的悬浮杂质。因此，使用石英砂过滤器应配套设置絮凝剂投加装置，以提高它的过滤精度。

5.6.2 本条推荐游泳池的循环水净化处理中所采用的絮凝剂品种。为保证药剂功效，池水的 pH 值应保持在 6.5～7.2 之间。

5.6.3 絮凝剂投加量是一个随机变量，它与游泳人数、天气情况和药剂品种等因素有关，很难确定一个通用的数值。因为过量使用铝盐系列絮凝剂，使氢氧化铝积累，造成池水有滑腻感，游泳也比较费力。为了选用设备方便，条文规定了设计投加量作为选用设备的数据。实际投加量应在系统运行中根据池水水质变化不断摸索出规律。

据国外资料：池水采用臭氧消毒系统时，由于臭氧处理可使胶质体分解并促进絮凝结，因此可不需要或者不需要连续投加絮凝剂。

实践证明，采用连续投加絮凝剂可以改善过滤效果，因此本条予以推荐。

投加点要有保证絮凝剂与循环水充分混合的装置，如果为了减少药剂对循环水泵的腐蚀，在泵后投加时，则应设置管式静态混合器，使絮凝剂与水充分混合，达到很好的絮凝作用，克服泵后进入砂罐时间短，混合不均匀及达不到絮凝作用的弊病。同时投加点要远离余氯和pH值的探测点，以避免局部的高浓度可能造成的错误水质数据。考虑安全也是一个因素。

5.6.4 絮凝剂的投加应根据设计采用的投加方式，注意以下几个问题：

1 压力式投加药剂时，计量泵的选择应满足以下三个要求：①满足最大投药量；②满足合理的最小投加量；③能根据游泳池的人数负荷进行调整。

2 重力式投加药剂方式，一般用在季节性室外露天公共游泳池，全部为人工操作，故投加系统应设置可人工调节的计量装置，以便根据池水水质化验结果，人工调节药剂的投加量。但人工将固体药品直接向游泳池内投放是不允许的，因为这既不安全，也混合不均匀。

3 药剂的溶解或调节配制采用机械式搅拌或水力式搅拌，有利于溶解彻底，浓度均匀，且能减小人的劳动强度。

4 由于药剂溶液对设备、管道都有腐蚀性，故本条对其材质提出了要求。

5.7 过滤器反冲洗

5.7.1 反冲洗过滤器就是利用水或气-水，从与过滤进水相反的方向送入过滤器，使滤料层松动，达到清除滤料层表面上截留下来的污物，以恢复过滤器的过滤性能，保证过滤效果、循环水量及减小循环水泵能量消耗。实践证明，过滤器的直径小于1600mm时，采用水反冲洗应用效果较好，符合当前经济状况。

先气洗后水洗不仅可以冲刷掉油和脂肪，效果最佳，而且可以减少冲洗水量。大型综合性游泳池馆，游泳人数较多、且游泳负荷变化幅度较大，池水污染快，如过滤器直径大于2000mm，建议有条件时，采用气－水联合的反冲洗方式，以确保石英砂过滤器的反冲洗效果。

5.7.2 用池水冲洗过滤器，既能达到使过滤器去污的目的，还能增加游泳池的补充水量，有利于稀释池水盐类及防止池水老化，故予以推荐。

采用城市生活饮用水作为冲洗水源时，不能用城市生活饮用水水压直接冲洗，而应设置防止因城市生活饮用水压力变化，特别是负压时，不使压力过滤器的脏物倒流入水管而污染城市生活饮用水质的装置。

5.7.3 国内已有一些游泳池选用重力式过滤器，其形式比较多，产品规格尚不统一。目前还总结不出成熟的冲洗强度、冲洗历时等数据，故规定按设备制造厂商资料确定。

5.7.4 本条规定了以下两点：①不同滤料过滤器反冲洗强度及时间；②设有表面冲洗（采用固定式或旋转式水射流系统，对滤料表层进行冲洗的冲洗方式）如何取值，在附注中作了说明。该表中的数据是在水温为20℃时的数据，故设计选用时应考虑水温高于20℃时取用上限值，并在实践中摸索具体数据。

5.7.5 本条对过滤器的反冲洗水的水源质量作了规定。

1 利用城市生活饮用水作反冲洗水源，冲洗效果好，且水量较少，但不得直接连接，防止回流污染水源。

2 利用池水作反冲洗水源时，因其水温较高，为达到较好的冲洗效果，所需水量较大，由于为温水池故消耗了一定的能源。但对游泳池来讲，补水量较大，有利于改善泳池的水质。

5.7.6 对采用气洗时的气源气质、气量及气压提出了具体要求，目的是保证池水的水质卫生和反冲洗水量。

5.7.7 压力过滤器一般都设在地面以下，其反冲洗排水管如直接与室外的污水管或雨水管连接，一旦室外排水管出现堵塞，造成上游污水或雨水倒流至压力过滤器，将对池水水质造成严重污染，为杜绝此现象发生，规程对此作了限制。

6 池水消毒

6.1 一般规定

6.1.1 游泳池的主体是水，游泳运动和水上休闲、健身等均在水中进行。人们在水中活动因人体汗液、唾液、尿液、毛发、皮屑、皮肤带入的细菌，以及人们的化妆品等都会造成池水被污染。如果不采取有效的措施消除其不良后果，则池水就可能成为某些疾病如红眼病、皮肤病、伤寒、脚气及胃肠菌等的传播途径，这些微生物病菌仅依靠过滤是清除不彻底的，而只有通过杀菌消毒才能去除。所以，池水处理工艺必须包括消毒工序，以确保无传染疾病的危害。

6.1.2 用于游泳池池水的消毒剂品种较多，如氯及其制品、臭氧、紫外线及溴制品等。但消毒剂的选择首选应保证消毒效果，即要求能有效地氧化和杀灭各种病原微生物，不污染池水水质，防止交叉感染疾病；其次要确保安全，要求不得危害游泳者的健康，对人体不产生刺激性，对设备、管道、建筑结构不产生腐蚀；第三与池水原水要相容，即要求消毒剂适应原水的特性；最后要满足经济和取用方便。

凡是消毒药品都存在着不同程度的危害，我们要求将其危害性降低到最低程度，特别是近几年来市场上出现了很多新的消毒药品。由于游泳者的身体与池水全面紧密接触，据有关资料介绍，人体表面吸收水中物质远多于口腔吸入物质。为了保护人们健康，本条规定凡游泳池的消毒药品，均应取得疾病预防控制部门和卫生监督部门的批准认可，方能使用。

氯气、氯制品及溴制品等化学药品，均属于长效消毒剂。氯制品中的二氯异氰尿酸钠和三氯异氰尿酸盐属于稳定消毒剂。

6.2 臭氧消毒

6.2.1 臭氧的消耗量与水温有关，对泳池讲这点不是主要因素，是以消毒方式不同而不同。尽管如此，但都以全部池水循环一次的情况下的每小时的水流量（即循环水流量）确定臭氧的使用量。

1 全程式消毒系统：根据国内使用该系统消毒的游泳池的运行经验和美国试验资料，以全部循环流量按投加量为0.4～0.6mg/L计算，设计时应予以注意。如为专用游泳池，游泳负荷均匀稳定，可取下限值；如为公共游泳池，则取上限值。

2 半程式消毒的游泳池，由于消毒工艺中设有活性炭吸附装置，不会使过量臭氧进入游泳池。根据工程实践总结并参考国外资料，以全部循环流量按投加量为0.8～1.0mg/L计算。

6.2.2 本条为强制性条文。臭氧是高效杀菌剂和氧化剂，近些年在我国游泳池池水消毒中已普遍使用，并取得了很好效果。臭氧不仅能有效杀灭病原微生物，而且还具有除味、除色、除臭，增加水中溶解氧等功能，使池水感官效果极佳；无二次污染、不产生三卤甲烷，并具有分解尿素和具有助凝功能。所以，深受用户的欢迎。然而臭氧无持续消毒功能，故使用中应视具体情况增设长效消毒剂系统，防止游泳者交叉感染，及应急应用，但药剂用量可减少60%以上。

由于臭氧是一种有毒气体，具有刺激作用，故应设置加压水泵，使高压水通过文氏管水射器将臭氧负压带入循环水管内，与池水强制混合，这既可防止臭氧泄漏造成危害，又可使池水在瞬间溶入臭氧气体及空气，经管道会因压力减小形成很多小气泡，增加水与臭氧的接触面积。臭氧投加点可根据所选用的工艺流程要求，可投加在过滤器之前或过滤器之后的循环水管道内。

6.2.3 臭氧的投加要求是基于以下原理和来源：

1 臭氧投加在经过过滤后的水中有利杀菌和消毒，并可减少臭氧投加量。

加设在线混合器有利于臭氧和水的充分混合。臭氧只有溶解于水中才能有效消毒，臭氧的浓度与溶解度成正比，因此，除采用高浓度臭氧和采取负压投加之外，而应使两者充分的混合，一般在水射器之后装设再线混合器，使臭氧充分地扩散到水中从气相转变为液相，以实现臭氧与水的紧密混合。据资料介绍，臭氧的迁移率大于90%。

2 混合之后的水与臭氧还应有充分的接触时间，以达到臭氧与污染杂质充分发生反应，两者接触的时间当然是越长杀菌效果越好。为使接触反应容器既满足杀菌要求，又不浪费，本规程等效的采用美国环保局（EPA）和安全卫生管理局（OSHA）的试验公式 $Ct \leqslant 1.6$ 来反映臭氧消毒的有效性。为防止臭氧气体短流，反应罐的构造应保证水-氧相向流动和有效接触。

在游泳池的池水温度范围内，臭氧的溶解度遵循亨利定律，臭氧浓度越高，它在水中的溶解度也就越高，其溶解臭氧的传质系数越高，则它的消毒性能就越好越有效。所以，在选用臭氧发生器的时候应该考虑这一因素。

3 臭氧是非常强的氧化剂，具有较高毒性。臭氧的相对密度比空气大，如果从池水中析出，在游泳池池水水面之上形成一个臭氧层，它很容易被游泳者吸入体内造成中毒。因此，从安全方面考虑，根据现行国家标准《室内空气质量标准》GB/T 18883-2002和《环境空气质量标准》GB 3095-1966、美国《公共游泳池》国家标准（2003年）、《消毒技术规范—臭氧》（2002年版）的规定，并参照英国规范的数据，本规程对水表面上空气中的臭氧含量作出了规定。

对池水中的臭氧含量，目前我国尚无此方面的具体规定数据，而国外在这方面的规定又相差较大，如美国规定为0.15mg/L，欧洲规定为0.10mg/L，德国规定为0.05mg/L。国内无实践总结数据，故暂不作规定。

4 为确保安全不泄漏和节约臭氧的投加量，当循环水泵停止运行时，臭氧投加系统应同时停止工作，以防出现安全事故。所以臭氧投加系统应与循环水泵连锁。

5 由于臭氧的半衰期很短，在水中仅15～20min，它没有持续消毒功能，所以使用臭氧消毒的游泳池，应视其用途、类型和臭氧消毒方式，决定是否还应辅以长效消毒剂。

6.2.4 臭氧的消毒方式主要有三种，从消毒工艺流程可看出，长效消毒剂一般均在池水净化处理过程的最后之处投加。由于混凝、过滤、臭氧化等工序均使池水得到有效净化，大大降低了有机物负荷及微生物的含量，所以所需要的长效消毒剂量可以减到最小，而且消毒效果最佳。

1 专用游泳池是指教学用、运动员训练用以及会员俱乐部用游泳池，因游泳负荷比较稳定，人员较固定，故可采用全程式臭氧消毒方式。但为防止突然性池水水质污染，还应设置药品辅助消毒装置，以备应急所需。

2 竞赛游泳池一般赛后多数对社会公众开放，其游泳负荷因休息日会有较大波动，且人员构成复杂，防止交叉感染不容忽视，故推荐臭氧辅以氯制品消毒剂的消毒方式。

3 由于管理水平的不断提高，健康理念的变化和对生活品质的更高要求，为了节省经常运行成本，分流量全程式臭氧消毒方式受到欢迎，这种方式还省去了不少的建筑面积。

全程式臭氧消毒方式的应用要满足如下条件：①臭氧发生器的臭氧产生量应该是可调的；②设备及系统操作人员必须经过培训，持证上岗；③应有严格具体的管理运行制度。

6.2.5 为防止臭氧对人体造成伤害，规定臭氧与水的反应时间必须充足，不得随意缩短。同时还规定反应罐内应设扩散器，其目的是保证臭氧与被处理水紧密接触，不发生短流，使臭氧与水中污染物尽量发生反应，真正满足杀死各类细菌及病原菌的要求，故对材质、耐压及构造作了规定。

臭氧是有毒气体，反应罐顶部分离出来的尾气中含有少量未溶解的臭氧气体，故应经过分解破坏或回收再利用，也可经过处理达到排放标准后再排放到室外大气。臭氧尾气消除装置包括尾气输送管、尾气臭氧浓度监测仪、尾气除湿和剩余臭氧消除器以及排放气体臭氧浓度监测仪和报警装置。

6.2.6 设计采用半程式臭氧消毒方式时，则应对从水-臭氧反应罐出来的水进行脱除残余臭氧的处理，一般采用设置活性炭吸附罐。利用活性炭吸附残余的臭氧和其他的物质，如原水中的铁、钙，同时还可以除臭、除味、除色以及滤除掉石英砂过滤器中尚未完全滤除的更细小的杂质，进一步提高了池水的透明度。泳池水净化用木质或果壳型活性炭应具有比表面积大、吸附值高、颗粒均匀、强度高的特性。本规程条文根据国内该设备运行实践，并参照国外资料，对活性炭的有关参数作了具体的规定。

6.2.8 本条对如何选用臭氧发生器作了原则规定。

1 由于国家级（含）以上竞赛池赛时人数较少，为节约能源可开启一台，另一台还可作为备用。如赛前练习人数较多时可2台同时开启，这样使用灵活。

2 臭氧发生器的环境条件，会对臭氧发生器的产量、寿命有较大影响，故条文对此提出要求。臭氧是臭氧发生器使用高压放电生成的有毒气体，因此安装臭氧发生器的房间宜通风良好，通风次数不小于6次/h，环境温度不超过35℃。如为单独的房间，应设环境臭氧监测装置。其通风排气宜与其他系统分开设置，设备还应有消声和减振措施。

3 臭氧发生器一般都设在地下层或楼层中，为防止臭氧泄漏给人造成危害，因此应采用负压制取的臭氧发生器，以确保安全；臭氧的浓度越高，其与水的溶解度越高，有利提高臭氧的消毒效果，故条文也对臭氧浓度提出了规定。

4 要实时控制是确保人身和设备安全的需要，即要求任何系统任何一个环节出现问题均能自动关机。

5 冷却水是保证设备高效运行的基本条件。

6.2.9 臭氧是强氧化剂，臭氧系统中使用的管道、阀门、垫圈、设备及容器等，必须充分考虑臭氧氧化性。一般输送臭氧气体的管道应采用00Cr17Ni14Mo2（316L）不锈钢材质。输送臭氧与水混合后的管道采用316L不锈钢管、氯化聚氯乙烯（CPVC）。反应罐采用00Cr17Ni14Mo2（316L）不锈钢材质或聚乙烯。

6.3 氯 消 毒

6.3.1 氯消毒不仅杀菌效果好，而且比较经济。所以，它是国内游泳池池水消毒较为普遍采用的消毒剂。氯消毒剂有液氯、次氯酸钠、次氯酸钙、漂粉精等为主流消毒剂和溴氯海因、二氧化氯等为非主流消毒剂。其有效成分均不一样，但杀菌消毒机理基本相似，故可笼统地称为氯消毒剂。设计选用除应注意有效氯含量高、杂质少两因素外，还应符合本规程第6.1.2条的规定。氯消毒剂可用于各类游泳池的池水消毒。氯在池水中与有机物发生反应，会产生一些人们不希望产生的副产物，如二氯胺、三氯胺造成的氯臭气味和三卤甲烷致癌物质等，氯消毒的效果与池水pH值关系密切。所以，使用时都应予以重视。

6.3.2 加氯量受下列四方面因素的影响：①杀死细菌和藻类所需要的量；②与池水中氨氮发生反应形成氯胺所需的量；③分解氯胺所需要的量；④保护池水水质，防止新的交叉污染需要游离在水中的量，即余氯量。条文规定的加氯量是作为计算设备容量之用，真正的投加量需要在使用过程中，根据池水余氯量及水质情况进行调整。

6.3.3 次氯酸钠用于游泳池池水的消毒已有很多实践，具有如下优缺点：

1 优点：

1） 杀菌效果好，且具持续杀菌能力；

2） 适用于各类游泳池池水净化处理系统的消毒；

3） 药剂价格便宜，且易于采购；

4） 投加设备简单，操作简便，安全可靠，运行成本低。

2 缺点：

1） 对病毒的消杀效果低于臭氧；

2） 与有机物反应易产生氯的其他衍生物；

3） 由于池水中含有其他有机物，所以不能降低池水中有机物的含量；

4） 产生刺激气味，对眼、皮肤和头发会产生伤害。游泳者舒适感差。

从以上看出，虽有不足之处，但还是当前常用的有效消毒剂。投加量系根据各地现有游泳池（馆）的实践经验确定的。

3 湿式投加有利于池水的混合、投加量的控制和安全，故规定采用湿式投加方式，并对投加位置作了规定。

4 采用成品次氯酸钠溶液时，对设计中应注意的问题作了规定。

5 次氯酸钠是碱性消毒剂，而且消毒效果受池水 pH 值高低的影响，故规定循环水系统应设 pH 值监测器，以便随时投加酸将 pH 值控制在最佳范围内。

6 本款规定了现场制备次氯酸钠时的要求。据有关资料介绍：游泳池水源的水硬度较大时，使用次氯酸钠消毒剂，池水可能会产生水垢沉淀。

6.3.5 本条为强制性条文。氯气是有毒气体，投加系统只有处于真空（即负压）状态下，才能保证氯气不会向外泄漏，保证人员安全。

要求自动投加的目的是，一旦失去负压条件，能立即开启故障保险而关闭供氯气装置，从而保证不发生安全事故。如直接注入池中不仅会使氯气扩散，而且会造成池水中含氯量不均匀，这对管理及游泳者会造成伤害，故应严格禁止。

6.3.6 固体消毒剂是指次氯酸钙、三氯异氰尿酸盐、漂粉精等，其有效氯含量为65%，只有采用湿投加法才能保证其与被消毒水混合的均匀性和消毒效果。次氯酸钙应采用专用的投加装置，该装置可以随着池水流量的变化、靠水流溶解次氯酸钙片（粒）的定量溶出使池水的余氯量保持基本稳定而达到定比自动投加。

6.4 紫外线消毒

6.4.1 紫外线具有较强的杀菌能力，能有效地去除隐孢子虫和假第氏鞭毛虫，并能有效地控制泳池水体中结合氯的含量，从而提高游泳馆室内空气质量，减少泳池内化学药品的使用量和稀释水用量，减少尿素累积。紫外线消毒是一种物理方法，故它对池水无二次污染。但紫外线消毒是瞬时的，即水流出之后就不能进行杀菌，有可能出现再度污染。所以紫外线不能单独作为游泳池的消毒措施，而必须配合长效消毒剂同时使用。长效消毒剂可采用氯制剂，并应投加在紫外线消毒器之后。在国内用于公共游泳池消毒的实例极少，但用于婴幼儿戏水池的较多，且不能再投加其他化学药品的消毒剂。

6.4.2 采用紫外线消毒时应注意以下问题：

1 中压指波长在180～400nm之间的连续波谱。照射强度指在10mm比色皿中清澈度95%（<1NTU）的情况下的紫外线消毒器内累计量。

2 紫外线消毒的效果与被消毒水的浊度有关系，故规定紫外线消毒器应装设在过滤设备之后管道上。设旁通管的作用是在紫外线消毒器检修时不影响池水的正常运行。

3 耐压指系统最大工作压力，试验压力应按1.5倍工作压力考虑。

4 不可调节指设备出厂设定后，不能在现场人工调节。

5 水质不洁净、不平衡时会在灯管上产生积污或结垢，影响紫外线的穿透能力，所以要求在线清洗装置应同时对石英套管和在线强度监测装置探头上累积的污垢进行清洗，以确保它的杀菌效果。

6.4.3 本条规定是要求在紫外线消毒器出水口处安装过滤网，保证在紫外线消毒器石英套管或灯管破裂后，不仅要有自动切断电源装置，而且应使灯管或石英套管的碎片不能进入游泳池给游泳者带来危害的装置。

6.4.4 紫外线消毒器的电器安全措施包括：控制柜门锁、灯管损坏、反应槽水温过高（发生器内部温度传感器）、供电装置过热及漏电等故障均能自动安全切断电源或关闭系统停止工作；供电装置应有安全接地等。

6.4.5 自动控制要求可包括：电源的连锁和启闭，紫外线强度和剂量显示，报警指示等，应预留与中央控制系统的接口。

6.5 其他消毒剂

6.5.1 其他消毒剂是指二氯异氰尿酸、三氯异氰尿酸和溴氯海因等消毒剂，是一种有机化合物，它在水中分解成氯和具有稳定功能的氰尿酸，能使药剂中的氯慢慢地释放出来。在强阳光下对游离氯有稳定作用。为此，规程对其使用条件和要求进行了规定。

为充分发挥化学药品的作用，保证药剂与水的混合很重要。方法有设孔板及流过不小于10倍管径长度的管道来实现。

它们都是固体，使用时应将其溶解成需要浓度的溶液。由于氰尿酸越多，游离性氯被固定为含氯氰尿酸酯也越多。要想储备足够的余氯，就必须监视游离氯和氰尿酸之间的关系，也就是说使用含氯氰尿酸消毒剂，要想达到理想的消毒效果，池水中的游离性余氯应比其他氯消毒剂要高，具体数值详见国家现行行业标准《游泳池水质标准》CJ 244的规定。

6.5.2 二氯异氰尿酸、三氯异氰尿酸对阳光紫外线有隔离作用，而室内游泳池一般没有阳光照射，这就没必要使用该种消毒剂。如果使用该种消毒剂会使池水过稳定，造成消毒效果大大降低，严重者可使水质达不到要求。如遇此情况只能放水和补充新水来稀释，这就造成水源浪费。故本规程推荐该种消毒剂用于露天或室内阳光游泳池。

6.5.3 在游泳池中特别是室外游泳池，由于气候原因极易滋生藻类，致使池水浑浊，故需要投加一定量的除藻剂。目前我国大多采用硫酸铜，投加量以0.5mg/L为宜，但最大不得超过1.0mg/L，因为硫酸铜离子是重金属，硫酸铜过量是对人体有害的。硫酸铜不是连续投加，而是根据气候条件（闷热、阴雨等）定期投加，这在设计中应予以特别说明。如采用其他品种化学药品应为游泳池专用的，但绝对不能含有水银成分，并要取得卫生监督主管部门批准。

6.6 化学药品投加设备

6.6.1 为防止不同化学药品混用发生化学反应带来安全隐患，保证化学药品投加系统正常而安全地运行，规定不同化学药品投加系统应分开设置。

6.6.2 为防止高浓度的化学药品溶液对设备、管道及附件造成腐蚀或堵塞及对操作人员造成伤害，规定了不同化学药品的溶液配制浓度。

6.6.3 为保证化学药品充分溶解，保证溶液浓度均匀，所含杂质充分分离，故规定了化学药品的溶解方式。

6.6.4 化学药品本身都具有腐蚀性，为防止泄漏造成事故，以及保证系统能长期安全运行，因此，所采用的设备、辅助设施、管道、阀门及附件，均应为抗化学腐蚀的材料。

7 池 水 加 热

7.1 一 般 规 定

7.1.1 从节约能源、综合利用、节省投资及日常运行费用等原则考虑，规定了热源选择的顺序。

7.1.5 游泳池初次加热时间的长短，对确定加热设备的容量有较大影响，条文中规定池水每小时的温升不超过0.5℃，是针对新建游泳池池内表面衬贴材质不会因温度升高太快加速材料膨胀而损坏游泳池饰面。

7.1.6 由于游泳池初次加热所需设备容量与游泳池正常使用过程如维持池水恒温所需的加热设备容量相差较大，按2台加热设备初次加热时同时工作选定，则正常使用中开启1台，另1台可作为备用，具有较大灵活性。

7.2 耗热量计算

本节规定耗热量应包括的范围，各种耗热量的计算公式及参数确定的方法。

7.3 加 热 设 备

7.3.3 目前虽然尚无游泳池池水加热的专用加热设备，但工程实践证明板式换热器用于池水加热是有效的设备。它不仅传热效率高、体积小、维修简便，而且因采用不锈钢材质水流表面结垢极少。但板式换热器的阻力较大，不能适应游泳池循环流量大、温差小这一特点，因为池水加热会出现一次水（或汽）与二次水两者流量流速相差较大，造成流道受力不均匀，即一侧受压，一侧受胀，这不仅易损坏换热器，还使其阻力损失较大，故规程推荐选用二次水侧为大通道低阻力产品。

7.3.4 对大型游泳池采用分流量加热时，被加热这部分池水，因通过板式换热器增加水头损失，如与未被加热那一部分池水混合时，因其压力不同，给混合效果带来影响。为保证池水混合效果：①被加热那一部分池水宜用不对称通道的板式换热器，以减小阻力损失，控制压力降不大于0.02MPa，以使两者压力平衡达到良好的混合；②被加热水的加热水温不大于40℃的规定是有利于两者混合水温度能较好达到均匀一致。

容积式加热器或半容积式加热器，具有水流阻力小的特点，由于体形较大，安装所需空间较大，价格也比板式换热器高。因此，在游泳池的池水加热中不推荐选用。

7.4 太阳能加热系统

7.4.1 太阳能是清洁及安全的永久性能源。我国地处北半球欧亚大陆的东部，幅员辽阔，有着十分丰富的太阳能资源。据资料介绍：我国大部分地区的全年日照小时数在2200～3300h。特别是近年来利用太阳能作为热源，已日益剧增，技术上也趋成熟。太阳能用于游泳池的加热也已有所应用，并取得很好的节能效益。但为了提高太阳能的利用率，提高综合经济效益，本条规定了推广太阳能应用的基本条件。

在年极端气温低于－45℃的地区，利用太阳能由于热损失很大，而且防冻问题不容易解决，因此在此种气候条件对其应用给予限制。

7.4.2 太阳能是一种永久性的能源，具有使用方便、社会效益显著、对环境不产生污染的优良特点。虽然常年运行费用低，但由于太阳能供热系统初期投资较大，为能在较短时间内回收投资，设计应注意系统的热量平衡计算。为此，本条规定了相关计算参数。

太阳能保证率是指太阳能加热系统中，由太阳能提供的能量占系统总热负荷的百分数。它的取值应根据当地的气候条件、太阳能的丰富程度、用户的使用要求及系统的经济性，综合考虑确定。根据游泳池一般都为全年开放使用的特点，条文规定宜按40％～80％为佳。具体应用时可按表3选用：

将太阳能制备的热水作为热源，要求温度超过50℃是要达到提高热交换效率的目的，但对水的硬度较高的地区来讲，防止结垢是不可忽视的问题。

太阳能热水系统以春秋两季为依据，为此，在冬季及阳光不足的阴雨天，为保证游泳池的正常使用，配备辅助加热装置是必不可少的。

表3 不同太阳能保证率

资源区划号	太阳能条件	年太阳辐射量[MJ/(m²·a)]	太阳能保证率(%)
Ⅰ	资源丰富区	≥6700	≥90
Ⅱ	资源较富区	5400～6700	50～60
Ⅲ	资源一般区	4200～5400	40～50
Ⅳ	资源贫乏区	<4200	≤40

低温升全流量直接式加热方式所采用的集热器为非光滑材质的集热板，也有叫塑料集热板。是一种游泳池直接加热池水的太阳能设备，是由PP材料制造的具有抗腐蚀、无安全隐患、无光污染、抗风性能强、重量轻的产品。在国外应用较早，由于国内尚无此产品，尚需进口。并且我国已有数十座游泳池的应用实践，证明效果良好，受到用户的好评。

7.4.3 为充分利用太阳能热水系统收集到的热能，设计时将池水加热与淋浴用水加热相结合的加热方式是目前已使用并证明的合理方式。推荐间接式池水加热方式是基于经加药消毒的池水具有腐蚀性，这种方式对保护太阳能设备安全运行和延长太阳能设备使用寿命具有重要意义。

太阳能热水系统管道常年受太阳光紫外线照射，一些非金属的塑料管材要具有防紫外线照射加速管材老化的有效措施。设计人员应予以重视。

7.4.4 本条规定的光滑材质集热器系统是指由有色金属板吸热板、盖板、保温层和外壳组成的平板型和玻璃真空管或金属热管等组成的集热器。非光滑材质集热器系由给水管和毛细管为一体的耐候高吸热性聚丙烯制造的集热器。

7.4.5 游泳池吸收太阳能集热器的面积较大，因此如何在有限的物面上合理地布置集热器，应与建筑专业密切配合协调。使其在外观上使两者都能够完美的结合，是很重要的问题，并为太阳能供热系统的安装、维护、更换提供安全便利的条件，故设计人员应认真对待。

游泳池是长年需太阳能供热的，因此，集热器的安装倾斜角对能获取最大热能很重要。一般应按春、秋、冬三个季节使用来考虑。而夏季由于日照比较富裕，可以不予考虑。为了保证冬季能获得足够的太阳热能，条文规定安装倾斜角与当地纬度一致为好。

7.4.6 本条提出的非光滑材质集热器系指由塑料或橡胶等材质组成集热器。它是专用于对游泳池水进行直接加热而研制的产品，在我国云南等地区应用较多。

7.4.8 太阳能加热系统受气候条件影响较大，在阴雨天系统就无法正常运行，供热就不能满足使用要求，为满足游泳池的正常开放，太阳能供热系统还应该配置辅助加热设备。辅助加热设备的容量按气候条件确定，条文规定按游泳池100%需热量设置辅助加热设备。

7.5 热泵加热系统

7.5.1 本条对热泵用于游泳池制热的应用条件进行了规定。

1 非寒冷地区是指最冷月平均气温在0℃以上的地区，一般为我国长江以南的部分省、市。

2 专用类游泳池一般不设观众看台，游泳大厅空间较小，无大型集中空调系统。在我国珠三角地区已广为采用了热泵制热技术，取得了良好的经济效益和社会效益。热泵技术用于大型比赛游泳池应进行技术经济比较后确定，目前国内仅广西壮族自治区南宁游泳馆采用此项技术。

3 游泳池馆一般都建设在城市，利用水源热泵和地源热泵会受到条件限制，利用空调系统冷冻水及冷却水也无条件。由于混合型空气源热泵是针对游泳池水加热、除湿和空调的专用热泵，而且空气源是一种最直接、最方便的能源，可与空调的除湿、通风、加热、制冷等综合进行设计。既能满足了游泳池全年使用要求，又能满足节能、节约投资、安全环保及降低整体运行费用。它的综合能效比（即取得的热能与所消耗的电力比）年平均在3.0～5.0间。由此可看出空气源热泵具有很高的能效。

7.5.2 热泵虽然有很高的效能比，但它有随着气温的降低而降低的特点。而游泳池供热又是全年需要，特别是淋浴热水需热量却又是随着气温的降低而提高。这是因冷水温度随着气温的降低而下降所造成的。如按冬季工况配置热泵，则其余三个季节会出现闲置，而且增加初次投资，经济上不合理。所以，合理地配置热泵功率和辅助加热设备，是设计和选型应该特别注意的问题。从经济合理性分析，以春、秋季的平均气温配置较为合理。为此，条文对此作了规定。

7.5.4 游泳池是全年开放使用，这就要求热泵全年运行，为了游泳池初次充水或换水的加热量配置热泵，这会是它的技术经济性大为降低。为使热泵优点充分发挥，按本规程第7.5.2条配置的热泵对池水加热则需要时间太长。为此，条文规定对游泳池初次充水或换水进行加热时，应与辅助热源同时使用设计。

7.5.5 混合型空气源热泵具有供热、除湿、空调功能，由于该形式热泵在制备热水的同时还能提供冷空气。可以减轻中央空调的负荷，开始受到用户欢迎。但在应用时应优先满足游泳池池水恒温加热需要。大厅空调、供热、除湿不足部分采取其他方式解决。同时，为了加快大厅空气流动，增加游泳者身体的舒适感。其风管走向、风口风速的控制等问题都需要与空调专业密切配合，这是设计必须认真对待的问题，为此，条文对此作了规定。

7.5.6 由于热泵是对池水进行直接加热的，而游泳池水含有一定浓度的氯，有一定的腐蚀性，所以与池水接触的热交换器的材质应有抗氯腐蚀性能。为此，条文规定换热器材质宜选用 00Cr17Ni14Mo2（316L）不锈钢或钛合金材质。

7.5.8 空气源热泵、混合型空气源热泵在工作的时候均有大量的冷凝水排出，这也应予以关注。为此，条文规定热泵机房应有可靠的排水措施。

8 水质监测和系统控制

8.1 一 般 规 定

8.1.1 对池水进行在线监测是保证池水出水水质稳定、系统正常运行和安全使用的重要措施，也是迅速检测消毒剂适宜程度的有效方法。因为，游泳池的主体是水，水质的好坏不仅影响游泳者的身体健康安全，而且对经营者的经营成本有直接影响，对于竞技或训练用游泳池还会影响其竞赛成绩。为保证池水卫生符合规定要求，对于竞赛用、会所用和公众用大、中型游泳池则要求池水水质采用全自动监测和控制系统。

8.1.2 全自动池水水质监测控制系统代替不了人工检测，仅可以减小人工检测的频率，况且池内的水质也难以有效地实行在线检测。因此，只有两者有机地结合起来，才能有效地保证游泳池池水卫生。所以，本规程规定还应具备和配置人工监测水质的相应简单易行且可靠的工具和装备。

8.1.3 对于游泳池池水净化处理设备，规程推荐半自动控制，即水质采用全自动监测控制，对设备如过滤器的反冲洗则采用手动操作，这样有利于根据出水情况随机掌握冲洗强度及冲洗历时，防止过度冲洗及冲洗不足。

8.2 监 测 项 目

8.2.2 本条规定在线水质和系统自动监测的项目及内容。具体工程设计中可根据游泳池的用途、规模、管理水平适当增加或减少监测项目。

8.2.3 水质在线监测不能反应池内池水水质的均匀性，故对无法进行在线监测的部位为保证池内卫生、安全和管理上的需要，本条规定了经营管理者应进行的人工检测的项目和内容。

游泳池池内水样采集位置，根据国家现行行业标准《游泳、跳水、水球场地和花样游泳场馆使用要求和检验方法》TY/T 1003 的规定为：①50m 长度比赛池不少于 6 个采样点；25m 长度的游泳池不少于 4 个采样点。采样点位置见图 1 所示。②非标准游泳池应按每 100～200m² 水面面积采集一个水样，且取样点一般不少于 4 个。③水样应取自水面下 0.3～0.50m 处。

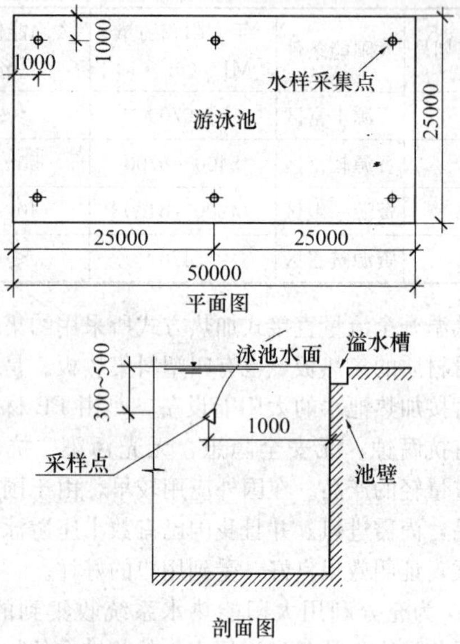

图 1 游泳池水样采集点图

8.3 监 控 要 求

8.3.2 对游泳池水的水质监测系统实行自动化控制，使其能根据游泳负荷情况，使用最少的化学药品，使水净化处理达到池水具有良好的清澈透明度、水质平衡和消毒的最佳效果。为此，条文对有关水质参数的控制提出了具体要求，以方便供货商按这些要求进行编程。

8.3.3 在实际工程使用中，无论由于何种原因造成池水循环中断时，必须能立即自动中断化学药品投加系统的运行，防止化学药品在系统中积累。这种积累会在池水循环重新开始时，造成池内化学药品含量超标，而对游泳者造成伤害。

8.4 水 质 平 衡

8.4.1 水质平衡就是使池水处于既不形成水垢也不具有腐蚀的状态。水质平衡的范围包括酸碱度、总碱度、钙硬度、溶解性总固体和水温。水质平衡就是向水中投加相应化学药品调整上述各项指标达到最佳范围。

pH 值是衡量水质平衡的重要参数。大多数消毒剂的杀菌功能都取决于 pH 值，如液氯 pH 越低，其消毒效果越好。但却对设备材料具有较强腐蚀。同时对游泳者身体健康造成伤害，如游泳者皮肤发生潮红甚至脱皮、嘴唇发麻等轻微化学灼伤。相反，pH 越高则消毒效果就越差，还会使硬度盐发生沉淀、结垢。pH 值过高会对游泳者眼睛、皮肤产生刺激，如皮肤出现红斑、发痒等现象。同时，也会明显降低絮凝剂功效。另外，不同的消毒剂有不同的特性：如氯气、液氯 pH 为 1，次氯酸钠 pH 为 13，次氯酸钙 pH 为 11，三氯异氰尿酸 pH 为 2.8，二氯异氰尿酸 pH 为 6.8。它们在水中消毒作用虽一样，但都对池水 pH 值带来影响，为保证它们的消毒效果，就要将 pH 值限定在一定的范围，以达到水质平衡，提高消毒效果和池水的舒适度，减少对结构和设备的腐蚀。

碱度对水有缓冲作用，碱度太大，如大于 200mg/L$CaCO_3$，则造成 pH 值偏高不易调节，则会对有机物（如唾液、皮肤代谢物及尿液等）氧化带来困难，产生氯臭气味；如碱度太小，如小于 75mg/L$CaCO_3$，则造成 pH 值波动较大且不稳定，藻类不容易控制，也会影响絮凝剂的絮凝效果，造成池水浑浊度增加。

溶解性总固体的数值是判别游泳池是否人数负荷超标太多及池水稀释的指标。据资料介绍，溶解性总固体不应该超过原水数值的 1000mg/L，否则会结垢，削弱氯的消毒作用，pH 值不易平衡。使用液氯、次氯酸钠、次氯酸钙等化学药品都会使池水的溶解性总固体增加。

8.4.2 由于我国目前尚无用于游泳池的各种化学药品的目录，而游泳者与水的紧密长时间接触，人体表面吸收的池水量约为人体总吸收量的 2/3，口腔仅占 1/3，为防止游泳者与水接触之后出现有损健康的皮肤刺激、皮疹及引起其他疾病的风险。所以规定了游泳池水质平衡所用的化学药品应取得卫生主管部门及疾病预防控制中心的认证和批准，确保化学药品是适用于游泳池用途的，而不是其他用途的。

8.4.4 化学药品湿式投加有利于其药溶液充分扩散与混合，提高化学药品的作用，对投加药品的位置要求达到充分混合，不同化学药品投加位置间距的规定是针对氯消毒剂与酸发生化学作用产生氯气进入游泳池会带来严重事故而作出的规定。

9 特殊设施

9.1 一般规定

9.1.1 利用水压或气压破坏池水表面张力，使跳水运动员从跳台或跳板向下跳时，能准确识别池子的水面，以便有效控制空中动作准确、完美的完成，不致因池子水面产生眩光而错误判别水面位置，使空中动作不能完成或过早完成，或被水击伤、摔伤，故跳水池的水面要利用人工方法制造出一定高度的水波浪。

9.1.2 跳水比赛要求运动员入水所溅起的水花愈小愈好，这是影响得分的因素之一。因此，人工制造的水浪不得出现翻滚，更不能出现波涛式大浪，而应是均匀的波纹式小浪。

水浪小、气泡多、范围广、在池内分布均匀，这样才能满足使用要求。

条文规定的水浪高度作为设计参考用。设计时尚应留有在实际使用中调节的余地。

9.1.3 供气质量应是不产生二次污染的，特别是不能在水表面形成油膜是极为重要的。除了选用无油空气压缩机之外，还应对空气进行充分的净化处理，如设空气过滤器，采用活性炭进行吸附杂质和除味处理都是有效的措施。

9.2 跳水池制波

9.2.1 气体起泡法制波，作为正式比赛跳水池采用是可行的，但供气设备复杂，维修管理麻烦。对一般教学和训练用的跳水池，可将水力按摩池使用的喷嘴用于跳水池制波，这样可不设专用的空气压缩机，减少设备，节约投资。

因喷水法制波的效果不是很理想，如果要求制波效果既满足基本要求，又节省设备投资，可采用涌泉法制波。

9.2.2 本条所规定的各项数据系四川省建筑勘察设计院与四川省游泳馆试验取得的，得到了有关跳水运动员和教练员的认可。

喷气嘴的位置不允许正对运动员入水处，防止发生安全事故。

喷气嘴顶面与池底相平，防止撞伤运动员。喷嘴在不使用期间应用盖帽封堵，以防止池内杂质沉淀堵塞喷气孔。

应采用铜、不锈钢、ABS 材质的管道和喷嘴有利防腐，耐久性能好。

9.2.3 本条对采用涌泉法制波作了具体规定：

1 涌泉法制波供水管道与池水循环净化管道分开，有利于调节水浪高度。

2 水泵出水压力不小于 0.10MPa 可保证制波效果。

9.2.4 本条提出了采用喷水法制波的要求，该方法在目前应用较普遍，与起泡法同时使用。

9.3 安全保护气浪

9.3.1 安全保护气浪就是在不同高度的跳板（台）3.0m 和 5.0m 跳板、7.5m 和 10.0m 跳台的正前方的池底设置一个喷射空气的装置，使其通过迅速释放空气能在池水面制造出一个使水体变软、具有一定弹性的泡沫气水混合“气浪”效果。其作用：①气体释放形成上升气水混合流，减少跳水运动员因动作失误落入水中的降落速度，降低接触池底造成伤害机会的安全措施；②当跳水运动员练习新的跳水动作或技巧时不出现安全事故；③克服初学跳水人员及运动员受伤后的恐惧心理的保护措施。所以，条文对安全保护气浪的设置范围作了推荐。

9.3.5 安全保护气浪一旦开启要求能立即产生“气浪”才能达到安全保护作用，所以，“气浪”应该在运动员自由落下人水之前的这个时间内通过池水振动而产生，故规定空气注入水中到形成“气浪”时间不超过3s是要求机房不能远离跳水池和有足够的供气压力。气泡持续时间不少于12s是一个建议值，设计时应与跳水运动教练员协商确定。其目的是要有一定的灵活性，使设计不要将贮气罐的体积设计得太小。

安全保护气浪的空气消耗量比较大，为了保证安全保护气浪在3s内迅速形成，提供高压力气体使其尽快释放的重要条件。

9.3.7 安全保护气浪的控制是一个周期一个周期地进行操作，也就是说贮气罐的有效容积要保证使用一次“气浪”所需要的空气量。

在机房内设置控制系统开关装置是作为制气成套设备的检修之用，而不能作为开启安全保护气浪之用。

设在大厅的控制屏不仅可以开启机房内的制气设备，也可以控制供气环管的喷气。

手动遥控器是通过设在大厅的控制屏开启安全保护气浪供气环管喷气的。

9.4 移动分隔墙和升降池底

9.4.1 可移动分隔墙（亦称浮桥）在我国的使用开始多了起来，其分隔墙设在水下，为保证池水的循环，应设置足够的流水孔口或缝隙。这一点在设计时，给水排水设计人员应向供货商提具体要求，特别是采用顺流式池水循环方式时，更不可忽视。

9.4.2、9.4.4 升降式池底虽具有较强的灵活性，可以按照使用要求全部或部分通过升降池底板调节所需水深的要求，但造价较高，维护管理复杂，所以，在我国使用实例极为个别。但在我国为了赛后游泳池的充分利用，池内设置固定垫板层的实例比较广泛，设计时则应要求垫板上设置过水孔隙（对逆流循环），如为顺流循环则垫板上面及下面均要设置给水口，同时还应在垫板下有池底清污措施。本条是提醒给水排水设计人员遇到此种情况时，应对维持池水有效循环提出要求。

9.5 放松池和淋浴

9.5.1 设置放松池和淋浴的目的是为跳水运动员完成一个动作，从池中出来后为平静紧张心情、缓和情绪和消除疲劳而设置的。放松池由循环水泵、过滤器、加热器、加药消毒装置、喷嘴和管道组成独立的循环水处理系统，基本原理与按摩池相似。

池水温度过高，会因提高人体体温而加快新陈代谢，这是非常不利的。

9.5.2 由于池水中含有化学消毒剂，当运动员从跳水池出来后，需尽快将其残留在身体上的带有化学药剂的残留水尽快冲洗干净，防止残留池水被皮肤吸收或蒸发致使某些化学药剂的残留物还存在人身上，给运动员造成不适。

9.5.3 目前我国尚无统一的国家或行业标准，因此，不同生产厂生产的水力按摩喷嘴，其出水量和工作压力均不相同，故规程不宜作统一规定。设计时宜根据使用与工艺要求协调解决。

设计宜选用水与空气合一的喷嘴，空气量采用文丘利式管道安装进气帽的方式将空气导入池内并进行调节，使其产生气泡对人体进行冲击按摩。既满足使用，又经济方便。

当水力按摩喷嘴为双排布置时不得相对布置，以保证使用者有足够的使用条件。为使相互间不受干扰，喷嘴的间距宜采用0.7～1.0m，一般取0.8m。

水力按摩喷嘴在池壁上的位置，以使用者坐在座位的坐板上时出水高度对准腰部为最佳。

9.5.4 为防止不使用时池内水从进气帽溢出，可采用水气合一喷嘴。进气的管帽应高出池内水表面200mm以上。

基于同样的原因，也可采用单一喷气嘴。送气总管应设计成倒U字形管，且管底也必须高出池内水表面200mm以上，或采取其他防止池内水倒流措施，如设置止水阀等保证池水不淹没送气泵。

9.6 撇沫器

9.6.1 本条规定设置撇沫器的条件。因为水上游乐池的池岸均高于水面，所以可设置撇沫器以清除池水表面的浮渣、油膜等杂质，保持池水的洁净。

9.6.2 撇沫器的数量应视其作用而确定。如不仅用作清除水面的浮渣，还兼作顺流式池水循环系统的溢水时，则按溢流水量确定。但竞赛和训练用游泳池不采用。撇沫器一般用于池水面积不大于150m^{2}的小型游泳池和按摩池、游乐池。

据美国规范（ANSI/NSPI-1）规定，每个撇沫器的服务池水面积不超过500ft^2（46m^2）。由于我国尚无此产品，故设计时应按产品说明书所给数据确定。

9.6.3 本条对撇沫器形式选用、位置确定及管道连接作了原则规定。具体设计时应与专业公司密切配合。

10 洗净设施

10.1 浸脚消毒池

10.1.1 为保证游泳池的池水不被污染，防止池水产生传染病菌，每一位游泳或休闲者在进入池子之前，应对脚部进行洗净消毒。必须在进入游泳池的入口通道上设置浸脚消毒池，使游泳、游乐者一一通过，而不得绕行或跳越通过，这是强制性措施。

条文中的两款具体要求摘自现行国家标准《游泳场所卫生标准》GB 9667的规定。

家庭游泳池、儿童池和专用游泳池，因其使用成员固定、数量少，可不设此项洗净设施。

条文中增加了连续式供给浸脚消毒液的浓度数据。

10.1.2 连续不断向浸脚消毒池内供给消毒溶液，将使用过的浓度降低了的消毒液溢流回收，再投加消毒剂达到规定的浓度后，送入浸脚消毒池继续使用。这样既能有效保证消毒液浓度，又能节约用水，确保了消毒效果。

当采用定期更换池内消毒液的方式时，为防止长时间使用消毒液而浓度降低、失效，宜2h更换一次，最长不得超过4h。该数据摘自现行国家标准《游泳场所卫生标准》GB 9667的规定。

10.1.4 因为池水的含氯量较高，有一定的腐蚀性，故管材及配件的材料应具有耐腐蚀性能。

10.2 强制淋浴

10.2.1 公共游泳、游乐设施的使用人群组合复杂（有游泳爱好者、初学游泳者、健身者、游乐休闲者、儿童及幼儿戏水者等），人数多，如对每个人泳前卫生不重视，就会使传染菌扩散有机可乘。为保证池水卫生和游泳、游乐者的健康，在池子入口通道设置强制淋浴是清除游泳、游乐者身体上污染物的有效措施。

10.2.2 规定强制淋浴通道长度和宽度基本尺寸的目的是保证游泳、游乐者有足够的冲洗水量和冲洗效果。

10.2.3 本条的各项规定和数据，是根据目前国内的工程实践，并借鉴国外有关规范确定的。

10.2.5 本条规定了用于强制淋浴水质、水压和水温的要求，以及水量计算方法。

10.3 清洗水嘴

10.3.1 游泳池的池岸卫生对保持池水水质卫生具有重要作用。为使池岸经常保持湿润，防止杂物飞扬，应经常洒水。同时，要求每天使用结束后，应对池岸地面拖擦、刷洗和冲水，故规定设清洗水嘴，水源为城市生活饮用水。

10.3.2 本条规定池岸清洗用水量标准及水量计算方法。

10.3.3 本条对冲洗池岸用水嘴的设置方式，对室内池及室外池分别作了规定。

10.4 池底清污器

该设备将池底吸污泵、清扫和过滤器组合成一个整体设备，全自动遥控控制，具有效率高、操作简便的优点。是清扫池底积污的专用设备。

该设备为移动型。使用时将其放入池中，按一定的顺序在池底移动，清除积污。清完后移出泳池，取出过滤器，在极短的时间内可清洗干净，安装后即可继续使用。不用时可存入仓库。这种设备比较灵活、方便，深受游泳池卫生管理人员欢迎。

11 排水及回收利用

11.1 一般规定

我国北方是缺水地区，游泳池的池水除循环使用外，还有池岸清洗排水、过滤器反冲洗排水及强制淋浴排水等相当数量的排水。为节约水资源，本节对水质污染小，且水量大，能回收利用的排水作了规定。

11.2 池岸排水

11.2.1 设在游泳池侧壁外侧，且槽的格栅箅盖低于游泳池水面的溢水槽，定义为非淹没式溢水槽。因冲洗池岸的排水不会流入游泳池，允许其排入溢流水槽。

11.2.2 设在泳池侧壁外侧，且槽顶的格栅箅盖与泳池水面相平的溢水槽，定义为淹没式溢流回水槽。为保证池水不受冲洗池岸排水的污染，应在远离池岸的一端另设专用的冲洗排水沟。池岸应从溢流回水槽开始坡向排水沟。

11.2.3 对于不回收的溢流水、池岸清洗排水，如排入雨水管道时，应设置防止雨水回流污染的措施，且管道直径应考虑室外池岸汇流的雨水量。

11.3 游泳池泄水

11.3.1 泄水时间系参照国外资料确定，考虑到池水突然受传染病菌污染时，不使污染扩大而能迅速排空。我国卫生防疫部门对此无明确规定。如按本规定执行有困难时，宜按所选循环周期确定。

11.3.2 本条系指游泳池较深时，泄水排入室外排水管受室外管道条件制约，为防止室外管道高负荷运行或突发故障时不产生倒灌而提出的要求。

11.3.3 当采用机械提升方式泄水时，建议充分利用循环水泵和机房内的潜水排污泵，而不另设泄水泵，节约建设投资。为防止利用循环泵提升泄水时，池水倒流至净化处理设备，故要求关闭进入设备管道上的阀门。

11.4 其他排水

11.4.1 反冲洗硅藻土过滤器，反冲洗水中含有一定量的硅藻土，如其浓度达不到当地有关部门的污水排放标准，则应设置硅藻土回收装置，如压滤机等。

11.4.2 清洗化学药品设备和容器的废水如达不到污水排放标准，应先对该废水进行中和或稀释，如仍达不到排放要求，则应进行处理，使其满足排放要求。

12 池水净化设备机房

12.1 一 般 规 定

12.1.2 游泳池的循环水管道的管径较大，为减少各种管道的往返长度，以节约投资和方便施工，要求设备机房靠近游泳池周边。

游泳池过滤设备体形较大，各种化学药品经常需要补充，如机房位于地下或者地面以上楼层、屋顶层，从设计上要预留垂直运输及水平运输的通道。为使池水净化处理设备有各类水泵的运转不影响邻近房间的工作，要有明确的土建分隔墙，以方便管理，但允许与空调、冷冻机房组合在一个建筑内。

12.1.3 设备机房的环境，对保护设备安全运行、延长使用寿命很重要，尤其是较贵重的臭氧发生器、控制仪表等。特别是一些化学药品存放房间，给操作人员创造一个良好的工作环境，规程作了原则规定。

12.2 循环水泵及均衡水池布置

12.2.2 目的是缩小循环水泵吸水管的长度，减少吸水管阻力损失，保证水泵能在高效率区间工作，从而节约电耗，延长泵的使用寿命。

12.2.4 自灌式设计能保证水泵随时能够开启，使系统的运行方便和简单。

12.2.5 近些年来一些俱乐部将游泳池设在建筑物内的屋顶层或接近屋顶的楼层内，为使水泵运行时不影响邻近及下层和上层房间的工作环境，设计要采用良好的防噪隔振措施。

12.3 过滤设备布置

12.3.2 根据调研获得的工程实践资料，石英砂压力过滤器与循环水泵都是相对集中各自分离布置，从方便施工安装、设备安全运行操作和有利设备维修管理等方面综合考虑，本条对石英砂压力过滤器的布置作了基本规定。

12.3.3 硅藻土过滤器是由一台循环水泵、过滤器和硅藻土溶液桶等三部分——对应组成的成套设备，不设备用水泵。为减少水泵吸水管的阻力损失，保证每组设备流量基本均衡，它应该靠近均（平）衡水池。

12.3.4 重力过滤设备的布置，一般低于游泳池的池水水面，依靠池水的水位差自流到过滤器进行过滤。而游泳池水处理设备不设备用电源，一旦出现意外突然停电，则可能造成设备机房被池水淹没的危险。因此，为防止池水淹没造成损失而作出此规定。

12.4 加药间及药品库

12.4.1 池水净化处理过程使用的各种化学药品，都具有腐蚀性和危险性。为防止发生安全事故，又方便使用，不同化学药品宜设各自独立的贮存房间。如条件限制不可能单独设置房间时，则相互存放地应有足够的隔断距离。

12.4.4 化学药品贮存库房应为独立的通风系统，以防有害气体对其他房间产生不良影响。为防止药品泄漏并尽快排除，对地面、墙面及门窗采用防腐材料，既方便及时清洗又有耐久性。

12.4.5 对化学药品存放要求的规定是防止不同品种化学药品相互接触产生不良后果，也是为了防止操作人员误用和保证化学药品不失效。

12.4.6 有些化学药品性质不同，如次氯酸钙与三氯异氰尿酸盐用同一个容器时，如遇到水就会产生很高的热量，会使容器因热而变形，甚至爆裂、爆炸。故不仅如第6.6.1条第1款那样投加系统要分开，而且各自的容器、用具也不得混用，以确保安全。

12.5 消 毒 设 备

12.5.3 现行国家标准《室外给水设计规范》GB 50013对此有详细规定，而且均为强制性条文。

12.5.4 臭氧是有毒气体，其相对密度为2.143。它具有很强的腐蚀性，特别是在潮湿的环境下更是如此。因此，臭氧发生器房间应有独立的通风排气系统，而且通风排气设施应尽量靠近地面处。为确保操作人员的安全，除尾气处理排至大气外，房间内设ORP监测器监测房间内环境中的臭氧含量。

12.5.7 臭氧发生器在放电的过程中产生大量的热，如不尽快排除，将影响臭氧发生器的臭氧产量。除本规程第12.5.6条对房间的环境温度作出规定外，本条对发生器冷却水水质作出了规定。

12.5.8 臭氧发生装置是高压放电设备，条文对臭氧发生器房间的电气设备的安全防护作了规定。

12.6 换 热 器

12.6.1 氯气瓶受热及阳光照射后会发生安全事故，因此，要远离加氯间。如两者不在同一楼层时，换热器间不应设在加氯间的下层。

12.7 控 制 设 备

12.7.1 控制间指池水净化处理设备的运行控制和池水水质监测控制的房间，为保证各种测量仪表示数和读数不受其所规定因素的干扰以延长使用寿命。

12.7.3 控制间地面高出机房其他房间地面的目的是防止地面积水带来的损坏。

13 施工与质量验收

13.1 一 般 规 定

13.1.1 技术标准指《建筑工程质量管理条例》、现行国家标准《建筑工程施工质量验收统一标准》GB 50300等标准，是搞好施工质量的保证。故施工单位应有基本的技术标准、必需的检测设备、仪器、合格的专业技术人员、质量监督人员，方能实现工程的过程质量控制。

13.1.3 设备、材料、附件等质量符合国家或行业的产品标准，并具有产品合格证，这是保证工程质量基本前提。对于没有国家及行业标准的产品，应选用具有企业标准和经过专家鉴定或评审认可的产品。

13.1.8 本条的主要目的是解决在施工安装过程中相关各专业之间的有效衔接、化解矛盾、落实中间过程的质量控制不可少的要求。

13.2 设备及配套设施安装

13.2.1 设备基础的强度对转动设备很重要，应按设计及产品说明的要求严格控制。

13.2.2 设备、材料的现场运输，因不同专业的交叉施工，互有干扰。为保证设备、组件等的质量，现场运输过程中不得随便拆卸。

13.2.7 过滤设备滤料的填装应按顺序进行，不同层次规格的填料、滤料应自下而上的分层进行。填装要密实平整，其误差不得超过规定，否则会造成投入使用后，过滤速度不均匀影响出水质量。

13.2.8 臭氧发生器是较为贵重的设备，安装时必须认真对待，一般这类设备及配套设施由供货商负责安装。

13.3 管 道 安 装

13.3.1 规定了用于游泳池池水净化系统的管道、管件等的质量要求。不同材质的管道不能混合连接，而应采用过渡连接管件，如为塑料管道则应采用配套的专用胶粘剂；如为ABS塑料管因无产品标准，则由管道制造商配套供应；管道连接时清除管内杂物，以防堵塞；油污在管道表面有侵蚀作用，妨碍管接口的严密性。遇碰撞可能损坏管道，低温可能产生脆化，长期阳光下会使管材变色、老化，减少使用寿命，所以要求贮存、运输都须按规定要求进行。

13.3.3 明装管道规定土建墙面粉刷完成后进行，是为了保证管道不被碰撞、损坏和表面不被污染。

强调暗装管道在水压试验合格后，方能埋设。埋设过程中不能出现轴向弯曲、接口强力校正、尖硬物体损伤及重物压伤管道，防止管道漏水隐患的发生。

管道的伸缩对非金属、塑料制品管道应引起重视。输送水的温差、施工季节的温差、环境温差等因素都会对管道产生一定的变形，如不采取措施，投入使用后就会出现漏水现象。

13.3.6 管道一般采用金属支架，但如为非金属塑料材质管道，为防止管道伸缩损伤管道表面以及固定支架确保管道与支架紧密结合，均应在管道与管卡环间和管道与穿墙套管间衬隔离垫。特别强调设备接管时，不能将设备接管点作为支架使用。管道支架应严格按标准执行，防止管道出现弯曲，造成管内积气和输水不通畅等弊病。

13.3.7 塑料管道胶粘剂和清洁剂属于易燃物品，又属于有机溶剂，因此，施工中注意防火，远离火源。佩戴防护用具避免皮肤、眼睛与之接触造成侵蚀伤害，是保证安全的必要措施。

13.4 专用和附属配件安装

专用配件指游泳池的给水口、回水口、溢水口、泄水口及吸污接口等，这些配件是池水循环净化系统不可缺少的组成部分，其数量、规格均关系到系统投入使用后能否正常使用、能否达到设计要求、能否减少噪声等问题。

游泳池给水口、池底回水口、泄水口安装允许偏差±10mm的规定是整齐、感观效果方面提出的要求。

附属配件指格栅盖板、沟槽格栅盖板及穿池壁防水套管等，这些配件关系到游泳者的安全和密封的可靠性，也是施工中不容忽视的问题。

13.5 阀门和仪表安装

管道阀门类、仪表的安装位置、方向不仅影响池水循环净化系统的正常运行，同时也是随时调整系统运行的重要手段。

13.6 管道检测和试验

13.6.1 管道检测和试验是工程竣工验收投入使用前的一项很重要的工作。虽然我国关于给水排水工程方面的施工质量验收规范种类较多，但针对游泳池给水排水工程方面的内容极少。为确保系统功能，把好工程质量验收关，做到工程必须要有检测试验，不合格者不得竣工，更不得投入使用。因此，会同有关方面做好工程检测试验文字记录就显得尤为重要。

13.6.5 塑料粘接管道规定安装完成24h后方可进行水压试验，其目的是为了保证接口有充分的固化时间；塑料管材因其具有一定的柔性，水压试验时若加压过快、过高，会使管道产生膨胀，导致水压试验出现误差，故条文强调要缓慢加压，并要求升压时间不得超过10min。

13.7 设备检测和试验

13.7.4 对游泳池池水循环净化系统进行功能检测试验，目的是验证各个部分的功能，保证系统投入使用后能运行安全可靠，净化后的水质符合卫生要求，保证符合游泳竞赛、健身和娱乐要求。这也是游泳池池水循环净化系统的基本质量标准。

13.8 质 量 验 收

13.8.1、13.8.2 规定工程竣工验收应参加的单位和竣工验收的基本内容。

13.8.3 工程竣工验收提供的技术文件是系统投入使用后的存档材料，以供今后对系统进行检修、改造、维护等之用。

13.8.5～13.8.7 规定工程验收应对工程质量、合格标准作判定时所判定的内容。

13.8.8 出具工程验收报告对工程质量作判定，这是工程验收必要的文字结论。

14 运行、维护和管理

14.1 一 般 规 定

14.1.1 已建成的游泳池，除规划设计中尚缺乏综合效益、消费群体水平的考虑外，在使用中还存在如下问题：

1 缺乏科学管理：无严格的规章制度、无安全卫生教育、人群缺乏合理组织及分流引导。

2 过分追求经济效益：忽视安全卫生要求，致使人数负荷超过太多，造成池水污染较快，设备超负荷运行，水质难以保证，也造成环境脏乱。

3 重建设轻管理：各种设施、设备缺乏必须的维护和检测，致使设施和设备损坏而不能正常运行。

4 部分设备操作和管理人员缺乏必要的专业技术知识，对设备性能、药品性能了解不深，致使出现问题束手无策，得不到及时的检修和调整。

针对以上存在问题，本规程仅从池水循环净化处理方面对游泳池开放使用应具备的条件及运行中应注意的问题作了原则规定。

14.1.8 游泳池建成交付使用后，为了保证游泳池安全、卫生、环保的运行，本条规定游泳池的经营管理者，应按本规程本章的规定对游泳池进行运行、维护和管理。本规程本章的规定不能取代当地卫生主管部门的有关规定，而要求两者均遵守。因此，游泳池的经营管理者应注意到这一规定。

14.2 水质异常处理

14.2.2 该条是参照世界卫生组织的建议制定。池水中出现腹泻排泄物，因其可能是受隐孢子虫和贾第鞭毛虫感染所致，这两个病菌在水中很容易引起感染，因此应引起管理者的重视。这一般会在儿童池及幼儿池中出现。

由于血液可以传播乙肝病毒和艾滋病毒，因此，池水中出现有血时，应该引起管理者的认真关注。当然其他地方如池岸出现血也要重视，并及时予以清除，但不能将清洗水排入泳池内。

致病菌如绿脓假单胞菌会感染皮肤和耳朵，大肠埃希氏菌表示池水有粪便污染，水质检测出现时，表明消毒不达标。应采用过量投加氯消毒剂进行消毒，即冲击处理。据国外资料介绍，破坏氯胺需要的游离性余氯浓度至少为10倍的化合性余氯。作为预防措施，根据国内外实践经验，以游离性余氯10mg/L作为最低用量，持续1～4h。

14.3 水 质 监 测

14.3.1 池水水质监测是保证池水符合卫生标准的重要手段。水质监测分为两部分：①监督监测检查；②管理检查监测。本条规定监督检测由当地卫生监督部门负责，游泳池的经营者负责按当地监督部门规定的频率按时送检水质样品。

14.3.2 池水水质管理检测，由游泳池经营者负责，具体由游泳池池水净化处理设备操作人员按规定频率及项目进行现场检测，并做好记录。

有些检测项目如氰尿酸、三卤甲烷及水质平衡方面的项目大多是在实验室方能进行，故规定检测频率较少，一般应每月进行一次例行检测。但在初次使用前及关闭维修清洗之后、池水净化处理系统出现故障修复之后和泄空池水重新换水之后等游泳池再次开放的情况下，都应进行检测。

14.3.5 水质的取样对检测数据应具有代表性，为保证检测结果符合实际，本规程对水质水样的摄取位置作了具体规定。

14.4 环境卫生保持

14.4.1 游泳池是一个公共场所，加强对游泳者的教育很重要。本条第1款和第3款是教育的内容之一，另外从设施上予以引导，如洗净设施的设置。但在有些游泳场馆内洗净设施不符合本规程第10.1.1条的规定，浸脚消毒池与通道间留有台阶，这是不正确的，给水排水设计人员应提示土建设计注意。

14.4.2 据调查了解，针对不同人群分早场、午场、晚场场次对管理大有好处，方便管理。游泳人数超过负荷，则池水净化处理设备的能力达不到预定的净化效果，池水的卫生将会受到影响，在人们的健康意识不断提高的当前，就会影响游泳者前来的人数，实际上是增加了运营成本。因此，严格按本规程第4.2.1条和第4.2.2.条的规定，严格限定入场人数是很重要的。

14.4.3～14.4.8 对游泳池的辅助设施的清洁频率作了规定。

14.5 化学药品溶液配制

14.5.1 用于游泳池池水净化处理系统的化学药品品种很多，而且随着科技的发展，新的化学药品不断试制成功，各类化学药品都在不同程度上对人的健康存在不同程度的影响。因此，从以人为本的观念出发，规程规定凡是用于游泳池的化学药品都得经卫生监督部门的批准，以确保对人们的健康是无害的、安全的。

14.5.2 从保证操作人员的安全方面规定先将各种固体药品进行溶解，然后再配制成投加所需浓度的溶液，以减少对设备、管道及附件的腐蚀。

在溶药的过程中严禁将水加入到化学药品容器中，而应将化学药品加入到水中。不同的化学药品不得相互接触，应分别在不同的容器中溶解，确保不发生安全事故。

14.6 设备维护和管理

本节针对游泳池池水循环净化处理系统的主要设备提出了维护管理的基本项目内容和要求，并要求做到：

1 在实际运行操作中应根据相应的产品说明书的规定和设计要求，坚持定期地进行预防性保养，不应等到设备或附件损坏后再进行检修。

2 在检修中只能使用供货商或经销商认可的替换零部件。

3 定期地对化学药品投加系统的装置、计量泵等进行除污清洗。

4 根据设备、附件等损坏频率，应贮存足够的备件，以供更换及故障维修之需。

5 按规定周期对游泳池给水口、回水口、泄水口等管口护盖格栅进行牢固性检查，确保游泳者不被伤害。据资料介绍：2006 年 7 月日本琦玉县一位 7 岁女孩丸瑛梨香 7 月 31 日在富士见野市一家游泳馆游泳，因池内排水管口网状保护格栅部分脱落，致使该女孩被吸入回水管，不幸身亡，这一报导应引起管理者高度重视。

中华人民共和国行业标准

镇(乡)村给水工程技术规程

Technical specification of water supply engineering for town and village

CJJ 123—2008

J 799—2008

批准部门：中华人民共和国住房和城乡建设部

施行日期：2 0 0 8 年 1 0 月 1 日

中华人民共和国住房和城乡建设部
公　告

第48号

关于发布行业标准《镇（乡）村给水工程技术规程》的公告

现批准《镇（乡）村给水工程技术规程》为行业标准，编号为CJJ 123－2008，自2008年10月1日起实施。其中，第5.1.6、7.1.7、9.3.1、9.10.1、9.10.7、9.10.8条为强制性条文，必须严格执行。

本规程由我部标准定额研究所组织中国建筑工业出版社出版发行。

中华人民共和国住房和城乡建设部

2008年6月13日

前　言

根据建设部《关于印发〈二〇〇四年度工程建设城建、建工行业标准制订、修订计划〉的通知》（建标［2004］66号）的要求，规程编制组经广泛调查研究，认真总结实践经验，参考有关国际标准和国外先进标准，并在广泛征求意见的基础上，制定了本规程。

本规程的主要技术内容是：1. 总则；2. 术语；3. 给水系统；4. 设计水量、水质和水压；5. 水源和取水；6. 泵房；7. 输配水；8. 水厂总体设计；9. 水处理；10. 特殊水处理；11. 分散式给水；12. 施工与质量验收；13. 运行管理。

本规程中以黑体字排印的条文为强制性条文，必须严格执行。

本规程由住房和城乡建设部负责管理和对强制性条文的解释，由上海市政工程设计研究总院负责具体技术内容的解释。在执行过程中如有需要修改与补充的建议，请将相关资料寄送主编单位上海市政工程设计研究总院（邮编200092，上海市中山北二路901号），以供修订时参考。

本规程主编单位：上海市政工程设计研究总院

本规程参编单位：北京市市政工程设计研究总院
国家海洋局天津海水淡化与综合利用研究所
长安大学
攀枝花市规划建筑设计研究院
中国市政工程东北设计研究院
中国市政工程华北设计研究院
银川规划建筑设计研究院有限公司
广东省建筑科学研究院
浙江玉环净化集团

本规程主要起草人：沈裘昌　许友贵　刘学功
陈　芸　陈树勤　杨玉思
杨廷飞　杨利伟　吴水波
吴晓瑜　赵志军　徐扬纲
崔招女　崔树瑞　潘献辉
康永滨

目　次

1　总则 ………………………………… 2—29—4
2　术语 ………………………………… 2—29—4
3　给水系统…………………………… 2—29—7
3.1　给水系统选择………………………… 2—29—7
3.2　常用工艺流程………………………… 2—29—7
4　设计水量、水质和水压 ………… 2—29—8
4.1　设计水量……………………………… 2—29—8
4.2　水质…………………………………… 2—29—9
4.3　水压…………………………………… 2—29—9
5　水源和取水 ……………………… 2—29—9
5.1　水源…………………………………… 2—29—9
5.2　取水构筑物 ………………………… 2—29—10
6　泵房 ……………………………… 2—29—11
6.1　一般规定 …………………………… 2—29—11
6.2　管道及辅助设施 …………………… 2—29—11
7　输配水 …………………………… 2—29—11
7.1　一般规定 …………………………… 2—29—11
7.2　水力计算 …………………………… 2—29—12
7.3　管道布置和敷设 …………………… 2—29—12
7.4　管材和附属设施 …………………… 2—29—12
7.5　调节构筑物 ………………………… 2—29—13
8　水厂总体设计 …………………… 2—29—13
9　水处理 …………………………… 2—29—14
9.1　一般规定 …………………………… 2—29—14
9.2　预处理 ……………………………… 2—29—14
9.3　混凝剂和助凝剂的投配 …………… 2—29—15
9.4　混凝 ………………………………… 2—29—15
9.5　沉淀和澄清 ………………………… 2—29—16
9.6　过滤 ………………………………… 2—29—17
9.7　臭氧与活性炭 ……………………… 2—29—18
9.8　膜处理 ……………………………… 2—29—19
9.9　综合净水装置 ……………………… 2—29—20
9.10　消毒 ……………………………… 2—29—20
10　特殊水处理 …………………… 2—29—21
10.1　地下水除铁和除锰 ……………… 2—29—21
10.2　除氟……………………………… 2—29—22
10.3　除砷……………………………… 2—29—23
10.4　苦咸水除盐处理………………… 2—29—24
11　分散式给水 …………………… 2—29—24
11.1　一般规定………………………… 2—29—24
11.2　雨水收集给水系统……………… 2—29—24
11.3　手动泵给水系统………………… 2—29—25
11.4　山泉水、截潜水、集蓄水池给水系统 ……………………………… 2—29—25
12　施工与质量验收………………… 2—29—26
12.1　一般规定………………………… 2—29—26
12.2　土建工程………………………… 2—29—26
12.3　材料设备采购…………………… 2—29—27
12.4　管道、设备安装………………… 2—29—27
12.5　试运行…………………………… 2—29—28
12.6　竣工验收………………………… 2—29—28
13　运行管理………………………… 2—29—28
13.1　一般规定………………………… 2—29—28
13.2　水质检验………………………… 2—29—29
13.3　水源及取水构筑物管理………… 2—29—29
13.4　净水厂管理……………………… 2—29—30
13.5　泵房管理………………………… 2—29—32
13.6　输配水管理……………………… 2—29—32
13.7　分散式给水系统管理…………… 2—29—33
本规程用词说明 ………………… 2—29—33
附：条文说明………………………… 2—29—34

1 总 则

1.0.1 为规范我国镇（乡）村给水工程的设计、施工、质量验收和运行管理，保证工程质量，保障饮用水安全，做到技术先进适用、经济合理、管理方便，制定本规程。

1.0.2 本规程适用于供水规模不大于5000m^3/d的镇（乡）村永久性室外给水工程。

1.0.3 镇（乡）村给水工程应符合镇（乡）村总体规划，并应布局合理、节约用地、因地制宜、量力而行，实现经济效益、社会效益和环境效益的统一。

1.0.4 镇（乡）村生活饮用水水源的选择应符合当地水资源规划和管理的要求，并应合理利用水资源，有效保护水资源，确保水资源的可持续利用。

1.0.5 镇（乡）村给水应优先考虑采用城市给水管网延伸供水，或建区域给水系统统一供水。

1.0.6 镇（乡）村给水工程的建设应遵循远期规划，近远期结合，以近期为主的原则。近期设计年限宜采用5～10年，远期规划年限宜采用10～15年。

1.0.7 镇（乡）村给水工程应采用适合当地条件，并通过实践验证的、成熟的工艺、材料和设备。

1.0.8 水厂应避免建在容易发生洪涝、地质灾害的地带，或应采取抵御灾害的措施。

1.0.9 镇（乡）村给水工程的设计、施工、质量验收和运行管理，除应符合本规程外，尚应符合国家现行有关标准的规定。地震、湿陷性黄土、多年冻土以及其他特殊地质构造地区建设给水工程时，应符合国家现行有关标准的规定。

2 术 语

2.0.1 给水系统 water supply system

由取水、输水、水质处理和配水等设施所组成的总体。

2.0.2 原水 raw water

由水源地取来进行水处理的原料水。

2.0.3 供水量 supplying water

供水企业所输出的水量。

2.0.4 用水量 water consumption

用户所消耗的水量。

2.0.5 日变化系数 daily variation coefficient

最高日供水量与平均日供水量的比值。

2.0.6 时变化系数 hourly variation coefficient

最高日最高时供水量与该日平均时供水量的比值。

2.0.7 管网漏损水量 leakage

在输配过程中漏失的水量。

2.0.8 最小服务水头 minimum service head

配水管网在用户接管点处应维持的最小水头。

2.0.9 取水构筑物 intake structure

为取集原水设置的构筑物。

2.0.10 管井 deep well，drilled well

井管从地面打到含水层，抽取地下水的井。

2.0.11 大口井 dug well，open well

采用开挖或沉井法施工，设置井筒，以集取浅层地下水的构筑物。

2.0.12 渗渠 infiltration gallery

壁上开孔，以集取浅层地下水的水平管渠。

2.0.13 泉室 spring chamber

集取泉水的构筑物。

2.0.14 岸边式取水构筑物 riverside intake structure

设在岸边的取水构筑物，一般由进水间、泵房两部分组成。

2.0.15 河床式取水构筑物 riverbed intake structure

设进水管将取水头部伸入江河、湖泊中取水的构筑物，一般由取水头部、进水管（自流管或虹吸管）、进水间（或集水井）和泵房组成。

2.0.16 取水头部 intake head

河床式取水构筑物的进水部分。

2.0.17 水塔 water tower

高出地面一定高度，有支承设施的储水容器。

2.0.18 自灌充水 self-priming

水泵启动时靠重力使泵体充水的引水方式。

2.0.19 水锤压力 surge pressure

管道系统由于水流状态（流速）突然变化而产生的瞬时压力。

2.0.20 输水管（渠） delivery pipe

从水源地到水厂（原水输水）或当水厂距供水区较远时从水厂到配水管网（净水输水）的管（渠）。

2.0.21 配水管网 distribution system，pipe system

用以向用户配水的管道系统。

2.0.22 水处理 water treatment

对原水采用物理、化学、生物等方法改善水质的过程。

2.0.23 预处理 pre-treatment

在混凝、沉淀、过滤、消毒等工艺前所设置的处理工序。

2.0.24 常规处理 routine treatment

常用的以去除浊度和灭活细菌病毒为目的的处理工艺，一般包括混凝、沉淀、过滤及消毒。

2.0.25 自然沉淀 plain sedimentation

不加注混凝剂的沉淀过程。

2.0.26 预氧化 pre-oxidation

在混凝工序前，投加氧化剂，用以起助凝作用或去除原水中的有机微污染物和嗅味的净水工序。

2.0.27 粉末活性炭吸附 powdered activated carbon adsorption

投加粉末活性炭，用以吸附溶解性有害物质和改善嗅、味的净水工序。

2.0.28 混凝剂 coagulant

为使胶体失去稳定性和脱稳胶体相互聚集所投加的药剂。

2.0.29 助凝剂 coagulant aid

能改善絮凝效果的辅助药剂。

2.0.30 药剂贮存量 current reserve of chemical

考虑药剂消耗与供应时间之间差异所需的贮备量。

2.0.31 混合 mixing

使投入的药剂迅速均匀地扩散于被处理水中，以创造良好絮凝条件的过程。

2.0.32 机械混合 mechanical mixing

水体通过机械提供能量，改变水体流态以达到混合目的的过程。

2.0.33 水力混合 hydraulic mixing

消耗水体自身能量，通过流态变化以达到混合目的的过程。

2.0.34 水泵混合 pump mixing

将药剂溶液加在水泵的吸水管中，通过水泵叶轮的高速转动以达到混合目的的过程。

2.0.35 絮凝 flocculation

脱稳的胶体在一定的外力扰动下相互碰撞、聚集，以形成较大絮状颗粒的过程。

2.0.36 机械絮凝池 machanical flocculating tank

通过机械装置使水体搅动而完成絮凝过程的构筑物。

2.0.37 折板絮凝池 folded-plate flocculating tank

水体以一定流速在折板之间通过而完成絮凝过程的构筑物。

2.0.38 波纹板絮凝池 corrugated-plate flocculating tank

水体以一定流速在波纹板之间通过而完成絮凝过程的构筑物。

2.0.39 穿孔旋流絮凝池 revolving flow flocculating tank

水体以一定流速在交错布置的多格孔洞间通过而完成絮凝过程的构筑物。

2.0.40 网格（栅条）絮凝池 grid flocculating tank

水体以一定流速在网格或栅条间通过而完成絮凝过程的构筑物。

2.0.41 沉淀 sedimentation

利用重力沉降作用去除水中悬浮物的过程。

2.0.42 竖流沉淀池 vertical flow sedimentation tank

水流向上，颗粒沉降向下的圆柱形或圆锥形完成沉淀过程的构筑物。

2.0.43 上向流斜管沉淀池 upflow tube settler

水流自下而上通过斜管，完成水与悬浮固体分离的构筑物。

2.0.44 澄清 clarification

通过与高浓度悬浮泥渣层的接触而去除水中悬浮物的过程。

2.0.45 水力循环澄清池 circulator

利用水力提升作用，形成泥渣循环，并使原水中悬浮颗粒与已形成的悬浮泥渣层接触而去除水中悬浮物的构筑物。

2.0.46 机械搅拌澄清池 accelerator

利用机械的提升和搅拌作用，促使泥渣循环，并使原水中悬浮颗粒与已形成的悬浮泥渣层接触絮凝和分离沉淀的构筑物。

2.0.47 气浮池 floatation tank

运用浮选原理使悬浮固体上浮而被去除的构筑物。

2.0.48 气浮溶气罐 dissolved air vessel

在气浮工艺中，使水与空气在有压条件下相互溶合的密闭容器，简称溶气罐。

2.0.49 过滤 filtration

水流通过粒状材料或多孔介质以去除水中悬浮固体的过程。

2.0.50 滤料 filtering media

用以进行过滤的粒状材料，一般有石英砂、无烟煤、重质矿石等。

2.0.51 滤料有效粒径（d_{10}） effective size of filtering media

滤料通过筛孔累积重量百分比为10%时的滤料粒径。

2.0.52 滤料不均匀系数（K_{80}） uniformity coefficient of filtering media

滤料通过筛孔累积重量百分比为80%时的滤料粒径与有效粒径之比。

2.0.53 滤速 filtration rate

滤池过滤的速度，指单位过滤面积在单位时间内滤过的水量，一般以m/h为单位。

2.0.54 冲洗强度 wash rate

单位时间内单位滤料面积的冲洗水量，一般以$L/(m^2 \cdot s)$为单位。

2.0.55 膨胀率 percentage of bed-expansion

滤料层在反冲洗时的膨胀程度，以滤料层厚度的百分比表示。

2.0.56 接触滤池 contact filter

原水经投药后，不经混凝沉淀（或澄清）池，直接进到同时起凝聚和过滤作用的滤池。

2.0.57 慢滤池 slow filter

滤速为0.1～0.3m/h，采用石英砂滤料，不设冲洗设施，截留物通过刮砂去除的滤池。

2.0.58 快滤池 rapid filter

一种传统的快滤池布置形式，滤料一般为单层石英砂滤料或煤、砂双层滤料，冲洗采用单水冲洗，冲洗水由水塔（箱）或水泵供给。

2.0.59 压力滤池 pressure filter

在密闭容器中，在压力条件下进行过滤的滤池。

2.0.60 重力式无阀滤池 valveless filter

一种不设阀门的快滤池形式。在运行过程中，出水水位保持恒定，进水水位则随滤层的水头损失增加而不断在虹吸管内上升，当水位上升到虹吸管管顶，并形成虹吸时，即自动开始滤层反冲洗，冲洗排泥水沿虹吸管排出池外。

2.0.61 预臭氧 pre-ozonation

设置在混凝之前的臭氧净水工序。

2.0.62 臭氧-生物活性炭吸附 ozone-biological activated carbon process

利用臭氧氧化和颗粒活性炭吸附及生物降解所组成的净水工序。

2.0.63 臭氧接触池 ozonation contact reactor

使臭氧气体扩散到处理水中，并使之与水体充分接触而完成氧化作用的构筑物。

2.0.64 臭氧尾气 off-gas ozone

自臭氧接触池顶部排出的含有少量臭氧（其中还含有大量空气或氧气）的气体。

2.0.65 臭氧尾气消除装置 off-gas ozone destructor

通过一定的方法降低臭氧尾气中臭氧的含量，以达到规定排放浓度的装置。

2.0.66 活性炭吸附池 activated carbon adsorption tank

由颗粒活性炭作为吸附介质的处理构筑物。

2.0.67 空床接触时间 empty bed contact time

单位体积填料在单位时间内的处理水量，一般以min表示。

2.0.68 空床流速 superficial velocity

单位吸附池面积在单位时间内的处理水量，一般以m/h表示。

2.0.69 再生 regeneration

离子交换剂或吸附剂失效后，用物理或化学方式使其恢复到原型态交换能力的工艺过程。

2.0.70 净水塔 clear-water tower

将压力式无阀滤池或单阀滤池与泵房、加药间、水塔合并建造的一种小型净水构筑物。

2.0.71 一体化净水装置 minor water purifier

将絮凝、沉淀（澄清）、过滤等工艺组合在一起的小型净水设备。

2.0.72 液氯消毒法 chlorine disinfection

将液氯气化后通过加氯机投入水中，以完成氧化和消毒的方法。

2.0.73 二氧化氯消毒法 chlorine dioxide disinfection

将二氧化氯投加水中，以完成氧化和消毒的方法。

2.0.74 漂白粉消毒法 sodium hypochlorite disinfection

将漂白粉（次氯酸钠）投加水中，以完成氧化和消毒的方法。

2.0.75 紫外线消毒法 ultraviolet disinfection

利用紫外线光在水中照射一定时间，以完成消毒的方法。

2.0.76 接触氧化除铁 contact-oxidation for deironing

利用接触催化作用，加快低价铁氧化速度而使之去除的除铁方法。

2.0.77 电渗析法 electrodialysis (ED)

在外加直流电场的作用下，利用阴离子交换膜和阳离子交换膜的选择透过性，使一部分离子透过离子交换膜而迁移到另一部分水中，从而使一部分水淡化而另一部分水浓缩的过程。

2.0.78 脱盐率 rate of desalination

在采用膜法、蒸馏法或离子交换法去除水中阴、阳离子过程中，去除的量占原量的百分数。

2.0.79 反渗透法 reverse osmosis (RO)

在膜的原水一侧施加比溶液渗透压高的外界压力，原水透过半透膜时，只允许水透过，其他物质不能透过而被截留在膜表面的过程。

2.0.80 保安过滤 cartridge filtration

在膜处理前，水中对膜组件形成危害的细小杂质颗粒物被截留的过程。

2.0.81 活性氧化铝除氟 activated alumina process for defluorinate

采用活性氧化铝滤料吸附氟离子，将氟化物从水中除去的过程。

2.0.82 混凝沉淀除氟 coagulation sedimentation for defluorinate

投加药剂，使氟化物的氟离子形成胶体物质并沉淀而将氟离子从水中除去的过程。

2.0.83 离子交换法除砷 ion exchange for arsenic removal

采用离子交换剂交换砷，将其从水中除去的过程。

2.0.84 吸附法除砷 adsorption for arsenic removal

利用吸附剂的物理和化学吸附作用，将砷从水中除去的过程。

2.0.85 集中式给水系统 central water supply system

自水源集中取水经处理后，通过输配水管网送到用户或者公共取水点的供水系统。

2.0.86 分散式给水 non-central water supply system

干旱地区或居民稀少的山区，由用户自行取用水的给水方式。

2.0.87 雨水收集给水系统 rain collection and water supply system

通过收集贮存雨水以满足供水需要的分散式给水系统。

2.0.88 手动泵给水系统 self-pumping water supply system

以地下水为水源，设置手动泵提升供水的分散式给水系统。

2.0.89 山泉水给水系统 spring water supply system

以山泉水为水源，建造引泉池和供水管道供水的分散式给水系统。

2.0.90 截潜水给水系统 phreatic water supply system

以潜水为水源，经渗渠或集水井收集后由重力管道供水的分散式给水系统。

2.0.91 集蓄水池给水系统 rain-well water supply system

收集、贮存雨水，建造大口井或家用水窖的分散式给水系统。

3 给水系统

3.1 给水系统选择

3.1.1 给水系统的选择应根据当地的规划、城市给水管网延伸的可能性、水源、用水要求、经济条件、技术水平、地形、地质、能源条件等因素进行方案综合比较后确定。

3.1.2 无条件建设集中式给水系统的居住点，可采用分散式给水系统。分散式给水系统可选用雨水收集给水系统、手动泵给水系统等。

3.1.3 给水系统设计应充分考虑原有给水设施和构筑物的利用。

3.2 常用工艺流程

3.2.1 对地下水水源，可采用下列工艺流程：

1 原水水质符合现行国家标准《地下水质量标准》GB/T 14848 规定的三类以上水质指标时，可采用：

1）自流式

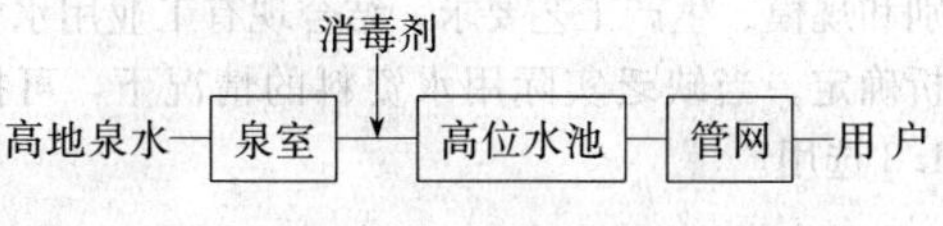

2）抽升式

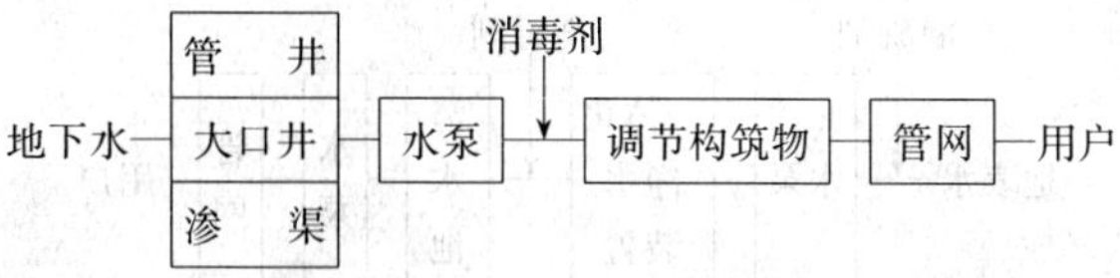

2 当地下水含铁、锰、氟、砷以及含盐量超过现行国家标准《生活饮用水卫生标准》GB 5749 规定的水质指标限值时，应进行净化处理，其净水工序流程选择应符合本规程第 10 章的有关规定。

3.2.2 对地表水水源，可采用下列工艺流程：

1 原水浊度长期不超过 20NTU，瞬时不超过 60NTU 时，可采用：

1）

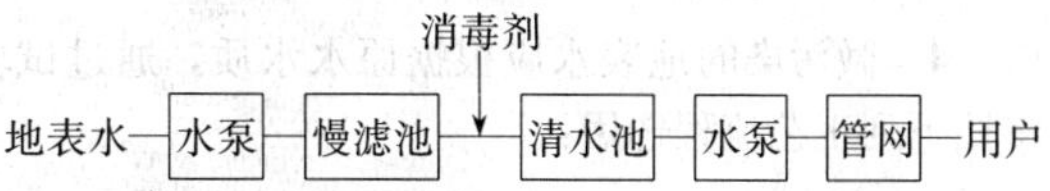

2）

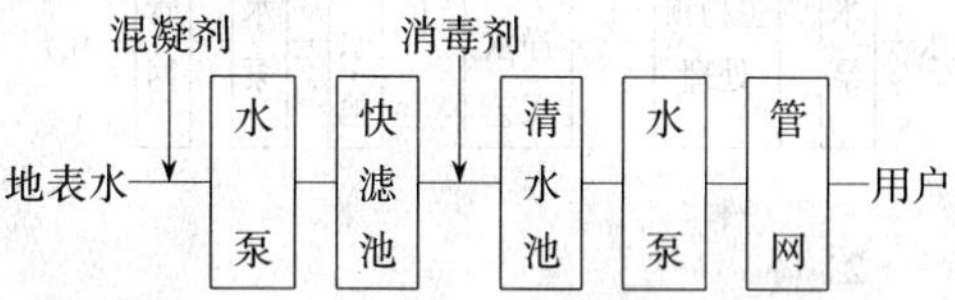

3）

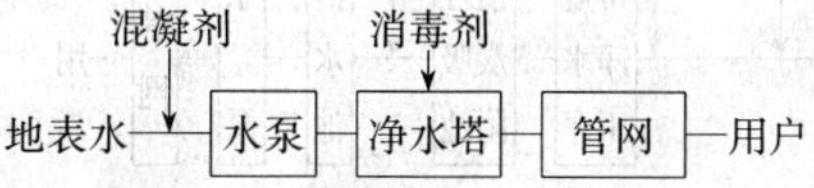

4）

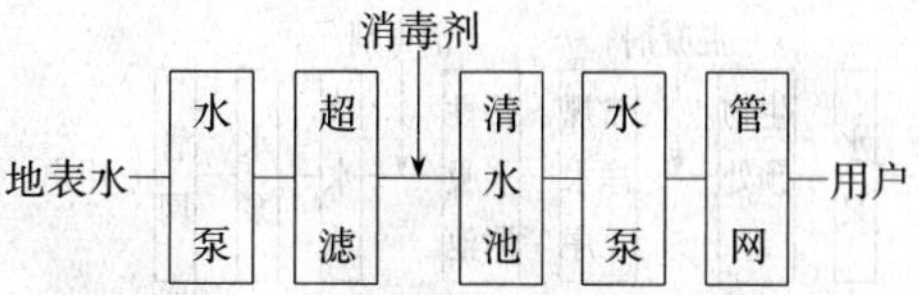

2 原水浊度长期不超过 500NTU，瞬时不超过 1000NTU 时，可采用：

1）

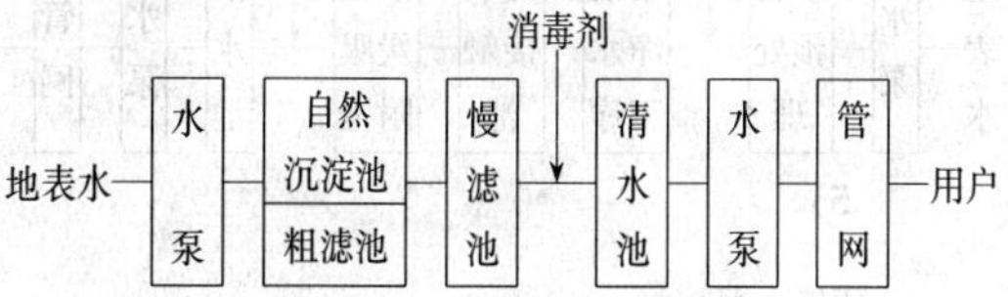

2）

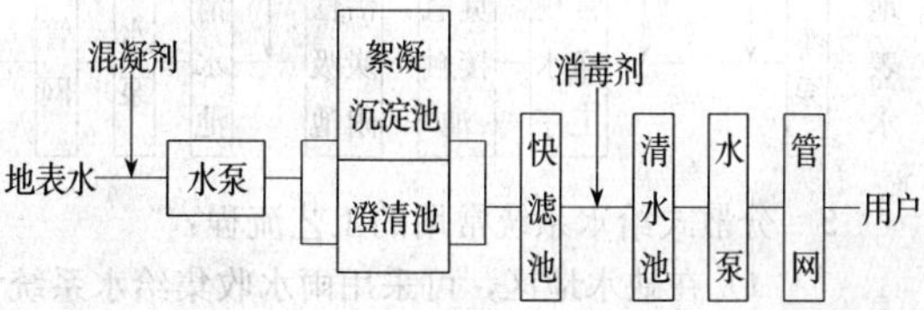

3）

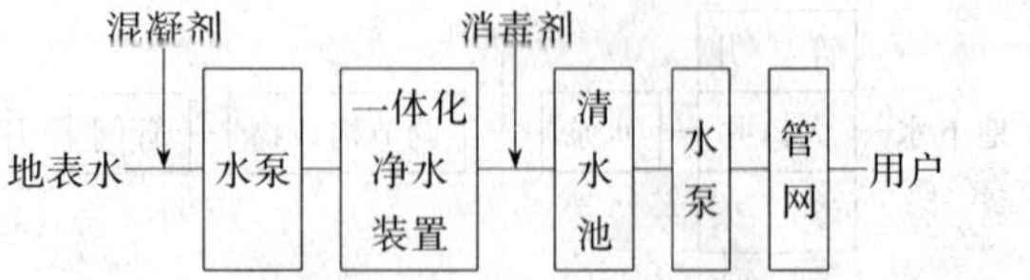

3　原水浊度长期超过 500NTU，瞬时超过 5000NTU 时，可采用：

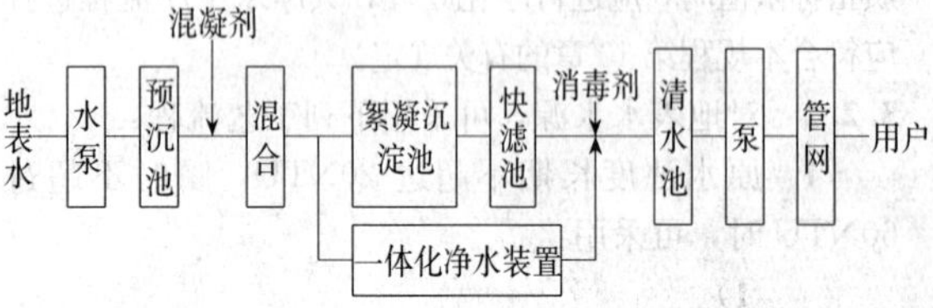

4　微污染的地表水应根据原水水质，通过试验参照下列工艺流程选用：

1）

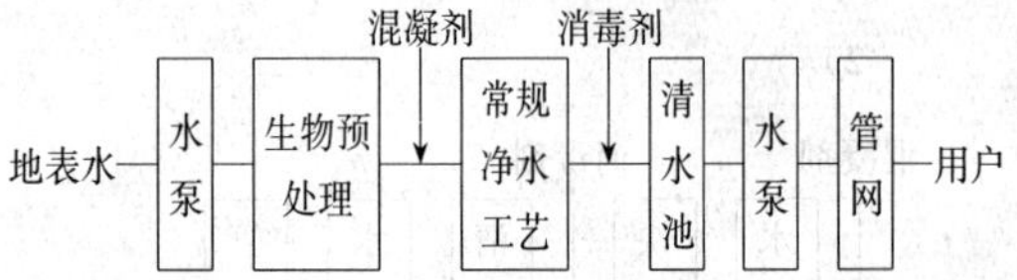

2）

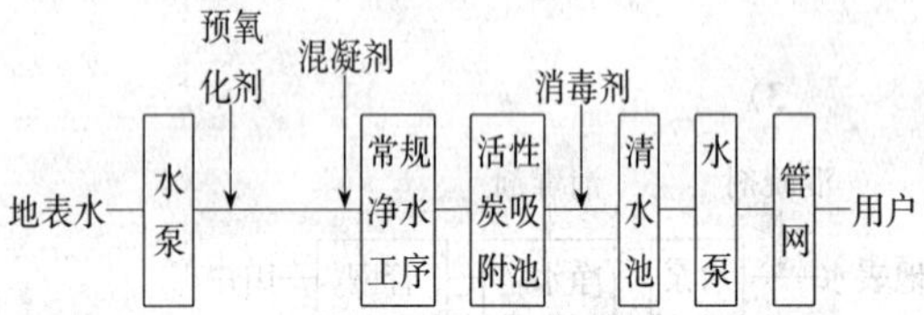

3）

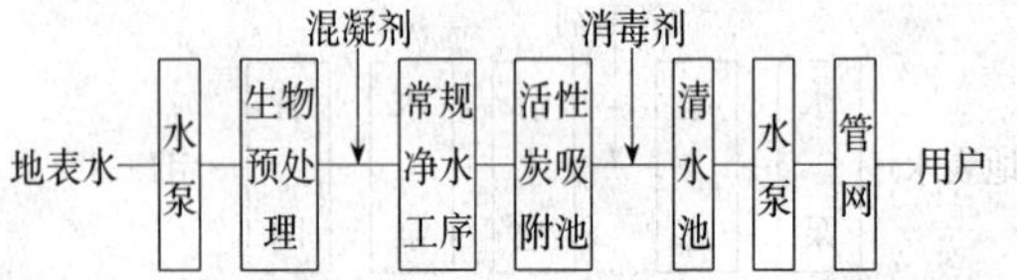

4）

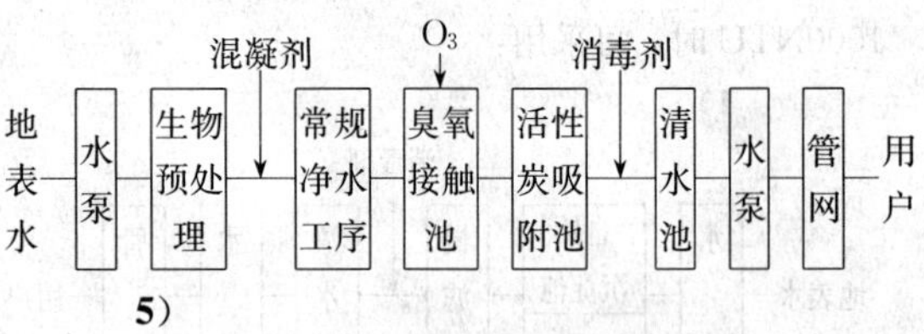

5）

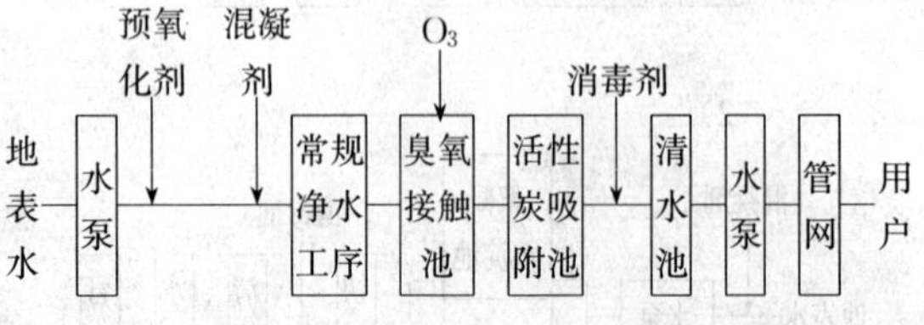

5　分散式给水系统常用的工艺流程：

1）在缺水地区，可采用雨水收集给水系统：

注：蓄水池即水窖、水柜。

2）有良好水质的地下水源地区，可采用手动泵给水系统：

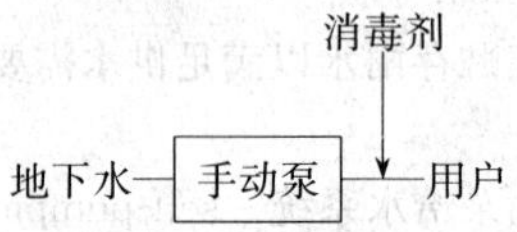

4　设计水量、水质和水压

4.1　设 计 水 量

4.1.1　镇（乡）村设计供水量应由下列各项组成：

1　生活用水；

2　公共建筑用水；

3　工业用水；

4　畜禽饲养用水；

5　管网漏损水和未预见用水；

6　消防用水。

4.1.2　生活用水定额应根据当地经济和社会发展、水资源充沛程度、用水习惯，在现有用水定额基础上，结合镇（乡）村规划和给水专业规划，本着节约用水的原则，综合分析确定。当缺乏实际用水资料的情况下，可按表 4.1.2 选用。

表 4.1.2　镇（乡）村生活用水定额

给水设备类型	社区类别	最高日用水量［L/(人·d)］	时变化系数
从集中给水龙头取水	村庄	20～50	3.5～2.0
	镇(乡)区	20～60	2.5～2.0
户内有给水龙头无卫生设备	村庄	30～70	3.0～1.8
	镇(乡)区	40～90	2.0～1.8
户内有给水排水卫生设备无淋浴设备	村庄	40～100	2.5～1.5
	镇(乡)区	85～130	1.8～1.5
户内有给水排水卫生设备和淋浴设备	村庄	130～190	2.0～1.4
	镇(乡)区	130～190	1.7～1.4

注：分散式给水系统生活用水定额：干旱地区 10～20L/(人·d)；半干旱地区 20～30L/(人·d)；半湿润或湿润地区 30～50L/(人·d)。

4.1.3　工业用水量应根据国民经济发展规划、工业类别和规模、生产工艺要求，结合现有工业用水资料分析确定。当缺乏实际用水资料的情况下，可按表 4.1.3 选用。

表 4.1.3 各类乡镇工业生产用水定额

工业类别	用水定额	工业类别	用水定额
榨油	6～30m³/t	制砖	7～12m³/万块
豆制品加工	5～15m³/t	屠宰	0.3～1.5m³/头
制糖	15～30m³/t	制革	0.3～1.5m³/张
罐头加工	10～40m³/t	制茶	0.2～0.5m³/担
酿酒	20～50m³/t		

注：若有其他工业类别时，可参照相关工业用水定额选用。

4.1.4 畜禽饲养用水量可按表 4.1.4 选用。

表 4.1.4 畜禽饲养用水定额

畜禽类别	用水定额
马、驴、骡	40～50L/（头·d）
育成牛	50～60L/（头·d）
奶牛	70～120L/（头·d）
母猪	60～90L/（头·d）
育肥猪	30～40L/（头·d）
鸡	0.5～1.0L/（只·d）
羊	5～10L/（头·d）
鸭	1.0～2.0L/（只·d）

注：本表中用水定额未包括清扫卫生用水。

4.1.5 公共建筑用水量应按现行国家标准《建筑给水排水设计规范》GB 50015 的有关规定执行，也可按生活用水量的 8%～25%计算。

4.1.6 管网漏损水量和未预见水量可按最高日用水量的 15%～25%计算。

4.1.7 消防用水量应按现行国家标准《建筑设计防火规范》GB 50016的有关规定执行。允许间断供水或完全具备消防用水蓄水条件的镇（乡）村，在计算供水能力时，可不单列消防用水量。

4.1.8 水厂设计规模应按本规程第 4.1.1 条第 1～5 款的最高日水量之和确定。

4.1.9 日变化系数、时变化系数应根据镇（乡）村的规模、聚居形式、生活习俗、经济发展水平和供水方式，并结合现状供水变化情况分析确定。在缺乏实际用水资料情况下，综合用水的日变化系数和时变化系数宜按以下规定确定：

1 日变化系数宜采用 1.3～1.6，规模较小的供水系统宜取较大值；

2 全日供水工程的时变化系数，可按表 4.1.9 确定；

表 4.1.9 全日供水工程的时变化系数

供水规模 Q（m³/d）	1000＜Q≤5000	200≤Q≤1000	Q＜200
时变化系数 K_h	1.8～2.0	2.0～2.3	2.3～3.0

注：企业日用水时间长且用水量比例较高时，时变化系数可取较低值；企业用水量比例很低或无企业用水量时，时变化系数可在 2.0～3.0 范围内取值。用水人口多，用水条件好或用水定额高的取较低值。

3 定时供水工程的时变化系数宜采用 3.0～5.0，日供水时间长，用水人口多的应取较低值。

4.2 水 质

4.2.1 生活饮用水的供水水质应符合现行国家标准《生活饮用水卫生标准》GB 5749 的有关规定。

4.3 水 压

4.3.1 当按直接供水的建筑层数确定给水管网水压时，其用户接管点处的最小服务水头，应符合下列规定：

1 单层为 10m；

2 二层为 12m；

3 二层以上每增加一层其服务水头增加 4m。

5 水源和取水

5.1 水 源

5.1.1 水源选择必须进行水资源的勘察。所选水源应水质良好，水量充沛，易于保护。

5.1.2 水源水质应符合下列要求：

1 采用地下水为生活饮用水水源时，水质应符合现行国家标准《地下水质量标准》GB/T 14848 的规定；

2 采用地表水为生活饮用水水源时，水质应符合现行国家标准《地表水环境质量标准》GB 3838 的规定；

5.1.3 当水源水质不能满足本规程第 5.1.2 条要求时，应采取相应的净化工艺，使处理后的水质符合现行国家标准《生活饮用水卫生标准》GB 5749 的要求。

5.1.4 用地下水作为供水水源时，取水量应小于允许开采量；用地表水作为供水水源时，其设计枯水流量的年保证率宜不低于 90%。

5.1.5 多水源地区，在选择水源时应经技术经济比较后确定。

5.1.6 对生活饮用水的水源，必须建立水源保护区。保护区内严禁建设任何可能危害水源水质的设施和一切有碍水源水质的行为。水源保护应符合下列要求：

1 地下水水源保护

1）地下水水源保护区和井的影响半径范围

应根据水源地所处的地理位置、水文地质条件、开采方式、开采水量和污染源分布等情况确定，单井保护半径应大于井的影响半径且不小于50m；

2）在井的影响半径范围内，不应使用工业废水或生活污水灌溉和施用持久性或剧毒的农药，不应修建渗水厕所和污废水渗水坑、堆放废渣和垃圾或铺设污水渠道，不得从事破坏深层土层的活动；

3）雨季时应及时疏导地表积水，防止积水入渗和漫溢到井内；

4）渗渠、大口井等受地表水影响的地下水源，其防护措施应遵照本条第2款执行。

2 地表水水源保护

1）取水点周围半径100m的水域内，严禁可能污染水源的任何活动；并应设置明显的范围标志和严禁事项的告示牌；

2）取水点上游1000m至下游100m的水域，不应排入工业废水和生活污水；其沿岸防护范围内，不应堆放废渣、垃圾及设立有毒、有害物品的仓库或堆栈；不得从事有可能污染该段水域水质的活动；

3）以水库、湖泊和池塘为供水水源或作预沉池（调蓄池）的天然池塘、输水明渠，应遵照本条第2款第1项执行。

5.2 取水构筑物

5.2.1 地下水取水构筑物位置应根据水文地质条件选择，并应符合下列要求：

1 位于水质好，不易受污染的富水地段；

2 尽量靠近主要用水地区；

3 按照地下水流向，在镇（乡）村的上游地区；

4 尽量避开地质灾害区和矿产采空区；

5 施工、运行和维修方便。

5.2.2 地下水取水构筑物形式选择，应根据水文地质条件，通过技术经济比较确定，并应符合下列规定：

1 管井适用于含水层厚度大于4m，底板埋藏深度大于8m。井壁管管径宜为200～600mm，井深宜在300m以内，管井的结构、过滤器设计应符合现行国家标准《供水管井技术规范》GB 50296的有关规定。

2 大口井适用于含水层厚度5m左右，底板埋藏深度小于15m。井径宜小于8m，一般采用4m。大口井应就地取材，用砖、石等砌筑，也可采用预制钢筋混凝土井壁沉井法施工。

3 渗渠主要用于集取浅层地下水、河流渗透水和潜流水，适用含水层厚度小于5m，渠底埋藏深度小于6m，集水管（渠）断面宜按流速0.5～0.8m/s、充满度0.4～0.8计算，内径或短边长度应不小于600mm，管（渠）底最小坡度应大于或等于0.2%。渗渠外侧应做反滤层3～4层，每层200～300mm，最内层滤料的粒径应略大于进水孔孔径。两相邻反滤层的滤料粒径比宜为2～4。

4 泉室适用于泉水露头，流量稳定，覆盖层厚度小于5m。泉室容积视泉涌水量和用水量确定，可按最高日用水量的25%～50%计算。

5.2.3 地下水取水构筑物的设计，应符合下列要求：

1 采取防止地面污水渗入的措施；

2 过滤器有良好的进水条件，结构坚固，抗腐蚀性强，不易堵塞；

3 大口井、渗渠和泉室应有通风措施；

4 有测量水位的条件和装置；

5 位于河道附近的地下水取水构筑物，应有防冲刷和防淹措施。

5.2.4 地表水取水构筑物位置的选择，应根据下列要求，通过技术经济比较确定：

1 位于水质较好的地带；

2 靠近主流，有足够的水深，有稳定的河床及岸边，有良好的工程地质条件；

3 尽量靠近主要用水地区；

4 尽可能不受泥沙、漂浮物、冰凌、冰絮等影响；

5 符合河道、湖泊、水库整治规划的要求，不得妨碍航运和排洪；

6 施工和运行管理方便。

5.2.5 地表水取水构筑物形式应通过技术经济比较确定，可选择固定式（岸边式、河床式、斗槽式）、活动式（浮船式、缆车式）、低坝式或底栏栅式取水构筑物。

5.2.6 取水构筑物的防洪标准不得低于当地的防洪标准，日供水能力小于1000m^3的给水系统的设计洪水重现期不得低于30a；日供水能力不小于1000m^3的给水系统的设计洪水重现期不得低于50a。

设计枯水位的保证率，不应低于90%。

5.2.7 在河流（水库、湖泊）中的取水头部最底层进水孔下缘距河床的高度，应根据河流的水文和河床泥沙特性、河床稳定程度等因素确定。侧面进水孔下缘距河床的距离不宜小于0.5m；顶部的进水孔宜高于河床1.0m。

进水孔上缘在设计最低水位下的淹没深度，应根据河流水文、冰情和漂浮物等因素通过水力计算确定，且顶部进水时不宜小于0.5m，侧面进水时不宜小于0.3m，虹吸进水时不宜小于1.0m，当水体封冻时，可减至0.5m。

5.2.8 取水构筑物进水孔应设置格栅，格栅间净距应根据取水量大小、冰絮和漂浮物等情况确定，可采用10～30mm。

5.2.9 进水口的过栅流速应符合下列规定：

1 河床式取水构筑物有冰絮时，可采用0.1～0.3m/s；无冰絮时，可采用0.2～0.6m/s；

2 岸边式取水构筑物有冰絮时，采用0.2～0.6m/s；无冰絮时，采用0.4～1.0m/s。

格栅阻塞面积应按25%考虑。

5.2.10 进水自流管（渠）或虹吸管的设计流速，可采用1.0～1.5m/s，最小流速不宜小于0.6m/s。

6 泵 房

6.1 一 般 规 定

6.1.1 取水泵房的设计流量和扬程应按下列规定计算：

1 设计流量应按最高日供水量、水厂自用水量及输水管漏损水量之和除以水厂工作时间计算确定；

2 扬程应满足达到水厂进水池最高设计水位的要求。

6.1.2 供水泵房的设计流量和扬程应按下列规定计算：

1 向设有水塔或高位水池等调节构筑物的配水管网供水的泵房：

1）设计流量应按最高日供水量除以水厂工作时间确定；

2）扬程应满足泵房设计流量时达到调节构筑物最高设计水位的要求。

2 向无调节构筑物的配水管网供水的泵房：

1）设计流量应按最高日最高时流量确定；

2）扬程应满足配水管网中最不利用户接管点的最小服务水头要求。

6.1.3 水泵机组的设计应符合下列规定：

1 机组应选择运行稳定可靠、节能高效和低噪声的水泵；

2 水泵经常运行点应选择在高效区，严禁水泵在气蚀条件下运行；

3 水泵宜采取自灌式吸水，无条件时也可采用真空引水或其他装置自吸引水，小型水泵也可采用吸水底阀；

4 水泵工作范围变化较大时，应经技术经济比较选用设置大小水泵、设置高位调节构筑物或设置变频调速装置。

6.1.4 卧式离心泵的安装高程应满足水泵在最低吸水位运行时的允许吸上真空高度的要求。潜水泵在最低设计水位下的淹没深度应符合下列规定：

1 管井中应不小于3m；

2 大口井、辐射井中应不小于1m；

3 吸水池中应不小于0.5m。

潜水泵吸水口距水底的距离应根据泥沙淤积情况确定。

6.1.5 泵房应设备用水泵。

6.2 管道及辅助设施

6.2.1 水泵吸水管和出水管应符合下列要求：

1 吸水管流速宜为0.8～1.2m/s，出水管流速宜为1.0～1.5m/s；

2 吸水管不宜过长，水平段宜有向水泵方向上升的坡度；

3 吸水池（井）最高设计水位高于水泵时，吸水管上应设压力真空表和检修阀；吸水池（井）最高设计水位低于水泵时，吸水管上应设真空表；

4 水泵出水管路上应设压力表、工作阀、止回阀及检修阀。

6.2.2 当水泵系统输水管路较长或管路高差较大时，应采取适当的水锤防护措施：

1 水泵出水管上设分阶段关闭的控制阀或缓闭止回阀；

2 防断流水锤时，泵房出水总管起端应安装缓冲关闭的高速（进）排气阀；

3 必要时，可在泵房出水总管安装超压泄压阀或其他水锤消除装置。

6.2.3 泵房布置应符合下列规定：

1 泵房主要通道宽度不宜小于1.2m；相邻机组之间、机组与墙壁间的净距不宜小于0.8m；高压配电盘前的通道宽度不应小于2.0m；低压配电盘前的通道宽度不应小于1.5m；

2 泵房内应设排水沟，地下或半地下式泵房应设集水坑，必要时应设排水泵，地面散水不应回流至吸水池（井）内；

3 深井泵泵房宜在井口上方屋顶处设吊装孔；

4 寒冷地区的泵房应有保温与采暖措施；

5 泵房地面层标高应高出室外地坪300mm；

6 泵房至少应设一个可以搬运最大尺寸设备的门。

7 输 配 水

7.1 一 般 规 定

7.1.1 输水管（渠）线路的选择，应符合下列规定：

1 应选择较短的线路，尽可能避免急转弯、较大的起伏和穿越不良地质地段；

2 少拆迁、少占农田；

3 充分利用地形条件，优先采用重力输水；

4 施工、运行和维护方便；

5 考虑近远期结合和分步实施的可能。

7.1.2 输水管（渠）设计流量的确定应符合下列规定：

1 水源到水厂的输水管（渠）的设计流量，应按最高日供水量、水厂自用水量及输水管漏损水量之和除以水厂工作时间计算确定；

2 水厂到配水管网的输水管的设计流量，当配水管网设有高位水池或水塔等调节构筑物时，应按最高日最高时用水条件下，由水厂负担的供水量计算确定；配水管网无调节构筑物时，应按最高日最高时流量确定。

7.1.3 输配水管道的设计流速宜采用经济流速，原水管道的设计流速不宜小于0.6m/s。

7.1.4 输水管道可按单管布置，当不得间断供水时，可在净水厂或管网内设置一定的事故贮水量。

7.1.5 向多个镇（乡）村输水时，地势较高或较远的镇（乡）村可设置加压泵站，采用分压或分区供水。

7.1.6 管网系统布置应符合下列规定：

1 符合镇（乡）村有关建设规划；

2 规模较小的镇（乡）村可布置成树状管网；规模较大的镇（乡）村有条件时，宜布置成环状管网；

3 管线宜沿现有道路或规划道路布置。干管布置应以较短的距离引向用水大户；

4 地形高差较大时，应根据供水水压要求和分压供水的需要，在适宜的位置设加压或减压设施。

7.1.7 非生活饮用水管网或自备生活饮用水供水系统，不得与镇（乡）村生活饮用水管网直接连接。

7.1.8 负有消防给水任务的管道最小管径不应小于100mm。

7.2 水力计算

7.2.1 管道水头损失包括沿程水头损失和局部水头损失，应按下列规定计算：

1 沿程水头损失可按下式计算：

$$h=\frac{10.67q^{1.852}L}{C^{1.852}D^{4.87}} \tag{7.2.1}$$

式中 h——沿程水头损失（m）；

L——管段长度（m）；

D——管径（m）；

q——流量（m^3/s）；

C——系数，可按表7.2.1规定取值。

表7.2.1 C值

水管种类	C值
塑料管	140
新铸铁管，涂水泥砂浆的铸铁管	130
混凝土管，焊接钢管	120
旧铸铁管和旧钢管	100

2 输水管和配水管网的局部水头损失可按其沿程水头损失的5%～10%计算。

7.3 管道布置和敷设

7.3.1 管道布置应避免穿越有毒、有害或腐蚀性地段，无法避开时应采取防护措施。

7.3.2 集中供水点应设在用水方便处，寒冷地区应采取防冻措施。

7.3.3 输配水管道宜埋地敷设。管道埋设应符合下列规定：

1 管顶覆土应根据冰冻情况、外部荷载、管材强度、与其他管道交叉等因素确定。非冰冻地区，管顶覆土不宜小于0.7m，在松散岩基上埋设时，管顶覆土不应小于0.5m；寒冷地区，管顶应埋设于冰冻线以下；穿越道路、农田或沿道路铺设时，管顶覆土不宜小于1.0m。

2 管道应埋设在原状土或夯实土层上，管道周围200mm范围内应用细土回填；回填土的压实系数不应小于90%。在岩基上埋设管道时，应铺设砂垫层；在承载力达不到设计要求的软土地基上埋设管道时，应进行基础处理。

3 当给水管与污水管交叉时，给水管应布置在上方，且接口不得重叠；当给水管敷设在下面时，应采用钢管或设钢套管，套管伸出交叉管的长度，每端不应小于3m，套管两端应采用防水材料封闭。

4 给水管道与建筑物、铁路和其他管道的水平净距，应根据建筑物基础结构、路面种类、管道埋深、工作压力、管径、管道上附属构筑物大小、卫生安全、施工管理等条件确定。与建筑物基础的水平净距宜大于1.0m；与围墙基础的水平净距宜大于1.0m；与铁路路堤坡脚的水平净距宜大于5.0m；与电力电缆、通信及照明线杆的水平净距宜大于1.0m；与高压电杆支座的水平净距宜大于3.0m；与污水管、燃气管的水平净距宜大于1.5m。

7.3.4 露天管道应有调节管道伸缩的设施，冰冻地区尚应采取保温等防冻措施。

7.3.5 穿越河流、沟谷、陡坡等易受洪水或雨水冲刷地段的管道，应采取保护措施。

7.3.6 承插式管道在垂直或水平方向转弯处支墩的设置，应根据管径、转弯角度、设计工作压力和接口摩擦力等因素通过计算确定。

7.4 管材和附属设施

7.4.1 输配水管材的选择应符合下列规定：

1 具有一定强度，耐腐蚀性好，能承受所要求的管内外压力；

2 水密性良好，不漏水、不渗水；

3 内壁光滑；

4 施工方便可靠。

7.4.2 给水管材及其规格应根据设计工作压力、敷设方式、外部荷载、地形、地质、施工及材料供应等条件确定，并应符合下列规定：

1 埋地管道宜优先选用符合卫生要求的给水塑料管；

2 选用管材的公称压力应大于设计工作压力；

3 明设管道宜选用金属管或混凝土管等管材，选用塑料管时应采取相应的防护措施；

4 采用钢管时，应进行内外防腐处理，内防腐材料应符合现行国家标准《生活饮用水输配水设备及防护材料的安全性评价标准》GB/T 17219 的要求。

7.4.3 输水管道在管道敷设凸起点应设自动进（排）气阀；当坡度小于 0.1%时，每隔 0.5～1.0km 应设自动进（排）气阀。排气口径宜为管道直径的 1/12～1/8，或经水力计算确定。该自动进（排）气阀应具有在管道水气相间时连续大量排气的功能。

在管道敷设低凹处应设泄水阀。泄水阀口径宜为管道直径的 1/5～1/3，或经水力计算确定。

7.4.4 向多个镇（乡）村输水时，干管和支管上应设检修阀。

7.4.5 重力输水管道在地形高差引起的动水压力和静水压力超过敷设管道的公称压力时，应在适当位置设减压设施。

7.4.6 树状配水管网的末端应设泄水阀。干管上应分段或分区设检修阀，各级支管上应在适宜位置设检修阀。

7.4.7 根据镇（乡）村具体情况，应按现行国家标准《建筑设计防火规范》GB 50016 的有关规定设置消火栓，消火栓应设在醒目处。

7.4.8 配水管应在水压最不利点处设测压表。

7.4.9 室外管道上的进（排）气阀、减压阀、消火栓、闸阀、蝶阀、泄水阀、排空阀、水表等宜设在井内，并应有防冻、防淹措施。

7.5 调节构筑物

7.5.1 调节构筑物的形式和位置应根据下列规定，通过技术经济比较确定：

1 清水池应设在水厂内；

2 有适宜高地的供水系统宜设置高位水池；

3 地势平坦的小型水厂可设置水塔；

4 联片集中供水工程需分压供水时，可分设调节构筑物，并应与加压泵站前池或减压池相结合；

5 调节构筑物应设于工程地质条件良好、环境卫生和便于管理的地段。

7.5.2 调节构筑物的有效容积应根据下列规定，通过技术经济比较确定：

1 清水池和高位水池的有效容积可按最高日用水量 20%～30%设计；水塔的有效容积可按最高日用水量的 5%～10%设计；

2 调节构筑物的有效容积尚应满足消毒剂与水接触时间的要求。采用游离氯或二氧化氯消毒的接触时间不应小于 30min，采用氯胺消毒的接触时间不应小于 2h。

7.5.3 调节容积大于 $200m^3$ 的清水池、高位水池的个数或分格数，不宜少于 2 个，并能单独工作和分别泄空。

7.5.4 清水池、高位水池应采取保证水流动、避免死角的措施；大于 $50m^3$ 时应设导流墙，设置清洗和通气等设施。

7.5.5 清水池和高位水池应加盖，周围及顶部宜覆土。在寒冷地区，应有防冻措施。

7.5.6 清水池管配件的设置应符合下列规定：

1 进水管管径应根据净水构筑物最大设计流量确定，进水管管口宜设在平均水位以下；

2 出水管管径应根据供水泵房最大流量确定；

3 溢流管管径不应小于进水管管径，溢流管管口应与最高设计水位持平，池外管口应设网罩；

4 排空管不宜小于 100mm；

5 通气管应设在水池顶部，管径不宜小于 150mm，出口宜高出覆土 0.7～1.2m，并应高低交叉布置；

6 检修孔应便于检修人员进出；

7 通气管、溢流管和检修孔应有防止杂物和虫子进入池内的措施。

7.5.7 水塔应有避雷设施。

8 水厂总体设计

8.0.1 水厂厂址的选择应符合镇（乡）村总体规划，并应根据下列要求综合确定：

1 供水系统布局合理；

2 不受洪水与内涝威胁；

3 有良好的工程地质条件；

4 有良好的卫生环境，并便于设立防护地带；

5 少拆迁，不占或少占良田；

6 满足水厂近远期布置需要；

7 施工、运行管理方便。

8.0.2 水厂的总平面布置应符合下列规定：

1 生产构（建）筑物和附属建筑物宜分别集中布置；

2 生活区宜与生产区分开布置；

3 分期建设时，近期、远期应协调；

4 生产附属建筑物的面积及组成应根据水厂规模、工艺流程和经济条件确定；

5 加药间、消毒间应分别靠近投加点，并宜与其药剂仓库毗邻；消毒间及其仓库宜设在水厂的下风处，并应与值班室、居住区保持一定的安全距离；

6 滤料、管配件等堆料场地，应根据需要分别设置；

7　厕所和化粪池的位置与生产构（建）筑物的距离应大于10m，不应采用旱厕和渗水厕所；

8　水厂应考虑绿化，其占地面积应视规模、场地、经济条件确定；

9　应根据需要设置通向各构（建）筑物的简易道路，并应有雨水排放措施；

10　水厂应设大门和围墙，围墙高度不宜小于2.5m。

8.0.3　生产构筑物和净水装置的布置应符合下列规定：

1　高程布置应充分利用原有地形条件，力求流程通畅、能耗降低、土方平衡；

2　多组净水构筑物宜平行布置且配水均匀；

3　构筑物间距宜紧凑，但应满足施工、运行和检修的要求；

4　构筑物间宜设连接通道，条件允许时尽可能采用组合式布置。

8.0.4　水厂内管道布置应符合下列规定：

1　应尽可能短且顺直，避免迂回；

2　并联构筑物间的管线应能互相切换；

3　分期建设的工程应便于管道衔接；

4　应根据工艺要求设置必要的阀门和超越管。

8.0.5　构筑物的排水、排泥可合为一个系统，排水系统宜按重力流设计，必要时可设排水泵房；生活污水管道应另成系统，污水应经无害化处理，其排放不得污染水源。

8.0.6　水厂的供电宜采用二级负荷；当不能满足时，不得间断供水的水厂应设置备用动力设施。

8.0.7　出厂水总管应设计量装置，原水总管宜设计量装置。

8.0.8　水厂应配备简易水质化验设备。

8.0.9　锅炉房及危险品仓库的防火设计应符合现行国家标准《建筑设计防火规范》GB 50016 的要求。

9　水　处　理

9.1　一 般 规 定

9.1.1　水处理工艺流程的选用与构筑物的组成，应根据原水水质、设计规模、处理后水质要求，经调查研究或参照相似条件下已有水厂的运行经验，并结合当地条件，通过技术经济比较后确定。

9.1.2　水处理构筑物的设计流量应按最高日供水量加水厂自用水量除以水厂工作时间确定。

水厂的自用水量应根据原水水质、所采用的处理工艺和构筑物类型等因素，通过计算确定，其值一般为设计流量的5%～10%。

9.1.3　净水构筑物应根据需要设置排泥管、放空管、溢流管或压力冲洗设施等。

9.2　预　处　理

Ⅰ　自 然 沉 淀

9.2.1　当原水浊度瞬时超过10000NTU时，必须设置自然沉淀池。当原水浊度超过500NTU（瞬时超过5000NTU）或供水保证率较低时，可将河水引入天然池塘或人工水池，进行自然沉淀并兼作贮水池。

9.2.2　自然沉淀池的沉淀时间宜为8～12h。

9.2.3　自然沉淀池的有效水深宜为1.5～3.0m，超高为0.3m，并应根据清泥方式确定积泥高度。

Ⅱ　粗　　滤

9.2.4　粗滤池宜作为慢滤池的预处理，可用于原水浊度低于500NTU，瞬时不超过1000NTU的地表水处理。

9.2.5　粗滤池布置形式的选择，应根据净水构筑物高程布置和地形条件等因素，通过技术经济比较后确定。

9.2.6　竖流粗滤池宜采用二级粗滤串联，平流粗滤池宜由3个相连通的砾石室组成一体。

9.2.7　竖流粗滤池的滤料应按表9.2.7的规定取值。

表9.2.7　竖流粗滤池滤料组成

砾（卵）石粒径（mm）	厚度（m）
8～16	0.30～0.40
16～32	0.45～0.50
32～64	0.50～0.60

注：应按顺水流方向，粒径由大至小设置。

9.2.8　平流粗滤池的滤料应按表9.2.8的规定取值。

表9.2.8　平流粗滤池滤料的组成与池长

砾（卵）石室	粒径（mm）	池长（m）
Ⅰ	64～32	2
Ⅱ	16～32	1
Ⅲ	8～16	1

注：应按顺水流方向，粒径由大至小设置。

9.2.9　粗滤池滤速宜为0.3～1.0m/h。

9.2.10　竖流粗滤池滤层表面以上的水深宜为0.2～0.3m，超高宜为0.3m。

9.2.11　上向流竖流粗滤池底部应设有配水室、排水管，闸阀宜采用快开阀。

Ⅲ　高锰酸钾预氧化

9.2.12　采用高锰酸钾预氧化时，应符合下列规定：

1　高锰酸钾宜在水厂取水口投加；如在水处理流程中投加，先于其他水处理药剂投加的时间不宜少于3min；

2　经过高锰酸钾预氧化的水必须通过滤池过滤；

3 高锰酸钾预氧化的用量应通过试验确定，并应精确控制，用于去除微量有机污染物、藻类和控制嗅味的高锰酸钾投加量宜采用0.5～1.0mg/L。

Ⅳ 粉末活性炭

9.2.13 原水在短时间内微量有机物污染较严重、具有异嗅异味时，可采用粉末活性炭吸附作为应急处理。

9.2.14 采用粉末活性炭吸附处理时，应符合下列规定：

1 粉末活性炭投加宜根据水处理工艺流程综合考虑确定。粉末活性炭的投加宜符合延长与处理水接触的时间，减小混凝剂或助凝剂对活性炭吸附效果的影响，并避免残余、粉末炭穿透滤床的要求；

2 粉末活性炭的用量应根据试验确定，宜采用5～30mg/L；

3 炭浆浓度宜采用5%～10%（按重量计）；

4 粉末活性炭的贮藏、输送和投加车间，应有防尘、集尘和防火设施。

9.3 混凝剂和助凝剂的投配

9.3.1 用于生活饮用水处理的混凝剂或助凝剂产品必须符合现行国家标准《饮用水化学处理剂卫生安全性评价》GB/T 17218的有关规定。

9.3.2 混凝剂和助凝剂品种的选择及其用量，应根据原水混凝沉淀试验结果或参照相似条件下的水厂运行经验等，经综合比较确定。

9.3.3 混凝剂宜采用湿式投加，混凝剂的溶解和稀释应按投加量的大小、混凝剂性质，选用水力、机械或压缩空气等搅拌、稀释方式。

有条件的水厂，宜直接采用液体混凝剂。

9.3.4 混凝剂湿式投加时，溶解次数应根据配制条件等因素确定，每日不宜超过1次。

混凝剂投加量较小时，溶解池可兼作投药池。投药池应设备用池。

9.3.5 混凝剂投加的溶液浓度，宜采用1%～5%（按固体重量计算）。

9.3.6 石灰宜制成石灰乳投加。

9.3.7 投加混凝剂应设置计量设备。有条件的水厂，宜采用计量泵加注。

9.3.8 与混凝剂和助凝剂接触的池内壁、设备、管道及地坪，应根据混凝剂性质采取相应的防腐措施。

9.3.9 加药间应设置在通风良好的地段。室内必须设置通风设备，并采取具有保障工作人员卫生安全的劳动保护措施。

9.3.10 加药间宜靠近投药点。

9.3.11 加药间的地坪应有排水坡度。

9.3.12 混凝剂的贮存量应按当地供应、运输等条件确定，宜按最大投加量的15～30d计算。

9.4 混 凝

Ⅰ 混 合

9.4.1 混合方式可采用水力、机械或水泵混合。

9.4.2 混合时间宜为10～60s，最大不应超过2min。

9.4.3 混合池的G值宜为500～1000s^{-1}。

9.4.4 混合装置至絮凝池的距离不宜超过120m。

Ⅱ 絮 凝

9.4.5 絮凝池形式的选择和絮凝时间的采用，应根据原水水质情况和相似条件下水厂运行经验确定。

9.4.6 絮凝池宜与沉淀池合建。

9.4.7 设计机械絮凝池时，宜符合下列要求：

1 絮凝时间宜为15～20min；

2 池内宜设2～3档搅拌机；

3 搅拌机的转速应根据桨板边缘处的线速度通过计算确定，线速度宜自第一档的0.5m/s逐渐变小至末档的0.2m/s；

4 池内宜设防止水体短流的设施。

9.4.8 设计折板絮凝池时，宜符合下列要求：

1 絮凝时间宜为12～20min；

2 絮凝过程中的速度应逐段降低，分段数不宜少于三段，各段的流速宜分别为：

1）第一段：0.25～0.35m/s；

2）第二段：0.15～0.25m/s；

3）第三段：0.10～0.15m/s；

3 折板按竖流设计时，可采用平行折板布置，也可采用相对折板布置。

9.4.9 设计波纹板絮凝池时，宜符合下列要求：

1 絮凝时间宜为12～20min；

2 絮凝过程中的速度应逐段降低，分段数宜为三段，各段的间距和流速宜分别为：

1）第一段间距为100mm，流速0.12～0.18m/s；

2）第二段间距为150mm，流速0.09～0.14m/s；

3）第三段间距为200mm，流速0.08～0.12m/s；

3 波纹板按竖流设计时，可采用平行波纹布置，也可采用相对波纹布置。

9.4.10 设计穿孔旋流絮凝池时，宜符合下列要求：

1 絮凝时间宜为15～25min；

2 絮凝池孔口流速，应按由大渐小的变速设计，起始流速宜为0.6～1.0m/s，末端流速宜为0.2～0.3m/s；

3 每格孔口应作上下对角交叉布置；

4 每组絮凝池分格数宜为6～12格。

9.4.11 设计网格或栅条絮凝池，宜符合下列要求：

1 絮凝池宜设计成多格竖流式；

2 絮凝时间宜为12～20min；

3 前段网格或栅条总数宜为16层以上，中段宜在8层以上，上下层间距宜为60～70cm，末段可不放；

4 絮凝池单格竖向流速，过栅（过网）和过孔流速应逐段递减，分段数宜分为三段，流速宜分别为：

1）单格竖向流速：前段和中段0.12～0.14m/s，末段0.10～0.14m/s；

2）网孔或栅孔流速：前段0.25～0.30m/s，中段0.22～0.25m/s；

3）各格间的过水孔洞流速：前段0.20～0.30m/s，中段0.15～0.20m/s，末段0.10～0.14m/s；

5 絮凝池应有排泥设施。

9.5 沉淀和澄清

Ⅰ 一般规定

9.5.1 选择沉淀池和澄清池类型时，应根据原水水质、设计生产能力、净化后水质要求，并考虑原水水温变化、制水均匀程度，以及是否连续运转等因素结合絮凝池结构形式和当地条件，通过技术经济比较后确定。

9.5.2 沉淀池和澄清池的个数或能够单独排空的分格数不宜少于两个。

9.5.3 沉淀池和澄清池应考虑配水和集水的均匀性。

Ⅱ 竖流沉淀池

9.5.4 竖流沉淀池宜用于浊度长期低于1000NTU的原水。

9.5.5 竖流沉淀池宜与絮凝池合建，池数不宜少于2个。

9.5.6 竖流沉淀池有效水深宜为3～5m，超高应为0.3m。

9.5.7 竖流沉淀池沉淀时间宜为1.5～3.0h。

9.5.8 带絮凝池的竖流沉淀池进水管流速宜为1.0～1.2m/s，上升流速宜为0.5～0.6mm/s，出水管流速宜为0.6m/s。

9.5.9 竖流沉淀池中心导流筒的高度应为沉淀池圆柱部分高度的8/10～9/10。

9.5.10 竖流式沉淀池圆锥斜壁与水平夹角不宜小于45°，底部排泥管直径不应小于150mm。

Ⅲ 上向流斜管沉淀池

9.5.11 上向流斜管沉淀池宜用于浊度长期低于1000NTU的原水。

9.5.12 斜管沉淀区的上升流速应按相似条件下水厂的运行经验确定，宜采用1.3～2.5mm/s。

9.5.13 斜管设计可采用下列数据：

1 管内切圆直径宜为25～35mm；

2 斜管长度宜为1.0m；

3 倾角宜为60°。

9.5.14 斜管沉淀的清水区高度不宜小于1.0m，底部配水区高度不宜小于1.5m。

Ⅳ 水力循环澄清池

9.5.15 水力循环澄清池宜用于浊度长期低于2000NTU，瞬时不超过5000NTU的原水。

9.5.16 水力循环澄清池泥渣回流量宜为进水量的2～4倍。

9.5.17 清水区的上升流速可采用0.7～0.9mm/s；当原水为低温低浊时，上升流速应适当降低。清水区高度可采用2～3m，超高应为0.3m。

9.5.18 水力循环澄清池的第二絮凝室有效高度可采用3～4m。

9.5.19 喷嘴直径与喉管直径之比可采用1∶3～1∶4。喷嘴流速宜采用6～9m/s，喷嘴水头损失宜为2～5m，喉管流速宜为2.0～3.0m/s。

9.5.20 第一絮凝室出口流速可采用50～80mm/s；第二絮凝室进口流速宜采用40～50mm/s。

9.5.21 水力循环澄清池总停留时间宜为1～1.5h。第一絮凝室宜为15～30s，第二絮凝室宜为80～100s。进水管流速可采用1～2m/s。

9.5.22 水力循环澄清池斜壁与水平面的夹角不应小于45°。

9.5.23 水力循环澄清池应设置调节喷嘴与喉管进口间距的专用设施。

Ⅴ 机械搅拌澄清池

9.5.24 机械搅拌澄清池宜用于浊度长期低于5000NTU的原水。

9.5.25 机械搅拌澄清池清水区的上升流速，应按相似条件下水厂的运行经验确定，可采用0.7～1.0mm/s；当处理低温低浊原水时可采用0.5～0.8mm/s。

9.5.26 水在机械搅拌池中总停留时间可采用1.2～1.5h。第一絮凝室与第二絮凝室停留时间均宜控制在20～30min。

9.5.27 搅拌叶轮提升流量可为进水流量的3～5倍，叶轮直径可为第二絮凝室内径的70%～80%，并应设调整叶轮转速和开启度的装置。

Ⅵ 气浮池

9.5.28 气浮池宜用于浊度小于100NTU及含有藻类等密度小的悬浮物质的原水。

9.5.29 气浮池接触室的上升流速可采用10～20mm/s，气浮池分离室的向下流速可采用1.5～2.0mm/s。

9.5.30 气浮池有效水深不宜超过3m。

9.5.31 气浮池溶气罐的溶气压力宜采用0.2～0.4MPa，回流比宜采用5%～10%。

9.5.32 溶气释放器的型号及个数应根据单个释放器在选定压力下的出流量及作用范围确定。

9.5.33 气浮池宜采用刮渣机排渣。刮渣机的行车速度不宜大于5m/min。

9.6 过 滤

Ⅰ 一般规定

9.6.1 滤池形式的选择，应根据设计生产能力、运行管理要求、进出水水质和净水构筑物高程布置等因素，并结合当地条件，通过技术经济比较确定。

9.6.2 滤池的分格应根据滤池形式、生产规模、操作运行和维护检修等条件通过技术经济比较确定，不得少于2格。

9.6.3 滤料应具有足够的机械强度和抗蚀性能，宜采用石英砂、无烟煤等。

9.6.4 单层石英砂及双层滤料滤池的滤料层厚度与有效粒径d_{10}之比应大于1000。

9.6.5 滤池滤速及滤料组成的选用，应根据进水水质、滤后水水质要求，滤池构造等因素，参照相似条件下已有滤池的运行经验确定，宜按表9.6.5的规定取值。

表9.6.5 滤池滤速及滤料组成

滤料种类	滤料组成			设计滤速(m/h)
	粒径(mm)	不均匀系数(K_{80})	厚度(mm)	
单层石英砂滤料	石英砂 $d_{10}=0.55$	<2.0	700	6～8
双层滤料	无烟煤 $d_{10}=0.85$	<2.0	300～400	8～12
	石英砂 $d_{10}=0.55$	<2.0	400	

注：滤料的相对密度为：石英砂2.50～2.70；无烟煤1.4～1.6。

9.6.6 滤池采用大阻力配水系统时，其承托层宜按表9.6.6采用。

表9.6.6 大阻力配水系统承托层材料、粒径与厚度

层次(自上而下)	材料	粒径(mm)	厚度(mm)
1	砾石	2～4	100
2	砾石	4～8	100
3	砾石	8～16	100
4	砾石	16～32	本层顶面应高出配水系统孔眼100mm

9.6.7 滤池采用小阻力配水系统时，其承托层的设计宜按表9.6.7的规定取值。

表9.6.7 小阻力配水系统承托层材料、粒径与厚度

配水方式	承托层材料	粒径(mm)	厚度(mm)
滤板	粗砂	1～2	100
格栅	砾石、粗砂	1～2	80
		2～4	70
		4～8	70
		8～16	80
尼龙网	砾石、粗砂	1～2	每层50～100
		2～4	
		4～8	
滤帽(头)	粗砂	1～2	100

9.6.8 滤池配水系统，应根据滤池形式、冲洗方式、单格面积、配水的均匀性等因素确定。

9.6.9 大阻力穿孔管配水系统孔眼总面积与滤池面积之比宜为0.20%～0.28%；中阻力滤砖配水系统孔眼总面积与滤池面积之比宜为0.6%～0.8%；小阻力滤头配水系统缝隙总面积与滤池面积之比宜为1.25%～2.00%。

9.6.10 大阻力配水系统应按冲洗流量，并根据下列数据通过计算确定：

1 配水干管(渠)进口处的流速为1.0～1.5m/s；

2 配水支管进口处的流速为1.5～2.0m/s；

3 配水支管孔眼出口流速为5～6m/s。

干管（渠）顶上宜设排气管，排出口应在滤池水面以上。

9.6.11 单水冲洗滤池的冲洗强度和冲洗时间宜按表9.6.11的规定取值。

表9.6.11 水冲洗强度和冲洗时间（水温为20℃时）

滤池组成	冲洗强度[L/(m²·s)]	膨胀率(%)	冲洗时间(min)
单层石英砂滤料	12～15	45	7～5
双层滤料	13～16	50	8～6

9.6.12 当采用单层石英砂滤料时，单水冲洗滤池的冲洗周期，宜采用12～24h。

9.6.13 滤池应有下列管(渠)，其管径(断面)宜根据表9.6.13规定的流速通过计算确定。

表9.6.13 各种管渠的流速

管(渠)名称	流速(m/s)
进水	0.8～1.2
出水	1.0～1.5
冲洗水	2.0～2.5
排水	1.0～1.5

9.6.14 每格滤池宜设取样和测压装置。

Ⅱ 接触滤池

9.6.15 接触滤池宜用于浊度长期低于 20NTU，瞬时不超过 60NTU 的原水。

9.6.16 接触滤池采用单层滤料时，滤速宜采用 6～8m/h；采用双层滤料时，滤速宜采用 8～10m/h。

9.6.17 接触滤池滤料组成可按本规程表 9.6.5 的规定取值。

9.6.18 接触滤池冲洗前的水头损失宜采用 2～2.5m。

9.6.19 接触滤池滤层表面以上水深宜采用 2m。

Ⅲ 压力滤池

9.6.20 压力滤池滤料应采用石英砂，粒径宜为 0.6～1.0mm，滤层厚度可为 1.0～1.2m。压力滤池滤速宜为 6～8m/h。

9.6.21 压力滤池期终允许水头损失宜为 5～6m。

9.6.22 压力滤池可采用立式；当直径大于 3m 时，宜采用卧式。

9.6.23 压力滤池冲洗强度宜为 15L/(m^2·s)，冲洗时间宜为 10min。

9.6.24 压力滤池应采用小阻力配水系统，可采用管式、滤头或格栅。

9.6.25 压力滤池应设排气阀、人孔、排水阀和压力表。

Ⅳ 重力式无阀滤池

9.6.26 每格无阀滤池应设单独的进水系统，进水系统应采取防止空气进入滤池的措施。

9.6.27 当原水为沉淀池出水时，重力式无阀滤池滤料的设置，宜采用单层石英砂滤料；当采用接触过滤时，宜采用双层滤料。

9.6.28 重力式无阀滤池滤速宜为 6～8m/h。

9.6.29 重力式无阀滤池冲洗前的水头损失可为 1.5m。

9.6.30 重力式无阀滤池冲洗强度宜为 15L/(m^2·s)，冲洗时间宜为 5～6min。

9.6.31 重力式无阀滤池过滤室内滤料表面以上的直壁高度，应等于冲洗时滤料的最大膨胀高度加保护高度。

9.6.32 重力式无阀滤池宜采用小阻力配水系统。

9.6.33 无阀滤池的反冲洗虹吸管应设有辅助虹吸设施和强制冲洗装置，并应在虹吸管出口设调节冲洗强度的装置。

Ⅴ 快滤池

9.6.34 快滤池滤料可采用单层石英砂滤料或双层滤料。

9.6.35 快滤池滤层表面以上的水深宜为 1.5～2.0m。

9.6.36 快滤池冲洗前的水头损失宜为 2.0～2.5m。

9.6.37 单层石英砂滤料快滤池宜采用大阻力或中阻力配水系统。

9.6.38 快滤池冲洗排水槽的总面积不应大于过滤面积的 25%，滤料表面到洗砂排水槽底的距离应等于冲洗时滤层的膨胀高度。

9.6.39 快滤池冲洗水的供给可采用冲洗水泵或冲洗水箱。

当采用水泵冲洗时，水泵的能力应按单格滤池冲洗水量设计。当采用水箱冲洗时，水箱有效容积应按单格滤池冲洗水量的 1.5 倍计算。

Ⅵ 慢滤池

9.6.40 慢滤池宜用于浊度常年低于 60NTU 的原水。

9.6.41 慢滤池的设计应符合下列规定：

1 滤料宜采用石英砂，粒径 0.3～1.0mm，K_{80}≤2.0，滤层厚度 800～1200mm；

2 承托层应按表 9.6.41 的规定取值；

表 9.6.41 慢滤池承托层组成

卵(砾)石粒径(mm)	厚度(m)	卵(砾)石粒径(mm)	厚度(m)
1～2	50	8～16	100
2～4	100	16～32	100
4～8	100		

3 滤速宜为 0.1～0.3m/h；

4 滤层表面以上水深宜为 1.2～1.5m；

5 滤池面积小于 15m^2 的集水系统可不设集水管，可采用底沟集水，底沟坡度宜为 1%；滤池面积大于 15m^2 时，可设穿孔集水管，管内流速宜为 0.3～0.5m/s。

9.7 臭氧与活性炭

9.7.1 微污染原水经常规净化后仍不能满足生活饮用水水质要求时，可采用活性炭吸附或臭氧氧化—活性炭吸附联用方式进行深度处理。

9.7.2 臭氧净水设施应包括气源装置、臭氧发生装置、臭氧气体输送管道、臭氧接触氧化塔(鼓泡塔)以及臭氧尾气消除装置。

9.7.3 臭氧接触氧化塔(鼓泡塔)不宜少于 2 个。

9.7.4 臭氧接触氧化塔(鼓泡塔)必须全密闭。池顶应设置尾气排放管和自动气压释放阀。

9.7.5 用于预处理的臭氧投加量宜采用 0.5～1mg/L，使用时应根据原水水质特征，经试验确定投加量和接触时间。

9.7.6 深度处理臭氧投加量宜采用 2～3mg/L，最大不应超过 5mg/L，接触时间宜为 10～15min。臭氧投加量宜根据待处理水的水质状况并结合试验结果确定，也可参照相似水质条件下水厂的经验选用。

9.7.7 粒状活性炭池设计宜符合下列要求：

1 粒状活性炭应符合国家现行的净水用活性炭标准；

2 进水浊度宜小于2NTU；

3 吸附池空床的接触时间宜采用6～15min，空床流速宜为6～12m/h；

4 炭层厚度宜采用1～2m；

5 反冲洗强度宜采用13～15L/(s·m^2)，冲洗时间宜为5～10min；

6 宜采用小阻力配水系统；

7 炭膨胀率宜采用20%～25%；

8 炭的碘值指标小于600mg/g、亚甲蓝值小于85mg/g时，池中的粒状活性炭应更新或再生。

9.8 膜 处 理

Ⅰ 一 般 规 定

9.8.1 镇(乡)村供水工程中的膜分离水工艺应根据原水水质、出水水质要求、处理水量、当地条件等因素，通过技术经济比较确定。

9.8.2 膜分离水处理系统应包括预处理、膜分离装置、消毒设备、贮水槽、控制系统、清洗系统、连接管道及泵等。

9.8.3 处理站内排水可采用明渠或地漏。

9.8.4 设计膜分离工艺时，设备之间应留有足够的操作维修空间。设备应放置于室内，并应避免阳光直射，室温应保持在1～40℃，严禁安放在多尘、高温、易冻和振动的地方。

9.8.5 膜分离水处理过程中产生的反冲洗水和清洗排放水等应妥善处理，防止形成新的污染源。

Ⅱ 电 渗 析

9.8.6 电渗析器的主机型号、流量、级、段和膜对数应根据原水水质、处理水量、出水水质要求等因素进行选择。

9.8.7 进入电渗析器的原水水质应符合表9.8.7的要求。

表9.8.7 电渗析进水水质指标

指 标	限 值	指 标	限 值
浊度	<3NTU(1.5～2.0mm隔板)	锰	<0.1mg/L
	<0.3NTU(0.5～0.9mm隔板)	污染指数	SDI_{10}<5(ED)
耗氧量(COD_{Mn})	<3mg/L		SDI_{10}<7(EDR)
游离氯	<0.2mg/L	水温	1～40℃
铁	<0.3mg/L		

注：ED指手动倒极的电渗析装置，EDR指自动倒极的电渗析装置。

9.8.8 地表水的电渗析系统预处理可采用混凝、沉淀、砂滤、保安过滤等，地下水的预处理可直接采用砂过滤和保安过滤等。

9.8.9 电渗析预处理水量Q可按下列公式计算：

$$Q=(Q_d+Q_n+Q_j)\cdot a \quad (9.8.9)$$

式中 Q——预处理水量(m^3/h)；

Q_d——淡水流量(m^3/h)；

Q_n——浓水流量(m^3/h)；

Q_j——极水流量(m^3/h)；

a——预处理设备的自用水系数，可取1.05～1.10。

9.8.10 电渗析淡水、浓水、极水流量可按下列要求设计：

1 淡水流量根据处理水量确定；

2 浓水流量可略低于淡水流量，但不得低于2/3的淡水流量；

3 极水流量可为淡水流量的5%～20%；

4 根据原水水质情况可选择部分浓水回流以提高水回收率。

9.8.11 电极可采用高纯石墨电极、钛涂钌电极和不锈钢电极，严禁采用铅电极。

9.8.12 进入电渗析器的水压必须小于0.3MPa。调节浓水和极水的压力，宜比淡水小0.01MPa左右。隔室中的流速宜控制在5～25cm/s。

9.8.13 电渗析的倒极可采用自动阀门控制或手动倒极方式。自动倒极为频繁倒极，倒极周期宜为10～30min；手动倒极周期宜为2～4h。

Ⅲ 反 渗 透

9.8.14 进入反渗透膜组件的原水水质应符合表9.8.14的要求。

表9.8.14 反渗透进水水质指标

指 标	限 值	指 标	限 值
浊度	<1NTU	余氯	<0.1mg/L
污染指数(SDI_{15})	<5	水温	1～40℃
pH	3.0～10.0		

9.8.15 反渗透水处理装置一般由预处理系统、高压泵、反渗透膜组件、压力外壳、清洗系统、控制系统及管道阀门等组成。

9.8.16 对地表水的预处理可采用混凝、沉淀、砂滤、保安过滤等。对地下水的预处理可直接采用砂滤或保安过滤等，也可以采用超滤、微滤等膜法预处理工艺。

9.8.17 反渗透预处理水量Q可按下列公式计算：

$$Q=(Q_d+Q_n)\cdot a \quad (9.8.17)$$

式中 Q——预处理水量(m^3/h)；

Q_d——淡水流量(m^3/h)；

Q_n——浓水流量(m^3/h)；

a——预处理设备的自用水系数，一般取1.05～1.10。

9.8.18 应根据原水水质和出水水质要求，采用膜厂商提供的反渗透设计软件进行计算，并通过技术经济比较合理选择反渗透膜的型号、数量和排列组合方式，确定水回收率、阻垢剂及加药量，选择高压泵的流量和扬程。

9.8.19 反渗透膜组件的背压应小于0.05MPa。

Ⅳ 超 滤

9.8.20 进入超滤膜组件的原水水质应符合膜厂商的进水水质要求，运行参数和方式宜通过调试运行后确定。

9.8.21 超滤装置应由预处理系统、超滤膜组件、冲洗系统、化学清洗系统、控制系统等组成。

9.8.22 超滤的工艺流程应符合下列规定：

1 原水为地表水时

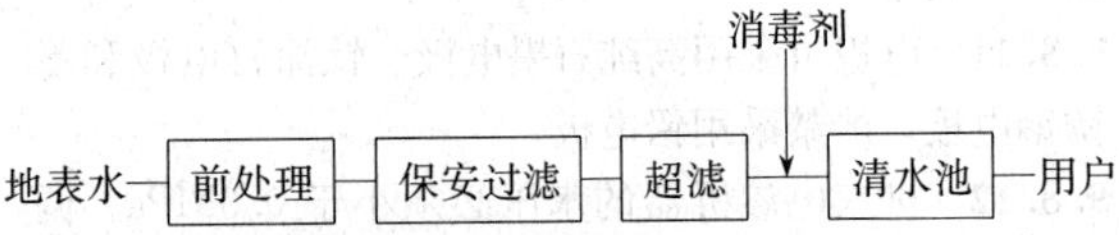

2 原水为地下水时

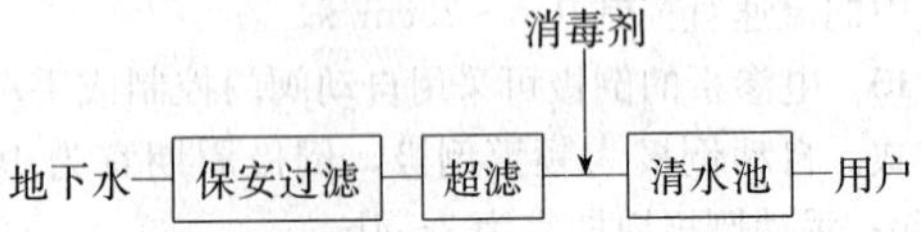

9.8.23 超滤装置运行的跨膜压差不宜大于1.0bar，膜通量宜为50L/(m^2·h·bar)，进水压力不应超过膜厂商规定的最高压力。

9.8.24 自动反冲洗超滤装置宜为全流过滤，每运行20～30min后，可自动反冲洗1min左右。手动反冲洗超滤装置宜为错流过滤，浓水流量宜为进水流量的5%～10%，每运行2～4h后，应手动反冲洗5～10min。

9.9 综合净水装置

Ⅰ 净 水 塔

9.9.1 净水塔宜用于浊度长期小于20NTU，瞬时不超过60NTU的原水。

9.9.2 净水塔中水柜有效容积应按最高日用水量的10%～15%计算。考虑滤池反冲洗用水时，应另增反冲洗用水量。

9.9.3 净水塔超高不应小于0.3m。

9.9.4 净水塔的进、出水管管径应与供水管网起端管径相同，溢流管、排水管径不宜小于100mm。

9.9.5 净水塔应设水位尺。

9.9.6 净水塔中压力滤池设计应符合本规程第9.6.20～9.6.25条的规定。

Ⅱ 一体化净水装置

9.9.7 一体化净水装置可采用重力式或压力式，净水工序应根据原水水质、设计规模确定，并应符合下列规定：

1 原水浊度长期不超过20NTU、瞬时不超过60NTU的地表水净化，可选择接触过滤工艺的净水装置；

2 原水浊度长期不超过500NTU、瞬时不超过1000NTU的地表水净化，可选择絮凝、沉淀、过滤工艺的一体化净水装置；原水浊度长期超过500NTU、瞬时超过5000NTU的地表水处理，可在上述处理工艺前增设预沉池。

9.9.8 一体化净水装置产水量宜为5～100m^3/h，设计参数应符合本规程的有关规定，并应选用有鉴定证书的合格产品。

9.9.9 一体化净水装置应具有良好的防腐性能，且防腐材料不得影响水质，其合理设计使用年限不应低于15年。

9.9.10 压力式净水装置应设排气阀、安全阀、排水阀及压力表，并应有更换或补充滤料的条件。容器压力应大于工作压力的1.5倍。

9.10 消 毒

9.10.1 生活饮用水必须消毒。

9.10.2 生活饮用水的消毒可采用液氯、漂白粉、次氯酸钠、二氧化氯等方法。当采用紫外线消毒时，应采取防止二次污染的措施。

9.10.3 加氯点应根据原水水质、工艺流程及处理要求选定，滤后必须加氯，必要时也可在混凝沉淀前和滤后同时加氯。

9.10.4 氯的设计投加量应根据类似水厂的运行经验，按最大用量确定。出厂水游离余氯含量不得低于0.3mg/L，氯胺消毒时，总氯不得低于0.5mg/L；管网末端游离余氯或总氯含量不得低于0.05mg/L。

氯与水的接触时间应符合下列规定：

1 采用游离氯消毒时，不得小于30min；

2 采用氯胺消毒时，不得小于2h。

9.10.5 投加液氯时应采用加氯机，加氯机应具备投加量指示仪和防止水倒灌的措施，严禁滤瓶进水。宜采用真空加氯系统。

9.10.6 加氯间应尽量靠近投加点。加氯间应设置磅秤，加氯间内管线应敷设在沟槽内。

9.10.7 采用液氯加氯时，加氯间必须与其他工作间隔离，必须设固定观察窗和直接通向外部并向外开启的门。

9.10.8 采用液氯加氯时，加氯间和氯库的外部应备有防毒面具、抢救设施和工具箱。在直通室外的墙下

方应设有通风设备，照明和通风设备应设置室外开关。

9.10.9 加氯给水管道应保证连续供水，水压和水量应满足投加要求。

9.10.10 当液氯投加室需采暖时，宜采用散热器采暖；当用火炉取暖时，火口宜设在室外。

9.10.11 液氯仓库应设在水厂的下风口，并应与值班室、居住区保持一定安全距离。

9.10.12 消毒剂仓库的贮备量应按当地供应、运输等条件确定，宜按最大用量的15～30d计算。

9.10.13 当采用漂白粉消毒时，其投加量应经过试验或参照相似条件水厂的运行经验确定。

9.10.14 漂白粉消毒应设溶药池和溶液池。溶液池宜设2个，池底应设大于2%的坡度，并坡向排渣管，排渣管管径不宜小于50mm，池底应设15%的容积作为贮渣部分；顶部超高应大于0.15m，内壁应作防腐处理。

9.10.15 漂白粉溶液池的有效容积宜按一天所需投加的上清液体积计算，上清液浓度应以1%～2%为宜（每升水加10～20g漂白粉）。

9.10.16 当采用次氯酸钠或二氧化氯时，其发生器设备的质量应符合国家现行有关标准的规定。次氯酸钠投加方式可与漂白粉溶液投加方式相同。

9.10.17 采用二氧化氯消毒时，出厂水二氧化氯余量不得低于0.1mg/L，管网末端水中二氧化氯余量不得低于0.02mg/L、亚氯酸盐不应超过0.7mg/L、氯酸盐不应超过0.7mg/L。

9.10.18 投加消毒剂的管道及配件必须耐腐蚀，并宜用无毒塑料管材。

10 特殊水处理

10.1 地下水除铁和除锰

Ⅰ 一般规定

10.1.1 当生活饮用水的地下水水源中铁、锰含量超过现行国家标准《生活饮用水卫生标准》GB 5749的规定时，应进行除铁、除锰处理。

Ⅱ 工艺流程的选择

10.1.2 地下水除铁、除锰工艺流程的选择，应根据原水水质、处理后水质要求以及相似条件水厂的运行经验，或除铁、除锰试验，通过技术经济比较后确定。

10.1.3 地下水除铁宜采用接触氧化法：

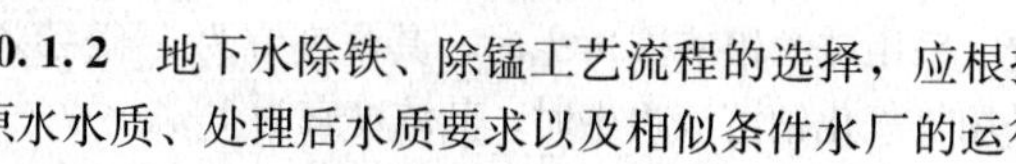

10.1.4 地下水同时含铁、锰时，其工艺流程应根据下列条件确定：

1 当原水含铁量低于6.0mg/L，含锰量低于1.5mg/L时，可采用如下流程：

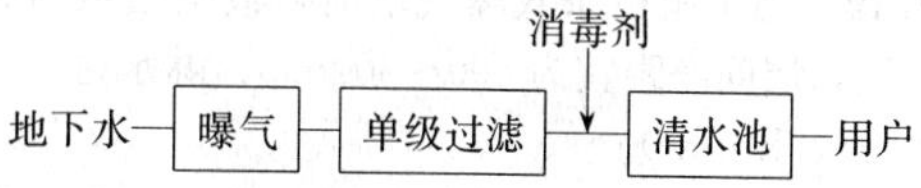

2 当原水含铁量或含锰量超过上述指标时，应通过试验确定处理工艺，必要时可采用如下流程：

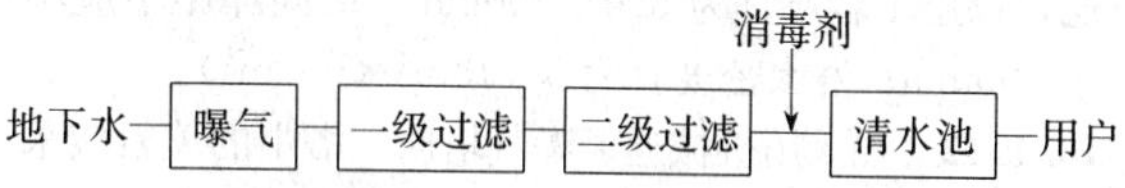

3 当原水中溶解性硅酸盐浓度较高时，应通过试验确定处理工艺，必要时可采用如下流程：

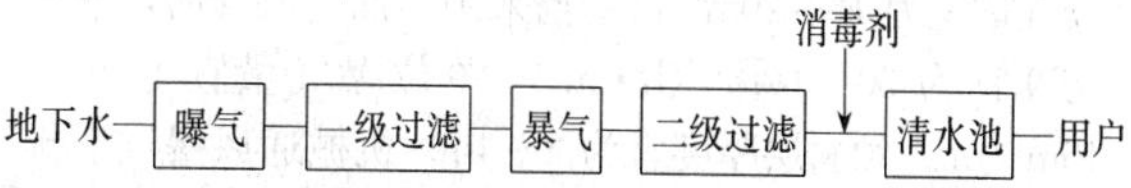

Ⅲ 曝气装置

10.1.5 曝气装置的选择应根据原水水质、曝气程度及除铁、除锰处理工艺流程等选定。可采用跌水、淋水、喷水、射流曝气、板条式曝气塔、接触式曝气塔、机械通风曝气塔等装置。

10.1.6 当采用跌水曝气装置时，可采用1～3级跌水，每级跌水高度宜为0.5～1.0m；跌水堰单宽流量宜为20～50m³/(h·m)，曝气后水中溶解氧应为2～5mg/L。

10.1.7 当采用淋水（穿孔管或莲蓬头）曝气装置时，穿孔管上的小孔直径应为4～8mm，孔眼流速应为1.5～2.5m/s，穿孔管距池内水面安装高度应为1.5～2.5m；当采用莲蓬头曝气装置时，每个莲蓬头服务面积应为1.0～1.5m²，淋水密度宜采用5～10m³/(h·m²)。

10.1.8 当采用喷水曝气装置时，每个喷嘴服务面积应为1.7～2.5m²；喷嘴口径应为25～40mm，喷嘴处的工作压力宜采用7m水压。

10.1.9 采用射流曝气装置时，设计应符合下列要求：

1 喷嘴锥顶夹角宜为15°～25°；喷嘴前应有长为0.25d_0圆柱段（d_0为喷嘴直径）；

2 当混合管为圆柱管时，管长应为管径的4～6倍；混合管的入口处应做成圆锥斜面，斜面倾角应为45°～60°，混合管端不宜突出于吸入室口；

3 喷嘴距混合管入口的距离应为喷嘴直径d_0的1～3倍；

4 空气吸入口应位于喷嘴之后，靠近压力水一方吸入口处；空气流速不得超过1m/s，当吸入气量大而流速较大时，可采用两个对称吸气口；

5 扩散管的锥顶夹角应为8°～10°；

6 工作水可采用全部原水、部分原水或其他压力水；

7 当采用射流向重力式除铁除锰滤池的管道中

加入空气时，可经管道或气水混合器曝气。当用管道混合时，管中流速不宜小于1.5～2.0m/s，混合时间不宜小于12～15s；当用气水混合器混合时，混合时间宜为10～30s。

10.1.10 当采用板条式曝气塔时，板条层数可采用4～6层，层间净距宜为400～600mm，淋水密度宜为5～10m³/(h·m²)。

10.1.11 当采用接触式曝气塔时，塔中填料可采用粒径30～50mm焦炭块或矿渣；填料层数可为1～3层，每层填料厚宜为300～400mm，层间净距不应小于600mm；淋水密度宜为5～15m³/(h·m²)。

10.1.12 当采用机械通风曝气塔时，塔中的填料应采用无毒材料制作，宜采用板条或工程塑料多面空心球。当采用板条时，淋水密度宜为20～40m³/(h·m²)，单位曝气量宜为15～20m³/m³；当采用多面空心球时，淋水密度宜为30～60m³/(h·m²)，单位曝气量宜为10～15m³/m³。填料层厚度宜为2～4m。机械通风曝气塔排风可直接排至室外，不需另设通风设施。

10.1.13 淋水装置接触池容积应按30～40min处理水量计算；接触式曝气塔、机械通风曝气集水池容积应按15～20min处理水量计算。

10.1.14 当跌水、淋水、喷水、板条式曝气塔、接触式曝气塔设置在室内时，应采取通风措施。

Ⅳ 除铁、除锰滤池

10.1.15 滤池形式应根据不同地区的地下水水质、气候条件及处理水量等条件选择。

10.1.16 滤池的滤料宜采用天然石英砂或锰砂。滤料厚度宜为800～1200mm；滤速宜为5～7m/h。滤料粒径宜符合下列规定：

1 石英砂宜为d_{min}=0.5mm，d_{max}=1.2mm；

2 锰砂宜为d_{min}=0.6mm，d_{max}=1.2～2.0mm。

10.1.17 除铁、除锰滤池工作周期宜根据水质及气候条件确定，宜为8～48h。

10.1.18 除铁、除锰滤池宜采用大阻力配水系统，其承托层组成可按本规程第9.6.6条选用。当采用锰砂滤料时，承托层顶面两层应改为锰矿石。

10.1.19 除铁、除锰滤池冲洗强度和冲洗时间可按表10.1.19采用。

表10.1.19 除铁、除锰滤池冲洗强度、膨胀率、冲洗时间

滤料种类	滤料粒径(mm)	冲洗方式	冲洗强度[L/(s·m²)]	膨胀度(%)	冲洗时间(min)
石英砂	0.5～1.2	无辅助冲洗	13～15	30～40	>7
锰　砂	0.6～1.2	无辅助冲洗	18	30	10～15
锰　砂	0.6～1.5	无辅助冲洗	20	25	10～15
锰　砂	0.6～2.0	无辅助冲洗	22	22	10～15
锰　砂	0.6～2.0	有辅助冲洗	19～20	15～20	10～15

10.2 除　　氟

Ⅰ 一般规定

10.2.1 当原水中氟化物含量超过现行国家标准《生活饮用水卫生标准》GB 5749的规定时，应进行除氟。

10.2.2 除氟的方法应根据原水水质、设计规模、当地经济条件等，通过技术经济比较后确定。可采用活性氧化铝吸附法、电渗析法、反渗透法及混凝沉淀法等。

10.2.3 除氟过程中产生的废水及泥渣应妥善处理，防止形成新污染源。

Ⅱ 活性氧化铝吸附法

10.2.4 活性氧化铝吸附法宜用于含氟量小于10mg/L，悬浮物含量小于5mg/L的原水。

10.2.5 活性氧化铝的粒径应为0.5～1.5mm，最大粒径应小于2.5mm，并应有足够的机械强度。

10.2.6 活性氧化铝吸附法除氟可采用下列工艺流程：

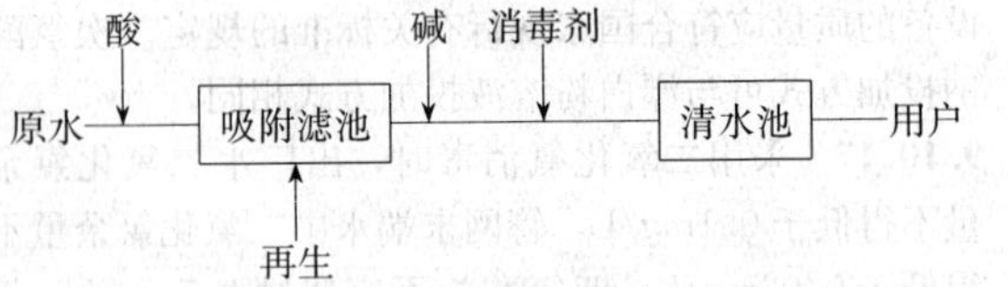

10.2.7 原水进入吸附滤池前，pH值应调整至6.0～7.0，可投加硫酸、盐酸或二氧化碳气体。当原水浊度大于5NTU或含沙量较高时，应在吸附滤池前进行预处理。

10.2.8 当吸附滤池进水pH值小于7.0时，宜采用连续运行方式，其空床流速宜为6～8m/h。流向宜采用自上而下的形式。

10.2.9 吸附滤池的活性氧化铝厚度可按下列规定选用：

1 当原水含氟量小于4mg/L时，厚度宜大于1.5m；

2 当原水含氟量大于4mg/L时，厚度宜大于1.8m，也可采用两个吸附滤池串联运行。

10.2.10 活性氧化铝再生液宜采用硫酸铝溶液，或采用氢氧化钠溶液。再生液浓度和用量应通过试验确定。采用硫酸铝溶液再生时，其浓度宜为1%～3%；采用氢氧化钠溶液再生时，其浓度宜为1%。

10.2.11 当采用氢氧化钠溶液再生时，可采用反冲洗、再生、二次反冲洗、中和四个阶段；当采用硫酸铝再生时，可省去中和阶段。

首次反冲洗宜采用冲洗强度12～16L/(m²·s)，冲洗时间10～15min，冲洗膨胀率30%～50%；二次反冲洗宜采用冲洗强度3～5 L/(m²·s)，冲洗时间

1～3h。

Ⅲ 电渗析法

10.2.12 电渗析法宜用于含盐量1000～5000mg/L，氟化物含量1～6mg/L的原水。

10.2.13 电渗析器应根据原水水质、出水水质要求及氟离子的去除率选择流量、级、段和膜对数。电渗析流程长度、级、段数应按脱盐率确定，脱盐率可按下式计算：

$$Z=(100Y-C)/(100-C) \quad (10.2.13)$$

式中 Z——脱盐率（%）；

Y——除氟率（%）；

C——系数（重碳酸盐水型 C 为－45；氯化物水型 C 为－65；硫酸盐水型 C 为0）。

10.2.14 电渗析法除氟，可采用下列工艺流程：

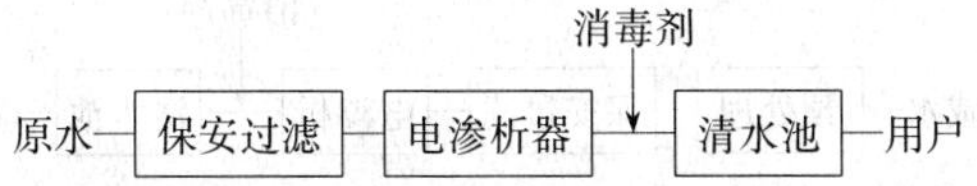

10.2.15 电渗析除氟的主要设备应包括：电渗析器、倒极装置、保安过滤器、原水箱或原水加压泵、淡水箱、酸洗槽、酸液泵、供水泵、压力表、流量计、配电柜、硅整流器、变压器、化验检测仪器等。

10.2.16 电渗析器的进水水质要求、技术工艺等宜按本规程第9.8.6～9.8.13条执行。

Ⅳ 反渗透法

10.2.17 反渗透法除氟可采用下列工艺流程：

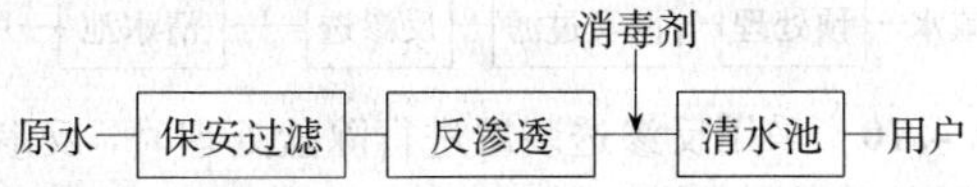

10.2.18 反渗透装置的进水水质要求、技术工艺等应按本规程第9.8.14～9.8.19条执行。

Ⅴ 混凝沉淀法

10.2.19 混凝沉淀法宜用于含氟量小于4mg/L，水温为7～32℃的原水。投加药剂后水的pH值应控制在6.5～7.5。

10.2.20 投加的药剂宜选用铝盐。药剂投加量（以 Al^{3+} 计）应通过试验确定，宜为原水含氟量的10～15倍（质量比）。

10.2.21 混凝沉淀法除氟可采用下列工艺流程：

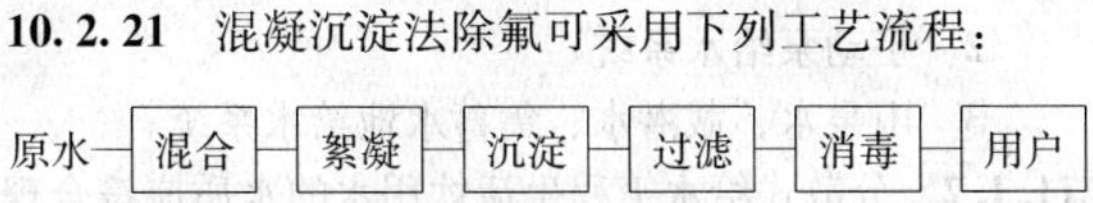

10.2.22 沉淀时间应通过试验确定，宜为4h。混合、絮凝和过滤的设计参数应符合本规程的相关规定。

10.2.23 采用多介质过滤法除氟时，吸附滤池空床接触时间宜为5～10min。

10.3 除 砷

Ⅰ 一般规定

10.3.1 当生活饮用水的水源中砷含量超过现行国家标准《生活饮用水卫生标准》GB 5749的规定时，应进行除砷处理。

10.3.2 饮用水除砷方法应根据出水水质要求、处理水量、当地经济条件等，通过技术经济比较后确定。可采用反渗透法、离子交换法、吸附法、混凝沉淀法及多介质过滤法等。

10.3.3 对于含砷水的处理，应采用氯、臭氧、过氧化氢、高锰酸钾或其他锰化合物确保将水中的 As^{3+} 氧化成 As^{5+} 后再加以去除。

10.3.4 除砷过程中产生的浓水或泥渣等应妥善处置，防止形成新污染源。

Ⅱ 反渗透法

10.3.5 反渗透法除砷工艺宜用于处理砷含量较高的地下水或地表水。

10.3.6 反渗透法除砷可采用下列工艺流程：

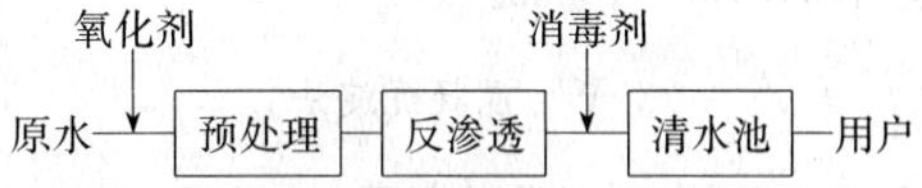

10.3.7 反渗透装置的进水水质要求、技术工艺等宜按本规程第9.8.14～9.8.19条执行。

Ⅲ 离子交换法

10.3.8 离子交换法除砷宜用于含砷量小于0.5mg/L、pH值为6.5～7.5的原水。对pH值不在此范围内的原水，应先调节pH值后，再进行处理。

10.3.9 离子交换法除砷可采用下列工艺流程：

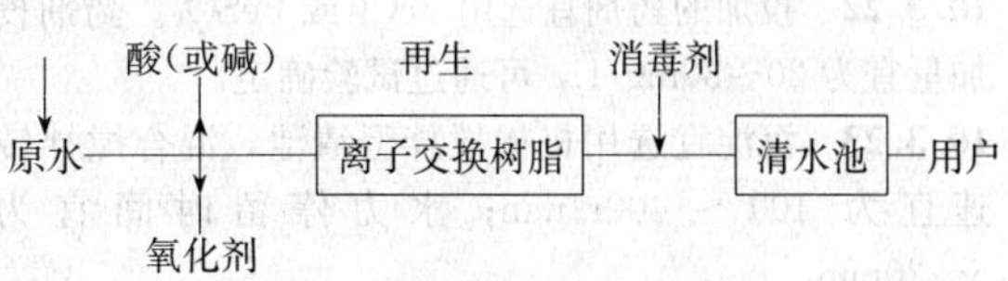

10.3.10 离子交换树脂宜选用聚苯乙烯树脂。接触时间宜为1.5～3.0min，层高宜为1m。

10.3.11 离子交换树脂的再生宜采用NaCl再生法或酸碱再生法。当选用聚苯乙烯树脂时，宜采用最低浓度不小于3%的NaCl溶液再生。

10.3.12 用NaCl溶液再生时，用盐量宜为87kg/(m^3树脂)，再生树脂可使用10次。

10.3.13 含砷的废盐溶液可投加 $FeCl_3$ 除砷，投加量宜为39kg $FeCl_3$/kg As。

Ⅳ 吸附法

10.3.14 吸附法除砷宜用于含砷量小于0.5mg/L、

pH 值为 5.5～6.0 的原水，对 pH 值不在此范围内的原水，应先调节 pH 值后，再进行处理。

10.3.15 吸附剂宜选用活性氧化铝或活性炭。再生时可采用 NaOH 或 $Al_2(SO_4)_3$ 溶液。

10.3.16 吸附法除砷可采用下列工艺流程：

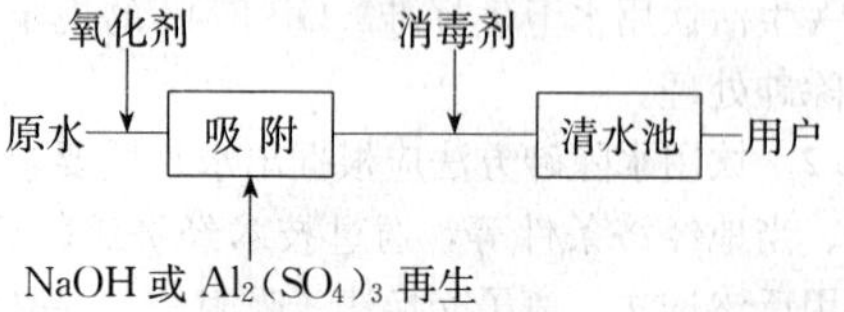

10.3.17 当选用活性氧化铝吸附时，活性氧化铝的粒径应小于 2.5mm，宜为 0.5～1.5mm，层高宜为 1.5m，空床接触时间宜为 5min。

10.3.18 当选用活性氧化铝吸附时，可用 1.0mol/L 的 NaOH 溶液再生，所用体积应为 4 倍床体积；用 0.2mol/L 的 H_2SO_4 淋洗，所用体积应为 4 倍床体积；每次再生会损耗 2%的 Al_2O_3。

10.3.19 当选用活性炭吸附时，宜采用压力式活性炭吸附器，吸附器的布置形式可采用单柱、多柱并联及多柱串联等布置形式。空床流速宜为 3～10m/h，层高宜为 2～3m，反冲洗强度宜为 4～12L/(m^2 · s)，冲洗时间宜为 8～10min。

Ⅴ 混凝沉淀法

10.3.20 混凝沉淀法除砷宜用于含砷量小于 1mg/L、pH 值为 6.5～7.5 的原水，对 pH 值不在此范围内的原水，应先调节 pH 值后，再进行处理。

10.3.21 混凝沉降法除砷可采用下列工艺流程：

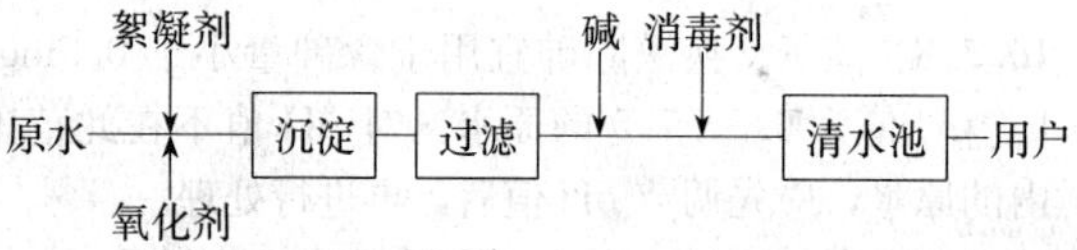

10.3.22 投加的药剂宜选用 $FeCl_3$ 或 $FeSO_4$。药剂投加量宜为 20～30mg/L，可通过试验确定。

10.3.23 沉淀宜选用机械搅拌澄清池，混合搅拌转速宜为 100 ～ 400r/min；水力停留时间宜为 5～20min。

10.3.24 过滤选用多介质过滤器时，滤速宜为 4～6m/h，过滤器反冲洗循环周期宜为 8～24h。

10.3.25 过滤选用微滤时，宜选用孔径为 0.2μm 的微滤膜，混凝剂可采用 $FeCl_3$。

10.3.26 采用多介质过滤法除砷时，吸附滤池空床接触时间宜为 2～5min。

10.4 苦咸水除盐处理

Ⅰ 一 般 规 定

10.4.1 当原水中溶解性总固体含量超过现行国家标准《生活饮用水卫生标准》GB 5749 的规定时，应进行除盐处理。

10.4.2 饮用水除盐处理方法应根据出水水质要求、处理水量、当地条件等，通过技术经济比较后确定。可采用反渗透或电渗析法。

10.4.3 处理系统中的低压管道应选用食品级塑料管或碳钢衬塑管，高压管道可选用 SS304 或 SS316L 不锈钢管，阀门宜采用食品级塑料阀、不锈钢阀、碳钢衬胶阀等。

10.4.4 苦咸水除盐处理过程中产生的废水及泥渣应妥善处理，防止形成新污染源。

Ⅱ 电 渗 析 法

10.4.5 电渗析法除盐宜用于溶解性总固体含量 1000～5000mg/L 的苦咸水。

10.4.6 电渗析法除盐可采用下列工艺流程：

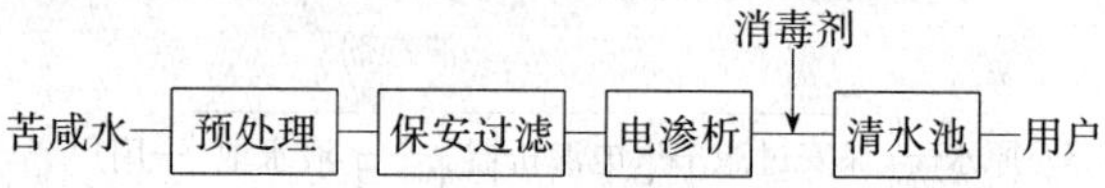

10.4.7 采用电渗析器进行脱盐处理时，电渗析器的进水水质要求、技术工艺等宜按本规程第 9.8.6～9.8.13 条执行。

Ⅲ 反 渗 透 法

10.4.8 反渗透法宜用于溶解性总固体含量小于 40000mg/L 的苦咸水。

10.4.9 反渗透法除盐可采用下列工艺流程：

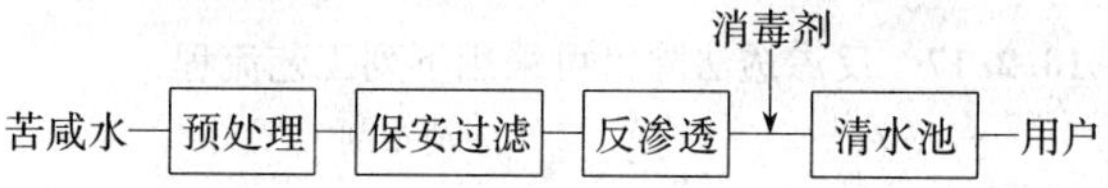

10.4.10 采用反渗透装置进行除盐处理时，反渗透装置的进水水质要求、技术工艺等宜按本规程第 9.8.14～9.8.19 条执行。

11 分散式给水

11.1 一 般 规 定

11.1.1 分散式给水系统的选择应根据当地的水源用水要求、地形地质、经济条件等因素，通过技术经济比较确定。可采用下列形式：

1 雨水收集给水系统；

2 手动泵给水系统；

3 山泉水、截潜水、集蓄水池给水系统。

11.1.2 分散式给水工程生活饮用水的水质应符合现行国家标准《生活饮用水卫生标准》GB 5749 的要求。

11.2 雨水收集给水系统

11.2.1 雨水收集给水系统可采用屋顶集水式或地面

集水式，以及两者的结合。

11.2.2 雨水收集给水系统的设计供水规模（即年供水量）应根据年生活用水量和年饲养牲畜用水量确定。

11.2.3 屋顶集水场的集水面积应按集水部分屋顶的水平投影面积计算，地面集水场集水面积应根据实际有效集水面积计算。

11.2.4 集水面积可按下式计算：

$$F = 1000 \times Q \times K / q\psi \qquad (11.2.4)$$

式中 F——集水面积(m^2)；

Q——设计供水规模(m^3/年)；

K——面积利用系数，可取 1.2；

q——10 年一遇的最小降雨量(mm)；

ψ——径流利用系数，宜为 0.6～0.9。

11.2.5 蓄水池容积可按下式计算：

$$V = M \times Q \times T \qquad (11.2.5)$$

式中 V——有效蓄水容积(m^3)；

M——容积利用系数，宜为 1.2～1.5；

Q——用水量(m^3/d)；

T——非降雨期天数(d)；南方地区宜为 90～120d，北方地区宜为 150～180d。

11.2.6 集流面的集流能力应与蓄水构筑物的有效容积相配套。集水面面积和蓄水构筑物容积也可按水量平衡计算确定。

11.2.7 集流面的坡度应大于 0.2%，并应设汇流槽或汇流管。

11.2.8 混凝土集流面应设变形缝，厚度应根据冻胀、地面荷载等因素确定。

11.2.9 单户集雨工程的蓄水构筑物应符合下列要求：

1 采用屋顶集流面和人工硬化集流面时，蓄水构筑物前应设粗滤池；采用自然坡面集流时，蓄水构筑物前应设格栅、沉淀池和粗滤池；

2 蓄水构筑物应设计成地下式封闭构筑物；当采用水窖时，每户宜设两个；当采用水池时，宜分成可独立工作的两格；

3 蓄水构筑物应采用防渗衬砌结构；

4 应设置进水管、取水口（供水管）、溢流管、排空管、通风管及检修孔，检修孔应高出地面 300mm 并加盖；

5 寒冷地区，最高设计水位应低于冰冻线或采取防冻措施。

11.2.10 公共集雨工程宜布置在村外便于集雨和卫生防护的地段。

11.2.11 雨水收集给水系统可安装微型潜水电泵、管道建成自来水系统，也可安装手动泵或使用专用水桶人工取水。

11.2.12 雨水收集给水系统可采用下列简易处理设施：

1 屋顶集水式雨水收集给水系统可采用简易滤池进行处理；

2 地面集水式雨水收集给水系统，收集的雨水应进行处理。处理构筑物可选择自然沉淀、粗滤、慢滤等。

1）供电有保证时，可采用下列处理工艺：

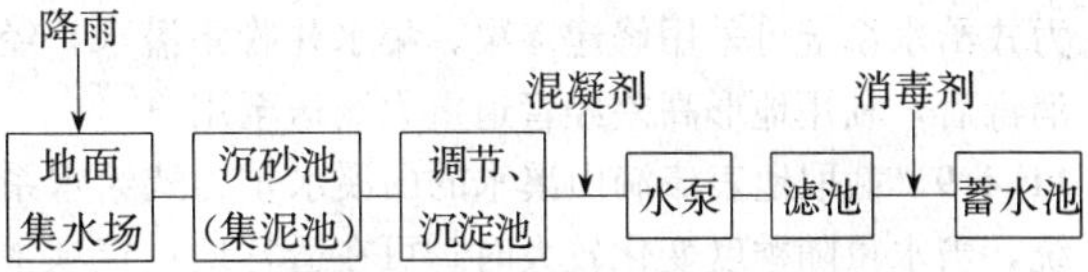

2）供电没有保证时，可采用下列处理工艺：

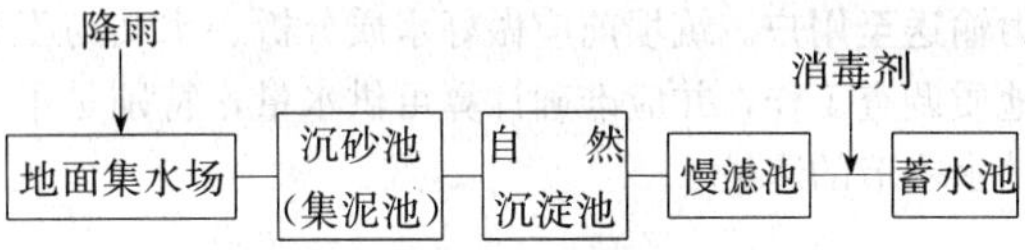

3 蓄水池的水应采取消毒措施。

11.3 手动泵给水系统

11.3.1 手动泵和真空手动泵给水系统应设有水源井（管井）、井台及手动泵等设施。

11.3.2 井位应根据水文地质条件和使用、维护条件选择，并应符合下列要求：

1 井位宜选择在水量充沛、水质良好、环境卫生、运输方便、便于施工管理、易于排水、安全可靠的地点；

2 松散孔隙水分布地区，宜选在含水层厚度大、颗粒粗、取水半径小、没有洪涝和滑坡的居住区上游地区；采取裂隙水、岩溶水地区，宜选在裂隙、岩溶发育的富水地带。

11.4 山泉水、截潜水、集蓄水池给水系统

Ⅰ 山泉水给水系统

11.4.1 山泉水给水系统应由山泉水水源、引泉池及供水管道组成。

11.4.2 引泉池可采用单设引泉池或设集水井的引泉池。

11.4.3 引泉池的水源及其泉水类型应经实地勘察，并根据泉水出露的地形、水文地质条件等资料确定。

11.4.4 引泉池必须设顶盖封闭，并设通风管。通风管管口宜向下弯曲，管口处宜包扎细网。引泉池进口、人孔孔盖、门槛应高出地面 0.1～0.2m。池壁应密封不透水，壁外应用黏土夯实封固，黏土层厚度宜为 0.3～0.5m。引泉池周围应作不透水层，并以一定坡度坡向排水沟。

11.4.5 引泉池容积可按最高日用水量的 25%～50%计算。

11.4.6 引泉池应设置溢流管，溢流管管径应大于出

水管管径。出水管距池底宜为0.1～0.2m。池底宜设置排空管。

11.4.7 引泉池出水管埋设深度不应小于0.80m，北方地区出水管道必须埋在冰冻线以下0.20m。

Ⅱ 截潜水给水系统

11.4.8 潜水埋藏较浅、水质较好的山区，截潜水重力式给水系统可采用修建渗渠、集水井收集潜水，经消毒后，利用地形高差经管道重力输送至用户。

11.4.9 截取地表流淌山溪水的山溪水重力式给水系统，当水量随季度变化较大时，可在适宜地点筑坝蓄水，并设简易净水构筑物，利用地形高差通过管道重力输送至用户。筑坝前应做好水质分析、水文与工程地质调查工作，并应准确计算可供水量，特别是干旱枯水季节的水量。

Ⅲ 集蓄水池给水系统

11.4.10 集蓄水池给水系统可根据当地实际情况，采用大口井取水或家用水窖式取水。

11.4.11 集蓄水池应设置下列设施：

1 通气管、溢流管、人孔等；

2 集蓄浅层地下水时应设置反滤层；

3 井口做散水；

4 有消毒措施。

11.4.12 大口井宜采用取水池与蓄水池井室合一形式，宜用于有固定水源（裂隙水、渗透水等）处，直径不宜大于3m，井深宜为5～8m。

11.4.13 家用水窖式可分为井式水窖（井窖）和窖式水窖，应根据实际情况选用，并应符合下列规定：

1 井式水窖（井窖）的口径0.4～0.5m，底径1.0～2.0m，窖身直径2.0～4.0m，总深度6～9m，贮水容积10～50m^3；

2 窖式水窖的窖长8～10m，窖宽2m，窖高1.5～2.5m，窖底设置1∶500纵坡，并坡向排污管；

3 窖口均应高出地面0.1～0.2m，口部设防护盖，地面做散水。

12 施工与质量验收

12.1 一般规定

12.1.1 集中式给水工程施工宜通过招投标确定施工单位和监理单位，也可由有类似工程经验的施工单位和监理单位承担。

12.1.2 施工前应编制施工组织设计，落实环境保护措施，明确施工质量负责人和施工安全负责人，并按审批程序经批准后方可施工。

12.1.3 施工过程中应做好隐蔽工程、分项工程和分部工程等中间环节的质量验收，隐蔽工程应经过中间验收合格后，方可进行下一道工序施工。

12.1.4 施工过程中应做好材料和设备的采购、试验与试验记录，同时应做好设计变更、隐蔽工程的中间验收、分项工程质量评定、质量及故障处理、技术洽商等记录。

12.1.5 施工应符合国家及当地省(区、市)有关文明施工、安全、防火、防电击和雷击、防噪声、劳动保护、交通保障、文物及环境保护等法律法规的有关规定。

12.1.6 应按设计要求和施工图纸有计划地进行施工；施工过程中需要变更设计时，应征得建设单位和设计单位同意，由设计单位负责完成。

12.1.7 构（建）筑物、供水管井、混凝土结构、砌体结构、管道工程、机电设备等施工及验收均应符合国家现行有关标准的规定，水厂变配电系统应通过当地供电部门检测合格。

12.2 土建工程

12.2.1 基坑开挖时，宜采取保护措施，深基坑工程应保持边坡的稳定性、坑底和侧壁渗透的稳定性。

12.2.2 地基处理施工期间，应进行施工质量、施工对周围环境和邻近工程设施影响的监测。

12.2.3 构（建）筑物基础处理应满足地基承载力和变形要求，并应按有关规定进行基槽验收。

12.2.4 土方回填应排除积水、清除杂物，分层铺设时厚度可取200～300mm，并应分层回填夯实。回填土土质、高度与压实系数应符合设计要求。管道沟槽的回填，应在管道安装验收合格，并对管道系统进行加固后再回填。

12.2.5 钻井时应综合考虑地层岩性，并对设计含水层进行复核，应用黏土球封闭非取水含水层。井身直径不得小于设计井径。沉井过程中，应控制每100m顶角倾斜不超过1.5°。在松散、破碎或水敏性地层中钻井，应采用泥浆护壁，井口应加套管。沉井后应及时进行洗井和抽水试验，出水水质和水量应满足设计要求。

12.2.6 防渗体和反滤层施工完毕后，应对单项工程进行验收。验收合格后，应采取措施加以保护。

12.2.7 地表水取水构筑物的施工，应做好防洪、土石方堆弃、排水、清淤与导流等，以保证施工安全。竣工后，应及时拆除全部施工设施、清理现场，修复原有护坡、护岸等，应按当地规划标准恢复生态环境和植被。

12.2.8 取水头部施工前应编制施工组织设计，工地周边应有足够供堆料、牵引及安装施工机具的场地。

12.2.9 水池施工，应做好钢筋的绑扎与保护层、防渗层，应防止出现变形缝，避免或减少施工冷缝，控制温差引起的裂缝，保证其水密性和耐蚀性。施工完成后应进行满水试验，满水试验时应无漏水现象，水池实测渗水量应不大于允许渗水量。允许渗水量应按池壁和池底的浸湿总面积计算，钢筋混凝土水池允许渗水量 $2L/(m^2 \cdot d)$，砖石砌体水池 $3L/(m^2 \cdot d)$。

12.2.10 满水试验合格后，应及时进行池壁外的各项工序及土方回填，需覆土的池顶亦应及时均匀对称地进行回填。

12.2.11 集蓄水池给水系统井式水窖（井窖）施工应保证土质黏性好、质地坚硬，远离地层裂缝、沟边、沟头、陷穴。必须在前次砂浆凝固后再抹第二层，且应每层一次连续抹完。

12.2.12 集蓄水池给水系统窖式水窖（长方形拱顶水窖）施工可用浆砌块石砌筑、M5 水泥砂浆抹面，窖壁与窖底应用 M8 或 M10 水泥砂浆抹面，厚 30mm，防渗作法同井窖。

12.3 材料设备采购

12.3.1 材料、设备的采购应符合采购程序和设计要求，并应符合国家现行有关标准的规定。材料、设备的卫生性能应符合国家现行有关标准的规定。

12.3.2 材料、设备（含附件）到货后，应对照供货合同及时验收。验收内容主要应包括出厂合格证、性能检测报告、技术指标和质量、外观、颜色、说明书与生产日期等。

12.3.3 凡与生活饮用水直接接触的设备、管道、附件及其防腐材料、滤料、化学净水剂、净水器等设备材料均应符合卫生安全要求。

12.3.4 对批量购置的主要材料，应按照有关规定进行见证取样检测。

12.3.5 材料设备应按性质合理存放，不应与有毒物质和腐蚀性物质存放在一起。水泥、钢材应有防雨、防潮措施，塑料管道堆放场地应平整，并应有遮阳等防老化措施。

12.4 管道、设备安装

12.4.1 管道、设备安装前应对管材、管件、附件及设备按设计要求进行核对，并应在施工现场进行外观质量检查，符合设计要求方可使用。

12.4.2 管道、设备安装前，应逐一进行质量检验，随时清扫其内部杂物和表面污物。供水管道暂时停止安装时，两端应临时封堵。

12.4.3 净水设备安装和调试宜要求生产厂家派专人进行现场指导。

12.4.4 管道安装时，应将管节的中心及高程逐节调整准确，安装后的管节应进行复测，合格后方可进行下一工序的施工。

12.4.5 构筑物间的连接管道，应设柔性接口以防止不均匀沉降引起管道损坏。

12.4.6 构（建）筑物管道安装位置的允许偏差及机电设备与金属结构安装位置的允许偏差应符合设计要求。

12.4.7 管道安装应根据管材的特性采取合理的连接方式，并应使用相应的专用连接工具，接口应不漏水、不破坏其强度。

12.4.8 供水管道严禁在雨污水检查井中及排水管渠内穿过。

12.4.9 输配水管道安装完成后，应按以下要求进行水压试验：

1 长距离管道试压应分段进行，每段长度不宜大于 1.0km。

2 管道灌水时，应将管道内的气体排除。充满水后，应在不大于工作压力条件下充分浸泡。浸泡时间应符合下列规定：

1）无水泥砂浆衬里的管道不少于 24h；

2）有水泥砂浆衬里的金属管和混凝土管不少于 48h。

3 当水压升到管道试验压力（见表 12.4.9-1）后，应保持恒压 10min，检查接口和管身无破损及漏水现象，且实测渗水量不大于表 12.4.9-2 规定的允许渗水水量时，方可认为管道安装合格。

表 12.4.9-1 不同管材的试验压力 （MPa）

管材种类	最大工作压力	试验压力
钢管	P	$P+0.5$，且不应小于 0.9
塑料管	P	$1.5P$
铸铁管	$P\leqslant 0.5$	$2P$
	$P>0.5$	$P+0.5$
混凝土管	$P\leqslant 0.6$	$1.5P$
	$P>0.6$	$P+0.3$

表 12.4.9-2 严密性试验允许渗水量

[L/(min·km)]

管道内径(mm)	钢管和塑料管	球墨铸铁管	混凝土管
≤100	0.28	0.70	1.40
125	0.35	0.90	1.56
150	0.42	1.05	1.72
200	0.56	1.40	1.98
250	0.70	1.55	2.22
300	0.85	1.70	2.42

4 当管道长度不大于 1km 时，在试验压力下 10min 降压不大于 0.05MPa 的，可认为严密性试验合格。

12.4.10 手动泵给水系统中，手动泵的施工安装应符合下列要求：

1 安装手动泵的水源井的井壁管直径不得小于 100mm；

2 手动泵支架和支腿必须在混凝土基础内预埋固定；

3 手动泵周围必须建造质量合格的井台；

4 在井台外，必须建造排水设施；

5 在距手动泵 50m 直径范围内，不得建厕所、牲畜圈或堆放人畜粪便；

6 泵缸顶部应安装在动水位 1m 以下；

7 寒冷地区，应自地面至冻土层以下，在输水管上部开防冻孔，防冻孔直径应为 1.0～1.5mm，其位置应在冰冻线以下；

8 泵安装前，应按卫生要求对井进行消毒。

12.4.11 手动泵给水系统中，井台的施工应符合下列规定：

1 井台应用混凝土筑成；

2 井台可为圆形或方形；

3 井台必须有一定的坡度并设有排水渠，应保证余水进入自然排水沟、农田或渗水池；

4 泵的出水口与井的中心线应对齐；

5 安装后的泵应是密封的，以防止积水流入井内；

6 井台建造应牢固、无裂缝；泵头应牢固、无晃动。

12.4.12 手动泵给水系统中，渗水池的施工应符合下列规定：

1 井台内的余水应经排水渠排出，若不便排入自然排水沟或农田时，必须建造渗水池；

2 渗水池与井台的距离不应小于 3m；渗水池内宜填充沙、石子等，应能使水渗入地下，防止污染地面；

3 牲畜饮水池或洗衣池至井台的距离不应小于 5m。

12.5 试 运 行

12.5.1 工程按审批的项目全部完成后，应至少经过 15～20d 的试运行期。施工、设计、监理和供水管理等单位应参与工程的试运行。

12.5.2 试运行前，应根据净水工序要求，在单机调试、联动、低负荷运行的基础上，再按设计负荷对净水系统进行调试。应定期检测药剂投加量和各净水构筑物或净水设备的出水水质，并做好检测记录。在连续 3 次出水水质检测全部合格后，方可投入整个系统的试运行。

12.5.3 试运行前，应按以下要求进行管道冲洗和消毒：

1 冲洗水的流速不宜小于 1.0m/s，并应连续冲洗，直至进水和出水的浊度、色度相同为止；

2 冲洗后的管道应采用氯离子浓度不低于 20mg/L 的消毒水浸泡 24h 后再次冲洗，直至水质检验部门取样化验合格为止。

12.5.4 机泵设备试运行应先单机运行，然后带负荷运行，最后再系统联动运行。其负荷应由低负荷逐渐增大到设计负荷。取水泵、配水泵及其配套电机应运行正常，其能力均应达到设计要求。

12.5.5 整个给水系统投入试运行后，应及时记录取水、输水、净水、配水等各种构筑物和设备的运行参数，检测净水构筑物进、出水水质的控制指标，均应达到设计要求。

12.5.6 投入试运行 3d 后，应定点检测配（供）水管网流量和水压，对出厂水和管网末端水应各进行一次水样全分析。

当供水能力、水压达到设计要求，出厂水水质化验合格后，方可进入试运行观察期。在 15～20d 试运行观察期间，应按水厂运行管理要求，做好各项观测记录和水质检测。

12.6 竣 工 验 收

12.6.1 集中式供水工程应通过竣工验收后，方可投入运行。

12.6.2 竣工验收应由建设单位（业主）组织设计单位、施工单位、监理单位、卫生监督部门、建设主管部门及有关单位共同进行。

12.6.3 竣工验收应在分项、分部工程符合设计要求并验收合格基础上进行。

12.6.4 竣工验收时，建设单位应提供全过程的技术资料。

12.6.5 给水工程竣工验收应核实分项工程验收资料、工程建设报告、隐蔽工程验收单、试运行报告、竣工决算报告、竣工图纸、设计变更文件和各种有关技术资料。

12.6.6 整体工程验收应对构（建）筑物的位置、高程、坡度、平面尺寸、工艺管道及其附件等的安装位置和数量，进行复验和外观检查。

12.6.7 验收时应对供水系统的安全状况和运行现场查看分析，并应检测其供水能力、各净水构筑物或净水设备特殊水质处理的控制指标。供水能力、供水水质均应达到设计要求，工程质量应无安全隐患。

12.6.8 竣工验收合格后，建设单位应将有关项目前期、勘测、设计、施工及验收的文件和技术资料归档。

13 运 行 管 理

13.1 一 般 规 定

13.1.1 供水单位应规范运营机制，努力提高管理水平，确保安全、优质、低耗供水。

13.1.2 供水单位应根据工程具体情况，建立包括水源卫生防护、水质检验、岗位责任、运行操作、安全规程、交接班、维护保养、成本核算、计量收费等运行管理制度和突发事件处理预案，并按制度进行管理。

13.1.3 供水单位操作人员应经过岗前培训，熟练掌握其岗位的技术要求，持证上岗。

13.1.4 供水单位应取得取水许可证、卫生许可证，运行管理和操作人员应有健康合格证。

13.1.5 供水单位应认真填写运行管理日志，并做好档案管理，应定期向主管部门报告供水情况。

13.1.6 因维修等原因临时停止供水时，应及时通告用户；发生水源水污染或水致传染病等影响群众身体健康的事故时，应及时向主管部门报告，并查明原因、妥善处理。

13.1.7 供水单位应定期听取用户意见，并不断总结管理经验，提高管理水平。

13.1.8 供水单位应对用户进行用水卫生和节约用水知识宣传。

13.1.9 供水单位可参照国家现行行业标准《城镇供水厂运行、维护及安全技术规程》CJJ 58 的有关规定，对镇（乡）村供水工程进行管理。

13.2 水 质 检 验

13.2.1 供水单位应根据工程具体情况建立水质检验制度，配备检验人员和检验设备，对原水、出厂水和管网末端水进行水质检验，并应接受当地卫生部门的监督。

13.2.2 出厂水和管网末端水水质应符合现行国家标准《生活饮用水卫生标准》GB 5749 的要求。

13.2.3 水质检验项目和频率应根据原水水质、净水工序、供水规模确定，并不应低于表 13.2.3 的要求。

表 13.2.3 水质检验项目和检验频率

水样		检验项目	供水单位的实际平均日供水量 $Q(m^3/d)$		
			$1000<Q\leqslant5000$	$200\leqslant Q\leqslant1000$	$Q<200$
水源水	地下水	感官性状指标、pH 值	每周 1 次	每月 2 次	每月 1 次
		细菌学指标	每月 2 次	每月 1 次	每月 1 次
		特殊项目	每周 1 次	每月 2 次	每月 2 次
		全分析	每年 1 次	每年 1 次	每年 1 次
	地表水	感官性状指标、pH 值	每日 1 次	每日 1 次	每日 1 次
		细菌学指标	每月 2 次	每月 1 次	每月 1 次
		特殊项目	每周 1 次	每周 1 次	每周 1 次
		全分析	每年 2 次	每年 2 次	每年 2 次
出厂水		感官性状指标、pH 值	每日 1 次	每日 1 次	每日 1 次
		细菌学指标	每日 1 次	每周 1 次	每月 2 次
		消毒控制指标	每日 1 次	每日 1 次	每日 1 次
		特殊项目	每日 1 次	每日 1 次	每日 1 次
		全分析	每年 2 次	每年 2 次	每年 2 次
末端水		感官性状指标、pH 值	每月 2 次	每月 2 次	每月 1 次
		细菌学指标	每月 2 次	每月 2 次	每月 1 次
		消毒控制指标	每月 2 次	每月 2 次	每月 1 次
		全分析	每年 1 次	每年 1 次	视情况确定

注：1 感官性状指标包括：浑浊度、肉眼可见物、色、嗅和味。

2 细菌学指标主要包括：细菌总数、总大肠菌群。当水源受粪便污染时，应增加检测耐热大肠菌群。

3 消毒控制指标：采用氯消毒时，为游离氯含量；采用氯胺消毒时，为总氯含量；采用二氧化氯消毒时，为二氧化氯余量；采用其他消毒措施时，应检验相应消毒控制指标。

4 特殊检验项目是指：水源水中的氟化物、砷、铁、锰、溶解性总固体或 COD_{Mn} 等超标且有净化要求的项目；出厂水的 COD_{Mn} 一般不应超过 3mg/L，特殊情况下不应超过 5mg/L。

5 进行水样全分析时，检验项目可根据当地水质情况和需要，由供水单位与当地卫生部门共同研究确定。

6 水质变化较大时，应根据需要适当增加检验项目和检验频率。

13.2.4 原水采样点，应布置在取水口附近。管网末端水采样点，应设在水质不利的管网末端，并按供水人口每 1 万人设 1 个；供水人口在 1 万人以下时，不应少于 1 个；多村联片供水时，每个村不得少于 1 个。

13.2.5 水样采集、保存和水质检验方法应符合现行国家标准《生活饮用水标准检验方法水样的采集与保存》GB/T 5750.2 的规定，也可采用国家质量监督部门、卫生部门认可的简便方法和简易设备进行检验。

13.2.6 供水单位不能检验的项目，应委托具有生活饮用水水质检验资质的单位进行检验。

13.2.7 当水质发生突变，检验结果超出水质标准限值时，应立即重新测定，并增加检验频率。水质检验结果连续超标时，应查明原因，并应采取有效措施防止对人体健康造成危害。

13.2.8 水质检验记录应真实、完整、清晰并存档。

13.3 水源及取水构筑物管理

13.3.1 供水单位应按照国家颁布的《饮用水水源保护区污染防治管理规定》的要求，结合实际情况，配合水行政主管部门合理设置生活饮用水水源保护区，并设置明显标志。应经常巡视，及时处理影响水源安全的问题。

13.3.2 地下水和地表水水源保护应符合本规程第 5.1.6 条的规定。

13.3.3 每天应记录水源取水量。水源的水量分配发生矛盾时，应优先保证生活用水。

13.3.4 任何单位和个人在水源保护区内进行建设活动，均应征得水行政主管部门的批准。

13.3.5 水源保护区内的土地宜种植水源保护林草或发展不污染水源水质的农业。

13.3.6 地表水取水构筑物管理应符合下列要求：

1 每天应观测取水口水位、水质变化和来水情况；

2 应及时清理取水口的杂草、浮藻、浮冰等漂浮物，拦污栅前后的水位差不宜超过0.3m；

3 应定期观测取水口处的水深，并及时清除取水口处的淤泥和水生物；

4 汛期应防止洪水危害，冬季应防止冰凌危害。

13.3.7 地下水取水构筑物管理应符合下列要求：

1 应定期观测水源井内的静水位、动水位；当水位、含砂量出现异常时，应及时查明原因；

2 暂时停用或备用的水源井，每隔15～20d应进行一次维护性抽水，运行时间不应少于8h；

3 应定期量测井深，每半年至少1次；井底淤积较多时，应及时清理；

4 管井的单位降深出水量减少、不能满足要求时，应查明原因，并采取洗井等适当措施；渗渠、大口井出水量不能满足要求时，应查明原因，必要时应更换或清洗反滤层；

5 集取地表渗透水的取水构筑物，汛期应防止洪水危害，汛后应及时清理取水段表面淤积物。

13.4 净水厂管理

13.4.1 水厂生产区和单独设立的生产构（建）筑物的卫生防护，应符合以下要求：

1 防护范围应不小于其外围30m，并应设立明显标志；

2 防护范围内应保持良好的卫生状况，有条件时应进行绿化美化，不应设置生活居住区、禽畜饲养场、渗水厕所、渗水坑、污水渠道，不得堆放垃圾、粪便、废渣等。

13.4.2 净水厂运行管理和操作人员，应掌握本水厂的工艺流程、设计参数，并按设计工况运行。每天应做好水厂取水量、供水量等生产运行参数记录。

13.4.3 水厂生产区和单独设立的生产构（建）筑物，应采取安全保卫措施。

13.4.4 各类生产构（建）筑物和设备应经常保持清洁，厂区应绿化，整洁美观。

13.4.5 药剂（混凝剂、消毒剂）管理应符合以下要求：

1 应根据处理工艺、水质情况、有关试验和设计要求选择药剂；

2 药剂质量应符合国家现行有关标准的规定；购置药剂时，应向厂家索取产品的卫生许可证、质量合格证及说明书；

3 药剂应根据其特性和安全要求分类妥善存放，应做好入、出库记录；

4 药剂仓库和加药间应保持清洁，并应有安全防护措施；

5 运行时，应按规定的浓度用清水配置药剂溶液；应根据水质和流量确定加药量，水质和流量变化较大时，应及时调整加药量；应按设计投加方式计量投加，并保证药剂与水快速均匀混合；

6 每天应经常巡视各类加药系统的运行状况，发现问题应及时处理，并记录各种药剂每天的用量、配置浓度、投加量以及加药系统的运行状况；

7 应不断总结加药经验，在满足净水效果的前提下，合理降低药耗。

13.4.6 计量仪表和器具应按标准进行周期检定。

13.4.7 净水构筑物和净水器，宜按设计工况运行；应严格控制运行水位（水压），运行负荷不宜超过设计值的15%，发现异常应及时处理。

各净水构建物（净水器）的出口应设质量控制点；粗滤池的出水浊度宜小于20NTU，沉淀池或澄清池的出水浊度宜小于5NTU，滤池和净水器的出水浊度宜小于1 NTU（2NTU），当出水浊度不能满足要求时，应及时查明原因。

13.4.8 预沉池应每天观测其进水的含砂量，定期测量淤积高度，并及时清淤。

13.4.9 慢滤池的运行管理应符合下列要求：

1 宜24h连续运行，滤速不应超过0.3m/h；

2 初期应半负荷、低滤速运行，15d后视出水浊度可逐渐增大到设计值；

3 应定时观测水位和出水流量，及时调整出水堰高度或阀门开启度，以满足设计出水量和滤速的要求；不能满足设计出水量要求时，应刮去表面20～50mm的砂层，并把堰口高度恢复到最高点或调整阀门开启度到原位；

4 当滤层厚度小于700mm时，应及时补砂；补砂时，应先刮去表面50～100mm的砂层，再补新砂滤料至设计厚度；

5 每隔5年宜对滤料和承托层全部翻洗一次。

13.4.10 絮凝池、沉淀池或澄清池的运行管理应符合下列要求：

1 应经常观测絮凝池的絮体颗粒大小和均匀程度，及时调整加药量和混合设备，并保证絮体颗粒大、密实、均匀、与水分离度大；

2 应及时排泥，经常检查排泥设备，保持排泥畅通；

3 藻类繁殖季节，平流沉淀池应采取除藻措施，防止藻类进入滤池；

4 斜管（板）沉淀池应定期冲洗；

5 澄清池宜不间断运行，初始运行应符合下列要求：

1）初始水量宜为正常水量的1/2～2/3；

2）初始投药量宜为正常投药量的1～2倍；

3）原水浊度低时，可投加石灰、黏土，以尽快形成活性泥渣；

4）二反应室沉降比达标后，方可减少投药量、增加水量；

5）每次增加水量应间隔进行，每小时增加量不宜超过正常水量的20%。

13.4.11 普通快滤池的冲洗应符合下列要求：

1 应经常观察滤池的水位，当水头损失达1.5～2.5m或滤后水浊度大于1 NTU（2NTU）时，应按设计冲洗强度进行冲洗；

2 冲洗前，应先关闭进水阀，待滤料层表面以上的水深降到200mm时，再关闭出水阀；

3 冲洗时，应先开启冲洗管道上的放气阀，冲洗水阀开启1/4，待残气放完后再逐渐开大冲洗水阀；

4 冲洗结束时，排水浊度应小于15NTU；重新投入运行时，滤池中的水位应不低于排水槽。

13.4.12 间断运行的快滤池，每次运行结束后，应进行冲洗；冲洗结束后，应保持滤料层表面有一定的水深。

13.4.13 滤池冲洗后的出水浊度仍不能满足要求时，应更换滤料；新装滤料应在含氯量不低于0.3mg/L的溶液中浸泡24h，经检验合格后，冲洗两次以上方可投入使用。

13.4.14 电渗析器启动前应先冲洗管道，冲洗水不得进入电渗析器。电渗析器启动时应先通水后通电，淡水、浓水和极水阀门的操作应缓开缓闭，应同步调节三路水流量达到需要的刻度并保持三路水压力平衡。电渗析器停止时应先打开淡水排放阀门，然后断电停水。

13.4.15 电渗析器的清洗应符合下列要求：

1 当除盐率下降10%～15%时，应停机进行酸洗。酸洗液宜采用浓度为1%～2%的盐酸，循环酸洗时间宜为1～2h或酸洗至进出电渗析的酸洗液pH值不变为止。酸洗后，应用清水冲洗至进出水的pH值相等。

2 对有机污染物和有机沉淀物进行碱洗或盐碱洗时，循环清洗时间宜为30～60min，升温至30～35℃效果更好。盐碱洗液中9%应为NaCl，1%应为NaOH。清洗结束后，应再用清水冲洗到进出水的pH值相等。

3 当循环酸洗和碱洗不能使电渗析的性能得到有效恢复时，应进行拆装清洗。

13.4.16 反渗透装置启动前应先冲洗管道，冲洗水不得进入反渗透膜堆。启动时应先打开淡水排放阀，缓慢提升进膜的压力，待在线产水电导率仪表的显示值满足要求后，再向淡水箱供水。停机时应先打开淡水排放阀，缓慢降压后停机。

13.4.17 反渗透装置出现下列情况时，应进行清洗：

1 在正常给水压力下，产水量较正常值下降10%～15%；

2 脱盐率降低10%～15%；

3 给水压力增加10%～15%；

4 段间压差明显增加。

13.4.18 反渗透装置应每隔3～4个月，针对不同的污染物选用膜厂商推荐的不同清洗剂对反渗透膜进行清洗。清洗液的温度宜为25～35℃。清洗时，应利用清洗装置将清洗溶液以低压、大流量，在膜的高压侧循环，此时膜元件仍装在压力容器内。清洗反渗透膜元件的步骤应符合下列规定：

1 应用泵将干净、无游离氯的反渗透产品水从清洗箱（或相应水源）打入压力容器中，并排放几分钟；

2 应用干净的产品水，在清洗箱中配制成清洗液；

3 将清洗液在压力容器中循环1～2h（对于8英寸压力容器，控制流速宜为133～151L/min；对于4英寸压力容器，控制流速宜为34～38 L/min）；

4 清洗完成后，应排净清洗箱并进行冲洗，然后向清洗箱中充满干净的产品水以备下一步冲洗；

5 应用泵将干净、无游离氯的产品水从清洗箱（或相应水源）打入压力容器中并排放几分钟；

6 冲洗反渗透系统后，在产品水排放阀打开状态下，应运行反渗透系统20～30min，将清洗液冲洗干净。

13.4.19 反渗透系统停止运行5～30d时，应采取短期停运保护方法保护反渗透膜。此时反渗透膜元件仍安装在RO系统的压力容器内。操作的具体步骤应符合下列规定：

1 用给水冲洗反渗透系统，同时应将气体从系统中完全排除；

2 将压力容器及相关管路充满水后，应关闭相关阀门，防止气体进入系统；

3 应每隔5d按上述方法冲洗一次。

13.4.20 反渗透系统停止运行30d以上时，应采取长期停运保护方法保护反渗透膜。此时反渗透膜元件应仍安装在RO系统的压力容器内。操作的具体步骤应符合下列规定：

1 应清洗系统中的膜元件；

2 应用反渗透产品水配制杀菌液，并用杀菌液冲洗反渗透系统。杀菌剂的选用及杀菌液的配制，除可参考膜厂商的技术手册外，宜选用1%的亚硫酸氢钠溶液；

3 用杀菌液完全充满反渗透系统后，应关闭相关阀门，使杀菌液保留于系统中；

4 应在反渗透系统重新投入使用前，打开产水排放阀，用低压水冲洗系统 20min，然后再用高压水冲洗系统 10min。

13.4.21 反渗透系统保安过滤器的前后压差大于 0.1MPa 时，应更换滤芯。

13.4.22 超滤装置的运行管理应符合下列要求：

1 超滤膜组件宜每隔 1.5～3 个月进行化学清洗；

2 超滤装置的膜丝应至少每半年进行一次完整性检测；

3 5～30d 短期停机，应每隔 5d 进行通水置换超滤膜中的存水；30d 以上长期停机，应用 1%的甲醛溶液保护超滤膜。

13.4.23 净水器装置应按照产品说明书的要求进行操作和维护。

13.4.24 调节构筑物不得超上限或下限水位运行。调节构筑物每年应放空清洗，并经消毒合格后，方可再蓄水运行。消毒宜采用氯离子浓度不低于 20mg/L 的消毒水。消毒完成后，应用清水再次冲洗。

13.4.25 消毒设备的管理应符合下列要求：

1 氯气的使用、贮存、运输和泄漏处置，应符合现行国家标准《氯气安全规程》GB 11984 的规定；

2 氯（氨）瓶的使用管理，应符合《气瓶安全监察规定》的规定；

3 应经常监视加氯机、次氯酸钠发生器、二氧化氯发生器等消毒设备的运行状态，并做好记录；

4 液氯消毒间应配备防毒面具和维修工具，并应置于明显、固定位置；

5 运行人员应不断总结消毒剂投加量与出厂水消毒剂余量的关系，经济合理地确定消毒剂投加量。

13.5 泵房管理

13.5.1 泵房管理应符合国家现行标准《泵站技术管理规程》SL 255 的有关规定。

13.5.2 机泵运行人员应取得低压电工操作合格证，方可上岗。

13.5.3 电气设备的操作和维护应符合国家现行标准《电业安全工作规程》DL 408 的有关规定。

13.5.4 应经常巡查机电设备的运行状况，记录仪表读数，观察机组的振动和噪声；发生异常，应及时处理。

电动机的运行电压应在额定电压的 95%～110%范围内；电动机的电流，除启动过程外，不应超过额定电流。油浸式变压器的上层油温不应超过 85℃；水泵轴承温升不应超过 35℃；电动机的轴承温度应符合下列规定：

1 滑动轴承不应超过 70℃；

2 滚动轴承不应超过 75℃。

13.5.5 机电设备应每月保养一次；停止工作的机电设备，应每月试运转一次。

13.5.6 离心泵应在泵体内充满水、出水阀关闭的状态下启动，并应合理调节出水阀开启度和运行水泵台数，使其在高效区运转。停泵时，应先关闭出水阀。

13.5.7 除止回阀外，泵站和输配水管线上的各类控制阀，应均匀缓慢开启或关闭。

13.5.8 水泵工作时，吸水池（或井）水位不应低于最低设计水位。

13.5.9 环境温度低于 0℃、水泵不工作时，应将泵内存水排净。

13.5.10 电动机在运行中发生自动掉闸时，应及时查明原因；在未查明原因前，不得重新启动。

13.5.11 泵房内所有设施、设备均应完好，且都能随时启动正常运行。泵房应保持室内清洁、门窗明亮、通风及照明设施齐备，环境卫生良好。

13.6 输配水管理

13.6.1 应定期巡查输配水管的漏水、覆土、被占压及附属设施运转等情况，发现问题及时处理。

13.6.2 应根据原水含砂量和输水管（渠）运行情况，及时清除输水管（渠）内的淤泥。

13.6.3 每天应定时查看高位水池或水塔内的水位及其指示装置，水位应保持在最高、最低设计水位范围内，水位指示装置应工作正常。

13.6.4 树状配水管网末端的泄水阀，每月至少应开启 1 次，排除滞水。

13.6.5 对管线中的进（排）气阀，每月至少应检查维护 1 次，及时更换变形的浮球。严禁在非检修状态下，关闭进（排）气阀下的检修阀门。

13.6.6 干管上的闸阀每年至少应启闭和维护 1 次，支管闸阀每 2 年至少应启闭和维护 1 次，经常浸泡在水中的闸阀每年操作不应少于 2 次。

13.6.7 应经常检查减压阀的运行和振动情况，发现问题应及时维修或更换。

13.6.8 消火栓应保持性能完好，呈随时待用状态。

13.6.9 每年应对管道附属设施检修一次，并对钢制外露部分涂刷一次防锈漆。

13.6.10 发现管道漏水时，应及时维修。更新的管材、管件等，应符合国家现行有关标准的规定，并应消毒、冲洗。

13.6.11 供生活饮用水的配水管道，严禁与非生活饮用水管网和自备供水系统相连接。未经批准，不得从配水管网中接管。

13.6.12 管道及其附属设备更换和维修后，应严格冲洗、消毒。

13.6.13 应定期观测配水管网中的测压点压力，每月至少 2 次。

13.6.14 应定期检查供水系统中的水表，不应随意更换水表和移动水表位置。

13.6.15 应有完整的输配水管网图，应详细注明各类阀井的位置，并及时更新。

13.7 分散式给水系统管理

13.7.1 供生活饮用水的单户集雨工程的管理，应符合下列要求：

1 集流面上不应有粪便、垃圾、柴垛、肥料、农药瓶、油桶和有油渍的机械等污染物；利用自然坡面集流时，集流坡面上不应施农药和肥料；

2 雨季中集流面应保持清洁，经常清扫，及时清除汇流槽（汇流管）、沉淀池、粗滤池中的淤泥；不集雨时，应封闭蓄水构筑物的进水孔和溢流孔，防止杂物和动物进入；

3 过滤设施的出水水质达不到要求时，应及时清洗或更换过滤设施内的滤料；

4 应每年清洗一次蓄水构筑物；

5 水窖宜保留深度不小于 200mm 的底水，防止窖底开裂；

6 蓄水构筑物外围 5m 范围内，不应种植根系发达的树木。

13.7.2 供生活饮用水的公共集雨工程的管理，应符合下列要求：

1 集流范围内不应从事任何影响集流和污染水质的生产活动；

2 蓄水构筑物外围 30m 范围内应禁止放牧、洗涤等可能污染水源的活动。

13.7.3 雨水收集场的管理应符合下列要求：

1 应经常清扫树叶等杂物，保持集水场与集水槽（汇水渠）的清洁卫生。

2 应定期对地面集水场进行场地防渗保养和维修工作。

3 地面集水场应用栅栏或篱笆围护，防止闲人或牲畜进入将其破坏。上游宜建截流沟，防止受污染的地表水流入。集水场周围应种树绿化，防止风沙。

4 采用屋顶集水场时，应在每次降雨时排弃初期降水，再将水引入简易净化设施。

13.7.4 手动泵给水系统对水源井的管理，应符合下列要求：

1 出水量、动水位（抽水水位）应能保证手动泵的工作要求；出水量宜为 1.0～1.5m^3/h，深井手动泵动水位水深宜小于 48m，真空手动泵动水位水深宜小于 8m；

2 应严格按照饮用水源井要求，认真做好非取水层与井口的封闭工作；

3 井水中的含砂量应小于 20mg/L；

4 井的使用寿命至少应保证正常供水 15 年以上；井管直径应比泵体最大部分外径大 50mm，且井径大于 100mm；

5 在保证取水要求的前提下，应尽可能降低工程造价；

6 应按有关规定提供水文地质资料与水质资料，并经主管部门核定后方可作为饮用水水源。

13.7.5 手动泵给水系统的管理应符合下列要求：

1 建立乡村级管水组织；

2 加强技术培训；

3 建立规章制度；

4 加强水源的卫生防护和水质监测；

5 加强手动泵及真空手动泵的维护保养。

本规程用词说明

1 为便于在执行本规程条文时区别对待，对要求严格程度不同的用词说明如下：

1）表示很严格，非这样做不可的：
正面词采用“必须”，反面词采用“严禁”。

2）表示严格，在正常情况下均应这样做的：
正面词采用“应”，反面词采用“不应”或“不得”。

3）表示允许稍有选择，在条件许可时首先应这样做的：
正面词采用“宜”，反面词采用“不宜”；
表示有选择，在一定条件下可以这样做的，采用“可”。

2 本规程中指明应按其他有关标准执行的写法为：“应符合……的规定”或“应按……执行”。

中华人民共和国行业标准

镇（乡）村给水工程技术规程

CJJ 123—2008

条 文 说 明

目　次

1　总则 …………………………… 2—29—36
3　给水系统 …………………………… 2—29—36
3.1　给水系统选择 …………………………… 2—29—36
3.2　常用工艺流程 …………………………… 2—29—36
4　设计水量、水质和水压 …………………………… 2—29—36
4.1　设计水量 …………………………… 2—29—36
4.2　水质 …………………………… 2—29—36
4.3　水压 …………………………… 2—29—36
5　水源和取水 …………………………… 2—29—36
5.1　水源 …………………………… 2—29—36
5.2　取水构筑物 …………………………… 2—29—37
6　泵房 …………………………… 2—29—37
6.1　一般规定 …………………………… 2—29—37
6.2　管道及辅助设施 …………………………… 2—29—37
7　输配水 …………………………… 2—29—38
7.1　一般规定 …………………………… 2—29—38
7.2　水力计算 …………………………… 2—29—38
7.3　管道布置和敷设 …………………………… 2—29—38
7.4　管材和附属设施 …………………………… 2—29—38
7.5　调节构筑物 …………………………… 2—29—39
8　水厂总体设计 …………………………… 2—29—39
9　水处理 …………………………… 2—29—39
9.1　一般规定 …………………………… 2—29—39
9.2　预处理 …………………………… 2—29—39
9.3　混凝剂和助凝剂的投配 …………………………… 2—29—40
9.4　混凝 …………………………… 2—29—41
9.5　沉淀和澄清 …………………………… 2—29—41
9.6　过滤 …………………………… 2—29—43
9.7　臭氧与活性炭 …………………………… 2—29—45
9.8　膜处理 …………………………… 2—29—45
9.9　综合净水装置 …………………………… 2—29—46
9.10　消毒 …………………………… 2—29—46
10　特殊水处理 …………………………… 2—29—47
10.1　地下水除铁和除锰 …………………………… 2—29—47
10.2　除氟 …………………………… 2—29—48
10.3　除砷 …………………………… 2—29—49
10.4　苦咸水除盐处理 …………………………… 2—29—50
11　分散式给水 …………………………… 2—29—51
11.1　一般规定 …………………………… 2—29—51
11.2　雨水收集给水系统 …………………………… 2—29—51
11.3　手动泵给水系统 …………………………… 2—29—52
11.4　山泉水、截潜水、集蓄水池给水系统 …………………………… 2—29—52
12　施工与质量验收 …………………………… 2—29—53
12.1　一般规定 …………………………… 2—29—53
12.2　土建工程 …………………………… 2—29—53
12.3　材料设备采购 …………………………… 2—29—53
12.4　管道、设备安装 …………………………… 2—29—54
12.5　试运行 …………………………… 2—29—54
12.6　竣工验收 …………………………… 2—29—54
13　运行管理 …………………………… 2—29—54
13.1　一般规定 …………………………… 2—29—54
13.2　水质检验 …………………………… 2—29—55
13.3　水源及取水构筑物管理 …………………………… 2—29—55
13.4　净水厂管理 …………………………… 2—29—55
13.5　泵房管理 …………………………… 2—29—56
13.6　输配水管理 …………………………… 2—29—56
13.7　分散式给水系统管理 …………………………… 2—29—56

1 总 则

1.0.1 阐明编制本规程的宗旨。

1.0.2 规定了本规程的适用范围，超出本条文所规定的范围应按现行国家标准《室外给水设计规范》GB 50013有关规定执行。

1.0.3 给水工程是镇（乡）村基础设施的重要组成部分，因此给水工程的建设应服从当地镇（乡）村总体规划和相关专项规划的要求，并结合镇（乡）村现状加以确定。

1.0.4 强调对水资源节约利用和水体保护，确保水资源的可持续利用。

1.0.5 位于城市供水范围附近的镇（乡）村，通过延伸城市给水管网供水，不仅管理简单、投资较省，而且对水质的提高和供水安全也较有利。近年来，以城市和镇（乡）村组合的区域供水已在很多地区实施，因此有条件的镇（乡）村应尽可能纳入区域供水范围。

1.0.6 对给水工程近、远期设计年限所作的规定。

1.0.7 镇（乡）村给水工程系统设施简单、工程规模小，同时考虑到建设、运行和管理等因素，对工艺、材料和设备的采用和选型强调要适合当地条件，并通过实践验证。

1.0.8 规定选址应注意的事项。

1.0.9 提出本规程与国家现行标准的关系。在特殊气候与地质构造地区的镇（乡）村给水工程建设，还应遵守相关规范的要求。

3 给 水 系 统

3.1 给水系统选择

3.1.1 对于系统的选择应根据当地的实际情况进行技术经济比较后确定。

3.1.2 关于采用分散式给水系统与分散式给水系统分类的规定。

3.1.3 关于给水系统设计应考虑利用原有给水设施的规定。

3.2 常用工艺流程

3.2.1～3.2.2 对各种类型的水源提出适宜的水处理工艺流程。

4 设计水量、水质和水压

4.1 设 计 水 量

4.1.1 规定设计供水量的组成内容。

4.1.2～4.1.4 关于镇（乡）村生活用水量定额、工业用水量及畜禽饲养用水量的规定。

表4.1.2、表4.1.3及表4.1.4用水定额系根据《农村给水设计规范》CECS 82：96及部分调研资料综合制定。

由于我国农村地域广阔，各地气候、生活习惯、经济条件等差异甚大，为适应此情况，镇（乡）村生活用水量定额中高低数值有的相差一倍以上，设计时可根据当地实际条件，参照已有水厂的用水量资料选定。北方缺水地区可采用低值，南方水量丰富地区可采用高值。

4.1.5 关于公共建筑用水量的规定。

4.1.6 关于管网漏损水量和未预见水量的规定。

管网漏损水量系指给水管网中未经使用而漏掉的水量，包括管道接口不严、管道腐蚀穿孔、水管爆裂、闸门封水圈不严以及消火栓等用水设备的漏水。未预见水量系指在给水设计中，对难以预见的因素（如规划的变化及流动人口用水等）而预留的水量。由于各地情况不同，宜将管网漏损水量和未预见水量合并计算。

4.1.7 关于消防用水量的原则规定。

由于镇（乡）村给水系统规模小，当允许短时间内间断供水时，可不单独考虑消防用水量，但需要按照消防用水要求复核供水能力，使供水能力不低于消防用水量。

4.1.8 关于水厂设计规模的规定。

4.1.9 关于日变化系数和时变化系数的规定。

采用定时供水的给水系统的时变化系数大于全日制供水系统的时变化系数，其取值应根据供水时间长短及供水规模确定。

4.2 水 质

4.2.1 关于生活饮用水供水水质的规定。

4.3 水 压

4.3.1 关于配水管网最小服务水头的规定。

给水管网的最小服务水头，通常以需要满足的直接供水的建筑物层数来确定。个别建在高地的建筑，可设局部加压装置来解决，不宜作为镇（乡）村给水系统水压的控制因素。

5 水源和取水

5.1 水 源

5.1.1 由于各地水源的类型较复杂，水源的水量、水质差异较大，应在确定水源前对水资源的可靠性进行详细勘察，选择水质良好、水量充沛的水源。

5.1.2 水源的选择要求原水水质应符合《地表水环

境质量标准》GB 3838 及《地下水质量标准》GB/T 14848 中的有关规定。

5.1.3 当原水水质不能满足上述要求，应采取相应的净化方法，使水质达到《生活饮用水卫生标准》GB 5749 的要求。

5.1.4 本条文规定了地下水的取水量和地表水设计枯水流量的年保证率。

5.1.5 当有多个水源可供选择时，应从供水的安全可靠性、基建投资、运行费用、施工条件等方面进行技术经济比较后确定。

水源选择的一般顺序为：

1 地下水源为泉水、承压水（深层地下水）、潜水（浅层地下水）；

2 地表水源为水库水、山溪水、湖泊水、河水；

3 便于开采的尚需适当处理方可饮用的地下水，如水中所含铁、锰、氟、砷、苦咸水等化学成分超过生活饮用水水质标准的地下水；

4 需进行深度处理的地表水；

5 淡水资源匮乏地区，可修建雨水收集系统，直接收集雨水作为分散式给水水源。

5.1.6 对镇（乡）村生活饮用水的水源，提出必须建立水源保护区的规定。

5.2 取水构筑物

5.2.1 对地下水取水构筑物位置的选择，提出了对水质、水量、施工、运行、管理、维护等方面的要求。

5.2.2 关于各种地下水取水构筑物的形式、适用条件及主要参数的规定。

1 管井主要用于含水层为潜水、承压水、裂隙水、岩溶水的地区。管井由井口、井壁管、过滤器及沉淀管组成。管井设计应符合《供水管井技术规范》GB 50296 的有关规定。

2 大口井主要用于地下水埋藏较浅，含水层较薄且渗透性强的地层取水。含水层类型为潜水或承压水。大口井建造应就地取材，可采用砖、石、钢筋混凝土等砌筑。

3 渗渠主要用于截取河床渗透水和潜流水，含水层类型为潜水。渗渠的集水井一般采用钢筋混凝土建造。

4 泉室主要用于含水层类型为潜水、承压水、裂隙水或岩溶水地区。泉室的容积大小视泉水流量和用水量等条件确定，泉室与清水池合建时，可按最高日用水量 25％～50％计算；与清水池分建时，可按最高日用水量的 10％～15％计算。泉室应有通气、溢流和检修设施，并应有良好的防渗措施。

5.2.3 关于地下水取水构筑物设计的规定。

5.2.4 关于地表水取水构筑物位置选择的规定。

5.2.5 关于地表水取水构筑物形式的规定。

岸边式取水适用于河流（水库、湖泊）岸边较陡，岸边具有足够水深，水位变化较小且地质条件较好的地方。可采用水泵直接取水，也可采用水泵的吸水管与取水头部相连接，伸入河流（水库、湖泊）中取水。

河床式取水适用于河流（水库、湖泊）岸边较平坦，枯水期主流离岸较远，岸边水深不足或水质不好，而河流（水库、湖泊）中心有足够水深、水质较好的地方。河床式取水由取水头部、进水管与岸边水泵吸水管连接，从河流（水库、湖泊）中取水。

浮船式取水适用于水源水位变化幅度大、且水位涨落速度小于 2.0m/h，水流不急的地方。浮船式取水构筑物可采用取水头部与水泵均装设在浮船上，由水泵出水管向岸上供水。

低坝式和底栏栅式取水适用于从水深较浅的山溪中取水。低坝式取水构筑物适用于推移质不多的山区浅水河流，低坝的位置应选择在稳定河段上；底栏栅式取水构筑物，适用于大颗粒推移质较多的山区浅水河流，底栏栅的位置应选择在河床稳定、纵坡大、水流集中和山洪影响小的河段上。

5.2.6 根据《防洪标准》GB 50201 及镇（乡）村供水规模的特点，按日供水量确定镇（乡）村防洪标准，并规定设计枯水位的保证率。

5.2.7 关于取水头部高度布置的规定。

5.2.8 关于取水构筑物进水孔设置格栅的规定。

5.2.9 关于进水口过栅流速的规定。

5.2.10 关于进水管自流管（渠）或虹吸管设计流速的规定。

6 泵 房

6.1 一般规定

6.1.1 规定取水泵房设计流量和设计扬程的计算。

根据镇（乡）村取水泵房非 24h 连续工作的实际情况，规定取水泵房的设计流量应按最高日供水量、水厂自用水量及输水管漏失水量之和除以水厂工作时间计算确定。24h 连续工作的取水泵房设计流量即按最高日平均时供水量确定，并计入水厂自用水量及输水管漏失水量。

6.1.2 规定供水泵房设计流量和设计扬程的计算。

6.1.3 规定水泵机组选择的基本要求。

6.1.4 关于卧式离心泵和潜水泵安装高度的规定。

6.1.5 规定泵房应设备用泵。

6.2 管道及辅助设施

6.2.1 关于水泵吸水管和出水管布置的规定。

当采用非自灌充水时，容易造成漏气，影响水泵正常运行，故吸水管不宜过长。为防止管道内积存空气，造成水泵气蚀，本条规定水泵吸水管的水平段应有向水泵方向上升的坡度。

泵房不允许出水管中的水倒流，因此本条规定水泵出水管上应设防止水倒流的单向阀。单向阀一般可采用主要普通止回阀、多功能水泵控制阀、缓闭止回阀、液控蝶阀等。普通止回阀价格低，但不能消减停泵水锤，多功能水泵控制阀、缓闭止回阀和液控蝶阀价格高，但能消减停泵水锤，应根据具体情况选定。

6.2.2 关于水泵水锤防护的规定。

水锤防护是保证供水工程安全运行的一项重要措施，供水工程中破坏性最大的事故是停泵水锤，本条中提出的三项措施是目前采用较多的水锤防护措施。

泵站内出水管上装设水锤消除装置，可减缓管道内流速的急剧变化，降低管道内的水锤增压。泵站外出水管上装设自动进（排）气阀，可避免管道内的负压破坏和排除管道内的空气。但需要特别提出的是：进（排）气阀应选用具有缓冲功能的气缸式排气阀。泵站出水管的凸起点系指局部最高点、上升坡度变小点和下降坡度变大点，是易出现负压破坏的不利点。在泵站出水总管处安装超压泄压阀，可避免管道意外水锤升压。

6.2.3 关于泵房布置基本要求的规定。

7 输 配 水

7.1 一 般 规 定

7.1.1 关于输水线路选择的一般规定。

7.1.2 关于输水管（渠）设计流量的规定。

镇（乡）村水厂多为间歇工作，因此水源到水厂的输水管（渠）设计流量应按最高日供水量加水厂自用水量和输水管的漏损水量除以水厂工作时间计算确定。

向调节构筑物输水的管道，设计流量应根据最高日用水量、水厂日工作时间和调节构筑物调节能力确定；向无调节构筑物的配水管网输水的管道，设计流量应根据最高日最高时供水量确定。

7.1.3 关于输配水管道设计流速的规定。

输配水系统中管道的经济流速应综合考虑管道工程造价和运行费通过经济比较确定。管道直径小于 $DN150$ 时，流速可为 0.5～1.0m/s；直径 $DN150$～$DN300$，为 0.7～1.2m/s；直径大于 $DN300$，为 1.0～1.5m/s，管径小、管线长取低值，塑料管道流速可略高于金属管和混凝土管流速。

配水管网中各级支管的经济流速，应根据其布置、地形高差、最小服务水头，按充分利用分水点的压力水头确定。

根据有关资料，管道输水的不淤流速一般为 0.6m/s，鉴于镇（乡）村水厂多为间歇工作，为避免淤积危害，及时冲走管道内的少量淤积，因此，本条规定输送浑水的管道设计流速不宜小于 0.6m/s。

7.2 水 力 计 算

7.2.1 关于管道水头损失计算的规定。

1 本款中不同管材的单位管长沿程水头损失计算公式是参照规范《室外给水设计规范》GB 50013、《建筑给水排水设计规范》GB 50015 选定的。

2 局部水头损失可按沿程水头损失的 5%～10% 进行估算。局部水头损失估算系数应根据管线上弯头、三通、附属设施等局部损失点的数量确定，局部损失点多时取高值。

7.3 管道布置和敷设

7.3.1 关于管道布置的规定。

7.3.2 关于集中式供水点位置及防冻措施的规定。

7.3.3 规定管道埋设的基本要求。

7.3.4 关于露天管道敷设的规定。

7.3.5 关于管道穿越河流、河谷、陡坡需采取保护措施的规定。

7.3.6 关于承插式管道支墩设置的规定。

若管道管径小于 $DN300$ 或管道转弯角度小于 5°～10°，且试验压力不超过 1.0MPa 时，可依靠接口本身粘结力承受拉力，不设支墩。

7.4 管材和附属设施

7.4.1 关于管材选择的一般规定。

7.4.2 管材应满足卫生、受力、耐腐蚀等基本要求，尽可能选用节能、耐腐蚀、价优和施工简便的管材。聚乙烯管应符合《给水用聚乙烯（PE）管材》GB/T 13663 的要求，硬聚氯乙烯管应符合《给水用硬聚氯乙烯（PVC-U）管材》GB/T 1002.1 的要求。

7.4.3 关于输水管道设置进（排）气阀和排水阀的规定。

设置自动进（排）气阀的目的是及时排除管道内的气体，减少气阻和降低水锤产生的负压危害。连接输水管道和进（排）气阀的短管上应设检修阀。

大量理论研究和工程实践表明，较平坦的有压供水管道水气两相有六种流态，即层状流、波状流、段塞流、气团流、泡沫流和环状流。理想的排气阀应在任何一种流态均能高速排气，并缓冲关闭，而不是仅能微量排气。只有这种排气阀才能保证管道安全。几乎所有种类的浮球式排气阀，甚至大多数进口的排气阀，都仅能在层状流、波状流条件下排气。这种排气不尽的排气阀在很多供水工程中造成了大量事故，应严格限制使用。检验排气阀是否合格的方法如下：在保持 0.1MPa 以上的恒压条件下，交替向排气阀体内充水或充气，如果排气阀充水时，关闭严密，不漏水；充气时，可打开大排气口（不是小排气口）高速排气，反复三次，即为合格产品。

7.4.9 室外输配水管道上附属设备除宜设置在井内加以保护外，还应便于操作维护。

排气阀井选用双向通气井盖的作用是在吸气时，井盖不被吸扁，排气时井盖不被吹开错位，后者对寒冷地区尤为重要，由于井盖被吹开后不易被发现，导致排气阀冻坏，发生泡水或爆管等事故。

7.5 调节构筑物

7.5.1 关于调节构筑物形式和设置位置的规定。

调节构筑物主要包括清水池、高位水池及水塔。调节构筑物位置和形式应根据地形和地质条件、供水规模、用户点分布和管理条件等通过技术经济比较确定。

7.5.2 关于调节构筑物有效容积的规定。

调节构筑物的有效容积，系指调节构筑物的最高设计水位与最低设计水位之间的容积。清水池的有效容积应根据产水曲线、供水曲线、水厂自用水量和消防贮备水量等确定。高位水池和水塔的有效容积应根据供水曲线、用水曲线和消防贮备水量等确定。当调节容积大于消防用水量时，可不考虑消防贮备水量。向净水设施提供冲洗用水的调节构筑物，水厂自用水量可按最高日用水量的5%～10%考虑。调节构筑物容积不应盲目加大，过大不经济，且因停留时间过长造成水质变差。

1 供电保证率低、输水管道和设备等维修时不能满足基本生活用水需要的工程，调节构筑物的容积应考虑安全贮备水量。根据其维修停水时间一般不会超过12h的特点，需要加大调节构筑物的有效容积，可按最高日用水量的40%～60%设计，以满足平均日用水量的50%～80%。

2 生活饮用水应消毒，为满足消毒接触要求作本款规定。

7.5.3 关于清水池（高位水池）个数或分格数的规定。

7.5.4 关于清水池（高位水池）设置导流墙、通气设施等的规定。

7.5.5 为保证清水池（高位水池）不受污染应加盖，寒冷地区还应有防冻措施。

7.5.6 关于清水池管配件等设置要求的规定。

7.5.7 关于水塔设置避雷设施的规定。

8 水厂总体设计

8.0.1 水厂厂址选择正确与否，关系到整个供水系统布局和水厂本身布置的合理性，对工程投资、水厂安全、建设周期和运行管理等方面都会产生直接的影响。水厂厂址的选择，与水源类型、取水点位置、防洪、供水范围、供水规模、净水工艺、输配水管线布置、周边环境、地形、工程地质和水文地质、交通、电源、镇（乡）村建设规划等条件有关，影响因素很多，应按本条规定进行方案比较后确定。

8.0.2 水厂总平面布置包括生产构（建）筑物、附属建筑物、管道、堆料场、道路、绿化等布置，应便于生产和管理，并符合卫生和安全的要求。

8.0.3 生产构筑物和净水装置的布置应根据地形、构筑物的类型、净水工艺和管理要求等进行布置。

为便于排水、排泥、放空和减少土石方工程量，因此本条规定构筑物的竖向布置应充分利用地形坡度。

8.0.4 关于水厂管道布置的规定。

8.0.5 关于水厂排水排泥等的规定。

8.0.6 关于水厂供电要求的规定。

8.0.7 关于水厂设置计量装置的规定。

8.0.8 水厂应具备一定的水质检验能力。规模较小的水厂，受管理条件的制约，部分检验项目可委托有检验资质的单位完成。

8.0.9 关于锅炉房和危险品仓库防火要求的规定。

9 水处理

9.1 一般规定

9.1.1 关于镇（乡）村水厂水处理工艺流程的选用与主要构筑物组成选择的规定。

9.1.2 关于水处理构筑物的设计流量的规定。

水厂的自用水量系指水厂的沉淀池或澄清池的排泥水、溶解药剂所需用水、滤池冲洗水以及各种处理构筑物的清洗用水等。自用水量与构筑物类型、原水水质和处理方法等因素有关。根据我国各地水厂经验，一般采用常规处理工艺时，自用水率为5%～10%，上限用于原水浊度较高和排泥频繁的水厂；下限用于原水浊度较低、排泥不频繁的水厂。

9.1.3 关于净水构筑物设置辅助管道和设施的规定。

9.2 预处理

Ⅰ 自然沉淀

9.2.1 关于采用自然沉淀池的一般规定。

浊度瞬时超过10000NTU的原水，会导致常规的净水构筑物无法正常运行，因此必须在常规净水构筑物前，增设采用自然沉淀池进行预沉。自然沉淀一般可去除原水中的泥沙、漂浮物、冰屑等较大粒径的杂质，同时兼有改善原水水质和调蓄水量功能。

9.2.2 关于自然沉淀的沉淀时间的规定。

9.2.3 关于自然沉淀池池深的规定。

Ⅱ 粗 滤

9.2.4 关于采用粗滤池的一般规定。

粗滤池与慢滤池串联，可替代常规的混凝、沉淀、过滤处理工艺，净化原水浊度低于500NTU的地表水。

在水源地采用粗滤工艺，有利于减少原水输水管泥沙沉积并可改善后续处理效果。浙江某水厂*DN*150原水输水管，长960m，管道内沉积了大量泥沙，为此在取水泵站后设一座上向流粗滤池，经两级粗滤池处理后，出水浊度保持在20NTU以下，从而确保后续水处理构筑物能正常运行。

9.2.5 关于粗滤池形式选择的规定。

粗滤池构筑物形式，分为平流、竖流（上向流或下向流），选择时应根据净水构筑物高程布置和地形条件等因素，通过技术经济比较确定。

9.2.6 关于粗滤池组成方式的规定。

9.2.7 规定竖流粗滤池滤料的组成。

9.2.8 规定平流粗滤池滤料的组成与池长。

9.2.9 规定粗滤池的滤速。

9.2.10 关于竖流粗滤池砂上水深等高度的规定。

9.2.11 关于上向流竖流粗滤池底部辅助设施的规定。

Ⅲ 高锰酸钾预氧化

9.2.12 采用高锰酸钾预氧化的规定。

1 高锰酸钾投加点可设在取水口，经过与原水充分混合反应后，再与其他药剂混合。高锰酸钾预氧化后再加氯，可降低水的致突变性。高锰酸钾与粉末活性炭混合投加时，高锰酸钾用量将会升高。如果需要在水厂内投加，高锰酸钾快速混合之后，与其他水处理药剂投加点之间宜有3～5min的间隔时间。

2 经高锰酸钾预氧化后的水，含有二氧化锰为不溶胶体，因此必须要通过后续过滤的方法才能去除，否则出厂水可能有颜色。

3 高锰酸钾预氧化投加量取决于原水水质。国内外研究资料表明，控制部分臭味约0.5～2.5mg/L。去除有机污染物约0.5～2.0mg/L。去除藻类约0.5～1.5mg/L。控制加氯后水的致突变活性约2.0mg/L。故本规程的高锰酸钾投加量规定为0.5～1.0mg/L。

运行中控制高锰酸钾投加量应精确，一般应通过烧杯搅拌试验确定。投加量过高可能使滤后水锰的浓度增高而具有颜色。在生产运行中，可根据投加高锰酸钾后沉淀或絮凝池水的颜色变化鉴别投加。有条件可采用精密设备准确控制投加量。

Ⅳ 粉末活性炭

9.2.13～9.2.14 粉末活性炭常在水源突发性污染时，作为应急措施一次性使用，投加量常大于20mg/L。粉末活性炭常投加于絮凝沉淀或澄清前，依靠水泵、管道、接触装置充分地混合，进行接触吸附。经接触吸附水中微污染物后，依靠沉淀、澄清与过滤去除。

投加方法有干投与湿投两种。习惯上有时也将投加含炭20%～50%的浓浆称作干投，而将投加5%～10%的浆液称作湿投。

活性炭是一种能导电的可燃物质，贮藏仓库应采用耐火材料砌筑，设有防火防爆措施。

9.3 混凝剂和助凝剂的投配

9.3.1 关于对选用混凝剂和助凝剂的规定。

混凝剂和助凝剂是水处理工艺中添加的化学物质，其成分将直接影响生活饮用水水质。选用的产品必须符合《饮用水化学处理剂卫生安全性评价》GB/T 17218的要求，保证对人体无毒，对生产用水无害的要求。

聚丙烯酰胺常被用作处理高浊度水的混凝剂或助凝剂。聚丙烯酰胺是由丙烯酰胺聚合而成，其中还剩有少量未聚合的丙烯酰胺的单体，这种单体是有毒的。《水处理剂聚丙烯酰胺》GB 17514中对饮用水处理用聚丙烯酰胺的单体丙烯酰胺的含量规定在0.05%以下。

9.3.2 关于混凝剂和助凝剂品种选择的规定。

混凝剂和助凝剂的品种直接影响混凝效果，而其用量还关系到水厂的年运行费用。为了精确地选择混凝剂品种和投加量，应以原水作混凝沉淀试验的结果为基础，综合比较其他方面来确定。

采用助凝剂的目的是改善絮凝结构，加速沉降，提高出水水质，特别对低温低浊水以及高浊度水的处理，助凝剂更具明显作用。因此，在设计中对助凝剂是否采用及品种选择也应通过试验来确定。

缺乏试验条件或类似水源已有成熟的水处理经验时，则可根据相似条件下的水厂运行经验来选择。

9.3.3 关于混凝剂投配方式和稀释搅拌方式的规定。

根据对全国31个自来水公司近50个水厂的函调，一般都采用湿式投加，许多水厂为减轻操作人员的劳动强度和消除粉尘污染，直接采购混凝剂原液，存放在毗连的专用贮备池。在投配前，将混凝剂原液稀释搅拌至投配所需浓度。而固体混凝剂因占地小，又可长期存放，仅作为备用。有条件的水厂宜直接采购混凝剂原液。

湿式投加的搅拌方式取决于选用混凝剂的易溶程度。当混凝剂易溶解时，可采用水力搅拌方式；当混凝剂难以溶解时，则宜采用机械或压缩空气来进行搅拌。

9.3.4 关于投加液体混凝剂时溶解次数的规定。

9.3.5 关于混凝剂投配浓度的规定。

本条文的溶液浓度系指固体重量浓度，即按包括结晶水的商品固体重量计算的浓度。镇(乡)村水厂处理水量较小，药剂浓度稀便于投药量控制。

9.3.6 关于石灰应制成石灰乳投加的规定。

石灰应制成石灰乳投加，以免粉末飞扬，造成工作环境的污染。

9.3.7 关于计量和稳定加注量的规定。

按要求正确投加混凝剂量并保持加注量的稳定是混凝处理的关键。常用的投加计量设备有转子流量计、孔口、浮杯。设计中可根据具体条件选用。

9.3.8 关于防腐措施的规定。

常用的混凝剂一般对混凝土及水泥砂浆等都具有一定的腐蚀性，因此对与混凝剂接触的池内壁、设备、管道和地坪，应根据混凝剂性质采取相应的防腐措施。混凝剂不同，其腐蚀性能也不同。如三氯化铁腐蚀性较强，应采用较高标准的防腐措施。而且三氯化铁溶解时释放大量的热，当溶液浓度为20%时，溶解温度可达70℃左右。一般池内壁可采用涂刷防腐涂料等，也可采用大理石贴面砖、花岗石贴面砖等。

9.3.9 关于加药间劳动保护措施的规定。

加药间是水厂中劳动强度较大和操作环境较差的部门，因此对于卫生安全的劳动保护需特别注意。有些混凝剂在溶解过程中将产生异臭和热量，影响人体健康和操作环境，故必须考虑有良好的通风条件等劳动保护措施。

9.3.10 关于加药间宜靠近投药点的规定。

为便于操作管理，加药间应与药剂仓库(或药剂贮备池)毗连。加药间(或药剂贮备池)应尽量靠近投药点，以缩短加药管长度，确保混凝效果。

9.3.11 关于加药间的地坪应有排水坡度的规定。

9.3.12 关于固体混凝剂或液体原料混凝剂贮存量的规定。

9.4 混　凝

Ⅰ 混　　合

9.4.1 关于混合方式的规定。

混合方式有管式混合、管道静态混合器、机械混合以及水泵混合等。管式混合和管道静态混合器属水力混合方式，水力混合简单，对流量变化的适应性差，而镇(乡)村水厂的实际生产水量变化较大，当流量小时，混合效果不好。据调查，我国农村水厂大部分采用水泵混合，少部分采用管式混合或管道静态混合器等。机械混合由于能适应各种流量的变化，镇(乡)村水厂采用效果较好。

9.4.2 关于混合时间的规定。

9.4.3 规定混合池的G值。

混合适宜的G值为$500\sim1000s^{-1}$。混合时间长，取低限值；混合时间短，应取高限值。

9.4.4 关于混合设施与后续处理构筑物的距离的规定。

混合设施与后续处理构筑物的距离越近越好，最长不超过120m，以避免混合后水中形成的小絮凝体沉降下来。由于混合设施与后续处理构筑物连接管道的流速一般采用0.8～1.0m/s，因此混合后的原水在管道内的停留时间一般不超过2min。

Ⅱ 絮　　凝

9.4.5 关于絮凝池形式选择和絮凝时间的原则规定。

9.4.6 关于絮凝池与沉淀池合建的规定。

9.4.7 关于机械絮凝池设计的规定。

机械絮凝池对水量变化的适应性较强，宜用于处理水量变化大的镇(乡)村水厂。

9.4.8 关于折板絮凝池设计的规定。

9.4.9 关于波纹板絮凝池设计的规定。

波纹板絮凝池类似于多通道折板絮凝池，是以波形板为填料的絮凝形式。本条絮凝时间系根据实际运行经验制定。

9.4.10 关于穿孔旋流絮凝池设计的规定。

穿孔旋流絮凝池的絮凝时间略长，水头损失较大，但经调查，在众多镇(乡)村水厂使用，效果较好，是一种较适宜镇(乡)村水厂的絮凝构筑物。条文中絮凝时间和絮凝速度系据各地水厂的运行资料制定。

9.4.11 关于网格或栅条絮凝池设计的规定。

9.5 沉淀和澄清

Ⅰ 一般规定

9.5.1 关于沉淀池或澄清池类型选择的规定。

随着净水技术的发展，沉淀和澄清构筑物的类型越来越多，各地均有不少经验。正确选择沉淀池或澄清池，不仅对保证出水水质，降低工程造价，而且对投产后长期运行管理均有很大影响。设计时应根据原水水质结合当地成熟经验，通过技术经济比较后确定。

9.5.2 规定了沉淀池或澄清池的最少个数。

为了防止在检修或清洗时，不致影响供水，故规定了沉淀池或澄清池的个数或能够单独排空的分格数不宜少于2个。

9.5.3 规定了沉淀池和澄清池应考虑均匀配水和均匀集水的原则。

因沉淀池和澄清池的均匀配水和均匀集水，对于减少短路，提高净化效果有很大影响。因此设计中必须注意配水和集水的均匀性。

Ⅱ 竖流沉淀池

竖流沉淀池较澄清池工艺管理简单、占地小、可与絮凝池合建，且排泥方便，可作为农村水厂沉淀池的一种形式。

9.5.4 关于竖流沉淀池适用范围的规定。

9.5.5 为便于竖流式沉淀池检修或冲洗时，不致影响供水，故规定池数不应少于2个。

9.5.6 关于竖流式沉淀池池深的规定。

由于竖流式沉淀池一般与絮凝池合建，絮凝池建在中心。竖流式沉淀池有效水深，应保证水流紊动较小而又要保持足够的均匀性，故本条文规定有效水深为3～5m。

9.5.7 关于竖流式沉淀池沉淀时间规定。

沉淀时间是竖流式沉淀池设计中的一项主要指标，它不仅影响造价，而且直接影响出水水质。据调查，沉淀时间一般为1.5～2.5h，故本条文规定竖流式沉淀池沉淀时间不宜大于3h。

9.5.8 关于竖流式沉淀池进水管流速、上升流速、出水管流速的规定。

竖流式沉淀池进水经池中央絮凝室絮凝后经导流筒流出，在沉淀池中自下而上流动，流速过大，会影响沉淀效果，故本条文对竖流式沉淀池的进水管流速、上升流速及出水管流速作此规定。

9.5.9 关于竖流式沉淀池中心导流筒高度的规定。

9.5.10 为了保证沉淀池排泥的通畅，本条文对竖流式沉淀池圆锥斜壁与水平夹角等作此规定。

Ⅲ 上向流斜管沉淀池

上向流斜管沉淀池自20世纪70年代在国内使用以来，具有适用范围广、处理效率高、占地面积小等优点。在国内实践经验的基础上，对上向流斜管沉淀池的设计作出规定。

9.5.11 关于上向流斜管沉淀池适用浊度范围的规定。

上向流斜管沉淀池中水的停留时间短，故原水水质变化不宜太急剧，同时由于该池处理效率高，单位面积内沉泥量大，当原水浊度较高时，容易造成出水水质不稳定，故本条文规定上向流斜管沉淀池宜用于浊度长期低于1000NTU的原水。

9.5.12 关于斜管沉淀区上升流速的规定。

9.5.13 关于斜管几何尺寸与倾角的规定。

9.5.14 关于清水区保护高度及底部配水区高度的规定。

斜管沉淀池的集水一般多采用集水槽或集水管，为使整个斜管区的出水均匀，并防止藻类生长堵塞斜管，清水区保护高度不宜小于1.0m。斜管以下底部配水区的高度应满足进入斜管区的水流均布的要求，并考虑排泥设施检修的可能，为此规定底部配水区高度不宜小于1.5m。

Ⅳ 水力循环澄清池

9.5.15 关于水力循环澄清池适用范围的规定。

根据各地水厂调查，原水浊度在2000NTU以下时，处理效果较稳定。该池多与无阀滤池配套使用，对于经常间歇运行的水厂，应慎用。

9.5.16 关于水力循环澄清池回流量的规定。

当原水浊度较高时，为了减少泥渣量可取下限，宜按进水量的2倍设计。

9.5.17 关于水力循环澄清池清水区上升流速的规定。

清水区上升流速是澄清池设计的主要指标，据各地水厂调查，水力循环澄清池清水区上升流速大于1.0mm/s时，处理效果的稳定性下降，考虑到生活饮用水标准提高，故条文中对水力循环澄清池的上升流速的指标规定为0.7～0.9mm/s。低温低浊时宜选用低值。

9.5.18 关于水力循环澄清池的第二絮凝室有效高度的规定。

此有效高度对于稳定水流、进一步完善絮凝起重要作用。本条文综合各地的运行经验，规定第二絮凝室的有效高度，一般宜采用3～4m。

9.5.19 关于喷嘴直径与喉管直径之比以及喷嘴流速、嘴喷水头损失、喉管流速的有关规定。

9.5.20 关于第一絮凝室出口和第二絮凝室进口流速的规定。

9.5.21 关于水力循环澄清池总停留时间以及第一絮凝室、第二絮凝室停留时间、进水管流速的规定。

根据我国实际运行经验，水力循环澄清池总停留时间采用1～1.5h是适宜的，但要保证清水区上升流速满足本规程9.5.17条规定的要求。

9.5.22 考虑到排泥的畅通，规定了水力循环澄清池池底斜壁与水平面的夹角不宜小于45°。

9.5.23 关于水力循环澄清池设专用设施调节喷嘴与喉管进口间距的规定。

因水力循环澄清池对水质与水温变化适应性较差，设置专用调节喷嘴与喉管进口间距的设施，可使其适应原水水质变化。

Ⅴ 机械搅拌澄清池

机械搅拌澄清池自20世纪60年代以来各地陆续采用。机械搅拌澄清池较水力循环澄清池，对水质、水温变化适应性强，效果稳定、投药量少，暂停运行再启动后，恢复正常出水时间短，是目前水净化工艺中常用净水构筑物之一。

9.5.24 关于机械搅拌澄清池进水浊度适用范围的规定。

据调查，各地区水厂一般进水浊度在5000NTU以下，个别地区短时间可达10000NTU。实践证明，当原水浑浊度经常在3000NTU以下时，处理效果稳定、运转正常。在3000～5000NTU，采用池底机械刮泥装置，也可达到稳定的效果。据此本条文规定机械搅拌澄清池宜用于浊度长期低于 5000NTU 的原水。

9.5.25 关于机械搅拌澄清池清水区上升流速的规定。

一般采用 0.7～1.0mm/s 系考虑到饮用水水质标准的提高，为保证出水水质，减轻滤池负荷而确定的。低温低浊水净化可采用 0.5～0.8mm/s。

9.5.26 机械搅拌澄清池总停留时间及第一絮凝室与第二絮凝室停留时间的规定。

9.5.27 关于机械搅拌澄清池搅拌叶轮提升流量及叶轮直径的规定。

搅拌叶轮提升流量即第一絮凝室的泥渣回流量，它对循环泥渣的形成有很大影响。本条文规定搅拌叶轮提升流量可为进水流量的 3～5 倍。

Ⅵ 气 浮 池

9.5.28 关于气浮池适用范围的规定。

气浮池处理工艺适宜于处理藻类多、低温低浊的原水。结合我国各地的生产经验调查，规定了气浮池一般宜用于浊度小于 100NTU 的原水及含藻原水。

9.5.29 关于气浮池接触室上升流速和分离室向下流速的规定。

根据各地气浮池运行情况调查资料，上升流速大多采用 20mm/s。而当上升流速低，也会因接触室面积过大而使释放器的作用范围受影响，造成净水效果不好，故上升流速的下限以 10mm/s 为宜。

根据各地调查资料，气浮池分离室向下流速大都采用 2mm/s，因此本条规定采用 1.5～2.0mm/s，即液面负荷为 5.4～7.2$m^3/(m^2 \cdot h)$。上限用于易处理的水质，下限用于难处理的水质。

9.5.30 关于气浮池水深的规定。

据考查，各地水厂气浮池池深大多在 2.0～2.5m，实际测定在池深 1m 处的水质已符合要求。本条考虑到农村的实际情况，规定有效水深采用 1.0～3.0m。

9.5.31 关于气浮池溶气罐的溶气压力及回流比的规定。

根据国外资料，溶气罐的溶气压力多采用 0.4～0.6MPa。而根据我国的实践情况显示，提高溶气罐的溶气量及释放器的释气性能后，可适当降低溶气压力，以减少电耗，达到节能效果，因此规定溶气压力宜采用 0.2～0.4MPa，回流比宜采用 5%～10%。

9.5.32 关于气浮池溶气释放器选择原则的规定。

9.5.33 关于气浮池排渣设备的规定。

由于采用刮渣机刮出的浮渣浓度较高，耗用水量少，设备简单，操作简便，故各地气浮池一般均采用刮渣机刮渣。由于刮渣机行车速度太大时，会剧烈扰动浮渣而造成浮渣下沉，影响出水水质，故规定采用 5m/mim 以下为宜。

9.6 过 滤

Ⅰ 一般规定

9.6.1 关于滤池形式选用的原则规定。

9.6.2 关于滤池最小分格数的规定。

为避免滤池中一格滤池在冲洗时，对其余滤格滤速产生过大影响，同时为保证一格滤池检修或翻砂时不致影响整个水厂的正常运行，滤池应有一定的分格数。考虑镇(乡)村水厂的供水规模，要求分格数不得少于两格。

9.6.3 关于滤料物理、化学性能的原则规定。

9.6.4 关于单层石英砂及双层滤料滤池的滤料层 L/d_{10} 值的规定。

滤料粒径与厚度之间存在着一定的组合关系，根据日本和美国的理论研究，结合国内目前应用的滤料组成和出水水质要求，对 L/d_{10} 作了规定。

9.6.5 关于滤池滤速与滤料组成的选用规定。

滤池出水水质主要决定于滤速和滤料组成，相同的滤速通过不同的滤料组成会得到不同的滤后水水质；相同的滤料组成，在不同的滤速运行下，也会得到不同的滤后水水质。因此滤速和滤料组成是滤池设计的重要参数，是保证出水水质的根本所在。

9.6.6 关于大阻力配水系统滤池的承托层设计参数的规定。

9.6.7 关于小阻力配水系统滤池的承托层设计参数的规定。

9.6.8 关于滤池配水系统选用原则的规定。

采用单水冲洗时，可选用穿孔管、滤砖、滤头等配水系统。国内单水冲洗快滤池绝大多数使用大阻力穿孔配水系统，滤砖是使用较多的中阻力配水系统，小阻力滤头配水系统则用于单格面积较小的滤池。

9.6.9 关于各种配水系统开孔比的规定。

9.6.10 关于大阻力配水系统设计的规定。

根据国内长期运行的经验，大阻力配水系统采用条文规定的流速设计，能在通常冲洗强度下，满足滤池冲洗水配水的均匀要求。配水总管(渠)顶设置排气装置是为了排除配水系统可能积存的空气。

9.6.11 关于单水冲洗滤池的冲洗强度和冲洗时间的规定。

单水冲洗滤池的冲洗强度和冲洗时间，应考虑由于全年水温、水质变化因素，有适当调整冲洗强度的可能。表中所列的膨胀率数值仅供设计计算用。

9.6.12 关于滤池冲洗周期的规定。

9.6.13 关于滤池管渠设计流速值的规定。

9.6.14 关于滤池设取样和测压装置的规定。

为检测滤池的出水水质，滤池出水管上宜设取样龙头。为检测滤池的水头损失，在滤池上宜装水头损失计或其他测压装置。

Ⅱ 接触滤池

接触滤池前不设絮凝沉淀构筑物，直接将混凝剂投加在进滤池前的原水中，滤池同时起着凝聚的作用。因此，它对于浊度较低的原水而言是综合的一次净水处理构筑物，具有占地少、基建投资省等优点，但滤池的工作周期较短，且操作管理要求较高，运行时需随时注意原水和出水的水质变化，调节混凝剂投加量。

9.6.15 规定接触滤池的适用条件。

山溪河流水质经常很清，汛期含泥沙量较大，若能采取有效的预处理亦可采用接触滤池。湖泊水和水库水，当水中含藻类较多时，应在滤前加氯，防止藻类在滤料孔隙中繁殖而造成阻塞；如碱度太低影响凝聚时，需考虑投加石灰等助凝剂，以调整碱度。

9.6.16 关于接触滤池滤速的规定。

因原水投加混凝剂后，絮凝反应主要在滤料上层的孔隙中完成，故滤速不宜过高。原水浊度高时，取下限；浊度低时，取上限。

9.6.17 关于接触滤池的滤料组成的规定。

接触滤池过滤时，水流自上而下，滤料粒径循水流方向由大到小。如滤料级配不当时，两者容易混杂，以致引起水头损失增加，出水量减少，水质不稳定，所以合理选择级配十分重要。

9.6.18 规定接触滤池冲洗前的水头损失值。

9.6.19 规定滤池滤层表面以上水深。

为保证滤池有足够的工作周期，避免砂层中产生负压并从工艺流程的高程布置、构筑物的造价考虑，规定滤层表面以上水深可为2m。

Ⅲ 压力滤池

9.6.20 关于压力滤池滤料、滤速设计参数的规定。

9.6.21 关于压力滤池期终允许水头损失的规定。

9.6.22 关于压力滤池形式的规定。

9.6.23 关于压力滤池冲洗设计参数的规定。

9.6.24 关于压力滤池配水系统的规定。

9.6.25 关于压力滤池设置辅助设施的规定。

为了便于检修和安全运行需设置人孔、顶部设排气阀，底部设排水阀、筒体上部设压力表。

Ⅳ 重力式无阀滤池

9.6.26 关于重力式无阀滤池进水系统设计的规定。

无阀滤池是变水头、等滤速的过滤方式，每格滤池如不设置单独的进水系统，因每格滤池过滤水头的差异，势必造成每格滤池进水量的相互影响，也可能导致滤格发生同时冲洗现象。故规定每格滤池应设单独进水系统。

在滤池冲洗后投入运行的初期，由于滤层水头损失较小，进水管中水位较低，易产生跌水和带入空气。因此规定要有防止空气进入的措施。

9.6.27 关于重力式无阀滤池滤料的规定。

9.6.28 关于重力式无阀滤池滤速的规定。

9.6.29 关于重力式无阀滤池冲洗前的水头损失值的规定。

重力式无阀滤池冲洗前的水头损失值将影响虹吸管的高度，过滤周期以及前道处理构筑物的高程。条文系根据长期设计经验规定。

9.6.30 关于重力式无阀滤池冲洗强度的规定。

9.6.31 关于过滤室滤池表面以上直壁高度的规定。

为防止冲洗时，滤料从过滤室中流走，滤料表面以上的直壁高度除应考虑滤料的膨胀高度外，还应加上100～150mm的保护高度。

9.6.32 关于重力式无阀滤池配水系统的规定。

因为滤池冲洗水箱位于滤池顶部，冲洗水头不大，故配水系统采用小阻力配水系统。一般可采用平板孔式、格栅、滤头和豆石滤板。

9.6.33 关于重力式无阀滤池设置辅助装置的规定。

为加速冲洗形成时虹吸作用的发生，反冲洗虹吸管应设有辅助虹吸设施。

为避免实际的冲洗强度与理论计算的冲洗强度有较大的出入，应设置可调节冲洗强度的装置。为使滤池能在未达到规定的水头损失之前，进行必要的冲洗，需设有强制冲洗装置。

Ⅴ 快滤池

9.6.34 关于快滤池滤料的规定。

9.6.35 关于滤层表面以上水深的规定。

为保证快滤池有足够的工作周期，避免滤料层产生负压，并从净水工艺流程的高程设置和构筑物造价考虑，规定滤层表面以上水深宜采用1.5～2.0m。

9.6.36 关于快滤池冲洗前的水头损失的规定。

该水头损失值系根据国内快滤池的运行经验规定。

9.6.37 关于快滤池配水系统的规定。

9.6.38 关于快滤池排水槽的设计规定。

本条系为避免因冲洗排水槽平面面积过大而影响冲洗的均匀，以及防止滤料在冲洗膨胀时的流失而规定。

9.6.39 关于冲洗水泵或冲洗水箱的设计规定。

Ⅵ 慢滤池

9.6.40 规定慢滤池的适用条件。

当原水浊度常年低于60NTU时，可设置简易慢滤池，经加氯消毒后，即可用作生活饮用水。慢滤池由于滤速低，出水量少，占地面积大，刮砂、洗砂工作繁重。但由于它具有构造简单，便于就地取材，截留细菌能力强，出水水质好等优点，仍适用于小型的镇(乡)村水厂。

9.6.41 关于慢滤池设计参数的有关规定。

9.7 臭氧与活性炭

9.7.1 对于常规水处理工艺不能有效去除的某些污染物，可采用臭氧、活性炭等工艺作深度处理，以达到并满足生活饮用水水质标准。

9.7.2 关于臭氧净水设施组成的规定。

9.7.3 关于接触氧化塔数量的规定。

9.7.4 关于接触氧化塔设计要求的规定。

9.7.5～9.7.6 关于臭氧投加量的规定。

9.7.7 规定活性炭吸附池设计参数。

活性炭吸附的主要目的不是为了截留悬浮固体。因此，要求混凝、沉淀、过滤处理先去除悬浮固体，然后再进入炭吸附池。本规程要求进入炭吸附池的浊度小于 2NTU，否则容易造成炭床堵塞，缩短吸附周期。

炭吸附后出水水质与活性炭炭层的接触时间有关。如原水中污染物浓度高，接触时间应长，也就是接触时间越长，活性炭的吸附效果越好。

据北京、上海、杭州、昆明、深圳等水厂活性炭吸附池运行资料表明：其吸附池空床接触时间一般在 8～15min；炭层厚度 1.5～2.0m；炭膨胀率 20%～30%。

碘值、亚甲蓝值指标可表明活性炭吸附饱和程度，当此值降低说明活性炭需要再生或更换新炭。

9.8 膜 处 理

Ⅰ 一 般 规 定

9.8.1 关于选择膜处理工艺的规定。

水处理中的膜分离方法主要指微滤、超滤、电渗析和反渗透。其中微滤和超滤通常作为同一类方法用来脱除水中的微粒和大分子物质如有机物、胶体和细菌等，不能用来脱盐；电渗析和反渗透用来脱除水中溶解性离子。随着技术的进步和成本的降低，目前反渗透方法应用最为普遍。

9.8.2 关于膜处理装置系统的规定。

9.8.3 关于处理站内排水措施的规定。

9.8.4 关于膜分离装置设备布置中安装环境的规定。

9.8.5 关于膜分离水处理过程中产生的废水应进行处理的规定。

膜分离水处理过程中排放的废水应符合现行国家标准《污水综合排放标准》GB 8978 的规定。

Ⅱ 电 渗 析

9.8.6 关于选择电渗析器的规定。

当处理水量大时，可采用多台并联方式。为提高出水水质，可采用多台电渗析串联方式，也可采用多段串联即增加段数，延长处理流程；为增加产水量可以增加电渗析单台的膜对数。

9.8.7 关于电渗析进水水质的规定。

为防止膜堆污染及隔室堵塞，保证电渗析器的安全稳定运行，原水进入电渗析器之前，必须满足进水水质的要求。电渗析进水水质标准见《电渗析技术·脱盐方法》HY/T 304.4－1994。

9.8.8 关于电渗析预处理工艺的规定。

当原水的水质指标超出本规程第 9.8.7 条的规定时，应进行预处理。

9.8.9 关于预处理系统水量计算的规定。

9.8.10 关于电渗析淡水、浓水、极水流量设计计算的规定。

9.8.11 关于电渗析器电极材料的规定。

电渗析器的电极应具有良好的导电性能、电阻小、机械强度高、化学及电化学稳定性好。水中氯离子低于 100mg/L 时可选用 1Cr18Ni9Ti 不锈钢电极，高于 100mg/L 时可采用钛涂钌电极或经过防腐处理的细晶粒石墨电极，也可采用经证实满足工艺需要的材料。

作饮用水使用时，严禁采用铅电极。

9.8.12 关于电渗析器运行压力和隔室中流速的规定。

9.8.13 关于电渗析器倒极的规定。

电渗析工作过程中水中的钙、镁及其他阳离子向阴极方向移动，并在交换膜面或多或少积留，甚至结垢。电极的倒换，即浓室变淡室，离子也反向移动，可以使膜消垢。因此，频繁倒换电极，可以延长酸洗周期。

Ⅲ 反 渗 透

9.8.14 关于反渗透进水水质要求的规定。

9.8.15 关于反渗透装置构成的一般规定。

9.8.16 关于反渗透系统预处理的一般规定。

反渗透进水预处理分传统预处理和膜法预处理两大类。采用超滤、微滤等膜法预处理工艺可形成对反渗透膜更有效的保护。

9.8.17 关于预处理系统的水量计算的规定。

9.8.18 关于反渗透主机设计的规定。

为保证反渗透装置长期稳定运行，必须遵循反渗透膜的设计导则，应用膜厂商提供的设计软件进行计算，避免浓差极化和结垢的产生。合理选择膜型号及数量、水回收率、高压泵和阻垢剂。

9.8.19 关于反渗透膜组件背压的规定。

背压＝淡水压力－浓水压力。

卷式反渗透膜组件的叶片设计为三面粘合的膜口袋，口袋外侧高压浓水，内侧低压淡水，如果膜袋内压力高于膜袋外压力 0.1MPa 以上，则可能反向撑破膜袋造成破坏。所以反渗透、纳滤装置设计和运行时，应尽量避免膜组件出现产水侧的压力高于原料水侧(背压)的情况。一般规定背压不得大于0.05MPa。

Ⅳ 超 滤

超滤技术可以截留水中直径0.01～0.1μm的悬浮物、胶体、微生物等，可适用于对饮用水进行深度处理或作为反渗透技术的预处理工艺。超滤过程无相变，分离系数大，操作温度基本同室温。

超滤膜组件主要有管式、中空纤维式、平板式、卷式等几种类型，其中中空纤维式最适用于镇(乡)村给水工程。

9.8.20 关于进入超滤膜组件原水水质的规定。

不同的膜材质、膜组件类型，对进水水质的要求差异较大，设计前应参考膜厂商的要求。

9.8.21 关于超滤装置构成的一般规定。

9.8.22 关于超滤工艺基本流程的规定。

预处理系统的选择，以保证超滤膜组件的进水水质要求为基础。

9.8.23 关于超滤装置操作条件的一般要求。

9.8.24 超滤膜组件的反冲洗是指在运行过程中，为冲洗污染物使跨膜压差降低而进行的反洗。反洗通常包括正冲、反冲，有时辅以加药、空气擦洗等。反洗过程通常持续1min左右。

9.9 综合净水装置

Ⅰ 净 水 塔

9.9.1～9.9.6 净水塔为压力滤池与水塔合建的构筑物。对于长期原水浊度为20～60NTU水质，且制水量小、用水又相对集中的镇(乡)村，在20世纪80年代初改水工作中采用净水塔实例较多，它具有投资省、管理方便的特点。条文对净水塔在设计参数上作了相应的规定。

Ⅱ 一体化净水装置

9.9.7～9.9.8 本节中的一体化净水装置系指将絮凝、沉淀、过滤组合在一起而完成常规处理工艺过程的装置，以及进行接触过滤的装置。与分离式净水构筑物相比，具有体积小、占地少、一次性投资省、建设速度快的特点。国内生产的一体化净水装置的处理能力一般为5～100m³/h，适用于规模较小的供水工程。

9.9.9 一体化净水装置的耐腐性能将影响其使用寿命。本条文对其合理设计使用年限作了规定。

9.9.10 关于压力式净水装置设计要求的规定。

9.10 消 毒

9.10.1 为确保卫生安全，生活饮用水必须消毒。

通过消毒处理的水质不仅要满足国家现行标准《生活饮用水卫生标准》GB 5749中相关细菌学指标和消毒剂余量要求。同时，由于各种消毒剂消毒时会产生相应的副产物，因此还要满足相关的感官性和毒理学指标，确保居民安全饮用。

9.10.2 关于生活饮用水消毒方法的规定。

消毒目的是杀灭微生物，使水质达到国家现行标准《生活饮用水卫生标准》GB 5749的要求。我国目前城镇水厂仍以氯消毒为主，氯价格便宜，来源丰富。在镇(乡)村水厂中常用消毒剂主要有：液氯、漂白粉、次氯酸钠溶液。

9.10.3 关于加氯点的规定。

水质较好、未受污染的原水，一般采用滤后一次加氯。水质较差的原水，常采用两次加氯，即在沉淀池或澄清池前先进行预加氯，以氧化水中有机物和藻类，去除水中色、嗅、味；经过滤后再加氯，进行消毒。

9.10.4 关于氯的设计投加量、接触时间及余氯量的规定。

鉴于各地原水水质差异，加氯点不同，因此投氯量也不同。应根据相似条件水厂的运行经验确定。

9.10.5 关于投加液氯时设置加氯机的有关规定。

9.10.6 关于加氯间位置等的规定。

9.10.7 关于采用液氯投加时，加氯间布置要求的规定。

9.10.8 关于采用液氯投加时，加氯间及氯库设置安全措施的规定。

根据我国现行标准《工业企业设计卫生标准》GBZ 1的规定，室内空气中氯气允许浓度不得超过1mg/m³，故规定加氯间应备防毒面具、抢救材料和工具箱，并应有通风措施等。有条件时，应设氯吸收装置。

9.10.9 关于加氯间给水管道的规定。

9.10.10 关于加氯间采暖方式的规定。

从安全防曝出发，条文作了相应的规定。

9.10.11 关于液氯仓库位置的规定。

9.10.12 关于消毒剂仓库贮备量的有关规定。

设计中一般按最大量的15～30d计算，并可根据当地货源和运输条件确定。

9.10.13 关于漂白粉消毒的规定。

其投加量应根据相似条件的运行经验，按最大用量确定。滤前水加氯量一般为1.0～2.5mg/L，滤后水或地下水加氯量一般为0.5～1.5mg/L。

9.10.14 关于采用漂白粉消毒的溶药池和溶液池的规定。

9.10.15 关于采用漂白粉消毒的溶液池容积的规定。

9.10.16 次氯酸钠一般采用电解食盐法制取，适宜现场制取。二氧化氯与空气接触易爆炸，不易运输，因此，二氧化氯宜现场制取。二氧化氯可采用氯酸钠或亚氯酸钠与盐酸为原料化学法制取。其发生器产品质量必须符合国家现行标准有关规定。

9.10.17 本条对二氧化氯消毒剂用量的规定。

当原水中有机物和藻类较高时，采用化学法制造二氧化氯消毒易产生对人体有害的亚氯酸盐和氯酸盐，消毒剂设计投加量应控制水中有害消毒副产物在允许范围内。因此，采用二氧化氯消毒时，出厂水二氧化氯余量应不低于0.1mg/L，管网末梢水二氧化氯余量应不低于0.02mg/L，国家现行标准《生活饮用水卫生标准》GB 5749规定出厂水的亚氯酸盐含量应不超过0.7mg/L，氯酸盐含量应不超过0.7mg/L。

9.10.18 关于投加消毒药剂管道及配件材质要求的规定。

10 特殊水处理

10.1 地下水除铁和除锰

Ⅰ 一般规定

10.1.1 当地下水含铁、锰超过饮用水标准规定时，必须予以处理。

微量的铁和锰是人体所必需的元素，但是当水中铁、锰超标时，不仅危害人体健康，还会使衣物、器具染色后留下斑痕。作为生活饮用水要求铁不超过0.3mg/L，锰不超过0.1mg/L；当小型集中式供水或分散式供水因条件限制时，铁不得超过0.5mg/L、锰不得超过0.3mg/L。

Ⅱ 工艺流程的选择

10.1.2 关于地下水除铁、除锰工艺流程选择的规定。

合理选择工艺流程是地下水除铁、除锰成败的关键，并将直接影响水厂的经济效益。工艺流程选择与原水水质有关，在设计前宜进行除铁除锰试验，以取得可靠的设计依据。如无条件，也可参照原水水质相似的水厂经验，通过技术经济比较后确定除铁除锰工艺流程。

10.1.3 关于地下水除铁方法及其工艺流程的规定。

地下水除铁技术发展至今已有多种方法，如接触过滤氧化法、曝气氧化法和药剂氧化法等等。工程中最常用的，也是最经济的工艺是接触过滤氧化法。

接触氧化除铁工艺是利用天然石英砂或锰砂除铁。接触过滤氧化法是以溶解氧为氧化剂的自催化氧化法。反应生成物是催化剂本身不断地披覆于滤料表面，在滤料表面进行接触氧化除铁反应。曝气只是为了充氧，充氧后应立即进入滤层，避免滤前生成Fe^{3+}胶体粒子穿透滤层。设计时应使曝气后的水至滤池管路越短越好，一般时间在3～5min之内，不会影响处理效果。

10.1.4 关于地下水铁、锰共存情况下，除铁除锰工艺流程选择的规定。

Fe^{2+}、Mn^{2+}离子往往伴生于天然地下水中，Fe^{2+}、Mn^{2+}离子的氧化去除难以分开。研究成果指出，地下水中的Mn^{2+}离子能在除锰菌的作用下，完成生物固锰除锰的生物化学氧化。Fe^{2+}离子参与Mn^{2+}离子的生物氧化过程，所以Fe^{2+}、Mn^{2+}离子可以在同一滤池中去除，此滤池称为生物滤池。无论单级或两级除铁除锰流程都可采用生物滤池。该院已成功设计运行了沈阳经济技术开发区等生物除铁除锰水厂。

当原水含铁量低于6mg/L、含锰量低于1.5mg/L时，采用曝气、一级过滤，可在除铁同时将锰去掉。

当原水含铁量、含锰量超过上述数值时，应通过试验研究，必要时，可采用曝气、两级滤池过滤工艺，以达到铁、锰深度净化的目的，先除铁而后除锰。

当原水碱度较低，硅酸盐含量较高时，将影响生成的Fe^{2+}离子的尺度，形成胶体颗粒。因此，原水开始就充分曝气将使高铁(Fe^{3+})穿透滤层，而致使出水水质恶化。此时也应通过试验确定其除铁、除锰的工艺，必要时，可在二级过滤之前再加一次曝气。即：原水曝气——一级除铁、除锰滤池——曝气——二级除铁、除锰滤池。

当发现原水被有机物污染时，也可采用先除铁、锰后，再加活性炭吸附过滤工艺。

Ⅲ 曝气装置

10.1.5 关于曝气装置选择的原则规定。

曝气装置有多种，可根据原水水质和曝气需氧量等选用。

10.1.6 关于跌水曝气器装置主要设计参数的规定。

从国内使用情况来看，单宽流量低者$4.7m^3/(h\cdot m)$，高者达$60m^3/(h\cdot m)$，一般采用$20\sim50m^3/(h\cdot m)$。故本条文规定了单宽流量为$20\sim50m^3/(h\cdot m)$。对于跌水级数、跌水高度、单宽数量设计时不宜作最不利数据的组合，否则将会影响曝气效果。

10.1.7 关于淋水装置主要设计参数的规定。

目前国内淋水装置多采用穿孔管，因穿孔管加工简单，曝气效果良好。穿孔管曝气装置可单独设置，也可设于曝气塔上或跌水曝气池上。孔眼倾斜向下，与垂直成45°夹角，小孔可在穿孔管两侧两排或多排设置。从理论上说，孔眼直径越小，水流越分散，曝气效果越好。根据国内使用经验，孔眼直径以4～8mm为宜。孔眼太小易被铁堵塞，造成淋水不均匀，反而会影响曝气效果。孔眼流速一般为1.5～2.5m/s，开孔率为10%～20%。淋水装置安装高度，对板条式曝气塔是指淋水出口至最高一层板条的高度；对接触式曝气塔是指淋水出口至最高一层填料表面的高度；对直接设在滤池上的淋水装置是指淋水出口至滤池内最高水位的高度。

10.1.8 关于喷水装置主要设计参数的规定。

条文中规定了每个喷嘴的服务面积为1.7～2.5m^2，相当于每10m^2集水池面积设置4～6个喷嘴。

10.1.9 关于采用射流曝气装置设计参数的规定。

射流曝气装置的构造必须通过计算来确定。实践表明，原水经射流曝气后，溶解氧饱和度可达70%～80%，但CO_2散除率一般不超过30%，除异味效果差，pH值无明显提高，故射流曝气装置适用于原水铁锰含量较低，对于散除CO_2、异味和提高pH值要求不高的场合。

10.1.10 关于板条式曝气塔主要设计参数的规定。

10.1.11 关于接触式曝气塔主要设计参数的规定。

实践表明，接触式曝气塔运转一段时间以后，填料层易堵塞，原水含铁量愈高，堵塞愈快。一般每1～2年就应对填料进行清理。为了方便清理，层间净距一般不宜小于600mm，接触式曝气塔安装复杂，填料更换时间短，运行成本较高。

10.1.12 关于机械通风曝气塔主要设计参数的规定。

10.1.13 关于接触池和集水池容积的规定。

10.1.14 关于曝气装置设置通风设施的原则规定。

Ⅳ 除铁、除锰滤池

10.1.15 除铁、除锰滤池型式的选择要按不同地区、不同水质和区域气候条件确定，并要做到经济实用，操作方便，运行稳定，确保出水水质达到国家饮用水标准。

10.1.16 关于除铁、除锰滤池滤料及滤速的规定。

接触氧化除铁、除锰理论认为，在滤料成熟后，无论何种滤料均能有效地除铁、除锰，均起着铁质活性滤膜载体的作用。因此，除铁、除锰滤池滤料可选择天然锰砂，也可选择石英砂及其他适宜的滤料。根据调查，石英砂滤料更适用于含铁量低于15mg/L的原水。当原水含铁量大于15mg/L时，宜采用无烟煤、石英砂双层滤料。条文系根据国内生产经验和试验研究结果而定。

条文对滤层厚度规定的范围较大，使用时可根据原水水质和选用滤池型式确定。国内一般重力式滤池滤层厚度为800～1000mm；压力式滤池滤层厚度一般采用1000～1200mm。上述两种滤池并无实质区别，只是构造不同而已，主要应根据原水水质来确定滤层厚度。

当含铁小于5mg/L，滤速宜为6～12m/h；含铁大于5～15mg/L，滤速宜为5～10m/h。

10.1.17 关于除铁除锰滤池工作周期的规定。

据国内调查，石英砂滤池工作周期与原水含铁锰量、滤池滤速有关。南方工作周期一般为8～12h；北方气温低，夏季为24～48h，冬季可达到48～72h。

10.1.18 关于除铁、除锰滤池配水系统和承托层选用的规定。

10.1.19 关于除铁、除锰滤池冲洗强度、膨胀率和冲洗时间的规定。

通过试验研究和生产实践证实，滤池冲洗强度过高易使滤料表面活性滤膜破坏，致使初滤水长时间不合格，也有个别水厂把承托层冲翻的实例。冲洗强度低则易使滤层结泥球，甚至板结。因此，除铁滤池冲洗强度应适当。条文列出了除铁、除锰滤池冲洗强度、膨胀率以及冲洗时间对照表，供选用。

10.2 除 氟

Ⅰ 一般规定

10.2.1 关于生活饮用水除氟处理范围的规定。

生活饮用水适宜的氟含量为0.5～1.0mg/L，当含氟量小于0.5mg/L以下时，易患龋齿病；大于1.0mg/L时，则会引起氟斑牙。长期饮用高氟水会慢性中毒，以至引起氟骨病或牙齿脱落。因此，我国《生活饮用水卫生标准》GB 5749－2006规定了饮用水中的氟化物含量小于1.0mg/L，对于小型集中式供水和分散式供水受条件限制时可小于1.2mg/L。

10.2.2 关于除氟方法选择的规定。

除氟的方法很多，如混凝沉淀法、活性氧化铝吸附法、电渗析法、反渗透法、离子交换法、电凝聚法、骨炭法等。本规程仅对常用的前四种除氟方法作了有关技术规定。

除氟方法的选择，应经过技术经济综合比较后确定。

10.2.3 关于除氟废水和泥渣排放的规定。

除氟过程中排放的废水和泥渣，应符合我国《污水综合排放标准》GB 8978的规定。泥渣运至垃圾填埋厂的应符合《生活垃圾填埋污染控制标准》GB 16889的规定；灌溉农田的应符合《农用污泥中污染物控制标准》GB 4284的规定。

Ⅱ 活性氧化铝吸附法

10.2.4 规定活性氧化铝吸附法除氟的适用范围。

10.2.5 关于活性氧化铝粒径的规定。

活性氧化铝的粒径越小吸附容量越高，但强度越差，而且粒径小于0.5mm，易在反冲洗时造成流失。粒径1mm的活性氧化铝耐压强度一般能达到9.8N/粒。

10.2.6 关于活性氧化铝吸附法的工艺流程的规定。

10.2.7 关于吸附池前调整pH值和设预处理的规定。

一般含氟量较高的地下水偏碱性，而pH值对活性氧化铝的吸附容量影响很大。试验表明，进水的pH值宜调整在6.0～7.0之间。

10.2.8 关于吸附池空床流速和运行方式的规定。

吸附池流向一般采用自上而下，当采用二氧化碳调节 pH 值时宜采用自下而上的形式。

10.2.9 关于吸附池活性氧化铝厚度的规定。

10.2.10 关于再生药剂的规定。

10.2.11 关于再生方式的规定。

再生溶液宜自上而下通过吸附层。采用硫酸铝再生，浓度可为 2%～3%，消耗量可按每去除 1g 氟化物需要 60～80g 固体硫酸铝计算，再生时间为2～3h，流速为 1.0～2.5m/h。

采用氢氧化钠再生，浓度可为 0.75%～1%，消耗量可按每去除 1g 氟化物需要 8～10g 固体氢氧化钠计算，再生液用量容积为吸附剂体积的 3～6 倍，再生时间为 1～2h，流速为 3～10m/h。

再生后吸附池内的再生溶液必须排空。

采用硫酸铝再生，二次反冲终点出水的 pH 值应大于 6.5；采用氢氧化钠再生，二次反冲后应进行中和，中和宜采用 1%硫酸溶液调节进水 pH 值至 3 左右，直至出水 pH 值降至 8～9 时止。

Ⅲ 电渗析法

10.2.12 关于电渗析法除氟适用范围的规定。

10.2.13 关于电渗析器选择及电渗析流程长度、级、段数确定的规定。

10.2.14 关于电渗析法处理工艺流程的规定。

10.2.15 关于电渗析除氟主要设备的规定。

10.2.16 关于采用电渗析除氟处理相关要求的规定。

Ⅳ 反渗透法

10.2.17 关于反渗透法除氟处理工艺流程的规定。

10.2.18 关于采用反渗透装置除氟处理相关要求的规定。

Ⅴ 混凝沉淀法

10.2.19 关于混凝沉淀法除氟适用范围的规定。

混凝沉淀法主要是通过混凝剂形成的絮体吸附水中的氟，经沉淀或过滤后去除氟化物。当原水中含氟量大于 4mg/L 时，由于投药量大，水中增加的硫酸根离子和氯离子会影响饮用水水质，故不宜采用。

10.2.20 关于混凝剂的选用和投加量的规定。

混凝剂宜采用碱式氯化铝、氯化铝、硫酸铝等铝盐。试验表明，达到相同去除率时，碱式氯化铝投加量最小，且 pH 值的变化最小，沉淀时间最短。

混凝剂投加量受原水含氟量、温度、pH 值等因素影响，其投加量应通过试验确定。

10.2.21 关于混凝沉淀法除氟工艺流程的规定。

10.2.22 关于混凝沉淀法设计参数的规定。

10.2.23 多介质过滤法是根据复合介质的组合原理，依靠不同介质的协同吸附作用，通过过滤装置完成除氟的过程。吸附滤池空床接触时间与原水氟含量有关。

多介质过滤法已由北京某科技有限公司引进美国先进技术研发成成套装置，已在工程中应用，该装置操作简单，可自动反冲洗，不必再生，定期更换介质即可。

10.3 除　砷

Ⅰ 一般规定

10.3.1 关于生活饮用水进行除砷处理的规定。

砷对人体健康有害，长期摄入可引发各种癌症、心肌萎缩、动脉硬化、人体免疫系统削弱等疾病，甚至可以引起遗传中毒。我国目前实施的《生活饮用水卫生标准》GB 5749 规定了饮用水中的含砷浓度小于 0.01mg/L，小型集中式供水和分散式供水受条件限制时小于 0.05mg/L。

10.3.2 关于生活饮用水除砷处理方法的一般规定。

除砷的方法较多，本条文中列出了较为成熟的四种工艺，另外还有化学法(电解法等)、生物法(包括生物絮凝法、生物氧化法等)。在具体实施时，应根据除砷小型实验装置的运行参数和各种除砷工艺的技术经济比较来确定具体工艺。

10.3.3 本节 10.3.2 条中提到的除砷方法对 As^{3+} 的去除效果较差，而对 As^{5+} 的去除效果较好，因此，对于 As^{3+} 的去除要首先预氧化。目前，氧化的方法有化学氧化法和生物氧化法，鉴于生物氧化法对控制要求较高，建议在镇(乡)村给水中应用化学氧化法。

10.3.4 关于防止对环境再污染的规定。

Ⅱ 反渗透法

10.3.5 反渗透法除砷是四种除砷方法中造价最高的一种，其他的几种除砷法只适用于砷含量较低的原水，对于砷含量较高的原水只有采用反渗透法处理才能达到饮用水的标准。

10.3.6 关于反渗透法除砷工艺选择的规定。

反渗透法除砷工艺对 As^{5+}（砷酸和 AsO_4^{3-}）的去除率达 99%；对含 As^{3+}（二氧化二砷和 AsO_4^{3-}）的原水应进行预氧化，氧化剂可采用高锰酸钾或液氯，反渗透膜的进水 pH 值宜控制在 6～9 左右。

10.3.7 关于采用反渗透装置除砷时进水水质、工艺、运行维护等的规定。

Ⅲ 离子交换法

10.3.8 关于离子交换法除砷适用范围的规定。

10.3.9 关于离子交换法除砷工艺流程的规定。

10.3.10 关于除砷交换树脂选用和交换柱设计的一

般规定。

离子交换树脂除了本条文中所述的聚苯乙烯树脂，还可采用螯合剂浸渍多孔聚合物树脂制成的螯合树脂等。

10.3.11 关于离子交换树脂再生液选用的规定。

离子交换树脂的再生技术除了条文中所述的 NaCl 再生法、酸碱再生法，还有 CO_2 再生离子交换法、电再生法、超声脱附等。

10.3.12 关于 NaCl 溶液再生用量和树脂使用次数的规定。

树脂盐水再生可使用次数约为 10 次。

10.3.13 关于处理含砷废盐溶液的规定。

可投加 $FeCl_3$ 除砷，投加量为 39kg $FeCl_3$/kg As。另外，含砷的废盐溶液也可进行石灰软化处理。

Ⅳ 吸 附 法

10.3.14 关于吸附法除砷工艺适用范围的规定。

原水经吸附处理脱砷后，再加入 NaOH，将 pH 调至 6.8～7.5，以降低出水的腐蚀性。含 As^{3+} 的待处理水须先氧化成 As^{5+}，否则除砷效果不佳。

10.3.15 关于选用吸附剂和再生液的一般规定。

除了本条文中所述的吸附剂，可以用作砷吸附剂的材料还有天然珊瑚、膨润土、沸石、红泥、椰子壳、涂层砂以及天然或合成的金属氧化物及其水合氧化物等。再生用的氢氧化钠溶液浓度宜为 4%；每次再生损耗氧化铝约为 2%。

10.3.16 关于吸附法除砷工艺的规定。

10.3.17 关于活性氧化铝吸附除砷设计参数的规定。

活性氧化铝在近中性水中其选择性吸附顺序：$OH^- > H_3SiO_4^- > H_3SiO_4 > F^- > SO_4^{2-} > HCO_3^- > Cl^- > NO_3^-$。

10.3.18 关于活性氧化铝吸附法除砷再生设计参数的规定。

10.3.19 关于活性炭吸附除砷设计参数、吸附器布置形式的规定。

活性炭吸附过滤器单柱适用于间歇运行，可以使用较长时间并无需经常换炭和再生。多柱并联系统适用于连续运行或处理的流量较大，所用水泵扬程较低，动力较省。

Ⅴ 混凝沉淀法

10.3.20 关于混凝沉淀法除砷工艺适用范围的规定。

对于含砷超过 1mg/L 的原水应采用二级除砷，先用混凝沉淀法将砷含量降到 0.5mg/L 以下，再用离子交换法、反渗透法或吸附法进一步除砷。

混凝沉淀对 As^{5+} 的去除效果可为 95%，对 As^{3+} 的去除效果为 50%～60%。因此，为提高对含 As^{3+} 原水的处理效果，宜进行预氧化，氧化剂可采用高锰酸钾或液氯。

10.3.21 关于混凝沉淀法除砷工艺流程的规定。

10.3.22 关于混凝剂选择的规定。

混凝剂可选用 $FeCl_3$、$FeSO_4$ 或 $Al_2(SO_4)_3$、$AlCl_3$，但铁盐除砷效果一般高于铝盐，而且铝盐的投量大且沉降性能较差，因此，推荐使用铁盐。

10.3.23 关于沉淀池设计参数的规定。

原水进入沉淀池前加过量的混凝剂调节 pH 值至 6～7.5，As^{5+} 将和混凝剂在沉淀池内发生沉淀和共沉淀作用，而后经过滤处理除砷。

10.3.24 关于混凝沉淀法除砷过滤设备选用的规定。

10.3.25 关于铁盐混凝-微滤工艺除砷的规定。

研究表明，混凝-微滤工艺除砷是一种经济高效的除砷方法，选用 0.2μm 的微滤膜，混凝后直接过滤，浓缩倍率很高，对浓缩液的处理有利。

10.3.26 多介质过滤法是根据复合介质的组合原理，依靠不同介质的协同吸附作用，通过过滤装置完成除砷的过程。吸附滤池空床接触时间与原水砷含量有关。

内蒙古自治区临河市地下水含砷量普遍超标，该地区采用北京某科技有限公司的复合式多介质过滤装置分别用于 5 个村，处理水量均为 $50m^3/d$，3 年的运行过程中出水砷含量均小于 0.002mg/L，达到国家生活饮用水卫生标准的要求。

10.4 苦咸水除盐处理

Ⅰ 一 般 规 定

10.4.1 关于生活饮用水进行苦咸水除盐处理的规定。

10.4.2 关于苦咸水处理方法选择的规定。

10.4.3 关于脱盐系统管道和阀门选择的规定。

10.4.4 关于苦咸水除盐处理的废水和泥渣排放的规定。

苦咸水除盐处理过程中排放的废水及泥渣，应符合《污水综合排放标准》GB 8978 的规定。泥渣运至垃圾填埋场的应符合《生活垃圾填埋污染控制标准》GB 16889 的规定。灌溉农田的应符合《农用污泥中污染物控制标准》GB 4284 的规定。

Ⅱ 电 渗 析 法

10.4.5 关于电渗析法处理苦咸水适用范围的规定。

10.4.6 关于电渗析法处理工艺流程的规定。

10.4.7 关于采用电渗析除盐处理相关要求的规定。

Ⅲ 反 渗 透 法

10.4.8 关于反渗透法除盐工艺适用范围的规定。

10.4.9 关于反渗透法除盐处理工艺流程的规定。

10.4.10 关于采用反渗透除盐处理相关要求的规定。

11 分散式给水

11.1 一般规定

11.1.1 在水资源匮乏、用户少、居住分散、地形复杂、电力不保证等地区，可建造分散式给水工程。

分散式给水系统的形式可根据以下条件选择：

1 在干旱缺水或苦咸水地区，且不具备远距离引水条件时，可建造雨水收集给水系统；

2 居住分散、电源无保证，而有较好地下水源的地区，可建造手动泵给水系统；

3 有良好的浅层地下水、砂石或砾石含水层及岩石缝隙泉水，用户少且居住分散地区，可建山泉水、截潜水及集蓄水池给水系统。

11.1.2 关于分散式给水工程生活饮用水水质的规定。

11.2 雨水收集给水系统

11.2.1 雨水收集给水工程除应符合本标准要求外，尚应符合《雨水集蓄利用工程技术规范》SL 267 的有关规定。

雨水收集给水工程根据收集场地的不同，可分为屋顶集水式和地面集水式雨水收集系统；根据使用方式的不同，可分为单户集雨和公共集雨。雨水收集方式应根据当地条件选用。

屋顶单户集雨规模小、适应性强，管理简单方便，应用较广。公共地面集雨规模较大，需有适宜的地形，供居民生活饮用水时应建在村外，以便于卫生防护，供牲畜饮用水时则可建在村内或村庄附近。

屋顶集水雨水收集系统由屋顶集水场、集水槽、落水管、输水管、简易滤池、贮水池及取水设备组成。地面集水式雨水收集系统由地面集水场、汇水渠、简易净化装置(沉砂池、沉淀池、粗滤池)、贮水池及取水设备组成。

11.2.2 关于雨水收集给水系统设计规模的规定。

雨水收集给水工程的设计内容包括：设计供水规模(即年供水量)、集水面积、集流量、蓄水池等。雨水收集给水工程设计供水规模应按平均日用水量计算，与集中式给水工程采用最高日用水量计算不同。

11.2.3 集水面积应根据不同集水形式确定，分为屋顶集水场集水面积和地面集水场集水面积。

11.2.4 关于集水面积计算的规定。

集水面积设计时，应采用保证率为 90%时的年降雨量计算，不应采用平均年降雨量计算，因平均年降雨量的供水保证率只有 50%～75%。计算所得面积为水平投影面积，然后根据集流面坡度将水平投影面积换算成实际需要的面积。地面集水场不应将水平投影面积直接作为集水面积采用，否则易造成集水面积太小。

11.2.5 关于蓄水池容积计算的规定。

蓄水构筑物的有效容积系指设计水位以下的容积，蓄水构筑物设计时，不应将有效容积与总容积相混淆，总容积应根据有效容积和蓄水构筑物结构形式确定。

按照容积利用系数 $M=1.3$，按不同用水量定额 q 和不同年非降雨期平均天数 T，计算出人均所需蓄水池容积 V，汇总列于表 1。

表 1 人均蓄水池容积 V(m^3)

q[L/(人.d)] \ T(d)	90	120	150	180	210	240	270	300
15	1.76	2.34	2.93	3.52	4.10	4.68	5.27	5.86
20	2.34	3.12	3.90	4.68	5.46	6.24	7.02	7.80
25	2.93	3.90	4.88	5.86	6.83	7.80	8.78	9.76

11.2.6 根据实地勘查，部分雨水收集给水工程的建设只重视水窖或水池建设，忽视集流面建设，集流面的集流能力小于蓄水构筑物的蓄水能力，造成蓄水不足、资金浪费。因此本条规定，集流面的集流能力应与蓄水构筑物的有效容积相配套，不应建造集流量不足的工程。

11.2.7 关于集流面坡度的规定。

11.2.8 关于集流面结构设计的规定。

11.2.9 单户集雨工程的集流面形式多样，应根据蓄水构筑物布置、居住环境、地形地貌及地质等条件确定。屋顶集流面和人工硬化集流面的集雨水质好、集雨效率高。根据调查，也有采用裸露塑料膜集雨的，集雨效果好、集雨效率高，但管理难度大。

为保证蓄水水质，避免杂物堵塞进水口或泥沙进入蓄水构筑物，应根据具体情况在蓄水构筑物前设置格栅、沉淀池及粗滤池。

单户集雨工程的蓄水构筑物应设两座或分成可独立工作的两格，以保证检修时仍能满足供水要求。

保障蓄水构筑物安全的关键是防渗和衬砌，可根据具体情况采用浆砌石、混凝土、水泥砂浆或胶泥等防渗衬砌结构。

混凝土和水泥砂浆衬砌的蓄水构筑物建成后，蓄水构筑物内水泥残留物较多，应多次清洗并检查有无裂缝，有裂缝时应及时处理，以保证构筑物和蓄水安全；有条件时，可充水浸泡以达到清洗和检查防渗效果的目的。

11.2.10 供生活饮用水的公共集雨工程规模较大，需要有适宜的地形，同时还应有相对完善的卫生防护条件，因而不宜布置在村内。

11.2.11 取水方式可根据当地具体情况和经济条件选择。较好的方式是利用管道建成自来水系统。

11.2.12 雨水收集系统简易净化设施可根据当地实

际情况和经济条件，选择合理的净化系统，以达到雨水净化的目的，保证水质的卫生和安全。

沉砂过滤池作为一种综合的简易净化设施，可用于雨水收集系统的水质净化。沉砂过滤池一般为砖石砌筑，池内采用水泥砂浆抹面。滤料定期清洗以保证水质。雨水收集场应做好清洁卫生、防渗、防污染措施。慢滤是一种适合小规模供水的净水技术，可有效去除水中的杂质、细菌和有机物，技术简单、管理方便，因此供生活饮用水的集雨工程可采用慢滤。公共集雨工程可建慢滤池、渗渠或渗水井过滤，单户集雨工程可采用设于室内的小型净水器或设于蓄水构筑物内的慢滤净水装置过滤。

雨水收集场地宜建成坡度不小于1∶200的条形集水区，在低处修建一条汇水渠收集来自各条形集水区的降水，并将水引至沉砂池。汇水渠坡度不小于1∶400,并有足够的段面，注意做好防渗。

11.3 手动泵给水系统

11.3.1 手动泵及真空手动泵给水系统是一种简易的农村供水形式，安装方便、造价低、操作简便、运行费用低，效益显著。在居住分散、缺少电力或电力供应不足、水文地质条件适宜的地区，可采用手动泵或真空手动泵给水系统。泵可采用活塞泵或螺杆泵。

手动泵及真空手动泵主要由泵头、输水管和泵缸三部分组成，是靠拉杆带动活塞在泵缸内作上下往复运动将水提升到地面上的一种手动提水机械，是手动泵给水系统的主体设备，具有密封性好、防腐防冻性能好、阻力小、操作简单及使用寿命长等特点。

国内手动泵型号为SB-63，主要技术参数为：

流量：1.06m^3/h(按40次/min操作计算)；

扬程：392kPa；

活塞直径：145mm；

容积效率：97%；

安装深度：水面以下0.5m，井底以上1.0m。

国内真空手动泵型号为BS型，主要技术参数为：

流量：0.028m^3/min；

扬程：60kPa；

吸入口径：15mm。

井台是用于取水的工作平台，也是安装手动泵、避免井水受污染以及进行维护管理的场所。井台应高出井口10～20cm。渗水池内应填充砂、石子，使水渗入地下，防止地面污染。此外，为保护深井手动泵，井台周围应建围栏。

11.3.2 关于井位选择的规定。

11.4 山泉水、截潜水、集蓄水池给水系统

Ⅰ 山泉水给水系统

11.4.1 山泉水给水系统是利用自然位差，将山泉水通过重力式输配水管线引流入户的给水系统。山泉水给水系统修建前，必须先做水质检测和分析，建成投入使用前应将引泉池进行清扫和消毒以确保饮用水的水质安全。

为获取更多的泉水以保障水量，可采用爆破法增加裂隙岩层缝隙的宽度或造成新的裂隙。根据用水范围的不同，引泉池可单独使用，也可多个引泉池并联使用。

引泉池及输水管线沿途除必要的孔口外，应尽量减少暴露口，同时定期对引泉池及附属设施、沿途输水管道进行检查，提高供水安全。

11.4.2 引泉池分为两种：一种不建集水井，靠引泉池一侧池壁集取泉水；另一种是集水井与引泉池分建，靠集水井集取泉水，引泉池仅起贮存泉水的作用。

根据调查，有些山泉水给水系统只重视引泉池本身的建设，忽略池壁集水的合理配置，造成集水不畅、甚至集水堵塞，严重影响了供水的可靠性。为确保证集水的可靠性，在集取泉水的池壁一侧先放置较大颗粒的砾石，依次再放置粒径较小的砂石层，以避免砂石对池壁进水孔的堵塞。

11.4.3 泉水通常来自砂石、砾石含水层或岩石裂隙。根据泉水流出裂口的不同形状，分为渗出泉、裂隙泉和管状泉。

11.4.4 关于引泉池设计的有关规定。

11.4.5 关于引泉池容积的规定。

11.4.6 关于引泉池设置溢流管和排空管的规定。

11.4.7 关于引泉池出水管埋设深度的规定。

Ⅱ 截潜水给水系统

11.4.8 截潜水给水系统是山泉水给水系统的一种。在我国南部以及西南部山区，将埋藏较浅、水质较好的山泉水作为饮用水水源，通过修建渗渠、集水井，经消毒后，将水输送至用户。

其中渗渠及集水井的设计可参照本规程5.2节中的地下水取水构筑物的有关内容。

11.4.9 关于筑坝蓄水截取山溪水的有关规定。

Ⅲ 集蓄水池给水系统

11.4.10 集蓄水池又称水窖、水柜，用作收集和贮存雨水，以供饮用。它可分为地下式、半地下式和地面式三种形式，可采用钢筋混凝土建造，也可采用砖、石等砌筑，应根据不同条件选用适宜的方式。

11.4.11 据调查，某些水池因缺乏必要的防护措施而导致集蓄水池水质较差，故作此规定。

11.4.12 大口井主要适用于红土找水的干旱地区，用以收集和贮存红土层内的微量水。

11.4.13 家用水窖可分为井式水窖和窖式水窖。井式水窖(井窖)多为我国西北地区采用的一种地下式贮

水构筑物；窖式水窖(长方形拱顶水窖)多为我国西南地区采用的一种地下式贮水构筑物，见表2。

表2 窖式水窖(长方形拱顶水窖)主要尺寸

(mm)

底宽 B	净高 H	拱厚 J	墙厚 b	墙基深	底板厚	隔墙厚
2000	1500	350	400	400	150	500
2000	2000	350	500	400	150	600
2000	2000	350	600	400	150	700

12 施工与质量验收

12.1 一 般 规 定

12.1.1 关于施工和监理单位选择的规定。

集中式供水工程施工内容涉及水源和取水、输配水、净水等工程，安全和可靠性要求高。为确保工程质量，宜通过招投标确定施工和监理单位，也可选择有类似工程经验的施工和监理单位。

12.1.2 规定了施工组织设计应按程序进行审批，批准后方可实施，保证工程有计划按序施工。

12.1.3 关于施工过程中中间质量验收的规定。中间质量验收是保证工程质量的重要环节。

12.1.4 规定了施工过程中，应作好各项记录，有利于监督检查、解决纠纷和工程验收。

12.1.5 关于施工过程中应遵守国家有关法律法规的规定。

根据工程特点和现场环境状况采取相应的安全防护措施。

12.1.6 关于按设计要求和施工图设计施工的规定。

施工过程中，需要变更设计应按设计变更的有关规定办理，未经批准的变更设计严禁施工。

12.1.7 关于工程施工与验收均应符合国家现行相关施工及验收规范的规定。

构筑物应符合《给水排水构筑物施工及验收规范》GBJ 141的规定；供水管井应符合《供水管井设计、施工及验收规范》CJJ 10的规定；混凝土结构工程应符合《混凝土结构工程施工质量验收规范》GB 50204的规定；砌体结构工程应符合《砌体工程施工质量验收规范》GB 50203的规定；管道工程应符合《给水排水管道工程施工及验收规范》GB 50268的规定；机电设备应符合《电器装置安装工程 电器设备交接试验标准》GB 50150的规定。

12.2 土 建 工 程

12.2.1 关于基坑开挖施工安全的规定。

12.2.2 关于地基处理施工过程中应对周围环境影响监测控制的规定。

12.2.3 关于构(建)筑物基础处理要求的规定。

基础处理属于隐蔽工程，应按沟槽开挖与回填进行基槽验收。

12.2.4 关于土方回填基本要求的规定。

12.2.5 关于钻井施工的规定。钻井应按《供水管井设计、施工及验收规范》CJJ 10的要求进行施工。

12.2.6 防渗体和反滤层是蓄水工程的关键，本条规定了应分别作好单项工程验收和采取保护措施。

12.2.7 规定了地表水取水构筑物施工场地布置，不得影响航运航道、也不得影响堤岸及附近建筑物的稳定。

施工中的废料、废液不得污染环境，并应保证施工和航行的安全。竣工后应及时拆除全部施工设施，清理现场。

12.2.8 规定了取水头部施工前应根据工程结构特点、工程水文地质、气候和现场环境状况编制施工组织设计。

施工场地周围应有足够场地保证施工供、堆料，牵引以及安装施工机具、机电设备、牵引绳索地段，保证施工安全作业。

12.2.9 关于水池施工的规定。

做好防渗是保证净水构筑物和调节构筑物安全的关键措施，可避免水的漏失。漏失水可引起对钢筋的腐蚀，以及对结构失稳的危害，为保证其水密性和耐蚀性，故水池施工完成后应进行满水试验。试验方法应符合《给水排水构筑物施工及验收规范》GBJ 141中的规定。

12.2.10 规定了满水试验合格后，应及时进行池壁外的各项工序和回填土方。

12.2.11 关于集蓄水池给水系统井式水窖施工的规定。

12.2.12 关于集蓄水池给水系统窖式水窖施工的规定。

12.3 材料设备采购

12.3.1 规定了各种材料、设备采购的质量，应符合国家有关环保、卫生、防水、防腐等标准。

12.3.2 关于材料、设备到货验收的规定。

材料、设备到货后，应及时对照供货合同和说明书进行数量、规格、材质、外观与备件等进行验收与验货。

12.3.3 规定了凡与生活饮用水直接接触的管道、设备、附件、填料等均应对人体无毒，其卫生指标应符合《生活饮用输配水设备及防护材料的安全性评价标准》GB/T 1719的规定。

12.3.4 规定了对批量购置的主要材料，应委托有资质的检测单位对照相应的产品标准，进行抽样检测。

12.3.5 关于材料设备应合理存放的规定。如管道堆放场地应平整、不积水，运输道路应通畅等。

12.4 管道、设备安装

12.4.1 规定了管道、设备安装前，应按设计要求进行核对，并对其外观、质量逐一进行检查，合格后方可进行安装。

12.4.2 规定了管道、设备安装前的基本要求，当管道安装及铺设工程暂时中断时，应用木塞或其他盖堵将管口封死，防止杂物进入。

12.4.3 规定了水处理设备的安装和调试，应由生产厂家派人进行现场指导，直至净化后水质符合设计要求。

12.4.4 规定了管道安装时，管道中心线和安装高程应逐节进行调整，复测合格方可进行下一工序施工。

12.4.5 关于构筑物间的连接管道应设置柔性接口的规定。

12.4.6 关于构(建)筑物管道安装位置、机电设备与金属结构安装位置允许偏差的规定。

12.4.7 关于管道安装应根据管材特性采取合理的连接方式的规定。

12.4.8 规定了供水管道严禁在雨污水检查井中及排水管渠内穿过。为保证供水安全、防止水质污染，作出本条规定。

12.4.9 关于输配水管道安装完成后应进行水压试验的规定。强度试验和严密性试验是检验管道安装质量及管材质量的重要环节。

12.4.10 关于手动泵给水系统中手动泵施工安装的规定。

12.4.11 关于手动泵给水系统中井台施工的规定。

12.4.12 关于手动泵给水系统中渗水池施工的规定。

12.5 试 运 行

12.5.1 规定了试运行应由施工、设计、监理和供水单位等共同参与，以便及时找出与解决整个给水系统中的隐患，保证供水工程安全运行，有利于试运行完毕后的工程交接。

供水工程是镇(乡)村重要的基础设施，对供水水质、水量、水压的可靠性要求高，对整个给水系统需认真进行调试，并全面测试其性能。

12.5.2 规定了试运行前，应根据净水工艺要求进行单机调试，再按设计负荷对净水系统进行调试。整个系统调试合格后，方可进行试运行。

12.5.3 关于输配水管道试运行前，进行冲洗和消毒的规定。

12.5.4 规定了机泵设备在试运行前应先单机空载运行，再带负荷运行，然后系统联动运行。

12.5.5 规定了整个系统投入试运行后，应及时记录取水量、供水量、系统中的水头损失和压力变化等运行参数。

试运行期应定时记录和观察机电设备、净水构筑物或净水设备的运行参数和运行工况，药剂和消毒剂的投加量、沉淀池(澄清池)的排泥周期、滤池的冲洗情况等。定时检测净水构筑物或净水设备的进出水水质的控制项目，均应符合设计要求。

12.5.6 关于投入试运行后一些基本要求的规定。

12.6 竣 工 验 收

12.6.1 规定了按基本建设程序，集中式供水工程必须通过竣工验收后，方可投入运行。

12.6.2 规定了为确保工程质量，竣工验收应由建设单位组织有关单位共同参加验收。

12.6.3 规定了竣工验收应在核实分项、分部工程合格基础上进行。

12.6.4 关于验收时建设单位应提供的技术资料内容的规定。

技术资料主要包括可行性研究报告及其审查批复意见，设计文件和施工图、设计变更资料、施工组织设计、招投标文件、主要设备和材料合格证、施工过程主要材料试验资料、监理记录、施工记录、中间验收报告、施工洽商记录、事故处理记录、水质监测报告、试运行报告、竣工图及竣工有关文件等。

12.6.5 关于给水工程竣工验收应核实分项工程验收资料的规定。

12.6.6 规定了为确保工程质量，整体工程验收时应对构筑物、工艺管道等进行复验。

12.6.7 关于供水系统安全状况和运行状况检查的规定。

供水系统的安全状况系指影响工程安全的技术措施和施工质量，包括工程防洪涝和抗地质灾害，水源可靠性、供电可靠性，卫生防护、水锤防护，主要设备和管材质量，构(建)筑物和输配水管道的施工质量，混凝剂和消毒剂投加系统的安全，化验室检测能力及水质检验措施等。

供水系统运行状况指净水系统、输配水系统、机电设备等的运行状况。特殊性水处理控制指标包括除氟工程中的氟含量，苦咸水淡化工程中的含盐量，除铁除锰工程中的铁、锰含量等。供水工程中的供水水质应达到国家现行《生活饮用水卫生标准》GB 5749 中的规定，供水量、水压应满足用户要求。

12.6.8 关于文件资料归档的规定。工程建设的技术文件和资料是工程运行管理的基础资料，应予以立卷、归档。

13 运 行 管 理

13.1 一 般 规 定

13.1.1 针对目前供水单位运行管理中普遍存在的问题，为实现安全、优质、低耗供水，保证良性运营，规定了运行管理的总体要求。

13.1.2 规定了供水单位为实现规范化管理，需建立运行管理制度的主要内容。供水单位应建立突发事故处理预案，以保障供水安全。

13.1.3 关于供水单位岗位管理的规定。

为保证各岗位的工作质量，均应进行岗前培训，考核合格后持证上岗。

13.1.4 规定了按照有关法规要求，为合理开发利用水资源，保证供水水质安全，对供水单位提出了应取得水务、卫生主管部门颁发的三证(取水许可证、卫生许可证、健康合格证)要求。

13.1.5 关于对供水单位日常内部管理的基本要求。

运行管理日志包括：所有岗位日常运行记录，设备的保养、维护、维修记录，事故及处理记录等。

13.1.6 关于停止供水和事故处理的有关规定。

13.1.7～13.1.8 规定了供水单位日常对外管理中，应加强与用户沟通和宣传工作。

13.1.9 规定了供水单位可参照相关的行业标准进行运行管理。

13.2 水质检验

13.2.1 关于供水单位水质检验工作的基本要求。

13.2.2 关于对镇(乡)村水厂出厂水和管网末端水水质要求的规定。

出厂水和管网末端水水质应符合《生活饮用水卫生标准》GB 5749 的规定。

13.2.3 关于不同供水规模、不同原水水质条件下，水源水、出厂水、管网末端水水质检验项目及检验频率的规定。

为便于统一管理，本条规定已与《镇(乡)村供水单位资质标准》SL 308、《镇(乡)村供水工程技术规范》SL 310 的规定协调一致。

13.2.4 关于原水、管网末端水采样点位置和管网末端采样点个数的规定。

13.2.5 关于水样采集、保存和水质检验方法的规定。

主要是为保证水质检验结果的准确性。当采用简便方法和简易设备进行检验时，应由国家质量监督部门、卫生部门认可，并定期按标准检验方法检验标定。

13.2.6 关于委托进行水样检验的规定。

13.2.7 规定了水质发生突变时，应加强水质检验，确认超标项目和数值，查明原因，采取相应的技术措施，确保水质安全。

13.2.8 关于对水质检验记录的要求。

13.3 水源及取水构筑物管理

13.3.1 关于水源管理的规定。

水源管理的重点在于设置水源保护区。水源保护区内应加强巡视，防止污染。

13.3.2 关于地下水水源(含输水渠道、预沉池)和地表水水源卫生防护的规定。

13.3.3～13.3.5 关于水源水量分配，应优先保证生活用水，在水源保护区内从事生产建设和种植水源保护林等活动的规定。

13.3.6 关于地表水取水构筑物管理的规定。

13.3.7 关于地下水取水构筑物管理的规定。

备用井定期进行维护性抽水，集取地表渗透水的取水构筑物的汛期防洪，应纳入运行管理的重点。

13.4 净水厂管理

13.4.1 关于水厂生产区和厂外单独设立的生产构(建)筑物卫生防护的规定。单独设立的生产构(建)筑物，系指净水厂外的高位水池、泵站等。

13.4.2 关于对净水厂运行管理操作人员基本技术要求和主要工作内容的规定。

13.4.3 规定了为保证供水安全，防止意外事件，水厂及厂外单独设立的生产构(建)筑物，均应有安全保卫措施，并认真贯彻执行。

13.4.4 关于厂区环境卫生的规定。

13.4.5 关于药剂(混凝剂、消毒剂)选择、药剂质量、贮存和药剂制配、投加方式、投加量、投加系统管理的规定。

13.4.6 关于计量仪表和器具的规定。为保证水厂各项计量结果准确可靠，作出本规定。

13.4.7 关于净水构筑物和净水器管理的基本规定。括号内数字是对规模小于 $1000m^3/d$ 水厂的出厂水的浊度要求。

13.4.8 关于预沉池运行管理的基本规定。

13.4.9 关于慢滤池运行管理的基本规定。

13.4.10 关于絮凝池、沉淀池、澄清池运行管理的基本规定。

混合絮凝是净水工艺中的关键工序，絮凝池中絮体性状，直接影响沉淀、过滤的效果，应经常观察，调整絮凝条件，保持良好的絮凝效果，为沉淀池和滤池工作提供良好条件。澄清池正常工作的前提是尽快生成活性泥渣。因澄清池停止运行后，泥渣沉淀，再次启动需经数小时运行后才能正常工作，故澄清池要求宜连续运行。

13.4.11～13.4.13 关于普通快滤池冲洗及更换滤料的规定。

括号内数字是对规模小于 $1000m^3/d$ 水厂的出厂水的浊度要求。

及时冲洗是保证滤后水水质和维持滤池长期正常运行的关键。间断运行的快滤池，停运后应及时冲洗，并保持滤料层淹没在水中，防止滤料板结。

13.4.14 关于对电渗析器启停操作的规定。

13.4.15 关于对电渗析装置进行清洗的说明。

13.4.16 关于对反渗透装置启停操作的规定。

启停操作时严禁压力快速剧烈变化对反渗透膜造成冲击破坏。启动和停止的几分钟之内产品水水质较差，应予以排放。

13.4.17 关于需对反渗透装置进行清洗的规定。

13.4.18 关于反渗透装置清洗程序的说明。

13.4.19 关于短期停运对反渗透膜保护的规定。

5～30d 的短期停运对的反渗透膜保护一般采用每 5d 通一次水防止膜内积存的死水滋生细菌。

13.4.20 关于长期停运对反渗透膜保护的规定。

停运时间超过 30d 应采用加杀菌剂封装的办法保护反渗透膜。

13.4.21 关于保安过滤器前后压差的规定。

反渗透膜组前设置的保安过滤器进出口应安装压力表(也可以安装压差表)，以监视过滤器进出口的压力差，当保安过滤器进出口压差大于 0.1MPa 时，说明滤芯污堵严重应及时更换。

13.4.22 关于超滤装置运行管理的要求：

1 超滤膜组件的清洗指经过长期运行，反冲洗无法使膜性能充分恢复而用药剂对膜组件进行的化学清洗。清洗方案应根据膜类型、材质、装置形式、运行情况等确定。

2 在使用过程中，中空纤维超滤膜组件的膜丝可能断裂而发生泄漏污染产品水。经检测发现后应及时封堵泄漏的膜丝防止产水水质下降。

3 关于超滤膜停运保护的规定。

13.4.23 关于一体化净水器运行操作和维护的规定。

13.4.24 关于调节构筑物运行管理的规定。

为防止二次污染，影响供水水质，调节构筑应每年放空清洗，消毒合格后再投入使用。

13.4.25 关于消毒设备运行管理的基本规定。

为确保供水水质安全，出厂水均应消毒，并保持余氯值达标。

13.5 泵 房 管 理

13.5.1～13.5.3 关于泵房管理的基本规定。

13.5.4～13.5.5 关于机电设备运行管理和日常保养的规定。

13.5.6 关于离心泵运行操作的规定。

关闭出水阀启动水泵，可避免电动机过载；水泵在高效区运转可节省电耗；关闭出水阀后再停泵，可防止水锤和水泵倒转。

13.5.7 关于闸阀操作的规定。均匀缓慢地开启或关闭闸阀，有利于排气或避免水锤危害。

13.5.8 关于水泵工作条件的规定。可保证水泵正常吸水，防止气蚀。

13.5.9 关于水泵工作环境温度的规定，以防冻害。

13.5.10 规定了为防止发生事故，电动机自动掉闸时，应先查明原因，并妥善处理后方可启动。

13.5.11 关于泵房内设施、设备日常保养和环境卫生的规定。

13.6 输配水管理

13.6.1 关于输配水管道应定期巡查以及巡查的主要内容与要求的规定。

13.6.2 关于输水管(渠)及时清淤以保证输水能力的规定。尤其是间断工作的输水管(渠)，停水时泥沙沉积，会降低输水能力，因此作出本条规定。

13.6.3 关于高位水池或水塔内工作水位范围和水位指示装置工作要求的规定。

13.6.4 关于泄水阀运行管理的规定。为保证供水水质卫生，防止滞水，作出本条规定。

13.6.5 关于管道上进(排)气阀运行管理的规定。进(排)气阀的合理设置与正常工作，可保证输水安全。多次工作后，浮球易产生变形，造成漏水，故作出本条规定。

13.6.6 关于闸阀日常保养和维护的规定。

13.6.7 关于减压阀运行管理的规定。

13.6.8 关于消火栓运行管理的规定。

13.6.9 关于管道附属设施检修和日常保养的规定。

13.6.10 关于管道漏水维修和更新管材的规定。

13.6.11 关于供生活饮用水配水管道接管要求的规定。

13.6.12 规定了为保证供水安全，更换与维修管道及其附属设备后，应冲洗消毒。

13.6.13 规定了配水管网定点定期测压，不仅可判断水压是否满足用户要求，还可为调压而使供水系统更加科学合理地工作，提供重要依据。

13.6.14 关于供水系统中水表管理的规定。为保证计量准确，应定期检验水表。

13.6.15 关于供水单位应有输配水管网图的规定。

管道大多埋地，因时间长、人员变动等原因容易遗忘，不便改扩建和管理维修。为此，作出本条规定。

13.7 分散式给水系统管理

13.7.1～13.7.2 关于雨水收集给水系统中单户集雨和公共集雨工程管理的相关规定。

13.7.3 关于雨水收集给水系统中雨水收集场管理的相关规定。

13.7.4～13.7.5 关于手动泵给水系统及其水源井管理的相关规定。

中华人民共和国行业标准

镇（乡）村排水工程技术规程

Technical specification of wastewater engineering for town and village

CJJ 124—2008

J 800—2008

批准部门：中华人民共和国住房和城乡建设部

施行日期：2 0 0 8 年 1 0 月 1 日

中华人民共和国住房和城乡建设部
公　　告

第51号

关于发布行业标准《镇(乡)村排水工程技术规程》的公告

现批准《镇(乡)村排水工程技术规程》为行业标准，编号为CJJ 124－2008，自2008年10月1日起实施。其中，第4.2.3、4.2.7、4.2.10、4.2.11、4.2.12条为强制性条文，必须严格执行。

本规程由我部标准定额研究所组织中国建筑工业出版社出版发行。

中华人民共和国住房和城乡建设部

2008年6月13日

前　言

根据建设部《关于印发〈二〇〇四年度工程建设城建、建工行业标准制订、修订计划〉的通知》（建标［2004］66号）的要求，规程编制组经广泛调查研究，认真总结实践经验，参考有关国际标准和国外先进标准，并在广泛征求意见的基础上，制订了本规程。

本规程的主要技术内容包括：总则、术语和符号、镇（乡）排水、村排水、施工与质量验收。

本规程中以黑体字标志的条文为强制性条文，必须严格执行。

本规程由住房和城乡建设部负责管理和对强制性条文的解释，由上海市政工程设计研究总院负责具体技术内容的解释。在执行过程中如有需要修改和补充的建议，请将相关资料寄送主编单位上海市政工程设计研究总院标准研究所（邮编：200092，上海市中山北二路901号），以供修订时参考。

本规程主编单位：上海市政工程设计研究总院

本规程参编单位：广东省建筑科学研究院
上海市城市建设设计研究院
广州市市政工程设计研究院
四川省城乡规划设计研究院

本规程主要起草人：张　辰　朱广汉　吴晓瑜　张铁群　陈贻龙　邓竞成　徐　震　孙家珍　樊　晟　汪传新

目　次

1　总则 ………………………………………… 2—30—4
2　术语和符号………………………………… 2—30—4
　2.1　术语………………………………… 2—30—4
　2.2　符号………………………………… 2—30—4
3　镇（乡）排水 ……………………………… 2—30—4
　3.1　一般规定…………………………… 2—30—4
　3.2　设计水量和设计水质……………… 2—30—5
　3.3　排水管渠和附属构筑物…………… 2—30—5
　3.4　泵站………………………………… 2—30—6
　3.5　污水处理…………………………… 2—30—6
　3.6　污泥处理…………………………… 2—30—8
4　村排水 ……………………………………… 2—30—8
　4.1　一般规定…………………………… 2—30—8
　4.2　沼气池……………………………… 2—30—8
　4.3　化粪池……………………………… 2—30—9
　4.4　雨水收集和利用 ………………… 2—30—10
5　施工与质量验收………………………… 2—30—10
　5.1　一般规定 ………………………… 2—30—10
　5.2　施工 ……………………………… 2—30—10
　5.3　质量验收 ………………………… 2—30—10
本规程用词说明 ………………………… 2—30—11
附：条文说明……………………………… 2—30—12

1 总　则

1.0.1 为贯彻落实科学发展观，实现城乡统筹发展，达到保护环境，防治污染，提高人民健康水平和保障安全的要求，制定本规程。

1.0.2 本规程适用于县城以外且规划设施服务人口在50000人以下的镇（乡）（以下简称镇）和村的新建、扩建和改建的排水工程。

1.0.3 镇村排水工程建设应以批准的镇村规划为主要依据，从全局出发，根据规划年限、工程规模，综合考虑经济效益和环境效益；应正确处理近期与远期、集中与分散、排放与利用的关系；应充分利用现有条件和设施，因地制宜地选择安全可靠、运行稳定的排水技术。

1.0.4 位于地震、湿陷性黄土、膨胀土、多年冻土以及其他特殊地区的镇村排水工程建设，应符合国家现行相关标准的规定。

1.0.5 镇村排水工程建设，除应按本规程执行外，尚应符合国家现行有关标准的规定。

2 术语和符号

2.1 术　语

2.1.1 镇（乡）　town

经省级人民政府批准设置的镇和乡。

2.1.2 村　village

农村居民生活和生产的聚居点。

2.1.3 镇区　seat of government of town

经省级人民政府批准设置的镇、乡人民政府驻地的建成区和规划建设发展区。

2.1.4 集流场　concentration area

收集雨水的场地，可分为屋面集流场和地面集流场。

2.1.5 沼气池　methane tank

进行粪便厌氧处理并产生沼气的构筑物。

2.1.6 化粪池　septic tank

将粪便污水分格沉淀，并将污泥进行厌氧消化的小型处理构筑物。

2.1.7 圩垸　polder

有堤垸防御外水的低洼平原，有的地方称围、圩或垸，统称圩垸。

2.1.8 均化池　equalization tank

用以减少污水处理设施进水水量波动和水质波动的储水或过水构筑物。

2.1.9 污水净化沼气池　methane tank-biofilter sewage purification system

一种污水厌氧处理构筑物，由前处理区和后处理区两部分组成，前处理区为两级厌氧沼气池，后处理区为折流式生物滤池，由滤板和填料组成。

2.1.10 人工湿地　constructed wetland, artificial wetland

人工建造的由填料和植物构成的具有一定净化功能的处理设施。本规程指竖流式人工湿地。

2.2 符　号

V——污水净化沼气池、化粪池的总有效容积；

V_1——污水净化沼气池、化粪池的污水区有效容积；

V_2——污水净化沼气池、化粪池的污泥区有效容积；

V_3——污水净化沼气池的气室有效容积；

α——实际使用生活污水净化沼气池、化粪池的人数与设计总人数的百分比；

n——生活污水净化沼气池、化粪池的设计总人数；

q_1——每人每天生活污水量；

t_1——污水在污水净化沼气池、化粪池中的停留时间；

q_2——每人每天污泥量；

t_2——污水净化沼气池、化粪池的污泥清掏周期；

b——新鲜污泥含水率；

m——清掏后污泥遗留量；

d——粪便发酵后污泥体积减量；

c——污水净化沼气池、化粪池中浓缩污泥含水率；

k——气室容积系数；

q——渗水量；

A_1——水池的水面面积；

A_2——水池湿面积；

H_1——测定水池水位的初读数；

H_2——初读后24h时测定水池水位的终读数；

h_1——测定H_1时，水箱水位读数；

h_2——测定H_2时，水箱水位读数。

3 镇（乡）排水

3.1 一般规定

3.1.1 镇区的排水制度应因地制宜地选择。新建地区宜采用分流制；现有合流制排水地区，可随镇区的改造和发展以及对水环境要求的提高，逐步完善排水设施；干旱地区可采用合流制。

3.1.2 镇区的雨水宜由管渠收集后自流排出。地势平坦、河（湖）水位较高的镇，可结合周边农田防洪、除涝和灌溉等要求，设置圩垸。地势低洼、雨水难以自流排出的镇区，应采用泵排出雨水。

3.1.3 应按地形条件，分区建立污水收集和处理系统，处理水排放应符合国家现行有关污水排放标准的规定。

3.1.4 排入镇区污水收集和处理系统的工业废水或专业养殖场污水，其水质应符合国家现行有关污水排放标准的规定。

3.2 设计水量和设计水质

3.2.1 居民生活污水定额和综合生活污水定额应根据当地采用的相关用水定额，结合建筑物内部给排水设施水平等因素确定，可按当地相关用水定额的60%～90%采用。设计水量应与当地排水系统普及程度相适应。

3.2.2 综合生活污水量总变化系数宜按表3.2.2的规定取值。

表3.2.2 综合生活污水量总变化系数

污水平均日流量（L/s）	5	15	40	70	100
总变化系数	2.5	2.2	1.9	1.8	1.6

注：1 当污水平均日流量为中间数值时，总变化系数可用内插法求得。

2 当污水平均日流量大于100L/s时，总变化系数应按现行国家标准《室外排水设计规范》GB 50014采用。

3 当居住区有实际生活污水量变化资料时，可按实际数据采用。

3.2.3 设计暴雨强度，应采用当地或邻近气象条件相似地区的暴雨强度公式计算。

3.2.4 雨水管渠的设计重现期，应根据汇水地区性质、地形特点和气候特征等因素确定，可选用0.3～1.0年。短期积水即可能引起严重后果的地区，可选用1.0～2.0年。合流管渠的设计重现期可适当高于同一情况下分流制雨水管渠的设计重现期。

3.2.5 合流管渠的截流倍数n_0应根据旱流污水的水质、设计水量、排放水体的卫生要求、水文、气候、排水区域大小和经济条件等因素经计算确定，一般可选用0.5～2，特别重要地区的截流倍数宜大于3。

3.2.6 镇生活污水的设计水质宜以实测值为基础分析确定，在无实测资料时，可按现行国家标准《室外排水设计规范》GB 50014采用。工业废水和专业养殖场污水的设计水质宜调查确定，也可按同类型废水、污水水质资料采用。

3.3 排水管渠和附属构筑物

3.3.1 排水管渠应根据镇规划，充分结合当地条件，统一布置、分期建设。排水管渠断面宜按规划期内的最高日最高时设计流量设计。

3.3.2 管道的最小管径和最小设计坡度宜按表3.3.2的规定取值。

表3.3.2 最小管径和最小设计坡度

管　别	位　置	最小管径（mm）	最小设计坡度
污水管	在街坊和厂区内	200	0.004
	在街道下	300	0.003
雨水管和合流管	—	300	0.003
雨水口连接管	—	200	0.01

注：管道坡度不能满足上述要求时，可酌情减小，但应采取防淤、清淤措施。

3.3.3 雨水管道和合流管道应按满流计算。污水管道应按非满流计算，其最大设计充满度应按表3.3.3的规定取值。

表3.3.3 最大设计充满度

管径或渠高（mm）	最大设计充满度
200～300	0.60
350～450	0.70
500～900	0.75

3.3.4 管道宜埋设在非机动车道下。管道的最小覆土深度应根据外部荷载、管材强度和土壤冰冻情况等条件确定。在机动车道下不宜小于0.7m；在绿化带下或庭院内的管道覆土深度可酌情减小，但不宜小于0.4m。

3.3.5 当采用管道排水时，宜采用基础简单、接口方便、施工快捷的管道。位于机动车道下的塑料管，其环刚度不宜小于$8kN/m^2$；位于非机动车道下、绿化带下、庭院内的塑料管，其环刚度不宜小于$4kN/m^2$。

3.3.6 直线管段检查井的最大间距宜按表3.3.6的规定取值。当采用先进的疏通方法或具备先进的疏通工具时，最大间距可适当加大。

表3.3.6 直线管段检查井最大间距

管径或暗渠净高（mm）	检查井最大间距（m）	
	污水管道	雨水管道或合流管道
200～300	20	30
350～450	30	40
500～900	40	50

3.3.7 检查井宜采用砖砌井、条石井、钢筋混凝土井、钢筋混凝土预制井或非混凝土材质整体预制井。污水检查井应进行防渗漏处理。

3.3.8 雨水管道检查井宜设置沉泥槽。

3.3.9 排水管渠与其他地下管线（或构筑物）水平和垂直的最小净距宜符合《城市工程管线综合规划规范》GB 50289、《室外排水设计规范》GB 50014及国家现行有关标准的规定。

3.4 泵　站

Ⅰ 一般规定

3.4.1 排水泵站供电可按三级负荷等级设计，重要地区的泵站宜按二级负荷等级设计。

3.4.2 位于居民区和重要地区的污水泵站，其格栅井和污水敞开部分，宜设置臭气收集和处理装置。

3.4.3 排水泵站宜采用潜水泵。当采用干式泵站时，自然通风条件差的地下式水泵间应设置机械送排风系统。

3.4.4 对远离居民点并有人值守的泵站，宜设置值班室和工作人员的生活设施。

3.4.5 排水泵站应设置清洗设施。

Ⅱ 潜水泵站

3.4.6 集水池前宜设置沉砂池和拦截漂浮物的设施，格栅井宜与集水池合建。

3.4.7 集水池宜由集水坑和配水区等组成。

3.4.8 集水池的设计水位和有效容积应符合下列要求：

1 集水池的最高设计水位，雨水泵站宜为进水管管顶标高，污水泵站宜为进水管充满度对应的标高。

2 集水池有效容积不应小于单台潜水泵 5min 的出水量。

3 集水池的最低水位应满足水泵的最小淹没深度要求。

3.4.9 污水泵站的潜水泵可现场备用，也可库存备用。水泵台数不大于 4 台时，宜库存备用。

3.4.10 集水池可不设通风装置；但检修时，应设临时送排风设施，且换气次数不宜小于 5 次/h。

3.4.11 机组外缘与集水池壁的净距应根据设备技术参数确定，并应大于 0.2m，两机组外缘之间的净距应大于 0.2m。

3.4.12 集水池底坡向集水坑的坡度不宜小于 0.1。

3.4.13 集水池上宜采用盖板，盖板上宜设吊装孔、人孔和通风孔。

3.4.14 出水管上宜设置防止水流倒灌的装置。

3.4.15 集水池上可不设上部建筑，但应考虑设备安装和安全防盗措施。

3.5 污水处理

Ⅰ 一般规定

3.5.1 镇污水处理宜根据镇的功能、人口、地形地貌和地质等特点，合理划分排水区域，可采用集中处理与分散处理相结合的模式。

3.5.2 镇污水处理宜根据当地经济水平和水体环境容量，因地制宜地选择简单、经济、有效的技术措施。

3.5.3 污水站位置的选择，应符合镇规划的要求，并应符合现行国家标准《室外排水设计规范》GB 50014 的有关规定。

3.5.4 污水站的规模应按项目总规模控制并作出分期建设的安排，综合考虑现状水量和排水系统普及程度，合理确定近期规模。

3.5.5 镇污水处理程度和方法应根据现行的国家和地方有关排放标准、污染物性质、排入地表水域的环境功能和保护目标确定。缺水地区的镇，污水经处理后宜进行回用。

3.5.6 镇污水处理工艺应按照实用性、适用性、经济性、可靠性的原则，因地制宜地选择适合当地自然条件、技术水平和经济条件的工艺，并应符合下列要求：

1 镇污水处理工艺应根据处理规模、水质特性、受纳水体的环境功能及当地的实际情况和要求，经全面技术经济比较后确定。

2 应尽可能减少臭气和噪声对人居环境的影响。

3 应切合实际地确定污水进水水质，对污水的现状水质特性、污染物构成应进行详细调查或测定，作出合理的分析预测。在水质成分复杂或特殊时，应通过试验确定污水处理工艺。

4 污水站分期建设时，宜考虑工艺的连续性，各阶段宜采用同一种工艺。

3.5.7 镇污水处理工艺的处理效率，应根据采用的处理类别确定，并符合下列规定：

1 当处理工艺为去除碳污染物或具有硝化作用或污泥稳定时，可按表 3.5.7 的规定取值；

2 当采用稳定塘工艺时，其 BOD_5 预期处理效率应为30%～90%。

表 3.5.7 污水站处理效率

处理类别	污泥负荷 $kgBOD_5$/(kg MLSS·d)	污泥浓度 kg MLSS/m^3	处理效率(%)	
			SS	BOD_5
去除碳污染物	0.20～0.40	2.5～4.5	70～90	85～92
具有硝化作用	0.10～0.15	2.5～4.5	70～90	≥95
污泥稳定	0.02～0.10	4.0～5.0	70～90	≥95

3.5.8 污水站的出水排入水体前，应设置消毒设施。

3.5.9 污水站可因地制宜地选择化验项目。

3.5.10 污水站的供电可按三级负荷等级设计。

Ⅱ 均化池

3.5.11 处理水水质或水量变化大时，宜设置均化池。

3.5.12 均化池在污水处理流程中的位置，应根据处理系统的具体情况确定。

3.5.13 均化池的容积应根据污水流量变化曲线确定，并应留有余地。

3.5.14 均化池应设置冲洗、溢流、放空、防止沉淀、排除漂浮物和泡沫等设施。

Ⅲ 污水净化沼气池

3.5.15 污水净化沼气池必须设在室外，其外壁距建筑物外墙不宜小于5m，距水井等取水构筑物的距离不得小于30m。

3.5.16 污水净化沼气池的池壁和池底应进行防渗漏处理，气相部分内壁应进行防腐处理。

3.5.17 污水净化沼气池应由前处理区和后处理区两部分组成。前处理区宜为两级厌氧沼气池；后处理区应为折流式生物滤池，宜分为四格，并应内设不同级配的填料。填料可采用不同形式；当采用颗粒填料时，第一、二格填料粒径宜为5～40mm，第三格填料粒径宜为5～20mm，第四格填料粒径宜为5～15mm。每格填料高度宜为0.45～0.5m，填料体积宜为后处理区容积的30%。

3.5.18 污水净化沼气池的进、出水液位应据填料形式确定，其差不宜小于60mm。

3.5.19 后处理区应设通风孔，孔径不宜小于100mm。

3.5.20 当粪便污水和其他生活污水分别进入池内时，宜采用下列工艺流程：

其他生活污水 ↓（进入前处理区Ⅱ）

粪便污水→[前处理区Ⅰ]→[前处理区Ⅱ]→[后处理区]→出流

3.5.21 当粪便污水和其他生活污水合并进入池内时，宜采用下列工艺流程：

粪便污水、其他生活污水→[前处理区Ⅰ]→[前处理区Ⅱ]→[后处理区]→出流

3.5.22 前后处理区的容积比宜为2∶1，前处理区Ⅰ与前处理区Ⅱ的容积比宜为1∶1。

3.5.23 污水净化沼气池进水管道的最小设计坡度宜为0.04。

3.5.24 污水净化沼气池的总有效容积宜按下列公式计算：

$$V=V_1+V_2+V_3 \qquad (3.5.24\text{-}1)$$

$$V_1=\frac{\alpha n q_1 t_1}{24\times 1000} \qquad (3.5.24\text{-}2)$$

$$V_2=\frac{\alpha n q_2 t_2(1-b)(1-d)(1+m)}{1000(1-c)} \qquad (3.5.24\text{-}3)$$

$$V_3=k(V_1+V_2) \qquad (3.5.24\text{-}4)$$

式中 V——污水净化沼气池的总有效容积（m^3）；

V_1——污水净化沼气池的污水区有效容积（m^3）；

V_2——污水净化沼气池的污泥区有效容积（m^3）；

V_3——污水净化沼气池的气室有效容积（m^3）；

α——实际使用污水净化沼气池的人数与设计总人数的百分比（%），可按表3.5.24确定；

n——污水净化沼气池的设计总人数（人）；

q_1——每人每天生活污水量[L/(人·d)]，当粪便污水和其他生活污水合并流入时，为100～170L/(人·d)，当粪便污水单独流入时，为20～30L/(人·d)。

t_1——污水在污水净化沼气池中的停留时间，可取48～72h；

q_2——每人每天污泥量［L/（人·d)]，当粪便污水和其他生活污水合并流入时，为0.8L/（人·d)，当粪便污水单独流入时，为0.5 L/（人·d)；

t_2——污水净化沼气池的污泥清掏周期，可取360～720d；

b——新鲜污泥含水率（%），取95%；

m——清掏后污泥遗留量（%），取20%；

d——粪便发酵后污泥体积减量（%），取20%；

c——污水净化沼气池中浓缩污泥含水率（%），取90%；

k——气室容积系数，取0.12～0.15。

表3.5.24 污水净化沼气池及化粪池使用人数百分比 α

建筑物类别	百 分 比（%）
家庭住宅	100
村办医院、养老院、幼儿园（有住宿）	100
企业生活间、办公楼、教学楼	50

Ⅳ 人 工 湿 地

3.5.25 当有可供利用的土地和适用的场地条件时，经环境影响评价和技术经济比较后，可采用人工湿地处理工艺。

3.5.26 人工湿地宜两组或两组以上并联运行。

3.5.27 污水进人工湿地前应预处理，也可进行沉淀处理。

3.5.28 人工湿地宜由进水管、出水管、透气管、砂砾或岩石填料构成的过滤层、底部不透水层和具有一定净化功能的水生植物组成。透气管宜埋入填料中，其管口应高出填料300mm。

3.5.29 人工湿地倾向出水管的坡度不宜小于0.01。

3.5.30 过滤层宜按一定级配布置填料。当采用竖流式时，自上而下填料级配宜为8～12mm、12～16mm

和 16～40mm；填料高度宜为 0.20～0.30m、0.35～0.50m 和 0.25～0.30m。

3.5.31 人工湿地的表面有机负荷宜根据试验资料确定；在无试验资料时，可参照类似工程选择。

Ⅴ 稳 定 塘

3.5.32 当有可利用的池塘、沟谷等闲置土地或沿海滩涂等条件时，经环境影响评价和技术经济比较后，可采用稳定塘处理工艺。用作二级处理的稳定塘系统，处理规模不宜大于 5000m³/d。塘址为池塘、沟谷时，应有排洪设施；塘址为沿海滩涂时，应考虑潮汐和风浪的影响。

3.5.33 污水进稳定塘前应预处理，也可进行沉淀处理。

3.5.34 稳定塘可布置为单级塘或多级塘。单级稳定塘应为兼性塘、好氧塘或曝气塘。单级塘应分格并联运行。

3.5.35 在污水 BOD_5 大于 300mg/L 时，宜在多级塘系统的首端设置厌氧塘。

3.5.36 厌氧塘进水口宜设置在距塘底 0.6～1.0m 处；出水口宜设置在水面下 0.6m 处，并应位于冰层和浮渣层之下。

3.5.37 第一级塘应设置排泥或清淤设施，并宜分格并联运行。

3.5.38 稳定塘系统出水水质，根据受纳水体的不同要求，应符合国家现行有关标准的规定。在二级及以上稳定塘后可设置养鱼塘，其水质必须符合国家现行的有关渔业水质的规定。

3.5.39 稳定塘的出水水位应根据当地防洪标准确定。

3.5.40 稳定塘的设计数据应由试验资料确定；当无试验资料时，根据污水水质、处理程度、当地气候和日照等条件，可按表 3.5.40 的规定取值。

表 3.5.40 稳定塘典型设计参数

塘型		BOD_5 表面负荷 kg BOD_5/（hm²·d）			单元塘水力停留时间（d）			有效水深（m）	BOD_5 处理效率（%）
		Ⅰ区	Ⅱ区	Ⅲ区	Ⅰ区	Ⅱ区	Ⅲ区		
厌氧塘		200	300	400	3～7	2～5	1～3	3～5	30～70
兼性塘		30～50	50～70	70～100	20～30	15～20	5～15	1.2～1.5	60～80
好氧塘	常规处理塘	10～20	15～25	20～30	20～30	10～20	3～10	0.5～1.2	60～80
好氧塘	深度处理塘	<10	<10	<10		2～5		0.5～0.6	40～60
曝气塘	部分曝气塘	50～100	100～200	200～300		1～3		3～5	60～80
曝气塘	完全曝气塘	100～200	200～300	200～400		1～15		3～5	70～90

注：Ⅰ、Ⅱ、Ⅲ区分别适用于年平均气温在 8℃以下地区、8～16℃地区和 16℃以上地区。

3.6 污 泥 处 理

Ⅰ 一 般 规 定

3.6.1 镇污水站产生的污泥经检测达到国家现行有关标准的应进行综合利用。

3.6.2 镇污水站产生的污泥宜采用重力浓缩、污泥自然干化场等方式处理。

3.6.3 采用污泥机械脱水处理时，可将多个污水站的污泥进行集中脱水处理，也可设置移动脱水机巡回脱水。

3.6.4 污泥作肥料时应进行堆肥处理，有害物质含量应符合国家现行有关标准的规定。

Ⅱ 污泥干化场

3.6.5 污泥干化场宜用于气候较干燥、有较多土地和环境卫生条件许可的地区。

3.6.6 污泥干化场的污泥固体负荷量，宜根据污泥性质、年平均气温、降雨量和蒸发量等因素，参照相似地区经验确定。

3.6.7 干化场分块数不宜少于 3 块；围堤高度宜采用 0.5～1.0m，顶宽宜采用 0.5～0.7m。

3.6.8 干化场宜设人工排水层，人工排水层填料可分为两层，每层厚度宜为 0.2m。下层应采用粗矿渣、砾石或碎石，上层宜采用细矿渣或砂等。

3.6.9 排水层下宜设不透水层，不透水层宜采用黏土，其厚度宜为 0.2～0.4m；也可采用厚度为 0.10～0.15m 的低强度等级混凝土或厚度为 0.15～0.30m 的灰土。不透水层坡向排水设施的坡度，宜为 0.01～0.02。

3.6.10 污泥干化场应有排除上层污泥水的设施，上层污泥水应返回污水站处理，不得直接排放。

4 村 排 水

4.1 一 般 规 定

4.1.1 村排水宜采用雨、污分流制。

4.1.2 雨水沟渠宜与路边沟结合。

4.1.3 干旱、半干旱地区应收集利用雨水。

4.1.4 村居民污水量宜按照《镇（乡）村给水工程技术规程》CJJ 123 的用水定额并结合当地用水习惯和用水条件等因素确定。

4.1.5 粪便污水不得直排，必须经沼气池或化粪池处理；处理后的熟污泥可供农田利用。

4.1.6 专业养殖户污水、工业废水必须处理，并应符合排放标准后排放或综合利用。

4.2 沼 气 池

4.2.1 沼气池宜用于年平均气温高于 10℃的地区。

4.2.2 沼气池产生的可燃气体应用作燃料。

4.2.3 沼气池应设在室外，不得设在室内。

4.2.4 沼气池的池址宜选择在背风向阳、土质坚实、地下水位低、出料方便的地方，并应远离水井、树木和公路。

4.2.5 沼气池容积可根据家庭人口和饲养畜禽数量确定。户用沼气池容积宜为6～8m^3，每户1池或2池；多户共用的沼气池容积应根据实际情况确定。

4.2.6 沼气池可选用圆筒形水压式池型，沼气池池墙、池底和水压间可采用混凝土结构，拱盖可采用无模拱法砖砌筑。

4.2.7 沼气池应密封，并应能承受沼气的工作压力。固定盖式沼气池应有防止池内产生负压的措施。

4.2.8 沼气池宜设检测气量和气压的设施。

4.2.9 沼气池池壁和池底应进行防渗漏处理，气相部分内壁应进行防腐处理。

4.2.10 沼气池出气管上应安装气体净化器。

4.2.11 沼气池溢流管出口不得放在室内，并必须有水封。沼气池出气管口应设回火防止装置。

4.2.12 沼气池输气管管道必须符合国家现行有关产品标准的规定，不得使用再生塑料管。采用金属管道时必须进行防腐处理，并应符合国家现行有关防腐标准的规定。

4.2.13 当输气管总长小于25m时，管径不宜小于8mm；当输气管总长为25～50m时，管径不宜小于10mm；当输气管总长超过50m时，管径不宜小于12mm。

4.2.14 室外输气管宜埋设在地下并设置积水器。输气管埋设深度宜在室外地坪150mm以下，坡度不宜小于0.01，并应坡向积水器。沼气管道与地下其他管道相交或平行时，至少应有100mm的间距。当采用软管时，管外宜套硬质涵管。

4.2.15 室内输气管安装时，坡度不应小于0.01，并应坡向立管；偏转角度大于90°时，应用弯头连接。

4.2.16 室内管道应固定，并且固定点间距应符合下列要求：立管不宜大于0.8m；横管不宜大于0.5m。

4.2.17 输气管不应与电线交叉；当与电线平行时，间距不宜小于0.1m。

4.2.18 输气管与烟囱距离不宜小于0.5m。

4.2.19 沼气开关应固定在方便操作和检查的位置。

4.2.20 积水器应安装在输气管的最低处并应操作方便。

4.2.21 沼气池应每年检查一次气密性，4～8年应进行一次维修。

4.2.22 输气管应经常检查是否漏气和堵塞，发现漏气或使用5年后应进行更换。

4.2.23 有条件的地区，可设置农村能源物业管理站，对沼气池的建设、安全运行和维修提供服务。

4.3 化 粪 池

4.3.1 化粪池宜用于使用水厕的场合。

4.3.2 化粪池宜设置在接户管下游且便于清掏的位置。

4.3.3 化粪池可每户单独设置，也可相邻几户集中设置。

4.3.4 化粪池应设在室外，其外壁距建筑物外墙不宜小于5m，并不得影响建筑物基础；如受条件限制设置于机动车道下时，池顶和池壁应按机动车荷载核算。

4.3.5 化粪池与饮用水井等取水构筑物的距离不得小于30m。

4.3.6 化粪池池壁和池底应进行防渗漏处理。

4.3.7 化粪池的构造应符合下列要求：

1 化粪池的有效深度不宜小于1.3m，宽度不宜小于0.75m，长度不宜小于1.0m，圆形化粪池直径不宜小于1.0m；

2 双格化粪池第一格的容量宜为总容量的75%；三格化粪池第一格的容量宜为总容量的50%，第二格和第三格宜分别为总容量的25%；

3 化粪池格与格、池与连接井之间应设通气孔；

4 化粪池进出水口应设置连接井，并应与进水管和出水管相连；

5 化粪池进出水口处应设置浮渣挡板；

6 化粪池顶板上应设有人孔和盖板。

4.3.8 化粪池的有效容积宜按下列公式计算：

$$V = V_1 + V_2 \quad (4.3.8\text{-}1)$$

$$V_1 = \frac{\alpha n q_1 t_1}{24 \times 1000} \quad (4.3.8\text{-}2)$$

$$V_2 = \frac{\alpha n q_2 t_2 (1-b)(1-d)(1+m)}{1000(1-c)} \quad (4.3.8\text{-}3)$$

式中 V——化粪池的有效容积（m^3）；

V_1——化粪池的污水区有效容积（m^3）；

V_2——化粪池的污泥区有效容积（m^3）；

α——实际使用化粪池的人数与设计总人数的百分比（%），按本规程表3.5.24取值；

n——化粪池的设计总人数（人）；

q_1——每人每天生活污水量[L/(人·d)]，当粪便污水和其他生活污水合并流入时，为100～170 L/(人·d)，当粪便污水单独流入时，为20～30 L/(人·d)。

t_1——污水在化粪池中停留时间，可取24～36h；

q_2——每人每天污泥量［L/（人·d)]，当粪便污水和其他生活污水合并流入时，为0.8L/（人·d)，当粪便污水单独流入时，为0.5 L/（人·d）；

t_2——化粪池的污泥清掏周期，可取90～360d；

b——新鲜污泥含水率（%），取95%；

m——清掏后污泥遗留量（%），取20%；

d——粪便发酵后污泥体积减量（%），取20%；

c——化粪池中浓缩污泥含水率（%），取90%。

4.4 雨水收集和利用

4.4.1 干旱、半干旱地区的村，雨水宜采用集流场收集，集流场可分为屋面集流场和地面集流场。

4.4.2 集流场收集的雨水宜采用水窖贮存，有条件地区也可在农家房前或田间采用露天敞口池收集贮存雨水。

4.4.3 收集的雨水可用于灌溉或杂用。

5 施工与质量验收

5.1 一般规定

5.1.1 施工前，应编制施工组织设计或施工方案，明确施工质量负责人和施工安全负责人，经批准后方可实施。

5.1.2 施工中，应作好材料设备、隐蔽工程和分项工程等中间环节的质量验收；隐蔽工程应经过验收合格后，方可进行下一道工序施工。

5.1.3 管道工程的施工和验收，除应按本规程执行外，尚应符合现行国家标准《给水排水管道工程施工及验收规范》GB 50268的有关规定；混凝土结构工程的施工和验收，尚应符合现行国家标准《混凝土结构工程施工质量验收规范》GB 50204的有关规定；砌体结构工程的施工和验收，尚应符合现行国家标准《砌体工程施工质量验收规范》GB 50203的有关规定；构筑物的施工和验收，尚应符合现行国家标准《给水排水构筑物施工及验收规范》GBJ 141的有关规定。

5.1.4 排水工程竣工验收后，建设单位应将有关设计、施工和验收的文件归档。

5.2 施　　工

5.2.1 管道的施工应根据土的种类、水文地质情况、施工方法、施工环境、支撑条件、管渠断面尺寸、管渠长度和管渠埋深等情况，选择沟槽的开挖断面；开挖断面可为直槽、梯形槽和混合槽等形式。

5.2.2 沟槽开挖应保证基坑和边坡的稳定，并应留有足够的施工空间。管渠外壁到沟壁的净距不应小于表5.2.2的规定。

表5.2.2 管渠外壁到沟壁的最小距离

管径或渠高（mm）	最小距离（mm）
≤300	150
350～450	200
500～900	300

注：1 当有支撑或槽深大于3m时，最小距离应适当加大；

2 沟槽总宽度不宜小于600mm。

5.2.3 沟槽开挖、管道敷设和回填均应保证基坑不积水和相对干燥。

5.2.4 沟槽开挖宜按检查井间距分段进行，敞沟时间不宜过长；管道安装敷设验收合格后，方可回填。

5.2.5 具备沟槽回填条件时，应及时回填。从槽底至管顶以上0.5m范围内，回填土不得含有有机物、冻土以及粒径大于50mm的砖石等硬块；回填料、回填高度以及压实系数应符合相关要求。

5.2.6 回填应对称进行，除管顶以上0.5m范围内采用薄铺轻夯逐层夯实外，其余宜按200～250mm厚度分层夯实。

5.2.7 防渗漏处理和反滤层的施工，应作为关键工序进行单项验收；质量验收合格后，应注意保护。

5.2.8 沟槽或构筑物基坑超过一定深度或邻近有需要保护的建筑物、管道等时，应进行基坑设计或施工方案评审。

5.2.9 钢筋混凝土构筑物的施工，应做好钢筋保护层、变形缝的保护，应避免和减少施工冷缝，并控制好温度裂缝，应保证其水密性和耐久性。

5.2.10 混凝土构件浇筑前，钢筋工程必须验收合格。

5.2.11 砌体构筑物的壁与混凝土底板连接时，应使砌体壁嵌入底板20～30mm，或底部200～300mm高度的壁板采用混凝土与底板整体浇筑，连接处混凝土表面拉毛坐浆处理。

5.2.12 砌体构筑物的内外壁应做厚度不小于20mm的防水水泥砂浆抹面层，并应两次以上完成。

5.2.13 沼气池施工除应符合国家现行有关标准对一般构筑物土建施工的规定外，尚应符合现行国家标准《户用沼气池施工操作规程》GB/T 4752的规定。

5.3 质量验收

5.3.1 对污水管、合流污水管和湿陷性黄土、膨胀土地区的雨水管，在回填土前应按现行国家标准《给水排水管道工程施工及验收规范》GB 50268的有关规定进行严密性试验。

5.3.2 管渠竣工验收时，应核实竣工验收资料，并应进行复验和外观检查。应对下列项目作出鉴定，并填写竣工验收鉴定书：

1 管渠的位置和高程；

2 管渠和附属构筑物的断面尺寸；

3 外观；

4 其他。

5.3.3 在符合下列条件时，可进行水池满水试验：

1 池体的混凝土或砖石砌体的砂浆已达到设计强度；

2 现浇钢筋混凝土水池的防水层和防腐层施工及回填土以前；

3 装配式预应力混凝土水池施加预应力后，保护层喷涂前；

4 砖砌水池防水层施工后；

5 石砌水池勾缝后。

5.3.4 水池满水试验前应完成下列工作：

1 将池内清理干净，修补池内外缺欠，临时封堵预留孔洞、预埋管口和进出水口等，检查进水和排水闸阀，不得渗漏；

2 设置水位观测标尺；

3 准备现场测定蒸发量的设备；

4 宜采用清水作为充水水源，做好充水和放水系统的准备工作。

5.3.5 水池满水试验应符合下列要求：

1 向水池内充水宜分三次进行，第一次充水高度宜为设计水深的1/3，第二次充水至设计水深的2/3，第三次充水至设计水深；

2 充水时，水位上升速度不宜大于2m/h，相邻两次充水的间隔时间不宜小于24h；

3 每次充水宜测读24h水位下降值，并应计算渗水量；在充水过程中和充水后，应对水池作外观检查；当渗水量过大时，应停止充水，待处理后方可继续充水；

4 充水至设计水位进行渗水量测定时，宜采用水位测针和千分表测定水位；水位测针的读数精度宜为0.1mm；

5 测读水位的初读数与终读数之间的间隔时间宜为24h；

6 若第一天测定的渗水量符合标准，宜再测定一天；若第一天测定的渗水量超过标准，而以后的渗水量逐渐减少，可延长观测时间；

7 现场测量蒸发量的设备，可采用直径约为500mm，高约为300mm的敞口钢板水箱，并应设有测定水位的仪表，水箱不得渗漏；

8 水箱宜固定在水池上，水箱中充水深度可约为200mm，测定水池中水位的同时，应测定水箱中水位。

5.3.6 水池满水试验时，应无渗水现象，混凝土水池的渗水量应小于2L/(m²·d)，砌体水池的渗水量应小于3L/(m²·d)。

5.3.7 水池的渗水量宜按下式计算：

$$q=\frac{A_1}{A_2}[(H_1-H_2)]-(h_1-h_2)] \quad (5.3.7)$$

式中 q——渗水量[L/(m²·d)]；

A_1——水池的水面面积（m²）；

A_2——水池湿面积（m²）；

H_1——测定水池水位的初读数（mm）；

H_2——初读后24h时测定水池水位的终读数（mm）；

h_1——测定H_1时，水箱水位读数（mm）；

h_2——测定H_2时，水箱水位读数（mm）。

5.3.8 水池工程施工完毕后必须竣工验收，竣工验收宜由建设单位组织设计、施工、管理（使用）、质量监督、监理和有关单位联合进行。

5.3.9 水池工程验收宜包括下列内容：

1 底板、池壁、柱、梁和预埋管道的位置、高程、平面尺寸，管件的安装位置和数量；

2 水池的渗水量；

3 水池材料的各类强度和等级；

4 水池四周土的回填夯实和平整情况。

5.3.10 水池管配件工程验收宜包括下列内容：

1 管材、管径、长度、走向、埋深、坡度、连接方式和管线的位置；

2 管道的密封性，防腐情况；

3 闸、阀的数量和位置，启闭和密封情况。

5.3.11 沼气池验收除应符合国家现行有关标准对一般构筑物的土建质量验收规定外，尚应符合现行国家标准《户用沼气池质量检查验收规范》GB/T 4751的规定。

本规程用词说明

1 为便于在执行本规程条文时区别对待，对要求严格程度不同的用词说明如下：

1）表示很严格，非这样做不可的：
正面词采用"必须"，反面词采用"严禁"。

2）表示严格，在正常情况下均应这样做的：
正面词采用"应"，反面词采用"不应"或"不得"。

3）表示允许稍有选择，在条件许可时首先应这样做的：
正面词采用"宜"，反面词采用"不宜"；
表示有选择，在一定条件下可以这样做的，采用"可"。

2 本规程中指明应按其他有关标准执行的写法为："应符合……的规定"或"应按……执行"。

中华人民共和国行业标准

镇(乡)村排水工程技术规程

CJJ 124—2008

条 文 说 明

目　次

1　总则 ………………………………… 2—30—14
3　镇(乡)排水 ……………………… 2—30—14
3.1　一般规定 ……………………… 2—30—14
3.2　设计水量和设计水质 ………… 2—30—14
3.3　排水管渠和附属构筑物 ……… 2—30—15
3.4　泵站 …………………………… 2—30—15
3.5　污水处理 ……………………… 2—30—16
3.6　污泥处理 ……………………… 2—30—19
4　村排水 …………………………… 2—30—20
4.1　一般规定 ……………………… 2—30—20
4.2　沼气池 ………………………… 2—30—20
4.3　化粪池 ………………………… 2—30—21
4.4　雨水收集和利用 ……………… 2—30—21
5　施工与质量验收 ………………… 2—30—21
5.1　一般规定 ……………………… 2—30—21
5.2　施工 …………………………… 2—30—21
5.3　质量验收 ……………………… 2—30—22

1 总 则

1.0.1 说明制定本规程的宗旨目的。

1.0.2 规定本规程的适用范围。

为促进环境保护与经济社会协调发展，国家发展和改革委员会会同建设部、国家环保总局发出《关于组织编制全国城镇污水处理及再生利用设施建设规划的通知》（发改办投资［2005］513号文），要求组织编制《全国城镇污水处理及再生利用设施建设规划》，规划范围包括地级以上城市、县级市、县城。而对于县城以外的镇、乡和村，由于其排水工程与城镇相比有一定的区别，故编制本规程。

本规程适用于县城以外的镇、乡和村的新建、扩建和改建的排水工程。由于规划设施服务人口超过50000人的镇，其规模较大，宜按现行国家标准《室外排水设计规范》GB 50014的规定执行。

1.0.3 规定排水工程建设的主要依据和基本任务。

为建设社会主义新农村，构筑和谐社会，让全国镇村的广大居民有一个良好的劳动和生活环境，建设部批准、发布了《镇规划标准》GB 50188。镇村的排水工程建设应以批准的镇村规划为主要依据，任何组织和个人不得擅自改变。

镇村排水工程建设的基本任务是根据建设工程的要求，对建设工程所需的技术、经济、资源、环境等条件进行综合分析、论证，因地制宜，充分利用现有条件和设施，凡是能利用的或经过改造能利用的设施都应加以利用，充分体现节地、节水、节能和节材的原则，选择安全可靠、运行稳定的排水技术。本规程规定了基本任务和应正确处理的有关方面关系。

1.0.4 关于特殊地区排水工程建设尚应符合国家现行相关标准的规定。

1.0.5 关于排水工程建设尚应执行现行有关标准的规定。

3 镇（乡）排水

3.1 一 般 规 定

3.1.1 规定镇区排水制度的采用原则。

我国可开发利用的淡水资源十分有限，随着经济的快速发展，水环境质量面临总体下降的趋势，因此保护水环境质量是经济建设过程中必须高度重视的问题。

选择分流制排放雨、污水，可以将污水系统收集的污水输入污水处理设施处理后排放，相对污水而言，较清洁的雨水就近排入河道，从而达到缩减污水处理设施规模、节约投资，有效控制污染物排放的目的。

目前我国多数镇区的排水系统很不完善，一些镇区排水管渠尚不健全，污水截流更无从谈起，镇区内部或周边的水体质量逐步下降。随着社会主义新农村建设的逐步推进，农村人口有逐步集中居住的趋势，镇区的规模也越来越大，产生的污水也随之逐步趋向集中。在城市化水平逐步提高的同时，完善排水管渠，有条件的地区增加污水截流、处理设施，将现有无序的排水体制逐步完善，对于镇区内部或周边水体质量的改善，创造良好的居住环境都是十分必要的。

干旱地区，年降雨量较小，如果单独建设雨水管渠，其使用频率较低，考虑目前镇区的经济条件，在干旱地区可采用合流制排水。

3.1.2 规定镇区雨水的排放原则。

选择由管渠收集雨水后再排放，可以提高排水速度，有效防止地面漫流对地表的冲刷，保护地表植被、建筑物和道路等。

镇区的地域范围不大，雨水排放距离不长，一般情况下，地面与周边水体水面的高差基本能满足雨水自流排放所需的水力坡降，因此镇区可选择雨水自流排放，节约能源。

在南方沿江滨湖和受潮汐影响的河口三角洲地区，为了解决防洪、除涝和灌溉等问题，常在低洼平原区域设置圩垸防御外水。圩垸内地势低平，地面高程一般低于汛期外河水位，自流排水条件差，容易渍涝成灾；在大水年份，还存在外河洪水泛滥威胁。设置圩垸后，圩垸内河、湖、池、塘的水位可以调控，具有很好的防洪、除涝和灌溉等功能。镇区的雨水排放工程可与水利工程相结合，减小雨水管渠的直径，节约投资。

有些地势低洼、周边水体水位较高的镇区，只有采用水泵排出雨水才是安全、有效的方式。

3.1.3 关于污水排放标准的规定。

3.1.4 规定工业废水的排放标准。

镇区内的工业企业往往规模较小、污染较重、单位产品耗水量较大，所排放的废水中污染物含量与生活污水差别较大，甚至含有一些有毒有害、腐蚀性物质和重金属，在排入管道前，应进行必要的处理，达到相关标准后才能排入，并确保污水处理设施的处理效果。

3.2 设计水量和设计水质

3.2.1 关于污水定额和设计水量的规定。

因镇区的城市化水平低于城镇地区，建筑物内部给排水设施水平也不及城镇地区，因此其相应的污水定额稍低，可按当地相关用水定额的60%～90%采用。设计水量应与当地排水系统普及程度相适应，普及程度高污水收集率就高，水量就大。

此外，气候条件也会影响居民生活污水定额和综合生活污水定额。干旱地区，水资源紧张，水的重复利用率较高，较清洁的洗涤水可作为绿化浇洒水、道路和广场冲洗水，得以进入镇区污水收集和处理系统的污水量相对较小。因此干旱地区的污水定额较低，可取上述范围的低值。

3.2.2 规定生活污水量总变化系数的采用原则。

相关统计资料是综合生活污水量总变化系数的来源，但就目前我国镇的排水现状和管理水平而言，还无法收集相关的统计资料。相对于城镇而言，镇的人口少，社会分工简单，人们的生产、生活规律较一致，污水的产生时段较集中，因此综合生活污水量的总变化系数高于《室外排水设计规范》GB 50014 中的数据。本规程充分考虑镇排水特点和经济条件，综合生活污水量总变化系数在《室外排水设计规范》GB 50014 的基础上作了适当放大。

3.2.3 规定设计暴雨强度的计算原则。

3.2.4 规定设计暴雨重现期的采用原则。

考虑镇的经济条件，相对于城镇而定，适当降低了镇设计暴雨重现期。

3.2.5 规定截流倍数的采用原则。

考虑镇的经济条件，相对于城镇而言，镇的用地规模较小，适当降低了镇合流管渠的截流倍数。

然而，由于镇的取水口可能就在镇域范围内，同样排水口也不可能设置得很远。当采用合流体制排水时，暴雨初期排出的合流污水会在短期内污染水环境，引起较严重的后果，因此本规程规定水源保护区等特别重要地区截流倍数宜大于 3。

3.2.6 规定生活污水、工业废水水质的确定原则。

3.3 排水管渠和附属构筑物

3.3.1 规定排水管渠的设计和分期建设原则。

管渠一般使用年限较长，改建困难，如仅根据当前需要设计，不考虑规划，在发展过程中会造成被动和浪费；但是管渠系统的基建投资和维护费用都很大，同时镇预测的不确定性较城镇大，因而设计期限不宜过长。综合考虑，排水管渠断面宜按规划期内的最高日最高时设计流量设计。

3.3.2 规定排水管渠最小管径和最小设计坡度的采用原则。

由于经济原因，规定排水管渠最小管径比城镇小。一般情况下，镇区内部对排水管渠的疏通养护水平不及城镇地区，可以适当增加管渠坡度，以减少污泥淤积，因此本条中管渠最小设计坡度大于《室外排水设计规范》GB 50014 的数据。

3.3.3 规定排水管渠最大设计充满度的设计原则。

由于经济原因，镇污水管渠设计充满度比城镇大。

3.3.4 规定管道的最小覆土厚度。

由于镇的经济能力有限，排水管渠宜采取浅埋形式。但在确定管道覆土厚度时，必须考虑以下因素：首先是管材的质量，其次是外部荷载情况，还必须考虑筑路时的临时荷载，冰冻地区还须考虑冰冻深度的影响。如管道覆土厚度不能满足本条规定，应对管道采取加固措施，确保管道安全。

3.3.5 规定管道的选用原则。

近年来，塑料排水管在城镇排水建设中得到广泛应用，它们具有粗糙度小，管道敷设坡度小，过水能力强，基础简单，接口方便，施工快捷等优点。鉴于镇的施工水平有限，宜选用施工过程相对简便的塑料排水管，例如聚乙烯管、聚氯乙烯管、聚丙烯管、玻璃纤维增强夹砂塑料管等排水管道。在选用上述塑料管排水时，应注意管道环刚度与荷载的关系，确保管道本身和路基的安全。位于机动车道下的塑料排水管道，其环刚度不宜小于 $8kN/m^2$，位于非机动车道下、绿化带下、庭院内的塑料排水管道，其环刚度不宜小于 $4kN/m^2$。

3.3.6 规定检查井的最大间距。

因镇排水管道的养护水平较低，为了减小养护难度，检查井的间距不宜太大。

3.3.7 规定检查井材质和防渗要求。

近年来，由于非混凝土材质排水管道的大规模应用，与之配套开发的整体预制井同样具有基础简单、接口方便、施工快捷的优点，也可用于镇排水管网的建设中。

为了防止污水渗漏污染地下水，影响镇的供水安全，本条规定污水检查井应进行防渗漏处理。

3.3.8 规定雨水管道检查井沉泥槽的设置原则。

沉泥槽有截留进入雨水管道的粗重物体的作用。镇的道路路面等级较低，泥砂、小颗粒碎石等容易随水流入雨水口。部分镇居民可能还从事着农业生产，有时会占用部分市政道路从事农业生产，例如晾晒农作物等。为了避免泥砂、小颗粒碎石、散落的农作物、飘落的树叶等杂物流入管道后沉积，阻塞下游排水管道，规定雨水管道的检查井宜设置沉泥槽。

3.3.9 规定管线交叉时的处理原则。

3.4 泵 站

Ⅰ 一般规定

3.4.1 关于排水泵站供电负荷等级的规定。

供电负荷等级应根据对供电可靠性的要求和中断供电在环境、经济上所造成损失或影响程度来划分。若突然中断供电，造成较大环境、经济损失，给居民生活带来较大影响者应采用二级负荷等级设计。对于镇排水泵站，可采用三级负荷等级设计，对于重要地区的泵站，宜按二级负荷等级设计。

3.4.2 关于泵站除臭的规定。

污水、合流污水泵站的格栅井和污水敞开部分，有臭气逸出，影响周围环境。对位于居民区和重要地区的泵站，宜设置臭气收集和处理装置。目前我国应用的臭气处理装置有生物除臭、活性炭除臭和化学除臭等。

3.4.3 关于泵站形式和通风的规定。

潜水泵站占地省、操作管理方便、运行成本低，宜采用。当采用干式泵站，地下式水泵间有顶板结构时，其自然通风条件较差，宜设置机械送排风系统排除可能产生的有害气体和泵房内的余热、余湿，以保障操作人员的生命安全和健康。通风换气次数一般为5～10次/h，通风换气体积以地面为界。该条内容在《室外排水设计规范》GB 50014－2006中为强制性条文，由于镇的经济条件有限，本规程不作强制性规定，但在检修时，应设临时送排风设施，通风次数不应小于5次/h。

3.4.4 关于泵站管理人员辅助设施的规定。

值班室系指在泵房内单独隔开一间，供值班人员工作、休息等用。对远离居民点并经常有人值守的泵站，宜适当设置值守人员的生活设施。

3.4.5 关于排水泵站设置清洗设施的规定。

排水泵站应设置清洗设施，以便平时清洗集水池和潜水泵吊出时的清洗。

Ⅱ 潜水泵站

3.4.6 关于泵站设置沉砂池和拦截设施的规定。

集水池前宜通过沉砂池沉积泥砂、通过格栅拦截大块的悬浮或漂浮的污物，以保护水泵叶轮和管配件，避免堵塞或磨损，保证水泵正常运行。

集水池宜与格栅井合建，其优点为布置紧凑，占地少，起吊设备可共用。合建的集水池宜采用半封闭式，闸门和格栅处敞开，其余部分加盖板封闭，以减少污染。

3.4.7 关于集水池组成的规定。

潜水泵站的水泵电机机组在集水池内，成为水下的泵室。水泵吸水口的底部有集水坑，集水池的进水侧有配水区或前池。

3.4.8 关于集水池设计水位和有效容积的规定。

1 集水池的最高设计水位应根据泵站的性质分别计算，雨水泵站按进水管满流计算，与进水管管顶相平；污水泵站按进水管充满度计算，与进水管的水面相平。

2 集水池的最高设计水位与最低设计水位之间的容积为集水池有效容积。如有效容积过小，则水泵开启频繁；有效容积过大，则增加工程造价。根据淹没式电机的技术要求，潜水泵每小时的启动次数不宜大于12次，工作周期不宜小于300s。

3 潜水泵站的最低设计水位应满足潜水泵的最小淹没深度要求，否则，会吸入空气，引起汽蚀或过热等问题，影响泵站正常运行。

3.4.9 关于污水泵站潜水泵备用的规定。

由于潜水泵调换方便，备用泵可以就位安装，也可以库存备用。根据《室外排水设计规范》GB 50014－2006规定，当工作泵台数不大于4台时，备用泵宜为1台；本规程规定在此情况下，宜库存备用，以减少土建规模，节省投资。

3.4.10 关于集水池通风要求的规定。

潜水泵房的集水池可不设通风装置，但检修时，应设临时送排风设施，排除可能产生的有害气体以及泵房内的余热、余湿，以保障操作人员的生命安全和健康，换气次数不宜小于5次/h。

3.4.11 关于机组布置的规定。

机组的间距应满足安全防护和操作、检修的需要，并确保配件在检修时能够拆卸。

3.4.12 关于集水池底坡的规定。

为利于清池时排空，规定池底坡向集水坑的坡度不宜小于0.1。

3.4.13 关于集水池盖板的规定。

为了保证潜水泵安装和检修，盖板上宜设吊装孔、人孔和通风孔。

3.4.14 关于出水管的有关规定。

出水管安装止回阀、拍门等防止水流倒灌设施的目的是在水泵突然停运时，防止出水管的水流倒灌，或水泵发生故障时检修方便。

3.4.15 关于集水池不设上部建筑的规定。

由于潜水泵安装在集水池内，为节省造价，充分发挥潜水泵的特点，集水池上可不设上部建筑，仅在池顶设盖板，并留有吊装孔、人孔或通风孔。潜水泵的安装、维修起吊可通过临时起吊架或吊车来完成；也可只设工字钢，在使用时安装起吊葫芦；工字钢应有防锈措施，起吊葫芦平时应保存在仓库内，以防锈蚀。

3.5 污水处理

Ⅰ 一般规定

3.5.1 关于镇污水处理模式的规定。

镇污水处理一般需根据镇的功能、人口、地形地貌、地质特点和排放要求，以经济合理、污染控制、形成管网和提高污水系统效率为原则，对一个区域内的几个镇的污水站的设置进行统一规划。当一个区域内镇密集且距离较近时，应通过技术经济比较，确定集中和分散处理的范围，并明确集中处理的镇和分散处理的镇，按规划逐步达到各自的处理要求。

镇污水的分散处理有两种含义，其一是点源的分散处理，如远离镇区的住宅；其二是各镇相对独立的污水处理模式。

3.5.2 关于镇污水处理技术选择原则的规定。

镇污水处理具有规模小、建成投产后运行费用难以解决等特点，为此，镇污水处理应按因地制宜原则，选用处理效果好、投资少、运行和维护费用省的工艺技术方案，确保运行简便、安全、适用。尽可能采用“生态技术”和“绿色技术”，做到污水处理工艺能耗和物耗的最小化、环境污染的最小化和资源重复利用的最大化。

3.5.3 关于污水站位置选择的规定。

污水站位置的选择，应符合镇规划和排水工程专业规划的要求。在山区或丘陵地区，可考虑利用自然地形，采用因地制宜的处理技术，以节省能源。

3.5.4 关于污水站处理规模的规定。

污水站的规模应按项目总规模控制，并进行分期建设，近期规模应综合考虑现状污水量和排水系统的普及程度，合理确定近期规模，确保收集足够的污水，以满足污水站近期运转的需要。

3.5.5 关于镇污水处理程度的规定。

镇污水的处理程度应根据国家和地方现行的有关排放标准、污染物的来源及性质、排入地表水域的环境功能和保护目标确定。有回用要求时，处理程度还应同时满足相关的再生水标准。

3.5.6 关于镇污水处理工艺选择原则的规定。

镇污水处理的工艺多种多样，各种工艺和实施方式各异，应根据污水水质、水体对排放尾水的水质要求等因素，通过技术经济比较后确定。主要技术经济指标包括：处理单位水量投资、削减单位污染物投资、处理单位水量电耗和成本、削减单位污染物电耗和成本、占地面积、运行可靠性、管理维护难易程度和总体环境效益等。

镇污水站，一般不考虑除臭，但应通过总图布置，减少臭气和噪声对人居环境的影响。

3.5.7 关于污水站处理效率的规定。

根据国内污水厂处理效率的实践数据，并参考国外资料制定。

二级处理的处理效率包括一级处理，一级处理的效率主要是沉淀池的处理效率。

镇污水二级处理应根据污水水质和处理要求合理地设置构筑物。当污水中悬浮物浓度不高或采用氧化沟、序批式活性污泥法工艺时，可不设初沉池；当二级生物处理采用生物膜法、序批式活性污泥法工艺、组合式活性污泥法(集生物反应与沉淀于一池)工艺时，可不设置二次沉淀池。

3.5.8 关于污水站设置消毒设施的规定。

根据国家有关排放标准的要求，在污水处理后排入水体前应设置消毒设施。消毒设施的选择，应根据消毒效果、消毒剂的供应、消毒后的二次污染、操作管理、运行成本等综合考虑后决定。

3.5.9 关于污水站化验项目的规定。

污水站可因地制宜地选择化验项目，并尽量简化。对于有些化验项目，可采用几座污水站共用一个化验室，或委托其他单位化验，实现社会化服务。

3.5.10 关于污水站供电负荷等级的规定。

供电负荷等级应根据对供电可靠性的要求和中断供电在政治、经济上所造成损失或影响程度来划分。若突然中断供电，造成较大经济损失，给镇生活带来较大影响者应采用二级负荷等级设计。对于镇污水站，可按三级负荷等级设计，对于重要地区的污水站，宜按二级负荷等级设计。

Ⅱ 均 化 池

3.5.11 关于设置均化池的规定。

镇区污水的水量和水质变化幅度都较城镇大。为了保证处理构筑物和设备的正常运行，对于处理水水量和水质波动较大的镇区污水，宜设置均化池，以调节水量和水质，使后续处理构筑物在运行期间能得到均衡的进水量和稳定的水质，达到理想的处理效果。

3.5.12 关于均化池设置位置的规定。

均化池在污水处理工艺流程中的位置，应依据每个处理系统的具体情况确定。如把均化池设于初沉池之前，设计中应考虑设置混合设备，以防止固体沉淀。

3.5.13 关于均化池容积的规定。

实际中往往得不出规律性很强的流量变化曲线，故确定均化池容积时，应视实际情况确定，并应留有余地。

3.5.14 关于均化池设置冲洗等装置的规定。

据调查，均化池的池面会有漂浮物和泡沫，为防止漂浮物和泡沫影响出水水质和环境卫生，应设冲洗装置、溢流装置、排出漂浮物和泡沫的设施。同时，均化池内应增设放空设施，池底坡度不小于 0.05，便于放空与清淤。

Ⅲ 污水净化沼气池

3.5.15 关于污水净化沼气池设置位置的规定。

3.5.16 关于污水净化沼气池防渗和防腐的规定。

3.5.17 关于污水净化沼气池组成和构造的规定。

污水净化沼气池由前处理区和后处理区两部分组成。

前处理区为两级厌氧沼气池，每 10～12 户居民的生活污水经净化沼气池处理，产生的沼气可供一个沼气炉或一盏沼气灯燃烧之用。因圆形池不易漏气，若收集、利用沼气，可采用圆形池；若不收集、利用沼气，也可采用矩形池。

后处理区为折流式生物滤池，由滤板和填料组成。滤池宜分为四格，第一、二格为粗滤池，填料粒径宜为 5～40mm；第三格为中滤池，填料粒径宜为 5～20mm；第四格为细滤池，填料粒径宜为 5～15mm。每格填料高度宜为 0.45～0.5m。污水净化沼气池后处理区，即折流式生物滤池示意图如图 1 所示。

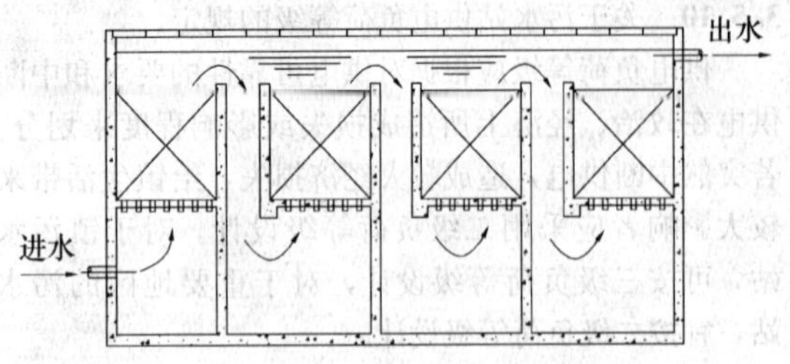

图1 折流式生物滤池示意图

3.5.18 关于液位差的规定。

为了保障水流通畅规定了液位差。

3.5.19 关于设置通风孔的规定。

后处理区会产生少量有毒和易燃、易爆气体，如硫化氢和甲烷等，及时将这些气体经通风孔排入大气，可避免中毒和爆炸事故的发生。

3.5.20 规定了粪便污水和其他生活污水分别流入时的工艺流程。

为了提高效率，可在第二级沼气池中添加半软性填料，加入量约为污水净化沼气池总池容的15%～20%；加入填料的缺点是易堵，因而应慎重考虑。

3.5.21 规定了粪便污水和其他生活污水合并流入时的工艺流程。

3.5.22 关于前后处理区容积比的规定。

3.5.23 关于污水净化沼气池进水管道最小设计坡度的规定。

根据江苏省的经验，为保障水流通畅，污水净化沼气池进水管道的最小设计坡度宜为0.04。

3.5.24 关于污水净化沼气池总有效容积计算公式的规定。

Ⅳ 人工湿地

3.5.25 关于人工湿地使用条件的规定。

本规程特指竖流式人工湿地。人工湿地由于其投资低、抗冲击力强、操作简单、建造和运行费用低、维护方便，同时可使污水处理与生态环境建设有机结合，在处理污水同时创造生态景观等特点，逐步被接受并得到应用，但人工湿地也有占地面积大、受气候影响大等缺点。

选用人工湿地时，必须考虑当地是否有合适的场地，并应对工程的环境影响、投资、运行费用和效益作全面的分析比较。

3.5.26 关于人工湿地并联运行的规定。

人工湿地运行的一个问题是填料堵塞。分成两组或两组以上，可分别进水。不进水的那组，在太阳照射下，填料上的生物膜会干化起壳而去除，这样填料不易堵塞，同时又利于氧气进入填料间，以提高处理效率。

3.5.27 关于人工湿地预处理的规定。

人工湿地处理系统的预处理，一般采用格栅和沉砂处理，也可进行沉淀处理。污水经预处理或一级处理后进人工湿地，可减少进水口附近积累的大量固体物，延长填料堵塞的时间。

3.5.28 关于人工湿地构造的规定。

人工湿地构造简单，包括进水管、出水管、透气管、过滤层、不透水层和具有一定净化功能的水生植物层。不透水层设于底部，采用不透水材料以防止污水渗漏；进水可采用多点进水以利于配水均匀；出水可采用沟排、管排、井排等方式；过滤层可选用砂、砾石、石灰石、石英砂、煤灰渣、高炉渣等填料。根据广东省深圳市某人工湿地的经验，设置透气管，有利于氧气进入填料间，从而提高处理效率。

3.5.29 关于人工湿地坡度的规定。

为了保证出水的顺畅，人工湿地倾向出水管的坡度不宜小于0.01。

3.5.30 关于过滤层填料的规定。

传统人工湿地的过滤层填料采用土壤、砂、砾石等，不同材料的填料对污染物的吸附性能和微生物附着性能不同。目前国内外正在研究的填料主要有：塑料，沸石，石灰石，石英砂，煤灰渣，高炉渣，草炭，粉煤灰，活性炭，陶瓷，蛭石，自然岩石与矿物材料等。所选填料都应满足：1)质轻；2)有足够的机械强度；3)比表面积大，孔隙率高；4)不含对人体健康和工业生产有害的物质，化学稳定性良好；5)水头损失小，形状系数好，吸附能力强；6)滤速高，工作周期长，产水量大，水质好。为了综合发挥各填料优势，人工湿地滤层往往由多种填料组成，填料级配十分重要，以有效去除各种污染物质，同时有效避免堵塞，提高运行周期。

3.5.31 关于人工湿地设计参数的规定。

人工湿地污水处理系统一般都是根据试验资料和现有的经验进行设计，通过对现有人工湿地处理系统成功运行经验的研究和总结，引导出具有普遍意义的设计参数和计算公式，在此基础上进行新系统的设计。温度对处理效率的影响很大，在寒冷地区的冰冻季节，人工湿地无法正常运行。表面有机负荷的取值也与温度有关，较冷地区可取较低负荷，较热地区可取较高负荷。如广东省深圳市某垂直流人工湿地采用500kgBOD_5/(hm^2·d)负荷处理城市污水，江苏省宿迁市某垂直流人工湿地采用120kgBOD_5/(hm^2·d)负荷处理生活污水，情况均良好。

Ⅴ 稳定塘

3.5.32 关于稳定塘选用原则和规模等的规定。

对于镇的污水，可考虑利用废旧池塘、沟谷等闲置土地，建设稳定塘污水处理系统。

稳定塘是接近自然的人工生态系统，它具有管理方便、能耗少等优点，但有占地面积大等缺点。稳定塘占地约为活性污泥法二级处理厂用地面积的13.3

～66.7倍。选用稳定塘时，必须考虑当地是否有足够的土地可供利用，并应对工程投资和运行费用作全面的经济比较。我国珠江三角洲地区地少价高，已有废弃稳定塘，建设活性污泥法处理厂的例子。国外稳定塘一般用于处理小水量的污水。如日本因稳定塘占地面积大，不推广应用；英国限定稳定塘用于三级处理；美国5000多座稳定塘总共处理污水量为898.9×$10^4m^3/d$，平均$1798m^3/d$，仅135座大于$3785m^3/d$。因此，稳定塘的规模不宜大于$5000m^3/d$。

3.5.33 关于稳定塘预处理的规定。

污水进入稳定塘前，应进行预处理，也可进行沉淀处理。预处理应视稳定塘系统的类别、污水水质而具体确定，一般为物理处理，其目的在于尽量去除污水中杂质或不利于后续处理的物质，减少塘中的积泥。常用的预处理有格栅、沉砂等。沉淀处理一般为初沉池处理。通过对许多稳定塘的运行调查，为方便运行管理，宜采用清污周期较长、管理简单的预处理设施。采用除砂渠和厌氧沉淀塘定期清淤比较符合实际情况。

3.5.34 关于稳定塘布置的规定。

稳定塘可布置为单级塘和多级塘。稳定塘分级越多，微生物群落分级也多，优势菌种越明显，降解速率越大，同时，流态越接近于推流，短流越少；但稳定塘串联级数过多，会增加工程造价，而效率提高有限。由于厌氧塘中仅发生水解、产酸和部分产气反应，出水五日生化需氧量浓度仍较高，故厌氧塘不应作为单级塘运行。为在故障和清淤时仍能处理污水，单级塘应分格并联运行。

3.5.35 关于厌氧塘设置条件的规定。

在污水五日生化需氧量浓度大于300mg/L时，采用厌氧塘处理较其他稳定塘能耗少，故作此规定。稳定塘中污水净化过程近似于自然水体的自净过程。污水刚进稳定塘时，污水中有机物浓度很高，溶解氧迅速消耗，初级塘中的溶解氧接近于零。随着污水在塘内缓慢流动，微生物降解有机物，溶解氧不断回升。所以厌氧塘一般布置在塘系统的首端。

3.5.36 关于厌氧塘进、出水口位置的规定。

由于上向流有利于提高厌氧处理效率，此规定有利于形成上向流。

3.5.37 关于第一级稳定塘排泥的规定。

进稳定塘的可沉悬浮物，大部分在第一级稳定塘内沉淀，并在塘底形成污泥沉积层，在沉积层内进行厌氧发酵反应，使污泥量减少，但这一进程缓慢，污泥沉积与降解不能平衡，并逐渐增厚。因此，第一级稳定塘应设置机械或重力的排泥或清淤措施；同时，为了保证清淤时不影响其他构筑物的运行，宜分格并联运行。

3.5.38 关于稳定塘出水水质的规定。

根据受纳水体功能的不同，对稳定塘净化污水可以有不同的要求。排放至水体时应符合《城镇污水处理厂污染物排放标准》GB 18918和《地表水环境质量标准》GB 3838的要求；应用于农田灌溉时应符合《农田灌溉水质标准》GB 5084的要求；应用于养鱼时应符合《渔业水质标准》GB 11607的要求。

3.5.39 关于稳定塘出水水位的规定。

稳定塘出水口的设计高程，应根据当地防洪标准确定，一般采用略高于某一重现期的最高洪水位或最高潮水位，以免受洪水和潮水的顶托。

3.5.40 关于稳定塘设计参数的规定。

我国幅员辽阔，条件各异，结合国内的具体条件，本规程按年均气温划分为8℃以下、8～16℃、16℃以上三个区域，规定不同地区、不同类型的工艺设计参数供设计人员选用。

3.6 污泥处理

Ⅰ 一般规定

3.6.1 关于污泥综合利用的规定。

综合利用方式包括：1)土地利用的绿化种植；2)土地利用的用于农田；3)填埋。污泥中含有大量植物生长所必需的肥分(N、P、K)、微量元素和土壤改良剂(有机腐殖质)，可增加土壤肥力，促进植物生长，故污泥的土地利用是一种积极有效的处置方式。但是，污泥中的重金属和其他有毒有害物质会在作物中富集，因而应慎重，且必须满足国家现行有关标准的规定。

3.6.2 规定镇污水站产生的污泥的处理方式。

3.6.3 关于污泥机械脱水的规定。

考虑到镇经济水平较低，污水站规模较小，故作此规定。

3.6.4 关于污泥用作肥料时，其有害物质含量应符合国家现行有关标准的规定。

因污泥中含有对植物及土壤有危害作用的病菌、寄生虫卵、难降解有机物、重金属和其他有毒有害物质，故规定污泥在用作肥料时，其中有害物质含量应符合国家现行标准的规定。

Ⅱ 污泥干化场

3.6.5 关于污泥干化场适用范围的规定。

污泥干化场的污泥主要靠渗滤、撇除上层污泥水和蒸发达到干化。蒸发量主要受当地自然气候条件，如平均气温、降雨量、蒸发量等因素影响。因而污泥干化场适用于降雨少、蒸发量大、气候较干燥的地区。污泥干化场占地较多，同时环境卫生条件较差，因而适用于有较多土地、周围无居民点和环境卫生条件许可的地区。

3.6.6 关于污泥干化场固体负荷量的规定。

由于污泥性质不同，各地气温、降雨量和蒸发量等气象条件不同，固体负荷量也不同，所以，固体负荷量宜充分考虑当地自然气候条件，参考相似地区的经验确定。在北方地区应考虑结冰期间，干化场储存污泥的能力。

3.6.7 规定干化场块数的划分和围堤尺寸。

干化场分块数不宜少于3块，系考虑进泥、干化和出泥能轮换进行，提高干化场的使用效率。

3.6.8 关于人工排水层的规定。

对脱水性能较好的污泥而言，污泥水的渗滤是干化场干化污泥的主要作用之一，设置人工排水层可加速污泥干化。我国已建干化场多设有人工排水层，国外规范也都是建议设人工排水层。但国内外建造的干化场也有不设排水层的。

3.6.9 关于设不透水层的规定。

为了防止污泥水渗入土壤深层和地下，造成二次污染，同时为了加速排水层中污泥水的排除，故在干化场的排水层下面设置不透水层。某些地下水较深，土壤渗透性又较差的地方，如果环评允许，可考虑不设不透水层。

3.6.10 关于设排除上层污泥水设施的规定。

污泥在干化场脱水干化中，有一个污泥沉降浓缩、析出污泥水的过程，及时将这部分污泥水排除，可以加速污泥脱水，提高干化场效率。

4 村 排 水

4.1 一 般 规 定

4.1.1 关于村排水制度的规定。

规定村排水制度宜采用分流制，但未作严格规定。对于城镇化水平较高的村，宜按镇的规定执行。

4.1.2 关于雨水沟渠布置的规定。

为节省投资，雨水沟渠宜与路边沟结合。

4.1.3 关于雨水收集利用的规定。

雨水资源是陆地淡水资源的主要形式和来源。我国是一个水资源缺乏的国家，我国西部、北部和西南局部地区都不同程度存在缺水现象。雨水的收集和利用可解决严重缺水地区的饮水问题，解决干旱、半干旱地区发展庭院经济和农作物补充灌溉用水问题。甘肃省定西市安定区青岚乡大坪村是缺水干旱地区，全村123户，约500余人。20世纪90年代开展121工程，即一户人家，二眼水窖，发展一处庭园经济。每户前院有菜地、水窖和截流雨水的场地。每眼水窖容积为30～40m^3，需200m^2的截流面积。每户二眼水窖基本够用。121工程为联合国组织的样板项目，每年都办培训班，学员来自亚非拉有关国家。因此在农村缺水地区宜对雨水进行收集、处理和综合利用。

4.1.4 关于污水量的规定。

4.1.5 关于粪便污水排放的规定。

村的粪便污水应优先考虑用作农肥，不得直接排放，必须经沼气池或化粪池处理；经沼气池或化粪池处理后的熟污泥可用作农肥。

4.1.6 关于专业养殖户污水和工业废水处理和排放的规定。

专业养殖户污水是指农村集体或专业户饲养畜禽所产生的污水，不含农户散养畜禽污水。

4.2 沼 气 池

4.2.1 关于沼气池适用范围的规定。

甘肃省定西市安定区青岚乡大坪村，年平均气温为10℃，有户6口之家，养了6头羊，2头猪和1条驴，粪便全部进沼气池。产生的沼气用作燃料，除冬季需补充其他燃料外，其他季节沼气基本够用。因而，年平均气温大于10℃的地区，采用沼气池是经济合理的。对于年平均气温低于10℃的地区，也可季节性使用沼气池，但需补充较多燃料。

4.2.2 关于可燃气体作燃料的规定。

沼气是一种清洁优质的能源，我国农村已广泛应用。使用沼气的农民弟兄说："种十亩田，不如建一个生态小家园。做饭不烧柴和炭，点灯不用油和电，烟熏火燎不再现，文明卫生真方便。"因而，作此规定。

4.2.3 关于沼气池设置位置的规定。

沼气是甲烷、二氧化碳和硫化氢等的混合气体，对人畜有危害，且遇明火有爆炸危险，故规定沼气池应在室外，不得设在室内。此处"室内"是指人居住的房间。

4.2.4 关于沼气池池址选择的规定。

4.2.5 关于沼气池容积的规定。

4.2.6 关于沼气池池型的规定。

水压式沼气池是我国推广最早数量最多的池型，故本规程推荐该种池型。

4.2.7 关于沼气池密封的规定。

沼气池是一个有内压的容器，工作时要维持一定气压。固定盖式沼气池在大量排泥时，池内可能产生较大负压，使空气进入池内，危及厌氧消化反应的进行，甚至有爆炸的危险性。故沼气池应有防止负压出现的措施。一般采用的措施为：进料和排泥同时进行；与贮气罐连通等。

4.2.8 关于沼气池检测气量和气压设施的规定。

在使用液柱式压力表时，通过调控器顶端的调节阀，将压力控制在工作区。压力太低，沼气灶点火困难，而且火力很小；压力太高，不容易点着火，且沼气燃烧不好，浪费沼气。

4.2.9 关于沼气池防渗和防腐的规定。

为防止污染地下水，应防止渗漏；沼气中含有二氧化碳和硫化氢等酸性气体，会腐蚀沼气池，规定气相部分内壁应进行防腐处理。

4.2.10 关于沼气池安装气体净化器的规定。

沼气中含有硫化氢，使用不当，会发生中毒事故。气体净化器主要功能是脱硫。

4.2.11 关于水封和回火防止器的规定。

主要从安全性考虑。

4.2.12 关于输气管材质的规定。

主要从安全性考虑，再生塑料管易破损而漏气。

4.2.13 关于输气管管径的规定。

主要从安全性和顺利输气考虑。

4.2.14 关于室外输气管埋设的规定。

为防止畜禽损害、老鼠咬破和车辆压伤输气管，输气管宜埋设在室外地坪 150mm 以下。沼气含有水分，沼气池温度一般比室温高，因而，沼气出池后会凝结产生水珠。为防止水珠积聚堵塞管道，规定了输气管的坡度和方向。从安全性考虑，规定了输气管道与地下其他管道相交或平行时，至少应有 100mm 的间距。

4.2.15 关于输气管安装的规定。

为防止管道偏转角度过大而压扁，从而影响输气，规定了偏转角度大于 90°时，应用弯头连接。

4.2.16～4.2.18 关于室内管道固定点间距的规定。

4.2.19 关于沼气开关安装位置的规定。

4.2.20 关于积水器安装位置的规定。

4.2.21 关于沼气池气密性的规定。

主要从安全性考虑。

4.2.22 关于沼气输气管道的规定。

主要从安全性考虑。

4.2.23 关于沼气池管理的规定。

四川省农村建立了许多沼气物业管理站，对农村沼气池的建设和维修提供有偿服务。这些物业管理站基本能维持运行并略有节余。有条件的农村，也可设置农村沼气物业管理站进行市场化运作。

4.3 化 粪 池

4.3.1 关于化粪池适用场合的规定。

4.3.2 关于化粪池与接户管位置关系的规定。

4.3.3 关于化粪池设置的规定。

单门独户的住户可每户单独设置在庭院内。相邻住户可根据实际情况集中设置，其优点是有利于节约土地，管理方便。

4.3.4 关于化粪池设置位置的规定。

为满足环境卫生的要求，规定化粪池应设在室外。为确保不影响建筑物基础，其外壁距建筑物外墙不宜小于 5m 或池基础外缘与建筑物基础外缘的水平间距不应小于两者基础底高差的两倍。

4.3.5 关于化粪池与取水构筑物距离的规定。

4.3.6 关于化粪池防渗漏的规定。

为防止污染地下水，应防止渗漏。

4.3.7 关于化粪池构造的规定。

三格化粪池中各格容量与总容量的比值和设置挡板的规定与《建筑给水排水设计规范》GB 50015－2003 的规定不同，这是根据江苏省经验作的修改。

4.3.8 关于化粪池有效容积计算公式的规定。

4.4 雨水收集和利用

4.4.1 关于村收集雨水形式的规定。

据干旱、半干旱地区收集雨水试验研究显示，修建了集流场的农户收集的雨水量比只修建水窖收集的雨水量多 3～4 倍，故规定宜采用集流场收集雨水；集流场应采用防渗材料修建；地面集流场防渗材料可采用混凝土、水泥土、塑料薄膜覆砂、黄土夯实、灰土等；屋面集流场的屋面可采用水泥瓦、机瓦、青瓦等。

4.4.2 关于贮存雨水的规定。

据干旱、半干旱地区的经验，用水窖贮存雨水较好，水窖可用混凝土浇筑，也可用陶制水窖。有条件地区也可在农家屋前或田间采用露天敞口池收集贮存雨水。

4.4.3 关于收集的雨水用途的规定。

收集的雨水可用于农田灌溉或杂用。在大气质量较好地区，经加矾沉淀和消毒后可作饮用水。甘肃省定西市安定区青岚乡大坪村，采用水窖贮存的雨水作饮用水。

5 施工与质量验收

5.1 一 般 规 定

5.1.1 关于施工前准备工作的规定。

5.1.2 关于施工中质量验收等的规定。

5.1.3 关于施工和验收尚应执行有关标准的规定。

5.1.4 关于工程竣工后文件归档的规定。

5.2 施 工

5.2.1 关于选择沟槽断面应考虑因素的规定。

5.2.2 关于沟槽开挖时基坑和边坡的有关规定。

保证基坑和边坡的稳定是沟槽开挖的基本要求，留有足够的施工空间是保证管道安装和沟槽回填质量的必要前提。

5.2.3～5.2.6 关于管道工程开挖、敷设和回填的规定。

保持沟槽的干燥是为避免基础底部变形影响管道敷设安装精度；采用分段施工和及时回填，是为避免沟槽暴露时间过久而回弹和雨水浸泡等不利影响。

5.2.7 关于防渗漏处理和反滤层施工的规定。

防渗漏处理和反滤层是化粪池、沼气池、污水净化沼气池、稳定塘等的关键部位，其直接影响使用和对环境的保护，应作单项验收和保护。

5.2.8 关于基坑设计或施工方案评审的规定。

不重视较深基坑开挖，会引发重大事故，教训是深刻的。基坑的安全等级和设计、施工、监测等应符合《建筑基坑支护技术规程》JGJ 120 的规定。对于不具备条件的地区，应邀请有相关经验的人员对施工方案进行评审，保证安全。

5.2.9 关于钢筋混凝土构筑物施工的规定。

5.2.10 关于钢筋工程的规定。

5.2.11 关于砌体构筑物壁与混凝土底板连接的规定。

砌体构筑物的壁与混凝土底板连接处是较易渗漏的节点，因此，作此规定。

5.2.12 关于砌体构筑物内外壁处理的规定。

砌体结构相对于混凝土结构而言，其自防水性能差许多，为了提高结构耐久性，作此规定。

5.2.13 关于沼气池施工尚应执行有关标准的规定。

5.3 质量验收

5.3.1 关于管道进行严密性试验的规定。

5.3.2 关于管道竣工验收的规定。

5.3.3 关于水池满水试验条件的规定。

5.3.4 关于水池满水试验前应完成工作的规定。

5.3.5 关于水池满水试验要点的规定。

5.3.6 关于水池满水试验渗水量的规定。

5.3.7 规定水池渗水量的计算公式。

5.3.8 关于水池竣工验收的规定。

5.3.9 关于水池验收内容的规定。

5.3.10 关于水池管配件工程验收内容的规定。

5.3.11 关于沼气池验收尚应执行有关标准的规定。

中华人民共和国行业标准

环境卫生图形符号标准

Standard for figure symbols of environmental sanitation

CJJ/T 125—2008
J 825—2008

批准部门：中华人民共和国住房和城乡建设部
施行日期：2 0 0 9 年 5 月 1 日

中华人民共和国住房和城乡建设部
公　　告

第148号

关于发布行业标准《环境卫生图形符号标准》的公告

现批准《环境卫生图形符号标准》为行业标准，编号为CJJ/T 125-2008，自2009年5月1日起实施。原《环境卫生设施与设备图形符号　设施标志》CJ/T 13-1999、《环境卫生设施与设备图形符号　设施图例》CJ/T 14-1999、《环境卫生机械与设备图形符号　机械与设备》CJ/T 15-1999同时废止。

本标准由我部标准定额研究所组织中国建筑工业出版社出版发行。

中华人民共和国住房和城乡建设部

2008年11月13日

前　　言

根据建设部《关于印发〈2006年工程建设标准规范制订、修订计划（第一批）〉的通知》（建标[2006]77号）的要求，标准编制组经广泛调查研究，认真总结实践经验，参考有关的国家标准和国外先进标准，并在广泛征求意见的基础上，对《环境卫生设施与设备图形符号　设施标志》CJ/T 13-1999、《环境卫生设施与设备图形符号　设施图例》CJ/T 14-1999和《环境卫生机械与设备图形符号　机械与设备》CJ/T 15-1999进行了修订。

本标准的主要技术内容是：1. 总则；2. 环境卫生公共图形标志；3. 环境卫生设施图例；4. 环境卫生机械与设备图形符号；5. 环境卫生应急图形标志。

修订的主要内容是：对原标准进行系统的补充、修改，将三个标准整合修订为一个标准，修订后标准名称为"环境卫生图形符号标准"；对环境卫生公共图形标志部分、环境卫生设施图例部分和环境卫生机械与设备图形符号部分进行了删减、增加、修改；将原标准CJ/T13-1999附录部分"环境卫生行业标志"、"图形标志应用示例"整合编排为第二章环境卫生公共图形标志的内容；将原标准CJ/T15-1999附录部分"其他符号"、"环境卫生机械设备图形符号应用示例"整合编排为第四章环境卫生机械与设备图形符号的内容；新增了第五章"环境卫生应急图形标志"。

本标准由住房和城乡建设部负责管理，由主编单位负责具体技术内容的解释。

本标准主编单位：华中科技大学（地址：武汉市洪山区珞瑜路1037号；邮政编码：430074）

本标准参编单位：贵阳市环境卫生科学研究所
海沃机械（扬州）有限公司
武汉华曦科技发展有限公司
广州环境卫生机械设备厂
南京晨光集团有限责任公司

本标准主要起草人员：陈海滨　王宗平　李大年　谈　浩　侯世游　汪俊时　张兴如　张建成　汪玉梅　韦　华　张后亮　华广美　张小江　张　黎　王　茜　吴　超

目　次

1　总则 …………………………………… 2—31—4
2　环境卫生公共图形标志 ……………… 2—31—4
2.1　一般规定…………………………… 2—31—4
2.2　环境卫生公共图形标志…………… 2—31—4
2.3　环境卫生行业标志………………… 2—31—7
2.4　环境卫生设施导向标志牌………… 2—31—8
3　环境卫生设施图例 …………………… 2—31—8
3.1　一般规定…………………………… 2—31—8
3.2　环境卫生设施图例………………… 2—31—8
4　环境卫生机械与设备图形符号 ………………………………… 2—31—12
4.1　一般规定 ………………………… 2—31—12
4.2　环境卫生机械与设备图形符号 … 2—31—12
5　环境卫生应急图形标志 …………… 2—31—18
5.1　一般规定 ………………………… 2—31—18
5.2　环境卫生应急图形标志 ………… 2—31—18
本标准用词说明 ……………………… 2—31—19
附：条文说明………………………… 2—31—20

1 总　　则

1.0.1 为统一城镇环境卫生图形符号，适应环境卫生设施的建设与管理，制定本标准。

1.0.2 本标准适用于城镇环境卫生设施的规划、设计和管理。

1.0.3 环境卫生公共图形标志、设施图例、机械与设备图形符号、应急图形标志，除应符合本标准外，尚应符合国家现行有关标准的规定。

2　环境卫生公共图形标志

2.1　一般规定

2.1.1 环境卫生公共图形标志是指识别或指示环境卫生公共场所、公共设施使用的环境卫生图形标志。

2.1.2 环境卫生公共图形标志的长宽比例应为4∶3，应根据识读距离和设施大小确定相应尺寸，必须保持图形标志构成要素之间的比例。

2.1.3 环境卫生公共图形标志应采用蓝色（c100m60y20k15，PANTONE 647 C/U）和白色（k0）为基本色。除样图中蓝色图形和边框、白色背景外，也可为白色图形和边框、蓝色背景。

2.1.4 环境卫生公共图形标志的中文字体应为大黑简体，英文字体应为Impact体。文字颜色应与图形标志统一，以蓝色和白色为基本色。

2.1.5 使用环境卫生公共图形标志时，可根据需要标示文字说明，不得在图形符号的边框内标示。

2.1.6 图形标志必须保持清晰、完整。当发现形象损坏、颜色污染或有变化、褪色而不符合本标准有关规定时应及时修复或更换。

2.2　环境卫生公共图形标志

2.2.1 环境卫生公共图形标志由基本图形符号、辅助图形符号和中英文符号组合而成。

2.2.2 公共厕所基本图形应符合表2.2.2的规定。

2.2.3 环境卫生公共图形标志应符合表2.2.3的规定。

表2.2.2　公共厕所基本图形

序号	名称	基本图形	说明
1	公共厕所		图形：男性正面全身剪影，女性正面全身剪影，中间竖线表示隔墙。 序号1～3基本图形的长宽比例为1∶1。 作用：表示供男性、女性使用的厕所

续表2.2.2

序号	名称	基本图形	说明
2	男厕所		图形：男性正面全身剪影。 作用：表示专供男性使用的厕所
3	女厕所		图形：女性正面全身剪影。 作用：表示专供女性使用的厕所

表2.2.3　环境卫生公共图形标志

序号	名称	图形标志	说明
1	公共厕所		图形：男性正面全身剪影，女性正面全身剪影，中间竖线表示隔墙。 序号1～26基本图形的长宽比例为1∶1。 本图形标志既可单独使用，也可与辅助图形符号组合构成其他图形标志。 建筑物室内公共厕所亦称为卫生间。 作用：表示供男性、女性使用的厕所。 设置：设于公共厕所
2	公共厕所		图形：男性正面全身剪影，女性正面全身剪影，残疾人侧面剪影。 作用：表示设置有残疾人厕位的公共厕所。 设置：设于公共厕所

续表 2.2.3

序号	名称	图 形 标 志	说 明
3	公共厕所	 公共厕所 public toilet	图形：男性正面全身剪影，女性正面全身剪影，母亲和婴儿的侧面剪影。 作用：表示设置有母婴厕位的公共厕所。 设置：设于公共厕所
4	男厕所	 男 male	图形：男性正面全身剪影。 作用：表示专供男性使用的厕所。 设置：设于男厕所入口处
5	女厕所	 女 female	图形：女性正面全身剪影。 作用：表示专供女性使用的厕所。 设置：设于女厕所入口处
6	坐便器	 坐便器 toilet bowl	图形：坐便器侧面剪影。 作用：提示厕所的厕位中有坐便器。 设置：设于厕位门上
7	蹲便器	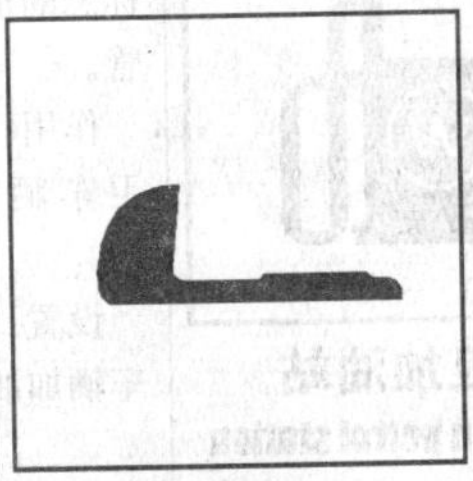 蹲便器 squatting pan	图形：蹲便器侧面剪影。 作用：提示厕所的厕位中有蹲便器。 设置：设于厕位门上

续表 2.2.3

序号	名称	图 形 标 志	说 明
8	老年人设施	 老年人设施 facility for old person	图形：拄拐杖者正面全身剪影。 作用：指示供老年人使用的设施。如老年人专用厕位、老年人健身设施，老年人活动中心等。 设置：设于老年人设施及场所
9	洗手处	 洗手处 hand-washing	图形：水龙头和手掌。 作用：指示供人们洗手的设施，公共卫生设施中均可使用。 设置：设于洗手设施处
10	踏板放水	 踏板放水 pedal-operated facility	图形：脚和踏板。 作用：指示脚踏放水设施，公共卫生设施中均可使用。 设置：设于踏板放水设施处
11	废物箱	 废物箱 litter bin	图形：站立的人，一只手臂外伸，近旁为废物箱，废物正掉入箱内。 作用：表示供人们丢弃废物的容器。 设置：设于废物箱上或设置废物箱处

续表 2.2.3

序号	名称	图形标志	说明
12	垃圾容器	 垃圾容器 refuse container	图形：垃圾桶和一个正在倒垃圾的人。 作用：表示供人们倒垃圾的容器。 设置：直接绘于该容器上或设于倒垃圾处
13	垃圾倒口	 垃圾倒口 refuse dumping site	图形：一个正在向垃圾倒口处倒垃圾的人。 作用：表示供人们倒垃圾的倒口或垃圾倒口间。 设置：设于垃圾倒口处
14	垃圾收集点	 垃圾收集点 refuse collecting spot	图形：垃圾桶和垃圾箱侧视图，地面。 作用：表示垃圾收集场所。 设置：设于垃圾收集设施或场所
15	垃圾转运	 垃圾转运 MSW transfer	图形：转运符号——两个首尾相接的半圆形箭头构成的环状，垃圾车。 作用：表示垃圾转运设施。 设置：设于垃圾转运设施处

续表 2.2.3

序号	名称	图形标志	说明
16	粪便转运	 粪便转运 nightsoil transfer	图形：转运符号，粪车。 作用：表示粪便转运设施。 设置：设于粪便转运设施处
17	车辆冲洗站	 车辆冲洗站 vehicle cleaning station	图形：轿车正面视图，车身上方喷水示意。 作用：表示冲洗车辆的场所。 设置：设于车辆冲洗设施入口处
18	环卫停车场	 环卫停车场 parking area for sanitation vehicle	图形：停车场标志，垃圾车。 作用：表示停放环卫车辆的场所。 设置：设于环卫停车设施入口处
19	环卫加油站	 环卫加油站 sanitation petrol station	图形：附有环卫标志的加油机和软管。 作用：表示为环卫车辆加油的场所。 设置：设于环卫车辆加油设施处

续表 2.2.3

序号	名称	图形标志	说明
20	环卫计量站		图形：带有环卫标志的衡器。 作用：表示废物计量场所。 设置：设于计量装置入口处
21	环卫车辆供水点		图形：供水栓，带有环卫标志的车辆。 作用：表示为洒水（冲洗）等环卫车辆供水的场所。 设置：设于环卫车辆供水设施处
22	环卫工人休息室		图形：屋顶标志，一个坐在座椅上的人和环卫标志。 作用：表示供环卫工人休息的场所。 设置：设于环卫工人休息场所
23	垃圾电梯		图形：电梯、垃圾袋。 作用：表示垃圾专用电梯。 设置：设于该电梯口

续表 2.2.3

序号	名称	图形标志	说明
24	禁止倒垃圾		图形：一个正在倒垃圾的人，红色"禁止"标志。 作用：表示该处禁止倒垃圾。 设置：设于需要告诫公众禁止倒垃圾的场所。 序号 24～26 为禁止标志，应符合 GB 2894《安全标志》和 GB 2893《安全色》的规定。本表其他禁止标志同此例
25	禁止入内		图形：一个欲进门的人，红色"禁止"标志。 作用：表示该处禁止公众入内。 设置：设于环卫设施中禁止进入的场所
26	禁止饮用		图形：水龙头和水杯，红色"禁止"标志。 作用：表示该处的水禁止饮用。 设置：设于对应设施处

2.3 环境卫生行业标志

2.3.1 环境卫生行业标志应符合表 2.3.1 的规定。

表 2.3.1 环境卫生行业标志

序号	名称	基本图形	说明
1	环境卫生行业标志		图形：环卫二字汉语拼音字母"HW"构图。 作用：表示环境卫生行业属性。 设置：设于环境卫生设施、机械设备、服饰、纪念品及其具有环境卫生行业特征的场所

2.4 环境卫生设施导向标志牌

2.4.1 环境卫生设施导向标志牌应包括图形符号、中英文符号和方向符号，设计尺寸比例应为：长度1.8L，宽度L，圆周半径0.05L。

2.4.2 公共厕所导向标志牌应符合图2.4.2的规定。

图2.4.2 公共厕所导向标志牌

2.4.3 洗手处导向标志牌应符合图2.4.3的规定。

图2.4.3 洗手处导向标志牌

2.4.4 环卫停车场导向标志牌应符合图2.4.4的规定。

图2.4.4 环卫停车场导向标志牌

3 环境卫生设施图例

3.1 一般规定

3.1.1 环境卫生设施图例可用于环境卫生设施分布图、规划图，也可用于系统图等。

3.1.2 环境卫生设施图例应分为一般图例和分类图例。

3.1.3 环境卫生设施图例的大小、线条的粗细可按实际需要选用适当比例，方位不得旋转。

3.1.4 环境卫生设施图例应采用红色（m100y100，PANTONE RED 032 C/U）和黑色（k100，PANTONE BLACK 6 C/U）为基本色。

3.1.5 环境卫生设施图例用单一黑色表示时，在规划（新建）图例下面加一横线，表示规划（改扩建）图例。

3.2 环境卫生设施图例

3.2.1 公共厕所和倒粪站点图例应符合表3.2.1的规定。

表3.2.1 公共厕所和倒粪站点图例

序号	名称	图例		说明
		规划(新建)	建成(运行) 规划(改扩建)	
1	公共厕所		 	一般图例
2	水冲式厕所		 	序号2～5为公共厕所分类图例
3	旱式公共厕所	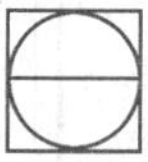	 	
4	临时厕所		 	
5	活动厕所		 	

续表 3.2.1

序号	名称	图例 规划(新建)	图例 建成(运行) 规划(改扩建)	说明
6	倒粪站点		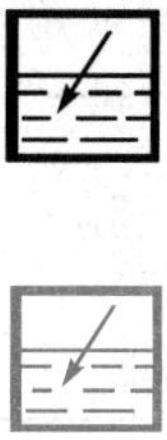	
7	化粪池		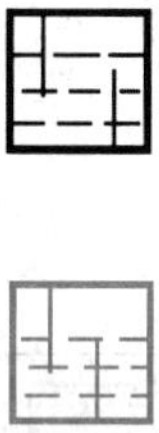	

注：红色空心图表示规划(新建)图，红色实心图表示规划(改扩建)图，黑色实心图表示建成(运行)图，表3.2.2～表3.2.5相同。

3.2.2 垃圾收集站(点)图例应符合表3.2.2的规定。

表 3.2.2 垃圾收集站(点)图例

序号	名称	图例 规划(新建)	图例 建成(运行) 规划(改扩建)	说明
1	垃圾收集站(点)		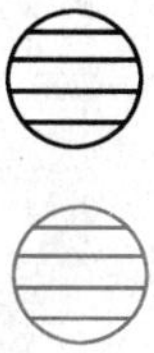	

3.2.3 垃圾转运站图例应符合表3.2.3的规定。

表 3.2.3 垃圾转运站图例

序号	名称	图例 规划(新建)	图例 建成(运行) 规划(改扩建)	说明
1	垃圾转运站		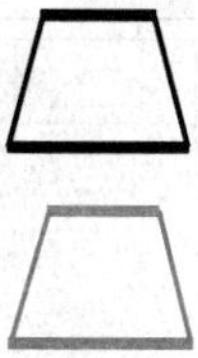	一般图例(不单独使用)

续表 3.2.3

序号	名称	图例 规划(新建)	图例 建成(运行) 规划(改扩建)	说明
2	生活垃圾转运站		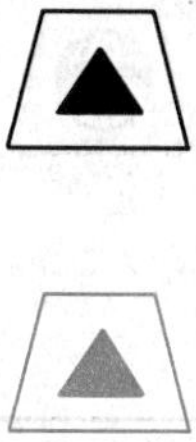	序号2～8为分类图例
3	垃圾铁路转运站	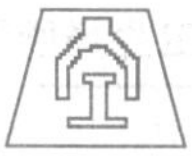		
4	垃圾水路转运站			又称“垃圾码头”
5	生活垃圾管道输送终点站		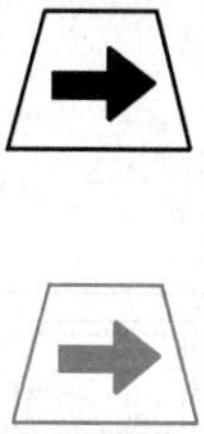	
6	粪便转运站	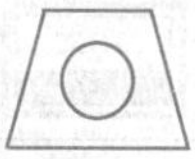	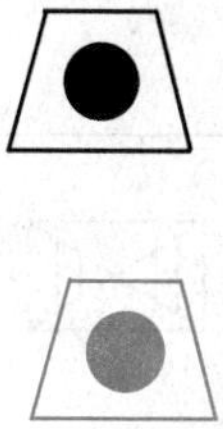	“贮粪池”、“贮粪库”也可用此图例
7	粪便水路转运站		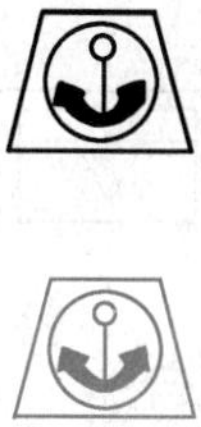	又称“粪便码头”

续表 3.2.3

序号	名称	图例 规划(新建)	图例 建成(运行)规划(改扩建)	说明
8	废弃物水路综合转运站		 	又称"水路垃圾粪便综合码头"

3.2.4 环境卫生场所图例应符合表 3.2.4 的规定。

表 3.2.4 环境卫生场所图例

序号	名称	图例 规划(新建)	图例 建成(运行)规划(改扩建)	说明
1	环境卫生场所	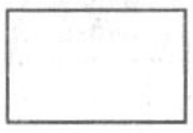	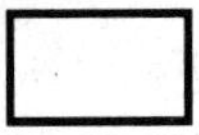 	一般符号(不单独使用)。序号1～7、序号11～20长宽比例为2:1
2	生活垃圾堆放场	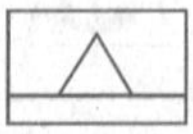	 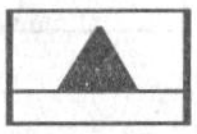	序号2～20为分类图例
3	生活垃圾分选场(厂)	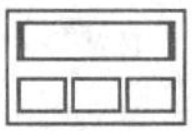	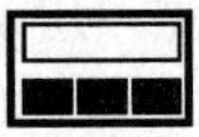 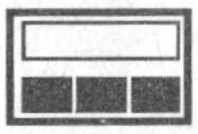	
4	生活垃圾综合处理场(厂)	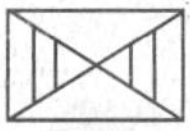	 	泛指，未明确工艺技术。是指有两种或两种以上的处理方式的处理场
5	生活垃圾填埋场	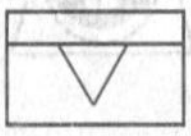	 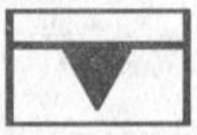	

续表 3.2.4

序号	名称	图例 规划(新建)	图例 建成(运行)规划(改扩建)	说明
6	生活垃圾填埋气发电厂	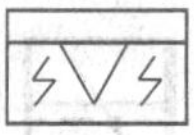	 	
7	生活垃圾堆肥处理厂		 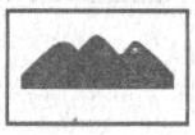	
8	生活垃圾焚烧厂	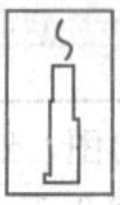	 	序号8～10长宽比例为1:2
9	生活垃圾焚烧发电厂	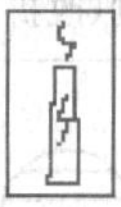	 	
10	垃圾焚烧热电联产厂		 	
11	建筑垃圾堆放场	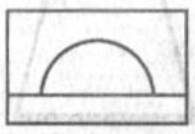	 	

续表 3.2.4

序号	名称	图例：规划（新建）	图例：建成（运行）规划（改扩建）	说明
12	建筑垃圾处置场	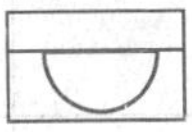	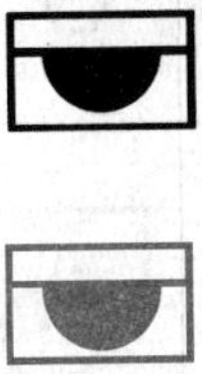	
13	餐厨垃圾处理厂	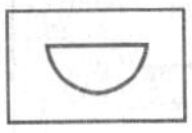	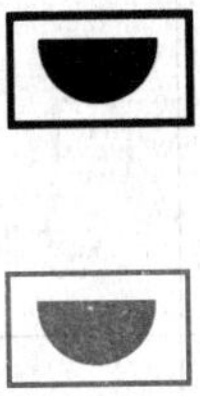	
14	粪便处理厂	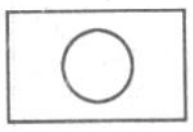	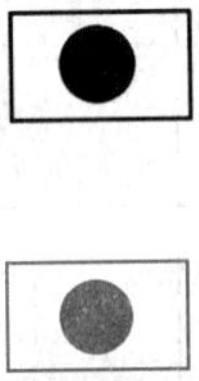	泛指，未明确工艺技术
15	垃圾渗滤液处理厂	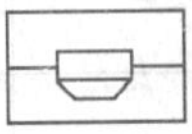		
16	特殊废弃物处理厂			指“死畜病畜”等处理设施
17	环卫停车场	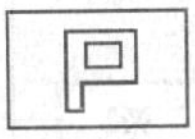	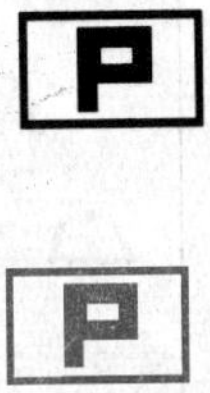	
18	环卫船舶停泊码头			

续表 3.2.4

序号	名称	图例：规划（新建）	图例：建成（运行）规划（改扩建）	说明
19	环卫机械修造厂	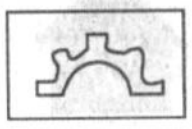	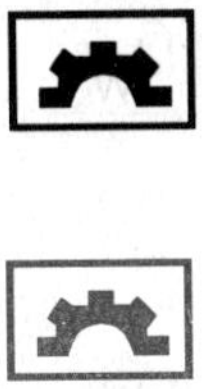	
20	废弃物综合利用工厂		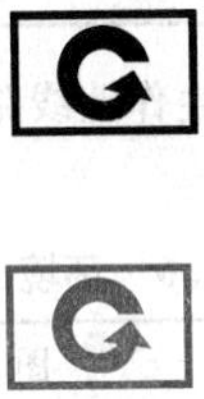	

3.2.5 其他环境卫生设施图例应符合表 3.2.5 的规定。

表 3.2.5 其他环境卫生设施图例

序号	名称	图例：规划（新建）	图例：建成（运行）规划（改扩建）	说明
1	车辆冲洗站			
2	洒水（冲洗）车供水站		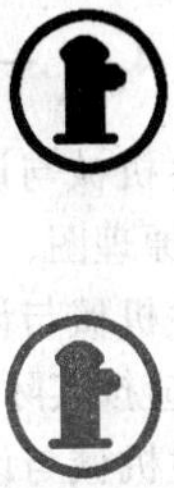	
3	环卫加油站	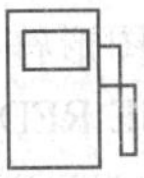		

续表 3.2.5

序号	名称	图例		说明
		规划(新建)	建成(运行) 规划(改扩建)	
4	环卫工人休息室		 	

3.2.6 环境卫生作业线路图例应符合表 3.2.6 的规定。

表 3.2.6 环境卫生作业线路图例

序号	名称	图形符号	说明
1	机动垃圾车辆收运路线及方向		序号 1～3 在规划图中使用时，可选择其他的颜色
2	洒水冲水车辆作业路线及方向		
3	垃圾气力输送管道及输送方向		

4 环境卫生机械与设备图形符号

4.1 一般规定

4.1.1 环境卫生机械与设备图形符号可用于环境卫生工程的简图、原理图、系统图、工艺流程图等。

4.1.2 环境卫生机械与设备图形符号尺寸未作具体规定的，使用时应按实际需要选用适当比例。

4.1.3 环境卫生机械与设备图形符号的方位可按需要旋转。

4.1.4 环境卫生机械与设备图形符号的颜色，除采用红色(m100y100，PANTONE RED 032 C/U)之外，可按需要采用黑色(k100，PANTONE BLACK 6 C/U)或其他颜色。

4.2 环境卫生机械与设备图形符号

4.2.1 环卫车辆图形符号应符合表 4.2.1 的规定。

表 4.2.1 环卫车辆图形符号

序号	名称	图形符号	说明
1	垃圾车		需指明类型时在"※"处加注字母符号 S：收集车 Z：转运车
2	环卫人力车	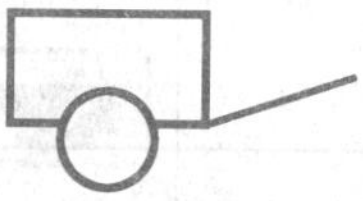	
3	洒水(冲洗)车		
4	清洗车		
5	厕所车		
6	环卫监测车		
7	吸粪(吸污)车		
8	扫路车		需指明类型时在"※"处加注字母符号 S：纯扫式 X：纯吸式 H：扫吸结合式
9	除雪机		需指明类型时在"※"处加注字母符号 L：犁板式 Z：转子式 X：螺旋式 H：联合式

续表 4.2.1

序号	名　称	图 形 符 号	说　　明
10	盐粉撒布机		

4.2.2　环卫船舶图形符号应符合表 4.2.2 的规定。

表 4.2.2　环卫船舶图形符号

序号	名　称	图 形 符 号	说　　明
1	垃圾 运输船	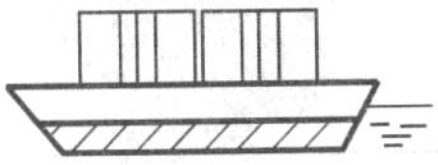	
2	粪便 运输船	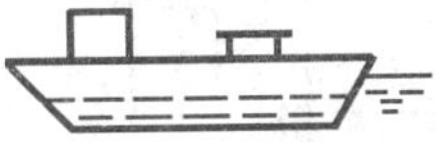	
3	垃圾 清扫船	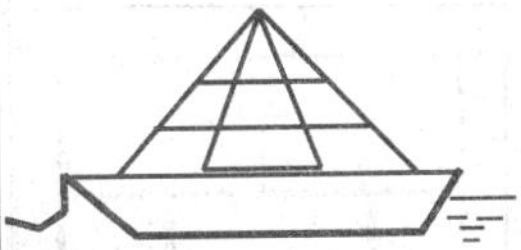	

4.2.3　容器图形符号应符合表 4.2.3 的规定。

表 4.2.3　容器图形符号

序号	名　称	图 形 符 号	说　　明
1	垃圾斗	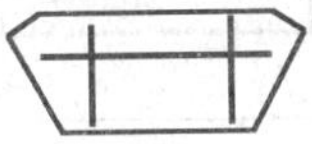	
2	垃圾箱	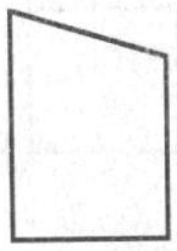	
3	垃圾桶		
4	垃圾 集装箱	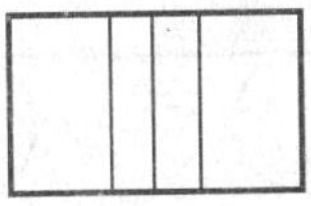	
5	废物箱	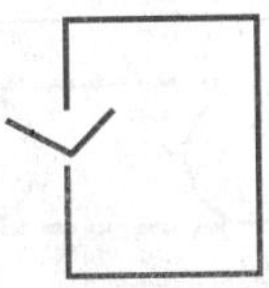	

4.2.4　分离机械图形符号应符合表 4.2.4 的规定。

表 4.2.4　分离机械图形符号

序号	名　称	图 形 符 号	说　　明
1	固定格筛	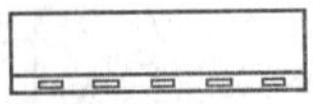	
2	振动筛	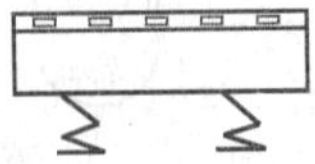	
3	链筛	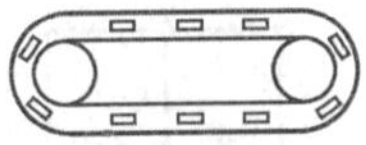	
4	滚筒筛	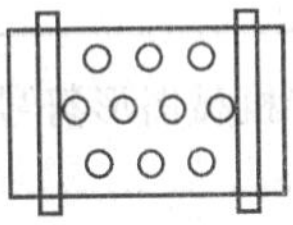	
5	悬挂式 磁选机	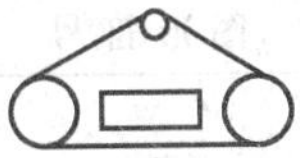	可作磁选机 通用图形符号
6	滚筒式 磁选机		
7	磁鼓		
8	气流 分离机	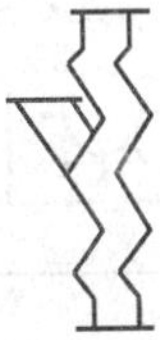	
9	有色金属 分离机	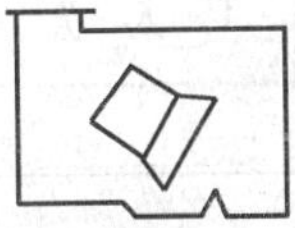	
10	弹力 分选机	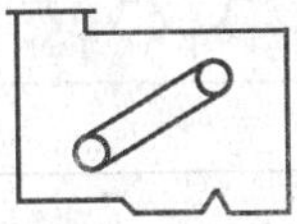	
11	静电 分选机	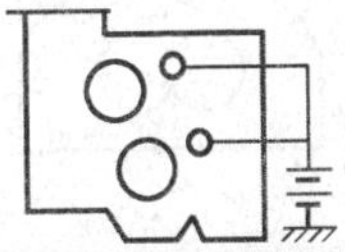	

续表 4.2.4

序号	名 称	图形符号	说 明
12	气液分离器	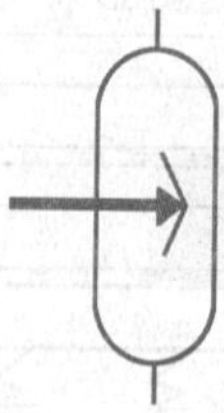	原理图 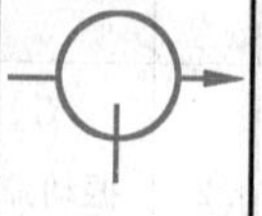
13	固液分离器		

4.2.5 破碎、搅拌机械图形符号应符合表 4.2.5 的规定。

表 4.2.5 破碎、搅拌机械图形符号

序号	名 称	图形符号	说 明
1	锤击式破碎机	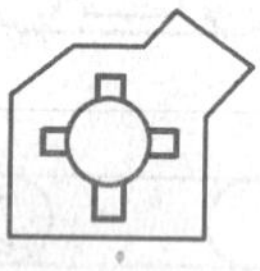	可作单轴卧式破碎机通用图形符号
2	反击式破碎机		
3	单齿辊破碎机		
4	双光辊破碎机		可作辊式破碎机通用图形符号
5	双齿辊破碎机	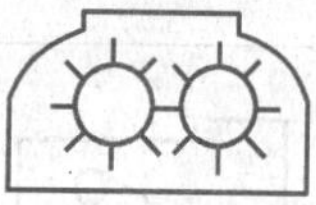	
6	剪切式破碎机		

续表 4.2.5

序号	名 称	图形符号	说 明
7	颚式破碎机	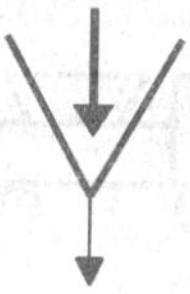	
8	球磨机（磨碎机通用）	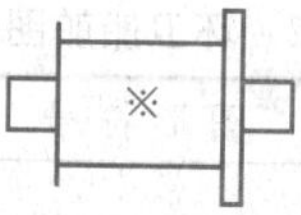	必要时在“※”处加注字母符号 Q：球磨机 B：棒磨机 G：管磨机 Z：自磨机
9	立式搅拌机	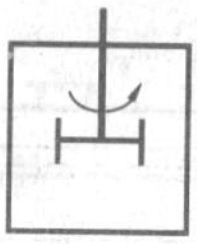	可作立式搅拌机通用图形符号
10	卧式搅拌机（单轴）	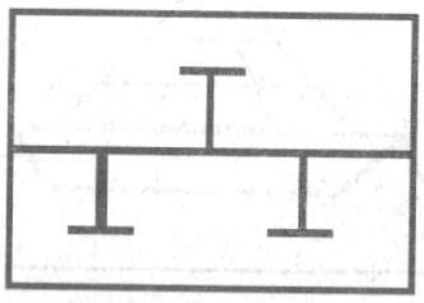	可作卧式搅拌机通用图形符号
11	卧式搅拌机（双轴）	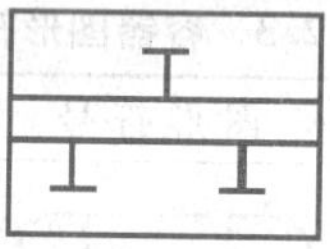	
12	混合滚筒	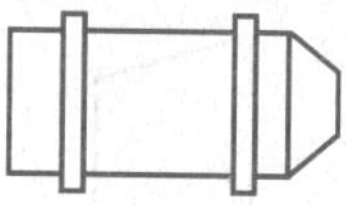	

4.2.6 输送、装料、给料机械图形符号应符合表 4.2.6 的规定。

表 4.2.6 输送、装料、给料机械图形符号

序号	名 称	图形符号	说 明
1	皮带输送机	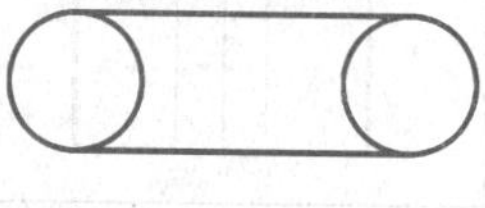	可作带式输送机通用图形符号
2	钢带输送机	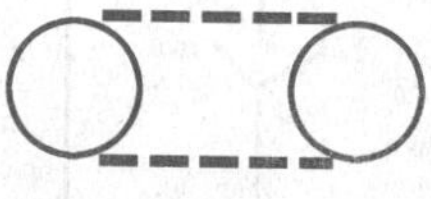	

续表 4.2.6

序号	名 称	图形符号	说 明
3	刮板输送机	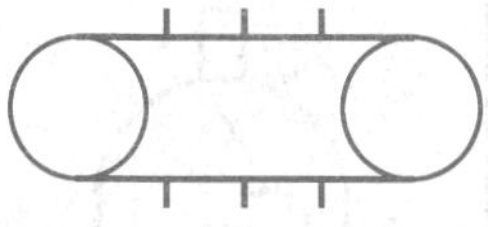	
4	螺旋输送机	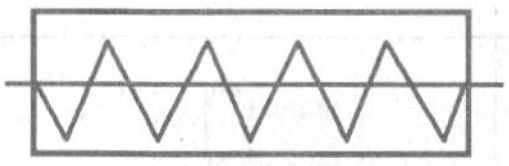	
5	步进地板	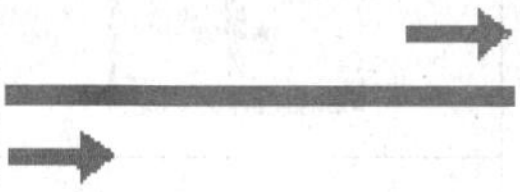	
6	提升机（通用）	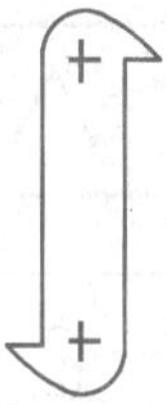	
7	斗式提升机	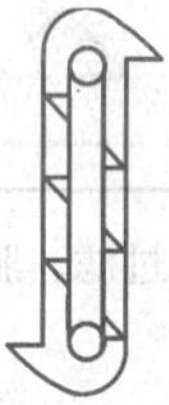	
8	刮板式提升机		
9	抓斗		
10	桥式抓斗起重机	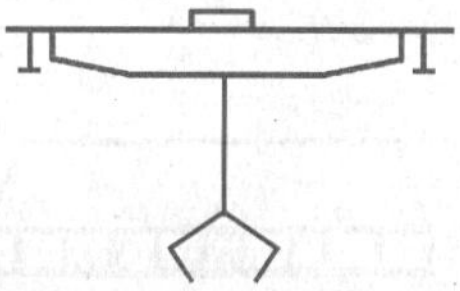	
11	悬臂式抓斗起重机	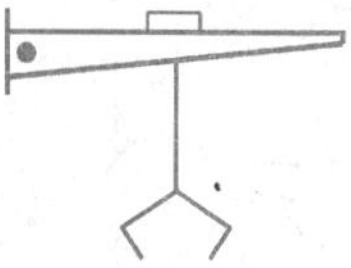	
12	料斗（料仓）		
13	水平活塞式压缩装置（液压式挤压装置）	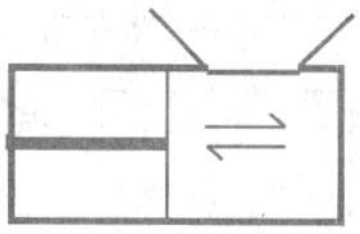	可作活塞式压缩装置通用图形符号
14	可移动水平活塞式压缩装置	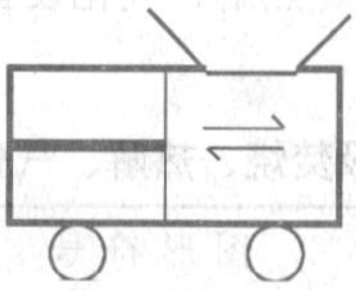	
15	垂直活塞式压缩装置	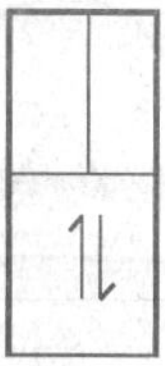	
16	刮板式压缩装置		
17	环卫叉车	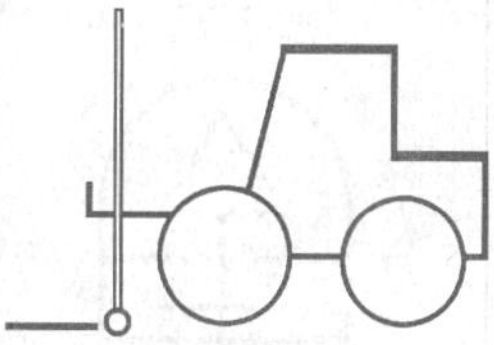	
18	压实机	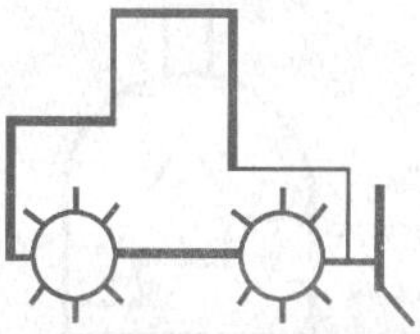	

续表 4.2.6

序号	名 称	图形符号	说 明
19	装载机		
20	推土机	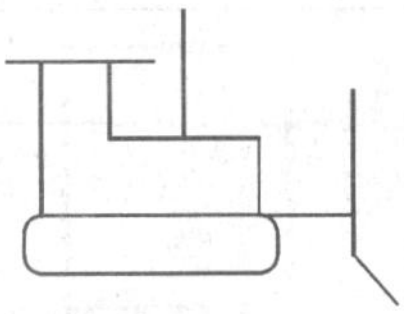	
21	布土(布料)机		
22	挖掘机		

4.2.7 垃圾焚烧、热解、气化设备图形符号应符合表 4.2.7 的规定。

表 4.2.7 垃圾焚烧、热解、气化设备图形符号

序号	名 称	图形符号	说 明
1	垃圾焚烧炉(通用)		
2	流化床式焚烧炉		
3	多段焚烧炉	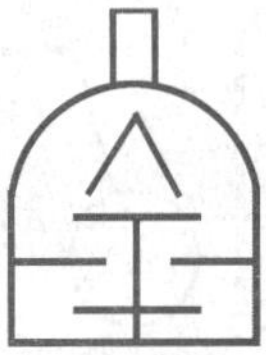	
4	往复炉排焚烧炉		

续表 4.2.7

序号	名 称	图形符号	说 明
5	辊式炉箅焚烧炉	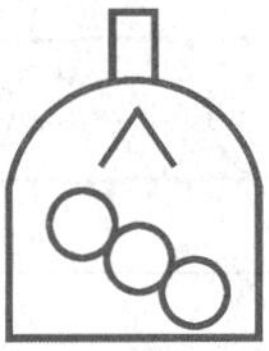	
6	医用焚烧炉	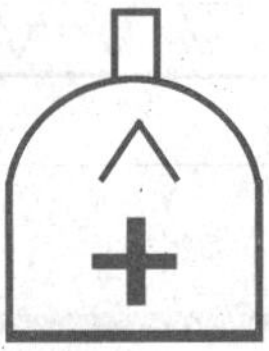	
7	旋转窑式焚烧炉	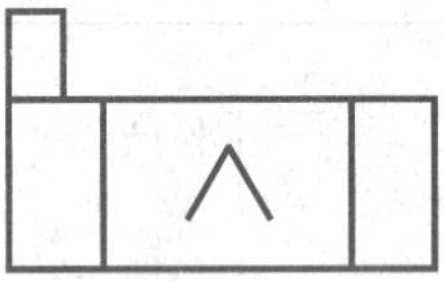	
8	热解气化炉		

4.2.8 除尘、除臭、过滤、脱水设备图形符号应符合表 4.2.8 的规定。

表 4.2.8 除尘、除臭、过滤、脱水设备图形符号

序号	名 称	图形符号	说 明
1	除尘器	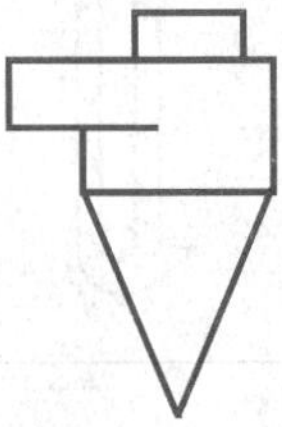	
2	活性炭净化装置		
3	除臭装置	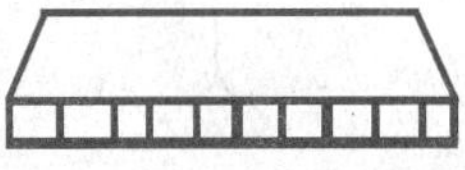	

续表 4.2.8

序号	名　称	图形符号	说　明
4	洗涤塔	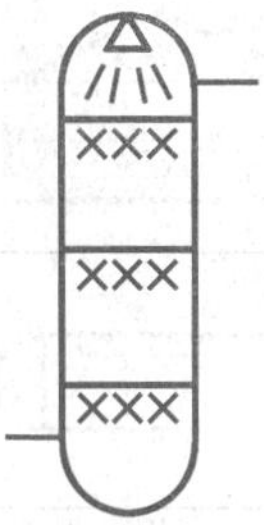	洗涤器、净化器通用
5	过滤塔		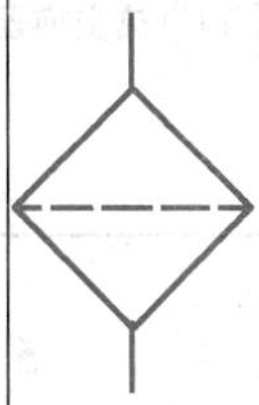
6	脱水机	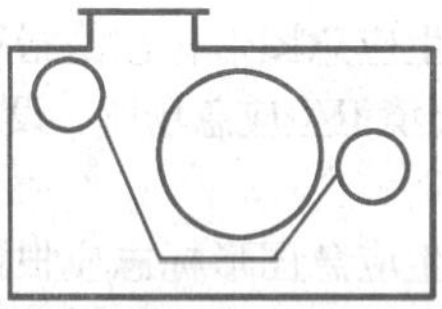	

4.2.9 堆肥发酵、翻堆设备图形符号应符合表 4.2.9 的规定。

表 4.2.9　堆肥发酵、翻堆设备图形符号

序号	名　称	图形符号	说　明
1	立式发酵塔	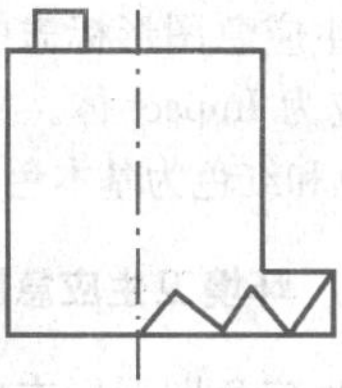	
2	回转式发酵筒（达诺滚筒）	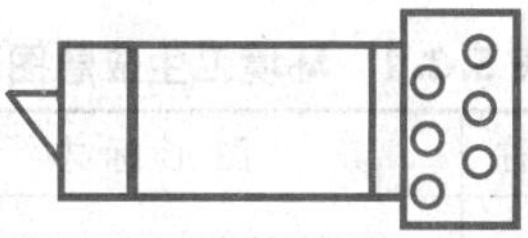	
3	静态堆肥	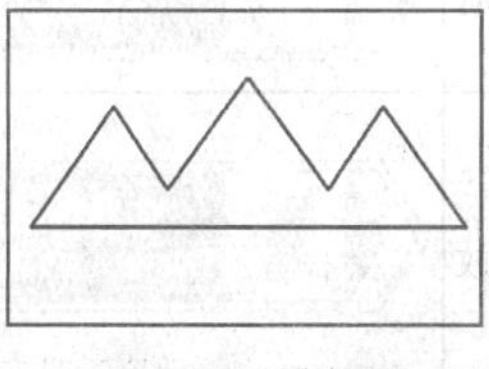	

续表 4.2.9

序号	名　称	图形符号	说　明
4	悬挂式翻堆机	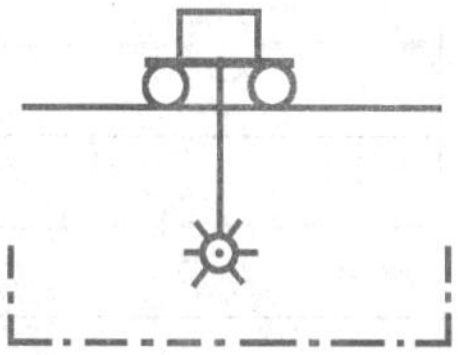	
5	自行式翻堆机	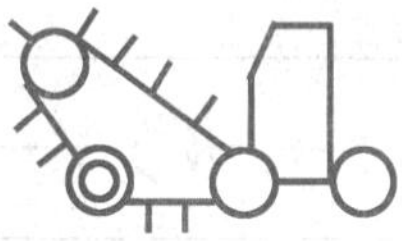	

4.2.10 计量、打包设备图形符号应符合表 4.2.10 的规定。

表 4.2.10　计量、打包设备图形符号

序号	名　称	图形符号	说　明
1	计量装置	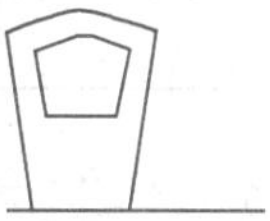	
2	打包装置	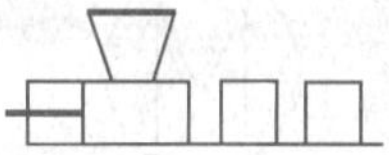	

4.2.11 其他机械与设备图形符号应符合表 4.2.11 的规定。

表 4.2.11　其他机械与设备图形符号

序号	名　称	图形符号	说　明
1	池	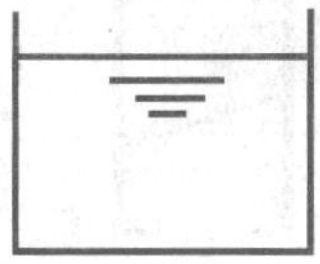	
2	密封池	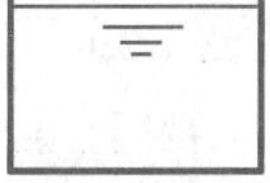	
3	烟囱	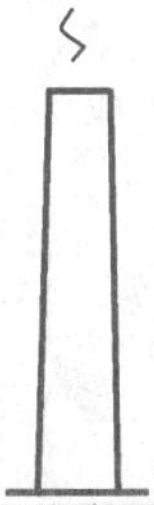	

续表 4.2.11

序号	名称		图形符号	说明
4	管路	油		在符号中加介质类别代号： (S)：水 (Y)：油 (K)：空气 (Z)：蒸气 (L)：垃圾 (F)：粪便 在规划图上表示时，为了和底图颜色区别开来，可采用其他颜色
		水		
		空气		
		蒸气		
		垃圾		
		粪便		
5	废物移送路线和方向			用于工艺流程图
6	阀门（通用）			需指明类型和连接形式时参照 GB 6567.4
7	电动机电动执行机构			需指明电流是直流或交流时表示为 
8	活塞执行机构（液气通用）			
9	电磁执行机构		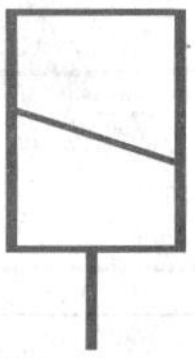	
10	手动启动		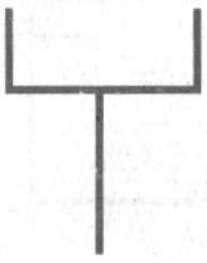	
11	塔（通用）		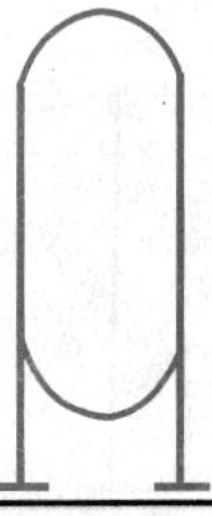	

续表 4.2.11

序号	名称	图形符号	说明
12	罐（通用）	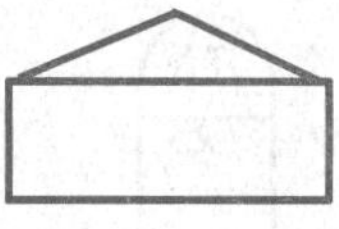	
13	压力容器设备（通用）		
14	热交换器	加热器 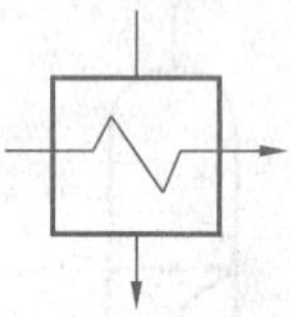	冷却器 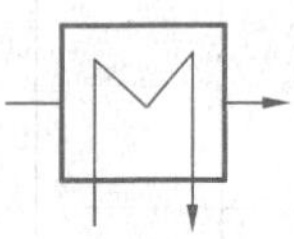

5 环境卫生应急图形标志

5.1 一般规定

5.1.1 环境卫生应急图形标志是指在重大突发事件中识别或指示环境卫生应急场所、设施设备使用的图形标志。

5.1.2 环境卫生应急图形标志应根据识读距离和设施大小确定相应尺寸，必须保持图形标志构成要素之间的比例。

5.1.3 环境卫生应急图形标志矩形部分的长宽比例应为 4∶1，等腰三角形部分顶角应为 120 度。

5.1.4 环境卫生应急图形标志应采用红色（m100y100，PANTONE RED 032 C/U）和白色（k0）为基本色。

5.1.5 环境卫生应急图形标志中文字体应为大黑简体，英文字体应为 Impact 体。文字颜色应与图形标志统一，以白色和红色为基本色。

5.2 环境卫生应急图形标志

5.2.1 环境卫生应急图形标志应符合表 5.2.1 的规定。

表 5.2.1 环境卫生应急图形标志

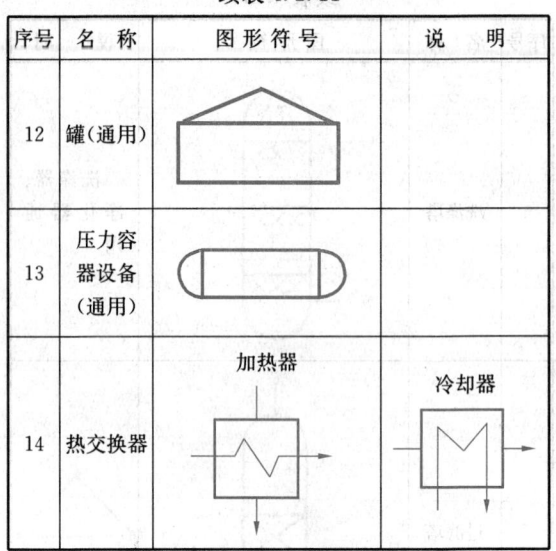

序号	名称	图形标志	说明
1	应急公共厕所		指示应急公共厕所的方向
2	应急污水排放		指示应急污水排放地点的方向

续表 5.2.1

序号	名 称	图形标志	说 明
3	应急垃圾存放		指示应急垃圾集中存放地点的方向
4	应急垃圾焚烧		指示应急垃圾焚烧地点的方向
5	应急垃圾填埋		指示应急垃圾填埋地点的方向
6	不准投放垃圾		表示此处不允许投放垃圾

本标准用词说明

1 为便于在执行本标准条文时，对于要求严格程度不同的用词说明如下：

1)表示很严格，非这样做不可的：

正面词采用"必须"，反面词采用"严禁"；

2)表示严格，在正常情况下均应这样做的：

正面词采用"应"，反面词采用"不应"或"不得"；

3)表示允许稍有选择，在条件许可时首先应这样做的：

正面词采用"宜"，反面词采用"不宜"；

表示有选择，在一定条件下可以这样做的，采用"可"。

2 条文中指明应按其他有关标准执行的写法为："应符合……的规定"或"应按……执行"。

中华人民共和国行业标准

环境卫生图形符号标准

CJJ/T 125—2008

条 文 说 明

前　言

《环境卫生图形符号标准》CJJ/T 125－2008，经住房和城乡建设部 2008 年 11 月 13 日以第 148 号公告批准发布。

本标准第一版的主编单位是贵阳市环境卫生科学研究所。

为便于广大设计、施工、科研、学校等单位有关人员在使用本标准时能正确理解和执行条文规定，《环境卫生图形符号标准》编制组按章、节、条顺序编制了本标准的条文说明，供使用者参考。在使用中如发现本条文说明有不妥之处，请将意见函寄华中科技大学。

目　次

1　总则 …………………………… 2—31—23
2　环境卫生公共图形标志 ………… 2—31—23
2.1　一般规定 ………………………… 2—31—23
2.2　环境卫生公共图形标志 ………… 2—31—23
2.3　环境卫生行业标志 ……………… 2—31—23
2.4　环境卫生设施导向标志牌 ……… 2—31—23
3　环境卫生设施图例……………… 2—31—23
3.1　一般规定 ………………………… 2—31—23
3.2　环境卫生设施图例 ……………… 2—31—23
4　环境卫生机械与设备图形符号 ……………………………… 2—31—24
4.1　一般规定 ………………………… 2—31—24
4.2　环境卫生机械与设备图形符号 … 2—31—24
5　环境卫生应急图形标志 ………… 2—31—24
5.1　一般规定 ………………………… 2—31—24
5.2　环境卫生应急图形标志 ………… 2—31—24

1 总　　则

1.0.1 本条阐明制定本标准的目的和意义。随着人民生活水平的提高及环境卫生建设事业的发展，有必要制定环境卫生图形符号标准，以统一城镇环境卫生图形符号的使用，规范环境卫生设施的建设和管理。

1.0.2 本条阐明了本标准的适用范围。

1.0.3 本条规定了环境卫生图形符号除应符合本标准外，还应符合国家现行有关标准的规定和要求。

本标准在修订过程中，涉及的相关标准有：

GB/T 10001.1－2006　标志用公共信息图形符号　第一部分：通用符号

GB/T 10001.3－2004　标志用公共信息图形符号　第三部分：客运与货运

GB/T 19095－2003　城市生活垃圾分类标志

GB 2894－1996　安全标志

GB 2893－2001　安全色

GB/T 15562－1995　环境保护图形标志

CJJ/T 65－2004　市容环境卫生术语标准

2 环境卫生公共图形标志

2.1 一 般 规 定

2.1.1 本条给出环境卫生公共图形标志的定义，明确了环境卫生公共设施图形标志的作用。

2.1.2～2.1.4 规定了环境卫生公共图形标志的比例、大小、颜色和字体。本标准采用国际标准色——潘通色(PANTONE)，作为图形颜色。

2.1.5 本条对在使用环境卫生公共图形标志时，如何添加必要的文字说明作了具体的规定。

2.1.6 本条阐明了在使用环境卫生公共图形标志过程中的注意事项，以及在何种情况下对环境卫生公共图形标志进行修复或更换。

2.2 环境卫生公共图形标志

2.2.1 本条规定了环境卫生公共图形标志由基本图形符号、辅助图形符号和中英文符号三个部分组成。

2.2.2 本条规定了公共厕所的基本图形，并对图形的含义和作用作出说明。

2.2.3 本条列出了 26 个环境卫生公共图形标志。这些标志代表了城镇生活中最为常见的环境卫生设施。

利用环境卫生公共图形标志可对环境卫生公共设施进行标示，也可为城镇环境卫生设施的规划、设计和管理提供依据。

2.3 环境卫生行业标志

2.3.1 本条对环境卫生行业标志的含义、作用和设置方法做出说明。用环卫二字汉语拼音首字母 H、W 来构图。该标志可与其他环境卫生设施标志结合使用，表示该设施的环境卫生属性。

2.4 环境卫生设施导向标志牌

2.4.1 环境卫生设施导向标志牌是城镇生活中使用最为广泛的环卫标志之一。本条规定了环境卫生设施导向标志牌的组成，设计尺寸和比例。第 2.4.2～2.4.4 条给出了三种环卫设施导向标志牌的示例，在实际的设计过程中，可根据本标准的规定，设计其他环境卫生设施的导向标志牌。

2.4.2 本条规定了由公共厕所图形标志和方向标志构成的导向标志牌——公共厕所导向标志牌。

2.4.3 本条规定了由洗手处图形标志和方向标志构成的导向标志牌——洗手处导向标志牌。

2.4.4 本条规定了由环卫停车场图形标志和文字说明构成的导向标志牌——环卫停车场导向标志牌。

3 环境卫生设施图例

3.1 一 般 规 定

3.1.1 本条阐明了环境卫生设施图例的应用范围。

3.1.2 本条规定了环境卫生设施图例的类别。

3.1.3 本条规定了环境卫生设施图例在作图和使用过程中的注意事项。

3.1.4 本条规定了环境卫生设施图例的基本颜色。

3.1.5 考虑到实际使用中，经常在单色图上表示环境卫生设施图例，这时候为了区别建成运行图和规划改扩建图，本条规定在规划(新建)图例下面加一横线，表示规划改扩建图例。

3.2 环境卫生设施图例

3.2.1～3.2.5 分别列出了公共厕所和倒粪站点图例、垃圾收集站(点)图例、垃圾转运站图例、环境卫生场所图例以及车辆冲洗站、洒水车供水站等环境卫生设施图例。这部分图例有红色空心、红色实心和黑色实心三种，其中红色空心图表示规划(新建)图，红色实心图表示规划(改扩建)图，黑色实心图表示建成(运行)图。

3.2.6 列出了机动垃圾车辆收运路线及方向图例、洒水冲水车辆作业路线及方向图例、垃圾气力输送管道及输送方向图例等三种环境卫生作业路线图例。在设计过程中，可根据需要，按照本条所列图例的设计思路，设计其他环境卫生作业路线图例。在使用过程中，如需在规划图中添加环卫作业路线图例时，可根据需要选用适当的颜色表示该图例。

4 环境卫生机械与设备图形符号

4.1 一 般 规 定

4.1.1 本条阐明了环境卫生机械与设备图形符号的使用途径。

4.1.2 本条规定了环境卫生机械与设备图形符号的尺寸和比例。

4.1.3 本条规定环境卫生机械与设备图形符号的方位可按照作图的需要进行旋转。

4.1.4 本条对环境卫生机械与设备图形符号的颜色作了规定。

4.2 环境卫生机械与设备图形符号

4.2.1～4.2.11 依次列出环卫车辆图形符号，环卫船舶图形符号，容器图形符号，分离机械图形符号，破碎、搅拌机械图形符号，输送、装料、给料机械图形符号，垃圾焚烧、热解、气化设备图形符号，除尘、除臭、过滤、脱水设备图形符号，堆肥发酵、翻堆设备图形符号，计量、打包设备图形符号，烟囱、阀门等其他机械与设备图形符号。这些机械与设备图形符号都具有环卫属性，在环卫设施设计过程中发挥着重要的作用。

环境卫生机械与设备图形符号可结合使用，表示各种工艺流程。图1为堆肥工艺流程图。在环境卫生工艺流程设计过程中，可根据需要，选用相应的环境卫生机械与设备图形符号及管路符号，构造工艺流程图。

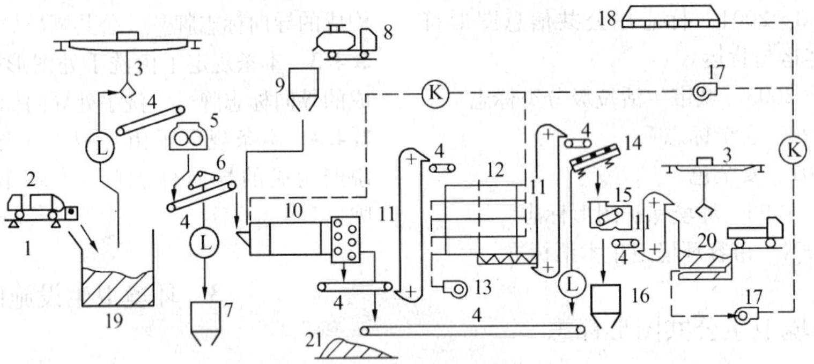

图1 堆肥工艺流程图

1—地磅；2—垃圾车；3—桥式抓斗起重机；4—带式输送机；5—破碎机；6—磁选机；7—料斗（料仓）（废金属）；8—吸粪（污）车；9—料斗（料仓）（粪便污泥）；10—回转式发酵筒；11—提升机；12—立式发酵塔；13—送风机；14—振动筛；15—弹力分选器；16—料斗（料仓）（废玻璃）；17—抽风机；18—除臭装置；19—垃圾贮料槽；20—堆肥贮料槽；21—填埋物

5 环境卫生应急图形标志

5.1 一 般 规 定

5.1.1 本条阐明了环境卫生应急图形标志的用途和适用范围。环境卫生应急是突发公共事件应急的重要一环，制订环境卫生应急图形标志，可在重大突发性环境事故中，准确及时地提示环境卫生临时场所和设施设备的位置，最大限度地减轻一次污染和次生污染，减少因污染带来的环境卫生问题。

5.1.2 本条对环境卫生应急图形标志的尺寸和比例提出了要求。

5.1.3 本条规定了环境卫生应急图形标志的绘制方法。

5.1.4 本条规定了环境卫生应急图形标志的颜色。

5.1.5 本条规定了环境卫生应急图形标志中使用的中英文文字的字体和颜色。

5.2 环境卫生应急图形标志

5.2.1 本条列出了应急公共厕所、应急污水排放、应急垃圾存放、应急垃圾焚烧、应急垃圾填埋、不准投放垃圾等6个环境卫生应急图形标志，并对各个标志的含义进行了说明。

中华人民共和国行业标准

城市道路清扫保洁质量与评价标准

Standard for quality and assessment of city road sweeping and cleaning

CJJ/T 126—2008
J 826—2008

批准部门：中华人民共和国住房和城乡建设部
施行日期：2 0 0 9 年 5 月 1 日

中华人民共和国住房和城乡建设部
公　　告

第151号

关于发布行业标准《城市道路清扫保洁质量与评价标准》的公告

现批准《城市道路清扫保洁质量与评价标准》为行业标准，编号为CJJ/T 126－2008，自2009年5月1日起实施。

本标准由我部标准定额研究所组织中国建筑工业出版社出版发行。

中华人民共和国住房和城乡建设部

2008年11月13日

前　　言

根据原建设部建标［2006］77号文的要求，标准编制组经过深入调查研究，认真总结实践经验，并在广泛征求意见的基础上，制定了本标准。

本标准的主要技术内容是：1 总则；2 术语；3 道路清扫保洁等级；4 道路清扫保洁作业的一般要求；5 道路清扫保洁质量要求；6 道路清扫保洁质量评价。

本标准由住房和城乡建设部负责管理，由主编单位负责具体技术内容的解释。在执行过程中如有修改建议，请将相关资料寄送主编单位北京市环境卫生设计科学研究所（地址：北京市朝阳区尚家楼甲48号，邮政编码：100028），供修订时参考。

本标准主编单位：北京市环境卫生设计科学研究所

本标准参编单位：北京市环境卫生工程集团
上海市浦东新区环境保护与市容卫生管理局
牡丹江市市容环境卫生科学研究所

本标准主要起草人：王　伟　吴文伟　吴其伟
刘　竞　张沛君　仲维昆
栗绍湘　周建勋　吴世新
孙盛杰　李军华　王　沛

目　　次

1　总则 ………………………………………… 2—32—4
2　术语 ………………………………………… 2—32—4
3　道路清扫保洁等级 ……………………… 2—32—4
4　道路清扫保洁作业的一般要求 … 2—32—4
5　道路清扫保洁质量要求 ………………… 2—32—4
6　道路清扫保洁质量评价 ………………… 2—32—5
6.1　一般规定 ……………………………… 2—32—5
6.2　感观质量检查评价 ………………… 2—32—5
6.3　定量质量检测评价 ………………… 2—32—5
6.4　道路清洁度评价 …………………… 2—32—6
本标准用词说明 ……………………………… 2—32—6
附：条文说明 ………………………………… 2—32—7

1 总　　则

1.0.1 为了对城市道路清扫保洁进行科学、统一和规范的质量管理，制定本标准。

1.0.2 本标准适用于城市道路及广场清扫保洁作业和质量评价。

1.0.3 城市道路清扫保洁应以维护道路清洁容貌和防止道路扬尘污染为目的。

1.0.4 城市道路清扫保洁应制定作业计划及道路环境突发事件应急预案。

1.0.5 城市道路清扫保洁作业应做到卫生、安全、文明和高效，减少环境污染和对公众生活及交通的影响。

1.0.6 城市道路清扫保洁质量要求与评价除应符合本标准外，尚应符合国家现行有关标准的规定。

2 术　　语

2.0.1 城市道路　city roads

城市供车辆和行人通行的，具有一定技术条件的道路、桥梁、隧道及其附属设施。

2.0.2 道路清扫　road sweeping

对道路全面的清洁作业，包括机械清扫和人工清扫。

2.0.3 道路保洁　road cleaning

对道路清洁的保持性作业。

2.0.4 道路冲洗　road washing

对道路采用一定水压的水流进行冲洗的清洁作业。

2.0.5 道路洒水和喷雾　road sprinkling

对道路采用洒水和喷雾方式防止扬尘的清洁作业。

2.0.6 道路可见垃圾污渍密度　road visible waste and dirt density

在道路上一定面积内可见垃圾和污渍的个（处）数。污渍一般包括油渍、痰渍和粪便渍等。

2.0.7 道路清洁度　road cleaning degree

以道路感观（定性）质量评价与定量质量评价综合反映道路的清洁程度，用百分制数值表示。

2.0.8 道路环境突发事件　road environmental accident

指突然发生，造成道路环境严重污染和通行严重障碍的事件，包括自然灾害和事故灾害等事件。

3 道路清扫保洁等级

3.0.1 城市道路清扫保洁等级应按表3.0.1的规定划分。

表 3.0.1　城市道路清扫保洁等级

级别	划分条件
一级	位于重要党政机关、外事机构周边和重要商业、文化、教育、卫生、体育、交通场站等公共场所周边的道路
二级	位于一般商业、文化、教育、卫生、体育和交通场站等公共场所周边的道路
三级	位于一般企事业单位和居住区周边的道路
四级	位于远离居住区、企事业单位和公共场所地区的道路；无排水管道、路缘石和人行道未硬化等简陋的道路

4 道路清扫保洁作业的一般要求

4.0.1 道路清扫作业和冲洗作业必须在每日早晨人流和车流高峰以前完成；道路清扫及冲洗结束后应开始道路保洁作业。

4.0.2 道路清扫保洁机械作业应提高垃圾扫净率并防止扬尘污染。

4.0.3 在机械不能作业的情况下，应采用人工作业；人工作业过程亦应提高垃圾扫净率并防止扬尘污染。

4.0.4 道路洒水和喷雾作业频次应根据路面尘土量、天气情况和空气质量确定。抑尘剂应根据产品性能合理使用。

4.0.5 道路冲洗喷水设备的水压应大于等于300kPa。冲洗作业频次应根据路面垃圾尘土量确定。结冰期不能冲洗时，应采用其他方式进行作业。

4.0.6 结冰期可采用防冻液进行道路洒水和喷雾作业。防冻液的配制浓度应根据其冰点和路面温度确定。

4.0.7 道路清扫保洁收集的垃圾必须按指定场地存放，严禁裸露和扫入排水箅。

4.0.8 雨后应及时进行路面积水清除作业。

4.0.9 下雪及雪后应及时进行路面除雪作业。

4.0.10 餐饮饭店、集贸市场和建筑工地等周边道路应适当增加各项作业频次。

4.0.11 道路冲洗作业应优先采用再生水。

5 道路清扫保洁质量要求

5.0.1 各等级道路清扫保洁质量应符合表5.0.1清洁度指标要求。

表 5.0.1　道路清洁度指标

道路清扫保洁等级	清洁度指标（分）
一级	≥70.0
二级	≥60.0
三级	≥50.0
四级	≥40.0

6 道路清扫保洁质量评价

6.1 一 般 规 定

6.1.1 应对道路清扫保洁质量进行检查和评价，质量检查评价应由3～5人组成的检查组实施。

6.1.2 检查及检测宜采用随机或重点选择道路的方式进行。

6.1.3 检查及检测应在降水3d以后、路面较干燥、风力低于4级和空气相对湿度低于60%的条件下进行。

6.2 感观质量检查评价

6.2.1 在检查道路的300～500m路段，各检查人员应根据下列质量要求独立进行检查。按各项目符合质量要求的程度作10分制评价。

1 道路整体清洁，无成片垃圾、污渍、积水和冰雪；

2 道路边角部位清洁，无积存垃圾；

3 路面呈现本色；

4 路边垃圾箱清洁，投放口不应堵塞，周围无垃圾；

5 道路排水箅及周围无成片垃圾尘土和积水。

6.2.2 感观质量评价应按表6.2.2的规定作记录。

表6.2.2 道路清扫保洁感观质量评价

评价项目	整体	路边角	路面本色	路边垃圾箱	道路排水箅	合计
检查人评价分值						
检查人评价分值						
……						
平均分						
权重	3	3	2	1	1	10
加权值						

6.2.3 感观质量评价加权值应按下式计算，并应按表6.2.2的规定作记录。

$$G=G_1\times3+G_2\times3+G_3\times2+G_4\times1+G_5\times1 \quad (6.2.3)$$

计算结果保留1位小数。

式中 G——感观质量评价加权值；

G_1——整体感观评价平均分；

G_2——路边角感观评价平均分；

G_3——路面本色感观评价平均分；

G_4——路边垃圾箱感观评价平均分；

G_5——道路排水箅感观评价平均分；

3，2，1——各项权重值。

6.3 定量质量检测评价

6.3.1 道路可见垃圾污渍密度检测应按下列步骤进行：

1 在检查道路的300～500m路段，分别于车行道和人行道观测1000m²面积的可见垃圾污渍个（处）数，并应按表6.3.1的规定作记录。

表6.3.1 路段可见垃圾污渍密度

单位：个（处）/ 1000m²

路段序次	车行道	人行道
1		
2		
……		

注：1 观测对象不包括尘土等。

2 单独污渍以小于等于1m²为1"处"，单独纸塑等垃圾以小于等于0.1m²为1"个"。

2 在与检查道路不相邻的另外3～4条路段，重复本条第1款的步骤。

3 道路平均可见垃圾污渍密度应按下式计算：

$$d=\frac{1}{n}\sum_{j=1}^{n}d_j \quad (6.3.1)$$

式中 d——道路平均可见垃圾污渍密度，个（处）/1000m²；

d_j——某路段可见垃圾污渍密度，个（处）/1000m²；

n——重复路段条数；

j——重复路段序次。

计算结果保留1位小数。

6.3.2 道路垃圾量检测应符合下列要求：

1 主要采样设备工具包括：

1）吸尘器，标称负压不小于20kPa；

2）平方米框架；

3）扫帚和毛刷等。

2 道路垃圾量检测应按下列步骤进行：

1）在检查道路的300～500m路段，于非机动车行道（靠路缘石）和人行道分别采集1m²面积的垃圾样品：将平方米框架置于路面，先用扫帚收集较大垃圾；再用吸尘器，将吸口紧贴路面往复抽吸两遍，收集集尘箱（袋）和过滤网的尘土；然后将较大垃圾与尘土分别合并为两个样品。

2）用天平称量垃圾重量，称准至0.1g，保留一位小数，并应按表6.3.2的规定作记录。

3）在与检查道路不相邻的另外3～4条路段，重复本款第1）～第2）项的步骤。

表 6.3.2　路段垃圾量　　　　单位：g/m^2

路段序次	车行道	人行道
1		
2		
……		

4）道路车行道平均垃圾量和人行道平均垃圾量应分别按下式计算：

$$c=\frac{1}{n}\sum_{j=1}^{n}c_j \qquad (6.3.2)$$

式中　c——道路平均垃圾量，g/m^2；

c_j——某路段垃圾量，g/m^2。

计算结果保留1位小数。

6.3.3　定量质量评价应符合下列要求：

1　道路可见垃圾污渍密度检测结果应按表6.3.3-1的规定作10分制评价，并作记录。

表 6.3.3-1　道路可见垃圾污渍密度评价

评价项目		可见垃圾污渍密度									
分值		10	9	8	7	6	5	4	3	2	1
车行道	检测值个(处)/$1000m^2$	<5.0	5.0~6.9	7.0~8.9	9.0~10.9	11.0~14.9	15.0~18.9	19.0~22.9	23.0~28.9	29.0~35.0	>35.0
	评价分值										
人行道	检测值个(处)/$1000m^2$	<10.0	10.0~11.9	12.0~13.9	14.0~17.9	18.0~21.9	22.0~27.9	28.0~33.9	34.0~41.9	42.0~50.0	>50.0
	评价分值										
平均分											

2　道路垃圾量检测结果应按表6.3.3-2的规定作10分制评价，并作记录。

表 6.3.3-2　道路垃圾量评价

评价项目		垃　圾　量									
分值		10	9	8	7	6	5	4	3	2	1
检测值 g/m^2		<60.0	60.0~69.9	70.0~79.9	80.0~94.9	95.0~109.9	110.0~129.9	130.0~149.9	150.0~169.9	170.0~190.0	>190.0
评价分值	人行道										
	车行道										
平均分											

3　道路定量质量评价加权值应按下式进行计算，并应按表6.3.3-3的规定作记录。

$$D=D_1\times 5+D_2\times 5 \qquad (6.3.3)$$

式中　D——道路定量质量评价加权值；

D_1——可见垃圾污渍密度评价平均分；

D_2——垃圾量评价平均分；

5——各项权重值。

计算结果保留1位小数。

表 6.3.3-3　道路清扫保洁定量质量评价

评价项目	可见垃圾污渍密度	垃圾量	合　计
平均评分			
权重	5	5	10
加权值			

6.4　道路清洁度评价

6.4.1　道路清洁度的百分制评价应按下式进行综合加权值计算，并应按表6.4.1的规定作记录。

$$Q=G\times 0.4+D\times 0.6 \qquad (6.4.1)$$

式中　Q——道路清洁度（分）；

0.4，0.6——各项权重值。

计算结果保留1位小数。

表 6.4.1　道路清洁度评价

评价类别	感观质量	定量质量	合　计
加权值			
权重	0.4	0.6	1
道路清洁度（分）			

本标准用词说明

1　为便于在执行本标准条文时区别对待，对要求严格程度不同的用词说明如下：

1）表示很严格，非这样做不可的：

正面词采用“必须”，反面词采用“严禁”。

2）表示严格，在正常情况下均应这样做的：

正面词采用“应”，反面词采用“不应”或“不得”。

3）表示允许稍有选择，在条件许可时首先应这样做的：

正面词采用“宜”，反面词采用“不宜”；

表示有选择，在一定条件下可以这样做的，采用“可”。

2　条文中指明必须按其他有关标准执行的写法为：“应符合……的规定”或“应按……执行”。

中华人民共和国行业标准

城市道路清扫保洁质量与评价标准

CJJ/T 126—2008

条 文 说 明

前　言

《城市道路清扫保洁质量与评价标准》CJJ/T 126－2008经住房和城乡建设部2008年11月13日以住房和城乡建设部151号公告批准发布。

为便于城市道路清扫保洁作业、管理和科研等单位有关人员在使用本标准时能正确理解和执行条文规定，《城市道路清扫保洁质量与评价标准》编制组按章、节、条顺序编制了本标准的条文说明，供使用者参考。在使用中如发现条文说明有不妥之处，请将意见函寄北京市环境卫生设计科学研究所（地址：北京市朝阳区尚家楼甲48号，邮政编码：100028）。

目　次

1　总则 ………………………………… 2—32—10
2　术语 ………………………………… 2—32—10
3　道路清扫保洁等级…………………… 2—32—10
4　道路清扫保洁作业的一般要求 ………………………………… 2—32—10
5　道路清扫保洁质量要求 ………… 2—32—10
6　道路清扫保洁质量评价 ………… 2—32—10
6.1　一般规定 ……………………… 2—32—10
6.2　感观质量检查评价 …………… 2—32—10
6.3　定量质量检测评价 …………… 2—32—10
6.4　道路清洁度评价 ……………… 2—32—11

1 总 则

1.0.1 本标准制定的目的是对城市道路清扫保洁进行科学、统一、规范的质量管理。

1.0.2 本标准适用范围是城市道路及广场清扫保洁作业和质量评价。

1.0.3 明确了城市道路清扫保洁具有两个目的：首先是从市容感观上维护道路清洁容貌，这是由清扫保洁的功能决定的；其次是防止道路扬尘污染，这是大气污染防治的新要求。

1.0.4 制定城市道路清扫保洁计划及道路环境突发事件应急预案，是对质量管理的规范化要求。

1.0.5 城市道路清扫保洁作业应做到卫生、安全、文明和高效，是对作业的总体要求。

1.0.6 城市道路清扫保洁质量要求与评价除应符合本标准外，尚应符合国家现行有关标准的规定。与本标准直接有关的标准是《洒水车》QC/T 54。

2 术 语

2.0.1 定义引自原建设部《城市建设统计指标解释》。

2.0.2、2.0.3 定义引自《市容环境卫生术语标准》CJJ/T 65-2004，本标准将原“清扫保洁”分为两个术语定义，道路清扫强调“全面”，道路保洁强调“保持”。

2.0.4～2.0.8 术语是根据本标准需要设置的，定义明确。

3 道路清扫保洁等级

3.0.1 清扫保洁等级主要根据道路所在位置的政治性和公共性的程度进行划分。未以道路功能类别作为划分条件，因为道路功能类别与清洁质量要求无必然关系。等级划分由各城市根据情况进行。

4 道路清扫保洁作业的一般要求

本章是对作业的“一般”要求，并非“特殊”作业方式和工艺的要求，也未对不同清洁等级道路加以区别，这类要求各城市可根据情况作具体规定。

4.0.1 道路清扫和冲洗作业结束时间要求是根据本标准第1.0.5条“减少环境污染和对公众生活及交通的影响”的规定，具体时间由各城市根据实际情况确定。道路清扫及冲洗结束后应开始保洁作业，体现了“全天候”的保洁思想和责任。

4.0.2 提高道路垃圾扫净率和防止扬尘污染是对清扫机械的基本要求。相关标准有待制定。

4.0.4 道路洒水喷雾频次应综合分析当时路面尘土量、天气（如气温、相对湿度和风力等）和空气质量（如可吸入颗粒物浓度）的情况来确定。

4.0.5 水压是对冲洗喷水设备节水和作业效果的基本要求，应符合《洒水车》QC/T 54标准“≥300kPa”的规定。

4.0.6、4.0.8～4.0.10 是对较特殊情况道路清洁作业的一般要求。

4.0.7 道路清扫保洁的垃圾存放要求是根据本标准第1.0.5条“减少环境污染和对公众生活及交通的影响”的具体规定。

4.0.11 道路冲洗作业优先采用再生水，是水资源再利用的要求。

5 道路清扫保洁质量要求

5.0.1 道路清扫保洁质量以清洁度作为评价指标，它是感观质量评价与定量质量评价的综合结果。道路清洁度应达到表5.0.1的指标要求，各等级道路的级差均为10分。清洁度指标能够较全面地反映和比较目前各城市道路清扫保洁质量，并留有一定的发展空间。

调查显示：道路清洁度主要取决于作业质量，因此，本标准规定的清洁度指标既是对道路清洁质量的要求，也是对作业质量的要求，这是由作业的目的决定的。

6 道路清扫保洁质量评价

6.1 一 般 规 定

6.1.1、6.1.3 规定了质量检查评价的人员组成与环境条件，以保证结果的客观公正。

6.2 感观质量检查评价

6.2.1 5个检查项目可以代表道路清洁的感观质量。其中整体感观对象是与作业直接相关的路面，一般不含其他市容方面的内容。按各项目符合质量要求的程度作十分制评价，即符合程度高的分值就高。这是由感观向定量评分的转化。

6.2.2 各项目权重值是根据实践探索的规律和专家的评议综合确定的。计算保留1位小数的精确度可以满足评价与可比性要求。表6.2.2是对相关文字的补充，便于理解和记录。

6.3 定量质量检测评价

两个定量质量项目是评价道路清洁质量的代表性项目，是在感观质量基础上的深化和定量化。

6.3.1 可见垃圾污渍密度是影响道路清洁容貌的重

要因素，因此“影响清洁容貌”是确认可见垃圾污渍的原则。

6.3.2 道路垃圾量检测的准确性取决于能否将尘土全部收集，因此应用吸尘器采样。

6.3.3 定量质量检测结果按表 6.3.3-1 和表 6.3.3-2 作十分制评价。两表中检测值范围涵盖了对部分城市的调查数据。检测值间距采用了评价分值越高检测值范围越小的配置方法，这是基于分值越高清扫保洁作业难度越大这一因素考虑的。人行道与车行道可见垃圾污渍密度差异较大，故分别设置指标。分值的配置体现了本标准编制的“工具性”原则，在修订标准时可以在保留评价方式的基础上根据实施情况和发展进行调整。两项定量质量权重值的确定方法同本标准第 6.2.2 条。

6.4 道路清洁度评价

6.4.1 感观质量与定量质量的权重值是根据定性与定量相结合，以定量为主的思想确定的。综合加权值即为清洁度。

三、附录

工程建设国家标准与住房和城乡建设部行业标准目录

2008

工程建设国家标准目录

序号	标准编号	标准名称	出版单位
1	GB/T 50001—2001	房屋建筑制图统一标准	计划
2	GBJ 2—1986	建筑模数协调统一标准	计划
3	GB 50003—2001	砌体结构设计规范	建工
4	GB 50005—2003	木结构设计规范（2005 年版）	建工
5	GBJ 6—1986	厂房建筑模数协调标准	计划
6	GB 50007—2002	建筑地基基础设计规范	建工
7	GB 50009—2001	建筑结构荷载规范（2006 年版）	建工
8	GB 50010—2002	混凝土结构设计规范	建工
9	GB 50011—2001	建筑抗震设计规范（2008 版）	建工
10	GBJ 12—1987	工业企业标准轨距铁路设计规范	计划
11	GB 50013—2006	室外给水设计规范	计划
12	GB 50014—2006	室外排水设计规范	计划
13	GB 50015—2003	建筑给水排水设计规范	计划
14	GB 50016—2006	建筑设计防火规范	计划
15	GB 50017—2003	钢结构设计规范	计划
16	GB 50018—2002	冷弯薄壁型钢结构技术规范	计划
17	GB 50019—2003	采暖通风和空气调节设计规范	计划
18	GB 50021—2001	岩土工程勘察规范	建工
19	GBJ 22—1987	厂矿道路设计规范	计划
20	GB 50023—1995	建筑抗震鉴定标准	建工
21	GB 50025—2004	湿陷性黄土地区建筑规范	建工
22	GB 50026—2007	工程测量规范	计划
23	GB 50027—2001	供水水文地质勘察规范	计划
24	GB 50028—2006	城镇燃气设计规范	建工
25	GB 50029—2003	压缩空气站设计规范	计划
26	GB 50030—1991	氧气站设计规范	计划
27	GB 50031—1991	乙炔站设计规范	计划
28	GB 50032—2003	室外给水排水和燃气热力工程抗震设计规范	建工
29	GB/T 50033—2001	建筑采光设计标准	建工
30	GB 50034—2004	建筑照明设计标准	建工

序号	标准编号	标准名称	出版单位
31	GB 50037—1996	建筑地面设计规范	计划
32	GB 50038—2005	人民防空地下室设计规范	内部发行
33	GBJ 39—1990	村镇建筑设计防火规范	建工
34	GB 50040—1996	动力机器基础设计规范	计划
35	GB 50041—2008	锅炉房设计规范	计划
36	GB 50045—1995	高层民用建筑设计防火规范（2005 年版）	计划
37	GB 50046—2008	工业建筑防腐蚀设计规范	计划
38	GB 50049—1994	小型火力发电厂设计规范	计划
39	GB 50050—2007	工业循环冷却水处理设计规范	计划
40	GB 50051—2002	烟囱设计规范	计划
41	GB 50052—1995	供配电系统设计规范	计划
42	GB 50053—1994	10kV 及以下变电所设计规范	计划
43	GB 50054—1995	低压配电设计规范	计划
44	GB 50055—1993	通用用电设备配电设计规范	计划
45	GB 50056—1993	电热设备电力装置设计规范	计划
46	GB 50057—1994	建筑物防雷设计规范（2000 年版）	计划
47	GB 50058—1992	爆炸和火灾危险环境电力装置设计规范	计划
48	GB 50059—1992	35～110kV 变电所设计规范	计划
49	GB 50060—2008	3～110kV 高压配电装置设计规范	计划
50	GB 50061—1997	66kV 及以下架空电力线路设计规范	计划
51	GB/T 50062—2008	电力装置的继电保护和自动装置设计规范	计划
52	GB/T 50063—2008	电力装置的电测量仪表装置设计规范	计划
53	GBJ 64—1983	工业与民用电力装置的过电压保护设计规范	计划
54	GBJ 65—1983	工业与民用电力装置的接地设计规范	计划
55	GB 50067—1997	汽车库、修车库、停车场设计防火规范	计划
56	GB 50068—2001	建筑结构可靠度设计统一标准	建工
57	GB 50069—2002	给水排水工程构筑物结构设计规范	建工
58	GB 50070—2009	矿山电力设计规范	计划
59	GB 50071—2002	小型水力发电站设计规范	计划
60	GB 50072—2001	冷库设计规范	计划

工程建设国家标准目录

序号	标准编号	标准名称	出版单位
61	GB 50073—2001	洁净厂房设计规范	计划
62	GB 50074—2002	石油库设计规范	计划
63	GBJ 76—1984	厅堂混响时间测量规范	建工
64	GB 50077—2003	钢筋混凝土筒仓设计规范	计划
65	GB 50078—2008	烟囱工程施工及验收规范	计划
66	GB/T 50080—2002	普通混凝土拌合物性能试验方法标准	建工
67	GB/T 50081—2002	普通混凝土力学性能试验方法标准	建工
68	GBJ 82—1985	普通混凝土长期性能和耐久性能试验方法	
69	GB/T 50083—1997	建筑结构设计术语和符号标准	建工
70	GB 50084—2001	自动喷水灭火系统设计规范（2005 年版）	计划
71	GB/T 50085—2007	喷灌工程技术规范	计划
72	GB 50086—2001	锚杆喷射混凝土支护技术规范	计划
73	GBJ 87—1985	工业企业噪声控制设计规范	计划
74	GB 50089—2007	民用爆破器材工程设计安全规范	计划
75	GB 50090—2006	铁路线路设计规范	计划
76	GB 50091—2006	铁路车站及枢纽设计规范	计划
77	GB 50092—1996	沥青路面施工及验收规范	计划
78	GB 50093—2002	自动化仪表工程施工及验收规范	计划
79	GB 50094—1998	球形储罐施工及验收规范	计划
80	GB/T 50095—1998	水文基本术语和符号标准	计划
81	GB 50096—1999	住宅设计规范（2003 年版）	建工
82	GBJ 97—1987	水泥混凝土路面施工及验收规范	计划
83	GB 50098—1998	人民防空工程设计防火规范（2001 年版）	计划
84	GBJ 99—1986	中小学校建筑设计规范	计划
85	GB/T 50100—2001	住宅建筑模数协调标准	建工
86	GB/T 50102—2003	工业循环水冷却设计规范	计划
87	GB/T 50103—2001	总图制图标准	计划
88	GB/T 50104—2001	建筑制图标准	计划
89	GB/T 50105—2001	建筑结构制图标准	计划
90	GB/T 50106—2001	给水排水制图标准	计划

序号	标 准 编 号	标 准 名 称	出版单位
91	GBJ 107－1987	混凝土强度检验评定标准	计划
92	GB 50108－2008	地下工程防水技术规范	计划
93	GB/T 50109－2006	工业用水软化除盐设计规范	计划
94	GBJ 110－1987	卤代烷 1211 灭火系统设计规范	计划
95	GB 50111－2006	铁路工程抗震设计规范	计划
96	GB J112－1987	膨胀土地区建筑技术规范	计划
97	GB 50113－2005	滑动模板工程技术规范	计划
98	GB/T 50114－2001	暖通空调制图标准	计划
99	GBJ 115－1987	工业电视系统工程设计规范	计划
100	GB 50116－1998	火灾自动报警系统设计规范	计划
101	GBJ 117－1988	工业构筑物抗震鉴定标准	计划
102	GBJ 118－1988	民用建筑隔声设计规范	计划
103	GB 50119－2003	混凝土外加剂应用技术规范	建工
104	GB/T 50121－2005	建筑隔声评价标准	建工
105	GBJ 122－1988	工业企业噪声测量规范	计划
106	GB/T 50123－1999	土工试验方法标准	计划
107	GBJ 124－1988	道路工程术语标准	计划
108	GBJ 125－1989	给水排水设计基本术语标准	建工
109	GB 50126－2008	工业设备及管道绝热工程施工规范	计划
110	GB 50127－2007	架空索道工程技术规范	计划
111	GB 50128－2005	立式圆筒形钢制焊接储罐施工及验收规范	计划
112	GBJ 129－1990	砌体基本力学性能试验方法标准	建工
113	GBJ 130－1990	钢筋混凝土升板结构技术规范	建工
114	GB 50131－2007	自动化仪表工程施工质量验收规范	计划
115	GBJ 132－1990	工程结构设计基本术语和通用符号	计划
116	GB 50134－2004	人民防空工程施工及验收规范	计划
117	GB 50135－2006	高耸结构设计规范	计划
118	GB J136－1990	电镀废水治理设计规范	计划
119	GB J137－1990	城市用地分类与规划建设用地标准	计划
120	GB J138－1990	水位观测标准	计划

工程建设国家标准目录

序号	标准编号	标准名称	出版单位
121	GB 50139—2004	内河通航标准	计划
122	GB 50140—2005	建筑灭火器配置设计规范	计划
123	GB 50141—2008	给水排水构筑物施工及验收规范	建工
124	GBJ 142—1990	中、短波广播发射台与电缆载波通信系统的防护间距标准	计划
125	GBJ 143—1990	架空电力线路、变电所对电视差转台、转播台无线电干扰防护间距标准	计划
126	GB 50144—2008	工业建筑可靠性鉴定标准	计划
127	GB/T 50145—2007	土的工程分类标准	计划
128	GBJ 146—1990	粉煤灰混凝土应用技术规范	计划
129	GBJ 147—1990	电气装置安装工程　高压电器施工及验收规范	计划
130	GBJ 148—1990	电气装置安装工程　电力变压器、油浸电抗器、互感器施工及验收规范	计划
131	GBJ 149—1990	电气装置安装工程　母线装置施工及验收规范	计划
132	GB 50150—2006	电气装置安装工程　电气设备交接试验标准	计划
133	GB 50151—1992	低倍数泡沫灭火系统设计规范（2000 年版）	计划
134	GB 50152—1992	混凝土结构试验方法标准	建工
135	GB 50153—2008	工程结构可靠性设计统一标准	建工
136	GB 50154—2009	地下及覆土火药炸药仓库设计安全规范	计划
137	GB 50155—1992	采暖通风与空气调节术语标准	计划
138	GB 50156—2002	汽车加油加气站设计与施工规范（2006 年版）	计划
139	GB 50157—2003	地铁设计规范	计划
140	GB 50158—1992	港口工程结构可靠度设计统一标准	计划
141	GB 50159—1992	河流悬移质泥沙测验规范	计划
142	GB 50160—2008	石油化工企业设计防火规范	计划
143	GB 50161—1992	烟花爆竹工厂设计安全规范	计划
144	GB 50162—1992	道路工程制图标准	计划
145	GB 50163—1992	卤代烷 1301 灭火系统设计规范	计划
146	GB 50164—1992	混凝土质量控制标准	建工
147	GB 50165—1992	古建筑木结构维护与加固技术规范	建工
148	GB 50166—2007	火灾自动报警系统施工及验收规范	计划

工程建设国家标准目录

序号	标准编号	标准名称	出版单位
149	GB 50167—1992	工程摄影测量标准	计划
150	GB 50168—2006	电气装置安装工程　电缆线路施工及验收规范	计划
151	GB 50169—2006	电气装置安装工程　接地装置施工及验收规范	计划
152	GB 50170—2006	电气装置安装工程　旋转电机施工及验收规范	计划
153	GB 50171—1992	电气装置安装工程　盘、柜及二次回线结线施工及验收规范	计划
154	GB 50172—1992	电气装置安装工程　蓄电池施工及验收规范	计划
155	GB5 0173—1992	电气装置安装工程　35kV 及以下架空电力线路施工及验收规范	计划
156	GB 50174—2008	电子信息系统机房设计规范	计划
157	GB 50175—1993	露天煤矿工程施工及验收规范	计划
158	GB 50176—1993	民用建筑热工设计规范	计划
159	GB 50177—2005	氢气站设计规范	计划
160	GB 50178—1993	建筑气候区划标准	计划
161	GB 50179—1993	河流流量测验规范	计划
162	GB 50180—1993	城市居住区规划设计规范（2002 年版）	建工
163	GB 50181—1993	蓄滞洪区建筑工程技术规范（1998 年版）	计划
164	GB 50183—2004	石油天然气工程设计防火规范	计划
165	GB 50186—1993	港口工程基本术语标准	计划
166	GB 50187—1993	工业企业总平面设计规范	计划
167	GB 50188—2007	镇规划标准	建工
168	GB 50189—2005	公共建筑节能设计标准	建工
169	GB 50190—1993	多层厂房楼盖抗微振设计规范	计划
170	GB 50191—1993	构筑物抗震设计规范	计划
171	GB 50193—1993	二氧化碳灭火系统设计规范（1999 年版）	计划
172	GB 50194—1993	建设工程施工现场供用电安全规范	计划
173	GB 50195—1994	发生炉煤气站设计规范	计划
174	GB 50196—1993	高倍数、中倍数泡沫灭火系统设计规范（2002 年版）	计划
175	GB 50197—2005	煤炭工业露天矿设计规范	计划

工程建设国家标准目录

序号	标准编号	标准名称	出版单位
176	GB 50198—1994	民用闭路监视电视系统工程技术规范	计划
177	GB 50199—1994	水利水电工程结构可靠度设计统一标准	计划
178	GB 50200—1994	有线电视系统工程技术规范	计划
179	GB 50201—1994	防洪标准	计划
180	GBJ 201—1983	土方与爆破工程施工及验收规范（部分作废）	
181	GB 50202—2002	建筑地基基础工程施工质量验收规范	计划
182	GB 50203—2002	砌体工程施工质量验收规范	建工
183	GB 50204—2002	混凝土结构工程施工质量验收规范	建工
184	GB 50205—2001	钢结构工程施工质量验收规范	计划
185	GB 50206—2002	木结构工程施工质量验收规范	建工
186	GB 50207—2002	屋面工程质量验收规范	建工
187	GB 50208—2002	地下防水工程质量验收规范	建工
188	GB 50209—2002	建筑地面工程施工质量验收规范	计划
189	GB 50210—2001	建筑装饰装修工程质量验收规范	建工
190	GB 50211—2004	工业炉砌筑工程施工及验收规范	计划
191	GB 50212—2002	建筑防腐蚀工程施工及验收规范	计划
192	GBJ 213—1990	矿山井巷工程施工及验收规范	计划
193	GB 50214—2001	组合钢模板技术规范	计划
194	GB 50215—2005	煤炭工业矿井设计规范	计划
195	GB 50216—1994	铁路工程结构可靠度设计统一标准	计划
196	GB 50217—2007	电力工程电缆设计规范	计划
197	GB 50218—1994	工程岩体分级标准	计划
198	GB 50219—1995	水喷雾灭火系统设计规范	计划
199	GB 50220—1995	城市道路交通规划设计规范	计划
200	GB 50222—1995	建筑内部装修设计防火规范	建工
201	GB 50223—2008	建筑工程抗震设防分类标准	建工
202	GB 50225—2005	人民防空工程设计规范	内部发行
203	GB 50226—2007	铁路旅客车站建筑设计规范	计划
204	GB 50227—2008	并联电容器装置设计规范	计划

序号	标 准 编 号	标 准 名 称	出版单位
205	GB/T 50228—1996	工程测量基本术语标准	计划
206	GB 50229—2006	火力发电厂与变电所设计防火规范	计划
207	GB 50231—2009	机械设备安装工程施工及验收通用规范	计划
208	GB 50233—2005	110～500kV 架空送电线路施工及验收规范	计划
209	GB 50235—1997	工业金属管道工程施工及验收规范	计划
210	GB 50236—1998	现场设备、工业管道焊接工程施工及验收规范	计划
211	GB 50242—2002	建筑给水排水及采暖工程施工质量验收规范	建工
212	GB 50243—2002	通风与空调工程施工质量验收规范	计划
213	GB 50251—2003	输气管道工程设计规范	计划
214	GB 50252—1994	工业安装工程质量检验评定统一标准	计划
215	GB 50253—2003	输油管道工程设计规范（2006 年版）	计划
216	GB 50254—1996	电气装置安装工程　低压电器施工及验收规范	计划
217	GB 50255—1996	电气装置安装工程　电力变流设备施工及验收规范	计划
218	GB 50256—1996	电气装置安装工程　起重机电气装置施工及验收规范	计划
219	GB 50257—1996	电气装置安装工程　爆炸和火灾危险环境电气装置施工及验收规范	计划
220	GB 50260—1996	电力设施抗震设计规范	计划
221	GB 50261—2005	自动喷水灭火系统施工及验收规范	计划
222	GB/T 50262—1997	铁路工程基本术语标准	计划
223	GB 50263—2007	气体灭火系统施工及验收规范	计划
224	GB 50264—1997	工业设备及管道绝热工程设计规范	计划
225	GB/T 50265—1997	泵站设计规范	计划
226	GB/T 50266—1999	工程岩体试验方法标准	计划
227	GB 50267—1997	核电厂抗震设计规范	计划
228	GB 50268—2008	给水排水管道工程施工及验收规范	建工
229	GB/T 50269—1997	地基动力特性测试规范	计划
230	GB 50270—1998	连续输送设备安装工程施工及验收规范	计划
231	GB 50271—2009	金属切削机床安装工程施工及验收规范	计划
232	GB 50272—2009	锻压设备安装工程施工及验收规范	计划

序号	标 准 编 号	标 准 名 称	出版单位
233	GB 50273—2009	锅炉安装工程施工及验收规范	计划
234	GB 50274—1998	制冷设备、空气分离设备安装工程施工及验收规范	计划
235	GB 50275—1998	压缩机、风机、泵安装工程施工及验收规范	计划
236	GB 50276—1998	破碎、粉磨设备安装工程施工及验收规范	计划
237	GB 50277—1998	铸造设备安装工程施工及验收规范	计划
238	GB 50278—1998	起重设备安装工程施工及验收规范	计划
239	GB/T 50279—1998	岩土工程基本术语标准	计划
240	GB/T 50280—1998	城市规划基本术语标准	建工
241	GB 50281—2006	泡沫灭火系统施工及验收规范	计划
242	GB 50282—1998	城市给水工程规划规范	建工
243	GB/T 50283—1999	公路工程结构可靠度设计统一标准	计划
244	GB 50284—2008	飞机库设计防火规范	计划
245	GB 50285—1998	调幅收音台和调频电视转播台与公路的防护间距标准	计划
246	GB 50286—1998	堤防工程设计规范	计划
247	GB 50287—2006	水力发电工程地质勘察规范	计划
248	GB 50288—1999	灌溉与排水工程设计规范	计划
249	GB 50289—1998	城市工程管线综合规划规范	建工
250	GB 50290—1998	土工合成材料应用技术规范	计划
251	GB/T 50291—1999	房地产估价规范	建工
252	GB 50292—1999	民用建筑可靠性鉴定标准	建工
253	GB 50293—1999	城市电力规划规范	建工
254	GB/T 50294—1999	核电厂总平面及运输设计规范	计划
255	GB 50295—2008	水泥工厂设计规范	计划
256	GB 50296—1999	供水管井技术规范	计划
257	GB/T 50297—2006	电力工程基本术语标准	计划
258	GB 50298—1999	风景名胜区规划规范	建工
259	GB 50299—1999	地下铁道工程施工及验收规范（2003 年版）	计划
260	GB 50300—2001	建筑工程施工质量验收统一标准	建工

工程建设国家标准目录

序号	标准编号	标准名称	出版单位
261	GB 50303—2002	建筑电气工程施工质量验收规范	计划
262	GB 50307—1999	地下铁道、轻轨交通岩土工程勘察规范	计划
263	GB 50308—2008	城市轨道交通工程测量规范	建工
264	GB 50309—2007	工业炉砌筑工程质量验收规范	计划
265	GB 50310—2002	电梯工程施工质量验收规范	建工
266	GB 50311—2007	综合布线系统工程设计规范	计划
267	GB 50312—2007	综合布线系统工程验收规范	计划
268	GB 50313—2000	消防通信指挥系统设计规范	计划
269	GB/T 50314—2006	智能建筑设计标准	计划
270	GB/T 50315—2000	砌体工程现场检测技术标准	建工
271	GB 50316—2000	工业金属管道设计规范（2008 年版）	计划
272	GB 50317—2009	猪屠宰与分割车间设计规范	计划
273	GB 50318—2000	城市排水工程规划规范	建工
274	GB 50319—2000	建设工程监理规范	建工
275	GB 50320—2001	粮食平房仓设计规范	计划
276	GB 50322—2001	粮食钢板筒仓设计规范	计划
277	GB/T 50323—2001	城市建设档案著录规范	建工
278	GB 50324—2001	冻土工程地质勘察规范	计划
279	GB 50325—2001	民用建筑工程室内环境污染控制规范(2006 年版)	计划
280	GB/T 50326—2006	建设工程项目管理规范	建工
281	GB 50327—2001	住宅装饰装修工程施工规范	建工
282	GB/T 50328—2001	建设工程文件归档整理规范	建工
283	GB/T 50329—2002	木结构试验方法标准	建工
284	GB 50330—2002	建筑边坡工程技术规范	建工
285	GB/T 50331—2002	城市居民生活用水量标准	建工
286	GB 50332—2002	给水排水工程管道结构设计规范	建工
287	GB 50333—2002	医院洁净手术部建筑技术规范	计划
288	GB 50334—2002	城市污水处理厂工程质量验收规范	建工
289	GB 50335—2002	污水再生利用工程设计规范	建工
290	GB 50336—2002	建筑中水设计规范	计划

序号	标准编号	标准名称	出版单位
291	GB 50337—2003	城市环境卫生设施规划规范	建工
292	GB 50338—2003	固定消防炮灭火系统设计规范	计划
293	GB 50339—2003	智能建筑工程质量验收规范	建工
294	GB/T 50340—2003	老年人居住建筑设计标准	建工
295	GB 50341—2003	立式圆筒形钢制焊接油罐设计规范	计划
296	GB 50342—2003	混凝土电视塔结构技术规范	计划
297	GB 50343—2004	建筑物电子信息系统防雷技术规范	建工
298	GB/T 50344—2004	建筑结构检测技术标准	建工
299	GB 50345—2004	屋面工程技术规范	建工
300	GB 50346—2004	生物安全实验室建筑技术规范	建工
301	GB 50347—2004	干粉灭火系统设计规范	计划
302	GB 50348—2004	安全防范工程技术规范	计划
303	GB/T 50349—2005	建筑给水聚丙烯管道工程技术规范	计划
304	GB 50350—2005	油气集输设计规范	计划
305	GB 50351—2005	储罐区防火堤设计规范	计划
306	GB 50352—2005	民用建筑设计通则	建工
307	GB/T 50353—2005	建筑工程建筑面积计算规范	计划
308	GB 50354—2005	建筑内部装修防火施工及验收规范	计划
309	GB/T 50355—2005	住宅建筑室内振动限值及其测量方法标准	建工
310	GB/T 50356—2005	剧场、电影院和多用途厅堂建筑声学设计规范	计划
311	GB 50357—2005	历史文化名城保护规划规范	建工
312	GB/T 50358—2005	建设项目工程总承包管理规范	建工
313	GB 50359—2005	煤矿洗选工程设计规范	计划
314	GB 50360—2005	水煤浆工程设计规范	计划
315	GB/T 50361—2005	木骨架组合墙体技术规范	计划
316	GB/T 50362—2005	住宅性能评定技术标准	建工
317	GB/T 50363—2006	节水灌溉工程技术规范	计划
318	GB 50364—2005	民用建筑太阳能热水系统应用技术规范	建工
319	GB 50365—2005	空调通风系统运行管理规范	建工
320	GB 50366—2005	地源热泵系统工程技术规范（2009 年版）	建工
321	GB 50367—2006	混凝土结构加固设计规范	建工

工程建设国家标准目录

序号	标准编号	标准名称	出版单位
322	GB 50368—2005	住宅建筑规范	建工
323	GB 50369—2006	油气长输管道工程施工及验收规范	计划
324	GB 50370—2005	气体灭火系统设计规范	计划
325	GB 50371—2006	厅堂扩声系统设计规范	计划
326	GB 50372—2006	炼铁机械设备工程安装验收规范	计划
327	GB 50373—2006	通信管道与通信工程设计规范	计划
328	GB 50374—2006	通信管道工程施工及验收规范	计划
329	GB/T 50375—2006	建筑工程施工质量评价标准	建工
330	GB 50376—2006	橡胶工厂节能设计规范	计划
331	GB 50377—2006	选矿机械设备工程安装验收规范	计划
332	GB/T 50378—2006	绿色建筑评价标准	建工
333	GB/T 50379—2006	工程建设勘察企业质量管理规范	建工
334	GB/T 50380—2006	工程建设设计企业质量管理规范	建工
335	GB 50381—2006	城市轨道交通自动售检票系统工程质量验收规范	计划
336	GB 50382—2006	城市轨道交通通信工程质量验收规范	计划
337	GB 50383—2006	煤矿井下消防、洒水设计规范	计划
338	GB 50384—2007	煤矿立井井筒及硐室设计规范	计划
339	GB 50385—2006	矿山井架设计规范	计划
340	GB 50386—2006	轧机机械设备工程安装验收规范	计划
341	GB 50387—2006	冶金机械液压、润滑和气动设备工程安装验收规范	计划
342	GB 50388—2006	煤矿井下机车运输信号设计规范	计划
343	GB 50389—2006	750kV 架空送电线路施工及验收规范	计划
344	GB 50390—2006	焦化机械设备工程安装验收规范	计划
345	GB 50391—2006	油田注水工程设计规范	计划
346	GB/T 50392—2006	机械通风冷却塔工艺设计规范	计划
347	GB 50393—2008	钢质石油储罐防腐蚀工程技术规范	计划
348	GB 50394—2007	入侵报警系统工程设计规范	计划
349	GB 50395—2007	视频安防监控系统工程设计规范	计划
350	GB 50396—2007	出入口控制系统工程设计规范	计划
351	GB 50397—2007	冶金电气设备工程安装验收规范	计划
352	GB 50398—2006	无缝钢管工艺设计规范	计划
353	GB 50399—2006	煤炭工业小型矿井设计规范	计划
354	GB 50400—2006	建筑与小区雨水利用工程技术规范	建工

序号	标 准 编 号	标 准 名 称	出版单位
355	GB 50401—2007	消防通信指挥系统施工及验收规范	计划
356	GB 50402—2007	烧结机械设备工程安装验收规范	计划
357	GB 50403—2007	炼钢机械设备工程安装验收规范	计划
358	GB 50404—2007	硬泡聚氨酯保温防水工程技术规范	计划
359	GB 50405—2007	钢铁工业资源综合利用设计规范	计划
360	GB 50406—2007	钢铁工业环境保护设计规范	计划
361	GB 50408—2007	烧结厂设计规范	计划
362	GB 50410—2007	小型型钢轧钢工艺设计规范	计划
363	GB 50411—2007	建筑节能工程施工质量验收规范	建工
364	GB/T 50412—2007	厅堂音质模型试验规范	建工
365	GB 50413—2007	城市抗震防灾规划标准	建工
366	GB 50414—2007	钢铁冶金企业设计防火规范	计划
367	GB 50415—2007	煤矿斜井井筒及硐室设计规范	计划
368	GB 50416—2007	煤矿井底车场硐室设计规范	计划
369	GB 50417—2007	煤矿井下供配电设计规范	计划
370	GB 50418—2007	煤矿井下热害防治设计规范	计划
371	GB 50419—2007	煤矿巷道断面和交岔点设计规范	计划
372	GB 50420—2007	城市绿地设计规范	计划
373	GB 50421—2007	有色金属矿山排土场设计规范	计划
374	GB 50422—2007	预应力混凝土路面工程技术规范	计划
375	GB 50423—2007	油气输送管道穿越工程设计规范	计划
376	GB 50424—2007	油气输送管道穿越工程施工规范	计划
377	GB 50425—2008	纺织工业企业环境保护设计规范	计划
378	GB 50426—2007	印染工厂设计规范	计划
379	GB 50427—2008	高炉炼铁工艺设计规范	计划
380	GB 50428—2007	油田采出水处理设计规范	计划
381	GB 50429—2007	铝合金结构设计规范	计划
382	GB/T 50430—2007	工程建设施工企业质量管理规范	建工
383	GB 50431—2008	带式输送机工程设计规范	计划
384	GB 50432—2007	炼焦工艺设计规范	计划
385	GB 50433—2008	开发建设项目水土保持技术规范	计划
386	GB 50434—2008	开发建设项目水土流失防治标准	计划

序号	标 准 编 号	标 准 名 称	出版单位
387	GB 50435－2007	平板玻璃工厂设计规范	计划
388	GB 50436－2007	线材轧钢工艺设计规范	计划
389	GB 50437－2007	城镇老年人设施规划规范	计划
390	GB/T 50438－2007	地铁运营安全评价标准	建工
391	GB 50439－2008	炼钢工艺设计规范	计划
392	GB 50440－2007	城市消防远程监控系统技术规范	计划
393	GB/T 50441－2007	石油化工设计能耗计算标准	计划
394	GB 50442－2008	城市公共设施规划规范	建工
395	GB 50443－2007	水泥工厂节能设计规范	计划
396	GB 50444－2008	建筑灭火器配置验收及检查规范	计划
397	GB 50445－2008	村庄整治技术规范	建工
398	GB 50446－2008	盾构法隧道施工与验收规范	建工
399	GB 50447－2008	实验动物设施建筑技术规范	建工
400	GB/T 50448－2008	水泥基灌浆材料应用技术规范	计划
401	GB 50449－2008	城市容貌标准	计划
402	GB 50450－2008	煤矿主要通风机站设计规范	计划
403	GB 50451－2008	煤矿井下排水泵站及排水管路设计规范	计划
404	GB/T 50452－2008	古建筑防工业振动技术规范	建工
405	GB 50453－2008	石油化工建（构）筑物抗震设防分类标准	计划
406	GB 50454－2008	航空发动机试车台设计规范	计划
407	GB 50455－2008	地下水封石洞油库设计规范	计划
408	GB 50457－2008	医药工业洁净厂房设计规范	计划
409	GB 50458－2008	跨座式单轨交通设计规范	建工
410	GB 50459－2009	油气输送管道跨越工程设计规范	计划
411	GB 50460－2008	油气输送管道跨越工程施工规范	计划
412	GB 50461－2008	石油化工静设备安装工程施工质量验收规范	计划
413	GB 50462－2008	电子信息系统机房施工及验收规范	计划
414	GB 50463－2008	隔振设计规范	计划
415	GB 50464－2008	视频显示系统工程技术规范	计划
416	GB 50465－2008	煤炭工业矿区总体规划规范	计划
417	GB/T 50466－2008	煤炭工业供热通风与空气调节设计规范	计划
418	GB 50467－2008	微电子生产设备安装工程施工及验收规范	计划

序号	标 准 编 号	标 准 名 称	出版单位
419	GB 50468—2008	焊管工艺设计规范	计划
420	GB 50469—2008	橡胶工厂环境保护设计规范	计划
421	GB 50470—2008	油气输送管道线路工程抗震技术规范	计划
422	GB 50471—2008	煤矿瓦斯抽采工程设计规范	计划
423	GB 50472—2008	电子工业洁净厂房设计规范	计划
424	GB 50473—2008	钢制储罐地基基础设计规范	计划
425	GB 50474—2008	隔热耐磨衬里技术规范	计划
426	GB 50475—2008	石油化工全厂性仓库及堆场设计规范	计划
427	GB/T 50476—2008	混凝土结构耐久性设计规范	建工
428	GB 50477—2009	纺织工业企业职业安全卫生设计规范	计划
429	GB 50478—2008	地热电站岩土工程勘察规范	计划
430	GB/T 50480—2008	冶金工业岩土勘察原位测试规范	计划
431	GB 50481—2009	棉纺织工厂设计规范	计划
432	GB 50482—2009	铝加工厂工艺设计规范	计划
433	GB 50483—2009	化工建设项目环境保护设计规范	计划
434	GB 50484—2008	石油化工建设工程施工安全技术规范	计划
435	GB/T 50485—2009	微灌工程技术规范	计划
436	GB 50486—2009	钢铁厂工业炉设计规范	计划
437	GB 50487—2008	水利水电工程地质勘察规范	计划
438	GB 50488—2009	腈纶工厂设计规范	计划
439	GB 50489—2009	化工企业总图运输设计规范	计划
440	GB 50490—2009	城市轨道交通技术规范	建工
441	GB 50492—2009	聚酯工厂设计规范	计划
442	GB 50493—2009	石油化工可燃气体和有毒气体检测报警设计规范	计划
443	GB 50494—2009	城镇燃气技术规范	建工
444	GB 50495—2009	太阳能供热采暖工程技术规范	建工
445	GB 50496—2009	大体积混凝土施工规范	计划
446	GB 50497—2009	建筑基坑工程监测技术规范	计划
447	GB 50498—2009	固定消防炮灭火系统施工与验收规范	计划
448	GB 50499—2009	麻纺织工厂设计规范	计划
449	GB 50500—2008	建设工程工程量清单计价规范	计划
450	GB 50501—2007	水利工程工程量清单计价规范	计划
451	GB/T 50504—2009	民用建筑设计术语标准	计划

工程建设住房和城乡建设部行业标准目录（建筑工程）

序号	标准编号	标准名称	出版单位
1	JGJ 1—1991	装配式大板居住建筑设计和施工规程	建工
2	JGJ 2—1979	工业厂房墙板设计与施工规程	建工
3	JGJ 3—2002	高层建筑混凝土结构技术规程	建工
4	JGJ 6—1999	高层建筑箱形与筏形基础技术规范	建工
5	JGJ 7—1991	网架结构设计与施工规程	建工
6	JGJ 8—2007	建筑变形测量规程	建工
7	JGJ/T 10—1995	混凝土泵送施工技术规程	建工
8	JGJ 12—2006	轻骨料混凝土结构技术规程	建工
9	JGJ/T 14—2004	混凝土小型空心砌块建筑技术规程	建工
10	JGJ/T 15—2008	早期推定混凝土强度试验方法	建工
11	JGJ 16—2008	民用建筑电气设计规范	建工
12	JGJ/T 17—2008	蒸压加气混凝土建筑应用技术规程	建工
13	JGJ 18—2003	钢筋焊接及验收规程	建工
14	JGJ 19—1992	冷拔钢丝预应力混凝土构件设计施工规程	计划
15	JGJ/T 21—1993	V型折板屋盖设计与施工规程	计划
16	JGJ/T 22—1998	钢筋混凝土薄壳结构设计规程	建工
17	JGJ/T 23—2001	回弹法检测混凝土抗压强度技术规程	建工
18	JGJ 25—2000	档案馆建筑设计规范	建工
19	JGJ 26—1995	民用建筑节能设计标准（采暖居住建筑部分）	建工
20	JGJ/T 27—2001	钢筋焊接接头试验方法标准	建工
21	JGJ/T 29—2003	建筑涂饰工程施工及验收规程	建工
22	JGJ/T 30—2003	房地产业基本术语标准	建工
23	JGJ 31—2003	体育建筑设计规范	建工
24	JGJ 33—2001	建筑机械使用安全技术规程	建工
25	JGJ 35—1987	建筑气象参数标准	建工
26	JGJ 36—2005	宿舍建筑设计规范	建工
27	JGJ 38—1999	图书馆建筑设计规范	建工
28	JGJ 39—1987	托儿所、幼儿园建筑设计规范	建工
29	JGJ 40—1987	疗养院建筑设计规范	建工
30	JGJ 41—1987	文化馆建筑设计规范	建工

工程建设住房和城乡建设部行业标准目录（建筑工程）

序号	标准编号	标准名称	出版单位
31	JGJ 46—2005	施工现场临时用电安全技术规范	建工
32	JGJ 48—1988	商店建筑设计规范	建工
33	JGJ 49—1988	综合医院建筑设计规范	建工
34	JGJ 50—2001	城市道路和建筑物无障碍设计规范	建工
35	JGJ 51—2002	轻骨料混凝土技术规程	建工
36	JGJ 52—2006	普通混凝土用砂、石质量及检验方法标准	建工
37	JGJ 55—2000	普通混凝土配合比设计规程	建工
38	JGJ 57—2000	剧场建筑设计规范	建工
39	JGJ 58—2008	电影院建筑设计规范	建工
40	JGJ 59—1999	建筑施工安全检查标准	建工
41	JGJ 60—1999	汽车客运站建筑设计规范	建工
42	JGJ 61—2003	网壳结构技术规程	建工
43	JGJ 62—1990	旅馆建筑设计规范	计划
44	JGJ 63—2006	混凝土用水标准	建工
45	JGJ 64—1989	饮食建筑设计规范	建工
46	JGJ 65—1989	液压滑动模板施工安全技术规程	建工
47	JGJ 66—1991	博物馆建筑设计规范	建工
48	JGJ 67—2006	办公建筑设计规范	建工
49	JGJ 69—1990	PY 型预钻式旁压试验规程	建工
50	JGJ/T 70—2009	建筑砂浆基本性能试验方法标准	建工
51	JGJ 72—2004	高层建筑岩土工程勘察规程	建工
52	JGJ 73—1991	建筑装饰工程施工及验收规范	建工
53	JGJ 74—2003	建筑工程大模板技术规程	建工
54	JGJ 75—2003	夏热冬暖地区居住建筑节能设计标准	建工
55	JGJ 76—2003	特殊教育学校建筑设计规范	建工
56	JGJ/T 77—2003	施工企业安全生产评价标准	建工
57	JGJ 79—2002	建筑地基处理技术规范	建工
58	JGJ 80—1991	建筑施工高处作业安全技术规范	计划
59	JGJ 81—2002	建筑钢结构焊接技术规程	建工
60	JGJ 82—1991	钢结构高强度螺栓连接的设计、施工及验收规程	建工

工程建设住房和城乡建设部行业标准目录（建筑工程）

序号	标 准 编 号	标 准 名 称	出版单位
61	JGJ 83—1991	软土地区工程地质勘察规范	建工
62	JGJ 84—1992	建筑岩土工程勘察基本术语标准	建工
63	JGJ 85—2002	预应力筋用锚具、夹具和连接器应用技术规程	建工
64	JGJ 86—1992	港口客运站建筑设计规范	计划
65	JGJ 87—1992	建筑工程地质钻探技术标准	建工
66	JGJ 88—1992	龙门架及井架物料提升机安全技术规范	计划
67	JGJ 91—1993	科学实验建筑设计规范	建工
68	JGJ 92—2004	无粘结预应力混凝土结构技术规程	建工
69	JGJ 94—2008	建筑桩基技术规范	建工
70	JGJ 95—2003	冷轧带肋钢筋混凝土结构技术规程	建工
71	JGJ 96—1995	钢框胶合板模板技术规程	建工
72	JGJ/T 97—1995	工程抗震术语标准	建工
73	JGJ 98—2000	砌筑砂浆配合比设计规程	建工
74	JGJ 99—1998	高层民用建筑钢结构技术规程	建工
75	JGJ 100—1998	汽车库建筑设计规范	建工
76	JGJ 101—1996	建筑抗震试验方法规程	建工
77	JGJ 102—2003	玻璃幕墙工程技术规范	建工
78	JGJ 103—2008	塑料门窗工程技术规程	建工
79	JGJ 104—1997	建筑工程冬期施工规程	建工
80	JGJ/T 105—1996	机械喷涂抹灰施工规程	建工
81	JGJ 106—2003	建筑基桩检测技术规范	建工
82	JGJ 107—2003	钢筋机械连接通用技术规程	建工
83	JGJ 108—1996	带肋钢筋套筒挤压连接技术规程	建工
84	JGJ 109—1996	钢筋锥螺纹接头技术规程	建工
85	JGJ 110—2008	建筑工程饰面砖粘结强度检验标准	建工
86	JGJ/T 111—1998	建筑与市政降水工程技术规范	建工
87	JGJ 113—2003	建筑玻璃应用技术规程	建工
88	JGJ 114—2003	钢筋焊接网混凝土结构技术规程	建工
89	JGJ 115—2006	冷轧扭钢筋混凝土构件技术规程	建工
90	JGJ 116—1998	建筑抗震加固技术规程	建工

工程建设住房和城乡建设部行业标准目录（建筑工程）

序号	标　准　编　号	标　准　名　称	出版单位
91	JGJ 117—1998	民用建筑修缮工程查勘与设计规程	建工
92	JGJ 118—1998	冻土地区建筑地基基础设计规范	建工
93	JGJ/T 119—2008	建筑照明术语标准	建工
94	JGJ 120—1999	建筑基坑支护技术规程	建工
95	JGJ/T 121—1999	工程网络计划技术规程	建工
96	JGJ 122—1999	老年人建筑设计规范	建工
97	JGJ 123—2000	既有建筑地基基础加固技术规范	建工
98	JGJ 124—1999	殡仪馆建筑设计规范	建工
99	JGJ 125—1999	危险房屋鉴定标准（2004 年版）	建工
100	JGJ 126—2000	外墙饰面砖工程施工及验收规程	建工
101	JGJ 127—2000	看守所建筑设计规范（2006 年版）	建工
102	JGJ 128—2000	建筑施工门式钢管脚手架安全技术规范	建工
103	JGJ 129—2000	既有采暖居住建筑节能改造技术规程	建工
104	JGJ 130—2001	建筑施工扣件式钢管脚手架安全技术规范（2002 年版）	建工
105	JGJ/T 131—2000	体育馆声学设计及测量规程	建工
106	JGJ 132—2001	采暖居住建筑节能检验标准	建工
107	JGJ 133—2001	金属与石材幕墙工程技术规范	建工
108	JGJ 134—2001	夏热冬冷地区居住建筑节能设计标准	建工
109	JGJ 135—2007	载体桩设计规程	建工
110	JGJ/T 136—2001	贯入法检测砌筑砂浆抗压强度技术规程	建工
111	JGJ 137—2001	多孔砖砌体结构技术规范（2002 年版）	建工
112	JGJ 138—2001	型钢混凝土组合结构技术规程	建工
113	JGJ/T 139—2001	玻璃幕墙工程质量检验标准	建工
114	JGJ 140—2004	预应力混凝土结构抗震设计规程	建工
115	JGJ 141—2004	通风管道技术规程	建工
116	JGJ 142—2004	地面辐射供暖技术规程	建工
117	JGJ 143—2004	多道瞬态面波勘察技术规程	建工
118	JGJ 144—2004	外墙外保温工程技术规程	建工
119	JGJ 145—2004	混凝土结构后锚固技术规程	建工
120	JGJ 146—2004	建筑施工现场环境与卫生标准	建工

工程建设住房和城乡建设部行业标准目录（建筑工程）

序号	标准编号	标准名称	出版单位
121	JGJ 147—2004	建筑拆除工程安全技术规范	建工
122	JGJ 149—2006	混凝土异形柱结构技术规程	建工
123	JGJ 150—2008	擦窗机安装工程质量验收规程	建工
124	JGJ/T 151—2008	建筑门窗玻璃幕墙热工计算规程	建工
125	JGJ/T 152—2008	混凝土中钢筋检测技术规程	建工
126	JGJ 153—2007	体育场馆照明设计及检测标准	建工
127	JGJ/T 154—2007	民用建筑能耗数据采集标准	建工
128	JGJ 155—2007	种植屋面工程技术规程	建工
129	JGJ 156—2008	镇（乡）村文化中心建筑设计规范	建工
130	JGJ 157—2008	建筑轻质条板隔墙技术规程	建工
131	JGJ 158—2008	蓄冷空调工程技术规程	建工
132	JGJ 159—2008	古建筑修建工程施工与质量验收规范	建工
133	JGJ 160—2008	施工现场机械设备检查技术规程	建工
134	JGJ 161—2008	镇（乡）村建筑抗震技术规程	建工
135	JGJ 162—2008	建筑施工模板安全技术规范	建工
136	JGJ/T 163—2008	城市夜景照明设计规范	建工
137	JGJ 164—2008	建筑施工木脚手架安全技术规范	建工
138	JGJ1 66—2008	建筑施工碗扣式钢管脚手架安全技术规范	建工
139	JGJ 167—2009	湿陷性黄土地区建筑基坑工程安全技术规程	建工
140	JGJ 168—2009	建筑外墙清洗维护技术规程	建工
141	JGJ 169—2009	清水混凝土应用技术规程	建工
142	JGJ/T 170—2009	城市轨道交通引起建筑物振动与二次辐射噪声限值及其测量方法标准	建工
143	JGJ 171—2009	三岔双向挤扩灌注桩设计规程	建工
144	JGJ/T 172—2009	建筑陶瓷薄板应用技术规程	建工
145	JGJ 173—2009	供热计量技术规程	建工

工程建设住房和城乡建设部行业标准目录（城镇建设工程）

序号	标准编号	标准名称	出版单位
1	CJJ 1—2008	城镇道路工程施工与质量验收规范	建工
2	CJJ 2—2008	城市桥梁工程施工与质量验收规范	建工
3	CJJ 6—1985	排水管道维护安全技术规程	建工
4	CJJ 7—2007	城市工程地球物理探测规范	建工
5	CJJ 8—1999	城市测量规范	建工
6	CJJ 11—1993	城市桥梁设计准则	建工
7	CJJ 12—1999	家用燃气燃烧器具安装验收规程	建工
8	CJJ 13—1987	供水水文地质钻探与凿井操作规程	建工
9	CJJ 14—2005	城市公共厕所设计标准	建工
10	CJJ 15—1987	城市公共交通站、场、厂设计规范	建工
11	CJJ 17—2004	城市生活垃圾卫生填埋技术规范	建工
12	CJJ 27—2005	城镇环境卫生设施设置标准	建工
13	CJJ 28—2004	城镇供热管网工程施工及验收规范	建工
14	CJJ/T 29—1998	建筑排水硬聚氯乙烯管道工程技术规程	建工
15	CJJ/T 30—1999	城市粪便处理厂运行、维护及其安全技术规程	建工
16	CJJ 32—1989	含藻水给水处理设计规范	建工
17	CJJ 33—2005	城镇燃气输配工程施工及验收规范	建工
18	CJJ 34—2002	城市热力网设计规范	建工
19	CJJ 36—2006	城镇道路养护技术规范	建工
20	CJJ 37—1990	城市道路设计规范	建工
21	CJJ 39—1991	古建筑修建工程质量检验评定标准（北方地区）	建工
22	CJJ 40—1991	高浊度水给水设计规范	建工
23	CJJ 43—1991	热拌再生沥青混合料路面施工及验收规程	建工
24	CJJ 45—2006	城市道路照明设计标准	建工
25	CJJ 47—2006	生活垃圾转运站技术规范	建工
26	CJJ 48—1992	公园设计规范	建工
27	CJJ 49—1992	地铁杂散电流腐蚀防护技术规程	计划
28	CJJ 50—1992	城市防洪工程设计规范	计划
29	CJJ 51—2006	城镇燃气设施运行、维护和抢修安全技术规程	建工
30	CJJ/T 52—1993	城市生活垃圾好氧静态堆肥处理技术规程	计划

工程建设住房和城乡建设部行业标准目录（建筑工程）

序号	标准编号	标准名称	出版单位
31	CJJ/T 53—1993	民用房屋修缮工程施工规程	建工
32	CJJ/T 54—1993	污水稳定塘设计规范	计划
33	CJJ 55—1993	供热术语标准	计划
34	CJJ 56—1994	市政工程勘察规范	计划
35	CJJ 57—1994	城市规划工程地质勘察规范	计划
36	CJJ 58—1994	城镇供水厂运行、维护及安全技术规程	计划
37	CJJ 60—1994	城市污水处理厂运行、维护及其安全技术规程	建工
38	CJJ 61—2003	城市地下管线探测技术规程	建工
39	CJJ 62—1995	房屋渗漏修缮技术规程	建工
40	CJJ 63—2008	聚乙烯燃气管道工程技术规程	建工
41	CJJ 64—1995	城市粪便处理厂（场）设计规范	建工
42	CJJ/T 65—2004	市容环境卫生术语标准	建工
43	CJJ 66—1995	路面稀浆封层施工规程	建工
44	CJJ 67—1995	风景园林图例图示标准	建工
45	CJJ 68—2007	城镇排水管渠与泵站维护技术规程	建工
46	CJJ 69—1995	城市人行天桥与人行地道技术规范	建工
47	CJJ 70—1996	古建筑修建工程质量检验评定标准（南方地区）	建工
48	CJJ 71—2000	机动车清洗站工程技术规程	建工
49	CJJ 72—1997	无轨电车供电线网工程施工及验收规范	建工
50	CJJ 73—1997	全球定位系统城市测量技术规程	建工
51	CJJ 74—1999	城镇地道桥顶进施工及验收规程	建工
52	CJJ 75—1997	城市道路绿化规划与设计规范	建工
53	CJJ/T 76—1998	城市地下水动态观测规程	建工
54	CJJ/T 78—1997	供热工程制图标准	建工
55	CJJ/T 81—1998	城镇直埋供热管道工程技术规程	建工
56	CJJ/T 82—1999	城市绿化工程施工及验收规范	建工
57	CJJ 83—1999	城市用地竖向规划规范	建工
58	CJJ/T 85—2002	城市绿地分类标准	建工
59	CJJ/T 86—2000	城市生活垃圾堆肥处理厂运行、维护及其安全技术规程	建工
60	CJJ/T 87—2000	乡镇集贸市场规划设计标准	建工

序号	标准编号	标准名称	出版单位
61	CJJ/T 88—2000	城镇供热系统安全运行技术规程	建工
62	CJJ 89—2001	城市道路照明工程施工及验收规范	建工
63	CJJ 90—2009	生活垃圾焚烧处理工程技术规范	建工
64	CJJ/T 91—2002	园林基本术语标准	建工
65	CJJ 92—2002	城市供水管网漏损控制及评定标准	建工
66	CJJ 93—2003	城市生活垃圾卫生填埋场运行维护技术规程	建工
67	CJJ 94—2009	城镇燃气室内工程施工与质量验收规范	建工
68	CJJ 95—2003	城镇燃气埋地钢质管道腐蚀控制技术规程	建工
69	CJJ 96—2003	地铁限界标准	建工
70	CJJ/T 97—2003	城市规划制图标准	建工
71	CJJ/T 98—2003	建筑给水聚乙烯类管道工程技术规程	建工
72	CJJ 99—2003	城市桥梁养护技术规范	建工
73	CJJ 100—2004	城市基础地理信息系统技术规范	建工
74	CJJ 101—2004	埋地聚乙烯给水管道工程技术规程	建工
75	CJJ/T 102—2004	城市生活垃圾分类及其评价标准	建工
76	CJJ 103—2004	城市地理空间框架数据标准	建工
77	CJJ 104—2005	城镇供热直埋蒸汽管道技术规程	建工
78	CJJ 105—2005	城镇供热管网结构设计规范	建工
79	CJJ/T 106—2005	城市市政综合监管信息系统技术规范	建工
80	CCJ/T 107—2005	生活垃圾填埋场无害化评价标准	建工
81	CJJ/T 108—2006	城市道路除雪作业技术规程	建工
82	CJJ 109—2006	生活垃圾转运站运行维护技术规程	建工
83	CJJ 110—2006	管道直饮水系统技术规程	建工
84	CJJ/T 111—2006	预应力混凝土桥梁预制节段逐跨拼装施工技术规程	建工
85	CJJ 112—2007	生活垃圾卫生填埋场封场技术规程	建工
86	CJJ 113—2007	生活垃圾卫生填埋场防渗系统工程技术规范	建工
87	CJJ/T 114—2007	城市公共交通分类标准	建工
88	CJJ/T 115—2007	房地产市场信息系统技术规范	建工
89	CJJ/T 116—2008	建设领域应用软件测评通用规范	建工
90	CJJ/T 117—2007	建设电子文件与电子档案管理规范	建工

工程建设住房和城乡建设部行业标准目录（建筑工程）

序号	标准编号	标准名称	出版单位
91	CJJ/T 119—2008	城市公共交通工程术语标准	建工
92	CJJ 120—2008	城镇排水系统电气与自动化工程技术规程	建工
93	CJJ/T 121—2008	风景名胜区分类标准	建工
94	CJJ 122—2008	游泳池给水排水工程技术规程	建工
95	CJJ 123—2008	镇（乡）村给水工程技术规程	建工
96	CJJ 124—2008	镇（乡）村排水工程技术规程	建工
97	CJJ/T 125—2008	环境卫生图形符号标准	建工
98	CJJ/T 126—2008	城市道路清扫保洁质量与评价标准	建工
99	CJJ 127—2009	建筑排水金属管道工程技术规程	建工
100	CJJ 128—2009	生活垃圾焚烧厂运行维护与安全技术规程	建工
101	CJJ 129—2009	城市快速路设计规程	建工
102	CJJ 132—2009	城乡用地评定标准	建工